U0427324

湖北省学术著作出版专项资金资助

矿物名称词源

ETYMOLOGY OF MINERAL NAMES

崔云昊　编著

中国地质大学出版社
CHINA UNIVERSITY OF GEOSCIENCES PRESS

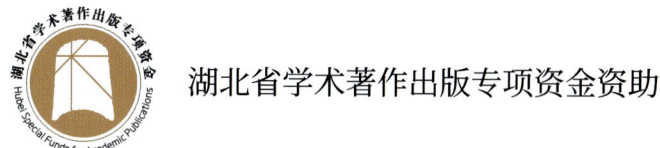

内容简介

本书是我国，也是世界第一部追溯矿物名称词源的较大型的矿物名学专门辞书。全书340余万字，收词始于石器时代，截至2020年，时间跨度长达六七千年；收录6 000余种矿物(含118种化学元素)。因此，她不仅是一部矿物、化学元素发现和命(译)名的辞书，也是一部矿物、化学元素发现和命(译)名的史书，还是一部矿物名学的科普著作。在矿物学研究中，她是一部很有特色与创新性的著述，选题新颖，结构合理，层次分明，内容丰富，考据充分可靠，诠释精详，语言洗练，图文并茂，引人入胜，具有科学性、权威性、可读性、趣味性、科普性。她的出版对矿物科学的发展具有重要意义，并具有显著的社会、文化和收藏价值。

本书主要供地球科学、天体宇宙科学、化学、物理学、采矿、冶金、石油、煤炭、土壤、医药、珠宝、材料工作者，大专院校师生，科研院所、经贸、翻译以及其他与矿物学相关领域的工作者使用，是一部教学、学习、工作、科研和翻译工作者案头必备的矿物名学工具书。

图书在版编目(CIP)数据

矿物名称词源/崔云昊编著. —武汉：中国地质大学出版社，2021.4

ISBN 978-7-5625-4994-9

Ⅰ. ①矿…

Ⅱ. ①崔…

Ⅲ. ①矿物-名词术语-词典

Ⅳ. ①P57-61

中国版本图书馆CIP数据核字(2021)第025982号

矿物名称词源 崔云昊 **编著**

责任编辑：胡珞兰 张瑞生 选题策划：张瑞生 胡珞兰 责任校对：徐蕾蕾 张咏梅 周 旭 方 焱 韩 骑 何澍语 李焕杰

出版发行：中国地质大学出版社(武汉市洪山区鲁磨路388号) 邮编：430074

电 话：(027)67883511 传 真：(027)67883580 E-mail：cbb@cug.edu.cn

经 销：全国新华书店 http://cugp.cug.edu.cn

开本：880毫米×1 230毫米 1/16 字数：3 483千字 印张：80.5

版次：2021年4月第1版 印次：2021年4月第1次印刷

印刷：湖北新华印务有限公司 印数：1—1 500册

ISBN 978-7-5625-4994-9 定价：980.00元

如有印装质量问题请与印刷厂联系调换

作者简介

崔云昊，男，华北水利水电大学（郑州）矿物学教授。1942 年生于河北省沧州泊头市；1967 年毕业于北京地质学院（中国地质大学前身）岩矿鉴定及地球化学专业。长期从事岩矿鉴定、矿物学教学及科研工作。出版专著有《矿物岩石制片技术及理论基础》《中国近现代矿物学史（1640—1949）》等，发表矿物学类论文 50 余篇。

联系电话：155 3806 1953

QQ：1730596744

微信二维码：

《矿物名称词源》
编审委员会

主　任：莫宣学

副主任：杨光明

编　委：（以姓氏笔画为序）

王　濮　王根元　王人镜　边秋娟　毕克成

李昌年　李国武　赵珊茸　张晓红　洪汉烈

曾广策　翟裕生　管俊芳

总 目

序 1

自序 3

凡例与说明 7–13

目录 1–47

词源正文 1–1139

主要参考文献 1140

附录

附录1 化学元素周期表 1147

附录2 118种化学元素汉英名称索引 1148

附录3 英汉矿物名称索引 1149–1217

跋

序

矿物起源于宇宙天体混沌初开之时。

矿物名称发轫于人类由蒙昧迈向文明时代。

矿物名学产生于矿物科学成熟鼎盛时期。

矿物名称是用画龙点睛之笔勾勒出矿物特征的最简约、最贴切，既雅致又明快的一个符号！

矿物名称是人们了解、认识、学习、交流、记载、传承矿物科学文化的一张名片！

矿物名称是学习者打开矿物科学知识宝库不可或缺的一把金钥匙！

矿物名称是科学工作者攀登矿物科学高峰的奠基石！

崔云昊早年就读于北京地质学院(中国地质大学前身)，专攻矿物学专业，师从我国著名结晶矿物学家彭志忠、潘兆橹、王濮教授，深受业师之影响和启迪，在大学时期就萌生了编写《矿物名称词源》之愿。他历经几十年矿物资料的收集，几经挫折，初心不忘，锲而不舍，在古稀之年，终于完成了这部巨著——《矿物名称词源》。为了向广大读者推荐该书的重要意义和价值，我等应邀欣然命笔作序。期待广大读者在从中获得科学知识和科学精神的同时，也收获美好的精神享受。

公元前若干世纪，矿物名称在古中国、古印度、古埃及、古巴比伦、古希腊就已涌现。根据王根元教授等所著的《中国古代矿物知识》可知，古代中国先民发现、命名的，现代矿物学中仍然使用的矿物名称就有近 200 个。从古到今，中外先民和近代、现代科学家究竟发现、描述、命名了多少种矿物，很难准确讲清。据崔云昊教授研究，自 1959 年国际矿物协会(IMA)成立到 2020 年，IMA 已批准了 5 636 种天然矿物名称，再加上 1959 年 IMA 成立之前的、IMA 承认有效的 2 500 余种"祖父级"矿物名称，至今人类命名的矿物已达8 000余种。其中，包括中国近代、现代科学家，以及外国科学家在中国本土发现的新矿物和以中国元素命名的非本土域外新矿物 203 种。

《矿物名称词源》一书，作者从散见于浩瀚的书海和珍藏于数以千计的各国各地自然博物馆的文献资料中，以及互联网上，精心挑选，沧海拾贝，集腋成裘，共收集了 6 000 余种矿物(其中包括 118 种化学元素)，这足以反映出人类在这个领域中主要科学成果的概貌。收词始于石器时代人类开始认识、利用并命名矿物，截至 2020 年，时间跨度长达六七千年。作者从 2014 年至 2020 年历时 6 年，寒暑四季，笔耕不辍，撰写成 340 余万字的书稿。

作者编写《矿物名称词源》的初衷是强调实用，重在溯源；减少矿物名称的混乱，正本清源。因此，中文名称立目，以中国官方矿物名称为主。该著作中的英文名称、汉语拼音名称、化学式、模式产地、IMA 认证批准、首次报道文献均与国际矿物学界接轨，即采用 IMA 认可的资料。

作者在《矿物名称词源》中用简洁明快的文字概括描述出矿物的基本面貌，特别突出与矿物命(译)名相关的特征；追溯矿物的首次发现与描述的模式产地、发现人、命名人、命名(或更名)的缘由及最早报道的文献或资料；对以人名命名的，简介其人的主要贡献等。这些科学家的杰出贡献将激励和吸引更多的读者热爱矿物学、学习研究矿物学，为矿物学的繁荣发展做出更大贡献。部分条目配有与命名相关的精美图片，多达几千幅，使刻板枯燥的文字描述形象化，具有可视性，将会深深地感染读者，激发读者热爱大自然、探索大自然的动力。

《矿物名称词源》是矿物学研究中具有特色性与创新性的一部著作。该书选题新颖，构思巧妙，结构合理，层次分明，内容丰富、翔实，考据充分、可靠，诠释精详，语言洗练，图文并茂，引人入胜，一扫一般辞书的刻板、枯燥，明显具有科学性、可读性、趣味性、科普性。总之，《矿物名称词源》是我国，也是世界矿物学文献中第一部追溯矿物名称词源的较大型的专门辞书，对矿物学学科的发展具有重要意义，并具有显著的社会价值和文化价值及收藏价值。它的面世必将把矿物名学收集、整理、研究推向一个新阶段，为后续研究者开拓一条新路径。在这个领域中崔云昊教授做出了突出贡献。

矿物是由化学元素构成的，矿物的命名和译名很大一部分源于元素名称，因此该书将目前已知的118种天然和人工合成的化学元素的发现与命名都收录其中。它不仅是一部矿物、化学元素发现和命名（译名）的辞书，也是一部矿物、化学元素发现和命名（译名）的史书，更是一部教学、科研和翻译工作者及学生学习案头必备的矿物名学类工具书，还是一部通俗易懂的，将科学家事迹和矿物知识的介绍融为一体，“见物又见人”的科普著作。

崔云昊教授以一人之力，编写出如此鸿篇巨著，实乃不易，其精神值得推崇，成果值得肯定。但任何事物总是一分为二的，美玉之中难免有些瑕疵，如某些条目的取舍，值得斟酌，还有些条目疏漏，再版时应补充完善，并期待努力打造成为一部与世界矿物学界接轨的，收词最多、最全的，既经典又时尚，历久弥新的《矿物名称词源》辞书，为中国和世界矿物名学的发展做出贡献。

最后，衷心祝贺本书的出版，相信它一定会受到广大读者的热烈欢迎。

中国古代矿物知识史学家、中国地质大学（武汉）矿物学教授 王根元

中国科学院院士、中国地质大学（北京）岩石学教授 莫宣学

中国科学院院士、中国地质大学（北京）矿床学教授 翟裕生

（以姓氏笔画为序）

2020年10月

自　序

《矿物名称词源》一书，在我古稀之年付梓，实现了本人终生的夙愿，以绵薄之力将拙作贡献于祖国和人民，贡献于中国和世界矿物学界，甚感欣慰。

早在读大学期间（1962—1967）我就萌发了编写《矿物名称词源》一书的遐想，并开始收集资料。1968—1969年因去部队锻炼，资料散失。1970年开始从事野外地质工作，四处奔波，无暇顾及。1982年进入高校任教，工作稳定，又重操旧业，收集资料。因学校搬迁，几易居所，资料堆放于地下室，不幸遭水患，资料泡汤全部霉烂。此阶段仅仅撰写出版了诸如《“矿”字溯源》《“矿物”词源考略》《中国古代矿物名称起源浅议》《黏土矿物名称词源》等文章，并在《中国近现代矿物学史（1640—1949）》（科学出版社，1995）中对中国古代矿物名称及中国近现代矿物译名进行了简要阐述。同时，收集、购买了一批相关的图书资料，为编写《矿物名称词源》做了些初步准备工作，及至退休返聘10年。70岁开始度晚年，用两年时间撰写《回忆录》，梳理岁月足迹50余万字。《矿物名称词源》仍未出炉，甚感缺憾。此时赋闲，身体尚健，当时想，上苍若能再给我10年时间，我最大的梦想是在耄耋之年完成《矿物名称词源》一书，贡献于祖国和人民，贡献于中国和世界矿物学界。2014年初，作为人生补遗，又开始从头做起。好在随着科学技术的进步与发展，不再东奔西跑四处找图书馆搜集资料，真正做到“足不出户，网收天下”，借助互联网就可以收集到古今中外的相关资料。从古到今，中外先民和近代及现代科学家发现、描述、命名了多少种矿物，很难准确讲清。目前已知，自1959年国际矿物协会（IMA）成立到2020年间，IMA批准的天然矿物达5 636余种，再加上1959年IMA成立之前的、IMA承认有效的2 500余种“祖父级”矿物，至今人类命名的矿物已达8 000余种。其中，包括中国近代、现代科学家，以及外国科学家在中国本土发现的和部分以中国元素命名的非本土域外新矿物203种。

矿物学既是地质科学的基础学科，也是地质科学发生和发展的先行学科。矿物学是一门既古老又现代的科学。说她古老，是说她发轫于15世纪宏观肉眼描述矿物学阶段；说她现代，她由光学显微镜已经进入电子探针、X射线、电子显微镜、隧道扫描显微镜微观矿物学阶段。在矿物科学发展史上，矿物的定义随着研究和认识的不断深入，曾经多次演变。按现代概念，矿物是在地壳及其相邻层圈和宇宙天体中天然形成的，绝大多数为无机晶质的单质元素或化合物，也包括一些为数极少的有机质和非晶质的化合物（似矿物）；每种矿物除有确定的晶体结构外，还都有一定的可用化学式表达的化学成分及一定的物理性质。2010年IMA 2010-042批准了第一个准晶矿物正二十面体矿*（Icosahedrite），人类对矿物晶体结构认识发生了革命性的进展（参见【正二十面体矿*】条），矿物的定义进入一个全新的阶段——将长程有序准晶矿物也纳入其中。

自然界的每种矿物都有各自的生长历史，它们遵循自然之规律，将百余种天然化学元素结合在一起，形成千姿百态、绚丽多彩的矿物。每种矿物的发现、描述、研究都浸透着人类的艰辛、汗水、心血、智慧，甚至献出生命。每种矿物的命名都凝聚着人类的聪明才智，蕴藏着人类古今的科学文化积淀，折射出人类智慧的光芒。每种矿物名称的背后都有一段鲜为人知的发现、研究、命名的故事：有典故与传说，有神话与童话，有爱情与悲剧，有个人执着与奋斗，有团队合作与共赢，总之，有的优美动听，有的妙趣横生，有的悲恸凄美，有的充满哲理……诸多故事令人叹为观止，遐思不止。

《矿物名称词源》一书，强调实用，重在溯源；减少矿物名称的混乱，正本清源。我在编写过程中既强调科学性、准确性、简明性、实用性，又注重大众性、科普性、可读性、趣味性，努力做到每个条目考据充分可靠，考证精详，诠释准确，文字简明精炼，同时注意图文并茂，引人入胜。

矿物是由化学元素构成的，矿物的命名和译名很大一部分源于元素名称，因此本书将目前已知的118种天然和人工合成的化学元素的发现和命名都收录书中。它不仅是一部矿物、化学元素发现和命名（译名）的辞书，也是一部矿物、化学元素发现和命名（译名）的史书，还是一部矿物名学的科普著作，更是一部教学、科研和翻译工作者及学生学习案头必备的矿物名学类工具书。它主要供从事地球科学、天体宇宙科学、化学、物理学、探矿、采矿、冶金、石油、土壤、医药、宝石、材料科学等领域研究的工作者，大专院校相关专业师生，科研院所、经贸、翻译以及其他与矿物学相关领域的工作者使用。

借《矿物名称词源》出版面世之际，我衷心地感谢那些曾予以帮助、鼓励和支持的前辈、师长、友人、同窗和家人。首先感谢教授我结晶矿物学的老师，即已辞世的中国著名结晶矿物学家彭志忠、潘兆橹教授，以及寿近百岁的王濮教授，他们循循善诱、幽默风趣的授业，带领我们一批又一批的学子走进矿物科学殿堂，启迪了我编写《矿物名称词源》的遐想。书稿完成后，母校矿物学老师、中国著名古代矿物知识史学家王根元教授，母校岩石学老师、中国科学院院士、中国著名岩石学家莫宣学教授，母校矿床学老师、中国科学院院士、中国著名矿床学家翟裕生教授悉心指导并提出不少衷恳的建议，他们撰写了热情洋溢的推荐书，并为此书作序，我深受鼓舞和鞭策。本书的出版得到了中国地质大学（武汉）矿物学教授、博士生导师赵珊茸博士，中国科学技术大学潘云唐教授的热情关照；中国科学院地质与地球物理研究所研究员、中国新矿物与矿物命名委员会副主任委员、中国著名结构矿物学家杨主明博士给予了热心的建议；还得到了中国台湾“中央研究院”刘昭民研究员的鼓励和支持；广州番禺职业技术学院珠宝学院矿物学教授、宝石学专家王昶先生对宝玉石条目进行了指正，并提供了相关资料；中国地质大学（北京）地质学史研究所陈宝国教授、员雪梅老师不怕麻烦，在百忙之中给予了大力帮助；中国地质大学（北京）喻学惠教授给予了鼓励和帮助，并提供相关图书资料。日本东京国家自然科学博物馆研究员宫胁律郎（R. Miyamaki）在我参访日本东京国家自然科学博物馆期间，给予热情接待并提供了相关资料。我的大学同班同学、挚友湖北省国土测绘院原院长兼党委书记张希林高级工程师和中华人民共和国地质矿产部万良国高级工程师给予了热情鼓励与帮助。还要感谢中国著名的中青年矿物学家、中国地质大学（北京）矿物学教授李国武博士审阅了中国新矿物的全稿，提出很多宝贵的建议；中国新一代青年矿物学家：中国地质调查局天津地质调查中心曲凯副研究员和王艳娟博士，中国地质科学院简伟博士，中国科学院地质与地球物理研究所李晓春博士提供了他们发现、描述并命名的新矿物的资料。还要特别感谢中国科学院院士、俄罗斯科学院外籍院士、国际欧亚科学院院士、中国科学院广州地球化学研究所谢先德教授，他已86岁高龄，在住院期间提供了一些矿物的译名及相关条目的资料，这种不辞劳苦、舍己助人的精神和品德，我将永远铭记！稿件三审排版后莫宣学院士又通审全书，提出极其宝贵的意见和建议，为确保出版质量奠定了坚实的基础。庚子岁末，《矿物名称词源》杀青。辛丑伊始，天津地质调查中心青年矿物学家曲凯转发来自中国旅美矿物学家美国威斯康星大学麦迪逊分校徐惠芳教授和国内知名矿物学家中南大学谷湘平教授的最新矿物资料，他们亲自斧正条目和提供矿物译名。出版社胡珞兰编辑破例补录了於祖相石和双徐榴石，以感谢曲、谷、徐三位矿物学家对该书的热情支持！最后，还要感谢我在中国人民解放军某部队的战友——北京701厂原总工程师、教授级高级工程师王瑛（毕业于山西大学）为此书赋诗并给予热情洋溢的赞美和鼓励。假如由于我的疏忽，而遗漏掉一些对此书编写提供过帮助的朋友，在此深表歉意，并借此书出版之际向诸位前辈、师长、友人表示最衷心的感谢！

我还要特别由衷地感谢中国地质大学出版社的毕克成社长、项目负责人张瑞生副社长和胡珞兰编辑。他们为弘扬科学精神、传播矿物科学文化，不惜投入大量人力、物力和财力，聘请知名专家学者审稿，组织一流编审、质检团队，秉持精益求精、雕璞琢玉、打造精品的理念，义无反顾地扶持出版新著。他们的卓识远见、高瞻远瞩，令我敬仰和敬佩！他们是当代的伯乐，是助我圆梦的最真诚、最可靠的朋友！

在编写期间，寒暑四季，笔耕不辍，日夜与电脑为伍，时常夜不能寐，好在有家人相伴、鼓励和支持。我的夫人李建萍不仅操持家务，排忧解难，联系外务，还作为第一读者提出了不少建议；儿子崔冰购置、安装、调试设备，收集、打印中英文原始资料；在日本工作、生活的女儿崔晓芳博士和女婿叶习民博士陪我参观访问日本东京国家自然科学博物馆、埼玉县长瀞天然地质博物馆（东京帝国大学初代地质矿物学者发祥地）和自然博物馆以及茨城县博物馆，他们收集日文资料，翻译部分日文矿物条目，核实日本地名和人名，阅读部分稿件，并提出很好的修改意见。家人的辛勤付出，为本书的编撰出版奠定了坚实的基础。限于本人的水平和能力，这部辞书的疏漏、缺点、错误一定不少；某些条目的取舍，也会有不同看法；对于某些矿物发现地、发现人及机构名称，因为历史变迁而不尽精准。恳切希望广大读者开展建设性的讨论，多多提出宝贵意见，以便今后修改补充，不断提高本书的质量和水平，使之更好地服务于广大读者。如有机会再版，将重点收集、整理和补充2020年以前遗漏的矿物名称；补充2020年以后世界各国各地发现、描述、命名的，IMA批准的新矿物，使之日臻完善，成为一部前所未有的，填补矿物学界和出版界空白的，与国际矿物学界（IMA）接轨的，收词最多、最全的，考据充分可靠的，诠释准确精详的，语言文字精练、图文并茂的，既经典又时尚的，集科学性、专业性、知识性、趣味性、可读性、科普性于一体的矿物名称方面的专门辞书，为中国和世界矿物名学的发展做出贡献。

编著者：　谨识

2021年2月于中国·郑州

凡例与说明

1　凡例

1.1　矿物名称的立目，包括矿物族名、种名以及重要的亚种和变种，以矿物种为基础。

1.2　以中文名称立目，后缀其英文名或汉语拼音名和化学式或晶体化学式。

立目中文名称。以采用中国地质学会矿物学专业委员会和中国地质科学院地质研究所（中国新矿物与矿物命名委员会）组织审定的《英汉矿物种名称》（1984），在《岩石矿物学杂志》《岩石矿物及测试》和《宝石和宝石学杂志》陆续发布的命（译）名、全国自然科学名词委员会审定公布的《汉英地质学名词》（1993）及全国科学技术名词审定委员会天文学名词审定委员会审定的《天文学名词》（1987）（本辞书中称为中国官方中文矿物名称）为主。部分采用了何明跃编写的《英汉矿物种名称》（2007）和韩景仪等编著的《英汉矿物种名称》（2017）及其他一些学者的命（译）名。目前尚无官方中文译名的，或查无其他译名的，本辞书编著者根据国际矿物协会新矿物及矿物命名委员会（CNMMN）制定的《关于矿物命名的程序和原则》（1997）拟出建议译名，在矿物名称后加上标"*"号，如正二十面体矿*。不同矿物译名相同的用脚注标明，根据优先权原则排序，如【羟硼钙石[①]】（Olshanskyite）和【羟硼钙石[②]】（Jarandolite）等。

英文名称绝大部分采用 IMA 承认、批准的名称；部分采自弗莱舍（2014，2018）所编著的 *Fleischer's Glossary of Mineral Species* 及mindat.org网站。同一矿物不同英文名称（同义词）不出现于目录中，在正文中出现时用"；"分开，如橄榄石英文名称 Olivine；Peridot；Chrysolite。异体词置于括号内，如铁菱镁矿 Breunnerite（Breinnerite；Breunerite）。中国现代科学家或华裔科学家或外国科学家发现并以中国地名或人名或神话命名的矿物，20 世纪 70 年代以前用英文拼写；从 70 年代开始，改用汉语拼音拼写。如 1958 年中国学者发现的新矿物香花石英文拼作 Hsianghualite，而不是汉语拼音 Xianghualite；又如中国学者 1989 年发现的新矿物彭志忠石，用汉拼名称 Pengzhizhongite，而不是英文名称 Phangzhizhongite。

化学式或晶体化学式，其出处分别注有"IMA"或"弗莱舍，2014 或 2018"，未注明出处的采自 mindat.org 网站或中国地质科学院矿物数据库或 Mineral Data 等。主要为简化的化学式或晶体化学式；成分有变化的，影响矿物名称的加以注释。它们是矿物定义的主要依据。本辞书收录了目前已知的天然的和人工合成的《化学元素周期表》中的 118 种化学元素名称。

1.3　条目释义，包括矿物的定义（主要依据化学成分）、晶族、晶系、结晶习性（单体、双晶、集合体）、物理性质（光学性质：颜色、光泽、透明度、发光性；力学性质：硬度、解理、脆性；其他性质：密度、磁性、电性、放射性、气味等）等主要肉眼鉴定矿物的特征。力求概括描述出矿物的基本面貌，特别突出与矿物命（译）名相关的特征。追溯矿物的首次发现与描述的模式产地、发现人、命名人、命名（或更名）的缘由及最早报道的文献或资料。对以人名命名的，简介其人的主要成就和贡献等。还介绍了 IMA 审核认证情况：1959 年以前发现、描述并命名的"祖父级"矿物，IMA 承认有效的名称；1959 年以后 IMA 批准的新矿物名称；曾广泛使用后被 IMA 剔除废弃的名称；IMA 持怀疑态度的名称；未经 IMA 批准发布，但可能有效的名称等。此外，还介绍了中文命（译）名及其依据和出处。部分条目配有与命名相关的图片。

1.4 书中附有几千幅精美的图片，图文并茂，更具可读性。第一类图片主要表现矿物绚丽多彩的颜色和千姿百态的形态及少量的电子显微镜照片。矿物颜色丰富多彩之美，美不胜收；晶体形态千姿百态之奇，奇妙无比；电镜照片管中窥豹，从中可观察到微观矿物的神奇形貌；一幅幅精美形象的图片，使刻板枯燥的文字描述更具形象化，令人叹为观止。它的震撼力、感染力启发着读者的新思维，以此激发读者热爱大自然、探索大自然的动力。第二类图片是与矿物命名相关的人物像，他们对矿物学或其他领域所做出的杰出贡献与他们的光辉形象将永载人类矿物名学文化史册，以此激励和吸引更多的读者热爱矿物学、学习研究矿物学，为矿物学的繁荣与发展做出更大贡献。第三类图片是与矿物命名相关的其他图片，如发现地风光和人文、建筑、神话故事、植物、动物、设备、工具及X射线衍射图等。

1.5 矿物英文名称或汉拼名称、化学分子式或晶体化学式、模式产地、IMA认证批准、最初报道文献等内容，采用IMA认可的资料。本书努力与国际矿物学界接轨，以期达到国际矿物学界水准和水平。

1.6 书前编有中文矿物名称目录，以汉语拼音字母为序。主要参考《现代汉语词典(第6版)》(商务印书馆，2012)。同一矿物不同中文名称(同义词)，以参见形式出现，排在目录的不同位置。中文名称首字为多音字的，按拼音置于不同位置，如重(chóng)和重(zhòng)。最后为检索页码。

1.7 化学元素周期表和118种化学元素的中英文索引(以汉语拼音为序，后注页码)及英汉矿物名称索引(以英文字母为序，后注页码)，以方便查阅。

2 中文矿物名称的来源

2.1 中文矿物名称的来源。中文矿物名称除少数沿用中国古代名称(如石英、云母、方解石、长石、石膏、硬石膏、雌黄、雄黄、阳起石等)者外，还有一些由现代中国学者发现并命名(如章氏硼镁石、锂铍石、香花石、彭志忠石、李四光矿、李时珍石、张衡矿等)，由旅居在国外或华裔学者命名(如女娲矿、盘古石、补天矿等)，或由国外学者用中文命名(如日本学者命名的杨主明云母、北投石等)，但主要来源于外文名称的汉译名称，部分源自借用来的日文汉字名称。

2.2 借用来的日文汉字名称。日本文化深受中国文化的影响，在矿物命名方面同样如此。日本以地名、人名等命名的矿物名称，多用日文汉字命名。中国学者通常直接借用日文汉字名称为中文名称，如天河石等，或将日文汉字名称用简化汉字借转为中文名称，如万次郎矿(萬次郎鉱)等。

2.3 外文名称的汉译名称绝大多数系按照中国学者的传统文化习惯，根据矿物的化学成分，兼或考虑结构、形态、物性、成因等特征另行意译；少数为全音译，如埃洛石(Halloysite)、瓦兹利石(Wadsleyite)等；部分音译兼意译，如阿硼镁石等。1997年国际矿物协会新矿物及矿物命名委员会(CNMMN)制定《关于矿物命名的程序和原则》之后，特别是21世纪以来，主张全音译的思潮越来越活跃，这给中国矿物学者的传统译名带来冲击和挑战。中国矿物名称文化与中国传统文化从古至今是一脉相承的，根据矿物化学成分，兼或考虑结构、形态、物性、成因等特征命(译)名的矿物名称，具有一般汉文化程度的人群大概都能理解矿物名称的含义，如果把外文中的人名、地名、单位名等矿物名称全音译为中文名称，不用说一般人不知道是何物，恐怕专门研究矿物的人士也会如坠云雾之中。在这种情况下更需要有一部《矿物名称词源》作为案头书籍，供相关读者解惑答疑。但必须指出，由于矿物名称起源时间久远，名出多源，无论中文名称还是外文名称都存在着相当混乱的现象。国际矿物协会新矿物及矿物命名委员会(CNMMN)制定的《关于矿物命名的程序和原则》(1997)，旨在提供一个具有连续性的原则，一个合理的和一致性的方法，以避免或减少其命名的混乱性。编写和出版《矿物名称词源》的初衷，意在正本清源。

3 矿物名称的命名和译名

3.1 矿物名称词冠的命(译)名：中文矿物名称的首字称“词冠字”，用较大号字列于词条之前。词冠字释义用小号字，诠释词冠字的字形、缘起及与矿物名称有关的义项。化学元素词冠字释义包括英文名称、元素符号、原子序数、发现时间、发现人、发现过程、名称起源以及在地壳中的分布和存在形式等。外文人名、地名等音译注[英]音与中文含义无关。如[英]音“施”，并非中文施姓，等等。

3.2 矿物名称词尾的命(译)名：

“矿”——中国矿物学界习惯上把具金属光泽或半金属光泽的，或可以从中提炼某种金属的矿物称为“××矿”，如方铅矿、黄铜矿、辉锑矿等。

“石”——一般把具非金属光泽的，如玻璃光泽或金刚光泽的矿物，称为“××石”，如长石、方解石、孔雀石、金刚石等。在中文矿物名称中以“矿”和“石”为词尾的最多，但这两个词尾对某些矿物来说并不那么严格。在英文名称中，词尾一般是-ite或-ine或-ide，在翻译时并不严格对应中文名称中的“矿”或“石”。

“矾”——一般把含结晶水的金属硫酸盐矿物称为“××矾”，如胆矾、铅矾等。

“玉”——严格地讲，现代矿物学意义上的“玉”，专指硬玉和软玉。由于历史的原因，一些美丽的矿物，如刚玉、黄玉等也被称为“玉”。

“华”——一般把地表松散的矿物称为“××华”，如砷华、钨华、锑华等。中国古代“华”通“花”；繁体“華”，异体“蕐”，会意；从𠦒，从亏(xū)，上面是“垂”字，像花叶下垂形。用于比喻这类矿物集合体的形貌。

“丹”——一般指红色或丸状矿物，通常称为“××丹”，如铅丹等。

“齐”——一般把金属互化物矿物称为“××齐”，如金汞齐等。

“砂”——一般把细小的粒状矿物称为“××砂”，如辰砂等。

“晶”——一般把无色透明的结晶好的矿物称为“××晶”，如水晶、黄晶等。

“霜”——一般把色白如霜、粉末状矿物称为“××霜”，如砒霜。

“膏”——一般把柔软如膏状的矿物称为“××膏”，如石膏、汞膏等。

3.3 矿物名称的命(译)名：矿物名称的起源十分复杂而多样，可以用难于言表、五花八门、无所不包来概括。

3.3.1 以矿物自身特征命(译)名。

3.3.1.1 以化学成分命(译)名。单元素命(译)名，如自然金、自然银、自然铜等。词冠“自然”指成因，即天然形成的、非人工冶炼的金属单质矿物。二元素命(译)名，如锂铍石(Liberite)等。三元素及以上多元素命(译)名，如硫砷铁矿、硫砷铜矿等。

化学成分的类质同象替代有时也参加命(译)名。一定的化学成分和一定的晶体结构构成一个矿物种，但化学成分可在一定范围内变化。矿物成分变化的原因，除那些不参加晶格的机械混入物、胶体吸附物质的存在外，最主要的是晶格中质点的替代，即类质同象替代，它是矿物中普遍存在的现象。在晶体结构中占据等同位置的两种质点，可相互取代，彼此可以呈有序或无序的分布。在这种情况下择取主要的成分参加命(译)名。

3.3.1.2 以晶体结构命(译)名。

按结构的对称性命(译)名。对称性分为7个晶系：等轴晶系(如等轴钙锆钛矿)、三方晶系(如三方硼镁石)、四方晶系(如四方沸石)、六方晶系(如六方铝氧石)、斜方晶系(如斜方矾石)、单斜晶系(如单斜硫砷铅矿)、三斜晶系(如三斜霞石)等。“方”或“方石”一般为等轴晶系的矿物，如方钠石、蓝方石等。“斜”一般指单斜晶系，如斜硅镁石、斜绿泥石等。

同质多象变体(多形)与多型变体矿物的命(译)名。晶体结构不仅取决于化学成分,还受到外界条件的影响。同种成分的物质,在不同的物理化学条件(温度、压力、介质)下可以形成结构各异的不同矿物种,这一现象称为同质多象,如金刚石和石墨的成分同样是碳单质,但成因不同、晶体结构各异,性质上也有很大差别,它们被称为碳的同质多象变体。如果化学成分相同或基本相同,结构单元层也相同或基本相同,只是层的叠置层序有所差异时,则称它们为不同的多型变体,如石墨 2H 多型(两层一个重复周期,六方晶系)和 3R 多型(三层一个重复周期,三方晶系)。不同多型仍被看作同一个矿物种。因此,在这种情况下只对矿物种名解释,而对种名后的后缀部分一般不作诠释。如发现时间、发现地点、命名时间不同,个别情况下也作了诠释。

准晶结构命(译)名。1982 年,以色列工学院工程材料系教授丹尼·谢赫特曼(Dan Shechtman)在美国霍普金斯大学借助电子显微镜在铝-锰合金中获得一幅独特的 10 次对称衍射图案。美国普林斯顿大学的保罗·斯坦哈特教授引入"准晶体"术语。1992 年国际晶体学联合会将晶体由"规则有序、重复三维图案"的定义,修改为"仅仅是一种衍射图谱呈现明确图案的固体"。2009 年,在俄罗斯东部哈泰尔卡陨石中发现了天然准晶体。2010 年 IMA 2010-042 批准第一个准晶矿物正二十面体矿*(Icosahedrite),人类对矿物晶体结构认识发生了革命性的进展(参见【正二十面体矿*】条),矿物的定义进入一个全新的阶段——将长程有序的准晶矿物也纳入其中。

3.3.1.3 以矿物晶体的形貌命(译)名。

以矿物单体命(译)名。矿物的形貌千姿百态,就其单体而言,形态大体上可分为三向等长(如粒状)、二向延展(如板状、片状)和一向伸长(如柱状、针状、纤维状)3 种类型。

以矿物双晶命(译)名。矿物单体间有时可以产生规则的连生,同种矿物晶体可以彼此平行连生,也可以按一定对称规律形成双晶,如十字石、车轮矿等。

以矿物集合体命(译)名。矿物集合体可以分为显晶和隐晶。隐晶或胶态的集合体常具有各种特殊的形态,如结核状(如结核状磷灰石)、豆状或鲕状(如鲕状赤铁矿)、树枝状(如树枝状自然铜)、晶腺状(如玛瑙)、土状(如高岭石)、块状等。显晶集合体的形貌更是千姿百态、千变万化,诸如块状、放射状、晶簇状、网状、羽毛状、球粒状、束状等,语言难尽其详。

3.3.1.4 以矿物的物理性质命(译)名。

3.3.1.4.1 以颜色命(译)名。矿物的颜色多种多样,五彩斑斓。矿物学中一般将颜色分为 3 类:自色是矿物固有的颜色;他色是指由混入物引起的颜色;假色则是由于某种物理光学过程所致。如斑铜矿新鲜面为古铜红色,氧化后因表面的氧化薄膜引起光的干涉而呈现蓝紫色的锖色;矿物内部含有定向的细微包体,当转动矿物时可出现颜色变幻的变彩(如鸽彩石);透明矿物的解理或裂隙有时可引起光的干涉而出现彩虹般的晕色(如晕长石)等。

颜色直接命(译)名。黑白系列,从无色到白色、灰色、黑色,如白钨矿、黑钨矿等。彩色系列,红、橙、黄、绿、蓝、青、紫七色,以及过渡色、混合色。还可在这些颜色前加修饰词,如淡与浓、浅与深等。

比喻色命(译)名。以植物色比喻,如橄榄石、紫苏辉石、蔷薇辉石等。以天色比喻,如天青石、天蓝石等。以海色比喻,如海绿石等。

3.3.1.4.2 以光泽命(译)名。光泽指矿物表面反射可见光的能力。由强而弱分为金属光泽(状若镀克罗米金属表面的反光,如方铅矿)、半金属光泽(状若一般金属表面的反光,如磁铁矿)、金刚光泽(状若钻石的反光,如金刚石)和玻璃光泽(状若玻璃板的反光,如辉石、闪石)4 级。此外,若矿物的反光面不平滑或呈集合体时,还可出现油脂光泽、树脂光泽、蜡状光泽、土状光泽,以及丝绢光泽和珍珠光泽等特殊光泽类型,如脂光石、蜡石、绢石、绢云母、珍珠云母、丝光沸石等。

3.3.1.4.3 以发光性命(译)名。矿物发光性是指矿物受到外界能量(如紫外线、X射线和放射性射线照射,或者打击、摩擦、加热)激发时,能够发出可见光的性质。激发停止,发光即停止的称为荧光,如萤石;激发停止,发光仍可持续一段时间的称为磷光,如磷灰石等。

3.3.1.4.4 以透明度命(译)名。透明度指矿物透过可见光的程度。影响矿物透明度的外在因素(如厚度、含有包裹体、表面不平滑等)很多,通常是在厚为0.03mm薄片的条件下,根据矿物透明的程度,将矿物分为透明矿物(如透石膏、透闪石、透辉石等)、半透明矿物和不透明矿物。

3.3.1.4.5 以硬度命(译)名。硬度是指矿物抵抗外力作用(如刻划、压入、研磨)的机械强度。矿物学中最常用的是摩氏硬度,它是通过与具有标准硬度的矿物相互刻划比较而得出的。10种标准硬度的矿物组成了摩氏硬度计,从1度到10度为滑石、石膏、方解石、萤石、磷灰石、正长石、石英、黄玉、刚玉、金刚石;以自身硬度命名的,如刚玉、金刚石;以矿物间比较硬度命名,如成分相近、结构不同、硬度各异的矿物,有软石膏(即石膏,硬度2)和硬石膏(硬度3~3.5),软锰矿(硬度1左右)和硬锰矿(硬度4~6),软玉(6~6.5)和硬玉(即翡翠,硬度6.5~7)。还有同一个矿物在同一个晶面不同方向上硬度不同,如二硬石等。本辞书中只采用摩氏硬度标准。

3.3.1.4.6 以黏韧性和手感命(译)名。矿物的力学性质还包括弹性、挠性、脆性与延展性。某些矿物(如云母)受外力作用弯曲变形,外力消除,可恢复原状,显示弹性,而有一些矿物(如绿泥石)受外力作用弯曲变形,外力消除后不再恢复原状,显示挠性。大多数矿物为离子化合物,它们受外力作用容易破碎,显示脆性,少数具金属键的矿物(如自然金),具延性(拉之成丝)、展性(捶之成片)。以脆性命名的矿物如脆银矿、脆绿泥石等。以滑感命名的,如滑石。以黏韧性命名的,如石膏等。

3.3.1.4.7 以解理或裂理命(译)名。三方晶系的碳酸盐矿物,多具完全菱面体解理,如菱铁矿、菱镁矿等。具有极为发育的(100)裂理的透辉石和普通辉石统称为异剥石或异剥辉石。

3.3.1.4.8 以密度命(译)名。密度指矿物与同体积水在4℃时质量之比。矿物的密度取决于组成元素的原子量和晶体结构的紧密程度。尽管不同矿物的密度差异很大,根据密度大小矿物可分为3级:轻级密度小于2.5g/cm^3;中级密度为2.5~4g/cm^3,大多数矿物的密度属于此级;重级密度大于4g/cm^3,如重晶石(4.3~4.7g/cm^3)、毒重石(4.2~4.3g/cm^3)等。

3.3.1.4.9 以磁性命(译)名。由于矿物内部所含原子或离子的原子本征磁矩的大小及其相互取向关系的不同,它们在被外磁场所磁化时表现的性质也不相同,因此可将矿物分为抗磁性(如石盐)、顺磁性(如黑云母)、反铁磁性(如赤铁矿)、铁磁性(如磁铁矿)和亚铁磁性(如磁黄铁矿)等。

3.3.1.4.10 以电学或热学性质命(译)名。矿物具有导电性、介电性、压电性和热电性。如焦石英、电气石、异极矿等。

以耐热性命(译)名的,如温石棉、顽火辉石等。以加热产生的物理性质变化命(译)名的,如沸石、蛭石、烧绿石等。

3.3.1.5 以矿物的化学性质命(译)名。

以加热产生的化学性质变化命(译)名,如热臭石等。以特殊气味命(译)名,如臭葱石等。

以对酸的反应命(译)名,如易溶解于酸的异性石。

以毒性命(译)名,如砒霜、毒重石等。

3.3.2 以来源地和地球上的模式产地(发现地)名命(译)名。

3.3.2.1 宇宙,如太阳系行星、天外来客或人类从地外采集来的矿物命(译)名,包括宇宙氯辉石(Cosmochlore;Kosmochlor)、陨石(陨硫铁矿等)和月岩矿物(如静海石)等。

以太阳系天体比较命名的,如金(太阳)、银(月亮)、铜(金星)、铁(火星)、锡(木星)、铅(土星)和汞(水星)等。

3.3.2.2 以地球自然地理单元命(译)名,如洲名(南极石、北极石)、山脉名(长白矿、祁连山石等)、山岭名(如高岭石、香花石等)、河流名(如黄河矿、额尔齐斯石、金沙江石等)、湖泊名、岛屿名(如钓鱼岛石等)。

3.3.2.3 以行政区划命(译)名,如国名(古巴矿、尼日利亚石、刚果石等)、省名(湖北石等)、市名(莫斯科石、东京石、大阪石等)、县名(蓟县矿等)、镇名、村名、矿山名等。

3.3.2.4 以发现、研究单位命(译)名,如以大学、研究机构、团体、图书馆、博物馆、公司、修道院等名称命(译)名。

3.3.3 以人名、神名、人的性格、民族命(译)名。

3.3.3.1 以人名命(译)名。包括政要,如国王、总统[如砷铋矿,以美国第32任总统罗斯福(Roosevelt)命名]、元首、教主、伯爵、机构领导等。

以科学家或在各行业中做出过贡献的人命名的。如彭志忠石(Pengzhizhongite),纪念中国结晶学家和矿物学家彭志忠教授等。化学家、物理学家、探险家、医学家、护士、诗人作家(歌德矿=针铁矿)、航天员和飞行员(如阿姆阿尔柯尔石,Armalcolite)、戏剧家、矿物收藏家、矿物经销商、司机、制片工人等人名。

以矿物的发现者、研究者或勘探者命名的。多为单人名,也有二人名(如父子、父女、夫妻、兄弟、同事、师生),个别的还有三人名(如阿姆阿尔柯尔石,Armalcolite)和四人名(如马皮奎罗矿,Mapiquiroite)等。

以人的木乃伊命名。如新克罗石*(Chinchorroite,新克罗族人)。

3.3.3.2 以神话人物命(译)名。以希腊、中国、日本、美国、俄罗斯、北欧等神话人物命名。中国的如盘古石、女娲矿、补天矿等;日本的如海神石等;北欧的如海王石、霓石等;圣经中的神话人物,如夏娃和亚当;等等。

3.3.3.3 以人的性格命(译)名。如欺诈、虚伪、虚荣等。

3.3.3.4 以民族命名。如阿贝纳克石[Abenakiite-(Ce)]等。

3.3.3.5 以科学家的情感态度命(译)名。如耻辱石(Aischune)[即易解石(Eschvnite)]、暧昧石(Griphite)等。

3.3.4 以植物命(译)名。以植物的颜色命(译)名的,如堇青石、紫苏辉石等;以植物的形态命(译)名的,如叶蜡石、叶长石等;以植物的果实形态命名的,如石榴石、葡萄石等;以植物的花的颜色命名的,如蔷薇辉石、桃针钠石、锆石(风信子花)等;以植物的荆棘命名的,如尖晶石等。

3.3.5 以动物命(译)名。以动物命名的,如以三文鱼命名的红橙石(Attakolite);以猎鹰红隼命名的红隼石*(Tinnunculite);以帝企鹅命名的淡磷铵铁石(Spheniscidite)等。以动物的形态命名的,如蛭石。以动物的骨骼命名的,如海泡石。以动物的羽毛、毛发命名的,如以羽毛的形态命名的羽毛矿、青毛石、毛沸石等;以动物羽毛的颜色命(译)名的翡翠、孔雀石。以动物的粪便命名的,如鸟粪石。以鱼的眼睛命名的,如鱼眼石。以动物的卵命名的,如鲕状赤铁矿。以动物肾脏命名的,如肾状赤铁矿等。以动物的胆汁命名的,如胆矾。以鸡冠的颜色和形态命名的,如鸡冠石。以马脑纹饰命名的,如玛瑙。以动物的血液颜色命名的,如赤铁矿。以蛇皮纹饰命名的,如蛇纹石,等等。

3.3.6 以天象、气象命(译)名。以雷电现象命(译)名的,如雷击石、赵击石等。以气象命(译)名,如以云霞命名的云母、霞石、霓石等;以冰、雪、霰、霜命名的冰晶石、雪硼钙石、霰石、霜晶石等。以中国阴阳学说命名的,如阳起石、雌黄、雄黄等。

3.3.7 以某物或形态或性质命(译)名。以某物形态命名的,如车轮矿、斧石、帘石、电视石等;以文化用品命名,如石墨;以科考船命名的,如水硅钠锰石(Raite),即日本的 Ra Ⅱ 纸莎草船;以兵器命名的，如箭石、剑石、枪晶石、炮石等。

3.3.8 复合命(译)名。上述各要素之间两要素组合或多要素组合命(译)名。这种命(译)名是大量的，如地名与成分、人名与成分、颜色与成分、形态与成分、颜色与形态等组合命(译)名，或族名根词加冠词、根词加占优势成分的后缀或多型的后缀命(译)名等。

3.3.9 以体育、音乐、声音命(译)名。以运动会命名，如奥林匹克矿(Olympite)；以赞美矿物之美德的曲调命名，如菱沸石(Chabazite)。还有以某种声音命名的。

3.3.10 以矿物数据库、杂志、经书等命名。如砷铜钙石*(Rruffite)以拉曼光谱矿物化学数据库命名；碳锌钙石(Minrecordite)，由"Mineralogical(矿物学)"和"Record(记录)"缩写组合，即以《矿物学记录杂志》(1970)命名；以经书命名的，如佐哈尔矿*(Zoharite)，希伯来语：ר ה ז="Zohar(光辉之书)"，即神学著作等。矿物名称起源不胜枚举，此处不再赘述；若欲知详情，请读词源。

4 主要参考文献及析出文献

4.1 本辞书主要参考文献例于书后，供读者进一步深入研究参考，但由于本辞书涉及古今中外参考文献浩如烟海，无法一一列出，只能择其重要者列出。至于从参考文献中析出的文献就更多，为读者回溯文献方便起见，在此列出国外重要文献的英汉对照名称：

《澳大利亚矿物学家》(*Australian Mineralogist*)

《丹纳矿物学系统》(第一卷，第七版)(*The System of Mineralogy of James Dwight Dana Volue* Ⅰ)(C. Palache, et al,1944)

《丹纳矿物学系统》(第一卷，第七版)(*The System of Mineralogy of James Dwight Dana Volue* Ⅱ)(C. Palache, et al,1951)

《法国科学院会议周报》(*Comptes Rendu Académie des Sciences*,*Sér.*)

《法国矿物学和结晶学会通报》(*Bulletin de la Société française de Minéralogie et de Cristallographie*)

《加拿大矿物学家》(*Canadian Mineralogist*)

《矿物新数据》(*New data on minerals*)

《矿物学和岩石学科学杂志》[(*Journal of Mineralogical and Petrological Sciences*)(日本)]

《矿物学和岩石学通报》[*Mineralogische and petrographische Mitteilungen*(奥地利)]

《矿物学记录》(*Mineralogical Record*)

《矿物学新年鉴:论文》(*Neues Jahrbuch für Mineralogie*, *Abhandlungen*)

《矿物学新年鉴:月刊》(*Neues Jahrbuch für Mineralogie*, *Monatschefte*)

《矿物学杂志》[*Mineralogical Magazine*(英国)]

《美国矿物学家》(*American Mineralogist*)

《欧洲矿物学杂志》(*European Journal of Mineralogy*)

《契尔马克氏矿物学和岩石学通报》[*Tschermaks Mineralogische und Petrographische Mitteilungen*(奥地利)]

《全苏矿物学会记事(俄罗斯矿物学会学报)》[*Zapiski Vserossiyskogo Mineralogicheskogo Obshchestva* (*Proceedings of the Russian Mineralogical Society*)]

《苏联科学院报告》(*Doklady Rossiiskoi Akademii Nauk SSSR*)

《CNMNC 通讯》(*CNMNC Newsletter*)

……

4.2 本辞书的英文名、汉拼名、化学式、模式产地国、IMA 认证批准或最早发现时间、最初报道文献等，绝大多数采自维基数据和 IMA -表 2019 或 2020。因此表按著录规范不能列入参考文献，只能在这里提供给读者参考。

《维基数据：矿物学（新矿物）工作组》（2009—2017）（*Wikidata*：*Mineralogy task force*/*New minerals*，2009 - 2017）

《新的 IMA 矿物表：正在进行的工作》（2019.09 更新）［*The New IMA List of Minerals—A Work in Progress-Updated*：*September* 2019（IMA）］

《新的 IMA 矿物表：正在进行的工作》（2020.09 更新）［*The New IMA List of Minerals—A Work in Progress -Updated*：*September* 2020（IMA）］

半水羟碳镁石 …………… (46)	钡解石 …………………… (55)	铋铌铁矿 ………………… (61)
半水石膏 ………………… (46)	钡磷灰石 ………………… (55)	铋烧绿石 ………………… (62)
半水亚硫钙石 …………… (46)	钡磷铀矿 ………………… (55)	铋砷钯矿 ………………… (62)
包头矿 …………………… (46)	钡硫酸铅矿 ……………… (55)	铋铜矿 …………………… (62)
包氧氯汞矿 ……………… (46)	钡镁脆云母 ……………… (55)	铋土 ……………………… (62)
保拉德绍什瓦尔石* ……… (47)	钡镁锰矿 ………………… (55)	铋细晶石 ………………… (62)
保罗亚当斯石* …………… (47)	钡蒙山矿 ………………… (55)	碧矾 ……………………… (62)
保砷铅石 ………………… (47)	钡锰闪叶石 ……………… (55)	碧玺 ……………………… (63)
鲍伯道斯石 ……………… (47)	钡锰硬柱石 ……………… (56)	碧玉 ……………………… (63)
鲍伯弗格森石 …………… (47)	钡钠长石 ………………… (56)	变埃洛石 ………………… (63)
鲍伯特雷石 ……………… (48)	钡铍氟磷石 ……………… (56)	变铵砷铀云母 …………… (63)
鲍勃库克铀矿* …………… (48)	钡铅矾 …………………… (56)	变钡砷铀云母 …………… (63)
鲍勃迈耶石* ……………… (48)	钡闪叶石 ………………… (56)	变钡铀云母Ⅰ/Ⅱ ………… (63)
鲍勃香农石* ……………… (48)	钡烧绿石 ………………… (56)	变草酸铀矿* ……………… (64)
鲍尔斯矿* ………………… (48)	钡砷磷灰石 ……………… (56)	变橙黄铀矿 ……………… (64)
鲍林沸石-钙 ……………… (48)	钡钛矿 …………………… (56)	变橙铅铀矿 ……………… (64)
鲍林沸石-钾 ……………… (48)	钡钛铁铬矿 ……………… (57)	变翠砷铜铀矿 …………… (64)
鲍林沸石-钠 ……………… (49)	钡钛铁矿 ………………… (57)	变矾石 …………………… (64)
鲍姆施塔克矿* …………… (49)	钡天青石 ………………… (57)	变钒钙铀矿 ……………… (64)
鲍温玉 …………………… (49)	钡铁脆云母 ……………… (57)	变钒铝铀矿 ……………… (65)
北极石 …………………… (49)	钡铁矿* …………………… (57)	变钙铀矿 ………………… (65)
北极星矿* ………………… (49)	钡铁钛石 ………………… (57)	变钙铀云母 ……………… (65)
北投石 …………………… (49)	钡细晶石 ………………… (57)	变杆沸石 ………………… (65)
贝得石 …………………… (50)	钡霞石 …………………… (58)	变高岭石 ………………… (65)
贝尔伯格石 ……………… (50)	钡藏石 …………………… (58)	变褐铁矾 ………………… (65)
贝尔德石* ………………… (50)	钡硝石 …………………… (58)	变红磷铁矿 ……………… (66)
贝尔斯石 ………………… (50)	钡斜长石 ………………… (58)	变黄砷铀铁矿 …………… (66)
贝克特石* ………………… (50)	钡斜方硅钠钡钛石 ……… (58)	变蓝磷铝铁矿 …………… (66)
贝兰道尔夫矿 …………… (50)	钡硬锰矿 ………………… (58)	变磷复铀矿 ……………… (66)
贝硫砷铊矿 ……………… (51)	钡铀矿 …………………… (58)	变磷钾钡铀矿 …………… (66)
贝洛古布石* ……………… (51)	钡铀云母Ⅰ/Ⅱ …………… (58)	变磷铝石 ………………… (66)
贝硼锰石 ………………… (51)	钡云母 …………………… (59)	变磷铀矿 ………………… (66)
贝氏绿泥石 ……………… (51)	倍长石 …………………… (59)	变绿钾铁矾 ……………… (66)
贝斯特石* ………………… (51)	本硫铋银矿 ……………… (59)	变毛矾石 ………………… (67)
贝塔石 …………………… (52)	本斯得石 ………………… (59)	变镁磷铀云母 …………… (67)
贝特顿石* ………………… (52)	本斯顿石 ………………… (59)	变砷钙铀云母 …………… (67)
备中石 …………………… (52)	比尔怀斯石* ……………… (59)	变铈铌钙钛矿 …………… (67)
钡白云石 ………………… (52)	比基塔石 ………………… (59)	变水钒钙石 ……………… (67)
钡冰长石 ………………… (52)	比林石 …………………… (59)	变水钒锶钙石 …………… (67)
钡长石 …………………… (52)	比纳维迪斯矿 …………… (59)	变水方硼石 ……………… (68)
钡毒铝石* ………………… (52)	比硼钠石 ………………… (59)	变水锆石 ………………… (68)
钡毒铁矿 ………………… (53)	比亚乔尼矿* ……………… (60)	变水硅钙铀矿 …………… (68)
钡钒白云母 ……………… (53)	彼得安德烈森石* ………… (60)	变水红砷锌石 …………… (68)
钡钒磷矿 ………………… (53)	彼得森石 ………………… (60)	变水磷钒铝石 …………… (68)
钡钒钛石 ………………… (53)	彼得斯石 ………………… (60)	变水砷钴铀矿 …………… (68)
钡钒云母 ………………… (53)	彼利戈特铀矿* …………… (60)	变水砷镁铀矿 …………… (68)
钡方解石 ………………… (54)	笔铁矿 …………………… (60)	变水丝铀矿 ……………… (68)
钡沸石 …………………… (54)	毕利宾矿 ………………… (61)	变水碳钙铀矿 …………… (69)
钡钙大隅石 ……………… (54)	铋车轮矿 ………………… (61)	变水锌砷铀矿 …………… (69)
钡钙沸石 ………………… (54)	铋碲矿 …………………… (61)	变坦博石* ………………… (69)
钡钙钛云母 ……………… (54)	铋华 ……………………… (61)	变碳钙铀矿 ……………… (69)
钡钙霞石 ………………… (54)	铋黄锑华 ………………… (61)	变铁铀云母 ……………… (69)
钡交沸石 ………………… (54)	铋磷铅铀矿 ……………… (61)	变铜铀云母 ……………… (69)

变纤钠铁矾 …………… (70)	博泽石* …………… (77)	层解石 …………… (85)
变铀铵磷石 …………… (70)	薄水铝矿 …………… (78)	层亚砷锰矿 …………… (85)
变铀矾 …………… (70)	卟啉镍石 …………… (78)	插晶菱沸石-钙 …………… (86)
变铀钍石 …………… (70)	补天矿* …………… (78)	插晶菱沸石-钠 …………… (86)
变针钒钙石 …………… (70)	布勃诺娃石* …………… (78)	茶晶 …………… (86)
变柱铀矿 …………… (71)	布尔班克石 …………… (79)	查尔斯哈切特石* …………… (86)
别劳如斯石 …………… (71)	布尔加科石* …………… (79)	查玛石 …………… (86)
别洛依石 …………… (71)	布格电气石 …………… (79)	查纳巴亚石* …………… (86)
宾博里石* …………… (71)	布贺石 …………… (79)	柴达木石 …………… (87)
冰 …………… (71)	布拉格矿 …………… (79)	长白矿 …………… (87)
冰长石 …………… (72)	布拉科石* …………… (79)	长城矿 …………… (87)
冰地蜡 …………… (72)	布拉特福什石* …………… (79)	长石 …………… (87)
冰晶石 …………… (72)	布朗矿 …………… (79)	车轮矿 …………… (87)
冰卷发石* …………… (72)	布朗利矿 …………… (79)	彻雷奈克石 …………… (88)
冰石盐 …………… (73)	布朗尼矿* …………… (79)	彻内奇石 …………… (88)
冰洲石 …………… (73)	布雷石* …………… (79)	辰砂 …………… (88)
波波夫石* …………… (73)	布里奇曼石 …………… (79)	陈国达矿 …………… (88)
波德法特石 …………… (73)	布里杨石 …………… (80)	陈鸣矿 …………… (89)
波尔克石 …………… (73)	布列底格石 …………… (80)	陈铜铅矾 …………… (89)
波钒铅铋矿 …………… (73)	布罗石* …………… (80)	承德矿 …………… (89)
波格丹诺夫矿 …………… (73)	布洛克石 …………… (80)	橙钒钙石 …………… (89)
波硫铁铜矿 …………… (73)	布塞克矿* …………… (80)	橙汞矿 …………… (89)
波洛克石 …………… (74)	布水碲铜石 …………… (80)	橙红铀矿 …………… (90)
波洛内矿* …………… (74)	布水氯硼钙石 …………… (80)	橙黄石 …………… (90)
波斯石* …………… (74)		橙黄铀矿 …………… (90)
波斯特石* …………… (74)	**Cc**	橙砷钠石 …………… (90)
波翁德拉石 …………… (74)	彩钼铅矿 …………… (82)	齿胶磷矿 …………… (90)
波依特温矾 …………… (74)	蔡承云石 …………… (82)	耻辱石 …………… (90)
伯班克石 …………… (74)	苍辉石 …………… (82)	赤矾 …………… (91)
伯恩矿 …………… (75)	苍帘石 …………… (82)	赤金矿 …………… (91)
伯格德矿* …………… (75)	沧波石 …………… (82)	赤路矿 …………… (91)
伯格斯石 …………… (75)	草地矿 …………… (82)	赤铁矾 …………… (91)
伯吉斯石 …………… (75)	草黄氢铁矾 …………… (82)	赤铁矿 …………… (91)
伯内特石* …………… (75)	草黄铁矾 …………… (82)	赤铜矿 …………… (92)
伯纳尔石 …………… (75)	草绿砷锰矿 …………… (82)	赤铜铁矿 …………… (92)
伯西铈石* …………… (75)	草莓红绿柱石 …………… (82)	冲石* …………… (92)
伯西钇石* …………… (75)	草酸铵石 …………… (82)	重钙铀矿 …………… (92)
柏林石 …………… (76)	草酸钙石 …………… (82)	重钾矾 …………… (92)
勃力斯多雷石 …………… (76)	草酸钾铁石 …………… (83)	重磷镁石 …………… (93)
勃林沸石 …………… (76)	草酸硫铈矾 …………… (83)	重钠矾 …………… (93)
勃姆铝矿 …………… (76)	草酸铝钠石 …………… (83)	重碳钾石 …………… (93)
勃姆石 …………… (76)	草酸铝铈矾* …………… (83)	重碳钠钇石 …………… (93)
勃砷铅石 …………… (76)	草酸铝钇矾* …………… (83)	重铁天蓝石 …………… (93)
铂赫碲铋矿 …………… (76)	草酸镁石 …………… (84)	臭葱石 …………… (93)
博蒂诺石 …………… (76)	草酸锰石 …………… (84)	初山别矿* …………… (94)
博干沸石 …………… (76)	草酸钠石 …………… (84)	楚碲铋矿 …………… (94)
博格瓦德石 …………… (77)	草酸铁矿 …………… (84)	楚科特卡矿* …………… (94)
博胡斯拉夫石* …………… (77)	草酸铜钠石 …………… (84)	楚硫砷铅矿 …………… (94)
博利瓦尔石 …………… (77)	草酸铜矿 …………… (85)	瓷硼钙石 …………… (94)

磁铁矿 (95)	戴维布朗石* (105)	德里茨石* (114)
磁铁铅矿 (96)	戴维劳埃德石* (105)	德鲁亚尔铈矿 (114)
雌黄 (96)	丹巴矿 (105)	德洛吕石 (114)
次磷钙铁矿 (96)	丹硫汞铜矿 (105)	德马奇斯特里斯石* (115)
次透辉石 (97)	丹砂 (105)	德米斯滕贝尔格石 (115)
粗铂矿 (97)	丹斯石 (105)	德米索科洛夫石* (115)
醋胺石 (97)	单水方解石 (106)	德米特里伊万诺夫石* (115)
醋氯钙石 (97)	单斜二铁锂闪石 (106)	德米歇尔石-碘* (115)
簇磷铁矿 (97)	单斜钒矾 (106)	德米歇尔石-氯* (115)
崔德克斯矿* (98)	单斜氟硅钇矿 (106)	德米歇尔石-溴* (116)
脆金锑矿 (98)	单斜锆铯大隅石 (107)	德普梅尔石* (116)
脆硫铋矿 (98)	单斜硅钡铍矿 (107)	德韦罗铈石 (116)
脆硫铋铅矿 (98)	单斜黄铀矿 (107)	德维托石* (116)
脆硫砷铅矿 (98)	单斜辉石 (107)	德兹尔扎诺夫斯基矿* (116)
脆硫锑铅矿 (98)	单斜钾锆石 (107)	登宁石 (116)
脆硫锑铜矿 (98)	单斜蓝硒铜矿 (107)	等碲铅铜石 (117)
脆硫锑银铅矿 (98)	单斜硫铋银矿 (107)	等方黄铜矿 (117)
脆绿泥石 (99)	单斜硫铑矿 (107)	等轴斑铜矿 (117)
脆砷铁矿 (99)	单斜硫砷铅矿 (107)	等轴铋铂矿 (117)
脆银矿 (99)	单斜钠锆石 (108)	等轴铋碲钯矿 (117)
脆云母 (99)	单斜钠铁矾 (108)	等轴铋碲铂矿 (117)
翠铬锂辉石 (100)	单斜铅锑矿 (108)	等轴碲锑钯矿 (117)
翠榴石 (100)	单斜羟磷灰石 (108)	等轴钙锆钛 (118)
翠绿锂辉石 (100)	单斜羟铍石 (108)	等轴古巴矿 (118)
翠绿砷铜矿 (100)	单斜羟碳汞石 (108)	等轴硫钒铜矿 (118)
翠镍矿 (100)	单斜闪石 (108)	等轴硫砷铜矿 (118)
翠砷铜矿 (100)	单斜铜硝石 (108)	等轴钠铌矿 (118)
翠砷铜铀矿 (101)	单斜托勃莫来石 (108)	等轴铅钯矿 (118)
翠铜矿 (101)	胆矾 (109)	等轴砷镍矿 (118)
村上石* (101)	淡钡钛石 (109)	等轴砷锑钯矿 (119)
Dd	淡硅锰石 (109)	等轴锶钛石 (119)
达尔尼格罗矿* (102)	淡红沸石 (109)	等轴铁铂矿 (119)
达芬奇石* (102)	淡红砷锰石 (110)	等轴硒铁矿 (119)
达格奈斯矿* (102)	淡红银矿 (110)	等轴锡铂矿 (119)
达硅铝锰石 (102)	淡磷铵铁石 (110)	低铁利克石 (119)
达雷尔亨利石* (102)	淡磷钙铁矿 (110)	低铁磷钠锰高铁石* (120)
达利涅戈尔斯克石* (102)	淡磷钾铁矿 (110)	低铁绿纤石 (120)
达硫锑铅矿 (103)	淡硬绿泥石 (111)	狄俄斯库里石* (120)
达氯氧铅矿 (103)	蛋白石 (111)	迪恩斯米思石 (120)
达森石 (103)	蛋黄钒铝石 (111)	迪尔纳耶斯镧石* (120)
达乌松矿 (103)	氮铬矿 (112)	迪尔闪石 (121)
大阪石 (103)	氮汞矾 (112)	迪尔石 (121)
大峰石 (103)	氮硅石 (112)	迪间蒙石 (121)
大江石 (104)	氮铁矿 (112)	迪凯石 (121)
大庙矿 (104)	岛崎石* (112)	迪磷镁铵石 (121)
大青山矿 (104)	道马矿 (112)	迪闪石 (121)
大营矿 (104)	道森石 (113)	砥部云母 (121)
大隅石 (104)	德巴蒂斯蒂矿* (113)	地开石 (121)
大圆柱石 (104)	德钒铋矿 (113)	地蜡 (121)

碲铋华 (122)	叠水镁矾 (132)	**Ee**
碲铋矿 (122)	丁道衡矿 (132)	俄斐石* (140)
碲铋齐 (122)	丁硫铋锑铅矿 (132)	峨眉矿 (140)
碲铋石 (122)	定永闪石 (132)	额尔齐斯石 (140)
碲铋银矿 (123)	东京石 (132)	厄尔布鲁士石* (140)
碲铂矿 (123)	冻蓝闪石 (133)	厄尔特尤比尤石* (140)
碲钙石 (123)	都茂矿 (133)	厄林加石* (140)
碲汞钯矿 (123)	督三水铝石 (133)	鄂霍次克石 (141)
碲汞矿 (123)	毒铝石 (133)	恩德石 (141)
碲汞石 (123)	毒砂 (133)	恩硫铋铜矿 (141)
碲金矿 (123)	毒石 (134)	恩苏塔矿 (141)
碲金银矿 (124)	毒铁矿 (134)	蒽醌 (141)
碲锰铅石 (124)	毒重石 (134)	鲕绿泥石 (142)
碲锰锌石 (124)	独居石 (134)	鲕状赤铁矿 (142)
碲镍矿 (124)	杜尔石 (135)	二硅铁矿 (142)
碲铅铋矿 (124)	杜钒铜铅石 (135)	二连石 (142)
碲铅矿 (125)	杜平石 (135)	二磷铵石 (142)
碲铅石 (125)	杜特罗石* (135)	二硫达硫锑铅矿* (142)
碲铅铜金矿 (125)	杜铁镍矾 (135)	二硫镍矿 (142)
碲铅铜石 (125)	渡边矿 (135)	二铝铜矿 (142)
碲铅铀矿 (125)	短柱石 (136)	二水钒石 (143)
碲锑矿 (125)	断铵铁矾 (136)	二水蓝铜矾 (143)
碲锑铅汞银矿 (126)	钝钠辉石 (136)	二水石膏 (143)
碲铁矾 (126)	顿绿泥石 (136)	二水泻盐 (143)
碲铁石 (126)	多硅白云母 (136)	二水重碳镁石 (143)
碲铁铜金矿 (126)	多硅钙铀矿 (136)	**Ff**
碲铜金矿 (126)	多硅钾铀矿 (136)	
碲铜矿 (126)	多硅锂云母 (136)	发光沸石 (144)
碲钨矿 (127)	多聚砷酸石* (136)	法布里石* (144)
碲硒铋矿 (127)	多库恰耶夫矿* (137)	法尔斯特石* (144)
碲锌钙石 (127)	多硫钠铀矿 (137)	法夫罗石* (144)
碲锌锰石 (127)	多硫水钠铀矿 (137)	法灵顿石 (144)
碲锌石 (127)	多铝红柱石 (137)	法洛塔石* (144)
碲银钯矿 (127)	多摩石 (137)	法马丁矿 (144)
碲银矿 (127)	多姆罗克石* (137)	法那西石 (144)
碲银铜矿 (128)	多钠硅锂锰石 (137)	法硼钙石 (144)
碲铀矿 (128)	多水埃洛石 (137)	法西纳石* (145)
碲黝铜矿 (128)	多水高岭石 (137)	凡尔纳石* (145)
碘钙石 (128)	多水硅钙锰石 (137)	矾石 (145)
碘铬钙矿 (129)	多水菱镁矿 (138)	钒钡铜矿 (146)
碘汞矿① (129)	多水硫磷铝石 (138)	钒钡铀矿 (146)
碘汞矿② (129)	多水氯硼钙石 (138)	钒铋矿 (146)
碘氯硫汞矿 (129)	多水钼铀矿 (138)	钒铋石 (146)
碘钠矾 (129)	多水硼钙石 (138)	钒磁铁矿 (147)
碘铜矿 (129)	多水硼镁钙石 (138)	钒电气石 (147)
碘氧汞石 (129)	多水硼镁石 (138)	钒矾 (147)
碘银汞矿 (130)	多水硼钠石 (138)	钒钙锰石 (147)
碘银矿 (130)	多水水铜铝矾 (139)	钒钙铜矿 (147)
电气石 (130)	多水碳铝钡石 (139)	钒钙铀矿 (148)

钒钾铀矿 (148)	方硫钴矿 (155)	斐希德尔石 (165)
钒韭闪石* (148)	方硫锰矿 (155)	翡翠 (165)
钒镧矿 (148)	方硫镍矿 (155)	沸石 (165)
钒帘石 (149)	方硫砷银镉矿 (156)	沸水硅磷钙石 (165)
钒铝铁石 (149)	方硫砷银锰矿* (156)	费奥多西石* (165)
钒铝铀矿 (149)	方硫铁镍矿 (156)	费多托夫石 (165)
钒马来亚石 (149)	方镁石 (156)	费尔班克石 (166)
钒锰铅矿 (149)	方锰矿 (156)	费克里彻夫石* (166)
钒钠矿 (150)	方钠石 (157)	费拉托夫石 (166)
钒钠镁钙石 (150)	方镍矿 (157)	费拉约洛石* (166)
钒钠铜铁矿 (150)	方硼石 (157)	费雷尔钾石 (166)
钒钠铀矿 (150)	β-方硼石 (157)	费雷尔镁石 (166)
钒镍矿 (150)	方铅矿 (157)	费雷尔钠石 (166)
钒钕矿 (150)	方砷锰矿 (158)	费曼铀矿* (166)
钒铅矿 (151)	方砷铜银矿 (158)	费米铀矿* (167)
钒铅锌矿 (151)	方石英 (158)	费硼锰钙镁石 (167)
钒铅铀矿 (151)	方氏石 (158)	费羟铝矾 (167)
钒铯铀石 (151)	方铈石 (158)	费砷铀矿 (167)
钒石 (151)	方霜晶石 (159)	费水钒锰矿 (167)
钒铈矿 (151)	方水铀矿 (159)	费水砷钙石 (167)
钒钛磁铁矿 (151)	方锑金矿 (159)	费水锗铅矾 (167)
钒钛矿 (151)	方锑矿 (159)	芬钒铜矿 (168)
钒锑矿 (151)	方铁矿 (159)	芬奇铀矿* (168)
钒铁镁钙石* (152)	方铁锰矿 (160)	丰石* (168)
钒铁铅矿 (152)	方铜铅矿 (160)	丰坦矿 (168)
钒铁铜矿 (152)	方钍石 (160)	丰羽矿 (168)
钒铜矿 (152)	方硒钴矿 (160)	冯贝辛石 (169)
钒铜铅矿 (152)	方硒镍矿 (160)	冯德钦石* (169)
钒铜铀矿 (152)	方硒铜矿 (160)	凤城石 (169)
钒氧铬镁电气石* (152)	方硒锌矿 (161)	凤凰石 (169)
钒氧镁电气石* (152)	方英石 (161)	弗比克硒钯矿 (169)
钒钇矿 (152)	β-方英石 (161)	弗钙霞石 (169)
钒铀钡铅矿 (152)	方柱石 (161)	弗硅钒锰石 (170)
钒铀矿 (152)	芳水砷钙石 (162)	弗拉德金石* (170)
钒云母 (153)	房总石* (162)	弗拉迪克沃维彻夫石* (170)
钒赭石 (153)	非脆硫砷铅矿* (162)	弗拉迪米尔伊万诺夫石* (170)
反条纹长石 (153)	非晶砷铁石 (162)	弗拉纳石* (170)
饭盛石 (153)	非晶质铀矿 (162)	弗赖塔尔石* (170)
方铋钯矿 (153)	菲尔多斯矿* (163)	弗雷斯诺石 (171)
方沸石 (153)	菲辉锑银铅矿 (163)	弗林特石* (171)
方氟硅铵石 (153)	菲劳利石 (163)	弗磷铀矿 (171)
方氟硅钾石 (153)	菲利罗斯矿* (163)	弗硫铋铅铜矿 (171)
方氟钾石 (153)	菲利普博石 (163)	弗硫砷汞银矿 (171)
方钙石 (154)	菲利普锑锰矿 (163)	弗鲁尔石* (171)
方钙铈镧矿 (154)	菲氯砷铅矿 (164)	弗硼钙石 (172)
方镉矿 (154)	菲姆石* (164)	弗硼锰镁石 (172)
方铬铁矿 (154)	菲羟砷铜石 (164)	弗水钡硅石 (172)
方钴矿 (154)	菲特雷尔石* (164)	芙蓉铀矿 (172)
方黄铜矿 (154)	菲韦格石* (164)	氟钡镁脆云母 (172)
方碱沸石 (154)	菲希特尔石 (164)	氟钡闪叶石* (172)
方解石 (154)	菲尤恩扎利达石 (164)	氟钡石 (173)
方硫安银矿 (155)	肥前石* (165)	氟布格电气石 (173)
方硫镉矿 (155)	肥皂石 (165)	氟符山石 (173)

氟钙铝石 …………… (173)	氟铝钙石 …………… (181)	氟闪叶石* …………… (190)
氟钙镁电气石 ……… (173)	氟铝钾矾 …………… (182)	氟砷钙镁石 ………… (190)
氟钙钠铈石 ………… (174)	氟铝镁钡石 ………… (182)	氟砷镁石* …………… (190)
氟钙钠钇石 ………… (174)	氟铝镁钙闪石 ……… (182)	氟石 ………………… (190)
氟钙烧绿石 ………… (174)	氟铝镁绿闪石 ……… (182)	氟铈硅磷灰石 ……… (190)
氟钙锶磷灰石 ……… (174)	氟铝镁钠闪石 ……… (182)	氟铈矿 ……………… (190)
氟钙锶铈磷灰石 …… (174)	氟铝镁钠石 ………… (182)	氟铈镧石 …………… (191)
氟钙细晶石 ………… (175)	氟铝钠钙石 ………… (182)	氟水磷铝钠石* ……… (191)
氟硅铵石 …………… (175)	氟铝钠锶石 ………… (182)	氟水铝镁钙矾 ……… (191)
氟硅钙钠石 ………… (175)	氟铝石 ……………… (183)	氟锶石* ……………… (191)
氟硅钙石 …………… (175)	氟铝石膏 …………… (183)	氟四配铁金云母 …… (191)
氟硅钙钛矿 ………… (175)	氟绿铁闪石 ………… (183)	氟碳钡镧矿 ………… (191)
氟硅锆钙钠石 ……… (175)	氟氯铅矿 …………… (183)	氟碳钡铈矿 ………… (192)
氟硅钾石 …………… (176)	氟镁电气石* ………… (183)	氟碳铋钙石 ………… (192)
氟硅碱钙石① ………… (176)	氟镁钠闪石 ………… (184)	氟碳钙镧矿 ………… (192)
氟硅碱钙石② ………… (176)	氟镁钠石 …………… (184)	氟碳钙钠石 ………… (192)
氟硅磷灰石 ………… (176)	氟镁钠铁闪石 ……… (184)	氟碳钙钕矿 ………… (192)
氟硅硫磷灰石 ……… (176)	氟镁石 ……………… (184)	氟碳钙石 …………… (192)
氟硅铝钙石 ………… (176)	氟木下云母 ………… (184)	氟碳钙铈矿 ………… (192)
氟硅锰石 …………… (176)	氟钠矾 ……………… (185)	氟碳钙钇矿 ………… (193)
氟硅钠石 …………… (176)	氟钠钙镁闪石 ……… (185)	氟碳硅碱钙石 ……… (193)
氟硅硼镁石 ………… (177)	氟钠钙铈石 ………… (185)	氟碳镧钡石 ………… (193)
氟硅铈矿 …………… (177)	氟钠钙钇石 ………… (185)	氟碳镧矿 …………… (193)
氟硅钛钙锂石 ……… (177)	氟钠康塞尔石* ……… (185)	氟碳铝钠石 ………… (193)
氟硅钛钇石 ………… (177)	氟钠磷锰铁石-钡钠 … (185)	氟碳铝锶石 ………… (193)
氟硅钇石 …………… (177)	氟钠磷锰铁石-钡铁 … (185)	氟碳镁钙铀矿 ……… (193)
氟金云母 …………… (177)	氟钠磷锰铁石-钾钠 … (185)	氟碳钠铈石 ………… (194)
氟韭闪石 …………… (177)	氟钠磷锰铁石-钠铁 … (186)	氟碳钠钇矿 ………… (194)
氟镧矿 ……………… (178)	氟钠镁铝石 ………… (186)	氟碳钕钡矿 ………… (194)
氟锂电气石* ………… (178)	氟钠锰电气石* ……… (186)	氟碳钕矿 …………… (194)
氟锂铁高铁钠闪石 … (178)	氟钠烧绿石 ………… (186)	氟碳铈钡矿 ………… (194)
氟利克石 …………… (178)	氟钠锶钡铝石 ……… (186)	氟碳铈钡石 ………… (195)
氟磷钙镁石 ………… (178)	氟钠钛锆石 ………… (186)	氟碳铈矿 …………… (195)
氟磷钙钠石① ………… (178)	氟钠锑钙石 ………… (186)	氟碳钇矿 …………… (195)
氟磷钙钠石② ………… (179)	氟钠透闪石 ………… (186)	氟锑钙石① …………… (195)
氟磷钙石 …………… (179)	氟钠细晶石 ………… (187)	氟锑钙石② …………… (195)
氟磷钙铁锰矿 ……… (179)	氟尼伯石 …………… (187)	氟铁电气石* ………… (195)
氟磷灰石 …………… (179)	氟佩德里萨闪石* …… (187)	氟铁云母 …………… (196)
氟磷铝钙钠石 ……… (179)	氟硼铵石 …………… (187)	氟透闪石 …………… (196)
氟磷铝石 …………… (179)	氟硼硅钾钠石 ……… (187)	氟维钙铈矿 ………… (196)
氟磷镁石 …………… (180)	氟硼硅钇钠石 ……… (188)	氟亚铁佩德里萨闪石* … (196)
氟磷锰石 …………… (180)	氟硼钾石 …………… (188)	氟盐 ………………… (196)
氟磷钠锶石 ………… (180)	氟硼镁石 …………… (188)	氟盐矾 ……………… (197)
氟磷铍钡石 ………… (180)	氟硼钠石 …………… (188)	氟氧铋矿 …………… (197)
氟磷铁镁矿 ………… (180)	氟铍硅钠铯石 ……… (188)	氟钇钙矿 …………… (197)
氟磷铁锰矿 ………… (180)	氟铅矾 ……………… (189)	氟钇硅磷灰石 ……… (197)
氟磷铁石 …………… (180)	氟铅矿* ……………… (189)	氟银星石* …………… (197)
氟磷铜镉铝石 ……… (180)	氟铅石 ……………… (189)	氟鱼眼石 …………… (197)
氟硫碳钇钠石 ……… (181)	氟浅闪石 …………… (189)	氟鱼眼石-铵* ………… (198)
氟铝铵矾* …………… (181)	氟羟硅钙石 ………… (189)	符山石 ……………… (198)
氟铝钙矿 …………… (181)	氟羟硅铝钇石 ……… (189)	福地矿 ……………… (198)
氟铝钙锂石 ………… (181)	氟羟锶铝石 ………… (189)	福戈钇石* …………… (198)
氟铝钙铅石 ………… (181)	氟切格姆石* ………… (190)	福勒维克矿* ………… (199)

福热雷斯石* …………… (199)	副氯铜矿 ………………… (207)	富铁黑铝镁钛矿 ………… (216)
福碳硅钙石 ……………… (199)	副氯铜矿-镁 ……………… (207)	富铁镧褐帘石 …………… (216)
福伊特电气石* …………… (199)	副氯铜矿-镍 ……………… (208)	富铁铈褐帘石 …………… (216)
福伊特石 ………………… (199)	副钠沸石 ………………… (208)	富铜泡石 ………………… (216)
斧石 ……………………… (200)	副硼钙石 ………………… (208)	富钍独居石 ……………… (217)
釜石石 …………………… (200)	副羟氯铅矿 ……………… (208)	富银利硫砷铅矿 ………… (217)
付穆水钒钠石 …………… (200)	副羟砷锌石 ……………… (208)	
付水磷钙锰矿 …………… (200)	副羟碳硫镍石 …………… (208)	**Gg**
复碲铅石 ………………… (200)	副乔格波基石 …………… (209)	钙贝塔石 ………………… (218)
复钒矿 …………………… (200)	副砷锰钙石 ……………… (209)	钙长石 …………………… (218)
复合矿 …………………… (201)	副砷锑矿 ………………… (209)	钙铒钇石 ………………… (218)
复铁奥贝蒂石 …………… (201)	副砷铁矿 ………………… (209)	钙矾石 …………………… (218)
复铁冻蓝闪石 …………… (201)	副砷锌矿 ………………… (209)	钙钒华 …………………… (218)
复铁矾 …………………… (201)	副水硅锆钾石 …………… (210)	钙钒磷矿 ………………… (219)
复铁氟利克石 …………… (201)	副水磷铍钙石 …………… (210)	钙钒榴石 ………………… (219)
复铁钙闪石 ……………… (201)	副水氯硼钙石 …………… (210)	钙钒铜矿 ………………… (219)
复铁红钠闪石 …………… (201)	副水硼锶石 ……………… (210)	钙钒铀矿 ………………… (219)
复铁灰闪石 ……………… (202)	副水碳铝钙石 …………… (210)	钙沸石 …………………… (219)
复铁角闪石* …………… (202)	副斯硫锑铅矿* ………… (210)	钙杆沸石 ………………… (219)
复铁蓝透闪石 …………… (202)	副碳硅钙石 ……………… (211)	钙锆榴石 ………………… (219)
复铁利克石 ……………… (202)	副伍尔夫石* …………… (211)	钙锆石 …………………… (219)
复铁绿纤石-镁 …………… (202)	副西硼钙石 ……………… (211)	钙锆钛矿 ………………… (220)
复铁绿纤石-低铁 ………… (203)	副硒铋矿 ………………… (211)	钙锆锑矿 ………………… (220)
复铁绿纤石-高铁 ………… (203)	副纤蛇纹石 ……………… (211)	钙铬矾 …………………… (220)
复铁佩德里萨闪石* …… (203)	副斜方砷 ………………… (211)	钙铬榴石 ………………… (220)
复铁天蓝石 ……………… (203)	副斜方砷镍矿 …………… (211)	钙铬石 …………………… (220)
复硒镍矿 ………………… (203)	副雄黄 …………………… (211)	钙硅铅锌矿 ……………… (220)
复稀金矿 ………………… (203)	副氧硅钛钠石 …………… (212)	钙黑电气石 ……………… (220)
副艾尔绍夫石* ………… (203)	副针绿矾 ………………… (212)	钙黑锰矿 ………………… (221)
副白钛硅钠石 …………… (204)	副柱铀矿 ………………… (212)	钙黄长石 ………………… (221)
副钡长石 ………………… (204)	傅纳特阿尔瑙石* ……… (212)	钙交沸石 ………………… (221)
副钡细晶石 ……………… (204)	傅氏磷锰石 ……………… (212)	钙锂电气石 ……………… (221)
副长石 …………………… (204)	傅锡铌矿 ………………… (212)	钙锂蒙脱石 ……………… (221)
副臭葱石 ………………… (204)	傅斜硅钙 ………………… (213)	钙磷绿泥石 ……………… (221)
副蒂莫西石* …………… (204)	富钙异性石 ……………… (213)	钙磷铍锰矿 ……………… (221)
副碲铅铜石 ……………… (204)	富铬绿脱石 ……………… (213)	钙磷石 …………………… (222)
副硅灰石 ………………… (205)	富钾锂钠闪石 …………… (213)	钙磷铁矿 ………………… (222)
副硅钾铁铌钛石* ……… (205)	富钾纤锰柱石 …………… (213)	钙磷铁锰矿 ……………… (222)
副硅钠锆石 ……………… (205)	富钾亚铁钠闪石 ………… (214)	钙菱沸石 ………………… (222)
副黑钒矿 ………………… (205)	富兰克林菲罗石 ………… (214)	钙铝矾 …………………… (222)
副黑铜矿 ………………… (205)	富勒烯石 ………………… (214)	钙铝氟石 ………………… (222)
副黄碲矿 ………………… (205)	富硫铋铅矿 ……………… (214)	钙铝黄长石 ……………… (222)
副黄砷榴石 ……………… (206)	富铝红柱石 ……………… (214)	钙铝榴石 ………………… (222)
副灰硅钙石 ……………… (206)	富镁黑云母 ……………… (214)	钙铝石 …………………… (223)
副基铁矾 ………………… (206)	富镁蒙脱石 ……………… (215)	钙铝铁榴石 ……………… (223)
副赖莎石* ……………… (206)	富镁皂石 ………………… (215)	钙绿松石 ………………… (223)
副蓝磷铝锰石 …………… (206)	富锰绿泥石 ……………… (215)	钙芒硝 …………………… (223)
副蓝磷铝铁矿 …………… (206)	富钠带云母 ……………… (215)	钙镁电气石 ……………… (224)
副磷钙锌石 ……………… (207)	富钠似绿泥石 …………… (215)	钙镁橄榄石 ……………… (224)

钙蒙山矿 …… (224)	钙硬锰矿 …… (232)	高铁钨华 …… (241)
钙锰矾 …… (224)	钙硬玉 …… (232)	高铁叶绿矾 …… (241)
钙锰橄榄石 …… (225)	钙铀矿 …… (232)	锆矾 …… (242)
钙锰辉石 …… (225)	钙铀云母 …… (232)	锆钙钛矿 …… (242)
钙锰矿 …… (225)	钙柱石 …… (233)	锆钪钇石 …… (242)
钙锰帘石 …… (225)	盖多尼石 …… (233)	锆锂大隅石 …… (242)
钙锰石 …… (225)	盖尔邓宁石* …… (233)	锆榴石 …… (242)
钙锰锌石 …… (225)	盖里安塞石 …… (233)	锆锰大隅石 …… (242)
钙钠长石 …… (225)	盖特豪斯石 …… (233)	锆石 …… (242)
钙钠矾 …… (225)	甘汞矿 …… (233)	锆钛钙石 …… (243)
钙钠钾硅石* …… (226)	甘特布拉斯石* …… (234)	锆星叶石 …… (243)
钙钠硫硼石 …… (226)	甘特石 …… (234)	锆英石 …… (243)
钙钠锰锆石 …… (226)	甘孜矿 …… (234)	锆针钠钙石 …… (243)
钙钠明矾石 …… (226)	肝蛋白石 …… (234)	戈尔德施密特石* …… (244)
钙钠稀铌石 …… (226)	肝锌矿 …… (234)	戈沸石 …… (244)
钙钠柱石 …… (226)	杆沸石 …… (234)	戈硅钠铝石 …… (244)
钙铌钇矿 …… (227)	橄榄石 …… (235)	戈里亚伊诺夫石* …… (244)
钙硼黄长石 …… (227)	橄榄铜矿 …… (235)	戈曼石 …… (244)
钙硼石 …… (227)	赣南矿 …… (235)	戈硼钙石 …… (244)
钙蔷薇辉石 …… (227)	冈宁矾 …… (236)	戈塔迪石 …… (244)
钙砷铅矿 …… (227)	冈山石 …… (236)	哥磷铁铝石 …… (244)
钙砷铀云母 …… (227)	刚果石 …… (236)	鸽采石 …… (245)
钙十字沸石 …… (227)	刚玉 …… (236)	格拉马蒂科普洛斯矿* …… (245)
钙钒锶钙石* …… (228)	高蒂尔铀矿* …… (236)	格拉齐安矿* …… (245)
钙水硅钛钠石* …… (228)	高碲铅铀矿 …… (236)	格拉维里石 …… (245)
钙水碱 …… (228)	高根矿 …… (237)	格兰次石 …… (245)
钙水硼锶石* …… (228)	高理异性石 …… (237)	格兰达石* …… (245)
钙钛锆石 …… (228)	高岭石 …… (237)	格雷奇什切夫石 …… (245)
钙钛矿 …… (228)	高硼钙石 …… (237)	格雷斯石 …… (246)
钙钛榴石 …… (229)	高绳石* …… (237)	格里戈里耶夫矿* …… (246)
钙钛铁榴石 …… (229)	高台矿 …… (238)	格里奇石 …… (246)
钙钽石 …… (229)	高铁冻蓝闪石 …… (238)	格林伍德矿* …… (246)
钙天青石 …… (229)	高铁氟利克石 …… (238)	格林钇石* …… (246)
钙铁非石 …… (229)	高铁红闪石 …… (238)	格磷铁石 …… (246)
钙铁橄榄石 …… (229)	高铁金云母 …… (238)	格硫锑铅矿 …… (246)
钙铁辉石 …… (229)	高铁蓝透闪石 …… (238)	格伦德曼矿* …… (246)
钙铁矿 …… (230)	高铁锂大隅石 …… (239)	格罗霍夫斯基矿* …… (247)
钙铁榴石 …… (230)	高铁利克石 …… (239)	格罗矿 …… (247)
钙铁铝辉石 …… (231)	高铁绿闪石 …… (239)	格罗斯曼石* …… (247)
钙铁铝石 …… (231)	高铁绿铁矿* …… (239)	格羟铬矿 …… (247)
钙铁砷矿 …… (231)	高铁绿纤石 …… (239)	格水砷钙石 …… (247)
钙铁石 …… (231)	高铁莫塔纳铈石* …… (240)	格水砷铜石* …… (247)
钙铁钛矿 …… (231)	高铁钠铁锂闪石 …… (240)	格塔德矿 …… (247)
钙铜矾 …… (231)	高铁佩德里萨闪石* …… (240)	格碳钠石 …… (247)
钙铜沸石 …… (232)	高铁佩尔伯耶镧石* …… (240)	格希伯铀矿* …… (247)
钙铜砷矿 …… (232)	高铁佩尔伯耶铈石* …… (240)	葛氟锂石 …… (248)
钙钍黑稀金矿 …… (232)	高铁砷钙锰锌石 …… (240)	葛氯砷铅矿 …… (248)
钙霞石 …… (232)	高铁施特伦茨石 …… (240)	葛特里石 …… (248)
钙硝石 …… (232)	高铁钛闪石* …… (241)	盖硒铜矿 …… (248)
钙斜发沸石 …… (232)	高铁碳硅铝铅石 …… (241)	铬白云母 …… (248)
钙耶尔丁根石 …… (232)	高铁铁橄榄石 …… (241)	铬铋矿 …… (249)
钙叶绿矾 …… (232)	高铁铁云母 …… (241)	铬磁铁矿 …… (249)
钙钇铒石 …… (232)	高铁透长石* …… (241)	铬电气石 …… (249)

铬钒钙铝榴石 …… (249)	钴镍黄铁矿 …… (257)	硅锆锰钾石 …… (265)
铬钒辉石 …… (249)	钴土 …… (257)	硅锆钠锂石 …… (265)
铬钒钛矿 …… (249)	顾家石 …… (258)	硅锆钠石 …… (266)
铬钙石 …… (249)	顾硫锑汞铜矿 …… (258)	硅锆铌钙钠石 …… (266)
铬汞石 …… (249)	瓜里诺石 …… (258)	硅锆钛锶矿 …… (266)
铬硅铜铅石 …… (249)	冠雄矿* …… (258)	硅铬镁石 …… (266)
铬硅云母 …… (250)	管状矿* …… (258)	硅铬锌铅矿 …… (266)
铬钾矿 …… (250)	光彩石 …… (259)	硅汞石 …… (266)
铬鳞镁矿 …… (250)	光卤石 …… (259)	硅钴铀矿 …… (266)
铬硫矿 …… (250)	光线石 …… (259)	硅管石 …… (267)
铬铝波翁德拉石* …… (250)	广濑石 …… (259)	硅灰石 …… (267)
铬绿帘石 …… (250)	圭羟铬矿 …… (260)	硅灰石膏 …… (267)
铬绿鳞石 …… (250)	圭亚那矿 …… (260)	硅钾钙石 …… (267)
铬绿泥石 …… (250)	硅钯矿* …… (260)	硅钾钙钛石 …… (267)
铬镁电气石 …… (251)	硅钡铌石 …… (260)	硅钾锆石 …… (267)
铬镁硅石 …… (251)	硅钡硼石 …… (260)	硅钾锰铌钛石 …… (267)
铬铅矿 …… (251)	硅钡铍矿 …… (260)	硅钾锰钛铌石 …… (268)
铬砷铅矿 …… (251)	硅钡石 …… (261)	硅钾钛石 …… (268)
铬砷铅铜矿 …… (252)	硅钡钛石 …… (261)	硅钾铁石 …… (268)
铬铁合金 …… (252)	硅钡铁石 …… (261)	硅钾锌铌钛石 …… (268)
铬铁矿 …… (252)	硅钡铁钛石 …… (261)	硅钾锌钛铌石 …… (268)
铬透辉石 …… (252)	硅铋矿 …… (261)	硅钾铀矿 …… (268)
铬伊利石 …… (252)	硅碲铁铅石 …… (261)	硅碱钡钛石 …… (269)
铬云母 …… (252)	硅钒钡石* …… (262)	硅碱钙石 …… (269)
铬重晶石 …… (252)	硅钒锰石 …… (262)	硅碱钙铈石 …… (269)
更长石 …… (253)	硅钒锶石 …… (262)	硅碱钙钛铌石 …… (269)
宫久石* …… (253)	硅钒铁石 …… (262)	硅碱钙钇石 …… (269)
汞钯矿 …… (253)	硅钒锌铝石 …… (262)	硅碱锰铌钛石 …… (269)
汞铋矿 …… (253)	硅氟铁钇矿 …… (262)	硅碱锰石 …… (270)
汞矾 …… (253)	硅钙钡铅石 …… (262)	硅碱铜矿 …… (270)
汞膏 …… (253)	硅钙钾石 …… (263)	硅碱钇石 …… (270)
汞辉银矿 …… (253)	硅钙钪石 …… (263)	硅钪石 …… (270)
汞金矿 …… (254)	硅钙镁石 …… (263)	硅钪钇石 …… (270)
汞铅矿 …… (254)	硅钙锰铌石 …… (263)	硅孔雀石 …… (270)
汞铜矿 …… (254)	硅钙钠石 …… (263)	硅镧钠石 …… (271)
汞银矿 …… (254)	硅钙铍钇石 …… (263)	硅镧石* …… (271)
汞银黝铜矿 …… (254)	硅钙铅石 …… (263)	硅镧铈石 …… (271)
古巴矿 …… (254)	硅钙铅锌矿 …… (263)	硅锂铝石 …… (271)
古北矿 …… (254)	硅钙石 …… (263)	硅锂锰钙石 …… (272)
古里姆石* …… (255)	硅钙铁石 …… (264)	硅锂钠石 …… (272)
古水硅钠石 …… (255)	硅钙铁铀钍矿 …… (264)	硅锂石 …… (272)
古铜辉石 …… (255)	硅钙锡矿 …… (264)	硅磷灰石 …… (272)
古远部矿 …… (255)	硅钙霞石* …… (264)	硅磷镍矿 …… (272)
古柱沸石 …… (255)	硅钙钇石 …… (264)	硅磷酸钙石 …… (273)
谷氏氧钴矿 …… (255)	硅钙铀矿 …… (264)	硅硫磷灰石 …… (273)
钴毒砂 …… (256)	α-硅钙铀矿 …… (264)	硅铝钡钙石 …… (273)
钴矾 …… (256)	β-硅钙铀矿 …… (264)	硅铝钙钇石* …… (273)
钴铬铁矿 …… (256)	硅钙铀钍矿 …… (265)	硅铝磷钇钛矾 …… (273)
钴华 …… (256)	硅高低锰铜镧矿 …… (265)	硅铝锰钠石 …… (273)
钴孔雀石 …… (256)	硅锆钡石 …… (265)	硅铝硼石 …… (274)
钴硫砷铁矿 …… (256)	硅锆钙钾石 …… (265)	硅铝铍镁石 …… (274)
钴铝矾 …… (257)	硅锆钙钠石 …… (265)	硅铝铅矿 …… (274)
钴马兰矿 …… (257)	硅锆钙石 …… (265)	硅铝艳铍石 …… (274)

硅铝铜钙石 (274)	硅铍钙石 (281)	硅碳石膏 (290)
硅铝锡钙石 (274)	硅铍铝钠石 (281)	硅锑锰矿 (291)
硅镁钡石 (274)	硅铍锰钙石 (282)	硅锑锰石 (291)
硅镁钙石 (274)	硅铍钠石 (282)	硅锑铁矿 (291)
硅镁铬钛矿 (274)	硅铍钕矿 (282)	硅锑锌锰矿 (291)
硅镁铝石 (274)	硅铍石 (282)	硅铁钡矿 (291)
硅镁铅矿 (275)	硅铍铈矿 (283)	硅铁钙钡石 (291)
硅镁石 (275)	硅铍稀土石 (283)	硅铁钙钠石 (292)
硅镁铀矿 (275)	硅铍锡钠石 (283)	硅铁钙石 (292)
硅锰钡锶石 (275)	硅铍钇矿 (283)	硅铁灰石 (292)
硅锰锆钠石 (275)	硅铅矿 (283)	硅铁矿 (292)
硅锰灰石 (276)	硅铅锰矿 (284)	硅铁镁石 (292)
硅锰矿 (276)	硅铅石 (284)	硅铁锰钠石 (292)
硅锰钠钙石 (276)	硅铅铁矿 (284)	硅铁钠钾石 (292)
硅锰钠锂石 (276)	硅铅锌矿 (284)	硅铁钠石 (292)
硅锰钠石 (277)	硅铅铀矿 (284)	硅铁石 (292)
硅锰铅矿 (277)	硅羟锰石 (284)	硅铁铈锶钠石 (293)
硅锰锌矿 (277)	硅乳石 (285)	硅铁锶镧钠石 (293)
硅钠钡钛石 (277)	硅三铁矿 (285)	硅铁铜铅石 (293)
硅钠钡钛铈石 (277)	硅砷锰石 (285)	硅铜钡石 (293)
硅钠钙石 (277)	硅砷锑锰矿 (285)	硅铜钙石 (293)
硅钠锆石 (277)	硅铈钙钾石 (285)	硅铜锶矿 (293)
硅钠钾钛石 (277)	硅铈钠石 (285)	硅铜铀矿 (294)
硅钠铌石 (278)	硅铈铌钡矿 (286)	硅钍钡铀矿 (294)
硅钠铌钛钙石 (278)	硅铈石 (286)	硅钍钠石 (294)
硅钠石 (278)	硅锶硼石 (286)	硅钍钠锶石 (294)
硅钠锶钡钛石 (278)	硅锶钛石 (286)	硅钍石 (294)
硅钠锶镧石 (278)	硅钛钡钾石 (286)	硅钍钇矿 (295)
硅钠锶铈石 (278)	硅钛钡钠石 (286)	硅钨锰矿 (295)
硅钠钛钙石 (278)	硅钛钡石 (286)	硅稀土钙石 (295)
硅钠钛石 (278)	硅钛钒钡石 (287)	硅锡钡石 (295)
硅钠锡铍石 (278)	硅钛钙钾石 (287)	硅锡锆钠石 (295)
硅铌钡钠石 (279)	硅钛钙钠石 (287)	硅锡钪钙石 (295)
硅铌钡钛石 (279)	硅钛钙石 (287)	硅线石 (295)
硅铌钙石 (279)	硅钛锂钙石 (287)	硅锌矿 (296)
硅铌锆钙钠石 (279)	硅钛锂钠石 (287)	硅锌铝石 (296)
硅铌钛碱石 (279)	硅钛锰钡石 (288)	硅锌镁锰石 (296)
硅铌钛矿 (279)	硅钛锰钠石 (288)	硅锌钠石 (297)
硅铌钛钠矿 (279)	硅钛钠钡石 (288)	硅钇石 (297)
硅镍镁石 (280)	硅钛钠石 (288)	硅钇钛钠石 (297)
硅硼钡石 (280)	硅钛铌钡矿 (288)	硅镱石 (297)
硅硼钙石 (280)	硅钛铌钾石 (289)	硅铀矿 (297)
硅硼钙铁矿 (280)	硅钛铌钠石 (289)	硅锗铅石 (297)
硅硼钾铝石 (280)	硅钛铌钠矿 (289)	贵蛋白石 (297)
硅硼钾钠石 (281)	硅钛铌钕矿 (289)	贵橄榄石 (298)
硅硼钾石 (281)	硅钛铌铈矿 (289)	贵榴石 (298)
硅硼锂铝石 (281)	硅钛钕铁矿 (289)	桂榴石 (298)
硅硼镁铝矿 (281)	硅钛铈矿 (289)	
硅硼钠钡石 (281)	硅钛铈钠石 (290)	**Hh**

哈根多夫石 (299)	赫劳什卡石* (307)	黑钒钙矿 (315)
哈硅钙石 (299)	赫雷罗石* (307)	黑钒矿 (315)
哈拉米什石* (299)	赫里斯托夫石 (308)	黑钒铁矿 (315)
哈里森石 (299)	赫硫镍矿 (308)	黑钒铁钠石 (315)
哈利尔萨尔普石* (299)	赫鲁特方丹石* (308)	黑方石英 (315)
哈硫铋铜铅矿 (300)	赫洛宾矿 (308)	黑复铝钛矿 (315)
哈卤石 (300)	赫姆利石* (308)	黑硅砷锰矿 (315)
哈曼石* (300)	赫姆洛矿 (308)	黑硅锑锰矿 (315)
哈尼矿* (300)	赫伊尔希尔矿* (308)	黑硅铁钠石 (316)
哈帕矿 (300)	褐硅钠钛矿 (308)	黑金刚石 (316)
哈硼镁石 (300)	褐硅硼钇矿 (308)	黑金红石 (316)
哈普克矿 (300)	褐硅铈矿 (308)	黑帘石 (316)
哈萨克斯坦石 (300)	褐帘石-镧 (309)	黑磷锰钠矿 (316)
哈特特石* (301)	褐帘石-钕 (309)	黑磷铁钠石 (316)
哈伊内斯石 (301)	褐帘石-铈 (309)	黑鳞云母 (316)
哈依达坎石 (301)	褐帘石-钇 (309)	黑硫铜镍矿 (316)
铪锆石 (301)	褐磷锂矿 (310)	黑硫银锡矿 (316)
铪石 (301)	褐磷锰高铁石 (310)	黑榴石 (316)
海尔达尔石* (302)	褐磷锰铁矿 (310)	黑铝钙石 (316)
海格拉契石 (302)	褐磷钛钠矿 (310)	黑铝镁铁矿 (317)
海蓝宝石 (302)	褐磷铁矿 (310)	黑铝铁石* (317)
海蓝柱石 (302)	褐硫锰矿 (310)	黑铝锌钛矿-2N2S (317)
海绿石 (302)	褐硫砷铅矿 (311)	黑铝锌钛矿-2N6S (317)
海涅奥特石 (302)	褐硫铁铜矿 (311)	黑氯铜矿 (317)
海泡石 (303)	褐氯汞矿 (311)	黑锰矿 (317)
海神石 (303)	褐煤树脂 (311)	黑锰锶矿 (318)
海斯汀石 (303)	褐锰矿 (311)	黑钼铀矿 (318)
海松酸石 (303)	褐钼铀矿 (311)	黑硼锡镁矿 (318)
海特曼石 (304)	褐钕铌矿 (311)	黑硼锡铁矿 (318)
含氧钡镁脆云母 (304)	β-褐钕铌矿 (311)	黑铅铜矿 (318)
韩泰石 (304)	β-褐铈铌矿 (312)	黑铅铀矿 (318)
寒水石 (304)	β-褐钇铌矿 (312)	黑砷铁铜钾石* (318)
汉江石 (304)	褐铅矿 (312)	黑钛铁钠矿 (319)
汉克托石 (305)	褐砷锰矿 (312)	黑碳钙铀矿 (319)
汉斯埃斯马克石* (305)	褐砷镍矿 (312)	黑锑锰矿 (319)
汉斯布洛克矿* (305)	褐铈铌矿 (312)	黑铁钒矿 (319)
豪石 (305)	褐水砷锰矿 (312)	黑铜矿 (319)
豪斯利石* (305)	褐铊矿 (312)	黑钨矿 (319)
郝硅铝铁钠石 (305)	褐碳硅钙石 (312)	黑稀金矿 (320)
皓矾 (305)	褐锑锌矿 (312)	黑稀土矿 (320)
何作霖矿 (306)	褐铁矾 (313)	黑锡矿 (320)
和田石 (306)	褐铁矿 (313)	黑锌锰矿 (321)
河边矿 (306)	褐铜矾 (313)	黑银锰矿 (321)
河津矿 (306)	褐铜锰矿 (313)	黑硬绿泥石 (321)
河西石 (306)	褐锡矿 (313)	黑云母 (321)
核磷铝石 (306)	褐斜闪石 (313)	黑柱石 (321)
贺加斯石* (306)	褐锌锰矿 (314)	亨利布朗石* (322)
贺硫铋铜矿 (306)	褐钇铌矿 (314)	亨利迈耶矿 (322)
赫德利矿 (306)	黑铋金矿 (314)	亨诺马丁石 (322)
赫碲铋矿 (307)	黑辰砂 (314)	横须贺石 (322)
赫尔曼罗斯石* (307)	黑蛋白石 (314)	轰石 (322)
赫尔曼杨石* (307)	黑碲铜矿 (314)	弘三石 (322)
赫钒铅矿 (307)	黑电气石 (314)	弘三石-镧 (322)

红铵铁盐 …………… (323)	红锑镍矿 …………… (331)	黄菱锶铈矿 …………… (341)
红宝石 ……………… (323)	红锑铁矿 …………… (331)	黄硫镉矿 …………… (341)
红橙石 ……………… (323)	红铁矾 ……………… (332)	黄榴石 ……………… (341)
红碲铅铁石 ………… (323)	红铁铅矿 …………… (332)	黄绿石 ……………… (341)
红碲铁石 …………… (323)	红硒铜矿 …………… (332)	黄氯汞矿 …………… (341)
红电气石 …………… (323)	红峡谷铀矿* ……… (332)	黄氯铅矿 …………… (341)
红钒钙铀矿 ………… (324)	红纤维石 …………… (332)	黄钼矿 ……………… (341)
红锆石 ……………… (324)	红斜方沸石 ………… (332)	黄钼铀矿 …………… (341)
红铬铅矿 …………… (324)	红锌矿 ……………… (332)	黄硼镁石 …………… (341)
红硅钙锰矿 ………… (324)	红钇石 ……………… (333)	黄铅矿 ……………… (341)
红硅镁石 …………… (324)	红铀矿 ……………… (333)	黄铅铁矾 …………… (342)
红硅锰矿 …………… (324)	红柱石 ……………… (333)	黄砷榴石 …………… (342)
红硅硼铝钙石 ……… (324)	胡安席尔瓦石* …… (333)	黄砷氯铅石 ………… (342)
红硅铁锰矿 ………… (324)	胡安扎拉矿* ……… (334)	黄砷铀铁矿 ………… (342)
红河石 ……………… (325)	湖北石 ……………… (334)	黄束沸石 …………… (342)
红辉沸石 …………… (325)	琥珀 ………………… (334)	黄水钒铝矿 ………… (342)
红钾铁盐 …………… (325)	滑间皂石 …………… (335)	黄水晶 ……………… (343)
红锂电气石 ………… (325)	滑石 ………………… (335)	黄铊矿* …………… (343)
红帘石 ……………… (325)	怀特卡普斯石* …… (335)	黄碳钙铀矿 ………… (343)
红磷锰矿 …………… (325)	环晶石-钙 ………… (335)	黄碳锶钠石 ………… (343)
红磷锰铍石 ………… (326)	环晶石-钾 ………… (336)	黄锑华 ……………… (343)
红磷钠矿 …………… (326)	环晶石-钠 ………… (336)	黄锑矿 ……………… (343)
红磷铁矿 …………… (326)	荒川石 ……………… (336)	黄铁矾 ……………… (343)
红磷铁铅矿* ……… (326)	黄铵汞矿 …………… (336)	黄铁矿 ……………… (343)
红鳞镁铁矿 ………… (326)	黄铵铁矾 …………… (336)	黄铁钠矾 …………… (344)
红菱沸石 …………… (326)	黄钡铀矿 …………… (336)	黄铜 ………………… (344)
红硫砷矿 …………… (326)	黄长石 ……………… (336)	黄铜矿 ……………… (344)
红硫锑砷钠矿 ……… (327)	黄氮汞矿 …………… (337)	黄硒铅矿 …………… (344)
红榴石 ……………… (327)	黄地蜡 ……………… (337)	黄锡矿 ……………… (344)
红绿柱石 …………… (327)	黄碲钯矿 …………… (337)	黄血盐 ……………… (345)
红锰铁矿 …………… (327)	黄碲矿 ……………… (337)	黄钇钽矿 …………… (345)
红锰楣石 …………… (327)	黄碲铁石 …………… (337)	黄银矿 ……………… (345)
红钠沸石 …………… (327)	黄碘银矿 …………… (338)	黄铀钒矿 …………… (345)
红钠闪石 …………… (327)	黄钒锰矿 …………… (338)	黄玉 ………………… (345)
红镍矿 ……………… (328)	黄钒铀矿 …………… (338)	黄针石* …………… (346)
红旗矿 ……………… (328)	黄钙铝矾 …………… (338)	黄浊沸石 …………… (346)
红铅矿 ……………… (328)	黄钙铀矿 …………… (338)	幌别矿 ……………… (346)
红铅铀矿 …………… (328)	黄铬钾石 …………… (338)	幌满矿 ……………… (346)
红闪石 ……………… (328)	黄铬铅矿 …………… (338)	灰硅钙石 …………… (346)
红砷钙锰矿 ………… (328)	黄硅钾铀矿 ………… (338)	灰硫铋铅矿 ………… (346)
红砷硅锰矿 ………… (328)	黄硅钠铀矿 ………… (338)	灰芒硝 ……………… (346)
红砷榴石 …………… (328)	黄硅铌钙石 ………… (339)	灰闪石 ……………… (347)
红砷铝锰矿 ………… (328)	黄河矿 ……………… (339)	灰硒铜矿 …………… (347)
红砷锰矿 …………… (329)	黄钾钙铀矿 ………… (339)	灰锗矿 ……………… (347)
红砷镍矿 …………… (329)	黄钾铬石 …………… (339)	辉铋矿 ……………… (347)
红砷锌锰矿 ………… (329)	黄钾铁矾 …………… (339)	辉铋铅矿 …………… (347)
红石矿 ……………… (329)	黄钾铀矿 …………… (340)	辉铋铜矿 …………… (347)
红水磷铝钾石 ……… (330)	黄晶 ………………… (340)	辉铋铜铅矿 ………… (347)
红隼石* …………… (330)	黄磷铝铁矿 ………… (340)	辉铋银铅矿 ………… (348)
红铊矿 ……………… (330)	黄磷锰铁矿 ………… (340)	辉碲铋矿 …………… (348)
红铊铅矿 …………… (330)	黄磷铅铀矿 ………… (340)	辉沸石-钙 ………… (348)
红钛锰矿 …………… (331)	黄磷铁钙矿 ………… (340)	辉沸石-钠 ………… (348)
红锑矿 ……………… (331)	黄磷铁矿 …………… (340)	辉钴矿 ……………… (349)

辉锰锑矿 (349)	基诺托勃莫来石* (357)	钾冰晶石 (364)
辉钼矿 (349)	基锑矾 (357)	钾长石 (364)
辉铅铋矿 (350)	基铁矾 (357)	钾定永闪石 (364)
辉砷钴矿 (350)	基铜矾 (357)	钾矾 (364)
辉砷镍矿 (350)	基歇尔石* (358)	钾沸石 (364)
辉砷铜矿 (350)	基性铵矾 (358)	钾氟韭闪石* (365)
辉砷银铅矿 (350)	基性磷镁石 (358)	钾氟钠透闪石 (365)
辉石 (350)	基性磷锰铁矿 (358)	钾钙板锆石 (365)
辉铊矿 (351)	基性铝矾 (358)	钾钙镁高铁闪石 (365)
辉铊锑矿 (351)	基性锰铅矿 (358)	钾钙锶铀矿 (365)
辉锑铋矿 (351)	基性硼钙石 (358)	钾钙铜矾 (365)
辉锑钴矿 (351)	基性砷镁石 (358)	钾钙霞石 (366)
辉锑矿 (351)	基性铜锌矾 (358)	钾钙锌大隅石 (366)
辉锑镍矿 (352)	基性异性石 (358)	钾锆石 (366)
辉锑铅矿 (352)	基亚皮诺钇石* (359)	钾韭闪石 (366)
辉锑铅银矿 (352)	箕面石* (359)	钾蓝矾 (366)
辉锑铁矿 (352)	吉安彻夫矿* (359)	钾累托石 (367)
辉锑锡铅矿 (352)	吉村石 (359)	钾锂云母 (367)
辉锑银矿 (352)	吉多蒂石* (359)	钾利克石 (367)
辉锑银铅矿 (353)	吉恩坎普石* (359)	钾菱沸石 (367)
辉铁铊矿 (353)	吉尔瓦斯石 (360)	钾铝矾* (367)
辉铁锑矿 (353)	吉弗特格鲁贝石* (360)	钾绿钙闪石 (367)
辉铜矿 (353)	吉硫铜矿 (360)	钾氯铅矿 (368)
辉铜银矿 (353)	吉水硅钙石 (360)	钾氯闪石 (368)
辉钨矿 (354)	吉亚拉石* (360)	钾芒硝 (368)
辉硒铋铜铅矿 (354)	集晶锰矾 (361)	钾镁矾 (368)
辉硒铜矿 (354)	蓟县矿 (361)	钾镁钠铁闪石* (368)
辉硒银矿 (354)	冀承矿 (361)	钾锰利克石 (369)
辉叶石 (354)	加多林矿 (361)	钾锰盐 (369)
辉银矿 (354)	加哈尔多石* (361)	钾明矾 (369)
惠那石 (355)	加里斯基石* (361)	钾明矾石 (369)
珲春矿 (355)	加鲁斯金石* (361)	钾钠镁矾 (369)
火蛋白石 (355)	加纳辉石 (361)	钾钠铅矾 (369)
火红银矿 (355)	加羟砷锰石 (361)	钾鸟粪石 (370)
火石 (355)	加斯佩矿 (362)	钾砂川闪石 (370)
火焰石* (355)	加苏石 (362)	钾闪石 (370)
霍尔达维石 (355)	加泰尔铈石* (362)	钾烧绿石 (370)
霍钒矿 (355)	加特达尔石* (362)	钾十字沸石 (370)
霍根石 (356)	加特雷尔石 (362)	钾石膏 (370)
霍拉克铀矿* (356)	加特雅玛石 (362)	钾石盐 (370)
霍雷矿 (356)	加藤石 (362)	钾锶矾 (371)
霍里克萨斯石* (356)	加藤柘榴石 (362)	钾钛石 (371)
霍利斯特矿* (356)	加沃里耶石* (362)	钾铁矾 (371)
霍羟磷镁石 (356)	加泽耶夫石* (362)	钾铁韭闪石 (371)
霍钦石* (356)	伽利略石 (363)	钾铁利克石 (371)
霍瓦钇矿 (356)	佳羟硅钙石 (363)	钾铁砂川闪石 (371)
	嘉麦伦矾 (363)	钾铁铁砂川闪石 (372)
Jj	镓水磷铝铅矿* (363)	钾铁盐 (372)
鸡冠石 (357)	甲酸钙石 (364)	钾铜矾 (372)

钾硬硅钙石 …… (373)	胶磷铁矿 …… (381)	苣木矿 …… (391)
钾铀矾 …… (373)	胶岭石 …… (381)	绢石 …… (391)
钾铀矿 …… (373)	胶硫钼矿 …… (381)	绢云母 …… (391)
假白榴石 …… (373)	胶棕铁矿 …… (381)	觉都矿* …… (391)
假板钛矿 …… (373)	焦绿石 …… (381)	
假钒铁铜矿 …… (373)	焦石英 …… (381)	**Kk**
假氟铅矾 …… (373)	角铅矿 …… (382)	喀碲银铜矿 …… (392)
假钙铀云母 …… (374)	角闪石 …… (382)	卡博文石* …… (392)
假硅灰石 …… (374)	角石 …… (382)	卡大隅石 …… (392)
假金红石 …… (374)	角银矿 …… (382)	卡尔波夫石* …… (392)
假孔雀石 …… (374)	皆川矿* …… (383)	卡尔达斯石 …… (392)
假蓝宝石 …… (374)	杰弗本石* …… (383)	卡尔德隆矿 …… (392)
假劳埃石 …… (375)	杰弗里石 …… (383)	卡尔杜齐石* …… (393)
假马基铀矿* …… (375)	杰洛萨石 …… (383)	卡尔弗朗西斯石* …… (393)
假硼铝镁石 …… (375)	杰仁钇石 …… (383)	卡尔古利石 …… (393)
假水镁铀矾 …… (375)	杰森史密斯石* …… (383)	卡尔吉塞克钕石* …… (393)
假像赤铁矿 …… (375)	杰泽克铀矿* …… (383)	卡尔彭科石 …… (393)
假铀铜矾 …… (375)	巾碲铁石 …… (384)	卡尔森* …… (393)
假中沸石 …… (375)	巾水碲铜石 …… (384)	卡尔斯石 …… (394)
驾鹿矿 …… (376)	今吉石* …… (384)	卡硅铁镁石 …… (394)
尖晶橄榄石 …… (376)	金刚石 …… (385)	卡辉铋铅矿 …… (394)
尖晶石 …… (376)	金汞齐 …… (385)	卡拉拉石* …… (394)
碱 …… (376)	金红石 …… (385)	卡拉马石* …… (394)
碱钒石 …… (376)	金绿宝石 …… (385)	卡拉苏石 …… (394)
碱硅钙石 …… (377)	金绿玉 …… (386)	卡硫锗铜矿 …… (395)
碱硅钙钇石 …… (377)	金绿柱石 …… (386)	卡鲁金石* …… (395)
碱硅镁石 …… (377)	金沙江石 …… (386)	卡伦韦伯石* …… (395)
碱硅锰钛石 …… (377)	金斯盖特石* …… (386)	卡洛斯鲁伊兹石 …… (395)
碱硅钛铁石 …… (377)	金水银* …… (386)	卡马拉石 …… (395)
碱硅铁锂石 …… (377)	金铜矿 …… (386)	卡马罗内斯石* …… (395)
碱钾钙霞石 …… (377)	金托尔石 …… (386)	卡麦尔石* …… (395)
碱锂钛锆石 …… (377)	金云母 …… (387)	卡曼恰卡石* …… (396)
碱磷钙锰铁矿 …… (377)	金兹堡石 …… (387)	卡米图加石 …… (396)
碱菱沸石 …… (377)	津巴布韦石 …… (387)	卡姆费奇石 …… (396)
碱镁闪石 …… (377)	津格鲁万石* …… (387)	卡努特石* …… (396)
碱硼硅石 …… (378)	津羟锡铁矿 …… (387)	卡诺吉欧石* …… (396)
碱钛铌矿 …… (378)	津轻矿 …… (387)	卡潘达石* …… (396)
碱铁矾 …… (378)	堇泥石 …… (387)	卡佩拉斯石* …… (397)
碱铜矾 …… (378)	堇青石 …… (387)	卡硼硅钡钇石 …… (397)
碱柱晶石 …… (378)	经绥矿 …… (388)	卡硼镁石 …… (397)
建水矿 …… (379)	惊奇石* …… (388)	卡普加陆石 …… (397)
剑石* …… (379)	晶蜡石 …… (389)	卡普拉尼卡石* …… (397)
箭石 …… (379)	晶质铀矿 …… (389)	卡萨特金石* …… (397)
桨轮铀矿* …… (379)	静海石 …… (389)	卡瑟达纳矿* …… (398)
交沸石 …… (379)	镜铁矿 …… (390)	卡水磷镁石 …… (398)
胶锆石 …… (380)	九脆硫砷铅铊矿* …… (390)	卡斯卡斯矿 …… (398)
胶硅锰矿 …… (380)	九水砷钙石 …… (390)	卡斯泰拉罗石* …… (398)
胶硅铍石 …… (380)	久硅铝钠石 …… (390)	卡特里诺普洛斯石* …… (398)
胶硅钍钙石 …… (380)	久辉铜矿 …… (390)	卡赞斯基石* …… (399)

凯金石* …… (400)	科碳磷镁石 …… (408)	块滑石 …… (417)
凯里马西石* …… (400)	科滕海姆石* …… (409)	块辉铋铅银矿 …… (417)
凯罗伯森石* …… (400)	科沃罗夫石* …… (409)	块锂磷铝石 …… (417)
凯瑟波铈石* …… (400)	科伊奇矿* …… (409)	块磷锂矿 …… (417)
凯斯通石* …… (400)	科约宁矿* …… (409)	块磷铝矿 …… (417)
凯塔贡哈矿* …… (400)	钶铁矿 …… (409)	块硫铋铅银矿 …… (417)
凯西石* …… (400)	克碲铀矿 …… (409)	块硫铋银矿 …… (417)
楷莱安矿 …… (401)	克尔斯威石* …… (409)	块硫钴矿 …… (418)
坎波斯特里尼石* …… (401)	克尔特索格诺石* …… (410)	块硫砷铜矿 …… (418)
坎加拉斯石* …… (401)	克拉夫佐夫矿 …… (410)	块硫锑铜矿 …… (418)
坎锰铜矿 …… (401)	克拉普罗特铀矿 …… (410)	块砷铝铜矿 …… (418)
坎农矿 …… (401)	克拉舍宁尼科夫石* …… (410)	块砷镍矿 …… (418)
坎佩尔石* …… (402)	克拉斯诺石* …… (410)	块树脂石 …… (418)
康沃尔石 …… (402)	克拉伊石* …… (410)	块铜矾 …… (418)
钪锆矿 …… (402)	克勒贝尔石* …… (411)	奎水碳铝镁石 …… (418)
钪硅铁灰石 …… (402)	克雷特尼希矿* …… (411)	昆汀石 …… (418)
钪辉石 …… (402)	克里奥蒂矿* …… (411)	
钪绿柱石 …… (402)	克里德矿 …… (411)	**Ll**
钪霓辉石 …… (403)	克里拉矿 …… (411)	拉崩佐夫石 …… (419)
钪石 …… (403)	克里斯多夫舍弗铈石* …… (411)	拉比异性石 …… (419)
钪钇石 …… (403)	克里亚奇科矿* …… (411)	拉伯矿* …… (419)
钪鳖柱石 …… (403)	克鲁帕铀矿 …… (412)	拉伯雅克石 …… (419)
考尔斯基石* …… (403)	克鲁扬石* …… (412)	拉长石 …… (419)
柯赫石 …… (403)	克罗特石 …… (412)	拉德克石 …… (420)
柯里尔石* …… (404)	克洛宁希德矿* …… (412)	拉德石* …… (420)
柯硼钙石 …… (404)	克水碳钙钇石 …… (412)	拉多水砷铁铜石 …… (420)
柯羟氯镁石 …… (404)	克水碳锌铜石 …… (412)	拉尔夫坎农矿* …… (420)
柯砷钙铁石 …… (404)	克铁蛇纹石 …… (413)	拉凡特石 …… (420)
柯砷硅锌锰矿 …… (404)	肯戈特石* …… (413)	拉赫石* …… (420)
柯石英 …… (405)	肯异性石 …… (413)	拉科万石* …… (421)
柯水硫钠铁矿 …… (405)	空晶石 …… (413)	拉利玛石 …… (421)
科博科博* …… (405)	空铅细晶石* …… (413)	拉硫砷铅矿 …… (421)
科布雅舍夫石* …… (405)	空锌银黝铜矿 …… (414)	拉伦德石 …… (421)
科长石 …… (405)	孔贝石 …… (414)	拉马佐石 …… (421)
科碲铅铋矿 …… (405)	孔钠镁矾 …… (414)	拉锰矿 …… (421)
科尔德韦矿* …… (406)	孔雀石 …… (414)	拉米克钇石 …… (421)
科氟钠矾 …… (406)	孔赛石 …… (415)	拉姆齐石* …… (421)
科汞铜矿 …… (406)	库铋硫铁铜矿 …… (415)	拉派矿 …… (422)
科济列夫斯基石* …… (406)	库德雅芙塞娃石* …… (415)	拉普捷娃铈石* …… (422)
科金奥斯石* …… (406)	库钒钛矿 …… (415)	拉砷钙复铁石 …… (422)
科克沙罗夫石* …… (406)	库辉铋铜铅矿 …… (415)	拉砷铜石 …… (422)
科匡德石 …… (407)	库克斯石 …… (415)	β-拉砷铜石 …… (422)
科拉里矾 …… (407)	库克塔切夫石 …… (416)	拉斯尼尔石* …… (422)
科拉洛石* …… (407)	库兰石 …… (416)	拉斯特斯维塔耶娃石* …… (423)
科勒石* …… (407)	库默尔石 …… (416)	拉索石 …… (423)
科雷亚内维斯石* …… (407)	库姆迪科尔石* …… (416)	拉瓦锡石 …… (423)
科林欧文石* …… (407)	库姆科夫石 …… (416)	拉文斯基石* …… (423)
科林斯石 …… (408)	库姆斯石 …… (416)	拉扎尔石* …… (423)
科诺诺夫石* …… (408)	库姆雅科夫石 …… (416)	拉扎里迪斯石* …… (424)

莱河矿 (424)	蓝锥矿 (433)	理查德矿* (441)
莱卡石 (424)	镧独居石 (433)	理查德索利矿* (441)
莱粒硅钙石 (424)	镧钒褐帘石 (433)	锂白榍石 (442)
莱硫铁银矿 (425)	镧硅铈石 (433)	锂冰晶石 (442)
莱普生石-钆 (425)	镧褐帘石 (434)	锂电气石 (442)
莱氏石 (425)	镧磷铜石 (434)	锂钙大隅石 (442)
莱铁铀矾 (425)	镧磷稀土矿 (434)	锂钙铝磷石 (442)
莱圆柱锡矿 (425)	镧镁褐帘石 (434)	锂辉石 (443)
铼矿 (426)	镧锰赤坂石* (434)	锂蓝闪石 (443)
赖莎石* (426)	镧锰帘石 (434)	锂磷铝石 (443)
兰道矿 (426)	镧石 (434)	锂磷锰石 (444)
兰吉斯矿 (426)	镧铈石 (434)	锂磷石 (444)
兰施泰因石* (426)	镧铁安德罗斯石* (434)	锂鳞铁石 (444)
蓝宝石 (426)	镧铁赤坂石* (435)	锂绿泥石 (444)
蓝彩钠长石 (427)	镧铁褐帘石 (435)	锂蒙脱石 (444)
蓝方钠石 (427)	镧铀钛铁矿 (435)	锂铌锰钽矿 (444)
蓝方石 (427)	镧铀钛铁矿-铈 (435)	锂硼绿泥石 (444)
蓝硅孔雀石 (427)	镧铀钛铁矿-钇 (435)	锂铍脆云母 (444)
蓝硅镍镁石 (427)	朗班许坦石* (435)	锂铍石 (444)
蓝硅硼钙石 (427)	劳埃石 (436)	锂铯绿柱石 (444)
蓝黑镁铝石 (427)	劳铵铁矾 (436)	锂闪石 (445)
蓝辉铜矿 (427)	劳拉尼石* (436)	锂钽矿 (445)
蓝尖晶石 (427)	劳磷铁矿 (436)	锂霞石 (445)
蓝晶石 (427)	劳硫锑铅矿 (436)	锂硬锰矿 (445)
蓝磷铝钡石 (428)	劳伦森石* (436)	锂云母 (445)
蓝磷铝高铁矿* (428)	劳伦特托马斯石* (436)	锂皂石 (445)
蓝磷铝铁矿 (428)	劳娜依矿 (437)	立方碲铜石 (446)
蓝磷铜矿 (428)	劳镍砷铀云母 (437)	利奥西拉德铀矿* (446)
蓝铃石* (428)	劳唐特尔石 (437)	利伯曼石 (446)
蓝钼矿 (428)	铑马兰矿 (437)	利博石 (446)
蓝色电气石 (429)	勒盖恩石* (437)	利钙霞石 (446)
蓝色堇青石 (429)	勒佩奇矿* (437)	利克石 (447)
蓝色针钠钙石 (429)	勒伊滕贝格石 (437)	利空格钇石 (447)
蓝闪石 (429)	雷奥塞科石* (438)	利利石* (447)
蓝砷钙铜矿 (429)	雷格兰特石* (438)	利硫砷铅矿 (447)
蓝砷铜锌矿 (429)	雷尼沸石 (438)	利蛇纹石 (447)
蓝石棉 (429)	雷诺兹矿* (438)	利斯铀矿* (448)
蓝水硅铜石 (429)	雷皮阿石 (438)	利特文思克石 (448)
蓝水氯铜矿 (429)	雷水硅钠石 (438)	利西岑石* (448)
蓝水砷锌矿 (430)	雷亚普霍克石* (439)	沥青 (448)
蓝丝黛尔石 (430)	累范特石* (439)	沥青闪锌矿 (449)
蓝铁矿 (430)	累托石 (439)	沥青铀矿 (449)
蓝铜矾 (431)	黎凡特石* (439)	粒碲银矿 (449)
蓝铜矿 (431)	李璞硅锰石 (439)	粒硅钙石 (449)
蓝铜钠石 (431)	李时珍石 (440)	粒硅镁石 (449)
蓝铜铅矾 (431)	李四光矿 (440)	粒硅锰矿 (449)
蓝透闪石 (431)	李特曼石 (440)	粒磷锰矿 (450)
蓝硒铜矿 (432)	里奥廷托石* (440)	粒磷钠锰矿 (450)
蓝线石 (432)	里克特纳石* (440)	粒磷铅铀矿 (450)
蓝锌钙铜矾 (432)	里赛特石 (441)	粒镁硼石 (450)
蓝锌锰矿 (432)	里斯矿* (441)	粒砷硅锰矿 (450)
蓝黝帘石 (432)	里特韦尔铀矿* (441)	粒水硼钙石 (450)
蓝柱石 (432)	里托查勒布矿* (441)	粒铁矾 (450)

粒硬绿泥石 …… (451)	磷硅钍铈石 …… (460)	磷镁铵石 …… (469)
莲华矿 …… (451)	磷硅稀土矿 …… (460)	磷镁钙矿 …… (469)
亮碲金矿 …… (451)	磷红石 …… (460)	磷镁钙钠石 …… (469)
亮碲锑钯矿 …… (451)	磷灰石 …… (460)	磷镁钙镍矿 …… (470)
亮红铅铀矿 …… (451)	磷钾铝石① …… (460)	磷镁钙矿 …… (470)
钌铱锇矿 …… (451)	磷钾铝石② …… (460)	磷镁铝石 …… (470)
列宁格勒石 …… (452)	磷钾石 …… (460)	磷镁锰钠石 …… (470)
列维矿 …… (452)	磷碱钡铁石 …… (461)	磷镁钠石 …… (470)
林道矿 …… (452)	磷碱锰石-钾锰钠 …… (461)	磷镁石 …… (470)
林德维斯特石 …… (452)	磷碱铁石-钾钠 …… (461)	磷锰矿 …… (470)
林克钇石* …… (452)	磷钪矿 …… (461)	磷锰锂矿 …… (470)
林斯利矿 …… (452)	磷锂镁石 …… (462)	磷锰铝矿 …… (470)
林伍德石 …… (452)	磷锂锰矿 …… (462)	磷锰钠石 …… (471)
林芝矿 …… (453)	磷锂钠石 …… (462)	磷锰石 …… (471)
磷铵石 …… (453)	磷锂铁矿 …… (462)	磷锰铁矿 …… (471)
磷钡钒石 …… (453)	磷菱铅铁矾 …… (462)	磷锰铁矿-钙* …… (471)
磷钡铝石 …… (453)	磷硫铅铝矿 …… (462)	磷锰铁矿-锰* …… (471)
磷钡镁石 …… (454)	磷硫铅铁矿 …… (462)	磷锰铀矿 …… (471)
磷钡锶钠石 …… (454)	磷硫铁矿 …… (462)	磷钼钙铁矿 …… (471)
磷钡铀矿 …… (454)	磷铝铋矿 …… (463)	磷钼铁钠钙石-钾钙 …… (471)
磷铋铀矿 …… (454)	磷铝多铁钠石 …… (463)	磷钼铁钠钙石-钠铁 …… (471)
磷二铵石 …… (454)	磷铝钙锂石 …… (463)	磷钼铁钠钙石-钠铜 …… (472)
磷钒沸石-钡 …… (454)	磷铝钙石 …… (463)	磷钠铵石 …… (472)
磷钒沸石-钙 …… (454)	磷铝高铁锰钠石 …… (463)	磷钠钡石 …… (472)
磷方沸石 …… (455)	磷铝钾石 …… (463)	磷钠钙石 …… (472)
磷钙钒矿 …… (455)	磷铝镧石 …… (464)	磷钠锂石 …… (472)
磷钙复铁石 …… (455)	磷铝锂石 …… (464)	磷钠镁石 …… (472)
磷钙铝矾 …… (455)	磷铝镁钡石 …… (464)	磷钠锰高铁石 …… (473)
磷钙镁石 …… (455)	磷铝镁钙石 …… (464)	磷钠锰矿 …… (473)
磷钙锰石 …… (455)	磷铝镁锰石-钙镁镁 …… (464)	磷钠铍石 …… (473)
磷钙钠石 …… (456)	磷铝镁锰石-钙锰镁 …… (464)	磷钠石 …… (473)
磷钙钠铁铀矿 …… (456)	磷铝镁锰石-钙锰锰 …… (464)	磷钠铈钡石 …… (473)
磷钙镍石 …… (456)	磷铝镁锰石-钙铁镁 …… (465)	磷钠锶石 …… (473)
磷钙铍石 …… (456)	磷铝镁锰石-锰锰镁 …… (465)	磷铌锰钾石 …… (474)
磷钙铁锰石 …… (456)	磷铝镁锰石-锰铁镁 …… (465)	磷铌铁钾石 …… (474)
磷钙铁钼矿 …… (456)	磷铝镁石 …… (465)	磷镍钼矿 …… (474)
磷钙钍石 …… (457)	磷铝锰钡石 …… (465)	磷镍铁矿* …… (474)
磷钙锌矿 …… (457)	磷铝锰钙石 …… (466)	磷钕铀矿 …… (474)
磷钙铀矿 …… (457)	磷铝锰矿 …… (466)	磷硼锰石 …… (474)
磷锆钾矿 …… (457)	磷铝钠石 …… (466)	磷铍钙石 …… (475)
磷铬铅矿 …… (457)	磷铝钕石 …… (466)	磷铍锆钠钾石 …… (475)
磷铬铁矿 …… (458)	磷铝铅矾 …… (466)	磷铍锆钠石 …… (475)
磷铬铜铅矿 …… (458)	磷铝铅铜矿 …… (466)	磷铍锰石 …… (475)
磷硅铝钙石 …… (458)	磷铝钐石 …… (467)	磷铍锰铁石 …… (475)
磷硅铝钇钙石 …… (458)	磷铝石 …… (467)	磷铅铝矾 …… (476)
磷硅铌钠钡石 …… (458)	磷铝铈石 …… (467)	磷铅铁矾 …… (476)
磷硅铌钠石 …… (459)	磷铝锶石 …… (467)	磷氢镁石 …… (476)
磷硅铈钠石 …… (459)	磷铝铁钡石 …… (468)	磷氢钠石 …… (476)
磷硅钛钙钡石 …… (459)	磷铝铁锰钠石 …… (468)	磷砷铅矿 …… (476)
磷硅钛钙钠石 …… (459)	磷铝铁钠矿 …… (468)	磷砷锌铜矿 …… (476)
磷硅钛镁钙钠石 …… (459)	磷铝铁钠石 …… (468)	磷石膏 …… (476)
磷硅钛钠石 …… (459)	磷铝铁石 …… (468)	磷铈镧矿 …… (477)
磷硅钛铌钠石 …… (459)	磷氯铅矿 …… (469)	磷铈铝石 …… (477)

磷铈钠石 …… (477)	磷钇矿 …… (485)	硫铋镍矿 …… (495)
磷铈钍石 …… (477)	磷镱矿 …… (486)	硫铋镍铜矿 …… (495)
磷铈铀矿 …… (477)	磷铀矿 …… (486)	硫铋铅矿 …… (495)
磷水锌钙石 …… (477)	鳞海绿石 …… (486)	硫铋铅铁铜矿 …… (495)
磷锶铝矾 …… (477)	鳞绿泥石 …… (486)	硫铋铅铜矿 …… (495)
磷锶铝石 …… (477)	鳞镁铁矿 …… (486)	硫铋铅银矿 …… (496)
磷锶铍石 …… (477)	鳞石蜡 …… (486)	硫铋锑铅矿 …… (496)
磷酸钙石 …… (478)	鳞石英 …… (486)	硫铋锑银矿 …… (496)
磷酸镁铵石 …… (478)	鳞云母 …… (487)	硫铋铁铅矿 …… (496)
磷钛铝钡石 …… (478)	灵宝矿 …… (487)	硫铋铜矿 …… (496)
磷钛铁矿 …… (478)	玲根石 …… (487)	硫铋铜铅矿 …… (496)
磷碳镁钠石 …… (478)	铃木石 …… (487)	硫铋铜银矿 …… (496)
磷铁铋石 …… (478)	菱钡镁石 …… (487)	硫铋铜银铅矿 …… (497)
磷铁矾 …… (478)	菱沸石-钙 …… (488)	硫铋银矿 …… (497)
磷铁钙石 …… (478)	菱沸石-钾 …… (488)	硫铋银铅铜矿 …… (497)
磷铁华 …… (479)	菱沸石-镁 …… (488)	硫铂矿 …… (497)
磷铁矿 …… (479)	菱沸石-钠 …… (488)	硫楚碲铋矿 …… (497)
磷铁锂矿 …… (479)	菱沸石-锶 …… (489)	硫碲铋矿 …… (497)
磷铁镁锰钙石-钙镁镁 …… (479)	菱镉矿 …… (489)	硫碲铋镍矿 …… (497)
磷铁镁锰钙石-钙锰镁 …… (479)	菱钴矿 …… (489)	硫碲铋铅金矿 …… (498)
磷铁镁锰钙石-钙锰锰 …… (479)	菱硅钙钠石 …… (489)	硫碲铋铅矿 …… (498)
磷铁镁锰钙石-钙锰铁 …… (480)	菱硅钾锰石 …… (489)	硫碲铅矿 …… (498)
磷铁镁锰钙石-钙铁镁 …… (480)	菱硅钾铁石 …… (489)	硫碲锑银矿 …… (498)
磷铁镁锰钙石-钙铁铁 …… (480)	菱黑稀土矿 …… (490)	硫碲铜钯矿 …… (498)
磷铁镁锰钙石-锰锰镁 …… (480)	菱碱铁矾 …… (490)	硫碲铜钙石 …… (498)
磷铁镁锰钙石-锰锰锰 …… (480)	菱碱土矿 …… (490)	硫碲银矿 …… (498)
磷铁镁锰钙石-锰锰铁 …… (481)	菱磷铝锶矾 …… (490)	硫锇矿 …… (499)
磷铁镁锰钙石-锰锰锌 …… (481)	菱硫铁矿 …… (490)	硫钒钾铀矿 …… (499)
磷铁镁锰钙石-钠锰镁 …… (481)	菱镁钙钡石 …… (490)	硫钒锡铜矿 …… (499)
磷铁镁锰钙石-钠铁镁 …… (481)	菱镁矿 …… (491)	硫复铁矿 …… (499)
磷铁镁钠钙石 …… (481)	菱镁镍矿 …… (491)	硫钙铝柱石 …… (499)
磷铁镁石 …… (481)	菱镁铁矾 …… (491)	硫钙水铬矿 …… (499)
磷铁锰钡石 …… (482)	菱锰矿 …… (491)	硫钙柱石 …… (500)
磷铁锰钙石 …… (482)	菱锰铅矾 …… (491)	硫锆矾 …… (500)
磷铁锰矿 …… (482)	菱锰铁方硼石 …… (491)	硫镉矿 …… (500)
磷铁锰矿-钙* …… (482)	菱锰铁矿 …… (491)	硫镉铜石 …… (500)
磷铁锰锶石* …… (482)	菱钠矾 …… (492)	硫镉铟矿 …… (500)
磷铁锰锌石 …… (482)	菱镍矿 …… (492)	硫铬矿 …… (500)
磷铁钠矿 …… (483)	菱硼硅铈矿 …… (492)	硫铬铜矿* …… (501)
磷铁铅铋矿 …… (483)	菱砷铁矿 …… (492)	硫铬锌矿 …… (501)
磷铁石 …… (483)	菱水碳铬镁石 …… (492)	硫汞镍矿 …… (501)
磷铁锌钙石 …… (483)	菱水碳铝镁石 …… (492)	硫汞锑矿 …… (501)
磷铁铀矿 …… (483)	菱水碳铁镁石 …… (492)	硫汞铜矿 …… (501)
磷铜矿 …… (483)	菱锶矿 …… (492)	硫汞锌矿 …… (501)
磷铜铝矿 …… (484)	菱铁矿 …… (493)	硫汞银矿 …… (502)
磷铜铁矿 …… (484)	菱铁镁矿 …… (493)	硫汞银铜矿 …… (502)
磷钍矿 …… (484)	菱锌矿 …… (493)	硫钴矿 …… (502)
磷钍铝石 …… (484)	菱铀矿 …… (493)	硫硅钙钾石 …… (502)
磷钍石 …… (484)	刘东生石* …… (494)	硫硅钙铅矿 …… (502)
磷稀土矿-铈 …… (484)	留萌* …… (494)	硫硅钙石 …… (502)
磷锌矿 …… (485)	硫钯矿 …… (494)	硫硅碱钙石 …… (503)
磷锌铜矿 …… (485)	硫铋铂矿 …… (494)	硫硅铝锌铅石 …… (503)
磷叶石 …… (485)	硫铋镉矿 …… (495)	硫硅石 …… (503)

硫硅锌铅石 …………… (503)	硫砷矿 ………………… (510)	硫锑铋铜矿 …………… (516)
硫黄 …………………… (503)	硫砷铑矿 ……………… (510)	硫锑铬铜矿 …………… (516)
硫镓铜矿 ……………… (503)	硫砷钌矿 ……………… (510)	硫锑汞矿 ……………… (516)
硫钾锶石 ……………… (503)	硫砷铅矿 ……………… (510)	硫锑汞铅矿 …………… (516)
硫碱钙霞石 …………… (503)	硫砷铅石 ……………… (510)	硫锑汞铜铅矿 ………… (517)
硫金铋矿 ……………… (503)	硫砷铅铊矿 …………… (511)	硫锑钴矿 ……………… (517)
硫金银矿 ……………… (503)	硫砷铅银矿* …………… (511)	硫锑锰银矿 …………… (517)
硫铑铁矿* ……………… (504)	硫砷铊汞矿 …………… (511)	硫锑锰银铅矿 ………… (517)
硫铑铜矿 ……………… (504)	硫砷铊矿 ……………… (511)	硫锑镍矿 ……………… (517)
硫铑铜铁矿 …………… (504)	硫砷铊铅矿 …………… (511)	硫锑镍铜矿 …………… (517)
硫铑铱铜矿 …………… (504)	硫砷铊银铅矿 ………… (511)	硫锑铅矿 ……………… (518)
硫钌矿 ………………… (504)	硫砷锑汞矿 …………… (511)	硫锑铅银矿 …………… (518)
硫磷铝石 ……………… (504)	硫砷锑汞铊矿 ………… (511)	硫锑砷铊矿 …………… (518)
硫磷铝铁铀矿 ………… (504)	硫砷锑矿 ……………… (511)	硫锑砷银矿 …………… (518)
硫磷铅铝矿 …………… (504)	硫砷锑铅矿 …………… (511)	硫锑铊矿 ……………… (518)
硫卤钠石 ……………… (505)	硫砷锑铅铊矿 ………… (512)	硫锑铊铁铜矿 ………… (518)
硫铝钙石 ……………… (505)	硫砷锑铊矿 …………… (512)	硫锑铊铜矿 …………… (518)
硫氯钠铀矿 …………… (505)	硫砷锑银矿* …………… (512)	硫锑铁矿 ……………… (518)
硫镁矿 ………………… (505)	硫砷铜矿 ……………… (512)	硫锑铁铅矿 …………… (519)
硫镁铁矿 ……………… (505)	硫砷铜铅石 …………… (512)	硫锑铜矿 ……………… (519)
硫锰矿 ………………… (505)	硫砷铜铊矿 …………… (512)	硫锑铜铅矿 …………… (519)
硫锰铅锑矿 …………… (506)	硫砷铜锌铊矿 ………… (512)	硫锑铜铊矿 …………… (519)
硫钼锡铜矿 …………… (506)	硫砷铜银矿 …………… (513)	硫锑铜银矿 …………… (519)
硫钠铬矿 ……………… (506)	硫砷锡铊矿 …………… (513)	硫锑锡铅矿 …………… (519)
硫钠铜矿 ……………… (506)	硫砷锡铁铜矿 ………… (513)	硫锑锡铁铅矿 ………… (520)
硫镍钯铂矿 …………… (506)	硫砷锌铜矿 …………… (513)	硫锑银矿 ……………… (520)
硫镍铋锑矿 …………… (506)	硫砷铱矿 ……………… (513)	硫锑银铅矿 …………… (520)
硫镍钴矿 ……………… (507)	硫砷银矿 ……………… (513)	硫铁钾矿 ……………… (520)
硫镍矿 ………………… (507)	硫砷银铅矿 …………… (514)	硫铁铌矿 ……………… (520)
硫镍铁矿* ……………… (507)	硫砷银铜铊矿 ………… (514)	硫铁镍矿 ……………… (520)
硫镍铁铊矿 …………… (507)	硫双铋镍矿 …………… (514)	硫铁铅矿 ……………… (520)
硫镍铁铜矿* …………… (507)	硫四砷矿 ……………… (514)	硫铁铯矿 ……………… (521)
硫镍铜铂矿 …………… (507)	硫酸方柱石 …………… (514)	硫铁铊矿 ……………… (521)
硫硼镁石 ……………… (508)	硫酸钙霞石 …………… (514)	硫铁铜钡矿 …………… (521)
硫铅钯矿 ……………… (508)	硫酸铅矿 ……………… (514)	硫铁铜钾矿 …………… (521)
硫铅铋银矿 …………… (508)	硫铊汞锑矿 …………… (514)	硫铁铜矿 ……………… (521)
硫铅铑矿 ……………… (508)	硫铊矿 ………………… (514)	硫铁锡铜矿 …………… (521)
硫铅镍矿 ……………… (508)	硫铊砷矿 ……………… (514)	硫铁铟矿 ……………… (521)
硫铅砷矿 ……………… (508)	硫铊铁铜矿 …………… (515)	硫铁银矿 ……………… (521)
硫铅铁矿 ……………… (508)	硫铊铜矿 ……………… (515)	硫铁银锡矿 …………… (522)
硫铅铜矿 ……………… (508)	硫铊银金锑矿 ………… (515)	硫铁铀矿 ……………… (522)
硫铅铜铑矿 …………… (509)	硫钛铁矿 ……………… (515)	硫铜钴矿 ……………… (522)
硫铅铜铱矿 …………… (509)	硫碳钙锰石 …………… (515)	硫铜铼矿 ……………… (522)
硫羟氯铜石 …………… (509)	硫碳硅钙石 …………… (515)	硫铜锰矿 ……………… (522)
硫氰钠钴石 …………… (509)	硫碳铝镁石 …………… (515)	硫铜镍矿 ……………… (522)
硫砷铋镍矿 …………… (509)	硫碳镁钠石 …………… (516)	硫铜铅铋矿 …………… (523)
硫砷铋铅矿 …………… (509)	硫碳铅矿 ……………… (516)	硫铜锑矿 ……………… (523)
硫砷铂矿 ……………… (509)	硫碳铅锰铝石 ………… (516)	硫铜铁矿 ……………… (523)
硫砷锇矿 ……………… (509)	硫碳酸铅矿 …………… (516)	硫铜锡汞矿 …………… (523)
硫砷汞铊矿 …………… (509)	硫碳铁钠石 …………… (516)	硫铜锌矿 ……………… (523)
硫砷汞铜矿 …………… (509)	硫锑铋镍矿 …………… (516)	硫铜铱矿 ……………… (523)
硫砷汞银矿 …………… (510)	硫锑铋铅矿 …………… (516)	硫铜银矿 ……………… (523)
硫砷钴矿 ……………… (510)	硫锑铋铁矿 …………… (516)	硫铜锗矿 ……………… (524)

矿物名	页码	矿物名	页码	矿物名	页码
硫钨矿	(524)	六方球方解石	(529)	鲁达谢夫斯基矿*	(537)
硫钨锡铜矿	(524)	六方砷钯矿	(529)	鲁道巴尼奥矿*	(537)
硫钨锗铜矿	(524)	六方砷铑矿	(529)	鲁德林格尔石*	(537)
硫硒铋矿	(524)	六方砷镍矿	(529)	鲁登克石	(537)
硫硒铋铅矿	(524)	六方砷铜矿	(529)	鲁硅钙石	(537)
硫硒金银矿	(524)	六方水锰矿	(530)	鲁磷锶铁铝石	(537)
硫硒银金矿	(524)	六方碳钙石	(530)	鲁诺克石*	(538)
硫锡矿	(525)	六方碳钠石	(530)	鲁西诺夫石*	(538)
硫锡铅矿	(525)	六方锑钯矿	(530)	陆羟磷铜石	(538)
硫锡砷铜矿	(525)	六方锑铂矿	(530)	吕宋矿	(538)
硫锡铁铜矿	(525)	六方锑锡铜矿	(530)	铝贝塔石	(538)
硫锡铜矿	(525)	六方锑银矿	(530)	铝冻蓝闪石	(538)
硫锡锌银矿	(525)	六方铁矿	(530)	铝毒石	(538)
硫硝镍铝石	(525)	六方无水芒硝	(530)	铝钒钙石*	(538)
硫氧锑钙石	(525)	六方硒镉矿	(530)	铝钒铀矿	(539)
硫氧锑铁矿	(526)	六方硒钴矿	(531)	铝氟石膏	(539)
硫铱铑矿	(526)	六方硒镍矿	(531)	铝符山石*	(539)
硫铱铜矿	(526)	六方硒铜矿	(531)	铝钙铀云母	(539)
硫钇铀矿	(526)	六方锡铂矿	(531)	铝硅钡石	(539)
硫铟铁矿	(526)	六方纤铁矿	(531)	铝硅氮氨石	(539)
硫铟铜矿	(526)	六水铵镁矾	(531)	铝硅铅石	(539)
硫铟银矿	(526)	六水铵镍矾	(531)	铝红闪石	(539)
硫银铋矿	(526)	六水铵铁矾	(532)	铝黄长石	(539)
硫银锑铅矿	(526)	六水绿矾	(532)	铝钪钙石*	(539)
硫银铁矿	(527)	六水锰矾	(532)	铝蓝透闪石	(539)
硫银锡矿	(527)	六水镍矾	(532)	铝绿鳞石	(539)
硫银锗矿	(527)	六水硼钙石	(532)	铝绿泥石	(540)
硫锗铅矿	(527)	六水羟磷铁石	(532)	铝绿纤石	(540)
硫锗铁矿	(527)	六水羟铜矾	(532)	铝镁黄长石	(540)
硫锗铁铜矿	(527)	六水碳钙石	(533)	铝锰矾	(540)
硫锗铜矿	(527)	六水铁矾	(533)	铝钠锂大隅石*	(540)
硫锗银铜矿	(528)	六水泻盐	(533)	铝钠佩尔伯耶铈石*	(540)
六方钡长石	(528)	六水锌矾	(533)	铝钠云母	(540)
六方铋钯矿	(528)	龙讷堡矿*	(533)	铝硼锆钙石	(540)
六方辰砂	(528)	卢贝罗石	(533)	铝砷铀云母	(541)
六方碲锑钯镍矿	(528)	卢卡宾迪石*	(534)	铝铈硅石*	(541)
六方碲银矿	(528)	卢卡库莱斯瓦拉矿*	(534)	铝水方解石	(541)
六方汞银矿	(528)	卢凯西石*	(534)	铝水钙石	(541)
六方钴镍矿	(528)	卢克常铈石	(534)	铝钽矿	(541)
六方硅钙石	(528)	卢姆登矿*	(534)	铝铁钒石	(541)
六方硅锰钙石	(528)	卢塞纳钇石*	(534)	铝铜矿	(541)
六方辉钼矿	(528)	卢森堡矿*	(534)	铝土矿	(541)
六方辉铜矿	(528)	卢砷铁铅矿	(534)	铝钍铀矿	(541)
六方钾霞石	(528)	卢伊纳电气石*	(535)	铝钨华	(542)
六方金刚石	(528)	庐硅铜铅石	(535)	铝叶绿矾	(542)
六方堇青石	(528)	炉甘石	(535)	铝铀云母	(542)
六方硫锰矿	(528)	卤汞石	(535)	铝针绿矾*	(542)
六方硫镍矿	(529)	卤硫汞矿	(536)	铝直闪石	(542)
六方铝氧石	(529)	卤钠矾	(536)	绿草酸钠石	(543)
六方氯铅矿	(529)	卤钠石	(536)	绿层硅铈钛矿	(543)
六方锰矿	(529)	卤砂	(536)	绿脆云母	(543)
六方钼	(529)	卤银矿	(536)	绿地蜡	(543)
六方羟磷镁石	(529)	鲁宾石*	(536)	绿碲铁石	(543)

绿碲铜石 …………… (543)	绿锥石 ……………… (551)	氯铅矾 ……………… (559)
绿钙闪石 …………… (543)	氯铋矿 ……………… (552)	氯铅铬矿 …………… (559)
绿杆沸石 …………… (543)	氯氮汞矿 …………… (552)	氯铅钾石 …………… (559)
绿高岭石 …………… (543)	氯碲铅矿 …………… (552)	氯铅矿 ……………… (559)
绿铬矿 ……………… (543)	氯碲铁石 …………… (552)	氯铅芒硝 …………… (559)
绿辉石 ……………… (544)	氯碘铅矿 …………… (552)	氯羟硅钡铝石 ……… (560)
绿钾铁矾 …………… (544)	氯碘铅石 …………… (553)	氯羟硅钡锰石 ……… (560)
绿钾铁盐 …………… (544)	氯钒铅石 …………… (553)	氯羟硅钡铁石 ……… (560)
绿锂辉石 …………… (544)	氯钒铜铅矿 ………… (553)	氯羟铝石 …………… (560)
绿帘石 ……………… (544)	氯氟钙石 …………… (553)	氯羟镁铝石 ………… (560)
绿磷铝钡石 ………… (545)	氯钙铝石 …………… (553)	氯羟镁铜石 ………… (561)
绿磷铝石 …………… (545)	氯钙石 ……………… (553)	氯羟锰矿 …………… (561)
绿磷锰矿 …………… (545)	氯汞矿 ……………… (553)	氯羟镍铜石 ………… (561)
绿磷锰钠矿 ………… (545)	氯硅钙铅矿 ………… (554)	氯羟硼钙石 ………… (561)
绿磷铅铜矿 ………… (545)	氯硅锆钠石 ………… (554)	氯羟铅矿 …………… (561)
绿磷铁矿 …………… (545)	氯硅磷灰石 ………… (554)	氯羟碳硅铅石 ……… (561)
绿鳞石 ……………… (545)	氯硅钛钙钠石 ……… (554)	γ-氯羟铁矿 ………… (561)
绿硫钒矿 …………… (546)	氯硅铁铅石 ………… (554)	氯羟锡石 …………… (561)
绿蒙脱石 …………… (546)	氯黄晶 ……………… (554)	氯羟锌铜石 ………… (562)
绿钠闪石 …………… (546)	氯钾铵矿 …………… (555)	氯砷钙石 …………… (562)
绿泥间滑石 ………… (546)	氯钾铵铁矿 ………… (555)	氯砷汞石 …………… (562)
绿泥间蜡石 ………… (546)	氯钾胆矾 …………… (555)	氯砷锰矿 …………… (562)
绿泥间蒙石 ………… (546)	氯钾钙石 …………… (555)	氯砷钠铜石 ………… (562)
绿泥间蛇纹石 ……… (547)	氯钾铅矿 …………… (555)	氯砷铅矿 …………… (562)
绿泥间蛭石 ………… (547)	氯钾铁盐 …………… (555)	氯砷铅石 …………… (562)
绿泥石 ……………… (547)	氯钾铜矿 …………… (555)	氯砷铁铅石 ………… (563)
绿镍矿 ……………… (547)	氯碱钙霞石 ………… (555)	氯砷铜矿 …………… (563)
绿硼石 ……………… (548)	氯磷钡石 …………… (556)	氯铊铅矿 …………… (563)
绿闪石 ……………… (548)	氯磷灰石 …………… (556)	氯碳硅钡石 ………… (563)
绿砷钡铁石 ………… (548)	氯磷钠铜矿 ………… (556)	氯碳硅铁钡石 ……… (563)
绿砷铁铜矿 ………… (548)	氯磷砷铅矿 ………… (556)	氯碳钠镁石 ………… (564)
绿砷铜矿 …………… (548)	氯硫铋锡铅矿 ……… (556)	氯碳铅石 …………… (564)
绿砷铜铅矿 ………… (548)	氯硫汞矿 …………… (556)	氯碳铜铅矾 ………… (564)
绿砷锌锰矿 ………… (548)	氯硫铝钙石 ………… (556)	氯锑矿 ……………… (564)
绿水钒钙矿 ………… (549)	氯硫硼钠钙石 ……… (557)	氯锑铅矿 …………… (564)
绿松石 ……………… (549)	氯硫锑钾矿 ………… (557)	氯铁碲矿 …………… (564)
绿碳钙铀矿 ………… (549)	氯硫铁钾矿 ………… (557)	氯铁铝石 …………… (564)
绿锑铅矿 …………… (549)	氯硫溴银汞矿 ……… (557)	氯铁铅石 …………… (564)
绿铁碲矿 …………… (549)	氯硫银汞矿 ………… (557)	氯铜矾 ……………… (564)
绿铁矿 ……………… (549)	氯铝硅钛碱石 ……… (557)	氯铜钾矾 …………… (565)
绿铜矿 ……………… (550)	氯铝石 ……………… (557)	氯铜钾石 …………… (565)
绿铜铅矿 …………… (550)	氯镁铝石 …………… (558)	氯铜碱矾 …………… (565)
绿铜锌矿 …………… (550)	氯镁芒硝 …………… (558)	氯铜矿 ……………… (565)
绿透辉石 …………… (550)	氯镁石 ……………… (558)	氯铜铝矾 …………… (565)
绿脱石 ……………… (550)	氯锰石 ……………… (558)	氯铜铅矾 …………… (565)
绿蜥蜴铀矿* ………… (550)	氯硼钙镁石 ………… (558)	氯铜铅矿 …………… (566)
绿纤石 ……………… (551)	氯硼钙石 …………… (558)	氯铜硝石 …………… (566)
绿纤透辉石 ………… (551)	氯硼硅铝钾石 ……… (558)	氯铜银铅矿 ………… (566)
绿锌铜矾 …………… (551)	氯硼钠石 …………… (558)	氯钨铅石 …………… (566)
绿锈矿 ……………… (551)	氯硼石 ……………… (558)	氯硒铋铜石 ………… (566)
绿铀钙石 …………… (551)	氯硼锶钙石 ………… (559)	氯硒锌石 …………… (566)
绿铀矿 ……………… (551)	氯硼铁钡石 ………… (559)	氯溴硫汞矿 ………… (567)
绿柱石 ……………… (551)	氯硼铜矿 …………… (559)	氯溴银矿 …………… (567)

氯氧碲铅矿* …………… (567)	马基铀矿* …………… (575)	毛矾石 …………… (583)
氯氧钒砷铜石 …………… (567)	马金斯特矿 …………… (575)	毛沸石-钙 …………… (583)
氯氧钒铜矿 …………… (568)	马进德矿 …………… (575)	毛沸石-钾 …………… (583)
氯氧汞矿 …………… (568)	马柯斯兰石 …………… (575)	毛沸石-钠 …………… (584)
氯氧硫锑铜铅矿 …………… (568)	马可韦克矿 …………… (576)	毛河光矿 …………… (584)
氯氧镁铝石 …………… (568)	马克阿舍尔石* …………… (576)	毛青钴矿 …………… (584)
氯氧铅矿 …………… (568)	马克巴尔迪矿* …………… (576)	毛青铜矿 …………… (584)
氯氧砷锑铅矿 …………… (568)	马克比艾矿 …………… (576)	牦牛坪矿-铈 …………… (585)
氯氧锑矿 …………… (568)	马克尔石* …………… (576)	玫瑰榴石 …………… (585)
氯氧锑铅矿 …………… (568)	马克斯威石 …………… (576)	梅尔石* …………… (585)
氯氧硒钠铜石 …………… (568)	马拉松矿 …………… (577)	梅高石 …………… (585)
氯氧亚硒铜石 …………… (568)	马来亚石 …………… (577)	梅钾霞石 …………… (585)
氯银矿 …………… (569)	马莱托瓦扬矿* …………… (577)	梅勒拉尼矿* …………… (585)
氯银铅矿 …………… (569)	马兰矿 …………… (577)	梅利尼石* …………… (586)
栾锂云母 …………… (569)	马雷科特石* …………… (577)	梅罗维茨铀矿* …………… (586)
滦河矿 …………… (569)	马里榴石 …………… (577)	梅萨石 …………… (586)
伦纳德森石* …………… (569)	马里思矿 …………… (577)	梅特纳铀矿* …………… (586)
伦琴石 …………… (569)	马里亚诺石 …………… (577)	梅希约内斯石* …………… (586)
罗布莎矿 …………… (569)	马林科石* …………… (577)	美夫石 …………… (586)
罗氯铁矿 …………… (570)	马林斯克石* …………… (578)	镁白孔雀石 …………… (587)
罗道尔夫石 …………… (570)	马硫铜银矿 …………… (578)	镁钡石 …………… (587)
罗德斯石 …………… (570)	马纳斯基石* …………… (578)	镁冰晶石 …………… (587)
罗恩吉布斯石* …………… (570)	马皮奎罗矿* …………… (578)	镁橙钒钙石 …………… (587)
罗利石* …………… (570)	马砷铁铅石 …………… (578)	镁川石 …………… (587)
罗磷铁矿 …………… (570)	马水硅钠石 …………… (578)	镁大隅石 …………… (587)
罗镁大隅石 …………… (570)	马水铀矿 …………… (578)	镁电气石 …………… (588)
罗森贝格石 …………… (570)	马苏石 …………… (578)	镁定永闪石 …………… (588)
罗氏铁矿 …………… (571)	马塔加密矿 …………… (578)	镁毒石 …………… (588)
罗水硅钙石 …………… (571)	马廷尼星石 …………… (578)	镁鄂霍次克石* …………… (588)
罗水氯铁石 …………… (571)	马廷英-雪峰石 …………… (578)	镁氟磷铁锰矿 …………… (588)
罗水砷铜石 …………… (571)	马歇尔苏斯曼石* …………… (579)	镁符山石 …………… (588)
罗斯曼石 …………… (571)	马营矿 …………… (579)	镁福伊特石 …………… (588)
罗索夫斯基矿* …………… (572)	马兹兰石* …………… (579)	镁斧石 …………… (589)
罗特贝尔矿* …………… (572)	玛令南利石 …………… (579)	镁钙三斜闪石 …………… (589)
罗维莱石 …………… (572)	玛莫石 …………… (580)	镁钙闪石 …………… (589)
罗西安东尼奥石* …………… (572)	玛瑙 …………… (580)	镁橄榄石 …………… (589)
罗伊米勒石* …………… (572)	麦吉尔石* …………… (580)	镁铬钒矿 …………… (589)
罗针沸石 …………… (572)	麦钾沸石 …………… (580)	镁铬尖晶石 …………… (590)
螺硫银矿 …………… (572)	麦克里利石 …………… (580)	镁铬矿 …………… (590)
洛巴诺夫石* …………… (573)	麦硫锑铅矿 …………… (581)	镁铬榴石 …………… (590)
	麦镍砷铀云母 …………… (581)	镁铬铁矿 …………… (590)
Mm	麦羟硅钠石 …………… (581)	镁硅氟铁钇矿 …………… (590)
马驰矿* …………… (574)	麦砷钠钙石 …………… (581)	镁硅钙石 …………… (590)
马丁安德烈斯石* …………… (574)	麦碳铜镁石 …………… (581)	镁哈特特石* …………… (590)
马丁矿 …………… (574)	曼贝蒂石 …………… (582)	镁海斯汀石 …………… (590)
马多克矿* …………… (574)	曼纳德石 …………… (582)	镁褐帘石 …………… (590)
马尔凯蒂石* …………… (574)	曼尼托巴石 …………… (582)	镁黑铝镁铁矿 …………… (591)
马尔凯尼石* …………… (574)	曼斯非尔德石 …………… (582)	镁红钠闪石 …………… (591)
马夫利亚诺夫石* …………… (574)	曼廷尼石 …………… (582)	镁黄长石 …………… (591)

目 录

Aa

阿贝拉石* ……………………… (1)
阿贝纳克石 …………………… (1)
阿彼洛石 ……………………… (1)
阿布拉莫夫矿* ………………… (1)
阿丹石* ………………………… (1)
阿德拉诺斯铝石* ……………… (1)
阿德拉诺斯铁石* ……………… (2)
阿尔卑石* ……………………… (2)
阿尔贝蒂尼石* ………………… (2)
阿尔布伦矿* …………………… (2)
阿尔德里奇石* ………………… (2)
阿尔弗雷多佩特罗夫石* ……… (2)
阿尔冈矿 ……………………… (3)
阿尔杰斯石* …………………… (3)
阿尔卡帕罗萨石* ……………… (3)
阿尔玛鲁道夫石 ……………… (3)
阿尔梅达矿* …………………… (3)
阿尔威尔金斯铀钇石* ………… (4)
阿尔占石 ……………………… (4)
阿佛加德罗石 ………………… (4)
阿富汗钙霞石 ………………… (4)
阿钙锆石 ……………………… (4)
阿格雷尔石 …………………… (4)
阿海尔石* ……………………… (4)
阿基墨石 ……………………… (4)
阿加哈诺夫钇石* ……………… (4)
阿加矿* ………………………… (5)
阿交石 ………………………… (5)
阿考赛石 ……………………… (5)
阿克利马石* …………………… (5)
阿克塔什矿 …………………… (5)
阿肯色石 ……………………… (5)
阿拉德石* ……………………… (5)
阿拉基石 ……………………… (6)
阿拉京矿 ……………………… (6)
阿拉马约矿 …………………… (6)
阿拉石 ………………………… (6)
阿拉瓦石 ……………………… (6)
阿来石 ………………………… (6)
阿兰加斯石* …………………… (6)
阿兰石 ………………………… (6)
阿里法石 ……………………… (6)
阿里吉莱特石* ………………… (6)
阿里斯镧石* …………………… (6)
阿里斯铈石* …………………… (6)
阿磷镁铝石 …………………… (7)
阿留特石* ……………………… (7)
阿硫铋铅矿 …………………… (7)
阿硫砷钴矿 …………………… (7)
阿硫砷矿 ……………………… (7)
阿硫铁银矿 …………………… (7)
阿卢艾夫石 …………………… (7)
阿铝钙石* ……………………… (8)
阿伦斯石 ……………………… (8)
阿罗加德钾钠石 ……………… (8)
阿玛穆尔石 …………………… (8)
阿莫里诺石* …………………… (8)
阿姆阿尔柯尔石 ……………… (8)
阿姆利诺铈石* ………………… (8)
阿硼镁石 ……………………… (9)
阿硼钠石 ……………………… (9)
阿羟砷锰矿 …………………… (9)
阿羟锌石 ……………………… (9)
阿仁矿 ………………………… (9)
阿诺波夫石 …………………… (9)
阿萨巴斯卡矿 ………………… (9)
阿萨克哈洛夫石 ……………… (9)
阿瑟矿 ………………………… (9)
阿山矿 ………………………… (9)
阿申诺夫石 …………………… (10)
阿砷镧铝石 …………………… (10)
阿砷钕铝石 …………………… (10)
阿砷铈铝石 …………………… (10)
阿砷铜石 ……………………… (10)
阿什伯敦石 …………………… (10)
阿斯佩达蒙石* ………………… (11)
阿斯西奥矿 …………………… (11)
阿塔卡马石 …………………… (11)
阿碳钙钡矿 …………………… (11)
阿碳钾铀矿 …………………… (11)
阿碳锶铈石 …………………… (11)
阿特拉索石 …………………… (11)
阿特芒硼镁石 ………………… (12)
阿铁绿泥石 …………………… (12)
阿铁绿松石 …………………… (12)
阿维森纳矿 …………………… (12)
阿武石* ………………………… (12)
阿武隈石 ……………………… (12)
阿西莫夫石* …………………… (12)
阿折罗矿* ……………………… (12)
埃尔龙矿* ……………………… (12)
埃尔尼格里石* ………………… (12)
埃尔泽维斯矿* ………………… (13)
埃弗斯罗格石* ………………… (13)
埃卡石 ………………………… (13)
埃克伯格矿* …………………… (13)
埃克哈德石* …………………… (13)
埃克矿* ………………………… (13)
埃克兰矿 ……………………… (14)
埃拉索矿 ……………………… (14)
埃莱奥诺雷矿* ………………… (14)
埃里卡波尔石* ………………… (14)
埃里克拉希曼石* ……………… (14)
埃利塞夫石* …………………… (14)
埃林森石* ……………………… (15)
埃洛石-7Å ……………………… (15)
埃洛石-10Å ……………………… (15)
埃硫铋铅银矿 ………………… (15)
埃米尔矿* ……………………… (15)
埃默里赫石* …………………… (15)
埃佩克斯石* …………………… (16)
埃瑞克石* ……………………… (16)
埃塞尔石 ……………………… (16)
埃水氯硼钙石 ………………… (16)
埃斯卡恩钕石* ………………… (16)
埃斯科拉矿 …………………… (17)
埃斯佩兰萨石 ………………… (17)
埃瓦碳钡石 …………………… (17)
埃希石* ………………………… (17)
艾德里安石* …………………… (17)
艾德玉莱尔石 ………………… (17)
艾登哈特尔矿 ………………… (17)
艾尔绍夫石 …………………… (18)
艾弗砷锰矿 …………………… (18)
艾辉铋铜铅矿 ………………… (18)
艾伦普林石 …………………… (18)
艾伦斯特伯克石* ……………… (18)
艾略普洛斯矿* ………………… (18)
艾纳大隅石 …………………… (19)
艾锌钛矿 ……………………… (19)
爱德格雷夫石* ………………… (19)

安迪克里斯蒂石* …… (20)	奥托哈恩铀矿* ……… (28)	白钠镍矾 …………… (36)
安迪罗伯特石 ……… (20)	奥托石* ……………… (29)	白钠锌矾 …………… (37)
安迪麦克唐纳矿* …… (20)	奥永矿* ……………… (29)	白硼钙石 …………… (37)
安多矿 ……………… (21)	奥泽尔娃石* ………… (29)	白硼锰石 …………… (37)
安季平石* …………… (21)	奥锗铅石 …………… (29)	白铍石 ……………… (37)
安加尔夫石* ………… (21)		白铅矿 ……………… (37)
安康矿 ……………… (21)	**Bb**	白铅铝矿 …………… (38)
安奇诺维奇石 ……… (21)	八面沸石-钙 ………… (30)	白砷镁钙石 ………… (38)
安托法加斯塔石* …… (22)	八面沸石-镁 ………… (30)	白砷镍矿 …………… (38)
安云矿 ……………… (22)	八面沸石-钠 ………… (30)	白砷石 ……………… (38)
安扎铈矿* …………… (22)	八面硅钙铝石 ……… (30)	白水磷铝石 ………… (38)
铵白榴石 …………… (22)	八面硼砂 …………… (30)	白水云母 …………… (39)
铵矾 ………………… (22)	巴巴涅克石* ………… (30)	白钛硅钠石 ………… (39)
铵高铁矾* …………… (22)	巴达赫尚钇石* ……… (30)	白钛石 ……………… (39)
铵红水磷铝钾石* …… (23)	巴登珠矿 …………… (31)	白铁矿 ……………… (39)
铵黄钾铁矾 ………… (23)	巴蒂耶娃钇石* ……… (31)	白透辉石 …………… (39)
铵基苯石 …………… (23)	巴碲铜石 …………… (31)	白钨矿 ……………… (39)
铵钾芒硝 …………… (23)	巴尔的摩石 ………… (31)	白硒钴矿 …………… (40)
铵硫钒钾铀矿* ……… (23)	巴氟硅铵石 ………… (31)	白硒铅石 …………… (40)
铵铝矾① ……………… (24)	巴格达石 …………… (31)	白硒铁矿 …………… (40)
铵铝矾*② …………… (24)	巴克霍恩矿 ………… (32)	白云鄂博矿 ………… (40)
铵绿钾铁矾* ………… (24)	巴克石* ……………… (32)	白云母 ……………… (40)
铵镁矾 ……………… (24)	巴奎拉石 …………… (32)	白云石 ……………… (41)
铵镁绿钾铁矾* ……… (24)	巴莱斯特拉石* ……… (32)	白针柱石 …………… (41)
铵明矾 ……………… (24)	巴里道森钇石* ……… (32)	白脂晶石 …………… (41)
铵明矾石 …………… (25)	巴里奇祖尼奇石* …… (32)	白柱石 ……………… (41)
铵石膏 ……………… (25)	巴磷铁矿 …………… (32)	百年矿* ……………… (41)
铵水铀矾* …………… (25)	巴硫碲铋矿 ………… (33)	拜里卡矿* …………… (42)
铵亚铁矾* …………… (25)	巴硫铁钾矿 ………… (33)	拜三水铝石 ………… (42)
铵铀矾 ……………… (25)	巴洛石* ……………… (33)	拜占庭石* …………… (42)
暗镍蛇纹石 ………… (25)	巴水钒矿 …………… (33)	班硅锰石 …………… (42)
凹凸棒石 …………… (26)	巴索石* ……………… (33)	斑铜矿 ……………… (42)
奥贝蒂石 …………… (26)	巴伍德石* …………… (33)	板碲金银矿 ………… (43)
奥本海默铀矿* ……… (26)	巴西利亚石 ………… (34)	板沸石 ……………… (43)
奥长石 ……………… (26)	巴西石 ……………… (34)	板晶石 ……………… (43)
奥丁诺石 …………… (26)	巴泽诺夫石 ………… (34)	板磷铝矿 …………… (43)
奥丁特石 …………… (26)	钯砷锡矿 …………… (34)	板磷铝铀矿 ………… (43)
奥尔洛夫石* ………… (27)	白安矿 ……………… (34)	板磷锰矿 …………… (43)
奥尔斯查尔石* ……… (27)	白矾 ………………… (34)	板磷铁矿 …………… (44)
奥格尼特矿* ………… (27)	白沸石 ……………… (34)	板鳞钙石 …………… (44)
奥基石* ……………… (27)	白钙沸石 …………… (34)	板菱铀矿 …………… (44)
奥科鲁施石* ………… (27)	白钙镁沸石 ………… (34)	板硫铋铜铅矿 ……… (44)
奥莱曼石 …………… (27)	白硅钙石 …………… (34)	板硫锑铅矿 ………… (44)
奥林匹矿 …………… (27)	白硅石 ……………… (35)	板硼钙石 …………… (45)
奥马里尼矿* ………… (27)	白磷钙石 …………… (35)	板硼石 ……………… (45)
奥尼尔石* …………… (28)	白磷镁石 …………… (35)	板铅铀矿 …………… (45)
奥砷锌钙高铁石 …… (28)	白磷锶石 …………… (35)	板羟砷铋石 ………… (45)
奥砷锌钠石 ………… (28)	白磷铁矿 …………… (35)	板钛矿 ……………… (45)
奥水碳铀矿 ………… (28)	白榴石 ……………… (35)	板碳铀矿 …………… (46)

镁碱大隅石 (592)	镁铁榴石 (599)	锰钴土 (606)
镁碱沸石-铵 (592)	镁铁铝榴石 (599)	锰硅灰石 (606)
镁碱沸石-钾 (592)	镁铁绿闪石 (600)	锰硅铝矿 (606)
镁碱沸石-镁 (592)	镁铁闪石 (600)	锰硅镁石 (606)
镁碱沸石-钠 (592)	镁铁钛矿 (600)	锰硅钠锶铈石 (606)
镁角闪石 (592)	镁魏磷石 (600)	锰硅铁灰石 (607)
镁卡努特石* (593)	镁硝石 (600)	锰硅锌矿 (607)
镁科水砷锌石* (593)	镁锌尖晶石 (600)	锰黑柱石 (607)
镁莱铁铀矾* (593)	镁星叶石 (600)	锰红帘石 (607)
镁蓝铁矿 (593)	镁亚铁钠闪石 (600)	锰红柱石 (607)
镁蓝线石 (593)	镁叶绿矾 (600)	锰黄砷榴石 (607)
镁镧褐帘石 (594)	镁硬绿泥石 (601)	锰辉石 (607)
镁锂蓝闪石 (594)	镁铀硅石 (601)	锰钾矾 (608)
镁锂闪石 (594)	镁直闪石 (601)	锰钾矿 (608)
镁磷钙钠石 (594)	镁柱石 (601)	锰钾镁矾 (608)
镁磷石 (594)	镁柱星叶石 (601)	锰尖晶石 (608)
镁磷铀云母 (594)	镁浊沸石 (601)	锰金云母 (608)
镁菱锰矿 (594)	门迪希石* (601)	锰卡斯卡斯矿* (608)
镁铝矾 (595)	门捷列夫钕石* (601)	ε-锰矿 (608)
镁铝榴石 (595)	门捷列夫铈石* (601)	锰锂云母 (608)
镁铝钠闪石 (595)	门凯蒂矿* (602)	锰帘石 (609)
镁铝蛇纹石 (595)	门砷镍钯矿 (602)	锰磷灰石 (609)
镁铝云母 (595)	门泽钇石* (602)	锰磷矿 (609)
镁铝直闪石 (595)	蒙沸石 (602)	锰磷锂矿 (609)
镁绿钙闪石 (595)	蒙磷钙铵石 (602)	锰硫碳镁钠石 (610)
镁绿钾铁矾* (595)	蒙梅石 (602)	锰榴石 (610)
镁绿泥石 (595)	蒙钠长石 (603)	锰铝矾 (610)
镁绿纤石 (596)	蒙切苔原矿* (603)	锰铝榴石 (610)
镁明矾 (596)	蒙山矿 (603)	锰铝蛇纹石 (610)
镁钠闪石 (596)	蒙特伯雷矿 (603)	锰绿鳞石* (610)
镁钠铁闪石 (596)	蒙特利根钇石 (603)	锰绿泥石 (610)
镁钠云母 (597)	蒙特索马石 (603)	锰$^{2+}$绿纤石 (610)
镁铌钽矿 (597)	蒙脱石 (603)	锰$^{3+}$绿纤石 (611)
镁铌铁矿 (597)	蒙皂石 (603)	锰绿铁矿 (611)
镁镍华 (597)	锰白云石 (603)	锰茂 (611)
镁硼石 (597)	锰钡矿 (603)	锰镁钙辉石 (611)
镁铍铝石 (597)	锰钡闪叶石 (604)	锰镁铝蛇纹石 (611)
镁青石棉 (597)	锰丹斯石 (604)	锰镁锌矾 (611)
镁沙川闪石 (597)	锰矾 (604)	锰明矾 (611)
镁闪石 (597)	锰钒榴石 (604)	锰钠矾 (612)
镁砷锌锰矿 (597)	锰钒铀云母 (604)	锰钠钾硅石 (612)
镁砷铀云母 (597)	锰方解石 (604)	锰钠矿 (612)
镁铈褐帘石 (597)	锰方硫砷银镉矿 (604)	锰钠闪石 (612)
镁水钾铀矾 (598)	锰方硼石 (605)	锰钠铁闪石 (612)
镁水绿矾 (598)	锰弗鲁尔石* (605)	锰铌铁矿 (612)
镁塔菲石-2N'2S (598)	锰氟磷灰石 (605)	锰镍矿 (612)
镁塔菲石-6N'3S (598)	锰符山石 (605)	锰硼石 (613)
镁钛矿 (598)	锰斧石 (605)	锰坡缕石 (613)
镁铁氟角闪石* (598)	锰钙钒榴石 (605)	锰铅矾 (613)
镁铁橄榄石 (599)	锰钙锆钛石 (605)	锰铅矿 (613)
镁铁红钠闪石 (599)	锰钙辉石 (606)	锰热臭石 (613)
镁铁尖晶石 (599)	锰橄榄石 (606)	锰三斜辉石 (614)
镁铁矿 (599)	锰铬铁矿 (606)	锰闪石 (614)

锰锶异性石 …………………… (614)	莫里铅沸石 …………………… (624)	穆锡铜矿 ……………………… (631)
锰钽矿 ………………………… (614)	莫丽奈罗矿* …………………… (624)	
锰铁钒铅矿 …………………… (614)	莫磷铝铀矿 …………………… (624)	**Nn**
锰铁橄榄石 …………………… (615)	莫片榍石 ……………………… (624)	那曲矿 ………………………… (632)
锰铁尖晶石 …………………… (615)	莫桑德尔矿 …………………… (624)	纳比穆萨石* …………………… (632)
锰铁矿 ………………………… (615)	莫桑石 ………………………… (624)	纳比亚斯石 …………………… (632)
锰铁榴石 ……………………… (615)	莫砷钴矿 ……………………… (625)	纳博柯石 ……………………… (632)
锰铁铅矿 ……………………… (615)	莫砷硒铜矿 …………………… (625)	纳菲尔德矿* …………………… (632)
锰铁闪石 ……………………… (615)	莫石英 ………………………… (625)	纳夫罗茨基铀矿* ……………… (633)
锰铁锌矾 ……………………… (615)	莫水硅钙钡石 ………………… (625)	纳米铜铋钒矿 ………………… (633)
锰铜矿 ………………………… (616)	莫斯克文石 …………………… (625)	纳什石* ………………………… (633)
锰透辉石 ……………………… (616)	莫塔纳铈石* …………………… (626)	钠铵矾 ………………………… (633)
锰铊矿* ………………………… (616)	莫特克石 ……………………… (626)	钠奥长石 ……………………… (633)
锰榍石 ………………………… (616)	莫硒硫铋铅矿 ………………… (626)	钠白榴石 ……………………… (633)
锰锌大隅石 …………………… (616)	莫扎尔石 ……………………… (626)	钠板石 ………………………… (633)
锰锌碲矿 ……………………… (617)	墨晶 …………………………… (626)	钠钡长石 ……………………… (634)
锰锌辉石 ……………………… (617)	墨绿砷铜矿 …………………… (626)	钠钡闪叶石 …………………… (634)
锰星叶石 ……………………… (617)	墨铜矿 ………………………… (626)	钠变钙铀云母 ………………… (634)
锰耶尔丁根石 ………………… (617)	默硅镁钙石 …………………… (627)	钠长石 ………………………… (634)
锰叶泥石 ……………………… (617)	默奇森矿* ……………………… (627)	钠毒铝石* ……………………… (634)
锰异性石 ……………………… (617)	默羟磷钠铁石 ………………… (627)	钠毒铁石 ……………………… (634)
锰硬绿泥石 …………………… (617)	默斯考克斯石 ………………… (627)	钠矾石 ………………………… (635)
锰黝帘石 ……………………… (618)	姆拉泽克石 …………………… (627)	钠沸石 ………………………… (635)
锰云母 ………………………… (618)	姆铁绿钠闪石 ………………… (627)	钠钙锆石 ……………………… (635)
锰杂芒硝 ……………………… (618)	木村石 ………………………… (627)	钠钙镁闪石 …………………… (635)
锰柱石 ………………………… (618)	木蛋白石 ……………………… (627)	钠钙砷铀云母 ………………… (635)
锰柱星叶石 …………………… (618)	木锡石 ………………………… (627)	钠钙稀铌石-铈 ………………… (635)
孟宪民石 ……………………… (618)	钼铋矿 ………………………… (627)	钠钙铀云母 …………………… (635)
米德巴克石* …………………… (619)	钼钙矿 ………………………… (628)	钠钙柱石 ……………………… (635)
米尔氯氧铅矿 ………………… (619)	钼钙铀矿 ……………………… (628)	钠锆石 ………………………… (635)
米尔斯豪特矿* ………………… (619)	钼华 …………………………… (628)	钠铬辉石 ……………………… (636)
米尔斯石* ……………………… (619)	钼镁铀矿 ……………………… (628)	钠硅锆石 ……………………… (636)
米查尔斯基矿* ………………… (619)	钼镍磷矿 ……………………… (628)	钠硅铌钙石 …………………… (636)
米兰里德石* …………………… (620)	钼铅矿 ………………………… (628)	钠红沸石 ……………………… (636)
米特罗福诺夫矿* ……………… (620)	钼砷锑矿 ……………………… (629)	钠辉石 ………………………… (637)
密硫铑矿 ……………………… (620)	钼砷铜铅石 …………………… (629)	钠钾芒硝* ……………………… (637)
密绿泥石 ……………………… (620)	钼铁矿 ………………………… (629)	钠基硫脲石 …………………… (637)
密陀僧 ………………………… (620)	钼铜矿 ………………………… (629)	钠金云母 ……………………… (637)
蜜黄长石 ……………………… (621)	钼钨钙矿 ……………………… (629)	钠锂大隅石 …………………… (637)
蜜黄锌钾石* …………………… (621)	钼氧铜矾石 …………………… (629)	钠锂云母 ……………………… (637)
蜜蜡石 ………………………… (621)	钼铀钡矿* ……………………… (630)	钠磷铝石 ……………………… (638)
冕宁铀矿 ……………………… (621)	钼铀矿 ………………………… (630)	钠磷锰矿 ……………………… (638)
苗木石 ………………………… (622)	穆磁铁矿 ……………………… (630)	钠磷锰铁矿-钡钠 ……………… (638)
闽江石 ………………………… (622)	穆丁钠石 ……………………… (630)	钠磷锰铁矿-钡铁 ……………… (638)
明矾石 ………………………… (622)	穆沸石 ………………………… (630)	钠磷锰铁矿-钾钠 ……………… (638)
明尼也夫石 …………………… (622)	穆硅钒钙石 …………………… (630)	钠磷锰铁矿-钾铁 ……………… (638)
摩登沸石 ……………………… (622)	穆拉什科矿* …………………… (630)	钠磷锰铁矿-钾铁钠 …………… (638)
摩根石 ………………………… (622)	穆磷铝铀矿 …………………… (630)	钠磷锰铁矿-钠铁 ……………… (638)
摩洛哥矿 ……………………… (623)	穆硫锑铅矿 …………………… (630)	钠磷锰铁矿-铅铁 ……………… (638)

钠菱沸石 …………………… (639)	南平石 …………………… (646)	霓辉石 …………………… (653)
钠铝电气石 ………………… (639)	南石 ……………………… (646)	霓石 ……………………… (654)
钠绿磷高铁石 ……………… (639)	囊脱石 …………………… (646)	鸟粪石 …………………… (654)
钠绿磷铁矿 ………………… (640)	硇砂 ……………………… (646)	鸟嘌呤石 ………………… (654)
钠马基铀矿* ……………… (640)	瑙云母 …………………… (646)	尿环石 …………………… (655)
钠毛沸石 ………………… (640)	内盖夫石* ……………… (647)	尿素石 …………………… (655)
钠镁大隅石 ………………… (640)	内硅锰钠石 ……………… (647)	涅硅钙石 ………………… (655)
钠镁矾 …………………… (640)	内华达石 ………………… (647)	涅石 ……………………… (655)
钠锰电气石 ………………… (640)	内斯托拉石* ……………… (647)	镍磁铁矿 ………………… (655)
钠明矾 …………………… (640)	内伊矿 …………………… (647)	镍矾 ……………………… (656)
钠明矾石 ………………… (640)	尼伯石 …………………… (647)	镍矾石 …………………… (656)
钠南部石 ………………… (640)	尼布楚石 ………………… (647)	镍橄榄石 ………………… (656)
钠铌矿 …………………… (640)	尼格里矿 ………………… (647)	镍铬铁矿 ………………… (656)
钠镍矾 …………………… (641)	尼硅钙锰石 ……………… (647)	镍海泡石 ………………… (656)
钠硼长石 ………………… (641)	尼克梅尔尼科夫石* ……… (648)	镍华 ……………………… (657)
钠硼解石 ………………… (641)	尼克松矿* ………………… (648)	镍滑石 …………………… (657)
钠铍沸石 ………………… (641)	尼克索博列夫石* ………… (648)	镍黄铁矿 ………………… (657)
钠闪石 …………………… (641)	尼肯尼契石 ……………… (648)	镍孔雀石 ………………… (657)
钠砷铀云母 ………………… (641)	尼雷尔石 ………………… (648)	镍利蛇纹石 ……………… (657)
钠十字沸石 ……………… (641)	尼禄山石* ………………… (648)	镍菱镁矿 ………………… (657)
钠水锰矿 ………………… (642)	尼宁格矿 ………………… (648)	镍铝矾 …………………… (657)
钠锶长石 ………………… (642)	尼硼钙石 ………………… (648)	镍铝蛇纹石 ……………… (658)
钠钛硅石 ………………… (642)	尼日利亚石 ……………… (649)	镍绿泥石 ………………… (658)
钠钽矿 …………………… (642)	尼碳钠钙石 ……………… (649)	镍蛇纹石 ………………… (658)
钠碳石 …………………… (642)	尼扎莫夫石* ……………… (649)	镍砷钴矿 ………………… (658)
钠铁矾 …………………… (642)	铌钙矿 …………………… (649)	镍砷铁锌铅矿* …………… (658)
钠铁非石 ………………… (642)	铌钙钛矿 ………………… (650)	镍砷铀矿 ………………… (658)
钠铁坡缕石 ……………… (642)	铌锆钠石 ………………… (650)	镍水蛇纹石 ……………… (658)
钠铁闪石 ………………… (643)	铌黑钨矿 ………………… (650)	镍纹石 …………………… (658)
钠铁钛石 ………………… (643)	铌镁矿 …………………… (650)	镍硒铜钴矿* ……………… (659)
钠铜矾 …………………… (643)	铌锰矿 …………………… (650)	镍纤蛇纹石 ……………… (659)
钠透闪石 ………………… (643)	铌锰星叶石 ……………… (650)	镍皂石 …………………… (659)
钠瓦伦特石* ……………… (643)	铌钕易解石 ……………… (650)	宁静石 …………………… (659)
钠硝矾 …………………… (643)	铌铈钇矿 ………………… (650)	浓红银矿 ………………… (659)
钠硝石 …………………… (643)	铌铈易解石 ……………… (650)	奴奈川石* ………………… (660)
钠榍石* …………………… (644)	铌钛锰石 ………………… (651)	努拉盖石* ………………… (660)
钠耶利丁根石 …………… (644)	铌钛铀矿 ………………… (651)	努碳镍石 ………………… (660)
钠伊利石 ………………… (644)	铌钽钠石 ………………… (651)	女娲矿 …………………… (660)
钠硬硅钙石 ……………… (644)	铌钽铁矿 ………………… (651)	钕独居石 ………………… (661)
钠鱼眼石 ………………… (644)	铌钽铁铀矿 ……………… (651)	钕磷稀土矿 ……………… (661)
钠云母 …………………… (644)	铌钽铀矿 ………………… (651)	钕易解石 ………………… (661)
钠正长石 ………………… (645)	铌锑矿 …………………… (651)	诺达石 …………………… (661)
钠直闪石 ………………… (645)	铌锑线石* ………………… (652)	诺德格石* ………………… (661)
钠柱晶石 ………………… (645)	铌铁金红石 ……………… (652)	诺尔泽石* ………………… (661)
钠柱磷锶锂矿* …………… (645)	铌铁矿 …………………… (652)	诺夫格拉夫列诺夫石* …… (662)
钠柱石 …………………… (645)	铌铁铀矿 ………………… (652)	诺兰矿 …………………… (662)
娜塔莉亚库利克矿* ……… (645)	铌锡矿 …………………… (652)	诺勒莫茨铀矿* …………… (662)
娜塔莉亚马利克石* ……… (645)	铌叶石 …………………… (652)	诺里尔斯克矿* …………… (662)
奈硼钠石 ………………… (646)	铌钇矿 …………………… (652)	诺硫铁铜矿 ……………… (662)
奈碳钠钙石 ……………… (646)	铌钇易解石 ……………… (653)	诺硼钙石 ………………… (662)
南部石 …………………… (646)	铌钇铀矿 ………………… (653)	诺三水铝石 ……………… (662)
南极石 …………………… (646)	铌镱矿 …………………… (653)	诺铜锌矾 ………………… (663)
南岭石 …………………… (646)	铌铀矿 …………………… (653)	诺伊施塔特石* …………… (663)

Oo

欧恩矿 …………………… (664)
欧兰卡矿 ………………… (664)
欧姆斯石* ………………… (664)
欧珀石 …………………… (664)
欧特恩矿 ………………… (664)
欧文斯矿* ………………… (664)
欧西石 …………………… (664)
呕吐石 …………………… (664)

Pp

帕德矿 …………………… (665)
帕夫洛夫斯基石* ………… (665)
帕加诺矿* ………………… (665)
帕金桑矿 ………………… (665)
帕科宁矿* ………………… (665)
帕克拉特石* ……………… (665)
帕拉菲尼乌克石* ………… (666)
帕拉尼石 ………………… (666)
帕拉斯坎多拉石* ………… (666)
帕硫铋铅铜矿 …………… (666)
帕塞罗矿* ………………… (666)
帕水硅铝钙石 …………… (667)
帕碳铜镧石 ……………… (667)
帕特森石 ………………… (667)
帕廷石* …………………… (667)
派克石 …………………… (667)
派来石 …………………… (667)
潘多拉钡石* ……………… (667)
潘多拉钙石* ……………… (667)
潘诺霞石 ………………… (668)
潘诺泽石 ………………… (668)
潘帕洛矿* ………………… (668)
盘古石 …………………… (668)
磐城矿 …………………… (668)
庞德雷石 ………………… (668)
泡铋矿 …………………… (668)
泡碱 ……………………… (669)
泡锰铅矿 ………………… (669)
炮石 ……………………… (669)
培长石 …………………… (669)
培硫锡铜矿 ……………… (669)
裴斯莱石 ………………… (669)
佩德里萨闪石 …………… (670)
佩尔伯耶镧石* …………… (670)
佩尔伯耶铈石* …………… (670)
佩雷蒂钇石* ……………… (670)
佩里金斯石 ……………… (670)
佩氯羟硼钙石 …………… (670)
佩罗斯克石 ……………… (670)
佩曼石 …………………… (670)

佩普鲁斯石 ……………… (670)
佩斯石 …………………… (671)
佩特里克石* ……………… (671)
佩特利克矿* ……………… (671)
彭伯西克罗夫特石* ……… (671)
彭水硼钙石 ……………… (671)
彭志忠石-24R …………… (672)
彭志忠石-6H ……………… (672)
硼铵石 …………………… (672)
硼白云母 ………………… (672)
硼钡钠钛石 ……………… (672)
硼符山石 ………………… (672)
硼钙石 …………………… (673)
硼钙锡矿 ………………… (673)
硼铬镁碱石 ……………… (673)
硼硅钡铅矿 ……………… (673)
硼硅钡钇矿 ……………… (673)
硼硅钒钡石 ……………… (674)
硼硅锂铝石 ……………… (674)
硼硅镁钙石 ……………… (674)
硼硅铈钙石 ……………… (674)
硼硅铈矿 ………………… (674)
硼硅钇钙石 ……………… (674)
硼硅钇矿 ………………… (674)
硼钾镁石 ………………… (675)
硼碱大隅石 ……………… (675)
硼锂石 …………………… (675)
硼磷镁石 ………………… (675)
硼铝钙石 ………………… (675)
硼铝镁石 ………………… (675)
硼铝石 …………………… (676)
硼镁矾 …………………… (676)
硼镁钙石 ………………… (676)
硼镁锰钙石 ……………… (676)
硼镁锰矿 ………………… (676)
硼镁石 …………………… (677)
硼镁钛矿 ………………… (677)
硼镁铁矿 ………………… (677)
硼镁铁钛矿 ……………… (677)
硼锰钙石 ………………… (677)
硼锰矿 …………………… (678)
硼锰镁矿 ………………… (678)
硼莫来石 ………………… (678)
硼钠长石 ………………… (678)
硼钠钙石 ………………… (678)
硼钠镁石 ………………… (678)
硼铌石 …………………… (678)
硼镍矿 …………………… (678)
硼镍铁矿 ………………… (678)
硼铍铝铯石 ……………… (679)
硼铍石 …………………… (679)
硼铯铝铍石 ……………… (679)
硼砂 ……………………… (679)

硼铈钙石 ………………… (680)
硼锶石 …………………… (680)
硼钛镁石 ………………… (680)
硼钽 ……………………… (680)
硼碳镁石 ………………… (680)
硼锑锰矿 ………………… (680)
硼铁钙矾 ………………… (680)
硼铁矿 …………………… (681)
硼铁锡矿 ………………… (681)
硼铜石 …………………… (681)
硼锡钙石 ………………… (681)
硼锡铝镁石 ……………… (681)
硼锡锰石 ………………… (681)
硼柱晶石 ………………… (681)
皮蒂哥利奥石 …………… (681)
皮卡石* …………………… (682)
皮科保尔矿 ……………… (682)
皮拉矿* …………………… (682)
皮拉瓦钇石* ……………… (682)
皮里布拉姆矿* …………… (682)
皮硫铋铜铅矿 …………… (682)
皮硫锡锌银矿 …………… (682)
皮诺特石 ………………… (682)
皮砷铋矿 ………………… (683)
皮水硅铝钾石 …………… (683)
皮水碳铬铅石 …………… (683)
皮特威廉姆斯矿 ………… (683)
皮特钇石* ………………… (683)
皮耶奇卡石* ……………… (684)
皮兹格里施矿* …………… (684)
铍方钠石 ………………… (684)
铍符山石 ………………… (684)
铍钙大隅石 ……………… (684)
铍钙铁非石 ……………… (684)
铍硅钠石 ………………… (684)
铍黄长石 ………………… (684)
铍尖晶石 ………………… (684)
铍榴石 …………………… (685)
铍铝镁锌石 ……………… (685)
铍镁晶石 ………………… (685)
铍蜜黄石 ………………… (685)
铍石 ……………………… (685)
铍柱石 …………………… (685)
偏岭石 …………………… (685)
偏硼石 …………………… (685)
偏水锡石 ………………… (685)
片沸石-钡 ………………… (685)
片沸石-钙 ………………… (686)
片沸石-钾 ………………… (686)
片沸石-钠 ………………… (686)
片沸石-锶 ………………… (686)

片碳镁石 ………………… (687)	铅毒铁石* ………………… (697)	羟氟铝铅石 ………………… (705)
片铁碲矿 ………………… (687)	铅矾 ……………………… (697)	羟氟铝石 …………………… (705)
片榍石 …………………… (687)	铅硅磷灰石 ………………… (697)	羟氟碳硅钛铁钡钠石 ……… (705)
片柱钙石 ………………… (688)	铅硅氯石 …………………… (697)	羟钙镁电气石 ……………… (705)
螵蛸石 …………………… (688)	铅红帘石* ………………… (697)	羟钙烧绿石 ………………… (706)
贫钾镁大隅石 …………… (688)	铅黄 ……………………… (698)	羟钙石 ……………………… (706)
贫水硼砂 ………………… (688)	铅辉石 …………………… (698)	羟钙钛矿 …………………… (706)
平谷矿 …………………… (688)	铅蓝矾 …………………… (698)	羟钙锡石 …………………… (706)
坡缕石 …………………… (688)	铅铝硅石 ………………… (698)	羟钙细晶石* ……………… (706)
坡砷铑钯矿 ……………… (689)	铅绿帘石* ………………… (698)	羟钙霞石 …………………… (706)
泼勒扎耶娃铈石* ………… (689)	铅锰钛铁矿 ………………… (699)	羟高铁云母 ………………… (707)
泼水铁铜矾 ……………… (689)	铅铌钛铀矿 ………………… (699)	羟铬矿 ……………………… (707)
珀蒂让石 ………………… (689)	铅闪石 …………………… (699)	羟钴矿 ……………………… (707)
珀硅钛镧铁矿* …………… (690)	铅烧绿石 ………………… (699)	羟顾家石 …………………… (707)
珀硅钛铈铁矿 …………… (690)	铅砷钯矿 ………………… (699)	羟硅钡镁石 ………………… (707)
珀瑞尔石 ………………… (690)	铅砷磷灰石 ………………… (699)	羟硅钡石 …………………… (708)
葡萄石 …………………… (690)	铅钛矿 …………………… (699)	羟硅钡钛锰石 ……………… (708)
普拉代石* ………………… (691)	铅铁矾 …………………… (700)	羟硅钡铁石 ………………… (708)
普拉夫诺铀矿* …………… (691)	铅铁矿 …………………… (700)	羟硅铋铁石 ………………… (708)
普拉绿松石 ……………… (691)	铅铁锰矿 ………………… (700)	羟硅钒钙钪石 ……………… (708)
普拉希尔铀矿* …………… (691)	铅铁锗矿 ………………… (700)	羟硅钙钪石 ………………… (708)
普利费尔矿 ……………… (691)	铅细晶石 ………………… (700)	羟硅钙钠石 ………………… (708)
普林格尔石 ……………… (691)	铅霰石 …………………… (700)	羟硅钙铅矿 ………………… (708)
普硫锑铅矿 ……………… (692)	铅钇铁钛矿 ………………… (700)	羟硅钙石 …………………… (708)
普宁石* …………………… (692)	铅铀碲矿 …………………… (701)	羟硅钾铝硼石 ……………… (708)
普瑞希拉格雷夫钇石* …… (692)	铅铀烧绿石 ………………… (701)	羟硅钾钛 …………………… (708)
普氏锶矿 ………………… (692)	铅铀云母 ………………… (701)	羟硅镧矿 …………………… (709)
普水羟砷铜石 …………… (692)	铅黝帘石 ………………… (701)	羟硅磷灰石 ………………… (709)
普塔帕石* ………………… (693)	铅圆柱锡矿 ………………… (701)	羟硅铝钙石 ………………… (709)
普通辉石 ………………… (693)	钱羟硅铝钙石 ……………… (701)	羟硅铝锰石 ………………… (709)
普通角闪石 ……………… (693)	浅闪石 …………………… (701)	羟硅铝锶石 ………………… (709)
Qq	枪晶石 …………………… (701)	羟硅铝钇石 ………………… (709)
	蔷薇黄锡矿 ………………… (701)	羟硅锰钙石 ………………… (710)
七脆硫砷铅铊矿* ………… (694)	蔷薇辉石 ………………… (701)	羟硅锰镁石 ………………… (710)
七水胆矾 ………………… (694)	蔷薇石英 ………………… (702)	羟硅锰石 …………………… (710)
七水锰矾 ………………… (694)	羟爱德格雷夫石* ………… (702)	羟硅锰钛钠石 ……………… (710)
七水硼钠石 ……………… (694)	羟钡铀矿 ………………… (702)	羟硅钠钡石 ………………… (710)
七水硼砂 ………………… (694)	羟胆矾 …………………… (702)	羟硅钠钙石 ………………… (711)
七水铁矾 ………………… (694)	羟碲铜矿 ………………… (702)	羟硅铌钙石 ………………… (711)
七水硒铜铀矿 …………… (694)	羟碲铜石 ………………… (702)	羟硅硼钙石 ………………… (711)
齐甘科矿* ………………… (695)	羟碲铜锌石 ………………… (703)	羟硅硼镁石 ………………… (711)
齐库拉斯矿* ……………… (695)	羟碘铜矿 ………………… (703)	羟硅铍钙石 ………………… (711)
齐尼格里亚矿 …………… (695)	羟矾石 …………………… (703)	羟硅铍石 …………………… (712)
齐硼铁镁矿 ……………… (695)	羟钒铋石 ………………… (703)	羟硅铍钇铈矿 ……………… (712)
祁连山石 ………………… (695)	羟钒磷铝铅石 ……………… (703)	羟硅铅石 …………………… (712)
奇斯克石 ………………… (695)	羟钒磷铁铅石* …………… (703)	羟硅砷铁石 ………………… (712)
骑田岭矿 ………………… (696)	羟钒石 …………………… (704)	羟硅铈矿 …………………… (712)
契曼斯基石 ……………… (696)	羟钒铁铅石 ………………… (704)	羟硅钛镁铝石 ……………… (712)
千代子石* ………………… (696)	羟钒铜矿 ………………… (704)	羟硅锑铁矿 ………………… (712)

羟硅铁钠石 …………… (713)	羟铝黄长石 …………… (721)	羟砷锰矿 ……………… (729)
羟硅铁石 ……………… (713)	羟铝锰矾 ……………… (721)	羟砷锰石 ……………… (729)
羟硅铜矿 ……………… (713)	羟铝钠铁矾 …………… (722)	羟砷钕锰石 …………… (729)
羟硅铜锌矾 …………… (713)	羟铝铅矾 ……………… (722)	羟砷铍钙石 …………… (729)
羟硅锌锰铁石 ………… (713)	羟铝锑矿 ……………… (722)	羟砷铅钴石 …………… (729)
羟硅锌钛钠石 ………… (713)	羟铝铁矾 ……………… (722)	羟砷铅铁石 …………… (729)
羟硅钇石 ……………… (713)	羟铝铜钙石 …………… (722)	羟砷铅铜矿 …………… (729)
羟黑锰矿 ……………… (714)	羟铝铜铅矾 …………… (722)	羟砷铅铀矿 …………… (730)
羟镓石 ………………… (714)	羟绿铁矿 ……………… (722)	羟砷铈锰石 …………… (730)
羟碱铌钽矿 …………… (714)	羟氯铋矿 ……………… (723)	羟砷铈铁石 …………… (730)
羟空烧绿石* …………… (714)	羟氯碘铅石 …………… (723)	羟砷锑铅矾石 ………… (730)
羟空水钨石* …………… (714)	羟氯铬镁石 …………… (723)	羟砷铁矾 ……………… (731)
羟空细晶石 …………… (714)	羟氯钴铜矿 …………… (723)	羟砷铁铅矿 …………… (731)
羟磷铋石 ……………… (715)	羟氯铝矾 ……………… (723)	羟砷铁铜钙石① ……… (731)
羟磷钙铍石 …………… (715)	羟氯镁铝石 …………… (723)	羟砷铁铜钙石② ……… (731)
羟磷灰石 ……………… (715)	羟氯硼钙石 …………… (723)	羟砷铜矿 ……………… (731)
羟磷钾铁石 …………… (715)	羟氯铅矿 ……………… (723)	羟砷铜石 ……………… (731)
羟磷锂铝石 …………… (715)	羟氯铜矿 ……………… (723)	羟砷铜锌石 …………… (731)
羟磷锂铍石 …………… (716)	羟氯铜铅矿 …………… (724)	羟砷锌钙石 …………… (732)
羟磷锂铁石 …………… (716)	羟氯铜石 ……………… (724)	羟砷锌矿 ……………… (732)
羟磷铝钡石 …………… (716)	羟氯锌铜矿 …………… (724)	羟砷锌锰钙石 ………… (732)
羟磷铝矾 ……………… (716)	羟镁硫铁矿 …………… (724)	羟砷锌铅石 …………… (732)
羟磷铝钙石 …………… (716)	羟镁铝石 ……………… (724)	羟砷锌石 ……………… (732)
羟磷铝汞石 …………… (716)	羟镁石 ………………… (724)	羟砷锌铁石 …………… (733)
羟磷铝锂钠石 ………… (717)	羟镁锡石 ……………… (724)	羟水钙钛铀石 ………… (733)
羟磷铝锰石 …………… (717)	羟锰矿 ………………… (724)	羟水磷钙铜石 ………… (733)
羟磷铝石 ……………… (717)	羟锰镁锌矾 …………… (725)	羟水磷铁石 …………… (733)
羟磷铝锶石 …………… (717)	羟锰铅矿 ……………… (725)	羟水氯镁石 …………… (734)
羟磷铝铁钙石 ………… (717)	羟锰烧绿石 …………… (725)	羟水铁矾 ……………… (734)
羟磷镁石 ……………… (717)	羟钠硅石 ……………… (725)	羟水铜矿 ……………… (734)
羟磷锰石 ……………… (717)	羟钠烧绿石* …………… (725)	羟水铜铀矿 …………… (734)
羟磷锰铁矿 …………… (718)	羟硼钙矾石 …………… (725)	羟钛钒矿 ……………… (734)
羟磷钠铁石① ………… (718)	羟硼钙石① …………… (725)	羟钛矿 ………………… (734)
羟磷钠铁石② ………… (718)	羟硼钙石② …………… (726)	羟钽矿 ………………… (734)
羟磷铍钙石 …………… (718)	羟硼硅钠锂石 ………… (726)	羟钽铝石 ……………… (734)
羟磷铅铀矿 …………… (719)	羟硼锰石 ……………… (726)	羟碳钴镍石 …………… (735)
羟磷铁锰石 …………… (719)	羟硼铜钙石 …………… (726)	羟碳镧矿 ……………… (735)
羟磷铁石 ……………… (719)	羟硼铜石 ……………… (726)	羟碳镧石 ……………… (735)
羟磷铁铜铅石 ………… (719)	羟铍石 ………………… (727)	羟碳磷锆钠石 ………… (735)
羟磷铁铜石 …………… (719)	羟铅磷灰石* …………… (727)	羟碳磷铝钙石 ………… (735)
羟磷铜矿 ……………… (719)	羟铅铀钛铁矿 ………… (727)	羟碳磷镁石 …………… (735)
羟磷铜石 ……………… (719)	羟蔷薇辉石 …………… (727)	羟碳铝矿 ……………… (736)
羟磷铜锌石 …………… (719)	羟砷铋矿 ……………… (727)	羟碳铝镁石 …………… (736)
羟磷硝铜矿 …………… (720)	羟砷钒钙镁石 ………… (727)	羟碳锰镁石 …………… (736)
羟磷锌铜石 …………… (720)	羟砷钙钴矿 …………… (727)	羟碳镍石 ……………… (736)
羟磷铀铅矿 …………… (720)	羟砷钙镁石 …………… (727)	羟碳钕矿 ……………… (736)
羟菱砷铝锶石 ………… (720)	羟砷钙镍石 …………… (728)	羟碳钕石 ……………… (736)
羟硫硅铜锌石 ………… (720)	羟砷钙铍石 …………… (728)	羟碳铅矿 ……………… (737)
羟硫氯铜石 …………… (721)	羟砷钙石 ……………… (728)	羟碳铈矿 ……………… (737)
羟硫碳锌石 …………… (721)	羟砷钙铁石 …………… (728)	羟碳铁镁锌矾 ………… (737)
羟铝矾 ………………… (721)	羟砷钙锌石 …………… (728)	羟碳铜镍矿 …………… (737)
羟铝钒石 ……………… (721)	羟砷镧锰石 …………… (728)	羟碳铜锌石 …………… (737)
羟铝钙镁石 …………… (721)	羟砷铝铜钙石 ………… (728)	羟碳锌石 ……………… (737)

羟碳铀钙锌石 ……… (738)	青金石 ……… (746)	软砷铜矿 ……… (755)
羟碳铀石 ……… (738)	青铝闪石 ……… (747)	软水铝石 ……… (755)
羟碳铀铈铜矿 ……… (738)	青钠闪石 ……… (747)	软玉 ……… (755)
羟锑钠石 ……… (738)	青泥石 ……… (747)	锐水碳镍矿 ……… (755)
羟锑砷锌铜矿 ……… (738)	青铅矾 ……… (747)	锐钛矿 ……… (756)
羟锑铁矿* ……… (739)	青石棉 ……… (747)	瑞铋矾 ……… (756)
羟铁钒铅矿 ……… (739)	青松矿 ……… (747)	瑞皮德河矾 ……… (756)
羟铁矿 ……… (739)	青透辉石 ……… (748)	瑞羟铜矾 ……… (756)
羟铁镁锑锌矿 ……… (739)	轻硫砷银矿 ……… (748)	瑞碳钠镧石 ……… (756)
羟铁钨钠石 ……… (739)	氢铵矾 ……… (748)	瑞碳钠铈石 ……… (756)
羟铁锡石 ……… (739)	氢氧锌矿 ……… (748)	若林矿 ……… (756)
羟铁云母 ……… (739)	丘巴罗夫石* ……… (748)	若氯碲铅矿 ……… (756)
羟铜矾 ……… (740)	丘碲铅铜石 ……… (748)	
羟铜铅矿 ……… (740)	秋本石 ……… (748)	**Ss**
羟钨锰矿 ……… (740)	球硅铍石 ……… (748)	萨巴铀矿-钕 ……… (757)
羟硒铜铅矿 ……… (740)	球菱钴矿 ……… (749)	萨比娜石* ……… (757)
羟锡钙石 ……… (740)	球泡铋矿 ……… (749)	萨德伯里矿 ……… (757)
羟锡矿 ……… (740)	球砷锰石 ……… (749)	萨哈石 ……… (757)
羟锡镁石 ……… (740)	球碳镁石 ……… (749)	萨钾钙霞石 ……… (757)
羟锡锰矿 ……… (741)	球霰石 ……… (749)	萨利奥石 ……… (757)
羟锡铜石 ……… (741)	球星石 ……… (749)	萨硫铋铅铜矿 ……… (757)
羟锡锌石 ……… (741)	巯基贝斯特石* ……… (750)	萨硫碲铋铅矿 ……… (757)
羟斜硅镁石 ……… (741)	曲加洛矿* ……… (750)	萨米石* ……… (757)
羟锌镁矾 ……… (741)	曲晶石 ……… (750)	萨默塞特石* ……… (758)
羟锌锰矾 ……… (742)	曲松矿 ……… (750)	萨姆福勒石* ……… (758)
羟氧钴矿 ……… (742)	泉石华 ……… (750)	萨齐基纳石 ……… (758)
羟氧镓石 ……… (742)		萨砷氯铅矿 ……… (758)
羟氧硫铅矿 ……… (742)	**Rr**	萨碳硼镁钙石 ……… (758)
羟氧砷铜铁铋矿 ……… (742)	热臭石 ……… (751)	萨特利石 ……… (758)
羟铟石 ……… (742)	人形石 ……… (751)	萨雅克石 ……… (758)
羟鱼眼石 ……… (742)	刃沸石 ……… (751)	塞尔尼矿 ……… (758)
羟锗铅矾 ……… (743)	日光榴石 ……… (751)	塞加卡石* ……… (758)
羟锗铁矿 ……… (743)	日立矿* ……… (752)	塞罗莫琼矿* ……… (758)
羟锗铁铝石 ……… (743)	日内瓦石 ……… (752)	塞尼石 ……… (759)
乔戈尔德斯坦矿* ……… (743)	日叶石 ……… (752)	塞铅铀矿 ……… (759)
乔格波基石 ……… (743)	绒铜矾 ……… (752)	塞萨尔费雷拉石* ……… (759)
乔根森石 ……… (743)	肉桂石 ……… (752)	塞石英 ……… (759)
乔克拉尔斯基石* ……… (743)	肉色柱石 ……… (752)	赛黄晶 ……… (759)
乔特诺石 ……… (744)	如硫铜矿 ……… (752)	赛羟砷铜石 ……… (759)
乔特石* ……… (744)	茹水砷钙石 ……… (753)	三方钡解石 ……… (760)
乔万矿* ……… (744)	锄微斜长石 ……… (753)	三方碲钯矿 ……… (760)
乔异性石 ……… (744)	蠕绿泥石 ……… (753)	三方碲铋矿 ……… (760)
乔治罗宾逊石* ……… (744)	乳埃洛石 ……… (753)	三方硫碲铋矿 ……… (760)
乔治赵石 ……… (745)	乳砷铅铜矿 ……… (753)	三方硫砷银矿 ……… (760)
切尔尼科夫石* ……… (745)	乳石英 ……… (753)	三方硫碳铅石 ……… (760)
切尔尼希石 ……… (745)	软铋矿 ……… (754)	三方硫锡矿 ……… (760)
切格姆石* ……… (745)	软铋铅钯矿 ……… (754)	三方氯铜矿 ……… (760)
钦利钇石* ……… (745)	软碲铜矿 ……… (754)	三方钠铌矿 ……… (760)
钦一石 ……… (746)	软硅铜矿 ……… (754)	三方硼镁石 ……… (761)

三方羟铬矿 …………… (761)	三型钾霞石 …………… (768)	砷钒汞银石 …………… (776)
三方羟磷镁石 ………… (761)	三原矿 ………………… (768)	砷钒铅矿 ……………… (776)
三方羟磷铁石 ………… (761)	三重钇石* ……………… (768)	砷钙镁石 ……………… (776)
三方闪锌矿 …………… (762)	三唑胺钠铜石* ………… (769)	砷钙锰石 ……………… (777)
三方砷铝石 …………… (762)	铯毒铁石 ……………… (769)	砷钙钠铜矿 …………… (777)
三方水硼镁石 ………… (762)	铯沸石 ………………… (769)	砷钙镍矿 ……………… (777)
三方锶解石 …………… (762)	铯空烧绿石* …………… (769)	砷钙硼石 ……………… (777)
三方碳钾钙石 ………… (762)	铯锂辉石 ……………… (770)	砷钙石 ………………… (777)
三方硒铋矿 …………… (762)	铯绿柱石 ……………… (770)	砷钙铈石 ……………… (778)
三方硒镍矿 …………… (762)	铯锰星叶石 …………… (770)	砷钙铁矿 ……………… (778)
三方霞石* ……………… (762)	铯锑钽石 ……………… (770)	砷钙铜石 ……………… (778)
三方氧钒矿 …………… (762)	森本榴石 ……………… (770)	砷钙锌锰石 …………… (778)
三角磷铀矿 …………… (763)	沙巴铀矿 ……………… (770)	砷钙锌石 ……………… (778)
三锂云母 ……………… (763)	沙比那石 ……………… (770)	砷钙铀矿 ……………… (779)
三笠石 ………………… (763)	沙德隆矿 ……………… (770)	砷铬铜铅石 …………… (779)
三崎石* ………………… (763)	沙弗莱石 ……………… (770)	砷汞钯矿 ……………… (779)
三千年矿* ……………… (763)	沙里金矿* ……………… (770)	砷汞矿 ………………… (779)
三羟钒石 ……………… (763)	沙硫锑铊铅矿 ………… (770)	砷钴铋石 ……………… (779)
β-三羟铝石 …………… (763)	沙水硅锰钠石 ………… (770)	砷钴钙石 ……………… (779)
三水胆矾 ……………… (763)	砂川闪石 ……………… (770)	ß-砷钴钙石 …………… (780)
三水钒矿 ……………… (764)	山口石 ………………… (771)	砷钴矿 ………………… (780)
三水钙锆石 …………… (764)	杉硅钠锰石 …………… (771)	砷钴镁钙石 …………… (780)
三水菱镁矿 …………… (764)	杉石 …………………… (771)	砷钴镍铁矿 …………… (780)
三水铝石 ……………… (764)	苫前矿* ………………… (771)	砷钴锌钙石 …………… (780)
三水钠锆石 …………… (764)	钐独居石 ……………… (771)	砷硅铝锰石 …………… (780)
三水砷铝铜矿 ………… (765)	钐磷铝铈矿 …………… (772)	砷硅锰矿 ……………… (781)
三水碳铝钡石 ………… (765)	闪铋矿 ………………… (772)	砷硅钠镁锰石 ………… (781)
三铜钯矿 ……………… (765)	闪川石 ………………… (772)	砷华 …………………… (781)
三斜钡解石 …………… (765)	闪电管石 ……………… (772)	砷黄铁矿 ……………… (781)
三斜雌黄* ……………… (765)	闪镉矿 ………………… (772)	砷灰石 ………………… (781)
三斜钒矾 ……………… (765)	闪锰矿 ………………… (772)	砷钾铀矿 ……………… (782)
三斜钒铜矿 …………… (765)	闪锌矿 ………………… (772)	砷镧铝石 ……………… (782)
三斜光线石 …………… (765)	闪叶石 ………………… (772)	砷镧铜石 ……………… (782)
三斜硅钠锆石 ………… (765)	上国石 ………………… (773)	砷铑钯矿 ……………… (782)
三斜钾沸石 …………… (765)	上田石 ………………… (773)	砷铑矿 ………………… (782)
三斜蓝铁矿 …………… (766)	烧绿石 ………………… (773)	砷钌矿 ………………… (782)
三斜磷钙石 …………… (766)	烧石膏 ………………… (773)	砷磷钡铝石 …………… (782)
三斜磷钙铁矿 ………… (766)	少银黄铁矿 …………… (773)	砷磷铝铅铀矿 ………… (783)
三斜磷铅铀矿 ………… (766)	蛇纹石 ………………… (773)	砷硫锑镍矿 …………… (783)
三斜磷锌矿 …………… (766)	舍勒石 ………………… (774)	砷硫锑银铅矿* ………… (783)
三斜卤辰砂 …………… (766)	砷钯矿 ………………… (774)	砷铝矾 ………………… (783)
三斜锰辉石 …………… (766)	砷钯铑矿* ……………… (774)	砷铝镧石 ……………… (783)
三斜硼钙石 …………… (767)	砷钯镍矿* ……………… (774)	砷铝锰矿 ……………… (783)
三斜硼钠钙石 ………… (767)	砷钡铝矾 ……………… (774)	砷铝石 ………………… (783)
三斜闪石 ……………… (767)	砷钡铀矿 ……………… (774)	砷铝铈石 ……………… (783)
三斜砷钙石 …………… (767)	砷铋矿 ………………… (775)	砷铝锶石 ……………… (783)
三斜砷钴钙石 ………… (768)	砷铋铅铀矿 …………… (775)	砷铝铜石 ……………… (783)
三斜砷铅铀矿 ………… (768)	砷铋铜石 ……………… (775)	砷氯铅矿 ……………… (784)
三斜石 ………………… (768)	砷铋铀矿 ……………… (775)	砷马克巴尔迪矿* ……… (784)
三斜水钒铁矿 ………… (768)	砷铂矿 ………………… (775)	砷梅达石* ……………… (784)
三斜水硼锶石 ………… (768)	砷车轮矿 ……………… (775)	砷镁钙锰石 …………… (784)
三斜水砷锌矿 ………… (768)	砷碲锌铅石 …………… (776)	砷镁钙钠石* …………… (784)
三斜铁辉石 …………… (768)	砷锇矿 ………………… (776)	砷镁钙石 ……………… (784)

砷镁锰石 …………………… (784)	砷锑锰矿 …………………… (792)	施吕特钇石* ………………… (801)
砷镁石 ……………………… (785)	砷锑铁钙矿 ………………… (793)	施密德石* …………………… (801)
砷镁锌石 …………………… (785)	砷铁矾 ……………………… (793)	施羟镍矿 …………………… (801)
砷锰钙矿 …………………… (785)	砷铁钙石 …………………… (793)	施塔尔德尔矿 ……………… (801)
砷锰钙石 …………………… (785)	砷铁钴钙石 ………………… (793)	施特德石* …………………… (801)
砷锰矿 ……………………… (785)	砷铁铝石 …………………… (793)	施特伦茨石 ………………… (801)
砷锰镁石 …………………… (786)	砷铁镁铝钙石 ……………… (793)	施托尔珀矿* ………………… (802)
砷锰铅矿 …………………… (786)	砷铁镍矿 …………………… (793)	施威特曼石 ………………… (802)
砷钼铁钙矿-钙钙 …………… (786)	砷铁铅石 …………………… (793)	十角矿* ……………………… (802)
砷钼铁钙矿-钙镁* …………… (786)	砷铁铅锌石 ………………… (794)	十字沸石-钙 ………………… (802)
砷钼铁钙矿-钠钙 …………… (786)	砷铁石 ……………………… (794)	十字沸石-钠 ………………… (802)
砷钼铁钙矿-钠钠* …………… (786)	砷铁钛矿 …………………… (794)	十字石 ……………………… (802)
砷钼铁钙矿-铁铁* …………… (786)	砷铁铜石 …………………… (794)	石膏 ………………………… (803)
砷钼铁钠钠石* ……………… (786)	砷铁锌铅石 ………………… (794)	石榴石 ……………………… (803)
砷钼铁铜钾石 ……………… (787)	砷铁铀矿 …………………… (795)	石棉 ………………………… (804)
砷钼铁铜钠石* ……………… (787)	砷铜矾 ……………………… (795)	石墨 ………………………… (804)
砷钠铜石 …………………… (787)	砷铜钙石* …………………… (795)	石髓 ………………………… (805)
砷镍钯矿 …………………… (787)	砷铜矿 ……………………… (795)	石盐 ………………………… (805)
砷镍铋石 …………………… (787)	砷铜镁钠石 ………………… (795)	石英 ………………………… (806)
砷镍钴矿 …………………… (788)	砷铜铅矿 …………………… (795)	石原矿* ……………………… (806)
砷镍矿 ……………………… (788)	砷铜银矿 …………………… (796)	史碲银矿 …………………… (806)
砷镍石 ……………………… (788)	砷硒铜矿 …………………… (796)	史托夫勒尔石* ……………… (807)
砷镍铀矿 …………………… (788)	砷硒黝铜矿 ………………… (796)	始铝钙石 …………………… (807)
砷钕铜石 …………………… (788)	砷锌钙石 …………………… (796)	铈鲍利雅科夫矿 …………… (807)
砷硼钙石 …………………… (788)	砷锌镉铜石 ………………… (796)	铈独居石 …………………… (808)
砷硼镁钙石 ………………… (788)	砷锌矿 ……………………… (796)	铈多锰绿泥石 ……………… (808)
砷铍钙硅石 ………………… (789)	砷锌铝石 …………………… (796)	铈钒锰绿泥石 ……………… (808)
砷铅镓矾 …………………… (789)	砷锌铅矿 …………………… (797)	铈钙钛矿 …………………… (808)
砷铅矿 ……………………… (789)	砷锌石* ……………………… (797)	铈硅磷灰石 ………………… (808)
砷铅铝矾 …………………… (789)	砷锌铜矿 …………………… (797)	铈硅石 ……………………… (809)
砷铅铁矾 …………………… (789)	砷铱矿 ……………………… (797)	铈褐帘石 …………………… (809)
砷铅铁石 …………………… (790)	砷钇矿 ……………………… (797)	铈红帘石 …………………… (809)
砷铅铜石 …………………… (790)	砷钇铜石 …………………… (797)	铈磷铜石 …………………… (809)
砷氢镁钙石* ………………… (790)	砷铟石 ……………………… (798)	铈磷稀土矿 ………………… (809)
砷氢镁石 …………………… (790)	砷铀铋矿 …………………… (798)	铈锰帘石 …………………… (809)
砷氢锰钙石 ………………… (790)	砷铀矿 ……………………… (798)	铈铌钙钛矿 ………………… (810)
砷热臭石 …………………… (791)	砷铀铅石 …………………… (798)	铈硼硅石 …………………… (810)
砷铈石 ……………………… (791)	砷黝铜矿 …………………… (798)	铈片榍石 …………………… (810)
砷铈铜石 …………………… (791)	深红银矿 …………………… (799)	铈烧绿石 …………………… (810)
砷水锰矿 …………………… (791)	深黄铀矿 …………………… (799)	铈砷硅石 …………………… (810)
砷锶铝矾 …………………… (791)	什卡图卡石 ………………… (799)	铈钛石 ……………………… (810)
砷锶铝石 …………………… (791)	神保石 ……………………… (799)	铈钛铁矿 …………………… (810)
砷酸铋矿 …………………… (791)	神冈矿 ……………………… (799)	铈铁赤坂石* ………………… (811)
砷钛钒石 …………………… (791)	神津闪石 …………………… (799)	铈钨华 ……………………… (811)
砷钛钾石* …………………… (791)	神南石* ……………………… (799)	铈兴安石 …………………… (811)
砷钛矿 ……………………… (792)	沈庄矿 ……………………… (799)	铈易解石 …………………… (811)
砷钛铁钙石 ………………… (792)	肾硅锰矿 …………………… (800)	手稻石 ……………………… (811)
砷钛铁矿 …………………… (792)	肾状赤铁矿 ………………… (800)	舒拉米特石* ………………… (811)
砷锑钯矿-Ⅰ ………………… (792)	生野矿 ……………………… (800)	舒勒石* ……………………… (811)
砷锑钯矿-Ⅱ ………………… (792)	圣热纳罗矿* ………………… (800)	舒伦贝格石 ………………… (811)
砷锑钙铜石 ………………… (792)	师铬绿纤石 ………………… (800)	舒姆韦铀矾* ………………… (811)
砷锑钴矿 …………………… (792)	师镁绿纤石 ………………… (800)	舒瓦洛夫石* ………………… (812)
砷锑矿 ……………………… (792)	施钒铅铁石 ………………… (800)	曙光石 ……………………… (812)

束沸石 …………………… (812)	水氟磷铝钙石 …………… (820)	水硅碱硫石 ……………… (827)
束磷钙铀矿 ……………… (812)	水氟磷铝石 ……………… (821)	水硅碱钛矿-镁 …………… (827)
双峰矿 …………………… (812)	水氟铝钙矿 ……………… (821)	水硅碱钛矿-锰 …………… (828)
双晶石 …………………… (812)	水氟铝钙石 ……………… (821)	水硅碱钛矿-铁 …………… (828)
双水碳镁石 ……………… (812)	水氟铝镁矾 ……………… (821)	水硅铝钙石 ……………… (828)
双徐榴石 ………………… (813)	水氟铝锶石 ……………… (821)	水硅铝钾石 ……………… (828)
霜晶石 …………………… (813)	水氟镁铁矾 ……………… (821)	水硅铝锰石 ……………… (828)
水铵长石 ………………… (813)	水氟硼石 ………………… (821)	水硅铝钛镧矿 …………… (828)
水白铅矿① ………………… (813)	水氟铍铝石 ……………… (821)	水硅铝铜钙石 …………… (828)
水白铅矿② ………………… (813)	水氟碳钙钍矿 …………… (822)	水硅锰钡钛石 …………… (828)
水白云母 ………………… (814)	水氟碳钠钙石 …………… (822)	水硅锰钙铍石 …………… (828)
水斑铀矿 ………………… (814)	水复钒矿 ………………… (822)	水硅锰钙石 ……………… (829)
水板铅铀矿 ……………… (814)	水钙钒矿 ………………… (822)	水硅锰石 ………………… (829)
水钡锶烧绿石 …………… (814)	水钙钒铀矿 ……………… (822)	水硅锰锶石* ……………… (829)
水钡铀矿 ………………… (814)	水钙沸石-钡 ……………… (822)	水硅钠锰石 ……………… (829)
水钡铀云母 ……………… (814)	水钙沸石-钙 ……………… (822)	水硅钠铌石 ……………… (829)
水草酸钙石 ……………… (814)	水钙硅石 ………………… (823)	水硅钠石 ………………… (829)
水橙钒钙石* ……………… (815)	水钙铝榴石 ……………… (823)	水硅铌钛钡石 …………… (829)
水胆矾 …………………… (815)	水钙铝石 ………………… (823)	水硅铌钛钙石 …………… (830)
水氮碱镁矾 ……………… (815)	水钙芒硝 ………………… (823)	水硅铌钛钾石 …………… (830)
水碲镁铜石 ……………… (815)	水钙镁铀矿 ……………… (823)	水硅铌钛钠石① …………… (830)
水碲镍镁石 ……………… (815)	水钙锰榴石 ……………… (823)	水硅铌钛钠石② …………… (830)
水碲氢铅石 ……………… (815)	水钙钼铀矿 ……………… (823)	水硅铌钛锶石 …………… (830)
水碲铁矿 ………………… (815)	水钙硝石 ………………… (823)	水硅铌钛锌钡石 ………… (831)
水碲铁石* ………………… (816)	水钙铀矿 ………………… (824)	水硅硼钙石 ……………… (831)
水碲铜石 ………………… (816)	水锆石 …………………… (824)	水硅硼钠石 ……………… (831)
水碲锌矿 ………………… (816)	水铬碘镁钙钠石 ………… (824)	水硅铍石 ………………… (831)
水碘钙石 ………………… (816)	水铬铅矿 ………………… (824)	水硅钛钡钠石 …………… (831)
水碘铜矿 ………………… (816)	水铬铁矾 ………………… (824)	水硅钛锰钠石 …………… (832)
水短柱石 ………………… (816)	水钴矾 …………………… (824)	水硅钛钠石 ……………… (832)
水钒钡石 ………………… (817)	水钴矿 …………………… (824)	水硅钛铈矿 ……………… (832)
水钒钙石 ………………… (817)	水钴锰矾 ………………… (824)	水硅钛锶石 ……………… (832)
水钒钾石 ………………… (817)	水钴铀矾 ………………… (824)	水硅铁钙铍石 …………… (832)
水钒铝矿 ………………… (817)	水硅钡矿 ………………… (824)	水硅铁镁石 ……………… (832)
水钒铝石 ………………… (817)	水硅钡锰石 ……………… (824)	水硅铁石 ………………… (832)
水钒镁矿 ………………… (817)	水硅钡石 ………………… (825)	水硅铜钙石 ……………… (832)
水钒镁钠石 ……………… (817)	水硅钒钙 ………………… (825)	水硅铜石 ………………… (833)
水钒锰铅矿 ……………… (818)	水硅钒锌镍矿 …………… (825)	水硅锡矿 ………………… (833)
水钒锰石 ………………… (818)	水硅钙锆石 ……………… (825)	水硅锌钙钾石 …………… (833)
水钒钠钙石 ……………… (818)	水硅钙镁铀矿 …………… (825)	水硅锌钙石 ……………… (833)
水钒钠石 ………………… (818)	水硅钙锰 ………………… (825)	水硅铀矿 ………………… (833)
水钒铅铀矿 ……………… (818)	水硅钙钠石 ……………… (825)	水合氢毒铝石* …………… (833)
水钒锶钙石 ……………… (818)	水硅钙石 ………………… (826)	水合氢毒铁石* …………… (833)
水钒铁矿 ………………… (819)	水硅钙铜矿 ……………… (826)	水合氢黄铁矾 …………… (834)
水钒铜矿 ………………… (819)	水硅钙铜石 ……………… (826)	水黑云母 ………………… (834)
水钒铜铀矿 ……………… (819)	水硅钙铀矿 ……………… (826)	水红砷锌石 ……………… (834)
水钒锌石 ………………… (819)	水硅锆钾石 ……………… (826)	水滑石 …………………… (834)
水方硼石 ………………… (819)	水硅锆钠钙石 …………… (827)	水黄长石 ………………… (834)
水氟钙铝矾* ……………… (820)	水硅锆钠石 ……………… (827)	水钾钙铀矿 ……………… (834)
水氟钙铽矾 ……………… (820)	水硅铬石 ………………… (827)	水钾铁矾 ………………… (834)
水氟钙铈矾 ……………… (820)	水硅钾铝石 ……………… (827)	水钾铜矾* ………………… (835)
水氟钙钇矾 ……………… (820)	水硅钾铀矿 ……………… (827)	水钾铀矾 ………………… (835)
水氟硅钙石 ……………… (820)	水硅碱钙镁石 …………… (827)	水碱 ……………………… (835)

水碱黄铜矿 …………… (835)	水磷钠镁石 …………… (843)	水铝铀云母 …………… (850)
水碱氯铝硼石 ………… (835)	水磷钠石 ……………… (843)	水绿矾 ………………… (850)
水晶 …………………… (835)	水磷钠锶石 …………… (843)	水绿皂石 ……………… (850)
水空罗尔斯顿石* ……… (836)	水磷钠铁矿 …………… (843)	水氯草酸钙石 ………… (850)
水空烧绿石* …………… (836)	水磷镍石 ……………… (843)	水氯碲铜石 …………… (850)
水空钨石* ……………… (836)	水磷钕矿 ……………… (843)	水氯钙石 ……………… (851)
水空细晶石 …………… (836)	水磷铍钙石 …………… (843)	水氯硫钠锌石 ………… (851)
水蓝铜矾 ……………… (836)	水磷铍镁石 …………… (844)	水氯铝镁矾 …………… (851)
水粒硅镁石 …………… (836)	水磷铍锰石 …………… (844)	水氯铝铜矾 …………… (851)
水粒铁矾 ……………… (836)	水磷铍石 ……………… (844)	水氯镁石 ……………… (851)
水磷铵镁石 …………… (836)	水磷铍隅石 …………… (844)	水氯镍石 ……………… (851)
水磷铋铁矿 …………… (837)	水磷铅钍石 …………… (844)	水氯硼钙镁石 ………… (851)
水磷钒钡石 …………… (837)	水磷氢钠石 …………… (844)	水氯硼钙石 …………… (851)
水磷钒铝石 …………… (837)	水磷铈矿-镧 ………… (844)	水氯硼碱铝石 ………… (852)
水磷钒铁矿 …………… (837)	水磷铈矿-钕 ………… (844)	水氯硼镁石 …………… (852)
水磷复铁石 …………… (837)	水磷铈矿-铈 ………… (844)	水氯铅石 ……………… (852)
水磷钙钾石 …………… (837)	水磷锶铁石 …………… (844)	水氯羟锌石 …………… (852)
水磷钙锂铍石 ………… (837)	水磷铁钙镁石 ………… (845)	水氯砷钠铅铜石 ……… (852)
水磷钙锰矿 …………… (838)	水磷铁钙锰石 ………… (845)	水氯砷钠铜石 ………… (853)
水磷钙钠铜石 ………… (838)	水磷铁钙石 …………… (845)	水氯碳镁石 …………… (853)
水磷钙铍石 …………… (838)	水磷铁镁石 …………… (845)	水氯铁镁石 …………… (853)
水磷钙石 ……………… (838)	水磷铁锰石 …………… (845)	水氯铜矿 ……………… (853)
水磷钙铁石 …………… (838)	水磷铁钠石 …………… (845)	水氯铜铅矿 …………… (853)
水磷钙钍石 …………… (838)	水磷铁铅石 …………… (845)	水氯铜石 ……………… (853)
水磷钙铀矿 …………… (838)	水磷铁石 ……………… (846)	水氯亚硒铅石 ………… (854)
水磷钴石 ……………… (839)	水磷铁锶矿 …………… (846)	水氯氧硫铅矿 ………… (854)
水磷硅铍钪石 ………… (839)	水磷铁铀矿 …………… (846)	水镁矾 ………………… (854)
水磷红锰矿 …………… (839)	水磷铜钙铀矿 ………… (846)	水镁钒石 ……………… (854)
水磷钪钙镁石 ………… (839)	水磷钍铀矿 …………… (846)	水镁铬石 ……………… (854)
水磷钪石 ……………… (839)	水磷锌铍钙石 ………… (846)	水镁铝铜矾 …………… (855)
水磷铝矾 ……………… (839)	水磷钇矿 ……………… (846)	水镁石 ………………… (855)
水磷铝钙钾石 ………… (840)	水磷铀矿 ……………… (846)	水镁铁石 ……………… (855)
水磷铝钙镁石 ………… (840)	水磷铀锰矿 …………… (847)	水镁硝石 ……………… (855)
水磷铝钙石 …………… (840)	水磷铀铅矿 …………… (847)	水镁铀矾 ……………… (855)
水磷铝钾石 …………… (840)	水菱镁矿 ……………… (847)	水锰矾 ………………… (855)
水磷铝碱石 …………… (840)	水菱钇矿 ……………… (847)	水锰辉石 ……………… (855)
水磷铝镁锰石 ………… (840)	水硫碲铅石 …………… (847)	水锰矿 ………………… (855)
水磷铝镁石 …………… (840)	水硫铝钙石 …………… (848)	水锰绿铁矿 …………… (856)
水磷铝锰石 …………… (840)	水硫钠铬矿 …………… (848)	水锰镍矿 ……………… (856)
水磷铝钠石 …………… (840)	水硫砷铁石 …………… (848)	水钼矿 ………………… (856)
水磷铝铅矿 …………… (841)	水硫碳钙镁石 ………… (848)	水钼铀矿 ……………… (856)
水磷铝石 ……………… (841)	水硫铁钠石 …………… (848)	水钠钙矾石 …………… (856)
水磷铝铜石 …………… (841)	水硫硝镍铝石 ………… (848)	水钠钙锆石 …………… (856)
水磷铝铀云母 ………… (841)	水硫铀矿 ……………… (849)	水钠锆石 ……………… (856)
水磷镁石 ……………… (841)	水榴石 ………………… (849)	水钠硅石 ……………… (856)
水磷镁铁石 …………… (841)	水铝氟石 ……………… (849)	水钠镁矾 ……………… (856)
水磷镁铜石 …………… (842)	水铝氟锶矿 …………… (849)	水钠锰矿 ……………… (857)
水磷锰铵石 …………… (842)	水铝钙氟石 …………… (849)	水钠铀矾 ……………… (857)
水磷锰矿 ……………… (842)	水铝钙石 ……………… (849)	水钠铀矿 ……………… (857)
水磷锰钠石 …………… (842)	水铝黄长石 …………… (849)	水钠云母 ……………… (857)
水磷锰铍石 …………… (842)	水铝镍石 ……………… (849)	水铌钙石 ……………… (857)
水磷锰石 ……………… (842)	水铝氧石 ……………… (850)	水铌镁石 ……………… (857)
水磷锰铁钛石 ………… (842)	水铝英石 ……………… (850)	水铌锰矿 ……………… (858)

水铌钠石 (858)	水羟碳铜石 (865)	水碳镝钇石 (874)
水镍钴矾 (858)	水羟硒钙铀矿 (866)	水碳钙镁铀矿 (874)
水镍铀矾 (858)	水羟锌镁锰矿 (866)	水碳钙钇石 (874)
水柠檬钙石 (858)	水烧绿石 (866)	水碳钙铀矿 (874)
水硼铵石 (859)	水砷钙锰石 (866)	水碳钙铀锌矿 (874)
水硼钙镁石 (859)	水砷钙锰石-铁 (866)	水碳锆锶石 (874)
水硼钙石 (859)	水砷钙石 (866)	水碳铬铅石 (874)
水硼钙锶石 (859)	水砷钙铁石 (866)	水碳汞矿 (874)
水硼硅锶钠锆石 (859)	水砷钙铜石 (867)	水碳镧铈石 (875)
水硼钾石 (859)	水砷钴铅石 (867)	水碳磷碱镁石 (875)
水硼铝钙矾 (860)	水砷钴石 (867)	水碳铝钡石 (875)
水硼镁石 (860)	水砷钴铁石 (867)	水碳铝钙石 (875)
水硼锰石 (860)	水砷钾钙铜石 (867)	水碳铝镁石 (875)
水硼钠钙石 (860)	水砷钾镉铜石 (868)	水碳铝锰石 (875)
水硼钠镁石 (860)	水砷钾铀矿 (868)	水碳铝铅石 (876)
水硼钠石 (860)	水砷铝铜矿 (868)	水碳铝锶石 (876)
水硼铍石 (860)	水砷铝铀石 (868)	水碳铝铁石 (876)
水硼锶石 (861)	水砷镁钙石 (868)	水碳氯铅矿 (876)
水硼铁镁石 (861)	水砷镁钠高铁石 (868)	水碳镁钙石 (876)
水片硅碱钙石 (861)	水砷镁石 (869)	水碳镁钾石 (876)
水铅钒铬矿 (861)	水砷镁铀矿-Ⅰ (869)	水碳镁矿 (876)
水铅铀矿 (861)	水砷镁铀矿-Ⅱ (869)	水碳镁铝石 (876)
水羟碲铁石 (861)	水砷锰矿 (869)	水碳镁石 (877)
水羟铬铋矿 (861)	水砷锰铅石 (870)	水碳钠钙铀矿 (877)
水羟硅铝钙石 (861)	水砷锰石 (870)	水碳钠钇石 (877)
水羟硅锰石 (862)	水砷硼钙石 (870)	水碳镍汞石 (877)
水羟硅钠石 (862)	水砷铍石 (870)	水碳镍矿 (877)
水羟磷铝矾 (862)	水砷铅铀矿 (870)	水碳硼钙镁石 (877)
水羟磷铝钙石 (862)	水砷氢锰石 (870)	水碳硼石 (877)
水羟磷铝石 (862)	水砷氢铁石 (870)	水碳砷锰钙石 (877)
水羟磷铝锌石 (862)	水砷氢铜石 (870)	水碳铁镍矿 (878)
水羟磷镁铝石 (862)	水砷铁钴石 (871)	水碳铜矾 (878)
水羟磷锰铁钾石 (862)	水砷铁石 (871)	水碳铜镁石 (878)
水羟磷钠锰石 (863)	水砷铁铜石 (871)	水碳钇石 (878)
水羟磷铀矿 (863)	水砷铁锌石 (871)	水碳钇铀石 (878)
水羟硫砷铜石 (863)	水砷铜矿 (871)	水碳铀矿 (878)
水羟铝矾 (863)	水砷铜铅石 (871)	水锑铝铜石 (879)
水羟铝矾石 (863)	水砷铜石① (871)	水锑铝锌石 (879)
水羟氯铜矿 (863)	水砷铜石② (872)	水锑铅矿 (879)
水羟镁锑石 (863)	水砷铜锌铅石 (872)	水锑铜矿 (879)
水羟锰矿 (864)	水砷锌钙石 (872)	水锑银矿 (880)
水羟镍石 (864)	水砷锌矿 (872)	水铁矾 (880)
水羟镍锑石 (864)	水砷锌铅石 (872)	水铁矿 (880)
水羟硼钙石 (864)	水砷锌石 (872)	水铁镁石 (880)
水羟砷铋铜石 (864)	水砷锌铁石 (873)	水铁镍矾 (880)
水羟砷碲铜铁石 (864)	水砷铟石 (873)	水铜铝矾 (880)
水羟砷钙铁石 (864)	水砷铀矿 (873)	水铜氯铅矿 (881)
水羟砷铝石 (864)	水砷铀云母 (873)	水铜砷铁矿 (881)
水羟砷锌石 (865)	水石盐 (873)	水突硅钠锆石* (881)
水羟碳钙铝石 (865)	水石英 (873)	水钍石 (881)
水羟碳磷锌钙石 (865)	水丝磷铁石 (873)	水钨华 (881)
水羟碳铝石 (865)	水丝铀矿 (873)	水钨铝矿 (881)
水羟碳锶铝石 (865)	水钛铁矿 (874)	水钨石 (881)

水钨铁铝矿 …………… (881)	斯硫铜矿 ……………… (887)	锶片沸石 ……………… (895)
水硒钴石 ……………… (881)	斯马密矿* ……………… (888)	锶砷磷灰石 …………… (895)
水硒镍石 ……………… (882)	斯皮里多诺夫矿* ……… (888)	锶铈磷灰石 …………… (896)
水硒铁石 ……………… (882)	斯珀瑞矿 ……………… (888)	锶水氯硼钙石 ………… (896)
水硒铀钠石 …………… (882)	斯普林矿* ……………… (888)	锶水硼钙石 …………… (896)
水锡镁石 ……………… (882)	斯羟铜矿 ……………… (888)	锶铁钛矿 ……………… (896)
水锡锰铁矿 …………… (882)	斯砷锰石 ……………… (888)	锶斜方硅钠钡钛石 …… (896)
水锡石 ………………… (882)	斯砷铀矿 ……………… (888)	锶斜沸石 ……………… (896)
水纤菱镁矿 …………… (882)	斯石英 ………………… (889)	锶斜黝帘石 …………… (896)
水硝碱镁矾 …………… (883)	斯水氧钒矾 …………… (889)	锶异性石 ……………… (896)
水斜硅镁石 …………… (883)	斯塔罗克斯克矿* ……… (889)	锶钇铁钛矿 …………… (897)
水锌矾 ………………… (883)	斯塔罗娃* ……………… (889)	四层结构石-铵* ……… (897)
水锌矿 ………………… (883)	斯坦哈德矿* …………… (889)	四层结构石-钾* ……… (897)
水锌铝矾 ……………… (883)	斯坦尼克树脂 ………… (889)	四方铋华 ……………… (897)
水锌锰矿 ……………… (883)	斯碳汞石 ……………… (890)	四方复铁天蓝石 ……… (897)
水锌铀矾 ……………… (883)	斯碳锌锰矿 …………… (890)	四方硫砷铜矿 ………… (898)
水星叶石 ……………… (884)	斯特凡韦斯矿* ………… (890)	四方硫铁矿 …………… (898)
水氧硫锑钾石 ………… (884)	斯特吉奥石* …………… (890)	四方氯砷钠铜石 ……… (898)
水氧钨矿 ……………… (884)	斯特拉赫矿* …………… (890)	四方锰铁矿 …………… (898)
水铀矾 ………………… (884)	斯特拉霍夫石* ………… (890)	四方钠沸石 …………… (898)
水铀矿 ………………… (884)	斯特拉基石 …………… (890)	四方镍纹石 …………… (899)
水铀磷镁石 …………… (884)	斯特拉斯曼铀矿* ……… (891)	四方羟锡锰石 ………… (899)
水铀砷镁石 …………… (884)	斯特里矿 ……………… (891)	四方羟锌石 …………… (899)
水铀铜矿 ……………… (884)	斯特奴矿 ……………… (891)	四方砷铋石 …………… (899)
水玉髓 ………………… (884)	斯图尔特石 …………… (891)	四方砷镍矿* …………… (899)
水锗钙矾 ……………… (884)	斯托潘尼石 …………… (891)	四方水钙榴石 ………… (899)
水锗铅矾 ……………… (884)	斯瓦卡石* ……………… (891)	四方锑钯矿 …………… (900)
水针硅钙石 …………… (885)	斯瓦克诺石 …………… (892)	四方锑铂矿 …………… (900)
水蛭石 ………………… (885)	斯万氮石 ……………… (892)	四方铜金矿 …………… (900)
丝光沸石 ……………… (885)	斯威策矿 ……………… (892)	四方纤铁矿 …………… (900)
丝硅镁石 ……………… (885)	斯韦恩伯奇石* ………… (892)	四硫汞铜矿 …………… (900)
丝黄铀矿 ……………… (885)	斯维约它石 …………… (892)	四配铁金云母 ………… (900)
丝铝矾 ………………… (885)	斯文耶克矿* …………… (892)	四水白铁矾 …………… (901)
丝砷铜矿 ……………… (885)	斯沃诺斯特铀矿* ……… (892)	四水钴矾 ……………… (901)
丝锑铅矿 ……………… (886)	斯铀硅矿 ……………… (893)	四水钾硼石 …………… (901)
丝锌铝石 ……………… (886)	斯皂石 ………………… (893)	四水锰矾 ……………… (901)
丝鱼川石 ……………… (886)	斯泽克拉里石* ………… (893)	四水硼钙石 …………… (901)
丝状铝英石 …………… (886)	斯族曼斯石 …………… (893)	四水硼钠石 …………… (901)
斯铵铁矾 ……………… (886)	锶白磷钙石 …………… (893)	四水硼砂 ……………… (902)
斯巴奇石* ……………… (886)	锶长石 ………………… (893)	四水硼锶石 …………… (902)
斯滨塞尔矿 …………… (886)	锶德莱塞尔石 ………… (893)	四水碳钙矾 …………… (902)
斯担硅石 ……………… (886)	锶毒铁石* ……………… (893)	四水铜铁矾 …………… (902)
斯旦磷钙镁矿 ………… (886)	锶沸石 ………………… (894)	四水泻盐 ……………… (903)
斯蒂文石 ……………… (886)	锶沸石-钡 ……………… (894)	四水锌矾 ……………… (903)
斯蒂西石 ……………… (886)	锶杆沸石 ……………… (894)	似长石 ………………… (903)
斯硅钾钍钙石 ………… (886)	锶硅钠钡钛石 ………… (894)	似黄锡矿 ……………… (903)
斯基潘矿 ……………… (886)	锶硅钛铈铁矿 ………… (894)	似辉石 ………………… (903)
斯坎尼矿 ……………… (886)	锶红帘石 ……………… (895)	似晶石 ………………… (903)
斯科特* ………………… (887)	锶镧磷灰石 …………… (895)	似钠闪石 ……………… (903)
斯块黑铅矿 …………… (887)	锶磷灰石 ……………… (895)	似十角矿* ……………… (903)
斯来基石 ……………… (887)	锶菱沸石 ……………… (895)	松原石 ………………… (903)
斯里兰卡石 …………… (887)	锶绿帘石 ……………… (895)	苏铵铁矾 ……………… (903)
斯硫锑铅矿 …………… (887)	锶钠长石 ……………… (895)	苏打石 ………………… (903)

苏硅钒钡石 …………… (904)	钛榴石 …………… (911)	碳氟磷灰石 …………… (919)
苏硅镁铝石 …………… (904)	钛镁钠闪石 …………… (912)	碳氟铝锶石 …………… (919)
苏纪石 …………… (904)	钛铌锰石 …………… (912)	碳钙镁石 …………… (919)
苏硫镍铁铜矿 …………… (904)	钛硼镁铁矿 …………… (912)	碳钙镁铀矿 …………… (919)
苏硫锡铅矿 …………… (904)	钛闪石 …………… (912)	碳钙钠石 …………… (919)
苏塞纳尔基石* …………… (904)	钛铈钙矿 …………… (912)	碳钙钕矿 …………… (919)
苏钽铝钾石 …………… (904)	钛锑钙石 …………… (912)	碳钙钕铀矿 …………… (920)
遂安石 …………… (905)	钛锑线石* …………… (913)	碳钙铈石 …………… (920)
燧石 …………… (905)	钛铁磁铁矿 …………… (913)	碳钙铀矿 …………… (920)
索比矿 …………… (905)	钛铁金红石 …………… (913)	碳铬镁矿 …………… (920)
索恩石* …………… (905)	钛铁晶石 …………… (913)	碳硅钙石 …………… (920)
索尔顿湖石* …………… (905)	钛铁矿 …………… (913)	碳硅钙钇石 …………… (920)
索格底安石 …………… (905)	钛钍矿 …………… (913)	碳硅碱钙石 …………… (920)
索科洛娃云母 …………… (905)	钛稀金矿 …………… (914)	碳硅铝铅石 …………… (921)
索硫锑铅矿 …………… (905)	钛锡锰钽矿 …………… (914)	碳硅石 …………… (921)
索伦石 …………… (906)	钛锡锑铁矿 …………… (914)	碳硅钛铈钠石-钕 …………… (921)
Tt	钛纤硅钡铁石 …………… (914)	碳硅钛铈钠石-铈 …………… (921)
	钛锌钠矿-钇 …………… (914)	碳硅铁铈石 …………… (921)
铊毒铁石* …………… (907)	钛钇矿 …………… (914)	碳硅钇钙石 …………… (921)
铊明矾 …………… (907)	钛钇钍矿 …………… (914)	碳钾钙石 …………… (921)
铊铁矾 …………… (907)	钛铀矿 …………… (914)	碳钾钙铀矿 …………… (921)
铊盐 …………… (907)	钛云母 …………… (915)	碳钾钠矾 …………… (921)
塔尔巴哈台石* …………… (907)	泰里斯马格南石 …………… (915)	碳钾铀矿 …………… (922)
塔尔哈默矿* …………… (908)	泰马加密矿 …………… (915)	碳镧石 …………… (922)
塔菲石 …………… (908)	泰硒汞钯矿 …………… (915)	碳磷钙镁石 …………… (922)
塔硅锰铁钠石 …………… (908)	酞酰亚胺石 …………… (915)	碳磷灰石 …………… (922)
塔吉克矿-铈 …………… (908)	弹性绿泥石 …………… (915)	碳磷铝钡石 …………… (922)
塔玛水硅锰钙石 …………… (908)	坦博石* …………… (915)	碳磷锰钠石 …………… (922)
塔锰矿 …………… (909)	坦卡铈石* …………… (915)	碳磷锶钠石 …………… (923)
塔钠明矾 …………… (909)	坦科矿 …………… (915)	碳铝钙石 …………… (923)
塔硼钙石 …………… (909)	坦桑石 …………… (915)	碳铝铅矿 …………… (923)
塔硼锰镁矿 …………… (909)	钽贝塔石 …………… (916)	碳氯溴碘汞石 …………… (923)
塔皮亚石* …………… (909)	钽铋矿 …………… (916)	碳氯钇铜矾 …………… (923)
塔斯赫尔加石* …………… (909)	钽钙矿 …………… (916)	碳镁铁矿-2H …………… (923)
塔塔里诺夫石* …………… (909)	钽锆钇矿 …………… (916)	碳镁铁矿-3R …………… (923)
塔瓦尼亚斯科石* …………… (909)	钽黑稀金矿 …………… (916)	碳镁铀矿 …………… (924)
塔雅锶锰石 …………… (910)	钽铝石 …………… (917)	碳钠矾 …………… (924)
塔异性石 …………… (910)	钽镁矿 …………… (917)	碳钠钙铝石 …………… (924)
塔佐利石* …………… (910)	钽锰矿 …………… (917)	碳钠钙石 …………… (924)
太平石 …………… (910)	钽艳铅矿 …………… (917)	碳钠钙铀矿 …………… (925)
钛钡铬石 …………… (910)	钽烧绿石 …………… (917)	碳钠铝石 …………… (925)
钛磁铁矿 …………… (910)	钽石 …………… (917)	碳钠镁石 …………… (925)
钛碲矿 …………… (910)	钽碳矿 …………… (917)	碳钠镍石 …………… (925)
钛钒矿 …………… (911)	钽锑矿 …………… (917)	碳铌矿 …………… (925)
钛锆钍矿 …………… (911)	钽铁矿 …………… (917)	碳铌钽矿 …………… (925)
钛锆钍石 …………… (911)	钽锡矿 …………… (918)	碳铌异性石 …………… (925)
钛硅镧矿 …………… (911)	钽易解石 …………… (918)	碳钕石 …………… (925)
钛硅镁钙石 …………… (911)	碳铵石 …………… (918)	碳钕铜铅石 …………… (926)
钛硅铈矿 …………… (911)	碳贝斯特石* …………… (918)	碳硼钙镁石 …………… (926)

碳硼锰钙石 （926）	特里华莱士矿* （934）	铁板钛矿 （943）
碳硼铜钙石 （926）	特里锂云母 （934）	铁钡镁脆云母 （943）
碳硼钇石 （926）	特硫铋铅银矿 （934）	铁钡闪叶石 （943）
碳铅钕石 （926）	特硫锑铅矿 （934）	铁铋矿 （943）
碳铅铀矿 （927）	特吕格石 （934）	铁铂矿 （943）
碳羟磷灰石 （927）	特氯氧汞矿 （934）	铁丹斯石 （943）
碳氢镁石 （927）	特水硅钙石 （935）	铁碲矿 （943）
碳氢钠石 （927）	特威迪尔石 （935）	铁冻蓝闪石 （944）
碳绒铜矿 （927）	特威矿 （935）	铁矾 （944）
碳铈钙钡石 （927）	特韦达尔石 （935）	铁钒矿 （944）
碳铈镁石 （927）	腾冲铀矿 （935）	铁方钴矿 （944）
碳铈钠石 （928）	锑钯矿 （936）	铁方硼石 （944）
碳铈石 （928）	锑贝塔石 （936）	铁氟红钠闪石* （945）
碳铈异性石 （928）	锑铂矿 （936）	铁斧石 （945）
碳锶钙钠石 （928）	锑雌黄 （936）	铁钙韭石 （945）
碳锶矿 （928）	锑钙矾 （936）	铁钙铝榴石 （945）
碳锶镧矿 （928）	锑钙镁非石 （936）	铁钙镁闪石 （945）
碳锶铈矿 （929）	锑钙石 （937）	铁钙闪石 （945）
碳酸芒硝 （929）	锑汞矿 （937）	铁橄榄石 （945）
碳钛锆钠石 （929）	锑钴矿 （937）	铁铬矾 （946）
碳钛矿 （929）	锑华 （937）	铁铬尖晶石 （946）
碳钽矿 （929）	锑硫镍矿 （938）	铁钴矿 （946）
碳铁铬矿 （929）	锑硫砷铜银矿 （938）	铁硅灰石 （946）
碳铁矿 （930）	锑硫锡砷铜矿 （938）	铁海泡石 （946）
碳铁钠矾 （930）	锑镁矿 （938）	铁黑云母 （946）
碳铜钙铀矿 （930）	锑镁锰矿 （938）	铁红磷锰矿 （946）
碳铜氯铅矾 （930）	锑钠铍矿 （938）	铁红闪石 （946）
碳稀土钠石-镧 （930）	锑钠石 （939）	铁滑石 （946）
碳稀土钠石-铈 （930）	锑镍铜矿 （939）	铁辉石 （946）
碳锌钙石 （931）	锑铅金矿 （939）	铁钾铊矾 （947）
碳锌锰矿 （931）	锑铅石 （939）	铁钾铜矾 （947）
碳氧钙石 （931）	锑铅银矿 （939）	铁尖晶石 （947）
碳氧铅石 （931）	锑砷锰矿 （939）	铁角闪石 （947）
碳钇钡石-钕 （931）	锑铊铜矿 （939）	铁堇青石 （947）
碳钇钡石-钇 （931）	锑铁矿 （939）	铁韭闪石 （947）
碳钇钙石 （931）	锑铁钛矿 （939）	铁孔雀石 （948）
碳钇锶石 （931）	锑铜矿 （940）	铁蓝闪石 （948）
碳铀钙石 （932）	锑锡矿 （940）	铁蓝透闪石 （948）
碳铀钾石 （932）	锑锡铜矿 （940）	铁劳埃石 （948）
碳铀矿 （932）	锑线石 （940）	铁锂闪石 （949）
汤丹石 （932）	锑银矿 （940）	铁锂云母 （949）
汤恩德* （932）	锑赭石 （940）	铁磷锂矿 （949）
汤硅钇石 （932）	提尔克洛德矿* （940）	铁磷铝石 （949）
汤河原沸石 （932）	天河石 （941）	铁菱镁矿 （949）
汤霜晶石 （933）	天蓝石 （941）	铁菱锰矿 （949）
唐威廉斯石* （933）	天青石 （941）	铁硫砷钴矿 （949）
桃井石榴石* （933）	天然碱 （941）	铁六水泻盐 （949）
桃针钠石 （933）	天然硼酸 （942）	铁铝榴石 （949）
特夫尔迪* （933）	天山石 （942）	铁铝绿鳞石 （949）
特拉沸石 （933）	田野畑石 （942）	铁铝钠闪石 （950）
特拉西娅* （933）	条沸石 （942）	铁铝闪石 （950）
特兰诺瓦石 （934）	条纹长石 （942）	铁铝蛇纹石 （950）
特朗巴斯石 （934）	铁白云石 （943）	铁铝直闪石 （950）

铁茂 ………………… (950)	铁阳起石 …………… (957)	童颜石 ……………… (965)
铁玫瑰 ……………… (950)	铁叶蜡石 …………… (958)	透长石 ……………… (965)
铁镁钙闪石 ………… (950)	铁叶绿泥石 ………… (958)	透钙磷石 …………… (966)
铁镁氯铝石 ………… (950)	铁叶云母 …………… (958)	透辉石 ……………… (966)
铁锰方硼石 ………… (950)	铁印度石 …………… (958)	透锂长石 …………… (966)
铁锰榴石 …………… (951)	铁铀云母 …………… (958)	透绿帘石 …………… (966)
铁锰绿铁矿 ………… (951)	铁云母 ……………… (958)	透绿泥石 …………… (967)
铁锰钠闪石 ………… (951)	铁杂芒硝 …………… (958)	透绿柱石 …………… (967)
铁锰铅矿* …………… (951)	铁皂石 ……………… (959)	透闪石 ……………… (967)
铁明矾 ……………… (951)	铁直闪石 …………… (959)	透砷铅矿 …………… (967)
铁墨铜矿* …………… (951)	廷斧石 ……………… (959)	透石膏 ……………… (967)
铁钼华 ……………… (951)	廷磷钾铝石 ………… (959)	透视石 ……………… (967)
铁钠钾硅石 ………… (952)	通迪矿* ……………… (959)	突硅钠锆石 ………… (968)
铁钠透闪石 ………… (952)	通古斯石 …………… (959)	突厥斯坦石 ………… (968)
铁尼日利亚石-6N6S (952)	通克石 ……………… (960)	突尼斯石 …………… (968)
铁铌矿 ……………… (952)	桐柏矿 ……………… (960)	图埃勒石 …………… (968)
铁铌异性石 ………… (952)	铜碲石 ……………… (960)	图加里诺夫矿 ……… (968)
铁镍铂矿 …………… (952)	铜靛矾 ……………… (960)	图拉明矿 …………… (968)
铁镍矾 ……………… (952)	铜矾石 ……………… (960)	图勒石* ……………… (968)
铁镍矿 ……………… (953)	铜钒铅锌矿 ………… (961)	图利奥克石 ………… (969)
铁镍铝矿* …………… (953)	铜符山石 …………… (961)	图硼锶石 …………… (969)
铁佩尔博耶铈石* …… (953)	铜镉黄锡矿 ………… (961)	图兹拉石 …………… (969)
铁铅砷石 …………… (953)	铜铬矿 ……………… (961)	涂氏磷钙石 ………… (969)
铁浅闪石 …………… (953)	铜红铊铅矿 ………… (961)	土耳其石 …………… (969)
铁蔷薇辉石 ………… (953)	铜蓝 ………………… (961)	土耳其玉 …………… (969)
铁羟镁硫铁矿* ……… (953)	铜菱铀矿 …………… (962)	土氟磷铁矿 ………… (969)
铁蠕绿泥石 ………… (954)	铜绿 ………………… (962)	土硅铜矿 …………… (969)
铁三铂矿 …………… (954)	铜绿矾 ……………… (962)	土绿磷铝石 ………… (969)
铁三铬矿 …………… (954)	铜氯矾 ……………… (962)	土砷铁矾 …………… (969)
铁三斜辉石 ………… (954)	铜镁铁矾 …………… (962)	钍氟碳铈矿 ………… (970)
铁闪石 ……………… (954)	铜泡石 ……………… (962)	钍金红石 …………… (970)
铁蛇纹石 …………… (954)	铜铅矾 ……………… (962)	钍菱黑稀土矿 ……… (970)
铁砷矿 ……………… (954)	铜铅铁矾 …………… (962)	钍石 ………………… (970)
铁砷石 ……………… (954)	铜铅霰石-钕 ………… (962)	钍铈磷灰石 ………… (970)
铁砷铀云母 ………… (955)	铜铅铀硒矿 ………… (963)	钍钛矿 ……………… (970)
铁施塔尔德尔矿* …… (955)	铜砷铀云母 ………… (963)	钍钇易解石 ………… (970)
铁施特伦茨石 ……… (955)	铜水绿矾 …………… (963)	钍铀矿 ……………… (971)
铁塔菲石-2N'2S …… (955)	铜锑钙石 …………… (963)	钍脂铅铀矿 ………… (971)
铁塔菲石-6N'3S …… (955)	铜铁铂矿 …………… (963)	托铵云母 …………… (971)
铁塔石 ……………… (955)	铜铁矾 ……………… (963)	托钡硅石 …………… (971)
铁钛镁尖晶石 ……… (955)	铜铁尖晶石 ………… (963)	托勃莫来石 ………… (971)
铁钛闪石 …………… (956)	铜钨华 ……………… (963)	托恩罗斯矿* ………… (971)
铁钛钽矿 …………… (956)	铜硒铀矿 …………… (964)	托雷西拉斯石* ……… (971)
铁天蓝石 …………… (956)	铜锡钯矿 …………… (964)	托里克石 …………… (971)
铁铜蓝 ……………… (956)	铜锡铂矿 …………… (964)	托硫锑铱矿 ………… (971)
铁纹石 ……………… (956)	铜硝石 ……………… (964)	托氯铜石 …………… (972)
铁沃罗特索夫矿* …… (956)	铜锌矿 ……………… (964)	托普索石* …………… (972)
铁钨华 ……………… (957)	铜盐 ………………… (964)	托图尔石* …………… (972)
铁锡锰钽矿 ………… (957)	铜叶绿矾 …………… (965)	
铁锡石 ……………… (957)	铜银铅铋矿 ………… (965)	**Ww**

瓦杰达克石* …………… (973)	维克石 …………… (981)	乌钡镁铝氟石 …………… (988)
瓦雷讷石 …………… (973)	维利基矿 …………… (981)	乌顿布格矿 …………… (988)
瓦利石* …………… (973)	维磷钠钙铝石 …………… (981)	乌尔夫安德森铈石* …………… (988)
瓦伦特石 …………… (974)	维硫铋铅银矿 …………… (981)	乌尔里奇铀矿* …………… (988)
瓦姆佩恩石* …………… (974)	维硫锑铅矿 …………… (982)	乌钙水硼锶石 …………… (988)
瓦纳克石* …………… (974)	维硫锑铊矿 …………… (982)	乌鲁木齐石 …………… (988)
瓦尼尼石* …………… (974)	维洛根石 …………… (982)	乌木石 …………… (988)
瓦水砷锌石 …………… (974)	维铌钙矿 …………… (982)	乌钠铌钛石 …………… (988)
瓦文达石 …………… (974)	维羟硼钙石 …………… (982)	乌硼钙石 …………… (988)
瓦西尔矿 …………… (975)	维羟锡锌石 …………… (982)	钨钡铅铀矿 …………… (988)
瓦伊米利钇石* …………… (975)	维斯台潘石 …………… (982)	钨铋矿 …………… (988)
瓦兹利石 …………… (975)	维特矿* …………… (982)	钨华 …………… (989)
歪长石 …………… (975)	维亚尔索夫石 …………… (982)	钨锰矿 …………… (989)
外约旦石* …………… (975)	维伊马扎洛娃矿* …………… (983)	钨锰铁矿 …………… (989)
丸茂矿* …………… (975)	维因矿 …………… (983)	钨铅矿 …………… (989)
丸山电气石 …………… (976)	尾去泽石 …………… (983)	钨锑矿 …………… (990)
顽火辉石 …………… (976)	魏黎石 …………… (983)	钨铁矿 …………… (990)
万次郎矿 …………… (976)	魏磷石 …………… (983)	钨锌矿 …………… (990)
万达斯石 …………… (976)	魏烧绿石 …………… (983)	钨铀华 …………… (990)
万磷铀矿 …………… (976)	温钡硫铝钙石 …………… (983)	无钙钙霞石 …………… (990)
王氏铁钛矿 …………… (977)	温得和克石* …………… (983)	无铝沸石 …………… (990)
威彻普鲁夫石 …………… (977)	温迪达石* …………… (984)	无铝锌蒙脱石 …………… (990)
威丁矿 …………… (977)	温钠钽石 …………… (984)	无色电气石 …………… (991)
威尔克斯石 …………… (977)	温泉滓石 …………… (984)	无色绿泥石 …………… (991)
威廉古贝尔石* …………… (977)	温蛇纹石 …………… (984)	无水钾钙矾* …………… (991)
威廉库克石* …………… (977)	温石棉 …………… (984)	无水钾镁矾 …………… (991)
威廉玉 …………… (978)	文列石 …………… (984)	无水钾锰矾 …………… (991)
威卢伊特石 …………… (978)	文砷钯矿 …………… (984)	无水芒硝 …………… (991)
威奇穆尔萨石 …………… (978)	文石 …………… (984)	无水钠镁矾 …………… (991)
威水磷铍钙石 …………… (978)	翁布里亚石* …………… (984)	无水碳铜钠石 …………… (992)
威硒硫铋铅矿 …………… (978)	翁德鲁什石* …………… (985)	无水铁矾 …………… (992)
微碱钙霞石 …………… (978)	翁钠金云母 …………… (985)	吴水碳镁石 …………… (992)
微晶高岭石 …………… (978)	沃道里斯石* …………… (985)	吴延之矿 …………… (992)
微晶砷铜矿 …………… (978)	沃登堡矿 …………… (985)	五角石 …………… (992)
微斜长石 …………… (978)	沃丁石 …………… (985)	五硫砷矿 …………… (992)
韦恩本尼石 …………… (979)	沃恩矿 …………… (985)	五水锰矾 …………… (993)
韦恩伯翰石* …………… (979)	沃尔兰石* …………… (985)	五水硼钙石 …………… (993)
韦尔比耶矿* …………… (979)	沃尔希尔石 …………… (985)	五水硼镁石 …………… (993)
韦克菲尔钇矿 …………… (979)	沃钒锰矿 …………… (985)	五水硼砂 …………… (993)
韦克伦德矿* …………… (979)	沃格石 …………… (986)	五水碳镁石 …………… (993)
韦硼镁石 …………… (979)	沃金森矿 …………… (986)	五水泻盐 …………… (993)
韦瑟里尔铀矿* …………… (979)	沃克石* …………… (986)	伍尔德里奇石 …………… (993)
韦氏碲铜矿 …………… (980)	沃拉斯奇奥石* …………… (986)	伍尔夫石* …………… (993)
韦柱石 …………… (980)	沃硫砷镍矿 …………… (986)	武奥里亚石 …………… (994)
围山矿 …………… (980)	沃罗特索夫矿 …………… (986)	武田石 …………… (994)
维布伦石* …………… (980)	沃洛欣云母 …………… (986)	芴石 …………… (994)
维茨克石 …………… (980)	沃硼钙石 …………… (986)	
维碲硒铋矿 …………… (980)	沃普梅石* …………… (987)	# Xx
维尔纳鲍尔石* …………… (981)	沃奇纳矿 …………… (987)	
维尔纳克劳斯矿* …………… (981)	沃羟磷锰石 …………… (987)	西尔石 …………… (995)

西里格矿 …………………… (995)	硒铊铜矿 …………………… (1002)	纤硅钒钡石 …………………… (1010)
西里西亚石* …………………… (995)	硒铊银铜矿 …………………… (1003)	纤硅钙石 …………………… (1010)
西门诺夫石 …………………… (995)	硒锑钯矿 …………………… (1003)	纤硅锆钠石 …………………… (1011)
西盟石 …………………… (995)	硒锑矿 …………………… (1003)	纤硅碱钙石 …………………… (1011)
西蒙冰晶石 …………………… (995)	硒锑铜矿 …………………… (1003)	纤硅铜矿 …………………… (1011)
西硼钙石 …………………… (995)	硒锑银矿 …………………… (1003)	纤钾明矾 …………………… (1011)
西普里亚尼石* …………………… (995)	硒铁矿 …………………… (1003)	纤蓝闪石 …………………… (1011)
西锑砷铜锌矿 …………………… (996)	硒铜钯矿 …………………… (1003)	纤磷钙铝石 …………………… (1011)
西烃石 …………………… (996)	硒铜铋铅矿 …………………… (1004)	纤磷铝石 …………………… (1012)
西乌达石* …………………… (996)	硒铜钴矿 …………………… (1004)	纤磷铝铀矿 …………………… (1012)
希宾石 …………………… (996)	硒铜矿 …………………… (1004)	纤磷锰铁矿 …………………… (1012)
希登石 …………………… (996)	硒铜蓝 …………………… (1004)	纤磷石 …………………… (1012)
希尔曼铈石* …………………… (996)	硒铜镍矿 …………………… (1004)	纤磷铜矿 …………………… (1012)
希尔歇尔石* …………………… (997)	硒铜铅矿 …………………… (1005)	纤硫锑铅矿 …………………… (1012)
希钙锆钛矿 …………………… (997)	硒铜铅铀矿 …………………… (1005)	纤镁柱石 …………………… (1012)
希硅锆钠钙石 …………………… (997)	硒铜三银矿 …………………… (1005)	纤锰柱石 …………………… (1012)
希拉里翁石* …………………… (997)	硒铜银矿 …………………… (1005)	纤钠海泡石 …………………… (1013)
希勒斯海姆石* …………………… (997)	硒铜铀矿 …………………… (1005)	纤钠明矾 …………………… (1013)
希洛夫石* …………………… (997)	硒锌石* …………………… (1005)	纤钠铁矾 …………………… (1013)
矽线石 …………………… (998)	硒银矿 …………………… (1005)	纤镍蛇纹石 …………………… (1013)
硒钯矿 …………………… (998)	硒黝铜矿 …………………… (1005)	纤硼钙石 …………………… (1013)
硒钯银矿 …………………… (998)	稀土锆石 …………………… (1005)	纤闪石 …………………… (1013)
硒钡铀矿 …………………… (998)	稀土磷铀矿 …………………… (1005)	纤蛇纹石 …………………… (1013)
硒铋钯矿 …………………… (998)	稀土水钙硼石 …………………… (1006)	纤砷钙铝石 …………………… (1013)
硒铋矿 …………………… (998)	稀土萤石 …………………… (1006)	纤砷铁锌石 …………………… (1014)
硒铋铅汞铜矿 …………………… (998)	锡钯铂矿 …………………… (1006)	纤水绿矾 …………………… (1014)
硒铋铅铜矿 …………………… (999)	锡钯矿 …………………… (1006)	纤水镁石 …………………… (1014)
硒铋银矿 …………………… (999)	锡钡钛石 …………………… (1006)	纤水碳镁石 …………………… (1014)
硒铂矿 …………………… (999)	锡铂钯矿 …………………… (1006)	纤碳铀矿 …………………… (1014)
硒雌黄 …………………… (999)	锡二钯矿 …………………… (1006)	纤铁矾 …………………… (1014)
硒脆银矿 …………………… (999)	锡兰石 …………………… (1007)	纤铁矿 …………………… (1014)
硒碲铋矿① …………………… (999)	锡锂大隅石 …………………… (1007)	纤铁钠闪石 …………………… (1015)
硒碲铋矿*② …………………… (999)	锡林郭勒矿 …………………… (1007)	纤铁柱石 …………………… (1015)
硒碲铋铅矿 …………………… (1000)	锡铝硅钙石 …………………… (1007)	纤维砷铁矿 …………………… (1015)
硒碲镍矿 …………………… (1000)	锡锰钽矿 …………………… (1007)	纤维石 …………………… (1015)
硒碲铜矿 …………………… (1000)	锡镍矿* …………………… (1007)	纤维石膏 …………………… (1015)
硒镉矿 …………………… (1000)	锡砷硫钒铜矿 …………………… (1007)	纤锌矿 …………………… (1015)
硒汞矿 …………………… (1000)	锡石 …………………… (1007)	纤锌锰矿 …………………… (1015)
硒汞铜矿 …………………… (1000)	锡铁山石 …………………… (1008)	纤铀铋矿 …………………… (1015)
硒黄铜矿 …………………… (1000)	锡铁钽矿 …………………… (1008)	纤铀碳钙石 …………………… (1016)
硒金银矿 …………………… (1000)	锡铜钯矿 …………………… (1008)	纤重钾矾 …………………… (1016)
硒钌矿* …………………… (1001)	喜峰矿 …………………… (1008)	霰石 …………………… (1016)
硒硫铋铅矿 …………………… (1001)	细晶磷灰石 …………………… (1008)	香花石 …………………… (1016)
硒硫铋铅铜矿 …………………… (1001)	细晶石 …………………… (1009)	香农矿 …………………… (1016)
硒硫铋铜铅矿 …………………… (1001)	细鳞云母 …………………… (1009)	湘江铀矿 …………………… (1017)
硒硫碲铜银矿 …………………… (1001)	细硫砷铅矿 …………………… (1009)	硝石 …………………… (1017)
硒硫砷矿 …………………… (1001)	霞石 …………………… (1009)	蛸螺石 …………………… (1017)
硒钼矿 …………………… (1002)	纤钡锂石 …………………… (1009)	小硫砷铁石 …………………… (1017)
硒铅矾 …………………… (1002)	纤钒钙石 …………………… (1010)	小藤石 …………………… (1017)
硒铅矿 …………………… (1002)	纤方解石 …………………… (1010)	斜奥斯卡肯普夫矿* …………………… (1017)
硒砷钯矿 …………………… (1002)	纤沸石 …………………… (1010)	斜钡钙石 …………………… (1018)
硒砷镍矿 …………………… (1002)	纤硅钡高铁石 …………………… (1010)	斜铋钯矿 …………………… (1018)
硒铊铁铜矿 …………………… (1002)	纤硅钡铁石 …………………… (1010)	斜长石 …………………… (1018)

斜碲钯矿 …… (1018)	斜方钽钇矿 …… (1027)	斜钠明矾 …… (1034)
斜碲铅石 …… (1018)	斜方碳铀矿 …… (1027)	斜钠鱼眼石 …… (1035)
斜发沸石-钙 …… (1018)	斜方锑镍矿 …… (1027)	斜镍矾 …… (1035)
斜发沸石-钾 …… (1018)	斜方锑铁矿 …… (1027)	斜硼镁钙石 …… (1035)
斜发沸石-钠 …… (1019)	斜方铁辉石 …… (1027)	斜硼钠钙石 …… (1035)
斜钒铋矿 …… (1019)	斜方铜铂矿* …… (1027)	斜偏硼石 …… (1035)
斜钒铅矿 …… (1019)	斜方硒镍矿 …… (1027)	斜羟铍石 …… (1035)
斜方钡锰闪叶石 …… (1019)	斜方硒铁矿 …… (1028)	斜羟砷锰石 …… (1035)
斜方碲钴矿 …… (1019)	斜方硒铜矿 …… (1028)	斜砷钯矿 …… (1035)
斜方碲金矿 …… (1020)	斜方锡钯矿 …… (1028)	斜砷钴矿 …… (1035)
斜方碲铅石 …… (1020)	斜方锌钙铜矾 …… (1028)	斜砷镁钙石 …… (1035)
斜方碲铁矿 …… (1020)	斜钙沸石 …… (1028)	斜砷铅石 …… (1035)
斜方鲕绿泥石 …… (1020)	斜锆石 …… (1028)	斜水钙钾矾 …… (1036)
斜方矾石 …… (1020)	斜硅钙石 …… (1029)	斜水硅钙石 …… (1036)
斜方钒矾 …… (1020)	斜硅钙铀矿 …… (1029)	斜水钼铀矿 …… (1036)
斜方钒石 …… (1021)	斜硅铝铜矿 …… (1029)	斜碳钡钙石 …… (1036)
斜方氟铝矾 …… (1021)	斜硅镁石 …… (1029)	斜碳钠钙石 …… (1036)
斜方汞银矿 …… (1021)	斜硅锰石 …… (1029)	斜铁辉石 …… (1036)
斜方硅钡钛石 …… (1021)	斜硅铜石 …… (1029)	斜铁锂闪石 …… (1036)
斜方硅钙石 …… (1021)	斜红磷铁矿 …… (1029)	斜铁镁铈石 …… (1037)
斜方硅钠钡钛镧石 …… (1022)	斜红铁矾 …… (1029)	斜铜泡石 …… (1037)
斜方硅钠钡钛铈石 …… (1022)	斜黄锑矿 …… (1030)	斜钛石 …… (1037)
斜方硅钠锶钡钛石 …… (1022)	斜钾铁矾 …… (1030)	斜顽辉石 …… (1037)
斜方辉铅铋矿 …… (1022)	斜碱沸石 …… (1030)	斜钨铅矿 …… (1037)
斜方辉石 …… (1022)	斜碱铁矾 …… (1030)	斜硒镍矿 …… (1037)
斜方辉锑铅矿 …… (1022)	斜晶石 …… (1030)	斜纤蛇纹石 …… (1038)
斜方钾芒硝 …… (1022)	斜蓝铜矾 …… (1031)	斜楔石 …… (1038)
斜方金铜矿 …… (1022)	斜锂蓝闪石 …… (1031)	斜雪硅钙石 …… (1038)
斜方蓝辉铜矿 …… (1023)	斜磷钙锰石 …… (1031)	斜黝帘石 …… (1038)
斜方硫镍矿 …… (1023)	斜磷钙铁矿 …… (1031)	斜自然硫 …… (1038)
斜方硫铁铜矿 …… (1023)	斜磷硅钙钠石 …… (1031)	泻利盐 …… (1038)
斜方硫锡矿 …… (1023)	斜磷铝钙石 …… (1031)	谢尔盖凡石* …… (1039)
斜方硫铱矿 …… (1023)	斜磷锰矿 …… (1032)	谢德里克石 …… (1039)
斜方铝矾 …… (1023)	斜磷锰铁矿 …… (1032)	谢苗诺夫石* …… (1039)
斜方绿铜锌矿 …… (1024)	斜磷铅铀矿 …… (1032)	谢氏超晶石 …… (1039)
斜方氯硫汞矿 …… (1024)	斜磷锌矿 …… (1032)	谢伊多石 …… (1039)
斜方氯砷铅矿 …… (1024)	斜菱碱铁矾 …… (1032)	榍石 …… (1039)
斜方锰顽辉石 …… (1024)	斜硫铅铋镍矿 …… (1032)	辛安丘乐石 …… (1040)
斜方钼铜石 …… (1024)	斜硫砷汞铊矿 …… (1032)	辛德勒石* …… (1040)
斜方钠锆石 …… (1025)	斜硫砷钴矿 …… (1032)	辛硫砷铜矿 …… (1040)
斜方钠铌矿 …… (1025)	斜硫砷铊汞矿 …… (1032)	辛羟砷锰石 …… (1040)
斜方硼镁锰矿 …… (1025)	斜硫砷银矿 …… (1032)	欣科洛布韦铀矿* …… (1040)
斜方铅铋钯矿 …… (1025)	斜硫锑铅矿 …… (1032)	锌赤铁矾 …… (1041)
斜方羟砷锰矿 …… (1025)	斜硫锑砷银铊矿 …… (1033)	锌簇磷铁矿* …… (1041)
斜方砷 …… (1025)	斜硫锑铊矿 …… (1033)	锌矾 …… (1041)
斜方砷铋铀矿 …… (1025)	斜铝矾 …… (1033)	锌方解石 …… (1041)
斜方砷钴矿 …… (1026)	斜绿泥石 …… (1033)	锌钙铜矾 …… (1041)
斜方砷镍矿 …… (1026)	斜氯硼钙石 …… (1034)	锌铬铅矿 …… (1041)
斜方砷铁矿 …… (1026)	斜氯铜矿 …… (1034)	锌铬铁矿 …… (1042)
斜方砷铜矿 …… (1026)	斜镁川石 …… (1034)	锌黑铝镁铁矿-2N2S …… (1042)
斜方水锰矿 …… (1026)	斜末野闪石* …… (1034)	锌黑铝镁铁矿-2N6S …… (1042)
斜方水硼镁石 …… (1026)	斜钠钙石 …… (1034)	锌黄长石 …… (1042)
斜方钛铀矿 …… (1027)	斜钠锆石 …… (1034)	锌黄锡矿 …… (1042)

锌尖晶石 …… (1043)	休罗夫斯基石* …… (1051)	β-氧钒铜矿 …… (1060)
锌孔雀石 …… (1043)	休斯石* …… (1052)	氧福特石* …… (1060)
锌榴石 …… (1043)	溴汞矿 …… (1052)	氧钙细晶石 …… (1060)
锌铝矾 …… (1044)	溴氯硫汞矿 …… (1052)	氧铬镁电气石* …… (1061)
锌铝蛇纹石 …… (1044)	溴银矿 …… (1052)	氧硅钛钠石 …… (1061)
锌绿钾铁矾 …… (1044)	须藤绿泥石 …… (1053)	氧角闪石 …… (1061)
锌绿松石 …… (1044)	叙永石 …… (1053)	氧金云母* …… (1061)
锌绿铁矿 …… (1044)	玄武闪石 …… (1053)	氧磷锰铁矿 …… (1061)
锌镁矾 …… (1044)	雪硅钙石 …… (1053)	氧铝钾铜矾 …… (1061)
锌蒙脱石 …… (1044)	雪花石膏 …… (1053)	氧氯碘汞矿 …… (1061)
锌锰钙辉石 …… (1044)	血红石* …… (1054)	氧镁电气石* …… (1062)
锌锰橄榄石 …… (1044)		氧镁绿钠闪石* …… (1062)
锌锰矿 …… (1045)	**Yy**	氧锰利克石 …… (1062)
锌明矾 …… (1045)	雅碲锌石 …… (1055)	氧钼矿 …… (1062)
锌钠矾 …… (1045)	雅各布松石* …… (1055)	氧钼铜矿 …… (1062)
锌尼日利亚石-2N1S …… (1045)	雅洪托夫石 …… (1055)	氧钠细晶石 …… (1062)
锌尼日利亚石-6N6S …… (1045)	雅科温楚克钇石* …… (1055)	氧铅锑钙石 …… (1063)
锌铍榴石 …… (1045)	雅硫铜矿 …… (1055)	氧砷钠钛石 …… (1063)
锌铅铁矾 …… (1045)	雅鲁矿 …… (1055)	氧砷铁铜矿 …… (1063)
锌蔷薇辉石 …… (1046)	雅罗舍夫斯基矿* …… (1056)	氧钛角闪石 …… (1063)
锌日光榴石 …… (1046)	雅什查克矿* …… (1056)	氧锑钙石 …… (1063)
锌三层云母 …… (1046)	雅斯鲁矿* …… (1056)	氧锑铁矿 …… (1063)
锌砷钠铜石* …… (1046)	亚当斯钇石 …… (1056)	氧铁电气石* …… (1063)
锌十字石 …… (1046)	亚碲铜矿 …… (1056)	氧钨锰铌矿 …… (1064)
锌水绿矾 …… (1046)	亚历山德罗夫石* …… (1056)	氧硒石 …… (1064)
锌钛矿 …… (1046)	亚硫石膏 …… (1056)	氧锡细晶石 …… (1064)
锌铁矾 …… (1046)	亚硫碳铅石 …… (1056)	氧溴汞矿 …… (1064)
锌铁尖晶石 …… (1046)	亚砷铜铅石 …… (1056)	样似矿 …… (1064)
锌铜矾 …… (1047)	亚砷锌石 …… (1057)	耀西耀克石 …… (1064)
锌铜铝矾 …… (1047)	亚砷铀石 …… (1057)	耶尔丁根石 …… (1064)
锌韦莱斯矿* …… (1047)	亚铁磷锰钠石 …… (1057)	耶柯尔石 …… (1065)
锌纤磷锰铁矿* …… (1047)	亚铁绿鳞石 …… (1057)	叶碲铋矿 …… (1065)
锌霰石 …… (1048)	亚铁钠闪石 …… (1057)	叶碲矿 …… (1065)
锌叶绿矾 …… (1048)	亚铁佩德里萨闪石* …… (1057)	叶沸石 …… (1065)
锌云母 …… (1048)	亚铁锌黄锡矿 …… (1057)	叶夫多基莫夫石* …… (1065)
新硅钙石 …… (1048)	亚希铀矾 …… (1058)	叶蜡石 …… (1066)
新克罗石* …… (1048)	亚硒铅矿* …… (1058)	叶蜡石间蒙皂石 …… (1066)
新磷钙铁矿 …… (1048)	烟斗石 …… (1058)	叶林娜石* …… (1066)
新民矿 …… (1048)	烟华石 …… (1058)	叶硫砷铜石 …… (1066)
新奇钙铈矿-镧 …… (1049)	烟晶 …… (1058)	叶硫锡铅矿 …… (1066)
新奇钙铈矿-钕 …… (1049)	烟晶石 …… (1058)	叶绿矾 …… (1067)
新奇钙铈矿-铈 …… (1049)	岩代矿 …… (1058)	叶钠长石 …… (1067)
新奇钙铈矿-钇 …… (1049)	岩手石* …… (1058)	叶皮凡诺夫石* …… (1067)
新潟石 …… (1049)	盐镁芒硝 …… (1058)	叶羟硅钙石 …… (1067)
兴安石-钕 …… (1049)	盐锰芒硝 …… (1058)	叶蛇纹石 …… (1067)
兴安石-铈 …… (1050)	盐铁芒硝 …… (1058)	叶双晶石 …… (1068)
兴安石-钇 …… (1050)	阳起石 …… (1058)	叶铁钨华 …… (1068)
兴安石-镱 …… (1050)	杨和雄石 …… (1059)	一水蓝铜矾 …… (1068)
兴中矿 …… (1050)	杨科温纳石* …… (1059)	一水羟钼铁矿 …… (1068)

一锑二钯矿 …………… (1068)	异铝闪石 ……………… (1075)	硬硒钴矿 ……………… (1085)
伊查努萨石* …………… (1068)	异砷锑钯矿 …………… (1075)	硬玉 …………………… (1085)
伊达矿 ………………… (1069)	异水菱镁矿 …………… (1075)	硬柱石 ………………… (1085)
伊碲镍矿 ……………… (1069)	异水硼钠石 …………… (1076)	尤加瓦矿 ……………… (1086)
伊丁石 ………………… (1069)	异性石 ………………… (1076)	尤里卡邓普石* ………… (1086)
伊恩布鲁斯石* ………… (1069)	易变硅钙石 …………… (1076)	尤卢索夫石 …………… (1086)
伊恩格雷石* …………… (1069)	易变辉石 ……………… (1076)	尤马林石* ……………… (1086)
伊硅钠钛石 …………… (1069)	易潮石 ………………… (1076)	尤钠钙矾 ……………… (1086)
伊辉叶石 ……………… (1069)	易解石 ………………… (1077)	尤什津矿 ……………… (1086)
伊克西翁矿 …………… (1070)	益富云母 ……………… (1077)	尤苏波夫石* …………… (1087)
伊拉克石 ……………… (1070)	益阳矿 ………………… (1077)	尤因铀矿* ……………… (1087)
伊朗石 ………………… (1070)	逸见石 ………………… (1077)	犹他矿 ………………… (1087)
伊利尔涅伊矿* ………… (1070)	意水硼钠石 …………… (1077)	铀铵磷石 ……………… (1087)
伊利石 ………………… (1070)	意水羟砷铜石 ………… (1077)	铀碲矿 ………………… (1087)
伊琳娜拉斯石* ………… (1070)	意钽钠矿 ……………… (1077)	铀矾 …………………… (1088)
伊柳金石* ……………… (1070)	溢晶石 ………………… (1078)	铀方钍石 ……………… (1088)
伊毛缟石 ……………… (1070)	镱兴安石 ……………… (1078)	铀复稀金矿 …………… (1088)
伊姆霍夫矿 …………… (1070)	因硫碲铋矿 …………… (1078)	铀钙石 ………………… (1088)
伊势矿* ………………… (1070)	因斯布鲁克石* ………… (1078)	铀黑 …………………… (1088)
伊水铝英石 …………… (1070)	殷格生矿 ……………… (1078)	铀沥青 ………………… (1088)
伊特斯石* ……………… (1071)	铟黄锡矿 ……………… (1079)	铀钼矿 ………………… (1088)
伊藤石 ………………… (1071)	银白铋金矿 …………… (1079)	铀烧绿石 ……………… (1089)
伊维斯石* ……………… (1071)	银板硫锑铅矿 ………… (1079)	铀石 …………………… (1089)
伊逊矿 ………………… (1071)	银汞矿 ………………… (1079)	铀铜矾 ………………… (1089)
伊予石* ………………… (1071)	银褐硫砷铅矿 ………… (1079)	铀钍石 ………………… (1089)
伊卓克矿 ……………… (1071)	银黄锡矿 ……………… (1079)	铀细晶石 ……………… (1089)
铱锇矿 ………………… (1072)	银金矿 ………………… (1080)	黝方石 ………………… (1090)
沂蒙矿 ………………… (1072)	银氯铅矿 ……………… (1080)	黝帘石 ………………… (1090)
乙型硅钙铀矿 ………… (1072)	银毛矿 ………………… (1080)	黝锰矿 ………………… (1090)
钇贝塔石 ……………… (1072)	银镍黄铁矿 …………… (1080)	黝锑银矿 ……………… (1090)
钇锆钽矿 ……………… (1072)	银砷黝铜矿 …………… (1080)	黝铜矿 ………………… (1090)
钇硅磷灰石 …………… (1072)	银铁矾 ………………… (1080)	黝铜矿-汞 ……………… (1091)
钇磷灰石 ……………… (1073)	银铜氯铅矿 …………… (1081)	黝铜矿-铁 ……………… (1091)
钇磷铜石 ……………… (1073)	银线石 ………………… (1081)	黝铜矿-锌 ……………… (1091)
钇磷稀土矿 …………… (1073)	银星石 ………………… (1081)	黝锡矿 ………………… (1091)
钇铌铁矿 ……………… (1073)	银黝铜矿 ……………… (1081)	黝叶石 ………………… (1091)
钇烧绿石 ……………… (1073)	银黝铜矿-铁 …………… (1081)	於祖相石 ……………… (1091)
钇绍米奥卡石* ………… (1073)	尹克然石 ……………… (1081)	鱼眼石 ………………… (1091)
钇砷铜矿 ……………… (1074)	隐磷铝石 ……………… (1081)	宇宙氯辉石 …………… (1091)
钇石* …………………… (1074)	印度石 ………………… (1082)	羽毛矿 ………………… (1091)
钇钽矿 ………………… (1074)	英格霍普石* …………… (1082)	禹粮石 ………………… (1091)
钇钨华 ………………… (1074)	樱井矿 ………………… (1082)	玉 ……………………… (1092)
钇楣石 ………………… (1074)	盈江铀矿 ……………… (1082)	玉髓 …………………… (1092)
钇兴安石 ……………… (1074)	萤石 …………………… (1082)	芋子石 ………………… (1092)
钇易解石 ……………… (1074)	硬沸石 ………………… (1083)	育空石 ………………… (1092)
钇萤石 ………………… (1074)	硬硅钙石 ……………… (1083)	园石 …………………… (1092)
钇铀矿 ………………… (1074)	硬绿泥石 ……………… (1083)	沅江矿 ………………… (1092)
钇铀烧绿石 …………… (1074)	硬绿蛇纹石 …………… (1083)	袁复礼石 ……………… (1092)
异剥辉石 ……………… (1075)	硬锰矿 ………………… (1083)	原脆硫砷铅铊矿* ……… (1092)
异构钾钙霞石 ………… (1075)	硬硼钙石 ……………… (1084)	原钾霞石 ……………… (1093)
异极矿 ………………… (1075)	硬羟钙铍石 …………… (1084)	原硫砷锑铅铊矿* ……… (1093)
异磷铁锰矿 …………… (1075)	硬石膏 ………………… (1084)	原锰铁直闪石 ………… (1093)
异硫锑铅矿 …………… (1075)	硬水铝石 ……………… (1084)	原田石 ………………… (1093)

原亚铁末野闪石 …… (1093)	扎卡里尼矿* …… (1100)	针硫镍矿 …… (1109)
原直闪石 …… (1093)	扎卡尼亚石* …… (1101)	针硫铅铜矿 …… (1109)
圆柱锡矿 …… (1094)	扎铝磷铜矿 …… (1101)	针硫锑铅矿 …… (1109)
约阿内石* …… (1094)	扎纳齐石 …… (1101)	针绿矾 …… (1110)
约夫蒂尔石 …… (1094)	扎水羟砷铜石 …… (1101)	针钠钙石 …… (1110)
约翰格奥尔根施塔特矿* …… (1094)	扎瓦利亚石* …… (1101)	针钠锰石 …… (1110)
约翰柯维拉石* …… (1094)	扎伊科夫矿* …… (1101)	针钠铁矾 …… (1110)
约翰森铈石 …… (1095)	杂碲金银矿 …… (1101)	针镍矿 …… (1111)
约翰森铈异性石 …… (1095)	杂磷锌矿 …… (1101)	针水砷钙石 …… (1111)
约翰托玛石 …… (1095)	杂卤石 …… (1101)	针碳钠钙石 …… (1111)
约硫硅钙石 …… (1095)	杂芒硝 …… (1102)	针铁矿 …… (1111)
约硫砷铅矿 …… (1095)	杂铌矿 …… (1102)	针柱石 …… (1111)
约曼石* …… (1095)	杂铅矿 …… (1102)	珍珠石 …… (1111)
月长石 …… (1096)	杂色琥珀 …… (1102)	珍珠云母 …… (1112)
云间蒙石 …… (1096)	杂斜锆石 …… (1102)	震旦矿 …… (1112)
云母 …… (1096)	藏布矿 …… (1102)	整柱石 …… (1112)
云母赤铁矿 …… (1096)	皂石 …… (1103)	正长石 …… (1112)
云母铜矿 …… (1096)	灶神星矿 …… (1103)	正鲕绿泥石 …… (1113)
陨氮铬矿 …… (1096)	詹硫砷锑铅铊矿 …… (1103)	正二十面体矿* …… (1113)
陨氮镍铁矿 …… (1096)	张衡矿 …… (1104)	正方赤铁矿 …… (1113)
陨氮钛石 …… (1096)	张培善矿 …… (1104)	正方硅石 …… (1113)
陨铬辉石 …… (1096)	张氏磷锰石 …… (1104)	正硅钛铈矿 …… (1113)
陨硅铁镍石 …… (1096)	章氏硼镁石 …… (1104)	正羟锌石 …… (1114)
陨尖晶石 …… (1096)	沼铁矿 …… (1105)	正铁辉石 …… (1114)
陨碱硅铝镁石 …… (1097)	沼野石 …… (1105)	正纤维蛇纹石 …… (1114)
陨磷钙钠石 …… (1097)	赵击石 …… (1105)	正锌钙铜矾 …… (1114)
陨磷碱锰镁石 …… (1097)	锗钯矿* …… (1105)	脂光蛋白石 …… (1114)
陨磷镁钙矿 …… (1097)	锗磁铁矿 …… (1105)	脂光蛇纹石 …… (1114)
陨磷镁钙钠石 …… (1097)	锗硫钒砷铜矿 …… (1105)	脂光石 …… (1114)
陨磷镍矿 …… (1097)	锗硫钼铁铜矿 …… (1106)	脂铅铀矿 …… (1114)
陨磷铁矿 …… (1097)	锗硫钨铁铜矿 …… (1106)	直钡锰闪叶石 …… (1114)
陨鳞石英 …… (1097)	锗石 …… (1106)	直氟碳钙铈石 …… (1114)
陨硫钙石 …… (1098)	赭石 …… (1106)	直硫镍矿 …… (1114)
陨硫铬锰矿* …… (1098)	针碲金铜矿 …… (1106)	直硫碳铅石 …… (1114)
陨硫铬铁矿 …… (1098)	针碲金银矿 …… (1106)	直闪石 …… (1115)
陨硫钠铬矿 …… (1098)	针钒钙石 …… (1106)	直水磷镁石 …… (1115)
陨硫铁 …… (1098)	针钒钠锰矿 …… (1107)	志琴矿 …… (1115)
陨硫铜钾矿 …… (1098)	针钒钠石 …… (1107)	蛭石 …… (1115)
陨六方金刚石 …… (1099)	针沸石-镁 …… (1107)	智利硝石 …… (1116)
陨铝钙石 …… (1099)	针沸石-钠 …… (1107)	中长石 …… (1116)
陨氯铁 …… (1099)	针钙镁铀矿 …… (1107)	中沸石 …… (1116)
陨水硫钠铬矿 …… (1099)	针钙锰硼石 …… (1107)	中华铈矿 …… (1116)
陨碳铁矿 …… (1099)	针硅钙铅石 …… (1107)	中性石 …… (1116)
陨铁硅石 …… (1099)	针硅钙石 …… (1108)	中宇利石 …… (1116)
晕长石 …… (1099)	针硅铀矿 …… (1108)	中柱石 …… (1116)
	针辉铋矿 …… (1108)	种山石 …… (1116)
Zz	针碱钙石 …… (1108)	重晶石 …… (1116)
扎宾斯基石* …… (1100)	针磷铝铀矿 …… (1108)	重铌铁矿 …… (1117)
扎布耶石 …… (1100)	针磷铁矿 …… (1108)	重钽铁矿-锰 …… (1117)

朱别科娃石* …………… (1117)	准砷铁矿 …………… (1123)	自然铼 …………… (1129)
朱道巴石 ……………… (1117)	准水钒钙石 …………… (1123)	自然铑 …………… (1130)
朱砂 …………………… (1118)	浊沸石 ………………… (1123)	自然钌 …………… (1130)
竹内石 ………………… (1118)	兹米纳矿* ……………… (1123)	自然硫 …………… (1130)
竺可桢石 ……………… (1118)	兹纳缅斯基矿* ………… (1123)	自然铝 …………… (1131)
柱钒铜石 ……………… (1118)	兹维亚金石* …………… (1123)	自然镁 …………… (1131)
柱沸石 ………………… (1118)	滋贺石 ………………… (1123)	自然锰 …………… (1131)
柱硅钙石 ……………… (1118)	紫脆石 ………………… (1123)	自然钼 …………… (1132)
柱红石 ………………… (1118)	紫方钠石 ……………… (1124)	自然镍 …………… (1132)
柱辉铋铅矿 …………… (1119)	紫硅碱钙石 …………… (1124)	自然硼 …………… (1132)
柱钾铁矾 ……………… (1119)	紫硅铝镁石 …………… (1124)	自然铅 …………… (1133)
柱晶磷矿 ……………… (1119)	紫晶 …………………… (1124)	自然砷 …………… (1133)
柱晶石 ………………… (1119)	紫锂辉石 ……………… (1124)	自然砷铋 ………… (1133)
柱晶松脂石 …………… (1119)	紫磷铁锰矿 …………… (1124)	自然钛 …………… (1133)
柱磷铝铀矿 …………… (1119)	紫硫镍矿 ……………… (1125)	自然锑 …………… (1133)
柱磷锶锂矿 …………… (1120)	紫硫镍铁矿 …………… (1125)	自然铁 …………… (1134)
柱硫铋铅矿 …………… (1120)	紫钼铀矿 ……………… (1125)	自然铜 …………… (1135)
柱硫铋铜铅矿 ………… (1120)	紫苏辉石 ……………… (1125)	自然钨 …………… (1135)
柱硫锑铅矿 …………… (1120)	紫铁矾 ………………… (1125)	自然硒 …………… (1135)
柱硫锑铅银矿 ………… (1120)	紫铁铝矾 ……………… (1125)	自然锡 …………… (1135)
柱钠铜矾 ……………… (1120)	紫铜铝锑矿 …………… (1126)	自然锌 …………… (1136)
柱硼镁石 ……………… (1121)	紫萤石 ………………… (1126)	自然铱 …………… (1136)
柱水钒钙矿 …………… (1121)	自然钯 ………………… (1126)	自然铟 …………… (1136)
柱星叶石 ……………… (1121)	自然铋 ………………… (1126)	自然银 …………… (1137)
柱铀矿 ………………… (1121)	自然铂 ………………… (1126)	自然铀 …………… (1137)
锥冰晶石 ……………… (1122)	自然碲 ………………… (1127)	宗像石 …………… (1137)
锥辉石 ………………… (1122)	自然锇 ………………… (1127)	棕闪石 …………… (1137)
锥晶石 ………………… (1122)	自然钒 ………………… (1127)	邹菱钾铁石 ……… (1137)
锥氯铜铅矿 …………… (1122)	自然镉 ………………… (1128)	足立电气石* ……… (1137)
锥纹石 ………………… (1122)	自然铬 ………………… (1128)	祖克塔姆鲁尔石* … (1138)
锥稀土矿-铈 …………… (1122)	自然汞 ………………… (1128)	祖母绿 …………… (1138)
锥稀土矿-钇 …………… (1122)	自然硅 ………………… (1128)	佐硅钛钠石 ……… (1138)
准钒钙铀矿* …………… (1122)	自然黄铜 ……………… (1129)	佐哈尔矿* ………… (1139)
准磷铝石 ……………… (1122)	自然金 ………………… (1129)	佐苔石 …………… (1139)

Aa

阿 [ā]形声;从阜,可声。本义:大的山岭,大的土山。①用于中国地名。②[英]音,用于外国人名、地名、国家名、土著民族、大学名等。

【阿贝拉石*】

英文名 Abellaite

化学式 $NaPb_2(CO_3)_2(OH)$　(IMA)

阿贝拉石*片状晶体,无序排列状集合体(西班牙)和阿贝拉像

阿贝拉石*是一种含羟基的钠、铅的碳酸盐矿物。三方晶系。晶体呈半自形粒状(粒径10μm)、假六边形小板状(长约30μm);集合体常呈无序团状。无色—白色,玻璃光泽、珍珠光泽,半透明;脆性,微晶集合体极易碎。2014年发现于西班牙加泰罗尼亚地区莱里达市帕利亚尔斯(Pallars)拉托雷德卡夫德利亚卡斯特尔-埃斯陶尤里卡(Eureka)矿。英文名称Abellaite,以加泰罗尼亚宝石学家琼·阿贝拉·克雷乌斯(Joan Abella Creus,1968—)的名字命名。他曾长期研究尤里卡矿山的矿物,并发现该矿物。IMA 2014-111批准。2016年J.伊巴涅兹-尹萨(J. Ibáñez-Insa)等在《CNMNC通讯》(29)、《矿物学杂志》(80)和2017年《欧洲矿物学杂志》(29)报道。目前尚未见官方中文译名,编译者建议音译为阿贝拉石*。

【阿贝纳克石】

英文名 Abenakiite-(Ce)

化学式 $Na_{26}Ce_6(Si_6O_{18})(PO_4)_6(CO_3)_6(SO_2)O$　(IMA)

阿贝内基族人

阿贝纳克石是一种含氧的钠、铈的硫酸-碳酸-磷酸-硅酸盐矿物。三方晶系。晶体呈自形晶。浅棕色,玻璃光泽,透明;硬度4～5,脆性。1991年发现于加拿大魁北克省鲁维尔县圣希莱尔(Saint-Hilaire)山混合肥料采石场。英文名称Abenakiite-(Ce),根词由欧洲殖民者到来之前居住在魁北克圣希莱尔山周围地区的新英格兰阿尔贡金印第安人部落土著阿贝内基(Abenaki)族,加占优势的稀土元素铈后缀-(Ce)组合命名。IMA 1991-054批准。1994年A. M.麦克唐纳(A. M. McDonald)等在《加拿大矿物学家》(32)报道。1999年中国新矿物与矿物命名委员会黄蕴慧等在《岩石矿物学杂志》[18(1)]音译为阿贝纳克石。

【阿彼洛石】参见【四水钴矾】条901页

【阿布拉莫夫矿*】

英文名 Abramovite

化学式 $Pb_2SnInBiS_7$　(IMA)

阿布拉莫夫矿*树枝状、束状集合体(俄罗斯)和阿布拉莫夫像(2010宝石矿物展)

阿布拉莫夫矿*是一种铅、锡、铟、铋的硫化物矿物。属圆柱锡石族。三斜晶系。晶体呈假六方体、假四方微小的细长的片状;集合体呈硬壳状、树枝状、束状。银灰黑色,金属光泽,不透明;完全解理。2006年发现于俄罗斯萨哈林州库德里亚维(Kudriavy)火山喷气孔。英文名称Abramovite,以俄罗斯费尔斯曼博物馆矿物学家德米特里·瓦迪莫维奇·阿布拉莫夫(Dmitry Vadimovich Abramov,1963—)的姓氏命名。IMA 2006-016批准。日文名称アブラモフ鉱。2007年M. A.尤朵夫斯卡雅(M. A. Yudovskaya)等在《俄罗斯矿物学学会会议记录(ZRMO)》[136(5)]和2009年《美国矿物学家》(94)报道。目前尚未见官方中文译名,编译者建议音译为阿布拉莫夫矿*;杨光明教授建议根据成分译为硫铋铟锡铅矿。

【阿丹石*】

英文名 Adanite

化学式 $Pb_2(Te^{4+}O_3)(SO_4)$　(IMA)

阿丹石*叶片鸡冠状集合体(美国)

阿丹石*是一种铅的硫酸-碲酸盐矿物。单斜晶系。晶体呈楔形叶片状,长约1mm;集合体呈鸡冠状。米色,金刚光泽,透明;硬度2.5,无解理,脆性,贝壳状断口。2019年发现于美国犹他州贾布县廷蒂克区的北极星(North Star)矿和美国亚利桑那州科奇斯县的墓碑镇(Tombstone)。英文名称Adanite,以美国犹他州盐湖城的系统矿物收藏家查尔斯(查克)·阿丹(Charles (Chuck) Adan,1961—)的姓氏命名。阿丹先生是盐湖城"犹他州矿物收藏家"俱乐部的前主席,他收集了大部分稀有矿物。他是Parahaite的发现者。IMA 2019—088批准。2020年安东尼·R.坎普夫(Anthony R. Kampf)等在《CNMNC通讯》(53)和《加拿大矿物学家》[58(3)]报道。目前尚未见官方中文译名,编译者建议音译为阿丹石*。

【阿德拉诺斯铝石*】

英文名 Adranosite

化学式 $(NH_4)_4NaAl_2(SO_4)_4Cl(OH)_2$　(IMA)

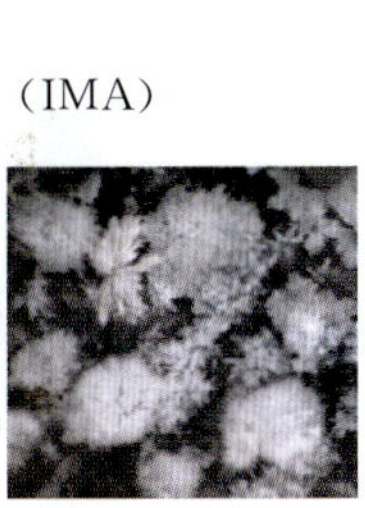

阿德拉诺斯铝石*叶片、针状晶体,放射状集合体(意大利)

阿德拉诺斯铝石*是一种含羟基和氯的铵、钠、铝的硫酸盐矿物。四方晶系。晶体呈叶片状、针状;集合体呈放射状。白色,玻璃光泽,透明。2008年发现于意大利墨西拿省伊奥利亚群岛拉佛萨(La Fossa)火山坑。英文名称Adranosite,以古希腊火神阿德拉诺斯(Adranos)[拉丁文:阿德拉努斯(Adranus)]命名。据传说,他在埃特纳(Etna)火山之下居住,然后被赫菲斯托斯(Hephaestus)[拉丁文:Vulcan(火神)]驱逐出境,阿德拉诺斯在西西里岛各地受到崇拜,尤

其是在现在名叫阿德拉诺(Adrano)的阿德拉努斯(Adranus)镇。IMA 2008－057 批准。2010 年 F. 德马丁(F. Demartin)等在《加拿大矿物学家》(48)报道。目前尚未见官方中文译名，编译者建议音加成分译为阿德拉诺斯铝石*。

【阿德拉诺斯铁石*】

英文名 Adranosite-(Fe)

化学式 $(NH_4)_4NaFe_2(SO_4)_4Cl(OH)_2$　　(IMA)

阿德拉诺斯铁石*针状晶体，放射状集合体(意大利)

阿德拉诺斯铁石*是一种含羟基和氯的铵、钠、铁的硫酸盐矿物。四方晶系。晶体呈针状；集合体呈放射状。淡绿色、白色，玻璃光泽，透明。2011 年发现于意大利墨西拿省伊奥利亚群岛拉佛萨(La Fossa)火山坑。英文名称 Adranosite-(Fe)，根词 Adranosite，以古希腊火神阿德拉诺斯(Adranos)[拉丁文：阿德拉努斯(Adranus)]加占优势的铁后缀-(Fe)组合命名。IMA 2011－006 批准。2011 年 F. 德马丁(F. Demartin)等在《CNMNC 通讯》(9)、《矿物学杂志》(75)和 2013 年《加拿大矿物学家》(51)报道。目前尚未见官方中文译名，编译者建议音加成分译为阿德拉诺斯铁石*。

【阿尔卑石*】

英文名 Alpeite

化学式 $Ca_4Mn^{3+}_2Al_2(Mn^{3+}Mg)(SiO_4)_2(Si_3O_{10})(VO_4)(OH)_6$　(IMA)

阿尔卑石*是一种含羟基的钙、锰、铝、镁的钒酸-硅酸盐矿物。属铝锰矿族。斜方晶系。晶体呈扁平板状。棕红色，玻璃光泽、丝绢光泽，透明；硬度 5.5～6，完全解理，脆性。2016 年发现于意大利热那亚省拉斯佩齐亚市特雷蒙蒂采矿区卡斯蒂廖内恰瓦雷斯(Chiavarese)和马伊萨纳阿尔卑斯(Alpe)山矿。英文名称 Alpeite，以发现地意大利阿尔卑斯山矿命名。IMA 2016－072 批准。2016 年 A. R. 坎普夫(A. R. Kampf)等在《CNMNC 通讯》(34)和《矿物学杂志》(80)报道。目前尚未见官方中文译名，编译者建议音译为阿尔卑石*。

【阿尔贝蒂尼石*】

英文名 Albertiniite

化学式 $Fe^{2+}(SO_3)\cdot 3H_2O$　　(IMA)

阿尔贝蒂尼石*放射状集合体(意大利)和阿尔贝蒂尼像

阿尔贝蒂尼石*是一种含结晶水的铁的亚硫酸盐矿物。单斜晶系。晶体呈柱状，长 0.7mm；集合体呈放射状。无色—微黄色，玻璃光泽，透明；完全解理，脆性。2015 年发现于意大利诺瓦拉省阿尔梅诺的科洛蒙特(Coiromonte)河上游蒙特法洛(Monte Falò)矿山。英文名称 Albertiniite，2015 年 P. 维尼奥拉(P. Vignola)等为纪念意大利矿物收藏家、阿尔卑斯山及伟晶岩系统矿物学专家克劳迪奥·阿尔贝蒂尼(Claudio Albertini，1950—)而以他的姓氏命名。阿尔贝蒂尼是《矿物收藏家和矿物学家杂志》和世界著名的塞万隆(Cervandone)山地区 *L'Alpe Devero e i suoi minerali* 的作者。IMA 2015－004 批准。2015 年维尼奥拉等在《CNMNC 通讯》(25)、《矿物学杂志》(79)和 2016 年《矿物学杂志》(80)报道。目前尚未见官方中文译名，编译者建议音译为阿尔贝蒂尼石*。

【阿尔布伦矿*】

英文名 Alburnite

化学式 $Ag_8GeTe_2S_4$　　(IMA)

阿尔布伦矿*是一种银、锗的碲-硫化物矿物。属硫银锗矿族。等轴晶系。晶体呈微观圆形粒状；集合体呈细脉状或不规则杂乱状。金属光泽，不透明；硬度 4。2012 年发现于罗马尼亚阿尔巴县罗西亚蒙塔娜(Roşia Montană)镇卡尼克(Cârnicel)矿脉。英文名称 Alburnite，源自拉丁文的阿尔布伦斯(Alburnus)矿山；罗西亚蒙塔娜金银矿床在罗马时期(公元 106—273)被称为阿尔布伦斯马约尔(Alburnus Maior)矿。IMA 2012－073 批准。2013 年 C. G. 塔马斯(C. G. Tămas)等在《CNMNC 通讯》(15)、《矿物学杂志》(77)和 2014 年《美国矿物学家》(99)报道。目前尚未见官方中文译名，编译者建议音译为阿尔布伦矿*；杨光明教授建议根据成分译为硫铊银锗矿。

【阿尔德里奇石*】

英文名 Aldridgeite

化学式 $(Cd,Ca)(Cu,Zn)_4(SO_4)_2(OH)_6\cdot 3H_2O$　(IMA)

阿尔德里奇石*针状晶体，丛状集合体(美国、澳大利亚)

阿尔德里奇石*是一种含结晶水和羟基的镉、钙、铜、锌的硫酸盐矿物，是镉占优势的锌铜矾的类似矿物。属钙铜矾族。单斜晶系。晶体呈针状；集合体呈放射状、晶簇状。淡蓝色，玻璃光泽；硬度 3，脆性。2010 年发现于澳大利亚新南威尔士州杨科温纳(Yancowinna)县布罗肯山布洛克(Block)14 露天采场。英文名称 Aldridgeite，可能以阿尔德里奇(Aldridge)人名或地名命名(?)。IMA 2010－029 批准。2010 年 P. 埃里奥特(P. Elliott)等在《矿物学杂志》(74)和 2015 年《澳大利亚矿物学杂志》(17)报道。目前尚未见官方中文译名，编译者建议音译为阿尔德里奇石*。

【阿尔弗雷多佩特罗夫石*】

英文名 Alfredopetrovite

化学式 $Al_2(Se^{4+}O_3)_3\cdot 6H_2O$　　(IMA)

阿尔弗雷多佩特罗夫石*是一种含结晶水的铝的硒酸盐矿物。六方晶系。晶体呈鳞片状，长约 0.1mm；集合体呈晶簇状、皮壳状和致密球状，球径 0.5mm。无色、白色、淡蓝色，玻璃光泽，透明；硬度 2.5，脆性。2015 年发现于玻利维亚波多西区域安东尼奥-吉亚罗省埃尔龙(El Dragón)矿。英文名称

阿尔弗雷多佩特罗夫石* 球状集合体(玻利维亚)和阿尔弗雷多·佩特罗夫像

Alfredopetrovite,为纪念地质学家、矿产经销商、翻译家和矿物收藏家阿尔弗雷多·佩特罗夫(Alfredo Petrov,1955—)而以他的姓名命名,以表彰佩特罗夫对玻利维亚矿物学和地质学以及矿物收集社区做出的贡献,他发表有许多矿物学的著作。IMA 2015-026 批准。2015 年 A. R. 坎普夫(A. R. Kampf)等在《CNMNC 通讯》(26)、《矿物学杂志》(79)和 2016 年《欧洲矿物学杂志》(28)报道。目前尚未见官方中文译名,编译者建议音译为阿尔弗雷多佩特罗夫石*;杨光明教授建议根据成分译为水硒铝石。

【阿尔冈矿*】

英文名 Argandite

化学式 $Mn_7(VO_4)_2(OH)_8$ (IMA)

阿尔冈像

阿尔冈矿*是一种含羟基的锰的钒酸盐矿物。属砷水锰矿族。单斜晶系。晶体呈他形粒状。橙色,玻璃光泽,透明;硬度 3.5～4,完全解理,脆性。2010 年发现于瑞士瓦莱州皮吉塔利(Pipjitälli)冰川。英文名称 Argandite,为纪念瑞士地质学家、矿物学家埃米尔·阿尔冈(Emile Argand,1879—1940)而以他的姓氏命名。他研究了阿尔卑斯山和亚洲的地质构造,是魏格纳的大陆漂移学说的早期支持者。IMA 2010-021 批准。2010 年 P. 埃利奥特(P. Elliott)等在《CNMNC 通讯》《矿物学杂志》(74)和 2001 年《美国矿物学家》(96)报道。目前尚未见官方中文译名,编译者建议音译为阿尔冈矿*。

【阿尔杰斯石*】

英文名 Argesite

化学式 $(NH_4)_7Bi_3Cl_{16}$ (IMA)

阿尔杰斯石*是一种铵、铋的氯化物矿物。三方晶系。晶体呈各种菱面体和双锥状,粒径 0.15mm,晶体习性几乎是板状并且在大多数情况下呈非常复杂的形态。浅黄色,玻璃光泽,透明。2011 年发现于意大利墨西拿省伊奥利亚群岛弗卡诺(Vulcano)岛火山口坑。英文名称 Argesite,以希腊神话中最早的希腊神,天空的化身,宇宙第一任主宰乌拉诺斯(Uranus)的儿子 3 个独眼巨人(布戎忒斯、阿尔杰斯和斯忒罗佩斯)之一的阿尔杰斯(Arges)的名字命名。他是赫菲斯托斯(Hephaistos)的助手,古希腊的火神(古罗马人的瓦肯人)。IMA 2011-072 批准。2011 年 F. 德马丁(F. Demartin)等在《CNMNC 通讯》(11)、《矿物学杂志》(75)和 2012 年《美国矿物学家》(97)报道。目前尚未见官方中文译名,编译者建议音译为阿尔杰斯石*。

【阿尔卡帕罗萨石*】

英文名 Alcaparrosaite

化学式 $K_3Ti^{4+}Fe^{3+}(SO_4)_4O(H_2O)_2$ (IMA)

阿尔卡帕罗萨石*是一种含结晶水和氧的钾、钛、铁的硫酸盐矿物。单斜晶系。晶体呈板状、锥柱状,长 4mm;集合体呈晶簇状。浅黄色,玻璃光泽,透明;硬度 4,脆性。2011 年发现于智利安托法加斯塔大区卡拉马市阿尔卡帕罗萨(Alcaparrosa)矿。英文名称 Alcaparrosaite,以发现地智利的阿尔卡帕罗萨(Alcaparrosa)矿命名。IMA 2011-024 批准。2011 年 A. R. 坎普夫(A. R. Kampf)等在《CNMNC 通讯》(10)和 2012 年《矿物学杂志》(76)报道。目前尚未见官方中文译名,编译者建议音译为阿尔卡帕罗萨石*。

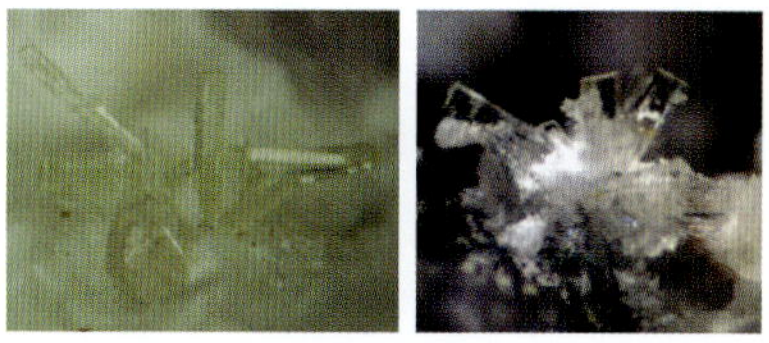

阿尔卡帕罗萨石* 板状、柱状晶体,晶簇状集合体(智利)

【阿尔玛鲁道夫石】

英文名 Almarudite

化学式 $K(\square,Na)_2(Mn,Fe,Mg)_2[(Be,Al)_3Si_{12}]O_{30}$ (IMA)

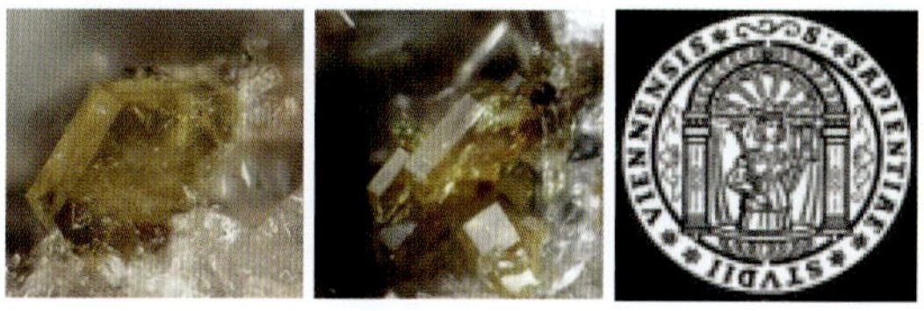

阿尔玛鲁道夫石板状晶体(德国)和维也纳大学校徽

阿尔玛鲁道夫石是一种钾、空位、钠、锰、铁、镁的铍铝硅酸盐矿物。属大隅石族。六方晶系。晶体呈六方自形板状。黄色—橙色,玻璃光泽,透明—半透明;硬度 6,非常脆。2002 年发现于德国莱茵兰-普法尔茨州艾费尔高原埃特林根市贝尔伯格(Bellerberg)火山卡斯帕(Caspar)采石场。英文名称 Almarudite,以奥地利维也纳大学(Universität Wien)的拉丁文"Alma Mater Rudolphina"名称的缩写组合命名。IMA 2002-048 批准。2004 年 T. 米哈依洛维奇(T. Mihajlovic)等在《矿物学新年鉴:论文》(179)报道。2008 年中国地质科学院地质研究所任玉峰等在《岩石矿物学杂志》[27(3)]音译为阿尔玛鲁道夫石。

【阿尔梅达矿*】

英文名 Almeidaite

化学式 $PbZn_2(Mn,Y)(Ti,Fe^{3+})_{18}O_{36}(OH,O)_2$ (IMA)

阿尔梅达矿* 六方板状晶体(巴西)和阿尔梅达像

阿尔梅达矿*是一种含氧和羟基的铅、锌、锰、钇、钛、铁的复杂氧化物矿物。属锶铁钛矿族。三方晶系。晶体呈六方板状、菱面体、六方柱状,粒径 30mm×30mm×6mm。黑色,半金属光泽,不透明。2013 年发现于巴西巴伊亚新奥里藏特(Novo Horizonte)一个未名矿床。英文名称 Almeidaite,路易斯·艾伯特·迪亚斯·梅内塞斯(Luiz Albert Diaz Menezes)等为纪念费尔南多·弗拉维奥·马克斯·德·阿尔梅达(Fernando Flávio Marques de Almeida,1916—2013)

教授而以他的姓氏命名。阿尔梅达被认为是巴西最重要的地质学家之一，1938—1974 年他是圣保罗技术研究所地质学教授；后来，他成为圣保罗大学地球科学研究所教授，是巴西地质学会的创始人之一，也是巴西第一任首席《地质学报》主编；他获得国家级科学优秀勋章——大十字勋章(1995)，理事会功绩联邦建筑工程奖(1995)，是坎皮纳斯大学荣誉博士(1991)。IMA 2013-020 批准。2013 年路易斯·艾伯特·迪亚斯·梅内塞斯(Luiz Albert Diaz Menezes)等在《CNMNC 通讯》(16)和《矿物学杂志》(77)报道。目前尚未见官方中文译名，编译者建议音译为阿尔梅达矿*；杨光明教授建议根据成分译为铅锌锰钛矿。

【阿尔威尔金斯铀钇石*】

英文名 Alwilkinsite-(Y)

化学式 $Y(UO_2)_3(SO_4)_2O(OH)_3(H_2O)_7 \cdot 7H_2O$　(IMA)

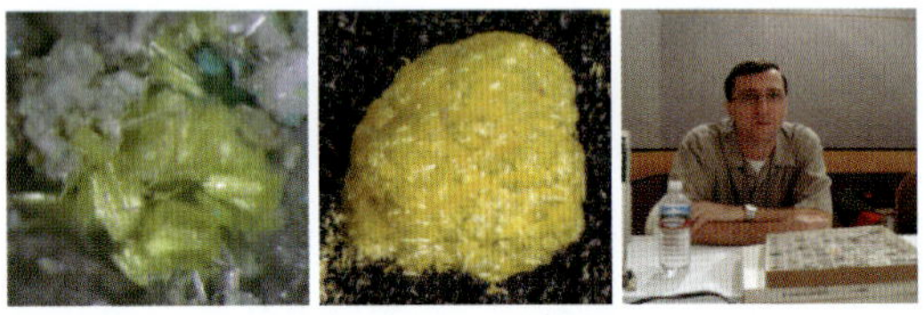

阿尔威尔金斯铀钇石*针状晶体，球团状集合体(意大利)和威尔金斯像

阿尔威尔金斯铀钇石*是一种含结晶水、羟基、氧的钇的铀酰-硫酸盐矿物，它是已知的第二个钇硫酸铀酰矿物。斜方晶系。晶体呈针状、叶状；集合体呈球团状。黄绿色、柠檬黄色；硬度 2～2.5，完全解理，脆性。2015 年发现于美国犹他州圣胡安县蓝蜥蜴(Blue Lizard)矿。英文名称 Alwilkinsite-(Y)，为纪念艾伦(阿尔)·J. 威尔金斯[Alan (Al) J. Wilkins，1955—](是他发现的这种矿物)而以他的姓名，加占优势稀土元素钇-(Y)组合命名。IMA 2015-097 批准。2016 年 A. R. 坎普夫(A. R. Kampf)等在《CNMNC 通讯》(29)、《矿物学杂志》(80)和 2017 年《矿物学杂志》(81)报道。目前尚未见官方中文译名，编译者建议根据音加成分译为阿尔威尔金斯铀钇石*。

【阿尔占石】参见【氯硼石】条 558 页

【阿佛加德罗石】参见【氟硼钾石】条 188 页

【阿富汗钙霞石】

英文名 Afghanite

化学式 $(Na,K)_{22}Ca_{10}(Si_{24}Al_{24})O_{96}(SO_4)_6Cl_6$　(IMA)

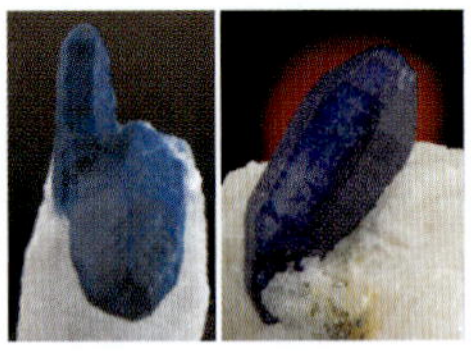

阿富汗钙霞石柱状、板条状、圆粒状晶体(阿富汗)

阿富汗钙霞石是一种含氯的钠、钾、钙的硫酸-铝硅酸盐矿物。属似长石类霞石族。六方晶系。晶体呈六方柱状、板条状、圆粒状；集合体常呈块状。浅蓝色、深蓝色、无色，玻璃光泽，透明；硬度 5.5～6，脆性。1968 年首先发现于阿富汗巴达赫尚省萨伊桑(Sar-e-Sang)青金石矿，构成天蓝石晶体的核心；同年，P. F. 巴里安德(P. F. Bariand)等在《法国矿物学会通报》(91)和《美国矿物学家》(53)报道。英文名称 Afghanite，以发现地阿富汗的波斯语 Afghānistān 的简称命名。中文名称根据英文名称音加成分及族名译为阿富汗钙霞石，简称阿钙霞石，也有的译作阿富汗石。

【阿钙锆石】参见【水硅钙锆石】条 825 页

【阿格雷尔石】参见【氟硅钙钠石】条 175 页

【阿海尔石*】

英文名 Aheylite

化学式 $Fe^{2+}Al_6[PO_4]_4(OH)_8 \cdot 4H_2O$　(IMA)

阿海尔石*球粒状集合体(玻利维亚)和海尔像

阿海尔石*是一种含结晶水和羟基的铁、铝的磷酸盐矿物。属绿松石族。三斜晶系。晶体呈短柱状；集合体呈皮壳状、致密球粒状。淡蓝色、浅绿色、蓝绿色，半玻璃光泽，透明；硬度 5～5.5，完全解理，脆性。1984 年发现于玻利维亚奥鲁罗省瓦努尼(Huanuni)矿。英文名称 Aheylite，1998 年由尤金·E. 富尔德(Eugene E. Foord)等为纪念美国地质调查局经济地质学家艾伦·V. 海尔(Allen V. Heyl，1918—2008)而以他的姓名缩写(Aheyl)命名。IMA 1984-036 批准。1998 年由尤金·E. 富尔德等在《矿物学杂志》(62)报道。目前尚未见官方中文译名，编译者建议音译为阿海尔石*；《英汉矿物种名称》(2017)译为阿铁绿松石。

【阿基墨石】

英文名 Akimotoite

化学式 $MgSiO_3$　(IMA)

阿基墨石是一种罕见的镁的硅酸盐矿物。属钛铁矿族。与布里奇曼石(Bridgmanite)、斜顽辉石(Clinoenstatite)、顽辉石(Enstatite)和未命名的(镁硅酸盐四方石榴石)为同质多象。三方晶系。无色，玻璃光泽，透明。1997 年首先发现于澳大利亚昆士兰州查特斯堡镇特纳姆(Tenham)陨石。中国江苏泰州寺巷口(Sixiangkou)陨石、尼日利亚卡齐纳州扎加米(Zagami)火星陨石和美国得克萨斯州兰德尔县安巴杰(Umbarger)陨石中都有发现。它被认为是一种在地球地幔深度 600～800km 处的矿物。英文名称 Akimotoite，以日本物理学家秋本俊一(Syun-iti Akimoto，1925—2004)的姓氏命名。他是日本东京大学地球物理和固体物理学研究所的专家，进行了在地幔条件下$(Mg,Fe)_2SiO_4$系统中相位关系的研究。日文汉字名称秋本石。IMA 1997-044 批准。1999 年富冈(N. Tomioka)等在《美国矿物学家》(84)报道。中文名称根据英文名称音译为阿基墨石，或借用日文汉字名称秋本石，有的根据成分译为硅铁镁石。

【阿加哈诺夫钇石*】

英文名 Agakhanovite-(Y)

化学式 $YCa\square_2KBe_3Si_{12}O_{30}$　(IMA)

阿加哈诺夫钇石*六方柱状晶体(挪威)和阿加哈诺夫像

阿加哈诺夫钇石*是一种钇、钙、空位、钾的铍硅酸盐矿物。属大隅石族。六方晶系。晶体呈六方柱状。无色，玻璃光泽；硬度 6，脆性。2013 年发现于挪威泰勒马克郡特朗厄达尔的赫夫特杰恩(Heftetjern)伟晶岩。英文名称 Agakhanovite-(Y)，根词以俄罗斯莫斯科费尔斯曼矿物学博物馆的矿物学家阿塔利·A. 阿加哈诺夫(Atali A. Agakhanov, 1971—)的姓氏，加占优势的稀土元素钇后缀-(Y)组合命名。他曾从事各种伟晶岩矿物的研究，尤其是整柱石族矿物的研究。IMA 2013-090 批准。2013 年 F. C. 霍桑(F. C. Hawthorne)等在《CNMNC 通讯》(18)、《矿物学杂志》(77)和 2014 年《美国矿物学家》(99)报道。目前尚未见官方中文译名，编译者根据音加成分译为阿加哈诺夫钇石*。

【阿加矿*】

英文名 Agaite

化学式 $Pb_3Cu^{2+}Te^{6+}O_5(OH)_2(CO_3)$　　(IMA)

阿加矿*片状晶体(美国)

阿加矿*是一种含碳酸根和羟基的铅、铜的碲酸盐矿物。斜方晶系。晶体呈拉长的叶片状，厚约 20μm，长 200μm。蓝色，金刚光泽；完全解理，脆性。2011 年发现于美国加利福尼亚州圣贝纳迪诺县阿加(Aga)矿山。英文名称 Agaite。2012 年 A. R. 坎普夫(A. R. Kampf)等以发现地美国的阿加(Aga)矿命名。而阿加(Aga)矿则由开发该矿床的两个人之一的 A. G. 安德鲁斯(A. G. Andrews)姓名缩写命名。IMA 2011-115 批准。2012 年坎普夫等在《CNMNC 通讯》(13)、《矿物学杂志》(76)和 2013 年《美国矿物学家》(98)报道。目前尚未见官方中文译名，编译者建议音译为阿加矿*。

【阿交石】

英文名 Ajoite

化学式 $K_3Cu_{20}Al_3Si_{29}O_{76}(OH)_{16} \cdot 8H_2O$　　(IMA)

阿交石柱状、纤维状晶体；晶簇状、放射状集合体(南非、美国)

阿交石是一种含结晶水和羟基的钾、铜的铝硅酸盐矿物。三斜晶系。晶体呈柱状、板状、刃状、纤维状；集合体呈放射状。蓝绿色，玻璃光泽，透明—半透明；硬度 3.5，完全解理。1941 年 8 月哈佛大学的哈里·伯曼(Harry Berman)在美国亚利桑那州皮马县小阿交山脉新科妮莉亚矿[阿交矿(Ajo)或译阿霍矿]首先发现了深蓝色的标本，他怀疑是一个新的物种。他计划与夏勒一起对这种矿物进行合作研究，但不幸的是伯曼于 1944 年死于飞机失事，年仅 42 岁。直到 1958 年 W. T. 夏勒(W. T. Schaller)和安吉丽娜·维利斯蒂斯(Angelina Vlisidis)共同研究了蓝绿色的矿物并确定它的确是一个新的物种；同年，夏勒和维利斯蒂斯在《美国矿物学家》(43)报道。1981 年在加拿大渥太华卡尔顿大学的乔治·赵(George Chao)，再次研究了该矿物，并表明它是三斜晶系，并非先前认为的单斜晶系。英文名称 Ajoite，以发现地美国的阿交(Ajo)矿命名。1959 年以前发现、描述并命名的"祖父级"矿物，IMA 承认有效。中文名称音译为阿交石或阿霍石，又根据晶系和成分译为斜铝硅铜矿。

【阿考寨石】

英文名 Akaogiite

化学式 TiO_2　　(IMA)

赤荻正树像

阿考寨石是一种钛的氧化物矿物。属斜锆石族。与金红石、锐钛矿、板钛矿、里斯矿*和 TiO_2 Ⅱ 呈同质多象。单斜晶系。2007 年发现于德国巴伐利亚州诺德林根村阿尔特伯格里斯火山口(陨石坑)、赛尔布隆恩(Seelbronn)采石场和韦姆丁镇奥廷(Otting)。英文名称 Akaogiite，以日本东京学习院大学化学系教授赤荻正树(Masaki Akaogi)的姓氏命名。IMA 2007-058批准。2010 年 A. 厄尔·贡勒斯(A. El Goresy)等在《美国矿物学家》(95)报道。中文名称根据英文名称音译为阿考寨石。杨光明教授建议根据成分译为斜钛石。

【阿克利马石*】

英文名 Aklimaite

化学式 $Ca_4[Si_2O_5(OH)_2](OH)_4 \cdot 5H_2O$　　(IMA)

阿克利马石*是一种含结晶水、羟基的钙的氢硅酸盐矿物，是一复杂新型结构类型的代表。单斜晶系。晶体呈柱状、板条状；集合体呈球粒状。无色，偶带粉红色，玻璃光泽，透明；硬度 3～4，完全解理。2011 年发现于俄罗斯卡巴尔达-巴尔卡尔共和国巴克萨山谷上切格姆火山拉卡尔基(Lakargi)山 1 号捕虏体。英文名称 Aklimaite，从两个方面反映了一个寓言：矿物的浅色和在不完美的晶体上对其不寻常的晶体结构进行研究的努力。第一，古老的突厥语，可能带有阿拉伯词根，名称阿克利玛(Aklima，女人名)和阿克利姆(Aklim，男子名)的意思，特指"智慧之光"(浅色矿物之明亮光泽)。第二，突厥语的矿物命名源于模式产地巴尔卡里亚(Balkaria)，巴尔卡里安(Balkarian)属于突厥语系。突厥语族(土耳其语族)十分复杂，它是阿尔泰语系中最大的一个分支，可以细分为 40 种语言，使用范围从西到东由东欧一直扩展到俄罗斯及中国，以土耳其语的使用人口最多。使用这个名字也表达了对矿物发现地拉卡尔基(Lakargi)地区的土耳其人的尊重。寓意在不完美的晶体上对其不寻常的晶体结构进行研究的努力的敬佩。IMA 2011-050 批准。2011 年A. E. 扎多夫(A. E. Zadov)等在《CNMNC 通讯》(10)和 2012 年《俄罗斯矿物学会记事》[141(2)]报道。目前尚未见官方中文译名，编译者建议音译为阿克利马石*。

【阿克塔什矿】参见【硫砷汞铜矿】条 509 页

【阿肯色石】参见【板钛矿】条 45 页

【阿拉德石*】

英文名 Aradite

化学式 $BaCa_6[(SiO_4)(VO_4)](VO_4)_2F$　　(IMA)

阿拉德石*是一种稀有的含氟的钡、钙的钒酸-硅酸盐矿物。属纳比穆萨石*族。三方晶系。晶体呈他形粒状，充填在其他矿物之间隙。无色，玻璃光泽，透明。2013 年发现于以色列内盖夫沙漠阿拉德(Arad)城。英文名称 Aradite,以发现地以色列的阿拉德(Arad)城命名。IMA 2013－047 批准。2013 年 E. V. 加鲁斯基(E. V. Galuskin)等在《CNMNC 通讯》(17)、《矿物学杂志》(77)和 2015 年《矿物学杂志》(79)报道。目前尚未见官方中文译名,编译者建议音译为阿拉德石*。

【阿拉基石】

英文名 Arakiite

化学式 $ZnMn_{12}^{2+}Fe_2^{3+}(As^{3+}O_3)(As^{5+}O_4)_2(OH)_{23}$ (IMA)

阿拉基石板状晶体(瑞典)

阿拉基石是一种含羟基的锌、锰、铁的亚砷酸-砷酸盐矿物。单斜晶系。晶体呈他形板状;集合体呈晶簇状。红褐色、橘褐色,树脂光泽、半金属光泽,半透明—不透明;硬度 3～4,完全解理,脆性。1998 年发现于瑞典韦姆兰省菲利普斯塔德市朗班(Långban)。英文名称 Arakiite,由美国华盛顿芝加哥大学教授、美国《化学文摘》的翻译荒木孝治(Takaharu Arakit,1929—2004)博士的姓氏命名。他测定了许多矿物的晶体结构,对矿物学科学做出了贡献。IMA 1998－062 批准。2000 年在《矿物学记录》(31)和 2001 年《美国矿物学家》(86)报道。2003 年李锦平等在《岩石矿物学杂志》[22(1)]音译为阿拉基石。

【阿拉京矿】参见【六方锑银矿】条 530 页

【阿拉马约矿】参见【硫铋锑银矿】条 496 页

【阿拉石】参见【透辉石】条 966 页

【阿拉瓦石*】

英文名 Aravaite

化学式 $Ba_2Ca_{18}(SiO_4)_6(PO_4)_3(CO_3)F_3O$ (IMA)

阿拉瓦石*是一种含氧和氟的钡、钙的碳酸-硫酸-硅酸盐矿物。属北极石超族。三方晶系。这种矿物的化学成分是独一无二的,因为它同时含有硅酸盐、磷酸盐和碳酸盐离子以及 F(目前还没有一种合成化合物)。然而,它的晶体结构也很独特,它具有模块化的特点,同时也代表了一个有趣的无序情况,导致了漫散射的出现。2018 年发现于以色列南部塔玛地区哈特鲁里姆(Hatrurim)盆地阿拉瓦(Arava)山谷。英文名称 Aravaite,以发现地以色列的阿拉瓦(Arava)山谷命名。IMA 2018－078 批准。2018 年 E. V. 加卢斯基(E. V. Galuskin)等在《CNMNC 通讯》(46)、《矿物学杂志》(82)和《欧洲矿物学杂志》(30)报道。目前尚未见官方中文译名,编译者建议音译为阿拉瓦石*。

【阿来石】参见【滑间皂石】条 335 页

【阿兰加斯石*】

英文名 Arangasite

化学式 $Al_2F(SO_4)(PO_4)\cdot 9H_2O$ (IMA)

阿兰加斯石*细粒状晶体,块状集合体(俄罗斯)

阿兰加斯石*是一种含结晶水的铝的硫酸-磷酸-氟化物矿物。单斜晶系。晶体呈细粒状、小片状;集合体呈块状。白色、无色,丝绢光泽,透明;硬度 1～2,脆性。2012 年发现于俄罗斯萨哈共和国因迪吉尔卡河流域阿利亚斯基托沃(Alyaskitovoye)锡钨矿床。英文名称 Arangasite,以发现地附近的阿兰加斯(Arangas)溪命名。IMA 2012－018 批准。2012 年 G. N. 加姆亚尼(G. N. Gamyanin)等在《CNMNC 通讯》(14)、《矿物学杂志》(76)和 2013 年《俄罗斯矿物学会记事》[142(5)]报道。目前尚未见官方中文译名,编译者建议音译为阿兰加斯石*。

【阿兰石】参见【褐帘石-镧】条 309 页

【阿里法石】参见【钠板石】条 633 页

【阿里吉莱特石*】

英文名 Ariegilatite

化学式 $BaCa_{12}(SiO_4)_4(PO_4)_2F_2O$ (IMA)

吉莱特像

阿里吉莱特石*是一种含氧和氟的钡、钙的磷酸-硅酸盐矿物,磷酸根可被部分碳酸根,钙被部分钠替代。属纳比穆萨石*族。三方晶系。晶体扁平圆盘状,不超过 0.5mm。无色,透明,玻璃光泽。2016 年发现于以色列内盖夫沙漠哈特鲁里姆(Hatrurim)盆地。英文名称 Ariegilatite,以以色列耶路撒冷地质调查所的地质学家阿里·利·吉莱特(Arie Lev Gilat,1939—)的姓名命名。IMA 2016－100 批准。2017 年 E. V. 加鲁斯金(E. V. Galuskin)等在《CNMNC 通讯》(36)、《矿物学杂志》(81)和 2018 年《矿物》(8)报道。目前尚未见官方中文译名,编译者建议音译为阿里吉莱特石*。

【阿里斯镧石*】

英文名 Arisite-(La)

化学式 $NaLa_2(CO_3)_2[F_{2x}(CO_3)_{1-x}]F$ (IMA)

阿里斯镧石*六方板状晶体(纳米比亚)

阿里斯镧石*是一种含氟的钠、镧的碳酸盐矿物。六方晶系。晶体呈六方板状、针柱状。米黄色、黄色、淡柠檬黄色、粉红色,玻璃光泽,透明;硬度 3～3.5,脆性。2009 年发现于纳米比亚霍马斯省温得和克区阿里斯(Aris)采石场。英文名称 Arisite-(La),根词由发现地纳米比亚的阿里斯(Aris),加占优势的稀土元素镧后缀-(La)组合命名。IMA 2009－019 批准。2010 年 P. C. 皮洛宁(P. C. Piilonen)等在《矿物学杂志》(74)报道。目前尚未见官方中文译名,编译者建议音加成分译为阿里斯镧石*。

【阿里斯铈石*】

英文名 Arisite-(Ce)

化学式 $NaCe_2(CO_3)_2[F_{2x}(CO_3)_{1-x}]F$ (IMA)

阿里斯铈石*六方板状晶体(纳米比亚)

阿里斯铈石*是一种含氟的钠、铈的碳酸盐矿物。六方晶系。晶体呈六方板状。2009 年发现于加拿大魁北克省圣希莱尔山混合肥料采石场和纳米比亚霍马斯省温得和克区阿里斯(Aris)采石场。英文名称 Arisite-(Ce),根词由发现地纳米比亚的阿里斯(Aris),加占优势的稀土元素铈后缀-(Ce)组合命名。IMA 2009－013 批准。2010 年 P. C. 皮洛宁(P. C. Piilonen)等在《加拿大矿物学家》(48)报道。目前尚未见官方中文译名,编译者建议音加成分译为阿里斯铈石*。

【阿磷镁铝石】

英文名 Aldermanite

化学式 $Mg_5Al_{12}(PO_4)_8(OH)_{22}\cdot 32H_2O$ (IMA)

阿磷镁铝石板柱状晶体，放射状集合体(澳大利亚)和阿尔德曼像

阿磷镁铝石是一种含结晶水和羟基的镁、铝的磷酸盐矿物。斜方晶系。晶体呈板柱状、片状、纤维状；集合体呈放射状、晶簇状。无色、白色，半玻璃光泽、珍珠光泽，透明—半透明；硬度2，脆性。1980年发现于澳大利亚南澳大利亚州巴罗萨山谷克莱姆(Klemm's)采石场。英文名称Aldermanite。1981年伊安·R.哈罗菲尔德(Ian R. Harrowfield)、埃德加·拉尔夫·塞格尼特(Edgar Ralph Segnit)和约翰·A.沃茨(John. A. Watts)在《矿物学杂志》(44)报道，并以澳大利亚阿德莱德大学地质与矿物学教授阿瑟·理查德·阿尔德曼(Arthur Richard Alderman，1901—1980)的姓氏命名。IMA 1980-044批准。1981年L. J. 卡布里(L. J. Cabri)等在《美国矿物学家》(66)和《矿物学杂志》(44)报道。中文名称根据英文名称首音节音和成分译为阿磷镁铝石；根据成分译为水羟磷镁铝石；根据斜方晶系(又称正交晶系，正即直)和成分译为直水磷镁石。

【阿留特石*】

英文名 Aleutite

化学式 $[Cu_5O_2](AsO_4)(VO_4)\cdot(Cu_{0.5}\square_{0.5})Cl$ (IMA)

阿留特石*是一种含氯化铜、空位的铜氧钒酸-砷酸盐矿物。单斜晶系。多晶硬石膏块体中的单个晶体。深红色，金刚光泽，透明；脆性。2018年发现于俄罗斯堪察加州托尔巴契克(Tolbachik)火山大裂缝(主裂缝)北部破火山口第二火山渣锥亚多维亚(Yadovitaya)喷气孔。英文名称Aleutite，以居住在堪察加州阿留茨基(Aleutsky)地区指挥官岛上的原始居民阿留特(Aleuts)人命名。IMA 2018-014批准。2018年O. I. 西德拉(O. I. Siidra)等在《CNMNC通讯》(43)、《矿物学杂志》(82)和《欧洲矿物学杂志》(30)报道。目前尚未见官方中文译名，编译者建议音译为阿留特石*。

【阿硫铋铅矿】

英文名 Aschamalmite

化学式 $Pb_{6-3x}Bi_{2+x}S_9$ (IMA)

阿硫铋铅矿板条状晶体(奥地利)

阿硫铋铅矿是一种铅、铋的硫化物矿物。属硫铋铅矿同源系列族。单斜晶系。晶体呈柱状和板状，长达5cm，也可呈略为弯曲的厚板状。铅灰色，金属光泽，不透明；硬度3.5，完全解理。1983年发现于奥地利萨尔茨堡州陶恩山乌兹巴赫(Untersulzbach)山谷阿斯堪(Ascham)阿尔卑斯-布雷特福布-桑塔格斯科普夫(Sonntagskopf)区阿斯堪-阿尔卑斯东南部。英文名称Aschamalmite，以发现地奥地利的阿斯堪(Ascham)命名。IMA 1982-089批准。1983年W. G. 穆默(W. G. Mumme)等在《矿物学新年鉴》(月刊)报道。1985年中国新矿物与矿物命名委员会郭宗山等在《岩石矿物及测试》[4(4)]根据英文名称首音节音和成分译为阿硫铋铅矿。

【阿硫砷钴矿】

英文名 Alloclasite

化学式 CoAsS (IMA)

阿硫砷钴矿柱状晶体(墨西哥)

阿硫砷钴矿是一种钴、铁的砷-硫化物矿物。属斜方砷铁矿族。与钴硫砷铁矿为同质多象。单斜晶系。晶体呈柱状；集合体呈放射状。钢灰色—银灰色，金属光泽，不透明；硬度5，完全解理，脆性。1866年发现于罗马尼亚卡拉斯塞韦林县奥拉维塔西克罗瓦(Oravița Ciclova)铜-钼-钨矿田伊丽莎白(Elizabeth)矿。1866年契尔马克(Tschermak)在《维也纳科学院文献》(53)报道。英文名称Alloclasite，由希腊文“ἄλλος=Allos(另一个)”或“Other(其他)”和“κλάσις=Klasis=To break(打破)”命名，意指它的解理类似于而不同于白铁矿。1959年以前发现、描述并命名的“祖父级”矿物，IMA承认有效。中文名称根据英文名称首音节音和成分译为阿硫砷钴矿；根据成分译为硫砷钴矿；根据晶系和成分译为斜硫砷钴矿。

【阿硫砷矿】

英文名 Alacránite

化学式 As_8S_9 (IMA)

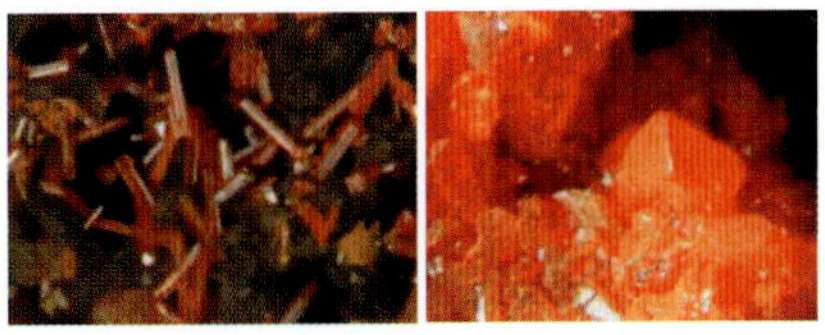

阿硫砷矿柱状、粒状晶体(俄罗斯、德国)

阿硫砷矿是一种砷和硫的化合物矿物。单斜晶系。晶体呈半自形—自形板状、柱状、粒状；集合体呈晶簇状。红色、橙色、黄色、浅灰色，金刚光泽、玻璃光泽、树脂光泽、油脂光泽，透明—半透明；硬度1.5，很脆，贝壳状断口。最初于1977年由克拉克(Clark)发现于智利科皮亚波省阿拉克兰(Alacrán)矿，后在俄罗斯堪察加州乌宗(Uzon)火山的火山口发现。英文名称Alacránite，以首先发现地智利的阿拉克兰(Alacrán)矿命名。IMA 1985-033批准。1986年V. I. 波波娃(V. I. Popova)等在《全苏矿物学会记事》[115(3)]和1988年F. C. 霍桑(F. C. Hawthorne)在《美国矿物学家》(73)报道。中国新矿物与矿物命名委员会郭宗山等在1986年《岩石矿物学杂志》[6(4)]根据英文名称首音节音和成分译为阿硫砷矿。

【阿硫铁银矿】参见【少银黄铁矿】条773页

【阿卢艾夫石】

英文名 Alluaivite

化学式 $Na_{19}(Ca,Mn^{2+})_6(Ti,Nb)_3Si_{26}O_{74}Cl\cdot 2H_2O$ (IMA)

阿卢艾夫石是一种含结晶水和氯的钠、钙、锰、钛、铌的硅酸盐矿物。属异性石族。三方晶系。晶体呈他形粒状。无色—淡棕粉红色，玻璃光泽，透明；硬度5～6，脆性。1988年发现于苏联北部摩尔曼斯克州科拉半岛阿卢艾夫(Alluaiv)山。英文名称Alluaivite，以发现地苏联的阿卢艾夫

(Alluaiv)山命名。IMA 1988-052 批准。1990 年 A. P. 霍米亚科夫(A. P. Khomyakov)等在《全苏矿物学会记事》[119(1)]报道。1993 年黄蕴慧等在《岩石矿物学杂志》[12(1)]音译为阿卢艾夫石;根据成分译为氯硅钛钙钠石。

【阿铝钙石*】

英文名 Addibischoffite

化学式 $Ca_2Al_6Al_6O_{20}$ (IMA)

阿铝钙石*是一种钙、铝的氧化物矿物。属假蓝宝石超族假蓝宝石族。是铝的贝克特石*/铝钒钙石*(Beckettite)和沃克石*/铝钪钙石*(Warkite)的类似矿物。三斜晶系。2015 年发现于阿尔及利亚塔曼哈塞特省塔奈兹鲁夫特盆地阿克弗(Acfer)214 陨石坑。英文名称 Addibischoffite,以阿道夫(阿迪)·比绍夫[Adolf (Addi) Bischoff,1955—]博士的姓名命名。IMA 2015-006 批准。2015 年马驰(Ma Chi)等在《CNMNC 通讯》(25)、《矿物学杂志》(79)和 2017 年《美国矿物学家》(102)报道。目前尚未见官方中文译名,编译者建议根据英文名称首音节音和成分译为阿铝钙石*,或全音译为阿迪比绍夫石*。

比绍夫像

【阿伦斯石】

英文名 Ahrensite

化学式 $SiFe_2O_4$ (IMA)

阿伦斯石是一种铁的硅酸盐矿物,是林伍德石(铁尖晶橄榄石)的类似矿物。属尖晶石超族氧尖晶石族钛铁晶石亚族。自然界的林伍德石(Ringwoodite)通常包含比铁更多的镁,但镁与铁之间可以形成完全的固溶体系列,阿伦斯石是铁的端元。等轴晶系。晶体呈 5～20μm 至亚微米级大小,组成 50～400 纳米级的多晶聚合体。蓝绿色,半透明。2013 年发现于摩洛哥盖勒敏-塞马拉大区塔塔省提森特(Tissint)冲击熔化的火星陨石。英文名称 Ahrensite,以美国加州理工大学的地球物理学家托马斯·J. 阿伦斯(Thomas J. Ahrens,1936—2010)的姓氏命名,以表彰他对高压矿物物理学研究做出的许多重要贡献。IMA 2013-028 批准。2013 年马驰(Ma Chi)等在《CNMNC 通讯》(16)和《矿物学杂志》(77)报道。中文名称音译为阿伦斯石。

【阿罗加德钾钠石】参见【磷碱铁石-钾钠】条 461 页

【阿玛穆尔石*】

英文名 Amamoorite

化学式 $CaMn_2^{2+}Mn^{3+}(Si_2O_7)O(OH)$ (IMA)

阿玛穆尔石*是一种含羟基和氧的钙、锰的硅酸盐矿物。属硬柱石族。单斜晶系。晶体呈不规则粒状。黑色,薄片呈深橙红色,半透明,不透明。2018 年发现于澳大利亚昆士兰州金皮地区阿玛穆尔(Amamoor)溪阿玛穆尔矿钻孔岩芯。英文名称 Amamoorite,由发现地澳大利亚的阿玛穆尔(Amamoor)矿命名。2018 年 R. 汤恩德(R. Townend)等在《CNMNC 通讯》(46)、《矿物学杂志》(82)和《欧洲矿物学杂志》(30)报道。目前尚未见官方中文译名,编译者建议音译为阿玛穆尔石*。

【阿莫里诺石*】

英文名 Ambrinoite

化学式 $[K,(NH_4)]_2(As,Sb)_6(Sb,As)_2S_{13}\cdot H_2O$ (IMA)

阿莫里诺石*是一种含结晶水的钾、铵的砷-锑-硫化物矿物,它是目前唯一的硫代砷酸钾和硫代锑酸盐,也是唯一已知的含有铵的硫化物/硫酸盐矿物。三斜晶系。晶体呈片状;集合体呈片层状。红色,玻璃光泽、树脂光泽,透明;完全解理,脆性。2009 年发现于意大利都灵省苏萨山谷西格诺尔斯(Signols)采石场。英文名称 Ambrinoite,以意大利矿物收藏家皮耶路易吉·阿莫里诺(Pierluigi Ambrino,1947—)的姓氏命名。他专门在皮德蒙特的锰矿床收集矿物,并提供了研究标本。IMA 2009-071 批准。见于 2010 年 E. 博纳克尔西(E. Bonaccorsi)等在匈牙利布达佩斯(8 月 21—27 日)召开的 IMA 第 22 次大会《摘要光盘》。目前尚未见官方中文译名,编译者建议音译为阿莫里诺石*。

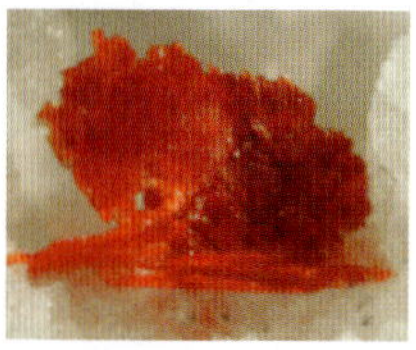

阿莫里诺石*片层状集合体(意大利)

【阿姆阿尔柯尔石】

英文名 Armalcolite

化学式 $(Mg,Fe^{2+})Ti_2O_5$ (IMA)

阿姆阿尔柯尔石是一种镁、铁、钛的氧化物矿物。属阿姆阿尔柯尔石-假板钛矿系列。斜方晶系。晶体呈半自形细长板条状,长 300μm。灰色或棕色,金属光泽,不透明;硬度 5。1969 年美国得克萨斯州休斯敦月球科学研究所的科学家们乘坐阿波罗 11 号在月球表面的静海(Tranquillity)着陆基地采回的玄武岩样品中发现了 3 种矿物:Armalcolite(阿姆阿尔柯尔石)、Pyroxferroite(三斜铁辉石)和 Tranquillityite(静海石)。随后在陶拉斯-利特罗(Taurus-Littrow)峡谷以及笛卡尔(Descartes)高地也有发现。1970 年 A. T. 安德森(A. T. Anderson)等在《地球化学和天体化学评论》增刊[34(1)]报道。英文名称 Armalcolite,为了纪念 3 位宇航员第一次前往月球执行任务,而以 3 位宇航员的姓氏:尼尔·奥尔登·阿姆斯特朗(Neil Alden Armstrong,1930—)、埃德温·尤金·奥尔德林(Edwin Eugene Aldrin,1930—)和迈克尔·柯林斯(Michael Collins,1930—)前两个音节字母缩写组合命名。IMA 1970-006 批准。中文名称音译为阿姆阿尔柯尔石或阿尔马科月球石;根据成分译为低铁假板钛矿或镁铁钛矿。这种矿物在美国蒙大拿州加菲尔德县烟雾缭绕的孤峰钾镁煌斑岩中发现,之后在墨西哥、德国、格陵兰岛、乌克兰、南非和津巴布韦等地的岩石矿物标本中也有发现。同时,科学家通过实验室也合成了这种矿物。

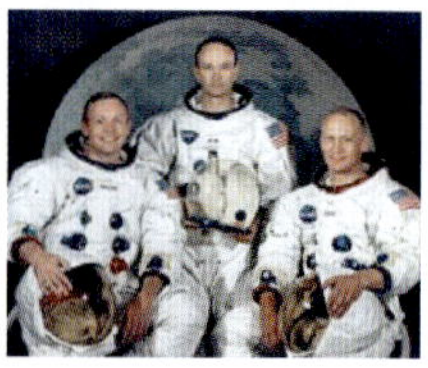

阿姆斯特朗、奥尔德林和柯林斯合影

【阿姆利诺铈石*】

英文名 Armellinoite-(Ce)

化学式 $Ca_4Ce^{4+}(AsO_4)_4\cdot H_2O$ (IMA)

阿姆利诺铈石*是一种含结晶水的钙、铈的砷酸盐矿物。四方晶系。晶体呈假八面体。浅黄色、蜂蜜黄色、金丝雀黄色、黄绿色、黄棕色,树脂光泽、玻璃光泽,半透明。2018 年发现于意大利库内奥省蒙塔尔多(Montaldo)矿(蒙塔尔多蒙多维矿山)。英文名称 Armellinoite-(Ce),以吉安卢卡·阿姆利诺(Gianluca Armellino,1962—)的姓氏命名。阿姆利诺先生是一位热心的、经验丰富的研究人员和矿物收藏家,专门研究利古里亚和其他特定地区的矿物，只收集个人标本；他是这一新物种的发现者，也是第一个在意大利地区发现超过 80 种新矿物的人。IMA 2018 - 094 批准。2018 年 F. 卡马拉(F. Cámara)等在《CNMNC 通讯》(46)、《矿物学杂志》(82)和《欧洲矿物学杂志》(30)报道。目前尚未见官方中文译名，编译者建议音加成分译为阿姆利诺铈石*。

【阿硼镁石】

英文名 Aksaite

化学式 $MgB_6O_7(OH)_6 \cdot 2H_2O$ (IMA)

阿硼镁石是一种含结晶水、羟基的镁的硼酸盐矿物。斜方晶系。晶体呈扁平板柱状；集合体呈块状。无色、白色—浅灰色，条痕呈白色，玻璃光泽，透明—半透明；硬度 2.5，完全解理。1962 年发现于哈萨克斯坦阿克纠宾省阿克塞(Aksay)山谷切尔卡尔(Chelkar)盐丘；同年，L. N. 布拉兹克(L. N. Blazko)等在《全苏矿物学会记事》[91(4)]和 1963 年 M. 弗莱舍(M. Fleischer)在《美国矿物学家》(48)报道。英文名称 Aksaite，以首次发现地哈萨克斯坦的阿克塞(Aksay)命名。IMA 1967s. p. 批准。中文名称根据英文名称首音节音和成分译为阿硼镁石。

【阿硼钠石】参见【四水硼钠石】条 901 页

【阿羟砷锰矿】

英文名 Arsenoclasite

化学式 $Mn_5^{2+}(AsO_4)_2(OH)_4$ (IMA)

阿羟砷锰矿放射状集合体(瑞典)

阿羟砷锰矿是一种含羟基的锰的砷酸盐矿物。斜方晶系。晶体呈粒状、板状；集合体呈放射状。红色；硬度 5～6，完全解理。1931 年发现于瑞典韦姆兰省菲利普斯塔德市朗班(Långban)。1931 年 G. 阿米诺夫(G. Aminoff)在《瑞典皇家科学院文献》(*Kungliga vetenskapsa kademiens handlingar*)[9(5)]，斯宾塞(Spencer)在《矿物文摘》(4)报道。英文名称 Arsenoclasite，以成分希腊文"αρσενικόν＝Arseno(砷)"和"κλ ά σις＝Cleavage(解理)"组合命名，意指它的砷含量和完美的解理。1959 年以前发现、描述并命名的"祖父级"矿物，IMA 承认有效。中文名称根据英文名称首音节音和成分译为阿羟砷锰矿；根据成分译为水砷锰石；根据斜方晶系和成分译为斜方水砷锰矿。

【阿羟锌石】

英文名 Ashoverite

化学式 $Zn(OH)_2$ (IMA)

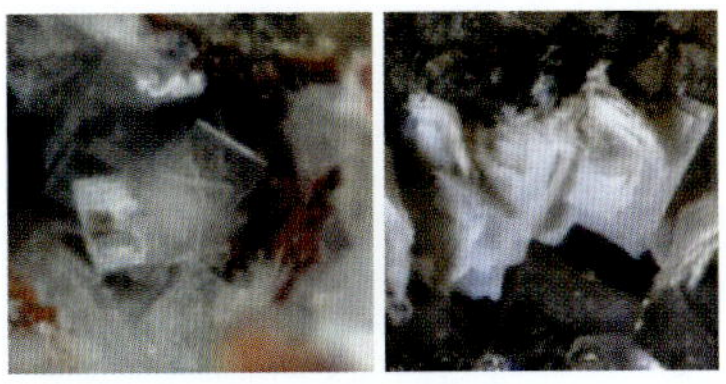

阿羟锌石板状晶体(英国)

阿羟锌石是一种锌的氢氧化物。与正羟锌石和四方羟锌石为同质多象。四方晶系。晶体呈板状；集合体呈星状。无色、乳白色，玻璃光泽、无光泽，透明—半透明；完全解理。1988 年发现于英国英格兰德比郡阿斯豪维尔(Ashover)附近的米尔敦(Milltown)采石场。英文名称 Ashoverite，以发现地英国的阿斯豪维尔(Ashover)命名。IMA 1986 - 008 批准。1988 年 A. M. 克拉克(A. M. Clark)等在《矿物学杂志》(52)和 1990 年《美国矿物学家》(75)报道。中国新矿物与矿物命名委员会郭宗山 1989 年在《岩石矿物学杂志》[8(3)]根据英文名称首音节音和成分译为阿羟锌石。

【阿仁矿】参见【斜方蓝辉铜矿】条 1023 页

【阿诺波夫石】

英文名 Arapovite

化学式 $(K_{1-x}\square_x)(Ca,Na)_2U^{4+}Si_8O_{20}(x \approx 0.5)$ (IMA)

阿诺波夫石是一种钾、空位、钙、钠、铀的硅酸盐矿物。属斯硅钾钍钙石族。四方晶系，蜕晶质。深绿色、黑褐色，玻璃光泽、沥青光泽、树脂光泽，透明—半透明；硬度 5.5～6。2003 年发现于塔吉克斯坦天山山脉达拉伊-皮奥斯(Dara-i-Pioz)冰川冰碛石。英文名称 Arapovite，以从事地球化学、矿物学和岩石学研究的俄罗斯著名地质学家、岩石学家、作家 Yu. A. 阿诺波夫(Yu. A. Arapov，1907—1988)的姓氏命名。IMA 2003 - 046 批准。2004 年 A. A. 阿加哈诺夫(A. A. Agakhanov)等在《矿物新资料》(39)报道。2007 年陈璋如等译为钙钍铀矿。2008 年任玉峰等在《岩石矿物学杂志》[27(3)]中音译为阿诺波夫石。

【阿萨巴斯卡矿】参见【斜方硒铜矿】条 1028 页

【阿萨克哈洛夫石】

英文名 Alsakharovite-Zn

化学式 $NaSrKZn(Ti,Nb)_4(Si_4O_{12})_2(O,OH)_4 \cdot 7H_2O$ (IMA)

阿萨克哈洛夫石柱状晶体(俄罗斯)

阿萨克哈洛夫石是一种含结晶水、羟基、氧的钠、锶、钾、锌、钛、铌的硅酸盐矿物。属水硅铌钛矿(拉崩佐夫石)超族硅碱锰铌钛石族。单斜晶系。晶体呈柱状、板状。白色、浅棕色、无色，玻璃光泽，透明—半透明；硬度 5，脆性。2002 年发现于俄罗斯北部摩尔曼斯克州西多泽罗(Seidozero)湖莱普赫-纳尔姆(Lepkhe-Nelm)山碱性伟晶岩。英文名称 Alsakharovite-Zn，根词由俄罗斯地质学家阿列克谢・萨克哈洛夫(Aleksey S. Sakharov，1910—1996)的姓氏缩写，加占优势的锌后缀- Zn 组合命名。他曾对洛沃泽罗碱性岩地块进行过研究工作。IMA 2002 - 003 批准。2003 年 I. V. 佩科夫(I. V. Pekov)等在《俄罗斯矿物学会记事》[132(1)]报道。2008 年章西焕等在《岩石矿物学杂志》[27(2)]音译为阿萨克哈洛夫石。

【阿瑟矿】参见【水砷铁铜石】条 871 页

【阿山矿】

汉拼名 Ashanite

化学式 $(Nb,Ta,U,Fe,Mn)_4O_8$

阿山矿是一种铌、钽、铀、铁、锰的复杂氧化物矿物。斜方晶系。深褐色—黑色，薄片呈棕红色，树脂光泽、沥青光泽、半金属光泽，不透明—半透明；硬度 5.5～6.5，贝壳状断口。最初的报告显示该矿物来自中国新疆维吾尔自治区伊犁哈萨克自治州阿尔泰山脉阿勒泰市的可可托海伟晶岩。张如柏等 1980 年在中国《科学通报(英文)》[25(6)]，1981 年在《美国矿物学家(摘要)》(66)报道。汉拼名称 Ashanite，以发现地阿尔泰(Altai)的首字母和中文“山(Shan)”的拼音组合命名。最初认为是锡铁钽矿(Ixolite)富铌的端元新矿物。自1983年起,权威性的《矿物种辞典》将阿山矿作为一个矿物种收录。后来也获得了IMA追认。但阿山矿历来存在疑义与争议。1984年,阿山矿发现者之一的彭志忠教授与其研究生汪苏一起对阿山矿原型标本作了复查。彭志忠明确指出:“根据阿山矿的新分析资料来看,阿山矿与锡铁钽矿(Ixolite)可以比较,所不同的是缺少锡”。1985—1989年,邹天人研究表明,所谓阿山矿实际上是包括锡铁钽矿、锰钽矿、铌钇矿和铀细晶石几种矿物的混合物。1988年,我国新矿物及矿物命名委员会正式把阿山矿从中国发现的新矿物名册中删除。1996年,沈敢富向IMA递交了否定阿山矿的申请并获IMA 96-B正式批准[见1998年的《矿物学报》(2)]。

【阿申诺夫石】参见【胶锆石】条380页

【阿砷镧铝石】

英文名 Arsenoflorencite-(La)

化学式 $LaAl_3(AsO_4)_2(OH)_6$ (IMA)

阿砷镧铝石是一种含羟基的镧、铝的砷酸盐矿物。属明矾石超族绿砷钡铁石族。三方晶系。白色,玻璃光泽,透明;硬度3.5。最初的报道来自捷克共和国利贝雷茨州北波希米亚(North Bohemian)铀矿区,但没经批准发表[见1991年B.斯查姆(B. Scharm)等在《矿物学和地质学案例》(Casopis pro Mineralogii a Geologii)(36)报道]。后发现于俄罗斯北部科米共和国普勒珀拉尔(Prepolar)乌拉尔科日姆河流域马尔代尼德(Maldynyrd)范围格鲁本迪特伊(Grubependity)冰斗湖。英文名称Arsenoflorencite-(La),由成分冠词“Arsenic(砷)”和根词“Florencite(磷铝铈矿)”,加占优势的稀土元素镧后缀-(La)组合命名,意指它是稀土元素镧占优势的磷铝铈矿的砷酸盐的类似矿物。IMA 2009-078批准。2010年S. J.米尔斯(S. J. Mills)等在《欧洲矿物学杂志》(22)报道。中文名称根据英文名称首音节音和成分译为阿砷镧铝石(根词参见【磷铝铈石】条467页)。

【阿砷钕铝石】

英文名 Arsenoflorencite-(Nd)

化学式 $NdAl_3(AsO_4)_2(OH)_6$

阿砷钕铝石是一种含羟基的钕、铝的砷酸盐矿物。属明矾石超族绿砷钡铁矿族。三方晶系。白色,玻璃光泽,透明;硬度3.5。最初的报道来自捷克共和国利贝雷茨州北波希米亚(North Bohemian)铀矿区,但未经IMA批准而发表[见1991年B.斯查姆(B. Scharm)等在《矿物学和地质学案例》(36)报道]。英文名称Arsenoflorencite-(Nd),由成分冠词“Arsenic(砷)”和根词“Florencite(磷铝铈矿)”,加占优势的稀土元素钕后缀-(Nd)组合命名,意指它是稀土元素钕占优势的磷铝铈矿的砷酸盐的类似矿物。未经IMA批准,但可能有效。中文名称根据英文名称首音节音和成分译为阿砷钕铝石(根词参见【磷铝铈石】条467页)。

【阿砷铈铝石】

英文名 Arsenoflorencite-(Ce)

化学式 $CeAl_3(AsO_4)_2(OH)_6$ (IMA)

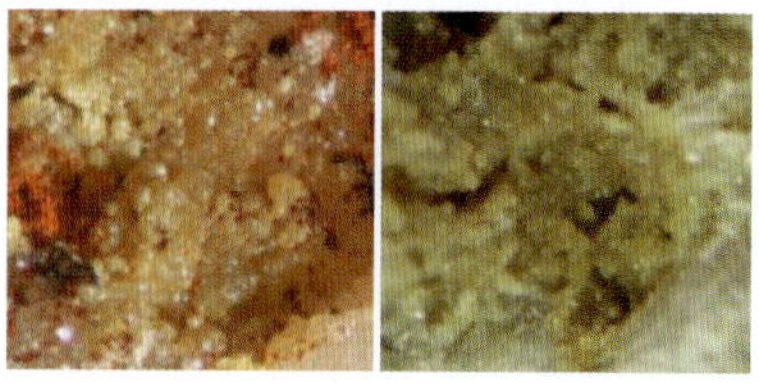

阿砷铈铝石皮壳状、圆粒状集合体(比利时)

阿砷铈铝石是一种含羟基的铈、铝的砷酸盐矿物。属明矾石超族绿砷钡铁矿族。三方晶系。晶体呈圆形粒状、偏三角面体、鱼叉形;集合体呈皮壳状、圆粒状。无色—白色、浅棕色,半玻璃光泽、树脂光泽、蜡状光泽,透明—半透明;硬度3.5,脆性。1985年发现于澳大利亚南澳大利亚州艾尔半岛金巴(Kimba)。英文名称Arscnoflorencite-(Ce),由成分冠词“Arsenic(砷)”和根词“Florencite(磷铝铈矿)”,加占优势的稀土元素铈-(Ce)后缀组合命名,意指它是稀土元素铈占优势的磷铝铈矿的砷酸盐的类似矿物。IMA 1985-053批准。1987年E. H.尼克尔(E. H. Nickel)等在《矿物学杂志》(51)报道。1986年中国新矿物与矿物命名委员会郭宗山等在《岩石矿物学杂志》[6(4)]根据英文名称首音节音和成分译为阿砷铈铝石(根词参见【磷铝铈石】条467页)。

【阿砷铜石】

英文名 Arhbarite

化学式 $Cu_2Mg(AsO_4)(OH)_3$ (IMA)

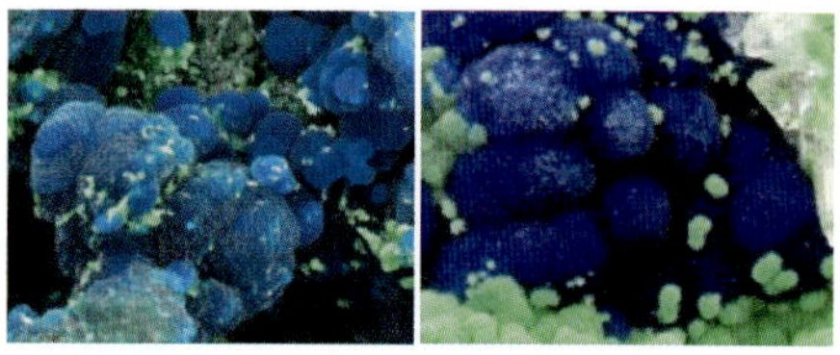

阿砷铜石纤维状晶体,放射状、葡萄状集合体(智利)

阿砷铜石是一种含羟基的铜、镁的砷酸盐矿物。三斜晶系。晶体呈纤维状;集合体呈放射状、球粒状、葡萄状、晶簇状。深蓝色—碧蓝色,半玻璃光泽、蜡状光泽,半透明;脆性。1982年发现于摩洛哥瓦尔扎扎特省泰兹纳赫特区阿赫巴尔(Aghbar)矿山。英文名称Arhbarite,1982年由K.史密策(K. Schmetzer)、盖德·特雷梅尔(Gerd Tremmel)和奥拉夫·梅登巴赫(Olaf Medenbach)在《矿物学新年鉴》(月刊)报道,并以发现地摩洛哥的阿赫巴尔(Aghbar=Arhbar)矿山命名。IMA 1981-044批准。1983年P. J.邓恩(P. J. Dunn)等在《美国矿物学家》(68)报道。中文名称根据英文名称首音节音和成分译为阿砷铜石。

【阿什伯敦石】

英文名 Ashburtonite

化学式 $HCu_4Pb_4Si_4O_{12}(HCO_3)_4(OH)_4Cl$ (IMA)

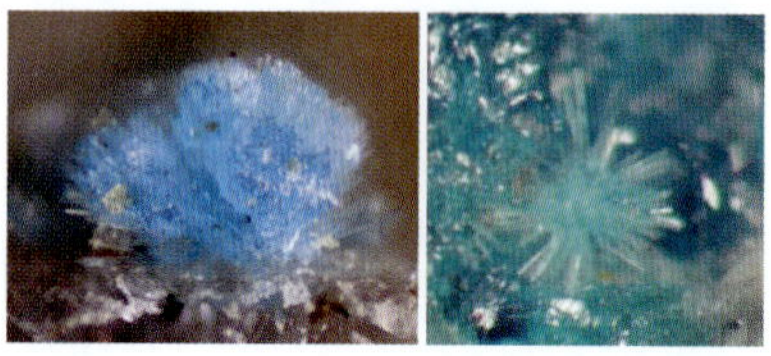

阿什伯敦石针柱、纤维状晶体,放射状集合体(澳大利亚)

阿什伯敦石是一种含氯和羟基的氢、铅、铜的氢碳酸-硅酸盐矿物。四方晶系。晶体呈针柱状、纤维状;集合体呈放射状。蓝色,玻璃光泽、金刚光泽,透明;脆性。1991年发现于澳大利亚西澳大利亚州阿什伯顿(Ashburton)。英文名称 Ashburtonite,由乔尔·丹尼森·格莱斯(Joel Denison Grice)、欧内斯特·(恩尼)亨利·尼克尔[Ernest (Ernie) Henry Nickel]和罗伯特·A. 高尔特(Robert A. Gault)于 1991 年在《美国矿物学家》(76)报道,并以发现地澳大利亚的阿什伯顿(Ashburton)命名。IMA 1990-033 批准。1993 年黄蕴慧等在《岩石矿物学杂志》[12(1)]音译为阿什伯敦石。

【阿斯佩达蒙石*】

英文名 Aspedamite

化学式 $\square_{12}(Fe^{3+},Fe^{+2})_3Nb_4[Th(Nb,Fe^{3+})_{12}O_{42}]$
$[(H_2O),(OH)]_{12}$ (IMA)

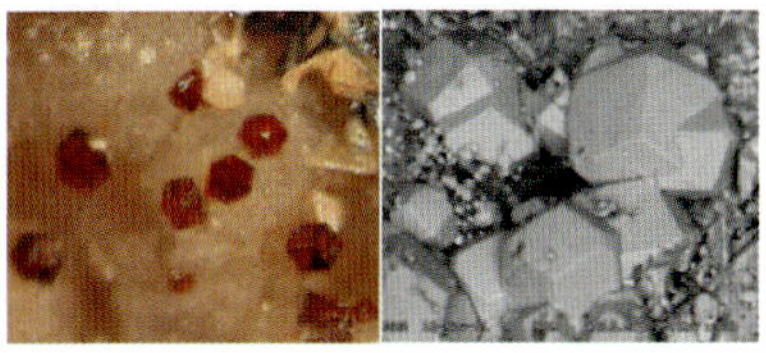

阿斯佩达蒙石* 立方体、菱形十二面体及聚形(挪威)

阿斯佩达蒙石*是一种含羟基和结晶水的空位、高铁、亚铁、铌、钍的复杂氧化物矿物。等轴晶系。晶体呈自形立方体、菱形十二面体及聚形,粒径 50μm。褐橙色,金刚光泽,透明;硬度 3~4,脆性。2011 年发现于挪威厄斯特谷阿斯佩达蒙(Aspedammen)赫尔伯卡萨(Herrebøkasa)采石场。英文名称 Aspedamite,以发现地挪威的阿斯佩达蒙(Aspedammen)命名。IMA 2011-056 批准。2011 年 M. A. 库珀(M. A. Cooper)等在《CNMNC 通讯》(11)、《矿物学杂志》(75)和 2012 年《加拿大矿物学家》(50)报道。目前尚未见官方中文译名,编译者建议音译为阿斯佩达蒙石*。

【阿斯西奥矿*】

英文名 Arsiccioite

化学式 $AgHg_2TlAs_2S_6$ (IMA)

阿斯西奥矿*是一种银、汞、铊的砷-硫化物矿物。属硫砷汞铊矿族。四方晶系。晶体呈他形粒状。红色,半金属—金属光泽,不透明;硬度 2~2.5,脆性。2013 年发现于意大利卢卡省阿尔卑斯山斯塔泽马市阿斯西奥(Arsiccio)矿井。英文名称 Arsiccioite,以发现地意大利的阿斯西奥(Arsiccio)命名,在这里发现的第一批标本。IMA 2013-058 批准。2013 年 C. 比亚乔尼(C. Biagioni)等在《CNMNC 通讯》(17)、《矿物学杂志》(77)和 2014 年《矿物学杂志》(78)报道。目前尚未见官方中文译名,编译者建议音译为阿斯西奥矿*。

【阿塔卡马石】参见【氯铜矿】条 565 页

【阿碳钙钡矿】

英文名 Alstonite

化学式 $BaCa(CO_3)_2$ (IMA)

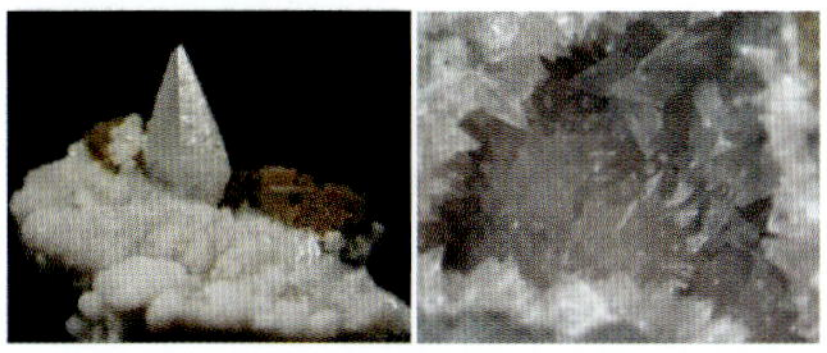

阿碳钙钡矿假六方尖双锥晶体,晶簇状集合体(英国)

阿碳钙钡矿是一种钡、钙的碳酸盐矿物。与钡解石和三方钡解石呈同质多象。三斜晶系。晶体呈假六方双锥状、假六方柱状、尖双锥状;集合体呈晶簇状。无色、雪白色、黄灰色、浅灰色、奶油白色、浅红色—浅玫瑰色,暴露于空气会褪色,条痕呈白色,玻璃光泽,透明—半透明;硬度 4~4.5。1841 年发现于英国英格兰坎布里亚郡坎伯兰阿尔斯通(Alston)沼泽区布朗利(Brownley)矿,以及诺森伯兰郡泰恩河谷法洛菲尔德(Fallowfield)矿。英文名称 Alstonite。1841 年弗赖伯格矿业学院的奥古斯特·布赖特豪普特(August Breithaupt)以发现地英格兰的阿尔斯通(Alston)命名[见《矿物学手册全集》(第二卷)]。1959 年以前发现、描述并命名的"祖父级"矿物,IMA 承认有效。中文名称根据英文名称首音节音和成分译为阿碳钙钡矿;根据晶系和成分译为三斜钡解石;矿物结构属霰石(Aragonite)型,故又译为钡霰石。另一英文名称 Bromlite,它来自原始产地英格兰布朗利(Brownley)矿,在 1837 年由 T. 汤姆森命名[见《哲学杂志和科学期刊》(11)]。中文名称音译为布朗利矿。

【阿碳钾铀矿】

英文名 Agricolaite

化学式 $K_4(UO_2)(CO_3)_3$ (IMA)

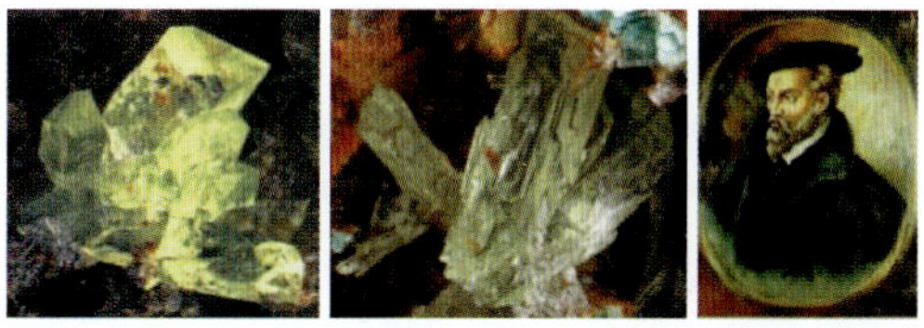

阿碳钾铀矿柱状晶体,晶簇状集合体(捷克)和阿格里科拉像

阿碳钾铀矿是一种钾的铀酰-碳酸盐矿物。单斜晶系。晶体呈他形粒状、柱状;集合体呈晶簇状。黄色,玻璃光泽,半透明;硬度 4,脆性。2010 年发现于捷克共和国卡罗维发利州厄尔士山脉亚希莫夫矿区废弃的吉夫茨基斯(Giftkies)矿坑。英文名称 Agricolaite。2011 年 R. 斯卡拉(R. Skála)等为纪念德国古代学者和科学家乔治·阿格里科拉(Georgius Agricola,1494—1555)而以他的姓氏命名。他被认为是"矿物学之父"。IMA 2009-081 批准。2011 年 R. 斯卡拉等在《矿物学与岩石学》(103)报道。2015 年艾钰洁、范光在《岩石矿物学杂志》[34(1)]根据英文名称首音节音和成分译为阿碳钾铀矿。

【阿碳锶铈石】

英文名 Ambatoarinite

化学式 $Sr_5(Ce,La,Dy)_{10}[CO_3]_{17}O_3$

阿碳锶铈石是一种含氧的锶、铈、镧、镝的碳酸盐矿物。粉红色、带红色的黑色,颜色是由于铁杂质污染。1915 年 A. 拉克鲁瓦(A. Lacroix)在巴黎《法国矿物学学会通报》(38)报道。英文名称 Ambatoarinite,以发现地马达加斯加的阿姆巴托阿里纳(Ambatoarina)命名。它可能与碳酸锶铈石[Ancylite-(Ce)]相关。中文名称根据英文名称首音节音和成分译为阿碳锶铈石。

【阿特拉索石】

英文名 Atlasovite

化学式 $Cu_6^{2+}Fe^{3+}Bi^{3+}O_4(SO_4)_5 \cdot KCl$ (IMA)

阿特拉索石是一种含氯化钾的铜、铁、铋的硫酸盐-氧化物矿物。属阿特拉索石-纳博柯石系列。四方晶系。晶体呈扁平的八面体、四方厚板状。咖啡色，玻璃光泽，透明；硬度 2～2.5，完全解理。1986 年发现于俄罗斯堪察加州托尔巴契克（Tolbachik）火山大裂隙（主断裂）破火山口。英文名称 Atlasovite，以俄罗斯的弗拉基米尔·瓦西列维奇·阿特拉索夫（Vladimir Vasilevich Atlasov，1661/1664—1711）的姓氏命名。他是俄罗斯首先考察研究堪察加半岛的第一人。IMA 1986-029 批准。1987 年在《全苏矿物学会记事》（116）和 1988 年杨博尔等在《美国矿物学家》（73）报道。1986 年中国新矿物与矿物命名委员会郭宗山等在《岩石矿物学杂志》[6(4)]根据英文名称音译为阿特拉索石。

阿特拉索夫像

【阿特芒硼镁石】参见【水硼镁石】条 860 页

【阿铁绿泥石】参见【铁蠕绿泥石】条 954 页

【阿铁绿松石】参见【阿海尔石*】条 4 页

【阿维森纳矿】参见【褐铊矿】条 312 页

【阿武石*】

英文名 Abuite

化学式 $CaAl_2(PO_4)_2F_2$ （IMA）

阿武石*是一种含氟的钙、铝的磷酸盐矿物。斜方晶系。晶体呈显微他形粒状。无色，玻璃光泽，透明。2014 年由日本九州大学理学研究科地球和行星科学部上原城一郎等发现于日本本州岛中国地方山口县阿武（Abu）町日之丸奈古矿山。英文名称 Abuite，以发现地日本的阿武（Abu）町命名。日文汉字名称阿武石。IMA 2014-084 批准。2015 年延寿（S. Enju）等在《CNMNC 通讯》（23）、《矿物学杂志》（79）和 2017 年《矿物学和岩石学科学杂志》（112）报道。目前尚未见官方中文译名，编译者建议借用日文汉字名称阿武石*。

【阿武隈石】参见【钇硅磷灰石】条 1072 页

【阿西莫夫石*】

英文名 Asimowite

化学式 Fe_2SiO_4 （IMA）

阿西莫夫石*是一种铁的硅酸盐矿物。属石榴石族。与阿伦斯石和铁橄榄石为同质多象。斜方晶系。2018 年发现于中国湖北随州曾都区淅河随州 L6 球粒陨石和智利陨石。英文名称 Asimowite，以美国加州理工学院地质学和地球化学教授保罗·D. 阿西莫夫（Paul D. Asimow，1969—）的姓氏命名，以表彰他在"火成岩和计算岩石学及矿物物理学方面，以及探索材料在冲击条件下的行为"研究取得的成就。IMA 2018-102 批准。2018 年 L. 宾迪（L. Bindi）等在《CNMNC 通讯》（46）、《矿物学杂志》（82）和 2019 年《美国矿物学家》[104(5)]报道。目前尚未见官方中文译名，编译者建议音译为阿西莫夫石*。

阿西莫夫像

【阿折罗矿*】

英文名 Achalaite

化学式 $Fe^{2+}TiNb_2O_8$ （IMA）

阿折罗矿*是一种铁、钛、铌的复杂氧化物矿物。属锡锰钽矿族。单斜晶系。集合体呈多晶粒状，达 1.5cm。黑色，金属光泽，不透明；硬度 5.5。2013 年发现于阿根廷科尔多瓦省克罗罗斯莫格特斯（Cerro Los Mogotes）。英文名称 Achalaite，以坐落于阿根廷科尔多瓦的阿折罗（Achala）花岗岩岩基命名。IMA 2013-103 批准。2014 年 M. Á. 加里斯基（M. Á. Galliski）等在《CNMNC 通讯》（19）、《矿物学杂志》（78）和 2016 年《加拿大矿物学家》（54）报道。目前尚未见官方中文译名，编译者建议音译为阿折罗矿*。

锕 [ā]形声；从钅，阿声。一种放射性金属元素。[英]Actinium。元素符号 Ac。原子序数 89。1899 年，法国青年化学家 A. L. 德比尔纳（A. L. Debierne）在沥青铀矿发现了不认识的 X 谱线，从而分离出一种新的放射性元素。英文名称 Actinium，源于希腊文 Ακτίνος，即"Aktinos（辐射）"之意。锕系元素包括 15 种元素，锕、钍、镤和铀存在于自然界中，而镎、钚、镅、锔、锫、锎、锿、镄、钔、锘、铹 11 种超铀元素是人工合成的。

埃 [āi]形声；从土，矣声。[英]音，用于外国人名、地名、山名。

【埃尔龙矿*】

英文名 Eldragónite

化学式 $Cu_6BiSe_4(Se_2)$ （IMA）

埃尔龙矿*是一种铜、铋的硒化物矿物。斜方晶系。晶体呈他形粒状，粒径可达 100μm×80μm。褐色、浅栗色，金属光泽，不透明；硬度 3.5，脆性。2010 年发现于玻利维亚波多西省埃尔龙（El Dragón）矿。英文名称 Eldragónite，以发现地玻利维亚的埃尔龙（El Dragón）矿命名。IMA 2010-077 批准。2011 年 M. A. 库珀（M. A. Cooper）等在《CNMNC 通讯》（8）、《矿物学杂志》（75）和 2012 年《加拿大矿物学家》（50）报道。目前尚未见官方中文译名，编译者建议音译为埃尔龙矿*；杨光明教授建议根据成分译为硒铋铜矿。

【埃尔尼格里石】

英文名 Erniggliite

化学式 $Tl_2SnAs_2S_6$ （IMA）

埃尔尼格里石柱状晶体（瑞士）和尼格里像

埃尔尼格里石是一种铊、锡的砷-硫化物矿物。三方晶系。晶体呈自形短柱状。灰色、黑灰色、黑色，金属光泽，不透明；硬度 2～3，完全解理。1992 年发现于瑞士瓦莱州林根巴赫（Lengenbach）采石场。英文名称 Erniggliite，以瑞士矿物学家、伯尔尼大学矿物学和岩石学教授埃尔斯特·海因里希·尼格里（Ernst Heinrich Niggli，1917—2001）的姓名命名。他长期担任林根巴赫工作协会主席。IMA 1987-025 批准。1992 年 St. 格雷泽尔（St. Graeser）等在《瑞士矿物学和岩石学通报》（72）和《美国矿物学家》（78）报道。1998 年中国新矿物与矿物命名委员会黄蕴慧等在《岩石矿物学杂志》[17(1)]音译为埃尔尼格里石，也有的学者根据成分译为硫砷锡铊矿。

【埃尔泽维斯矿*】

英文名 Erzwiesite

化学式 $Ag_8Pb_{12}Bi_{16}S_{40}$ (IMA)

埃尔泽维斯矿*是一种银、铅、铋的硫化物矿物。属硫铋铅矿同源系列。斜方晶系。2012年发现于奥地利萨尔茨堡州上陶恩山区盖斯登山谷埃尔泽维斯(Erzwies)区域一个未名的勘探前景区。英文名称Erzwiesite，以发现地奥地利的埃尔泽维斯(Erzwies)区域命名。IMA 2012－082批准。2013年D.托帕(D. Topa)等在《CNMNC通讯》(15)和《矿物学杂志》(77)报道。目前尚未见官方中文译名，编译者建议音译为埃尔泽维斯矿*。

【埃弗斯罗格石】

英文名 Eveslogite

化学式 $(Ca,K,Na,Sr,Ba)_{48}(Ti,Nb,Fe,Mn)_{12}(OH)_{12}Si_{48}O_{144}(OH,F,Cl)_{14}$ (IMA)

埃弗斯罗格石纤维状晶体，束状集合体(俄罗斯)

埃弗斯罗格石是一种含氯、羟基、氟的钙、钾、钠、锶、钡、钛、铌、铁、锰的硅酸盐矿物。单斜晶系。晶体呈纤维状，长达5cm；集合体呈束状、扇状、放射状。浅棕色或黄棕色，玻璃光泽、丝绢光泽；硬度5，完全解理，脆性。2001年发现于俄罗斯北部摩尔曼斯克州埃弗斯罗格(Eveslogchorr)山费尔斯曼(Fersman)峡谷。英文名称Eveslogite，以发现地俄罗斯的埃弗斯罗格(Eveslogchorr)山命名。IMA 2001－023批准。2003年A. P.霍米亚科夫(A. P. Khomyakov)等在《俄罗斯矿物学会记事》[132(1)]和2004年《美国矿物学家》(89)报道。2008年章西焕等在《岩石矿物学杂志》[27(2)]音译为埃弗斯罗格石。

【埃卡石】

英文名 Ekanite

化学式 $Ca_2ThSi_8O_{20}$ (IMA)

埃卡石四方短柱状晶体(意大利)

埃卡石是一种钙、钍的硅酸盐矿物，它是极少数具自然放射性的宝石之一。与硅钾钙钍石(Steacyite)族相关。四方晶系。晶体呈四方短柱状。各种色调的绿色、草黄色、暗红色，玻璃光泽，透明—半透明；硬度4.5，脆性。1953年在斯里兰卡萨巴拉加穆瓦省拉特纳普勒(宝石城)依哈利雅歌达(Ehiliyagoda)住区由斯里兰卡科伦坡市的一位叫埃卡纳亚克(Ekanayake)的宝石经销商发现并描述，矿物中包裹有其他矿物，说明它是一种未知的宝石矿物。后来，英国科学家测试出其中含有钙、铅、钍、硅，并具强放射性。直到1961年这种矿物才得到准确鉴定。1961年B. W.安德森(B. W. Anderson)等在《自然》(190)报道。英文名称Ekanite，以F. L. D.埃卡纳亚克(F. L. D. Ekanayake)的姓氏命名。IMA 1967s. p.批准。中文名称根据英文名称音译为埃卡石，或根据成分译为硅钙钍矿或硅钙铀钍矿。

【埃克伯格矿*】

英文名 Ekebergite

化学式 $ThFeNb_2O_8$ (IMA)

埃克伯格矿*假六方板状晶体(德国)

埃克伯格矿*是一种钍、铁、铌的氧化物矿物。单斜晶系。晶体呈假六方板状。黑色，不透明。2018年发现于德国莱茵兰-普法尔茨州马延市的德伦(Dellen)采石场。英文名称Ekebergite，由杰恩斯·雅各布·贝泽利乌斯(Jöns Jacob Berzelius)为纪念钽的发现者安德斯·古斯塔夫·埃克伯格(Anders Gustav Ekeberg)而以他的姓氏命名。IMA 2018－088批准。2018年J.杰尔曼(J. Kjellman)等在《CNMNC通讯》(46)、《矿物学杂志》(82)和《欧洲矿物学杂志》(30)报道。目前尚未见官方中文译名，编译者建议音译为埃克伯格矿*[注：此名称曾用于方沸石的一个品种，但其矿物含糊不清，一直未被矿物学界广泛采用]。

【埃克哈德石*】

英文名 Eckhardite

化学式 $(Ca,Pb)Cu^{2+}Te^{6+}O_5(H_2O)$ (IMA)

埃克哈德石*针状、叶片状晶体，放射状、球粒状集合体(美国)

埃克哈德石*是一种含结晶水的钙、铅、铜的碲酸盐矿物。单斜晶系。晶体呈针状、叶片状，粒径约为150μm×15μm×5μm；集合体呈放射状、球粒状。浅蓝绿色，玻璃光泽、半金刚光泽，透明；硬度2～3，脆性。2012年发现于美国加利福尼亚州圣贝纳迪诺山脉阿加(Aga)矿。英文名称Eckhardite，以已退休的上校埃克哈德·D.斯图尔特(Eckhard D. Stuart，1939—)的名字命名。他是美国密西西比州麦迪逊和科罗拉多州曼科斯的一位多产的野外采集者和微型矿物收藏家，是他发现的该矿物，并提供了研究标本。IMA 2012－085批准。2013年A. R.坎普夫(A. R. Kampf)等在《CNMNC通讯》(16)、《矿物学杂志》(77)和《美国矿物学家》(98)报道。目前尚未见官方中文译名，编译者建议音译为埃克哈德石*；杨光明教授建议根据成分译为水碲铜钙石。

【埃克矿*】

英文名 Eckerite

化学式 Ag_2CuAsS_3 (IMA)

埃克矿*柱状晶体，晶簇状集合体(瑞士)

埃克矿*是一种银、铜的砷-硫化物矿物。属硫锑银矿等型系列族。单斜晶系。晶体呈自形柱状，长300μm；集合体呈晶簇状。棕红色，金刚光泽、金属光泽，不透明—半透明；硬度2.5～3，脆性，易碎。2014年发现于瑞士瓦莱州林根巴赫(Lengenbach)采石场。英文名称Eckerite，以一位众所周知的林根巴赫的矿物专家马尔库·埃克(Markus Ecker，1966—)的姓氏命名。他从事林根巴赫矿物研究超过25年。IMA 2014－063批准。2015年L.宾迪(L. Bindi)等在《CNMNC通讯》(23)和《矿物学杂志》(79)报道。目前尚未见官方中文译名，编译者建议音译为埃克矿*；杨光明教授建议根据成分译为硫砷铜银矿。

【埃克兰矿*】

英文名 Écrinsite

化学式 $AgTl_3Pb_4As_{11}Sb_9S_{36}$ (IMA)

埃克兰矿*是一种银、铊、铅的砷-锑-硫化物矿物。属脆硫砷铅矿同源系列。三斜晶系。金属光泽，不透明；硬度3～3.5。2015 年发现于法国普罗旺斯-阿尔卑斯-蓝色海岸大区上阿尔卑斯省瓦尔戈德马尔(Valgaudemar)教堂雅鲁(Jas Roux)。英文名称 Écrinsite，以雅鲁的法国埃克兰国家公园(Parc national des Écrins)命名。IMA 2015－099 批准。2016 年 D. 托帕(D. Topa)等在《CNMNC 通讯》(29)、《矿物学杂志》(80)和 2017 年《欧洲矿物学杂志》(29)报道。目前尚未见官方中文译名，编译者建议音译为埃克兰矿*；杨光明教授建议根据成分译为硫锑砷铅铊银矿。

【埃拉索矿*】

英文名 Erazoite

化学式 Cu_4SnS_6 (IMA)

埃拉索矿*是一种铜、锡的硫化物矿物。三方晶系。包裹在重晶石中的极小的圆形粒状集合体。黑色，金属光泽，不透明。2014 年发现于智利安托法加斯塔省圣卡塔利娜岛智利(Chilena)矿山。英文名称 Erazoite，以智利采矿工程师和矿物学家加布里埃尔·埃拉索·费尔南德斯(Gabriel Erazo Fernández，1943—)的名字命名。他是智利科皮亚波大学地质学、晶体学和冶金学教授，并且是科皮亚波大学矿物学博物馆第一任馆长(1966—1991)。IMA 2014－061 批准。2015 年 J. 施吕特(J. Schlüter)等在《CNMNC 通讯》(23)、《矿物学杂志》(79)和 2017 年《矿物学与地球化学杂志》(194)报道。目前尚未见官方中文译名，编译者建议音译为埃拉索矿*。

【埃莱奥诺雷矿*】

英文名 Eleonorite

化学式 $Fe_6^{3+}(PO_4)_4O(OH)_4\cdot 6H_2O$ (IMA)

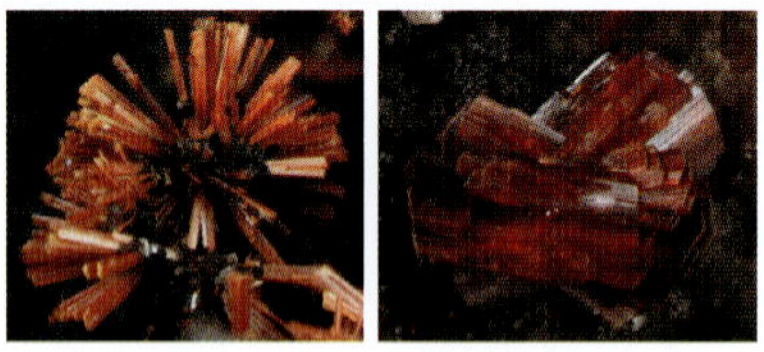

埃莱奥诺雷矿*放射状或定向排列状集合体(德国)

埃莱奥诺雷矿*是一种含结晶水、羟基、氧的铁的磷酸盐矿物。属簇磷铁矿族。单斜晶系。晶体呈柱状，粒径达 0.2mm×0.5mm× 3.5mm；集合体呈放射状或定向排列状，粒径达 5mm。红色、红棕色；硬度 3，脆性，易碎。2015 年发现于德国黑森林韦茨拉尔市埃莱奥诺雷(Eleonore)矿山和罗托夫琴(Rotläufchen)矿山。英文名称 Eleonorite，第一次使用了氧簇磷铁矿(Oxiberaunite)名称；现在以发现地德国的埃莱奥诺雷(Eleonore)矿山命名。Eleonorite 这个名称 1880 年涅斯(Nies)曾用于簇磷铁矿[Beraunite，$Fe^{2+}Fe_5^{3+}(PO_4)_4(OH)_5\cdot 6H_2O$]，现在为新矿物($Fe_6^{3+}(PO_4)_4O(OH)_4\cdot 6H_2O$)的名称。IMA 2015－003批准。2015 年 N. 丘卡诺夫(N. Chukanov)等在《CNMNC 通讯》(25)、《矿物学杂志》(79)和 2017 年《矿物学杂志》(81)报道。目前尚未见官方中文译名，编译者建议音译为埃莱奥诺雷矿*；杨光明教授建议根据成分译为六水磷铁矿或六水簇磷铁矿。

【埃里卡波尔石*】

英文名 Erikapohlite

化学式 $Cu_3^{2+}(Zn,Cu,Mg)_4Ca_2(AsO_4)_6\cdot 2H_2O$ (IMA)

埃里卡波尔石*是一种含结晶水的铜、锌、镁、钙的砷酸盐矿物。属磷锰钠石族。单斜晶系。晶体呈薄片状。深蓝色，玻璃光泽，透明。2010 年发现于纳米比亚奥希科托区楚梅布(Tsumeb)矿。英文名称 Erikapohlite，以德国-瑞士化学家、生物学家和企业家[威娜(Wella)公司]埃里·卡波尔(Erika Pohl，1919—2016)的姓名命名。他将其收藏量巨大的矿物标本(8 万件)提供给公众用于科学研究，埃里·卡波尔基金会在德国弗赖贝格的地球矿物博物馆展示了这个系列的标本。IMA 2010－090 批准。2013 年 J. 施吕特(J. Schlüter)等在《矿物学新年鉴：论文》(190)和《矿物学与地球化学杂志》(190)报道。目前尚未见官方中文译名，编译者建议音译为埃里卡波尔石*。

【埃里克拉希曼石*】

英文名 Ericlaxmanite

化学式 $Cu_4O(AsO_4)_2$ (IMA)

埃里克拉希曼石*粒状晶体，晶簇状集合体(俄罗斯)和拉希曼像

埃里克拉希曼石*是一种铜氧的砷酸盐矿物。与科济列夫斯基石*为同质多象。三斜晶系。晶体呈板状、层状、粒状或短柱状，粒径 0.1mm；集合体呈晶簇状。绿色—深绿色，玻璃光泽，透明；硬度 3.5，脆性。2013 年发现于俄罗斯堪察加州托尔巴契克(Tolbachik)火山主裂隙北破火山口第二渣锥喷气孔。英文名称 Ericlaxmanite，为纪念俄罗斯矿物学家、地质学家、地理学家、生物学家和化学家埃里克·古斯塔沃维奇·拉希曼(Erik Gustavovich Laxmann，1737—1796)而以他的名字命名。IMA 2013－022 批准。2013 年 I. V. 佩科夫(I. V. Pekov)等在《CNMNC 通讯》(16)和《矿物学杂志》(77)报道。目前尚未见官方中文译名，编译者建议音译为埃里克拉希曼石*。

【埃利塞夫石*】

英文名 Eliseevite

化学式 $Na_{1.5}Li\{Ti_2O_2[Si_4O_{10.5}(OH)_{1.5}]\}\cdot 2H_2O$ (IMA)

埃利塞夫像

埃利塞夫石*是一种含结晶水的钠、锂、钛的氢硅酸盐矿物。属羟硅钛锂钠石族。单斜晶系。晶体呈长柱状、纤维状。浅奶油白色—无色，玻璃光泽，透明；硬度 5，完全解理，脆性，2010 年发现于俄罗斯北部摩尔曼斯克州阿鲁艾夫(Alluaiv)山。英文名称 Eliseevite，为了纪念俄罗斯著名的地质学家、岩石学家、列宁格勒大学教授尼古拉·亚历山大罗维奇·埃利

塞夫(Nikolai Aleksandrovich Eliseev,1897—1966)而以他的姓氏命名,以表彰他对变质和碱性杂岩体的地质学、岩石学做出的贡献。IMA 2010－031 批准。2010 年 V. N. 雅科温楚克(V. N. Yakovenchuk)等在《矿物学杂志》(74)和 2011 年《美国矿物学家》[96(10)]报道。目前尚未见官方中文译名,编译者建议音译为埃利塞夫石*;杨光明教授建议根据成分译为羟硅钛锂钠石。

【埃林森石*】

英文名 Ellingsenite

化学式 $Na_5Ca_6Si_{18}O_{38}(OH)_{13}\cdot 6H_2O$ (IMA)

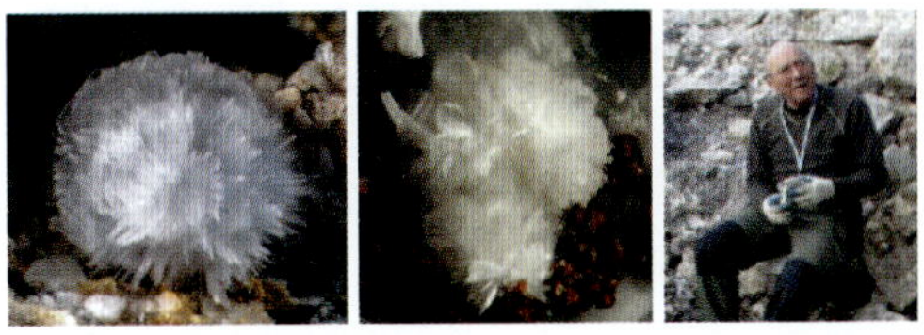

埃林森石* 片状、针状晶体,放射球粒状集合体(纳米比亚)和埃林森像

埃林森石* 是一种含结晶水和羟基的钠、钙的硅酸盐矿物。三斜晶系。晶体呈菱面体、片状、针状;集合体常呈放射球粒状。无色、白色,玻璃光泽、丝绢光泽,透明;硬度 4,完全解理。2009 年发现于纳米比亚霍马斯地区域温得和克市阿里斯(Aris)采石场。英文名称 Ellingsenite,以挪威奥斯陆业余矿物学家汉斯·维达尔·埃林森(Hans Vidar Ellingsen,1930—2014)博士的姓氏命名。IMA 2009－041 批准。2011 年 V. N. 亚科温丘克(V. N. Yakovenchuk)等在《加拿大矿物学家》(49)报道。目前尚未见官方中文译名,编译者建议音译为埃林森石*。

【埃洛石－10Å】

英文名 Halloysite-10Å

化学式 $Al_2Si_2O_5(OH)_4\cdot 2H_2O$ (IMA)

埃洛石－10Å 纤维状晶体,皮壳状、球粒状集合体(意大利)和埃洛斯像

埃洛石是一种含层间水的铝的硅酸盐黏土矿物。它有两种形式,一种类似高岭土,一种是水合物。属高岭石－蛇纹石族。单斜晶系。似非晶质。泥土状。埃洛石看起来很像密实的土块状,实际它非常疏松,并有皮壳状、球粒状集合体。在电子显微镜下观察它是由无数细细的空心管状或纤维状、长板状、针状晶体组成的。一般为白色、棕色,有时为绿色或蓝色、红色、巧克力棕色,条痕呈白色,蜡状光泽、油脂光泽,透明—不透明;硬度 1～2.5;粘舌,具有滑感。其特点是单位层之间的层间水可变,有变水高岭石之称。有层间水存在时,称多水高岭石{Halloysite,$Al_4[Si_4O_{10}](OH)_8\cdot 4H_2O$}。1826 年发现于比利时瓦隆大区列日省安格尔(Angleur);IMA 资料显示 1934 年发现于阿尔及利亚和波兰,同年,在《实用化学杂志》(47)报道。埃洛石又称叙永石,中国四川叙永县有产出,因产地而得名。集合体呈乳头状,故名乳埃洛石。

英文名称 Halloysite-10Å。1826 年,比利时地质学家埃洛斯·阿卢瓦(Omalius d'Halloy,1783—1875)首次描述了比利时列日省列日昂格勒尔的矿物,并以他的名字命名。他是一位贵族政治家,比利时的现代地质学先驱[见于 1892 年 E. S. 丹纳(E. S. Dana)《系统矿物学》(第六版)];后缀－10Å(1Å＝0.1nm)是指层厚。1959 年以前发现、描述并命名的"祖父级"矿物,IMA 承认有效。

另一英文名称 Endellite,是 Halloysite-10Å,即水化埃洛石(叙永石)。英文名称 Endellite,音译恩德石。首先发现于利比亚的德杰巴尔德伯(Djebal Deber),推测首次被恩德尔所描述,并以他的名字命名。还有一英文名称 Nerchinskite,来自俄文 Не́рчинск,它是俄罗斯西伯利亚南部城市涅尔琴斯克(中国传统译称尼布楚),此处是发现埃洛石之地,故以此地名命名。中文名称音译为尼布楚石。

【埃洛石－7Å】参见【变埃洛石】条 63 页

【埃硫铋铅银矿】

英文名 Eskimoite

化学式 $Ag_7Pb_{10}Bi_{15}S_{36}$ (IMA)

埃硫铋铅银矿针状晶体(美国)

埃硫铋铅银矿是一种银、铅、铋的硫化物矿物。属硫铋铅矿同源系列族。单斜晶系。晶体呈针状、片状,常有片状双晶。铅灰色、黑色,金属光泽,不透明;硬度 4。1977 年发现于格陵兰岛瑟摩苏哥自治区阿尔苏克市伊维赫图特(Ivigtut)冰晶石矿床。英文名称 Eskimoite,以发现地格陵兰岛的第一批定居者爱斯基摩人(Eskimos)命名。IMA 1976－005 批准。1977 年 E. 马克维奇(E. Makovicky)等在《矿物学新年鉴:论文》(131)和 1979 年《美国矿物学家》(64)报道。中文名称根据英文名称首音节音和成分译为埃硫铋铅银矿。

【埃米尔矿*】

英文名 Emilite

化学式 $Cu_{10.7}Pb_{10.7}Bi_{21.3}S_{48}$ (IMA)

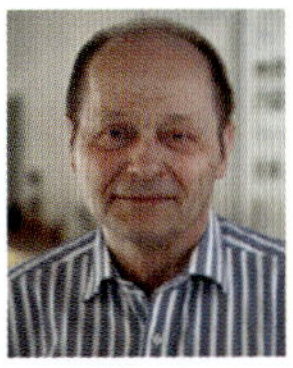

埃米尔像

埃米尔矿* 是一种铜、铅、铋的硫化物矿物。属针硫铋铅矿－辉铋矿同型系列。斜方晶系。锡白色,金属光泽,不透明;硬度 3.5～4,脆性。2001 年发现于奥地利萨尔茨堡州南部米特西尔市上陶恩山费尔本(Felben)谷白钨矿矿床西矿田。英文名称 Emilite,以丹麦哥本哈根大学硫盐专家埃米尔·马克维奇(Emil Makovicky,1940—)的名字命名[单斜硫铋银矿(Makovickyite)以他的姓氏命名]。他对硫盐族包括来自菲耳伯特矿床的硫盐矿物的晶体化学的研究和描述做出了贡献。IMA 2001－015 批准。2002 年 T. 巴里奇·祖尼奇(T. Balić-Žunić)等在《加拿大矿物学家》(40)和 2006 年《加拿大矿物学家》(44)报道。目前尚未见官方中文译名,编译者建议音译为埃米尔矿*;杨光明教授建议根据成分译为硫铋铅铜矿。

【埃默里赫石*】

英文名 Emmerichite

化学式 $Ba_2Ti_2Na_3Fe^{3+}(Si_2O_7)_2O_2F_2$ (IMA)

埃默里赫石* 是一种含氟和氧的钡、钛、钠、铁的硅酸盐矿物。属氟钠钛锆石超族闪叶石族。单斜晶系。晶体呈板状;集合体呈平行排列状、晶簇状。棕色,玻璃光泽,透明;硬

埃默里赫石* 板状晶体，平行状、晶簇状集合体（德国）和埃默里赫像

度 3～4，完全解理，脆性。2013 年发现于德国莱茵兰-普法尔茨州艾费尔高原盖罗尔施泰因市罗瑟科普夫（Rother Kopf）。英文名称 Emmerichite。2013 年尼基塔·V. 丘卡诺克（Nikita V. Chukanoc）等以德国业余矿物学家和收藏家弗朗茨·约瑟夫·埃默里赫（Franz Josef Emmerich，1940—）的姓氏命名，以表彰他对艾费尔高原地区的矿物学做出的贡献。IMA 2013-064批准。2013 年 N. V. 丘卡诺夫（N. V. Chukanov）等在《CNMNC 通讯》（17）、《矿物学杂志》（77）和 2014 年《矿物新数据》（49）报道。目前尚未见官方中文译名，编译者建议音译为埃默里赫石*；杨光明教授建议根据成分译为氟铁钡钠叶石。

【埃佩克斯石*】

英文名 Apexite

化学式 $NaMg(PO_4)\cdot 9H_2O$　　（IMA）

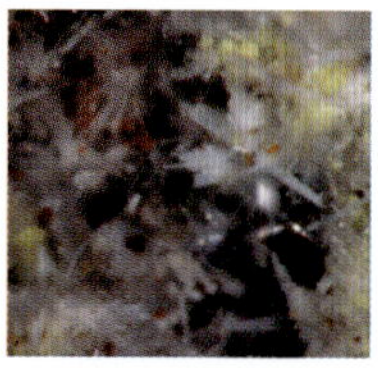

埃佩克斯石* 针状、板条状晶体，放射状、无序状集合体（美国）

埃佩克斯石* 是一种含结晶水的钠、镁的磷酸盐矿物。三斜晶系。晶体呈针状、细板条状，长 0.5mm；集合体呈放射状、无序状。无色，玻璃光泽、丝绢光泽，透明；硬度 2，完全解理，脆性。2015 年发现于美国内华达州兰德县埃佩克斯（Apex）矿。英文名称 Apexite，以发现地美国的埃佩克斯（Apex）矿命名。IMA 2015-002 批准。2015 年 A. R. 坎普夫（A. R. Kampf）等在《CNMNC 通讯》（25）、《矿物学杂志》（79）和《美国矿物学家》（100）报道。目前尚未见官方中文译名，编译者建议音译为埃佩克斯石*。

【埃瑞克石*】

英文名 Eirikite

化学式 $KNa_6Be_2(Si_{15}Al_3)O_{39}F_2$　　（IMA）

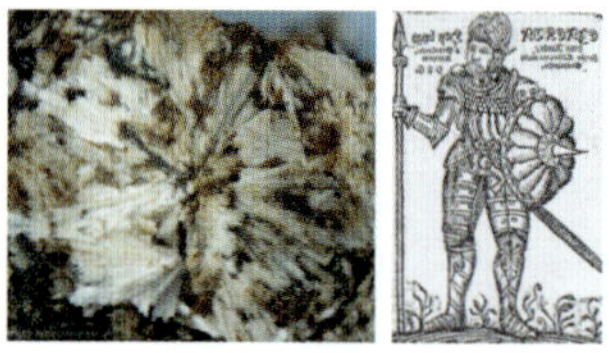

埃瑞克石* 针状、柱状晶体，放射状集合体（挪威）和埃瑞克像

埃瑞克石* 是一种含氟的钾、钠、铍的铝硅酸盐矿物，是钾占优势的白针柱石（Leifite）和氟铍硅钠铯石（Telyushenkoite）的类似矿物。属白针柱石族。三方晶系。晶体呈纤维状、针状、柱状；集合体呈放射状。白色—无色，丝绢光泽，透明；硬度 6，完全解理，脆性。2007 年发现于挪威西福尔郡拉尔维克市阿罗亚（Arøya）岛霞石正长伟晶岩。英文名称 Eirikite，以格陵兰岛的发现者埃瑞克·劳德（Eirik Raude，950—1003）的名字命名。他是命名白针柱石（Leifite）的雷夫·埃瑞克松［Leiv（Leif）Eiriksson，970—1020］的父亲。IMA 2007-017 批准。2010 年 A. O. 拉森（A. O. Larsen）等在《欧洲矿物学杂志》（22）报道。目前尚未见官方中文译名，编译者建议音译为埃瑞克石*；杨光明教授建议根据成分译为氟铍硅钠钾石。

【埃塞尔石】

英文名 Eyselite

化学式 $Fe^{3+}Ge^{4+}_3O_7(OH)$　　（IMA）

埃塞尔石板状晶体，晶簇状集合体（纳米比亚，电镜）和埃塞尔像

埃塞尔石是一种铁、锗的氢氧-氧化物矿物。斜方晶系。晶体呈半自形—自形柱状、板状、板柱状，部分晶体中空；集合体呈晶簇状。棕黄色（集合体）到黄褐色（单晶体），玻璃光泽，透明—不透明；硬度软，脆性。2003 年发现于纳米比亚奥希科托地区楚梅布（Tsumeb）矿。英文名称 Eyselite，为纪念已故的德国海德堡鲁普雷希特卡尔斯大学的结晶学教授沃尔特·H. 埃塞尔（Walter H. Eysel，1935—1999）而以他的姓氏命名，以表彰他对锗酸盐的研究和对粉末衍射数据文档做出的诸多贡献。IMA 2003-052 批准。2004 年 A. C. 罗伯茨（A. C. Roberts）等在《加拿大矿物学家》（42）报道。2008 年任玉峰等在《岩石矿物学杂志》［27(3)］音译为埃塞尔石；杨光明教授建议根据成分译为羟氧锗铁石。

【埃水氯硼钙石】

英文名 Ekaterinite

化学式 $Ca_2B_4O_7Cl_2\cdot 2H_2O$　　（IMA）

埃水氯硼钙石是一种含结晶水和氯的钙的硼酸盐矿物。六方晶系。晶体呈细粒状。白色、灰白色，玻璃光泽，透明—半透明；硬度 1。1979 年发现于俄罗斯伊尔库茨克州热列兹诺戈尔斯克市科尔舒诺沃斯克（Korshunovskoye）铁矿。英文名称 Ekaterinite，以俄罗斯矿物学家叶卡捷琳娜·弗拉基米洛夫娜·罗斯科娃［Yekaterina（Ekaterina）Vladimirovna Rozhkova，1898—1979］的名字命名。IMA 1979-067 批准。1980 年 S. V. 马林科（S. V. Malinko）在《全苏矿物学会记事》［109(4)］和 1981 年弗莱舍等在《美国矿物学家》（66）报道。中文名称根据英文名称的首音节音和成分译为埃水氯硼钙石。

【埃斯卡恩钕石*】

英文名 Åskagenite-(Nd)

化学式 $Mn^{2+}Nd(Al_2Fe^{3+})[Si_2O_7][SiO_4]O_2$　　（IMA）

埃斯卡恩钕石* 是一种含氧的锰、钕、铝、铁的硅酸盐矿物。属绿帘石超族埃斯卡恩石族。单斜晶系。晶体呈粗柱状，有时呈扁平矩形轮廓，大小达 1cm×4cm。黑色，树脂光泽，半透明；硬度 6，脆性。2009 年发现于瑞典韦姆兰省菲利普斯塔德市佩什贝里区埃斯卡恩（Åskagen）采石场。英文名称 Åskagenite-(Nd)。2010 年 N. V. 丘卡诺夫（N. V. Chukanov）等以发现地瑞典的埃斯卡恩（Åskagen）采石场，加占优势的稀土元素钕后缀-(Nd)组合命名。IMA 2009-073 批准。2010 年 N. V. 丘卡诺夫（N. V. Chukanov）等在《矿物新数据》（45）报道。目前尚未见官方中文译名，编译者建议音加成分译为埃斯卡恩钕石*。

【埃斯科拉矿】参见【绿铬矿】条 543 页

【埃斯佩兰萨石】

英文名 Esperanzaite

化学式 $NaCa_2Al_2(AsO_4)_2F_4(OH)\cdot 2H_2O$　(IMA)

埃斯佩兰萨石球状集合体（墨西哥）

埃斯佩兰萨石是一种含结晶水、羟基、氟的钠、钙、铝的砷酸盐矿物。单斜晶系。集合体呈放射状、球状、葡萄状，球体，直径 1.5mm，斑块直径 0.8cm。蓝绿色，玻璃光泽，透明—半透明；硬度 4.5，完全解理，脆性。1998 年发现于墨西哥杜兰戈州埃斯佩兰萨（Esperanza）矿。英文名称 Esperanzaite，以发现地墨西哥的埃斯佩兰萨（Esperanza）矿命名。IMA 1998－025 批准。1999 年 E. E. 富尔德（E. E. Foord）等在《加拿大矿物学家》（37）报道。2003 年李锦平等在《岩石矿物学杂志》[22(1)]音译为埃斯佩兰萨石。

【埃瓦碳钡石】参见【碳铈钙钡石】条 927 页

【埃希石*】

英文名 Escheite

化学式 $Ca_2NaMnTi_5[Si_{12}O_{34}]O_2(OH)_3\cdot 12H_2O$

(IMA)

埃希石*板柱状晶体，晶簇状集合体（纳米比亚）和埃希像

埃希石*是一种含结晶水、羟基、氧的钙、钠、锰、钛的硅酸盐矿物。属沸石族。斜方晶系。晶体呈板柱状；集合体呈晶簇状。橙色，金刚光泽，透明。2018 年发现于纳米比亚霍马斯地区温得和克市的阿里斯（Aris）采石场。英文名称 Escheite，以德国矿物收藏家约阿希姆·埃希（Joachim Esche）命名。IMA 2018－099批准。2018 年 F. 卡马拉（F. Cámara）等在《CNMNC 通讯》（46）、《矿物学杂志》（82）和《欧洲矿物学杂志》（30）报道。目前尚未见官方中文译名，编译者建议音译为埃希石*。

锿 [āi]形声；从金，哀声。一种人造放射性元素。[英]Einsteinium。元素符号 Es。原子序数 99。在 1950—1951 年间，国外科学杂志中就出现报道，发现了 99 号元素。这种元素是用碳原子核照射铀获得的，并命名为 Anythenium，以纪念希腊的首都雅典，元素符号是 An。但是，它没有得到更多的证实和承认。1952 年，美国在太平洋中的安尼维托克岛（Eniwetok）上空试验爆炸了一颗氢弹，美国的洛斯-阿拉莫斯（Los-Alamos）、阿贡（Argonne）和加利福尼亚大学实验室的科学家们在爆炸地点收集的土壤中发现了 99 号元素的同位素。1955 年 8 月，在瑞士日内瓦召开的和平利用原子能国际科学技术会议中，根据人工合成这个新元素者们的建议，将 99 号元素命名为 Einsteninium，以纪念 20 世纪中在原子和原子核科学中做出卓越贡献的著名物理学家爱因斯坦。99 号元素符号定为 E，在 1957 年国际纯粹和应用化学联合会的无机化学命名委员会在巴黎集会时改为 Es。

艾 [ài]形声；从艹，从乂（ài），乂亦声。本义：草名。[英]音，用于外国人名。

【艾德里安石*】

英文名 Adrianite

化学式 $Ca_{12}(Al_4Mg_3Si_7)O_{32}Cl_6$　(IMA)

艾德里安石*是一种含氯的钙的铝镁硅酸盐矿物。属氟硅铝钙石族。等轴晶系。2014 年发现于墨西哥奇瓦瓦州阿连德（Allende）碳质球粒陨石。英文名称 Adrianite，以美国新墨西哥大学矿物学家艾德里安·J. 布莱利（Adrian J. Brearley）的名字命名，以表彰他对认识球粒陨石中次生矿化做出的许多贡献。IMA 2014－028 批准。2014 年马驰（Ma Chi）等在《CNMNC 通讯》（21）、《矿物学杂志》（78）和 2018 年《美国矿物学家》（103）报道。目前尚未见官方中文译名，编译者建议音译为艾德里安石*。

【艾德玉莱尔石】

英文名 Edoylerite

化学式 $Hg_3^{2+}(Cr^{6+}O_4)S_2$　(IMA)

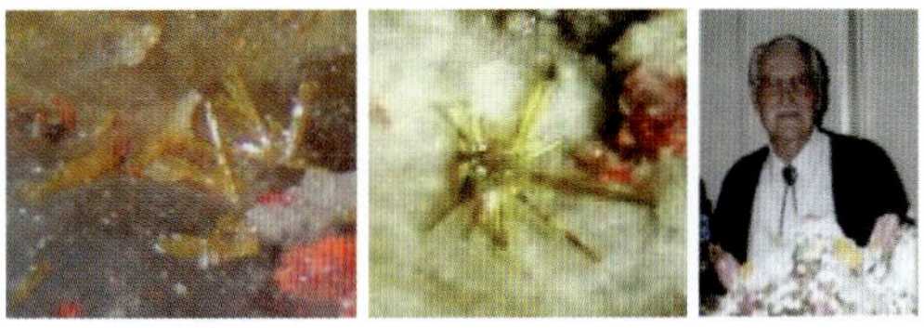

艾德玉莱尔石针状晶体，放射状集合体（美国）和奥勒像

艾德玉莱尔石是一种汞、铬氧的硫化物矿物。单斜晶系。晶体呈针状，长 0.5mm；集合体呈放射状。淡黄色—橙黄色，金刚光泽，透明；完全解理，脆性。1987 年发现于美国加利福尼亚州圣贝尼托县代阿布洛岭克利尔溪（Clear Creek）矿。英文名称 Edoylerite，以专门从事汞矿物的美国矿物收藏家爱德华·H. 奥勒（Edward H. Oyler，1915—2004）的姓名缩写组合命名。IMA 1987－008 批准。1993 年 A. C. 罗伯茨（A. C. Roberts）等在《矿物学记录》（24）报道。1998 年黄蕴慧等在《岩石矿物学杂志》[17(2)]音译为艾德玉莱尔石。

【艾登哈特尔矿】

英文名 Edenharterite

化学式 $TlPbAs_3S_6$　(IMA)

艾登哈特尔矿板状、柱状晶体，晶簇状集合体（瑞士）

艾登哈特尔矿是一种铊、铅的砷-硫化物矿物。斜方晶系。晶体呈板状、柱状；集合体呈晶簇状。褐黑色、黑色，半金属光泽，半透明—不透明；硬度 2.5～3，完全解理。1987 年发现于瑞士瓦莱州林根巴赫（Lengenbach）采石场。英文名称 Edenharterite，以瑞士化学家安德烈亚斯·艾登哈特尔（Andreas Edenharter，1933—）的姓氏命名。IMA 1987－026 批准。1992 年 St. 格雷泽尔（St. Graeser）等在《欧洲矿物学杂志》（4）报道。1998 年中国新矿物与矿物命名委员会黄蕴

慧等在《岩石矿物学杂志》[17(1)]音译为艾登哈特尔矿，也有的学者根据成分译为硫砷铅铊矿。

【艾尔绍夫石】

英文名 Ershovite

化学式 $K_3Na_4(Fe,Mn,Ti)_2Si_8O_{20}(OH,O)_4 \cdot 4H_2O$ (IMA)

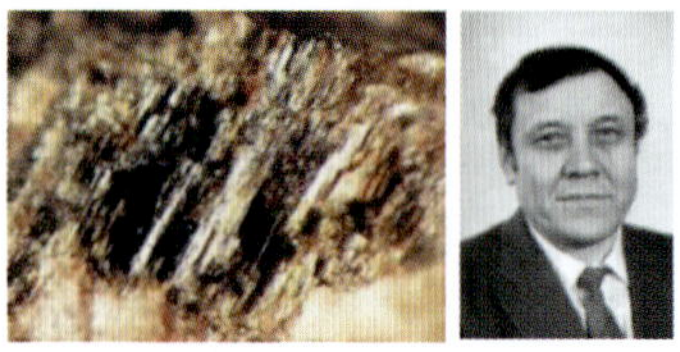

艾尔绍夫石纤维状晶体(俄罗斯)和艾尔绍夫像

艾尔绍夫石是一种含结晶水、氧和羟基的钾、钠、铁、锰、钛的硅酸盐矿物。三斜晶系。晶体呈他形粒状、纤维状；集合体呈平行排列状。橄榄绿色，略带褐色或淡黄色，玻璃光泽，透明—半透明；硬度 2～3，极完全解理。1991 年发现于俄罗斯北部摩尔曼斯克州希比内(Khibiny)地块科阿什瓦(Koashva)和拉姆霍尔(Rasvumchorr)山。英文名称 Ershovite，以莫斯科矿业学院的地质学家、地质系主任和莫斯科矿业研究所矿物学博物馆创始人瓦迪姆·维克托罗维奇·艾尔绍夫(Vadim Viktorovich Ershov，1939—1989)的姓氏命名。IMA 1991－014 批准。1993 年 A. P. 霍梅亚科夫(A. P. Khomyakov)等在《俄罗斯矿物学会记事》[122(1)]报道。1998 年黄蕴慧等在《岩石矿物学杂志》[17(2)]音译为艾尔绍夫石。

【艾弗砷锰矿】参见【羟砷锰石】条 729 页

【艾辉铋铜铅矿】

英文名 Eclarite

化学式 $(Cu,Fe)Pb_9Bi_{12}S_{28}$ (IMA)

克拉尔像

艾辉铋铜铅矿是一种铜、铁、铅、铋的硫化物矿物。斜方晶系。晶体呈柱状、针状、粒状；集合体呈扇状。铅灰白色，金属光泽，不透明；硬度 2.5～3.5，完全解理。1982 年发现于奥地利萨尔茨堡州上陶恩山霍勒斯巴赫山谷沙尔巴赫格拉本(Scharnbachgraben)巴勒巴德(Bärenbad)矿山。英文名称 Eclarite，以在奥地利格拉茨技术高中和维也纳大学工作的奥地利地质学家埃伯哈德·克拉尔(Eberhard Clar，1904—1995)教授的姓名缩写组合命名。IMA 1982－092 批准。1983 年 W. H. 帕尔(W. H. Paar)等在奥地利《契尔马克氏矿物学和岩石学通报》(32)报道。中文名称根据英文名称首音节音、光泽和成分译为艾辉铋铜铅矿，有的根据成分译为硫铋铁铅矿；1985 年中国新矿物与矿物命名委员会郭宗山等在《岩石矿物及测试》[4(4)]根据成分译为辉铋铜铅矿；《英汉矿物种名称》(2017)译为艾硫铋铜铅矿。

【艾伦普林石*】

英文名 Allanpringite

化学式 $Fe_3^{3+}(PO_4)_2(OH)_3 \cdot 5H_2O$ (IMA)

艾伦普林石*是一种含结晶水、羟基的铁的磷酸盐矿物。属银星石族。单斜晶系。晶体呈柱状、板状、针状、纤维状；集合体呈束状、晶簇状。无色、淡黄色、浅棕色，玻璃光泽，透明—半透明；硬度 3，完全解理，脆性。2004 年发现于

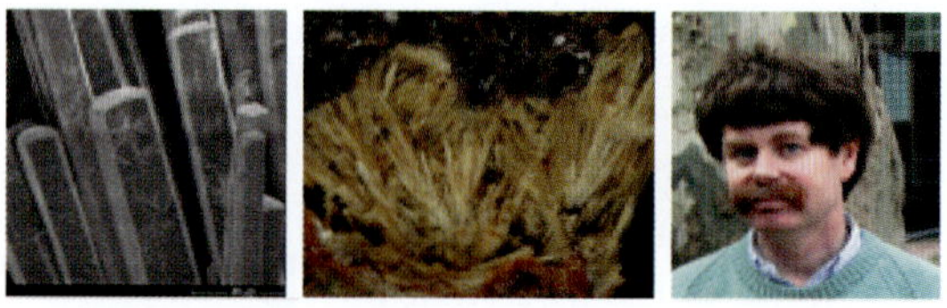

艾伦普林石*柱状、纤维状晶体，晶簇状、束状集合体(德国)和艾伦·普林像

德国黑森州魏尔堡县马尔克(Mark)矿。英文名称 Allanpringite，以澳大利亚南部澳大利亚博物馆的杰出矿物学家和馆长(策展人)艾伦·普林(Allan Pring)博士的姓名命名。IMA 2004－050 批准。2006 年 U. 科利奇(U. Kolitsch)等在《欧洲矿物学杂志》(18)报道。目前尚未见官方中文译名，编译者建议音译为艾伦普林石*，或根据成分及族名译为铁银星石*。

【艾伦斯特伯克石*】

英文名 Ernstburkeite

化学式 $Mg(CH_3SO_3)_2 \cdot 12H_2O$ (IMA)

伯克像

伦斯特伯克石*是一种含结晶水的镁的甲基硫酸盐矿物，是第一个也是唯一一个甲基硫酸盐矿物。三方晶系。无色，蜡状光泽；硬度 2，完全解理(大多数物理性质都来自合成材料)。2010 年发现于南极洲东部日本富士山(Dome Fuji)站。英文名称 Ernstburkeite，2013 年 F. E. 古纳·根杰利(F. E. Güner Genceli)、桜井(T. Sakurai)等以荷兰专门从事不透明矿物和流体包裹体的拉曼光谱测定的矿物学家以及荷兰阿姆斯特丹自由大学的教授(1966—2005)艾伦斯特·A. J. 伯克(Ernst A. J. Burke，1943—)的姓名命名。他曾是 IMA 矿物包裹体工作委员会主席(1994—1998)和 IMA 新矿物、命名和分类委员会前主席(2003—2008)。IMA 2010－059 批准。2011 年桜井(T. Sakurai)等在《CNMNC 通讯》(8)、《矿物学杂志》(75)和 2013 年《欧洲矿物学杂志》(25)报道。目前尚未见官方中文译名，编译者建议音译为艾伦斯特伯克石*。

【艾略普洛斯矿*】

英文名 Eliopoulosite

化学式 V_7S_8 (IMA)

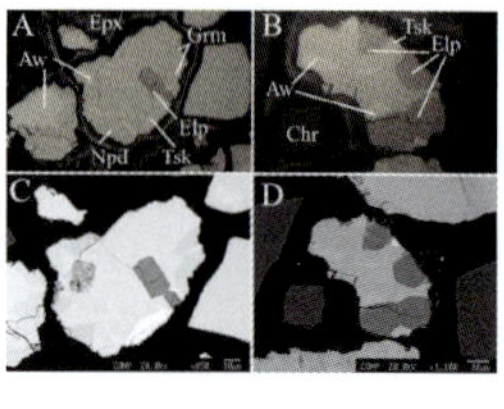

艾略普洛斯矿*半自形到自形六面体(希腊)

艾略普洛斯矿*是一种钒的硫化物矿物。三方晶系。晶体通常为半自形—自形六面体，粒径 5～80μm。颜色浅绿色—深绿色，金属光泽，不透明；易碎。2019 年发现于希腊中部的阿吉奥·斯特凡诺斯(Aghio Stefanos)蛇绿岩勘探远景区。英文名称 Eliopoulosite，以希腊地质和矿产勘探研究所(IGME)的地球科学家德米特里奥斯·艾略普洛斯(Demetrios Eliopoulos，1947—2019)博士，及其遗孀希腊雅典大学[马丽娅·艾略普洛斯(Maria Eliopoulos)；娘家姓埃科诺穆(Economou)，1947—]教授的姓氏命名，以表彰他们对希腊矿床知识和矿物学、岩石学和蛇绿岩的地球化学研究，包括奥思里斯(Othrys)杂岩体的贡献。IMA 2019－096批准。2020 年 L. 宾迪(L. Bindi)等在《CNMNC 通讯》(53)、《欧洲矿物学杂志》(32)和《矿物》

(10)报道。目前尚无中文官方译名,编译者建议音译为艾略普洛斯矿*。

【艾钠大隅石】

英文名 Eifelite

化学式 $KNa_2(MgNa)(Mg_3Si_{12})O_{30}$　　(IMA)

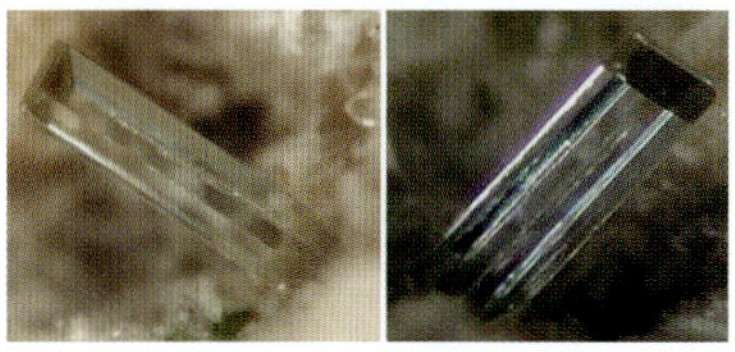

艾钠大隅石自形柱状晶体(德国)

艾钠大隅石是一种钾、钠、镁的硅酸盐矿物。属大隅石族。六方晶系。晶体呈自形柱状。无色、浅绿色、浅绿黄色、浅黄色,玻璃光泽,透明;硬度5～6。1980年发现于德国莱茵兰-普法尔茨州艾费尔(Eifel)高原区埃特林根市卡斯帕(Caspar)采石场。英文名称Eifelite,以发现地德国的艾费尔(Eifel)高原命名。IMA 1980-097批准。1983年K.亚伯拉罕(K. Abraham)等在《矿物与岩石论文集》(82)和《美国矿物学家》(66)报道。1985年中国新矿物与矿物命名委员会郭宗山等根据英文名称首音节音、成分和族名译为艾钠大隅石;根据成分及族名译为钠镁大隅石。

【艾锌钛矿】

英文名 Ecandrewsite

化学式 $ZnTiO_3$　　(IMA)

艾锌钛矿板状晶体,晶簇状集合体(葡萄牙)和欧内斯特像

艾锌钛矿是一种锌、钛的氧化物矿物。属钛铁矿族。三方晶系。晶体呈板状;集合体呈晶簇状。深咖啡色、黑色,半金属光泽,不透明;硬度5。1978年发现于澳大利亚新南威尔士州布罗肯山地区墨尔本罗克韦尔(Melbourne Rockwell)矿。英文名称Ecandrewsite,1988年W. D.伯奇(W. D. Birch)等为纪念澳大利亚新南威尔士地质学家欧内斯特·克莱顿·安德鲁斯(Ernest Clayton Andrews,1870—1948)而以他的姓名缩写组合命名。他首先在布罗肯山地区开展了地质测绘工作。IMA 1978-082批准。1988年伯奇等在《矿物学杂志》[52(2)]报道。中文名称根据英文名称首音节音和成分译为艾锌钛矿。1989中国新矿物与矿物命名委员会郭宗山在《岩石矿物学杂志》[8(3)]根据成分译为锌钛矿。

砹

[ài]一种卤族的放射性元素。[英]Astatine。元素符号At。原子序数85。砹是门捷列夫曾经指出的类碘,是莫斯莱所确定的原子序数为85的元素。1940年意大利化学家西格雷在加州大学伯克利分校首次用铋与α粒子轰击合成。已知砹有20多种同位素全都有放射性,半衰期最长的也只有8.1h,所以在任何时候,地壳中砹的含量都少于50g。它的希腊文Αστατώδες=Astatos,意思是"不稳定的"。后来,人们在铀矿中发现了砹。这说明在大自然中存在着天然的砹。不过它的数量极少,在地壳中的含量极少,是地壳中含量最少的元素。

爱

[ài]形声;繁体愛,从心,旡(jì)声。本义:亲爱;喜爱。[英]音,用于外国地名、人名。

【爱德格雷夫石*】

英文名 Edgrewite

化学式 $Ca_9(SiO_4)_4F_2$　　(IMA)

格雷夫像

德格雷夫石*是一种含氟的钙的硅酸盐矿物。属硅镁石族切格姆石*系列族。单斜晶系。无色;硬度5.5～6.5。2011年发现于俄罗斯北高加索地区卡巴尔达-巴尔卡尔共和国拉卡尔基(Lakargi)山1号捕虏体。英文名称Edgrewite,2011年E. V.加卢斯金(E. V. Galuskin)等以美国缅因大学的矿物学家爱德华·斯特奇斯·格雷夫(Edward Sturgis Grew)的姓名命名。他的专长是从事高压硅酸盐稳定性、硼和铍的晶体化学研究,格雷夫博士还主持几个IMA小组命名委员会,包括石榴石和蓝宝石小组委员会,以及任《美国矿物学家》《加拿大矿物学家》和《矿物学杂志》的编辑;他参加了几次到南极洲的矿物学考察。IMA 2011-058批准。2011年E. V.加卢斯金(E. V. Galuskin)等在《CNMNC通讯》(11)、《矿物学杂志》(75)和2012年《美国矿物学家》(97)报道。目前尚未见官方中文译名,编译者建议音译为爱德格雷夫石*。

【爱德华兹石*】

英文名 Edwardsite

化学式 $Cu_3Cd_2(SO_4)_2(OH)_6 \cdot 4H_2O$　　(IMA)

爱德华兹石*是一种含结晶水和羟基的铜、镉的硫酸盐矿物。单斜晶系。晶体呈板状、叶片状;集合体呈晶簇状。淡蓝色,玻璃光泽,透明;硬度3,完全解理。2010年发现于澳大利亚新南威尔士州延科温(Yancowinna)县布罗肯山布洛克(Block)露天采坑。英文名称Edwardsite,2010年P.埃利奥特(P. Elliott)等为纪念澳大利亚联邦科学与工业研究组织(CSIRO)的矿物学家和岩石学家(1934—1960)奥斯汀·伯顿·爱德华兹(Austin Burton Edwards,1909—1960)博士而以他的姓氏命名。爱德华兹对澳大利亚地球科学,特别是对地质、地球化学、矿床矿物学的研究做出了贡献,他发表了18篇关于构造地质学和矿物学的论文。IMA 2009-048批准。2010年P.埃利奥特(P. Elliott)等在《矿物学杂志》(74)报道。目前尚未见官方中文译名,编译者建议音译为爱德华兹石*。

【爱德斯科特矿*】

英文名 Edscottite

化学式 Fe_5C_2　　(IMA)

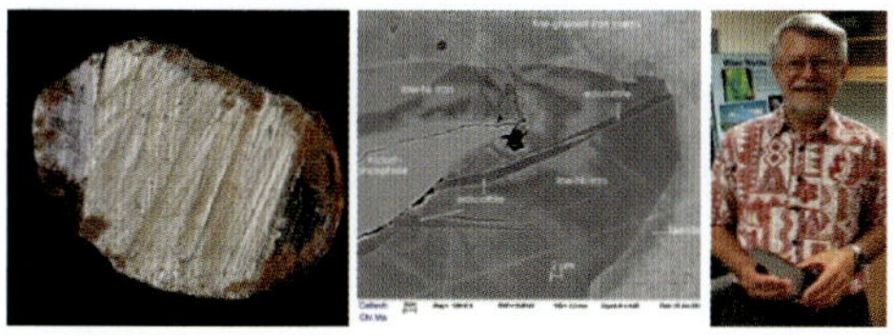

爱德斯科特矿*板条状矿物集合体(澳大利亚)和斯科特像

爱德斯科特矿*是一种铁、碳的化合物矿物。单斜晶系。晶体呈半自形、板条状或片状,单晶15～40μm。2018

年发现于澳大利亚维多利亚州洛登郡威德伯恩(Wedderburn)陨石。英文名称 Edscottite,以夏威夷理工大学地球物理学和行星学研究所(HIGP)名誉教授爱德华(Ed)R. D. 斯科特[Edward (Ed) R. D. Scott,1947—]博士的姓名命名。他是美国马诺阿夏威夷大学的宇宙化学家,铁陨石地球化学、矿物学和岩石学方面的权威,对陨石的研究做出了贡献,是他发现的此矿物。IMA 2018-086a 批准。2019 年马驰(Ma Chi)等在《CNMNC 通讯》(47)、《欧洲矿物学杂志》(31)和 2019 年《美国矿物学家》(104)报道。目前尚未见官方中文译名,编译者建议音译为爱德斯科特矿*。

【爱媛闪石*】

英文名 Chromio-pargasite

化学式 $NaCa_2(Mg_4Cr)(Si_6Al_2)O_{22}(OH)_2$ (IMA)

爱媛闪石*块状集合体(日本)

爱媛闪石*是一种 A 位钠、C 位镁和铬、W 位羟基为主的闪石矿物。属角闪石超族 W 位羟基、氟、氯主导的角闪石族钙角闪石亚族韭闪石根名族。单斜晶系。晶体呈柱状;集合体呈块状。翠绿色、淡绿色,玻璃光泽,透明;硬度 6,完全解理,脆性。2011 年发现于日本四国岛爱媛(Ehime)县新居浜市東赤石山赤石(Akaishi)矿。英文名称 Chromio-pargasite,以成分冠词“Chromio(铬)”和“Pargasite(韭闪石)”组合命名(根名参见【韭闪石】条 390 页)。最初以发现地日本的爱媛(Ehime)县命名,并经 IMA 2011-023 批准[参见 2012 年浜根(西尾)大辅(D. Nishio-Hamane)等在《日本矿物学和岩石学杂志》(107)报道]。2012 年 F. C. 霍桑(F. C. Hawthorne)等在《美国矿物学家》(97)的《角闪石超族命名法》更名为 Chromio-pargasite。IMA 2012s. p. 批准。日文汉字名称爱媛閃石。目前尚未见官方中文译名,编译者建议借用日文汉字名称简化汉字名称爱媛闪石*,或根据成分及与韭闪石的关系译为铬韭闪石。

暧 [ài]形声;从日,爱声。本义:昏暗不明的样子。暧昧:含糊不清。

【暧昧石】

英文名 Griphite

化学式 $Ca(Mn^{2+},Na,Li)_6Fe^{2+}Al_2(PO_4)_6(F,OH)_8$ (IMA)

暧昧石纤维状晶体,放射状集合体(美国)

暧昧石是一种含羟基和氟的钙、锰、钠、锂、铁、铝的磷酸盐矿物。等轴晶系。晶体呈纤维状;集合体呈块状、放射状,有时呈肾状。黄色、暗棕色、棕黑色,玻璃光泽、树脂光泽,半透明;硬度 5.5,脆性。1890 发现于美国南达科他州彭宁顿县艾佛利(Everly)矿;同年,雷恩斯(Eains)在《美国地质勘探局通报》(60)报道。1891 年黑登(Headden)在《美国科学杂志》(141)报道。英文名称 Griphite,以希腊典故“γρίφος=Puzzle(拼图智力游戏)”命名,意指化学组成“谜”一样的复杂,令人迷惑费解。1959 年以前发现、描述并命名的“祖父级”矿物,IMA 承认有效。中文名称意译为暧昧石。

安 [ān]会意;从“女”在“宀”下,表示无危险。本义:安定;安全;安稳。①用于中国地名。②[英]音,用于外国河名、人名。

【安迪克里斯蒂石*】

英文名 Andychristyite

化学式 $PbCu^{2+}Te^{6+}O_5(H_2O)$ (IMA)

安迪克里斯蒂石*片状晶体,平行排列状集合体(美国)和克里斯蒂像

安迪克里斯蒂石*是一种稀有的含结晶水的铅、铜的碲酸盐矿物。三斜晶系。晶体呈片状,宽约 50μm;集合体呈平行排列状。蓝绿色,金刚光泽,透明;硬度 2～3,完全解理,脆性。2015 年发现于美国加利福尼亚州圣贝纳迪诺县贝克镇阿加(Aga)矿。英文名称 Andychristyite,以澳大利亚矿物学家、岩石学家、地球化学家和固体化学家安德鲁(安迪)·格里高尔·克里斯蒂[Andrew (Andy) Gregor Christy,1963—]的姓名命名。安迪克里斯蒂对矿物学,特别是对新矿物(卡潘达石*、穆斯堡尔石*、莫哈维石*、蓝铃石*和法夫罗石*),及蓝宝石超族、烧绿石超族和水滑石超族的矿物学工作,以及最近帮助推进碲晶体化学知识的工作等做出了贡献。IMA 2015-024 批准。2015 年 A. R. 坎普夫(A. R. Kampf)等在《CNMNC 通讯》(26)、《矿物学杂志》(79)和 2016 年《矿物学杂志》(80)报道。目前尚未见官方中文译名,编译者建议音译为安迪克里斯蒂石*;杨光明教授建议根据成分译为水碲铜铅石。

【安迪罗伯特石】

英文名 Andyrobertsite

化学式 $KCdCu_5(AsO_4)_4[As(OH)_2O_2]\cdot 2H_2O$ (IMA)

安迪罗伯特石板片晶体(纳米比亚)和罗伯茨像

安迪罗伯特石是一种含结晶水的钾、镉、铜的氢砷酸-砷酸盐矿物。与氯砷钠铜石族结构相关。单斜晶系。晶体呈板状、片状;集合体呈放射状。铁蓝色,玻璃光泽,透明;硬度 3,脆性。1997 年发现于纳米比亚奥希科托区楚梅布(Tsumeb)矿。英文名称 Andyrobertsite,以加拿大地质调查所的矿物学家、新矿物文档专家安德鲁·C. 罗伯茨(Andrew C. Roberts,1950—)的姓名命名。IMA 1997-022 批准。1999 年 M. A. 库伯(M. A. Cooper)等在《矿物学记录》(30)和 2000 年《加拿大矿物学家》(38)报道。2003 年李锦平等在《岩石矿物学杂志》[22(1)]音译为安迪罗伯特石;根据成分译为水砷钾镉铜石。

【安迪麦克唐纳矿*】

英文名 Andymcdonaldite

化学式 Fe_2TeO_6 (IMA)

安迪麦克唐纳矿*是一种铁的碲酸盐矿物。四方晶系。薄(0.5mm)断裂涂层,土状结壳;也有非土状隐晶质结壳。灰黄色、橄榄绿色、棕黑色，土状光泽，半透明；硬度无法测量。2018年发现于美国犹他州贾布县。英文名称 Andymcdonaldite，以加拿大安大略省萨德伯里劳伦田大学哈奎尔地球科学学院矿物学教授安德鲁（安迪）M.麦克唐纳[Andrew (Andy) M. McDonald]的姓名命名。IMA 2018－141 批准。2019 年 M. F. 库尔博（M. F. Coolbaugh）等在《CNMNC 通讯》(49)、《矿物学杂志》(83)和《欧洲矿物学杂志》(31)报道。目前尚未见官方中文译名，编译者建议音译为安迪麦克唐纳矿*。

【安多矿】

汉拼名 Anduoite

化学式 $RuAs_2$ (IMA)

安多矿是一种钌、锇的砷化物矿物。属斜方砷铁矿族。斜方晶系。晶体呈显微不规则粒状，60～100μm；集合体常呈多晶或块状。暗铅灰色，条痕呈灰黑色，金属光泽，不透明；硬度 6.5～7，完全解理，脆性。安多矿（$RuAs_2$）与峨眉矿（$OsAs_2$）属一完全类质同象系列，在安多矿原生矿石中还发现有 $OsAs_2$—$RuAs_2$ 的中间成员矿物 $(Ru,Os)As_2$。1968 年 H. 霍尔塞特（H. Holseth）等在《斯堪的纳维亚化工学报》(22)报道了合成化合物的白铁矿型结构。1979 年中国地质科学院综合所、地质所，武汉地质学院，中国科学院地质所的学者们，在中国西藏自治区北部唐古拉山那曲地区安多（Anduo）县纯橄榄岩岩体中发现天然新矿物，并以安多（Anduo）县命名。IMA 表－2020 有列出，但未见批准号。1979 年周学粹和于祖相在《科学通报》（英文版）[(24)15]报道。

【安季平石*】

英文名 Antipinite

化学式 $KNa_3Cu_2(C_2O_4)_4$ (IMA)

安季平石*是一种钾、钠、铜的草酸盐矿物，是已知的唯一一种钾-钠-铜的草酸有机物矿物。三斜晶系。晶体呈不完善的短柱状、粒状，粒径可达 0.15mm×0.15mm×0.15mm；集合体大小为 0.65mm。淡蓝色，近乎白色，玻璃光泽，半透明；硬度 2，中等解理，脆性，易碎。2014 年发现于智利伊基克省帕韦永德皮卡（Pabellón de Pica）鸟粪石矿床。英文名称 Antipinite，为纪念米哈伊尔·尤维纳勒维奇·安季平（Mikhail Yuvenalevich Antipin，1951—2013）而以他的姓氏命名。他是有机金属和配位化合物晶体学和晶体化学的专家；他因这些调查而被授予俄罗斯科学院奖。IMA 2014－027 批准。2014 年 N. V. 丘卡诺夫（N. V. Chukanov）等在《CNMNC 通讯》(21)和《矿物学杂志》(78)报道。目前尚未见官方中文译名，编译者建议音译为安季平石*。

【安加尔夫石*】

英文名 Angarfite

化学式 $NaFe^{3+}_5(PO_4)_4(OH)_4 \cdot 4H_2O$ (IMA)

安加尔夫石*针状晶体，放射状、无序状集合体（墨西哥）

安加尔夫石*是一种含结晶水和羟基的钠、铁的磷酸盐矿物。斜方晶系。晶体呈柱状、针状；集合体呈束状、放射状、无序状。橙棕色—红棕色，玻璃光泽，透明；硬度 2.5，脆性，易碎。2010 年发现于摩洛哥瓦尔扎扎特省泰兹纳赫特地区安加尔夫（Angarf）南伟晶岩。英文名称 Angarfite，2011 年 A. R. 坎普夫（A. R. Kampf）等以发现地摩洛哥的安加尔夫（Angarf）伟晶岩命名。IMA 2010－082 批准。2011 年坎普夫等在《CNMNC 通讯》(8)、《矿物学杂志》(75)和 2012 年《加拿大矿物学家》(50)报道。目前尚未见官方中文译名，编译者建议音译为安加尔夫石*。

【安康矿】

汉拼名 Ankangite

化学式 $Ba(Ti,V^{3+},Cr)_8O_{16}$

安康矿柱状、针状晶体（意大利、巴西）

安康矿是一种钡、钛、钒、铬的氧化物矿物。四方晶系。晶体呈柱状、针状。黑色，条痕呈微带灰的黑色，金刚光泽、玻璃光泽或半金属光泽，不透明；硬度 6.5，中等解理，脆性。1983 年，武汉地质学院北京研究生院的科学家熊明、马喆生、彭志忠在中国陕西省安康（Ankang）县石梯重晶石矿区工作时发现的一种新矿物。根据其发现地中国的安康（Ankang）县命名为安康矿（Ankangite）。IMA 1986－026 批准。1988 年熊明等在《科学通报》[33(18)]报道。因属曼纳德石（Mannardite）变种，2012 年被 IMA 废弃{2012 IMA 11－F《CNMNC 通讯》(13)和《矿物学杂志》[76(3)]}（参见【钡钒钛石】条 53 页）。

【安奇诺维奇石】

英文名 Ankinovichite

化学式 $NiAl_4(V^{5+}O_3)_2(OH)_{12} \cdot 2H_2O$ (IMA)

安奇诺维奇石六方板状晶体，梅花状、球粒状集合体（吉尔吉斯斯坦）和安奇诺维奇夫妇像

安奇诺维奇石是一种含结晶水和羟基的镍、铝的钒酸盐矿物。单斜晶系。晶体呈柱状、假六方长板状；集合体呈皮壳状、放射状、梅花状、球粒状。无色、白色、灰绿色、浅蓝绿色，玻璃光泽，透明；硬度 2.5～3，完全解理，脆性。2002 年发现于哈萨克斯坦卡拉套地区库鲁姆萨克钒矿床和吉尔吉斯斯坦奥什州费尔干纳谷地卡拉-查吉（Kara-Chagyr）山。英文名称 Ankinovichite，以俄罗斯矿物学家、地质学家叶卡捷琳娜·亚历山德罗芙娜·安奇诺维奇（Ekaterina Aleksandrovna Ankinovich，1911—1991）和她的丈夫斯特潘纳·格拉斯莫维奇·安奇诺维奇（Stepana Gerasimovicha Ankinovich，1912—1985）他们的姓氏命名，以表彰他们在亚洲的钒矿床工作中所做出的成绩。IMA 2002－063 批准。2004 年 V. Yu. 卡朋克（V. Yu. Karpenko）等在《俄罗斯矿物学会记事》[133(2)]和 2005 年《美国矿物学家》(90)报道。2008 年

任玉峰等在《岩石矿物学杂志》[27(3)]音译为安奇诺维奇石。杨光明教授建议根据成分译为水钒铝镍石。

【安托法加斯塔石*】

英文名 Antofagastaite

化学式 $Na_2Ca(SO_4)_2 \cdot 1.5H_2O$　(IMA)

安托法加斯塔石*柱状晶体(智利)

安托法加斯塔石*是一种含结晶水的钠、钙的硫酸盐矿物。单斜晶系。晶体呈柱状，粒径达 0.5mm×1mm×5mm；晶体常合并形成集合体，直径可达 1cm。无色，玻璃光泽，透明；硬度 3，完全解理，脆性，2018 年发现于智利安托法加斯塔(Antofagasta)大区梅西约内斯半岛科罗内尔曼努埃尔罗德里格斯(Coronel Manuel Rodríguez)矿。英文名称 Antofagastaite，以发现地智利的安托法加斯塔(Antofagasta)省命名。IMA 2018-049 批准。2018 年 I. V. 佩科夫(I. V. Pekov)等在《CNMNC 通讯》(45)、《矿物学杂志》(82)和《欧洲矿物学杂志》(30)及 2019 年《矿物学杂志》[83(6)]报道。目前尚未见官方中文译名，编译者建议音译为安托法加斯塔石*。

【安云矿】

英文名 Anyuiite

化学式 $AuPb_2$　(IMA)

安云矿是一种金、铅的互化物矿物。四方晶系。晶体呈圆形、长方形与菱形粒状、细粒状。银灰色，氧化呈暗铅灰色，金属光泽，不透明；硬度 3.5。1989 年发现于俄罗斯楚科奇自治区波修瓦-安云(Anyui，应译为阿纽伊)河流域。英文名称 Anyuiite，以发现地俄罗斯的安云(Anyui)河命名。IMA 1987-053 批准。1989 年 L. V. 拉辛(L. V. Razin)等在《朱纳尔矿物学》(Mineralogicheskii Zhurnal)[11(4)]和 1991 年 J. L. 杨博尔(J. L. Jambor)在《美国矿物学家》(76)报道。1991 中国新矿物与矿物命名委员会郭宗山在《岩石矿物学杂志》[10(4)]根据英文名称音译为安云矿(编译者注：应译为阿纽伊矿)；根据成分译为锑铅金矿。

【安扎铈矿*】

英文名 Anzaite-(Ce)

化学式 $Ce_4Fe^{2+}Ti_6O_{18}(OH)_2$　(IMA)

安扎铈矿*是一种含羟基的铈、铁、钛的氧化物矿物。单斜晶系。晶体呈微小柱状，长 100μm。灰黑色，半金属光泽，不透明；脆性。2013 年发现于俄罗斯北部摩尔曼斯克州阿夫里坎达(Afrikanda)碱性杂岩体。英文名称 Anzaite-(Ce)，以俄罗斯圣彼得堡州立大学矿物学教授和英国伦敦自然历史博物馆自然科学部地球科学系的助理研究员阿纳托利·N. 扎伊采夫(Anatoly N. Zaitsev，1963—)的姓名缩写，加占优势的稀土元素铈-(Ce)后缀命名，以表彰他在科拉半岛稀土矿物和碱性碳酸岩研究方面做出的贡献。IMA 2013-004批准。2013 年 A. R. 查克莫拉纳(A. R. Chakhmouradian)等在《CNMNC 通讯》(16)、《矿物学杂志》(77)和 2015 年《矿物学杂志》(79)报道。目前尚未见官方中文译名，编译者建议音加成分译为安扎铈矿*。

铵 [ǎn]形声；从金，从安，安声。[英]Ammonium。化学中一种阳性复根 NH_4^+，也就是"铵离子"，亦称"铵根"。它由氨分子(NH_3)与一个氢离子(H^+)配位结合形成铵离子。由于化学性质类似于金属离子，故命名为"铵"。Ammonium 来自古埃及的阿曼神(Amen)或阿摩神(Amun)，他是上尼罗河畔的埃及古城底比斯的保护神。那里有一座希腊人建造的阿摩神庙，当时当地人以骆驼粪作为燃料，熏蒸在庙墙壁上的烟灰中有一种白色的晶体，人们称作阿摩神之盐(Sal ammoniac)。在以后许多世纪中人们发现了一种刺鼻的气体，直到 1774 年，才由普利斯特列首次收集到这种气体，人们叫它阿摩尼亚(Ammonia)，现在叫氨。铵、胺皆由氨演变而来。

【铵白榴石】

英文名 Ammonioleucite

化学式 $(NH_4)(AlSi_2O_6)$　(IMA)

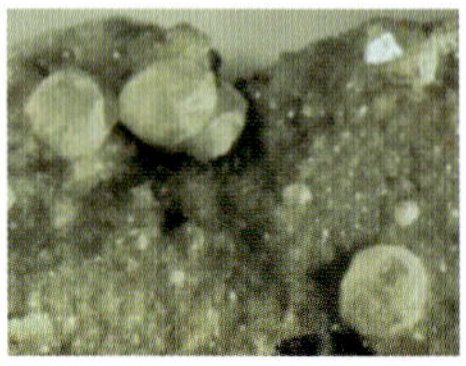

铵白榴石粒状晶体(日本)

铵白榴石是一种铵的铝硅酸盐矿物。属沸石族。四方晶系。晶体呈方沸石四角三八体、立方体、菱形十二面体晶体假象。白色，玻璃光泽、树脂光泽，半透明；硬度 5.5～6。1984 年日本矿物科学研究所的堀秀道发现于日本本州岛群马县藤冈市下日野鈩泽部落南方的采石场三波川变质带绿色片岩。堀秀道和长岛弘三经研究确认是新矿物。堀秀道因发现铵白榴石 1986 年获樱井奖。英文名称 Ammonioleucite，以成分冠词"Ammonio(铵)"和根词"Leucite(白榴石)"组合命名。IMA 1984-015 批准。1986 年堀秀道(Hidemichi Hori)等在《美国矿物学家》(71)报道。1986 年中国新矿物与矿物命名委员会郭宗山等在《岩石矿物学杂志》[6(4)]根据成分及与白榴石的关系译为铵白榴石。

【铵矾】

英文名 Mascagnite

化学式 $(NH_4)_2(SO_4)$　(IMA)

铵矾小片状、羽毛状晶体，钟乳状集合体(美国、德国)和马斯卡尼像

铵矾是一种铵的硫酸盐矿物。斜方晶系。晶体呈假六方小片状、羽毛状，人工晶体呈粒状、短柱状、扁平板状，具聚片双晶；集合体常呈粉末状、皮壳状、钟乳状。无色、灰色、黄灰色、浅黄色，玻璃光泽，透明—不透明；硬度 2～2.5，完全解理；有强烈辣苦涩味，溶于水。最早见于 1777 年 B. G. 萨格(B. G. Sage)在《矿物鉴定原理》(第二卷，第二版)称硫酸铵盐。1800 年发现于意大利那不勒斯省维苏威(Vesuvius)火山喷气口；同年，D. L. G. 卡斯滕(D. L. G. Karsten)在《矿物鉴定表》(第一版，柏林)刊载。英文名称 Mascagnite，以意大利锡耶纳大学解剖学家保罗·马斯卡尼(Paolo Mascagni，1755—1815)的姓氏命名，是他第一次描述了该矿物。1959 年以前发现、描述并命名的"祖父级"矿物，IMA 承认有效。中文名称根据成分译为铵矾。

【铵高铁矾*】

英文名 Pyracmonite

化学式 $(NH_4)_3Fe(SO_4)_3$　(IMA)

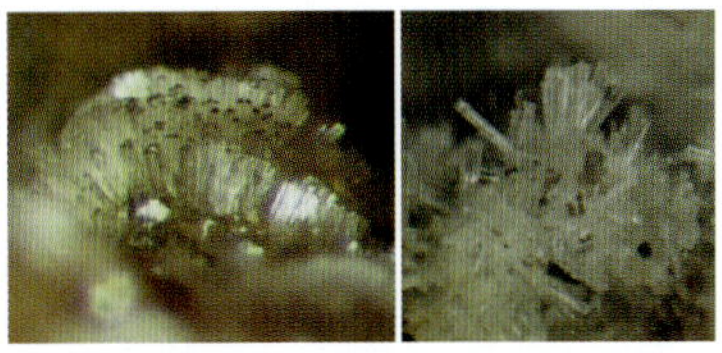

铵高铁矾*针柱状晶体,放射状、无序状、晶簇状集合体(匈牙利)

铵高铁矾*是一种铵、铁的硫酸盐矿物。三方晶系。晶体呈六方针柱状,长达0.2mm;集合体呈放射状、无序状、晶簇状、皮壳状。无色—白色,玻璃光泽,透明—半透明;硬度2。2008年发现于意大利墨西拿省伊奥利亚群岛弗卡诺(Vulcano)岛火山坑。英文名称 Pyracmonite,以希腊文"πνρ=Fire(火)"和"ακμων=Anvil(铁砧)"组合命名。这个名字令人们联想起希腊神话中赫菲斯托斯(Hephaistoss)的打铁的车间,据称是位于弗卡诺(Vulcano)岛。IMA 2008-029批准。2010年F.德马丁(F. DeMartin)等在《加拿大矿物学家》(48)报道。目前尚未见官方中文译名,编译者建议根据成分译为铵铁矾*或铵高铁矾。

【铵红水磷铝钾石*】

英文名 Ammoniotinsleyite

化学式 $(NH_4)Al_2(PO_4)_2(OH)\cdot 2H_2O$　　(IMA)

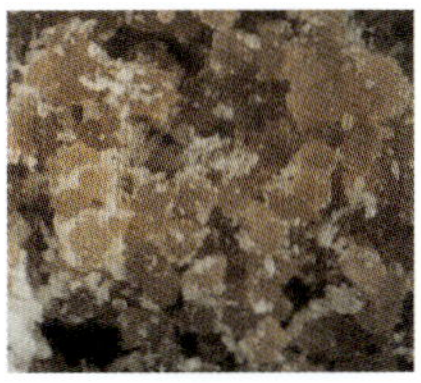

铵红水磷铝钾石*团状集合体(智利)

铵红水磷铝钾石*是一种含结晶水和羟基的铵、铝的磷酸盐矿物。元素独特组合,是红水磷铝钾石的铵的类似矿物。属淡磷钾铁矿族。单斜晶系。集合体呈团状。粉红色—淡紫色,玻璃光泽,透明—半透明;硬度4,脆性,易碎。2019年发现于智利伊基克省查纳巴亚帕贝隆·德皮卡(Pabellón de Pica)鸟粪沉积物。英文名称 Ammoniotinsleyite,由成分冠词"Ammonio(铵)"和根词"Tinsleyite(红水磷铝钾石*)"组合命名,意指它是红水磷铝钾石的铵的类似矿物。IMA 2019-128批准。2020年N. V. 丘卡诺夫(N. V. Chukanov)等在《CNMNC通讯》(55)、《矿物学杂志》(84)和《欧洲矿物学杂志》(32)报道。目前尚未见官方中文译名,编译者建议根据成分及与红水磷铝钾石*的关系译为铵红水磷铝钾石*。

【铵黄钾铁矾】

英文名 Ammoniojarosite

化学式 $(NH_4)Fe^{3+}_3(SO_4)_2(OH)_6$　　(IMA)

铵黄钾铁矾细粒状晶体,土状集合体(德国、匈牙利)

铵黄钾铁矾是一种铵占优势的黄钾铁矾的类似矿物。属明矾石超族明矾石族。三方晶系。晶体呈显微六方板状、细粒状;集合体呈结核状和小瘤状、皮壳状。淡黄色、几乎无色、淡赭黄色,蜡状光泽、土状光泽,透明—半透明;硬度3.5~4.5,完全解理。1927年发现于美国犹他州凯恩县凯巴布(Kaibab)断层;同年,香农(Shannon)在《美国矿物学家》(12)报道。英文名称 Ammoniojarosite,由成分冠词"Ammonium(铵)"和根词"Jarosite(黄钾铁矾)"组合命名。1959年以前发现、描述并命名的"祖父级"矿物,IMA承认有效。中文名称根据成分及与黄钾铁矾的关系译为铵黄钾铁矾或黄铵铁矾(根词参见【黄钾铁矾】条339页)。

【铵基苯石】

英文名 Kladnoite

化学式 $C_6H_4(CO)_2NH$　　(IMA)

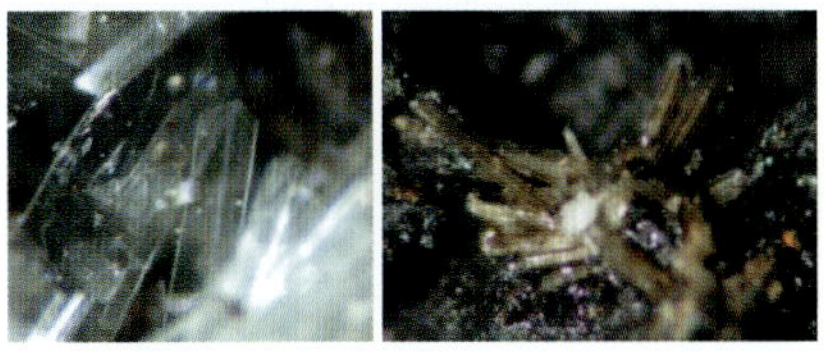

铵基苯石板状、柱状晶体,晶簇状集合体(捷克)

铵基苯石是一种邻苯二甲酰亚胺(邻苯二甲酸酰胺)有机化合物矿物。单斜晶系。晶体呈板状、柱状;集合体呈晶簇状。浅黄色、白色、无色;完全解理。1942年发现于捷克共和国波希米亚中部克拉德诺(Kladno)市利布欣克拉德诺矿燃烧的煤堆。1942年R.罗斯特(R. Rost)在*Rozpravy Ceské Akademie*[52(25)]和1946年《美国矿物学家》(31)报道。英文名称 Kladnoite,以发现地捷克共和国的克拉德诺(Kladno)命名。1959年以前发现、描述并命名的"祖父级"矿物,IMA承认有效。中文名称根据成分译为铵基苯石。

【铵钾芒硝】

英文名 Ammonium-aphthitalite

化学式 $Na(K,NH_4)(SO_4)$

铵钾芒硝是一种钾芒硝的含铵的矿物。六方晶系。晶体呈纤维状。黄白色,丝绢光泽;硬度2.5。最初的报道来自秘鲁拉利伯塔德瓜纳佩(Guañape)岛。钾芒硝{Aphthitalite,$(K,Na)_3Na[SO_4]$}1835年第一次发现并描述于意大利维苏威火山。英文名称 Aphthitalite,来自希腊文"άφθητos=Unalterable(不变的)"和"ἅλαs=Salt(盐)",意指其在空气中稳定。而英文 Ammonium(氨盐基),来自古埃及的阿曼神(Amen)或阿摩神(Amun),他是上尼罗河畔的埃及古城底比斯的保护神,那里有一座希腊人建造的阿摩神庙,当时当地人以骆驼粪作为燃料,熏蒸在庙墙壁上的烟灰中有一种白色的晶体,人们称作阿摩神之盐(Sal ammoniac)。在以后许多世纪中人们发现了一种刺鼻的气体,直到1774年,才有普利斯特列首次收集到这种气体,人们叫它阿摩尼亚(Ammonia),现在叫氨。铵、胺皆由氨演变而来。英文名称 Ammonium aphthitalite,即以成分冠词"Ammonium(氨盐基)"和根词"Aphthitalite(钾芒硝)"组合命名。中文名称根据成分及与钾芒硝的关系译为铵钾芒硝(根词参见【钾芒硝】条368页)。

【铵硫钒钾铀矿*】

英文名 Ammoniomathesiusite

化学式 $(NH_4)_5(UO_2)_4(SO_4)_4(VO_5)\cdot 4H_2O$　　(IMA)

铵硫钒钾铀矿*是一种含结晶水的铵的铀酰-钒酸-硫酸盐矿物。四方晶系。晶体呈柱状;集合体呈晶簇状。黄色、绿黄色。2017年发现于美国科罗拉多州圣米格尔县布罗(Burro)矿。英文名称 Ammoniomathesiusite,由成分冠词"Ammonio(铵)"和根词"Mathesiusite(硫钒钾铀矿)"组合命名，意指它是铵占优势的硫钒钾铀矿的类似矿物（根词参见【硫钒钾铀矿】条 499 页）。IMA 2017－077 批准。2017 年 A. R. 坎普夫（A. R. Kampf）等在《CNMNC 通讯》(40)、《矿物学杂志》(81)和 2019 年《矿物学杂志》(83)报道。目前尚未见官方中文译名，编译者建议根据成分及与硫钒钾铀矿的关系译为铵硫钒钾铀矿*，或根据成分加音译为铵马特修斯铀矿*。

铵硫钒钾铀矿* 柱状晶体，晶簇状集合体（美国）

【铵铝矾①】

英文名 Godovikovite

化学式 $(NH_4)Al(SO_4)_2$ (IMA)

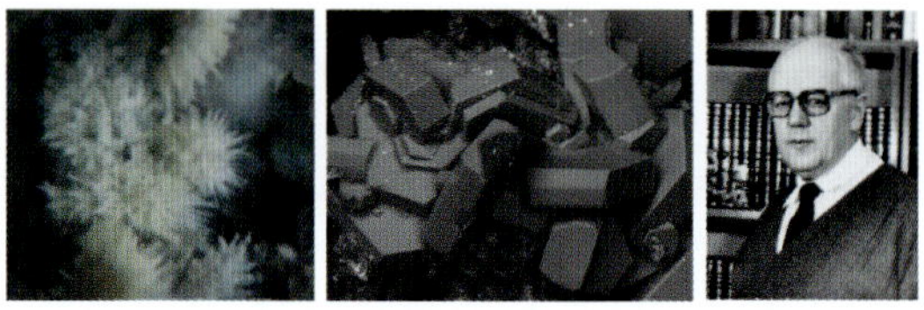

铵铝矾① 针状、板状晶体，放射状集合体（意大利）和戈多维科夫像

铵铝矾①是一种铵、铝的硫酸盐矿物。六方晶系。晶体呈片状、针状；集合体呈皮壳状、放射状。白色，玻璃光泽，透明；硬度 2。1987 年发现于俄罗斯车里雅宾斯克州科佩伊斯克（Kopeisk）。英文名称 Godovikovite，以俄罗斯矿物学家亚历山大·亚历山德罗维奇·戈多维科夫（Aleksandr Aleksandrovich Godovikov，1927—1995）的姓氏命名。IMA 1987－019批准。1988 年 Y. P. 西切巴卡娃（Y. P. Shcherbakova）等在《全苏矿物学会记事》(117)和《美国矿物学家》(75)报道。1991 年中国新矿物与矿物命名委员会郭宗山在《岩石矿物学杂志》[10(4)]根据成分译为铵铝矾①。

【铵铝矾*②】

英文名 Aluminopyracmonite

化学式 $(NH_4)_3Al(SO_4)_3$ (IMA)

铵铝矾*②是一种铵、铝的硫酸盐矿物，化学成分与 Godovikovite（铵铝矾①）相关。三方晶系。晶体呈六方针柱状，长 0.2mm；集合体呈块状、放射状、球状、晶簇状。无色、白色，玻璃光泽，透明。2012 年发现于意大利墨西拿省伊奥利亚群岛利帕里火山弗卡诺（Vulcano）岛火山口。英文名称 Aluminopyracmonite，以成分冠词“Alumino（铝）”和根词“Pyracmonite（铵铁矾*）”组合命名，意指它是铝占优势的铵铁矾*的类似矿物（但结构不同）（根词参见【铵高铁矾*】条 22 页）。IMA 2012－075 批准。2013 年 F. 德马丁（F. Demartin）等在《CNMNC 通讯》(15)和《矿物学杂志》[77(4)]报道。目前尚未见官方中文译名，编译者建议根据成分译为铵铝矾*②。

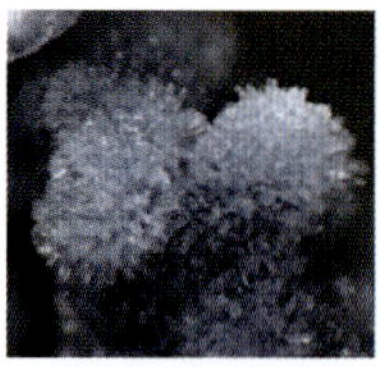

铵铝矾*② 针柱状晶体，放射状、球状、晶簇状集合体（意大利）

【铵绿钾铁矾*】

英文名 Ammoniovoltaite

化学式 $(NH_4)_2Fe^{2+}_5Fe^{3+}_3Al(SO_4)_{12}(H_2O)_{18}$ (IMA)

铵绿钾铁矾*是一种含结晶水的铵、二价铁、三价铁、铝的硫酸盐矿物。属绿钾铁矾族。等轴晶系。晶体呈立方体、八面体。黑色，玻璃光泽，不透明；脆性；溶于水。2017 年发现于俄罗斯堪察加州坎巴利内火山塞韦罗－坎巴利内（Severo-Kambalny）地热田。英文名称 Ammoniovoltaite，以成分冠词“Ammonio（铵）”和根词“Voltaite（绿钾铁矾）”组合命名。IMA 2017－022 批准（根词参见【绿钾铁矾】条 544 页）。2017 年 E. S. 季托娃（E. S. Zhitova）等在《CNMNC 通讯》(38)、《矿物学杂志》(81)和 2018 年《矿物学杂志》(82)报道。目前尚未见官方中文译名，编译者建议根据成分及与绿钾铁矾的关系译为铵绿钾铁矾*。

【铵镁矾】

英文名 Efremovite

化学式 $(NH_4)_2Mg_2(SO_4)_3$ (IMA)

铵镁矾是一种罕见的铵、镁的硫酸盐矿物。属无水钾镁矾族。等轴晶系。晶体呈粒状；集合体呈皮壳状。白色、灰色，玻璃光泽，透明—不透明；硬度 2。1987 年发现于俄罗斯车里雅宾斯克煤盆地科佩伊斯克（Kopeisk）43 号煤矿。英文名称 Efremovite，以俄罗斯地质学家和科学科幻作家伊万·安东诺维奇·叶夫列莫夫（Ivan Antonovich Yefremov，1907—1972）博士的姓氏命名。IMA 1987－033a 批准。1989 年 Y. P. 西切巴卡娃（Y. P. Shcherbakova）等在《全苏矿物学会记事》(118)和《美国矿物学家》(76)报道。1991 中国新矿物与矿物命名委员会郭宗山在《岩石矿物学杂志》[10(4)]根据成分译为铵镁矾。

叶夫列莫夫像

【铵镁绿钾铁矾*】

英文名 Ammoniomagnesiovoltaite

化学式 $(NH_4)_2Mg_5Fe^{3+}_3Al(SO_4)_{12} \cdot 18H_2O$ (IMA)

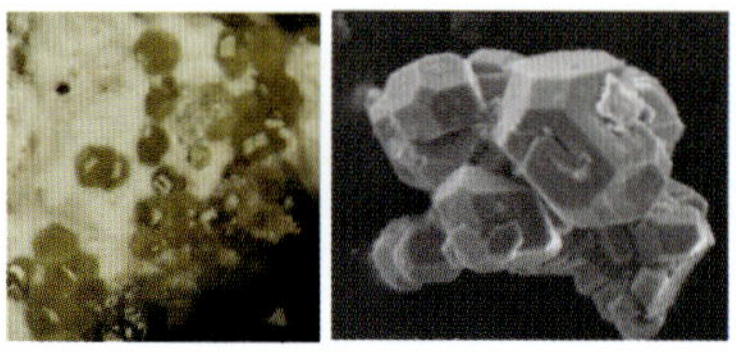

铵镁绿钾铁矾* 粒状晶体（匈牙利）

铵镁绿钾铁矾*是一种含结晶水的铵、镁、铁、铝的硫酸盐矿物。属绿钾铁矾族。等轴晶系。晶体呈立方体、八面体及聚形、粒状。灰绿黄色、黄色，玻璃光泽，半透明；硬度 2～3。2009 年发现于匈牙利巴兰尼亚州迈切克山脉佩奇－华沙（Pécs-Vasas）废弃煤矿。英文名称 Ammoniomagnesiovoltaite，由成分冠词“Ammonio（铵）”“Magnesio（镁）”和根词“Voltaite（绿钾铁矾）”组合命名（根词参见【绿钾铁矾】条 544 页）。IMA 2009－040 批准。2012 年 S. 斯扎卡尔（S. Szakáll）等在《加拿大矿物学家》(50)报道。目前尚未见官方中文译名，编译者建议根据成分及与绿钾铁矾的关系译为铵镁绿钾铁矾*。

【铵明矾】

英文名 Tschermigite

化学式 $(NH_4)Al(SO_4)_2 \cdot 12H_2O$ (IMA)

铵明矾是一种含结晶水的铵、铝的硫酸盐矿物。属明矾族。等轴晶系。晶体呈八面体、粒状、柱状或纤维状；集合体呈粉末状、花状。无色—白色，玻璃光泽，纤维状者呈丝绢光泽，透明；硬度 1.5～2；略带甜味。最早见于 1832 年伯当

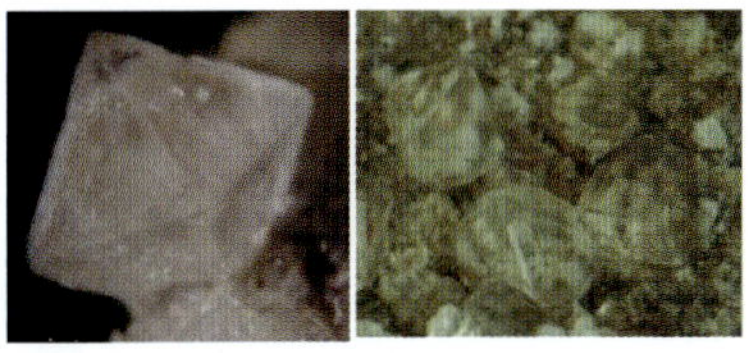

铵明矾八面体晶体(德国、匈牙利)

(Beudant)在《矿物基础教程》(第二卷,第二版)称铵矾(Ammonalun)。1853年发现于捷克共和国波希米亚乌斯季(Usti)地区卡丹附近的特斯希尔米(Tschermig),现在的Cermniky)。英文名称Tschermigite,1853年冯·科贝尔(von Kobell)在慕尼黑《干湿简易化学试验矿物测定表》(*Tafeln zur Bestimmung der Mineralienmittelst einfacher chemischer Versucheauf trockenem und nassem Wege.*)根据首次发现地捷克的特斯希尔米格(Tschermig)命名为Tschermigite。1959年以前发现、描述并命名的"祖父级"矿物,IMA承认有效。中文名称根据成分译为铵明矾。

【铵明矾石】

英文名 Ammonioalunite

化学式 $(NH_4)Al_3(SO_4)_2(OH)_6$ (IMA)

铵明矾石是一种含羟基的铵、铝的硫酸盐矿物,是明矾石的含铵矿物。属明矾石超族明矾石族。三方晶系。晶体呈显微菱面体、粒状;集合体呈块状。灰白色,玻璃光泽,透明—半透明;硬度2～3,完全解理。1986年发现于美国加利福尼亚州索诺玛县梅亚卡玛斯山脉西梅亚卡玛斯(West Mayacmas)区间歇泉。英文名称Ammonioalunite,以成分冠词"Ammonio(铵)"和根词"Alunite(明矾石)"组合命名。IMA 1986-037批准。1988年S. P.阿尔塔内尔(S. P. Altaner)等在《美国矿物学家》(73)报道。中文名称根据化学成分及与明矾石的关系译为铵明矾石(根词参见【明矾石】条622页)。

铵明矾石菱面体晶体(显微照片)(匈牙利)

【铵石膏】

英文名 Koktaite

化学式 $(NH_4)_2Ca(SO_4)_2 \cdot H_2O$ (IMA)

铵石膏是一种含结晶水的铵、钙的硫酸盐矿物。单斜晶系。晶体呈板状、针状,常见双晶;集合体呈层状。无色、白色,玻璃光泽,透明—半透明;硬度2.5。1948年发现于捷克共和国摩拉维亚南部泽拉维克(Žeravice)。英文名称Koktaite,以捷克化学家雅罗斯拉夫·科克塔(Jaroslav Kokta,1904—1970)的姓氏命名,是他分析了人工合成物。1948年塞卡尼纳(Sekanina)在莫拉沃-西里西亚《自然科学学报》(20)和1949年弗莱舍在《美国矿物学家》(34)报道。1959年以前发现、描述并命名的"祖父级"矿物,IMA承认有效。中文名称根据成分译为铵石膏。

铵石膏板状晶体呈石膏假象(捷克)

【铵水铀矾*】

英文名 Ammoniozippeite

化学式 $(NH_4)_2[(UO_2)_2(SO_4)O_2] \cdot H_2O$ (IMA)

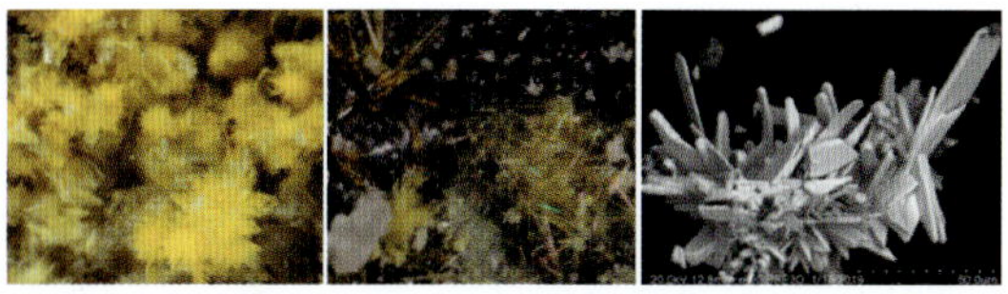

铵水铀矾*针状、片状晶体,花状、针束状、无序状集合体(美国)

铵水铀矾*是一种含结晶水的铵的氧-铀酰-硫酸盐矿物。属水铀矾族。斜方晶系。晶体呈针状、片状;集合体呈放射状、束状、无序状。黄色,玻璃光泽,透明。2017年发现于美国科罗拉多州圣米格尔县布罗(Burro)矿和犹他州圣胡安县蓝蜥蜴(Blue Lizard)矿。英文名称Ammoniozippeite,以成分冠词"Ammonio(铵)"和根词"Zippeite(水铀矾)"组合命名。IMA 2017-073批准。2017年A. R.坎普夫(A. R. Kampf)等在《CNMNC通讯》(40)、《矿物学杂志》(81)和2018年《加拿大矿物学家》(56)报道。目前尚未见官方中文译名,编译者建议根据成分及与水铀矾的关系译为铵水铀矾*。

【铵亚铁矾*】

英文名 Ferroefremovite

化学式 $(NH_4)_2Fe^{2+}_2(SO_4)_3$ (IMA)

铵亚铁矾*是一种铵、亚铁的硫酸盐矿物。属无水钾镁矾族。等轴晶系。2019年发现于意大利那不勒斯省波佐利市索尔法塔拉火山博卡格兰德(Bocca Grande)火山口。英文名Ferroefremovite,由成分冠词"Ferro(二价铁)"和根词"Efremovite(铵镁矾)"组合命名,意指它是铁的铵镁矾的类似矿物。IMA 2019-008批准。2019年A. V.卡萨特金(A. V. Kasatkin)等在《CNMNC通讯》(50)、《矿物学杂志》(83)和《欧洲矿物学杂志》(31)报道。目前尚未见官方中文译名,编译者建议根据成分亚铁及与铵镁矾的关系译为铵亚铁矾*。

【铵铀矾】

英文名 Beshtauite

化学式 $(NH_4)_2(UO_2)(SO_4)_2 \cdot 2H_2O$ (IMA)

铵铀矾是一种含结晶水的铵的铀酰-硫酸盐矿物。单斜晶系。晶体呈短柱状;集合体呈块状、皮壳状。亮绿色,玻璃光泽,透明;硬度2,脆性。2012年发现于俄罗斯斯塔夫罗波尔边疆区皮亚季戈尔斯克市勒蒙托夫斯科(Lermontovskoe)铀矿床别什塔乌(Beshtau)山葛雷穆奇卡(Gremuchka)矿带一号矿。英文名称Beshtauite,以发现地俄罗斯的别什塔乌(Beshtau)山铀矿命名。IMA 2012-051批准。2013年I. V.佩科夫(I. V. Pekov)等在《矿物学杂志》(77)和2014年《美国矿物学家》(99)报道。2015年艾钰洁、范光在《岩石矿物学杂志》[34(1)]根据成分译为铵铀矾。

暗

[àn]形声;从日,音声。本义:昏暗、暗淡。暗与"明"相对。

【暗镍蛇纹石】

英文名 Willemseite

化学式 $Ni_3Si_4O_{10}(OH)_2$ (IMA)

暗镍蛇纹石是一种含羟基的镍的硅酸盐矿物。属叶蜡石-滑石族。单斜晶系。晶体常呈隐晶—微晶纤维状;集合体呈皮壳状、土状或球粒状、钟乳状或胶体状。暗绿色、草绿色、淡黄色,光泽暗淡;硬度2～2.5。1864年,法国地质学家朱尔斯·加尼尔(Jules Garnier)首先在法国的大洋洲西南部

暗镍蛇纹石球粒状、钟乳状集合体(俄罗斯)

的一个境外领地新喀里多尼亚(New Caledonia)岛发现。1875 年以该矿物的发现者朱尔斯·加尼尔(Jules Garnier,? —1904)姓氏命名为 Garnierite,它是一个绿色镍矿的通用名称,而不是一个矿物名称命名和分类(CNMNC)委员会命名的有效的新矿物名称,因此没有明确的成分或公式,但已被普遍采用。后在南非姆普马兰加省埃兰泽尼区巴伯顿邦雅阁(Bon Accord)镍矿床发现。1968 年在《国家冶金研究所研究报告》(352)和 1969 年在《美国矿物学家》(54)报道。英文名称 Willemseit,以南非比勒陀利亚大学地质学教授约翰尼斯·威廉斯(Johannes Willemse,1909—1967)的姓氏命名。IMA 1971s. p. 批准。2014 年 C. 维拉诺瓦·德·贝纳文特(C. Villanova de Benavent)等在来自南非巴伯顿邦雅阁的镍-镁层状硅酸盐:Willemseite(暗镍蛇纹石)和 Nimite(镍绿泥石)的新数据(见 IMA 2014 第 21 届大会,南非豪登,9 月 1 日至 5 日;摘要卷,212)。中文名称译名也较多,有的根据颜色、成分和族名译为暗镍蛇纹石或镍蛇纹石;根据成分和晶体习性及族名译为镍纤蛇纹石或纤镍蛇纹石;其实它并不是蛇纹石族矿物,故又根据成分译为硅镁镍矿或硅镍矿,还有的译为镍滑石及富镍滑石。

凹

[āo]象形。[英],音,用于外国地名。

【凹凸棒石】参见【坡缕石】条 688 页

奥

[ào]形声。[英]音,用于外国人名、地名、运动会名;及"Oligo(小)"的首音节音。

【奥贝蒂石】参见【钛镁钠闪石】条 912 页

【奥本海默铀矿*】

英文名 Oppenheimerite

化学式 $Na_2(UO_2)(SO_4)_2 \cdot 3H_2O$ (IMA)

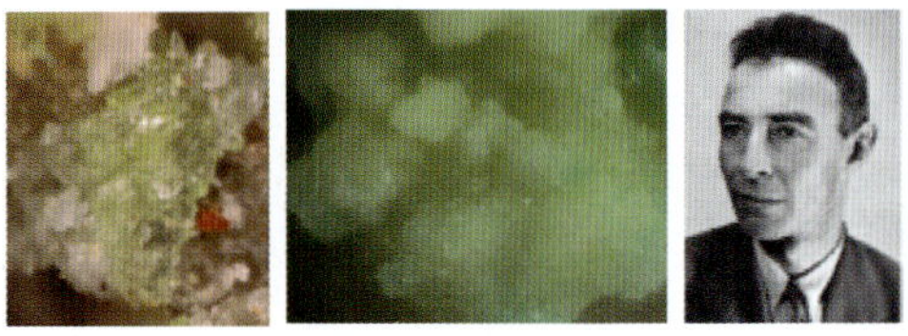

奥本海默铀矿*晶簇状、团状集合体(美国)和奥本海默像

奥本海默铀矿*是一种罕见的含结晶水的钠的铀酰-硫酸盐矿物。三斜晶系。晶体呈柱状,长几毫米;集合体呈平行连生晶簇状、不规则团状。浅绿黄色,玻璃光泽,透明;完全解理。2014 年发现于美国犹他州圣胡安县蓝蜥蜴(Blue Lizard)矿。英文名称 Oppenheimerite,2015 年 A. R. 坎普夫(A. R. Kampf)等为纪念美国加州大学伯克利分校理论物理学家朱利叶斯·罗伯特·奥本海默(Julius Robert Oppenheimer,1904—1967)博士而以他的姓氏命名。奥本海默在第二次世界大战期间任曼哈顿项目的洛斯阿拉莫斯实验室负责人,后来担任普林斯顿高级研究所所长;他在原子物理、核聚变、天体物理学和量子力学方面取得了重大进展;他是一位对氢弹发展直言不讳的批评者。IMA 2014-073 批准。2015 年 A. R. 坎普夫(A. R. Kampf)等在《CNMNC 通讯》(23)和《矿物学杂志》(79)报道。目前尚未见官方中文译名,编译者建议音加成分译为奥本海默铀矿*。

【奥长石】

英文名 Oligoclase

化学式 $(Na,Ca)[Al(Si,Al)Si_2O_8]$

奥长石柱状或厚板状晶体(美国)

奥长石属长石族斜长石亚族钠长石($Na[AlSi_3O_8]$)-钙长石($Ca[Al_2Si_2O_8]$)完全类质同象系列的矿物之一。三斜晶系。晶体多呈柱状或板状、粒状,常见聚片双晶;集合体呈块状。白色—灰白色,有些呈微浅蓝或浅绿色,或肉红色,玻璃—半玻璃光泽,透明—半透明;硬度 6~6.5,脆性。1824 年 J. J. 伯齐利厄斯(J. J. Berzelius)发现于瑞典南曼兰省斯德哥尔摩的丹维克斯图尔(Danvikstull),当时被认为是苏打-锂辉石(Soda-spodumene),因为它的外表与锂辉石相似。英文名称 Oligoclase,1826 年约翰·奥格斯格·布赖特豪普特(Johann August Breithaupt)根据希腊文"ὀλίγος=Oligo(小)"和"κλάσις=Klasis=Clasein(解理)"命名,意指矿物的解理不如钠长石的解理完美。中文名称音和意译为奥长石,又译为更长石或钠奥长石,旧译钠钙长石。若混有钠长石或金属矿物后,呈肉红色并由于含鳞片状镜铁矿细微包裹体而呈现金黄色闪光的变种,称为日光石、太阳石(Sunstone),是名贵的雕刻材料(参见【斜长石】条 1018 页)。

【奥丁诺石】

英文名 Odinite

化学式 $(Fe^{3+},Mg,Al,Fe^{2+})_{2.5}(Si,Al)_2O_5(OH)_4$ (IMA)

奥丁诺石是一种含羟基的三价铁、镁、铝、二价铁的铝硅酸盐矿物。属高岭石-蛇纹石族。单斜(三方)晶系。集合体呈隐晶泥状。绿色—深绿色,丝绢光泽、土状光泽,半透明—不透明;硬度 2.5。1988 年发现于几内亚洛斯(Los)群岛大陆边缘新近纪沉积物。英文名称 Odinite,以法国黏土矿物学家吉尔斯·塞尔·奥丁诺(Gilles Serge Odin,1942—)的姓氏命名。IMA 1988-015 批准。1988 年 S. W. 贝利(S. W. Bailey)在《黏土矿物》[23(3)]和 1990 年《美国矿物学家》(75)报道。2003 年李锦平等在《岩石矿物学杂志》[22(3)]音译为奥丁诺石,也有的译为钛云母。

【奥丁特石】

英文名 Odintsovite

化学式 $K_2Na_4Ca_3Ti_2Be_4Si_{12}O_{38}$ (IMA)

奥丁特石粒状晶体(俄罗斯)和奥丁特索瓦像

奥丁特石是一种钾、钠、钙、钛、铍的硅酸盐矿物。斜方晶系。晶体呈板状、粒状。无色、浅粉红色、略带棕粉红色,玻璃光泽,透明;硬度 5~5.5,脆性。1994 年发现于俄罗斯伊尔库茨克州马伊穆伦(Maly Murun)地块碱性岩体。英文名称 Odintsovite,以伊尔库茨克地球研究所的创始人 M. M. 奥丁特索瓦(M. M. Odintsova,1911—1979)教授的姓氏命名。IMA 1994-052 批准。1995 年在《俄罗斯矿物学会记

事》[124(5)]报道。1991 年中国新矿物与矿物命名委员会郭宗山在《岩石矿物学杂志》[10(4)]和 2003 年李锦平等在《岩石矿物学杂志》[22(3)]音译为奥丁特石。

【奥尔洛夫石*】

英文名 Orlovite

化学式 $KLi_2Ti(Si_4O_{10})(OF)$ (IMA)

奥尔洛夫石*是一种含氟和氧的钾、锂、钛的硅酸盐矿物。属云母族。单斜晶系。晶体呈片状,长达 2mm;集合体呈层状。无色、白色,玻璃光泽、珍珠光泽,透明;硬度 2~3,完全解理。2009 年发现于塔吉克斯坦天山山脉达拉伊皮奥兹(Dara-i-Pioz)冰川。英文名称 Orlovite,为纪念俄罗斯著名矿物学家、矿物学博士、钻石和宝石矿物学专家尤里·列昂尼多维奇·奥尔洛夫(Yury Leonidivich Orlov,1926—1980)而以他的姓氏命名。奥尔洛夫于 1976—1980 年间担任费尔斯曼矿物学博物馆的馆长,著有《金刚石矿物学》和《金刚石形态学》经典专著,以及超过 50 篇其他作品。IMA 2009-006 批准。2011 年 A. A. 阿加哈诺夫(A. A. Agakhanov)等在《矿物新数据》(46)报道。目前尚未见官方中文译名,编译者建议音译为奥尔洛夫石*;杨光明教授建议根据成分和族名译为钛锂云母。

【奥尔斯查尔石】

英文名 Orschallite

化学式 $Ca_3(S^{4+}O_3)_2(SO_4)\cdot 12H_2O$ (IMA)

奥尔斯查尔石是一种含结晶水的钙的硫酸盐矿物。三方晶系。晶体呈假立方体,粒径 0.3mm。无色、白色,玻璃光泽,透明;硬度 4。1990 年发现于德国莱茵兰-普法尔茨州艾费尔高原下齐森的汉纳巴赫莱伊(Hannebacher Ley)。英文名称 Orschallite,以在德国科隆的发现此矿物的 P. 奥尔斯查尔(P. Orschall)的姓氏命名。IMA 1990-041 批准。1993 年 C. 魏登塔勒(C. Weidenthale)等在《矿物学和岩石学》(48)报道。1998 年中国新矿物与矿物命名委员会黄蕴慧等在《岩石矿物学杂志》[17(2)]音译为奥尔斯查尔石。

【奥格尼特矿*】

英文名 Ognitite

化学式 NiBiTe (IMA)

奥格尼特矿*是一种镍、铋的碲化物矿物。三方晶系。黑色,金属光泽,不透明。2018 年发现于俄罗斯伊尔库茨克州奥格尼特(Ognit)杂岩体。英文名称 Ognitite,以发现地俄罗斯的奥格尼特(Ognit)杂岩体命名。IMA 2018-006a 批准。2019 年 A. Y. 巴尔科夫(A. Y. Barkov)等在《CNMNC 通讯》(47)、《矿物学杂志》[83(5)]和《欧洲矿物学杂志》(31)报道。目前尚未见官方中文译名,编译者建议音译为奥格尼特矿*。

【奥基石*】

英文名 Okieite

化学式 $Mg_3[V_{10}O_{28}]\cdot 28H_2O$ (IMA)

奥基石*是一种含结晶水的镁的钒酸盐矿物。三斜晶系。晶体呈柱状,通常呈弯曲柱状(长度可达 3mm 左右),常呈圆形。橘红色、橙黄色,玻璃光泽、透明;硬度 1.5,脆性,断口呈弯曲或贝壳状。2018 年发现于美国科罗拉多州蒙特罗斯县悍马(Hummer)矿和圣米格尔县布罗(Burro)矿山。英文名称 Okieite,以科罗拉多州纳图里塔的克雷格"奥基"豪厄尔(Craig"Okie"Howell)命名。IMA 2018-080 批准。2018 年 A. R. 坎普夫(A. R. Kampf)等在《CNMNC 通讯》(46)、《矿物学杂志》(82)和《欧洲矿物学杂志》(30)报道。目前尚未见官方中文译名,编译者建议音译为奥基石*。

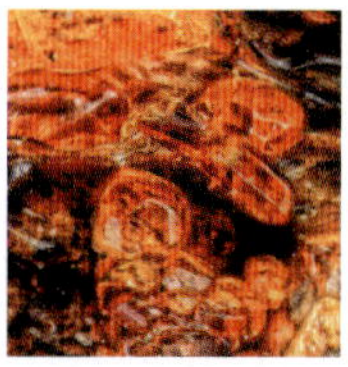

奥基石* 柱状晶体(美国)

【奥科鲁施石*】

英文名 Okruschite

化学式 $Ca_2Mn_5^{2+}Be_4(AsO_4)_6(OH)_4\cdot 6H_2O$ (IMA)

奥科鲁施石*是一种含结晶水和羟基的钙、锰、铍的砷酸盐矿物。属钙磷铍锰矿族(Roscherite)。单斜晶系。晶体呈板状、弯曲和错位的板条状。白色,玻璃光泽,透明—半透明。2013 年发现于德国巴伐利亚州弗朗科尼亚区福克斯(Fuchs)采石场。英文名称 Okruschite,以德国乌兹堡维尔茨堡大学马丁·奥科鲁施(Martin Okrusch,1934—)教授的姓氏命名。IMA 2013-097 批准。2013 年 N. V. 丘卡诺夫(N. V. Chukanov)等在《CNMNC 通讯》(18)、《矿物学杂志》(77)和 2014 年《欧洲矿物学杂志》(26)报道。目前尚未见官方中文译名,编译者建议音译为奥科鲁施石*。杨光明教授建议根据成分译为水砷铍锰钙石。

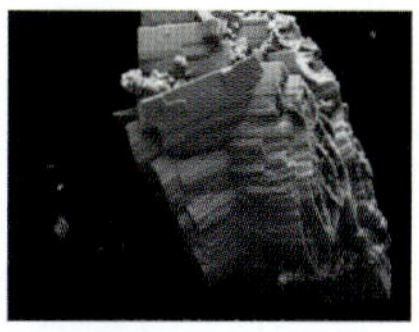

奥科鲁施石* 板条状晶体(德国,电镜)

【奥莱曼石】

英文名 Orlymanite

化学式 $Ca_4Mn_3^{2+}Si_8O_{20}(OH)_6\cdot 2H_2O$ (IMA)

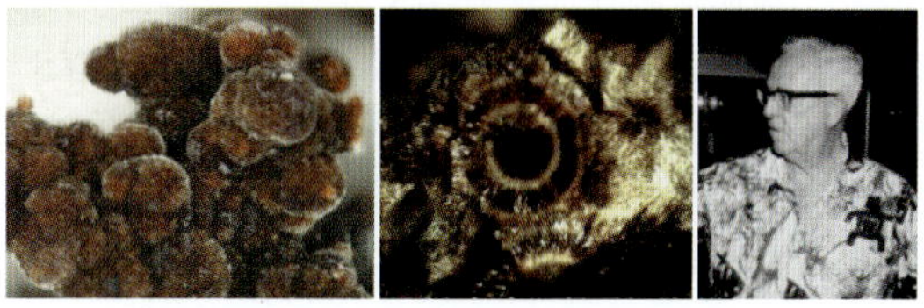

奥莱曼石不规则状、放射状、小球状集合体(南非)和莱曼像

奥莱曼石是一种含结晶水和羟基的钙、锰的硅酸盐矿物。属白钙沸石族。三方晶系。晶体呈纤维状;集合体呈放射状、小球状、不规则状、玫瑰花状。深棕色,玻璃光泽,半透明;硬度 4~5,完全解理。1988 年发现于南非开普省卡拉哈里锰矿区韦塞尔斯(Wessels)矿。英文名称 Orlymanite,以美国夏威夷州希洛莱曼故居纪念馆的创始人奥莱多·P. 莱曼(Orlando P. Lyman,1903—1986)的姓名命名。他收集了 20 000 多件矿物和宝石标本,这种新矿物是从他的收藏品中提取的一个标本。IMA 1988-029 批准。1990 年在《美国矿物学家》(75)报道。1991 年中国新矿物与矿物命名委员会郭宗山在《岩石矿物学杂志》[10(4)]音译为奥莱曼石,有的根据晶系和成分译为六方硅锰钙石或三方硅锰钙石。

【奥林匹矿】参见【磷钠石】条 473 页

【奥马里尼矿*】

英文名 Omariniite

化学式 $Cu_8Fe_2ZnGe_2S_{12}$ (IMA)

奥马里尼矿*是一种铜、铁、锌、锗的硫化物矿物。属黄锡矿族。斜方晶系。晶体呈层片状,长 100μm,宽很少超过 60μm。橙棕色、棕黄色,金属光泽,不透明;脆性。2016 年发现于阿根廷卡塔马卡省安达尔加拉县卡皮利塔斯(Capillitas)采矿区。英文名称 Omariniite,以阿根廷萨尔塔大学教授里卡多·赫克托尔·奥马里尼(Ricardo Héctor Omarini,1946—2015)的姓氏命名,以表彰奥马里尼博士为阿根廷地质学做出的众多贡献。IMA 2016-050 批准。2016 年 L. 宾迪(L. Bindi)等在《CNMNC 通讯》(33)、《矿物学杂志》(80)和 2017 年《矿物学杂志》(81)报道。目前尚未见官方中文译名,编译者建议音译为奥马里尼矿*;杨光明教授建议根据成分及族译为锗似黄锡矿。

【奥尼尔石】

英文名 Oneillite

化学式 $Na_{15}Ca_3Mn_3Fe_3Zr_3Nb(Si_{25}O_{73})(O,OH,H_2O)_3(OH,Cl)_2$ (IMA)

奥尼尔石短柱状、粒状晶体(加拿大、瑞典)

奥尼尔石是一种含氯、羟基、结晶水、氧的钠、钙、锰、铁、锆、铌的硅酸盐矿物。属异性石族。三方晶系。晶体呈短柱状、他形粒状。黄色、褐色,玻璃光泽,透明—半透明;硬度 5~6。1998 年发现于加拿大魁北克省蒙特利尔(Monteregie)圣希莱尔(Saint-Hilaire)混合肥料采石场。英文名称 Oneillite,以加拿大的地质学家约翰·约翰斯顿·奥尼尔(John Johnston O'Neill,1886—1966)的姓氏命名。他是加拿大渥太华地质调查局的地质学家,是加拿大蒙特利尔麦吉尔大学的地质学教授、科学院长和工程院长。IMA 1998-064 批准。1999 年 O. 约翰逊(O. Johnsen)等在《加拿大矿物学家》(37)和《美国矿物学家》(85)报道。1999 年黄蕴惠等在《岩石矿物学杂志》[18(1)]音译为奥尼尔石。

【奥砷锌钙高铁石】

英文名 Ogdensburgite

化学式 $Ca_2Fe_4^{3+}Zn(AsO_4)_4(OH)_6 \cdot 6H_2O$ (IMA)

奥砷锌钙高铁石放射状、肾状、球粒状集合体(美国)

奥砷锌钙高铁石是一种含结晶水和羟基的钙、铁、锌的砷酸盐矿物。斜方(假六方)晶系。晶体呈叶片状、纤维状;集合体呈放射状、肾状、球粒状。红棕色—棕红色,树脂光泽、蜡状光泽、油脂光泽,半透明;硬度 2,完全解理,脆性。1980 年发现于美国新泽西州苏塞克斯县富兰克林采区奥格登斯堡(Ogdensburg)斯特林格(Sterling)山斯特林格矿。1981 年皮特·邓恩(Pete Dunn)在《矿物学记录》(12)报道。英文名称 Ogdensburgite,以发现地美国的奥格登斯堡(Ogdensburg)命名。IMA 1980-054 批准。中文名称根据英文名称首音节音和成分译为奥砷锌钙高铁石。

【奥砷锌钠石】

英文名 O'danielite

化学式 $H_2NaZn_3(AsO_4)_3$ (IMA)

奥砷锌钠石是一种氢、钠、锌的砷酸盐矿物。属磷锰钠石超族磷锰钠石族。单斜晶系。晶体呈叶片状、他形粒状。淡紫色,半玻璃光泽,半透明;硬度 4,完全解理,脆性。1979 年发现于纳米比亚奥希科托(Otjikoto)区楚梅布(Tsumcorp)矿山。1981 年由凯勒(Keller)和赫斯(Hess)等在《矿物学新年鉴》(月刊)及弗莱舍等在《美国矿物学家》(66)报道。英文名称 O'danielite,为纪念德国慕尼黑大学矿物学教授赫伯特·奥丹尼尔(Herbert O'Daniel,1903—1977)而以他的姓氏命名。IMA 1979-040 批准。1983 年中国新矿物与矿物命名委员会郭宗山等在《岩石矿物及测试》[2(1)]根据英文名称首音节音和成分译为奥砷锌钠石。

【奥水碳铀矿】参见【羟碳铀石】条 738 页

【奥斯卡肯普夫矿*】

英文名 Oscarkempffite

化学式 $Ag_{10}Pb_4(Sb_{17}Bi_9)S_{48}$ (IMA)

奥斯卡肯普夫矿*是一种银、铅、锑、铋的硫化物矿物。属硫铋铅矿同源系列族。斜方晶系。晶体呈他形粒状,粒径达 10mm。带灰的黑色,金属光泽,不透明;硬度 3~3.5,脆性。1929—1930 年发现于玻利维亚南奇查斯省科罗拉多(Colorada)矿脉。英文名称 Oscarkempffite,以玻利维亚工程地质学家奥斯卡·肯普夫·巴奇加卢波(Oscar Kempff Bacigalupo)的姓名命名。IMA 2011-029 批准。2011 年 D. 托帕(D. Topa)等在《CNMNC 通讯》(10)和 2016 年《矿物学杂志》(80)报道。目前尚未见官方中文译名,编译者建议音译为奥斯卡肯普夫矿*;杨光明教授建议根据成分译为辉铋锑银铅矿。

【奥斯卡森石*】

英文名 Oskarssonite

化学式 AlF_3

奥斯卡森像

奥斯卡森石*是一种铝的氟化物矿物。属钙钛矿超族非化学计量的钙钛矿族奥斯卡森石*亚族。三方晶系。晶体呈微米级的;集合体呈粉末状。白色—灰黄色,半透明。2012 年发现于冰岛南部韦斯特曼纳埃亚尔群岛赫马岛埃尔德菲尔(Eldfell)火山,但矿物有可能在 1988 年首先被罗森伯格(Rosenberg)发现于南极洲埃里伯斯(Erebus)火山[见 1988 年罗森伯格在《美国矿物学家》(73)报道]。英文名称 Oskarssonite,2012 年 M. J. 雅各布森(M. J. Jacobsen)等以冰岛大学的火山学家尼尔斯·奥恩·奥斯卡森(Níels Örn Óskarsson,1944—)的姓氏命名,以表彰他在冰岛火山喷气口工作中的成就。IMA 2012-088 批准。2013 年雅各布森等在《CNMNC 通讯》(16)、《矿物学杂志》(77)和 2014 年《矿物学杂志》(78)报道。目前尚未见官方中文译名,编译者建议音译为奥斯卡森石*,或根据英文名称首音节音和成分译为奥氟铝石*。

【奥斯朋矿】参见【陨氮钛石】条 1096 页

【奥滕斯矿】参见【欧特恩矿】条 664 页

【奥托哈恩铀矿*】

英文名 Ottohahnite

化学式 $Na_6(UO_2)_2(SO_4)_5(H_2O)_7 \cdot 1.5H_2O$ (IMA)

奥托哈恩铀矿*是一种含结晶水的钠的铀酰-硫酸盐矿物。它与克拉普罗特铀矿*和彼利戈特铀矿*是一起发现的

3种物理和化学性质非常相似的矿物。三斜晶系。晶体呈片状。黄绿色—黄绿黄色；硬度2.5，完全解理，脆性。2015年发现于美国犹他州圣胡安县蓝蜥蜴(Blue Lizard)矿。英文名称Ottohahnite，为纪念德国化学家、1944年诺贝尔化学奖获得者奥托·哈恩(Otto Hahn，1879—1968)而以他的姓名命名。奥托·哈恩被称为“核化学之父”，他开展了放射性和放射化学研究，也是核裂变的发现者。IMA 2015-098批准。2016年A. R. 坎普夫(A. R. Kampf)等在《CNMNC通讯》(29)、《矿物学杂志》(80)和2017年《矿物学杂志》(81)报道。目前尚未见官方中文译名，编译者建议音加成分译为奥托哈恩铀矿*。

奥托·哈恩像

【奥托石*】

英文名 Ottoite

化学式 Pb_2TeO_5 (IMA)

奥托石*是一种铅、碲的氧化物矿物。单斜晶系。晶体呈矛状；集合体呈晶簇状。黄色、黄绿色、白色，金刚光泽，透明—半透明；脆性，易碎。2009年发现于美国加利福尼亚州圣贝纳迪诺县奥托(Otto)山阿加(Aga)矿等地。英文名称Ottoite，以发现地美国的奥托(Otto)山命名。IMA 2009-063批准。2010年A. R. 坎普夫(A. R. Kampf)等在《美国矿物学家》(95)报道。目前尚未见官方中文译名，编译者建议音译为奥托石*。

奥托石*矛状晶体，晶簇状集合体(美国)

【奥永矿*】

英文名 Oyonite

化学式 $Ag_3Mn_2Pb_4Sb_7As_4S_{24}$ (IMA)

奥永矿*是一种银、锰、铅、锑的砷-硫化物矿物。属硫铋铅矿同源系列族。单斜晶系。晶体呈自形—半自形柱状，长可达100μm。黑色，金属光泽，不透明；硬度3～3.5，脆性。2018年发现于秘鲁利马省奥永(Oyon)地区乌丘恰库(Uchucchacua)矿。英文名称Oyonite，由发现地奥永(Oyon)区命名。IMA 2018-002批准。2018年L. 宾迪(L. Bindi)等在《CNMNC通讯》(43)、《矿物学杂志》(82)和《矿物》(8)报道。目前尚未见官方中文译名，编译者建议音译为奥永矿*。

奥永矿*柱状晶体(秘鲁)

【奥泽尔娃石*】

英文名 Ozerovaite

化学式 $Na_2KAl_3(AsO_4)_4$ (IMA)

奥泽尔娃石*是一种钠、钾、铝的砷酸盐矿物。斜方晶系。晶体呈片状，粒径0.04mm×0.02mm×0.004mm；集合体粒径0.02～0.3mm。无色—浅黄色。2016年发现于俄罗斯堪察加州托尔巴契克(Tolbachik)火山主断裂北部破火山口第二火山渣锥。英文名称Ozerovaite，以俄罗斯的奥泽尔娃(Ozerova)的名字命名。IMA 2016-019批准。2016年A. P. 沙布林斯基(A. P. Shablinskii)等在《CNMNC通讯》(32)、《矿物学杂志》(80)和2019年《欧洲矿物学杂志》[31(1)]报。目前尚未见官方中文译名，编译者建议音译为奥泽尔娃石*。

【奥锗铅石】

英文名 Otjisumeite

化学式 $PbGe_4O_9$ (IMA)

奥锗铅石是一种铅、锗的矿物。三斜(假六方)晶系。晶体呈柱状；集合体呈羽毛状。白色，透明；硬度3。1981年发现于纳米比亚奥希科托(Otjikoto)区楚梅布(Tsumcorp)矿山。英文名称Otjisumeite，以发现地纳米比亚奥希科托(Otjikoto)楚梅布(Tsumcorp)矿山缩写组合命名。IMA 1978-080批准。1981年P. 凯勒(P. Keller)等在《矿物学新年鉴》(月刊)和1987年《美国矿物学家》(72)报道。中文名称根据英文名称首音节音和成分译为奥锗铅石。

奥锗铅石羽毛状集合体(纳米比亚)

氮 [ào]形声；从气，从奥声。一种人工合成的惰性气体元素。[英]Oganesson。元素符号Og。原子序数118。它属于18族，是第7周期中的最后一个元素，其原子序数和原子量为所有已发现元素中最高的，是人类已合成的最重元素。由美国和俄罗斯的科学家联合合成。2016年6月8日，国际纯粹与应用化学联合会宣布，将合成化学元素第118号提名为化学新元素。该新元素为向极重元素合成先驱者、俄罗斯物理学家尤里·奥加涅相致敬，研究人员将它命名为Oganesson。2017年5月9日中国科学院、国家语言文字工作委员会、全国科学技术名词审定委员会发布中文译为“上气十下奥”，即氮。

B

Bb

八 [bā]象形;甲骨文像分开相背的样子。数目字。八面:指晶体呈八面体。

【八面沸石-钙】

英文名 Faujasite-Ca

化学式 $(Ca,Na,Mg)_2(Si,Al)_{12}O_{24}\cdot15H_2O$ (IMA)

八面沸石-钙八面体晶体(德国、美国)

八面沸石-钙是一种含沸石水的钙、钠、镁的铝硅酸盐矿物。属沸石族八面沸石系列。等轴晶系。晶体呈八面体。无色、白色、浅黄色、浅棕色,透明—半透明,玻璃光泽;硬度5,完全解理,脆性。1958年发现于德国黑森州弗格斯贝格山的哈塞尔伯恩(Haselborn);同年,在《矿物学新年鉴》(月刊)及1982年在《美国矿物学家》(67)。英文名称Faujasite-Ca,根词由法国地质学家和火山学家巴特尔米·付亚思·德·圣丰(Barthélemy Faujas de Saint-Fond,1741—1819)的名字,加占优势的钙后缀-Ca组合命名。1959年以前发现、描述并命名的"祖父级"矿物,IMA承认有效。IMA 1997s. p.批准。中文名称根据成分及与八面沸石的关系译为八面沸石-钙/钙八面沸石。

【八面沸石-镁】

英文名 Faujasite-Mg

化学式 $(Mg,Na,K,Ca)_2(Si,Al)_{12}O_{24}\cdot15H_2O$ (IMA)

八面沸石-镁八面体晶体(德国)

八面沸石-镁是一种含沸石水的镁、钠、钾、钙的铝硅酸盐矿物。属沸石族八面沸石系列。等轴晶系。晶体呈八面体。无色、白色、浅黄色、浅棕色,透明—半透明,玻璃光泽;硬度5,完全解理,脆性。1958发现于德国巴登-符腾堡州凯撒施图尔山萨斯巴赫的林贝格(Limberg)采石场;同年,在《矿物学新年鉴》(月刊)及1975年《矿物学新年鉴》(月刊)报道。英文名称Faujasite-Mg,根词由法国地质学家和火山学家巴特尔米·付亚思·德·圣丰(Barthélemy Faujas de Saint-Fond,1741—1819)的名字,加占优势的镁后缀-Mg组合命名。1959年以前发现、描述并命名的"祖父级"矿物,IMA承认有效。IMA 1997s. p.批准。中文名称根据成分及与八面沸石的关系译为八面沸石-镁/镁八面沸石。

【八面沸石-钠】

英文名 Faujasite-Na

化学式 $(Na,Ca,Mg)_2(Si,Al)_{12}O_{24}\cdot15(H_2O)$ (IMA)

八面沸石-钠是一种含沸石水的钠、钙、镁的铝硅酸盐矿物。属沸石族八面沸石系列。等轴晶系。晶体呈八面体。

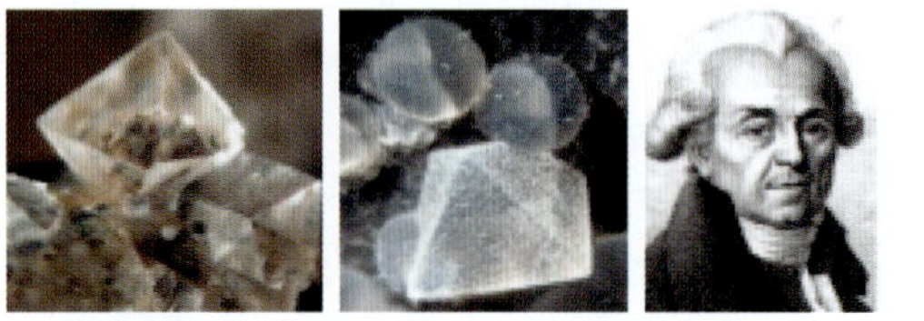

八面沸石-钠八面体晶体(德国)和付亚思像

无色、白色、浅黄色、浅棕色,玻璃光泽,透明—半透明;硬度5,完全解理,脆性。1842年首次发现并描述于德国巴登-符腾堡州凯撒施图尔山萨斯巴赫的林贝格(Limberg)采石场;同年,在《矿山年鉴》(41)报道。以前它曾被认为是鱼眼石。英文名称Faujasite-Na(曾用名Faujasite;Fauzasite),以法国地质学家和火山学家巴特尔米·付亚思·德·圣丰(Barthélemy Faujas de Saint-Fond,1741—1819)的名字命名。1892年E. S.丹纳(E. S. Dana)在《系统矿物学》(第六版)刊载。1959年以前发现、描述并命名的"祖父级"矿物,IMA承认有效。IMA 1997s. p.批准。中文名称根据晶体形态和族名译为八面沸石。根据IMA-CNMMN批准的沸石命名法的修改建议,其中扩展了沸石类矿物的定义,凡具有沸石的性质,但其结构中含有四面体格架者则可视为沸石;亦允许非硅和铝的元素在格架内的完全替换,在具特定结构的组成系列中,格架外的不同阳离子中的原子比值最大者可确定为独立的矿物种,命名时采用相应的元素符号作为后缀,用连字符加在系列名称之后,因此Faujasite有-Na、-Ca、-Mg矿物种。其中,八面沸石即八面沸石-钠/钠八面沸石(其他参见相关条目)。

【八面硅钙铝石】参见【水榴石】条849页

【八面硼砂】参见【三方硼砂】条761页

巴 [bā]象形;小篆像蛇形。[英]音,用于外国人名、地名、国名。

【巴巴涅克石*】

英文名 Babánekite

化学式 $Cu_3(AsO_4)_2\cdot8H_2O$ (IMA)

巴巴涅克石*针状晶体,放射状、球状集合体(捷克)

巴巴涅克石*是一种含结晶水的铜的砷酸盐矿物。属蓝铁矿族。单斜晶系。晶体呈拉长柱状、针状,长2mm;集合体呈放射状、球状。粉红色—桃红色,玻璃光泽,透明;硬度1.5~2,完全解理。2012年发现于捷克共和国卡罗维发利州厄尔士山脉亚希莫夫矿区罗夫纳斯特(Rovnost)矿。英文名称Babánekite,以捷克采矿专家、地质学家和矿物学家弗拉季塞克·巴巴涅克(František Babánek,1836—1910)的姓氏命名。巴巴涅克先在普利布拉姆(Příbram)工作,后来在波希米亚的亚希莫夫两个最重要的采矿区工作。IMA 2012-007批准。2012年J.普拉希尔(J. Plášil)等在《CNMNC通讯》(13)、《矿物学杂志》(76)和2017年《地球科学杂志》(62)报道。目前尚未见官方中文译名,编译者建议音译为巴巴涅克石*。杨光明教授建议根据成分译为八水砷铜矿。

【巴达赫尚钇石*】

英文名 Badakhshanite-(Y)

化学式 $Y_2Mn_4Al(Si_2B_7BeO_{24})$ (IMA)

巴达赫尚钇石* 是一种钇、锰、铝的硼铍硅酸盐矿物。斜方晶系。晶体呈柱状，长 50～400μm，呈辉石和电气石的包裹体。黄棕色、薄片呈淡黄色，玻璃光泽，透明；硬度 6，脆性，贝壳状断口。2018 年发现于塔吉克斯坦戈尔诺-巴达赫尚(Gorno-Badakhshan)自治州的多罗日尼亚(Dorozhnyi)伟晶岩。英文名称 Badakhshanite-(Y)，由发现地塔吉克斯坦的巴达赫尚(Badakhshan)加占优势的稀土元素钇后缀-(Y)组合命名。IMA 2018－085 批准。2018 年 L. A. 保托夫(L. A. Pautov)等在《CNMNC 通讯》(46)、《矿物学杂志》(82)和《欧洲矿物学杂志》(30)报道。目前尚未见官方中文译名，编译者建议音加成分译为巴达赫尚钇石*。

【巴登珠矿】

汉拼名 Badengzhuite

化学式 TiP (IMA)

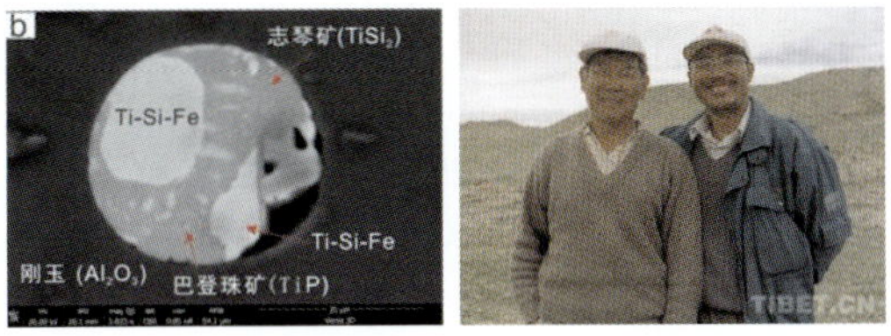

巴登珠矿(中国西藏)和唐召明(右)与巴登珠(左)

巴登珠矿是一种钛的磷化物矿物。六方晶系。呈纳米—微米级包裹体的形式产于铬铁矿矿石中的特殊矿物刚玉内。中国地质科学院地质研究所地幔研究中心熊发挥副研究员领衔，与美国缅因州大学、德国地学研究中心和意大利技术研究院的学者们合作发现于中国西藏自治区山南地区曲松县罗布萨蛇绿岩康金拉(Kangjinla)铬矿床 CR－11 矿体。汉拼名称 Badengzhuite，以西藏自治区第二地质调查队原总工程师、藏北高原无人区科考团团长巴登珠(Badengzhu，1959—，藏族)的姓名命名。IMA 2019－076批准。2019 年熊发挥(Xiong Fahui)等在《CNMNC 通讯》(52)、《矿物学杂志》(83)和 2020 年《欧洲矿物学杂志》(32)报道。

巴登珠矿、经绥矿、志琴矿 3 种新矿物的发现是继近年来发现的青松矿、曲松矿、罗布莎矿、雅鲁矿、藏布矿、林芝矿等多种异常矿物之后的又一重要突破。它们的发现为壳源物质可循环到深部地幔提供了直接证据，也为揭示地球早期演化历史和地幔的不均一性特征提供了重要依据。也证明蛇绿岩型地幔橄榄岩和铬铁矿是一个重要的地幔矿物储存库，存在许多来自地幔深部的异常矿物，为我们了解地球深部的物质组成、物理化学环境、物质的运移和深部动力学过程提供了天然样品，是地球科学研究向深部进军的一个重要方向。它的发现不仅丰富了我国矿物种类、提升了我国在国际矿物学领域的影响力，而且为推动豆荚状铬铁矿的矿床成因研究具有重要意义，同时也可为合成制备新材料提供技术支撑。

【巴蒂耶娃钇石*】

英文名 Batievaite-(Y)

化学式 $Ca_2Y_2[(H_2O)_2\square]Ti(Si_2O_7)_2(OH)_2(H_2O)_2$ (IMA)

巴蒂耶娃钇石* 是一种含结晶水和羟基的钙、水化空位、钇、钛的硅酸盐矿物。属氟钠钛锆石超族林克钇石族。三斜晶系。淡奶油白色，油脂光泽、珍珠光泽；硬度 5～5.5。2015 年发现于俄罗斯北部摩尔曼斯克州萨哈约克(Sakharjok)地块。英文名称 Batievaite-(Y)，为纪念俄罗斯地质学家伊雅·德米特莉耶芙娜·巴蒂耶娃(Iya Dmitrievna Batieva，1922—2007)而以她的姓氏，加占优势稀土元素钇后缀-(Y)组合命名，以表彰巴蒂耶娃对科拉半岛变质岩和碱性岩地质与岩石学做出的卓越贡献。IMA 2015－016 批准。2015 年 L. M. 利亚丽娜(L. M. Lyalina)等在《CNMNC 通讯》(26)、《矿物学杂志》(79)和 2016 年《矿物学与岩石学》(110)报道。目前尚未见官方中文译名，编译者建议音加成分译为巴蒂耶娃钇石*；杨光明教授建议根据成分译为水硅钛钙钇石。

【巴碲铜石】

英文名 Balyakinite

化学式 $Cu^{2+}(Te^{4+}O_3)$ (IMA)

巴碲铜石是一种铜的碲酸盐矿物。斜方晶系。灰绿色、蓝绿色；硬度 3.5。1980 年发现于俄罗斯图瓦共和国东萨彦山脉皮奥涅尔斯基(Pionerskoye)金矿和堪察加州阿金斯科耶(Aginskoe)金矿床。英文名称 Balyakinite，以俄罗斯莫斯科大学地质学讲师塔雅娜·斯泰帕诺瓦娜·巴利亚金娜(Tatyana Stepanovna Balyakina，1906—1986)的姓氏命名。IMA 1980－001 批准。1980 年 E. M. 斯皮里多诺夫(E. M. Spiridonov)在《苏联科学院报告》(253)和弗莱舍在《美国矿物学家》(66)报道。中文名称根据英文名称首音节音和成分译为巴碲铜石/巴碲铜矿。

【巴尔的摩石】参见【叶蛇纹石】条 1067 页

【巴氟硅铵石】

英文名 Bararite

化学式 $(NH_4)_2SiF_6$ (IMA)

巴氟硅铵石是一种铵的硅氟化合物矿物。与方氟硅铵石为同质二象。六方晶系。晶体呈小板状；集合体呈钟乳状、皮壳状、树枝状。白色，玻璃光泽，透明；硬度 2.5，完全解理；溶于水，有咸味。1951 年第一次发现并描述于印度比哈尔邦贾里亚煤田伯拉里(Barari)煤矿燃烧的煤层。后在意大利维苏威火山喷气口和美国宾夕法尼亚州成堆燃烧的无烟煤层也有发现。它是方氟硅铵石(Cryptohalite)的升华产物。方氟硅铵石于 1873 年由 A. 斯卡基(A. Scacchi)发现，它是 1850 年维苏威火山喷发的火山岩的升华物。早些时候，氟硅铵石被认为是与方氟硅铵石混合物的一部分。1926 年，W. A. K. 克里斯蒂(W. A. K. Christie)报道了自己的化学研究成果，发现其中有氨(NH_3)或铵(NH_4^+)。直到 1951 年东印度煤炭公司提供样品后，克里斯蒂对产自印度的氟硅铵石进行了研究。英文名称 Bararite，以首次发现地印度的伯拉里(Barari)命名。1951 年 C. 帕拉奇(C. Palache)等在《丹纳系统矿物学》(第二卷，第七版，纽约)和 1952 年《美国矿物学家》(37)报道。1959 年以前发现、描述并命名的"祖父级"矿物，IMA 承认有效。中文名称根据英文名称首音节音和成分译为巴氟硅铵石，也译作氟硅铵石。

【巴格达石】

英文名 Baghdadite

化学式 $Ca_6Zr_2(Si_2O_7)_2O_4$ (IMA)

巴格达石是一种含氧的钙、锆的硅酸盐矿物。属铌锆钠石族。单斜晶系。晶体呈短粗的柱状。无色、浅棕色、米色、淡黄色，玻璃光泽，透明；硬度 6，脆性。1982 年发现于伊拉克苏莱曼尼亚省杜普斯(Dupezeh)山。英文名称 Baghda-

B

dite，以发现地伊拉克首都巴格达（Baghdad）命名。IMA 1982－075 批准。1986 年 H. M. 阿尔-赫尔梅兹（H. M. Al-Hermezi）等在《矿物学杂志》（50）报道。1986 年中国新矿物与矿物命名委员会郭宗山等在《岩石矿物学杂志》[5(4)]音译为巴格达石。

【巴克霍恩矿】参见【硫碲铋铅金矿】条 498 页

【巴克石*】

英文名 Backite

化学式 Pb_2AlTeO_6Cl　（IMA）

巴克石*呈玫瑰花状集合体（美国）和巴克像

巴克石*是一种含氯的铅、铝的碲酸盐矿物。三方晶系。晶体呈六方板状；集合体呈玫瑰花状。深灰色—浅灰色、淡蓝灰色，金刚光泽，透明；硬度 2～3，完全解理，脆性。2013 年发现于美国亚利桑那州科奇斯县汤姆斯通区孔滕蒂恩-格兰德中央（Contention-Grand Central）矿群格兰德中央（Grand Central）矿。英文名称 Backite，2014 年 K. T. 泰特（K. T. Tait）等以加拿大多伦多皇家安大略博物馆的 X 射线技术人员、2015 年版《弗莱舍矿物种名称汇编》的作者马尔科姆·E. 巴克（Malcolm E. Back，1951—）的姓氏命名。IMA 2013－113 批准。2014 年 K. T. 泰特（K. T. Tait）等在《CNMNC 通讯》（19）、《矿物学杂志》（78）和《加拿大矿物学家》（52）报道。目前尚未见官方中文译名，编译者建议音译为巴克石*；杨光明教授建议根据成分译为氯碲铅铝石。

【巴奎拉石】

英文名 Barquillite

化学式 $Cu_2(Cd,Fe)GeS_4$　（IMA）

巴奎拉石是一种铜、镉、铁、锗的硫化物矿物。四方晶系。晶体呈显微板状，粒径 50μm；集合体常呈玫瑰花状。灰白色、淡灰色，金属光泽，不透明；硬度 4～4.5。发现于西班牙卡斯蒂利亚-莱昂巴基利亚（Barquilla）锡锗镉铜铁矿床富恩特斯维拉纳斯矿山附近的巴基利亚（Barquilla）村庄。英文名称 Barquillite，以西班牙的巴基利亚（Barquilla）村命名。IMA 1996－050 批准。1999 年 A. 穆尔西戈（A. Murciego）等在《欧洲矿物学杂志》（11）报道。2003 年中国地质科学院矿产资源研究所李锦平等在《岩石矿物学杂志》[22(1)]音译为巴奎拉石/巴奎拉矿。

【巴莱斯特拉石*】

英文名 Balestraite

化学式 $KLi_2V^{5+}Si_4O_{12}$　（IMA）

巴莱斯特拉石*片状晶体（意大利）和巴莱斯特拉像

巴莱斯特拉石*是一种钾、锂、钒的硅酸盐矿物。属云母族。单斜晶系。晶体呈板片状、片状。浅黄色，丝绢光泽，透明；硬度 2.5～3，完全解理，脆性。2013 年发现于意大利拉斯佩齐亚省切尔基亚拉（Cerchiara）矿。英文名称 Balestraite，2013 年乔瓦尼·奥拉齐奥·莱波雷（Giovanni Orazio Lepore）等以意大利专业化学家和著名的业余矿物学家及收藏家科拉多·巴莱斯特拉（Corrado Balestra，1962—）的姓氏命名。他的专长是研究利古里亚矿物学。IMA 2013－080 批准。2013 年 G. O. 莱波雷（G. O. Lepore）等在《CNMNC 通讯》（18）、《矿物学杂志》（77）和 2015 年《美国矿物学家》（100）报道。目前尚未见官方中文译名，编译者建议音译为巴莱斯特拉石*；杨光明教授建议根据成分及族名译为钒锂云母。

【巴里道森钇石*】

英文名 Barrydawsonite-(Y)

化学式 $Na_{1.5}Y_{0.5}CaSi_3O_9H$　（IMA）

巴里道森钇石*是一种含氢的钠、钇、钙的硅酸盐矿物。属硅灰石族。单斜晶系。晶体呈柱状或直角形半面体，为闪石和辉石包裹体，粒径 0.2mm×0.1mm×0.1mm(0.5mm)。无色、棕色。2014 年发现于加拿大纽芬兰和拉布拉多省北部深成岩梅洛（Merlot）。英文名称 Barrydawsonite-(Y)，根词由英国著名岩石学家约翰·巴里·道森（John Barry Dawson，1932—2013）教授的姓名，加占优势的稀土元素钇后缀-(Y)组合命名。道森教授对地壳和地幔二氧化硅不饱和岩石进行了开创性的研究；他以发现世界上唯一活跃的坦桑尼亚奥尔多尼奥伦盖伊（Oldoinyo Lengai）碳酸岩火山而闻名；他还与国际金伯利会议有长期的联系，是联合创始人之一。IMA 2014－042 批准。2014 年 R. H. 米切尔（R. H. Mitchell）等在《CNMNC 通讯》（22）、《矿物学杂志》（78）和 2015 年《矿物学杂志》（79）报道。目前尚未见官方中文译名，编译者建议音加成分译为巴里道森钇石*；杨光明教授建议根据成分译为硅钠钙钇石。

【巴里奇祖尼奇石*】

英文名 Baličžuničite

化学式 $Bi_2O(SO_4)_2$　（IMA）

巴里奇·祖尼奇像

巴里奇祖尼奇石*是一种铋氧的硫酸盐矿物。三斜晶系。晶体呈细长柱状，长达 50～200μm。无色、白色、浅棕色，玻璃光泽，透明；脆性。2012 年发现于意大利墨西拿省埃奥利群岛弗卡诺（Vulcano）火山岛。英文名称 Baličžuničite，以哥本哈根大学自然历史博物馆的矿物学汤奇·巴里奇·祖尼奇（Tonci Balić-Žunić，1952—）教授的姓名命名。IMA 2012－098 批准。2013 年 D. 平托（D. Pinto）等在《CNMNC 通讯》（16）、《矿物学杂志》（77）和 2014 年《矿物学杂志》（78）报道。目前尚未见官方中文译名，编译者建议音译为巴里奇祖尼奇石*。

【巴磷铁矿】

英文名 Barringerite

化学式 $(Fe,Ni)_2P$　（IMA）

巴磷铁矿是一种铁、镍的磷化物矿物。属巴磷铁矿族。六方晶系。晶体呈粒状，直径小于 1μm；集合体呈宽 10～15μm、长几百微米的带状。白色、浅蓝色，金属光泽，不透明；硬度 7。1968 年发现于玻利维亚波托西省奥亚圭（Ollague）橄榄陨铁陨石。英文名称 Barringerite，以美国矿业工程师丹尼尔·莫罗·巴林杰（Daniel Moreau Barringer，

1860—1929)的姓氏命名。他是美国亚利桑那州坎宁迪亚布洛谷流星撞击陨石坑起源的早期倡导者。IMA 1968－037 批准。1969 年 P. R. 布塞克(P. R. Buseck)在《科学》(165)和 1970 年弗莱舍在《美国矿物学家》(55)报道。中文名称根据英文名称首音节音和成分译为巴磷铁矿，也有的根据成分译作磷铁矿或磷镍铁矿。

巴磷铁矿粒状晶体(以色列)和巴林杰像

【巴硫碲铋矿】

英文名 Baksanite

化学式 $Bi_6Te_2S_3$　　(IMA)

巴硫碲铋矿粒状晶体(俄罗斯)

巴硫碲铋矿是一种铋、碲的硫化物矿物。三方晶系。晶体呈球形粒状，粒径达 13mm。钢灰色，金属光泽，不透明；硬度 1.5～2.0，完全解理。1992 年发现于俄罗斯卡巴尔达-巴尔卡尔共和国巴克桑(Baksan)河谷特尔内奥兹钼钨矿床。英文名称 Baksanite，以发现地俄罗斯的巴克桑(Baksan)河谷命名。IMA 1992－042 批准。1996 年 I. V. 佩科夫(I. V. Pekov)等在《俄罗斯科学院报告》[347(6)]和 1997 年《美国矿物学家》(82)报道。2003 年中国地质科学院矿产资源研究所李锦平等在《岩石矿物学杂志》[22(3)]根据英文名称首音节音和成分译为巴硫碲铋矿。

【巴硫铁钾矿】

英文名 Bartonite

化学式 $K_6Fe_{20}S_{26}S$　　(IMA)

巴顿像

巴硫铁钾矿是一种钾、铁的硫化物矿物。四方晶系。晶体呈他形粒状，粒状 5μm×50μm。黑褐色，半金属光泽，不透明；硬度 3.5，完全解理。1977 年发现于美国加利福尼亚州洪堡(Humboldt)县海岸山脉狼山顶。英文名称 Bartonite，以美国地质调查局的矿石岩石学家保罗·布思·小巴顿(Paul Booth Barton Jr.，1930—)的姓氏命名。IMA 1977－039 批准。1981 年 G. K. 塞门斯基(G. K. Czamanske)等在《美国矿物学家》(66)报道。中文名称根据英文名称首音节音和成分译为巴硫铁钾矿，也有的根据颜色和成分译为褐硫铁钾矿。

【巴洛石*】

英文名 Barlowite

化学式 $Cu_4BrF(OH)_6$　　(IMA)

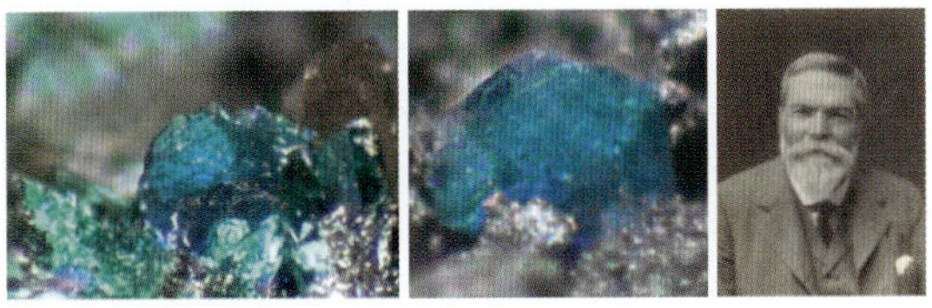

巴洛石*薄板状、板状晶体(澳大利亚)和巴洛像

巴洛石*是一种含羟基的铜的氟-溴化物矿物。六方晶系。晶体呈薄板状、板状、六边形；集合体呈晶簇状；蓝色，玻璃光泽，透明—半透明；硬度 2～2.5，完全解理，脆性。2010 年发现于澳大利亚昆士兰州克朗克里镇大澳大利亚矿。英文名称 Barlowite，为纪念英国业余地质学家和晶体学家威廉·巴洛(William Barlow，1848—1934)而以他的姓氏命名。他独立地列举了 230 个空间群，并在 1880 年代提出了几个矿物晶体结构。IMA 2010－020 批准。2010 年 P. 埃利奥特(P. Elliott)等在《矿物学杂志》(74)和 2014 年《矿物学杂志》(78)报道。目前尚未见官方中文译名，编译者建议音译为巴洛石*。杨光明教授建议根据成分译为羟氟溴铜石。

【巴水钒矿】

英文名 Bariandite

化学式 $Al_{0.6}(V^{5+},V^{4+})_8O_{20}\cdot 9H_2O$　　(IMA)

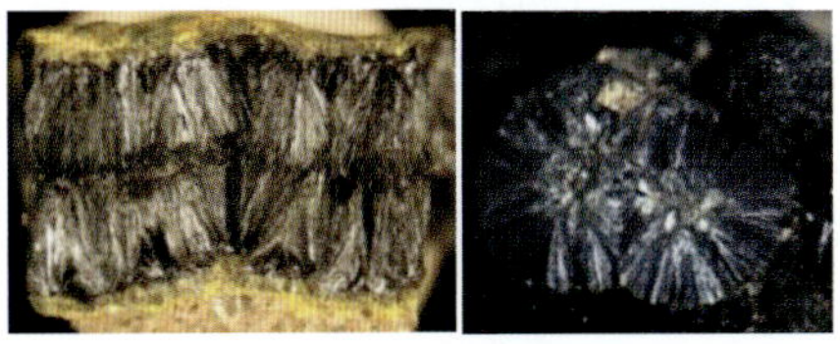

巴水钒矿纤维状晶体，叠层状、放射状、球状集合体(加蓬)

巴水钒矿是一种含结晶水的铝的钒酸盐矿物。属水钒钾石族。单斜晶系。晶体呈板状和细长纤维状；集合体呈平行状，有时呈叠层状、放射状、球状。深黑绿色，金属光泽，不透明；完全解理。1970 年发现于加蓬上奥果韦省弗朗斯维尔山城穆纳纳(Mounana)矿山。英文名称 Bariandite，由法比安·P. 塞斯布朗(Fabien P. Cesbron)和海琳·瓦谢(Helene Vachey)，为纪念法国巴黎大学矿物博物馆馆长皮埃尔·巴里安德(Pierre Bariand，1933—1971)博士而以他的姓氏命名。IMA 1970－043 批准。1971 年塞斯布朗等在《法国矿物学会通报》(94)和 1972 年弗莱舍在《美国矿物学家》(57)报道。中文名称根据英文名称首音节音和成分译为巴水钒矿。

【巴索石*】

英文名 Bassoite

化学式 $SrV^{4+}_3O_7\cdot 4H_2O$　　(IMA)

巴索像

巴索石*是一种含结晶水的锶的钒酸盐矿物。单斜晶系。晶体呈自形—半自形柱状，粒径达 400μm。黑色，半金属光泽，不透明；硬度 4～4.5。2011 年发现于意大利热那亚省格雷格利亚(Graveglia)谷莫利内洛(Molinello)矿。英文名称 Bassoite，以意大利热那亚大学矿物学和结晶学教授里卡尔多·巴索(Riccardo Basso，1947—)的姓氏命名。IMA 2011－028 批准。2011 年 L. 宾迪(L. Bindi)等在《矿物学杂志》(75)报道。目前尚未见官方中文译名，编译者建议音译为巴索石*；杨光明教授建议根据成分译为四水钒锶矿。

【巴伍德石*】

英文名 Barwoodite

化学式 $Mn^{2+}_6(Nb^{5+},\square)_2(SiO_4)_2(O,OH)_6$　　(IMA)

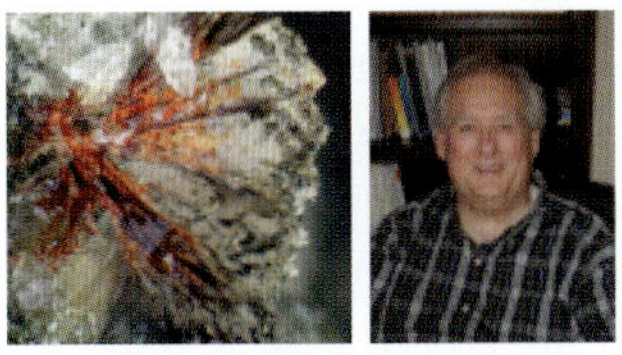

巴伍德石*片状晶体，扇状集合体(美国)和巴伍德像

巴伍德石*是一种含羟基和氧的锰、铌、空位的硅酸盐

矿物。属硅钨锰矿族。三方晶系。晶体呈片状;集合体呈扇状、叠片状。红褐色。2017 年发现于美国阿肯色州普拉斯基(Pulaski)县小石城花岗岩山区大型采石场。英文名称 Barwoodite,以美国亚拉巴马州特洛伊大学地质学教授亨利“布皮”·L. 巴伍德(Henry“Bumpi”L. Barwood,1947—2016)的姓氏命名。巴伍德博士在矿物收集社区和矿物数据资源社区(MinDat)非常活跃。IMA 2017-046 批准。2017 年 A. R. 坎普夫(A. R. Kampf)等在《CNMNC 通讯》(39)、《矿物学杂志》(81)和 2018 年《加拿大矿物学家》(56)报道。目前尚未见官方中文译名,编译者建议音译为巴伍德石*。杨光明教授建议根据成分译为羟硅铌锰矿。

【巴西利亚石】参见【磷铝钠石】条 466 页

【巴西石】参见【斜锆石】条 1028 页

【巴泽诺夫石】

英文名 Bazhenovite

化学式 $Ca_8S_5(S_2O_3)(OH)_{12}\cdot 20H_2O$　　(IMA)

巴泽诺夫石刃状或板状晶体(德国、法国、英国)

巴泽诺夫石是一种含结晶水、羟基的钙的硫化-多硫-硫代硫酸盐矿物。单斜晶系。晶体呈扁平长刃状或板状;集合体呈晶簇状。浅黄色、橙黄色、橘红色,玻璃光泽、珍珠光泽,透明—半透明;硬度 2,极完全解理,脆性。1986 年发现于俄罗斯车里雅宾斯克州科尔基诺市科尔基尼斯基(Korkinskii)煤矿采场。英文名称 Bazhenovite,以俄罗斯米阿斯伊尔门斯基自然保护区的地球化学和岩石学家阿尔佛雷德·格奥尔基耶维奇·巴热诺夫(Alfred Georgievich Bazhenov)和他的妻子分析化学家柳德米拉·费奥多罗芙娜·巴热诺娃(Lyudmila Fedorovna Bazhenova)夫妇的姓氏命名。IMA 1986-053 批准。1987 年 B. V. 切斯诺科夫(B. V. Chesnokov)等在俄罗斯《全苏矿物学会记事》(116)和 1989 年《美国矿物学家》(74)报道。1986 年中国新矿物与矿物命名委员会郭宗山等在《岩石矿物学杂志》[6(4)]音译为巴泽诺夫石。

钯 [bǎ]形声;从钅,巴声。一种银白色过渡金属元素。[英]Palladium。元素符号 Pd。原子序数 46。1803 年,英国化学家武拉斯顿从铂矿中发现的一个新元素。这一词来自当时发现的小行星智神星帕拉斯(Pallas),源自希腊神话中司智慧的女神雅典娜巴拉斯 Pallas。钯在地壳中的含量为 1×10^{-8},常与其他铂系元素一起分散在冲积矿床和砂积矿床的多种矿物中。

【钯砷锡矿】

英文名 Palarstanide

化学式 $Pd_5(Sn,As)_2$　　(IMA)

钯砷锡矿是一种钯的锡-砷化物矿物。三方晶系。硬度 5。1976 年发现于俄罗斯泰梅尔(多尔干-涅涅茨)自治区泰梅尔半岛普托拉纳高原诺里尔斯克市塔尔纳赫铜镍矿床马亚克(Mayak)矿山。英文名称 Palarstanide,由化学成分“Palladium(钯)”“Arsenic(砷)”和“Stannium(锡)”缩写组合命名。IMA 1976-058 批准。1981 年 V. D. 别吉佐夫(V. D. Begizov)等在《全苏矿物学会记事》[110(3)]和 1982 年弗莱舍等在《美国矿物学家》(67)报道。中文名称根据成分译为钯砷锡矿。

白 [bái]象形;甲骨文字形,像日光上下射之形,太阳之明为白。从“白”的字多与光亮、白色有关。①本义:白色。②用于日本人名。③用于中国地名。

【白安矿】

英文名 Cervantite

化学式 $Sb^{3+}Sb^{5+}O_4$　　(IMA)

白安矿针柱状、纤维状晶体,晶簇状、放射状集合体(斯洛伐克、意大利)

白安矿是一种锑的氧化物矿物。属白安矿族。与斜黄锑矿为同质二象。斜方晶系。晶体呈针状、纤维状、柱状,常呈辉锑矿的假象;集合体常呈鳞片状、晶簇状、粉末状或致密块体。白色、浅黄色、硫磺黄色、浅红色,有时无色,条痕呈淡黄白色或白色,油脂光泽、珍珠光泽、土状光泽,透明;硬度 4～5,完全解理。1850 年发现于西班牙加利西亚自治区卢戈省的塞万提斯(Cervantes);同年,在《系统矿物学》(第三版,纽约)英文名称 Cervantite,以发现地西班牙的塞万提斯(Cervantes)命名。见于 1944 年 C. 帕拉奇(C. Palache)、H. 伯曼(H. Berman)和 C. 弗龙德尔(C. Frondel)《丹纳系统矿物学》(第一卷,第七版,纽约)。1959 年以前发现、描述并命名的“祖父级”矿物,IMA 承认有效。IMA 1962s. p. 批准。中文名称根据颜色和英文名称中的一个音节(an)音译为白安矿,也有的根据颜色和成分译作锑赭石或黄锑矿。

【白矾】参见【明矾石】条 622 页

【白沸石】参见【钠沸石】条 635 页

【白钙沸石】参见【吉水硅钙石】条 360 页

【白钙镁沸石】

英文名 Truscottite

化学式 $Ca_{14}Si_{24}O_{58}(OH)_8\cdot 2H_2O$　　(IMA)

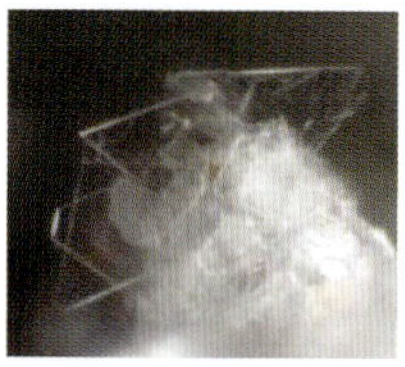

白钙镁沸石板状晶体,晶簇状集合体(留尼汪岛)

白钙镁沸石是一种含沸石水和羟基的钙的硅酸盐矿物。属水硅钙钾石族。三方晶系。晶体呈鳞片状、板状、纤维状;集合体呈晶簇状、放射状、球状。无色、白色,珍珠光泽,透明—半透明;硬度 3.5,极完全解理。1914 年发现于印度尼西亚苏门答腊岛明古鲁省热长乐朋区多诺克(Donok)矿;同年,在《荷兰-东印度矿业公司年鉴》(41)报道。英文名称 Truscottite,以英格兰伦敦皇家学院的塞缪尔·约翰·特鲁斯科特(Samel John Truscott,1870—1950)教授的姓氏命名。1959 年以前发现、描述并命名的“祖父级”矿物,IMA 承认有效。中文名称根据颜色、成分及族名译为白钙镁沸石;根据音译加成分及族名译为特鲁白钙沸石。

【白硅钙石】

英文名 Bredigite

化学式 $Ca_7Mg(SiO_4)_4$　　(IMA)

白硅钙石是一种钙、镁的硅酸盐矿物。斜方(假六方)晶系。晶体呈柱状,有双晶。无色、灰色,玻璃光泽,透明;具解理。1948 年发现于英国北爱尔兰安特里姆郡拉恩镇斯考乌特(Scawt)丘陵;同年,C. E. 蒂利(C. E. Tilley)等在《矿物学杂志》(28)报道。英文名称 Bredigite,以英国物理化学家马克斯·阿尔布雷特·布雷迪格(Max Albrecht Bredig,1902—1977)博士的名姓氏命名。布雷迪格博士是橡树岭国家实验室化学部门前副主任,他是熔融盐化学和固体化学,尤其是高温和晶体化学专家,对 Ca_2SiO_4 的多型性进行了研究。Ca_2SiO_4 有 4 个相:α-$Ca_2[SiO_4]$,α'-$Ca_2[SiO_4]$,γ-$Ca_2[SiO_4]$,β-$Ca_2[SiO_4]$。α'-Ca_2SiO_4 为本矿物。1959 年以前发现、描述并命名的“祖父级”矿物,IMA 承认有效。中文名称根据颜色和成分译为白硅钙石,也有人译为变硅灰石;音译为布列底格石。

【白硅石】参见【方英石】条 161 页

【白磷钙石】

英文名 Whitlockite

化学式 $Ca_9Mg(PO_3OH)(PO_4)_6$　　(IMA)

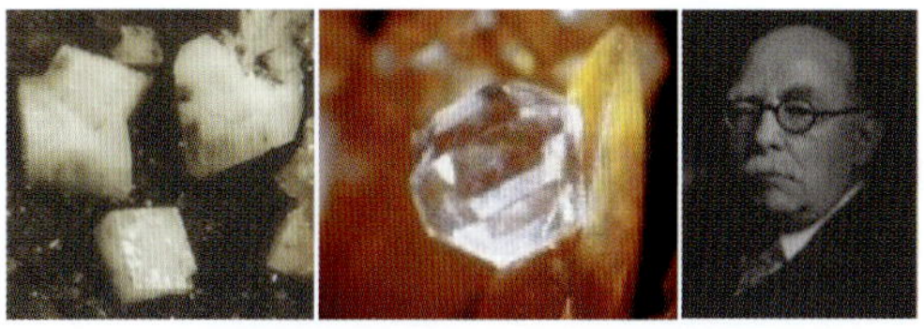

白磷钙石菱面体晶体(美国)和怀特洛克像

白磷钙石是一种钙、镁的磷酸-氢磷酸盐矿物。属白磷钙石族。与涂氏磷钙石呈同质多象。三方晶系。晶体呈菱形、粒状或板状;集合体呈土状、微晶结壳和“洞穴珍珠”。无色、白色、灰白色、浅黄色、浅粉色,树脂光泽、玻璃光泽,透明—半透明;硬度 5,脆性。1865 年朱利安(Julien)在《美国科学杂志》(40)报道,称为 Zeugite。1878 年谢泼德(Shepard)在《美国科学杂志》(15)报道,称 Pyrophosphorite。1940 年首次由怀特洛克和巴勒莫描述于美国新罕布什尔州格拉夫顿(Grafton)县及新罕布什尔州北格罗顿的伟晶花岗岩。1941 年 C. 弗龙德尔(C. Frondel)在《美国矿物学家》(26)报道。英文名称 Whitlockite,以美国自然历史博物馆馆长、美国矿物学家赫伯特·珀西·怀特洛克(Herbert Percy Whitlock,1868—1948)的姓氏命名。1959 年以前发现、描述并命名的“祖父级”矿物,IMA 承认有效。该矿物在月球和火星和其他类型的陨石中也有发现[如 Merrillite(陨磷钙钠石)]。中文名称根据白色和成分译为白磷钙石/白磷钙矿。

【白磷镁石】

英文名 Bobierrite

化学式 $Mg_3(PO_4)_2 \cdot 8H_2O$　　(IMA)

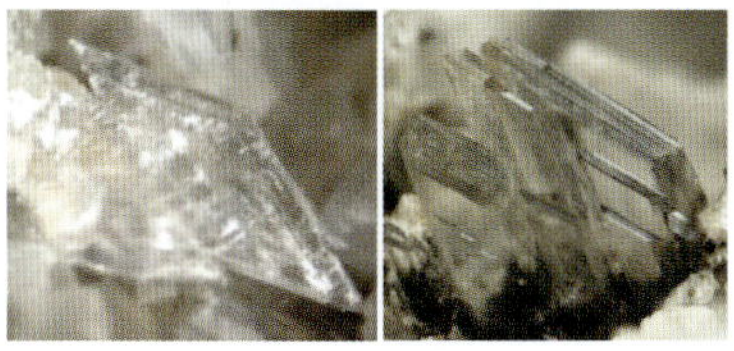

白磷镁石板状晶体(俄罗斯)

白磷镁石是一种含结晶水的镁的磷酸盐矿物。属蓝铁矿族。与镁蓝铁矿呈同质二象。单斜晶系。晶体呈板状、针状或纤维状;集合体呈莲座丛状、晶簇状。无色—灰白色,玻璃光泽、珍珠光泽,透明;硬度 2～2.5,完全解理。1868 年发现于智利安托法加斯塔省梅希约内斯(Mejillones)半岛鸟粪石。英文名称 Bobierrite,1868 年由詹姆斯·德怀特·丹纳(James Dwight Dana)以第一个描述矿物的法国农业化学家皮埃尔·阿道夫·博比厄雷(Pierre Adolphe Bobierre,1823—1881)的姓氏命名。见于 1868 年 J. D. 丹纳(J. D. Dana)《系统矿物学》(第五版,纽约)。1959 年以前发现、描述并命名的“祖父级”矿物,IMA 承认有效。中文名称根据颜色和成分译为白磷镁石/白磷镁矿。1987 年中国学者杨玉春和卓肇琨在尿结石中也发现了此矿物[《地质找矿论丛》(2)]。

【白磷锶石】

英文名 Strontiowhitlockite

化学式 $Sr_9Mg(PO_3OH)(PO_4)_6$　　(IMA)

白磷锶石纤维状、毛发状晶体(俄罗斯)

白磷锶石是一种锶、镁的磷酸-氢磷酸盐矿物。属白磷钙石族。三方晶系。晶体呈纤维状、毛发状。白色,半透明;硬度 5。1989 年发现于俄罗斯北部摩尔曼斯克州哲勒兹尼(Zheleznyi)铁矿。英文名称 Strontiowhitlockite,以成分冠词“Strontio(锶)”和根词“Whitlockite(白磷钙石)”组合命名,意指它是锶占优势的白磷钙石的类似矿物。IMA 1989-040 批准。1991 年 S. N. 布里特温(S. N. Britvin)等在《加拿大矿物学家》(29)报道。1991 年中国新矿物与矿物命名委员会郭宗山在《岩石矿物学杂志》[10(4)]根据颜色和成分译为白磷锶石,也有的根据占优势的成分及与白磷钙石的关系译为锶白磷钙石。

【白磷铁矿】

英文名 Tinticite

化学式 $Fe^{3+}_3(PO_4)_2(OH)_3 \cdot 3H_2O$　　(IMA)

白磷铁矿是一种含结晶水、羟基的铁的磷酸盐矿物。三斜(或单斜)晶系。晶体呈片状;集合体呈厚皮壳状、致密块状、瓷状、土状。乳白带黄色或褐色的色调,明亮的赭黄色、黄绿色,半透明;硬度 2.5。1946 年发现于美国犹他州犹他县廷蒂克(Tintic)标准矿山附近的山洞;同年,B. 斯特林厄姆(B. Stringham)在《美国矿物学家》(31)报道。英文名称 Tinticite,以发现地美国的廷蒂克(Tintic)命名。它是磷酸盐占优势的 Kamarizaite[$Fe^{3+}_3(AsO_4)_2(OH)_3 \cdot 3H_2O$]的类似矿物。1959 年以前发现、描述并命名的“祖父级”矿物,IMA 承认有效。中文名称根据颜色和成分译为白磷铁矿。

【白榴石】

英文名 Leucite

化学式 $K(AlSi_2O_6)$　　(IMA)

白榴石四角三八面体晶体(德国)

白榴石是一种钾的铝硅酸盐矿物。属沸石族。化学组成与长石相似，属似长石。四方(假等轴)晶系，通常所见的晶体仍保持着高温等轴晶系的外形，完好的四角三八面体。无色、白色，带浅黄色或浅灰色，玻璃光泽，透明—半透明；硬度5.5～6，脆性。意大利的维苏威火山和美国的留沙特山(意译即为“白榴石山”)为世界著名的白榴石产地。白榴石在结晶后常与残余的岩浆发生反应而转变为霞石和钾长石，但仍保留白榴石的外形，称为假白榴石。

1791年，发现于意大利那不勒斯省维苏威-外轮山杂岩体外轮山(Somma)。1797年M. H.克拉普罗特(M. H. Klaproth)在柏林罗特曼《化学知识对矿物学的贡献》报道。英文名称Leucite，由法国矿物学家R. J.阿羽伊(R. J. Haiiy)根据希腊文“Λευκώμα=Leukos(白色)”命名，意指矿物呈白色。1959年以前发现、描述并命名的“祖父级”矿物，IMA承认有效。IMA 1997s. p.批准。因为矿物晶体呈白色或烟灰色，早在1701年被A. G.维尔纳(A. G. Werner)称为白色的石榴石。1821年大卫·布儒斯特(David Brewster)爵士首次发现它并不是光学各向同性的。1873年G.拉斯(G. Rath)晶体测量证明是四方晶系。其后光学研究证明它们可能由几个斜方晶系或单斜晶系的孪生晶体组成。

另一英文名称Amphigene，其词根“Amphige”有“两种、两类、两个、两性”等意思，可能是说该矿物外表是等轴晶系其实是四方晶系，或外表形态是石榴石，成分是似长石，或是四角三八面体的变体。中文名称根据颜色和形态译为白榴石。白榴石中的钾被钠或钙替代，当它们大于钾时，称为钠白榴石或钙白榴石。

【白氯铅矿】

英文名 Mendipite

化学式 $Pb_3O_2Cl_2$ (IMA)

白氯铅矿纤维状晶体，平行状、放射状集合体(英国)

白氯铅矿是一种铅氧的氯化物矿物。斜方晶系。晶体呈纤维状、圆柱状；集合体呈放射状、结核状。无色、白色、灰色，常带有红、黄或蓝的色调，金刚光泽、树脂光泽、珍珠光泽，完全解理面上呈丝绢光泽，透明—半透明；硬度2.5～3，完全解理。最早见于1823年伯齐利厄斯(Berzelius)在斯德哥尔摩《瑞典科学院文献》(184)刊载。1839年发现于英国英格兰萨默塞特郡门迪普(Mendip)丘陵区；同年，在纽伦堡《基础矿物学，包括地理和化石》刊载。英文名称Mendipite，以发现地英国的门迪普(Mendip)命名。又见于1951年C.帕拉奇(C. Palache)、H.伯曼(H. Berman)和C.弗龙德尔(C. Frondel)在《丹纳系统矿物学》(第二卷，第七版，纽约)报道。1959年以前发现、描述并命名的“祖父级”矿物，IMA承认有效。中文名称根据颜色和成分译为白氯铅矿。

【白钠钴矾】

英文名 Cobaltoblödite

化学式 $Na_2Co(SO_4)_2 \cdot 4H_2O$ (IMA)

白钠钴矾是一种含结晶水的钠、钴的硫酸盐矿物。属白钠镁矾族。单斜晶系。晶体呈粒状；集合体呈薄膜皮壳状。粉红色，玻璃光泽，透明；硬度2.5，脆性。2012年发现于美国犹他州圣胡安县蓝蜥蜴(Blue Lizard)矿。英文名称Cobaltoblödite，由成分冠词“Cobalto(钴)”和根词“Blödite(白钠镁矾)”组合命名，意指它是钴占优势的白钠镁矾的类似矿物。IMA 2012-59批准。2013年A. V.卡萨特金(A. V. Kasatkin)等在《CNMNC通讯》(15)和《矿物学杂志》(77)报道。中文名称根据成分及与白钠镁矾的关系译为白钠钴矾(根词参见【白钠镁矾】条36页)。

【白钠镁矾】

英文名 Blödite

化学式 $Na_2Mg(SO_4)_2 \cdot 4H_2O$ (IMA)

白钠镁矾变形的短柱状晶体(美国)

白钠镁矾是一种含结晶水的钠、镁的硫酸盐矿物，可能有钾替代钠。属白钠镁矾族。单斜晶系。晶体常呈短柱状、纤维状、粒状；集合体呈致密块状或瘤状。无色，有时为白色、浅蓝色、浅红色、灰色、绿色或褐色，玻璃光泽，透明；硬度2.5～3，脆性，贝壳状断口；味微咸带苦。1821年发现于奥地利上奥地利州巴德伊舍镇萨尔茨贝格(Salzberg)。英文名称Blödite，1821年约翰(John)在《化学文集》(6)称Bloedite(1960年IMA拒绝了这种拼写法而采用Blödite)，系根据德国化学家、岩石矿物学家卡尔·奥古斯特·布洛德(Carl August Blöde，1773—1820)的姓氏命名。1959年以前发现、描述并命名的“祖父级”矿物，IMA承认有效。IMA 1982s. p.批准。另一英文名称Astrakhanite，1842年G.罗斯(G. Rose)在柏林《前往乌拉尔、阿尔泰和里海之旅》(*Reise nach dem Ural，dem Altai，und dem kaspischen Meere*)[2(2)]报道，以位于苏联伏尔加河三角洲的一座古老的城市阿斯特拉罕(Astrakhan)而命名。中文名称根据颜色和成分译为白钠镁矾。

【白钠锰矾】

英文名 Manganoblödite

化学式 $Na_2Mn(SO_4)_2 \cdot 4H_2O$ (IMA)

白钠锰矾是一种含结晶水的钠、锰的硫酸盐矿物。属白钠镁矾族。单斜晶系。晶体呈他形粒状，粒径60μm；集合体呈覆盖在其他硫酸盐矿物表面的薄皮壳状。粉红色，玻璃光泽，透明；硬度2.5，脆性。2012年发现于美国犹他州圣胡安县蓝蜥蜴(Blue Lizard)矿。英文名称Manganoblödite，由成分冠词“Mangano(锰)”和根词“Blödite(白钠镁矾)”组合命名。意指它是锰占优势的白钠镁矾的类似矿物。IMA 2012-029批准。2012年F.内斯托拉(F. Nestola)等在《CNMNC通讯》(14)、《矿物学杂志》(76)和2013年《矿物学杂志》(77)报道。中文名称根据成分及与白钠镁矾的关系译为白钠锰矾(根词参见【白钠镁矾】条36页)。

【白钠镍矾】

英文名 Nickelblödite

化学式 $Na_2Ni(SO_4)_2 \cdot 4H_2O$ (IMA)

白钠镍矾是一种含结晶水的钠、镍的硫酸盐矿物。属白钠镁矾族。单斜晶系。晶体显微粒状，也许是被溶蚀的圆粒状，粒径 150μm。浅黄色—浅绿色，半透明。1976 年发现于澳大利亚西澳大利亚州库尔加迪镇坎博尔达（Kambalda）镍矿山德金矿井和卡尔博伊德罗克斯（Carr Boyd Rocks）镍矿山。英文名称 Nickelblödite，由成分冠词“Nickel（镍）”和根词“Blödite（白钠镁矾）”组合命名，意指它是镍占优势的白钠镁矾的类似矿物。IMA 1976－014 批准。1977 年 E. W. 尼克尔（E. W. Nickel）等在《矿物学杂志》（41）报道。中文名称根据成分及与白钠镁矾的关系译为白钠镍矾（根词参见【白钠镁矾】条 36 页），也译作钠镍矾。

【白钠锌矾】

英文名 Changoite

化学式 $Na_2Zn(SO_4)_2 \cdot 4H_2O$　（IMA）

白钠锌矾是一种含结晶水的钠、锌的硫酸盐矿物。属白钠镁矾族。单斜晶系。晶体呈他形粒状；集合体呈细脉状。白色，玻璃光泽，透明；硬度 2～3。1997 年发现于智利安托法加斯塔大区东北部谢拉戈达（Sierra Gorda）区。英文名称 Changoite，以智利北部海岸以捕鱼为生的早期原居民昌诺斯（Changos）族命名。IMA 1997－041 批准。1999 年 J. 施吕特（J. Schluter）等在《矿物学新年鉴》（月刊）和《美国矿物学家》（84）报道。另一英文名称 Zincblödite，由成分冠词“Zinc（锌）”和根词“Blödite（白钠镁矾）”组合命名，意指它是锌占优势的白钠镁矾的类似矿物。中文名称根据占优势的成分及与白钠镁矾的关系译为白钠锌矾（根词参见【白钠镁矾】条 36 页）。

【白硼钙石】

英文名 Priceite

化学式 $Ca_2B_5O_7(OH)_5 \cdot H_2O$　（IMA）

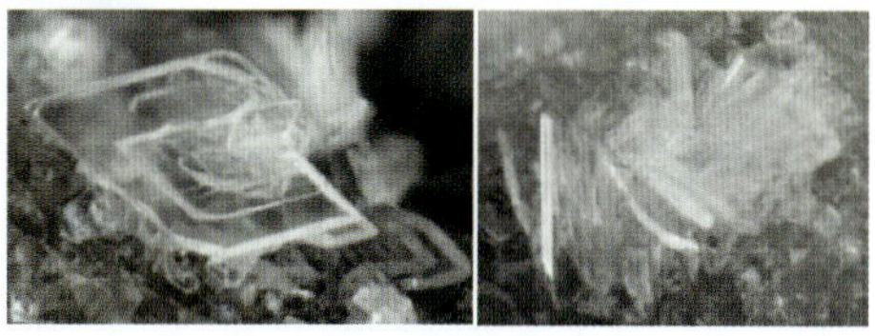

白硼钙石板状晶体和集合体（德国）

白硼钙石是一种水化钙的氢硼酸盐矿物。单斜晶系。晶体呈很少的板状；集合体呈皮壳状或不规则肿块状、硬或柔软的垩白状、致密块状。无色、白色，土状光泽，透明；硬度 3～3.5，贝壳状断口。1873 年发现于美国俄勒冈州库里县洛内（Lone）农场白硼钙石勘探区。1873 年蔡斯（Chase）在《美国科学杂志》（5）报道，称 Cryptomorphite。英文名称 Priceite，1873 年本杰明·西利曼（Benjamin Silliman）在《美国科学杂志》（6），以旧金山冶金学家托马斯·普赖斯（Thomas Price，1837—1912）的姓氏命名，是他首先分析了该矿物。1959 年以前发现、描述并命名的“祖父级”矿物，IMA 承认有效。中文名称根据颜色和成分译为白硼钙石。

【白硼锰石】

英文名 Sussexite

化学式 $Mn^{2+}BO_2(OH)$　（IMA）

白硼锰石是一种含羟基的锰的硼酸盐矿物；锰可被部分镁、锌替代。斜方晶系。晶体呈小板条或扁平纤维状；集合体呈细脉状、毡状或编织状、平行或横向纤维细脉状、燧石

白硼锰石纤维状晶体（美国）

状。白色、金黄色、粉红色、淡紫色、黑色，丝绢光泽、土状光泽；硬度 3～3.5。1868 年发现于美国新泽西州苏塞克斯（Sussex）县斯特林山矿富兰克林采区富兰克林矿、汉堡路矿和特罗特矿。英文名称 Sussexite，1868 年由乔治·贾维斯·布鲁斯（George Jarvis Brush）在《美国科学杂志》（46），根据发现地美国苏塞克斯（Sussex）县命名。1959 年以前发现、描述并命名的“祖父级”矿物，IMA 承认有效。中文名称根据颜色和成分译为白硼锰石；根据成分译为硼锰矿或硼锰镁矿。

【白铍石】

英文名 Leucophanite

化学式 $NaCaBeSi_2O_6F$　（IMA）

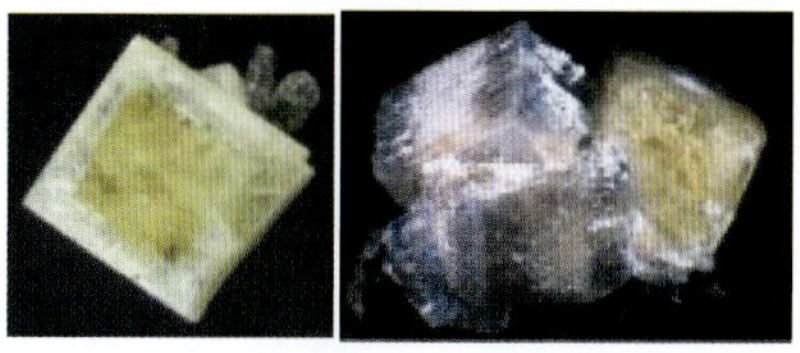

白铍石假四方板状、柱状晶体（加拿大）

白铍石是一种含氟的钠、钙的铍硅酸盐矿物。斜方晶系、假四方（三方）晶系。晶体呈板状、假四方锥状，双晶常见。颜色黄绿色、浅黄色、白色，玻璃光泽，透明—半透明；硬度 4，完全解理，脆性。1824 年左右，挪威牧师、矿物收藏家汉斯·莫滕·瑟朗·埃斯玛克（Hans Morten Thrane Esmark，1801—1882）首次发现，1829 年他将其命名为 Leucophan。1840 年又发现于挪威西福尔郡拉尔维克镇兰格森德斯乔登（Langesundsfjorden）莱文（Låven）。1840 年 A. 埃德曼（A. Erdmann）在《瑞典皇家科学院学报》报道。英文名称 Leucophanite，由希腊文“Λευκοs＝Leucos（白色）”和“Φενεiνη＝Phanein（出现）”组合命名，意指矿物呈现出白色。而英文名称 Leucofanite，亦以希腊文“Λευκοs＝Leucos（白色）”和“Φαν＝Fan（范，特色）”命名，意指矿物以白色为特征。1959 年以前发现、描述并命名的“祖父级”矿物，IMA 承认有效。中文名称根据颜色和成分译为白铍石；根据成分译为硅铍石。

【白铅矿】

英文名 Cerussite

化学式 $Pb(CO_3)$　（IMA）

白铅矿粒状晶体，网状集合体（澳大利亚、纳米比亚）

白铅矿是一种铅的碳酸盐矿物。属霰石族。斜方晶系。晶体呈板状或假六方双锥状、柱状，三连贯穿双晶常见，也有

呈针状、纤维状、粒状；集合体一般多呈致密块状、钟乳状或粉状、土状、网状。无色、白色、灰色或浅黄色、褐色、蓝色或绿色等，玻璃光泽、金刚光泽，断口呈油脂光泽、树脂光泽，还有呈珍珠光泽、无光泽、土状光泽；硬度 3～3.5，完全解理，很脆。自然界中的白铅矿陆续在公元 1565 年被 K. 格斯纳(K. Gesner)、1832 年 F. S. 伯当(F. S. Beudant)报道，当时使用的名称是 Cruse，即罐、壶、坛(铅制的)。现名 Cerussite 则是公元 1845 年德国 W. 海丁格尔(W. Haidinger)在《矿物学鉴定手册》(维也纳版)中所使用，描述在意大利维琴察省发现的矿物，词源是拉丁文 Cerussa，即白色的铅，这是早期称呼人造碳酸铅的术语。1959 年以前发现、描述并命名的“祖父级”矿物，IMA 承认有效。

人造白铅矿的历史远远早于自然界中白铅矿的发现与研究，公元前 400 年左右的希腊文中便已出现“Cerussa”一词，意思就是白色的铅。在 2 000 多年前的古埃及小化妆罐中，就分析出脂粉是由方铅矿、白铅矿、羟氯铅矿和角铅矿等组成的混合物，由于后两者在自然界中非常稀少，因此推断 2 000 年前的埃及已经懂得利用化学方法人工制造出含铅物质，其中包括白铅矿，看来法老王时代的埃及就有化妆品制造工业了。

中国是世界上认识和利用白铅矿最早的国家之一。夏代二里头文化时期(约公元前 21 世纪至公元前 17 世纪)就已会冶炼铅了。公元前 16 世纪至前 11 世纪的商朝中期，青铜器的铸造便已使用到铅，公元前 11 世纪到公元前 771 年的西周时期，出土的文物甚至有含铅达 99.75%的铅戈；铅提炼出来后可以制作成铅丹或铅白等。所谓的铅白，其成分即是水合白铅矿，这在自然界中并不多见，但公元 400 年前的中国古籍中便记载了它的人工合成步骤；铅白主要被应用在配釉，以及作为颜料，又称铅粉、水粉、胡粉，例如秦俑彩绘便使用了铅白。

【白铅铝矿】

英文名 Dundasite

化学式 $PbAl_2(CO_3)_2(OH)_4 \cdot H_2O$ (IMA)

白铅铝矿结节皮壳状、球粒状集合体(澳大利亚、英国)

白铅铝矿是一种罕见的含结晶水和羟基的铅、铝的碳酸盐矿物。属水碳铝钡石族。斜方晶系。晶体呈针状、纤维状；集合体常呈放射状、球粒状和结节皮壳状。无色、白色、淡蓝色，玻璃光泽、丝绢光泽，透明；硬度 2，完全解理。1893 年威廉·弗雷德里克·佩特里(William Frederick Petterd)第一次发现并描述于澳大利亚塔斯马尼亚州齐恩区邓达斯(Dundas)矿区阿德莱德矿。英文名称 Dundasite，以佩特里根据首次发现地澳大利亚的邓达斯(Dundas)命名。1893 年佩特里在《塔斯马尼亚皇家学会 1893 年论文集》报道。1959 年以前发现、描述并命名的“祖父级”矿物，IMA 承认有效。中文名称根据颜色和成分译为白铅铝矿；根据成分译为碳铝铅矿。

【白砷镁钙石】参见【斜砷镁钙石】条 1035 页

【白砷镍矿】

英文名 Dienerite

化学式 Ni_3As (IMA)

迪纳像

白砷镍矿是一种镍的砷化物矿物。斜方晶系。晶体呈立方体。白色与灰色色调，金属光泽，不透明。最初的报道来自奥地利萨尔茨堡州拉德施塔特。英文名称 Dienerite，以奥地利古生物学家卡尔·迪纳教授(Karl Diener，1862—1928)的姓氏命名，是他发现的该矿物。见于 1944 年 C. 帕拉奇(C. Palache)、H. 伯曼(H. Berman)和 C. 弗龙德尔(C. Frondel)《丹纳系统矿物学》(第一卷，第七版，纽约)。2001 年 P. 贝利斯(P. Bayliss)在《矿物学杂志》(65)报道，指出：Dienerite($AsNi_{3-x}$)是一个神秘的弄不清楚的矿物，它可能是方镍矿(Nickelskutterudite，$NiAs_{3-x}$)，因印刷错误把化学式排成 $As_{3-x}Ni$。2006 年被 IMA 废弃。帕维尔·卡尔塔晓夫(Pavel Kartashov)指出，他于第二年的秋天已经在诺里尔斯克(Norilsk)矿床中发现呈微球状的白砷镍矿(Dienerite)包裹在褐磷钛钠矿(Sobolevite)矿物中，证明白砷镍矿是存在的，在弄不清楚的情况下，不应急于废弃它。

【白砷石】

英文名 Claudetite

化学式 As_2O_3 (IMA)

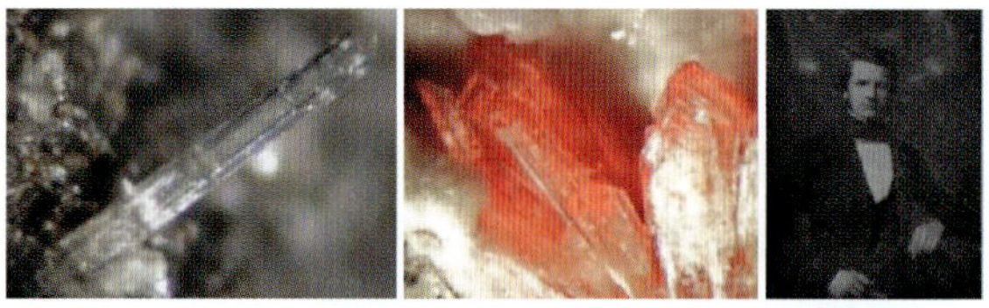

白砷石柱状、板状晶体，晶簇状集合体(捷克、摩洛哥)和克劳德特像

白砷石是一种砷的氧化物矿物。属白砷石族。与砷华呈同质二象。单斜晶系。晶体常呈片状、柱状、针状、纤维状、板状(类似石膏薄板状)，渗透或接触双晶常见；集合体呈皮壳状。无色、白色、橘红色，玻璃光泽，解理面上呈珍珠光泽，透明或半透明；硬度 2.5，完全解理；有剧毒。1868 年，法国化学家弗雷德里克·克劳德特(Frederick Claudet)发现于葡萄牙贝雅省圣多明戈斯(São Domingos)矿；同年，在《系统矿物学》(第五版，纽约)。英文名称 Claudetite，以第一次描述它的法国化学家弗雷德里克·克劳德特(Frederick Claudet，1826—1906)的姓氏命名。1934 年 C. 帕拉奇(C. Palache)在《美国矿物学家》(19)报道。1959 年以前发现、描述并命名的“祖父级”矿物，IMA 承认有效。中文名称根据颜色和成分译为白砷石，又名砒霜(参见【砷华】条 781 页)。

【白水磷铝石】

英文名 Kingite

化学式 $Al_3(PO_4)_2F_2(OH) \cdot 7H_2O$ (IMA)

白水磷铝石是一种含结晶水、羟基、氟的铝的磷酸盐矿物。三斜晶系。晶体呈板状、细粒状；集合体呈结核状，表面呈瘤状。白色，玻璃光泽，半透明。1956 年发现于澳大利亚南部北洛福迪(Lofty)山脉费尔维尤(Fairview)采石场。

1957 年 K. 诺里什(K. Norrish)等在《矿物学杂志》(31)报道。英文名称 Kingite,由 D. 凯尼格(D. King,1926—1990)的姓氏命名。他是南澳大利亚矿山部门的地质学家,在澳大利亚阿德莱德(Adelaide)收集到该矿物的第一块标本。1959 年以前发现、描述并命名的"祖父级"矿物,IMA 承认有效。中文名称根据颜色和成分译为白水磷铝石。

白水磷铝石细粒状晶体,结核状集合体(澳大利亚)

【白水云母】

英文名 Shirozulite

化学式 $KMn_3^{2+}(Si_3Al)O_{10}(OH)_2$　(IMA)

白水云母是云母族矿物之一,是一种锰占优势的金云母的类似矿物。单斜晶系。酱色,珍珠光泽,透明;硬度 3,极完全解理,解理片具弹性。2001 年发现于日本本州岛中部爱知县北杂乐(Shidara)郡杂乐町田口(Taguchi)矿。英文名称 Shirozulite,以日本九州大学白水晴雄(Haruo Shirozu,1925—)教授的姓氏命名,以表彰他对层状硅酸盐的晶体化学研究做出的贡献。他著有《黏土矿物学》(朝仓书店版)。日文汉字名称白水云母。IMA 2001-045 批准。2004 年石田清隆(Kiyotaka Ishida)等在《美国矿物学家》(89)报道。2010 年杨主明在《岩石矿物学杂志》[29(1)]建议借用日文汉字名称白水云母。

【白钛硅钠石】

英文名 Vinogradovite

化学式 $Na_4Ti_4(Si_2O_6)_2[(Si,Al)_4O_{10}]O_4 \cdot (H_2O,Na,K)_3$
(IMA)

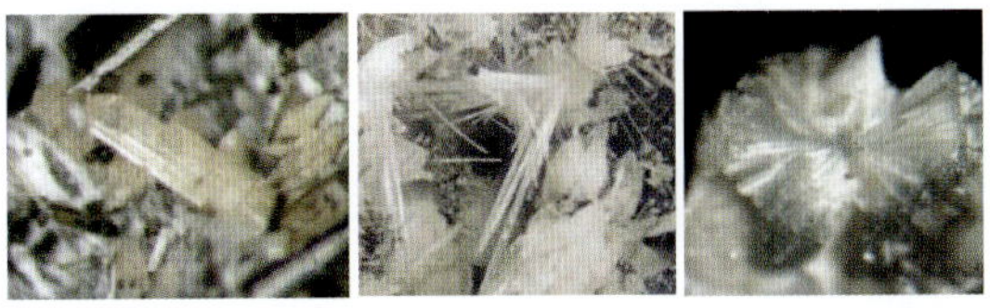

白钛硅钠石板状、针状晶体,放射状、球粒状集合体(俄罗斯、加拿大)

白钛硅钠石是一种含结晶水、钠、钾、氧的钠、钛的铝硅酸-硅酸盐矿物。单斜晶系。晶体呈细针状、细纤维状、板状;集合体呈球粒状及扇状连晶。无色、白色、粉红色、粉棕色,玻璃光泽,透明—半透明;硬度 4,完全解理。1956 年发现于俄罗斯北部摩尔曼斯克州莱普赫·纳尔姆(Lepkhe-Nelm)伟晶岩。1956 年 E. I. 谢苗诺夫(E. I. Semenov)等在《苏联科学院报告》(109)和 1957 年《美国矿物学家》(42)报道。英文名称 Vinogradovite,以莫斯科地球化学教授亚历山大·帕夫洛维奇·维诺格拉多夫(Aleksander Pavlovich Vinogradov,1895—1975)的姓氏命名。1959 年以前发现、描述并命名的"祖父级"矿物,IMA 承认有效。中文名称根据颜色和成分译为白钛硅钠石。

【白钛石】参见【淡钡钛石】条 109 页

【白铁矿】

英文名 Marcasite

化学式 FeS_2　(IMA)

白铁矿是一种铁的硫化物矿物。属白铁矿族。与黄铁矿呈同质二象。白铁矿不稳定,高于 350℃ 即转变为黄铁矿。斜方晶系。晶体常呈板状;集合体呈金字塔状、结核状、球状、钟乳状、皮壳状等,"燕尾""星状"接触双晶常呈鸡冠状或束状者,被称为鸡冠状黄铁矿或矛状黄铁矿。颜色为浅黄铜色,略带浅灰色或浅绿色调,新鲜面近似锡白色,氧化表面呈五彩斑驳的锖色,金属光泽,不透明;硬度 6～6.5,脆性。英文名称 Marcasite,来自阿拉伯文,原指黄铁矿,是对硫化铁矿和类似的不确定矿物的命名。如 1771 年乔纳森·希尔(Johnathan Hill)使用相同的名称,但他的用法是不加选择,是指任何的"Pyrites(黄铁矿)"或"Mundic(黄铁矿)"的一个术语。据考 Marcasite,可译为马塞克石,它是 18 世纪中叶维多利亚时代的合成饰品,仅为皇室贵族佩带,因其永不褪色的独特光泽,多镶嵌在各类首饰上。此饰品与白铁矿、黄铁矿等硫铁矿的颜色极为相似,故有时用天然的硫铁矿替代人工合成的马塞克,因此白铁矿就被称作马塞克石(Marcasite),也有人称为"非洲黑金"。1845 年威廉·卡尔·冯·海丁格尔(Wilhelm Karl von Haidinger)对 Marcasite 重新定义,用阿拉伯语或摩尔人的名字专指黄铁矿(Pyrite)和类似的金属青铜色的矿物质白铁矿;1845 年在维也纳《矿物学鉴定手册》刊载。1937 年伯格(Buerger)在《美国矿物学家》(22)报道。1959 年以前发现、描述并命名的"祖父级"矿物,IMA 承认有效。中文名称根据其颜色近似锡白色和成分铁而译为白铁矿。

白铁矿板状晶体,鸡冠状、塔状、花状集合体(德国、法国、比利时)

【白透辉石】参见【透辉石】条 966 页

【白钨矿】

英文名 Scheelite

化学式 $Ca(WO_4)$　(IMA)

白钨矿四方双锥状晶体(中国)和舍勒像

白钨矿是一种钙的钨酸盐矿物。属白钨矿族。四方晶系。晶体呈近于八面体的四方双锥状、柱状、粒状;集合体呈晶簇状、块状。无色或白色,一般多呈灰色、金黄色、浅黄色、浅绿色、浅紫色或浅褐色,玻璃光泽、金刚光泽,透明—不透明;硬度 4.5～5,完全解理。在瑞典达拉那省毕斯伯格斯(Bispbergs)克拉克出产一种白色的矿石,通称 Tungsten,意即重石。最初一般矿物学家认为是锡矿或铁矿。最早见于 1747 年 J. G. 瓦勒留斯(J. G. Wallerius)在斯德哥尔摩《矿物学或矿物王国》(*Mineralogia, eller Mineralriket.*)报道。1781 年瑞典化学家 K. W. 舍勒(K. W. Scheele,1742—1786)证明矿物中没有铁和锡,却发现了一种称为钨酸的特殊物质(见《瑞典皇家科学院院刊》)。1783 年,西班牙的两位化学家 D. F. 德鲁亚尔(D. F. Delhuyar)兄弟从瑞典的一种褐黑色的钨锰铁矿中也得到了钨酸。于是他们将钨酸和木炭粉末混合物在密封的泥制坩埚中高温灼烧,便发现生成一种黑褐色的新金属颗粒。过了六七年，人们才制得纯净的银白色钨。钨的英文名称"Tungsten"，便源自瑞典文，有"重""沉重的石头"之意。后由国际纯化学和应用化学协会(IUPAC)将此元素更名为"Wolfram"，它源自德国的名称"Wolfs froth"，元素符号 W。因瑞典化学家舍勒最早提出这种白色矿石中有一种新元素。英文名称 Scheelite，1821 年由卡尔·凯撒·冯·莱昂哈德(Karl Caesar von Leonhard)在海德堡 *Handbuch der Oryktognosie* 为纪念卡尔·威廉·舍勒(Carl Wilhelm Scheele)而以他的姓氏命名。舍勒是瑞典著名化学家，发现氧、钼、钨、锰、氯等元素，同时对氯化氢、一氧化碳、二氧化碳、二氧化氮等多种气体都有深入的研究，并著有《火与空气》一书(参见《化学元素发现史》)。1959 年以前发现、描述并命名的"祖父级"矿物，IMA 承认有效。中文名称根据矿物的成分和白色译为白钨矿；根据成分译为钙钨矿或钨酸钙矿，有的音译为舍勒石。

【白硒钴矿】

英文名 Hastite

化学式 $CoSe_2$

白硒钴矿是一种钴的硒化物矿物。属白铁矿族。斜方晶系。晶体呈细小自形状；集合体呈放射星状。浅棕红色—暗紫红色，不透明；硬度 6。1955 年发现于德国下萨克森州哈尔茨山脉特罗格塔尔(Trogtal)采石场；同年，P. 拉姆多尔(P. Ramdohr)等在《矿物学新年鉴》(月刊)和 1956 年《美国矿物学家》(41)报道。英文名称 Hastite，以采矿工程师 P. F. 哈斯特(P. F. Hast)博士的姓氏命名。2009 年被 IMA 废弃[见《加拿大矿物学家》(47)]，或作为白硒铁矿的同义词。

【白硒铅石】

英文名 Molybdomenite

化学式 $PbSe^{4+}O_3$ (IMA)

白硒铅石是一种铅的硒酸盐矿物。单斜晶系。晶体呈小柱状、薄板条状；集合体呈晶簇状。无色、白色、黄白色，珍珠光泽，透明；硬度 3.5，脆性。最早见于 1839 年 C. 克斯滕(C. Kersten)在《物理和化学年鉴》(46)报道，称为 Selenichtsaures Bleioxyd(铅氧硒化物)。1882 年发现于阿根廷门多萨省卢汉德库约镇卡契乌塔(Cacheuta)谢拉德卡契乌塔山丘卡契乌塔矿；同年，伯特兰(Bertrand)在《法国矿物学会通报》(5)报道，称为 Kerstenite(黄硒铅矿)。英文名称 Molybdomenite，见于 1951 年 C. 帕拉奇(C. Palache)、H. 伯曼(H. Berman)和 C. 弗龙德尔(C. Frondel)《丹纳系统矿物学》(第二卷，第七版，纽约)，由希腊文"μόλυβδos = Molybdo(钼) = Lead(铅，那时钼与铅分不清)"和"μύτη = Moon = Selene(月亮，即硒)"组合命名。1959 年以前发现、描述并命名的"祖父级"矿物，IMA 承认有效。IMA 2007s. p. 批准。中文名称根据颜色和成分译为白硒铅石。

白硒铅石小柱状晶体，晶簇状集合体(玻利维亚)

【白硒铁矿】

英文名 Ferroselite

化学式 $FeSe_2$ (IMA)

白硒铁矿是一种铁的硒化物矿物。属白铁矿族。与等轴硒铁矿(Dzharkenite)呈同质二象。斜方晶系。晶体呈长柱状，具星状和十字形双晶。钢灰色、锡白色、玫瑰色、黄铜色(失去光泽，呈黄铜色调)，金属光泽，不透明；硬度6～6.5，很脆。1955 年发现于俄罗斯图瓦共和国图兰区乌斯比于克(Ust' Uyok)矿床。1955 年在《苏联科学院报告》(105)和 1956 年《美国矿物学家》(41)报道。英文名称 Ferroselite，由化学成分"Ferrum(铁)"和"Selenium(硒)"缩写组合命名。1959 年以前发现、描述并命名的"祖父级"矿物，IMA 承认有效。同义词 Hastite(参见【白硒钴矿】条 40 页)。中文名称根据颜色和成分译为白硒铁矿；根据晶系和成分译为斜方硒铁矿或斜方铁硒矿。

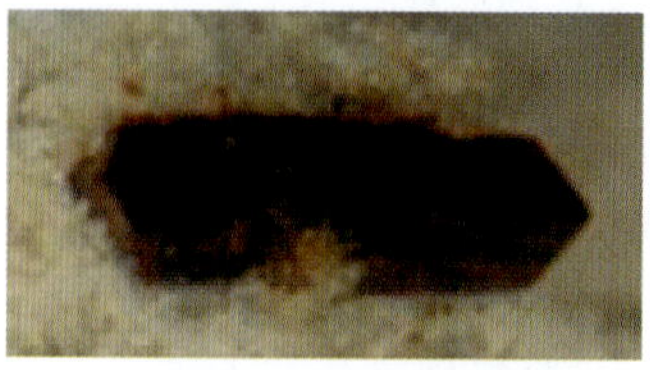

白硒铁矿长柱状晶体(美国)

【白云鄂博矿】

汉拼名 Baiyuneboite-(Ce)

化学式 $NaBaCe_2[F(CO_3)_4]$

白云鄂博矿是一种含氟的钠、钡、铈的碳酸盐矿物。六方晶系。晶体呈六方薄板状、柱状、不规则粒状；集合体常呈晶簇状。黄色—米黄色，油脂光泽或金刚光泽；硬度 4.5。中国学者 1987 年在中国内蒙古自治区白云鄂博发现的新矿物。1988 年傅平秋和苏贤泽在《中国地球化学杂志》[(4)英文版]报道。由发现地中国白云鄂博(Baiyunebo)矿，加占优势的稀土元素铈后缀-(Ce)组合命名为 Baiyuneboite-(Ce)。

白云鄂博矿柱状晶体，晶簇状集合体(中国)

【白云母】

英文名 Muscovite

化学式 $KAl_2(Si_3Al)O_{10}(OH)_2$ (IMA)

白云母假六方板状晶体，叠层花状集合体(巴西)和莫斯科

白云母是云母族矿物之一，是含羟基的钾、铝的铝硅酸盐矿物。单斜晶系。晶体呈板状、片状、叶片状等；集合体呈书页状、花状、晶簇状。无色透明或呈浅色，但往往染有绿、棕、黄和粉红等色调，玻璃光泽、丝绢光泽，极完全解理面上呈珍珠光泽，透明—半透明；硬度 2.5～3，极完全解理，解理片具弹性。

中国是发现、认识和命名白云母最早的国家之一。白云母(《千金方》)，又名银精石(《石雅》)由颜色(白)和族名组合命名。中国也是利用白云母最早的国家之一，敦煌莫高窟中唐 112 窟所用的颜料闪光发亮，经 X 射线衍射分析，是天然白云母经细碎研磨而成，显色效果极佳。

英文名称 Muscovite，以俄罗斯首都莫斯科(Muscov)而命名。1959 年以前发现、描述并命名的"祖父级"矿物，IMA 承认有效。IMA 1998s. p. 批准。此名出现之前的 17 世纪，俄国人称其为莫斯科玻璃(Muscovy Glass)、猫银(Cat Silver)和石镜(Lapis Specularis)等。到 1794 年,约翰·戈特弗里德·施迈瑟式(Johann Gottfried Schmeisser)在《系统矿物学》中开始使用 Muscovite(莫斯科石)之名称。1859 年在《系统矿物学》(第三版,纽约)刊载。在俄罗斯云母片早些时候还称:云母(菲利普斯和凯西,1706)、闪光(菲利普斯和凯西,1706)和鱼胶(《牛津英语词典》,1747)原本用于在鲟鱼中发现的一个凝胶状的膀胱,但所有这些术语在某种程度上后来仍在使用。已知白云母有-1M、-1Md、-2M_1、-2M_2 和-3T几个多型,其中最重要的是-2M_1。

【白云石】

英文名 Dolomite

化学式 $CaMg(CO_3)_2$ (IMA)

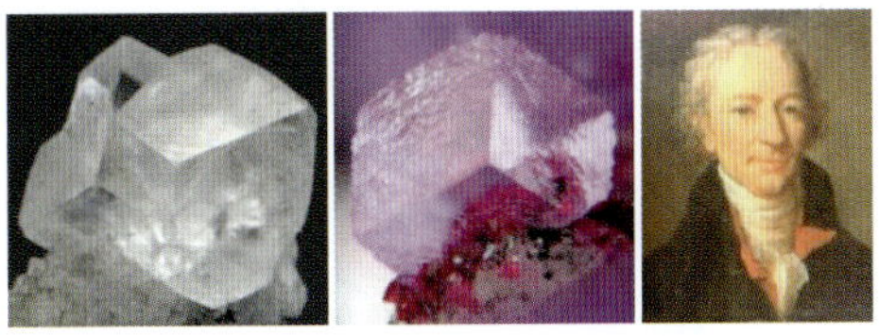

白云石晶体(西班牙、摩洛哥)和多洛米厄像

白云石是一种钙、镁的碳酸盐矿物。常有铁、锰等类质同象代替镁。当铁或锰超过镁时,称为铁白云石或锰白云石。三方晶系。晶体呈菱面体、柱状、板状、纤维状、粗—细的粒状,晶面常弯曲呈马鞍状,聚片双晶常见;集合体常呈块状、豆状及晶簇状。纯者为无色或白色,含铁时呈灰色、肉色、绿色、棕色、黑色、暗粉红色等,透明—半透明,玻璃光泽、树脂光泽、珍珠光泽、蜡状光泽;硬度 3.5~4,菱面体完全解理,脆性。

1768 年第一次描述白云石的很可能是瑞典植物学、动物学家、医生和博物学家卡尔·冯·林奈(Carl von Linné,1707—1778)。1778 年,它被奥地利博物学家伯沙萨尔·阿凯(Belsazar Hacquet)称作"Stinking stone(臭石头)"(德文:Stinkstein;拉丁文:Lapis Suillus)。英文名称 Dolomite,1792 年由尼古拉斯·西奥多·德·索绪尔(Nicolas Théodore de Saussure)在《物理、自然历史和艺术评论》(40)报道,为了纪念法国矿物学家和地质学家西尔文·坦克雷德·格拉特德·多洛米厄(Silvain Tancrede Gratet de Dolomieu,1750—1801)而以他的姓命名。1959 年以前发现、描述并命名的"祖父级"矿物,IMA 承认有效。多洛米厄从军服役后,随军行动使他有机会研究不同地区的矿物,并搜集了一套出色的矿物标本。他写了许多地质考察的书,特别是关于阿尔卑斯山和比利牛斯山,除了关于地球内部结构的理论书籍外,他首先发现并提出白云岩一词,标本中的矿物最终被称为"Dolom",这正是为了纪念多洛米厄。据说,1798 年他第一次是从罗马古城的建筑中发现,后来在意大利北部的白云石山脉收集到标本。他发表于 1801 年的矿物学论文是在狱中开始撰写的,削木为笔,刮灯炱制墨水,将论文写在《圣经》的空白处,由此看出他对科学的执着追求。中文名称根据颜色译为白云石。

【白针柱石】

英文名 Leifite

化学式 $Na_7Be_2(Si_{15}Al_3)O_{39}(F,OH)_2$ (IMA)

白针柱石是一种罕见的含羟基和氟的钠、铍的铝硅酸盐矿物。是钠占优势的氟铍硅钠铯石(Telyushenkoite)和埃瑞克石*(Eirikite)的类似矿物。属白针柱石族。三方晶系。晶体呈柱状、针状,长 3cm;集合体呈束状、放射状、晶簇状。白色或无色、浅紫色,玻璃光泽、丝绢光泽,透明—半透明;硬度 6,完全解理,脆性。1915 年发现于格陵兰库雅雷哥自治区伊加利科市纳沙斯瓦哥高原纳沙斯瓦哥(Narssârssuk)伟晶岩,后在加拿大魁北克省圣希莱尔矿山钠质火成岩以及俄罗斯科拉半岛也有发现。英文名称 Leifite,以雷夫·埃里克松(古冰岛文:Leifr Eiriksson;挪威文:Leiv Eiriksson)名字命名[见 1972 年 A. S. 珀娃里尼克(A. S. Povarennykh)《矿物晶体化学分类》和《美国矿物学家》(57)]。雷夫(约 970—1020 年)是著名的北欧维京(诺尔斯人)探险家,他是红胡子埃里克(950—1003),即老埃里克(也称"红魔埃里克"或"红发埃里克"及"红衣埃里克",格陵兰的开发者)之子,于 992 年登陆美洲,比郑和早 429 年,比哥伦布早了整整 500 年,被认为是第一个发现北美洲的欧洲探险家(如果不算格陵兰)。根据《冰岛人的传奇》(*Sagas of Icelanders*)的记载,他建立了诺尔斯人聚落"文兰"(Vinland)。而文兰可能就是现今加拿大纽芬兰岛的兰塞奥兹牧草地。1959 年以前发现、描述并命名的"祖父级"矿物,IMA 承认有效。IMA 2002s. p. 批准。中文名称根据颜色和晶体形态译为白针柱石。

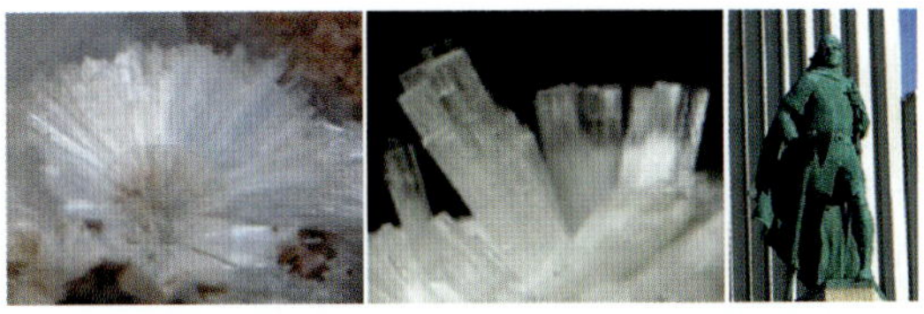

白针柱石针柱晶体,放射状、晶簇状集合体和雷夫铜像

【白脂晶石】

英文名 Fichtelite

化学式 $C_{19}H_{34}$ (IMA)

白脂晶石是一种环状烃二甲基异丙基碳氢化合物矿物。与二甲基异丙基-菲烷、全氢化菲化学性质相同。单斜晶系。晶体呈拉长的小板状、细粒状、鳞片状。无色、白色、淡黄色,油脂光泽,透明;硬度 1,解理良好,密度略比水大。1841 年发现于德国巴伐利亚州弗朗科尼亚地区菲希特尔高原(Fichtelgebirge)塞尔布市汉塞尔洛厄(Häusellohe)松木化石;同年,在《尤斯图斯利比格斯化学年鉴》(*Justus Liebigs Annalen der Chemie*)(37)报道。又见于 1892 年 E. S. 丹纳(E. S. Dana)《系统矿物学》(第六版)。英文名称 Fichtelite,以发现地德国菲希特尔高原(Fichtelgebirge)命名。1959 年以前发现、描述并命名的"祖父级"矿物,IMA 承认有效。中文名称根据颜色和光泽译为白脂晶石;音译为菲希特尔石或斐希德尔石或费希德尔石;还有译为澳松石的;化学上也译为配松木烷、朽松木烷、云杉素。

白脂晶石细粒状晶体(德国)

【白柱石】参见【绿柱石】条 551 页

百

[bǎi]会意;从一,从白。"白"假借为"百"。本义:数词。

【百年矿*】

英文名 Centennialite

化学式 $CaCu_3Cl_2(OH)_6 \cdot nH_2O(n\sim0.7)$ (IMA)

B

百年矿

百年矿*是一种含结晶水和羟基的钙、铜的氯化物矿物。三方晶系。集合体呈葡萄状、皮壳状。浅蓝色、天蓝色。2013年发现于美国密歇根州霍顿市百年(Centennial)矿。英文名称Centennialite,以发现地美国的百年(Centennial)矿命名。IMA 2013-110批准。2014年W. A. 克赖顿(W. A. Crichton)等在《CNMNC通讯》(19)、《矿物学杂志》(78)和2017年《矿物学杂志》(81)报道。目前尚未见官方中文译名,编译者建议意译为百年矿*。

拜 [bài]会意;从两手,从下。[英]音,用于外国地名、人名、古国名。

【拜里卡矿*】

英文名 Barikaite

化学式 $Ag_3Pb_{10}(Sb_8As_{11})_{\Sigma 19}S_{40}$ (IMA)

拜里卡矿*是一种银和铅的锑-砷-硫化物矿物。属脆硫砷铅矿族。单斜晶系。晶体呈他形粒状。灰黑色,金属光泽,不透明;硬度3~3.5,脆性。2012年发现于伊朗西阿塞拜疆省萨尔达什特县拜里卡(Barika)银矿。英文名称Barikaite,以发现地伊朗的拜里卡(Barika)矿命名。IMA 2012-055批准。2013年D. 托帕(D. Topa)等在《CNMNC通讯》(15)和《矿物学杂志》(77)报道。目前尚未见官方中文译名,编译者建议音译为拜里卡矿*。

【拜三水铝石】

英文名 Bayerite

化学式 $Al(OH)_3$ (IMA)

拜三水铝石板片状晶体(德国)和拜耳像

拜三水铝石是一种铝的氢氧化物矿物。与水铝石(Doyleite)、三水铝矿(Gibbsite)和诺三水铝石(Nordstrandite)呈同质多象。单斜晶系。晶体呈很细的纤维状,也可呈片状和板状;集合体呈放射状、半球状、皮壳状。白色,透明—半透明。1928年发现于以色列内盖夫沙漠哈图里姆(Haturim)盆地;同年,在《无机和普通化学》(175)和1956年T. G. 格杰翁(T. G. Gedeon)等在《匈牙利地质学院学报》(4)和弗莱舍在《美国矿物学家》(41)报道。英文名称Bayerite,以19世纪德国冶金学家卡尔·J. 拜耳(Karl J. Bayer,1847—1904)的姓氏命名的三羟化铝的人造化合物,然后将其名用到天然矿物。1959年以前发现、描述并命名的“祖父级”矿物,IMA承认有效。中文名称根据英文名称首音节音和成分译为拜三水铝石或拜铝石;根据成分译为三羟铝石;音译为拜耳石。

【拜占庭石*】

英文名 Byzantievite

化学式 $Ba_5(Ca,REE,Y)_{22}(Ti,Nb)_{18}(SiO_4)_4[(PO_4),(SiO_4)]_4(BO_3)_9O_{22}[(OH),F]_{43}(H_2O)_{1.5}$ (IMA)

拜占庭石*是一种含结晶水、氟、羟基、氧的钡、钙、稀土、钇、钛、铌的硼酸-磷酸-硅酸盐矿物。六方晶系。晶体呈片状、粒状;集合体呈层状、扁平平行状。褐色,玻璃光泽、油脂光泽,透明;硬度4.5~5。2009年发现于塔吉克斯坦天山山脉达拉伊皮奥斯(Dara-i-Pioz)冰川。英文名称Byzantievite,以拜占庭(Byzantine)帝国命名,意指这种矿物成分的多样性和结构的复杂化,可与拜占庭帝国相比拟。拜占庭帝国存在于第5—15世纪的欧亚地区,将近12个世纪(374—1453),是许多国家和宗教的家园。拜占庭帝国的结构非常复杂,但是,这个国家组织严密、有效,对欧洲和世界文化产生了重大影响。IMA 2009-001批准。2009年E. 索科罗娃(E. Sokolova)等在《晶体学报》(A65)和2010年《矿物学杂志》(74)报道。目前尚未见官方中文译名,编译者建议音译为拜占庭石*。

班 [bān]会意;从玨,从刀。金文,中间是刀,左右是玉。像用刀割玉。[英]音,用于外国人名。

【班硅锰石】

英文名 Bannisterite

化学式 $(Ca,K,Na)(Mn^{2+},Fe^{2+})_{10}(Si,Al)_{16}O_{38}(OH)_8 \cdot nH_2O$ (IMA)

班硅锰石片状晶体(澳大利亚)

班硅锰石是一种含结晶水和羟基的钙、钾、钠、锰、铁的铝硅酸盐矿物。结构上类似于辉叶石和黑硬绿泥石族。单斜晶系。晶体呈板状、片状。咖啡色、暗褐色—黑色,半玻璃光泽、树脂光泽、油脂光泽,半透明;硬度4,极完全解理。最初于1936年由威廉·弗雷德里克·佛斯哈格(William Frederick Foshag)认定为辉叶石(Ganophyllite)。1967年又发现于英国威尔士格西北部温内思郡利恩半岛兰法尔里斯(Llanfaelrhys)若赫沃本纳尔特(Benallt)矿和美国新泽西州苏塞克斯县富兰克林采区富兰克林矿。英文名称Bannisterite,1968年由玛丽·路易莎·林德伯格·史密斯(Marie Louise Lindberg Smith)和克利福德·弗龙德尔(Clifford Frondel)在《矿物学杂志》(36),为纪念英国伦敦大英自然历史博物馆矿物学家和X射线晶体学家及原矿物的守护者弗雷德里克·艾伦·班尼斯特(Frederick Allen Bannister,1901—1970)博士而以他的姓氏命名。IMA 1967-005批准。中文名称根据英文名称首音节音和成分译为班硅锰石。

斑 [bān]形声;从文,辬(biàn)声。本义:杂色的花纹或斑点。

【斑铜矿】

英文名 Bornite

化学式 Cu_5FeS_4 (IMA)

斑铜矿晶体(哈萨克斯坦、奥地利)和博恩

斑铜矿是一种铜和铁的硫化物矿物。斜方晶系。晶体极少见;集合体多呈致密块状。高温(228℃以上)等轴晶系变体，称为等轴斑铜矿(Cubic bornite)，晶体呈立方体、八面体和菱形十二面体等，常有穿插双晶，斑铜矿常呈等轴斑铜矿的假象。新鲜断口面呈铜红色—古铜色，氧化表面呈蓝紫斑状的锖色，半金属光泽，不透明；硬度 3，脆性。1725 年发现于捷克共和国卡罗维发利州厄尔士山脉亚希莫夫(Jáchymov)。最初在 1725 年以约翰·弗里德里希·亨克尔(Johann Friedrich Henckel)命名为 Kupferkies(黄铜矿)。在 1747 年以后由约翰·戈特沙尔克·瓦勒留斯(Johan Gottschalk Wallerius)给它起了几个拉丁名，并于 1802 年由勒内·茹斯特·阿羽依(Rene Just Haüy)进一步转化出，包括“Purple copper ore(紫铜矿)”和“Variegated copper ore(杂色铜矿)”等名称。1791 年被亚伯拉罕·戈特利布·维尔纳(Abraham Gottlieb Werner)称为“Bundt kupfererz(盘黄铜矿)”。1832 年由威廉·叙尔皮斯·伯当(Wilhelm Sulpice Beudant)命名为“Phillipsite(菲利普斯矿，即十字斑铜矿)”。1845 年由威廉·卡尔·冯·海丁格尔(Wilhelm Karl von Haidinger)为纪念奥地利矿物学家和无脊椎动物学家伊格内修斯·冯·博恩(Ignatius von Born，1742—1791)而以他的姓氏命名。见于 1944 年 C. 帕拉奇(C. Palache)、H. 伯曼(H. Berman)和 C. 弗龙德尔(C. Frondel)《丹纳系统矿物学》(第一卷，第七版，纽约)和 1845 年布劳穆勒(Braumüller)和赛德尔(Seidel)《矿物学鉴定手册》(维也纳版)。1959 年以前发现、描述并命名的“祖父级”矿物，IMA 承认有效。IMA 1962s. p. 批准。中文名称根据颜色和成分译为斑铜矿或紫铜矿。

板

[bǎn]形声；从木，反声。“反”意为“镜像对称的事物”。本义：片状的木材。用于描述矿物的晶体形态。

【板碲金银矿】

英文名 Muthmannite

化学式 $AuAgTe_2$ (IMA)

穆特曼像

板碲金银矿是一种金、银的碲化物矿物。最初被描述为(Ag，Au)Te，2004 年重新定义为 $AuAgTe_2$(宾迪和奇普里亚尼)。黄铜色—浅青铜色，金属光泽，不透明；硬度 2.5，完全解理。1911 年发现于罗马尼亚胡内多阿拉县萨卡拉姆布(Săcărâmb)；同年，赞博尼尼(Zambonini)在《结晶学杂志》(49)报道。英文名称 Muthmannite，以德国化学家和晶体学家、慕尼黑理工学院教授弗里德里希·威廉·穆特曼(Friedrich Wilhelm Muthmann，1861—1913)的姓氏命名。1959 年以前发现、描述并命名的“祖父级”矿物，IMA 承认有效。中文名称根据晶体形态和成分译为板碲金银矿，也译作杂碲金银矿。

【板沸石】参见【钠红沸石】条 636 页

【板晶石】

英文名 Epididymite

化学式 $Na_2Be_2Si_6O_{15} \cdot H_2O$ (IMA)

板晶石板状和六边形双晶(加拿大)

板晶石是一种含结晶水的钠、铍的硅酸盐矿物。与双晶石(Eudidymite)呈同质多象。斜方晶系。晶体呈板状、柱状、针状、片状；集合体呈球状、细粒状。无色、白色、黄色或紫色、天蓝色、灰蓝色，玻璃光泽，解理面上呈珍珠光泽，透明—半透明；硬度 5.5。1893 年发现于格陵兰库雅雷哥自治区纳尔萨克市纳沙斯瓦哥(Narssârssuk)高原纳沙斯瓦哥伟晶岩；同年，G. 弗林克(G. Flink)在《斯德哥尔摩地质学会会刊》(15)报道。英文名称 Epididymite，由希腊文“επ＝Near＝Epi(亲近或靠近)”和“δίδυμos＝Twin[成对的，成双的，即Didymus(对称性联体)]”组合命名，意指矿物长板柱状晶体聚合而形成六边形的柱状三连“鱼尾”双晶，并与双晶石成近亲。1959 年以前发现、描述并命名的“祖父级”矿物，IMA 承认有效。中文名称根据习见晶体形态译为板晶石，或加晶系译为斜方板晶石。

【板磷铝矿】参见【锂磷铝石】条 443 页

【板磷铝铀矿】

英文名 Threadgoldite

化学式 $Al(UO_2)_2(PO_4)_2(OH) \cdot 8H_2O$ (IMA)

板磷铝铀矿板状、片状晶体(刚果)

板磷铝铀矿是一种含结晶水、羟基的铝的铀酰-磷酸盐矿物。单斜晶系。晶体呈板状、片状。黄色、黄绿色。1978 年发现于刚果(金)南基伍省姆文加地区卡博卡博(Kobokobo)伟晶岩。英文名称 Threadgoldite，以澳大利亚悉尼大学矿物学家伊恩·马尔科姆·特赫若阿德贡尔德(Ian Malcolm Threadgold，1929—1990)的姓氏命名。他在 1960 年描述了一种结构非常相似的未命名的矿物。IMA 1978－066 批准。1979 年在《矿物学通报》(102)报道。中文名称根据晶体形态和成分译为板磷铝铀矿，也有的译为铝铀云母。

【板磷锰矿】

英文名 Bermanite

化学式 $Mn^{2+}Mn^{3+}_2(PO_4)_2(OH)_2 \cdot 4H_2O$ (IMA)

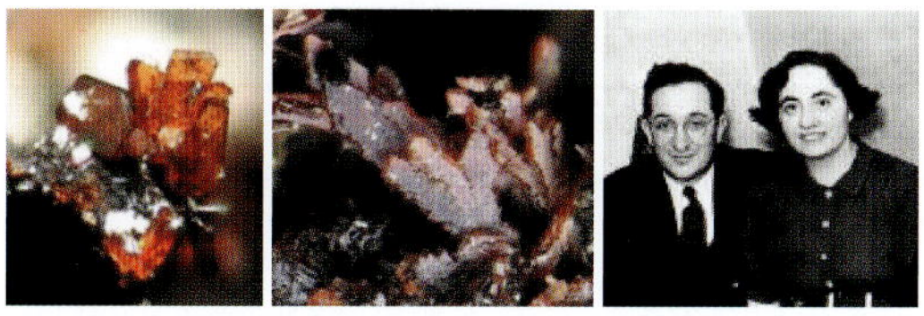

板磷锰矿板状晶体，晶簇状集合体和伯曼夫妇像

板磷锰矿是一种含结晶水、羟基的锰的磷酸盐矿物。单斜晶系。晶体呈板状；集合体呈束状、玫瑰花状、晶簇状。红褐色、土黄色—棕红色，曝光后颜色变暗，半玻璃光泽、树脂光泽、油脂光泽及半金属光泽，透明—半透明；硬度 3.5，完全解理，脆性。1936 年发现于美国亚利桑那州亚瓦派县尤里卡区依山而建的巴格达迪(Bagdad)矿区 7U7 牧场。英文名称 Bermanite，1936 年由科尼利厄斯·S. 赫尔伯特(Cornelius S. Hurlbut)在《美国矿物学家》(21)报道，为纪念美国哈佛大学矿物学教授、硅酸盐早期的结构分类系统矿物学家

哈利·伯曼(Harry Berman,1902—1944)博士而以他的姓氏命名。他是《丹纳系统矿物学》(第七版)的合著者之一。1959年以前发现、描述并命名的"祖父级"矿物,IMA承认有效。中文名称根据晶体形态和成分译为板磷锰矿,也有的译为板磷镁锰矿。

【板磷铁矿】

英文名 Ludlamite

化学式 $Fe_3^{2+}(PO_4)_2 \cdot 4H_2O$ (IMA)

板磷铁矿板柱状晶体,放射球状集合体(墨西哥、美国)

板磷铁矿是一种含结晶水的铁的磷酸盐矿物。属板磷铁矿族。单斜晶系。晶体呈板柱状、锥形、粒状、菱面体;集合体呈平行排列状、球状、晶簇状和块状。苹果绿色、淡绿色、无色,很少蓝色,半玻璃光泽、树脂光泽、油脂光泽,解理面上呈珍珠光泽,透明—半透明;硬度3.5,完全解理,脆性。1877年发现于英国英格兰康沃尔郡惠尔简(Wheal Jane)矿(法尔茅斯联合矿业)。英文名称Ludlamite,1877年由弗雷德里克·费尔德(Frederick Field)等在《哲学杂志和科学期刊》(3),为纪念英国伦敦矿物收藏家亨利·卢得兰姆(Henry Ludlam,1824—1880)而以他的姓氏命名。1885年费尔德在《矿物学杂志》(6)报道。1959年以前发现、描述并命名的"祖父级"矿物,IMA承认有效。中文名称根据矿物晶体形态和成分译为板磷铁矿。

【板鳞钙石】

英文名 Martinite

化学式 $(Na,\square,Ca)_{12}Ca_4(Si,S,B)_{14}B_2O_{38}(OH,Cl)_2F_2 \cdot 4H_2O$ (IMA)

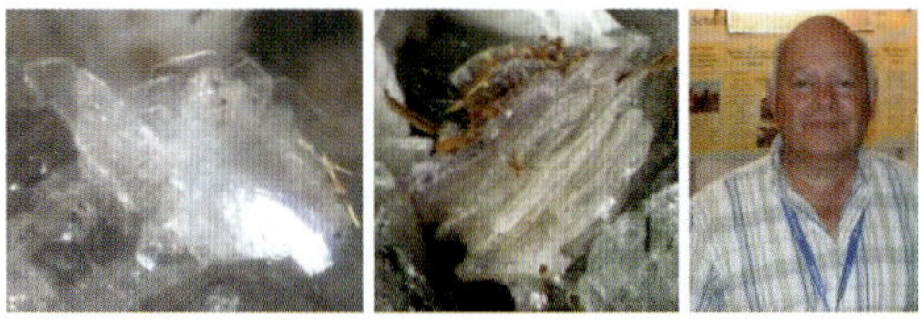

板鳞钙石板片状晶体(加拿大)和马丁像

板鳞钙石是一种含结晶水、羟基、氯、氟的钠、空位、钙的硅酸-硫酸-硼酸盐矿物。属硅钠钙石族。三斜晶系。晶体呈小鳞片状、小菱面体、板片状。无色、白色、浅黄色,玻璃光泽。发现于加拿大魁北克省圣希莱尔(Saint-Hilaire)山混合肥料采石场。1996年E. S. 格若乌(E. S. Grew)和L. M. 阿诺弗泽(L. M. Anovitz)在《矿物学、岩石学和地球化学》[第二版,修订(2002)]刊载。英文名称Martinite,以加拿大罗伯特·弗朗索瓦·马丁(Robert François Martin,1941—)的姓氏命名。马丁是加拿大蒙特利尔麦吉尔大学的地质学教授,《加拿大矿物学家》杂志资深的编辑。IMA 2001-059批准。2007年A. M. 麦克唐纳(A. M. McDonald)在《加拿大矿物学家》(45)报道。中文名称根据结晶习性和成分译为板鳞钙石。2011年杨主明在《岩石矿物学杂志》[30(4)]建议音译为马丁矿,也有的音译为马廷尼星石。

【板菱铀矿】

英文名 Schröckingerite

化学式 $NaCa_3(UO_2)(SO_4)(CO_3)_3F \cdot 10H_2O$ (IMA)

板菱铀矿假六方片状晶体,球粒状集合体(捷克、意大利)

板菱铀矿是一种含结晶水和氟的钠、钙的铀酰-碳酸-硫酸盐矿物。三斜晶系。晶体呈板状,假六方形轮廓;集合体呈皮壳状、玫瑰花状、晶簇状及球粒状。黄色、绿黄色、蓝绿色,玻璃光泽、珍珠光泽,透明;硬度2.5,完全解理,脆性。1873年第一次描述了发现在捷克共和国波希米亚希斯沃诺斯特(Svornost)的矿物,同年,在《契尔马克氏矿物学和岩石学通报》(1)报道。英文名称Schröckingerite,以其发现者朱利叶斯·弗赖赫尔·施罗克格尔·冯·涅德布尔格(Julius Freiherr Schröckinger von Neudenberg,1813—1882)的名字命名。他是一位著名的自然科学家,在矿物学方面具有独特的优势。1959年以前发现、描述并命名的"祖父级"矿物,IMA承认有效。中文名称根据结晶形态和成分译为板菱铀矿,也有译为板碳铀矿;根据成分译为硫铀钠钙石。

【板硫铋铜铅矿】

英文名 Berryite

化学式 $Cu_3Ag_2Pb_3Bi_7S_{16}$ (IMA)

板硫铋铜铅矿板条状、发状晶体(加拿大)和贝里像

板硫铋铜铅矿是一种铜、银、铅、铋的硫化物矿物。单斜晶系。晶体呈板条状、发状。蓝灰色、白色、灰白色,金属光泽,不透明;硬度3.5。1965年发现于瑞典韦姆兰省菲利普斯塔德市诺迪马克(Nordmark)的土地自由保有权场地和美国科罗拉多州蒙特苏马山谷密苏里(Missouri)矿。英文名称Berryite,以加拿大矿物学家、矿物学和结晶学教授伦纳德·加斯科因贝瑞·贝里(Leonard Gascoigne Berry,1914—1982)的姓氏命名。贝里第一个考察了矿物的瑞典模式产地(TL2);获得该矿物第一个X射线粉末数据。1939年贝里是《加拿大矿物学家》杂志的创始编辑(1957—1975)。IMA 1965-013批准。1966年E. W. 纳菲尔德(E. W. Nuffield)等在《加拿大矿物学家》(8)报道。以前认为化学式为$Pb_3(Ag,Cu)_5Bi_7S_{16}$,2006年D. 托帕(D. Topa)等在《加拿大矿物学家》(44)重新定义为$Cu_3Ag_2Pb_3Bi_7S_{16}$,并假定属斜方晶系。中文名称根据矿物晶体形态和成分译为板硫铋铜铅矿。

【板硫锑铅矿】

英文名 Semseyite

化学式 $Pb_9Sb_8S_{21}$ (IMA)

板硫锑铅矿是一种铅的锑-硫化物矿物。属斜硫锑铅矿族。单斜晶系。晶体呈菱形板片状、细柱状;集合体呈球状

板硫锑铅矿球状、花环状集合体(罗马尼亚)和谢姆谢伊像

和花环状。钢灰色—黑色,金属光泽,不透明;硬度 2.5,完全解理,脆性。1881 年发现于罗马尼亚马拉穆列什县巴亚斯普列(Baia Sprie)矿;同年,J. S. 克伦纳(J. S. Krenner,1839—1920)在《匈牙利科学院通报》(*Magyar Tudományos Akadémia Értesítője*)(15)报道。英文名称 Semseyite,以匈牙利贵族和业余矿物学家安道尔·冯·谢姆谢伊(Andor von Semsey,1833—1923)的姓氏命名。用他的名字还命名了 Andorite(参见【硫锑银铅矿】条 520 页)。1959 年以前发现、描述并命名的"祖父级"矿物,IMA 承认有效。中文名称根据晶体形态和成分译为板硫锑铅矿或板辉锑铅矿,有的根据单斜晶系和成分译为单斜铅锑矿。

【板硼钙石】参见【板硼石】条 45 页

【板硼石】

英文名 Inyoite

化学式 $CaB_3O_3(OH)_5 \cdot 4H_2O$　(IMA)

板硼石短柱状晶体(阿根廷、美国)

板硼石是一种含结晶水、羟基的钙的硼酸盐矿物。属多水硼镁石族。单斜晶系。晶体呈菱形板状或短柱状、粒状;集合体呈球粒状或鸡冠状晶簇。无色,脱水变白,带云雾状,浅黄色,玻璃光泽,透明—半透明;硬度 2,完全解理,脆性。1914 年由 W. T. 夏勒(W. T. Schaller)发现于美国加利福尼亚州因约县阿马戈萨岭布兰科(Blanco)矿,后在加拿大新不伦瑞克(New Brunswick)、苏联的印迭尔和秘鲁的干盐湖沉积物中均有发现,在我国硼酸盐矿床中也有发现。1916 年夏勒在《美国地质调查所通报》(610)报道。英文名称 Inyoite,以首次发现地美国因约(Inyo)县命名。1959 年以前发现、描述并命名的"祖父级"矿物,IMA 承认有效。中文名称根据矿物结晶习性和成分译为板硼石,也有的译为板硼钙石。

【板铅铀矿】

英文名 Curite

化学式 $Pb_{3+x}[(UO_2)_4O_{4+x}(OH)_{3-x}]_2 \cdot 2H_2O$　(IMA)

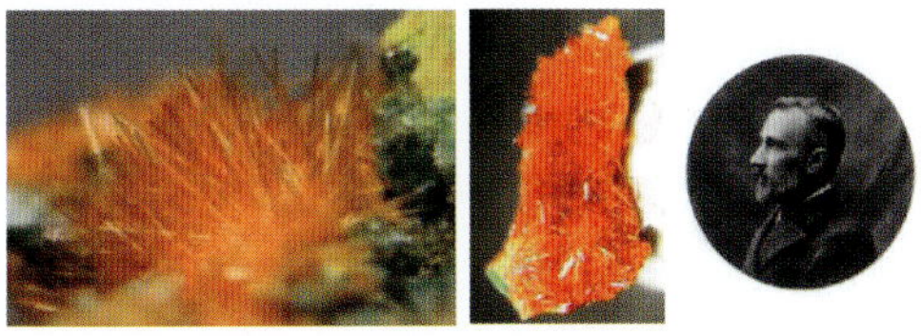

板铅铀矿针状、纤维状晶体(刚果)和居里像

板铅铀矿是一种含结晶水、羟基的铅的铀酰-氧化物矿物。斜方晶系。晶体呈针状、板柱状、纤维状、粒状;集合体呈致密土块状。深—浅的橘红色、橙色、深红、橘黄色,条痕呈橘红色,金刚光泽、玻璃光泽,透明—半透明;硬度 4~5,中等解理,脆性。1921 年发现于刚果(金)上加丹加省坎博韦地区欣科洛布韦(Shinkolobwe)矿。1921 年 A. 修普(A. Schoep)在《巴黎科学院会议周报》(173)和 1922 年 E. T. 惠里(E. T. Wherry)在《美国矿物学家》(7)报道。英文名称 Curite,以法国物理学家皮埃尔·居里(Pierre Curie,1859—1906)的姓氏命名。他和他的妻子玛丽·罗多夫斯卡·居里(Marie Sklodowska Curie)著名的研究是放射性物质。1959 年以前发现、描述并命名的"祖父级"矿物,IMA 承认有效。中文名称根据晶体形态和成分译为板铅铀矿,也译为铅铀矿。

【板羟砷铋石】

英文名 Atelestite

化学式 $Bi_2O(AsO_4)(OH)$　(IMA)

板羟砷铋石板状晶体,晶簇状、球粒状集合体(德国、法国)

板羟砷铋石是一种含羟基的铋氧的砷酸盐矿物。属板羟砷铋石族。单斜晶系。晶体一般微小,呈板状;集合体呈球状或乳头状。硫黄色—黄绿色或蜡黄色、黄棕色,金刚光泽、树脂光泽,透明—半透明;硬度 4.5~5。1832 年发现于德国萨克森州厄尔士山脉贝格区诺伊施塔特地区诺伊尔费(Neuhilfe)矿;同年,A. 布赖特豪普特(A. Breithaupt)在德累斯顿和莱比锡《矿物系统完整的特征》(第二版)刊载。英文名称 Atelestite,以希腊文"ἀτελής=Incomplete(不完整的、不完备的)"的命名,大概是因为首次描述时它的成分是未知的。1959 年以前发现、描述并命名的"祖父级"矿物,IMA 承认有效。中文名称根据晶体形态和成分译为板羟砷铋石,也有的译为砷酸铋矿。

【板钛矿】

英文名 Brookite

化学式 TiO_2　(IMA)

板钛矿板状晶体,晶簇状集合体(美国、巴基斯坦)

板钛矿是一种钛的氧化物矿物。与金红石、锐钛矿、阿考寨石、里斯矿* 和 TiO_2 Ⅱ 为同质多象变体。斜方晶系。晶体呈板状、叶片状、柱状、双锥状;集合体呈晶簇状。棕色、黄褐色、红褐色、褐色—黑色,金刚—半金刚光泽、玻璃光泽、半金属光泽,透明—不透明;硬度 5.5~6,脆性。1825 年发现于英国威尔士格温内思郡普伦特格(Prenteg)弗朗奥劳·特威尔·梅恩·格里西亚尔(Olau Twll Maen Grisial)。1825 年海丁格尔(Haidinger)在《物理年鉴》(5)和 M. 列维(M.

Levy)在《哲学年鉴》(9)报道。英文名称 Brookite，由塞尔维·迪厄·阿贝拉尔(阿尔芒)·列维[Serve Dieu Abailard (Armand) Lévy]为纪念英国结晶学家、矿物学家亨利·詹姆斯·布鲁克(Henry James Brooke，1771—1857)而以他的姓氏命名。布鲁克发现了镍华(Annabergite)、钙铀云母(Autunite)、钠铁闪石(Arfvedsonite)、铜铀矿(Caledonite)、磷铝铁石(Childrenite)、青铅矿(Linarite)、钠硝石(Nitronatrite)、菱硫碳酸铅矿(Susannite)、杆沸石(Thomsonite)和草酸钙石(Whewellite)等矿物；他是 1852 年所著的《结晶学和矿物学概论》一书的合著者；发表了许多科学论文。1959 年以前发现、描述并命名的“祖父级”矿物，IMA 承认有效。中文名称根据晶体习性和成分译为板钛矿。另一英文名称 Arkansite，以美国阿肯色(Arkansas)州命名。音译为阿肯色石。

【板碳铀矿】参见【板菱铀矿】条 44 页

【板铁矾】

英文名 Rhomboclase

化学式 $(H_5O_2)Fe^{3+}(SO_4)_2 \cdot 2H_2O$　　(IMA)

板铁矾刃片晶体，放射状、钟乳状集合体(西班牙、葡萄牙)

板铁矾是一种含结晶水的铁的硫酸盐矿物。斜方晶系。晶体常呈菱形轮廓的板状、薄片状、刃片状；集合体呈放射状、钟乳状、球粒状。无色、蓝色、绿色、黄色或灰色，玻璃光泽、金刚光泽、解理面上呈珍珠光泽，透明；硬度 2。1888 年发现并第一次描述于斯洛伐克科希策地区盖尔尼察镇斯莫拉尼克(Smolník)。1891 年克伦纳(Krenner)在布达佩斯 *Ak. Értes.* (2)报道。英文名称 Rhomboclase，来自拉丁文“Rhombus，Rhomb(斜方，菱形)”和希腊文“Κλαs＝Klasi(打破，解理)”组合命名，意指矿物的板状形态和完全的底面解理。1959 年以前发现、描述并命名的“祖父级”矿物，IMA 承认有效。中文名称根据晶体形态和成分译为板铁矾。

【板状磷锌矿】参见【磷锌矿】条 485 页

半 [bàn]会意；从八，从牛。“八”是分解的意思；牛大，易于分割，所以取“牛”会意。本义：一半，二分之一。

【半水羟碳镁石】

英文名 Pokrovskite

化学式 $Mg_2(CO_3)(OH)_2$　　(IMA)

半水羟碳镁石纤维状晶体，放射状、球粒状集体(美国)和帕克罗夫斯基像

半水羟碳镁石是一种含羟基的镁的碳酸盐矿物。属锌孔雀石族。单斜晶系。晶体呈针柱状、纤维状、石棉状；集合体呈放射状、球粒状。米色、黄色、白色、粉色—棕褐色，蜡状光泽，透明—半透明，硬度 3，完全解理。1982 年发现于哈萨克斯坦北部省兹拉托戈尔斯克(Zlatogorsk)超镁铁质岩体纯橄榄岩透镜体。英文名称 Pokrovskite，以俄罗斯矿物学家帕维尔·弗拉基米洛维奇·帕克罗夫斯基(Pavel Vladimirovich Pokrovskii，1912—1979)的姓氏命名。IMA 1982－054 批准。1984 年 O. K. 伊万诺夫(O. K. Ivanov)等在《全苏矿物学会记事》(113)和 1985 年《美国矿物学家》(70)报道。1985 年中国新矿物与矿物命名委员会郭宗山等在《岩石矿物及测试》[4(4)]根据成分译为半水羟碳镁石，也有的根据成分、颜色及与锌孔雀石的关系译为镁白孔雀石。

【半水石膏】参见【烧石膏】条 773 页

【半水亚硫钙石】

英文名 Hannebachite

化学式 $Ca(SO_3) \cdot 0.5H_2O$　　(IMA)

半水亚硫钙石板片状晶体，花状集合体(德国)

半水亚硫钙石是一种含半个结晶水的钙的亚硫酸盐矿物。斜方晶系。晶体呈板片状、纤维状，集合体呈放射状、花状。无色、白色，玻璃光泽，透明；硬度 3.5，完全解理。1983 年发现于德国莱茵兰-普法尔茨州埃菲尔地区下齐森的汉纳巴赫(Hannebach)。英文名称 Hannebachite，以发现地德国的汉纳巴赫(Hannebach)命名。IMA 1983－056 批准。1985 年 G. 亨切尔(G. Hentschel)等在《矿物学新年鉴》(月刊)和《美国矿物学家》(73)报道。1986 年中国新矿物与矿物命名委员会郭宗山等在《岩石矿物学杂志》[5(4)]根据成分译为半水亚硫钙石，也有的译为亚硫石膏。

包 [bāo]会意；小篆字形，外边是“勹”，中间是个“巳”(sì)字，“象子未成形”。“勹”就是“包”的本字。本义：裹。①用于中国地名。②用于外国人名。

【包头矿】

英文名 Baotite

化学式 $Ba_4(Ti,Nb,W)_8O_{16}(SiO_3)_4Cl$　　(IMA)

包头矿柱状晶体(巴基斯坦)

包头矿是一种含氯和氧的钡、钛、铌、钨等的硅酸盐矿物。四方晶系。晶体呈长柱状，柱面有条纹。褐色、浅棕黑色，玻璃光泽，半透明；硬度 6。1959 年中国科学院和苏联科学院中苏合作地质队 E. I. 谢苗诺夫(E. I. Semenov)、洪文兴等在中国内蒙古自治区包头市白云鄂博矿区发现的一种硅酸盐新矿物。以发现地中国包头市命名为包头矿(Baotite)。IMA 1962s. p. 批准。1960 年谢苗诺夫、洪文兴等在《结晶学》(5)和 1961 年《苏联科学院报告》[136(4)]报道。

【包氧氯汞矿】

英文名 Poyarkovite

化学式 Hg_3ClO　　(IMA)

包氧氯汞矿是一种含氧的汞的氯化物矿物。单斜晶系。樱桃红色,黑色—暗红色,金刚光泽、玻璃光泽,透明;硬度2～2.5,脆性。1981年发现于吉尔吉斯斯坦奥什州天山山脉阿莱山范围费尔干纳盆地凯达坎(Khaidarkan)锑汞矿床。英文名称Poyarkovite,以弗拉基米尔·伊拉斯托维奇·包亚尔科夫(Vlakimir Erastovich Poyarkov,1907—1975)的姓氏命名。他是吉尔吉斯斯坦阿拉木图矿产资源研究所著名的汞和锑矿床研究员。IMA 1980-099批准。1981年在《全苏矿物学会记事》(110)和1982年弗莱舍等在《美国矿物学家》(67)报道。中文名称根据英文名称首音节音和成分译为包氧氯汞矿。

保 [bǎo]会意;甲骨文字形,像用手抱孩子形。金文写作从"人"从"子"。后来为了结构的对称,小篆变成"保",使人不能因形见义了。本义:背子于背。[英]音,用于外国人名、地名。

【保拉德绍什瓦尔石*】

英文名 Parádsasvárite

化学式 $Zn_2(CO_3)(OH)_2$ (IMA)

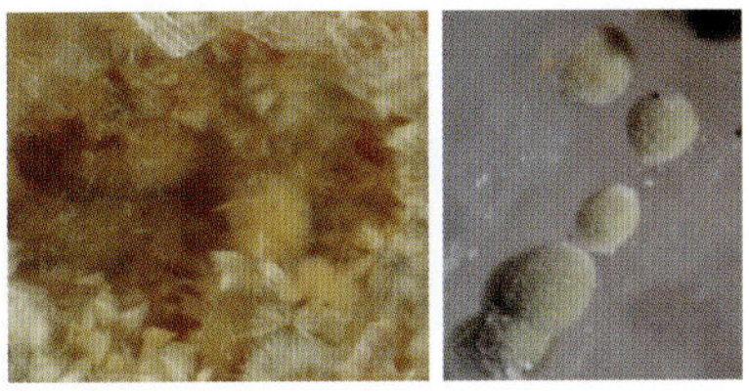

保拉德绍什瓦尔石*针状晶体,放射状、球状集合体(匈牙利)

保拉德绍什瓦尔石*是一种含羟基的锌的碳酸盐矿物。属锌孔雀石族。单斜晶系。晶体呈针状;集合体呈放射状、球状。白色,玻璃光泽、丝绢光泽,半透明;硬度2～3,脆性。2012年发现于匈牙利赫维什县马特拉山脉保拉德绍什瓦尔(Parádsasvár)纳吉-拉帕夫(Nagy-Lápafő)。英文名称Parádsasvárite,以发现地匈牙利的保拉德绍什瓦尔(Parádsasvár)命名。IMA 2012-077批准。2013年B.费赫尔(B. Fehér)等在《CNMNC通讯》(15)、《矿物学杂志》(77)和2015年《矿物学和岩石学》(109)报道。目前尚未见官方中文译名,编译者建议音译为保拉德绍什瓦尔石*。

【保罗亚当斯石*】

英文名 Pauladamsite

化学式 $Cu_4(SeO_3)(SO_4)(OH)_4 \cdot 2H_2O$ (IMA)

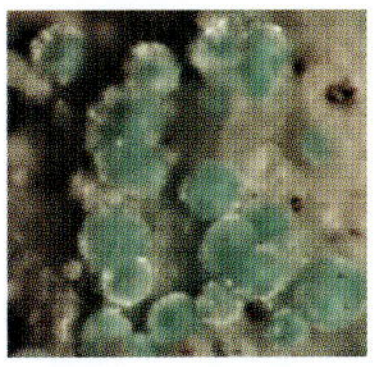

保罗亚当斯石*叶片状晶体,放射状集合体(美国)

保罗亚当斯石*是一种含结晶水、羟基的铜的硫酸-硒酸盐矿物。三斜晶系。晶体呈叶片状,长0.5mm;集合体呈放射状、球粒状。绿色,玻璃光泽、丝绢光泽,透明;硬度2,完全解理,脆性。2015年发现于美国加利福尼亚州因约县。英文名称Pauladamsite,以矿物发现和收集者保罗·M.亚当斯(Paul M. Adams,1954—)的姓名命名。亚当斯先生1976年获得纽约州立大学奥尔巴尼分校的地质学专业理学学士学位和1979年获得南加州大学地质学理学硕士学位;他从事航空航天工业的光谱学和显微镜工作已有36年,并且已经从事现场采集矿物40多年。IMA 2015-005批准。2015年A. R.坎普夫(A. R. Kampf)等在《CNMNC通讯》(25)、《矿物学杂志》(79)和2016年《矿物学杂志》(80)报道。目前尚未见官方中文译名,编译者建议音译为保罗亚当斯石*。

【保砷铅石】

英文名 Paulmooreite

化学式 $Pb_2As_2^{3+}O_5$ (IMA)

保砷铅石板状晶体,晶簇状集合体(瑞典)和摩尔像

保砷铅石是一种铅的砷酸盐矿物。单斜晶系。晶体呈板状;集合体呈晶簇状。无色—浅橙色,半金刚光泽,透明;硬度3,完全解理,很脆。1979年发现于瑞典韦姆兰省保菲利普斯塔德市朗班(Långban)。英文名称Paulmooreite,1979年由皮特·J.邓恩(Pete J. Dunn)等在《美国矿物学家》(64)报道,为纪念芝加哥大学物理学教授保罗(保卢斯)·B.摩尔[Paul(Paulus) B. Moore,1940—2019]博士而以他的姓名命名。保罗专门从事瑞典朗班花岗伟晶岩磷酸盐矿物学和美国新泽西州富兰克林-奥格登斯堡的矿物学和物理学,及含硼矿物结构的研究,他是晶体结构分析的多产的学者,测定了100多个矿物晶体结构,提出了一些矿物的晶体化学关系;保罗是一位美国新泽西州和纽约州富兰克林大理石形成机理研究的学者,他进行了实地考察和实验室工作,描述命名了大量矿物,出版了100多部著作,是《磷酸盐矿物》一书的合著者。IMA 1978-004批准。中文名称根据英文名称首音节音和成分译为保砷铅石/勃砷铅石。

鲍 [bào]形声;从鱼,包声。[英]音,用于外国人名。

【鲍伯道斯石】

英文名 Bobdownsite

化学式 $Ca_9Mg(PO_4)_6(PO_3F)$ (弗莱舍,2018)

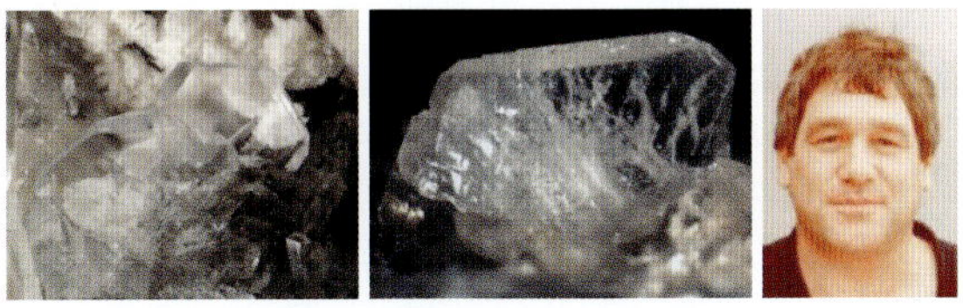

鲍伯道斯石板状晶体(加拿大)和道斯像

鲍伯道斯石是一种含氟的钙、镁的磷酸盐矿物。属白磷钙石族。似乎与陨磷钙钠石(Merri llite)相同[2002年E.格诺思(E. Gnos)等在《陨星与行星科学》(37)报道]。三方晶系。晶体呈板状、菱面体。无色、浅紫色、黄色,玻璃光泽,透明;硬度5,脆性。2008年发现于加拿大育空地区道森采矿区大鱼河矿。英文名称Bobdownsite,以美国亚利桑那大学的鲍伯·道斯(Bob Downs)姓名命名。IMA 2008-037批准。2011年K. T.泰特(K. T. Tait)等在《加拿大矿物学家》(49)报道。2011年杨主明等在《岩石矿物学杂志》[30(4)]音译为鲍伯道斯石。在2018年,它被废弃,因为分析表明不含氟,这是它作为一种新矿物的显著特征。现在被视为白磷钙石(Whitlockite)的同义词。

【鲍伯弗格森石】参见【磷钠锰高铁石】条473页

B

【鲍伯特雷石】参见【水硼硅锶钠锆石】条 859 页

【鲍勃库克铀矿*】

英文名 Bobcookite

化学式 $NaAl(UO_2)_2(SO_4)_4 \cdot 18H_2O$　　(IMA)

鲍勃库克铀矿* 不规则柱状晶体(美国)和库克像

鲍勃库克铀矿*是一种含结晶水的钠、铝的铀酰-硫酸盐矿物。三斜晶系。晶体呈不规则柱状,常弯曲,粒径2mm;集合体呈脉状、块状。青绿色—黄绿色,玻璃光泽,透明;硬度2.5,脆性。2014年发现于美国犹他州圣胡安县蓝蜥蜴(Blue Lizard)矿。英文名称 Bobcookite,以美国亚拉巴马州奥本大学地质和地理系前主任、教授罗伯特·B."鲍勃"库克(Robert B."Bob"Cook,1944—)博士的姓名命名。IMA 2014-030批准。2014年A. R. 坎普夫(A. R. Kampf)等在《CNMNC通讯》(21)、《矿物学杂志》(78)和2015年《矿物学杂志》(79)报道。目前尚未见官方中文译名,编译者建议音加成分译为鲍勃库克铀矿*。

【鲍勃迈耶石*】

英文名 Bobmeyerite

化学式 $Pb_4(Al_3Cu)(Si_4O_{12})(S_{0.5}Si_{0.5}O_4)(OH)_7Cl(H_2O)_3$ (IMA)

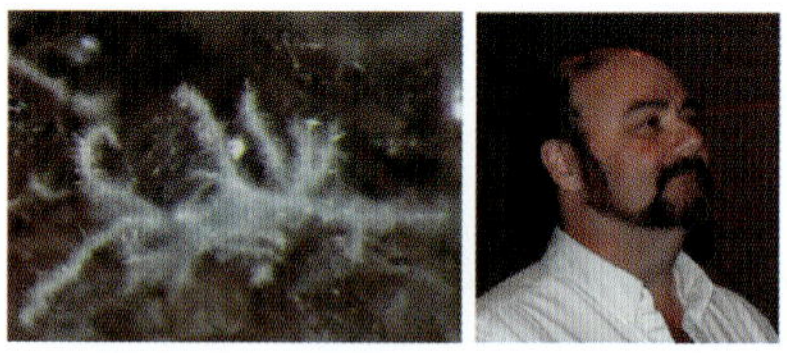

鲍勃迈耶石* 树枝状集合体(美国)和迈耶像

鲍勃迈耶石*是一种含结晶水、氯、羟基的铅、铝、铜的硫硅酸-硅酸盐矿物。斜方晶系。晶体呈针状;集合体呈树枝状。无色—白色,丝绢光泽、玻璃光泽,透明—半透明;脆性。2012年发现于美国亚利桑那州皮纳尔县马默斯-圣·安东尼(Mammoth-Saint Anthony)矿。英文名称 Bobmeyerite,以美国华盛顿的罗伯特(鲍勃)·欧文·迈耶[Robert (Bob)Owen Meyer,1956—]的姓名命名。迈耶先生于1978年从马默斯-圣·安东尼矿山收购了他的第一块标本,随后花费了数千小时的时间研究矿床标本。IMA 2012-019批准。2012年A. R. 坎普夫(A. R. Kampf)等在《CNMNC通讯》(14)和《矿物学杂志》(76)报道。目前尚未见官方中文译名,编译者建议音译为鲍勃迈耶石*。

【鲍勃香农石*】

英文名 Bobshannonite

化学式 $KBaNa_2(Mn_7Na)Nb_4(Si_2O_7)_4O_4(OH)_4O_2$ (IMA)

鲍勃香农石*是一种含氧、羟基的钾、钡、钠、锰、铌的硅酸盐矿物。属金沙江石族。三斜晶系。晶体呈厚板状,粒径0.5~1mm。浅棕色—橘棕色,玻璃光泽,透明—半透明;硬度4,完全解理,脆性。2014年发现于加拿大魁北克省圣希莱尔(Saint-Hilaire)山混合肥料采石场。英文名称 Bobshannonite,以罗伯特(鲍勃)·D. 香农[Robert (Bob) D. Shannon,1935—]博士的姓名命名,以表彰香农对晶体化学领域做出的重大贡献,尤其是通过他发展了精确和全面的离子半径以及他关于矿物质的介电性质研究。IMA 2014-052批准。2015年E. 索科洛娃(E. Sokolova)等在《矿物学杂志》(79)报道。目前尚未见官方中文译名,编译者建议音译为鲍勃香农石*。

鲍勃香农石* 厚板状晶体(加拿大)

【鲍尔斯矿*】

英文名 Bowlesite

化学式 PtSnS　　(IMA)

鲍尔斯矿*是一种铂、锡的硫化物矿物。斜方晶系。矿物颗粒细小,20μm。金属光泽,不透明;易碎。2019年发现于南非西北部博雅纳拉铂金区梅伦斯基(Merensky)岩脉。英文名称 Bowlesite,以英国曼彻斯特大学约翰·鲍尔斯(John Bowles)博士的姓氏命名,以表彰他对与镁铁质-超镁铁质岩石有关的矿石矿物学和矿床的贡献。IMA 2019-079批准。2019年A. 维玛扎洛娃(A. Vymazalová)等在《CNMNC通讯》(52)、《矿物学杂志》(83)和2020年《矿物学杂志》(84)报道。目前尚未见官方中文译名,编译者建议音译为鲍尔斯矿*。

【鲍林沸石-钙】

英文名 Paulingite-Ca

化学式 $(Ca,K,Na,Ba,\square)_{10}(Si,Al)_{42}O_{84} \cdot 34H_2O$ (IMA)

鲍林沸石-钙立方体、菱形十二面体晶体(捷克、美国)

鲍林沸石-钙是一种含沸石水的钙、钾、钠、钡、空位的铝硅酸盐矿物。属沸石族,鲍林沸石系列。等轴晶系。晶体呈菱形十二面体、立方体。无色、白色、浅黄色、粉红色,玻璃光泽,透明—半透明;硬度5。1982年发现于美国俄勒冈州格兰特县里特三浬溪(Three Mile Creek)矿;同年,R. D. 切尔尼希(R. D. Tschernich)等在《美国矿物学家》(67)报道。英文名称 Paulingite-Ca,根词由美国加州理工学院化学教授莱纳斯·卡尔·鲍林(Linus Carl Pauling,1901—1994)的姓氏,加占优势的阳离子钙后缀-Ca组合命名。IMA 1997s. p.批准。中文名称根据成分及与鲍林沸石的关系译为鲍林沸石-钙/钙鲍林沸石。

【鲍林沸石-钾】

英文名 Paulingite-K

化学式 $(K,Ca,Na,Ba,\square)_{10}(Si,Al)_{42}O_{84} \cdot 34H_2O$ (IMA)

鲍林沸石-钾是一种含沸石水的钾、钙、钠、钡、空位的铝硅酸盐矿物。属沸石族,鲍林沸石系列。等轴晶系。晶体呈菱形十二面体、立方体。无色、淡黄色、橙色、粉红色,金刚光泽、玻璃光泽、油脂光泽,透明—半透明;硬度5,脆性。1960

鲍林沸石-钾立方体、菱形十二面体晶体(加拿大)和鲍林像

年首先发现于美国华盛顿州道格拉斯县韦纳奇镇哥伦比亚河上游洛克(Rock)岛大坝。英文名称 Paulingite(后根据 IMA-CNMMN法则改为 Paulingite-K),以美国加州理工学院化学教授莱纳斯·卡尔·鲍林(Linus Carl Pauling, 1901—1994)的姓氏命名。鲍林是有史以来最重要的科学家之一,发表了 1 200 多篇论文和著作,并获得了 1954 年的诺贝尔化学奖,1962 年的诺贝尔和平奖,1967 年的罗伯林奖章等众多奖项。1959 年以前发现、描述并命名的"祖父级"矿物,IMA 承认有效。IMA 1997s. p. 批准。1960 年 W. B. 坎布(W. B. Kamb)在《美国矿物学家》(45)报道。中文名称音加族名译为鲍林沸石-钾或钾鲍林沸石;又根据晶系、化学成分中的碱质和族名译为方碱沸石。根据 IMA-CNMMN 批准的沸石命名法的修改建议,其中扩展了沸石类矿物的定义,凡具有沸石的性质,但其结构中含有四面体格架者则可视为沸石;亦允许非硅和铝的元素在格架内的完全替换,在具特定结构的组成系列中,格架外的不同阳离子中的原子比值最大者可确定为独立的矿物种,命名时采用相应的元素符号作为后缀,用连字符加在系列名称之后,因此有鲍林沸石-钾、鲍林沸石-钙、鲍林沸石-钠。

【鲍林沸石-钠】

英文名 Paulingite-Na

化学式 $(Na_2,K_2,Ca,Ba)_5[Al_{10}Si_{35}O_{90}]\cdot 45H_2O$

鲍林沸石-钠是一种含沸石水的钠、钾、钙、钡的铝硅酸盐矿物。属沸石族,鲍林沸石系列。等轴晶系。晶体呈菱形十二面体、立方体,集合体呈晶簇状。无色、白色、浅黄色、橙色、红色,玻璃光泽、油脂光泽,透明—半透明;硬度 5,脆性。1998 年发现于美国华盛顿州道格拉斯县韦纳奇镇哥伦比亚河上游洛克(Rock)岛大坝。英文名称 Paulingite-Na,根词由美国加州理工学院化学教授莱纳斯·卡尔·鲍林(Linus Carl Pauling,1901—1994)的姓氏,加占优势的阳离子钠后缀 -Na 组合命名。经 IMA 批准。2001 年 E. 帕萨利亚等(E. Passaglia)在《欧洲矿物学杂志》(13)报道。中文名称根据成分及与鲍林沸石的关系译为鲍林沸石-钠/钠鲍林沸石。

【鲍姆施塔克矿*】

英文名 Baumstarkite

化学式 $Ag_3Sb_3S_6$ (IMA)

鲍姆施塔克矿*球状集合体(秘鲁)和鲍姆施塔克像

鲍姆施塔克矿*是一种银、锑的硫化物矿物。与硫锑银矿和辉锑银矿为同质多象。三斜晶系。晶体呈板状、粒状,粒径不超过 3mm;集合体呈球状,球径为 40mm×10mm。铁黑色—灰黑色,金属光泽,不透明;硬度 2.5,完全解理。1999 年发现于秘鲁卡斯特罗维雷纳省圣热纳罗(San Genaro)矿。英文名称 Baumstarkite,以发现此矿物的德国矿物学家和矿物经销商曼弗雷德·鲍姆施塔克(Manfred Baumstark,1954—)的姓氏命名。IMA 1999-049 批准。2002 年 H. 埃芬贝格尔(H. Effenberger)等在《美国矿物学家》(87)报道。目前尚未见官方中文译名,编译者建议音译为鲍姆施塔克矿*;根据成分译为硫锑银矿*。

【鲍温玉】参见【蛇纹石】条 773 页

北

[běi]会意;东、西、南、北 4 个方位名之一。与"南"相对。用于中国和外国地名。

【北极石】

英文名 Arctite

化学式 $(Na_5Ca)Ca_6Ba(PO_4)_6F_3$ (IMA)

北极石块状集合体(俄罗斯)

北极石是一种含氟的钠、钙、钡的磷酸盐矿物。属北极石超族。三方晶系。晶体罕见;集合体呈块状。无色、白色,玻璃—半玻璃光泽、珍珠光泽,透明—半透明;硬度 5,完全解理,脆性。1981 年发现于俄罗斯北部摩尔曼斯克州沃尼米奥克(Vuonnemiok)河谷。英文名称 Arctite,以发现地俄罗斯的北极(Arctic)地区命名。IMA 1980-049 批准。1981 年由亚历山大·彼得罗维奇·克霍姆雅可夫(Alexander Petrovich Khomyyakov)等在《全苏矿物学会记事》(110)和 1982 年《美国矿物学家》(67)报道。中文名称译为北极石。

【北极星矿*】

英文名 Northstarite

化学式 $Pb_6(Te^{4+}O_3)_5(S^{6+}O_3S^{2-})$ (IMA)

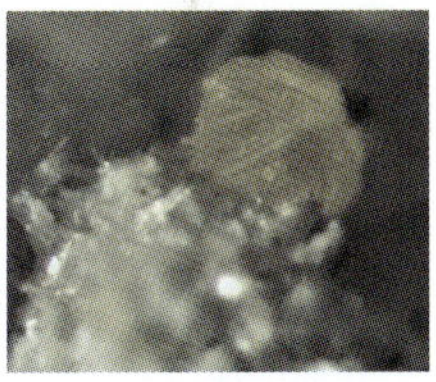

北极星矿*短柱状晶体(美国)

北极星矿*是一种铅的硫代硫酸盐-碲酸盐矿物。六方晶系。晶体呈短柱状,金字塔形的终端,长度可达 1mm 左右。米黄色,金刚光泽,透明至半透明;硬度 2,脆性,断口不规则,无解理。2019 年发现于美国犹他州贾布县廷蒂克矿区猛犸(Mammoth)北极星(North Star)矿。英文名称 Northstarite,以发现地美国的北极星(North Star)矿命名。IMA 2019-031 批准。2019 年 A. R. 坎普夫(A. R. Kampf)等在《CNMNC 通讯》(51)、《矿物学杂志》(83)和《欧洲矿物学杂志》(31)报道。目前尚未见官方中文译名,编译者建议意译为北极星矿*。

【北投石】

英文名 Hokutolite

化学式 $(Ba,Pb)SO_4$

北投石粒状晶体(中国台湾)

北投石是重晶石的含铅变种，当硫酸钡与硫酸铅以4∶1的比例混合时称北投石。斜方晶系。晶体常呈厚板状或短柱状、粒状；集合体多呈致密块状。纯净者白色，由于杂质及混入物的影响常呈灰色、浅红色、浅黄色等，玻璃光泽，解理面上呈珍珠光泽，半透明—不透明；3组完全解理，密度大。1905年，日本占领中国台湾时，冈本要八郎（Okamoto，1876—1960）在台北七星北投溪温泉的热水池外流出口下游发现一种具有放射性的特殊矿物。经东京帝国大学教授神保小虎博士确定为重晶石的含铅新变种，并以发现地命名为北投石。1912年11月20日，国际矿物会议在苏联圣彼得堡召开，正式发表并命名为北投石（Hokutolite）[冈本要八郎（Okamoto）在《日本和田的矿物》（4）和1913年神保（Jimbō）在《美国科学杂志》（35）报道]。从此北投的名字声名远播。1933年11月26日北投石被公告为“天然纪念物”，严禁采取，使它能永为世人观赏或研究。2000年，中国台湾当局指定北投石为“自然文化景观”，目前仅有标本存放于北投温泉博物馆内，重达800kg，为全球最大，也是镇馆之宝（参见《维基百科，自由百科全书》）。

贝

[bèi]象形；甲骨文和金文字形，像海贝形。[英]音，用于外国地名、人名。

【贝得石】

英文名 Beidellite

化学式 $(Na,Ca)_{0.3}Al_2(Si,Al)_4O_{10}(OH)_2 \cdot nH_2O$ (IMA)

贝得石是一种蒙脱石族黏土矿物之一。单斜晶系。晶体呈薄叶片状、蠕虫状；集合体呈致密块状。无色、白色、红色、棕黄色—棕灰色、绿色，蜡状光泽；硬度1～2，极完全解理。1925年发现于美国科罗拉多州萨沃奇县的贝得尔（Beidell）；同年，E. S. 拉森（E. S. Larsen）等在《华盛顿科学院杂志》（15）报道。英文名称Beidellite，以发现地美国的贝得尔（Beidell）命名。1959年以前发现、描述并命名的“祖父级”矿物，IMA承认有效。中文名称音译为贝得石。

【贝尔伯格石】

英文名 Bellbergite

化学式 $(K,Ba,Sr)_2Sr_2Ca_2(Ca,Na)_4(Si,Al)_{36}O_{72} \cdot 30H_2O$ (IMA)

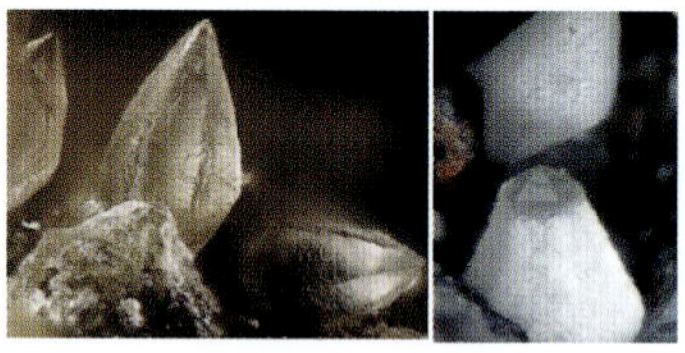

贝尔伯格石六方双锥状晶体（德国）

贝尔伯格石是一种含沸石水的钾、钡、锶、钙、钠的铝硅酸盐矿物。属沸石族。六方晶系。晶体呈六方双锥状。无色—白色，玻璃光泽，透明；硬度5。1990年发现于德国莱茵兰-普法尔茨州艾费尔高原埃特林根市贝勒伯格（Bellberg）火山南部熔岩流马耶纳费尔德的锡坎特（Seekante）。英文名称Bellbergite，以发现地德国的贝尔伯格（Bellberg）火山命名。IMA 1990-057批准。1993年B. 鲁丁格（B. Rüdinger）等在《矿物学与岩石学》（48）和《美国矿物学家》（79）报道。1998年中国新矿物与矿物命名委员会黄蕴慧等在《岩石矿物学杂志》[17(2)]音译为贝尔伯格石。

【贝尔德石*】

英文名 Bairdite

化学式 $Pb_2Cu^{2+}_4Te^{6+}_2O_{10}(OH)_2(SO_4) \cdot H_2O$ (IMA)

贝尔德石*菱形片状晶体，平行状、扇形集合体（美国）和贝尔德像

贝尔德石*是一种含结晶水和羟基的铅、铜的硫酸-碲酸盐矿物。单斜晶系。晶体呈菱形片状，粒径250μm；集合体呈平行排列和扇形。灰绿色，金刚光泽，透明；硬度2～3，完全解理，脆性。2012年发现于美国加利福尼亚州圣贝纳迪诺县银湖小区伯德（Bird）火山渣锥。英文名称Bairdite，以美国亚利桑那州哈瓦苏湖市的杰里·A. 贝尔德（Jerry A. Baird，1940—）的姓氏命名。贝尔德是一位矿物收藏家，在奥托山广泛收集标本，他提供了大量的进行研究的样品，包括两种共型（Two co-type）的贝尔德石*样品之一和两种共型的菲特雷尔石*样品之一。IMA 2012-061批准。2013年A. R. 坎普夫（A. R. Kampf）等在《CNMNC通讯》（15）、《矿物学杂志》（77）和《美国矿物学家》（98）报道。目前尚未见官方中文译名，编译者建议音译为贝尔德石*。

【贝尔斯石】

英文名 Bearthite

化学式 $Ca_2Al(PO_4)_2(OH)$ (IMA)

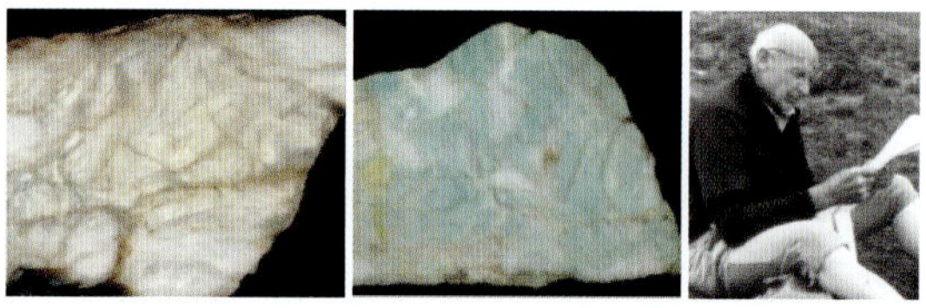

贝尔斯石他形粒状晶体（奥地利）和贝尔斯像

贝尔斯石是一种含羟基的钙、铝的磷酸盐矿物。属锰铁钒铅矿族。单斜晶系。晶体呈他形粒状、扁平柱状、柱状。浅黄色、天蓝色，玻璃光泽，透明；硬度4～5。1986年发现于意大利皮德蒙特高原库内奥省吉尔巴（Gilba）谷和瑞士瓦莱州萨斯费区施托克（Stockhorn）峰泥质岩露头。英文名称Bearthite，以彼得·贝尔斯（Peter Bearth，1902—1989）教授的姓氏命名，以表彰彼得·贝尔斯对西部阿尔卑斯高压地质体开创性的岩石学研究做出的贡献。IMA 1986-050批准。1993年C. 肖邦（C. Chopin）等在《瑞士矿物学和岩石学通报》（73）和1993年《美国矿物学家》（78）报道。1998年中国新矿物与矿物命名委员会黄蕴慧等在《岩石矿物学杂志》[17(2)]音译为贝尔斯石。

【贝克特石*】

参见【铝钒钙石*】条538页

【贝兰道尔夫矿】

英文名 Belendorffite

化学式 Cu_7Hg_6 (IMA)

贝兰道尔夫矿是一种铜与汞的互化物矿物。与科汞铜矿（Kolymite）为同质二象。三方晶系。晶体呈细粒状；集合体呈球状。白色、黄色或黑棕色，金属光泽，不透明；硬度

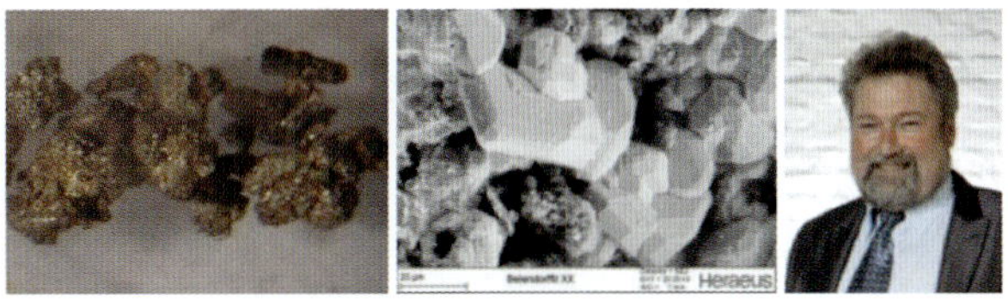

贝兰道尔夫矿细粒状(电镜下呈板状)晶体和贝兰道尔夫像

2.5～4。1989 年发现于德国莱茵兰-普法尔茨州的兰茨贝格(Landsberg)。英文名称 Belendorffite,以克劳斯·贝兰道尔夫(Klaus Belendorff,1956—)的名字命名。克劳斯·贝兰道尔夫来自德国明斯特的矿物收藏家,是他发现了此矿物。IMA 1989－024 批准。1992 年 H. J. 伯恩哈特(H. J. Bernhardt)和 K. 史密策(K. Schmetzer)在《矿物学新年鉴》(月刊)报道。1998 年中国新矿物与矿物命名委员会黄蕴慧等在《岩石矿物学杂志》[17(1)]音译为贝兰道尔夫矿。

【贝硫砷铊矿】

英文名 Bernardite

化学式 $TlAs_5S_8$ (IMA)

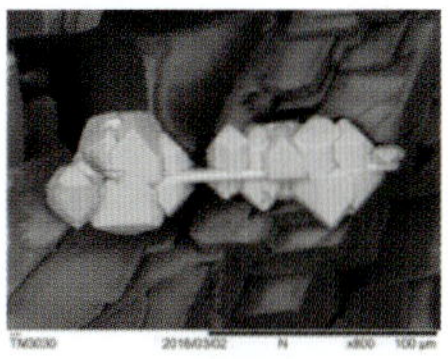

贝硫砷铊矿厚板状晶体(瑞士,电镜)

贝硫砷铊矿是一种铊的砷-硫化物矿物。单斜晶系。晶体呈厚板状。黑色,半透明—不透明;硬度 2。1987 年发现于北马其顿共和国罗日登(Rozhden)的阿尔察(Allchar)。英文名称 Bernardite,为纪念捷克矿物学家、地球化学家布拉格查尔斯特大学(1955—1967)和中央地质研究所(布拉格)的地球化学和矿物学教授简·H. 伯纳德(Jan H. Bernard,1928—2018)而以他的姓氏命名。伯纳德是许多出版物的作者或合著者,包括捷克斯洛伐克矿物学(1969,1981)及其他等(2004)。IMA 1987－052 批准。1989 年 J. 帕沙瓦(J. Pašava)等在《矿物学杂志》(53)和 1990 年《美国矿物学家》(75)报道。中国新矿物与矿物命名委员会郭宗山根据英文名称首音节音和成分译为贝硫砷铊矿。

【贝洛古布石*】

英文名 Belogubite

化学式 $CuZn(SO_4)_2 \cdot 10H_2O$ (IMA)

贝洛古布石*是一种含结晶水的铜、锌的硫酸盐矿物。属胆矾族。三斜晶系。晶体呈粒状;集合体大小可达 1mm。蓝色,从浅色—浅蓝色不等,玻璃光泽,透明;硬度 2.5,脆性。2018 年发现于俄罗斯奥伦堡州盖耶斯科耶(Gayskoe)锌铜矿床。英文名称 Belogubite,以埃琳娜·维塔利耶夫娜·贝洛古布(Elena Vitalievna Belogub,1963－)的姓氏命名。贝洛古布是俄罗斯车里雅宾斯克州米亚斯俄罗斯科学院乌拉尔分院矿物学研究所主要研究员,著名的南乌拉尔火山岩型块状硫化物铜矿床矿物学专家。IMA 2018－005 批准。2018 年 A. V. 卡萨汀(A. V. Kasatkin)等在《CNMNC 通讯》(43)、《矿物学杂志》(82)和 2019 年《俄罗斯矿物学会记事》[148(3)]报道。目前尚未见官方中文译名,编译者建议音译为贝洛古布石*。

【贝硼锰石】

英文名 Blatterite

化学式 $Sb^{5+}_3Mn^{3+}_9Mn^{2+}_{35}(BO_3)_{16}O_{32}$ (IMA)

贝硼锰石是一种含氧的锑、三价锰和二价锰的硼酸盐矿物。属斜方硼镁锰矿族。斜方晶系。晶体呈扁平柱状,横截面为菱形,沿柱面有长条纹。黑色,半金属光泽,不透明;硬度 6,完全解理,脆性。1984 年发现于瑞典韦姆兰省菲利普斯塔德市克基特伦(Kitteln)矿山。

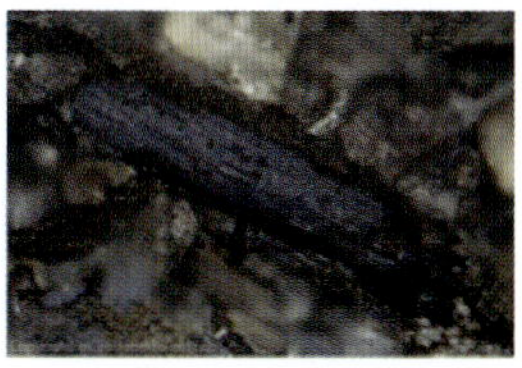

贝硼锰石扁平柱状晶体(瑞典)

英文名称 Blatterite,以德国矿物收藏家弗朗茨·布拉特(Fritz Blatter,1943—)的姓氏命名。是由弗朗茨·布拉特提供的原始标本。IMA 1984－038 批准。1988 年拉德(Raade)等在瑞典诺德马克基特伦矿山第一次描述为新矿物。1998 年库珀(Cooper)和霍桑(Hawthorne)解决和完善了结构分析。1988 年拉德(Raade)等在《矿物学新年鉴》(月刊)报道。1989 年中国新矿物与矿物命名委员会郭宗山在《岩石矿物学杂志》[8(3)]根据英文名称首音节音和成分译为贝硼锰石。

【贝氏绿泥石】

英文名 Baileychlore

化学式 $(Zn,Fe^{2+},Al,Mg)_6(Si,Al)_4O_{10}(OH)_8$ (IMA)

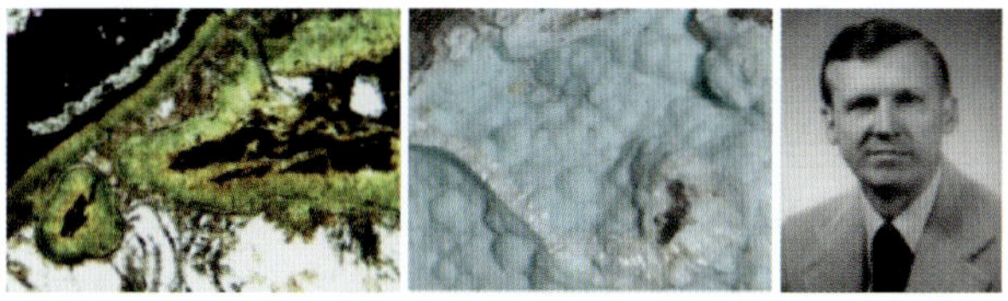

贝氏绿泥石鳞片晶体,细脉状、皮壳状集合体(澳大利亚、希腊)和贝利像

贝氏绿泥石是绿泥石族的一种锌占优势的八面体配位矿物。三斜晶系。晶体呈鳞片状;集合体呈细脉状、皮壳状。葱绿色、黄绿色,珍珠光泽,透明;硬度 2.5～3,完全解理。1986 年发现于澳大利亚昆士兰州奇拉戈镇红球(Red Dome)矿。英文名称 Baileychlore,1988 年由奥黛丽·C. 鲁尔(Audrey C. Rule)和弗兰克·拉德克(Frank Radke)为纪念美国威斯康星州麦迪逊威斯康星大学地质与地球物理系的层状硅酸盐专家斯特奇斯·威廉·"布尔"贝利(Sturges William "Bull" Bailey,1919—1994)教授而以他的姓氏加"Chlore(绿泥石)"组合命名,意指是绿泥石族的成员。IMA 1986－056 批准。1988 年奥黛丽·C. 鲁尔在《美国矿物学家》(73)报道。中文名称音加族名译为贝氏绿泥石;根据成分和族名译为锌铁绿泥石。

【贝斯特石*】

英文名 Bystrite

化学式 $(Na,K)_7Ca(Si_6Al_6)O_{24}(S^{2-})_{1.5} \cdot H_2O$ (IMA)

贝斯特石*是一种含结晶水和硫的钠、钾、钙的铝硅酸盐矿物。属似长石族钙霞石族。六方晶系。晶体呈板状;集合体呈不规则斑块状。黄色,玻璃光泽,透明—半透明;硬度 5,完全解理。1990 年发现于俄罗斯伊尔库茨克州贝斯特拉亚河谷马洛-贝斯特林斯卡耶(Malo-Bystrinskoe)天青石矿床。英文名称 Bystrite,以发现地俄罗斯的马拉亚-贝斯特拉亚(Malaya Bystraya)天青石矿命名。IMA 1990－008 批准。1991 年 E. A. 珀贝迪姆斯卡娅(E. A. Pobedimskaya)在《苏联科学院报告》(319)和《全苏矿物学会记事》[120(3)]报道。目前尚未见官方中文译名,编译者建议音译为贝斯特石*。

【贝塔石】参见【铌钛铀矿】条 651 页

【贝特顿石*】

英文名 Bettertonite

化学式 $Al_6(AsO_4)_3(OH)_9(H_2O)_5 \cdot 11H_2O$　　(IMA)

贝特顿石*毛丛状、放射状集合体(英国)

贝特顿石*是一种含结晶水、羟基的铝的砷酸盐矿物。单斜晶系。晶体呈超薄矩形板条状，一般小于 20μm；集合体呈毛丛状、放射状、半球状、团簇状。白色，很少淡橙色，玻璃光泽、丝绢光泽、珍珠光泽，半透明。2014 年发现于英国英格兰康沃尔郡芒茨海湾地区圣希拉里的彭伯西克罗夫特(Penberthy Croft)矿。英文名称 Bettertonite，以英国萨里黑斯尔米尔教育博物馆的地质学家、矿物学家约翰·贝特顿(John Betterton，1959—)的姓氏命名，以表彰约翰·贝特顿对彭伯西克罗夫特矿山矿物特征的研究所做出已超过 30 年的贡献，他也是一位资深的矿物收藏家。IMA 2014－074 批准。2015 年 I. E. 格雷(I. E. Grey)等在《CNMNC 通讯》(23)和《矿物学杂志》(79)报道。目前尚未见官方中文译名，编译者建议音译为贝特顿石*。

备

[bèi]備的简化字。会意；从夂，从田。繁体字備，形声。从人，備(bèi)声。用于日本地名。

【备中石】参见【羟铝黄长石】条 721 页

钡

[bèi]形声；从钅，贝声。钡是一种碱土金属元素。[英]Barium。元素符号 Ba。原子序数 56。1602 年意大利波罗拉(Bologna，现称博洛尼亚)城一位制鞋工人卡西奥劳罗将一种含硫酸钡的重晶石与可燃物质一起焙烧后发现它在黑暗中发光，引起了当时学者们的兴趣。后来这种石头被称为波罗拉石，并引起了欧洲化学家分析研究的兴趣。1774 年瑞典化学家 C. W. 舍勒(C. W. Scheele)发现氧化钡是一种比重大的新土，称之为“Baryta”(重土)。1776 年舍勒加热这一新土的硝酸盐，获得纯净的土(氧化物)。1808 年英国化学家 H. 戴维(H. Davy)从重晶石($BaSO_4$)制得一种纯度不高的金属，并以希腊文 βαρύs(Barys)命名，原意是“重的”。钡的化学性质十分活泼，在自然界中未发现钡单质，都以化合物形式存在；最常见的矿物是重晶石和毒重石以及含钡的其他矿物。

【钡白云石】参见【菱钡镁石】条 487 页

【钡冰长石】

英文名 Hyalophane

化学式 $(K,Ba)[Al(Si,Al)Si_2O_8]$

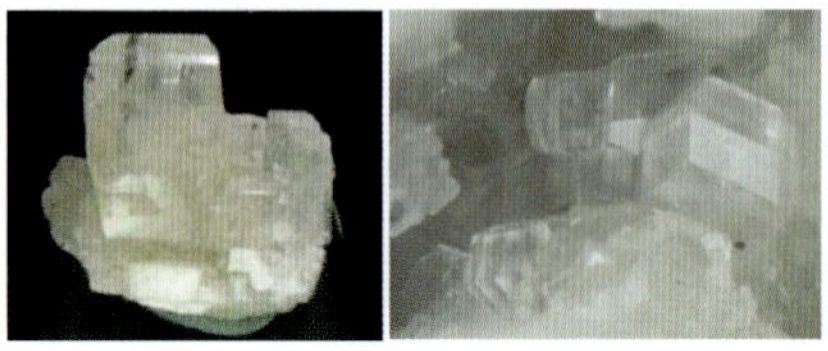

钡冰长石柱状晶体(南斯拉夫、瑞士)

钡冰长石是正长石的含钡变种，即钡正长石，是一种钾、钡的铝硅酸盐矿物。属长石族。单斜晶系。晶体呈柱状，卡式双晶常见；集合体呈块状。无色、白色、灰色或浅黄色或蓝灰色，玻璃光泽，透明—半透明；硬度 6～6.5，完全解理，脆性。1855 年发现于瑞士碧茵山谷林根巴赫(Lengenbach)采石场。英文名称 Hyalophane，1855 年由沃尔夫冈·赛多利斯·冯·瓦尔特斯豪森(Wolfgang Sartorius von Waltershausen)根据希腊文 ύαλοs＝Glass＝Hyalos(玻璃)”“φαίνεσθαι＝Appear＝Phanos(出现)”组合命名，亦即指矿物像玻璃一样的透明。见于 1892 年 E. S. 丹纳(E. S. Dana)《系统矿物学》(第六版)。1959 年以前发现、描述并命名的“祖父级”矿物，IMA 承认有效；但 IMA 持怀疑态度。中文名称根据成分和族名译为钡冰长石。

【钡长石】

英文名 Celsian

化学式 $Ba(Al_2Si_2O_8)$　　(IMA)

钡长石柱状晶体，晶簇状集合体和摄尔修斯像

钡长石是长石族的一个亚族，包括钡长石和钡冰长石，为钾、钠、钙等富钡的铝硅酸盐矿物，自然界少见。与副钡长石为同质二象。单斜晶系。晶体呈柱状、针状，具简单的曼尼巴、巴温诺或卡尔斯巴双晶；集合体呈块状。无色、白色、黄色，玻璃光泽，它的晶体像玻璃一样透明；硬度 6～6.5，完全解理，脆性。1895 年发现于瑞典韦姆兰省菲利普斯塔德市雅各布伯格(Jakobsberg)矿山；同年，在《斯德哥尔摩地质协会会刊》(17)报道。英文名称 Celsian，由斯滕斯·安德斯·亚尔马尔·斯吉奥格恩(Stens Anders Hjalmar Sjögren)为纪念瑞典天文学家、物理学家和自然博物学家安德斯·摄尔修斯(Anders Celsius，1701—1744)而以他的姓氏命名，以表示对他创建天文台、创立摄氏温标不可磨灭的贡献的敬意。摄氏温标和月球上的摄尔修斯环形山也是以他的姓氏命名的。见于 E. S. 丹纳(E. S. Dana，1899)《系统矿物学》(第六版，附录 1)。1959 年以前发现、描述并命名的“祖父级”矿物，IMA 承认有效。中文名称根据成分和族名译为钡长石。

【钡毒铝石*】

英文名 Bariopharmacoalumite

化学式 $Ba_{0.5}Al_4[(AsO_4)_3(OH)_4] \cdot 4H_2O$　　(IMA)

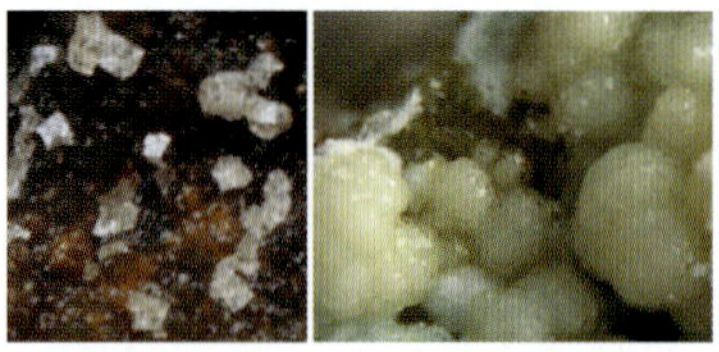

钡毒铝石*立方体晶体，球粒状集合体(法国)

钡毒铝石*是一种含结晶水和羟基的钡、铝的砷酸盐矿物。属毒铁矿超族毒铝石族。等轴晶系。晶体呈立方体；集合体呈球粒状。无色—浅黄色，金刚光泽，透明—半透明；硬度 3.5，中等解理，脆性。2010 年发现于法国普罗旺斯-阿尔卑斯-蓝色海岸大区瓦尔河勒普拉代的坎普加龙(Cap Garonne)矿。英文名称 Bariopharmacoalumite，由成分冠词“Bario(钡)”和根词“Pharmacoalumite(毒铝石)”组合命名

（根词参见【毒铝石】条 133 页）。IMA 2010－041 批准。2011 年 S. J. 米尔斯（S. J. Mills）等在《矿物学杂志》（75）报道。目前尚未见官方中文译名，编译者建议根据成分及与毒铝石的关系译为钡毒铝石*。

【钡毒铁矿】

英文名 Bariopharmacosiderite

化学式 $Ba_{0.5}Fe_4^{3+}(AsO_4)_3(OH)_4\cdot 5H_2O$ （IMA）

钡毒铁矿立方体、柱状晶体（德国）

钡毒铁矿是一种含结晶水和羟基的钡、铁的砷酸盐矿物，是毒铁矿的富钡类似矿物。四方（等轴）晶系。晶体呈立方体、柱状，具聚片双晶；集合体常呈块状。褐、黄、红、绿、蓝等色调，玻璃光泽，透明或半透明；硬度 2～3，完全解理。1966 年发现于德国巴登-符腾堡州黑森林沃尔法赫市奥博沃尔法赫区兰卡奇（Rankach）谷克拉拉（Clara）矿；同年，在《契尔马克氏矿物学和岩石学通报》（11）报道。英文名称 Bariopharmacosiderite，最初于 1966 年由库尔特·瓦林塔（Kurt Walenta）命名为 Barium pharmacosiderite，根据成分“Barium（钡）”和“Pharmacosiderite（毒铁矿）”组合命名，意指钡占主导成分的毒铁矿。IMA 1994s. p. 批准。2008 年由 IMA 重新命名为 Bariopharmacosiderite[E. A. 伯克（E. A. J. Burke）《矿物学记录》（39）]。2010 年被海格尔（Hager）等描述为 Bariopharmacosiderite-C（等轴晶系）和 Bariopharmacosiderite-Q（四方晶系）多型矿物[《加拿大矿物学家》48（6）]。中文名称根据成分及与毒铁矿的关系译为钡毒铁矿或钡毒铁石或毒铁钡石（参见【毒铁矿】条 134 页）。

【钡钒白云母】

英文名 Barium-bearing Muscovite

化学式 $(K,Ba)_2Al_4[Si_6(Al,V)_2O_{20}](OH,F)_4$

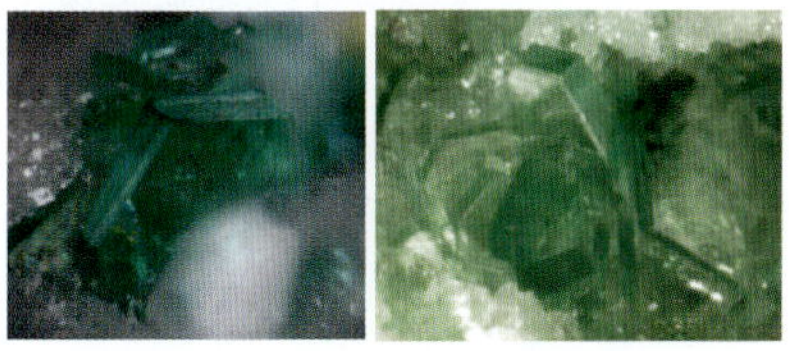

钡钒白云母片状或板片状晶体（瑞士）

钡钒白云母是一种富含钡和钒的白云母矿物。属白云母族。单斜晶系。晶体呈片状或板片状。白色、浅灰白色、浅灰绿色、绿色，透明，半玻璃光泽、珍珠光泽，极完全解理；硬度 2～2.5。1862 年首先发现于意大利南蒂罗尔省特兰蒂诺-上阿迪奇（Trentino-Alto Adige）山谷。1867 年由詹姆斯·德怀特·丹纳（James Dwight Dana）为纪念奥地利矿物化学药剂师、1862 年第一个参与调查类似矿物的约瑟夫·奥尔拉切尔（Josef Oellacher，1804—1880）而以他的姓氏命名为 Oellacherite，他认为它是珍珠云母（Margarite）[1867 年在《美国科学杂志》（44）报道]。因为真正的珍珠云母（Margarite）在距离发现 Oellacherite 的格雷山脉约 19km。1867 年德克洛泽（Des Cloizeaux）研究了奥尔拉切尔（Oellacher）的化学分析结果，其含有钡、钠、钙等，显然不能代表珍珠云母（Margarite），实际是含钡的品种[1867 在《美国科学杂志》（44）报道]。这使人们产生了这两个云母可能是相同矿物的困惑，于是德克洛泽将标本送到卡尔·拉梅尔斯贝格（Karl Rammelsberg）被他贴上了“Baryt-glimmer（钡-闪烁）”标签，光学研究似乎表明，它是莫斯科石，即白云母。1933 年劳森·H. 鲍尔（Lawson H. Bauer）和哈利·伯曼（Harry Berman）研究了产自美国新泽西州富兰克林的“Oellacherite”，因其化学成分与白云母的关系，命名为“Barian Muscovite（钡莫斯科石）”即钡白云母，但美国新泽西州富兰克林的矿物，钡并不占优势。中文名称根据成分和族名译为钡钒白云母。

【钡钒磷矿】参见【磷钒沸石-钡】条 454 页

【钡钒钛石】

英文名 Mannardite

化学式 $Ba(Ti_6V_2^{3+})O_{16}$ （IMA）

钡钒钛石柱状晶体，晶簇状集合体（加拿大）

钡钒钛石是一种钡、钛、钒的氧化物矿物。属红柱石族。四方晶系。晶体呈柱状；集合体呈晶簇状。黑色，金刚光泽、玻璃光泽或半金属光泽，不透明；硬度 7，中等解理。1983 年发现于加拿大不列颠哥伦比亚省锡夫顿山口凯驰卡（Kechika）河流域。英文名称 Mannardite，以加拿大勘探地质学家和矿业高管乔治·威廉·曼纳德（George William Mannard，1932—1982）博士的姓氏命名。曼纳德长期关注不列颠哥伦比亚省的矿产和矿藏，他还担任过矿业局局长和魁北克省的矿业部副部长。IMA 1983－013 批准。1986 年 J. D. 斯科特（J. D. Scott）等在《加拿大矿物学家》（24）报道。1986 年中国新矿物与矿物命名委员会郭宗山等在《岩石矿物学杂志》[5（4）]根据成分译为钡钒钛石；2011 年杨主明等在《岩石矿物学杂志》[30（4）]建议音译为曼纳德石（参见【安康矿】条 21 页）。

1980 年四川省地质矿产局中心实验室陈凤颐等在研究四川甘孜白玉麻邓呷村多金属矿床的物质成分及银的赋存状态时，发现了一个新矿物并以发现地命名为甘孜矿。经过较长时间反复研究，直到 1984 年才决定报国际矿物协会（IMA）[《岩石矿物及测试》（4）]。但在 1983 年加拿大已命名为 Mannardite（曼纳德石＝钡钒钛石）；甘孜矿和安康矿与此矿物密切相关。甘孜矿申报晚了一步；而安康矿虽然被 IMA 1986－026 批准，根据优先权原则又被废弃。

【钡钒云母】

英文名 Chernykhite

化学式 $BaV_2(Si_2Al_2)O_{10}(OH)_2$ （IMA）

钡钒云母片状晶体（哈萨克斯坦）

钡钒云母是一种含钡和钒的云母族矿物。单斜晶系。晶体呈六方板片状；集合体细脉状。橄榄绿色—暗绿色，珍珠光泽；硬度 3～4，极完全解理。1963 年发现于哈萨克斯坦南部省奇姆肯特市卡拉套山脉巴拉绍斯卡恩迪克（Balasauskandyk）钒矿床。1963 年由 S. G. 安克诺维奇（S. G. Ankinovich）等为了纪念列宁格勒矿业学院矿物学家和矿物学系主任维克多·瓦西列维奇·切尔内赫（Viktor Vasil′evich Chernykh，

1889—1941)而以他的姓氏命名。IMA 1972 - 006 批准。1972 年安克诺维奇等在《全苏矿物学会记事》(101)和 1973 年《国际地质学评论》(15)及弗莱舍在《美国矿物学家》(58)报道。中文名称根据成分和族名译为钡钒云母。

【钡方解石】参见【斜钡钙石】条 1018 页

【钡沸石】

英文名 Edingtonite

化学式 $Ba(Si_3Al_2)O_{10} \cdot 4H_2O$　　(IMA)

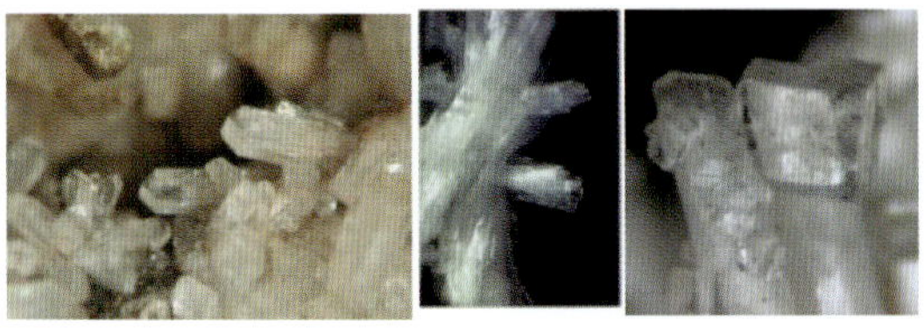

钡沸石板柱状、纤维状晶体(加拿大、巴西)

钡沸石是一种含沸石水的钡的铝硅酸盐矿物。属沸石族。斜方(四方)晶系。晶体呈板状、正方柱状、纤维状、锥状;集合体呈块状或球粒状。白色、灰白色及淡红色、褐色,玻璃光泽,透明—微透明;硬度 4～4.5,平行柱面呈完全解理,脆性。1825 年发现于英国苏格兰斯特拉斯克莱德的基尔帕特里克(Kilpatrick)山;同年,W. 海丁格尔(W. Haidinger)等在《爱丁堡科学杂志》(3)报道。英文名称 Edingtonite,以苏格兰矿物收藏家、该矿物的发现者詹姆斯·埃丁顿(James Edington,1787—1844)的姓氏命名。1959 年以前发现、描述并命名的"祖父级"矿物,IMA 承认有效。中文名称根据成分和族名译为钡沸石。

【钡钙大隅石】

英文名 Armenite

化学式 $BaCa_2(Al_6Si_9)O_{30} \cdot 2H_2O$　　(IMA)

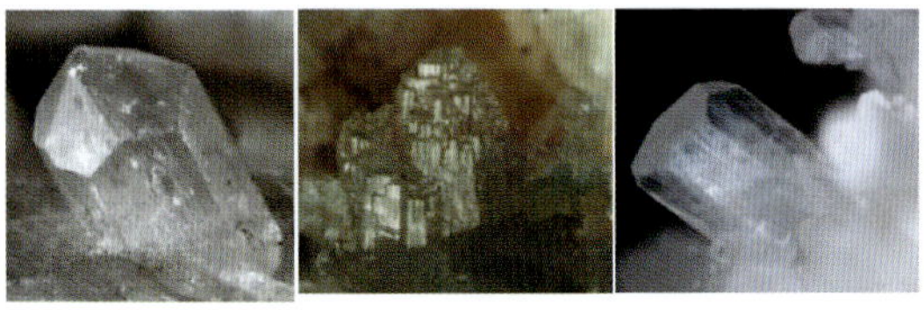

钡钙大隅石柱状晶体,晶簇状集合体(瑞士)

钡钙大隅石是一种含结晶水的钡、钙的铝硅酸盐矿物。属大隅石族。斜方晶系。晶体呈柱状,横切面假六边形,是由双晶形成;集合体呈晶簇状。无色、白色、绿色,玻璃光泽,透明—半透明;硬度 7.5,完全解理,脆性。1939 年发现于挪威布斯克吕郡阿尔缅(Armen)矿;同年,H. 诺依曼(H. Neumann)在《挪威地质杂志》(19)报道。英文名称 Armenite,以发现地挪威的阿尔缅(Armen)矿命名。1877 年由 O. A. 科内柳森(O. A. Corneliussen)收集到模式标本,当作萤石标本收集,他标记样品为"Epidote(绿帘石)"。样品被保存在奥斯陆大学的收藏品中,直到 1939 年 2 月,它被亨里奇·诺依曼(Henrich Neumann)重新发现,并认识到它是一个新的矿物。1959 年以前发现、描述并命名的"祖父级"矿物,IMA 承认有效。中文名称根据成分和族名译为钡钙大隅石;中国传统根据化学成分和族名(以前认为属沸石族)译为钡钙沸石;也根据成分译作硅铝钡钙石。

【钡钙沸石】参见【钡钙大隅石】条 54 页

【钡钙钛云母】

英文名 Surkhobite

化学式 $KBa_3Ca_2Na_2Mn_{16}Ti_8(Si_2O_7)_8O_8(OH)_4(F,O,OH)_8$ (IMA)

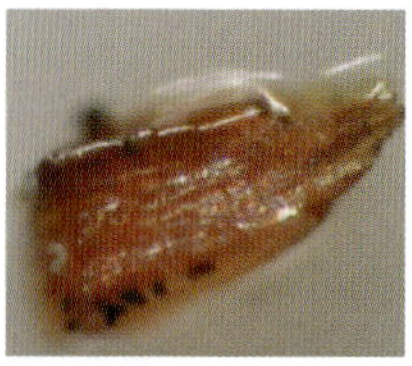

钡钙钛云母板状晶体(塔吉克斯坦)

钡钙钛云母是一种含羟基、氧、氟的钾、钡、钙、钠、锰、钛的硅酸盐矿物。属钡铁钛石族。是锰的金沙江石的类似矿物。单斜晶系。晶体呈板状、粒状。红褐色,玻璃光泽,透明—半透明;硬度 4.5,完全解理,脆性。2002 年发现于塔吉克斯坦天山山脉苏尔霍布(Surkhob)河流域达拉伊皮奥兹(Dara-i-Pioz)山丘碱性伟晶岩。英文名称 Surkhobite,以发现地塔吉克斯坦的苏尔霍布(Surkhob)河命名。IMA 2002 - 037 批准。2003 年 E. M. 埃斯科娃(E. M. Eskova)在《俄罗斯矿物学会记事》[132(2)]报道。IMA 2007 - 06 - E 废弃。IMA 2008 - 07 - A 又重新定义批准[$(Ba,K)_2CaNa(Mn,Fe^{2+},Fe^{3+})8Ti_4(Si_2O_7)_4O_4(F,OH,O)_6$]。2008 年 R. K. 拉斯特斯维塔耶娃(R. K. Rastsvetaeva)等在《欧洲矿物学杂志》(20)报道。2008 年中国地质科学院地质研究所任玉峰等在《岩石矿物学杂志》(2)根据成分及族名译为钡钙钛云母;2011 年任玉峰等在《岩石矿物学杂志》(2)又改音译为苏尔赫比石。

【钡钙霞石】

英文名 Wenkite

化学式 $Ba_4Ca_6(Si,Al)_{20}O_{41}(OH)_2(SO_4)_3 \cdot H_2O$　　(IMA)

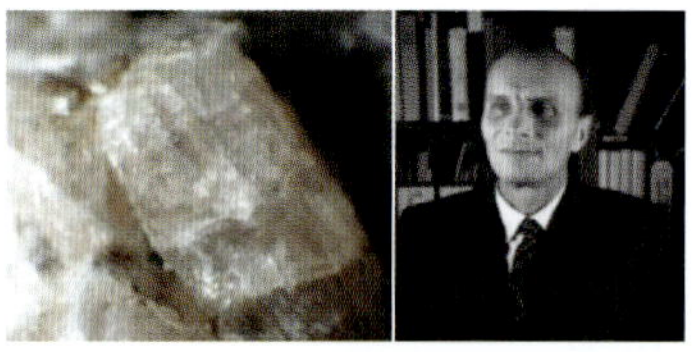

钡钙霞石柱状晶体(瑞士)和温克像

钡钙霞石是一种沸石族矿物。六方晶系。晶体呈柱状、板状。浅灰色,玻璃光泽、珍珠光泽、油脂光泽,透明—半透明;硬度 6,脆性。1962 年发现于意大利韦尔巴诺-库西亚-奥索拉省奥索拉谷梅尔戈佐坎多利亚(Candoglia)大理石采石场。1962 年 J. 帕帕格奥尔戛基斯(J. Papageorgakis)在《瑞士矿物学和岩石学通报》(42)和 1963 年弗莱舍在《美国矿物学家》(48)报道。英文名称 Wenkite,以瑞士巴塞尔大学矿物学家和岩石学家爱德华·温克(Eduard Wenk,1907—2001)的姓氏命名。爱德华·温克创建了阿尔卑斯山矿物等品位图的基础;他根据这本书又写了一本关于长石的组成、晶体结构和光学之间的关系的书。IMA 1967s. p. 批准。中文名称根据成分译为钡钙霞石;根据英文名称首音节音和成分译为温钡硫铝钙石。

【钡交沸石】

英文名 Wellsite

化学式 $(Ba,Ca,K_2)Al_2Si_6O_{16} \cdot 6H_2O$

钡交沸石是一种含沸石水的钡、钙、钾的铝硅酸盐矿物。属沸石族。单斜晶系。晶体呈柱状,具十字石式双晶。无色、白色、橘红色,玻璃光泽,透明;硬度 4～4.5。最初的描述来自美国北卡罗来纳州巴克溪(Buck Creek)煤矿。1897 年

钡交沸石柱状晶体(奥地利、意大利)和韦尔斯像

在《美国科学杂志》(153)报道。英文名称 Wellsite,以美国康涅狄格州耶鲁大学的化学教授贺拉斯·莱缪尔·韦尔斯(Horace Lemuel Wells,1855—1924)的姓氏命名。1997 年被 IMA 废弃[见《加拿大矿物学家》(35)]。中文名称根据成分和族名译为钡交沸石,也译为钙十字石或钙交沸石。

【钡解石】参见【斜钡钙石】条 1018 页

【钡磷灰石】参见【氯磷钡石】条 556 页

【钡磷铀矿】

英文名 Bergenite

化学式 $Ca_2Ba_4(UO_2)_9O_6(PO_4)_6 \cdot 16H_2O$ (IMA)

钡磷铀矿板片状、纤维状晶体,丛状、束状集合体(德国)

钡磷铀矿是一种含结晶水的钙、钡的铀酰-氧-磷酸盐矿物。属磷铀矿族。单斜晶系。晶体呈板片状、纤维状;集合体呈丛状、束状、皮壳状。黄色、浅黄绿色,半透明;硬度 2~3,完全解理。人工化合物于 1956 年由 V. 罗斯(V. Ross)合成,被称为 Barium-phosphuranylite(钡-次磷酸铀矿)。1959 年发现于德国萨克森沃格兰佐布斯(Zobes)卑尔根(Bergen)区卑尔根铀矿斯特鲁贝格(Streuberg)采石场。1959 年汉斯·威廉·布特曼(Hans Wilhelm Bültemann)和冈瑟·哈拉尔德·莫尔(Gunter Harald Moh)在《矿物学新年鉴》(月刊)报道。英文名称 Bergenite,以布特曼和莫尔根据发现地德国的卑尔根(Bergen)命名。1959 年以前发现、描述并命名的"祖父级"矿物,IMA 承认有效。中文名称根据成分译为钡磷铀矿或钡磷铀石,也有的根据成分和极完全解理译为水钡铀云母。

【钡硫酸铅矿】参见【铅矾】条 697 页

【钡镁脆云母】参见【羟硅钡镁石】条 707 页

【钡镁锰矿】

英文名 Todorokite

化学式 $(Na,Ca,K,Ba,Sr)_{1-x}(Mn,Mg,Al)_6O_{12} \cdot 3\sim4H_2O$ (IMA)

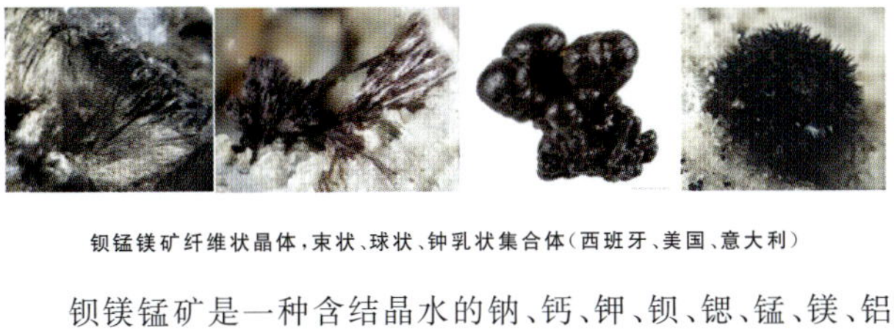

钡锰镁矿纤维状晶体,束状、球状、钟乳状集合体(西班牙、美国、意大利)

钡镁锰矿是一种含结晶水的钠、钙、钾、钡、锶、锰、镁、铝的复杂氧化物矿物。单斜晶系。晶体呈板条状、纤维状;集合体呈海绵带状和(或)肾状、钟乳状。紫灰色、褐色—黑色,半玻璃光泽、树脂光泽、油脂光泽、半金属光泽,不透明;硬度 1.5,完全解理,脆性,易裂。1934 年发现于日本北海道后志国余市轰(Todoroki)矿。1934 年吉村丰文在《北海道帝国大学理学院学报,第四辑,地质与矿物学》(2)和 1935 年 W. F. 福杉格(W. F. Foshag)在《美国矿物学家》(20)报道。英文名称 Todorokite,1934 年由吉村丰文(Toyofumi Yoshimura)根据发现地日本的轰(Todoroki)矿命名。日文汉字名称轟石。1959 年以前发现、描述并命名的"祖父级"矿物,IMA 承认有效。IMA 1962s. p. 批准。中国地质科学院根据成分译为钡镁锰矿和钙锰矿;2010 年杨主明在《岩石矿物学杂志》[29(1)]建议采用日文汉字名称的简化汉字名称轰石。

【钡蒙山矿】

英文名 Lindsleyite

化学式 $(Ba,Sr)(Zr,Ca)(Fe,Mg)_2(Ti,Cr,Fe)_{18}O_{38}$ (IMA)

林斯利像

钡蒙山矿是蒙山矿系列的富钡成员。属尖钛铁矿族。三方晶系。硬度 7.5。1982 年发现于南非北开普省金伯利市戴比尔斯(De Beers)矿和伯尔特方丹(Bultfontein)矿。英文名称 Lindsleyite,以美国纽约州立大学石溪分校地球和空间科学系的唐纳德·H. 林斯利(Donald H. Lindsley,1934—)教授的姓氏命名,以表彰林斯利对矿物学的发展,铁-钛氧化物温度计、氧气压力计基准的发展和他的高压氧化物和硅酸盐体系相平衡的研究所做出的贡献。IMA 1982-086 批准。1983 年 S. E. 哈格蒂(S. E. Haggerty)、J. R. 史密斯(J. R. Smyth)等在《美国矿物学家》(68)报道了 Mathiasite(蒙山矿)和 Lindsleyite(钡蒙山矿)两个新矿物。中文名称根据成分及与蒙山矿的关系译为钡蒙山矿(参见【蒙山矿】条 603 页);音译为林斯利矿。1985 年中国新矿物与矿物命名委员会郭宗山等在《岩石矿物及测试》[4(4)]根据成分译为钛钡铬石。

【钡锰闪叶石】

英文名 Ericssonite

化学式 $BaMn_2^{2+}Fe^{3+}(Si_2O_7)O(OH)$ (IMA)

爱立信像

钡锰闪叶石是一种闪叶石的富钡、锰的物种。属钡锰闪叶石族。单斜晶系。晶体呈柱状、板片状。褐色、深红黑色,半金属光泽,半透明—不透明;硬度 4.5,完全解理,很脆。1966 年发现于瑞典韦姆兰省菲利普斯塔德市朗班(Långban)。英文名称 Ericssonite,以出生在瑞典朗班的美国发明家和机械工程师约翰·爱立信(John Ericsson,1803—1889)的姓氏命名。IMA 1966-013 批准。1971 年在《美国矿物学家》(56)和《岩石》(4)报道。中文名称根据成分及族名译为钡锰闪叶石。目前已知有 Ericssonite-2M(单斜)和 Ericssonite-2O(斜方)两个多型。后者的同义词 Orthoericssonite(直钡锰闪叶石),1970 年发现于朗班。斜方晶系。IMA 1970-005 批准。1971 年在《美国矿物学家》(56)报道。2010 年被(IMA 10-F)废弃,因为它对应于钡锰闪叶石的斜方晶系的多型体[见《矿物学杂志》(10)报道]。

【钡锰硬柱石】

英文名 Noélbensonite

化学式 $BaMn_2^{3+}Si_2O_7(OH)_2 \cdot H_2O$ (IMA)

钡锰硬柱石板条状晶体，晶簇集合体和本森像

钡锰硬柱石是一种含结晶水和羟基的钡、锰的硅酸盐矿物。属硬柱石族。斜方晶系。晶体呈他形；集合体呈块状、细脉状。深棕色，玻璃光泽、油脂光泽，透明—半透明；硬度4，性脆。1994年发现于澳大利亚新南威尔士州达林区塔姆沃思附近的伍兹(Woods)蔷薇辉石矿。英文名称 Noélbensonite，由河内洋佑(Yosuke Kawachi)等为了纪念奥塔哥大学的地质学家威廉·诺埃尔·本森(William Noel Benson，1885—1957)而以他的姓名命名。他因对巨大的蛇纹石带和新南威尔士的新英格兰褶皱带的研究而赢得了克拉克奖章和莱尔奖章。IMA 1994-058批准。1996年河内洋佑(Yosuke Kawachi)等在《矿物学杂志》(60)和《美国矿物学家》(81)报道。2003年中国地质科学院矿产资源研究所李锦平等在《岩石矿物学杂志》(3)根据成分及族名译为钡锰硬柱石。

【钡钠长石】

英文名 Banalsite

化学式 $Na_2BaAl_4Si_4O_{16}$ (IMA)

钡钠长石是一种钠、钡的铝硅酸盐矿物。属长石族。斜方晶系。集合体呈块状。白色，玻璃光泽，完全解理面上呈珍珠光泽，透明—半透明；硬度6.5，完全解理。1944年发现于英国威尔士格温内思郡利恩半岛本纳尔特(Benallt)矿；同年，W. C. 史密斯(W. C. Smith)在《矿物学杂志》(27)报道。英文名称 Banalsite，以化学成分的元素符号钡(Ba)、钠(Na)、铝(Al)和硅(Si)组合命名。1959年以前发现、描述并命名的"祖父级"矿物，IMA承认有效。中文名称根据成分和族名译为钡钠长石。

【钡铍氟磷石】

英文名 Babefphite

化学式 $BaBe(PO_4)F$ (IMA)

钡铍氟磷石是一种含氟的钡、铍的磷酸盐矿物。三斜晶系。晶体呈板状、粒状。白色，玻璃光泽、油脂光泽；硬度3.5。1966年发现于俄罗斯布里亚特共和国维季姆河高原阿尼克(Aunik)氟-铍矿床。1966年纳扎罗娃(Nazarova)等在《苏联科学院报告：地球科学》(167)和《美国矿物学家》(51)报道。英文名称 Babefphite，以化学成分"Barium(钡)""Beryllium(铍)""Fluorine(氟)"和"Phosphorus(磷)"的缩写组合命名或由元素符号组合命名为 Babepfite。IMA 1966-003批准。中文名称根据成分译为钡铍氟磷石，也译为氟磷铍钡石。

【钡铅矾】参见【铅矾】条697页

【钡闪叶石】

英文名 Barytolamprophyllite

化学式 $(BaK)Ti_2Na_3Ti(Si_2O_7)_2O_2(OH)_2$ (IMA)

钡闪叶石柱状、纤维状晶体，晶簇状、放射状、束状集合体(俄罗斯、德国)

钡闪叶石是一种含羟基和氧的钡、钾、钛、钠的钛硅酸盐矿物，为闪叶石的富钡矿物。属氟钠钛锆石超族闪叶石族。单斜晶系。晶体呈板状、柱状、纤维状；集合体呈束状、晶簇状、放射状。暗褐色、古铜褐色、浅黄白色，玻璃光泽；硬度2～3，完全解理，显微镜下可见解理块呈菱形或六边形。1959年在《全苏矿物学会记事》(88)报道。1962年，彭志忠教授等在对闪叶石进行结构研究过程中，发现了闪叶石钡端元的新矿物。实验样品取自苏联北部摩尔曼斯克州库基斯乌姆乔尔(Kukisvumchorr)山含闪叶石的霓霞岩。1983年彭志忠在中国《科学通报》(4)报道。英文名称 Barytolamprophyllite，以化学成分冠词"Baryto(钡)"和根词"Lamprophyllito(闪叶石)"组合命名。IMA 2016s. p. 批准(根词参见【闪叶石】条772页)。

【钡烧绿石】

英文名 Bariopyrochlore

化学式 $Ba_2Nb_2O_7$

钡烧绿石是一种烧绿石的富钡矿物。等轴晶系。晶体呈立方体和八面体、他形粒状；集合体呈多孔渣状。黄灰色、浅橄榄灰色、很浅的橙色，玻璃光泽、树脂光泽，半透明—不透明；硬度4.5～5，非常脆。1959年发现于坦桑尼亚姆贝亚市潘达(Panda)山。1958年首先被E. 雅格尔(E. Jäger)等以发现地坦桑尼亚潘达(Panda)山命名为 Pandaite。1959年雅格尔等在《矿物学杂志》(32)和《美国矿物学家》(44)报道。英文名称 Bariopyrochlore，1977年D. D. 贺加斯(D. D. Hogarth)在《美国矿物学家》(62)的《烧绿石族分类和命名》中，根据成分"Bario(钡)"和"Pyrochlore(烧绿石)"组合命名。1977年IMA批准。IMA 2012废弃[见阿登西奥(Atencio)等，2013]。中文名称根据成分及与烧绿石的关系译为钡烧绿石。

【钡砷磷灰石】

英文名 Morelandite

化学式 $Ca_2Ba_3(AsO_4)_3Cl$ (IMA)

钡砷磷灰石是一种含氯的钙、钡的砷酸盐矿物。属磷灰石族。是砷铅石的钡占优势的类似矿物。六方晶系。硬度4.5。1977年发现于瑞典韦姆兰省菲利普斯塔德市雅各布伯格(Jakobsberg)矿。英文名称 Morelandite，以美国华盛顿特区史密森国家自然历史博物馆样品制备实验室主管格罗文·C. 莫兰德(Groven C. Moreland，1912—1978)的姓氏命名，以表明对他的矿物学研究的支持。IMA 1977-035批准。1978年P. J. 邓恩(P. J. Dunn)等在《加拿大矿物学家》(16)报道。中文名称根据成分及族名译为钡砷磷灰石。

【钡钛矿】

英文名 Barioperovskite

化学式 $BaTiO_3$ (IMA)

钡钛矿是一种钡、钛的氧化物矿物。属钙钛矿族。斜方晶系。在蓝锥矿中的非晶质中空管状包裹体边壁裂隙中呈微米级至亚微米级的填隙物。2006 年发现于美国加利福尼亚州圣贝尼托县代阿布洛岭圣贝尼托河源头地区达拉斯(Dallas)宝石矿区加利福尼亚(California)州宝石矿。英文名称 Barioperovskite，以成分冠词“Barium(钡)”和根词“Perovskite(钙钛矿)”组合命名，意指是一种钡占主导地位的钙钛矿的类似矿物。IMA 2006-040 批准。2008 年马驰(Ma Chi)等在《美国矿物学家》(93)报道。中文名称根据成分译为钡钛矿。

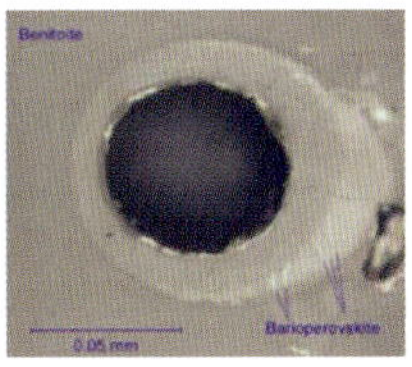

蓝锥矿中的钡钛矿包裹体（美国）

【钡钛铁铬矿】

英文名 Hawthorneite

化学式 $BaMgTi_3Cr_4Fe^{2+}_2Fe^{3+}_2O_{19}$ (IMA)

霍桑像

钡钛铁铬矿是一种钡、镁、钛、铬、铁的复杂氧化物矿物。属磁铁铅矿族。六方晶系。晶体常呈他形—半自形粒状，包裹在其他矿物之中，粒径 100μm。黑色或棕色，金属光泽，不透明；硬度 5.5～6。1988 年发现于南非北开普省弗朗西斯巴尔德区金伯利市伯尔特方丹(Bultfontein)金刚石矿。英文名称 Hawthorneite，以南非戴比尔斯联合矿业金刚石矿原首席地质学家约翰·巴里·霍桑(John Barry Hawthorne，1934—2018)的姓氏命名，以表彰他在上地幔研究方面做出的贡献。IMA 1988-019 批准。1989 年 S. E. 哈格蒂(S. E. Haggerty)在《美国矿物学家》(74)报道。1990 年中国新矿物与矿物命名委员会郭宗山在《岩石矿物学杂志》[9(3)]根据成分译为钡钛铁铬矿。

【钡钛铁矿】

英文名 Batiferrite

化学式 $BaTi_2Fe^{3+}_8Fe^{2+}_2O_{19}$ (IMA)

钡钛铁矿六方板状晶体（德国）

钡钛铁矿是一种钡、钛、铁的氧化物矿物。属磁铁铅矿族。六方晶系。晶体呈自形六方板状。黑色，半金属光泽，不透明；硬度 5.5～6，完全解理，脆性，具铁磁性。1997 年发现于德国莱茵兰-普法尔茨州艾费尔高原沙尔肯梅伦市阿尔特堡(Altburg)、乌德斯多夫的洛利(Löhley)和希勒斯海姆的格拉利(Graulay)。英文名称 Batiferrite，由化学成分“Barium(钡)”“Titanium(钛)”和“Iron(铁，拉丁文 Ferrium)”组合命名。IMA 1997-038 批准。2001 年 C. L. 伦高尔(C. L. Lengauer)等在德国《矿物学和岩石学》(71)报道。中文名称根据成分译为钡钛铁矿。

【钡天青石】参见【天青石】条 941 页

【钡铁脆云母】

英文名 Ferrokinoshitalite

化学式 $BaFe^{2+}_3(Si_2Al_2)O_{10}(OH)_2$ (IMA)

钡铁脆云母是一种含羟基的钡、铁的铝硅酸盐矿物。属云母族。单斜晶系。晶体呈板状。深绿色，玻璃光泽，透明；硬度 3，完全解理，脆性。发现于南非北开普省阿赫内斯附近的布罗肯山(Broken Hill)矿。英文名称 Ferrokinoshitalite，由成分冠词“Ferro(铁)”和根词“Kinoshitalite(钡镁脆云母或羟硅钡镁石)”组合命名。IMA 1999-026 批准。1999 年 S. 古根海姆(S. Guggenheim)等在《加拿大矿物学家》(37)报道。2004 年中国地质科学院矿产资源研究所李锦平等在《岩石矿物学杂志》[23(1)]根据成分及与钡镁脆云母的关系译为钡铁脆云母(参见【羟硅钡镁石】条 707 页)。

【钡铁矿*】

英文名 Barioferrite

化学式 $BaFe^{3+}_{12}O_{19}$ (IMA)

钡铁矿*是一种钡、铁的氧化物矿物。属磁铁铅矿族。六方晶系。晶体呈微小的片状；集合体呈不规则状。黑色，半金属光泽，不透明；脆性。2009 年发现于以色列萨瑟恩区死海哈耶利姆(Har Ye'elim)。英文名称 Barioferrite，2014 年米哈伊尔·N. 穆拉什科(Michail N. Murashko)等根据成分“Barium(钡)”和“Iron(铁，拉丁文 Ferrum)”组合命名。IMA 2009-030 批准。2010 年穆拉什科等在《俄罗斯矿物学会记事》[139(3)]报道。目前尚未见官方中文译名，编译者建议根据成分译为钡铁矿*。

【钡铁钛石】

英文名 Bafertisite

化学式 $Ba_2Fe^{2+}_4Ti_2(Si_2O_7)_2O_2(OH)_2F_2$ (IMA)

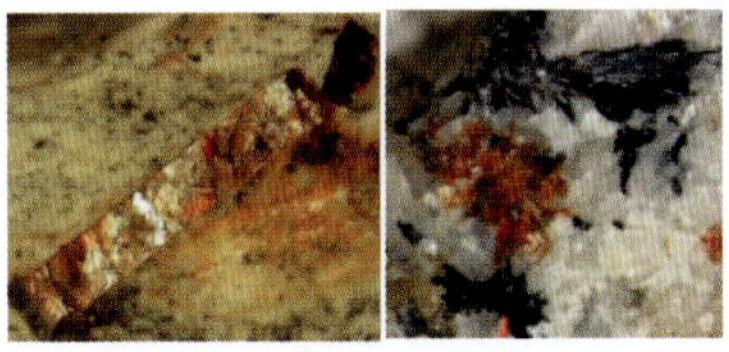

钡铁钛石柱状、针状晶体（哈萨克斯坦、中国）

钡铁钛石是一种含氟、羟基、氧的钡、铁、钛的硅酸盐矿物。属氟钠钛锆石超族钡铁钛石族。三斜晶系。晶体呈柱状、针状。红色、黄红色或浅褐色，玻璃光泽；硬度 5，中等解理。1959 年，中国地质科学院地质研究所张培善在中国内蒙古自治区白云鄂博矿床发现的新矿物，经与苏联专家 E. I. 谢苗诺夫(E. I. Semenov)共同研究以矿物主要成分命名为钡铁钛石或硅钡铁钛矿。E. I. 谢苗诺夫和张培善 1959 年在俄罗斯《科学记录(北京)》[3(12)]、1960 年在《美国矿物学家》(45)报道。英文名称 Bafertisite，以成分“Barium(钡)”“Iron(铁，拉丁文 Ferrum)”“Titanium(钛)”和“Silicon(硅)”缩写组合命名。1959 年以前发现、描述并命名的“祖父级”矿物，IMA 承认有效。IMA 2016s. p. 批准(参见【张培善矿】条 1104 页)。

【钡细晶石】

英文名 Bariomicrolite

化学式 $(Ba,\square)_2Ta_2(O,OH)_7$

钡细晶石是细晶石的富钡矿物。等轴晶系。晶体呈微晶状；集合体呈块状。黄色—橙色，树脂光泽、无光泽，不透明；硬度 4.5～5，脆性。1963 年发现于巴西米纳斯吉拉斯州智奇-奇科(Chi-Chico)。1963 年 A. H. 范德维恩(A. H. van der Veen)在《美国矿物学家》(48)报道，并命名为 Rijkeboerite，以表彰荷兰化学家 A. 里杰布尔(A. Rijkeboer)。英文名称 Bariomicrolite，1977 年 D. D. 贺加斯（D. D. Hogarth）在《美国矿物学家》（62）的《烧绿石族分类和命名》中，根据化学成分“Bario（钡）”和“Microlite（细晶石）”组合命名。1977 年 IMA 批准。2005 年博尔伦（Beurlen）等研究了 Bariomicrolite，认为它大概是 Hydrokenomicrolite（水空细晶石）。2012 年被 IMA 废弃[见阿登西奥（Atencio）等，2013]。中文名称根据成分及与细晶石的关系译为钡细晶石。

【钡霞石】

英文名 Hexacelsian

化学式 $Ba(Al_2Si_2O_8)$　　（IMA）

钡霞石是一种钡的铝硅酸盐矿物。属长石族。与钡长石和副钡长石为同质二象。六方晶系。晶体呈细长形，粒径小于 10μm；呈其他矿物的包裹体。无色，玻璃光泽，透明；完全解理。2015 年发现于以色列内盖夫沙漠古里姆（Gurim）背斜。英文名称 Hexacelsian，由冠词“Hexagonal（六方晶系）”和根词“Celsian（钡长石）”组合命名。IMA 2015－045 批准。2015 年 I. O. 戛鲁斯凯娜（I. O. Galuskina）等在《CNMNC 通讯》（27）、《矿物学杂志》（79）和 2017 年《矿物学杂志》（81）报道。中文名称根据成分译为钡霞石；根据晶系和与钡长石的关系译为六方钡长石。

【钡霰石】参见【阿碳钙钡矿】条 11 页

【钡硝石】

英文名 Nitrobarite

化学式 $Ba(NO_3)_2$　　（IMA）

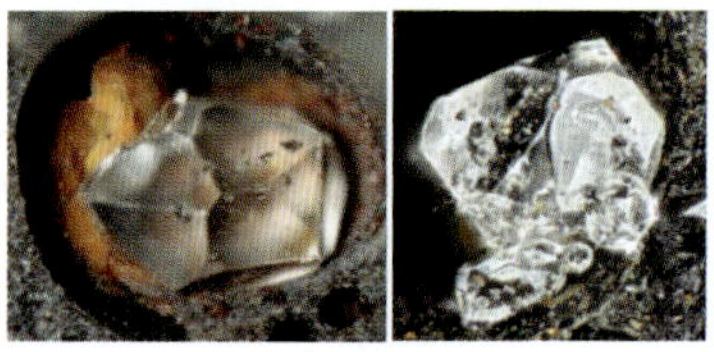

钡硝石八面体晶体（奥地利）

钡硝石是一种钡的硝酸盐矿物。等轴晶系。晶体呈八面体，有时发育立方体和菱形十二面体双晶，具尖晶石律。无色，玻璃光泽，透明；硬度 3。1881 年发现于智利。1881 年格罗思（Groth）在莱比锡《结晶学、矿物学和岩石学杂志》（6）和 1882 年刘易斯（Lewis）在《美国博物学家》（16）报道。英文名称 Nitrobarite，由成分“Nitrate（硝酸盐）”和“Barium（钡）”组合命名。1959 年以前发现、描述并命名的“祖父级”矿物，IMA 承认有效。中文名称根据成分译为钡硝石。

【钡斜长石】

英文名 Barium plagioclase

化学式 $Cn_{10.2}Or_{4.1}Ab_{17.5}An_{68.2}$

钡斜长石是一种含钡的斜长石族矿物。属 Cn（钡长石）-Or（钾长石）-Ab（钠长石）-An（钙长石）类质同象系列。单斜晶系。无色，玻璃光泽，透明；硬度 6，完全解理。英文名称 Barium plagioclase，由成分冠词“Barium（钡）”和根词“Plagioclase（斜长石）”组合命名。中文名称根据成分及与斜长石的关系译为钡斜长石（参见【斜长石】条 1018 页）。

【钡斜方硅钠钡钛石】参见【斜方硅钡钛石】条 1021 页

【钡硬锰矿】

英文名 Romanèchite

化学式 $(Ba,H_2O)_2(Mn^{4+},Mn^{3+})_5O_{10}$　　（IMA）

钡硬锰矿针状晶体，放射状、葡萄状、肾状集合体（德国）

钡硬锰矿是一种水化钡的锰的氧化物矿物。单斜晶系。晶体呈针状；集合体呈放射状，一般呈葡萄状、肾状、钟乳状或块状。铁黑色—暗钢灰色、蓝黑色，条痕呈发亮的棕黑色，半金属光泽，不透明；硬度 6。发现于法国索恩-卢瓦尔省罗马那彻-托伦（Romanèche-Thorins）锰矿床。最早见于 1828 年 E. 图尔纳（E. Turner）的锰氧化物化学检验（第二部分）；同年，海丁格尔（Haidinger）先生所描述的锰矿石成分在《哲学杂志》（4）报道。英文名称 Romanèchite，以发现地法国的罗马那彻（Romanèche）锰矿床命名。1900 年在巴黎《自然历史博物馆矿物学收藏实验室矿物学》刊载。1959 年以前发现、描述并命名的“祖父级”矿物，IMA 承认有效。IMA 1982s. p. 批准。中文名称根据成分译为钡硬锰矿。

【钡铀矿】

英文名 Bauranoite

化学式 $BaU_2O_7 \cdot 4 \sim 5H_2O$　　（IMA）

钡铀矿柱状晶体（俄罗斯）

钡铀矿是一种含结晶水的钡的铀酰-氢氧化物矿物。斜方晶系。晶体呈柱状。红棕色、浅褐色，金刚光泽，半透明；硬度 5。1971 年发现于俄罗斯赤塔州克拉斯诺卡缅斯克市斯特里索夫斯科（Streltsovskoe）矿田欧卡亚布斯科（Oktyabr'skoe）钼-铀矿床。英文名称 Bauranoite，由化学成分“Barium（钡）”和“Uranium（铀）”缩写组合命名。IMA 1971－052 批准。1973 年 V. P. 罗加娃（V. P. Rogova）等在《全苏矿物学会记事》（102）和《美国矿物学家》（58）报道。中文名称根据成分译为钡铀矿，也译作水钡铀矿。

【钡铀云母Ⅰ/Ⅱ】

英文名 UranocirciteⅠ/Ⅱ

化学式 $Ba(UO_2)_2(PO_4)_2 \cdot 12H_2O$

$Ba(UO_2)_2(PO_4)_2 \cdot 10H_2O$　　（IMA）

钡铀云母板状、片状晶体（德国、葡萄牙）

钡铀云母是一种含结晶水的钡的铀酰-磷酸盐矿物。属钙铀云母族。钡铀云母Ⅰ是四方晶系，晶体呈厚板状、片状。钡铀云母Ⅱ是假四方晶系，薄板状、鳞片状。黄绿色、浅绿色，玻璃光泽、金刚光泽，解理面上呈珍珠光泽，透明—微透明；硬度 2～2.5，极完全解理。1877 年发现于德国萨克森州卑尔根市卑尔根铀矿斯特鲁伯格（Streuberg）采石场；同年，丘奇（Church）在《矿物学杂志》（1）报道并在德国弗赖贝格 *Hüttenwesen im Königreiche Sachsen* 刊载。英文名称 Uranocircite，以化学成分“Uranium（铀）”及其发现地点德国

“Falkenstein(法尔肯施泰因)= Falcons Stone(猎鹰的石头)”,即希腊文“κίρκος = Circes = Falcon(猎鹰)”组合命名。词尾Ⅰ/Ⅱ表示水化阶段不同。1959年以前发现、描述并命名的“祖父级”矿物,IMA承认有效。中文名称根据化学成分和云母状解理译为钡铀云母;根据成分也译作磷钡铀矿。

【钡云母】

英文名 Ganterite

化学式 $Ba_{0.5}(Na,K)_{0.5}Al_2(Si_{2.5}Al_{1.5})O_{10}(OH)_2$ (IMA)

钡云母板状晶体(美国,显微镜下)

钡云母是一种含羟基的钡、钠、钾、铝的铝硅酸盐矿物。属云母族。单斜晶系。晶体呈片状。灰色、亮银白色,玻璃光泽,透明;硬度4~4.5,完全解理,具弹性。2000年发现于瑞士瓦莱州辛普朗山口甘特(Ganter)谷。英文名称Ganterite,以发现地瑞士的甘特(Ganter)谷命名。IMA 2000-033批准。2003年S.格雷泽尔(S. Graeser)等在《加拿大矿物学家》(41)报道。2008年中国地质科学院地质研究所任玉峰等在《岩石矿物学杂志》[27(2)]中根据成分与族名译为钡云母。

倍

[bèi]形声;从亻,音声。[英]音,用于外国地名。

【倍长石】参见【培长石】条669页

本

[běn]指事。小篆字形,从“木”,下面的一横是加上的符号,指明树根之所在。本义:草木的根或靠根的茎干。[英]音,用于外国人名。

【本硫铋银矿】

英文名 Benjaminite

化学式 $Ag_3Bi_7S_{12}$ (IMA)

本硫铋银矿细板条状、针状晶体(德国)

本硫铋银矿是一种银、铋的硫化物矿物,铜可微量代替银,铅可少量代替铋。属块硫铋银矿同源系列族。单斜晶系。晶体呈板条状、针状,通常具聚片双晶;集合体呈块状。灰色—黑色或黄铜红色,金属光泽,不透明;硬度3.5,中等解理。1924年发现于加拿大西北地区、加拿大安大略省蒂米斯卡明区和美国内华达州奈县托基马(Toquima)范围圆山地区奥特洛(Outlaw)矿;同年,E. V.香农(E. V. Shannon)在《美国自然博物馆论文集》(24)报道。英文名称Benjaminite,以美国化学家、工程师和美国自然博物馆(史密森学会)的编辑马库斯·本杰明(Marcus Benjamin,1857—1932)的姓氏命名。1959年以前发现、描述并命名的“祖父级”矿物,IMA承认有效。IMA 1975-003a批准。1975年E. W.纽菲尔德(E. W. Nuffield)在《加拿大矿物学家》(13)报道。中文名称根据英文名称首音节音和成分译为本硫铋银矿,也有的根据成分译铜银铅铋矿。

【本斯得石】

英文名 Bonshtedtite

化学式 $Na_3Fe^{2+}(PO_4)(CO_3)$ (IMA)

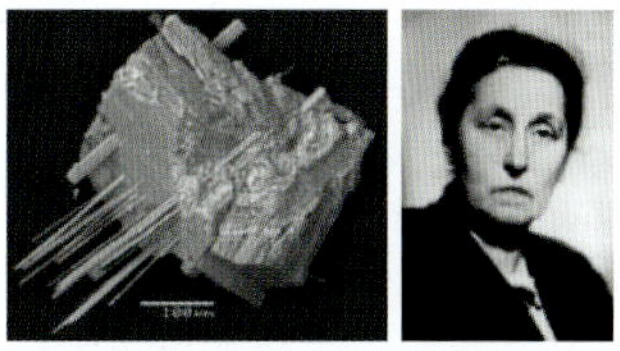

本斯得石针状晶体(镜)和本斯得像

本斯得石是一种钠、铁的碳酸-磷酸盐矿物。单斜(假斜方)晶系。晶体呈板状、针状;集合体呈块状、脉状。无色、玫瑰色、黄色、绿色,玻璃光泽,解理面上呈珍珠光泽,透明;硬度4,完全解理,脆性。1981年发现于俄罗斯北部摩尔曼斯克州沃尼米奥克(Vuonnemiok)流域和科夫多尔(Kovdor)地块。英文名称Bonsshtedtite,由亚历山大·彼得罗维奇·霍米亚科夫(Alexander Petrovich Khomyakov)等为纪念俄罗斯碱性岩地块矿物学家和彼得格勒矿床地质研究所教授艾尔莎·玛西米丽阿诺芙娜·本斯得-库普勒特斯卡雅(Elsa Maximilianovna Bohnshtedt-Kupletskaya,1897—1974)而以她的姓氏命名。IMA 1981-026批准。1982年霍米亚科夫(Khomyakov)等在《全苏矿物学会记事》(111)和1983年《美国矿物学家》(68)报道。中文名称音译为本斯得石。

【本斯顿石】参见【菱碱土矿】条490页

比

[bǐ]会意;从二匕,匕亦声。甲骨文字形,像两人步调一致,比肩而行。[英]音,用于外国地名、人名。

【比尔怀斯石*】

英文名 Billwiseite

化学式 $Sb_5^{3+}Nb_3WO_{18}$ (IMA)

比尔怀斯石*是一种锑、铌、钨的氧化物矿物。单斜晶系。晶体呈自形柱状。淡黄色、略带绿色,玻璃光泽,透明;硬度5,脆性。2010年发现于巴基斯坦北部吉尔吉特-巴尔蒂斯坦斯区斯塔克娜拉(Stak Nala)矿。英文名称Billwiseite,以美国加利福尼亚大学圣塔芭芭拉分校地质学荣誉教授威廉·斯特尔特·怀斯(William Stewart Wise,1933—)的姓名命名,以表彰怀斯对矿物学做出的贡献,以及他对加利福尼亚大学圣塔芭芭拉分校(UCSB)矿物学学生的启发和指导。1987年,他被选入显微载片名人堂(Micromounter′s Hall)”,他描述/编码了12种矿物。IMA 2010-053批准。2011年F. C.霍桑(F. C. Hawthorne)等在《CNMNC通讯》(9)、《矿物学杂志》(75)和2012年《加拿大矿物学家》(50)报道。目前尚未见官方中文译名,编译者建议音译为比尔怀斯石*(注:Billwiseite原拼写可能有误,似应为Willwiseite)。

【比基塔石】参见【硅锂铝石】条271页

【比林石】参见【复铁矾】条201页

【比纳维迪斯矿】参见【硫锰铅锑矿】条506页

【比硼钠石】

英文名 Biringuccite

化学式 $Na_2B_5O_8(OH)\cdot H_2O$ (IMA)

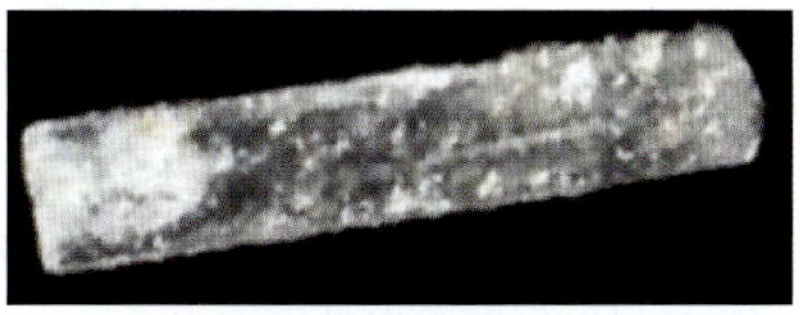

比硼钠石板状晶体(意大利)

B

比硼钠石是一种含结晶水、羟基的钠的硼酸盐矿物。单斜晶系。晶体呈显微板状，略呈六方形，细小片状、针状等。黄色、淡黄色、灰色、玫瑰红色。1961年发现于意大利比萨省波马兰切地区拉德莱罗（Larderello）；同年，在《美国矿物学家》（48）报道。英文名称 Biringuccite，为纪念意大利炼金术士、冶金学者、政治家、矿长、铸造工人万诺乔·比林古乔（Vannoccio Biringuccio，1480—?）而以他的姓氏命名。1531年他成为锡耶纳一名参议员，并参加了很多市政工程建设。1536年他接受了罗马教廷提供的一个职位，1538年成为教皇的金属铸造负责人和武器负责者，他被一些人视为铸造业之父。他去世后1540年出版的详尽阐述采矿、筛选提炼、冶炼与金属制造过程的《火法技艺或火焰学》著作非常著名。1959年以前发现、描述并命名的"祖父级"矿物，IMA 承认有效。IMA 1967s.p.批准。中文名称根据英文名称首音节音和成分译为比硼钠石。

【比亚乔尼矿*】

英文名 Biagioniite

化学式 Tl_2SbS_2 (IMA)

比亚乔尼像

比亚乔尼矿*是一种铊、锑的硫化物矿物。单斜晶系。晶体极为罕见，直径达65μm。金属光泽，不透明。2019年发现于加拿大安大略省马拉松市赫姆洛（Hemlo）金矿床。英文名称 Biagioniite，以意大利比萨大学地球科学系矿物学教授克里斯蒂安·比亚乔尼（Cristian Biagioni，1981—）的姓氏命名。他是50多种新矿物种类描述的合著者。他专攻托斯卡纳的矿物学和系统矿物学，特别关注硫氰酸盐。他还对托斯卡纳北部一系列矿床富铊性质的发现作出了贡献，并描述了一些铊硫氰酸盐。IMA 2019-120批准。2020年 L.宾迪（L. Bindi）等在《矿物学杂志》（84）报道。目前尚未见官方中文译名，编译者建议音译为比亚乔尼矿*。

彼

[bǐ]形声；从彳，皮声。[英]音，用于外国人名。

【彼得安德烈森石*】

英文名 Peterandresenite

化学式 $Mn_4Nb_6O_{19} \cdot 14H_2O$ (IMA)

彼得安德烈森石*板状、等轴状晶体（挪威）和彼得·安德烈森像

彼得安德烈森石*是一种含结晶水的锰的铌酸盐矿物，它是第一个被发现的六铌酸盐矿物。单斜晶系。晶体呈粒状、板状，粒径1mm。橙色，玻璃光泽、树脂光泽，透明—半透明；硬度2～2.5，脆性。2012年发现于挪威西福尔郡拉尔维克特镇维德林（Tvedalen）凝灰岩A/S型花岗岩采石场。英文名称 Peterandresenite，以挪威矿物收藏家彼得·安德烈森（Peter Andresen）的姓名命名，他是该矿物的发现者。IMA 2012-084批准。2013年 H.弗里斯（H. Friis）等在《CNMNC 通讯》（16）、《矿物学杂志》（77）和2014年《欧洲矿物学杂志》（26）报道。目前尚未见官方中文译名，编译者建议音译为彼得安德烈森石*。

【彼得森石】

英文名 Petersenite-(Ce)

化学式 $Na_4Ce_2(CO_3)_5$ (IMA)

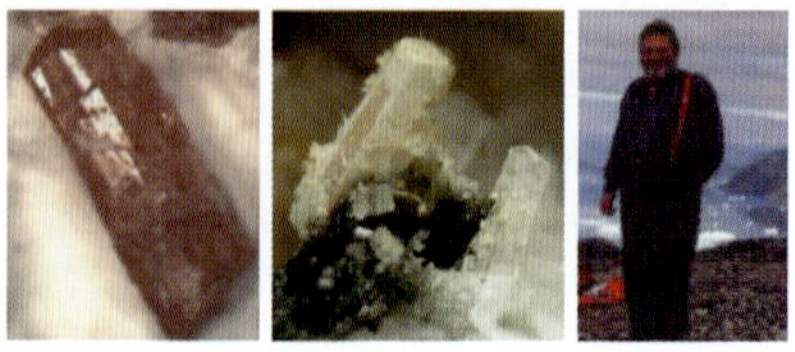

彼得森石柱状晶体（加拿大）和彼得森像

彼得森石是一种钠、铈的碳酸盐矿物。单斜晶系。晶体呈柱状、针状。粉红色、白色、灰色、黄色，玻璃光泽，透明—半透明；硬度3。1994年发现于加拿大魁北克省蒙特利格（Monteregie）圣希莱尔（Saint-Hilaire）混合肥料采石场。1994年乔尔·D.格赖斯（Joel D. Grice）、杰瑞·范·维尔图岑（Jerry van Velthuizen）和罗伯特·A.高尔特（Robert A. Gault）在《加拿大矿物学家》（32）报道。英文名称 Petersenite-(Ce)，根词以奥勒·瓦尔德马尔·彼得森（Ole Valdemar Petersen，1939—）的姓氏加占优势的稀土铈后缀-(Ce)组合命名。彼得森是丹麦哥本哈根地质博物馆馆长，他主要从事碱性岩矿物学的研究工作。IMA 1992-048批准。1999年中国新矿物与矿物命名委员会黄蕴慧等在《岩石矿物学杂志》[18(1)]音译为彼得森石；2011年杨主明等在《岩石矿物学杂志》（4）建议音加成分译为彼得森铈石。

【彼得斯石】参见【钇磷铜石】条1073页

【彼利戈特铀矿*】

英文名 Péligotite

化学式 $Na_6(UO_2)(SO_4)_4(H_2O)_4$ (IMA)

彼利戈特铀矿*片状晶体（美国）和彼利戈特像

彼利戈特铀矿*是一种含结晶水的钠的铀酰-硫酸盐矿物。与克拉普罗特铀矿*为同质多象。三斜晶系。晶体呈片状。黄绿色—黄绿黄色；硬度2.5，完全解理，脆性。2015年发现于美国犹他州圣胡安县蓝蜥蜴（Blue Lizard）矿。英文名称 Péligotite，为纪念法国化学家尤金·梅尔基奥尔·彼利戈特（Eugène Melchior Péligot，1811—1890）而以他的姓氏命名，是对彼利戈特分离出第一批金属铀的奖励。IMA 2015-088批准。2016年 A.R.坎普夫（A. R. Kampf）等在《CNMNC 通讯》（29）、《矿物学杂志》（80）和2017年《矿物学杂志》（81）报道。目前尚未见官方中文译名，编译者建议音加成分译为彼利戈特铀矿*。

笔

[bǐ]会意；从竹，从毛。写字画图的用具。用于比喻像毛笔一样的纤维束状的矿物形态。

【笔铁矿】参见【赤铁矿】条91页

毕

[bì]畢的简化字。会意；甲骨文字形，上端像网形，下端是柄，古时用以捕捉鸟兽、老鼠之类的器具。金文又在上面加个"田"，意思是田猎所用的网。本义：打猎用的有长柄的网。[英]音，用于外国人名。

【毕利宾矿】参见【碲铅铜金矿】条 125 页

铋 [bì]形声;从钅,必声。是一种金属元素。[英]Bismuth。化学符号 Bi。原子序数 83。古希腊和罗马就使用金属铋,用作盒和箱的底座。1450 年,德国修士 B. 瓦伦丁曾描述过铋。直到 1556 年德国 G. 阿格里科拉才在《论金属》一书中提出了锑和铋是两种独立金属的见解。1737 年赫罗特(Hellot)用火法分析钴矿时曾获得一小块样品,但不知何物。1753 年英国 C. 若弗鲁瓦和 T. 伯格曼确认铋是一种化学元素,定名为 Bismuth,它源于希腊文,是指铅白(Lead white)的意思,主要是它的颜色和条痕均呈银白色的缘故。又一说名称从阿拉伯语 Bismid 而来,意思是像锑一样。1757 年法国人日夫鲁瓦(Geoffroy)经分析研究,确定为新元素。铋在自然界中以自然元素单质和化合物形式存在。

【铋车轮矿】

英文名 Souček ite

化学式 $CuPbBi(S,Se)_3$　(IMA)

铋车轮矿是一种铜、铅、铋的硒-硫化物矿物。属车轮矿族。斜方晶系。晶体呈不规则粒状,通常具聚片双晶。铅灰白色,金属光泽,不透明;硬度 3.5~4。1976 年发现于捷克共和国普尔岑地区塔霍夫区奥尔德里科夫(Old ř ichov)。1979 年在《矿物学新年鉴》(月刊)和 1980 年《美国矿物学家》(65)报道。英文名称 Soucekite,以捷克共和国布拉格查尔斯大学矿物学系的弗兰蒂泽克·索切克(Frantisek Soucek,1911—1989)的姓氏命名。IMA 1976-017 批准。中文名称根据成分及与车轮矿的关系译为铋车轮矿。

【铋碲矿】

英文名 Chekhovichite

化学式 $Bi_2^{3+}Te_4^{4+}O_{11}$　(IMA)

铋碲矿块状集合体
(亚美尼亚)

铋碲矿是一种铋的碲酸盐矿物。单斜晶系。晶体呈半自形片状,具聚片双晶;集合体呈块状。灰黄色、浅灰色或灰绿色,金刚光泽,半透明;硬度 4,完全解理。1986 年发现于亚美尼亚格加尔库尼克省瓦尔代尼斯镇佐(Zod)矿、哈萨克斯坦阿克莫拉省斯捷普诺戈尔斯克北阿克苏(Northern Aksu)矿床和然娜-秋别(Zhana-Tyube)金矿床。英文名称 Chekhovichite,以哈萨克斯坦阿拉木图职业技术学院的气象学家、地质学家和矿物学家谢尔盖·康斯坦丁·切霍维奇(Sergei Konstantinovich Chekhovich,1917—1997)教授的姓氏命名。IMA 1986-039 批准。1987 年 E. M. 斯皮里多诺夫(E. M. Spiridonov)等在《莫斯科大学地质学通报》[42(6)]和 1989 年 J. L. 杨博尔(J. L. Jambor)等在《美国矿物学家》(74)报道。中文名称根据成分译为铋碲矿。

【铋华】

英文名 Bismite

化学式 Bi_2O_3　(IMA)

铋华是一种铋的氧化物矿物。铋华很少是纯净的,大部分含有铋的碳酸盐或铋的氧化物和碳酸盐的混合物。与四方铋华(Sphaerobismoite)为同质二象。单斜晶系。晶体呈微小柱状、针状,呈辉铋矿柱状晶体的假象;集合体常呈土状、块状、被膜状。白色、浅黄色—黄色、浅绿色—橄榄绿色或黄绿色—绿黄色,半金刚光泽、玻璃光泽或土状光泽,不透明;硬度和密度变化很大,土状集合体的硬度和密度都降低,致密块状者硬度可达 4.5,土状者则降至 1。1868 年第一次描述于德国萨克森州厄尔士山区施内贝格市和玻利维亚科尔内利奥萨韦德拉省马查卡马卡区科拉维(Colavi)矿;同年,在《系统矿物学》(第五版,纽约)刊载。1943 年 C. 弗龙德尔(C. Frondel)在《美国矿物学家》(28)报道。英文名称 Bismite,源自铋的化学元素名称 Bismuth。1959 年以前发现、描述并命名的"祖父级"矿物,IMA 承认有效。同义词 Bismuth ocher,由颜色得名,即黄土色的铋,或称铋黄土。中文名称以化学成分和形态译为铋华;繁体"華"字,上面是"垂"字,像花叶下垂形。古代"華"通"花",铋华通常生长在辉铋矿等的表面上,比喻矿物的形态像"花朵、枝叶"一样(参见【自然铋】1126 页和【辉铋矿】条 347 页)。

铋华微小柱状晶体
(纳米比亚)

【铋黄锑华】

英文名 Bismutostibiconite

化学式 $(Bi,Fe^{3+},\square)_2Sb_2^{5+}O_7$　(IMA)

铋黄锑华是一种铋、锑、铁、空位的氧化物矿物。属锑钙石族。等轴晶系。晶体呈他形;集合体呈皮壳状。土黄色—黄棕色,绿色很少,透明—不透明;硬度 4~5。1981 年发现于德国巴登-符腾堡州弗赖堡市卡尔夫区诺伊布拉赫(Neubulach)和沃尔法赫奥博沃尔法赫兰卡奇(Rankach)谷克拉拉(Clara)矿。英文名称 Bismutostibiconite,由成分冠词"Bismuth(铋)"和根词"Stibiconite(黄锑华)"组合命名。IMA 1981-065 批准。1983 年 K. 瓦林塔(K. Walenta)在德国《地球化学》(42)和 1984 年《美国矿物学家》(69)报道。1985 年中国新矿物与矿物命名委员会郭宗山等根据成分及与黄锑华的关系译为铋黄锑华(参见【黄锑华】条 343 页)。由于化学成分数据不充分,五价锑是假定的,2010 年被 IMA 废弃。IMA 2013s. p. 批准。

【铋磷铅铀矿】

英文名 Šreinite

化学式 $Pb(UO_2)_4(BiO)_3(PO_4)_2(OH)_7 \cdot 4H_2O$　(IMA)

铋磷铅铀矿是一种含结晶水和羟基的铅、铋氧的铀酰-磷酸盐矿物,是磷占优势砷铋铅铀矿(Asselbornite)的类似矿物。等轴晶系。集合体呈皮壳状。黄色、橙色,玻璃光泽、金刚光泽,不透明,碎片呈半透明;硬度 2~4,脆性。2004 年发现于捷克共和国波希米亚厄尔士山脉霍恩·哈尔兹(Horní Halže)石英脉。英文名称 Šreinite,以捷克共和国矿物学家弗拉基米尔·塞尔尼(Vladimír Šrein,1953—)的姓氏命名,是他发现了此矿物的第一块标本。IMA 2004-022 批准。2007 年吉里·塞科拉(Ji ř í Sejkora)等在《矿物学新年鉴:论文》(184)报道。2015 年艾钰洁、范光在《岩石矿物学杂志》[34(1)]根据成分译为铋磷铅铀矿。

【铋铌铁矿】

英文名 Bismutocolumbite

化学式 $BiNbO_4$　(IMA)

铋铌铁矿是一种铋、铌的氧化物矿物。属白安矿族。斜方晶系。晶体呈柱状,长达 2mm。黑色,半金属光泽;硬度 5.5,完全解理,脆性。1991 年发现于俄罗斯赤塔州丹布里托瓦亚(Danburitovaya)伟晶岩脉。英文名称 Bismutocolumbite,由成分冠词"Bismuth(铋)"和根词"Columbite(铌铁矿)"组合命名，意指是铋占优势的铌-钽铁矿系列的类似矿物。IMA 1991－003 批准。1992 年 I. S. 佩勒塔泽克（I. S. Peretazhko）等在《俄罗斯矿物学会记事》[121(3)]和 1994 年《美国矿物学家》(79)报道。1998 年中国新矿物与矿物命名委员会黄蕴慧等在《岩石矿物学杂志》[17(1)]根据成分译为铋铌铁矿。

铋铌铁矿柱状晶体（俄罗斯）

【铋烧绿石】

英文名 Bismutopyrochlore

化学式 $(Bi,U,Ca,Pb)_{1+x}(Nb,Ta)_2O_6(OH)\cdot nH_2O$

铋烧绿石是一种含结晶水和羟基的铋、铀、钙、铅、铌、钽的氧化物矿物。属烧绿石族。等轴晶系，非晶质似胶状。黑色，薄边呈带绿的褐色，金刚光泽、玻璃光泽，半透明—不透明；硬度 5，脆性。1998 年发现于塔吉克斯坦戈尔诺-巴达赫尚自治州东帕米尔山脉朗古尔（Rangkul）高地美嘉（Mika）伟晶岩。英文名称 Bismutopyrochlore，由成分冠词“Bismuto（铋）”和根词“Pyrochlore（烧绿石）”组合命名。IMA 1998－059 批准。1999 年在《俄罗斯矿物学会记事》[128(4)]和 2000 年《美国矿物学家》(85)报道。2010 年 IMA 对烧绿石超族的新修订的术语提出质疑[阿滕西奥（Atencio）等，2010]。2004 年中国地质科学院矿产资源研究所李锦平等在《岩石矿物学杂志》[23(1)]根据成分和与烧绿石的关系译为铋烧绿石（根词参见【烧绿石】条 773 页）。

【铋砷钯矿】

英文名 Palladobismutharsenide

化学式 $Pd_2(As,Bi)$ （IMA）

铋砷钯矿是一种钯的铋-砷化物矿物。斜方晶系。银白色、奶油白色，金属光泽，不透明；硬度 5。1975 年发现于美国蒙大拿州斯蒂尔沃特县奈斯蒂尔沃特矿和斯蒂尔沃特（Stillwater）超基性杂岩体。英文名称 Palladobismutharsenide，由化学成分“Palladium（钯）”“Bismuth（铋）”和“Arsenic（砷）”组合命名。IMA 1975－017 批准。1976 年 L. J. 卡布里（L. J. Cabri）在《加拿大矿物学家》(14)报道。中文名称根据成分译为铋砷钯矿。

【铋铜矿】

英文名 Kusachiite

化学式 $Cu^{2+}Bi^{3+}_2O_4$ （IMA）

铋铜矿是一种铜、铋的氧化物矿物。四方晶系。晶体呈柱状、板状；集合体呈球状。黑色，金属光泽，不透明；硬度 4.5，完全解理。1992 年发现于日本本州岛中国地方冈山县高梨市必楚町富冈（Fuka）矿。英文名称 Kusachiite，1995 年逸见千代子（Chiyoko Henmi）以日本冈山大学教育学院地球科学系的草地功（Isao Kusachi，1942—）博士的姓氏命名，以表彰他在富冈矽卡岩矿物研究做出的贡献。日文汉字名称草地鉱。IMA 1992－024 批准。1995 年逸见（C. Henmi）在《矿物学杂志》(59)报道。2003 年中国地质科学院矿产资源研究所李锦平等在《岩石矿物学杂志》[22(3)]根据成分译为铋铜矿；2010 年杨主明等在《岩石矿物学杂志》[29(1)]建议借用日文汉字名称的简化汉字名称草地矿。

【铋土】

英文名 Daubréeite

化学式 $BiO(OH)$ （IMA）

铋土土状集合体（玻利维亚）和达乌布勒像

铋土是一种含羟基和氯的铋的氧化物矿物。属氟氯铅矿族。四方晶系。晶体呈柱状、板状、小鳞片状、纤维状；集合体呈土状、致密块状。奶油色、白色、灰色、黄褐色，油脂光泽，解理面上呈丝绢光泽；硬度 2～2.5，完全解理。1876 年发现于玻利维亚北奇查斯省盖丘亚区康斯坦西亚（Constancia）矿山；同年，多梅科（Domeyko）在《巴黎科学院会议周报》(82)报道。英文名称 Daubréeite，以法国气象学家、地质学家、矿物学家、岩石学家和陨星学家加布里埃尔·奥古斯特·达乌布勒（Gabriel Auguste Daubrée，1814—1896）教授的姓氏命名。1959 年以前发现、描述并命名的“祖父级”矿物，IMA 承认有效。中文名称根据形态和成分译为铋土，也有的译为土状氯铋矿或羟氯铋矿。

应该指出，以加布里埃尔·奥古斯特·达乌布勒（Gabriel Auguste Daubrée，1814—1896）教授姓氏命名的矿物还有陨硫铬铁矿（Daubréelite/Daubrelite）（参见【陨硫铬铁矿】条 1098 页）。应特别注意它们的英文名称词尾略有不同。

【铋细晶石】

英文名 Bismutomicrolite

化学式 $(Na,Ca,Bi)_2Ta_2O_6(O,OH,F)$

铋细晶石是一种富含铋的细晶石变种。属烧绿石超族细晶石族。等轴晶系。晶体呈不规则细小粒状，偶见八面体；集合体常呈块状、细脉状。黄色、粉红色、褐色、暗灰色—黑色，金刚光泽、树脂光泽，半透明；硬度 5，脆性。1963 年发现于乌干达中部瓦基索区万博沃（Wampewo）山。1963 年 O. 冯·克诺灵（O. von Knorring）等在《美国矿物学家》(48)报道，称 Westgrenite（铋细晶石或威烧绿石）。英文名称 Bismutomicrolite，1977 年 D. D. 贺加斯（D. D. Hogarth）在《美国矿物学家》(62)的《烧绿石超族分类和命名》一文中，根据成分冠词“Bismuto（铋）”和根词“Microlite（细晶石）”组合命名。1985 年中国新矿物与矿物命名委员会郭宗山等根据成分及与细晶石的关系译为铋细晶石。2010 年被 IMA 废弃（参见【细晶石】条）。

铋细晶石柱状晶体（中国新疆）

[注：英文名称 Natrobistantite，王濮在《地学前缘：在中国发现的新矿物 1959—2012》也译为铋细晶石。发现于中国新疆阿尔泰伟晶岩。英文名称 Natrobistantite，由“Natro（钠）”“Bis（铋）”和“Tantite（钽石）”组合命名。IMA 1982－016 批准。1983 年瓦罗申（Voloshin）等在苏联《矿物学杂志》[5(2)]报道。2012 年被 IMA 废弃]。

碧

[bì]形声；从玉，从石，白声。本义：青绿色的玉石；青绿色。

【碧矾】

英文名 Morenosite

化学式 $Ni(SO_4)\cdot 7H_2O$ （IMA）

碧矾是一种含结晶水的镍的硫酸盐矿物。属泻利盐族。

斜方晶系。晶体呈短柱状(人工合成)、纤维状;集合体常呈粉末状、钟乳状和皮壳状。浅绿白色—苹果绿色,玻璃光泽,透明—半透明;硬度 2~2.5,中等解理。1758 年发现于西班牙加利西亚自治区拉科鲁尼亚市泰西地洛(Teixidelo)马诺利塔矿山。最早见于 1758 年 A. 克龙斯泰特(A. Cronstedt)《矿物学》(斯德哥尔摩版)。1850 年J. D. 丹纳(J. D. Dana)在《系统矿物学》(第三版,纽约)刊载。英文名称 Morenosite,为纪念塞诺尔·安东尼奥·莫雷诺·鲁伊斯(Señor Antonio Moreno Ruiz,1796—1852)而以他的姓氏命名。他是西班牙马德里西班牙自然科学院的药剂师和化学家。1959 年以前发现、描述并命名的"祖父级"矿物,IMA 承认有效。中文名称根据矿物的颜色、成分和矾类译为碧矾/碧镍矾。

【碧玺】参见【电气石】条 130 页

【碧玉】参见【石髓】条 805 页

变 [biàn]變的简化字。原为形声;从攴(pū),恋(luán)声。本义:性质状态或情形与以前不同。①用于描述矿物中水的变化,或因脱水或因较低程度的水化与根词矿物相比水变少。②也用于同质多象变体。③有时与准、偏同义,通用。

【变埃洛石】

英文名 Halloysite-7Å

化学式 $Al_2Si_2O_5(OH)_4$ (IMA)

变埃洛石显微柱状晶体(德国)和埃洛像

变埃洛石是埃洛石脱水的产物,将水合物的埃洛石加热到 50~90℃,埃洛石脱水就成为变埃洛石(Halloysite-7Å)。属高岭石-蛇纹石族。与高岭石、珍珠石、迪开石为同质多象变体。单斜(或六方)晶系。超显微隐晶质,电镜下为晶质,晶体呈长板状、柱状、针状。白色,有时具红、褐、蓝色调。1826 年发现于比利时列日省列日市昂格勒尔(Angleur),由贝尔捷(Berthier)首先描述。1826 年在《化学和物理学年鉴》(32)报道。英文名称 Halloysite-7Å=Metahalloysite,由根词"Halloysite(埃洛石)"前加冠词"Meta(在……之后;变化,变换)"组合命名,意指埃洛石经加热脱水或低程度水化变为变埃洛石(即 Halloysite-7Å)。后缀-7Å 是层厚。1959 年以前发现、描述并命名的"祖父级"矿物,IMA 承认有效。中文名称意译为变埃洛石(埃洛石-7Å)或变叙永石(根词参见【埃洛石-10Å】条 15 页)。

【变铵砷铀云母】

英文名 Uramarsite

化学式 $NH_4(UO_2)(AsO_4)\cdot 3H_2O$ (IMA)

变铵砷铀云母四方板状晶体(俄罗斯,电镜)

变铵砷铀云母是一种含结晶水的铵的铀酰-砷酸盐矿物。属变钙铀云母族。四方晶系。四方薄板状、半自形板状晶体。淡绿色,玻璃光泽,透明;硬度 2.5,完全解理,脆性。2005 年发现于哈萨克斯坦阿拉木图州博塔-布鲁姆(Bota-Burum)沥青铀矿床。英文名称 Uramarsite,由成分"Ur(铀)""Am(铵)"和"Ars(砷酸盐)"离子组合命名,意指它是砷酸盐占优势的磷铵铀矿(Uramphite)的类似矿物。IMA 2005-043 批准。2007 年 G. A. 西多维克(G. A. Sidorenko)等在《俄罗斯科学院报告:地球科学部分》(415a)报道。2015 年艾钰洁、范光在《岩石矿物学杂志》[34(1)]根据成分译为变铵砷铀云母。

【变钡砷铀云母】

英文名 Metaheinrichite

化学式 $Ba(UO_2)_2(AsO_4)_2\cdot 8H_2O$ (IMA)

变钡砷铀云母板片状晶体,晶簇状集合体(西班牙、美国)

变钡砷铀云母是一种含结晶水的钡的铀酰-砷酸盐矿物。属变钙铀云母族。四方晶系。晶体呈薄板片状、鳞片状;集合体呈晶簇状、薄膜状。绿色、黄色,玻璃光泽,解理面上呈珍珠光泽,透明—半透明;硬度 2.5,完全解理。1952 年发现于德国巴登-符腾堡州弗赖堡市威蒂亨(Wittichen);1956 年又发现于美国俄勒冈州莱克(Lake)县莱克维尤白王(White King)矿。1958 年 E. B. 格罗斯(E. B. Gross)等在《美国矿物学家》(43)报道。英文名称 Metaheinrichite,由根词"Heinrichite(变钡砷铀云母/砷钡铀矿)"加前缀"Meta(在……之后;变化,变换)"组合命名,意指它是砷钡铀矿低程度的水化或脱水后而形成的较小含水量的产物。1959 年以前发现、描述并命名的"祖父级"矿物,IMA 承认有效。中文名称意译为变钡砷铀云母/变砷钡铀矿,也译作准钡砷铀云母/准砷钡铀矿(根词参见【砷钡铀矿】条 774 页)。

【变钡铀云母Ⅰ/Ⅱ】

英文名 MetauranocirciteⅠ/Ⅱ

化学式 $Ba(UO_2)_2(PO_4)_2\cdot 8H_2O$

$Ba(UO_2)_2(PO_4)_2\cdot 6H_2O$ (IMA)

变钡铀云母Ⅰ/Ⅱ薄板状晶体(德国、法国)

变钡铀云母Ⅰ/Ⅱ是一种水化钡的铀酰-磷酸盐矿物,是钡铀云母脱水或低程度水化的产物。属变钙铀云母族。四方晶系。晶体呈假正方形薄板状、鳞片状;集合体常呈晶簇状、扇形、土状,有时呈脉状。黄绿色、浅绿色、黄色、橙黄色,树脂光泽、蜡状光泽、油脂光泽、珍珠光泽,透明—半透明;硬度 2~2.5,完全解理,很脆。1904 年发现于德国巴登-符腾堡州弗赖堡地区孟泽施旺(Menzen schwand)的克伦克尔巴赫(Krunkelbach)铀矿。英文名称 MetauranocirciteⅠ/Ⅱ,1904 年由保罗·高贝尔(Paul Gaubert)在《法国矿物学会通报》(27)报道,由根词"Uranocircite(钡铀云母Ⅰ)"加前缀"Meta(在……之后;变化,变换)"组合命名,意指它是钡铀云母Ⅰ脱水或低程度水化的产物。Ⅰ/Ⅱ表示水化程度不同。1959 年以前发现、描述并命名的"祖父级"矿物,IMA 承认有效。IMA 2007s. p.

批准。中文名称根据意和成分译为变钡铀云母I/II，也译作偏钡铀云母(根词参见【钡铀云母I/II】条 58 页)。

【变草酸铀矿*】

英文名 Metauroxite

化学式 $(UO_2)_2(C_2O_4)(OH)_2(H_2O)_2$ (IMA)

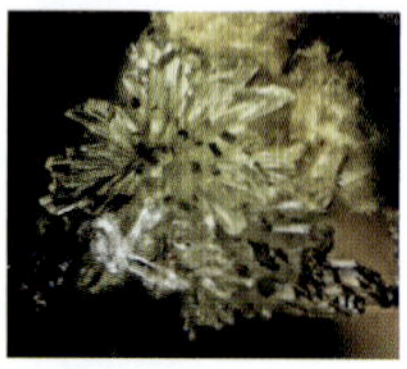

变草酸铀矿*叶片状晶体放射状集合体(美国)

变草酸铀矿*是一种含结晶水、羟基的铀酰-草酸盐矿物；它是继草酸铀矿*之后发现的第二天然铀酰草酸盐矿物。三斜晶系。晶体呈粗糙的叶片状和菱形片状；集合体通常呈不规则的、放射状、蝴蝶结状。浅黄色，玻璃光泽，透明；硬度 2，脆性，完全解理。2019 年发现于美国科罗拉多州圣米格尔县滑溜岩(Slick Rock)矿区布罗(Burro)矿。英文名称 Metauroxite，由冠词"Meta(在……之后；变化，变换)"和根词"Uroxite(草酸铀矿*)"组合命名，意指它是草酸铀矿*的脱水或低程度水化的产物。IMA 2019-030 批准。2019 年 A. R. 坎普夫(A. R. Kampf)等在《CNMNC 通讯》(50)、《矿物学杂志》(83)和《欧洲矿物学杂志》(31)报道。目前尚未见官方中文译名，编译者建议根据意及与草酸铀矿*的关系译为变草酸铀矿*。

【变橙黄铀矿】

英文名 Metavandendriesscheite

化学式 $PbU_7O_{22} \cdot nH_2O$ (IMA)

变橙黄铀矿是一种含结晶水的铅、铀的氧化物矿物。斜方晶系。硬度 3。1960 年发现于刚果(金)上加丹加省坎博韦区欣科洛布韦(Shinkolobwe)矿山；同年，C. L. 克里斯特(C. L. Christ)等在《美国矿物学家》(45)报道。英文名称 Metavandendriesscheite，由根词"Vandendriesscheite(橙黄铀矿)"加前缀"Meta(在……之后；变化，变换)"组合命名，意指它是橙黄铀矿脱水或低程度水化的产物。1959 年以前发现、描述并命名的"祖父级"矿物，IMA 承认有效。中文名称意译为变橙黄铀矿，也译作变磷复铀矿(根词参见【橙黄铀矿】条 90 页)。

【变橙铅铀矿】参见【变磷铀矿】条 66 页

【变翠砷铜铀矿】

英文名 Metazeunerite

化学式 $Cu(UO_2)_2(AsO_4)_2 \cdot 8H_2O$ (IMA)

变翠砷铜铀矿板状晶体(美国、纳米比亚)和佐伊纳像

变翠砷铜铀矿是一种含结晶水的铜的铀酰-砷酸盐矿物。属变钙铀云母族。四方晶系。晶体呈四方板状、叶片状；集合体常呈粉末状。绿色、草绿色、翠绿色，玻璃光泽，解理面上呈珍珠光泽，透明—半透明；硬度 2～2.5，完全解理，脆性。翠砷铜铀矿(Zeunerite)最早见于 1872 年施劳夫(Schrauf)在维也纳《矿物学和岩石学通报》(2)报道。1937 年发现于德国萨克森州厄尔士山脉施内贝格市的诺伊施塔特区瓦尔普吉斯弗拉谢(Walpurgis Flacher)岩脉；同年，在《地球化学家和矿物学家手册》刊载。英文名称 Metazeunerite，1937 年由亚历山大・叶夫根尼耶维奇・费尔斯曼(Aleksandr Evgenievich Fersman)和奥尔加・米哈伊洛芙娜・舒布尼科娃(Olga Mikhailovna Shubnikova)由根词"Zeunerite(翠砷铜铀矿)"加前缀"Meta(在……之后；变化，变换)"组合命名，意指它是翠砷铜铀矿低程度水化或脱水后而形成的含水量的较少产物。其中，根词 Zeunerite 以德国萨克森弗赖堡矿业专科学校古斯塔夫・安东・佐伊纳(Gustav Anton Zeuner，1828—1907)的姓氏命名。1959 年以前发现、描述并命名的"祖父级"矿物，IMA 承认有效。中文名称意译为变翠砷铜铀矿或准翠砷铜铀矿或偏翠砷钙铀矿或变铜砷铀云母(根词参见【翠砷铜铀矿】条 101 页)。

【变矾石】

英文名 Meta-aluminite

化学式 $Al_2(SO_4)(OH)_4 \cdot 5H_2O$ (IMA)

变矾石是一种含结晶水、羟基的铝的硫酸盐矿物。单斜晶系。晶体呈细小板条状、显微板状；集合体呈致密块状。白色，丝绢光泽；硬度 1～2，有的约 2.5。1967 年发现于美国犹他州埃默里县圣拉斐尔区富梅罗(Fuemrol)12 号矿。英文名称 Meta-aluminite，由根词"Aluminite(矾石)"前加冠词"Meta(在……之后；变化，变换)"组合命名。该矿物是矾石的低程度的水化或脱水的产物。IMA 1967-013 批准。1968 年 C. 弗龙德尔(C. Frondel)在《美国矿物学家》(53)报道。中文名称意译为变矾石(参见【矾石】条 145 页)。

【变钒钙铀矿】

英文名 Metatyuyamunite

化学式 $Ca(UO_2)_2(VO_4)_2 \cdot 3H_2O$ (IMA)

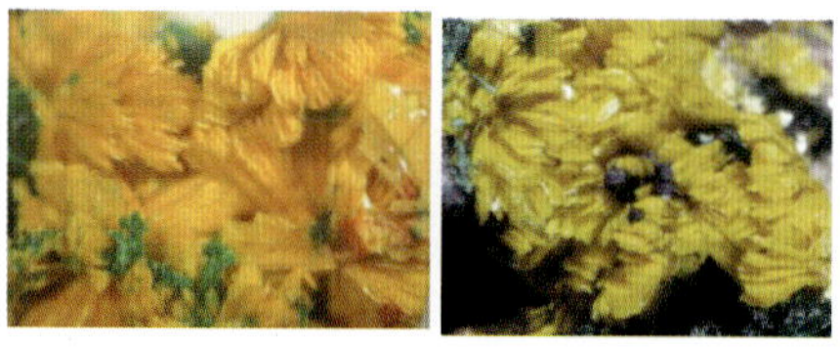

变钒钙铀矿片状晶体，放射状集合体(刚果)

变钒钙铀矿是一种含结晶水的钙的铀酰-钒酸盐矿物。属钒钾铀矿族。斜方晶系。晶体呈很小的菱形板状、叶片状；集合体通常呈粉末状、放射状。黄色、橘黄色—淡绿黄色，金刚光泽、树脂光泽、蜡状光泽，半透明；硬度 2，完全解理。1953 年发现于美国亚利桑那州阿帕奇县卢卡楚凯(Lukachukai)山梅萨(Mesa)1 号矿井和新墨西哥州麦金莱县格兰茨区、拉古纳区和圣胡安希普罗克(Shiprock)区等处。英文名称 Metatyuyamunite，由爱丽丝・玛丽・威克斯(Alice Mary Weeks)、玛丽・E. 汤普森(Mary E. Thompson)和雷蒙德・B. 汤普森(Raymond B. Thompson)在研究矿物中的水时，发现钙钒铀矿(Tyuyamunite)脱去部分水或低程度水化即变成此矿物，故在根词矿物之前加前缀"Meta(在……之后；变换)"命名，表示与钙钒铀矿的关系。1953 年 A. D. 威克斯(A. D. Weeks)等在《美国地质勘探局微量元素调查》(334)和 1954 年《美国地质调查局通报》(1009-B)报道。1959 年以前发现、描述并命名的"祖父级"矿物，IMA 承认有效。中文名称意译为变钒钙铀矿或准钒钙铀矿(根词参见【钒钙铀矿】条 148 页)。

【变钒铝铀矿】

英文名 Metavanuralite

化学式 $Al(UO_2)_2(VO_4)_2(OH)\cdot 8H_2O$　　(IMA)

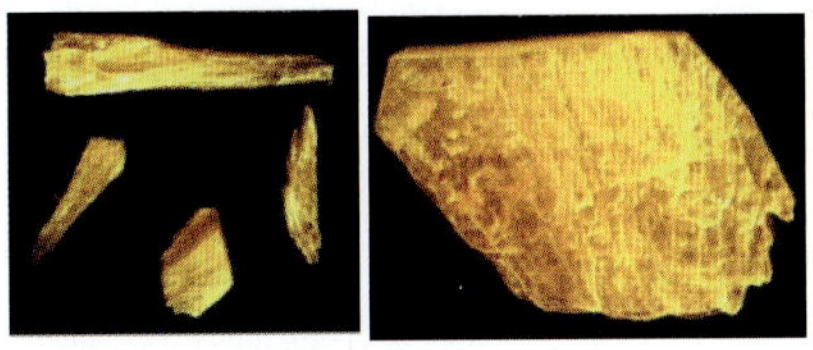

变钒铝铀矿刀片状晶体(加蓬)

变钒铝铀矿是一种含结晶水、羟基的铝的铀酰-钒酸盐矿物。属钒钾铀矿族。三斜晶系。晶体呈端部倾斜的刀片状;集合体常呈放射状。亮黄色、黄绿色,树脂光泽、蜡状光泽、油脂光泽,半透明;完全解理,脆性。1970 年发现于加蓬共和国上奥果韦省弗朗斯维尔山城穆纳纳(Mounana)矿山。英文名称 Metavanuralite,1970 年由法比安·塞斯勃隆(Fabien Cesbron)在《法国矿物和结晶学会通报》(93)报道,根据根词“Vanuralite(钒铝铀矿)”加前缀“Meta(在……之后;变换)”命名,意指它是钒铝铀矿脱水或低程度水化形成的产物。IMA 1970-003 批准。1971 年在《美国矿物学家》(56)报道。中文名称意译为变钒铝铀矿。

【变钙铀矿】

英文名 Metacalciouranoite

化学式 $(Ca,Na,Ba)U_2O_7\cdot 2H_2O$　　(IMA)

变钙铀矿瘤状集合体(俄罗斯)

变钙铀矿是一种含结晶水的钙、钠、钡的铀氧化物矿物。晶体呈粒状;集合体由许多单个晶体组成的晶簇状、球状。橙色,半透明。1973 年发现于俄罗斯赤塔州克拉斯诺卡缅斯克市斯特里索夫斯科(Streltsovskoe)钼-铀矿田欧卡亚布斯科(Oktyabr'skoe)钼-铀矿床。英文名称 Metacalciouranoite,由根词“Calciouranoite(钙铀矿)”加前缀“Meta(在……之后;变化,变换)”组合命名,意指钙铀矿经脱水或低程度水化变为变钙铀矿。IMA 1971-054批准。1973 年 V. P. 罗戈娃(V. P. Rogova)等《全苏矿物学会记事》[102(1)]和 M. 弗莱舍(M. Fleischer)在《美国矿物学家》(58)报道。中文名称意译为变钙铀矿或准钙铀矿(根词参见【水钙铀矿】条 824 页)。

【变钙铀云母】

英文名 Meta-autunite

化学式 $Ca(UO_2)_2(PO_4)_2\cdot 6H_2O$　　(IMA)

变钙铀云母板状晶体,花状集合体(法国、德国)

变钙铀云母是一种含结晶水的钙的铀酰-磷酸盐矿物。属变钙铀云母族。四方晶系。晶体呈板状;集合体呈花状。柠檬黄色、黄绿色,蜡状光泽、珍珠光泽、土状光泽,半透明;硬度 2~2.5,完全解理,脆性。1904 年发现于美国华盛顿州斯波坎县代布雷亚克(Daybreak)矿;同年,P. 高贝尔(P. Gaubert)在《法国矿物学会通报》(27)报道。英文名称 Meta-autunite,由根词“Autunite(钙铀云母)”加前缀“Meta(在……之后,变换)”组合命名,表示它是由钙铀云母脱水或低程度水化的产物。1959 年以前发现、描述并命名的“祖父级”矿物,IMA 承认有效。中文名称意译为变钙铀云母,又译为准钙铀云母(根词参见【钙铀云母】条 232 页)。

【变杆沸石】

英文名 Gonnardite

化学式 $(Na,Ca)_2(Si,Al)_5O_{10}\cdot 3H_2O$　　(IMA)

变杆沸石纤维状晶体,放射状、球粒状集合体(美国、德国)和戈纳尔像

变杆沸石是一种含沸石水的钠、钙的铝硅酸盐矿物。属沸石族钠沸石亚族。斜方晶系。晶体呈片状、纤维状;集合体呈球粒状、放射状。无色、白色、粉红、褐色;硬度 4~5。1896 年发现于法国多姆山省圣日耳曼区拉绍德贝尔贡(La Chaux de Bergonne);同年,A. 拉克鲁瓦(A. Lacroix)在《法国矿物学会通报》(19)报道。英文名称 Gonnardite,以法国矿物学家费迪南德·戈纳尔(Ferdinand Gonnard,1838—1923)的姓氏命名。他撰写了法国地区的矿物摘要,并在更早的时候发现了变杆沸石,还发现了蓝线石。1959 年以前发现、描述并命名的“祖父级”矿物,IMA 承认有效。IMA 1997s. p. 批准。另一英文名称 Epithomsonite,由根词“Thomsonite(杆沸石)”加前缀“Epi(在……之后;变化,变换)”组合命名。另一英文名称 Metathomsonite,由根词“Thomsonite(杆沸石)”加前缀“Meta(在……之后;变化,变换)”组合命名,意指杆沸石经脱水或低程度水化变为变杆沸石。中文名称意译为变杆沸石;以前根据晶体习性和族名旧译纤沸石(根词参见【杆沸石】条 234 页)。

【变高岭石】

英文名 Metakaolinite

化学式 $Al_2Si_2O_7\cdot H_2O$

变高岭石是高岭石的加热相变产物。非晶质—半晶质。晶体呈显微蠕状、鳞片状及底切面呈完整的六角形薄板状。白色、灰白色、浅褐色;硬度 6~7。英文名称 Metakaolinite,由根词“Kaolinite(高岭石)”加前缀“Meta(在……之后;变化,变换)”组合命名,意指高岭石经脱水或低程度水化即变成变高岭石。中文名称意译为变高岭石,也有的译为偏高岭石(根词参见【高岭石】条 237 页)。

【变褐铁矾】

英文名 Metahohmannite

化学式 $Fe_2^{3+}O(SO_4)_2\cdot 4H_2O$　　(IMA)

变褐铁矾粉末状集合体(智利)

变褐铁矾是一种含结晶水的铁氧的硫酸盐矿物。三斜晶系。集合体呈粉末状、块状。浅黄色、橙红色。最早见于 1889 年麦金托什(Mackintosh)在《美国科学杂志》(38)报道。1938 年发现于智利洛阿省丘基卡马塔市丘基卡马塔(Chuquicamata)矿;同年,M. C.

班迪(M. C. Bandy)在《美国矿物学家》(23)报道。英文名称 Metahohmannite,由根词"Hohmannite(褐铁矾)"加前缀"Meta(在……之后;变化,变换)"组合命名,意指褐铁矾经脱水或低程度水化就成为变褐铁矾。1959 年以前发现、描述并命名的"祖父级"矿物,IMA 承认有效。中文名称意译为变褐铁矾或变质水铁矾(根词参见【褐铁矾】条 313 页)。

【变红磷铁矿】参见【斜红磷铁矿】条 1029 页

【变黄砷铀铁矿】

英文名 Metakahlerite

化学式 $Fe^{2+}(UO_2)_2(AsO_4)_2 \cdot 8H_2O$　(IMA)

变黄砷铀铁矿板状晶体(德国)

变黄砷铀铁矿是一种含结晶水的铁的铀酰-砷酸盐矿物。属变钙铀云母族。三斜晶系。晶体呈板状、鳞片状。硫磺黄色、灰黄色,玻璃光泽,解理面上呈珍珠光泽,透明—半透明;硬度 2～3,完全解理。1958 年发现于德国巴登-符腾堡州弗赖堡地区威蒂亨(Wittichen)附近的沃克尔斯巴赫(Vöckelsbach)谷索菲亚(Sophia)矿。1958 年 K. 瓦林塔(K. Walenta)在兰德萨姆特巴登-符腾堡州《巴登符腾堡地区地质局年鉴》(3)和 1960 年弗莱舍在《美国矿物学家》(45)报道。英文名称 Metakahlerite,由根词"Kahlerite(黄砷铀铁矿)"加前缀"Meta(在……之后;变化,变换)"组合命名,意指它是黄砷铀铁矿脱水或低水平水化而形成的较少含水量的产物。其中,根词 Kahlerite 以奥地利克拉根福克恩顿州博物馆的奥地利地质学家弗朗兹·卡勒(Franz Kahler,1900—1995)博士的姓氏命名。1959 年以前发现、描述并命名的"祖父级"矿物,IMA 承认有效。中文名称意译为变黄砷铀铁矿或变铁砷铀云母,也译作偏水砷铀矿;还译作变铁砷铀云母(根词参见【黄砷铀铁矿】条 342 页)。

【变蓝磷铝铁矿】

英文名 Metavauxite

化学式 $Fe^{2+}Al_2(PO_4)_2(OH)_2 \cdot 8H_2O$　(IMA)

变蓝磷铝铁矿束状或放射状集合体(玻利维亚)

变蓝磷铝铁矿是一种含结晶水和羟基的铁、铝的磷酸盐矿物。与副磷铁铝矿(Paravauxite)为同质二象。单斜晶系。晶体呈长柱状、针状、毛发状;集合体呈平行梳状或束状或放射状。无色、白色、浅蓝绿色,玻璃光泽,纤维状者呈丝绢光泽,透明—半透明;硬度 3,脆性。1927 年发现于玻利维亚拉斐尔布斯蒂略省拉拉哥(llallagua)卡塔维 20 世纪(Siglo XX)矿山。1927 年由塞缪尔·乔治·戈登(Samuel George Gordon)在《美国矿物学家》(12)报道。英文名称 Metavauxite,由根词"Vauxite(蓝磷铁矿)"加前缀"Meta(在……之后,变化,变换)"组合命名,意指它与蓝磷铁矿成分的关系。1959 年以前发现、描述并命名的"祖父级"矿物,IMA 承认有效。中文名称意译为变蓝磷铝铁矿或准蓝磷铝铁矿(根词参见【蓝磷铝铁矿】条 428 页)。

【变磷复铀矿】参见【变橙黄铀矿】条 64 页

【变磷钾钡铀矿】

英文名 Meta-ankoleite

化学式 $K(UO_2)(PO_4) \cdot 3H_2O$　(IMA)

变磷钾钡铀矿板片状晶体,皮壳状集合体(德国、意大利)

变磷钾钡铀矿是一种含结晶水的钾、钡的铀酰-磷酸盐矿物。属变钙铀云母族。四方晶系。晶体呈板状、鳞片状;集合体呈放射状、星点状、小团粒状、皮壳状、泥土状。黄色、黄绿色,玻璃光泽,解理面上呈珍珠光泽,透明—半透明;硬度 2～3,极完全解理。1963 年发现于乌干达西南部姆巴拉拉区安科莱(Ankole,最初是乌干达西南部的一个王国)伟晶岩矿区穆盖尼(Mungenyi)伟晶岩。英文名称 Meta-ankoleite,由迈克尔·J. 加拉格尔(Michael J. Gallagher)和大卫·阿特金(David Atkin)根据产地安科莱(Ankole)命名为 Ankoleite。在根词"Ankoleite(磷钾钡铀矿或钾铀云母)"加前缀"希腊文 μετά=Meta(在……之后;变化,变换)"组合命名,意指它是磷钾钡铀矿脱水或低程度水化形成的较低含水量的产物。IMA 1963－013 批准。1966 年 M. J. 加拉格尔(M. J. Gallagher)等在《英国地质调查公报》(25)报道。中文名称意译为变磷钾钡铀矿,也译作变钾铀云母或准钾铀云母。

【变磷铝石】参见【准磷铝石】条 1122 页

【变磷铀矿】

英文名 Metavanmeersscheite

化学式 $U(UO_2)_3(PO_4)_2(OH)_6 \cdot 2H_2O$　(IMA)

变磷铀矿片状晶体,放射状、晶簇状集合体(意大利)

变磷铀矿是一种含结晶水、羟基的铀-铀酰的磷酸盐矿物。斜方晶系。晶体呈薄片状;集合体呈放射状、晶簇状、致密块状、粉末状。中黄色—淡黄色,蜡状光泽、土状光泽,半透明;完全解理,脆性。1981 年发现于刚果(金)南基伍省姆文加地区卡博卡博(Kobokobo)伟晶岩。英文名称 Metavanmeersscheite,由根词"(万磷铀矿)"加前缀"Meta(在……之后;变化,变换)"组合命名,意指它是磷铀矿的低程度的水化或脱水之后即变成变磷铀矿。IMA 1981－010 批准。1982 年由保罗·皮雷(Paul Piret)和米歇尔·德利安(Michel Deliens)在法国《矿物学通报》(105)和《美国矿物学家》(67)报道。中文名称意译为变磷铀矿;也译作变橙铅铀矿,也有的译为变万磷铀石(根词参见【万磷铀矿】条 976 页)。

【变绿钾铁矾】

英文名 Metavoltine

化学式 $K_2Na_6Fe^{2+}Fe_6^{3+}O_2(SO_4)_{12} \cdot 18H_2O$　(IMA)

变绿钾铁矾是一种含结晶水和氧的钾、钠、铁的硫酸盐矿物。六方晶系。晶体呈六边形板状、粒状或鳞片状,通常很小。黄褐色、橙褐色、褐绿色,树脂光泽,半透明;硬度 2.5,完全解理。1883 年发现于伊朗霍尔木兹甘省班达尔阿巴斯市扎克(Zagh)矿。1883 年布砬斯(Blaas)在《维也纳皇家科学研究会议报告》(87)称 Metavoltine。英文名称 Metavoltine,由根词"Voltine(绿钾铁矾)"加前缀"Meta(在……之后;

变化，变换)"组合命名，意指它是绿钾铁矾低程度水化或脱水的产物。1959年以前发现、描述并命名的"祖父级"矿物，IMA承认有效。中文名称意译为变绿钾铁矾，也译作变钠钾铁矾或变钾铁矾(根词参见【绿钾铁矾】条544页)。

变绿钾铁矾粒状晶体(意大利)

【变毛矾石】

英文名 Meta-alunogen

化学式 $Al_2(SO_4)_3 \cdot 14H_2O$　　(IMA)

变毛矾石是一种含结晶水的铝的硫酸盐矿物。单斜晶系。集合体呈块状。白色，蜡状光泽或珍珠光泽；完全解理。1942年发现于智利托科皮亚省的弗朗西斯科·德·范盖拉(Francisco de Vergara)；同年，戈登(Gordon)在《费城科学研究院：自然科学》(101)和1943年在《美国矿物学家》(28)报道。英文名称 Meta-alunogen，由根词"Alunogen(毛矾石)"加前缀"Meta(在……之后；变化，变换)"组合命名，意指毛矾石的低程度的水化或脱水之后即变成变毛矾石。1959年以前发现、描述并命名的"祖父级"矿物，IMA承认有效；但IMA持怀疑态度。中文名称意译为变毛矾石或准毛矾石(根词参见【毛矾石】条583页)。

【变镁磷铀云母】

英文名 Metasaléeite

化学式 $Mg(UO_2)_2(PO_4)_2 \cdot 8H_2O$　　(IMA)

变镁磷铀云母是一种含结晶水的镁的铀酰-磷酸盐矿物。属变钙铀云母族。单斜晶系。晶体呈板状；集合体呈放射状。黄色，玻璃光泽，透明—半透明；完全解理。1950年发现于刚果(金)上加丹加省坎博韦区欣科洛布韦(Shinkolobwe)矿；同年，玛丽·E.穆罗斯(Mary E. Mrose)在《美国矿物学家》(35)报道。英文名称 Metasaléeite，由冠词希腊文"$\mu\epsilon\tau\,\acute{\alpha}$=Meta(在……之后；变化，变换)"和根词"Saléeite(镁磷铀云母)"组合命名，意指它是镁磷铀云母脱水或低水平水化的类似矿物。1959年以前发现、描述并命名的"祖父级"矿物，IMA承认有效。中文名称意译为变镁磷铀云母(根词参见【镁磷铀云母】条594页)。

变镁磷铀云母片状晶体，放射状集合体(英国)

【变砷钙铀矿】

英文名 Metauranospinite

化学式 $Ca(UO_2)_2(AsO_4)_2 \cdot 8H_2O$　　(IMA)

变砷钙铀矿是一种含结晶水的钙的铀酰-砷酸盐矿物。属变钙铀云母族。四方晶系。晶体呈细小的正方形、八边形、菱形板状、鳞片状；集合体呈星状、皮壳状及球粒状。浅黄色、黄绿色，半玻璃光泽、树脂光泽、蜡状光泽、珍珠光泽、无光泽，透明—半透明；硬度2～3，完全解理，很脆。1904年发现于德国巴登-符腾堡州弗赖堡市维特琴弗克尔斯巴赫(Wittichen Vöckelsbach)谷索菲亚(Sophia)矿。1904年保罗·高贝尔(Paul Gaubert)使用合成材料命名了钡铀云母(Uranocircite)的脱水产物，即 Metauran ocircite(变钡铀云母)。而 Metauranospinite 最早的天然矿物的报告是未知的，1958年在弗龙德尔(Frondel)的《铀和钍的系统矿物学》中没有出现。英文名称 Metauranospinite，由根词"Uranospinite(砷钙铀矿)"加前缀"Meta(在……之后；变化，变换)"组合命名，意指它是砷钙铀矿脱水或低程度水化的产物。1958年在《巴登符腾堡地区地质局年鉴》(3)报道。1959年以前发现、描述并命名的"祖父级"矿物，IMA承认有效。IMA 2007s.p.批准。中文名称意译为变砷钙铀矿或译作偏砷钙铀矿或准砷钙铀矿(根词参见【砷钙铀矿】条779页)。

变砷钙铀矿皮壳状集合体(俄罗斯)

【变铈铌钙钛矿】

英文名 Metaloparite

化学式 $CaCe_2(Ti,Nb)_6O_{16} \cdot 2H_2O$

变铈铌钙钛矿是一种含结晶水的钙、铈、钛、铌的氧化物矿物。等轴晶系。晶体呈立方体。浅黄褐色、深绿色，金刚光泽；硬度5。此矿物来自1941年杰拉西莫夫斯基(Gerasimovskii)引自俄罗斯科拉半岛发现的铈铌钙钛矿(Loparite-Ce)的蚀变产物。英文名称 Metaloparite，由根词"Loparite(铈铌钙钛矿)"加前缀"Meta(在……之后；变化，变换)"组合命名，意指它是铈铌钙钛矿脱水或低程度水化的矿物。另一英文名称 Hydroloparite，由根词"Loparite(铈铌钙钛矿)"加前缀"Hydro(水)"组合命名，意为含水的铈铌钙钛矿。另一英文名称 Alteredloparite，由根词"Loparite(铈铌钙钛矿)"加前缀"Altered(改变、变异)"组合命名，意指它是蚀变的铈铌钙钛矿。它们也被译作准铈铌钙钛矿(根词参见【铈铌钙钛矿】条810页)，还有的译作变铯铌钙钛矿。

【变水钒钙石】

英文名 Metarossite

化学式 $CaV_2^{5+}O_6 \cdot 2H_2O$　　(IMA)

变水钒钙石晶簇状、皮壳状集合体(美国)

变水钒钙石是一种含结晶水的钙的钒酸盐矿物。三斜晶系。晶体呈板状、片状；集合体呈晶簇状、皮壳状。浅黄色—灰黄色，珍珠光泽、土状光泽，半透明；硬度1～2，脆弱。1927年发现于美国科罗拉多州圣米格尔县；同年，W.F.福杉格(W.F.Foshag)等在《美国自然博物馆的论文集》(72)和《美国矿物学家》(13)报道。英文名称 Metarossite，由根词"Rossite(水钒钙石)"加前缀"Meta(在……之后；变化，变换)"组合命名，意指它是水钒钙石低程度水化或脱水的产物。1959年以前发现、描述并命名的"祖父级"矿物，IMA承认有效。中文名称意译为变水钒钙石。

【变水钒锶钙石】

英文名 Metadelrioite

化学式 $SrCa(VO_3)_2(OH)_2$　　(IMA)

变水钒锶钙石是一种含羟基的钙、锶的钒酸盐矿物。三斜晶系。硬度2。1967年发现于美国科罗拉多州蒙特罗斯县帕拉多(Paradox)谷乔丹迪(Jo Dandy)矿。英文名称 Metadelrioite，由根词"Delrioite(水钒锶钙石)"加前缀"Meta(在……之后；变化，变换)"组合命名，意指它是水钒锶钙石脱水或低程度水化的产物。IMA 1967-006批准。1970年M.L.史密斯(M.L.Smith)在《美国矿物学家》(55)报道。中文名称意译为变水钒锶钙石(根词参见【水钒锶钙石】条818页)。

【变水方硼石】参见【水硼钙镁石】条 859 页

【变水锆石】参见【锆石】条 242 页

【变水硅钙铀矿】

英文名 Metahaiweeite

化学式 $Ca(UO_2)_2Si_6O_{15}\cdot nH_2O$　(IMA)

变水硅钙铀矿是一种含结晶水的钙的铀酰-硅酸盐矿物。单斜晶系。淡黄色—绿黄色，珍珠光泽；硬度 3.5，完全解理。1959 年发现于美国加利福尼亚州因约县科索(Coso)区一个无名的铀矿。1959 年 T. C. 麦克伯尼(T. C. McBurney)等在《美国矿物学家》(44)报道。英文名称 Metahaiweeite，由根词“Haiweeite(水硅钙铀矿)”加前缀“Meta(在……之后；变化，变换)”组合命名，意指它是水硅钙铀矿脱水或低程度水化的产物。IMA 1962s. p. 批准。中文名称意译为变水硅钙铀矿(根词参见【水硅钙铀矿】条 826 页)。

【变水红砷锌石】

英文名 Metaköttigite

化学式 $(Zn,Fe^{3+})_3(AsO_4)_2\cdot 8(H_2O,OH)$　(IMA)

变水红砷锌石柱状、板状晶体，放射状集合体(墨西哥)

变水红砷锌石是一种含羟基和结晶水的锌、铁的砷酸盐矿物。属砷铁矿族。与红砷锌石为同质多象。三斜晶系。晶体呈柱状、片状、板状；集合体呈放射状。灰色，玻璃光泽，透明—半透明；硬度 1.5～2.5，完全解理。1979 年发现于墨西哥杜兰戈州马皮米盆地欧耶拉(Ojuela)矿。英文名称 Metaköttigite，由冠词“Meta(在……之后；变化，变换)”和根词“Köttigite(红砷锌石)”组合命名，意指它是红砷锌石的脱水或低程度水化的产物或是红砷锌石的同质异象变体。IMA 1979-077 批准。1982 年在《矿物学新年鉴》(月刊)和 1983 年《美国矿物学家》(68)报道。中国新矿物与矿物命名委员会郭宗山译为变水红砷锌石。

【变水磷钒铝石】

英文名 Metaschoderite

化学式 $Al(PO_4)\cdot 3H_2O$　(IMA)

变水磷钒铝石鳞片状晶体(匈牙利)

变水磷钒铝石是一种含结晶水的铝的磷酸盐矿物。单斜晶系。晶体呈刀刃状、显微板状、鳞片状；集合体呈球粒状。黄橙色，透明—半透明；硬度 2。1960 年发现于美国内华达州尤里卡县范纳夫桑(Van Nav San)吉贝利尼(Gibellini)钒项目区。1962 年 D. M. 豪森(D. M. Hausen)在《美国矿物学家》(47)报道。英文名称 Metaschoderite，由根词“Schoderite(水磷钒铝石)”加前缀“Meta(在……之后；变化，变换)”组合命名，意指它是水磷钒铝石脱水或低程度水化的产物。IMA 1962s. p. 批准。中文名称意译为变水磷钒铝石或准水磷钒铝石(根词参见【水磷钒铝石】条 837 页)。

【变水砷钴铀矿】

英文名 Metakirchheimerite

化学式 $Co(UO_2)_2(AsO_4)_2\cdot 8H_2O$　(IMA)

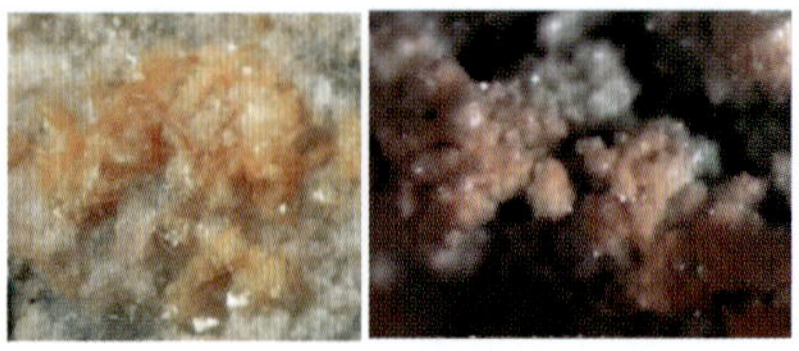

变水砷钴铀矿针状、板片状晶体，呈皮壳状集合体(捷克)

变水砷钴铀矿是一种含结晶水的钴的铀酰-砷酸盐矿物。属变钙铀云母族。三斜晶系。晶体呈针状、板片状；集合体呈皮壳状。颜色为浅玫瑰色，解理面上呈珍珠光泽；硬度 2～2.5，完全解理。1958 年发现于德国巴登-符腾堡州弗赖堡市罗特维尔镇博克尔斯巴赫(Bockelsbach)山谷索菲亚(Sophia)矿；同年，K. 瓦林塔(K. Walenta)在巴登-符腾堡兰德桑特(Landesant)《巴登符腾堡地区地质局年鉴》(3)和 1959 年在《美国矿物学家》(44)报道。英文名称 Metakirchheimerite，由根词“Kirchheimerite(水砷钴铀矿)”加前缀“Meta(在……之后；变化，变换)”组合命名，意指它是水砷钴铀矿脱水或低程度水化的产物。根名 Kirchheimerite，以德国弗朗茨·瓦尔德曼·基希海默尔(Franz Waldemar Kirchheimer，1911—1984)教授的姓氏命名。他是巴登-符腾堡州地质调查局前主任，德国地质学家、古生物学家和矿业历史学家，他的贡献在于对巴登-符腾堡州铀矿的调查研究。1959 年以前发现、描述并命名的“祖父级”矿物，IMA 承认有效。中文名称意译为变水砷钴铀矿或变水钴砷铀云母或偏水砷钴铀矿或准水砷钴铀矿。

【变水砷镁铀矿】

英文名 Metanovácekite

化学式 $Mg(UO_2)_2(AsO_4)_2\cdot 8H_2O$　(IMA)

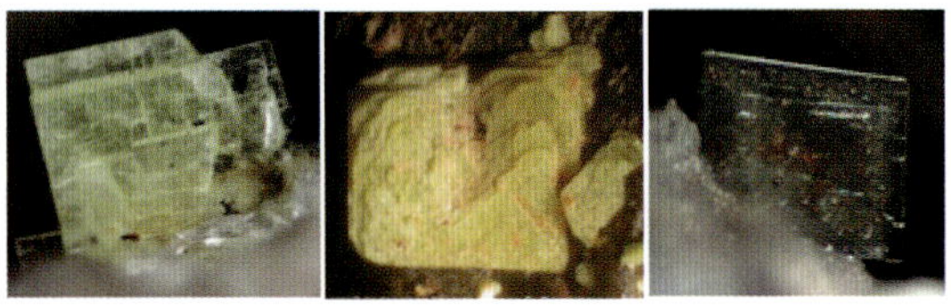

变水砷镁铀矿四方板状晶体(德国、纳米比亚)

变水砷镁铀矿是一种含结晶水的镁的铀酰-砷酸盐矿物。属变钙铀云母族。四方晶系。晶体呈四方板状和细鳞片状；集合体呈皮壳状、团簇状、细脉状。浅黄色、亮黄色，玻璃光泽、蜡状光泽、珍珠光泽；硬度 2.5，完全解理。1961 年发现于德国巴登-符腾堡州弗赖堡市威蒂琴(Wittichen)凯佰谷安东(Anton)矿；同年，K. 瓦林塔(K. Walenta)等在巴登-符腾堡兰德桑特(Landesant)《巴登符腾堡地区地质局年鉴》(3)和 1964 年《矿物学和岩石学通报》(9)报道。英文名称 Metanovácekite，由根词“Novácekite(水砷镁铀矿)”加前缀“Meta(在……之后；变化，变换)”组合命名，意指它是水砷镁铀矿脱水或低程度水化的产物。IMA 2007s. p. 批准。中文名称意译为变水砷镁铀矿，或变镁砷铀云母或四水砷镁铀矿(根词参见【水砷镁铀矿】条 869 页)。

【变水丝铀矿】

英文名 Metastudtite

化学式 $UO_4\cdot 2H_2O$　(IMA)

变水丝铀矿皮壳状、束状、放射状集合体（刚果）

变水丝铀矿是一种含结晶水的铀的氧化物矿物。斜方晶系。晶体呈纤维状或细长片状；集合体呈皮壳状、束状、放射状。浅黄色。1981 年发现于刚果（金）上加丹加省坎博韦区欣科洛布韦（Shinkolobwe）矿山。英文名称 Metastudtite，由根词“Studtite（水丝铀矿）”加前缀“Meta（在……之后；变化，变换）”组合命名，意指它是水丝铀矿低程度水化或脱水的产物。IMA 1981－055 批准。1983 年 M. 德利安（M. Deliens）等在《美国矿物学家》（68）报道。1985 年中国新矿物与矿物命名委员会郭宗山等在《岩石矿物与测试》［4（4）］意译为变水丝铀矿（根词参见【水丝铀矿】条 873 页）。

【变水碳钙铀矿】参见【变碳钙铀矿】条 69 页

【变水锌砷铀矿】

英文名 Metalodèvite

化学式 $Zn(UO_2)_2(AsO_4)_2 \cdot 10H_2O$　（IMA）

变水锌砷铀矿叶片状、纤维状晶体，放射状集合体（捷克）

变水锌砷铀矿是一种含结晶水的锌的铀酰-砷酸盐矿物。属变钙铀云母族。四方晶系。晶体呈板状、叶片状、纤维状；集合体呈放射状。淡黄色，少数为橄榄绿色；硬度 2～3，完全解理。1972 年发现于法国埃罗省的洛代夫（Lodeve）里维埃拉（Riviéral）。1972 年亨利·阿格里尼耶（Henri Agrinier）、弗朗西斯·尚特雷（Francis Chantret）等在《法国矿物学和结晶学会通报》（95）和 1974 年《美国矿物学家》（59）报道。英文名称 Metalodèvite，根词“Lodevite”根据产地法国洛代夫（Lodèv）命名，加前缀“Meta（在……之后；变化，变换）”组合命名，意指它是水锌砷铀矿脱水或低程度水化而形成的产物。IMA 1972－014 批准。中文名称意译为变水锌砷铀矿或变砷锌铀云母。

【变坦博石*】

英文名 Metatamboite

化学式 $Fe^{3+}_3(OH)(H_2O)_2(SO_4)(Te^{4+}O_3)_3$

$[Te^{4+}O(OH)_2](H_2O)$　（IMA）

变坦博石*是一种含一个结晶水的水合铁的氢碲酸-碲酸-硫酸盐矿物。单斜晶系。晶体呈纤维状；集合体呈放射状、束状。淡黄色。2016 年发现于智利埃尔基省埃尔印第奥矿床坦博（Tambo）矿温迪（Wendy）露天坑。英文名称 Metatamboite，由根词“Tamboite（坦博石*）”加前缀“Meta（在……之后；变化，变换）”组合命名，意指它是坦博石*的低程度的水化或脱水的产物。IMA 2016－060 批准。2016 年 M. A. 库珀（M. A. Cooper）等在《CNMNC 通讯》（33）和《矿物学杂志》（80）报道。目前尚未见官方中文译名，编译者建议根据与坦博石*的关系译为变坦博石*。

【变碳钙铀矿】

英文名 Metazellerite

化学式 $Ca(UO_2)(CO_3)_2 \cdot 3H_2O$　（IMA）

变碳钙铀矿是一种含结晶水的钙的铀酰-碳酸盐矿物。斜方晶系。晶体呈纤维状、毛发状；集合体呈团块状。黄色；硬度 2。1965 年发现于美国怀俄明州弗里蒙特县幸运（Lucky）MC 矿。英文名称 Metazellerite，由根词“Zellerite（碳钙铀矿）”加前缀“Meta（在……之后；变化，变换）”组合命名，意指它是碳钙铀矿低程度水化或脱水的产物。IMA 1965－032 批准。1966 年在《美国矿物学家》（51）报道。中文名称意译为变碳钙铀矿或准菱钙铀矿，也译作变水碳钙铀矿（根词参见【碳钙铀矿】条 920 页）。

【变铁铀云母】

英文名 Metabassetite

化学式 $Fe(UO_2)_2[PO_4] \cdot 8H_2O$

变铁铀云母是一种含结晶水的铁的铀酰-磷酸盐矿物。单斜（假四方或假斜方）晶系。晶体呈板状、鳞片状；集合体呈晶簇状、薄膜状。带多种色调的黄色和褐色，玻璃光泽，解理面上呈古铜光泽，半透明；硬度 2.5，完全解理，脆性。英文名称 Metabassetite，由根词“Bassetite（铁铀云母）”加前缀“Meta（在……之后；变化，变换）”组合命名，意指它是铁铀云母脱水或低程度水化的产物。中文名称意译为变铁铀云母或准铁铀云母，也译为变磷铁铀云母或准磷铁铀云母（根词参见【铁铀云母】条 958 页）。

【变铜铀云母】

英文名 Metatorbernite

化学式 $Cu(UO_2)_2(PO_4)_2 \cdot 8H_2O$　（IMA）

变铜铀云母板状晶体（葡萄牙、法国）和托尔贝恩像

变铜铀云母是一种含结晶水的铜的铀酰-磷酸盐矿物，是铜铀云母的脱水或低水平水化的产物。属变钙铀云母族。四方晶系。晶体呈正方形或长方形的片状、板状、鳞片状、叶片状，具双晶；集合体呈玫瑰花状、束状、粉末状薄膜。翠绿色、草绿色、宝石绿色和深绿色，半金刚光泽、玻璃光泽、蜡状光泽、松脂光泽，解理面上呈珍珠光泽，半透明—微透明；硬度 2～2.5，完全解理，脆性。最早见于 1861 年皮萨尼（Pisani）在法国《巴黎科学学院会议周报》（52）报道。1916 年发现于德国萨克森州厄尔士山脉施内贝格市，及英国英格兰康沃尔郡。英文名称 Metatorbernite，1916 年由阿瑟·弗朗西斯·哈利蒙德（Arthur Francis Hallimond）在《矿物学杂志》（17）《铜铀云母的结晶和脱水》一文中，由根词“Torbernite（铜铀云母）”加前缀“Meta（在……之后；变化，变换）”组合命名，意指它是铜铀云母因其低程度的水化或脱水后而形成的含水量较少的产物。其中，根词 Torbernite 以瑞典乌普萨拉大学化学和物理学教授托尔贝恩·奥洛夫·伯格曼（Torbern Olof Bergmann，1735—1784）的名字命名。1959 年以前发现、描述并命名的“祖父级”矿物，IMA 承认有效。中文名称意译为变铜铀云母，也有的译为准铜铀云母或偏铜铀云母，又根据晶系译为正铜铀云母（根词参见【铜铀云母】条

965 页)。

【变万磷铀石】参见【变磷铀矿】条 66 页

【变无水芒硝*】

英文名 Metathénardite

化学式 $Na_2(SO_4)$　　(IMA)

变无水芒硝*六方板状晶体,平行排列状集合体(俄罗斯)

变无水芒硝*是一种钠的硫酸盐矿物,它是一种高温的无水芒硝的变体。与无水芒硝为同质多象。六方晶系。晶体呈六方板状;集合体呈平行板状。灰色(IMA 认可的材料),新鲜者无色。2015 年发现于俄罗斯堪察加州托尔巴契克火山主断裂北破火山口第二火山渣锥格拉夫纳亚(Glavnaya Tenoritovaya)喷气孔。英文名称 Metathénardite,由前缀"Meta(在……之后;变化,变换)"和根词"Thénardite(无水芒硝)"组合命名。IMA 2015－102 批准。2016 年 I. V. 佩科夫(I. V. Pekov)等在《CNMNC 通讯》(30)和《矿物学杂志》(80)报道。目前尚未见官方中文译名,编译者建议根据它与无水芒硝的同质多象关系译为变无水芒硝*。

【变纤钠铁矾】

英文名 Metasideronatrite

化学式 $Na_2Fe^{3+}(SO_4)_2(OH)\cdot H_2O$　　(IMA)

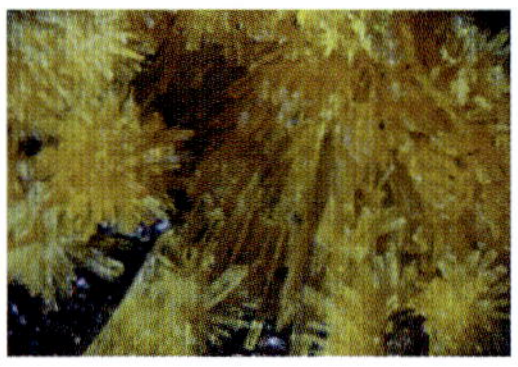

变纤钠铁矾板条状晶体,放射状集合体(希腊)

变纤钠铁矾是一种含结晶水和羟基的钠、铁的硫酸盐矿物。斜方晶系。晶体呈柱状、粗—细粒状。金黄色—稻草黄色,丝绢光泽,透明;硬度 1.5～2.5,完全解理。1938 年发现于智利安托法加斯塔大区塞拉戈尔达(Sierra Gorda)区;同年,班迪(Bandy)在《美国矿物学家》(23)报道。英文名称 Metasideronatrite,由根词"Sideronatrite(纤钠铁矾)"加前缀"Meta(在……之后;变化,变换)"组合命名,意指它是纤钠铁矾低程度水化或脱水的产物。1959 年以前发现、描述并命名的"祖父级"矿物,IMA 承认有效。中文名称意译变纤钠铁矾(根词参见【纤钠铁矾】条 1013 页)。

【变铀铵磷石】

英文名 Metauramphite

化学式 $(NH_4)_2(UO_2)_2(PO_4)_2\cdot 6H_2O$　　(IMA)

变铀铵磷石是一种含结晶水的铵的铀酰-磷酸盐矿物。发现于俄罗斯。1966 年 H. 施特龙茨(H. Strunz)引自 1957 年 Z. A. 涅克拉索娃(Z. A. Nekrasova)《矿物鉴定表》(第四版)及 1957 年《铀矿地质》刊载。1966 年 M. H. 赫伊(M. H. Hey)在《美国矿物学家》(36)和《新矿物名录》(24)报道。英文名称 Metauramphite,由根词"Uramphite(铀铵磷石)"加前缀"Meta(在……之后;变化,变换)"组合命名,意指它是铀铵磷石低程度的水化或脱水后而形成的含水量较少的产物。1959 年以前发现、描述并命名的"祖父级"矿物,IMA 承认有效,但 IMA 持怀疑态度。中文名称意译为变铀铵磷石(根词参见【铀铵磷石】条 1087 页)。

【变铀矾】

英文名 Metauranopilite

化学式 $(UO_2)_6(SO_4)(OH)_{10}\cdot 5H_2O$　　(IMA)

变铀矾是一种含结晶水、羟基的铀酰的硫酸盐矿物。斜方晶系。晶体呈纤维状、针状、板条状。黄色、灰色、棕色、浅灰色、绿色或浅褐色,半透明。1935 年发现于捷克共和国卡罗维发利州厄尔士山脉亚希莫夫(Jáchymov)矿;同年,诺瓦切克(Nová č ek)在《塞斯卡斯波尔查诺斯特诺克,第三数学和自然科学杂志》(*Ceská Spolecnost Nauk,Trída Mathematiko-Prírodovedecká Vestnik*)(2)报道。1952 年 C. 弗龙德尔(C. Frondel)在《美国矿物学家》(37)报道。英文名称 Metauranopilite,由前缀"Meta(在……之后;变化,变换)"和根词"Uranopilite(铀矾)"组合命名,意指它是铀矾的脱水或低程度水化的产物。1959 年以前发现、描述并命名的"祖父级"矿物,IMA 承认有效。IMA 2007s. p. 批准[见 2008 年《矿物学记录》(V330)]。中文名称意译为变铀矾(根词参见【铀矾】条 1088 页)。

【变铀钍石】

英文名 Enalite

化学式 $(Th,REE,Al)[(PO_4),(SiO_4),(OH)]$

变铀钍石是一种含羟基的钍、稀土、铝的硅酸-磷酸盐矿物。四方晶系。晶体呈四方体或呈双锥状。橘黄色,树脂光泽,半透明。1932 年发现于日本本州岛中部岐阜县中津川市惠那(Ena)郡福冈(Fukuoka)町。1932 年 K. 木村(K. Kimura)等在《日本化学会志》(53)报道。英文名称 Enalite,以发现地日本的惠那(Ena)郡命名。日文汉字名称惠那石。1959 年以前发现、描述并命名的"祖父级"矿物,IMA 承认有效,但 IMA 持怀疑态度。原始矿物第一次描述于 1959 年以前,原始描述称为富铀、钍的变铀钍石,但这是不可能的,考虑到磷酸较硅酸多,它可以被认为是一个富硅磷钇矿或是磷钇矿-钍石族一个独立成员,或者是两种矿物的混晶。中文名称曾根据成分译为变铀钍石,或水硅钍铀矿。

【变针钒钙石】

英文名 Metahewettite

化学式 $CaV_6^{5+}O_{16}\cdot 3H_2O$　　(IMA)

变针钒钙石刃状、毛发状晶体,放射状、束状集合体(美国)

变针钒钙石是一种含结晶水的钙的钒酸盐矿物。属针钒钙石族。单斜晶系。晶体呈针状、刃状、板条状、毛发状、纤维状;集合体呈放射状、束状、粉末状、结核状、皮壳状。深红色、黑褐色,弱丝绢光泽,半透明。1914 年发现于美国犹他州格兰德县汤普森(Thompsons)区[S. E. 汤姆森(S. E. Thomsons)];同年,默温·希勒布兰德(Merwin Hillebrand)等在《美国哲学学会学报》(53)和莱比锡《结晶学、矿物学和岩石学杂志》(54)报道。英文名称 Metahewettite,由根词"Hewettite(针钒钙石)"加前缀"Meta(在……之后;变化,变换)"组合命名,意指它是针钒钙石低程度的水化或脱水后而形成的含水量较少的产物。1959 年以前发现、描述并命名的"祖父级"矿物,IMA 承认有效。中文名称意译为变针钒钙石(根词参见【针钒钙石】条 1106 页)。

【变柱铀矿】

英文名 Metaschoepite

化学式 $(UO_2)_8O_2(OH)_{12} \cdot 10H_2O$ (IMA)

变柱铀矿放射状、球团状集合体(德国、意大利)

变柱铀矿是一种柱铀矿的变种。属柱铀矿族。斜方晶系。晶体呈叶片状、柱状;集合体呈放射状、球团状、粉末状。亮黄色、浅绿黄色。1960 年发现于刚果(金)上加丹加省坎博韦区欣科洛布韦(Shinkolobwe)矿山。英文名称 Metaschoepite,1960 年由查尔斯・L. 克理斯特(Charles L. Christ)和琼・R. 克拉克(Joan R. Clark)在《美国矿物学家》(45)报道,由根词"Schoepite(柱铀矿)"加前缀"Meta(在……之后;变化,变换)"组合命名,意指柱铀矿的低程度的水化或脱水即变成变柱铀矿。1959 年以前发现、描述并命名的"祖父级"矿物,IMA 承认有效。中文名称意译为变柱铀矿(根词参见【柱铀矿】条 1121 页)。

别 [bié]会意;从冎(guǎ),从刀。"冎",《说文》:"剔人肉置其骨也。""别"的小篆形体,是一个表示用刀剔骨头的会意字。本义:分解、分离。[英]音,用于外国人名、国名。

【别劳如斯石】

英文名 Byelorussite-(Ce)

化学式 $NaBa_2Ce_2Mn^{2+}Ti_2Si_8O_{26}(F,OH) \cdot H_2O$ (IMA)

别劳如斯石是一种含结晶水、羟基、氟的钠、钡、铈、锰、钛的硅酸盐矿物。属硅钠钡钛石族。单斜晶系。晶体呈板状、薄片状;25mm×20mm×4mm。黄色、黄棕色、浅棕色、浅黄色,玻璃光泽,透明—半透明;硬度 5.5~6,完全解理,脆性。1989 年发现于白俄罗斯(Byeloruss)戈梅利州日特科维奇(Zhitkovitchskii)的迪巴佐夫耶(Diabazovoye)稀土-铍矿床;同年,在《全苏矿物学会记事》[118(5)]报道。英文名称 Byelorussite-(Ce),由根词"Byelorussite(白俄罗斯)"加占优势的稀土元素铈后缀-(Ce)组合命名。根词以发现地所在国白俄罗斯(Byeloruss)命名。IMA 1988-042 批准。1989 年 E. P. 舒帕诺夫(E. P. Shpanov)等在《全苏矿物学会记事》[118(5)]和 1991 年杨博尔等在《美国矿物学家》(76)报道。1991 年中国新矿物与矿物命名委员会郭宗山在《岩石矿物学杂志》[10(4)]音译为别劳如斯石(编译者建议译为白俄罗斯铈石*)。

【别洛依石】

英文名 Belloite

化学式 Cu(OH)Cl (IMA)

别洛依石片状晶体(智利)和别洛像

别洛依石是一种含氯的铜的氢氧化物矿物。单斜晶系。晶体呈细小片状;集合体呈皮壳状、团块状。黄绿色—橄榄绿色,玻璃光泽,透明—半透明;硬度 1~2。1998 年发现于智利安托法加斯塔省温迪达(Vendida)矿。英文名称 Belloite,以智利大学的创始人安德烈斯・赫苏斯・马利亚・约瑟・别洛・洛佩斯(Andrés de Jesús María y José Bello López,1781—1865)的姓氏命名。IMA 1998-054 批准。2000 年 J. 施吕特尔(J. Schlüter)等在《矿物学新年鉴》(月刊)报道。2003 年在中国地质科学院矿产资源研究所李锦平等在《岩石矿物学杂志》[22(1)]音译为别洛依石。

宾 [bīn]繁体賓的简化字。形声,从贝,丏(miǎn)声。甲骨文字形,会意。上面像屋形,下面是"人"和"止"。表示客人来到屋下,即宾客到门。金文将"止"改为"贝"。本义:地位尊贵、受人尊敬的客人,贵客。客人来时要带礼物,故从贝。賓,所敬也。——《说文》。[英]音,用于外国地名。

【宾博里石*】

英文名 Bimbowrieite

化学式 $NaMgFe^{3+}_5(PO_4)_4(OH)_6 \cdot 2H_2O$ (IMA)

宾博里石*是一种含结晶水和羟基的钠、镁、铁的磷酸盐矿物。属绿磷铁矿族。单斜晶系。2019 年发现于澳大利亚南澳大利亚奥拉里省宾博里(Bimbowrie)保护公园老奥马尔科塔(Old Boolcomata)站白岩 2 号伟晶岩。英文名称 Bimbowrieite,以发现地澳大利亚宾博里(Bimbowrie)保护公园命名。IMA 2020-006 批准。2020 年 P. 埃利奥特(P. Elliott)等在《CNMNC 通讯》(55)、《矿物学杂志》(84)和《欧洲矿物学杂志》(32)报道。目前尚未见官方中文译名,编译者建议音译为宾博里石*。

冰 [bīng]会意;从仌,从水。金文作"仌"。金文字形表示水凝成冰后,体积增大,表面上涨(上拱)形。《说文》:"冻也,象水凝之形"。小篆繁化,增加"水"变成冰。①本义:冰。②用于比喻像冰一样的无色透明的矿物晶体。

【冰】

英文名 Ice

化学式 H_2O (IMA)

美轮美奂的冰晶体

自然界中的水,具有气态、固态和液态 3 种状态。常温常压的液态称之为水,气态的水叫水汽,固态的水称为冰Ⅰ-h。h 代表六角形。标准大气压下,冰的熔点是 0℃。随着压力增加冰可由Ⅰ-h 型转换为冰Ⅱ,冰Ⅶ[IMA 2017-029,等轴晶系。发现于博茨瓦纳中心区奥拉帕(Orapa)矿。2017 年 O. 乔纳(O. Tschauner)等在《CNMNC 通讯》(38)和《矿物学杂志》(81)及《欧洲矿物学杂志》(29)报道],冰Ⅺ。中国是世界上认识冰最早的国家之一。汉字"冰"金文作"仌",会意,从仌,从水。金文字形表示水凝成冰后,体积增大,表面上涨(上拱)形。许慎《说文》:"冰,水坚也。冻也,像水凝之形"。小篆繁化,增加"水"变成"冰"。中国古医药书籍《本草拾遗》(公元 741 年,唐开元 29 年)记载:冰。《本草纲目》异名：凌。包括河冰、湖冰、海冰、冰川冰等，以及雪、霜、霰、雹等皆属冰。六方晶系。晶体呈六方片状、板状；集合体呈块状。玻璃光泽，纯净者无色透明或白色半透明；硬度1.5，无解理，脆性。1949年召开的一个专门性的国际会议，通过了关于大气固态降水简明分类的提案：雪片、星形雪花、柱状雪晶、针状雪晶、多枝状雪晶、轴状雪晶、不规则雪晶、霰、冰粒和雹。对雪花的六边形进行文字描述的历史最早可追溯到古代中国，早在西汉时期(约公元前135年)，《韩诗外传》指出："凡草木花多五出，雪花独六出。"古希腊人曾一度对透明现象和对称感到特别惊奇，他们首先关注到"白霜"和"雪花"的对称性和透明度，表示"霜"的希腊文为"Kryos"，故希腊人将冰雪的对称图案称为"Krystallos"；后来他们在岩石中也发现了具对称的东西，以为是某种形式的冰，也将其称"Krystallos"。由希腊文"Krystallos"派生出英文"Crystal"，即晶体或结晶体。欧洲最早用科学方法尝试对雪花结构进行解析的人是大科学家约翰尼斯·开普勒。1611年，开普勒发表了《论雪花的六角形》论文，揭开了科学探究雪花形态的序幕。直到大约300年后X射线技术的成熟，开普勒的疑惑才真正得以解答。1665年，罗伯特·胡克出版了他在显微镜下观察雪花的专著。1931年，美国农场主威尔逊·本特利与人合作出版了《雪花晶体》，从而在雪花探究领域崭露头角。1954年，日本学者中谷宇吉郎首次将雪花研究纳入系统科学研究领域。

【冰长石】

英文名 Adularia

化学式 $KAlSi_3O_8$

冰长石厚板状、柱状晶体(瑞士)

冰长石是一种钾的铝硅酸盐矿物，为钾长石的低温变种。属长石族钾长石亚族。单斜晶系，少数为三斜晶系。晶体呈厚板、柱状、粒状；集合体呈块状。无色、白色，含杂质者呈浅黄色、橙色—淡褐色、蓝灰色、绿色、灰黑色，玻璃光泽，透明—半透明；硬度6～6.5，完全解理，脆性。最初的描述来自瑞士阿尔卑斯山提契诺州阿杜拉(Adula)地块。英文名称Adularia，1780年由埃尔梅内吉尔多·皮尼(Ermenegildo Pini)根据发现地瑞士阿杜拉(Adula，圣哥达地块的一部分)地块命名。中文名称根据其像冰一样的外貌特征和族名译为冰长石(参见【正长石】条1112页)。

【冰地蜡】

英文名 Dinite

化学式 $C_{20}H_{36}$ (IMA)

冰地蜡是一种碳氢饱和烃有机化合物矿物。斜方晶系。集合体呈隐晶质块状。无色、淡黄白色，蜡状光泽，透明；硬度1，非常脆。1852年发现于意大利卢卡省加法尼亚(Garfagnana)工业区褐煤矿区。英文名称Dinite，1852年G.佩特里(G. Petri)在意大利托斯卡纳《意大利医学通报》(Ⅱ系列，4)报道。英文名称Dinite，G.梅内基尼(G. Meneghini)教授为纪念意大利比萨大学物理学教授奥林托·迪尼(Olinto Dini，1802—1866)而以他的姓氏命名，是他发现的该矿物。1959年以前发现、描述并命名"祖父级"矿物，IMA承认有效。1991年L.弗兰齐尼(L. Franzini)等在《欧洲矿物学杂志》(3)报道：在意大利托斯卡纳重新发现并重新定义。中文名称根据它有一个"冰冷"的外观，透明和非常脆的特征和成分译为冰地蜡。

【冰晶石】

英文名 Cryolite

化学式 Na_2NaAlF_6 (IMA)

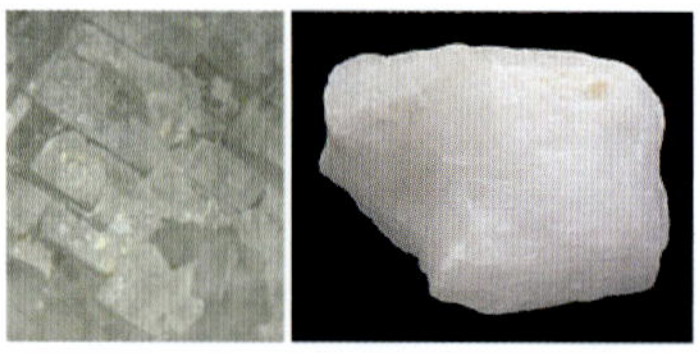

冰晶石柱状晶体，块状集合体(格陵兰)

冰晶石是一种钠、铝的氟化物矿物。单斜晶系。晶体呈柱状，有时呈片状或粒状，柱面短，类似立方体晶形，常见双晶，聚片双晶重复形成假斜方对称；集合体常呈致密块状。无色、白色，有时呈浅灰色、浅棕色、浅红色或砖红色、黑色，玻璃光泽、油脂光泽，聚片双晶面上呈珍珠光泽，透明—半透明；硬度2.5～3，脆性。1799年首次描述于格陵兰岛西南部阿尔苏克峡湾伊维赫图特(Ivigtut)附近冰晶石矿床。1799年丹麦的阿比尔高(Abildgaard)在《化学杂志全集》(2)(柏林，1798—1803)报道。英文名称Cryolite，源于希腊文"κρύos=Frost=Cryo(寒冷、冻霜、冰冻)"和"λίθos=Stone=Lithos(石头)"组合命名，意指其外观像冰一样的石头。古希腊人曾一度对透明现象和对称感到特别惊奇，他们首先关注到"白霜"和"雪花"的对称性和透明度，表示"霜"的希腊文为"Kryos"，故希腊人将冰雪的对称图案称为"Krystallos"；后来他们在岩石中也发现了具对称的东西，以为是某种形式的冰，也将其称"Krystallos"。由"Krystallos"派生出英文"Crystal"，即晶体或结晶体(《科技名词探源》)。1959年以前发现、描述并命名的"祖父级"矿物，IMA承认有效。中文名称因与冰相似而得名。

【冰卷发石*】

英文名 Cryobostryxite

化学式 $KZnCl_3 \cdot 2H_2O$ (IMA)

冰卷发石* 卷发状晶体，皮壳状集合体(俄罗斯)

冰卷发石*是一种含结晶水的钾、锌的氯化物矿物。单斜晶系。晶体呈针状、粒状；集合体呈石膏花状，很少呈皮壳状。无色，玻璃光泽，透明；硬度2，脆性，易碎。2014年发现于俄罗斯堪察加州托尔巴契克(Tolbachik)火山主裂隙北破火山口第一火山渣锥北喷气孔渣场。英文名称Cryobostryxite，由两个希腊文"κρύos=Cryo(冷冰)"和"βόστρυξ=Bostryx(卷曲)"组合命名，意指其典型的外观：石膏花

(Anthodites)与冰卷发石非常相似。IMA 2014－058 批准。2014 年 I. V. 佩科夫(I. V. Pekov)等在《CNMNC 通讯》(22)、《矿物学杂志》(78)和 2015 年《欧洲矿物学杂志》(27)报道。目前尚未见官方中文译名，编译者建议意译为冰卷发石*，或根据成分译为水氯锌钾石*。

【冰石盐】

英文名 Hydrohalite

化学式 $NaCl \cdot 2H_2O$ (IMA)

冰石盐是一种含结晶水的钠的氯化物矿物。单斜晶系。晶体呈厚板状、长柱状、粒状；集合体呈晶簇状。无色、白色，玻璃光泽，透明；硬度 1.5～2，不完全解理。1847 年首先发现并描述于奥地利萨尔茨堡州哈莱恩地区顿恩伯格(Dürrnberg)山岩盐矿床。1847 年由豪斯曼(Hausmann)在哥廷根《矿物学手册》刊载。英文名称 Hydroite，由“Hydro(水)”和“Hal(盐)”组合命名，意指它是含水的岩盐，通常是在低温下(−5℃)形成固体水饱和岩盐矿物。流体包裹体中经常发现，在−0.1℃下其蒸汽压力下熔化，转换为岩盐。1959 年以前发现、描述并命名的“祖父级”矿物，IMA 承认有效。中文名称根据成分和水的形态译为冰石盐或冰盐，也有的译作水石盐。

【冰洲石】参见【方解石】条 154 页

波

[bō]形声；从氵，皮声。[英]音，用于外国人名、地名。

【波波夫石*】

英文名 Popovite

化学式 $Cu_5O_2(AsO_4)_2$ (IMA)

波波夫石*皮壳状集合体(俄罗斯)

波波夫石*是一种铜氧的砷酸盐矿物。三斜晶系。晶体呈柱状或片状，粒径 0.2～1mm；集合体呈皮壳状。橄榄绿色—深橄榄绿色，细粒者呈浅黄绿色，玻璃光泽、油脂光泽，透明；硬度 3.5，脆性。2013 年发现于俄罗斯堪察加州托尔巴契克(Tolbachik)火山主裂隙北破火山口第二火山渣锥喷气孔。英文名称 Popovite，以俄罗斯矿物学家弗拉基米尔·阿纳托利耶维奇·波波夫(Vladimir Anatol'evich Popov，1941—)和俄罗斯车里雅宾斯克州米阿斯俄罗斯科学院乌拉尔分院矿物学研究所的瓦伦蒂娜·伊万诺娃·波波娃(Valentina Ivanovna Popova，1941—)他们的姓氏命名。IMA 2013－060 批准。2013 年 I. V. 佩科夫(I. V. Pekov)等在《CNMNC 通讯》(17)、《矿物学杂志》(77)和 2015 年《矿物学杂志》(79)报道。目前尚未见官方中文译名，编译者建议音译为波波夫石*。

【波德法特石】

英文名 Poldervaartite

化学式 $Ca(Ca,Mn)(SiO_3OH)(OH)$ (IMA)

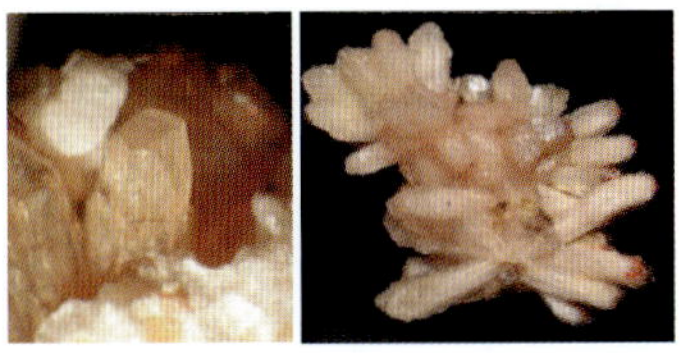

波德法特石柱状晶体，轮状、晶簇状集合体(南非)

波德法特石是一种含羟基的钙、锰的硅酸盐矿物。斜方晶系。晶体呈柱状；集合体呈束状、捆状、麦穗状、轮状、晶簇状。无色、乳白色、粉红色，玻璃—半玻璃光泽，透明—半透明；硬度 5，非常脆。1992 年发现于南非北开普省卡拉哈里锰矿床霍塔泽尔区韦塞尔斯(Wessels)矿。英文名称 Poldervaartite，以美国哥伦比亚大学的岩石学家阿里·波德法特(Arie Poldervaart，1918—1964)的姓氏命名。IMA 1992－012 批准。1993 年 Y. 达伊(Y. Day)等在《美国矿物学家》(78)报道。1998 年中国新矿物与矿物命名委员会黄蕴慧等在《岩石矿物学杂志》[17(2)]音译为波德法特石。

【波尔克石】

英文名 Paulkellerite

化学式 $Bi_2^{3+}Fe^{3+}O_2(PO_4)(OH)_2$ (IMA)

波尔克石是一种含羟基的铋、铁氧的磷酸盐矿物。单斜晶系。晶体呈自形楔状，晶面略有弯曲，粒径 0.2～0.8mm。黄绿色，玻璃光泽、金刚光泽，透明；硬度 4。1987 年发现于德国下萨克森州厄尔士山脉施内贝格区诺伊施塔特市荣格卡尔伯(Junge Kalbe)矿。英文名称 Paulkellerite，以德国斯图加特大学的矿物学教授保罗·凯勒(Paul Keller，1940—)博士的姓名命名。IMA 1987－031 批准。1988 年 P. J. 邓恩(P. J. Dunn)等在《美国矿物学家》(73)报道。1989 年中国新矿物与矿物命名委员会郭宗山在《岩石矿物学杂志》[8(3)]音译为波尔克石，也有的根据成分译作水磷铋铁矿。

【波钒铅铋矿】

英文名 Pottsite

化学式 $(Pb_3Bi)Bi(VO_4)_4 \cdot H_2O$ (IMA)

波钒铅铋矿双锥状或粗短柱状晶体(美国)

波钒铅铋矿是一种含结晶水的铅、铋的钒酸盐矿物。它是已知的唯一的天然铅-铋的钒酸盐矿物。四方晶系。晶体呈双锥状或粗短柱状。金黄色，金刚光泽透明—半透明；硬度 3.5，脆性。1988 年发现于美国内华达州兰德县斯宾塞温泉区珀特斯(Potts)林卡(Linka)矿。英文名称 Pottsite，以发现地美国的珀特斯(Potts)命名。IMA 1986－045 批准。1988 年 S. A. 威廉姆斯(S. A. Williams)在《矿物学杂志》(52)报道。1989 年中国新矿物与矿物命名委员会郭宗山在《岩石矿物学杂志》[8(3)]根据英文名称首音节音和成分译为波钒铅铋矿，也有的译为水钒铋铅矿。

【波格丹诺夫矿】参见【碲铁铜金矿】条 126 页

【波硫铁铜矿】

英文名 Putoranite

化学式 $Cu_{1.1}Fe_{1.2}S_2$ (IMA)

波硫铁铜矿晶体(俄罗斯)

波硫铁铜矿是一种铜、铁的硫化物矿物。属硫铜铁矿族。等轴晶系。与褐硫铁铜矿共生，单晶体罕见，具聚片双晶。黄色，金属光泽，不透明；硬度 4.5。1979 年发现于俄罗斯泰梅尔半岛普托拉纳(Putoran)山脉诺里尔斯克铜镍矿床十月镇欧卡亚布斯科(Oktyabrsky)铜镍矿。英文名称 Putoranite，以发现地俄罗斯的普托拉纳(Putoran)山脉命名。IMA 1979－054 批准。1980 年在《全苏矿物学会记事》(109)和 1981 年《美国矿物学家》(66)

报道。中文名称根据英文名称首音节音和成分译为波硫铁铜矿。

【波洛克石】

英文名 Borocookeite

化学式 $LiAl_4(Si_3B)O_{10}(OH)_8$ (IMA)

波洛克石鳞片状晶体，块状集合体（巴西）

波洛克石是一种含羟基的锂、铝的硼硅酸盐矿物。属绿泥石族。单斜晶系。晶体呈细小片状；集合体呈致密块状。略带粉红色或黄色的浅灰色，油脂光泽，半透明—不透明；硬度3，完全解理。2000年发现于俄罗斯赤塔州奇科伊河流域马尔坎(Malchan)电气石宝石矿床索谢德卡(Sosedka)伟晶岩脉。英文名称 Borocookeite，由成分冠词“Boron＝Boro(硼)”和根词“Cookeite(锂绿泥石)”组合命名，意指它是铝被硼替代的锂绿泥石的类似矿物。IMA 2000－013批准。2003年V. Y. 扎戈尔斯基(V. Y. Zagorsky)等在《美国矿物学家》(88)报道。中文名称音译为波洛克石。编译者建议根据成分及与锂绿泥石的关系译为硼锂绿泥石*。

【波洛内矿*】

英文名 Polloneite

化学式 $AgPb_{46}As_{26}Sb_{23}S_{120}$ (IMA)

波洛内矿*柱状晶体（意大利）

波洛内矿*是一种银、铅、砷、锑的硫化物矿物。属脆硫砷铅矿族。单斜晶系。晶体呈他形粒状、柱状，粒径0.5mm。灰黑色，金属光泽，不透明；硬度3～3.5。2014年发现于意大利卢卡省滨海阿尔卑斯山脉瓦尔迪卡斯特罗(Valdicastello)卡尔杜利的波洛内(Pollone)矿。英文名称 Polloneite，以发现地意大利的波洛内(Pollone)矿命名。IMA 2014－093批准。2015年D. 托帕(D. Topa)等在《CNMNC通讯》(24)、《矿物学杂志》(79)和2017年《矿物学杂志》(81)报道。目前尚未见官方中文译名，编译者建议音译为波洛内矿*。

【波斯石*】

英文名 Bosiite

化学式 $NaFe^{3+}_3(Al_4Mg_2)(Si_6O_{18})(BO_3)_3(OH)_3O$ (IMA)

波斯像

波斯石*是一种含氧和羟基的钠、铁、铝、镁的硼酸-硅酸盐矿物。属电气石族。三方晶系。晶体呈柱状；集合体呈放射状、晶簇状。深棕色—黑色，玻璃光泽，透明；硬度7，脆性。2014年发现于俄罗斯赤塔州达拉孙(Darasun)金矿床。英文名称 Bosiite，2015年A. 艾尔特(A. Ertl)等以意大利罗马大学研究员费迪南多·波斯(Ferdinando Bosi，1967—)博士的姓氏命名。他是一位晶体学及电气石和尖晶石矿物学专家。IMA 2014－094批准。2015年A. 艾尔特(A. Ertl)等在《CNMNC通讯》(24)和《矿物学杂志》(79)报道。目前尚未见官方中文译名，编译者建议音译为波斯石*。

【波斯特石*】

英文名 Postite

化学式 $Mg(H_2O)_6Al_2(OH)_2(H_2O)_8(V_{10}O_{28})\cdot 13H_2O$ (IMA)

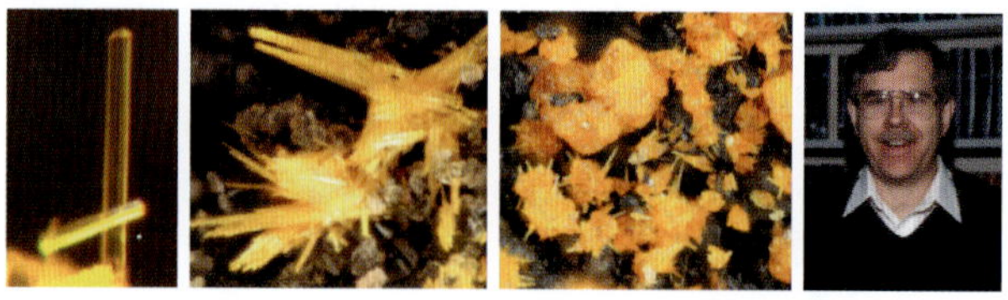

波斯特石*针柱状晶体，束状、块状集合体（美国）和波斯特像

波斯特石*是一种含结晶水的水合镁、羟基-水合铝的钒酸盐矿物。斜方晶系。晶体呈锥柱状、柱状、针状，长1mm，宽50μm；集合体呈晶簇状、放射状、球粒状、束状、发散状、块状。金黄色，半金刚光泽，透明；硬度2，完全解理，脆性。2011年发现于美国犹他州圣胡安县奎恩(Queen)钒矿和莱昂坎宁蓝帽(Blue Cap)矿。英文名称 Postite，以史密森学会美国国家自然历史博物馆的矿物和宝石收藏矿物学家和馆长杰弗里·E. 波斯特(Jeffrey E. Post，1954—)博士的姓氏命名。IMA 2011－060批准。2012年A. R. 坎普夫(A. R. Kampf)等在《加拿大矿物学家》[50(1)]报道。目前尚未见官方中文译名，编译者建议音译为波斯特石*。

【波翁德拉石】

英文名 Povondraite

化学式 $NaFe^{3+}_3(Fe^{3+}_4Mg_2)(Si_6O_{18})(BO_3)_3(OH)_3O$ (IMA)

波翁德拉石短柱状、粒状晶体（玻利维亚）

波翁德拉石是一种含羟基和氧的钠、铁、镁的硼酸-硅酸盐矿物。属电气石族。三方晶系。晶体呈短柱状、粒状。深棕色—棕黑色、黑色，树脂光泽，半透明；硬度7。1978年发现于玻利维亚恰巴雷省克里斯塔玛尤(Cristalmayu)的克里斯塔玛尤山谷。英文名称 Povondraite，以捷克共和国布拉格查尔斯特大学的矿物学家帕维尔·波翁德拉(Pavel Povondra，1924—2013)的姓氏命名，以表彰他对电气石族的化学成分做出的贡献。该矿物最初命名为 Ferridravite(高铁镁电气石)并由IMA 1978－075批准。1979年K. 瓦林塔(K. Walenta)等在《美国矿物学家》(64)报道。1990年(IMA 90－E)重新更名为 Povondraite。IMA 1990s. p. 批准。[见1993年J. D. 格赖斯(J. D. Grice)在《美国矿物学家》(78)报道]。1998年中国新矿物与矿物命名委员会黄蕴慧等在《岩石矿物学杂志》[17(2)]音译为波翁德拉石。

【波依特温矾】参见【泼水铁铜矾】条689页

铍 [bō]形声；从钅，波声。一种放射性人造金属元素。[英]Bohrium。元素符号Bh。原子序数107。1976年苏联杜布纳研究所的Yu. Ts. 欧甘尼辛(Yu. Ts. Oganessian)等发现。研究小组以丹麦物理学家尼尔斯·玻尔(Niels Bohr)的名字命名为“Nielsbohrium(Ns)”，而IUPAC认为可以Niels Bohr命名该元素，但建议用Bohrium。它是一个在实验室中人工合成元素，而不产生于自然界中。

伯 [bó]形声；从人，白声。[英]音，用于外国人名。

【伯班克石】参见【黄碳锶钠石】条343页

【伯恩矿】

英文名 Burnsite

化学式 $KCdCu_7O_2(SeO_3)_2Cl_9$ (IMA)

伯恩像

伯恩矿是一种含氯的钾、镉、铜氧的硒酸盐矿物。六方晶系。晶体呈显微他形粒状；集合体呈球状。深红色，玻璃光泽、半金属光泽，半透明—不透明；硬度 1～1.5，中等解理。2000 年发现于俄罗斯堪察加半岛托尔巴契克(Tolbachik)火山主断裂北破火山口火山锥喷发口。英文名称 Burnsite，以加拿大的晶体学家和美国印第安纳圣母大学矿物学教授彼得·C. 伯恩(Peter C. Burns，1966—)的姓氏命名。他在结构矿物学方面的重要贡献得到了认可。IMA 2000－050 批准。2002 年彼得·C. 伯恩等在《加拿大矿物学家》(40)报道。2006 年中国地质科学院矿产资源研究所李锦平在《岩石矿物学杂志》[25(6)]音译为伯恩矿。

【伯格德矿*】

英文名 Byrudite

化学式 $(Be,\square)(V^{3+},Ti)_3O_6$ (IMA)

伯格德矿*是一种铍、空位、钒、钛的氧化物矿物，元素组合独特，是目前已知唯一的铍-钒矿物，具块硅镁石型结构。斜方晶系。晶体呈柱状、针状、板条状，粒径 1mm×0.1mm。黑色，金属光泽，不透明；硬度 7，脆性。2013 年发现于挪威阿克什胡斯郡伯格德埃默拉尔德(Byrud Emerald)祖母绿矿床。英文名称 Byrudite，由 G. 拉德(G. Raade)等以发现地挪威的伯格德(Byrud)农场命名。IMA 2013－045 批准。2013 年 G. 拉德等在《CNMNC 通讯》(17)、《矿物学杂志》(77)和 2015 年《矿物学杂志》(79)报道。目前尚未见官方中文译名，编译者建议音译为伯格德矿*。

【伯格斯石】参见【博干沸石】条 76 页

【伯吉斯石】

英文名 Burgessite

化学式 $Co_2(H_2O)_4[AsO_3(OH)]_2(H_2O)$ (IMA)

伯吉斯石球粒状集合体(加拿大)和伯吉斯像

伯吉斯石是一种含结晶水的水化钴的氢砷酸盐矿物，这是一种极为罕见的矿物，外观极像钴华(Erythrite)。单斜晶系。集合体呈球粒状。粉紫色与浅棕色色调，玻璃光泽，透明；硬度 3.5，完全解理。2007 年发现于加拿大安大略省蒂米斯卡明区基利边疆(Keeley-Frontier)矿。英文名称 Burgessite，以美国康涅狄格州纽因顿的大卫·伯吉斯(David Burgess，1951—2016)先生的姓氏命名。他是一位多产的矿物收藏家和有抱负的博物馆所有者及馆长。IMA 2007－055 批准。2009 年 J·塞科拉(J. Sejkora)等在《加拿大矿物学家》(47)报道。2011 年杨主明等在《岩石矿物学杂志》[30(4)]建议音译为伯吉斯石。

【伯内特石*】参见【钒辉石】条 148 页

【伯纳尔石】

英文名 Bernalite

化学式 $Fe(OH)_3$ (IMA)

伯纳尔石晶体和伯纳尔像

伯纳尔石是一种极不寻常的铁的氢氧化物矿物。属羟锗石(Söhngeite)族。斜方晶系。晶体呈扁平锥体、假八面体、假立方体，稍有凹面，具聚片双晶；集合体呈骨骼状。深绿色—黄绿色，薄片呈黄深绿色，金刚光泽、玻璃光泽、树脂光泽，透明—不透明；硬度 4；脆性。1992 年发现于澳大利亚新南威尔士州布罗肯(Broken)山。英文名称 Bernalite，以英国著名晶体学和科学史学家约翰·德斯蒙德·伯纳尔(John Desmond Bernal，1901—1971)的姓氏命名。IMA 1991－032 批准。1992 年 W. D. 伯奇(W. D. Birch)等在《自然科学期刊》(79)和 1993 年《美国矿物学家》(78)报道。1998 年中国新矿物与矿物命名委员会黄蕴慧等在《岩石矿物学杂志》[17(2)]音译为伯纳尔石或伯纳尔矿。

【伯西铈石*】

英文名 Bussyite-(Ce)

化学式 $(Ce,REE)_3(Na,H_2O)_6MnSi_9Be_5(O,OH)_{30}F_4$ (IMA)

伯西铈石*叶片状、柱状晶体，晶簇状集合体(加拿大)

伯西铈石*是一种含氟、氧和羟基的铈、稀土、钠、水、锰的铍硅酸盐矿物。单斜晶系。晶体呈叶片状、柱状，长度可达 10mm；集合体呈晶簇状。粉红橙色，玻璃光泽，透明—半透明。2007 年发现于加拿大魁北克省圣希莱尔(Saint-Hilaire)山混合肥料采石场。英文名称 Bussyite-(Ce)，由法国化学家安托万·亚历山大·布鲁图斯·伯西(Antoine Alexandre Brutus Bussy，1794—1882)的姓氏，加占优势的稀土元素铈后缀-(Ce)组合命名。他在化学上的贡献是于 1828 年与人合作分离出铍元素。IMA 2007－039 批准。2009 年 J. D. 格赖斯(J. D. Grice)等在《加拿大矿物学家》(47)报道。目前尚未见官方中文译名，编译者建议音加成分译为伯西铈石*。

【伯西钇石*】

英文名 Bussyite-(Y)

化学式 $(Y,REE,Ca)_3(Na,Ca)_6MnSi_9Be_5(O,F,OH)_{34}$ (IMA)

伯西钇石*是一种含氧、羟基和氟的钇、稀土、钙、钠、锰的铍硅酸盐矿物。单斜晶系。晶体呈柱状、叶片状，粒径达 3mm；集合体呈块状、平行状、放射状。深棕色，玻璃光泽，透明—半透明；硬度 4，完全解理，脆性。2014 年发现于加拿大

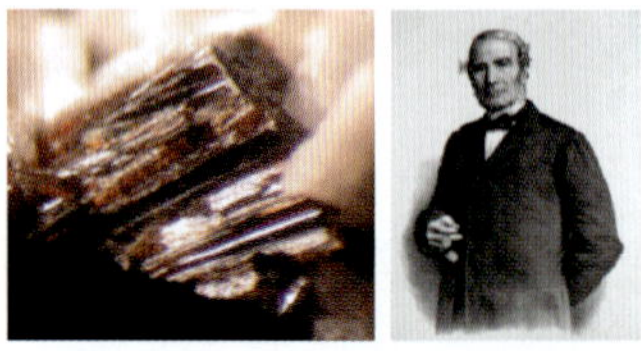

伯西钇石* 柱状晶体，平行状集合体(加拿大)和伯西像

魁北克省圣希莱尔(Saint-Hilaire)山混合肥料采石场。英文名称 Bussyite-(Y)，以法国化学家安托万·亚历山大·布鲁图斯·伯西(Antoine Alexandre Brutus Bussy，1794—1882)的姓氏，加占优势的稀土元素钇后缀-(Y)组合命名。IMA 2014-060 批准。2014 年 J. D. 格赖斯(J. D. Grice)等在《CNMNC 通讯》(22)、《矿物学杂志》(78)和 2015 年《加拿大矿物学家》(53)报道。目前尚未见官方中文译名，编译者建议音加成分译为伯西钇石*。

柏 [bó]形声；从木，白声。[英]音，用于外国人名。

【柏林石】参见【锂磷铝石】条 443 页

勃 [bó]形声；从力，孛(bèi)声。[英]音，用于外国人名。

【勃力斯多雷石】

英文名 Bleasdaleite

化学式 $Ca_2Cu_5(Bi,Cu)(PO_4)_4(H_2O,OH,Cl)_{13}$ (IMA)

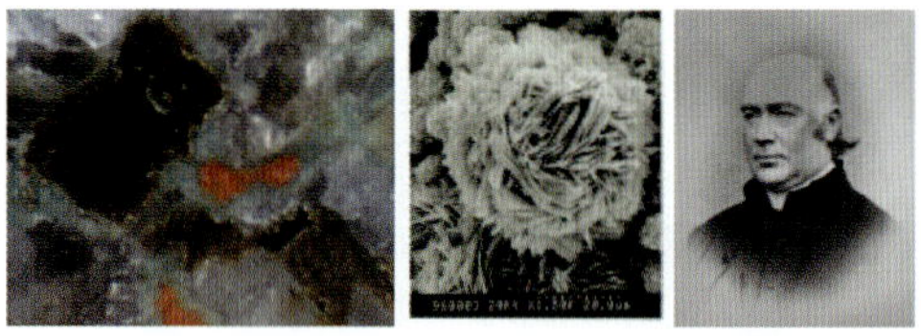

勃力斯多雷石板状晶体，玫瑰花状集合体(澳大利亚)和勃力斯多雷像

勃力斯多雷石是一种含氯、羟基、结晶水的钙、铜、铋的磷酸盐矿物。单斜晶系。晶体呈板状、鳞片状；集合体呈球状、玫瑰花状。深棕色，树脂光泽，透明—半透明；硬度 2，完全解理。1998 年发现于澳大利亚维多利亚州斯旺希尔地区博加(Boga)花岗岩采石场。英文名称 Bleasdaleite，以澳大利亚维多利亚矿物学家、热心的矿物收藏者、牧师约翰·I. 勃力斯多雷(John I. Bleasdale，1822—1884)的姓氏命名。1851 年他来到墨尔本，任天主教神父。此外，他是显微镜学会的创始人，也是包括皇家学会在内的其他组织的积极成员。在他的讣告说："作为一个葡萄酒和宝石的权威，他在南半球无可否认地没有对手。"IMA 1998-003a 批准。1999 年 W. D. 伯奇(W. D. Birch)等在《澳大利亚矿物学杂志》[5(2)]和 2000 年《美国矿物学家》(85)报道。2003 年中国地质科学院矿产资源研究所李锦平等在《岩石矿物学杂志》[22(1)]音译为勃力斯多雷石。

【勃林沸石】参见【鲍林沸石】条 48 页

【勃姆铝矿】参见【薄水铝矿】条 78 页

【勃姆石】参见【薄水铝矿】条 78 页

【勃砷铅石】参见【保砷铅石】条 47 页

铂 [bó]形声；从钅，从白。一种过渡金属元素，属于铂系元素，贵金属之一。[英]Platinum。元素符号 Pt。原子序数 78。在欧洲首先提到铂的可能是法国矿物学家斯卡里吉在 1557 年发表的著述中。他讲到所有金属都能熔化，但有一种墨西哥和达里南 Darian(今巴拿马)矿里的一种金属不能熔化，认为它是指铂。南美洲古代印第安人却早已经利用铂和金的合金制成装饰品。1735 年西班牙人乌罗阿(Ulloa)发现铂，并以西班牙语 Platina(亚银)得名。1741 年英国武德(Wood)也发现铂。1752 年瑞典化学家谢斐尔肯定它是一种独立的金属，称它为 Aurum album(白金)。18 世纪中叶，南美洲的铂矿传到欧洲一些学者手中，他们对铂进行了研究。不少学者认为铂不是一种纯金属，而是金、铁和汞的合金，还有人认为它是一种半金属。1789 年拉瓦锡发表他制定的元素表，铂被列入其中。铂在地壳中含量 0.001×10^{-6}。铂和它的同系金属—钌、铑、钯、锇、铱和金一样，几乎完全成单质状态存在于自然界中。

【铂赫碲铋矿】参见【赫碲铋矿】条 307 页

博 [bó]形声；从十，尃(fū)声。[英]音，用于外国人名、地名。

【博蒂诺石】

英文名 Bottinoite

化学式 $NiSb_2^{5+}(OH)_{12}\cdot6H_2O$ (IMA)

博蒂诺石玫瑰花状集合体(英国)

博蒂诺石是一种含结晶水的镍、锑的氢氧化物矿物。三方晶系。晶体呈板状、短柱状；集合体呈玫瑰花状、球粒状。绿色、淡蓝绿色—浅蓝色，玻璃光泽，透明；硬度 3.5，完全解理，脆性。1991 年发现于意大利卢卡省滨海阿尔卑斯山脉斯塔泽马镇附近的博蒂诺(Bottino)矿。英文名称 Bottinoite，1992 年由保拉·博纳齐(Paola Bonazzi)等在《美国矿物学家》(77)以发现地意大利的博蒂诺(Bottino)矿命名。IMA 1991-029 批准。1998 年中国新矿物与矿物命名委员会黄蕴慧等在《岩石矿物学杂志》[17(1)]音译为博蒂诺石。

【博干沸石】

英文名 Boggsite

化学式 $Na_3Ca_8(Si_{77}Al_{19})O_{192}\cdot70H_2O$ (IMA)

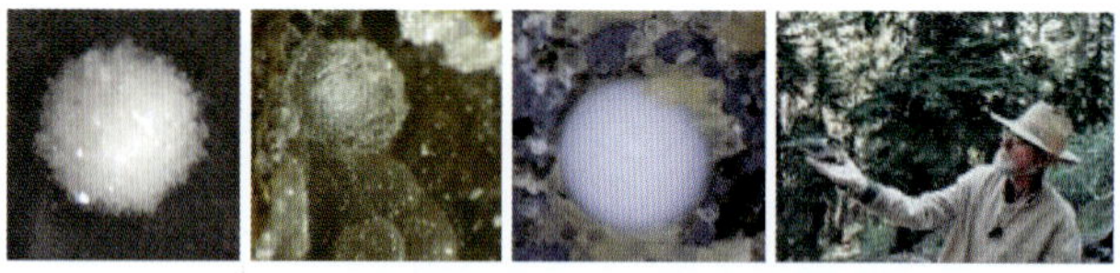

博干沸石球粒状集合体(美国)和博格斯像

博干沸石是一种含沸石水的钠、钙的铝硅酸盐矿物。属沸石族。斜方晶系。晶体呈细小叶片状；集合体呈球粒状、半球状。无色、白色，玻璃光泽，透明—半透明；硬度 3.5。1989 年发现于美国俄勒冈州哥伦比亚县戈布尔(Goble)。英文名称 Boggsite，由在戈布尔发现、描述并命名切尔尼希石(Tschernichite)沸石的华盛顿州西雅图市的罗素·C. 博格斯(Russel C. Boggs，1918—?)和在同一地方重新发现该矿物的华盛顿州切尼市的罗伯特·M. 博格斯(Robert M. Boggs，1952—)两人的姓氏命名。IMA 1989-009 批准。1990 年 D. G. 霍华德(D. G. Howard)在《美国矿物学家》(75)报道。1991 年中国新矿物与矿物命名委员会郭宗山在《岩石矿物学杂志》[10(4)]根据英文名称前两个音节和族名译为博干沸石；全音译为伯格斯石；根据成分和族名译为高硅沸石。

【博格瓦德石】

英文名 Bøgvadite

化学式 $Na_2Ba_2SrAl_4F_{20}$ (IMA)

博格瓦德像

博格瓦德石是一种钠、钡、锶、铝的氟化物矿物。单斜晶系。晶体呈稍扁平细长状或圆形;集合体呈块状。无色,玻璃光泽,透明;硬度 4。1987 年发现于丹麦格陵兰岛瑟莫苏克区阿尔苏克峡湾伊维赫图特(Ivigtut)冰晶石矿。英文名称 Bøgvadite,以理查德·博格瓦德(Richard Bøgvad,1897—1952)的姓氏命名。他是伊维赫图特冰晶石矿床厄勒海峡 A/S 公司的首席地质学家。IMA 1987-029 批准。1988 年 H. 波利(H. Pauly)等在《丹麦地质学会通报》(37)和 1991 年杨博尔在《美国矿物学家》(76)报道。1993 年中国新矿物与矿物命名委员会黄蕴慧等在《岩石矿物学杂志》[12(1)]音译为博格瓦德石,有的根据成分译为氟钠锶钡铝石。

【博胡斯拉夫石*】

英文名 Bohuslavite

化学式 $Fe^{3+}_4(PO_4)_3(SO_4)(OH) \cdot nH_2O(15 \leqslant n \leqslant 24)$ (IMA)

博胡斯拉夫石*是一种含结晶水、羟基的铁的硫酸-磷酸盐矿物。三斜晶系。晶体呈假六方片状,粒径达0.25mm;集合体呈球状,直径达 1mm。粉红色—淡紫色。2018 年发现于捷克共和国摩拉维亚-西里西亚州上城(Horní Město)山和意大利卢卡省斯塔泽马镇布卡德拉(Buca della)矿脉。英文名称 Bohuslavite,以捷克矿物学家和地质学家博胡斯拉夫·福吉(Bohuslav Fojt)的名字命名,以表彰他对矿物学和经济地质学的贡献。IMA 2018-074a 批准。2019 年 D. 莫罗(D. Mauro)等在《CNMNC 通讯》(48)、《矿物学杂志》(83)和《欧洲矿物学杂志》(31)报道。目前尚未见官方中文译名,编译者建议音译为博胡斯拉夫石*。

【博利瓦尔石】参见【隐磷铝石】条 1081 页

【博罗达耶夫矿】

英文名 Borodaevite

化学式 $Ag_{4.83}Fe_{0.21}Pb_{0.45}(Bi,Sb)_{8.84}S_{16}$ (IMA)

博罗达耶夫矿是一种银、铁、铅的铋-锑-硫化物矿物。单斜晶系。晶体呈不规则粒状、细长板片状,长 1.2mm。灰色、黑色,金属光泽,不透明;硬度 3.5。1991 年发现于俄罗斯萨哈共和国因迪吉尔卡河盆地阿利亚斯基托沃耶(Alyaskitovoye)锡-钨矿床。英文名称 Borodaevite,以俄罗斯莫斯科大学矿物学家尤里·谢尔盖耶维奇·博罗达耶夫(Yurii Sergeevich Borodaev,1923—2017)的姓氏命名。他发现了 7 种新矿物。IMA 1991-037 批准。1992 年 S. N. 涅娜舍娃(S. N. Nenasheva)在《俄罗斯矿物学会记事》[121(4)]和 1994 年《美国矿物学家》(79)报道。1998 年中国新矿物与矿物命名委员会黄蕴慧等在《岩石矿物学杂志》[17(1)]音译为博罗达耶夫矿。

【博纳奇纳石*】

英文名 Bonacinaite

化学式 $Sc(AsO_4) \cdot 2H_2O$ (IMA)

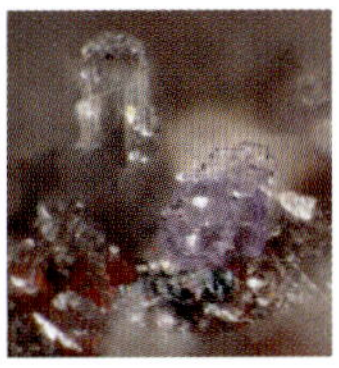

博纳奇纳石*板状晶体(意大利)

博纳奇纳石*是一种含结晶水的钪的砷酸盐矿物,独特的元素组合:第一天然砷酸钪矿物。属准磷铝石族。单斜晶系。晶体呈板状。无色、淡紫色,玻璃光泽,透明。2018 年发现于意大利奥斯塔山谷瓦伦奇(Varenche)矿。英文名称 Bonacinaite,以恩里科·博纳奇纳(Enrico Bonacina,1928—)的姓氏命名。恩里科·博纳奇纳是意大利微矿物摄影学院院长。IMA 2018-056 批准。2018 年 F. 卡马拉(F. Cámara)等在《CNMNC 通讯》(45)、《矿物学杂志》(82)和《欧洲矿物学杂志》(30)报道。目前尚未见官方中文译名,编译者建议音译为博纳奇纳石*。

【博纳姿石*】

英文名 Bonazziite

化学式 As_4S_4 (IMA)

博纳姿石*板柱状晶体,晶簇状集合体(法国)

博纳姿石*是一种砷与硫的互化物矿物。与雄黄和副雄黄为同质多象。单斜晶系。晶体呈板状、柱状,粒径达 100μm;集合体呈晶簇状。橘红色,颜色比雄黄更黄,树脂光泽,不透明—半透明;硬度 2.5,脆性,易碎。2013 年发现于智利科皮亚波市阿拉克兰(Alacrán)矿和吉尔吉斯斯坦奥什州费尔干纳山谷凯达坎(Khaidarkan)锑-汞矿床。英文名称 Bonazziite,以佛罗伦萨大学矿物学教授保罗·博纳姿(Paola Bonazzi,1960—)的姓氏命名,以表彰她对研究硫化砷及其因暴露于光引起的蚀变的开创性做出的贡献。IMA 2013-141 批准。2014 年 L. 宾迪(L. Bindi)等在《CNMNC 通讯》(20)、《矿物学杂志》(78)和 2015 年《矿物学杂志》(79)报道。目前尚未见官方中文译名,编译者建议音译为博纳姿石*。

【博斯卡尔迪尼矿*】

英文名 Boscardinite

化学式 $TlPb_4(Sb_7As_2)_{\Sigma=9}S_{18}$ (IMA)

博斯卡尔迪尼像

博斯卡尔迪尼矿*是一种铊、铅的锑-砷-硫化物矿物。属脆硫砷铅矿族。三斜晶系。晶体呈细粒状;集合体呈块状。铅灰色,金属光泽,不透明;脆性。2010 年发现于意大利卢卡省阿普安阿尔卑斯山斯塔泽马镇阿斯西奥(Arsiccio)矿山。英文名称 Boscardinite,以意大利矿物收藏家马泰奥·博斯卡尔迪尼(Matteo Boscardin,1939—)的姓氏命名。他发表学术论文 100 余篇,在意大利区域矿物学方面做出了贡献。IMA 2010-079 批准。2012 年 P. 奥尔兰迪(P. Orlandi)等在《加拿大矿物学家》(50)报道。目前尚未见官方中文译名,编译者建议音译为博斯卡尔迪尼矿*。

【博泽石*】

英文名 Bohseite

化学式 $Ca_4Be_{3+x}Al_{1-x}Si_9O_{25-x}(OH)_{3+x}(x=0 \sim 1)$ (IMA)

博泽石*是一种含羟基的钙、铍、铝的硅酸盐矿物。属硬沸石-博泽石*系列。斜方晶系。晶体呈板条状,长 2mm;集合体呈扇形或平行状。白色,玻璃光泽,半透明;硬度 5~6,脆性。2010 年发现于格陵兰库雅雷哥自治区康克鲁

博泽石* 板条状晶体，扇形集合体(俄罗斯)和博泽像

萨克(Kangerluarsuk)峡湾和波兰下西里西亚杰尔若纽夫皮拉瓦贡尔纳(Piława Górna)采石场。英文名称 Bohseite，以丹麦矿物学家亨宁·博泽(Henning Bohse，1942—)的姓氏命名。他在格陵兰岛从事伊犁毛萨克碱性杂岩体地质学和矿物学工作已经超过40年。IMA 2010-026批准。2010年H. 弗里斯(H. Friis)等在和《矿物学杂志》(74)报道。IMA 2015s. p.批准。2017年E. 斯泽勒(E. Szełęg)等在《矿物学杂志》(81)报道。目前尚未见官方中文译名，编译者建议音译为博泽石*。

薄

[bó]形声；从艹，溥声。[英]音，用于外国人名。

【薄水铝矿】

英文名 Böhmite

化学式 AlO(OH)　(IMA)

薄水铝矿晶体(俄罗斯)和勃姆像

薄水铝矿是一种铝氧的氢氧化物矿物，与结晶成α相的硬水铝石为同质二象。它是铝土矿的主要矿物成分之一。常含铁和镓。斜方晶系。晶体呈柱状、极细小的片状、板状，极少见；集合体常呈隐晶质块体、松散状或豆状或胶态。白色或微带黄色、黄绿色，玻璃光泽、珍珠光泽，半透明；硬度3～4，完全解理，脆性。1925年德国化学家约翰·勃姆(Johann Böhm)对氧化铝氢氧化物进行了X射线研究。1927年首次由J. 德拉帕朗(J. de Lapparent)发现于法国东南部普罗旺斯地区包村(Baux)；同年，在法国《巴黎科学院会议周报》(184)报道。英文名称 Böhmite，以首先认识γ-AlO(OH)物质的德国化学家约翰·勃姆(Johann Böhm，1895—1952)的姓氏命名。他是弗赖堡大学和布拉格德国大学的物理化学家和晶体学家，也是一位摄影师[应该指出：有的张冠李戴，错认为是以德国地质学家和古生物学家约翰内斯·勃姆(Johannes Böhm，1857—1938)的姓氏命名]。1959年以前发现、描述并命名"祖父级"矿物，IMA 承认有效。中文名称以音和成分译为薄水铝矿/勃姆铝矿，还有根据硬度和成分译为软水铝石/一水软铝石；全音译为勃姆石/伯姆石/波美石。

卟

[bǔ]形声；从口，卜声。卟啉：Porphyrin(s)是一类由4个吡咯类亚基的α-碳原子通过次甲基桥(=CH—)互联而形成的大分子杂环化合物。其母体化合物为卟吩(Porphin，$C_{20}H_{14}N_4$)，有取代基的卟吩即称为卟啉。

【卟啉镍石】

英文名 Abelsonite

化学式 $NiC_{31}H_{32}N_4$　(IMA)

卟啉镍石板状晶体(美国)和阿伯尔森像

卟啉镍石是一种镍的卟啉化合物矿物，是目前已知的唯一的卟啉化合物矿物。三斜晶系。晶体呈板状、薄板条状；集合体呈板条状。粉红色、紫色、深灰紫色、浅紫红色、红褐色，金刚光泽、半金属光泽，半透明；硬度2～3。1969年发现于美国犹他州尤因塔县沃尔斯科(Wosco)井油页岩。1975年在《美国地质学会文摘》杂志中首次描述。英文名称 Abelsonite，以美国物理学家、有机地球化学先驱菲利普·豪格·阿伯尔森(Philip Hauge Abelson，1913—2004)的姓氏命名。他是93号元素(镎)的共同发现者、《科学》杂志的编辑(1962—1984)和华盛顿特区卡耐基研究所地球物理实验室的主任(1953—1971)。IMA 1975-013批准。1978年C. 米尔顿(C. Milton)等在《美国矿物学家》(63)报道。中文名称根据成分译为卟啉镍石。

补

[bǔ]形声；从衣，甫声。本义：补衣服。引申义：把残破的东西加上材料修补完整。

【补天矿*】

汉拼名 Butianite

化学式 Ni_6SnS_2　(IMA)

女娲补天

补天矿*是一种镍、锡的硫化物矿物，是锡占优势的女娲矿的类似矿物。四方晶系。晶体呈微米级不规则粒状。2016年美国加州理工学院地质和行星科学系主任、资深科学家、微矿物学家马驰(Ma Chi)博士发现于墨西哥奇瓦瓦州阿连德(Allende)碳质球粒陨石。汉拼名称 Butianite，以"Butian(补天)"命名。与女娲矿为姊妹矿物。女娲是中国古代神话中的创世女神，说的是盘古氏(Pan Gus)时代开天辟地炼五彩石修补天的早期裂缝，防洪拯救世界的故事(语出《列子·汤问》)。意指这种次生矿物在早期太阳系的原始富钙、铝耐火材料裂缝中呈脉状填充物，显然是陨石后期蚀变的产物。IMA 2016-028批准。2016年马驰在《CNMNC通讯》(32)、《矿物学杂志》(80)及2018年《美国矿物学家》(103)报道。目前尚未见官方中文命(译)名，编译者建议根据与女娲矿的关系命名或音译为补天矿*。

布

[bù]形声；从巾，父声。[英]音，用于外国人名。

【布勃诺娃石*】

英文名 Bubnovaite

化学式 $K_2Na_8Ca(SO_4)_6$　(IMA)

布勃诺娃石*是一种钾、钠、钙的硫酸盐矿物。三方晶系。晶体呈针状、片状。淡蓝色。2014年发现于俄罗斯堪察加州托尔巴契克(Tolbachik)火山主断裂纳博科(Naboko)喷发火山渣锥。英文名称 Bubnovaite，以俄罗斯科学院硅酸盐化学研究所的丽玛·谢尔盖芙娜·布勃诺娃(Rimma Sergeevna Bubnova)教授的姓氏命名，以表彰布勃诺娃教授对钒酸盐、硅酸盐、硼酸盐、硼硅酸盐和其他无机含氧酸盐的晶体化学做出的重要贡献。IMA 2014－108 批准。2015 年 L. A. 戈尔洛娃(L. A. Gorelova)等在《CNMNC 通讯》(25)、《矿物学杂志》(79)和 2016 年《欧洲矿物学杂志》(28)报道。目前尚未见官方中文译名,编译者建议音译为布勃诺娃石*。

【布尔班克石】参见【黄碳锶钠石】条 343 页

【布尔加科石*】

英文名 Bulgakite

化学式 $Li_2(Ca,Na)Fe^{2+}_7Ti_2(Si_4O_{12})_2O_2(OH)_4(O,F)(H_2O)_2$　(IMA)

布尔加科石*是一种含结晶水、氧、氟、羟基的锂、钙、钠、铁、钛的硅酸盐矿物。属星叶石超族星叶石族。三斜晶系。晶体呈板状、不规则粒状,粒径达 1cm。褐橙色,玻璃光泽,透明—半透明;硬度 3,完全解理。2014 年发现于塔吉克斯坦天山山脉达拉伊皮奥兹(Dara-i-Pioz)冰川碱性岩地块。英文名称 Bulgakite,以俄罗斯科学院费尔斯曼矿物学博物馆矿物学家、宝石学家、地质学文献翻译家列弗·瓦西列维奇·布尔加科(Lev Vasilevich Bulgak,1955—)的姓氏命名。布尔加科 1975—2003 年在阿莱山区工作期间发现了几种新矿物。IMA 2014－041 批准。2014 年 A. A. 阿加哈诺夫(A. A. Agakhanov)等在《CNMNC 通讯》(22)、《矿物学杂志》(78)和 2016 年《加拿大矿物学家》(54)报道。目前尚未见官方中文译名,编译者建议音译为布尔加科石*。

【布格电气石】参见【氟布格电气石】条 173 页

【布贺石】参见【福碳硅钙石】条 199 页

【布拉格矿】参见【硫镍钯铂矿】条 506 页

【布拉科石*】

英文名 Braccoite

化学式 $NaMn^{2+}_5[Si_5O_{14}(OH)](AsO_3)(OH)$　(IMA)

布拉科像

布拉科石*是一种含羟基的钠、锰的砷酸-氢硅酸盐矿物。三斜晶系。晶体呈半自形,粒径几百微米;与其他矿物共生构成集合体。棕红色,玻璃光泽、树脂光泽,半透明;脆性。2013 年发现于意大利库内奥省迈拉谷的瓦莱塔(Valletta)矿。英文名称 Braccoite,2015 年 F. 卡马拉(F. Cámara)等以该系列矿物收藏家罗伯托·布拉科(Roberto Bracco,1959—)的姓氏命名。他对锰矿物质特别感兴趣。IMA 2013－093 批准。2013 年卡马拉(Cámara)等在《CNMNC 通讯》(18)、《矿物学杂志》(77)和 2015 年《矿物学杂志》(79)报道。目前尚未见官方中文译名,编译者建议音译为布拉科石*。

【布拉特福什石*】

英文名 Brattforsite

化学式 $Mn_{19}As_{12}O_{36}Cl_2$　(IMA)

布拉特福什石*是一种含氯的锰的砷酸盐矿物。单斜晶系。2019 年发现于瑞典韦姆兰(Värmland)省菲利普斯塔德市布拉特福什(Brattfors)矿山。英文名称 Brattforsite,由发现地瑞典的布拉特福什(Brattfors)矿山命名。IMA 2019－127 批准。2020 年 D. 霍尔茨坦(D. Holtstam)等在《CNMNC 通讯》(54)、《矿物学杂志》(84)和《欧洲矿物学杂志》(32)报道。目前尚无中文官方译名,编译者建议音译为布拉特福什石*。

【布朗矿】

英文名 Blossite

化学式 $Cu_2V^{5+}_2O_7$　(IMA)

布洛斯像

布朗矿是一种铜的钒酸盐矿物。与 β－氧钒铜矿(β-Ziesite)为同质二象,是 β－氧钒铜矿的低温多型变体(即同质多象变体)。斜方晶系。晶体呈他形粒状。黑色,金属光泽,不透明。1958 年首先由布里西(Brisi)和莫里纳尼(Molinari)研究了 CuO-V_2O_5 二元体系和首次发现合成的化合物。1986 年发现于萨尔瓦多松索纳特省伊萨尔科(Izalco)火山玄武岩复合火山口喷气孔,为 100～200℃之间的升华物。英文名称 Blossite,以美国弗吉尼亚理工学院州立大学的矿物学家 F. 唐纳德·布洛斯(F. Donald Bloss,1920—)博士的姓氏命名。IMA 1986－002 批准。1987 年 P. D. 鲁滨逊(P. D. Robinson)等在《美国矿物学家》(72)报道。1986 年中国新矿物与矿物命名委员会郭宗山等在《岩石矿物学杂志》[6(4)]音译为布朗矿(编译者建议音译为布洛斯矿*)。

【布朗利矿】参见【阿碳钙钡矿】条 11 页

【布朗尼矿*】

英文名 Browneite

化学式 MnS　(IMA)

布朗尼矿*是一种锰的硫化物矿物。与硫锰矿和六方硫锰矿为同质多象。属闪锌矿族。等轴晶系。断裂晶粒 20μm。黄褐色,玻璃光泽,半透明;脆性。2012 年发现于波兰卢布林省扎克洛兹(Zaklodzie)顽火辉石无球粒陨石。英文名称 Browneite,马驰以新西兰奥克兰大学地球科学与工程研究所的帕特·R. L. 布朗尼(Pat R. L. Browne)教授的姓氏命名。IMA 2012－008 批准。2012 年马驰(Ma Chi)在《CNMNC 通讯》(13)、《矿物学杂志》(76)和《美国矿物学家》(97)报道。目前尚未见官方中文译名,编译者建议音译为布朗尼矿*,有的根据成分译为闪锰矿。

【布雷石*】

英文名 Breyite

化学式 $Ca_3Si_3O_9$　(IMA)

布雷像

布雷石*是一种钙的硅酸盐矿物。与假硅灰石和硅灰石为同质多象。三斜晶系。1999 年发现于巴西马托格罗索州朱娜(Juina)金伯利岩矿田朱娜圣路易斯(São Luis)河冲积层;同年,W. 约瑟夫(W. Joswig)等在《地球》(173)报道。英文名称 Breyite,为纪念德国矿物学家、岩石学家、法兰克福歌德大学教授格哈德·彼得·布雷(Gerhard Peter Brey)而以他的姓氏命名。他是研究钻石中矿物包裹体的专家。IMA 2018－062 批准。2018 年 F. 布伦克(F. Brenker)等在《CNMNC 通讯》(45)、《矿物学杂志》(82)和《欧洲矿物学杂志》(30)报道。目前尚未见官方中文译名,编译者建议音译为布雷石*。

【布里奇曼石】

英文名 Bridgmanite

化学式 $MgSiO_3$　(IMA)

布里奇曼石是一种镁的硅酸盐矿物。是迄今为止所发现的存在于地幔深部的地球含量最丰富的矿物。地球70%的下地幔(位于660～2 900km的地下)是布里奇曼石,这意味着地球的38%是由这种新矿物所构成的。它与硅铁镁石或秋本石(Akimotoite)、斜顽辉石、顽火辉石和未命名的矿物(镁硅酸盐四方石榴石)为同质多象变体。属钙钛矿结构型的高压和高温冲击相镁硅酸盐。钙钛矿超族化学计量比钙钛矿族布里奇曼石亚族。斜方晶系。晶体粒径为亚微米尺寸。2009年美国加州理工学院的矿物学家马驰(Ma Chi)和内华达大学拉斯维加斯校区副教授奥利佛·乔纳(Oliver Tschauner),在1879年坠落于澳大利亚昆士兰州查特斯堡地区的一块45亿年前的古老陨石中,发现了亚微米级的未知矿物晶体。通过同步加速器X射线衍射分析并借助高分辨率扫描电子显微镜,研究人员对陨石中的未知矿物的分布及其组分展开研究。经过历时5年的努力,科学家们最终揭晓了它的化学成分以及晶体结构。这是人类首次在自然条件中观察到该矿物的存在。2012年M.穆拉卡米(M. Murakami)等在《自然》杂志(485)报道。英文名称Bridgmanite,2014年由马驰和奥利弗·乔纳(Oliver Tschauner)为纪念佩尔西·威廉姆斯·布里奇曼(Percy Williams Bridgman,1882—1961)而以他的姓氏命名。布里奇曼因对高压物理学的重要贡献,被誉为在高压下分析矿物质和其他物质的先驱;在1946年获得诺贝尔物理奖。2014年成功获得国际矿物学协会(IMA)新矿物、命名和分类委员会(CNMNC)的认可(IMA 2014-017批准)。2014年马驰和乔纳等在《CNMNC通讯》(21)、《矿物学杂志》(78)及《自然》杂志(346)报道。布里奇曼石的发现填补了矿物命名学中一个让人困扰已久的空白,它有助于认识太阳系中小天体遭遇冲击时的条件及其受影响过程;同时,陨石中微小布里奇曼石晶体的发现也将有助于揭示地心深处的相变机制。

布里奇曼像

【布里杨石】

英文名 Brianyoungite

化学式 $Zn_3(CO_3)(OH)_4$　　(IMA)

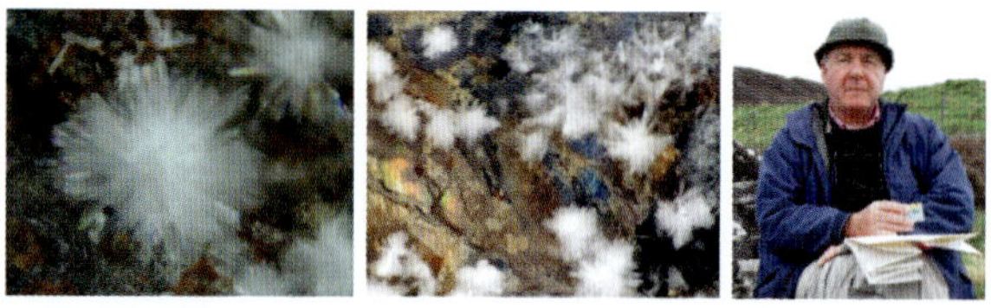
布里杨石刀片状晶体,放射状集合体(希腊)和布赖恩像

布里杨石是一种含羟基的锌的硫酸盐矿物。单斜(或斜方)晶系。晶体呈细尖刀片状;集合体呈放射状。白色、无色,玻璃光泽,半透明;硬度2～2.5,完全解理。1991年发现于英国英格兰坎布里亚郡嫩特黑德镇布朗利山(Brownley Hill)矿。英文名称Brianyoungite,以英国地质调查局的地质学家和矿物学家布赖恩·杨(Brian Young,1947—)的姓名命名。他是北英格兰矿床学家,是他发现的第一块标本。IMA 1991-053批准。1993年A.利文斯敦(A. Livingstone)等在《矿物学杂志》(57)和《美国矿物学家》(79)报道。1998年中国新矿物与矿物命名委员会黄蕴慧等在《岩石矿物学杂志》[17(2)]音译为布里杨石,有的根据成分译为羟硫碳锌石。

【布列底格石】参见【白硅钙石】条34页

【布罗石*】

英文名 Burroite

化学式 $Ca_2(NH_4)_2(V_{10}O_{28})\cdot 15H_2O$　　(IMA)

布罗石*是一种含结晶水的钙、铵的钒酸盐矿物。三斜晶系。晶体呈扁平的柱状,长2mm。橙黄色,玻璃光泽,透明;硬度1.5～2,完全解理,脆性。2016年发现于美国科罗拉多州圣米格尔县布罗(Burro)矿。英文名称Burroite,以发现地美国的布罗(Burro)矿命名。IMA 2016-079批准。2016年A.R.坎普夫(A. R. Kampf)等在《CNMNC通讯》(34)、《矿物学杂志》(80)和2017年《加拿大矿物学家》(55)报道。目前尚未见官方中文译名,编译者建议音译为布罗石*。

【布洛克石】参见【水磷钙钍石】条838页

【布塞克矿*】

英文名 Buseckite

化学式 (Fe,Zn,Mn)S　　(IMA)

布塞克矿*是一种铁、锌、锰的硫化物矿物。属纤锌矿族。与硫镁铁矿、鲁达谢夫斯基矿*(Rudashevskyite)和陨硫铁(Troilite)为同质多象变体。六方晶系。晶体呈分散的不规则的半自形(4～20μm)。黑色,金属光泽,不透明。2011年发现于波兰卢布林省扎莫希奇市扎克洛兹(Zaklodzie)陨石。英文名称Buseckite,为纪念美国亚利桑那州国家大学的彼得·布塞克(Peter Buseck)教授而以他的姓氏命名,以表彰他在各种类型陨石的地球化学和矿物学研究,以及他的地标性高分辨率透射电子显微镜对矿物质的研究所做出的贡献。IMA 2011-070批准。2011年马驰(Ma Chi)在《CNMNC通讯》(11)、《矿物学杂志》(75)和2012年《美国矿物学家》(97)报道。目前尚未见官方中文译名,编译者建议音译为布塞克矿*;根据成分译为铁纤锌矿。

布塞克像

【布水碲铜石】

英文名 Brumadoite

化学式 $Cu_3(Te^{6+}O_4)(OH)_4\cdot 5H_2O$　　(IMA)

布水碲铜石是一种含结晶水、羟基的铜的碲酸盐矿物。单斜晶系。晶体呈显微半自形板状,粒径为1～2μm;集合体呈皮壳状。蓝色、灰色,玻璃光泽,透明—半透明;硬度1,脆性。2008年发现于巴西巴伊亚州布鲁马多(Brumado)佩德拉普雷塔(Pedra Preta)采坑。英文名称Brumadoite,以模式产地巴西的布鲁马多(Brumado)命名。IMA 2008-028批准。2008年D.阿滕西奥(D. Atencio)等在《矿物学杂志》(72)和2009年P.C.皮洛宁(P. C. Piilonen)等在《美国矿物学家》(94)报道。2011年中国地质科学院地质研究所任玉峰等在《岩石矿物学杂志》[30(2)]根据英文名称首音节音和成分译为布水碲铜石。

【布水氯硼钙石】

英文名 Brianroulstonite

化学式 $Ca_3B_5O_6(OH)_7Cl_2\cdot 8H_2O$　　(IMA)

布水氯硼钙石是一种含结晶水、氯、羟基的钙的硼酸盐矿物。单斜晶系。晶体呈假六边形云母状,具双晶;集合体呈块状。无色—白色,玻璃光泽,透明—半透明;硬度5,完全解理,解理片易弯曲。1996 年发现于加拿大新不伦瑞克省金斯(Kings)县佩诺布斯奎斯区的萨斯喀彻温(Saskatchewan)矿。英文名称 Brianroulstonite,以布赖恩·V.罗斯顿(Brian V. Roulston,1948—)的姓名命名,以表彰他对蒸发沉积物的地质工作所做出的贡献。IMA 1996-009 批准。1997 年 J. D. 格雷丝(J. D. Grice)等在《加拿大矿物学家》(35)和 1998 年杨博尔等在《美国矿物学家》(83)报道。2003 年李锦平等在《岩石矿物学杂志》[22(2)]根据英文名称首音节音和成分译为布水氯硼钙石;2011 年杨主明等在《岩石矿物学杂志》[30(4)]建议音译为布莱恩罗斯顿石。

钚 [bù]形声;从钅,从不。一种人工合成的锕系放射性金属元素。[英]Plutonium。元素符号 Pu。原子序数 94。1934 年,恩里科·费米和罗马大学的研究团队发布消息,称他们发现了元素 94。费米将元素取名"Hesperium",并曾在他 1938 年的诺贝尔奖演说中提及。然而,他们的研究成果其实是钡、氪等许多其他元素的混合物,但由于当时核分裂尚未发明,这个误会便一直延续。1940 年美国 G. T. 西博格等用回旋加速器加速的 16 兆电子伏氘核轰击铀时发现钚-238。第二年又发现钚的最重要的同位素钚-239。1941 年 3 月,科学家团队将报告寄给《物理评论》杂志,但由于发现了新元素的同位素(钚-239)能产生核分裂,往后或许能用于制造原子弹,而在出版前遭到撤回。1945 年,西博格比较了镎和钚,认为它们与铀的性质相似,同时又与稀土元素中钐相似,在 1945 年发表了他编排的元素周期表,建立了与镧系元素相同的锕系元素,把它们一起放置在元素周期表的下方形式的元素周期表,并留下 94 号元素以后一系列的空位留待发现。西博格原先给 94 号元素取名为"Plutium",但后来认为它的发音不如"Plutonium"。他在一次玩笑中选择"Pu"作为元素符号,却在没有被事先通知的情况下,意外被正式纳入元素周期表。

B

Cc

彩 [cǎi]形声;从彡(shān),采声。本义:各种颜色交织的彩色。

【彩钼铅矿】参见【钼铅矿】条 628 页

蔡 [cài]形声;祭声。本义:野草。中国姓。

【蔡承云石】

汉拼名 Caichengyunite

化学式 $Fe_3^{2+}Al_2(SO_4)_6 \cdot 30H_2O$

蔡承云石是一种含结晶水的铁、铝的硫酸盐矿物。单斜晶系。晶体呈纤维状、毛发状;集合体呈皮壳状、似石棉状。白色、灰白色,玻璃光泽、丝绢光泽,透明;硬度 1.5～2。2002 年张如柏等发现于中国四川省凉山彝族自治州会东县龙树村的铅锌矿床氧化带坑道。矿物名称以我国第一位女地质学家蔡承云(Cai Chenyun,1907—1982)教授的姓名命名。蔡承云,江苏崇明(今上海市)人。1932 年毕业于美国加利福尼亚州立斐士那师范学院地质系。1933 年获美国华盛顿州立大学研究院矿床学硕士学位。回到中国后,1949 年之前曾任广西大学教授,香港侨安锡矿公司探矿工程师,交通大学唐山工学院、重庆大学教授。1949 年后,历任广西大学、中南矿冶学院教授。长期从事岩浆热液矿床、稀有元素矿物地球化学的研究。未经 IMA 批准发表,但可能有效。2002 年张如柏等在《中南工业大学学报(自然科学版)》(4)和 2004 年《美国矿物学家(摘要)》(89)报道。

苍 [cāng]形声;从艹、仓声。本义:草色。引申义青黑色。

【苍辉石】参见【钙铁辉石】条 229 页

【苍帘石】参见【黝帘石】条 1090 页

沧 [cāng]形声;从水,仓声。本义:寒冷。用于中国台湾人名。

【沧波石】

英文名 Tsangpoite

化学式 $Ca_5(PO_4)_2(SiO_4)$　　(IMA)

颜沧波像

沧波石是一种钙的硅酸-磷酸盐矿物。与硅磷酸钙石(Silicocarnotite)为同质二象变体。属磷灰石族。六方晶系。晶体呈六方棒状,粒径小于 30μm,宽 1～15μm。2015 年由中国台湾东华大学黄士龙教授、中山大学沈博彦教授、台湾"中央"地质调查所朱傚祖博士、台湾"中央"研究院俞震甫教授与阿根廷 M. E. 瓦雷拉(M. E. Varela)博士和 Y. 伊祖卡(Y. Iizuka)博士研究团队,用透射电子显微镜与电子微探分析在阿根廷布宜诺斯艾利斯科罗内尔苏亚雷斯发现的多比内(D'Orbigny)钛辉无球粒陨石中发现的 3 种新矿物之一。英文名称 Tsangpoite,研究团队为纪念中国台湾颜沧波(Tsang-Po Yen,1914—1994)教授一生在地质学研究上的成就,以及他对中国台湾早期矿物学与岩石学研究的卓越贡献,将此新矿物命名为沧波石(Tsangpoite)。IMA 2014－110 批准。它是第一个以中国台湾本土出生的知名地质学家命名的新矿物。颜沧波教授 1914 年生于中国台湾基隆市。1942—1946 年在北京大学地质系任教。其后曾任台湾地质调查所资深地质师(1946—1974)、"中央"大学地球物理研究所教授兼所长(1974—1984)。1981 年并担任台湾"中央"大学图书馆主任。颜沧波教授的研究主要是台湾的矿物、岩石、温泉与矿床的调查。晚年更引进地球物理方法进行地质构造研究。发现沧波石的陨石可能源于一个约 100km 直径且具金属核的小行星,这个小行星形成于太阳系初期,时间较碳质球粒陨石(Carbonaceous chondrite)中最早形成的富钙铝包裹体年轻约 2Ma。根据相图推测,沧波石可能是在 1 400～1 500℃高温环境下急速冷却的产物;此矿物目前仅见于钛辉无球粒陨石中,它的发现透露了宇宙钙磷硅酸盐物质的形成与分布,以及太阳系演化初期的相变情况,也如同碳、铁、石质陨石,影响了地球甚至宇宙的生命形式。2015 年黄士龙等在《CNMNC 通讯》(25)、《矿物学杂志》(79)和 2019 年《矿物学杂志》(83)报道。

草 [cǎo]形声;从艸,早声。小篆艸,像两棵草形;草本植物的总称。①草黄:颜色。②草酸:即乙二酸,化学式 HOOCCOOH。[英] Oxalic acid; Ethanedioic acid。因常存在于草本植物中而得名草酸。它是最简单的二元酸,含有乙醇基,故名乙二酸。③用于日本人名。④草莓红色。

【草地矿】参见【铋铜矿】条 62 页

【草黄氢铁矾】参见【水合氢黄铁矾】条 834 页

【草黄铁矾】参见【黄钾铁矾】条 339 页

【草绿砷锰矿】参见【层亚砷锰矿】条 85 页

【草莓红绿柱石】参见【锂铯绿柱石】条 444 页

【草酸铵石】

英文名 Oxammite

化学式 $(NH_4)_2(C_2O_4) \cdot H_2O$　　(IMA)

草酸铵石粒状晶体(澳大利亚)

草酸铵石是一种含结晶水的铵的草酸盐矿物。斜方晶系。晶体呈柱状、板状、页片状、粒状;集合体呈土状。无色、黄白色,透明—不透明;硬度2.5,完全解理。1870 年发现于秘鲁维鲁省瓜纳普(Guañape)岛的鸟粪、半化石鸟卵和子鸟化石中。1870 年谢泼德(Shepard)在《卡罗来纳州园地》(1)和 1875 年坦纳(Tanner)在伦敦《化学新闻与工业科学杂志》(32)报道。英文名称 Oxammite,由化学成分"Oxalate(草酸)"和"Ammonium ions(铵离子)"的缩写组合命名。1959 年以前发现、描述并命名的"祖父级"矿物,IMA 承认有效。中文名称根据成分译为草酸铵石。

【草酸钙石】

英文名 Weddellite

化学式 $Ca(C_2O_4) \cdot 2H_2O$　　(IMA)

自然界中主要存在水草酸钙石(一水)、草酸钙石(二水)

草酸钙石柱状晶体，皮壳状集合体（英国、意大利）

和较少见的碳氧钙石（Caoxite，三水）三种草酸钙的矿物。草酸钙石，四方晶系。晶体呈微晶状、锥状；集合体呈块状、皮壳状、塔状、哑铃状。无色或白、黄、红、棕等不同色调，还有黑色、蓝色、粉色、淡红色、淡黄色次之，玻璃光泽或珍珠光泽，透明—半透明；硬度 4，脆性；相对密度小。最早于 1923 年中野（Nakano）在《生物化学杂志》（2）报道。1942 年第一次描述了发现于南极洲西部威德尔海的底部沉积物；最常见于肾脏结石及蝙蝠粪。1942 年弗龙德尔（Frondel）和普里恩（Prien）在美国《科学》（95）报道。英文名称 Weddellite，以首次发现地南极洲威德尔（Wiktionary）海命名。1959 年以前发现、描述并命名的"祖父级"矿物，IMA 承认有效。中文名称根据成分译为草酸钙石。

【草酸钾铁石】

英文名 Minguzzite

化学式 $K_3Fe^{3+}(C_2O_4)_3 \cdot 3H_2O$　　（IMA）

草酸钾铁石是一种含结晶水的钾、铁的草酸盐矿物。单斜晶系。晶体呈板状。鲜草绿色、黄绿色、琥珀黄色，半玻璃光泽，透明—半透明；完全解理，脆性。1955 年发现于意大利利沃诺省厄尔巴岛卡波利韦里区瓦洛内（Vallone）采石场。1955 年 C. L. 格拉维利（C. L. Garavelli）在意大利《林奈自然科学院学报》（18）和 1956 年 M. 弗莱舍（M. Fleischer）在《美国矿物学家》（41）报道。英文名称 Minguzzite，以意大利伦巴第帕尔维亚大学矿物学家卡洛·明古齐（Carlo Minguzzi，1910—1953）的姓氏命名。1959 年以前发现、描述并命名的"祖父级"矿物，IMA 承认有效。中文名称根据成分译为草酸钾铁石/草酸铁钾石。

草酸钾铁石板状晶体和明古齐像

【草酸硫铈矾】

英文名 Coskrenite-(Ce)

化学式 $Ce_2(SO_4)_2(C_2O_4) \cdot 8H_2O$　　（IMA）

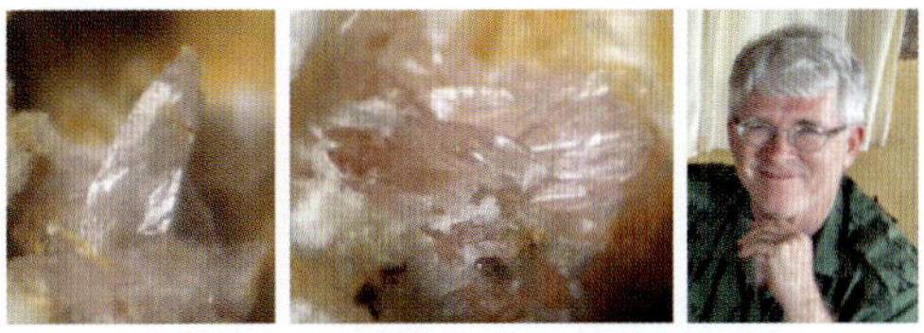

草酸硫铈矾柱状、板状晶体（美国）和孔斯克勒像

草酸硫铈矾是一种含结晶水的铈的草酸-硫酸盐矿物。三斜晶系。晶体呈柱状、板状、楔状。浅粉红色，玻璃光泽，透明；完全解理，脆性。1996 年发现于美国田纳西州塞维尔县大烟山（Great Smoky Mountains）国家公园明矾洞崖。英文名称 Coskrenite-(Ce)，由美国生物化学家和矿物学家 T. 丹尼斯·孔斯克勒（T. Dennis Coskren，1942—）的姓氏，加占优势的稀土元素铈后缀-(Ce)组合命名。IMA 1996-056 批准。1999 年 D. R. 佩阿兹（D. R. Peacir）等在《加拿大矿物学家》（37）和 2000 年《美国矿物学家》（85）报道。2004 年中国地质科学院矿产资源研究所李锦平等在《岩石矿物学杂志》[23(1)]根据成分译为草酸硫铈矾。

【草酸铝钠石】

英文名 Zhemchuzhnikovite

化学式 $NaMgAl(C_2O_4)_3 \cdot 9H_2O$　　（IMA）

草酸铝钠石是一种含结晶水的钠、镁、铝的草酸盐矿物。三方晶系。晶体呈短柱状和六方柱状（合成）、纤维状、针状、线状。烟熏绿色、紫色，玻璃光泽，透明—半透明；硬度 2，完全解理。1960 年发现于俄罗斯萨哈雅库特共和国勒拿河流域查图姆苏斯（Chai-Tumus）煤矿。1963 年 Yu. N. 克尼波维奇（Yu. N. Knipovich）等在俄罗斯 *Trudy Vses. Nauchno-Issled.*[96(俄文)]和 1964 年《美国矿物学家》（49）报道。英文名称 Zhemchuzhnikovite，以俄罗斯地质研究院的黏土矿物学家、煤炭地质学和岩石学家尤里·阿波洛诺维奇·热姆丘日尼科夫（Yuri Apollonovich Zhemchuzhnikov，1885—1957）的姓氏命名。IMA 1967s. p. 批准。中文名称根据成分译为草酸铝钠石，也译作草酸铁钠石。

【草酸铝铈矾*】

英文名 Zugshunstite-(Ce)

化学式 $CeAl(SO_4)_2(C_2O_4) \cdot 12H_2O$　　（IMA）

草酸铝铈矾*是一种含结晶水的铈、铝的草酸-硫酸盐矿物。单斜晶系。晶体呈短柱状；集合体呈平行柱状。浅粉红色，玻璃光泽，透明—半透明；脆性。1996 年发现于美国田纳西州塞维尔县大烟山（Great Smoky Mountains）国家公园明矾洞崖。英文名称 Zugshunstite-(Ce)，由切诺基印第安人大烟山（Great Smoky Mountains）的英国化的版本"Tsu-g-shv-sdi"加占优势的稀土元素铈-(Ce)后缀组合命名。IMA 1996-055 批准。2001 年 R. C. 洛兹（R. C. Rouse）等在《地球化学与宇宙化学学报》（65）和《美国矿物学家》（86）报道。目前尚未见官方中文译名，编译者建议根据成分译为草酸铝铈矾*。

草酸铝铈矾柱状晶体（美国）

【草酸铝钇矾*】

英文名 Levinsonite-(Y)

化学式 $YAl(SO_4)_2(C_2O_4) \cdot 12H_2O$　　（IMA）

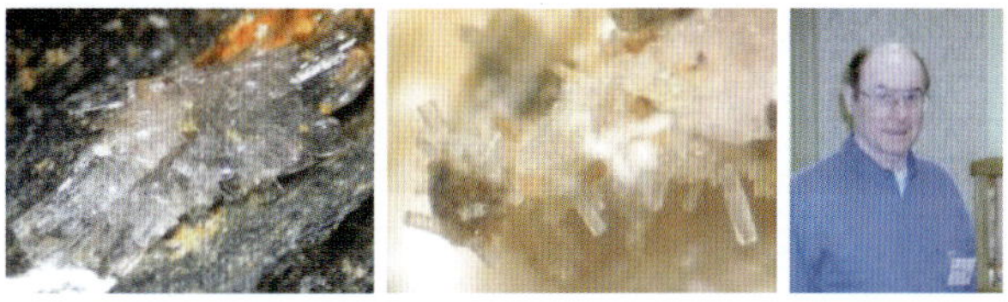

草酸铝钇矾*柱状晶体，杂乱状集合体（美国）和莱文森像

草酸铝钇矾*是一种含结晶水的钇、铝的草酸-硫酸盐矿物。单斜晶系。晶体呈柱状；集合体呈杂乱状。无色，玻璃光泽，透明；完全解理，脆性。1996 年发现于美国田纳西州塞维尔县大烟山（Great Smoky Mountains）国家公园明矾洞崖。英文名称 Levinsonite-(Y)，为了纪念加拿大艾伯塔卡尔加里大学名誉矿物学教授、稀土元素（REE）矿物国际通用的命名法的鼻祖阿尔弗雷德·亚伯拉罕·莱文森（Alfred

Abraham Levinson，1927—2005）而以他的姓氏，加占优势的稀土元素钇-(Y)后缀组合命名。IMA 1996-057 批准。2001 年 R. C. 洛兹（R. C. Rouse）等在《地球化学与宇宙化学学报》(65)和《美国矿物学家》(86)报道。目前尚未见官方中文译名，编译者建议根据成分译为草酸铝钇矾*。

【草酸镁石】

英文名 Glushinskite

化学式 $Mg(C_2O_4)\cdot 2H_2O$　(IMA)

草酸镁石是一种含 2 个结晶水的镁的草酸盐矿物。属草酸铁矿族。单斜晶系。晶体呈颗粒状、板状扭曲的锥状，粒径 5μm。乳白色，无色，半透明；溶于水。1960 年发现于俄罗斯萨哈（雅库特）共和国勒拿河流域柴图姆斯（Chai-Tumus）煤矿；同年，在《苏联科学院报告》(93)报道。英文名称 Glushinskite，以俄罗斯圣彼得堡北极和南极地质研究所煤炭地质学家彼得·伊万诺维奇·格鲁斯尼斯基（Peter Ivanovich Glushinskii，1908—1990）的姓氏命名。1971 年 L. 沃尔特-利维（L. Walter-Levy）等在《法国化学学会通报》报道。IMA 1987s. p. 批准。它有 α 和 β 两种形式合成的化合物。Glushinskite 是 β 型，中文名称根据成分译为草酸镁石。1989 年据考吉尔（Cowgill）报告，α 型在以色列约旦裂谷胡勒（Huleh）湖流域发现，尚未命名。

【草酸锰石】

英文名 Lindbergite

化学式 $Mn(C_2O_4)\cdot 2H_2O$　(IMA)

草酸锰石柱状晶体（意大利、德国）

草酸锰石是一种含 2 个结晶水的锰的草酸盐矿物。属草酸铁矿族。单斜晶系。晶体呈柱状、细小板状。白色—灰白色，玻璃光泽，透明；硬度 2.5，完全解理，脆性。1977 年 A. 胡伊琴（A. Huizing）在《材料研究通报》(12)报道锰水合物草酸盐化合物。2001 年发现于巴西米纳斯吉拉斯州加利莱亚镇萨普卡亚区博卡黎加（Boca Rica）。英文名称 Lindbergite，以美国地质勘探局的玛丽·路易莎·林德伯格-史密斯（Marie Louise Lindberg-Smith，1918—2005）的姓氏命名。她描述了几种新矿物。IMA 2003-029 批准。2003 年佐伊·A. D. 莱思布里奇（Zoe A. D. Lethbridge）等在《固态化学杂志》(172)和 2004 年《美国矿物学家》(89)报道。中文名称根据成分译为草酸锰石。

【草酸钠石】

英文名 Natroxalate

化学式 $Na_2(C_2O_4)$　(IMA)

草酸钠石是一种钠的草酸盐矿物。单斜晶系。晶体呈柱状；集合体呈放射状、细粒脉状和结节状。无色、白色、淡黄色，玻璃光泽，透明；硬度 3，完全解理，脆性。1994 年发现于俄罗斯北部摩尔曼斯克州阿鲁艾夫（Alluaiv）山。英文名称 Natroxalate，由亚历山大·彼得罗维奇·霍米亚科夫（Alexander Petrovich Khomyakov）根据化学成分"拉丁文 Natrium（钠）"和"Oxalate（草酸）"组合命名。IMA 1994-053 批准。1996 年霍米亚科夫在《全苏矿物学会记事》[125(1)]和 1997 年《矿物学记录》(2)报道。2003 年中国地质科学院矿产资源研究所李锦平等在《岩石矿物学杂志》[22(3)]根据成分译为草酸钠石。

草酸钠石块状集合体（俄罗斯）

【草酸铁矿】

英文名 Humboldtine

化学式 $Fe^{2+}(C_2O_4)\cdot 2H_2O$　(IMA)

草酸铁矿是一种含 2 个结晶水的铁的草酸盐矿物。属草酸铁矿族。单斜晶系。晶体呈柱状、板状、纤维状、毛细管状；集合体呈葡萄状、土状、致密块状。黄色、琥珀黄色，松脂光泽、油脂光泽，透明—半透明；硬度 1.5～2，完全解理。1821 年发现于捷克共和国乌斯季州莫斯特市科罗兹鲁基（Korozluky）。英文名称 Humboldtine，1821 年由秘鲁科学家、地质学家、矿物学家、化学家、考古学家、政治家和外交家马里亚诺·爱德华多·德·里韦罗·乌斯塔里斯（Mariano Eduardo de Riveroy Ustáriz，1798—1857）为纪念他的导师洪堡（Humboldt）而以他的姓氏命名并在巴黎《化学和物理学年鉴》(18)报道。1817 年，乌斯塔里斯前往法国，在巴黎皇家矿业学院学习矿物学和化学。他在法国遇到了约瑟夫·路易斯·普鲁斯特（Joseph Louis Proust）、盖伊-吕萨克（Gay-Lussac）和弗里德里希·海因里希·亚历山大·冯·洪堡（Friedrich Heinrich Alexander von Humboldt，1769—1859）。冯·洪堡成为他的导师，在欧洲勘查的过程中，他在安第斯山脉东科迪勒拉山发现了一种新的草酸铁矿并以洪堡的姓氏命名，以示对他的年长导师的敬意。洪堡是德国自然科学家、自然地理学家、著述家、政治家，他是近代气候学、植物地理学、地球物理学的创始人之一。1959 年以前发现、描述并命名的"祖父级"矿物，IMA 承认有效。同义词 Oxalite，来自"Oxal＝Oxalic＝Oxalate（草酸或草酸盐，即乙二酸）"。早期的调查人员(1785)从酢浆草（Wood-sorrel）分离出草酸。草酸遍布于自然界，在菠菜、大黄叶子、伏牛花、羊蹄草、酸模草、天南星等几乎所有的植物中都含有草酸或草酸钙。中文名称根据成分译为草酸铁矿。

草酸铁矿土状集合体（捷克）和洪堡像

【草酸铜钠石】

英文名 Wheatleyite

化学式 $Na_2Cu(C_2O_4)_2\cdot 2H_2O$　(IMA)

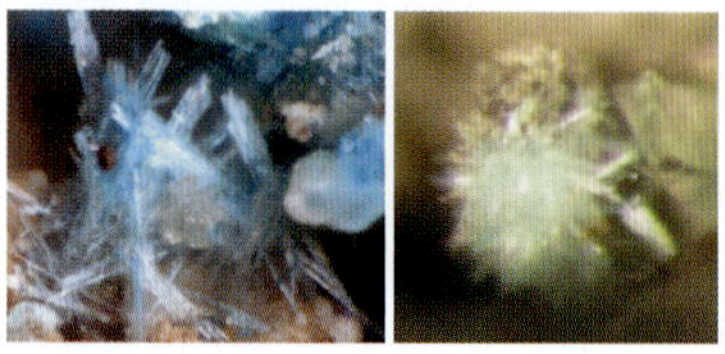

草酸铜钠石针状晶体，放射状集合体（智利、美国）

草酸铜钠石是一种含结晶水的钠、铜的草酸盐矿物。三斜晶系。晶体呈针状、板条状；集合体呈放射状。淡蓝色，玻璃光泽，透明；硬度 1～2。1984 年发现于美国宾夕法尼亚州切斯特县舒伊尔基尔乡菲尼克斯维尔区惠特利(Wheatley)矿山。英文名称 Wheatleyite，以发现地美国的惠特利(Wheatley)矿命名。IMA 1984－040 批准。1986 年 R. C. 劳斯(R. C. Rouse)等在《美国矿物学家》(71)报道。1987 年中国新矿物与矿物命名委员会郭宗山等在《岩石矿物学杂志》[6(4)]根据成分译为草酸铜钠石。

【草酸铜石】

英文名 Moolooite

化学式 $Cu(C_2O_4)\cdot nH_2O$ (IMA)

草酸铜石土状、皮壳状集合体(哈萨克斯坦、德国)

草酸铜石是一种含结晶水的铜的草酸盐矿物。斜方晶系。晶体呈显微粒状；集合体呈土状、皮壳状。淡蓝绿色，土状光泽，透明。1968 年 H. 斯彻米特勒(H. Schmittler)在柏林的 *Monatsber. Deut. Akad. Wiss.* (10)报道了无序铜(Ⅱ)草酸盐($CuC_2O_4 . nH_2O$)的结构原理。1980 年理查德·M. 克拉克(Richard M. Clarke)和 Ian. R. 威廉姆斯(Ian. R. Williams)发现于澳大利亚西澳大利亚州加斯科因区莫洛唐斯(Mooloo Downs)班伯里泉。英文名称 Moolooite，以模式产地澳大利亚的莫洛唐斯(Mooloo Downs)命名。IMA 1980－082 批准。1986 年 R. M. 克拉克(R. M. Clarke)等在《矿物学杂志》(50)和 1987 年《美国矿物学家》(72)报道。1987 年中国新矿物与矿物命名委员会郭宗山等在《岩石矿物学杂志》[6(4)]根据成分译为草酸铜石。

【草酸铀矿*】

英文名 Uroxite

化学式 $[(UO_2)_2(C_2O_4)(OH)_2(H_2O)_2]\cdot H_2O$ (IMA)

草酸铀矿*是一种含结晶水、羟基的铀酰-草酸盐矿物。它是在自然界发现的第一个草酸铀酰矿物。单斜晶系。晶体呈柱状或叶片状，长约 1mm；集合体呈放射状、束状、捆状。浅黄色，玻璃光泽，透明；硬度 2，完全解理，脆性。2018 年发现于美国科罗拉多州圣米格尔县布罗(Burro)矿和美国犹他州圣胡安市马基(Markey)矿。英文名称 Uroxite，由成分铀酰(UR)和草酸(OX)组合命名。IMA 2018－100 批准。2018 年 A. R. 坎普夫(A. R. Kampf)等在《CNMNC 通讯》(46)、《矿物学杂志》(82)和《欧洲矿物学杂志》(30)报道。目前尚未见官方中文译名，编译者建议根据成分译为草酸铀矿*。

草酸铀矿*叶片状晶体，捆束状集合体(美国)

层

[céng]形声；从尸，曾声。用于重叠、可以分层次的事物或东西。用于描述矿物的形态、解理特征。

【层硅铝钙石】

英文名 Amstallite

化学式 $CaAl[(Al,Si)_4O_8(OH)_2](OH)_2\cdot(H_2O,Cl)$ (IMA)

层硅铝钙石是一种含氯、结晶水、羟基的钙、铝的铝硅酸盐矿物。单斜晶系。晶体呈针状、棱柱状，细长且通常有条纹，横截面呈菱形和六边形。无色，玻璃光泽，透明—半透明；硬度 3～5，完全解理，脆性。1987 年发现于奥地利下奥地利州瓦尔德威尔特尔地区米尔多夫的阿穆斯塔尔(Amstall)石墨采石场。英文名称 Amstallite，以发现地奥地利的阿穆斯塔尔(Amstall)命名。IMA 1986－030 批准。1987 年 R. 昆特(R. Quint)在《矿物学新年鉴》(月刊)和 1988 年 J. L. 杨博尔(J. L. Jambor)等在《美国矿物学家》(73)报道。1988 年中国新矿物与矿物命名委员会郭宗山等在《岩石矿物学杂志》[7(3)]根据完全解理和成分译为层硅铝钙石。

层硅铝钙石柱状晶体(奥地利)

【层硅铈钛矿】

英文名 Rinkite-(Ce)

化学式 $(Ca_3REE)Na(NaCa)Ti(Si_2O_7)_2(OF)F_2$ (IMA)

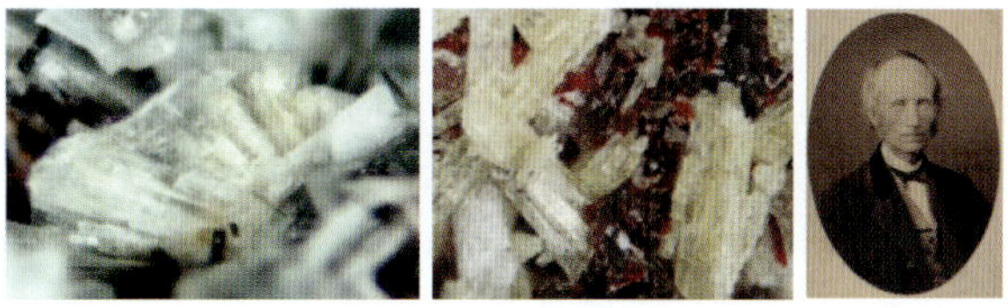

层硅铈钛矿板片状晶体(加拿大)和林克像

层硅铈钛矿是一种含氟和氧的钙、稀土、钠、钛的类似 2M 型白云母结构的层状硅酸盐矿物，是绿层硅铈钛矿的高稀土物种。属氟钠钛锆石超族层硅铈钛矿族。单斜晶系。晶体呈板片状、板状，聚片双晶发育。黄棕色、微黄色、稻草黄色，油脂光泽、玻璃光泽，透明；硬度 5。1884 年发现于丹麦格陵兰岛纳尔萨克市伊犁马萨克(Ilimaussaq)碱性杂岩体康尔德鲁亚苏克(Kangerdluarssuq)峡湾；同年，在《结晶学和矿物学杂志》(9)报道。1958 年 F. 弗莱舍(F. Fleischer)在《美国矿物学家》(43)报道。英文名称 Rinkite-(Ce)，根词由当时的皇家格陵兰岛贸易局局长亨利克·约翰内斯·林克(Henrik Johannes Rink，1819—1893)的姓氏，加占优势的稀土元素铈后缀-(Ce)组合命名。2009 年 IMA 批准[参见 M. 贝莱扎(M. Bellezza)等的《加拿大矿物学家》(47)]。2016 年 IMA 将名称由 Rinkite 改为 Rincite-(Ce)(IMA 16-A)。IMA 2016s. p. 批准。中文名称根据层状结构和成分译为层硅铈钛矿，也有的根据颜色和成分译为褐硅铈钛矿。

【层硅钇钛矿*】参见【林克钇石*】条 452 页

【层解石】参见【方解石】条 154 页

【层亚砷锰矿】

英文名 Manganarsite

化学式 $Mn_3^{2+}As_2^{3+}O_4(OH)_4$ (IMA)

层亚砷锰矿是一种含羟基的锰的亚砷酸盐矿物。晶体呈片状，集合体呈层状。草绿色；硬度 3。1986 年发现于瑞典韦姆兰省菲利普斯塔德市朗班(Långban)。英文名称 Manganarsite，由化学成分“Manganese(锰)”和“Arsenic(砷)”缩写组合命名。IMA 1985－037 批准。1986 年 D. R. 皮阿克尔(D. R. Peacor)等在《美国矿物学家》(71)报道。1987 年中国新矿物与矿物命名委员会郭宗山等在《岩石矿物学杂志》[6(4)]根据层状形态和成分译为层亚砷锰矿;根据颜色和成分译为草绿砷锰矿。

插 [chā]形声;从手,臿(chā)声。本义:刺入、挤放进去。插晶:两个晶体形成穿插在一起的双晶。

【插晶菱沸石-钙】

英文名 Lévyne-Ca

化学式 $Ca_3(Si_{12}Al_6)O_{36}\cdot 18H_2O$ (IMA)

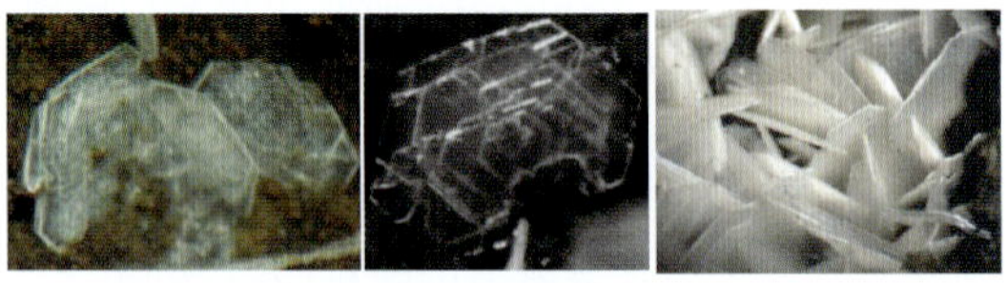

插晶菱沸石-钙片状晶体和穿插双晶(美国、英国)

插晶菱沸石-钙是一种含沸石水的钙的铝硅酸盐矿物。属沸石族菱沸石-插晶菱沸石系列。三方晶系。晶体呈片状、纤维状,穿插双晶发育;集合体常呈放射状。白色—红色和黄白色、灰色,玻璃光泽,透明—半透明;硬度 4.0~4.5,菱面体完全解理。1821 年第一次发现描述于丹麦桑多伊岛达尔斯尼巴(Dalsnipa)或 Dalsnypen(达尔斯尼彭)山。1825 年大卫·布鲁斯特(David Brewster)在《爱丁堡科学杂志》(2)报道。英文名称 Lévyne-Ca,大卫·布鲁斯特为了纪念塞尔夫-迪厄·阿贝拉尔"阿尔芒"·列维(Serve-Dieu Abailard"Armand"Lévy,1794—1841)而以他的姓氏命名,其后沸石命名委员会加钙后缀-Ca。"阿尔芒"列维是法国巴黎大学著名矿物学家和结晶学家。1959 年以前发现、描述并命名的"祖父级"矿物,IMA 承认有效。IMA 1997s.p.批准。1998 年在《矿物学杂志》(62)和《美国矿物学家》(83)报道。中国地质科学院根据双晶和族名译为插晶菱沸石(=插晶菱沸石-钙/钙插晶菱沸石)。2010 年杨主明在《岩石矿物学杂志》[29(1)]建议音加族名译为雷尼沸石(编译者建议译为列维沸石*)。根据 IMA-CNMMN 批准的沸石命名法的修改建议,扩展了沸石类矿物的定义,凡具有沸石的性质,但其结构中含有四面体格架者则可视为沸石;亦允许非硅和铝的元素在格架内的完全替换,在具特定结构的组成系列中,格架外的不同阳离子中的原子比值最大者可确定为独立的矿物种,命名时采用相应的元素符号作为后缀,用连字符加在系列名称之后,因此 Lévyne 有 Lévyne-Ca 和 Lévyne-Na。

【插晶菱沸石-钠】

英文名 Lévyne-Na

化学式 $Na_2(Si_{12}Al_6)O_{36}\cdot 18H_2O$ (IMA)

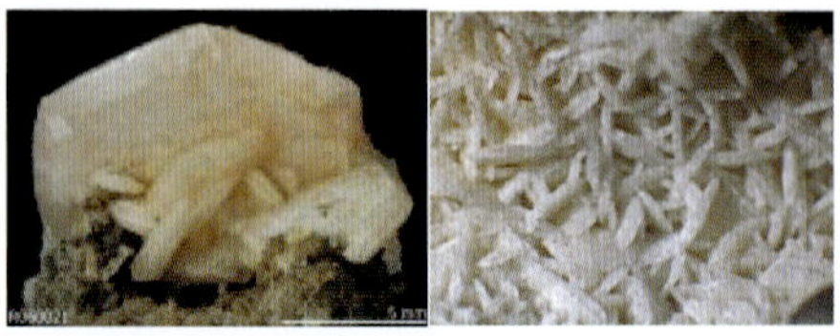

插晶菱沸石-钠板状、针柱状晶体(美国、澳大利亚)

插晶菱沸石-钠是一种含沸石水的钠的铝硅酸盐矿物。属沸石族菱沸石-插晶菱沸石系列。三方晶系。晶体呈六方板状、针柱状、纤维状;集合体呈晶簇状、放射状。灰色、灰白色、白色、淡黄白色,玻璃光泽,透明—半透明;硬度 4~4.5,完全解理。1974 年发现于日本九州地区长崎县壹岐岛九重町(Chojabaru);同年,在《日本地质调查回忆录》(11)和 1975 年 S.麦里诺(S. Merlino)等在《契尔马克氏矿物学和岩石学通报》(22)报道。英文名称 Levyne-Na,由根词"Levyne(插晶菱沸石)"加占优势的钠后缀-Na 组合命名。其中,根词 Levyne,1825 年戴维·布鲁斯特(David Brewster)为纪念法国巴黎大学矿物学家和晶体学家阿贝拉尔"阿尔芒"·列维(Abailard"Armand" Lévy,1794—1841)而以他的姓氏命名。日文名称ソーダレビ沸石。IMA 1997s.p.批准。1998 年 D.S.库姆斯(D.S. Coombs)等在《矿物学杂志》[62(4)]报道。中文名称根据成分及族名译为插晶菱沸石-钠/钠插晶菱沸石。2010 年杨主明在《岩石矿物学杂志》[29(1)]建议音加族名译为雷尼沸石(编译者建议译为列维沸石*)。

茶 [chá]会意、形声;从艸,余声。茶色:是一种像浓茶水一样的比栗色稍红的棕橙色—浅棕色。

【茶晶】

参见【水晶】条 835 页

查 [chá]形声;从一,沓声。[英]音,用于外国人名。

【查尔斯哈切特石*】

英文名 Charleshatchettite

化学式 $CaNb_4O_{10}(OH)_2\cdot 8H_2O$ (IMA)

查尔斯·哈切特像

查尔斯哈切特石*是一种含结晶水和羟基的钙、铌的氧化物矿物。单斜晶系。晶体呈自形扁平叶片状,粒径 0.002mm×0.010mm×0.040mm;集合体呈放射状、球粒状,直径 0.15~0.2mm。白色,丝绢光泽,透明—半透明;硬度 4,完全解理。2015 年发现于加拿大魁北克省圣希莱尔(Saint-Hilair)山混合肥料采石场。英文名称 Charleshatchettite,为纪念发现铌的英国化学家查尔斯·哈切特(Charles Hatchett,1765—1847)而以他的姓名命名。因铌是本矿物占优势的元素。IMA 2015-048 批准。2015 年 M.M.哈林(M.M. Haring)等在《CNMNC 通讯》(27)、《矿物学杂志》(79)和 2017 年《美国矿物学家》(102)报道。目前尚未见官方中文译名,编译者建议音译为查尔斯哈切特石*。

【查玛石】

参见【水碳铝锰石】条 875 页

【查纳巴亚石*】

英文名 Chanabayaite

化学式 $Cu_2Cl(N_3C_2H_2)_2(NH_3,Cl,H_2O,\square)_4$ (IMA)

查纳巴亚石*针柱状晶体,放射状集合体(智利)

查纳巴亚石*是一种含空位、结晶水、氨、三唑阴离子的铜的氯化物矿物,它是第一个被发现的含三唑阴离子的矿物。斜方晶系。晶体呈针柱状;集合体呈放射状。蓝色、紫色,半透明;硬度 2,脆性。2013 年发现于智利伊基克省查纳巴亚(Chanabaya)帕贝拉诺德皮卡(Pabellón de Pica)。英文名称 Chanabayaite,以发现地智利的查纳巴亚(Chanabaya)命名。IMA 2013-065 批准。2013 年 N.V.丘卡诺夫(N.V.

Chukanov)等在《CNMNC 通讯》(17)、《矿物学杂志》(77)和2015年《全苏矿物学会记事》[144(2)]报道。目前尚未见官方中文译名，编译者建议音译为查纳巴亚石*。

柴

[chái]形声；从木，此声。用于中国地名。

【柴达木石】

汉拼名 Chaidamuite

化学式 $ZnFe^{3+}(SO_4)_2(OH)\cdot 4H_2O$　(IMA)

柴达木石是一种含结晶水、羟基的锌和铁的硫酸盐矿物。三斜晶系。晶体呈厚板状、短柱状或假立方体、粒状。褐色—黄褐色，玻璃光泽，透明；硬度2.5～3，完全解理。1983年，兰州大学李万茂等在中国青海省祁连山柴达木(Chaidamu)盆地北缘海西自治州大柴旦锡铁山(Xitieshan)铅锌矿氧化带中，发现了一种锌和铁的硫酸盐矿物，经武汉地质学院彭志忠教授研究认为它是四水铜铁矾的类似物，是一种硫酸盐新矿物。根据产地命名为柴达木石(Chaidamuite)。IMA 1985-011批准。1986年李万茂等在中国《矿物学报》[(6)2]和1987年《美国矿物学家》(73)报道。

长

[cháng]象形；甲骨文字形，像人披长发之形，以具体表抽象。本义：两点距离大，与"短"相对。用于中国地名和中国古代伟大建筑长城。

【长白矿】

汉拼名 Changbaiite

化学式 $PbNb_2O_6$　(IMA)

长白矿是一种铅、铌的氧化物矿物。三方晶系。晶体呈近六方板状；集合体呈球粒状，球粒断面可见放射状和同心环状构造。浅褐色、褐黄色、浅黄绿色、乳白色及无色，金刚光泽，解理面上呈珍珠光泽，透明—半透明；硬度5.5，极完全解理，也见有清晰的菱面体解理，脆性。1978年中国吉林省通化地区综合地质大队的地质工作者在吉林省通化县东南部岗山地区燕山期花岗岩裂隙带中的高岭土细脉中发现，经吉林省地质科学研究所岩矿室研究鉴定确认为一种新矿物。矿物名称以发现地中国吉林省白山市长白(Changbai)朝鲜族自治县或长白山命名为长白矿。被认为是1959年以前发现、描述并命名的"祖父级"矿物，IMA承认有效，但它没有确切的发现时间。1978年在中国《地质学报》(52)、《科学通报》(2)和1979年《美国地质学家》(64)报道。它的发现对矿物学、晶体化学和地球化学研究具有一定的意义。

【长城矿】

汉拼名 Changchengite

化学式 IrBiS　(IMA)

中国·长城

长城矿是一种铱的铋-硫化物矿物。属辉钴矿族。等轴晶系。集合体呈块状或细脉状，分布在硫铱矿的边缘并交代它。颜色呈钢灰色，条痕呈黑色，金属光泽，不透明；硬度3.5。1984—1985年，中国地质科学院地质所於祖相研究员在检查河北省承德地区燕山山脉铱的碲铋系列矿物时，在高台村铬铁矿体邻近河砂矿体的铂砂矿中，有一种与它相似的铱的硫铋新矿物被发现。当时只发现1粒，其后在1990年又发现8颗。矿物根据矿区邻近河北省境内闻名世界的长城(Changcheng)命名为长城矿。IMA 1995-047批准。1997年於祖相在中国《地质学报》[71(4)]和《矿物学记录》(29)报道。

【长石】

英文名 Feldspar

长石族矿物的总称，是地球上分布最广泛的矿物，它们是钾、钠、钙、钡的架状铝硅酸盐矿物，在我们周围俯首皆是。包括正长石、斜长石及钡长石系列。英文名称 Feldspar，最初由德文 Feldspath 引入，其中德文的 Feld，亦即"旷野"之意；而 Spar 则源自盎格鲁-撒克逊语，一说表示任何不含金属的石头，另一说是容易裂开的闪光的石头。因此，长石是旷野上的普普通通的、解理面闪闪发光的一类矿物。

长石在中国古医药著作中就有记载，最早出自于东汉《神农本草经》。名称有方石(《本经》)、直石(《吴普本草》)、土石(《别录》)、硬石膏(《纲目》)。汉末《名医别录》曰："长石，理如马齿，方而润泽玉色。"那时的长石并非是矿物学意义的长石，可能还包括石膏、方解石、萤石等。

车

[chē]繁体車的简化字。象形；甲骨文有多种写法。像车形。本义：车子，陆地上有轮子的运输工具。

【车轮矿】

英文名 Bournonite

化学式 $CuPbSbS_3$　(IMA)

车轮矿车轮状双晶(英国、法国)

车轮矿是一种铜、铅、锑的硫化物矿物。属车轮矿族。斜方晶系。晶体呈短柱状或厚板状，常发育十字形双晶或车轮状双晶；集合体常呈不规则粒状、致密块状。颜色呈钢灰色—暗铅灰色，常有黄褐色的锖色，强金属光泽，不透明；硬度2.5～3，脆性。1805年发现于英国英格兰康沃尔郡韦德布里奇区圣安德里昂(Endellion)艾萨克港惠尔博伊斯(Wheal Boys)特雷维塔(Trewetha)矿及老特雷维塔矿；同年，在《系统矿物学》(第二卷，爱丁堡)刊载。1797年菲利普·拉什利(Philip Rashleigh)首次提到此矿物以为是锑的矿石。1804年雅克·路易斯·康姆特·迪·波旁伯爵进行了更完善的描述，于1813年以首次发现地圣安德里昂(Endellione)命名为 Endellionite[见1804年《伦敦皇家学会菲利普的报告》(30)报道]。英文名称 Bournonite，由罗伯特·詹姆森(Robert Jameson)在1805年为了纪念雅克·路易斯·康姆特·迪·波旁(Jacques Louis Comte de Bournon，1751—1825)伯爵而以他的姓氏命名。波旁伯爵是法国矿物学家和结晶学家，他是一位活跃的矿物学家和研究陨石矿物组成的专家，他在矿物学分类研究方面做出了杰出的贡献，他撰写了很多详细的矿物分类收集目录；1807年他是地质学会的创始人之一，他还命名了硅线石(Fibrolite)。1959年以前发现、描述并命名的"祖父级"矿物，IMA承认有效。中文名称根据矿物的十字形和环状连生的双晶形似车轮而意译为车轮矿。

彻

［chè］形声；从彳，切声。本义：撤除，撤去。［英］音，用于外国人名。

【彻雷奈克石】

英文名 Cheremnykhite

化学式 $Pb_3Zn_3(TeO_6)(VO_4)_2$　　（IMA）

彻雷奈克石是一种铅、锌的钒酸-碲酸盐矿物。属砷碲锌铅石族。斜方晶系。晶体呈板状。绿黄色，金刚光泽，透明；硬度 5.5，完全解理。1989 年发现于俄罗斯萨哈共和国阿尔丹地盾库拉纳赫(Kuranakh)金矿。英文名称 Cheremnykhite，以发现库拉纳赫矿床的俄罗斯地质学家 I. M. 彻雷奈克(I. M. Cheremnykh，1928—)的姓氏命名。IMA 1989-017 批准。1990 年在《全苏矿物学会记事》[119(5)]报道。1993 年中国新矿物与矿物命名委员会黄蕴慧等在《岩石矿物学杂志》[12(1)]音译为彻雷奈克石。

【彻内奇石】

参见【切尔尼希石】条 745 页

辰

［chén］象形；金文字形，是蛤蚌壳之类软体动物的形象，"蜃"的本字。后经假借而产生了其他用法。用于中国古代地名，湖南辰州府(今湖南怀化沅陵县)。

【辰砂】

英文名 Cinnabar

化学式 HgS　　（IMA）

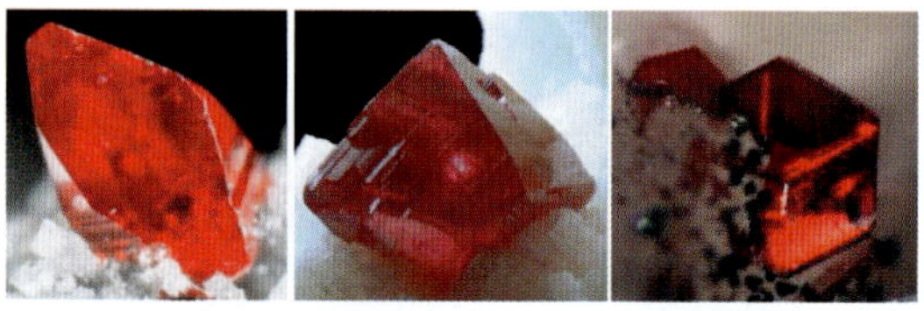

辰砂柱状、锥状、假立方晶体(中国、意大利)

辰砂是一种汞的硫化物矿物。属辰砂族。三方晶系。晶体呈厚板状或菱面体、粒状、柱状，常具双晶；集合体多呈致密块状、土状鲜红色、鸡冠红色或暗红色—黑红色，有时带铅灰色，因其色又称朱砂或丹砂，金刚光泽、半金属光泽，破碎粉末有闪烁的光泽，透明—半透明；硬度 2～2.5，完全解理。中国是世界上认识、命名、利用辰砂最早的国家。我国利用朱砂作颜料已有几千年的历史，甚至可以追溯到新石器时代。殷商"涂朱甲骨"指的就是把朱砂磨成粉末，涂嵌在甲骨文的刻痕中以显醒目。后世的皇帝们沿用此法，用辰砂的红色粉末调成红墨水书写批文，就是"朱批"。红润亮丽的颜色也得到了画家们的喜爱，中国书画被称为"丹青"，其中"丹"即指朱砂，书画不可或缺的"八宝印泥"，主要成分也是朱砂。我国还是世界上出产朱砂最多的国家之一。《史记·货殖列传》记载：有一位名叫清的寡妇的祖先在重庆涪陵地区挖掘丹矿，世代经营，成为当地有名巨贾的故事。在秦汉这种红色颜料已广泛应用。1972 年，长沙马王堆汉墓出土的大批彩绘印花丝织品中，有不少花纹就是用朱砂绘制的，埋葬时间虽长达 2 000 多年，但织物的色泽依然鲜艳无比。可见西汉时期使用朱砂的技术水平是相当高超的。东汉之后，为寻求长生不老丹而兴起的炼丹术，成为方士炼丹的主要原料，使中国人运用朱砂的范围更加广泛，水平更加高超，产品远销至日本等国。最广为人知地使用朱砂的是中国雕漆，显然是起源于宋代的技术。

辰砂在中国古医药中应用更加广泛。很多药书、地理和史籍中都有记载。辰砂之名出自宋代《本草图经》，名字源自产地——辰州(今湖南沅陵)，是中国最早发现朱砂，也是质量最好的地方，故名辰砂。辰砂别名很多，主要有朱砂(《神农本草经集注》)、丹粟(《山海经》)、丹砂(《本经》)、赤丹(《淮南子》)、汞沙(《石药尔雅》)、真朱、光明砂、神砂等。这些名称多以颜色(朱、丹、赤)和形态(如砂，即小石；粟，即小米；沙，即古同砂)命名；还有"镜面砂"其片状者，块状者称"豆瓣砂"，碎末者称"朱宝砂"等名称；神砂则与炼丹术有关。

英文名称 Cinnabar，来自希腊文"κιννaβαρι＝Kinnabari"，它最有可能是公元前 4 世纪的古希腊哲学家和科学家泰奥弗拉斯托斯(Theophrastus)应用的名称。其他消息来源说，词源于波斯文"شنگرف＝shangarf(Arabicized as زنجفرة＝Zinjifrah)"，可能有"血竭、龙血、龙血竭"，即"赤褐色或紫褐色或血红色"之意；还有一个不确定的来源，即梵文"सुगर＝Sugara"，可能有"糖粒"之意。在拉丁文中有时被称为"Minium"，即"朱红色、朱砂色、红铅、铅丹"；也有"红色肉桂"之意。还有其他一些英文名称，如 Iunabar/Vermilion/Vermillion，都是以"朱红的、鲜红的"颜色来称呼朱砂、丹砂和辰砂的。1959 年以前发现、描述并命名的"祖父级"矿物，IMA 承认有效。辰砂的同质多象变体还有六方辰砂(Hypercinnabar)和黑辰砂(Metacinnabar)，参见相关条目。

陈

［chén］形声；从阜，从木，申声。中国姓氏。

【陈国达矿】

汉拼名 Chenguodaite

化学式 $Ag_9FeTe_2S_4$　　（IMA）

陈国达矿他形粒状晶体和陈国达像

陈国达矿是一种银、铁的碲-硫化物矿物。斜方晶系。晶体呈他形不规则粒状、圆粒状、椭圆粒状。暗铅灰色，金属光泽，不透明；硬度 2～3，脆性。中国科学院广州地球化学研究所谢先德、陈鸣和中南工业大学谷湘平等研究人员与日本广岛大学科学家在我国著名的金矿区山东省胶东半岛烟台地区招远市金岭金矿首次发现含银、铁、碲、硫的新矿物。2003 年谷湘平等在《欧洲矿物学杂志》(15)报道。为表达对我国著名的地质学家、地洼学说的创立人陈国达(Chenguoda，1912—2004)院士的敬意，该新矿物被命名为陈国达矿(Chenguodaite)。陈国达教授是世界著名的地质学家，曾任中南矿冶学院(中南工业大学前身)副院长，中南大学一级教授、博士生导师，中国科学院长沙大地构造研究所所长，国际地洼构造与成矿研究总中心主席，国际矿床成因协会矿床大地构造委员会副主席兼地洼学组主席，中国科学院学部委员、资深院士。是中国中南大学地质系的创建者，对基础地质、构造地质、成矿学的教育和研究做出了突出的贡献，1956 年创立了大地构造学派——地洼学说。IMA 2004-042a 批准。2008 年谷湘平等在中国《科学通报》[53(22)]报道。这是近年来以中国科学院广州地球化学研究所谢先德和陈鸣研究员为首的研究小组在高压矿物和微矿物研究领域，继涂氏磷钙石、谢氏超晶石之后发现的第三个新矿物。

【陈鸣矿】

汉拼名 Chenmingite

化学式 $FeCr_2O_4$ (IMA)

陈鸣像

陈鸣矿是一种铁、铬的氧化物矿物。属钙黑锰矿超族。斜方晶系。晶体呈微米到亚微米级的薄片状。与铬铁矿、谢氏超晶石为同质多象。该 CF -结构新矿物最初由陈鸣和谢先德等于 2003 年在随州陨石中发现，研究结果发表在当年的美国科学院院报(PNAS)。2017 年马驰等发现于摩洛哥苏斯-马萨地区塔塔省提森特(Tissint)火星陨石。汉拼名称 Chenmingite，以中国广州地球化学研究所极端环境地质和地球化学研究室主任、广东省矿物物理与矿物材料重点实验室副主任、中国地质学会矿物专业委员会副主任委员陈鸣(Chenming，1957—)博士的姓名命名。陈鸣研究员长期从事宇宙矿物学、高压矿物学、陨石和陨石坑冲击变质等领域的研究工作。提出通过岩石和矿物天然冲击变质效应研究地球深部物质组成和结构的学术思想。发现了多种超高压新矿物和超高压矿物组合，在小行星和陨石撞击事件温度压力历史和动力学提出了新的见解。发现了中国首个和第二个陨石坑——岫岩陨石坑和依兰陨石坑。填补国内陨石坑研究方面的空白。IMA 2017 - 036 批准。2017 年马驰(Ma Chi)等在《CNMNC 通讯》(38)、《矿物学杂志》(81)和《欧洲矿物学杂志》(29)及 2019 年《美国矿物学家》[104(10)]报道。

【陈铜铅矾】

英文名 Chenite

化学式 $CuPb_4(SO_4)_2(OH)_6$ (IMA)

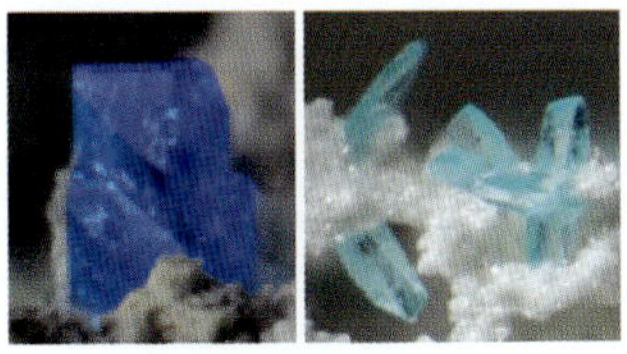

陈铜铅矾板柱状晶体(英国)

陈铜铅矾是一种含羟基的铜、铅的硫酸盐矿物。属青铅矿-陈铜铅矾族。三斜晶系。晶体呈板状、柱状。淡蓝色，金刚光泽，透明—半透明；硬度 2.5，完全解理。1983 年发现于英国苏格兰斯特拉思克莱德区南拉纳克郡利德希尔斯的苏珊娜(Susanna)矿。英文名称 Chenite，以加拿大渥太华矿产与能源技术中心(CANMET)的矿物学家陈宗泽(?)(Tzong Tzy Chen，1942—)的姓氏命名，以表彰他对矿物学的贡献。IMA 1983 - 069 批准。1986 年 W. H. 帕尔(W. H. Paar)等在《矿物学杂志》(50)和 1987 年 F. C. 霍桑(F. C. Hawthorne)等在《美国矿物学家》(72)报道。1986 年中国新矿物与矿物命名委员会郭宗山等在《岩石矿物及测试》[5(4)]根据英文名称首音节音和成分译为陈铜铅矾，也有的根据颜色和成分译为蓝铜铅矾。

承 [chéng]会意；甲骨文字形，上面像跽跪着的人，下面像两只手。合起来表示人被双手捧着或接着。本义：捧着。用于中国地名。

【承德矿】

汉拼名 Chengdeite

化学式 Ir_3Fe (IMA)

承德矿是一种有序的天然铱、铁合金的新矿物。等轴晶系。晶体呈半自形粒状，并与硫铅铜铱矿共生，有的呈文象状与自然铱紧密共生。钢灰色，条痕呈黑色，金属光泽，不透明；硬度 5；强磁性。1980—1985 年间，於祖相教授在中国河北省北部滦河流域承德(Chengde)市高台村附近的铂砂矿中发现该矿物，它源自邻近的纯橄榄岩铬铁矿体。该矿物最初按成分，并参照卡布里(Cabri)等轴铁铂矿命名法则，将 Ir_3Fe 命名为等轴铁铱矿。后经时任新矿物委员会天然合金专业委员会主席卡布里(Cabri)审查，他认为当今新矿物不应用元素加晶系命名。于是根据首次发现地命名为承德矿(Chengdeite)。IMA 1994 - 023 批准。1995 年於祖相在中国《地质学报》[69(3)]和《矿物学记录》(22)报道。

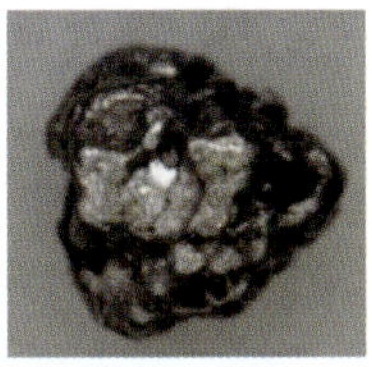

承德矿粒状晶体(加拿大)

橙 [chéng]形声；从木，登声。本义：果树名，果实叫橙子。果皮橙色是介于红色和黄色之间的混合色。用于比喻矿物的颜色。

【橙钒钙石】

英文名 Pascoite

化学式 $Ca_3V_{10}^{5+}O_{28}\cdot17H_2O$ (IMA)

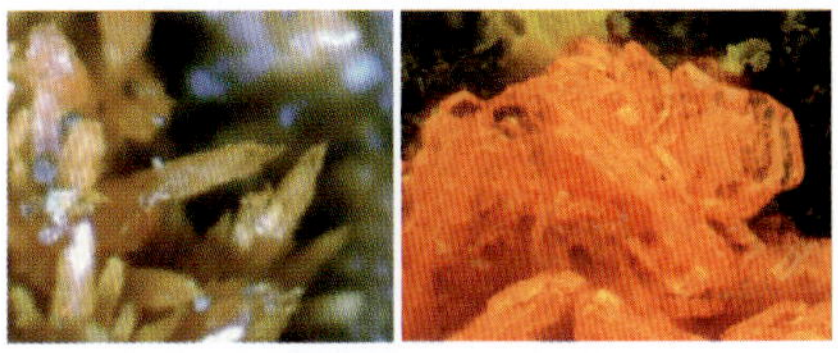

橙钒钙石板片状晶体(美国)

橙钒钙石是一种含结晶水的钙的钒酸盐矿物。属橙钒钙石族。单斜晶系。晶体呈粒状、板片状、细片状，少见；集合体常呈皮壳状。颜色为浅橙黄色—浅橙红色，当部分脱水时呈浅黄褐色，条痕呈黄色，玻璃光泽、半金刚光泽，半透明；硬度 2.5。1914 年发现于秘鲁帕斯科(Pasco)省瓦伊利艾区拉格拉(Ragra)矿。1914 年希勒布兰德(Hillebrand)在《美国哲学学会学报》(53)和 1915 年莱比锡《结晶学、矿物学和岩石学杂志》(54)报道。英文名称 Pascoite，以发现地秘鲁的帕斯科(Pasco)命名。1959 年以前发现、描述并命名的“祖父级”矿物，IMA 承认有效。中文名称根据颜色和成分译为橙钒钙石。

【橙汞矿】

英文名 Montroydite

化学式 HgO (IMA)

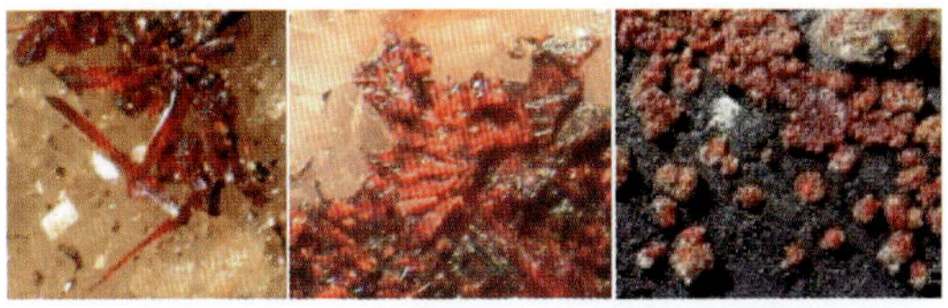

橙汞矿柱状晶体，球粒状集合体(美国)

橙汞矿是一种罕见的汞的氧化物矿物。斜方晶系。晶体呈长柱状或粒状；集合体常呈由细小柱状晶体组成的蠕虫状，或球粒状、块状、管状、粉末状、皮壳状、放射状。橙红色、暗红色、褐红色—褐色，条痕呈橙红色—黄褐色，玻璃光泽、金刚光泽，透明—半透明；硬度 1.5～2，完全解理，脆性。1903 年首次发现并描述于美国得克萨斯州布鲁斯特特灵瓜

(Terlingua)区。1903年摩斯(Moses)在《美国科学杂志》(16)报道。英文名称 Montroydite,源自该矿床的一个所有者莫恩特罗伊德·夏普(Montroyd Sharp,1861—?)的名字命名。1959年以前发现、描述并命名的"祖父级"矿物,IMA 承认有效。中文名称根据颜色和成分译为橙汞矿(橙汞石)或橙红石。1987年我国地质工作者在广西临桂县境内也有发现。

【橙红铀矿】

英文名 Masuyite

化学式 $Pb(UO_2)_3O_3(OH)_2 \cdot 3H_2O$ (IMA)

橙红铀矿板状晶体,放射状集合体(刚果)

橙红铀矿是一种含结晶水、羟基的铅的铀酰-氧化物矿物。斜方晶系。晶体呈假六方板状、鳞片状,常见双晶;集合体呈放射状。橙红色、褐橙色,透明;完全解理。1947年发现于刚果(金)上加丹加省坎博韦区欣科洛布韦(Shinkolobwe)矿。1947年 J. F. 瓦埃斯(J. F. Vaes)在《比利时地质学会年鉴》(70)和1948年《美国矿物学家》(33)报道。英文名称 Masuyite,以比利时的地质学家古斯塔夫·马叙(Gustave Masuy,1905—1945)的姓氏命名。他研究描述了刚果(金)的这种矿物。1959年以前发现、描述并命名的"祖父级"矿物,IMA 承认有效。中文名称根据颜色和成分又译作橙红铀矿;根据英文名称首音节音和成分译为马水铀矿。

【橙黄石】

英文名 Orangite

化学式 $Th[SiO_4] \cdot nH_2O$

橙黄石是一种含结晶水的钍的硅酸盐矿物,是钍石的蚀变产物。假四方晶系。晶体呈四方双锥状、柱状;集合体呈块状、胶状。橙黄色、褐黄色、褐黑色,新鲜断口呈玻璃光泽、松脂光泽,部分呈油脂光泽;硬度4.5,无解理,脆性。1851年矿物经销商贝尔格曼(Bergeman)和克兰茨(Krantz)发现并描述于挪威纳尔维克市兰格森德斯乔登(Langesundsfjorden)。英文名称 Orangite,以"Orang(橙子)"命名,意指矿物呈橙色的、橘色的、橘红色的(参见【钍石】条970页)。

【橙黄铀矿】

英文名 Vandendriesscheite

化学式 $Pb_{1.6}(UO_2)_{10}O_6(OH)_{11} \cdot 11H_2O$ (IMA)

橙黄铀矿柱状、板状晶体(刚果)和范登德里斯彻像

橙黄铀矿是一种含结晶水的铅、铀的氧化物矿物。斜方晶系。晶体呈柱状、板状、粒状。橙色—琥珀色、棕色,金刚光泽,透明—半透明;硬度3,完全解理。1947年发现于刚果(金)上加丹加省坎博韦区欣科洛布韦((Shinkolobwe)矿。1947年 J. F. 瓦埃斯(J. F. Vaes)在《比利时地质学会通报》(70)和1948年《美国矿物学家》(33)报道。英文名称 Vandendriesscheite,以比利时根特大学地质学和矿物学教授阿德里安·范登德里斯彻(Adrien Vandendriessche,1914—1940)的姓氏命名。他在"二战"中作为士兵被杀害。1959年以前发现、描述并命名的"祖父级"矿物,IMA 承认有效。中文名称根据颜色和成分译为橙黄铀矿或橙水铅铀矿。

【橙砷钠石】

英文名 Durangite

化学式 $NaAl(AsO_4)F$ (IMA)

橙砷钠石板柱晶体和集合体(墨西哥、美国)

橙砷钠石是一种罕见的含氟的钠、铝的砷酸盐矿物。属氟砷钙镁石族。单斜晶系。晶体呈斜的锥状、板状和柱状(合成的);具穿插双晶。淡或深的橙红色、红色,合成者呈绿色,玻璃光泽,半透明;硬度5.5,中等解理,脆性。1869年发现于墨西哥杜兰戈(Durango)州巴兰卡(Barranca)矿。1869年布鲁斯(Brush)在《美国科学与艺术杂志》(98)报道。英文名称 Durangite,以首次发现地墨西哥的杜兰戈(Durango)州命名。1959年以前发现、描述并命名的"祖父级"矿物,IMA 承认有效。中文名称根据颜色和成分译为橙砷钠石或橙红砷钠石。

齿 [chǐ]象形;甲骨文,像嘴里的牙齿。战国文字在上面加了个声符"止",成为形声字。本义:人和动物嘴里咀嚼食物的器官,通常称"牙"或牙齿。

【齿胶磷矿】

英文名 Odontolite

化学式 $Ca_5(PO_4)_3F$

齿胶磷矿齿化石(玻利维亚)

齿胶磷矿是一种由骨化石或齿化石遇铁铜磷酸盐的浸染而成,它是深蓝色或绿色的骨化石或齿化石。颜色深蓝色,半透明—不透明,无光泽。英文名称 Odontolite,源于希腊文"牙化石"。齿胶磷矿主要产于俄罗斯西伯利亚。原本以为是彩色的蓝铁矿,或是铜盐,最近的研究表明,原材料是乳齿象象牙化石,发现于法国比利牛斯山的中新世地层中,法国科学家经加热诱导蓝颜色的变化,研究表明材料几乎完全是氟磷灰石(参见【氟磷灰石】条179页),并有铁、锰的痕迹。中文名称根据成因和成分译作齿胶磷矿,或根据成分及外貌与绿松石相似译为齿绿松石等。

耻 [chǐ]形声;从心,耳声。本义作「辱」解,耻辱。

【耻辱石】参见【易解石】条1077页

赤 [chì]会意;甲骨文,从大(人)从火。人在火上,被烤得红红的。许慎《说文》赤者,火色也。本义:火的颜色,即红色;比朱色稍暗的颜色,如赤血。①用于比喻矿物的颜色。②用于中国地名。

【赤矾】

英文名 Bieberite

化学式 $Co(SO_4)\cdot 7H_2O$　　(IMA)

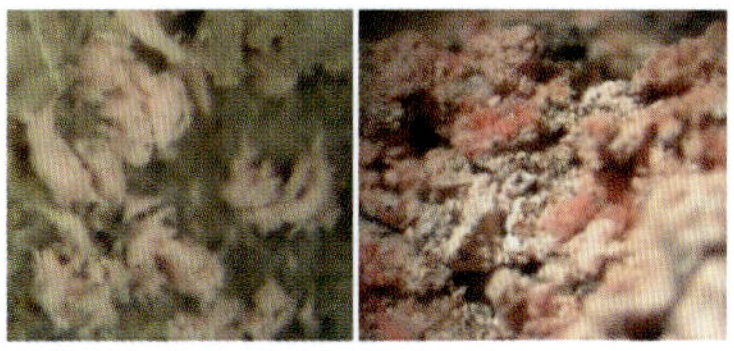

赤矾皮壳状、土状集合体(美国、德国)

赤矾是一种含结晶水的钴的硫酸盐矿物。属水绿矾族。单斜晶系。晶体呈板状;集合体呈皮壳状、钟乳状、土状。红色、粉红色、肉红色,玻璃光泽,粉状者呈土状光泽,半透明—不透明;硬度 2,完全解理。最早于 1791 年萨格(Sage)在巴黎《镭物理学杂志》(39)报道,称钴硫酸盐(Cobalt Vitriol)。1845 年发现于德国黑森州施佩萨特山格尔恩豪森的比伯(Bieber)伊姆洛克伯恩"Im Lochborn"铜矿;同年,在维也纳《矿物鉴定手册》刊载。英文名称 Bieberite,由海丁格尔(Haidinger)根据发现地德国的比伯(Bieber)命名。1959 年以前发现、描述并命名的"祖父级"矿物,IMA 承认有效。中文名称根据颜色和成分译为赤矾。

【赤金矿】参见【四方纤铁矿】条 900 页

【赤路矿】

汉拼名 Chiluite

化学式 $Bi_3Te^{6+}Mo^{6+}O_{10.5}$　　(IMA)

赤路矿是一种铋、碲、钼的复杂氧化物矿物。六方晶系。晶体呈羽毛状或不规则微小粒状,粒径一般小于 30μm,有时可见六方柱状。黄色;硬度 3。1989 年,中国科学院地球化学研究所的科学家杨秀珍等在电子探针分析工作中发现的一种微小矿物,标本来自福建省宁德地区福安县赤路(Chilu)钼矿床的石英脉。汉拼名称 Chiluite,根据首次发现地中国赤路(Chilu)命名为 Chiluite(赤路矿)。IMA 1988-001 批准。1989 年杨秀珍等在中国《矿物学报》[9(1)]和 1990 年《美国矿物学家》(76)报道。

【赤铁矾】

英文名 Botryogen

化学式 $MgFe^{3+}(SO_4)_2(OH)\cdot 7H_2O$　　(IMA)

赤铁矾柱状晶体,晶簇状、放射状集合体(瑞典、西班牙、意大利)

赤铁矾是一种含结晶水和羟基的镁、铁的硫酸盐矿物。单斜晶系。晶体呈长柱状、短柱状;集合体呈葡萄状、肾状、球状和放射状。黄色—浅橙红色—深橙红色,玻璃光泽,透明—半透明;硬度 2～2.5,完全解理,脆性。最早见于 1815 年伯齐利厄斯(Berzelius)在斯德哥尔摩《物理、化学和矿物学学位论文》(*Afhandlingar I Fysik, Kemi och Mineralogi*)(4),称 Rother Eisen-Vitriol(洛特艾森硫酸盐)。1828 年第一次发现并描述于瑞典达拉纳省法伦(Falun)矿山。1828 年海丁格尔(Haidinger)在莱比锡《哈雷物理年鉴》即《物理学和化学年鉴》(12)报道。英文名称 Botryogen,由希腊文"βóτρυs=Bunch of grapes(葡萄串)"和"γεννάν=Genos to bear(果实群)"命名,意指其葡萄状和钟乳石集合体的外观。1959 年以前发现、描述并命名的"祖父级"矿物,IMA 承认有效。中文名称根据颜色和成分,以及硫酸盐矾类译为赤铁矾。

【赤铁矿】

英文名 Hematite

化学式 Fe_2O_3　　(IMA)

赤铁矿晶体,玫瑰状(意大利)和鲕状集合体(中国)

赤铁矿是铁的氧化物矿物,与等轴晶系的磁赤铁矿(γ-Fe_2O_3)为同质多象。属赤铁矿族。三方晶系。晶体常呈板状、柱状、菱面体状、纤维状、片状、鳞片状;集合体常呈花束状、肾状、鲕状、钟乳状、块状或土状等。红褐色、钢灰色—铁黑等色,条痕呈樱红色或红棕色,金属—半金属光泽、土状光泽,不透明;硬度 5～6,脆性。中国古代很早就认识和使用赤铁矿了。古籍中称赤铁矿为赭石,代赭石、代赭、铁朱、钉头赭石、红石头、赤赭石、云子铁等,古代多是根据颜色(赭、朱、赤赭、红)、形态(钉头、云子)和成分(铁)命名的。距今 1 万～0.4 万年的新石器时代,我们的祖先利用赭石、褐铁矿和锰矿物等染料美化陶器,创造了丰富多彩的彩陶文化。中文现代矿物名称由颜色(红=赤)和成分(铁)复合命名为赤铁矿。

英文名称 Hematite,来自希腊文 Φωτοβολίδεs=Haimatites;指血(αῖμα=Blood),象征这种矿物的颜色和条痕都呈樱红色。公元前 300—前 325 年,希腊著名科学家和哲学家泰奥弗拉斯托斯(Theophrastus)最初命名为"αίματίτηsλίθοs=Blood stone(血石)"。公元 79 年老普林尼翻译成"Haematites,即 Bloodlike(像血一样)",指的是鲜艳的红色粉末。现代形式的拼写简化为不包括"a"的缩写。有些说法认为它最初来自"Haeme(血红素)"的词根。1546 年德国冶金学家阿格里科拉(Agricola)曾有记述。1959 年以前发现、描述并命名的"祖父级"矿物,IMA 承认有效。IMA 1971s.p.批准。

赤铁矿有几种形态变种,如铁黑色、金属光泽的片状赤铁矿,因晶面光亮如镜而得名镜铁矿(Specularite);鳞片状者称云母赤铁矿;红色的松软土状者称赭石;肾状集合体称肾状赤铁矿;鲕粒集合体称鲕状赤铁矿;纤维状者称笔铁矿(还有的解释它可以当红粉笔。公元前 5 000 年旧石器时代的红粉笔矿在莱茵河上游已被发现,属于线性陶文化);板状成簇组成玫瑰花状,称之为铁玫瑰等。在自然界,磁铁矿和赤铁矿可相互转化。磁铁矿可氧化成赤铁矿,若仍保留有原磁铁矿的晶形,称之为假象赤铁矿;若磁铁矿仅部分转变为赤铁矿,则称为假赤铁矿。赤铁矿又可还原成磁铁矿,若仍保留有赤铁矿的晶形,则称之为穆磁铁矿(Mushketovite。参见【穆磁铁矿】条 630 页)或称假象赤铁矿。

C

【赤铜矿】

英文名 Cuprite

化学式 Cu_2O　(IMA)

赤铜矿立方体、八面体和菱形十二面体

赤铜矿是一种铜的氧化物矿物。等轴晶系。晶体呈立方体或八面体或与菱形十二面体形成聚形、粒状;有时见沿立方体棱的方向生长形成毛发状或交织成毛绒状或长条状、闪闪发亮的晶体,称毛赤铜矿[Chalcotrichite,Chalco(铜),Trich(毛)],它是赤铜矿的孪晶形态;集合体呈致密块状或土状。新鲜面呈洋红色,金刚光泽或半金属光泽,长时间暴露于空气中即呈暗红色,甚至黑色而光泽暗淡,透明—半透明;硬度 3.5~4,脆性。模式产地德国。1845 年在维也纳《矿物学鉴定手册》刊载。英文名称 Cuprite,1845 年由威廉·卡尔·冯·海丁格尔(Wilhelm Karl von Haidinger)更正了先前已知的各种各样的矿物名字,针对其组成用拉丁文"Cuprum(铜)"命名。1959 年以前发现、描述并命名的"祖父级"矿物,IMA 承认有效。亦有人把深红色的赤铜矿称为红宝石铜矿,根据史密森学会华盛顿特区国家宝石和矿物收藏馆馆长乔尔·亚雷姆指出,任何大小的赤铜矿宝石皆被视为其中一个最具收藏价值和最壮丽的宝石,全因其深石榴红颜色和比钻石更辉煌的光彩。中文名称由其红铜色和成分铜而译为赤铜矿或红铜矿。

【赤铜铁矿】

英文名 Delafossite

化学式 $Cu^{1+}Fe^{3+}O_2$　(IMA)

赤铜铁矿针状晶体,束状、球粒状集合体(德国)和德拉福斯像

赤铜铁矿是一种铜、铁的氧化物矿物。属赤铜铁矿族。三方晶系。晶体呈板片状、针状;集合体呈葡萄状、皮壳状、球粒状、粉状、块状。黑色、浅棕色、玫瑰色,金属光泽,不透明;硬度 5.5,脆性。1873 年,由查尔斯·弗里德尔(Charles Friedel)发现于俄罗斯斯维尔德洛夫斯克州下塔吉尔区麦德诺鲁迪亚斯科耶(Mednorudyanskoye)铜矿床。1873 年弗里德尔(Friedel)在巴黎《法国科学院会议周报》(77)报道。英文名称 Delafossite,以法国矿物学家、晶体学家加布里埃尔·德拉福斯(Gabriel Delafosse,1796—1878)的姓氏命名。由他给出其化学式 $Cu_2O \cdot Fe_2O_3$,指出晶体对称性和物理特性之间的密切关系。1959 年以前发现、描述并命名的"祖父级"矿物,IMA 承认有效。中文名称根据颜色和成分译为赤铜铁矿,也有的译作铜铁矿/铁铜矿。

冲 [chōng]形声;从水,中声。本义:向上涌流。[英]音,用于外国人名。

【冲石*】

英文名 Chongite

化学式 $Ca_3Mg_2(AsO_4)_2(AsO_3OH)_2 \cdot 4H_2O$　(IMA)

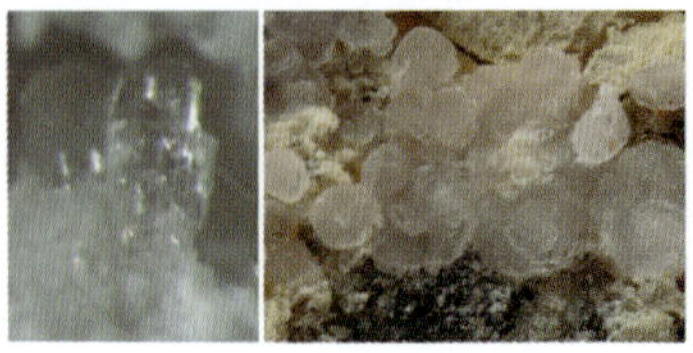

冲石* 柱状晶体,放射状、球粒状集合体(智利、捷克)

冲石* 是一种含结晶水的钙、镁的氢砷酸-砷酸盐矿物。属红磷锰矿族。单斜晶系。晶体呈柱状,长 1mm;集合体呈放射状,直径 2mm。玻璃光泽,透明;硬度 3.5,完全解理,脆性。2015 年发现于智利塔马鲁加尔省托雷西亚斯(Torrecillas)矿。英文名称 Chongite,以著名的智利地质学家兼院士吉列尔莫·冲·迪亚兹(Guillermo Chong Díaz,1936—)的名字命名。冲博士的研究主要集中在阿塔卡马沙漠。在他约 50 年的职业生涯中,有约 250 份出版物和会议介绍,其中包括 2007 年伦敦地质学会出版的《智利地质学工业矿物和岩石》一书。冲博士目前仍在智利安托法加斯塔天主教大学地质科学系任教授。IMA 2015-039 批准。2015 年 A. R. 坎普夫(A. R. Kampf)等在《CNMNC 通讯》(26)、《矿物学杂志》(79)和 2016 年《矿物学杂志》(80)报道。目前尚未见官方中文译名,编译者建议音译为冲石*。

重 [chóng]会意兼形声;金文字形,从东,从壬(tǐng),东亦声。壬,挺立。东,囊袋。人站着背囊袋,很重。本义:重。引申义:再、复。转义的引申义:二,重复。

【重钙铀矿】

英文名 Vapnikite

化学式 Ca_2CaUO_6　(IMA)

重钙铀矿是一种双钙、铀的氧化物矿物。属钙钛矿超族化学计量比钙钛矿族重钙铀矿亚族。单斜晶系。晶体呈他形粒状,20~30μm,充填于楔形硅灰石等矿物之间隙。黄色、棕色,玻璃光泽,透明;硬度 5。2013 年发现于巴勒斯坦朱迪亚沙漠杰贝尔哈鲁姆(Jebel Harmun)。英文名称 Vapnikite,由以色列贝尔谢巴内盖夫本-古里安大学的耶夫根尼·瓦普尼克(Yevgeny Vapnik)的姓氏命名。他在以色列和约旦的哈特鲁里姆地层发起了一个新的地质学、地球物理学、岩石学和矿物学研究方案。IMA 2013-082 批准。2013 年 E. V. 加鲁什金(E. V. Galuskin)等在《CNMNC 通讯》(18)、《矿物学杂志》(77)和 2014 年《矿物学杂志》(78)报道。2015 年艾钰洁、范光在《岩石矿物学杂志》[34(1)]根据成分译为重钙铀矿。

瓦普尼克(左)及其同事

【重钾矾】

英文名 Mercallite

化学式 $KH(SO_4)$　(IMA)

重钾矾是一种钾的氢硫酸盐矿物。斜方晶系。晶体呈板条状、针状、片状(人工);集合体呈钟乳状。无色、天蓝色,玻璃光泽,透明;无解理,相对密度 2.31g/cm³。1856 年马里格纳克(Marignac)在《矿业年鉴》[5(9)]报道了人工合成材

料。1935 年发现于意大利那不勒斯省维苏威(Vesuvius)火山。1935 年卡罗比(Carobbi)在《罗马皇家国立科学院报告》(21)报道。英文名称 Mercallite,以维苏威火山天文台前任董事朱塞佩·麦加利(Giuseppe Mercalli,1850—1914)的姓氏命名。1959 年以前发现、描述并命名的“祖父级”矿物,IMA 承认有效。中文名称根据成分及其中的二元酸根(重硫酸根=硫酸氢根)译为重钾矾。

重钾矾钟乳状集合体(意大利)

【重磷镁石】参见【基性磷镁石】条 358 页

【重钠矾】

英文名 Matteuccite

化学式 $NaH(SO_4)\cdot H_2O$ (IMA)

重钠矾是一种含结晶水的钠的氢硫酸盐矿物。单斜晶系。集合体呈块状、钟乳状。无色,半透明。1952 年发现于意大利那不勒斯省维苏威(Vesuvius)火山。1952 年卡罗比(Carobbi)和 C. 西普里亚尼(C. Cipriani)在 *Atti Rend. Accad. Lincei*(Ⅷ系列,12)及 1954 年《美国矿物学家》(39)报道。英文名称 Matteuccite,以维苏威火山实验室主任维托里奥·马陶西(Vittorio Matteucci,1862—1909)的姓氏命名。1959 年以前发现、描述并命名的“祖父级”矿物,IMA 承认有效。中文名称根据成分及成分中的二元酸根(重硫酸根=硫酸氢根)译为重钠矾。

马陶西像

【重碳钾石】

英文名 Kalicinite

化学式 $KH(CO_3)$ (IMA)

重碳钾石是一种钾的氢碳酸盐矿物。单斜晶系。晶体呈细粒状、板状、短柱状(人工材料)。无色、白色、黄色,透明;硬度 1～2。1823 年布鲁克(Brooke)在《伦敦哲学年鉴》(22)报道。1865 年发现于瑞士瓦莱州瓦利斯群岛奇皮斯(Chippis)。1865 年皮萨尼(Pisani)在《巴黎科学院会议周报》(60)报道。英文名称 Kalicinite,根据成分含有钾[拉丁文=Kalium(钾)]命名。1959 年以前发现、描述并命名的“祖父级”矿物,IMA 承认有效。中文名称根据成分及成分中的二元酸根(重碳酸根=碳酸氢根)译为重碳钾石。

【重碳钠钇石】

英文名 Thomasclarkite-(Y)

化学式 $NaY(HCO_3)(OH)_3\cdot 4H_2O$ (IMA)

重碳钠钇石柱状、板片状晶体(加拿大)和克拉克像

重碳钠钇石是一种含结晶水和羟基的钠、钇的氢碳酸盐矿物。单斜晶系。晶体短柱状、板状(假正方)、板片状。蜜黄色—白色,玻璃光泽,透明—半透明;硬度 2～3,完全解理。1997 年发现于加拿大魁北克省圣希莱尔(Saint-Hilaire)山混合肥料采石场。英文名称 Thomasclarkite-(Y),根词为纪念加拿大麦吉尔大学地质学教授托马斯·亨利·克拉克(Thomas Henry Clark,1893—1996)而以他的姓名,加占优势的稀土元素钇后缀-(Y)组合命名。托马斯·亨利·克拉克对圣劳伦斯洼地的地质学研究工作给予了关注。IMA 1997-047 批准。1998 年 J. D. 格赖斯(J. D. Grice)等在《加拿大矿物学家》(36)报道。2003 年李锦平等在《岩石矿物学杂志》[22(2)]根据成分及成分中的重碳酸根命名为重碳钠钇石;2011 年杨主明等在《岩石矿物学杂志》[30(4)]中建议人名音译加占优势的稀土成分钇(Y)译为托马斯克拉克钇石。

【重铁天蓝石】

英文名 Barbosalite

化学式 $Fe^{2+}Fe^{3+}_2(PO_4)_2(OH)_2$ (IMA)

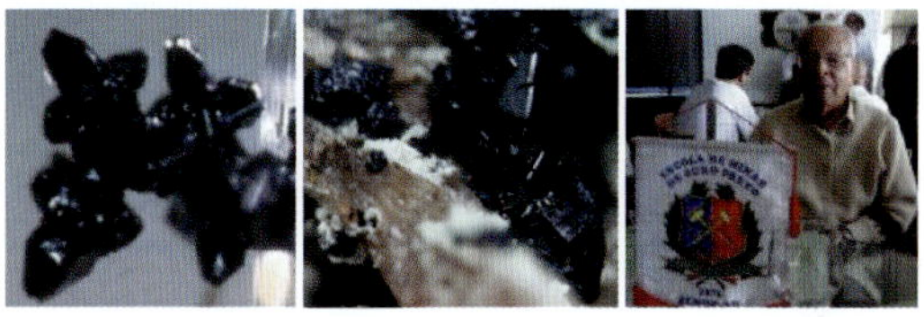

重铁天蓝石粒状晶体,晶族状集合体(巴西)和巴博萨像

重铁天蓝石是一种含羟基的两种铁(二价铁和三价铁)的磷酸盐矿物。属天蓝石族。为多铁天蓝石的含铁类似矿物。单斜晶系。晶体呈短柱状、粒状;集合体呈晶簇状、葡萄状。黑色,边缘为暗蓝绿色、绿色、蓝绿色、墨绿、黑色,玻璃光泽或树脂光泽、油脂光泽、土状光泽、无光泽,半透明—不透明;硬度 5.5～6,脆性。1954 年发现于巴西米纳斯吉拉斯州伽利略亚(Galiléia)萨普卡亚区北部萨普卡亚(Sapucaia)矿;同年,在《科学》(119)报道。英文名称 Barbosalite,1955 年由玛丽·路易丝·林德伯格“史密斯”[Marie Louise Lindberg (Smith)]和威廉·T. 佩科拉(William T. Pecora)为纪念巴西地质学家、巴西米纳斯吉拉斯州奥罗普雷图矿业学院的名誉地质学教授阿鲁泽奥·里兹尼奥·德米兰达·巴博萨(Aluízio Licínio de Miranda Barbosa,1916—2013)而以他的姓氏命名。1955 年 M. L. 林德伯格(M. L. Lindberg)等在《美国矿物学家》(40)报道。1959 年以前发现、描述并命名的“祖父级”矿物,IMA 承认有效。中文名称根据成分中的二种铁(重)和族名译为重铁天蓝石,也译作复铁天蓝石。

臭

[chòu]形声;从自,犬声。难闻的气味。

【臭葱石】

英文名 Scorodite

化学式 $Fe^{3+}(AsO_4)\cdot 2H_2O$ (IMA)

臭葱石板状、菱面锥状晶体,晶簇状集合体(德国、中国、法国)

臭葱石是一种含结晶水的铁的砷酸盐矿物。属磷铝石族。与副臭葱石为同质多象。斜方晶系。晶体呈板状、柱

状、纤维状或粒状，偶有斜方双锥（假八面体）；集合体呈晶簇状、皮壳状、块状、多孔状、烧结状或土状。绿白色、葱绿色、豆绿色、鲜绿色、蓝绿色，少数呈白色或无色，部分水解被染成红褐色、赭褐紫色、淡紫色、肝褐色，金刚光泽、玻璃光泽或松脂光泽，透明—半透明；硬度 3.5～4。好的晶体可作宝石。最早于 1801 年波旁（Bournon）在《伦敦皇家学会哲学汇刊》（191）报道，称 Cupromartial Arsenate（铜铁砷酸盐）。1809 年 R. J. 阿羽伊（R. J. Haüy）在巴黎《关于矿物分类的结晶和化学分析结果比较表》（91）刊载，称 Cuivre arseniaté ferrifére（砷酸铁矾）。1818 年发现于德国萨克森州厄尔士山脉施瓦岑贝格（Schwarzenberg）历史名城。英文名称 Scorodite，1818 年由约翰·弗里德里希·奥古斯特·布赖特豪普特（Johann Friedrich August Breithaupt）在冯·C. A. S. 霍夫曼（von C. A. S. Hoffmann）《矿物学手册》（第四卷，弗里堡）根据希腊文“σκορ ό διον＝Skorodon＝Scorodion（蒜味）”命名，因加热或击打后发出砷的臭蒜味。1959 年以前发现、描述并命名的“祖父级”矿物，IMA 承认有效。中文名称意译为臭葱石。

初 ［chū］会意；从刀，从衣。合起来表示：用刀剪裁衣服是制衣服的起始。本义：起始，开端。用于日本地名。

【初山别矿*】

英文名 Shosanbetsuite

化学式 Ag_3Sn （IMA）

初山别矿* 是一种银和锡的互化物矿物。斜方晶系。晶体粒状，粒径小于 5μm。2018 年发现于日本北海道留萌管内中部苫前郡初山别（Shosanbetsu）村南千代田。英文名称 Shosanbetsuite，以模式产地日本的初山别（Shosanbetsu）村命名为初山别鉱。它是日本平成时代最后发现的日本新矿物之一。IMA 2018－162 批准。日文汉字名称初山別鉱。2019 年浜根（西尾）大辅（D. Nishio-Hamane）等在《CNMNC 通讯》（49）、《矿物学杂志》（83）和《欧洲矿物学杂志》（31）报道。目前尚未见官方中文译名，编译者建议借用日文汉字名称初山别鉱的简化汉字名称初山别矿*。

楚 ［chǔ］形声；从林，疋声。［英］音，用于外国地名。

【楚碲铋矿】

英文名 Tsumoite

化学式 BiTe （IMA）

楚碲铋矿是一种铋的碲化物矿物。属辉碲铋矿族。三方晶系。银白色，金属光泽，不透明；硬度 2.5～3，完全解理。1972 年发现于日本本州岛中国地方区域岛根县益田市都茂（Tsumo）矿山。英文名称 Tsumoite，以发现地日本都茂（Tsumo）矿山命名。日文汉字名称都茂鉱。IMA 1972－010a 批准。1978 年岛崎（Shimazaki）等在《美国矿物学家》（63）报道。中国地质科学院根据英文首音节音和成分译为楚碲铋矿，也有的译作三方碲铋矿。2010 年杨主明在《岩石矿物学杂志》［29（1）］建议借用日文汉字名称都茂鉱的简化汉字名称都茂矿。

【楚科特卡矿*】

英文名 Chukotkaite

化学式 $AgPb_7Sb_5S_{15}$ （IMA）

楚科特卡矿* 是一种银、铅、锑的硫化物矿物。单斜晶系。2019 年发现于俄罗斯奥克鲁格楚科特卡（Chukotka）自治区尤尔廷斯基区阿姆古马河流域 Levyi Vulvyveem 河谷。英文名称 Chukotkaite，以发现地俄罗斯的楚科特卡（Chukotka）自治区命名。IMA 2019－124 批准。2020 年 A. V. 卡萨特金（A. V. Kasatkin）等在《CNMNC 通讯》（54）、《矿物学杂志》（84）和《欧洲矿物学杂志》（32）报道。目前尚未见官方中文译名，编译者建议音译为楚科特卡矿*。

【楚硫砷铅矿】

英文名 Tsugaruite

化学式 $Pb_{28}As_{15}S_{50}Cl$ （IMA）

楚硫砷铅矿板片状晶体，放射状集合体（日本）

楚硫砷铅矿是一种含氯的铅的砷-硫化物矿物。斜方晶系。晶体呈板片状；集合体呈放射状。银灰色、铅灰色，金属光泽，不透明；硬度 2.5～3，脆性。1997 年发现于日本青森县东津轻（Tsugaru）郡汤泽矿山。英文名称 Tsugaruite，以发现地日本津轻（Tsugaru）郡命名。日文汉字名称津軽鉱。IMA 1997－010 批准。1998 年清水（M. Shimizu）在《矿物学杂志》［62（6）］报道。2019 年 19－A 提案重新定义［见《CNMNC 通讯》（49）和《矿物学杂志》（83）］。IMA 2019s. p. 批准。2003 年李锦平等在《岩石矿物学杂志》［22（2）］根据英文名称首音节音和成分译为楚硫砷铅矿。2010 年杨主明在《岩石矿物学杂志》［29（1）］建议采用日文汉字名称的简化汉字名称津轻矿。

瓷 ［cí］形声；从瓦，次声。用高岭土等烧制成的器具；质细、硬而脆，色白或微黄。用于比喻矿物的外貌特征。

【瓷硼钙石】

英文名 Bakerite

化学式 $Ca_2B_2Si_{1.5}B_{0.5}O_{7.5}(OH)_{2.5}$ （弗莱舍，2014）

瓷硼钙石球粒状集合体（意大利）和贝克像

瓷硼钙石是一种罕见的含羟基的钙、硼的硅酸-硼酸盐矿物。属硅铍钇矿-硅硼钙石族。单斜晶系。晶体呈短柱状、纤维状；集合体呈隐晶质结核状、球粒状及细脉状。白色、无色或灰色，条痕呈白色，玻璃光泽，不透明—半透明；硬度 4.5。1903 年发现于美国加利福尼亚州因约县炉溪区（死亡谷地区硼矿床）螺旋（Corkscrew Canyon）峡谷矿井（螺旋矿）。1903 年由威廉·布兰丁汉姆·贾尔斯（William Brantingham Giles）在《矿物学杂志》（13）报道。英文名称 Bakerite，为了纪念理查德·查尔斯·贝克（Richard Charles Baker，1858—1937）而以他的姓氏命名。他是该矿物的发现者，时任美国加利福尼亚州圣贝纳迪诺县的硼砂附属公司（原硼砂有限公司）的总裁。1959 年以前发现、描述并命名的“祖父级”矿物，IMA 承认有效；IMA 16－A 废弃。中文名称根据矿物的瓷状外貌和与硅硼钙石的关系译为瓷硼钙石；

也根据微晶纤维状和与硅硼钙石的关系译为纤硼钙石。

慈 [cí]形声；从心，兹声。本义：和善慈爱。[英]音，用于外国人名。

【慈安慈乌利石】参见【辛安丘乐石】条 1040 页

磁 [cí]形声；从石，兹声。本义：磁石。也指能吸引铁、镍等金属的磁性。

【磁赤铁矿】

英文名 Maghemite

化学式 $(Fe^{3+}_{0.67}\square_{0.33})Fe^{3+}_2O_4$　　(IMA)

磁赤铁矿是一种铁、空位的氧化物矿物。属尖晶石超族氧尖晶石族尖晶石亚族。与赤铁矿(α-Fe_2O_3)成同质二象。等轴晶系。晶体呈五角三四面体，很少呈八面体，多呈粒状、针状；集合体呈致密块状，常具磁铁矿之假象。颜色蓝黑色、褐色、棕色，半金属光泽，不透明；硬度 5～6，强磁性。磁赤铁矿主要是磁铁矿在氧化条件下经次生变化作用形成，或由纤铁矿失水而形成，亦有由铁的氧化物经有机作用而形成的。

1927 年发现于南非布什维尔德(Bushveld)杂岩体。另说 1927 年发现于美国加利福尼亚州雷丁市西北部铁山矿。1927 年瓦格纳(Wagner)在《经济地质学》(22)报道。英文名称 Maghemite，由 Magnetite(磁铁矿)和 Hematite(赤铁矿)两个矿物的前两个音节组合加-ite 而命名，意指包含了磁铁矿的磁性和赤铁矿的化学组成。1959 年以前发现、描述并命名的"祖父级"矿物，IMA 承认有效。2018 年重新定义。IMA 2018s. p. 批准。中文名称意译为磁赤铁矿。

【磁黄铁矿】

英文名 Pyrrhotite

化学式 Fe_7S_8　　(IMA)

磁黄铁矿六方板状、桶柱状晶体(奥地利、俄罗斯)

磁黄铁矿是一种铁的硫化物矿物，被称为硫铁矿矿物的非化学计量变体。属磁黄铁矿族。六方(或单斜，或斜方)晶系。晶体呈粒状、六方板状、柱状或桶状，但少见；集合体常呈致密块状。带红色色调的暗青铜黄色、深褐色，金属光泽，不透明；硬度 3.5～4；弱磁性。模式产地日本。1835 年在《实用化学杂志》(4)报道。英文名称 Pyrrhotite，1847 年由欧维斯·皮埃尔·阿尔芒·皮特·迪弗勒努瓦(Ours Pierre Armand Petit Dufrenoy)根据希腊文"πυρρός=Pyrrhos(红色)"而命名，意指颜色鲜红得像烈焰般直冒。见于 1944 年 C. 帕拉奇(C. Palache)、H. 伯曼(H. Berman)和 C. 弗龙德尔(C. Frondel)《丹纳系统矿物学》(第一卷，第七版，纽约)。1959 年以前发现、描述并命名的"祖父级"矿物，IMA 承认有效。中文名称因其具有磁性，又因颜色类似于黄铁矿而译为磁黄铁矿。目前已知磁黄铁矿的多型有-5C(Fe_9S_{10}，单斜)、-11C($Fe_{10}S_{11}$，斜方)、-11H($Fe_{10}S_{11}$，六方)和-4M(Fe_7S_8，单斜)，各种多型体具有稍微不同的化学计量；磁黄铁矿-4M 最常见。

【磁铅锌锰铁矿】

英文名 Nežilovite

化学式 $PbZn_2Mn^{4+}_2Fe^{3+}_8O_{19}$　　(IMA)

磁铅锌锰铁矿是一种铅、锌、锰、铁的氧化物矿物。属磁铁铅矿族。六方晶系。晶体呈六方柱状、薄片状，粒径在 0.2～1mm之间。黑色，金属光泽，不透明；硬度 4～5，完全解理；具磁性。1994 年发现于北马其顿共和国涅泽洛夫(Nežilovo)亚库皮察山脉卡鲁格里(Kalugeri)山。英文名称 Nežilovite，以发现地北马其顿的涅泽洛夫(Nežilovo)命名。IMA 1994-020 批准。1996 年 V. 贝尔曼耶克(V. Bermanec)等在《加拿大矿物学家》(34)报道。中文名称根据磁性和成分译为磁铅锌锰铁矿。

【磁铁矿】

英文名 Magnetite

化学式 $Fe^{2+}Fe^{3+}_2O_4$　　(IMA)

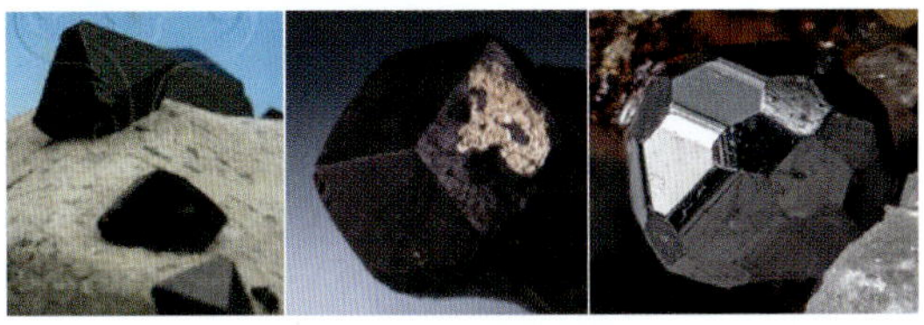

磁铁矿晶体(中国、意大利)

磁铁矿是一种铁的氧化物矿物。属尖晶石超族氧尖晶石族尖晶石亚族。等轴晶系。晶体呈粒状、八面体、菱形十二面体及它们的聚形，立方体少见，具尖晶石律双晶；集合体多呈块状。铁黑色，或具暗蓝靛色，金属—半金属光泽，不透明；硬度 5.5～6.5，无解理，脆性，具强磁性，能被永久性磁铁吸引，本身也能吸引铁质物，磁铁矿之名由此而得。

磁铁矿是人类发现、认识和利用最早的矿物之一。古希腊七贤之一的思想家、西方哲学史上第一位哲学家泰利斯(Thales，约公元前 624—前 547 年)在小亚细亚的米利都(Miletus)和马格尼西亚两个小城(Magnesia)发现并首先研究了它，他按产地将此矿物命名为马格尼斯(Magnes)，即现在公认的马格尼泰特(Magnetite)。

英国人和俄罗斯人各自有自己的说法。英国人说磁铁矿首先是由英国人发现并命名的。在很早以前英国有一个叫马格尼西的牧羊人，职业是给牧场主放羊，一天放羊回到住所正想休息，牧主找来说为什么少了一只羊，快去山上找，牧羊人只好拖着疲惫的身体去找，走到山上实在走不动了，于是他坐在山头上脱去沉重的靴子休息起来，当他再想拿起靴子穿上时，奇怪的事情发生了，靴子粘在山上怎么也拿不起来了！他非常惊慌和诧异，光着脚跑回去向牧主报告了这件奇事，后经调查研究发现这座山上产有吸铁石，牧羊人的靴子底上有铁钉，故被吸在山上，于是就以牧羊人的名字称呼这种矿物为马格尼西。俄罗斯人则说，俄罗斯西伯利亚有一座马格尼特城，这里产有磁铁矿，并以该城市命名此矿物为马格尼特。

中国是世界上发现、命名、研究、使用磁铁矿最早的国家之一，因此，我们说中国人首先发现并命名此矿物也是无可争辩的。早在 2 000 多年前的汉代(公元前 202—公元 220 年)，中国人就发现山上的一种石头具有吸铁的神奇特性，并发现一种长条的石头能指南北，利用这一特性春秋战国时期发明了司南，即指南针，后来称之为罗盘。中国古代史籍中把磁铁矿称为磁石，表征它具有磁性；此外尚有慈石、灵磁石、吸铁石、吸针石、偵铁石、玄石等名称。据称，慈石有慈爱之心，吸铁如慈母招子；玄石亦黑色之石。中国人把磁铁矿用于中草药中，有着悠久的历史。在西汉司马迁著《史记》(约公元前 90 年)中的“仓公传”便讲到齐王侍医利用 5 种矿物药(称为五石)治病。这 5 种矿物药是指磁石(Fe_3O_4)、丹砂(HgS)、雄黄(α-As_4S_4)、矾石(硫酸钾铝)和曾青($2CuCO_3$)。后来的医学著作中有更多的记载，例如，东汉《神农本草》(约公元 2 世纪)便讲到利用味道辛寒的慈(磁)石治疗风湿、肢节痛、除热和耳聋等疾病；南北朝陶弘景著《名医别录》(公元 510 年)讲到磁石可以养肾脏，强骨气，通关节，消痛肿等。唐代著名医药学家孙思邈著《千金方》(公元 652 年)讲到用磁石等制成蜜丸，如经常服用可以对眼力有益。北宋何希影著《圣惠方》(公元 1046 年)讲到磁石可以医治儿童误吞针的伤害，枣核大的磁石磨光钻孔穿上丝线后投入喉内，便可以把误吞的针吸出来。南宋严用和所著的《济生方》(公元 1253 年)讲到利用磁石医治听力不好的耳病，将一块豆大的磁石用新绵塞入耳内，再在口中含一块生铁，便可改善病耳的听力。明代著名药学家李时珍著《本草纲目》关于医药用磁石的记述内容丰富并具总结性，对磁石形状、主治病名、药剂制法和多种应用的描述都很详细。总之，磁铁矿的发现、命名和利用毋庸置疑地证明中国人拥有优先权。因那时交流不畅，各国或各民族各自发现并命名了这种矿物，在古代，或者说在世界统一矿物命名之前，这是常有的事，不足为奇。现代矿物学认为，1845 年由威廉·卡尔·冯·海丁格尔(Wilhelm Karl von Haidinger)在维也纳《矿物学鉴定手册》根据希腊发现氧化镁的马格尼西亚(Magnesia)小城的地方命名为 Magnetite。又见于 1944 年 C. 帕拉奇(C. Palache)、H. 伯曼(H. Berman)和 C. 弗龙德尔(C. Frondel)《丹纳系统矿物学》(第一卷，第七版，纽约)。1959 年以前发现、描述并命名的“祖父级”矿物，IMA 承认有效。

磁铁矿有很多成分亚种，如磁铁矿含 $TiO_2 > 25\%$ 者称钛磁铁矿(Titanomagnetite)。含钒钛较多时，则称钒钛磁铁矿。含铬者称铬磁铁矿。钛磁铁矿与钒钛磁铁矿固溶体分离形成钛铁矿在磁铁矿晶粒中显微定向连生常沿磁铁矿的{111}面网分布，叫钛铁磁铁矿等。其名称都由磁铁矿派生而来。

【磁铁铅矿】

英文名 Magnetoplumbite

化学式 $PbFe^{3+}_{12}O_{19}$　(IMA)

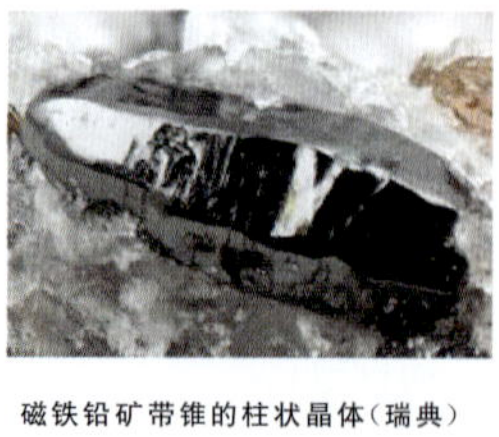

磁铁铅矿带锥的柱状晶体(瑞典)

磁铁铅矿是一种铅、铁的氧化物矿物。属磁铁铅矿族。六方晶系。晶体呈特别清晰的陡峭的尖双锥状、柱状，不规则粒状。灰色、黑色，金属—半金属光泽，不透明；硬度 6，完全解理；具强磁性。1925 年发现于瑞典韦姆兰省菲利普斯塔德市朗班(Långban)。1925 年阿米诺夫(Aminoff)在《斯德哥尔摩地质协会会刊》(47)报道。英文名称 Magnetoplumbite，由“Magnetite(磁铁矿)”和拉丁文“Plumbum(铅)”加词尾-ite 命名。1959 年以前发现、描述并命名的“祖父级”矿物，IMA 承认有效。中文名称意译为磁铁铅矿；也译为磁铅石或磁铅矿。

雌

[cí]形声；从隹，此声。“隹”表示与鸟有关，即能生卵的鸟为雌。与“雄”相对。中国古代阴阳说，阴为雌，阳为雄。

【雌黄】

英文名 Orpiment

化学式 As_2S_3　(IMA)

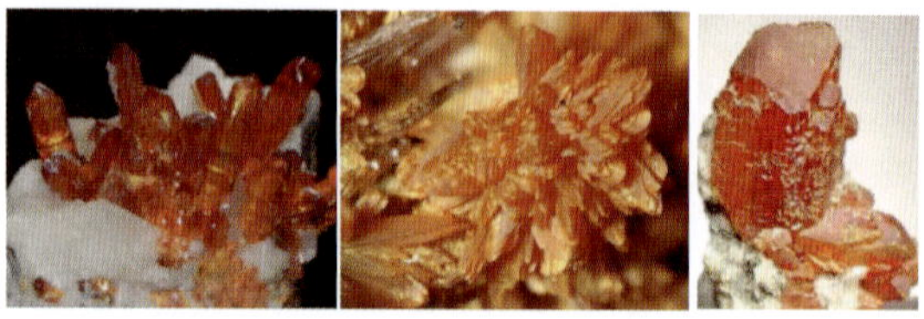

雌黄板状、柱状晶体，放射状集合体(中国、秘鲁)

雌黄是硫与砷的化合物矿物。单斜晶系。单晶体呈板状、片状或短柱状、粒状、纤维状；集合体呈放射状、肾状、葡萄状、球粒状、粉土状等。柠檬黄色、橙黄色、深红色或橙红色，油脂光泽、金刚光泽，解理面上呈珍珠光泽，透明；硬度 1.5～2，一组极完全解理。中国是世界上发现、认识和利用雌黄最早的国家之一。在中国古代，雌黄经常用来修改错字。因此，在汉语中，雌黄有篡改文章的意思，并且有着“胡说八道”的引申义，如成语“信口雌黄”。除了修改错字，雌黄作为一种罕见的清晰、明亮的黄色颜料还被东西方的文明长期用于绘画。在中国，甘肃敦煌莫高窟壁画使用的黄色颜料里就有雌黄；在西方，雌黄也一直在碾碎之后作为颜料用于绘画。在中国古代，雌黄还是一味中药。西汉以前的《神农本草经》和其他古代医药书籍都有雌黄入药的记载。雌黄与雄黄是共生的矿物，故有“矿物鸳鸯”之说法。矿物名称都来自其黄色。别名黄金石、石黄、黄石，来自于黄色；而鸡冠石、天阳石则来自其红色。

英文名称 Orpiment(拉丁文 Orpimentum 和 Auripigmentum)，由词冠“Or-”或“Auri-”和“Pimentum 和 Pigmentum”组成。“Or-”有“最初，之前”之意；“Auri-”表示“金，金基”；而“Pimentum 和 Pigmentum”有“涂剂，色素”的意思。亦即拉丁文名称 Orpimentum 和 Auripigmentum，由此矿物的古老的用途“颜料涂剂”而得。在拜占庭即东罗马帝国(基本上是小亚细亚和巴尔干半岛)时期(公元 395—1453 年)，罗马人称砷的硫化物矿为“Auripigmentum”，其中“Auri(金黄色)”“Pigmentum(颜料)”二者组合起来就是“金黄色的颜料”。这首先见于 1 世纪罗马博物学家老普林尼的著作中。今天英文中雌黄的名称 Orpiment 正是由拉丁文“Orpimentum”一词演变而来的。见于 1944 年 C. 帕拉奇(C. Palache)、H. 伯曼(H. Berman)和 C. 弗龙德尔(C. Frondel)《丹纳系统矿物学》(第一卷，第七版，纽约)。1959 年以前发现、描述并命名的“祖父级”矿物，IMA 承认有效。

次

[cì]形声；从欠，冫声。化学上指酸根或化合物中少含两个氧原子的物质。第二的。

【次磷钙铁矿】

英文名 Messelite

化学式 $Ca_2Fe^{2+}(PO_4)_2 \cdot 2H_2O$　(IMA)

次磷钙铁矿是一种含结晶水的钙、铁的磷酸盐矿物。属磷钙锰矿族。三斜晶系。晶体呈板状、纤维状；集合体呈放射状、球粒状、毛毡状。无色、白色、浅灰色、白绿色、奶白色、

次磷钙铁矿板状晶体，球粒状、放射状集合体(德国、美国、日本)

淡褐色、粉红色，玻璃光泽、树脂光泽、蜡状光泽、油脂光泽，纤维状集合体者呈丝绢光泽，透明—半透明；硬度 3.5，完全解理。1889 年发现于德国黑森州达姆施塔特市梅塞尔(Messel)矿。英文名称 Messelite，1889 年根据发现地德国的梅塞尔(Messel)命名。1890 年由威廉・穆特曼(Wilhelm Muthmann)在《结晶学杂志》(17)报道。1959 年以前发现、描述并命名的"祖父级"矿物，IMA 承认有效。另一英文名称 Neomesselite，由 Messelite 加词冠"Neo(新)"而得，译为新磷钙铁矿。还有一英文名称 Parbigite，以俄罗斯的帕尔比格(Parbig)河命名。中文名称意译为次磷钙铁矿。

【次透辉石】

英文名 Salite

化学式 $Ca(Mg,Fe)Si_2O_6$

次透辉石是透辉石 $CaMg(SiO_3)_2$—钙铁辉石 $CaFe(SiO_3)_2$ 完全固溶体系列的中间成员。单斜晶系。晶体呈粒状、短柱状，其横切面多呈正方形或截角的正方形；集合体呈块状。无色、白色、微绿色，透明—半透明，玻璃光泽；硬度 5.5～6.5，完全解理。1951 年发现于瑞典西曼兰省韦斯特罗斯市萨拉(Sala)银矿。1951 年在 A. 波尔德瓦特(A. Poldervaart)等在《地质学杂志》(59)报道。英文名称 Salite (Sahlite)，以瑞典中部一座以银矿闻名的小镇萨拉(Sala)命名，该矿物首先在这里发现并描述。中文名称根据在透辉石 $CaMg(SiO_3)_2$—钙铁辉石 $CaFe(SiO_3)_2$ 完全固溶体系列的位置译为次透辉石，意指透辉石中的镁部分被铁替代，次透辉石镁含量次于透辉石。

粗 [cū]形声；从米，且声。本义：糙米。引申义：不精细，不纯净。

【粗铂矿】参见【自然铂】条 1126 页

醋 [cù]形声；从酉，昔声。醋，古汉字为"酢"，又作"醯"。《周礼》有"醯人掌共醯物"的记载，可以确认，中国食醋西周已有。晋阳(今太原)是我国食醋的发祥地之一，史称公元前 8 世纪晋阳已有醋坊，春秋时期遍及城乡。至北魏时《齐民要术》记述了大酢，秫米神酢等 22 种制醋方法。唐、宋代以来，由于微生物和制曲技术的进步和发展，至明代已有大曲、小曲和红曲之分，山西醋以红心大曲为优质醋用大曲，该曲集大曲、小曲、红曲等多种有益微生物种群于一体。

最早的醋记录在西亚，底格里斯河与幼发拉底河之间，美索不达米亚的南端，相当于现今伊拉克首都巴格达周围到波斯湾地区，这个地区在公元前 5 000 年，已经进入铜器时代，使用阴历，开始筑坝拦洪，灌溉农业，并以大麦、双粒小麦生产面包，以芝麻榨油。据说在公元前 5 000 年，巴比伦尼亚有最为古老的醋记录，用椰枣(Date)的果汁和树液以及葡萄干酿酒，再以酒、啤酒生产醋。醋的基本特征是具有酸味，早在史前原始人类就已从未成熟的和某些已成熟的水果中发现酸味，并知道某些液体，如奶类置久了会发酸味。在拉丁文中有"有酸味的"一词是 Acere，由它派生出另外两个词：形容词 Acidus 是"酸的"意思；而名词 Acetum 意为"醋"。醋中含有的酸叫醋酸(Acetic acid)；化学式 CH_3COOH，是一种有机的弱酸，是人类最早发现的酸。其后发现的酸类化合物，即有丢掉一个质子倾向的，都称 Acid，也就是酸，包括有机酸和无机酸。

【醋胺石】

英文名 Acetamide

化学式 CH_3CONH_2　　(IMA)

醋胺石是一种胺的醋酸盐矿物。三方晶系。晶体呈柱状和粒状；集合体呈钟乳状。无色、灰色，玻璃光泽，断口呈油脂光泽；硬度 1～1.5，贝壳状断口；易溶于水，味极苦。1974 年发现于乌克兰利沃夫州切尔沃诺格拉德(Chervonograd)煤矿。英文名称 Acetamide，由"Acetic acid amide(醋酸酰胺)"命名，而"Acetamide(乙酰胺)"是这种化合物的缩略名(俗名)，即天然的乙酰胺(乙酸酰胺)。IMA 1974 - 039 批准。1975 年 B. I. 斯布罗多尔斯基(B. I. Srebrodolskii)在《全苏矿物学会记事》[104(3)]报道。中文名称根据成分译为醋胺石。

【醋氯钙石】

英文名 Calclacite

化学式 $Ca(CH_3COO)Cl \cdot 5H_2O$　　(IMA)

醋氯钙石是一种含结晶水、氯的钙的醋酸盐矿物。单斜晶系。集合体呈毛发状、花状。白色，丝绢光泽，半透明。1945 年发现于比利时橡木桶博物馆木抽屉里的石灰石标本皮壳上，它是由橡木产生的醋酸与石灰石标本中的钙反应的形成物，目前尚没有发现真正的自然矿物的记录。1945 年范・塔塞尔(van Tassel)在《比利时皇家自然历史博物馆通报》(21)和 1947 年《美国矿物学家》(32)报道。英文名称 Calclacite，由化学成分"Calcium(Ca，钙)""Chlorine (Cl，氯)"和"Acetate(醋酸)"缩写组合命名。1959 年以前发现、描述并命名的"祖父级"矿物，IMA 承认有效。中文名称根据成分译为醋氯钙石。

簇 [cù]形声；从竹，族声。本义：小竹丛生。引申义：聚集，丛凑，或丛聚成的堆或团。用于比喻矿物集合体的形态。

【簇磷铁矿】

英文名 Beraunite

化学式 $Fe^{2+}Fe^{3+}_5(PO_4)_4(OH)_5 \cdot 6H_2O$　　(IMA)

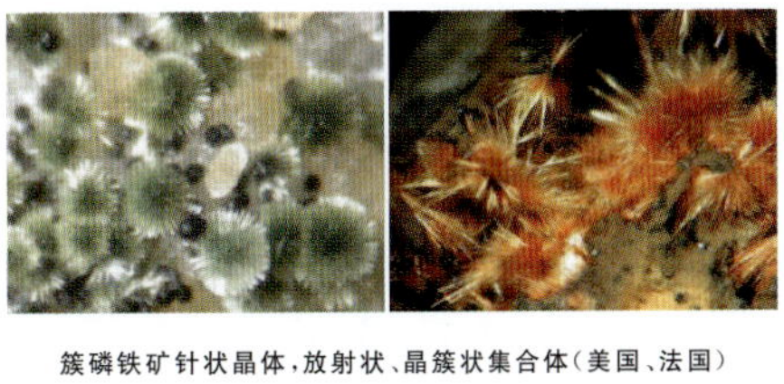

簇磷铁矿针状晶体，放射状、晶簇状集合体(美国、法国)

簇磷铁矿是一种含结晶水、羟基的铁的磷酸盐矿物。属簇磷铁矿族。单斜晶系。晶体呈细小板状、针状、纤维状；集合体呈叶片状小球、皮壳状、放射状、晶簇状。黄色、棕色、红褐色、血红色、暗绿褐色、黑绿色，玻璃光泽、树脂光泽，解理面上呈珍珠光泽，透明—半透明；硬度 3～4，完全解理，脆性。1840 年发现于捷克共和国波西米亚中部地区贝龙(Beroun＝Beraun)镇哈贝克(Hrbek)矿；同年，在《实用化学杂志》(20)报道。英文名称 Beraunite，1841 年奥古斯特・布赖特豪普特(August Breithaupt)在《矿物学手册全集》(第二卷)，根据发现地捷克的哈贝克(Hrbek)矿附近的贝龙(Beroun＝

Beraun)镇命名。1959 年以前发现、描述并命名的"祖父级"矿物，IMA 承认有效。1967 年被范范尼(Fanfani)和扎纳兹(Zanazzi)在晶体结构分析的基础上，作为一个混合价的磷酸铁重新定义。以前曾用名 Eleonorite[$Fe_6^{3+}(PO_4)_4O(OH)_4 \cdot 6H_2O$]，以美国埃莱奥诺雷(Eleonore)矿命名。中文名称根据晶体形态和成分译为簇磷铁矿。

崔 [cuī]形声；从山，隹(zhuī)声。本义：高大。[英]音，用于外国人名。

【崔德克斯矿*】

英文名 Tredouxite

化学式 $NiSb_2O_6$ (IMA)

崔德克斯像

崔德克斯矿*是一种镍、锑的氧化物矿物。属锑镁矿族。四方晶系。晶体呈半自形、他形粒状；粒径 10～500μm 浅灰色，半金属光泽；硬度 3，脆性。2017 年发现于南非巴伯顿绿岩带中的邦阿科德(Bon Accord)氧化镍矿床。英文名称 Tredouxite，以南非布隆方丹自由州大学地质系教授玛丽安·崔德克斯(Marian Tredoux，1952—)的姓氏命名，以表彰她在矿物的模式产地南非巴伯顿绿岩邦阿科德氧化镍矿床工作并做出了贡献。IMA 2017－061 批准。2017 年 L. 宾迪(L. Bindi)等在《CNMNC 通讯》(39)、《矿物学杂志》(81)和 2018 年《欧洲矿物学杂志》(30)报道。目前尚未见官方中文译名，编译者建议音译为崔德克斯矿*，或根据成分译为锑镍矿*。

脆 [cuì]会意；从肉，绝省声。本义：易折断破碎，跟"韧"相对。用于描述矿物的脆性。

【脆金锑矿】参见【方锑金矿】条 159 页

【脆硫铋矿】

英文名 Ikunolite

化学式 Bi_4S_3 (IMA)

脆硫铋矿柱状晶体(日本)

脆硫铋矿是一种铋的硫化物矿物。三方晶系。晶体呈柱状；集合体呈块状。铅灰色，金属光泽，不透明；硬度 2，极完全解理，脆性。1959 年发现于日本本州岛近畿地区兵库县朝来市生野(Ikuno)町生野(Ikuno)矿山和栃木县足尾矿山；同年，日本庆应大学教授加藤昭(Akira Kato)在《矿物学杂志》(2)报道。英文名称 Ikunolite，1986 年加藤昭(Akira Kato)以发现地日本的生野(Ikuno)矿山命名。日文汉字名称生野鉱。IMA 1962s. p. 批准。中国地质科学院根据脆性和成分译为脆硫铋矿。2010 年杨主明在《岩石矿物学杂志》[29(1)]建议采用日文汉字名称的简化汉字名称生野矿。

【脆硫铋铅矿】

英文名 Sakharovaite

化学式 $(Pb,Bi)_4FeSb_6S_{14}$

脆硫铋铅矿是一种铅、铋、铁、锑的硫化物矿物。单斜晶系。金属光泽，不透明。1956 年在《美国矿物学家》(41)报道。英文名称 Sakharovaite，以莫斯科国立大学矿物学教授玛丽娜·谢尔盖耶芙娜·萨克罗娃(Marina Sergeevna Sakharova)的姓氏命名。中文名称根据脆性和成分译为脆硫铋铅矿。其实它是铋占优势的脆硫锑铅矿。2006 年被 IMA 废弃[见 2006 年的《加拿大矿物学家》(44)](参见【脆硫锑铅矿】条 98 页)。

【脆硫砷铅矿】

英文名 Sartorite

化学式 $PbAs_2S_4$ (IMA)

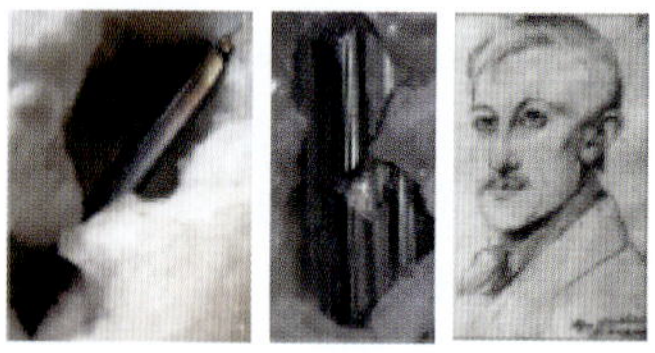

脆硫砷铅矿柱状晶体(瑞士)和萨尔多利斯像

脆硫砷铅矿是一种罕见的铅的硫-砷化物矿物。属脆硫砷铅矿族。单斜晶系。晶体呈柱状、针状，柱面有深条纹，双晶发育。铅灰色，暗铅灰色，条痕呈褐色，金属光泽，不透明；硬度 3，完全解理，极脆。1868 年发现于瑞士的林根巴赫(Lengenbach)采石场。英文名称 Sartorite，以德国哥廷根大学矿物学教授沃尔夫冈·萨尔多利斯·冯·瓦尔特斯豪森(Wolfgang Sartorius von Waltershausen，1809—1876)的名字命名。他是第一个描述该矿物的矿物学家。见于 1868 年丹纳(Dana)《系统矿物学》(第五版，纽约)。1959 年以前发现、描述并命名的"祖父级"矿物，IMA 承认有效。中文名称根据脆性和成分译为脆硫砷铅矿。

【脆硫锑铅矿】

英文名 Jamesonite

化学式 $Pb_4FeSb_6S_{14}$ (IMA)

脆硫锑铅矿针状晶体(意大利)和詹姆森像

脆硫锑铅矿是一种铅、铁、锑的硫化物矿物。单斜晶系。晶体呈长柱状、针状、纤维状；集合体常呈羽毛状、放射状、梳状、毛毡状，故有"羽毛矿"之称。铅灰色，带蓝红杂色的锖色，条痕呈灰黑色，金属光泽，不透明；硬度 2.5，完全解理，脆性。1821 年詹姆森(Jameson)最早报道。1825 年发现于英国英格兰康沃尔(Cornwall)郡；同年，在爱丁堡《矿物学论著，或矿物界的自然史》(第一卷)刊载。英文名称 Jamesonite，1825 年由海丁格尔(Haidinger)为纪念英国苏格兰爱丁堡矿物学家罗伯特·詹姆森(Robert Jameson，1774—1854)而以他的姓氏命名。1959 年以前发现、描述并命名的"祖父级"矿物，IMA 承认有效。中文名称根据脆性和成分译为脆硫锑铅矿；根据晶体习性译为羽毛矿。中国广西壮族自治区大厂是世界著名产地，脆硫锑铅矿产出数量之多为世界所罕见。另一英文名称 Comuccite，以科穆奇(Comucci)的名字命名，他在 1916 年在 *Ac. Linc.*，*Att.* (25)报道了此矿物。中文名称根据成分译为硫锑铁铅矿。

【脆硫锑铜矿】参见【块硫锑铜矿】条 418 页

【脆硫锑银铅矿】

英文名 Owyheeite

化学式 $Ag_3Pb_{10}Sb_{11}S_{28}$ (IMA)

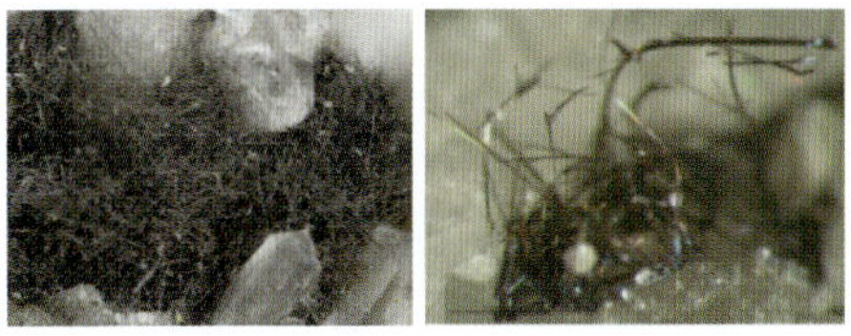

脆硫锑银铅矿丝状晶体(德国、美国)

脆硫锑银铅矿是一种银、铅、锑的硫化物矿物。单斜(假斜方)晶系。晶体呈针状、丝状,晶面有纵纹;集合体呈块状。铅灰色、银白色,条痕呈浅红褐色,金属光泽、金刚光泽,不透明;硬度 2.5,脆性。1868 年 B. S. 伯顿(B. S. Burton)在《美国科学与艺术杂志》(95)报道,称 Argentiferous jamesonite(含银脆硫锑铅矿)。1921 年发现于美国爱达荷州奥怀希(Owyhee)县普尔曼(Poorman)矿。1921 年 E. V. 香农(E. V. Shannon)在《美国矿物学家》(6)报道。英文名称 Owyheeite,以发现地美国的奥怀希(Owyhee)县命名。1959 年以前发现、描述并命名的"祖父级"矿物,IMA 承认有效。中文名称根据脆性和成分译为脆硫锑银铅矿/脆硫锑银矿,有的根据晶习和主要成分译为银毛矿。

【脆绿泥石】

英文名 Corundophilite

化学式 $(Mg,Fe,Al)_6(Al,Si)_4O_{10}(OH)_8$

脆绿泥石是脆云母族矿物之一,是一种含羟基的镁、铁、铝的铝硅酸盐矿物。单斜晶系。晶体呈叶片状。绿色—暗绿色;硬度小,极完全解理,脆性。1975 年发现于英国英格兰中西部切斯特埃默里(Chester Emery)矿床。1975 年在《加拿大矿物学家》(13)报道。英文名称 Corundophilite,因为 C. U. 谢泼德(C. U. Shepards)受到他姐夫詹姆斯 · D. 丹纳(James D. Dana)和其他家庭成员的影响,因此仔细研究了他的新矿物存在的外部特征(叶片状),镁绿泥石(Amesite)的新品种很快被谢泼德转而根据"Corundum(刚玉)"和"Friend(朋友)"组合命名,意指其与刚玉共生的关系。其实它是鲕绿泥石,被 IMA 废弃。中文名称根据脆性和族名译为脆绿泥石。

【脆砷铁矿】

英文名 Angelellite

化学式 $Fe_4^{3+}O_3(AsO_4)_2$　(IMA)

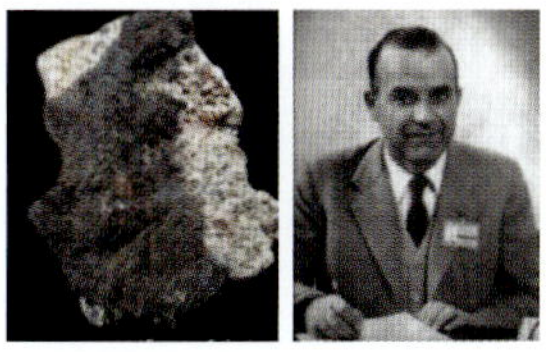

脆砷铁矿细小板状晶体(阿根廷)和安格勒利像

脆砷铁矿是一种含氧的铁的砷酸盐矿物。三斜晶系。晶体呈细小板状。红棕色、黑棕色、深棕色,金刚光泽、半金属光泽,半透明;硬度 5.5,脆性。1959 年发现于阿根廷胡胡伊省维拉亚雷塔(Vela Yareta)山矿。1959 年 M. 弗莱舍(M. Fleischer)在《美国矿物学家》(44)报道。英文名称 Angelellite,1959 年由保罗 · 拉姆多尔(Paul Ramdor)、弗里德里希 · 阿尔费尔德(Friedrich Ahlfeld)和弗里茨 · 贝尔特(Fritz Berndt)在《矿物学新年鉴》(月刊),为纪念阿根廷矿物学家维多利奥 · 安格勒利(Victorio Angelelli,1908—1991)而以他的姓氏命名。他是阿根廷拉普拉塔国立大学经济地质学教授,后来为阿根廷矿产资源研究所的主任。IMA 1962s. p. 批准。中文名称根据脆性和成分译为脆砷铁矿。

【脆银矿】

英文名 Stephanite

化学式 Ag_5SbS_4　(IMA)

脆银矿短柱状、板状晶体(墨西哥)和斯蒂芬像

脆银矿是一种银、锑的硫化物矿物。斜方晶系。晶体呈短柱状或板状,柱面上常有斜的晶面条纹;集合体呈晶簇状或块状。铁黑色,局部具锖色,金属光泽,不透明;硬度 2～2.5。1546 年德国矿物学家、冶金学家乔治 · 阿格里科拉(Georgius Agricola)提到了 Schwarzerz 名字,它一直被称为"黑银矿石"(德国 Schwarzgultigerz)、脆性银矿(Sprodglanzerz)等。1845 年发现于德国萨克森州厄尔士山脉弗莱贝格(Freiberg)区;同年,在维也纳《矿物学鉴定手册》刊载。英文名称 Stephanite,1845 年由 W. 海丁格尔(W. Haidinger)提出以奥地利矿业主管或工程师和终身矿物收藏家斯蒂芬 · 弗朗兹 · 维克多 · 冯 · 哈布斯堡-洛林大公(Stephan Franz Victor von Habsburg-Lothringen,1817—1867)的名字命名。法国矿物学家 F. S. 伯当(F. S. Beudant)使用的 Psaturose 名字,来自希腊文"ψαθυ00ρό s=Fragile(脆弱)",意为脆性,易碎。见于 1944 年 C. 帕拉奇(C. Palache)、H. 伯曼(H. Berman)和 C. 弗龙德尔(C. Frondel)《丹纳系统矿物学》(第一卷,第七版,纽约)。1959 年以前发现、描述并命名的"祖父级"矿物,IMA 承认有效。中文名称根据其脆性和主要成分意为脆银矿。

【脆云母】

英文名 Clintonite

化学式 $CaAlMg_2(SiAl_3O_{10})(OH)_2$　(IMA)

脆云母假六边片状晶体(美国)和克林顿像

脆云母是脆云母族矿物的总称,为钙、铝、镁的铝硅酸盐矿物。属云母族。单斜晶系。晶体假六边片状、片状。无色、黄色、橙色、红色、褐色、棕色、暗绿色,玻璃光泽、树脂光泽、珍珠光泽、半金属光泽,透明—半透明;硬度 3.5～6,极完全解理。与金云母的区别是其化学式中钙取代了钾,与云母性质相似,但硬度高而脆,故名脆云母。因常呈绿色、黄色和黄绿色,又故名绿脆云母、黄脆云母和黄绿脆云母。主要包括珍珠云母和硬绿泥石等矿物。1828 年首先发现于美国纽约州奥兰治县华威(Warwick)镇。1843 年卡拉伊(Carro Ⅱ)和库克(Cook)在《纽约地质:第一部分第一地质区地质》(奥尔巴尼)报道。英文名称 Clintonite,1843 年由威廉 · 威廉姆斯 · 马瑟(William Williams Mather)、约翰 · 芬奇(John Finch)和威廉 · 霍顿(William Horton),为了纪念多才多艺的美国政治家和博物学家德威特 · 克林顿(DeWitt Clinton,

1769—1828)而以他的姓氏命名。克林顿是纽约的一位国会议员，后来成为纽约市长，也是纽约历史学会和美国美术学院的一个组织者。克林顿最初是伊利运河路线的一位测量员，后来于 1817 年任纽约州州长。丹尼尔·沃克·豪维(Daniel Walker Howe，2007)回忆克林顿写道："他的创造性基础设施工作改变了美国人的生活，增强经济机会、政治参与意识和知识。"16 个城镇和美国 8 个州县都以他的名字命名。1959 年以前发现、描述并命名的"祖父级"矿，IMA 承认有效。IMA 1998s. p. 批准。Clintonite(绿脆云母)有多个同义词：Xanthophyllite(绿脆云母)；Seybertite＝Seybertine(多色脆云母)；Brandisite(葱绿脆云母)；Chrysophane(绿脆云母)；Disterrite(葱绿脆云母)；Holmesite(绿脆云母)；Holmite (of Thompson)(绿脆云母)等。脆云母多型有-1M、-2M1 和-3A。

翠 [cuì]形声；从羽，卒声。"羽"指鸟羽，"卒"义为"极点""极端"。"羽"和"卒"联合起来表示"一种羽色极端蓝绿的鸟"，即翠鸟。引申义：青、绿、碧之类的颜色。用于描述矿物的颜色。

【翠铬锂辉石】参见【锂辉石】条 443 页

【翠榴石】

英文名 Demantoid

化学式 $Ca_3Fe_2(SiO_4)_3$(含铬)

翠榴石晶体(意大利)和散粒晶体

翠榴石是一种含铬的钙铁榴石颜色变种。属石榴石族。等轴晶系。晶体呈菱形十二面体、四角三八面体及它们的聚形、粒状。翠绿色，稍微闪黄色，非常像祖母绿，金刚光泽，透明—半透明；硬度 6.5～7，无解理，脆性。描述标本来自俄罗斯斯维尔德洛夫斯克州下塔吉尔市泰连斯凯(Telyanskai)河沉积物。英文名称 Demantoid，由德国的尼尔斯·古斯塔夫·诺德斯克尔德(Nils Gustaf Nordenskiøld)以古老的德文"Demant(德曼特)"而命名，意指像"金刚石"。这是由于翠榴石有较高的色散和明亮的光泽，清澈，色泽鲜艳，很像金刚石而得名。中文名称根据颜色和族名译为翠榴石(参见【钙铁榴石】条 230 页)。

【翠绿锂辉石】参见【锂辉石】条 443 页

【翠绿砷铜矿】

英文名 Cornwallite

化学式 $Cu_5(AsO_4)_2(OH)_4$ (IMA)

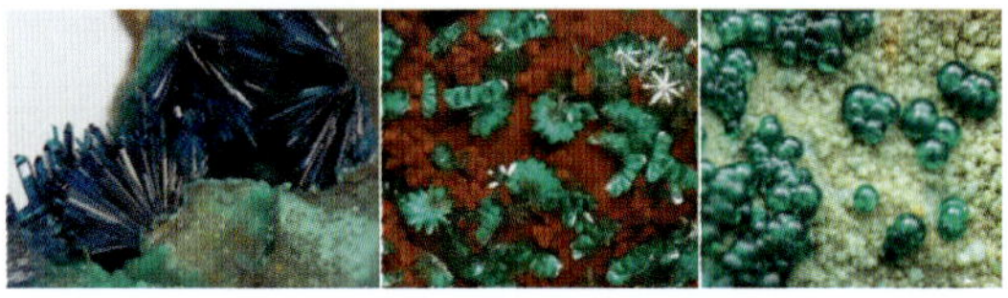

翠绿砷铜矿纤维状晶体，放射状、球粒状、皮壳状集合体(德国、英国、西班牙)

翠绿砷铜矿是一种含羟基的铜的砷酸盐矿物。与羟砷铜矿为同质二象。单斜晶系。晶体呈微晶纤维状，不太常见的圆形片状；集合体呈放射状、葡萄状、球状、皮壳状。翠绿色、铜绿色—墨绿色，半玻璃光泽、树脂光泽、蜡状光泽、油脂光泽，半透明—不透明；硬度 4.5～5，完全解理，脆性。1846 年发现于英国英格兰康沃尔(Cornwall)郡惠尔·戈兰(Wheal Gorland)矿。英文名称 Cornwallite，1846 年由菲兰缇斯克·艾克塞瓦·马克西米利安·芝佩(František Xaver Maximilian Zippe)根据发现地英国的康沃尔(Cornwall)郡命名。1947 年芝佩在《布拉格皇家波希米亚科学学会论文》(4)报道。1959 年以前发现、描述并命名的"祖父级"矿物，IMA 承认有效。中文名称根据颜色和成分译为翠绿砷铜矿；也译作墨绿砷铜矿；音译为康沃尔石。另一英文名称 Erinite，1928 年由德国海丁格尔(Haidinger)在《哲学杂志和科学期刊》(4)命名，名称来自"Erin(艾琳)"，它是爱尔兰的诗化称呼，因该矿物首先发现在那里。

【翠镍矿】

英文名 Zaratite

化学式 $Ni_3(CO_3)(OH)_4 \cdot 4H_2O$ (IMA)

翠镍矿纤维状晶体，球粒状集合体(比利时、澳大利亚)和萨拉特像

翠镍矿是一种罕见的含结晶水的镍的碱式碳酸盐矿物。等轴晶系。晶体呈纤维状；集合体呈非晶质的致密块状、钟乳状、皮壳状、球粒状。翡翠绿色，玻璃光泽、油脂光泽，透明—半透明；硬度 3.5，脆性，贝壳状断口。1847 年西利曼(Silliman)在《美国科学杂志》(3)报道，称 Hydrate of Nickel(镍的水合物)。1851 年发现于西班牙拉科鲁尼亚省赫贝拉(Herbeira)超基性岩体马诺利塔(Manolita)矿。1851 年卡萨雷斯(Casares)在《矿物杂志》(1)和 *A. M. Alcibar in Min. Revista of Madrid*：176，*March* 报道。英文名称 Zaratite，以西班牙外交官和剧作家安东尼奥·吉尔·Y. 萨拉特(Antonio Gil Y Zarate，1793—1861)的姓氏命名。1959 年以前发现、描述并命名的"祖父级"矿物，IMA 承认有效，但 IMA 持怀疑态度。中文名称根据颜色和成分译为翠镍矿。

【翠砷铜矿】

英文名 Euchroite

化学式 $Cu_2(AsO_4)(OH) \cdot 3H_2O$ (IMA)

翠砷铜矿短柱状、粒状、厚板状晶体(斯洛伐克)

翠砷铜矿是一种含结晶水、羟基的铜的砷酸盐矿物。斜方晶系。晶体呈短柱状、粒状、厚板状，常呈自形的外观。亮祖母绿色、韭绿色，透射光呈蓝绿色，玻璃光泽，透明—半透明；硬度 3.5～4，脆性。最早在 1823 年发现于斯洛伐克东部

班斯卡-比斯特里察市的斯瓦托杜斯纳(Svätodušná)矿床。英文名称 Euchroite,1823 年奥古斯特·布赖特豪普特(August Breithaupt)在德累斯顿《矿物系统的特征》(*Vollständige Charakteristik des Mineral-Systems.*)报道,根据希腊文"ευχροια=Beautiful Color(美丽的颜色)"而命名。1959 年以前发现、描述并命名的"祖父级"矿物,IMA 承认有效。中文名称根据颜色和成分译为翠砷铜矿或翠砷铜石。

【翠砷铜铀矿】

英文名 Zeunerite

化学式 $Cu(UO_2)_2(AsO_4)_2 \cdot 12H_2O$　　(IMA)

翠砷铜铀矿板片晶体,叠板状集合体(美国、意大利、德国)和佐伊纳像

翠砷铜铀矿是一种含结晶水的铜的铀酰-砷酸盐矿物。属钙铀云母族。四方晶系。晶体常呈板状、叶片状、片状、鳞片状;集合体呈叠板状、粉末状。草绿色、苹果绿色、碧绿色、祖母绿色、黄绿色,玻璃光泽,解理面上呈珍珠光泽,透明—半透明;硬度 2~2.5,完全解理。1872 年发现于德国萨克森州厄尔士山脉施内贝格市沃尔帕吉斯弗拉谢(Walpurgis Flacher)矿脉。1872 年 A. 魏斯巴赫(A. Weisbach)在《矿物学、地质学和古生物学新年鉴》报道。英文名称 Zeunerite,由弗龙德尔(Frondel)等于 1951 年在《丹纳系统矿物学》(第二卷,第七版,纽约)以德国萨克森弗赖堡矿业专科学校校长古斯塔夫·安东·佐伊纳(Gustav Anton Zeuner,1828—1907)的姓氏命名。1959 年以前发现、描述并命名的"祖父级"矿物,IMA 承认有效。中文名称根据矿物的颜色和成分译为翠砷铜铀矿。

【翠铜矿】参见【透视石】条 967 页

村

[cūn]形声;从邑,屯声。本义:村庄。用于日本人名。

【村上石*】

英文名 Murakamiite

化学式 $Ca_2LiSi_3O_8(OH)$　　(IMA)

村上石*是一种含羟基的钙、锂的硅酸盐矿物,是锂的针钠钙石的类似矿物。属硅灰石族。三斜晶系。晶体呈粒状;集合体呈块状。无色,玻璃光泽,透明。2016 年山口大学理学部地质矿物学学科的永岛真理子发现于日本四国岛爱媛县濑户内海岩城(Iwagi)岛。

村上像

英文名称 Murakamiite,由日本地质学家、岩石学家、山口大学名誉教授村上允英(Nobuhide Murakami,1923—1994)的姓氏命名。他曾是日本地质学会副会长、山口地质学会会长,杉石结构的分析者和命名者。IMA 2016-066 批准。日文汉字名称村上石。2016 年今冈(T. Imaoka)等在《CNMNC 通讯》(34)、《矿物学杂志》(80)和 2017 年《欧洲矿物学杂志》(29)报道。目前尚未见官方中文译名,编译者建议借用日文汉字名称村上石*。

Dd

达 [dá]形声；从辶，大声。[英]音，用于外国人名。

【达尔尼格罗矿*】

英文名 Dalnegroite

化学式 $Tl_4Pb_2(As,Sb)_{20}S_{34}$ (IMA)

达尔尼格罗矿*是一种铊、铅的砷-锑-硫化物矿物。三斜晶系。晶体呈针状；集合体呈扫把状。红色，半金属光泽，不透明；硬度 3～3.5，脆性。2009 年发现于瑞士瓦莱州林根巴赫(Lengenbach)采石场。英文名称 Dalnegroite，以意大利帕多瓦大学矿物学和结晶学教授阿尔贝托·达尔·尼格罗(Alberto Dal Negro，1941—)的姓氏命名，以表彰他对几个新矿物物种的发现和晶体结构测定的贡献。IMA 2009-058 批准。2009 年 F. 内斯托拉(F. Nestola)等在《矿物学杂志》(73)报道。目前尚未见官方中文译名，编译者建议音译为达尔尼格罗矿*。

达尔尼格罗矿*针状晶体，扫把状集合体(瑞士，电镜)

【达芬奇石*】

英文名 Davinciite

化学式 $Na_{12}K_3Ca_6Fe_3^{2+}Zr_3(Si_{26}O_{73}OH)Cl_2$ (IMA)

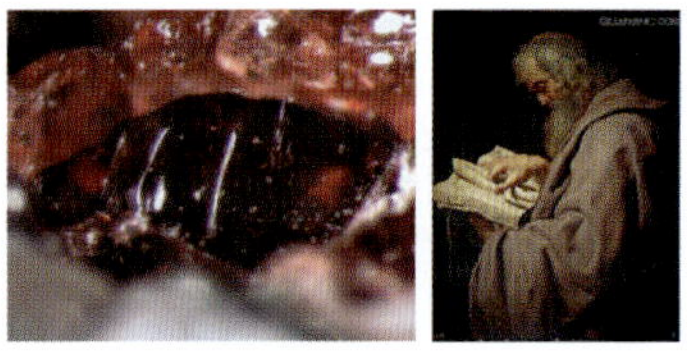

达芬奇石*粒状晶体和列奥纳多·达·芬奇像

达芬奇石*是一种含氯和羟基的钠、钾、钙、铁、锆的硅酸盐矿物。属异性石族。三方晶系。晶体呈粒状，粒径 0.3～2mm。深紫色，玻璃光泽，透明；硬度 5，脆性。2011 年发现于俄罗斯北部摩尔曼斯克州拉斯武姆科尔(Rasvumchorr)山。英文名称 Davinciite，以意大利著名的艺术家、科学家、画家、雕塑家和建筑师列奥纳多·达·芬奇(Leonardo da Vinci，1452—1519)的姓名命名。达芬奇石*的晶体结构几何图形是假中心对称的，偏离了具有对称中心的完美结构模型。它可与达芬奇艺术的非典型几何图形相比拟。IMA 2011-019 批准。2011 年 A. P. 霍米亚科夫(A. P. Khomyakov)等在《CNMNC 通讯》(10)、《矿床地质》[55(7)]和 2012 年《全苏矿物学会记事》[141(2)]报道。目前尚未见官方中文译名，编译者建议音译为达芬奇石*。

【达格奈斯矿*】

英文名 Dagenaisite

化学式 $Zn_3Te^{6+}O_6$ (IMA)

达格奈斯矿*是一种锌的碲酸盐矿物。单斜晶系。晶体呈细小板状；集合体一般混合有非晶态物质，形成多孔的团块状。绿色，珍珠光泽，透明—半透明；硬度 0～2。2017 年发现于美国犹他州贾布县钱恩(Chain)金矿。英文名称 Dagenaisite，以温哥华著名矿物收藏家和显微薄片(Micromounter)家约翰·达格奈斯(John Dagenais，1945—)的姓氏命名。IMA 2017-017 批准。2017 年 A. R. 坎普夫(A. R. Kampf)等在《CNMNC 通讯》(37)、《矿物学杂志》(81)和《加拿大矿物学家》(55)报道。目前尚未见官方中文译名，编译者建议音译为达格奈斯矿*。

达格奈斯矿*小板状晶体，晶簇团状集合体(美国)和达格奈斯像

【达硅铝锰石】

英文名 Davreuxite

化学式 $Mn^{2+}Al_6Si_4O_{17}(OH)_2$ (IMA)

达硅铝锰石是一种含羟基的锰、铝的硅酸盐矿物。单斜晶系。晶体呈长纤维状。奶油白色、淡玫瑰粉红色，丝绢光泽；硬度 2～3，脆性。1878 年发现于比利时卢森堡省斯维尔萨姆市奥特雷(Ottré)。英文名称 Davreuxite，以比利时药剂师和自然科学家、列日大学矿物学教授查尔斯·约瑟夫·达夫勒(Charles Joseph Davreux，1800—1863)的姓氏命名。1878 年 L. L. 德·科宁克(L. L. de Koninck)在《比利时皇家科学院通报》[Ⅱ系列：46(8)]报道。1959 年以前发现、描述并命名的"祖父级"矿物，IMA 承认有效。中文名称根据英文名首音节音和成分译为达硅铝锰石。

达硅铝锰石纤维状晶体(比利时)

【达雷尔亨利石*】

英文名 Darrellhenryite

化学式 $Na(Al_2Li)Al_6(Si_6O_{18})(BO_3)_3(OH)_3O$ (IMA)

达雷尔亨利石*是一种含氧和羟基的钠、铝、锂的硼酸-硅酸盐矿物。属电气石族。三方晶系。晶体呈半自形、短柱状，长达 3cm，宽达 2cm；集合体呈平行柱状。深—浅粉红色，玻璃光泽，透明；硬度 7，脆性。2012 年发现于捷克共和国波希米亚南部克鲁姆洛夫镇诺瓦(Nová)村。英文名称 Darrellhenryite，以美国路易斯安那州立大学的地质学教授达雷尔·J. 亨利(Darrell J. Henry，1951—)的姓名命名。他是美国一位矿物学、岩石学、晶体化学和电气石超族矿物系统命名方面的专家。IMA 2012-026 批准。2012 年 M. 诺瓦克(M. Novák)等在《CNMNC 通讯》(14)、《矿物学杂志》(76)和 2013 年《美国矿物学家》(98)报道。目前尚未见官方中文译名，编译者建议音译为达雷尔亨利石*。

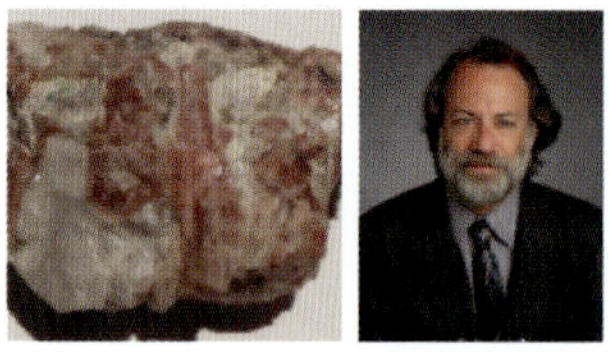

达雷尔亨利石*半自形状晶体(捷克)和亨利像

【达利涅戈尔斯克石*】

英文名 Dalnegorskite

化学式 $Ca_5Mn(Si_3O_9)_2$ (IMA)

达利涅戈尔斯克石*是一种钙、锰的硅酸盐矿物。属硅

灰石族。三斜晶系。晶体呈细针状、纤维状；集合体呈放射状、束状。米色、粉白色和乳白色；硬度 6。2018 年发现于俄罗斯达利涅戈尔斯克市达利涅戈尔斯克（Dal'negorsk）硼矿床。英文名称 Dalnegorskite，以位于俄罗斯远东达利涅戈尔斯克市的达利涅戈尔斯克（Dal'negorsk）硼硅酸盐矿床命名。IMA 2018－007 批准。2018 年 N. V. 什奇帕尔基纳（N. V. Shchipalkina）等在《CNMNC 通讯》（43）、《矿物学杂志》（82）和 2019 年《俄罗斯矿物学会记事》［148（2）］报道。目前尚未见官方中文译名，编译者建议音译为达利涅戈尔斯克石*。

达利涅戈尔斯克石*纤维状晶体，束状集合体（俄罗斯）

【达硫锑铅矿】

英文名 Dadsonite

化学式 $Pb_{23}Sb_{25}S_{60}Cl$　　（IMA）

达硫锑铅矿是一种含氯的铅、锑的硫化物矿物。三斜（或单斜）晶系。晶体呈针状；集合体呈束状、草丛状。铅灰色，条痕呈黑色，金属光泽，不透明；硬度 2.5。最早见于 1953 年 L. C. 科勒曼（L. C. Coleman）在《美国矿物学家》（38）报道的《耶洛奈夫湾的矿物学》。1968 年发现于加拿大西北部耶洛奈夫地区大耶洛奈夫（Giant Yellowknife）矿、加拿大安大略省黑斯廷斯港马多克地区亨廷顿乡泰勒（Taylor）坑、德国萨克森-安哈尔特州哈茨山脉施托尔贝格县格拉夫约斯特-克里斯蒂安（Graf Jost-Christian）矿；以及美国内华达州潘兴县。1968 年 J. L. 杨博尔（J. L. Jambor）在《加拿大矿物学家》（10）报道。英文名称 Dadsonite，1969 年由杨博尔在《矿物学杂志》（37）为纪念加拿大矿物学家亚力山大·斯图尔特·达森（Alexander Stewart Dadson，1906—1958）而以他的姓氏命名。IMA 1968－011 批准。中国地质科学院根据英文名称首音节音和成分译为达硫锑铅矿，有的根据晶系和成分译为三斜硫锑铅矿；还有的根据成分译为硫银锑铅矿。2011 年杨主明在《岩石矿物学杂志》［30（4）］建议音译为达森石。

达硫锑铅矿针状晶体，束状、草丛状集合体（法国）

【达氯氧铅矿】

英文名 Damaraite

化学式 $Pb_3O_2(OH)Cl$　　（IMA）

达氯氧铅矿是一种含氯、羟基的铅的氧化物矿物。斜方晶系。晶体呈细小薄片状、半自形粒状。无色，金刚光泽，透明；硬度 3，完全解理，脆性。1989 年发现于纳米比亚奥乔宗朱帕区赫鲁特方丹市孔巴特（Kombat）矿。英文名称 Damaraite，以赋存于孔巴特的矿床达马拉白云岩序列（Damara sequence）命名。IMA 1989－013 批准。1990 年 A. J. 克里德尔（A. J. Criddle）等在《矿物学杂志》（54）报道。中国地质科学院根据英文名称首音节音和成分译为达氯氧铅矿。

达氯氧铅矿半自形粒状晶体（希腊）

【达森石】参见【达硫锑铅矿】条 103 页

【达乌松矿】参见【等轴铑钛石】条 119 页

鐽

［dá］形声；从钅，达声。［英］Darmstadtium。元素符号 Ds。原子序数 110。一种人工合成的放射性化学元素，属于第八族第七周期过渡金属。1987 年苏联杜布纳（Dubna）实验室的福列洛夫（ФлepoB）等用 ^{44}Ca 轰击 ^{232}Th 和用 ^{40}Ar 轰击 ^{236}U 获得 110 号元素，但没有得到肯定。1994 年 9 月，德国重离子研究中心（Gesellschaft für Schwerionenforschung，GSI）的西格德·霍夫曼领导的团队首次合成出 110 号元素。小组成员包括俄罗斯、斯洛伐克和芬兰的科学家，他们对新发现做出了贡献。根据 IUPAC 的系统化命名规则而命名为 Ununnilium，也即 1－1－0－ium。这个规则消除了新元素发现者对新元素拥有的命名权而引起的争议。2003 年 8 月，IUPAC 才正式将 Ununnilium 命名为 Darmstadtium，以纪念发现该元素的 GSI 所在地达姆施塔特（Darmstadt）。德国黑森州达姆施塔特城市是由 Darm（小河名）＋Stadt（城市）构成，德语意为"达姆河流经的城市"。此外，由于 110 也是德国报警号码，110 又有另外一个外号叫 Policium（警察元素）。根据法国最近在南太平洋殖民地大溪地进行核试的报告，在核爆中也发现了微量的鐽。在自然界尚未发现。

大

［dà］像人形。与"小"相对。用于中国和日本地名，及晶体结构。

【大阪石】

英文名 Osakaite

化学式 $Zn_4(SO_4)(OH)_6 \cdot 5H_2O$　　（IMA）

日本大阪府和大阪石片状晶体（希腊）

大阪石是一种含结晶水、羟基的锌的硫酸盐矿物。三斜晶系。晶体呈六方板片状；集合体呈钟乳状或石笋状。无色、淡红色、白色、淡蓝色，玻璃光泽，解理面上呈珍珠光泽；硬度 1，完全解理。1986 年 I. E. 格雷（I. E. Grey）等在《结晶学报》（B42）报道了人工合成物。1999 年，日本冈山大学大学院教育学研究科大西政之发现于日本本州岛近畿地区大阪（Osaka）府登别箕面温泉町平尾（Hirao）旧矿。英文名称 Osakaite，以发现地日本大阪（Osaka）府命名。IMA 2006－049 批准。它是日本发现的第 100 个新矿物。日文汉字名称大阪石。2007 年大西（M. Ohnishi）在《加拿大矿物学家》（45）报道。2010 年中国地质科学院地质研究所尹淑苹等在《岩石矿物学杂志》［29（4）］采用日文汉字名称大阪石。

【大峰石】

英文名 Ominelite

化学式 $Fe^{2+}Al_3O_2(BO_3)(SiO_4)$　　（IMA）

大峰石是一种含铁、铝氧的硅酸-硼酸盐矿物。是铁占优势的复合矿（硅硼镁铝矿）的类似矿物。斜方晶系。蓝色，玻璃光泽，透明—半透明；硬度 7，脆性。1999 年发现于日本本州岛近畿地区奈良县吉野郡天川村大峰山（Omine）弥山（Misen）川。英文名称 Ominelite，以发现地日本的大峰山（Omine）命名。IMA 1999－025 批准。日文汉字名称大峯石。2002年河内(Y. Hiroi)等在《美国矿物学家》(87)报道。2010年杨主明在《岩石矿物学杂志》[29(1)]建议采用日文汉字名称大峰石，有的根据成分译为硅硼铁铝矿。

【大江石】参见【水硅硼钙石】条831页

【大庙矿】

汉拼名 Damiaoite

化学式 $PtIn_2$　(IMA)

大庙矿是一种铟与铂的天然合金矿物。等轴晶系。晶体常呈直径为1.0～2.0mm的多晶质小圆球状与伊逊矿紧密共生，在伊逊矿中呈文象状、细脉状。钢灰色，反射光下呈明亮的白色，条痕呈黑色，金属光泽，不透明；硬度5。1972年，中国地质科学院地质研究所於祖相研究员在配合燕山地区地质队寻找铂矿工作时曾发现了伊逊矿。1976—1977年在补采的样品中发现了含铟较高的铟、铂合金矿物。该矿物产在石榴石角闪石辉石岩中的含钴、铜的铂矿脉。1978—1990年曾多次采样，获得较多的样品，经能谱、电子探针和X射线粉晶分析确证为一种新矿物。根据模式产地河北省承德市滦平县大庙镇(Damiao)命名为大庙矿。IMA 1995-041批准。1997年於祖相在《地质学报》[71(4)]和1998年《美国矿物学家》(83)报道。

【大青山矿】

汉拼名 Daqingshanite-(Ce)

化学式 $Sr_3Ce(PO_4)(CO_3)_3$

大青山矿是一种锶、铈的碳酸-磷酸盐矿物。三方晶系。晶体呈扁平状或不规则粒状，偶有菱面体，晶形发育差，粒径约0.05mm。浅灰黄色，玻璃光泽，断口呈油脂光泽，透明；硬度4.5，完全解理，贝壳状断口。1980年秋，中国冶金部天津地质调查所任英忱在内蒙古白云鄂博铁-稀土矿床西矿铁矿体下盘含稀土的白云岩中，发现一种淡灰黄色的矿物，经武汉地质学院北京研究生院西门露露、彭志忠进一步研究确认它是一种锶稀土磷酸盐碳酸盐新矿物，并根据其产地附近的大青山山脉(Daqingshan)命名为大青山矿。后确认为稀土以铈占优势，即Daqingshanite-(Ce)。1982年任英忱等在《矿物学报》(3)和1983年《地球化学》[2(2)]及1984年在《美国矿物学家》(69)报道。

大青山矿菱面体晶体(加拿大)

【大营矿】参见【马兰矿】条577页

【大隅石】

英文名 Osumilite

化学式 $KFe_2(Al_5Si_{10})O_{30}$　(IMA)

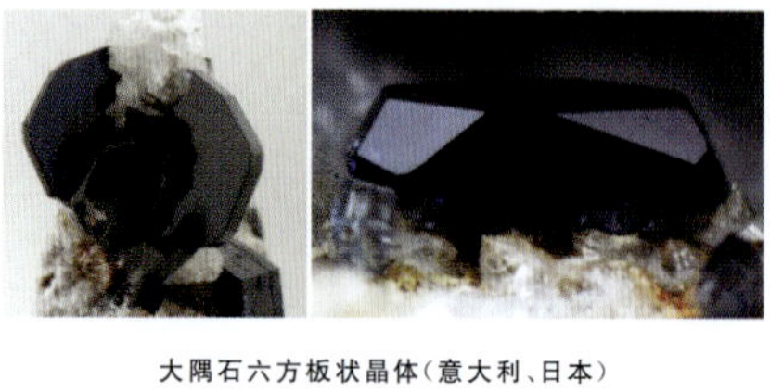

大隅石六方板状晶体(意大利、日本)

大隅石是一种钾、铁的铝硅酸盐矿物。属大隅石族。六方晶系。晶体呈板状、短柱状。黑色、深蓝色、深棕色、粉红色、灰色，玻璃光泽，透明—半透明；硬度5～6。1953年首次发现于日本九州地区鹿儿岛县大隅(Osumi)半岛咲花平(Sakkabira)黑曜石悬崖。英文名称Osumilite，以发现地日本的大隅(Osumi)半岛命名。日文汉字名称大隅石。1959年以前发现、描述并命名的"祖父级"矿物，IMA承认有效。1953年都城秋穗(Akiho Miyashiro)在《日本科学院院刊》[29(7)]和1956年《美国矿物学家》(41)报道。中国地质科学院借用日文汉字名称大隅石。后加占优势的铁后缀即Osumilite-(Fe)，译为铁大隅石。

【大圆柱石】

英文名 Megacyclite

化学式 $KNa_8Si_9O_{18}(OH)_9 \cdot 19H_2O$　(IMA)

大圆柱石是一种含结晶水和羟基的钾、钠的硅酸盐矿物。单斜晶系。晶体呈不规则粒状。无色、白色，玻璃—半玻璃光泽，透明；硬度2，极完全—完全解理。1991年发现于俄罗斯北部摩尔曼斯克州拉斯武姆科尔(Rasvumchorr)山。英文名称Megacyclite，由希腊文"Μεγ ά λο＝Large＝Mega(大，极大)"和"Κυκλικ ά ＝Cyclical(环状)"组合命名，意指由18个硅氧四面体组成大的环状结构。IMA 1991-015批准。1993年A. P. 霍米亚科夫(A. P. Khomyakov)等在《全苏矿物学会记事》[122(1)]和1994年杨博尔等在《美国矿物学家》(79)报道。1998年中国新矿物与矿物命名委员会黄蕴慧等在《岩石矿物学杂志》[17(2)]意译为大圆柱石(编译者建议意译为大环石*)。

代 [dài]会意；从亻，从弋。意代替或替代。

【代赭石】参见【赤铁矿】条91页

带 [dài]象形；小篆字形，上面表示束在腰间的一根带子和用带的两端打成的结。下面像垂下的须子，有装饰作用。本义：大带，束衣的腰带。泛指狭长形条状物。比喻矿物的形态。

【带云母】

英文名 Tainiolite

化学式 $KLiMg_2Si_4O_{10}F_2$　(IMA)

带云母板状、假六方片晶体(加拿大、格陵兰)

带云母是一种含氟的钾、锂、镁的层状硅酸盐矿物。属云母族。单斜晶系。晶体呈假六方片状、板状、鳞片状或隐晶质。无色、淡黄色、棕色—浅褐色，玻璃光泽、丝绢光泽，透明；硬度2.5～3，极完全解理。1898年发现于丹麦格陵兰岛库雅雷哥自治区纳尔萨克地区伊格利库的纳尔萨尔苏克(Narssârssuk)高原伟晶岩。英文名称Tainiolite，根据希腊文中的"Ταἰνιόλη＝Tainiol(带唇兰属)，Ribbon＝Band＝Strip(丝带、带、条)"，意指矿物的板条状晶体形态似带状。1898年G. 弗林克(G. Flink)在《格陵兰岛的通讯》(14)和1901年《格陵兰岛的通讯》(24)报道。1959年以前发现、描述并命名的"祖父级"矿物，IMA承认有效。中文名称根据形态和族名译为带云母。Tainiolite有-1M、-2M1、-3A多型。

戴 [dài]一般指戴姓。[英]音,用于外国人名。

【戴碳钙石】

英文名 Defernite

化学式 $Ca_6(CO_3)_{1.58}(Si_2O_7)_{0.21}(OH)_7[Cl_{0.50}(OH)_{0.08}(H_2O)_{0.42}]$ (IMA)

戴碳钙石是一种罕见的含结晶水、羟基、氯的钙的硅酸-碳酸盐矿物。斜方晶系。晶体呈自形板条。无色或红褐色,半玻璃光泽、蜡状光泽,透明;硬度 3,完全解理,脆性。1978 年发现于土耳其黑海地区里泽省冈内斯・伊基兹德尔(Guneyce-Ikizdere)地区。英文名称 Defernite,1980 年哈里尔・萨尔普(Halil Sarp)等以瑞士日内瓦自然历史博物馆的矿物学馆长雅克・杰费尔涅(Jacques Deferne)的姓氏命名。IMA 1978-057 批准。1980 年哈里尔・萨尔普等在法国《矿物学通报》(103)报道。中文名称根据英文名称首音节音和成分译为戴碳钙石。

戴碳钙石自形板条晶体(纳米比亚)和杰费尔涅像

【戴维布朗石*】

英文名 Davidbrownite-(NH_4)

化学式 $(NH_4)_5(V^{4+}O)_2(C_2O_4)[PO_{2.75}(OH)_{1.25}]_4\cdot 3H_2O$ (IMA)

戴维布朗石*是一种含结晶水的铵、钒氧的氢磷酸-草酸盐矿物。新结构类型,元素的独特组合,第一个含钒草酸盐矿物。第一个批准的有机钒矿物。单斜晶系。晶体呈针状或窄刃状,长约 0.2mm;集合体呈放射状、花状。浅绿色、蓝色,玻璃光泽;硬度 2,完全解理,脆性。2018 年发现于美国亚利桑那州马里科帕县的罗利(Rowley)矿。英文名称 Davidbrownite-(NH_4),由 I. 戴维・布朗(I. David Brown,1932—)的姓名,加占优势的阳离子铵后缀-(NH_4)组合命名。布朗是加拿大安大略省汉密尔顿市麦克马斯特大学(McMaster University)的英裔加拿大晶体学家和教授,他以发展全世界矿物晶体学家所使用的键价理论而闻名。IMA 2018-129 批准。2019 年 A. R. 坎普夫(A. R. Kampf)等在《CNMNC 通讯》(47)、《矿物学杂志》(83)和《欧洲矿物学杂志》(31)报道。目前尚未见官方中文译名,编译者建议音译为戴维布朗石*。

戴维布朗石* 放射状、花状集合体(美国)

【戴维劳埃德石*】

英文名 Davidlloydite

化学式 $Zn_3(AsO_4)_2\cdot 4H_2O$ (IMA)

戴维劳埃德石* 柱状晶体(纳米比亚)和戴维・劳埃德夫妇像

戴维劳埃德石*是一种含结晶水的锌的砷酸盐矿物。属磷锌矿族。三斜晶系。晶体呈细长扁平的柱状(长宽比 10∶1)。无色、乳白色,玻璃光泽,透明;硬度 3~4,完全解理,脆性。2011 年发现于纳米比亚奥希科托区楚梅布(Tsumeb)矿。英文名称 Davidlloydite,2011 年 F. C. 霍桑(F. C. Hawthorne)等以戴维・劳埃德(David Lloyd,1943—)的姓名命名。他是一位杰出的矿物收藏家,是楚梅布矿物收集重新开放的主要推动者,他通过在不列颠群岛广泛地现场采集,为矿物学做出了重大贡献。IMA 2011-053 批准。2011 年 P. A. 威廉姆斯(P. A. Williams)等在《CNMNC 通讯》(10)、《矿物学杂志》(75)和 2012 年《矿物学杂志》(76)报道。目前尚未见官方中文译名,编译者建议音译为戴维劳埃德石*。

丹 [dān]①红色。②红色;粒状、丸状(用于词尾,如铅丹等)。③用于中国地名。④[英]音,用于外国人名。

【丹巴矿】

汉拼名 Danbaite

化学式 $CuZn_2$ (IMA)

丹巴矿是一种含锌的自然铜矿物。属丹巴矿族。等轴晶系。晶体呈微细粒状;集合体呈葡萄状。银白色—淡灰白色,金属光泽,不透明;硬度 4。1982 年中国地质科学院矿床研究所学者岳树勤等在中国四川省甘孜州丹巴县杨柳坪(Yangliuping)含铜镍铂族元素矿床的蚀变超基性岩体中发现的一种新矿物。根据铜和锌含量,为 γ 相含锌自然铜。根据发现地命名为丹巴矿(Danbaite)。IMA 1981-041 批准。1982 年岳树勤等在中国《科学通报》[27(22)]和 1983 年《美国矿物学家》(69)报道(参见【张衡矿】条 1104 页)。

【丹硫汞铜矿】

英文名 Danielsite

化学式 $(Cu,Ag)_{14}HgS_8$ (IMA)

丹硫汞铜矿是一种铜、银、汞的硫化物矿物。斜方晶系。晶体呈显微粒状。灰色、钢灰色,金属光泽,不透明;硬度 2~2.5,脆性。1984 年发现于澳大利亚西澳大利亚州阿什伯顿地区汤姆・普赖斯(Tom Price)村铜池(Coppin Pool)。英文名称 Danielsite,以约翰・L. 丹尼尔斯(John L. Daniels,1931—)博士的姓氏命名,是他收集到该矿物。IMA 1984-044 批准。1987 年 E. H. 尼克尔(E. H. Nickel)在《美国矿物学家》(72)报道。1988 年中国新矿物与矿物命名委员会郭宗山等在《岩石矿物学杂志》[7(3)]根据英文名称首音节音和成分译为丹硫汞铜矿;根据成分译为银铜硫汞矿。

【丹砂】参见【辰砂】条 88 页

【丹斯石】

英文名 D'Ansite

化学式 $Na_{21}Mg(SO_4)_{10}Cl_3$ (IMA)

丹斯石(盐镁芒硝)是盐类矿床中颇为罕见的一种含氯的钠、镁的硫酸盐矿物。属丹斯石族(还包括铁和锰丹斯石)。等轴晶系。晶体呈四面体、四角三八面体、五角三八面体,无完好晶形,表现出类似正负三角三四面体聚形的假象,他形不规则粒状;集合体常呈致密块状。硬度 3,无解理。1909 年,R. 戈尔盖(R. Grgey)在研究奥地利北蒂罗尔州因斯布鲁克镇霍尔(Hall)盐矿床时曾对该矿物作过简略描述,但未明确定名,也未曾获得关于该矿物的必要的矿物学数据。

1958 年，H. 奥顿里斯（H. Autenrieth）和 G. 布劳内（G. Braune）用人工合成的方法得到了丹斯石的晶体，并测得了其主要的物性数据；他建议如果在自然界果真发现他合成的这种矿物时命名为丹斯石[见《自然科学期刊》（*Naturwissenschaften*）(45)]。我国矿物学者首次证实了该矿物在自然界的存在。1972 年在我国江汉平原某第三纪盐矿床岩芯中发现了该矿物，经郑绵平做了室内工作，确定为丹斯石。尔后，曲懿华等进行了详细的研究并于 1975 年在《地质学报》[49(2)]和《美国矿物学家》(43)做了报道。英文名称 D'Ansite，由德国柏林卡利技术大学（Technical University）(Kali-forschungsanstalt)研究所的矿物学家让·丹斯（Jean D'Ans，1882—1969）的姓氏命名，他发表了许多关于盐系统平衡的论文。1959 年以前发现、描述并命名的“祖父级”矿物，IMA 承认有效。IMA 2007s. p. 批准。中文名称音译为丹斯石；或根据成分译为盐镁芒硝或氯镁芒硝。根据占优势的元素有丹斯石-镁（镁丹斯石）、丹斯石-锰（锰丹斯石）、丹斯石-铁（铁丹斯石）（参见相关条目）。

D

单

[dān]多种读音，一般读作 dān。①表示单独，单一。②单斜晶系。

【单水方解石】

英文名 Monohydrocalcite

化学式 $CaCO_3 \cdot H_2O$ (IMA)

单水方解石晶体(意大利)

单水方解石是一种含一个结晶水的钙的碳酸盐矿物。六方晶系。晶体呈菱面体、柱状、针状；集合体呈隐晶质土状。无色、白色、灰色、灰白色、淡蓝色、浅绿色，玻璃光泽，透明；硬度 2～3。1930 年克劳斯（Krauss）和施里弗（Schriever）首先报道，当时认为是六水方解石的分解产物。1937 年后在人工合成白云石中相继发现，但有地质意义的发现是在 1959 年，在吉尔吉斯斯坦伊塞克湖州（吉尔吉斯文）伊塞克（Issyk Kul）湖。后在老虎耳石、洞穴堆积物和猪胆结石中发现，说明它是生物成因的。1964 年叶夫根尼·伊凡诺维奇·谢苗诺夫（Evgeny Ivanovich Semenov）在《结晶学》（*Kristallografiya*）(9)根据化学成分和与方解石的关系，命名为 Monohydrocalcite，因为它是包含着一个（Mono-）水分子（Hydro-）的方解石。1964 年 IMA 批准。1964 年 M. 弗莱舍（M. Fleischer）在《美国矿物学家》(49)报道。中文名称根据成分及与方解石的关系译为单水方解石，也有的根据成分译为单水碳钙石。

【单斜二铁锂闪石】

英文名 Clino-ferro-ferri-holmquistite

化学式 $\square Li_2(Fe^{2+}_3Fe^{3+}_2)Si_8O_{22}(OH)_2$ (IMA)

单斜二铁锂闪石是一种含羟基的空位、锂、二价铁、三价铁的硅酸盐矿物。属角闪石超族 W 位羟基、氟、氯占优势的角闪石族锂闪石亚族单斜锂蓝闪石根名族。单斜晶系。晶体呈柱状。黑色，玻璃光泽；硬度 6，完全解理，脆性。2001 年发现于西班牙马德里自治区曼萨纳雷斯-埃尔雷亚尔市阿罗约德拉耶德拉（Arroyo de la Yedra）。英文名称 Clino-ferro-ferri-holmquistite，由对称冠词“Clino(单斜)”和成分“Ferri(三价铁)、Ferro(二价铁)”和根词“Holmquistite(锂蓝闪石)”组合命名。IMA 2012s. p. 批准。这个物种的命名历史是复杂的：它最初由卡巴雷罗（Caballero）等所描述。1998 年被称为 Ferri-clinoholmquistite”，后来更名为“Clino-ferri-holmquistite”，再次被命名为“Sodic-ferri-clinoferroholmquistite”，又称为当前有效物种名称“Clino-ferro-ferri-holmquistite”。2003 年 R. 奥贝蒂（R. Oberti）等在《加拿大矿物学家》(41)报道。2008 年中国地质科学院地质研究所任玉峰等在《岩石矿物学杂志》[27(2)]根据对称和成分及与锂蓝闪石的关系译为单斜二铁锂闪石。

【单斜钒矾】

英文名 Bobjonesite

化学式 $V^{4+}O(SO_4) \cdot 3H_2O$ (IMA)

单斜钒矾放射花瓣状集合体(美国)和鲍伯·琼斯像

单斜钒矾是一种含结晶水的钒氧的硫酸盐矿物。单斜晶系。晶体呈叶片状；集合体呈皮壳状、放射花瓣状。蓝色、蓝绿色，玻璃光泽，透明；硬度 1。2000 年发现于美国犹他州埃默里县梅萨（Mesa）北矿。英文名称 Bobjonesite，2003 年由 M. 辛德勒（M. Schindler）等以罗伯特（鲍伯）·琼斯（Robert (Bob) Jones，1926—）的姓名命名，以表彰他对美国亚利桑那州洞溪社区的矿物学做出了贡献。IMA 2000-045 批准。2003 年 M. 辛德勒（M. Schindler）等在《加拿大矿物学家》(41)报道。2008 年中国地质科学院地质研究所任玉峰等在《岩石矿物学杂志》[27(2)]根据对称和成分译为单斜钒矾。

【单斜氟硅钇矿】

英文名 Fluorthalénite-(Y)

化学式 $Y_3Si_3O_{10}F$

单斜氟硅钇矿板状晶体(挪威)和特哈林像

单斜氟硅钇矿是一种含氟的钇的硅酸盐矿物。单斜晶系。晶体呈板状、粒状；集合体呈细脉状。无色，金刚光泽；硬度 4～5，脆性。发现于俄罗斯北部摩尔曼斯克州某山天河石伟晶岩。英文名称 Fluorthalénite-(Y)，由成分冠词“Fluor(氟)”和根词 Thalénite(红钇石)”加后缀“-(Y)组合命名。其中，Thalénite，单斜晶系。晶体呈板状。果肉粉红色，棕色或绿色，油脂光泽，半透明；硬度 6，脆性。1898 年发现于瑞典达拉那县奥斯塔比（Österby）。以瑞典物理学家和天文学家托维亚·罗伯特·特哈林（Tobia Robert Thalén，1827—1905）的姓氏命名[1898 年 C. 贝内迪克斯（C. Benedicks）在《斯德哥尔摩地质学会会刊》(20)报道]。他发明了一种利用磁场发现铁沉积物的方法。早期定义为氟的 Thalénite-(Y)(红钇石)类似矿物，被 IMA 废弃。Thalénite-(Y)被 2014(IMA 14-D)重新定义为氟占优势的 Fluorthalénite-(Y)。1997 年在《俄罗斯科学院报告》[354(1)]和 1998 年《美国矿物学家》(83)报道。2003 年中国地质科学院矿产资源研究所李锦平等在《岩石矿物学杂志》[22(2)]根据成分及与单斜硅钇矿的关系译为单斜氟硅钇矿。单斜氟硅钇矿可视为红钇石的同义词(参见【红钇石】条 333 页)。

【单斜锆铯大隅石】

英文名 Zeravshanite

化学式 $Na_2Cs_4Zr_3Si_{18}O_{45} \cdot 2H_2O$　(IMA)

单斜锆铯大隅石是一种含结晶水的钠、铯、锆的硅酸盐矿物。属大隅石族。单斜晶系。晶体呈板状。无色,玻璃光泽,透明;硬度 6,完全解理。2003 年发现于塔吉克斯坦天山山脉达拉伊-皮奥兹(Dara-i-Pioz)冰川。英文名称 Zeravshanite,2004 年 L. A. 保托夫(L. A. Pautov)等以发现地塔吉克斯坦的扎拉夫山(Zeravshan)山脉命名。IMA 2003－034 批准。2004 年保托夫在《矿物新数据》(39)和《加拿大矿物学家》(42)报道。2008 年中国地质科学院地质研究所任玉峰等在《岩石矿物学杂志》[27(3)]根据对称性、成分及族名译为单斜锆铯大隅石。

【单斜硅钡铍矿】参见【硅钡铍矿】条 260 页

【单斜黄铀矿】

英文名 Paulscherrerite

化学式 $UO_2(OH)_2$　(IMA)

保罗·夏勒像

单斜黄铀矿是一种铀酰-氢氧化物矿物,是柱铀矿脱水的产物。属柱铀矿族。单斜晶系。晶体呈板状,粉状或呈变柱铀矿假像,与大量的变柱铀矿密切混合。淡黄色。2008 年发现于澳大利亚南澳大利亚州弗林德斯山脉北段佩因特(Painter)山。英文名称 Paulscherrerite,2011 年由乔尔·布鲁格(Joël Brugger)等为纪念瑞士物理学家、瑞士联邦技术学院实验物理学教授和瑞士原子能委员会主席保罗·夏勒(Paul Scherrer,1890—1969)而以他的姓名命名。1918 年,他与保罗·德拜(Paul Debye)一起开发了一种通过 X 射线衍射对粉末进行晶体结构测定的技术(德拜-夏勒技术,Debye-Scherrer)。他也以夏勒(Scherrer)方程而闻名,它描述了反射 X 射线的线宽化对于小颗粒的晶体尺寸的依赖性。IMA 2008－022 批准。2011 年 J. 布鲁格(J. Brugger)在《美国矿物学家》(96)报道。2015 年艾钰洁、范光在《岩石矿物学杂志》[34(1)]根据对称性、颜色和成分译为单斜黄铀矿。

【单斜辉石】参见【辉石】条 350 页

【单斜钾锆石】

英文名 Kostylevite

化学式 $K_2ZrSi_3O_9 \cdot H_2O$　(IMA)

单斜钾锆石是一种含结晶水的钾、锆的硅酸盐矿物。单斜晶系。无色、浅黄色,玻璃光泽,透明;硬度 5,完全解理。1982 年发现于俄罗斯北部摩尔曼斯克州沃尼米奥克(Vuonnemiok)河谷。英文名称 Kostylevite,1983 年 A. P. 霍米亚科夫(A. P. Khomyakov)等为纪念俄罗斯莫斯科矿床地质、岩石学、矿物学和地球化学研究所的矿物学家叶卡捷琳娜·叶夫蒂凯叶夫娜·克斯特列娃-拉布特索娃(Yekaterina Evtikhievna Kostyleva-Labuntsova,1894—1974)而以她的姓名命名。IMA 1982－053 批准。硅钛钾钡矿(Labuntsovite)也是以她的姓氏命名的。1983 年霍米亚科夫等在《全苏矿物学会记事》(112)报道。中文名称根据对称性和成分译为单斜钾锆石。1985 年中国新矿物与矿物命名委员会郭宗山等在《岩石矿物及测试》[4(4)]曾根据成分译为水硅锆钾石,此译名与 Umbite 译名重复。

【单斜蓝硒铜矿】

英文名 Clinochalcomenite

化学式 $CuSeO_3 \cdot 2H_2O$

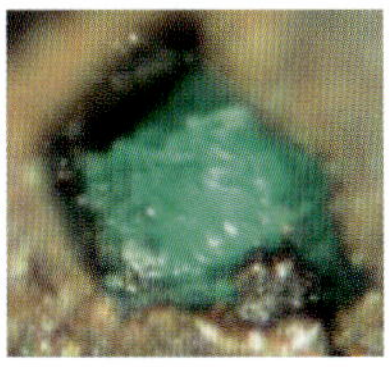

单斜蓝硒铜矿柱状、粒状晶体(玻利维亚)

单斜蓝硒铜矿是一种含结晶水的铜的亚硒酸盐矿物。单斜晶系。晶体呈细小的柱状、粒状。蓝绿色,玻璃光泽,透明;硬度 2,完全解理。1979 年北京铀矿地质研究所雒克定和武汉地质学院北京研究生院马喆生等,在我国甘肃省一铀矿点中首次发现的一种新矿物,是中国发现的第一个硒化物矿物。它与蓝硒铜矿(Chalcomenite)为同质多象变体,根据晶系将该矿物命名为单斜蓝硒铜矿。未经 IMA 批准,但可能有效。1980 年雒克定等在中国《科学通报》[25(2)]和 1981 年《美国矿物学家》(66)报道(参见【蓝硒铜矿】条 432 页)。

【单斜硫铋银矿】

英文名 Makovickyite

化学式 $Cu_{1.12}Ag_{0.81}Pb_{0.27}Bi_{5.35}S_9$　(IMA)

马可维奇像

单斜硫铋银矿是一种铜、银、铅、铋的硫化物矿物。属块硫铋银矿同源系列族。单斜晶系。晶体呈半自形—他形粒状;集合体呈致密块状。灰色,金属光泽,不透明;硬度 3.5。1986 年发现于奥地利萨尔茨堡地区上陶恩山费尔本(Felben)谷白钨矿矿床和罗马尼亚比霍尔县努切特市巴伊塔(Băiţa)矿区。英文名称 Makovickyite,L. 扎克(L. Žák)等以丹麦哥本哈根大学的斯洛伐克-丹麦矿物学家埃米尔·马可维奇(Emil Makovicky,1940—)教授的姓氏命名[埃米尔矿*(Emilite)以他的名字命名]。IMA 1986－027 批准。1994 年扎克等在《矿物学新年鉴:论文》(168)报道。1999 年中国新矿物与矿物命名委员会黄蕴慧等在《岩石矿物学杂志》[18(1)]根据晶系和成分译为单斜硫铋银矿,有的音译为马可韦克矿。

【单斜硫铑矿】

英文名 Kingstonite

化学式 Rh_3S_4　(IMA)

单斜硫铑矿是一种铑的硫化物矿物。单斜晶系。晶体呈半自形—他形板状,被包裹于其他矿物之中。灰色,金属光泽,不透明;硬度 6,完全解理,脆性。1993 年发现于埃塞俄比亚奥罗米亚州金比镇比尔比尔(Bir Bir)河河砂矿床。英文名称 Kingstonite,由以前的英国威尔士卡迪夫大学的地质系高级讲师戈登·安德鲁·金斯顿(Gordon Andrew Kingston,1939—)的姓氏命名,以表彰他对铂族元素矿物学及其矿床地质学做出的贡献。IMA 1993－046 批准。2005 年 C. J. 斯坦利(C. J. Stanley)等在《矿物学杂志》[69(4)]报道。2008 年中国地质科学院地质研究所任玉峰等在《岩石矿物学杂志》[27(6)]根据晶系和成分译为单斜硫铑矿。

【单斜硫砷铅矿】

英文名 Dufrénoysite

化学式 $Pb_2As_2S_5$　(IMA)

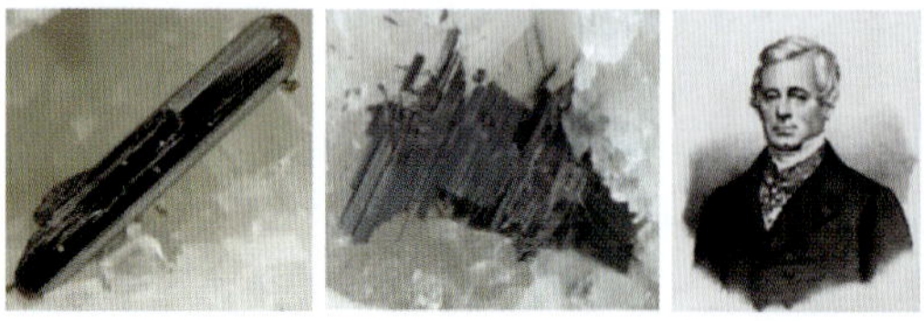

单斜硫砷铅矿柱状、纤维状晶体(瑞士)和迪弗勒努瓦像

单斜硫砷铅矿是一种铅的砷-硫化物矿物。属脆硫砷铅矿族。单斜晶系。晶体呈板状、柱状、纤维状,具双晶;集合体呈晶簇状。铅灰色—钢灰色,暗红棕色(透射光),金属光泽,不透明;硬度3,完全解理,脆性。1845年发现于瑞士林根巴赫(Lengenbach)采石场;同年,A.达穆尔(A. Damour)在《化学和物理学记录》(14)报道。英文名称Dufrénoysite,由奥古斯丁·亚历克西斯·达穆尔(Augustin Alexis Damour)为纪念法国巴黎迈因斯矿业学院矿物学家彼埃尔·阿尔芒·佩蒂特·迪弗勒努瓦(Pierre Armand Petit Dufrénoy,1792—1857)教授而以他的姓氏命名。1959年以前发现、描述并命名的"祖父级"矿物,IMA承认有效。中文名称根据晶系和成分译为单斜硫砷铅矿或硫砷铅矿。

【单斜钠锆石】参见【钠锆石】条635页

【单斜钠铁矾】参见【黄铁钠矾】条344页

【单斜铅锑矿】参见【板硫锑铅矿】条44页

【单斜羟磷灰石】

英文名 Hydroxylapatite-M

化学式 $Ca_5(PO_4)_3OH$

单斜羟磷灰石是一种含羟基的钙的磷酸盐矿物。单斜晶系。晶体呈针状;集合体呈球粒状。白色,薄片无色,土状光泽;硬度5,脆性。发现于加拿大安大略省雷鸣湾市海鸥湖(Seagull Lake)地区未命名前景区超镁铁质侵入体。英文名称Hydroxylapatite-M,由冠词"Hydroxyl(羟基)"和根词"Apatite(磷灰石)"加后缀"-M=Monoclinic(单斜晶系)"组合命名。它是羟磷灰石的同质多象变体,但IMA持怀疑态度。2006年A. R. 查克莫拉纳(A. R. Chakhmouradian)等在《欧洲矿物学杂志》(18)报道。2009年中国地质科学院地质研究所尹淑苹等在《岩石矿物学杂志》[28(4)]根据对称及与羟磷灰石的关系译为单斜羟磷灰石。

【单斜羟铍石】

英文名 Clinobehoite

化学式 $Be(OH)_2$ (IMA)

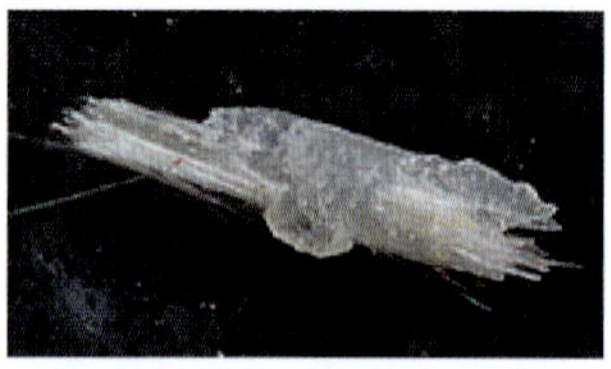

单斜羟铍石纤维状晶体,束状集合体(俄罗斯)

单斜羟铍石是一种铍的氢氧化物矿物。与羟铍石(Behoite)为同质二象。单斜晶系。晶体呈纤维状;集合体呈皮壳状、束状。无色或白色,玻璃光泽、油脂光泽,透明—半透明;硬度2~3,完全解理。1988年发现于俄罗斯斯维尔德洛夫斯克州叶卡捷琳堡市马雷岛伊苏姆鲁德尼(Izumrudnye)矿区马雷舍斯克(Malyshevskoe)矿床。英文名称Clinobehoite,由对称冠词"Clino(单斜)"和根词"Behoite(羟铍石)"组合命名。IMA 1988-024批准。1989年T. N. 纳德治娜(T. N. Nadezhina)等在《苏联物理学报》(34)和《矿物学杂志》[11(5)]报道。1991年中国新矿物与矿物命名委员会郭宗山在《岩石矿物学杂志》[10(4)]根据晶系和与羟铍石的二形关系译为单斜羟铍石或斜羟铍石。

【单斜羟碳汞石】

英文名 Clearcreekite

化学式 $Hg_3^{1+}(CO_3)(OH)\cdot 2H_2O$ (IMA)

单斜羟碳汞石是一种含结晶水、羟基的汞的碳酸盐矿物。单斜晶系。晶体呈半自形板状。灰黄绿色,玻璃光泽,透明;硬度小,完全解理,脆性。1959年爱德华·H.奥伊勒(Edward H. Oyler)先生发现于美国加利福尼亚州圣贝尼托县代阿布洛岭克利尔溪(Clear Creek)矿。经过30多年而以爱德华·H.奥伊勒命名为Edoylerite。英文名称Clearcreekite,以发现地美国克利尔溪(Clear Creek)矿命名。IMA 1999-003批准。2001年A. C. 罗伯茨(A. C. Roberts)等在《加拿大矿物学家》(39)报道。2007年中国地质科学院地质研究所任玉峰在《岩石矿物学杂志》[26(3)]根据对称和成分译为单斜羟碳汞石。

【单斜闪石】参见【角闪石】条382页

【单斜铜硝石】

英文名 Rouaite

化学式 $Cu_2(NO_3)(OH)_3$ (IMA)

单斜铜硝石扁平板状晶体(捷克)

单斜铜硝石是一种含羟基的铜的硝酸盐矿物。属铜硝石族。与铜硝石为同质二象变体。单斜晶系。晶体呈扁平板状、粒状;集合体呈皮壳状、晶簇状。深翠绿色、蓝绿色,玻璃光泽,透明;完全解理,脆性。1999年发现于法国东南普罗旺斯-阿尔卑斯-蓝色海岸大区罗瓦(Roua)旧铜矿山。英文名称Rouaite,2001年由哈利尔·萨尔普(Halil Sarp)等以发现地法国的阿尔卑斯省罗瓦(Roua)旧铜矿山命名。IMA 1999-010批准。2001年哈利尔·萨尔普等在法国《里维埃拉科学》(85)和2002年《美国矿物学家》(87)报道。2007年中国地质科学院地质研究所任玉峰在《岩石矿物学杂志》[26(3)]根据对称和成分译为单斜铜硝石。

【单斜托勃莫来石】

英文名 Clinotobermorite

化学式 $Ca_4Si_6O_{17}(H_2O)_2\cdot(Ca\cdot 3H_2O)$ (IMA)

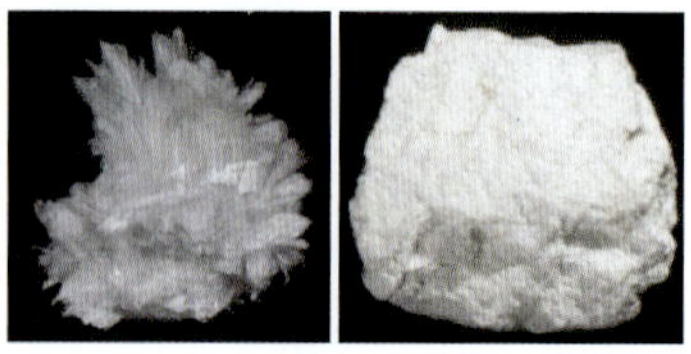

单斜托勃莫来石针状、片状晶体,块状集合体(意大利、俄罗斯)

单斜托勃莫来石是一种托勃莫来石的单斜多型。属托勃莫来石超族。与托勃莫来石为同质多象。单斜晶系。晶体呈针状、片状、薄板状;集合体呈块状。无色,白色,玻璃光泽,透明;硬度4.5,完全解理。1990年发现于日本本州岛中国地方冈山县高桥市备中町布贺(Fuka)矿。英文名称Clinotobermorite,由冠词"Clino(单斜晶系)"和根词"Tobermorite(雪硅钙石)"组合命名。日文名称单斜トベルモリー

石。1992 年在《矿物学杂志》(96)报道。2014 年 IMA 重新定义,IMA 2014s. p. 批准。根据新的命名为托勃莫来石族[2015 年 C. 比亚乔尼(C. Biagioni)等在《矿物学杂志》(79)报道]。中文名称根据晶系和族名译为单斜托勃莫来石(原译名单斜雪硅钙石)。Clinotobermorite 有两种多型:-2M(三斜)和-1A(单斜)。

胆 [dǎn]形声;从月,旦声。动物储存胆汁的囊状器官:胆囊。胆汁呈黄绿色、深绿色,味苦。用于比喻矿物的颜色和味道。

【胆矾】

英文名 Chalcanthite

化学式 $Cu(SO_4)\cdot 5H_2O$　　(IMA)

胆矾板状、短柱状、纤维状晶体(美国)和迷迭香花

胆矾是一种含结晶水的铜的硫酸盐矿物。属胆矾族。三斜晶系。晶体呈板状或短柱状、粒状,天然晶体罕见,少见十字双晶;集合体常呈致密块状、钟乳状、被膜状、肾状充填脉(交叉纤维细脉状)。无色(透射光)、绿色、蓝绿色、浅蓝色、深蓝色,如果暴露在干燥的空气中会由于失去水而由漂亮的蓝色变成不透明的浅绿白色粉末,条痕呈白色,玻璃光泽、树脂光泽,半透明—透明;硬度 2.5,极脆;极易溶于水,有金属味及令人恶心的气味。中国是世界上发现、认识和命名及利用胆矾最早的国家之一。古代主要用于医药和炼铜。中国古籍对胆矾多有记载,其名诸如铜矾、石胆、毕石、黑石、君石(《本经》)、基石(《别录》)、立制石(陶弘景)、石液、制石液(《石药尔雅》)、铜勒(《吴普本草》)、胆子矾、鸭嘴胆矾(《济生方》)、翠胆矾(《本草蒙筌》)、蓝矾等。胆矾一名出自秦汉时期的《神农本草经》。宋代沈括《梦溪笔谈·杂志二》云:"信州铅山县有苦泉,流以为涧,挹其水熬之,则成胆矾,烹胆矾则成铜,熬胆矾铁釜久之亦化为铜"。明代宋应星《天工开物·青矾红矾黄矾胆矾》:"石胆一名胆矾者,亦出晋隰等州,乃山石穴中自结成者,故绿色带宝光。烧铁器淬于胆矾水中,即成铜色也。"明代李时珍《本草纲目·金石四·石胆》:"胆以色味命名,俗因其似矾,呼为胆矾。"

在西方,最早见于 1826 年德国莱比锡哈雷在《物理学年鉴》(8)报道。1853 年发现于智利安托法加斯塔地区洛阿省(ElLoa)卡拉马市丘基卡马塔(Chuquicamata)铜矿坑。英文名称 Chalcanthite,1853 年 Fr. 冯·科贝尔(Fr. von Kobell)根据希腊文"Τσάλκοs=Chalkos=Copper(铜)"和"Ανθόs=Anthos(迷迭香)=Flower(花)"组合命名,意"铜花",指结晶形成的集合体像"天蓝色的迷迭香花"。1959 年以前发现、描述并命名的"祖父级"矿物,IMA 承认有效。胆矾英文也写作"Blue vitriol",其中 Blue(蓝色),Vitriol(矾),意为蓝色的矾,即蓝矾,也称作 Bluestone,亦蓝石。因为英文"Blue"的蓝色是由胆汁"Bile"演变而来,又源自拉丁文"Bilis",因胆汁呈带蓝的黄绿色。在汉语中习惯以色和味称其为胆矾。

淡 [dàn]形声;从氵,炎声。(颜色)浅,与"浓""深"相对。

【淡钡钛石】

英文名 Leucosphenite

化学式 $Na_4BaTi_2B_2Si_{10}O_{30}$　　(IMA)

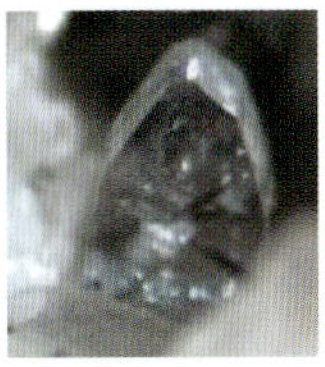

淡钡钛石假六边形的楔形晶体(加拿大)

淡钡钛石是一种钠、钡、钛的硼硅酸盐矿物。单斜晶系。晶体呈板状或假六边形、楔形。无色、柠檬黄色、棕色、淡蓝色,玻璃光泽,透明—半透明;硬度 6~6.5,完全解理,脆性。1897 年 G. 弗林克(G. Flink)发现于丹麦格陵兰岛库雅雷哥自治区伊格利库区纳尔萨尔苏克(Narssârssuk)高原伟晶岩[见 1898 年在《格陵兰岛通讯》(14)报道]。英文名称 Leucosphenite,1901 年由弗林克(Flink)在《格陵兰岛通讯》(24)根据希腊文"λευκόs=White=Leuco(白)"和"σφηνώ=Wedge=Sphenos(楔=榍石)"组合命名,意指它的颜色和形态。1959 年以前发现、描述并命名的"祖父级"矿物,IMA 承认有效。中文名称根据淡的颜色和成分译为淡钡钛石,有的译为白钛矿或白钛石,还有的译作硼钡钠钛石。

【淡硅锰石】

英文名 Leucophoenicite

化学式 $Mn_7^{2+}(SiO_4)_3(OH)_2$　　(IMA)

淡硅锰石棒状、板片状晶体(美国)

淡硅锰石是一种含羟基的锰的硅酸盐矿物。属淡硅锰石超族硅镁石族。与硅锰石为同质二象。单斜晶系。晶体呈粒状、棒状、板片状、细长柱状,晶面有深的条纹;集合体常呈晶簇状或块状。粉红色、紫红色、棕红色—棕色,玻璃光泽,透明—半透明;硬度 5~6.5,脆性。1899 年发现于美国新泽西州苏塞克斯县富兰克林矿区富兰克林(Franklin)矿井及荞麦(Buckwheat)坑。英文名称 Leucophoenicite,1899 由塞缪尔·刘易斯·彭菲尔德(Samuel Lewis Penfield)和查尔斯·海德·沃伦(Charles Hyde Warren)在《美国科学杂志》(8)根据希腊文"λευκοσ=Pale=Leuco(淡)"和"φοινιζ=Purplished=Phoenic(紫红色)"命名,意指常见的颜色。1959 年以前发现、描述并命名的"祖父级"矿物,IMA 承认有效。中文名称根据颜色和成分译为淡硅锰石;根据成分译为水硅锰石。

【淡红沸石】

英文名 Stellerite

化学式 $Ca_4(Si_{28}Al_8)O_{72}\cdot 28H_2O$　　(IMA)

淡红沸石板状晶体,晶簇状、放射状、圆球状集合体(澳大利亚、美国)

淡红沸石是一种含沸石水的钙的铝硅酸盐矿物。属沸

石族辉沸石亚族。斜方晶系。晶体呈薄板状;集合体常呈放射状、束状、板状、圆球状。无色—白色、粉红色、橙色、红色,玻璃光泽,解理面上呈珍珠光泽,透明—半透明;硬度 4.5,完全解理。1909 年发现于俄罗斯堪察加州科曼多尔群岛(Komandorskije)梅德尼(Mednyi)岛。1909 年 J. A. 莫洛泽维兹(J. A. Morozewicz)在德国《克拉科夫(Cracovie)国际科学院通报》报道。英文名称 Stellerite,以德国探险家和动物学家、俄罗斯白令海科曼多尔群岛的发现者格奥尔·威廉·斯特勒(Georg Wilhelm Steller,1709—1746)的姓氏命名。1959 年以前发现、描述并命名的"祖父级"矿物,IMA 承认有效。IMA 1997s. p. 批准。中文名称根据颜色和族名译为淡红沸石;也译作红辉沸石(原以为是辉沸石的变种,其实红辉沸石是斜方晶系,而辉沸石是单斜晶系)。1965 年,中国学者杨敏之在《地质科学》(3)报道了我国某细脉浸染型铝矿床内的红辉沸石的一些特征,这是我国首次对红辉沸石的研究报道,也是至今我国唯一关于红辉沸石及其成因的研究论文。

【淡红砷锰石】

英文名 Krautite

化学式 $Mn(AsO_3OH) \cdot H_2O$　　(IMA)

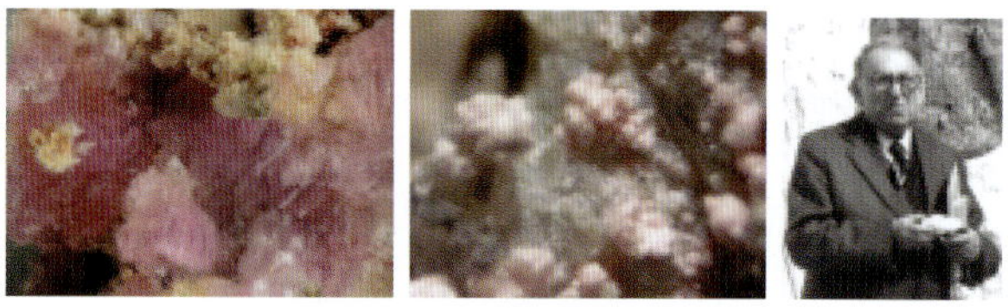

淡红砷锰石片状晶体,球粒状集合体(罗马尼亚、捷克)和克拉乌特像

淡红砷锰石是一种含结晶水的锰的氢砷酸盐矿物。属淡红砷锰石族。单斜晶系。晶体呈片状;集合体常呈皮壳状、球粒状。玫瑰红色、玫瑰粉色、红色—棕红色,树脂光泽,半透明;硬度 3~4,完全解理,脆性。1974 年发现于罗马尼亚胡内多阿拉县萨卡里姆布(Sacarîmb)。英文名称 Krautite,由弗朗索瓦·丰坦(François Fontan)等为纪念法国巴黎国家自然历史博物馆的矿物学家弗朗索瓦·克拉乌特(François Kraut,1907—1983)而以他的姓氏命名。IMA 1974-028 批准。1975 年 F. 丰坦(F. Fontan)等在《法国结晶学和矿物学学会通报》(98)和 1976 年《美国矿物学家》(61)报道。中文名称根据颜色和成分译为淡红砷锰石。

【淡红银矿】

英文名 Proustite

化学式 Ag_3AsS_3　　(IMA)

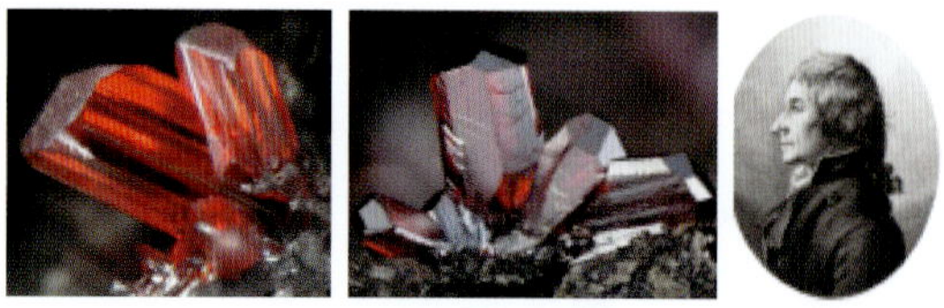

淡红银矿柱状晶体,晶簇状集合体(摩洛哥、德国)和普鲁斯特像

淡红银矿是一种银的砷-硫化物矿物。属淡红银矿族。与黄砷硫银矿为同质二象。三方晶系。晶体呈六方柱状,两端不对称,呈异极形的短柱状、复三方单锥、三方单锥、六方单锥;集合体呈块状或致密状、晶簇状。颜色呈鲜红色、朱红色或红灰色,其表面因易氧化而常有暗黑色的薄膜,金刚光泽或半金属光泽,半透明—不透明;硬度 2~2.5,完全解理,脆性。1832 年发现于捷克共和国卡罗维发利地区亚希莫夫(Jáchymov)。1832 年在巴黎《矿物学基础教程》(第二版)刊载。英文名称 Proustite,以法国化学家、演员 J. L. 普鲁斯特(J. L. Proust,1754—1826)的姓氏命名。他因研究红银矿物而闻名,他最著名的发现是定比例定律,指出化合物总是以恒定比例相结合。1887 年迈耶斯(Miers)和普赖尔(Prior)在《矿物学杂志》(7)报道。1959 年以前发现、描述并命名的"祖父级"矿物,IMA 承认有效。中文名称根据矿物典型的颜色(鲜红)和成分(银)组合译为淡红银矿;按成分也译作硫砷银矿。

【淡磷铵铁石】

英文名 Spheniscidite

化学式 $(NH_4)Fe_2^{3+}(PO_4)_2(OH) \cdot 2H_2O$　　(IMA)

淡磷铵铁石放射状、球粒状集合体(乌克兰)和帝企鹅

淡磷铵铁石是一种含结晶水和羟基的铵、铁的磷酸盐矿物。属淡磷钾铁矿族。单斜晶系。集合体呈放射状、球粒状。棕色,土状光泽,透明—半透明;硬度 1~1.5。1977 年发现于南极洲西部南极半岛南设得兰群岛象海豹(Elephant)岛。英文名称 Spheniscidite,以发现地南极洲英属南极领地象海豹岛的企鹅的拉丁目名或企鹅"Sphenisci formes(企鹅目——最大的帝企鹅)"命名。IMA 1977-029 批准。1986 年在《矿物学杂志》(50)和 1987 年《美国矿物学家》(72)报道。1987 年中国新矿物与矿物命名委员会郭宗山等在《岩石矿物学杂志》[6(4)]根据颜色和成分译为淡磷铵铁石。

【淡磷钙铁矿】参见【磷钙镁石】条 455 页

【淡磷钾铁矿】

英文名 Leucophosphite

化学式 $KFe_2^{3+}(PO_4)_2(OH) \cdot 2H_2O$　　(IMA)

淡磷钾铁矿板状晶体,晶簇状、球粒状集合体(德国、法国)

淡磷钾铁矿是一种含结晶水和羟基的钾、铁的磷酸盐矿物。属淡磷钾铁矿族。单斜晶系。晶体呈短柱状、板状;集合体呈晶簇状、细晶白垩状、部分非晶质、球粒状、多孔和粉笔状。白色—绿色、浅黄色、黄棕色、橙棕色、粉红色、带绿的棕色,带褐的紫色,半玻璃光泽、树脂光泽、土状光泽,透明—半透明;硬度 3.5,完全解理,脆性。1932 年发现于澳大利亚西澳大利亚州佩伦乔里地区威廉比(Weelhamby)湖宁汉邦(Ninghanboun)山蛇纹岩,早期发现于洞穴沉积物由鸟类或蝙蝠粪与早期的含铁矿物反应形成物。英文名称 Leucophosphite,1932 年爱德华·悉尼·辛普森(Edward Sydney

Simpson)根据希腊文“Λο ύ κο＝Leuco(无色)”意思是“白色的”前缀加“Phosphate(磷酸盐)”组合命名，意指它是浅色的磷酸盐矿物。1959 年以前发现、描述并命名的“祖父级”矿物，IMA 承认有效。1932 年辛普森(Simpson)在《西澳大利亚皇家学会杂志》(18)报道。中文名称根据颜色和成分译为淡磷钾铁矿。

【淡硬绿泥石】

英文名 Lennilenapeite

化学式 $K_7(Mg,Mn_{2+},Fe_{2+},Zn)_{48}(Si,Al)_{72}(O,OH)_{216} \cdot 16H_2O$　(IMA)

淡硬绿泥石是一种含结晶水和羟基的钾、镁、锰、铁、锌的铝硅酸盐矿物。属黑硬绿泥石族。三斜晶系。晶体呈片状。棕黑色、绿色、淡绿色、深褐色，玻璃光泽、树脂光泽，半透明—不透明；硬度 3，完全解理，脆性。1982 年发现于美国新泽西州苏塞克斯县富兰克林矿区富兰克林(Franklin)矿井。英文名称 Lennilenapeite，由皮特·J. 邓恩(Pete J. Dunn)等以美国新泽西州富兰克林周围居住区的印第安人伦尼纳佩(Lenni-Lenape)部落命名。IMA 1982－085 批准。1984 年皮特·邓恩在《加拿大矿物学家》(22)和 1985 年《美国矿物学家》(70)报道。1985 年中国新矿物与矿物命名委员会郭宗山等在《岩石矿物及测试》[4(4)]根据颜色及与黑硬绿泥石的关系译为淡硬绿泥石。

蛋

[dàn]会意；从疋，从虫。某些动物所生的卵：如鸡蛋。①蛋白：蛋的一部分，在蛋黄之外，呈青白色。②蛋黄：蛋的另一部分，在蛋白之内，呈黄色。用于比喻矿物的颜色和光泽。

【蛋白石】

英文名 Opal

化学式 $SiO_2 \cdot nH_2O$　(IMA)

蛋白石块状集合体(澳大利亚)和变彩蛋白石

蛋白石是一种非晶质二氧化硅的水合胶体矿物。集合体常呈致密块状，有时呈钟乳状、肾状、葡萄状、结核状、皮壳状等。玻璃光泽，多孔者呈蜡状光泽，半透明—不透明；硬度 5.5～6.5，脆性。颜色一般为无色、白色、乳白色，蛋白光泽，酷似禽类蛋白，故得其名。蛋白石混入铁、锰、铜、铬等色素离子，可以形成黄、褐、红、绿、蓝、黑等各种颜色，如果出现变彩(色彩光泽随角度变化)，有猫眼效应者称猫眼石，有星光效应、云雾效应者又称闪山云。带乳光变彩者称贵蛋白石[Precious opal，Nobl opal；其中 Precious(宝贵的，珍贵的，贵重的)；Nobl(高尚的，贵族的)]；呈橘红色—橘黄色而具“火”状反光者称火蛋白石；交代树干状而具木质纤维状构造者称木蛋白石(Wood Opal)；质轻多孔，水中透明，干燥时呈浊色者称水蛋白石；无色透明呈球状或葡萄状者称玻璃蛋白石；蜜黄色而具树脂光泽者称为脂光蛋白石；具深灰色或蓝色—黑色者称为黑蛋白石，是最珍贵的蛋白石品种；等等。

英文名称 Opal，音译为欧泊(珀)。澳大利亚是蛋白石出产最多的国家，也是澳大利亚的“国石”，因此有人把 Opal 音译为澳宝。关于 Opal 的词源是一个有争议的问题。然而，大多数现代引用表明它源自希腊文“Οϕ ά λιοs＝Opalios(奥巴洛斯)”，而 Opalios 则来自梵文 Upala，意指贵重的宝石。由古罗马自然科学家老普林尼首先描述为宝石，认为它是世上最美丽的宝石之一，所有色彩不可思议地联合在一起发光，集宝石美于一身。关于 Opa(Opal)可能与古罗马的土星之神(Saturn)和妻子生育女神的故事有关。古罗马的农神节(Saturnalia)狂欢喧闹，纵情狂欢，农神为了表达对生育女神的挚爱，赠送给她一份贵重的礼物，就是“Opalia”或类似的“Opalus”。另一个常见的说法，这一术语是改编自希腊文 Opallios，它有两个含义，一个是“Seeing(看到)”和相关的基础英语单词像“Opaque(不透明的)”；另一种是“Other(其他)”如“Alias(别名)”和“Alter(改变)”。据称 Opalus 结合这些含义，这意味着“看到颜色的变化”。不过，历史学家指出，第一次发现 Opallios 之前，罗马人在公元前 180 年已经占领了希腊，他们曾使用术语 Paederos，指丘比特之子(Cupid Paederos 恋爱中美丽的天使)，并尊他为希望和纯洁的象征。然而，梵文起源的争论更加激烈。这个词第一次出现在大约公元前 250 年，罗马人首先引用，当时蛋白石的价值高于其他所有宝石。来自博斯普鲁斯海峡、提供蛋白石的交易员，自称提供的宝石来自印度。在此之前这种石头有各种各样的名字，但这个名字从公元前 250 年后才使用(维基英文《宝石学》)。1959 年以前发现、描述并命名的“祖父级”矿物，IMA 承认有效。由于历史原因，蛋白石到 2007 年虽然仍然作为一种有效的矿物种；但蛋白石并不被接受为真正意义上的矿物，实际上它是由石英和/或鳞石英或由无定形二氧化硅组成的混合物。蛋白石被分为 4 种类型：蛋白石－CT 为方石英和鳞石英，蛋白石－C 为方石英，蛋白石－AG 为非晶硅凝胶(紧密堆积的非晶硅球形成衍射光栅，形成珍贵的宝石)和蛋白石－AN 为非晶质结构。蛋白石－AG，蛋白石－CT 和蛋白石－C 之间是经常过渡的。在低温下的研究表明，水分子的方式被组织成冰状的结构，其中包括立方冰(埃克特等，2015)。1971 年 J. B. 琼斯(J. B. Jones)等在《澳大利亚地质学会学报》(18)报道了《蛋白石的性质、命名和构成相》。

【蛋黄钒铝石】

英文名 Vanalite

化学式 $NaAl_8V_{10}O_{38} \cdot 30H_2O$　(IMA)

蛋黄钒铝石是一种含结晶水的钠、铝的钒酸盐矿物。单斜晶系。晶体楔形状，粒径 0.025mm；集合体呈被膜状、粉末状、细脉状、结核状、块状。鲜蛋黄色和橙色，玻璃光泽、蜡状光泽。1962 年发现于哈萨克斯坦南部的哈萨克斯坦省卡拉套范围库鲁姆萨克(Kurumsak)钒矿床。英文名称 Vanalite，由化学成分“Vanadium(Van，钒)”和“Aluminium(Al，铝)”组合命名。1962 年 E. A. 安金诺维奇(E. A. Ankinovick)在《全苏矿物学会记事》[91(3)]和 1963 年 M. 弗莱舍(M. Fleischer)在《美国矿物学家》(48)报道。IMA 1967s. p. 批准。中文名称根据颜色和成分译为蛋黄钒铝石。

氮

[dàn]氮是一种非金属化学元素。[英]Nitrogen。化学符号 N。原子序数 7。1772 年由瑞典药剂师舍勒发现，后由法国科学家拉瓦锡确定是一种元素。1787 年由拉瓦锡和其他法国科学家提出，氮的英文名称 Nitrogen，来源于希腊文，原意是“硝石组成者”的意思。中国清末化学家启蒙者徐寿在第一次把氮译成中文时曾写成“淡气”，

意思是说，它“冲淡”了空气中的氧气。氮在地壳中的含量很少，重量百分比 0.004 6%。氮的最重要的矿物是硝酸盐和氮化物。自然界中绝大部分的氮是以单质分子氮气的形式存在于大气中，在生物体内亦有极大作用，是组成氨基酸的基本元素之一。

【氮铬矿】

英文名 Carlsbergite

化学式 CrN　　(IMA)

氮铬矿是一种铬的氮化物矿物。属陨氮钛矿族。等轴晶系。晶体呈显微粒状、细小板片状、不规则羽状，粒径 30μm。玫瑰紫罗兰色、灰色，金属光泽，不透明；硬度 7。1971 年发现于丹麦格陵兰岛卡苏伊特萨普区萨维克索(Saviksoah)半岛约克角(Cape York)铁陨石(1963 年发现的陨石)。英文名称 Carlsbergite，以丹麦哥本哈根嘉士伯(Carlsberg)基金会的名字命名。该基金会支持恢复了对阿帕利利克(Agpalilik)陨石的切割研究，并在切割回收的碎片中发现该矿物。IMA 1971-026 批准。1971 年 V. F. 布赫瓦尔德(V. F. Buchwald)等在《自然物理科学》(233)和 1972 年《美国矿物学家》(57)报道。中文名称根据成分译为氮铬矿；根据成因和成分译为陨氮铬矿。

【氮汞矾】

英文名 Gianellaite

化学式 $(Hg_2N)_2(SO_4)(H_2O)_x$　　(IMA)

氮汞矾是一种含结晶水的汞氮的硫酸盐矿物。等轴晶系。晶体呈扭曲的八面体，很少为 0.2～1.0mm 的自形晶；集合体呈扁平的半自形花状。稻草黄色、淡黄色，玻璃光泽，透明—半透明；硬度 3。1972 年发现于美国得克萨斯州布鲁斯特县特灵瓜区(加利福尼亚州矿山)马里波萨矿(Mariposa)佩里坑。英文名称 Gianellaite，以美国内华达大学马凯矿业学院退休名誉教授、马凯矿山地质部门的负责人文森特·保罗·吉安内拉(Vincent Paul Gianella，1886—1983)的姓氏命名。IMA 1972-020 批准。1977 年 G. 图内利(G. Tunell)等在《矿物学新年鉴》(月刊)和 M. 弗莱舍(M. Fleischer)等在《美国矿物学家》(62)报道。中文名称根据成分译为氮汞矾。

【氮硅石】

英文名 Nierite

化学式 Si_3N_4　　(IMA)

尼尔像

氮硅石是一种硅的氮化物矿物。一种非常稀有的天然氮化物，最初形成于星尘中，现在见于陨石。合成氮化硅是一种非常重要的高性能陶瓷材料。三方晶系。晶体呈自形—半自形柱状、板条状。无色，氧化后变褐色、褐红色，金刚光泽，透明；硬度 9，脆性。1994 年发现于阿塞拜疆阿格贾贝迪区舒沙因达赫(Indarch)陨石。英文名称 Nierite，1995 由 M. R. 李(M. R. Lee)等为纪念美国明尼苏达州明尼阿波利斯明尼苏达大学的物理学家和化学教授艾尔弗雷德·奥托·卡尔·尼尔(Alfred Otto Carl Nier，1911—1994)而以他的姓氏命名。他负责现在公认的大气氮同位素组成的测定，还有助于质谱(特别是稳定同位素质谱)的发展。IMA 1994-032批准。1995 年 M. R. 李等在《陨石》(30)和 1996 年 J. L. 杨博尔(J. L. Jambor)等在《美国矿物学家》(81)报道。2003 年中国地质科学院矿产资源研究所李锦平等在《岩石矿物学杂志》[22(3)]根据成分译为氮硅石。

【氮铁矿】

英文名 Siderazot

化学式 FeN_x ($x\approx0.25\sim0.5$)　　(IMA)

氮铁矿薄板片状晶体(意大利)

氮铁矿是一种铁的氮化物矿物。六方晶系。晶体呈薄板片状；集合体呈皮壳状。白色、银白色，金属光泽，不透明。1876 年发现于意大利卡塔尼亚省埃特纳火山杂岩体埃特纳(Etna)火山。英文名称 Siderazot，来自希腊文“Σιντ έρος=Sideros(铁)”再加上“Azoton(氮)”组合命名。1876 年 O. 西尔维斯特里(O. Silvestri)在《物理与化学年鉴》(157)报道。1959 年以前发现、描述并命名的“祖父级”矿物，IMA 承认有效。一些人认为它是一个被“保护”的物种，但描述很不充分，值得怀疑。另一英文名称 Silvestrite，由最早报道此矿物的 O. 西尔维斯特里(O. Silvestri)的姓氏命名。中文名称根据成分译为氮铁矿。

岛 [dǎo]形声；从山，鸟声。本义：江、湖、海洋中被水所包围而比大陆要小的一片陆地。用于日本人名。

【岛崎石*】

英文名 Shimazakiite

化学式 $Ca_2B_2O_5$　　(IMA)

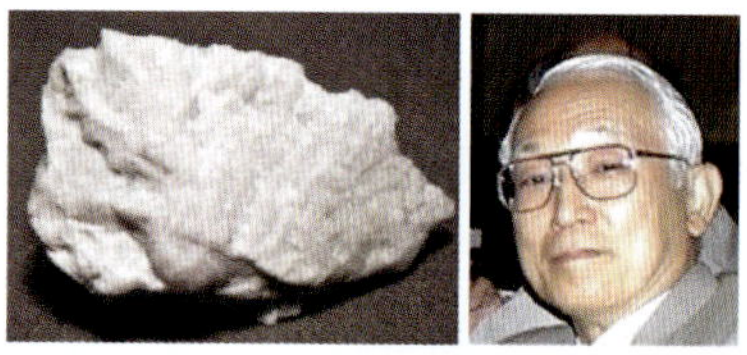

岛崎石* 细粒状晶体，块状集合体(日本)和岛崎像

岛崎石*是一种钙的硼酸盐矿物。斜方(单斜)晶系。晶体呈细粒状；集合体呈块状。白色、灰白色，玻璃光泽，透明。2010 年发现于日本本州岛中国地方冈山县高桥市备中町布贺(Fuka)矿。英文名称 Shimazakiite，以东京大学名誉教授岛崎英彦(Hidehiko Shimazaki)博士的姓氏命名，以表示对他在矽卡岩矿物学方面贡献的认可。日文汉字名称島崎石。IMA 2010-085a 批准。2011 年松原(S. Matsubara)等在《CNMNC 通讯》(10)和 2013 年《矿物学杂志》(77)报道。目前尚未见官方中文译名，编译者建议借用日文汉字名称島崎石的简化汉字名称岛崎石*。已知岛崎石*有两个多型：-4M(单斜晶系)和-4O(斜方晶系)。

道 [dào]形声；从辶，首声。(名)路。用于中国地名。[英]音，用于外国人名。

【道马矿】

汉拼名 Daomanite

化学式 $CuPtAsS_2$　　(IMA)

道马矿是一种铜和铂的砷-硫化物矿物。斜方晶系。晶体呈自形板片状，有时呈肘状连晶。钢灰色带黄色调，新鲜面银灰白色，条痕呈黑色，金属光泽；硬度 3.5，发育 3 组解理，脆性。中国地质科学院地质研究所於祖相教授发现于河北省赤城—青龙一带石榴石角闪辉石岩或橄榄辉石岩中含铂的铜硫化物矿脉。1974 年於祖相等在《地质学报》[48(2)]作了初步报道；1978 年进一步工作成果又在《地质学报》[52(4)]进行了报道。矿物名称根据发现地河北省滦平县三道(Sandao)村和铁马(Tiema)村各取中间一个音节，即道(Dao)和马(Ma)命名为道马矿(根据成分命名为硫砷铜铂矿)。1982 年获得国际矿物协会(IMA)国际新矿物与矿物命名委员会(CNMMN)批准。此矿物的发现具有重要的经济价值和重要的矿物学理论意义。2001 年於祖相在《地质学报》[75(3)]报道。

【道森石】参见【碳钠铝石】条 925 页

锝 [dé]一种放射性金属元素。[英]Technetium。元素符号 Tc。原子序数 43。门捷列夫在建立元素周期系的时候，曾经预言它的存在，命名它为 Eka-manganese(类锰)。莫斯莱确定了它的原子序数为 43。其实，有关这个元素发现的报告早在门捷列夫建立元素周期系以前就开始了。在 1846 年，俄罗斯盖尔曼声称，从黑色钛铁矿(Ilmenite)中发现了这个元素，就以这个矿石的名称命名它为 Ilmenium，并且测定了它的原子量，叙述了它的一些性质与锰相似。接着，1877 年，俄罗斯圣彼得堡的化学工程师克恩发表发现了一种占据钼和钌之间的新元素报告，其原子量经测定等于 100。但它却被另一些化学家证明是铱、铑和铁的混合物。亚洲的化学家们也不甘落后，在 1908 年，日本化学家小川声称从方钍石中发现这一元素并命名为 Nipponium；到 1924 年，又有化学家报告，利用 X 射线光谱分析从锰矿中发现了这一元素，命名为 Moseleyum。迟至 1925 年，德国科学家也宣布，在铌铁矿中发现了这一元素。但这些发现都没有被证实和承认。于是 43 号元素被认为是"失踪了"的元素。后来，物理学家们的"同位素统计规则"解释了它"失踪"的缘由。这个规则是 1924 年苏联学者苏卡列夫提出来的，在 1934 年被德国物理学家马陶赫确定。根据这个规则，不能有核电核仅仅相差一个单位的稳定同量素存在。同量素是指质量数相同而原子序数不同的原子，如氩、钾、钙都有相同的质量 40。由于它们的原子序数不同，所以它们处在元素周期表不同的位置上，因而又称异位素。锝前后的两个元素钼、钌分别有一连串质量数 94～102 之间稳定同位素存在，所以再也不能有锝的稳定同位素存在，因为锝的质量数应当是在这些质量数之间。

1936 年底意大利年轻的物理学家 E. G. 谢格尔(E. G. Segré)到美国伯克利(Berkeley)进修。他利用那里的一台先进的回旋加速器，用氘核照射钼，并把照射过的钼带回意大利帕勒莫(Palerma)大学。他在化学教授彼利埃的协助下，经历近半年时间，分离出锝，并确定新元素的性质与铼非常相似，而与锰的相似程度较差。锝是第一个用人工方法制得的元素，所以按希腊文"Τεχνικές＝Technetos(人造的)"命名为 Technetium。其后，他们从铀的裂变产物中得到锝的许多同位素，自然界仅发现极少量的锝；已发现质量数 90～110 的全部锝同位素。在 1962 年，B. T. 肯纳(B. T. Kenna)及 P. K. 库尔德(P. K. Kurod)在非洲的一个八水化三铀矿中，从 ^{238}U 的裂变物之中，找到了微量的锝。锝是地球上已知的最轻的没有稳定同位素的化学元素。

德 [dé]形声。[英]音，用于外国人名、地名。

【德巴蒂斯蒂矿*】

英文名 Debattistiite

化学式 $Ag_9Hg_{0.5}As_6S_{12}Te_2$　(IMA)

德巴蒂斯蒂矿*板片状晶体，晶簇状集合体(瑞士)和巴蒂斯蒂像

德巴蒂斯蒂矿*是一种银、汞的砷-硫-碲化物矿物。三斜晶系。晶体呈板片状；集合体呈晶簇状。黑暗灰色，金属光泽，不透明；硬度 2～2.5，脆性。2011 年发现于瑞士瓦莱州林根巴赫(Lengenbach)采石场。英文名称 Debattistiite，2012 年 A. 瓜斯顿(A. Guastoni)等以系统矿物学家、林根巴赫采石场的矿物专家鲁根·德·巴蒂斯蒂(Lugen De Battisti，1958—)的姓名命名，是他在林根巴赫采石场发现了此矿物。IMA 2011－098 批准。2012 年瓜斯顿等在《矿物学杂志》(76)报道。目前尚未见官方中文译名，编译者建议音译为德巴蒂斯蒂矿*。

【德钒铋矿】

英文名 Dreyerite

化学式 $Bi(VO_4)$　(IMA)

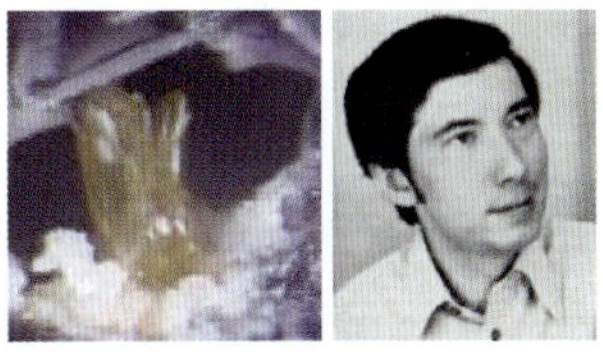

德钒铋矿板状晶体，晶簇状集合体(德国)和德雷尔像

德钒铋矿是一种铋的钒酸盐矿物。与斜钒铋矿和钒铋矿成同质多象变体。四方晶系。晶体呈板状，粒径 0.5mm；集合体呈晶簇状。橙色、黄色、棕黄色，金刚光泽，半透明；硬度 2～3。1978 年发现于德国莱茵兰-普法尔茨州奥特巴赫市赫塞豪恩(Hirschhorn)。英文名称 Dreyerite，以德国美因兹约翰古腾堡大学助理教授格哈德·德雷尔(Gerhard Dreyer)的姓氏命名，是他发现了该矿物。IMA 1978－077 批准。1981 年 G. 德雷尔(G. Dreyer)等在《矿物学新年鉴》(月刊)和 1982 年《美国矿物学家》(67)报道。1983 年中国新矿物与矿物命名委员会郭宗山等在《岩石和矿物及测试》[2(1)]根据英文名称首音节音和成分译为德钒铋矿。

【德氟硅钾石*】

英文名 Demartinite

化学式 K_2SiF_6　(IMA)

德氟硅钾石*六方单锥晶体(意大利)和德马丁像

德氟硅钾石*是一种钾的硅-氟化物矿物。与氟硅钾石(Hieratite)为同质二象。六方晶系。晶体呈六方单锥状。白色、无色，玻璃光泽，透明。1952 年 M. E. 德纳耶尔(M. E. Denaeyer)等在《法国矿物学和结晶学学会通报》(75)报道了

D

在钾肥工厂烟囱里的改性六方氟硅钾石(Camermanite)。2006年发现于意大利墨西拿省埃奥利群岛利帕里(Lipari)火山岛火山坑。英文名称Demartinite,以意大利米兰大学普通及无机化学和化学计量学教授弗朗西斯科·德马丁(Francesco Demartin,1953—)的姓氏命名。德马丁对金属簇化学和晶体结构以及阿尔卑斯山的稀土和铀矿物做出了重要的贡献。IMA 2006-034批准。2007年C. M.格拉马科里(C. M. Gramaccioli)等在《加拿大矿物学家》(45)报道K_2SiF_6的自然多形(Polymorph)变体Demartinite。目前尚未见官方中文译名,编译者建议根据英文名称首音节音和成分译为德氟硅钾石*。

【德拉韦尔石*】

英文名 Dravertite

化学式 $CuMg(SO_4)_2$ (IMA)

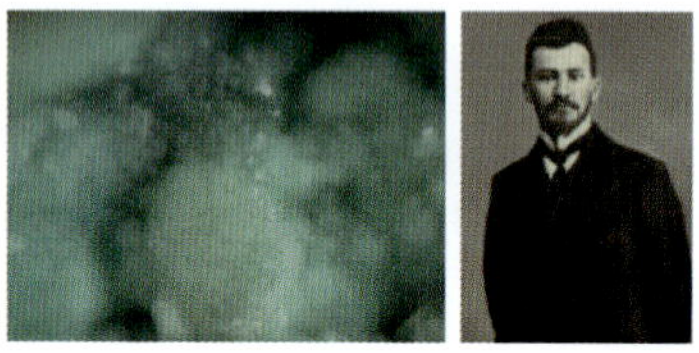

德拉韦尔石*球壳状集合体(俄罗斯)和德拉韦尔像

德拉韦尔石*是一种铜、镁的硫酸盐矿物。单斜晶系。晶体呈粗粒状,粒径0.08mm;集合体呈致密状或球壳状。浅蓝色—无色,浅棕色,玻璃光泽,透明—半透明;硬度3.5,中等解理,脆性。2014年发现于俄罗斯堪察加州托尔巴契克(Tolbachik)火山主裂隙北破火山口第二火山渣锥喷气孔。英文名称Dravertite,为纪念俄罗斯矿物学家、地质学家佩特·利多维科维奇·德拉韦尔(Petr Lyudovikovich Dravert,1879—1945)而以他的姓氏命名,以表彰他对西伯利亚矿物学和西伯利亚矿床研究做出的重大贡献。IMA 2014-104批准。2015年I. V.佩科夫(I. V. Pekov)等在《CNMNC通讯》(25)、《矿物学杂志》(79)和2017年《欧洲矿物学杂志》(29)报道。目前尚未见官方中文译名,编译者建议音译为德拉韦尔石*。

【德拉朱斯塔矿*】

英文名 Dellagiustaite

化学式 $V^{2+}Al_2O_4$ (IMA)

德拉朱斯塔矿*是一种钒、铝的氧化物矿物。属尖晶石超族氧尖晶石族尖晶石亚族。等轴晶系。晶体呈自形晶状。黑色,金属光泽,不透明;硬度6.5～7,脆性。2017年发现于阿根廷圣路易斯省科梅钦戈内斯(Comechingones)山脉。英文名称Dellagiustaite,以意大利帕多瓦大学的安东尼奥·德拉·朱斯塔教授(Antonio Della Giusta,1941—)的姓名命名。他是尖晶石族矿物中晶体化学和阳离子有序无序现象的专家。IMA 2017-101批准。2018年F.卡马拉(F. Cámara)等在《CNMNC通讯》(42)、《矿物学杂志》(82)和2019年《矿物》(9)报道。目前尚未见官方中文译名,编译者建议音译为德拉朱斯塔矿*。

【德莱塞尔石】参见【水碳铝钡石】条875页

【德里茨石*】

英文名 Dritsite

化学式 $Li_2Al_4(OH)_{12}Cl_2 \cdot 3H_2O$ (IMA)

德里茨石*是一种含结晶水的锂、铝的氢氧-氯化物矿物。独特的元素组合,首次批准的天然氯化锂矿物。属水滑石超族。六方晶系。单层或板状六角形晶体,直径达0.25mm。无色,玻璃光泽,透明;硬度2,完全解理。2019年发现于俄罗斯彼尔姆边疆区索利卡姆斯克市罗曼诺夫斯基(Romanovskiy)探区2001号钻孔。英文名称Dritsite,以俄罗斯科学院地质研究所的结晶学家和矿物学家维克托·安纳托尔·埃维奇·德里茨(Victor Anatol'evich Drits,1932—)的姓氏命名。IMA 2019-017批准。2019年E. S.日托瓦(E. S. Zhitova)等在《矿物》[9(8)]、《CNMNC通讯》(50)和《矿物学杂志》(31)报道。目前尚未见官方中文译名,编译者建议音译为德里茨石*。

【德鲁亚尔铈石*】

英文名 Delhuyarite-(Ce)

化学式 $Ce_4Mg(Fe^{3+}_2W)\square(Si_2O_7)_2O_6(OH)_2$ (IMA)

德鲁亚尔铈石*是一种含羟基和氧的铈、镁、铁、钨、空位的硅酸盐矿物。属硅钛铈矿族硅钛铈矿亚族。单斜晶系。晶体呈半自形,长约0.3mm。褐黑色,金刚光泽,半透明。2016年发现于瑞典韦斯特曼省欣斯卡特贝里地区里达尔许坦市新柏斯特耐斯(Nya Bastnäs)矿床。英文名称Delhuyarite-(Ce),以西班牙化学家和冶金学家胡安·德鲁亚尔(Juan de Elhuyar(Delhuyar),1754—1796)和福斯托·德鲁亚尔(Fausto de Elhuyar(Delhuyar)1755—1833)兄弟的姓氏命名,他们在1783年第一次分离出金属钨。IMA 2016-091批准。2017年D.霍尔特斯坦(D. Holtstam)等在《CNMNC通讯》(35)、《矿物学杂志》(81)和《欧洲矿物学杂志》(29)报道。目前尚未见官方中文译名,编译者建议音加成分译为德鲁亚尔铈石*。

德鲁亚尔像

【德洛吕石】

英文名 Deloryite

化学式 $Cu_4(UO_2)Mo_2O_8(OH)_6$ (IMA)

德洛吕石柱状晶体,晶簇状、圆形玫瑰花状集合体(法国)

德洛吕石是一种含羟基的铜的铀酰-钼酸盐矿物。单斜晶系。晶体呈柱状、细长的板状,单个晶体3mm×1mm×0.3mm;集合体呈圆形玫瑰花状、晶簇状。深绿色—黑色,玻璃光泽、油脂光泽,透明—半透明;硬度4,完全解理。1990年发现法国普罗旺斯-阿尔卑斯-蓝色海岸大区瓦尔河谷普拉德特(Pradet)盖伦矿帽。英文名称Deloryite,以法国土伦的矿物收藏家和土地测量师吉恩·克劳德·德洛吕(Jean Claude Delory,1953—)的姓氏命名,是他发现的第一块矿物标本。IMA 1990-037批准。1992年H.萨尔普(H. Sarp)等在《矿物学新年鉴》(月刊)报道。1998年中国新矿物与矿物命名委员会黄蕴慧等在《岩石矿物学杂志》[17(1)]音译为德洛吕石。

【德马奇斯特里斯石*】

英文名 Demagistrisite

化学式 $BaCa_2Mn_4^{3+}(Si_3O_{10})(Si_2O_7)(OH)_4 \cdot 3H_2O$ (IMA)

德马奇斯特里斯石*是一种含结晶水和羟基的钡、钙、锰的硅酸盐矿物。斜方晶系。2018年发现于意大利斯佩齐亚省切尔基亚拉(Cerchiara)矿。英文名称Demagistrisite,为纪念前热那亚矿物学博物馆名誉馆长莱安德罗·德·马奇斯特里斯(Leandro de Magistris,1906—1990)而以他的姓名命名。IMA 2018-059批准。2018年A. R. 坎普夫(A. R. Kampf)等在《CNMNC通讯》(45)、《矿物学杂志》(82)和《欧洲矿物学杂志》(30)报道。目前尚未见官方中文译名,编译者建议音译为德马奇斯特里斯石*。

【德米斯滕贝尔格石】

英文名 Dmisteinbergite

化学式 $Ca(Al_2Si_2O_8)$ (IMA)

德米斯滕贝尔格石板状晶体,放射状集合体(日本)和斯坦伯格像

德米斯滕贝尔格石是一种钙的铝硅酸盐矿物。属长石族。与钙长石、斯维约它石和斯托夫勒尔石*(Stöfflerite)为同质多象。六方晶系。晶体呈六方板状、纤维状;集合体呈放射状。无色,珍珠光泽,透明;硬度6,完全解理。1989年发现于俄罗斯车里雅宾斯克州科佩伊斯克(Kopeisk)45号煤矿。英文名称Dmisteinbergite,以俄罗斯叶卡捷琳堡地质与地球化学研究所的著名岩石学家德米特里·谢尔盖耶维奇·斯坦伯格(Dmitrii Sergeevich Steinberg,1910—1992)的姓名缩写命名。IMA 1989-010批准。1990年B. V. 切斯诺科夫(B. V. Chesnokov)在《全苏矿物学会记事》[119(5)]报道。1993年中国新矿物与矿物命名委员会黄蕴慧等在《岩石矿物学杂志》[12(1)]音译为德米斯滕贝尔格石(Dmistcimbergite,翻译原文拼写有误)。编译者建议音译为德米斯坦伯格石*(Dmisteinbergite)。

【德米索科洛夫石*】

英文名 Dmisokolovite

化学式 $K_3Cu_5AlO_2(AsO_4)_4$ (IMA)

德米索科洛夫石*板状晶体(俄罗斯)和索科洛夫像

德米索科洛夫石*是一种钾、铜、铝氧的砷酸盐矿物。单斜晶系。晶体呈板状、柱状或双锥状,达0.2mm;集合体常呈皮壳状,达0.7cm×1.5cm。明亮的翠绿色—浅绿色,玻璃光泽,透明;硬度3,脆性。2013年发现于俄罗斯堪察加州托尔巴契克(Tolbachik)火山主裂隙北破火山口第二火山渣锥喷气孔。英文名称Dmisokolovite,以圣彼得堡大学矿物学与地质学教授、俄罗斯地质学家、矿物学家、火山地质学家,俄罗斯科学院院士德米特里·伊万诺维奇·索科洛夫(Dmitry Ivanovich Sokolov,1788—1852)的姓名缩写命名。索科洛夫是俄罗斯矿物学会的创始人之一(1817)和俄罗斯早期地质学期刊*Gornyi Zhurnal*(1825)的第一编辑。他还撰写了矿物学教科书。IMA 2013-079批准。2013年I. V. 佩科夫(I. V. Pekov)等在《CNMNC通讯》(18)、《矿物学杂志》(77)和2015年《矿物学杂志》(79)报道。目前尚未见官方中文译名,编译者建议音译为德米索科洛夫石*。

【德米特里伊万诺夫石*】

英文名 Dmitryivanovite

化学式 $CaAl_2O_4$ (IMA)

德米特里伊万诺夫石*是一种高压相的钙、铝的氧化物矿物。与低压相的始铝钙石为同质二象。斜方晶系。晶体呈半自形粒状,约10μm。无色。2002年发现于摩洛哥梅克内斯-塔菲拉勒特大区拉希迪耶(Errachidia)地区NWA470的碳质球粒陨石;同年,M. A. 伊万诺娃(M. A. Ivanova)等在《陨石学与行星科学》(37)报道了来自摩洛哥的NWA470的碳质球粒陨石中的单铝酸钙(Calciummonoaluminate)。英文名称Dmitryivanovite,为纪念俄罗斯地质学家、矿物学家和岩石学家德米特里·A. 伊万诺夫(Dmitriy A. Ivanov,1962—1986)而以他的姓名命名。他在实地考察研究高加索山脉火成岩时不幸去世,年仅24岁。IMA 2006-035批准。2009年T. 米克希(T. Mikouchi)和M. A. 伊万诺娃(M. A. Ivanova)等在《美国矿物学家》(94)报道:使用电子背散射衍射分析法在非洲西北部富钙铝碳质球粒陨石中发现Dmitryivanovite一个高压相的钙铝氧化物。目前尚未见官方中文译名,编译者建议音译为德米特里伊万诺夫石*。

D

【德米歇尔石-碘*】

英文名 Demicheleite-(I)

化学式 BiSI (IMA)

德米歇尔石-碘*柱状晶体,晶簇状、放射状集合体(意大利)

德米歇尔石-碘*是一种含碘的铋的硫化物矿物。斜方晶系。晶体呈针柱状;集合体呈晶簇状、放射状。深红色—黑色,半金属光泽,半透明;脆性。2009年发现于意大利墨西拿省伊奥利亚群岛弗卡诺(Vulcano)火山岛火山坑。英文名称Demicheleite-(I),根词以意大利米兰自然历史博物馆的前馆长文森佐·德·米歇尔(Vincenzo de Michele,1936—)的姓名,加占主导地位的卤族元素碘后缀-(I)组合命名。IMA 2009-049批准。2010年F. 德马丁(F. Demartin)等在《矿物学杂志》(74)报道。目前尚未见官方中文译名,编译者建议音加成分译为德米歇尔石-碘*或碘德米歇尔石*。

【德米歇尔石-氯*】

英文名 Demicheleite-(Cl)

化学式 BiSCl (IMA)

德米歇尔石-氯*柱状晶体(意大利)

德米歇尔石-氯*是一种含氯的铋的硫化物矿物。斜方晶系。晶体呈针状、柱状、双锥状。深红色—黑色,半金属光泽,半透明;脆性。2008年发现于意大利墨西拿省伊奥利亚群岛弗卡诺(Vulcano)火山岛火山坑。英文名称Demicheleite-(Cl),根词以意大利米兰自然历史博物馆的前馆长文森佐·德·米歇尔(Vincenzo de Michele,1936—)的姓名,加占主导地位的卤族元素氯后缀-(Cl)组合命名。IMA 2008-020批准。2009年F. 德马丁(F. Demartin)等在《美国矿物学家》(94)报道。目前尚未见官方中文译名,编译者建议音加成分译为德米歇尔石-氯*或氯德米歇尔石*。

D

【德米歇尔石-溴*】

英文名 Demicheleite-(Br)

化学式 BiSBr　　(IMA)

德米歇尔石-溴*是一种含溴的铋的硫化物矿物。斜方晶系。晶体呈柱状、针状；集合体呈放射状。灰黑色，金属光泽，不透明。2007年发现于意大利墨西拿省伊奥利亚群岛弗卡诺(Vulcano)火山岛火山坑。英文名称 Demicheleite-(Br)，最初被命名为 Demicheleite，后更名 Demicheleite-(Br)，根词以意大利米兰自然历史博物馆的前馆长文森佐·德·米歇尔(Vincenzo de Michele，1936—)的姓名，加占主导地位的卤族元素溴后缀-(Br)组合命名。IMA 2007-022批准。2008年F.德马丁(F. Demartin)等在《美国矿物学家》(93)报道。目前尚未见官方中文译名，编译者建议音加成分译为德米歇尔石-溴*或溴德米歇尔石*。

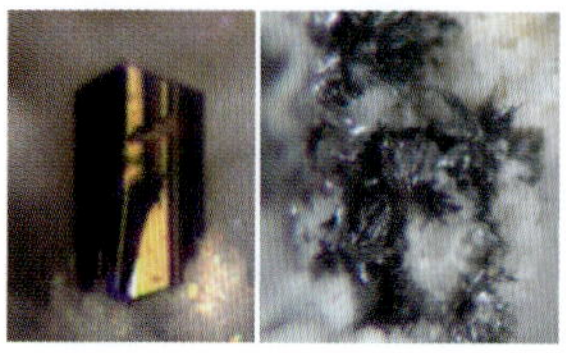

德米歇尔石-溴*柱状晶体，放射状集合体(意大利)

【德普梅尔石*】

英文名 Depmeierite

化学式 $Na_8[Al_6Si_6O_{24}](PO_4,CO_3)_{1-x}\cdot 3H_2O(x<0.5)$　(IMA)

德普梅尔石*是一种含结晶水的钠的碳酸-磷酸-铝硅酸盐矿物。属似长石族钙霞石族。六方晶系。晶体呈粒状，粒径达1cm。无色、淡蓝色，玻璃光泽，透明；硬度5，完全解理，脆性。2009年发现于俄罗斯北部摩尔曼斯克州卡纳苏尔特(Karnasurt)山。英文名称 Depmeierite，2010年I. V.佩科夫(I. V. Pekov)等以德国晶体学家和矿物学家沃尔夫·赫尔穆特·海因茨·德普梅尔(Wulf Helmut Heinz Depmeier，1944—)的姓氏命名。他是克里斯蒂安-阿尔布莱克茨大学的矿物学和结晶学教授，是方钠石-钙霞石族矿物的晶体化学和结构相关化合物合成方面的一位著名的专家。IMA 2009-075批准。2010年佩科夫等在《俄罗斯矿物学会记事》[139(4)]报道。目前尚未见官方中文译名，编译者建议音译为德普梅尔石*。

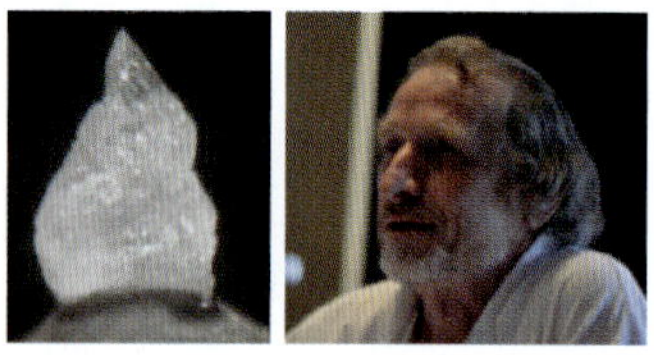

德普梅尔石*粒状晶体(俄罗斯)和德普梅尔像

【德韦罗铈石*】

英文名 Deveroite-(Ce)

化学式 $Ce_2(C_2O_4)_3\cdot 10H_2O$　　(IMA)

德韦罗铈石*是一种罕见的含结晶水的铈的草酸盐矿物。单斜晶系。晶体呈板状、柱状、针状；集合体呈放射状。无色，玻璃光泽；硬度2～2.5，完全解理，脆性。2013年发现于意大利韦尔巴诺-库西亚-奥索拉省德韦罗(Devero)谷阿尔卑斯山脉塞万隆(Cervandone)山范围。英文名称 Deveroite-(Ce)，由发现地意大利的德韦罗(Devero)谷和德韦罗自然公园(Devero Natural Park)，加占优势的稀土元素铈后缀-(Ce)命名。IMA 2013-003批准。2013年A.瓜斯托尼(A. Guastoni)等在《CNMNC通讯》(16)和《矿物学杂志》(77)报道。目前尚未见官方中文译名，编译者建议音加成分译为德韦罗铈石*。

德韦罗铈石*针状晶体，放射状集合体(意大利)

【德维托石*】

英文名 Devitoite

化学式 $Ba_6Fe^{2+}_7Fe^{3+}_2(Si_4O_{12})_2(PO_4)_2(CO_3)O_2(OH)_4$　(IMA)

德维托石*是一种含羟基和氧的钡、二价铁、三价铁的碳酸-磷酸-硅酸盐矿物。属星叶石超族德维托石*族。三斜晶系。晶体呈非常薄的叶片状；集合体呈扁平叶片平行连生、放射状。褐色，丝绢光泽，透明—半透明；硬度4，完全解理。2009年发现于美国加利福尼亚州弗雷斯诺县大溪(Big Creek)冲溪区奔溪矿床。英文名称 Devitoite，以阿尔弗雷德·德维托[Alfred (Fred) DeVito，1937—2004]的姓氏命名。他是加利福尼亚州多年以来的一家主要的显微载薄片(Micromounters)和首屈一指的矿物收藏家。IMA 2009-010批准。2010年A. R.坎普夫(A. R. Kampf)等在《加拿大矿物学家》(48)报道。目前尚未见官方中文译名，编译者建议音译为德维托石*。

德维托石*叶片状晶体，放射状集合体(美国)

【德兹尔扎诺夫斯基矿*】

英文名 Dzierżanowskite

化学式 $CaCu_2S_2$　　(IMA)

德兹尔扎诺夫斯基矿*是一种钙、铜的硫化物矿物。三方晶系。晶体呈粒状，粒径15μm。深橙色，半金属光泽，不透明。2014年发现于巴勒斯坦那碧牧萨(Nabi Musa)。英文名称 Dzierżanowskite，以华沙大学地质学院地球化学、矿物学和岩石学研究所土壤与岩石化学实验室微探针实验室负责人彼得·德兹尔扎诺夫斯基(Piotr Dzierżanowski，1948—2015)姓氏命名。IMA 2014-032批准。2014年I. O.加鲁斯金娜(I. O. Galuskina)等在《CNMNC通讯》(21)、《矿物学杂志》(78)和2017年《矿物学杂志》[81(5)]报道。目前尚未见官方中文译名，编译者建议全音译为德兹尔扎诺夫斯基矿*。

德兹尔扎诺夫斯基像

登 [dēng]象形；本义：上车。[英]音，用于外国人名。

【登宁石】

英文名 Denningite

化学式 $CaMn^{2+}Te^{4+}_4O_{10}$　　(IMA)

登宁石是一种钙、锰的亚碲酸盐矿物。属碲锌锰矿族。四方晶系。晶体呈四方双锥、板状。无色，有时淡绿色、淡灰色，金刚光泽，透明—半透明；硬度4，完全解理。1961年发现于墨西哥索诺拉州蒙特祖马(Moctezuma)矿(巴姆博拉矿)。1963年J. A.曼达里诺(J. A. Mandarino)、S. J.威廉姆

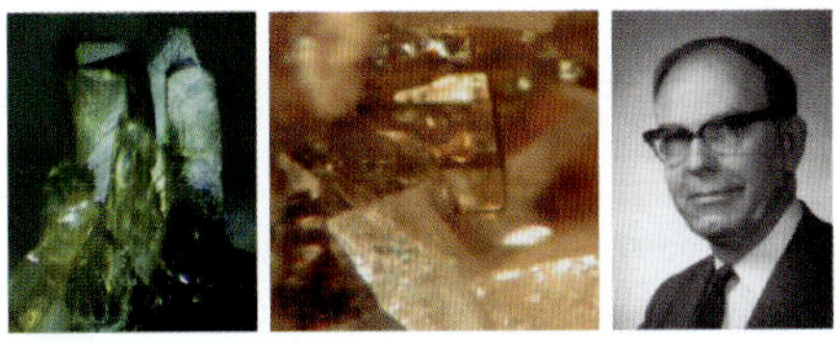

登宁石四方双锥状、板状晶体(墨西哥)和登宁像

斯(S. J. Williams)和 R. S. 米切尔(R. S. Mitchell)在《加拿大矿物学家》(7)报道。英文名称 Denningite，以美国密歇根州密歇根大学矿物学教授雷诺兹·麦康奈尔·登宁(Reynolds McConnell Denning，1916—1967)的姓氏命名。IMA 1967 s. p. 批准。中文名称音译为登宁石；根据成分译为碲锌锰石。

等 [děng]形声；从竹、寺声。程度或数量上相同或相等。矿物晶体等方指形态，立方体等；等轴指对称，实际含义都是等轴晶系：晶体对称分类的 7 个晶系之一，3 个坐标轴相等。

【等碲铅铜石】

英文名 Choloalite

化学式 $(Pb,Ca)_3(Cu,Sb)_3Te_6O_{18}Cl$ (IMA)

等碲铅铜石是一种含氯的铅、钙、铜、锑的碲酸盐矿物。等轴晶系。晶体呈四面体。绿色，玻璃光泽，半透明；硬度 3。1980 年发现于墨西哥索诺拉州蒙特祖马市班波利塔(Bambollita)矿(东方矿)。英文名称 Choloalite，这个名字来源于墨西哥和萨尔瓦多的土著人纳瓦人(Nahua)一词 Choloa，意思是回避，指的是这种矿物多年未被发现。IMA 1980－019 批准。1981 年 S. A. 威廉姆斯(S. A. Williams)在《矿物学杂志》(44)报道。中文名称根据等轴晶系和成分译为等碲铅铜石。

等碲铅铜石四面体晶体(墨西哥)

【等方黄铜矿】

英文名 Isocubanite

化学式 $CuFe_2S_3$ (IMA)

等方黄铜矿是一种铜、铁的硫化物矿物。属闪锌矿结构族。与方黄铜矿为同质多象。等轴晶系。晶体呈细粒的微小的立方体、八面体。古铜黄棕色，金属一半金属光泽，不透明；硬度 3.5，脆性。1988 年发现于红海东太平洋隆起胡安·德富卡(Juan de Fuca)海脊杂岩体(海底黑烟筒)硫化物矿床。英文名称 Isocubanite，由冠词"Isometric(等轴晶系)"和根词"Cubanite(黄铜矿)"组合命名，意指它是黄铜矿的等轴晶系的多形变体。IMA 1983s. p. 批准。1988 年 R. 卡耶(R. Caye)等在《矿物学杂志》(52)和 1989 年《美国矿物学家》(74)报道。英文原名称 Isochalcopyrite。1989 年中国新矿物与矿物命名委员会郭宗山在《岩石矿物学杂志》[8(3)]根据结构和与古巴矿的关系译为等轴古巴矿；或译作等方黄铜矿。

【等轴斑铜矿】参见【斑铜矿】条 42 页

【等轴铋铂矿】

英文名 Insizwaite

化学式 $PtBi_2$ (IMA)

等轴铋铂矿是一种铂和铋的化合物矿物。属黄铁矿族。等轴晶系。晶体呈半自形圆粒状。锡白色，金属光泽，不透明；硬度 5～5.5。1971 年发现于南非东开普省艾尔弗雷德港恩佐区沃特福尔峡谷伊斯泽瓦(Insizwa)矿床。英文名称 Insizwaite，以发现地南非的伊斯泽瓦(Insizwa)矿床命名。IMA 1971－031 批准。1972 年 L. J. 卡布里(L. J. Cabri)在《矿物学杂志》(38)和 1973 年弗莱舍在《美国矿物学家》(58)报道。中文名称根据晶系和成分译为等轴铋铂矿。

【等轴铋碲钯矿】

英文名 Michenerite

化学式 PdBiTe (IMA)

等轴铋碲钯矿是一种钯、铋、碲的互化物矿物。属辉钴矿族。等轴晶系。晶体多呈显微浑圆粒状或不规则半自形粒状。银白色，金属光泽，不透明；硬度 2.5，脆性。1958 年发现于加拿大安大略省萨德伯里区丹尼森(Denison)乡朱砂矿和马金乡镇弗鲁德(Frood)矿。英文名称 Michenerite，以加拿大勘探地质学家、国际镍业公司(1935—1968)的查尔斯·爱德华·米切纳(Charles Edward Michener，1907—2004)的姓氏命名。米切纳发现并首先研究了该矿物。他发现了一些主要的矿床，包括加拿大中部马尼托巴湖的汤普森镍矿带和印度尼西亚的红土镍矿。1959 年以前发现、描述并命名的"祖父级"矿物，IMA 承认有效。IMA 1971－006a 批准。1958 年 J. E. 霍利(J. E. Hawley)等在《加拿大矿物学家》(6)和 1959 年《美国矿物学家》(44)报道。中文名称根据晶系和成分译为等轴铋碲钯矿或等轴碲铋钯矿或方铋钯矿。

【等轴铋碲铂矿】

英文名 Maslovite

化学式 PtBiTe (IMA)

等轴铋碲铂矿是一种铂、铋、碲的互化合物矿物。属辉钴矿族。等轴晶系。晶体呈半自形长圆粒状。钢灰色，金属光泽，不透明；硬度 4.5～5。1979 年发现于俄罗斯泰梅尔半岛普托拉纳高原诺里尔斯克市塔尔纳赫铜镍矿床十月(Oktyabrskoe)镇铜镍矿。英文名称 Maslovite，以苏联地质学家、塔尔纳赫矿床的发现者之一的格奥尔基·德米特里耶维奇·马斯洛夫(Georgii Dmitrievich Maslov，1915—1968)的姓氏命名。IMA 1978－002 批准。1979 年 V. A. 科瓦连克(V. A. Kovalenker)等在《鲁德尼克·梅斯托罗兹德尼地质学》(*Geologiya Rudnykh Mestorozhdeniy*)(21)和 1980 年《美国矿物学家》(65)报道。中文名称根据晶系和成分译为等轴铋碲铂矿或等轴碲铋铂矿。

【等轴碲锑钯矿】

英文名 Testibiopalladite

化学式 PdTe(Sb,Te)

等轴碲锑钯矿是一种钯、碲、锑的化合物矿物。属辉钴矿族。等轴晶系。晶体呈他形不规则粒状、短柱状被包裹于其他矿物中。棕钢灰色，表面常具黄棕色锖色薄膜，金属光泽，不透明；硬度 3～4.5，脆性。1974 年发现于中国四川省甘孜自治州丹巴县杨柳坪铜镍(铂族)矿床。英文名称 Testibiopalladite，由化学成分"Tellurium(碲)""Antimony(拉丁文"Stibium"，锑)"和"Palladium(钯)"组合命名。1974 年中国贵阳地球化学研究所铂族金属矿物研究组在《地球化学》(3)和 1976 年《美国矿物学家》(61)报道。未经 IMA 批准，但可能有效。需要进一步调查。中文名称根据晶系和成分命名为等轴碲锑钯矿或方碲锑钯矿；根据成分命名为锑钯碲矿/碲锑钯矿。

【等轴钙锆钛矿】

英文名 Tazheranite

化学式 $(Zr,Ti,Ca)(O,\square)_2$　　(IMA)

等轴钙锆钛矿他形板状晶体（俄罗斯）

等轴钙锆钛矿是一种锆、钛、钙的空位氧化物矿物。等轴晶系。晶体呈他形板状、不规则粒状。亮橙色、橙红色，少见樱桃红色，金刚光泽、油脂光泽，透明—半透明；硬度7～7.5，脆性。成分很像钙锆钛矿，但钙锆钛矿为四方晶系。1969年发现于俄罗斯伊尔库茨克州塔泽兰斯基高原(Tazheranskii)碱性杂岩地块。英文名称Tazheranite(也拼为Tageranite)，由发现地俄罗斯的塔泽兰(Tazheran)地块命名。IMA 1969-008批准。1969年A.A.科涅夫(A.A.Konev)等在《苏联科学院报告》(186)和1970年《美国矿物学家》(55)报道。中文名称根据晶系和成分译为等轴钙锆钛矿。

【等轴古巴矿】参见【等方黄铜矿】条117页

【等轴硫钒铜矿】

英文名 Sulvanite

化学式 Cu_3VS_4　　(IMA)

等轴硫钒铜矿板状晶体（意大利）

等轴硫钒铜矿是一种铜、钒的硫化物矿物。等轴晶系。晶体结晶粗大者，呈自形板状；集合体呈块状。钢灰色，抛光部分呈奶油黄金色、青铜金黄色，条痕呈黑色，金属光泽，不透明；硬度3.5。1900年发现于澳大利亚南澳大利亚州洛夫蒂山脉北部范围巴拉雪绒花(Edelweiss)矿山。1900年龚德尔(Goyder)在《化学学会杂志》(77)报道。英文名称Sulvanite，由化学成分“Sulfur(硫)”和“Vanadium(钒)”组合命名。1959年以前发现、描述并命名的“祖父级”矿物，IMA承认有效。中文名称根据晶系和成分译为等轴硫钒铜矿；根据成分译为硫化铜钒矿或硫钒铜矿。

【等轴硫砷铜矿】

英文名 Arsenosulvanite

化学式 $Cu_3(As,V)S_4$

等轴硫砷铜矿是一种铜的钒-砷-硫化物矿物。等轴晶系。晶体呈微小的半自形粒状，粒径0.15mm。青铜色—浅棕黄色，金属光泽，不透明；硬度3.5，脆性。1941年发现于俄罗斯萨哈共和国阿尔丹地盾天鹅湖(Lebedinoe)金矿。英文名称Arsenosulvanite，由成分冠词“Arseno(砷)”及与“Sulvanite(硫钒铜矿)”相关性命名。1941年A.G.别捷赫京(A.G.Betekhtin)在《全苏矿物学会记事》(70)和1955年M.弗莱舍(M.Fleischer)在《美国矿物学家》(40)报道。2006年被IMA废弃，它可能是硫砷锡铜矿(Colusite)。中文名称根据晶系和成分译为等轴硫砷铜矿；根据成分及与硫钒铜矿的关系译为砷硫钒铜矿。

【等轴钠铌矿】

英文名 Isolueshite

化学式 $NaNbO_3$　　(IMA)

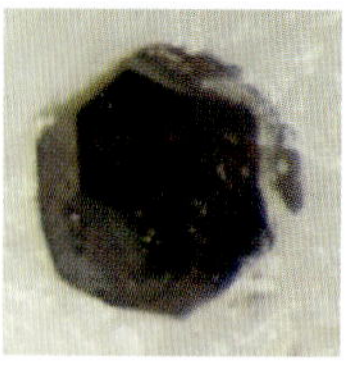

等轴钠铌矿自形聚形晶体（俄罗斯）

等轴钠铌矿是一种钠、铌的氧化物矿物。属钙钛矿族。与钠铌矿、斜方钠铌矿和三方钠铌矿为同质多象。等轴晶系。晶体呈自形。褐黑色，金刚光泽，半透明—不透明；硬度5.5。1995年发现于俄罗斯北部摩尔曼斯克州库基斯武姆科尔(Kukisvumchorr)山基洛夫斯基(Kirovskii)磷灰石矿。英文名称Isolueshite，由对称冠词“Isometric(等轴晶系)”和根词“Lueshite(斜方钠铌矿)”组合命名，意指它是等轴晶系的斜方钠铌矿的变体。IMA 1995-024批准。1997年A.R.查汗拉迪安(A.R.Chakhmouradian)等在《欧洲矿物学杂志》(9)报道。中文名称根据对称性及与斜方钠铌矿的关系译为等轴钠铌矿。

【等轴铅钯矿】

英文名 Zvyagintsevite

化学式 Pd_3Pb　　(IMA)

等轴铅钯矿立方晶体（俄罗斯）

等轴铅钯矿是一种钯铅的自然合金矿物。等轴晶系。晶体呈立方体、不规则粒状。锡白色，金属光泽，不透明；硬度4.5。1966年发现于俄罗斯泰梅尔半岛普托拉纳高原诺里尔斯克市塔尔纳赫(Talnakh)铜镍矿床。英文名称Zvyagintsevite，以俄罗斯专注于铂族元素地球化学研究的化学家俄瑞斯武·叶夫根涅维奇·萨金塞夫(Orest Evgenevich Zvyagintsev,1894—1967)的姓氏命名。IMA 1966-006批准。1966年L.J.卡布里(L.J.Cabri)等在《加拿大矿物学家》(8)报道。中文名称根据对称性和成分译为等轴铅钯矿和方铅钯矿；根据成分译为铅三钯矿。

【等轴砷镍矿】

英文名 Krutovite

化学式 $NiAs_2$　　(IMA)

等轴砷镍矿不规则粒状晶体（斯洛伐克）和克鲁托夫像

等轴砷镍矿是一种镍的砷化物矿物。属黄铁矿族。与副斜方砷镍矿、斜方砷镍矿为同质多象。等轴晶系。晶体呈不规则形粒状。灰白色，金属光泽，不透明；硬度5.5，未见解理。1975年发现于捷克共和国卡罗维发利地区克鲁什内山脉亚希莫夫市。英文名称Krutovite，以苏联莫斯科大学矿物学家和地质学家乔治·阿列克谢耶维奇·克鲁托夫

(Georgy Alexeevich Krutov,1902—1989)教授的姓氏命名。他研究了乌拉尔和哈萨克斯坦的钴镍矿床。1961 年获得了费尔斯曼奖。IMA 1975-009 批准。1976 年 R. A. 维诺葛拉多娃(R. A. Vinogradova)等在《全苏矿物学会记事》[105(1)]和 1977 年弗莱舍等在《美国矿物学家》(62)报道。中文名称根据晶系和成分译为等轴砷镍矿。

【等轴砷锑钯矿】

英文名 Isomertieite

化学式 $Pd_{11}Sb_2As_2$　　(IMA)

等轴砷锑钯矿块状集合体(巴西)

等轴砷锑钯矿是一种钯、锑的砷化物矿物。属等轴砷锑钯矿族。与砷锑钯矿(Mertieite-I)为同质多象。等轴晶系。晶体呈细粒状;集合体呈块状。银白色,反射光中呈淡黄色,金属光泽,不透明;硬度 5.5,完全解理。1973 年发现于巴西米纳斯吉拉斯州伊塔比拉(Itabira)。英文名称 Isomertieite,由对称冠词"Iso(等轴晶系)"和"Mertieite(砷锑钯矿)"组合命名。IMA 1973-057 批准。1974 年 A. M. 克拉克(A. M. Clark)等在《矿物学杂志》(39)报道。中文名称根据晶系和与砷锑钯矿的结构、成分的关系译为等轴砷锑钯矿。1974 年,中国学者於祖相等也报道了该矿物的发现,并命名为"丰滦矿"(汉拼名称 Fengluanite)。彭志忠教授等曾详细地论述了丰滦矿及等轴砷锑钯矿的关系,证明它们确属同一矿物。由于於祖相等的文章发表稍晚于英国学者,而且在化学式、粉末图指标化及空间群确定方面有错误,"丰滦矿"的命名未获 IMA 批准,故现在仍将它译作等轴砷锑钯矿。

【等轴锶钛石】

英文名 Tausonite

化学式 $SrTiO_3$　　(IMA)

等轴锶钛石立方体晶体(俄罗斯)和达乌松像

等轴锶钛石是一种锶、钛的氧化物矿物。属钙钛矿超族化学计量比钙钛矿族钙钛矿亚族。等轴晶系。晶体呈立方体、八面体,晶面生长锥明显。红色、棕红色、橙色、橙色、深灰色,金刚光泽,半透明—不透明;硬度 6～6.5,脆性。1982 年发现于俄罗斯萨哈共和国阿尔丹地盾达乌松托瓦雅(Tausonitovaya)戈尔卡锶钛矿山。英文名称 Tausonite,以俄罗斯伊尔库茨克地球化学研究所所长、地球化学家和岩石学家列弗·弗拉基米罗维奇·达乌松(Lev Vladimirovich Tauson,1917—1989)的姓氏命名。IMA 1982-077 批准。1984 年 E. I. 沃罗比约夫(E. I. Vorobev)等在《全苏矿物学会记事》[113(1)]和 1985 年 P. J. 邓恩(P. J. Dunn)等在《美国矿物学家》(70)报道。1985 年中国新矿物与矿物命名委员会郭宗山等在《岩石矿物及测试》[4(4)]根据晶系和成分译为等轴锶钛石或等轴锶钛矿,有的音译为达乌松矿。

【等轴铁铂矿】

英文名 Isoferroplatinum

化学式 Pt_3Fe　　(IMA)

等轴铁铂矿立方体晶体(俄罗斯)

等轴铁铂矿是一种铂与铁的自然合金矿物。等轴晶系。晶体呈立方体、不规则粒状;集合体呈块状。银灰色、灰白色、浅黄灰色,金属光泽,不透明;硬度 5。1974 年发现于加拿大不列颠哥伦比亚米尔卡敏(Similkameen)矿业部图拉梅恩(Tulameen)砂矿床、南非自由州省威特沃特斯兰德(Witwatersrand)金矿场以及美国蒙大拿州斯蒂尔沃特县斯蒂尔沃特(Stillwater)杂岩体。英文名称 Isoferroplatinum,由冠词"Isometric(等轴晶系)"和成分"Ferro(铁)""Platinum(铂)"组合命名。IMA 1974-012a 批准。1975 年 L. J. 卡布里(L. J. Cabri)等在《加拿大矿物学家》(13)报道。中文名称根据晶系和成分译为等轴铁铂矿;根据成分译为铁三铂矿。

【等轴硒铁矿】

英文名 Dzharkenite

化学式 $FeSe_2$　　(IMA)

等轴硒铁矿是一种铁的硒化物矿物。属黄铁矿族。与白硒铁矿(斜方硒铁矿)为同质多象。等轴晶系。晶体呈八面体、五角十二面体,粒状,粒径 0.5mm。黑色,金属光泽或金刚光泽,不透明;硬度 5,脆性。1993 年发现于哈萨克斯坦阿拉木图州伊犁河中游德扎肯斯卡雅(Dzharkenskaya)洼地苏鲁金斯基(Suluchekinskoye)硒-铀矿床。英文名称 Dzharkenite,以发现地哈萨克斯坦的德扎肯斯卡雅(Dzharkenskaya)洼地命名。IMA 1993-054 批准。1995 年 Y. V. 雅舒恩斯基(Y. V. Yashunsky)等在《俄罗斯矿物学会记事》[124(1)]报道。2003 年中国地质科学院矿产资源研究所李锦平等在《岩石矿物学杂志》[22(3)]根据晶系和成分译为等轴硒铁矿。

【等轴锡铂矿】

参见【锡钯铂矿】条 1006 页

低

[dī]是高的反义词。低铁指二价铁。

【低铁利克石】

英文名 Ferro-leakeite

化学式 $NaNa_2(Fe^{2+}_2Al_2Li)(Si_8O_{22})(OH)_2$

利克像

低铁利克石是一种 A 位钠、C^{2+} 位二价铁、C^{3+} 位铝和 W 位羟基占优势的角闪石矿物。属角闪石超族 W 位羟基、氟、氯主导的角闪石族钠质闪石亚族利克石根名族。单斜晶系。晶体呈柱状。英文名称 Ferro-leakeite,由分冠词"Ferro(二价铁)"和根词"Leakeite(利克石)"组合命名。其中,根词 1992 年由弗兰克·克里斯托弗·霍桑(Frank Christopher Hawthorne)等在《美国矿物学家》(77)以苏格兰格拉斯哥大学的地质学家伯纳德·埃尔热·利克(Bernard Elgey

Leake,1932—)的姓氏命名。他是美国的 IMA 主席，主持修改了闪石命名法，在根名前加一系列的化学成分的前缀，指出其化学成分与根名的关系。2012 年霍桑等在《美国矿物学家》(97)的《角闪石超族命名法》重新定义。中文名称根据成分及与利克石的关系译为低铁利克石。

【低铁磷钠锰高铁石*】

英文名 Ferrobobfergusonite

化学式 $Na_2Fe^{2+}_5Fe^{3+}Al(PO_4)_6$ (IMA)

低铁磷钠锰高铁石*是一种钠、二价铁、三价铁、铝的磷酸盐矿物。属磷锰钠石超族磷铝铁锰钠石族。单斜晶系。2017 年发现于美国南达科他州卡斯特县维克托利(Victory)矿。英文名称 Ferrobobfergusonite，由成分冠词"Ferro(二价铁)"和根词"Bobfergusonite(磷钠锰高铁石)"组合命名，意指它是富含二价铁的磷钠锰高铁石的类似矿物。IMA 2017-006 批准。2017 年杨和雄(Yang Hexiong)等在《CNMNC 通讯》(37)、《矿物学杂志》(81)和《欧洲矿物学杂志》(29)报道。目前尚未见官方中文译名，编译者建议根据成分及与磷钠锰高铁石的关系译为低铁磷钠锰高铁石*。

【低铁绿纤石】

英文名 Pumpellyite-(Fe^{2+})

化学式 $Ca_2Fe^{2+}Al_2(Si_2O_7)(SiO_4)(OH,O)_2 \cdot H_2O$ (IMA)

低铁绿纤石纤维状晶体，放射状、束状集合体(西班牙、德国)和庞培里像

低铁绿纤石是一种富二价铁的绿纤石矿物。属绿纤石族。单斜晶系。晶体呈扁平柱状、纤维状；集合体呈放射状、球粒状、玫瑰花状、束状。绿色、绿黑色，玻璃光泽、丝绢光泽，半透明；硬度 5。1965 年发现于俄罗斯泰米尔半岛普特拉纳高原诺里斯克市伊瓦金溪(Ivakin)；同年，V. V. 佐洛图欣(V. V. Zolotukhin)等在《苏联科学院报告》(165)报道。英文名称 Pumpellyite-(Fe^{2+})，根词 1925 年由查尔斯·帕拉奇(Charles Palache)和海伦·E. 瓦萨尔(Helen E. Vassar)为了纪念美国地质学家拉斐尔·庞培里(Raphael Pumpelly，1837—1923)而以他的姓氏命名。1973 年由 IMA 批准添加化学成分铁后缀-(Fe^{2+})[见 1973 年 E. 帕萨利亚(E. Passaglia)等在《加拿大矿物学家》(12)报道]。IMA 1973s. p. 批准。中文名称根据成分及与绿纤石的关系译为低铁绿纤石。

镝 [dī]一种金属元素。[英]Dysprosium。元素符号 Dy。原子序数 66。1886 年法国化学家 L. 布瓦博德郎(L. Boisbaudran)成功地将钬分离成两个元素，一个仍称为钬，而另一个根据从钬中"难以得到"的意思取名为 Dysprosium。1906 年法国的于尔班制出比较纯的镝。元素名来源于希腊文，原意是"难以取得"。镝在地壳中的含量为 0.000 45%，通常与铒、钬以及其他稀土元素共存于独居石砂等矿物中。

狄 [dí]形声；从犬，亦声。本义：我国古代北部的一个民族。[英]音，用于外国神话故事中的人名。

【狄俄斯库里石*】

英文名 Dioskouriite

化学式 $CaCu_4Cl_6(OH)_4 \cdot 4H_2O$ (IMA)

希腊神话双马神狄俄斯库里雕像

狄俄斯库里石*是一种含结晶水和羟基的钙、铜的氯化物矿物。与百年矿*(Centennialite)化学成分相类似[$CaCu_3Cl_2(OH)_6 \cdot nH_2O$ (n～0.7)]，并共生。单斜晶系。晶体呈粒状。灰色。2015 年发现于俄罗斯堪察加州托尔巴契克(Tolbachik)火山主裂隙北破火山口第二火山渣锥喷气孔。英文名称 Dioskouriite，由希腊神话中的双马神狄俄斯库里(Dioskouri)孪生兄弟[卡斯托耳(Castor)和波鲁克斯(Pollux)]命名，可能是因为它与百年矿*(Centennialite)共生或因它有两多型。IMA 2015-106 批准。2016 年 D. I. 别拉科夫斯基(D. I. Belakovskiy)等在《CNMNC 通讯》(30)和《矿物学杂志》(80)报道。目前尚未见官方中文译名，编译者建议音译为狄俄斯库里石*。目前已知有 Dioskouriite-2O(斜方)和 Dioskouriite-2M(单斜)两个多型。

迪 [dí]形声；外形内声。[英]音，用于外国人名、地名。

【迪恩斯米思石】

英文名 Deanesmithite

化学式 $Hg^{1+}_2Hg^{2+}_3S_2O(CrO_4)$ (IMA)

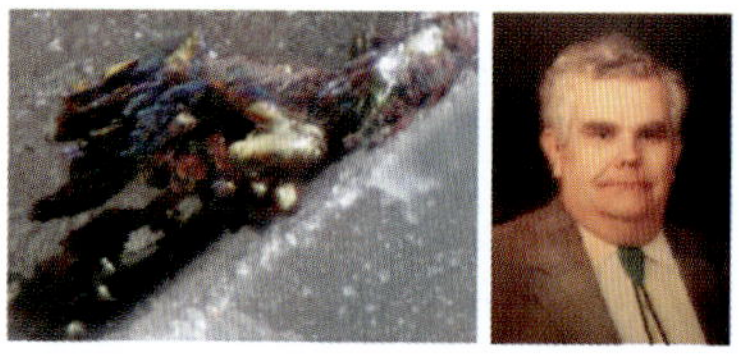

迪恩斯米思石叶片状晶体，扇状集合体(美国)和迪恩像

迪恩斯米思石是一种含硫、氧的汞的铬酸盐矿物。三斜晶系。晶体呈柱状、刃状、针状、叶片状；集合体呈扇状、放射状。红色、橘红色；深蓝灰色—浅灰色锖色，金刚光泽，透明；硬度 4.5～5，完全解理，脆性。1991 年发现于美国加利福尼亚州圣贝尼托县。英文名称 Deanesmithite，1993 年 A. C. 罗伯茨(A. C. Roberts)等为了纪念宾夕法尼亚州帕克大学教授迪恩·金斯利·史密斯(Deane Kingsley Smith，1930—2001)而以他的姓名命名，以表彰他在结构和实验矿物学方面做出的贡献。他开发了用于 X 射线粉末衍射分析的 POWD 软件，并与他人共同创建了《粉末衍射》杂志。IMA 1991-001 批准。1993 年罗伯茨等在《加拿大矿物学家》(31)和 1994 年杨博尔等在《美国矿物学家》(79)报道。1998 年中国新矿物与矿物命名委员会黄蕴慧等在《岩石矿物学杂志》[17(2)]音译为迪恩斯米思石。编译者建议音译为迪恩史密斯石*。

【迪尔纳耶斯镧石*】

英文名 Dyrnaesite-(La)

化学式 $Na_8Ce^{4+}(La,REE)_2(PO_4)_6$ (IMA)

迪尔纳耶斯镧石*是一种钠、铈、镧、稀土的磷酸盐矿物。斜方晶系。晶体呈半自形粒状，粒径 0.2～0.7mm。

浅黄绿色，玻璃光泽，透明；脆性。2014 年发现于丹麦格陵兰库雅雷哥自治区纳尔萨克镇伊犁马萨克杂岩体塔塞克(Taseq)地区斜坡区。英文名称 Dyrnaesite-(La)，由位于南格陵兰岛的库雅雷哥自治区纳尔萨克镇以北的动物海岬(Dyrnæs)大本营地区(在 1957—1983 年期间，被用于伊犁马萨克碱性杂岩体地质测绘营地)，加占优势的稀土元素镧后缀-(La)组合命名。IMA 2014 - 070 批准。2015 年 J. G. 伦斯伯(J. G. Rønsbo)等在《CNMNC 通讯》(23)、《矿物学杂志》(79)和 2017 年《矿物学杂志》(81)报道。目前尚未见官方中文译名，编译者建议音加成分译为迪尔纳耶斯镧石*。

【迪尔闪石】参见【迪尔石】条 121 页

【迪尔石】

英文名 Deerite

化学式 $Fe_6^{2+}Fe_3^{3+}(Si_6O_{17})O_3(OH)_5$　　(IMA)

迪尔石纤维状晶体，束状、帚状集合体(美国)

迪尔石是一种在低温高压条件下形成的含水富铁的单双链复合结构链状硅酸盐矿物。属角闪石超族硅铁锰钠石族。单斜晶系。晶体呈纤维状、针状，横断面似角闪石状；集合体呈束状、帚状、锥状、放射状。黑色，边缘褐色，丝绢光泽，不透明；硬度 3.5。1964 年发现于美国加利福尼亚州莱顿维尔(Laytonville)采石场。1964 年 5 月在美国矿物学会上由 S. O. 阿斯雷尔(S. O. Asrell)首次摘要报道。英文名称 Deerite，以英国剑桥大学矿物学家、岩石学家 W. A. 迪尔(W. A. Deer)的姓氏命名。他是《造岩矿物》系列丛书的作者之一。IMA 1964 - 016 批准。1965 年阿斯雷尔在《美国矿物学家》(50)报道。中文名称音译为迪尔石，根据音加类别译为迪闪石或迪尔闪石。1977 年，在中国的集宁—二连铁矿床中首次发现。

【迪间蒙石】参见【绿泥间蒙石】条 546 页

【迪凯石】

英文名 Dickite

化学式 $Al_2Si_2O_5(OH)_4$　　(IMA)

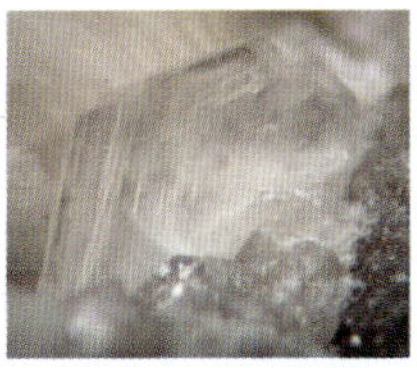

迪凯石假六边形鳞片状晶体(法国)

迪凯石是一种含羟基的铝的硅酸盐矿物。属高岭石-蛇纹石族。与埃洛石、珍珠陶土和高岭石为同质多象。单斜晶系。晶体呈完好的假六边形鳞片状，集合体常呈微晶土块状。灰色、白色，集合体微带黄绿色或者褐色、蓝色等，解理薄片呈珍珠光泽，透明—半透明；硬度 2～2.5，完全解理。最新研究，我国著名的玉雕石料田黄、鸡血石，甚至寿山石、青田石、昌化石、巴林石等，其主要矿物成分是迪凯石，而不是以前认为的叶蜡石。

英文名称 Dickite，1930 年，由克拉伦斯·斯·罗斯(Clarence S. Ross)和保罗·F. 克尔(Paul F. Kerr)在《美国矿物学家》(15)以苏格兰冶金化学家艾伦·布勒·迪凯(Allan Brugh Dick，1833—1926)的姓氏命名。迪凯石的历史很久以前就开始了。1888 年，迪凯在英国威尔士安格尔西岛阿姆卢赫地区潘特伊戛塞格(Pant-Y-Gaseg)矿山进行研究高岭土时，首先详细地分析研究并描述了此矿物。直到 1930 年罗斯和克尔仔细研究并得出结论，认为它确实是不同于已知的高岭石和珍珠陶土的，于是他们以迪凯的名字命名此矿物。1959 年以前发现、描述并命名的"祖父级"矿物，IMA 承认有效。中文名称音译为迪凯石或迪开石或地开石。

【迪磷镁铵石】

英文名 Dittmarite

化学式 $(NH_4)Mg(PO_4)\cdot H_2O$　　(IMA)

迪特马尔像

迪磷镁铵石是一种含结晶水的铵、镁的磷酸盐矿物。斜方晶系。晶体呈细小微粒状。无色，玻璃光泽，透明；硬度 5，完全解理。1887 年发现于澳大利亚维多利亚州科加米特地区安德森山斯基普顿(Skipton)熔岩管洞穴蝙蝠粪。英文名称 Dittmarite，由 R. W. 埃默生·麦基佛(R. W. Emerson MacIvor)为纪念苏格兰格拉斯哥大学化学教授威廉·迪特马尔(William Dittmar，1833—1892)而以他的姓氏命名。1887 年麦基佛(MacIvor)在伦敦《化学新闻与工业科学杂志》(55)报道。1959 年以前发现、描述并命名的"祖父级"矿物，IMA 承认有效。中文名称根据英文名称首音节音和成分译为迪磷镁铵石；根据成分译为磷酸镁铵石。

【迪闪石】参见【迪尔石】条 121 页

砥

[dǐ]形声；从石，氐声。本义：细的磨刀石。用于日本地名。

【砥部云母】参见【托铵云母】条 971 页

地

[dì]从土，也声。①本义：大地、地球。与"天"相对。②地，迪的谐音，用于外国人名。

【地开石】参见【迪凯石】条 121 页

【地蜡】

英文名 Ozocerite

化学式 C_nH_{2n+2}

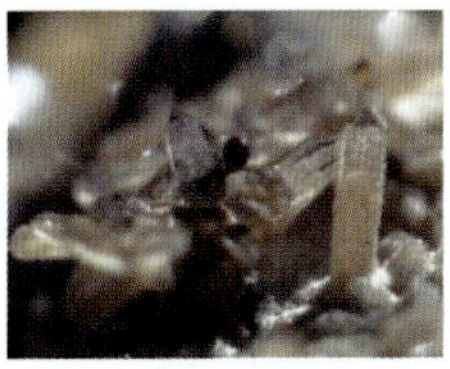

地蜡微晶柱状、纤维状晶体(荷兰)

地蜡是一种天然的芳香高分子碳氢化合物混合物。属石蜡族。固体—半固体物质，纯白地蜡外观似蜂蜡，无定形非晶质。地蜡也叫微晶蜡。斜方晶系。晶体呈微晶柱状、纤维状。白色、浅黄色、浅绿色、浅褐色、棕色、黄色或褐色；硬度 1 左右，易燃，微晶蜡是硬的，外观上像蒙旦蜡(褐煤蜡)。石油沥青类地蜡，源于希腊文，意为有气味的蜡。英文名称 Ozocerite(Ozokerite)，来自希腊文"Ο ζο=Oze=Ozein(恶臭)"和"κερί=Kero=Kēros(煤油，蜡)"+ite 命名。古老地球的蜡称为"Earthwax(Earth wax)"，即 Ozocerite(Ozokerite)[木炭(树脂)]或石蜡。另一英文名称 Ceresin(地蜡)，作为木炭地蜡蜡，即此地蜡是由木炭的净化过程中形成的蜡。见于 1933 年《辛兹》(*Hintze*)[4(2)]。

蒂

[dì]形声；从艹，帝声。[英]音，用于外国人名。

【蒂莫西石*】

英文名 Timroseite

化学式 $Pb_2Cu_5(TeO_6)_2(OH)_2$　　(IMA)

蒂莫西石*是一种含羟基的铅、铜的碲酸盐矿物。斜方

蒂莫西石*菱形板状晶体，不规则的圆形集合体（美国）和蒂莫西像

晶系。晶体呈菱形板状；集合体呈平行板状、不规则的圆形。橄榄色—橙绿色、深橄榄绿色，金刚光泽，透明—半透明；硬度2.5。2009年发现于美国加利福尼亚州圣贝纳迪诺县奥托（Otto）山阿加（Aga）矿等地。英文名称Timroseite，以美国加利福尼亚州的地球化学家、矿物收藏家和显微载片（Micromounter）家蒂莫西·罗斯（Timothy Rose）的名字命名，是他收集到的研究材料。IMA 2009-064批准。2010年A. R. 坎普夫（A. R. Kampf）等在《美国矿物学家》（95）报道。目前尚未见官方中文译名，编译者建议音译为蒂莫西石*。

【蒂羟硼钙石】参见【氯硼钙石】条558页

碲 [dì]形声；从石，帝声。是一种非金属元素。［英］Tellurium。化学符号Te。原子序数52。1782年德国矿物学家F. J. 米勒·冯·赖兴施泰因（F. J. Müller von Reichenstein）在研究德国金矿石时发现。最初误认为是锑，后来发现它的性质与锑不同，因而确定是一种新金属元素。为了获得其他人的证实，米勒曾将少许样品寄交瑞典化学家柏格曼，请他鉴定。由于样品数量太少，柏格曼只能证明它不是锑而已。米勒在一个不著名的杂志上发表了他的发现，但是被当时的科学界忽视了。1798年1月25日克拉普罗特在柏林科学院宣读一篇关于特兰西瓦尼亚的金矿论文时，才重新把这个被人遗忘的元素提出来，并命名为Tellurium（碲）。这一词来自拉丁文Tellus（地球）。碲在地壳中的含量为千万分之二，主要矿物为碲化物和碲酸盐等。

【碲钯矿】

英文名 Merenskyite

化学式 $PdTe_2$ （IMA）

美伦斯基像

碲钯矿是一种钯的碲化合物矿物。属碲镍矿族。三方晶系。晶体呈显微不规则粒状包裹在其他矿物中。白色、灰白色，金属光泽，不透明；硬度2～3。1965年发现于南非西北省博亚纳拉白金区西丛林地带杂岩体美伦斯基（Merensky）矿脉勒斯滕堡矿。英文名称Merenskyite，以南非地质学家、勘探者、科学家、环保主义者和慈善家汉斯·美伦斯基（Hans Merensky，1871—1952）的姓氏命名。他用仪器发现的矿脉也以他的姓氏命名。IMA 1965-016批准。1966年G. A. 金士顿（G. A. Kingston）在《矿物学杂志》（35）和1967年《美国矿物学家》（52）报道。中文名称根据成分译为碲钯矿或铋碲钯矿或铋碲铂钯矿。

【碲钯银矿】

英文名 Sopcheite

化学式 $Ag_4Pd_3Te_4$ （IMA）

碲钯银矿是一种银、钯的碲化物矿物。属碲银钯矿族。斜方晶系。灰色，金属光泽，不透明；硬度3.5。1980年发现于俄罗斯北部摩尔曼斯克州索普察（Sopcha）山。英文名称Sopcheite，以发现地俄罗斯的索普察（Sopcha）山命名。IMA 1980-101批准。1982年在《全苏矿物学会记事》（111）和1983年《美国矿物学家》（68）报道。1984年在中国新矿物与矿物命名委员会郭宗山在《岩石矿物及测试》[3(2)]根据成分译为碲钯银矿。

【碲铋华】

英文名 Montanite

化学式 $Bi_2^{3+}Te^{6+}O_6 \cdot 2H_2O$ （IMA）

碲铋华不规则板状晶体（美国）

碲铋华是一种含结晶水的铋的碲酸盐矿物，为辉锑铋矿的蚀变产物。单斜晶系。晶体呈板状、纤维状；集合体呈土状、块状、硬壳状。黄色、绿色、白色，无光泽、蜡状光泽，不透明；质软。1868年发现于美国蒙大拿州锡尔弗博县鱼溪（Fish Creek）砂矿。1868年根特（Genth）首先在《美国科学杂志》（45）报道。英文名称Montanite，以发现地蒙大拿（Montan）州命名。1959年以前发现、描述并命名的“祖父级”矿物，IMA承认有效；但IMA持怀疑态度。中文名称根据形态和成分译为碲铋华。繁体“華”字，上面是“垂”字，像花叶下垂形。古代“華”通“花”，碲铋华通常生长在辉锑铋矿等的表面上，比喻矿物的形态像“花朵、枝叶”一样。

【碲铋矿】

英文名 Tellurobismuthite

化学式 Bi_2Te_3 （IMA）

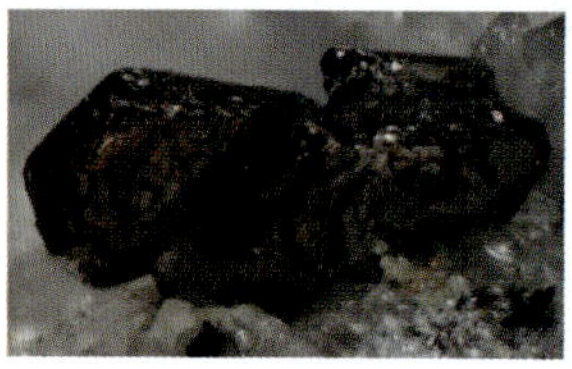

碲铋矿六方不规则板状晶体（加拿大）

碲铋矿是一种铋的碲化物矿物。属辉碲铋矿族。三方晶系。晶体呈六方不规则板状；集合体呈片理化块状。铅灰色，金属光泽，不透明；硬度1.5～2。1815年发现于挪威泰勒马克省托克地区斯卡法（Skafså）的莫斯纳普（Mosnap）矿和美国佐治亚州伦普金县达洛尼加地区保利菲尔德（Boly Field）矿及新墨西哥州伊达尔戈县针碲金银矿区小米尔德里德（Little Mildred）矿（格林矿）。1815年J. 埃斯马克（J. Esmark）在《地质学会会刊》（3）报道，称Tellur-Wismuth。英文名称Tellurobismuthite，由化学成分“Tellurium（碲）”和“Bismuth（铋）”组合命名。1863年在《美国科学与艺术杂志》（85）报道。1959年以前发现、描述并命名的“祖父级”矿物，IMA承认有效。中文名称根据成分译为碲铋矿。

【碲铋齐】参见【赫碲铋矿】条307页

【碲铋石】

英文名 Smirnite

化学式 $Bi_2^{3+}Te^{4+}O_5$ （IMA）

碲铋石是一种铋的碲酸盐矿物。斜方晶系。晶体呈片状、板状；集合体呈块状、皮壳状。无色、灰色、浅黄色，暴露于阳光下颜色变暗，金刚光泽，透明—半透明；硬度3.5～4，完全解理，脆性。1982年发现于亚美尼亚格加尔库尼克州瓦尔代尼斯镇佐德（Zod）矿。英文名称Smirnite，以苏联莫斯科大学系主任、经济地质学首席专家弗拉迪米尔·伊万诺维奇·斯米尔诺夫（Vladimir Ivanovich Smirnov，1910—1988）的姓氏命名。IMA 1982-104批准。1984年E. M. 斯皮里多诺夫（E. M. Spiridonov）等在《苏联科学院报告》

[278(1)]报道。中文名称根据成分译为碲铋石。

【碲铋银矿】

英文名 Volynskite

化学式 $AgBiTe_2$ (IMA)

碲铋银矿是一种银、铋的碲化物矿物。属硫银铋矿族。三方晶系。集合体呈块状。亮铅灰色,金属光泽,不透明;硬度2.5～3。1965年发现于亚美尼亚格加尔库尼克州瓦尔代尼斯镇佐德(Zod)矿;同年,在《苏联科学院开采矿物实验方法学调查》刊载。英文名称 Volynskite,以俄罗斯莫斯科稀有元素矿物学和地球化学研究所的 I. S. 沃林斯基(I. S. Volynskii,1900—1962)的姓氏命名。IMA 1968s. p. 批准。中文名称根据成分译为碲铋银矿/铋碲银矿

【碲铂矿】

英文名 Moncheite

化学式 $Pt(Te,Bi)_2$ (IMA)

碲铂矿是一种铂的铋-碲化物矿物。属碲镍矿族。三方晶系。晶体呈显微自形—半自形粒状被包裹于其他矿物中。钢灰色,金属光泽,不透明;硬度2～3,完全解理。1963年发现于俄罗斯北部摩尔曼斯克州蒙什(Monche)苔原蒙切戈尔斯克(Monchegorsk)铜镍矿床。英文名称 Moncheite,以发现地俄罗斯的蒙什(Monche)苔原命名。1963年 A. D. 亨金(A. D. Genkin)等在《全苏矿物学会记事》(92)和《美国矿物学家》(48)报道。IMA 1967s. p. 批准。中文名称根据成分译为碲铂矿,也译作铋碲铂矿或铋碲钯铂矿或铋钯铂碲矿。

【碲钙石】

英文名 Carlfriesite

化学式 $CaTe_2^{4+}Te^{6+}O_8$ (IMA)

碲钙石斧头状晶体,葡萄状集合体(墨西哥)

碲钙石是一种钙、碲的碲酸盐矿物。单斜晶系。晶体呈斧头状;集合体呈放射状、葡萄状、皮壳状。黄色、黄绿色,玻璃光泽,透明;硬度3.5,中等解理,脆性。1973年发现于墨西哥索诺拉州蒙特祖马市巴姆博里塔(Bambollita)矿(奥连塔尔矿)。英文名称 Carlfriesite,以美国地质调查局和墨西哥国家大学、墨西哥城地质研究所的卡尔·弗利斯(Carl Fries,1910—1965)的姓名命名。IMA 1973-013批准。1975年 S. A. 威廉姆斯(S. A. Williams)在《矿物学杂志》(40)报道。中文名称根据成分译为碲钙石。

【碲汞钯矿】

英文名 Temagamite

化学式 Pd_3HgTe_3 (IMA)

碲汞钯矿是一种钯、汞的碲化物矿物。属碲银钯矿族。三方晶系。晶体在黄铜矿等矿物中呈显微圆形粒状包裹体。亮白色,金属光泽,不透明;硬度2.5。1973年发现于加拿大安大略省尼皮辛区科波菲尔矿[泰马加密(Temagami)矿]。英文名称 Temagamite,以发现地加拿大的泰马加密(Temagami)岛的泰马加密(Temagami)铜矿床命名。IMA 1973-018批准。1973年 L. J. 卡布里(L. J. Cabri)等在《加拿大矿物学家》(12)和1975年《美国矿物学家》(60)报道。中国地质科学院根据成分译为碲汞钯矿。2011年杨主明在《岩石矿物学杂志》[30(4)]建议音译为泰马加密矿。

【碲汞矿】

英文名 Coloradoite

化学式 HgTe (IMA)

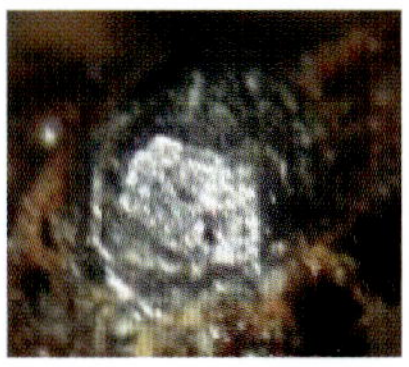

碲汞矿半自形粒状晶体(美国)

碲汞矿是一种汞的碲化物矿物。属闪锌矿族。等轴晶系。晶体呈半自形粒状;集合体呈块状。浅灰黑色、黑色,金属光泽,不透明;硬度2.5,无解理,脆性。1877年发现于美国科罗拉多(Colorado)州博尔德县走私者(Smuggler)矿、马格诺利亚(Magnolia)区吉斯通(Keystone)矿和狮子山(Mountain Lion)矿。英文名称 Coloradoite,1877年由弗雷德里克·根特(Frederick Genth)在《美国哲学学会会刊》(16)根据发现地美国科罗拉多(Colorado)州命名。1959年以前发现、描述并命名的"祖父级"矿物,IMA 承认有效。中文名称根据成分译为碲汞矿。

D

【碲汞石】

英文名 Magnolite

化学式 $Hg_2^{1+}(Te^{4+}O_3)$ (IMA)

碲汞石叶片状晶体,晶簇状集合体(美国)

碲汞石是一种汞的碲酸盐矿物。斜方晶系。晶体呈微细针状、叶片状;集合体呈放射状、晶簇状。无色、奶油白色,也有淡黄绿色(狮子山矿),半金刚光泽、半玻璃光泽、蜡状光泽、油脂光泽,透明;硬度软,完全解理,脆性。1877年发现于美国科罗拉多州博尔德县马格诺利亚(Magnolia)区吉斯通(Keystone)矿。1878年弗雷德里克·A. 根特(Frederick A. Genth)在《美国哲学学会会刊》(17)报道。英文名称 Magnolite,由弗雷德里克以发现地美国的马格诺利亚(Magnolia)区命名。1959年以前发现、描述并命名的"祖父级"矿物,IMA 承认有效。中文名称根据成分译为碲汞石。

【碲金矿】

英文名 Calaverite

化学式 $AuTe_2$ (IMA)

碲金矿短柱状晶体(美国)

碲金矿是一种金的碲化物矿物。与针碲金银矿为同质多象。单斜晶系。晶体呈叶片刃状、短柱状、细长针状、粒状,具晶面条纹。草黄色—银白色,金属光泽,不透明;硬度2.5～3,脆性。1868年发现于美国加利福尼亚州卡拉维拉斯(Calaveras)县斯坦尼斯洛斯(Stanislaus)矿;同年,F. A. 根特(F. A. Genth)在《美国科学与艺术杂志》(95)报道。英文名称 Calaverite,由弗雷德里克·奥古斯特·路德维希·卡尔·威廉·根特(Fredrick August Ludwig Karl Wilhelm Genth)根据产地美国的卡拉维拉斯(Calaveras)县命名。1902年彭菲尔德(Penfield)等在德国《结晶学杂志》(35)报道。1959年以前发现、描述并命名的"祖父级"矿物,IMA 承

认有效。中文名称根据成分译为碲金矿。

其实,该矿物很早就已发现,但未正式命名,碲元素就发现于其中。1782 年,奥地利首都维也纳一家矿场监督德国矿物学家弗兰茨·约瑟夫·米勒·冯·赖兴施泰因(Franz Joseph Müller von Reichenstein,1740—1825)从一种黄金略带浅蓝色的白色矿石中,提取出一种金属,最初误认为是锑,其后发现性质与锑不同,因而确定是一种新元素。当时的人们称这种矿石为"可疑金""奇异金"或"白金"(碲金矿,$AuTe_2$)。为证实其发现,米勒将少许样品寄给瑞典化学家柏格曼,以求鉴定,因样品量太少,柏格曼只能证明它不是锑而已。米勒的发现被世人忽视了 16 年,后来在 1798 年 1 月 25 日克拉普罗特(Martin Klaproth)在柏林科学院宣读一篇关于特兰西瓦尼亚[拉丁文:Transsilvania;罗马尼亚文:Transilvania/Ardeal;中文译锡本布尔根,在罗马尼亚中西部扎拉特纳(Zalatna)附近]的金矿论文时,才重新把这个被人遗忘的元素提出来,并命名为 Tellurium(碲),元素符号 Te。这一词来自拉丁文 Tellus,意为"地球"或"大地女神"。在 1789 年,匈牙利科学家保罗·基太贝尔(Paul Kitaibel)也曾独立发现了碲(参见《化学元素发现》)。

【碲金银矿】

英文名 Petzite

化学式 Ag_3AuTe_2 (IMA)

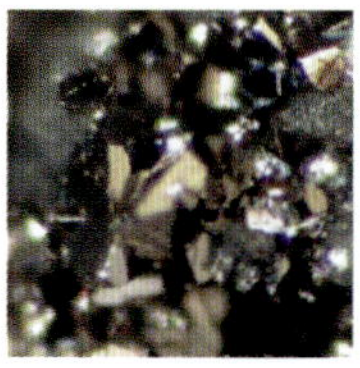

碲金银矿细粒状晶体,致密状集合体(美国)

碲金银矿是一种银、金的碲化物矿物。等轴晶系。晶体呈不规则状细粒状;集合体呈致密状或块状。铅灰色—黑色,金属光泽,不透明;硬度 2.5~3,无解理,脆性。1845 年发现于罗马尼亚胡内多阿拉县萨卡里姆布(Sacarîmb);同年,在维也纳《矿物学鉴定手册》刊载。英文名称 Petzite,由匈牙利的药剂师、化学家和矿物收藏家卡尔·威廉·佩茨(Karl Wilhelm Petz,1811—1873)的姓氏命名,是他首先发现并描述了罗马尼亚萨卡里姆布(Sacarîmb)的标本。1899 年威廉·弗兰西斯·希勒布兰德(William Francis Hillebrand)在《美国科学杂志》[4(8)]报道。1959 年以前发现、描述并命名的"祖父级"矿物,IMA 承认有效。中文名称根据成分译为碲金银矿;根据晶体形态和成分译为针碲银矿。

【碲锰铅石】

英文名 Kuranakhite

化学式 $PbMn^{4+}Te^{6+}O_6$ (IMA)

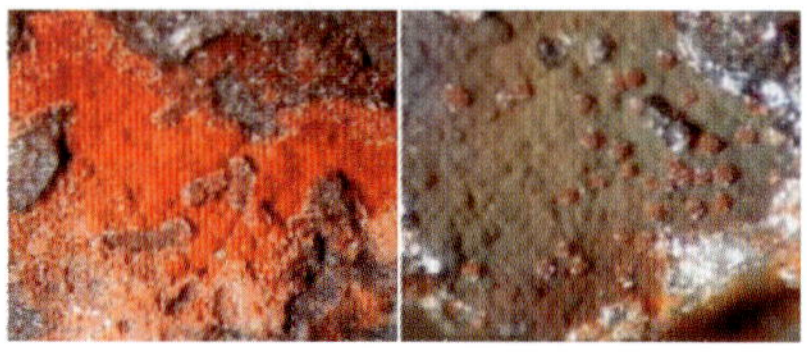

碲锰铅石皮壳状、球粒状集合体(墨西哥)

碲锰铅石是一种铅、锰的碲酸盐矿物。斜方晶系。集合体呈皮壳状、小球粒状。浅棕色、红棕色—近黑色,条痕呈棕色,玻璃光泽,半透明;硬度 4~5,脆性。1974 年发现于俄罗斯萨哈共和国阿尔丹地盾库拉纳赫(Kuranakh)金矿床。英文名称 Kuranakhite,以发现地俄罗斯的库拉纳赫(Kuranakh)金矿床命名。IMA 1974-030 批准。1975 年在《全苏矿物学会记事》(104)和《美国矿物学家》(61)报道。中文名称根据成分译为碲锰铅石或碲铅锰矿。中国在陕西省洛南县驾鹿金矿床中也有发现。

【碲锰锌石】

英文名 Spiroffite

化学式 $Mn_2^{2+}Te_3^{4+}O_8$ (IMA)

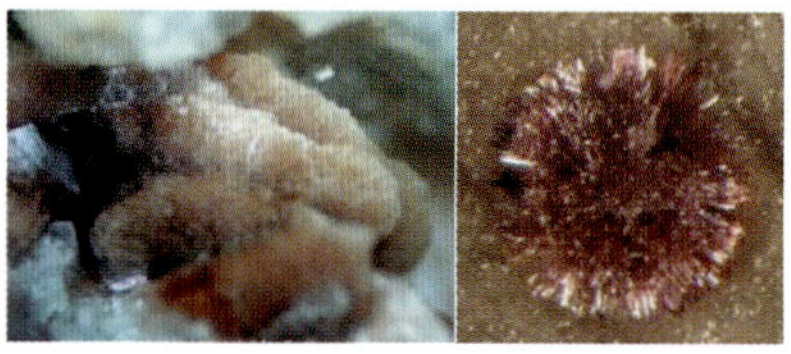

碲锰锌石粒状、针状晶体,放射状、球粒状集合体(墨西哥)

碲锰锌石是一种锰的碲酸盐矿物。属碲锰锌石族。单斜晶系。晶体呈针状、他形粒状;集合体呈皮壳状、似海参状放射状。紫红色—粉红色,金刚光泽,透明—半透明;硬度 3.5。1962 年发现于墨西哥索诺拉州蒙特祖马市蒙特祖马(Moctezuma)矿(巴姆博拉矿)。英文名称 Spiroffite,以美国密歇根州霍顿密歇根矿业技术学院的保加利亚-美国经济地质学家、矿物学家基里尔·斯皮洛夫(Kiril Spiroff,1901—1981)的姓氏命名。1962 年在《美国矿物学家》(47)和 1963 年《美国矿物学学会论文特刊》(1)报道。IMA 1967s. p. 批准。中文名称根据成分译为碲锰锌石或锰锌碲矿或碲锌锰矿。

【碲镍矿】

英文名 Melonite

化学式 $NiTe_2$ (IMA)

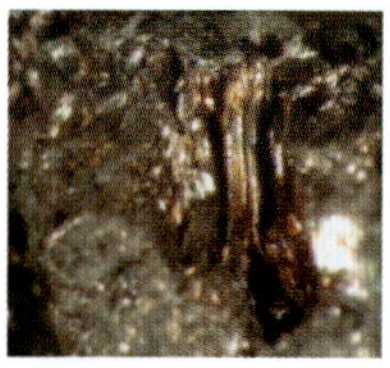

碲镍矿片状、粒状晶体(澳大利亚)

碲镍矿是一种镍的碲化物矿物。属碲镍矿族。三方晶系。晶体呈片状、粒状。白色—带红的白色,在空气中氧化成褐色,金属光泽,不透明;硬度 1~1.5,完全解理,脆性。1868 年发现于美国加利福尼亚州卡拉维拉斯(Calaveras)县斯坦尼斯洛斯(Stanislaus)矿。1868 年根特(Genth)在《美国科学杂志》(45)报道。英文名称 Melonite,以模式产地美国的梅洛内斯(Melones)命名。1959 年以前发现、描述并命名的"祖父级"矿物,IMA 承认有效。中文名称根据成分译为碲镍矿。

【碲铅铋矿】

英文名 Rucklidgeite

化学式 $PbBi_2Te_4$ (IMA)

碲铅铋矿板状、粒状晶体(加拿大)

碲铅铋矿是一种铅、铋的碲化物矿物。属硫碲铋铅矿族。三方晶系。晶体呈板状、细粒状,有晶面条纹。银白色,金属光泽,不透明;硬度 2.5,完全解理。1975 年发现于亚美尼亚格勒克乌尼克(Gelark'unik)区瓦尔代尼斯镇佐德(Zod)矿、加拿大魁北克省的罗布-蒙布雷(Montbray)矿和俄罗斯车里雅宾斯克州波克罗夫斯卡娅(Pokrovskaya)矿脉。

英文名称 Rucklidgeite，以加拿大多伦多大学矿物学教授约翰·克里斯托弗·拉克利奇(John Christopher Rucklidge)的姓氏命名，他首先描述了发现于加拿大魁北克的矿物。IMA 1975－029 批准。1977 年 E. N. 扎维亚洛夫(E. N. Zvyalov)在《全苏矿物学会记事》(106)报道。中文名称根据成分译为碲铅铋矿或碲铋铅矿。

【碲铅矿】

英文名 Altaite

化学式 $PbTe$ (IMA)

碲铅矿半自形立方体晶体(加拿大)

碲铅矿是一种铅的碲化物矿物。属方铅矿族。等轴晶系。晶体少见，很少有非常小的立方体和八面体、粒状；集合体多呈块状，或呈蠕虫状分布于其他硫化物中。锡白黄色、黄棕色，青铜色、蓝色(玷污)，条痕呈黑色，金属光泽，不透明；硬度 2.5～3，完全解理。1845 年发现于哈萨克斯坦哈萨克斯坦省阿尔泰(Altai)山脉扎沃定斯克(Zavodinskii)矿。最早见于 1845 年 W. 海丁格尔(W. Haidinger)在《矿物学鉴定手册》(维也纳)刊载。英文名称 Altaite，以模式产地哈萨克斯坦阿尔泰(Altai)山脉命名。1959 年以前发现、描述并命名的“祖父级”矿物，IMA 承认有效。中文名称根据成分译为碲铅矿。

【碲铅石】

英文名 Fairbankite

化学式 $Pb_{12}^{2+}(Te^{4+}O_3)_{11}(SO_4)$ (IMA)

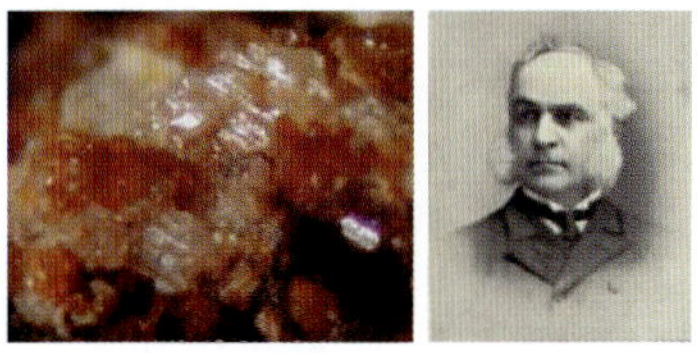

碲铅石粒状晶体(美国)和费尔班克像

碲铅石是一种铅的硫酸-碲酸盐矿物。与铅碲矿(Plumbotellurite)为同质二象。三斜晶系。晶体呈粒状；集合体常呈薄皮壳状。无色，金刚光泽、树脂光泽，透明；硬度 2，脆性。1979 年发现于美国亚利桑那州科奇斯县大中央(Grand Central)矿。英文名称 Fairbankite，由纳撒尼尔·凯洛格·费尔班克(Nathaniel Kellogg Fairbank，1829—1903)的姓氏命名。他是在墓碑的早期发展中的重要人物，组织了公司对矿物模式产地大中央矿脉的开发。IMA 1979－003 批准。1979 年 S. A. 威廉姆斯(S. A. Williams)在《矿物学杂志》(43)和 1980 年《美国矿物学家》(65)报道。中文名称根据成分译为碲铅石；音译为费尔班克石。

【碲铅铜金矿】

英文名 Bilibinskite

化学式 $PbAu_3Cu_2Te_2$ (IMA)

碲铅铜金矿是一种铅、金、铜的碲化物矿物。等轴晶系。集合体呈块状。浅褐色、玫瑰褐色、青铜色、浅棕色、粉红棕色，条痕呈褐色，半金属光泽，不透明；硬度 4.5～5，无解理。1977 年发现于苏联堪察加州阿金斯科耶(Aginskoe)金矿。英文名称 Bilibinskite，以俄罗斯地质学家于利·亚历山大罗维奇·比利宾(Yurii Aleksandrovich Bilibin，1901—1952)的姓氏命名。IMA 1977－024 批准。1978 年 E. M. 斯皮里多诺夫(E. M. Spiridonov)等在《全苏矿物学会记事》[107(3)]和《美国矿物学家》(64)报道。中文名称根据成分译为碲铅铜金矿，有的音译为毕利宾矿。

【碲铅铜石】

英文名 Khinite

化学式 $Cu_3^{2+}PbTe^{6+}O_6(OH)_2$ (IMA)

碲铅铜石带锥的柱状晶体，晶簇状集合体(美国)

碲铅铜石是一种含羟基的铅、铜的碲酸盐矿物。斜方晶系。晶体呈带锥的柱状；集合体呈晶簇状。深绿色—绿色，条痕呈鲜绿色，玻璃光泽、金刚光泽，透明—半透明；硬度 3，脆性。1978 年发现于美国亚利桑那州科奇斯县奥尔德(Old)皇家卫队矿。英文名称 Khinite，以缅甸-美国菲尔普斯道奇公司的矿物学家和岩石学家巴索·钦(Basaw Khin，1931—)的姓氏命名。IMA 1978－035 批准。1978 年 S. A. 威廉姆斯(S. A. Williams)在《美国矿物学家》(63)报道。1983 年在中国新矿物与矿物命名委员会郭宗山等在《岩石矿物及测试》[2(1)]根据成分译为碲铅铜石。已知 Khinite 有两个多型：-4O 型(斜方晶体)和-3T 型(三方晶体)。

【碲铅铀矿】

英文名 Moctezumite

化学式 $Pb(UO_2)(TeO_3)_2$ (IMA)

碲铅铀矿板状晶体，晶簇状、菜花状集合体(墨西哥)

碲铅铀矿是一种铅的铀酰-碲酸盐矿物。单斜晶系。晶体呈板状、刀状；集合体呈皮壳状、菜花状。亮橙色、深橙色、棕橙色，玻璃光泽，半透明；硬度 3，完全解理。1965 年发现于墨西哥索诺拉州蒙特祖马市蒙特祖马(Moctezum)矿(巴姆博拉矿)。英文名称 Moctezumite，以发现地墨西哥的蒙特祖马(Moctezum)命名，而蒙特祖马(Moctezum，1466—1520)是阿兹台克人的最后一位国王的名字。IMA 1965－004 批准。1965 年 R. V. 盖恩斯(R. V. Gaines)在《美国矿物学家》(50)报道。中文根据成分译为碲铅铀矿或碲铀铅矿。

【碲锑矿】

英文名 Tellurantimony

化学式 Sb_2Te_3 (IMA)

碲锑矿薄抹灰板条束状集合体(芬兰)

碲锑矿是一种锑的碲化物矿物。属辉碲铋矿族。三方晶系。晶体呈板条状；集合体呈薄抹灰板条束状。银白色、粉红色、奶油白色、灰色，金属光泽，不透明；硬度 2～2.5，完全解理。1972 年发现于加拿大魁北克省阿比提比县加利利镇马塔加米湖(Mattagami Lake)矿。英文名称 Tellurantimony,由化学成分"Tellurium(碲)"和"Antimony(锑)"组合命名。IMA 1972-002 批准。1973 年 R. I. 索普(R. I. Thorpe)等在《加拿大矿物学家》(12)报道。中文名称根据成分译为碲锑矿。

【碲锑铅汞银矿】

英文名 Mazzettiite

化学式 $Ag_3HgPbSbTe_5$　(IMA)

碲锑铅汞银矿是一种银、汞、铅、锑的碲化物矿物。斜方晶系。晶体呈他形、半自形粒状。铅灰色,金属光泽,不透明;硬度 3~3.5,脆性。2004 年发现于美国科罗拉多州萨沃奇县富矿区芬德利(Findley)峡谷。英文名称 Mazzettiite,以意大利佛罗伦萨大学自然历史博物馆矿物学部馆长杰赛普·玛切蒂(Giuseppe Mazzetti,1942—2003)的姓氏命名。IMA 2004-003 批准。2004 年 L. 宾迪(L. Bindi)等在《加拿大矿物学家》(42)报道。2008 年中国地质科学院地质研究所任玉峰等在《岩石矿物学杂志》[27(3)]根据成分译为碲锑铅汞银矿。

【碲铁矾】

英文名 Poughite

化学式 $Fe_2^{3+}(TeO_3)_2(SO_4)\cdot 3H_2O$　(IMA)

碲铁矾纤维状晶体,放射状、球粒状、葡萄状集合体(墨西哥)和珀格像

碲铁矾是一种含结晶水的铁的硫酸-碲酸盐矿物。斜方晶系。晶体呈板状、纤维状;集合体呈放射状、球粒状、葡萄状、皮壳状。深黄色、褐黄色、青黄色、黄绿色,玻璃光泽,透明;硬度 2.5,完全解理。1966 年发现于墨西哥索诺拉州蒙特祖马市蒙特祖马(Moctezuma)矿(巴姆博拉矿)。英文名称 Poughite,1968 年由理查德·维纳布尔·盖恩斯(Richard Venable Gaines)在《美国矿物学家》(53)为了纪念弗雷德里克·哈维·珀格博士(Dr. Frederick Harvey Pough,1906—2006)而以他的姓氏命名。珀格是美国矿物学家、美国自然历史博物馆的矿物学馆长、圣芭芭拉分校自然历史博物馆主任和《彼得森矿物野外指南》的作者。IMA 1966-048 批准。中文名称根据成分译为碲铁矾。

【碲铁石】

英文名 Emmonsite

化学式 $Fe_2^{3+}(TeO_3)_3\cdot 2H_2O$　(IMA)

碲铁石草丛状、树枝状、球仙人掌状集合体(墨西哥)和埃蒙斯像

碲铁石是一种含结晶水的铁的碲酸盐矿物。三斜晶系。晶体呈扁平状、针状,在微观晶体观察有双晶;集合体呈树枝状、球仙人掌状、薄鳞毛状、晶簇状、致密微晶状、葡萄球状。黄绿色、翠绿色,玻璃光泽,透明—半透明;硬度 5,完全解理。1885 年发现于美国亚利桑那州科奇斯县墓碑(Tombstone)镇。1885 年 W. F. 希勒布兰德(W. F. Hillebrand)在《科罗拉多科技学会学报》(2)记载。英文名称 Emmonsite,以美国地质调查局的美国经济地质学家塞缪尔·富兰克林·埃蒙斯(Samuel Franklin Emmons,1841—1911)的姓氏命名。1959 年以前发现、描述并命名的"祖父级"矿物,IMA 承认有效。中文名称根据成分译为碲铁石。另一英文名称 Durdenite,1890 年丹纳(Dana)等在《美国科学杂志》(40)报道,以美国加利福尼亚圣弗朗西斯科(旧金山)的亨利·S. 德登(Henry S. Durden)的姓氏命名,他提供了进行研究的标本。中文名称根据颜色和成分译为绿铁碲矿。

【碲铁铜金矿】

英文名 Bogdanovite

化学式 $(Au,Te,Pb)_3(Cu,Fe)$　(IMA)

碲铁铜金矿是一种金、碲、铅和铜、铁的化合物矿物。与金铜矿为同质多象。等轴晶系。集合体呈块状。棕色、青铜棕色,或带蓝色的黑色,半金属光泽,不透明;硬度 4~4.5。1978 年发现于苏联堪察加州阿金斯科耶(Aginskoe)金矿床。英文名称 Bogdanovite,以苏联莫斯科大学地质学家阿列克谢·阿列克谢维奇·波格丹诺夫(Aleksei Alekseevich Bogdanov,1907—1971)的姓氏命名。IMA 1978-019 批准。1979 年 E. M. 斯皮里多诺夫(E. M. Spiridonov)等在《维斯特尼克·莫斯科夫斯科罗大学地质科学》(1)和《美国矿物学家》(64)报道。中文名称根据成分译为碲铁铜金矿,有的音译为波格丹诺夫矿。

【碲铜金矿】

英文名 Bezsmertnovite

化学式 $(Au,Ag)_4Cu(Te,Pb)$　(IMA)

碲铜金矿是一种金、银、铜和碲-铅的化合物矿物。斜方晶系。晶体呈显微片状或不规则粒状,粒状 0.2mm×0.05mm。青铜色、黄色,金属光泽,不透明;硬度 4.5。1979 年发现于俄罗斯堪察加州阿金斯科耶(Aginskoe)矿床。英文名称 Bezsmertnovite,1979 年由 E. M. 斯皮里多诺夫(E. M. Spiridonov)等以苏联莫斯科稀有元素地球化学和矿物学研究所的矿物学家玛丽安娜·塞格耶夫娜·贝泽斯梅坦雅(Marianna Sergeevna Bezsmertnaya,1915—1991)博士和俄罗斯莫斯科全联盟教育学研究所的地质学家和矿床研究员弗拉迪米尔·瓦西里耶维奇·贝泽斯梅坦尼(Valdimir Vasilevich Bezsmertny,1912—)他们的姓氏命名。IMA 1979-014 批准。1979 年斯皮里多诺夫等在《苏联科学院报告》[249(1)]和 1981 年《美国矿物学家》(66)报道。中文名称根据成分译为碲铜金矿。

【碲铜矿】

英文名 Rickardite

化学式 $Cu_{3-x}Te_2$　(IMA)

碲铜矿致密块状集合体(美国)和理查德像

碲铜矿是一种铜的碲化物矿物。斜方(假四方)晶系。集合体呈致密块状或葡萄状多孔。紫色、紫红色(新鲜),氧化后颜色变暗,金属光泽,不透明;硬度 3.5,脆性。1903 年发现于美国科罗拉多州甘尼森县好希望(Good Hope)矿;同

年，W. E. 福特（W. E. Ford）在《美国科学杂志》（165）报道。英文名称 Rickardite，以纽约和伦敦《工程与采矿杂志》矿业工程师和编辑托马斯·亚瑟·理查德（Thomas Arthur Rickard，1864—1953）的姓氏命名。又见于 1944 年 C. 帕拉奇（C. Palache）、H. 伯曼（H. Berman）和 C. 弗龙德尔（C. Frondel）《丹纳系统矿物学》（第一卷，第七版，纽约）。1959 年以前发现、描述并命名的"祖父级"矿物，IMA 承认有效。中文名称根据成分译为碲铜矿或铜碲矿。

【碲钨矿】

英文名 Tewite

化学式 $(K_{1.5}\square_{0.5})_{\Sigma 2}(Te_{1.25}W_{0.25}\square_{0.5})_{\Sigma 2}W_5O_{19}$　　（IMA）

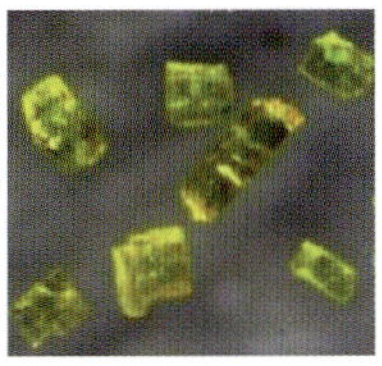

碲钨矿柱状晶体（中国）

碲钨矿是一种以半金属碲和钨、钾构成的全新成分和新结构（钨青铜型结构的衍生结构）的新矿物，这是首次在世界上发现该成分及结构的矿物，是目前唯一一种 K-Te-W 的天然矿物，此前从来没有发现过类似的天然矿物，这是近年来矿物学中的重大新发现。斜方晶系。晶体呈柱状、板柱状。黄绿色，玻璃光泽，透明；硬度 3.5～4，完全解理，脆性。2014 年中国地质大学（北京）科学研究院李国武教授发现于中国云南省丽江州华坪县南阳村一半风化碱性花岗岩。英文名称 Tewite，由化学成分"Te（碲）"和"W（钨）"的元素符号组合命名。IMA 2014－053 批准。2014 年李国武等在《CNMNC 通讯》（22）、《矿物学杂志》（78）和 2019 年《欧洲矿物学杂志》（31）报道。此矿物被国际矿物学会评为"2019 年矿物"，充分体现出我国在新矿物领域的研究水平和科技实力，极大提高了我国在国际矿物学界学术地位和影响力。该发现对于研究碲的晶体化学特性及碲矿新的独立碲矿床以及花岗岩型碲矿床新类型具有重大理论和实际意义。

【碲硒铋矿】

英文名 Skippenite

化学式 Bi_2Se_2Te　　（IMA）

碲硒铋矿是一种铋的硒-碲化物矿物。属辉碲铋矿族。三方晶系。晶体呈粒状。钢灰色，金属光泽，不透明；硬度 2.5，完全解理。1986 年发现于加拿大魁北克省北部詹姆斯湾奥蒂什山脉奥蒂什（Otish）山铀矿床。英文名称 Skippenite，以加拿大安大略省渥太华市卡尔顿大学变质岩石学家、地质学教授乔治·斯基潘（George Skippen，1936—）的姓氏命名。IMA 1986－033 批准。1987 年 Z. 约翰（Z. Johan）等在《加拿大矿物学家》（25）和 1989 年《美国矿物学家》（74）报道。1989 年中国新矿物与矿物命名委员会郭宗山在《岩石矿物学杂志》[8(3)]根据成分译为碲硒铋矿。2011 年杨主明在《岩石矿物学杂志》[30(4)]建议音译为斯基潘矿。

【碲锌钙石】

英文名 Yafsoanite

化学式 $Ca_3Te_2^{6+}(ZnO_4)_3$　　（IMA）

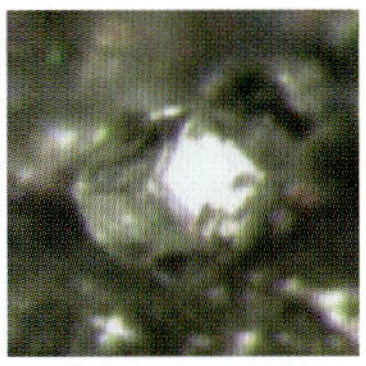

碲锌钙石立方晶体（美国）

碲锌钙石是一种钙、锌的碲酸盐矿物。属石榴石结构超族。等轴晶系。晶体呈立方体。浅棕色，玻璃光泽；硬度 5.5。1981 年发现俄罗斯萨哈共和国阿尔丹地盾库拉纳赫（Kuranakh）矿床。英文名称 Yafsoanite，来自俄罗斯雅库特科学院西伯利亚雅库特分院（Yakut Filial，Siberian Branch，Academy of Science，Yakutiya，Russia.）的缩写（Yafsoan）命名。IMA 1981－022 批准。1982 年在《全苏矿物学会记事》（111）报道。中文名称根据成分译为碲锌钙石。

【碲锌锰石】参见【登宁石】条 116 页

【碲锌石】

英文名 Zincospiroffite

化学式 $Zn_2Te_3O_8$　　（IMA）

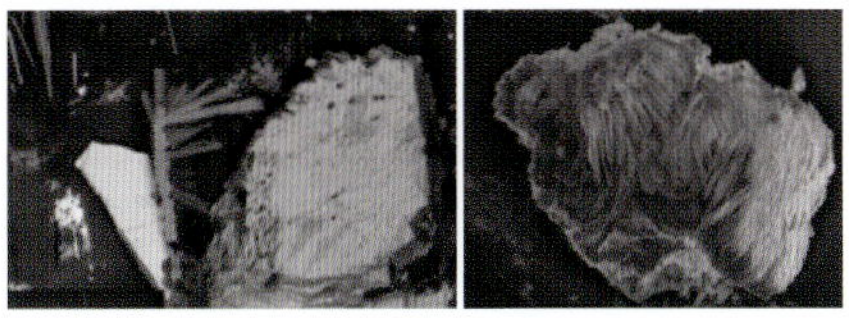

碲锌石显微纤维状、片状晶体（美国，电镜）

碲锌石是一种锌的碲酸盐矿物。属碲锰锌矿族。单斜晶系。晶体呈显微纤维状、片状，作为微米皮壳状或不规则状集合体取代碲金矿。灰色，玻璃光泽，半透明；硬度 2.5，脆性。2002 年发现于中国河北省张家口市崇礼县东平金碲矿田中山沟矿。中文名称根据成分命名为碲锌石。英文名称 Zincospiroffite，由成分冠词"Zinc（锌）"和根词"Spiroffite（碲锌锰矿族名）"组合命名。IMA 2002－047 批准。2004 年张培华（Zhang Peihua）等在《加拿大矿物学家》（42）和 1999 年《固体化学杂志》（143）报道。

【碲银钯矿】

英文名 Telargpalite

化学式 $(Pd,Ag)_3Te$　　（IMA）

碲银钯矿是一种钯、银的碲化合物矿物，可能含有少量铅取代碲和铋。等轴晶系。晶体呈显微细圆形粒状。铅灰色，金属光泽，不透明；硬度 2～2.5。1972 年发现于俄罗斯泰梅尔半岛普托拉纳高原科索莫尔斯基（Komsomol'skii）矿。英文名称 Telargpalite，由化学成分"Tellurium（碲）""Silver＝（希腊文 Αργύρος＝Argyros，银）"和"Palladium（钯）"组合命名。IMA 1972－030 批准。1974 年 V. A. 孔瓦勒可尔（V. A. Kovalenker）在《全苏矿物学会记事》（103）和 1975 年《美国矿物学家》（60）报道。1983 年在中国新矿物与矿物命名委员会郭宗山等在《岩石矿物及测试》[2(1)]根据成分译为碲银钯矿。

【碲银矿】

英文名 Hessite

化学式 Ag_2Te　　（IMA）

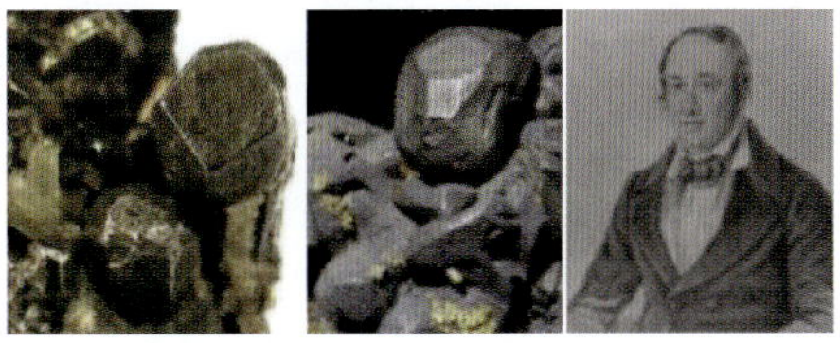

碲银矿假等轴晶体（罗马尼亚）和盖斯像

碲银矿是一种银的碲化物矿物。常含有自然金包体。碲银矿有两种变体，即单斜晶系和等轴晶系（155℃以上）。晶体呈粒状或短圆柱状，集合体常呈块状。铅灰色—钢灰色，金属光泽，不透明；硬度 2～3。1843 年发现于哈萨克斯坦东部省阿尔泰市扎沃丁斯基(Zavodinskii)矿山[萨沃丁斯克(Sawodinsk)矿]；同年，在苏黎世和温特图尔《结晶学系统基础》(*Grundzüge eines Systemes der Krystallologie.*)刊载。1899 年威廉·弗兰西斯·希勒布兰德(William Francis Hillebrand)在《美国科学杂志》[4(8)]报道。英文名称 Hessite，由福禄贝尔(Frobel)为纪念 19 世纪瑞士的俄罗斯化学家和圣彼得堡矿业研究所的教授 G. H. 日尔曼·亨利·盖斯(G. H. Germain Henri Hess，1802—1850)而以他的姓氏命名。盖斯是瑞典著名化学家贝采利乌斯(BerzeliusJons Jacob，1779—1848)的学生，提出盖斯定律：在任何一个化学反应过程中，不论该反应过程是一步完成还是分成几步完成，反应所放出的总热量是相同的。盖斯被认为是能量守恒定律的先驱，也是热化学的先驱者，他早期研究了巴库附近的矿物，也是第一个分析研究碲银矿矿物标本的矿物学家。在 1829 年，古斯塔夫·罗斯曾找到一些矿物标本。碲银矿的同义词“碲化银”，这是化学名称而不是矿物名称。早些时候曾称为 Tellursilber(Tellur，含碲的；Silber，银)，后来混同碲金银矿和其他矿物。1843 年确认为 Hessite。1959 年以前发现、描述并命名的“祖父级”矿物，IMA 承认有效。中文名称根据成分译为碲银矿或辉碲银矿。

【碲银铜矿】

英文名 Henryite

化学式 $(Cu,Ag)_{3+x}Te_2$ (x～0.4)　(IMA)

碲银铜矿是一种铜、银的碲化物矿物。等轴晶系。晶体呈显微他形粒状。灰色，金属光泽，不透明；硬度 3.5。1982 年发现于美国亚利桑那州科奇斯县沃伦区比斯比镇坎贝尔(Campbell)矿。英文名称 Henryite，由 A. J. 克里德尔(A. J. Criddle)等以英国剑桥大学矿物和矿石学家诺尔曼·福代斯·麦克伦·亨利(Norman Fordyce McKerron Henry，1909—1983)的姓氏命名。IMA 1982-094 批准。1983 年克里德尔等在《矿物通报》(106)和 1985 年《美国矿物学家》(70)报道。1985 年中国新矿物与矿物命名委员会郭宗山在《岩石矿物及测试》[4(4)]根据成分译为碲银铜矿。

【碲铀矿】

英文名 Schmitterite

化学式 $(UO_2)(Te^{4+}O_3)$　(IMA)

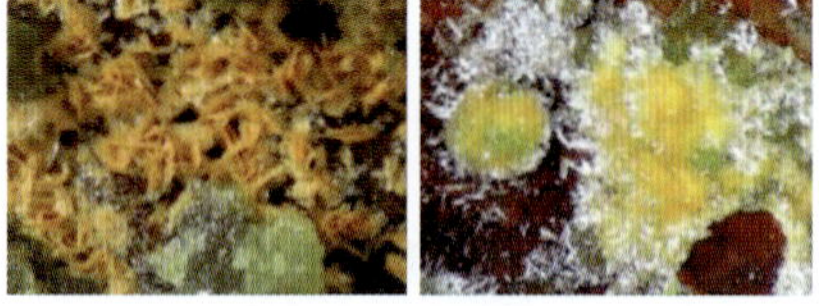

碲铀矿玫瑰花状、球状集合体(墨西哥)

碲铀矿是一种罕见的铀酰的亚碲酸盐矿物。斜方晶系。晶体呈叶片状、板状、纤维状；集合体呈玫瑰花状、球状。无色—亮黄色、浅稻草黄色、浅绿色，珍珠光泽，透明—半透明；硬度近于 1。1967 年发现于墨西哥索诺拉州蒙特祖马市蒙特祖马(Moctezuma)矿(巴姆博拉矿)。英文名称 Schmitterite，以墨西哥城的矿物学和岩石学教授爱德华多·施米特·维拉达(Eduardo Schmitter Villada，1904—1982)的名字命名。IMA 1967-045 批准。1971 年在《美国矿物学家》(56)报道。中文名称根据成分译为碲铀矿；根据颜色和成分又译为黄碲铀矿。

【碲黝铜矿】

英文名 Goldfieldite

化学式 $(Cu_4\square_2)Cu_6Te_4S_{13}$　(IMA)

碲黝铜矿粒状晶体(美国、俄罗斯)

碲黝铜矿是一种铜、空位的碲-硫化物矿物。属黝铜矿族。等轴晶系。晶体呈粒状；集合体呈皮壳状。暗铅灰色、青铜色，金属光泽，不透明；硬度 3～3.5，脆性。1909 年发现于美国内华达州埃斯梅拉达县金矿田(Goldfield)莫霍克(Mohawk)矿。英文名称 Goldfieldite，以发现地美国的金矿田(Goldfield)命名。1909 年兰塞姆(Ransome)在《美国地质调查局论文集》(66)和 1911 年沙伍德(Sharwood)在《经济地质学》(6)报道。1959 年以前发现、描述并命名的“祖父级”矿物，IMA 承认有效。IMA 2019s. p. 批准。中文名称根据成分和族名译为碲黝铜矿。

碘 [diǎn]形声；从石，典声。碘是一种卤族化学元素。[英]Iodine。化学符号 I。原子序数 53。属于周期系ⅦA 族元素。中国远在公元前 4 世纪的《庄子》中就有关于瘿病(即今碘缺乏病的记载)。晋葛洪(公元 4 世纪)首先用海藻的酒浸液治疗瘿病；隋巢元方(公元 7 世纪)提出了瘿病与水、土有关的学说；唐孙思邈与王涛(公元 8 世纪)又扩大了用昆布来治疗瘿病。国外于公元 12 世纪才开始用海藻治疗甲状腺肿，比中国晚了约 800 年。经过几个世纪的生活实践和对碘的研究，1811 年法国药剂师库特瓦(Courtois)首次发现单质碘。1813 年德索尔姆(Desormes)和克莱芒(Clément)在《库特瓦先生从一种碱金属盐中发现新物质》的报告证实是一种与氯类似的新元素。再经戴维(Davy)和盖-吕萨克(Gay-Lussac)等化学家的研究，1814 年这一元素被定名为碘，希腊文“ιώδηs”意为靛色或紫色。1913 年 10 月 9 日，在第戎学院为库特瓦举行了隆重的纪念大会，庆祝他发现碘 100 周年。同时在库特瓦诞生的地方竖立了一块纪念碑，以追念他发现碘的功绩。碘在地壳中含量 1.4×10^{-6}，以微量广泛分布于大气圈、水圈和岩石圈中。碘在矿物中主要是以碘酸钠 $NaIO_3$ 的形式存在于智利硝石中，独立矿物以碘化物和碘酸盐为主，但这类矿物数量少。

【碘钙石】

英文名 Lautarite

化学式 $Ca(IO_3)_2$　(IMA)

碘钙石是一种钙的碘酸盐矿物。单斜晶系。晶体呈柱状；集合体呈放射状。无色—浅酒黄色，透明；硬度 3.5～4，完全解理。1891 年发现于智利安托法加斯塔区奥菲西纳劳塔罗(Oficina Lautaro)潘帕德尔皮克三世(Pampa del Pique Ⅲ)南美大草原。1891 年迪策(Dietze)在莱比锡《结晶学、矿物学和岩石学杂志》(19)报道。英文名称 Lautarite,以发现地智利的奥菲西纳劳塔罗(Oficina Lautaro)命名。而地名又以马普利·劳塔罗(Mapuche Lautaro,?—1557)姓氏命名。他是智利印第安阿劳坎部族的首领。1959 年以前发现、描述并命名的"祖父级"矿物,IMA 承认有效。中文名称根据成分译为碘钙石。

碘钙石不规则柱状晶体(智利)

【碘铬钙矿】

英文名 Dietzeite

化学式 $Ca_2(IO_3)_2(CrO_4)\cdot H_2O$　(IMA)

碘铬钙矿是一种含结晶水的钙的铬酸-碘酸盐矿物。单斜晶系。晶体呈板状、长柱状、纤维状;集合体呈皮壳状。暗金黄色,玻璃光泽,透明;硬度 3～4,不完全解理。1891 年发现于智利安托法加斯塔区劳塔罗(Lautaro)矿。1891 年迪策(Dietze)在莱比锡《结晶学、矿物学和岩石学杂志》(19)报道称 Jodchromate,它由化学成分"Iodate(碘酸盐)=德文 Jod(碘)"和"Chromate(铬酸盐)"组合命名。英文名称 Dietzeite,1894 年奥赞(Osann)在莱比锡《结晶学、矿物学和岩石学杂志》(23)改由德国化学家奥古斯特·迪策(August Dietze,?—1893)的姓氏命名,是他第一次描述并报道了该矿物。1959 年以前发现、描述并命名的"祖父级"矿物,IMA 承认有效。中文名称根据成分译为碘铬钙矿。

【碘汞矿①】

英文名 Coccinite

化学式 HgI_2　(IMA)

碘汞矿①是一种汞的碘化物矿物。四方晶系。晶体呈粒状;集合体呈球晶状。橙色、红色,半透明;硬度 2。1829 年发现于墨西哥卡萨斯维嘉斯(Casas Viejas)。英文名称 Coccinite,词源不详,很可能是根据矿物球晶(Coccin)集合体命名,待考。1829 年德尔里奥(Del Rio)在《矿山年鉴》(5)称 Iodure de Mercure(汞碘化物)。1845 年海丁格尔(Haidinger)在维也纳《矿物学鉴定手册》改称 Coccinit。1959 年以前发现、描述并命名的"祖父级"矿物,IMA 承认有效。中文名称根据成分译为碘汞矿①,有的译为硒汞矿。

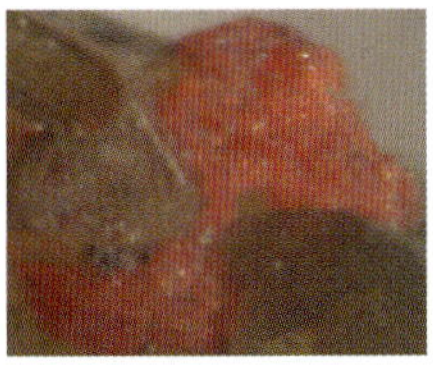
碘汞矿①粒状晶体

【碘汞矿②】

英文名 Moschelite

化学式 HgI　(IMA)

碘汞矿②是一种汞的碘化物矿物。属甘汞族。四方晶系。晶体呈显微片状;集合体呈皮壳状。橘黄色,暴露光线下立即改变呈深橄榄绿色,金刚光泽,半透明—不透明;硬度 1～2,脆性。1987 年发现于德国莱茵兰-普法尔茨州普法尔茨区阿尔森茨-上莫舍尔(Alsenz-Obermoschel)兰茨贝格县巴科芬(Backofen)矿。英文名称 Moschelite,以发现地德国的莫舍尔(Moschel)命名。IMA 1987-038 批准。1989 年 E. R. 克虏伯(E. R. Krupp)等在《矿物学新年鉴》(月刊)报道。1990 年中国新矿物与矿物命名委员会郭宗山在《岩石矿物学杂志》[9(3)]根据成分译为碘汞矿②。

【碘氯硫汞矿】

英文名 Radtkeite

化学式 Hg_3S_2ClI　(IMA)

碘氯硫汞矿是一种汞的碘-氯-硫化物矿物。斜方晶系。晶体呈柱状,长 30μm,其中有一些是空心的,粒状和细分散粒状(2μm);集合体呈皮壳状。橙黄色,金刚—半金刚光泽,半透明—不透明;硬度 2～3,完全解理。1989 年发现于美国内华达州洪堡特县麦克德米特(McDermitt)汞矿床。英文名称 Radtkeite,以美国加利福尼亚州帕洛阿尔托的地质学家亚瑟·S. 拉特克(Arthur S. Radtke,1936—2004)的姓氏命名,以表彰他长期从事研究鉴定微细浸染型金矿所做出的贡献。IMA 1989-030 批准。1991 年由约翰·K. 麦克马克(John K. McCormack)等在《美国矿物学家》[76(9)]报道。中文名称根据成分译为碘氯硫汞矿。

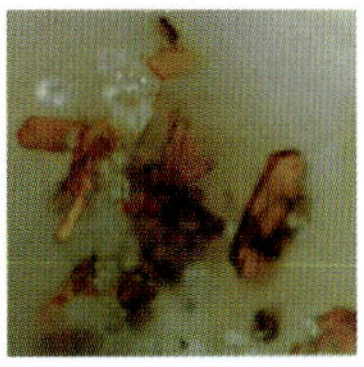
碘氯硫汞矿柱状晶体(美国)

【碘钠矾】

英文名 Hectorfloresite

化学式 $Na_9(IO_3)(SO_4)_4$　(IMA)

碘钠矾是一种钠的硫酸-碘酸盐矿物。单斜晶系。晶体呈假六方柱状。无色、白色,金刚光泽,透明—半透明;硬度 2,脆性。1987 年发现于智利埃尔塔马鲁加尔省维多利亚区阿利安萨(Alianza)矿。英文名称 Hectorfloresite,以智利大学地质学家赫克托·弗洛里斯(Hector Flores,1906—1984)的姓名命名。IMA 1987-050a 批准。1989 年 G. E. 埃里克森(G. E. Ericksen)在《美国矿物学家》(74)报道。1990 年中国新矿物与矿物命名委员会郭宗山在《岩石矿物学杂志》[9(3)]根据成分译为碘钠矾。

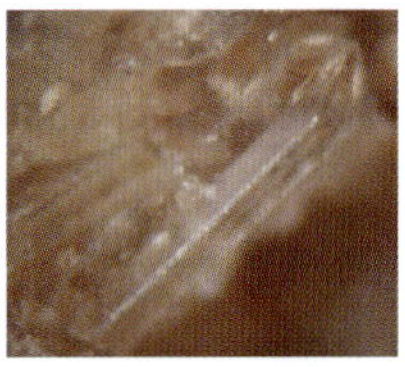
碘钠矾假六方柱状晶体(智利)

【碘铜矿】

英文名 Marshite

化学式 CuI　(IMA)

碘铜矿是一种铜的碘化物矿物。属角银矿族。等轴晶系。晶体呈四面体,很少有立方体、八面体。无色、淡黄色、褐色、砖红色、鲑鱼红色,油脂光泽、金刚光泽,透明—半透明;硬度 2.5,完全解理,脆性。1892 年发现于澳大利亚新南威尔士州布罗肯(Broken)自营矿山。1892 年 C. W. 玛希(C. W. Marsh)在《新南威尔士皇家学会会刊》(26)报道,称自然铜碘(Native copper iodide)。英文名称 Marshite,以澳大利亚矿物收藏家查尔斯·W. 玛希(Charles W. Marsh)的姓氏命名,是他收集并第一次描述了该矿物。1959 年以前发现、描述并命名的"祖父级"矿物,IMA 承认有效。中文名称根据成分译为碘铜矿。

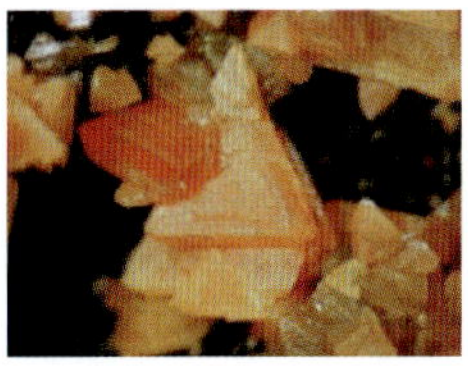
碘铜矿四面体晶体(澳大利亚)

【碘氧汞石】

英文名 Aurivilliusite

化学式 $Hg^{1+}Hg^{2+}OI$　(IMA)

碘氧汞石是一种汞的碘氧化物矿物。单斜晶系。晶体呈薄的不规则的补丁状、半自形板状；集合体呈皮壳状。深灰黑色，金属光泽，不透明；完全解理，脆性。2002 年发现于美国加利福尼亚州圣贝尼托县。英文名称 Aurivilliusite，以瑞典兰德大学的化学家卡琳·奥里维里斯(Karin Aurivillius，1920—1982)博士的姓氏命名，以纪念她对合成含汞的无机化合物及其晶体化学和晶体结构研究做出的贡献。IMA 2002-022 批准。2004 年 A. C. 罗伯茨(A. C. Roberts)等在《矿物学杂志》(68)和 2005 年《美国矿物学家》(90)报道。2008 年中国地质科学院地质研究所任玉峰等在《岩石矿物学杂志》[27(3)]根据成分译为碘氧汞石。

【碘银汞矿】

英文名 Tocornalite

化学式 (Ag,Hg)I(?)　　(IMA)

碘银汞矿是一种银、汞的碘化物矿物。六方晶系。晶体呈粒状。淡黄色、亮黄色，曝光变暗灰色的绿色、黑色，土状光泽。1867 年发现于智利阿塔卡马区。英文名称 Tocornalite，以智利圣地亚哥大学校长(1866—1867)律师、历史学家、政治家曼努埃尔·安东尼奥·托科纳尔(Manuel Antonio Tocornal，1817—1867)的姓氏命名。1867 年多梅克(Domeyko)在圣地亚哥塞瓦特中央图书馆《智利矿物学》(*Min. Chili*)(附录 2)刊载报道。1959 年以前发现、描述并命名的"祖父级"矿物，IMA 承认有效，但持怀疑态度。中文名称根据成分译为碘银汞矿。

托科纳尔像

【碘银矿】

英文名 Iodargyrite

化学式 AgI　　(IMA)

碘银矿板状晶体(德国、澳大利亚)

碘银矿是一种银的碘化物矿物。六方晶系。晶体呈柱状、桶状、锥状、板状、鳞片状，具双晶；集合体呈平行状或花环状。无色、淡黄色、黄色、青黄色、褐色、浅灰色，树脂光泽、金刚光泽，透明—半透明；硬度 1～1.5，完全解理。1825 年发现于墨西哥萨卡特卡斯州阿尔巴拉顿(Albarradon)矿。1825 年沃克兰在巴黎《化学与物理年鉴》(29)称 Iodure d'Argent(碘化银)。英文名称 Iodargyrite，由化学组成"Iodine(碘)"和"Silver(拉丁文：Argentum，银)"组合命名。1859 年在巴黎《矿物学课程(组织学)》[*Cours de Minéralogie* (*Histoirenaturelle*)]刊载。1959 年以前发现、描述并命名的"祖父级"矿物，IMA 承认有效。IMA 1962s. p. 批准。原名 Iodyrite 已废弃。中文名称根据成分译为碘银矿。

电 [diàn]電的简化字。形声；从雨，申声。本义：闪电。用于描述矿物的电学性质。

【电气石】

英文名 Tourmaline

化学式 $XY_3Z_6[Si_6O_{18}](BO_3)_3(OH,F)_4$

镁电气石(美国)、黑电气石(巴基斯坦)、锂电气石(意大利)柱状晶体

电气石是一类化学成分非常复杂的含水和氟的多种金属的硼酸-硅酸盐矿物($[Na,K,Ca][Mg,F,Mn,Li,Al]_3[Al,Cr,Fe,V]_6[BO_3]_3[Si_6O_{18}](OH,F)_4$)，包括镁电气石—黑电气及黑电气石—锂电气石两个完全类质同象系列，镁电气石和锂电气石不完全的类质同象混晶矿物。电气石族名。现已发现 10 余种，最常见的有镁电气石(Dravite)、黑电气石(Schorl)、锂电气石(Elbaite)，它们常在同一晶体上显现出多种不同的颜色，这是它的主要特征之一。三方晶系。单晶体呈柱状，柱状面上常有纵纹，晶体的横断面呈三角形或者弧线三角形，晶体无对称中心。颜色丰富多彩难以描述，常具有色带现象或两端颜色不同。透明—不透明，玻璃光泽；硬度 7；常见有特殊的猫眼效应和变色效应，具有压电性和热电性，电气石之名由此而得。自古以来就是一种备受青睐的宝石矿物。

电气石宝石，最早发现于斯里兰卡。英文名称 Tourmaline，是从古僧伽罗(锡兰)文 Turmali 一词衍生而来的，意思为"混合宝石"，即在一个晶体上有多种美丽的色彩。为了满足好奇心和宝石的需求，荷兰东印度公司将大量的色彩鲜艳的斯里兰卡宝石碧玺带到欧洲，但当时没有意识到黑电气石和碧玺是相同的矿物，黑电气石有时被称为"锡兰(斯里兰卡)磁铁"，由于其热电性又能排斥热灰烬。

碧玺的七彩自古就有着神秘的色彩。相传，如果谁能够找到彩虹的落脚点，就能够找到永恒的幸福和财富，彩虹虽然常有，却总也找不到它的起始点。直到 1500 年，一支葡萄牙勘探队在巴西发现一种宝石，居然闪耀着七彩霓光，像是彩虹从天空射向地心，沐浴在彩虹下的平凡石子在沿途中获取了世间所囊括的各种色彩，被洗练得晶莹剔透。早期的人们习惯于根据色彩来命名宝石，但这颗宝石非常特别，而不能用单一的颜色来命名，于是便为其取了个好听而又恰当的名字 Tourmaline(托玛琳)，被誉为"落入人间的彩虹"，即"彩虹宝石"。从那时起直到 18 世纪，Tourmaline 一直是欧洲贵族中流行的珍贵饰品。

中国在公元 644 年唐太宗征西时得到了这种宝石，比斯里兰卡早 1 000 多年。早期中文名称音译为托玛琳，意译为碧玺。中国清代典籍中开始出现"碧玺"一词。章鸿钊先生《石雅》："碧亚么之名，中国载籍，未详所自出。清会典图云：妃嫔顶用碧亚么。《滇海虞衡志》称：碧霞玺一曰碧霞玭，一曰碧洗；玉纪又做碧霞希。今世人但称碧亚，或作璧玺，玺灵石，然已无问其名之所由来者，惟为异域方言，则无疑耳。"传说，慈禧太后特别喜爱碧玺，她的殉葬品中就有很多碧玺首饰，其中不乏西瓜碧玺这样的珍贵品种。在清代后的中国文献中有将"托玛琳"称之为砒硒、碧霞希、碧洗、皮耶西、碎邪金等，但多称为"碧玺"了。现代宝石学中"碧玺"名称多不胜数，诸如红色碧玺(Rubellite)、绿色碧玺(Verdelite)、蔚蓝碧玺(Indicolite)、黑碧玺(Schorl)、紫碧玺(Siberite)、无色碧玺(Achroite)、双色碧玺(Bi-Colored)、西瓜碧玺(Watermelon)、猫眼碧玺(Cat's eye)、钠镁碧玺(Dravite)、亚历山大变色碧玺(Color-change)、钙锂碧玺(Liddicoatite)、含铬碧玺(Chrome)和帕拉依巴碧玺(Paraiba)等。

1703年,在荷兰的阿姆斯特丹,有几个小孩子在玩荷兰航海者从巴西带回来的Tourmaline,突然,一个小孩发现它能吸附附近的灰尘和草屑,小孩们十分惊奇,便让他们的父母来看,果然如此,因此,荷兰人把它叫作"吸灰石"。后被荷兰宝玉石雕刻师发现是"锆石"中的一种颜色较深的物种。1707年,克里斯蒂安纳斯·弗里德里希·加曼(Christianus Fridericus Garmann)做了报道,使用的名称是"Tourmali",它是锡兰(斯里兰卡)彩色宝石的一个通用名称,主要是指锆石。1717年,皮埃尔·德·杰伊兰(Pierre de Ceylan)给了新矿物几个名字,包括硫酸钾。1766年,被林曼(Rinmann)命名为或多或少的有特定意义的矿物名称Tourmalin(电石)。1768年,瑞典著名科学家林内斯发现了它具有压电性和热电性。1771年希尔称它为电气石石榴石(Tourmaline Garnet)。1794年理查德·科文(Richard Kirwan)缩写为"Tourmaline(电气石)"的名称。直到1880年,居里夫妇揭开了这种宝石的秘密:Tourmaline晶体两端都带有正、负电荷,表面流动着0.06mA的微电流,因此确立了"电气石"这个学名。1986年,东京大学的久保哲治郎教授对电气石进行了开拓性的研究,开发出称为"梦"的纤维,并将其应用于保健领域。目前,采用的是韩国21世纪的高科技技术——液态电气石,它集"天然负离子器""远红外线发射仪""细胞活化师""血管清道夫""生态水整理器""生命宝石"等众多美誉于一身。电气石再也不仅仅是宝石,已成为提高人们生活品质的一颗耀眼的科技新星,为人类的健康带来福音的"福星石"。

钓 [diào]形声;从钅,勺声。用于中国地名钓鱼岛。

【钓鱼岛石】

汉拼名 Diaoyudaoite

化学式 $NaAl_{11}O_{17}$ (IMA)

钓鱼岛石板状晶体(美国)和中国的钓鱼岛

钓鱼岛石是一种钠、铝的氧化物矿物。六方晶系。晶体呈板状。无色、亮绿色,玻璃光泽,透明;硬度7.5~8,完全解理。1982年中国科学院青岛海洋研究所申顺喜等研究人员,在中国台湾以北钓鱼岛附近1 500m深处的富金属海底泥表层中发现的一种新矿物。根据发现地中国钓鱼岛(Diaoyudao)命名为"钓鱼岛石"(Diaoyudaoite),以宣示钓鱼岛是中国的故有领土。IMA 1985-005批准。1986年申顺喜等在中国《矿物学报》[6(3)]和1987年《美国矿物学家》(75)报道。其间,日本人多次进行捣乱,说这是一种工业废弃物的成分,又对名称提出质疑,后来他们又抛出了实验室制备的$NaAl_{11}O_{17}$。国际上仍保留着Diaoyudaoite这一汉拼名称。此外,德国、挪威、俄罗斯、美国等地也有发现。

迭 [dié]形声;从辶,失声。本义:交替,轮流。[英]音,用于外国人名。

【迭戈加塔石*】

英文名 Diegogattaite

化学式 $Na_2CaCu_2Si_8O_{20} \cdot H_2O$ (IMA)

加塔像

迭戈加塔石*是一种含结晶水的钠、钙、铜的硅酸盐矿物。单斜晶系。晶体呈亚毫米级的粒状,目前仅知此一样品。淡绿色—蓝绿色,玻璃光泽,透明;硬度5~6,脆性。2012年发现于南非北开普省卡拉哈里锰矿田霍塔泽尔区韦塞尔斯(Wessels)矿。英文名称Diegogattaite,以意大利米兰大学地球科学系矿物科学教授贾科莫·迭戈·加塔(Giacomo Diego Gatta,1974—)的姓名命名。加塔教授广泛发表了关于笼状结构沸石和相关硅酸盐的结构和晶体化学的论文,这些论文具有广泛的矿物学和技术意义。IMA 2012-096批准。2013年M. S. 拉姆齐(M. S. Rumsey)等在《CNMNC通讯》(16)和《矿物学杂志》(77)报道。目前尚未见官方中文译名,编译者建议音译为迭戈加塔石*。

叠 [dié]会意;一层加上一层;重复:重叠之意。用于描述矿物的形态。

【叠磷硅钙石】

英文名 Nagelschmidtite

化学式 $Ca_7(SiO_4)_2(PO_4)_2$ (IMA)

叠磷硅钙石层叠相交的集合体(以色列)

叠磷硅钙石是一种钙的磷酸-硅酸盐矿物。六方晶系。晶体呈他形粒状,粒径150μm;集合体呈复杂的层叠状。棕色、无色、淡黄色,玻璃光泽,透明;完全解理。1977年发现于以色列内盖夫沙漠哈特鲁里姆(Hatrurim)沉积磷酸盐矿床;同年,在《以色列地质调查局通报》(70)报道。英文名称Nagelschmidtite,以取得平炉炉渣相第一份化学报告的化学家和矿物学家冈瑟·纳格尔施密特(Guenther Nagelschmidt,? —1980)的姓氏命名。他在矿山安全研究机构工作,研究矿物粉尘对煤矿工人和其他材料的危害,他是X射线衍射和电子显微镜在矿物粉尘研究中的先驱,1937年他首先介绍了合成化合物。1942年M. A. 布雷迪希(M. A. Bredig)等在《物理化学杂志》(46)报道。1959年以前发现、描述并命名的"祖父级"矿物,IMA承认有效。IMA 1987 s. p.批准。中文名称根据形态和成分译为叠磷硅钙石。

【叠羟镁硫镍矿】

英文名 Haapalaite

化学式 $2[(Fe,Ni)S] \cdot 1.61[(Mg,Fe)(OH)_2]$ (IMA)

叠羟镁硫镍矿是一种含镁、铁氢氧化物的铁、镍的硫化物矿物。属墨铜矿族。六方晶系。晶体呈薄平板状、鳞片状,形态像鱼鳞。青铜色—浅棕色,金属光泽,不透明;硬度1,完全解理。1972年发现于芬兰东部奥托昆普铜-钴-锌-镍-银-金矿场柯迦(Kokka)镍矿床。1973年在《芬兰地质学会通报》(45)报道。英文名称Haapalaite,1973年玛丽·胡赫马(Maija Huhma)等为纪念芬兰贝柴摩地区镍矿首席采矿地质师和首席副总裁,后来的秘鲁塞罗德帕斯科公司和芬兰奥托昆普公司的首席地质学家帕沃·哈帕拉·奥古斯特(Paavo Haapala August,1906—2002)而以他的名字命名。

IMA 1972－021 批准。1973 年 M. 弗莱舍(M. Fleischer)等在《美国矿物学家》(58)报道。中文名称根据形态和成分译为叠羟镁硫镍矿或叠镁硫镍矿，也有的音译为哈帕矿。

【叠水镁矾】

英文名 Caminite

化学式 $Mg_7(SO_4)_5(OH)_4 \cdot H_2O$　　(IMA)

叠水镁矾鳞片状晶体，块状集合体(俄罗斯)

叠水镁矾一种含结晶水、羟基的镁的硫酸盐矿物。四方晶系。晶体呈鳞片状；集合体呈块状。无色、白色，玻璃光泽，透明；硬度 2.5，完全解理。1983 年发现于东部太平洋隆起胡安·德富卡(Juan de Fuca)岭杂岩体海底热液喷发矿床。英文名称 Caminite，由拉丁文"Caminus＝Chimney(烟囱)"命名，因为此矿物发现于海底"黑烟囱"(即海底火山喷发通道)。IMA 1983－015 批准。1986 年 R. M. 海蒙(R. M. Haymon)等在《美国矿物学家》(71)报道。1987 年中国新矿物与矿物命名委员会郭宗山等在《岩石矿物学杂志》[6(4)]根据形态和成分译为叠水镁矾。

丁 [dīng]象形。中国姓。[英]音，用于外国地名。

【丁道衡矿】

英文名 Dingdaohengite-(Ce)

化学式 $(Ce,La)_4Fe^{2+}(Ti,Fe^{2+},Mg,Fe^{3+})_2Ti_2Si_4O_{22}$
(IMA)

丁道衡矿柱状晶体(马拉维)和丁道衡塑像

丁道衡矿是珀硅钛铈矿[Perrierite-(Ce)]的同质多象和硅钛铈矿亚族(Chevkinite)钛类似矿物的新成员。单斜晶系。晶体呈自形—半自形短柱状或板状。褐黑色，强半金属—金属光泽，半透明—不透明；硬度 6，脆性。2005 年发现于中国内蒙古自治区包头市举世闻名的白云鄂博铁-稀土-铌矿床。成都地质矿产研究所、中国地质大学(北京)、白云鄂博铁矿的科学工作者徐金沙、杨光明、李国武、鄢志亮、沈敢富等为纪念和缅怀丁道衡(Ding Daoheng，1899—1955)先生发现白云鄂博铁矿的功绩，将发现的新稀土元素矿物命名为丁道衡矿(Dingdaohengite-(Ce))。IMA 2005－014 批准。李国武等 2005 年在《矿物学报》(25)和 2008 年徐金沙等在《美国矿物学家》(93)报道。1927 年丁道衡先生首次发现了白云鄂博矿山，从此，逐渐为世界所瞩目。1987 年，内蒙古白云鄂博矿隆重举行 60 周年庆典。为表彰发现者的业绩，在矿区中心塑立一尊供人景仰、永志不忘的塑像，他就是我国著名地质学家、白云鄂博大铁矿的最早发现者——丁道衡先生。

【丁硫铋锑铅矿】

英文名 Tintinaite

化学式 $Pb_{10}Cu_2Sb_{16}S_{35}$　　(IMA)

丁硫铋锑铅矿薄板条状晶体(斯洛伐克)

丁硫铋锑铅矿是一种铅、铜、锑的硫化物矿物，可能有少量的铁替代铜。属硫铋锑铅矿(Kobellite)族，是锑占优势的硫铋锑铅矿的类似矿物。斜方晶系。晶体呈叶片状、薄板条状。铅灰色，金属光泽，不透明；硬度 2～3.5，完全解理。1967 年发现于加拿大不列颠哥伦比亚省特雷尔地区和加拿大育空地区的廷蒂纳(Tintina)银矿。英文名称 Tintinaite，以发现地加拿大的廷蒂纳(Tintina)银矿命名。IMA 1967－010 批准。1968 年 D. C. 哈里斯(D. C. Harris)等在《加拿大矿物学家》(9)报道。中国地质科学院根据英文名称首音节音和成分译为丁硫铋锑铅矿。2011 年杨主明在《岩石矿物学杂志》[30(4)]建议音译为锑铋那矿。

定 [dìng]会意；从宀，从正。[英]音，用于日本人名。

【定永闪石】参见【砂川闪石】条 770 页

铥 [diū]形声；从钅，从丢声。一种稀土金属元素。[英]Thulium。元素符号 Tm。原子序数 69。1842 年莫桑德尔从钇土中分离出铒土和铽土后，不少化学家利用光谱分析鉴定，确定它们不是纯净的一种元素的氧化物，这就鼓励了化学家们继续去分离它们。在从氧化铒分离出氧化镱和氧化钪以后，1879 年克利夫又分离出两个新元素的氧化物。其中一个被命名为 Thulium，以纪念克利夫的祖国所在地斯堪的纳维亚半岛的旧称"Thulia"。铥与其他稀土元素共存于硅铍钇矿、黑稀金矿、磷钇矿和独居石中。

东 [dōng]象形；方位词，来自于甲骨文。一般指太阳升起的地方为"东"，与落日的地方"西"相对。用于日本地名东京都。

【东京石】

英文名 Tokyoite

化学式 $Ba_2Mn^{3+}(VO_4)_2OH$　　(IMA)

东京石柱状、散粒晶体(意大利)和东京都

东京石是一种含羟基的钡、锰的钒酸盐矿物。属锰铁钒铅矿超族。单斜晶系。晶体呈柱状、不规则散粒状。红黑色，玻璃光泽，半透明；硬度 4～5.5。2003 年发现于日本本州岛关东地方东京(Tokyo)都西多摩郡奥多摩町城丸(Shiromaru)矿废弃的锰矿床露头。英文名称 Tokyoite，以发现地日本东京(Tokyo)都命名。IMA 2003－036 批准。日文汉字名称東京石。2004 年松原(S. Matsubara)等在《矿物学和岩石学科学杂志》(99)报道。2008 年任玉峰等在《岩石矿物学杂志》[27(3)]借用日文汉字名称的简化汉字名称东京石。

氡 [dōng]形声；从气，冬声。一种具放射性的惰性气体元素。[英]Radon。元素符号 Rn。原子序数 86。1899 年 R. B. 欧文斯和 E. 卢瑟福在研究钍的放射性时发现氡，当时称为钍射气，即氡 220。1900 年 F. E. 多恩在镭制品中发现了镭射气，即氡 222。1902 年 F. O. 吉塞尔在锕化合物中发现锕射气，即氡 219。1903 年，还是发现氩、氦、氖、氙一系列惰性气体的拉姆赛对它们进行了初步探索。他和索迪从溴化镭的放射产物中获得 0.1cm³ 的镭射气。到 1904 年，拉姆赛测定了它的光谱；1908 年他和格雷合作测定了它的密度，确定它是一种新元素。他们将它命名为 Niton。这个词来自希腊文 Nιτ έo＝Niteo，原意是“发光”，因为它在黑暗中能够发光，并且能够使一些锌盐发光。两年后他们二人共同测定了它的原子量为 220，确定了它在化学元素周期表中的位置，正好处在惰性气体的末位。氡是自然界唯一的天然放射性气体，由镭衰变产生。

冻 [dòng]形声；从冫，东声。本义：结冰。引申：汤汁等凝结成的半固体，用于描述矿物的外貌形态像冻。

【冻蓝闪石】

英文名 Barroisite

化学式 □(NaCa)$(Mg_3Al_2)(Si_7Al)O_{22}(OH)_2$　(IMA)

冻蓝闪石柱状晶体（日本、意大利）和巴罗斯像

冻蓝闪石是一种 C^{2+} 位镁或 C^{3+} 位铁、铝或铁，W 位羟基、氟、氯占优势的闪石矿物。属角闪石超族 W 位羟基、氟和氯占主导的角闪石族钠钙闪石亚族冻蓝闪石根名族。单斜晶系。晶体呈柱状。暗蓝绿色，玻璃光泽，透明—半透明；硬度 5～6，完全解理，脆弱。1922 年发现于美国费尔班克斯克市北 20km 克利里(Cleary)河和美国阿拉斯加州科迪亚克岛西北部。1922 年 G. 穆尔戈奇(G. Murgoci)在法国《巴黎科学院会议周报》(175)报道。英文名称 Barroisite，1922 年穆尔戈奇以法国地质学家和古生物学家查尔斯·巴罗斯(Charles Barrois，1851—1939)的姓氏命名。2012 年霍桑等在《美国矿物学家》(97)的《角闪石超族命名法》将冻蓝闪石定义为角闪石的根名称。IMA 2012s. p. 批准。中文名称根据光泽和根名译为冻蓝闪石。另一英文名称 Aluminobarroisite，由成分冠词“Alumino(铝)”和根词“Barroisite(冻蓝闪石)”组合命名，中文名称根据成分及与冻蓝闪石关系译为铝冻蓝闪石。

都 [dū]形声；从阝，者声。用于日本地名。

【都茂矿】参见【楚碲铋矿】条 94 页

督 [dū]形声；从目，叔声。[英]音，用于外国人名。

【督三水铝石】

英文名 Doyleite

化学式 $Al(OH)_3$　(IMA)

督三水铝石皮壳状、葡萄状、钟乳状集合体（中国云南）

督三水铝石是一种铝的氢氧化物矿物。与三水铝石、拜三水铝石和诺三水铝石为同质多象。三斜晶系。晶体呈板状；集合体呈皮壳状、葡萄状、钟乳状。白色、奶油白色、蓝白色，玻璃光泽、珍珠光泽，透明—不透明；硬度 2.5～3，完全解理。1980 年发现于加拿大魁北克省圣希莱尔(Saint-Hilaire)山混合肥料采石场和弗朗孔(Francon)采石场。英文名称 Doyleite，以加拿大渥太华内科医生、矿物收藏家约瑟夫(杰西)·督伊尔[Earl Joseph (Jess) Doyle，1905—1994]伯爵的姓氏命名，是他发现了该矿物。IMA 1980－041 批准。1985 年乔治·Y. 赵(George. Y. Chao)等在《加拿大矿物学家》(23)和 1986 年《美国矿物学家》(71)报道。1985 年中国新矿物与矿物命名委员会郭宗山等在《岩石矿物及测试》[4(4)]根据英文名称首音节音和成分译为督三水铝石。

毒 [dú]会意；从中（像草木初生），毒声。本义：毒草滋生。引申：对生物体有害的东西。用于描述具有毒性的矿物。

【毒铝石】

英文名 Pharmacoalumite

化学式 $KAl_4(AsO_4)_3(OH)_4 \cdot 6.5H_2O$　(IMA)

毒铝石立方体、细粒状晶体（摩洛哥）

毒铝石是一种含结晶水和羟基的钾、铝的砷酸盐矿物。属毒铁矿超族毒铝石族。等轴晶系。晶体呈立方体，细粒状。白色、浅黄色，半玻璃光泽、蜡状光泽，透明—半透明；硬度 2.5，脆性。1980 年发现于智利安托法加斯塔区圣卡塔利娜岛瓜纳科(Guanaco)。英文名称 Pharmacoalumite，1981 年 K. 史密策(K. Schmetzer)等在德国《矿物学新年鉴》(月刊)命名为 Alumopharmacosiderite(铝毒铁石)。IMA 1980－002 批准。2010 年 S. J. 米尔斯(S. J. Mills)等在《矿物学杂志》(74)将 Aluminopharmacosiderite 更名为 Pharmacoalumite。它根据希腊文“φ ά ρμăκου＝Pharmaco(毒物或毒药)”和“Alum(铝)”组合命名。中文名称根据成分和毒性译为毒铝石。

【毒砂】

英文名 Arsenopyrite

化学式 FeAsS　(IMA)

毒砂柱状、扁平板状晶体和穿插双晶（德国、中国、葡萄牙）

毒砂是一种铁的硫-砷化物矿物。属毒砂族。单斜(假斜方)晶系。晶体呈柱状、粒状、扁平板状，有时呈假八面体，常见接触或穿插、三连晶或十字双晶；集合体呈致密块状。锡白色、钢灰色，氧化表面具锖色，金属—半金属光泽，不透明；硬度 5.5～6，脆性；敲击时发出蒜臭味。中国人认识、命名和利用毒砂的历史悠久。中国古代从毒砂中制取砒霜(As_2O_3)，旧称为砒石(《开宝本草》)，或称礜石(《本经》)。砒石又名信石、人言。信石分红信石(红砒石)及白信石(白砒石)。原产信州(今江西上饶)，信石由产地得名。后隐“信”为“人言”，而称人言。砒石剧毒，性猛如古代动物貔貅，砒由貔而来。自古以来被用作中医药，以及颜料和杀虫剂、灭鼠药等。

英文名称 Arsenopyrite，1847 年由恩斯特·弗里德里希·格洛克(Ernst Friedrich Glocker)在哈雷《普通矿物和特殊矿物,天然消化药概要》(*Generum et Specierum Minerali-um,Secundum Ordines Naturales Digestorum Synopsis*)命名,它是过时的术语"Arsenical Pyrite(砷黄铁矿)"的缩写。其中"Arseno"源自砷的拉丁文名称 Arsenium,它又来自希腊文 Αρσενικό=Arsenikos,原意是"强有力的",表示砷化物在医药治疗中的"强烈、凶猛"作用;而 Pyr,意为火与热,象征毒性如烈火。1936 年 M. J. 伯格(M. J. Buerger)在《结晶学杂志》(95)报道。1959 年以前发现、描述并命名的"祖父级"矿物,IMA 承认有效。IMA 1962s. p. 批准。现代意义的中文矿物名称根据矿物的性质(毒)和矿物形态(粒状)译为毒砂;根据成分译为砷黄铁矿。

【毒石】

英文名 Pharmacolite

化学式 $Ca(AsO_3OH)\cdot 2H_2O$　　(IMA)

毒石柱状、针状晶体,放射状集合体(法国、希腊、捷克)

毒石是一种罕见的含结晶水的钙的氢砷酸盐矿物。属石膏超族。单斜晶系。晶体呈柱状、丝状、纤维状、针状;集合体呈皮壳状、葡萄状、钟乳状、放射状。无色、白色、灰色,半玻璃光泽,解理面上呈珍珠光泽,透明—半透明;硬度 2~2.5,完全解理,薄片具挠性。1800 年第一次描述了一个发现在德国巴登-符腾堡州黑森林山威蒂亨(Wittichen)的博克尔斯巴赫(Böckelsbach)山谷索菲亚(Sophia)矿。英文名称 Pharmacolite,1800 年 D. L. G. 卡斯滕(D. L. G. Karsten)在《矿物表》(第一版,柏林)刊载,来自希腊文"φάρμακον=Pharmakon(药)",指其因含砷是毒药。1959 年以前发现、描述并命名的"祖父级"矿物,IMA 承认有效。中文名称意译为毒石。

1986 年 8 月,非洲马里共和国的一个地质勘探队正在亚名山进行勘探,突然挖到一块美丽的大石头。石头的上部呈蓝色,下部呈金黄色,形状就像鸡蛋一样,大约重 5t。他们还未来得及分享"胜利"的喜悦,就已感觉到手脚麻木,视线模糊,接着发出痛苦的呻吟。他们被送到了医院,虽经医务人员奋力抢救,还是因中毒过深而未能逃出死神的魔爪。研究证明那是有毒气的美丽的大石头,命名为"马里毒石"。

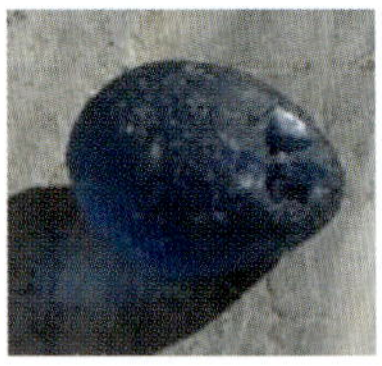

马里毒石

【毒铁矿】

英文名 Pharmacosiderite

化学式 $KFe^{3+}_4(AsO_4)_3(OH)_4\cdot 6\sim7H_2O$　　(IMA)

毒铁矿是一种罕见的含结晶水和羟基的钾、铁的砷酸盐矿物。属毒铁矿族。等轴晶系。晶体呈立方体、四面体,很少见八面体、六八面体,粒状,颗粒巨大,有双晶,晶面有条纹;集合体呈土状。淡绿色、深橄榄绿色、蜜黄色、黄褐色、棕

毒铁矿立方体晶体(法国、摩洛哥)

红色或橘红色,金刚—半金刚光泽或玻璃光泽,断口呈油脂光泽,透明—半透明;硬度 2.5,脆性。1813 年发现于英国英格兰康沃尔郡卡哈拉克(Carharrack)矿和蒂克罗夫特(Tincroft)矿,当它首次被发现时,毒铁矿被称为包括多种矿物的一个族。英文名称 Pharmacosiderite(Farmacosiderite),1813 年由 J. F. L. 豪斯曼(J. F. L. Hausmann)在《矿物学手册》(第三卷,哥廷根)根据希腊文"φάρμακου=Pharmaco=Farmako(毒物或毒药)",意指含"Arsenic(砷)"和"σίδηρος=Sideros=Iiron(铁)"两个最重要的组成元素和毒性命名。1959 年以前发现、描述并命名的"祖父级"矿物,IMA 承认有效。中文名称意加成分译为毒铁矿或毒铁石。

【毒重石】

英文名 Witherite

化学式 $Ba(CO_3)$　　(IMA)

毒重石锥柱状、柱状晶体(英国)和维泽恩格像

毒重石是一种钡的碳酸盐矿物,是除重晶石($BaSO_4$)外,自然界另一种主要含钡矿物。属霰石族。斜方晶系。晶体常呈假六方双锥柱状,粗纤维状、粒状,锥面上常有深的平行条纹,形成凹角;集合体呈葡萄状、球状、肾状、块茎状。无色、灰色、白色或微灰色—淡黄色、褐色、绿色,玻璃光泽,断口呈松脂光泽;硬度 3~3.5,密度大;有毒,用于制毒鼠药。1789 年发现于英国英格兰坎伯兰郡嫩特黑德镇布朗利(Brownley)山矿。英文名称 Witherite,1790 年维尔纳(Werner)在弗赖贝格《新贝格马安努什杂志》(2)为纪念英国医生和博物学家威廉·维泽恩格(William Withering,1741—1799)而以他的姓氏命名。他于 1784 年发表了描述的新矿物,研究表明,重晶石和新矿物是两种不同的矿物。1959 年以前发现、描述并命名的"祖父级"矿物,IMA 承认有效。中文名称根据密度大和毒性译为毒重石;又按成分译为碳钡矿。

独

[dú]形声;从犬,蜀声。犬性好斗,多独居,故从犬。本义:单独,单一。用于比喻矿物的单独性和稀有性。

【独居石】

英文名 Monazite

化学式 $(Ce,Y,La,Nd,Sm,Th)PO_4$

独居石是一种铈、钇、镧、钕、钐、钍的磷酸盐矿物。属独居石族。单斜晶系。晶体呈板状或柱状或楔状,常见双晶。无色、浅黄色、黄褐色、棕色或红色,树脂光泽或油脂光泽或玻璃光泽;硬度 5~5.5;常具放射性。英文名称 Monazite,

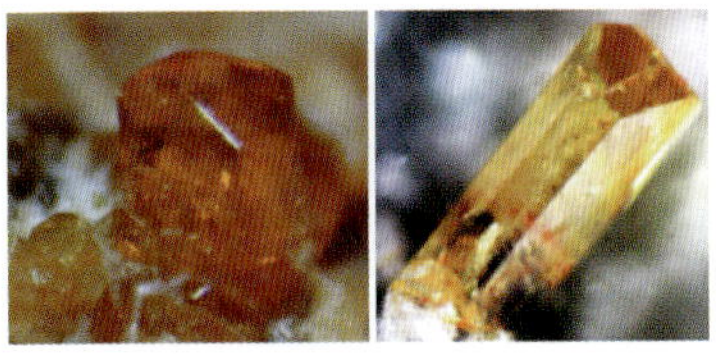

独居石柱状晶体(澳大利亚、奥地利)

1829 年由 J. F. A. 布赖特豪普特(J. F. A. Breithaupt)在《化学与物理学报》(55)根据希腊文“μον ά ζει＝Monazem 或德语 Monazit(单独)”命名,意为无伴独居,指矿物以独立的晶体产出,也指其矿物在第一个已知产地(模式产地)的稀有性。1959 年以前发现、描述并命名的“祖父级”矿物,IMA 承认有效。

另一英文名称 Phosphocerite,由化学成分“Phospho(磷)”“Cerite(铈)”组合命名。1880 年,独居石在巴西第一次被卡尔·奥尔·冯·韦尔斯巴赫(Carl Auer von Welsbach)注意到,当时正在为他的新发明白炽灯寻找钍源,并很快被采用。后来在美国北卡罗来纳州、印度和巴西发现了大量的独居石。矿物种名更为族名。独居石族包括独居石-(铈)、独居石-(镧)、独居石-(钕)、独居石-(钐)、无名(Gd-dominant,独居石);绝大多数的“独居石”是独居石-(Ce),其他成员都非常罕见(参见相关条目)。中文名称根据其意译为独居石;也按成分[Phospho(磷)+Cerite(铈矿)]译为磷铈镧矿。

杜

[dù]形声;从木,土声。[英]音,用于外国地名、人名。

【杜尔石】

英文名 Dorrite

化学式 $Ca_4[Mg_3Fe^{3+}_9]O_4[Si_3Al_8Fe^{3+}O_{36}]$　　(IMA)

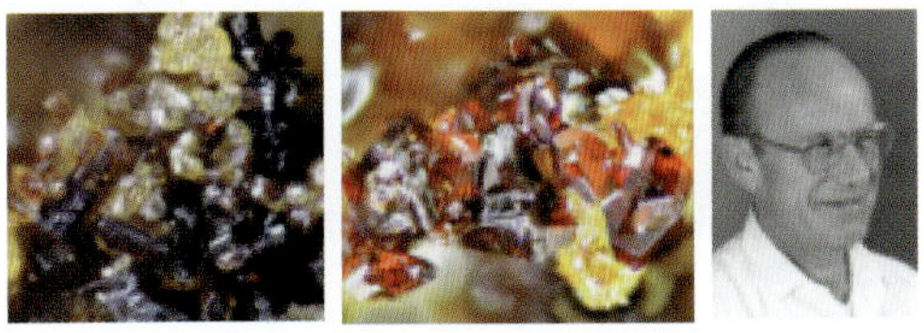

杜尔石柱状晶体(俄罗斯)和杜尔像

杜尔石是一种钙、镁、铁氧的铁铝硅酸盐矿物。属假蓝宝石超族钛硅镁钙石(褐斜闪石、镁钙三斜闪石)族。三斜晶系。晶体呈柱状、粒状。红棕色、棕黑色、深棕色,半金属光泽,半透明—不透明;硬度 5.5,完全解理。1987 年发现于美国怀俄明州坎贝尔县达拉莫拉赫(Durham Ranch)牧场。英文名称 Dorrite,由迈克尔·A. 克斯卡(Michael A. Cosca)等以美国密歇根大学的地质学教授约翰·“杰克”·杜尔(John A. “Jack” Dorr,? —1986)的姓氏命名,以表彰他在怀俄明州的地质研究所做出的贡献。IMA 1987－054批准。1988 年 M. A. 克斯卡(M. A. Cosca)等在《美国矿物学家》(73)报道。1989 年中国新矿物与矿物命名委员会郭宗山在《岩石矿物学杂志》[8(3)]音译为杜尔石。

【杜钒铜铅石】参见【杜钒铜石】条 1118 页

【杜平石】参见【球碳镁石】条 749 页

【杜特罗石*】

英文名 Dutrowite

化学式 $Na(Fe^{2+}_{2.5}Ti_{0.5})Al_6(Si_6O_{18})(BO_3)_3(OH)_3O$
(IMA)

杜特罗石* 是一种含氧和羟基的钠、铁、钛、铝的硼酸-硅酸盐矿物。属电气石族。三方晶系。晶体呈柱状。褐色,

杜特罗石* 柱状晶体(意大利)和杜特罗像

玻璃光泽,半透明。2019 年奥地利、意大利和瑞典研究人员发现于意大利卢卡省福诺瓦拉斯科(Fornovolasco)阿尔卑斯山变质流纹岩组。英文名称 Dutrowite,以路易斯安那州立大学教授、美国矿物学会前主席、美国宝石学研究所(GIA)理事芭芭拉·L. 杜特罗(Barbara L. Dutrow)博士的姓氏命名,以表彰她对矿物科学和晶体化学方面做出的诸多贡献,尤其是对电气石所在环境地质信息方面深入全面的著名研究。在电气石族 34 个种中,杜特罗石* 是第一种以女性名字命名的矿物。IMA 2019－082 批准。2020 年 C. 比亚乔尼(C. Biagioni)等在《CNMNC 通讯》(53)、《矿物学杂志》(84)和《欧洲矿物学杂志》(32)报道。目前尚未见官方中文译名,编译者建议音译为杜特罗石* 。

【杜铁镍矾】

英文名 Dwornikite

化学式 $Ni(SO_4)\cdot H_2O$　　(IMA)

杜铁镍矾纤维状晶体,放射状、束状集合体(俄罗斯)

杜铁镍矾是一种含结晶水的镍的硫酸盐矿物。属水镁矾族。单斜晶系。晶体呈纤维状;集合体呈放射状、束状。白色、淡绿色,玻璃光泽,透明—半透明;硬度 2～3。1981 年发现于秘鲁帕斯科省拉格拉(Ragra)矿。英文名称 Dwornikite,1982 年由查尔斯·密尔顿(Charles Milton)等在《矿物学杂志》(46)以美国地质调查分析化学家和矿物学家爱德华·J. 德沃尼克(Edward J. Dwornik,1920—2004)的姓氏命名。IMA 1981－031 批准。1984 年中国新矿物与矿物命名委员会郭宗山在《岩石矿物及测试》[3(2)]根据英文名称首音节音和成分译为杜铁镍矾。

𨧀

[dù]形声;从金,杜声。一种人工合成的放射性化学元素。[英]Dubnium。元素符号 Db。原子序数 105。属于 VB 族过渡金属。美国化学家最初把它称为 Hahnium(汉译𨭆)。在 1997 年,IUPAC 把它定名为 Dubnium,以俄罗斯杜布纳联合核研究所命名(参见𬭊字条)。

渡

[dù]形声;从氵,度声。用于日本人名。

【渡边矿】

英文名 Watanabeite

化学式 $Cu_4(As,Sb)_2S_5$　　(IMA)

渡边矿是一种铜的砷-锑-硫化物矿物。斜方晶系。晶体呈他形粒状、纤维状;集合体呈放射状、球粒状。银灰色、铅灰色、蓝绿色,金属光泽,不透明;硬度 4～4.5,脆性。1991 年发现于日本北海道札幌手稻(Teine)矿。英文名称 Watanabeite,以日本矿物学家、东京大学(1944—1968)、名古

渡边像

屋大学(1968—1971)矿物学教授和秋田大学校长(1971—1976)渡边武男(Takeo Watanabe,1907—1986)的姓氏命名。渡边著有《岩石与矿物》(三省堂,1957)等著作。他曾担任日本矿业地质学家协会主席,日本地质学会会员和日本矿物学会会长。他描述了 Kotoite(粒镁硼石=小藤石)和 Jimboite(硼锰石)。IMA 1991-025 批准。日文汉字名称渡边鉱。1993 年在《矿物学杂志》(57)报道。1998 年中国新矿物与矿物命名委员会黄蕴慧等在《岩石矿物学杂志》[17(2)]借用日文汉字名称简化汉字名称渡边石。2010 年杨主明在《岩石矿物学杂志》[29(1)]建议采用日文汉字名称的简化汉字名称渡边矿。

D

短

[duǎn]形声;从矢,豆声。本义:(形)两端之间距离小,与"长"相对。

【短柱石】

英文名 Narsarsukite

化学式 $Na_2(Ti,Fe^{3+})Si_4(O,F)_{11}$　　(IMA)

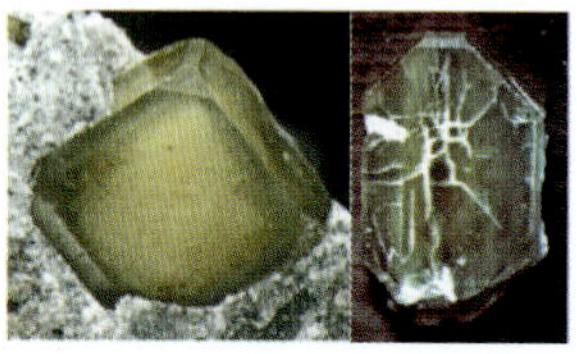
短柱石短柱状、板状晶体(加拿大)

短柱石是一种含氟的钠、钛、铁的硅酸盐矿物。四方晶系。晶体呈短柱状、板状。深—浅的蜜黄色、绿色、粉色和棕色以及无色,玻璃光泽或金刚光泽或油脂光泽,透明—半透明;硬度 7,完全解理。1899 年 G. 弗林克(G. Flink)发现于丹麦格陵兰岛库雅雷戈自治区纳尔萨尔苏克(Narssarssuk)碱性正长伟晶岩脉。1901 年 G. 弗林克(G. Flink)在《格陵兰学报》(24)报道。英文名称 Narsarsukite,以发现地丹麦格陵兰岛的纳尔萨尔苏克(Narssarssuk)命名。1959 年以前发现、描述并命名的"祖父级"矿物,IMA 承认有效。IMA 1967s. p. 批准。中文名称根据晶体的短柱状形态译为短柱石。

断

[duàn]会意。本义:截断、截开。

【断铵铁矾】参见【斯铵铁矾】条 886 页

钝

[dùn]形声;从钅,屯声。本义:不锋利,即钝。

【钝钠辉石】参见【霓石】条 654 页

顿

[dùn]形声。[英]音,用于外国地名。

【顿绿泥石】参见【片硅铝石】条 687 页

多

[duō]会意;甲骨文字形,从二"夕"。表示数量大,数目在二以上。本义:多,数量大,与"少""寡"相对。①用于外国地名、人名。②表示矿物中的某一成分多,如多水、多硅、多铝、多硫等。

【多硅白云母】

英文名 Phengite

化学式 $KAl_{1.5}(Mg,Fe)_{0.5}(Al_{0.5}Si_{0.5}O_{10})(OH)_2$

多硅白云母是一种富硅的白云母变种,成分介于白云母与绿鳞石和铝绿鳞石之间。单斜晶系。晶体呈片状。白色或浅绿色,透明,珍珠光泽;硬度 2,极完全解理。最初于 1841 年由约翰·弗里德里希·奥古斯特·布赖特豪普特(Johann Friedrich August Breithaupt)为双轴云母矿物下的定义,是一个属名,包括所有已知的双轴云母矿物。英文名称 Phengite,起源于德文的"Feurig",意为"闪闪发光的",大概是由于矿物的珍珠光泽,它转译自希腊文"φλογερός",也是"发光"之意。1853 年,弗朗茨·冯·科贝尔(Franz von Kobell)在《矿物鉴定表》(第五版,慕尼黑)放弃"Phengite(多硅白云母)"作为一个属名,部分原因是双名法的矿物被废弃,而且他复活定义的多硅白云母名称为高硅含量的白云母。然而,1854 年詹姆斯·D. 丹纳批评科贝尔放弃使用多硅白云母的名称。1925 年亚历山大·N. 温契尔(Alexander N. Winchell)再度使用高硅含量的多硅白云母替换白云母。吉多蒂(Guidotti)和其他人仍将"Hypersilicic(高硅)"白云母略称为"Phengitic(白云母)"或当硅大于 3.5%时简单地称为多硅白云母。1998 年,将多硅白云母定义为一个高硅的白云母与绿鳞石和铝绿鳞石之间的变种。IMA 持怀疑态度,多硅白云母不再被视为一个端元成分的种。

【多硅钙铀矿】参见【水硅钙铀矿】条 826 页

【多硅钾铀矿】参见【水硅钾铀矿】条 827 页

【多硅锂云母】

英文名 Polylithionite

化学式 $KLi_2AlSi_4O_{10}F_2$　　(IMA)

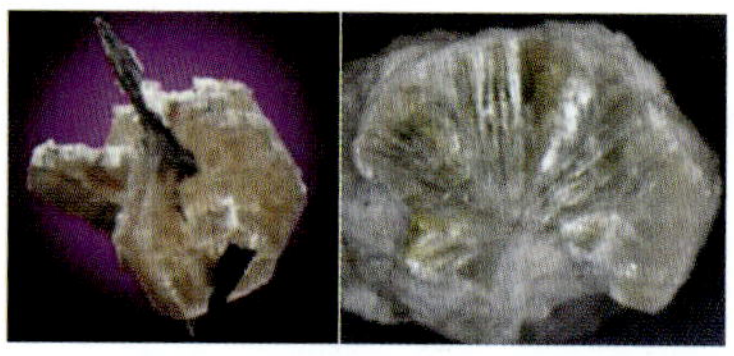
多硅锂云母板状晶体(加拿大、格陵兰)

多硅锂云母是锂云母的富硅变种。属云母族。单斜晶系。晶体呈页片状、板状。白色、灰色、紫色、浅绿色、粉红色,珍珠光泽,透明;硬度 2,极完全解理。1884 年发现于丹麦格陵兰岛库雅雷哥自治区伊利毛沙克(Ilimaussaq)侵入杂岩体;同年,在《结晶学和矿物学杂志》(9)报道。英文名称 Polylithionite,由希腊文"Πολυ=Poly(许多或多)"和"Lithionite(锂云母)"复合命名,指矿物组成富含硅,并表明与锂云母的关系。又见于 1892 年 E. S. 丹纳(E. S. Dana)《系统矿物学》(第六版,纽约)。1959 年以前发现、描述并命名的"祖父级"矿物,IMA 承认有效。IMA 1998s. p. 批准。中文名称根据成分及与锂云母的关系译为多硅锂云母。目前已知 Polylithionite 有-1M 和-2M2 多型。

【多聚砷酸石*】

英文名 Polyarsite

化学式 $Na_7CaMgCu_2(AsO_4)_4F_2Cl$　　(IMA)

多聚砷酸石*是一种含氯和氟的钠、钙、镁、铜的砷酸盐矿物。多元素独特组合的新结构类型。单斜晶系。发现于俄罗斯堪察加州托尔巴契克(Tolbachik)火山主断裂北部破火山口第二火山渣锥阿尔塞纳特纳亚(Arsenatnaya)火山喷气孔。英文名称 Polyarsite,由"Poly(多、聚)"和"Ars(砷酸盐)”组合命名,意指它是一种含有多种元素的砷酸盐矿物。IMA 2019-058 批准。2019 年 I. V. 佩科夫(I. V. Pekov)等在《CNMNC 通讯》(52)、《矿物学杂志》(83)和 2020 年《欧洲矿物学杂志》(32)报道。目前尚未见官方中文译名,编译者建议根据意和成分译为多聚砷酸石*。

【多库恰耶夫矿*】

英文名 Dokuchaevite

化学式 $Cu_8O_2(VO_4)_3Cl_3$ (IMA)

多库恰耶夫像

多库恰耶夫矿*是一种含氯的铜氧钒酸盐矿物。三斜晶系。晶体呈柱状;集合体呈皮壳状。深红色,金刚光泽;硬度 2,脆性。发现于俄罗斯堪察加州托尔巴契克(Tolbachik)火山大裂缝(主裂缝)北破火山口第二火山渣锥亚多维亚(Yadovitaya)喷气孔。英文名称 Dokuchaevite,1949 年由 N. G. 苏敏(N. G. Sumin)在《苏联科学院特鲁迪矿物博物馆文献》(1)为纪念瓦西里·瓦西里耶维奇·多库恰耶夫(Vasily Vasilyevich Dokuchaev,1846—1903)而以他的姓氏命名。他是俄国地质学家和地理学家,被认为他奠定了土壤科学的基础。IMA 2018-012 批准。2018 年 O. I. 锡德拉(O. I. Siidra)等在《CNMNC 通讯》(43)、《矿物学杂志》(82)和《欧洲矿物学杂志》(30)报道。目前尚未见官方中文译名,编译者建议音译为多库恰耶夫矿*。

【多硫钠铀矿】

英文名 Meisserite

化学式 $Na_5(UO_2)(SO_4)_3(SO_3OH)(H_2O)$ (IMA)

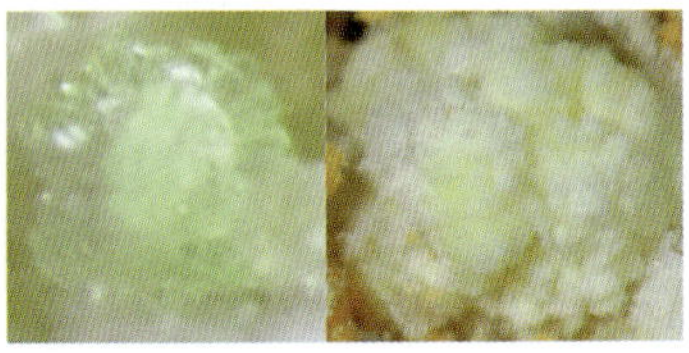

多硫钠铀矿放射状、皮壳状集合体(美国)

多硫钠铀矿是一种含结晶水、羟基的钠的铀酰-氢硫酸-硫酸盐矿物。三斜晶系。晶体呈柱状;集合体呈放射状、皮壳状。浅绿色、黄绿色,玻璃光泽,透明—半透明;硬度 2,中等解理,脆性。2013 年发现于美国犹他州圣胡安县蓝蜥蜴(Blue Lizard)矿。英文名称 Meisserite,以瑞士矿物学家、瑞士洛桑地质博物馆矿物学和岩石学馆长尼古拉斯·麦斯纳(Nicolas Meisser,1964—)的姓氏命名。IMA 2013-039 批准。2013 年 J. 普拉希尔(J. Plášil)等在《CNMNC 通讯》(17)和《矿物学杂志》(77)报道。2015 年艾钰洁、范光在《岩石矿物学杂志》[34(1)]根据成分译为多硫钠铀矿。

【多硫水钠铀矿】

英文名 Belakovskiite

化学式 $Na_7(UO_2)(SO_4)_4(SO_3OH)(H_2O)_3$ (IMA)

多硫水钠铀矿是一种含结晶水的钠的铀酰-氢硫酸-硫酸盐矿物。三斜晶系。晶体呈针状、毛发纤维状;集合体呈放射状、球粒状。黄绿色,玻璃—半玻璃光泽,透明;硬度 2,脆性。2013 年发现于美国犹他州圣胡安县蓝蜥蜴(Blue Lizard)矿。英文名称 Belakovskiite,2013 年由安东尼·R. 坎普夫(Anthony R. Kampf)等以俄罗斯矿物学家、莫斯科费尔斯曼矿物博物馆馆长迪米特雷·别拉科夫斯基(Dimitrii Belakovskii,1957—)的姓氏命名。IMA 2013-075 批准。2013 年坎普夫等在《CNMNC 通讯》(18)、《矿物学杂志》(77)和 2014 年《矿物学杂志》(78)报道。2015 年艾钰洁、范光在《岩石矿物学杂志》[34(1)]根据成分译为多硫水钠铀矿。

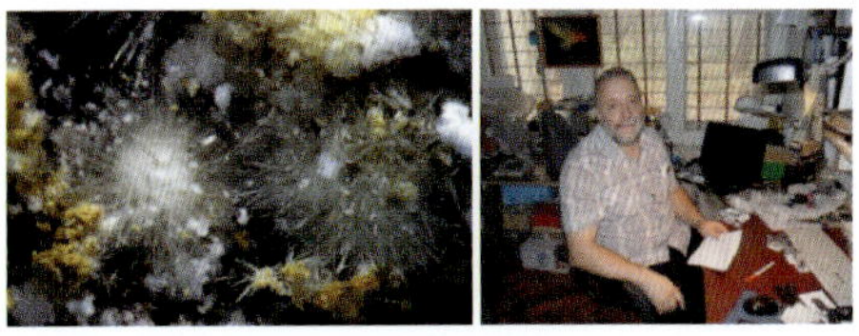

多硫水钠铀矿纤维状晶体,放射状、球粒状集合体(美国)和别拉科夫斯基像

【多铝红柱石】参见【莫来石】条 623 页

【多摩石】参见【塔玛水硅锰钙石】条 908 页

【多姆罗克石*】

英文名 Domerockite

化学式 $Cu_4(AsO_4)(AsO_3OH)(OH)_3 \cdot H_2O$ (IMA)

多姆罗克石*是一种含结晶水、羟基的铜的氢砷酸-砷酸盐矿物。三斜晶系。晶体呈粒状、短柱状和板状;集合体呈皮壳状。蓝绿色;硬度 3。2009 年发现于澳大利亚南澳大利亚州多姆罗克(Dome Rock)铜矿。英文名称 Domerockite,以发现地澳大利亚的多姆罗克(Dome Rock)铜矿命名。IMA 2009-016 批准。2013 年 P. 埃利奥特(P. Elliott)等在《矿物学杂志》(77)报道。目前尚未见官方中文译名编译者建议音译为多姆罗克石*。

【多钠硅锂锰石】

英文名 Natronambulite

化学式 $NaMn^{2+}_4Si_5O_{14}(OH)$ (IMA)

多钠硅锂锰石是一种含羟基的钠、锰的硅酸盐矿物。属蔷薇辉石族。三斜晶系。粉橙色,玻璃光泽,透明—半透明;硬度 5.5～6,完全解理。1981 年发现于日本本州岛东北部岩手县下闭伊郡田野畑村田野畑(Tanohata)矿。英文名称 Natronambulite,由成分冠词“Natro(钠)”和“Nambulite(南部石)”组合命名,即钠占优势的南部石的类似矿物。IMA 1981-034 批准。日文汉字名称ソーダ南部石(曹达南部石)。1985 年松原(S. Matsubara)等在《矿物学杂志》(12)报道。1986 年中国新矿物与矿物命名委员会郭宗山等在《岩石矿物学杂志》[5(4)]根据成分译为多钠硅锂锰石。2010 年杨主明在《岩石矿物学杂志》[29(1)]建议采用成分加人名译为钠南部石(参见【硅锰钠锂石】条 276 页)。

【多水埃洛石】参见【埃洛石-10Å】条 15 页

【多水高岭石】参见【埃洛石-7Å】条 15 页

【多水硅钙锰石】

英文名 Bostwickite

化学式 $CaMn^{3+}_6Si_3O_{16} \cdot 7H_2O$ (IMA)

多水硅钙锰石是一种含结晶水的钙、锰的硅酸盐矿物。斜方晶系。晶体呈细长针状;集合体呈束状、放射状。棕红色,半玻璃光泽、油脂光泽、丝绢光泽,半透明;硬度 1,脆性。1982 年发现于美国新泽西州苏塞克斯县富兰克林矿山泰勒

D

多水硅钙锰石针状晶体，束状、放射状集合体（美国）和博斯特威克像

(Taylor)矿。英文名称 Bostwickite，1983 年由皮特·J. 邓恩(Pete J. Dunn)等在《矿物学杂志》(47)以作家、编辑、讲师和著名的并特别强调关于荧光矿物的矿物收藏家理查德"迪克"·博斯特威克(Richard "Dick" Bostwick，1943—)的姓氏命名。他是富兰克林奥登伯格矿物学协会的前任主席、富兰克林矿产博物馆的董事会成员、斯特林矿原硬岩采矿矿工与荧光矿物协会区域副总裁。IMA 1982－073 批准。1984 年邓恩等在《美国矿物学家》(69)报道。1985 年中国新矿物与矿物命名委员会郭宗山等在《岩石矿物及测试》[4(4)]根据成分译为多水硅钙锰石。

【多水菱镁矿】参见【五水碳镁石】条 993 页

【多水硫磷铝石】

英文名 Sasaite

化学式 $Al_6(PO_4)_5(OH)_3 \cdot 36H_2O$　(IMA)

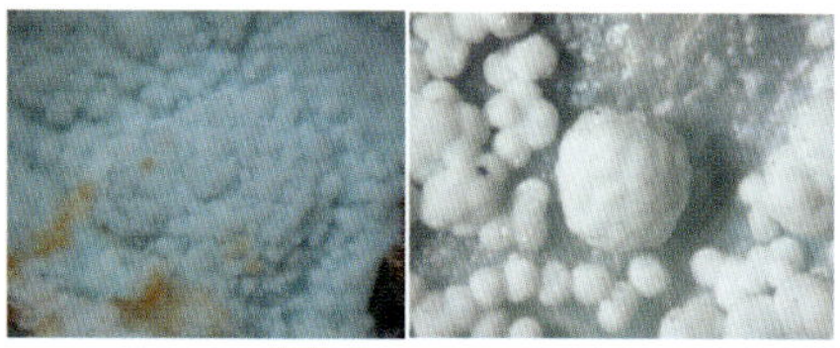

多水硫磷铝石皮壳状、球粒状集合体（奥地利）

多水硫磷铝石是一种含结晶水和羟基的铝的磷酸盐矿物。斜方晶系。集合体呈皮壳状、球粒状。无色、白色、灰蓝色。1977 年发现于南非豪登省卡尔顿维尔地区西德里方丹(West Driefontein)洞穴。英文名称 Sasaite，由南非洞穴协会的缩写"Sasa(萨萨)"命名。IMA 1977－033 批准。1978 年 J. 马蒂尼(J. Martini)在《矿物学杂志》(42)和 1979 年《美国矿物学家》(64)报道。中文名称根据成分译为多水硫磷铝石。

【多水氯硼钙石】

英文名 Hydrochlorborite

化学式 $Ca_2B_3O_3(OH)_4 \cdot BO(OH)_3Cl \cdot 7H_2O$　(IMA)

多水氯硼钙石菱形楔状晶体（中国）

多水氯硼钙石是一种含结晶水和氯的钙的氢硼酸盐矿物。单斜晶系。晶体细小，呈菱形楔状；常与石盐一起组成致密块状集合体。无色，玻璃光泽，透明—半透明；硬度 2.5，极完全解理；溶于温水。1963 年中国学者钱自强等在中国青藏高原盐湖第三纪（古近纪、新近纪）含硼泥岩上部的盐壳中发现的新矿物；在智利也有发现。中文名称根据成分命名为多水氯硼钙石。英文名称 Hydrochlorborite，以化学成分"Hydro(水)＋Chlor(氯)＋Borite(亚硼酸盐)"组合命名。1959 年以前发现、描述并命名的"祖父级"矿物，IMA 承认有效。1965 年钱自强等在中国《地质学报》[45(2)]和《美国矿物学家》(50)报道。

【多水钼铀矿】参见【黑钼铀矿】条 318 页

【多水硼钙石】

英文名 Tertschite

化学式 $Ca_4B_{10}O_{19} \cdot 20H_2O$　(IMA)

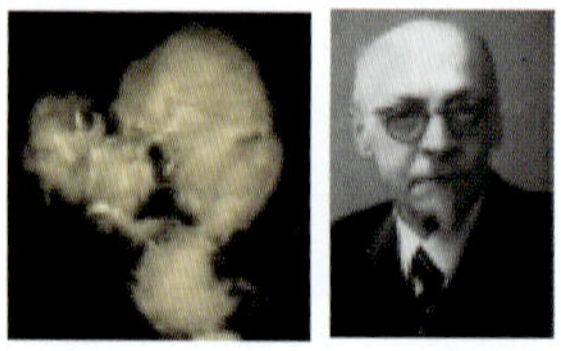

多水硼钙石纤维状晶体（土耳其）和特奇像

多水硼钙石是一种含结晶水的钙的硼酸盐矿物。单斜晶系。晶体呈纤维状。雪白色，丝绢光泽，半透明。1952 年发现于土耳其巴勒克埃西尔省库尔特纳(Kurtpnar)矿山。英文名称 Tertschite，以奥地利维也纳大学矿物学教授赫尔曼·特奇(Hermann Tertsch，1880—1962)的姓氏命名。1953 年 H. 梅克斯纳(H. Meixner)在德国《矿物学的进展》(31)报道。1959 年以前发现、描述并命名的"祖父级"矿物，IMA 承认有效；但 IMA 持值怀疑态度。中文名称根据成分译为多水硼钙石。

【多水硼镁钙石】参见【水硼钙镁石】条 859 页

【多水硼镁石】

英文名 Inderite

化学式 $MgB_3O_3(OH)_5 \cdot 5H_2O$　(IMA)

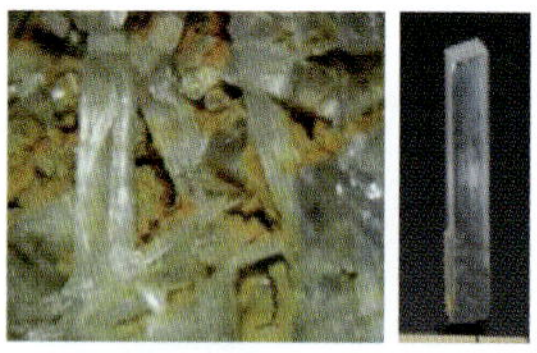

多水硼镁石细长柱状晶体（美国）

多水硼镁石是一种含结晶水、羟基的镁的硼酸盐矿物。属多水硼镁石族。与库水硼镁石(Kurnakovite)为同质多象。单斜晶系。晶体呈板状、细柱状、针状；集合体常呈肾状、结核状。无色、白色、粉红色，透明—半透明，玻璃光泽，解理面上呈珍珠光泽，不规则状表面呈油脂光泽；硬度 2.5～3，完全解理。1937 年首次发现于哈萨克斯坦阿特劳市英德尔湖(Inder Lake)硼矿床和盐丘。1937 年博尔德列娃(Boldyreva)在《列宁格勒矿物学学会记事》(66)报道。英文名称 Inderite，以发现地哈萨克斯坦的英德尔湖(Inder Lake)命名。1959 年以前发现、描述并命名的"祖父级"矿物，IMA 承认有效。IMA 1962s. p. 批准。中文名称根据成分译为多水硼镁石。

【多水硼钠石】

英文名 Sborgite

化学式 $NaB_5O_6(OH)_4 \cdot 3H_2O$　(IMA)

多水硼钠石是一种含结晶水的钠的氢硼酸盐矿物。属多水硼钠石族。单斜晶系。晶体呈不规则微粒状；集合体呈致密块状或皮壳状。无色，褐色—紫白色，玻璃光泽，透明。1957 年发现于意大利比萨省波马兰切区拉德莱罗(Larderello)。1957 年 C. 西普里亚尼(C. Cipriani)在意大利《林且国家科学院物理科学、数学、自然学报》(*Atti dell'Accademia Nazionale dei Lincei, Classe di Scienze Fisiche, Matematichee Naturali*)(Ⅷ系列，22)报道。英文名称 Sborgite，以意大利米兰大学的化学教授翁贝托·斯伯尔格

(Umberto Sborgi,1883—1955)的姓氏命名。1958 年在《美国矿物学家》(43)报道。1959 年以前发现、描述并命名的"祖父级"矿物,IMA 承认有效。中文根据成分译为多水硼钠石;也译为水硼钠石。

【多水水铜铝矾】

英文名 Hydrowoodwardite

化学式 $(Cu_{1-x}Al_x)(SO_4)_{x/2}(OH)_2 \cdot nH_2O(x<0.5, n>3x/2)$ (IMA)

多水水铜铝矾是一种含多个结晶水和羟基的铜、铝的硫酸盐矿物。三方晶系。集合体呈多孔皮壳状、葡萄状、钟乳状。蓝色、绿蓝色、淡蓝色,玻璃光泽,半透明;脱水变脆。1996 年发现于德国下萨克森州厄尔士山脉圣布里丘什(St Briccius)矿。英文名称 Hydrowoodwardite,由成分冠词"Hydro(多水或高水合物)"和根词"Woodwardite(水铜铝矾)"组合命名,意指它是多水的水铜铝矾类似矿物。IMA 1996-038 批准。1999 年 T. 维茨克(T. Witzke)在《矿物学新年鉴》(月刊)和《美国矿物学家》(84)报道。2003 年中国地质科学院矿产资源研究所李锦平等在《岩石矿物学杂志》[22(1)]根据成分及与水铜铝矾的关系译为多水水铜铝矾。

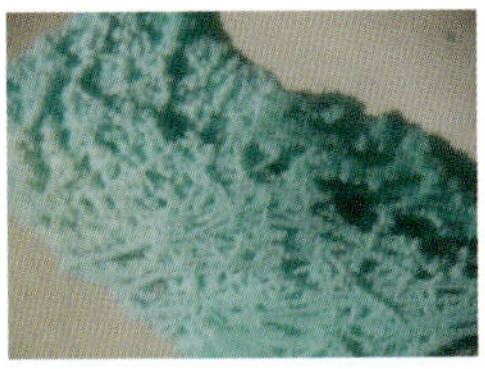

多水水铜铝矾多孔皮壳状、葡萄状集合体(德国)

【多水碳铝钡石】

英文名 Hydrodresserite

化学式 $BaAl_2(CO_3)_2(OH)_4 \cdot 3H_2O$ (IMA)

多水碳铝钡石板状、纤维状晶体,晶簇状、放射状、球状集合体(加拿大)

多水碳铝钡石是一种含结晶水和羟基的钡、铝的碳酸盐矿物。属水碳铝钡石族。三斜晶系。晶体呈板状、纤维状;集合体呈放射状、球状。白色,玻璃光泽,透明;硬度 3~4,完全解理。1976 年发现于加拿大魁北克省蒙特利尔岛弗朗孔(Francon)采石场。英文名称 Hydrodresserite,1977 年由 J. L. 杨博尔(J. L. Jambor)等根据成分冠词"Hydro(水)"和根词"Dresserite(水碳铝钡石)"组合命名。其中,根词 Dresserite 以对蒙特利根山做出贡献的加拿大地质学家约翰·亚历山大·德莱赛尔(John Alexander Dresser,1866—1954)的姓氏命名。IMA 1976-036 批准。1977 年杨博尔等在《加拿大矿物学家》(15)报道。中文名称根据成分及与水碳铝钡石的关系译为多水碳铝钡石。

【多水铜铁矾】参见【四水铜铁矾】条 902 页

【多硒铜铀矿】

英文名 Derriksite

化学式 $Cu_4(UO_2)(Se^{4+}O_3)_2(OH)_6$ (IMA)

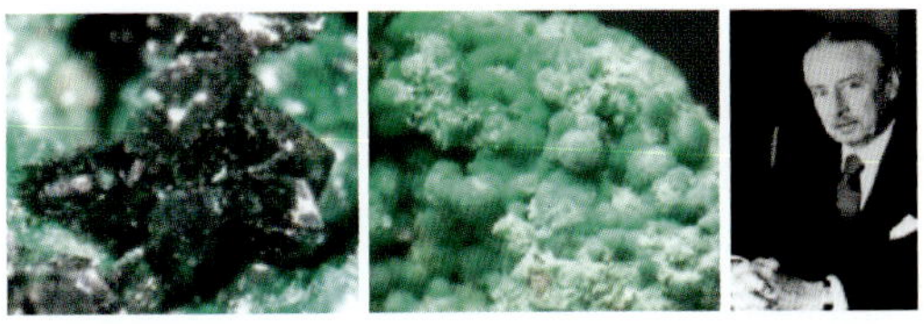

多硒铜铀矿板状晶体,晶簇状、皮壳状、球粒状集合体(刚果)和迪里克斯像

多硒铜铀矿是一种含结晶水、羟基的铜的铀酰-硒酸盐矿物。斜方晶系。晶体呈板状、针状;集合体呈晶簇状、微晶皮壳状、球粒状。深绿色、绿色,半透明;硬度 2,完全解理。1971 年发现于刚果(金)卢阿拉巴省科卢韦齐矿区穆索诺伊(Musonoi)矿。英文名称 Derriksite,以刚果(金)上加丹加矿产联合会地质学家和行政管理官员让·玛丽·弗朗索瓦·约瑟夫·迪里克斯(Jean Marie Francois Joseph Derriks,1912—1992)的姓氏命名。他是比利时地质学家,首先研究了欣科洛布韦铀矿床。IMA 1971-033 批准。1971 年 F. 塞斯布龙(F. Cesbron)等在《法国矿物和晶体学学会通报》(94)和《美国矿物学家》(57)报道。中文名称根据成分译为多硒铜铀矿,也有的译为铜硒铀矿。

【多铀砷铀矿】

英文名 Arsenovanmeersscheite

化学式 $U(UO_2)_3(AsO_4)_2(OH)_6 \cdot 4H_2O$ (IMA)

铀砷铀矿叶片状晶体,放射状集合体(德国)和梅尔斯彻像

多铀砷铀矿是一种含结晶水、羟基的四价铀的铀酰-砷酸盐矿物。斜方晶系。2006 年发现于德国巴登-符腾堡州弗赖堡地区孟森施旺德(Menzenschwand)的克鲁克尔巴赫(Krunkelbach)谷铀矿。英文名称 Arsenovanmeersscheite,由成分冠词"Arseno(砷)"和根词"Vanmeersscheite(磷铀矿)"组合命名,意指它是砷酸盐占优势的磷铀矿的类似矿物。其中,根名由比利时鲁汶天主教大学晶体学教授莫里斯·范·梅尔斯彻(Maurice van Meerssche,1923—1990)的姓氏命名。IMA 2006-018 批准。2007 年 K. 瓦林塔(K. Walenta)等在德国 *Aufschluss*(58)报道。2015 年艾钰洁、范光在《岩石矿物学杂志》[34(1)]根据成分译为多铀砷铀矿。

D

Ee

俄 [é]形声；从人，我声。本义：倾斜。[英]音，用于外国地名。

【俄斐石*】

英文名 Ophirite

化学式 $Ca_2Mg_4[Zn_2Mn_2^{3+}(H_2O)_2(Fe^{3+}W_9O_{34})_2]\cdot 46H_2O$ (IMA)

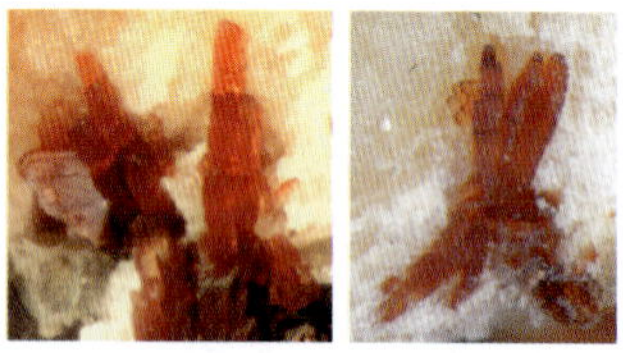

俄斐石*板状晶体，晶簇状集合体（美国）

俄斐石*是一种含结晶水的钙、镁、锌、锰、铁、钨多金属的氧化物矿物。三斜晶系。晶体呈板片状；集合体呈晶簇状。橙棕色，玻璃光泽，透明；硬度2，脆性。2013年发现于美国犹他州图埃勒县俄斐（Ophir）山统一矿。英文名称Ophirite，以发现地美国的俄斐（Ophir）山命名，据《圣经·列王记》称俄斐是盛产黄金和宝石之地。IMA 2013-017批准。2013年A. R. 坎普夫（A. R. Kampf）等在《CNMNC通讯》(16)、《矿物学杂志》(77)和2014年《美国矿物学家》(99)报道。目前尚未见官方中文译名，编译者建议音译为俄斐石*。

峨 [é]形声；从山，我声。本义：山势高峻。中国四川峨眉山。

【峨眉矿】

参见【砷锇矿】条776页

锇 [é]形声；从钅，我声。一种金属元素。[英]Osmium，旧译銤、鐭。元素符号Os。原子序数76。1803年，法国化学家科勒德士戈蒂等研究了铂系矿石溶于王水后的残渣。他们宣布残渣中有两种不同于铂的新金属存在，它们不溶于王水。1804年，英国台奈特（Tennant）发现并命名了它们。其中一个曾被命名为Ptenium，后来改为Osmium（锇）。Ptenium来自希腊文中"易挥发"，Osmium来自希腊文Osme，原意是"臭味"。锇一般以痕量存在于自然中，大部分在铂矿的合金中，如自然铂、铱锇矿等。

额 [é]形声；从页，客声。用于中国河名：额尔齐斯河。

【额尔齐斯石】

英文名 Ertixiite

化学式 $Na_2Si_4O_9$ (IMA)

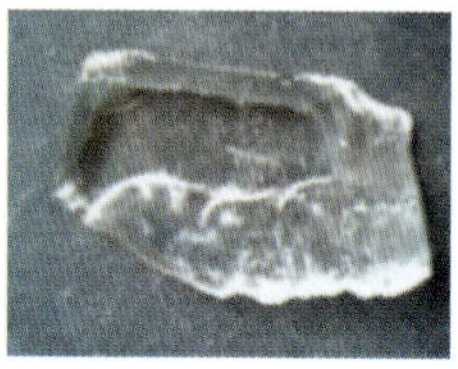

额尔齐斯石半自形粒状晶体（中国）

额尔齐斯石是一种钠的硅酸盐矿物。等轴晶系。晶体呈半自形粒状。无色、白色，玻璃光泽，透明；硬度5.5～6.5。20世纪70年代末，中国有色工业总公司可可托海矿务局地质工程师韩凤鸣在中国新疆维吾尔自治区伊犁哈萨克自治州阿勒泰县额尔齐斯河畔可可托海三号铍、锂、钽、铌等稀有金属矿脉中发现的新矿物。韩凤鸣经肉眼鉴定认为是一种未见过的矿物。由于当时可可托海矿务局的测试设备有限，1980年，韩凤鸣将样品送往成都地质学院进一步研究。张如柏教授经过X射线粉晶分析，初步肯定了是一种新矿物。为得到更权威的结论，样品又送往北京地质科学院做更精确的分析，确证为一种新矿物。韩凤鸣经与张如柏教授研究，以矿物产出地的著名河流——额尔齐斯河（Ertixi）命名为额尔齐斯石。IMA 1983-042批准。1983年3月3日，国际矿物协会新矿物命名委员会主席、加拿大安大略博物馆J. A. 蒙达里诺（J. A. Mondarino）博士向张如柏、韩凤鸣致函，对韩凤鸣的发现予以确认。1985年张如柏等在《地球化学》[4(2)]和1986年《美国矿物学家》(71)报道。

厄 [è]会意；从厂、卩。"厂"像山崖，"卩"像人在崖洞下卷曲身子不得伸展。本义：困厄，遭遇困境。[英]音，用于外国地名。

【厄尔布鲁士石*】

英文名 Elbrusite

化学式 $Ca_3(U^{6+}_{0.5}Zr_{1.5})(Fe^{3+}O_4)_3$ (IMA)

厄尔布鲁士石*是一种钙、铀、锆、铁的氧化物矿物。属石榴石超族Bitikleite族。等轴晶系。晶体呈粒状，粒径10～15μm。深棕色—黑色。2009年发现于俄罗斯北高加索地区卡巴尔达-巴尔卡里安（Balkarian）共和国巴克桑山谷上切格姆火山喷发口拉卡基（Lakargi）山1号捕虏体。英文名称Elbrusite，最初名称为Elbrusite-(Zr)，但根据石榴石超群的新命名法，后缀不能用于命名石榴石超族矿物；因此更名为Elbrusite，以俄罗斯北高加索地区的欧洲最高峰厄尔布鲁士（Elbrus）山命名。矿物第一块标本在厄尔布鲁士山库根（Kyugen）火山地区发现。IMA 2009-051批准。2010年I. 戛鲁斯基娜（I. Gałuskina）等在《美国矿物学家》(95)报道。目前尚未见官方中文译名，编译者建议音译为厄尔布鲁士石*。

【厄尔特尤比尤石*】

英文名 Eltyubyuite

化学式 $Ca_{12}Fe^{3+}_{10}Si_4O_{32}Cl_6$ (IMA)

厄尔特尤比尤石*是一种含氯的钙、铁的硅酸盐矿物。属氟硅铝钙石（和田石）族。等轴晶系。晶体呈其他矿物的微米级包裹体。黄色—浅棕色、棕色。2011年发现于俄罗斯北高加索地区卡巴尔达-巴尔卡尔共和国拉卡基（Lakargi）山1号捕虏体。英文名称Eltyubyuite，以发现地俄罗斯巴尔卡里安（Balkarian）村附近的厄尔特尤比尤（Eltyubyu）命名。IMA 2011-022批准。2011年E. V. 加鲁斯金（E. V. Galuskin）在《CNMNC通讯》(10)和2013年《欧洲矿物学杂志》(25)报道。目前尚未见官方中文译名，编译者建议音译为厄尔特尤比尤石*。

【厄林加石*】

英文名 Eringaite

化学式 $Ca_3Sc_2(SiO_4)_3$ (IMA)

厄林加石*是一种钙、钪的硅酸盐矿物，它是第一个以钪占优势的钙铁榴石、钙铝榴石和钙铬榴石的类似矿物。属石榴石超族石榴石族。等轴晶系。晶体呈粒状。浅棕色—黄色，玻璃光泽，透明。2009年发现于俄罗斯萨哈共和国维柳伊(Vilyui或Wilui)河流域。英文名称Eringaite,以维柳伊河的支流厄林加(Eringa)河命名。IMA 2009-054批准。2010年I. O.戛鲁斯基娜(I. O. Gałuskina)等在《矿物学杂志》(74)报道。目前尚未见官方中文译名,编译者建议音译为厄林加石*。

鄂 [è]形声;从阝,咢声。[英]音,用于外国地名:鄂霍次克县。

【鄂霍次克石】

英文名 Okhotskite

化学式 $Ca_2Mn^{2+}Mn_2^{3+}(Si_2O_7)(SiO_4)(OH)_2 \cdot H_2O$ (IMA)

鄂霍次克石是一种含结晶水和羟基的钙、二价锰、三价锰的硅酸盐矿物。属绿纤石族。单斜晶系。晶体呈柱状,长0.2mm。深橙色,玻璃光泽,透明;硬度6。1985年发现于日本北海道鄂霍次克(Okhotsk)县北见市国力(Kokuriki)矿山。英文名称Okhotskite,以发现地日本的鄂霍次克(Okhotsk)海命名。IMA 1985-010a批准。1987年赤坂(M. Akasaka)等在日本《矿物学杂志》(51)报道。中文音译为鄂霍次克石。1988年中国新矿物与矿物命名委员会郭宗山等在《岩石矿物学杂》[7(3)]根据成分及族名译为锰$^{3+}$绿纤石,与Pumpellyite-(Mn^{2+})的译名锰$^{2+}$绿纤石相区别。2010年杨主明在《岩石矿物学杂志》[29(1)]建议音译为鄂霍次克石。

恩 [ēn]形声;从心,因声。本义:恩惠。[英]音,用于外国人名、地名及矿物的结晶习性。

【恩德石】参见**【埃洛石-10Å】**条15页

【恩硫铋铜矿】

英文名 Emplectite

化学式 $CuBiS_2$ (IMA)

恩硫铋铜矿柱状晶体,缠绕状或交织状集合体(德国)

恩硫铋铜矿是一种铜、铋的硫化物矿物。属硫锑铊铜矿族。斜方晶系。晶体呈柱状、针状,晶面有条纹,有接触双晶;集合体呈缠绕状或交织状。淡灰色、锡白色,金属光泽,不透明;硬度2,完全解理,脆性。最早见于1817年塞尔布(Selb)在《格萨姆特矿物学袖珍本》(*Taschenbuch für die gesammte Mineralogie*)(11)和1853年施耐德(Schneider)在《物理年鉴》(90)报道。1855年发现于德国萨克森州厄尔士山脉布赖滕布伦市坦嫩鲍姆(Tannenbaum)矿;同年,在莱比锡《年度矿产研究成果综述》报道。英文名称Emplectite,由希腊文"ἐμπλεκτος=Emplektos(缠绕或交织)"命名,意指矿物针状、毛发状晶体呈缠绕状或交织状集合体。1959年以前发现、描述并命名的"祖父级"矿物,IMA承认有效。中文名称根据英文名称首音节音和成分译为恩硫铋铜矿;根据成分译为硫铜铋矿。

【恩苏塔矿】

英文名 Nsutite

化学式 $Mn_x^{2+}Mn_{1-x}^{4+}O_{2-2x}(OH)_{2x}$ (IMA)

恩苏塔矿块状集合体(葡萄牙、保加利亚)

恩苏塔矿(或恩苏矿)是一种锰的氢氧-氧化合物矿物。属斜方锰矿族。六方晶系。集合体呈致密块状、粉末状。深灰色、灰黑色、褐黑色,土状光泽、半金属光泽,不透明;硬度6.5~8。1939年,格莱姆(Glemser)首先将人工合成的锰氧化物称为γ-MnO_2,后来在自然界中发现了与γ-MnO_2的性质略有差异,而X光衍射性质相似的矿物,起初也用γ-MnO_2表示,为了把合成的与天然的两者区分开,分别采用Ⅰ型和Ⅱ型γ-MnO_2的名称。1960年,索兰姆研究了加纳西南部塔夸地区恩苏塔(Nsuta)矿的锰矿物,命名为"Nsute-MnO_2",并提议γ-MnO_2只能表示人工合成产物。同时也注意到"Nsute-MnO_2"的d值的变化。1962年,兹维克尔等详细研究了加纳的锰矿物,确定了矿物的化学式,并根据产地和d值,分别命名为1.64Å型恩苏塔矿(Nsutite)和1.67Å型的锰恩苏塔矿(Mn-Nsutite)[见1962年《美国矿物学家》(47)]。1959年以前发现、描述并命名的"祖父级"矿物,IMA承认有效。IMA 1967s. p.批准。20世纪70年代我国南方虽有发现,但未见报道。1987年,吉林省地质科学研究所赵良超、胡雅安在《吉林地质》(1)报道了在吉林发现的恩苏塔矿属1.64Å(1Å=0.1nm)型。同义词Yokosukaite,以日本横须贺(Yokosuka)命名,中文名称译为横须贺石。因晶体为六方晶系又称六方锰矿。

蒽 [ēn]形声;从艹,恩声。是一种有机化合物。

【蒽醌】

英文名 Hoelite

化学式 $C_{14}H_8O_2$ (IMA)

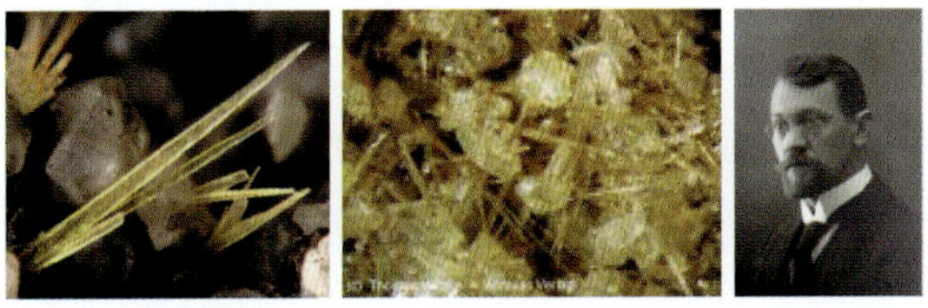

蒽醌针状晶体(块状者自然硫,德国)和赫尔像

蒽醌是一种非常罕见的碳氢环状有机化合物矿物。单斜晶系。晶体呈柱状、针状;集合体呈束状、放射状。无色、淡黄色、黄绿色,玻璃光泽,半透明;完全解理;低毒。1922年发现于挪威斯匹次卑尔根岛金字塔(Pyramiden)煤矿,它在煤燃烧环境下形成于洞壁上;后发现也存在于何首乌、香料、烟叶、烟气中。1922年I.奥夫特达尔(I. Oftedal)在《挪威国家赞助的斯匹次卑尔根探险报告》(*Resultater av de Norske Statsunderstettede Spitsbergenek Speditioner*)[1(3)]和1923年《矿物》(2)报道。英文名称Hoelite,以挪威地质学家阿道夫·赫尔(Adolf Hoel,1879—1964)的姓氏命名。他是远征斯匹次卑尔根群岛的领袖并发现了该矿物。1959年以前发现、描述并命名的"祖父级"矿物,IMA承认有效。矿物的化学式是$C_{14}H_8O_2$,有机药剂名称Anthraquinone-9,

10,音译为安特拉归农综合体,学名蒽醌,别名 9,10-蒽二醌、烟华石、烟晶石。烟华石、烟晶石均因为是在煤烟、烟叶等燃烧中形成的(升华或结晶)而得名。英文名称 Anthraquinone(蒽醌)则是蒽(Anthracene,俗称"绿油脑",是一种稠环芳香烃)和醌(Quinone,一类含有两个双键的六元环状二酮结构的有机化合物)二名法命名。蒽醌的另一个英文名称 Morkit,可能源自伊朗的一个村庄莫尔克特(Morkit)。

鲕 [ér]形声;从鱼,而声。《说文》鲕:鱼子也。用于描述矿物集合体形态。

【鲕绿泥石】

英文名 Chamosite

化学式 $(Fe^{2+},Mg,Al,Fe^{3+})_6(Si,Al)_4O_{10}(OH,O)_8$ (IMA)

鲕绿泥石鳞片状晶体,鲕状集合体(挪威、波兰)

鲕绿泥石是一种含羟基和氧的铁、镁、铝的铝硅酸盐矿物,是二价铁占优势的斜绿泥石,与它形成固溶体系列。属绿泥石族。单斜晶系。晶体呈假六方片状、鳞片状、细粒状、纤维状;集合体常呈放射状、鲕状以及致密块状。深灰色、黄绿色、绿色—棕色,珍珠光泽,半透明—不透明;硬度 3,完全解理。1820 年发现于瑞士瓦莱(Valais)州沙莫松(Chamoson)镇附近的豪特德克里(Haut de Cry)山,是典型的海相化学沉积物,形成于浅海地区;同年,在《矿山年鉴》(5)报道。1820 年,由皮埃尔·贝尔蒂尔(Pierre Berthier)根据其发现地瑞士瓦莱(Valais)州沙莫松(Chamoson)镇命名,它是 1814 年建成的瑞士阿尔卑斯山区的一个小镇。1949 年 G. W. 布林德利(G. W. Brindley)在《自然》(164)和 1951 年《矿物学杂志》(29)报道。1959 年以前发现、描述并命名的"祖父级"矿物,IMA 承认有效。中文名称根据矿物的形态和族名译为鲕绿泥石。

【鲕状赤铁矿】参见【赤铁矿】条 91 页

铒 [ěr]形声;从钅,从耳,耳声。一种金属元素。[英] Erbium。元素符号 Er。原子序数 68。1843 年瑞典科学家 C·G·莫桑德尔(C. G. Mosander)用分级沉淀法从钇土中发现铒的氧化物,1860 年正式命名。元素名来源于钇土的发现地——瑞典斯德哥尔摩附近的小镇乙特比(Ytterby)。铒在地壳中的含量为 0.000 247%,存在于许多稀土矿中。

二 [èr]会意。古文字二用两横画表示。①用于中国地名。②数目字,用于描述矿物中某成分的数量,如二水、二硅等。

【二硅铁矿】参见【林芝矿】条 453 页

【二连石】

汉拼名 Erlianite

化学式 $Fe_4^{2+}Fe_2^{3+}Si_6O_{15}(OH)_8$ (IMA)

二连石是一种含羟基、氧的铁的硅酸盐矿物。斜方晶系。晶体呈纤维状、鳞片状、板柱状。黑色,条痕呈淡褐灰色,丝绢光泽,几乎不透明;硬度 3.5,完全解理。20 世纪初,中国内蒙古自治区地质实验测试中心、地质矿产部地球物理探矿研究所的科学工作者冯显灿、杨瑞迎、宋桂森、李成贵、刘国均,在中国内蒙古自治区二连浩特祖都尔庙式铁矿哈尔哈达(Harhada)矿区铁矿层的破碎带中发现的一种新矿物。矿物名称以发现地中国的二连浩特简称(Erlian)命名为二连石。IMA 1985-042 批准。1986 年冯显灿等在《矿物学报》[6(4)]、《矿物学杂志》(50)和 1987 年《美国矿物学家》(72)报道。

二连石纤维状晶体(中国)

【二磷铵石】

英文名 Biphosphammite

化学式 $(NH_4)H_2(PO_4)$ (IMA)

二磷铵石是一种铵、钾的氢磷酸盐矿物。四方晶系。晶体呈细粒状;集合体常呈土状、皮壳状。无色、白色、淡黄色—深褐色,玻璃光泽、蜡状光泽、土状光泽,半透明—透明;硬度 1~2,脆性。1870 年发现于澳大利亚西澳大利亚州邓达斯区科克尔比迪的默拉(Murra)洞穴鸟粪;同年,在 *The Rural Carolinian*(1)报道。英文名称 Biphosphammite,由查尔斯·谢泼德(Charles Upham Shepard)以化学成分含"Phosphate(磷酸盐)"和"Ammonium(铵)"前加"Bi"组合命名;意指它由两种成分组成。又见于 1973 年在《晶体学报》(B29)报道。1959 年以前发现、描述并命名的"祖父级"矿物,IMA 承认有效。中文名称根据成分译为二磷铵石或磷铵石。

二磷铵石细粒状晶体,皮壳状集合体(澳大利亚)

【二硫达硫锑铅矿*】

英文名 Disulfodadsonite

化学式 $Pb_{11}Sb_{13}S_{30}(S_2)_{0.5}$ (IMA)

二硫达硫锑铅矿*是一种含二硫的铅、锑的硫化物矿物。三斜晶系。晶体呈针状,长达 3~4mm,宽几微米。黑色,金属光泽,不透明;脆性。2011 年发现于意大利卢卡省滨海阿尔卑斯山脉塞拉吉奥拉(Ceragiola)采石场。英文名称 Disulfodadsonite,由成分冠词"Disulfo(二硫)"和根词"Ddadsonite(达硫锑铅矿)"组合命名,意指它是无氯的二硫$(S_2)^{2-}$的达硫锑铅矿的类似矿物(根词参见【达硫锑铅矿】条 103 页)。IMA 2011-076 批准。2012 年 P. 奥兰迪(P. Orlandi)等在《CNMNC 通讯》(12)、《矿物学杂志》(76)和 2014 年《欧洲矿物学杂志》(25)报道。目前尚未见官方中文译名,编译者建议根据成分及与达硫锑铅矿的关系译为二硫达硫锑铅矿*。

【二硫镍矿】参见【方硫镍矿】条 155 页

【二铝铜矿】

英文名 Khatyrkite

化学式 $CuAl_2$ (IMA)

二铝铜矿是一种铜和铝的化合物矿物。四方晶系。晶体呈柱状,长 400μm,呈菱形细小粒状。钢灰黄色,金属光泽,不透明;硬度 5.5。1983 年发现于俄罗斯科里亚克自治区伊莫拉特瓦姆(Iomrautvaam)地块切特金瓦亚姆(Chetkinvaiam)构造混杂岩李斯特维尼托维(Listvenitovyi)流域哈泰尔卡(Khatyrka)陨石。英文名称 Khatyrkite,以发现地俄罗斯的哈泰尔卡(Khatyrka)河命名。IMA 1983－085 批准。1985 年 L. V. 拉津(L. V. Razin)在《全苏矿物学会记事》(114)和 1986 年《美国矿物学家》(71)报道。1986 年中国新矿物与矿物命名委员会郭宗山等在《岩石矿物学杂志》[5(4)]根据成分译为二铝铜矿,也有的译为铝锌铜矿。2009 年 7 月 15 日,据美国《科学》杂志在线新闻报道,科学家在二铝铜矿(Khatyrkite)中找到了准晶结构。这一发现也使得准晶被划入了一种真实存在的矿物质。IMA 2010－042 批准了世界上第一个天然准晶矿物(参见【正二十面体矿*】条 1113 页)。

【二水钒石】

英文名 Lenoblite

化学式 $V_2^{4+}O_4 \cdot 2H_2O$　　(IMA)

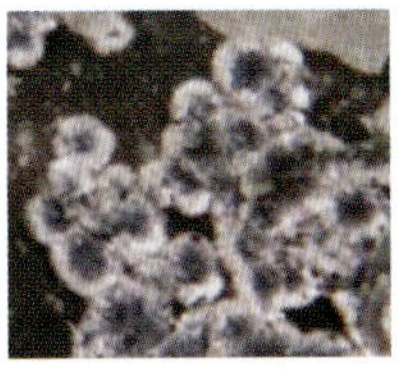

二水钒石纤维状晶体,放射状集合体(意大利)

二水钒石是一种含两个结晶水的钒的氧化物矿物。斜方晶系。晶体呈纤维状;集合体呈放射状、土状。天蓝色、绿蓝色。1970 年发现于加蓬上奥果韦省弗朗斯维尔山城穆纳纳(Mounana)矿。英文名称 Lenoblite,以法国矿物学家、地质学家安德烈·勒诺贝勒(André Lenoble,?—1968)的姓氏命名。他是法国原子能委员会矿物学实验室前负责人和勘探局局长。IMA 1970－002 批准。1970 年 F. 塞斯布龙(F. Cesbron)等在《法国矿物学会通报》(93)和 1971 年《美国矿物学家》(56)报道。中文名称根据成分译为二水钒石。

【二水蓝铜矾】参见【斜蓝铜矾】条 1031 页

【二水石膏】参见【石膏】条 803 页

【二水泻盐】

英文名 Sanderite

化学式 $Mg(SO_4) \cdot 2H_2O$　　(IMA)

二水泻盐是一种含两个结晶水的镁的硫酸盐矿物。斜方晶系。晶体呈纤维状、针状、发状;集合体呈皮壳状、花状。白色,玻璃光泽,透明;硬度 2,完全解理。1952 年发现于德国下萨克森州策勒县;同年,在《矿物学新年鉴》(月刊)报道。英文名称 Sanderite,1952 年由沃尔德马·贝尔德斯克(Waldemar Berdesinki)为纪念奥地利中央阿尔卑斯地质构造岩石学家、奥地利维也纳奥地利地质研究所矿物学教授赫尔曼·马克斯·布鲁诺·桑德尔(Hermann Max Bruno Sander,1884—1979)而以他的姓氏命名。1959 年以前发现、描述并命名的"祖父级"矿物,IMA 承认有效;但有存疑。中文名称根据成分译为二水泻盐。

桑德尔像

【二水重碳镁石】

英文名 Dashkovaite

化学式 $Mg(HCOO)_2 \cdot 2H_2O$　　(IMA)

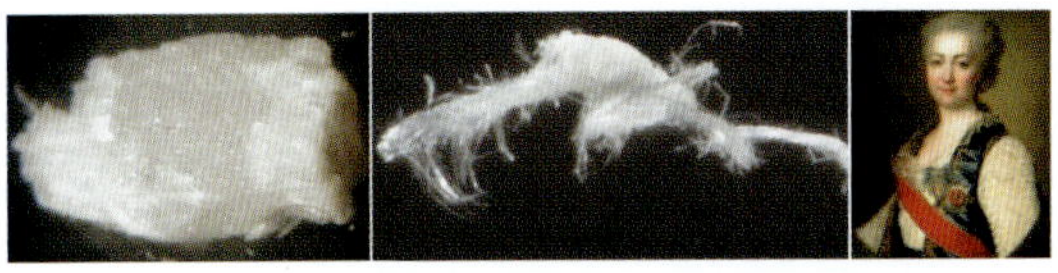

二水重碳镁石石棉状、多孔块状集合体(俄罗斯)和达什科娃像

二水重碳镁石是一种含两个结晶水的镁的二甲酸盐矿物。单斜晶系。晶体呈纤维状;集合体呈石棉状、多孔块状。白色,玻璃光泽,透明—半透明;硬度 1。2000 年发现于俄罗斯伊尔库茨克州科尔什诺夫斯基(Korshunovskoye)铁矿床。英文名称 Dashkovaite,以俄罗斯彼得堡科学院前主任和俄罗斯科学院前院长叶卡捷琳娜·罗马诺夫娜·沃罗佐佐娃-达什科娃(Yekaterina Romanovna Vorontsova-Dashkova,1744—1796)的姓氏命名。IMA 2000－006 批准。2000 年 N. V. 丘卡诺夫(N. V. Chukanov)等在《俄罗斯矿物学会记事》[129(6)]和 2001 年《美国矿物学家》(86)报道。2003 年中国地质科学院矿产资源研究所李锦平等在《岩石矿物学杂志》[22(1)]根据成分译为二水重碳镁石。

Ff

发 [fā]形声。本义：放箭。《说文》發，射发也。如发光。

【发光沸石】参见【丝光沸石】条 885 页

法 [fǎ]"灋"古字的简化字。会意；从"水"，表示法律、法度公平如水；从"廌"(zhì)，即解廌，神话传说中的一种神兽，据说，它能辨别曲直，在审理案件时，它能用角去触理曲的人。基本义：刑法；法律；法度。[英]音，用于外国人名、地名。

【法布里石*】

英文名 Fabrièsite

化学式 $Na_3Al_3Si_3O_{12}\cdot 2H_2O$ (IMA)

法布里石*是一种含结晶水的钠的铝硅酸盐矿物。斜方晶系。晶体呈翡翠的骨骼状之假象，高 15～20μm，宽 5～10μm，少有呈假柱状。白色—淡黄色，半玻璃光泽、油脂光泽，透明—半透明；硬度 5～5.5，脆性。2012 年发现于缅甸克钦邦莫宁镇道茂(Tawmaw)。英文名称 Fabrièsite，2012 年克里斯蒂亚诺·费拉里斯(Cristiano Ferraris)等为纪念法国巴黎国家自然历史博物馆的雅克·法布里(Jacques Fabriès，1932—2000)教授而以他的姓氏命名。IMA 2012－080 批准。2013 年克里斯蒂亚诺·费拉里斯(Cristiano Ferraris)等在《CNMNC 通讯》(15)、《矿物学杂志》(77)和 2014 年《欧洲矿物学杂志》(26)报道。目前尚未见官方中文译名，编译者建议音译为法布里石*。

【法尔斯特石*】

英文名 Falsterite

化学式 $Ca_2MgMn^{2+}_2Fe^{2+}_2Fe^{3+}_2Zn_4(PO_4)_8(OH)_4(H_2O)_{14}$ (IMA)

法尔斯特石*半自形薄板状晶体(美国)

法尔斯特石*是一种含结晶水和羟基的钙、镁、锰、二价铁、三价铁、锌的磷酸盐矿物。单斜晶系。晶体呈半自形薄板和矩形板条状，长可达 0.7mm，片状双晶常见。蓝绿色，玻璃光泽，透明；硬度 2，完全解理。2011 年发现于美国新罕布什尔州格拉夫顿县巴勒莫(Palermo)1 号矿。英文名称 Falsterite，2012 年 A. R. 坎普夫(A. R. Kampf)等以路易斯安那新奥尔良大学花岗伟晶岩分析技术人员和专家亚历山大·U. 法尔斯特(Alexander U. Falster，1952—)的姓氏命名。IMA 2011－061 批准。2012 年坎普夫等在《美国矿物学家》(97)报道。目前尚未见官方中文译名，编译者建议音译为法尔斯特石*。

【法夫罗石*】

英文名 Favreauite

化学式 $PbBiCu_6O_4(SeO_3)_4(OH)\cdot H_2O$ (IMA)

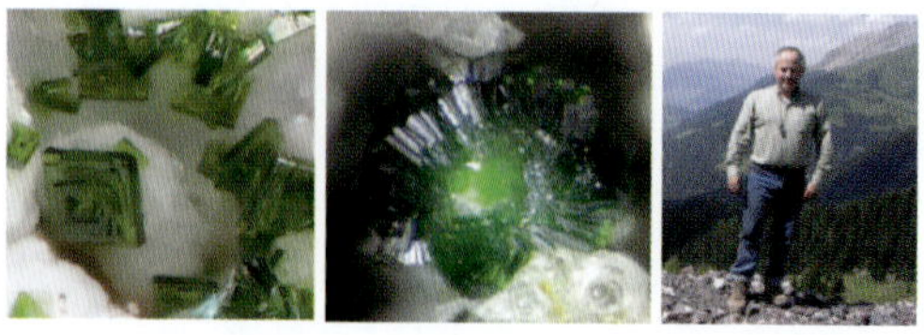

法夫罗石*板状晶体，晶簇状集合体(玻利维亚)和法夫罗像

法夫罗石*是一种含结晶水和羟基的铅、铋、铜氧的亚硒酸盐矿物。四方晶系。晶体呈板状；集合体呈放射状、晶簇状。绿色，半金刚光泽、玻璃光泽，透明；硬度 3，完全解理，脆性。2014 年发现于玻利维亚安东尼奥-吉亚罗省埃尔龙(El Dragón)矿。英文名称 Favreauite，以法国矿物学家和专业工程师乔治斯·法夫罗(Georges Favreau)的姓氏命名，以表彰他在稀有矿物和法国矿物收藏方面的工作。他曾担任弗朗索瓦德米罗林爱乐协会主席(1993—2007)，是该矿物的发现者之一。IMA 2014－013 批准。2014 年 S. J. 米尔斯(S. J. Mills)等在《CNMNC 通讯》(20)、《矿物学杂志》(78)和《欧洲矿物学杂志》(26)报道。目前尚未见官方中文译名，编译者建议音译为法夫罗石*。日文名称ファヴロウ石，汉译法瓦罗石。

【法灵顿石】参见【磷镁石】条 470 页

【法洛塔石*】

英文名 Falottaite

化学式 $MnC_2O_4\cdot 3H_2O$ (IMA)

法洛塔石*是一种含结晶水的锰的草酸盐矿物。斜方晶系。无色，透明，因脱水而变白色，呈不透明状。2013 年发现于瑞士格劳宾登州阿尔布拉河谷上哈尔布施泰因河谷法洛塔(Falotta)。英文名称 Falottaite，以发现地瑞士的法洛塔(Falotta)命名。IMA 2013－044 批准。2013 年 S. 格雷泽尔(S. Graeser)等在《CNMNC 通讯》(17)、《矿物学杂志》(77)和 2016 年 *Schweizer Strahler*(3)报道。目前尚未见官方中文译名，编译者建议音译为法洛塔石*。

【法马丁矿】参见【块硫锑铜矿】条 418 页

【法那西石】

英文名 Farneseite

化学式 $Na_{46}Ca_{10}(Si_{42}Al_{42}O_{168})(SO_4)_{12}\cdot 6H_2O$ (IMA)

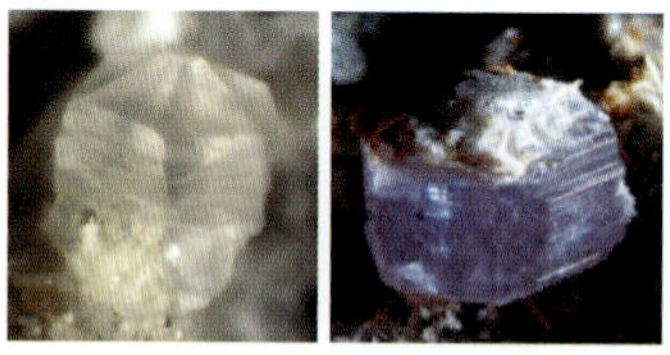

法那西石锥柱状晶体(意大利)

法那西石是一种含结晶水的钠、钙的硫酸-铝硅酸盐矿物。属钙霞石族。六方晶系。晶体呈带锥的柱状，柱面有横纹。无色，玻璃光泽，透明；脆性。2004 年发现于意大利维泰博省拉特拉(Làtera)火山法尔内塞(Farnese)福索拉诺瓦(Fosso La Nova)。英文名称 Farneseite，以发现地意大利的法尔内塞(Farnese)命名。IMA 2004－043 批准。2005 年 F. 卡马拉(F. Cámara)等在《欧洲矿物学杂志》(17)报道。2008 年中国地质科学院地质研究所任玉峰等在《岩石矿物学杂志》[27(6)]将其音译为法那西石。

【法硼钙石】

英文名 Fabianite

化学式 $CaB_3O_5(OH)$ (IMA)

法硼钙石是一种含羟基的钙的硼酸盐矿物。单斜晶系。晶体呈柱状，粒径 0.3～25mm。无色，透明—半透明，玻璃光泽；硬度 6。1962 年发现于德国下萨克森州迪普霍尔茨的雷登(Rehden)。1962 年 H. 盖尔特纳(H. Gaertner)等在《自然科学》(49)和《钾盐和岩盐》(3)报道。英文名称 Fabianite，以德国地质学家汉斯-乔基姆·法宾(Hans-Joachim Fabian)的姓氏命名。IMA 1967s. p. 批准。中文名称根据英文名称首音节音加成分译为法硼钙石或法氏硼钙石。

【法西纳石*】

英文名 Fassinaite

化学式 $Pb_2(CO_3)(S_2O_3)$ (IMA)

法西纳石* 柱状晶体，晶簇状、放射状集合体(意大利、奥地利)

法西纳石* 是一种含硫代硫酸根的铅的碳酸盐矿物。斜方晶系。晶体呈柱状、针状；集合体呈晶簇状、放射状。无色、白色，金刚光泽，透明—半透明；硬度1.5～2，脆性。2009 年发现于意大利维琴察省托雷贝尔维奇诺市特伦蒂尼(Trentini)矿。2010 年 U. 科利奇(U. Kolitsch)在 IMA 第二十届大会(布达佩斯，匈牙利，8 月 21—27 日)《CD 光盘摘要》报告第一个自然产生的硫代硫酸盐矿物。英文名称 Fassinaite，以意大利矿物收藏家布鲁诺·法西纳(Bruno Fassina，1943—)的姓氏命名，是他于 2009 年在特伦蒂尼矿发现的矿物。IMA 2011-048 批准。2011 年 L. 宾迪(L. Bindi)等在《CNMNC 通讯》(10)和《矿物学杂志》(75)报道。目前尚未见官方中文译名，编译者建议音译为法西纳石*。

凡

[fán]象形；金文字形，像造器之模范形。①本义：铸造器物的模子。②引申义：凡是，表示概括；普通，平常。③[英]音，用于外国人名。

【凡尔纳石*】

英文名 Verneite

化学式 $Na_2Ca_3Al_2F_{14}$ (IMA)

凡尔纳石* 立方体晶体(意大利)和凡尔纳像

凡尔纳石* 是一种钠、钙、铝的氟化物矿物。等轴晶系。晶体呈立方体，粒径 20μm；集合体呈皮壳状。无色、浅黄色—棕色，透明。2016 年发现于冰岛南部赫克拉(Hekla)火山、冰岛韦斯特曼纳群岛赫马岛埃尔德菲尔(Eldfell)和意大利那不勒斯省维苏威(Vesuvius)火山。英文名称 Verneite，为纪念法国科幻小说作家儒勒·凡尔纳(Jules Verne，1828—1905)而以他的姓氏命名。凡尔纳出版了几部科幻小说，其中包括 1864 年出版的《地球之旅》，其中的人物进入冰岛(Snæfellsjökull)火山，试图寻找走向地球中心的通道。IMA 2016-112 批准。2017 年 T. 贝莱康·祖尼康(T. Balić Žunić)等在《CNMNC 通讯》(36)、《矿物学杂志》(81)和 2018 年《矿物》(8)报道。目前尚未见官方中文译名，编译者建议音译为凡尔纳石*。

矾

[fán]繁体字礬的简化字。形声；从石，凡声。各种金属(如铝、铜、铁、锌、镁等)的硫酸盐，尤指具有玻璃光泽的硫酸盐的水合物。

【矾石】

英文名 Aluminite

化学式 $Al_2(SO_4)(OH)_4 \cdot 7H_2O$ (IMA)

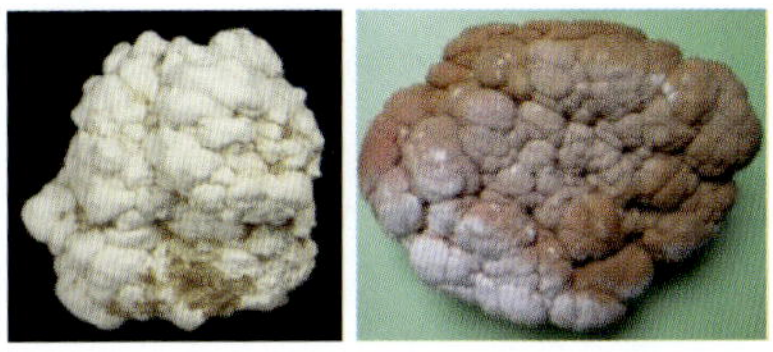

矾石结核状、肾状、球状集合体(英国、匈牙利)

矾石是一种含结晶水、羟基的铝的硫酸盐矿物。属矾石族。单斜(或假斜方)晶系。晶体呈纤维状、针状；集合体呈土状或结核状、葡萄状、肾状、球状、细脉状。白色、灰白色、黄色，土状光泽，半透明—不透明；硬度 1～2，脆弱。中国先民早在古代就已认识和利用矾石了。古籍中有涅石、羽涅、羽泽等，还有煅枯者名巴石，轻白者名柳絮矾。中国先秦古籍《山海经》：女牀山，其阴多涅石。郭璞注：礬石也。楚人名涅石，秦人名羽涅。《韵会》一名羽泽，有青、白、黄、黑、绛五种。秦汉古籍《神农本草经》矾石一名羽涅，《尔雅》又名涅石。许慎《说文》释涅字，谓黑土在水中，当系染黑之色。古人将皂矾、白矾等皆混称为矾石。

关于"礬石"名称的来历。许慎《说文》没有"礬"字。在 1972 年武威旱滩坡出土的汉代医药简牍中，此字写作"樊"。唐代龙门药方洞石刻药方也写作"樊"，此药方因与北齐师道兴造像镌刻在一起，所以前人一直认为是北齐之字。今宋刻本《玉篇》石部有"礬"字，但不敢保证这是梁代顾野王编书时的原状，还是后世增修时所添补。宋代字书《广韵》和《集韵》皆有"礬"字，宋刻文献多数也使用此字。令人感到兴趣的是，在日本著的古医书《本草和名》《医心方》中，"礬(樊)石"皆写作"焚石"。日本写本《新修本草·卷四》石流黄条中两处写作"焚石"。其实，写作"焚石"可能更符合此物得名的本源。礬石乃是烧石而成，《本草图经》说："初生皆石也，采得碎之，煎炼乃成礬。"《本草纲目》解释更清楚："礬者燔也，燔石而成也。"日文中的"焚石"和《本草纲目》中的"燔石"都有一个"火"字，这可能反映出古代人制取"礬石"的方法：采石碎之，溶于水煎炼乃成礬；或将含礬的水溶液，泼洒在用草和木扎成的"樊篱(篱笆)"上，水自然蒸发"礬"结晶在篱笆上，然后焚烧篱笆制得"礬石"。晚近"礬"简化为"矾"。"礬"字又与"礜"字形近，在文献中经常混淆。"礬"与"礜"是完全不同的矿物，不可混淆(参见【毒砂】条 133 页)。

在西方，最早见于 1780 年 A. G. 维尔纳(A. G. Werner)在莱比锡《克朗斯塔特的初步矿物学、翻译和传播》(第一卷，第一部分)记载，称 Reine Thonerde。1805 年 C. C. 哈伯勒(C. C. Haberle)在魏玛弗洛兹-特拉普山《对矿物学研究概论的贡献》(*Beiträge zu einer allgemeinen Einleitung in das Studium der Mineralogie*)(贝尔拉赫德斯兰德斯工业商行版)刊载。1807 年哈伯勒第一次描述了发现于德国萨克森-

F

安哈尔特州哈雷(Hall)地方的矾石并命名为 Aluminit。英文名称 Aluminite,是哈伯勒根据化学成分“Aluminium(铝)”的含量命名的。1959 年以前发现、描述并命名的“祖父级”矿物,IMA 承认有效。它也曾被称为巷道里的石头“Alley stone”、“Hallite 和 Websterite”。其中 Hallite,以发现地命名为哈雷盐;Websterite,以奥克尼人的地质学家托马斯·韦伯斯特(Thomas Webster)的姓氏命名。

钒 [fán]形声;从钅,凡声。一种金属元素。[英]Vanadium。元素符号 V。原子序数 23。元素周期表中属 VB 族。关于钒的发现,贝采里乌斯在 1831 年 1 月 22 日写给维勒的信中,有一段生动的叙述:“在古代遥远的北方,住着一位美丽而可爱的女神尼娜迪丝(Vanadis)。一天,有一个人来敲她的门,女神仍在舒服地坐着,并且在想,让他再敲一下吧!但是她再也听不到敲门声,敲门的人走下台阶去了。女神好奇地打开窗子看了看,是谁如此满不在乎。她看到了走去的那个人,啊!原来是维勒这个家伙。好吧!让他空跑一趟吧!。几天以后,又有一个人来敲门。但是这一次他敲个不停,女神最后起身去开门了。塞夫斯唐姆走进来,钒被发现了。”维勒是 19 世纪德国化学家,是贝采里乌斯的好友,在 1831 年前曾经研究过墨西哥奇马潘(Zimapan)地方出产的褐铅矿,认为可能有某一新金属存在,但是他把它搁置下来了。这就是贝采里乌斯在给维勒信中对他婉转的批评。这种褐铅矿,早在 1801 年墨西哥矿物学教授德尔·里奥(Del Rio)就曾研究过它,宣称其中含有一种新金属元素,并命名为 Erythronium,来自希腊文“Erythros(红色)”之意。可是,在 1805 年间,法国化学家科勒-德斯德士戈蒂认为不是一种新元素,只是铬的氧化物。到 1830 年,瑞典化学家纳利斯·加布里埃尔·塞夫斯唐姆(Nlis Gabriel Sepstron)在研究瑞典塔堡(Taberg)出产的铁矿时发现了一种新金属元素,并用瑞典所在的斯堪的纳维亚半岛上传说的女神尼娜迪丝(Vanadis)命名它为 Vanadium(钒)。钒是地球上广泛分布的微量元素,其含量约占地壳构成的 0.02%。主要矿物有钒的氧化物、钒酸盐矿物等。

【钒钡铜矿】

英文名 Vésigniéite

化学式 $Cu_3Ba(VO_4)_2(OH)_2$　　(IMA)

钒钡铜矿片状晶体(刚果)和维斯格涅像

钒钡铜矿是一种含羟基的铜、钡的钒酸盐矿物。单斜晶系。晶体呈小假六方片状,有聚片双晶;集合体葡萄状、粉末状。黄色、黄绿色、深绿色、橄榄绿色—黑绿色,玻璃光泽,半透明;硬度 3.5~4,完全解理。1955 年发现于德国图林根州图林根林山。1955 年,C. 吉耶曼(C. Guillemin)在巴黎《法国科学院会议周报》(240)和《美国矿物学家》(40)报道。英文名称 Vésigniéite,以路易·维斯格涅(Louis Vésignié,1870—1954)上校的姓氏命名。他是一位矿物收藏家,法国矿物学协会主席。1959 年以前发现、描述并命名的“祖父级”矿物,IMA 承认有效。中文名称根据成分译为钒钡铜矿;根据颜色和成分译为青钒钡铜矿。

【钒钡铀矿】

英文名 Francevillite

化学式 $Ba(UO_2)_2(VO_4)_2 \cdot 5H_2O$　　(IMA)

钒钡铀矿板状晶体,晶簇状、球粒状集合体(加蓬)

钒钡铀矿是一种含结晶水的钡的铀酰-钒酸盐矿物。属钒钡铀矿族。与钒铅铀矿(Curienite)形成类质同象系列。斜方晶系。晶体呈板状;集合体呈晶簇状、球粒状。硬度 3。1957 年发现于加蓬上奥果韦省弗朗斯维尔(Franceville)穆纳纳(Mounana)矿。英文名称 Francevillite,1957 年由 G. 布兰切(G. Branche)等根据发现地加蓬的弗朗斯维尔(Franceville)命名。1957 年布兰切等在《法国科学院会议周报》(245)报道。1959 年之前发现、描述并命名的“祖父级”矿物,IMA 承认有效。中文名称根据成分译为钒钡铀矿;因铅可替代部分钡,故有的也译作钒铀钡铅矿。

【钒铋矿】

英文名 Pucherite

化学式 $Bi(VO_4)$　　(IMA)

钒铋矿板状、粒状晶体(德国)

钒铋矿是自然界中罕见的一种铋的钒酸盐矿物,与 Dreyerite(德钒铋矿)和 Clinobisvanite(斜钒铋矿)为同质多象。斜方晶系。晶体呈板状、粒状、针状;集合体呈泥土状。红褐色、暗红棕色、黄绿色、橙色、黄棕色,玻璃光泽、金刚光泽,透明—不透明;硬度 4,完全解理,脆性。1871 年发现于德国萨克森州厄尔士山脉施内贝格市沃尔夫冈镇普切尔(Pucher)矿井。1871 年 A. 弗伦泽尔(A. Frenzel)在《实用化学杂志》(4)和《实用化学杂志》(117)报道。英文名称 Pucherite,以德国的普切尔(Pucher)矿井命名,第一个标本被发现在这里。1959 年以前发现、描述并命名的“祖父级”矿物,IMA 承认有效。中文名称根据成分译为钒铋矿。

【钒铋石】

英文名 Schumacherite

化学式 $Bi_3O(VO_4)_2(OH)$　　(IMA)

钒铋石球粒状集合体(德国、澳大利亚)和舒马赫像

钒铋石是一种含羟基的铋氧的钒酸盐矿物。属皮砷铋

石(Preisingerite)族。三斜晶系。晶体呈纤维状;集合体呈球粒状。黄色—黄棕色,金刚光泽;硬度 3。1982 年发现于德国萨克森州厄尔士山脉施内贝格(Schneeberg)市沃尔夫冈镇普切尔(Pucher)矿井。英文名称 Schumacherite,以德国弗赖堡和波恩大学矿物学教授弗里德里希·舒马赫(Friedrich Schumacher,1884—1975)的姓氏命名。IMA 1982-023 批准。1983 年 K. 瓦林塔(K. Walenta)等在德国《契尔马克氏矿物学和岩石学通报》(31)和 1985 年邓恩等在《美国矿物学家》(70)报道。1985 年中国新矿物与矿物命名委员会郭宗山等在《岩石矿物及测试》[4(4)]根据成分译为钒铋石。

【钒磁铁矿】

英文名 Coulsonite

化学式 $Fe^{2+}V_2^{3+}O_4$ (IMA)

钒磁铁矿粒状晶体(美国)和库尔森像

钒磁铁矿是一种含钒的磁铁矿亚种。性质与磁铁矿相似。属尖晶石族。等轴晶系。黑色;硬度 4.5～5,有强磁性。最初的描述是 1936 年来自印度比哈尔邦的"Vanadomagnetite(钒磁铁矿)",1937 年邓恩(Dunn)在《印度地质调查局会议记录》(69)改名为 Coulsonite(这些标本含有 4.84%的钒)。1962 年又发现于美国内华达州丘吉尔县矿物盆地(Mineral Basin District)布埃纳维斯塔(Buena Vista)铁矿,被重新定义。英文名称 Coulsonite,以印度地质调查局的亚瑟·伦诺克斯·库尔森(Arthur Lennox Coulson,1898—1955)博士的姓氏命名。1959 年以前发现、描述并命名的"祖父级"矿物,IMA 承认有效。IMA 1962s. p. 批准。中文名称根据成分和磁性译为钒磁铁矿。

【钒电气石】

英文名 Oxy-vanadium-dravite

化学式 $NaV_3(V_4Mg_2)(Si_6O_{18})(BO_3)_3(OH)_3O$ (IMA)

钒电气石是一种含氧和羟基的钠、钒、镁的硼酸-硅酸盐矿物。属电气石族。三方晶系。晶体呈柱状。深绿黄棕色—黑色,树脂光泽;硬度 7～7.5,脆性。1999 年发现于俄罗斯伊尔库茨克州贝加尔湖区斯柳江卡(Slyudyanka)大理石采石场。英文名称 Oxy-vanadium-dravite,由成分冠词"Oxy(氧)""Vanadium(钒)"和根词"Dravite(镁电气石)"组合命名。首先命名为"Vanadiumdravite(钒镁电气石)。IMA 1999-050 批准。2001 年雷茨尼茨基(Retznitsky)等在《全苏矿物学会记事》[130(2)]报道。2007 年中国地质科学院地质研究所任玉峰在《岩石矿物学杂志》[26(3)]根据成分及与电气石的关系译为钒电气石。后来 IMA 11-E 提案重新定义为"Oxy-vanadium-dravite(氧钒镁电气石)"[2012 年《CNMNC 通讯》(13)和《矿物学杂志》(76)]。IMA 2012s. p. 批准。

【钒矾】

英文名 Minasragrite

化学式 $V^{4+}O(SO_4)\cdot 5H_2O$ (IMA)

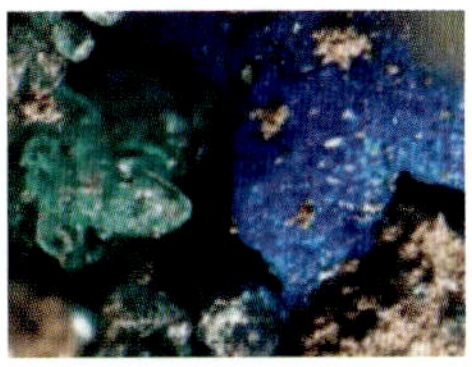

钒矾片状、粒状晶体(秘鲁)

钒矾是一种含结晶水的钒氧的硫酸盐矿物。属钒矾族。与三斜钒矾和斜方钒矾为同质多象。单斜晶系。晶体呈片状、纤维状、粒状;集合体呈球粒状、钟乳状、块状、粉末状等。蓝色,玻璃光泽;硬度 1～2,完全解理。1915 年发现于秘鲁帕斯科省塞罗德帕斯科市附近的米纳斯拉格拉(Minasragra)矿。1915 年夏勒(Schaller)博士在《华盛顿科学院杂志》(5)报道。英文名称 Minasragrite,以发现地秘鲁的米纳斯拉格拉(Minasragra)钒矿床命名。1959 年以前发现、描述并命名的"祖父级"矿物,IMA 承认有效。中文名称根据成分译为钒矾。

【钒钙锰石】

英文名 Palenzonaite

化学式 $(NaCa_2)Mn_2^{2+}(VO_4)_3$ (IMA)

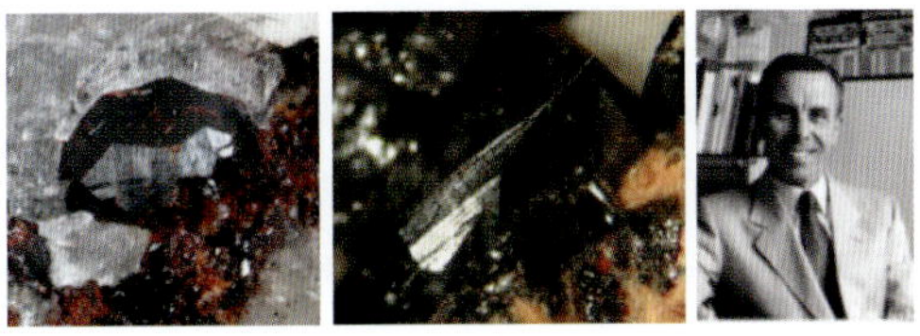

钒钙锰石粒状、板状晶体(意大利)和帕伦佐纳像

钒钙锰石是一种钠、钙、锰的钒酸盐矿物。属石榴石超族黄砷榴石族。等轴晶系。晶体呈粒状,偏方面体晶体少见,也有板状。深红色,金刚—半金刚光泽、油脂光泽,透明—半透明;硬度 5～5.5,脆性。1986 年发现于意大利热那亚省格雷格利亚(Graveglia)谷莫利内洛(Molinello)矿。1986 年 A. 帕伦佐纳(A. Palenzona)在《意大利矿物学杂志》(1)报道。英文名称 Palenzonaite,1987 年以热那亚大学化学和业余气象学家安德烈·帕伦佐纳(Andrea Palenzona,1935—)教授的姓氏命名,是他在 1986 年发现了该矿物。IMA 1986-011 批准。1987 年 R. 巴索(R. Basso)在《矿物学新年鉴》(月刊)和 1988 年《美国矿物学家》(73)报道。中文名称根据成分译为钒钙锰石;1988 年中国新矿物与矿物命名委员会郭宗山等在《岩石矿物学杂志》[7(3)]根据成分译为钒锰钙石。

【钒钙铜矿】

英文名 Tangeite

化学式 $CaCu(VO_4)(OH)$ (IMA)

钒钙铜矿片状晶体,放射状集合体(美国、俄罗斯)

钒钙铜矿是一种含羟基的钙、铜的钒酸盐矿物。属砷钙镁石-钒铅锌矿族。斜方晶系。晶体呈片状、板状、短柱状、鳞片状、纤维状;集合体呈玫瑰花状,致密块状、葡萄状、球状、土状、肾状。黄色、黄绿色、橄榄绿色—暗绿色,半玻璃光泽、树脂光泽和珍珠光泽,透明—半透明;硬度 3.5,完全解理,脆性。最早见于 1848 年克雷德纳(Credner)在莱比锡

《哈雷物理学年鉴》(74)报道，称 Kalkvolborthit(＝Calciovolborthite，钙钒铜矿)。1925 年发现于吉尔吉斯斯坦奥什州阿莱山脉费尔干纳盆地坦格(Tange)峡谷铜-钒-铀矿床。英文名称 Tangeite，由发现者亚历山大·叶夫根尼耶维奇·费尔斯曼(Aleksandr Evgenievich Fersman)根据发现地吉尔吉斯斯坦的坦格(Tange)峡谷命名[1994 年 R. 巴索(R. Basso)等在《矿物学新年鉴》(月刊)用此名取代 Calciovolborthite(钙钒铜矿)名称]。1959 年以前发现、描述并命名的"祖父级"矿物，IMA 承认有效。中文名称根据成分译为钒钙铜矿或钒铜钙矿。

【钒钙铀矿】

英文名 Tyuyamunite

化学式 $Ca(UO_2)_2(VO_4)_2 \cdot 5\sim8H_2O$ (IMA)

钒钙铀矿片状晶体，叠层扇状集合体(美国)

钒钙铀矿是一种含结晶水的钙的铀酰-钒酸盐矿物。属钒钾铀矿族。斜方晶系。晶体呈板状、鳞片状；集合体呈扇形、放射状、致密状、薄膜状，亦呈晶簇状。淡黄色、柠檬黄色，黄绿色(暴露在阳光下)，树脂光泽、蜡状光泽、珍珠光泽、金刚光泽，半透明—不透明；硬度 1～2.5，完全解理，脆性，易碎；具放射性。1912 年由康斯坦丁·阿弗特诺莫维奇·涅纳德克维奇(Konstantin Avtonomovich Nenadkevich)发现于吉尔吉斯斯坦奥什州费尔干纳山谷图雅-穆云(Tyuya-Muyun)铜-钒-铀矿床，并在《圣彼得堡科学院通报》[(6)6]报道。英文名称 Tyuyamunite，根据发现地吉尔吉斯斯坦的图雅-穆云(Tyuya-Muyun)命名。1959 年以前发现、描述并命名的"祖父级"矿物，IMA 承认有效。中文名称根据成分译为钒钙铀矿或钙钒铀矿。

【钒硅铝锰石】

英文名 Ardennite-(V)

化学式 $Mn_4^{2+}Al_4(AlMg)(VO_4)(SiO_4)_2(Si_3O_{10})(OH)_6$ (IMA)

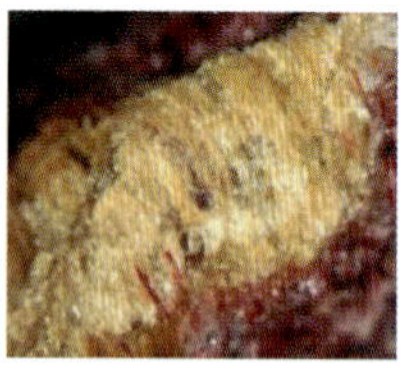

钒硅铝锰石纤维状晶体(意大利)

钒硅铝锰石是一种含羟基的锰、铝、镁的硅酸-钒酸盐矿物。属硅铝锰石族。斜方晶系。晶体呈针状、片状、纤维状。黄色，玻璃光泽，透明；硬度 6～7，脆性。2005 年发现于意大利都灵省卡纳韦塞区奥尔科(Orco)谷斯帕罗内(Sparone)。英文名称 Ardennite-(V)，由根词"Ardennite(硅铝锰石)"加占优势的钒后缀-(V)组合命名。IMA 2005－037 批准。2007 年 A. 巴雷西(A. Barresi)等在《欧洲矿物学杂志》(19)报道。2010 年中国地质科学院地质研究所尹淑苹等在《岩石矿物学杂志》[29(4)]根据成分译为钒硅铝锰石或硅铝锰矿-(钒)(参见【砷硅铝锰石】条 780 页)。

【钒辉石】

英文名 Burnettite

化学式 $CaVAlSiO_6$ (IMA)

钒辉石是一种钙、钒的铝硅酸盐耐火矿物。属辉石超族单斜辉石亚族透辉石成员。单斜晶系。纳米级颗粒。2013 年马驰(Ma Chi)团队发现于墨西哥奇瓦瓦州阿连德(Allende)碳质球粒陨石。英文名称 Burnettite，马驰以美国加州理工大学的宇宙化学家唐纳德·S. 伯内特(Donald S. Burnett)的姓氏命名。IMA 2013－054 批准。2013 年马驰在《CNMNC 通讯》(17)和《矿物学杂志》(77)报道。中文名称根据成分及族名译为钒辉石；编译者建议音译为伯内特石*。

【钒钾铀矿】

英文名 Carnotite

化学式 $K_2(UO_2)_2(VO_4)_2 \cdot 3H_2O$ (IMA)

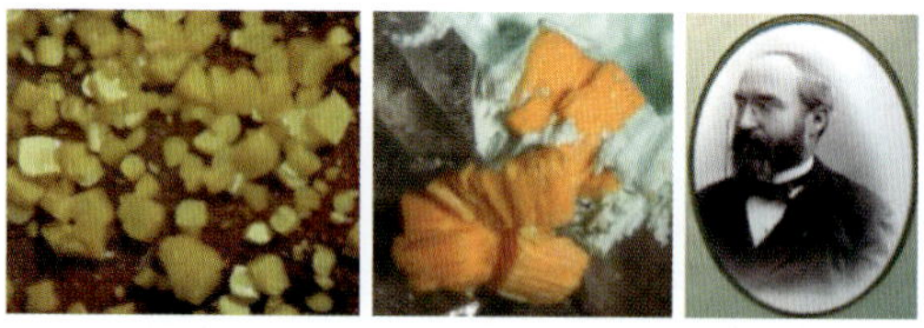

钒钾铀矿粒状晶体，叠层状集合体(美国、刚果)和卡尔诺特像

钒钾铀矿是一种含结晶水的钾的铀酰-钒酸盐矿物。属钒钾铀矿族。单斜晶系。晶体呈细小菱面体、粒状、片状或板状；集合体常呈叠层状。鲜黄色或淡黄绿色，玻璃光泽、土状光泽，大颗粒具珍珠光泽或丝绢光泽，半透明；硬度 2，完全解理；具强放射性。1899 年发现于美国科罗拉多州蒙特罗斯县尤拉文区拉贾(Rajah)矿；同年，在《法国矿物学会通报》(22)报道。英文名称 Carnotite，1899 年由查尔斯·弗里德尔(Charles Friedel)和爱德华·屈芒热(Édouard Cumenge)在巴黎《法国科学院会议周报》(128)为纪念玛丽-阿道夫·卡尔诺特(Marie-Adolphe Carnot，1839—1920)而以他的姓氏命名。卡尔诺特是法国采矿工程师和化学家、矿业学院的教授，后来任矿山总工程师和矿山监察长，退休后成为法国国立巴黎高等矿业学院的院长(1901—1907)。1959 年以前发现、描述并命名的"祖父级"矿物，IMA 承认有效。中文名称根据化学成分译为钒钾铀矿或钒酸钾铀矿。

【钒韭闪石*】

英文名 Vanadio-pargasite

化学式 $NaCa_2(Mg_4V)(Si_6Al_2)O_{22}(OH)_2$ (IMA)

钒韭闪石*是一种含羟基的钠、钙、镁、钒的铝硅酸盐矿物。属角闪石超族 W 位羟基、氟、氯主导的角闪石族钙角闪石亚族韭闪石根名族。单斜晶系。晶体呈半自形长柱状和短柱状，粒径(0.10～0.8)mm×(0.05～0.10)mm。亮绿色—翡翠绿色，玻璃光泽；硬度 6，完全解理。2017 年发现于俄罗斯伊尔库茨州贝加尔湖范围斯柳江卡(Slyudyanka)山口大理石采石场。英文名称 Vanadio-pargasite，由成分冠词"Vanadio(钒)"和根词"Pargasite(韭闪石)"组合命名。IMA 2017－019 批准。2017 年 L. Z. 勒泽尼特斯基(L. Z. Reznitsky)等在《CNMNC 通讯》(38)、《矿物学杂志》(81)和 2018 年《欧洲矿物学杂志》(30)报道。目前尚未见官方中文译名，编译者建议根据成分及与韭闪石的关系译为钒韭闪石*。

【钒镧矿】

英文名 Wakefieldite-(La)

化学式 $LaVO_4$ (IMA)

钒镧矿是一种镧的钒酸盐矿物。属磷钇矿族。四方晶系。晶体呈假八面体、柱状，长 0.5mm。浅粉色、褐色，金刚光泽，透明—半透明；硬度 4。1989 年首次发现并描述于德国图林根州腓特烈罗达区幸运之星（Glucksstern）矿。英文名称 Wakefieldite-(La)，由根词“Wakefieldite（钒钇矿）”，加占优势的稀土元素镧后缀-(La)组合命名。IMA 1989－035a 批准。2008 年 T. 维茨克（T. Witzke）等在《欧洲矿物学》(20)报道。2011 年中国地质科学院地质研究所任玉峰等在《岩石矿物学杂志》[30(2)]根据成分译为钒镧矿（参见【钒钇矿】条 152 页）。

钒镧矿假八面体、柱状晶体（德国）

【钒帘石】

英文名 Mukhinite

化学式 $Ca_2(Al_2V^{3+})[Si_2O_7][SiO_4]O(OH)$ (IMA)

钒帘石是一种绿帘石超族绿帘石族的含钒的物种。单斜晶系。晶体呈不规则的粒状和短柱状。带有棕色色调的黑色，玻璃光泽。半透明；硬度 8，完全解理，脆性。1968 年发现于俄罗斯科麦罗沃州戈尔纳亚-绍里亚山脉塔希尔加（Tashelga）河塔希尔金斯科耶（Tashelginskoye）铁－钴矿床。英文名称 Mukhinite，由 A. V. 舍佩尔（A. V. Shepel）等为纪念苏联地质学家阿列克谢·斯捷潘诺维奇·穆欣（Aleksei Stepanovich Mukhin，1910—1974）而以他的姓氏命名，以表彰他在戈尔纳亚-绍里亚铁矿的研究中做出了巨大的贡献，并首次发现该矿物。IMA 1968－035 批准。1969 年舍佩尔等在《苏联科学院报告》(185)报道。中文名称根据成分及与帘石的关系译为钒帘石，有的音加成分译为穆硅钒钙石。

穆欣像

【钒铝铁石】

英文名 Bokite

化学式 $(Al,Fe)_{1.3}(V^{5+},V^{4+},Fe^{3+})_8O_{20}\cdot 7.5H_2O$ (IMA)

钒铝铁石是一种含结晶水的铝、铁的钒酸盐矿物。属水钒钾石族。单斜晶系。晶体呈板状、柱状或楔形；集合体呈放射状、肾状、皮壳状、细脉状。黑色，半金属光泽，不透明；硬度 3，完全解理。1963 年发现于哈萨克斯坦南部地区卡拉套范围阿克苏姆的库鲁姆萨克（Kurumsak）和巴拉绍斯卡恩迪克（Balasauskandyk）钒矿床。英文名称 Bokite，以哈萨克斯坦地质学家，哈萨克斯坦阿拉木图地质科学研究所和斯维尔德洛夫斯克矿业学院（当时的哈萨克斯坦矿业和冶金学院）讲师伊万·伊万诺维奇·博卡/博克（Ivan Ivanovich Boka/Bok，1898—1983）的姓氏命名。1963 年 E. A. 安基诺维奇（E. A. Ankinovich）在《全苏矿物学会记事》(92)和弗莱舍在《美国矿物学家》(48)报道。IMA 1967s. p. 批准。中文名称根据成分译为钒铝铁石。

博克像

【钒铝铀矿】

英文名 Vanuralite

化学式 $Al(UO_2)_2(VO_4)_2(OH)\cdot 8.5H_2O$ (IMA)

钒铝铀矿是一种含结晶水、羟基的铝的铀酰-钒酸盐矿物。属钒钾铀矿族。单斜晶系。晶体呈假六方板状、板状；集合体呈晶簇状、粉末状、皮壳状。亮黄色、柠檬黄色，玻璃光泽，透明—半透明；硬度 2，完全解理。1963 年发现于加蓬上奥果韦省弗朗斯维尔山城穆纳纳（Mounana）矿山（莫安达矿井）。英文名称 Vanuralite，由化学成分“Vanadium（钒）”“Uranium（铀）”和“Aluminium（铝）”缩写组合命名。1963 年 G. 布兰切（G. Branche）等在法国《巴黎科学院会议周报》(256)和《美国矿物学家》(48)报道。IMA 1967s. p. 批准。中文名称根据成分译为钒铝铀矿/水钒铝铀矿。

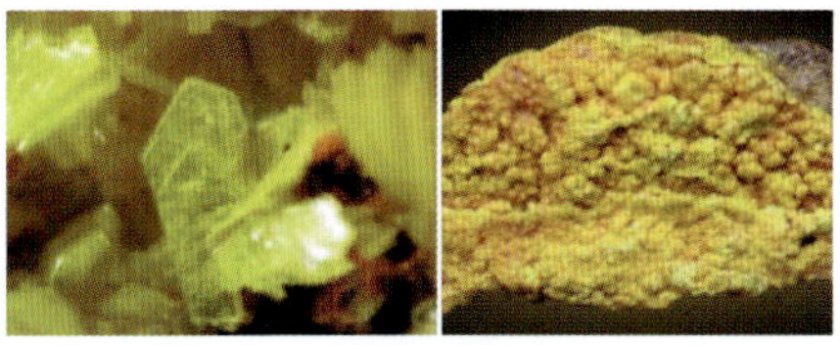

钒铝铀矿板状晶体，皮壳状集合体（加蓬）

【钒马来亚石】

英文名 Vanadomalayaite

化学式 $CaVO(SiO_4)$ (IMA)

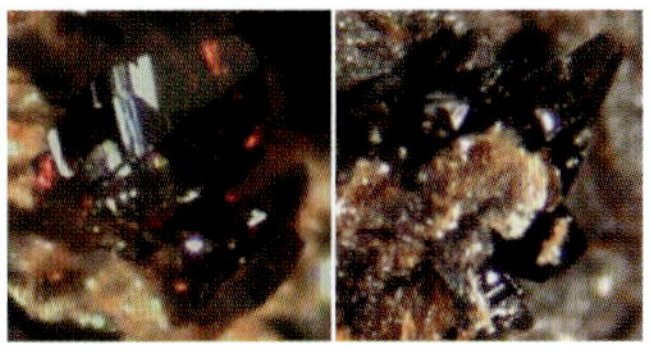

钒马来亚石柱状晶体，晶簇状集合体（意大利）

钒马来亚石是一种钙、钒氧的硅酸盐矿物。属榍石族。单斜晶系。晶体呈柱状；集合体呈晶簇状。深红色，金刚光泽，透明；硬度 6，完全解理，脆性。1993 年发现于意大利热那亚省格雷格利亚（Graveglia）谷瓦格洛格利亚（Valgraveglia）矿。英文名称 Vanadomalayaite，由成分冠词“Vanadium（钒）”和根词“Malayaite（马来亚石）”组合命名，意指是钒占优势的马来亚石类似矿物。IMA 1993－032 批准。1994 年在《矿物学新年鉴》（月刊）报道。1999 年中国新矿物与矿物命名委员会黄蕴慧等在《岩石矿物学杂志》[18(1)]根据成分及与马来亚石的关系译为钒马来亚石（根词参见【马来亚石】条 577 页）。

【钒锰铅矿】

英文名 Pyrobelonite

化学式 $PbMn^{2+}VO_4(OH)$ (IMA)

钒锰铅矿是一种含羟基的铅、锰的钒酸盐矿物。属砷钙镁石-钒铅锌矿族。斜方晶系。晶体呈针状、带锥的柱状；集合体呈晶簇状。红色、深红色，金刚—半金刚光泽，透明；硬度 3.5，脆性。1919 年发现于瑞典韦姆兰省德菲利普斯塔德市朗班（Långban）矿。英文名称 Pyrobelonite，1919 年由古斯塔夫·弗林克（Gustav Flink）在《斯德哥尔摩地质会学会刊》(41)根据希腊文“πυρ＝Fire＝Pyro（火）”和“βελόνη＝Nneedle＝Belon（针状）”命名，意指它的深红颜色和针状晶体。1959 年以前发现、描述并命名的“祖父级”矿物，IMA 承认有效。中文名称根据成分译为钒锰铅矿。

钒锰铅矿柱状晶体，晶簇状集合体（澳大利亚）

【钒钠矿】

英文名 Metamunirite

化学式 $NaV^{5+}O_3$ (IMA)

钒钠矿针状晶体，放射状、球状集合体（美国）

钒钠矿是一种钠的偏钒酸盐矿物。斜方晶系。晶体呈针状、板条状；集合体呈放射状、球状。无色，透明；硬度 1，完全解理。1990 年发现于美国科罗拉多州圣米格尔县布罗(Burro)矿。英文名称 Metamunirite，由前缀“Meta(在……之后；变化、变换)”和根词“Munirite(水钒钠矿)”组合命名，意指它是或因脱水或因未水化的无水的水钒钠矿的类似矿物。根词以巴基斯坦原子能委员会主席穆尼尔·艾哈迈德·汗(Munir Ahmad Khan)博士的名字命名。IMA 1990-044 批准。1991 年 H. T. 埃文斯(H. T. Evans)在《矿物学杂志》(55)报道。中文名称根据成分译为钒钠矿或 β-钒钠石，也有的译为副穆水钒钠石或付穆水钒钠石或变水钒钠石(根词参见【水钒钠石】条 818 页)。

【钒钠镁钙石】

英文名 Schäferite

化学式 $(NaCa_2)Mg_2(VO_4)_3$ (IMA)

钒钠镁钙石自形粒状晶体（德国）

钒钠镁钙石是一种钠、钙、镁的钒酸盐矿物。属石榴石超族黄砷榴石族。等轴晶系。晶体呈自形八面体。橘红色，玻璃光泽，透明—半透明；硬度 5，脆性。1997 年发现于德国莱茵兰-普法尔茨州艾费尔高原火山区埃特林根市贝尔伯格(Bellerberg)火山卡斯帕(Caspar)采石场。英文名称 Schäferite，以德国迈恩矿物学家赫尔穆特·舍费尔(Helmut Schäfer，1931—)的姓氏命名。他是艾费尔高原火山区的矿物专家，并发现了该矿物。IMA 1997-048 批准。1999 年 W. 克劳斯(W. Krause)等在《矿物学新年鉴》(月刊)报道。2003 年中国地质科学院矿产资源研究所李锦平等在《岩石矿物学杂志》[22(1)]根据成分译为钒钠镁钙石。

【钒钠铜铁矿】

英文名 Howardevansite

化学式 $NaCu^{2+}Fe_2^{3+}(VO_4)_3$ (IMA)

钒钠铜铁矿是一种钠、铜、铁的钒酸盐矿物。属钒钠铜铁矿族。三斜晶系。晶体呈自形板状，长 80μm。深红棕色—黑色，金属光泽，不透明—半透明；脆性。1987 年发现于萨尔瓦多松索纳特省伊萨尔科(Izalco)火山。英文名称 Howardevansite，以美国矿物学家和晶体学家霍华德·塔斯克·小埃文斯(Howard Tasker Evans，Jr.，1919/1920—2000)博士的姓名命名。他是从月球带回来的月球硫化物矿物的首席研究员，他还测定了超过 100 种矿物的晶体结构。IMA 1987-011 批准。1988 年 J. M. 休斯(J. M. Hughes)等在《美国矿物学家》(73)报道。中文名称根据成分译为钒钠铜铁矿。

【钒钠铀矿】

英文名 Strelkinite

化学式 $Na_2(UO_2)_2(VO_4)_2 \cdot 6H_2O$ (IMA)

钒钠铀矿板状晶体（美国）和斯特里金像

钒钠铀矿是一种含结晶水的钠的铀酰-钒酸盐矿物。属钒钾铀矿族。斜方晶系。晶体呈细小板状；集合体呈扇状、粉末状、皮壳状。金黄色、黄绿色，丝绢光泽、珍珠光泽，半透明；硬度 2～2.5，完全解理。1973 年发现于哈萨克斯坦阿拉木图州楚伊犁山脉肯迪克塔(Kendyktas)山脉和博塔布鲁姆(Bota-Burum)铀矿。英文名称 Strelkinite，以俄罗斯莫斯科矿床地质、岩石学、矿物学和地球化学研究所的俄罗斯矿物学家米哈伊尔·费奥多罗维奇·斯特里金(Mikhail Fedorovich Strelkin，1905—1965)的姓氏命名。他专门从事铀矿石研究工作。IMA 1973-063 批准。1974 年 M. A. 阿列克塞娃(M. A. Alekseeva)在《全苏矿物学会记事》(103)和 1975 年《美国矿物学家》(60)报道。中文名称根据成分译为钒钠铀矿。

【钒镍矿】

英文名 Kolovratite

化学式 $(Ni,Zn)_x(VO_4) \cdot nH_2O$ (IMA)

钒镍矿皮壳状、葡萄状集合体（墨西哥）

钒镍矿是一种含结晶水的镍、锌的钒酸盐矿物。晶体呈隐晶质纤维状；集合体呈皮壳状、葡萄状。黄色、柠檬黄色、青黄色—绿黄色，玻璃光泽，半透明；硬度 2～3，脆性。1922 年发现于吉尔吉斯斯坦奥什州阿莱山脉区域费尔干纳流域费尔干纳盆地卡拉-查吉(Kara-Chagyr)山。1922 年维尔纳茨基(Vernadsky)在《苏联科学院报告》(37)报道。英文名称 Kolovratite，以列弗·斯塔尼斯洛维奇·科洛夫拉特-切尔维恩斯克(Lev Stanislovich Kolovrat-Chervinckii，1884—1921)的姓氏命名。他是俄罗斯圣彼得堡俄罗斯科学院矿物学实验室的物理学家和放射学家，研究了吉尔吉斯斯坦图雅-穆云(Tyuya-Muyun)铀矿。1959 年以前发现、描述并命名的“祖父级”矿物，IMA 承认有效，但持怀疑态度。中文名称根据成分译为钒镍矿。

【钒钕矿】

英文名 Wakefieldite-(Nd)

化学式 $NdVO_4$ (IMA)

钒钕矿是一种钕的钒酸盐矿物。属磷钇矿族。四方晶系。黑色、红褐色，金刚光泽，半透明；硬度 4～5，脆性。2008 年首次描述于日本四国岛高知县卡米市神道教的神城荒濑(Arase)矿山层状铁锰矿床。英文名称 Wakefieldite-(Nd)，由根词“Wakefieldite(钒钇矿)”，加占优势的稀土元素钕后缀-(Nd)组合命名。IMA 2008-031 批准。2011 年 T. 森山(T. Moriyama)等在日本《资源地质学》(61)报道。中文名称根据成分译为钒钕矿(参见【钒钇矿】条 152 页)。日文名称ネオジムウェークフィールド石，源于成分(ネオジム-

钕)和英文名称(Wakefield)加词尾(石)。日文名称的汉译由成分(ネオジム-钕)和英文名称前两个音节音[Wake(威克)]和英文名称后半部分的意[Field(场地)]译作钕威克场石。

【钒铅矿】

英文名 Vanadinite

化学式 $Pb_5(VO_4)_3Cl$ (IMA)

钒铅矿六方柱状晶体(美国)和塔状、晶簇状集合体

钒铅矿是一种含氯的铅的钒酸盐矿物。属于磷灰石超族磷灰石族中磷氯铅矿系列中的一员。六方晶系。晶体常呈短的六方柱状、针状、发状、粒状,但也发现过六方双锥状、圆球形;集合体呈塔状、晶簇状。通常是鲜红色或橘红色、宝石红,偶尔也有棕色、红棕色、灰色、稻草黄色或无色,松脂光泽、金刚光泽,透明—半透明或不透明;硬度3,脆性。因其独特的颜色使它深受矿物收藏家的追捧。

1801年,当时供职于墨西哥矿业学院的西班牙矿物学家A. M. 德·里奥(A. M. Del Rio)在墨西哥伊达尔戈州奇马潘(Zimapán)市首次发现了钒铅矿,并称"棕铅"[见1807年A. 布隆尼亚特(A. Brongniart)巴黎《基础矿物学》(第二卷)]。他断言其中含有一种新化学元素,起初将这种元素命名为Pancromium,后来又改为Erythronium。由于这种新元素的盐溶液在加热时呈现鲜艳的红色,所以被取名为"爱丽特罗尼",即"红色"的意思。然而仅仅是因为矿石中的一种含铬杂质,使他后来不再相信这种矿石所含的这种元素是一种新的元素。1830年贝采利乌斯的学生瑞典化学家尼尔斯·加布里埃尔·塞夫斯唐姆(Nlis Gabriel Sepstron)从瑞典塔贝里附近的铁矿石中发现了这种新的元素,并将它命名为Vanadium(钒),之后弗里德里希·维勒指出塞夫斯唐姆发现的这个新元素与德·里奥早先发现的Erythronium是同一种元素。1838年德·里奥的"棕铅"在墨西哥伊达尔戈州的锡马潘被再次发现,在此之前德·里奥采集并拥有的唯一一块"棕铅"矿石标本在托付给德国探险家和科学家洪堡,由他带往法国的途中因船难而丢失,原本将矿石带去法国是计划将其交给法国化学家科莱-德科提尔(Collet-Descotils),由他对矿石元素成分进行分析。1838年Fr. 冯·科贝尔(Fr. Von Kobell)在纽伦堡《矿物学基础》根据含钒量高而以钒化学元素的名称正式命名为Vanadinite。1959年以前发现、描述并命名的"祖父级"矿物,IMA承认有效。它曾经还被称为混硫方铅矿和钒酸铅等其他名字。在美国新墨西哥州境内位于格兰特郡的西南部,有一座小镇因钒铅矿的发现和采掘而以钒的英文名称"Vanadium"命名。中文名称以成分译为钒铅矿,有人也沿用里奥的"棕铅"名称,译为"褐铅矿"。

【钒铅锌矿】参见【羟钒锌铅石】条704页

【钒铅铀矿】参见【水钒铅铀矿】条818页

【钒铯铀石】

英文名 Margaritasite

化学式 $Cs_2(UO_2)_2(VO_4)_2 \cdot H_2O$ (IMA)

钒铯铀石是一种含结晶水的铯的铀酰-钒酸盐矿物。属钒钾铀矿族。单斜晶系。晶体呈片状,粒径3μm;集合体呈块状。黄色,半透明;硬度2。1980年发现于墨西哥奇瓦瓦州马格丽塔斯(Margaritas)铀矿床1矿和2矿。英文名称Margaritasite,以发现地墨西哥的玛格丽塔斯(Margaritas)矿命名。IMA 1980-093批准。1982年K. J. 温里克(K. J. Wenrich)等在《美国矿物学家》(67)报道。1984年中国新矿物与矿物命名委员会郭宗山在《岩石矿物及测试》[3(2)]根据成分译为钒铯铀石。

【钒石】参见【斜方钒石】条1021页

【钒铈矿】

英文名 Wakefieldite-(Ce)

化学式 $CeVO_4$ (IMA)

钒铈矿柱状、假八面体晶体(加拿大、德国)

钒铈矿是一种铈的钒酸盐矿物。属磷钇矿族。四方晶系。晶体呈双锥(假八面体)或柱状。深红色、黑色,金刚光泽、玻璃光泽,透明;硬度4.5。第一次发现并描述于刚果(金)南基伍(Sud-Kivu)省姆文加地区卡博卡博(Kobokobo)伟晶岩矿。最初由刚果(金)南基伍省命名为Kusuite[最初化学式为$(Ce^{3+},Pb^{2+},Pb^{4+})VO_4$,中文根据成分译为钒铅铈矿]。1977年更名为Wakefieldite-(Ce),由根词"Wakefieldite(钒钇矿)",加占优势的稀土元素铈后缀-(Ce)组合命名。IMA 1987s. p.批准。1977年在《法国矿物学和结晶学学会通报》(100)和《美国矿物学家》(62)报道。中文名称根据成分译为钒铈矿或钒铈石(参见【钒钇矿】条152页)。

【钒钛磁铁矿】参见【磁铁矿】条95页

【钒钛矿】

英文名 Schreyerite

化学式 $V_2^{3+}Ti_3^{4+}O_9$ (IMA)

施赖尔像

钒钛矿是一种钒、钛的氧化物矿物。与库钒钛矿(Kyzylkumite)为同质多象。单斜晶系。晶体呈显微片状。黑色、棕红色,金属光泽。不透明—半透明;硬度7。1976年发现于肯尼亚滨海省夸莱区拉桑巴(Lasamba)山。英文名称Schreyerite,以德国波鸿鲁尔大学矿物学家、岩石学家维尔纳·施赖尔(Werner Schreyer,1930—2006)教授的姓氏命名。他的成就在于对造岩矿物和实验变质岩的岩石矿物学方面的研究,他于1991年被授予亚伯拉罕-戈特洛布-沃纳奖章(德国矿物学会)和2002年获得罗伯林奖章(美国矿物学会)。IMA 1976-004批准。1976年O. 梅登巴赫(O. Medenbach)等在德国《自然科学》(63)和1977年《美国矿物学家》(62)报道。中文名称根据成分译为钒钛矿。

【钒锑矿】

英文名 Stibivanite

化学式 $Sb_2^{3+}V^{4+}O_5$ (IMA)

钒锑矿是一种锑的钒酸盐矿物。斜方(单斜)晶系。晶体呈柱状。黄色、黄绿色、翠绿色,金刚光泽、金属光泽,透明—半透明;硬度 4～4.5,完全解理。1980 年发现于加拿大新不伦瑞克省约克县乔治湖(Lake George)锑矿和意大利卢卡省阿普安阿尔卑斯山斯塔泽马镇庞特·斯塔泽梅斯(Ponte Stazzemese)布查德拉韦纳(Buca Della Vena)锑矿。英文名称 Stibivanite,由化学成分“Antimony(希腊文 Στίμπι= Stibi,锑)”和“Vanadium(钒)”组合命名。IMA 1980－020 批准。1980 年 S. 卡尔曼(S. Kaiman)等在《加拿大矿物学家》(18)报道。中文名称根据成分译为钒锑矿。

【钒铁镁钙石*】参见【科克沙罗夫石*】条 406 页

【钒铁铅矿】参见【赫钒铅矿】条 307 页

【钒铁铜矿】

英文名 Lyonsite

化学式 $Cu_3^{2+}Fe_4^{3+}(VO_4)_6$ (IMA)

钒铁铜矿是一种铜、铁的钒酸盐矿物。斜方晶系。晶体呈自形板条状,像一个小而薄的抹灰板条。黑色,金属光泽,不透明;完全解理,脆性。1986 年发现于萨尔瓦多松索纳特省伊萨尔科(Izalco)火山熔岩。英文名称 Lyonsite,为纪念美国新罕布什尔州汉诺威的达特茅斯学院矿物学教授巴塞洛缪·里昂(Bartholomew Lyons,1916—1998)博士而以他的姓氏命名。IMA 1986－041 批准。1987 年 J. M. 休斯(J. M. Hughes)等在《美国矿物学家》(72)报道。1988 中国新矿物与矿物命名命委员会郭宗山等在《岩石矿物学杂志》[7(3)]根据成分译为钒铁铜矿。

F

【钒铜矿】

英文名 Stoiberite

化学式 $Cu_5O_2(VO_4)_2$ (IMA)

钒铜矿小粒状晶体(德国)和施托伊贝尔像

钒铜矿是一种铜氧的钒酸盐矿物。单斜晶系。黑色,金属光泽,不透明。1979 年发现于萨尔瓦多松索纳特省伊萨尔科(Izalco)火山熔岩。英文名称 Stoiberite,以美国新罕布什尔州汉诺威达特茅斯学院火山学家和地质学教授理查德·E. 施托伊贝尔(Richard E. Stoiber,1911—2001)的姓氏命名。IMA 1979－016 批准。1979 年在《美国矿物学家》(64)报道。中文名称根据成分译为钒铜矿。

【钒铜铅矿】参见【羟钒铜铅石】条 704 页

【钒铜铀矿】参见【水钒铜铀矿】条 819 页

【钒氧铬镁电气石*】

英文名 Vanadio-oxy-chromium-dravite

化学式 $NaV_3(Cr_4Mg_2)(Si_6O_{18})(BO_3)_3(OH)_3O$ (IMA)

钒氧铬镁电气石*是一种含氧和羟基的钠、钒、铬、镁的硼酸-硅酸盐矿物。属电气石族。三方晶系。晶体呈柱状。翠绿色,玻璃光泽,透明;硬度 7.5,脆性。2012 年发现于俄罗斯伊尔库茨克州贝加尔湖斯柳江卡(Slyudyanka)山口大理石采石场。英文名称 Vanadio-oxy-chromium-dravite,由成分冠词“Vanadio(钒)”“Oxy(氧)”“Chromium(铬)”和根词“Dravite(镁电气石)”组合命名(根词参见【镁电气石】条 588 页)。IMA 2012－034 批准。2012 年 F. 博瑟(F. Bosi)等在《CNMNC 通讯》(14)、《矿物学杂志》(76)和 2014 年《美国矿物学家》(99)报道。目前尚未见官方中文译名,编译者建议根据成分及与镁电气石的关系译为钒氧铬镁电气石*。

【钒氧镁电气石*】

英文名 Vanadio-oxy-dravite

化学式 $NaV_3(Al_4Mg_2)(Si_6O_{18})(BO_3)_3(OH)_3O$ (IMA)

钒氧镁电气石*是一种含氧和羟基的钠、钒、铝、镁的硼酸-硅酸盐矿物。属电气石族。三方晶系。晶体呈柱状。绿色,玻璃光泽,透明;硬度 7.5。2012 年发现于俄罗斯伊尔库茨克州贝加尔湖区斯柳江卡(Slyudyanka)山口大理石采石场。英文名称 Vanadio-oxy-dravite,由成分冠词“Vanadio(钒)”“Oxy(氧)”和根词“Dravite(镁电气石)”组合命名(根词参见【镁电气石】条 588 页)。IMA 2012－074 批准。2013 年 F. 博瑟(F. Bosi)等在《CNMNC 通讯》(15)、《矿物学杂志》(77)和 2014 年《美国矿物学家》(99)报道。目前尚未见官方中文译名,编译者建议根据成分及与镁电气石的关系译为钒氧镁电气石*。

【钒钇矿】

英文名 Wakefieldite-(Y)

化学式 YVO_4 (IMA)

钒钇矿双锥状或四方柱状晶体(意大利)

钒钇矿是一个不寻常的稀土元素钇的钒酸盐矿物。属磷钇矿族。四方晶系。晶体呈双锥(假八面体)或四方柱状。浅褐色、黄色、淡黄色、黄棕色,玻璃光泽、金刚光泽,半透明—透明;硬度 5。根据占主导地位的稀土金属离子,可有 4 个矿物种:即 Wakefieldite-(La,Ce,Nd,Y)。1969 年第一次发现并描述于加拿大魁北克省圣皮埃尔·德·韦克菲尔德(St. Pierre de Wakefield)湖埃文斯卢(Evans Lou)矿。英文名称 Wakefieldite,以发现地加拿大的韦克菲尔德(Wakefield)湖命名,其后 1987 年加占优势的钇稀土后缀 Wakefieldite-(Y)。IMA 1969－012 批准。1969 年 D. D. 贺加斯(D. D. Hogarth)等在《加拿大矿物学家》(10)和 1971 年 N. M. 米尔斯(N. M. Miles)等在《美国矿物学家》(56)报道。中国地质科学院根据成分译为钒钇矿;2011 年杨主明在《岩石矿物学杂志》[30(4)]建议音译加成分译为韦克菲尔钇矿。

【钒铀钡铅矿】参见【钒钡铀矿】条 146 页

【钒铀矿】

英文名 Uvanite

化学式 $(UO_2)_2V_6^{5+}O_{17}\cdot 15H_2O(?)$ (IMA)

钒铀矿是一种含结晶水的铀的钒酸盐矿物。斜方晶系(?)。晶体呈细粒状;集合体呈皮壳状。微褐黄色,半透明;完全解理。1914 年发现于美国犹他州埃默里县圣拉斐尔区(圣拉斐尔隆起)坦普尔(Temple)山。1914 年 F. L. 赫斯(F. L. Hess)等在《华盛顿科学院杂志》(4)报道。英文名称 Uvanite,由化学成分“Uranium(铀)”和“Vanadium(钒)”的缩写组合命名。1959 年以前发现、描述并命名的“祖父级”矿物,IMA 承认有效,但持怀疑态度。中文名称根据成分译为钒铀矿;根据颜色和成分译为黄铀钒矿。

【钒云母】

英文名 Roscoelite

化学式 $KV^{3+}_2(Si_3Al)O_{10}(OH)_2$　　(IMA)

钒云母片状晶体(意大利)和罗斯科像

钒云母是一种含钒的白云母。属云母族。单斜晶系。晶体呈细纤维状,少数呈片状。颜色亮绿色,随 V_2O_3 含量的增加,从浅绿色向深绿色转变;若成分含铬则带蓝色;若成分含铁则呈橄榄褐色—黑色,珍珠光泽、丝绢光泽,透明—半透明—不透明;硬度 2.5,质地柔软,似石棉,极完全解理。1876 年发现于美国加利福尼亚州埃尔多拉多县斯图克斯勒(Stuckslager)矿山(山姆·希姆斯矿);同年,罗斯科在《美国科学杂志》(12)和《伦敦皇家学会会刊》(25)报道。1881 年 H. G. 汉克斯(H. G. Hanks)在《矿业和科学报刊》(42)报道。英文名称 Roscoelite,以英国化学家亨利·恩菲尔德·罗斯科(Henry Enfield Roscoe,1833—1915)爵士的姓氏命名。罗斯科是英国科学家,他第一次制备出纯钒,指出钒属于磷-砷族;他还特别注意钒的早期工作和光化学的研究。1959 年以前发现、描述并命名的"祖父级"矿物,IMA 承认有效。IMA 1998s. p. 批准。另一英文名称 Colomite,以发现地美国的科罗马(Coloma)命名。中文名称根据成分及与云母的关系译为钒云母。目前已知有 Roscoelite-1M 和 Roscoelite-2M1 两个多型。

【钒赭石】参见【斜方钒石】条 1021 页

反 [fǎn]象形;甲骨文字形,从又从厂。相反的;对立的。与"正"相对。

【反条纹长石】参见【条纹长石】条 942 页

饭 [fàn]形声;从食,反声。本义:吃饭。用于日本人名。

【饭盛石】参见【羟硅钇石】条 713 页

方 [fāng]象形;下从舟省,而上有竝头之象。本义:并行的两船。①用于描述矿物晶体直角坐标系的对称性,主要指等轴晶系或假等轴晶系(三斜、单斜),有时也指四方晶系或斜方晶系。②方解:菱面体解理块。③[英]音,用于外国人名。

【方铋钯矿】参见【等轴铋碲钯矿】条 117 页

【方沸石】

英文名 Analcime

化学式 $Na(AlSi_2O_6)\cdot H_2O$　　(IMA)

方沸石自形粒状晶体(印度、美国、加拿大)

方沸石是一种含沸石水的钠的铝硅酸盐矿物。属沸石族。等轴(四方、三方、斜方和三斜)晶系。晶体呈偏方三八面体、二十四面体、扁八面体和变立方体、粒状,有聚片双晶;集合体呈块状和致密状。白色、无色、灰色、粉红色、浅黄色或浅绿色,玻璃光泽,透明—半透明;硬度 5~5.5,脆性。由法国地质学家迪欧达特·德·多洛米约(Déodat de Dolomieu,1750—1801)发现于意大利卡塔尼亚省埃特纳火山杂岩体阿茨特雷扎(Acitrezza)区域附近的巨石岛并首先描述为 Zéolithe(沸石)。英文名称 Analcime,1797 年法国矿物学家 R. J. 阿羽伊(R. J. Hauy)在《矿业杂志》(5)根据希腊文"αν ά λκιμos=Analkimos",即"Weak 或 Without force(弱或无力的)"命名,意指当矿物加热或摩擦时,会产生弱的静电。1959 年以前发现、描述并命名的"祖父级"矿物,IMA 承认有效。IMA 1997s. p. 批准。中文名称根据等轴(三斜)晶系的晶体形态和族名译为方沸石。

【方氟硅铵石】

英文名 Cryptohalite

化学式 $(NH_4)_2SiF_6$　　(IMA)

方氟硅铵石是一种铵的硅-氟化物矿物。与氟硅铵石为同质二象。等轴晶系。晶体呈立方体-八面体聚形及八面体;集合体呈钟乳状或皮壳状。无色、白色、灰色,玻璃光泽,透明;硬度 2.5,完全解理。1874 年斯卡基(Scacchi)在《那不勒斯皇家科学院物理和数学科学文献》(I 系列,6)报道,发现于意大利那不勒斯省维苏威(Vesuvius)火山及燃烧煤层的升华物中。英文名称 Cryptohalite,由希腊文"κρυπτ ό s=Concealed=Crypto(隐蔽、秘密)"和"ά λs=Salt=Hal(盐)"组合命名,意指铵盐秘密地隐藏在煤烟灰中。1959 年以前发现、描述并命名的"祖父级"矿物,IMA 承认有效。中文名称根据等轴晶系和成分译为方氟硅铵石。

【方氟硅钾石】

英文名 Hieratite

化学式 K_2SiF_6　　(IMA)

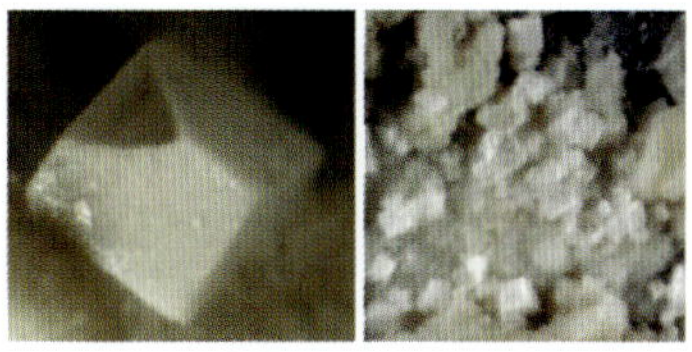

方氟硅钾石立方体晶体(意大利)

方氟硅钾石是一种钾的硅-氟化物矿物。与德氟硅钾石*为同质二象。等轴晶系。晶体呈立方体和八面体聚形、八面体;集合体呈钟乳状、结核状、海绵状、致密状。无色、白色、灰色,玻璃光泽,透明;硬度 2.5,完全解理。1882 年发现于意大利墨西拿省伊奥利亚群岛(Eolie)利帕里弗卡诺(Vulcano)火山岛拉弗萨(La Fossa)火山口。1882 年科萨(Cossa)在《法国矿物学学会通报》(5)和 *Transunti dell'Accademia dei Lincei*(Ⅲ系列,6)报道。英文名称 Hieratite,以意大利弗卡诺(Vulcano)火山岛的一个古希腊文的名字希耶拉(Hiera)命名。1959 年以前发现、描述并命名的"祖父级"矿物,IMA 承认有效。中文名称根据等轴晶系和成分译为方氟硅钾石,也译作氟硅钾石。

【方氟钾石】

英文名 Carobbiite

化学式 KF　　(IMA)

方氟钾石是一种钾的氟化物矿物。属石盐族。等轴晶系。晶体呈细小立方体。无色；硬度 2～2.5，中等解理。1936 年发现于意大利那不勒斯省维苏威（Vesuvius）火山口熔岩洞钟乳石上。1936 年卡罗比在《摩德纳皇家科学、文学和艺术学院学报》[（5）1]首次报道。英文名称 Carobbiite，1956 年由雨果·斯特伦兹（Hugo Strunz）为纪念意大利佛罗伦萨大学矿物学和地球化学研究所教授吉多·卡罗比（Guido Carobbi，1900—1983）而以他的姓氏命名，他于 1936 年和 1940 年两次描述并报道了该矿物，但未命名。1956 年在《意大利矿物学会会刊》（12）报道。1959 年以前发现、描述并命名的“祖父级”矿物，IMA 承认有效。中文名称根据等轴晶系和成分译为方氟钾石。

卡罗比像

【方钙石】

英文名 Lime

化学式 CaO　　（IMA）

方钙石是一种钙的氧化物矿物。属方镁石族。方钙石-方镉石系列。等轴晶系。白色；硬度 3.5，完全解理。1832 年在《意大利数学与物理科学学会的回忆录》（Ⅲ系列，4）记载。1883 年斯卡基（Scacchi）称 Calce（氧化钙、石灰）。1935 年发现于意大利那不勒斯省维苏威火山。见于 1944 年 C. 帕拉奇（C. Palache）、H. 伯曼（H. Berman）和 C. 弗龙德尔（C. Frondel）《丹纳系统矿物学》（第一卷，第七版，纽约）。英文名称 Lime，来自古英文“Quicklime（生石灰）”，又可能来自法文 Lime，阿拉伯文 Līma，又可能来自波斯文 Līmū“Lemon”。确切的起源是不确定的。1959 年以前发现、描述并命名的“祖父级”矿物，IMA 承认有效。中文名称根据等轴晶系和成分译为方钙石。

【方钙铈镧矿】

英文名 Beckelite

化学式 $(Ce,La,Ca)_5(SiO_4)_3(OH,F)$

方钙铈镧矿是一种含羟基和氟的铈、镧、钙的硅酸盐矿物。等轴晶系。晶体呈菱形十二面体、八面体。浅黄色、黄棕色，蜡状光泽；硬度 5，中等解理。1904 年发现于乌克兰顿涅茨克州亚速海地区马里乌波尔（Mariupol）地块钠霞正长岩。英文名称 Beckelite，由 J. 莫洛泽沃兹（J. Morozewicz）为纪念奥地利矿物学家和岩石学家弗里德里希·贝克（Friedrich Becke，1855—1931）而以他的姓氏命名。其外形和性质与烧绿石相似，被 IMA 废弃。中文名称根据等轴晶系和成分译为方钙铈镧矿。

贝克像

【方镉矿】

英文名 Monteponite

化学式 CdO　　（IMA）

方镉矿是一种镉的氧化物矿物。属方镁石族。方钙石-方镉石系列。等轴晶系。晶体呈八面体或八面体与立方体的聚形，晶体少见；集合体常呈晶簇状及粉末状。黄褐色、红褐色、褐黑色、黑色或蓝黑色，玻璃光泽、半金属光泽，透明—半透明；硬度 3，完全解理。最早见于 1901 年 E. 威蒂奇（E. Wittich）等在《矿物学、地质学和古生物学论文集》报道一种新的镉矿物。1931 年克斯安达（Ksanda）在《美国科学杂志》（22）报道。1946 年发现于意大利卡博尼亚-伊格莱西亚斯省伊格莱西亚斯市蒙特波尼（Monteponi）矿山，在火山岩中，呈粉末状或细晶质覆于异极矿表面；同年，在《经济地质学》（41）报道。英文名称 Monteponite，由意大利撒丁岛的蒙特波尼（Monteponi）矿山命名。1959 年以前发现、描述并命名的“祖父级”矿物，IMA 承认有效。中文名称根据等轴晶系和成分译为方镉矿。

【方铬铁矿】参见【铬铁合金】条 252 页

【方钴矿】

英文名 Skutterudite

化学式 $CoAs_3$　　（IMA）

方钴矿是钴的砷化物矿物。属方钴矿族。等轴晶系。晶体呈立方体和八面体且少见，一般为粒状。锡白色—钢灰色，有时带浅灰色，明亮的金属光泽，不透明；硬度 5.5～6，脆性。1529 年乔治·阿格里科拉介绍过；之后，瓦勒留斯、维尔纳、豪斯曼（1813）、布赖特豪普特（1827）、谢雷尔（1937）等报道过。1845 年发现于挪威布斯克吕莫迪姆斯库特鲁德（Skuterud）矿山。英文名称 Skutterudite，由威廉·卡尔·冯·海丁格尔（Wilhelm Karl von Haidinger）根据发现地挪威的斯库特鲁德（Skuterud）矿山命名。1959 年以前发现、描述并命名的“祖父级”矿物，IMA 承认有效。中文名称根据等轴晶系和成分译为方钴矿或方砷钴矿。

方钴矿立方体晶体（德国）

【方黄铜矿】

英文名 Cubanite

化学式 $CuFe_2S_3$　　（IMA）

方黄铜矿柱状连状双晶、格架状集合体（加拿大、法国）

方黄铜矿是一种铜、铁的硫化物矿物。与等方黄铜矿为同质二象。斜方晶系。晶体呈长柱状、厚板状，针状，具纵向条纹，具二连、四连和六连双晶；集合体呈杂乱状、格架状，块状少见。黄铜色—青铜色，锖色，金属光泽，不透明；硬度 3.5；有磁性。1843 年发现于古巴（Cuba）奥尔金省巴拉坎瑙（Barracanao）。1843 年 J. F. A. 布赖特豪普特（J. F. A. Breithaupt）在《物理学和化学年鉴》（59）报道。英文名称 Cubanite，以发现地国古巴（Cuba）命名。1959 年以前发现、描述并命名的“祖父级”矿物，IMA 承认有效。中文名称根据斜方晶系和成分译为方黄铜矿；音译为古巴矿；根据成分和磁性译为铜磁黄铁矿。

【方碱沸石】参见【鲍林沸石-钾】条 48 页

【方解石】

英文名 Calcite

化学式 $Ca(CO_3)$　　（IMA）

方解石是钙的碳酸盐矿物，常含镁、铁、锰、锌等。与霰石和球霰石为同质多象。三方晶系。方解石的晶体形状多种多样，如六方偏三角面体、菱面体、锥状、柱状、薄—厚板状、粒状、纤维状，聚片双晶、“蝴蝶”双晶等；集合体可呈晶簇

方解石晶体,"蝴蝶"状双晶,花状晶簇,(中国、巴西、美国)

状,也可呈块状、钟乳状、土状等。方解石一般多为白色或无色,因其中含有的杂质不同而变化,如含铁、锰时为浅黄色、浅粉红色、绿色、蓝色、褐黑色等,玻璃—半玻璃光泽、树脂光泽、蜡状光泽、珍珠光泽,透明—半透明;硬度 3,完全解理,解理块呈菱面体。色泽美丽的可作宝石。中文名称来自晶体的菱面体解理,用力敲击沿解理极易裂成菱形方块,故名方解石。中国古代就已认识、命名、利用方解石。方解石别名有寒水石、黄石、马牙石等。据考方解石出自《本草经集注》。明代李时珍《本草纲目》:"方解石与硬石膏相似,皆光洁如白石英,但以敲之段段片碎者为硬石膏,块块方棱者为方解石。"清楚地将硬石膏与方解石区分开来。宋代马志《开宝本草》关于方解石的记载:"……敲破块块方解,故以为名。"

英文名称 Calcite,来自拉丁文"Calx(生石灰)",意指可煅烧成石灰(Burnt Lime)。在公元 79 年由盖乌斯·普林尼·塞古都斯(老普林尼)(Gaius Plinius Secundus,公元 23—79)命名为一种矿物。长期以来,化学家们将钙的氧化物(石灰)当作是不可再分割的物质。1789 年拉瓦锡发表的元素表中就列有它。戴维于 1808 年电解石灰得到了银白色的金属钙,并将其命名为 Calcium,它来自拉丁文中表示生石灰的词"Calx",拉丁文"Lime(方钙石)"。模式产地不详。1836 年在《萨克森州植物志杂志》(*Magazin für die Oryktographie von Sachsen*)(7)报道。1879 年厄比(Irby)在莱比锡《结晶学、矿物学和岩石学》(3)报道。1959 年以前发现、描述并命名的"祖父级"矿物,IMA 承认有效。变种很多,超过 800 种不同的形式已被描述:无色透明的方解石称为冰洲石(Iceland spar),因最早发现于冰岛,故得名。在黑夜中能发出光芒的冰州石称夜光球。纤维状的方解石称纤维石。层状方解石称层解石等。

【方硫安银矿】

参见【硫锑银矿】条 520 页

【方硫镉矿】

英文名 Hawleyite

化学式 CdS　　(IMA)

方硫镉矿粉末状、皮壳状集合体(加拿大)和霍雷像

方硫镉矿是一种镉的硫化物矿物。属闪锌矿族。与硫镉矿为同质二象。等轴晶系。晶体呈细粒状;集合体呈粉末状稀疏散布或呈球粒状、菜花状,偶尔也呈皮壳状,显示出清晰的胶体或偏胶体结构。淡黄色、橘黄色、橘红色等,树脂光泽,半透明—微透明;硬度 2.5～3。1955 年首次发现于加拿大育空地区梅奥矿区赫克托-卡鲁米特(Hector-Calumet)铅锌矿床的氧化带,认为是含镉闪锌矿经淋滤沉积而成。由于含量少,粒度细,矿物的物性、光性以及化学组成等均未获得精确数据。1955 年罗伯特·詹姆斯·特拉尔(Robert James Traill)和罗伯特·威廉·博伊尔(Robert William Boyle)在《美国矿物学家》(40)报道。英文名称 Hawleyite,为纪念詹姆斯·埃德温·霍雷[James Edwin (Ed) Hawley,1897—1965]教授而以他的姓氏命名。霍雷是加拿大安大略省金斯顿女王大学矿物学教授和硫化物矿床理论专家。1959 年以前发现、描述并命名的"祖父级"矿物,IMA 承认有效。中国地质科学院根据等轴晶系和成分译为方硫镉矿,也有的根据颜色和成分译为黄硫镉矿。2011 年杨主明等在《岩石矿物学杂志》[30(4)]建议音译为霍雷矿。1981 年,中国学者伍大茂和谭延松在研究中国湖南某铀镉矿床物质组分时在中国首次发现。

【方硫钴矿】

英文名 Cattierite

化学式 CoS_2　　(IMA)

方硫钴矿粒状晶体(瑞典)和卡蒂埃像

方硫钴矿是一种钴的硫化物矿物。属黄铁矿族。等轴晶系。晶体呈立方体,粒状,粒径达 1cm。灰白色、粉红色,金属光泽,不透明;硬度 4,完全解理。1945 年发现于刚果(金)上加丹加省坎博韦区欣科洛布韦(Shinkolobwe)矿山。1945 年 P. F. 克尔(P. F. Kerr)在《美国矿物学家》(30)报道。英文名称 Cattierite,以比利时在刚果(金)加丹加联合矿业公司前董事长费莉丝恩·卡蒂埃(Felicien Cattier,1869—1946)的姓氏命名。1959 年以前发现、描述并命名的"祖父级"矿物,IMA 承认有效。中文名称根据等轴晶系和成分译为方硫钴矿。

【方硫锰矿】

参见【褐硫锰矿】条 310 页

【方硫镍矿】

英文名 Vaesite

化学式 NiS_2　　(IMA)

方硫镍矿晶体(意大利)

方硫镍矿是一种镍的硫化物矿物。属黄铁矿族。等轴晶系。晶体呈八面体或立方体、粒状。黑色、灰色、白色、锡白色,金属光泽,不透明;硬度 4.5～5.5,完全解理。1945 年发现于刚果(金)卢阿拉巴省科卢韦齐市卡索皮(Kasompi)矿。英文名称 Vaesite,1945 年保罗·F. 克尔(Paul F. Kerr)在《美国矿物学家》(30)为纪念比利时在刚果(金)加丹加联合矿业公司的管理员、地质学家和矿物学家约翰内斯·弗朗西斯·瓦埃(Johannes Franciscus Vaes,1902—1978)而以他的姓氏命名。1959 年以前发现、描述并命名的"祖父级"矿

物，IMA承认有效。中文名称根据等轴晶系和成分译为方硫镍矿；根据成分也译作二硫镍矿。

【方硫砷银镉矿】

英文名 Quadratite

化学式 $AgCdAsS_3$ (IMA)

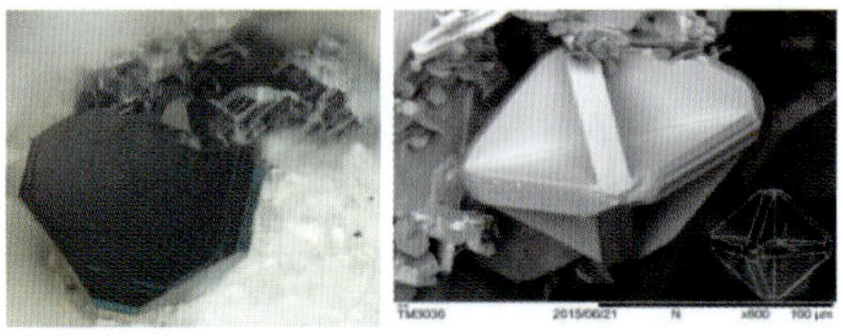

方硫砷银镉矿板状和锥状骸晶体（瑞士）

方硫砷银镉矿是一种银、镉的砷-硫化物矿物。四方晶系。晶体呈薄板状、四方锥状骸晶。灰黑色、红色（薄板状），半金属光泽，半透明—不透明；硬度3，完全解理。1994年发现于瑞士瓦莱州林根巴赫（Lengenbach）采石场。英文名称Quadratite，来自明显的两种（Quadratic）结晶形态的矿物。IMA 1994-038批准。1998年S.格雷泽尔（S. Graeser）等在《瑞士矿物学和岩石学通报》（78）报道。2003年中国地质科学院矿产资源研究所李锦平等在《岩石矿物学杂志》[22(2)]根据四方晶系和成分译为方硫砷银镉矿。

【方硫砷银锰矿*】

英文名 Manganoquadratite

化学式 $AgMnAsS_3$ (IMA)

方硫砷银锰矿*四方板状、四方锥状晶体（秘鲁）

方硫砷银锰矿*是一种银、锰的砷-硫化物矿物。四方晶系。晶体呈四方板状、锥状。黑色、深灰色，带红色调，金属光泽，不透明；硬度2～2.5，完全解理，脆性，易碎。2011年发现于秘鲁利马省奥永地区乌丘查夸（Uchucchacua）多金属矿床。英文名称Manganoquadratite，由成分冠词"Mangano（锰）"和根词"Quadratite（方硫砷银镉矿）"组合命名，意指它是锰占优势的方硫砷银镉矿的类似矿物。IMA 2011-008批准。2011年P.博纳齐（P. Bonazzi）等在《CNMNC通讯》（10）和2012年《美国矿物学家》（97）报道。目前尚未见官方中文译名，编译者建议根据成分及与方硫砷银镉矿的关系译为方硫砷银锰矿*。

【方硫铁镍矿】

英文名 Bravoite

化学式 $(Fe,Ni)S_2$

方硫铁镍矿是一种铁、镍的硫化物矿物。属黄铁矿族。等轴晶系。晶体呈立方体。钢灰色，金属光泽，不透明；硬度6.5，完全解理，脆性。1907年发现于秘鲁丹尼尔阿尔西德斯卡里翁省塞罗德帕斯科市拉格拉（Ragra）矿。1907年希勒布兰德（Hillebrand）在《美国财政科学杂志》（24）报道。英文名称Bravoite，以秘鲁科学家若泽·J.布拉沃（Jose J. Bravo，1874—1928）的姓氏命名。被IMA废弃，为一种含镍黄铁矿。中文名称曾根据等轴晶系和成分译为方硫铁镍矿，也译作硫铁镍矿。

方硫铁镍矿立方体晶体（德国）

【方镁石】

英文名 Periclase

化学式 MgO (IMA)

方镁石浑圆粒状晶体（意大利）

方镁石是一种镁的氧化物矿物。属方镁石族。等轴晶系。晶体常呈八面体，立方体与八面体或立方体聚形，很少菱形十二面体，常呈不规则粒状或浑圆粒状。纯者无色，常为灰白色、黄色、棕黄色、绿色，甚至黑色，玻璃光泽，透明—不透明；硬度5.5～6，完全解理，脆性。方镁石的成分MgO，也称苦土。金属元素镁就是从中发现分离出来的，18世纪在罗马城的市面上出售一种神秘的"万英灵"药物，保持了许多年的秘密，其实就是一种白色粉末状的苦土。后来弗雷德里希·霍夫曼（Friegrich Hoffmann，1660—1742）用化学法从硝盐或食盐溶液中制得混有石灰的苦土。直到1755年，英国爱丁堡的约瑟夫·布拉克（Joseph Black）博士用加热类似于碳酸盐岩（菱镁矿和石灰石）制得苦土、石灰，然后发表了一篇论文《白苦土、石灰及其他碱性物质的实验》，指出苦土与石灰是截然不同的两种物质，化学史一般认为他是第一个确认镁是一种新元素的人。后来1808年英国化学家汉弗莱·戴维（Humphry Davy）制得微量的金属镁，并命名为Magnium，从而镁的发现荣誉归功于戴维。由于命名优先权的原因，戴维的命名没有流行于世，使用的仍是Magnesium，此名源于古希腊马格尼西亚（Magnesia）城之名，那里出产的一种白色镁盐由地名命名，镁元素也即因此得名。1831年，法国化学家彪西制出成块的金属镁。

方镁石于1840年在意大利那不勒斯省外轮山（Monte Somma）首次发现。英文名称Periclase，于1841年由阿尔坎杰洛·斯卡基（Arcangelo Scacchi）在那不勒斯省《地质矿物学备忘录》（23-32）根据希腊文"περικλ ά ω=Break（打碎或断裂）"命名，意指其解理发育。1959年以前发现、描述并命名的"祖父级"矿物，IMA承认有效。中文名称根据矿物的晶系（等轴）和成分（镁）而译为方镁石。

【方锰矿】

英文名 Manganosite

化学式 MnO (IMA)

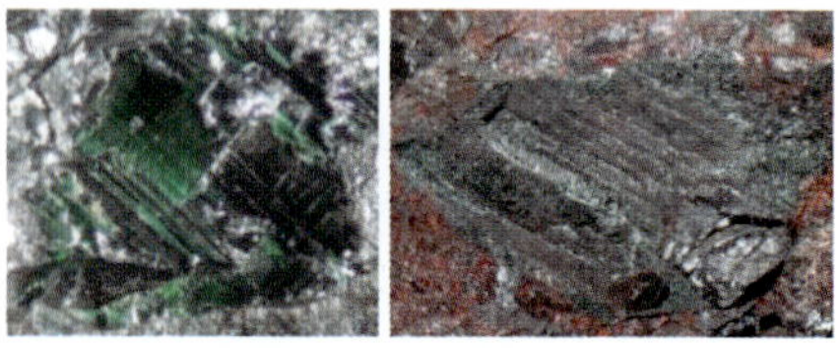

方锰矿不规则粒状晶体（瑞典、美国）

方锰矿是一种罕见的锰的氧化物矿物。属方镁石族。等轴晶系。晶体呈八面体及菱形十二面体，不规则浑圆粒状；集合体呈块状。翠绿色—绿色，氧化表面呈褐黑色，条痕呈棕色，玻璃光泽、金刚光泽，透明—半透明；硬度 5～6。1817 年首次发现并描述于德国萨克森-安哈尔特州哈尔茨山脉埃尔宾格罗德地区沙文霍尔茨(Schavenholz)凯撒弗朗茨(Kaiser Franz)矿(康尼锡威廉矿)；同年，C. F. 贾什(C. F. Jasche)在《小型矿物学混合字体内容》(*Kleine mineralogische Schriften vermischten Inhalts*)(第一卷)报道。英文名称 Manganosite，1874 年由克利斯蒂安·威廉·布隆斯特兰(Christian Wilhelm Blomstrand)在《斯德哥尔摩地质学会会刊》(2)根据矿物成分“Manganese(锰)”和“Oxygen(氧)”组合命名。1959 年以前发现、描述并命名的“祖父级”矿物，IMA 承认有效。中文名称根据等轴晶系和成分译为方锰矿。

【方钠石】

英文名 Sodalite

化学式 $Na_4(Si_3Al_3)O_{12}Cl$ (IMA)

方钠石立方体和菱形十二面体晶体(阿富汗)

方钠石是一种含氯的钠的铝硅酸盐矿物。属似长石族方钠石族，包括羟方钠石、黝方石、蓝方石等。等轴晶系。晶体呈粒状、菱形十二面体、立方体、八面体，晶体罕见，常见双晶呈假六边形柱状；集合体多呈块状、结核状。颜色有白、灰、褐、绿、蓝、紫等色，玻璃光泽，解理面上呈油脂光泽，透明—半透明；硬度 5.5～6，脆性。1811 年在丹麦格陵兰岛库雅雷哥自治区伊犁毛沙克(Ilimaussaq)侵入杂岩体中发现，直到 1891 年才在加拿大安大略省发现了作为装饰材料的巨大储量的矿床。1811 年 T. 汤姆森(T. Thomson)在《自然哲学、化学与艺术杂志》(29)和《物理与化学年鉴》(39)报道。方钠石因颜色与青金石相似，商业上也称之为“加拿大青金石”，因是在英国玛格丽特公主访问期间被发现的，有时也称为“公主蓝”或“蓝纹石”。英文名称 Sodalite，来自“Soda(苏打)”，因其中含有钠而得名。1959 年以前发现、描述并命名的“祖父级”矿物，IMA 承认有效。中文名称根据矿物的晶系(等轴)和成分(钠)译为方钠石；根据颜色译为蓝方钠石；根据成分译为苏打石。

【方镍矿】

英文名 Nickelskutterudite

化学式 $(Ni,Co,Fe)As_3$ (IMA)

方镍矿立方体晶体(德国)

方镍矿是一种镍、钴、铁的砷化物矿物。属钙钛矿超族非化学计量比钙钛矿族方钴矿亚族。等轴晶系。晶体呈立方体、八面体和四面体、粒状。锡白色—银灰色，金属光泽，不透明；硬度 5.5～6，完全解理。1845 年发现于德国下萨克森州厄尔士山脉的施内贝格(Schneeberg)区；同年，在《物理和化学年鉴》(64)报道。1892 年沃勒(Waller)和摩西(Moses)在《矿业科学》(14)报道。英文名称 Nickelskutterudite，由成分冠词“Nickel(镍)”和根词“Skutterudite(方钴矿)”组合命名，意指是镍占优势的方钴矿系列成员。1959 年以前发现、描述并命名的“祖父级”矿物，IMA 承认有效。IMA 2007s. p. 批准。中文名称根据等轴晶系和成分译为方镍矿；根据成分译为镍砷钴矿或镍方钴矿。

【方硼石】

英文名 Boracite

化学式 $Mg_3B_7O_{13}Cl$ (IMA)

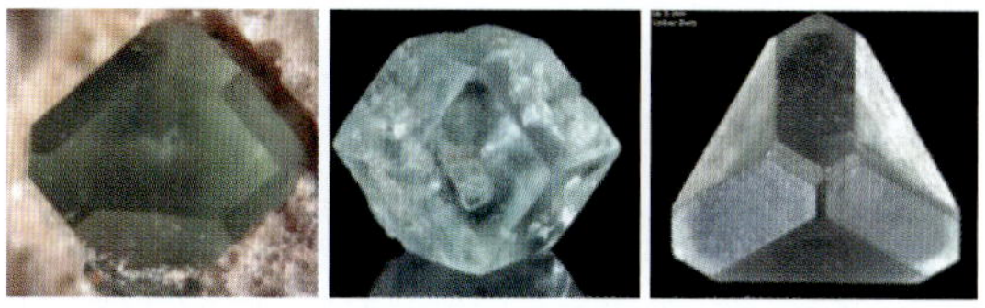

方硼石立方体、菱形十二面体和四面体晶体(德国)

方硼石是一种含氯、氧的镁的硼酸盐矿物。属方硼石族。与特朗巴斯石(Trembathite)和 β-方硼石为同质多象。斜方(假等轴)晶系。晶体常见立方体、八面体、菱形十二面体、圆粒状、细粒状、纤维状；集合体呈结核状、羽状。主要为无色或白色，色彩有灰、黄、绿、蓝等色，玻璃光泽、金刚光泽，透明—半透明；硬度 7～7.5，脆性；具强烈热电性和焦电性。1787 年拉斯乌斯(Lasius)在伦敦《克雷尔化学杂志》(2)称立方石英晶体。1789 年首次描述的标本发现于德国下萨克森州的吕讷堡卡尔伯格(Lüneburg Kalkberg)[1789 年维尔纳在《伯格曼努什杂志》(1)和弗赖贝格在《新伯格曼努什杂志》(393)报道称 Borazit(硼石)]。英文名称 Boracite，显然是源自其成分“Boron(硼)”。1959 年以前发现、描述并命名的“祖父级”矿物，IMA 承认有效。中文名称根据斜方晶系和成分译为方硼石。

【β-方硼石】

英文名 β-Boracite

化学式 $Mg_3[B_7O_{13}]Cl$ (IMA)

β-方硼石是一种含氯的镁的硼酸盐矿物，与方硼石为同质二象(方硼石加热至 265℃时即变为 β-方硼石)。等轴晶系。晶体常见立方体、八面体、菱形十二面体、圆粒状、细粒状；集合体呈羽状。主要为无色或白色，玻璃光泽、弱金刚光泽，透明—半透明；硬度 7；具强烈热电性和压电性。1789 年首次描述的标本发现于德国下萨克森州的吕讷堡卡尔伯格(Lüneburg Kalkberg)。英文名称 β-Boracite，显然是源自其成分(Boron)硼。1959 年以前发现、描述并命名的“祖父级”矿物，IMA 承认有效。中文名称根据等轴晶系和成分译为 β-方硼石。

【方铅矿】

英文名 Galena

化学式 PbS (IMA)

方铅矿立方体晶体，晶簇状集合体(中国、美国)

方铅矿是一种铅的硫化物矿物。属方铅矿族。等轴晶系。晶体常呈立方体、粒状，有时为立方体和八面体的聚形；集合体常呈致密块状。铅灰色，条痕呈灰黑色，金属光泽，不透明；硬度 2.5，3 组完全解理，脆性，密度大是它的重要鉴定特征之一。

中国是世界上认识和利用方铅矿最早的国家之一。夏代二里头文化时期（公元前 21—前 17 世纪）就已会冶炼铅了。商代（公元前 16—前 11 世纪）中期在青铜器中已用铅，与铜和锡开创了丰富多彩的青铜文化，西周（公元前 11 世纪—前 771 年）的铅戈含铅达 99.75%。中华民族的祖先对铅锌矿的开采、冶炼和利用曾做出过重要贡献。古代炼铅的原料有两类：一是碳酸盐类的白铅矿；另一类是硫化物的方铅矿。宋应星《天工开物》提到当时开采的 3 种铅锌矿物：一种是“银矿铅”，系指与辉银矿等共生的方铅矿；另一种是“铜山铅”，系指含方铅矿、闪锌矿、黄铜矿等的多金属矿；还有一种是“草节铅”，脆，易碎，可能是指结晶粗大的具有解理的方铅矿。还有“钓脚铅”，形如皂子大，又如蝌蚪子，黑色，生山涧沙中（《本草纲目》）。在古代，曾用铅作笔，“铅笔”便是从这儿来的。铅还用来制作铅白、铅丹等。中国古代“铅”写作“钅公”。《说文》青金也。《玉篇》黑锡也。李时珍曰：“铅，易沿流，故谓之铅。”

铅是史前人类发现并利用的金、银、铜、铁、锡、铅、汞七金属之一。古代欧洲的炼金术士将七金与七曜相联系，沉重的铅与旋转迟缓的土星相匹配。早在 7 000 年前，人类就已经认识铅。在《圣经・出埃及记》中就已经有了铅的记载。方铅矿可能是人类最早认识和开采的矿物之一。古埃及古王国时期人们就使用方铅矿作为化妆品。巴比伦人就已经开始冶炼它了。在古罗马方铅矿也非常重要，方铅矿的名称 Galena 就是罗马人留下来的，因用此矿物冶炼的铅制作输水管道，被称为“黑导”，换句话说，就是黑色输水管道。也被称为“陶工矿石”应用方铅矿制作陶器的绿色釉。据老普林尼（Pliny the Elder，公元 77—79）英文名称 Galena，来自希腊文“Galene”，意指铅矿。1959 年以前发现、描述并命名的“祖父级”矿物，IMA 承认有效。1936 年 J. S. 布朗（J. S. Brown）在《经济地质学》（31）报道。现代中文矿物名称根据等轴晶系和成分铅译为方铅矿。

【方砷锰矿】

英文名 Magnussonite

化学式 $Mn_{10}^{2+}As_6^{3+}O_{18}(OH,Cl)_2$ （IMA）

马格努松像

方砷锰矿是一种含氯、羟基的锰的砷酸盐矿物。等轴（四方）晶系。晶体呈粒状；集合体呈皮壳状。翡翠绿色或草绿色、蓝绿色、淡绿色，玻璃光泽；硬度 3.5～4。1956 年发现于瑞典韦姆兰省菲利普斯塔德市朗班（Långban）。1957 年 O. 加布里埃尔森（O. Gabrielson）在《化学、矿物学和地质学档案》（2）和弗莱舍在《美国矿物学家》（42）报道。英文名称 Magnussonite，1956 年由奥洛夫・埃里克・加布里埃尔森（Olof Erik Gabrielson）为纪念尼尔斯・哈拉尔德・马格努松教授（Nils Harald Magnusson，1890—1976）而以他的姓氏命名。他是瑞典地质调查局主任和斯德哥尔摩皇家理工学院的地质学教授，对瑞典朗班地质学和矿物学做出了贡献。1959 年以前发现、描述并命名的“祖父级”矿物，IMA 承认有效。IMA 1984s. p. 批准。中文名称根据等轴晶系和成分译为方砷锰矿。

【方砷铜银矿】

英文名 Kutinaite

化学式 $Ag_6Cu_{14}As_7$ （IMA）

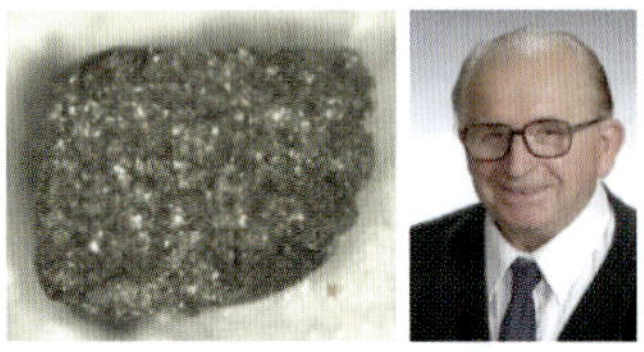

方砷铜银矿粒状晶体，块状集合体（德国）和库蒂纳像

方砷铜银矿是一种银、铜的砷化物矿物。等轴晶系。晶体少见，呈粒状；集合体呈块状。银灰色、灰白色、蓝灰色，金属光泽，不透明；硬度 4.5。1969 年发现于捷克共和国赫拉德茨-克拉洛韦州克拉罗夫（Králové）区域克尔科诺谢（Krkonoše）山塞尔尼杜尔（č ern ý D ů L）。英文名称 Kutinaite，1970 年由 J. 哈克（J. Hak）等在《美国矿物学家》（55）为纪念捷克地质学家、矿物学家简・库蒂纳（Jan Kutina；1924—2008）博士而以他的姓氏命名。库蒂纳在布拉格的查尔斯特大学和在美国及日本担任学术职务，是一位专长于矿床和成矿研究的专家。IMA 1969-034 批准。2015 年宾迪（Bindi）和马克维奇（Makovicky）在《矿物学杂志》（79）指出：对该类型材料的重新研究是必要的。中文名称根据等轴晶系和成分译为方砷铜银矿。

【方石英】参见【方英石】条 161 页

【方氏石】

英文名 Fangite

化学式 Tl_3AsS_4 （IMA）

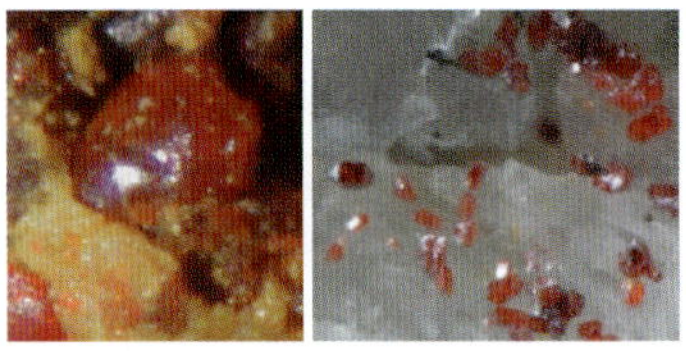

方氏石带双锥的柱状、粒状晶体（马其顿、瑞士）

方氏石是一种铊的砷-硫化物矿物。斜方晶系。晶体呈带双锥的柱状、粒状。深红色、栗色，玻璃光泽、半金属光泽，半透明；硬度 2～2.5，脆性。1991 年发现于美国犹他州图尔县玛丽恩（Marion）山坑。英文名称 Fangite，以美国亚拉巴马州塔斯卡卢萨县阿拉巴马大学晶体化学家詹・贺・方（Jen Ho Fang，1929—）博士的姓氏字命名，以表彰他对晶体学、晶体化学和统计地质学做出的诸多贡献。IMA 1991-047 批准。1993 年 J. R. 威尔逊（J. R. Wilson）等在《美国矿物学家》（78）报道。1998 年中国新矿物与矿物命名委员会黄蕴慧等在《岩石矿物学杂志》[17(2)]音译为方氏石。

【方铈石】

英文名 Cerianite-(Ce)

化学式 CeO_2 （IMA）

方铈石是一种铈的氧化物矿物。属沥青铀矿族。等轴晶系。晶体呈八面体。深绿色、琥珀色，树脂光泽，透明—半透明。1955 年发现于加拿大安大略省萨德伯里区拉克乡多米宁（Dominion）海湾。英文名称 Cerianite-(Ce)，由根词

“Cerianite-Cerium(铈并类比于)Thorianite(方钍石)和 Uraninite(沥青铀矿),其中 an 为锕系”加占优势的稀土元素铈后缀-(Ce)组合命名,意指矿物的化学成分主要含铈。1955 年 A. R. 格雷厄姆(A. R. Graham)在《美国矿物学家》(40)报道。1959 年以前发现、描述并命名的“祖父级”矿物,IMA 承认有效。IMA 1987s. p. 批准。中文名称根据等轴晶系和成分译为方铈石或方铈矿(参见【方钍石】条 160 页)。

【方霜晶石】

英文名 Thomsenolite

化学式 $NaCaAlF_6 \cdot H_2O$　　(IMA)

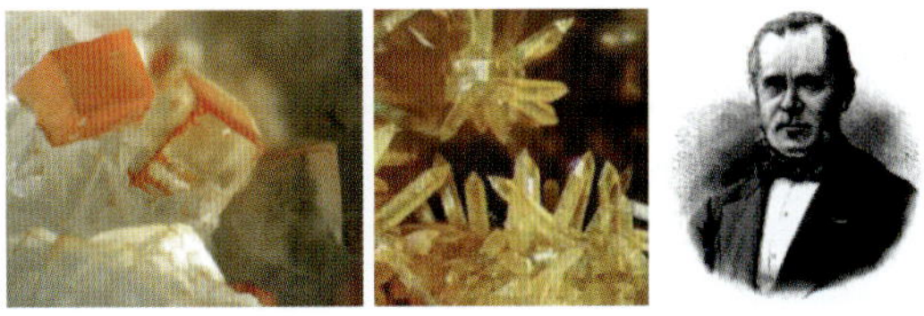

方霜晶石假立方体、锥柱状晶体,晶簇状集合体(格陵兰)和汤姆森像

方霜晶石是一种罕见的含结晶水的钠、钙、铝的氟化物矿物,与霜晶石为同质多象。单斜晶系。晶体呈柱状、板状,常具假立方体外形;集合体呈晶簇状、皮壳状、钟乳状等。无色、白色、浅紫色、褐色或红色,玻璃光泽、油脂光泽,解理面上呈珍珠光泽,透明—半透明;硬度 2,完全解理,脆性。1866 年首次发现于丹麦格陵兰岛阿尔苏克峡湾伊维赫图特(Ivigtut)冰晶石矿床。1866 年 G. 哈格曼(G. Hagemann)在《美国科学杂志》(42)报道,称正方霜晶石(Dimetric Pachnolite)。1866 年谢波德(Shepard)在《美国科学杂志》(42)报道,称哈格曼石(Hagemannite)。英文名称 Thomsenolite,1868 年 J. D. 丹纳(J. D. Dana)在《系统矿物学》(第五版,纽约)以汉斯·彼得·约尔延·朱利叶斯·汤姆森(Hans Peter Jorgen Julius Thomsen,1826—1909)教授的姓氏命名。汤姆森是丹麦哥本哈根大学的物理化学家和格陵兰冰晶石行业的创始人。1959 年以前发现、描述并命名的“祖父级”矿物,IMA 承认有效。中文名称根据矿物晶体假立方体外观和与霜晶石的关系,译为方霜晶石(参见【霜晶石】条 813 页)。

【方水铀矿】

英文名 Heisenbergite

化学式 $(UO_2)(OH)_2 \cdot H_2O$　　(IMA)

海森堡像

方水铀矿是一种含结晶水的铀酰-氢氧化物矿物。斜方晶系。晶体呈他形粒状、长柱状。黄色、黄棕色或橙褐色,玻璃光泽,半透明—不透明;硬度 2。2010 年发现于德国巴登-符腾堡州弗赖堡地区门森施旺德(Menzenschwand)的克鲁克尔巴赫(Krunkelbach)谷铀矿床。英文名称 Heisenbergite,科特·瓦林塔(Kurt Walenta)等为纪念德国莱比锡、柏林、哥廷根和慕尼黑大学物理学教授维尔纳·卡尔·海森堡(Werner Carl Heisenberg,1901—1976)而以他的姓氏命名。他与博恩(Born)和乔丹(Jordan)一起与德布勒(Broglie)、德拉克(Dirac)和薛定谔(Schrödinger)团队奠定了现代量子力学的基础。1932 年,他被授予诺贝尔物理学奖。IMA 2010-076 批准。2012 年 K. 瓦林塔(K. Walenta)等在《矿物学新年鉴:论文》(189)报道。2015 年艾钰洁、范光在《岩石矿物学杂志》[34(1)]根据对称性和成分译为方水铀矿。

【方锑金矿】

英文名 Aurostibite

化学式 $AuSb_2$　　(IMA)

方锑金矿是一种罕见的金的锑化物矿物。属黄铁矿族。等轴晶系。晶体呈不规则细小粒状;集合体呈细脉状。灰白色—灰黑色,具锖色,金属光泽,不透明;硬度 3～4,脆性。1951 年由格林汉姆(Graham)和凯曼(Kaiman)在捷克斯洛伐克红山金矿石英脉首次发现。1952 年又发现于加拿大西北部麦肯齐区耶洛奈夫(Yellowknife)矿和安大略省蒂米斯卡明区切斯特维尔(Chesterville)矿。1952 年 A. R. 格雷厄姆(A. R. Graham)等在《美国矿物学家》(37)报道。英文名称 Aurostibite,以化学成分“Au[拉丁文 Aurum,来自 Aurora(金)”和“Sb(英文 Antimony,拉丁文 Stibium(锑)]”组合命名。1959 年以前发现、描述并命名的“祖父级”矿物,IMA 承认有效。中文名称根据等轴晶系和成分译为方锑金矿,又根据脆性和成分译为脆金锑矿。1987 年中国黄金地质研究所苑保钦、田澍章、陈静渝在中国湖南省平江县杨山庄金矿床,首次发现这种矿物。1990 年中南工业大学陈小群等又在湘西金矿钨、锑、金石英脉矿床发现了该矿物。

【方锑矿】

英文名 Senarmontite

化学式 Sb_2O_3　　(IMA)

方锑矿八面体晶体(意大利)和赛那蒙特像

方锑矿是一种锑的氧化物矿物。等轴晶系。晶体呈自形的八面体、六八面体、立方体和菱形十二面体的聚形、粒状,有时成骸晶;集合体呈致密块状,有时呈皮壳状。无色—灰白色,偶见红褐色,金刚光泽、玻璃光泽、油脂光泽或树脂光泽,透明—半透明;硬度 2～2.5,脆性。1851 年发现于阿尔及利亚康斯坦丁省艾因贝达市杰贝尔·哈米马特(Djebel Hammimat)矿。1851 年丹纳(Dana)在《美国科学与艺术杂志》(12)报道。英文名称 Senarmontite,以法国巴黎矿业学校矿物学教授亨利·于罗·德·赛那蒙特(Henri Hureau de Senarmot,1808—1862)的姓氏命名,是他首先描述了该矿物。1959 年以前发现、描述并命名的“祖父级”矿物,IMA 承认有效。中文名称根据等轴晶系和成分译为方锑矿。

【方铁矿】

英文名 Wüstite

化学式 FeO　　(IMA)

方铁矿铁皮状、松枝状集合体(俄罗斯、希腊)

方铁矿是一种罕见的铁的氧化物矿物,是典型的非化学当量的化合物。属方镁石族。等轴晶系。晶体呈完好的立

方体或八面体或六八面体；集合体呈铁皮状、松枝状、管状。颜色灰色、绿色、红褐色—黑色，金属光泽，不透明—半透明；硬度 5～5.5，脆性。FeO 相首先被德国冶金家弗里茨·维斯特(Fritz Wüst，1860—1938)发现于人为炉渣中。维斯特是凯撒·威廉联合会铁研究(Kaiser-Wilhelm-Institut)创始董事(即目前的马克斯·普朗克钢铁股份有限公司，它是一家现代化的、可靠的研究机构)。人为的 FeO 相被称为方铁体、维氏体、维氏体铁。自然矿物首先发现于德国巴登-符腾堡州斯图加特市奥斯特菲尔登镇沙尔豪森(Scharnhausen)。1924 年布龙(Brun)在法国《物理学和自然科学文献》(6)(称 Iozite)、日内瓦《物理学、历史学和自然科学学会会议记录》(41)和瑞士《矿物学通报》(4)及 2017 年《无机和普通化学杂志》(166)报道。英文名称 Wüstite，1960 年 K. 瓦林塔(K. Walenta)在《矿物学新年鉴》(月刊)以德国基尔大学地质学家、古生物学家埃瓦尔德·维斯特(Ewald Wüst，1875—1934)的姓氏命名。1959 年以前发现、描述并命名的"祖父级"矿物，IMA 承认有效。中文名称根据等轴晶系和成分译为方铁矿。中国学者白文吉等在中国西藏自治区罗布莎蛇绿岩地幔岩中首次发现超高压矿物方铁矿和自然铁，以自然铁为核心外包裹方铁矿，两者形成圆球形态[2004 年《地质论评》(2)]。

【方铁锰矿】

英文名 Bixbyite

化学式 $Mn_2^{3+}O_3$　　(IMA)

方铁锰矿立方体穿插双晶(美国)

方铁锰矿是一种锰、铁的氧化物矿物，Mn∶Fe 接近 1∶1；但有时几乎不含铁 Fe_2O_3，成分式为 $Mn_2^{3+}O_3$。属刚玉-赤铁矿族。等轴晶系。晶体呈八面体、菱形十二面体，常见穿插双晶，晶面有条纹。深黑色，金属光泽，不透明；硬度 6～6.5。1897 年由梅纳德(Maynard)发现于美国犹他州贾布县梅纳德(Maynard)矿。1897 年潘菲尔德和富特(Penfield and Foote)在《美国科学杂志》(4)报道。英文名称 Bixbyite，以美国矿物学家梅纳德·比克斯比(Maynard Bixby，1853—1935)的姓氏命名。梅纳德是美国犹他州托马斯区的勘探者、矿工、矿山经纪人、作者和探险家及盐湖城的矿产商，他收集并提供了第一个标本；他发表过几个版本的权威性著作《犹他州矿物和地方目录》，还撰写有西部各州几个矿区的文章。1959 年以前发现、描述并命名的"祖父级"矿物，IMA 承认有效。中文名称根据等轴晶系和成分译为方铁锰矿或方锰铁矿。

【方铜铅矿】参见【黑铅铜矿】条 318 页

【方钍石】

英文名 Thorianite

化学式 ThO_2　　(IMA)

方钍石是一种钍的氧化物矿物，常含铀、镧、铈、镨和钕氧化物及氦。属沥青铀矿族。等轴晶系。晶体呈立方体者多，八面体者少，一般呈圆粒状，穿插双晶常见。暗灰色—浅褐黑色或浅蓝黑色，风化后呈褐黑色或棕黄色，树脂光泽、金刚光泽、半金属光泽，半透明—不透明；硬度 6.5～7，脆性，密度大；具强放射性。1904 年发现于斯里兰卡萨巴拉加穆瓦省拉特纳普勒(宝石城)区巴朗戈德(Balangoda)。1904 年阿南达·库马拉斯瓦米(Ananda Coomaraswamy)在《锡兰斯波利亚》(*Spolia Ceylon*)中最初当作沥青铀矿来描述。温德汉姆·R. 邓斯坦(Wyndham R. Dunstan)在《自然》(69)确认它是一个新矿物。英文名称 Thorianite，根据其化学成分"Thorium(钍)"和所属"An(锕系)"命名。1959 年以前发现、描述并命名的"祖父级"矿物，IMA 承认有效。中文名称根据晶系(等轴晶系)和成分(钍)译为方钍石(参见【钍石】条 970 页)。

方钍石立方体晶体和穿插双晶(意大利、马达加斯加、加拿大)

【方硒钴矿】

英文名 Bornhardtite

化学式 $Co^{2+}Co_2^{3+}Se_4$　　(IMA)

方硒钴矿是一种钴的硒化物矿物，是硒的硫钴矿类似矿物。属尖晶石超族硒尖晶石族方硒钴矿亚族。等轴晶系。晶体呈粒状。铜黄色、玫瑰红色，金属光泽，不透明；硬度 4。1955 年发现于德国下萨克森州哈尔茨山特罗格塔尔(Trogtal)采石场。1955 年 P. 拉姆多尔(P. Ramdohr)等在《矿物学新年鉴》(月刊)和 1956 年 M. 弗莱舍(M. Fleischer)在《美国矿物学家》(41)报道。英文名称 Bornhardtite，以弗里德里希·威廉·康拉德·爱德华·伯恩哈德(Friedrich Wilhelm Conrad Eduard Bornhardt，1864—1946)博士的姓氏命名。他是德国地质学家、工程师和探险家，并且是柏林矿业学院院长(1907—1916)。1959 年以前发现、描述并命名的"祖父级"矿物，IMA 承认有效。中文名称根据等轴晶系和成分译为方硒钴矿。

【方硒镍矿】

英文名 Trüstedtite

化学式 $Ni^{2+}Ni_2^{3+}Se_4$　　(IMA)

特吕施泰特像

方硒镍矿是一种镍的硒化物矿物。属尖晶石超族硒尖晶石族方硒钴矿亚族。等轴晶系。晶体呈自形粒状，呈其他矿物的包裹体。奶油黄色，金属光泽，不透明；硬度 2.5。1964 年发现于芬兰北部库萨莫市基特卡(Kitka)河谷。英文名称 Trüstedtite，以奥托·亚历山大·保罗·特吕施泰特(Otto Alexander Paul Trüstedt，1866—1929)的姓氏命名，是以他开发的勘探方法导致了芬兰奥托昆普(Outokumpu)矿床的发现。1964 年 Y. 沃雷莱宁(Y. Vuorelainen)等在《芬兰地质学会会议记录》(36)和 1965 年《美国矿物学家》(50)报道。IMA 1967s. p. 批准。中文名称根据等轴晶系和成分译为方硒镍矿。

【方硒铜矿】

英文名 Krut'aite

化学式 $CuSe_2$　　(IMA)

方硒铜矿八面体晶体(玻利维亚)和克鲁塔像

方硒铜矿是一种铜的硒化物矿物。属黄铁矿族。与佩特利克矿*(Petříčekite)为同质多象。等轴晶系。晶体呈八面体。黑色、灰色,金属光泽,不透明;硬度4,完全解理。1972年发现于捷克共和国摩拉维亚新城地区的彼得罗维采(Petrovice)。1972年Z.约翰(Z. Johan)等在《法国矿物学和结晶学学会通报》(95)报道。英文名称Krut′aite,以捷克斯洛伐克布龙摩拉维亚博物馆矿物学实验室主任托马斯·约瑟夫·克鲁塔(Tomas Josef Krut′a,1906—1998)的姓氏命名。他是捷克共和国矿物学家和矿物收藏家,写了几本关于该地区矿物的书。IMA 1972-001批准。1974年M.弗莱舍(M. Fleischer)在《美国矿物学家》(59)报道。中文名称根据等轴晶系和成分译为方硒铜矿;顾雄飞译为二硒铜矿(见《国外新矿物》)。

【方硒锌矿】

英文名 Stilleite

化学式 ZnSe (IMA)

斯蒂莱像

方硒锌矿是一种锌的硒化物矿物。属闪锌矿族。等轴晶系。晶体呈微小的粒状。灰色,金刚光泽、金属光泽,半透明—不透明;硬度5。1956年发现于刚果(金)上加丹加省坎博韦区欣科洛布韦(Shinkolobwe)矿。1956年P.拉姆多尔(P. Ramdohr)在德国《纪念艾伦·冯·汉斯·斯蒂莱地质构造(Geotektonisches)研讨会专题论文集:德国地质学会会刊》(1)首次报道。1957年拉姆多尔在《美国矿物学家》(42)报道。英文名称Stilleite,以德国地质学家和地质构造学家汉斯·威尔罕姆·斯蒂莱(Hans Wilhelm Stille,1876—1966)的姓氏命名。1959年以前发现、描述并命名的"祖父级"矿物,IMA承认有效。中文名称根据等轴晶系和成分译为方硒锌矿。

【方英石】

英文名 Cristobalite

化学式 SiO_2 (IMA)

方英石假八面体晶体,球状集合体(日本、美国)

方英石是一种硅的氧化物矿物。与正方硅石(或热液石英)、塞石英(和超石英或重硅石)、莫石英、石英、柯石英、斯石英和鳞石英为同质多象变体。方英石包括α-方英石和β-方英石两个变体。α-方英石为四方晶系。晶体呈假八面体或骸晶状,具尖晶石型聚片双晶;集合体常呈树突状、球晶。无色、白色,也有蓝灰色、棕色、灰色、黄色,玻璃光泽,透明—半透明;硬度6~7,脆性。1887年发现于墨西哥伊达尔戈州帕丘卡市塞罗圣克里斯托瓦尔山(Cerro San Cristobal)。英文名称Cristobalite,1887年德国矿物学家格哈德·沃姆·拉斯(Gerhard vom Rath,1830—1888)在《矿物学、地质学和古生物学新年鉴》中以发现地墨西哥的克里斯托瓦尔(Cristobal)山命名。它通常产在地球上某些火山岩中,多为某些陨石和月岩的成分。它是个天文学矿物名称。1959年以前发现、描述并命名的"祖父级"矿物,IMA承认有效。中文名称根据四方晶系和光泽译为方英石;根据四方晶系和与石英的关系译为方石英;根据颜色和成分译为白硅石。

【β-方英石】

英文名 β-Cristobalite

化学式 SiO_2 (IMA)

方英石包括α-方英石和β-方英石两个变种。β-方英石属等轴晶系。晶体呈小八面体,少数为立方体,具尖晶石型聚片双晶;集合体呈纤维放射状、球状。无色、白色、乳白色、黄色,玻璃光泽;硬度6~7。α-方英石(Cristobalite)1887年发现于墨西哥海德尔格-帕丘卡市圣克里斯托瓦尔山(Cerro San Cristobal),以产地命名为Cristobalite。它与α-方英石为同质二象,故名β-Cristobalite。通常产在某些地球火山岩中,多为某些陨石和月岩的组分。它是个天文学矿物名称。1959年以前发现、描述并命名的"祖父级"矿物,IMA承认有效。中文名称根据等轴晶系和与方英石的关系译为β-方英石。

【方柱石】

英文名 Scapolite

化学式 $(Na,Ca)_4(Al,Si)_6Si_6O_{24}(Cl,OH,CO_3,SO_4)$

方柱石柱状晶体(坦桑尼亚)

方柱石族是$Na_4[AlSi_3O_8]_3(Cl,OH)$—$Ca_4[Al_2SiO_8]_3(CO_3,SO_4)$完全类质同象系列的含氯、羟基、碳酸根、硫酸根的钠和钙的架状铝硅酸盐矿物的总称。因为其化学成分与长石相似,属似长石矿物。系列的成员有钠柱石、韦柱石、中柱石、针柱石和钙柱石5个矿物种。四方晶系。晶体常呈四方柱和四方双锥的聚形,粒状;集合体呈致密块状。无色及白色、蓝灰色、黄色—红褐色、粉红色、紫色、蓝色和银灰色等,玻璃光泽,半透明—不透明;硬度5~6。色泽美丽的可作为宝石,如海蓝色者称海蓝柱石。英文名称Scapolite,于1800年由何塞·博尼法克拉·德·安德拉德·席尔瓦(José Bonifácio de Andrada e Silva)根据希腊文"ζκαποζ=Ashaft=Scapos",意为"轴或杆状"和"Lithos"意为"石头"二词组合命名。其名缘于它的晶体形态像"棒子、杆子"长柱状晶体的习性。见于1931年在西德《结晶学杂志》(81)报道。1959年以前发现、描述并命名的"祖父级"矿物,IMA承认有效。它也叫"文列石",是为了纪念德国探险家、矿物学家哥特别·文列(1750—1817)而以他的姓氏命名。中文名称根据柱状形态译为方柱石(参见【钠柱石】条645页、【韦柱石】条980页、

【方柱石】条 161 页和【钙柱石】条 233 页)。

芳 [Fāng]形声;从艹,方声。本义:花草。[英]音,用于外国地名。

【芳水砷钙石】

英文名 Phaunouxite

化学式 $Ca_3(AsO_4)_2 \cdot 11H_2O$ (IMA)

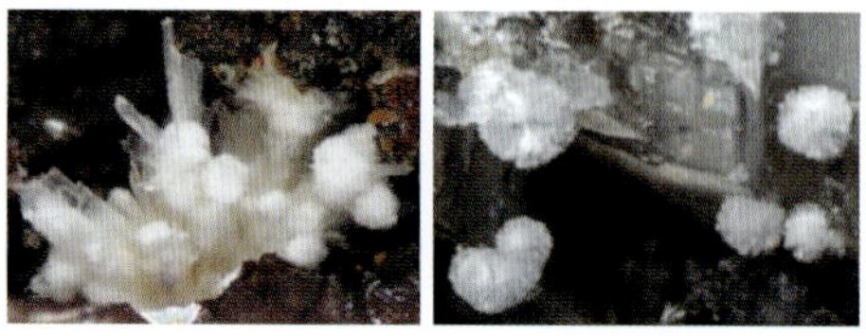

芳水砷钙石长柱、针状晶体,球粒状、扇状集合体(德国、法国)

芳水砷钙石是一种含结晶水的钙的砷酸盐矿物。三斜晶系。晶体呈细长柱状、针状;集合体常呈球粒状、扇状。无色、白色,玻璃光泽,透明—半透明;完全解理。1980 年发现于法国上莱茵省圣玛丽亚奥克斯矿山纽恩堡城附近圣雅各布镇劳恩塔尔(Rauenthal,法文 Phaunoux)山谷加布-歌特(Gabe Gottes)矿。英文名称 Phaunouxite,以矿物首次发现地法国的劳恩塔尔山谷的法文名字 Phaunoux(帕努克斯)命名。IMA 1980-062 批准。1982 年 H. 巴里(H. Bari)等在《矿物学通报》(105)和 1983 年《美国矿物学家》(68)报道。1984 年中国新矿物与矿物命名委员会郭宗山在《岩石矿物及测试》[3(2)]根据英文名称首音节音和成分译为芳水砷钙石。

钫 [fāng]形声;从金,方声。一种放射性化学元素。[英]Francium。中国台湾译鍅;旧译作钫、鈁。元素符号 Fr。原子序数 87。钫是门捷列夫曾经指出的类铯,是莫斯莱所确定的原子序数为 87 的元素。它的发现经历了曲折的道路。最初,化学家们根据门捷列夫的推断——类铯是一个碱金属元素,是成盐的元素,故尝试从各种盐类里去寻找它,但是一无所获。1925 年 7 月英国化学家费里恩德特地选定了炎热的夏天去死海寻找它。但是,经过辛劳的化学分析和光谱分析后,却丝毫没有发现这个元素。后来又有不少化学家尝试利用光谱技术以及利用原子量作为突破口去找这个元素,但都没有成功。1930 年,美国亚拉巴马州工艺学院物理学教授阿立生宣布,在稀有的碱金属矿铯榴石和鳞云母中用磁光分析法,发现了 87 号元素。元素符号定为 Vi。可是不久,磁光分析法本身被否定了,利用它发现的元素也就不可能成立。到 1939 年,法国女科学家佩里在研究锕的同位素 ^{227}Ac 的 α 衰变产物时,从中发现了 87 号元素,并对它进行研究。为了纪念她的祖国法兰西,把 87 号元素称为 Francium。钫可存在于铀矿及钍矿中;目前尚未发现独立矿物。

房 [fáng]形声;从户,方声。本义:正室左右的住室。用于日本地名。

【房总石*】

英文名 Bosoite

化学式 $SiO_2 \cdot nC_xH_{2x+2}$ (IMA)

房总石*是一种含碳氢烃分子天然气水合物同构的新型二氧化硅包合物矿物。与千叶石和黑方英石相类似。六方晶系。2014 年发现于日本本州岛关东地区千叶县南房总(Minamiboso)市荒川。英文名称 Bosoite,以发现地日本的房总(Boso)市命名。IMA 2014-023 批准。日文汉字名称房総石。2014 年纲一门马(K. Momma)等在《CNMNC 通讯》(21)和《矿物学杂志》(78)报道。目前尚未见官方中文译名,编译者建议借用日文汉字名称房総石的简化汉字名称房总石*。

非 [fēi]指事。金文作"兆",像"飞"字下面相背展开的双翅形,双翅相背。本义:违背;不合。与"是"相对。矿物按其组成物质质点的有序性,分为晶质(有序)和非晶质(无序)。

【非脆硫砷铅矿*】

英文名 Incomsartorite

化学式 $Tl_6Pb_{144}As_{246}S_{516}$ (IMA)

非脆硫砷铅矿*柱状晶体(瑞士)

非脆硫砷铅矿*是一种含铊、铅的砷-硫化物矿物。属脆硫砷铅矿同源系列族。单斜晶系。2016 年发现于瑞士瓦莱州林根巴赫(Lengenbach)采石场。英文名称 Incomsartorite,由结构冠词"Incom = Incommensurate(不相称的;不对应的;不能相比的;非公度的)"和根词"Sartorite(脆硫砷铅矿)"组合命名,意指结构与脆硫砷铅矿的单斜晶系不对应,但是是逼近的单斜晶系。IMA 2016-035 批准。2016 年 D. 托帕(D. Topa)等在《CNMNC 通讯》(33)和《矿物学杂志》(80)报道。目前尚未见官方中文译名,编译者建议根据结构及与脆硫砷铅矿的关系译为非脆硫砷铅矿*。

【非晶砷铁石】

英文名 Ferrisymplesite

化学式 $Fe^{3+}_3(AsO_4)_2(OH)_3 \cdot 5H_2O$ (IMA)

非晶砷铁石团块状、放射状集合体(加拿大、葡萄牙)

非晶砷铁石是一种含结晶水、羟基的铁的砷酸盐矿物。属砷铁矿族。单斜晶系。晶体呈纤维状;集合体呈非晶质不规则团块状、放射状。深琥珀棕色、黄棕色、黄色、白色,半玻璃光泽、树脂光泽,透明;硬度 2.5,脆性。1924 年发现于加拿大安大略省蒂米斯卡明区科博尔特地区哈德逊湾(Hudson Bay)矿。英文名称 Ferrisymplesite,1924 年托马斯·伦纳德·沃克(Thomas Leonard Walker)、阿尔弗雷德·伦纳德·帕森斯(Alfred Leonard Parsons)在《多伦多大学地质系对加拿大矿物学的贡献》(17)和 1925 年《美国矿物学家》(10)根据成分"Ferri(三价铁)"和与"Symplesite(砷铁矿)"的关系组合命名。1959 年以前发现、描述并命名的"祖父级"矿物,IMA 承认有效。中文名称根据非晶质习性和成分译为非晶砷铁石;根据纤维状晶习和成分译为纤维砷铁矿。

【非晶质铀矿】参见【沥青铀矿】条 449 页

菲 [fēi]形声;从艹,非声。本义:菲菜,一种芜菁类植物。形容花草美;香味浓。[英]音,朋友关系,用于外国人名、地名。

【菲尔多斯矿*】

英文名 Ferdowsiite

化学式 $Ag_8(Sb_5As_3)S_{16}$ (IMA)

尔多斯矿*柱状晶体(秘鲁)和德黑兰广场菲尔多斯雕像

菲尔多斯矿*是一种银的锑-砷-硫化物矿物。单斜晶系。晶体呈柱状,常与黝铜矿形成蠕虫状。灰黑色,金属光泽,不透明;硬度2.5～3,脆性。2012年发现于伊朗西阿塞拜疆省萨尔达什特地区拜里卡(Barika)矿。英文名称Ferdowsiite,为纪念波斯最伟大的人物之一的职业诗人菲尔多斯·图斯(Ferdowsi Tousi,935—1020,萨曼王朝)而以他的名字命名。菲尔多斯是波斯最伟大的诗人之一,他一生努力维护祖国的民族认同、语言和文化遗产,特别是通过世界上最长的、最伟大的诗歌杰作之一《列王纪》(*Shahnameh*)为他赢得了持久的声望和荣誉;他被称为"世界之主"和"波斯的救星"。IMA 2012-062批准。2013年D.托帕(D. Topa)等在《CNMNC通讯》(15)、《矿物学杂志》(77)和《加拿大矿物学家》(51)报道。目前尚未见官方中文译名,编译者建议音译为菲尔多斯矿*。

【菲辉锑银铅矿】

英文名 Fizélyite

化学式 $Ag_5Pb_{14}Sb_{21}S_{48}$ (IMA)

菲辉锑银铅矿柱状晶体,束状、晶簇状集合体(加拿大)和菲泽利像

菲辉锑银铅矿是一种银、铅的锑-硫化物矿物。属硫铋铅矿同源系列族。单斜晶系。晶体呈细柱状、针状、弯曲和扭曲的板条状,晶面有条纹,具双晶;集合体呈束状。铅灰色、暗灰色、钢灰色,金属光泽,不透明;硬度2,完全解理,非常脆。1923年发现于罗马尼亚马拉穆列什地区巴亚马雷市丘兹拜亚(Chiuzbaia)的埃尔加(Herja)矿;同年,在《数学与自然科学通报》(*Mathematikai és Természet-tudományi Értesítö*)(40)报道。1930年克伦纳(Krenner)等在《美国矿物学家》(15)报道。英文名称Fizélyite,以匈牙利采矿工程师桑德尔·菲泽利(Sándor Fizély,1856—1918)的姓氏命名,是他发现的该矿物。1959年以前发现、描述并命名的"祖父级"矿物,IMA承认有效。中文名称根据英文名称首音节音、光泽和成分译为菲辉锑银铅矿。

【菲劳利石】

英文名 Philolithite

化学式 $Pb_{12}O_6Mn_7(SO_4)(CO_3)_4Cl_4(OH)_{12}$ (IMA)

菲劳利石是一种含羟基和氯的铅氧、锰的碳酸-硫酸盐矿物。四方晶系。晶体呈四方板状,具扇形双晶;集合体呈皮壳状。浅—中等的苹果绿色,金刚光泽,透明—半透明;硬度3～4,脆性。1996年发现于瑞典韦姆兰省菲利普斯塔德市朗班(Långban)。英文名称Philolithite,由希腊文"φίλos=Philos(哲学)=Friend(朋友、爱)"和"λίθos=Lithos=Stone(石)"组合命名,以纪念矿物学组织之朋友们的关爱。IMA 1996-020批准。1998年A. R.坎普夫(A. R. Kampf)在《矿物学记录》(29)和1999年《美国矿物学家》(84)报道。2003年中国地质科学院矿产资源研究所李锦平等在《岩石矿物学杂志》[22(2)]音译为菲劳利石。

【菲利罗斯矿*】

英文名 Philrothite

化学式 $TlAs_3S_5$ (IMA)

菲利罗斯矿*毛绒状集合体(瑞士)和菲利普·罗斯像

菲利罗斯矿*是一种铊的砷-硫化物矿物。属脆硫砷铅矿族。单斜晶系。集合体呈毛绒状。深棕色,金属光泽,不透明;硬度3～3.5,脆性。2013年发现于瑞士瓦莱州林根巴赫((Lengenbach)采石场。英文名称Philrothite,以瑞士地球物理学家和林根巴赫采石场主管菲利普·罗斯(Philippe Roth,1963—)的姓名命名。他是一个众所周知的林根巴赫的矿物专家。IMA 2013-066批准。2014年L.宾迪(L. Bindi)等在《矿物学杂志》(78)报道。目前尚未见官方中文译名,编译者建议音译为菲利罗斯矿*。

【菲利普博石】

英文名 Philipsbornite

化学式 $PbAl_3(AsO_4)(AsO_3OH)(OH)_6$ (IMA)

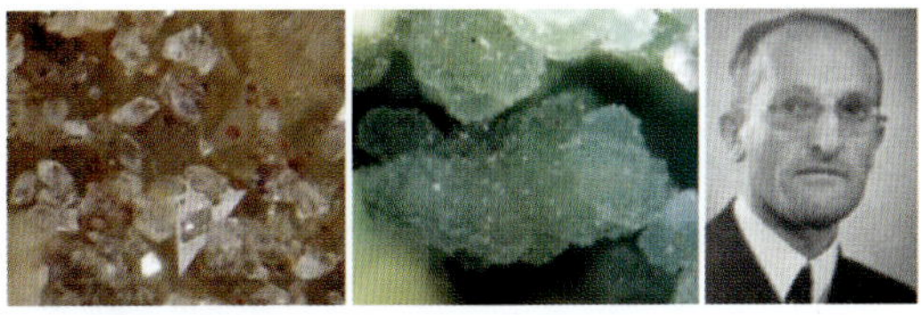

菲利普博石假菱面体晶体,皮壳状集合体(德国、法国)和菲利普斯本像

菲利普博石是一种含羟基的铅、铝的氢砷酸-砷酸盐矿物。属明矾石超族绿砷钡铁石族。三方晶系。晶体呈假菱面体;集合体常呈皮壳状。无色、绿色或灰色,玻璃光泽,半透明—透明;硬度4.5。1981年发现于澳大利亚塔斯马尼亚州齐恩市邓达斯(Dundas)矿区红铅矿。英文名称Philipsbornite,库尔特·瓦林塔(Kurt Walenta)等为纪念德国波恩大学矿物学教授赫尔穆特·理查德·赫尔曼·阿道夫·弗里德里希·冯·菲利普斯本(Helmuth Richard Hermann Adolf Friedrich von Philipsborn,1892—1983)而以他的姓氏命名。IMA 1981-029批准。1982年库尔特·瓦林塔(Kurt Walenta)等在德国《矿物学新年鉴》(月刊)和《美国矿物学家》(67)报道。1984年中国新矿物与矿物命名委员会郭宗山在《岩石矿物及测试》[3(2)]音译为菲利普博石。

【菲利普锑锰矿】

英文名 Filipstadite

化学式 $(Fe^{3+}_{0.5},Sb^{5+}_{0.5})Mn^{2+}_2O_4$ (IMA)

菲利普锑锰矿是一种铁、锑、锰的氧化物矿物。属尖晶石超族氧尖晶石族钛尖晶石亚族。斜方晶系。晶体呈八面体。黑色、深褐灰色,金属光泽,不透明;硬度6～6.5,脆性。

1988 年发现于瑞典韦姆兰省菲利普斯塔德(Filipstad)市朗班(Långban)和雅各布斯贝里。英文名称 Filipstadite,以发现地瑞典的菲利普斯塔德(Filipstad)命名。IMA 1987 - 010 批准。1988 年 P. J. 邓恩(P. J. Dunn)在《美国矿物学家》(73)报道。1989 年中国新矿物与矿物命名委员会郭宗山在《岩石矿物学杂志》[8(3)]根据英文名称前三个音节和成分译为菲利普锑锰矿,也有的根据颜色和成分译为黑铁锑锰矿。

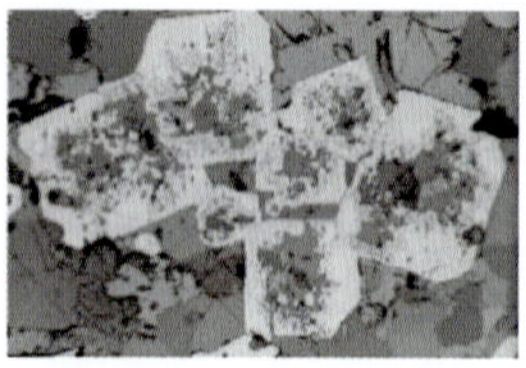
菲利普锑锰矿自形晶体(瑞典,光片)

【菲氯砷铅矿】

英文名 Finnemanite

化学式 $Pb_5(As^{3+}O_3)_3Cl$ (IMA)

菲氯砷铅矿是一种含氯的铅的亚砷酸盐矿物。六方晶系。晶体呈小的、扭曲的、细长的板柱状;集合体呈皮壳状。灰色—黑色,透射光浅橄榄绿色,亚金刚光泽,半透明—不透明;硬度 2.5,完全解理。1923 年发现于瑞典韦姆兰省菲利普斯塔德市朗班(Långban)。1923 年阿米诺夫(Aminoff)在瑞典《斯德哥尔摩地质学会会刊》(45)和《美国矿物学家》(8)报道。英文名称 Finnemanite,由 K. J. 芬内曼(K. J. Finneman)在瑞典朗班找到的第一个标本,而以他的姓氏命名。1959 年以前发现、描述并命名的"祖父级"矿物,IMA 承认有效。中文名称根据英文名称首音节音和成分译为菲氯砷铅矿;根据成分译为砷氯铅矿。

菲氯砷铅矿扭曲的板柱状晶体(瑞典)

【菲姆石*】

英文名 Fiemmeite

化学式 $Cu_2(C_2O_4)(OH)_2 \cdot 2H_2O$ (IMA)

菲姆石*是一种含结晶水、羟基的铜的草酸盐矿物。单斜晶系。晶体呈细长小板状,最长 50μm;集合体呈放射状,最大直径为 1mm。天蓝色,玻璃光泽、蜡状光泽,透明;脆性,完全解理。2017 年发现于意大利特伦托省(特伦蒂诺)卢加诺山口附近瓦尔·加迪纳(Val Gardena)晚二叠世砂岩露头。英文名称 Fiemmeite,以发现地意大利菲姆(Fiemme)山谷命名。IMA 2017 - 115 批准。2018 年 F. 德马丁(F. Demartin)等在《矿物》(8)、《CNMNC 通讯》(43)和《矿物学杂志》(82)报道。目前尚未见官方中文译名,编译者建议音译为菲姆石*。

菲姆石*板条状晶体,放射状集合体(意大利)

【菲羟砷铜石】

英文名 Philipsburgite

化学式 $(Cu,Zn)_6(AsO_4,PO_4)_2(OH)_6 \cdot H_2O$ (IMA)

菲羟砷铜石是一种含结晶水和羟基的铜、锌的磷酸-砷酸盐矿物。单斜晶系。集合体呈葡萄状微晶。翠绿色、墨绿色,玻璃光泽,透明;硬度 3~4。1984 年发现于美国蒙大拿州格拉尼特县菲利普斯堡(Philipsburg)区。英文名称 Philipsburgite,以发现地美国的菲利普斯堡(Philipsburg)区命名。IMA 1984 - 029 批准。1985 年 D. R. 皮科尔(D. R. Peacor)等在《加拿大矿物学家》(23)和 1986 年 F. C. 霍桑(F. C. Hawthorne)等在《美国矿物学家》(71)报道。1986 年中国新矿物与矿物命名委员会郭宗山等在《岩石矿物及测试》[5(4)]根据英文名称首音节音和成分译为菲羟砷铜石。

菲羟砷铜石葡萄状微晶集合体(美国)

【菲特雷尔石*】

英文名 Fuettererite

化学式 $Pb_3Cu_6^{2+}Te^{6+}O_6(OH)_7Cl_5$ (IMA)

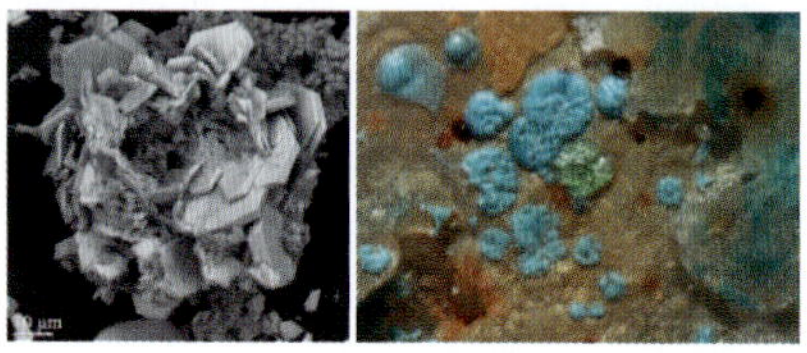
菲特雷尔石*板状晶体,皮壳状、球粒状集合体(美国)

菲特雷尔石*是一种含氯和羟基的铅、铜的碲酸盐矿物。三方晶系。晶体呈板状、短柱状,长达 50μm;集合体呈皮壳状、球粒状。蓝绿色,金刚光泽,透明;硬度 2~3,完全解理,脆性。2011 年发现于美国加利福尼亚州圣贝纳迪诺县奥托(Otto)山。英文名称 Fuettererite,以奥托·菲特雷尔(Otto Fuetterer,1880—1970)的姓氏命名。他主要负责奥托山矿区的采矿权。IMA 2011 - 111 批准。2012 年 A. R. 坎普夫(A. R. Kampf)等在《CNMNC 通讯》(13)和《矿物学杂志》(76)报道。目前尚未见官方中文译名,编译者建议音译为菲特雷尔石*。

【菲韦格石*】

英文名 Fivegite

化学式 $K_4Ca_2[AlSi_7(O_{17}(O_{2-x}OH)_x)][(H_2O)_{2-x}(OH)_x]Cl$ $(x=0\sim2)$ (IMA)

菲韦格石*是一种含氯、羟基、结晶水的钾、钙的羟基-氧铝硅酸盐矿物。斜方晶系。晶体呈带锥的柱状,呈片硅碱钙石晶体之假象。无色,玻璃光泽、珍珠光泽,透明;硬度 4,完全解理,脆性。2009 年发现于俄罗斯北部摩尔曼斯克州拉姆霍尔(Rasvumchorr)山特森特拉尼(Tsentralnyi)矿。英文名称 Fivegite,以俄罗斯地质学家、矿山工程师米哈伊尔·帕夫洛维奇·菲韦格(Mikhail Pavlovich Fiveg 1899—1986)的姓氏命名。他是非金属矿床的专家,特别是磷灰石,他领导了希比内山第一个磷灰石探矿队(1928—1933)。IMA 2009 - 067 批准。2010 年 I. V. 佩科夫(I. V. Pekov)等在《俄罗斯矿物学会记事》[139(4)]报道。目前尚未见官方中文译名,编译者建议音译为菲韦格石*。

【菲希特尔石】参见【白脂晶石】条 41 页

【菲尤恩扎利达石】

英文名 Fuenzalidaite

化学式 $K_3Na_5Mg_5(IO_3)_6(SO_4)_6 \cdot 6H_2O$ (IMA)

菲尤恩扎利达石微粒状晶体(智利)和菲尤恩扎利达像

菲尤恩扎利达石是一种含结晶水的钾、钠、镁的硫酸-碘酸盐矿物。三方晶系。晶体呈薄的自形六方板状、微粒状,粒径小于 200μm,厚 20μm。无色、浅黄色,玻璃光泽,透明;硬度 2～3,完全解理,脆性。1994 年发现于智利安托法加斯塔省路易莎(Luisa)。英文名称 Fuenzalidaite,1994 年 J. A. 康纳特(J. A. Konnert)等为纪念智利地理学家、地质学家、古生物学家、科学家和博物学家亨贝托・菲尤恩扎利达・维莱加斯(Humberto Fuenzalida Villegas,1904—1966)而以他的名字命名。他在 1948—1964 年间担任智利国家自然历史博物馆馆长;在智利大学物理科学和数学系担任第一任主任和在同一所大学地理学研究所基础上成立智利地质学院;他还共同创立了智利南极研究所(INACH)和智利地质学会。IMA 1993-021 批准。1994 年康纳特等在《美国矿物学家》(79)报道。1999 年中国新矿物与矿物命名委员会黄蕴慧等在《岩石矿物学杂志》[18(1)]音译为菲尤恩扎利达石。

肥 [féi]会意;从月,从巴。本义:含脂肪多的,与"瘦"相对。①肥皂:用于描述矿物的外貌像肥皂。②用于日本地名。

【肥前石*】

英文名 Hizenite-(Y)

化学式 $Ca_2Y_6(CO_3)_{11} \cdot 14H_2O$ (IMA)

肥前石*是一种含结晶水的钙、钇的碳酸盐矿物。属水菱钇矿族。斜方晶系。晶体呈薄的板状(厚 25～50μm,长 0.04～0.2μm);集合体常呈薄板状、球状形态。白色,玻璃光泽、丝绢光泽,透明—半透明;完全解理。自 2000 年起日本九州大学研究生院理学研究院矿物学助教上原诚一郎带领的研究小组在日本九州地区佐贺县东松浦郡唐津市肥前町满越调查时,于 2005 年在肥前(Hizen)町(日本庆长时属肥前国(ひぜん)三越碱性橄榄玄武岩采集到标本。英文名称 Hizenite-(Y),由发现地日本的肥前(Hizen)町加占优势的稀土元素钇后缀-(Y)组合命名。IMA 2011-030 批准。日文汉字名称肥前石。2011 年高井(Y. Takai)等在《CNMNC 通讯》(10)和 2013 年《矿物学和岩石学科学杂志》(108)报道。目前尚未见官方中文译名,编译者建议借用日文汉字名称肥前石*。

【肥皂石】参见【镁菱锰矿】条 594 页

斐 [fěi]形声;从文,非声。本义:五色相错的样子。用于外国地名。

【斐希德尔石】参见【白脂晶石】条 41 页

翡 [fěi]形声;从羽,非声。《说文》翡,赤羽雀也。雄赤曰翡,雌青曰翠。玉石名翡翠,即硬玉。

【翡翠】参见【硬玉】条 1085 页

沸 [fèi]形声;从氵,弗声。把水烧开,沸腾。

【沸石】

英文名 Zeolite

化学式 $A_mB_pO_{2p} \cdot nH_2O$

沸石是沸石族矿物的总称,是一类含沸石水的碱金属或碱土金属的铝硅酸矿物。按沸石矿物特征分为架状、片状、纤维状及未分类 4 种。按孔道体系特征分为一维、二维、三维体系,截至 2015 年已知有 229 个独特的沸石骨架已被确定,自然沸石骨架已知超过 40 个。较常见的有方沸石、菱沸石、钙沸石、片沸石、钠沸石、丝光沸石、辉沸石等。以单斜晶系和斜方晶系的占多数。方沸石、菱沸石常呈等轴状晶形。沸石无色或白色,如混有杂质,会呈现出各种浅的颜色。玻璃光泽。它们的共同特点是具有架状结构,晶体内有很多空腔及通道,其中充填有水分子。

沸石最早发现于 1756 年。瑞典矿物学家阿克塞尔・弗雷德里克・克朗斯提(Axel Fredrik Cronstedt)发现一类天然铝硅酸盐矿物,在利用吹管火焰灼烧时会膨胀起泡、放出水蒸气,如同沸腾一般,因此英文名称 Zeolite,由希腊文"ζέω=Zeo(沸腾)"和"λίθos=Lithos(石头)"组合命名,即加热沸腾的石头。中文名称意译为沸石。

【沸水硅磷钙石】参见【磷方沸石】条 455 页

费 [fèi]形声;从贝,弗声。从"贝"表示与钱财有关。本义:花费。[英]音,用于外国人名。

【费奥多西石*】

英文名 Feodosiyite

化学式 $Cu_{11}Mg_2Cl_{18}(OH)_8 \cdot 16H_2O$ (IMA)

费奥多西像

费奥多西石*是一种含结晶水和羟基的铜、镁的氯化物矿物。单斜晶系。晶体呈板状或柱状,粒径 0.1mm;集合体呈皮壳状。亮绿色,玻璃光泽,透明;硬度 3,中等解理,脆性。2015 年发现于俄罗斯堪察加州托尔巴契克(Tolbachik)火山主断裂北破火山口第二火山渣锥喷气孔。英文名称 Feodosiyite,以俄罗斯杰出的地质学家和古生物学家费奥多西・尼古拉耶维奇・切尔内绍夫(Feodosiy Nikolaevich Chernyshev,1856—1914)的名字命名,以表彰他对乌拉尔古生代沉积进行了实地调查并做出的重要贡献;几个地理特征也是以他命名的。IMA 2015-063 批准。2015 年 I. V. 佩科夫(I. V. Pekov)等在《CNMNC 通讯》(28)、《矿物学杂志》(79)和 2018 年《矿物学新年鉴:论文》(195)报道。目前尚未见官方中文译名,编译者建议音译为费奥多西石*。

【费多托夫石】

英文名 Fedotovite

化学式 $K_2Cu_3O(SO_4)_3$ (IMA)

费多托夫石假六方片状晶体(俄罗斯)和费多托夫像

F

费多托夫石是一种钾、铜氧的硫酸盐矿物。单斜晶系。晶体呈假六方片状、板状；集合体呈皮壳状。翠绿色—草绿色，玻璃光泽、丝绢光泽，透明；硬度 2.5，完全解理。1986 年发现于俄罗斯堪察加州托尔巴契克(Tolbachik)火山主断裂裂隙式喷发渣锥。英文名称 Fedotovite，以俄罗斯彼得罗巴甫洛夫斯克-堪察加火山研究所的所长、火山学家、地震学家谢尔盖·亚历山大罗维奇·费多托夫(Sergei Aleksandrovich Fedotov，1931—)的姓氏命名。IMA 1986 - 013 批准。1988 年 L. P. 维尔戛索娃(L. P. Vergasova)在《俄罗斯科学院报告[299(4)]和 1990 年《美国矿物学家》(75)报道。中文名称音译为费多托夫石。

【费尔班克石】参见【碲铅石】条 125 页

【费克里彻夫石*】

英文名 Feklichevite

化学式 $Na_{11}Ca_9(Fe^{3+},Fe^{2+})_2Zr_3Nb(Si_{25}O_{73})(OH,H_2O,Cl,O)_5$　(IMA)

费克里彻夫石* 短柱状晶体(俄罗斯)

费克里彻夫石*是一种含氧、氯、结晶水、羟基的钠、钙、铁、锆、铌的硅酸盐矿物。属异性石族。三方晶系。晶体呈短柱状、厚板状、粒状。浅—深棕色、棕黑色，玻璃光泽，半透明；硬度 5.5，完全解理，脆性。2000 年发现于俄罗斯北部摩尔曼斯克州科夫多尔(Kovdor)金云母矿。英文名称 Feklichevite，以俄罗斯矿物学家和结晶学家 V. G. 费克里彻夫(V. G. Feklichev，1933—1999)的姓氏命名。IMA 2000 - 017 批准。2001 年 I. V. 佩科夫(I. V. Pekov)等在《俄罗斯矿物学会记事》[130(3)]报道。目前尚未见官方中文译名，编译者建议音译为费克里彻夫石*。

【费拉托夫石】

英文名 Filatovite

化学式 $K(Al,Zn)_2(As,Si)_2O_8$　(IMA)

费拉托夫石是一种钾、铝、锌的砷硅酸盐矿物，是含砷酸的正长石的类似矿物。属长石族。单斜晶系。晶体呈柱状，长 0.3mm。无色，玻璃光泽，透明；硬度 5～6，完全解理，脆性。2002 年发现于俄罗斯堪察加州托尔巴契克(Tolbachik)火山主断裂北部火山渣锥。英文名称 Filatovite，以圣彼得堡国立大学晶体学系的 S. K. 费拉托夫(S. K. Filatov，1940—)教授的姓氏命名，以表彰他对喷气矿物晶体化学做出了贡献；他撰写/合著了大约 40 种新矿物的描述。IMA 2002 - 052 批准。2004 年 L. P. 维尔戛索娃(L. P. Vergasova)等在《欧洲矿物学杂志》[16(3)]报道。2008 年中国地质科学院地质研究所任玉峰等在《岩石矿物学杂志》[27(3)]音译为费拉托夫石。

【费拉约洛石*】

英文名 Ferraioloite

化学式 $MgMn_4^{2+}(Fe_{0.5}^{2+}Al_{0.5})_4Zn_4(PO_4)_8(OH)_4(H_2O)_{20}$　(IMA)

费拉约洛石* 书页状集合体(美国)和费拉约洛像

费拉约洛石*是一种含结晶水和羟基的镁、锰、铁、铝、锌的磷酸盐矿物。单斜晶系。晶体呈小板状、叶片状，长约 0.2mm，厚几微米；集合体呈书页状、花状。青灰色、柠檬黄色，玻璃光泽，透明；硬度 2，完全解理。2015 年发现于美国北卡罗来纳州克里夫兰县金斯芒廷区富特(Foote)矿。英文名称 Ferraioloite，为纪念已故的詹姆斯(吉姆)·安东尼·费拉约洛[James(Jim) Anthony Ferraiolo，1947—2014]而以他的姓氏命名。吉姆于 1978 年 4 月至 1982 年 8 月在美国自然历史博物馆(AMNH)担任科学助理，并于 1982 年 9 月至 1985 年 4 月期间担任史密森尼博物馆自然史博物馆的交易协调员；1982 年出版的《非硅酸盐矿物的分类系统》(美国自然史博物馆公告：172)，被广泛应用于博物馆藏品，为收集、分类和组织的基础。吉姆还是 IMA-CNMNC 矿物组术语委员会和无名矿物小组委员会的成员；他还在矿物数据库(mindat.org)担任了 10 多年的经理，并在发表铁劳埃石(Ferrolaueite)的描述方面发挥了作用。IMA 2015 - 066 批准。2015 年 S. J. 米尔斯(S. J. Mills)等在《CNMNC 通讯》(28)、《矿物学杂志》(79)和 2016 年《欧洲矿物学杂志》[28(3)]报道。目前尚未见官方中文译名，编译者建议音译为费拉约洛石*。

【费雷尔钾石】参见【镁碱沸石-钾】条 592 页

【费雷尔镁石】参见【镁碱沸石-镁】条 592 页

【费雷尔钠石】参见【镁碱沸石-钠】条 592 页

【费曼铀矿*】

英文名 Feynmanite

化学式 $Na(UO_2)(SO_4)(OH)\cdot 3.5H_2O$　(IMA)

费曼铀矿* 团状集合体(美国)和费曼像

费曼铀矿*是一种含结晶水、羟基的钠的铀酰-硫酸盐矿物。单斜晶系。晶体呈柱状、针状；集合体呈团状。淡黄色，玻璃光泽，透明。2017 年发现于美国犹他州圣胡安县蓝蜥蜴(Blue Lizard)矿和马基(Markey)矿。英文名称 Feynmanite，为纪念美籍犹太裔物理学家，加州理工学院物理学教授，1965 年诺贝尔物理奖得主理查德·菲利普斯·费曼(Richard Phillips Feynman，1918—1988)而以他的姓氏命名。费曼被认为是爱因斯坦之后最睿智的理论物理学家，他提出了研究量子电动力学和粒子物理学不可缺少的工具费曼图、费曼规则和重正化的计算方法；也是第一位提出纳米概念的人。IMA 2017 - 035 批准。2017 年 A. R. 坎普夫(A. R. Kampf)等在《CNMNC 通讯》(38)、《矿物学杂志》(81)和 2019 年《矿物学杂志》[83(2)]报道。目前尚未见官方中文译名，编译者建议音加成分译为费曼铀矿*。

【费米铀矿*】

英文名 Fermiite

化学式 $Na_4(UO_2)(SO_4)_3 \cdot 3H_2O$ (IMA)

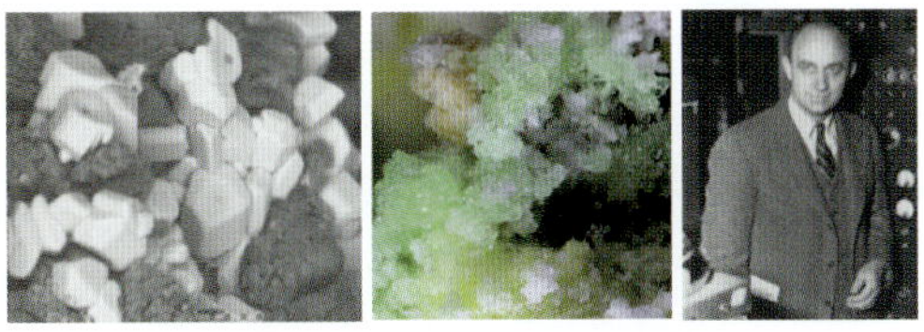

费米铀矿*柱状晶体(美国)及费米像

费米铀矿*是一种罕见的含结晶水的钠的铀酰-硫酸盐矿物。斜方晶系。晶体呈柱状,长0.5mm;集合体常呈平行状或不规则状。浅绿黄色,玻璃光泽,透明;硬度2.5,脆性。2014年发现于美国犹他州圣胡安县蓝蜥蜴(Blue Lizard)矿。英文名称Fermiite,2015年A.R.坎普夫(A.R.Kampf)等为纪念美籍意大利理论和实验物理学家恩利科·费米(Enrico Fermi,1901—1954)博士而以他的姓氏命名,以表彰费米对量子理论、核物理和粒子物理以及统计力学做出的重大贡献;他以在"二战"期间为曼哈顿项目所做的工作而闻名并于1938年被授予诺贝尔物理学奖。IMA 2014-068批准。2015年坎普夫等在《CNMNC通讯》(23)和《矿物学杂志》(79)报道。目前尚未见官方中文译名,编译者建议音加成分译为费米铀矿*。

【费硼锰钙镁石】参见【硼镁钙石】条676页

【费羟铝矾】参见【斜方矾石】条1020页

【费砷铀矿】

英文名 Vysokýite

化学式 $U^{4+}[AsO_2(OH)_2]_4 \cdot 4H_2O$ (IMA)

费砷铀矿纤维状晶体,束状、放射状集合体(捷克)和费索基像

费砷铀矿是一种含结晶水的铀的氢砷酸盐矿物。三斜晶系。晶体呈纤维状;集合体呈束状、放射状。浅绿色、绿白色,半玻璃光泽、蜡状光泽,透明;硬度2,完全解理,脆性。2012年发现于捷克共和国卡罗维发利州厄尔士山脉亚希莫夫市斯夫诺斯坦(Svornost)矿。英文名称Vysokýite,为纪念捷克亚希莫夫矿山和冶炼厂的前主管、首席化学家和冶金学家阿尔诺什特·费索基(Arnošt vysoký,1823—1872)而以他的姓氏命名。IMA 2012-067批准。2013年J.普拉斯(J.Plášil)等在《CNMNC通讯》(15)和《矿物学杂志》(77)报道。2015年艾钰洁、范光在《岩石矿物学杂志》[34(1)]根据英文名称首音节音和成分译为费砷铀矿。

【费水钒锰矿】

英文名 Fianelite

化学式 $Mn_2^{2+}V_2O_7 \cdot 2H_2O$ (IMA)

费水钒锰矿是一种含结晶水的锰的钒酸盐矿物。单斜晶系。晶体呈微晶板状;集合体呈皮壳状。橙红色,玻璃光泽、金刚光泽,透明;硬度3,完全解理。1995年发现于瑞士格劳宾登州莱茵河谷费雷拉镇奥瑟费里拉(Ausserferrera)的费安尼尔(Fianel)矿。英文名称Fianelite,以发现地瑞士的费安厄尔(Fianel)矿命名。IMA 1995-016批准。1996年J.布鲁格(J.Brugger)等在《美国矿物学家》(81)报道。2003年中国地质科学院矿产资源研究所李锦平等在《岩石矿物学杂志》[22(3)]根据英文名称首音节音和成分译为费水钒锰矿。

费水钒锰矿微晶板状晶体(瑞士,电镜)

【费水砷钙石】

英文名 Ferrarisite

化学式 $Ca_5(AsO_3OH)_2(AsO_4)_2 \cdot 9H_2O$ (IMA)

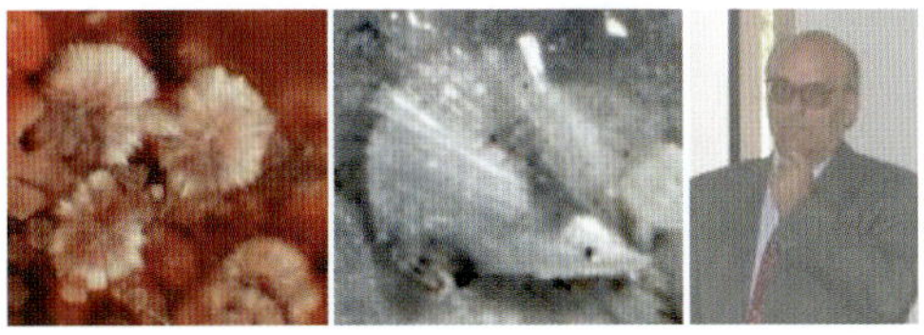

费水砷钙石放射状、扇状集合体(法国、德国)和法拉利像

费水砷钙石是一种含结晶水的钙的砷酸-氢砷酸盐矿物。与格水砷钙石为同质二象。三斜晶系。晶体呈细长柱状、纤维状;集合体呈放射状、扇状。无色—白色,半玻璃光泽、丝绢光泽,透明—半透明;完全解理,脆性。1979年发现于法国上莱茵省圣玛丽亚奥克斯矿山纽恩堡(Neuenberg)圣雅各布镇加布-格特斯(Gottes)矿。英文名称Ferrarisite,以意大利都灵大学矿物学、结晶学和地球化学学院的乔凡尼·法拉利(Giovanni Ferraris,1937—)教授的姓氏命名。他曾对法国圣玛丽-奥克斯矿山几个砷酸盐矿物的晶体结构做过研究工作。IMA 1979-020批准。1980年在《矿物学通报》(103)和1981年《美国矿物学家》(66)报道。中文名称根据英文名称首音节音和成分译为费水砷钙石。

【费水锗铅矾】

英文名 Fleischerite

化学式 $Pb_3Ge(SO_4)_2(OH)_6 \cdot 3H_2O$ (IMA)

费水锗铅矾纤维状晶体,束状集合体(纳米比亚)和弗莱舍像

费水锗铅矾是一种含结晶水和羟基的铅、锗的硫酸盐矿物。属费水锗铅矾族。六方晶系。晶体呈细针状、极细的纤维状;集合体呈薄膜状或致密块状、球粒状、束状。白色,略浅玫瑰红色,丝绢光泽、半玻璃光泽,透明—半透明;硬度2.5~3,脆性。1957年发现于纳米比亚奥希科托区楚梅布(Tsumeb)矿。1957年克利福德·费龙德勒(Clifford Frondel)等在《美国矿物学家》(42)报道。英文名称Fleischerite,于1960年,由克利福德·费龙德勒和雨果·施特龙茨(Hugo Strunz)在《矿物学新年鉴》(月刊)为纪念迈克尔·弗莱舍

(Michael Fleischer，1908—1998)以他的姓氏命名。“迈克尔”是美国地质调查局的矿物学家、地球化学家和《美国矿物学家》杂志“新矿物名称”长期的编辑，也是国际矿物学协会创始人之一。IMA 1962s. p. 批准。中文名称根据英文名称首音节音和成分译为费水锗铅矾，也有的译为水锗铅矾。

镄 [fèi]形声；从金，费声。一种人工合成元素。[英]Fermium。元素符号 Fm。原子序数 100。在1950—1951 年间，国外科学杂志中就见有报道，发现了 100 号元素。作者指出这种元素是用碳原子核照射钚获得的，并命名为 Centurium，由拉丁文“一百”(Centum)一词而来，元素符号 Ct。但是，它没有得到更多的证实和承认。1952 年 11 月 1 日，美国在太平洋中的安尼维托克岛(Eniwetok)上空试验爆炸了一颗氢弹，美国加州大学伯克利分校教授吉奥索带领团队在从爆炸地点仔细地收集了几百千克土壤中发现 100 号元素的同位素。1955 年 8 月，在瑞士日内瓦召开的和平利用原子能国际科学技术会议中，根据人工合成这个新元素者们的建议，将 100 号元素命名为 Fermium，以纪念 20 世纪中在原子和原子核科学中做出卓越贡献的著名物理学家原子弹之父埃里克·费米(Enrico Fermi)的名字命名。

芬 [fēn]形声；从艹，分声。本义：花草的香气。[英]音，用于外国人名。

【芬钒铜矿】

英文名 Fingerite

化学式 $Cu_{11}O_2(VO_4)_6$ (IMA)

芬钒铜矿粒状晶体(萨尔瓦多)

芬钒铜矿是一种铜氧的钒酸盐矿物。三斜晶系。晶体呈板状、粒状。黑色，金属光泽，不透明。1983 年发现于萨尔瓦多松索纳特省伊萨尔科(Izalco)火山。英文名称 Fingerite，以美国华盛顿卡耐基研究所地球物理实验室的拉里·W. 芬格尔(Larry W. Finger，1940—)博士的姓氏命名。IMA 1983-064 批准。1985 年芬格尔在《美国矿物学家》(70)报道。1986 年中国新矿物与矿物命名委员会郭宗山等在《岩石矿物学杂志》[5(4)]根据英文名称首音节音和成分译为芬钒铜矿。

【芬奇铀矿*】

英文名 Finchite

化学式 $Sr(UO_2)_2(V_2O_8)\cdot 5H_2O$ (IMA)

芬奇铀矿*柱状、粒状晶体(美国)和芬奇像

芬奇铀矿*是一种含结晶水的锶的铀酰-钒酸盐矿物。斜方晶系。集合体呈粉末状、被膜状、皮壳状。淡黄色。2017 年发现于美国得克萨斯州马丁县拉米萨(Lamesa)硫磺温泉。英文名称 Finchite，为了纪念美国地质调查局(United States Geological Survey，简称 USGS)，同是美国内政部所属的科学研究机构的科学家沃伦·芬奇(Warren Finch，1924—2014)而以他的姓氏命名。他的职业是对铀的研究和对其来源的探索；实际上，他不仅在美国地质勘探局开展了一项专门研究铀和钍的项目，而且因其专业知识而获得国际认可；几十年来，芬奇在国际原子能机构担任美国代表和铀资源评估领域的，特别是砂岩型铀矿地质工作的技术专家；他还撰写了今天仍然引用的关于铀的确定性研究。IMA 2017-052 批准。2017 年 T. 斯帕诺(T. Spano)等在《CNMNC 通讯》(39)和《矿物学杂志》(81)报道。目前尚未见官方中文译名，编译者建议音加成分译为芬奇铀矿*。

丰 [fēng]豐的简化字。象形；甲骨文字形，上面像一器物盛有玉形，下面是“豆”(古代盛器)。故“豐”本是盛有贵重物品的礼器。[英]音，用于外国人名，地名。

【丰石*】

英文名 Bunnoite

化学式 $Mn_6^{2+}AlSi_6O_{18}(OH)_3$ (IMA)

丰石*片状晶体(日本)

丰石*是一种含羟基的锰、铝的硅酸盐矿物。三斜晶系。晶体呈片状。2014 年发现于日本四国岛高知县伊野龟山矿山。英文名称 Bunnoite，以日本地质调查局地质博物馆馆长、矿物学家丰遥秋(Michiaki Bunno，1942—)博士的姓氏命名。丰遥秋博士是日本地球科学家，专攻矿物学和矿床学，他发现和描述了几个新的矿物种，对和田石(Wadalite)、钾(低铁)定永闪石[Potassic-(ferro-) sadanagaite]和铁直闪石(Protomangano-ferro-anthophyllite)等新矿物做出了贡献。他也是一位中日友好使者，2006 年，将收集的约 4 000 件矿物标本捐赠给位于中国北京市的中国地质博物馆。IMA 2014-054 批准。日文汉字名称豊石。2014 年浜根(西尾)大辅(D. Nishio-Hamane)等在《CNMNC 通讯》(22)、《矿物学杂志》(78)和 2016 年《矿物学与岩石学》(110)报道。目前尚未见官方中文译名，编译者建议借用日文汉字名称豊石的简化汉字名称丰石*。

【丰坦矿】

英文名 Fontanite

化学式 $Ca(UO_2)_3(CO_3)_2O_2\cdot 6H_2O$ (IMA)

丰坦矿叶片状晶体，放射状集合体(法国)和丰坦像

丰坦矿是一种含结晶水和氧的钙的铀酰-碳酸盐矿物。斜方晶系。晶体呈矩形板状、细长叶片状；集合体呈放射状。亮黄色、蜂蜜黄色，玻璃光泽，透明；硬度 3。1991 年发现于法国奥辛塔尼地区拉贝扎克(Rabejac)矿床。英文名称 Fontanite，1992 年 M. 德利安(M. Deliens)等为纪念法国保罗-萨巴斯蒂艾大学矿物学家和伟晶岩专家弗朗索瓦·丰坦(François Fontan，1942—2007)而以他的姓氏命名。IMA 1991-034 批准。1992 年德利安等在《欧洲矿物学杂志》(4)和 1993 年杨博尔等在《美国矿物学家》(78)报道。1998 年中国新矿物与矿物命名委员会黄蕴慧等在《岩石矿物学杂志》[17(1)]音译为丰坦矿。

【丰羽矿】参见【硫铁银锡矿】条 522 页

冯 [féng]形声；从马，冫声。本义：马跑得快。[英]音，用于外国人名。

【冯贝辛石】

英文名 Vonbezingite

化学式 $Ca_6Cu_3(SO_4)_3(OH)_{12}\cdot 2H_2O$　　(IMA)

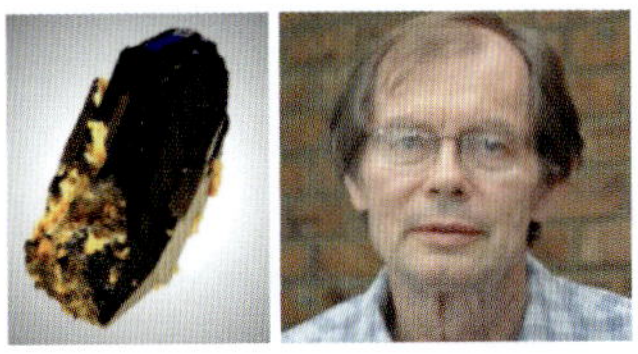

冯贝辛石柱状晶体(南非)和贝辛像

冯贝辛石是一种含结晶水和羟基的钙、铜的硫酸盐矿物。单斜晶系。晶体呈柱状。深天蓝色，玻璃光泽，透明—半透明；硬度4，脆性。1991年发现于南非北开普省卡拉曼山西北部的霍塔泽尔地区威赛尔斯(Wessels)矿。英文名称Vonbezingite，以内科医师和矿物收藏家K.鲁迪·冯·贝辛(K. Ludi von Bezing，1945—)的姓氏命名，以表彰他对卡拉哈里锰矿床矿物学知识做出的贡献。IMA 1991-031批准。1992年Y.达伊(Y. Dai)等在《美国矿物学家》(77)报道。1998年中国新矿物与矿物命名委员会黄蕴慧等在《岩石矿物学杂志》[17(1)]音译为冯贝辛石。

【冯德钦石*】

英文名 Vondechenite

化学式 $Cu_4CaCl_2(OH)_8\cdot 4H_2O$

冯德钦石*是一种含结晶水和羟基的铜、钙的氯化物矿物。斜方晶系。晶体呈小板状，粒径不超过0.5mm和厚度小于25μm；集合体呈平行排列状，直径1mm。天蓝色，玻璃光泽，半透明；完全解理，脆性。1993年发现于德国莱茵兰-普法尔茨州艾费尔高原迈恩埃特林根贝尔伯格(Bellerberg)火山卡斯帕采石场。英文名称Vondechenite，为纪念恩斯特·海因里希·冯·德钦(Ernst Heinrich von Dechen，1800—1889)而以他的姓氏命名。冯·德钦对于莱茵兰和韦斯特法利亚来说，他一直是科学成就的先锋，包括出版了德国西部的第一张综合地质图(1870—1884)，其中包括德国西部地区的一些地质图；他为地质文献做出了许多贡献，特别是艾费尔地质学。IMA 2016-065批准。2016年J.夏洛藤(J. Schlüter)等在《CNMNC通讯》(34)、《矿物学杂志》(80)和2018年《矿物学新年鉴：论文》(195)报道。2019年IMA 18-C怀疑它与Calumetite是同一矿物(参见【蓝水氯铜矿】条429页)。目前尚未见官方中文译名，编译者建议音译为冯德钦石*。

冯德钦石*板状晶体，平行排列状集合体(德国)和德钦像

凤 [fèng]形声；从凡，从鸟。本义：凤凰。用于中国地名：凤城市和凤凰山。

【凤城石】

汉拼名 Fengchengite

化学式 $Na_{12}\square_3Ca_6Fe^{3+}_3Zr_3Si(Si_{25}O_{73})(H_2O)_3(OH)_2$ (IMA)

凤城石是一种在化学性质上类似于狭义的异性石，离子占位的空位和占优势的三价铁类似于富钙异性石(Mogovidite)。属异性石族。三方晶系。晶体呈板状、他形粒状，粒径一般1～7mm，最长达15mm。浅—深玫瑰色，玻璃光泽，透明，半透明；硬度5，脆性。2007年发现于中国辽宁省丹东凤城(Fengcheng)县赛马碱性岩体。矿物名称以发现地中国凤城(Fengcheng)市命名。IMA 2007-018a批准。2011年沈敢富等在《CNMNC通讯》(11)、《矿物学杂志》[75(6)]及2017年中国《矿物学报》37(1/2)报道。

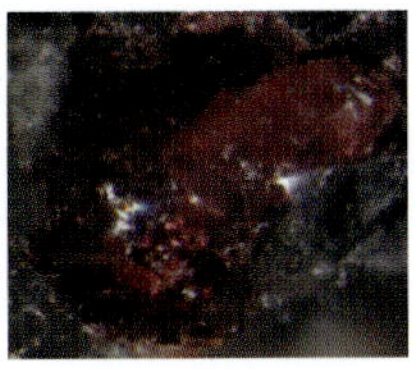

凤城石板状晶体(俄罗斯)

【凤凰石】

汉拼名 Fenghuangite

化学式 $(Na,Ca,Ce,Th)_5(P,Si)_3O_{12}(OH,F)$

凤凰石是一种铈磷灰石富含钍的亚种，即钍铈磷灰石或钍铈硅磷灰石。六方晶系。晶体呈六方柱状，呈颗粒极细的粒状。浅黄色—黄褐色，油脂光泽、松脂光泽；硬度4.5～5；具强放射性，变生非晶质化。中国学者于1959年在中国辽宁省凤城县(现为凤城市)赛马碱性岩体中发现的新矿物。矿物名称以中国凤城县凤凰山(Fenghuang)命名。2001年杨主明等在《中国稀土学报》(3)报道。

𫓧 [fū]形声；从金，夫声。一种表现出惰性气体特性的超重化学元素。[英]Flerovium。元素符号Fl。原子序数114。属第七周期第ⅣA族。由俄罗斯杜布纳联合原子核研究所弗洛伊洛夫核反应实验室合成。其名称为纪念苏联原子物理学家乔治·弗洛伊洛夫(Georgy Flyorov，1913—1990)而以他的姓氏命名。弗洛伊洛夫是著名的物理学家，铀自发裂变的发现者之一(1940)，重离子物理的先驱，原子核联合研究所核反应实验室的创始人(1957)。除此之外，弗洛伊洛夫还以他在物理学多个领域大量的基础研究工作而著名。他在原子核的性能和相互作用方面发现了很多新的现象，因而对于很多领域进一步的建立和发展起到了关键的作用。中国台湾"教育研究院化学名词审译委员会"和中国化学会名词委员会开会讨论后决定汉译为𫓧。

弗 [fú]象形；甲骨文字形，中间像两根不平直之物，上以绳索束缚之，使之平直。本义：矫枉。[英]音，用于外国人名、地名、地层名。

【弗比克硒钯矿】

英文名 Verbeekite

化学式 $PdSe_2$　　(IMA)

弗比克硒钯矿是一种钯的硒化物矿物。单斜晶系。晶体呈他形粒状。黑色，金属光泽，不透明；硬度5.5，脆性。2001年发现于刚果(金)卢阿拉巴省科尔韦齐矿区穆索尼(Musonoi)矿(穆索尼延伸矿)硒硫透镜体。英文名称Verbeekite，以西奥多·弗比克(Theodore Verbeek，1927—1991)博士的姓氏命名，以表彰他对穆索诺伊矿床硒钯矿化首先研究做出的贡献。IMA 2001-005批准。2002年A. C.罗伯茨(A. C. Roberts)等在《矿物学杂志》(66)报道。2006年中国地质科学院矿产资源研究所李锦平在《岩石矿物学杂志》[25(6)]音加成分译为弗比克硒钯矿。

【弗钙霞石】

英文名 Franzinite

化学式 $(Na,K)_{30}Ca_{10}(Si_{30}Al_{30})O_{120}(SO_4)_{10}\cdot 2H_2O$ (IMA)

弗钙霞石是一种含沸石水的钠、钾、钙的硫酸-铝硅酸盐矿物。属似长石族钙霞石族。三方晶系。晶体呈短柱状；集

弗钙霞石短柱状晶体(意大利)和弗兰齐尼像

合体呈晶簇状。无色、珍珠白色,玻璃光泽,透明—半透明;硬度5,完全解理。1976年发现于意大利格罗塞托省皮蒂利亚诺镇凯斯山地托斯科波米奇(Toscopomici)采石场。英文名称Franzinite,以意大利比萨大学的矿物学家马尔科·弗兰齐尼(Marco Franzini,1938—2010)教授的姓氏命名。IMA 1976-020批准。1977年S.梅利诺(S. Merlino)等在《矿物学新年鉴》(月刊)和弗莱舍等在《美国矿物学家》(62)报道。中文名称根据英文名称首音节音和族名译为弗钙霞石。

【弗硅钒锰石】

英文名 Franciscanite

化学式 $Mn_6^{2+}(V^{5+}\square)(SiO_4)_2O_3(OH)_3$ (IMA)

弗硅钒锰石是一种含羟基和氧的锰、钒、空位的硅酸盐矿物。属硅钨锰矿族。三方晶系。晶体呈不规则粒状。棕红色、红色,玻璃光泽,透明—半透明;硬度4。1985年发现于美国加利福尼亚州圣克拉拉县圣安东尼奥谷的西南侧宾夕法尼亚州(Pennsylvania)矿。英文名称Franciscanite,以弗兰希斯坎(Franciscan)中新世地层命名,矿物就是在那里找到的。IMA 1985-038批准。1986年皮特·J.邓恩(Pete J. Dunn)等在《美国矿物学家》(71)报道。1987年中国新矿物与矿物命名委员会郭宗山等在《岩石矿物学杂志》[6(4)]根据英文名称首音节音和成分译为弗硅钒锰石。1991年陆建有在《中国锰业》(5)译为黄钒锰矿。

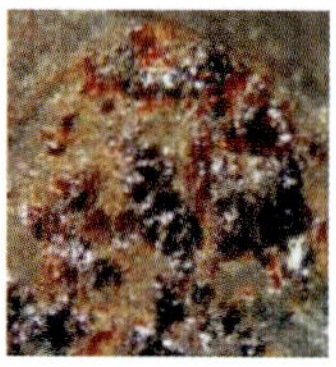

弗硅钒锰石不规则粒状晶体(意大利)

【弗拉德金石*】

英文名 Vladykinite

化学式 $Na_3Sr_4(Fe^{2+}Fe^{3+})Si_8O_{24}$ (IMA)

弗拉德金石*是一种钠、锶、复铁的层状硅酸盐矿物。单斜晶系。晶体呈柱状、片状。无色,玻璃光泽,透明;硬度5,完全解理,脆性。2011年发现于俄罗斯伊尔库斯克州马尔伊·穆伦(Malyi Murun)地块和萨哈共和国阿尔丹地盾恰拉河和托科河汇合处穆伦斯基(Murunskii)地块。英文名称Vladykinite,以俄罗斯维诺格拉多夫地球化学研究所的矿物学家和地球化学家尼古拉·瓦西列维奇·弗拉德金(Nikolay Vasilevich Vladykin,1944—)的姓氏命名,以表彰他对碱性岩研究做出的贡献。IMA 2011-052批准。2011年A. R.查克默拉迪安(A. R. Chakhmouradian)等在《CNMNC通讯》(10)和2014年《美国矿物学家》(99)报道。目前尚未见官方中文译名,编译者建议音译为弗拉德金石*。

【弗拉迪克里沃维彻夫石*】

英文名 Vladkrivovichevite

化学式 $[Pb_{32}O_{18}][Pb_4Mn_2O]Cl_{14}(BO_3)_8 \cdot 2H_2O$ (IMA)

弗拉迪克里沃维彻夫石*是一种含结晶水和氯的铅氧、铅、锰氧的硼酸盐矿物或是一种非常复杂的卤氧化物矿物。斜方晶系。晶体呈粒状,粒径小于0.1mm。浅绿黄色,金刚光泽;脆性。2011年发现于纳米比亚奥乔宗朱帕区赫鲁特方丹市孔巴特(Kombat)矿。英文名称Vladkrivovichevite,以俄罗斯圣彼得堡州立大学矿物学、地质学系主任、荣誉教授弗拉迪米尔·格拉西莫维奇·克里沃维彻夫(Vladimir Gerasimovich Krivovichev,1946—)博士的姓名命名。IMA 2011-020批准。2011年I. O.西德拉(I. O. Siidra)等在《CNMNC通讯》(10)和2012年《矿物学杂志》(76)报道。目前尚未见官方中文译名,编译者建议音译为弗拉迪克里沃维彻夫石*。

【弗拉迪米尔伊万诺夫石*】

英文名 Vladimirivanovite

化学式 $Na_6Ca_2[Al_6Si_6O_{24}](SO_4,S_3,S_2,Cl)_2 \cdot H_2O$ (IMA)

弗拉迪米尔伊万诺夫石*是一种含结晶水、氯、硫、硫酸根的钠、钙的铝硅酸盐矿物。属似长石族方钠石族。斜方晶系。晶体呈假立方体、粒状。深蓝色—墨蓝色、浅蓝色或绿蓝色—白色,玻璃光泽,半透明;硬度5~5.5,脆性。2010年发现于俄罗斯伊尔库茨克州贝加尔湖区斯柳江卡市贝斯特拉亚河流域图尔图伊(Tultui)天青石矿床和塔吉克斯坦戈尔诺-巴达赫尚自治州沙赫达拉山脉利亚德日瓦尔达拉(Lyadzhvardara)矿床。英文名称Vladimirivanovite,以俄罗斯矿物学家和地球化学家弗拉迪米尔·戈奥尔格耶维奇·伊万诺夫(Vladimir Georgievich Ivanov,1947—2002)的姓名命名。IMA 2010-070批准。2011年A. N.萨波日尼科夫(A. N. Sapozhnikov)等在《CNMNC通讯》(8)、《矿物学杂志》(75)和《俄罗斯矿物学会记事》[140(5)]报道。目前尚未见官方中文译名,编译者建议音译为弗拉迪米尔伊万诺夫石*。

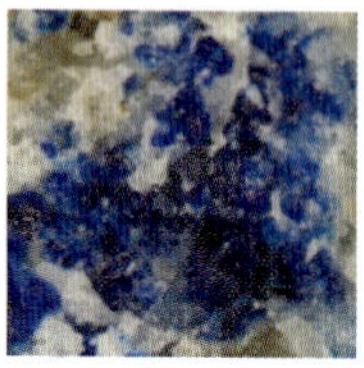

弗拉迪米尔伊万诺夫石*粒状晶体(俄罗斯)

【弗拉纳石*】

英文名 Vránaite

化学式 $Al_{16}B_4Si_4O_{38}$ (IMA)

弗拉纳石*是一种铝的硼硅酸盐矿物。单斜晶系。晶体呈柱状,长100μm。2015年发现于马达加斯加安塔那利佛省法基南卡拉塔地区安齐拉贝二区曼加卡(Manjaka)。英文名称Vránaite,以捷克共和国地质调查局的科学家和优秀岩石学家斯坦尼斯拉夫·弗拉纳(Stanislav Vrána,1936—)的姓氏命名。弗拉纳除了许多其他作品外,还从事硼硅酸盐矿物的岩石学和矿物学研究,命名了一些新的硼硅酸盐矿物。IMA 2015-084批准。2015年J.塞皮雷克(J. Cempírek)等在《CNMNC通讯》(29)、《矿物学杂志》(80)和2016年《美国矿物学家》(101)报道。目前尚未见官方中文译名,编译者建议音译为弗拉纳石*。

【弗赖塔尔石*】

英文名 Freitalite

化学式 $C_{14}H_{10}$ (IMA)

弗赖塔尔石*是一种天然结晶蒽,即三环烃[8.4.0.03,8]十四烷-1,3,5,7,9,11,13-庚烷碳氢有机化合物。单斜晶系。晶体呈片状。无色、白色,玻璃光泽,透明;不溶于水,易溶于乙醇、苯等有机溶剂。2019年发现于德国萨克森州弗赖塔尔(Freital)卡罗拉(Carola)矿(卡罗拉皇后矿;保罗伯恩特矿)。英文名称Freitalite,以发现地德国的弗赖塔尔(Freital)命名。IMA 2019-116批准。2020年T.维茨克(T. Witzke)等在《CNMNC通讯》(54)、《矿物学杂志》(84)和《欧洲矿物学杂志》(32)报道。目前尚未见官方中文译名,编译者建议音译为弗赖塔尔石*。

弗赖塔尔石*片状晶体
(德国,针状晶体为蒽醌)

【弗雷斯诺石】参见【硅钛钡石】条286页

【弗林特石*】

英文名 Flinteite

化学式 K_2ZnCl_4 (IMA)

弗林特石*是一种钾、锌的氯化物矿物。斜方晶系。晶体呈柱状、粒状,粒径0.2mm×0.3mm×1.2mm;集合体呈团状或结壳状,结壳粒径0.5mm×5mm×5mm。浅绿色、浅黄色—明亮的绿黄色,无色,玻璃光泽,透明;硬度2,完全解理,脆性。2014年发现于俄罗斯堪察加州托尔巴契克(Tolbachik)火山主裂隙北破火山口第一火山渣锥北喷气孔渣场。英文名称Flinteite,以俄罗斯晶体学家叶夫根尼·叶夫根尼耶维奇·弗林特(Evgeniy Evgenievich Flint,1887—1975)的姓氏命名。他曾是莫斯科国立大学晶体学系教授,后来在苏联科学院晶体学研究所工作,他对晶体的测角测量做了相当多的研究。IMA 2014-009批准。2014年I. V.佩科夫(I. V. Pekov)等在《CNMNC通讯》(20)、《矿物学杂志》(78)和2015年《欧洲矿物学杂志》(27)报道。目前尚未见官方中文译名,编译者建议音译为弗林特石*,或根据英文名称首音节音和成分译为弗氯锌钾石*。

弗林特像

【弗磷铀矿】

英文名 Vyacheslavite

化学式 $U^{4+}(PO_4)(OH)$ (IMA)

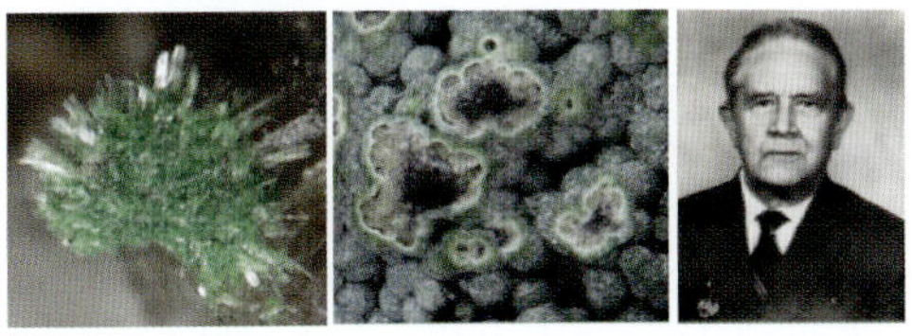

弗磷铀矿板状晶体,放射状、晶簇状、球粒状集合体(俄罗斯)和维亚切斯拉夫像

弗磷铀矿一种含羟基的四价铀的磷酸盐矿物,它是至今在自然界发现的唯一无其他阳离子的四价铀的磷酸盐矿物;2019年史泰克(Steciuk)等研究成分中不可能有水分子。斜方晶系。晶体呈板状;集合体呈晶簇状、球粒状、细脉状。绿色、深绿色,半透明。1983年发现于乌兹别克斯坦的克孜勒库姆沙漠哲图尔(Dzhentuar)和鲁德诺耶(Rudnoye)铀矿床。英文名称Vyacheslavite,以苏联矿物学家维亚切斯拉夫·加夫里诺维奇·梅尔科夫(Vyacheslav Gavilovich Melkov,1911—1991)的名字命名。他专门从事铀矿物研究,首次发现天然的四价铀矿物。另一种矿物磷钼钙铁矿(Melkovite),以他的姓氏命名。IMA 1983-017批准。1983年L. N.别洛娃(L. N. Belova)等在《苏联科学院报告》(3)和1984年《全苏矿物学会记事》[113(3)]报道。中文名称根据英文名称首音节音和成分译为弗磷铀矿。

【弗硫铋铅铜矿】

英文名 Friedrichite

化学式 $Cu_5Pb_5Bi_7S_{18}$ (IMA)

弗硫铋铅铜矿柱状晶体(斯洛伐克)和弗里德里希像

弗硫铋铅铜矿是一种铜、铅、铋的硫化物矿物。属针硫铋铅矿族。斜方晶系。晶体呈柱状、粒状。银灰色,金属光泽,不透明;硬度3.5～4。1977年发现于奥地利萨尔茨堡州上陶恩山哈巴赫山谷纳森科普夫(Nasenkopf)的赛德尔(Sedl)。英文名称Friedrichite,以奥地利施泰尔马克州(施蒂里亚州)莱奥本矿业大学教授O. M.弗里德里希(O. M. Friedrich,1902—1991)博士的姓氏命名。弗里德里希把他的精力几乎完全用于东阿尔卑斯山的矿床的研究工作。IMA 1977-031批准。1978年T. T.陈(T. T. Chen)等在《加拿大矿物学家》(16)和1979年弗莱舍等在《美国矿物学家》(64)报道。中文名称根据英文名称首音节音和成分译为弗硫铋铅铜矿。

【弗硫砷汞银矿】

英文名 Fettelite

化学式 $[Ag_6As_2S_7][Ag_{10}HgAs_2S_8]$ (IMA)

弗硫砷汞银矿板状晶体,晶簇状集合体(德国)

弗硫砷汞银矿是一种银、汞的砷-硫化物矿物。三方晶系。晶体呈板状,假六方双晶;集合体呈晶簇状。深紫色—深红色,金刚光泽、金属光泽,半透明—不透明;硬度4,完全解理,脆性。1994年发现于德国黑森州奥登林山达姆施塔特市尼德-贝尔巴赫地区格莱斯伯格(Glasberg)采石场。英文名称Fettelite,以首先发现它的德国地质学家、矿物收藏家M.弗特尔(M. Fettel)的姓氏命名。IMA 1994-056批准。1996年N.王(N. Wang)等在《矿物学新年鉴》(月刊)和1997年《美国矿物学家》(82)报道。2003年中国地质科学院矿产资源研究所李锦平等在《岩石矿物学杂志》[22(3)]根据英文名称首音节音和成分译为弗硫砷汞银矿。

【弗鲁尔石*】

英文名 Flurlite

化学式 $Zn^{2+}Zn_3^{2+}Fe^{3+}(PO_4)_3(OH)_2(H_2O)_7 \cdot 2H_2O$ (IMA)

弗鲁尔石*是一种含结晶水和羟基的锌、铁的磷酸盐矿物。单斜晶系。晶体呈薄板状,厚度小于1μm;集合体呈扭

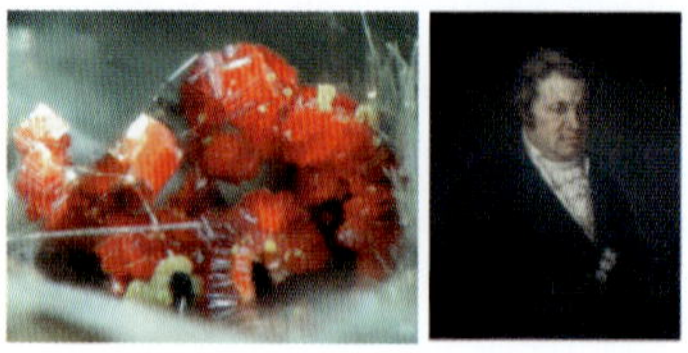

弗鲁尔石* 薄板状晶体，手风琴状集合体（德国）和弗鲁尔像

曲的手风琴状。明亮的橘红色—深褐红色，珍珠光泽，半透明；完全解理，脆性。2014 年发现于德国巴伐利亚州上普法尔茨行政区魏德豪斯地区哈根多夫（Hagendorf）南伟晶岩。英文名称 Flurlite，2014 年 I. E. 格雷（I. E. Grey）等为纪念德国巴伐利亚矿物学和地质学研究的创始人马蒂亚斯·冯·弗鲁尔（Mathias von Flurl，1756—1823）而以他的姓氏命名。他绘制了巴伐利亚的第一张地质图。IMA 2014－064 批准。2015 年格雷等在《CNMNC 通讯》（23）和《矿物学杂志》（79）报道。目前尚未见官方中文译名，编译者建议音译为弗鲁尔石*。

【弗硼钙石】

英文名 Frolovite

化学式 $Ca[B(OH)_4]_2$　　（IMA）

弗硼钙石柱状晶体（日本）

弗硼钙石是一种含羟基的钙的硼酸盐矿物。三斜晶系。晶体呈不规则粒状、柱状。灰白色、白色，玻璃光泽、土状光泽，透明—半透明；硬度 3.5，脆性。1957 年发现于俄罗斯斯维尔德洛夫斯克州克拉斯诺图林斯克市诺沃弗罗夫斯克（Novofrolovskoye）硼铜矿床。1957 年 E. S. 佩特洛娃（E. S. Petrova）在《全苏矿物学会记事》（86）和 1958 年《美国矿物学家》（43）报道。英文名称 Frolovite，以发现地俄罗斯的弗罗夫斯克（Frolovskoye）矿床命名。1959 年以前发现、描述并命名的"祖父级"矿物，IMA 承认有效。中文名称根据英文名称首音节音和成分译为弗硼钙石或弗罗硼钙石。

【弗硼锰镁石】

英文名 Fredrikssonite

化学式 $Mg_2Mn^{3+}O_2(BO_3)$　　（IMA）

弗硼锰镁石针状晶体（瑞典）和弗雷德里克松像

弗硼锰镁石是一种镁、锰氧的硼酸盐矿物。属硼镁铁矿族。斜方晶系。晶体呈细长针柱状。红棕色，玻璃光泽，半透明；硬度 6。1983 年发现于瑞典韦姆兰省菲利普斯塔德市朗班（Långban）。英文名称 Fredrikssonite，以美国华盛顿特区史密森学会瑞典-美国地球化学家库尔特·A. 弗雷德里克松（Kurt A. Fredriksson，1926—2001）的姓氏命名。他开创了电子微探针在外星矿物上的应用。IMA 1983－040 批准。1983 年邓恩等在《斯德哥尔摩地质协会会刊》（105）和 1986 年《美国矿物学家》（71）报道。中文名称根据英文名称首音节音和成分译为弗硼锰镁石。

【弗水钡硅石】

英文名 Verplanckite

化学式 $Ba_4Mn_2^{2+}Si_4O_{12}(OH,H_2O)_3Cl_3$　　（IMA）

弗水钡硅石柱状晶体（美国）和弗普朗克像

弗水钡硅石是一种含氯、结晶水、羟基的钡、锰的硅酸盐矿物。六方晶系。晶体呈柱状、粒状；集合体呈薄层状、晶簇状。橘黄色、棕黄色或褐橙色，玻璃光泽，透明；硬度 2.5～3，完全解理。1965 年发现于美国加利福尼亚州弗雷斯诺县大溪（Big Creek）-拉什河（Rush Creek）硅钡石矿床。英文名称 Verplanckite，以美国地质学家、加利福尼亚矿山地质师威廉·E. 弗普朗克（William E. Verplanck，1916—1963）的姓氏命名。IMA 1964－011 批准。1965 年 J. T. 阿尔福什（J. T. Alfors）等在《美国矿物学家》（50）报道。中文名称根据英文名称首音节音和成分译为弗水钡硅石；根据成分译为水硅钡锰石。

芙 ［fú］形声；从艹，夫声。本义：芙蓉。用于中国地名：湖南的异称芙蓉国。

【芙蓉铀矿】

汉拼名 Furongite

化学式 $Al_4(UO_2)_4(PO_4)_6(OH)_2(H_2O)_{19.5}$　　（IMA）

芙蓉铀矿是一种含结晶水、羟基的铝的铀酰-磷酸盐矿物。三斜晶系。晶体呈板状；集合体呈放射状、扇状、束状或隐晶致密状。鲜黄色—柠檬黄色，条痕呈白色，玻璃光泽，半透明；硬度 2～3，极完全解理，脆性；在紫外光照射下发浅黄绿色荧光。1976 年，中国湖南省核工业地质局湖南 230 研究所和湖南 305 地质队的地质科学工作者在湖南省西部早寒武世黑色碳质页岩淋积型铀矿床的氧化带中发现。经武汉地质学院 X 光实验室研究确认是一种新矿物，并根据产地和成分命名为芙蓉铀矿。芙蓉（Furong）国是湖南省的异称，引自毛泽东的光辉诗句："芙蓉国里尽朝晖"，以此表示对毛泽东的无限崇敬之意。IMA 1982s. p. 批准。1976 年在中国《地质学报》［50（2）］和 1977 年《美国矿物学家》（63）报道。

氟 ［fú］形声；从气，弗声。氟是一种卤族化学元素。［英］Fluorine。化学符号 F。原子序数 9。1771 年瑞典化学家舍勒在研究硫酸与萤石的反应时发现氟化氢（HF），并于 1789 年提出它的酸根与盐酸酸根性质相似的猜想。而后法国化学家盖·吕萨克等继续进行提纯氢氟酸的研究。19 世纪初期安培指出氢氟酸中存在着一种未知的化学元素，并建议把它命名为"Fluor"，词源来自拉丁文及法文"Flow，Fluere（流动）"之意。在此之后，1813 年戴维，1836 年乔治·诺克斯及托马斯·诺克斯，1850 年弗累密，1869 年哥尔，都曾尝试制备氟单质，但最终都失败，他们因长期接触含氟化合物中毒而健康受损。1886 年莫瓦桑成功分离出氟元素，1906 年获诺贝尔化学奖。他因长期接触含氟的剧毒气体，健康状况较常人先衰，1907 年 2 月 20 日与世长辞，年仅 54 岁。氟是自然界中广泛分布的元素之一。氟在地壳的含量为 6.5×10^{-4}。主要以氟化物形式存在。

【氟钡镁脆云母】参见【氟木下云母】条 184 页

【氟钡闪叶石*】

英文名 Fluorbarytolamprophyllite

化学式 $(Ba,Sr,K)_2[(Na,Fe^{2+})_3TiF_2][Ti_2(Si_2O_7)_2O_2]$　　（IMA）

氟钡闪叶石*是一种含氧和氟的钡、锶、钾、钠、铁、钛的钛硅酸盐矿物。属氟钠钛锆石超族闪叶石族。单斜晶系。晶体呈叶片状。褐色。2016年发现于俄罗斯北部摩尔曼斯克州尼瓦(Niva)碱性侵入岩。英文名称 Fluorbarytolamprophyllite,由成分冠词"Fluor(氟)""Baryto(钡)"和根词"Lamprophyllite(闪叶石)"组合命名。IMA 2016-089 批准。2017年 M. I. 弗利娜(M. I. Filina)等在《CNMNC 通讯》(35)、《矿物学杂志》(81)和2019年《矿物学与岩石学》(113)报道。目前尚未见官方中文译名,编译者建议根据成分及与闪叶石的关系译为氟钡闪叶石*。

【氟钡石】

英文名 Frankdicksonite

化学式 BaF_2　　(IMA)

氟钡石是一种钡的氟化物矿物。属萤石族。等轴晶系。晶体呈立方体。无色,玻璃光泽,透明;硬度2.5~3,完全解理。合成氟化钡至少在1846年已被广泛知晓。1970年米迦勒·弗莱舍(Michael Fleischer)预测氟化钡在自然界中存在;同年,亚瑟·S. 拉特克(Arthur S. Radtke)发现于美国内华达州尤里卡县埃尔科地区卡林(Carlin)金矿。英文名称 Frankdicksonite,以美国斯坦福大学矿物学家、地球化学教授弗兰克·W. 迪克森(Frank W. Dickson,1922—)的姓名命名,以表彰他对地质学和低温矿床地球化学做出的重要贡献。IMA 1974-015 批准。1974年拉特克等在《美国矿物学家》(59)报道。中文名称根据成分译为氟钡石,有的也译作钡萤石。

【氟布格电气石】

英文名 Fluor-buergerite

化学式 $Na(Fe^{3+}_3)Al_6(Si_6O_{18})(BO_3)_3O_3F$　　(IMA)

氟布格电气石柱状晶体,丛状集合体(墨西哥)和伯格像

氟布格电气石是一种含氟和氧的钠、铁、铝的硼酸-硅酸盐矿物,由于铁的三价氧化态,使之成为不寻常的电气石物种。三方晶系。晶体呈短柱状、细长柱状,顶端可以是一个简单到复杂的三角金字塔形,具柱面条纹;集合体呈丛状。暗褐色或近乎黑色,带古铜色的闪光,半透明—不透明,玻璃光泽;硬度7~7.5。第一次发现并描述于墨西哥圣路易斯波托西州梅斯基蒂克(Mexquitic)附近的流纹岩。英文原名称 Buergerite,为了纪念美国麻省理工学院著名的晶体学家、矿物学教授马丁·J. 伯格(Martin J. Buerger,1903—1986)而以他的姓氏命名。他被誉为晶体结构分析的先驱,他发明了X射线进动相机,可以对倒易晶格进行不失真的摄影,他还撰写了许多关于X射线晶体学的标准著作,并且是哈佛大学矿物学家克利福德·弗龙德尔(Clifford Frondel)的博士生导师。IMA 1965-005 批准。1966年 G. 多奈(G. Donnay)等在《美国矿物学家》(51)报道。中文名称音加族名译为布格电气石。2011年 D. 亨利(D. Henry)等在《美国矿物学家》(96)《电气石超族矿物命名法》更名为 Fluor-buergerite。中文名称根据成分及与布格电气石的关系译为氟布格电气石。

【氟符山石】

英文名 Fluorvesuvianite

化学式 $Ca_{19}(Al,Mg)_{13}(SiO_4)_{10}(Si_2O_7)_4O(F,OH)_9$
(IMA)

氟符山石纤维状晶体(俄罗斯)

氟符山石是一种含羟基、氟、氧的钙、铝、镁的硅酸盐矿物。属符山石族。四方晶系。晶体呈针柱状、纤维状,长1.5cm;集合体呈束状、放射状。无色—白色,玻璃光泽、丝绢光泽,透明;硬度6,脆性。2000年发现于俄罗斯北部卡累利阿共和国拉多加地区皮特基亚兰塔区鲁皮科(Lupikko)矿。英文名称 Fluorvesuvianite,由成分冠词"Fluor(氟)"和根词"Vesuvianite(符山石)"组合命名,意指它是氟占优势的符山石的类似矿物。IMA 2000-037 批准。2003年 S. N. 布里特温(S. N. Britvin)等在《加拿大矿物学家》(41)报道。2008年中国地质科学院地质研究所任玉峰等在《岩石矿物学杂志》[27(2)]根据成分及族名译为氟符山石(根词参见【符山石】条198页)。

【氟钙铝石】

英文名 Fluormayenite

化学式 $Ca_{12}Al_{14}O_{32}[\square_4F_2]$　　(IMA)

氟钙铝石是一种含氟和空位的钙、铝的氧化物矿物。属钙铝石超族。等轴晶系。晶体呈四面体形态、圆粒状,通常为20~100μm。无色,很少带绿色—淡黄色,玻璃光泽,透明;硬度5.5~6。1968年,P. P. 威廉姆斯(P. P. Williams)在《美国陶瓷学会杂志》(51)报道:Mayenite($12CaO \cdot 7Al_2O_3$)氟衍生物的晶体结构。1973年,威廉姆斯在丹麦《结晶学报》(B29)报道:$11CaO \cdot 7Al_2O_3 \cdot CaF_2$精致的结构。2013年,E. V. 加卢什金(E. V. Galuskin)等发现于巴勒斯坦约旦河西岸的杰别尔·哈尔曼(Jebel Harmun)。英文名称 Fluormayenite,由成分冠词"Fluor(氟)"和根词"Mayenite(钙铝石)"组合命名,意指它是氟占优势的钙铝石的类似矿物。IMA 2013-019 批准。2013年 E. V. 格卢斯金(E. V. Galuskin)等在《CNMNC 通讯》(16)、《矿物学杂志》(77)和2015年《欧洲矿物学杂志》(27)报道。中文名称根据成分译为氟钙铝石(根词参见【钙铝石】条223页)。

【氟钙镁电气石】

英文名 Fluor-uvite

化学式 $CaMg_3(Al_5Mg)(Si_6O_{18})(BO_3)_3(OH)_3F$　　(IMA)

氟钙镁电气石柱状、粒状晶体(美国)

氟钙镁电气石是一种含氟和羟基的钙、镁、铝的硼酸-硅酸盐矿物。属电气石族。三方晶系。晶体呈带锥的柱状、粒状、板状;集合体呈放射状。黑色、绿黑色、棕黑色、棕色、绿色、无色,玻璃光泽;硬度 7.5,脆性。发现于美国新泽西州苏塞克斯县富兰克林矿区富兰克林(Franklin)矿等地。英文名称 Fluor-uvite,由成分冠词“Fluor(氟)”和根词“Uvite(钙镁电气石)”组合命名。其中根词“Uvite(钙镁电气石)”,1929 由威廉·库尼兹(Wilhelm Kunitz)根据模式产地斯里兰卡乌瓦(UVA)省命名[见 1930 年《地球化学》(4)];而成分冠词氟于 2008 年 IMA 添加。1959 年以前发现、描述并命名的“祖父级”矿物,IMA 承认有效。IMA 2011s. p. 批准。2011 年 D. 亨利(D. Henry)等在《美国矿物学家》(96)报道。中文名称根据成分及与钙镁电气石的关系译为氟钙镁电气石(根词参见【钙镁电气石】条 224 页)。

【氟钙钠铈石】

英文名 Gagarinite-(Ce)

化学式 $NaCaCeF_6$ (IMA)

加加林像

氟钠钙铈石是一种钠、钙、铈的氟化物矿物。三方晶系。晶体呈半自形粒状。无色、奶油白色、淡粉色、橙色,玻璃光泽,透明;硬度 3.5,脆性。1993 年发现于加拿大魁北克省与纽芬兰和拉布拉多省边境谢弗维尔东北部斯特兰奇(Strange)湖稀土矿床。这个矿物最初被命名为 Zajacite-(Ce),由加拿大地质学家伊戈尔·斯蒂芬·扎佳克(Ihor Stephan Zajac,1935—)博士的姓氏,加占优势的稀土元素铈后缀-(Ce)组合命名。扎佳克带领探险小组发现了加拿大魁北克省斯特兰奇(Strange)湖相沉积(布兰森湖杂岩体),并且他第一个认出了该矿物。IMA 1993-038 批准。因为 Zajacite-(Ce)被质疑。1996 年在《加拿大矿物学家》(34)报道。2010 年 IMA 10-C 重新命名为 Gagarinite-(Ce),以苏联第一位宇航员尤里·阿列克谢耶维奇·加加林(Yuri Alexeevich Gagarin,1934—1968)的姓氏,加占优势的稀土元素铈后缀-(Ce)组合命名,它实际上是一种铈占优势的氟钙钠钇石的类似矿物。2011 年 M. J. 希贝拉斯(M. J. Sciberras)在《加拿大矿物学家》(49)报道。2003 年李锦平等在《岩石矿物学杂志》[22(3)]根据成分译为氟钙钠铈石或氟钠钙铈石。2011 年杨主明在《岩石矿物学杂志》[30(4)]建议根据原名音加成分译为扎佳铈石。

【氟钙钠钇石】

英文名 Gagarinite-(Y)

化学式 $NaCaYF_6$ (IMA)

氟钙钠钇石柱状晶体(挪威)和加加林像

氟钙钠钇石是一种钠、钙、钇的氟化物矿物。六方晶系。晶体呈六方柱状。奶油白色、淡黄色、粉红色或玫瑰色、白色、无色,玻璃光泽,透明—半透明;硬度 4.5,完全解理,脆性。1961 年发现于哈萨克斯坦东哈萨克斯坦州塔尔巴哈台范围阿克扎耶柳塔斯(Akzhaylyautas)山脉维克尼埃斯佩(Verkhnee Espe)地块。A. V. 斯捷潘诺夫(A. V. Stepanov)等 1961 年在《苏联科学院报告:地球科学部分》(141)和 1962 年在《美国矿物学家》(47)报道。英文名称 Gagarinite-(Y),根词由苏联第一位宇航员尤里·阿列克谢耶维奇·加加林(Yuri Alexeevich Gagarin,1934—1968)的姓氏,加占优势的稀土元素钇后缀-(Y)组合命名。IMA 1967s. p. 批准。中文名称根据成分译为氟钙钠钇石或氟钠钙钇石。

【氟钙烧绿石】

英文名 Fluorcalciopyrochlore

化学式 $(Ca,Na)_2(Nb,Ti)_2O_6F$ (IMA)

氟钙烧绿石四面体晶体,花状集合体(俄罗斯、葡萄牙)

氟钙烧绿石是一种含氟的钙、钠、铌、钛的氧化物矿物。属烧绿石超族。等轴晶系。晶体呈四面体、八面体;集合体呈花瓣状。黄褐色、褐黑色。2013 年发现于中国内蒙古自治区包头市白云鄂博矿区白云鄂博矿床。英文名称 Fluorcalciopyrochlore,由成分冠词“Fluorine(氟)”和“Calcium(钙)”及根词“Pyrochlore(烧绿石)”组合命名。IMA 2013-055 批准。中文名称根据成分及与烧绿石的关系命名为氟钙烧绿石。2013 年李国武等在《CNMNC 通讯》(17)、《矿物学杂志》(77)和 2016 年《加拿大矿物学家》(54)报道(根词参见【烧绿石】条 773 页)。

【氟钙锶磷灰石】

英文名 Fluorcaphite

化学式 $SrCaCa_3(PO_4)_3F$ (IMA)

氟钙锶磷灰石柱状晶体(俄罗斯)

氟钙锶磷灰石是一种含氟的锶、钙的磷酸盐矿物。属磷灰石超族锶铈磷灰石族。六方晶系。晶体呈半自形柱状。浅黄色—亮黄色,玻璃光泽,透明;硬度 5,脆性。1996 年发现于俄罗斯北部摩尔曼斯克州科阿什瓦(Koashva)露天采场。英文名称 Fluorcaphite,由化学成分“Fluorine(氟)”“Calcium(钙)”和“Phosphorous(磷)”组合命名。IMA 1996-022批准。1997 年 A. P. 霍米亚科夫(A. P. Khomyakov)在《俄罗斯矿物学会记事》[126(3)]报道。2003 年中国地质科学院矿产资源研究所李锦平等在《岩石矿物学杂志》[22(2)]根据成分译为氟钙锶磷灰石。

【氟钙锶铈磷灰石】

英文名 Deloneite

化学式 $(Na_{0.5}REE_{0.25}Ca_{0.25})(Ca_{0.75}REE_{0.25})Sr_{1.5}(CaNa_{0.25}REE_{0.25})(PO_4)_3F_{0.5}(OH)_{0.5}$ (IMA)

氟钙锶铈磷灰石是一种含羟基和氟的钠、稀土、钙、锶的磷酸盐矿物。属磷灰石超族锶铈磷灰石族。三方晶系。鲜黄色,玻璃光泽,透明;硬度 5,脆性。1996 年发现于俄罗斯北部摩尔曼斯克州科阿什瓦(Koashva)山超钠质伟晶岩。英文名称 Deloneite,1996 年由 A. P. 霍米亚科夫(A. P. Khomyakov)等为纪念苏联莫斯科的数学晶体学家和登山者鲍里斯·尼克洛维奇·德洛内(德洛奈)[Boris Nikolaevich Delone (Delaunay), 1890—1980]而以他的姓氏命名。IMA 1995-036 批准。1996 年霍米亚科夫等在《俄罗斯矿物学会记事》[125(5)]和 1997 年杨博尔等在《美国矿物学家》(82)报道。2003 年中国地质科学院矿产资源研究所李锦平等在《岩石矿物学杂志》[22(3)]根据成分及与磷灰石的关系译为氟钙锶铈磷灰石。

德洛内像

【氟钙细晶石】

英文名 Fluorcalciomicrolite

化学式 $(Ca,Na,\square)_2Ta_2O_6F$ (IMA)

氟钙细晶石是一种含氟的钙、钠、空位、钽的氧化物矿物。属烧绿石超族细晶石族。等轴晶系。晶体呈八面体,长1.5cm。无色,金刚光泽、树脂光泽,半透明;硬度 4~5,脆性。2012 年发现于巴西米纳斯吉拉斯州沃尔塔格兰德(Volta Grande)伟晶岩矿。英文名称 Fluorcalciomicrolite,由成分冠词"Fluor(氟)""Calico(钙)"和根词"Microlite(细晶石)"组合命名。IMA 2012-036 批准。2013 年 M. B. 安德拉德(M. B. Andrade)等在《矿物学杂志》[77(7)]报道。中文名称根据成分及与细晶石的关系译为氟钙细晶石。

【氟硅铵石】参见【巴氟硅铵石】条 31 页

【氟硅钙钠石】

英文名 Agrellite

化学式 $NaCa_2Si_4O_{10}F$ (IMA)

氟硅钙钠石片状晶体(加拿大)和阿格雷尔像

氟硅钙钠石是一种含氟的钠、钙的硅酸盐矿物。三斜晶系。晶体呈板条状。白色—灰色或绿白色,珍珠光泽,透明—半透明;硬度 5.5,完全解理。1973 年发现于加拿大魁北克省阿比蒂比-蒂米斯坎明格区基帕瓦(Kipawa)碱性杂岩体。英文名称 Agrellite,以英国剑桥大学著名的岩石学家、矿物学家和流星学家斯图亚特·奥洛夫·阿格雷尔(Stuart Olof Agrell, 1913—1996)荣誉教授的姓氏命名。IMA 1973-032批准。1976 年 J. 吉廷斯(J. Gittins)等在《加拿大矿物学家》(14)和 1977 年《美国矿物学家》(62)报道。中国地质科学院根据成分译为氟硅钙钠石。2011 年杨主明在《岩石矿物学杂志》[30(4)]建议音译为阿格雷尔石。

【氟硅钙石】

英文名 Bultfonteinite

化学式 $Ca_2SiO_3(OH)F \cdot H_2O$ (IMA)

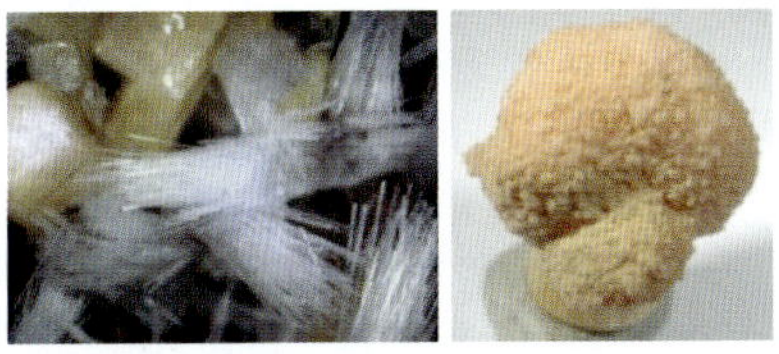

氟硅钙石针状晶体,束状、球粒状集合体(南非)

氟硅钙石是一种含结晶水、氟的钙的氢硅酸盐矿物。三斜晶系。晶体呈针状,具聚片双晶;集合体呈束状、放射状、球粒状。无色、淡粉色,透明;硬度 4.5,完全解理。1903 年或 1904 年,在南非自由邦省莱约莱普茨瓦区金伯利(Kimberley)伯尔特方丹或布尔丰坦(Bultfontein)矿的一名矿工发现第一个标本。他将标本交给了阿尔斐俄斯·F. 威廉姆斯,被错误地认为是钠沸石。几年后,C. E. 亚当斯(C. E. Adams)在杜托伊斯宾(Dutoitspan)矿附近和金伯利麦格雷戈博物馆发现补充标本。在 1932 年之前不久,该矿物又在金伯利的亚格斯丰坦(Jagersfontein)矿中被发现。之后,约翰·帕里(John Parry)和弗雷德里克·尤金·赖特(Frederick Eugene Wright)将矿物描述为 Afwillite(柱硅钙石)。1932 年由约翰·帕里(John Parry)、阿尔斐俄斯·富勒·威廉姆斯(Alpheus Fuller Williams)和弗雷德里克·尤金·赖特(Frederick Eugene Wright)在《矿物学杂志》(23)根据原产地伯尔特方丹或布尔丰坦(Bultfontein)命名为 Bultfonteinite。早些时候在威廉姆斯的《创世纪的钻石》著作中将矿物以杜托伊斯宾(Dutoitspan)矿命名为 Dutoitspanite,但此名被丢弃。当国际矿物学协会成立时,Bultfonteinite 被认为是 1959 年以前发现、描述并命名的"祖父级"矿物,IMA 承认有效。1963 年爱德华·J. 麦基弗(Edward J. McIver)在《晶体学报》(16)报道。中文名称根据成分译为氟硅钙石,有的也译作水氟硅钙石。

【氟硅钙钛矿】

英文名 Götzenite

化学式 $Ca_4NaCa_2Ti(Si_2O_7)_2(OF)F_2$ (IMA)

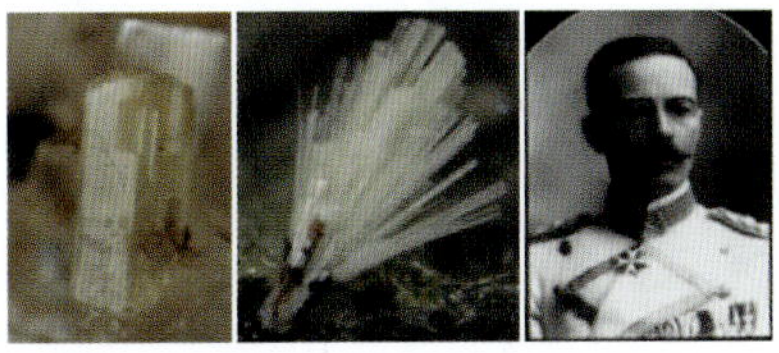

氟硅钙钛矿柱状、针状晶体、束状集合体(意大利、德国)和戈岑像

氟硅钙钛矿是一种罕见的含氟和氧的钙、钠、钛的硅酸盐矿物。属氟钠钛锆石超族层硅铈钛矿族。三斜晶系。晶体呈细柱状、针状、毛发状,具聚片双晶;集合体呈束状。无色、淡黄色、褐色或白色,玻璃光泽、油脂光泽,透明;硬度 5.5~6,完全解理。1957 年发现于刚果(金)北基伍省戈马市尼拉贡戈(Nyiragongo)山沙赫鲁(Shaheru)山;同年,在《矿物学杂志》(31)报道。英文名称 Götzenite,以德国著名的旅行家古斯塔夫·阿道夫·冯·戈岑(Gustav Adolf von Götzen, 1866—1910)的姓氏命名。1894 年他是欧洲第一个到达刚果(金)沙赫鲁(Shaheru)山的旅行者。1959 年以前发现、描述并命名的"祖父级"矿物,IMA 承认有效。IMA 2016s. p. 批准。中文名称根据成分译为氟硅钙钛矿。

【氟硅锆钙钠石】

英文名 Burpalite

化学式 $Na_4Ca_2Zr_2(Si_2O_7)_2F_4$ (IMA)

氟硅锆钙钠石是一种含氟的钠、钙、锆的硅酸盐矿物。属铌锆钠石族。单斜晶系。晶体呈柱状。无色、淡黄色,玻璃光泽,透明—半透明;硬度 5~6,完全解理。1988 年发现于俄罗斯布里亚特(Buriatia)共和国妈妈河流域麦贡达

(Maigunda)河布尔帕拉(Burpala)碱性岩。英文名称 Burpalite,以发现地俄罗斯布里亚特共和国布尔帕拉(Burpala)碱性岩命名。IMA 1988-036 批准。1990 年 S. 梅尔利诺(S. Merlino)等在《欧洲矿物学杂志》(2)报道。1991 年中国新矿物与矿物命名委员会郭宗山在《岩石矿物学杂志》[10(4)]根据成分译为氟硅锆钙钠石。

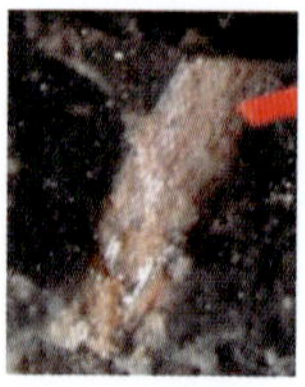

氟硅锆钙钠石柱状晶体(俄罗斯)

【氟硅钾石】参见【方氟硅钾石】条 153 页

【氟硅碱钙石①】

英文名 Frankamenite

化学式 $K_3Na_3Ca_5Si_{12}O_{30}(F,OH)_4 \cdot H_2O$　(IMA)

氟硅碱钙石①是一种含结晶水、羟基、氟的钾、钠、钙的硅酸盐矿物。属硅碱钙石族。与 Fluorcanasite(氟硅碱钙石②)为同质多象。三斜晶系。晶体呈板条状;集合体呈块状。淡紫色、蓝灰色或浅绿色,玻璃光泽,透明—半透明;硬度 5.5,完全解理。1996 年发现于俄罗斯萨哈(雅库特)共和国阿尔丹地盾穆伦斯基(Murunskii)地块。英文名称 Frankamenite,1996 年 L. V. 尼凯索娃(L. V. Nikishova)等以矿物晶体学家维克托·阿尔伯特维奇·弗兰克-卡梅尼斯基(Victor Albertovitch Frank-Kamenetsky,1915—1994)的姓氏命名。IMA 1994-050 批准。以前描述为三斜硅碱钙石(Triclinic canasite)。1996 年尼凯索娃等在《俄罗斯矿物学会记事》[125(2)]和 1997 年杨博尔等在《美国矿物学家》(82)报道。2003 年中国地质科学院矿产资源研究所李锦平等在《岩石矿物学杂志》[22(3)]根据成分译为氟硅碱钙石①。

氟硅碱钙石①板状晶体,块状集合体(俄罗斯)

【氟硅碱钙石②】

英文名 Fluorcanasite

化学式 $K_3Na_3Ca_5Si_{12}O_{30}F_4 \cdot H_2O$　(IMA)

氟硅碱钙石②是一种含结晶水和氟的钾、钠、钙的硅酸盐矿物。属硅碱钙石族。与 Frankamenite(氟硅碱钙石①)为同质多象。单斜晶系。晶体呈柱状;集合体呈块状。绿色、紫色,玻璃光泽,半透明;硬度 5,完全解理,脆性。2007 年发现于俄罗斯北部摩尔曼斯克州库基斯武姆科尔(Kukisvumchorr)山。英文名称 Fluorcanasite,由成分冠词“Fluor(氟)”和根词“Canasite(硅碱钙石)”组合命名。IMA 2007-031 批准。2009 年 A. P. 霍米亚科夫(A. P. Khomyakov)等在《俄罗斯矿物学会记事》[138(2)]报道。中文名称根据成分及与硅碱钙石的关系译为氟硅碱钙石②。

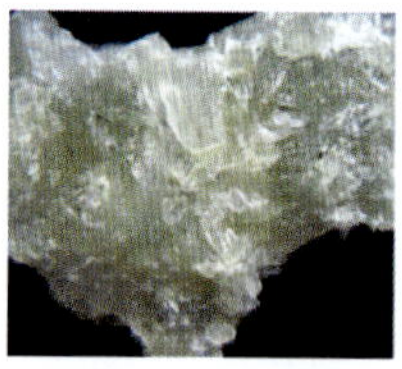

氟硅碱钙石②柱状晶体,块状集合体(俄罗斯)

【氟硅磷灰石】

英文名 Fluorcalciobritholite

化学式 $(Ca,REE)_5(SiO_4,PO_4)_3F$　(IMA)

氟硅磷灰石是一种含氟的钙、稀土的磷酸-硅酸盐矿物。属磷灰石超族钸磷灰石族。六方晶系。晶体呈六方柱状。粉红色—棕色,玻璃光泽,透明—半透明;硬度 5.5,脆性。

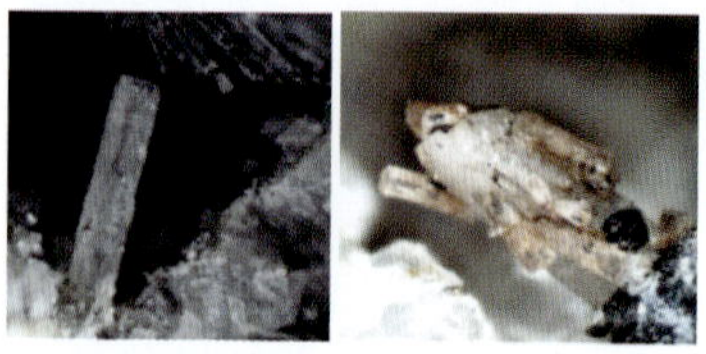

氟硅磷灰石六方柱状晶体,晶簇状集合体(德国)

2006 年发现于俄罗斯北部摩尔曼斯克州库基斯武姆科尔(Kukisvumchorr)山东坡图卢克(Tuliok)河源头。英文名称 Fluorcalciobritholite,由成分冠词“Fluor(氟)”“Calico(钙)”和根词“Britholite(钸磷灰石)”组合命名。IMA 2006-010 批准。2007 年伊格尔·V. 佩科夫(Igor V. Pekov)等在《欧洲矿物学杂志》(19)报道。2010 年中国地质科学院地质研究所尹淑苹等在《岩石矿物学杂志》[29(4)]根据成分译为氟硅磷灰石。

【氟硅硫磷灰石】参见【硅硫磷灰石】条 273 页

【氟硅铝钙石】

英文名 Wadalite

化学式 $Ca_6Al_5Si_2O_{16}Cl_3$　(IMA)

氟硅铝钙石粒状晶体(德国)和和田像

氟硅铝钙石是一种含氯和氧的钙、铝的铝硅酸盐矿物。属氟硅铝钙石族。等轴晶系。柠檬黄色、无色、灰色,玻璃光泽,透明—半透明。1987 年发现于日本本州岛东北地区福岛县郡山市逢濑町多田野。英文名称 Wadalite,以日本地质调查局第一局长、矿物学家和田维四郎(Tsunashiro Wada,1856—1920)的姓氏命名。IMA 1987-045 批准。1988 年 Q. L. 冯(Q. L. Feng)等在《晶体学报》(C44)报道。日文汉字名称和田石。1993 年月村胜宏(K. Tsukimura)等在《晶体学报》(C49)和 J. L. 杨博尔(J. L. Jambor)等在《美国矿物学家》(78)报道。2003 年李锦平等在《岩石矿物学杂志》[22(2)]根据成分译为氟硅铝钙石。2010 年杨主明在《岩石矿物学杂志》[29(1)]建议采用日文汉字名称和田石。

【氟硅锰石】参见【斜硅锰石】条 1029 页

【氟硅钠石】

英文名 Malladrite

化学式 Na_2SiF_6　(IMA)

氟硅钠石是一种钠的氟-硅化物矿物。三方晶系。晶体呈菱面体、带锥的柱状,具假六方双晶;集合体呈皮壳状。浅玫瑰色、白色,玻璃光泽,透明;硬度 3。最早见于 1872 年斯托尔巴(Stolba)在莱比锡汉堡《无机和普通化学杂志》(11)报道。1926 年发现于意大利那不勒斯省维苏威(Vesuvius)火山;同年,在《林且国家科学院学报》(VI 系列,4)报道。1927 年在《美国矿物学家》(12)报道。英文名称 Malladrite,以梅尔里奥罗斯米尼多莫多索拉学院教授、维苏威火山观测站天文台主任(1927—1935)、意大利火山学家亚历山德罗·马拉德冉(Alessan dro Malladra,1865—1945)的姓氏命名。1959 年以前发现、描述并命名的“祖父级”矿物,IMA 承认有效。

中文名称根据成分译为氟硅钠石。

【氟硅硼镁石】

英文名 Pertsevite-(F)

化学式 $Mg_2(BO_3)F$　(IMA)

氟硅硼镁石是一种含氟的镁的硼酸盐矿物。斜方晶系。无色,玻璃光泽,透明。发现于俄罗斯萨哈共和国维尔霍扬斯克地区含粒镁硼石的大理岩。英文名称 Pertsevite-(F),2003 年由 W. 施赖尔(W. Schreyer)等以俄罗斯科学院(IGEM)矿床地质、岩石学、矿物学、地球化学研究所的矿物学家、岩石学家尼古拉·尼古拉耶维奇·佩尔采夫(Nikolai Nikolayevich Pertsev,1930—)的姓氏,加占优势的氟后缀-(F)组合命名。佩尔采夫致力于硼酸盐矿物的研究工作,包括收集小藤石(粒镁硼石)大理石并捐赠了进行研究的薄片。IMA 2002-030 批准。2003 年施赖尔等在《欧洲矿物学杂志》(15)报道。2008 年中国地质科学院地质研究所任玉峰等在《岩石矿物学杂志》[27(2)]根据成分译为氟硅硼镁石。

【氟硅铈矿】参见【层硅铈钛矿】条 85 页

【氟硅钛钙锂石】

英文名 Faizievite

化学式 $Li_6K_2Na(Ca_6Na)Ti_4(Si_6O_{18})_2(Si_{12}O_{30})F_2$　(IMA)

氟硅钛钙锂石是一种含氟的锂、钾、钠、钙、钛的硅酸盐矿物。与绿柱石族和大隅石族相关。三斜晶系。晶体呈板状;集合体呈块状。无色、灰褐黄色,玻璃光泽,透明;硬度 4~4.5,脆性。2006 年发现于塔吉克斯坦天山山脉阿尔泰范围达拉伊-皮奥兹(Dara-i-Pioz)冰川冰碛物。英文名称 Faizievite,以塔吉克斯坦杜尚别塔吉克斯坦共和国的科学院教授和通信院士费齐耶夫·阿卜杜勒哈克·拉贾博维奇(Faiziev Abdulkhak Radzhabovitch,1938—)的名字命名。IMA 2006-037 批准。2007 年 A. A. 阿加哈诺夫(A. A. Agakhanov)等在莫斯科《矿物新数据》(42)报道。2011 年中国地质科学院地质研究所任玉峰等在《岩石矿物学杂志》[30(2)]根据成分译为氟硅钛钙锂石。

【氟硅钛钇石】

英文名 Yftisite-(Y)

化学式 $(Y,Dy,Er)_4(Ti,Sn)(SiO_4)_2O(F,OH)_6$

氟硅钛钇石是一种含羟基、氟、氧的钇、镝、铒、钛、锡的硅酸盐矿物。斜方晶系。淡黄色,树脂光泽,透明;硬度 3.5~4。1965 年发现于俄罗斯北部摩尔曼斯克州基维(Keivy)地块西部埃洛泽罗(Elozero)稀土矿床。1971 年普列特涅娃(Pletneva)、杰尼索夫(Denisov)和叶琳娜(Elina)报道。英文名称 Yftisite-(Y),由化学成分"Yttrium(Y)(钇)""Fluorine(F)(氟)""Titanium(Ti)(钛)"和"Silicon(Si)(硅)"的化学元素符号,加占优势的稀土钇后缀-(Y)组合命名。1965 年 IMA 批准,1987 年被 IMA 废弃,可能与 Mieite-(Y)相同。中文名称根据成分译为氟硅钛钇石。

【氟硅钇石】

英文名 Rowlandite-(Y)

化学式 $Fe^{2+}Y_4(Si_2O_7)_2F_2$　(IMA)

氟硅钇石是一种含氟的铁、钇的硅酸盐矿物。非晶质。集合体呈不规则块状。淡暗绿色、灰白色,玻璃光泽、蜡状光泽,透明;硬度 5.5~6.5。最早见于 1891 年 W. E. 海登(W. E. Hidden)等在《美国科学杂志》(142)和 1893 年《美国科学

氟硅钇石粒状晶体(挪威)和罗兰像

杂志》(146)报道。发现于美国得克萨斯州巴林杰(Baringer)山。英文名称 Rowlandite-(Y),根词以美国马里兰州巴尔的摩市约翰·霍普金斯大学的物理学家、光谱学家亨利·奥古斯塔斯·罗兰(Henry Augustus Rowland,1848—1901)教授的姓氏命名。罗兰从事稀土元素的光谱分析研究;他还以开发一种衍射光栅而闻名,这种光栅现在以他命名;1987 年加占优势的稀土钇后缀-(Y)组合命名。1961 年 C. 弗龙德尔(C. Frondel)在《加拿大矿物学家》(6)报道。1959 年以前发现、描述并命名的"祖父级"矿物,IMA 承认有效。IMA 1987s. p. 批准。中文名称根据成分译为氟硅钇石,也有的译作硅氟铁钇矿。

【氟金云母】

英文名 Fluorophlogopite

化学式 $KMg_3(Si_3Al)O_{10}F_2$　(IMA)

氟金云母假六方板状、柱状晶体(美国)

氟金云母是一种含氟的钾、镁的铝硅酸盐矿物。属云母族黑云母亚族。单斜晶系。晶体呈板状、叶片状、鳞片状、呈假六方柱状。无色、淡黄色、黄褐色、红褐色、暗褐色,玻璃光泽、树脂光泽、油脂光泽,解理面上呈珍珠光泽,透明;硬度 2~2.5,完全解理,脆性。1935 年发现于意大利卡塔尼亚省埃特纳火山杂岩体比安卡维拉的卡尔瓦里奥(Calvario)。英文名称 Fluorophlogopite,1935 年由 D. P. 格里戈里耶夫(D. P. Grigoriev)根据主要成分冠词"Fluorine(氟)"和根词"Phlogopite(金云母)"组合命名,意指它是氟占优势的金云母的类似矿物。IMA 2006-011 批准。2006 年安东尼奥·詹法尼亚(Antonio Gianfagna)在日本神户《国际矿物学协会会员会议文摘》(19)和 2007 年《美国矿物学家》(92)报道。中文名称根据成分和与金云母的关系译为氟金云母(参见【金云母】条 387 页)。2005 年许金莎等在中国《矿物学报》[25(3)]报道过中国白云鄂博矿的氟金云母。

【氟韭闪石】

英文名 Fluoro-pargasite

化学式 $NaCa_2(Mg_4Al)(Si_6Al_2)O_{22}F_2$　(IMA)

氟韭闪石短柱状晶体(芬兰)

氟韭闪石是一种 A 位钠、C 位镁和铝、W 位氟占优势的角闪石矿物。属角闪石超族 W 位羟基、氟、氯主导的角闪石族钙角闪石亚族韭闪石根名族。单斜晶系。晶体呈短柱状。黑色,玻璃光泽,透

明—半透明；硬度 6，完全解理，脆性。1995 年 R. 奥贝蒂(R. Oberti)等在《加拿大矿物学家》(33)报道了人工合成的氟韭闪石的晶体结构。2003 年发现于美国纽约州奥林奇县沃里克镇的伊登维尔(Edenville)。英文名称 Fluoro-pargasite，由成分冠词"Fluoro(氟)"和根词"Pargasite(韭闪石)"组合命名，意指它是氟占优势的韭闪石的类似矿物。IMA 2012s. p. 批准。2005 年 M. V. 鲁普列斯库(M. V. Lupulescu)等在《加拿大矿物学家》(43)报道。2008 年中国地质科学院地质研究所任玉峰等在《岩石矿物学杂志》[27(6)]根据成分及与韭闪石的关系译为氟韭闪石(根词参见【韭闪石】条 390 条)。

【氟镧矿】

英文名 Fluocerite-(La)

化学式 LaF_3　(IMA)

氟镧矿是一种镧的氟化物矿物。三方晶系。晶体呈薄片状、板状、粒状。黄绿色，玻璃光泽，透明—半透明；硬度 4～5。1969 年发现于哈萨克斯坦卡拉干达州扎努扎克(Zhanuzak)。1969 年在《苏联科学院矿物学博物馆著作集》(19)报道。英文名称 Fluocerite-(La)，由根词"Fluocerite(氟铈矿)"加占优势的稀土元素镧后缀-(La)组合命名。IMA 1987s. p. 批准。中文名称根据成分译为氟镧矿(参见【氟铈矿】条 190 页)。

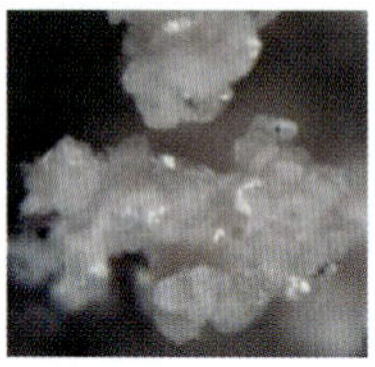

氟镧矿粒状晶体(德国)

【氟锂电气石*】

英文名 Fluor-elbaite

化学式 $Na(Li_{1.5}Al_{1.5})Al_6(Si_6O_{18})(BO_3)_3(OH)_3F$　(IMA)

氟锂电气石*柱状晶体(巴西)

氟锂电气石*是一种含氟的锂电气石矿物。属电气石族。三方晶系。晶体呈柱状。蓝绿色，玻璃光泽，透明；硬度 7.5。2000 年发现于巴西米纳斯吉拉斯州伊廷加蒙特贝洛山乌鲁布(Urubu)矿和克鲁塞罗(Cruzeiro)矿。2001 年秋月瑞彦(M. Akizuki)等在《美国矿物学家》(86)报道。英文名称 Fluor-elbaite，由成分冠词"Fluor(氟)"和根词"Elbaite(锂电气石)"组合命名，意指它是氟的锂电气石类似矿物。IMA 2011－071 批准。2011 年 F. 波斯(F. Bosi)等在《CNMNC 通讯》(11)、《矿物学杂志》(75)和 2013 年《美国矿物学家》(98)报道。目前尚未见官方中文译名，编译者建议根据成分及与锂电气石关系译为氟锂电气石*。

【氟锂铁高铁钠闪石】

英文名 Ferro-ferri-fluoro-leakeite

化学式 $NaNa_2(Fe^{2+}_2Fe^{3+}_2Li)Si_8O_{22}F_2$　(IMA)

氟锂铁高铁钠闪石是一种 A 位钠、C^{2+} 位二价铁、C^{3+} 位三价铁和 W 位氟的闪石矿物。属角闪石超族 W 位羟基、氟、氯的角闪石族钠闪石亚族利克石根名族。单斜晶系。带蓝绿色的黑色—黑色，玻璃光泽，半透明—不透明；硬度 6，完全解理，脆性。1993 年发现于美国新墨西哥州奎斯塔的加拿大皮纳贝特(Canada Pinabete)深成岩体。英文名称 Ferro-ferri-fluoro-leakeite，由成分冠词"Ferro(二价铁)""Ferri(三价铁)""Fluor(氟)"和根词"Leakeite(利克石/锂镁高铁钠闪石)"组合命名，意指它是氟、铁的利克石(锂镁高铁钠闪石)的类似矿物。1996 年 F. C. 霍桑(F. C. Hawthorne)等在《美国矿物学家》(81)报道，称 Fluor-ferro-leakeite (IMA 1993－026 批准)。2012 年霍桑等在《美国矿物学家》(97)的《角闪石超族命名法》更为现名 Ferro-ferri-fluoro-leakeite (IMA 2012s. p. 批准)。2004 年中国地质科学院矿产资源研究所李锦平等在《岩石矿物学杂志》[23(1)]根据成分及与利克石(锂镁高铁钠闪石)的关系译为氟锂铁高铁钠闪石；根据成分及与利克石的关系译为复铁氟利克石(根名参见【利克石】条 447 页)。

【氟利克石】

英文名 Fluoro-leakeite

化学式 $NaNa_2(Mg_2Al_2Li)Si_8O_{22}F_2$

氟利克石是一种 A 位钠、C^{2+} 位镁、C^{3+} 位铝和 W 位氟占优势的角闪石矿物。属角闪石超族 W 位羟基、氟、氯主导的角闪石族钠质闪石亚族利克石根名族。单斜晶系。晶体呈柱状。淡蓝色、绿蓝色；硬度 6，完全解理。2009 年发现于瑞典延雪平省格拉纳地区诺拉卡尔(Norra Kärr)。英文名称 Fluoro-leakeite，由成分冠词"Fluoro(氟)"和根词"Leakeite(利克石)"组合命名。这种矿物首先作为 Fluoro-aluminoleakeite (氟铝利克石)出版。IMA 2009－012 批准。2009 年在《矿物学杂志》(73)和 2010 年 F. 卡马拉(F. Cámara)等在《矿物学杂志》(74)报道，命名为 Fluoroleakeite。2012 年利克石小组在《角闪石命名法》重新定义，现在被命名为 Fluoro-leakeite。IMA 2012s. p. 批准。中文名称根据成分及与利克石的关系译为氟利克石。

氟利克石柱状晶体(瑞典)

【氟磷钙镁石】

英文名 Isokite

化学式 $CaMg(PO_4)F$　(IMA)

氟磷钙镁石是一种含氟的钙、镁的磷酸盐矿物。属氟砷钙镁石族。单斜晶系。晶体呈纤维状；集合体呈放射状、球粒状、块状。白色、淡黄色、淡粉色、玫瑰色，丝绢光泽，珍珠光泽，透明—半透明；硬度 4.5～5，极完全解理，脆性。1955 年发现于赞比亚北部省穆钦加山脉伊索卡(Isoka)区科姆布瓦(Nkombwa)山碳酸盐岩。1955 年 T. 迪恩斯(T. Deans)和 J. D. C. 麦康奈尔(J. D. C. McConnell)在《矿物学杂志》(30)和 1956 年《美国矿物学家》(41)报道。英文名称 Isokite，以发现地赞比亚的伊索卡(Isoka)命名。1959 年以前发现、描述并命名的"祖父级"矿物，IMA 承认有效。中文名称根据成分译为氟磷钙镁石。

【氟磷钙钠石[①]】

英文名 Nacaphite

化学式 $Na_2Ca(PO_4)F$　(IMA)

氟磷钙钠石[①]是一种含氟的钠、钙的磷酸盐矿物。单斜晶系。晶体呈柱状。无色、白色，玻璃光泽，透明；硬度 3。1979 年发现于俄罗斯北部摩尔曼斯克州拉姆霍尔(Rasvumchorr)山。英文名称 Nacaphite，由化学成分"Na(钠)""Ca(钙)"和"P(磷)"组合命名。IMA 1979－026 批准。1980 年

A. P. 霍米亚科夫(A. P. Khomyakov)等在《全苏矿物学会记事》[109(1)]。中文名称根据成分译为氟磷钙钠石①。

【氟磷钙钠石②】

英文名 Nefedovite

化学式 $Na_5Ca_4(PO_4)_4F$　(IMA)

氟磷钙钠石②柱状晶体,晶簇状集合体(俄罗斯)和涅菲多夫像

氟磷钙钠石②是一种含氟的钠、钙的磷酸盐矿物。三斜(或假四方)晶系。晶体呈柱状;集合体呈晶簇状、块状。无色、白色,玻璃光泽,透明;硬度 4.5,脆性。1984 年发现于俄罗斯北部摩尔曼斯克州库努克(Kuniok)谷和尤克斯波尔(Yukspor)山。英文名称 Nefedovite,以俄罗斯矿物学家耶夫根尼·I. 涅菲多夫(Yevgeny I. Nefedov,1910—1976)博士的姓氏命名。他参与过多项科拉半岛矿物的发现。IMA 1982-048 批准。1983 年 A. P. 霍米亚科夫(A. P. Khomyakov)等在《全苏矿物学会记事》[112(4)]和 1984 年 M. 塞巴尔斯(M. Sebals)等在《苏联科学院报告》(278)报道。中文名称根据成分译为氟磷钙钠石②;编译者建议音加成分译为涅氟磷钙钠石*。

【氟磷钙石】

英文名 Spodiosite

化学式 Ca_2PO_4F

氟磷钙石是一种含氟的钙的磷酸盐矿物。斜方晶系。晶体呈扁平柱状。尘灰色、褐色;硬度 5,完全解理。1872 年泰贝尔(Tiberg)发现于瑞典韦姆兰省菲利普斯塔德市尼特斯塔(Nyttsta)矿田;在《斯德哥尔摩地质学会会刊》(1)报道。英文名称 Spodiosite,由希腊文"σποδιος=Spodios=Ash-gray(燃烧灰烬的灰色)"命名,意指它的颜色像烧成了灰烬一样的浅灰色。它可能是方解石、磷灰石、蛇纹石的混合物,2003 年 IMA 废弃(IMA 2003-B)。中文名称根据成分译为氟磷钙石。

【氟磷钙铁锰矿】

英文名 Sarcopside

化学式 $Fe_3^{2+}(PO_4)_2$　(IMA)

氟磷钙铁锰矿是一种铁的磷酸盐矿物。属氟磷钙铁锰矿族。单斜晶系。晶体呈纤维状、六方板状;集合体呈不规则块状。肉红色、红棕色、棕色,蚀变后呈蓝色、紫色、绿色,树脂光泽、蜡状光泽、油脂光泽、丝绢光泽,透明—不透明;硬度 4,完全解理,脆性。1868 年发现于波兰下西里西亚省希维德尼察市米哈尔科夫(Michałkowa)。1868 年维布斯卡在《德国柏林地质学会杂志》(20)报道。英文名称 Sarcopside,由克里斯坦·弗里德里希·马丁·维布斯卡(Christian Friedrich Martin Websky)根据希腊文"σάρζ=Sarka 或 Flesh(肉)",加"οψις=Opsism 或 View(观察)"而命名,意指观察新鲜断裂表面上呈肉红桃色。1959 年以前发现、描述并命名的"祖父级"矿物,IMA 承认有效。中文名称根据成分译为氟磷钙铁锰矿;也译为磷钙铁锰矿;根据晶系和成分译为斜磷锰铁矿。

【氟磷灰石】

英文名 Fluorapatite

化学式 $Ca_5(PO_4)_3F$　(IMA)

氟磷灰石柱状、板状晶体(巴西、加拿大、美国)

氟磷灰石是一种含氟的钙的磷酸盐矿物。属磷灰石族。六方晶系。晶体呈带锥的短柱状、厚板状、粗粒状、鳞片状,具双晶;集合体呈块状、致密状、球状、肾状等。蓝绿色、紫蓝色、褐色、肉红色—红色、无色等,玻璃光泽,树脂光泽、蜡状光泽、油脂光泽,透明—不透明;硬度 5,脆性。1823 年发现于德国萨克森州厄尔士山脉埃伦弗里德斯多夫地区索伯格(Sauberg)矿;在奥地利、西班牙、瑞士、智利和英国也有发现。1827 年在《物理学和化学年鉴》(85)报道。1854 年 N. 冯·科沙诺夫(N. von Koksharov)在《俄罗斯材料矿物学》(阿特拉斯,第十一卷,2)刊载。1860 年由卡尔·F. 拉梅尔斯贝格(Carl F. Rammelsberg)在《矿物化学手册》(第一版,莱比锡)将亚伯拉罕·维尔纳(Abraham Werner)命名的原始 Apatite(磷灰石)名称,强调化学成分"Fluor(氟)"更名为 Fluorapatite。磷灰石之名来自希腊文"απατείν=Apatein(欺骗或误导)",因磷灰石常常被混淆为其他矿物(如绿宝石、整柱石)。而拉梅尔斯贝格添加了"Fluor(氟)"的前缀,针对氟的成分占统治地位[见韦斯(2012)和迈耶(2013)磷灰石命名的历史]。1959 年以前发现、描述并命名的"祖父级"矿物,IMA 承认有效。IMA 2012s. p. 批准。中文名称根据成分译为氟磷灰石,可有含碳和锰的变种,氟磷灰石(含碳)和氟磷灰石(含锰)。

【氟磷铝钙钠石】

英文名 Viitaniemiite

化学式 $NaCaAl(PO_4)F_3$　(IMA)

氟磷铝钙钠石柱状晶体(阿富汗)

氟磷铝钙钠石是一种含氟的钠、钙、铝的磷酸盐矿物。单斜晶系。晶体呈柱状。灰白色、白色、无色、粉红色,玻璃光泽,透明—半透明;硬度 5。1977 年发现于芬兰西部和中部奥里韦西镇厄拉贾尔维(Eräjärvi)地区维塔涅米(Viitaniemi)伟晶岩。英文名称 Viitaniemiite,以发现地芬兰的维塔涅米(Viitaniemi)命名。IMA 1977-043 批准。1981 年在《芬兰地质学会通报》(314)和《美国矿物学家》(66)报道。中文名称根据成分译为氟磷铝钙钠石或氟磷铝钠石;根据英文名称首音节音和成分译为维磷钠钙铝石。

【氟磷铝石】参见【氟铝石】条 183 页

【氟磷镁石】

英文名 Wagnerite

化学式 $Mg_2(PO_4)F$　　(IMA)

氟磷镁石板状、柱状晶体(德国、奥地利)和瓦格纳像

氟磷镁石是一种含氟的镁的磷酸盐矿物。属氟磷镁石族。单斜晶系。晶体呈短柱状、板状,晶面具纵纹;集合体常呈块状。浅黄色、淡灰色、棕色、红棕色、肉红色及淡绿色等,条痕呈白色,玻璃光泽、沥青光泽、树脂光泽、油脂光泽,透明—微透明;硬度 5~5.5,不完全解理,脆性。1821 年发现于奥地利萨尔茨堡州普法尔韦尔芬地区伊姆劳(Imlau)伟晶岩;同年,富克斯(Fuchs)在纽伦堡《化学物理学报》(33)报道,称 Phosphorsaurer Talk 和 Wagnerit。英文名称 Wagnerite,由约翰·内波穆克·冯·福克斯(Johann Nepomuk von Fuchs)以弗朗茨·迈克尔·冯·瓦格纳(Franz Michael von Wagner,1768—1851)的姓氏命名。瓦格纳 1806 年在提洛尔、施瓦兹等任矿业行政长官。1820 年,瓦格纳成为矿业、盐矿和造币厂的主管。瓦格纳在巴伐利亚的矿业开发和发展中同样发挥了重要的作用。1959 年以前发现、描述并命名的"祖父级"矿物,IMA 承认有效。IMA 2003s. p. 批准。中文名称根据成分译为氟磷镁石。已知 Wagnerite 有 -Ma2bc、-Ma3bc、-Ma5bc、-Ma7bc 和 -Ma9bc 多型,最常见的一种是 Wagnerite-Ma2bc。

F

【氟磷锰石】

英文名 Triplite

化学式 $Mn_2^{2+}(PO_4)F$　　(IMA)

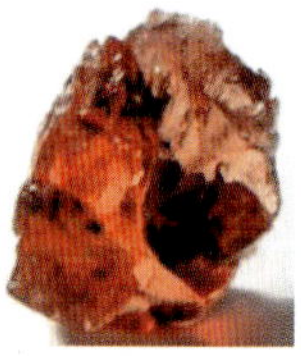

氟磷锰石块状集合体(巴基斯坦)

氟磷锰石是一种含氟的锰的磷酸盐矿物。属氟磷锰石族。单斜晶系。单晶体不常见;集合体常呈块状。褐色、红褐色、黑褐色、黑色(蚀变),玻璃光泽、树脂光泽,不透明—半透明;硬度 5~5.5,三组完全解理。1802 年发现于法国上维埃纳省尚特卢布(Chanteloube)。1802 年沃奎林(Vauquelin)在《矿山杂志,即矿山年鉴》(11)报道,称铁和锰的磷酸盐(Phosphate of Iron and Manganese)。1813 年 J. F. L. 豪斯曼(J. F. L. Hausmann)在《矿物学手册》(第一版,第三卷,哥廷根)称 Triplit。英文名称 Triplite,由希腊文"τριπλόοs=Triples(三)"命名,意指其有 3 个方向的完全解理。它的颜色和外观非常类似于 Rhodocrosite(菱锰矿),化学成分也非常类似于 Beusite(磷锰铁矿),区别在于氟占主导地位。1959 年以前发现、描述并命名的"祖父级"矿物,IMA 承认有效。中文名称根据成分译为氟磷锰石;也译作氟磷铁锰石/矿。

【氟磷钠锶石】

英文名 Bøggildite

化学式 $Na_2Sr_2Al_2(PO_4)F_9$　　(IMA)

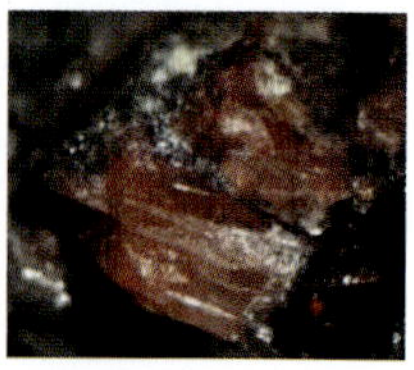

氟磷钠锶石肉红色晶体(格陵兰)

氟磷钠锶石是一种含氟的钠、锶、铝的磷酸盐矿物。单斜晶系。肉红色,玻璃光泽,半透明;硬度 4~5。1951 年发现于格陵兰塞梅索克区阿尔苏克峡湾伊维赫图特(Ivigtut)冰晶石矿。1951 年 R. 博格瓦德(R. Bøgvad)在《丹麦地质学会通报》(12)报道。英文名称 Bøggildite,以丹麦哥本哈根大学矿物学家、地质学教授奥韦·巴尔萨泽·包基尔德(Ove Balthasar Bøggild,1872—1956)的姓氏命名[见 1954 年 A. H. 尼尔森(A. H. Nielsen)在《斯堪的纳维亚化学学报》(8)和《美国矿物学家》(39)报道]。1959 年以前发现、描述并命名的"祖父级"矿物,IMA 承认有效。中文名称根据成分译为氟磷钠锶石。

【氟磷铍钡石】参见【钡铍氟磷石】条 56 页

【氟磷铁镁矿】

英文名 Magniotriplite

化学式 $(Mg,Fe^{2+},Mn^{2+})_2PO_4F$

氟磷铁镁矿是一种含氟的镁、铁、锰的磷酸盐矿物。单斜晶系。红褐色,玻璃光泽;硬度 4。最初于 1951 年发现于吉尔吉斯斯坦奥什州土耳其斯坦山脉卡拉苏(Karasu)花岗伟晶岩和基尔克布拉克(Kyrk-Bulak)花岗伟晶岩。1951 年 A. I. 金兹伯格(A. I. Ginzburg)等在《苏联科学院报道》(77)和 1952 年《美国矿物学家》(37)报道。英文名称 Magniotriplite,由金兹伯格(Ginzburg)等根据成分"Magnio(镁)"及与"Triplite(氟磷锰矿)"的关系命名。IMA 2003-C 批准。可能是 Wagnerite(氟磷镁石)的多型体,后被 IMA 废弃。中文名称根据成分及与"Triplite(氟磷锰矿)"的关系译为氟磷铁镁矿(参见【氟磷锰石】条 180 页)。

【氟磷铁锰矿】参见【氟磷锰石】条 180 页

【氟磷铁石】

英文名 Zwieselite

化学式 $Fe_2^{2+}(PO_4)F$　　(IMA)

氟磷铁石柱状晶体(葡萄牙)

氟磷铁石是一种含氟的铁的磷酸盐矿物。属氟磷锰石族。与红砷锰矿(Sarkinite)、氟磷锰石(Triplite)、磷锰铁矿(Triploidite)、氟磷镁石(Wagnerite)、羟磷铁石(Wolfeite)为同质多象。单斜晶系。晶体呈柱状;集合体常呈块状。深褐色、黑色(蚀变),半玻璃光泽、树脂光泽、油脂光泽,半透明;硬度 5~5.5,完全解理,脆性。1841 年发现于德国巴伐利亚州下巴伐利亚行政区茨维瑟尔(Zwiesel)地区伯克霍赫(Birkhöhe)采石场。1841 年 A. 布赖特豪普特(A. Breithaupt,)在《矿物学手册全集》(第二卷)刊载。英文名称 Zwieselite,1841 年由奥古斯特·布赖特豪普特(August Breithaupt)根据发现地德国的茨维瑟尔(Zwiesel)镇命名。1959 年以前发现、描述并命名的"祖父级"矿物,IMA 承认有效。IMA 2003s. p. 批准。中文名称根据成分译为氟磷铁石。

【氟磷铜镉铝石】

英文名 Goldquarryite

化学式 $CuCd_2Al_3(PO_4)_4F_3 \cdot 10H_2O$　　(IMA)

氟磷铜镉铝石是一种含结晶水和氟的铜、镉、铝的磷酸盐矿物。三斜晶系。晶体呈针状、细长的扁平叶片状;集合体呈放射状、束状或平行排列状。蓝色、浅蓝色、蓝灰色，玻璃光泽，透明—半透明；硬度 3～4，脆性。2001 年发现于美国内华达州尤里卡县卡林特灵德的黄金采石场（Gold Quarry）矿山。英文名称 Goldquarryite，以发现地美国黄金采石场（Gold Quarry）矿山命名。IMA 2001－058 批准。2003 年 A. C. 罗伯茨（A. C. Roberts）等在《矿物学记录》[34(3)]和 A. 马尔克（A. Mark）等在《加拿大矿物学家》(42)报道。2008 年中国地质科学院地质研究所任玉峰等在《岩石矿物学杂志》[27(2)]根据成分译为氟磷铜镉铝石。

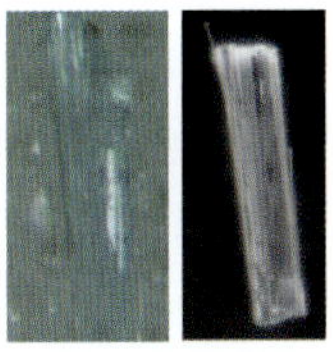

氟磷铜镉铝石针状、叶片状晶体，平行排列状集合体（美国）

【氟硫碳钇钠石】

英文名 Reederite-(Y)

化学式 $(Na,Mn)_{15}Y_2(CO_3)_9(SO_3F)Cl$　　(IMA)

氟硫碳钇钠石是一种含氯、氟-硫酸根的钠、锰、钇的碳酸盐矿物，是目前已知的唯一一个含氟-硫酸根（SO_3F）离子的矿物。六方晶系。晶体呈半自形板状；集合体呈块状。黄色—橙棕色，玻璃光泽，透明；硬度 3～3.5，完全解理，脆性。1994 年发现于加拿大魁北克省圣希莱尔（Saint-Hilaire）山混合肥料采石场。英文名称 Reederite-(Y)，根词由美国纽约州立大学石溪分校的地球化学教授里查德·詹姆斯·里德（Richard James Reeder，1953—）博士的姓氏，加占优势的稀土元素钇后缀-(Y)组合命名。里德是《美国矿物学家》杂志的编辑，他为碳酸盐矿物学研究做出了重大的贡献。IMA 1994－012 批准。1995 年 J. D. 格赖斯（J. D. Grice）等在《美国矿物学家》(80)报道。2004 年李锦平等在《岩石矿物学杂志》[23(1)]根据成分译为氟硫碳钇钠石。2011 年杨主明在《岩石矿物学杂志》[30(4)]建议音加成分译为里德钇石。

里德像

【氟铝铵矾*】

英文名 Thermessaite-(NH_4)

化学式 $(NH_4)_2AlF_3(SO_4)$　　(IMA)

氟铝铵矾*是一种含氟的铵、铝的硫酸盐矿物，其中铵可被少量钾代替。斜方晶系。晶体呈针状；集合体呈放射状、花瓣状。白色、无色，玻璃光泽，透明—半透明；脆性。2011 年发现于意大利墨西拿省伊奥利亚群岛弗卡诺（Vulcano）岛火山坑。英文名称 Thermessaite-(NH_4)，由根词“Thermessaite（氟铝钾矾）”和铵后缀-($NH)_4$组合命名，意指它是铵的氟铝钾矾的类似矿物。IMA 2011－077 批准。2012 年 A. 加拉韦利（A. Garavelli）等在《CNMNC 通讯》(12)和《矿物学杂志》(76)报道。目前尚未见官方中文译名，编译者建议根据成分译为氟铝铵矾*。

氟铝铵矾*针状晶体，放射状、花瓣状集合体（德国）

【氟铝钙矿】

英文名 Gearksutite

化学式 $CaAlF_4(OH)\cdot H_2O$　　(IMA)

氟铝钙矿是一种含结晶水的钙、铝的氟-氢氧化物矿物。三斜晶系。晶体针状；集合体呈块状、球状与泥土状。白色、

氟铝钙矿球粒状集合体（意大利）

无色，玻璃光泽，透明—半透明；硬度 2，中等解理。1868 年发现于丹麦格陵兰岛塞梅索克市阿尔苏克（Arsuk）峡湾伊维赫图特（Ivigtut）冰晶石矿床。1868 年哈格曼（Hagemann）在《丹纳系统矿物学》（第五版，纽约）刊载。英文名称 Gearksutite，由希腊文“γή＝Ge＝Earth（球、土状）”和“Arksutite（锥冰晶石）”组合命名，意指它常呈球状、土状的锥冰晶石集合体，但结构与锥冰晶石相似。1959 年以前发现、描述并命名的“祖父级”矿物，IMA 承认有效。IMA 1962s. p. 批准。中文名称根据成分译为氟铝钙矿/氟钙铝矿/钙铝氟石。

【氟铝钙锂石】

英文名 Colquiriite

化学式 $CaLiAlF_6$　　(IMA)

氟铝钙锂石是一种钙、锂的铝-氟化合物矿物。三方晶系。晶体呈片状、他形粒状，粒径达 1cm。无色、白色，玻璃光泽，透明—半透明；硬度 4。1980 年发现于玻利维亚因基西维省科尔基里（Colquiri）锡矿。英文名称 Colquiriite，以发现地玻利维亚的科尔基里（Colquiri）命名。IMA 1980－015 批准。1980 年 K. 瓦林塔（K. Walenta）等在《契尔马克氏矿物学和岩石学通报》(27)和 1981 年 M. 弗莱舍（M. Fleischer）等在《美国矿物学家》(66)报道。中文名称根据成分译为氟铝钙锂石。

氟铝钙锂石片状晶体（巴西）

【氟铝钙铅石】

英文名 Calcioaravaipaite

化学式 $PbCa_2AlF_9$　　(IMA)

氟铝钙铅石是一种铅、钙、铝的氟化物矿物。单斜晶系。晶体呈板状；集合体呈致密块状。无色—乳白色，玻璃光泽，透明；硬度 2.5，完全解理，脆性。1994 年发现于美国亚利桑那州格雷厄姆县圣特雷莎区克朗迪克（Klondyke）附近大礁山矿。英文名称 Calcioaravaipaite，由成分冠词“Calcium（钙）”和根词“Aravaipaite（水氟铅铝矿）”组合命名，意指它是钙的水氟铅铝矿的类似矿物。IMA 1994－018 批准。1996 年 A. R. 坎普夫（A. R. Kampf）等在《矿物记录》(27)和 1997 年《美国矿物学家》(82)报道。2003 年中国地质科学院矿产资源研究所李锦平等在《岩石矿物学杂志》[22(3)]根据成分译为氟铝钙铅石。

【氟铝钙石】

英文名 Prosopite

化学式 $CaAl_2F_4(OH)_4$　　(IMA)

氟铝钙石是一种钙、铝的羟基-氟化物矿物。单斜晶系。晶体呈柱状、板状；集合体呈块状、粉末状。无色、白色、蓝色、蓝绿色、绿色等，玻璃光泽，透明—微透明；硬度 4.5，完全解理，脆性。最早见于 1799 年沙彭蒂耶（Charpentier）在莱比锡《关于矿床和矿石》(32)报道，称 Speckstein。1853 年发现于德国萨克森州厄尔士山脉阿尔滕贝格（Altenberg）锡矿山。1853 年 T. 舍雷尔(T. Scheerer)在波根多夫氏《物理学和化学年鉴》(90)称 Prosopit。英文名称 Prosopite，源自希腊文"προσωπεῖον＝Mask(假面具或伪装)＝Prosop(脸盲症，又称为面孔遗忘症)"命名，指矿物的形态特征具有欺骗性(如假象)。1959 年以前发现、描述并命名的"祖父级"矿物，IMA 承认有效。中文根据成分译为氟铝钙石，也有人译为水铝钙氟石或水铝氟石。

【氟铝钾矾】

英文名 Thermessaite

化学式 $K_2AlF_3(SO_4)$ (IMA)

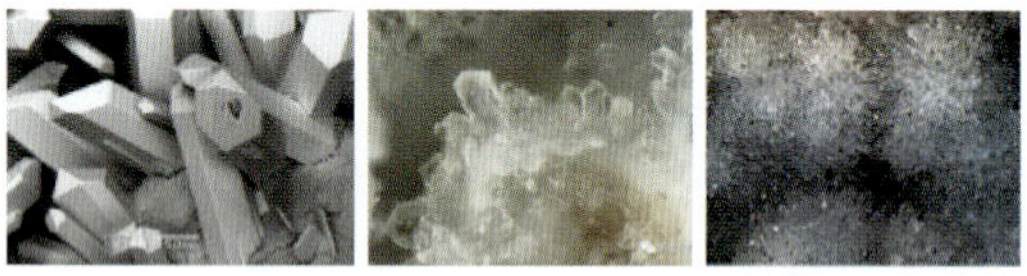

氟铝钾矾柱状晶体，晶簇状、放射状集合体(意大利)

氟铝钾矾是一种钾、铝的硫酸-氟化物矿物。斜方晶系。晶体呈柱状；集合体呈放射状。无色、白色，玻璃光泽，透明；脆性。2007 年发现于意大利墨西拿省利帕里群岛弗卡诺(Vulcano)火山岛活火山喷气孔。英文名称 Thermessaite，以泰尔梅萨(Thermessa)命名，它是古希腊弗卡诺岛的名字，意思是"温暖的岛"。IMA 2007－030 批准。2008 年 F. 德马丁(F. Demartin)等在《加拿大矿物学家》(46)报道。2011 年中国地质科学院地质研究所任玉峰等在《岩石矿物学杂志》[30(2)]根据成分译为氟铝钾矾。

【氟铝镁钡石】

英文名 Usovite

化学式 $Ba_2CaMgAl_2F_{14}$ (IMA)

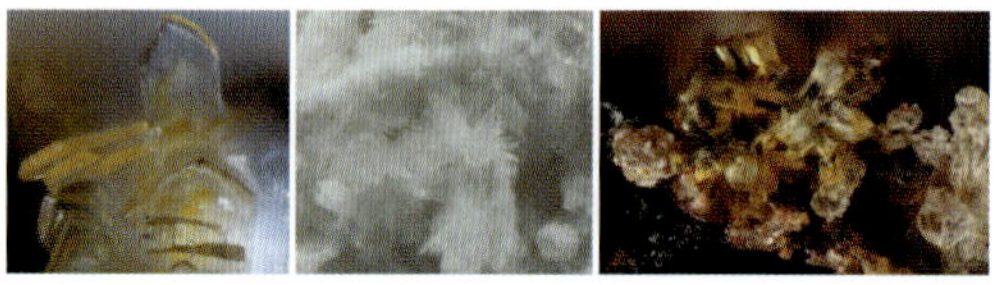

氟铝镁钡石板状、片状晶体(德国)

氟铝镁钡石是一种钡、钙、镁、铝的氟化物矿物。单斜晶系。晶体呈片状；集合体呈放射状。褐色—深褐色、黄棕色，玻璃光泽、油脂光泽，半透明—不透明；硬度 3.5，完全解理。1966 年发现于俄罗斯克拉斯诺亚尔斯克边疆区叶尼塞河普拉维亚诺伊巴(Pervaya Noiba)河萤石矿脉。英文名称 Usovite，以苏联地质科学研究所主任、地质学家米哈伊尔·安东诺维奇·乌索夫(Mikhail Antonovich Usov，1883—1939)的姓氏命名。IMA 1966－038 批准。1967 年 A. D. 诺兹金(A. D. Nozhkin)在《全苏矿物学会记事》[96(1)]和弗莱舍在《美国矿物学家》(52)报道。中文名称根据成分译为氟铝镁钡石；根据英文名称首音节音及成分译为乌钡镁铝氟石。

【氟铝镁钙闪石】

英文名 Fluoro-cannilloite

化学式 $CaCa_2(Mg_4Al)(Si_5Al_3)O_{22}F_2$ (IMA)

氟铝镁钙闪石是一种含氟的钙、镁、铝的铝硅酸盐矿物。属角闪石超族 W 位羟基、氟、氯主导的角闪石族钙角闪石亚族铝镁钙闪石(Cannilloite)根名族。单斜晶系。晶体呈他形粒状。灰绿色，玻璃光泽，半透明；硬度 6，完全解理，脆性。1993 年发现于芬兰南部帕尔加斯(Pargas)地区大理岩。英文名称 Fluoro-cannilloite，由成分冠词"Fluor(氟)"和根词"Cannilloite(铝镁钙闪石)"组合命名，意指它是氟的铝镁钙闪石类似矿物。IMA 2012s. p. 批准。1996 年 F. C. 霍桑(F. C. Hawthorne)等在《美国矿物学家》(81)报道。2004 年中国地质科学院矿产资源研究所李锦平等在《岩石矿物学杂志》[23(1)]根据成分及与铝镁钙闪石的关系译为氟铝镁钙闪石。

其中，根名 Cannilloite，以意大利帕维亚的艾里奥·坎尼洛(Elio Cannillo)命名，原成分 $Ca(Ca_2)(Mg_4Al)(Al_3Si_5O_{22})(OH)_2$，其后模式标本经分析被认为是富含氟的矿物并更名为"Fluoro-cannilloite(氟铝镁钙闪石)"。1997 年 IMA 提议保留了原名字和原化学式，但它还未在自然界中发现，因此 Cannilloite(铝镁钙闪石)在本《词源》也未单独立目。

【氟铝镁绿闪石】参见【氟绿铁闪石】条 183 页

【氟铝镁钠闪石】参见【氟尼伯石】条 187 页

【氟铝镁钠石】

英文名 Weberite

化学式 Na_2MgAlF_7 (IMA)

韦伯像

氟铝镁钠石是一种钠、镁、铝的氟化物矿物。斜方晶系。晶体具双晶；集合体呈块状。浅灰白色，玻璃光泽，半透明；硬度 3.5。1938 年发现于丹麦格陵兰岛塞梅索克(Sermersooq)区阿尔苏克峡湾伊维图特(Ivittuut)镇伊维图特冰晶石矿。1938 年 R. 博瓦德(R. Bøgvad)在《格陵兰岛通讯》(119)和 1939 年 W. F. 福杉格(W. F. Foshag)在《美国矿物学家》(24)报道。英文名称 Weberite，以西奥博尔德·克里斯蒂安·弗里德里希·韦伯(Theobald Christian Fridrich Weber，1823—1886)的姓氏命名。他是 1857 年丹麦冰晶石行业的创始人。1959 年以前发现、描述并命名的"祖父级"矿物，IMA 承认有效。中文名称根据成分译为氟铝镁钠石，也译为镁冰晶石。

【氟铝钠钙石】

英文名 Calcjarlite

化学式 $Na_2(Ca,\square)_{14}(Mg,\square)_2Al_{12}F_{64}(OH)_4$ (IMA)

氟铝钠钙石是一种钠、钙、空位、镁、空位、铝的氢氧-氟化物矿物。单斜晶系。晶体呈板状；集合体呈放射状。无色、白色，玻璃光泽，透明；硬度 4。1970 年发现于俄罗斯克拉斯诺亚尔斯克边疆区叶尼塞河普拉维亚诺伊巴(Pervaya Noiba)河萤石矿脉。1970 年 A. D. 诺日金(A. D. Nozhkin)等在《全苏矿物学会记事》(99)和 1973 年 A. S. 波瓦伦尼克(A. S. Povarennykh)等在《宪法与矿业》(*Konstitutsiya i Svoistva Mineralov*)(7)及 1974 年《美国矿物学家》(59)报道。英文名称 Calcjarlite，由成分冠词"Calcium(钙)"和根词"Jarlite(氟铝钠锶石)"组合命名，锶的位置被钙取代，即钙占优势的氟铝钠锶石的类似矿物。1959 年以前发现、描述并命名的"祖父级"矿物，IMA 承认有效。中文名称根据成分译为氟铝钠钙石。

【氟铝钠锶石】

英文名 Jarlite

化学式 $Na_2(Sr,Na)_{14}(Mg,\square)_2Al_{12}F_{64}(OH)_4$ (IMA)

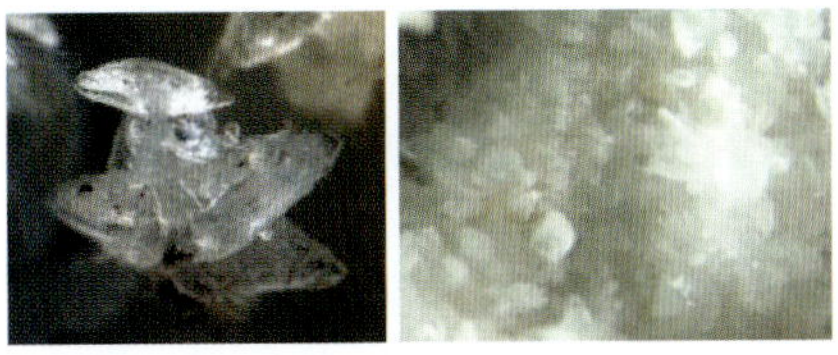

氟铝钠锶石片状晶体，扇状、球粒状集合体(格陵兰)

氟铝钠锶石是一种含羟基的钠、锶、镁、空位、铝的氟化物矿物。单斜晶系。晶体呈片状、板状；集合体呈扇状、球粒状、放射状。无色、白色—灰色，玻璃光泽，透明；硬度4～4.5。1933年发现于丹麦格陵兰岛塞梅索克(Sermersooq)市阿尔苏克峡湾伊维图特(Ivittuut)镇伊维图特冰晶石晶洞。1933年博瓦德(Bøgvad)在《格陵兰岛通讯》[92(8)]报道。英文名称Jarlite，以卡尔·弗雷德里克·吉安尔(Carl Frederik Jarl，1872—1951)的姓氏命名。他是丹麦冰晶石行业的一位官员。1959年以前发现、描述并命名的"祖父级"矿物，IMA承认有效。中文名称根据成分译为氟铝钠锶石。

【氟铝石】

英文名 Fluellite

化学式 $Al_2(PO_4)F_2(OH)\cdot 7H_2O$　　(IMA)

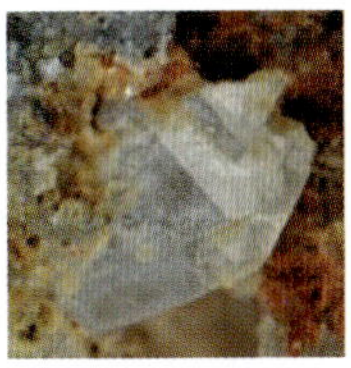

氟铝石双锥状晶体(法国)

氟铝石是一种含结晶水、羟基的铝的氟-磷酸盐矿物。斜方晶系。晶体常呈极小的自形双锥状、微细粒状；集合体呈菜花状、粉状、块状。无色、白色、黄色、暗紫色—黑色，玻璃光泽，透明—半透明；硬度3。1824年发现于英国英格兰康沃尔郡布兰内尔的圣史蒂芬(Stephen-in-Brannel)战壕或避弹坑(Foxhole)斯滕娜格温(Stenna Gwyn)矿。1824年列维(Lévy)在伦敦《哲学年鉴》(8)报道。英文名称Fluellite，由成分"Fluorine(氟)"和"Alumina(铝土)"缩写组合命名，意指来自法国的一个铝土的氟化物。1959年以前发现、描述并命名的"祖父级"矿物，IMA承认有效。中文名称根据成分译为氟铝石；早期的分析忽视了磷，考虑磷应译为氟磷铝石。

【氟铝石膏】

英文名 Creedite

化学式 $Ca_3Al_2(SO_4)(OH)_2F_8\cdot 2H_2O$　　(IMA)

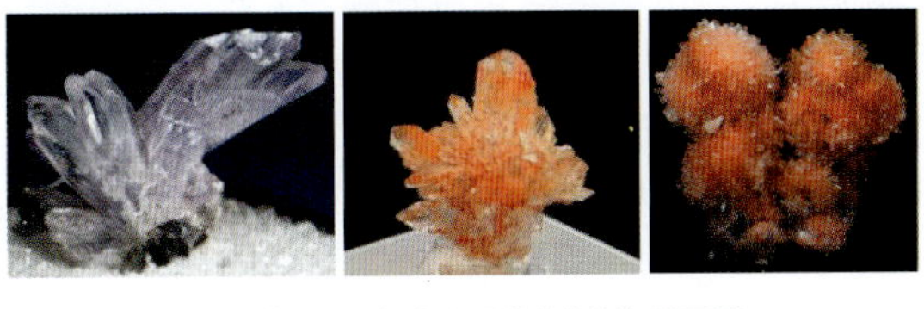

氟铝石膏柱状晶体，花状、晶簇状集合体(墨西哥)

氟铝石膏是一种含结晶水的钙、铝的氟-氢氧-硫酸盐矿物。单斜晶系。晶体呈短柱状或针状；集合体呈放射状、菊花状、晶簇状。白色、无色、粉红色、橙色、紫色，玻璃光泽，透明；硬度4，完全解理，脆性。1916年在美国科罗拉多州的克里特(Creede)科罗拉多萤石公司矿山由皮尔·S. 拉尔森(Per S. Larsen)和罗杰尔克·威尔斯(Rgerc. Wells)发现，并在华盛顿《美国国家科学院学报》(2)报道。英文名称Creedite，以发现地美国的克里特(Creede)命名。1959年以前发现、描述并命名的"祖父级"矿物，IMA承认有效。中文名称根据成分译为氟铝石膏，又译为铝氯石膏、铝氟石膏。

【氟绿铁闪石】

英文名 Fluoro-taramite

化学式 $Na(CaNa)(Mg_3Al_2)(Si_6Al_2)O_{22}F_2$　　(IMA)

氟绿铁闪石是一种A位钠、C^{2+}位镁、C^{3+}位铝和W位氟占优势的闪石矿物。属角闪石超族W位羟基、氟、氯主导的角闪石族钠钙闪石亚族绿闪石根名族。单斜晶系。蓝绿色。2006年发现于中国江苏省连云港地区东海县建昌苏鲁柯石英-榴辉岩带。最初矿物被命名为Fluoro-alumino-magnesiotaramite(氟铝镁绿闪石){见2014年王濮等在《地学前缘》[21(1)]刊载《1958—2012年在中国发现的新矿物》}。IMA 2006-025批准。2007年R. 奥贝蒂(R. Oberti)等在《美国矿物学家》(92)报道。2012年F. C. 霍桑(F. C. Hawthorne)等在《美国矿物学家》(97)的《角闪石超族命名法》将其定义为绿闪石根名族的Fluoro-taramite(氟绿铁闪石)，IMA 2012s. p.批准。中文名称根据成分及与绿铁闪石的关系命名为氟绿铁闪石。

【氟氯铅矿】

英文名 Matlockite

化学式 PbClF　　(IMA)

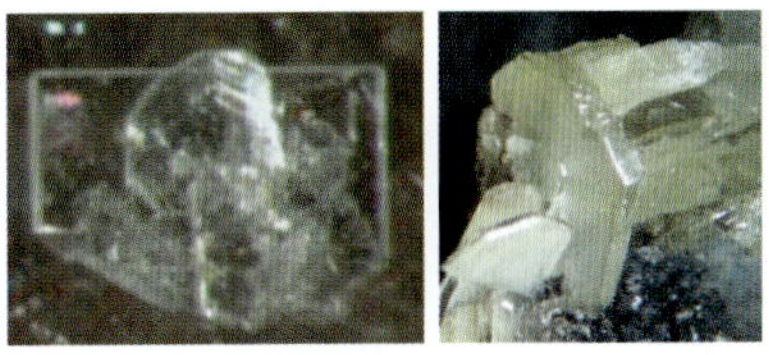

氟氯铅矿板状晶体(美国、英国)

氟氯铅矿是一种罕见的铅的氟-氯化物矿物。属氟氯铅矿族。四方晶系。晶体呈板状、叶片状、短锥状；集合体呈球状、玫瑰花状、块状。无色、黄色—浅琥珀色、绿色，金刚光泽，解理面上呈珍珠光泽，透明；硬度2.5～3，完全解理，密度7.1g/cm³。19世纪初发现于英国英格兰德比郡马特洛克(Matlock)镇瓦克洛斯(Wallclose)矿山。在1802年第一个提到氟氯铅矿的可能是马维氏(Mawe's)的《德比郡的矿物学》，他详细描述了角铅矿，然后接着提到一种矿物"Glass lead(玻璃铅)"，描述的外观如乳黄色、密度7.1g/cm³很像氟氯铅矿。50年后的1851年格雷格(Greg)在伦敦、爱丁堡和都柏林《哲学杂志》(Ⅳ系列，2)以产地英国的马特洛克(Matlock)镇命名。1959年以前发现、描述并命名的"祖父级"矿物，IMA承认有效。中文名称根据成分译为氟氯铅矿。

【氟镁电气石*】

英文名 Fluor-dravite

化学式 $NaMg_3Al_6(Si_6O_{18})(BO_3)_3(OH)_3F$　　(IMA)

氟镁电气石*柱状晶体(美国)

氟镁电气石*是一种含氟和羟基的钠、镁、铝的硼酸-硅酸盐矿物。属电气石族。三方晶系。晶体呈柱状。黑棕色，玻璃光泽；硬度7，脆性。2009年发现于美国北卡罗来纳州米切尔县斯普鲁斯派恩区克拉布特里(Crabtree)矿(大克拉布特里祖母绿矿)。英文名称Fluor-dravite，由成分冠词"Fluor(氟)"和根词"Dravite(镁电气石)"组合命名(根词参见【镁电气石】条588页)。IMA 2009-089批准。2011年C. M. 克拉克(C. M. Clark)等在《加拿大矿物学家》(49)报道。目前尚未见官方中文译名，编译者建议根据成分及与镁电气石的关系译为氟镁电气石*。

【氟镁钠闪石】

英文名 Eckermannite

化学式 $NaNa_2(Mg_4Al)Si_8O_{22}(OH)_2$ (IMA)

爱克曼像

氟镁钠闪石是一种 A 位钠、C^{2+} 位镁、C^{3+} 位铝和 W 位羟基的闪石矿物。属角闪石超族 W 位羟基、氟、氯主导的角闪石族钠质闪石亚族氟镁钠闪石根名族。单斜晶系。晶体呈柱状；集合体呈致密块状。暗蓝绿色，玻璃光泽，半透明；硬度 5～6。1942 年 O. J. 亚当森（O. J. Adamson）在瑞典《斯德哥尔摩地质学会会刊》(64)报道，来自瑞典北卡尔（Norra Kärr）的矿物。后发现于缅甸克钦邦道茂（Hpakant-Tawmaw）翡翠产区。英文名称 Eckermannite，由克拉斯·沃尔特（Claes Walter）以哈利·冯·爱克曼（Harry von Eckermann，1886—1969）的姓氏命名。爱克曼是瑞典实业家、矿物学家和岩石学家。IMA 2013-136 批准[根据 IMA 批准的 2012 年 F. C. 霍桑（F. C. Hawthorne）等在《美国矿物学家》(97)的《角闪石超族命名法》重新定义批准]。2014 年 R. 奥贝蒂（R. Oberti）等在《CNMNC 通讯》(20)、《矿物学杂志》(78)和 2015 年《美国矿物学家》(100)报道。中文名称根据成分译为氟镁钠闪石，或译为镁铝钠闪石，也译为铝钠闪石。

【氟镁钠石】

英文名 Neighborite

化学式 $NaMgF_3$ (IMA)

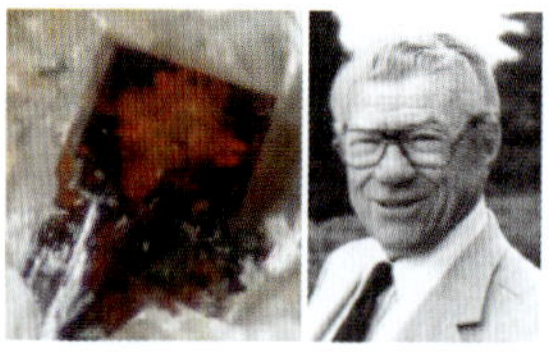

氟镁钠石立方体晶体(加拿大)和内伯像

氟镁钠石是一种钠、镁的氟化物矿物。钙钛矿超族化学计量比钙钛矿族。假八面体或假立方体、长方形到圆粒状，具复杂的聚片双晶。无色、奶油色、粉红色、红色、褐色，玻璃光泽、油脂光泽，透明—不透明；硬度 4.5。1961 年发现于美国犹他州尤因塔县海弗斯特里特矿井（Haverstrite Well）。英文名称 Neighborite，以美国犹他州盐湖城太阳石油公司的地质学家弗兰克·内伯（Frank Neighbor，1906—1996）的姓氏命名，是他在太阳石油公司记录该矿物的第一个样本。1961 年在《美国矿物学家》(46)报道。IMA 1967s. p. 批准。中文名称根据成分译为氟镁钠石。

【氟镁钠铁闪石】

英文名 Magnesio-fluoro-arfvedsonite

化学式 $NaNa_2(Mg_4Fe^{3+})Si_8O_{22}F_2$ (IMA)

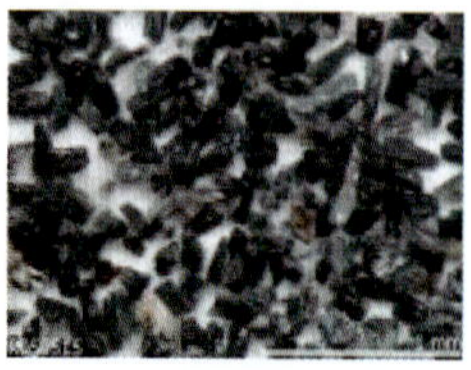

氟镁钠铁闪石短柱状、粒状晶体(俄罗斯)

氟镁钠铁闪石是一种 A 位钠、C^{2+} 位镁、C^{3+} 位铁$^{3+}$ 和 W 位氟的闪石矿物。属角闪石超族 W 位羟基、氟、氯主导的角闪石族钠质闪石亚族钠铁闪石根名族。单斜晶系。晶体呈短柱状、粒状。淡灰色，玻璃光泽，透明—半透明；硬度 5.5，完全解理，脆性。1998 年发现于俄罗斯车里雅宾斯克州米阿斯市伊尔门（Ilmen）湖自然保护区伊尔门（Ilmen）山山脊的西坡。英文原名称 Fluoro-magnesio-arfvedsonite，由成分冠词“Fluoro（氟）”“Magnesio（镁）”和根词“Arfvedsonite（镁钠铁闪石）”组合命名。IMA 1998-056 批准。2000 年 A. G. 涅多塞科娃（A. G. Nedosekova）等在《俄罗斯矿物学会记事》[129(6)]和《美国矿物学家》(86)报道。2012 年 F. C. 霍桑（F. C. Hawthorne）等在《美国矿物学家》(97)《角闪石超族命名法》更名为 Magnesio-fluoro-arfvedsonite，由成分冠词“Magnesio（镁）”“Fluoro（氟）”和根词“Arfvedsonite（镁钠铁闪石）”组合命名，意指它是氟占优势的镁钠铁闪石的类似矿物。IMA 2012s. p. 批准。2003 年中国地质科学院矿产资源研究所李锦平等在《岩石矿物学杂志》[22(1)]根据成分及与镁钠铁闪石的关系译为氟镁钠铁闪石（根词参见【镁钠铁闪石】条 596 页）。

【氟镁石】

英文名 Sellaite

化学式 MgF_2 (IMA)

氟镁石柱状晶体(澳大利亚)和瑟拉像

氟镁石是一种比较罕见的镁的氟化物矿物。四方晶系。晶体呈柱状、针状、纤维状，具双晶；集合体呈晶簇状、放射状。无色、白色，玻璃光泽，透明；硬度 5～5.5，完全解理，脆性。1868 年首次发现并描述于法国罗讷-阿尔卑斯大区萨瓦省葱仁谷格布罗拉兹（Gebroulaz）冰川冰碛层白云岩。1868 年斯特鲁弗（Strüver）在《都灵学报》(附件 4)报道。英文名称 Sellaite，以意大利采矿工程师和矿物学家昆蒂诺·瑟拉（Quintino Sella，1827—1884）的姓氏命名。1959 年以前发现、描述并命名的“祖父级”矿物，IMA 承认有效。中文名称根据成分译为氟镁石。

【氟木下云母】

英文名 Fluorokinoshitalite

化学式 $BaMg_3Al_2Si_2O_{10}F_2$ (IMA)

木下亀城像

氟木下云母是云母族矿物之一，是木下云母（钡镁脆云母）的氟的类似矿物。单斜晶系。晶体呈半自形—自形板状。无色，珍珠光泽，透明；极完全解理。2009 年，中国科学院地质与地球物理研究所的杨主明与日本国东京国家自然科学博物馆的宫胁律郎（Ritsuro Miyamaki）、岛崎英彦（Hidehiko Shimazaki）等合作时，宫胁律郎在中国内蒙古自治区白云鄂博稀土铁矿床中发现的一种新矿物。英文名称 Fluorokinoshitalite，由成分冠词“Fluoro（氟）”和根词“Kinoshitalite（木下云母/钡镁脆云母）”组合命名；其中根词“Kinoshitalite”由木下亀城（Kameki Kinoshital，1896—1974）的姓氏命名。他是日本著名的矿床学家理学博士，九州大学名誉教授，著有《矿床学》（工业图书，1939）、《矿物学名辞典》（風間書房，1960）等著作。IMA 2010-001 批准。2011 年宫胁律郎等在《黏土科学》[15(1)]报道。中文名称根据成分加日文汉字名称译为氟木下云母（参见【羟硅钡镁石】条 707 页）。

【氟钠矾】

英文名 Galeite

化学式 $Na_{15}(SO_4)_5ClF_4$ (IMA)

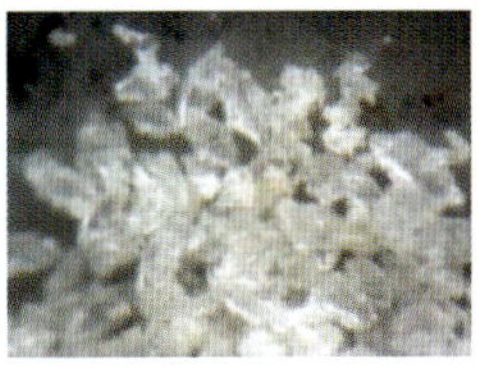

氟钠矾菱面状晶体(美国)

氟钠矾是一种含氯、氟的钠的硫酸盐矿物。三方晶系。晶体呈菱面体;集合体呈斑块状。无色、白色。1955 年发现于美国加利福尼亚州圣贝纳迪诺县瑟尔斯(Searles)湖。1955 年 A. 帕布斯特(A. Pabst)等在《美国地质学会通报》(66)报道。英文名称 Galeite,由德怀特·L. 阿道夫·帕布斯特(Dwight L. Adolf Pabst)等为纪念美国钾肥和化学公司研究总监威廉·亚历山大·盖尔(William Alexander Gale,1898—1985)而以他的姓氏命名。1959 年以前发现、描述并命名的"祖父级"矿物,IMA 承认有效。IMA 1967s. p. 批准。中文名称根据成分译为氟钠矾;根据形态和成分译为菱钠矾。

【氟钠钙镁闪石】

英文名 Magnesio-fluoro-hastingsite

化学式 $NaCa_2(Mg_4Fe^{3+})(Si_6Al_2)O_{22}F_2$ (IMA)

氟钠钙镁闪石自形柱状晶体(德国、罗马尼亚)

氟钠钙镁闪石是一种 A 位钠、C^{2+} 位镁、C^{3+} 位铁$^{3+}$ 和 W 位氟的角闪石矿物。属角闪石超族 W 位羟基、氟、氯主导的角闪石族钙角闪石亚族绿钠闪石根名族。单斜晶系。晶体呈自形柱状。红棕色—微黄色,玻璃光泽,透明—半透明;硬度 6,完全解理。2005 年发现于罗马尼亚胡内多阿拉县锡梅里亚市乌罗伊(Uroi)山(阿拉尼山)。2006 年 H. P. 博贾(H. P. Bojar)等在《欧洲矿物学杂志》(18)报道,称 Fluoro-magnesiohastingsite。IMA 2005-002 批准。2012 年 F. C. 霍桑(F. C. Hawthorne)等在《美国矿物学家》(97)的《角闪石超族命名法》更为现名 Magnesio-fluoro-hastingsite,由成分冠词"Magnesio(镁)""Fluoro(氟)"和根词"Hastingsite(绿钠闪石)"组合命名。IMA 2012s. p. 批准。2009 年中国地质科学院地质研究所尹淑苹等在《岩石矿物学杂志》[28(4)]根据成分及与绿钠闪石的关系译为氟钠钙镁闪石。

【氟钠钙铈石】参见【氟钙钠铈石】条 174 页

【氟钠钙钇石】参见【氟钙钠钇石】条 174 页

【氟钠康塞尔石*】

英文名 Fluornatrocoulsellite

化学式 $(Na_{1.5}Ca_{0.5})(Mg_{1.5}Al_{0.5})F_6F$ (IMA)

氟钠康塞尔石* 六方锥状晶体(澳大利亚)和康塞尔像

氟钠康塞尔石* 是一种钠、钙、镁、铝的氟化物矿物。属烧绿石超族康塞尔石* 族。三方晶系。晶体呈六方锥柱状。无色、白色,玻璃光泽,透明。2009 年发现于澳大利亚塔斯马尼亚州赫兹利伍德(Heazlewood)区卢伊纳的克利夫兰(Cleveland)山矿。英文名称 Fluornatrocoulsellite,由成分冠词"Fluor(氟)""Natro(钠)"和根词"Coulsellite(康塞尔石*)"组合命名。原名 Coulsellite,以维多利亚矿物学学会创始人和终身荣誉会员鲁思·伊利斯·康塞尔(Ruth Elise Coulsell,1912—2000)的姓氏命名。IMA 2009-070 批准。2009 年 W. D. 白芝(W. D. Birch)等在《澳大利亚矿物学杂志》(15)报道。2016 年 7 月 IMA 更为现名 Fluornatrocoulsellite,并划入烧绿石超族(阿滕西奥,2017)。目前尚未见官方中文译名,编译者建议根据成分和族名译为氟钠康塞尔石*。

【氟钠磷锰铁石-钡钠】

英文名 Fluorarrojadite-(BaNa)

化学式 $BaNa_4CaFe_{13}Al(PO_4)_{11}(PO_3OH)F_2$ (IMA)

氟钠磷锰铁石-钡钠是一种含氟的钡、钠、钙、铁、铝的氢磷酸-磷酸盐矿物。属钠磷锰矿族。单斜晶系。晶体呈他形粒状、细粒状。黄褐色、绿黄色,玻璃光泽、油脂光泽,透明;硬度 4.5~5。2016 年发现于斯洛伐克科希策州格默斯卡(Gemerská)伊丽莎白(Elisabeth)矿。英文名称 Fluorarrojadite-(BaNa),由根词"Fluorarrojadite(氟钠磷锰铁石)"加占优势的钡钠后缀-(BaNa)组合命名。根词中"Arrojadite"以巴西地质学家米格尔·阿罗雅多·里斯本(Miguel Arrojado Lisbôa)的名字命名。IMA 2016-075 批准。2016 年 M. 什特夫科(M. Števko)等在《CNMNC 通讯》(34)、《矿物学杂志》(80)和 2018 年《矿物学杂志》(82)报道。中文名称根据成分及与氟钠磷锰铁石的关系译为氟钠磷锰铁石-钡钠。

【氟钠磷锰铁石-钡铁】

英文名 Fluorarrojadite-(BaFe)

化学式 $Na_2CaBaFe^{2+}Fe^{2+}_{13}Al(PO_4)_{11}(PO_3OH)F_2$ (IMA)

氟钠磷锰铁石-钡铁是一种含氟的钠、钙、钡、铁、铝的氢磷酸-磷酸盐矿物。属钠磷锰矿族。单斜晶系。墨绿色、深黄绿色,玻璃光泽,透明;硬度 4~5。2005 年发现于摩洛哥马拉喀什-萨菲区马拉喀什市西迪布克里查(Sidi Bou Kricha)。英文名称 Fluorarrojadite-(BaFe),由根词"Fluorarrojadite(氟钠磷锰铁石)"加占优势的钡铁后缀-(BaFe)组合命名,根词中"Arrojadite"以巴西地质学家米格尔·阿罗雅多·里斯本(Miguel Arrojado Lisbôa)的名字命名,2005 年 CNMMN 05-D 更为现名。IMA 2005-058a 批准。2006 年 F. 卡马拉(F. Cámara)等在《美国矿物学家》(91)报道。中文名称根据成分及与氟钠磷锰铁石的关系译为氟钠磷锰铁石-钡铁。

【氟钠磷锰铁石-钾钠】

英文名 Fluorarrojadite-(KNa)

化学式 $(KNa)(NaNa)Ca(Na_2\square)Fe^{2+}_{13}Al(PO_4)_{11}(PO_3OH)F_2$

氟钠磷锰铁石-钾钠是一种含氟的钾、钠、钙、空位、铁、铝的氢磷酸-磷酸盐矿物。属钠磷锰矿族。单斜晶系。发现于加拿大育空地区育空河。英文名称 Fluorarrojadite-(KNa),由根词"Fluorarrojadite(氟钠磷锰铁石)"加占优势的钾钠后缀-(KNa)组合命名,根词中"Arrojadite"由巴西地质学家米格尔·阿罗雅多·里斯本(Miguel Arrojado Lisbôa)的名字命名，2005 年 CNMMN 05-D 更为现名。该材料尚未获得批准，需要进一步鉴定。中文名称根据成分及与氟钠磷锰铁石的关系译为氟钠磷锰铁石-钾钠。

【氟钠磷锰铁石-钠铁】

英文名 Fluorarrojadite-(NaFe)

化学式 $(NaNa)(Fe^{2+}\square)Ca(Na_2\square)Fe^{2+}_{13}Al(PO_4)_{11}(PO_3OH)F_2$

氟钠磷锰铁石-钠铁是一种含氟的钠、铁、空位、钙、钠、空位、铁、铝的氢磷酸-磷酸盐矿物。属钠磷锰矿族。单斜晶系。英文名称 Fluorarrojadite-(NaFe)，由根词“Fluorarrojadite(氟钠磷锰铁石)”加占优势的钠铁后缀-(NaFe)组合命名，根词中“Arrojadite”以巴西地质学家米格尔·阿罗雅多·里斯本(Miguel Arrojado Lisbôa)的名字命名，2005 年 CNMMN 05-D 更为现名。中文名称根据成分及与氟钠磷锰铁石的关系译为氟钠磷锰铁石-钠铁。

【氟钠镁铝石】

英文名 Hydrokenoralstonite

化学式 $\square_2Al_2F_6(H_2O)$ (IMA)

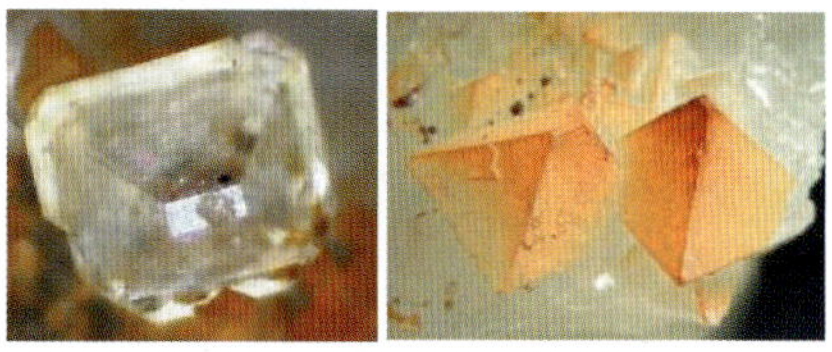

氟钠镁铝石八面体、立方体晶体(格陵兰)

氟钠镁铝石是一种含结晶水的空位、铝的氟化物矿物[原成分 $Na_{0.5}(Al,Mg)_2(F,OH)_6 \cdot H_2O$]。属烧绿石超族氟钠镁铝石(水空罗尔斯顿石*)族。等轴晶系。晶体呈八面体、立方体或它们的聚形。无色、白色、黄色，玻璃光泽，透明—半透明；硬度 4.5，脆性。1871 年发现于丹麦格陵兰岛塞梅索克(Sermersooq)市阿尔苏克峡湾伊维图特(Ivittuut)镇伊维图特冰晶石洞。1871 年布鲁什(Brush)在《美国科学与艺术杂志》(102)报道。英文原名称 Ralstonite，以受尊敬的 J. 格里尔·罗尔斯顿(J. Grier Ralston，1815—1880)的姓氏命名。他是美国宾夕法尼亚州诺尔斯顿的矿物学家，第一次发现、观察并描述了该矿物。1959 年以前发现、描述并命名的“祖父级”矿物，IMA 承认有效。中文名称根据成分译为氟钠镁铝石；音译为罗尔斯顿石。2016 年 7 月 IMA 更名为 Hydrokenoralstonite，编译者建议根据重新定义的化学式[$\square_2Al_2F_6(H_2O)$]译为水空罗尔斯顿石*。

【氟钠锰电气石*】

英文名 Fluor-tsilaisite

化学式 $NaMn^{2+}_3Al_6(Si_6O_{18})(BO_3)_3(OH)_3F$ (IMA)

氟钠锰电气石*是一种含氟和羟基的钠、锰、铝的硼酸-硅酸盐矿物。属电气石族。三方晶系。晶体呈柱状。微绿黄色，玻璃—半玻璃光泽，透明；硬度 7，脆性。2012 年发现于意大利里窝那省厄尔巴岛格洛塔奥吉(Grottad'Oggi)采石场。英文名称 Fluor-tsilaisite，由成分冠词“Fluor(氟)”和根词“Tsilaisite(钠锰电气石)”组合命名，意指它是氟占优势的钠锰电气石类似矿物(根词参见【钠锰电气石】条 640 页)。IMA 2012-044 批准。2012 年 F·博瑟(F. Bosi)等在《CNMNC 通讯》(14)、《矿物学杂志》(76)和 2015 年《矿物学杂志》(79)报道。目前尚未见官方中文译名，编译者建议根据成分及与钠锰电气石的关系译为氟钠锰电气石*。

【氟钠烧绿石】

英文名 Fluornatropyrochlore

化学式 $(Na,Pb,Ca,REE,U)_2Nb_2O_6F$ (IMA)

氟钠烧绿石八面体晶体(葡萄牙)

氟钠烧绿石是一种含氟富钠的烧绿石超族烧绿石族的矿物。等轴晶系。晶体呈八面体，粒径 0.02～0.25mm。棕黄色—红橙色，金刚光泽，透明—半透明；硬度 4～4.5，脆性。中国地质大学杨光明等发现于中国四川省梁山冕宁县牦牛坪稀土矿床，但原始的描述来自中国新疆维吾尔自治区阿克苏拜城县博齐古尔(Boziguoer)侵入体。英文名称 Fluornatropyrochlore，由成分冠词“Fluorine(氟)”和“Natrium(钠)”及根词“Pyrochlore(烧绿石)”组合命名。IMA 2013-056 批准。中文名称根据成分及族名命名为氟钠烧绿石。2013 年杨光明和李国武等在《CNMNC 通讯》(17)、《矿物学杂志》(77)及 2015 年《加拿大矿物学家》(53)报道(参见【烧绿石】条 773 页)。

【氟钠锶钡铝石】参见【博格瓦德石】条 77 页

【氟钠钛锆石】

英文名 Seidozerite

化学式 $Na_2Zr_2Na_2MnTi(Si_2O_7)_2O_2F_2$ (IMA)

氟钠钛锆石针状、扇状连晶体(俄罗斯)

氟钠钛锆石是一种含氟和氧的钠、锆、锰、钛的硅酸盐矿物。属氟钠钛锆石超族层硅铈钛矿族。单斜晶系。晶体呈针状、纤维状，常组成扇状连晶；集合体呈放射状。红褐色，个别为红黄色，强玻璃光泽，半透明—透明；硬度 4～5，完全解理，脆性。1958 年发现于俄罗斯北部摩尔曼斯克州谢伊多泽罗(Seidozero)湖 58 号伟晶岩。1958 年在《全苏矿物学会记事》(87)和 1959 年 M. 弗莱舍(M. Fleischer)在《美国矿物学家》(44)报道。英文名称 Seidozerite，以发现地俄罗斯的谢伊多泽罗(Seidozero)湖命名。1959 年以前发现、描述并命名的“祖父级”矿物，IMA 承认有效。IMA 2016s. p. 批准。中文名称根据成分译为氟钠钛锆石。

【氟钠锑钙石】

英文名 Fluornatroroméite

化学式 $(Na,Ca)_2Sb_2(O,OH)_6F$

氟钠锑钙石是一种含氟富钠的烧绿石超族锑钙石族矿物。等轴晶系。黄色，玻璃光泽。2010 年发现于日本本州岛东北福岛县。英文名称 Fluornatroroméite，由成分冠词“Fluor(氟)”“Natro(钠)”和根词“Roméite(锑钙石)”组合命名。日文名称フッ素ソーダローメ石。2010 年 D. 阿滕西奥(D. Atencio)等在《加拿大矿物学家》[48(3)]的《烧绿石超族矿物命名法》报道。中文名称根据成分和族名译为氟钠锑钙石。

【氟钠透闪石】

英文名 Fluoro-richterite

化学式 $Na(NaCa)Mg_5Si_8O_{22}F_2$ (IMA)

氟钠透闪石柱状晶体（加拿大）

氟钠透闪石是一种A位钠、C位镁和W位氟占优势的闪石矿物。属角闪石超族W位羟基、氟、氯主导的角闪石族钠钙闪石亚族镁闪石根名族。单斜晶系。晶体呈柱状。褐色—棕红色、玫瑰红色、黄色、灰棕色、深绿色—黑色，玻璃光泽，半透明；硬度5～6，完全解理。1992年发现于俄罗斯车里雅宾斯克州米阿斯（Miass）97号矿坑。英文名称 Fluoro-richterite，由成分冠词"Fluoro（氟）"和根词"Richterite（钠透闪石）"组合命名。IMA 1992－020批准。IMA 2012s. p.批准。1993年A. G.巴热诺夫（A. G. Bazhenov）等在《俄罗斯矿物学会记事》[122(3)]报道。1998年中国新矿物与矿物命名委员会黄蕴慧等在《岩石矿物学杂志》[17(2)]根据成分及与钠透闪石的关系译为氟钠透闪石。

【氟钠细晶石】

英文名 Fluornatromicrolite

化学式 $(Na_{1.5}Bi_{0.5})Ta_2O_6F$ （IMA）

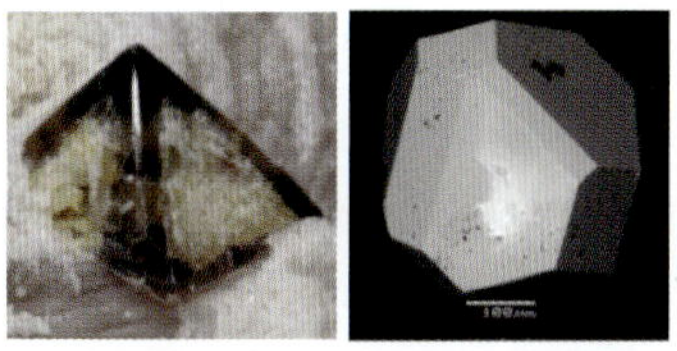

氟钠细晶石八面体晶体（巴基斯坦）

氟钠细晶石是一种含氟的钠、铋、钽的氧化物矿物。属烧绿石超族细晶石族。等轴晶系。晶体呈八面体。绿色，金刚光泽，透明；硬度5，脆性。1998年发现于巴西帕拉伊巴州博尔博雷玛省弗雷马蒂纽镇基沙巴（Quixaba）伟晶岩。英文名称 Fluornatromicrolite，由成分冠词"Fluor（氟）""Natr（钠）"和根词"Microlite（细晶石）"组合命名。1998年，它被IMA-CNMMN首次批准为新物种（IMA 1998－018）。但是这个名字在给出的时候，虽然得到了批准，但并不符合当时的命名法[贺加斯（Hogarth），1977]，引起了关于烧绿石超族的矿物和命名的争议，现在这个名字是根据新近批准的烧绿石超族的命名法[阿滕西奥（Atencio），2010]，该出版物延迟了几年，2011年由凯维茨（Witzke）等在《加拿大矿物学家》(49)首次出版。中文名称根据成分及族名译为氟钠细晶石（根词参见【细晶石】条1009页）。

【氟尼伯石】

英文名 Fluoro-nybøite

化学式 $NaNa_2(Mg_3Al_2)(Si_7Al)O_{22}F_2$ （IMA）

氟尼伯石是一种A位钠、C^{2+}位镁、C^{3+}位铝和W位氟占优势的角闪石矿物。属角闪石超族W位羟基、氟和氯主导的角闪石族钠质闪石亚族尼伯角闪石根名族。单斜晶系。晶体一般发现于其他矿物的夹杂物或包裹体中。蓝灰色，玻璃光泽，半透明；硬度6，脆性。2002年发现于中国江苏省连云港市东海县苏鲁柯石英榴辉岩范围建昌榴辉岩豆荚。英文名称 Fluoro-nybøite，由冠词成分"Fluorine（氟）"和根词"Nybøite（尼伯角闪石）"组合命名，意指是氟占优势的尼伯角闪石的类似矿物。其中，根词"Nybøite"以发现地挪威尼伯（Nybø）命名（参见【灰闪石】条347页）。IMA 2002－010批准。2003年R.奥贝蒂（R. Oberti）等在《矿物学杂志》(67)报道。IMA 2012s. p.批准。中文名称根据成分及与根词矿物的关系译为氟尼伯石，见王濮等在2014年《地学前沿》[21(1)]刊载《1958—2012年在中国发现的新矿物》；2008年中国地质科学院地质研究所任玉峰等在《岩石矿物学杂志》[27(2)]根据成分及族名译为氟铝镁钠闪石。

【氟佩德里萨闪石*】

英文名 Fluoro-pedrizite

化学式 $NaLi_2(Mg_2Al_2Li)Si_8O_{22}F_2$ （IMA）

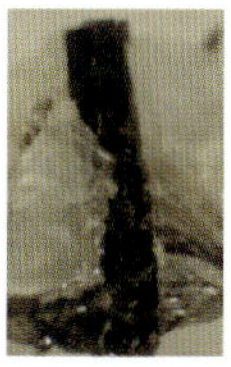

氟佩德里萨闪石*柱状晶体（俄罗斯）

氟佩德里萨闪石*是一种A位钠、C^{2+}位镁、C^{3+}位铝和W位氟的闪石矿物。属角闪石超族W位羟基、氟、氯占优势的角闪石族锂闪石亚族佩德里萨闪石根名族。单斜晶系。柱状晶体。黑色。2004年发现于俄罗斯图瓦共和国塔斯体格（Tastyg）锂辉石矿床。英文名称 Fluoro-pedrizite，最初于2005年在《美国矿物学家》(90)由奥贝蒂等命名为 Fluoro-sodic-pedrizite（IMA 2004－002），后根据闪石新命名法更为现名，由成分冠词"Fluoro（氟）"和根词"Pedrizite（佩德里萨闪石）"组合命名。IMA 2012s. p.批准。[见F. C.霍桑（F. C. Hawthorne）等在《美国矿物学家》(97)的《角闪石超族命名法》]。目前尚未见官方中文译名，编译者建议根据成分及与根词的关系译为氟佩德里萨闪石*。

【氟硼铵石】

英文名 Barberiite

化学式 $(NH_4)BF_4$ （IMA）

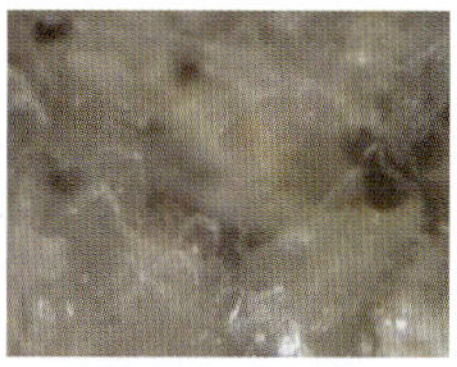

氟硼铵石板状、片状晶体（意大利）

氟硼铵石是一种铵的硼-氟化物矿物。斜方晶系。晶体呈板状、假六方片状。无色，玻璃光泽，透明—半透明；硬度1，完全解理，脆性。1971年A. P.卡隆（A. P. Caron）等在《结晶学报》(27)报道了精细的$(NH_4)BF_4$的晶体结构。1993年发现于意大利墨西拿省利帕里群岛弗卡诺（Vulcano）岛火山坑。英文名称 Barberiite，以意大利比萨大学火山学教授佛朗哥·巴尔贝里（Franco Barberi，1938—）的姓氏命名，以纪念他促进了弗卡诺岛火山的研究。IMA 1993－008批准。1994年A.加拉韦利（A. Garavelli）等在《美国矿物学家》(79)报道。1999年中国新矿物与矿物命名委员会黄蕴慧等在《岩石矿物学杂志》[18(1)]根据成分译为氟硼铵石。

【氟硼硅钾钠石】

英文名 Knasibfite

化学式 $K_3Na_4(SiF_6)_3(BF_4)$ （IMA）

氟硼硅钾钠石板柱状晶体及电镜照片（意大利）

氟硼硅钾钠石是一种钾、钠的硼氟-硅氟化物矿物。斜方晶系。晶体呈板柱状。无色，玻璃光泽，透明；脆性。2006年发现于意大利墨西拿省利帕里群岛弗卡诺（Vulcano）火山

F

岛拉窝火山坑。英文名称 Knasibfite，由化学成分元素符号“K(钾)”“Na(钠)”“Si(硅)”“B(硼)”和“F(氟)”组合命名。IMA 2006-042 批准。2008 年 F. 德马丁(F. Demartin)等在《加拿大矿物学家》(46)和《美国矿物学家》(93)报道。中文名称根据成分译为氟硼硅钾钠石。

【氟硼硅钇钠石】

英文名 Okanoganite-(Y)

化学式 $(Y,REE,Ca,Na,Th)_{16}(Fe^{3+},Ti)(Si,B,P)_{10}(O,OH)_{38}F_{10}$ (IMA)

氟硼硅钇钠石假四面体晶体(美国)

氟硼硅钇钠石是一种含氟、氧和羟基的钇、稀土、钙、钠、钍、铁、钛的硼磷硅酸盐矿物。属维卡石族。三方晶系。晶体呈假四面体，双晶常见。奶油白色、浅棕色、浅粉红色、白色、黄色，玻璃光泽，透明—半透明；硬度 4。1980 年发现于美国华盛顿州奥卡诺根(Okanogan)县华盛顿(Washington)山口。英文名称 Okanoganite-(Y)，由发现地美国奥卡诺根(Okanogan)县加占优势的稀土元素钇后缀-(Y)组合命名。IMA 1979-048 批准。1980 年 R. 博格斯(R. Boggs)在《美国矿物学家》(65)报道。中文名称根据成分译为氟硼硅钇钠石。

【氟硼钾石】

英文名 Avogadrite

化学式 KBF_4 (IMA)

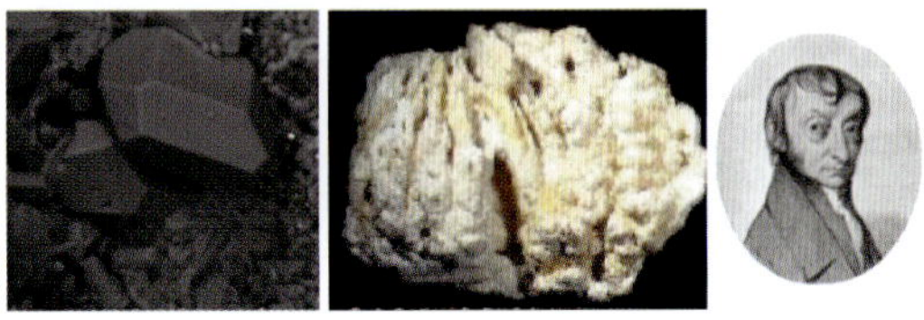

氟硼钾石板状晶体，粉末状、葡萄状集合体(意大利)和阿伏伽德罗像

氟硼钾石是一种钾的硼-氟化物矿物。斜方晶系。晶体呈八角板状；集合体呈粉末状、皮壳状、葡萄状。无色—白色，不纯时呈黄色—红色，玻璃光泽、油脂光泽，透明。1926 年由意大利矿物学家费鲁乔·赞博尼尼(Ferruccio Zambonini，1880—1932)发现于意大利那不勒斯省维苏威(Vesuvius)火山，并分析研究了维苏威火山和利帕里群岛接近火山喷气孔的几个样本。1926 年赞博尼尼(Zambonini)在《罗马皇家林且科学院文献》[(6)3]报道。1926 年卡罗比(Carobbi)在《罗马皇家林且科学院文献》[(6)4]和 1927 年《美国矿物学家》(12)进一步报道。英文名称 Avogadrite，以意大利都灵大学的物理学教授阿马德奥·阿伏伽德罗(Amadeo Avogadro，1776—1856)的姓氏命名。阿伏伽德罗气体定律和阿伏伽德罗常数都是以他的姓氏命名的。1959 年以前发现、描述并命名的“祖父级”矿物，IMA 承认有效。中文名称根据成分译为氟硼钾石，有的音译为阿佛加德罗石。

【氟硼镁石】

英文名 Fluoborite

化学式 $Mg_3(BO_3)F_3$ (IMA)

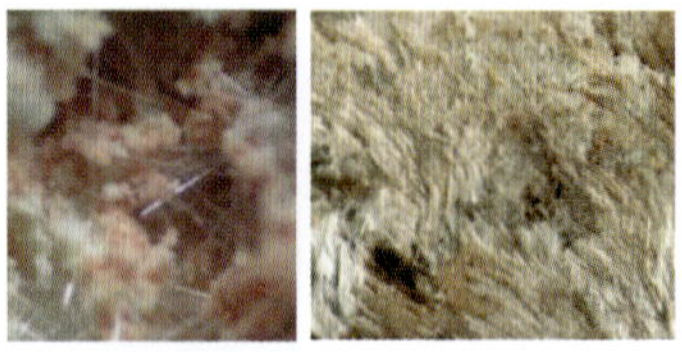

氟硼镁石针状、纤维状晶体(意大利、美国)

氟硼镁石是一种少见的含氟的镁的硼酸盐矿物。六方晶系。晶体呈柱状、针状、纤维状；集合体呈扇状或星状。无色—白色、灰色、玫瑰色或紫色，透明—半透明，玻璃光泽、丝绢光泽；硬度 3.5。1926 年由皮尔·耶耶尔(Per Geijer)第一次描述了发现于瑞典韦斯特曼省塔尔格鲁范(Tallgruvaw)，并在《斯德哥尔摩地质学会会刊》(48)和 1927 年在《美国矿物学家》(12)报道。以后在美国、朝鲜、英国、苏联等地也陆续有所发现。英文名称 Fluoborite，由化学成分“Fluorine(氟)”和“Boron(硼)”组合命名。1959 年以前发现、描述并命名的“祖父级”矿物，IMA 承认有效。中文名称根据成分译为氟硼镁石。1958 年，黄蕴慧等在研究中国湖南某地香花石时，发现了大量的氟硼镁石。

【氟硼钠石】

英文名 Ferruccite

化学式 $NaBF_4$ (IMA)

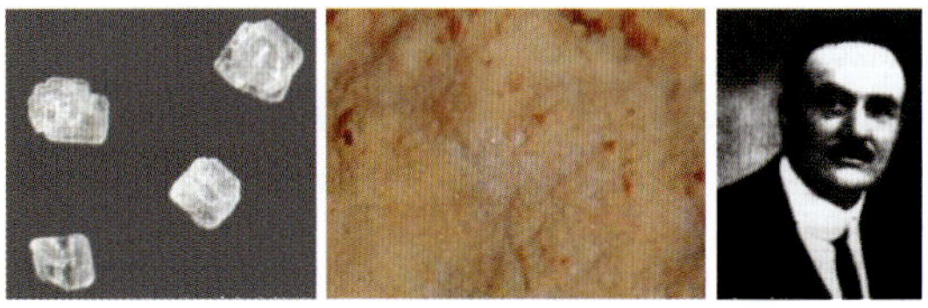

氟硼钠石板状晶体，皮壳状集合体(意大利)和费鲁乔像

氟硼钠石是一种钠的硼-氟化物矿物。斜方晶系。晶体呈板状；集合体呈皮壳状。无色、白色；硬度 3，完全解理；味苦而酸。1933 年发现于意大利那不勒斯省维苏威(Vesuvius)火山喷发物。1933 年卡罗比(Carobbi)在罗马《矿物学期刊》(4)和 1934 年 W. F. 福杉格(W. F. Foshag)在《美国矿物学家》(19)报道。英文名称 Ferruccite，以意大利矿物学家费鲁乔·赞博尼尼(Ferruccio Zambonini，1880—1932)的名字命名。他是意大利矿物学家和地质学家，他的大部分时间致力于研究维苏威火山的地质学和矿物学并发现了氟硼钾石。1959 年以前发现、描述并命名的“祖父级”矿物，IMA 承认有效。中文名称根据成分译为氟硼钠石。

【氟铍硅钠铯石】

英文名 Telyushenkoite

化学式 $CsNa_6Be_2Al_3Si_{15}O_{39}F_2$ (IMA)

氟铍硅铯钠石是一种含氟的铯、钠的铍铝硅酸盐矿物。属白针柱石族。三方晶系。无色、白色，玻璃光泽，透明；硬度 6，完全解理，脆性。2001 年发现于塔吉克斯坦天山山脉阿尔泰范围达拉伊-皮奥兹(Dara-i-Pioz)冰川冰碛物。英文名称 Telyushenkoite，以阿什哈巴德地质学院岩石学教授塔玛拉·马特廖娜·特里乌舍纳科(Tamara Matveyevna Telyushenko，1930—1997)的姓氏命名。他是阿什哈巴德地质学院的一位地质岩石学家，在学校工作超过 30 年，对中亚地区的地质学做出了重要贡献。IMA 2001-012 批准。2002 年 E. 索卡罗娃(E. Sokolova)等在《加拿大矿物学家》(40)和

2003 年 A. A. 阿加哈诺夫(A. A. Agakhanov)等在《矿物新数据》(38)报道。2008 年中国地质科学院地质研究所任玉峰等在《岩石矿物学杂志》[27(2)]根据成分译为氟铍硅铯钠石/氟铍硅钠铯石。

【氟铅矾】

英文名 Grandreefite

化学式 $Pb_2(SO_4)F_2$ (IMA)

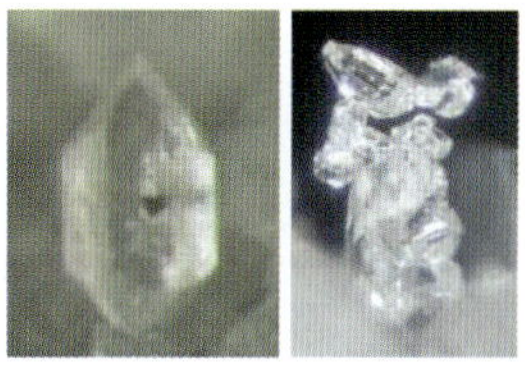

氟铅矾短柱状晶体(美国)

氟铅矾是一种含氟的铅的硫酸盐矿物。单斜晶系。晶体呈带双锥的短柱状。无色,半金刚光泽,透明;硬度 2.5,脆性。1988 年发现于美国亚利桑那州格雷厄姆县克朗迪克(Klondyke)大礁山劳雷尔峡谷大礁(Grand Reef)矿。英文名称 Grandreefite,由坎普夫等以发现地美国的大礁(Grand Reef)矿命名。IMA 1988-016 批准。1989 年 A. R. 坎普夫(A. R. Kampf)等在《美国矿物学家》(74)报道。1990 年中国新矿物与矿物命名委员会郭宗山在《岩石矿物学杂志》[9(3)]根据成分译为氟铅矾。

【氟铅矿*】

英文名 Fluorocronite

化学式 PbF_2 (IMA)

氟铅矿* 板片状晶体(俄罗斯)

氟铅矿*是一种铅的氟化物矿物。属萤石族。等轴晶系。晶体呈板片状;集合体呈粉状。白色,珍珠光泽,半透明;硬度 3~4,完全解理。2010 年发现于俄罗斯萨哈共和国萨雷切夫火山库波诺埃(Kupolnoe)银-锡矿床。英文名称 Fluorocronite,由成分"Fluoro(氟)"和"Cronite(铅)"组合命名,其中"Cronite"是希腊文"κρόνος=Cron(铅)"的炼金术的名字。IMA 2010-023 批准。2011 年 S. J. 米尔斯(S. J. Mills)等在《欧洲矿物学杂志》(23)报道。目前尚未见官方中文译名,编译者建议根据成分译为氟铅矿*。

【氟铅石】

英文名 Laurelite

化学式 $Pb_7F_{12}Cl_2$ (IMA)

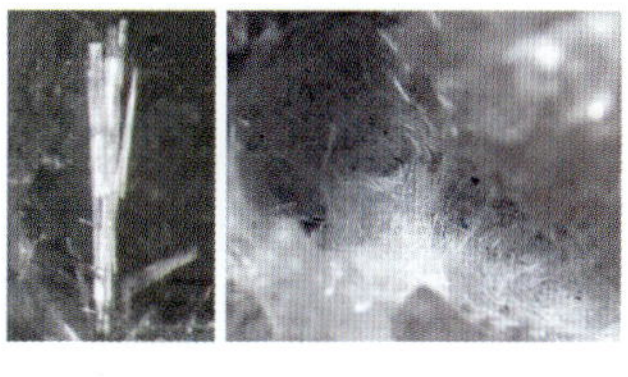

氟铅石针柱晶体,晶簇状、毛毡状集合体(美国)

氟铅石是一种铅的氯-氟化物矿物。六方晶系。晶体呈柱状、针状、纤维状;集合体呈晶簇状、放射状、束状、毛毡状。无色,丝绢光泽,透明;硬度 2,脆性。1988 年发现于美国亚利桑那州格雷厄姆县阿莱伐帕峡谷区克朗迪克(Klondyke)大礁山劳雷尔(Laurel)峡谷大礁矿。英文名称 Laurelite,由 A. R. 坎普夫(A. R. Kampf)等以发现地美国的劳雷尔(Laurel)峡谷命名。IMA 1988-020a 批准。1989 年由坎普夫等在《美国矿物学家》(74)报道。中文名称根据成分译为氟铅石。

【氟浅闪石】

英文名 Fluoro-edenite

化学式 $NaCa_2Mg_5(Si_7Al)O_{22}F_2$ (IMA)

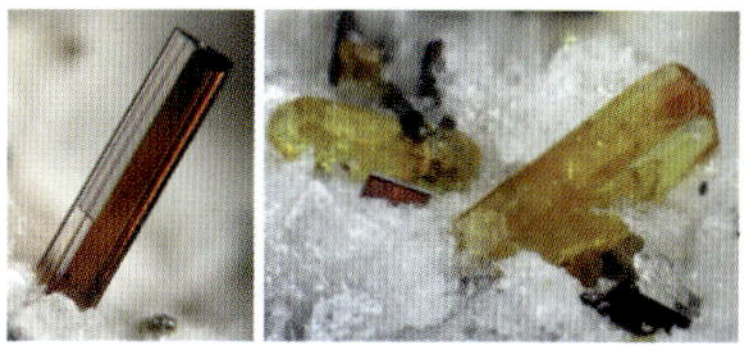

氟浅闪石柱状晶体(法国、意大利)

氟浅闪石是一种 A 位钠、C^{2+} 位镁和 W 位氟占优势的闪石矿物。属角闪石超族 W 位羟基、氟和氯主导的角闪石族钙角闪石亚族浅闪石根名族。单斜晶系。晶体呈柱状、针状、纤维状。亮绿色、淡黄色、棕色—黑色,玻璃光泽、油脂光泽,透明;硬度 5~6,完全解理,脆性。萤石早在 1955 年就被 J. A. 科恩(J. A. Kohn)和 J. E. 科梅福罗(J. E. Comeforo)作为合成化合物报道。20 世纪 70 年代,美国的化学家鲍勃·科菲博士对一个早期发现的非合成氟石进行了化学分析并发表了一篇论文。1994 年发现于意大利卡塔尼亚省埃特纳火山杂岩体比安卡维拉地区卡尔瓦里奥(Calvario)火山。英文名称 Fluoro-edenite,由成分冠词"Fluorine(氟)"和根词"Edenite(浅闪石)"组合命名,意指它是氟的浅闪石类似矿物。1994 年 K. F. 博施曼(K. F. Boschmann)等在《加拿大矿物学家》(32)和 2001 年 A. 詹法尼亚(A. Gianfagna)等在《美国矿物学家》(86)报道。IMA 2012s. p. 批准。[见于 2012 年 F. C. 霍桑(F. C. Hawthorne)等在《美国矿物学家》(97)的《角闪石超族命名法》]。中文名称根据占主导地位的成分及与浅闪石的关系译为氟浅闪石/氟淡闪石。

【氟羟硅钙石】参见【叶沸石】条 1065 页

【氟羟硅铝钇石】

英文名 Kuliokite-(Y)

化学式 $Y_4Al(SiO_4)_2(OH)_2F_5$ (IMA)

氟羟硅铝钇石是一种含氟和羟基的钇、铝的硅酸盐矿物。三斜晶系。晶体呈板状;集合体呈皮壳状。无色、白色、浅粉红色,金刚光泽,透明;硬度 4~5。1984 年发现于俄罗斯北部摩尔曼斯克州基维(Keivy)山脉西部地块普洛斯卡亚(Ploskaya)山。英文名称 Kuliokite-(Y),由俄罗斯科拉半岛库里克(Kuliok)河的名字加占优势的稀土元素钇后缀-(Y)组合命名。IMA 1984-064 批准。1986 年沃洛申(Voloshin)等在《矿物学杂志》[8(2)]报道。1986 年中国新矿物与矿物命名委员会郭宗山等《岩石矿物杂志》[5(4)]根据成分译为氟羟硅铝钇石。

【氟羟锶铝石】

英文名 Acuminite

化学式 $SrAlF_4(OH) \cdot H_2O$ (IMA)

氟羟锶铝石是一种含结晶水、羟基的锶的铝-氟化物矿物。与水氟铝锶石(Tikhonenkovite)为同质多象。单斜晶系。晶体呈双锥状、似矛状。无色、白色,暴露变成黄色,玻璃光泽,透明;硬度 3.5,完全解理。1986 年发现于丹麦格陵兰岛塞梅索克(Sermersooq)市阿尔苏克峡湾伊维图特(Ivittuut)镇伊维图特冰晶石矿床。英文名称 Acuminite,由拉丁文"Acumen(带尖的)"即"Spearhead(矛头)"命名,意指其带锥的矛头状晶体。IMA 1986－038 批准。1987 年 H. 波利(H. Pauly)等在《矿物学新年鉴》(月刊)和 1988 年 J. L. 杨博尔(J. L. Jambor)等在《美国矿物学家》(73)报道。1988 年中国新矿物与矿物命名委员会郭宗山等在《岩石矿物学杂志》[7(3)]根据成分译为氟羟锶铝石。

【氟切格姆石*】

英文名 Fluorchegemite

化学式 $Ca_7(SiO_4)_3F_2$ (IMA)

氟切格姆石*是一种含氟的钙的硅酸盐矿物。属硅镁石族切格姆石*系列族。斜方晶系。晶体呈针状、不规则粒状,长 0.2mm。无色,玻璃光泽,透明;硬度 5.5～6。2011 年发现于俄罗斯卡巴尔达-巴尔卡尔共和国拉卡尔基(Lakargi)山 1 号捕虏体。英文名称 Fluorchegemite,由成分冠词"Fluor(氟)"和根词"Chegemite(切格姆石*)"组合命名,意指它是相对羟基来说氟占优势的切格姆石*的类似矿物。IMA 2011－112 批准。2012 年 I. O. 加鲁斯金娜(I. O. Galuskina)等在《CNMNC 通讯》(13)、《矿物学杂志》(76)和 2015 年《加拿大矿物学家》(53)报道。目前尚未见官方中文译名,编译者建议根据成分及与切格姆石*的关系译为氟切格姆石*。

【氟闪叶石*】

英文名 Fluorlamprophyllite

化学式$(SrNa)Ti_2Na_3Ti(Si_2O_7)_2O_2F_2$ (IMA)

氟闪叶石*叶片状晶体,束状集合体(巴西)

氟闪叶石*是一种含氟和氧的锶、钠、钛的硅酸盐矿物。属氟钠钛锆石超族闪叶石族。单斜晶系。晶体呈叶片状;集合体呈束状。棕黄色。2013 年发现于巴西米纳斯吉拉斯州波苏斯-迪卡尔达斯碱性杂岩体莫罗多塞罗特(Morro do Serrote)。英文名称 Fluorlamprophyllite,由成分冠词"Fluor(氟)"和根词"Lamprophyllite(闪叶石)"组合命名,意指它是氟的闪叶石类似矿物(根词参见【闪叶石】条 772 页)。IMA 2013－102 批准。2014 年 M. B. 安德雷德(M. B. Andrade)等在《CNMNC 通讯》(19)、《矿物学杂志》(78)及 2018 年《矿物学杂志》(82)报道。目前尚未见官方中文译名,编译者根据成分及族名译为氟闪叶石*。

【氟砷钙镁石】

英文名 Tilasite

化学式 $CaMg(AsO_4)F$ (IMA)

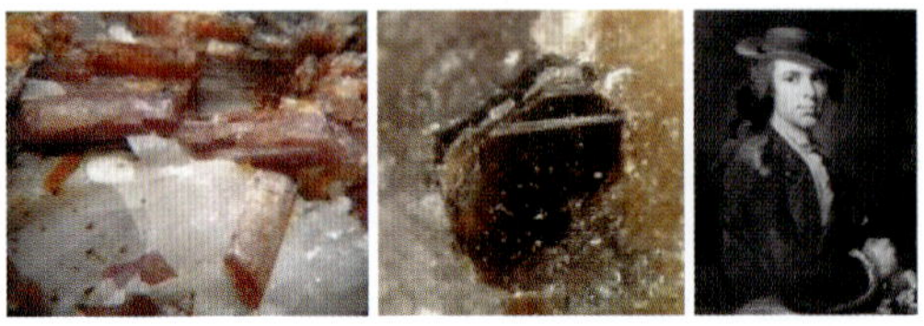

氟砷钙镁石柱状、扁平板状晶体(瑞士、瑞典)和缇拉斯像

氟砷钙镁石是一种钙、镁的氟-砷酸盐矿物,是砷钙镁石的富氟物种。属氟砷钙镁石族。单斜晶系。晶体呈柱状、扁平板柱状、粒状,具接触双晶;集合体呈块状。灰色一紫灰色,橄榄绿色或苹果绿色(印度),松脂光泽,解理面上呈玻璃光泽,半透明;硬度 5,脆性;具压电性。1895 年发现于瑞典韦姆兰省菲利普斯塔德市朗班(Långban)。1895 年 H. 肖格伦(H. Sjögren)在《斯德哥尔摩地质学会会刊》(17)报道。英文名称 Tilasite,由斯滕斯・安德斯・亚尔马尔・肖格伦(Stens Anders Hjalmar Sjögren)以丹尼尔・缇拉斯(Daniel Tilas,1712—1772)的姓氏命名。他是一位博学的地质学家、采矿工程师、牧师、矿山主管和地方长官,还是瑞典-挪威联盟边界委员会的副专员;1742 年缇拉斯提出晚期冰川理论,暗示海冰漂移可能是陆地上的巨石分布的成因。1959 年以前发现、描述并命名的"祖父级"矿物,IMA 承认有效。中文名称根据成分译为氟砷钙镁石。

【氟砷镁石*】

英文名 Arsenowagnerite

化学式 $Mg_2(AsO_4)F$ (IMA)

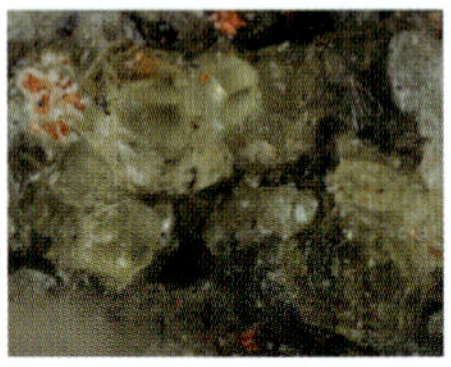

氟砷镁石*片状晶体(俄罗斯)

氟砷镁石*是一种含氟的镁的砷酸盐矿物。属氟磷镁石族。单斜晶系。晶体呈片状,粒径达 1mm;集合体呈皮壳状,粒径0.1cm×1.5cm×3cm。淡黄色、柠檬黄色、绿黄色或无色,玻璃光泽,透明;硬度 5,完全解理,脆性。2014 年发现于俄罗斯堪察加州托尔巴契克(Tolbachik)火山主裂隙北破火山口第二火山渣锥喷气孔升华物。英文名称 Arsenowagnerite,由成分冠词"Arseno(砷)"和根词"Wagnerite(氟磷镁石)"组合命名,意指它是砷酸的氟磷镁石的类似矿物。IMA 2014－100 批准。2015 年 I. V. 佩科夫(I. V. Pekov)等在《CNMNC 通讯》(24)、《矿物学杂志》(79)和 2018 年《矿物学杂志》(82)报道。目前尚未见官方中文译名,编译者建议根据成分译为氟砷镁石*。

【氟石】参见【萤石】条 1082 页

【氟铈硅磷灰石】

英文名 Fluorbritholite-(Ce)

化学式$(Ce,Ca)_5(SiO_4)_3F$ (IMA)

氟铈硅磷灰石柱状晶体,晶簇状集合体(德国)

氟铈硅磷灰石是一种含氟的铈、钙的硅酸盐矿物。属磷灰石超族铈硅磷灰石族。六方晶系。晶体呈柱状;集合体呈晶簇状。淡黄色、棕褐色、红褐色,金刚光泽;硬度 5,完全解理。1991 年发现于加拿大魁北克省圣希莱尔(Saint-Hilaire)山混合肥料采石场。英文名称 Fluorbritholite-(Ce),由成分冠词"Fluor(氟)"和根词"Britholite(铈硅磷灰石)",加占优势的稀土元素铈后缀-(Ce)组合命名。IMA 1991－027 批准。1994 年 J. 古(J. Gu)等在《武汉理工大学学报》[9(3)]报道。中文名称根据成分及与硅磷灰石的关系译为氟铈硅磷灰石。

【氟铈矿】

英文名 Fluocerite-(Ce)

化学式 CeF_3 (IMA)

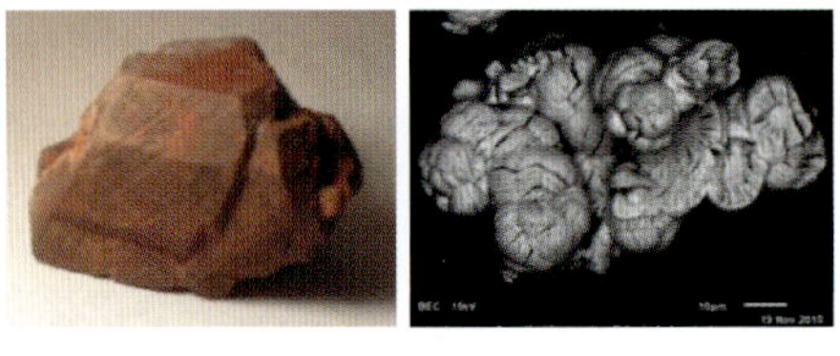

氟铈矿粗粒晶体和电镜微观姜状集合体(美国、德国)

氟铈矿是一种铈的氟化物矿物。六方晶系。晶体呈柱状、菱形板状、粗粒状，具聚片双晶；集合体呈块状。白色、黄色—红色，新鲜断口呈浅蜡黄色，风化后变褐色、褐红色，玻璃光泽、松脂光泽、解理面上略呈珍珠光泽，透明—半透明；硬度 4.5～5，完全解理，脆性。根据占优势阳离子的不同可分为 Fluocerite-(Ce)、Fluocerite-(La)。1818 年贝采里乌斯(Berzelius)最早报道，称 Neutralt flussspatssyradt。1832 年在纽黑文《矿物学论文》报道。Fluocerite 是在 1845 年第一次描述了发现在瑞典达拉那省法伦(Fahlun)布罗德布(Broddbo)和芬博(Finnbo)附近的花岗岩热液矿脉。1880 年艾伦(Allen)和康斯托克(Comstock)在《美国科学杂志》(19)报道。英文名称 Fluocerite-(Ce)，由化学成分"Fluorine(氟)"和"Cerium(铈)"缩写加词尾-ite 而构成基本名称，再加优势稀土元素阳离子铈后缀-(Ce)组合命名。1959 年以前发现、描述并命名的"祖父级"矿物，IMA 承认有效。IMA 1987s. p. 批准。中文名称根据成分译为氟铈矿。

【氟铈镧石】

英文名 Håleniusite-(La)

化学式 LaOF (IMA)

霍莱纽斯像

氟铈镧石是一种镧的氟-氧化物矿物。等轴晶系。集合体呈块状、土状。柠檬黄色、赭黄色，土状光泽。2003 年发现于瑞典西曼兰省欣斯卡特贝里区里达尔许坦市柏斯特耐斯(Bastnas)矿山。英文名称 Håleniusite-(La)，2004 年丹·霍尔特斯坦(Dan Holtstam)等以瑞典斯德哥尔摩自然历史博物馆矿物学系主任乌尔夫·霍莱纽斯(Ulf Hålenius，1951—)教授的姓氏，加占优势的稀土元素镧-(La)后缀组合命名，以表彰霍莱纽斯教授对矿物光谱学和矿物科学做出的贡献。IMA 2003－028 批准。2004 年丹·霍尔特斯坦等在《加拿大矿物学家》[42(4)]报道。2008 年中国地质科学院地质研究所任玉峰等在《岩石矿物学杂志》[27(3)]根据成分译为氟铈镧石。

【氟水磷铝钠石*】

英文名 Fluorowardite

化学式 $NaAl_3(PO_4)_2(OH)_2F_2 \cdot 2H_2O$ (IMA)

氟水磷铝钠石*是一种含结晶水、羟基、氟的钠、铝的磷酸盐矿物。属水磷铝钠石族。四方晶系。晶体呈四方锥体，长 0.1mm。无色—白色或奶油白色，玻璃光泽、珍珠光泽，透明—半透明；硬度 5，完全解理，脆性。2012 年发现于美国内华达州洪堡特县锡尔弗科因(Silver Coin)矿山。英文名称 Fluorowardite，由成分冠词"Fluoro(氟)"和根词"Wardite(水磷铝钠石)"组合命名(根词参见【水磷铝钠石】条 840 页)。IMA 2012－016 批准。2012 年 A. R. 坎普夫(A. R. Kampf)等在《CNMNC 通讯》(13)、《矿物学杂志》(76)和 2014 年《美国矿物学家》(99)报道。目前尚未见官方中文译名，编译者根据成分及与水磷铝钠石关系译为氟水磷铝钠石*。

【氟水铝镁钙矾】

英文名 Lannonite

化学式 $HCa_4Mg_2Al_4(SO_4)_8F_9 \cdot 32H_2O$ (IMA)

氟水铝镁钙矾方形板状晶体(德国)

氟水铝镁钙矾是一种含结晶水和氟的氢、钙、镁、铝的硫酸盐矿物。四方晶系。晶体呈板状；集合体呈土状。粉白色，土状光泽，半透明—不透明；硬度 2。1979 年发现于美国新墨西哥州卡特伦县隆派恩(Lone Pine)矿山。英文名称 Lannonite，1983 年由 S. A. 威廉姆斯(S. A. Williams)等以丹·兰农(Dan Lannon)的姓氏命名。他是当地最有权威的人物，他首批获得了美国新墨西哥威尔考克斯教区矿业股权。IMA 1979－069 批准。1983 年 S. A. 威廉姆斯(S. A. Williams)等在《矿物学杂志》(47)和 1984 年邓恩等在《美国矿物学家》(69)报道。1985 年中国新矿物与矿物命名委员会郭宗山等在《岩石矿物及测试》[4(4)]根据成分译为氟水铝镁钙矾。

【氟锶石*】

英文名 Strontiofluorite

化学式 SrF_2 (IMA)

氟锶石*是一种锶的氟化物矿物。属萤石族。等轴晶系。晶体呈立方体、八面体、纤维状。浅灰色，油脂光泽，半透明；硬度 4，完全解理，脆性。2009 年发现于俄罗斯北部摩尔曼斯克州科阿什瓦(Koashva)露天矿坑。英文名称 Strontiofluorite，由成分冠词"Strontio(锶)"和根词"Fluorite(萤石)"组合命名，意指它是锶占优势的萤石类似矿物。IMA 2009－014 批准。2010 年 V. N. 雅科夫丘克(V. N. Yakovenchuk)等在《加拿大矿物学家》(48)报道。目前尚未见官方中文译名，编译者建议根据成分译为氟锶石*。

【氟四配铁金云母】

英文名 Fluorotetraferriphlogopite

化学式 $KMg_3Fe^{3+}Si_3O_{10}F_2$ (IMA)

氟四配铁金云母是一种含氟的钾、镁的铁硅酸盐矿物。属云母族。单斜晶系。晶体呈半自形—自形片状。棕色，珍珠光泽，透明；硬度 3～4，完全解理。2010 年中国与日本科学家发现于中国内蒙古自治区包头市白云鄂博矿区白云鄂博矿床东矿。英文名称 Fluorotetraferriphlogopite，由成分冠词"Fluoro(氟)"和根词"Tetraferriphlogopite(四配铁金云母)"组合命名。IMA 2010－002 批准。2010 年宫胁律郎(R. Miyawaki)和杨主明等在《矿物学杂志》(74)及 2011 年《黏土科学》[15(1)]报道。中文名称根据成分及与四配铁金云母的关系译为氟四配铁金云母。

【氟碳钡镧矿】

英文名 Cordylite-(La)

化学式 $NaCaBa_2La_3Sr(CO_3)_8F_2$ (IMA)

氟碳钡镧矿不规则粒状晶体(俄罗斯)

氟碳钡镧矿是一种含氟的钠、钙、钡、镧、锶的碳酸盐矿物。属氟碳钡铈矿族。六方晶系。晶体呈片状或六方短柱状。无色或淡黄色、蜜黄色，玻璃光泽、油脂光泽，透明—半透明；硬度 4，完全解理，脆性。2010 年发现于俄罗斯伊尔库茨克州维季姆高原和拜亚(Bya)河流汇合区乌斯特-比利亚(Ust'-Biraya)铁稀土矿点。英文名称 Cordylite-(La)，由根词"Cordylite(氟碳钡铈矿)"，加占优势的稀土镧后缀-(La)组合命名。IMA 2010－058批准。2012 年 S. J. 米尔斯(S. J. Mills)等在《加拿大矿物学家》[50(5)]报道。中文名称根据成分译为氟碳钡镧矿(参见【氟碳钡铈矿】条 192 页)。

【氟碳钡铈矿】

英文名 Cordylite-(Ce)

化学式 $(Na,Ca,\square)BaCe_2(CO_3)_4(F,O)$ (IMA)

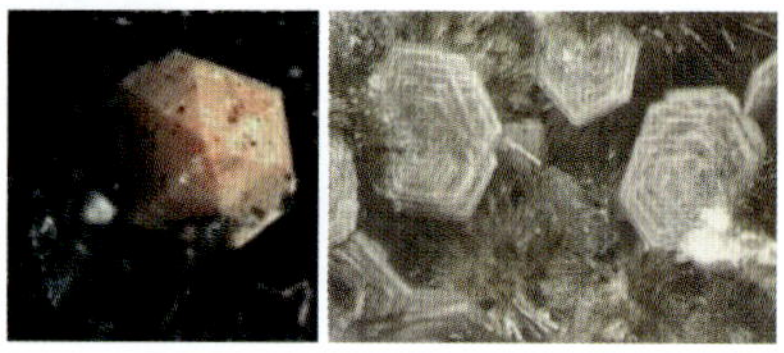

氟碳钡铈矿柱状、板状晶体(格陵兰、加拿大)

氟碳钡铈矿是一种含氟和氧的钠、钙、空位、钡、铈的碳酸盐矿物。属氟碳钡铈矿族。六方晶系。晶体呈短柱状、六方双锥状。无色、灰棕色—蜡黄色,玻璃光泽、金刚光泽、珍珠光泽、油脂光泽,透明—半透明;硬度 4.5,完全解理,脆性。20 世纪初首先发现于丹麦格陵兰库雅雷哥自治区伊加利科区纳尔萨尔苏克(Narssarssuk)碱性正长伟晶岩脉。1898 年 G. 弗林克(G. Flink)在《格陵兰通讯》(14)和 1899 年《格陵兰通讯》(24)报道。英文名称 Cordylite-(Ce),来自希腊文"κορδύ=Cordule=Club(棍棒)",指晶体的棒状晶体形态和占主导地位的稀土元素铈后缀-(Ce)组合命名。1959 年以前发现、描述并命名的"祖父级"矿物,IMA 承认有效。IMA 1987s. p. 批准。中文名称根据化学成分译为氟碳钡铈矿。

【氟碳铋钙石】

英文名 Kettnerite

化学式 $CaBiO(CO_3)F$ (IMA)

氟碳铋钙石瘤状集合体(德国)和凯特纳像

氟碳铋钙石是一种含氟的钙、铋氧的碳酸盐矿物。斜方晶系。晶体呈板状;集合体呈皮壳状、钟乳状、瘤状。褐色、黄褐色、柠檬黄色;硬度低。1956 年发现于捷克共和国乌斯季(Usti)州厄尔士山脉克鲁普卡(Krupka)市克诺特尔(Knöttel)区巴博拉(Barbora)硐。1956 年在《矿物学与地质学案例》(1)和 1957 年在《美国矿物学家》(42)报道。英文名称 Kettnerite,为纪念捷克共和国布拉格查尔斯大学的地质学教授拉迪姆·凯特纳(Radim Kettner,1891—1968)而以他的姓氏命名。1959 年以前发现、描述并命名的"祖父级"矿物,IMA 承认有效。中文名称根据成分译为氟碳铋钙石。

【氟碳钙镧矿】

英文名 Parisite-(La)

化学式 $CaLa_2(CO_3)_3F_2$ (IMA)

氟碳钙镧矿锥柱状晶体,晶簇状集合体(巴西)

氟碳钙镧矿是一种含氟的钙、镧的碳酸盐矿物,化学性质类似于新奇钙镧矿[Synchysite-(La)]。单斜晶系。晶体呈锥柱状;集合体呈晶簇状。灰色、粉红色,土状光泽。2016 年发现于巴西巴伊亚州穆拉(Mula)。英文名称 Parisite-(La),由根词 Parisite(氟碳钙铈矿),加占优势的稀土元素镧后缀-(La)组合命名,意指它是镧占优势的氟碳钙铈矿的类似矿物。IMA 2016-031 批准。2016 年 L. A. D. 小梅内泽斯(L. A. D. Menezes Filho)等在《CNMNC 通讯》(32)、《矿物学杂志》(80)和 2018 年《矿物学杂志》(82)报道。中文名称根据成分译为氟碳钙镧矿。

【氟碳钙钠石】参见【罗维莱石】条 572 页

【氟碳钙钕矿】

英文名 Parisite-(Nd)

化学式 $CaNd_2(CO_3)_3F_2$

氟碳钙钕矿是一种含氟的钙、钕的碳酸盐矿物。单斜晶系。硬度 4～5。发现于中国内蒙古自治区包头市达尔罕茂明安联合旗白云鄂博矿。英文名称 Parisite-(Nd),由根词 Parisite(氟碳钙铈矿),加占优势的稀土元素钕后缀-(Nd)组合命名,意指它是钕占优势的氟碳钙铈矿的类似矿物。IMA 未命名,但可能有效。1986 年张培善等在《白云鄂博矿物学》(中文摘要)和 1988 年《美国矿物学家》[73(摘要)]报道。中文名称根据成分译为氟碳钙钕矿。

【氟碳钙石】

英文名 Brenkite

化学式 $Ca_2(CO_3)F_2$ (IMA)

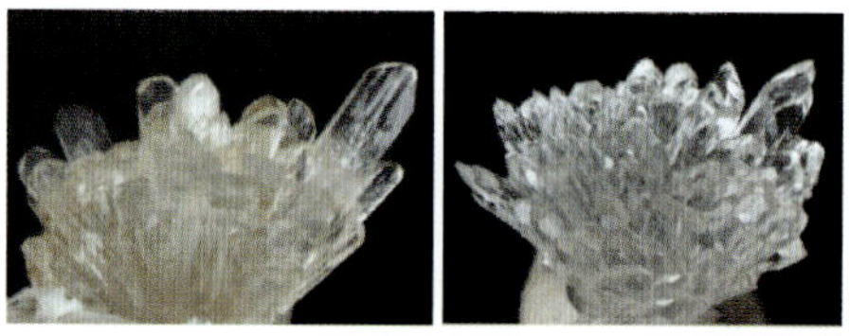

氟碳钙石柱状晶体,晶簇状、放射状集合体(德国)

氟碳钙石是一种含氟的钙的碳酸盐矿物。斜方晶系。晶体呈柱状、针状;集合体呈放射状、晶簇状。无色,玻璃光泽,透明;硬度 5。1977 年发现于德国莱茵兰-普法尔茨州布伦克(Brenk)谢尔科普夫(Schellkopf)。英文名称 Brenkite,以发现地德国的布伦克(Brenk)命名。IMA 1977-036 批准。1978 年 G. 亨切尔(G. Hentschel)等在《矿物学新年鉴》(月刊)和《美国矿物学家》(64)报道。中文名称根据成分译为氟碳钙石。

【氟碳钙铈矿】

英文名 Parisite-(Ce)

化学式 $CaCe_2(CO_3)_3F_2$ (IMA)

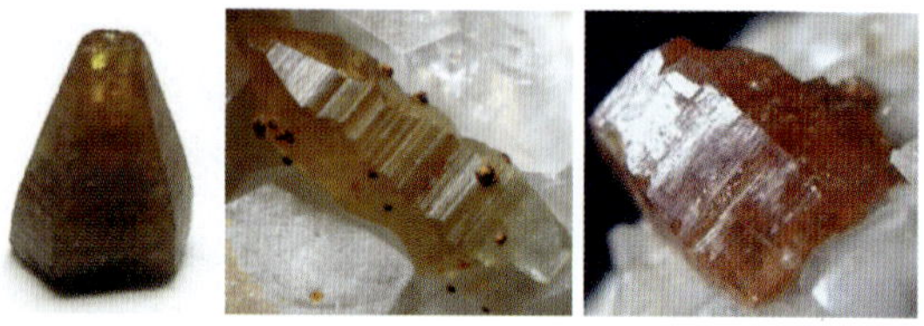

氟碳钙铈矿假六方柱状晶体(哥伦比亚、法国)

氟碳钙铈矿是一种含氟的钙、铈的碳酸盐矿物。三方晶系。晶体呈六方双锥状、腰鼓状、柱状、桶状、板状,有时呈矛状。黄色、蜡黄色或褐色，条痕呈淡黄色，玻璃光泽、油脂光泽，解理面上呈珍珠光泽，透明—半透明；硬度 4.5，脆性，断口呈次贝壳状、锯齿状；有时有放射性，弱磁性。1835 年发现于哥伦比亚博亚卡省慕佐(Muzo)祖母绿矿山。1935 年美第奇-斯帕达(Medici-Spada)以发现地慕佐(Muzo)命名为 Musite。1845 年美第奇-斯帕达在莱比锡《化学与物理学年鉴》(53)改称为 Parisite。英文名称 Parisite-(Ce)，根词以哥伦比亚慕佐(Muzo)祖母绿矿山前经理(1828—1848)J. J. 帕里斯(J. J. Paris)的姓氏命名。1959 年以前发现、描述并命名的“祖父级”矿物，IMA 承认有效。1987 年加占优势的铈后缀-(Ce)。IMA 1987s. p. 批准。中文名称根据化学成分译为氟碳钙铈矿；又译为氟菱钙铈矿。

【氟碳钙钇矿】

英文名 Doverite

化学式 $CaY(CO_3)_2F$

氟碳钙钇矿(Doverite)是一种比较少见的含氟的钙、钇的碳酸盐矿物，为氟碳钙铈矿的含钇物种。斜方晶系。红褐色；硬度 6.5。1955 年首先由史密斯(Smith)等发现于英国港市多佛尔(Dover)。英文名称 Doverite，以产地英国港市多佛尔(Dover)命名。莱文森(Levinson，1966)等认为是氟碳钙铈矿的富钇物种，经国际矿物协会同意命名为 Synchysite-(Y)[新奇钙铈矿-(钇)]。中文名称根据成分原译为氟碳钙钇矿(参见【新奇钙铈矿-(钇)】条 1049 页)；根据斜方晶系(正交=直)和成分译为直氟碳钙钇矿。

【氟碳硅碱钙石】

英文名 Fluorcarletonite

化学式 $KNa_4Ca_4Si_8O_{18}(CO_3)_4F \cdot H_2O$ (IMA)

俄罗斯科研人员和展示的氟碳硅碱钙石标本

氟碳硅碱钙石是一种含结晶水和氟的钾、钠、钙的碳酸-硅酸盐矿物。四方晶系。晶体呈他形粒状，粒径达(0.5cm×0.7cm)～(0.3cm×0.5cm)；形成 0.7cm×1.5cm 的集合体。淡蓝色—蓝色，薄片无色；硬度 4～4.5，完全解理，脆性，易碎。俄罗斯伊尔库茨克国家研究技术大学科研人员发现于俄罗斯伊尔库茨克州和雅库特共和国交界地带的马伊慕伦(Malyi - Murun)地块谢韦尔内(Severny)区马洛穆朗斯基(Malomurunskiy)碱性深成岩体。英文名称 Fluorcarletonite，由成分冠词“Fluor(氟)”和根词“Carletonite(碳硅碱钙石)”组合命名。新矿物色彩非凡，可以用于制作珠宝，如果进入珠宝市场，将博得一片赞叹；由于极度稀缺，制作的首饰需求将极为巨大，价格极为高昂。IMA 2019 - 038 批准。2020 年 E. 卡内瓦(E. Kaneva)等在《CNMNC 通讯》(51)和《欧洲矿物学杂志》(32)报道。中文名称根据成分氟及与碳硅碱钙石的关系译为氟碳硅碱钙石。

【氟碳镧钡石】

英文名 Kukharenkoite-(La)

化学式 $Ba_2La(CO_3)_3F$ (IMA)

氟碳镧钡石针状晶体，放射状集合体(俄罗斯)

氟碳镧钡石是一种含氟的钡、镧的碳酸盐矿物。单斜晶系。晶体呈针状、扁柱状，常呈穿插双晶；集合体呈束状、放射状。白色、浅韭绿色、无色，玻璃光泽，透明—半透明；硬度 4，脆性。2002 年发现于俄罗斯北部摩尔曼斯克州库基斯武姆科尔(Kukisvumchorr)山基洛夫斯基(Kirovskii)磷灰石矿。英文名称 Kukharenkoite-(La)，根词以俄罗斯圣彼得堡大学矿物学系的系统矿物学家亚历山大·A. 库克哈任克(Alexander A. Kukharenko，1914—1993)教授的姓氏，加占优势的镧后缀-(La)组合命名。IMA 2002 - 019 批准。2003 年 I. V. 佩科夫(I. V. Pekov)等在《俄罗斯矿物学会记事》[132(3)]报道。2008 年中国地质科学院地质研究所任玉峰等在《岩石矿物学杂志》[27(2)]根据成分译为氟碳镧钡石。

【氟碳镧矿】

英文名 Bastnäsite-(La)

化学式 $La(CO_3)F$ (IMA)

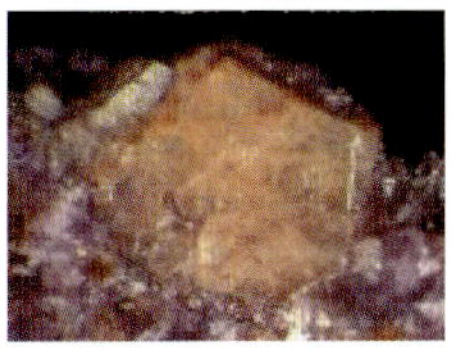

氟碳镧矿板状晶体(美国)

氟碳镧矿是一种含氟的镧的碳酸盐矿物。属氟碳铈矿族。六方晶系。晶体呈板状、柱状；集合体呈块状。黄色、红褐色，玻璃光泽、油脂光泽，透明—半透明；硬度 4～5。1966 年发现于俄罗斯图瓦共和国东萨彦岭别拉亚济马(Belaya Zima)稀土-铌矿床。英文名称 Bastnäsite-(La)，由根词“Bastnäsite(氟碳铈矿)”，后加占优势的稀土镧后缀-(La)组合命名。根词以氟碳铈矿的发现地瑞典的柏斯特耐斯(Bastnäs)命名。IMA 1966s. p. 批准。1966 年 Z. 马克希莫维奇(Z. Maksimović)等在《美国矿物学家》(51)报道。中文名称根据成分译为氟碳镧矿。

【氟碳铝钠石】

英文名 Barentsite

化学式 $Na_7Al(HCO_3)_2(CO_3)_2F_4$ (IMA)

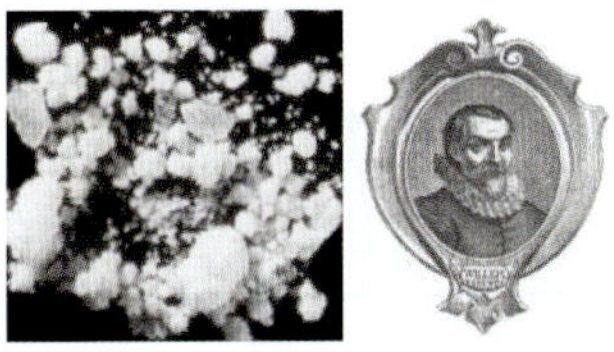

氟碳铝钠石粒状晶体(俄罗斯)和巴伦支像

氟碳铝钠石是一种含氟的钠、铝的碳酸-氢碳酸盐矿物。三斜晶系。无色、白色，玻璃光泽、珍珠光泽，透明；硬度 3，完全解理，脆性。1982 年发现于俄罗斯北部摩尔曼斯克州雷斯廷云(Restinyun)山。英文名称 Barentsite，以荷兰著名船员威廉·巴伦支(Willem Barents，1550—1597)的姓氏命名。还以他的姓氏命名了俄罗斯科拉半岛东北部巴伦支海。IMA 1982 - 101 批准。1983 年 A. P. 霍米亚科夫(A. P. Khomyakov)等在《全苏矿物学会记事》(112)和 1984 年《美国矿物学家》(69)报道。1985 年中国新矿物与矿物命名委员会郭宗山等在《岩石矿物及测试》[4(4)]根据成分译为氟碳铝钠石。

【氟碳铝锶石】参见【斯特奴矿】条 891 页

【氟碳镁钙铀矿】

英文名 Albrechtschraufite

化学式 $MgCa_4F_2[UO_2(CO_3)_3]_2 \cdot 17\sim18H_2O$ (IMA)

氟碳镁钙铀矿是一种含结晶水的镁、钙氟的铀酰-碳酸盐矿物。三斜晶系。黄绿色，玻璃光泽，透明—半透明；硬度 2～3。1983 年发现于捷克共和国卡罗维发利地区亚希莫夫（Jáchymov）矿。英文名称 Albrechtschraufite，1984 年 K. 梅雷特（K. Mereiter）为纪念奥地利维也纳大学矿物学教授、帝国矿物博物馆馆长阿尔布雷克特·施劳夫（Albrecht Schrauf，1837—1897）而以他的姓名命名，以表彰他对于碳酸铀酰矿物的认识发现的贡献。施劳夫是国际上重要的晶体形态学家和作者，他写了《阿特拉斯德结晶学和矿物学》（*Atlas der Krystallformen des Mineralreiches*）和《物理矿物学教科书》（*Lehrbuch der physikalischen Mineralogie*）。他曾与古斯塔夫·切尔马克（Gustav Tschermak）编辑了《矿物信息》（*Mineralogische Mitteilungen*）杂志。施劳夫在 1893 年做晶体测量时，太阳光线的强度导致他的左眼失明。IMA 1983-078 批准。1984 年 K. 梅雷特（K. Mereiter）在《结晶学报》（A40）和 2013 年《矿物学和岩石学》（107）报道。中国地质科学院根据成分译为氟碳镁钙铀矿。

施劳夫像

【氟碳钠铈石】

英文名 Lukechangite-(Ce)

化学式 $Na_3Ce_2(CO_3)_4F$　　(IMA)

氟碳钠铈石是一种含氟的钠、铈的碳酸盐矿物。六方晶系。晶体呈细长柱状、板状、桶柱状。无色、浅褐色，玻璃光泽、珍珠光泽，透明—半透明；硬度 4.5，完全解理，脆性。1996 年发现于加拿大魁北克省圣希莱尔（Saint-Hilaire）山混合肥料采石场。英文名称 Lukechangite-(Ce)，由美国马里兰大学卢克 L. Y. 常（Luke L. Y. Chang，1934—2009）教授的姓名加占优势的稀土元素铈后缀-(Ce)组合命名，以表彰他对碳酸盐岩矿物研究做出的贡献。IMA 1996-033 批准。1997 年 J. D. 格赖斯（J. D. Grice）和 G. Y. 曹（G. Y. Chao）在《美国矿物学家》（82）报道。2004 年中国地质科学院矿产资源研究所李锦平等在《岩石矿物学杂志》[23(1)]根据成分译为氟碳钠铈石。2011 年杨主明在《岩石矿物学杂志》[30(4)]建议英文名称音加成分译为卢克常铈石。

氟碳钠铈石桶柱状晶体（加拿大）和卢克像

【氟碳钠钇矿】

英文名 Horváthite-(Y)

化学式 $NaY(CO_3)F_2$　　(IMA)

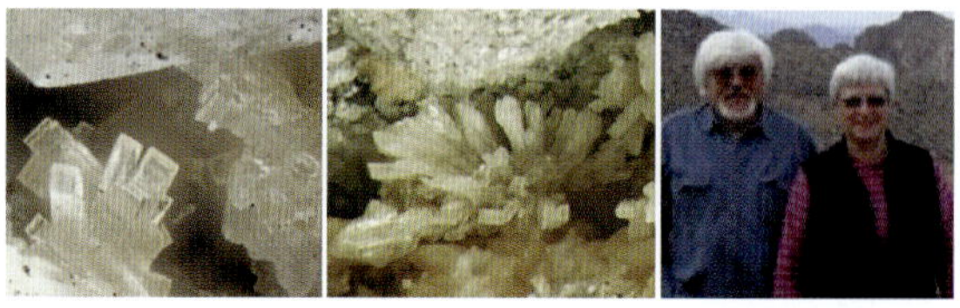

氟碳钠钇矿板柱状晶体，晶簇状集合体（加拿大）和霍瓦特夫妇像

氟碳钠钇矿是一种含氟的钠、钇的碳酸盐矿物。斜方晶系。晶体呈板柱状；集合体呈晶簇状。无色、白色、淡黄色、米黄色，玻璃光泽，透明—半透明；硬度 4，完全解理，脆性。1996 年发现于加拿大魁北克省圣希莱尔（Saint-Hilaire）山混合肥料采石场。英文名称 Horváthite-(Y)，1997 年由乔尔·D. 格赖斯（Joel D. Grice）和乔治·Y. 曹（George Y. Chao）在《加拿大矿物学家》（35）以埃尔莎·霍瓦特（Elsa Horváth，1947—）和拉斯洛·霍瓦特（László Horváth，1937—）他们夫妇的姓氏加占优势的稀土元素钇后缀-(Y)组合命名。他们夫妻团队致力于收集、研究，并进行了圣希莱尔山的矿产地质编录。IMA 1996-032 批准。2003 年李锦平等在《岩石矿物学杂志》[22(2)]根据成分译为氟碳钠钇矿。2011 年杨主明在《岩石矿物学杂志》[30(4)]建议音加成分译为霍瓦钇矿。

【氟碳钕钡矿】

英文名 Cebaite-(Nd)

化学式 $Ba_3Nd_2(CO_3)_5F_2$

氟碳钕钡矿是一种含氟的钡、钕的碳酸盐矿物。单斜晶系。黄色、深黄色。玻璃光泽、蜡状光泽；硬度 4.5～5。发现于中国内蒙古自治区包头市白云鄂博矿区。英文名称 Cebaite-(Nd)，由化学成分"Cerium（铈）"和"Barium（钡）"的元素符号，加占优势的稀土元素钕后缀-(Nd)组合命名，意指它是钕占优势的氟碳铈钡矿的类似矿物。未批准命名，但可能有效。中文名称根据成分译为氟碳钕钡矿。

【氟碳钕矿】

英文名 Bastnäsite-(Nd)

化学式 $Nd(CO_3)F$　　(IMA)

氟碳钕矿是一种含氟的钕的碳酸盐矿物。属氟碳铈矿族。六方晶系。淡粉红色—无色，玻璃光泽、油脂光泽、珍珠光泽，半透明；硬度 4～4.5，脆性。未经 IMA 批准第一次发布的来自德国黑森林地区克莱拉（Clara）矿的矿物，1992 年 K. 瓦林塔（K. Walenta）初步确定是钕占优势的氟碳铈矿（Bastnäsite）。后又发现于挪威诺德兰廷斯菲尤尔斯坦丁（Stetind）伟晶岩。英文名称 Bastnäsite-(Nd)，1997 年克里斯切（Kolitsch）等由根词"Bastnäsite（氟碳铈矿）"加占优势的稀土元素钕后缀-(Nd)组合命名。根词以氟碳铈矿的发现地瑞典的柏斯特耐斯（Bastnäs）命名。IMA 2011-062 批准。2011 年宫胁律郎（R. Miyawaki）等在《CNMNC 通讯》（11）、《矿物学杂志》（75）和 2013 年《欧洲矿物学杂志》（25）报道。中文名称根据成分译为氟碳钕矿。

【氟碳铈钡矿】

英文名 Cebaite-(Ce)

化学式 $Ba_3Ce_2(CO_3)_5F_2$　　(IMA)

氟碳铈钡矿是一种含氟的钡、铈的碳酸盐矿物。单斜晶系。灰白色、橙色，玻璃光泽、蜡状光泽、油脂光泽，半透明；硬度 4.5～5。1972 年发现于中国内蒙古自治区包头市白云鄂博矿区东矿。1972 年中国科学院地球化学研究所稀有矿物研究组在《地球化学》（1）（英文）和 1983 年张培善在中国《地质科学》（4）报道。英文名称 Cebaite-(Ce)，由化学成分"Cerium（铈）"和"Barium（钡）"的元素符号组合，1987 年加占优势的稀土元素铈后缀-(Ce)组合命名。IMA 1987s. p. 批准。中文名称

氟碳铈钡矿他形粒状晶体（中国）

根据成分命名为氟碳铈钡矿。

【氟碳铈钡石】

英文名 Kukharenkoite-(Ce)

化学式 $Ba_2Ce(CO_3)_3F$ (IMA)

氟碳铈钡石树枝状、星状集合体(加拿大)

氟碳铈钡石是一种含氟的钡、铈的碳酸盐矿物。单斜晶系。晶体呈长柱状、叶片状；集合体呈树枝状、星状。黄色、红棕色、粉红色、灰色、无色，玻璃光泽、油脂光泽；硬度 4.5，脆性。1995 年发现于俄罗斯北部摩尔曼斯克州希比内(Khibiny)地块和加拿大魁北克省等地。英文名称 Kukharenkoite-(Ce)，以俄罗斯圣彼得堡大学系统矿物学家亚历山大·A. 库克哈任克(Alexander A. Kukharenko，1914—1993)教授的姓氏命名。IMA 1995-040 批准。1996 年 A. N. 扎伊采夫(A. N. Zaitsev)等在《欧洲矿物学杂志》(8)和 1998 年 L. 霍瓦特(L. Horváth)等在《矿物学记录》(29)报道。2003 年中国地质科学院矿产资源研究所李锦平等在《岩石矿物学杂志》[22(3)]根据成分译为氟碳铈钡石。

【氟碳铈矿】

英文名 Bastnäsite-(Ce)

化学式 $Ce(CO_3)F$ (IMA)

氟碳铈矿板状、柱状晶体(巴基斯坦)

氟碳铈矿是一种含氟的铈的碳酸盐矿物。属氟碳铈矿族。六方晶系。晶体呈板状、片状、柱状、细粒状；集合体常呈块状及放射状、星点状。蜡黄色、浅绿色、棕色、黄褐色、红褐色，玻璃光泽、油脂光泽，解理面上呈珍珠光泽，透明—不透明；硬度 4～4.5，完全解理，脆性；具放射性和弱磁性。1838 年瑞典化学家威廉·希生格尔(Wilhelm Hisinger)发现并第一次描述于瑞典的柏斯特耐斯(Bastnäs)铁矿。英文名称 Bastnäsite-(Ce)，由发现地瑞典的柏斯特耐斯(Bastnäs)，加占优势的稀土铈后缀-(Ce)组合命名。此铁矿属希生格尔所有，早些时候他称之为"柏斯特耐斯(Bastnsäit)重石"。瑞典科学家乔思·雅格布·伯齐利厄斯(Jons Jakob Berzelius)、威廉·希生格尔(Wilhelm Hisinger)和卡尔·古斯塔夫·莫桑德尔(Carl Gustav Mosander)于 1803 年在此矿物中发现化学元素 Cerium(铈)，以不久前由意大利天文学家彼阿齐(Piazzi)所发现的火星与木星轨道间的第一个小行星 Ceres(罗马神话中谷类的女神)命名。1841 年 J. J. N. 胡特(J. J. N. Huot)在巴黎《新矿物学综合手册》(第一部分)刊载。1959 年以前发现、描述并命名的"祖父级"矿物，IMA 承认有效。IMA 1987s. p. 批准。1839 年莫桑德尔又在其中发现了一种新物质，命名为 Lanthanum(镧)，"隐藏"之意。根据占优势的稀土元素，Bastnäsite 可分为 Bastnäsite-(Ce)、Bastnäsite-(La)、Bastnäsite-(Y)和 Bastnäsite-(Nd)。中文名称根据成分译为氟碳铈矿，加占优势的稀土元素后缀有氟碳镧矿、氟碳钇矿和氟碳钕矿等(参见相关条目)。

【氟碳钇矿】

英文名 Bastnäsite-(Y)

化学式 $Y(CO_3)F$ (IMA)

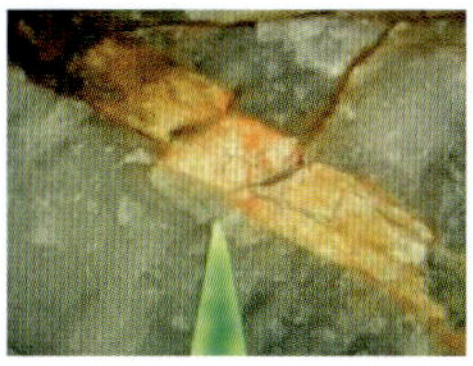

氟碳钇矿柱状晶体(哈萨克斯坦)

氟碳钇矿是一种含氟的钇的碳酸盐矿物。属氟碳铈矿族。六方晶系。晶体呈细长柱状。黄色、红褐色，玻璃光泽、油脂光泽，透明—半透明；硬度 4～4.5。1970 年发现于哈萨克斯坦东部省阿克扎耶柳塔斯(Akzhaylyautas)山脉维克尼埃斯佩(Verkhnee Espe)地块；同年，在《全苏矿物学会记事》(99)报道。英文名称 Bastnäsite-(Y)，由根词"Bastnäsite(氟碳铈矿)"加占优势的稀土元素钇后缀-(Y)组合命名。根词以氟碳铈矿的发现地瑞典的柏斯特耐斯(Bastnäs)命名。IMA 1987s. p. 批准。中文名称根据成分译为氟碳钇矿。

【氟锑钙石①】

英文名 Atopite

化学式 $(Ca,Na)_2Sb_2(O,F,OH)_7$

氟锑钙石①是锑钙石的富氟的矿物。属烧绿石超族锑钙石族。等轴晶系。晶体呈八面体。黄色、蜡黄色—褐色，玻璃光泽、金刚光泽；硬度 6.5。最初的报告来自瑞典韦姆兰省菲利普斯塔德市朗班(Långban)。1877 年诺登斯基尔德(Nordenskiöld)在《斯德哥尔摩地质会学会刊》(3)报道。英文名称 Atopite，由希腊文"ατοπος＝Unusual＝Atop(罕有的，不寻常的)"命名，意指该矿物的稀有性。另一英文名称 Weslienite，1923 年由弗林克(Flink)在《斯德哥尔摩地质会学会刊》(45)报道。以瑞典朗班矿山经理 J. G. H. 韦斯利恩(J. G. H. Weslien)的姓氏命名。中文名称根据成分译为氟锑钙石①；根据颜色和成分译为黄锑钙石。

【氟锑钙石②】

英文名 Fluorcalcioroméite

化学式 $(Ca,Na)_2Sb^{5+}_2O_6F$ (IMA)

氟锑钙石②八面体晶体(瑞典)

氟锑钙石②是一种含氟的钙、钠、锑的氧化物矿物。属烧绿石超族锑钙石族。等轴晶系。晶体呈八面体，粒径0.1～1mm。黄色—橙色，玻璃光泽、树脂光泽；硬度 5.5，脆性。1999 年发现于瑞士格劳宾登州费雷拉镇斯塔勒拉(Starlera)谷矿山；同年，J. 布鲁格(J. Brugger)等在《加拿大矿物学家》(37)报道。英文名称 Fluorcalcioroméite，由成分冠词"Fluo(氟)""Calico(钙)"和根词"Roméite(锑钙石)"组合命名(根词参见【锑钙石】条 937 页)。IMA 2012-093 批准。2013 年 D. 阿滕西奥(D. Atencio)等在《CNMNC 通讯》(16)和《矿物学杂志》(77)报道。中文名称根据成分及与锑钙石的关系译为氟锑钙石②。

【氟铁电气石*】

英文名 Fluor-schorl

化学式 $NaFe^{2+}_3Al_6(Si_6O_{18})(BO_3)_3(OH)_3F$ (IMA)

氟铁电气石*是一种含氟的铁电气石。属电气石族。三方晶系。晶体呈柱状；集合体呈晶簇状。黑色；硬度 7，脆性。2006 年发现于德国下萨克森州厄尔士山脉施内贝格区

F

氟铁电气石* 柱状晶体，晶簇状集合体（挪威）

斯坦伯格（Steinberg）和意大利博尔扎诺省阿尔卑斯山福尔泰扎区格拉斯坦（Grasstein）洞；同年，A. 埃特尔（A. Ertl）等在《欧洲矿物学杂志》（18）报道了意大利的资料。英文名称 Fluor-schorl，由成分冠词“Fluor（氟）”和根词“Schorl（铁电气石/黑电气石）”组合命名（根词参见【黑电气石】条 314 页）。IMA 2010－067 批准。2011 年 A. 埃特尔（A. Ertl）等在《CNMNC 通讯》（8）、《矿物学杂志》（75）和 2016 年《欧洲矿物学杂志》（28）报道。目前尚未见官方中文译名；编译者建议根据成分及与铁电气石的关系译为氟铁电气石*，或译为氟黑电气石*。

【氟铁云母】

英文名 Fluorannite

化学式 $KFe_3^{2+}(Si_3Al)O_{10}F_2$　（IMA）

氟铁云母自形—半自形板片状晶体（俄罗斯）

氟铁云母是云母族三八面体云母族矿物新种，属铁云母的富氟类似矿物。单斜晶系。晶体呈自形—半自形板片状。铁黑色，条痕呈灰色，半金属光泽、玻璃光泽，半透明；硬度 3，极完全解理。1999 年，中国地质科学院成都地质矿产研究所和中国地质大学的科学家沈敢富、陆琦、徐金沙，首次在中国江苏省苏州市“姑苏城外”西部近郊苏州 A 型花岗岩上部氟铁云母分异岩中发现。英文名称 Fluorannite，由化学成分冠词“Fluorine（氟）”及根词“Annite（铁云母）”组合命名。中文名称由成分及与铁云母的关系命名为氟铁云母。IMA 1999－048 批准。2000 年沈敢富等在《岩石矿物学杂志》[19(4)]和 2001 年在《美国矿物学家》（86）报道。

【氟透闪石】

英文名 Fluoro-tremolite

化学式 $\square Ca_2Mg_5Si_8O_{22}F_2$　（IMA）

氟透闪石是一种氟占优势的透闪石类似矿物。属角闪石超族 W 位羟基、氟、氯主导的角闪石族钙角闪石亚族透闪石-阳起石系列。单斜晶系。2006 年发现于美国新泽西州苏塞克斯县斯巴达镇富兰克林（Franklin）大理岩石灰岩采石场，同年，F. C. 霍桑（F. C. Hawthorne）等在《加拿大矿物学家》（44）报道。英文名称 Fluoro-tremolite，由成分冠词“Fluoro（氟）”和根词“Tremolite（透闪石）”组合命名。IMA 2016－018 批准。2016 年 R. 奥贝蒂（R. Oberti）等在《CNMNC 通讯》（32）、《矿物学杂志》（80）和 2018 年《矿物学杂志》（82）报道。中文名称根据成分及与透闪石的关系译为氟透闪石（参见【透闪石】条 967 页）。

【氟维钙铈矿】

英文名 Röntgenite-(Ce)

化学式 $Ca_2Ce_3(CO_3)_5F_3$　（IMA）

氟维钙铈矿是一种含氟的钙、铈的碳酸盐矿物。三方晶系。晶体呈针状、柱状。蜡黄色、褐色、绿色，蜡状光泽，透

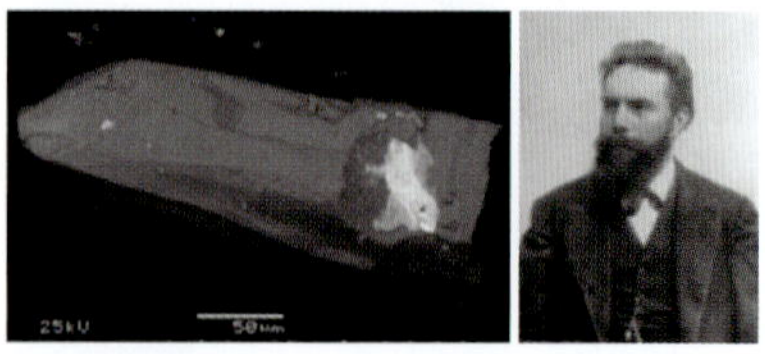

氟维钙铈矿柱状晶体（俄罗斯）和伦琴像

明—半透明；硬度 4.5。1953 年发现于丹麦格陵兰库雅雷哥自治区纳萨克镇纳尔萨克苏克（Narssârssuk）高原伟晶岩。1953 年 G. 多奈（G. Donnay）等在《美国矿物学家》（38）报道。英文名称 Röntgenite-(Ce)，由发现 X 射线的德国物理学家威廉·康拉德·伦琴（Wilhelm Conrad Röntgen，1845—1923）的姓氏，加占优势的稀土元素铈后缀-(Ce)组合命名。伦琴 1901 年获得诺贝尔奖。1959 年以前发现、描述并命名的“祖父级”矿物，IMA 承认有效。IMA 1987s. p. 批准。中文名称根据威廉·康拉德·伦琴英文名称中的一个音节音（威廉）和成分译为氟维钙铈矿；音译为伦琴石；王立本根据音和成分译为伦琴钙铈矿。

【氟亚铁佩德里萨闪石*】

英文名 Ferro-fluoro-pedrizite

化学式 $NaLi_2(Fe_2^{2+}Al_2Li)Si_8O_{22}F_2$　（IMA）

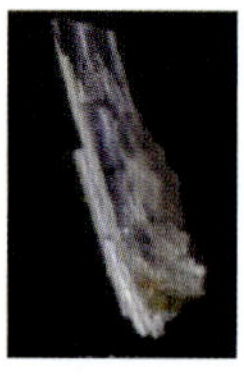

氟亚铁佩德里萨闪石* 柱状晶体（俄罗斯）

氟亚铁佩德里萨闪石*是一种 A 位钠、C^{2+} 位亚铁、C^{3+} 位铝和 W 位氟的闪石矿物。属角闪石超族 W 位羟基、氟、氯占优势的角闪石族锂闪石亚族佩德里萨闪石根名族。单斜晶系。晶体呈柱状、针状，长 0.1～3cm，宽 50μm；晶体呈平行排列状集合体，直径达 5mm。浅蓝灰色；硬度 6，完全解理。2009 年发现于俄罗斯图瓦共和国苏特卢格（Sutlug）河。英文名称 Ferro-fluoro-pedrizite，该矿物最初于 2009 年奥贝蒂（Oberti）等在《矿物学杂志》（73）描述为 Fluoro-sodic-ferropedrizite（IMA 2008－070 批准）；后根据新的角闪石命名法更为现名，它由成分冠词“Ferro（二价铁）”“Fluoro（氟）”和根词“Pedrizite（佩德里萨闪石）”组合命名。IMA 2012s. p. 批准[见 F. C. 霍桑（F. C. Hawthorne）等在《美国矿物学家》（97）的《角闪石超族命名法》]。编译者建议根据成分及与根词的关系译为氟亚铁佩德里萨闪石*。

【氟盐】

英文名 Villiaumite

化学式 NaF　（IMA）

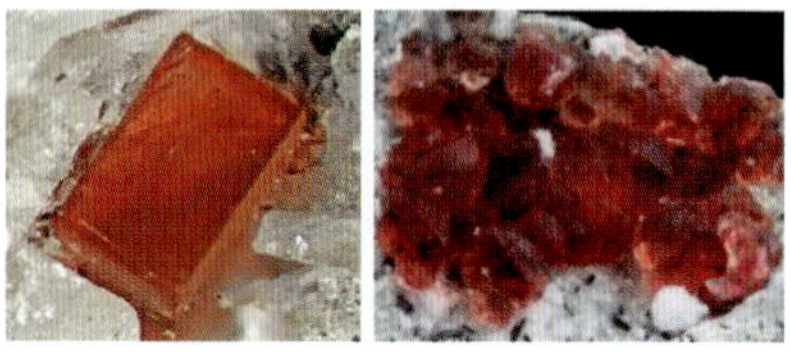

氟盐粒状晶体（加拿大、纳米比亚）

氟盐是一种钠的氟化物矿物。属盐岩族。等轴晶系。晶体呈立方体、八面体、粒状；集合体多呈块状。颜色有胭脂红色、橙黄色、粉红色等，条痕呈白色，玻璃光泽，透明—半透明；硬度 2～2.5，完全解理，脆性。1908 年首次发现并描述于几内亚洛斯群岛鲁马（Rouma）岛。1908 年 A. 拉克鲁瓦（A. Lacroix）在巴黎《法国科学院会议周报》[146(5)]报道。

英文名称 Villiaumite，以法国探险家马克西姆·维尧姆(Maxime Villiaume)的姓氏命名。维尧姆是法国探险家和军官，他在殖民炮兵部队驻扎在马达加斯加北部时从马达加斯加和几内亚收购的矿物和岩石收藏品中首次发现该矿物。1959年以前发现、描述并命名的"祖父级"矿物，IMA承认有效。中文名称根据成分译为氟盐。

【氟盐矾】

英文名 Sulphohalite

化学式 $Na_6(SO_4)_2ClF$ (IMA)

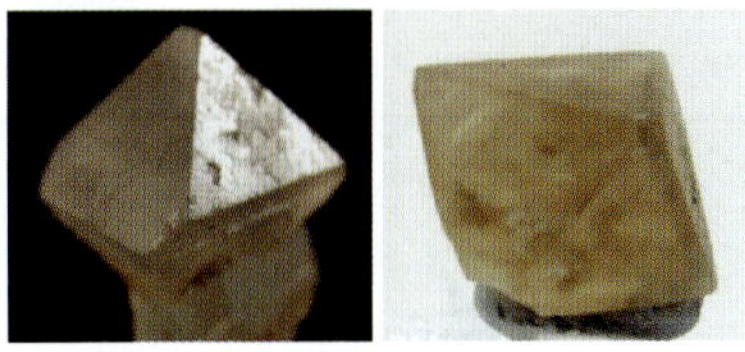

氟盐矾八面体晶体(美国)

氟盐矾是一种含氟、氯的钠的硫酸盐矿物。属钙钛矿超族化学计量比钙钛矿族氟盐矾亚族。等轴晶系。晶体呈八面体、菱形十二面体或它们的聚形。无色、灰色、青黄色、黄绿色，玻璃光泽、油脂光泽，透明；硬度3.5，完全解理。1888年W.E.海登(W.E.Hidden)和J.B.麦金托什(J.B.MacKintosh)在《美国科学杂志》(第三集，36/136)报道。1888年海登等发现于美国加利福尼亚州圣贝纳迪诺县瑟尔斯(Searles)湖。英文名称Sulphohalite(Sulfohalite)，源于它的成分"Sulfur(硫)"加上希腊文"Hals[哈尔斯，盐(NaCl)]"，意指其成分含硫并包含卤族元素的盐。1959年以前发现、描述并命名的"祖父级"矿物，IMA承认有效。中文名称根据成分译为氟盐矾；也译为卤钠石。

【氟氧铋矿】

英文名 Zavaritskite

化学式 BiOF (IMA)

扎瓦里茨基像

氟氧铋矿是一种铋氧的氟化物矿物。属氟氯铅矿族。四方晶系。集合体呈块状。灰色、无色，树脂光泽、油脂光泽、半金属光泽，半透明—不透明；硬度2～2.5。1962年发现于俄罗斯赤塔州尼布楚宝石矿谢洛瓦·戈拉(Sherlova Gora)。英文名称Zavaritskite，以苏联科学院院士、地质学家和矿床岩石学家亚历山大·尼古拉耶维奇·扎瓦里茨基(Aleksandr Nikolaevich Zavaritskii，1884—1952)的姓氏命名。IMA 1967s.p.批准。1962年在《苏联科学院报告》(146)和1963年《美国矿物学家》(48)报道。中文名称根据成分译为氟氧铋矿。

【氟钇钙矿】

英文名 Tveitite-(Y)

化学式 $(Y,Na)_6(Ca,Na,REE)_{12}(Ca,Na)F_{42}$ (IMA)

特韦特像

氟钇钙矿是一种钇、钠、钙、稀土的氟化物矿物。三方晶系。晶体常具复杂双晶；集合体呈块状。白色—淡黄色，油脂光泽，透明。1975年发现于挪威南部特勒马克郡德朗厄达尔(Drangedal)伟晶岩。英文名称Tveitite-(Y)，由挪威泰勒马克德朗厄达尔托达尔(Tørdal)的霍伊达伦(Høydalen)采石场老板约翰·P.特韦特(John P. Tveit，1909—1978)的姓氏，加占优势稀土元素钇后缀-(Y)组合命名，该矿物是由他在自己的采石场发现的。IMA 1975-033批准。1977年B.B.延森(B.B.Jensen)等在《岩石》(10)和M.弗莱舍(M.Fleischer)等在《美国矿物学家》(62)报道。中文名称根据成分译为氟钇钙矿。

【氟钇硅磷灰石】

英文名 Fluorbritholite-(Y)

化学式 $(Y,Ca)_5(SiO_4)_3F$ (IMA)

氟钇硅磷灰石是一种含氟的钇、钙的硅酸盐矿物。属磷灰石超族铈硅磷灰石族。六方晶系。晶体呈短柱状、厚片状。浅粉红色、棕色—棕红色、浅棕色、深棕色，玻璃光泽、树脂光泽、油脂光泽，透明；硬度5.5，脆性。2009年发现于挪威诺尔兰郡克罗克莫(Kråkmo)和拉格曼斯维克(Lagmannsvik)，以及俄罗斯北部摩尔曼斯克州温茨帕克(Vyuntspakhk)山。英文名称Fluorbritholite-(Y)，由成分冠词"Fluor(氟)"和根词"Britholite(铈硅磷灰石)"，加占优势的稀土元素钇后缀-(Y)组合命名。IMA 2009-005批准。2011年I.V.佩科夫(I.V.Pekov)等在《矿物学新年鉴：论文》(188)报道。中文名称根据成分及与铈硅磷灰石的关系译为氟钇硅磷灰石。

【氟银星石*】

英文名 Fluorwavellite

化学式 $Al_3(PO_4)_2(OH)_2F \cdot 5H_2O$ (IMA)

氟银星石* 纤维状晶体，放射状集合体(捷克、美国)

氟银星石*是一种含结晶水、氟、羟基的铝的磷酸盐矿物。属银星石族。斜方晶系。晶体呈柱状、纤维状；集合体呈放射状。绿色、黄绿色和黄色，玻璃光泽、珍珠光泽，透明—半透明；硬度3～4。2015年发现于美国内华达州洪堡特县铁点区瓦尔米(Valmy)银矿山和田纳西州科克县德尔里奥区伍德(Wood)矿。英文名称Fluorwavellite，由成分冠词"Fluor(氟)"和根词"Wavellite(银星石)"组合命名。IMA 2015-077批准。2015年A.R.坎普夫(A.R.Kampf)等在《CNMNC通讯》(28)、《矿物学杂志》(79)和2017年《美国矿物学家》(102)报道。目前尚未见官方中文译名，编译者建议根据成分及族名译为氟银星石*。

【氟鱼眼石】

英文名 Fluorapophyllite-(K)

化学式 $KCa_4Si_8O_{20}F \cdot 8H_2O$ (IMA)

氟鱼眼石板状、柱状晶体(美国)

氟鱼眼石是一种含结晶水和氟的钾、钙的硅酸盐矿物。属鱼眼石族。四方(斜方)晶系。晶体呈板状、柱状；集合体呈晶簇状。无色、白色、淡绿色、粉红色、黄色；玻璃光泽，解理面上呈珍珠光泽，透明—半透明；硬度 4.5～5，完全解理，脆性。发现于印度。1806 年在巴黎《矿物物种分类表》(第一部分)刊载。英文名称 Fluorapophyllite-(K)，根词“Apophyllite”1806 年由雷内·贾斯特·阿羽伊(Rene Just Haüy)根据希腊文“ά πόΦυλλ ί so＝Apophylliso”，其中“ά πό＝Apo(剥落)”和“φ ύ λλον＝Phgllon(叶片)”组合命名，因为它在吹管火焰中加热失水时呈叶片状剥落。根词 1959 年以前发现、描述并命名的“祖父级”矿物，IMA 承认有效。IMA 1976-001 批准。1978 年皮特·J. 邓恩(Pete J. Dunn)等在《矿物学记录》(9)重新定义，在根词前加占优势的成分“Fluor(氟)”前缀，在根词后加“钾”后缀-(K)组合命名。IMA 1987s. p. 批准。中文名称根据成分及族名译为氟鱼眼石。

【氟鱼眼石-铵*】

英文名 Fluorapophyllite-(NH_4)

化学式 $NH_4Ca_4(Si_8O_{20})F \cdot 8H_2O$　　(IMA)

氟鱼眼石-铵*是一种含结晶水和氟的铵、钙的硅酸盐矿物。属鱼眼石族。四方晶系。单个晶体发育良好，粒径最大 4mm；集合体呈团簇状或结晶壳状。无色—浅粉色，玻璃光泽、珍珠光泽，透明—半透明；硬度 4.5～5，完全解理，较脆，易碎。2019 年发现于斯洛伐克共和国普雷舍夫(Prešov)地区维拉诺夫县维切克(Vechec)村附近的维切克安山岩采石场。英文名称 Fluorapophyllite-(NH_4)，由成分冠词“Fluor(氟)”、根词 Apophyllite(鱼眼石)”加占优势的成分铵后缀-(NH_4)组合命名，意指它是铵的氟鱼眼石-钾的类似矿物。IMA 2019-083 批准。2020 年 M. 什特夫科(M. Števko)等在《CNMNC 通讯》(53)、《矿物学杂志》(84)和《欧洲矿物学杂志》(32)报道。目前尚未见官方中文译名，编译者建议根据成分铵及与氟鱼眼石的关系译为氟鱼眼石-铵*。

氟鱼眼石-铵*团簇状集合体(斯洛伐克)

符

[fú]形声；从竹，付声。[英]音，用于外国地名。

【符山石】

英文名 Vesuvianite

化学式 $(Ca,Na)_{19}(Al,Mg,Fe)_{13}(SiO_4)_{10}(Si_2O_7)_4(OH,F,O)_{10}$ (IMA)

符山石四方柱状、锥状晶体(意大利)

符山石是一种含羟基、氟、氧的钙、钠、铝、镁、铁的硅酸盐矿物。属符山石族。四方晶系。晶体呈四方柱和四方双锥聚形，常见柱状，柱面有纵纹；集合体呈放射状、致密块状。颜色多样，常呈黄、灰、绿、褐等色，含铬者呈翠绿色，含钛和锰者呈褐色或粉红色，含铜者呈蓝色—蓝绿色，玻璃光泽、树脂光泽，透明—半透明；硬度 6～7，脆性。色泽美丽透明的符山石可作宝石。最早发现于意大利那不勒斯省外轮山(Somma)。

1723 年，最初由莫里茨·安东·坎贝尔(Moritz Anton Cappeler)命名为“Hyacinthus dictus octodecahedricus(迪克特斯八面体风信子)”。1772 年由珍妮·巴普蒂斯特·路易斯·罗马·代利勒(Jean Baptiste Louis Romé de L'Isle)更名为“Hyacinte du Vesuve(维苏威风信子)”，也许是根据著名人物维尔纳氏(Werner's)的姓氏命名的。1795 年，德国著名地质学家、水成论代表人物亚伯拉罕·戈特洛布·维尔纳(Abraham Gottlob Werner，1749—1817)在《关于维苏威》根据发现地意大利那不勒斯省维苏威(Vesuvian)火山更名为 Vesuvianite。见于 1795 年在柏林《化学知识对矿物学的贡献》(第一卷)刊载。1959 年以前发现、描述并命名的“祖父级”矿物，IMA 承认有效。IMA 1962s. p. 批准。

1799 年，法国矿物学家勒内·茹斯特·阿羽伊(Rene Just Hauy，1743—1822)引入“Idocrase”，这是一个最受欢迎的名字。英文名称 Idocrase，由法文借用而来，最初起源于希腊文的“Eικον ί δια＝Eidos＝Form(形态，表相)”和“Krāsis＝Mixing(混合)”，意指晶体的形态由多种组合、混合而成。中文名称根据英文名称“Vesuvianite”首音节音和维苏威山名译为符山石(并非指中国河北省邯郸地区武安县的符山)；也译作维苏威石。

符山石族名，成分复杂，变种诸多。当其中，部分 Ca^{2+} 常被 Na^+、K^+、Mn^{2+}、Ce^{3+} 等离子取代，Mg^{2+}、Fe^{2+} 离子则可被 Al^{3+}、Fe^{3+}、Cr^{3+}、Ti^{4+}、Zn^{2+}、Mn^{2+} 等离子置换，有时矿物中还含有 Be^{2+}、Cu^{2+} 等离子。含铍的符山石特称之为铍符山石(Beryllium Vesuvianite)。挪威产的一种稀有的蓝色—微绿蓝色的含铜的符山石称为青符山石或铜符山石(Cyprine)，1821 年由瑞典化学家永斯·贝采利乌斯(Jöns Jakob Berzelius)以拉丁文“Cuprum(铜)”的含量变体(Copper content)命名的。而含铬的翠绿色的则称铬符山石，最初在美国加利福尼亚州发现的绿色、黄绿色，半透明致密块状的符山石称为加利福尼亚石。正符山石(Viluite)，是一种含硼的并以具有正光性为特征的硼符山石，最初发现于西伯利亚雅库弟亚之阿赫塔拉格达附近的维柳伊河岸，音译维柳伊石。一种加拿大魁北克省产的具黄色调的符山石叫黄符山石(Xanthite)。威鲁石(Wiluite)是西班牙威鲁河地区产的正符山石(硼符山石)。埃格尔石(Egeran)是匈牙利波希米亚埃格尔(Eger)地区产的符山石。中国河北邯郸符山铁矿也富产有符山石。

福

[fú]形声；从示，“畐”声。“畐”象形，是“腹”字的初文，上像人首，“田”像腹部之形。腹中的“十”符，表示充满之义，则“畐”有腹满义。本义：福气，福运。与“祸”相对。[英]音，用于外国人名、地名，或磷(Phosphorus)的首音节音。

【福地矿】参见【硫铁铜矿】条 521 页

【福戈钇石*】

英文名 Fogoite-(Y)

化学式 $Na_3Ca_2Y_2Ti(Si_2O_7)_2OF_3$　　(IMA)

福戈钇石*是一种含氟和氧的钠、钙、钇、钛的硅酸盐矿物。属氟钠钛锆石超族褐硅铈石族。三斜晶系。晶体呈长柱状、针状，长 2mm；集合体呈束状、晶簇状。无色、乳白色，玻璃光泽，透明；硬度 5，完全解理。2014 年发现于葡萄牙亚速尔群岛区圣米格尔岛福戈(Fogo)火山。英文名称 Fogoite-

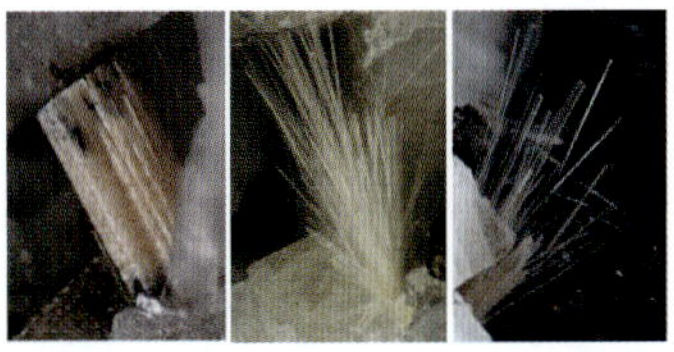

福戈钇石* 柱状、针状晶体，束状集合体（葡萄牙）

（Y），由发现地葡萄牙的福戈（Fogo）火山加占优势的稀土元素钇后缀-（Y）组合命名。IMA 2014－098 批准。2015 年 F. 卡马拉（F. Cámara）等在《CNMNC 通讯》（24）和《矿物学杂志》（79）报道。目前尚未见官方中文译名，编译者建议音加成分译为福戈钇石*。

【福勒维克矿*】

英文名 Folvikite

化学式 $Sb^{5+}Mn^{3+}(Mg,Mn^{2+})_{10}O_8(BO_3)_4$ （IMA）

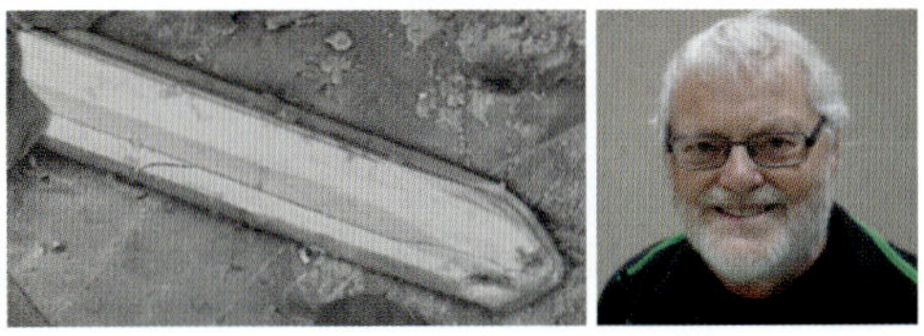

福勒维克矿* 柱状晶体（瑞典）和福勒维克像

福勒维克矿*是一种锑、三价锰、镁、二价锰氧的硼酸盐矿物。属硼锰镁矿族。单斜晶系。晶体呈柱状，长 0.3mm。酱黑色—深红棕色，半金属光泽；硬度 6，脆性。2013 年发现于瑞典韦姆兰省菲利普斯塔德诺德市基特伦（Kitteln）矿山；G. 拉德（G. Raade）等在《挪威博格弗克斯博物馆》（*Norsk Bergverksmuseum Skrifter*）（50）报道，称为未命名的镁锰锑硼酸盐。英文名称 Folvikite，以挪威矿物收藏家哈拉尔德·奥斯卡尔·福勒维克（Harald Oskar Folvik，1941—）的姓氏命名。IMA 2016－026 批准。2016 年 M. A. 库珀（M. A. Cooper）等在《CNMNC 通讯》（32）、《矿物学杂志》（80）和 2018 年《矿物学杂志》（82）报道。目前尚未见官方中文译名，编译者建议音译为福勒维克矿*。

【福雷特石*】

英文名 Forêtite

化学式 $Cu_2Al_2(AsO_4)(OH,O,H_2O)_6$ （IMA）

福雷特石* 小球状、皮壳状集合体（法国）和福雷特夫妇像

福雷特石*是一种含结晶水、氧、羟基的铜、铝的砷酸盐矿物。三斜晶系。晶体呈小片状；集合体呈小球状、皮壳状。淡蓝色，玻璃光泽，透明—半透明；硬度 3～4，脆性。1993 年发现于法国普罗旺斯-阿尔卑斯-蓝色海岸大区瓦尔河谷卡普加龙（Cap Garonne）矿。最早见于 P. J. 基亚佩罗（P. J. Chiappero）法国奥尔良大学《我的博士论文》。英文名称 Forêtite，以法国设备部退休工程师简-保罗·福雷特（Jean-Paul Forêt，1943—）博士的姓氏命名。他是风险和环境地质学家，是该项目的联合创始人之一，项目于 1994 年将卡普加龙矿变成了国家保护的地点和博物馆，并从那时起他成为该博物馆的科学顾问。IMA 2011－100 批准。2012 年 S. J. 米尔斯（S. J. Mills）等在《CNMNC 通讯》（13）和《矿物学杂志》（76）报道。目前尚未见官方中文译名，编译者建议音译为福雷特石*。

【福磷钙铀矿】

英文名 Phosphuranylite

化学式 $KCa(H_3O)_3(UO_2)_7(PO_4)_4O_4 \cdot 8H_2O$ （IMA）

福磷钙铀矿板片状、鳞片状集合体（德国）

福磷钙铀矿是一种含结晶水、氧的钾、钙、卉离子的铀酰-磷酸盐矿物。属福磷钙铀矿族。斜方晶系。晶体呈矩形板片状、鳞片状；集合体呈薄膜状、粉状、晶簇状。亮黄色、深金黄色、蜂蜜黄色，半玻璃光泽、树脂光泽、蜡状光泽、丝绢光泽、珍珠光泽，透明—半透明；硬度 2.5，完全解理，脆性。1879 年发现于美国北卡罗来纳州布坎南（Buchanan）伟晶岩矿。英文名称 Phosphuranylite，1879 年由弗雷德里克·A. 根特（Frederick A. Genth）在《美国化学杂志》（1）根据化学成分“Uranyl（铀酰）”的“Phosphate（磷酸盐）”组合命名。1959 年以前发现、描述并命名的“祖父级”矿物，IMA 承认有效。中文名称根据英文名称首音节音和成分译为福磷钙铀矿；《英汉地质词典》根据成分译为磷钙铀矿，还有的译为磷铀矿。

【福热雷斯石*】参见【绿锈矿】条 551 页

【福碳硅钙石】

英文名 Fukalite

化学式 $Ca_4Si_2O_6(CO_3)(OH)_2$ （IMA）

福碳硅钙石是一种含羟基的钙的碳酸-硅酸盐矿物。单斜（或斜方）晶系。浅棕色、白色，玻璃光泽，半透明；硬度 4。1976 年发现于日本本州岛中国地方冈山县高桥市备中町布贺（Fuka）矿。英文名称 Fukalite，以发现地日本的布贺（Fuka）矿命名。IMA 1976－003 批准。1977 年逸见千代子（Chiyoko Henmi）等在《日本矿物学杂志》（8）和《美国矿物学家》（63）报道。2007 年何明跃在《新英汉矿物种名称》中根据英文名称首音节音和成分译为福碳硅钙石；中国地质科学院根据颜色和成分译为褐碳硅钙石；2010 年杨主明在《岩石矿物学杂志》[29(1)]建议借用日文汉字名称的简化汉字名称布贺石。

【福伊特电气石*】参见【福伊特石】条 199 页

【福伊特石】

英文名 Foitite

化学式 $\square(Fe_2^{2+}Al)Al_6(Si_6O_{18})(BO_3)_3(OH)_3(OH)$ （IMA）

福伊特石是一种含羟基的空位、铁、铝的硼酸-硅酸盐矿物。属电气石族。三方晶系。晶体呈柱状、棒状、锥柱状。深紫蓝色与带紫色色调的蓝黑色，玻璃—半玻璃光泽，透明—不透明；硬度 7，脆性。1992 年发现于美国南加州。英

福伊特石短柱、棒状晶体(美国、意大利)和福伊特像

文名称 Foitite,1993 年由 D. J. 麦克唐纳(D. J. MacDonald)等以美国华盛顿州立大学的矿物学家、电气石族矿物专家富兰克林·F. 福伊特(Franklin F. Foit,1942—)的姓氏命名。IMA 1992－034 批准。1993 年由 D. J. 麦克唐纳(D. J. MacDonald)等在《美国矿物学家》(78)报道。1999 年中国新矿物与矿物命名委员会黄蕴慧等在《岩石矿物学杂志》[18(1)]音译为福伊特石。编译者建议根据英文名称音加族名译为福伊特电气石*。

斧 [fǔ]形声;从斤(斧头),父声。本义:斧子,伐木工具。用于比喻矿物的形态像斧一样。

【斧石】

英文名 Axinite-(Fe)

化学式 $Ca_4Fe_2^{2+}Al_4[B_2Si_8O_{30}](OH)_2$　　(IMA)

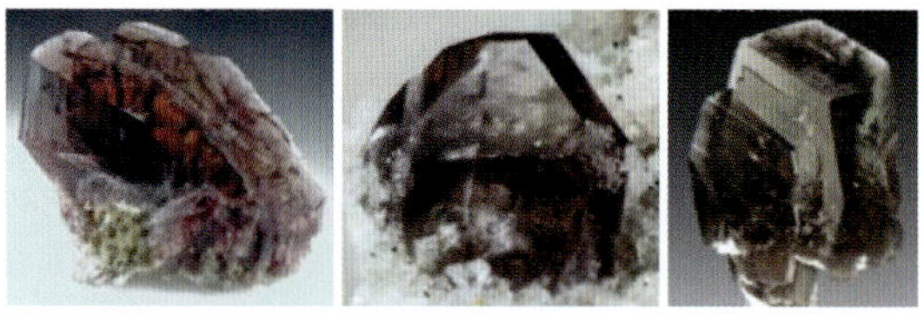

斧石斧状、楔状晶体(美国、法国、俄罗斯)

斧石是一种含羟基的钙、铁、铝的硼硅酸盐矿物。属斧石族。三斜晶系。晶体呈斜平行六面体、斧刃板状、粒状,横切面呈楔形;集合体呈块状。褐色、紫褐色、丁香紫色、褐黄色、蓝绿色,玻璃光泽,透明—半透明;硬度 6.5～7。斧石可琢磨成很美丽的宝石,多用于收藏。1781 年约翰·戈特弗里德·施雷伯(Johann Gottfried Schreiber)称黑电气石(Espéce de Schorl)。1785 年罗密·德莱尔(Romé de Lisle)称为紫罗兰色黑电气石(Schorl violet)和透明的透镜状黑电气石(Schorl transparent lenticulaire)。1788 年亚伯拉罕·戈特利布·维尔纳(Abraham Gottlieb Werner)命名为 Thumerstein,其后又拼为 Thumite。1792 年被吉恩·克劳德·德拉梅瑟利(Jean Claude de la Métherie)称为紫斧石(Yanolite)。1797 年发现于法国罗讷-阿尔卑斯大区伊泽尔省瓦桑镇圣克里斯托弗-昂-奥桑(Saint Christophe-en-Oisans)。英文名称 Axinite,1797 年由法国矿物学家雷内·贾斯特·阿羽伊(Rene Just Haüy)命名,源自希腊文"αξίνα=Axina,意为"斧头",表示矿物形态呈斧头状或刀刃状的三斜晶体。1799 年布卢门贝格(Blumenberg)命名为 Glasschörl。1909 年沃尔德马·T. 夏勒(Waldemar T. Schaller)在爱德华·S. 丹纳(Edward S. Dana)《丹纳系统矿物学》(附录Ⅱ)将 Axinite 更名为以铁主导地位的 Ferro-axinite。1911 年在《美国地质调查局通报》(490)报道。2008 年由 IMA 再更名加铁后缀为 Axinite-(Fe)。1959 年以前发现、描述并命名的"祖父级"矿物,IMA 承认有效。IMA 1968s. p. 批准。中文名称根据晶体形态译为斧石,即常见的铁斧石。

斧石族的成分物种包括:铁斧石[Axinite-(Fe),富含铁,常呈紫褐色);镁斧石[Axinite-(Mg),富含镁,常呈淡蓝色、浅紫色、浅棕色、亮粉红色];锰斧石[Axinite-(Mn),富含锰,常呈褐色、棕色、蓝色];铁锰斧石(Tinzenite,含中等程度的铁、锰,常呈黄色),它以瑞士格劳宾登州阿尔佩帕塞滕斯(Parsettens)附近的廷森(Tinzen)地名命名(参见相关条目)。

釜 [fǔ]形声;从金省,父声。本义:古炊器。用于日本地名。

【釜石石】参见【科羟铝黄长石】条 408 页

付 [fù]会意;从人,从寸。①本义:给予。②同"副"。

【付穆水钒钠石】参见【钒钠矿】条 150 页

【付水磷钙锰矿】

英文名 Pararobertsite

化学式 $Ca_2Mn_3^{3+}(PO_4)_3O_2 \cdot 3H_2O$　　(IMA)

付水磷钙锰矿是一种含结晶水和氧的钙、锰的磷酸盐矿物。属胶磷钙铁矿族。单斜晶系。晶体呈三角形、假菱形板状,有时呈菱形板状。青铜色、肉桂色、黄色、深红色、红褐色,半玻璃光泽、树脂光泽、蜡状光泽、油脂光泽,透明—半透明;硬度 2,完全解理,脆性。1987 年发现于美国南达科他州卡斯特县顶尖(Tip Top)的伟晶岩矿区。英文名称 Pararobertsite,1989 年安德鲁·C. 罗伯茨(Andrew C. Roberts)等在《加拿大矿物学家》(27)根据冠词希腊文"Para(类似,副)"和根词"Robertsite(水磷钙锰矿)"组合命名,意指它与水磷钙锰矿成同质异象关系。IMA 1987－039 批准。1990 年中国新矿物与矿物命名委员会郭宗山在《岩石矿物学杂志》[9(3)]根据与水磷钙锰矿为同质二象的关系译为付水磷钙锰矿;编者建议改译为副水磷钙锰矿(根词参见【胶磷钙锰矿】条 380 页)。

复 [fù]形声;小篆字形,意符"夂"是甲骨文"止"字的变形,表示与脚或行走有关。声符"畐"(fú)的省形,有"腹满"义,在字中亦兼有表义作用。本义:重复、复杂、许多。

【复碲铅石】

英文名 Girdite

化学式 $Pb_3H_2(Te^{4+}O_3)(Te^{6+}O_6)$　　(弗莱舍,2014)

复碲铅石小球状集合体(美国)和格尔德像

复碲铅石是一种铅、氢的四价碲和六价碲酸盐矿物。单斜晶系。晶体呈锥形柱状,具复杂双晶;集合体呈白垩状、皮壳状、密集的小球状。白色,光泽暗淡,透明—半透明;硬度 2,脆性。1979 年发现于美国亚利桑那州科奇斯县墓碑山乔(Joe)矿。英文名称 Girdite,以美国采矿工程师和汤姆斯通矿区(墓碑区)的发现者理查德·格尔德(Richard Gird,1836—1910)的姓氏命名。1979 年 S. A. 威廉姆斯(S. A. Williams)在《矿物学杂志》(43)和《美国矿物学家》(65)报道。2016 年 IMA 16-G 提案废止,因它与 Ottoite(奥托石*)X 射线粉晶数据非常相似。中文名称根据成分译为复碲铅石。

【复钒矿】

英文名 Vanoxite

化学式 $V_6O_{13} \cdot 8H_2O(?)$　　(IMA)

复钒矿是一种含结晶水的钒的氧化物矿物。三方晶系。晶体呈显微菱面体；集合体呈块状或作为砂岩的胶结物。黑色，极薄的部分呈暗褐色，金属光泽，蜡状光泽、油脂光泽、土状光泽，不透明。1924 年发现于美国科罗拉多州蒙特罗斯镇尤拉文区乔丹迪(Jo Dandy)矿和比尔·布莱恩(Bill Bryan)领地。1924 年 F. L. 赫斯(F. L. Hess)在《美国地质调查通报》(750-d)和 1925 年 W. F. 福杉格(W. F. Foshag)在《美国矿物学家》(10)报道。英文名称 Vanoxite，由弗兰克·L. 赫斯(Frank L. Hess)根据成分"Vanadium(钒)"和"Oxygen(氧)"组合命名。1959 年以前发现、描述并命名的"祖父级"矿物，IMA 承认有效，但持怀疑态度。中文名称根据成分译为复钒矿。

【复合矿】

英文名 Grandidierite

化学式 $MgAl_3O_2(BO_3)(SiO_4)$ (IMA)

复合矿柱状晶体(马达加斯加)和格朗迪迪埃像

复合矿是一种含氧的镁、铝的硼酸-硅酸盐矿物。斜方晶系。晶体呈细长板柱状。蓝色、绿色、蓝绿色，玻璃光泽，解理面上呈珍珠光泽，透明—半透明；硬度 7.5，完全解理，脆性。复合矿是一种极其罕见的珠宝矿物，价值超过钻石。1902 年 M. A. 拉克鲁瓦(M. A. Lacroix)在马达加斯加图莱亚尔省陶拉纳罗(Taolanaro)区(多芬堡)拉诺皮索(Ranopiso)镇安德拉霍马纳(Andrahomana)顶部花岗岩中首次发现并在《法国矿物学会通报》(25)初步报道。1968 年 D. A. 斯蒂芬森(D. A. Stephenson)等在《结晶学报》(B24)报道。英文名称 Grandidierite，为纪念法国博物学家、探险家阿尔弗雷德·格朗迪迪埃(Alfred Grandidier，1836—1912)而以他的姓氏命名。他是研究马达加斯加自然历史的权威。1865—1870 年间，他三次访问马达加斯加，三次穿越该岛；他和其他人一起撰写了《马达加斯加的历史、自然和政治》一部 40 卷的作品。1959 年以前发现、描述并命名的"祖父级"矿物，IMA 承认有效。中文名称根据复杂的成分译为复合矿；根据具体成分译为硅硼镁铝矿/硅硼镁铝石。中国科学工作者在 20 世纪 70 年代在黑龙江省发现了这种矿物。

【复铁奥贝蒂石】

英文名 Ferro-ferri-obertiite

化学式 $NaNa_2(Fe^{2+}_3Fe^{3+}Ti)Si_8O_{22}O_2$ (IMA)

复铁奥贝蒂石是一种 W 位含氧的钠、C^{2+} 位低铁、C^{3+} 位三价铁、钛的硅酸盐矿物。属角闪石超族 W 位以氧为主的角闪石族钠闪亚族奥贝蒂石(Obertiite)根名族。单斜晶系。晶体呈柱状、针状。黑色，玻璃光泽，半透明；硬度 6，完全解理，脆性。2009 年发现于美国加利福尼亚州洪堡特县海岸山脉凯奥特(Coyote)峰。英文名称 Ferro-ferri-obertiite，由成分冠词"Ferro(二价铁)""Ferri(三价铁)"和根词"Obertiite(奥贝蒂石)"组合命名。其中，根名 Obertiite，以意大利帕维亚大学教授罗伯塔·奥贝蒂(Roberta Oberti)的姓氏命名，以表彰她对角闪石的晶体化学做出的贡献。2010 年 F. C. 霍桑(F. C. Hawthorne)等在《加拿大矿物学家》(48)报道，称 Ferro-obertiite(IMA 2009－034 批准)。2012 年霍桑等在《美国矿物学家》(97)的《闪石超族的命名法》重新定义为 Ferro-ferri-obertiite(IMA 2012s. p. 批准)。中文名称根据成分及与奥贝蒂石的关系译为复铁奥贝蒂石(根名参见【钛镁钠闪石】条 912 页)。

【复铁冻蓝闪石】

英文名 Ferro-ferri-barroisite

化学式 $\square(CaNa)(Fe^{2+}_3Fe^{3+}_2)(AlSi_7)O_{22}(OH)_2$

(弗莱舍，2014)

复铁冻蓝闪石是一种 C^{2+} 位二价铁、C^{3+} 位三价铁、W 位羟基占主导的闪石矿物。属角闪石超族 W 位羟基、氟、氯主导的角闪石族钠钙闪石亚族冻蓝闪石根名族。单斜晶系。英文名称 Ferro-ferri-barroisite，由化学成分"Ferro(二价铁)""Ferri(三价铁)"和"Barroisite(冻蓝闪石)"组合命名。2012 年 F. C. 霍桑(F. C. Hawthorne)等在《美国矿物学家》(97)的《角闪石超族命名法》命名。IMA 未审批，但可能有效。中文名称根据成分 C^{2+} 位二价铁、C^{3+} 位三价铁及与冻蓝闪石的关系译为复铁冻蓝闪石(根名参见【冻蓝闪石】条 133 页)。

【复铁矾】

英文名 Bílinite

化学式 $Fe^{2+}Fe^{3+}_2(SO_4)_4 \cdot 22H_2O$ (IMA)

复铁矾是一种含结晶水的复铁(二价和三价铁)的硫酸盐矿物，它是铁明矾的高铁类似矿物。单斜晶系。晶体呈纤维状；集合体呈放射状。白色—淡黄色，玻璃光泽、丝绢光泽，透明—半透明；硬度 2。1913 年发现于捷克共和国波希米亚比利纳(Bílina)附近的施瓦茨(Světec)；同年，在 *Sbornik Klubu prirodovédeckého*(2)报道。英文名称 Bílinite，以发现地捷克共和国的比利纳(Bílina)命名。见于 1951 年 C. 帕拉奇(C. Palache)、H. 伯曼(H. Berman)和 C. 弗龙德尔(C. Frondel)《丹纳系统矿物学》(第二卷，第七版，纽约)。这种矿物也可能出现在火星上。中文名称根据成分译为复铁矾；音译为比林石。

【复铁氟利克石】

参见【氟锂铁高铁钠闪石】条 178 页

【复铁钙闪石】

英文名 Ferro-ferri-tschermakite

化学式 $\square Ca_2(Fe^{2+}_3Fe^{3+}_2)(Si_6Al_2)O_{22}(OH)_2$

(弗莱舍，2014)

复铁钙闪石是一种 C^{2+} 位铁作为主导的二价阳离子和三价阳离子，W 位羟基作为占主导地位的阴离子的闪石矿物。属角闪石超族 W 位羟基、氟、氯主导的角闪石族钙角闪石亚族钙镁闪石根名族。单斜晶系。晶体呈柱状。绿黑色；硬度 5～6，完全解理。英文名称 Ferro-ferri-tschermakite，由化学成分"Ferro(二价铁)""Ferri(三价铁)"和"Tschermakite(钙镁闪石)"组合命名。2012 年 F. C. 霍桑(F. C. Hawthorne)等在《美国矿物学家》(97)的《角闪石超族命名法》命名。中文名称根据 C^{2+} 位的成分及根名族的关系译为复铁钙闪石。

【复铁红钠闪石】

英文名 Ferro-ferri-katophorite

化学式 $Na(NaCa)(Fe^{2+}_4Fe^{3+})(Si_7Al)O_{22}(OH)_2$ (IMA)

复铁红钠闪石是一种 A 位钠、C^{2+} 位二价铁、C^{3+} 位三价铁和 W 位羟基占优势的角闪石矿物。属角闪石超族 W 位羟基、氟、氯占主导的角闪石族钠钙闪石亚族红钠闪石根名族。单斜晶系。晶体呈柱状。2016 年发现于阿根廷拉里奥哈省马兹(Maz)山脉东翼。英文名称 Ferro-ferri-katophorite，1978 年和 1997 年《角闪石超族命名法》定义为 Ferrikatophorite(铁红钠闪石)，后被 IMA 废弃；2012 年《角闪石超族命名法》重新定义命名为现名；它由成分冠词“Ferro(二价铁)”“Ferri(三价铁)”和根词“Katophorite(红钠闪石)”组合命名(根词参见【红钠闪石】条 327 页)。IMA 2016－008 批准。2016 年 F. 科伦伯(F. Colombo)等在《CNMNC 通讯》(31)和《矿物学杂志》(80)报道。中文名称根据成分及与红钠闪石的关系译为复铁红钠闪石。杨光明教授建议根据成分译为复铁钙钠闪石。

【复铁灰闪石】

英文名 Ferro-ferri-nybøite

化学式 $NaNa_2(Fe^{2+}_3Fe^{3+}_2)(Si_7Al)O_{22}(OH)_2$ (IMA)

复铁灰闪石柱状、粒状晶体(朝鲜)

复铁灰闪石是一种 A 位钠、C^{2+} 位二价铁、C^{3+} 位三价铁和 W 位羟基占优势的角闪石矿物。属角闪石超族 W 位羟基、氟、氯主导的角闪石族钠质闪石亚族灰闪石根名族。单斜晶系。晶体呈柱状、粒状；集合体呈块状。黑色，玻璃光泽，半透明；硬度 6，完全解理，脆性。2013 年发现于加拿大魁北克省圣希莱尔(Saint-Hilaire)山混合肥料采石场。英文名称 Ferro-ferri-nybøite，由成分冠词“Ferro(二价铁)”“Ferri(三价铁)”和根词“Nybøite(灰闪石＝尼伯石)”组合命名(根词参见【灰闪石】条 347 页)。IMA 2013－072 批准。2013 年 A. J. 卢西尔(A. J. Lussier)等在《CNMNC 通讯》(18)、《矿物学杂志》(77)和 2014 年《加拿大矿物学家》(52)报道。中文名称根据成分及族名译为复铁灰闪石(参见根名【灰闪石】条 347 页)。杨光明教授建议根据成分译为复铁铁钠闪石；并且指出目前的分类应为铝镁钠闪石。

【复铁角闪石*】

英文名 Ferro-ferri-hornblende

化学式 $\square Ca_2(Fe^{2+}_4Fe^{3+})(Si_7Al)O_{22}(OH)_2$ (IMA)

复铁角闪石*是一种 A 位空位、钙，C 位二价铁和三价铁，W 位羟基占优势的闪石矿物。属角闪石超族 W 位羟基、氟、氯主导的角闪石族角闪石族钠-钙角闪石亚族角闪石根名族。单斜晶系。晶体呈柱状、针状；集合体呈层状。暗绿色，玻璃光泽，透明；完全解理。2015 年发现于意大利都灵省卡纳维塞地区特拉维尔塞拉(Traversella)矿。英文名称 Ferro-ferri-hornblende，由成分冠词“Ferro(二价铁)”“Ferri(三价铁)”和根词“Hornblende(角闪石)”组合命名(根名参见【角闪石】条 382 页)。IMA 2015－054 批准。2015 年 R. 奥贝蒂(R. Oberti)等在《CNMNC 通讯》(27)、《矿物学杂志》(79)和 2016 年《矿物学杂志》(80)报道。这种矿物最初由路易吉·科隆巴(Luigi Colomba)在 1914 年命名为“Speziaite”，这个名字从未被 IMA 批准过，并且 1978 年被利克(Leake)否认为角闪石类矿物，因为标本为混合物。2012 年霍桑(Hawthorne)等根据最新角闪石术语中的命名准则在“Hornblende”加前缀“Ferro-ferri”。2015 年奥贝蒂(Oberti)等从意大利都灵收集的标本(编目为“Speziaite”)重新定义为现名。目前尚未见官方中文译名，编译者建议根据成分及与角闪石的关系译为复铁角闪石*。杨光明教授建议译为复铁钙空闪石。

【复铁蓝透闪石】

英文名 Ferro-ferri-winchite

化学式 $\square(NaCa)(Fe^{2+}_4Fe^{3+})Si_8O_{22}(OH)_2$
(弗莱舍，2014)

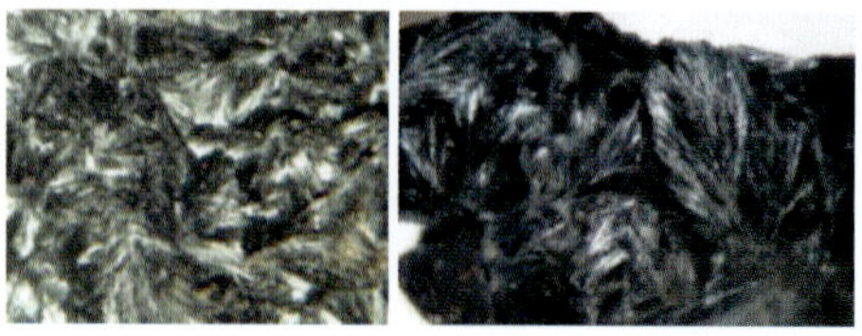
复铁蓝透闪石纤维状晶体，放射状集合体(瑞典)

复铁蓝透闪石是一种 C^{2+} 位二价铁、C^{3+} 位三价铁、W 位羟基占主导的闪石矿物。属角闪石超族 W 位羟基、氟、氯主导的角闪石族钠钙角闪石亚族蓝透闪石根名族。单斜晶系。晶体呈纤维状；集合体呈放射状。灰绿色、灰蓝色。英文名称 Ferro-ferri-winchite，由化学成分冠词“Ferro(二价铁)”“Ferri(三价铁)”和根词“Winchite(蓝透闪石)”组合命名。2012 年 F. C. 霍桑(F. C. Hawthorne)等在《美国矿物学家》(97)的《角闪石超族命名法》命名。IMA 未审批，但可能有效。中文名称根据成分 C^{2+} 位二价铁和 C^{3+} 位三价铁及与蓝透闪石的关系译为复铁蓝透闪石(根名参见【蓝透闪石】条 431 页)。

【复铁利克石】

英文名 Ferro-ferri-leakeite

化学式 $NaNa_2(Fe^{2+}_2Fe^{3+}_2Li)Si_8O_{22}(OH)_2$

利克像

复铁利克石是一种 A 位钠、C^{2+} 位二价铁、C^{3+} 位三价铁和 W 位羟基占优势的角闪石矿物。属角闪石超族 W 位羟基、氟、氯主导的角闪石族钠质闪石亚族利克石根名族。单斜晶系。晶体呈柱状。英文名称 Ferro-ferri-leakeite，由成分冠词“Ferro(二价铁)、Ferri(三价铁)”和根词“Leakeite(利克石)”组合命名。其中，根词 1992 年由弗兰克·克里斯托弗·霍桑(Frank Christopher Hawthorne)等在《美国矿物学家》(77)以苏格兰格拉斯哥大学的地质学家伯纳德·埃尔热·利克(Bernard Elgey Leake，1932—)的姓氏命名。他是美国 IMA 主席，主持修改了闪石命名法，在根名前加一系列的化学成分的前缀，指出其化学成分与根名的关系。2012 年霍桑等在《美国矿物学家》(97)报道的《角闪石超族命名法》重新定义。中文名称根据成分及与利克石的关系译为复铁利克石。

【复铁绿纤石-镁】

英文名 Julgoldite-(Mg)

化学式 $Ca_2MgFe^{3+}_2(Si_2O_7)(SiO_4)(OH)_2 \cdot H_2O$ (IMA)

戈德史密斯像

复铁绿纤石-镁是一种绿纤石族富镁和三价铁的矿物。单斜晶系。绿色，半金属光泽。1973 年发现于日本本州岛近畿地区三重县鸟羽市菅岛。英文名称 Julgoldite-(Mg)，以美国芝加哥大学美国矿物学家、地球化学家穆尔·朱利安·罗伊斯·戈德史密斯(Moore for Julian Royce Goldsmith，1918—1999)教授的姓名缩写加占优势的镁后缀-(Mg)组合命名。IMA 1973s. p. 批准。1973 年 E. 帕萨利亚(E. Passaglia)和 G. 戈塔迪(G. Gottardi)根据《加拿大矿物学家》(12)的《绿纤石和复铁绿纤石晶体化学和命名法》命名。中文名称根据成分及与绿纤石的关系译为复铁绿纤石-镁或镁复铁绿纤石。

【复铁绿纤石-低铁】

英文名 Julgoldite-(Fe^{2+})

化学式 $Ca_2Fe^{2+}Fe_2^{3+}(Si_2O_7)(SiO_4)(OH)_2 \cdot H_2O$ (IMA)

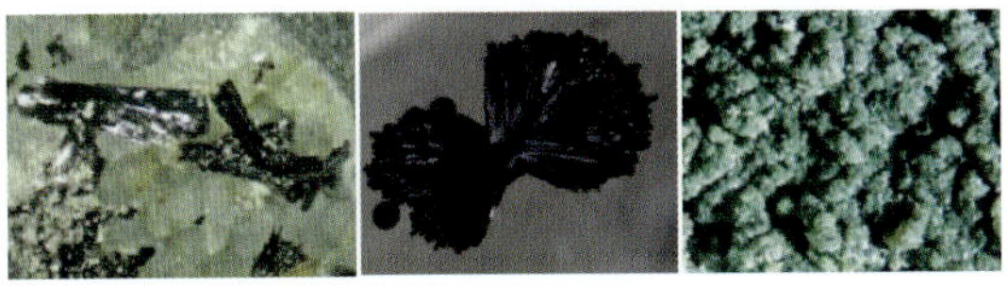

复铁绿纤石-低铁柱状、粒状晶体,扇状集合体(印度、德国)

复铁绿纤石-低铁是一种绿纤石族富二价铁和三价铁的物种。单斜晶系。晶体呈柱状、片状、粒状;集合体呈羽状、放射状、扇状。黑绿色、浅绿色,半金属光泽,半透明;硬度 4.5,脆性。1971 年发现于瑞典韦姆兰省菲利普斯塔德市朗班(Långban)。英文名称 Julgoldite-(Fe^{2+}),由美国芝加哥大学矿物学家、地球化学家穆尔・朱利安・罗伊斯・戈德史密斯(Moore for Julian Royce Goldsmith,1918—1999)教授的姓名缩写加占优势的二价铁组合命名。IMA 1966-033 批准。1971 年 P. B. 穆尔(P. B. Moore)在《岩石》(4)和《美国矿物学家》(56)报道。中文名称根据成分及与绿纤石的关系译为复铁绿纤石-低铁或低铁复铁绿纤石。

【复铁绿纤石-高铁】

英文名 Julgoldite-(Fe^{3+})

化学式 $Ca_2Fe^{3+}Fe_2^{3+}(Si_2O_7)(SiO_4)O(OH) \cdot H_2O$ (IMA)

复铁绿纤石-高铁羽毛状集合体(瑞典)

复铁绿纤石-高铁是一种绿纤石族富三价铁的矿物。单斜晶系。晶体呈叶片状、板条状、柱状;集合体呈羽毛状。黑色、橄榄绿色,半金属光泽;硬度 4.5,完全解理。1966 年发现于瑞典韦姆兰省菲利普斯塔德市朗班(Långban)。英文名称 Julgoldite-(Fe^{3+}),1971 年由芝加哥大学美国矿物学家、地球化学家穆尔・朱利安・罗伊斯・戈德史密斯(Moore for Julian Royce Goldsmith,1918—1999)教授的姓名缩写加占优势的两个三价铁组合命名。IMA 1973s. p. 批准。1973 年 E. 帕萨利亚(E. Passaglia)等在《加拿大矿物学家》(12)和 R. 奥尔曼(R. Allmann)等在《矿物学杂志》(39)报道。中文名称根据成分及与绿纤石的关系译为复铁绿纤石-高铁或高铁复铁绿纤石。

【复铁佩德里萨闪石*】

英文名 Ferro-ferri-pedrizite

化学式 $NaLi_2(Fe_2^{2+}Fe_2^{3+}Li)Si_8O_{22}(OH)_2$ (IMA)

复铁佩德里萨闪石*是一种 A 位钠、C^{2+} 位亚铁、C^{3+} 位高铁和 W 位羟基的闪石矿物。属角闪石超族 W 位羟基、氟、氯占优势的角闪石族锂闪石亚族佩德里萨闪石根名族。单斜晶系。晶体呈他形粒状。黑色,玻璃光泽;硬度 6,完全解理。2003 年发现于西班牙曼萨纳雷斯马德里区阿罗约・德拉耶德拉(Arroyo de la Yedra)。英文名称 Ferro-ferri-pedrizite,最初于 2003 年由 R. 奥贝蒂(R. Oberti)等在《加拿大矿物学家》(41)命名为 Sodic-ferri-ferropedrizite,后根据闪石新命名法更为现名,由成分冠词"Ferro(二价铁)""Ferri(三价铁)"和根词"Pedrizite(佩德里萨闪石)"组合命名。IMA 2012s. p. 批准[见 F. C. 霍桑(F. C. Hawthorne)等《美国矿物学家》(97)的《角闪石超族命名法》]。2008 年中国地质科学院地质研究所任玉峰等在《岩石矿物学杂志》[27(2)]根据成分及与钠铁锂闪石的关系译为高铁钠铁锂闪石。杨光明教授译为复铁钠锂闪石。编译者建议根据成分及与根词的关系译为高铁佩德里萨闪石*。

【复铁天蓝石】参见【重铁天蓝石】条 93 页

【复硒镍矿】参见【水硒镍石】条 882 页

【复稀金矿】

英文名 Polycrase-(Y)

化学式 $Y(Ti,Nb)_2(O,OH)_6$ (IMA)

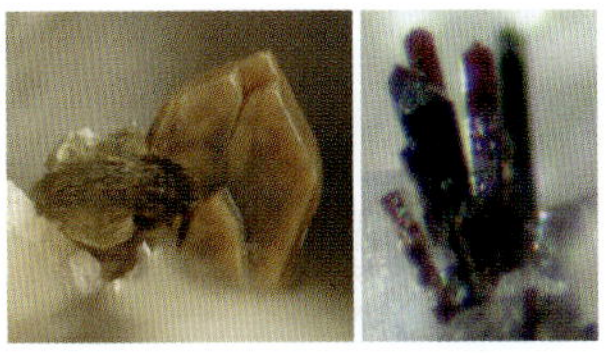

复稀金矿板状、柱状晶体,晶簇状集合体(意大利)

复稀金矿是一种类似于黑稀金矿,但化学成分更加复杂的钇、钛、铌的氢氧-氧化物矿物。属黑稀金矿族。斜方晶系。因含放射性元素,故常蜕晶质化,而呈均质。晶体呈细柱状或板状,常见双晶;集合体呈平行或放射状。暗红色、绿黑色—黑色,碎片常呈带浅黄色、浅红色调的褐色,金刚光泽、玻璃光泽、树脂光泽,微透明—不透明;硬度 5.5~6.5,脆性;具电磁性,有时放射性特强。最早见于 1844 年舍雷尔(Scheerer)在西德《物理学与化学年鉴》(62)报道。第一次发现并描述于挪威弗莱克菲尤尔德镇海德拉岛附近的拉斯瓦格(Rasvåg)长石采石场。英文名称 Polycrase-(Y),来自希腊文"πολύs=Many=Poly(许多)"和"κράσιs=Mixture=Crase(融合的、混合物)",指该矿物是由许多稀有金属融合在一起的复杂矿物,并加占优势的稀土元素钇后缀-(Y)组合命名。1959 年以前发现、描述并命名的"祖父级"矿物,IMA 承认有效。IMA 1987s. p. 批准。中文名称意译为复稀金矿。

副 [fù]形声;从刀,畐声。本义:用刀剖开。非正的,区别于"正"或"主",居第二位的。"正"与"副"矿物多为同质多象(多型)关系,并非都是。也有相似、相近的意思。

【副艾尔绍夫石*】

英文名 Paraershovite

化学式 $Na_3K_3Fe_2^{3+}(Si_4O_{10}OH)_2(OH)_2(H_2O)_4$ (IMA)

副艾尔绍夫石*是一种含结晶水和羟基的钠、钾、三价铁的硅酸盐矿物。三斜晶系。晶体呈粒状、片状和细长柱状,零星散落在伟晶岩基质中。黄色、橙色或粉红色,玻璃光泽,透明—半透明;完全解理,脆性。2009 年发现于俄罗斯北部摩尔曼斯克州尤克斯波尔(Yukspor)山。英文名称 Paraershovite,由希腊文"παρα=Para(附近、相似、近亲、副、准)"和根词"Ershovite(艾尔绍夫石)"组合命名,意指它是三价铁的艾尔绍夫石的类似矿物。IMA 2009-025 批准。2010 年 P. 霍米亚科夫(P. Khomyakov)等在《加拿大矿物学家》(48)

报道。目前尚未见官方中文译名，1998 年黄蕴慧等在《岩石矿物学杂志》[17(2)]将 Ershovite 音译为艾尔绍夫石，编译者据此建议译为副艾尔绍夫石*。

【副白钛硅钠石】

英文名 Paravinogradovite

化学式 $(Na,\square)_2(Ti^{4+},Fe^{3+})_4(Si_2O_6)_2(Si_3AlO_{10})(OH)_4 \cdot H_2O$ （IMA）

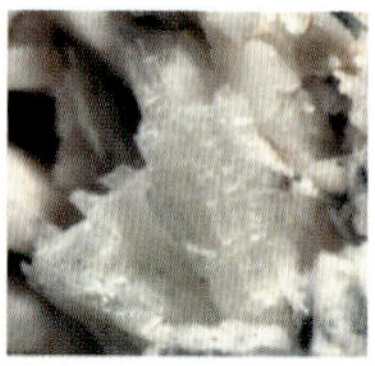

副白钛硅钠石柱状晶体，晶簇状集合体（俄罗斯）

副白钛硅钠石是一种含结晶水和羟基的钠、空位、钛、铁的铝硅酸盐矿物。三斜晶系。晶体呈柱状、针状；集合体呈扇状、束状、晶簇状。白色、无色，玻璃光泽、珍珠光泽，透明—半透明；硬度 5，完全解理，脆性。2002 年发现于俄罗斯北部摩尔曼斯克州库基斯武姆科尔（Kukisvumchorr）山东北坡。英文名称 Paravinogradovite，由希腊文“παρα＝Para（附近、相似、近亲、副、准）”和根词“Vinogradovite（白钛硅钠石）”组合命名；意指它呈白钛硅钠石的假象。IMA 2002-033 批准。2003 年 A. P. 霍米亚科夫（A. P. Khomyakov）等在《加拿大矿物学家》[41(5)]报道。2008 年中国地质科学院地质研究所任玉峰等在《岩石矿物学杂志》[27(2)]意译为副白钛硅钠石。

【副钡长石】

英文名 Paracelsian

化学式 $Ba(Al_2Si_2O_8)$ （IMA）

副钡长石柱状、板柱状晶体，晶簇状集合体（英国）

副钡长石是一种钡的铝硅酸盐矿物。属长石族。与钡长石呈同质多象。单斜晶系。晶体呈柱状、板状；集合体呈晶簇状。无色—白色、淡黄色，玻璃光泽，透明—半透明；硬度 6，脆性。1905 年发现于意大利韦尔巴诺-库西亚-奥索拉省奥索拉谷梅尔戈佐的坎多吉亚（Candoglia）大理石采石场。1905 年 E. 塔科尼（E. Tacconi）在米兰《隆巴多科技快报》（Ⅱ系列，38）和 1907 年《美国矿物学家》（14）报道。英文名称 Paracelsian，来自希腊文“παρα＝Near（相近）＝Para（副、准）”和“Celsian（钡长石）”组合命名，意指与钡长石成同质异象的关系。1959 年以前发现、描述并命名的“祖父级”矿物，IMA 承认有效。中文名称意译为副钡长石。

【副钡细晶石】

英文名 Parabariomicrolite

化学式 $BaTa_4O_{10}(OH)_2 \cdot 2H_2O$ （弗莱舍，2014）

副钡细晶石是一种含结晶水和羟基的钡、钽的氧化物矿物。三方晶系。硬度 4。1984 年发现于巴西北里奥格兰德州博尔博雷玛省厄瓜多尔地区阿尔托（Alto）GIZ 伟晶岩。英文名称 Parabariomicrolite，由希腊文“παρα＝Near＝Para（附近、相似、近亲、副、准）”和“Bariomicrolite（钡细晶石）”组合命名，意指它与钡细晶石成同质多象关系。1986 年在《加拿大矿物学家》（24）报道。1988 年中国新矿物与矿物命名委员会郭宗山等在《岩石矿物学杂志》[7(3)]意译为副钡细晶石。2016 年 IMA 16-C 提案认为它是 Hydrokenomicrolite（水空细晶石）的多型 Hydrokenomicrolite-3R，而废弃。

【副长石】参见【似长石】条 903 页

【副臭葱石】

英文名 Parascorodite

化学式 $Fe^{3+}(AsO_4) \cdot 2H_2O$ （IMA）

副臭葱石土豆状、土状集合体（捷克）

副臭葱石是一种含结晶水的铁的砷酸盐矿物。与臭葱石为同质多象。六方晶系。晶体呈柱状、六方片状；集合体呈扇状、不规则团状、松软隐晶土状、半球粒状。白色，带黄色调的白色，绿灰色，玻璃光泽、土状光泽，半透明；硬度 1～2，脆性。1996 年发现于捷克共和国波希米亚中部库特纳霍拉镇的康克（Kaňk）。英文名称 Parascorodite，由希腊文“παρα＝Near＝Para（附近、相似、近亲、副）”及与根词“Scorodite（臭葱石）”的同质多象关系而命名。IMA 1996-061 批准。1999 年 P. 翁德鲁斯（P. Ondruš）等在《美国矿物学家》（84）报道。2004 年中国地质科学院矿产资源研究所李锦平等在《岩石矿物学杂志》[23(1)]意译为副臭葱石（根词参见【臭葱石】条 93 页）。

【副蒂莫西石*】

英文名 Paratimroseite

化学式 $Pb_2Cu_4(TeO_6)_2(H_2O)_2$ （IMA）

副蒂莫西石* 簇团状集合体（美国）和蒂莫西像

副蒂莫西石*是一种含结晶水的铅、铜的碲酸盐矿物。斜方晶系。晶体呈扁平叶片状、刀刃状；集合体呈不规则簇团状。霓虹绿色、绿黄色，金刚光泽，透明—半透明；硬度 3，完全解理，脆性。2009 年发现于美国加利福尼亚州圣贝纳迪诺县的奥托（Otto）山阿加（Aga）矿。英文名称 Paratimroseite，由希腊文词“παρα＝Near＝Para（附近、相似、近亲、副、准）”加根词“Timroseite（蒂莫西石*）”组合命名。其中，根词为纪念美国加利福尼亚州的地球化学家、矿物收藏家蒂莫西·罗斯（Timothy Rose）先生而以他的姓名命名，是他收集到该研究材料。IMA 2009-065 批准。2010 年 A. R. 坎普夫（A. R. Kampf）等在《美国矿物学家》（95）报道。目前尚未见官方中文译名，编译者建议意和音译为副蒂莫西石*。

【副碲铅铜石】

英文名 Khinite-3T

化学式 $Pb^{2+}Cu_3^{2+}Te^{6+}O_6(OH)_2$

副碲铅铜石是一种含羟基的铅、铜的碲酸盐矿物。三方晶系。晶体呈六方柱状、锥状、粒状，扇形双晶。深绿色、绿色，玻璃光泽，半透明；硬度 3.5，中等解理，脆性。1978 年发

副碲铅铜石板柱、锥状晶体(美国)

现于美国亚利桑那州汤姆斯通(Tombstone)矿区祖母绿矿。英文名称 Khinite-3T,原名 Parakhinite,由希腊文"παρα＝Near＝Para(附近、相似、近亲、副、准)"加根词"Khinite(碲铅铜石)"组合命名,意指它与碲铅铜石成多型关系。IMA 1978－036 批准。1978 年 S. A. 威廉姆斯(S. A. Williams)在《美国矿物学家》(63)报道。中文名称意译为副碲铅铜石。2009 年霍桑(Hawthorne)等在《加拿大矿物学家》(47)将 Parakhinite 废弃(IMA 08-C),现在认为是 Khinite 的多型体 Khinite-3T。即 Khinite-4O(＝Khinite,碲铅铜石),而 khinite-3T(＝Parakhinite,副碲铅铜石)(根词参见【碲铅铜石】条 125 页)。

【副硅灰石】

英文名 Parawollastonite

化学式 $CaSiO_3$

副硅灰石是一种钙的偏硅酸盐矿物,属硅灰石族 3 种变体(低温的副硅灰石和硅灰石,高温变体环硅灰石或假硅灰石)中的一种低温变体。单斜晶系。晶体呈板状或柱状。白色、灰色、浅黄色;硬度 4.5～5,完全解理。1962 年在《矿物学杂志》(33)报道。英文名称 Parawollastonite,由希腊文"παρα＝Near＝Para(附近、相似、近亲、副、准)"及与根词"Wollastonite(硅灰石)"同质多象的密切关系而命名。中文名称意译为副硅灰石(参见【硅灰石】条 267 页)。

【副硅钾铁铌钛石*】

英文名 Parakuzmenkoite-Fe

化学式 $(K,Ba)_8Fe_4Ti_{16}(Si_4O_{12})_8(OH,O)_{16}\cdot 20\sim 28H_2O$ (IMA)

副硅钾铁铌钛石* 柱状晶体,晶簇状集合体(俄罗斯)

副硅钾铁铌钛石* 是一种含结晶水、羟基、氧的钾、钡、铁、钛的硅酸盐矿物。属硅钛钾钡矿(拉崩佐夫石)超族硅钾锌钛铌石族。单斜晶系。晶体呈柱状;集合体呈晶簇状。橙色—橘红色,玻璃光泽,透明;硬度 5,中等解理。2001 年发现于俄罗斯北部摩尔曼斯克州凯迪克弗帕克(Kedykverpakhk)山。英文名称 Parakuzmenkoite-Fe,由希腊文"παρα＝Near＝Para(附近,相似,近亲、副、准)"和根词"Kuzmenkoite-Mn(硅钾锰铌钛石)",加占优势的铁后缀-Fe 组合命名,意指它是铁占优势的硅钾锰铌钛石的类似矿物。IMA 2001－007 批准。2001 年 N. V. 丘卡诺夫(N. V. Chukanov)等在《俄罗斯矿物学会记事》[130(6)]报道。目前尚未见官方中文译名,编译者建议根据意、成分及与硅钾锰铌钛石的关系译为副硅钾铁铌钛石*。

【副硅钠锆石】

英文名 Parakeldyshite

化学式 $Na_2ZrSi_2O_7$ (IMA)

副硅钠锆石是一种钠、锆的硅酸盐矿物。三斜晶系。白色、淡蓝色,玻璃光泽、珍珠光泽,半透明;硬度 5.5～6。1975 年发现于俄罗斯北部摩尔曼斯克州塔克塔尔夫莫尔(Takhtarvumchorr)山钼矿和洛沃泽罗地块阿鲁埃夫(Alluaiv)山。英文名称 Parakeldyshite,由希腊文"παρα＝Near＝Para(附近、相似、近亲、副、准)"加"Keldyshite(硅钠锆石)"组合命名,意指与硅钠锆石成多型关系。IMA 1975－035 批准。1977 年在《苏联科学院报告》(237)和 1979 年《美国矿物学家》(64)报道。中文名称意译为副硅钠锆石(根词参见【钠硅锆石】条 636 页)。

【副黑钒矿】

英文名 Paramontroseite

化学式 VO_2 (IMA)

副黑钒矿棒状晶体,晶簇状集合体(美国)

副黑钒矿是一种钒的氧化物矿物。属斜方锰矿族。斜方晶系。晶体呈柱状、棒状;集合体呈粉状、块状。黑色,半金属光泽,不透明;脆性。1953 年发现于美国科罗拉多州蒙特罗斯县尤拉文区悖论(Paradox)山谷比特(Bitter)溪矿。1953 年 H. T. 艾温斯(H. T. Evans)等在《美国矿物学家》(38)及 1955 年在《美国矿物学家》(40)报道。英文名称 Paramontroseite,由希腊文"παρα＝Near＝Para(附近、相似、近亲、副、准)"和"Montroseite(黑钒矿)"组合命名。1959 年以前发现、描述并命名的"祖父级"矿物,IMA 承认有效。中文名称意译为副黑钒矿,也有的译作副黑铁钒矿,还有的译作次铁钒矿(根词参见【黑铁钒矿】条 319 页)。

【副黑铜矿】

英文名 Paramelaconite

化学式 $Cu^{1+}_2Cu^{2+}_2O_3$ (IMA)

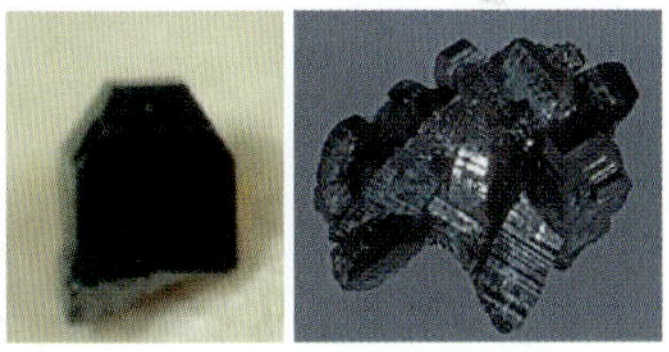

副黑铜矿锥柱状晶体(美国)

副黑铜矿是一种铜的氧化物矿物。四方晶系。晶体呈锥柱状,柱面有横纹;集合体多呈块状。黑色,黑略带紫色,半金刚光泽、油脂光泽、半金属光泽,不透明;硬度 4.5,脆性。1890 年 A. E. 富特(A. E. Foote)发现于美国亚利桑那州科奇斯县奎恩(Queen)铜矿。1891 年凯尼格初步研究认为是一种新矿物,并在美国《费城自然科学院学报》记载。1941 年 C. 弗龙德尔(C. Frondel)进一步详细研究,并在《美国矿物学家》(26)报道。英文名称 Paramelaconite,1891 年乔治·奥古斯塔斯·凯尼格(George Augustus Koenig)根据希腊文"παρα＝Para(附近、相似、近亲、副、准)＝Near(附近、类似)"和"Melaconite[土黑铜矿＝Tenorite(黑铜矿)]"组合命名,意指其成分与黑铜矿相近并为同质异象。1959 年以前发现、描述并命名的"祖父级"矿物,IMA 承认有效。中文名称意译为副黑铜矿,有的根据形态与黑铜矿的关系译为锥黑铜矿(根词参见【黑铜矿】条 319 页)。

【副黄碲矿】

英文名 Paratellurite

化学成分 TeO_2 (IMA)

副黄碲矿是一种碲的氧化物矿物。属金红石族。与黄碲矿为同质二象。四方晶系。晶体呈四面体、柱状、细晶状；集合体常呈块状。无色、灰白色、淡黄色、黄奶油色，蜡状光泽、树脂光泽，透明—半透明；硬度 1。1960 年发现于墨西哥索诺拉州圣罗莎(Santa Rosa)矿和蒙特祖玛(Moctezuma)矿。1960 年 G. 斯威策(G. Switzer)等在《美国矿物学家》(45)报道。英文名称 Paratellurite，由希腊文"παρα＝Near＝Para(附近、相似、近亲、副、准)＝Near(附近、类似)"和"Tellurite(黄碲矿)"组合命名，意为与黄碲矿成同质二象关系。IMA 1962s. p. 批准。中文名称意译为副黄碲矿(根词参见【黄碲矿】条 337 页)。

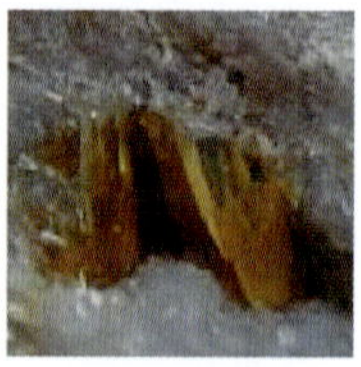

副黄碲矿柱状晶体(墨西哥)

【副黄砷榴石】

英文名 Paraberzeliite

化学式 $NaCa_2Mg_2(AsO_4)_3$　　(IMA)

副黄砷榴石是一种钠、钙、镁的砷酸盐矿物。属磷锰钠石超族磷锰钠石族。与黄砷榴石为同质多象。单斜晶系。2018 年发现于俄罗斯堪察加州托尔巴契克(Tolbachik)火山主裂缝北部破火山口第二火山渣锥喷气孔。英文名称 Paraberzeliite，由冠词"Para(副)"和根词"Berzeliite(黄砷榴石)"组合命名，意指它与黄砷榴石为同质多象关系。IMA 2018－001 批准。2018 年 I. V. 佩科夫(I. V. Pekov)等在《CNMNC 通讯》(43)、《矿物学杂志》(82)和《欧洲矿物学杂志》(30)报道。中文名称根据与黄砷榴石为同质多象的关系译为副黄砷榴石。

【副灰硅钙石】

英文名 Paraspurrite

化学式 $Ca_5(SiO_4)_2(CO_3)$

副灰硅钙石是一种钙的碳酸-硅酸盐矿物。与灰硅钙石为多形变体。单斜晶系。无色、紫罗兰色的灰色，透明—半透明；硬度 3。1977 年发现于美国加利福尼亚州因约县达尔文(Darwin)矿区。1977 年 A. A. 科尔维尔(A. A. Colville)等在《美国矿物学家》(62)报道。英文名称 Paraspurrite，由希腊文"παρα＝Near＝Para(附近、相似、近亲、副、准)"加"Spurrite(灰硅钙石)"组合命名，意指与灰硅钙石成多型关系。中文名称意译为副灰硅钙石；也译作副碳硅钙石(参见【灰硅钙石】条 346 页)。2009 年被 IMA 09-B 废弃，认为它是灰硅钙石的多型[见 2010 年 J. 格赖斯(J. Grice)等在《美国矿物学家》(95)报道]。

【副基铁矾】

英文名 Parabutlerite

化学式 $Fe^{3+}(SO_4)(OH)\cdot 2H_2O$　　(IMA)

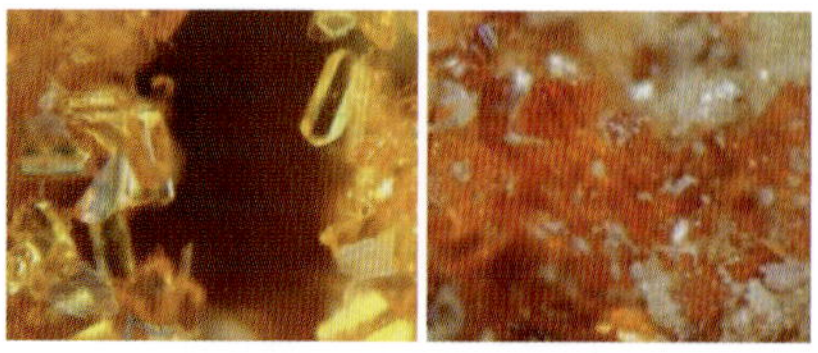

副基铁矾柱状、双锥状晶体(智利)

副基铁矾是一种含结晶水、羟基的铁的硫酸盐矿物，与基铁矾为同质异形体。斜方晶系。晶体呈柱状、双锥状，有条纹。淡橙色、橙色—淡橙褐色，玻璃光泽，透明；硬度 2.5，脆性。1938 年发现于智利厄尔洛阿(El Loa)省丘基卡马塔市丘基卡马塔(Chuquicamata)矿和阿尔卡帕罗萨(Alcaparrosa)矿。1938 年班迪(Bandy)在《美国矿物学家》(23)报道。英文名称 Parabutlerite，由马克·钱斯·班迪(Mark Chance Bandy，1900—1963)博士根据希腊文"παρα＝Near＝Para(附近、相似、近亲、副、准)＝Near(附近、类似)"和"Butlerite(基铁矾)"组合命名，意指与基铁矾为同质多象关系。1959 年以前发现、描述并命名的"祖父级"矿物，IMA 承认有效。中文名称意译为副基铁矾(根词参见【基铁矾】条 357 页)。

【副赖莎石*】

英文名 Pararaisaite

化学式 $CuMg[Te^{6+}O_4(OH)_2]\cdot 6H_2O$　　(IMA)

副赖莎石*是一种含结晶水的铜、镁的氢碲酸盐矿物。单斜晶系。晶体呈柱状，长 0.4mm，深蓝色，玻璃光泽，透明；硬度 2.5，完全解理，脆性。2017 年发现于美国犹他州贾布县北极星(North Star)矿。英文名称 Pararaisaite，据希腊文"παρα＝Near＝Para(附近、相似、近亲、副、准)＝Near(附近、类似)"和"Butlerite(赖莎石*)"组合命名。IMA 2017－110 批准。2018 年 A. R. 坎普夫(A. R. Kampf)等在《CNMNC 通讯》(42)、《矿物学杂志》(82)和《加拿大矿物学家》(56)报道。目前尚未见官方中文译名，编译者根据意及与赖莎石*的关系译为副赖莎石*。

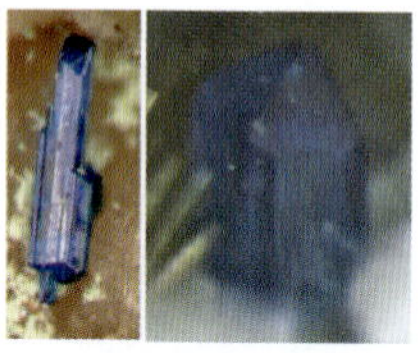

副赖莎石*柱状晶体(美国)

【副蓝磷铝锰石】

英文名 Kastningite

化学式 $Mn^{2+}Al_2(PO_4)_2(OH)_2\cdot 8H_2O$　　(IMA)

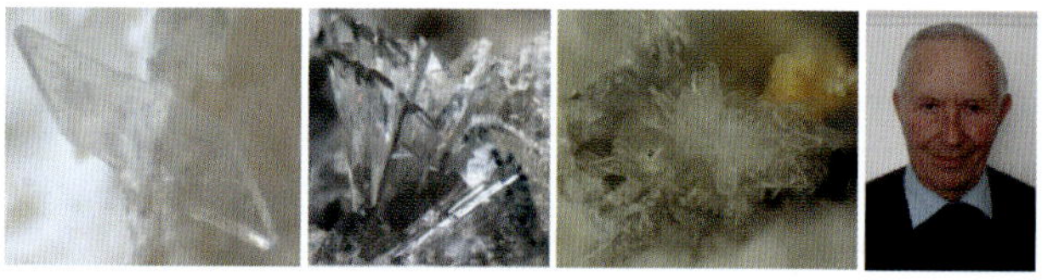

副蓝磷铝锰石板状晶体，扇状、放射状集合体(美国)和卡斯特宁像

副蓝磷铝锰石是一种含结晶水和羟基的锰、铝的磷酸盐矿物。属劳埃石(黄磷锰铁矿)超族劳埃石(黄磷锰铁矿)族。与磷锰铝石为同质多象。三斜晶系。晶体呈薄叶片状、楔形板状；集合体呈扇状、放射状。白色、米色、无色，玻璃光泽，透明—半透明；硬度 1～2。1997 年发现于德国巴伐利亚州上普法尔茨行政区魏德豪斯的思尔博格鲁布(Silbergrube)采石场。英文名称 Kastningite，1999 年由约翰·施吕特(Jochen Schlüter)等以德国汉堡附近的赖恩贝克的业余矿物学家、磷酸盐矿物收藏家、经销商，该矿物的发现者尤尔根·卡斯特宁(Jürgen kastning，1932—2017)的姓氏命名。IMA 1997－033 批准。1999 年 J. 施吕特(J. Schlüter)等在《矿物学新年鉴》(月刊)和 *Lapis*[24(6)]报道。2003 年中国地质科学院矿产资源研究所李锦平等在《岩石矿物学杂志》[22(1)]意译为副蓝磷铝锰石。

【副蓝磷铝铁矿】

英文名 Paravauxite

化学式 $Fe^{2+}Al_2(PO_4)_2(OH)_2\cdot 8H_2O$　　(IMA)

副蓝磷铝铁矿是蓝磷铝铁矿的同质异形体。属劳埃石(黄磷锰铁矿)超族劳埃石(黄磷锰铁矿)族。与变蓝磷铝铁矿(Metavauxite)为同质多象。三斜晶系。晶体呈短柱状或

副蓝磷铝铁矿厚板状、柱状晶体（玻利维亚）

厚板状、纤维状；集合体呈放射状。无色、浅绿白色，也有灰白色或浅棕色、淡蓝色、绿色，半玻璃光泽、树脂光泽、蜡状光泽、珍珠光泽，透明—半透明；硬度 3，完全解理，脆性。1922 年发现于玻利维亚拉斐尔布斯蒂略省拉拉瓜矿山 20 世纪（Siglo Veinte）矿。1922 年塞缪尔·乔治·戈登（Samuel George Gordon）在《科学》（56）和《美国矿物学家》（7）报道。英文名称 Paravauxite，由希腊文"παρα＝Near＝Para（附近、相似、近亲、副、准）＝Near（附近、类似）"和"Vauxite（蓝磷铝铁矿）"组合命名，意指它与蓝磷铝铁矿为同质多象关系，化学成分相近，只是结晶水有所不同。蓝磷铝铁矿含 6 个结晶水。1959 年以前发现、描述并命名的"祖父级"矿物，IMA 承认有效。中文名称意译为副蓝磷铝铁矿（根词参见【蓝磷铝铁矿】条 428 页）。

【副磷钙锌石】

英文名 Parascholzite

化学式 $CaZn_2(PO_4)_2 \cdot 2H_2O$ （IMA）

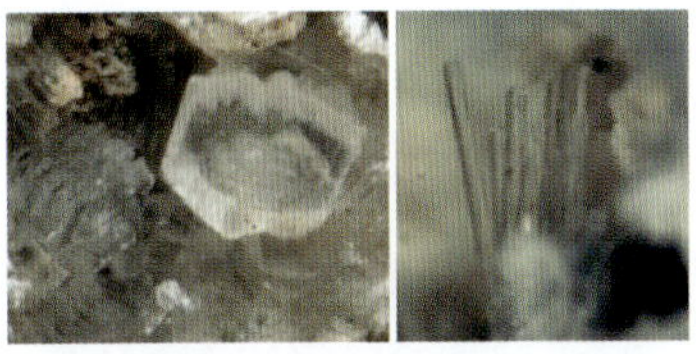

副磷钙锌石板状、柱状晶体，束状集合体（德国）

副磷钙锌石是一种含结晶水的钙、锌的磷酸盐矿物。与磷钙锌矿为同质多象变体。单斜晶系。晶体呈纤细柱状、板状；集合体呈束状。无色、白色、淡蓝色调，玻璃光泽，透明；硬度 4。1980 年发现于德国巴伐利亚州上普法尔茨行政区魏德豪斯的南哈根多夫（Hagendorf South）伟晶岩。英文名称 Parascholzite，由希腊文"παρα＝Near＝Para（附近、相似、近亲、副、准）"加根词"Scholzite（磷钙锌矿）"组合命名，意指它与磷钙锌矿为同质多象关系。IMA 1980－056 批准。1981 年 B. D. 斯图曼（B. D. Sturman）等在《美国矿物学家》（66）报道。1983 年中国新矿物与矿物命名委员会郭宗山等在《岩石矿物及测试》[2(1)]根据与磷钙锌石同质异象关系意译为副磷钙锌石，有的根据晶系和成分译作斜磷钙锌石（根词参见【磷钙锌矿】条 457 页）。

【副磷钼铁钠铝石*】

英文名 Paramendozavilite

化学式 $NaAl_4Fe_7(PO_4)_5(PMo_{12}O_{40})(OH)_{16} \cdot 56H_2O$ （IMA）

副磷钼铁钠铝石是一种含结晶水和羟基的钠、铝、铁的磷钼酸-磷酸盐矿物。单斜（或三斜）晶系。常见双晶；集合体呈皮壳状、钟乳状。黄色、淡黄色，玻璃光泽，透明—半透明；硬度 1，完全解理。1982 年威廉姆斯（Williams）发现并第一次描述于墨西哥索诺拉州德蒙特祖玛区库莫巴比（Cumobabi）圣犹大（San Judas）矿。英文名称 Paramendozavilite，1986 年由威廉姆斯（Williams）根据希腊文"παρα＝Para（副、准）＝Similarity（类似）"和与"Mendozavilite（磷钼铁钠钙石）"组合命名，意指它与磷钼铁钠钙石为化学相似的同质多象的密切关系。IMA 1982－010 批准。1986 威廉姆斯（Williams）在英国《矿物学通报》[2(1)]报道。1987 年中国新矿物与矿物命名委员会郭宗山等在《岩石矿物学杂志》[6(4)]意译为副磷钼铁钠铝石*。当钠铁位的铁被铝部分替代时，称为副磷钼铁钠铝石*（根词参见【磷钼铁钠钙石-钠铁】条 471 页）。

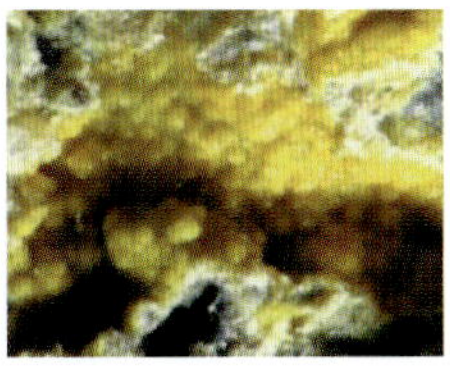

副磷钼铁钠铝石*皮壳状、钟乳状集合体（墨西哥）

【副磷锌矿】

英文名 Parahopeite

化学式 $Zn_3(PO_4)_2 \cdot 4H_2O$ （IMA）

副磷锌矿柱状、板状晶体，丛状集合体（加拿大、赞比亚）

副磷锌矿是一种含结晶水的锌的磷酸盐矿物。属磷锌矿族。与磷锌矿为同质多象。三斜晶系。晶体呈板状，具聚片双晶；集合体呈丛状、晶簇状、扇状。无色、土黄色，玻璃光泽，解理面上呈珍珠光泽，透明—半透明；硬度 3.5～4，完全解理。1907 年发现于赞比亚中部省卡布韦县卡布韦（Kabwe）矿（布罗肯矿）。1908 年斯宾塞（Spencer）在《矿物学杂志》（15）报道。英文名称 Parahopeite，由希腊文"παρα＝Near＝Para（附近、相似、近亲、副、准）"及与"Hopeite（磷锌矿）"为多形关系而命名。1959 年以前发现、描述并命名的"祖父级"矿物，IMA 承认有效。中文名称意译为副磷锌矿（根词参见【磷锌矿】条 485 页）。

【副硫锑钴矿】

英文名 Paracostibite

化学式 CoSbS （IMA）

副硫锑钴矿是硫锑钴矿的同质多象变体。属斜方砷铁矿族。斜方晶系。晶体呈他形不规则粒状。灰白色、白色，金属光泽，不透明；硬度 7。1969 年由卡布里（Cabri）等发现于加拿大安大略省肯雷德莱市。英文名称 Paracostibite，由希腊文"παρα＝Near＝Para（附近、相似、近亲、副、准）"加根词"Costibite（硫锑钴矿）"组合命名，意指它与硫锑钴矿为同质异象关系。IMA 1969－023 批准。1970 年 L. J. 卡布里（L. J. Cabri）等在《加拿大矿物学家》（10）报道。中文名称意译为副硫锑钴矿（根词参见【硫锑钴矿】条 517 页）。

【副氯羟硼钙石】参见【副水氯硼钙石】条 210 页

【副氯铜矿】参见【三方氯铜矿】条 760 页

【副氯铜矿-镁】

英文名 Paratacamite-(Mg)

化学式 $Cu_3(Mg,Cu)Cl_2(OH)_6$ （IMA）

副氯铜矿-镁是一种碱式铜、镁的氯化物矿物。属氯铜矿族。与氯羟镁铜石和通迪矿*（Tondiite）为同质多象。三

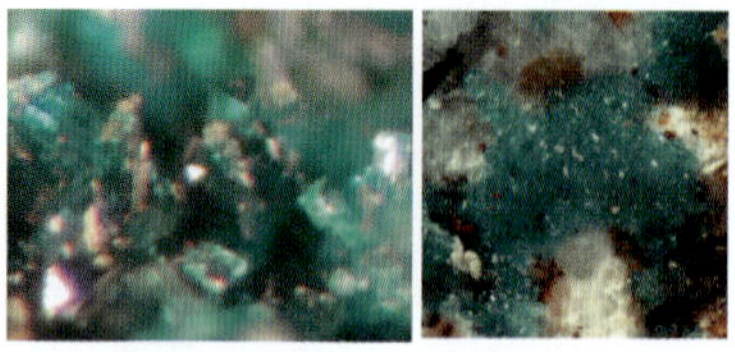

副氯铜矿-镁柱状、粒状晶体（智利）

方晶系。晶体呈粒状、菱面体、厚—薄的柱状，具双晶；集合体呈晶簇状。绿色—深绿色，玻璃光泽，透明；硬度 3～3.5，完全解理，脆性。2013 年发现于智利阿里卡省卡马罗内斯市库亚(Cuya)。英文名称 Paratacamite-Mg，由根词“Paratacamite(副氯铜矿)”加镁后缀-Mg 组合命名，意指它是镁的副氯铜矿的类似矿物。IMA 2013－014 批准。2013 年 A. R. 坎普夫(A. R. Kampf)等在《CNMNC 通讯》(16)和《矿物学杂志》(77)报道。中文名称根据成分及与副氯铜矿的关系译为副氯铜矿-镁/镁副氯铜矿。

【副氯铜矿-镍】

英文名 Paratacamite-(Ni)

化学式 $Cu_3(Ni,Cu)Cl_2(OH)_6$　　(IMA)

副氯铜矿-镍粒状晶体，晶簇状集合体（澳大利亚）

副氯铜矿-镍是一种碱式铜、镍的氯化物矿物。属氯铜矿族。与氯羟镍铜石为同质多象。三方晶系。晶体呈菱面体、粒状；集合体呈晶簇状。深绿色，玻璃光泽，透明；硬度 3，完全解理，脆性。2013 年发现于澳大利亚西澳大利亚州梅南吉纳(Menangina)的卡尔博伊德(Carr Boyd)镍矿。英文名称 Paratacamite-(Ni)，由根词“Paratacamite(副氯铜矿)”加镍后缀-(Ni)组合命名，意指它是镍的副氯铜矿的类似矿物。IMA 2013－013 批准。2013 年 M. J. 希贝拉斯(M. J. Sciberras)等在《CNMNC 通讯》(16)、《矿物学杂志》77)和《澳大利亚》(17)报道。中文名称根据成分及与副氯铜矿的关系译为副氯铜矿-镍/镍副氯铜矿。

【副钠沸石】

英文名 Paranatrolite

化学式 $Na_2(Si_3Al_2)O_{10}\cdot 3H_2O$　　(IMA)

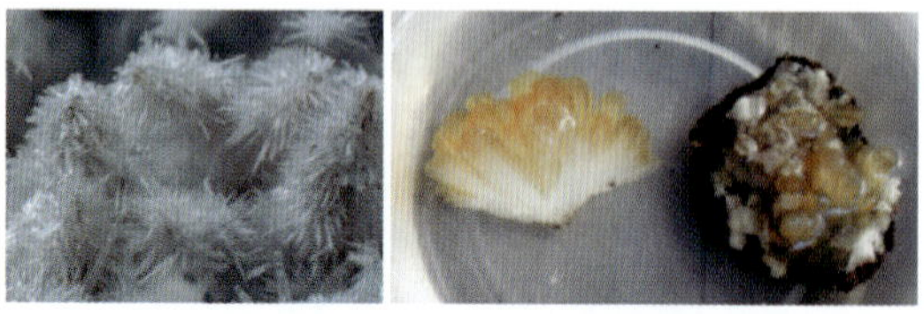

副钠沸石针柱状晶体，晶簇状集合体（加拿大）

副钠沸石是一种含沸石水的钠的铝硅酸盐矿物。属沸石族钠沸石亚族。与钠沸石为同质多象。单斜(假斜方)晶系。晶体呈针柱状。无色、灰色、淡黄色、淡粉色，玻璃光泽、油脂光泽，透明—半透明；硬度 5～5.5。1978 年发现于加拿大魁北克省圣希莱尔山(Saint-Hilaire)混合肥料采石场。英文名称 Paranatrolite，由希腊文“παρα＝Near＝Para(附近、相似、近亲、副、准)”及与“Natrolite(钠沸石)”的同质多象关系而命名。IMA 1978－017 批准。1980 年 G. Y. 曹(G. Y. Chao)在《加拿大矿物学家》(18)报道。1998 年 IMA 提出质疑。中文名称意译为副钠沸石(根词参见【钠沸石】条 635 页)。

【副硼钙石】

英文名 Parasibirskite

化学式 $Ca_2B_2O_5\cdot H_2O$　　(IMA)

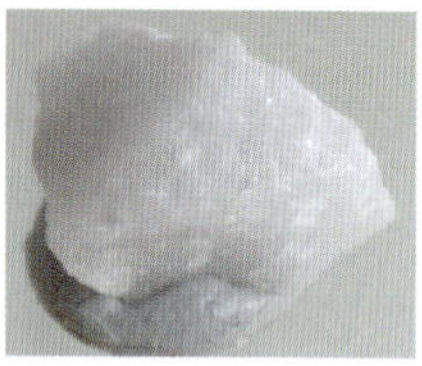

副硼钙石致密块状集合体（日本）

副硼钙石是一种含结晶水的钙的硼酸盐矿物。与西硼钙石为同质多象。单斜晶系。晶体呈显微板状；集合体呈块状。白色，玻璃光泽、珍珠光泽，透明—半透明；硬度 3，完全解理。1996 年发现于日本本州岛中国地方冈山县高桥市备中町布贺(Fuka)矿。英文名称 Parasibirskite，由希腊文“παρα＝Near＝Para(附近、相似、近亲、副、准)”和根词“Sibirskite(西硼钙石)”组合命名，意指它与西硼钙石为同质多象关系。IMA 1996－051 批准。1998 年 I. 佐筑(I. Kusachi)在《矿物学杂志》(62)和 1999 年《美国矿物学家》(84)报道。2003 年中国地质科学院矿产资源研究所李锦平等在《岩石矿物学杂志》[22(2)]根据与西硼钙石的关系译为副硼钙石；也译为副西硼钙石(根词参见【西硼钙石】条 995 页)。

【副羟氯铅矿】

英文名 Paralaurionite

化学式 PbCl(OH)　　(IMA)

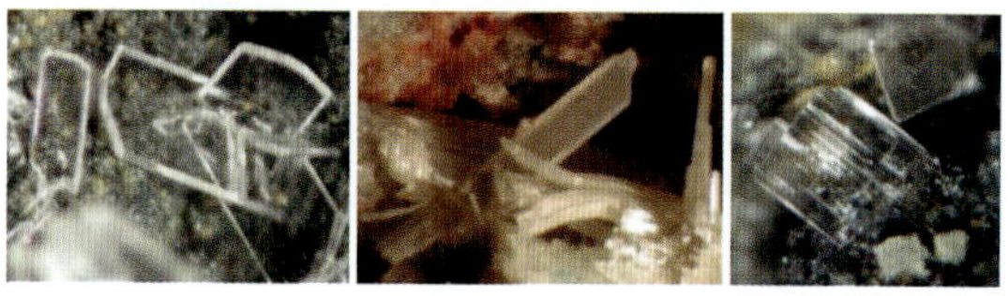

副羟氯铅矿薄板或板条状晶体（法国、美国、意大利）

副羟氯铅矿是一种含羟基的铅的氯化物矿物。属氟氯铅矿族。与羟氯铅矿为同质多象。单斜晶系。晶体呈薄板或板条状，常见双晶。无色、白色、黄色、紫色、绿色，半金刚光泽，透明；硬度 3，完全解理。1899 年发现于希腊阿季克州(阿提卡)拉夫林(Lavrion)区拉夫林(Lavrion)矿渣场。1899 年阿尔兹鲁尼(Arzruni)和塔德耶夫(Thaddéeff)在莱比锡《结晶学、矿物学和岩石学杂志》(31)和 G. F. H. 史密斯(G. F. H. Smith)等《矿物学杂志》(12)报道。英文名称 Paralaurionite，由希腊文“παρα＝Near＝Para(附近、相似、近亲、副、准)”和与“Laurionite(羟氯铅矿)”的关系而命名，意指它与羟氯铅矿为多形的关系。1959 年以前发现、描述并命名的“祖父级”矿物，IMA 承认有效。中文名称意译为副羟氯铅矿(根词参见【羟氯铅矿】条 723 页)。

【副羟砷锌石】

参见【副砷锌矿】条 209 页

【副羟碳硫镍石】

英文名 Paraotwayite

化学式 $Ni(OH)_{2-x}(SO_4,CO_3)_{0.5x}$　　(IMA)

副羟碳硫镍石是一种氢氧化镍的碳酸-硫酸盐矿物。单斜晶系。晶体呈纤维状；集合体呈放射状。淡绿色、翡翠绿色，丝绢光泽，半透明；硬度 4，脆性。1984 年发现于澳大利亚西澳大利亚州皮尔巴拉地区纳拉金镇奥特韦(Otway)镍矿床。英文名称Paraotwayite,由希腊文"παρα=Para=Near(附近、类似、副、准)"和"Otwayite(羟碳硫镍石)"组合命名,意指它是与羟碳硫镍石的物理和化学性质相似的同质异形体。其中,根词Otwayite,以发现地西澳大利亚州皮尔巴拉地区的郡奥特韦(Otway)镍矿床命名。IMA 1984-045a批准。1987年E. H. 尼克尔(E. H. Nickel)等在《加拿大矿物学家》(25)报道。1988年中国新矿物与矿物命名委员会郭宗山等在《岩石矿物学杂志》[7(3)]意译为副羟碳硫镍石(根词参见【羟碳镍石】条736页)。

副羟碳硫镍石纤维状晶体,放射状集合体(澳大利亚)

【副乔格波基石】

英文名 Parageorgbokiite

化学式 $Cu_5O_2(SeO_3)_2Cl_2$ (IMA)

副乔格波基石是一种含氯的铜氧的硒酸盐矿物。与乔格波基石为同质多象。单斜晶系。晶体呈片状。绿色,玻璃光泽,透明;硬度3~4。2006年发现于俄罗斯堪察加州托尔巴契克(Tolbachik)火山主断裂北部第二火山渣锥。英文名称Parageorgbokiite,由希腊文"παρα=Para=Near(附近、类似、副、准)"与根词"Georgbokiite(乔格波基石)"组合命名。其中,根词"Georgbokiite(乔格波基石)"以俄罗斯晶体化学家乔格·鲍里索维奇·波基(Georgiy Borisovich Bokii,1909—2000)的姓名命名。IMA 2006-001批准。2006年L. P. 韦尔加索瓦(L. P. Vergasova)等在《俄罗斯矿物学会会刊》[135(4)]和2007年S. V. 克里沃维奇(S. V. Krivovichev)等在《加拿大矿物学家》(45)报道。2010年中国地质科学院地质研究所尹淑苹等在《岩石矿物学杂志》[29(4)]根据它与乔格波基石的同质多象关系译为副乔格波基石。

波基像

【副砷锰钙石】

英文名 Parabrandtite

化学式 $Ca_2Mn^{2+}(AsO_4)_2 \cdot 2H_2O$ (IMA)

副砷锰钙石是一种含结晶水的钙、锰的砷酸盐矿物。属磷钙锰石族。三斜晶系。晶体呈单独的楔形;集合体呈楔形。无色,玻璃光泽,透明;硬度3~4,完全解理。1986年发现于美国新泽西州苏塞克斯富兰克林矿区斯特林(Sterling)矿。英文名称Parabrandtite,1987年皮特·J. 邓恩(Pete J. Dunn)等在《矿物学新年鉴:论文》(157)根据希腊文"παρα=Near=Para(附近、相似、近亲、副、准)"和"Brandtite(砷锰钙石)"组合命名,意指与砷锰钙石为多形的关系。IMA 1986-009批准。1988年在《美国矿物学家》(73)报道。1988年中国新矿物与矿物命名委员会郭宗山等在《岩石矿物学杂志》[7(3)]意译为副砷锰钙石(根词参见【砷锰钙石】条785页)。

【副砷锑矿】

英文名 Paradocrasite

化学式 $Sb_2(Sb,As)_2$ (IMA)

副砷锑矿是一种锑的砷化物矿物。单斜晶系。晶体呈短粗的柱状。银白色,金属光泽,不透明;硬度3,完全解理,脆性。1969年发现于澳大利亚新南威尔士州扬科维纳(Yancowinna)县布罗肯(Broken)山。英文名称Paradocrasite,由希腊文"παρα=Para(附近,相似,近亲、副、准),料想不到(Unexpected)"和"κρασιs=Cras(合金)"组合命名,意指它是与锑银矿/安银矿(Dyscrasite)密切相关的"劣质合金"(bad alloy)。IMA 1969-011批准。1971年B. F. 伦纳德(B. F. Leonard)等在《美国矿物学家》(56)报道。中文名称根据意加成分译为副砷锑矿。

【副砷铁矿】

英文名 Parasymplesite

化学式 $Fe_3^{2+}(AsO_4)_2 \cdot 8H_2O$ (IMA)

副砷铁矿柱状、针状晶体,放射状、球状集合体(墨西哥、德国)

副砷铁矿是一种含结晶水的铁的砷酸盐矿物。属蓝铁矿族。与砷铁矿为同质多象。单斜晶系。晶体呈针状、板柱状;集合体呈放射状、球状。淡绿色、韭葱绿色,也有青黑色、深蓝色,半玻璃光泽、树脂光泽、蜡状光泽、丝绢光泽,透明—半透明;硬度2,完全解理。1954年发现于日本九州地区大分县佐伯市木浦(Kiura)矿山。伊藤贞一(Tei-ichi Ito)和樱井健一(Kin-ichi Sakurai)等于1954年在《日本研究院会议记录》(30)和1955年在《美国矿物学家》(40)报道。英文名称Parasymplesite,由希腊文"παρα=Near=Para(附近、相似、近亲、副、准)=Beyond(之外的、超越)"和"Symplesite(砷铁矿)"组合命名,意指与砷铁矿为同质多象的关系。日文汉字名称亜砒藍鉄鉱。1959年以前发现、描述并命名的"祖父级"矿物,IMA承认有效。中文名称意译为副砷铁矿或译作准砷铁矿(根词参见【砷铁石】条794页)。

【副砷锌矿】

英文名 Paradamite

化学式 $Zn_2(AsO_4)(OH)$ (IMA)

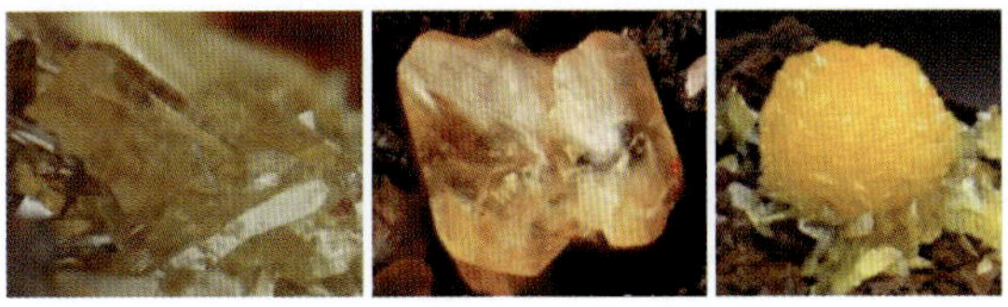

副砷锌矿板状晶体,放射状集合体(墨西哥)

副砷锌矿是一种含羟基的锌的砷酸盐矿物。属三斜磷锌矿族。与水砷锌矿为同质多象。三斜晶系。晶体常呈板状、柱状;集合体呈蒿束状、放射状、圆球状。浅黄色,玻璃—半玻璃光泽、树脂光泽,解理面上呈珍珠光泽,透明—半透明;硬度3.5,完全解理。1956年发现于墨西哥杜兰戈州的马皮米(Mapimi)欧耶拉(Ojuela)矿。1956年乔治·斯维泽(Greorge Switzer)在《科学》(123)和《美国矿物学家》(41)报道。英文名称Paradamite,由乔治·斯维泽根据希腊文"παρα=Near=Para(附近、相似、近亲、副、准)"加"Adamite(砷锌矿)"组合命名,意指与砷锌矿为同质多象关系。1959年以前发现、描述并命名的"祖父级"矿物,IMA承认有效。

F

中文名称意译为副砷锌矿，也译作副羟砷锌石（根词参见【砷锌矿】条 796 页）。

【副水硅锆钾石】

英文名 Paraumbite

化学式 $K_3Zr_2H(Si_3O_9)_2 \cdot 3H_2O$ （IMA）

副水硅锆钾石是一种含结晶水的钾、锆、氢的硅酸盐矿物。斜方晶系。晶体呈假六边形。无色、白色、灰色、淡黄色、淡绿色，玻璃光泽、珍珠光泽，透明—半透明；硬度 4，极完全解理。1982 年发现于俄罗斯北部摩尔曼斯克州埃弗洛乔尔（Eveslogchorr）山。英文名称 Paraumbite，由希腊文“παρα＝Para＝Near（附近、类似、副）”与“Umbite（水硅锆钾石）”组合命名，意指它与水硅锆钾石的相似性。IMA 1982－007 批准。1983 年 A. P. 霍米亚科夫（A. P. Khomyakov）等在《全苏矿物学会记事》（112）和 1984 年《美国矿物学家》（69）报道。1985 年中国新矿物与矿物命名委员会郭宗山等在《岩石矿物及测试》[4(4)]意译为副水硅锆钾石。此矿物的主要成分与水硅锆钾石相同，只是结晶水有所差异（根词参见【水硅锆钾石】条 826 页）。

【副水磷铍钙石】

英文名 Parafransoletite

化学式 $Ca_3Be_2(PO_4)_2(PO_3OH)_2 \cdot 4H_2O$ （IMA）

副水磷铍钙石蝴蝶结状、捆束状集合体（美国）

副水磷铍钙石是一种含结晶水的钙、铍的氢磷酸-磷酸盐矿物。三斜晶系。晶体呈板状、枪头状；集合体呈放射状、捆束状、蝴蝶花结状。无色、白色，玻璃光泽、丝绢光泽，透明—半透明；硬度 2.5，脆性。1989 年发现于美国南达科他州卡斯特县卡斯特区福迈尔顶端（Tip Top）（顶端的伟晶岩）矿区。英文名称 Parafransoletite，由希腊文“παρα＝Para＝Near（附近、类似、副）”和根词“Fransoletite（磷铍氢钙石）”组合命名，意指它与磷铍氢钙石为同质多象关系。IMA 1989－049 批准。1992 年 A. R. 坎普夫（A. R. Kampf）等在《美国矿物学家》（77）报道。1998 年中国新矿物与矿物命名委员会黄蕴慧等在《岩石矿物学杂志》[17(1)]根据与磷铍氢钙石为同质多象的关系译为副水磷铍钙石。

【副水氯硼钙石】

英文名 Hilgardite-3Tc

化学式 $Ca_2B_5O_9Cl \cdot H_2O$

副水氯硼钙石是一种含结晶水的钙的氯硼酸盐矿物。与氯羟硼钙石为同质多象变体。属水氯硼钙石族。三斜晶系。无色，玻璃光泽，透明；硬度 5，完全解理。最初的描述来自美国路易斯安那州乔克托（Choctaw）盐丘。1938 年赫尔伯特（Hurlbut）在《美国矿物学家》（23）报道。英文名称 Hilgardite-3Tc，原名 Parahilgardite，由希腊文“παρα＝Para＝Near（附近、类似、副、准）”和“Hilgardite（水氯硼钙石/氯羟硼钙石）”组合命名，意指它与水氯硼钙石为同质多象关系。根词 Hilgardite，以德国-美国地质学家尤金·沃尔德马尔·希尔加德（Eugene Woldemar Hilgard，1833—1916）的姓氏命名。中文名称意译为副水氯硼钙石或副氯羟硼钙石。英文原名称 Parahilgardite 被废弃，其实它是 Hilgardite-3Tc 的多型体（参见【水氯硼钙石】条 851 页）。

【副水硼锶石】

英文名 Veatchite-1M

化学式 $Sr_2B_{11}O_{16}(OH)_5 \cdot H_2O$ （IMA）

副水硼锶石是一种含结晶水、羟基的锶的硼酸盐矿物。单斜晶系。无色、白色，玻璃光泽、珍珠光泽，透明；硬度 2。1959 年发现于德国下萨克森州哥廷根市雷耶肖森（Reyershausen）的科尼格须-兴登堡（Königshall-Hindenburg）矿。1959 年贝特瑞（Beitr）在《矿物与岩石》（6）报道。英文名称 Veatchite-1M，原名 Paraveatchite 或 Veatchite-p 或 P-Veatchite，由希腊文“παρα＝Near＝Para（附近、相似、近亲、副、准）”和“Veatchite（水硼锶石）”组合命名，意指它与水硼锶石为同质多象的关系。后研究表明，它是 Veatchite（水硼锶石）的 Veatchite-1M 多型体，因此原名被 IMA 废弃。中文名称意译为副水硼锶石（根词参见【水硼锶石】条 861 页）。

【副水碳铝钙石】

英文名 Para-alumohydrocalcite

化学式 $CaAl_2(CO_3)_2(OH)_4 \cdot 6H_2O$ （IMA）

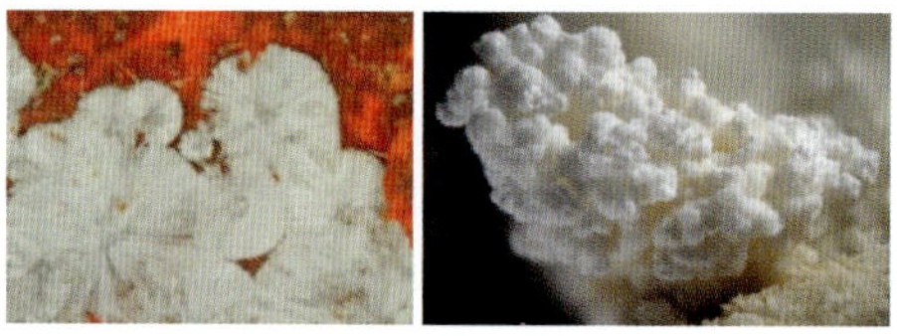
副水碳铝钙石纤维状晶体，放射球状、钟乳状集合体（罗马尼亚、奥地利）

副水碳铝钙石是一种含结晶水和羟基的钙、铝的碳酸盐矿物。单斜（或三斜）晶系。晶体呈纤维状；集合体呈放射状、球状、皮壳状、钟乳状。白色，丝绢光泽，半透明；硬度 1.5。1976 年发现于俄罗斯伏尔加斯基（Volzhsky）地区萨马拉州沃丁斯科伊（Vodinskoe）矿床和土库曼斯坦列巴普州高尔达克（Gaurdak）矿。英文名称 Para-alumohydrocalcite，由希腊文“παρα＝Para＝Near（附近、类似、副）”和根词“Alumohydrocalcite（水碳铝钙石）”组合命名，意指它与水碳铝钙石相近的关系。IMA 1976－027 批准。1977 年 B. I. 斯雷布罗多尔斯基（B. I. Srebrodolskii）在《全苏矿物学会记事》（106）和 1978 年《美国矿物学家》（63）报道。中文名称意译为副水碳铝钙石（根词参见【水碳铝钙石】条 875 页）。

【副斯硫锑铅矿*】

英文名 Parasterryite

化学式 $Ag_4Pb_{20}(Sb,As)_{24}S_{58}$ （IMA）

副斯硫锑铅矿*针状晶体，杂乱状集合体（意大利）

副斯硫锑铅矿*是一种银、铅的锑-砷-硫化物矿物。单斜晶系。晶体呈针状；集合体呈平行束状、杂乱状。黑灰色，金属光泽，不透明。2010 年发现于意大利卢卡省阿普安阿尔卑斯山脉彼得拉桑塔地区瓦尔迪卡斯特罗-卡尔杜齐（Valdicastello Carducci）波龙（Pollone）矿。英文名称 Parasterryite，由希腊文“παρα＝Para（副、准）＝Similar（类似）”和根词“Sterryite（斯硫锑铅矿）”组合命名，意指它是与斯硫锑铅矿相似的矿物。IMA 2010－033 批准。2010 年 Y.莫洛(Y. Moëlo)等在《矿物学杂志》(74)和 2011 年《加拿大矿物学家》(49)报道。目前尚未见官方中文译名，编译者根据与斯硫锑铅矿的关系译为副斯硫锑铅矿*。

【副碳硅钙石】参见【副灰硅钙石】条 206 页

【副伍尔夫石*】

英文名 Parawulffite

化学式 $K_5Na_3Cu_8O_4(SO_4)_8$　　(IMA)

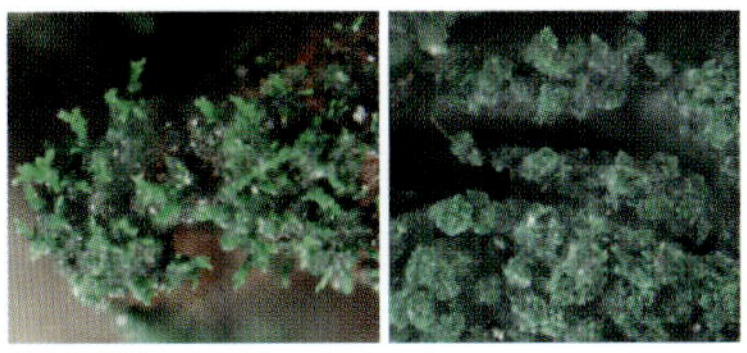

副伍尔夫石* 柱状、片状晶体，晶簇状集合体(俄罗斯)

副伍尔夫石*是一种钾、钠、铜氧的硫酸盐矿物。与伍尔夫石*为同质多象。单斜晶系。晶体呈不完美的柱状、不规则粒状、片状，粒径 0.4mm×0.2mm；集合体呈晶簇状、皮壳状、块状。深绿色或深翠绿色，玻璃光泽，透明；硬度 2.5，完全解理，脆性。2013 年发现于俄罗斯堪察加州托尔巴契克(Tolbachik)火山主裂隙北破火山口第二火山渣锥亚多维塔亚(Yadovitaya)喷气孔。英文名称 Parawulffite，由希腊文"παρα＝Para(副)"和根词"Wulffite(伍尔夫石*)"组合命名。其中，根词为纪念俄罗斯晶体学家格奥尔基·维克托维茨·伍尔夫(Georgiy Viktorovich Wulff，1863—1925)而以他的姓氏命名。1913 年他提出晶体 X 射线干涉模型。IMA 2013－036 批准。2013 年 I. V. 佩科夫(I. V. Pekov)等在《CNMNC 通讯》(17)、《矿物学杂志》(77)和 2014 年《加拿大矿物学家》(52)报道。目前尚未见官方中文译名，编译者建议根据与伍尔夫石*的关系译为副伍尔夫石*(根词参见【伍尔夫石*】条 993 页)。

【副西硼钙石】参见【副硼钙石】条 208 页

【副硒铋矿】

英文名 Paraguanajuatite

化学式 Bi_2Se_3　　(IMA)

副硒铋矿是一种铋的硒化物矿物。属辉锑铋矿族。三方晶系。铅灰色，金属光泽，不透明；硬度 2～3.5。1948 年发现于墨西哥瓜纳华托州圣罗莎市圣卡塔琳娜(Santa Catarina)矿山；同年，在《墨西哥矿物研究所学报》(20)报道。1949 年 M. 弗莱舍(M. Fleischer)在《美国矿物学家》(34)报道。英文名称 Paraguanajuatite，根据希腊文"παρα＝Near＝Para(附近、相似、近亲、副、准)"加"Guanajuatite(硒铋矿)"组合命名，意指与硒铋矿成多形关系。1959 年以前发现、描述并命名的"祖父级"矿物，IMA 承认有效。中文名称意译为副硒铋矿(根词参见【硒铋矿】条 998 页)。

【副纤蛇纹石】

英文名 Parachrysotile

化学式 $Mg_3(Si_2O_5)(OH)_4$

副纤蛇纹石是一种纤蛇纹石的多形变体。斜方晶系。晶体呈纤维状；集合体呈细脉状。绿色、红色、黄色、白色，丝绢光泽，半透明—不透明；硬度 2.5～3。1951 年发现于加拿大魁北克省蒂明斯石棉矿。英文名称 Parachrysotile，1956 年埃里克·詹姆斯·威廉·惠特克(Eric James William Whittaker)在《晶体学报》(9)根据希腊文"παρα＝Para(附近、相似、近亲、副、准)＝Beyond(超越)"和"Chrysotile(纤维蛇纹石)"组合命名，意指它与纤蛇纹石为多形的关系。中文名称意译为副纤蛇纹石。2006 年被 IMA 废弃，实际它是纤蛇纹石的一个多型体(参见【纤蛇纹石】条 1013 页)。

副纤蛇纹石纤维状晶体(加拿大)

【副斜方砷】

英文名 Pararsenolamprite

化学式 As　　(IMA)

副斜方砷是一种砷的自然元素矿物。斜方晶系。晶体呈叶片薄板状；集合体呈放射状或平行状。铅灰色，金属光泽，不透明；硬度 2～2.5，完全解理，脆性。1999 年发现于日本九州地区大分县速水郡山鹿市扁柏(Hinoji)矿。英文名称 Pararsenolamprite，由希腊文"παρα＝Para(副)，即 Similar(相似的、类似物)"与"Arsenolamprite(自然砷铋)"组合命名，意指这两个物种之间的多形关系。IMA 1999－047 批准。日文名称パラ輝砒鉱。2001 年松原(S. Matsubara)等在《矿物学杂志》(65)报道。2007 年中国地质科学院地质研究所任玉峰在《岩石矿物学杂志》[26(3)]根据与"Arsenolamprite(自然砷铋)"多形关系、晶系和成分译为副斜方砷(根词参见【斜方砷】条 1025 页)。

【副斜方砷镍矿】

英文名 Pararammelsbergite

化学式 $NiAs_2$　　(IMA)

副斜方砷镍矿是一种镍的砷化物矿物。属斜方砷铁矿族。与等轴砷镍矿和斜方砷镍矿为同质多象。斜方晶系。晶体呈柱状、板状、圆粒状；集合体呈树突状。银白色、锡白色，金属光泽，不透明；硬度 5.5，完全解理。1940 年发现于加拿大安大略省蒂米斯卡明区哈德逊(Hudson)湾煤矿、麋鹿湖地区杰姆斯乡驼鹿角(Moose Horn)矿和南洛兰乡基利-边疆(Keeley-Frontier)矿；同年，在《美国矿物学家》(25)报道。英文名称 Pararammelsbergite，1940 年马丁·艾尔弗雷德·皮科克(Martin Alfred Peacock)等根据希腊文"παρα＝Para(副、准)＝Similar(类似)"和根词"Rammelsbergite(斜方砷镍矿)"组合命名，意指它与斜方砷镍矿为成分相似的同质多象的关系。根词"Rammelsbergite"由德国化学家、矿物学家 K. F. 拉梅尔斯贝格(K. F. Rammelsberg，1813—1899)的姓氏命名。1959 年以前发现、描述并命名的"祖父级"矿物，IMA 承认有效。中文名称意译为副斜方砷镍矿(根词参见【斜方砷镍矿】条 1026 页)。

副斜方砷镍矿柱状晶体(加拿大)

【副雄黄】

英文名 Pararealgar

化学式 As_4S_4　　(IMA)

副雄黄是一种砷-硫化物矿物。单斜晶系。晶体呈粒状。浅黄色—橙色，条痕呈淡黄色，玻璃光泽、树脂光泽，半透明；硬度 1～1.5，脆性。1980 年发现于加拿大不列颠哥伦比亚省特鲁瓦克斯(Truax)河灰岩矿和纳奈莫矿业部温哥华岛考莫克斯区华盛顿(Washington)山矿区。英文名称 Pararealgar,1980 年安德鲁·C. 罗伯茨(Andrew C. Roberts)等在《加拿大矿物学家》(18)根据希腊文"παρα＝Para(准、副)＝Beyond(超越)"和"Realgar(雄黄)"组合命名,意指它的结构与雄黄为同质异象的关系。IMA 1980－034 批准。中文名称意译为副雄黄(参见【雄黄】条 1051 页)。

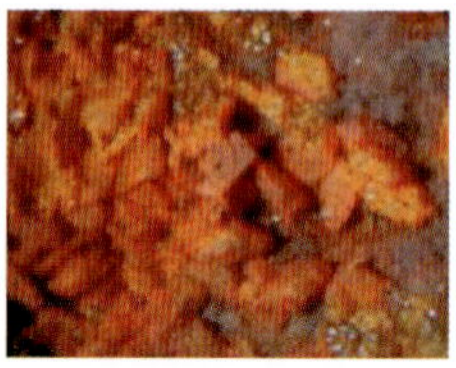
副雄黄粒状晶体(德国)

【副氧硅钛钠石】

英文名 Paranatisite

化学式 $Na_2TiO(SiO_4)$ (IMA)

副氧硅钛钠石是一种钠、钛氧的硅酸盐矿物。斜方晶系。晶体粒状。黄色、橙黄色—橙棕色,玻璃光泽、金刚光泽,透明—半透明;硬度 5。1990 年发现于俄罗斯北部摩尔曼斯克州拉姆霍尔(Rasvumchorr)山和尤克斯波尔(Yukspor)山。英文名称 Paranatisite,由希腊文"παρα＝Para(副、准)＝Similar(类似)"和与根词"Natisite(氧硅钛钠石)"组合命名,意指它与氧硅钛钠石为相似的关系。IMA 1990－016 批准。1992 年 A. P. 霍米亚科夫(A. P. Khomjakov)等在《俄罗斯矿物学会记事》[121(6)]和 J. L. 杨博尔(J. L. Jambor)等在《美国矿物学家》(78)报道。1998 年中国新矿物与矿物命名委员会黄蕴慧等在《岩石矿物学杂志》[17(1)]根据它与氧硅钛钠石为同质多象的关系译为副氧硅钛钠石。

【副针绿矾】

英文名 Paracoquimbite

化学式 $Fe_4^{3+}(SO_4)_6(H_2O)_{12}\cdot 6H_2O$ (IMA)

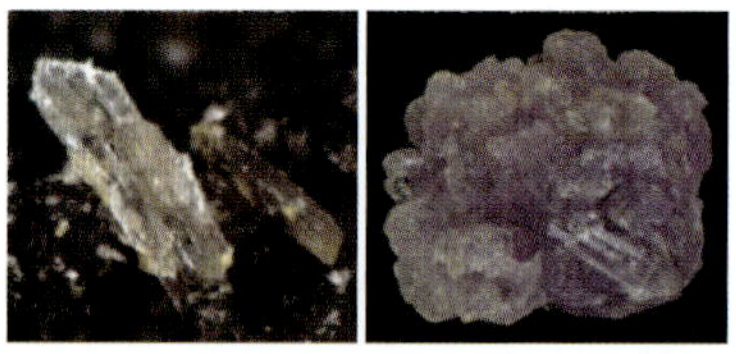
副针绿矾板柱状、粒状晶体(智利、塞浦路斯)

副针绿矾是一种含结晶水的铁的硫酸盐矿物。属针绿矾族。与针绿矾为同质多象。三方晶系。晶体呈菱面体、粒状、假立方体、板柱状;集合体呈块状。淡紫色,玻璃光泽,透明;硬度 2.5,中等解理。1933 年发现于智利艾尔洛阿省卡拉马市阿尔卡拉罗莎(Alcaparrosa)矿等地。1933 年昂格马赫(Ungemach)在《巴黎科学院会议周报》(197)和 1935 年《法国矿物学会通报》(58)报道。英文名称 Paracoquimbite,根据希腊文"παρα＝Near＝Para(附近、相似、近亲、副、准)"加"Coquimbite(针绿矾)"组合命名,意指与针绿矾成多形关系。1959 年以前发现、描述并命名的"祖父级"矿物,IMA 承认有效。中文名称意译为副针绿矾(根词参见【针绿矾】条 1110 页)。

【副柱铀矿】

英文名 Paraschoepite

化学式 $UO_3\cdot(2\text{-}x)H_2O$ (IMA)

副柱铀矿是一种含结晶水的铀的氧化物矿物。属柱铀矿族。斜方晶系。晶体呈针状、片状;集合体呈皮壳状、薄膜状。黄色、黄绿色,金刚光泽,透明;硬度 2～3,完全解理,脆性。1947 年发现于刚果(金)上加丹加省坎博韦区欣科洛布韦(Shinkolobwe)矿(卡索罗矿)。1947 年 A. 舒尔普(A. Schoep)和 S. 斯特拉迪奥特(S. Stradiot)在《美国矿物学家》(32)报道。英文名称 Paraschoepite,由"Para(非正,即副)"和与"Schoepite(柱铀矿)"组合命名,意指与柱铀矿成同质多象关系。1959 年以前发现、描述并命名的"祖父级"矿物,IMA 承认有效。中文名称意译为副柱铀矿;也译为水柱铀矿(参见【柱铀矿】条 1121 页)。根据 2010 年布鲁格(Buluge)等研究认为:副柱铀矿可能是变柱铀矿(Metaschoepite)、保罗谢尔铀矿*(Paulscherrerite)和水铀矿(Ianthinite)的混合物。

傅

[fù]形声;从人,尃(fū)声。本义:辅佐。①中国姓氏。②[英]音,用于外国人名。

【傅纳特阿尔瑙石*】

英文名 Fontarnauite

化学式 $(Na,K)_2(Sr,Ca)(SO_4)[B_5O_8(OH)](H_2O)_2$ (IMA)

傅纳特阿尔瑙石*是一种含结晶水的钠、钾、锶、钙的氢硼酸-硫酸盐矿物,它的元素的独特组合是目前已知唯一的锶-硫-硼的矿物。单斜晶系。晶体呈柱状。浅棕色;硬度 2.5～3,完全解理,脆性。2009 年发现于土耳其屈塔希亚省埃梅特地区多根拉尔(Doganlar)村蒸发盐硼矿床。英文名称 Fontarnauite,为纪念西班牙巴塞罗那大学材料科学家拉蒙·傅纳特阿尔瑙·格里尔(Ramon Fontarnau Griera,1944—2007)而以他的名字命名,以表彰他对西班牙矿物学研究做出的重要贡献。IMA 2009－096a 批准。2014 年 M. A. 库珀(M. A. Cooper)等在《CNMNC 通讯》(22)、《矿物学杂志》(78)和 2015 年《加拿大矿物学家》(53)报道。目前尚未见官方中文译名,编译者建议音译为傅纳特阿尔瑙石*。杨光明教授建议根据成分译为硫硼锶钠石。

【傅氏磷锰石】

汉拼名 Fupingqiuite

化学式 $(Na,Mn^{2+},\square)_2Mn_2^{2+}Fe^{3+}(PO_4)_3$

傅氏磷锰石是一种钠、锰、空位、铁的磷酸盐矿物。属磷锰钠石超族磷铝铁锰钠石族。单斜晶系。2016 年发现于阿根廷圣路易斯省查卡布科县南锡伟晶岩。汉拼名称 Fupingqiuite,以中国学者傅平秋(Fupingqiu)的姓名命名。IMA 2016－087批准。2017 年杨和雄等在《CNMNC 通讯》(35)和《矿物学杂志》(81)报道。杨和雄(Yang Hexiong)和谷湘平(Gu Xiangping)等根据姓氏和成分命名为傅氏磷锰石。它可能是绿磷锰钠矿(Varulite)的同义词。

【傅锡铌矿】

英文名 Foordite

化学式 $Sn^{2+}Nb_2O_6$ (IMA)

傅锡铌矿细粒状晶体(刚果)和傅尔德像

傅锡铌矿是一种锡、铌的氧化物矿物。属傅锡铌矿族。与锡钽矿成系列。单斜晶系。晶体呈细粒状。深棕色、黄棕色、橄榄棕色,金刚—半金刚光泽,半透明;硬度 6,完全解理,脆性。1984 年发现于卢旺达西部省卡巴亚区卢特西罗(Lutsiro)。英文名称 Foordite,由佩特尔·塞尔尼(Petr

Cerny)等以美国地质调查局的矿物学家和花岗伟晶岩研究专家尤金·爱德华·傅尔德(Eugene Edward Foord,1946—1998)的姓氏命名。IMA 1984－070 批准。1988 年 P. 塞尔尼(P. Cerny)等在《加拿大矿物学家》(26)报道。中文名称根据英文名称首音节音和成分译为傅锡铌矿。杨光明教授建议译为锡铌矿或傅氏锡铌矿。

【傅斜硅钙石】

英文名 Foshagite

化学式 $Ca_4(SiO_3)_3(OH)_2$　　(IMA)

傅斜硅钙石是一种含羟基的钙的硅酸盐矿物。与特水硅钙石为同质多象。三斜晶系。晶体呈纤维状、丝状、针状、柱状;集合体呈脉状。雪白色,玻璃光泽、丝绢光泽,透明—半透明;硬度 3,完全解理。1925 年发现于美国加利福尼亚州里弗赛得市洛杉矶盆地克雷斯特莫尔(Crestmore)采石场等地;同年,在《美国矿物学家》(10)报道。英文名称 Foshagite,1925 年由亚瑟·S. 埃克勒(Arthur S. Eakle)为了纪念美国化学家和矿物学家、史密森矿物学会会长威廉·弗雷德里克·傅沙格(William Frederick Foshag,1894—1956)而以他的姓氏命名。1959 年以前发现、描述并命名的"祖父级"矿物,IMA 承认有效。中文名称根据英文名称首音节音加矿物的三斜晶系和成分译为傅斜硅钙石;杨光明教授等也译为傅硅钙石。

傅斜硅钙石纤维状晶体,脉状集合体(美国)和傅沙格像

富

[fù]形声;从宀,畐声。本义:多、丰富,跟"贫""穷"相对。[英]音,用于外国人名、地名。

【富钙异性石】

英文名 Mogovidite

化学式 $Na_9(Ca,Na)_{12}Fe_2Zr_3Si_{25}O_{72}(CO_3)(OH)_4$　(IMA)

富钙异性石是一种含羟基的钠、钙、铁、锆的碳酸-硅酸盐矿物。属异性石族。三方晶系。晶体呈自形板状、粒状。深红褐色,玻璃光泽,半透明;硬度 5.5,脆性。2004 年发现于俄罗斯北部摩尔曼斯克州科夫多尔哲勒兹尼(Kovdor Zheleznyi)铁矿。英文名称 Mogovidite,以发现地俄罗斯的科夫多尔地块附近的莫贡-维德(Mogo-Vid)山命名,在这里收集到第一块标本。IMA 2004－040 批准。2005 年 K. A. 罗森伯格(K. A. Rosenberg)等在《俄罗斯科学院报告》(400)和 N. V. 丘卡诺夫(N. V. Chukanov)在《俄罗斯矿物学会记事》[134(6)]报道。2008 年中国地质科学院地质研究所任玉峰等在《岩石矿物学杂志》[27(6)]根据成分及族名译为富钙异性石。杨光明教授译为钙异性石。

【富铬绿脱石】

英文名 Volkonskoite

化学式 $Ca_{0.3}(Cr,Mg)_2(Si,Al)_4O_{10}(OH)_2 \cdot 4H_2O$　(IMA)

富铬绿脱石块状集合体(俄罗斯)和沃孔恩斯克伊像

富铬绿脱石是一种富铬的绿脱石黏土矿物。属蒙脱石族。单斜晶系。晶体呈鳞片状;集合体呈块状。黄色、蓝绿色、深绿色、草绿色,蜡状光泽、树脂光泽,半透明—近于不透明;硬度 1.5～2,完全解理,脆性。1830 年发现于俄国乌拉尔中东部彼尔姆州奥汉斯克市卡马河伊菲米亚塔(Efimyata)村伊菲迈亚茨卡亚(Efimyatskaya)山。1831 年在《矿物学、构造地质学、地质学和石油新年鉴》(2)报道。英文名称 Volkonskoite,1831 年由奥古斯特·亚历山大·卡默勒(August Alexander Kämmerer)为纪念俄国的朝廷大臣普林斯·佩特·米哈伊洛维奇·沃孔恩斯克伊(Prince Petr Mikhailovich Volkonskoy,1776—1852)而以他的姓氏命名。1959 年以前发现、描述并命名的"祖父级"矿物,IMA 承认有效。IMA 1987s. p. 批准。1987 年 E. F. 富尔德(E. F. Foord)等在《黏土与黏土矿物》(35)报道了《关于富铬绿脱石的命名问题》。中文名称根据成分及族名译为富铬绿脱石;《英汉矿物种名称》(2017)译为铬绿脱石。

【富钾锂钠闪石】

英文名 Potassic-ferri-leakeite

化学式 $KNa_2(Mg_2Fe_2^{3+}Li)Si_8O_{22}(OH)_2$　(IMA)

富钾锂钠闪石是一种 A 位钾,C^{2+} 位镁,C^{3+} 位铁和 W 位羟基为主导的角闪石矿物。属角闪石超族,W 位以羟基、氟、氯主导的角闪石族钠质闪石亚族利克石(leakeite)根名族。单斜晶系。晶体呈柱状;集合体呈脉状。红棕色,玻璃光泽,透明;硬度 5,完全解理,脆性。2001 年发现于日本本州岛东北部岩手县下闭伊郡田野畑村田野畑(Tanohata)矿山。英文名称 Potassic-ferri-leakeite,由成分冠词"Potassic(钾)""Ferri(三价铁)"和根词"Leakeite(利克石)"组合命名。此矿物于 2002 年首次由松原(S. Matsubara)等在日本《矿物学和岩石学科学杂志》(97)报道,称 Potassicleakeite(IMA 2001－049 批准)。日文名称カリリーク閃石或リカ第二鉄リーキ閃石。2012 年 F. C. 霍桑(F. C. Hawthorne)等在《美国矿物学家》(97)的《角闪石超族命名法》描述为 Leakeite 根名族,[以格拉斯哥大学地质学家伯纳德·埃尔热·利克(Bernard Elgey Leake,1932—)的姓氏命名。他是美国的 IMA 主席并修改闪石命名法];更为现名称 Potassic-ferri-leakeite(IMA 2012s. p. 批准)。2006 年中国地质科学院矿产资源研究所李锦平在《岩石矿物学杂志》[25(6)]根据成分和族名译为富钾锂钠闪石,也有的根据成分及与利克石的关系译作富钾利克石/钾铁利克石(参见【利克石】条 447 页);杨光明教授建议译为高铁镁锂钾钠闪石。

【富钾纤锰柱石】

英文名 Potassiccarpholite

化学式 $K(Mn^{2+},Li)_2Al_4Si_4O_{12}(OH,F)_8$　(IMA)

富钾纤锰柱石是一种含羟基和氟的钾、锰、锂、铝的硅酸盐矿。属纤锰柱石族。斜方晶系。晶体呈针状。白色、稻草黄色,玻璃光泽,透明;硬度 5,完全解理。2002 年发现于美国爱达荷州锯刺山脉锯齿山(Sawtooth Batholith)基岩。英文名称 Potassiccarpholite,由成分冠词"Potassic(钾)"和根词"Carpholite(纤锰柱石)"组合命名。IMA 2002－064 批准。2004 年 K. T. 泰特(K. T. Tait)等在《加拿大矿物学家》(42)

富钾纤锰柱石针状晶体(美国)

F

报道。2008 年中国地质科学院地质研究所任玉峰等在《岩石矿物学杂志》[27(3)]根据成分及与纤锰柱石的关系译为富钾纤锰柱石，或译作钾氟纤锰柱石；杨光明教授建议译为锂钾纤锰柱石（根词参见【纤锰柱石】条 1012 页）。

【富钾亚铁钠闪石】

英文名 Potassic-arfvedsonite

化学式 $KNa_2(Fe_4^{2+}Fe^{3+})Si_8O_{22}(OH)_2$　（IMA）

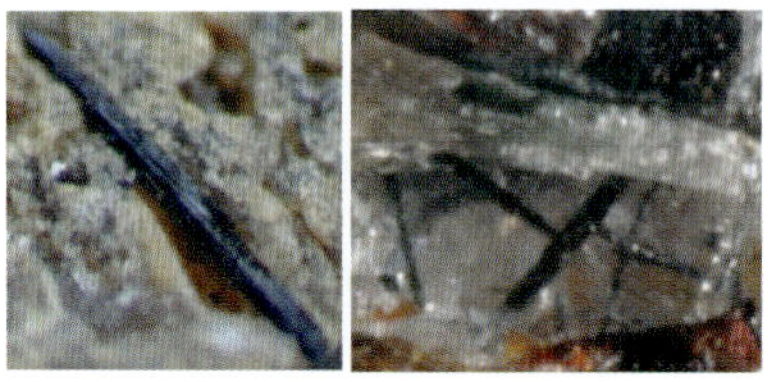

富钾亚铁钠闪石柱状、针状晶体（俄罗斯）

富钾亚铁钠闪石是一种 A 位钾、C^{2+} 位二价铁、C^{3+} 位三价铁和 W 位羟基占优势的角闪石矿物。属角闪石超 W 位羟基、氟、氯主导的角闪石族钠质闪石亚族钠铁闪石根名族。单斜晶系。晶体呈柱状、针状。黑色，暗蓝绿色或蓝灰色，玻璃光泽，透明—半透明；硬度 5.5～6，完全解理，脆性。2003 年发现于俄罗斯北部摩尔曼斯克州希比内（Khibiny）或洛沃泽罗（Lovozero）地块，以及丹麦格陵兰库雅雷哥（Kujalleq）自治区等处。英文名称 Potassic-arfvedsonite，由成分冠词“Potassic（钾）”和根词“Arfvedsonite（铁钠闪石）”组合命名。原名 Kaliumarfvedsonite（IMA 2003-043 批准）。2004 年在《矿物学新年鉴》（月刊）报道。2012 年 F. C. 霍桑（F. C. Hawthorne）等在《美国矿物学家》（97）的《角闪石超族命名法》更为现名 Potassic-arfvedsonite（IMA 2012s. p. 批准）。2008 年中国地质科学院地质研究所任玉峰等在《岩石矿物学杂志》[27(3)]根据成分及与铁钠闪石的关系译为富钾亚铁钠闪石（根词参见【钠铁闪石】条 643 页）。

【富兰克林菲罗石】

英文名 Franklinphilite

化学式 $(K,Na)_4(Mn^{2+},Mg,Zn)_{48}(Si,Al)_{72}(O,OH)_{216}\cdot 6H_2O$　（IMA）

富兰克林菲罗石是一种含结晶水和羟基的钾、钠、锰、镁、锌的铝硅酸盐矿物。属黑硬绿泥石族。与菱硅钾铁石为同质多象。三斜晶系。晶体呈假六方片状；集合体呈放射状。黑褐色，玻璃光泽、松脂光泽，透明—近于不透明；硬度 4，完全解理，脆性。1990 年发现于美国新泽西州苏塞克斯县富兰克林矿区荞麦（Buckwheat）坑。英文名称 Franklinphilite，1992 年由皮特 · J. 邓恩（Pete J. Dunn）等根据发现地美国“Franklin（富兰克林）”和希腊文“φιλ＝Phil（菲尔＝朋友）”组合命名，富兰克林的朋友是指帮助研究独特矿床的矿物学和地质学的那些科学研究人员。IMA 1990-050 批准。1992 年皮特 · J. 邓恩（Pete J. Dunn）等在《矿物记录》（23）和 1993 年《美国矿物学家》（78）报道。1998 年中国新矿物与矿物命名委员会黄蕴慧等在《岩石矿物学杂志》[17(1)]音译为富兰克林菲罗石。

【富勒烯石】

英文名 Fullerite

化学式 C_{60}

富勒烯石是一种碳元素的单质矿物。它与金刚石、石

富勒烯结构图和足球图

墨、碳纳米管、石墨烯、赵击石、蓝丝黛尔石等都是碳元素的单质，它们互为同素异形体。四方晶系。晶体呈粒状。黑色，玻璃光泽；硬度 3.5。最初发现于俄罗斯北部卡累利阿共和国奥涅加湖顺加（Shunga）村和塔吉克斯坦粟特州吉萨尔山脉图维什（Tuvish）玄武岩管。英文名称 Fullerite，以美国建筑师和梦想家理查德 · 巴克敏斯特 · 富勒（Richard Buckminster Fuller，1895—1983）的姓氏命名。富勒设计发明了像富勒烯的分子形态的圆顶建筑，富勒烯笼型结构样子像足球，因此又称足球烯，也叫巴克敏斯特富勒烯（Buckminsterfullerene）或巴基球/巴克球（Bucky Balls）。IMA 持怀疑态度。1992 年美国科学家 P. R. 布塞克（P. R. Buseck）在用高分辨透射电镜研究俄罗斯数亿年前的顺加村的矿石时，发现了 C_{60} 和 C_{70} 的存在，飞行时间质谱也证明了他们的结论，产生原因未知。然而，顺加村材料中，富勒烯只含微量（＜0.001%）[莫辛（Mosin）等，2013]，所以用这样的标本来命名是错误的，它是假设的矿物名称“Fullerite”。2010 年加拿大西安大略大学科学家在 6 500 光年以外的宇宙星云中发现了 C_{60} 存在的证据，他们通过史匹哲太空望远镜发现了 C_{60} 特定的信号。克罗托说：“这个最令人兴奋的突破给我们提供了令人信服的证据：正如我们一直期盼的那样，巴基球在宇宙的亘古前就存在了。”中文名称音译为富勒烯石或巴基球石。

【富硫铋铅矿】

英文名 Heyrovský ite

化学式 $Pb_6Bi_2S_9$　（IMA）

富硫铋铅矿柱状晶体（捷克）和赫伊罗夫斯基像

富硫铋铅矿是一种铅、铋的硫化物矿物。属硫铋铅矿同源系列族。斜方晶系。晶体呈柱状、针状、粒状。锡白色，金属光泽，不透明；硬度 4～5。1970 年发现于捷克共和国波希米亚中部克斯塔（čistá）的胡尔基（Hurky）。英文名称 Heyrovský ite，1971 年 J. 克洛明斯基（J. Klominsky）等以捷克共和国布拉格查尔斯大学化学教授雅罗斯拉夫 · 赫伊罗夫斯基（Jaroslav Heyrovský，1890—1967）的姓氏命名。IMA 1970-022 批准。1971 年在《矿床矿物》（6）和 1972 年《美国矿物学家》（57）报道。中文名称根据成分译为富硫铋铅矿。

【富铝红柱石】参见【莫来石】条 623 页

【富镁黑云母】

英文名 Eastonite

化学式 $KAlMg_2(Si_2Al_2)O_{10}(OH)_2$　（IMA）

富镁黑云母片状晶体（美国）

富镁黑云母是一种云母族的富镁的黑云母矿物。单斜晶系。晶体呈片状。黄色；极完全解理。1899 年发现于美国宾夕法尼亚州伊斯顿（Easton）切斯特纳特（Chestnut）山谢勒（Sherrer）采石场。1925 年在《美国科学杂志》（9）报道。英文名称 Eastonite，1925 年由亚历山大·N. 温切尔（Alexander N. Winchell）以发现地美国宾夕法尼亚州的伊斯顿（Easton）命名。实际上，最早于 1899 年是由撒母耳·哈勃·汉密尔顿（Samuel Harbert Hamilton）在《矿物收藏》（6）以美国宾夕法尼亚州伊斯顿（Easton）命名的 Eastonite，但 1925 年温切尔所描述的与汉密尔顿命名的并不是相同的云母材料。1959 年以前发现、描述并命名的“祖父级”矿物，IMA 承认有效。IMA 1998s. p. 批准。中文名称根据成分及与黑云母的关系译为富镁黑云母或镁黑云母。

【富镁蒙脱石】参见【富镁皂石】条 215 页

【富镁皂石】

英文名 Stevensite

化学式 $(Ca,Na)_x Mg_{3-y} Si_4 O_{10}(OH)_2$ （IMA）

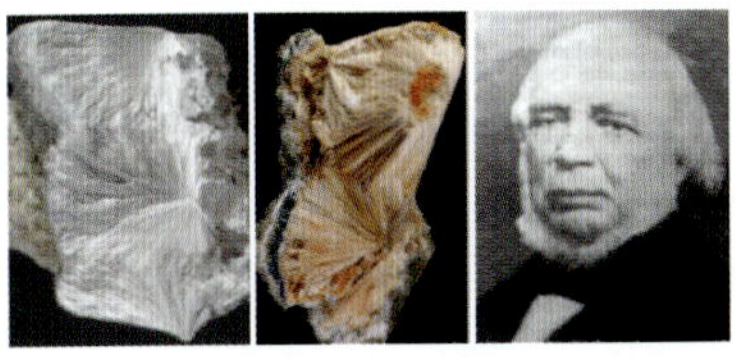

富镁皂石纤维状晶体，放射状集合体（美国）和史蒂文斯像

富镁皂石是一种含羟基的钙、钠、镁的硅酸盐黏土矿物。属蒙脱石族。单斜晶系。晶体通常为黏土级粒状、纤维状；集合体呈放射状。白色、淡黄色、淡褐色、淡粉色，蜡状光泽、树脂光泽、土状光泽，半透明；硬度 2.5，完全解理，脆性，易碎。1873 年发现于美国新泽西州卑尔根（Bergen）县和哈德逊县。1873 年 A. R. 利兹（A. R. Leeds）在《美国科学与艺术杂志》（6）报道。英文名称 Stevensite，以美国新泽西州霍博肯史蒂文斯理工学院的创始人埃德温·奥古斯图·史蒂文斯（Edwin Augustus Stevens，1795—1868）的姓氏命名。矿物名称是在埃德温·奥古斯图·史蒂文斯通过大学工程专业毕业时命名的，以表彰他的大学毕业设计达到了很高的专业技术水平。史蒂文斯是 1823 年运输公司工会的创始人之一，他设计了美国第一条铁路。1959 年以前发现、描述并命名的“祖父级”矿物，IMA 承认有效，但 IMA 持怀疑态度。中文名称根据成分及族名译为富镁皂石，也译作富镁蒙脱石；音译为斯蒂文石，或首音节音加与皂石的关系译为斯皂石。

【富锰绿泥石】

英文名 Gonyerite

化学式 $Mn_5^{2+}Fe^{3+}(Si_3Fe^{3+}O_{10})(OH)_8$ （IMA）

富锰绿泥石叶片状晶体，放射状集合体（瑞典）

富锰绿泥石是一种绿泥石富锰的物种。属绿泥石族。斜方晶系。晶体呈鳞片状、叶片状；集合体呈放射状。暗红棕色、深褐色、亮绿色，珍珠光泽，透明—半透明；硬度 2.5，完全解理，叶片具挠性。1955 年发现于瑞典韦姆兰省菲利普斯塔德市朗班（Långban），并在《美国矿物学家》（40）报道。英文名称 Gonyerite，由克利福德·弗龙德尔（Clifford Frondel）为纪念福雷斯特·A. 格尼尔（Forest A. Gonyer，1899—1971）而以他的姓氏命名。他是美国哈佛大学矿物学系的化学分析家和矿物学家，与他人合作描述命名了许多新矿物种，包括板菱铀矿（Dakeite）、硼锰钙石（Roweite）和碘铜矿（Salesite）。1959 年以前发现、描述并命名的“祖父级”矿物，IMA 承认有效。中文名称根据成分和族名译为富锰绿泥石。

【富钠带云母】

英文名 Shirokshinite

化学式 $K(Mg_2Na)Si_4O_{10}F_2$ （IMA）

富钠带云母是一种含氟的钾、镁、钠的硅酸盐矿物。属云母族。单斜晶系。晶体呈六方柱状骸晶；集合体呈束状。无色—浅灰色，带绿色色调，玻璃光泽、珍珠光泽，透明—半透明；硬度 2.5，完全解理。2001 年发现于俄罗斯北部摩尔曼斯克州库基斯武姆科尔（Kukisvumchorr）山基洛夫斯基（Kirovskii）磷灰石矿。英文名称 Shirokshinite，以俄国地质学家尼古拉·瓦西里耶维奇·施罗克斯尼（Nikolay Vasilievich Shirokshin，1809—?）的姓氏命名。他致力于俄国希比内地块的地质学、岩石学和地貌学方面的研究工作，1835 年第一个发表希比内地块的地质数据。IMA 2001-063 批准。2003 年 I. V. 佩科夫（I. V. Pekov）等在《欧洲矿物学杂志》（15）报道。2008 年中国地质科学院地质研究所任玉峰等在《岩石矿物学杂志》[27(2)]根据成分及族名译为富钠带云母；杨光明教授建议译为钠带云母（参见【带云母】条 104 页）。

【富钠似绿泥石】

英文名 Glagolevite

化学式 $Na(Mg,Al)_6(Si_3Al)O_{10}(OH,O)_8$ （IMA）

富钠似绿泥石是一种含氧和羟基的钠、镁、铝的铝硅酸盐矿物。属绿泥石族。三斜晶系。晶体呈叶片状。无色，玻璃光泽、珍珠光泽，透明；硬度 3～5，完全解理。2001 年发现于俄罗斯北部摩尔曼斯克州科夫多尔（Kovdor）地块超基性碱性岩和碳酸岩体。英文名称 Glagolevite，2003 年 M. V. 谢列金（M. V. Seredin）等为纪念俄罗斯矿物学家和岩石学家 A. A. 格拉戈列夫（A. A. Glagolev，1927—1993）而以他的姓氏命名。他在科夫多尔超基性碱性岩和碳酸岩研究方面做出了贡献。IMA 2001-064 批准。2003 年谢列金等在《俄罗斯矿物学会记事》[132(1)]报道。2008 年中国地质科学院地质研究所任玉峰等在《岩石矿物学杂志》[27(2)]根据成分及族名译为富钠似绿泥石；杨光明教授建议译为钠似绿泥石。

【富钠异性石】

英文名 Raslakite

化学式 $Na_{15}Ca_3Fe_3(Na,Zr)_3Zr_3(Si,Nb)Si_{25}O_{73}(OH,H_2O)_3(Cl,OH)$ （IMA）

富钠异性石是一种含结晶水、羟基、氯的钠、钙、铁、锆、铌的硅酸盐矿物。属异性石族。三方晶系。晶体呈粒状，粒径达 3cm；集合体呈块状。红褐色，玻璃光泽，半透明；硬度 5，脆性。2002 年发现于俄罗斯北部摩尔曼斯克州拉斯拉克（Raslak）环形山谷。英文名称 Raslakite，以发现地俄罗斯卡纳苏特山西南部的拉斯拉克（Raslak）山谷命名。IMA

2002－067批准。2003 年 N. V. 丘卡诺夫(N. V. Chukanov)等在《俄罗斯矿物学会记事》[132(5)]报道。2008 年中国地质科学院地质研究所任玉峰等在《岩石矿物学杂志》[27(2)]根据成分及族名译为富钠异性石；杨光明教授建议译为钠异性石。

【富镍滑石】参见【暗镍蛇纹石】条 25 页

【富镍绿泥石】

英文名 Nimite

化学式 $(Ni,Mg,Al)_6(Si,Al)_4O_{10}(OH)_8$ (IMA)

富镍绿泥石不规则粒状晶体，块状集合体(波兰)

富镍绿泥石是一种绿泥石族的富镍物种。属绿泥石族。单斜晶系。晶体呈不规则粒状；集合体呈块状、微细脉状。黄绿色，珍珠光泽，透明—半透明；硬度 3，完全解理。1968 年发现于南非普马兰加省巴伯顿区邦阿科德(Bon Accord)的斯科舍滑石矿床。1970 年在《美国矿物学家》(55)报道。英文名称 Nimite，以南非国家冶金研究所(National Institute of Metallurgy)的缩写 NIM 命名。IMA 1971s. p. 批准。中文名称根据成分及与绿泥石族的关系译为富镍绿泥石；杨光明教授建议译为镍绿泥石。

【富特米尼矿*】

英文名 Footemineite

化学式 $Ca_2Mn_5^{2+}Be_4(PO_4)_6(OH)_4 \cdot 6H_2O$ (IMA)

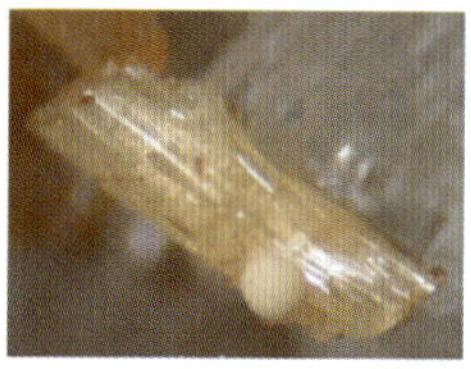

富特米尼矿*柱状晶体(美国)

富特米尼矿*是一种含结晶水的碱式钙、锰、铍的磷酸盐矿物。属钙磷铍锰矿族。与钙磷铍锰矿(Roscherite)为同质多象。三斜晶系。晶体呈柱状、叶片状，晶体通常呈粗糙的桶状，长约 1.5mm，直径 1mm，具简单双晶。黄色，玻璃光泽、珍珠光泽，透明；硬度为 4.5～5，完全解理，脆性，易碎。2006 年发现于美国北卡罗来纳州克利夫兰市福特矿(Foote Mine)。英文名称 Footemineite，以发现地美国福特矿(Foote Mine)命名。IMA 2006－029 批准。2008 年 D. 阿登乔(D. Atencio)等在《美国矿物学家》(93)报道。目前尚未见官方中文译名，编著者建议音译为富特米尼矿*。

【富铁黑铝镁钛矿】

英文名 Ferrohögbomite-2N2S

化学式 $(Fe,Mg,Zn,Al)_3(Al,Ti,Fe)_8O_{15}(OH)$ (IMA)

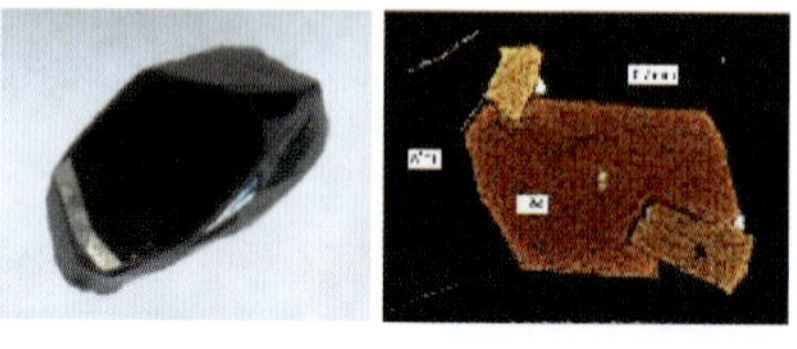

富铁黑铝镁钛矿自形六方柱状、板状晶体(缅甸、印度)

富铁黑铝镁钛矿是一种铁、镁、锌、铝、钛的氢氧-氧化物矿物。属黑铝镁钛矿族。六方晶系。晶体呈自形六方板状、柱状。带红的褐色，金刚光泽，半透明；硬度 6～7，脆性。2001 年发现于阿尔及利亚阿尔及利亚省阿因塔巴(Ain Taiba)。英文名称 Ferrohögbomite-2N2S，由成分冠词"Ferro(二价铁)"和根词"Högbomite(黑铝镁钛矿)"，再加多型后缀-2N2S组合命名。IMA 2001－048 批准。2002 年 C. 赫基尼(C. Hejny)等在《欧洲矿物学杂志》(14)报道。2006 年中国地质科学院矿产资源研究所李锦平在《岩石矿物学杂志》[25(6)]根据成分及与黑铝镁钛矿的关系译为富铁黑铝镁钛矿(根词参见【黑铝镁铁矿】条 317 页)。根据杨主明和蔡剑辉《标准化矿物族分类体系与矿物名称的中文译名》(中国地质学会 2011 年学术年会)译为亚铁霍格玻姆石。杨光明教授认为亚铁霍格玻姆石不符合俗成的命名原则，建议译为铁黑铝镁钛矿。

【富铁镧褐帘石】

英文名 Ferriallanite-(La)

化学式 $CaLa(Fe^{3+}AlFe^{2+})[Si_2O_7][SiO_4]O(OH)$ (IMA)

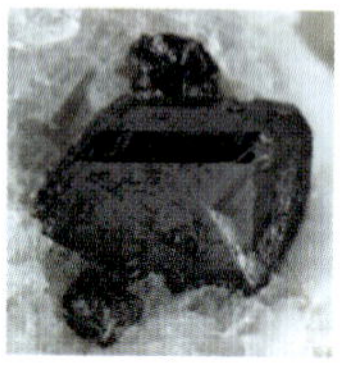

富铁镧褐帘石厚板状晶体(德国)

富铁镧褐帘石是一种含羟基和氧的钙、镧、铁、铝的硅酸盐矿物。属绿帘石超族褐帘石族。单斜晶系。晶体呈厚板状。黑色，玻璃光泽，半透明；硬度 6，脆性。2010 年发现于德国莱茵兰-普法尔茨州迈恩-科布伦茨县艾费尔高原尼德蒙迪格(Niedermendig)的德伦(Dellen)采石场。英文名称 Ferriallanite-(La)，由成分冠词"Ferri(三价铁)"和根词"Allanite(褐帘石)"，加占优势的稀土元素镧后缀"-(La)"组合命名。IMA 2010－066 批准。2011 年 U. 科里茨(U. Kolitsch)等在《CNMNC 通讯》(8)、《矿物学杂志》(75)和 2012 年《欧洲矿物学杂志》(24)报道。中文名称根据成分及与褐帘石的关系译为富铁镧褐帘石；杨光明教授建议译为铁镧褐帘石(根词参见【褐帘石-镧】条 309 页)。

【富铁铈褐帘石】

英文名 Ferriallanite-(Ce)

化学式 $CaCe(Fe^{3+}AlFe^{2+})[Si_2O_7][SiO_4]O(OH)$ (IMA)

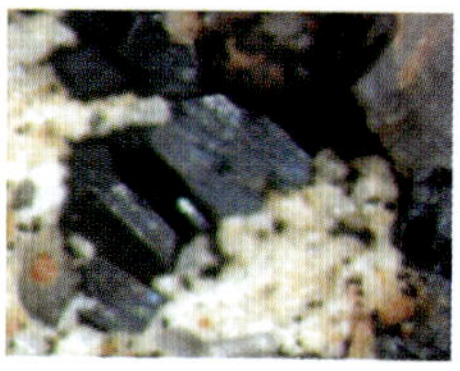

富铁铈褐帘石半自形粒状晶体(蒙古国)

富铁铈褐帘石是一种含羟基和氧的钙、铈、铁、铝的硅酸盐矿物。属绿帘石超族褐帘石族。单斜晶系。晶体呈半自形粒状；集合体呈晶簇状。黑色，玻璃光泽、树脂光泽，半透明—不透明；硬度 6，脆性。2000 年发现于蒙古国科布多省阿尔泰山脉哈尔德赞巴塔格(Khaldzan Buragtag)地块尼普雷梅特尼(Neprimetnyi)伟晶岩。英文名称 Ferriallanite-(Ce)，由成分冠词"Ferri(三价铁)"和根词"Allanite(褐帘石)"，加占优势的稀土元素铈后缀"-(Ce)"组合命名。IMA 2000－041 批准。2002 年 P. M. 卡塔晓夫(P. M. Kartashov)等在《加拿大矿物学家》(40)报道。2006 年中国地质科学院矿产资源研究所李锦平在《岩石矿物学杂志》[25(6)]根据成分及与褐帘石的关系译为富铁铈褐帘石；杨光明教授建议译为铁铈褐帘石(根词参见【褐帘石-铈】条 309 页)。

【富铜泡石】

汉拼名 Tangdanite

化学式 $Ca_2Cu_9(AsO_4)_4(SO_4)_{0.5}(OH)_9 \cdot 9H_2O$ (IMA)

富铜泡石是一种含结晶水和羟基的钙、铜的硫酸-砷酸盐矿物。它是目前已知的唯一的铜、钙的硫酸-砷酸盐矿物。

富铜泡石片状晶体，放射状集合体（中国、斯洛伐克）

单斜晶系。晶体呈扁平片状，可达 3mm；集合体呈放射状或片麻状。翡翠绿色，条痕呈浅绿色，丝绢光泽、珍珠光泽，半透明；硬度 2～2.5，完全解理。1980 年发现于中国云南省昆明市东川区东川铜矿成矿区汤丹（Tangdan）烂泥坪铜矿。1980 年马喆生、彭志忠等在《地质学报》[54(2)]报道，称单斜铜泡石[Clinotyrolite，2006 年克里沃维奇（Krivovichev）等证明是 Tyrotite-2M 多型]，但未获 IMA 批准。汉拼名称 Tangdanite，最初汉拼名称 Fuxiaotuite，是由傅小土的汉语拼音 Fu Xiaotu 姓名命名的。傅小土是加拿大学者杰夫瑞·德·富雷斯捷（Jeffrey de Fourestier）的中国姓名。李国武博士测定了矿物的晶体结构。此名称经 IMA 批准又由 CNMNC 撤回[矿物本身的批准是 CNMNC 的皮特·威廉姆斯（Pete Williams）的“私人通信”]，后改由物种模式产地中国汤丹（Tangdan）铜矿命名为 Tangdanite（中文名称汤丹石）而获 IMA 2011-096 批准。2012 年杰夫瑞·德·富雷斯捷（Jeffrey de Fourestier）等在《CNMNC 通讯》[13(6)]、《矿物学杂志》[76(3)]和 2014 年马喆生（Ma Zhesheng）等在《矿物学杂志》(78)报道。中文名称根据最初汉拼名称 Fuxiaotuite 首音节音及与铜泡石的关系命名为富铜泡石[见于 2014 年王濮等《地学前缘》[21(1)]《1958—2012 年在中国发现的新矿物》一文]，也有的称作傅铜泡石；杨光明教授建议命名为傅氏铜泡石，还有的音译为傅小土石。

【富钍独居石】

英文名 Cheralite

化学式 $CaTh(PO_4)_2$ (IMA)

富钍独居石是独居石的富钍物种。属独居石族。单斜晶系。晶体呈细长柱状、细粒状；集合体呈块状。浅灰色、棕色—红棕色、淡黄色、淡绿色—暗绿色，松脂光泽或玻璃光泽；硬度 5。1953 年发现于印度一个古老的德拉威人王国比特拉凡科区[现在的喀拉拉（Chera＝Kerala）邦特里凡得琅区库坦库什（Kuttakuzhi）]。1953 年 S. H. U. 鲍伊（S. H. U. Bowie）和 J. E. T. 霍恩（J. E. T. Horne）在《矿物学杂志》(30)报道：富钍独居石的新矿物。英文名称 Cheralite，由模式产地印度南部的一个古老的王国奇拉/喀拉拉（Chera/Kerala）邦命名。最初由范德·马德（Van der Made）报道了发现于纳米比亚埃龙戈山地区卡里比布区布拉班特（Brabant）省一个农场伟晶岩。后来，E. A. 乔宾（E. A. Jobbins）和 C. M. 格拉曼查理（C. M. Gramaccialli）分别报道了产于斯里兰卡和意大利伟晶岩中的富钍（或富铀）独居石。王贤觉和 D. 罗斯（D. Rost）分别报道了成分为 $CaTh(PO_4)_2$ 的独居石族新矿物。王贤觉以成分命名为磷钙钍矿（Cathophorite），罗斯以其最初产地布拉班特（Brabant）命名为布拉班石（Brabanite）。2007 年 IMA 废弃 Cathophorite 和 Brabanite，而保留了来自印度模式产地的 Cheralite 名称。1959 年以前发现、描述并命名的“祖父级”矿物，IMA 承认有效。IMA 2005s. p. 批准。中文名称根据成分及与独居石的关系译为富钍独居石，或根据成分译为磷钙钍矿；杨光明教授建议译为钍独居石。

【富银利硫砷铅矿】

英文名 Argentoliveingite

化学式 $Ag_xPb_{40-2x}As_{48+x}S_{112}$ ($3<x<4$) (IMA)

富银利硫砷铅矿是一种银、铅的砷-硫化物矿物。属脆硫砷铅矿同源系列族。三斜晶系。晶体呈板柱状。黑色，金属光泽，不透明。2016 年发现于瑞士瓦莱州林根巴赫（Lengenbach）采石场。英文名称 Argentoliveingite，由成分冠词“Argento（银）”和根词“Liveingite（利硫砷铅矿）”组合命名。IMA 2016-029 批准。2016 年 D. 托帕（D. Topa）等在《CNMNC 通讯》(32)和《矿物学杂志》(80)报道。中文名称根据成分及与利硫砷铅矿的关系译为富银利硫砷铅矿；杨光明教授建议译为银利硫砷铅矿（根词参见【利硫砷铅矿】条 447 页）。

富银利硫砷铅矿板柱状晶体（瑞士）

F

Gg

钆 [gá]一种金属元素。[英]Gadolinium。元素符号Gd。原子序数64。1880年,瑞士的G.德·马里格纳克(G. de Marignac)从"钐"分离出两个元素,其中一个由索里特证实是钐元素,另一个元素得到波依斯包德莱的研究确认。1886年法国化学家布瓦博德朗制出纯净的钆。马里格纳克为了纪念钇元素的发现者,研究稀土的先驱芬兰化学家、矿物学家加多林(Gado Linium),将这个新元素命名为Gadolinium,汉译钆。钆在地壳中的含量为0.000 636%,主要存在于独居石和氟碳铈矿中,尚未发现独立的钆矿物。

钙 [gài]一种金属元素。[英]Calcium。化学符号Ca。原子序数20。在1789年拉瓦锡发表的元素表中就列有它,但它并不是钙,而是钙土或灰土。1808年戴维电解石灰与氧化汞的混合物,得到钙汞合金,将合金中的汞蒸馏后,就获得了银白色的金属钙,并以拉丁文Calx命名为Calcium,意思是"从石灰中得到的金属"。钙是地壳中分布最广的元素之一,含量为3.64%,仅次于氧、铝、硅、铁,占第五位。主要以碳酸盐、硫酸盐、硅酸盐、磷酸盐、氟化物、氯化物等形式存在于自然界。

【钙贝塔石】

英文名 Calciobetafite

化学式 $(Ca,Na)_2(Nb,Ti)_2(O,OH)_7$

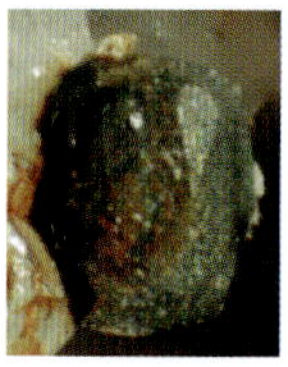

钙贝塔石晶体
(意大利)

钙贝塔石是一种钙、钠、铌、钛的氢氧-氧化物矿物。属烧绿石超族贝塔石族富钙的新矿物。等轴晶系。晶体呈立方体、八面体;蜕晶质。红褐色—黑色,金刚光泽、树脂光泽、蜡状光泽,半透明—不透明;硬度4.5~5.5,脆性。1982年发现于意大利那不勒斯省附近的坎皮佛莱格瑞火山普罗奇达岛。英文名称Calciobetafite,由化学成分冠词"Calcio(钙)"和根词"Betafite(贝塔石)"组合命名。IMA 1982-064批准。1983年F.马齐(F. Mazzi)等在《美国矿物学家》(68)报道。1985年中国新矿物与矿物命名委员会郭宗山等在《岩石矿物及测试》[4(4)]根据成分及与贝塔石的关系译为钙贝塔石。1977年贺加斯(Hogarth)在《美国矿物学家》(62)定义的铌钛铀矿为富铀、钛的烧绿石,因钙贝塔石起源于钙占主导地位的钛烧绿石;因此,IMA对Calciobetafite(钙贝塔石)名字持怀疑态度,认为是多余的(参见【铌钛铀矿】条651页)。根据2010年D.阿滕西奥(D Atencio)等在《加拿大矿物学家》(48)发表的《烧绿石超族命名法》,它的化学式为$Ca_2(Ti,Nb)_2O_6(OH)$,按新命名方案此矿物可译为羟钙贝塔石。2003年张如柏等在《矿物岩石》(3)报道,在我国四川西昌的霓辉石-钠铁闪石脉中发现钙贝塔石(Calciobetafite)。

【钙长石】

英文名 Anorthite

化学式 $Ca(Al_2Si_2O_8)$　　(IMA)

钙长石粒状、板状、柱状晶体(意大利、德国、马达加斯加)

钙长石是斜长石系列矿物之一的富钙端元,钙的铝硅酸盐矿物;$(Ab_{2.4}An_{97.6})$钙长石分子占97.6%,钠长石分子占2.4%。属长石族斜长石亚族。与斯维约它石(Svyatoslavite)、德米斯坦伯格石*(Dmisteinbergite)和斯托夫勒尔石*(Stöfflerite)为同质多象。三斜晶系。晶体呈短柱、板柱状、粒状,普遍具聚片双晶;集合体呈块状。无色、白色、灰色、红灰色,有晕彩,玻璃光泽,透明—半透明;硬度6~6.5,完全解理,脆性。1823年第一次描述了发现于意大利那不勒斯省外轮山(Somma)的标本。1823年古斯塔夫·罗斯(Gustav Rose)在《物理学与实用化学年鉴》(73/NF-43)报道。英文名称Anorthite,由矿物学家古斯塔夫·罗斯(Gustav Rose)根据希腊文"αν=An=Not right angle(不正的夹角)"和"ορθός=Oblique=Orthos(倾斜)"组合命名,意指其晶体的解理夹角是倾斜不正的。1959年以前发现、描述并命名的"祖父级"矿物,IMA承认有效。中文名称根据成分和族名译为钙长石。另一英文名称Indianite,由印度(India)命名,中文名称译为粒钙长石。

【钙铒钇石】参见【硼硅钇钙石】条674页

【钙矾石】

英文名 Ettringite

化学式 $Ca_6Al_2(SO_4)_3(OH)_{12}\cdot 26H_2O$　　(IMA)

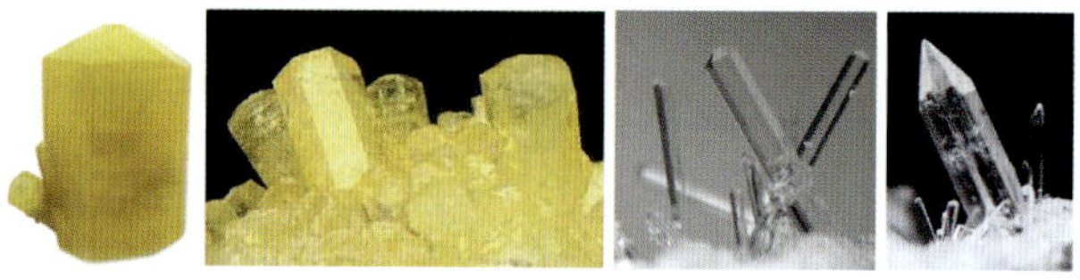

钙矾石柱状晶体,晶簇状集合体(南非、德国)

钙矾石是一种含结晶水和羟基的钙、铝的硫酸盐矿物。属钙矾石族。六方晶系。晶体呈柱状(有的带锥)、针状、纤维状;集合体呈晶簇状。无色—黄色,脱水后变乳白色,玻璃光泽,透明—不透明;硬度2~2.5,完全解理。1874年J.莱曼(J. Lehmann)在《矿物学、地质学和古生物学新年鉴》第一次描述了发现在德国莱茵兰-普法尔茨州艾费尔高原埃特林根(Ettringer)矿区或南部熔岩流高山低草原区的一种新矿物。英文名称Ettringite,以发现地德国的埃特林根(Ettringen)命名。1959年以前发现、描述并命名的"祖父级"矿物,IMA承认有效。IMA 1962s. p.批准。中文名称根据成分译为钙矾石或钙铝矾。另一英文名称Woodfordite,由伍德福德(Woodford)命名。1958年约瑟夫·默多克(Joseph Murdoch)等在《美国地质会学通报》(69)报道。它是钙矾石的含硅碳变种译作硅钙矾石/硅碳钙矾石。

【钙钒华】

英文名 Pintadoite

化学式 $Ca_2V_2^{5+}O_7\cdot 9H_2O$　　(IMA)

钙钒华是一种含结晶水的钙的钒酸盐矿物。四方晶系(?)。晶体呈叶片状、小板条状;集合体呈皮壳状、华状。浅绿色—深绿色,半透明。1914年发现于美国犹他州圣胡安县平塔多(Pintado)峡谷旧金山2号领地。1914年F. L. 赫斯(F. L. Hess)等在《华盛顿科学院学报》(4)报道。英文名称Pintadoite，以发现地美国的平塔多峡谷(Pintado Canyon)命名。1959年以前发现、描述并命名的"祖父级"矿物，IMA承认有效；但持怀疑态度。中文名称根据成分和集合体形态译为钙钒华，或根据成分译为四水钒钉(?)(钙)矿(编译者注：应译为九水钒钙矿)。

【钙钒磷矿】参见【磷钒沸石-钙】条454页

【钙钒榴石】

英文名 Goldmanite

化学式 $Ca_3V_2^{3+}(SiO_4)_3$　　(IMA)

钙钒榴石自形—半自形粒状晶体(斯洛伐克、意大利)和戈德曼像

钙钒榴石是一种钙、钒的硅酸盐矿物。属石榴石超族石榴石族。等轴晶系。晶体呈自形—半自形—他形粒状。暗绿色、棕绿色，玻璃光泽，半透明—近于不透明；硬度6～7。1963年发现于美国新墨西哥州瓦伦西亚县拉古纳区南拉古纳矿坑和桑迪(Sandy)矿匿名矿坑。英文名称Goldmanite，1964年由罗伯特·H. 芒什(Robert H. Moench)和罗伯特·梅罗维茨(Robert Meyrowitz)为纪念美国地质调查局沉积岩石学家马库斯·艾萨克·戈德曼(Marcus Isaac Goldman，1881—1965)而以他的姓氏命名。IMA 1963-003批准。1964年芒什(Moench)和梅罗维茨(Meyrowitz)在《美国矿物学家》(49)报道。中文名称根据成分和族名译为钙钒榴石。

【钙钒铜矿】参见【钒钙铜矿】条147页

【钙钒铀矿】参见【钒钙铀矿】条148页

【钙沸石】

英文名 Scolecite

化学式 $Ca(Si_3Al_2)O_{10} \cdot 3H_2O$　　(IMA)

钙沸石细柱状、针状晶体，晶簇状、放射状集合体(印度)

钙沸石是一种含沸石水的钙的铝硅酸盐矿物。属沸石族钠沸石系列。单斜晶系。晶体呈细长柱状或针状、纤维状，双晶常见；集合体呈放射球状、块状、晶簇状。无色或白色、灰色、淡黄色、黄色、浅粉红色、鲑鱼红色、绿色等，玻璃光泽、丝绢光泽，透明—微透明；硬度5～5.5，完全解理，脆性。1813年发现于冰岛及德国巴登-符腾堡州凯撒施图尔玄武岩晶洞；同年，A. F. 格伦(A. F. Gehlen)等在《化学与物理学杂志》(8)报道。英文名称Scolecite，以希腊文"σκ ώ ληξ＝Skolex＝Worm(蠕虫)"而命名，因为它在吹管火焰灼烧时，放出水分而膨胀像蠕虫状。1959年以前发现、描述并命名的"祖父级"矿物，IMA承认有效。IMA 1997s. p. 批准。中文名称根据化学成分和族名译为钙沸石。

【钙杆沸石】

英文名 Thomsonite-Ca

化学式 $NaCa_2(Al_5Si_5)O_{20} \cdot 6H_2O$　　(IMA)

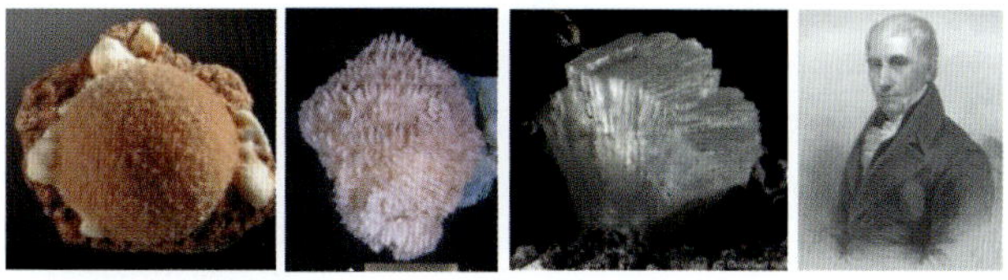

钙杆沸石纤维状、板状晶体，球粒状、扇状集合体(印度、美国、意大利)和汤姆森像

钙杆沸石是沸石族杆沸石系列的富钙矿物。斜方晶系。晶体呈细长的叶片状、纤维状；集合体常呈放射状、球粒状、扇状。无色、白色、米色或浅绿色、黄色或玫瑰色，透明—半透明，玻璃光泽、丝绢光泽；硬度5～5.5，完全解理，脆性。1820年发现于英国苏格兰西邓巴顿郡老基尔帕特里克(Old Kilpatrick)郡。英文名称Calcicothomsonite，由成分冠词"Calcico(钙)"和根词"Thomsonite(杆沸石)"组合命名。其中根词"Thomsonite(杆沸石)"由亨利·詹姆斯·布鲁克(Henry James Brooke)以在格拉斯哥大学的苏格兰化学家T. 汤姆森(T. Thomson，1773—1852))教授的姓氏命名。汤姆森是一个不知疲倦的矿物化学家，在他的职业生涯中发现了许多新矿物，并极大地促进了矿物的精确化学分析。1959年以前发现、描述并命名的"祖父级"矿物，IMA承认有效。IMA 1997s. p. 批准。1997年IMA的沸石委员会把杆沸石系列分为两个矿物种：钙杆沸石($NaCa_2Al_5Si_5O_{20} \cdot 6H_2O$)和锶杆沸石[$Na(Sr,Ca)_2Al_5Si_5O_{20} \cdot 7H_2O$]分别命名为Thomsonite-Ca和Thomsonite-Sr，从此结束了杆沸石命名的混乱[见1978年《加拿大矿物学家》(16)]。中文名称根据成分及与杆沸石的关系译为钙杆沸石；根据颜色及与杆沸石的关系译为绿杆沸石(根词参见【杆沸石】条234页)。

【钙锆榴石】参见【锆榴石】条242页

【钙锆石】

英文名 Calciocatapleiite

化学式 $CaZrSi_3O_9 \cdot 2H_2O$　　(IMA)

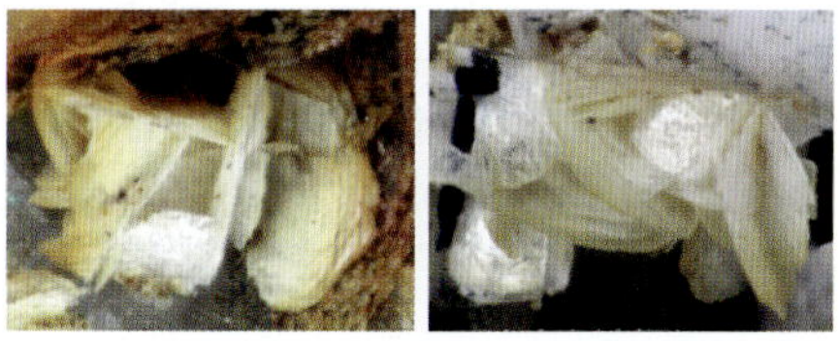

钙锆石板状晶体，似玫瑰花状集合体(美国)

钙锆石是一种含结晶水的钙、锆的硅酸盐矿物。属钠锆石族。与钠锆石成系列。六方晶系。晶体呈板状；集合体呈似玫瑰花状。淡黄色、红褐色、奶油色，玻璃光泽，半透明—不透明；硬度4.5～5。1964年发现于俄罗斯布里亚特共和国妈妈河流域麦贡达(Maigunda)河布尔帕拉(Burpala)碱性地块；同年，A. M. 波特诺夫(A. M. Portnov)在《苏联科学院报告》(154)报道。英文名称Calciocatapleiite，由成分冠词"Calcium(钙)"和根词"Catapleiite(钠锆石)"组合命名，意指它是钙占优势的钠锆石的类似矿物。1959年以前发现、描述并命名的"祖父级"矿物，IMA承认有效。2008年由原名Calcium-catapleiite在《矿物学记录》(39)更名为Calciocatapeliite。IMA 2007s. p. 批准。中文名称根据成分及与钠锆石的关系译为钙锆石(根词参见【钠锆石】条 635 页)。

【钙锆钛矿】

英文名 Calzirtite

化学式 $Ca_2Zr_5Ti_2O_{16}$ (IMA)

钙锆钛矿粒状晶体(意大利)

钙锆钛矿是一种钙、锆、钛的复杂氧化物矿物。四方晶系。晶体呈板状、粒状,常见贯穿双晶,双锥状和假等轴晶系的复杂双晶。浅褐色、暗褐色—黑色,晶面上呈金刚光泽,断口呈油脂光泽;硬度 6~7。1961 年发现于俄罗斯哈巴罗夫斯克边疆区阿尔丹省戈努泽尔斯基(Gornoozerskii)碳酸盐杂岩体。1961 年在《苏联科学院报告》(137)和《美国矿物学家》(46)报道。英文名称 Calzirtite,由化学成分"Calcium(钙)""Zirconium(锆)"和"Titanium(钛)"缩写组合命名。IMA 1967s. p. 批准。中文名称根据成分译为钙锆钛矿。

【钙锆锑矿】参见【希钙锆钛矿】条 997 页

【钙铬矾】

英文名 Bentorite

化学式 $Ca_6Cr_2(SO_4)_3(OH)_{12} \cdot 26H_2O$ (IMA)

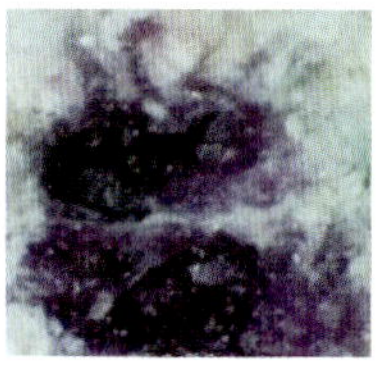
钙铬矾细粒状晶体,细脉状集合体(以色列)

钙铬矾是一种含结晶水和羟基的钙、铬的硫酸盐矿物。属钙矾石族/钙铝矾石族。六方晶系。晶体呈六方柱状、纤维状、细粒状,晶体微小;集合体常呈细脉状。明亮的紫罗兰色—玫瑰色,玻璃光泽、树脂光泽、蜡状光泽、泥土光泽,透明;硬度 2,完全解理。1977 年第一次由舒拉米特·格罗斯(Shulamit Gross)在以色列内盖夫沙漠哈特鲁里姆(Hatrurim)盆地发现。英文名称 Bentorite,为纪念以色列耶路撒冷希伯来大学地质主管和美国加利福尼亚大学斯克里普斯海洋研究所的岩石学家、矿物学家亚科夫·本·托尔(Yaakov Ben Tor,1910—2002)教授而以他的姓氏命名,以表彰他对以色列和中东地区的地质学和矿物学做出的贡献。IMA 1979-042 批准。1980 年格罗斯(Gross)在《以色列地球科学杂志》(29)和 1981 年《美国矿物学家》(66)报道。中文名称根据成分译为钙铬矾。

【钙铬榴石】

英文名 Uvarovite

化学式 $Ca_3Cr_2(SiO_4)_3$ (IMA)

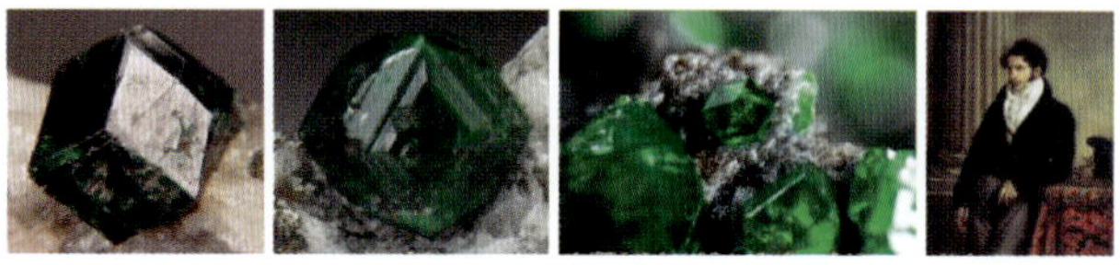
钙铬榴石晶体(俄罗斯、芬兰)和尤瓦罗夫像

钙铬榴石是钙铝榴石-钙铁榴石-钙铬榴石类质同象系列的铬的端元矿物。属石榴石超族石榴石族。等轴晶系。晶体较小,呈立方体、菱形十二面体、偏方三八面体。呈鲜绿色、暗绿色、宝石绿色、绿黑色,玻璃光泽,透明—半透明;硬度 6.5~7,脆性。颜色美丽如同祖母绿,是一种极其珍贵而罕见的宝石矿物。1832 年由日尔曼·亨利·赫斯(Germain Henri Hess)首先发现于俄国彼尔姆州戈尔诺扎沃茨基(Gornozavodskii)地区萨拉托夫斯卡亚村萨拉托夫斯基(Saranovskii)矿;同年,在《物理学和化学年鉴》(24)报道。英文名称 Uvarovite,以俄国政治家、科学家、业余矿物收藏家、圣彼得堡学院主席(1818—1855)、国家科学院院长谢尔盖·谢苗诺维奇·尤瓦罗夫(Sergey Semeonovich Uvarrov,1786—1855)伯爵的姓氏命名。1959 年以前发现、描述并命名的"祖父级"矿物,IMA 承认有效。IMA 1967s. p. 批准。中文名称根据成分和族名译为钙铬榴石。

【钙铬石】

英文名 Chromatite

化学式 $CaCr^{6+}O_4$ (IMA)

钙铬石土状、皮壳状集合体(巴勒斯坦)

钙铬石是一种钙的铬酸盐矿物。四方晶系。晶体呈细小粒状,集合体呈皮壳状、土状。土黄色,土状光泽,半透明。1963 年发现于约旦河西岸的马阿勒·阿杜明(Ma'ale Adumim)。英文名称 Chromatite,于 1963 年被 F. J. 埃克哈德(F. J. Eckhard)和 W. 亨巴赫(W. Heimbach)在《自然科学期刊》(50)以化学成分"Chromium(铬)"命名。因为铬能够生成美丽多色的化合物,铬又源于希腊文"χρώμα=Chroma(颜色)"。1965 年 W. 亨巴赫(W. Heimbach)在《结晶学杂志》(83)和《美国矿物学家》(49)中报道。IMA 1967s. p. 批准。中文名称根据成分译为钙铬石/铬钙石。

【钙硅铅锌矿】

英文名 Esperite

化学式 $PbCa_2(ZnSiO_4)_3$ (IMA)

埃斯珀像

钙硅铅锌矿是一种罕见的铅、钙的锌硅酸盐矿物。单斜晶系。晶体呈粗粒—细粒状;集合体呈块状。白色或无色、浅棕色,玻璃光泽、油脂光泽,透明—半透明;硬度 5,完全解理,脆性。1928 年查尔斯·帕拉奇(Charles Palache)等在《美国矿物学家》(13)命名为 Calcium-larsenite,由成分冠词"Calcium(钙)和以拉森(Larsen)姓氏命名的根词"Larsenite(硅铅锌矿)"组合命名。1964 年发现于美国新泽西州富兰克林矿区帕克(Parker)矿和新泽西州苏塞克斯县银矿山。英文名称 Esperite,1965 年保罗·布瑞恩·穆尔(Paul Brian Moore)等在《美国矿物学家》(50)为纪念美国马萨诸塞州哈佛大学的岩石学家和地质学家老埃斯珀·西纽斯·拉森(Esper Signius Larsen Jr.,1879—1961)教授将"Calcium-Larsenite"更名为由老埃斯珀(Esper Jr.)的名字命名为 Esperite。IMA 1964-027 批准。中文名称根据成分及与硅铅锌矿的关系译为钙硅铅锌矿,也译为硅钙铅锌矿(参见【硅铅锌矿】条 284 页)。

【钙黑电气石】

英文名 Feruvite

化学式 $CaFe^{2+}_3(Al_5Mg)(Si_6O_{18})(BO_3)_3(OH)_3(OH)$ (IMA)

钙黑电气石是一种含羟基的钙、铁、铝、镁的硼酸-硅酸盐矿物。属电气石族。三方晶系。晶体呈柱状。深棕黑色,玻璃光泽；硬度7。1989年发现于新西兰北岛怀卡托区居维叶(Cuvier))岛。英文名称Feruvite，由成分冠词“Fer(二价铁)”和“根词“Uvite(钙镁电气石)”组合命名，意指它是含二价铁的钙镁电气石的类似矿物。IMA 1987-057批准。1989年J. D. 格赖斯(J. D. Grice)等在《加拿大矿物学家》(27)报道。1990年中国新矿物与矿物命名委员会郭宗山在《岩石矿物学杂志》[9(3)]根据成分、颜色和族名译为钙黑电气石。

【钙黑锰矿】

英文名 Marokite

化学式 $CaMn_2^{3+}O_4$　(IMA)

钙黑锰矿板柱状晶体，晶簇状集合体(摩洛哥)

钙黑锰矿是一种钙、锰的氧化物矿物。属黑锰矿-褐锰矿族钙黑锰矿亚族。斜方晶系。晶体呈厚板柱状，长5cm。黑色，金属光泽，不透明；硬度6.5，完全解理。1963年发现于摩洛哥瓦尔扎扎特省塔奇加加尔特(Tachgagalt)锰矿床。1963年C. 戈德弗鲁瓦(C. Gaudefroy)等在法国《矿物学与结晶学学会通报》(86)报道。英文名称Marokite，以法属摩洛哥国的法语(Maroc)命名。IMA 1963-005批准。中文名称根据成分和族名译为钙黑锰矿；音译摩洛哥矿。

【钙黄长石】

英文名 Gehlenite

化学式 $Ca_2Al(SiAl)O_7$　(IMA)

钙黄长石短柱状晶体(意大利)和格伦像

钙黄长石是一种钙、铝的铝硅酸盐矿物。属黄长石族。四方晶系。晶体呈正方短柱状、板状、粒状；集合体呈块状。白色或浅灰色—暗灰色、灰绿色、肉红色、褐色—蜜黄色，玻璃光泽、油脂光泽，透明—半透明；硬度5～6，完全解理，脆性。1815年发现于意大利特兰托市法萨谷蒙佐尼(Monzoni)山脉；同年，在《化学物理杂志》(15)报道。最早发现于早期的太阳星云阶段的碳质球粒陨石，后在彗星中也有发现。英文名称Gehlenite，1815年约翰·内波穆克·冯·富克斯(Johann Nepomuk von Fuchs)为纪念德国化学家阿道夫·费迪南德·格伦(Adolf Ferdinand Gehlen，1775—1815)而以他的姓氏命名。格伦是《新普通化学杂志》(1803—1806)、《化学和物理杂志》(1806—1810)和《药学课复习材料》的编辑和出版商。他最初是哈雷大学(马丁·路德·哈雷-维滕贝格大学)的化学教授，后来是巴伐利亚科学院化学家，他很早就因砷中毒而去世。1961年O. H. J. 克里斯蒂(O. H. J. Christie)在《挪威地质杂志》(42)报道。1959年以前发现、描述并命名的“祖父级”矿物，IMA承认有效。中文名称根据成分和族名译为钙黄长石或钙铝黄长石和铝黄长石。

【钙交沸石】参见【钙十字沸石】条227页

【钙锂电气石】

英文名 Liddicoatite

化学式 $Ca(Li_3Al)Al_6(Si_6O_{18})(BO_3)_3(OH)_3(OH)F$

(弗莱舍，2014)

钙锂电气石柱状晶体和利迪科特像

钙锂电气石是一种电气石族锂电气石-钙锂电气石系列的富钙端元矿物。三方晶系。晶体呈柱状。浅棕色、粉红色—红色、绿色、蓝色，很少白色，玻璃光泽，透明—半透明；硬度7.5，脆性。英文名称Liddicoatite，以美国宝石学院的宝石学家和校长理查德·T. 利迪科特(Richard T. Liddicoat，1918—2002)的姓氏命名。目前这个名字尚未被IMA批准，因在W位上是氟(F)还是羟基(OH)尚有争议。1977年P. J. 邓恩(P. J. Dunn)等在《美国矿物学家》(62)报道。中文名称根据2008年以前的资料W位是羟基(OH)成分及族名译为钙锂电气石。有人认为它可能类似于IMA 1976-041批准的Fluor-liddicoatite(氟钙锂电气石)；它被发现于马达加斯加瓦基纳卡拉特拉的安特西拉贝(Antsirabe)附近；奥里西奇奥(Aurisicchio，1999)等详细描述了马达加斯加样品，W位仍是羟基(OH)占优势。2011年亨利(Henry)等根据类型材料确定W位是氟占优势。IMA 2011重新定义为Fluor-liddicoatite。

【钙锂蒙脱石】参见【锂皂石】条445页

【钙磷绿泥石】参见【青泥石】条747页

【钙磷铍锰矿】

英文名 Roscherite

化学式 $Ca_2Mn_5^{2+}Be_4(PO_4)_6(OH)_4 \cdot 6H_2O$　(IMA)

钙磷铍锰矿短柱状晶体(美国)

钙磷铍锰矿是一种含结晶水和羟基的碱式钙、锰、铍的复杂磷酸盐矿物。属钙磷铍锰矿族。与富特米尼矿*(Footemineite)为同质多象。单斜晶系。晶体呈短柱状、薄板状、纤维状；集合体呈放射状、蠕虫状、球粒状、粉末块状。浅棕色、深棕色、橄榄绿色、橙红色或红色，半玻璃光泽、树脂光泽、油脂光泽，透明—半透明；硬度4.5，完全解理，脆性。1914年发现于德国萨克森州厄尔士山脉埃伦弗里德斯多夫区格赖芬施泰因(Greifenstein)岩体；同年，在《自然、数学与医学国际通报》(19)报道。英文名称Roscherite，1914年弗朗兹·史拉维克(František Slavík)先生在捷克《布拉格科学和艺术学院通报》(4)为纪念魏特曼·罗舍尔(Woldemar Roscher，1866—1934)而以其姓氏命名。罗舍尔是德国萨克森州埃伦弗里德斯多夫的药剂师和矿物收藏家。1958年，M. L. 林德伯格(M. L. Lindberg)在《美国矿物学家》(43)发表文章：巴西米纳斯吉拉斯萨普卡亚伟晶岩矿的Roscherite，重新定义为一个铍占优势的矿物。1959年以前发现、描述并命名的“祖父级”矿物，IMA承认有效。中文名称根据成分译为钙磷铍锰矿或水磷铍锰石，也有的译为碱磷钙锰铁矿；杨光明教授译为水磷铍钙锰矿或水磷铍钙锰石。

【钙磷石】参见【透钙磷石】条 966 页

【钙磷铁矿】

英文名 Calcioferrite

化学式 $Ca_4MgFe_4^{3+}(PO_4)_6(OH)_4 \cdot 12H_2O$ (IMA)

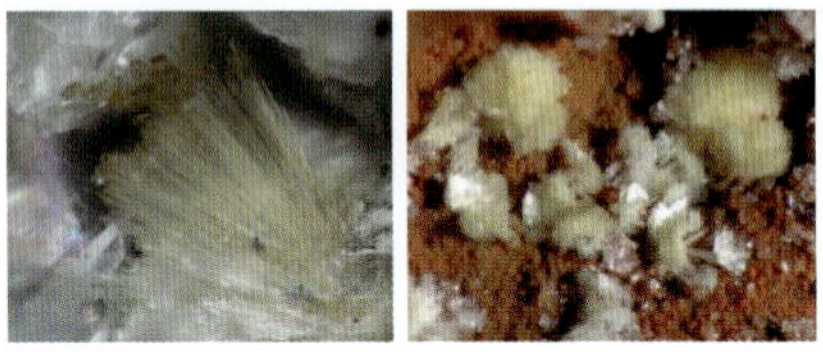

钙磷铁矿近平行束状、结核状集合体(德国、澳大利亚)

钙磷铁矿是一种含结晶水和羟基的钙、镁、铁的磷酸盐矿物，其中铁可能被一些铝取代。属钙磷铁矿族钙磷铁矿亚族。单斜晶系。晶体呈片状、纤维状；集合体呈近平行束状或放射状、结核状、肾状。硫黄色、青黄色、绿色、黄白色，珍珠光泽，透明—不透明；硬度 2.5，平行叶片方向具完全解理，脆性。1858 年发现于德国莱茵兰-普法尔茨州巴列丁奈特区巴腾堡(Battenberg)。1858 年 J. R. 布卢姆(J. R. Blum)在德国《矿物学、地学、地质学和岩石学新年鉴》报道。英文名称 Calcioferrite，由化学成分“Calcium(钙)”和“Iron＝Ferrum(铁，拉丁文)”组合命名。1959 年以前发现、描述并命名的“祖父级”矿物，IMA 承认有效。中文名称根据成分译为钙磷铁矿。杨光明教授译为磷钙铁矿(石)或水磷钙铁矿(石)。

【钙磷铁锰矿】

英文名 Graftonite

化学式 $FeFe_2(PO_4)_2$ (IMA)

钙磷铁锰矿是一种铁的磷酸盐矿物，铁可部分被锰替代。属磷锰铁矿族。单斜晶系。晶体呈短柱状、片状；集合体呈块状。棕色—红棕色、带黄的粉色，少见橙红色，半玻璃光泽、树脂光泽、油脂光泽，半透明；硬度 4.5～5，完全解理，脆性。1900 年由塞缪尔·L. 潘菲尔德(Samuel L. Penfield)第一次描述了发现于美国新罕布什尔州(绰号叫“花岗岩州”)格拉夫顿县格拉夫顿(Grafton)镇梅尔文(Melvin)山脉；同年，潘菲尔德在《美国科学杂志》(159)报道。英文名称 Graftonite，以发现地美国的格拉夫顿(Grafton)命名。1959 年以前发现、描述并命名的“祖父级”矿物，IMA 承认有效。另一英文名 Repossite，以意大利地质学家埃米利奥·雷波西(Emilio Repossi)的姓氏命名。原中文名称根据原定义的成分译为钙磷铁锰矿或磷锰铁矿。2017 年 IMA 重新定义的化学式为 $FeFe_2(PO_4)_2$，编译者根据新定义译为磷铁矿* 或磷酸铁矿*。

2013 年泰特(Tait)等《加拿大矿物学家》(51)报道，钙可能占主导地位[$CaFe_2^{2+}(PO_4)_2$]并建议作为一个可能的新成员；2017 年被证实并由 IMA 重新定义命名为 Graftonite-(Ca)(参见【磷锰铁矿-钙*】条 471 页)。

【钙菱沸石】

英文名 Gmelinite-Ca

化学式 $Ca_2(Si_8Al_4)O_{24} \cdot 11H_2O$ (IMA)

钙菱沸石是一种含沸石水的钙的铝硅酸盐矿物。属沸石族钠菱沸石系列。六方晶系。晶体呈粗大短六方双锥状；

钙菱沸石短六方双锥晶体(意大利)和格梅林像

集合体呈晶簇状。无色、白色、黄色、粉色、红色、绿色，玻璃光泽，透明—半透明；硬度 4.5，完全解理，脆性。1978 年发现于意大利维琴察省大蒙特基奥圣彼得罗区尼禄(Nero)山；同年，在《矿物学新年鉴》(月刊)报道。英文名称 Gmelinite-Ca，根词 1825 年以德国图宾根大学的化学家和矿物学家克里斯蒂安·戈特洛布·格梅林(Christian Gottlob Gmelin，1792—1860)教授的姓氏，加占优势的钙后缀-Ca 组合命名。IMA 1997s. p. 批准。中文名称根据成分及与钠菱沸石的关系译为钙菱沸石(参见【钠菱沸石】条 639 页)。

【钙铝矾】参见【钙矾石】条 218 页

【钙铝氟石】参见【氟铝钙矿】条 181 页

【钙铝黄长石】参见【钙黄长石】条 221 页

【钙铝榴石】

英文名 Grossular

化学式 $Ca_3Al_2(SiO_4)_3$ (IMA)

钙铝榴石晶体和醋栗果

钙铝榴石是钙铝榴石-钙铁榴石-钙铬榴石类质同象系列的钙的端元矿物。属石榴石超族石榴石族。等轴晶系。晶体多呈菱形十二面体、偏方三八面体，可能有六八面体，很少的四面体或八面体；集合体呈圆形的颗粒状或卵状。颜色无色—黑色，根据其元素含量不同而颜色不同。灰色、黄色、黄绿色、褐色、暗红色、紫红色、玫瑰红或红橙色—黑色，玻璃—半玻璃光泽、松脂光泽，透明—不透明；硬度 6～7.5，脆性。英文名称 Grossular，最初 1803 年，由亚伯拉罕·戈特洛布·维尔纳(Abraham Gottlob Werner)将其命名为“肉桂石”(德文为“Kanelstein”)[见于 1807 年 M. H. 克拉普罗特(M. H. Klaproth)在德国柏林《化学知识对矿物学的贡献》(第四卷)刊载]；1808 年，维尔纳将其更名为 Grossularite，以醋栗(Ribes grossularium)的颜色命名，因为原始标本就是这种颜色[见于 1811 年在克拉兹(Craz)和格拉赫(Gerlach)《矿物学手册》(第一卷)刊载]。

源自首先被发现的该类矿物呈独特醋栗色，希腊文的“(火)”和“(出现)”，由于含有锰和铁而呈独特的醋栗黄绿色，醋栗的植物学拉丁名(R. Grossularia)。醋栗果实近圆形

坦桑尼亚沙弗莱石晶体

或椭圆形，成熟时果皮呈黄绿色，光亮而透明，几条纵行维管束清晰可见，花萼宿存，很像灯笼，故名灯笼果。醋栗属醋栗科（Grossulariaceae）的醋栗（Grossularia）。红醋栗果实成串着生在枝上，红色，故名红醋栗。钙铝榴石常呈黄绿色，即醋栗色。波希米亚盛产钙铝榴石晶体，也叫波希米亚榴石；因呈红醋栗色，又叫开普红宝石。呈醋栗绿的块状钙铝榴石首先发现于俄罗斯萨哈（雅库特）共和国维柳伊河流域阿克塔拉格德（Akhtaragda）河口；此后，在匈牙利和意大利也有发现。1959 年以前发现、描述并命名的“祖父级”矿物，IMA 承认有效。IMA 1962s. p. 批准。钙铝榴石的含铬、钒变种即铬钒钙铝榴石称沙弗莱石（Tsavorite）（又称为特察沃绿或特萨窝石），因含有微量的铬和钒色素离子，呈娇艳的翠绿色。1967 年，苏格兰地质学家、宝石学家、国际彩宝协会（ICA）的创始者和终身成就奖获得者坎贝尔·布里奇斯（Campbell Bridges）在肯尼亚东部和坦桑尼亚东北部的（Lelatema）山（Komolo）村附近沙弗（Tsavo，也译作察沃）国家野生动物公园勘探时首次发现了这种绿色的宝石。布里奇斯将宝石带到纽约，美国珠宝商蒂芙尼（Tiffany）将这款宝石命名为“沙弗莱石”（Tsavorite），这个清澈的亮绿色宝石的名字很像中世纪诗人的名字：“Tsavorite”（沙弗莱），推向市场不久就成为“宝石中的圣女”，每每念诵这名字，不禁让人联想到文艺复兴时期画家笔下楚楚动人少女的绿色纱裙或是眼神忧郁的俊朗诗人。其实“沙弗莱”并非蒂芙尼（Tiffany）为了包装明星特别臆造的漂亮艺名，恰恰正是它的发现地之名——沙弗公园，这个来源于当地土语的词有着相当感性的含义：“随我来”，英文名称的谐音。

钙铝榴石的含水变种水钙铝榴石（Hydrogrossular），则是南非德兰士瓦（Transvaal）州出产的，于 1925 年曾用德兰士瓦（Transvaal Jade）为名的玉石材料，在国际上有时也以其产地命名为南非玉、特兰斯瓦尔玉、德兰士瓦玉等。

肉桂石（Hessonite）是钙铝榴石的变种。当 Ca 被 Fe 取代时，颜色呈橙色和褐红色称铁钙铝榴石，又称桂榴石（Cinnamon Stone，肉桂色的石头）。肉桂石的英文名称 Hessonite，来自希腊文“Εσσόν＝Hesson”，意思是“差的，较低的”，指其硬度和密度比大多数其他石榴石品种较低。

马里榴石（Grandite）是石榴石族中非常罕见的品种之一，是钙铝榴石和铁铝榴石的混晶，早些时候在马尔代夫格兰德岛（Grand）发现，被称为 Grandite（钙铝铁榴石）。1994 年在西非的马里卡伊附近的贾孔村发现并采集到这种石榴石宝石，并且马里是现今发现的唯一产地，故以产地命名为马里榴石。

【钙铝石】

英文名 Mayenite

化学式 $Ca_{12}Al_{14}O_{33}$

钙铝石是一种罕见的含氯的钙、铝氧化物矿物。等轴晶系。白色，透明。1936 年，W. 布塞姆（W. Bussem）等在《结晶学、晶体几何学、晶体物理学、晶体化学杂志》（95）报道：三铝酸五钙的结构。天然矿物最初的报告见于 1964 年，G. 亨切尔（G. Hentschel）在《矿物学新年鉴》（月刊）报道，该矿物发现于德国莱茵兰-普法尔茨州艾弗尔（Eifel）山区迈恩（Mayen）埃特林根贝尔伯格（Bellerberg）火山南部熔岩流。英文名称 Mayenite，以发现地德国的迈恩（Mayen）命名。IMA 1963－016 批准。中文名称根据成分译为钙铝石。另一英文名称 Brearleyite，以新墨西哥大学的矿物学家阿德里安·J. 布里尔利（Adrian J. Brearley，1958—）的姓氏命名。他在陨石矿物学领域做出了许多贡献。后来，英文名称 Mayenite，改为钙铝石族名。而 Brearleyite 被废弃〔见 2011 年马驰等《美国矿物学家》［96（8－9）］〕。2013 年 IMA 13－C 提案更名为 Chlormayenite（即 IMA 2010－062）（参见【氯钙铝石】条 553 页）。

德国迈恩

【钙铝铁榴石】

参见【钙铝榴石】条 222 页

【钙绿松石】

英文名 Coeruleolactite

化学式 $(Ca,Cu)Al_6(PO_4)_4(OH)_8 \cdot 5H_2O$

钙绿松石是一种富钙的绿松石矿物。属绿松石族。三斜晶系。晶体呈纤维状；集合体呈隐晶质至微晶质的皮壳状、珍珠状。乳白色—浅蓝色，玻璃光泽、蜡状光泽，半透明；硬度 5。最初描述来自德国莱茵兰-普法尔茨州陶努斯山脉卡岑埃尔恩博根的林德伯格（Rindsberg）矿山。1871 年彼得森（Petersen）在德国斯图加特海德堡《矿物学、地质学与古生物学新年鉴》（353）报道。英文名称 Coeruleolactite，由希腊文演变而来，“μπλε＝Coeruleus＝Blue（蓝色的）”和“Γάλα＝Lactis＝Milk（乳、牛奶）”组合命名，意指其典型的颜色。2006 年被 IMA 废弃。中文名称根据成分及与绿松石的关系译为钙绿松石，或根据结晶形态和成分译为微晶磷铝石。

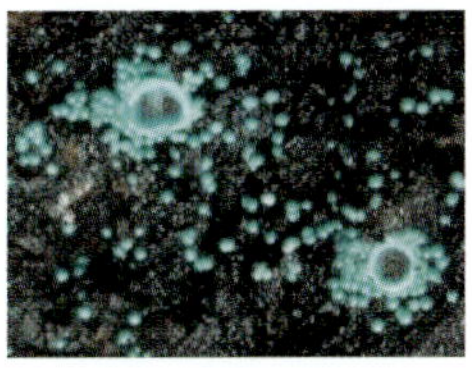

钙绿松石珍珠状集合体（英国）

【钙芒硝】

英文名 Glauberite

化学式 $Na_2Ca(SO_4)_2$ （IMA）

钙芒硝柱状、板状晶体，晶簇状集合体（西班牙、美国）和格劳伯像

钙芒硝是一种钠、钙的硫酸盐矿物。单斜晶系。晶体常呈自形的菱形板状和短柱状以及半自形粒状；集合体常呈晶簇状、致密块状。灰色或黄色，有时为无色或因含氧化铁包裹体而呈红色，玻璃光泽或弱蜡状光泽，解理面上呈珍珠光泽，透明—半透明；硬度 2.5～3.0，完全解理，脆性；微具咸味。1808 年首先发现于西班牙卡斯提尔-拉曼查自治区圣地亚哥市埃尔卡斯特利亚尔（El Castellar）矿山。1808 年布隆奈尔特（Brongniart）在《矿业杂志》（即旧《矿业年鉴》）（23）报道。英文名称 Glauberite，以德国炼金术士、化学家约翰·鲁道夫·格劳伯（Johann Rudolf Glauber，1604—1668）的姓

氏命名。1959 年以前发现、描述并命名的“祖父级”矿物，IMA 承认有效。中文名称根据成分钙和与芒硝的关系译为钙芒硝。

【钙镁电气石】

英文名 Uvite

化学式 $CaMg_3(Al_5Mg)(Si_6O_{18})(BO_3)_3(OH)_3OH$
（弗莱舍，2018）

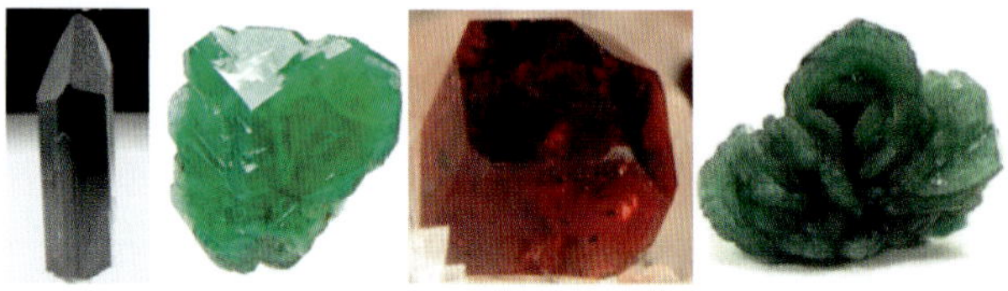

钙镁电气石柱状晶体，玫瑰花状集合体（巴西、缅甸）

钙镁电气石是电气石族矿物之一，是一种含羟基的钙、镁、铝的硼酸-硅酸盐矿物。三方晶系。晶体呈菱面体尖柱状，横切面呈六角形、板状；集合体有的呈美丽的扁平叠片堆成玫瑰花状、放射状。黑色、墨绿色、红棕色、嫩绿色、无色，玻璃光泽，透明—半透明；硬度 7～7.5，脆性。1929 年发现于斯里兰卡的乌瓦(Uva)省。英文名称 Uvite，1929 年威廉·库尼茨(Wilhelm Kunitz)在《地球化学》(4)根据发现地斯里兰卡的乌瓦(Uva)命名。1959 年以前发现、描述并命名的“祖父级”矿物，IMA 承认有效。1977 年皮特·J. 邓恩(Pete J. Dunn)等在《矿物学记录》[8(2)]重新定义。2011 年 D. 亨利(D. Henry)等在《美国矿物学家》(96)《电气石超族矿物命名法》再度重新定义，根据附加阴离子分为两个物种：OH-Uvite 和 Fluor-Uvite，以避免与历史使用名称的混乱。直到获得 IMA 2019－113 批准，类型位置位于意大利厄尔巴(Elba)岛[见 2010 年 F. 博西(F. Bosi)等《CNMNC 通讯》(54)和《欧洲矿物学杂志》(32)]。中文名称根据成分及与电气石的关系译为钙镁电气石；又根据 IMA 的定义译为羟钙镁电气石(OH>F)和氟钙镁电气石(F>OH)(参见相关条目)。

【钙镁橄榄石】

英文名 Monticellite

化学式 $CaMg(SiO_4)$ (IMA)

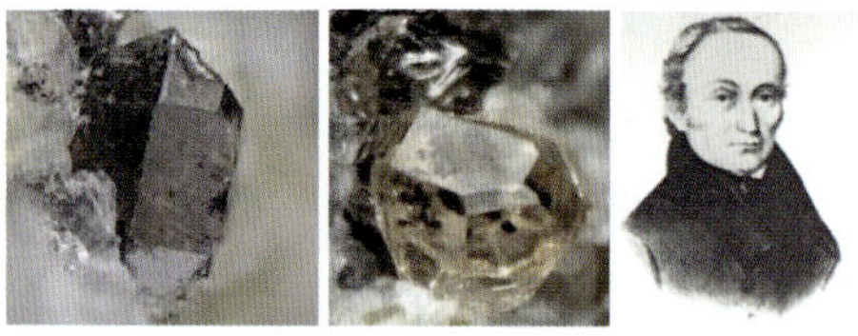

钙镁橄榄石柱状、粒状晶体（德国）和蒙蒂切利像

钙镁橄榄石是一种钙、镁的硅酸盐矿物。属橄榄石族。斜方晶系。晶体呈柱状、粒状。无色或灰白色，玻璃光泽，透明；硬度 5.5。1831 年发现于意大利那不勒斯省外轮山(Somma)。1831 年 H. J. 布鲁克(H. J. Brooke)在《哲学杂志或化学、数学、天文学、自然历史和普通科学通志》(10)发表：钙镁橄榄石矿物的新物种。英文名称 Monticellite，由布鲁克以意大利矿物学家特奥多罗·蒙蒂切利(Teodoro Monticelli，1759—1845)的姓氏命名。蒙蒂切利发表了一些维苏威火山的作品，其中包括 1823 年的“维苏威火山的历史现象记录”和 1825 年与人合作的“普罗德罗莫德拉(Prodromo della)维苏威矿物学”。1959 年以前发现、描述并命名的“祖父级”矿物，IMA 承认有效。中文名称根据成分和族名译为钙镁橄榄石。

【钙镁闪石】

英文名 Tschermakite

化学式 $\square Ca_2(Mg_3Al_2)(Si_6Al_2)O_{22}(OH)_2$ (IMA)

钙镁闪石柱状晶体（意大利）和切尔马克像

钙镁闪石是普通角闪石的一种富钙的端元闪石矿物。属角闪石超族 W 位羟基、氟、氯占势闪石族钙闪石亚族钙镁闪石根名族。单斜晶系。晶体呈柱状。绿色、深绿色、墨绿色、黑色、棕色（罕见），玻璃光泽，透明—半透明；硬度 5～6，完全解理，脆性。英文名称 Tschermakite，以奥地利矿物学家荣誉教授古斯塔夫·切尔马克·冯·塞斯尼格(Gustav Tschermak von Sessenegg，1836—1927)的名字命名。他一生主要研究复杂的硅酸盐矿物学（长石、辉石、角闪石、绿泥石、云母等），查明了铝在硅酸盐中的二重作用，1883 年著有《矿物学教科书》，被称为德文版的爱德华·索尔兹伯里·丹纳(Edward Salisbury Dana)的《系统矿物学》。切尔马克教授在 1872 年成立的欧洲最古老的地球科学期刊《矿物学通报或矿物学和岩石学通报》（第一卷），建立了一些早期的角闪石族与辉石矿物的分类(Tschermak，1871)，这无疑导致了化学式 $Ca_2(Mg_3Al_2)(Si_6Al_2)O_{22}(OH)_2$ 被称为切尔马克(Tschermak)分子。1945 年 A. N. 文契尔(A. N. Winchel)在《美国矿物学家》(30)报道：成分和性质变化的含钙的角闪石，英文名称 Tschermakite 首次被提出。切尔马克教授在奥地利皇家矿物学博物馆担任馆长工作许多年。在维也纳皇家自然历史博物馆矿物学部门，切尔马克是一位令人印象深刻的矿物、陨石和化石收藏教授，他的详细的库存系统帮助保护它们直到今天并使陨石收藏得到扩展。他是维也纳大学矿物学和岩石学终身教授，也是维也纳皇家科学院的终身成员。他也是成立于 1901 年的维也纳（奥地利）矿物学协会的第一任会长。1959 年以前发现、描述并命名的“祖父级”矿物，IMA 承认有效。2012 年 IMA 重新定义并 2012s. p. 批准[见霍桑(Hawthorne)等《美国矿物学家》(97)的《角闪石超族的命名》]。中文名称根据成分和族名译为钙镁闪石，也译作镁钙闪石或纯镁闪石。杨光明教授根据 $AB_2C_5T_8W_2$ 型矿物命名的建议按成分译为铁钙空闪石或空镁钙闪石。

【钙镁砷矿】参见【斜砷镁钙石】条 1035 页

【钙蒙山矿】参见【钛铈钙矿】条 912 页

【钙锰矾】

英文名 Despujolsite

化学式 $Ca_3Mn^{4+}(SO_4)_2(OH)_6 \cdot 3(H_2O)$ (IMA)

钙锰矾是一种含结晶水的碱式钙、锰的硫酸盐矿物。属纤锌矿族。六方晶系。晶体呈柱状、厚板状；集合体呈晶簇状。柠檬黄色—深黄绿色，玻璃光泽，透明—半透明；硬度 2.5，脆性。1967 年发现于摩洛哥瓦尔扎扎特省塔奇加加尔

钙锰矾柱状、厚板状晶体(南非)

特(Tachgagalt)矿。英文名称 Despujolsite,为纪念摩洛哥地质调查的创始人皮埃尔·德皮若尔(Pierre Despujols,1888—1981)而以他的姓氏命名。IMA 1967-039 批准。1968 年 C.高德佛瑞(C. Gaudefroy)等在《法国矿物学和结晶学会通报》(91)和《美国矿物学家》(54)报道。中文名称根据成分译为钙锰矾。

【钙锰橄榄石】

英文名 Glaucochroite

化学式 $CaMn^{2+}(SiO_4)$ (IMA)

钙锰橄榄石是橄榄石族矿物之一,是一种钙、锰的硅酸盐矿物。斜方晶系。晶体呈短柱状、粒状。绿色、蓝灰色、棕色或白色、粉红色—紫红色,玻璃光泽、树脂光泽,半透明—不透明;硬度 6,脆性。1899 年第一次发现并描述于美国新泽西州苏塞克斯县富兰克林矿区富兰克林(Franklin)矿。1899 年 E. S. 丹纳(E. S. Dana)在《系统矿物学》(第六版)和《美国科学杂志》(8)报道。英文名称 Glaucochroite,由塞缪尔·L. 赖恩费尔德(Samuel L. Renfield)和查尔斯·H. 沃伦(Charles H. Warren)根据希腊文"γλαυκόs=Sky-blue=Glaucous(海绿色的、淡灰蓝色的)"和"χρώσις=Coloring(着色)"组合命名,意指矿物的颜色。1959 年以前发现、描述并命名的"祖父级"矿物,IMA 承认有效。中文名称根据成分以及与橄榄石的关系译为钙锰橄榄石,也有的根据颜色、形态及与橄榄石之关系译为绿粒橄榄石或青橄榄石。

【钙锰辉石】

英文名 Johannsenite

化学式 $CaMnSi_2O_6$ (IMA)

钙锰辉石柱状晶体,晶簇状、羽状、放射状集合体(美国、瑞典)和约翰森像

钙锰辉石是一种钙、锰的硅酸盐矿物。属辉石族单斜辉石亚族。单斜晶系。晶体呈柱状;集合体呈晶簇状、羽状、放射状。蓝绿色、灰白色、深棕色、无色;硬度 6,完全解理。1932 年发现于意大利里窝那省坎皮利亚滨海特佩里诺(Temperino)矿、意大利维琴察省雷科阿罗泰尔梅的西维利纳(Civillina)山和美国新泽西州苏塞克斯县富兰克林矿区富兰克林(Franklin)矿。1938 年夏勒在《美国矿物学家》(23)报道。英文名称 Johannsenite,1932 年瓦尔德马·西奥多·夏勒博士(Waldemar Theodore Schaller)为纪念美国伊利诺伊州芝加哥大学岩石学家阿尔伯特·约翰森(Albert Johannsen,1932—1962)教授而以他的姓氏命名。约翰森的贡献是值得关注的,他建立了岩石分析和岩石分类的定量定义,以及重新设计的岩相显微镜;他的《火成岩岩石学》(第五卷)是岩石学的经典著作。1959 年以前发现、描述并命名的"祖父级"矿物,IMA 承认有效。IMA 1988s. p. 批准。中文名称根据成分及族名译为钙锰辉石或锰钙辉石。

【钙锰矿】

参见【钡镁锰矿】条 55 页

【钙锰帘石】

英文名 Macfallite

化学式 $Ca_2Mn_3^{3+}(SiO_4)(Si_2O_7)(OH)_3$ (IMA)

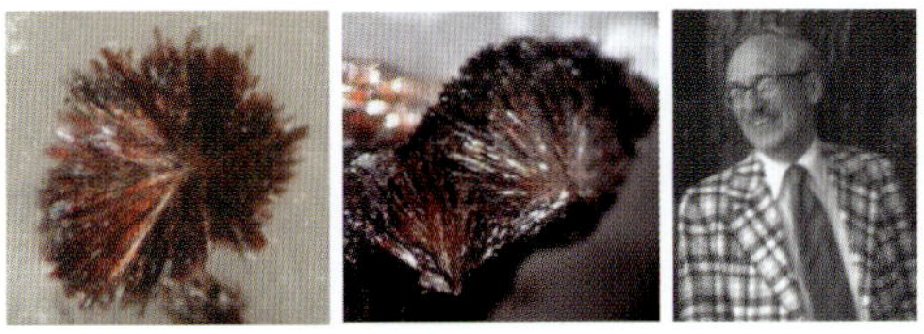

钙锰帘石放射状集合体(美国)和麦克弗尔像

钙锰帘石是一种含羟基的钙、锰的硅酸盐矿物,锰可能会被一些铝取代。属帘石族。单斜晶系。晶体呈针状、纤维状;集合体呈放射状。红棕色、栗色,丝绢光泽;硬度 5。1974 年发现于美国密歇根州基威诺县铜港(Copper Harbor)锰矿。英文名称 Macfallite,由美国作家和业余矿物学家、芝加哥论坛报编辑和其他报纸编辑罗素·帕特森·麦克弗尔(Russell Patterson MacFall,1903—1983)的姓氏命名。罗素是一位对系统矿物学感兴趣的业余矿物学家,著有 6 本关于流行矿物学、古生物学和地质学的书籍;他也是第一次发现 Macfallite 的地区的矿产专家。IMA 1974-057 批准。1979 年 P. B. 摩尔(P. B. Moore)等在《矿物学杂志》(43)报道。中文名称根据成分及族名译为钙锰帘石。

【钙锰石】

英文名 Ranciéite

化学式 $(Ca,Mn^{2+})_{0.2}(Mn^{4+},Mn^{3+})O_2 \cdot 0.6H_2O$ (IMA)

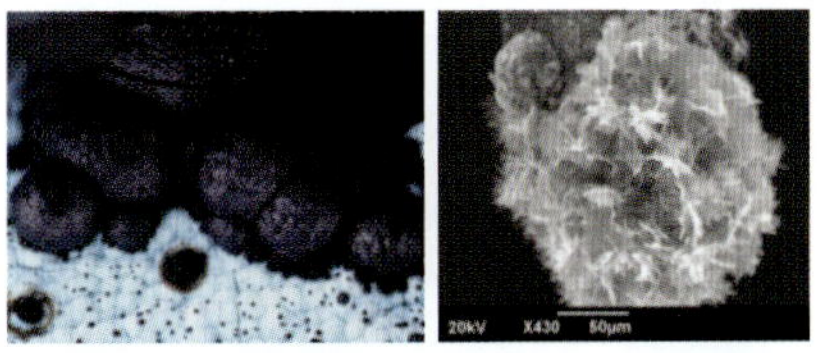

钙锰石片状晶体,球状集合体和电镜照片(葡萄牙、德国)

钙锰石是一种含结晶水的钙、锰的氧化物矿物。属水钠锰矿族。六方晶系。晶体呈薄片状;集合体呈放射状、球状、钟乳状。银灰色、黑色、褐色、紫罗兰色,金属光泽,半透明—不透明;硬度 2.5~3。最早发现于法国阿列日省勒兰兹厄(Le Rancié)矿。见于 1859 年图卢兹《矿物学课程》(第二卷)刊载。英文名称 Ranciéite,以发现地法国的兰兹厄(Rancié)矿命名。1944 年 C. 帕拉奇(C. Palache)等在《丹纳系统矿物学》(第一卷)刊载。1959 年以前发现、描述并命名的"祖父级"矿物,IMA 承认有效。中文名称根据成分译为钙锰石或钙硬锰矿。

【钙锰锌石】

参见【羟砷锌锰钙石】条 732 页

【钙钠长石】

参见【奥长石】条 26 页

【钙钠矾】

英文名 Cesanite

化学式 $Ca_2Na_3(SO_4)_3(OH)$ (IMA)

钙钠矾是一种含羟基的钙、钠的硫酸盐矿物。属磷灰石超族钙砷铅矿族。六方晶系。晶体呈细长带锥柱状。无色、白色,油脂光泽、丝绢光泽,透明—半透明;硬度2～3。1980年发现于意大利拉丁姆区罗马省布拉恰诺湖的切萨诺(Cesano)地区地热能源1号井。英文名称Cesanite,以发现地意大利的切萨诺(Cesano)命名。IMA 1980-023批准。1981年G.卡瓦雷塔(G. Cavarretta)等在《矿物学杂志》(44)报道。1983年中国新矿物与矿物命名委员会郭宗山等在《岩石矿物及测试》[2(1)]根据成分译为钙钠矾。

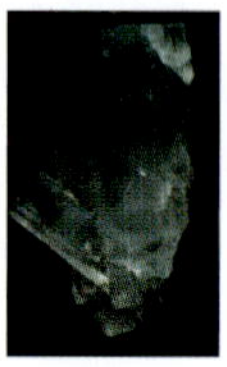

钙钠矾柱状晶体(意大利)

【钙钠钾硅石*】

英文名 Calcinaksite

化学式 $KNaCa(Si_4O_{10})\cdot H_2O$ (IMA)

钙钠钾硅石*半自形柱状晶体,晶簇状集合体(德国)

钙钠钾硅石*是一种含结晶水的钾、钠、钙的硅酸盐矿物。属硅碱铜矿族。三斜晶系。晶体呈半自形柱状;集合体呈晶簇状。无色—浅灰色;硬度5,完全解理,脆性。2013年发现于德国莱茵兰-普法尔茨州艾费尔高原埃特林根市贝勒伯格(Bellerberg)火山。英文名称Calcinaksite,由化学成分"Calci(钙)""Na(钠)""K(钾)"和"Si(硅)"组合命名。IMA 2013-081批准。2013年N. V.丘卡诺夫(N. V. Chukanov)等在《CNMNC通讯》(18)、《矿物学杂志》(77)和2015年《矿物学与岩石学》(105)报道。目前尚未见官方中文译名,编译者根据成分及与锰钠钾硅石(Manaksite)和铁钠钾硅石(Fenaksite)相似性关系译为钙钠钾硅石*。

【钙钠硫硼石】

英文名 Heidornite

化学式 $Na_2Ca_3B_5O_8(SO_4)_2(OH)_2Cl$ (IMA)

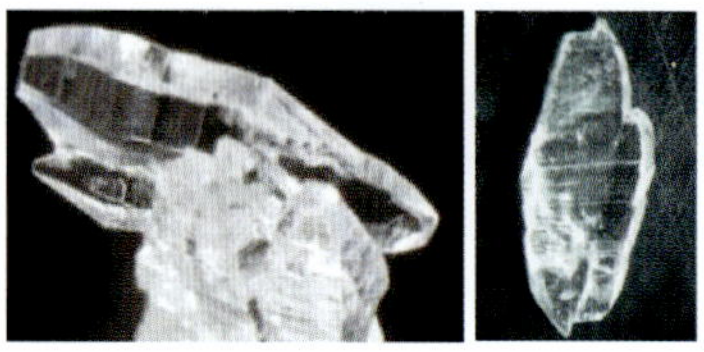

钙钠硫硼石楔状晶体(德国)

钙钠硫硼石是一种含氯和羟基的钠、钙的硫酸-硼酸盐矿物。单斜晶系。晶体呈楔状。无色,玻璃光泽,透明;硬度4～5,完全解理。1956年发现于德国下萨克森州诺德霍恩镇弗伦斯沃根(Frenswegen)矿;同年,W.冯·恩格尔哈特(W. von Engelhardt)、H.菲希特鲍尔(H. Fuchtbauer)和J.策曼(J. Zemann)在德国《矿物学和岩石学杂志》[5(3)]报道。英文名称Heidornite,以德国高级石油地质学家F.海多恩·本特海姆(F. Heidorn Bentheim,1899—?)荣誉博士的名字命名,以表彰他对德国和荷兰边境的蔡希斯坦统镁灰岩矿床的科学研究做出的贡献。1959年以前发现、描述并命名的"祖父级"矿物,IMA承认有效。中文名称根据成分译为钙钠硼石,也有的译为氯硫硼钠钙石。

【钙钠锰锆石】参见【钠钙锆石】条635页

【钙钠明矾石】

英文名 Natroalunite-2R/2c

化学式 $(Na,Ca_{0.5},K)Al_3(SO_4)_2(OH)_6$

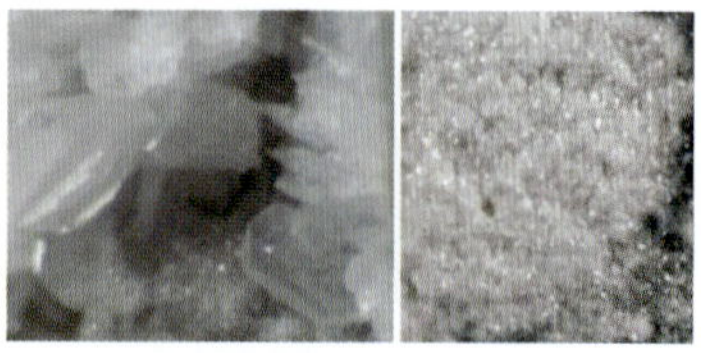

钙钠明矾石柱状、粒状晶体,晶簇状、块状集合体(日本)

钙钠明矾石是明矾石族富钙、钠的明矾石矿物。属明矾石超族明矾石族。三方晶系。晶体呈柱状、粒状;集合体呈晶簇状、块状。白色,玻璃光泽,透明—半透明;硬度3～4。1980年发现于日本本州岛关东地区群马县草津白根火山附近的奥万座(Okumanza)温泉。英文原名称Minamiite,以南英一(Minami Ellchl,1899—1977)的姓氏命名,他研究了日本草津白根火山周围的温泉。IMA 1980-095批准。日文汉字名称南石。1982年大阪(J. Ossaka)在《美国矿物学家》(67)报道。1984年中国新矿物与矿物命名委员会郭宗山在《岩石矿物及测试》[3(2)]根据成分译为钙钠明矾石。原矿物名称Minamiite,2009年由IMA-CNMNC重新命名为两个多型Natroalunite-2R和Natroalunite-2c。2010年IMA批准更名[见P.贝利斯(P. Bayliss)等《矿物学杂志》(74)]。2010年杨主明在《岩石矿物学杂志》[29(1)]建议按照英文名称Natroalunite-2R译为钠明矾石-2R。

【钙钠稀铌石】

英文名 Nacareniobsite-(Ce)

化学式 $(Ca_3REE)Na_3Nb(Si_2O_7)_2(OF)F_2$ (IMA)

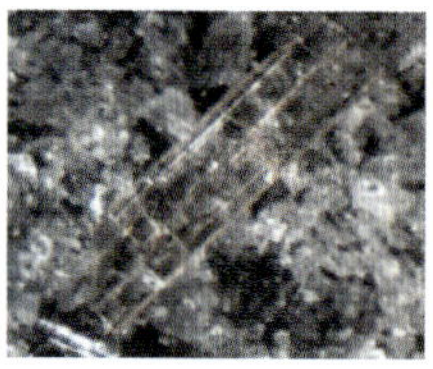

钙钠稀铌石板状晶体(格陵兰)

钙钠稀铌石是一种含氟和氧的钙、稀土、钠、铌的硅酸盐矿物,稀土元素中铈占优势。属氟钠钛锆石超族层硅铈钛矿(褐硅铈石)族。单斜晶系。晶体呈长方板条状;集合体呈晶簇状。无色,玻璃光泽,透明;硬度5,完全解理。1987年发现于丹麦格陵兰库雅雷哥自治区纳赫沙克区伊犁马萨克杂岩体库安纳瑞特(Kuannersuit)高原克瓦内湾(Kvanefjeld)铀矿床平硐。英文名称Nacareniobsite-(Ce),由化学成分"Natrium(Sodium,钠)""Calcium(钙)""Rare Earths(稀土族)""Niobium(铌)"和"Silicon(硅)",加占优势的稀土元素铈后缀-(Ce)组合命名。IMA 1987-040批准。1989年O. V.彼得森(O. V. Petersen)等在《矿物学新年鉴》(月刊)报道。1989年中国新矿物与矿物命名委员会郭宗山在《岩石矿物学杂志》[8(3)]根据成分译为钙钠稀铌石。杨光明教授建议译为钙钠铈铌石或氟钠钙铈铌石。

【钙钠柱石】

英文名 Dipyre

化学式 $Ma_{80}Me_{20}-Ma_{50}Me_{50}$

钙钠柱石是方柱石族钠柱石 $Na_4[AlSi_3O_8]_3(Cl,OH)$-钙柱石 $Ca_4[Al_2SiO_8]_3(CO_3,SO_4)$ 类质同象系列的中间成员;$Ma_{80}Me_{20}-Ma_{50}Me_{50}$ 表示含钠柱石80%～50%,钙柱石20%～50%。四方晶系。晶体呈长柱状。无色、白色、蓝灰色、浅绿色、黄色、浅红色、紫色、褐色等,玻璃光泽,半透明—不透明;硬度5～6。色泽美丽的可作为宝石,在已知的宝石级方柱石中,大多属于钙钠柱石,如缅甸产的部分五色晶体和紫色晶体、坦桑尼亚和莫桑比克的金黄色晶体等。英文名称 Dipyre，源于古希腊文两次火（Δύο φορές φωτιά＝Twice fire），所谓火的双重效果，意指它在熔融或熔化时呈现出磷光。见于 1913 年梅里厄姆出版的韦伯斯特修改后的字典。中文名称根据成分和族名译为钙钠柱石；也根据形态和族名译为针柱石（参见【方柱石】条 161 页）。

【钙铌钇矿】

英文名 Calciosamarskite

化学式 $(Ca,Fe,Y)(Nb,Ta,Ti)O_4$ （IMA）

钙铌钇矿是一种铌钇矿的富钙矿物。属铌钇矿族。单斜晶系。晶体呈柱状；集合体呈块状。黑色，半金属光泽；硬度 6.5。1928 年发现于加拿大安大略省黑斯廷斯县伍德考克斯（Woodcox）矿和帕里桑德区康格镇麦克奎尔（McQuire）矿。1928 年埃尔斯沃思（Ellsworth）在《美国矿物学家》（13）报道。英文名称 Calciosarmarskite，由成分冠词“Calcium（钙）”和根词“Sarmarskite（铌钇矿）”组合命名。1959 年以前发现、描述并命名的“祖父级”矿物，IMA 承认有效。中文名称根据成分及与铌钇矿的关系译为钙铌钇矿（根词参见【铌钇矿】条 652 页），也有的译为钙铌稀土矿；《英汉矿物种名称》（2017）译为钙铌钇铀矿。

【钙硼黄长石】

英文名 Okayamalite

化学式 $Ca_2B_2SiO_7$ （IMA）

日本冈山县旗

钙硼黄长石是一种钙、硼的硼-硅酸盐矿物。属黄长石族。四方晶系。晶体呈他形粒状。奶油白色，土状光泽；硬度 5.5。1997 年发现于日本本州岛中国地方冈山（Okayama）县高桥市备中町布贺（Fuka）矿。英文名称 Okayamalite，以发现地日本的冈山（Okayama）县命名。IMA 1997-002 批准。日文汉字名称岡山石。1998 年松原（S. Matsubara）等在《矿物学杂志》（62）和 1999 年 J. L. 杨博尔（J. L. Jambor）等在《美国矿物学家》（84）报道。2003 年李锦平等在《岩石矿物学杂志》[22(2)]根据成分和族名译为钙硼黄长石。2010 年杨主明在《岩石矿物学杂志》[29(1)]建议采用日文汉字名称的简化汉字名称冈山石。

【钙硼石】

英文名 Calciborite

化学式 CaB_2O_4 （IMA）

钙硼石不规则柱状晶体（俄罗斯）

钙硼石是一种钙的偏硼酸盐矿物。斜方晶系。晶体呈柱状；集合体呈放射状、晶簇状。无色—白色，玻璃光泽，透明—半透明；硬度 3.5，完全解理。1955 年首次发现并描述于俄罗斯斯维尔德洛夫斯克州克拉斯图灵斯克（Krasnoturinsk）附近图林斯克诺沃夫罗夫斯科伊（Novofrolovskoye）硼-铜矿。1955 年 E. S. 佩特洛娃（E. S. Petrova）在《采矿地质和化工原料》和 1956 年《全苏矿物学会记事》（85）、《美国矿物学家》（41）报道。英文名称 Calciborite，由化学成分“Calcium（钙）”和“Boron（硼）”组合命名。1959 年以前发现、描述并命名的“祖父级”矿物，IMA 承认有效。中文名称根据成分译为钙硼石。

【钙蔷薇辉石】参见【锰硅灰石】条 606 页

【钙砷铅矿】

英文名 Hedyphane

化学式 $Ca_2Pb_3(AsO_4)_3Cl$ （IMA）

钙砷铅矿板柱状、针状晶体，放射状集合体（澳大利亚、意大利）

钙砷铅矿是一种含氯的钙、铅的砷酸盐矿物，为砷铅矿的含钙类似矿物。属磷灰石超族钙砷铅矿族。六方晶系。晶体呈柱状、锥状、厚板状、针状；集合体呈块状、放射状。白色、白黄色、浅黄色、蓝白色，树脂光泽、油脂光泽，半透明；硬度 4～5，脆性。1830 年发现于瑞典韦姆兰省菲利普斯塔德市朗班（Långban）。1830 年布赖特豪普特（Breithaupt）在纽伦堡《化学和物理学杂志》（60）报道。英文名称 Hedyphane（Hedyphanite），1830 年由约翰·弗里德里希·奥古斯特·布赖特豪普特（Johann Friedrich August Breithaupt）根据希腊文“ηδύs＝Hedy＝Sweet 或 Beautiful（漂亮的、美丽的）”和“φαίνεσθαι＝To appear（出现）”而命名，意指矿物标本典型的外观和光泽。1959 年以前发现、描述并命名的“祖父级”矿物，IMA 承认有效。IMA 1980s. p. 批准。1984 年罗兰·C. 罗斯（Roland C. Rouse）、皮特·J. 邓恩（Pete J. Dunn）和唐纳德·R. 皮克（Donald R. Peacor）重新定义。中文名称根据成分及与砷铅矿的关系译为钙砷铅矿；杨光明教授建议译为铅砷磷灰石。

【钙砷铀云母】参见【砷钙铀矿】条 779 页

【钙十字沸石】

英文名 Phillipsite-Ca

化学式 $Ca_3(Si_{10}Al_6)O_{32}\cdot 12H_2O$ （IMA）

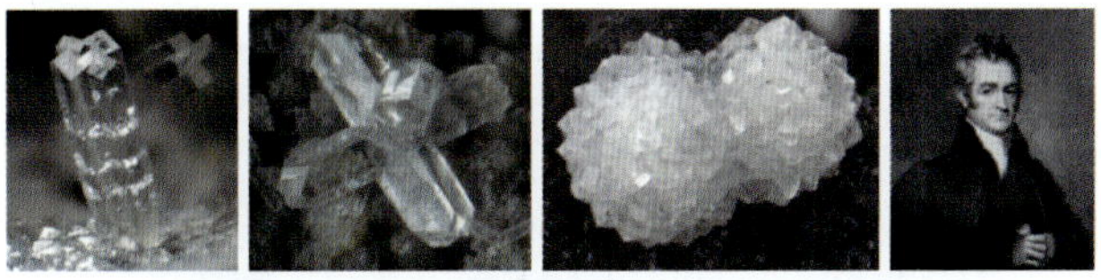

钙十字沸石柱状、球状集合体（意大利、奥地利、斯洛伐克）和菲利普斯像

钙十字沸石是一种含沸石水的钙的铝硅酸盐矿物。属沸石族钙十字沸石系列。单斜（假斜方）晶系。晶体呈柱状、纤维状，常形成假正方的十字形贯穿双晶；集合体呈放射状或球粒状。无色或呈白色、红色、黄色、灰白色，有时呈淡红色，玻璃光泽，透明；硬度 4.5，易碎。颜色美丽者可加工成弧面型宝石。1969 年发现于美国夏威夷州檀香山县瓦胡岛普乌拉（Puuloa）路下盐湖凝灰岩；同年，在《美国矿物学家》（54）报道。英文名称 Phillipsite-(Ca)，1972 年由艾玛诺欧·加利（Ermanno Galli）等在《美国矿物学家》（57）命名。其中，根词 1825 年 A. 列维（A. Lévy）在《哲学年鉴》（10）以英国矿物学家和伦敦地质学会的创始人威廉·菲利普斯（William Phillips，1775—1828）的姓氏，加钙后缀-Ca 组合命名。IMA 1997s. p. 批准。中文名称根据成分和结晶习性及族名译为钙十字沸石，也译为钙交沸石。另一英文名称 Christianite，

1847年，由法国矿物学家阿尔佛雷德·路易斯·奥立弗·莱格兰德·德斯·克罗泽阿犹希(Alfred Louis Oliver Legrande Des Cloizeaux)，以丹麦克里斯坦八世(Christian Ⅷ)命名。1836年F.科勒(F. Köhler)在《化学和物理学年鉴》(37)报道。英文名称Phillipsite，根据占优势的阳离子加后缀有-Ca、-K和-Na多型(参见相关条目)。

【钙水钒锶钙石*】

英文名 Calciodelrioite

化学式 $Ca(VO_3)_2 \cdot 4H_2O$　　(IMA)

钙水钒锶钙石*针状晶体，束状、放射状集合体(美国)

钙水钒锶钙石*是一种含结晶水的钙的钒酸盐矿物，含少量稳定的锶。与水钒钙石(Rossite)为同质多象。单斜晶系。晶体呈柱状、针状、叶片状；集合体呈束状、放射状。无色、黄褐色—棕色，接近黑色，半金刚光泽，透明；硬度2.5，完全解理，脆性。2012年发现于美国科罗拉多州圣米格尔县西森迪(West Sunday)矿。英文名称Calciodelrioite，由成分冠词"Calcio(钙)"和根词"Delrioite(水钒锶钙石)"组合命名，意指它是钙占优势的水钒锶钙石的类似矿物(根词参见【水钒锶钙石】条818页)。IMA 2012－031批准。2012年A. R.坎普夫(A. R. Kampf)等在《CNMNC通讯》(14)和《矿物学杂志》(76)报道。目前尚未见官方中文译名，编译者根据成分及与水钒锶钙石的关系译为钙水钒锶钙石*。杨光明教授根据对称和成分译为单斜水钒钙石。

【钙水硅钛钠石*】

英文名 Calciomurmanite

化学式 $(Na,\square)_2Ca(Ti,Mg,Nb)_4[Si_2O_7]_2O_2(OH,O)_2(H_2O)_4$　　(IMA)

钙水硅钛钠石*板片状晶体(俄罗斯)

钙水硅钛钠石*是一种含结晶水、氧、羟基的钠、空位、钙、钛、镁、铌的硅酸盐矿物。属氟钠钛锆石超族水硅钛钠石族。三斜晶系。晶体呈板片状，粒径达0.1cm×0.4cm×0.6cm；集合体呈扇形，可达3.5cm。浅棕色、紫色，断口呈油脂光泽，解理面上呈珍珠光泽；完全解理。2014年发现于俄罗斯北部摩尔曼斯克州塞尔苏尔特(Selsurt)山。英文名称Calciomurmanite，由成分冠词"Calcio(钙)"和根词"Murmanite(水硅钛钠石)"组合命名，意指它是钙的水硅钛钠石的类似矿物。IMA 2014－103批准。2015年I. S.雷科娃(I. S. Lykova)等在《CNMNC通讯》(25)、《矿物学杂志》(79)和2016年《欧洲矿物学杂志》(28)报道。目前尚未见官方中文译名，编译者根据成分及与水硅钛钠石的关系译为钙水硅钛钠石*(根词参见【水硅钛钠石】条832页)。

【钙水碱】

英文名 Pirssonite

化学式 $Na_2Ca(CO_3)_2 \cdot 2H_2O$　　(IMA)

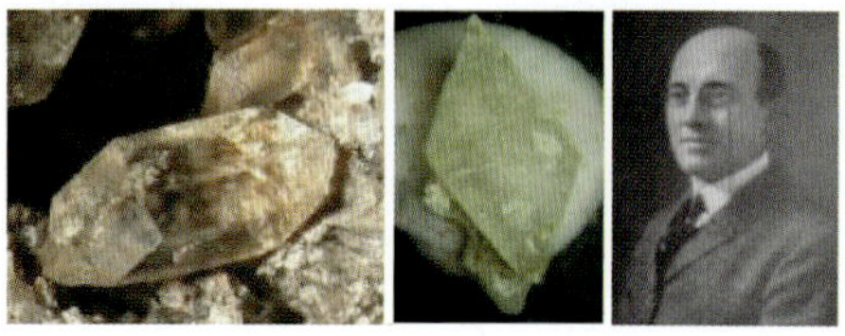

钙水碱柱状、板状晶体(埃及、美国)和皮尔松像

钙水碱是一种含结晶水的钠、钙的碳酸盐矿物。斜方晶系。晶体呈短柱状、板状、粒状，晶体少见；集合体呈块状。无色、白色、浅灰色、淡黄色，玻璃光泽，透明—半透明；硬度3.0～3.5，脆性。1896年首先发现于美国加利福尼亚州圣贝纳迪诺县瑟尔湖和深春湖，以及因约县硼砂湖。1896年普拉特·约瑟夫·海德(Pratt Joseph Hyde)在《美国科学杂志》(152/Ⅳ系列，2)和《结晶学杂志》(27)报道。英文名称Pirssonite，以美国岩石学家和矿物学家、美国康涅狄格纽黑文耶鲁大学地理地质学教授路易·瓦伦丁·皮尔松(Louis Valentine Pirsson，1860—1919)的姓氏命名。他开发了火成岩的CIPW分类系统，并编写了几本重要的教科书。1959年以前发现、描述并命名的"祖父级"矿物，IMA承认有效。中文名称根据成分译为钙水碱。

【钙水硼锶石*】

英文名 Calcioveatchite

化学式 $SrCaB_{11}O_{16}(OH)_5 \cdot 5H_2O$　　(IMA)

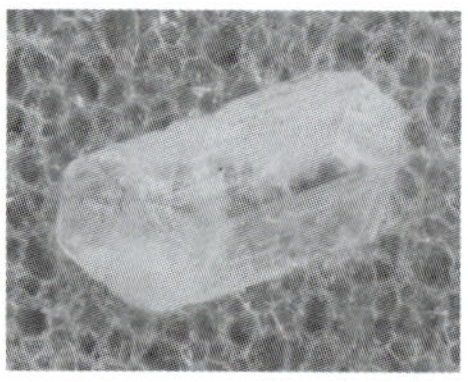

钙水硼锶石*柱状晶体(俄罗斯)

钙水硼锶石*是一种含结晶水、羟基的锶、钙的硼酸盐矿物。单斜晶系。晶体呈柱状。无色，玻璃光泽，透明。2020年发现于俄罗斯伊尔库茨克州通古斯卡下游涅帕(Nepa)河流域涅普斯科(Nepskoe)钾盐矿。英文名称Calcioveatchite，由成分冠词"Calcio(钙)"和根词"Veatchite(水硼锶石)"组合命名。其中，根词是以美国外科医生、测量师和科学家约翰·艾伦·韦奇(John Allen Veatch，1808—1870)的姓氏命名。1856年，他是第一个在美国加利福尼亚州的矿泉水中发现硼的人。IMA 2020－011批准。2020年I. V.佩科夫(I. V. Pekov)等在《CNMNC通讯》(56)、《矿物学杂志》(84)和《欧洲矿物学杂志》(32)报道。目前尚未见官方中文译名，编译者建议根据成分及与水硼锶石的关系译为钙水硼锶石*。

【钙钛锆石】参见【钛锆钍石】条911页

【钙钛矿】

英文名 Perovskite

化学式 $CaTiO_3$　　(IMA)

钙钛矿是一种钙、钛的氧化物矿物，常含钠、铈、铁、铌等元素。属钙钛矿超族化学计量钙钛矿族钙钛矿亚族。斜方(假等轴)晶系。晶体一般呈假立方体或八面体、粒状，具穿插双晶、聚片双晶，在立方体晶体上常具平行晶棱的双晶纹；集合体呈肾状、块状。黄色、棕色、红色、褐色—灰黑色，金刚光泽、半金属—金属光泽，透明—不透明；硬度5～5.5，完全

钙钛矿假立方体晶体(俄罗斯、意大利)和佩罗夫斯基像

解理,脆性。1839 年古斯塔夫·罗斯(Gustav Rose)发现于俄罗斯车里雅宾斯克州兹拉托乌斯特市纳兹扬斯基(Nazyamskie)山脉阿赫玛托夫斯卡娅(Akhmatovskaya)山阿克马托夫斯克(Achmatovsk)矿,同年,在《物理学和化学年鉴》(48)报道。英文名称 Perovskite,古斯塔夫·罗斯(Gustav Rose)为纪念俄国矿物学家列弗·阿列克谢耶维奇·佩罗夫斯基(Lev Alekseevich Perovski,1792—1856)伯爵而以他的姓氏命名。1852—1856 年,佩罗夫斯基伯爵在俄国圣彼得堡中部封地为副总裁,在任期内他使封地的矿业、找矿和宝石的工作得到了发展,许多新的矿床开始实施开采计划,佩罗夫斯基也是一个有影响力的矿物收藏家。1959 年以前发现、描述并命名的"祖父级"矿物,IMA 承认有效。中文名称根据成分译为钙钛矿。

【钙钛榴石】

英文名 Hutcheonite

化学式 $Ca_3Ti_2(SiAl_2)O_{12}$ (IMA)

哈琴像

钙钛榴石是一种钙、钛的铝硅酸盐矿物。属石榴石族。等轴晶系。晶体呈粒状,粒径 0.5～4μm。它可能是阿连德(Allende)碳质球粒陨石由铁碱卤交代的初级阶段形成的蚀变产物。2013 年由美国加州理工学院的马驰(Ma Chi)小组和夏威夷大学的亚力山大·克洛特(Alexander Krot)发现于墨西哥奇瓦瓦州阿连德(Allende)碳质球粒陨石。英文名称 Hutcheonite,以美国加利福尼亚劳伦斯·利弗莫尔国家实验室的宇宙化学家伊恩·D. 哈琴(Ian D. Hutcheon)的姓氏命名。哈琴是太阳系早期的年代学的权威,尤其是对同位素和元素分析仪器和技术的发展有重大贡献。IMA 2013－029 批准。2013 年马驰等在《CNMNC 通讯》(16)、《矿物学杂志》(77)和 2014 年《美国矿物学家》(99)报道。中文名称根据成分及族名译为钙钛榴石。

【钙钛铁榴石】

英文名 Morimotoite

化学式 $Ca_3(TiFe^{2+})(SiO_4)_3$ (IMA)

森本信男像

钙钛铁榴石是一种钙、钛、铁的硅酸盐矿物。属石榴石族。等轴晶系。晶体呈自形—半自形粒状。黑色,金刚光泽,不透明;硬度 7.5,贝壳状断口。1992 年发现于日本本州岛中国地方冈山地区高桥市备中町布贺矿。英文名称 Morimotoite,以日本矿物学家、大阪大学退休荣誉教授森本信男(Nobuo Morimoto,1925—)的姓氏命名,他著有《造岩矿物学》。IMA 1992－017 批准。日文汉字名称森本柘榴石。1995 年逸见(Henmi)等在《矿物学杂志》(59)报道。2003 年中国地质科学院矿产资源研究所李锦平等在《岩石矿物学杂志》[22(3)]根据成分和族名译为钙钛铁榴石。2010 年杨主明在《岩石矿物学杂志》[29(1)]建议借用日文汉字名称森本榴石。

【钙钽石】

英文名 Calciotantite

化学式 $CaTa_4O_{11}$ (IMA)

钙钽石是一种钙、钽的氧化物矿物。属钠钽矿族。六方晶系。晶体呈正方形、长方形或方形的,横截面六边形,一般在其他矿物中呈包裹体。无色,金刚光泽,透明;硬度 6.5。1981 年发现于俄罗斯北部摩尔曼斯克州瓦辛恩-迈尔克(Vasin-Mylk)山。英文名称 Calciotantite,由化学成分冠词"Calcium(钙)"和根词"Tantite(钽石)"组合命名。IMA 1981－039 批准。1982 年 A. V. 沃洛申(A. V. Voloshin)等在苏联《矿物学杂志》[4(3)]和 1983 年《美国矿物学家》(68)报道。1984 年中国新矿物与矿物命名委员会郭宗山在《岩石矿物及测试》[3(2)]根据成分及与钽石的关系译为钙钽石(参见【钽石】条 917 页)。

【钙天青石】参见【天青石】条 941 页

【钙铁非石】

英文名 Makarochkinite

化学式 $Ca_4[Fe^{2+}_8Fe^{3+}_2Ti_2]O_4[Si_8Be_2Al_2O_{36}]$ (IMA)

钙铁非石是一种含氧的钙、铁、钛的铍铝硅酸盐矿物。属假蓝宝石超族钛硅镁钙石(褐斜闪石;镁钙三斜闪石)族。三方晶系。晶体呈粒状。黑色,玻璃光泽,不透明;硬度 5.5～6,完全解理。1986 年发现于俄罗斯车里雅宾斯克州伊尔门自然保护区阿加亚什基(Argayashsky)400 号矿坑;同年,V. O. 波利亚科夫(V. O. Polyakov)在斯维尔德洛夫斯克《苏联科学院地质研究所著作集》刊载。英文名称 Makarochkinite,以苏联化学家和矿物学家鲍里斯·A. 马卡罗奇金(Boris A. Makarochkin,1908—1988)的姓氏命名。他研究了从伊尔门山收集的稀土矿物,但它被描述为一种角闪石。IMA 2002－009a 批准。2004 年 J. 巴比耶尔(J. Barbier)等在《第二十六次北欧地质冬季会议文集》(126)和 2005 年《美国矿物学家》(90)报道。1993 年中国新矿物与矿物命名委员会黄蕴慧等在《岩石矿物学杂志》[12(1)]根据成分及与钠铁非石的关系译为钙铁非石;杨光明教授建议译为铍钙铁非石(参见【三斜闪石】条 767 页)。

【钙铁橄榄石】

英文名 Kirschsteinite

化学式 $CaFe^{2+}(SiO_4)$ (IMA)

钙铁橄榄石是一种钙、铁的硅酸盐矿物。属橄榄石族。斜方晶系。绿色,玻璃光泽,透明;硬度 5.5。1957 年发现于刚果(金)北基伍省尼拉贡戈火山沙赫鲁(Shaheru)山。1957 年 T. G. 撒哈玛(T. G. Sahama)等在《矿物学杂志》(31)和 1958 年 M. 弗莱舍(M. Fleischer)在《美国矿物学家》(43)报道。英文名称 Kirschsteinite,为纪念已故的德国地质学家埃贡·基尔希斯坦(Egon Kirschstein)博士而以他的姓氏命名。他是北基伍省维龙加火山场地质勘探的先驱,在第一次世界大战东非事件中死亡。1959 年以前发现、描述并命名的"祖父级"矿物,IMA 承认有效。中文名称根据成分和族名译为钙铁橄榄石。

【钙铁辉石】

英文名 Hedenbergite

化学式 $CaFeSi_2O_6$ (IMA)

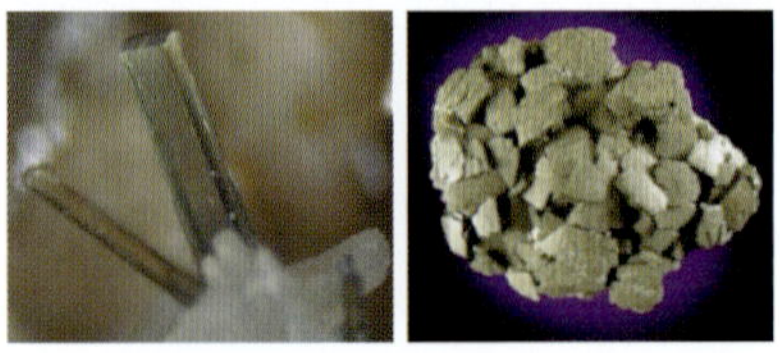

钙铁辉石柱状、短柱状晶体（美国、加拿大）

钙铁辉石是辉石族单斜辉石亚族的成员，钙和铁的链状硅酸盐矿物。单斜晶系。晶体呈柱状、针状、粒状；集合体常呈放射状或棒状。暗绿色—绿黑色、深棕色、黑色，树脂光泽、玻璃光泽，半透明—不透明；硬度 5.5～6.5，完全解理，脆性。1819 年发现于瑞典南曼兰省尼雪平市摩尔默斯格鲁文（Mormorsgruvan）。英文名称 Hedenbergite，1819 年由瑞典化学家琼斯·雅各布·贝采里乌斯（Jöns Jakob Berzelius，1779—1848）伯爵在巴黎《新的系统矿物学》为纪念第一位分析、描述和定义该矿物的瑞典矿物学家安德斯·路德威格·海登伯希（Anders Ludvig Hedenberg，1781—1809）而以他的姓氏命名，他是 19 世纪的一位著名化学家。1959 年以前发现、描述并命名的“祖父级”矿物，IMA 承认有效。IMA 1988s. p. 批准。中文名称根据成分及与辉石的关系译为钙铁辉石；也译作苍辉石。

【钙铁矿】

英文名 Srebrodolskite

化学式 $Ca_2Fe^{3+}_2O_5$　　(IMA)

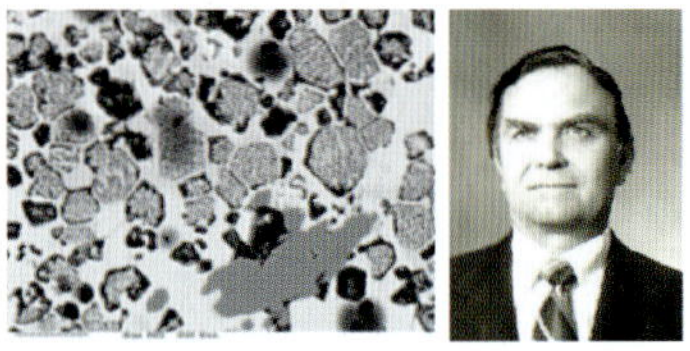

钙铁矿粒状晶体（波兰）和斯勒布罗多尔斯基像

钙铁矿是一种钙、铁的氧化物矿物。属钙钛矿超族非化学计量钙钛矿族钙铁石亚族。斜方晶系。晶体呈粒状。褐红色、黑色，金刚光泽、金属光泽，半透明；硬度 5.5。1984 年发现于俄罗斯车里雅宾斯克州科佩伊斯克（Kopeisk）。英文名称 Srebrodolskite，以乌克兰利沃夫地质和地球化学研究所的矿物学家鲍里斯·伊万诺维奇·斯勒布罗多尔斯基（Boris Ivanovich Srebrodolsky，1927—2007）的姓氏命名。他出版了 500 多种出版物，包括科普著作。IMA 1984-050 批准。1985 年 B. V. 切斯诺科夫（B. V. Chesnokov）等在《全苏矿物学会记事》[114(2)]和 1986 年 F. C. 霍桑（F. C. Hawthorne）等在《美国矿物学家》(71)报道。1986 年中国新矿物与矿物命名委员会郭宗山等在《岩石矿物学杂志》[5(4)]根据成分译为钙铁矿。

【钙铁榴石】

英文名 Andradite

化学式 $Ca_3Fe^{3+}_2(SiO_4)_3$　　(IMA)

钙铁榴石晶体（阿富汗、加拿大）和安德拉达像

钙铁榴石是钙铝榴石-钙铁榴石-钙铬榴石类质同象系列的中间成员。属石榴石超族石榴石族。等轴晶系。晶体呈立方体、菱形十二面体、偏方三八面体或它们的聚形。以黄色、绿色、肉红色、棕色、棕红色、棕黄色、浅褐色、灰黑色、黑色为主，含有其他色素离子形成颜色变种，如黑榴石（Melanite）、黄榴石（Topazolite）、翠榴石（Demantoid）等。金刚光泽、树脂光泽，透明、半透明；硬度 6.5～7，脆性。最早见于 1800 年 J. B. 德·安德拉达（J. B. d'Andrada）在《普通化学杂志》(4)报道，发现于挪威德拉门（Drammen）附近的一种淡灰黄色的矿物，并用希腊文命名为 αλλος 并描述。英文名称 Andradite，1868 年由詹姆斯·德怀特·丹纳（James Dwight Dana）在《系统矿物学》（第五版，纽约）为纪念巴西 18 世纪初杰出的矿物学家和政治家何塞·博尼法克奥·德·安德拉达·席尔瓦（José Bonifácio de Andrada e Silva，1763—1838）而以他的名字命名，因为他在一个多世纪前就研究了石榴石，他还发现并描述了锂辉石和透锂长石。1959 年以前发现、描述并命名的“祖父级”矿物，IMA 承认有效。中文名称根据成分和族名译为钙铁榴石。

钙铁榴石的含钛（TiO_2 5%～11.5%）黑色变种称黑榴石。英文名称 Melanite，1799 年奥古斯都·戈特洛布·维尔纳（Augustus Gottlob Werner）在 L. A. 埃默林（L. A. Emmerling）的《矿物学教科书》（第一卷，第二版）根据希腊文“μελανός=Black=Melan（黑的）”命名。“Melan”来自拉丁文“草木犀浆”，含有黑色素，意为黑色。

黑榴石晶体（意大利、美国）

钙铁榴石的黄色者称为黄榴石。英文名称 Topazolite，源自梵文的“Tapas=Topaz”，意为“火彩”。

黄榴石粒状集合体（意大利）

钙铁榴石的翠绿色者称为翠榴石。

翠榴石晶体（意大利）

最初的描述来自俄罗斯乌拉尔地区斯维尔德洛夫斯克州下塔吉尔（Nizhne-Tagilskoye）铜矿床。英文名称 Demantoid，由尼尔斯·古斯塔夫·诺顿修德（Nils Gustaf Nordenskiøld）根据古老的德国“Demant（德曼特）”命名，这个词的意思是“金刚石、钻石”，意指其亮度非常高类似

钻石。

【钙铁铝辉石】

英文名 Esseneite

化学式 $CaFe^{3+}AlSiO_6$　　(IMA)

钙铁铝辉石柱状晶体(捷克)和艾赛尼像

钙铁铝辉石是一种钙、铁的铝硅酸盐矿物。属辉石族单斜辉石亚族。单斜晶系。晶体呈柱状,长 2～8mm。红棕色,玻璃光泽,透明;硬度 6,完全解理。1985 年发现于美国怀俄明州坎贝尔县。英文名称 Esseneite,以美国密歇根州安娜堡密歇根大学埃里克·J. 艾赛尼(Eric J. Essene,1939—2010)教授的姓氏命名,他是第一块标本的发现者。他是地热气象学发展的领导者,并被美国地质学会授予 2010 年彭罗斯(Penrose)奖章。IMA 1985－048 批准。1987 年 M. A. 科斯卡(M. A. Cosca)等在《美国矿物学家》(72)报道。1988 年中国新矿物与矿物命名委员会郭宗山等在《岩石矿物学杂志》[7(3)]根据成分及族名译为钙铁铝辉石。

【钙铁铝石】参见【钙铁石】条 231 页

【钙铁砷矿】

英文名 Cafarsite

化学式 $(Ca,Na,\square)_{19}Ti_8Fe_4^{3+}Fe_4^{2+}(AsO_3)_{28}F$　　(IMA)

钙铁砷矿立方体和聚形晶体(瑞士、意大利)

钙铁砷矿是一种含氟的钙、钠、空位、钛、铁的砷酸盐矿物。等轴晶系。晶体呈立方体、八面体、菱形十二面体及它们的聚形。棕黄色、棕黑色、深褐色、暗红色,半金属光泽,不透明,边缘半透明;硬度 5.5～6,脆性。1965 年发现于瑞士万尼冰川-舍尔巴杜格区域(Wanni glacier-Scherbadung area)。英文名称 Cafarsite,由化学成分“Calcium(钙)”“Iron(拉丁文 Ferrum,铁)”和“Arsenic(砷)”组合命名。IMA 1965－036 批准。1966 年 S. 格雷泽尔(S. Graeser)在《瑞士矿物学和岩石学通报》(46)和 1967 年《美国矿物学家》(52)报道。中文名称根据成分译为钙铁砷矿,也译为砷钛铁钙石。

【钙铁石】

英文名 Brownmillerite

化学式 $Ca_2Fe^{3+}AlO_5$　　(IMA)

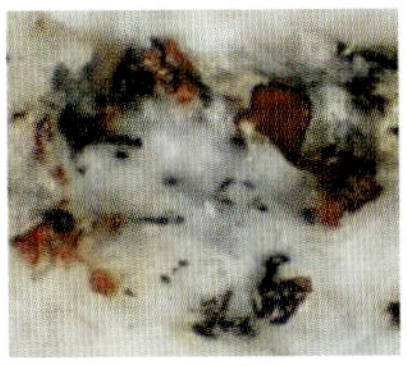

钙铁石板片状晶体(德国)

钙铁石是一种钙、铁、铝的氧化物矿物。斜方晶系。晶体呈微晶方形片状、板状。红褐色、红棕色,玻璃光泽,半透明。1964 年发现于德国莱茵兰-普法尔茨州迈恩-科布伦茨艾费尔高原贝尔伯格(Bellerberg)火山西部和南部熔岩流。英文名称 Brownmillerite,1932 年人工合成物由洛林·托马斯·布朗米勒(Lorrin Thomas Brownmiller,1902—1990)博士的姓氏命名。布朗米勒博士是美国宾夕法尼亚州伊斯顿阿尔法波特兰水泥公司首席化学家。1964 年 G. 亨切尔(G. Hentschel)在德国熔岩流中发现天然矿物,遂将人工合成物名称转移到自然产生的矿物名称。IMA 1963－017 批准。1964 年亨切尔在《矿物学新年鉴》(月刊)和 1965 年《美国矿物学家》(50)报道。中文名称根据成分译为钙铁石或钙铁铝石(矿)。

【钙铁钛矿】

英文名 Cafetite

化学式 $CaTi_2O_5 \cdot H_2O$　　(IMA)

钙铁钛矿板状晶体(意大利)

钙铁钛矿是一种含结晶水的钙、钛的氧化物矿物,钛可被部分铁替代。斜方晶系。晶体呈板状、柱状、针状、纤维状;集合体呈杂乱状(苔状、棉絮状),亦有细针状晶体呈放射状或平行连生状。无色—苍白黄色,金刚光泽,透明—半透明;硬度 4.5～5.5,完全解理,脆性。1959 年首次发现并描述于俄罗斯北部摩尔曼斯克州阿夫里坎达(Afrikanda)地块。1959 年 A. A. 库哈连科(A. A. Kukharenko)等在《全苏矿物学会记事》(88)和 1960 年《美国矿物学家》(45)报道。英文名称 Cafetite,由“Calcium(钙)”“Iron(拉丁文 Ferrum,铁)”和“Titanium(钛)”的化学元素符号组合命名。IMA 1962s. p. 批准。中文名称根据成分译为钙铁钛矿。

【钙铜矾】

英文名 Devilline

化学式 $CaCu_4(SO_4)_2(OH)_6 \cdot 3H_2O$　　(IMA)

钙铜矾板状、板条状晶体,放射状集合体(斯洛伐克、希腊)和德维尔像

钙铜矾是一种含结晶水的碱式钙、铜的硫酸盐矿物。属钙铜矾族。单斜晶系。晶体呈六双面扁平薄板状、板条状;集合体常呈交错的皮壳状、放射状。绿色、蓝绿色,条痕呈亮绿色,玻璃—半玻璃光泽,解理面上呈珍珠光泽,透明;硬度 2.5,完全解理,脆性。1864 年发现于英国英格兰康沃尔(Cornwall)郡。1864 年马斯基林(Maskelyne)在英国伦敦《化学工业科学新闻和杂志》(10)曾称 Lyellite。1864 年皮萨尼(Pisani)在法国《巴黎科学院会议周报》(59)报道。英文名称 Devilline,在 1872 年费利克斯·皮萨尼(Félix Pisani)为了纪念法国化学家亨利·艾蒂安·圣克莱尔·德维尔(Henri Étienne Sainte-Claire Deville,1818—1881)而以他的姓氏命名。德维尔在 1845—1851 年间任贝桑松大学的化学教授;1851—1859 年间,任巴黎高等师范化学教授;1859—1881 年他成为了索邦大学的化学教授,发明了第一个精炼铝的流程。1959 年以前发现、描述并命名的“祖父级”矿物,IMA 承认有效。IMA 1971s. p. 批准。中文名称根据成分译为钙铜矾。

【钙铜沸石】参见【乔特诺石】条 744 页

【钙铜砷矿】参见【水砷钙铜石】条 867 页

【钙钍黑稀金矿】参见【黑稀金矿】条 320 页

【钙霞石】

英文名 Cancrinite

化学式 $(Na,Ca,\square)_8(Al_6Si_6)O_{24}(CO_3,SO_4)_2 \cdot 2H_2O$ (IMA)

钙霞石六方柱状晶体(意大利)和坎昆像

钙霞石是一种稀少的含结晶水的钠、钙、空位的硫酸-碳酸-铝硅酸盐矿物。通常还含有微量的钾、镁和铁,附加阴离子还有氯。属似长石族钙霞石族。按其附加阴离子的不同而赋予不同的名称:以硫酸根为主时,称"富硫钙霞石";以氯为主时,称"富氯钙霞石";以碳酸根为主时,则仍称"钙霞石"。六方晶系。晶体为带钝双锥的六方柱,但罕见;集合体常呈块状。颜色多变,无色、白色、黄色、橙红色—粉红色、淡蓝色—蓝灰色、灰绿色,油脂光泽、玻璃光泽、珍珠光泽,透明—半透明;硬度 5~6,完全解理,脆性。1833 年最初发现于俄罗斯车里雅宾斯克州伊尔门(Ilmen)山自然保护区。1833 年在德国柏林《结晶学基础》刊载。又见于 1892 年 E. S. 丹纳(E. S. Dana)《系统矿物学》(第六版,纽约)。英文名称 Cancrinite,以埃戈尔·弗兰茨维奇·坎克林(Egor Frantsevich Kankrin=Cancrin,1774—1845)的姓氏命名,他是俄国一位财政大臣。1959 年以前发现、描述并命名的"祖父级"矿物,IMA 承认有效。中文名称根据成分和与霞石的关系译为钙霞石(参见【霞石】条 1009 页)。

G

【钙硝石】参见【水钙硝石】条 823 页

【钙斜发沸石】参见【斜发沸石-钙】条 1018 页

【钙耶尔丁根石】

英文名 Gjerdingenite-Ca

化学式 $K_2Ca(Nb,Ti)_4(Si_4O_{12})_2(O,OH)_4 \cdot 6H_2O$ (IMA)

钙耶尔丁根石板条状晶体(俄罗斯)

钙耶尔丁根石是一种含结晶水、羟基、氧的钾、钙、铌、钛的硅酸盐矿物。属水硅铌钛矿(拉崩佐夫石,Labuntsovite)超族硅钾锰铌钛石(Kazmenkoite)族。单斜晶系。晶体呈板条状,呈另一种矿物的假象。白色、浅棕色、带桃红色的棕色,玻璃光泽,透明—不透明;硬度 5,非常脆。2005 年发现于俄罗斯北部摩尔曼斯克州卡纳苏尔特(Karnasurt)山 61 号伟晶岩。英文名称 Gjerdingenite-Ca,由根词"Gjerdingenite(耶尔丁根石)"加占优势的钙后缀-Ca 组合命名,意指它是钙占优势的耶尔丁根石(Gjerdingenite-Fe)的类似矿物。IMA 2005-029 批准。2007 年 N. A. 雅姆诺娃(N. A. Yamnova)等在《俄罗斯科学院报告:化学类》(414)和《加拿大矿物学家》(45)报道。2010 年中国地质科学院地质研究所尹淑苹等在《岩石矿物学杂志》[29(4)]根据成分及与耶尔丁根石的关系译为钙耶尔丁根石(根词参见【耶尔丁根石】条 1064 页)。Gjerdingenite(耶尔丁根石)有-Ca,-Fe,-Mn,-Na 四个矿物种(参见相关条目)。

【钙叶绿矾】

英文名 Calciocopiapite

化学式 $CaFe^{3+}_4(SO_4)_6(OH)_2 \cdot 20H_2O$ (IMA)

钙叶绿矾是一种叶绿矾族的富钙矿物。三斜晶系。集合体呈粉末状、皮壳状。淡灰黄色—棕黄色,珍珠光泽,透明—半透明;硬度 2.5~3。1960 年发现于阿塞拜疆中部高加索山脉达什凯桑(Dashkesan)区钴-铁矿床。英文名称 Calciocopiapite,由成分冠词"Calcio(钙)"和根词"Copiapite(叶绿矾)"组合命名。1960 年 M. A. 卡什凯(M. A. Kashkai)等在《阿塞拜疆国家地理博物馆文献》(*Trudy Azerbaĭdzhanskogo Geograficheskogo Obshchestva*)刊载和 1962 年 M. 弗莱舍(M. Fleischer)等在《美国矿物学家》(47)报道。IMA 1967s. p. 批准。中文名称根据成分及族名译为钙叶绿矾(根词参见【叶绿矾】条 1067 页)。

【钙钇铒石】参见【碳硅钇钙石】条 921 页

【钙硬锰矿】参见【钙锰石】条 225 页

【钙硬玉】

英文名 Tissintite

化学式 $(Ca,Na,\square)AlSi_2O_6$ (IMA)

提森特火星陨石

钙硬玉是一种钙、钠和空位的铝硅酸盐矿物,即富钙的硬玉类似矿物。属辉石族单斜辉石亚族。单斜晶系。晶体粒径小于 25μm。它是火星陨石流星撞击地球形成的斜长石成分的辉石结构的高压相矿物熔长石。2011 年发现于摩洛哥塔塔省提森特(Tissint)镇火星陨石。它形成于 6 亿年前,2011 年 7 月 18 日坠落于地球,是人们目睹的第五颗火星陨石。英文名称 Tissintite,以发现地摩洛哥的提森特(Tissint)火星陨石落下的地方命名。IMA 2013-027批准。2013 年马驰(Ma Chi)等在《CNMNC 通讯》(16)、《矿物学杂志》(77)和 2015 年《地球与行星科学通讯》(422)报道。中文名称根据成分及与硬玉的关系译为钙硬玉,有的音译为提森特石。

【钙铀矿】参见【水钙铀矿】条 824 页

【钙铀云母】

英文名 Autunite

化学式 $Ca(UO_2)_2(PO_4)_2 \cdot 10\sim12H_2O$ (IMA)

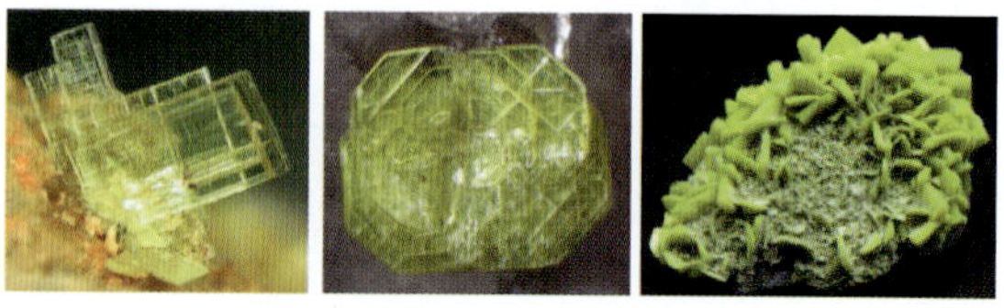

钙铀云母板状晶体(美国、葡萄牙)

钙铀云母是一种含结晶水的钙的铀酰-磷酸盐矿物,加热可逸出水变成变钙铀云母(Meta-autunite)。属钙铀云母族。斜方晶系。晶体呈正方形、八边形板状、片状、鳞片状,具穿插双晶;集合体呈球状、粉末状、玫瑰状、苔藓状或皮壳状等。黄色、淡黄色、柠檬黄色、黄绿色、淡绿色，金刚光泽、半玻璃光泽、蜡状光泽、树脂光泽、珍珠光泽，透明—半透明；硬度 2～2.5，极完全解理，脆性。最早见于 1819 年 J. J. 贝采里乌斯(J. J. Berzelius)在译自瑞典文的《矿物学新体系》(第八卷，巴黎)刊载。1852 年发现于法国圣西姆福里安德马格纳(Saint-Symphorien-de-Marmagne)；同年，Wm. 菲利普斯(Wm. Phillips)在《矿物学导论》(第八卷，伦敦)刊载。1854 年由亨利·J. 布鲁克(HenryJ. Brooke)和威廉·H. 米勒尔(William H. Miller)以发现地法国的索恩·鲁瓦尔省圣西姆福里安附近的奥顿(Autun)命名。1959 年以前发现、描述并命名的"祖父级"矿物，IMA 承认有效。中文名称根据成分和云母状结晶形态译为钙铀云母。

【钙柱石】

英文名 Meionite

化学式 $Ca_4Al_6Si_6O_{24}(CO_3)$ (IMA)

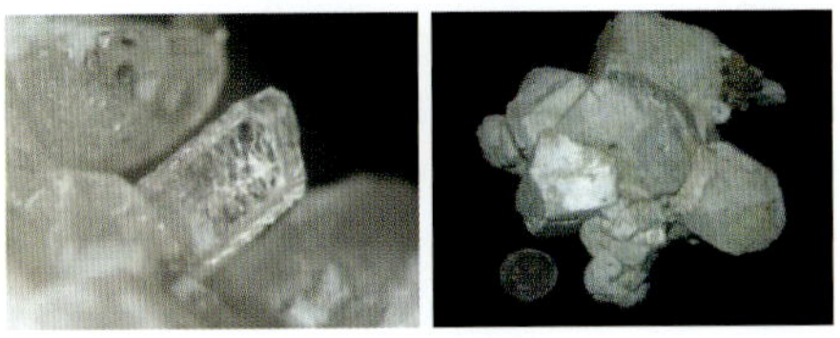

钙柱石短柱状晶体(美国、意大利)

钙柱石是钠柱石-钙柱石类质同象系列的钙的端元，方柱石族矿物之一，是含碳酸根的，还可能有硫酸根或氯或羟基的钙的铝硅酸盐矿物。四方晶系。晶体呈具双锥的短柱状；集合体呈块状。无色、白色、蓝灰色、浅黄绿色、黄色、粉红色、紫色、褐色、橙褐色，玻璃光泽、树脂光泽、珍珠光泽，透明—半透明；硬度 5～6，完全解理，脆性。1801 年发现于意大利那不勒斯省外轮山(Somma)；同年，在巴黎《矿物学教程》(第二卷)刊载。1851 年斯卡基(Scacchi)在莱比锡《物理学和化学年鉴》(Ⅲ集)报道。英文名称 Meionite，1801 年由法国矿物学家勒内·茹斯特·阿羽伊(Rene Just Haüy)根据希腊文"μειων=Less=Meion(较少的)"命名，意指它的锥体的尖锐的程度比符山石差，晶体像圆鼓鼓的甜瓜状。1959 年以前发现、描述并命名的"祖父级"矿物，IMA 承认有效。中文名称根据成分和族名译为钙柱石。

盖 [gài]形声；从艸，从盍(hé)，盍亦声。本义：用芦苇或茅草编成的器皿上的被覆物。[英]音，用于外国人名。

【盖多尼石】参见【斜方钠锆石】条 1025 页

【盖尔邓宁石*】

英文名 Gaildunningite

化学式 $Hg_3^{2+}[NHg_2^{2+}]_{18}(Cl,I)_{24}$ (IMA)

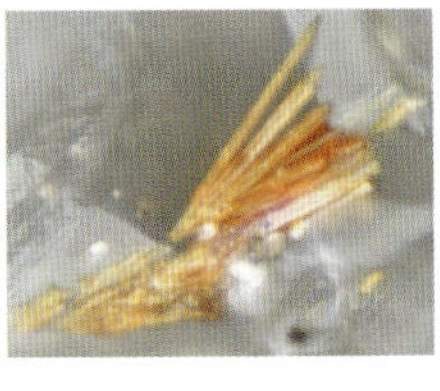

盖尔邓宁石*针状晶体，束状集合体(美国)

盖尔邓宁石*是一种汞、氮汞的碘-氯化物矿物。斜方晶系。晶体呈针柱状；集合体呈束状。黄色—橙色—较深的橙红色，金刚光泽、玻璃光泽，透明；硬度 3，脆性，完全解理。2018 年发现于美国加利福尼亚州圣贝尼托县新爱德里亚矿区克利尔河矿。英文名称 Gaildunningite，以盖尔·E. 邓宁(Gail E. Dunning，1937—)姓名命名。他是新伊德里亚矿区著名的矿物收藏家，负责发现许多新的含汞矿物。IMA 2018－029 批准。M. A. 库珀(M. A. Cooper)等 2018 年在《CNMNC 通讯》(44)、《欧洲矿物学杂志》(30)和 2019 年《加拿大矿物学家》[57(3)]报道。目前尚未见官方中文译名，编译者建议音译为盖尔邓宁石*。

【盖里安塞石】参见【水磷铁镁石】条 845 页

【盖特豪斯石】

英文名 Gatehouseite

化学式 $Mn_5^{2+}(PO_4)_2(OH)_4$ (IMA)

盖特豪斯石叶片状晶体，放射状集合体(南非、澳大利亚)和盖特豪斯像

盖特豪斯石是一种含羟基的锰的磷酸盐矿物。斜方晶系。晶体呈片状、刃状；集合体呈放射状。淡红橙色、浅红色—浅黄褐色，金刚光泽，透明—半透明；硬度 4，完全解理，脆性。1987 年格林·弗朗西斯(Glyn Francis)发现于澳大利亚南澳大利亚州艾尔半岛艾恩诺布莫纳克(Iron Knob Monarch)沉积铁矿。英文名称 Gatehouseite，1993 年 A. 普林(A. Pring)等以澳大利亚墨尔本莫纳什大学晶体化学家布莱恩·米迦勒·肯尼斯·卡明斯·盖特豪斯(Bryan Michael Kenneth Cummings Gatehouse，1932—2014)博士的姓氏命名，以表彰他对氧化物和含氧酸盐的研究做出的贡献。IMA 1992－016 批准。1993 年普林等在《矿物学杂志》(57)和 1994 年 J. L. 杨博尔(J. L. Jambor)等在《美国矿物学家》(79)报道。1998 年中国新矿物与矿物命名委员会黄蕴慧等在《岩石矿物学杂志》[17(2)]音译为盖特豪斯石。

甘 [gān]会意兼指事。小篆从口，中间的一横像口中含的食物，能含在口中的食物往往是甜的、美的。本义：甜味。①用于中国地名：四川甘孜藏族自治州。②[英]音，用于外国人名。

【甘汞矿】

英文名 Calomel

化学式 HgCl (IMA)

汞膏四方板状晶体(美国)

甘汞矿是一种不多见的汞的氯化物矿物，化学名称叫氯化亚汞或氯化汞。属甘汞族。四方晶系。晶体呈柱状、锥状、板状、片状、粒状；集合体呈晶簇状、皮壳状、土状、粉末状。白色、无色、浅灰色、浅黄色或棕褐色，经曝光变暗，当它与氨接触变黑，金刚光泽，透明；硬度 1.5～2，柔软似膏，可用刀切；具有甜味。中国是认识、命名、利用甘汞矿(汞膏)的最早的国家之一。中国古医药著作《本草拾遗》(公元 741 年，唐开元 29 年)称水银粉、汞粉、峭粉；《传家秘宝方》(宋代，公元 1023—1063)称腻粉；《本草纲目》(明代李时珍，1518—1593)称银粉；《本草便读》(清，公元 1887)称扫盆。现代的商品名有轻粉(又名水银粉、汞粉)，粉霜(又名白粉霜、水银霜)。

在西方，发现于德国莱茵兰-普法尔茨州兰茨贝格(Landsberg)。英文名称 Calomel，大概来自新的拉丁文"Calomelās(轻粉、甘汞、氯化亚汞)"，而它又源自希腊文

“καλός=Kalos=Calos(美丽的光芒)”和“μέλας=Melas=Black(黑色的)”组合命名。这个词源也许显得非凡而奇怪，矿物本色是白色的，而名称中却出现“黑色”，这也许是指其与氨特有的歧化反应，而出现细分散状的黑色金属汞，也称为矿物角汞或汞角。1908年戈尔德施密特(Goldschmidt)等在莱比锡《结晶学、矿物学和岩石学杂志》(44)报道。1959年以前发现、描述并命名的“祖父级”矿物，IMA承认有效。中文名称根据根据甜味和成分译为甘汞矿；又因柔软如膏而译为汞膏。

【甘特布拉斯石*】

英文名 Günterblassite

化学式 $(K,Ca,Ba,Na,\square)_3Fe[(Si,Al)_{13}O_{25}(OH,O)_4]\cdot 7H_2O$ (IMA)

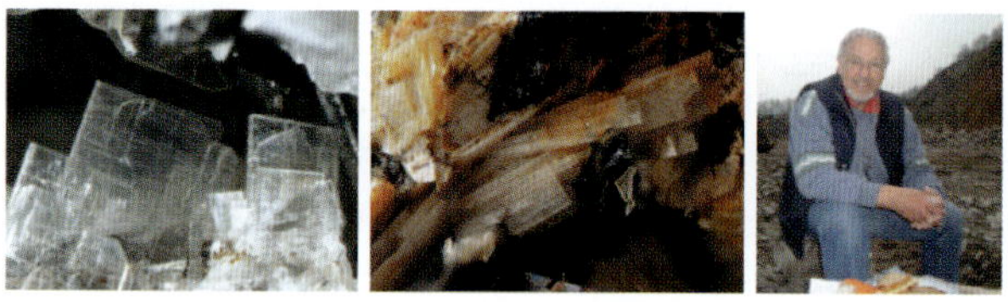

甘特布拉斯石* 板状晶体，晶簇状集合体(德国)和甘特·布拉斯像

甘特布拉斯石*是一种含结晶水、氧和羟基的钾、钙、钡、钠、空位、铁的铝硅酸盐矿物。斜方晶系。晶体呈扁平板状；集合体呈平行排列状或捆束状、晶簇状。无色、白色、浅黄色或棕色，玻璃光泽，透明；硬度4，完全解理，脆性。2011年发现于德国莱茵兰-普法尔茨州艾费尔高原盖罗尔施泰因地区罗斯罗瑟(Rother)峰。英文名称Günterblassite，以德国著名矿物学家、电子探针和X射线分析专家甘特·布拉斯(Günter Blass，1943—)的姓名命名。他详细研究了来自艾费尔高原地区的矿物。IMA 2011-032批准。2012年N. V. 丘卡诺夫(N. V. Chukanov)等在《矿床地质》(54)和R. K. 拉斯特维塔耶娃(R. K. Rastsvetaeva)等在《化学学报》(442)、《俄罗斯矿物学会记事》[141(1)]报道。目前尚未见官方中文译名，编译者建议音译为甘特布拉斯石*。

【甘特石*】

英文名 Gunterite

化学式 $Na_4(H_2O)_{16}(H_2V_{10}O_{28})\cdot 6H_2O$ (IMA)

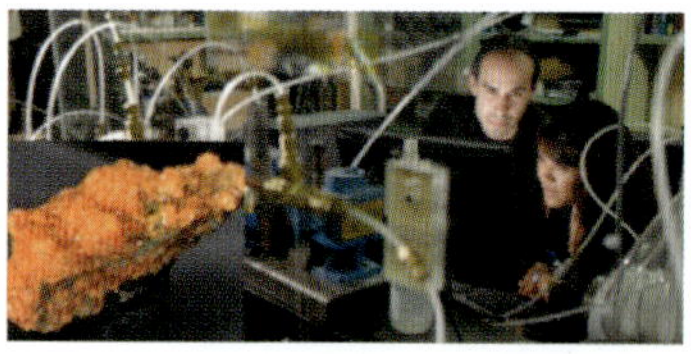

甘特石* 多晶状集合体(美国)和甘特像

甘特石*是一种含结晶水的钠的氢钒酸盐矿物。单斜晶系。晶体呈板状，翘曲或骸晶；集合体呈长形堆叠弯曲多晶状。橙黄色，半金刚光泽，透明—半透明；硬度1，脆性。2011年发现于美国科罗拉多州圣米格尔县西森迪(West Sunday)矿。英文名称Gunterite，以美国爱达荷大学矿物学教授米奇·尤金·甘特(Mickey Eugene Gunter，1953—)博士的姓氏命名。甘特教授尤其以光性矿物学和石棉矿物的矿物学研究而闻名。IMA 2011-001批准。2011年A. R. 坎普夫(A. R. Kampf)等在《矿物学杂志》(75)和《加拿大矿物学家》[49(5)]报道。目前尚未见官方中文译名，编译者建议音译为甘特石*。

【甘孜矿】

参见【钡钒钛石】条53页

肝

[gān]形声；从月，干声。人和高等动物的消化器官之一的肝脏，浅褐色。比喻矿物的颜色。

【肝蛋白石】

参见【硅乳石】条285页

【肝锌矿】

英文名 Voltzite

化学式 $(Zn,Fe)S$

肝锌矿是一种锌、铁的硫化物矿物。属纤锌矿族。六方晶系。晶体呈板状、细纤维状；集合体呈皮壳状、球粒状、钟乳状。浅红色、浅黄色、浅褐色，玻璃光泽；硬度4～4.5。1833年发现于法国奥弗涅火山锥圆形的火山口罗西耶(Rosiers)矿。英文名称Voltzite，1833年由约瑟夫·吉恩·巴普蒂斯特·泽维尔·福内特(Joseph Jean Baptiste Xavier Fournet)为纪念菲利普·路易斯·沃尔兹(Philippe Louis Voltz，1785—1840)而以他的姓氏命名。沃尔兹是一位古生物学家、冶金家，并是矿山学院的矿物馆长、矿山检察长。沃尔兹是热空气炉的一个主要创新者，他的设计大大提高了高炉的效率。见于1944年C. 帕拉奇(C. Palache)、H. 伯曼(H. Berman)和C. 弗龙德尔(C. Frondel)《丹纳系统矿物学》(第一卷，第七版，纽约)。中文名称根据颜色和成分译为肝锌矿；或根据成分和形态译为锌乳石。

杆

[gǎn]形声；从木，干声。像细长棍子一样，用于描述矿物的形态。

【杆沸石】

英文名 Thomsonite

化学式 $NaCa_2(Al_5Si_5)O_{20}\cdot 6H_2O$

杆沸石柱状、纤维状晶体(意大利)，放射球状集合体(印度)

杆沸石是一种含沸石水的钠、钙的铝硅酸盐矿物。属沸石族杆沸石系列。斜方晶系。晶体常呈长柱状、纤维状、叶片状、薄片状，双晶发育；集合体呈放射球状，也呈致密块状。具各种颜色的条带状或斑点，包括白色、褐色、黄色、深浅的绿色和橙色、玫瑰红色、红色、紫色、黑色，珍珠光泽、玻璃光泽，半透明—似半透明；硬度5～5.5，完全解理。1820年，汤姆森在苏格兰西部基尔帕特里克山首次发现并描述。英文名称Thomsonite，以苏格兰矿物学家和化学家托马斯·汤姆森(Thomas Thomson，1773—1852)的姓氏命名。1959年以前发现、描述并命名的“祖父级”矿物，IMA承认有效。中文名称根据晶体形态(长柱状)和族名译为杆沸石。

另一英文名称Faroelite来自苏格兰北部的法罗(Faröe)群岛。另一英文名称Winchellite，以牛顿·贺拉斯·文契尔(Newton Horace Winchell，1839—1814)的姓氏命名。他是美国新罕布什尔州明尼苏达大学地球科学学院的第一个地质学家(1872—1900)。另一英文名称Lintonite，美国密执安州斯托克利(Stockly)湾及明尼苏达州格隆德玛拉斯(Grand marais)产的一种橄榄绿色半透明的杆沸石，甚似翡翠，但硬度偏低；根据颜色译为橄沸石或绿杆沸石或艳美沸石；音译为林顿石。

根据成分，1997 年 IMA 的沸石委员会把 Thomsonite 系列名分为：Thomsonite-Ca（钙杆沸石，即原杆沸石）和 Thomsonite-Sr（锶杆沸石），从此结束了杆沸石命名的混乱（参见相关条目）。

橄 [gǎn]形声；从木，敢声。橄榄：乔木；果实长椭圆形，黄绿色。用于描述矿物的形态和颜色。

【橄榄石】

英文名 Olivine

化学式 $(Mg,Fe)_2SiO_4$

橄榄石晶体和橄榄果

橄榄石是岛状结构的镁、铁的硅酸盐矿物的总称——族名。镁橄榄石（Forsterite，Mg_2SiO_4）和铁橄榄石（Fayalite，Fe_2SiO_4）呈完全类质同象系列，两个端元矿物之间成员有贵橄榄石（Chrysolite）、透铁橄榄石（Hyalosiderite）、镁铁橄榄石（Hortonolite）。斜方晶系。晶体呈厚板状、粒状。橄榄绿色—黄绿色、墨绿色、柠檬黄色或红棕色，玻璃光泽，透明—半透明；硬度 6.5～7。色泽美丽者可作宝石。橄榄石在地球上是常见矿物，富镁的橄榄石也已经在陨石、月球和火星中发现。赫伯特·埃德温·小霍克斯（Herbert Edwin Jr. Hawkes）1946 年在《美国矿物学家》(31)报道。

大约在 3 500 年以前，在古埃及领土圣·约翰岛发现橄榄石，因它带着透亮的黄色光泽，被称为“太阳宝石”。人们相信橄榄石所具有的力量像太阳一样大，可以驱除邪恶，降伏妖术。巧合的是，在希腊神话中，太阳神阿波罗的黄金战车之上就镶嵌着无数橄榄石（Peridot），威武的战车在天空飞驰时向四周放射出无比灿烂的光芒。橄榄石颜色艳丽悦目，为人们所喜爱，给人以心情舒畅和幸福的感觉，故被誉为“幸福之石”。也有称“天宝石”的，因产于天外来客陨石中而得名。而在美国夏威夷，人们称橄榄石为“火神”的眼泪，也许是因为当地橄榄石大多产在火山口周围的火山岩中，斑斑点点，仿佛是火山喷出的泪滴，包裹在黑色的火山熔岩中（见《宝石学》）。

关于橄榄石的英文名称“Olivine”的来历有相当久远的历史，足见科学家为矿物命名所付出的心血。在古代，老普林尼在公元 79 年提出的 Smaragdus 和 Beryllos 已知可能是现在的镁橄榄石；而老普林尼的“Chrysolithas”来自希腊文 Χρυσόλνθos，是“金黄色”和“宝石”的意思。其实，老普林尼指的是黄水晶、黄玉，并非专指橄榄石（现在 Chrysolite 一词，指透明的黄绿色及淡黄绿色的可作宝石的贵橄榄石）。1747 年约翰·戈特沙尔克·瓦勒留斯（Johan Gottschalk Wallerius）确认为橄榄石族最早的名字是“Chrysolit（Chrysolite）”，而后不知为什么 1777 年被圣乔治·巴尔塔萨（Sage Georges Balthasar）改称为“Prehnite”，现在被称为葡萄石。1755 年，安托万·约瑟夫·德扎利埃·德阿根沃利（Antoine Joseph Dezallier d'Argenville）称这个物种为“Peridot ordinaire（普通橄榄石）”；Peridot 一词，直接源于法文 Peridot，在 13 世纪的英国曾用 Peridota，以后才演变为 Peridot，此词的含义并不太清楚，我们把单词拆开“Peri（有美女、仙女、妖精）”的意思，而 Dot 或 Dota 有“令人着迷”的意思，则 Peridot 或 Peridota 可以理解为橄榄石的美丽犹如令人着迷的美女、仙女。1758 年阿克塞尔·科隆斯杰特（Axel Cronstedt）将其命名为“Gulgron topas（印度古尔冈黄玉）”。1772 年，罗马·德莱尔（Rome d'Lisle）更名为“Chrystile ordinaire（普通纤维蛇纹石）”（实际上是橄榄石的蚀变产物）。1789 年亚伯拉罕·戈特利布·维尔纳（Abraham Gottlieb Werner）将“Wallerius's chrysolite”改名为“Olivine（橄榄石）”；Olivine 一词，源于拉丁文 Oliva（橄榄），因其颜色多为橄榄绿色而得名。1823 年弗里德里希·维鲁士（Friedrich Walchner）给它取名为“Hyalosiderite（透铁橄榄石）”。1824 年塞尔维-迪厄·阿巴拉德“阿尔芒”·列维（Serve-Dieu Abailard“Armand”Lévy）将镁主要成员重新命名为“Forsterite（镁橄榄石）”。1835 年由查尔斯·厄珀姆·谢泼德（Charles Upham Shepard）推出“Boltonite（镁橄榄石、假镁榄石、波尔顿石）”。一个多世纪之后，直到现在“Olivine（橄榄石）”继续使用，被作一个族名，或作为一个系列名。

【橄榄铜矿】

英文名 Olivenite

化学式 $Cu_2(AsO_4)(OH)$ （IMA）

橄榄铜矿柱状、板状晶体，放射状集合体（德国、法国）

橄榄铜矿是含羟基的铜的砷酸盐矿物，是铜的羟砷锌石的类似矿物。属橄榄铜矿族。单斜晶系。晶体呈柱状、针状、纤维状、板状、页片状；集合体呈放射球粒状、块状、土状、结核状等。橄榄绿色、黄绿色、绿褐色、暗黄色、褐色、灰褐色、稻草黄色、灰绿色、灰白色等，半金刚光泽、半玻璃光泽、油脂光泽、珍珠光泽、丝绢光泽，半透明—不透明；硬度 3～3.5，脆性。1786 年发现于英国英格兰康沃尔郡卡哈拉克（Carharrack）矿。最初于 1786 年由德国化学家马丁·克拉普罗特（Martin Klaproth）根据成分命名为“Arseniksaures Kupfererz（铜的砷化物矿物）”。1789 年亚伯拉罕·G. 维尔纳（Abraham G. Werner）在弗赖贝格《矿山杂志（新矿杂志）》根据其橄榄绿色命名为 Olivenerz。1820 年罗伯特·詹姆森（Robert Jameson）在爱丁堡《系统矿物学》（第二卷）改“Erz”为“Ite”即为 Olivenite。1959 年以前发现、描述并命名的“祖父级”矿物，IMA 承认有效。中文名称根据颜色和成分译为橄榄铜矿。

赣 [gàn]形声；从章，贡声。“章”意为“站立在最前面”。“贡”指“向中原皇室进献贡品”。“章”与“贡”联合起来表示“在朝贡的队伍中站在前面”。从“贝”，表示与财物有关。中国水名：赣江；又江西别称赣。

【赣南矿】

汉拼名 Gananite

化学式 BiF_3 （IMA）

赣南矿是一种铋的氟化物矿物。等轴晶系。晶体呈细

G

小不规则粒状。棕色—黑色，条痕呈暗灰色，树脂光泽、半金属光泽；脆性。1983 年江西省赣南地质调查队和江西省地质矿产局中心实验室的成隆才、胡宗绍等在江西省赣县赖坑含钨石英脉中发现的新矿物。根据发现地江西省南部（简称赣南 Ganan）命名为赣南矿。IMA 1983-006 批准。1984 年成隆才等在《岩石矿物及测试》[3(2)]和 1985 年《美国矿物学家》(73)报道。

冈 [gāng]形声；从山，冈声。本义：山脊，山岭。用于外国地名、人名。

【冈宁矾】参见【水锌矾】条 883 页

【冈山石】参见【钙硼黄长石】条 227 页

刚 [gāng]形声；从刀，冈声。本义：坚硬。[英]音，用于国名：刚果。

【刚果石】

英文名 Congolite

化学式 $Fe_3^{2+}B_7O_{13}Cl$ (IMA)

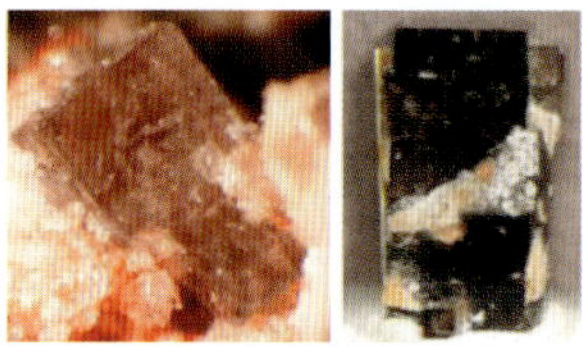

刚果石板状晶体（英国）

刚果石是一种含氯的铁的硼酸盐矿物。属方硼石族。与铁镁方硼石为同质多象。三方晶系。晶体呈板状、细粒状。浅红色—暗红色，玻璃光泽，透明；硬度 6.5～7.5。1971 年发现于刚果（布）奎卢省奎卢（Kouilou）河流域。1972 年 E. 温德林（E. Wendling）等在《美国矿物学家》(57)和《钾和斯坦因盐》(*Kali und Steinsalz*)(6)报道。英文名称 Congolite，以发现地刚果（Congo）命名。IMA 1971-030 批准。中文名称音译为刚果石；也有根据晶系和成分译为三方硼铁石；根据成分和族名译为菱锰铁方硼石。

【刚玉】

英文名 Corundum

化学式 Al_2O_3 (IMA)

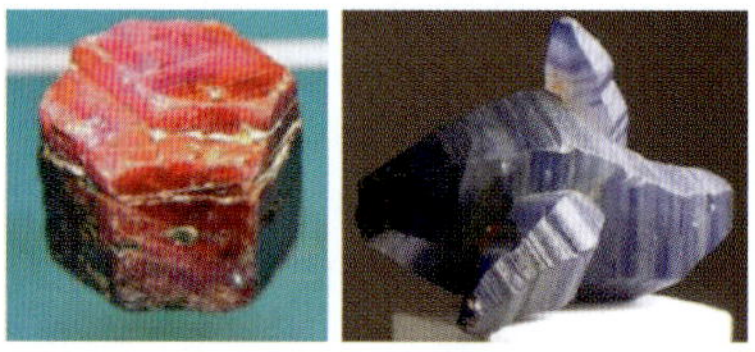

刚玉柱状晶体（中国、斯里兰卡）

刚玉是一种铝的氧化物矿物。属赤铁矿族。三方晶系。晶体通常呈柱状、桶状、锥状、腰鼓状、圆粒状、板状、菱面体，常见叶片双晶；集合体呈致密块状。颜色有白色，常呈灰蓝色或黄灰色，常含微量的杂质元素 Cr、Ti、Fe、V 等，颜色有红、橙、黄、绿、青、蓝、紫等色。金刚光泽、玻璃光泽，裂理面上呈珍珠光泽，透明—不透明；硬度 9，裂理发育，脆性。在自然界中仅次于最硬的金刚石，刚即坚硬，玉即美石，坚硬的美石得名刚玉。含有金属铬的刚玉颜色鲜红，一般称之为红宝石；而含铁和钛的蓝色或没有色的刚玉，普遍都被归入蓝宝石一类。《圣经》中约伯说："智慧的价值超过红宝石。"梵文著作中有很多红宝石的名称，诸如宝石之王（Ratnaraj）、宝石之冠（Ratnanayaka）、红莲（Padmaraga）等，说明古印度人非常珍爱这种宝石。1714 年发现于印度。印度一本古老的书《宝石》（*Lapidaie*）说："瑰丽、清澈而华丽的红宝石是宝石之王，是宝中之宝，其优点超过其他所有宝石。"可见红宝石的高贵是无与伦比的。

英文名称 Corundum，1725 年由约翰·伍德沃德（John Woodward）命名为 Corinvindum；1794 年理查德·科尔文（Richard Kirwan）改用当前拼法"Corundum"。它源于泰米尔文"Kurundam"和梵文"Kuruvinde"，两者都是红宝石的意思。1805 年阿羽伊在《物理学年鉴》(20)报道。1959 年以前发现、描述并命名的"祖父级"矿物，IMA 承认有效。大家知道，在古代它有很多的名称：Adamant（硬石）、Sapphire（蓝宝石）、Ruby（红宝石）、Hyacinthos（风信子石）（参见【锆石】条 242 页）和 Asteria（阿斯忒瑞亚）等。红宝石"Ruby"一词源于拉丁文，意思是红色的。而蓝宝石"Sapphire"一词来自拉丁文，意思是"对土星的珍爱"。土星（Saturnus）是太阳系中最美丽的行星，大气以氢、氦为主，星云带以金黄色为主，其余是橘黄色、淡黄色等。而 Asteria（阿斯特瑞雅/阿斯忒瑞亚）是希腊神话中代表星光灿烂夜晚的女神，星夜女神，冰透至澈，星光璨然。现在宝石界将钻石、红宝石、蓝宝石、祖母绿并称世界四大名宝石，刚玉类宝石独占鳌头。

高 [gāo]象形；从冂口。甲骨文字形，像楼台重叠之形。与"低"相对。①用于中国地名。②[英]音，用于外国人名、地名。③高：指高价态离子，如三价铁等。

【高蒂尔铀矿*】

英文名 Gauthierite

化学式 $KPb[(UO_2)_7O_5(OH)_7]\cdot 8H_2O$ (IMA)

高蒂尔铀矿*柱状、板状晶体（刚果）和高蒂尔像

高蒂尔铀矿*是一种含结晶水的钾、铅的铀酰-氢氧-氧化物矿物。单斜晶系。晶体呈柱状、板状；集合体呈皮壳状、球粒状。黄色、橙色，玻璃光泽，透明；硬度 3～4，完全解理，脆性。2016 年发现于刚果（金）上加丹加省坎博韦区欣科洛布韦（Shinkolobwe）矿山。英文名称 Gauthierite，以比利时地质工程师、铀矿物收藏家吉尔伯特·约瑟夫·高蒂尔（Gilbert Joseph Gauthier，1924—2006）的姓氏命名。IMA 2016-004 批准。2016 年 T. A. 奥尔兹（T. A. Olds）等在《CNMNC 通讯》(31)、《矿物学杂志》(80)和 2017 年《欧洲矿物学杂志》(29)报道。目前尚未见官方中文译名，编译者建议音加成分译为高蒂尔铀矿*。

【高碲铅铀矿】

英文名 Markcooperite

化学式 $Pb_2(UO_2)TeO_6$ (IMA)

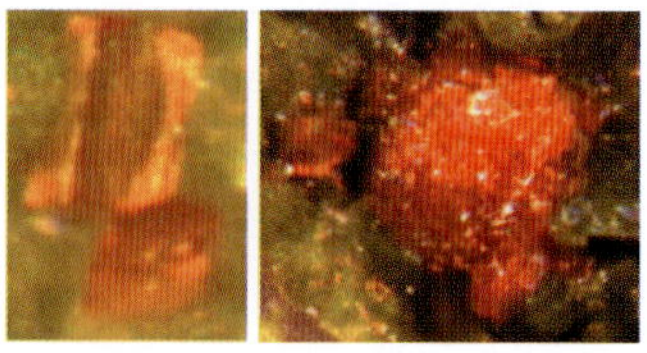

高碲铅铀矿柱状晶体，葡萄状集合体（美国）

高碲铅铀矿是一种铅的铀酰-碲酸盐矿物，是首次发现的 Te^{6+} 类质同象代替 U^{6+} 的矿物。单斜晶系。晶体呈假四方柱状；集合体呈葡萄状。橙色，金刚光泽，透明；硬度 3，完全解理，脆性。2009 年发现于美国加利福尼亚州圣贝纳迪诺县阿加(Aga)矿。英文名称 Markcooperite，以曼尼托巴大学加拿大矿物学家马克・库珀(Mark Cooper)先生的姓名命名。IMA 2009－045 批准。2010 年 A. R. 坎普夫(A. R. Kampf)等在《美国矿物学家》(95)报道。2015 年艾钰洁、范光在《岩石矿物学杂志》[34(1)]根据成分中的高价碲和其他成分译为高碲铅铀矿。

【高根矿】参见【塔锰矿】条 909 页

【高理异性石】

英文名 Golyshevite

化学式 $Na_{10}Ca_9Zr_3Fe_2SiNb(Si_3O_9)_2(Si_9O_{27})_2(OH)_3(CO_3)\cdot H_2O$ (IMA)

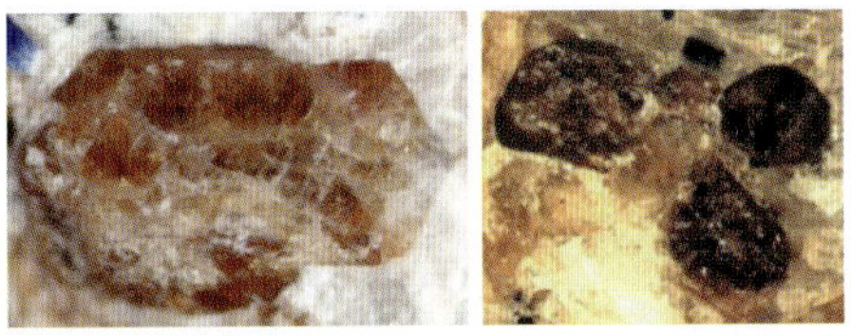

高理异性石短柱状晶体(俄罗斯)

高理异性石是一种含结晶水、羟基、碳酸根的钠、钙、锆、铁、硅、铌的硅酸盐矿物。属异性石族。三方晶系。晶体呈短柱状。棕色、红棕色；硬度 5.5，中等解理，脆性。2004 年发现于俄罗斯北部摩尔曼斯克州科夫多尔(Kovdor)金云母矿。英文名称 Golyshevite，2005 年由 N. V. 丘卡诺夫(N. V. Chukanov)等在《俄罗斯矿物学会记事》(134)为纪念俄罗斯萨兰斯克摩尔多瓦州立大学晶体学家弗拉迪米尔・米哈伊洛维奇・戈雷舍夫(Vladimir Mikhailovich Golyshev，1943—2000)而以他的姓氏命名。IMA 2004－039 批准。2008 年中国地质科学院地质研究所任玉峰等在《岩石矿物学杂志》[27(6)]根据英文名称前两个音节音和族名译为高理异性石。

【高岭石】

英文名 Kaolinite

化学式 $Al_2Si_2O_5(OH)_4$ (IMA)

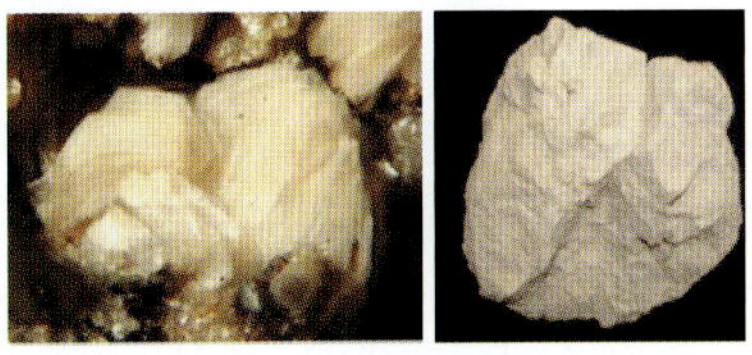

高岭石片状晶体，块状集合体(加拿大、中国)

高岭石是一种含羟基的铝的硅酸盐黏土矿物。属高岭石-蛇纹石族高岭石亚族。高岭石与珍珠石、地开石和埃洛石-7Å 是高岭石亚族矿物的 4 种多型之一。单斜晶系。晶体呈鳞片状、假六方板片状、蠕虫状、粒状，扫描电镜可观察到呈纤维状、片状；集合体多呈隐晶质、分散粉末状、疏松块状。白色，有时呈浅灰、浅绿、浅黄、浅红、蓝等颜色，蜡状光泽、珍珠光泽、土状光泽，半透明—不透明；硬度 2～2.5，完全解理；吸水性强，和水后具有可塑性。高岭石黏土又称“高岭土”，因是制瓷的主要矿物原料，故俗称“瓷土”。中国是世界上最早发现和利用高岭土的国家。远在 3 000 年前的商代所出现的刻纹白陶，就是利用高岭土制成的。

明朝末年(1637)，在中国江西省景德镇浮梁高岭村高岭山开采此矿，宋应星在《天工开物》最早以高岭山命名为高岭土。西方人认识、描述此矿物的应该是法国耶稣教传教士殷弘绪，即弗朗索瓦・泽维尔・昂特雷科莱(Francois Xavier d'Entrecolles，1664—1741)。18 世纪初，殷弘绪被法国教会派遣到中国传教，在景德镇住过 7 年，借机偷学瓷器制作方法。在康熙五十一年(1712)及康熙六十一年(1722)，殷弘绪两度将其在景德镇观察与探听得到的瓷器制作细节写成报告，寄回欧洲的耶稣教会。他的报告参考了宋应星《天工开物》的内容。谈到制瓷原料时说：“瓷用原料是由叫作白不子和高岭的两种土合成的。”并对高岭土进行了描述：“后者(高岭)含有微微发光的微粒，而前者(白不子)只呈白色，有光滑触感。”接着又说“高岭是瓷器成分之一，……一般直接使用自然土。……在表层被红土覆盖的一些山中可以找到高岭。它埋藏得较深，并以块状存在。”“我认为，……马耳他(Ma'lthe)白土矿与高岭有很多相似之处，但不含有像高岭中发银光的那种微细颗粒。精瓷之所以密实，完全是因为含有高岭，高岭可比作瓷器的神经。”由此认为这是外国人第一次详细地描述高岭并命名其名称。1727 年英文名称进入法文版本的词汇。后经德国地质学家费迪南德・冯・李希霍芬(Ferdinand von Richthofen，1833—1905)介绍传播，从此以中国地名命名的高岭石闻名于世界地质矿物学界。1959 年以前发现、描述并命名的“祖父级”矿物，IMA 承认有效。IMA 1980s. p. 批准。

【高硼钙石】

英文名 Gowerite

化学式 $Ca[B_5O_8(OH)][B(OH)_3]\cdot 3H_2O$ (IMA)

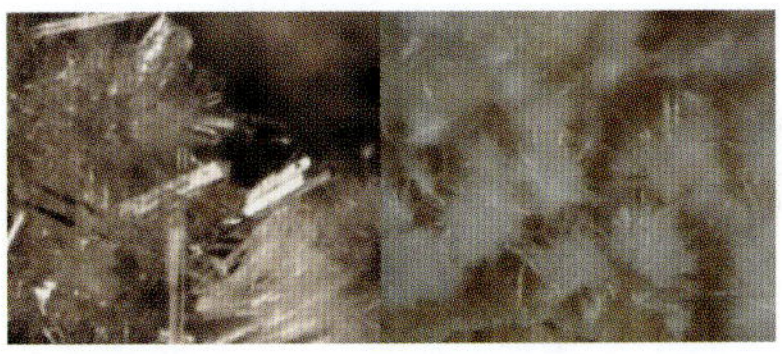

高硼钙石柱状、针状晶体，放射状集合体(美国)

高硼钙石是一种含结晶水、羟基的钙的硼酸盐矿物。单斜晶系。晶体呈柱状、针状；集合体呈放射状。无色、白色，玻璃光泽，透明；硬度 3，完全解理，脆性。1959 年发现于美国加利福尼亚州因约县炉溪区瑞安区死亡(Death)峡谷硼酸矿床。1959 年 R. C. 厄尔德(R. C. Erd)等在《美国矿物学家》(44)报道。英文名称 Gowerite，为纪念哈里森・普雷斯顿・高尔(Harrison Preston Gower，1890—1967)而以他的姓氏命名。高尔是美国硼砂和化学公司矿山经理，他帮助科学研究死亡谷的硼酸矿床。1959 年以前发现、描述并命名的“祖父级”矿物，IMA 承认有效。IMA 1962s. p. 批准。中文名称根据英文名称首音节音和成分译为高硼钙石或戈硼钙石。

【高绳石*】

英文名 Takanawaite-(Y)

化学式 $YTaO_4$ (IMA)

高绳石*是一种钇、钽氧化物矿物。属褐钇铌矿(Fergusonite)族。与黄钇钽矿(Formanite-(Y))、斜方钽钇矿和钇钽铁矿为同质多象。单斜晶系。晶体呈板状。深棕色；硬度 5.5。2011 年发现于日本四国岛爱媛县松山市高绳(Taka-

高绳石* 板状晶体(日本)

nawa)山。英文名称 Takanawaite-(Y),由发现地日本的高绳(Takanawa)山加占优势的稀土元素钇后缀-(Y)组合命名。IMA 2011－099 批准。日文汉字名称高縄石。2012 年浜根(西尾)大辅(Daisuke Nishio-hamane)等在《CNMNC 通讯》(13)、《矿物学杂志》(76)和 2013 年日本《矿物学和岩石学科学杂志》(108)报道。目前尚未见官方中文译名,编译者建议借用日文汉字名称的简化汉字名称高绳石*。

【高台矿】

汉拼名 Gaotaiite

化学式 Ir_3Te_8　　(IMA)

高台矿是一种铱的碲化物矿物。属黄铁矿族。等轴晶系。晶体呈粒状,与双峰矿呈紧密共生的连晶;集合体呈细脉状。钢灰色,条痕呈黑色,金属光泽,不透明;硬度 3,无解理,脆性。1985 年中国地质科学院地质研究所於祖相研究员在中国河北省北部滦河流域的承德地区高寺台高台村纯橄榄岩体内的铂矿体及矿体邻近的砂矿中发现。1991—1993 年完成研究工作。矿物名称由矿区附近的高台(Gaotai)村命名。IMA 1993－017 批准。1995 年於祖相在《矿物学报》[15(1)]报道。

G

【高铁冻蓝闪石】

英文名 Ferri-barroisite

化学式 $\square(NaCa)(Mg_3Fe_2^{3+})(Si_7Al)O_{22}(OH)_2$

(弗莱舍,2014)

高铁冻蓝闪石是一种 C^{2+} 位镁、C^{3+} 位三价铁和 W 位羟基占优势的角闪石矿物。属角闪石超族 W 位羟基、氟、氯主导的角闪石族钠钙闪石亚族冻蓝闪石根名族。单斜晶系。玻璃光泽,透明—半透明;硬度 5～6。英文名称 Ferri-barroisite,由成分冠词“Ferri(三价铁)”和根词“Barroisite(冻蓝闪石)”组合命名。IMA 未命名,但可能有效。1978 年 B. E. 利克(B. E. Leake)在《加拿大矿物学家》(16)和 1997 年利克等在《加拿大矿物学家》(35)的《角闪石命名法》命名为 Magnesio-ferribarroisite。2012 年 F. C. 霍桑(F. C. Hawthorne)在《美国矿物学家》(97)的《角闪石超族命名法》更名为 Ferri-barroisite。中文名称根据成分及与冻蓝闪石的关系译为高铁冻蓝闪石(根词参见【冻蓝闪石】条 133 页)。

【高铁氟利克石】

英文名 Ferri-fluoro-leakeite

化学式 $NaNa_2(Mg_2Fe_2^{3+}Li)Si_8O_{22}F_2$　　(IMA)

高铁氟利克石厚板状晶体(俄罗斯)

高铁氟利克石是一种 A 位钠、C^{2+} 位镁、C^{3+} 位三价铁和 W 位氟占优势的角闪石矿物。属角闪石超族 W 位羟基、氟、氯主导的角闪石族钠质闪石亚族利克石根名族。单斜晶系。晶体呈厚板状、柱状。黑色、芥末黄色—棕黄色。2009 年发现于哈萨克斯坦东部塔尔巴哈台区域阿克扎耶柳塔斯(Akzhaylyautas)山脉维克尼(Verkhnee)等地块。英文名称 Ferri-fluoro-leakeite,由成分冠词“Ferri(三价铁)”“Fluoro(氟)”和根词“Leakeite(利克石)”组合命名。其中,根词 1992 年由弗兰克·克里斯托弗·霍桑(Frank Christopher Hawthorne)等在《美国矿物学家》(77)中以苏格兰格拉斯哥大学的地质学家伯纳德·埃尔热·利克(Bernard Elgey Leake,1932—)的姓氏命名。他是美国的 IMA 主席,主持修改了闪石命名法,在根名前加一系列的化学成分的前缀,指出其化学成分与根名的关系。2010 年 F. 卡马拉(F. Cámara)等在《矿物学杂志》(74)命名为 Fluoroleakeite(氟利克石)(IMA 2009－085 批准)。2014 年 R. 奥贝蒂(R. Oberti)在《矿物学杂志》(74)命名为 Ferri-fluoro-leakeite(IMA 2012s. p. 批准)。中文名称根据成分及与利克石的关系译为高铁氟利克石(根词参见【利克石】条 447 页)。

【高铁红闪石】

英文名 Ferri-katophorite

化学式 $Na(NaCa)(Mg_4Fe^{3+})(Si_7Al)O_{22}(OH)_2$　　(IMA)

高铁红闪石板状晶体(俄罗斯,德国)

高铁红闪石是一种 A 位钠、C^{2+} 位镁、C^{3+} 高价铁和 W 位羟基占优势的角闪石矿物。属角闪石超族 W 位羟基、氟、氯主导的角闪石族钠钙闪石亚族红闪石根名族。单斜晶系。晶体呈板状、柱状。褐色、黑色,玻璃光泽,半透明;硬度 5.5～6,完全解理。发现于俄罗斯科拉半岛。英文名称 Ferri-katophorite,由成分冠词“Ferri(三价铁)”和根词“Katophorite(红闪石)”组合命名。1978 年 B. E. 利克(B. E. Leake)等在《美国矿物学家》(63)和 1997 年《加拿大矿物学家》(35)的《角闪石命名法》命名为 Magnesio-ferrikatophorite。2012 年 F. C. 霍桑(F. C. Hawthorne)在《美国矿物学家》(97)的《角闪石超族命名法》更名为 Ferri-katophorite(IMA 2012s. p. 批准)。中文名称根据成分及与红闪石的关系译为高铁红闪石;杨光明教授建议译为高铁镁钙钠红闪石(根词参见【红闪石】条 328 页)。

【高铁金云母】参见【四配铁金云母】条 900 页

【高铁蓝透闪石】

英文名 Ferri-winchite

化学式 $\square(NaCa)(Mg_4Fe^{3+})Si_8O_{22}(OH)_2$　　(IMA)

高铁蓝透闪石纤维状晶体(俄罗斯)

高铁蓝透闪石是一种 C^{2+} 位镁、C^{3+} 位三价铁和 W 位羟基占优势的角闪石矿物。属角闪石超族 W 位羟基、氟、氯主导的角闪石族钠钙角闪石亚族蓝透闪石根名族。单斜晶系。晶体呈纤维状、细针状、柱状;集合体呈放射状。黑色、褐色;硬度 5.5,完全解理。2004 年发现于俄罗斯车里雅宾斯克州伊尔门山脉伊尔诺戈斯基(Ilmenogorsky)碱性杂岩体。英文名称 Ferri-winchite,由成分冠词“Ferri(三价铁)”和根词“Winchite(蓝透闪石)”组合命名。2005 年 A. G. 巴热诺夫

(A. G. Bazhenov)等在《俄罗斯矿物学会学报》[134(3)]报道。原名称 Winchite(of Fermor),即 Ferri-winchite(高铁蓝透闪石)的根名称。是 1904 年 L. L. 弗莫尔(L. L. Fermor)在《印度地质调查局记录》(31)报道产于印度中部的一种新的蓝色角闪石命名的,即为纪念霍华德·詹姆斯·温奇(Howard James Winch,1877—1964)而以他的姓氏命名,他是卡伊利东里采石场的分析化学家、矿物学家、冶金学家和采矿工程师。2012 年 F. C. 霍桑(F. C. Hawthorne)在《美国矿物学家》(97)的《角闪石超族命名法》更名为 Ferri-winchite(IMA 2012s. p. 批准)。2008 年中国地质科学院地质研究所任玉峰等在《岩石矿物学杂志》[27(6)]根据成分及与蓝透闪石的关系译为高铁蓝透闪石(参见【蓝透闪石】条 431 页)。

【高铁锂大隅石】

英文名 Emeleusite

化学式 $Na_2LiFe^{3+}Si_6O_{15}$　(IMA)

高铁锂大隅石假六方板状晶体(格陵兰)和埃米勒斯像

高铁锂大隅石是一种钠、锂、铁的硅酸盐矿物。属硅铁钠石(Tuhualite)族。斜方(假六方)晶系。晶体呈六方板状。无色、奶油粉色,玻璃光泽,透明;硬度 5~6。1977 年发现于丹麦格陵兰库雅雷哥自治区纳萨克镇伊卢塔利克(Illutalik)岛。英文名称 Emeleusite,以英国杜汉姆大学查尔斯·亨利·埃米勒斯(Charles Henry Emeleus)的姓氏命名。IMA 1977-021 批准。1978 年 O. 约翰逊(O. Johnsen)等在《矿物学杂志》(42)、《结晶学杂志》(147)和 1979 年《美国矿物学家》(64)报道。中文名称根据成分及与大隅石的关系译为高铁锂大隅石;杨光明教授建议译为高铁硅锂钠石。

【高铁利克石】

英文名 Ferri-leakeite

化学式 $NaNa_2(Mg_2Fe^{3+}_2Li)Si_8O_{22}(OH)_2$　(IMA)

利克像

高铁利克石是一种 A 位钠、C^{2+} 位二价镁、C^{3+} 位三价铁和 W 位羟基占优势的角闪石矿物。属角闪石超族 W 位羟基、氟、氯主导的角闪石族钠质闪石亚族利克石根名族。单斜晶系。晶体呈柱状。深紫红色,玻璃光泽,半透明;硬度 5.5~6,完全解理。发现于印度中央邦贾布瓦县卡吉里东里(Kajlidongri)矿。英文名称 Ferri-leakeite,由成分冠词"Ferri(三价铁)"和根词"Leakeite(利克石)"组合命名。其中,根词 1992 年由弗兰克·克里斯托弗·霍桑(Frank Christopher Hawthorne)等在《美国矿物学家》(77)以苏格兰格拉斯哥大学的地质学家伯纳德·埃尔热·利克(Bernard Elgey Leake,1932—)的姓氏命名。他是美国的 IMA 主席,主持修改了闪石命名法,在根名前加一系列的化学成分的前缀,指出其化学成分与根名的关系。2012 年霍桑等在《美国矿物学家》(97)的《角闪石超族命名法》重新定义。IMA 2012s. p. 批准。中文名称根据成分及与利克石的关系译为高铁利克石;杨光明教授建议译为高铁镁钠闪石。

【高铁绿闪石】

英文名 Ferri-taramite

化学式 $Na(NaCa)(Mg_3Fe^{3+}_2)(Si_6Al_2)O_{22}(OH)_2$

(弗莱舍,2014)

高铁绿闪石是一种 A 位钠、C^{2+} 位镁、C^{3+} 位三价铁和 W 位羟基占优势的角闪石矿物。属角闪石超族 W 位羟基、氟、氯主导的角闪石族钠钙闪石亚族绿闪石根名族。单斜晶系。发现于乌克兰顿涅茨克州亚速海地区马里乌波尔市瓦里塔拉马(Vali-Tarama)山谷。英文名称 Ferri-taramite,由成分冠词"Ferri(三价铁)"和根词"Taramite(绿闪石)"组合命名。IMA 未命名,但可能有效。1997 年 B. E. 利克(B. E. Leake)等在《加拿大矿物学家》(35)的《角闪石命名法》命名为 Magnesio-ferritaramite。2012 年 F. C. 霍桑(F. C. Hawthorne)在《美国矿物学家》(97)的《角闪石超族命名法》更名为 Ferri-taramite。中文名称根据成分及与绿闪石的关系译为高铁绿闪石;杨光明教授建议译为高铁镁钙钠绿闪石(根名参见【绿闪石】条 548 页)。

【高铁绿铁矿*】

英文名 Ferrirockbridgeite

化学式 $(Fe^{3+}_{0.67}\square_{0.33})_2(Fe^{3+})_3(PO_4)_3(OH)_4(H_2O)$

(IMA)

高铁绿铁矿*是一种含结晶水和羟基的三价铁、空位的磷酸盐矿物。属绿铁矿族。斜方晶系。2018 年发现于美国新罕布什尔州格拉夫顿县巴勒莫(Palermo)1 号伟晶岩。英文名称 Ferrirockbridgeite,由成分冠词"Ferri(三价铁)"和根词"Rockbridgeite(绿铁矿)"组合命名。IMA 2018-065 批准。2018 年 I. E. 格里(I. E. Grey)等在《CNMNC 通讯》(45)、《矿物学杂志》(82)和 2019 年《欧洲矿物学杂志》(31)报道。目前尚未见官方中文译名,编译者建议根据成分及与绿铁矿的关系译高铁绿铁矿*。

【高铁绿纤石】

英文名 Pumpellyite-(Fe^{3+})

化学式 $Ca_2Fe^{3+}Al_2(Si_2O_7)(SiO_4)(OH,O)_2 \cdot H_2O$

(IMA)

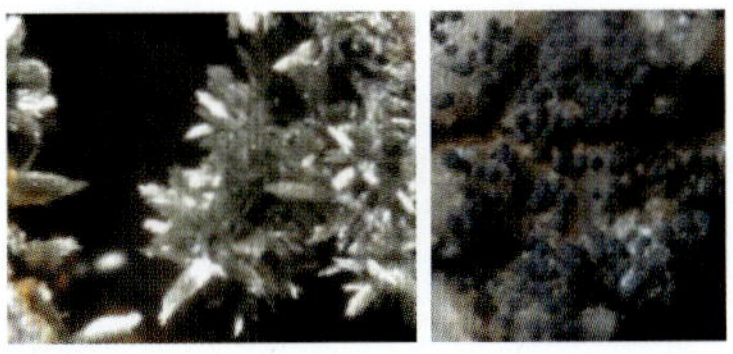

高铁绿纤石叶片状晶体,放射状、球粒状集合体(美国、乌克兰)

高铁绿纤石是一种富含三价铁的绿纤石矿物。属绿纤石族。单斜晶系。晶体呈叶片状;集合体放射状、球粒状。1972 年发现于意大利博尔扎诺省加迪纳山谷佛拉迪布拉(Forra di Bulla);同年,在《矿物学期刊》(41)报道。英文名称 Pumpellyite-(Fe^{3+}),由根词"Pumpellyite(绿纤石)"加占优势的三价铁后缀-(Fe^{3+})组合命名。其中,根词 1925 年由查尔斯·帕拉奇(Charles Palache)和海伦·E. 瓦萨尔(Helen E. Vassar)为纪念美国地质学家拉斐尔·庞培里(Raphael Pumpelly,1837—1923)而以他的姓氏命名。1973 年由 IMA 批准添加化学成分后缀铁-(Fe^{3+})[见 1973 年 E. 帕萨利亚(E. Passaglia)等《加拿大矿物学家》(12)]。IMA 1973s. p. 批准。中文名称根据成分及与绿纤石的关系译为高铁绿纤石

G

(参见【镁绿纤石】条 596 页)。

【高铁莫塔纳铈石*】

英文名 Ferri-mottanaite-(Ce)

化学式 $Ca_4Ce_2Fe^{3+}(Be_{1.5}\square_{0.5})[Si_4B_4O_{22}]O_2$ (IMA)

高铁莫塔纳铈石*是一种含氧的钙、铈、高铁、铍、空位的硼硅酸盐矿物。属硼硅铈钙石族。单斜晶系。2017 年发现于意大利维特博省维科(Vico)火山杂岩(维科湖)。英文名称 Ferri-mottanaite-(Ce),由成分冠词“Ferri(三价铁)”和根词“Mottanaite-(Ce)(莫塔纳铈石)”组合命名。IMA 2017-087a 批准。2018 年 R. 奥贝蒂(R. Oberti)等在《CNMNC 通讯》(46)、《矿物学杂志》(82)和 2019 年《欧洲矿物学杂志》[31(4)]报道。目前尚未见官方中文译名,编译者建议根据成分及与莫塔纳铈石的关系译为高铁莫塔纳铈石*。

【高铁钠铁锂闪石】

参见【复铁佩德里萨闪石*】条 203 页

【高铁佩德里萨闪石*】

英文名 Ferri-pedrizite

化学式 $NaLi_2(Mg_2Fe^{3+}_2Li)Si_8O_{22}(OH)_2$ (IMA)

高铁佩德里萨闪石*是一种 A 位钠、C^{2+} 位镁、C^{3+} 位三价铁和 W 位羟基的闪石矿物。属角闪石超族 W 位羟基、氟、氯占优势的角闪石族锂闪石亚族佩德里萨闪石根名族。单斜晶系。晶体呈柱状,长 0.07mm。绿色、黑色,玻璃光泽;硬度 6,完全解理。发现于西班牙马德里自治区阿罗约·德拉耶德拉(Arroyo de la Yedra)。英文名称 Ferri-pedrizite,由成分冠词“Ferri(三价铁)”和根词“Pedrizite(佩德里萨闪石)”组合命名。2002 年 R. 奥贝蒂(R. Oberti)等在《美国矿物学家》(87)报道。IMA 2012s. p. 批准[见 F. C. 霍桑(F. C. Hawthorne)等《美国矿物学家》(97)的《角闪石超族命名法》]。目前尚未见中文官方译名,编译者建议根据成分及与根词的关系译为高铁佩德里萨闪石*。

【高铁佩尔伯耶镧石*】

英文名 Ferriperbøeite-(La)

化学式 $(CaLa_3)(Fe^{3+}Al_2Fe^{2+})[Si_2O_7][SiO_4]_3O(OH)_2$ (IMA)

高铁佩尔伯耶镧石*是一种含羟基和氧的钙、镧、三价铁、铝、二价铁的硅酸盐矿物。属加泰尔铈石*超族加泰尔铈石*族。单斜晶系。2018 年发现于俄罗斯车里雅宾斯克州莫卡林原木(Mochalin Log)。英文名称 Ferriperbøeite-(La),由成分冠词“Ferri(三价铁)”和根词“Perbøeite”以挪威特罗姆索大学的挪威矿物学家佩尔·伯耶(Per Bøe,1937—)的姓名,加占优势的稀土元素镧后缀-(La)组合命名。IMA 2018-106批准。2018 年 A. V. 卡萨特金(A. V. Kasatkin)等在《CNMNC 通讯》(46)、《欧洲矿物学杂志》(30)和《矿物学杂志》(82)报道。目前尚未见官方中文译名,编译者建议音加成分译为高铁佩尔伯耶镧石*。

【高铁佩尔伯耶铈石*】

英文名 Ferriperbøeite-(Ce)

化学式 $(CaCe_3)(Fe^{3+}Al_2Fe^{2+})(Si_2O_7)(SiO_4)_3O(OH)_2$ (IMA)

高铁佩尔伯耶铈石*是一种含羟基和氧的钙、铈、三价铁、铝、二价铁的硅酸盐矿物。属加泰尔铈石*超族加泰尔铈石*族。单斜晶系。晶体呈不规则板状、短柱状,高达 500μm。棕黑色。2017 年发现于瑞典韦斯特曼省新巴斯特纳(Nya Bastnäs)矿床。英文名称 Ferriperbøeite-(Ce),由成分冠词“Ferri(三价铁)”和根词“Perbøeite”以挪威特罗姆索大学的挪威矿物学家佩尔·伯耶(Per Bøe,1937—)的姓名,加占优势的稀土元素铈后缀-(Ce)组合命名。IMA 2017-037 批准。2017 年 L. 宾迪(L. Bindi)等在《CNMNC 通讯》(38)、《矿物学杂志》(81)和 2018 年《欧洲矿物学杂志》(30)报道。目前尚未见官方中文译名,编译者建议音加成分译为高铁佩尔伯耶铈石*。

【高铁砷钙锰锌石】

英文名 Ferrilotharmeyerite

化学式 $CaZnFe^{3+}(AsO_4)_2(OH)\cdot H_2O$ (IMA)

高铁砷钙锰锌石放射状集合体(纳米比亚)和洛萨·梅耶像

高铁砷钙锰锌石是一种含结晶水和羟基的钙、锌、三价铁的砷酸盐矿物。属砷铁锌铅石族。单斜晶系。晶体呈半自形板状、楔形或菱形;集合体呈放射状、球状。淡黄色、褐黄色,半金刚光泽、油脂光泽、蜡状光泽,透明—半透明;硬度 3,完全解理,脆性。1986 年发现于纳米比亚奥希科托区楚梅布(Tsumeb)矿。英文名称 Ferrilotharmeyerite,1992 年由加里·安塞尔(Gary Ansell)等以成分冠词“Ferri(三价铁)”和根词“Lotharmeyerite(羟砷锌锰钙石/砷钙锰锌石)”组合命名。其中,根词由朱利叶斯·洛萨·梅耶(Julius Lothar Meyer,1830—1895)的姓名命名。他发明了元素周期表的早期概念。IMA 1986-024 批准。1992 年 P. J. 邓恩(P. J. Dunn)等在《加拿大矿物学家》(30)报道。1998 年中国新矿物与矿物命名委员会黄蕴慧等在《岩石矿物学杂志》[17(1)]根据成分译为高铁砷钙锰锌石,有的译为羟砷钙铁石;杨光明教授建议译为高铁砷钙锌石。

【高铁施特伦茨石】

英文名 Ferristrunzite

化学式 $Fe^{3+}Fe^{3+}_2(PO_4)_2(OH)_3\cdot 5H_2O$ (IMA)

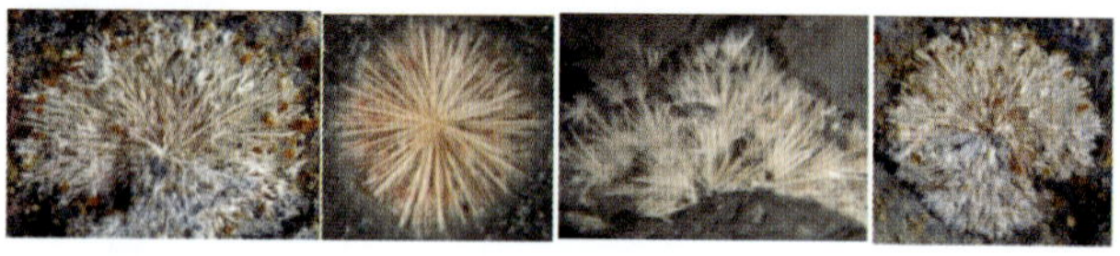

高铁施特伦茨石针状晶体,放射状集合体(比利时、法国)

高铁施特伦茨石是一种含结晶水、羟基的三价铁的磷酸盐矿物。属施特伦茨石族。与黄磷锰铁矿和斜磷锰矿为同质多象。三斜晶系。晶体呈针状、柱状;集合体呈放射状、伞状、晶簇状。淡黄色—乳白色、棕色—浅棕色,半玻璃光泽、树脂光泽、蜡状光泽、丝绢光泽,透明—半透明;硬度 4,脆性。1986 年发现于比利时埃诺省格罗塞莱尔(Groseillers)山。英文名称 Ferristrunzite,皮特·J. 邓恩(Pete J. Dunn)等由成分冠词“Ferri(三价铁)”和根词“Strunzite(施特伦茨石)”组合命名。IMA 1986-023 批准。1987 年邓恩等在《矿物学新年鉴》(月刊)和 1989 年杨博尔等在《美国矿物学家》(74)报道。1988 年中国新矿物与矿物命名委员会郭宗山等在《岩石矿物学杂志》[7(3)]根据成分及与施特伦茨石的关系译为高铁施特伦茨石(根词参见【施特伦茨石】条801页)。

【高铁钛闪石*】

英文名 Ferri-kaersutite

化学式 $NaCa_2(Mg_3Fe^{3+}Ti)(Si_6Al_2)O_{22}O_2$ (IMA)

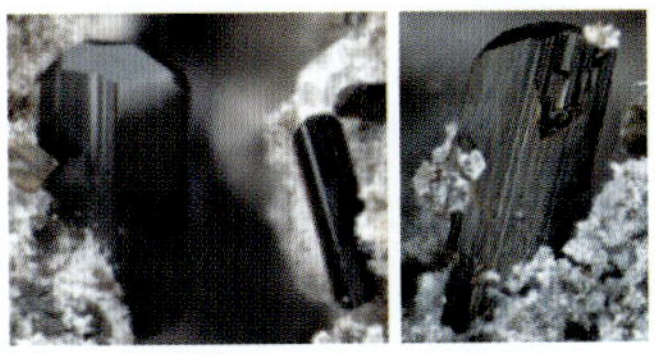

高铁钛闪石*板柱状晶体(德国)

高铁钛闪石*是一种A位钠、C^{2+}位镁、C^{3+}位三价铁和W位氧的铝硅酸矿物。属角闪石超族W位氧主导的角闪石族钛闪石根名族。单斜晶系。晶体呈柱状、板柱状,长200μm。黑褐色,玻璃光泽,半透明—不透明;完全解理。2014年发现于南极洲东部维多利亚的哈罗(Harrow)峰。英文名Ferri-kaersutite,由成分冠词"Ferri(三价铁)"和根词"Kaersutite(钛闪石)"组合命名(根词参见【钛闪石】条912页)。IMA 2014-051批准。2014年S.根蒂利(S. Gentili)等在《CNMNC通讯》(22)、《矿物学杂志》(78)和2016年《美国矿物学家》(101)报道。目前尚未见官方中文译名,编译者建议根据成分及与钛闪石的关系译为高铁钛闪石*。

【高铁碳硅铝铅石】

英文名 Ferrisurite

化学式 $Pb_{2.4}Fe_2^{3+}Si_4O_{10}(CO_3)_{1.7}(OH)_3 \cdot nH_2O$ (IMA)

高铁碳硅铝铅石纤维状晶体,放射状、球粒状集体(美国、法国)

高铁碳硅铝铅石是一种含结晶水和羟基的铅、铁的碳酸-硅酸盐矿物。单斜晶系。晶体呈纤维状、羽毛状;集合体呈放射状、球粒状。绿色、黄绿色,丝绢光泽,透明—半透明;硬度2~2.5,完全解理。1990年发现于美国加利福尼亚州因约县卡顿伍德(Cottonwood)山脉火山堆区。英文名称Ferrisurite,由成分冠词"Ferri(三价铁)"和根词"Surite(碳硅铝铅石)"组合命名,意指它是三价铁占优势的碳硅铝铅石的类似矿物。IMA 1990-056批准。1992年A. R.坎普夫(A. R. Kampf)在《美国矿物学家》(77)报道。1998年中国新矿物与矿物命名委员会黄蕴慧等在《岩石矿物学杂志》[17(1)]根据成分译为高铁碳硅铝铅石(根词参见【碳硅铝铅石】条921页)。

【高铁铁橄榄石】参见【莱河矿】条424页

【高铁铁云母】

英文名 Tetraferriannite

化学式 $KFe_3^{2+}(Si_3Fe^{3+})O_{10}(OH)_2$ (IMA)

高铁铁云母是一种含羟基的钾、二价铁的三价铁硅酸盐矿物。属云母族。单斜晶系。晶体呈片状。褐色、黑色,金刚光泽、玻璃光泽,半透明;硬度2.5~3,完全解理。1963年发现于澳大利亚西部阿什伯顿的威特努姆(Wittenoom);同年,D. R.沃内(D. R. Wones)在《美国科学杂志》(261)报道。英文原名称Ferri-annite,由成分冠词"Ferri(三价铁)"和根词"Annite(铁云母)"组合命名。1998年CNMMN在《加拿大矿物学家》(36)更名为Tetraferriannite,由冠词"Tetra(四面体)"和"Ferri(三价铁)"及根词"Annite(铁云母)"组合命名,意指它是三价铁在硅氧四面体中的铁云母类似矿物。1959年以前发现、描述并命名的"祖父级"矿物,IMA承认有效。IMA 1998s. p.批准。1984年中国新矿物与矿物命名委员会郭宗山在《岩石矿物及测试》[3(2)]根据成分及与铁云母的关系译为高铁铁云母。

高铁铁云母片状晶体(加拿大)

【高铁透长石*】

英文名 Ferrisanidine

化学式 $K[Fe^{3+}Si_3O_8]$(IMA)

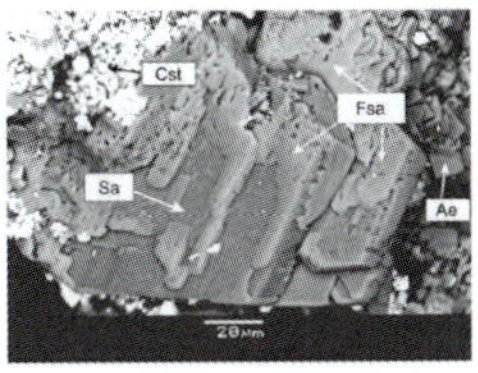

高铁透长石*短棱柱状晶体(俄罗斯)

高铁透长石*是第一种钾的铁硅酸盐矿物。属长石族。单斜晶系。晶体呈海绵状、短棱柱状或10μm×20μm的不规则粒状。无色—白色,玻璃光泽,透明;完全解理。2019年发现于俄罗斯堪察加州托尔巴契克(Tolbachik)火山大裂谷托尔巴契克火山北部破火山口的第二个火山锥喷发物。英文名称Ferrisanidine,由成分冠词"Ferri(三价铁)"和根词"Sanidine(透长石)"组合命名,意指它是含Fe^{3+}而非Al的透长石类似矿物。IMA 2019-052批准。2019年N. V.什奇帕金纳(N. V. Shchipalkina)等在《矿物》[9(12)]、《CNMNC通讯》(52)和《矿物学杂志》(83)报道。目前尚未见官方中文译名,编译者建议根据高铁成分及与透长石的关系译为高铁透长石*。

【高铁钨华】

英文名 Ferritungstite

化学式 $(K,Ca,Na)(W^{6+},Fe^{3+})_2(O,OH)_6 \cdot H_2O$

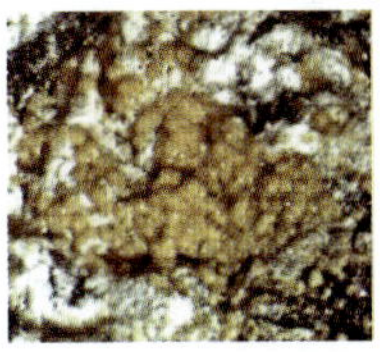

高铁钨华皮壳状集合体(卢旺达)

高铁钨华是一种含结晶水、氧和羟基的钾、钙、钠、三价铁的钨酸盐矿物。等轴晶系。晶体呈八面体、板片状、纤维状;集合体呈皮壳状、花环状、华状。浅黄色、褐黄色、亮黄色,玻璃光泽,半透明。1911年发现于美国华盛顿州史蒂文斯县赫尔马尼娅(Germania)矿;同年,夏勒(Schaller)在《美国华盛顿科学院杂志》(1)和《美国科学杂志》(32)报道。英文名称Ferritungstite,由成分"Ferriciron(三价铁)"和"Tungsten(钨)"组合命名。中文名称根据成分和形态译为高铁钨华。"华"古通"花",繁体"華"字,上面是"垂"字,像花叶下垂形,比喻矿物集合体的形态如"花"。以前被认为是独立的物种,现在被认为是富铁的水钨石(Hydrokenoelsmoreite)(参见【水钨石】条881页)。

【高铁叶绿矾】

英文名 Ferricopiapite

化学式 $Fe_{0.67}^{3+}Fe_4^{3+}(SO_4)_6(OH)_2 \cdot 20H_2O$ (IMA)

高铁叶绿矾是一种富含三价铁的叶绿矾矿物。属叶绿矾族。三斜晶系。晶体呈假正交板状、鳞片状、粒状;集合体呈土粉状。黄色、橙黄色,珍珠光泽、土状光泽,透明—半透明;硬度2.5~3,完全解理。1938年发现于智利阿塔卡马沙漠区。1938年贝里(Berry)在《美国矿物学家》(23)和1939

高铁叶绿矾粒状晶体，土状集合体(美国、葡萄牙)

年《美国矿物学家》(24)报道。英文名称 Ferricopiapite，由成分冠词"Ferri(三价铁)"和根词"Copiapite(叶绿矾)"组合命名。1959 年以前发现、描述并命名的"祖父级"矿物，IMA 承认有效。中文名称根据成分及与叶绿矾的关系译为高铁叶绿矾(根词参见【叶绿矾】条 1067 页)。

锆 [gào]形声；从钅，告声。一种金属元素。[英]Zirconium。元素符号 Zr。原子序数 40。含锆的天然硅酸盐 $ZrSiO_4$ 称为锆石(Zircon)或风信子石(Hyacinth)广泛分布于自然界中，自古以来被认为是宝石，据说 Zircon 一词来自阿拉伯文 Zarqūn，是朱砂，又说是来自波斯文 Zargun，意金色。1789 年德国化学家克拉普罗斯(Klaproth)在锆石中发现锆的氧化物——锆土(Zirconerde)，并根据锆石英文名称 Zircon 命名为 Zirconium。1824 年瑞典化学家贝采利乌斯首次制成不纯的金属锆。锆在地壳中的含量为0.025%，但分布非常分散，主要存在于氧化物、硅酸盐等矿物。

【锆矾】

英文名 Zircosulfate

化学式 $Zr(SO_4)_2 \cdot 4H_2O$　　(IMA)

锆矾是一种含结晶水的锆的硫酸盐矿物。斜方晶系。晶体呈圆形或菱形；集合体呈致密块状或粉末状。无色或白色，透明—半透明；硬度 2.5～3.0。1965 年发现于俄罗斯图瓦共和国桑奎伦(Sanguillen)高地科尔格雷达巴(Korgeredaba)碱性地块。1965 年 Y. L. 卡普斯京(Y. L. Kapustin)在《全苏矿物学会记事》(94)和 1966 年 M. 弗莱舍(M. Fleischer)在《美国矿物学家》(51)报道。英文名称 Zircosulfate，由其化学成分"Zirco(锆)"和"Sulfate(硫酸盐)"组合命名。IMA 1968s. p. 批准。中文名称根据成分译为锆矾。

【锆钙钛矿】

英文名 Uhligite

化学式 $Ca_3(Ti,Al,Zr)_9O_{20}$?

锆钙钛矿是一种钙、钛、铝、锆的氧化物矿物，可能是钙钛矿的含锆矿物。等轴晶系。晶体呈八面体，有双晶。黑色，金属光泽，不透明；硬度 5.5。1909 年豪泽(Hauser)在西德《化学杂志》(63)报道。最初的描述来自肯尼亚东非大裂谷省南部裂谷马加迪(Magadi)湖。英文名称 Uhligite，以德国地质学家阿尔弗雷德·路易斯·约翰·乌利希(Alfred Louis Johannes Uhlig，1883—1919)的姓氏命名。他领导了东非大裂谷的科学考察及矿物材料的收集。1959 年以前发现、描述并命名的"祖父级"矿物，IMA 承认有效；但 2006 年被 IMA 06－C 怀疑[见贝克(Burke，2006)]，它可能是不纯的钙钛矿。中文名称根据成分译为锆钙钛矿或锆钛矿。

【锆钪钇石】参见【硅钪石】条 270 页

【锆锂大隅石】

英文名 Sogdianite

化学式 $KZr_2Li_3Si_{12}O_{30}$　　(IMA)

锆锂大隅石是一种钾、锆、锂的硅酸盐矿物。属大隅石族。六方晶系。晶体呈板片状、板状。紫色、淡粉色，玻璃光泽，透明—半透明；硬度 7，完全解理。1968 年发现于塔吉克斯坦天山山脉达拉伊-皮奥兹(Dara-i-Pioz)冰川。1968 年 V. D. 杜斯马托夫(V. D. Dusmatov)和 A. F. 叶菲莫夫(A. F. Efimov)等在《苏联科学院报告》(182)报道，并于 1969 年在《美国矿物学家》(54)摘要报道。英文名称 Sogdianite，以发现地历史上的中世纪的国家——索格底亚那(Sogdiana)的名字命名。IMA 1971s. p. 批准。中文名称根据成分及与大隅石族的关系译为锆锂大隅石；根据成分译为碱锂钛锆石；音译为索格底安石或索地亚石。

【锆榴石】

英文名 Kimzeyite

化学式 $Ca_3Zr_2(SiAl_2)O_{12}$　　(IMA)

锆榴石粒状晶体(美国)

锆榴石是一种含锆的石榴石物种。属石榴石超族钛榴石族。等轴晶系。晶体呈粒状。暗褐色、咖啡色，玻璃光泽，透明—近于不透明；硬度 7。1958 年发现于美国阿肯色州温泉县凯姆泽伊(Kimzey)方解石采石场；同年，在《科学》(127)报道。英文名称 Kimzeyite，以发现地美国的凯姆泽伊(Kimzey)命名。IMA 1967s. p. 批准。中文名称根据成分和族名译为锆榴石，也译为钙锆榴石。

【锆锰大隅石】

英文名 Darapiosite

化学式 $KNa_2Mn_2(Li_2ZnSi_{12})O_{30}$　　(IMA)

锆锰大隅石是一种钾、钠、锰的锂锌硅酸盐矿物。属大隅石族。六方晶系。晶体呈粒状，粒径 0.2～2mm。无色、白色、棕色、蓝色、淡紫色，玻璃光泽，透明—半透明；硬度 5。1974 年发现于塔吉克斯坦天山山脉达拉伊-皮奥兹(Dara-i-Pioz)冰川冰碛物。英文名称 Darapiosite，以发现地塔吉克斯坦的达拉皮奥兹(Dara-Pioz)冰川命名。IMA 1974－056 批准。1975 年在《全苏矿物学会记事》[104(5)]报道。中文名称根据成分及族名译为锆锰大隅石和锆锰钾隅石，还有的根据成分译为硅锆锰钾石；杨光明教授建议译为锰锂大隅石。

【锆石】

英文名 Zircon

化学式 $Zr(SiO_4)$　　(IMA)

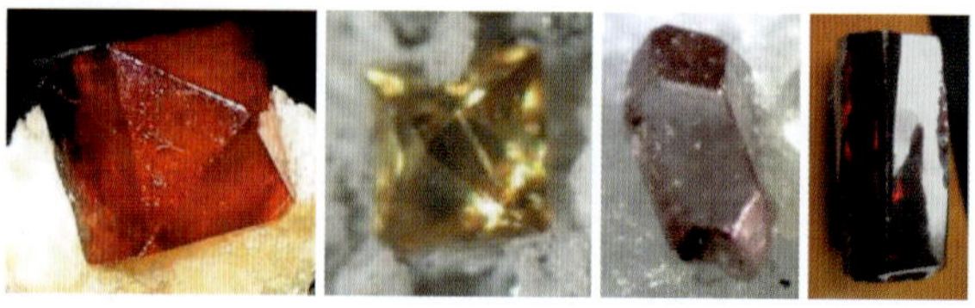

锆石长柱、短柱状或四方双锥状晶体(巴基斯坦、加拿大、奥地利)

锆石是一种锆的硅酸盐矿物(可能含有少量的铀、钍、铅、铪、钇、稀土、磷和其他元素)，又称锆英石，也叫风信子石。属锆石族。与莱氏石(Reidite)为同质多象。四方晶系。晶体呈四方长柱状、短柱状或带复四方双锥短柱状、板状。淡黄色或无色、灰色、棕黄色、黄灰色、褐色、黑褐色、粉红色、绿色、蓝色等，玻璃光泽、金刚光泽、油脂光泽，透明—不透明；硬度 6～8，脆性。在自然界中分布很广，并且千数百年以来，已被人们所利用。在《新约旧书》的《启示录》中，圣徒约翰述说圣地耶路撒冷的情况："城中有上帝的光荣，城的光辉如同极贵的宝石，好像碧玉，明如水晶。城是四方的，有高大的墙，有十二个门……墙有十二根基柱……，墙的根基是用各种宝石修饰的。第一根基是碧玉，第二是蓝宝石，第三是绿玛瑙，第四是绿宝石，第五是红玛瑙，第六是红宝石，第七是黄碧玺，第八是水苍玉，第九是红碧玺，第十是翡翠，第十一是紫玛瑙，第十二是紫晶……"。经后人研究第十一根基柱上的紫玛瑙，实是一种黄红色透明的锆石。在古希腊，这种美丽的宝石就已被人们所钟情。相传，犹太主教胸前佩戴的十二种宝石中就有锆石，称为"夏信斯"。据说，锆石的别名"风信子石"，就是"夏信斯"音转。

最初是在公元前 300 年由泰奥弗拉斯托斯(Theophrastus)根据希腊文"λυγκ ύ ριον＝Lyncurion(红色宝石)"命名。后被老普林尼(公元 37 年)命名为"Chrysolithos(黄色宝石)"。1555 年德国乔治・阿格里科拉(Georgius Agricola)称为"Jacinth(紫玛瑙)"。1758 年阿克塞尔・科隆斯杰特(Axel Cronstedt)提出行业术语"Jargon(黄锆石)"。在 1772 年巴特勒米・福贾斯・德・圣方德(Barthelemy Faujas de Saint Fond)称为"Hyacinte(红锆英石)"。1783 年由亚伯拉罕・戈特洛布・维尔纳(Abraham Gottlob Werner)根据阿拉伯语(由波斯语"Azargun"转来)的"Zar(金、黄金)"，再加上"Gun(枪、锥柱状)"更名而来，即颜色加锥柱状，意指一个锥柱状矿物可呈现出许多彩色的颜色。第一次正式使用"Zircon"是在 1783 年，用来称呼斯里兰卡的绿色宝石晶体[见维尔纳在《结晶学》(*Romé de l'Isle*)(第二版，巴黎)载]。1959 年以前发现、描述并命名的"祖父级"矿物，IMA 承认有效。后来亚瑟・丘奇(Arthur Church)先生首次利用光谱仪研究了锆石，1868 年他从中发现了一种新元素，并命名为 Jargonium(汉译铪)。后来，锆被分离出来，并被德国化学家 M. H. 克拉普罗特(M. H. Klaproth)命名为 Zirconium(汉译锆)。Zirconium 源自希腊文一种叫"风信子石"的矿物。名称来源一说可能是法文在阿拉伯文"Zarkun"的基础上演变而来的，原意是"辰砂及银朱"，即朱(红色)之意和金色之意；另一说认为是来源于古波斯文"Zargun"，意即"金黄色"，看来都是用来形容天然晶体的颜色的。而古印度曾称锆石为"月食石"，这也说明这种宝石的颜色常见呈红色、金黄色、无色。锆石在古代的阿拉伯、波斯和印度、锡兰等地区十分流行，并都是以颜色来命名的。1950 年，美国宝石学院宝石术语委员会建议用颜色来命名锆石，颜色有红、黄、橙、褐、绿、蓝或无色透明等。于是锆石有白色锆石、蓝色锆石、橘红色锆石、褐色锆石、红色锆石、绿色锆石和黄色锆石等。其中，红色锆石古希腊称 Hyacinth，这里有一段凄美的神话故事：古希腊曾有一位青年人叫 Hyacinth，受太阳神阿波罗宠眷，并因被其所掷铁饼误伤而死，他流出的血萌发长出红锆石花，即风信子花。风信子属多年生植物，它开有蓝、紫、黄、红、白等色彩的花，原产于地中海和南非，植物学名源于雅辛托斯(Hyacinthus)，风信子石又得名于植物学名。

雅辛托斯与多彩的风信子花

锆石有多种变种：稀土锆石如山口石(Yamagutilite，发现于日本长野县木曾郡，包括旧中仙道的马宠宿的山口村)和大山石；稀土铌钽锆石如苗木石(Naegite，日本岐阜县中津川市苗木伟晶岩。假正方体，十二面体，球粒状集合体。暗绿色、褐色；硬度 7.5)。曲晶石(Cyrtolite)，含较高 TR、U，因晶面弯曲而故名；水锆石[Hydrozircon，Orvillite，Malacon(变水锆石)]含水较高的变种。还有铍锆石，富铪锆石等。

【锆钛钙石】

英文名 Belyankinite

化学式 $Ca_{1-2}(Ti,Zr,Nb)_5O_{12}\cdot 9H_2O(?)$　　(IMA)

别良金像

锆钛钙石是一种含结晶水的钙、钛、锆、铌的氧化物矿物。斜方(或单斜)晶系。晶体呈片状、板状；集合体呈块状。白色、浅黄色—棕黄色，含锰则有丰富的黑色，玻璃光泽、油脂光泽、珍珠光泽，半透明—不透明；硬度 2～3，完全解理，脆性。1950 年发现于俄罗斯北部摩尔曼斯克州贝卢加(Berloga)伟晶岩。1950 年 V. I. 格拉斯莫夫斯基(V. I. Gerasimovskii)等在《苏联科学院报告》(71)和 1952 年《美国矿物学家》(37)报道。英文名称 Belyankinite，以苏联著名矿物学、岩石学家德米特里・斯捷潘诺维奇・别良金(Dmitry Stepanovich Belyankin，1876—1953)的姓氏命名。别良金在不同的时期领导着岩石学研究所、地质科学研究所和苏联科学院的矿物学博物馆，及苏联科学院(基洛夫斯克)的科拉分院；他被认为是技术岩石学的创始人。1959 年以前发现、描述并命名的"祖父级"矿物，IMA 承认有效；但值得怀疑，可能是以锐钛矿为主的混合物。中文名称根据成分译为锆钛钙石，也译作锆铌钙钛石；杨光明教授建议译为水钛钙石。

【锆星叶石】

英文名 Zircophyllite

化学式 $K_2NaFe^{2+}_7Zr_2(Si_4O_{12})_2O_2(OH)_4F$　　(IMA)

锆星叶石似片状连晶体(加拿大)

锆星叶石是一种含羟基和氟的钾、钠、铁、锆的硅酸盐矿物。属星叶石族。三斜晶系。晶体呈似片状连晶，集合体呈星状。深棕色—黑色，金刚光泽、强玻璃光泽，半透明；硬度 4～4.5，极完全解理，很脆。1971 年发现于俄罗斯图瓦共和国桑吉连高原科尔格雷达巴(Korgeredaba)碱性地块。英文名称 Zircophyllite，由成分冠词"Zirconium(锆)"及根词"Phyllite(星叶石)"组合命名。IMA 1971-047 批准。1972 年 Y. L. 卡普斯京(Y. L. Kapustin)在《全苏矿物学会记事》(101)和 1973 年《美国矿物学家》(58)报道。中文名称根据成分及与星叶石的关系译为锆星叶石(根词参见【星叶石】条 1051 页)。

【锆英石】参见【锆石】条 242 页

【锆针钠钙石】

英文名 Rosenbuschite

化学式 $Ca_6Zr_2Na_6ZrTi(Si_2O_7)_4(OF)_2F_4$　　(IMA)

锆针钠钙石是一种含氟和氧的钙、锆、钠、钛的硅酸盐矿物，是针钠钙石的含锆物种。属氟钠钛锆石(Seidozerite)超

锆针钠钙石柱状晶体（挪威）和罗森布施像

族层硅铈钛矿/褐硅铈石（Rinkite）族。三斜晶系。晶体呈柱状、针状、棒状；集合体呈放射状。橙色、浅棕色、浅灰棕色，半玻璃光泽、蜡状光泽、油脂光泽，半透明；硬度 5～6，完全解理，脆性。1887 年发现于挪威西福尔郡拉尔维克峡湾兰格森德斯乔登（Langesundsfjorden）。1887 年 W. C. 布拉格（W. C. Brögger）在《斯德哥尔摩地质学会会刊》(9)报道。英文名称 Rosenbuschite，以卡尔·哈利·费迪南德·罗森布施（Karl Harry Ferdinand Rosenbusch，1836—1914）的姓氏命名。罗森布施是德国海德堡大学矿物学家和岩石学家，他是描述岩石学的一位至关重要的开拓者。1959 年以前发现、描述并命名的“祖父级”矿物，IMA 承认有效。IMA 2016s. p. 批准。中文名称根据成分及与针钠钙石的关系译为锆针钠钙石，也有的根据颜色和成分译为橙针钠钙石。

戈 [gē]象形；甲骨文字形象一种长柄勾刃兵器之形。[英]音，用于外国地名、人名。

【戈尔德施密特石*】

英文名 Goldschmidtite

化学式 $KNbO_3$ (IMA)

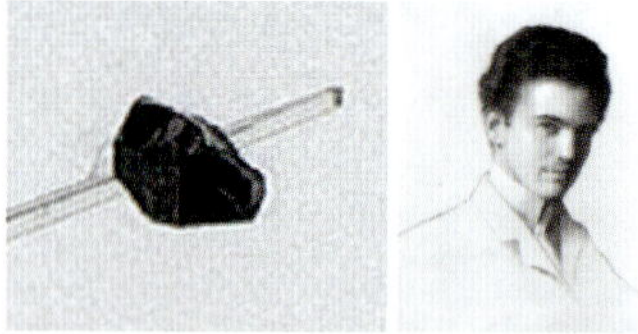

戈尔德施密特石*（南非）和戈尔德施密特像

戈尔德施密特石*是一种钾、铌的氧化物矿物。属钙钛矿超族化学计量比钙钛矿族钙钛矿亚族。等轴晶系。在钻石中呈包裹体，约 100μm。深绿色，金刚光泽，不透明。2018 年发现于南非自由省夏里普市科菲方丹（Koffiefontein）矿。英文名称 Goldschmidtite，为纪念挪威著名的地球化学家维克多·莫里茨·戈德施密特（Victor Moritz Goldschmidt，1888—1947）而以他的姓氏命名。他正式确定了钙钛矿晶体化学，并将 $KNbO_3$ 确定为钙钛矿结构化合物。他与弗拉基米尔·韦纳斯基（Vladimir Vernadsky）一起被认为是现代地球化学和晶体化学的奠基人，是戈德施密特元素分类法的制定者。IMA 2018－034 批准。2018 年 N. A. 迈耶（N. A. Meyer）等在《CNMNC 通讯》(44)、《矿物学杂志》(82)和 2019 年《美国矿物学家》[104(9)]报道。目前尚未见官方中文译名，编译者建议音译为戈尔德施密特石*。

【戈沸石】

英文名 Gottardiite

化学式 $Na_3Mg_3Ca_5Al_{19}Si_{117}O_{272} \cdot 93H_2O$ (IMA)

戈沸石是一种含沸石水的钠、镁、钙的铝硅酸盐矿物。属沸石族。斜方晶系。无色、白色，玻璃光泽，透明；完全解理，脆性。1994 年发现于南极洲东部维多利亚的亚当森（Adamson）山。英文名称 Gottardiite，以摩德纳大学的格拉乌克·戈塔迪（Glauco Gottardi，1928—1988）教授的姓氏命名，以表彰他在天然沸石的晶体结构和晶体化学方面做出的开拓性的研究工作。IMA 1994－054 批准。1996 年 A. 阿尔贝蒂（A. Alberti）等在《欧洲矿物学杂志》(8)报道。2003 年中国地质科学院矿产资源研究所李锦平等在《岩石矿物学杂志》[22(3)]根据英文名称首音节音和族名译为戈沸石，有的音译为戈塔迪石；杨光明教授建议译为戈钙镁钠沸石。

戈塔迪像

【戈硅钠铝石】

英文名 Gobbinsite

化学式 $Na_5(Si_{11}Al_5)O_{32} \cdot 11H_2O$ (IMA)

戈硅钠铝石板状晶体，晶簇状集合体（加拿大）

戈硅钠铝石是一种含沸石水的钠的铝硅酸盐矿物。属沸石族。斜方（假四方）晶系。晶体呈板条状、板状、纤维状、楔状；集合体呈晶簇状。柠檬白色、粉白色、浅褐色，玻璃光泽，透明—半透明；硬度 4，脆性。1980 年发现于英国北爱尔兰安特里姆县高滨（Gobbins）附近的玄武岩。英文名称 Gobbinsite，以发现地不列颠群岛之一的爱尔兰岛北部高滨（Gobbins）命名。IMA 1980－070 批准。1982 年在《矿物学杂志》(46)和《结晶学杂志》(171)报道。1984 年中国新矿物与矿物命名委员会郭宗山在《岩石矿物及测试》[3(2)]根据英文名称首音节音和成译为戈硅钠铝石；杨光明教授建议译为戈钠沸石。

【戈里亚伊诺夫石*】

英文名 Goryainovite

化学式 $Ca_2(PO_4)Cl$ (IMA)

戈里亚伊诺夫石*是一种含氯的钙的磷酸盐矿物，与氟磷灰石相类似。斜方晶系。晶体呈圆粒状，粒径 20μm。无色，玻璃光泽，透明；硬度 4。2015 年发现于瑞典北博滕省帕亚拉市萨哈瓦拉（Sahavaara）铁矿床。英文名称 Goryainovite，以俄罗斯科学院科拉科学中心地质研究所的帕维尔·M. 戈里亚伊诺夫（Pavel M. Goryainov，1937—）教授的姓氏命名，以表彰他对芬诺斯堪迪亚地盾东北部带状铁矿地质和岩石学研究所做出的贡献。IMA 2015－090 批准。2016 年 G. Y. 艾凡雅克（G. Y. Ivanyuk）等在《CNMNC 通讯》(29)和《矿物学杂志》(80)报道。目前尚未见官方中文译名，编译者建议音译为戈里亚伊诺夫石*。

【戈曼石】参见【哥磷铁铝石】条 244 页

【戈硼钙石】参见【高硼钙石】条 237 页

【戈塔迪石】参见【戈沸石】条 244 页

哥 [gē]会意；从二，从可。本义：兄长。[英]音，用于外国人名。

【哥磷铁铝石】

英文名 Gormanite

化学式 $Fe^{2+}_3Al_4(PO_4)_4(OH)_6 \cdot 2H_2O$ (IMA)

哥磷铁铝石是一种含结晶水和羟基的二价铁、铝的磷酸盐矿物。三斜晶系。晶体呈针状；集合体常呈束状、放射状。蓝绿色—深绿色，半玻璃光泽、油脂光泽，半透明；硬度 4～5，脆性。1977 年发现于加拿大育空地区道森矿区大鱼（Big

哥磷铁铝石针状晶体，束状集合体（加拿大）

Fish)河和急流溪(Rapid Creek)。英文名称 Gormanite，1981 年由 B. 达克·斯特曼(B. Darko Sturman)等以加拿大多伦多大学矿物学教授唐纳德·赫伯特·戈曼(Donald Herbert Gorman，1922—)的姓氏命名。IMA 1977－030 批准。1981 年斯特曼等在《加拿大矿物学家》(19)和 1982 年《美国矿物学家》(67)报道。1983 年中国新矿物与矿物命名委员会郭宗山等在《岩石矿物及测试》[2(1)]根据英文名称首音节音和成分译为哥磷铁铝石；2011 年杨主明在《岩石矿物学杂志》[30(4)]建议音译为戈曼石。

鸽 [gē]形声；从鸟，合声。本义：鸽子。

【鸽采石】参见【钠长石】条 634 页

锝 [gē]形声；从金，哥声。一种人工合成的具有强放射性的化学元素。[英]Copernicium。元素符号 Cn。原子序数 112。属于 12 族的最重金属元素。1996 年由德国达姆施塔特重离子研究所(GSI)西格·霍夫曼(Sigurd Hofmann)和维克托·尼诺夫(Victor Ninov)领导的研究团队合成。2004 年，日本一家研究机构也合成出了两个锝原子。2009 年德国重离子研究中心建议以著名天文学家哥白尼(Nicolaus Copernicus，1473—1543)的姓氏命名。2010 年经国际纯粹与应用化学联合会确认 112 号化学元素，并于 2010 年 2 月 19 日，即哥白尼的生日这一天正式命名为 Copernicium。中国台湾化学名词审议委员会和中国化学会名词委员会开会讨论后决定汉译为锝。

格 [gé]形声；从木，各声。本义：树木的长枝条。[英]音，用于外国人名、地名、单位名。

【格拉马蒂科普洛斯矿*】

英文名 Grammatikopoulosite

化学式 NiVP　(IMA)

格拉马蒂科普洛斯矿*是一种镍、钒的磷化物矿物。斜方晶系。晶体以孤立的他形粒状形式出现，粒径 5～80μm。金属光泽，不透明；脆性，易碎。2019 年发现于希腊中部普提奥梯斯多莫科斯阿吉奥·斯特凡诺斯蛇绿岩杂岩体勘探前景区。英文名称 Grammatikopoulosite，以加拿大 SGS 公司的地球科学家塔索斯·格拉马蒂科普洛斯(Tassos Grammatikopoulos，1966—)的姓氏命名，以表彰他对希腊经济矿物学和矿藏研究的贡献。IMA 2019－090 批准。2020 年 L. 宾迪(L. Bindi)等在《CNMNC 通讯》(53)、《矿物》(10)和《欧洲矿物学杂志》(32)报道。目前尚未见官方中文译名，编译者建议音译为格拉马蒂科普洛斯矿*。

【格拉齐安矿*】

英文名 Graţianite

化学式 $MnBi_2S_4$　(IMA)

格拉齐安矿*是一种锰、铋的硫化物矿物。单斜晶系。晶体呈薄片状，集合体呈花状。2013 年发现于罗马尼亚比霍尔县努切特市安东尼奥(Antoniu)矿床。英文名称 Graţianite，为纪念罗马尼亚布加勒斯特大学矿物学和矿床学教授格拉齐安·切奥弗利卡(Graţian Cioflica，1927—2002)而以他的名字命名。IMA 2013－076 批准。2013 年 J. 布鲁格(J. Brugger)等在《CNMNC 通讯》(18)、《矿物学杂志》(77)和 2014 年《美国矿物学家》(99)报道。目前尚未见官方中文译名，编译者建议音译为格拉齐安矿*；杨光明教授建议根据成分译为硫铋锰矿。

【格拉维里石】

英文名 Gravegliaite

化学式 $Mn^{2+}(S^{4+}O_3)\cdot 3H_2O$　(IMA)

格拉维里石小柱状晶体（意大利）

格拉维里石是一种含结晶水的锰的亚硫酸盐矿物。斜方晶系。晶体呈假六边形柱状；集合体常呈放射状或束状。无色，玻璃光泽，透明；完全解理。1990 年发现于意大利热那亚省瓦尔格拉维里亚(ValGraveglia)矿(甘巴泰萨矿)。英文名称 Gravegliaite，以发现地意大利的格拉维里亚(Graveglia)矿命名。IMA 1990－020 批准。1991 年 R. 巴索(R. Basso)等在《结晶学杂志》(197)和 1992 年《美国矿物学家》(77)报道。中文名称音译为格拉维里石。

【格兰次石】参见【水钒钠钙石】条 818 页

【格兰达石*】

英文名 Grandaite

化学式 $Sr_2Al(AsO_4)_2(OH)$　(IMA)

格兰达石*板状晶体扇状集合体（意大利）

格兰达石*是一种含羟基的锶、铝的砷酸盐矿物。属锰铁钒铅矿超族。单斜晶系。晶体呈小的薄片状、板状，粒径 1mm；集合体呈扇状，大小为 1cm。明亮的橙色，鲑鱼色—棕色，玻璃光泽、蜡状光泽，半透明；硬度 6～6.5，脆性。2013 年发现于意大利皮德蒙特高原库尼奥(Cuneo)省瓦莱塔(Valletta)矿。英文名称 Grandaite，以发现地意大利的库尼奥(Cuneo)省的非正式称谓格兰达(Granda，意为大省)命名。IMA 2013－059 批准。2013 年 F. 卡马拉(F. Cámara)等在《CNMNC 通讯》(18)、《矿物学杂志》(77)和 2014 年《矿物学杂志》(78)报道。目前尚未见官方中文译名，编译者建议音译为格兰达石*。

【格雷奇什切夫石】

英文名 Grechishchevite

化学式 $Hg_3S_2BrCl_{0.5}I_{0.5}$　(IMA)

格雷奇什切夫石是一种汞的碘-氯-溴-硫化物矿物。四方晶系。晶体呈柱状、长粒状；集合体呈土状。亮橙色—暗橙色，暴露空气慢慢变为褐橙色—黑色，玻璃光泽、金刚光泽；硬度 2.5，脆性。1988 年发现于俄罗斯图瓦共和国阿尔扎克(Arzak)和卡迪雷尔(Kadyrel')汞矿床。英文名称 Grechishchevite，1989 年 V. I. 瓦西列夫(V. I. Vasilev)等以苏联新西伯利亚地质研究所的奥列格·康斯坦丁诺维奇·格雷奇什切夫(Oleg Konstantinovich Grechishchev，1936—)的姓氏命名。他在图瓦的汞矿床做过重要的工作。IMA 1988－027 批准。1989 年瓦西列夫等在苏联《地质学和地球物理学》(30)和1991年杨博尔等在《美国矿物学家》(76)报道。1993年中国新矿物与矿物命名委员会黄蕴慧等在《岩石矿物学杂志》[12(1)]音译为格雷奇什切夫石,有的根据成分译为卤硫汞矿。

【格雷斯石】参见【葛氟锂石】条248页

【格里戈里耶夫矿*】

英文名 Grigorievite

化学式 $Cu_3Fe_2^{3+}Al_2(VO_4)_6$ (IMA)

格里戈里耶夫像

格里戈里耶夫矿*是一种铜、铁、铝的钒酸盐矿物。属黑钒铁钠石族。三斜晶系。晶体呈柱状、厚片状,可达40μm×100μm,通常小于50μm。黑色、灰色,半金属光泽,不透明;硬度5,脆性。2012年发现于俄罗斯堪察加州托尔巴契克(Tolbachik)火山主断裂破火山口第二火山渣锥。英文名称Grigorievite,以俄罗斯圣彼得堡矿业学院的德米里特·帕夫罗维奇·格里戈里耶夫(Dmitry Pavlovich Grigoriev,1909—2003)教授的姓氏命名。他是研究矿物个体发育的创始人,矿物个体发育是矿物学的一个特殊分支,是矿物学的一般和理论方面、矿物类似物合成、地外矿物学和矿物学教学方面的专家。IMA 2012-047批准。2013年I. V. 佩科夫(I. V. Pekov)等在《CNMNC通讯》(15)、《矿物学杂志》(77)和2014年《欧洲矿物学杂志》(26)报道。目前尚未见官方中文译名,编译者建议音译为格里戈里耶夫矿*;根据成分译为钒铝铁铜矿*。

【格里奇石*】

英文名 Grguricite

化学式 $CaCr_2(CO_3)_2(OH)_4 \cdot 4H_2O$ (IMA)

格里奇石*是一种含结晶水和羟基的钙、铬的碳酸盐矿物。属水碳铝钡石族。三斜晶系。晶体呈极细粒状,粒径0.5μm×0.1μm×5μm;集合体呈结晶皮壳状。紫丁香色。2019年发现于现摩洛哥米德勒特省阿德霍阿尔(Adeghoual)矿。英文名称Grguricite,以澳大利亚地质学家本·格里奇(Ben Grguric)的姓氏命名。IMA 2019-123批准。2020年M. S. 拉姆齐(M. S. Rumsey)等在《CNMNC通讯》(54)、《矿物学杂志》(84)和《欧洲矿物学杂志》(32)报道。目前尚无中文官方译名,编译者建议音译为格里奇石*。

【格林伍德矿*】

英文名 Greenwoodite

化学式 $Ba_{2-x}(V^{3+}OH)_xV_9^{3+}(Fe^{3+},Fe^{2+})_2Si_2O_{22}$ (IMA)

格林伍德矿*是一种钡、羟钒、钒、三价铁、二价铁的硅酸盐矿物。六方晶系。晶体呈六方柱状、板片状,粒径200μm。黑色、灰色,半金属光泽、无光泽,不透明;硬度5,完全解理。2010年发现于加拿大不列颠哥伦比亚省雷弗尔史托克镇威瓜姆(Wigwam)矿床。英文名称Greenwoodite,以加拿大温哥华不列颠哥伦比亚大学前地质科学部主任、矿物学教授休·J. 格林伍德(Hugh J. Greenwood,1931—)的姓氏命名,以表彰他对岩石学做出的贡献。IMA 2010-007批准。2012年P. R. 巴托罗缪(P. R. Bartholomew)等在《加拿大矿物学家》(50)报道。目前尚未见官方中文译名,编译者建议音译为格林伍德矿*。

【格林钇石*】参见【硅钙钇石】条264页

【格磷铁石】

英文名 Grattarolaite

化学式 $Fe_3^{3+}O_3(PO_4)$ (IMA)

格拉塔罗拉像

格磷铁石是一种铁氧的磷酸盐矿物。三方晶系。晶体呈不规则雏晶状,集合体呈晶簇状、土状结核。褐色、红褐色,油脂光泽,不透明;脆性。1995年发现于意大利阿雷佐省瓦尔达诺区卡夫里里纳镇亚卡斯泰尔诺沃(Castelnuovo)矿。英文名称Grattarolaite,以意大利佛罗伦萨大学矿物学教授朱塞佩·格拉塔罗拉(Giuseppe Grattarola,1905—1988)的姓氏命名。IMA 1995-037批准。1997年C. 西普里亚尼(C. Cipriani)等在《欧洲矿物学杂志》(9)报道。2003年中国地质科学院矿产资源研究所李锦平等在《岩石矿物学杂志》[22(2)]根据英文名称首音节音和成分译为格磷铁石。

【格硫锑铅矿】

英文名 Guettardite

化学式 $Pb_8(Sb_{0.56}As_{0.44})_{16}S_{32}$ (IMA)

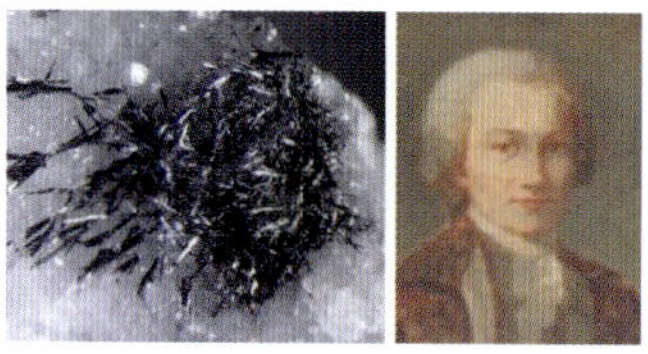

格硫锑铅矿针状晶体,团状集合体(意大利)和盖特像

格硫锑铅矿是一种铅、锑、砷的硫化物矿物。属脆硫砷铅矿族。与特硫锑铅矿为同质多象。单斜晶系。晶体呈针状,具聚片双晶;集合体呈乱草团状。灰黑色,金属光泽,不透明;硬度4,完全解理,很脆。1966年发现于加拿大安大略省黑斯廷斯县马多克地区泰勒(Taylor)矿坑。英文名称Guettardite,为纪念法国地质学家、矿物学家、植物学家和自然史学家让-艾蒂安·盖特(Jean Etienne Guettard,1715—1786)而以他的姓氏命名。盖特于1746年创造了第一个西欧的矿物学地质图,接着于1767年与拉瓦锡编制出法国矿物图集,1784年编制出《法国矿物学地图》。盖特从1743年就成为科学院的成员,1782年是《矿物学索引》的作者。IMA 1966-018批准。1967年J. L. 杨博尔(J. L. Jambor)在《加拿大矿物学家》(9)和1968年《美国矿物学家》(53)报道。中国地质科学院根据英文名称首音节音和成分译为格硫锑铅矿。2011年杨主明在《岩石矿物学杂志》[30(4)]建议音译为格塔德矿。

【格伦德曼矿*】

英文名 Grundmannite

化学式 $CuBiSe_2$ (IMA)

格伦德曼像

格伦德曼矿*是一种铜、铋的硒化物矿物。属硫铜锑矿族。与汉斯布洛克矿(Hansblockite)为同质二象。斜方晶系。晶体呈他形—半自形,粒径50~150μm,有的接近250μm。黑色,金属光泽,不透明;硬度2~2.5,完全解理,脆性。2015年发现于玻利维亚安东尼奥基哈罗省厄尔龙(El Dragón)矿。英文名称Grundmannite,以甘特·格伦德曼(Günter Grundmann,1947—)的姓氏命

名，以表彰他对厄尔龙(El Dragón)矿井开创性的工作。IMA 2015－038 批准。2015 年 H. J. 福斯特(H. J. Förster)等在《CNMNC 通讯》(26)、《矿物学杂志》(79)和 2016 年《欧洲矿物学杂志》(28)报道。目前尚未见官方中文译名，编译者建议音译为格伦德曼矿*。

【格罗霍夫斯基矿*】

英文名 Grokhovskyite

化学式 $CuCrS_2$　　(IMA)

格罗霍夫斯基矿*是一种铜、铬的硫化物矿物。三方晶系。发现于俄罗斯扎巴伊卡尔斯基边疆区布里亚特共和国乌阿基特(Uakit)铁陨石陆地风化产物。英文名称 Grokhovskyite，以俄罗斯著名陨石科学家、乌拉尔联邦大学维克托·伊索夫维奇·格罗霍夫斯基(Victor Iosifovich Grokhovsky，1947—)的姓氏命名。IMA 2019－065 批准。2019 年 V. V. 沙雷金(V. V. Sharygin)等在《CNMNC 通讯》(52)、《矿物学杂志》(83)和 2020 年《欧洲矿物学杂志》(32)报道。目前尚未见官方中文译名，编译者建议音译为格罗霍夫斯基矿*。

【格罗矿】

英文名 Groatite

化学式 $NaCaMn_2(PO_4)[PO_3(OH)]_2$　　(IMA)

格罗像

格罗矿是一种钠、钙、锰的氢磷酸-磷酸盐矿物。属磷锰钠石族。单斜晶系。晶体呈针状；集合体呈放射状、星状嵌入白磷钙石和一个身份不明的钠-铝磷酸盐矿物间。无色—淡黄色，玻璃光泽，半透明；硬度 3，脆性。2008 年发现于加拿大曼尼托巴省贝尔尼克湖坦科(Tanco)伟晶岩的一个晶洞。英文名称 Groatite，以哥伦比亚大学矿物学教授李·A. 格罗(Lee A. Groat)的姓氏命名。IMA 2008－054 批准。2009 年 M. A. 库珀(M. A. Cooper)等在《加拿大矿物学家》(47)报道。2011 年杨主明在《岩石矿物学杂志》[30(4)]建议音译为格罗矿；杨光明教授建议根据成分译为磷锰钙钠石。

【格罗斯曼石*】参见【钛辉石】条 911 页

【格羟铬矿】参见【三方羟铬矿】条 761 页

【格水砷钙石】

英文名 Guérinite

化学式 $Ca_5(AsO_3OH)_2(AsO_4)_2 \cdot 9H_2O$　　(IMA)

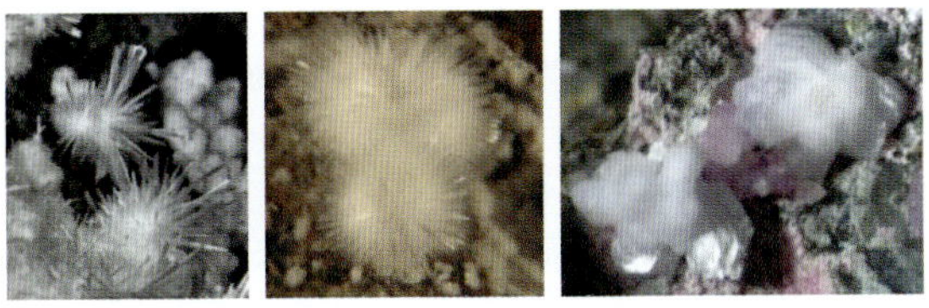

格水砷钙石球粒状、花束状集合体(法国、德国)

格水砷钙石是一种含结晶水的钙的砷酸-氢砷酸盐矿物。单斜晶系。晶体呈针状、刀片状或板状；集合体呈球粒状、花束状。无色、白色、浅紫色，半玻璃光泽、丝绢光泽、珍珠光泽，透明—半透明；硬度 1.5，完全解理，脆性。1961 年发现于德国萨克森州厄尔士山脉诺伊施塔特区丹尼尔(Daniel)矿；同年，在 *Materialy Vsesoyuznogo Nauchno-Issledovatel'skogo Geologicheskogo Instituta* (45)报道。英文名称 Guérinite，1961 年由叶夫根尼·I. 涅菲多夫(Yevgeny I. Nefedov)以法国化学家亨利·格林(Henri Guérin，1906—)的姓氏命名，是他首先合成了该化合物。1964 年 R. 皮埃罗特(R. Pierrot)在《法国矿物学和结晶学会通报》(87)和 1965 年《美国矿物学家》(50)报道。1959 年以前发现、描述并命名的"祖父级"矿物，IMA 承认有效。IMA 2007s. p. 批准。中文名称根据英文名称首音节音和成分译为格水砷钙石。

【格水砷铜石*】参见【水砷铜石②】条 872 页

【格塔德矿】参见【格硫锑铅矿】条 246 页

【格碳钠石】

英文名 Gregoryite

化学式 $Na_2(CO_3)$　　(IMA)

格碳钠石板状晶体(坦桑尼亚)和格雷戈里像

格碳钠石是一种钠的碳酸盐矿物。六方晶系。晶体呈六方板状、圆状。棕色、乳白色，透明—半透明。1980 年发现于坦桑尼亚的阿鲁沙区奥多尼奥·伦盖伊(Oldoinyo Lengai)火山。英文名称 Gregoryite，1980 年 J. 吉廷斯(J. Gittins)等在《岩石》(13)为纪念英国探险家、地理学家和苏格兰格拉斯哥大学和澳大利亚墨尔本大学的教授约翰·华特·格雷戈里(John Walter Gregory，1864—1932)而以他的姓氏命名。他对冰川地质学和东非裂谷系统的火山活动与构造进行了重要研究，大裂谷中的格雷戈瑞裂谷也是以他的姓氏命名的。IMA 1981－045 批准。1981 年 M. 弗莱舍(M. Fleischer)等在《美国矿物学家》(66)报道。中文名称根据英文名称首音节音和成分译为格碳钠石；杨光明教授建议根据对称和成分译为六方碳钠石。

【格希伯铀矿*】

英文名 Geschieberite

化学式 $K_2(UO_2)(SO_4)_2 \cdot 2H_2O$　　(IMA)

格希伯铀矿*多晶集合体(捷克)

格希伯铀矿*是一种含结晶水的钾的铀酰-硫酸盐矿物。斜方晶系。集合体呈多晶状，粒径 0.1～0.2mm。亮绿色，玻璃光泽，透明—半透明；硬度 2，完全解理，脆性。2014 年发现于捷克共和国卡罗维发利州厄尔士山脉亚希莫夫市斯沃诺斯特(Svornost)矿。英文名称 Geschieberite，以发现地捷克亚希莫夫矿区的一个最重要的格希伯(Geschieber)金矿脉命名。IMA 2014－006 批准。2014 年 J. 普拉希尔(J. Plášil)等在《CNMNC 通讯》(20)、《矿物学杂志》(78)和 2015 年《矿物学杂志》(79)报道。目前尚未见官方中文译名，编译者建议音加成分译为格希伯铀矿*，或根据成分译为硫钾铀矿*。

镉

[gé]是一种金属元素。[英]Cadmium。元素符号 Cd。原子序数 48。德国哥廷根大学化学和医药学

G

教授斯特罗迈尔，兼任政府委托的药商视察专员，1817年他观察到含锌药物中有问题，促使他在不纯的氧化锌中分离出褐色粉末，制得镉。由于发现的新金属存在于锌中，就以含锌的矿石菱锌矿的名称Calamine命名为Cadmium。源自Kadmia，"泥土"的意思。镉在自然界中主要以硫镉矿形式存在；也有少量存在于锌矿中。

葛

[gě]形声；从艹，曷声。[英]音，用于外国人名。

【葛氟锂石】

英文名 Griceite

化学式 LiF　　(IMA)

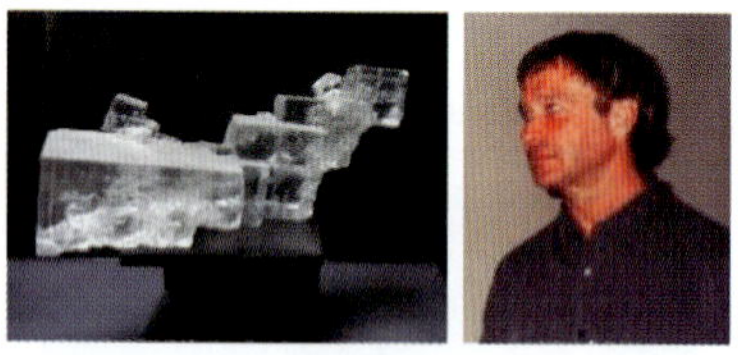

葛氟锂石立方粒状晶体（加拿大）和格莱斯像

葛氟锂石是一种锂的氟化物矿物。属石盐族。等轴晶系。晶体呈显微立方体，少见；一般为其他矿物中的包裹体。绿白色、黄白色、白色，玻璃光泽，透明—半透明；硬度4.5，完全解理。1986年发现于加拿大魁北克省圣希莱尔(Saint-Hilaire)山混合肥料采石场。英文名称Griceite，以加拿大矿物学家和晶体学家、加拿大自然科学博物馆（前国家博物馆）原馆长乔尔・丹尼森・格莱斯(Joel Denison Grice，1946—)的姓氏命名。格莱斯是硼酸盐、碳酸盐、铍矿物和异性石族矿物结构研究的世界知名专家。IMA 1986－043批准。1989年J.范・维尔图伊岑(J. van Velthuizen)等在《加拿大矿物学家》(27)报道。1990年中国新矿物与矿物命名委员会郭宗山在《岩石矿物学杂志》[9(3)]根据英文名称首音节音和成分译为葛氟锂石；台湾学者根据晶系和成分译作方氟锂石。2011年杨主明在《岩石矿物学杂志》[30(4)]建议音译为格雷斯石。

【葛氯砷铅矿】

英文名 Gebhardite

化学式 $Pb_8As_4^{3+}O_{11}Cl_6$　　(IMA)

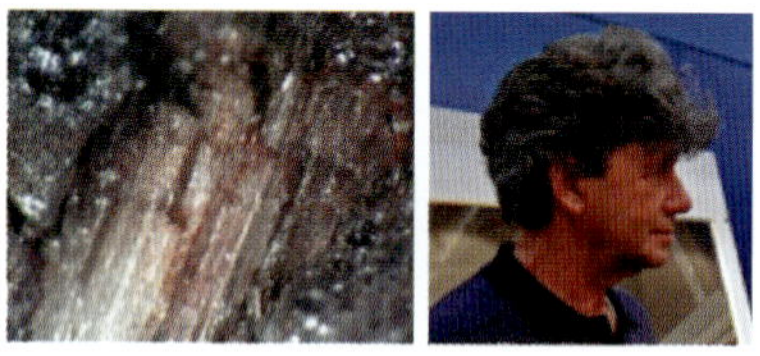

葛氯砷铅矿板状晶体（纳米比亚）和格布哈特像

葛氯砷铅矿是一种含氯的铅的砷酸盐矿物。单斜晶系。晶体呈板状。浅棕色，金刚光泽，透明；硬度3，完全解理。1979年发现于纳米比亚奥希科托省楚梅布市楚梅布(Tsumeb)矿山。英文名称Gebhardite，以德国化学家、矿物收藏家和稀有矿物的权威格奥尔・格布哈特(Georg Gebhard，1945—)的姓氏命名，是他提供了该矿物的研究标本。IMA 1979－071批准。1983年O.梅登巴赫(O. Medenbach)等在《矿物学新年鉴》（月刊）和1985年P. J.邓恩(P. J. Dunn)等在《美国矿物学家》(70)报道。1985中国新矿物与矿物命名委员会郭宗山等在《岩石矿物及测试》[4(4)]根据英文名称首音节音和成分译为葛氯砷铅矿（或葛氯砷铅石）。

【葛特里石】

英文名 Gartrellite

化学式 $PbCuFe^{3+}(AsO_4)_2(OH)\cdot H_2O$　　(IMA)

葛特里石球状、瘤状集合体（法国、德国）

葛特里石是一种含结晶水和羟基的铅、铜、铁的砷酸盐矿物。属砷铁锌铅石族。三斜晶系。集合体呈土状、皮壳状、球状、瘤状。黄绿色、黄色，土状光泽，透明；硬度1～2。1988年发现于澳大利亚西澳大利亚州阿什伯顿郡阿什伯顿唐斯(Ashburton Downs)站。英文名称Gartrellite，以澳大利亚的收藏家布莱尔・葛特里(Blair Gartrell，1950—1995)的姓氏命名，是他发现了该矿物。IMA 1988－039批准。1989年E. H.尼克尔(E. H. Nickel)等在《澳大利亚矿物学家》(4)报道。1991年中国新矿物与矿物命名委员会郭宗山在《岩石矿物学杂志》[10(4)]音译为葛特里石，有的音译为加特雷尔石。

盖

[gě]形声；字从艸，从盍(hé)，盍亦声。[英]音，用于外国人名。

【盖硒铜矿】

英文名 Geffroyite

化学式 $(Cu,Fe,Ag)_9Se_8$　　(IMA)

盖硒铜矿是一种铜、铁、银的硒化物矿物。属镍黄铁矿族。等轴晶系。与硒铅矿和铁硒铜矿共生，晶体呈微蠕虫状。铅铜棕色，金属光泽，不透明；硬度2.5。1980年发现于法国多姆山省索克西朗日地区沙梅恩(Chaméane)铀矿床。英文名称Geffroyite，以法国原子能源委员会的冶金学家雅克・盖夫雷(Jacques Geffroy，1918—1993)的姓氏命名。IMA 1980－90批准。1982年Z.约翰(Z. Johan)等在《契尔马克氏矿物学和岩石学通报》(29)和《美国矿物学家》(67)报道。1984年中国新矿物与矿物命名委员会郭宗山在《岩石矿物及测试》[3(2)]根据英文名称首音节音和成分译为盖硒铜矿。

铬

[gè]一种金属元素。[英]Chromium。元素符号Cr。原子序数24。1797年法国化学家L. N.沃克兰(L. N. Vauquelin)在西伯利亚红铅矿（铬铅矿）中发现一种新元素，次年用碳还原，得到金属铬。因为铬能够生成美丽多色的化合物，根据希腊文"Χρώμα=Chroma（颜色）"命名为Chromium。差不多在同一个时期里，克拉普罗特也从铬铅矿中独立发现了铬。我国考古人员在秦始皇陵挖掘出的宝剑，其剑到现在还是锋利无比，原因是剑锋上面覆盖了一层铬，听起来不算神奇，但是可以证明几千年前我国就已发现并使用铬了。铬在地壳中的含量属于分布较广的元素之一，占地壳的含量为0.01%，居第17位。自然界中主要以铬铁矿、铬铅矿等形式存在。

【铬白云母】

英文名 Fuchsite

化学式 $K(Al,Cr)_3Si_3O_{10}(OH)_2$

铬白云母片状晶体，块状集合体（俄罗斯）

铬白云母泛指含铬的云母。云母族矿物，铬常可替代铝、铁、锰等三阶阳离子，有含铬白云母、含铬黑云母、含铬金云母等，通常是指铬白云母。单斜晶系。晶体常呈板状或片状，外形呈假六方形或菱形，有时呈锥形柱状。此类云母都呈不同深浅的绿色、翠绿色、苹果绿色，以及淡白色、浅黄色、浅红色或红褐色等，玻璃光泽，解理面上呈珍珠光泽，透明—半透明；硬度 2～3，极完全解理，薄片具显著的弹性。1978 年 T. C. 德瓦拉居（T. C. Devaraju）等在《加蒂霍萨哈利（Gattihosahalli）铬云母矿物学-卡纳塔克邦印度科学院地球与行星科学院刊》（87）报道。最初的报告来自奥地利蒂罗尔州北部齐勒尔河流域泽姆格朗（Zemmgrund）。英文名称 Fuchsite，1842 年由卡尔·F. 埃米尔·冯·斯查弗乌特（Karl F. Emil von Schafhäutl）为纪念约翰·内波穆克·冯·福克斯（Johann Nepomuk von Fuchs，1774—1856）而以他的姓氏命名。福克斯是德国兰茨胡特大学的化学和矿物学教授和矿物收藏的馆长。中文名称根据成分和族名译为铬白云母。另一英文名称 Mariposite，以美国加利福尼亚州马里波萨（Mariposa）县命名。Mariposa 的意思是蝴蝶百合，因加州马里波萨是美丽大百合花的原产地。中文名称根据成分及与云母的关系译为铬硅云母。它的化学式 $K(Al,Cr)_2(Al,Si)_4O_{10}(OH)_2$ 与铬白云母相似。

【铬铋矿】

英文名 Chrombismite

化学式 $Bi_{16}CrO_{27}$　　(IMA)

铬铋矿是一种铋、铬的氧化物矿物。四方晶系。晶体呈微细柱状、针状、规则状立方微细晶；集合体常呈环带状、放射状。颜色呈橘黄色或黄棕色、棕黑色，条痕呈棕黄色，金刚光泽、金属光泽，半透明；硬度 3～3.5，脆性。1983 年，郅托米尔斯基（ZhitomirsKii）等在实验室条件下合成了四方晶体 $Bi_{16}CrO_{27}$。1994 年底，中国陕西武警黄金十四支队、西北大学地质系、中国科学院广州地球化学研究所、北京大学地质系的研究人员周新春、炎金才、王冠鑫、王世忠、刘良、舒桂明在中国陕西省商洛地区洛南县驾鹿金矿床中发现的一种新矿物，由主要化学成分“Chromium（铬）”和“Bismuth（铋）”组合命名。IMA 1995-044 批准。1996 年周新春等在《矿物学报》[16(1)]和 1997 年《加拿大矿物学家》（35）报道。

【铬磁铁矿】参见【磁铁矿】条 95 页

【铬电气石】

英文名 Chrome-tourmaline

化学式 $(Na,Ca)(Mg,Fe,Cr)_3B_3Al_6Si_6(O,OH,F)$

铬电气石柱状晶体（坦桑尼亚）

铬电气石又称铬碧玺，是含有微量元素铬的电气石，故得名铬电气石或铬碧玺。是一种独特而稀少的宝石矿物。三方晶系。晶体呈长柱状。黑色，带有黄的绿色、棕绿色调，或带有蓝的绿色彩，呈橄榄绿色的电气石能与翡翠、沙弗莱石媲美；硬度 7。英文名称 Chrome-tourmaline，由成分冠词“Chrome（铬）”和根词“Tourmaline（电气石）”组合命名。中文名称根据成分及与电气石的关系译为铬电气石（参见【电气石】条 130 页）。

【铬钒钙铝榴石】参见【钙铝榴石】条 222 页

【铬钒辉石】

英文名 Natalyite

化学式 $NaV^{3+}Si_2O_6$　　(IMA)

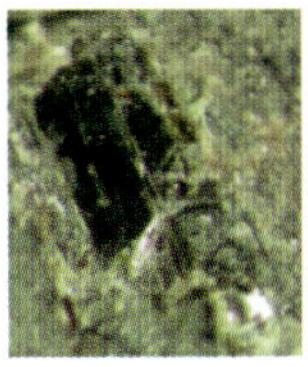

铬钒辉石柱状晶体（俄罗斯）

铬钒辉石是一种钠、钒的硅酸盐矿物，可能有铬替代部分钒。属辉石族单斜辉石亚族。单斜晶系。晶体呈柱状。黄绿色、浅绿色，玻璃光泽、丝绢光泽，透明；硬度 6.5～7，完全解理。1984 年发现于俄罗斯伊尔库茨克州贝加尔湖区斯柳江卡（Slyudyanka）山口大理石采石场。英文名称 Natalyite，以苏联伊尔库茨克大学地质学家娜塔莉娅·瓦斯列夫娜·弗罗洛娃（Natalya Vasil'evna Frolova，1907—1960）的名字命名。IMA 1984-053 批准。1985 年 L. Z. 雷兹尼茨基（L. Z. Reznitskii）等在《全苏矿物学会记事》（114）和 1987 年 D. A. 万科（D. A. Vanko）在《美国矿物学家》（72）报道。1986 年中国新矿物与矿物命名委员会郭宗山等在《岩石矿物学杂志》[5(4)]根据成分和族名译为铬钒辉石，有的译为铬钒霓石。

【铬钒钛矿】

英文名 Olkhonskite

化学式 $Cr_2Ti_3O_9$　　(IMA)

铬钒钛矿是一种铬、钛的氧化物矿物。属钡钛矿族。单斜晶系。晶体呈板状，微粒状分布在基质中。黑色，金属光泽，不透明；硬度 8，脆性。1993 年发现于俄罗斯伊尔库茨克州贝加尔湖区的奥尔洪（Olkhon）岛。英文名称 Olkhonskite，以发现地俄罗斯的奥尔洪（Olkhon）岛命名。IMA 1993-035批准。1994 年 A. A. 科内瓦（A. A. Koneva）在《俄罗斯矿物学会记事》[123(4)]报道。中文名称根据成分译为铬钒钛矿；《英汉矿物种名称》（2017）译为铬钛矿。

【铬钙石】参见【钙铬石】条 220 页

【铬汞石】参见【沃特斯矿*】条 987 页

【铬硅铜铅石】

英文名 Macquartite

化学式 $Cu_2Pb_7(CrO_4)_4(SiO_4)_2(OH)_2$　　(IMA)

铬硅铜铅石柱状晶体，放射状、晶簇状集合体（美国）

铬硅铜铅石是一种含羟基的铜、铅的硅酸-铬酸盐矿物。单斜晶系。晶体呈自形柱状；集合体呈放射状、晶簇状。橙黄色，金刚光泽，透明；硬度 3.5，完全解理。1979 年发现于美国亚利桑那州皮纳尔县马默斯-圣安东尼（Mammoth-Saint Anthony）矿。英文名称 Macquartite，1980 年西德尼·

A. 威廉姆斯(Sidney A. Williams)等为纪念法国里昂中央理工大学的医生、化学家和矿物学家路易斯·查尔斯·亨利·马卡尔(Louis Charles Henri Macquart,1745—1808)而以他的姓氏命名。马卡尔的书大多是医疗著作,1789 年,他的随笔集回忆录描述的主题是矿山和矿物。值得一提的是:1798 年路易斯·沃克兰(Louis Vauquel)利用马卡尔提供的来自俄国的铬铅矿矿物样本发现了新的元素铬(参见【铬铅矿】条 251 页)。马卡尔还曾担任过塞纳-马恩省枫丹白露的矿物收藏馆馆长。IMA 1979-037 批准。1980 年 S. A. 威廉姆斯(S. A. Williams)等在《矿物学通报》(103)和 1981 年《美国矿物学家》(66)报道。中文名称根据成分译为铬硅铜铅石。

【铬硅云母】参见【铬白云母】条 248 页

【铬钾矿】

英文名 Lópezite

化学式 $K_2Cr_2O_7$　　(IMA)

铬钾矿短柱状晶体(智利、波兰)

铬钾矿是一种罕见的钾的铬酸盐矿物。三斜晶系。晶体(人工)呈柱状;集合体呈罕见的晶簇状、球粒状。橙红色、红色,玻璃光泽,透明;硬度 2.5,完全解理。1937 年第一次发现并描述于智利艾尔塔马鲁加尔省瓦拉(Huara);同年,班迪(Bandy)在《美国矿物学家》(22)报道。英文名称 Lópezite,以智利采矿工程师、矿物收藏家埃米利亚诺·洛佩兹·萨阿(Emiliano López Saa,1871—1959)的姓氏命名。他长期致力于智利硝酸盐工业。1959 年以前发现、描述并命名的"祖父级"矿物,IMA 承认有效。IMA 2007s. p. 批准。中文名称根据成分译为铬钾矿。

【铬鳞镁矿】参见【碳铬镁矿】条 920 页

【铬硫矿】

英文名 Murchisite

化学式 Cr_5S_6　　(IMA)

铬硫矿是一种铬的硫化物矿物。三方晶系。晶体呈半自形晶状。不透明。2010 年发现于澳大利亚维多利亚州大谢珀顿市附近的默奇森(Murchison)陨石。英文名称 Murchisite,以发现地澳大利亚的默奇森(Murchison)陨石命名。IMA 2010-003 批准。2011 年马驰(Ma Chi)等在《美国矿物学家》(96)报道。中文名称根据成分译为铬硫矿。

【铬铝波翁德拉石*】

英文名 Chromo-alumino-povondraite

化学式 $NaCr_3(Al_4Mg_2)(Si_6O_{18})(BO_3)_3(OH)_3O$　　(IMA)

铬铝波翁德拉石*是一种含氧和羟基的钠、铬、铝、镁的硼酸-硅酸盐矿物。属电气石超族电气石族。三方晶系。晶体呈柱状。绿色,玻璃光泽,透明;硬度 7.5。2013 年发现于俄罗斯伊尔库茨克州贝加尔湖区斯柳江卡(Slyudyanka)山口的大理石采石场。英文名称 Chromo-alumino-povondraite,由成分冠词"Chromo(铬)""Alumino(铝)"和根词"Povondraite(波翁德拉石)"组合命名,意指它是铬、铝的波翁德拉石的类似矿物(根词参见【波翁德拉石】条 74 页)。IMA 2013-089 批准。2013 年 C. M. 克拉克(C. M. Clark)等在《CNMNC 通讯》(18)、《矿物学杂志》(77)和 2014 年《美国矿物学家》(99)报道。目前尚无官方中文译名,编译者建议根据成分及与波翁德拉石的关系译为铬铝波翁德拉石*;杨光明教授建议根据成分及族名译为铬铝电气石或铝铬电气石。

铬铝波翁德拉石*柱状晶体(美国)

【铬绿帘石】

英文名 Chromepidote

化学式 $Ca_2(Al,Fe^{3+},Cr)_3(Si_2O_7)(SiO_4)O(OH)$

铬绿帘石是一种绿帘石的含铬物种。属绿帘石超族绿帘石族。单斜晶系。晶体常呈柱状,晶面具有明显的条纹,具聚片双晶;集合体常呈放射状、晶簇状。灰色、黄色、黄绿色、绿褐色,含铬的呈深绿色或近于黑绿色,玻璃光泽、油脂光泽,透明—半透明;硬度 6~7。最初的报告见于缅甸克钦邦密支那地区孟拱镇度冒(Tawmaw)。英文名称 Chromepidote,由成分冠词"Chrom(铬)"和根词"Epidote(绿帘石)"组合命名。另一英文名称 Tawmawite,以发现地缅甸的度冒(Taw Maw)命名;音译为度冒石。中文名称根据成分及与绿帘石的关系译为铬绿帘石(参见【绿帘石】条 544 页)。

铬绿帘石柱状晶体(缅甸)

【铬绿鳞石】

英文名 Chromceladonite

化学式 $KMgCr(Si_4O_{10})(OH)_2$　　(IMA)

铬绿鳞石是一种含羟基的钾、镁、铬的硅酸盐矿物。属云母族。单斜晶系。晶体呈鳞片状;集合体呈层纹状、球粒状、细脉状、块状,翠绿色、深绿色,玻璃光泽、丝绢光泽,透明;硬度 1~2,完全解理。1999 年发现于俄罗斯北部卡累利阿共和国奥涅加湖枣芝(Zaonezhie)半岛斯列德尼亚亚帕德玛(Srednyaya Padma)矿山。英文名称 Chromceladonite,由成分冠词"Chrom(铬)"和根词"Celadonite(绿鳞石)"组合命名,意指它是含铬的绿鳞石的类似矿物。IMA 1999-024 批准。2000 年 I. V. 佩科夫(I. V. Pekov)等在《俄罗斯矿物学会记事》[129(1)]报道。2003 年中国地质科学院矿产资源研究所李锦平等在《岩石矿物学杂志》[22(1)]根据成分及与绿鳞石的关系译为铬绿鳞石(根词参见【绿鳞石】条 545 页)。

【铬绿泥石】

英文名 Chromium Clinochlore

化学式 $Mg_5(Al,Cr)_2Si_3O_{10}(OH)_8$

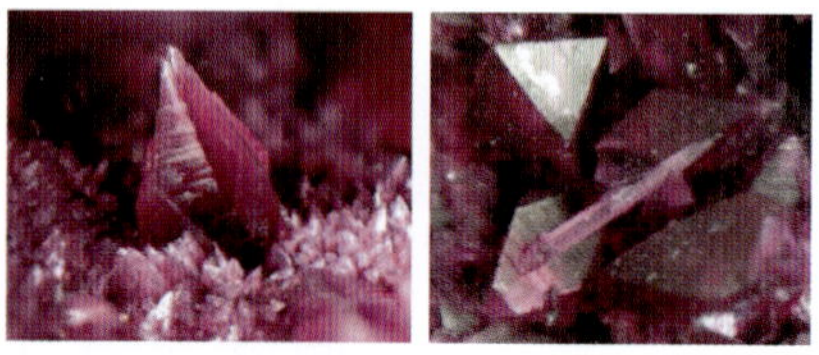

铬绿泥石晶簇状集合体(土耳其)

铬绿泥石是一种斜绿泥石的含铬变种。单斜晶系。晶体呈叶片状、鳞片状。呈浅紫色、丁香紫红色。1851 年发现于土耳其安纳托利亚高原的东部埃尔祖鲁姆省 KOP 克罗姆矿。英文旧称 Kammererite,以卡默勒(Kammerer)的名字命名。现在正式名称 Chromium Clinochlore，由成分冠词“Chromium(铬)”和根词“Clinochlore(斜绿泥石)”组合命名。1958年D. M. 拉帕姆(D. M. Lapham)在《美国矿物学家》(43)报道。中文名称根据成分和晶系及与绿泥石的关系译为铬绿泥石或铬斜绿泥石，也有的根据颜色(紫红色)和与绿泥石的关系译为堇泥石(参见【斜绿泥石】条1033页)。

【铬镁电气石】

英文名 Chromium-dravite

化学式 $NaMg_3Cr_6(Si_6O_{18})(BO_3)_3(OH)_3(OH)$ (IMA)

铬镁电气石是一种含羟基的钠、镁、铬的硼酸-硅酸盐矿物。属电气石族。三方晶系。晶体呈柱状。深翠绿色—墨绿色，玻璃光泽、树脂光泽；硬度7～7.5。1982年发现于俄罗斯北部卡累利阿共和国奥涅加湖枣芝(Zaonezhie)半岛大古巴铀钒矿床。英文原名称 Chromdravite，由成分冠词“Chrom(铬)”和根词“Dravite(镁电气石)”组合命名，意指它是铬占优势的镁电气石类似矿物。IMA 1982-055批准。1983年E. V. 鲁曼特瑟娃(E. V. Rumantseva)在《全苏矿物学会记事》(112)和1984年《美国矿物学家》(69)报道。2009年改称Chromium-dravite，IMA 2009-088批准。1985年中国新矿物与矿物命名委员会郭宗山等在《岩石矿物及测试》[4(4)]根据成分及与镁电气石的关系译为铬镁电气石(根词参见【镁电气石】条588页)。

铬镁电气石柱状晶体(坦桑尼亚、肯尼亚)

【铬镁硅石】

英文名 Krinovite

化学式 $Na_4[Mg_8Cr_4^{3+}]O_4[Si_{12}O_{36}]$ (IMA)

铬镁硅石是一种钠、镁、铬氧的硅酸盐矿物。属假蓝宝石超族三斜闪石族。三斜晶系。晶体呈显微半自形粒状。鲜绿色、宝石绿色，弱金刚光泽，半透明—不透明；硬度5.5～7。1966年发现于美国亚利桑那州科科尼诺县温斯洛镇的陨石坑和附近代亚布罗(Diablo)峡谷陨石。英文名称 Krinovite，以苏联陨石学者叶夫根尼·列昂尼多维奇·克里诺夫(Evgeny Leonidovich Krinov，1906—1984)的姓氏命名。克里诺夫是苏联天文学家和地质学家，是一位著名的陨石研究员。1926—1930年，克里诺夫在苏联科学院矿物学博物馆流星工作部工作期间，他作为一名天文学家参加最长的远征，对西伯利亚通古斯事件进行了考察，收集的数据成为他的专著——《通古斯陨石》(1949)的基础资料。1975年，他下令烧毁了调查的底片，从此通古斯事件成为世人难解之谜。1977年，苏联天文学家尼古拉·斯捷潘诺维奇·切尔内赫(Nikolai Stepanovich Chernykh)发现的一颗小行星，以克里诺夫(Krinov)的姓氏命名。IMA 1967-016批准。1968年E. 奥尔森(E. Olsen)在《科学》(161)和1969年M. 弗莱舍(M. Fleischer)在《美国矿物学家》(54)报道。中文名称根据成分译为铬镁硅石或硅铬镁石。

克里诺夫像

【铬铅矿】

英文名 Crocoite

化学式 $Pb(CrO_4)$ (IMA)

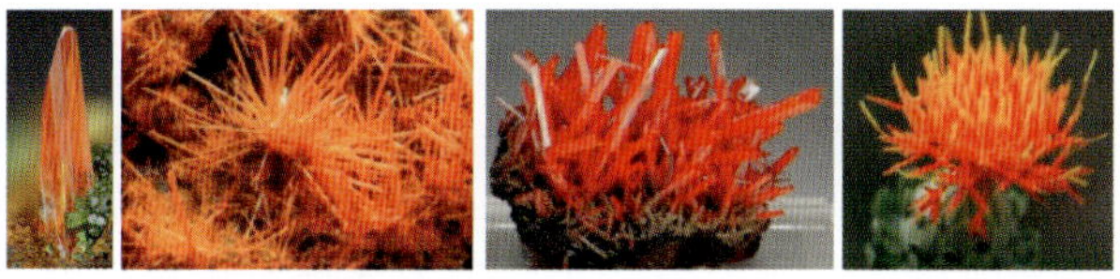

铬铅矿柱状晶体，晶簇状集合体(澳大利亚、俄罗斯)和藏红花

铬铅矿是一种铅的铬酸盐矿物。单斜晶系。晶体呈细长柱状、假八面体、锐角菱面体，晶体往往是海绵状或空心，也有呈粒状；集合体常呈晶簇状，也呈块状。通常呈鲜艳的橘红色，有时呈橘黄色、红色或者黄色，半金刚光泽、半玻璃光泽、树脂光泽、蜡状光泽，透明—半透明；硬度2.5～3，脆性。晶体美丽引人注意。元素铬最早就是从这种矿物中被发现的。

该矿物最早见于1763年米哈伊尔·瓦西里耶维奇·罗蒙诺索夫(Mikhail Vassil'evich Lomonosov)《冶金学基础》(1)，作为红铅矿描述。其后，于1766年在俄国圣彼得堡任化学教授的德国的约翰·戈特洛布·莱曼(Johann Gottlob Lehmann)曾经分析过它，确定其中含有铅(Plumbi)，与铬的发现失之交臂。1797年法国化学家L. N. 沃克兰(L. N. Vauquelin)在俄国斯维尔德洛夫斯克州叶卡捷琳堡(苏联斯维尔德洛夫城之旧名)附近茨韦特诺(Tsvetnoi)矿得到一块艳红色的“西伯利亚红铅矿”标本。1798年沃克兰从中分析出一种新金属铬，因为铬能够生成各种颜色不同的化合物，孚拉克和阿羽伊根据希腊文“Χρ ώ μα=Chroma(颜色)”命名为 Chromium，意为美色(徐寿于1872年译为铬)。与沃克兰差不多在同一个时期里，克拉普罗特也从铬铅矿中独立发现了铬。我国考古人员在秦陵挖掘出的宝剑，其剑锋利无比，原因是剑锋上面覆盖了一层铬。铬铅矿的英文名称 Crocoite，1832年由F. S. 伯当(F. S. Beudant)在巴黎《矿物学基础教程》(第二版)根据希腊文“κρόκος=Crocon=Saffron[藏红花(色的)，番红花(色的)]”命名，指矿物的粉末颜色呈“Saffron-orange(即藏红色—橘黄色的)”。1959年以前发现、描述并命名的“祖父级”矿物，IMA承认有效。中文名称根据成分译为铬铅矿；根据颜色和成分也译为赤铅矿或红铅矿。

【铬砷铅矿】

英文名 Bellite

化学式 $Pb_5(AsO_4,CrO_4,SiO_4)_3Cl$

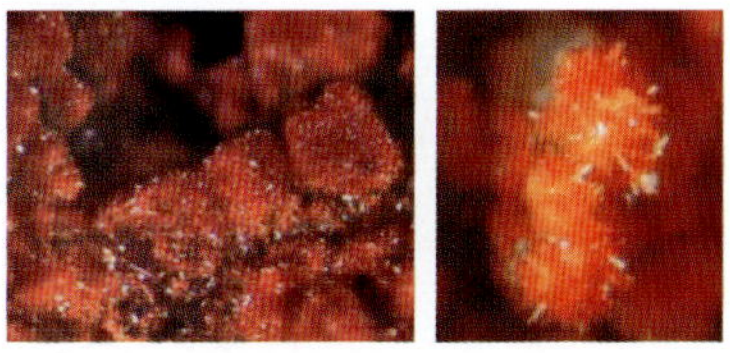

铬砷铅矿针状晶体，放射状、绒球状集合体(智利)

铬砷铅矿是一种含氯的铅的硅酸-铬酸-砷酸盐矿物。六方晶系。晶体呈针状；集合体呈放射状、绒球状。亮深红色—红色、亮黄色、橘红色，树脂光泽，透明—半透明；硬度2.5，脆性。最初的报道来自澳大利亚塔斯马尼亚州磁铁矿区。1904年威廉·弗雷德里克·佩特尔德(William Frederick Petterd)曾非正式发表，1910年在《塔斯马尼亚矿产目录》正式发表。英文名称 Bellite，1904年佩特尔德(Petterd)为纪念澳大利亚塔斯马尼亚的W. R. 贝尔(W. R. Bell)先生而以他的姓氏命名。1951年帕拉奇(Palache)等在《丹纳系

统矿物学》(第七版,纽约)报道其晶体结构类似于砷铅矿(Mimetite)和化学测试"表示很少或没有铬",并得出结论认为:"Bellite"与"Mimetite"相同或接近。1980 年威廉姆斯(Williams)等在《矿物学通报》(103)报道合成了以铬为主导的"Mimetite",并称呼他们的产品为铬砷铅矿(Bellite)。1993 年尼克尔等对从佩特尔德(Petterd)收集到的"Bellite"进行调查,发现这是一个低铬含量的砷铅矿(Mimetite),而 Bellite 被 IMA 废弃。中文名称根据成分译为铬砷铅矿。

【铬砷铅铜矿】参见【羟砷铅铜矿】条 729 页

【铬铁合金】

英文名 Chromferide

化学式 $Fe_{1.5}Cr_{0.2}$ (IMA)

铬铁合金是一种铬和铁的互化物矿物。等轴晶系。晶体呈小粒状。白色、灰色,金属光泽,不透明;硬度 4。1984 年发现于俄罗斯奥伦堡州艾菲姆(Efim)区。英文名称 Chromferide,由化学成分"Chromium(铬)"和拉丁文"Ferrum(铁)"组合命名。IMA 1984-021 批准。1986 年在《全苏矿物学会记事》(115)和《美国矿物学家》(73)报道。1987 中国新矿物与矿物命名委员会郭宗山等在《岩石矿物学杂志》[6(4)]根据成分译为铬铁合金或铬三铁矿;根据晶系和成分译为方铬铁矿。

【铬铁矿】

英文名 Chromite

化学式 $Fe^{2+}Cr_2O_4$ (IMA)

铬铁矿八面体、粒状晶体
[法国新喀里多尼亚(岛)]

铬铁矿是一种主要成分为铁和铬的氧化物矿物。属尖晶石超族氧尖晶石族尖晶石亚族。与谢氏超晶石和陈鸣矿为同质多象。等轴晶系。晶体呈八面体、菱形十二面体、粒状;集合体常呈块状。铁黑色—褐黑色,金属—半金属光泽、树脂光泽、无光泽,半透明—不透明;硬度 5.5,脆性;弱磁性。1797 年,法国分析化学家 L. N. 沃克兰(L. N. Vauquelin)在分析俄国出产的"西伯利亚红铅矿"(即铬酸铅矿石)时,首先分离出来一种像银似的金属,因为这种新金属能够形成红、黄、绿等多种颜色的化合物,根据这种特性,法国化学家 A. F. 德 · 孚克劳(A. F. de Fourcroy)和 R. J. 阿羽伊(R. J. Haüy)把它取名为"Chromium"。该词源自希腊文"Χρ ώ μα=Chroma",意为"颜色",因此 Chromium 的本意是"颜色的元素",汉译为"铬"。铬铁矿石于 1799 年首次发现于法国普罗旺斯-阿尔卑斯-蓝色海岸加桑卡拉德(Carrade)城堡庄园及俄罗斯的乌拉尔山区。该矿的发现与开发成为 18 世纪世界铬铁矿的主要供应来源。1800 年沃克兰在《哲学学会通报》(55)报道。英文名称 Chromite,1845 年由威廉 · 海丁格尔(Wilhelm Haidinger)在维也纳《矿物学鉴定手册》针对其组成以铬"Chromium"元素名称而得。1959 年以前发现、描述并命名的"祖父级"矿物,IMA 承认有效。中文名称根据成分译为铬铁矿,也译为亚铁铬铁矿或镁铬铁矿。

【铬透辉石】

英文名 Chromian Diopside

化学式 $Ca(Mg,Cr)Si_2O_4$

铬透辉石柱状晶体(俄罗斯、巴基斯坦)

铬透辉石是一种含铬的透辉石变种,是钙、镁、铬的硅酸盐矿物。属辉石族单斜辉石亚族。单斜晶系。晶体呈柱状、纤维状。白色、浅绿色、亮绿色、翠绿色—暗绿色、紫蓝色,玻璃光泽,透明—半透明;硬度 5~6。铬透辉石是透辉石中唯一具有宝石特性的矿物,它以其晶莹剔透的质量、翠绿的颜色,被人们赞誉为祖母绿的姊妹石,在俄罗斯更是被称为"西伯利亚祖母绿"。原产于俄罗斯和乌克兰境内的西伯利亚,由于西伯利亚地区气候寒冷,开采极不容易,因此只有在夏季才能开采,这更使得它产量稀少,极为珍贵。铬透辉石的绿色又更为生动及难能可贵,为西伯利亚的夏季带来无限生机,亦被称为"生命之石"。2004 年 G. D. 布罗姆利(G. D. Bromiley)等在《美国矿物学家》(89)报道。英文名称 Chromian Diopside,由成分冠词"Chromian(铬)"和根词"Diopside(透辉石)"组合命名。中文名称根据成分及与透辉石的关系译为铬透辉石(根词参见【透辉石】条 966 页)。

【铬伊利石】

英文名 Avalite

化学式 $K(Al,Cr)_2(AlSi_3O_{10})(OH)_2$

铬伊利石是伊利石的含铬变种,是一种类似云母的层状结构的黏土矿物。属云母族。单斜晶系。晶体呈非常细小片状或条状;集合体一般呈土状。一般呈黄、褐、绿等颜色;硬度 1~2。最初的描述来自塞尔维亚贝尔格莱德市阿瓦拉(Avala)山脉。英文名称 Avalite,以发现地塞尔维亚的阿瓦拉(Avala)山脉命名。中文名称根据成分及与伊利石的关系译为铬伊利石。

【铬云母】

英文名 Chromphyllite

化学式 $KCr_2(AlSi_3O_{10})(OH)_2$ (IMA)

铬云母是一种含羟基的钾、铬的铝硅酸盐矿物,即富含铬的云母族矿物。单斜晶系。晶体呈半自形六方板状、片状、薄片状,0.3~0.4mm;集合体呈块状。祖母绿色、带白色调的绿色,玻璃光泽,透明;硬度 3,完全解理。1995 年发现于俄罗斯伊尔库茨克州贝加尔湖斯柳江卡市波卡比卡(Pokhabikha)河谷卡伯斯(Kabers)坑。英文名称 Chromphyllite,由成分冠词"Chrom(铬)"和希腊文"φύλλον=Phyllos(叶)"组合命名,意指它是铬的具有云母状解理的矿物。IMA 1995-052 批准。1997 年在《俄罗斯矿物学会记事》[126(2)]和 1998 年《美国矿物学家》(83)报道。2003 年中国地质科学院矿产资源研究所李锦平等在《岩石矿物学杂志》[22(2)]根据成分及族名译为铬云母。

【铬重晶石】

英文名 Hashemite

化学式 $Ba(CrO_4)$ (IMA)

铬重晶石是一种钡的铬酸盐矿物。属重晶石族。斜方晶系。晶体呈粗短状,两端呈板片状。褐色,一般为暗褐色—黄褐色、微绿的浅黄棕色,金刚光泽,透明—半透明;硬

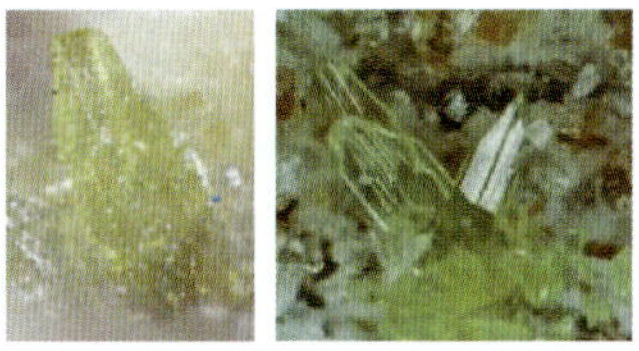

铬重晶石板片状晶体(巴勒斯坦、以色列)

度 3.5,完全解理。1978 年发现于约旦中西部安曼哈希姆(Hashem)地区利桑-西瓦加(Lisdan-Siwaga)断层。英文名称 Hashemite,以发现地约旦哈希姆(Hashem)王国[(约旦(Jordan)的正式名称]命名。IMA 1978－006 批准。1983 年 P. L. 豪夫(P. L. Hauff)等在《美国矿物学家》(68)报道。1985 年中国新矿物与矿物命名委员会郭宗山等在《岩石矿物及测试》[4(4)]根据成分及族名译为铬重晶石。

更 [gēng]形声;从攴(pū),"更"的小篆形是个形声字。丙声。本义:改变。

【更长石】参见【奥长石】条 26 页

宫 [gōng]象形;甲骨文字形,像房屋形。本义:古代对房屋、居室的通称,秦、汉以后才特指帝王之宫。用于日本人名。

【宫久石*】

英文名 Miyahisaite

化学式 $(Sr,Ca)_2Ba_3(PO_4)_3F$　　(IMA)

宫久石*是一种含氟的锶、钙、钡的磷酸盐矿物。属磷灰石超族钙砷铅矿族。六方晶系。集合体呈大约 100μm 的假晶。无色,玻璃光泽,透明;硬度 5。2011 年发现于日本九州地区大分县佐伯市下拂(Shimoharai)矿。英文名称 Miyahisaite,以在九州从事矿床工作的宫久三千年(Michitoshi Miyahisa,1928—1983)教授的姓氏命名。IMA 2011－043 批准。日文汉字名称宫久石。2012 年浜根(西尾)大辅(Daisuke Nishio-Hamane)等在日本《矿物学和岩石学杂志》(107)报道。目前尚未见官方中文译名,编译者建议借用日文汉字名称宫久石*;杨光明教授建议根据成分译为锶钡氟磷灰石。

汞 [gǒng]形声;从水,工声。一种金属元素,是唯一一种在常温下呈银白色液体的金属,俗称"水银"。[英]Mercury,意为"水星"。拉丁文"Hydrargyrum",意为液态白银。元素符号 Hg。原子序数 80。汞是史前人类就已发现、认识和使用的金属;这与我国古代的炼丹术以及欧洲、阿拉伯的炼金术有密切关系。在古埃及墓中曾发现过一小管水银(约在公元前 15—前 16 世纪)。在古希腊,在公元前 700 年也开始采硫化汞以炼取汞。根据殷墟出土的甲骨文上涂有丹砂,商代就已懂得利用汞的化合物来作药剂、颜料。据《史记·秦始皇本记》记载,在秦始皇的墓中就灌入大量的水银,说明公元前 7 世纪或更早的时期中国已经取得大量汞。自然界汞含量极低,主要存在于汞的硫化物等。

【汞钯矿】

英文名 Potarite

化学式 PdHg　　(IMA)

汞钯矿是一种钯和汞的金属互化物矿物。四方晶系。晶体呈假八面体、柱状、纤维状、细小粒状;集合体呈块体。银白色,金属光泽,不透明;硬度 3.5,脆性。1928 年圭亚那约翰·哈里森(John Harrison)爵士发现于圭亚那波塔罗-锡帕鲁尼地区波塔罗(Potaro)河凯厄图尔(Kaietur)瀑布砂矿。1928 年 L. J. 斯潘塞(L. J. Spencer)在《矿物学杂志》(21)报道。英文名称 Potarite,以发现地圭亚那的波塔罗(Potaro)河命名。1959 年以前发现、描述并命名的"祖父级"矿物,IMA 承认有效。中文名称根据成分译为汞钯矿;也译作钯汞膏或天然钯汞齐。

【汞铋矿】

英文名 Grumiplucite

化学式 $HgBi_2S_4$　　(IMA)

汞铋矿纤细的柱状晶体(斯洛伐克)

汞铋矿是一种汞、铋的硫化物矿物。单斜晶系。属硫铋银矿族。晶体呈非常纤细的柱状。灰黑色,金属光泽,不透明;极完全解理。1997 年发现于意大利卢卡省阿普安阿尔卑斯山斯塔泽马镇利瓦利亚尼(Levigliani)矿。英文名称 Grumiplucite,以业余矿物学和古生物学卢凯塞组织集团(Gruppo Mineralogico e Paleontologico Lucchese)的名字缩写组合命名,是该组织成员提供的研究标本。IMA 1997－021 批准。1998 年 P. 奥兰迪(P. Orlandi)等在《加拿大矿物学家》(36)报道。2003 年中国地质科学院矿产资源研究所李锦平等在《岩石矿物学杂志》[22(2)]根据成分译为汞铋矿;杨光明教授建议译为硫汞铋矿。

【汞矾】

英文名 Schuetteite

化学式 $Hg_3O_2(SO_4)$　　(IMA)

汞矾片状晶体(美国)

汞矾是一种汞氧的硫酸盐矿物。三方晶系。晶体呈小的六方片状;集合体呈皮壳薄膜状。碧玉黄色、姜黄色、橙色和褐黄色,遇光变暗;硬度 3。1959 年发现于美国加利福尼亚州圣路易斯-奥比斯波县坎布里亚(Cambria)海洋汞矿废矿堆及废坑道。1959 年 E. H. 贝利(E. H. Bailey)等在《美国矿物学家》(44)报道。英文名称 Schuetteite,以美国地质学家科特·尼古劳斯·舒特(Curt Nicolaus Schuette,1895—1975)的姓氏命名。IMA 1962s. p. 批准。中文名称根据成分译为汞矾。

【汞膏】参见【甘汞矿】条 233 页

【汞辉银矿】

英文名 Imiterite

化学式 Ag_2HgS_2　　(IMA)

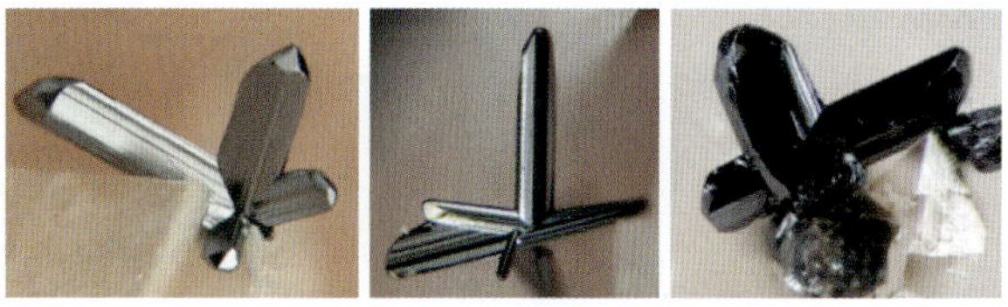

汞辉银矿柱状晶体,晶簇状集合体(摩洛哥)

汞辉银矿是一种银、汞的硫化物矿物。单斜晶系。晶体呈柱状、针状、他形粒状,晶面有条纹;集合体呈晶簇状。浅灰色、黑色、银灰色、钢灰色,金属光泽,不透明;硬度 2.5～

3。1983 年发现于摩洛哥瓦尔扎扎特区萨格罗山峰伊米特尔(Imiter)矿。英文名称 Imiterite,以发现地摩洛哥的伊米特尔(Imiter)矿命名。IMA 1983－038 批准。1985 年 K. 瓦林塔(K. Walenta)等在《信息》(*Der Aufschluss*)(36)、《矿物学通报》(108)和 1986 年《美国矿物学家》(71)报道。中文名称根据成分译为汞辉银矿;1987 年中国新矿物与矿物命名委员会郭宗山等在《岩石矿物学杂志》[6(4)]根据成分译为硫辉银矿;杨光明教授建议译为硫汞辉银矿。

【汞金矿】

英文名 γ-Goldamlgan

化学式 (Au,Ag)Hg

汞金矿是一种金、银与汞的互化物矿物。等轴晶系。晶体发育不好,颗粒细小,个别可见菱形晶面,可能是菱形十二面体。黄铜色、暗黄铜色,有的集合体呈紫铜色或暗紫铜色,强金属光泽;硬度低。1981 年,陈克樵、彭志忠等在研究我国一些地区的铂族元素矿物的过程中,在中国河北省红石砬含铂超基性岩中,用电子探针发现的一种与铂族元素矿物伴生的金属互化物矿物 γ-汞金矿(γ-Goldamlgan)。这种金属互化物是首次发现并进行了详细矿物学研究的新矿物,以化学成分"Gold(金)"和"Amalgam(汞齐)"组合命名,并获得了国际矿物协会(IMA)国际新矿物与矿物命名委员会(CNMMN)批准。1981 年陈克樵等在《地质论评》(2)报道。

【汞铅矿】

英文名 Leadamalgam

化学式 $HgPb_2$ (IMA)

汞铅矿是一种铅与汞的互化物矿物。四方晶系。晶体呈粒状,颗粒细小。亮银白色,强金属光泽,不透明;硬度 1.5。1981 年,陈克樵、彭志忠等在研究我国一些地区的铂族元素矿物的过程中,在中国内蒙古自治区呼和浩特市武川县小南山含铂铜镍硫化矿床的标本中,用电子探针发现的一种与铂族元素矿物伴生的金属互化物矿物——汞铅矿(Leadamalgan)。这种金属互化物是首次发现的天然新矿物,由化学成分"Lead(铅)"和"Amalgam(汞齐)"组合命名。IMA 1981－042 批准。1981 年陈克樵等在《地质论评》[27(2)]和 1985 年《美国矿物学家》(70)报道。据报道,1977 年 T. 金梅尔(T. Kaemmel)曾在东德阿尔特马克(Altmark)煤气站发现了成分为 Pb_2Hg 化合物,并以发现地命名为 Altmarkite(阿特马铅汞齐),但未说明是天然的,还是人工合成的,因此引起人们的怀疑。

【汞铜矿】参见【科汞铜矿】条 406 页

【汞银矿】

英文名 Eugenite

化学式 $Ag_{11}Hg_2$ (IMA)

汞银矿细粒状晶体,块状集合体(智利)和尤金像

汞银矿是一种银和汞的互化物矿物。属银汞合金族。等轴晶系。晶体呈细粒状;集合体呈块状。银白色,金属光泽,不透明;硬度 2.5～3。1981 年发现于波兰下西里西亚省莱格尼察市波尔科维采区西罗佐维克(Sieroszowice)矿山。英文名称 Eugenite,以奥地利莱奥本矿业大学的奥地利矿物学家尤金·弗里德里克·斯图姆帕夫尔(Eugen Friedrich Stumpfl,1931—2004)教授的名字命名,以表彰他在贵金属化合物的研究方面做出的贡献。IMA 1981－037 批准。Stumpflite(六方锑铂矿)是以他的姓氏命名的。1986 年 H. 库查(H. Kucha)在《波兰矿物学》[17(2)]和 1995 年 J. L. 杨博尔(J. L. Jambor)等在《美国矿物学家》(80)报道。中文名称根据成分译为汞银矿。

【汞银黝铜矿】

英文名 Argentotetrahedrite-(Hg)

化学式 $Ag_6(Cu_4Hg_2)Sb_4S_{13}$ (IMA)

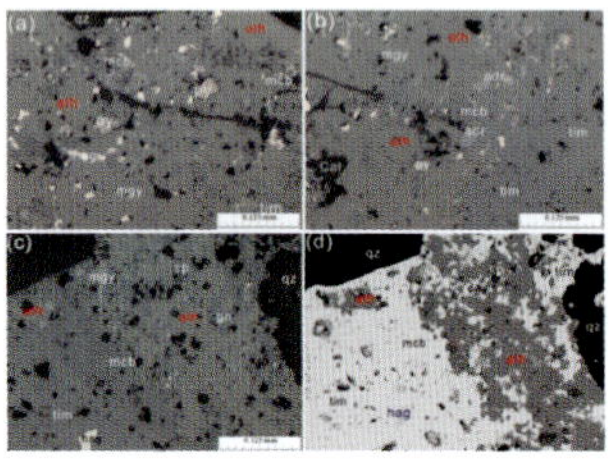

银黝铜矿及其共生矿物反射光照片

汞银黝铜矿是一种银、铜、汞、锑的硫化物矿物,它是 $^{M(1)}$C位以 Hg 占优势、$^{M(2)}$A 位以 Ag 占优势的新矿物。属黝铜矿族。等轴晶系。微米级粒状,5～20μm。灰黑色,条痕呈红黑色,金属光泽,不透明;硬度 35～3.5,脆性,不规则断口。2020 年中南大学谷湘平教授研究团队和昆明理工大学的吴鹏发现于中国湖南省保靖县东坪汞银矿床。它与灰硒汞矿、黑辰砂、汞银矿、硫锑银矿、辉锑银矿、脆银矿、闪锌矿、方铅矿、方解石和石英等矿物紧密共生。英文名称 Argentotetrahedrite-(Hg),由根词"Argentotetrahedrite(银黝铜矿)"加$^{M(2)}$A位占优势的汞后缀-(Hg)组合命名。IMA 2020－079 批准。中文名称根据成分命名为汞银黝铜矿。2021 年吴鹏、谷湘平、曲凯等在《CNMNC 通讯》(59)和《欧洲矿物学杂志》(33)报道。

古

[gǔ]会意;从十,从口。本义:古代。①用于中国地名。②[英]音,用于外国地名。③古铜:颜色。

【古巴矿】参见【方黄铜矿】条 154 页

【古北矿】

汉拼名 Gupeiite

化学式 Fe_3Si (IMA)

古北口长城

古北矿是一种铁的硅化物矿物。等轴晶系。晶体呈圆球状,粒径 0.1～0.5mm。黑色—钢灰色,金属光泽,不透明;硬度 5。产于宇宙尘中的锥纹石或磁铁矿中。1979 年,中国地质科学院地质研究所於祖相研究员在中国河北省承德市燕山地区滦河、潮河等水系采集了若干个天然重砂矿样,从中发现了硅铁质新矿物。根据发现地在我国长城东段,与古北口(Gupeikou)邻近,故命名为古北矿(Gupeiite)。IMA 1983－087 批准。1984 年於祖相在《岩石矿物及测试》(3)报道。

【古里姆石*】

英文名 Gurimite

化学式 $Ba_3(VO_4)_2$ (IMA)

古里姆石*是一种稀有的钡的钒酸盐矿物。三方晶系。晶体细长，长小于 10μm，为椭圆形多矿物包裹体。无色，条痕呈白色，透明，玻璃光泽；完全解理。2013 年发现于以色列内盖夫沙漠古里姆(Gurim)背斜。英文名称 Gurimite，以发现地以色列的古里姆(Gurim)背斜命名。IMA 2013－032 批准。2013 年 E. V. 加鲁斯金(E. V. Galuskin)等在《CNMNC 通讯》(16)、《矿物学杂志》(77)和 2017 年《矿物学杂志》(81)报道。目前尚未见官方中文译名，编译者建议音译为古里姆石*。

【古水硅钠石】

英文名 Grumantite

化学式 $NaSi_2O_4(OH) \cdot H_2O$ (IMA)

古水硅钠石是一种含结晶水和羟基的钠的硅酸盐矿物。斜方晶系。晶体呈不规则状；集合体呈致密块状。白色、雪白色，玻璃光泽、丝绢光泽，透明—半透明；硬度 4～5，完全解理。1985 年发现于俄罗斯北部摩尔曼斯克州谢韦尔内(Severnyi)采石场。英文名称 Grumantite，以俄罗斯北冰洋斯匹次卑尔根(Spitzbergen Archipelago)群岛的古老的名字古鲁曼特(Grumant)命名。IMA 1985－029 批准。1987 年 A. P. 霍米亚科夫(A. P. Khomyakov)等在《全苏矿物学会记事》(116)和 1988 年《美国矿物学家》(73)报道。1988 年中国新矿物与矿物命名委员会郭宗山等在《岩石矿物学杂志》[7(3)]根据英文名称的首音节音及成分译为古水硅钠石。

【古铜辉石】

英文名 Bronzite

化学式 $(Mg,Fe^{2+})_2[SiO_3]_2$

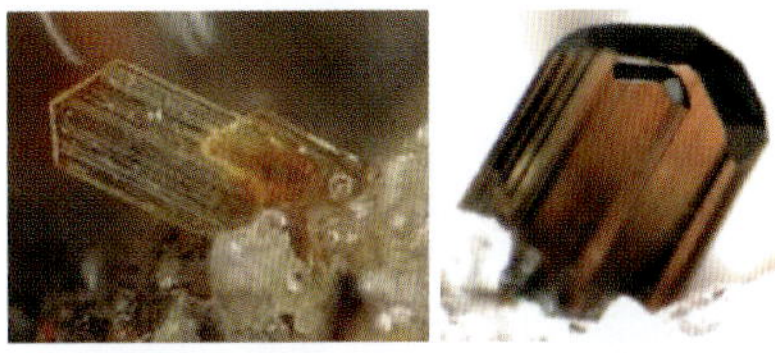

古铜辉石柱状晶体(美国)

古铜辉石是辉石族正辉石亚族顽火辉石 $Mg_2[Si_2O_6]$－正铁辉石 $Fe_2[Si_2O_6]$完全类质同象系列的中间成员，$Mg_2[Si_2O_6]$分子占 90%～70%，而 $Fe_2[Si_2O_6]$分子占 10%～30%。斜方晶系。晶体呈柱状、纤维状。辉石式解理，常见聚片双晶。常呈淡褐色，随 Fe 含量的增高而加深，呈特征的古铜色，貌似青铜的半金属光泽，半透明；硬度 5～6。可作宝石材料。英文名称 Bronzite，亦有"青铜色""古铜色"之意。最早见于 1810 年 M. H. 克拉普罗特(M. H. Klaproth,)在柏林罗特曼《化学知识对矿物学的贡献文集》(第六集)报道。中文名称根据颜色和族名译为古铜辉石。

【古远部矿】参见【硫铅铜矿】条 508 页

【古柱沸石】

英文名 Goosecreekite

化学式 $Ca(Si_6Al_2)O_{16} \cdot 5H_2O$ (IMA)

古柱沸石是一种含沸水的钙的铝硅酸盐矿物。属沸石族。单斜晶系。晶体呈自形柱状；集合体呈皮壳状、放射状、球状。无色、白色，玻璃光泽，透明；硬度 4.5，完全解理。1980 年发现于美国弗吉尼亚州劳登县新鹅溪(Goose Creek)采石场。英文名称 Goosecreekite，以发现地美国的鹅溪(Goose Creek)采石场命名。IMA 1980－004 批准。1980 年 P. J. 邓恩(P. J. Dunn)等在《加拿大矿物学家》(18)和 1981 年《美国矿物学家》(66)报道。中文名称根据英文名称的首音节音及与柱沸石的关系译为古柱沸石。

古柱沸石皮壳状、球状集合体(印度)

谷 [gǔ]会意；甲骨文字形，上面的部分像水形而不全，表示刚从山中出洞而尚未成流的泉脉；下面像谷口。本义：两山之间狭长而有出口的低地。中国姓氏。

【谷氏氧钴矿】

汉拼名 Guite

化学式 $Co^{2+}Co_2^{3+}O_4$ (IMA)

谷氏氧钴矿是一种钴的氧化物矿物。属尖晶石超族氧尖晶石族尖晶石亚族。等轴晶系。晶体呈粒状。亮灰色。湖南有色金属研究院选矿研究所岩矿研究室雷志兰、王建雄、黄迎春、杜芳芳 4 人带领的科研团队 2017 年发现于刚果(金)科卢维奇市新科明(Sicomines)铜钴矿[中国与刚果(金)国营企业的合资矿山]。汉拼名称 Guite，以中南大学地球科学与信息物理学院谷湘平博士的姓汉语拼音"Gu(谷)"命名。IMA 2017－080 批准。2017 年雷志兰(Lei Zhilan)等在《CNMNC 通讯》(40)和《矿物学杂志》(81)及《欧洲矿物学杂志》(29)报道。中文名称以谷湘平的姓和成分命名为谷氏氧钴矿。

谷湘平像

谷湘平博士长期从事结晶学与矿物学的教学与科研工作，主要贡献有：2003 年以来向国际矿物学会新矿物及矿物命名和分类委员会(IMA-CNMNC)申报并批准的新矿物有 3 项：陈国达矿(Chenguodaite)、铁海泡石(Ferrisepiolite)、吴延之矿(Wuyanzhiite)；参与申报新矿物：碲锌石(Zincospiroffite)、磷锶铍石(Strontiohurlbutite)、闽江石(Minjiangite)、李璞硅锰石(Lipuite)、塔雅锶锰石(Taniajacoite)、梅然锶钠石(Meiranite)、王氏钛铁矿(Wangdaodeite)等。

谷氏氧钴矿的发现，是中国科研工作者在矿物学领域取得的一项国际性成果。长期以来，矿物学界有一个疑惑：作为典型的铁族元素：Fe、Co、Mn 都有二价和三价两个价态(Mn 还有更多价态)；Fe 元素在自然界中有赤铁矿(Fe_2O_3)、针铁矿(FeOOH)、磁铁矿(Fe_3O_4)等氧化铁矿物；Mn 元素有方锰矿(MnO)、软锰矿(MnO_2)、水锰矿(MnOOH)、黑锰矿(Mn_3O_4)等氧化锰矿物。而 Co 元素被认定的氧化矿物仅有羟氧钴矿(CoOOH)，Co_2O_3 及 Co_3O_4 成分的氧化钴矿物却尚未在自然界中发现。2017 年 8 月，雷志兰、王建雄、黄迎春、杜芳芳等工艺矿物学研究人员在进行"刚果(金)新科明铜钴矿钴元素赋存状态与空间分布规律研究"课题研究时，发现了成分为 Co_3O_4 的新矿物。这一发现丰富了矿物学内容，对于研究钴的晶体化学特性及钴矿床新类型具有重大理论价值和指导意义。

钴 [gǔ]一种金属元素。[英]Cobalt。元素符号 Co。原子序数 27。数百年前，德国萨克森州有一个规模很大的银铜多金属矿床开采中心，矿工们发现一种外表似银的矿石，并试验炼出有价值的金属，结果十分糟糕，不仅未能提炼出有值钱的金属，而且使工人二氧化硫等毒气中毒。

矿工们把这件事说成是“地下恶魔”作祟。这个“地下恶魔”其实是辉钴矿。1730 年，瑞典斯德哥尔摩的化学家乔治·布朗特(Georg Brandt)对此矿石发生了兴趣，他最终证明其中包含一种未知的金属，并且他以在德国被矿工诅咒的矿石给它命名为 Cobalt。1780 年瑞典化学家 T. 伯格曼(T. Bergman)确定为钴元素。拉丁文“Cobalt”原意就是“地下恶魔”。考古发现，在公元前 1361—前 1352 年的法老图坦卡蒙的坟墓中，发现一小块被钴染成深蓝色的玻璃物件。钴蓝甚至在早期的中国就已知并用于陶器釉料。钴在地壳中的平均含量为 0.001%，自然界已知含钴矿物近百种，但没有单独的钴矿物，大多伴生于镍、铜、铁、铅、锌、银、锰等硫化物。

【钴毒砂】

英文名 Danaite

化学式 $(Fe_{0.90}Co_{0.10})AsS-(Fe_{0.65}Co_{0.35})AsS$

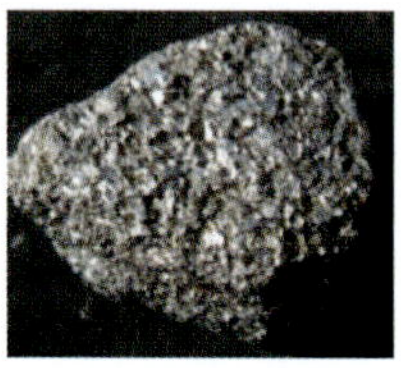

钴毒砂粒状晶体，块状集合体(西班牙)

钴毒砂是一种铁、钴的砷-硫化物矿物，是毒砂(砷黄铁矿)的富含钴的变种。晶体呈粒状；集合体呈块状。最早的描述来自美国新罕布什尔州格拉夫顿县弗朗科尼亚(Franconia)。1833 年海斯(Hayes)在新罕布什尔州报道。英文名称 Danaite，1833 年奥古斯塔斯·A. 海斯(Augustus A. Hayes)以哈佛大学的化学家和矿物学家，后来的纽约市内科和外科医学院的化学系教授詹姆士·弗里曼·丹纳(James Freeman Dana，1793—1827)的姓氏命名。见于 1944 年 C. 帕拉奇(C. Palache)、H. 伯曼(H. Berman)和 C. 弗龙德尔(C. Frondel)《丹纳系统矿物学》(第一卷，第七版，纽约)。中文名称根据成分及与毒砂的关系译为钴毒砂。

【钴矾】

英文名 Cobalt-chalcanthite

化学式 $CoSO_4 \cdot 5H_2O$

钴矾是一种含 5 个结晶水的钴的硫酸盐矿物。三斜晶系。蓝色、玫瑰红色；硬度 2～3。1920 年 E. S. 拉尔森(E. S. Larsen)和格伦(Glenn) 在《美国科学杂志》(50)报道。英文名称 Cobalt-chalcanthite，由成分冠词“Cobalt(钴)”和根词“Chalcanthite(胆矾)”组合命名。中文名称根据成分译为钴矾或水钴矾(见《英汉地质词典》)；根据成分及与胆矾的关系译为钴蓝矾或钴胆矾。

【钴铬铁矿】

英文名 Cochromite

化学式 $CoCr_2O_4$　　(IMA)

钴铬铁矿是一种钴、铬的氧化物矿物。属尖晶石超族氧尖晶石族尖晶石亚族。等轴晶系。晶体呈半自形粒状。黑色，金属光泽，不透明；硬度 7。1978 年发现于南非德兰士瓦共和国普马兰加省巴伯顿邦阿科德(Bon Accord)镍矿床。英文名称 Cochromite，由化学成分“Cobalt(钴)”和“Chromium(铬)”组合命名。IMA 1978-049 批准。1978 年 S. A. 德瓦尔(S. A. De Waal)在《法国地质调查局通报》(Ⅱ系列，3)报道。中文名称根据成分译为钴铬铁矿。

【钴华】

英文名 Erythrite

化学式 $Co_3(AsO_4)_2 \cdot 8H_2O$　　(IMA)

钴华板状晶体，放射状集合体(摩洛哥、西班牙)

钴华是一种含结晶水的钴的砷酸盐矿物。属蓝铁矿族。单斜晶系。晶体细小，呈针状、柱状或板片状；集合体常呈土状或皮壳状、放射状。粉红色、桃红色—鲜红色，有灰色、白玫瑰色；当加热时，会变成蓝色，玻璃光泽、蜡状光泽、土状光泽，解理面上呈珍珠光泽，透明—半透明；硬度 1.5～2.5，柔软可切，完全解理。1832 年，由弗朗索瓦·叙尔皮斯·伯当(Francois Sulpice Beaudant)在巴黎《矿物学初级教程》(第二卷，第二版)首次正式描述并命名了发现于德国萨克森州厄尔士山脉丹尼尔(Daniel)矿的钴华。英文名称 Erythrite，来自希腊文“ἐρυθρος=Erythros”，意为“红色的”。1959 年以前发现、描述并命名的“祖父级”矿物，IMA 承认有效。其实，早在此前已有多人报道过。1727 年布鲁克曼(Bruckmann)，根据当时的采矿者的称呼，将这种美丽的矿物叫作“Cobalt Bloom=Kobold Blüthe”，即钴花。1747 年 J. G. 瓦勒留斯(J. G. Wallerius)称“Flos Cobalti”，即钴红花。1758 年 A. 克龙斯泰特(A. Cronstedt)称 Koboltblute，即钴花。1780 年 T. 伯格曼(T. Bergmann)指出它属于钴的砷酸盐矿物。中文名称根据矿物的化学成分(钴)和矿物集合体形态译为钴华。“华”古通“花”，繁体“華”字，上面是“垂”字，像花叶下垂形，比喻矿物集合体形态如“花”。

【钴孔雀石】

英文名 Kolwezite

化学式 $CuCo(CO_3)(OH)_2$　　(IMA)

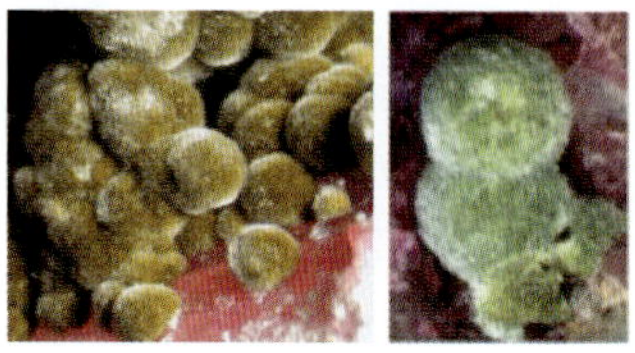

钴孔雀石纤维状，放射球状集合体(刚果)

钴孔雀石是一种含羟基的铜、钴的碳酸盐矿物。属锌孔雀石族。三斜晶系。晶体呈纤维状；集合体呈微晶硬壳状、不规则突起、放射球状。米褐色、绿色、黑色，玻璃光泽，半透明—几乎不透明；硬度 4。1979 年发现于刚果(金)卢阿拉巴省科卢韦齐(Kolwezi)区穆索诺伊(Musonoi)矿。英文名称 Kolwezite，以发现地刚果(金)的科卢韦齐(Kolwezi)命名。IMA 1979-017 批准。1980 年 M. 德利安(M. Deliens)等在法国《矿物学通报》(103)和《美国矿物学家》(65)报道。中文名称根据成分及族名译为钴孔雀石。

【钴硫砷铁矿】

英文名 Glaucodot

化学式 $(Co_{0.5}Fe_{0.5})AsS$　　(IMA)

钴硫砷铁矿是一种钴、铁的砷-硫化物矿物。与杂硫铋砷钴矿为同质多象。属毒砂族。斜方晶系。晶体呈柱状、粒状，有十字穿插双晶、三连晶；集合体呈块状。锡白色—银白色，金属光泽，不透明；硬度 5，完全解理，脆性。1849 年发现

钴硫砷铁矿柱状、粒状晶体，块状集合体（瑞典）

于智利胡瓦斯科省胡瓦斯科（Huasco）；同年，布赖特豪普特在《物理学和化学年鉴》（153）报道。英文名称 Glaucodot，1849 年阿古斯特·布赖特豪普特（August Breithaupt）等根据希腊文“γλαυκός = Sky-blue（天蓝）”和“δίδω = Togive（给）”组合命名，意指在制作玻璃时可使其变为蓝色（译为 CO_2 + 蓝色）。1937 年伯格（Buerger）在《美国矿物学家》（22）报道。1959 年以前发现、描述并命名的“祖父级”矿物，IMA 承认有效。中文名称根据成分译为钴硫砷铁矿或铁硫砷钴矿。

【钴铝矾】

英文名 Wupatkiite

化学式 $CoAl_2(SO_4)_4 \cdot 22H_2O$　　（IMA）

钴铝矾纤维状晶体，放射状集合体（美国）和乌帕特凯废墟

钴铝矾是一种含结晶水的钴、铝的硫酸盐矿物。属铁明矾族。单斜晶系。晶体呈纤维状；集合体呈放射状、块状。玫瑰红色，丝绢光泽，透明；硬度 1.5～2。1994 年发现于美国亚利桑那州科科尼诺县卡梅伦（Cameron）矿区。英文名称 Wupatkiite，以发现地附近的美国史前的印第安人居住地乌帕特凯-普韦布洛（Wupatki-pueblo）村落废墟命名。IMA 1994－019 批准。1995 年 S. A. 威廉姆斯（S. A. Williams）等在《矿物学杂志》（59）和 1996 年 J. L. 杨博尔（J. L. Jambor）等在《美国矿物学家》（81）报道。2003 年中国地质科学院矿产资源研究所李锦平等在《岩石矿物学杂志》[22(3)]根据成分译为钴铝矾。

【钴马兰矿】参见【马兰矿】条 577 页

【钴镍黄铁矿】

英文名 Cobaltpentlandite

化学式 Co_9S_8　　（IMA）

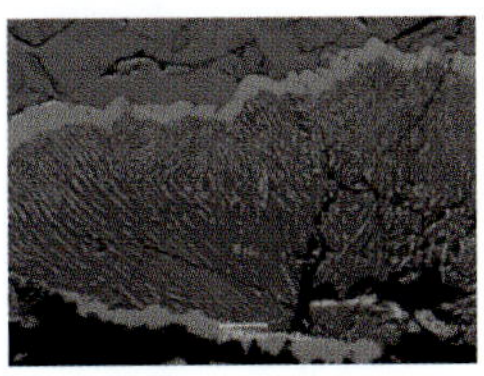

钴镍黄铁矿片状晶体

（俄罗斯，电镜照片）

钴镍黄铁矿是一种钴的硫化物矿物。属镍黄铁矿族。等轴晶系。晶体呈片状。青铜黄色，金属光泽，不透明；硬度 4～4.5，完全解理。1959 年发现于芬兰东部奥托昆普铜-钴-锌-镍-银金矿田瓦里斯拉赫蒂（Varislahti）矿床。1959 年 O. 库奥娃（O. Kuova）等在《美国矿物学家》（44）报道。英文名称 Cobaltpentlandite，由成分冠词“Cobalt（钴）”和根词“Pentlandite（镍黄铁矿）”组合命名。IMA 1962s. p. 批准。中文根据成分及与镍黄铁矿的关系译为钴镍黄铁矿（参见【镍黄铁矿】条 657 页）。

【钴土】

英文名 Asbolane

化学式 $Mn^{4+}(O,OH)_2 \cdot (Co,Ni,Mg,Ca)_x(OH)_{2x} \cdot nH_2O$

（IMA）

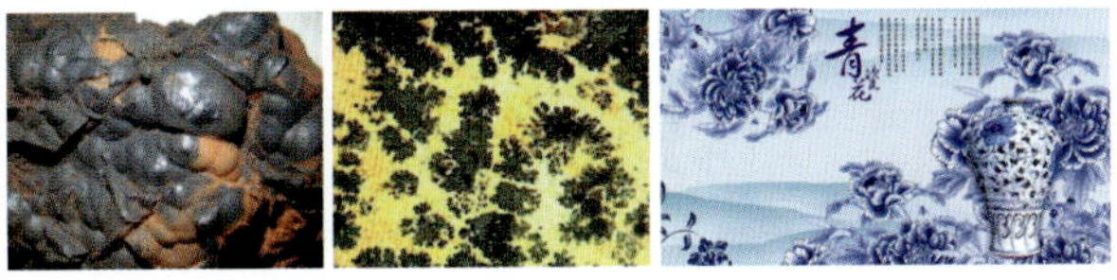

钴土薄膜状或玻璃头状集合体（新喀里多尼亚、美国）与中国青花瓷

钴土也称锰钴土，是一种含水的钴、镍、镁、钙氢氧和锰的氢氧-氧化物矿物。早期的化学家把任何不溶于水而且不受加热影响的金属氧化物统称为“土”，诸如硅土（二氧化硅）、苦土（氧化镁）、矾土（氧化铝）、石灰（氧化钙）、重土（氧化钡）、稀土等。顾名思义，钴土即钴的天然氧化物，其实是锰、钴、镍的水合氧化物。化学组分变化很大，主要有钴、镍、锰，也含铁等色素离子。六方晶系。晶体呈小板状、薄片状；集合体常呈土状、薄膜状或结核状。黑色、棕黑色，而微带蓝色调，不透明；硬度低，易污手。1941 年在德累斯顿和莱比锡《矿物学手册全集》（第二卷）。又见于 1944 年 C. 帕拉奇（C. Palache）、H. 伯曼（H. Berman）和 C. 弗龙德尔（C. Frondel）《丹纳系统矿物学》（第一卷，第七版）。

钴土自古以来被用作瓷器或玻璃的染色剂。钴料生成的蓝彩在古埃及和两河流域均有悠久的历史。新巴比伦王国时已经可以使用在玻璃、土陶上。在波斯及伊斯兰时期又有传承发展，西亚一直保持着很高的水平。钴料的宝石蓝色在中国备受珍视，战国已有外罩蓝彩的陶胎珠子；唐代工匠则将钴料添加助熔剂，造出了釉上蓝彩，至 8 世纪初，高档蓝釉唐三彩已经有较多的出现。遍行于世界的一种白地蓝花的高温釉下彩瓷器——青花瓷源于中国。

青花瓷的英文名称 Blue and white porcelain，简称青花（Blue and white），直译为蓝色与白色，即在白色的陶器、石胎瓷上用钴料染成蓝色。中国明-清时代景德镇窑产的青花为世界标准的青花瓷。蓝色的纹饰钴料多使用中国云南宣威、会泽、呈贡产的“珠明料”及“浙料”，明代及以后开始使用进口料。郑和从西洋带回的青花染料，称“苏勃泥”或“苏麻离青”或“回青”，以色彩鲜艳著称，产地应在波斯、中东或南洋等地。

英文名称 Asbolane，由希腊文“Τοσου ά λικη = Tosoil like soot（像泥土一样的烟尘）”命名（http://www.mindat.org/min－384.html）。中文译为“苏勃泥”或“苏麻离青”等，它可能是波斯文演变过程的音译。高濂《遵生八笺》“宣窑之青乃苏勃泥青”与 Asbolite 读音似有接近之处。有称“苏麻离青”名称的由来是从波斯文“Sulimami”借用的，在某些书中亦作苏勃泥青或苏泥勃青，是钴土矿的一种。也有人认为它是郑和从苏门答腊带回的苏泥和槟榔屿的勃青。按“勃泥（Borneo）”系中国明朝人对加里曼丹岛（Kalimantan）的习称，后来一度唤婆罗洲。“苏”可能系苏门答腊一词的简化，因而对苏门答腊出产的或转口的可做青花料的钴土矿称作苏勃泥青，或称苏泥勃青。

据考 Asbolane 有“固色剂”之意。其中，As（与……在一起），Bol（有坛、罐、碗、盘花意思），即钴土固色剂染在白色的坛、罐、碗、盘等陶器、石胎瓷上使之成为鲜艳美丽的青花。

又考 Asbolane 与辉钴矿英文名称 Cobaltite 有同一渊源。大约在公元 1500 年，德国萨克森的矿工们发现了一种矿物，其中含有一种新的金属，但是用通常的方法就是分离不出来，矿工们说：是"地精"迷惑了这种矿物，使它变得令人讨厌。德国的"地精"有一个叫"科波尔得(Kobold)"的，它源于原始的日耳曼神话，也可能与希腊文中的 Kobolos 有着某种亲缘关系。这个希腊文表示"淘气的小鬼"。萨克森的矿工们就将这种矿物称为"科波尔得(Kobald)"了。1735 年，瑞典矿物学家乔治·布兰特(Georg Brandt)在利用这种矿物制蓝色玻璃时，从中分离出一种新金属。他把萨克森的矿工们因气恼而最早赋予这种矿物的名称与新金属联系起来，这种金属在德文中叫 Kobalt，在英文和法文中叫 Cobalt，汉译钴。由此看出 Asbolane 的词干 Bol 源自德文 Kobold 或希腊文 Kobolos 的词干。在 Bol 词干上，加前缀 As-，后加词尾-ite 或-ane，就是钴土的英文名称 Asbolane 了。1959 年以前发现、描述并命名的"祖父级"矿物，IMA 承认有效(参见【辉钴矿】条 349 页)。

顾 [gù]形声；从页，厄声。本义：回头看。用于中国地名。[英]音，用于外国人名。

【顾家石】

英文名 Gugiaite

化学式 $Ca_2BeSi_2O_7$　　(IMA)

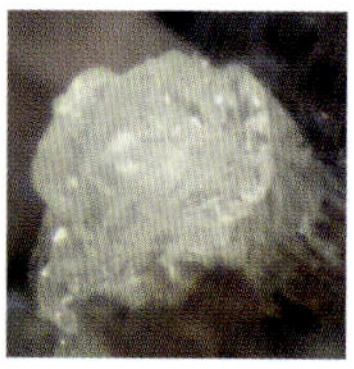

顾家石板状晶体(意大利)

顾家石是一种钙、铍的硅酸盐矿物。属黄长石族。四方晶系。晶体常呈四方薄板状。无色、黄色，玻璃光泽，透明；硬度 5，完全解理，脆性。1959 年初，中国学者曹荣龙和冶金工业部一个勘探队在东北辽宁顾家(Gugia)某碱性正长岩与寒武纪石灰岩接触带的矽卡岩中发现一些结晶良好的矿物，其中之一无色透明，晶体完整，经油浸法测定发现是一种未知的矿物。后分析研究是一种属于黄长石类的含铍新矿物，并以产地中国顾家(Gugia)村命名为顾家石。1962 年彭琪瑞和曹荣龙等在《中国科学》[11(7)]、《地质学报》(3)及 1963 年《美国矿物学家》(48)报道。IMA 1983-072 批准。在自然界中已发现的铍矿物和含铍矿物约计 60 多种，其中常见的有 20 多种。湖南的香花石及辽宁的顾家石是我国首先发现的两个新的铍矿物。

【顾硫锑汞铜矿】

英文名 Gruzdevite

化学式 $Cu_6Hg_3Sb_4S_{12}$　　(IMA)

顾硫锑汞铜矿是一种铜、汞、锑的硫化物矿物。属硫盐超族硫砷锌铜矿同源系列。三方晶系。集合体呈束状、块状。灰黑色，金属光泽，不透明；硬度 4～4.5。1980 年发现于吉尔吉斯斯坦奥什州乔瓦伊(Chauvai)锑汞矿床。英文名称 Gruzdevite，以苏联矿物学家 V. S. 格鲁兹杰夫(V. S. Gruzdev，1938—1977)的姓氏命名。IMA 1980-053 批准。1981 年在《苏联科学院报告》(261)和《美国矿物学家》(67)报道。1984 年中国新矿物与矿物命名委员会郭宗山在《岩石矿物及测试》[3(2)]根据英文名称首音节音和成分译为顾硫锑汞铜矿。

瓜 [guā]象形；小篆字形，两边像瓜蔓，中间是果实，是藤上结瓜的形象。[英]音，用于外国人名。

【瓜里诺石】

英文名 Guarinoite

化学式 $Zn_6(SO_4)(OH)_{10}\cdot 5H_2O$　　(IMA)

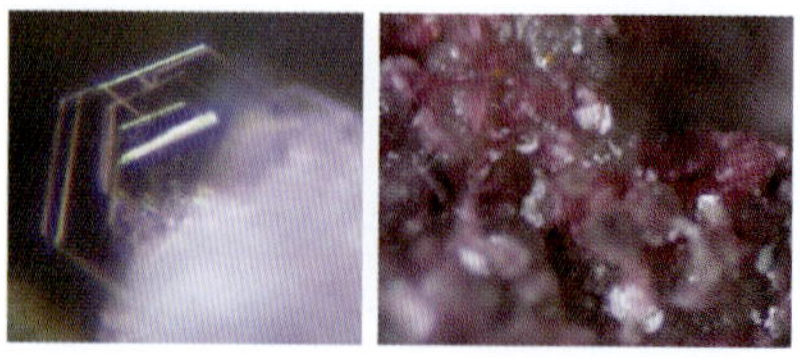

瓜里诺石六方片状、圆粒状晶体(法国)

瓜里诺石是一种含结晶水、羟基的锌的硫酸盐矿物。属氯铜锰矿族。六方晶系。晶体呈六方薄片状、圆粒状。非常淡的粉色、深粉色，玻璃光泽、珍珠光泽，透明；硬度 1.5～2。1991 年发现于法国普罗旺斯-阿尔卑斯-蓝色海岸瓦尔河流域加伦(Garonne)矿帽。英文名称 Guarinoite，以法国土伦矿物收藏家和医疗技术专家安德尔·瓜里诺(Andre Guarino，1945—)的姓氏命名，是他收集到的该矿物。IMA 1991-005 批准。1993 年 H. 萨尔普(H. Sarp)在《日内瓦科学学报》[46(1)]和《美国矿物学家》(78)报道。1998 年中国新矿物与矿物命名委员会黄蕴慧等在《岩石矿物学杂志》[17(2)]音译为瓜里诺石。

冠 [guān]会意；从"冖"(mì)，用布帛蒙覆。从"元"(人头)，从"寸"(手)。意思是：手拿布帛之类的制品加在人的头上，即"冠"。本义：帽子。用于鸟名

【冠雉矿*】

英文名 Jacutingaite

化学式 Pt_2HgSe_3　　(IMA)

冠雉矿*是一种铂、汞的硒化物矿物。三方晶系。灰色，金属光泽，不透明；硬度 3.5，完全解理，脆性。2010 年发现于巴西米纳斯吉拉斯州伊塔比腊的考埃(Cauê)铁矿山。英文名称 Jacutingaite，以发现此矿物的富含镜赤铁矿(Specular-hematite)的矿脉(薄层富赤铁矿)-在当地被称为"Jacutinga(冠雉，鸟属名，比喻矿脉的形态)"命名。IMA 2010-078 批准。2011 年 A. 维马扎洛娃(A. Vymazalová)等在《CNMNC 通讯》(8)、《矿物学杂志》(75)和 2012 年《加拿大矿物学家》[50(2)]报道。目前尚未见官方中文译名，编译者建议意译为冠雉矿*，或根据成分译为硒汞铂矿*，或音译为雅库廷加矿*。

管 [guǎn]形声；从竹，官声。本义：一种类似于笛的管乐器。泛指圆而细长中空的东西。

【管状矿*】

英文名 Tubulite

化学式 $Ag_2Pb_{22}Sb_{20}S_{53}$　　(IMA)

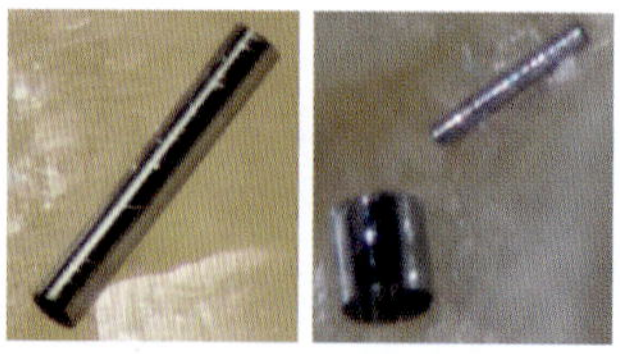

管状矿*微圆管状晶体(法国)

管状矿*是一种银、铅、锑的硫化物矿物。单斜晶系。晶体呈非常薄的微圆管状、毛发状，长 100～600μm，直径 40～100μm，壁厚只有 1～2μm。黑色，金属光泽，半透明。2011 年发现于法国塔恩省蒙特雷登·拉伯松(Montredon-Labessonnié)里伟特(Rivet)采石场和意大利都灵省博尔戈弗朗哥(Borgofranco)矿山。英文名称 Tubulite，由矿物的"Tubular(管状)"形态命名。IMA 2011-109 批准。2012 年

Y. 莫洛(Y. Moëlo)等在《CNMNC 通讯》(13)、《矿物学杂志》(76)和 2013 年《欧洲矿物学杂志》(25)报道。目前尚未见官方中文译名,编译者建议意译为管状矿*;杨光明教授建议根据成分译为硫锑银铅矿。

光 [guāng]会意;甲骨文字形,"从火,在人上"。本义:光芒、光亮、光彩。

【光彩石】

英文名 Augelite

化学式 $Al_2(PO_4)(OH)_3$ (IMA)

光彩石柱状、厚板状晶体(秘鲁)

光彩石是一种含羟基的铝的磷酸盐矿物。单斜晶系。晶体呈柱状、厚板状、片状及针状、假菱面体;集合体呈晶簇状、块状。无色、白色、浅绿色、浅红色、淡玫瑰色、浅蓝色,玻璃—弱玻璃光泽、树脂光泽、珍珠光泽,解理面上呈丝绢光泽,透明—半透明;硬度 4.5~5,完全解理,脆性。1866 年,伊格尔斯特伦(Igelström)曾在《斯德哥尔摩皇家科学院文献回顾》(*Öfversigt af Kongliga Vetenskaps-Akademiens Förhandlingar*)(23)称为 Amfihalite。1868 年布朗斯登(Blomstrand)在《斯德哥尔摩皇家科学院文献回顾》(25)正式描述于瑞典南部斯科耐省布罗姆拉(Bromölla)纳苏姆(Näsum)维斯塔纳(Västanå)铁矿。英文名称 Augelite,由克里斯蒂安·威廉·布朗斯登(Christian Wilhelm Blomstrand)根据希腊文"αυγ ή=Auge=Shine(光泽闪耀)和 Luster(光彩)"之意而命名。在古希腊神话中 Auge(奥格)是阿卡狄亚国王阿琉斯之女,雅典娜的女祭司"天使晨光女神",晨光象征光明与希望,寓意此矿物通常呈无色透明而解理面上有闪烁的光彩。1959 年以前发现、描述并命名的"祖父级"矿物,IMA 承认有效。中文名称意译为光彩石。

【光卤石】

英文名 Carnallite

化学式 $KMgCl_3 \cdot 6H_2O$ (IMA)

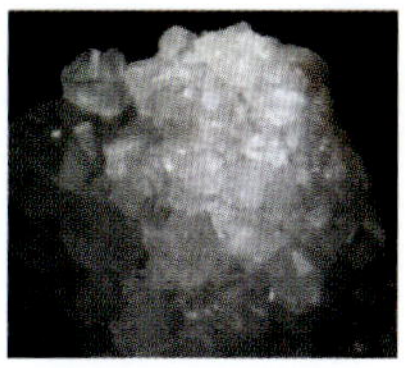

光卤石粒状晶体(德国)

光卤石是一种含结晶水的钾、镁的氯化物矿物。斜方晶系。晶体呈假六方锥状,但极少见,多为厚板状、粒状、纤维状;集合体呈致密块体、脉状。纯者呈无色、白色,常因含杂质而染成黄色、红色、褐色、蓝色,新鲜断口呈玻璃光泽,在空气中很快变暗而呈油脂光泽,透明—半透明;硬度 2.5;极强吸湿性,易潮解,味辣苦,具强荧光性。1856 年罗斯(Rose)在莱比锡哈雷《物理学和化学年鉴》(98)首次描述于德国萨克森-安哈尔特州的斯塔斯弗特(Stassfurt)钾盐矿床。英文名称 Carnallite,为纪念 19 世纪德国普鲁士采矿工程师鲁道夫·冯·卡纳尔(Rudolf von Carnall,1804—1874)而以他的姓氏命名。1959 年以前发现、描述并命名的"祖父级"矿物,IMA 承认有效。中文名称由矿物的强荧光性和卤化物译为光卤石;亦称砂金卤石,系商业名称,因颜色呈黄色,又因卤而生石得名。还称杂卤,杂而不纯,是因钾、镁的双氯化物得名。

【光线石】

英文名 Clinoclase

化学式 $Cu_3(AsO_4)(OH)_3$ (IMA)

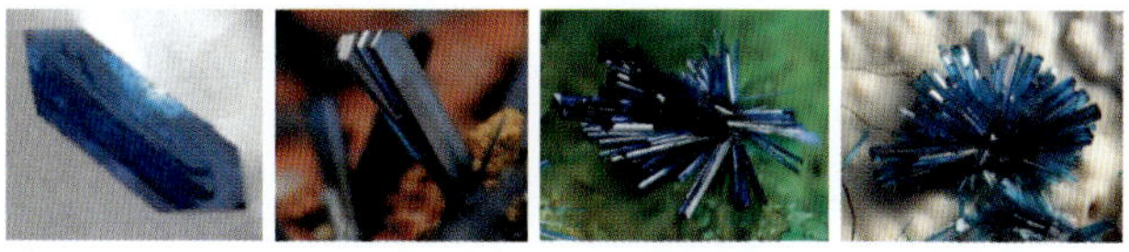

光线石柱状、板状晶体,放射状集合体(德国、美国)

光线石是一种罕见的水合铜的砷酸矿物。单斜晶系。晶体呈柱状、板状、针状;集合体呈葡萄球状、放射状。颜色蓝色、青蓝色、深绿黑色,条痕呈蓝绿色,玻璃光泽,解理面上呈珍珠光泽,透明—半透明;硬度 2.5~3,完全解理,脆性。此矿物在正式命名之前已有多人讨论。1801 年布尔农(Bournon)在《伦敦皇家哲学学会汇刊》(91)称铜的砷酸盐矿物;1801 年卡斯滕(Karsten)在 *Ges. nat. Freunde Berlin, N. Schr.* (3)称 Strahliges Olivenerz,1808 年又在《矿物学表》(第二版,柏林)称 Strahlenerz。1813 年 J. F. L. 豪斯曼(J. F. L. Hausmann)在《矿物学手册》(第三卷,哥廷根)称 Strahlenkupfer。1822 年 R. J. 阿羽伊(R. J. Haüy)称 Cuivre arseniaté(铜砷酸盐)。到 1830 年,描述于英国英格兰康沃尔郡威尔格兰(Wheal Gorland)。1830 年奥古斯特·布赖特豪普特(August Breithaupt)在弗莱贝格《系统矿物学一览表》(第八卷)根据希腊文"κλ ί υειυ=Toincline(倾斜)"和"κλαυ=Tobreak(解理)"而命名为 Klinoklas。1868 年 J. D. 丹纳(J. D. Dana)在《系统矿物学》(第五版,纽约)命名为 Clinoclasite,意指其斜底面解理发育。1959 年以前发现、描述并命名的"祖父级"矿物,IMA 承认有效。中文名称根据其光泽译为光线石。

广 [guǎng]繁体廣的简化字。从广,黄声。用于日本人名。

【广濑石】

英文名 Hiroseite

化学式 $FeSiO_3$ (IMA)

广濑敬像

广濑石是一种铁的硅酸盐矿物。属辉石族斜方辉石亚族。与斜铁辉石和铁辉石为同质多象。斜方晶系。2018 年发现于中国湖北省随州市东南 12.5km 大雁坡随州陨石。英文名称 Hiroseite,由日本东京工业大学地球生命研究所所长广濑敬(Kei Hirose,1968—)教授的姓氏命名,以表彰日本东京工业大学的广濑(Hirose)研究组首先于 2004 年发现地幔底部可能存在的新高压相——后钙钛矿结构(Post-perovskite,ppv)。ppv 对于重新认识地球的基本结构和成分具有重大意义,被认为是 21 世纪初地球深部研究最重大的发现。用科学家的名字来命名一种新矿物相,是学术界对他的最高肯定,足以让他获得这一无上的光荣。随后苏黎世联邦理工学院的奥加诺夫(Oganov,2004)小组和美国麻省理工学院的斯姆(Shim,2004)也分别独立报道了 ppv 相变,而利塔卡等(Iitaka,2004)理论计算研究也迅速证实了 ppv 相变。从此以后针对 ppv 的各种研究相继广泛展开,获得了大量喜人的成果,成为新世纪初地球深部研究(SEDI)的最大热门之一。日文汉字名称広瀬石。IMA 2019-019 批准。2019 年卢卡·宾迪(Luca Bindi)和谢先德(Xiande Xie)在《CNMNC 通讯》(50)、《矿物学杂志》(83)及《欧洲矿物学杂志》(31)报道。中文名称借用日文汉字名称的简化汉字名称广濑石。

圭 [guī]会意;从重土。本义:古玉器名。长条形,上端作三角形,下端正方。中国古代贵族朝聘、祭祀、丧葬时以为礼器。又作珪。[英]音,用于外国国名。

【圭羟铬矿】参见【圭亚那矿】条 260 页

【圭亚那矿】

英文名 Guyanaite

化学式 CrO(OH)　　(IMA)

圭亚那矿柱状晶体,皮壳状、放射状集合体(圭亚那)

圭亚那矿是一种含羟基的铬的氧化物矿物。属水铝石族。与羟铬矿(Bracewellite)和格羟铬矿(Grimaldiite)为同质多象。斜方晶系。晶体呈柱状;集合体多呈微晶皮壳状、放射状。绿褐色、金棕色、红褐色,半透明。1967 年发现于圭亚那马扎鲁尼区卡马库萨的梅鲁梅(Merume)河及其支流冲积砂矿床。英文名称 Guyanaite,1967 年查尔斯·米尔顿(Charles Milton)等根据矿物的首次发现地国圭亚那(Guyana/Guiana)命名。IMA 1967-034 批准。另一英文名称 Merumite,1976 年在《美国地质调查局论文》报道,曾以发现地梅鲁梅(Merume)河命名。1977 年 C. 米尔顿(C. Milton)等在《美国矿物学家》(62)报道。中文名称音译为圭亚那矿,或根据英文名称首音节音和成分译为圭羟铬矿。

硅 [guī]一种非金属元素。[英]Silicon。化学符号 Si。原子序数 14。1787 年,拉瓦锡首次发现硅存在于岩石中。1811 年盖-吕·萨克(Gay-Louis Jacques)和泰纳尔(Thenard)制得不纯的无定形硅,并根据拉丁文 Silex(燧石、火石)命名为 Silicon。1823 年,瑞典化学家永斯·雅各布·贝采利乌斯(Jöns Jacob Berzelius)首次获得纯硅,从而获得发现硅的荣誉。

民国初期,中国学者原将此元素译为"硅"而令其读为"xi"。然而在当时,一般大众多误读为"gui"。由于化学元素译词除中国原有命名者,多用音译,化学学会注意到此问题,于是又创"矽"字避免误读。中国台湾沿用"矽"字至今。在 1953 年 2 月,中国科学院召开了一次全国性的化学物质命名座谈会,有学者以"矽"与另外的化学元素"锡"和"硒"同音易混淆为由,通过并公布改回原名字"硅"并读"gui"。在地壳中,它是第二丰富的元素,构成地壳总质量的 26.4%,仅次于第一位的氧(49.4%)。

【硅钯矿*】

英文名 Palladosilicide

化学式 Pd_2Si　　(IMA)

硅钯矿*是一种钯的硅化物矿物。六方晶系。晶体呈不规则粒状(合成的六方形),粒径 0.7~39.1μm。明亮的白色,金属光泽,不透明。2013 年发现于坦桑尼亚基戈马地区坦噶尼喀湖卡帕拉古鲁(Kapalagulu)铂族矿床。英文名称 Palladosilicide,由化学成分"Pallado(钯)"和"Silicide(硅)"组合命名。IMA 2014-080 批准。2015 年 L. J. 卡布里(L. J. Cabri)等在《CNMNC 通讯》(23)和《矿物学杂志》(79)报道。目前尚未见官方中文译名,编译者根据成分译为硅钯矿*。

【硅钡铌石】

英文名 Belkovite

化学式 $Ba_3Nb_6(Si_2O_7)_2O_{12}$　　(IMA)

硅钡铌石板状晶体(俄罗斯)

硅钡铌石是一种含氧的钡、铌的硅酸盐矿物。六方晶系。晶体呈柱桶状、板状,棕色,金刚光泽,半透明;硬度 6~7。1989 年发现于俄罗斯北部摩尔曼斯克州武里亚尔维(Vuoriyarvi)碱性超镁铁质岩体。英文名称 Belkovite,为纪念苏联阿帕季特科拉科学中心主任、矿物学家伊格尔·弗拉基米罗维奇·别尔克夫(Igor Vladimirovich Bel'kov,1917—1989)而以他的姓氏命名,他首先考察了科拉半岛。IMA 1989-053 批准。1990 年 A. V. 沃罗申(A. V. Voloshin)等在《苏联科学院报告》(315)和 1991 年《矿物学新年鉴》(月刊)、《美国矿物学家》(76)报道。1991 年中国新矿物与矿物命名委员会郭宗山在《岩石矿物学杂志》[10(4)]根据成分译为硅钡铌石。

【硅钡硼石】

英文名 Maleevite

化学式 $BaB_2Si_2O_8$　　(IMA)

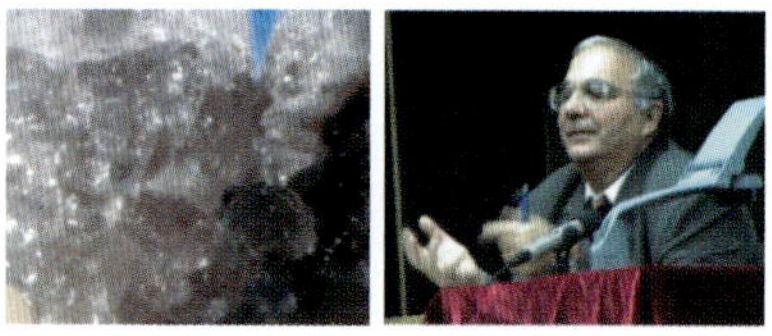

硅钡硼石粒状晶体(塔吉克斯坦)和马列夫像

硅钡硼石是一种钡的硼硅酸盐矿物。斜方晶系。晶体呈他形粒状。白色、无色,玻璃光泽,透明—半透明;硬度 7。2002 年发现于塔吉克斯坦天山山脉达拉伊-皮奥兹(Dara-i-Pioz)冰川冰碛物。英文名称 Maleevite,以保加利亚矿物学家、一个著名的结晶形态和矿物分类的专家米哈伊尔·纳伊德诺维奇·马列夫(Mikhail Naidenovitch Maleev,1940—)的姓氏命名。IMA 2002-027 批准。2004 年 L. A. 保托夫(L. A. Pautov)等在《加拿大矿物学家》(42)报道。2008 年中国地质科学院地质研究所任玉峰等在《岩石矿物学杂志》[7(3)]根据成分译为硅钡硼石。

【硅钡铍矿】

英文名 Barylite

化学式 $BaBe_2Si_2O_7$　　(IMA)

硅钡铍矿柱状晶体,晶簇状集合体(非洲马拉维)

硅钡铍矿是一种铍、钡的硅酸盐矿物。斜方(假六方)晶系。晶体呈柱状、板状;集合体呈晶簇状。无色、乳白色、蓝白色，油脂光泽、玻璃光泽，透明—半透明；硬度 6.5～7，完全解理，脆性。1876 年首先发现于瑞典韦姆兰省菲利普斯塔德市朗班（Långban）；同年，克里斯坦·威廉·布洛姆斯特兰德（Christian Wilhelm Blomstrand）在《斯德哥尔摩地质学会会刊》(3)报道。英文名称 Barylite，由克里斯坦·威廉·布洛姆斯特兰德（Christian Wilhelm Blomstrand）根据希腊文"βαρυζ＝Heavy（重的）"和"λιτθοσ＝Stone（石头）"组合命名，意指其高密度。1959 年以前发现、描述并命名的"祖父级"矿物，IMA 承认有效。IMA 2014s. p. 批准。中文根据成分译为硅钡铍矿或硅钡铍石。目前已知有两个多型：Barylite-1O（单斜晶系）和 Barylite-2O。

2002 年，该矿物又发现于俄罗斯北部摩尔曼斯克州尤克斯波（Yukspor）山哈克曼（Hackman）山谷。最初名称 Clinobarylite。2002 年获 IMA 批准。2003 年 N. V. 丘卡诺夫（N. V. Chukanov）、I. V. 佩克夫（I. V. Pekov）等在《俄罗斯矿物学会记事》[132(1)]报道。2014 年 IMA 13-E 被废弃。实际上 Clinobarylite 是 Barylite 的同质单斜晶系之二型，即 Barylite-1O；中文名称根据晶系和成分译为单斜硅钡铍矿。

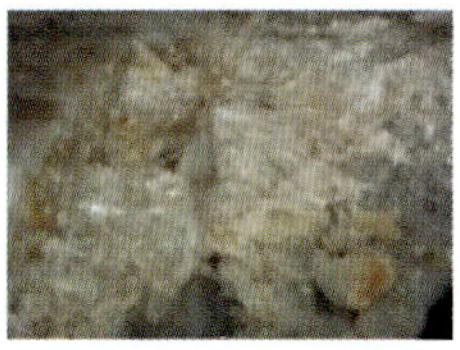

单斜硅钡铍矿纤维状晶体，放射状集合体（俄罗斯）

【硅钡石】

英文名 Sanbornite

化学式 $BaSi_2O_5$　　(IMA)

硅钡石是一种钡的硅酸盐矿物。斜方晶系。晶体呈片状、板状，具聚片双晶；集合体呈块状。白色、无色、淡绿色，玻璃光泽、珍珠光泽，透明—半透明；硬度 5，完全解理。1932 年发现于美国加利福尼亚州马里波萨县东部特兰伯尔（Trumbull）山峰钡-硅矿床。1932 年 A. F. 罗杰斯（A. F. Rogers）在《美国矿物学家》(17)报道。英文名称 Sanbornite，以美国加利福尼亚州旧金山加州自然资源部矿山的矿物学家弗兰克·桑伯恩（Frank Sanborn，1862—1936）的姓氏命名。1959 年以前发现、描述并命名的"祖父级"矿物，IMA 承认有效。中文名称根据成分译为硅钡石。

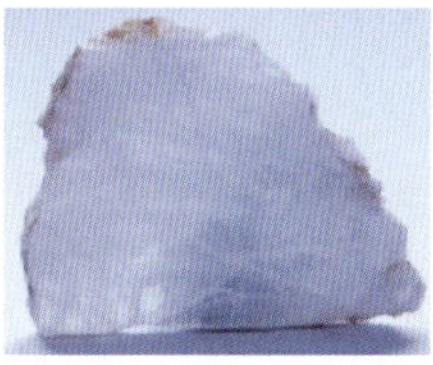

硅钡石片状晶体（美国）

【硅钡钛石】

英文名 Batisite

化学式 $Na_2BaTi_2O_2(Si_2O_6)_2$　　(IMA)

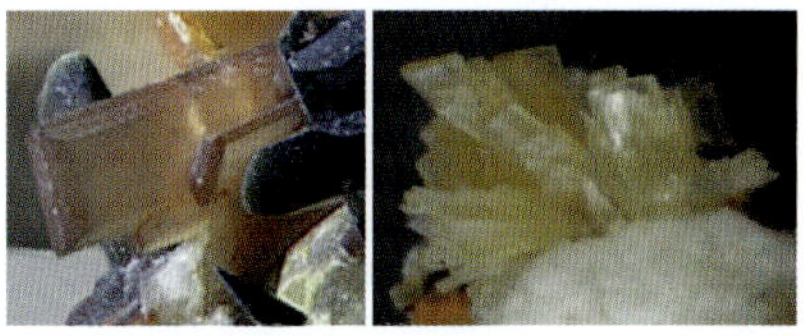

硅钡钛石板状晶体，晶簇状集合体（德国）

硅钡钛石是一种钠、钡、钛氧的硅酸盐矿物。属硅钡钛石族。斜方晶系。晶体呈长板状；集合体呈晶簇状。暗褐色、茶色；硬度 5.5～6。1959 年发现于俄罗斯萨哈（雅库特）共和国阿尔丹河流域伊纳格利（Inagli）山丘铬透辉石矿床。在《美国矿物学家》(45)和《苏联科学院报告》(133)报道。英文名称 Batisite，由化学成分"Barium（钡）""Titanium（钛）"和"Silicon（硅）"的化学元素符号组合命名。IMA 1962s. p. 批准。中文名称根据成分译为硅钡钛石。

【硅钡铁石】

英文名 Andrémeyerite

化学式 $BaFe^{2+}_2(Si_2O_7)$　　(IMA)

硅钡铁石是一种钡、铁的硅酸盐矿物。单斜晶系。晶体呈细粒状。浅绿色，玻璃光泽，透明—半透明；硬度 5.5，完全解理。1972 年发现于刚果（金）北基伍省尼拉贡戈（Nyiragongo）地区尼拉贡戈火山。英文名称 Andrémeyerite，为了纪念第一个收集到该矿物的比利时地质学家安德烈·玛丽·迈耶（André Marie Meyer，1920—1965）而以他的姓名命名。安德烈·玛丽·迈耶的著作实际上主要是关于基伍省的火成岩，特别是关于尼拉贡戈火山和尼亚穆拉吉拉火山的火山熔岩流，以及关于路易舍（Lueshe）正长岩-碳酸岩杂岩体。IMA 1972-005 批准。1973 年 T. G. 萨哈马（T. G. Sahama）等在《芬兰地质学会通报》(45)报道。中文名称根据成分译为硅钡铁石。

【硅钡铁钛石】参见【钡铁钛石】条 57 页

【硅铋矿】

英文名 Eulytine

化学式 $Bi_4(SiO_4)_3$　　(IMA)

硅铋矿四面体晶体，球状集合体（德国）

硅铋矿是一种铋的硅酸盐矿物。等轴晶系。晶体呈四面体、六四面体、八面体；集合体呈近光滑圆球形。橙色、深棕色、黄灰色、浅灰色、灰绿色、白色、无色，金刚光泽、半金刚光泽、玻璃光泽、树脂光泽，透明—半透明；硬度 4.5，脆性；熔点低。1827 年首先发现于德国下萨克森州厄尔士山脉埃尔茨山谷施内贝格（Schneeberg）和约翰乔治城；同年，在《物理学和化学年鉴》(9)报道。英文名称 Eulytine，1827 年奥古斯特·布赖特豪普特（August Breithaupt）根据希腊文"Ευλύματα＝Eulytos"，即"Eu＝Good（好、容易）"和"Lytos＝Dissolved（熔化或溶解）"命名，意指它的熔点低。又见于 1892 年 E. S. 丹纳（E. S. Dana）的《系统矿物学》（第六版）和《结晶学杂志》(123)。1959 年以前发现、描述并命名的"祖父级"矿物，IMA 承认有效。中文名称根据成分译为硅铋矿或硅铋石；根据光泽和成分译为闪铋矿。

【硅碲铁铅石】

英文名 Burckhardtite

化学式 $Pb_2(Fe^{3+}Te^{6+})(AlSi_3O_8)O_6$　　(IMA)

硅碲铁铅石粒状晶体（墨西哥）和布克哈特像

硅碲铁铅石是一种含氧的铅、铁、碲的铝硅酸盐矿物。

单斜(假六方)晶系。晶体呈粒状、六角形小板状;集合体呈玫瑰花状。深红色—紫红色、粉红色、棕色,金刚光泽、珍珠光泽,透明;硬度2,完全解理,脆性。1976年发现于墨西哥索诺拉州蒙特祖玛(Moctezuma)矿山。最初被认为是云母。英文名称Burckhardtite,1979年理查德·V.盖恩斯(Richard V. Gaines)等为纪念在墨西哥工作的瑞士地质学家和古生物学家卡尔"卡洛斯"·伊曼纽尔·布克哈特(Carl"Carlos"Emanuel Burckhardt,1869—1935)而以他的姓氏命名。IMA 1976-052批准。1979年R. V.盖恩斯(R. V. Gaines)等在《美国矿物学家》(64)报道。中文名称根据成分译为硅碲铁铅石。

【硅钒钡石*】

英文名 Bavsiite

化学式 $Ba_2V_2O_2[Si_4O_{12}]$　(IMA)

硅钒钡石*是一种钡、钒氧的硅酸盐矿物。四方晶系。晶体呈柱状、粒状。绿色。2014年发现于加拿大育空地区冈恩(Gun)领地。英文名称Bavsiite,由化学成分"Ba(钡)""V(钒)"和"Si(硅)"元素符号组合命名。IMA 2014-019批准。2014年H. P.博贾(H. P. Bojar)等在《CNMNC通讯》(21)和《矿物学杂志》(78)报道。目前尚未见官方中文译名,编译者建议根据成分译为硅钒钡石*。

【硅钒锰石】

英文名 Medaite

化学式 $Mn_6^{2+}V^{5+}Si_5O_{18}(OH)$　(IMA)

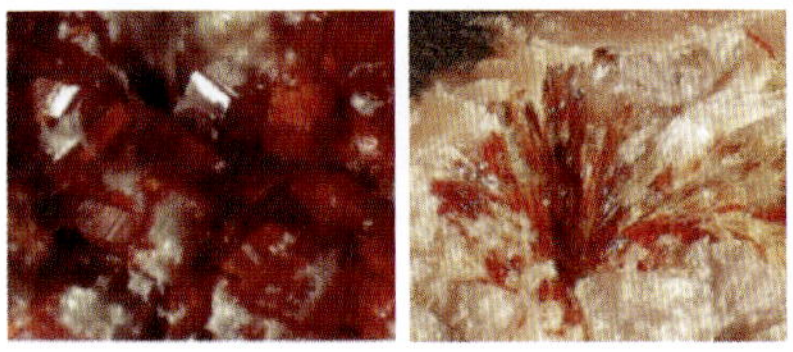

硅钒锰石柱状、纤维状晶体,放射状集合体(意大利)

硅钒锰石是一种含羟基的锰、钒的硅酸盐矿物;其中,锰可被钙,钒可被砷较少的替代。单斜晶系。晶体呈半自形柱状、纤维状;集合体呈放射状。棕红色,半金刚光泽,透明—半透明;完全解理。1979年发现于意大利热那亚省莫丽奈罗(Molinello)锰矿。英文名称Medaite,以都灵的矿物学家弗朗西斯·梅达(Francesco Meda,1926—1977)博士的姓氏命名。他作为教师的热情活动为矿物学在意大利的普及流行做出了贡献。IMA 1979-062批准。1981年C. M.格拉马克里(C. M. Gramaccioli)等在《晶体学报》(B37)和1982年《美国矿物学家》(67)报道。1984年中国新矿物与矿物命名委员会郭宗山在《岩石矿物及测试》[3(2)]根据成分译为硅钒锰石。

【硅钒锶石】

英文名 Haradaite

化学式 $SrV^{4+}Si_2O_7$　(IMA)

硅钒锶矿柱状晶体(意大利)和原田准平像

硅钒锶石是一种锶、钒的硅酸盐矿物。属硅钒锶矿族。斜方晶系。晶体呈柱状、板状。绿色、亮草绿色、淡蓝色,玻璃光泽,透明—半透明;硬度4.5,完全解理。1960年福田皎二等在岩手县野田玉川矿山采集到标本;1962年九州大学的吉村等报道发现于日本九州地区南西群岛鹿儿岛县奄美大岛大和村大和(Yamato)变质锰矿。英文名称Haradaite,以日本札幌北海道大学名誉教授原田准平(Zyumpei Harada,1898—1992)博士的姓氏命名,以表彰他对日本矿物研究做出的突出贡献。IMA 1963-011批准。日文汉字名称原田石。1967年竹内庆夫(Y. Takéuchi)等在《矿物学杂志》(5)和1982年渡边武男(T. Watanabe)等在《日本科学院学报》(58B)报道。中国地质科学院根据成分将该矿物译为硅钒锶石。2010年杨主明在《岩石矿物学杂志》[29(1)]建议借用日文汉字名称原田石。

【硅钒铁石】

英文名 Almbosite

化学式 $Fe_5^{2+}Fe_4^{3+}V_4^{6+}Si_3O_{27}$

硅钒铁石是一种铁、钒的硅酸盐矿物。灰色、蓝色;完全解理。最初的报道来自意大利特伦托省阿达梅洛-布伦塔自然公园阿尔穆胡特博斯(Almhütte Bos)。英文名称Almbosite,以发现地意大利的阿尔穆胡特博斯(Almhütte Bos)的缩写命名。1980年在《矿物矿床》(15)和1981年M.弗莱舍(M. Fleischer)等在《美国矿物学家》(66)报道。由于对矿物描述的不恰当、不充分,1987年被IMA废弃。1983年中国新矿物与矿物命名委员会郭宗山等在《岩石矿物及测试》[2(1)]根据成分将该矿物的中文名称译为硅钒铁石。

【硅钒锌铝石】

英文名 Kurumsakite

化学式 $Zn_8Al_8V_2^{5+}Si_5O_{35} \cdot 27H_2O(?)$　(IMA)

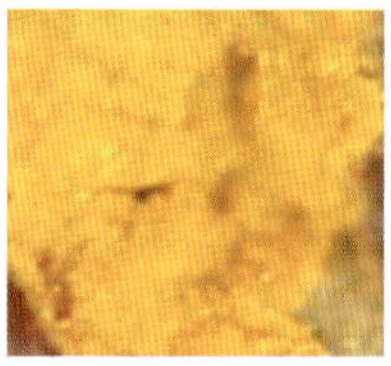

硅钒锌铝石细粒状晶体,晶质薄皮壳状集合体(哈萨克斯坦)

硅钒锌铝石是一种含结晶水的锌、铝、钒的硅酸盐矿物。斜方晶系。晶体呈伸长的六方小片状、纤维状、细粒状;集合体呈放射状、晶质薄皮壳状。浅绿黄色—浅黄色,玻璃光泽或丝绢光泽。1954年发现于哈萨克斯坦南部卡拉套范围库鲁穆萨克(Kurumsak)钒矿床。1954年E. A.安基诺维奇(E. A. Ankinovich)在《苏联科学院报告》[134(19)]和1957年M.弗莱舍(M. Fleischer)在《美国矿物学家》(42)报道。英文名称Kurumsakite,以发现地哈萨克斯坦的库鲁穆萨克(Kurumsak)矿床命名。1959年以前发现、描述并命名的"祖父级"矿物,IMA承认有效。中文名称根据成分译为硅钒锌铝石,也有的译为水硅钒锌镍矿。

【硅氟铁钇矿】参见【氟硅钇石】条177页

【硅钙钡铅石】

英文名 Hyttsjöite

化学式 $Pb_{18}Ba_2Ca_5Mn_2^{2+}Fe_2^{3+}Si_{30}O_{90}Cl \cdot 6H_2O$　(IMA)

硅钙钡铅石是一种含结晶水和氯的铅、钡、钙、锰、铁的硅酸盐矿物。三方晶系。晶体呈显微粒状和骸晶状。无色、白色,金刚光泽,透明;中等解理。1993年发现于瑞典韦姆兰省菲利普斯塔德市朗班(Långban)矿山。英文名称Hyttsjöite,以发现地瑞典朗班矿山西部的赫伊特斯金(Hytssjön)湖命名。IMA 1993-056批准。1996年E. S.格勒维(E. S. Grew)等在《美国矿物学家》(81)报道。2004年中国地质科学院矿产资源研究所李锦平等在《岩石矿物学杂志》[23(1)]根据成分译为硅钙钡铅石。

【硅钙钾石】

英文名 Denisovite

化学式 $KCa_2Si_3O_8F$ (IMA)

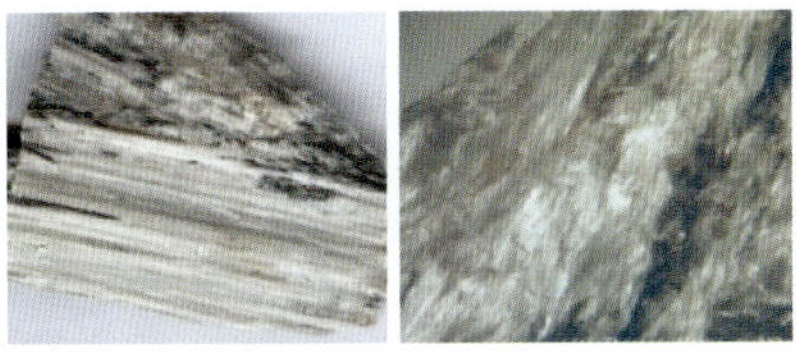

硅钙钾石纤维状晶体(俄罗斯)

硅钙钾石是一种含氟的钾、钙的硅酸盐矿物,是目前公认的结构最复杂的矿物之一。属硅灰石族。单斜晶系。晶体呈纤维状。绿灰色、灰色,丝绢光泽、珍珠光泽;硬度 4~5,脆性。1982 年发现于俄罗斯北部摩尔曼斯克州伊夫斯洛乔尔(Eveslogchorr)山和尤克斯波(Yukspor)山。英文名称 Denisovite,以亚历山德·彼得罗维奇·杰尼索夫(Aleksander Petrovich Denisov,1918—1972)的姓氏命名。他是俄罗斯科学院科拉科学中心 X 射线矿产研究专家。IMA 1982-031 批准。1984 年 Y. P. 缅什科夫(Y. P. Men'shikov)在《全苏矿物学会记事[113(6)]和 1985 年 P. J. 邓恩(P. J. Dunn)等在《美国矿物学家》(70)报道。中文名称根据成分译为硅钙钾石。

【硅钙钪石】

英文名 Cascandite

化学式 $CaScSi_3O_8(OH)$ (IMA)

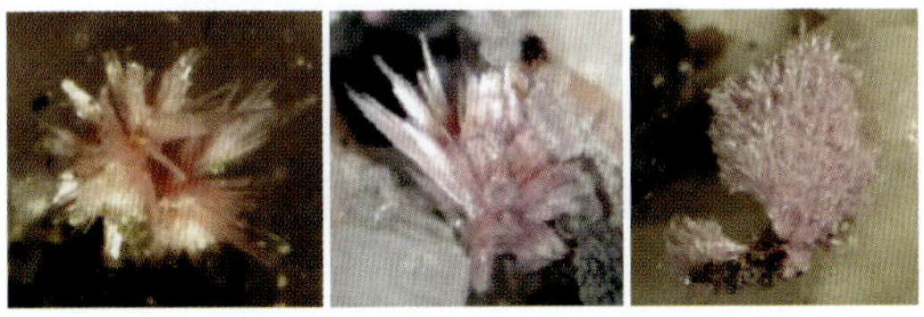

硅钙钪石叶片、针状、纤维状晶体,放射状、束状集合体(意大利)

硅钙钪石是一种含羟基的钙、钪的硅酸盐矿物。属硅灰石族。三斜晶系。晶体呈叶片、针状、纤维状;集合体呈放射状、束状。浅粉红色,玻璃光泽,透明;硬度 4.5~5.5,完全解理。1980 年发现于意大利韦尔巴诺-库西亚-奥索拉省嘉科米尼(Giacomini)采石场。英文名称 Cascandite,由占主导地位的阳离子"Calcium(钙)"和"Scandium(钪)"缩写组合命名。IMA 1980-011 批准。1982 年 M. 梅利尼(M. Mellini)等在《美国矿物学家》(67)报道。1984 年中国新矿物与矿物命名委员会郭宗山在《岩石矿物及测试》[3(2)]根据成分译为硅钙钪石或羟硅钙钪石。

【硅钙镁石】参见【硬硅钙石】条 1083 页

【硅钙锰铌石】参见【硅铌钙石】条 279 页

【硅钙钠石】

英文名 Combeite

化学式 $Na_{4.5}Ca_{3.5}Si_6O_{17.5}(OH)_{0.5}$ (IMA)

硅钙钠石是一种罕见的钠、钙的硅酸盐矿物。属基性异性石族硅锆钙钠石-基性异性石亚族。三方晶系。晶体呈不完整的六方柱状。无色,透明—半透明;菱面体完全解理。1957 年首次发现并描述于刚果(金)北基伍省尼拉贡戈火山萨赫鲁(Shaheru)山霞石熔岩和火山碎屑岩。1957 年,T. G. 萨哈马(T. G. Sahama)和 K. 赫伊顿恩(K. Hytonen)在《矿物学杂志》(31)和 1958 年 M. 弗莱舍(M. Fleischer)在《美国矿物学家》(43)报道。英文名称 Combeite,以乌干达地质调查所的阿瑟·德尔玛·孔贝(Arthur Delmar Combe,1893—1949)的姓氏命名,以表彰他对维龙加(Virunga)火山区做出的重大贡献。1959 年以前发现、描述并命名的"祖父级"矿物,IMA 承认有效。中文名称根据成分译为硅钙钠石;根据菱面体解理和成分译为菱硅钙钠石;音译为孔贝石。

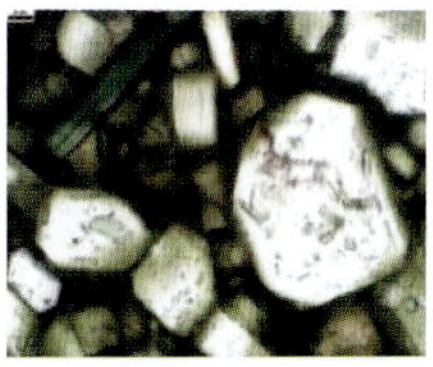

硅钙钠石柱状晶体(坦桑尼亚)

【硅钙铍钇石】

英文名 Minasgeraisite-(Y)

化学式 $CaBe_2Y_2Si_2O_{10}$ (IMA)

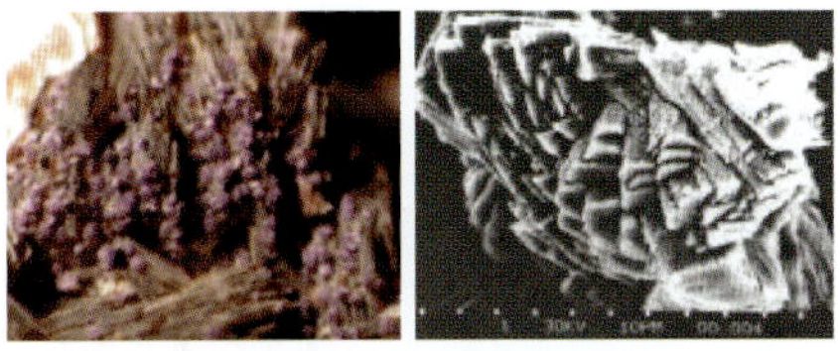

硅钙铍钇石捆束状、葡萄状、放射状集合体(巴西,电镜)

硅钙铍钇石是一种钙、铍、钇的硅酸盐矿物。属硅铍钇矿族硅铍钇矿亚族。单斜晶系。晶体呈细粒状;集合体呈捆束状、放射状、葡萄状、皮壳状。紫色—紫丁香色,半玻璃光泽、树脂光泽,半透明;硬度 6~7,完全解理,脆性。1983 年发现于巴西米纳斯吉拉斯州雅瓜拉苏(Jaguaraçu)花岗伟晶岩。英文名称 Minasgeraisite-(Y),由发现地巴西米纳斯吉拉斯(Minas Gerais)州,加占优势的稀土元素钇后缀-(Y)组合命名。IMA 1983-090 批准。1986 年 E. E. 富尔德(E. E. Foord)等在《美国矿物学家》(71)报道。1987 年中国新矿物与矿物命名委员会郭宗山等在《岩石矿物学杂志》[6(4)]根据成分译为硅钙铍钇石。

【硅钙铅矿】

英文名 Ganomalite

化学式 $Pb_9Ca_6(Si_2O_7)_4(SiO_4)O$ (IMA)

硅钙铅矿是一种含氧的铅、钙的硅酸盐矿物。六方晶系。晶体呈板状、柱状、粒状;集合体呈块状。无色、白色、灰白色,金刚光泽、松脂光泽、玻璃光泽,透明—半透明;硬度 3,完全解理。1876 年首先发现于瑞典韦姆兰省菲利普斯塔德市朗班(Långban)。1876 年诺登舍尔德(Nordenskiöld)在《斯德哥尔摩地质学会会刊》(3)报道。英文名称 Ganomalite,1876 年由瑞典地质学家、矿物学家、地理学家和探险家尼尔斯·阿道夫·埃里克·诺登舍尔德(Nils Adolf Erik Nordenskiöld,1832—1901)用希腊文"γανωμα=Brilliance(辉煌的光亮)"命名,意为矿物具金刚光泽。1959 年以前发现、描述并命名的"祖父级"矿物,IMA 承认有效。中文名称根据成分译为硅钙铅矿。

【硅钙铅锌矿】参见【钙硅铅锌矿】条 220 页

【硅钙石】

英文名 Rankinite

化学式 $Ca_3Si_2O_7$ (IMA)

硅钙石是一种钙的硅酸盐矿物。单斜晶系。晶体呈滚圆状或不规则粒状,很少为柱状。无色、白色,玻璃光泽,透明—半透明；硬度5.5，完全解理。1942年发现于英国北爱尔兰乌尔斯特省安特里姆郡拉恩镇斯卡特（Scawt）丘陵。1942年C. E. 蒂利（C. E. Tilley）在《矿物学杂志》(26)和M. 弗莱舍（M. Fleischer）在《美国矿物学家》(27)报道。英文名称Rankinite，以美国华盛顿地球物理实验室物理化学家乔治·阿特沃特·兰金（George Atwater Rankin，1884—1963）的姓氏命名。1959年以前发现、描述并命名的“祖父级”矿物，IMA承认有效。中文名称根据成分译为硅钙石。

硅钙石滚圆状或不规则粒状晶体（法国）

【硅钙铁石】参见【通古斯石】条959页

【硅钙铁铀钍矿】参见【埃卡石】条13页

【硅钙锡石】

英文名 Stokesite

化学式 $CaSnSi_3O_9 \cdot 2H_2O$　　(IMA)

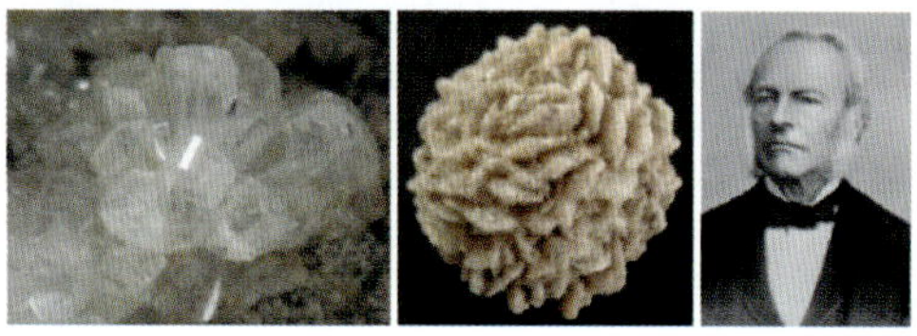
硅钙锡石柱状晶体，晶簇状、球状集合体（巴西）和斯托克斯像

硅钙锡石是一种含结晶水的钙、锡的硅酸盐矿物。斜方晶系。晶体呈柱状、锥状、纤维状；集合体呈晶簇状、球状和放射状。无色、白色、浅蓝色，玻璃光泽，解理面上呈珍珠光泽，透明—半透明；硬度6，完全解理，脆性。1900年发现于英国英格兰康沃尔郡圣贾斯特区罗斯康芒（Roscommon）悬崖露头下的洞穴；同年，A. 哈钦森（A. Hutchinson）在《矿物学杂志》(12)报道。英文名称Stokesite，以乔治·加布里埃尔·斯托克斯（George Gabriel Stokes，1819—1903）先生的姓氏命名。斯托克斯是剑桥大学（英格兰）的数学家和物理学家，他于1845年发现球形物体在流体中运动所受到的阻力，等于该球形物体的半径、速度、流体的黏度与6π的乘积（$F=6\pi\eta r v$），称之为斯托克斯定律（公式），广泛应用于气溶胶研究，可用来测定流体的黏滞系数和微小颗粒的半径。1959年以前发现、描述并命名的“祖父级”矿物，IMA承认有效。中文名称根据成分译为硅钙锡石或硅钙锡矿。

【硅钙霞石*】

英文名 Cancrisilite

化学式 $Na_7(Si_7Al_5)O_{24}(CO_3) \cdot 3H_2O$　　(IMA)

硅钙霞石*柱状晶体（俄罗斯）

硅钙霞石*是一种含结晶水、碳酸根的钠的铝硅酸盐矿物。属似长石族钙霞石族。六方晶系。晶体呈柱状、他形粒状。无色、灰色、浅紫色、粉红色，玻璃光泽，透明—半透明；硬度5，脆性。1990年发现于俄罗斯北部摩尔曼斯克州阿鲁艾夫（Alluaiv）山。英文名称Cancrisilite，由“Cancrinite（钙霞石）”和“Silicon（硅）”组合命名，意指它是硅铝比例较高的钙霞石的类似矿物。IMA 1990-013批准。1991年A. P. 霍米亚科夫（A. P. Khomyakov）在《全苏矿物学会记事》[120(6)]报道。目前尚未见官方中文译名，编译者建议根据成分译为硅钙霞石*。

【硅钙钇石】

英文名 Gerenite-(Y)

化学式 $(Ca,Na,\square)_2Y_3Si_6O_{18} \cdot 2H_2O$　　(IMA)

硅钙钇石他形粒状晶体显微照片（蒙古国）和格林像

硅钙钇石是一种含结晶水的钙、钠、空位、钇的硅酸盐矿物。三斜晶系。晶体呈显微他形粒状。白色、奶油白色，玻璃光泽，半透明；硬度5，脆性。1993年发现于加拿大魁北克省和纽芬兰及拉布拉多边境地区的斯特兰奇（Strange）湖杂岩体。英文名称Gerenite-(Y)，根词由加拿大铁矿公司前执行副总裁理查德·格林（Richard Geren，1917—2002）的姓氏，加占优势的稀土元素钇后缀-(Y)组合命名。格林先生是斯特兰奇湖矿床勘探计划的倡导和支持者。IMA 1993-034批准。1998年J. L. 杨博尔（J. L. Jambor）等在《加拿大矿物学家》(36)报道。2003年李锦平等在《岩石矿物学杂志》[22(2)]根据成分译为硅钙钇石。2011年杨主明在《岩石矿物学杂志》[30(4)]建议音译为杰仁钇石（编译者建议译为格林钇石*）。

【硅钙铀矿】

英文名 Uranophane

化学式 $Ca(UO_2)_2(SiO_3OH)_2 \cdot 5H_2O$　　(IMA)

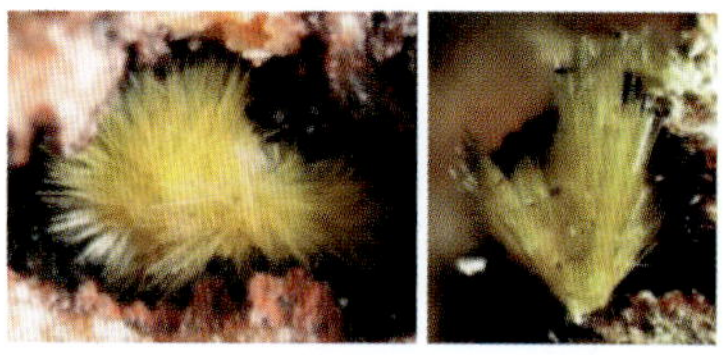
硅钙铀矿纤维状晶体，放射状、束状集合体（法国、加拿大）

硅钙铀矿是一种含结晶水的钙的铀酰-氢硅酸盐矿物。属硅钙铀矿族。与乙型硅钙铀矿即斜硅钙铀矿（β-uranophane/Uranophane-β）为同质多象。单斜晶系。晶体呈针状或长柱状、纤维状；集合体呈放射状、束状、毡状、薄膜状或致密块状、肾状。柠檬黄色、浅稻草黄色、蜜黄色、绿黄色、浅黄白色，玻璃光泽、油脂光泽及丝绢光泽，解理面上呈珍珠光泽，致密块体呈蜡状光泽，透明—半透明；硬度2～3，完全解理，脆性。1853年发现于波兰下西里西亚省鲁达维·贾诺维奇（Rudawy Janowickie）山脉耶莱尼亚古拉市库普弗贝格（Kupferberg）。1853年在《德意志地质学会杂志》(5)报道。英文名称Uranophane，由克里斯蒂安·弗里德里希·马丁·韦比斯克（Christian Friedrich Martin Websky）根据成分“Uranium（铀）”以及希腊文“φαινεροαι=Phainesthai（出现，现象）”组合命名，是指最初确定的成分铀的不确定性。1959年以前发现、描述并命名的“祖父级”矿物，IMA承认有效。又称α-Uranotile/Uranotile-α。中文名称根据成分译为硅钙铀矿或α-硅钙铀矿/硅钙铀矿-α。

【α-硅钙铀矿】参见【硅钙铀矿】条264页

【β-硅钙铀矿】

英文名 Uranophane-β

化学式 $Ca(UO_2)_2(SiO_3OH)_2 \cdot 5H_2O$　　(IMA)

β-硅钙铀矿柱状晶体，放射状、球状集合体(巴西、纳米比亚、意大利)

β-硅钙铀矿与硅钙铀矿为同质多象变体。属硅钙铀矿族。单斜晶系。晶体呈柱状、针状；集合体呈放射状、星状、球状、致密块状。浅黄绿色、柠檬黄色、纯黄色，玻璃光泽，集合体具油脂光泽，透明—半透明；硬度 2.5～3。1935 年发现于捷克共和国卡罗维发利州厄尔士山脉圣约阿希姆斯塔尔的亚希莫夫(Jáchymov)矿区。1935 年在 *Vestnik Kral. Ceske Spol. Nauk*(2/7)报道。英文名称 Uranophane-β/β-Uranophane，由根词"Uranophane(硅钙铀矿)"加前缀 β-或后缀-β 命名。1959 年以前发现、描述并命名的"祖父级"矿物，IMA 承认有效。中文名称译为 β-硅钙铀矿/硅钙铀矿-β；又译为乙型硅钙铀矿或斜硅钙铀矿(参见【硅钙铀矿】条 264 页)。

【硅钙铀钍矿】参见【埃卡石】条 13 页

【硅高低锰铜镧矿】

英文名 Stavelotite-(La)

化学式 $La_3Mn_3^{2+}Cu^{2+}(Mn^{3+},Fe^{3+},Mn^{4+})_{26}(Si_2O_7)_6O_{30}$ (IMA)

硅高低锰铜镧矿是一种含氧的镧、二价锰、铜、三价锰、铁、四价锰的硅酸盐矿物。三方晶系。晶体呈他形粒状或长方形。黑色，金属光泽，不透明。2004 年发现于比利时卢森堡省斯塔沃洛(Stavelot)地块维尔萨姆的一个历史城镇萨尔姆(Salmchâteau)城堡。英文名称 Stavelotite-(La)，以发现地比利时的斯塔沃洛(Stavelot)地块，加占优势的稀土元素镧后缀-(La)组合命名。IMA 2004-014 批准。2005 年 E. J. 伯恩哈特(E. J. Bernhardt)等在《欧洲矿物学杂志》(17)报道。2008 年中国地质科学院地质研究所任玉峰等在《岩石矿物学杂志》[27(6)]根据成分译为硅高低锰铜镧矿。

【硅锆钡石】

英文名 Bazirite

化学式 $BaZrSi_3O_9$ (IMA)

硅锆钡石是一种钡、锆的硅酸盐矿物。属蓝锥矿族。六方晶系。晶体呈微小粒状。无色，玻璃光泽，透明；硬度 6～6.5。1975 年发现于英国苏格兰外赫布里底群岛罗卡尔(Rockall)岛尖岭。1976 年在《美国矿物学家》(61)报道。英文名称 Bazirite，由化学成分"Barium(钡)"和"Zirconium(锆)"的缩写组合命名。IMA 1976-053 批准。1978 年 B. R. 杨(B. R. Young)和 J. R. 霍克斯(J. R. Hawkes)等在《矿物学杂志》(42)报道。中文名称根据成分译为硅锆钡石。

【硅锆钙钾石】

英文名 Wadeite

化学式 $K_2ZrSi_3O_9$ (IMA)

硅锆钙钾石是一种钾、锆的硅酸盐矿物。属蓝锥矿族。六方晶系。晶体呈柱状。无色、淡蓝色或粉红色、淡紫色，金刚光泽，透明—半透明；硬度 5.5～6，脆性。1938 年发现于澳大利亚西澳大利亚州沃尔吉迪(Walgidee)山钾镁煌斑岩。1939 年 R. T. 皮特(R. T. Prider)在《矿物学杂志》(25)和

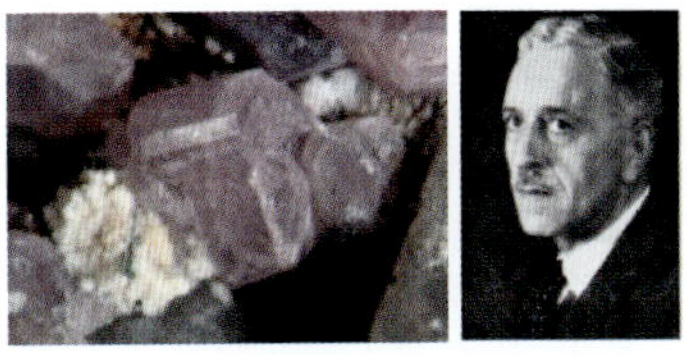

硅锆钙钾石短柱状晶体(俄罗斯)和韦德像

1940 年《美国矿物学家》(25)报道。英文名称 Wadeite，以英国出生的澳大利亚石油地质学家亚瑟·韦德(Arthur Wade，1878—1951)的姓氏命名，他首先采集到该矿物。1959 年以前发现、描述并命名的"祖父级"矿物，IMA 承认有效。中文名称根据成分译为硅锆钙钾石或钾钙板锆石。

【硅锆钙钠石】

英文名 Zirsinalite

化学式 $Na_6CaZrSi_6O_{18}$ (IMA)

硅锆钙钠石是一种钠、钙、锆的硅酸盐矿物。属基性异性石族。三方晶系。晶体呈浑圆状或不规则粒状。无色，厚者微带浅黄色，含赤铁矿时呈红色，新鲜断口面上呈玻璃光泽，薄片透明；硬度 5.5。1973 年发现于俄罗斯北部摩尔曼斯克州科什瓦(Koashva)山露天矿坑。英文名称 Zirsinalite，由化学元素"Zirconium(Zr，锆)""Silicon(Si，硅)"和"Sodium[拉丁文 Natrium(Na，钠)]"的词头组合命名。IMA 1973-025 批准。1974 年在《全苏矿物学会记事》(103)和 1975 年《美国矿物学家》(60)报道。中文名称根据成分译为硅锆钙钠石。

【硅锆钙石】

英文名 Gittinsite

化学式 $CaZrSi_2O_7$ (IMA)

硅锆钙石是一种钙、锆的硅酸盐矿物。单斜晶系。晶体呈纤维状；集合体呈放射状。白垩白色，玻璃光泽，半透明；硬度 3.5～4。1979 年发现于加拿大魁北克省基帕瓦(Kipawa)碱性杂岩体。英文名称 Gittinsite，1980 年 H. G. 安塞尔(H. G. Ansell)等以加拿大岩石学家、多伦多大学教授约翰·吉廷斯(John Gittins)的姓氏命名，他第一次注意到它并作为一个身份不明的矿物报道。IMA 1979-034 批准。1980 年 H. G. 安塞尔(H. G. Ansell)等在《加拿大矿物学家》(18)报道。中文名称根据成分译为硅锆钙石。

【硅锆锰钾石】参见【锆锰大隅石】条 242 页

【硅锆钠锂石】

英文名 Zektzerite

化学式 $NaLiZrSi_6O_{15}$ (IMA)

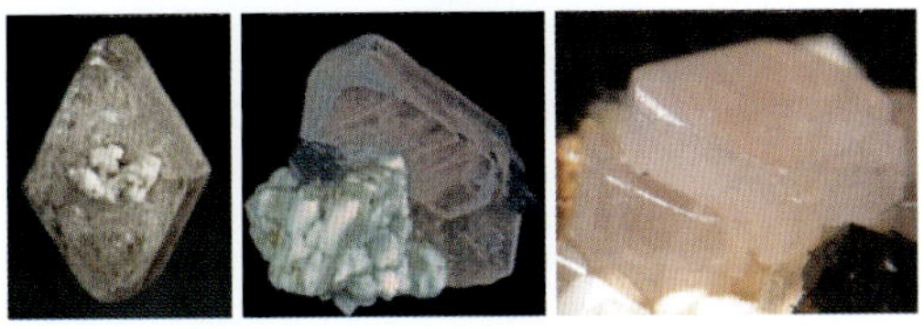

硅锆钠锂石假六方板状晶体(美国)

硅锆钠锂石是一种钠、锂、锆的硅酸盐矿物。属硅铁钠石族。斜方晶系。晶体呈假六方板状、柱状。无色、粉红色、奶油白色或白色，玻璃光泽、珍珠光泽，透明—半透明；硬度 6，完全解理。1966 年由西雅图的矿物学家本杰明·巴特利特"巴特"·坎农(Benjamin Bartlett "Bart" Cannon)发现于

美国华盛顿州奥卡诺根县华盛顿(Washington)山口。当时被错误地认为是铯绿柱石。1975 年重新采集标本,分析认为不是绿柱石。英文名称 Zektzerite,以美国华盛顿西雅图数学家、地质学家、矿物收藏家杰克·采尔策(Jack Zektzer,1936—)的姓氏命名,他提供了进行研究的标本。IMA 1976－034 批准。1977 年 P. J. 邓恩(P. J. Dunn)等在《美国矿物学家》(62)报道。中文名称根据成分译为硅锆钠锂石。

【硅锆钠石】

英文名 Vlasovite

化学式 $Na_2ZrSi_4O_{11}$　　(IMA)

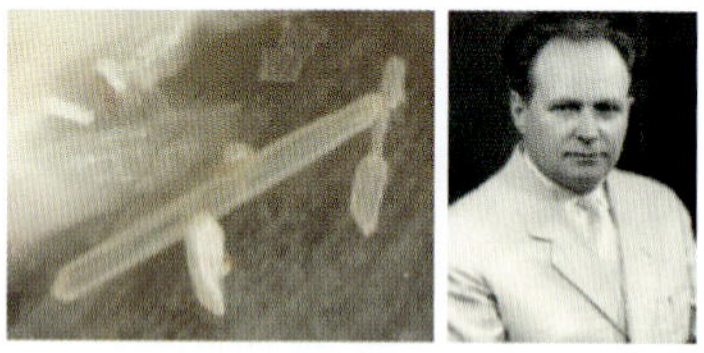

硅锆钠石柱状晶体(葡萄牙)和弗拉索夫像

硅锆钠石是一种钠、锆的硅酸盐矿物。单斜(三斜)晶系。晶体呈柱状、不规则粒状,粒径达 15cm。无色、粉红色、淡棕色,油脂光泽、玻璃光泽,解理面上呈珍珠光泽,透明—半透明;硬度 6,脆性。1961 年 M. E. 卡扎科娃(M. E. Kazakova)等首次发现于俄罗斯北部摩尔曼斯克州瓦文贝德(Vavnbed)山。1961 年 M. E. 卡扎科娃(M. E. Kazakova)等在《苏联科学院报告》(137)和 M. 弗莱舍(M. Fleischer)在《美国矿物学家》(46)报道。英文名称 Vlasovite,由卡扎科娃等以库兹玛·阿列克塞维奇·弗拉索夫(Kuzma Alekseevich Vlasov,1905—1964)的姓氏命名。弗拉索夫是苏联矿物学家和地球化学家,他是苏联莫斯科矿物学研究所的创始人,他研究了洛沃泽罗(Lovozero)地块的地球化学和稀有元素的晶体化学。IMA 1967s. p. 批准。中文名称根据成分译为硅锆钠石。

【硅锆铌钙钠石】

英文名 Marianoite

化学式 $Na_2Ca_4(Nb,Zr)_2(Si_2O_7)_2(O,F)_4$　　(IMA)

硅锆铌钙钠石是一种含氟和氧的钠、钙、铌、锆的硅酸盐矿物。属铌锆钠石(枪晶石)族。单斜晶系。晶体呈扁平的柱状,具薄层板状双晶。淡黄色,玻璃光泽、油脂光泽,半透明;硬度 6,完全解理,脆性。2005 年发现于加拿大安大略省雷湾地区基拉拉(Killala)湖区草原湖相碳酸盐岩侵入杂岩体。英文名称 Marianoite,以安东尼"托尼"·尼古拉·马里亚诺(Anthony"Tony" Nicola Mariano,1930—)的姓氏命名,以表彰他对碱性岩和碳酸岩研究做出的贡献。IMA 2005－005a 批准。2008 年 A. R. 查克赫牟拉蒂安(A. R. Chakhmouradian)在《加拿大矿物学家》(46)和 2009 年《美国矿物学家》(94)报道。2011 年中国地质科学院地质研究所任玉峰等在《岩石矿物学杂志》[30(2)]根据成分译为硅锆铌钙钠石。2011 年杨主明在《岩石矿物学杂志》[30(4)]建议音译为马里亚诺石。

【硅锆钛锶矿】

英文名 Rengeite

化学式 $Sr_4Ti_4ZrO_8(Si_2O_7)_2$　　(IMA)

硅锆钛锶矿是一种锶、钛、锆氧的硅酸盐矿物。属硅钛铈矿族。与何作霖矿为同质多象。单斜(斜方)晶系。晶体呈显微他形粒状。深绿褐色,金刚光泽,透明;硬度 5～5.5,脆性。1998 年发现于日本本州岛中部新潟县糸鱼川市近江亲不知(Oyashirazu)海滩硬玉岩砾石。英文名称 Rengeite,以原生矿物的产地日本莲华(Renge)山和硬玉岩矿床莲华(Renge)变质带命名。IMA 1998－055 批准。日文汉字名称蓮華矿。2001 年宫岛(H. Miyajima)等在《矿物学杂志》(65)报道。2007 年任玉峰在《岩石矿物学杂志》[26(3)]根据成分译为硅锆钛锶矿/硅锆钛锶石。2010 年杨主明在《岩石矿物学杂志》[29(1)]建议采用日文汉字名称的简化汉字名称莲华矿。

【硅铬镁石】参见【铬镁硅石】条 251 页

【硅铬锌铅矿】参见【锌铬铅矿】条 1041 页

【硅汞石】

英文名 Edgarbaileyite

化学式 $Hg_6^{1+}Si_2O_7$　　(IMA)

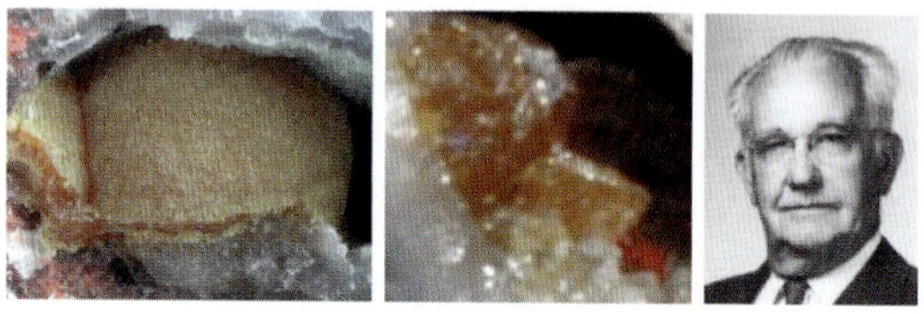

硅汞石板状晶体(美国)和贝利像

硅汞石是一种汞的硅酸盐矿物。单斜晶系。晶体呈板状,如云母状。黄色、橙黄色、橄榄绿色、深绿色、黄绿色、棕色,玻璃光泽、蜡状光泽,半透明—不透明;硬度 4,脆性。1988 年发现于美国加利福尼亚州圣贝尼托县代阿布洛岭新爱德里亚区克利尔溪(Clear Creek)矿。英文名称 Edgarbaileyite,1990 年安德鲁·C. 罗伯茨(Andrew C. Roberts)等为纪念美国地质调查局杰出地质学家和水银商品专员埃德加·赫尔伯特·贝利(Edgar Herbert Bailey,1914—1983)而以他的姓名命名。IMA 1988－028 批准。1990 年 R. J. 安吉尔(R. J. Angel)等在《美国矿物学家》(75)和安德鲁·C. 罗伯茨(Andrew C. Roberts)等在《矿物学记录》(21)报道。1991 年中国新矿物与矿物命名委员会的郭宗山在《岩石矿物学杂志》[10(4)]根据成分译为硅汞石。

【硅钴铀矿】

英文名 Oursinite

化学式 $Co(UO_2)_2(SiO_3OH)_2 \cdot 6H_2O$　　(IMA)

硅钴铀矿针状晶体,放射状、球状集合体(刚果)与海胆

硅钴铀矿是一种含结晶水的钴的铀酰-氢硅酸盐矿物,总有少量的镁替代钴。属硅镁铀矿族。斜方晶系。晶体呈针状;集合体呈皮壳状、放射状、球状。浅黄色,玻璃光泽,透明—半透明;硬度 3～3.5,完全解理。1982 年发现于刚果(金)上加丹加省坎博韦区欣科洛布韦(Shinkolobwe)矿山。英文名称 Oursinite,由法文"Oursin(海胆)"命名,因它的针状晶体和放射状、球状集合体的外形像"Sea urchin(海胆)"。IMA 1982－051 批准。1983 年 M. 德利安(M. Deliens)等在《法国矿物学和结晶学学会通报》(106)和 1984 年《美国矿物学家》

(69)报道。1985 年中国新矿物与矿物命名委员会郭宗山等在《岩石矿物及测试》[4(4)]根据成分译为硅钴铀矿。

【硅管石】参见【焦石英】条 381 页

【硅灰石】

英文名 Wollastonite

化学式 $CaSiO_3$ (IMA)

硅灰石板状晶体，放射状集合体（德国、芬兰）和沃拉斯顿像

硅灰石是一种钙的链状偏硅酸盐矿物。属硅灰石族。与假硅灰石和布雷石*为同质多象。单斜（三斜）晶系。晶体大多呈针状、纤维状或板片状，有的呈细小的粒状；集合体常呈扇形、放射状晶簇。白色、灰色、浅绿色、粉红色、棕色、红色、黄色。在 1 125℃左右时可转化为假硅灰石，由于释放出 Fe、Sr 等杂质，因此颜色由白色变为奶油色、红色或褐色，玻璃光泽，解理面上呈珍珠光泽，透明—半透明；硬度 4.5～5，完全解理，脆性。最初的描述来自罗马尼亚卡拉什-塞维林县；后又发现于意大利罗马首都大都市的卡坡迪波夫(Capo di Bove)。1802 年首次由 M. H. 克拉普罗特(M. H. Klaproth)在柏林罗特曼《化学知识对矿物学的贡献文集》(第三卷)报道。英文名称 Wollastonite，于 1818 年由 J. 莱蒙(J. Léman)在《新自然历史词典》(*Nouveau Dictionnaire d'Histoire Naturelle*)(20)为纪念英国化学家、矿物学家威廉·海德·沃拉斯顿(William Hyde Wollaston，1766—1828)而以他的姓氏命名。他发现了钯(1804)和铑(1809)，发明了反射测角仪(1809)和显微照相机(1812)。1959 年以前发现、描述并命名的"祖父级"矿物，IMA 承认有效。IMA 1962s. p. 批准。中文名称根据成分译为硅灰石。目前已知硅灰石有 1A=1T[三斜，见于 1818 年《地质研究所》(3)]、2M(单斜，见于 1935 年《美国科学杂志》)、3Å、4Å、5Å、7Å=7T[三斜，日本冈山县，1978 年逸见(C. Henmi)等《矿物学杂志》(9)]多型。

【硅灰石膏】

英文名 Thaumasite

化学式 $Ca_3Si(OH)_6(CO_3)(SO_4)\cdot 12H_2O$ (IMA)

硅灰石膏柱状、针状晶体，放射状集合体（南非、德国）

硅灰石膏是一种含结晶水的钙的硫酸-碳酸-氢硅酸盐矿物。属钙矾石/钙铝矾族。六方晶系。晶体呈柱状、针状、纤维状、发状；集合体呈放射状、晶簇状或致密块状。无色、白色，玻璃光泽、油脂光泽，透明—半透明；硬度 3.5。1878 年第一次被瑞典地质学家、矿物学家、地理学家和探险家阿道夫·埃里克·诺登舍尔德(Adolf Erik Nordenskiold，1832—1901)男爵发现并描述于瑞典耶姆特兰省奥勒斯库坦的比耶尔克(Bjelke)矿山。1878 年诺登舍尔德在《法国科学院会议周报》(87)报道。英文名称 Thaumasite，由希腊文"θαυμαζειν=Thaumazein(感到惊讶)"命名，意指其不寻常的组成成分是碳酸盐、硫酸盐和六羟基硅酸盐(Hexahydroxysilicate，$[Si(OH)_6]^{2-}$)阴离子团。1959 年以前发现、描述并命名的"祖父级"矿物，IMA 承认有效。中文名称根据成分译为硅灰石膏；在建筑行业中译为风硬石，水泥在水化中形成了硅灰石膏，在空气中快速变硬，破坏水化硅酸钙的物相，使力学性能下降。

【硅钾钙石】

英文名 Tokkoite

化学式 $K_2Ca_4Si_7O_{18}(OH)F$ (IMA)

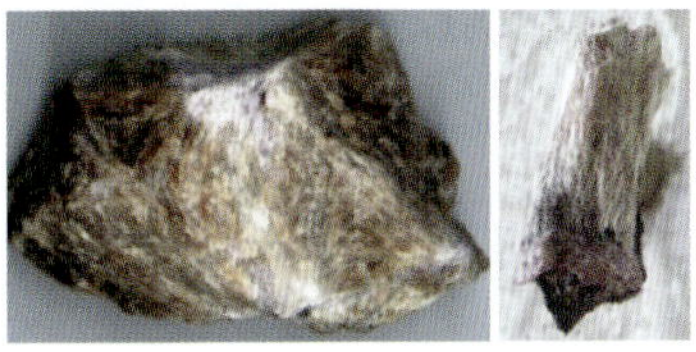

硅钾钙石放射状、束状集合体（俄罗斯）

硅钾钙石是一种含氟和羟基的钾、钙的硅酸盐矿物。属硅钛钙钾石族。三斜晶系。晶体呈细柱状、纤维状；集合体呈放射状、束状。淡黄色、棕黄色、无色，玻璃光泽，透明—半透明；硬度 4～5，完全解理。1985 年发现于俄罗斯萨哈共和国阿尔丹地盾恰拉河与托科(Tokko)河汇流处穆鲁斯基地块塞雷涅维卡门(Sirenevyi Kamen')矿床马奇斯特拉尼(Magistral'nyi)区达旺(Davan)村。英文名称 Tokkoite，以发现地俄罗斯的托科(Tokko)河命名。IMA 1985-009 批准。1986 年在基辅《矿物学杂志》[8(3)]和 1988 年《美国矿物学家》(73)报道。1987 年中国新矿物与矿物命名委员会郭宗山等在《岩石矿物学杂志》[6(4)]根据成分译为硅钾钙石。

【硅钾钙钍石】参见【斯硅钾钍钙石】条 886 页

【硅钾锆石】参见【钾锆石】条 366 页

【硅钾锰铌钛石】

英文名 Kuzmenkoite-Mn

化学式 $K_2MnTi_4(Si_4O_{12})_2(OH)_4\cdot 5\sim6H_2O$ (IMA)

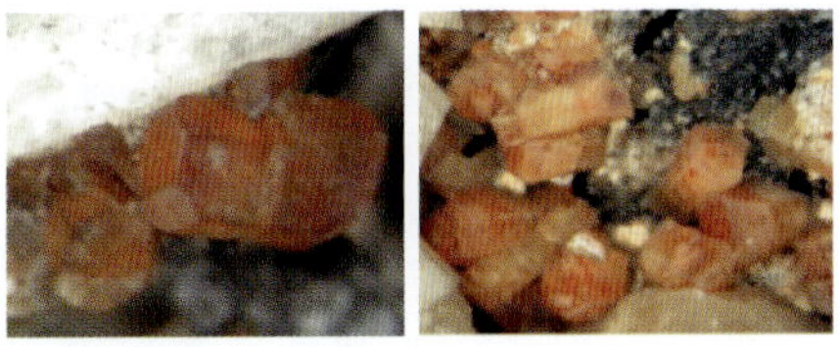

硅钾锰铌钛石柱状晶体（俄罗斯）

硅钾锰铌钛石是一种含结晶水和羟基的钾、锰、钛的硅酸盐矿物。属硅钛钾钡矿超族硅钾锰铌钛石(碱硅锰钛石)族。单斜晶系。晶体呈短柱状。无色、黄色、深橙色，玻璃光泽，透明—半透明；硬度 5。1998 年发现于俄罗斯北部摩尔曼斯克州弗洛拉(Flora)山。英文名称 Kuzmenkoite-Mn，以俄罗斯地球化学家和矿物学家玛丽亚·瓦西里耶夫娜·库兹缅科(Maria Vasilyevna Kuz'menko，1918—1995)的姓氏，2000 年 IMA 加占优势的锰后缀-Mn 组合命名。IMA 1998-058批准。1999 年 N. V. 丘卡诺夫(N. V. Chukanov)等在《俄罗斯矿物学会记事》[128(4)]报道。中文名称根据成分译为硅钾锰铌钛石；2004 年中国地质科学院矿产资源研究所李锦平

等在《岩石矿物学杂志》[23(1)]根据成分译为碱硅锰钛石。

【硅钾锰钛铌石】

英文名 Organovaite-Mn

化学式 $K_2MnNb_4(Si_4O_{12})_2O_4 \cdot 5\sim7H_2O$ (IMA)

奥尔戛诺娃像

硅钾锰钛铌石是一种含结晶水和氧的钾、锰、铌的硅酸盐矿物。属硅钛钾钡矿超族硅钾锌钛铌石族。单斜晶系。晶体呈短而粗的柱状，或呈磷硅铌钠石之假象。深浅不一的粉红色、玫瑰棕色、黄棕色，玻璃光泽，透明—半透明；硬度5，脆性。2000年发现于俄罗斯北部摩尔曼斯克州卡纳苏特(Karnasurt)山。英文名称Organovaite-Mn，根词以俄罗斯结晶学家娜塔莉亚·伊万诺夫娜·奥尔戛诺娃(Natalia Ivanovna Organova，1929—)的姓氏，加占优势的锰后缀-Mn组合命名。IMA 2000-031批准。2001年N. V.丘卡诺夫(N. V. Chukanov)等在《俄罗斯矿物学会记事》[130(2)]报道。中文名称根据成分译为硅钾锰钛铌石。

【硅钾钛石】

英文名 Davanite

化学式 $K_2TiSi_6O_{15}$ (IMA)

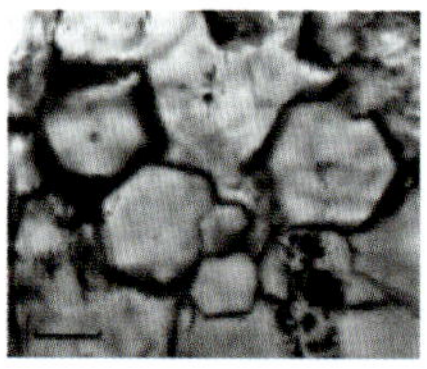

硅钾钛石晶体具六边形轮廓(美国)

硅钾钛石是一种钾、钛的硅酸盐矿物。属硅钾锆石族。三斜晶系。晶体具六边形轮廓。无色，玻璃光泽，透明；硬度5。1982年发现于俄罗斯萨哈共和国阿尔丹地盾恰拉河和托科河汇流处穆鲁斯基地块达旺(Davan)溪。英文名称Davanite，以发现地俄罗斯的达旺(Davan)溪命名。IMA 1982-100批准。1984年K. A.拉兹尼克(K. A. Lazebnik)等在《全苏矿物学会记事》[113(1)]和1985年P. J.邓恩(P. J. Dunn)等在《美国矿物学家》(70)报道。1985年中国新矿物与矿物命名委员会郭宗山等在《岩石矿物及测试》[4(4)]根据成分译为硅钾钛石。

【硅钾铁石】

英文名 Kalifersite

化学式 $K_5Fe^{3+}_7Si_{20}O_{50}(OH)_6 \cdot 12H_2O$ (IMA)

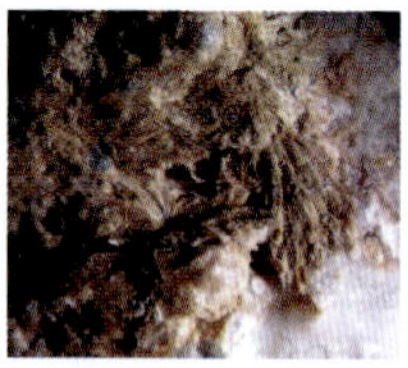

硅钾铁石纤维状晶体，束状集合体(俄罗斯)

硅钾铁石是一种含结晶水和羟基的钾、铁的硅酸盐矿物。三斜晶系。晶体呈纤维状；集合体呈束状。带浅粉色调的浅褐色，土状光泽、丝绢光泽，半透明；硬度2，中等解理，脆性。1996年发现于俄罗斯北部摩尔曼斯克州库基斯武姆科尔(Kukisvumchorr)山。英文名称Kalifersite，由化学成分"Kalium(Potassium，钾)""Ferrum(铁)"和"Silicium(硅)"组合命名。IMA 1996-007批准。1998年G.费拉里斯(G. Ferraris)在《欧洲矿物学杂志》(10)报道。2003年中国地质科学院矿产资源研究所李锦平等在《岩石矿物学杂志》[22(2)]根据成分译为硅钾铁石。

【硅钾锌铌钛石】

英文名 Kuzmenkoite-Zn

化学式 $K_2ZnTi_4(Si_4O_{12})_2(OH)_4 \cdot 6\sim8H_2O$ (IMA)

硅钾锌铌钛石是一种含结晶水和羟基的钾、锌、钛的硅酸盐矿物。属硅钛钾钡矿超族硅钾锰铌钛石(碱硅锰钛石)族。单斜晶系。晶体呈粗柱状、粒状；集合体呈块状。粉红色、粉棕色、灰色、白色，玻璃光泽，透明—半透明；硬度5。2001年发现于俄罗斯北部摩尔曼斯克州塞多泽罗(Seidozero)湖莱普克海伦(Lepkhe-Nel'm)山。英文名称Kuzmenkoite-Zn，以俄罗斯地球化学家和矿物学家玛丽亚·瓦西里耶夫娜·库兹缅科(Maria Vasilyevna Kuzmenko，1918—1995)的姓氏，加占优势的锌后缀-Zn组合命名。IMA 2001-037批准。2002年N. V.丘卡诺夫(N. V. Chukanov)等在《俄罗斯矿物学会记事》[131(2)]报道。2006年中国地质科学院矿产资源研究所李锦平在《岩石矿物学杂志》[25(6)]根据成分译为硅钾锌铌钛石。

【硅钾锌钛铌石】

英文名 Organovaite-Zn

化学式 $K_2Zn(Nb,Ti)_4(Si_4O_{12})_2(O,OH)_4 \cdot 6H_2O$ (IMA)

硅钾锌钛铌石柱状晶体(俄罗斯)

硅钾锌钛铌石是一种含结晶水、羟基和氧的钾、锌、铌、钛的硅酸盐矿物。属硅钛钾钡矿超族硅钾锌钛铌石族。单斜晶系。晶体呈柱状，或呈磷硅铌钠石之假象。粉色、带粉的褐色、白色，玻璃光泽，半透明；硬度5，脆性。2001年发现于俄罗斯北部摩尔曼斯克州卡纳苏特(Karnasurt)山。英文名称Organovaite-Zn，根词以俄罗斯结晶学家娜塔莉亚·伊万诺夫娜·奥尔戛诺娃(Natalia Ivanovna Organova，1929—)的姓氏，加占优势的锌后缀-Zn组合命名。IMA 2001-006批准。2002年I. V.佩科夫(I. V. Pekov)等在《俄罗斯矿物学会记事》[131(1)]报道。2006年中国地质科学院矿产资源研究所李锦平在《岩石矿物学杂志》[25(6)]根据成分译为硅钾锌钛铌石。

【硅钾铀矿】

英文名 Boltwoodite

化学式 $(K,Na)(UO_2)(SiO_3OH) \cdot 1.5H_2O$ (IMA)

硅钾铀矿针状、长柱状晶体，束状、放射状集合体(纳米比亚)和博尔特伍德像

硅钾铀矿是一种含结晶水的钾、钠的铀酰-氢硅酸盐矿物。属硅钙铀矿族。单斜晶系。晶体呈针状、细长柱状、发状、纤维状；集合体呈皮壳状、束状、放射状和似葡萄状。颜色呈稻草黄色、黄色、浅黄色、橘红色，条痕呈浅黄色，玻璃光泽，解理面上呈珍珠光泽，放射状者为丝绢光泽，微晶集合体者为土状光泽；硬度3.5～4.0，完全解理，脆性；具放射性和荧光。1956年第一次发现并描述于美国犹他州埃默里县匹克(Pick's)三角洲矿；同年，在《科学》(124)和《美国矿物学家》(46)报道。英文名称Boltwoodite，由克利福德·弗龙德尔(Clifford Frondel)和伊藤顺(Jun Ito)，以伯特伦·波登·博尔特伍德(Bertram Borden Boltwood，1870—1927)的姓氏命名。博尔特伍德氏是美国康涅狄格州纽黑文耶鲁大学放射化学家，美国放射化学的先驱。博尔特伍德主要是在耶鲁大学受的教育，1897年获博士学位；他致力于放射性研究，在1904

年证实了曾为 E. 卢瑟福所怀疑，并至少在一种特例情况下为多恩所证明过的某个问题。这个问题的要点是放射性元素不是独立的，某一个放射性元素可以由另一个放射性元素产生出来，而且形成一系列放射性元素，特别是镭，它就是由铀产生出来的，而博尔特伍德发现了一种介于这两者之间的、他称之为 Ionium 的放射性元素。Ionium 最终被弄清了，它是钍的一种同位素变体，并不是一种新的元素。博尔特伍德继续研究了这种原子变体。1905 年博尔特伍德指出在铀矿中总可以发现铅，而铅可能是铀蜕变的最终稳定产物，据此，他推广了他的放射性元素系列的概念。1907 年他首次提出，根据铀矿中的含铅量以及铀蜕变的已知速度，可以确定地壳的年龄，称为放射性年代法。1959 年以前发现、描述并命名的"祖父级"矿物，IMA 承认有效。中文名称根据成分译为硅钾铀矿；根据颜色和成分译作黄硅钾铀矿。

【硅碱钡钛石】

英文名 Noonkanbahite

化学式 $NaKBaTi_2(Si_4O_{12})O_2$ (IMA)

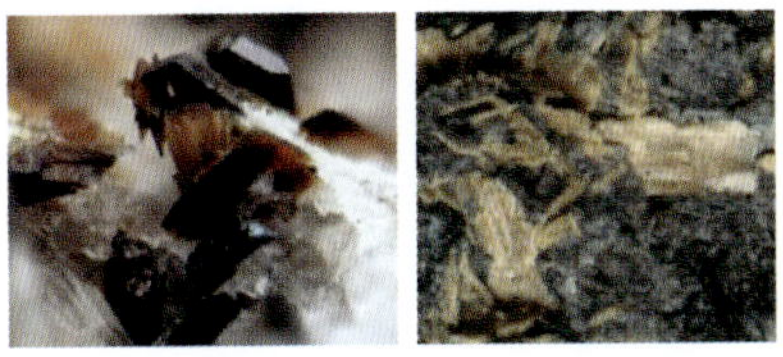

硅碱钡钛石板状晶体（德国、俄罗斯）

硅碱钡钛石是一种含氧的钠、钾、钡、钛的硅酸盐矿物。属硅钡钛石族。斜方晶系。晶体呈柱状、板状、粗片状、粒状；集合体呈放射状。淡黄色、黄褐色、橙红色—褐黑色，玻璃光泽，半透明—不透明；硬度 6，脆性。1965 年由皮特(Prider)发现于澳大利亚农坎巴羊站(Noonkanbah)，并在《矿物学杂志》(34)报道。英文名称 Noonkanbahite，以发现地澳大利亚的农坎巴羊站(Noonkanbah)命名。1965 年皮特(Prider)所描述的组成相似的矿物，后被废弃。2010 年 Y. A. 乌瓦洛娃(Y. A. Uvarova)等在《矿物学杂志》(74)报道，又发现于德国莱茵兰-普法尔茨州艾费尔山洛莱(Löhley)采石场和俄罗斯萨哈共和国阿尔丹地盾恰卡河和托科河汇合处穆鲁斯基(Murunskii)地块迪特马溪流锶钛矿山。后来的作者为维持最初发现者的优先权将(重新验证)的矿物决定保留旧的名称，而不再将其以新的模式产地重新命名。IMA 2009 - 059 批准。中文名称根据成分译为硅碱钡钛石，也译作硅铌钡钛石。

【硅碱钙石】

英文名 Canasite

化学式 $K_3Na_3Ca_5Si_{12}O_{30}(OH)_4$ (IMA)

硅碱钙石是一种含羟基的钾、钠、钙的硅酸盐矿物。属硅碱钙石族。单斜晶系。晶体呈他形粒状，具聚片双晶；集合体呈块状。棕黄色、绿黄色、淡绿色，玻璃光泽，透明—半透明；完全解理，性脆。可作比较珍贵的宝石。1959 年多尔夫曼等发现于俄罗斯北部摩尔曼斯克州尤克斯波(Yukspor)山 Material'naya 平硐；同年，在《苏联科学院特鲁迪矿物学博物馆》(9)报道。英文名称 Canasite，由化学成分"Calcium(钙)""Natrium(钠)"和"Silicon(硅)"的元素符号组合命名。IMA 1962s. p. 批准。中文名称根据成分译为硅碱钙石。

【硅碱钙铈石】

英文名 Ashcroftine-(Ce)

化学式 $K_5Na_5(Ce,Ca)_{12}Si_{28}O_{70}(OH)_2(CO_3)_8 \cdot 8H_2O$

硅碱钙铈石是一种含结晶水、碳酸根和羟基的钾、钠、铈、钙的硅酸盐矿物。四方晶系。粉红色，玻璃光泽、丝绢光泽，透明—半透明。英文名称 Ashcroftine-(Ce)，以英国伦敦大英自然历史博物馆的资助者弗雷德里克·诺埃尔·阿什克罗夫特(Frederick Noel Ashcroft, 1878—1949)的姓氏，加占优势的稀土元素铈后缀-(Ce)组合命名。IMA 未批准，但可能有效。中文名称根据成分译为硅碱钙铈石。

【硅碱钙钛铌石】

英文名 Karupmøllerite-Ca

化学式 $(Na,Ca,K)_2Ca(Nb,Ti)_4(Si_4O_{12})_2(O,OH)_4 \cdot 7H_2O$ (IMA)

卡鲁普-莫雷尔像

硅碱钙钛铌石是一种含结晶水、羟基和氧的钠、钙、钾、铌、钛的硅酸盐矿物。属硅钛钾钡矿超族碱硅锰钛石族。单斜晶系。晶体呈不规则板状或呈水硅铌钠石薄层之假象。带灰或粉红的白色，玻璃光泽，半透明；硬度 5，脆性。2001 年发现于丹麦格陵兰南部库雅雷哥自治区伊犁马萨克碱性杂岩体康尔卢苏克(Kangerluarsuk)峡湾梅勒梅尔夫(Mellemelv)山谷。英文名称 Karupmøllerite-Ca，根词以丹麦技术大学的矿物学家、副教授和矿物发现者斯文·卡鲁普-莫雷尔(Svend Karup-møller, 1936—)的姓氏，加占优势的钙后缀- Ca 组合命名。IMA 2001 - 028 批准。2002 年 I. V. 佩科夫(I. V. Pekov)等在《矿物学新年鉴》(月刊)报道。2006 年中国地质科学院矿产资源研究所李锦平在《岩石矿物学杂志》[25(6)]根据成分译为硅碱钙钛铌石。

【硅碱钙钇石】

英文名 Ashcroftine-(Y)

化学式 $K_5Na_5Y_{12}Si_{28}O_{70}(OH)_2(CO_3)_8 \cdot 8H_2O$ (IMA)

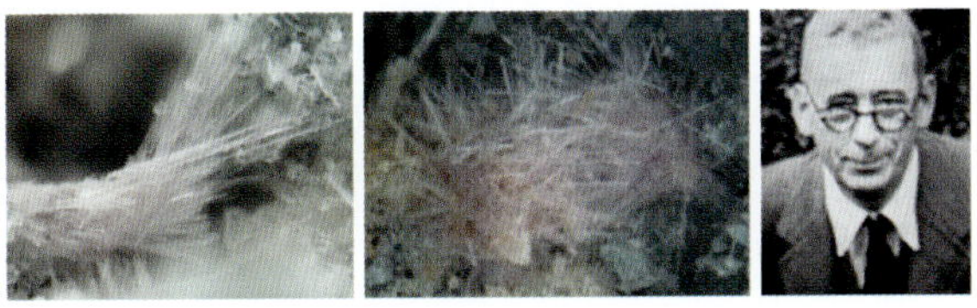

硅碱钙钇石针状晶体，束状、杂乱状集合体(加拿大)和阿什克罗夫特像

硅碱钙钇石是一种含结晶水、碳酸根和羟基的钾、钠、钇的硅酸盐矿物。四方晶系。晶体呈针状、棒状；集合体呈放射状、束状、杂乱状。浅紫色、粉红色、浅棕色、深紫色，玻璃光泽、丝绢光泽、蜡状光泽，透明—半透明；硬度 5，完全解理，脆性。1933 年发现于丹麦格陵兰库雅雷哥自治区纳沙斯瓦哥(Narssârssuk)高原伟晶岩；同年，M. H. 赫伊(M. H. Hey)等在《矿物学杂志》(23)报道。英文名称 Ashcroftine-(Y)，由马克斯·哈钦森·海伊(Max Hutchinson Hey)等为纪念英国伦敦大英自然历史博物馆的资助者、著名矿物收藏家弗雷德里克·诺埃尔·阿什克罗夫特(Frederick Noel Ashcroft, 1878—1949)而以他的姓氏，加占优势的稀土元素钇后缀-(Y)组合命名。1959 年以前发现、描述并命名的"祖父级"矿物，IMA 承认有效。IMA 1967s. p. 批准。中文名称根据成分译为硅碱钙钇石。

【硅碱锰铌钛石】

英文名 Gutkovaite-Mn

化学式 $CaK_2Mn(Ti,Nb)_4(Si_4O_{12})_2(O,OH)_4 \cdot 5H_2O$ (IMA)

硅碱锰铌钛石柱状晶体（俄罗斯）

硅碱锰铌钛石是一种含结晶水、羟基和氧的钙、钾、锰、钛、铌的硅酸盐矿物。属硅钛钾钡矿超族硅碱锰铌钛石族。单斜晶系。晶体呈柱状。带浅黄的粉红色，玻璃光泽，透明—半透明；硬度5，脆性。2001年发现于俄罗斯北部摩尔曼斯克州玛莉·曼尼帕克（Maly Mannepakhk）山碱性伟晶岩。英文名称Gutkovaite-Mn，根名以俄罗斯矿物学家N. N. 古特科娃（N. N. Gutkova，1896—1960?）的姓氏，加占优势的锰后缀-Mn组合命名。古特科娃深入研究了俄罗斯希比内-洛沃泽罗地块碱性杂岩体，第一个描述了希比内地块的磷灰石；1928年出版洛沃泽罗地块第一个新矿物表，记述了新种21个；1930年发现了希比内地块的原发性的褐硅铈石。IMA 2001-038批准。2002年I. V. 佩科夫（I. V. Pekov）等在《俄罗斯矿物学会记事》[131(2)]报道。2006年中国地质科学院矿产资源研究所李锦平在《岩石矿物学杂志》[25(6)]根据成分译为硅碱锰铌钛石。

【硅碱锰石】

英文名 Manaksite

化学式 $KNaMn^{2+}Si_4O_{10}$　　(IMA)

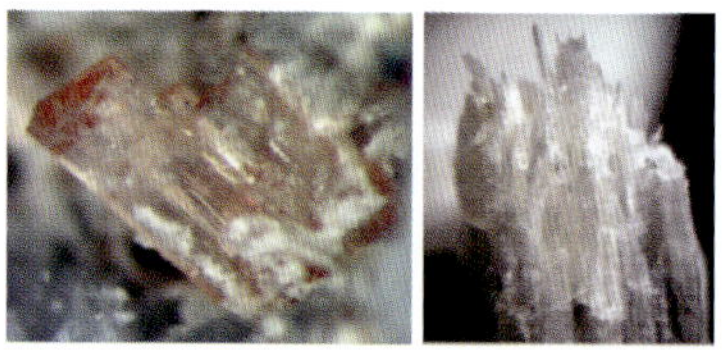

硅碱锰石板状、纤维状晶体（俄罗斯）

硅碱锰石是一种钾、钠、锰的硅酸盐矿物。属硅碱铜矿族。三斜晶系。晶体呈板状、纤维状、不规则粒状；集合体呈束状。无色、奶油色、浅玫瑰色，透明—半透明；硬度5，极完全解理，脆性。1990年发现于俄罗斯北部摩尔曼斯克州阿卢艾夫（Alluaiv）山。英文名称Manaksite，由化学成分“Manganese=Mn（锰）”“Na（钠）”“K（钾）”和“Si（硅）”组合命名。IMA 1990-024批准。1992年A. P. 霍米亚科夫（A. P. Khomyakov）等在《俄罗斯矿物学会记事》[121(1)]和1993年《美国矿物学家》(78)报道。1998年中国新矿物与矿物命名委员会黄蕴慧等在《岩石矿物学杂志》[17(1)]根据成分译为硅碱锰石。

【硅碱铜矿】

英文名 Litidionite

化学式 $KNaCuSi_4O_{10}$　　(IMA)

硅碱铜矿皮壳状、小球粒状集合体（意大利）

硅碱铜矿是一种钾、钠、铜的硅酸盐矿物。属硅碱铜矿族。三斜晶系。集合体呈皮壳状、球粒状。白色、蓝色，玻璃光泽；硬度5～6。1880年发现于意大利那不勒斯省维苏威（Vesuvius）山。1880年E. 斯卡基（E. Scacchi）在意大利《那不勒斯皇家科学院物理和数学学报》(19)报道了意大利维苏威火山砾（Lapilli）。英文名称Litidionite，由希腊文“Λ ι θιο=Lithidios=Λαπ ι λ=Lapilli=Πεμπλ=Pebble（火山砾）”命名，以前被称为Lithiodionite，2014年（IMA 14-C）更名为现名。1959年以前发现、描述并命名的“祖父级”矿物，IMA承认有效。IMA 2014s. p. 批准。中文名称根据成分译为硅碱铜矿。

【硅碱钇石】

英文名 Monteregianite-(Y)

化学式 $KNa_2YSi_8O_{19}\cdot 5H_2O$　　(IMA)

硅碱钇石柱状、薄板状晶体，晶簇状、叠扇状集合体（加拿大）

硅碱钇石是一种含结晶水的钾、钠、钇的硅酸盐矿物。单斜（假斜方）晶系。晶体呈针状、柱状、板状、薄板状；集合体呈晶簇状、叠扇状、放射状。无色、绿色、灰色、灰白色、白色，玻璃光泽、丝绢光泽，透明—半透明；硬度3.5，完全解理。1972年发现于加拿大魁北克省圣希莱尔（Saint-Hilaire）山[其中的蒙特利根（Monteregian）山]混合肥料采石场。英文名称Monteregianite-(Y)，由发现地加拿大的蒙特利根（Monteregian）山加占优势的稀土元素钇后缀-(Y)组合命名。IMA 1972-026批准。1978年G. Y. 曹（G. Y. Chao）在《加拿大矿物学家》(16)报道。中国地质科学院根据成分译为硅碱钇石。2011年杨主明在《岩石矿物学杂志》[30(4)]建议音加成分译为蒙特利根钇石。

【硅钪石】

英文名 Befanamite

化学式 $Sc_2Si_2O_7$

硅钪石是一种钪的硅酸盐矿物。属钪钇石族。大晶体为10cm×3cm的碎片。灰绿色；硬度6～7。1918年，由J. B. 拉萨莫尔（J. B. Rasamoel）发现于马达加斯加塔那那利佛省安祖祖鲁贝区贝法纳莫（Befanamo）伟晶岩。拉萨莫尔将样品发送给法国矿物学家阿尔弗雷德·拉克鲁瓦（Alfred Lacroix），化学分析表明，它是一种高钪（Sc）和锆（Zr）及较低含量的钇（Y）的矿物，并将其命名为Befananite。英文名称Befanamite，以发现地马达加斯加的贝法纳莫（Befanamo）命名。1922年A. 拉克鲁瓦（A. Lacroix）在《马达加斯加矿物学》(3)和1926年W. F. 福杉格（W. F. Foshag）在《美国矿物学家》(11)报道。中文名称根据成分译为硅钪石，也译作锆钪钇石。

【硅钪钇石】参见【钪钇石】条403页

【硅孔雀石】

英文名 Chrysocolla

化学式 $(Cu_{2-x}Al_x)H_{2-x}Si_2O_5(OH)_4\cdot nH_2O$　　(IMA)

硅孔雀石钟乳状、葡萄状集合体（刚果）

硅孔雀石是一种水合铜、铝的氢硅酸盐矿物。斜方晶系。晶体呈隐晶质或胶状或纤维状、针状;集合体呈钟乳状、葡萄状、皮壳状、土状,具蛋白石状、陶瓷状外观。绿色、浅蓝绿色,含杂质时可变成褐色、黑色,玻璃光泽或蜡状光泽,土状者呈土状光泽,半透明—不透明;硬度 2.5～3.5,脆性。中文名称因外貌似孔雀石,而其实不是孔雀石,它是一种硅酸盐矿物,故名硅孔雀石,又名凤凰石。因呈蓝绿色故又名蓝硅孔雀石。

在中国古籍中有碧钿、青绿等名称,如《读史方舆纪要》卷五十六载:“天柱山,州(兴安州,今陕西安康县)西五十里,下有碧钿、青绿诸洞二十余处,唐宋俱采取入贡,明始停闭。”据夏湘蓉、王根元等考证是指硅孔雀石。夏湘蓉、王根元等的《中国古代矿业开发史》认为:“按元代的碧甸并非甸子,明代的碧钿当不例外。”这是因为绿松石(甸子)一般不与孔雀石(青绿,亦称石绿)共生,而“硅孔雀石”则常与孔雀石共生。既然已知与“碧钿”共生的是孔雀石,那么“碧钿”或“碧甸子”很有可能是指“硅孔雀石”。凤凰石又叫礬矾孔雀石,主要是孔雀石和青金石的混合物;又有称美国蓝宝的,因为绿色的孔雀石与蓝色的青金石长在一起,色泽中略带孔雀石的翠绿及青金石的宝蓝。2006 年的一项研究表明它可能是水蓝铜矿和玉髓的混合物。

英文名称 Chrysocolla,来自希腊文“Κρ ά ισοs＝Chrysos(可莱索斯)＝Gold(黄金)”和“Kolla＝Glue(胶水)”组合命名,因为它与一种“焊金物质”(该名称最初指硼砂和其他微绿色的矿物)非常相似的缘故。在公元前 315 年泰奥弗拉斯托斯(Theophrastus)第一次使用了这个名字。1808 年,安德烈·杰·弗朗索·马里·布罗尚·德·维莱(Andre Jean Francois Marie Brochant de Villiers)恢复了此名字。见于 1968 年 F. V. 丘赫罗夫(F. V. Chukhrov)等在《苏联科学院通报:地质类》(6)报道。1959 年以前发现、描述并命名的“祖父级”矿物,IMA 承认有效。IMA 1980s. p. 批准。

另一英文名称 Cornuite,1917 年由奥斯丁·F. 罗杰斯(Austin F. Rogers)为纪念奥地利莱奥本蒙塔尼什大学矿物学、岩石学和矿床地质研究所矿物学助理教授费利克斯·柯尔努(Felix Cornu,1882—1909)而以他的姓氏命名。柯尔努是公认的胶体化学创始人,他是区分晶态和非晶态矿物的第一个矿物学家。1917 年 A. P. 罗杰斯(A. P. Rogers)在《地质学杂志》(25)报道。中文名称根据形态和成分译为土硅铜矿。

柯尔努像

【硅镧钠石】

英文名 Sazhinite-(La)

化学式 $Na_3LaSi_6O_{15} \cdot 2H_2O$　(IMA)

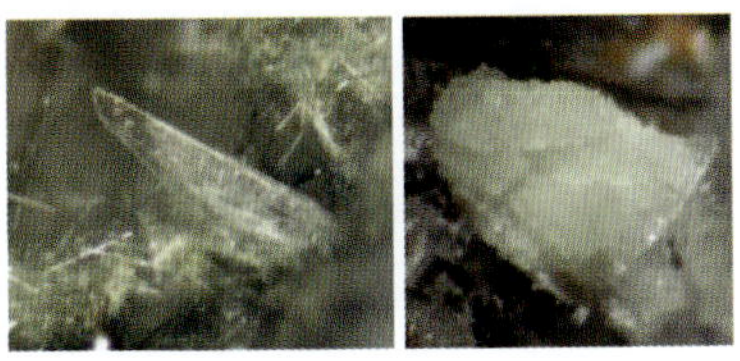
硅镧钠石板状、针状、粒状晶体(纳米比亚)

硅镧钠石是一种含结晶水的钠、镧的硅酸盐矿物。属硅钾锆石族。斜方晶系。晶体呈柱状、针状、细长板状;集合体粒状。乳白色,珍珠光泽,透明—半透明;硬度 3,完全解理,脆性。2002 年发现于纳米比亚霍马斯区温得和克市阿里斯(Aris)采石场。英文名称 Sazhinite-(La),以苏联门捷列夫学院化学工程系冶金学教授、俄罗斯稀土工业的创始人尼古拉·彼得罗维奇·萨芝娜(Nikolai Petrovich Sazhina,1898—1969)院士的姓氏加占优势的稀土元素镧后缀-(La)组合命名。IMA 2002－042a 批准。2006 年 F. 卡马拉(F. Camara)等在《矿物学杂志》(70)报道。中文名称根据成分镧及与硅铈钠石[Sazhinite-(Ce)]的关系译为硅镧钠石。

【硅镧石*】

英文名 Percleveite-(La)

化学式 $La_2Si_2O_7$　(IMA)

硅镧石*是一种镧的硅酸盐矿物。四方晶系。2019 年发现于俄罗斯车里雅宾斯克州莫查林原木(Mochalin Log)稀土矿床。英文名称 Percleveite-(La),由瑞典乌普萨拉大学的化学教授、钬和铥元素的发现者佩尔·西奥多·克利夫(Per Theodor Cleve,1840—1905)的姓名,加占优势的稀土元素镧后缀-(La)组合命名,意指它是镧的硅镧铈石的类似矿物。IMA 2019－037 批准。2019 年 A. V. 卡萨金(A. V. Kasatkin)等在《CNMNC 通讯》(51)、《矿物学杂志》(83)和《欧洲矿物学杂志》(31)报道。目前尚未见官方中文译名,编译者建议根据成分译为硅镧石*。

【硅镧铈石】

英文名 Percleveite-(Ce)

化学式 $Ce_2Si_2O_7$　(IMA)

硅镧铈石他形粒状晶体(蒙古国)和克利夫像

硅镧铈石是一种铈的硅酸盐矿物。四方晶系。晶体呈他形粒状。黄灰色、白色,油脂光泽、树脂光泽;硬度 6,脆性。2002 年发现收藏于瑞典斯德哥尔摩自然历史博物馆的一块标本,它来自瑞典韦斯特曼省欣斯卡特贝里的里达尔许坦巴斯坦斯(Bastnäs)矿山。英文名称 Percleveite-(Ce),以瑞典乌普萨拉大学的化学教授、钬和铥元素的发现者佩尔·西奥多·克利夫(Per Theodor Cleve,1840—1905)的姓名,加占优势的稀土元素铈后缀-(Ce)组合命名。IMA 2002－023 批准。2003 年 D. 霍尔特斯坦(D. Holtstam)等在《欧洲矿物学杂志》(15)报道。2008 年中国地质科学院地质研究所任玉峰等在《岩石矿物学杂志》[27(2)]根据成分译为硅镧铈石。

【硅锂铝石】

英文名 Bikitaite

化学式 $LiAlSi_2O_6 \cdot H_2O$　(IMA)

硅锂铝石柱状晶体(美国)

G

硅锂铝石是一种含沸石水的锂的铝硅酸盐矿物。属沸石族。单斜(三斜)晶系。晶体呈柱状、刀片状、粒状;集合体呈晶簇状。无色、白色,玻璃—半玻璃光泽,透明;硬度 6,完全解理,脆性。1957 年发现于津巴布韦(原南罗德西亚)中南部马斯温戈市(原名维多利亚堡)的比基塔(Bikita)地区诺兰(Nolan)领地;同年,在《美国矿物学家》(42)报道。英文名称 Bikitaite,1957 年由科尼利厄斯·瑟尔·赫尔伯特(Cornelius Searle Hurlbut)以发现地津巴布韦的比基塔(Bikita)命名。1959 年以前发现、描述并命名的"祖父级"矿物,IMA 承认有效。IMA 1997s. p. 批准。中文名称根据成分译为硅锂铝石;音译比基塔石。

【硅锂锰钙石】

英文名 Lithiomarsturite

化学式 $LiMn_2^{2+}Ca_2Si_5O_{14}(OH)$　(IMA)

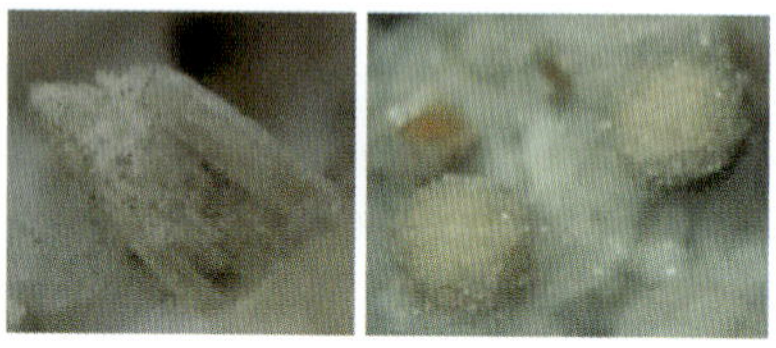

硅锂锰钙石柱状晶体,放射状、球粒状集合体(美国)

硅锂锰钙石是一种含羟基的锂、锰、钙的硅酸盐矿物。属蔷薇辉石族。三斜晶系。晶体呈自形柱状、粒状、菱面体;集合体呈放射状、球粒状。黄棕色、淡黄色、粉红棕色,玻璃光泽,透明;硬度 6,完全解理,脆性。1988 年发现于美国北卡罗来纳州克里夫兰县金斯芒廷区富特(Foote)锂公司矿井。英文名称 Lithiomarsturite,由成分冠词"Lithio(锂)"和根词"Marsturite(硅锰钠钙石)"组合命名,意指它是锂的硅锰钠钙石的类似矿物。IMA 1988-035 批准。1990 年在《美国矿物学家》(75)报道。1991 年中国新矿物与矿物命名委员会郭宗山在《岩石矿物学杂志》[10(4)]根据成分译为硅锂锰钙石(根词参见【硅锰钠钙石】条 276 页)。

【硅锂钠石】

英文名 Silinaite

化学式 $NaLiSi_2O_5 \cdot 2H_2O$　(IMA)

硅锂钠石是一种含结晶水的钠、锂的硅酸盐矿物。单斜晶系。晶体呈板状、纤维状;集合体呈白垩状、土状、粉末状。无色、白色,玻璃光泽、土状光泽,透明—不透明;硬度 4.5,完全解理,脆性。1990 年发现于加拿大魁北克省圣希莱尔(Saint-Hilaire)山混合肥料采石场。英文名称 Silinaite,由化学元素"Silicon(Si,硅)""Lithium(Li,锂)"和"Sodium(Na,钠)"的符号组合命名。IMA 1990-028 批准。1991 年 G. Y. 曹(G. Y. Chao)等在《加拿大矿物学家》(29)报道。1993 年中国新矿物与矿物命名委员会黄蕴慧等在《岩石矿物学杂志》[12(1)]根据成分译为硅锂钠石。

【硅锂石】

英文名 Virgilite

化学式 $LiAlSi_2O_6$　(IMA)

硅锂石是一种锂的铝硅酸盐矿物。六方晶系。晶体六方双锥状、柱状、不规则的圆粒状或纤维状,可达 50μm,一般发现于其他矿物的包裹体中。无色,玻璃光泽,透明;硬度 5.5～6。1977 年发现于秘鲁卡拉瓦亚省马库萨尼(Macusani)。英文名称 Virgilite,以美国得克萨斯州大学矿物学教授

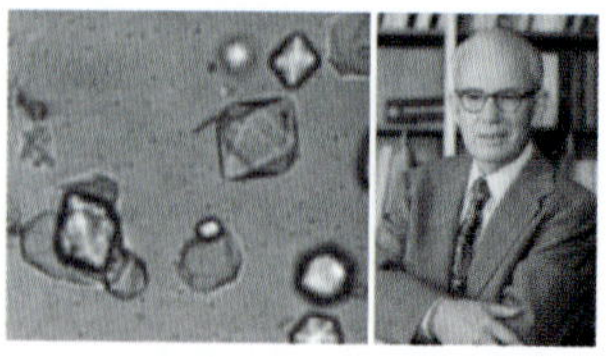

硅锂石六方双锥或圆形晶体(秘鲁)和维吉尔像

维吉尔·埃弗雷特·巴恩斯(Virgil Everett Barnes,1903—1998)的名字命名。IMA 1977-009 批准。1978 年 B. M. 弗里希(B. M. French)等在《美国矿物学家》(63)报道。中文名称根据成分译为硅锂石。

【硅磷灰石】

英文名 Ellestadite

化学式 $Ca_5[(SiO_4,SO_4,PO_4)_3](O,OH,F)$

硅磷灰石是一个 SiO_4 和 SO_4 替代 PO_4 的磷灰石类似矿物。属磷灰石超族硅磷灰石族(2010 年新命名)。六方晶系。晶体呈柱状、粒状;集合体呈块状。浅玫瑰色或橙色、蓝色、黄色,玻璃光泽,透明—半透明;硬度 5。1937 年发现于美国加利福尼亚州克雷斯特莫尔(Crestmore)地区。1937 年麦康奈尔·邓肯(McConnell Duncan)在《美国矿物学家》(22)报道。英文名称 Ellestadite,以美国明尼苏达明尼阿波利斯分析化学家 R. B. 埃勒斯塔德(R. B. Ellestad,1900—1993)博士的姓氏命名。中文名称根据成分译为硅磷灰石;2010 年新更名为族名:包括 Fluorellestadite,译作氟硅磷灰石(或译作硅硫磷灰石);Hydroxylellestadite,译作羟硅磷灰石(参见相关条目);以及 Chlorellestadite = Ellestadite-(Cl),译作氯硅磷灰石,2010 年由帕赛罗(Pasero)等合成,当时在自然界中尚未发现。到 2017 年才发现,并经 IMA 2017-013 批准(参见【氯硅磷灰石】条 554 页)。

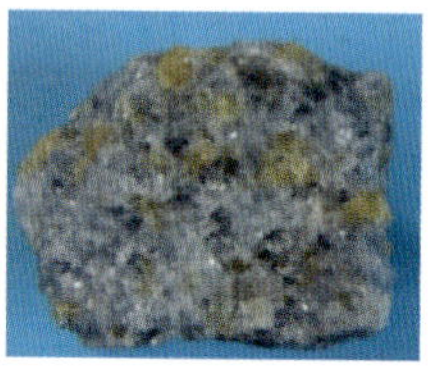

硅磷灰石粒状晶体(美国)

【硅磷镍矿】

英文名 Perryite

化学式 $(Ni,Fe)_8(Si,P)_3$　(IMA)

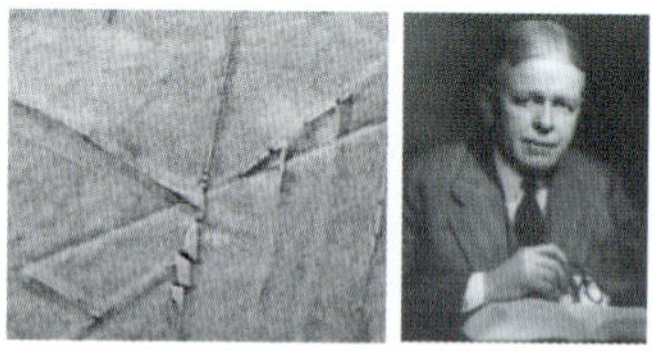

硅磷镍矿板条状晶体(澳大利亚)和佩里像

硅磷镍矿是一种镍、铁的磷-硅化物矿物。三方晶系。晶体呈板条状,沿铁纹石陨石界面分布。银白色,半金属光泽,不透明。1965 年发现于美国科罗拉多州巴卡县马溪(Horse Creek)陨石;也发现于马拉维和阿曼陨石。1965 年 K. 弗雷德里克松(K. Fredriksson)等在《美国地球物理学报》(46)报道。英文名称 Perryite,以美国报纸新闻记者和出版商、业余陨石权威和收藏家斯图尔特·霍夫曼·佩里(Stuart Hoffman Perry,1874—1957)的姓氏命名。他最初描述了马溪陨石。被认为是 1959 年以前发现、描述并命名的"祖父级"矿物,IMA 承认有效。IMA 1968s. p. 批准。1968 年 S. J. B. 里德(S. J. B. Reed)在《矿物学杂志》(36)报道。中文名

称根据成分译为硅磷镍矿；根据成因和成分译为陨硅铁镍石。

【硅磷酸钙石】

英文名 Silicocarnotite

化学式 $Ca_5[(PO_4)(SiO_4)](PO_4)$ （IMA）

硅磷酸钙石是一种钙的磷酸-硅磷酸盐矿物。属磷灰石族。与沧波石(Tsangpoite)为同质多象。斜方晶系。晶体呈粒状。无色(自然)、蓝色(合成)，玻璃光泽，透明；硬度 5，脆性。2013 年发现于以色列内盖夫沙漠哈尔帕萨(Har Parsa)山和以色列南方地区(哈达罗姆)特梅特-哈特鲁里姆(Tsomet Hatrurium)。英文名称 Silicocarnotite，由化学成分“Calcium(钙)”“Silico(硅)”和“Phosphate(磷酸盐)”组合命名，这个名字在 100 多年前用于合成相 $Ca_5[(SiO_4)(PO_4)](PO)_4$。IMA 2013-139 批准。2014 年 E. V. 加鲁斯金(E. V. Galuskin)等在《南非豪登举行的第 21 届 IMA 大会(IMA 2014)摘要卷》(377)报道的《一种来自以色列内盖夫沙漠的旧的“新”矿物》和 2016 年《欧洲矿物学杂》(28)报道。中文名称根据成分译为硅磷酸钙石。

【硅硫磷灰石】

英文名 Fluorellestadite

化学式 $Ca_5(SiO_4)_{1.5}(SO_4)_{1.5}F$ （IMA）

氟硅磷灰石针柱状晶体(法国)和威尔克像

硅硫磷灰石是一种含氟的钙的硫酸-硅酸盐矿物。属磷灰石超族硅磷灰石族。羟磷灰石-硅磷灰石系列的中间变种。六方晶系。晶体呈柱状、针状、细粒状。蓝色—淡蓝色、淡玫瑰红色、黄色、无色，玻璃光泽、油脂光泽，透明—半透明；硬度 4.5～5，中等解理，非常脆。1914 年发现于美国加利福尼亚州里弗赛德县克里斯特莫尔(Crestmore)采石场。1914 年 A. S. 埃克勒(A. S. Eakle)和 A. F. 罗杰斯(A. F. Rogers)在《美国科学杂志》[4(37)]报道：加州南部的磷灰石族的新变种。英文名称 Fluorellestadite，由成分冠词“Fluor(氟)”和根词“Ellestadite(硅磷灰石)”组合命名。IMA 1987-002 批准。

另一英文名称 Wilkeite，以 R. M. 威尔克(R. M. Wilke，1862—1946)先生的姓氏命名。他是美国加利福尼亚州帕洛阿尔托的矿物经销商和收藏家。1922 年对“Wilkeite”进行了分析，结果发现样本与埃克勒(Eakle)和罗杰斯(Rogers)报告的材料十分不同，认为这是一种新的矿物。而 Ellestadite(硅磷灰石)以明尼阿波利斯明尼苏达大学美国分析化学家和化学成分中氟的分析者鲁宾·B. 埃利斯塔德(Ruben B. Ellestad，1900—1993)博士的姓氏命名。1982 年罗斯(Rouse)和邓恩(Dunn)研究表明 Si∶S 之比接近 1∶1，于是 Wilkeite 被视为独立的矿物种。1987 年切斯诺科夫(Chesnokov)等发现于俄罗斯南乌拉尔地区车里雅宾斯克州科佩斯克(Kopeisk)矿。1987 年 B. V. 切斯诺科夫(B. V. Chesnokov，)等在《全苏矿物学会记事》[116(6)]和《美国矿物学家》(67)报道。2008 年 Fluorellestadite 改为 Ellestadite-(F)，2010 年又改回 Fluorellestadite。中文名称根据成分和族名译为硅硫磷灰石；1984 年而中国新矿物与矿物命名委员会郭宗山在《岩石矿物及测试》[3(2)]根据成分及与硅磷灰石关系译为氟硅磷灰石，此译名与 Fluorcalciobritholite 重复，也有的译为氟硅硫磷灰石。

【硅铝钡钙石】参见【钡钙大隅石】条 54 页

【硅铝钙钇石*】

英文名 Cayalsite-(Y)

化学式 $CaY_6Al_2Si_4O_{18}F_6$ （IMA）

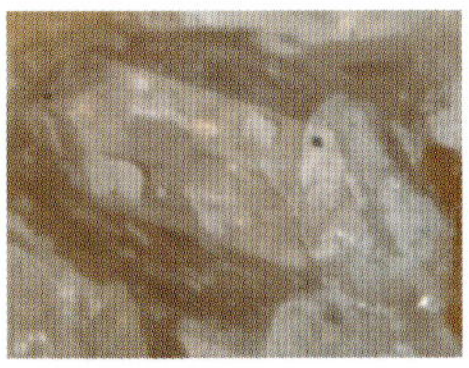

硅铝钙钇石* 柱状晶体(挪威)

硅铝钙钇石* 是一种含氟的钙、钇的铝硅酸盐矿物。斜方晶系。晶体呈柱状。无色、淡粉红色，玻璃光泽，透明。2011 年发现于挪威诺尔兰郡蒂斯菲尤尔区上拉普格尔特(Øvre Lapplægeret)采石场和斯泰德(Stetind)伟晶岩。英文名称 Cayalsite-(Y)，由化学元素“Calcium(钙)”“Yttrium(钇)”“Aluminium(铝)”和“Silicon(硅)”符号组合命名。IMA 2011-094 批准。2012 年 T. 马尔彻若克(T. Malcherek)等在《CNMNC 通讯》(13)、《矿物学杂志》(76)和 2015 年《欧洲矿物学杂志》(27)报道。目前尚未见官方中文译名，编译者建议根据成分译为硅铝钙钇石*。目前已知 Cayalsite-(Y)有几个多型：-1O(斜方晶系)和-1M(单斜晶系)已被描述。

【硅铝磷钇钍矾】

英文名 Saryarkite-(Y)

化学式 $Ca(Y,Th)Al_5(SiO_4)_2(PO_4)_2(OH)_7 \cdot 6H_2O$ （IMA）

硅铝磷钇钍矾是一种含结晶水和羟基的钙、钇、钍、铝的磷酸-硅酸盐矿物。六方晶系。晶体呈长柱状、针状、纤维状。白色，油脂光泽，半透明；硬度 3.5～4。1964 年发现于哈萨克斯坦中部的哈萨克大草原卡拉干达州巴尔喀什湖阿库杜克(Akkuduk)。这里坐落着两个国家自然保护区，广阔的湿地是迁徙水鸟的乐园，也是濒危物种赛加羚羊的栖息地。英文名称 Saryarkite-(Y)，根词由发现地哈萨克斯坦中部草原地区的哈萨克语名称萨利亚喀/萨拉尔卡(Saryarka)，加占优势的钇后缀-(Y)组合命名。1964 年 O. F. 克罗尔(O. F. Krol)等在《全苏矿物学会记事》(93)和《美国矿物学家》(49)报道。IMA 1987s. p. 批准。中文名称根据成分译为硅铝磷钇钍矾，有的译为磷硅铝钇钙石，还有人音译为萨雅克石或刹雅克石。

【硅铝锰钠石】

英文名 Manganonaujakasite

化学式 $Na_6Mn^{2+}Al_4Si_8O_{26}$ （IMA）

硅铝锰钠石是一种钠、锰、铁的铝硅酸盐矿物。属云母族。单斜晶系。晶体呈他形粒状、半自形板状。明亮的蓝色，玻璃光泽，透明；硬度 3～4，完全解理，脆性。1999 年发现于俄罗斯北部摩尔曼斯克州洛沃泽罗(Lovozero)地块。英文名称 Manganonaujakasite，由成分冠词“Mangano(锰)”和根词“Naujakasite(硅铝铁钠石或瑙云母)”组合命名，意指它是锰占优势的硅铝铁钠石的类似矿物。IMA 1999-031 批准。2000 年 A. P. 霍米亚科夫(A. P. Khomyakov)等在《俄罗斯矿物学会记事》[129(4)]报道。2003 年中国地质科学院矿产资源研究所李锦平等在《岩石矿物学杂志》[22(1)]根据成分及与硅铝铁钠石的关系译为硅铝锰钠石或锰瑙云母(根词参见【瑙云母】条 646 页)。

【硅铝硼石】

英文名 Boralsilite

化学式 $Al_{16}B_6O_{30}(Si_2O_7)$ (IMA)

硅铝硼石柱状晶体，束捆状集合体(南极洲)

硅铝硼石是一种铝、硼氧的硅酸盐矿物。单斜晶系。晶体呈柱状、纤维状；集合体呈束状、捆状。无色、白色，玻璃光泽，透明。1996年发现于南极洲东部伊丽莎白公主领地普里兹湾拉斯曼丘陵斯托内斯(Stornes)半岛和挪威罗加兰郡阿尔姆乔泰伊(Almgjotheii)杂岩体。英文名称 Boralsilite，由化学元素“Boron(硼)”“Aluminum(铝)”和“Silicon(硅)”的词头组合命名。IMA 1996-029 批准。1998 年 E. S. 格鲁(E. S. Grew)等在《美国矿物学家》(83)报道。2004 年中国地质科学院矿产资源研究所李锦平等在《岩石矿物学杂志》[23(1)]根据成分译为硅铝硼石。

【硅铝铍镁石】

英文名 Khmaralite

化学式 $Mg_4(Mg_3Al_9)O_4[Si_5Be_2Al_5O_{36}]$ (IMA)

硅铝铍镁石是一种镁、铝氧的铍铝硅酸盐矿物。假蓝宝石族。单斜晶系。晶体呈板状、叶片状。暗绿色、蓝色，玻璃光泽，透明；硬度 7，脆性。1998 年发现于南极洲东部恩德比地凯西湾科马拉(Khmaral)湾伟晶岩锆石点。英文名称 Khmaralite，为纪念在南极洲死亡的拖拉机手伊凡·费奥多罗维奇·科马拉(Ivan Fedorovich Khmara，1936—1956)而以他的姓氏命名的地名命名。IMA 1998-027 批准。1999 年 J. 巴比耶(J. Barbier)等在《美国矿物学家》(84)报道。2004 年中国地质科学院矿产资源研究所李锦平等在《岩石矿物学杂志》[23(1)]根据成分译为硅铝铍镁石。

【硅铝铅矿】

英文名 Plumalsite

化学式 $Pb_4Al_2(SiO_3)_7$

硅铝铅矿是一种铅、铝的硅酸盐矿物。斜方晶系。集合体呈块状。无色、绿色、黄色—黑色，玻璃光泽；硬度 5～6。1968 年发现于乌克兰。1968 年迈克尔·弗莱舍(Michael Fleischer)在《美国矿物学家》(53)报道。英文名称 Plumalsite，由化学元素拉丁文“Plumbum(铅)”“Al(铝)”和“Si(硅)”的词头组合命名。存疑矿物，未经 IMA 批准。中文名称根据成分译为硅铝铅矿或硅铝铅石。

【硅铝铯铍石】参见【锂铯绿柱石】条 444 页

【硅铝锑锰矿】参见【黑硅锑锰矿】条 315 页

【硅铝铁钠石】参见【瑙云母】条 646 页

【硅铝铜钙石】参见【羟铝铜钙石】条 722 页

【硅铝锡钙石】

英文名 Eakerite

化学式 $Ca_2Sn^{4+}Al_2Si_6O_{18}(OH)_2 \cdot 2H_2O$ (IMA)

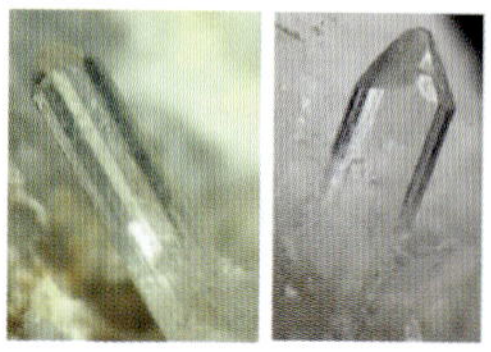

硅铝锡钙石柱状晶体(美国)

硅铝锡钙石是一种含结晶水和羟基的钙、锡的铝硅酸盐矿物。单斜晶系。晶体呈柱状。无色、白色，玻璃光泽，透明；硬度 5.5，脆性。1969 年发现于美国北卡罗来纳州克利夫兰县金斯芒廷区富特(Foote)锂公司矿井(富特矿)。英文名称 Eakerite，以富特锂公司采矿工程师杰克·埃克(Jack Eaker)的姓氏命名，是他发现了该矿物。IMA 1969-019 批准。1970 年 P. B. 莱文斯(P. B. Leavens)等在《矿物学记录》(1)和 1976 年 A. A. 柯萨科夫(A. A. Kossiakoff)等在《美国矿物学家》(61)报道。中文名称根据成分译为硅铝锡钙石。

【硅镁钡石】

英文名 Magbasite

化学式 $KBaFe^{3+}Mg_7Si_8O_{22}(OH)_2F_6$ (IMA)

硅镁钡石是一种含氟和羟基的钾、钡、铁、镁的硅酸盐矿物，最初成分中含有较多的钪，后被杨主明等 2009 年修正为 $KBa(Mg,Fe)_8Si_8O_{23}F_5$。斜方晶系。与柱石结构相关。晶体呈纤维状、细针状；集合体呈扇形和似毡状。无色、粉红色、紫罗兰色，玻璃光泽，透明—半透明；硬度 5，完全解理。1965 年发现于中国内蒙古自治区包头地区白云鄂博矿区白云鄂博稀土铁矿床。1965 年 I. E. 谢苗诺夫(I. E. Semenov)等在《苏联科学院报告》[163(3)]和 1966 年《美国矿物学家》(51)报道。英文名称 Magbasite，由化学元素“Mag(镁)”“Ba(钡)”和“Si(硅)”的组合命名。IMA 1968s. p. 批准。中文名称根据成分译为硅镁钡石或镁钡石。

【硅镁钙石】参见【青泥石】条 747 页

【硅镁铬钛矿】

英文名 Redledgeite

化学式 $Ba(Ti_6Cr_2^{3+})O_{16}$ (IMA)

硅镁铬钛矿针状晶体(俄罗斯)

硅镁铬钛矿是一种钡、钛、铬的氧化物矿物。属锰钡石超族柱红石族。四方晶系。晶体呈针状；集合体呈杂乱状。绿色、黄色、黑色，金刚光泽；硬度 6～7。1928 年发现于美国加利福尼亚州内华达县雷德矿脉(Red Ledge)。1928 年戈登(Gordon)等在《美国矿物学家》(13)报道，最初被描述为铬金红石(Chromrutle)。1961 年雨果·斯特鲁格(Hugo Strung)发现该矿物具锰钡矿型结构，而非金红石型，并重新以产地命名为 Redledgeite[《矿物学新年鉴》(月刊)]。英文名称 Redledgeite，由发现地美国的雷德矿脉(Red Ledge)矿命名。IMA 1967s. p. 批准。中文名称根据成分译为硅镁铬钛矿。

【硅镁铝石】

英文名 Surinamite

化学式 $Mg_3Al_3O(Si_3BeAlO_{15})$ (IMA)

硅镁铝石是一种镁、铝氧的铍铝硅酸盐矿物。属假蓝宝石超族三斜闪石族。单斜晶系。晶体呈柱状。蓝色、蓝绿色，玻璃光泽；完全解理。1974 年发现于苏里南(荷兰语：Suriname)共和国锡帕利维尼区巴库伊斯(Bakhuis)山。英文名称 Surinamite，以发现地苏里南(Surinam)共和国命名。IMA 1974-053 批准。1976 年 E. W. F. 德罗弗(E. W. F. De

Roever)等在《美国矿物学家》(61)报道。中文名称根据成分译为硅镁铝石(1980年修订表中名为硅镁铝石);1983年中国新矿物与矿物命名委员会郭宗山等在《岩石矿物及测试》[2(1)]根据英文名称首音节音和成分译为苏硅镁铝石。自然界中已知的多型只有-1M。

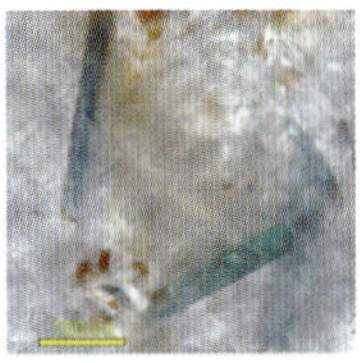
硅镁铝石柱状晶体
(赞比亚)

【硅镁铅矿】

英文名 Molybdophyllite

化学式 $Pb_8Mg_9[Si_{10}O_{28}(OH)_8O_2(CO_3)_3]\cdot H_2O$ (IMA)

硅镁铅矿是一种含结晶水、羟基、碳酸根、氧的铅、镁的硅酸盐矿物。单斜(假六方)晶系。晶体呈板状、片状,假六边形。无色、浅灰色、淡黄色、淡绿色,条痕呈白色,玻璃光泽、珍珠光泽,透明—半透明;硬度3～4,完全解理。1901年发现于瑞典韦姆兰省菲利普斯塔德市朗班(Långban)。1901年G.弗林克(G. Flink)在《乌普萨拉大学地质学院通报》(5)报道。英文名称Molybdophyllite,根据希腊文"Molybdos(钼)=Μόλυβδος(铅)(注:当时钼和铅不分。铅意译为导水管,导水管是由铅制作的;亦称为铅导)"和"φύλλον=Leaf=Phyllos(叶状)"组合命名,意指其含铅和叶片状的晶习。1959年以前发现、描述并命名的"祖父级"矿物,IMA承认有效。中文名称根据成分译为硅镁铅矿。

【硅镁石】

英文名 Humite

化学式 $Mg_7(SiO_4)_3(F,OH)_2$ (IMA)

硅镁石板状、粒状晶体(意大利)和修姆像

硅镁石是一种含氟和羟基的镁的硅酸盐类矿物。硅镁石族包括斜方晶系的块硅镁石[Norbergite,$Mg_3[SiO_4](F,OH)_2$]、硅镁石[Humite,$(Mg,Fe)_7(SiO_4)_3(F,OH)_2$]和单斜晶系的粒硅镁石[Chondrodite,$Mg_5[SiO_4]_2(F,OH)_2$]、斜硅镁石[Clinohumite,$Mg_9[SiO_4]_4(F,OH)_2$]。硅镁石族矿物与镁橄榄石($Mg_2[SiO_4]$)一起组成镁橄榄石-块硅镁石系列。硅镁石与水硅锰矿为同质多象。晶体呈板状、片状、桶状、粒状,具页片双晶。颜色有白色、无色,以及淡黄色、黄褐色、棕色、红色等,玻璃光泽,断口呈松脂光泽,透明—半透明;硬度6,完全解理,脆性。硅镁石族矿物均可作宝石,但最重要的是红褐色(石榴红)的粒硅镁石精美的晶体。

硅镁石于1813年首次被发现在意大利那不勒斯省外轮山(Somma);同年,在伦敦《布尔农伯爵私人矿物收藏目录》(*Catalogue de la collection minéralogique particulière du Comte de Bournon.*)刊载。它是一种棕橙色的半透明、玻璃光泽的宝石矿物。英文名称Humite,法国矿物学家和晶体学家贾可斯·路易斯·康姆特·迪·波农(Jacques Louis Comte de Bournon,1751—1825)为纪念亚伯拉罕·修姆(Abraham Hume,1749—1838)爵士而以其姓氏命名。修姆是一位英国矿物宝石和艺术品的鉴赏家和收藏家。1971年P. H.里贝(P. H. Ribbe)等在《美国矿物学家》(56)报道。1959年以前发现、描述并命名的"祖父级"矿物,IMA承认有效。中文名称根据成分译为硅镁石。

【硅镁铀矿】

英文名 Sklodowskite

化学式 $Mg(UO_2)_2(SiO_3OH)_2\cdot 6H_2O$ (IMA)

硅镁铀矿柱状、针状晶体,放射状集合体(刚果)和居里夫人像

硅镁铀矿是一种罕见的含结晶水的镁的铀酰-氢硅酸盐矿物。属硅镁铀矿族。单斜晶系。晶体呈柱状、针状、纤维状;集合体常呈致密块状或薄层状、放射状、球粒状。淡黄色、柠檬黄色、污黄绿色,金刚光泽、玻璃光泽、丝绢光泽,透明—半透明;硬度2～3,完全解理,脆性;强放射性;有弱的浊黄绿色荧光。1924年阿尔弗雷德·舒尔普(Alfred Schoep,1881—1966)发现于刚果(金)上加丹加省坎博韦区欣科洛布韦(Shinkolobwe)矿山卡索洛(Kasolo)矿;同年,在《法国矿物学会通报》(47)、《巴黎科学院会议周报》(179)和1925年W. F.福杉格(W. F. Foshag)在《美国矿物学家》(10)报道。英文名称Sklodowskite,由舒尔普为纪念法国著名物理学家、化学家玛丽·斯克罗多夫斯卡·居里(Marie Sklodowska Curie,1867—1934)而以她娘家姓斯卡洛多斯卡(Sklodowska)命名。玛丽·斯卡洛多斯卡·居里(1867—1934)与她的丈夫皮埃尔·居里(Pierre Curie,1859—1906)是放射性研究的先驱科学家。1959年以前发现、描述并命名的"祖父级"矿物,IMA承认有效。另一英文名称Chinkolobwite,以首次发现地刚果(金)的欣科洛布韦(Shinkolobwe)矿山命名。中文名称根据成分译为硅镁铀矿。

【硅锰钡锶石】

英文名 Taikanite

化学式 $BaSr_2Mn_2^{3+}O_2(Si_4O_{12})$ (IMA)

硅锰钡锶石是一种钡、锶、锰氧的硅酸盐矿物。单斜晶系。翡翠绿、墨绿色、黑色,玻璃光泽、油脂光泽,半透明—不透明;硬度6～7,完全解理,脆性。1984年发现于俄罗斯哈巴罗夫斯克边疆区达沃迪(Dzhavodi)和早布拉什尼(Zaoblachnyi)地区。英文名称Taikanite,以发现地俄罗斯的大观(Taikan)岭命名。IMA 1984-051批准。1985年在《全苏矿物学会记事》(114)和1988年《美国矿物学家》(72)报道。1986年中国新矿物与矿物命名委员会郭宗山等在《岩石矿物学杂志》[5(4)]根据成分译为硅锰钡锶石。

【硅锰锆钠石】

英文名 Grenmarite

化学式 $Na_2Zr_2Na_2MnZr(Si_2O_7)_2O_2F_2$ (IMA)

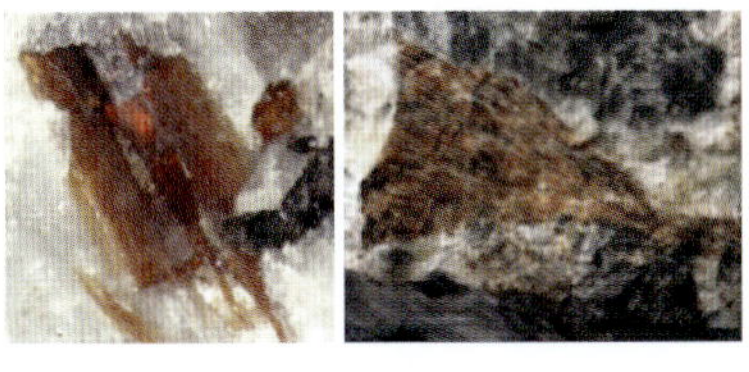
硅锰锆钠石扁平板状、纤维状晶体,放射状集合体(挪威)

G

硅锰锆钠石是一种含氟和氧的钠、锆、锰的硅酸盐矿物。属氟钠钛锆石超族层硅铈钛矿(褐硅铈石)族。单斜晶系。晶体呈细长扁平板状、纤维状;集合体呈放射状。黄棕色—深棕色,玻璃光泽,半透明;硬度 4.5,完全解理,脆性。1989 年被已故挪威收藏家汤姆·恩沃尔森(Tom Engvoldsen,1957—2015)发现于挪威西福尔郡纳托利特登(Natrolittodden)。英文名称 Grenmarite,以发现朗厄松(Langesundsfjorden)峡湾的北欧人格林玛尔(Grenmar)名字命名。IMA 2003-024 批准。2004 年 M. 贝莱扎(M. Bellezza)等在《欧洲矿物学杂志》(16)报道。2008 年中国地质科学院地质研究所任玉峰等在《岩石矿物学杂志》[27(3)]根据成分译为硅锰锆钠石。

【硅锰灰石】

英文名 Manganbabingtonite

化学式 $Ca_2Mn^{2+}Fe^{3+}Si_5O_{14}(OH)$　　(IMA)

硅锰灰石柱状晶体(美国)

硅锰灰石是一种含羟基的钙、锰、铁的硅酸盐矿物。属蔷薇辉石族。硅铁灰石-硅锰灰石系列锰端元矿物。三斜晶系。晶体呈柱状;集合体呈晶簇状。黑色、棕黑色玻璃光泽,半透明;硬度 5.5~6,完全解理。1966 年发现于俄罗斯克拉斯诺亚尔斯克边疆区克拉斯诺卡缅斯克市鲁德尼·卡斯卡德(Rudnyi Kaskad)矿床。1966 年 R. A. 维诺格拉多娃(R. A. Vinogradova)等在《苏联科学院报告》(169)和 1968 年 M. 弗莱舍(M. Fleischer)在《美国矿物学家》(53)报道。英文名称 Manganbabingtonite,由化学元素"Manganese(锰)"词头和根词"Babingtonite(硅铁灰石)"组合命名。IMA 1971s. p. 批准。中文名称根据成分及与硅铁灰石的关系译为硅锰灰石(参见【硅铁灰石】条 292 页)。

【硅锰矿】

英文名 Bementite

化学式 $Mn_7Si_6O_{15}(OH)_8$　　(IMA)

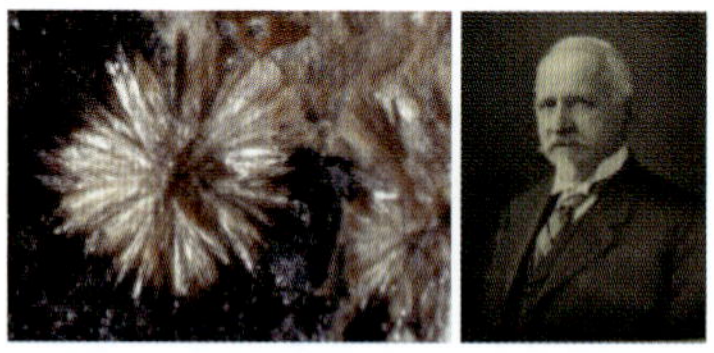

硅锰矿叶片状晶体,放射状集合体(意大利)和比门特像

硅锰矿是一种含羟基的锰的硅酸盐矿物,其中锰可能被次要的铁、镁和锌所取代。单斜晶系。晶体呈叶片状、鳞片状、纤维状、粒状;集合体常呈块状,有时呈放射状、钟乳状。褐色、褐红色、深紫红色、黄色、灰色,风化后颜色变暗,蜡状光泽、玻璃光泽、油脂光泽,半透明;硬度 4~6,极完全解理。1887 年发现于美国新泽西州苏塞克斯县富兰克林矿区特罗特(Trotter)矿;同年,在《费城科学院自然科学学报》报道。英文名称 Bementite,由乔治·奥古斯都·凯尼格(George Augustus Koenig)以克拉伦斯·斯维特·比门特(Clarence Sweet Bement,1843—1923)的姓氏命名。比门特收集了美国最好的矿物标本。他还收集了很感兴趣的美国硬币和各种各样的收藏品。他对新泽西州富兰克林有浓厚兴趣,在那里发现该矿物。1959 年以前发现、描述并命名的"祖父级"矿物,IMA 承认有效。IMA 1963s. p. 批准。中文名称根据成分译为硅锰矿;根据光泽和成分译为蜡硅锰矿。

【硅锰钠钙石】

英文名 Marsturite

化学式 $NaCaMn^{2+}_3Si_5O_{14}(OH)$　　(IMA)

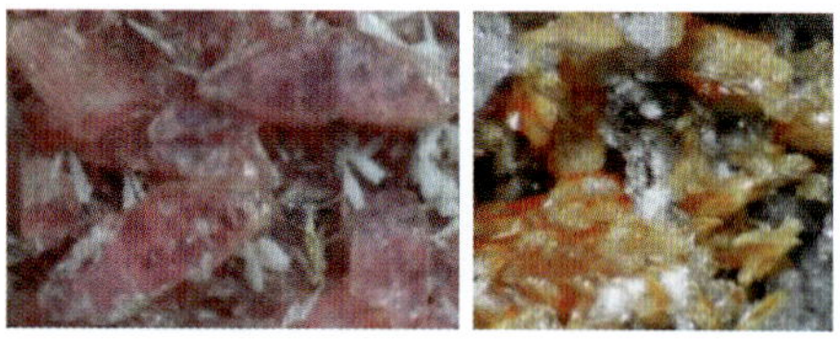

硅锰钠钙石板条状晶体(美国、意大利)

硅锰钠钙石是一种含羟基的钠、钙、锰的硅酸盐矿物。属蔷薇辉石族。三斜晶系。晶体呈板条状;集合体呈晶簇状。白色、浅粉红色、黄褐色,玻璃光泽,透明—半透明;硬度 6。1977 年发现于美国新泽西州苏塞克斯县富兰克林矿区富兰克林(Franklin)矿。英文名称 Marsturite,1978 年由唐纳德·皮科(Donald Peacor)和皮特·邓恩(Pete Dunn)为纪念美国爱达荷州贝尔维尤的矿物收藏家和矿物工程的资助者玛丽恩·巴特勒·斯图尔特(Marion Butler Stuart,1921—2000)而以他的姓名命名。斯图尔特尤其是对地质感兴趣,是一个自然历史标本保存的坚定支持者。IMA 1977-047批准。1978 年皮科等在《美国矿物学家》(63)报道。中文名称根据成分译为硅锰钠钙石。

【硅锰钠锂石】

英文名 Nambulite

化学式 $LiMn^{2+}_4Si_5O_{14}(OH)$　　(IMA)

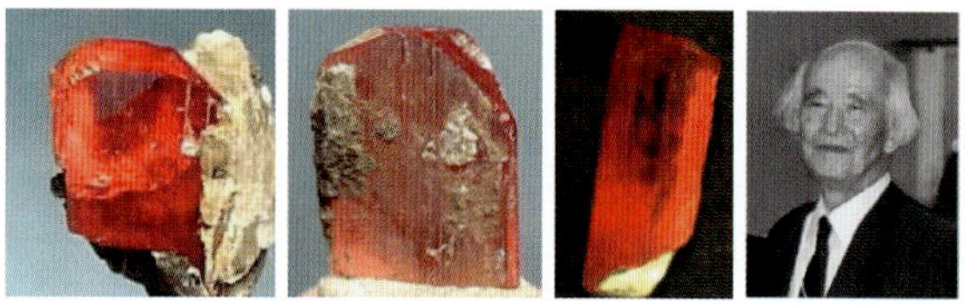

硅锰钠锂石板状、柱状晶体(纳米比亚)和南部像

硅锰钠锂石是一种含羟基的锂、锰的硅酸盐矿物。三斜晶系。晶体呈柱状、板状。红棕色、橙红色,金刚光泽、玻璃光泽,透明—半透明;硬度 6.5,脆性。1971 年发现于日本本州岛东北岩手县九户村广野町小野船子泽(Funakozawa)矿山。英文名称 Nambulite,以日本仙台东北大学著名地球科学学者、矿床矿物学专家南部(Matsuo Nambu,1917—2009)的姓氏命名,以表彰他对日本矿床学和矿物学所做出的贡献。南部教授 1971—1976 年任东北大学选矿精炼研究所(现为材料工学研究所)所长。退休后,任东京理科大学的专职教授或监事。从 1974—1976 年任日本岩石矿物矿床学会会长,1978—1980 年任日本矿山地质学会会长。南部对日本,特别是对东北地方的许多金属矿床进行了详查和记载,论述了其成因,尤其是对锰矿床的研究倾注力量,对有关矿物进行了详细的讨论。南部发现了 5 个新矿物:万次郎矿(Manjiroite,1967)、正方针铁矿(Akaganeite,1968)、神津闪

石（Mangano-ferri-eckermannite、Kôzulite，1969）、高根矿（Takanelite，1971）、上国石（Jokokuite，1978）；同时，也编辑了东北地方的《矿物志·矿床志》。通过这些研究，南部收集的矿石、矿物标本达 4 000 件以上，并赠送给工业技术院地质标本馆和岩手县立博物馆等。因这些成就，南部获得日本岩石矿物矿床学会渡边万次郎奖、日本矿物学会樱井奖及河北文化奖。IMA 1971－032 批准。日文汉字名称南部石。1972 年吉井（M. Yoshii）等在日本《矿物学杂志》（7）和 1973 年 M. 弗莱舍（M. Fleischer）在《美国矿物学家》（58）报道。1987 年汪正然在《英汉矿物名称》中根据成分译为硅锰钠锂石。2010 年杨主明在《岩石矿物学杂志》[29（1）]建议借用日文汉字名称南部石。

【硅锰钠石】

英文名 Namansilite

化学式 $NaMn^{3+}Si_2O_6$　　（IMA）

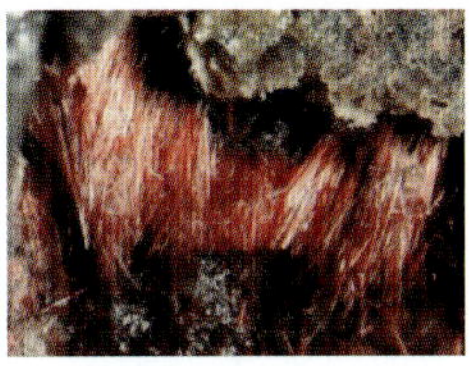

硅锰钠石纤维状晶体（意大利）

硅锰钠石是一种钠、锰的硅酸盐矿物。属辉石族单斜辉石亚族。单斜晶系。晶体呈粒状、柱状、纤维状；集合体呈细脉状、豆荚状。深棕红色、紫红色，金刚光泽、玻璃光泽、珍珠光泽，透明；硬度 6～7，完全解理。1989 年发现于俄罗斯哈巴罗夫斯克边疆区德扎沃迪（Dzhavodi）地区和早布拉什尼（Zaoblachnyi）地区。英文名称 Namansilite，由化学元素“Sodium（Natrium，钠）”“Manganese（锰）”和“Silicon（硅）”的词头组合命名。IMA 1989－026 批准。1992 年 V. V. 加里宁（V. V. Kalinin）等在《俄罗斯矿物学会记事》[121（1）]和 1993 年 J. L. 杨博尔（J. L. Jambor）等在《美国矿物学家》（78）报道。1998 年中国新矿物与矿物命名委员会黄蕴慧等在《岩石矿物学杂志》[17（1）]根据成分译为硅锰钠石。

【硅锰铅矿】参见【硅铅矿】条 283 页

【硅锰锌矿】参见【褐锌锰矿】条 314 页

【硅钠钡钛石】

英文名 Joaquinite-(Ce)

化学式 $NaBa_2Fe^{2+}Ti_2Ce_2(Si_4O_{12})_2O_2(OH)\cdot H_2O$

（IMA）

硅钠钡钛石柱状、板状晶体（美国）

硅钠钡钛石是一种相当罕见的含结晶水、羟基和氧的钠、钡、铁、钛、铈的复杂的硅酸盐矿物。属硅钠钡钛石族。单斜晶系。晶体呈板状、短刃状、粒状。淡褐色、棕色、橙色、黄色或蜜黄色，玻璃光泽，透明—半透明；硬度 5～6。1909 年发现于美国加利福尼亚州圣贝尼托县代阿布洛岭华金（Joaquin）山脊圣贝尼托河上游地区达拉斯蓝锥矿宝石矿区；同年，在《加州大学地质系学报》（5）报道。1932 年帕拉奇（Palache）、查尔斯（Charles）和威廉·弗雷德里克·福杉格（William Frederick Foshag）在《美国矿物学家》（17）报道。英文名称 Joaquinite-(Ce)，根词以发现地美国代阿布洛岭（Diablo）山脉的华金（Joaquin）山脊命名。1959 年以前发现、描述并命名的“祖父级”矿物，IMA 承认有效。中文名称根据成分译为硅钠钡钛石（族名）。1987 年加占优势的稀土元素铈后缀 Joaquinite-(Ce)。IMA 2001s. p. 批准。中文名称根据成分译为硅钠钡钛铈石/硅钠钡钛石-铈。

【硅钠钡钛铈石】参见【硅钠钡钛石】条 277 页

【硅钠钙石】

英文名 Fedorite

化学式 $(K,Na)_{2.5}(Ca,Na)_7Si_{16}O_{38}(OH,F)_2\cdot 3.5H_2O$

（IMA）

硅钠钙石片状晶体（俄罗斯）和费多罗夫像

硅钠钙石是一种含结晶水、羟基和氟的钾、钠、钙的硅酸盐矿物。属硅钠钙石族。与板磷钙石（Martinite）同构。三斜晶系。晶体呈假六边形薄板状、片状。珍珠白色、无色、鲜红色、红色，半玻璃光泽、珍珠光泽，透明—半透明；完全解理。1965 年发现于俄罗斯北部摩尔曼斯克州图里（Turii）碱性岩地块。1965 年 A. A. 库哈连科（A. A. Kukharenko）等在列宁格勒内德拉（Nedra）编辑出版的《俄罗斯加里东期超基性碱性岩和科拉半岛及北卡累利阿碳酸盐岩》报道。英文名称 Fedorite，1968 年由 A. A. 库哈连科（A. A. Kukharenko）、M. P. 奥尔洛娃（M. P. Orlova）和 A. G. 布拉赫（A. G. Bulakh）在《美国矿物学家》（52）为纪念俄国杰出的数学家、晶体学家、矿物学家叶夫格拉夫·斯捷潘诺维奇·费多罗夫（Evgraf Stepanovich Fedorov，1853—1919）而以他的姓氏命名。费多罗夫对群论很感兴趣，证明中涉及的重要的多型现象概念和壁纸理论（Wallpaper theory）后来多用于解决晶体结构问题。IMA 1967s. p. 批准。中文名称根据成分译为硅钠钙石。

【硅钠锆石】参见【钠硅锆石】条 636 页

【硅钠钾钛石】

英文名 Sitinakite

化学式 $KNa_2Ti_4Si_2O_{13}(OH)\cdot 4H_2O$　　（IMA）

硅钠钾钛石粒状、四方形晶体（俄罗斯）

硅钠钾钛石是一种含结晶水和羟基的钾、钠、钛的硅酸盐矿物。四方晶系。晶体呈粒状、四方形状。无色、浅棕色—浅玫瑰色、粉红棕色，玻璃光泽，透明—半透明；硬度 4.5，完全解理。1989 年发现于俄罗斯北部摩尔曼斯克州库基斯武姆科尔（Kukisvumchorr）山和尤克斯珀（Yukspor）山。英文名称 Sitinakite，由化学元素“Silicon（Si，硅）”“Titanium（Ti，钛）”“Sodium（Na，钠）”和“Potassium（K，钾）”符号组合命名。IMA 1989－051 批准。1992 年 Y. P. 缅希科夫（Y. P. Menshikov）等在《俄罗斯矿物学会记事》[121（1）]报道。中文名称根据成分译为硅钠钾钛石。

【硅钠铌石】参见【硅钛钙石】条 287 页

【硅钠铌钛钙石】参见【硅钛钙石】条 287 页

【硅钠石】

英文名 Natrosilite

化学式 $Na_2Si_2O_5$ (IMA)

硅钠石板状晶体(俄罗斯)

硅钠石是一种钠的硅酸盐矿物。单斜晶系。晶体呈板状。无色、白色,玻璃光泽,透明;完全解理。1974 年发现于俄罗斯北部摩尔曼斯克州卡纳苏尔特(Karnasurt)山。英文名称 Natrosilite,由化学成分拉丁文"Natrium(钠)"和"Silicon(硅)"组合命名。IMA 1974-043 批准。1975 年在《全苏矿物学会记事》(104)和 1976 年 M. 弗莱舍(M. Fleischer)在《美国矿物学家》(61)报道。中文名称根据成分译为硅钠石。

【硅钠锶钡钛石】参见【锶硅钠钡钛石】条 894 页

【硅钠锶镧石】

英文名 Nordite-(La)

化学式 $Na_3SrLaZnSi_6O_{17}$ (IMA)

硅钠锶镧石板状晶体(俄罗斯)

硅钠锶镧石是一种钠、锶、镧、锌的硅酸盐矿物。属硅钠锶镧石族。斜方晶系。晶体呈板状、页片状;集合体呈放射状。浅褐色—暗褐色,玻璃光泽或油脂光泽,半透明;硬度 5~6,完全解理。1941 年发现于俄罗斯北部摩尔曼斯克州森吉斯科尔(Sengischorr)山钦鲁苏艾(Chinglusuai)河谷伟晶岩;同年,在《苏联科学院报告》(32)报道。1943 年 M. 弗莱舍(M. Fleischer)在《美国矿物学家》(28)报道。英文名称 Nordite-(La),以发现地俄罗斯洛沃泽罗地块北部的诺德(Nord),加占优势的稀土元素镧后缀-(La)组合命名。1959 年以前发现、描述并命名的"祖父级"矿物,IMA 承认有效。IMA 1987s. p. 批准。中文名称根据成分译为硅钠锶镧石。1966 年根据莱文森规则添加占优势的稀土元素可分为 Nordite-(Ce)和 Nordite-(La)。

【硅钠锶铈石】

英文名 Nordite-(Ce)

化学式 $Na_3SrCeZnSi_6O_{17}$ (IMA)

硅钠锶铈石片状晶体(俄罗斯)

硅钠锶铈石是一种钠、锶、铈、锌的硅酸盐矿物。属硅钠锶镧石族。斜方晶系。晶体呈片状、纤维状。浅褐色、暗褐色—带黑的棕色,玻璃光泽或油脂光泽,半透明;硬度 5.5,脆性。1958 年发现于俄罗斯北部摩尔曼斯克州森吉斯科尔(Sengischorr)山钦鲁苏艾(Chinglusuai)和莫奇苏艾(Motchisuai)河谷 66 号伟晶岩;同年,《地球化学》(4)报道。1966 年 A. A. 莱文森(A. A. Levinson)在《美国矿物学家》(51)报道。英文名称 Nordite-(Ce),以发现地俄罗斯洛沃泽罗地块北部的诺德(Nord),加占优势的稀土元素铈后缀-(Ce)组合命名。1959 年以前发现、描述并命名的"祖父级"矿物,IMA 承认有效。IMA 1966s. p. 批准。中文名称根据成分译为硅钠锶铈石。

【硅钠钛钙石】参见【硅钛钙石】条 287 页

【硅钠钛石】

英文名 Lorenzenite

化学式 $Na_2Ti_2O_3(Si_2O_6)$ (IMA)

硅钠钛石短柱状晶体(俄罗斯)

硅钠钛石是一种罕见的钠、钛氧的硅酸盐矿物。属硅钠钛石族。斜方晶系。晶体呈柱状、针状、纤维状、粒状;集合体呈块状、放射状。无色、灰色、粉红色或浅棕褐色、淡紫色—黑色,金刚光泽、玻璃光泽、半金属光泽,透明—不透明;硬度 6。1897 年首次发现于丹麦格陵兰岛库雅雷哥自治区西部纳萨克镇纳萨苏克(Narssârssuk)伟晶岩。1901 年在《格陵兰岛通讯》(24)报道。英文名称 Lorenzenite,为纪念丹麦矿物学家约翰内斯·西奥多·洛伦岑(Johannes Theodor Lorenzen,1855—1884)而以他的姓氏命名。1959 年以前发现、描述并命名的"祖父级"矿物,IMA 承认有效。中文名称根据成分译为硅钠钛石(或矿)。

1920 年代又在俄罗斯的科拉半岛发现。1947 年,为纪念芬兰矿物学家和地质学家威廉·拉姆塞(Wilhelm Ramsay,1865—1928)而以他的姓氏命名为 Ramsayite,实际它是硅钠钛石的另一英文名称。拉姆塞是专门从事霞石正长岩和碱性岩,尤其是俄罗斯洛沃泽罗和希比内地块的研究专家。中文名称根据颜色和成分译为褐硅钠钛矿。

【硅钠锡铍石】

英文名 Sørensenite

化学式 $Na_4Be_2Sn(Si_3O_9)_2 \cdot 2(H_2O)$ (IMA)

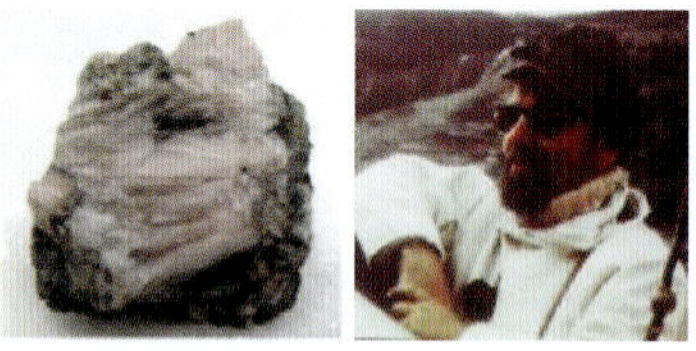

硅钠锡铍石板状晶体(格陵兰)和索伦森像

硅钠锡铍石是一种含结晶水的钠、铍、锡的硅酸盐矿物。单斜晶系。晶体呈柱状、板状、针状;集合体呈扇状和领结状。无色—粉红色,蚀变后呈乳白色,玻璃光泽、丝绢光泽,透明—半透明;硬度 5.5,完全解理,脆性。1965 年发现并第一次描述于丹麦格陵兰岛西部纳萨克镇伊犁马萨克碱性杂岩体库纳尔苏特(Kuannersuit)高原和塔塞克(Tasseq)区纳卡拉克(Nakalak)山。英文名称 Sørensenite,以丹麦哥本哈根大学的矿物学家和岩相学家、地质学教授亨宁·索伦森(Henning Sørensen,1926—)的姓氏命名。IMA 1965-006 批准。1965 年 E. I. 谢苗诺夫(E. I. Semenov)、V. I. 格拉斯莫夫斯基(V. I. Gerasimovskii)等在《格陵兰岛通讯》[181(1)]

和 1966 年《美国矿物学家》(51)报道。中文名称根据成分译为硅钠锡铍石或硅铍锡钠石。

【硅铌钡钠石】

英文名 Shcherbakovite

化学式 $K_2NaTi_2O(OH)Si_4O_{12}$　(IMA)

硅铌钡钠石柱状晶体(俄罗斯)和谢尔巴科夫像

硅铌钡钠石是一种钾、钠、钛氧的硅酸盐矿物。属硅钡钛石族。斜方晶系。晶体呈长柱状。深棕色、褐色、蓝绿色,玻璃光泽、油脂光泽、树脂光泽,半透明—不透明;硬度 6.5,完全解理,脆性。1954 年发现于俄罗斯北部摩尔曼斯克州拉斯文科尔(Rasvumchorr)山帕蒂托夫伊茨克(Patitovyi Tsirk)磷灰石矿场。1954 年厄斯克娃(Eskova)在《苏联科学院报告》(99)和 1955 年《美国矿物学家》(40)报道。英文名称 Shcherbakovite,以苏联莫斯科矿床地质、岩石学、矿物学和地球化学研究所的地球化学家和矿物学家德米特里·伊凡诺维奇·谢尔巴科夫(Dmitri Ivanovich Shcherbakov,1893—1966)的姓氏命名。1959 年以前发现、描述并命名的"祖父级"矿物,IMA 承认有效。中文名称根据成分译为硅铌钡钠石,也译作硅铌钛碱石。

【硅铌钡钛石】参见【硅碱钡钛石】条 269 页

【硅铌钙石】

英文名 Komarovite

化学式 $(Ca,Sr,Na)_{6-x}(Nb,Ti)_6(Si_4O_{12})(O,OH,F)_{16}\cdot nH_2O$　(IMA)

科马罗夫像

硅铌钙石是一种含结晶水、氟、羟基和氧的钙、锶、钠、铌、钛的硅酸盐矿物。斜方晶系。晶体呈板状、片状;集合体呈片麻状。白色、浅棕色、淡玫瑰色,透明—半透明;硬度 1～2。1971 年发现于俄罗斯北部摩尔曼斯克州卡纳苏特(Karnasurt)山 61 号钠长石伟晶岩。英文名称 Komarovite,1971 年 A. M. 波尔特诺夫(A. M. Portnov)等为纪念苏联宇航员弗拉基米尔·米哈伊洛维奇·科马罗夫(Vladimir Mikhaylovich Komarov,1927—1967)而以他的姓氏命名。他于 1960 年入选苏联第一组宇航员,第一次进入太空乘坐上升 1 号,1967 年 4 月 23 日乘联盟 1 号飞船升空飞行,在 24 日返回地面途中,由于降落伞缠绕故障而坠毁遇难,成为第一位在太空飞行牺牲的航天员,苏联授予他英雄称号。IMA 1971 - 011 批准。1971 年 A. M. 波尔特诺夫(A. M. Portnov)等在《全苏矿物学会记事》(100)和 1972 年 M. 弗莱舍(M. Fleischer)在《美国矿物学家》(57)报道。中文名称根据成分译为硅铌钙石,也译作硅钙锰铌石。

【硅铌锆钙钠石】

英文名 Wöhlerite

化学式 $Na_2Ca_4Zr(Nb,Ti)(Si_2O_7)_2(O,F)_4$　(IMA)

硅铌锆钙钠石柱状、板状晶体(挪威、德国)和维勒像

硅铌锆钙钠石是一种含氟和氧的钠、钙、锆、铌、钛的硅酸盐矿物。属硅铌锆钙钠石族。单斜晶系。晶体呈柱状、板状、粒状。浅—深的黄色、棕色、灰色,玻璃光泽、油脂光泽,透明—半透明;硬度 5.5～6,完全解理,脆性。1843 年发现于挪威泰勒马克郡波什格伦市的洛沃雅(Løvøya)岛。1843 年 T. 舍雷尔(T. Scheerer)在《物理学和化学年鉴(柏林 J. C. 波根道夫出版)》(59)报道。英文名称 Wöhlerite,以德国哥廷根大学化学系教授弗里德里希·维勒(Friedrich Wöhler,1800—1882)的姓氏命名。他因人工合成了尿素,以打破有机化合物的"生命力"学说而闻名。1959 年以前发现、描述并命名的"祖父级"矿物,IMA 承认有效。中文名称根据成分译为硅铌锆钙钠石,也译为铌锆钠石。

【硅铌钛碱石】参见【硅铌钡钠石】条 279 页

【硅铌钛矿】

英文名 Epistolite

化学式 $(Na\square)Nb_2Na_3Ti(Si_2O_7)_2O_2(OH)_2(H_2O)_4$　(IMA)

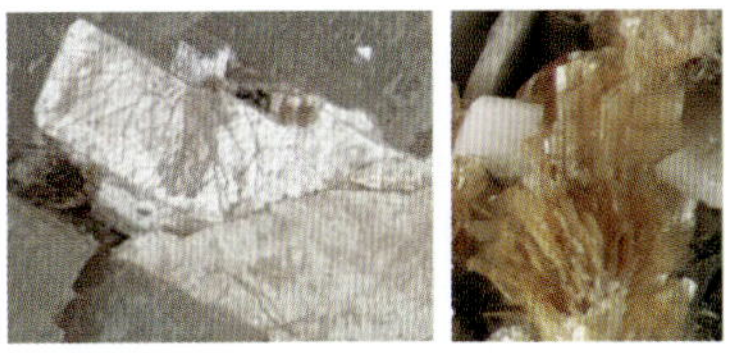

硅铌钛矿板状晶体,晶簇状集合体(加拿大)

硅铌钛矿是一种含结晶水、羟基和氧的钠、空位、铌、钛的硅酸盐矿物。属氟钠钛锆石超族闪叶石族。三斜晶系。晶体呈板状、片状;集合体呈不规则板状。白色、黄灰色、带粉红的米色、褐黑色,丝绢光泽、珍珠光泽,透明—不透明;硬度 2.5～3,完全解理,脆性。1897 年,G. 弗林克(G. Flink)发现于丹麦格陵兰岛南部库雅雷哥自治区纳萨克镇伊犁马萨克杂岩体的努纳斯苏亚奇(Nunarssuatsiaq),并采集标本。1901 年 O. B. 博格希尔(O. B. Bøgghild)在丹麦《格陵兰通讯》(24)报道。英文名称 Epistolite,博格希尔根据希腊文"ἐπιστολή= Epistolē= Letter(信封状)"命名,意为其晶体呈长方形板状和白色的颜色。1959 年以前发现、描述并命名的"祖父级"矿物,IMA 承认有效。IMA 2016s. p. 批准。中文名称根据成分译为硅铌钛矿或水硅铌钠石。

【硅铌钛钠矿】

英文名 Korobitsynite

化学式 $(Na,\square)_4Ti_2(Si_4O_{12})(O,OH)_2\cdot 4H_2O$　(IMA)

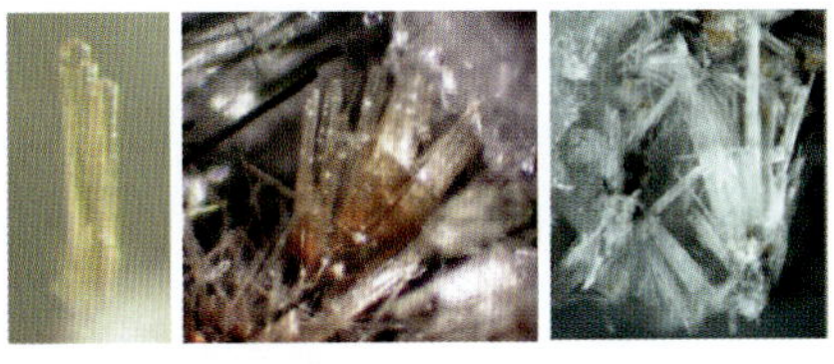

硅铌钛钠矿柱状、纤维状晶体,束状集合体(纳米比亚、俄罗斯)

硅铌钛钠矿是一种含结晶水、氧和羟基的钠、空位、钛的硅酸盐矿物。属硅钛钾钡矿超族硅钛铌钠矿族。斜方晶系。晶体呈柱状、针状；集合体呈束状。无色，玻璃光泽，透明；硬度5，脆性。1998年发现于俄罗斯北部摩尔曼斯克州阿卢艾夫(Alluaiv)山等地。英文名称Korobitsynite，以俄罗斯业余矿物学家和矿物收藏家米哈伊尔·费奥多罗维奇·科罗比岑(Mikhail Fedorovich Korobitsyn，1928—1996)的姓氏命名。他对洛沃泽罗碱性岩杂岩体工艺矿物学研究做出了重大的贡献。IMA 1998-019批准。1999年I. V. 佩科夫(I. V. Pekov)等在《俄罗斯矿物学会记事》[128(3)]报道。2003年中国地质科学院矿产资源研究所李锦平等在《岩石矿物学杂志》[22(1)]根据成分译为硅铌钛钠矿。

【硅镍镁石】

英文名 Karpinskite

化学式 $(Mg,Ni)_2Si_2O_5(OH)_2$(?)　(IMA)

卡宾斯基像

硅镍镁石是一种含羟基的镁、镍的硅酸盐矿物。单斜晶系。晶体呈小板状、柱状、粒状；集合体呈块状。无色、淡蓝色—深蓝色，油脂光泽，半透明；硬度2.5～3。1956年发现于俄罗斯斯维尔德洛夫斯克州梅德诺鲁德扬斯科耶(Mednorudyanskoye)铜矿床；同年，在*Kora Vyvetrivaniya*(2)报道。1957年M. 弗莱舍(M. Fleischer)在《美国矿物学家》(42)报道。英文名称Karpinskite，以苏联地质学家和科学院院长亚历山大·彼得罗维奇·卡宾斯基(Alexander Petrovich Karpinsky，1847—1936)的姓氏命名。1916年，他被授予沃拉斯顿奖章。1959年以前发现、描述并命名的"祖父级"矿物，IMA承认有效；但值得怀疑，它可能是一个富镍蛇纹石或富镍滑石和绿泥石间层类的矿物，需要进一步确认。中文名称根据成分译为硅镍镁石；根据颜色和成分也译作蓝硅镍镁石。

【硅硼钡石】

英文名 Garrelsite

化学式 $NaBa_3B_7Si_2O_{16}(OH)_4$　(IMA)

硅硼钡石双锥柱状穿插双晶(美国)和加雷尔斯像

硅硼钡石是一种含羟基的钠、钡的硼硅酸盐矿物。单斜晶系。晶体呈柱状、尖双锥状。无色，玻璃光泽，透明；硬度6，完全解理。1955年发现于美国犹他州尤因塔县南乌雷(South Ouray)1号井。1955年C. 米尔顿(C. Milton)在《美国地质学会通报》(66)和1956年M. 弗莱舍(M. Fleischer)在《美国矿物学家》(41)报道。英文名称Garrelsite，以美国地球化学家和教育家罗伯特·米纳德·加雷尔斯(Robert Minard Garrels，1916—1988)的姓氏命名。发现这一矿物时，他是美国地质调查局地球化学和岩石学分部固态组组长；他还是西北大学、哈佛大学和夏威夷大学的教授；他在地球化学方面的工作是革命性的；他曾多次获得彭罗斯、沃拉斯顿和罗布林勋章等奖项。1959年以前发现、描述并命名的"祖父级"矿物，IMA承认有效。中文名称根据成分译为硅硼钡石/硅硼钠钡石。

【硅硼钙石】

英文名 Datolite

化学式 $CaB(SiO_4)(OH)$　(IMA)

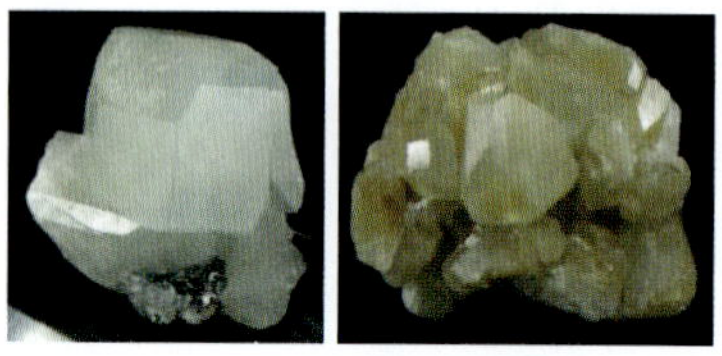

硅硼钙石短柱、粒状晶体(墨西哥、俄罗斯)

硅硼钙石是一种不常见的含羟基的钙的硼硅酸盐矿物。属硅铍钇矿超族硅铍钇矿族硅硼钙石亚族。单斜晶系。晶体常呈短柱状、粒状；集合体呈块状、放射状、葡萄状、致密块状乃至隐晶质。无色、白色、灰色、浅绿色、浅黄色、粉红色、紫色、褐色，玻璃光泽、树脂光泽，透明—不透明；硬度5～5.5，脆性。1804年发现于挪威东阿格德尔郡诺德布罗(Nødebro)矿。1806年由丹麦裔挪威地质学家杰恩斯·埃斯玛克(Jens Esmark，1762—1839)第一次描述。1806年M. H. 克拉普罗特(M. H. Klaproth，1743—1817)在《新普通化学杂志》(6)报道：Datoliths的化学过程的探索研究。后来，1810年豪斯曼(Hausmann)对其物理和晶体学数据进行了更为详尽的描述。英文名称Datolite，根据希腊文"δατεῖσθαι=Divide(分离或分裂)"和"λίθos=Stone(石头)"缩写组合命名，意指其块状品种的粒状结构。1959年以前发现、描述并命名的"祖父级"矿物，IMA承认有效。我国最早于1927年在杜其堡(1898—1942)编著的《地质矿物学大辞典》译为硼沸石。中文名称由成分译为硅硼钙石，也译为硅灰硼石或硅钙硼石。

【硅硼钙铁矿】

英文名 Homilite

化学式 $Ca_2Fe^{2+}B_2Si_2O_{10}$　(IMA)

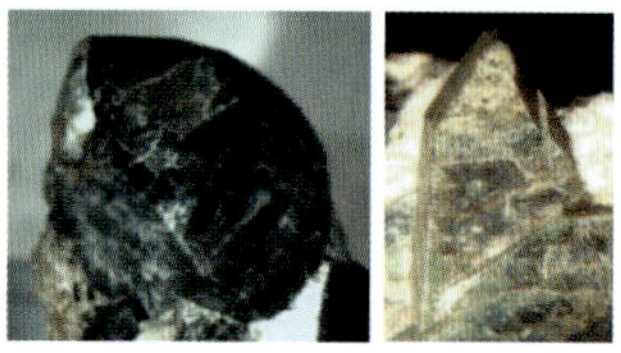

硅硼钙铁矿柱状、板状晶体(挪威)

硅硼钙铁矿是一种钙、铁的硼硅酸盐矿物。属硅铍钇矿超族硅铍钇矿族硅硼钙石亚族。单斜晶系，常蚀变为假单斜均质体，含有水。晶体呈薄板状、柱状。暗褐色、棕黑色、黑色，蚀变者呈黄色，玻璃光泽、树脂光泽，不透明—半透明；硬度5～5.5，脆性。1876年发现于挪威西福尔郡拉尔维克区朗格森德福德(Langesundfiord)的施托高雅(Stokkøya)岛长石伟晶岩。1876年S. R. 派伊库尔(S. R. Paijkull，1849—1884)在《斯德哥尔摩地质学会会刊》(3)报道。英文名称Homilite，来源于希腊文"Τκέι=Homil"，意为"粉丝或伴侣或交集"，意指其与蜜黄长石和褐帘石常伴生在一起。1959年以前发现、描述并命名的"祖父级"矿物，IMA承认有效。中文名称根据成分译为硅硼钙铁矿。

【硅硼钾铝石】

英文名 Kalborsite

化学式 $K_6Al_4BSi_6O_{20}(OH)_4Cl$　(IMA)

硅硼钾铝石是一种含氯和羟基的钾、铝的硼硅酸盐矿物。四方晶系。棕粉色、无色，玻璃光泽、珍珠光泽，透明；硬度 6，完全解理。1979 年发现于俄罗斯北部摩尔曼斯克州拉斯文科尔(Rasvumchorr)山帕蒂托夫伊茨克(Patitovyi Tsirk)磷灰石矿场。英文名称 Kalborsite，由化学元素“Kalium potassium(钾)”“Aluminium(铝)”“Bororat(硼酸)”和“Silicon(硅)”的词头组合命名。IMA 1979－033 批准。1980 年 Y. A. 马利诺夫斯基(Y. A. Malinovskii)在《苏联科学院报告》(252)和 1996 年《俄罗斯矿物学会记事》[125(4)]报道。中文名称根据成分译为硅硼钾铝石，也译作氯硼硅铝钾石。

【硅硼钾钠石】参见【碱硼硅石】条 378 页

【硅硼钾石】参见【碱硼硅石】条 378 页

【硅硼锂铝石】

英文名 Manandonite

化学式 $Li_2Al_4(Si_2AlB)O_{10}(OH)_8$　　(IMA)

硅硼锂铝石皮壳状、钟乳状集合体(马达加斯加)

硅硼锂铝石是一种含羟基的锂、铝的硼铝硅酸盐矿物，是富铝、锂和硼的镁铝蛇纹石类似矿物。属高岭石－蛇纹石族。三斜晶系。晶体呈六边形板状、片状；集合体呈皮壳状、钟乳状。无色、珍珠白色，珍珠光泽，透明—半透明；硬度 2.5～3.5，极完全解理。1912 年发现于马达加斯加塔那那利佛市瓦卡南卡拉特拉(Vakinankaratra)地区萨哈尼(Sahatany)伟晶岩场曼南多那(Manandona)山谷安坦德洛克姆比(Antandrokomby)伟晶岩；同年，在《法国矿物学会通报》(35)报道。英文名称 Manandonite，以发现地马达加斯加安坦德洛克姆比伟晶岩附近的曼南多那(Manandona)河命名。1959 年以前发现、描述并命名的“祖父级”矿物，IMA 承认有效。1995 年 H. 郑(H. Zheng)和 S. W. 贝利(S. W. Bailey)在《美国矿物学家》(80)报道。中文名称根据成分译为硅硼锂铝石或译为锂硼绿泥石。

【硅硼镁铝矿】参见【复合矿】条 201 页

【硅硼钠钡石】参见【硅硼钡石】条 280 页

【硅硼钠石】

英文名 Reedmergnerite

化学式 $NaBSi_3O_8$　　(IMA)

硅硼钠石是一种钠的硼硅酸盐矿物。属长石族。三斜晶系。晶体呈短柱状、楔状、骸晶状；集合体呈块状。无色、橘黄色、橙红色，粉橙色—橙色，玻璃光泽，透明—半透明；硬度 6～6.5。1954 年发现于美国犹他州杜谢恩地区约瑟夫史密斯(Joseph Smith)1 号井。1955 年 C. 米尔顿(C. Milton)在《美国矿物学家》(40)报道。英文名称 Reedmergnerite，由美国地质调查局的弗兰克·S. 里德(Frank S. Reed，1894—)和约翰·L. 默格纳(John L. Mergner，1894—)两人的姓氏组合命名。他们是美国地质调查局制备岩矿鉴定薄片和抛光片的技术员。1960 年米尔顿在《美国矿物学家》(45)报道。1959 年以前发现、描述并命名的“祖父级”矿物，IMA 承认有效。IMA 1962s. p. 批准。中文名称根据成分译为硅硼钠石，也译作钠硼长石或硼钠长石。

【硅硼铍钇钙石】

英文名 Calcybeborosilite-(Y)

化学式 $(Y,REE,Ca)_2(B,Be)_2(SiO_4)_2(OH,O)_2$　　(IMA)

硅硼铍钇钙石是一种含氧和羟基的钇、稀土、钙、硼、铍的硅酸盐矿物。属硅铍钇矿族。单斜晶系。1963 年发现于塔吉克斯坦天山山脉达拉伊－皮奥兹(Dara-i-Pioz)冰川。英文名称 Calcybeborosilite，由化学元素“Calcium(钙)”“Bberyllium(铍)”“Boron(硼)”和“Silicon(硅)”的词头组合，加占优势的稀土元素钇后缀-(Y)组合命名。IMA 未批准命名，但可能有效。1964 年在《美国矿物学家》(49)报道。中文名称根据成分译为硅硼铍钇钙石。

【硅硼铁铝矿】参见【大峰石】条 103 页

【硅铍钙锰石】

英文名 Trimerite

化学式 $CaBe_3Mn_2^{2+}(SiO_4)_3$　　(IMA)

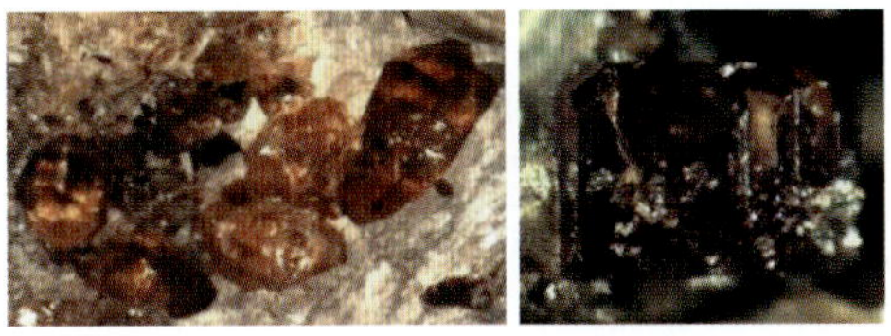

硅铍钙锰石短柱状、板状晶体(瑞典)

硅铍钙锰石是一种钙、铍、锰的硅酸盐矿物。单斜晶系。晶体呈板状、柱状，双晶形成假六方柱状。无色、粉色、橙红色、黄红色，玻璃光泽，透明；硬度 6～7，中等解理，脆性。1890 年发现于瑞典韦姆兰省菲利普斯塔德市哈斯蒂根(Harstigen)矿山。1890 年弗林克(Flink)在西德《结晶学杂志》(18)报道。英文名称 Trimerite，根据希腊文“τριλογία＝Three parts(三个部分)”命名，意指由于三连双晶可观察到部分形成放射状。1959 年以前发现、描述并命名的“祖父级”矿物，IMA 承认有效。中文名称根据成分译为硅铍钙锰石；根据三连晶译为三斜石。

【硅铍钙石】参见【硬羟钙铍石】条 1084 页

【硅铍铝钠石】

英文名 Tugtupite

化学式 $Na_4BeAlSi_4O_{12}Cl$　　(IMA)

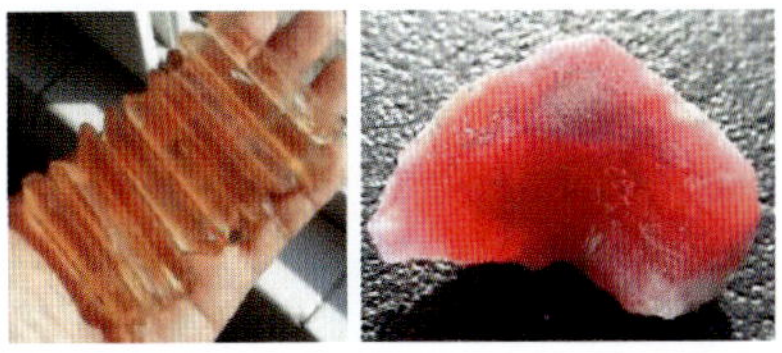

硅铍铝钠石柱状晶体，块状集合体(格陵兰)

硅铍铝钠石是一种含氯的钠的铍铝硅酸盐矿物。属日光榴石族，又参见方钠石族。四方晶系。晶体呈粒状，单个晶体呈具双锥的短四方柱状，有复杂的贯穿双晶；集合体多呈致密块状。颜色呈玫瑰红色、粉红色或淡蓝色、淡绿色，带有白色斑点，具有明显的蓝红色—橙红色的多色性，半玻璃光泽、蜡状光泽、油脂光泽，透明—不透明；硬度 4，中等解理，脆性。它是一种非常稀少的宝石矿物，它的性质和美丽的外观使其具有较高的价值。

1960 年 E. I. 谢苗诺夫（E. I. Semenov）和 A. V. 贝科娃（A. V. Bykova）在《苏联科学院报告》（地质类，133）报道。首次发现于丹麦格陵兰岛库雅雷哥自治区纳萨克镇伊犁马萨克杂岩体图努利亚尔菲克（Tunulliarfik）峡湾阿塔科尔菲亚（Agtakorfia）的图格图普（Tugtup）钠长岩脉。根据因纽特人（Inuit）的传说，这种宝石拥有神奇的魔力：在恋人面前，在他们浪漫和热情的映照下，能发出火红的光，其颜色的亮度能反映他们爱情的深度。听来荒诞不经，但其中仍有一些科学的成分。因纽特的艺术家很可能在 1960 年以前就使用过这种宝石，它确实有发射红光的能力，在短波紫外光下，宝石能发出紫红色、樱桃色的荧光，在长波紫外光下能发出鲑鱼红色的荧光。将其置于黑暗中较淡的部分会退成白色，一旦在光线下又会恢复原有色彩（参见《维基百科，自由的百科全书英文版》）。

英文名称 Tugtupite，以发现地丹麦格陵兰的纳萨克镇图格图普（Tugtup）命名。1962 年在《格陵兰岛通讯》（167）报道。IMA 1967s. p. 批准。宝石学界根据颜色称它为权草红饰石，因为在当地雕刻后用作装饰珠宝。英文名称 Tugtupite 的词头"Tugtup"源自格陵兰的因纽特人的叫法，意思是"驯鹿的血"，故又名驯鹿石。中文名称根据成分译为硅铍铝钠石；根据成分及与方钠石的关系译为铍方钠石。

【硅铍锰钙石】

英文名 Harstigite

化学式 $Ca_6Be_4Mn^{2+}(SiO_4)_2(Si_2O_7)_2(OH)_2$　（IMA）

硅铍锰钙石柱状晶体（瑞典）

硅铍锰钙石是一种含羟基的钙、铍、锰的硅酸盐矿物。斜方晶系。晶体呈柱状；集合体呈晶簇状。无色，玻璃光泽，透明；硬度 5.5。1886 年发现于瑞典韦姆兰省菲利普斯塔德市帕斯伯格（Pajsberg）的哈斯蒂根（Harstigen）矿。1886 年 G. 弗林克（G. Flink）在《瑞典科学院文献》（*Vetenskaps-Akademiens Förhandlingar*）[12(2)]和 1968 年 P. B. 穆尔（P. B. Moore）在《美国矿物学家》（53）报道。英文名称 Harstigite，以发现地瑞典的哈斯蒂根（Harstigen）矿命名。1959 年以前发现、描述并命名的"祖父级"矿物，IMA 承认有效。中文名称根据成分译为硅铍锰钙石；根据成分和柱状结晶习性译为铍柱石或镁柱石。

【硅铍钠石】

英文名 Chkalovite

化学式 $Na_2BeSi_2O_6$　（IMA）

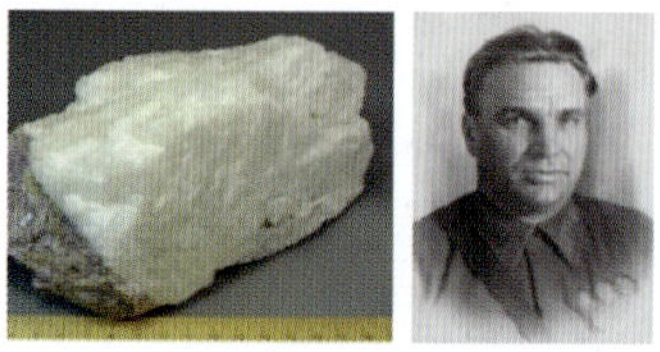

硅铍钠石块状集合体（俄罗斯）和契卡洛夫像

硅铍钠石是一种罕见的钠、铍的硅酸盐矿物。斜方晶系。晶体呈粒状；集合体呈块状。无色和白色，油脂光泽、玻璃光泽，透明一半透明；硬度 6，脆性。1936 年首次被发现于俄罗斯北部摩尔曼斯克州马来邦卡鲁艾夫（Malyi Punkaruaiv）山碱性岩体的方钠石正长伟晶岩和霞石正长伟晶岩。1939 年 V. I. 格拉西莫夫斯基（V. I. Gerasimovskii）在《苏联科学院报告》（22）和《美国矿物学家》（25）报道。英文名称 Chkalovite，由瓦西里·伊万诺维奇·格拉西莫夫斯基（Vasilii Ivanovich Gerasimovsky）为纪念苏联的飞行员瓦列里·巴甫洛夫·契卡洛夫（Valery Pavlovich Chkalov，1904—1938）而以他的姓氏命名。契卡洛夫是苏联空军早期著名人物，飞机大王波里卡尔波夫的首席试飞员，曾创造多种特级飞行动作，1936—1937 年因两次率机组驾驶安特－25 成功飞跃 10 000km 的北冰洋而被授予苏联英雄勋章。1938 年在试飞中遇难。为纪念契卡洛夫出生的小镇瓦西列沃改名为契卡洛夫斯克。契卡洛夫进行长途飞行时降落的乌德岛被改名为契卡洛夫岛。1959 年以前发现、描述并命名的"祖父级"矿物，IMA 承认有效。中文名称根据成分译为硅铍钠石。

【硅铍钕矿】

英文名 Gadolinite-(Nd)

化学式 $Nd_2Fe^{2+}Be_2O_2(SiO_4)_2$　（IMA）

硅铍钕矿是一种钕、铁、铍氧的硅酸盐矿物，是钕占优势的硅铍钇矿类似矿物。属硅铍钇矿超族硅铍钇矿族硅铍钇矿亚族。单斜晶系。晶体呈他形粒状，粒径 150μm。橄榄绿色，金刚光泽、半金刚光泽、玻璃光泽，透明；硬度 6.5～7，脆性。2016 年发现于瑞典西曼兰省马尔卡拉（Malmkärra）矿。英文名称 Gadolinite-(Nd)，由根词"Gadolinite（硅铍钇矿）"加占优势的钕后缀-(Nd)组合命名。IMA 2016－013 批准。2016 年 R. 斯柯达（R. Škoda）等在《CNMNC 通讯》（32）、《矿物学杂志》（80）和 2018 年《矿物学杂志》（82）报道。中文名称根据成分及与硅铍钇矿的关系译为硅铍钕矿（根词参见【硅铍钇矿】条 283 页）。

【硅铍石】

英文名 Phenakite

化学式 $Be_2(SiO_4)$　（IMA）

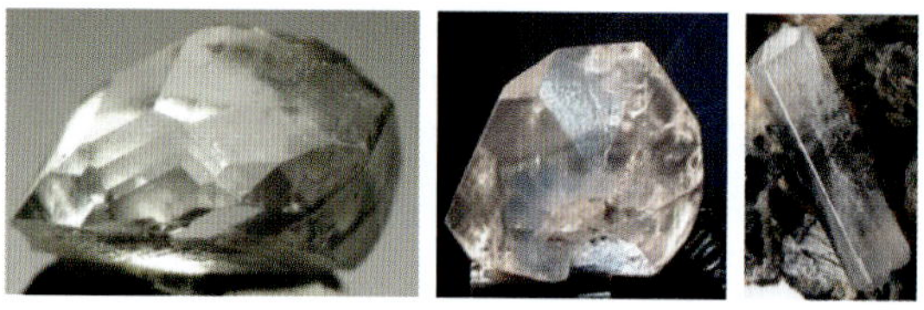

硅铍石柱状晶体（巴西、马达加斯加）

硅铍石是一种罕见的铍的硅酸盐矿物。属硅铍石族。三方晶系。晶体呈扁菱面体或菱面体与柱面聚合而成的短柱状，外观与水晶相似，又称"似晶石"，以及针状、粒状。无色、白色、黄色、浅玫瑰红色、褐色，玻璃光泽，透明一半透明；硬度 7.5～8，脆性。硅铍石是一种罕见的矿物，它的反射率很高，因而非常亮，有时会被人误以为是金刚石。透明色美者可作宝石。1833 年首先发现于俄国斯维尔德洛夫斯克州叶卡捷琳堡市伊苏姆鲁德尼·科皮（Izumrudnye Kopi）地区；同年，诺登舍尔德在《瑞典皇家科学院文献》刊载和 1834 年在《物理学和化学年鉴》（21）报道。英文名称 Phenakite，1833 年由芬兰/俄国矿物学家尼尔斯·古斯塔夫·诺登舍尔德（Nils Gustaf Nordenskiöld，1792—1866）根据希腊文"φεναξ＝Deceiver＝Phenak（骗子，骗人的）"命名，因为它的外观太像石英了。1911 年沃尔德马·西奥多·夏勒（Waldemar

Theodore Schaller)在《结晶学杂志》(48)报道。1959 年以前发现、描述并命名的“祖父级”矿物,IMA 承认有效。中文名称根据成分译为硅铍石;因貌似水晶,又译为“似晶石”。

【硅铍铈矿】

英文名 Gadolinite-(Ce)

化学式 $Ce_2Fe^{2+}Be_2O_2(SiO_4)_2$ (IMA)

硅铍铈矿柱状晶体(巴基斯坦、美国)

硅铍铈矿是一种铈、铁、铍氧的硅酸盐矿物,是铈占优势的硅铍钇矿类似矿物。属硅铍钇矿超族硅铍钇矿族硅铍钇矿亚族。单斜晶系。晶体呈柱状。黑色、深棕色,玻璃光泽,半透明;硬度 6.5～7,脆性;由于含微量的铀和/或钍,通常具有轻微的放射性。1978 年发现于挪威泰勒马克郡波什格伦区比约克达伦(Bjørkedalen)布尔(Buer)。1978 年 T. V. 塞加尔斯塔(T. V. Segalstad)等在《美国矿物学家》(63)报道。英文名称 Gadolinite-(Ce),由根词“Gadolinite(硅铍钇矿)”加占优势的铈后缀-(Ce)组合命名。IMA 1987s. p. 批准。中文名称根据成分及与硅铍钇矿的关系译为硅铍铈矿(根词参见【硅铍钇矿】条 283 页)。

【硅铍稀土石】

英文名 Semenovite-(Ce)

化学式$(Na,Ca)_9Fe^{2+}Ce_2(Si,Be)_{20}(O,OH,F)_{48}$ (IMA)

硅铍稀土石假四面体晶体(格陵兰)和谢苗诺夫像

硅铍稀土石是一种含氟、羟基和氧的钠、钙、铁、铈的铍硅酸盐矿物。斜方晶系。晶体呈假四面体,有贯穿双晶。红棕色、无色、灰色、棕色,玻璃光泽、蜡状光泽,透明—半透明;硬度 3.5～4。1971 年发现于丹麦格陵兰岛库雅雷哥自治区纳萨克镇伊犁马萨克杂岩体塔塞克(Taseq)山坡。英文名称 Semenovite-(Ce),由彼得森和罗纳斯博为纪念莫斯科矿物学和稀散元素地球化学(IMGRE)研究所的俄罗斯矿物学家叶夫根尼·伊万诺维奇·谢苗诺夫(Evgeny Ivanovich Semenov,1927—2017)荣誉教授而以他的姓氏,加占优势的稀土元素铈后缀-(Ce)组合命名。IMA 1971-036 批准。1972 年奥勒·瓦尔德马·彼得森(Ole Valdemar Petersen)、约恩·格鲁姆斯戛尔德·罗纳斯博(Jørn Grummesgaard Ronsbo)在《岩石》(5)和 1973 年《美国矿物学家》(58)报道。中文名称根据成分译为硅铍稀土石(矿),有的全音译为西门诺夫石(编译者建议音译为谢苗诺夫石*)。

【硅铍锡钠石】

参见【硅钠锡铍石】条 278 页

【硅铍钇矿】

英文名 Gadolinite-(Y)

化学式 $Y_2Fe^{2+}Be_2O_2(SiO_4)_2$ (IMA)

硅铍钇矿柱状晶体(挪威、意大利)和加多林像

硅铍钇矿是一种钇、铁、铍氧的硅酸盐矿物。属硅铍钇矿超族硅铍钇矿族硅铍钇矿亚族。单斜晶系,易蜕为非晶质。晶体呈柱状或扁柱状、粒状;集合体呈致密块状。黑色、绿黑色、褐色,玻璃光泽、树脂光泽、油脂光泽、沥青光泽,透明—不透明;硬度 6.5～7,脆性。1787 年,瑞典陆军中尉和兼职化学家的 C. A. 阿列纽斯(C. A. Arrhenius)在斯德哥尔摩(Stockholm)附近的伊特比(Ytterby)小镇上寻得了一块不寻常的黑色矿石,他以发现地名将矿物命名为 Ytterbite。1788 年耶耶尔(Geijer)在《克雷尔化学年鉴》报道。1794 年芬兰奥布皇家学院的矿物化学家 J. 加多林(J. Gadolin)研究了它,从中分离出一种新物质。3 年后(1797 年),瑞典人 A. G. 爱克伯格(A. G. Ekeberg)证实了这一发现,并以发现地之名伊特比(Ytterby)给新的物质命名为 Ytteia(意忒利亚)。1802 年在德国柏林罗特曼《化学知识对矿物学的贡献》(3 卷)刊载。1843 年,瑞典矿物学家加尔·古斯塔夫·莫桑德(Garl Gustav Mosander)将钇土分成 3 种土:一种为 Ytteia(意忒利亚);另两种为 Terbia(忒耳比亚)和 Erbia(耳比亚)。后来,瑞士化学家让·查尔斯·德·马里格纳克(Jean Charles de Marignac)于 1878 年在莫桑德称为 Erbia(耳比亚)的土中又发现了第四种土,他命名为 Ytterbia(意忒比耳亚)。后来在这 4 种土中都发现了一种新元素,它们分别被命名为 Yttrinm(钇)、Terbium(铽)、Erbium(铒)和 Ytterbium(镱)。这 4 种元素都根据伊特比(Ytterby)小镇的名字命名,于是这个小村镇获得了有 4 种元素由它命名的无上荣耀(《科技名词探源》)。在接下来的数十年间,科学家又在加多林的矿石样本中发现了 7 种新元素,其中包括钆,马里纳克还将它命名为 Gadolinium,然而 Gadolinite 中并不含有超过微量的钆,而是马里纳克于 1880 年从铌钇矿(Samarskite)中发现的,是为纪念加多林而名之。马丁·海因里希·克拉普罗特(Martin Heinrich Klaproth)后将这种矿物命名为加多林矿(Gadolinite),以纪念加多林为发现这些新元素所做出的贡献。1959 年以前发现、描述并命名的“祖父级”矿物,IMA 承认有效。IMA 1987s. p. 批准。中文名称根据成分译为硅铍钇矿;音译为加多林矿。硅铍钇矿(Gadolinite)族根据占优势的稀土元素可分为 Gadolinite-(Y)、Gadolinite-(Ce)和 Gadolinite-(Nd)(参见相关条目)。

【硅铅矿】

英文名 Barysilite

化学式 $Pb_8Mn(Si_2O_7)_3$ (IMA)

硅铅矿是一种铅、锰的硅酸盐矿物。三方晶系。晶体呈板状、细粒状、菱面体。灰色、白色、无色,金刚光泽、玻璃光泽,解理面上呈珍珠光泽,透明—半透明;硬度 3,完全解理,密度大。1888 年发现于瑞典韦姆兰省菲利普斯塔德市哈斯蒂根(Harstigen)矿山;同年,在瑞典《皇家科学院档案文献回顾》(45)载。英文名称 Barysilite,1888 年由瑞典斯滕斯·安德斯·耶尔马·肖格伦(Stens Anders Hjalmar Sjögren)和卡尔·

赫尔曼·伦德斯特勒姆(Carl Herman Lundström)根据希腊文"βαρυζ＝Heavy＝Bary(沉重)",指其密度大和"λιθοζ 含有 Silicon(硅)"组合命名,意指其密度大并含有硅。1969 年 H. W. 比尔哈特(H. W. Billhardt)在《美国矿物学家》(54)报道。1959 年以前发现、描述并命名的"祖父级"矿物,IMA 承认有效。中文名称根据成分译为硅铅矿,也译作硅锰铅矿。

【硅铅锰矿】

英文名 Kentrolite

化学式 $Pb_2Mn_2^{3+}O_2(Si_2O_7)$　　(IMA)

硅铅锰矿锥柱状、粒状晶体(美国、英国)

硅铅锰矿是一种铅、锰氧的硅酸盐矿物。属硅铅铁矿族。硅铅锰矿-硅铁铅矿系列。斜方晶系。晶体呈柱状、粒状;集合体呈束状、花环状、块状。暗微红的褐色、红黑色、黑色,表面变黑色,树脂光泽、油脂光泽、半金刚光泽,玻璃光泽、半金属光泽,半透明;硬度 5,完全解理,脆性。1880 年发现于智利南部及瑞典。英文名称 Kentrolite,1881 年由亚历克西斯·达穆尔(Alexis Damour)和格哈德·冯·拉特(Gerhard von Rath)在《结晶学与矿物学杂志》(5)根据希腊文"κεντρί＝Thorn(刺、荆棘)"或"Spike(细长的尖锥)"组合命名,意指其带尖锥的柱状结晶习性。1959 年以前发现、描述并命名的"祖父级"矿物,IMA 承认有效。中文名称根据成分译为硅铅锰矿。

【硅铅石】参见【铅辉石】条 698 页

【硅铅铁矿】

英文名 Melanotekite

化学式 $Pb_2Fe_2^{3+}O_2(Si_2O_7)$　　(IMA)

硅铅铁矿锥柱状晶体、珠球状集合体(纳米比亚、意大利)

硅铅铁矿是一种铅、铁氧的硅酸盐矿物。属硅铅铁矿族。硅铅锰矿-硅铁铅矿系列。斜方晶系。晶体呈锥柱状、粒状;集合体呈块状、珠球状。黑色、黑灰色,金刚光泽、油脂光泽、半金属光泽,半透明;硬度 6.5,完全解理。1880 年发现于瑞典韦姆兰省菲利普斯塔德市朗班(Långban);同年,在《瑞典皇家科学院文献回顾》[37(6)]报道。英文名称 Melanotekite,希腊文"μελανόs＝Black(黑色)"和"τή κεσθαι＝Tomelt(融化、玻璃)"组合命名,意指它的外观颜色和在吹管火焰下熔化形成黑色玻璃状珠球外貌。1991 年在《美国矿物学家》(76)报道。1959 年以前发现、描述并命名的"祖父级"矿物,IMA 承认有效。中文名称根据成分译为硅铅铁矿。

【硅铅锌矿】

英文名 Larsenite

化学式 $ZnPbSiO_4$　　(IMA)

硅铅锌矿柱状、针状晶体,放射状集合体(美国)和拉森像

硅铅锌矿是一种非常罕见的锌、铅的硅酸盐矿物。斜方晶系。晶体呈细长柱状、针状,有时呈板状;集合体呈晶簇状、放射状、束状。无色、白色,半金刚光泽、玻璃—半玻璃光泽、丝绢光泽,解理面上呈珍珠光泽,透明;硬度 3,完全解理,脆性。1928 年发现于美国新泽西州苏塞克斯县富兰克林矿区富兰克林(Franklin)矿。英文名称 Larsenite,1928 由查尔斯·帕拉奇(Charles Palache)等在《美国矿物学家》(13)为纪念美国马萨诸塞州剑桥哈佛大学岩石学和地质学教授埃斯珀·西纽斯·拉森(Esper Signius Larsen,1879—1961)而以他的姓氏命名。1959 年以前发现、描述并命名的"祖父级"矿物,IMA 承认有效。中文名称根据成分译为硅铅锌矿。

【硅铅铀矿】

英文名 Kasolite

化学式 $Pb(UO_2)(SiO_4)\cdot H_2O$　　(IMA)

硅铅铀矿板条状晶体,放射状集合体(西班牙、刚果)

硅铅铀矿是一种含结晶水的铅的铀酰-硅酸盐矿物。属硅钙铀矿族。单斜晶系。晶体呈粗柱状、细针状、发状和板条状;集合体呈放射状、星状,有时亦见隐晶质。棕黄色、赭石黄色、琥珀黄色、柠檬黄色、褐色、绿色或橘红色,条痕呈褐黄色;半金刚光泽、油脂光泽、强玻璃光泽,块状集合体者呈土状光泽,透明—不透明;硬度 4～5,完全解理。1921 年发现于刚果(金)上加丹加省坎博韦区欣科洛布韦矿山卡索罗(Kasolo)矿。1921 年,A. 舒尔普(A. Schoep)在法国《巴黎科学院会议周报》(Ⅱ系列,173)和 1922 年 E. T. 惠里(E. T. Wherry)等在《美国矿物学家》(7)报道。英文名称 Kasolite,以发现地刚果(金)的卡索罗(Kasolo)矿命名。1959 年以前发现、描述并命名的"祖父级"矿物,IMA 承认有效。IMA 1980s. p. 批准。中文名称根据成分译为硅铅铀矿或硅铀铅矿,也有的译作水硅铅铀矿。

【硅羟锰石】

英文名 Ribbeite

化学式 $Mn_5^{2+}(SiO_4)_2(OH)_2$　　(IMA)

硅羟锰石粒状晶体(纳米比亚)和里贝像

硅羟锰石是一种含羟基的锰的硅酸盐矿物。属硅镁石族水硅锰石亚族。与粒硅锰矿为同质多象。斜方晶系。粉

红色，玻璃光泽，透明；硬度 5。1985 年发现于纳米比亚奥乔宗朱帕区赫鲁特方丹市孔巴特(Kombat)矿。英文名称 Ribbeite，由皮特·J. 邓恩(Pete J. Dunn)等为纪念美国弗吉尼亚州布莱克斯堡州立大学弗吉尼亚理工学院的矿物学教授及晶体结构的研究者保罗·休伯特·里贝(Paul Hubert Ribbe，1935—2017)而以他的姓氏命名。IMA 1985－045 批准。1987 年 D. R. 皮克尔(D. R. Peacor)等在《美国矿物学家》(72)报道。1988 年中国新矿物与矿物命名委员会郭宗山等在《岩石矿物学杂志》[7(3)]根据成分译为硅羟锰石。

【硅乳石】

英文名 Menilite

化学式 $SiO_2 \cdot nH_2O$

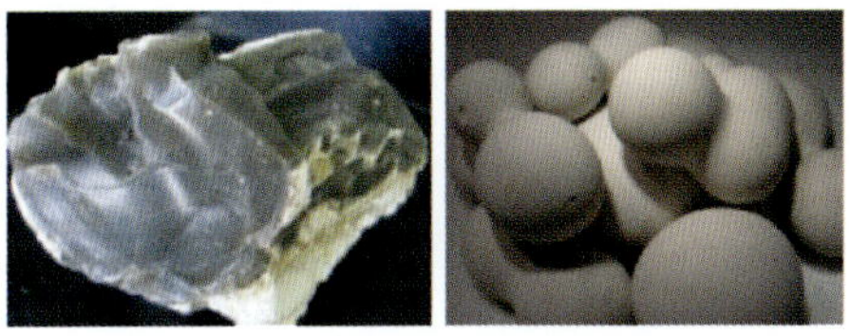

硅乳石致密块状、球状集合体(匈牙利、西班牙)

硅乳石是一种含水的非晶质二氧化硅凝胶矿物。集合体呈致密块状、球状。乳白色、灰褐色、深栗色即肝脏色，有变彩，玻璃光泽、蜡状光泽，透明—半透明；硬度 5～6.5。最初的报道来自法国法兰西岛巴黎梅尼蒙坦(Ménilmontant)。英文名称 Menilite，以发现地法国的梅尼蒙坦(Ménilmontant)命名。中文名称根据成分和乳白色译为硅乳石；另一名称 Liver Opal，由“Liver(肝脏)”和“Opal(蛋白石)”组合命名；根据颜色及与蛋白石的关系译为肝蛋白石。

【硅三铁矿】

英文名 Suessite

化学式 Fe_3Si　(IMA)

休斯像

硅三铁矿是一种罕见的铁的硅化物矿物。等轴晶系。晶体呈显微他形粒状；集合体呈椭圆形多晶。钢灰色，金属光泽，不透明。1979 年发现于澳大利亚西澳大利亚州登打士镇北黑格(North Haig)橄辉无球粒铁陨石。英文名称 Suessite，以美国加州大学圣地亚哥分校化学系教授、美国报纸出版商和铁陨石研究者汉斯·E. 休斯(Hans E. Suess，1909—1993)的姓氏命名。休斯是美国的物理化学家、核物理学家，他在宇宙化学和陨石领域做出杰出的贡献。他在 1974 年获得了戈德施密特奖。IMA 1979－056 批准。1980 年 K. 凯尔(K. Keil)等在《陨星学》(15)和 1981 年 L. J. 卡布里(L. J. Cabri)等在《美国矿物学家》(66)报道。中文名称根据成分译为硅三铁矿。

【硅砷锰石】

英文名 Tiragalloite

化学式 $Mn_4^{2+}As^{5+}Si_3O_{12}(OH)$　(IMA)

硅砷锰石板状晶体(意大利)

硅砷锰石是一种含羟基的锰的砷硅酸盐矿物。单斜晶系。晶体呈针状、柱状、板状。橙色，半金刚光泽、无光泽，完全解理。1979 年发现于意大利热那亚省莫丽奈罗(Molinello)锰矿。英文名称 Tiragalloite，以意大利利古里亚矿物学家、热那亚大学矿物收藏管理员和馆长保罗·奥诺弗里奥·缇拉格罗(Paolo Onofrio Tiragallo，1905—1987)的姓氏命名。IMA 1979－061 批准。1979 年 C. M. 格拉马克奥里(C. M. Gramaccioli)等在《意大利矿物学和岩石学学会通报》(35)、《晶体学报》(B35)和 1980 年《美国矿物学家》(65)报道。中文名称根据成分译为硅砷锰石。

【硅砷锑锰矿】

英文名 Parwelite

化学式 $Mn_{10}^{2+}Sb_2^{5+}As_2^{5+}Si_2O_{24}$　(IMA)

硅砷锑锰矿是一种锰的锑砷硅酸盐矿物。单斜晶系。晶体呈柱状。黄褐色，玻璃光泽、油脂光泽，透明—半透明；硬度 5.5，脆性。1966 年发现于瑞典韦姆兰省菲利普斯塔德市朗班(Långban)。英文名称 Parwelite，为纪念瑞典斯德哥尔摩国家历史博物馆的瑞典化学家亚历山大·帕尔维(Alexander Parwel，1906—1978)博士而以他的姓氏命名。他完成了朗班的很多矿物分析，也包括此矿物。IMA 1966－023 批准。1967 年 P. B. 摩尔(P. B. Moore)在《加拿大矿物学家》(9)报道：瑞典朗班的第 11 个新矿物。1968 年摩尔在《矿物学地质档案》(4)报道。中文名称根据成分译为硅砷锑锰矿。

【硅铈钙钾石】

英文名 Miserite

化学式 $K_{1.5-x}(Ca,Y,REE)_5[Si_6O_{15}][Si_2O_7](OH,F)_2 \cdot yH_2O$　(IMA)

硅铈钙钾石板柱状晶体(塔吉克斯坦)和米塞尔像

硅铈钙钾石是一种含结晶水、氟和羟基的钾、钙、钇、稀土的硅酸盐矿物。三斜晶系。晶体呈板柱状。淡紫色、粉红色、红褐色，玻璃光泽、珍珠光泽，半透明；硬度 5.5～6，完全解理。1950 年发现于美国阿肯色州加兰县北威尔逊(North Wilson)矿坑；同年，沃尔德马克·T. 夏勒(Waldemar T. Schaller)在《美国矿物学家》(35)报道，命名了一个不恰当的名称“Natroxonotlite(钠硬硅钙石)”，后改为现名。英文名称 Miserite，由夏勒博士为纪念美国地质调查局的地质学家休·丁斯莫尔·米塞尔(Hugh Dinsmore Miser，1884—1969)博士而以他的姓氏命名。1959 年以前发现、描述并命名的“祖父级”矿物，IMA 承认有效。中文名称根据成分译为硅铈钙钾石，根据颜色及与硅灰石的关系译为淡紫硅灰石。

【硅铈钠石】

英文名 Sazhinite-(Ce)

化学式 $Na_3CeSi_6O_{15} \cdot 2H_2O$　(IMA)

硅铈钠石是一种含结晶水的钠、铈的硅酸盐矿物。属硅钾锆石族。三斜晶系。晶体呈双锥柱状、板状、粒状。浅灰色、灰白色、珍珠白色，玻璃光泽、珍珠光泽，透明—半透明；

硬度 2.5。1973 年发现于俄罗斯北部摩尔曼斯克州卡纳苏特（Karnasurt）山尤比莱纳亚（Yubileinaya）伟晶岩。英文名称 Sazhinite-(Ce)，以苏联门捷列夫学院化学工程系冶金学教授、苏联稀土工业的创始人尼古拉·彼得罗维奇·萨芝娜（Nikolai Petrovich Sazhina，1898—1969）院士的姓氏，加占优势的稀土元素铈后缀-(Ce)组合命名。IMA 1973－060 批准。1974 年 E. M. 埃斯克娃（E. M. Eskova）等在《全苏矿物学会记事》[103(3)]和 1975 年 M. 弗莱舍（M. Fleischer）等在《美国矿物学家》(60)报道。中文名称根据成分译为硅铈钠石。

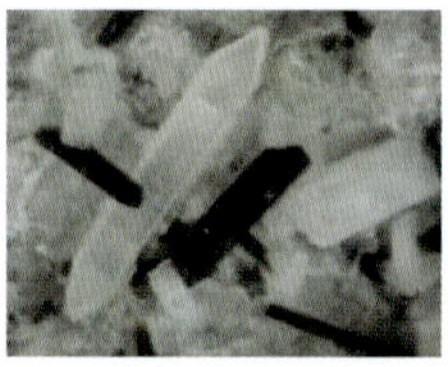
硅铈钠石锥柱状晶体（纳米比亚）

【硅铈铌钡矿】

英文名 Ilimaussite-(Ce)

化学式 $(Ba,Na)_{10}K_3Na_{4.5}Ce_5(Nb,Ti)_6O_6(Si_{12}O_{36})(Si_9O_{18})(O,OH)_{24}$　(IMA)

硅铈铌钡矿是一种含羟基和氧的钡、钠、钾、铈、铌、钛的硅酸盐矿物。六方晶系。晶体呈页片状、板状，罕见聚片双晶；集合体常由细粒及六方形晶体构成的层状玫瑰花瓣状。棕黄色、褐黄色、黄白色，沥青光泽、玻璃光泽、松脂光泽、土状光泽，透明—微透明，易蚀变，变乌且不透明；硬度 4。1965 年发现于丹麦格陵兰岛库雅雷哥自治区纳萨克镇伊利马萨克（Ilimaussaq）的侵入杂岩体塔塞克（Taseq）区纳卡拉克（Nakalak）山。英文名称 Ilimaussite-(Ce)，以发现地格陵兰伊犁马萨克（Ilimaussaq），加占优势的稀土元素铈后缀-(Ce)组合命名。IMA 1965－025 批准。1968 年在《格陵兰岛通讯》[181(7)]和 1969 年《美国矿物学家》(54)报道。其后，根据占优势的稀土元素改 Ilimaussite-(Ce)。中文名称根据成分译为硅铈铌钡矿。

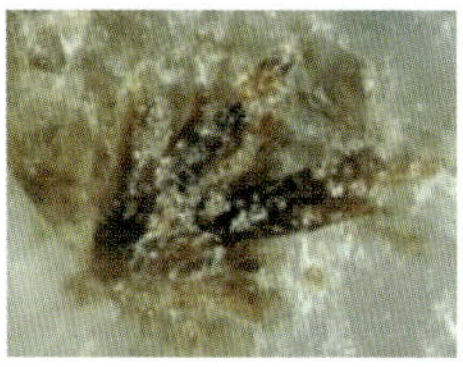
硅铈铌钡矿页片状晶体（格陵兰）

【硅铈石】参见【铈硅石】条 809 页

【硅锶硼石】

英文名 Pekovite

化学式 $SrB_2Si_2O_8$　(IMA)

硅锶硼石是一种锶的硼硅酸盐矿物。斜方晶系。晶体呈他形粒状。白色、无色，玻璃光泽，透明—半透明；硬度 6.5～7，脆性。2003 年发现于塔吉克斯坦天山山脉达拉伊-皮奥兹（Dara-i-Pioz）冰川漂砾。英文名称 Pekovite，以俄罗斯矿物学家伊格尔·维克托维茨·佩科夫（Igor Viktorovich Pekov，1967—）的姓氏命名。他是一位著名的碱性岩的矿物学专家。IMA 2003－035 批准。2004 年 L. A. 保托夫（L. A. Pautov）等在《加拿大矿物学家》(42)报道。2008 年中国地质科学院地质研究所任玉峰等在《岩石矿物学杂志》[27(3)]根据成分译为硅锶硼石。

佩科夫和他的狗在湖船上

【硅锶钛石】

英文名 Matsubaraite

化学式 $Sr_4Ti_5O_8(Si_2O_7)_2$　(IMA)

硅锶钛石是一种锶、钛氧的硅酸盐矿物。属硅钛铈矿族珀硅钛铈矿亚族。单斜晶系。晶体呈自形—半自形柱状；集合体常呈空心和扇形。灰色、蓝色，金刚光泽，透明；硬度 5.5。2000 年发现于日本本州岛中部新潟县糸鱼川市小滝（Kotaki）川流域。英文名称 Matsubaraite，以日本东京国立科学博物馆锶矿物专家松原聪（Satoshi Matsubara）的姓氏命名。IMA 2000－027 批准。日文汉字名称松原石。2002 年宫岛宏（H. Miyajima）等在《欧洲矿物学杂志》(14)和 2003 年《美国矿物学家》(88)报道。2006 年李锦平在《岩石矿物学杂志》[25(6)]根据成分译为硅锶钛石。2010 年杨主明在《岩石矿物学杂志》[29(1)]建议借用日文汉字名称松原石。

松原像

【硅钛钡钾石】

英文名 Jonesite

化学式 $KBa_2Ti_2(Si_5Al)O_{18} \cdot nH_2O$　(IMA)

硅钛钡钾石板条状晶体，花状集合体（美国）

硅钛钡钾石是一种含结晶水的钾、钡、钛的铝硅酸盐矿物。属堇青石族。斜方晶系。晶体呈叶片、板条状；集合体呈花状。无色，玻璃光泽，透明；硬度 3～4。1976 年发现于美国加利福尼亚州圣贝尼托县达拉斯（Dallas）宝石矿区蓝锥矿宝石矿。英文名称 Jonesite，以美国加利福尼亚伯克利研究化学的显微镜技术人员弗朗西斯·塔克·琼斯（Francis Tucker Jones，1905—1993）的姓氏命名，是他发现的该矿物。IMA 1976－040 批准。1977 年 W. S. 怀斯（W. S. Wise）等在《矿物学记录》(8)报道。中文名称根据成分译为硅钛钡钾石。

【硅钛钡钠石】参见【硅碱钡钛石】条 269 页

【硅钛钡石】

英文名 Fresnoite

化学式 $Ba_2TiO(Si_2O_7)$　(IMA)

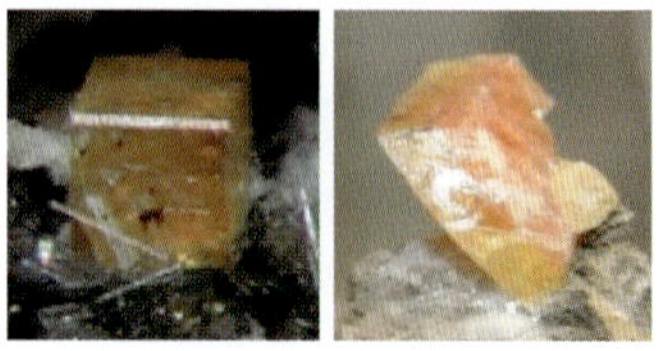
硅钛钡石柱状晶体（德国、美国）

硅钛钡石是一种钡、钛氧的硅酸盐矿物。属硅钛钡石族。四方晶系。晶体呈自形柱状。柠檬黄色、淡黄色、奶油黄色、橙红色，玻璃光泽，透明—半透明；硬度 3～4。1964 年发现于美国加利福尼亚州弗雷斯诺（Fresno）市大溪-拉什（Big Creek，Rush Creek）河区矿床。英文名称 Fresnoite，以发现地美国的弗雷斯诺（Fresno）县命名。IMA 1964－012 批准。1965 年 J. T. 阿尔福什（J. T. Alfors）在《美国矿物学家》(50)报道。中文名称根据成分译为硅钛钡石；音译为弗雷斯诺石。

【硅钛钒钡石】

英文名 Batisivite

化学式 $BaTi_6(V,Cr)_8(Si_2O_7)O_{22}$　(IMA)

硅钛钒钡石是一种含氧的钡、钛、钒、铬的硅酸盐矿物。属锑钛铁矿族。三斜晶系。晶体呈他形粒状。黑色，树脂光泽，不透明；硬度7，脆性。2006年发现于俄罗斯伊尔库茨克州贝加尔湖区斯柳江卡(Slyudyanka)山口的大理石采石场。英文名称Batisivite，由化学元素“Barium(钡)”“Titanium(钛)”“Silicon(硅)”和“Vanadium(钒)”的词头组合命名。IMA 2006－054批准。2007年L. Z. 勒泽尼特斯基(L. Z. Reznitsky)等在《俄罗斯矿物学会记事》[136(5)]报道。中文名称根据成分译为硅钛钒钡石。

【硅钛钙钾石】

英文名 Tinaksite

化学式 $K_2NaCa_2TiSi_7O_{18}(OH)O$　(IMA)

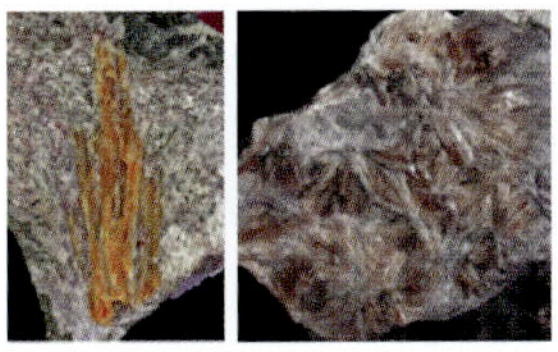

硅钛钙钾石纤维状晶体，束状、放射状集合体(俄罗斯)

硅钛钙钾石是一种含羟基和氧的钾、钠、钙、钛的硅酸盐矿物。属硅钛钙钾石族。三斜晶系。晶体呈柱状、纤维状；集合体呈束状、放射状。淡黄色、灰白色、粉红色、浅棕色，玻璃光泽，透明—半透明；硬度6，完全解理。1965年发现于俄罗斯萨哈共和国阿尔丹地盾恰卡河与托科河汇流处穆鲁斯基(Murunskii)地块。1965年在《苏联科学院报告》(162)和《美国矿物学家》(50)报道。英文名称Tinaksite，由化学元素“Titanium(Ti，钛)”“Sodium(拉丁文Natrium，Na，钠)”“Potassium(拉丁文Kalium，K，钾)”和“Silicon(Si，硅)”符号组合命名。IMA 1968s. p.批准。中文名称根据成分译为硅钛钙钾石或钛钾钙硅石。

【硅钛钙钠石】

英文名 Koashvite

化学式 $Na_6CaTiSi_6O_{18}$　(IMA)

硅钛钙钠石是一种钠、钙、钛的硅酸盐矿物。属基性异性石族硅钛钙钠石亚族。斜方晶系。棕黄色、浅黄色，玻璃光泽，透明—半透明；硬度6。1973年发现于俄罗斯北部摩尔曼斯克州库什瓦(Koashva)山库什瓦露天采场。英文名称Koashvite，以发现地俄罗斯的库什瓦(Koashva)山命名。IMA 1973－026批准。1974年Y. L. 卡普斯汀(Y. L. Kapustin)等在《全苏矿物学会记事》(103)和1975年M. 弗莱舍(M. Fleischer)等在《美国矿物学家》(60)报道。中文名称根据成分译为硅钛钙钠石；根据成分及与异性石的关系译为锰铁异性石。

【硅钛钙石】

英文名 Fersmanite

化学式 $Ca_4(Na,Ca)_4(Ti,Nb)_4(Si_2O_7)_2O_8F_3$　(IMA)

硅钛钙石是一种含氟和氧的钙、钠、钛、铌的硅酸盐矿物。三斜晶系。晶体呈假四方形。金黄色、树脂棕色、浅棕色、深棕色，玻璃光泽，透明、半透明；硬度5.5。1929年发现于俄罗斯北部摩尔曼斯克州伊夫斯洛乔尔(Eveslogchorr)山武尼米约克(Vuonnemijok)河左第三支流拉布佐夫(Labuntsov)1号矿脉。1929年A. 拉布佐夫(A. Labuntzov)在《苏联科学院报告》(A系列，12)和1931年W. W. 福杉格(W. W. Foshag)在《美国矿物学家》(16)报道。英文名称Fersmanite，1929年由亚历山大·尼古拉耶维奇·拉布佐夫(Aleksander Nikolaevich Labuntzov)为纪念苏联莫斯科费尔斯曼矿物学博物馆的创始人，苏联矿物学家、地球化学家、地理学家，苏联科学院院士阿历山德·叶夫根尼耶维奇·费尔斯曼(Aleksandr Evgenievich Fersman，1883—1945)而以他的姓氏命名。费尔斯曼是一位才华横溢、知识渊博、思想敏锐、成就卓著的并富有开拓创造精神的天才学者，与维尔纳茨基一起被誉为地球化学的先驱者和奠基人，也是一位出类拔萃的科普作家，被阿·托尔斯泰称为“石头的诗人”。他在1934—1939年完成的巨著《地球化学》(第四卷)是当时地球化学的权威专著，是地球化学发展的重要里程碑。他还完成了《趣味矿物学》《趣味地球化学》等语言通俗、妙趣横生的科普读物、专著、文章和论文近1 500种。《趣味矿物学》和《趣味地球化学》是世界广为流传、风靡全球，被人们公认的科普名著，是世界珍贵的文化遗产，学习地质学的人无人不晓，在世界影响深远。1959年以前发现、描述并命名的“祖父级”矿物，IMA承认有效。中文名称根据成分译为硅钛钙石或硅钠铌石，也译作硅钠钛钙石或硅钠铌钛钙石。

硅钛钙石板状晶体(俄罗斯)和费尔斯曼像

【硅钛锂钙石】

英文名 Baratovite

化学式 $KLi_3Ca_7Ti_2(SiO_3)_{12}F_2$　(IMA)

硅钛锂钙石片状晶体(塔吉克斯坦)

硅钛锂钙石是一种含氟的钾、锂、钙、钛的硅酸盐矿物。属硅钛锂钙石族。单斜晶系。晶体呈片状。粉红色、珍珠白色，玻璃光泽、珍珠光泽，透明—半透明；硬度3.5，完全解理。1974年发现于塔吉克斯坦天山山脉达拉伊-皮奥兹(Dara-i-Pioz)冰川。英文名称Baratovite，以苏联岩石学家拉乌夫·巴拉托维奇·巴拉托夫(Rauf Baratovich Baratov，1921—)的姓氏命名。IMA 1974－055批准。1975年在《全苏矿物学会记事》(104(5))和1976年弗莱舍等在《美国矿物学家》(61)报道。中文名称根据成分译为硅钛锂钙石。

【硅钛锂钠石】

英文名 Lintisite

化学式 $Na_3LiTi_2O_2(SiO_3)_4 \cdot 2H_2O$　(IMA)

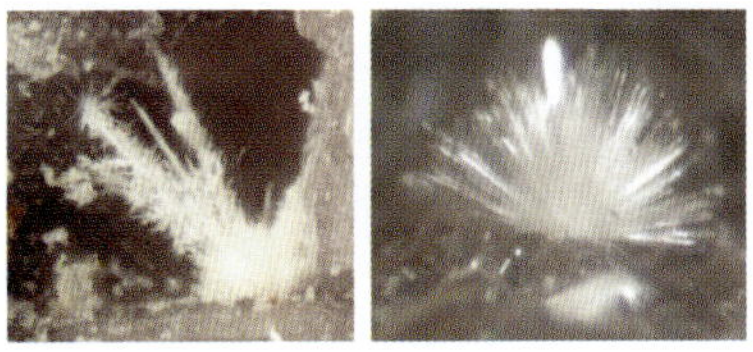

硅钛锂钠石纤维状晶体，放射状集合体(加拿大)

硅钛锂钠石是一种含结晶水的钠、锂、钛氧的硅酸盐矿物。单斜晶系。晶体呈纤维状、针状、柱状，具双晶；集合体呈放射状。无色、白色—淡黄色，玻璃光泽、珍珠光泽，透明；

硬度 5～6，极完全解理。1989 年发现于俄罗斯北部摩尔曼斯克州阿卢艾夫（Alluaiv）山碱性伟晶岩。英文名称 Lintisite，由化学元素“Lithium（锂）”“Sodium（Natrium，钠）”“Titanium（钛）”和“Silicon（硅）”的词头组合命名。IMA 1989－025 批准。1990 年 A. P. 霍米亚科夫（A. P. Khomyakov）等在《全苏矿物学会记事》[119(3)]和 1991 年《美国矿物学家》(76)报道。1993 年中国新矿物与矿物命名委员会黄蕴慧等在《岩石矿物学杂志》[12(1)]根据成分译为硅钛锂钠石。

【硅钛锰钡石】

英文名 Yoshimuraite

化学式 $Ba_4Mn_4^{2+}Ti_2(Si_2O_7)_2(PO_4)_2O_2(OH)_2$ (IMA)

硅钛锰钡石板状晶体（日本）和吉村丰文像

硅钛锰钡石是一种含羟基和氧的钡、锰、钛的磷酸-硅酸盐矿物。属氟钠钛锆石超族钡铁钛石/硅钡铁钛石族。三斜晶系。晶体呈叶片状或板状；集合体呈星状。橙色、棕色、红色、深棕色，玻璃光泽，半透明；硬度 4.5，完全解理，脆性。1959 年发现于日本本州岛东北地区岩手县九户郡野田村野田玉川村矿。1959 年渡边（T. Watanabe）等在日本《矿物学杂志》(2)和 1960 年《美国矿物学家》(45)报道。英文名称 Yoshimuraite，1961 年由渡边武男（Takeo Watanabe）、竹内庆夫（Yoshio Takeuchi）和伊藤顺（Jun Ito）在日本《矿物学杂志》(3)和 1961 年在《美国矿物学家》(46)为纪念日本九州大学矿物学荣誉教授吉村丰文（Toyofumi Yoshimura，1905—1990）而以他的姓氏命名，他专门研究日本的锰矿。日文汉字名称吉村石。IMA 2016s. p. 批准。中国地质科学院根据成分译为硅钛锰钡石。2010 年杨主明在《岩石矿物学杂志》[29(1)]建议采用日文汉字名称吉村石。

【硅钛锰钠石】

英文名 Janhaugite

化学式 $Na_3Mn_3^{2+}Ti_2(Si_2O_7)_2(O,OH,F)_4$ (IMA)

硅钛锰钠石柱状晶体（挪威）和简・豪格像

硅钛锰钠石是一种含氟、羟基和氧的钠、锰、钛的硅酸盐矿物。属铌锆钠石族。单斜晶系。晶体呈片状、半自形粒状、柱状，常弯曲；集合体呈放射状。红褐色、金黄色，玻璃光泽，透明—半透明；硬度 5，完全解理，非常脆。1981 年发现于挪威奥普兰郡伦内尔岛诺德峡湾盖尔丁根（Gjerdingen）。英文名称 Janhaugite，以挪威矿物学家简・豪格（Jan Haug，1934—1998）先生的姓名命名，他在参加区域系统矿物学研究中发现的该矿物。IMA 1981－018 批准。1983 年 G. 拉德（G. Raade）等在《美国矿物学家》(68)报道。1985 年中国新矿物与矿物命名委员会郭宗山等在《岩石矿物及测试》[4(4)]根据成分译为硅钛锰钠石。

【硅钛钠钡石】

英文名 Innelite

化学式 $Ba_4Ti_2Na(NaCa)Ti(Si_2O_7)_2[(SO_4)(PO_4)]O_2[O(OH)]$ (IMA)

硅钛钠钡石板状晶体，放射状集合体（俄罗斯）

硅钛钠钡石是一种含氧和羟基的钡、钛、钠、钙的硫酸-磷酸-硅酸盐矿物。属氟钠钛锆石超族闪叶石族。三斜晶系。晶体呈板状；集合体呈放射状。棕色、浅黄色，玻璃光泽、油脂光泽，透明—半透明；硬度 4.5～5，完全解理，脆性。1961 年发现于俄罗斯萨哈共和国阿尔丹地盾伊纳格里（Inagli）地块伊纳格里铬透辉石矿床和雅库特地块谢尔科乔尼（Shchelochnoi）泉。英文名称 Innelite，以发现地俄罗斯雅库特的伊纳格里（Inagli）河的雅库特人语“Inneli（伊讷里）”命名。IMA 2016s. p. 批准。1961 年 S. M. 克拉夫琴科（S. M. Kravchenko）等在《苏联科学院报告》(141)和 M. 弗莱舍（M. Fleischer）在《美国矿物学家》(46)报道。中文名称根据成分译为硅钛钠钡石。

【硅钛钠石】

英文名 Kazakovite

化学式 $Na_6Mn^{2+}TiSi_6O_{18}$ (IMA)

硅钛钠石半自形柱状晶体（俄罗斯）

硅钛钠石是一种钠、锰、钛的硅酸盐矿物。属基性异性石族。三方晶系。晶体呈半自形柱状；集合体呈块状。浅黄色，玻璃光泽、油脂光泽；硬度 4。1973 年发现于俄罗斯北部摩尔曼斯克州卡纳苏特（Karnasurt）山。英文名称 Kazakovite，1974 年 A. P. 霍米亚科夫（A. P. Khomyakov）等为纪念苏联莫斯科稀土元素矿物学和地球化学研究所分析化学家玛利亚・伊菲莫夫娜・卡扎科娃（Maria Efimovna Kazakova，1913—1982）而以她的姓氏命名，以表彰她做了很多俄罗斯新矿物的化学分析。IMA 1973－061 批准。1974 年霍米亚科夫（A. P. Khomyakov）等在《全苏矿物学会记事》(103)报道。中文名称根据成分译为硅钛钠石。

【硅钛铌钡矿】

英文名 Lemmleinite-Ba

化学式 $Na_4K_4Ba_{2+x}Ti_8(Si_4O_{12})_4(OH,O)_8 \cdot 8H_2O$ (IMA)

硅钛铌钡矿柱状晶体（俄罗斯）和莱姆莱恩像

硅钛铌钡矿是一种含结晶水、羟基、氧的钠、钾、钡、钛的硅酸盐矿物。属硅钛钾钡矿超族硅钛铌钾矿族。单斜晶系。晶体呈柱状。橙色、红棕色、棕色、黄色、几乎无色，玻璃光泽，透明—半透明；硬度 5.5。1998 年发现于俄罗斯北部摩尔曼斯克州库基斯武姆科尔（Kukisvumchorr）山。英文名称 Lemmleinite-Ba，以苏联矿物学家和结晶学家乔治·格勒伯维尔奇·莱姆莱恩（Georgy Glebovich Lemmlein，1901—1962）的姓氏，加占优势的钡后缀-（Ba）组合命名，意指它是钡占优势的硅钛铌钾矿的类似矿物。IMA 1998-052a 批准。2001 年 N. V. 丘卡诺夫（N. V. Chukanov）等在《俄罗斯矿物学会记事》[130(3)]和《欧洲矿物学杂志》(14)报道。中文名称根据成分译为硅钛铌钡矿（石）。

【硅钛铌钾矿】

英文名 Lemmleinite-K

化学式 $Na_4K_8Ti_8(Si_4O_{12})_4(OH,O)_8 \cdot 8H_2O$ （IMA）

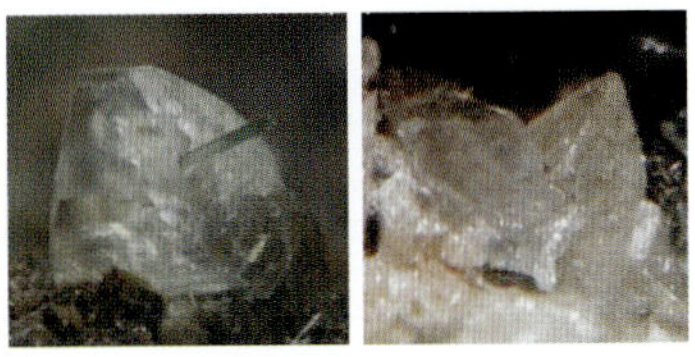

硅钛铌钾矿似纺锤状晶体（俄罗斯）

硅钛铌钾矿是一种含结晶水、羟基和氧的钠、钾、钛的硅酸盐矿物。属硅钛钾钡矿超族硅钛铌钾矿族。单斜晶系。晶体呈假斜方似纺锤状。无色，玻璃光泽，透明—半透明；硬度 5，脆性。1997 年发现于俄罗斯北部摩尔曼斯克州科什瓦（Koashva）山科什瓦露天坑。英文名称 Lemmleinite-K，以苏联矿物学家和结晶学家乔治·格勒伯维尔奇·莱姆莱恩（Georgy Glebovich Lemmlein，1901—1962）的姓氏，加占优势的钾后缀-K 组合命名。IMA 1997-003 批准。1999 年霍米亚科夫等在《俄罗斯矿物学会记事》[128(5)]报道。2003 年中国地质科学院矿产资源研究所李锦平等在《岩石矿物学杂志》[22(1)]硅钛铌钾矿（石）。

【硅钛铌钠矿】

英文名 Nenadkevichite

化学式 $(Na,\square)_8Nb_4(Si_4O_{12})_2(O,OH)_4 \cdot 8H_2O$ （IMA）

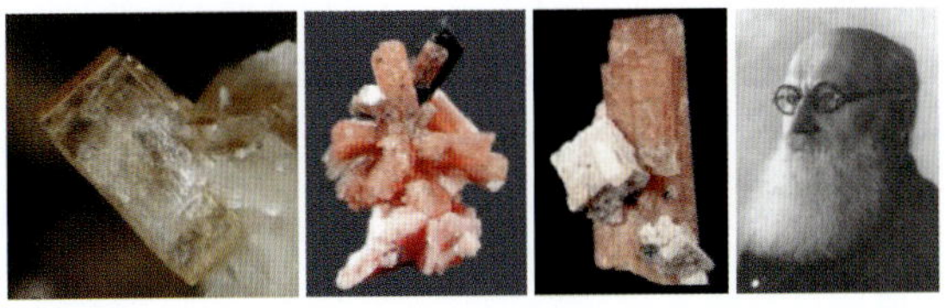

硅钛铌钠矿板片状、柱状晶体（加拿大）和涅纳德克维奇像

硅钛铌钠矿是一种罕见的含结晶水、羟基和氧的钠、空位、铌的硅酸盐矿物。属硅钛钾钡矿超族硅钛铌钠矿族。斜方晶系。晶体呈板片状、粒状、双锥状、假六方柱状。淡黄色、黄棕色、褐色、玫瑰色，玻璃光泽，透明—不透明；硬度 5。1955 年 M. V. 库兹敏科（M. V. Kuz′menko）和 M. E. 卡扎科娃（M. E. Kazakova）首次发现于俄罗斯北部摩尔曼斯克州卡纳苏尔特（Karnasurt）山脉霞石正长岩伟晶岩。1955 年库兹敏科等在《苏联科学院报告》(100)和 M. 弗莱舍（M. Fleischer）在《美国矿物学家》(40)报道。英文名称 Nenadkevichite，以苏联莫斯科 A. E. 费尔斯曼（A. E. Fersman）矿物博物馆的矿物学家和地球化学家康斯坦丁·阿夫托诺莫维奇·涅纳德克维奇（Konstantin Avtonomovich Nenadkevich，1880—1963）的姓氏命名。1959 年以前发现、描述并命名的“祖父级”矿物，IMA 承认有效。中文名称根据成分译为硅钛铌钠矿。

【硅钛铌钠石】参见【佐硅钛钠石】条 1138 页

【硅钛铌钕矿】

英文名 Tundrite-(Nd)

化学式 $Na_2Nd_2TiO_2(SiO_4)(CO_3)_2$ （IMA）

硅钛铌钕矿是一种钠、钕、钛氧的碳酸-硅酸盐矿物。属硅钛铌铈矿族。三斜晶系。黄色、黄绿色，玻璃光泽；硬度 3，完全解理。1967 年发现于丹麦格陵兰岛库雅雷哥自治区纳萨克镇伊犁马萨克（Ilimaussaq）杂岩体。1967 年 E. I. 谢苗诺夫（E. I. Semenov）等在《格陵兰岛通讯》(181)和 1968 年在《美国矿物学家》(53)报道。英文名称 Tundrite-(Nd)，由根词“Tundrite（硅钛铌铈矿）”和占优势的稀土元素钕-Nd 后缀组合命名。IMA 1987s. p. 批准，但非常值得怀疑。中文名称根据成分译为硅钛铌钕矿（根词参见【硅钛铌铈矿】条 289 页），还有的译为碳硅钛铈钠石-钕。

【硅钛铌铈矿】

英文名 Tundrite-(Ce)

化学式 $Na_2Ce_2TiO_2(SiO_4)(CO_3)_2$ （IMA）

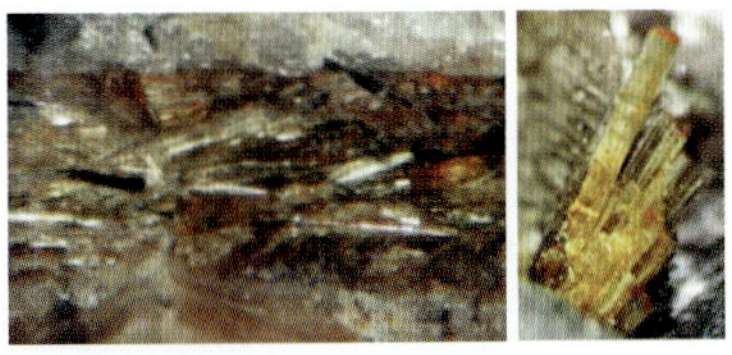

硅钛铌铈矿柱状晶体，晶簇状、席状集合体（俄罗斯）

硅钛铌铈矿是一种钠、铈、钛氧的碳酸-硅酸盐矿物。属硅钛铌铈矿族。三斜晶系。晶体呈细长柱状；集合体呈晶簇状、席状。黄棕色、绿黄色，玻璃光泽、油脂光泽、丝绢光泽，透明—半透明；硬度 3，完全解理，脆性。1963 年发现于俄罗斯北部摩尔曼斯克州赛多泽罗（Seidozero）湖莱普克海伦（Lepkhe-Nelm）山 45 号伟晶岩；同年，E. I. 谢苗诺夫（E. I. Semenov）在《苏联科学院报告》报道。英文名称 Tundrite-(Ce)，最初命名为 Titanorhabdophane，1963 年谢苗诺夫根据发现地俄罗斯的洛沃泽罗苔原（Lovozero Tundra），加占优势的稀土元素铈后缀-（Ce）组合命名。1965 年谢苗诺夫在《美国矿物学家》(50)报道。IMA 1968s. p. 批准。中文名称根据成分译为硅钛铌铈矿，还有的译为碳硅钛铈钠石-铈。

【硅钛钕铁矿】

英文名 Chevkinite-(Nd)

化学式 $(Nd,REE)_4(Fe^{2+},Mg)(Fe^{2+},Ti,Fe^{3+})_2(Ti,Fe^{3+})_2(Si_2O_7)_2O_8$(?)

硅钛钕铁矿是一种钕占优势的硅钛铈铁矿类似矿物。属硅钛铈铁矿族。发现于火星陨石。英文名称 Chevkinite-(Nd)，由根词“Chevkinite（硅钛铈铁矿）”加占优势的“钕-(Nd)”后缀组合命名。2016 年 Y. 刘（Y. Liu）和马驰等在《地球与行星科学快报》(451)报道（在火星的陨石角砾岩中的稀土元素矿物 NWA7034 和 NWA7533），但未经批准公布。中文名称根据成分译为硅钛钕铁矿（根词参见【硅钛铈铁矿】条 290 页）。

【硅钛铈矿】参见【硅钛铈铁矿】条 290 页

【硅钛铈钠石】

英文名 Laplandite-(Ce)

化学式 $Na_4CeTiPSi_7O_{22} \cdot 5H_2O$　　(IMA)

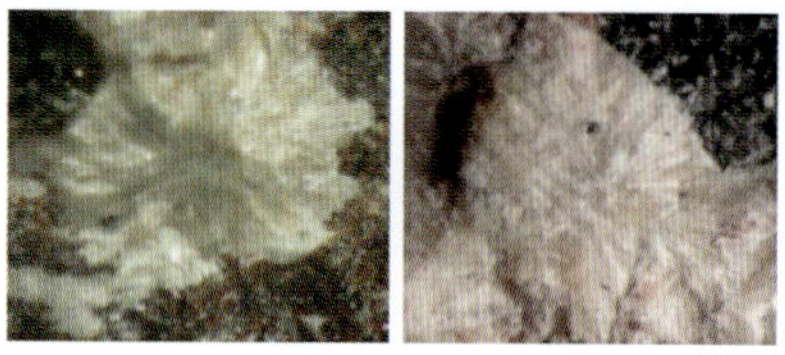

硅钛铈钠石纤维状晶体，放射状集合体(俄罗斯)

硅钛铈钠石是一种含结晶水的钠、铈、钛的磷酸-硅酸盐矿物。斜方晶系。晶体呈柱状、纤维状；集合体呈放射状。灰白色、淡黄色、淡蓝色，玻璃光泽、油脂光泽，透明—半透明；硬度 2～3，完全解理。1974 年发现于俄罗斯北部摩尔曼斯克州卡纳苏尔特(Karnasurt)山脉尤比雷纳亚(Yubileinaya)伟晶岩；同年，在《全苏矿物学会记事》(103)报道。英文名称 Laplandite-(Ce)，根词由发现地俄罗斯科拉半岛所在的“Lappland(拉普兰)”区域，加占优势的稀土元素铈后缀-(Ce)组合命名。IMA 1974－005 批准。1975 年在《美国矿物学家》(60)摘要报道。中文名称根据成分译为硅钛铈钠石。

【硅钛铈铁矿】

英文名 Chevkinite-(Ce)

化学式 $Ce_4(Ti,Fe^{2+},Fe^{3+})_5O_8(Si_2O_7)_2$　　(IMA)

硅钛铈铁矿柱状晶体(巴基斯坦)和切夫金像

硅钛铈铁矿是一种铈、钛铁氧的硅酸盐矿物。属硅钛铈铁矿族。单斜晶系或蜕晶质。晶体呈板状、粒状、柱状。天鹅绒黑色、深红色，玻璃光泽、树脂光泽、蜡状光泽、半金属光泽，半透明—不透明；硬度 5～5.5，脆性。1839 年发现于俄罗斯车里雅宾斯克州伊尔门(Ilmen)山脉伊尔门湖自然保护区 17 号矿坑。1842 年在柏林《乌拉尔、阿尔泰和里海矿物学地志学》刊载。英文名称 Chevkinite-(Ce)，根词于 1839 年由古斯塔夫·罗斯(Gustav Rose)为纪念俄国矿业工程兵团参谋长、交通运输部大臣康斯坦丁·弗拉基米罗维奇·切夫金(Konstantin Vladimirovich Chevkin，1803—1875)而以他的姓氏，加占优势的稀土元素铈后缀-(Ce)组合命名。1928 年 W. F. 福杉格(W. F. Foshag)在《美国矿物学家》(13)报道。1959 年以前发现、描述并命名的“祖父级”矿物，IMA 承认有效。IMA 1987s. p. 批准。中文名称根据成分译为硅钛铈铁矿，也译作硅钛铈矿、硅钛铈钇矿。

【硅钛铁钡石】

英文名 Traskite

化学式 $Ba_{21}Ca(Fe^{2+},Mn,Ti)_4(Ti,Fe,Mg)_{12}(Si_{12}O_{36})$
$(Si_2O_7)_6(O,OH)_{30}Cl_6 \cdot 14H_2O$　　(IMA)

硅钛铁钡石是一种含结晶水、氯、羟基和氧的钡、钙、铁、锰、钛、镁的硅酸盐矿物。六方晶系。晶体呈菱面体、他形粒状。红褐色，玻璃光泽，透明—半透明；硬度 5，脆性。1964

硅钛铁钡石菱面体晶体(美国)和特拉斯克像

年发现于美国加利福尼亚州弗雷斯诺县拉什溪(Rush Creek)矿床。英文名称 Traskite，以美国加利福尼亚州的第一个国家的地质学家约翰·博德曼·特拉斯克(John Boardman Trask，1824—1879)的姓氏命名。IMA 1964－014 批准。1965 年 J. T. 阿尔福什(J. T. Alfors)等在《美国矿物学家》(50)报道。中文名称根据成分译为硅钛铁钡石，也有的译作硅铁钡钛矿，还有的根据英文名称首音节音和成分译为托钡硅石。

【硅钛钇石】

英文名 Trimounsite-(Y)

化学式 $Y_2Ti_2SiO_9$　　(IMA)

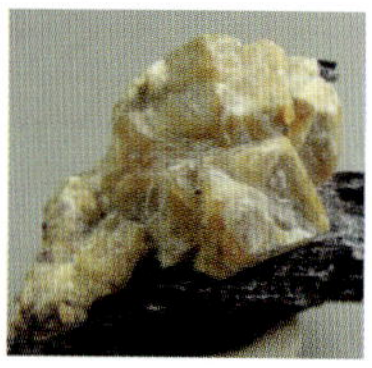

硅钛钇石柱状晶体，晶簇状集合体(法国)

硅钛钇石是一种钇、钛的硅酸盐矿物。单斜晶系。晶体呈长柱状；集合体呈晶簇状。浅棕色，金刚光泽，透明—半透明；硬度 7，脆性。1989 年发现于法国阿列日省吕泽纳克区特里穆纳斯(Trimouns)滑石矿。英文名称 Trimounsite-(Y)，以发现地法国特里穆纳斯(Trimouns)滑石矿加占优势的稀土元素钇后缀-(Y)组合命名。IMA 1989－042 批准。1990 年 P. 皮雷(P. Piret)等在法国《欧洲矿物学杂志》(2)报道。1991 年中国新矿物与矿物命名委员会郭宗山在《岩石矿物学杂志》[10(4)]根据成分译为硅钛钇石。

【硅碳钙矾石】参见【钙矾石】条 218 页

【硅碳石膏】

英文名 Birunite

化学式 $Ca_{18}(SiO_3)_{8.5}(CO_3)_{8.5}(SO_4) \cdot 15H_2O$　　(IMA)

比鲁尼像

硅碳石膏是一种含结晶水的钙的硫酸-碳酸-硅酸盐矿物。斜方晶系(?)。晶体呈纤维状；集合体呈皮壳状。白色；硬度 2，完全解理。1957 年发现于乌兹别克斯坦。1957 年 S. T. 巴达洛夫(S. T. Badalov)等在《苏联乌兹别克斯坦科学院学报》(12)和 1959 年 M. 弗莱舍(M. Fleischer)在《美国矿物学家》(44)报道。英文名称 Birunite，1957 年 S. T. 巴达洛夫(S. T. Badalov)等为纪念伟大的波斯学者和科学家阿布拉汉-厄·比鲁尼(Aburayhan-e Biruni，公元 973 年 9 月 5 日—1048 年 12 月 13 日)而以他的姓氏命名。比鲁尼是中亚著名科学家、史学家、哲学家，对史学、地理、天文、数学和医学均有很深的造诣，一生著述宏富，包括矿物学。在矿物学方面，他建立了一套仪器，并精确地测定了金属和矿物的密度。比鲁尼被后世学者誉为“百科式的学者”“各种文化交流的使者”，在伊朗科学文化史上享有崇高的声誉。月球上的一座环形山以他命名。1959 年以前发现、描述并命名的“祖父级”矿物，IMA 承认有效，但有疑问。中文名称根据成分译为硅碳石膏，也译作硫碳硅钙石。

【硅锑锰矿】

英文名 Långbanite

化学式 $Mn_4^{2+}Mn_9^{3+}Sb^{5+}O_{16}(SiO_4)_2$ (IMA)

硅锑锰矿柱状晶体，晶簇状集合体（瑞典）

硅锑锰矿是一种锰、锑氧的硅酸盐矿物。三方(单斜)晶系。晶体呈长柱状或短柱状;集合体呈晶簇状。铁黑色、红褐色，金刚光泽、半金属光泽，不透明;硬度 6.5，完全解理，脆性。1877 年发现于瑞典韦姆兰省菲利普斯塔德市朗班(Långban)。英文名称 Långbanite，1877 年由弗林克(Flink)以发现地瑞典的朗班(Långban)命名。1888 年古斯塔夫·弗林克(Gustav Flink)在西德《结晶学和矿物学杂志》(13)报道。1959 年以前发现、描述并命名的“祖父级”矿物，IMA 承认有效。IMA 1971s. p. 批准。中文名称根据成分译为硅锑锰矿。

【硅锑锰石】

英文名 Örebroite

化学式 $Mn_6^{2+}(Sb^{5+},Fe^{3+})(SiO_4)_2O_6$ (IMA)

硅锑锰石是一种含氧的锰、锑、铁的硅酸盐矿物。属硅钨锰矿族。三方晶系。晶体呈粒状，集合体呈块状。深棕色、红棕色，玻璃光泽，微透明—不透明;硬度 4。1985 年发现于瑞典瓦斯特曼兰省海勒福什区格吕特许坦的舍格鲁万(Sjogruvan)。英文名称 Örebroite，1986 年由 P. J. 邓恩(P. J. Dunn)等以发现地瑞典的距舍格鲁万(Sjogruvan)东南 60km 的厄勒布鲁(Örebro)市命名。IMA 1985 - 039 批准。1986 年 P. J. 邓恩(P. J. Dunn)等在《美国矿物学家》(71)报道。1987 年中国新矿物与矿物命名委员会郭宗山等在《岩石矿物学杂志》[6(4)]根据成分译为硅锑锰石。

【硅锑铁矿】

英文名 Chapmanite

化学式 $Fe_2^{3+}Sb^{3+}(SiO_4)_2(OH)$ (IMA)

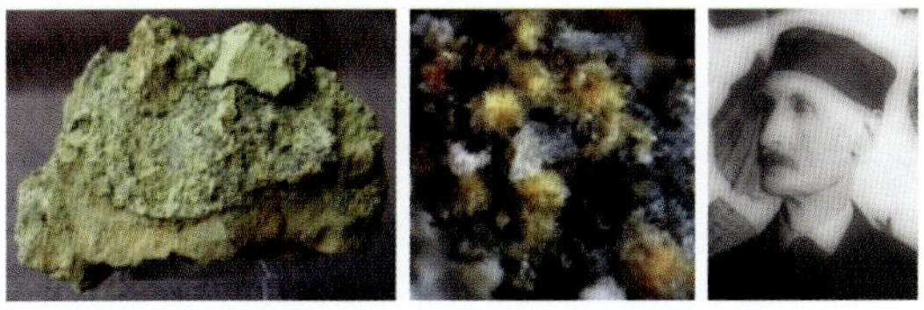

硅锑铁矿粉末状、放射状集合体（西班牙、意大利）和查普曼像

硅锑铁矿是一种罕见的含羟基的铁、锑的硅酸盐矿物。单斜晶系。晶体呈微细的板条状;集合体呈放射状、致密块状、粉末状。黄色、黄绿色、橄榄绿色，金刚光泽，半透明;硬度 2.5。1924 年发现于加拿大安大略省基利-弗兰蒂尔(Keeley-Frontier)矿银矿脉。1924 年 T. L. 瓦尔克(T. L. Walker)在《加拿大多伦多大学地质矿物学贡献》(系列 17)报道。英文名称 Chapmanite，为纪念加拿大多伦多大学地质教授约翰·爱德华·查普曼(John Edward Chapman，1821—1904)而以他的姓氏命名。1959 年以前发现、描述并命名的“祖父级”矿物，IMA 承认有效。IMA 1968s. p. 批准。早期德文将矿物称为 Antimon-hypochlorite(锑次氯酸盐)。中文名称根据成分译为硅锑铁矿，或羟硅锑铁矿。

【硅锑锌锰矿】

英文名 Yeatmanite

化学式 $Zn_6Mn_9^{2+}Sb_2^{5+}O_{12}(SiO_4)_4$ (IMA)

硅锑锌锰矿片状、板条状晶体（美国）和耶特曼像

硅锑锌锰矿是一种锌、锰、锑氧的硅酸盐矿物。三斜晶系。晶体呈六边形小薄片状、板条状，聚片双晶。丁香棕色、玫瑰粉红色，玻璃光泽、油脂光泽，半透明;硬度 3.5～4，完全解理，脆性。1937 年发现于美国新西泽州苏塞克斯县富兰克林矿区富兰克林(Franklin)矿。1938 年查尔斯·帕拉奇(Charles Palache)、劳森·亨利·鲍尔(Lawson Henry Bauer)和哈利·伯曼(Harry Berman)在《美国矿物学家》(23)报道。英文名称 Yeatmanite，为纪念美国采矿工程师蒲柏·耶特曼(Pope Yeatman，1861—1953)而以他的姓氏命名。1959 年以前发现、描述并命名的“祖父级”矿物，IMA 承认有效。中文名称根据成分译为硅锑锌锰矿。

【硅铁钡矿】

英文名 Gillespite

化学式 $BaFe^{2+}Si_4O_{10}$ (IMA)

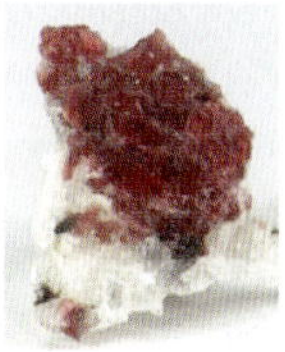

硅铁钡矿粒状晶体（墨西哥）

硅铁钡矿是一种钡、铁的硅酸盐矿物。属硅铁钡矿族。四方晶系。晶体呈板状、鳞片状、粒状。玫瑰红色、暗红色，玻璃光泽，透明—半透明;硬度 3～4，完全解理，脆性。1922 年发现于美国阿拉斯加州科尤库克区阿拉斯加(Alaska)山脉旱三角洲冰川。英文名称 Gillespite，1922 年沃尔德马·T. 夏勒(Waldemar T. Schaller)先生在《华盛顿科学院会刊》(12)为纪念弗兰克·吉莱斯皮(Frank Gillespie)而以他的姓氏命名。吉莱斯皮在阿拉斯加理查德森附近收集到第一个他宣称为冰碛物的标本。1959 年以前发现、描述并命名的“祖父级”矿物，IMA 承认有效。中文名称根据成分译为硅铁钡矿。

【硅铁钙钡石】

英文名 Pellyite

化学式 $Ba_2CaFe_2^{2+}Si_6O_{17}$ (IMA)

硅铁钙钡石粒状晶体，块状集合体（加拿大）

硅铁钙钡石是一种钡、钙、铁的硅酸盐矿物。斜方晶系。晶体呈粒状;集合体呈块状。无色、白色、淡黄色，玻璃光泽，半透明;硬度 6，脆性。1970 年发现于加拿大育空地区沃森湖镇伊特斯(Itsi)山威尔逊湖冈恩(Gun)领地。英文名称 Pellyite，以发现地加拿大育空地区的佩利(Pelly)河命名，其源头接近模式产地。IMA 1970 - 035 批准。1972 年 J. H. 蒙哥马利(J. H. Montgomery)等在《加拿大矿物学家》(11)报道。中文名称根据成分译为硅铁钙钡石。

【硅铁钙钠石】

英文名 Imandrite

化学式 $Na_{12}Ca_3Fe_2^{3+}Si_{12}O_{36}$ (IMA)

硅铁钙钠石是一种钠、钙、铁的硅酸盐矿物。属基性异性石族。斜方晶系。晶体呈他形粒状；集合体呈块状。蜜黄色，玻璃光泽，透明；硬度 5～5.5。1979 年发现于俄罗斯北部摩尔曼斯克州伊曼德拉(Imandra)湖附近的沃尼米克(Vuonnemiok)河谷。英文名称 Imandrite，以发现地俄罗斯的伊曼德拉(Imandra)湖命名。IMA 1979－025 批准。1979 年 N. M. 彻尼特索娃(N. M. Chernitsova)等在《矿物学杂志》(1)和 1980 年《苏联科学院报告》(252)、《美国矿物学家》(65)报道。中文名称根据成分译为硅铁钙钠石。

【硅铁钙石】

英文名 Høgtuvaite

化学式 $Ca_4[Fe_6^{2+}Fe_6^{3+}]O_4[Si_8Be_2Al_2O_{36}]$ (IMA)

硅铁钙石柱状晶体(挪威)

硅铁钙石是一种钙、铁氧的铝铍硅酸盐矿物。属假蓝宝石超族钛硅镁钙石(褐斜闪石;镁钙三斜闪石)族。三斜(假单斜)晶系。晶体呈柱状，粒径 4cm。黑色，玻璃光泽、弱金刚光泽，不透明—微透明；硬度5.5，完全解理。1983 年由挪威地质调查局的英格瓦・林达尔(Ingvar Lindahl)在进行铀矿勘探期间首次发现于挪威诺尔兰郡摩城西北部赫格蒂瓦(Høgtuva)山伟晶岩铍矿床。IMA 1990－051 批准。英文名称 Høgtuvaite，1994 年由格拉乌赫(Grauch)等在《加拿大矿物学家》(32)以发现地赫格蒂瓦(Høgtuva)峰命名。1999 年中国新矿物与矿物命名委员会黄蕴慧等在《岩石矿物学杂志》[18(1)]根据成分译为硅铁钙石。

【硅铁灰石】

英文名 Babingtonite

化学式 $Ca_2Fe^{2+}Fe^{3+}Si_5O_{14}(OH)$ (IMA)

硅铁灰石厚板状或矛头状晶体，叠板状集合体(中国、意大利、美国)和巴宾顿像

硅铁灰石是一种罕见的含羟基的钙、铁的单链硅酸盐矿物。属蔷薇辉石族硅铁灰石(Babingtonite)－锰硅铁灰石(Manganbabingtonite)系列。三斜晶系。晶体呈厚板状或粗短柱状、矛头状；集合体呈板状。黑色，强光源下呈浓茶绿色—棕色，条痕呈淡灰绿色，玻璃光泽，透明—不透明；硬度 5.5～6，完全解理；有弱磁性。1824 年发现于挪威东阿格德尔郡阿伦达尔(Arendal)铁矿；同年，在《哲学年鉴》(7)报道。英文名称 Babingtonite，以盎格鲁-爱尔兰的威廉・巴宾顿(William Babington，1756—1833)博士的姓氏命名。巴宾顿是英国医生和矿物学家，到 1792 年成为约翰・斯图尔特(John Stuart)矿物收藏馆长。1805 年他当选为英国皇家学会会员；后成为伦敦地质学会创始成员和会长(1822—1824)，并且是《系统矿物学》(1796，1799)的作者。1959 年以前发现、描述并命名的"祖父级"矿物，IMA 承认有效。中文名称根据成分译为硅铁灰石。灰石即灰土，矿物学或化学早期所称的灰土指氧化钙。

【硅铁矿】参见【那曲矿】条 632 页

【硅铁镁石】参见【阿基墨石】条 4 页

【硅铁锰钠石】

英文名 Howieite

化学式 $Na(Fe^{2+},Fe^{3+},Al,Mg)_{12}(Si_6O_{17})_2(O,OH)_{10}$ (IMA)

硅铁锰钠石板条状晶体(美国)

硅铁锰钠石是一种含羟基和氧的钠、铁、铝、镁的硅酸盐矿物。属羟硅铁石-羟硅铁钠石族。三斜晶系。晶体呈薄叶片状、板条状。深绿色、黑色，油脂光泽，透明—半透明；完全解理。1964 年发现于美国加利福尼亚州门多西诺县海岸山脉莱顿维尔(Laytonville)采石场。英文名称 Howieite，1964 年斯图尔特・奥诺夫・阿格雷尔(Stewart Olof Agrell)等为纪念英国伦敦大学国王学院英国岩石学家和矿物学家罗伯特・安德鲁・豪伊(Robert Andrew Howie，1923—2012)教授而以他的姓氏命名。豪伊教授是《造岩矿物系列丛书》的作者之一(德尔、豪伊和祖斯曼)。IMA 1964－017批准。1964 年阿格雷尔(Agrell)在《美国矿物学家》(49)和 1965 年《美国矿物学家》(50)报道。中文名称根据成分译为硅铁锰钠石，或译作羟硅铁锰钠石，或根据英文名称首音节音和成分译为郝硅铝铁钠石。

【硅铁钠钾石】参见【铁钠钾硅石】条 952 页

【硅铁钠石】

英文名 Tuhualite

化学式 $NaFe^{2+}Fe^{3+}Si_6O_{15}$ (IMA)

硅铁钠石柱状晶体(新西兰)

硅铁钠石是一种钠、铁的硅酸盐矿物，其中钠可能被少量的钾所取代。属硅铁钠石族。斜方晶系。晶体呈柱状。蓝紫色、深蓝色—黑色；硬度 3～4，完全解理，脆性。1932 年发现于新西兰北方岛普伦蒂湾长岛(Mayor)市[原名 Tuhua(土话)]。1932 年 P. 马歇尔(P. Marshall)在《新西兰科学和技术杂志》(13)报道。英文名称 Tuhualite，以发现地新西兰长岛(Mayor)市的原名毛利人(Maori)语的"Tuhua(土话)"命名。1959 年以前发现、描述并命名的"祖父级"矿物，IMA 承认有效。中文名称根据成分译为硅铁钠石，有的译为紫钠闪石(参见【镁钠闪石】条 596 页)。

【硅铁石】

英文名 Hisingerite

化学式 $Fe_2Si_2O_5(OH)_4 \cdot 2H_2O$ (IMA)

硅铁石是一种含结晶水、羟基的铁的硅酸盐矿物。属硅铁石-水锰辉石系列。非晶质或单斜晶系。晶体呈细晶状和纤维状；集合体呈微小的葡萄状或粗糙的球形、肾状、似蛋白

硅铁石纤维状晶体，放射状集合体（加拿大）和希辛格像

石状、致密块状。深棕色、琥珀棕色、黄金色、深绿色、浅褐黑色、黑色，半玻璃光泽、树脂光泽、蜡状光泽、油脂光泽，透明—半透明；硬度 2.5～3，脆性。最早见于 1819 年在巴黎《新矿物学体系》载。1828 年琼斯·雅各布·贝采里乌斯（Jöns Jakob Berzelius）在《波根多夫》（*Poggendorff*）(13)报道。1828 年他第一次描述了发现在瑞典西曼兰省里达尔许坦（Riddarhyttan）的矿物。英文名称 Hisingerite，以瑞典著名的化学家和矿物学家威廉·希辛格（Wilhelm Hisinger，1765—1852）的姓氏命名。希辛格与贝采利乌斯一起工作曾研究电解和某些元素被吸引到相同电荷极性的一致性，并与贝齐里乌斯一起发现铈元素。1959 年以前发现、描述并命名的"祖父级"矿物，IMA 承认有效。中文名称根据成分译为硅铁石。

【硅铁铈锶钠石】

英文名 Ferronordite-(Ce)

化学式 $Na_3SrCeFe^{2+}Si_6O_{17}$　　(IMA)

硅铁铈锶钠石放射状集体（俄罗斯）

硅铁铈锶钠石是一种钠、锶、铈、铁的硅酸盐矿物。属硅钠锶镧石族。斜方晶系。晶体呈叶片状；集合体呈放射状。无色、浅褐色，玻璃光泽，透明；硬度 5～5.5，脆性。1997 年发现于俄罗斯北部摩尔曼斯克州钦鲁苏艾（Chinglusuai）河谷和卡纳苏特（Karnasurt）山。英文名称 Ferronordite-(Ce)，由成分冠词"Ferro(铁)"和根词"Nordite(硅钠锶镧石)"，加占优势的稀土元素铈后缀-(Ce)组合命名，意指它是铁占优势的硅钠锶铈石的类似矿物。而根词"Nordite(硅钠锶镧石)"以俄罗斯洛沃泽罗地块北部诺德(Nord)地名命名。IMA 1997-008 批准。1998 年在《俄罗斯矿物学会记事》[127(1)]报道。中文名称根据成分译为硅铁铈锶钠石；2003 年中国地质科学院矿产资源研究所李锦平等在《岩石矿物学杂志》[22(2)]根据成分译为铁硅钠锶铈石。

【硅铁锶镧钠石】

英文名 Ferronordite-(La)

化学式 $Na_3SrLaFe^{2+}Si_6O_{17}$　　(IMA)

硅铁锶镧钠石放射状集合体（俄罗斯）

硅铁锶镧钠石是一种钠、锶、镧、铁的硅酸盐矿物。属硅钠锶镧石族。斜方晶系。晶体呈叶片状；集合体呈放射状、球粒状。无色、灰棕色，玻璃光泽、油脂光泽，透明；硬度 5，完全解理。2000 年发现于俄罗斯北部摩尔曼斯克州布尔肖邦卡鲁亚夫（Bolshoi Punkaruaiv）碱性杂岩体。英文名称 Ferronordite-(La)，由"Ferronordite-(Ce)（硅铁铈锶钠石或铁硅钠锶铈石），加占优势稀土元素镧后缀-(La)组合命名，意指它是镧占优势的硅铁铈锶钠石的类似矿物。IMA 2000-015 批准。2001 年 I. V. 佩科夫（I. V. Pekov）等在《俄罗斯矿物学会记事》[130(2)]报道。2007 年中国地质科学院地质研究所任玉峰在《岩石矿物学杂志》[26(3)]根据成分译为硅铁锶镧钠石[根词 Nordite-(La)参见【硅钠锶镧石】条 278 页]。

【硅铁铜铅石】

英文名 Creaseyite

化学式 $Cu_2Pb_2Fe^{3+}_2Si_5O_{17}\cdot 6H_2O$　　(IMA)

硅铁铜铅石放射状集合体（意大利）

硅铁铜铅石是一种含结晶水的铜、铅、铁的硅酸盐矿物。斜方晶系。晶体呈叶片状、纤维状、针状；集合体呈放射状、球状。绿色、黄绿色；硬度 2.5。1974 年发现于美国亚利桑那州皮纳尔县马默斯区马默斯-圣安东尼（Mammoth-Saint Anthony）矿。英文名称 Creaseyite，1975 年西德尼·A. 威廉姆斯（Sidney A. Williams）等以美国地质调查局的经济地质学家萨维尔·赛勒斯·克雷西（Saville Cyrus Creasey，1917—2000）博士的姓氏命名，以表彰他在亚利桑那州地区，尤其是马默斯-圣安东尼矿地质研究工作的贡献。IMA 1974-044 批准。1975 年 S. A. 威廉姆斯（S. A. Williams）等在《矿物学杂志》(40)报道。中文名称根据成分译为硅铁铜铅石。

【硅铜钡石】

英文名 Effenbergerite

化学式 $BaCuSi_4O_{10}$　　(IMA)

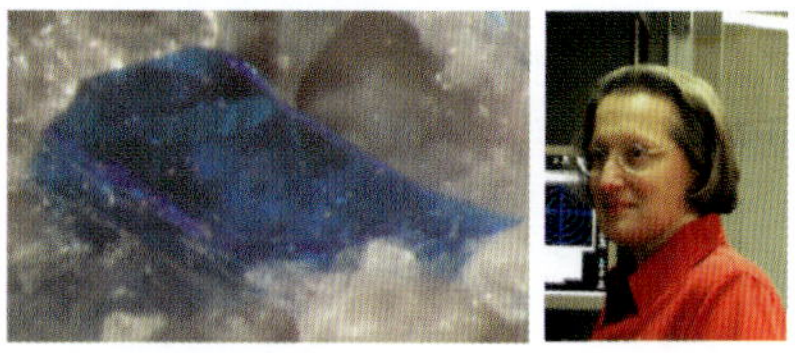

硅铜钡石板状晶体（南非）和埃芬贝格尔像

硅铜钡石是一种钡、铜的硅酸盐矿物。属硅铁钡矿族。四方晶系。晶体呈板片状。蓝色，玻璃光泽、树脂光泽，透明—半透明；硬度 4～5，完全解理，脆性。1993 年发现于南非北开普省卡拉哈里锰矿床霍塔泽尔的韦塞尔斯（Wessels）矿。英文名称 Effenbergerite，以维也纳大学的矿物学家和晶体学家赫尔塔·S. 埃芬贝格尔（Herta S. Effenberger）教授的姓氏命名。IMA 1993-036 批准。1993 年 B. C. 查克马克斯（B. C. Chakoumakos）等在《固态化学学报》(103)和 1994 年《矿物学杂志》(58)报道。1999 年中国新矿物与矿物命名委员会黄蕴慧等在《岩石矿物学杂志》[18(1)]根据成分译为硅铜钡石。

【硅铜钙石】

参见【水硅钙铜矿】条 826 页

【硅铜锶矿】

英文名 Wesselsite

化学式 $SrCuSi_4O_{10}$　　(IMA)

硅铜锶矿是一种锶、铜的硅酸盐矿物。属硅铁钡矿族。四方晶系。晶体呈板状；集合体呈晶簇状。蓝色，玻璃光泽，半透明；硬度 4～5，完全解理，脆性。1994 年发现于南非北开普省卡拉哈里锰矿床霍塔泽尔的韦塞尔斯（Wessels）矿。英文名称 Wesselsite，以发现地南非的韦塞尔斯（Wessels）矿命名，在那里发现了第一块标本。IMA 1994－055 批准。1996 年 G. 盖斯特（G. Giester）等在《矿物学杂志》[60(5)]报道。

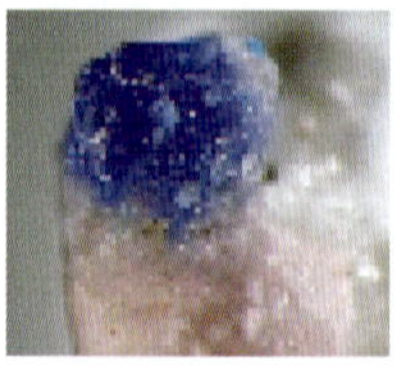

硅铜锶矿板状晶体，晶簇状集合体（南非）

2003 年中国地质科学院矿产资源研究所李锦平等在《岩石矿物学杂志》[22(3)]根据成分译为硅铜锶矿。

【硅铜铀矿】

英文名 Cuprosklodowskite

化学成分 $Cu(UO_2)_2(SiO_3OH)_2 \cdot 6H_2O$ （IMA）

硅铜铀矿针柱状、针状晶体，放射状集合体（刚果）

硅铜铀矿是一种含结晶水的铜的铀酰-氢硅酸盐矿物。属硅钙铀矿族。三斜晶系。晶体常呈很细的针状、针柱状；集合体呈粉末状、致密块状、肾状、放射状、球粒状，常呈薄膜状、薄层状。黄绿色、草绿色、绿黄色，丝绢光泽，透明—半透明；硬度 4，完全解理，脆性；强放射性。1933 年发现于刚果（金）卢阿拉巴省科卢韦齐矿区的穆索诺（Musonoi）矿井。1933 年 J. P. 瓦埃斯（J. P. Vaes）在《比利时地质学会纪事》(56)和 1934 年《美国矿物学家》(19)报道。英文名称 Cuprosklodowskite，它是硅镁铀矿中镁被铜代替的类似矿物，故英文名称由“Sklodowskite（硅镁铀矿）”加冠词“Cupro（铜）”构成，以表明硅铜铀矿与硅镁铀矿的关系。1959 年以前发现、描述并命名的“祖父级”矿物，IMA 承认有效。中文名称根据成分译为硅铜铀矿（根词参见【硅镁铀矿】条 275 页）。

【硅钍钡铀矿】

英文名 Coutinhoite

化学式 $Th_xBa_{1-2x}(UO_2)_2Si_5O_{13} \cdot 3H_2O$ （IMA）

硅钍钡铀矿块状集合体（巴西）和寇泰诺像

硅钍钡铀矿是一种含结晶水的钍、钡的铀酰-硅酸盐矿物。斜方晶系。晶体呈鳞片状、薄片状、粒状；集合体呈块状。黄色，蜡状光泽、丝绢光泽，透明—半透明；硬度 1.5～2，脆性。2003 年发现于巴西米纳斯吉拉斯州加利莱亚镇乌鲁昆（Urucum）伟晶岩。英文名称 Coutinhoite，以巴西圣保罗大学地球化学研究所矿物学、岩石学教授约瑟·莫瓦西尔·维安纳·寇泰诺（Jose Moacyr Vianna Couthino，1924—）的姓氏命名。IMA 2003－025 批准。2004 年 D. 阿滕西奥（D. Atencio）等在《美国矿物学家》(89)报道。2015 年艾钰洁、范光在《岩石矿物学杂志》[34(1)]根据成分译为硅钍钡铀矿。

【硅钍钠石】

英文名 Thornasite

化学式 $Na_{12}Th_3(Si_8O_{19})_4 \cdot 18H_2O$ （IMA）

硅钍钠石粒状、柱状晶体，捆束状集合体（加拿大、纳米比亚）

硅钍钠石是一种含结晶水的钠、钍的硅酸盐矿物。三方晶系。晶体呈半自形粒状、柱状；集合体呈平行排列状或捆束状、块状。无色—非常浅的绿色、米黄色—浅褐色，玻璃光泽、蜡状光泽、油脂光泽、珍珠光泽，透明—不透明（变生）；脆性。1985 年发现于加拿大魁北克省圣希莱尔（Saint-Hilaire）山混合肥料采石场。英文名称 Thornasite，由化学元素“Thorium（Thor，钍）”“Sodium（Natrium，Na，钠）”和“Silicon（Si，硅）”的词头组合命名。IMA 1985－050 批准。1987 年 V. E. 安塞尔（V. E. Ansell）等在《加拿大矿物学家》(25)报道。1988 年中国新矿物与矿物命名委员会郭宗山等在《岩石矿物学杂志》[7(3)]根据成分译为硅钍钠石。

【硅钍钠锶石】

英文名 Umbozerite

化学式 $Na_3Sr_4ThSi_8(O,OH)_{24}$ （IMA）

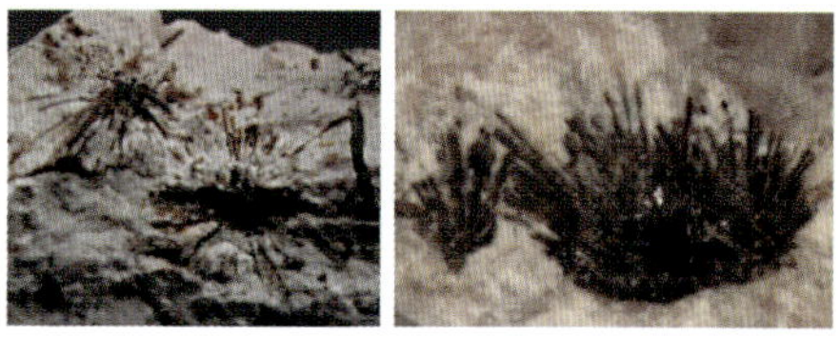

硅钍钠锶石纤维状晶体，放射状、丛状集合体（俄罗斯）

硅钍钠锶石是一种含羟基的钠、锶、钍的硅酸盐矿物。蜕晶质。晶体呈纤维状、针柱状；集合体呈放射状、丛状。绿色，暴露空气迅速变化为绿棕色或棕色、黑色，玻璃光泽，半透明；硬度 5，脆性。1973 年发现于俄罗斯北部摩尔曼斯克州卡纳苏特（Karnasurt）山。英文名称 Umbozerite，以发现地俄罗斯科拉半岛的第二大湖“Umbozero（温巴泽罗湖）”命名，它在模式产地附近。IMA 1973－039 批准。1974 年 E. M. 埃斯克娃（E. M. Es'kova）等在《苏联科学院报告》(216)和 1975 年《美国矿物学家》(60)报道。中文名称根据成分译为硅钍钠锶石。

【硅钍石】

英文名 Huttonite

化学式 $Th(SiO_4)$ （IMA）

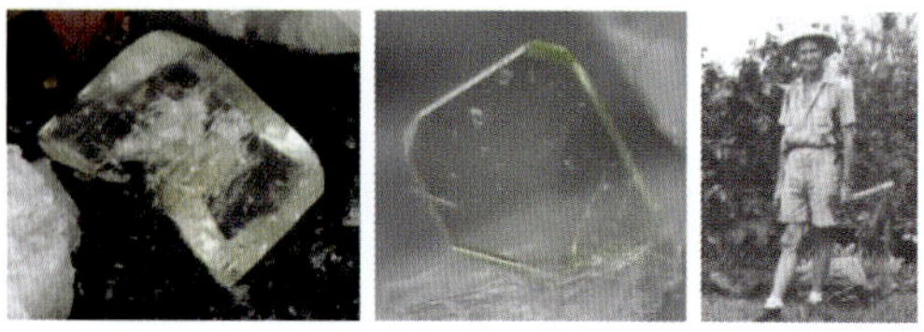

硅钍石板状晶体（葡萄牙、德国）和赫顿像

硅钍石是一种罕见的钍的岛状硅酸盐矿物。与正方钍石为同质二象，与独居石同构。单斜晶系，变生非晶质。晶体呈板状、他形粒状。通常无色或乳白色，但也有奶油白色、淡黄绿色、浅褐色—褐色，透明—半透明；硬度 4.5。1950 年首次发现并描述于新西兰南岛西海岸南韦斯特兰省吉莱斯皮(Gillespie's)的海滩沙子和靠近福克斯河湖冰川沉积物，它来源于阿尔卑斯山脉南部奥塔哥片岩或伟晶岩脉。1951 年 A·帕布斯特(A. Pabst)等在《美国矿物学家》(36)报道。英文名称 Huttonite，由阿道夫·帕布斯特(Adolph Pabst)为纪念新西兰矿物学家科林·奥斯本·赫顿(Colin Osborne Hutton，1910—1971)而以他的姓氏命名。赫顿是新西兰地质调查中心的地质学家、奥塔哥大学矿物学教授，及后来的斯坦福大学矿物学教授。赫顿建立了利用重砂矿物进行地球化学勘查的许多原则。他以及 F. J. 特纳(F. J. Turner)的研究建立了片岩结构分类，被地质学家广泛使用。赫顿命名了 Hydrogrossular(水钙铝榴石)。1959 年以前发现、描述并命名的“祖父级”矿物，IMA 承认有效。中文名称根据成分译为硅钍石；根据单斜晶系和成分译为斜钍石。

【硅钍钇矿】

英文名 Yttrialite-(Y)

化学式 $Y_2Si_2O_7$　　(IMA)

硅钍钇矿是一种罕见的钇的硅酸盐矿物，淡红硅钇矿的含高钍的变种。属钪钇矿族。单斜晶系。晶体呈柱状；集合体呈块状。橄榄绿色、褐色—黑色，通常有一个橙黄色外壳，玻璃光泽、油脂光泽，不透明；硬度 5～7，脆性；强放射性。1889 年第一次描述了发现于美国得克萨斯州霸菱(Baringer)山(巴林杰山)骑牧场伟晶岩。1889 年在《美国科学杂志》(138)报道。英文名称 Yttrialite-(Y)，根据化学成分含“Yttrium(钇，Yttria，意忒利亚，即钇稀土或钇氧)”命名。1959 年以前发现、描述并命名的“祖父级”矿物，IMA 承认有效。中文名称根据成分译为硅钍钇矿。注意不可与 Yttriaite-(Y)相混淆。

【硅钨锰矿】

英文名 Welinite

化学式 $Mn_6^{2+}(W^{6+}\square)(SiO_4)_2O_4(OH)_2$　　(IMA)

硅钨锰矿是一种含羟基和氧的锰、钨、空位的硅酸盐矿物。三方晶系。橙红色、深棕红色—红黑色，树脂光泽，透明—半透明；硬度 4，完全解理，脆性。1966 年发现于瑞典韦姆兰省菲利普斯塔德市朗班(Långban)。英文名称 Welinite，以瑞典斯德哥尔摩自然历史博物馆的矿物学家和地质年代学家埃里克·韦林(Eric Welin，1923—)的姓氏命名。IMA 1966－002 批准。1967 年在《矿物学和地质档案》(*Arkiv*)(4)记载和 1968 年《美国矿物学家》(53)报道。中文名称根据成分译为硅钨锰矿。

【硅稀土钙石】参见【伊拉克石】条 1070 页

【硅锡钡石】参见【锡钡钛石】条 1006 页

【硅锡锆钠石】

英文名 Tumchaite

化学式 $Na_2ZrSi_4O_{11}\cdot 2H_2O$　　(IMA)

硅锡锆钠石是一种含结晶水的钠、锆的硅酸盐矿物。单斜晶系。晶体呈板状；集合体呈叠板状。无色、白色，玻璃光泽，透明—半透明；硬度 6，完全解理，脆性。1999 年发现于俄罗斯北部摩尔曼斯克州卡累利阿共和国沃利亚利维

硅锡锆钠石叠板状集合体(加拿大)

(Vuoriyarvi)地块附近的图姆恰(Tumcha)河。英文名称 Tumchaite，以发现地俄罗斯的图姆恰(Tumcha)河命名。IMA 1999－041 批准。2000 年 V. V·苏博京(V. V. Subbotin)等在《美国矿物学家》(85)报道。2004 年中国地质科学院矿产资源研究所李锦平等在《岩石矿物学杂志》[23(1)]根据成分译为硅锡锆钠石。

【硅锡钪钙石】

英文名 Kristiansenite

化学式 $Ca_2ScSn(Si_2O_7)(Si_2O_6OH)$　　(IMA)

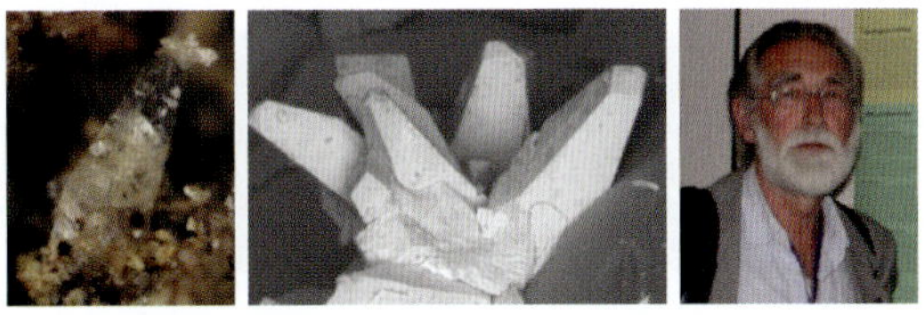

硅锡钪钙石锥柱状晶体，晶簇状集合体(挪威)和克里斯蒂安森像

硅锡钪钙石是一种钙、钪、锡的氢硅酸-硅酸盐矿物。三斜晶系。晶体呈锥柱状；集合体呈晶簇状。无色、白色，或带微黄色，玻璃光泽，透明—半透明；硬度 5.5～6，脆性。2000 年发现于挪威泰勒马克郡海夫特恩(Heftetjern)伟晶岩。英文名称 Kristiansenite，以挪威塞勒巴克的矿物学家罗伊·克里斯蒂安森(Roy Kristiansen，1943—)的姓氏命名，是他首先发现了该矿物，并与他人共同描述了 7 种新矿物。IMA 2000－051 批准。2001 年 G. 费拉里斯(G. Ferraris)等在《结晶学杂志》(216)和 2002 年《矿物学与岩石学》(75)报道。2006 年中国地质科学院矿产资源研究所李锦平在《岩石矿物学杂志》[25(6)]根据成分译为硅锡钪钙石。

【硅线石】

英文名 Sillimanite

化学式 Al_2SiO_5　　(IMA)

硅线石纤维状晶体，放射状、束状集合体(中国)和希利曼像

硅线石是一种含氧的铝的硅酸盐矿物。与红柱石和蓝晶石为同质三象。斜方晶系。晶体呈柱状或针状，有时呈毛发状、纤维状；集合体呈放射状、波浪状的束状。白色、灰白色，也可呈浅褐色、浅绿色、浅蓝色，半玻璃光泽、油脂光泽或丝绢光泽，透明—半透明；硬度 6.5～7.5，完全解理，脆性。1824 年首次发现并描述于美国康涅狄格州米德尔塞克斯县切斯特(Chester)和印度泰米尔纳德邦卡纳塔克(Carnatic)海岸；同年，G. T. 鲍恩(G. T. Bowen)在《美国科学与艺术杂志》(8)报道。英文名称 Sillimanite，由乔治·托马斯·鲍恩

(George Thomas Bowen)为纪念美国化学家本杰明·希利曼(Benjamin Silliman,1779—1864)而以他的姓氏命名。希利曼是美国康涅狄格州纽黑文耶鲁大学的化学和地质学教授,也是《美国科学杂志(西利曼杂志)》的创始人。1959 年以前发现、描述并命名的"祖父级"矿物,IMA 承认有效。在英国,有人将硅线石称为细硅线石"Fibrolite",因为这种矿物通常呈细的纤维状或毛发状。中文名称根据化学成分硅和结晶习性译为硅线石。中文名称曾译为矽线石,也有误称为夕线石的。矽是化学元素符号 Si 的旧称,我国在很长的一段时间内曾从拉丁文音译,谐声造为"矽",因"矽"与"锡"和"硒"同音,多有不便。1953 年 2 月中国科学院全国化学物质命名会议,把化学元素符号"矽"改为"硅",含矽的矿物名称随之改为硅。

【硅锌矿】

英文名 Willemite

化学式 Zn_2SiO_4　　(IMA)

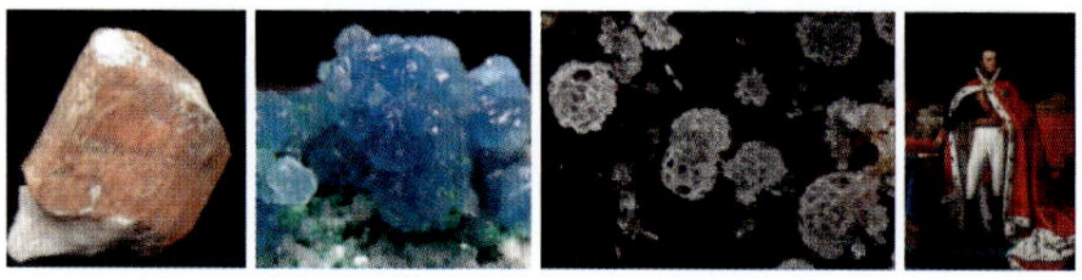

硅锌矿柱状晶体,球状集合体(美国、纳米比亚、葡萄牙)和威廉一世像

硅锌矿是一种锌的硅酸盐矿物。属硅铍石族。三方晶系。晶体呈带尖锥的六方柱状、菱面体、筒状、针状、纤维状,也有呈粒状;集合体常见块状、放射状或钟乳状、葡萄状。无色或白、灰、黄、橙、褐、红、紫、蓝、绿、黑等色,玻璃光泽、油脂光泽、树脂光泽、珍珠光泽,透明—半透明;硬度 5.5,完全解理,脆性。在紫外和 X 光下常有明亮的鲜绿色荧光,还常显示强烈持久的磷光,是一种罕见的宝石矿物。1824 年首先发现于比利时列日省莫里斯尼特区阿尔滕贝格矿维埃尔蒙塔涅(Vieille Montagne)矿;同年,在《矿物学、地学、地质学和石油》(1)报道。1824 年由拉德纳·瓦尼克桑(Lardner Vanuxem)和威廉·H. 基廷(William H. Keating)等在《费城自然科学院杂志》(2)命名为"Silicious oxyde of zinc(锌的硅氧化物)"。当时的"锌的硅氧化物"是指炉甘石,现在被称为异极矿。1825 年杰拉德·特罗斯特(Gerard Troost)在《费城自然科学院杂志》(4)指出:拉德纳·瓦尼克桑和威廉·H. 基廷等的描述犯了一个错误,它不是炉甘石,而可能是一个新矿物。1830 年由塞尔维-迪厄·阿贝拉尔"阿尔芒"·列维(Serve-Dieu Abailard"Armand" Lévy)命名为 Willemite,它以模式产地当时的荷兰国王(1813—1840)威廉(William,1772—1843)一世的姓氏命名,以纪念他在反抗西班牙统治,使荷兰独立,而被尊为"国父"的伟绩。1959 年以前发现、描述并命名的"祖父级"矿物,IMA 承认有效。中文名称根据化学成分译为硅锌矿。

【硅锌铝石】

英文名 Fraipontite

化学式 $(Zn,Al)_3(Si,Al)_2O_5(OH)_4$　　(IMA)

硅锌铝石是一种含羟基的锌、铝的铝硅酸盐矿物,可能含有一些铜。属高岭石-蛇纹石族蛇纹石亚族。斜方晶系。晶体呈纤维状、片状;集合体呈隐晶瓷状、致密块状、皮壳状、放射状。珍珠白色、玫瑰色或红棕色,丝绢光泽,半透明—不透明;硬度 2.5~3。1927 年由朱塞佩·雷蒙多·皮奥·切

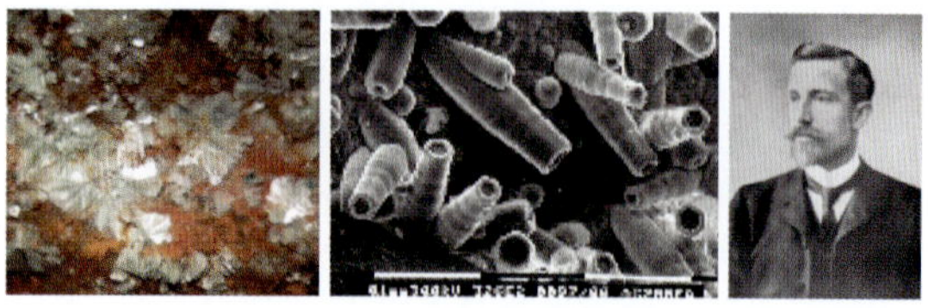

硅锌铝石片状晶体,放射状集合体(智利),六方柱状晶体电镜照片(意大利)和弗雷蓬像

萨罗(Giuseppe Raimondo Pio Cesàro)发现并第一次描述于比利时列日省东部阿登地区韦尔维耶的普隆比埃-维也里蒙塔(Vieille Montagne)区。1927 年切萨罗在法国《比利时地质学会纪事》(50)报道。英文名称 Fraipontite,为纪念比利时古生物学家和列日大学动物学教授朱利安·吉恩·约瑟夫·弗雷蓬(Julien Jean Joseph Fraipont,1857—1910)(他首先注意到尼安德特人的工作)和纪念他的儿子比利时地质古生物学家查尔斯·玛丽·约瑟夫·朱利安·弗雷蓬(Charles Marie Joseph Julien Fraipont,1883—1946)而以他们的姓氏而命名。查尔斯研究了尼安德特人,以及他的古植物学专业。1959 年以前发现、描述并命名的"祖父级"矿物,IMA 承认有效。

1956 年又发现于哈萨克斯坦东部省阿克德扎尔(Akdzhal)矿床;以及美国新泽西州苏塞克斯县富兰克林矿区斯特林(Sterling)山斯特林矿。1956 年由费多尔·瓦西里耶维奇·丘赫罗夫(Fedor Vassil'evich Chukhrov)根据化学元素"Zinc(Zin,锌)""Aluminum(Al,铝)"和"Silicon(Si,硅)"的词头组合命名为 Zinalsite。1958 年 F. V. 丘赫罗夫(F. V. Chukhrov)在俄罗斯《全苏矿物学会记事》(87)和 1959 年《美国矿物学家》(44)报道。中文名称根据成分译为硅锌铝石;根据丝状晶习和成分译作丝锌铝石。1971 年丘赫罗夫(Chukhrov)和彼得罗夫斯卡亚(Petrovskaia)进一步定义 Zinalsite 作为镁绿泥石(Amesite)的含锌类似矿物。属高岭石-蛇纹石族,译作锌铝蛇纹石。

【硅锌镁锰石】

英文名 Gerstmannite

化学式 $Mn^{2+}MgZn(SiO_4)(OH)_2$　　(IMA)

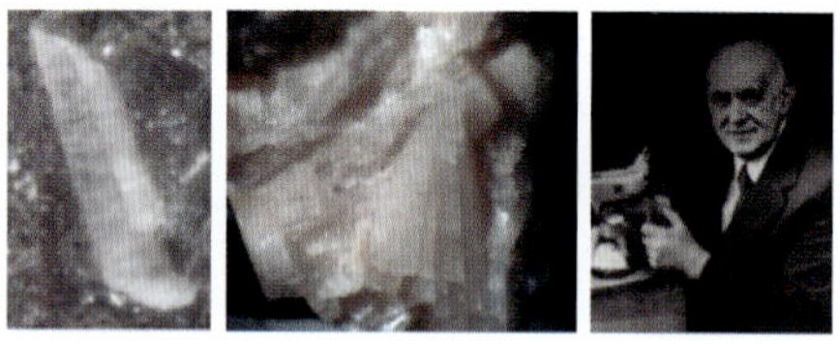

硅锌镁锰石柱状晶体,扇状集合体(美国)和杰斯特曼像

硅锌镁锰石是一种含羟基的锰、镁、锌的硅酸盐矿物。斜方晶系。晶体呈柱状;集合体呈扇状。白色、浅粉红色,玻璃光泽、金刚光泽,半透明—不透明;硬度 4.5,完全解理。1975 年发现于美国新泽西州苏塞克斯县富兰克林矿区斯特林山斯特林(Sterling)矿。英文名称 Gerstmannite,1977 年保罗·布赖恩·摩尔(Paul Brian Moore)等以荷兰人在富兰克林矿区定居的工程师、矿产商,以及狂热的矿物收藏家埃瓦尔德·杰斯特曼(Ewald Gerstmann,1918—2005)先生的姓氏命名。杰斯特曼是一位多年的矿产运营商,他的私人矿产博物馆是新泽西州富兰克林收藏家的聚会场所。杰斯特曼的矿物收藏品捐献给了富兰克林矿产博物馆。IMA 1975-030 批准。1977 年摩尔等在《美国矿物学家》(62)报道。中文名称根据成分译为硅锌镁锰石。

【硅锌钠石】

英文名 Gaultite

化学式 $Na_4Zn_2Si_7O_{18} \cdot 5H_2O$ (IMA)

硅锌钠石是一种含沸石水的钠的锌硅酸盐矿物。属沸石族。斜方晶系。在方钠石中呈自形粒状多面体晶体包裹体，大小 0.5mm。无色—淡紫色，玻璃光泽，透明；硬度 6，完全解理，脆性。1992 年发现于加拿大魁北克省圣希莱尔(Saint-Hilaire)山混合肥料采石场。英文名称 Gaultite，1994 年 T. 斯科特 · 厄尔克特(T. Scott Ercit)等以加拿大自然博物馆的矿物学家罗伯特 · A. 高尔特(Robert A. Gault，1943—)的姓氏命名，以表彰他对圣希莱尔山矿物学做出的许多贡献。IMA 1992－040 批准。1994 年 T. 斯科特 · 厄尔克特等在《加拿大矿物学家》(32)报道。1999 年中国新矿物与矿物命名委员会黄蕴慧等在《岩石矿物学杂志》[18(1)]根据成分译为硅锌钠石。

【硅钇石】

英文名 Keiviite-(Y)

化学式 $Y_2Si_2O_7$ (IMA)

硅钇石柱状晶体（俄罗斯）

硅钇石是一种钇的硅酸盐矿物。属钪钇石族。硅钇石—硅镱石系列。单斜晶系。晶体呈柱状。无色、白色、粉红棕色，玻璃光泽，透明—半透明；硬度 4～5，完全解理。1970 年 J. 菲尔驰(J. Felsche)在《自然》(*Naturwiss*)(57)报道：关于钇二硅酸盐 $Y_2Si_2O_7$ 多晶型的晶体数据。1982 年发现于俄罗斯北部摩尔曼斯克州科伊沃伊(Keivy)山西部地块普洛斯卡亚(Ploskaya)山。英文名称 Keiviite-(Y)，以发现地俄罗斯的科伊沃伊(Keivy)地块，加占优势的稀土元素钇后缀-(Y)组合命名。IMA 1984－054 批准。1985 年 A. V. 沃罗申(A. V. Voloshin)等在苏联的《矿物学杂志》[7(6)]和 1988 年《美国矿物学家》(73)报道。中文名称根据成分译为硅钇石。

【硅钇钛钠石】

英文名 Pyatenkoite-(Y)

化学式 $Na_5YTiSi_6O_{18} \cdot 6H_2O$ (IMA)

硅钇钛钠石板状晶体，晶簇状集合体（俄罗斯）

硅钇钛钠石是一种含结晶水的钠、钇、钛的硅酸盐矿物。属三水钠锆石族。三方晶系。晶体呈板状、菱面体；集合体呈板状、晶簇状。无色，玻璃光泽，透明—半透明；硬度 4～5，脆性。1995 年发现于俄罗斯北部摩尔曼斯克州阿卢艾夫(Alluaiv)山。英文名称 Pyatenkoite-(Y)，根词以著名的俄罗斯晶体化学家尤 · A. 普亚滕克(Yu. A. Pyatenko，1928—)的姓氏，加占优势的稀土钇后缀-(Y)组合命名。IMA 1995－034 批准。1996 年 A. P. 霍米亚科夫(A. P. Khomyakov)在《俄罗斯矿物学会记事》[125(4)]报道。2003 年中国地质科学院矿产资源研究所李锦平等在《岩石矿物学杂志》[22(3)]根据成分译为硅钇钛钠石。

【硅镱石】

英文名 Keiviite-(Yb)

化学式 $Yb_2Si_2O_7$ (IMA)

硅镱石是一种镱的硅酸盐矿物。属钪钇石族。硅钇石－硅镱石系列。单斜晶系。晶体呈细长的板状和柱状，常见聚片双晶。无色，玻璃光泽，透明；硬度 4～5，完全解理。1982 年发现于俄罗斯北部摩尔曼斯克州科伊沃伊(Keivy)山西部地块普洛斯卡亚(Ploskaya)山。英文名称 Keiviite-(Yb)，以发现地俄罗斯的科伊沃伊(Keivy)地块，加占优势的稀土元素镱后缀-(Yb)组合命名。IMA 1982－065 批准。1983 年 A. V. 沃罗申(A. V. Voloshin)等在苏联《矿物学杂志》[5(5)]和 1984 年《美国矿物学家》(69)报道。1985 年中国新矿物与矿物命名委员会郭宗山等在《岩石矿物及测试》[4(4)]根据成分译为硅镱石。

【硅铀矿】

英文名 Soddyite

化学式 $(UO_2)_2(SiO_4) \cdot 2H_2O$ (IMA)

硅铀矿双锥柱状晶体（刚果）和索迪像

硅铀矿是一种含结晶水的铀酰－硅酸盐矿物。斜方晶系。晶体呈双锥状、柱状、细粒状；集合体呈放射状、隐晶土状。金丝雀黄色、琥珀黄色、带绿的黄色，玻璃光泽、油脂光泽，透明—不透明；硬度 3～4。1922 年发现于刚果(金)上加丹加省坎博韦区欣科洛布韦(Shinkolobwe)矿。1922 年 A. 舒尔普(A. Schoep)在法国《巴黎科学院会议周报》(174)和《美国矿物学家》(7)报道。英文名称 Soddyite，以英国物理学家和放射化学家弗雷德里克 · 索迪(Frederick Soddy，1877—1956)的姓氏命名。他因在放射性衰变和同位素研究方面的成就而获得了 1921 年诺贝尔化学奖。1959 年以前发现、描述并命名的“祖父级”矿物，IMA 承认有效。中文名称根据成分译为硅铀矿。

【硅锗铅石】

英文名 Mathewrogersite

化学式 $Pb_7FeAl_3GeSi_{12}O_{36}(OH,H_2O)_6$ (IMA)

硅锗铅石是一种含羟基和结晶水的铅、铁、铝、锗的硅酸盐矿物。三方晶系。晶体呈六边形板状；集合体呈放射状。无色、白色、淡绿黄色，玻璃光泽，解理面上呈珍珠光泽，半透明；硬度 2，完全解理。1984 年发现于纳米比亚奥希科托地区楚梅布(Tsumeb)矿山。英文名称 Mathewrogersite，为纪念在纳米比亚楚梅布的第一个欧洲勘探者马修 · 罗杰斯(Mathew Rogers)而以他的姓名命名。IMA 1984－042 批准。1986 年 P. 凯勒(P. Keller)等在《矿物学新年鉴》(月刊)和 1987 年 F. C. 霍桑(F. C. Hawthorne)等在《美国矿物学家》(72)报道。1986 年中国新矿物与矿物命名委员会郭宗山等在《岩石矿物学杂志》[5(4)]根据成分译为硅锗铅石。

贵 [guì]形声；小篆字形，从贝，臾(guì)声。从“贝”，表示与钱物有关。本义：价格高，价值大；跟‘贱’相对；引申：贵重、珍贵。

【贵蛋白石】参见【蛋白石】条 111 页

【贵橄榄石】

英文名 Chrysolite

化学式$(Mg,Fe)_2SiO_4$

贵橄榄石是由 $Mg_2[SiO_4]$和 $Fe_2[SiO_4]$两个端元组分所形成的完全类质同象混晶矿物之一。斜方晶系。晶体呈柱状或短柱状、粒状，有时呈板状；集合体一般呈块状。通常呈黄绿色—橄榄绿色，玻璃光泽或油脂光泽，透明—半透明；硬度 6～7。英文名称 Chrysolite，源于古法文 Crisolite，它又源于中古拉丁文 Crisolitus，拉丁文 Chrysolithus，又源自古希腊文 χρ ū σόλιθos(Khrūsolithos)，即 χρ ū σós(Khrūsos，黄金)+λ í θos(Lithos，石头)而得名，意指黄绿色的石头。这个名称通常被称为水苍玉，古来被用来指黄绿色的宝石，诸如黄绿色蓝宝石或锡兰橄榄绿电气石，还有黄绿色黄玉、葡萄石和绿玻陨石。在《圣经》中多次提到水苍玉，如亚伦胸牌上的宝石，以及在新耶路撒冷基石上的许多宝石。许多学者认为水苍玉最有可能指矿物贵橄榄石。历史上，最重要的橄榄石矿床在埃及红海省宰拜尔杰德火山岛，该矿床已开采了3 500多年，在古代很有名气。中文名称根据主要用作宝石级的橄榄石译为贵橄榄石(参见【橄榄石】条 235 页和【镁橄榄石】条 589 页)。

【贵榴石】参见【铁铝榴石】条 949 页

桂 [guì]形声；从木，圭(guī)声。指一种常绿乔木，即肉桂(Cinnamomum cassia)。其皮呈褐红色，用于比喻矿物的颜色。

【桂榴石】参见【钙铝榴石】条 222 页

Hh

哈 [hā]形声；从口，合声。本义：以唇啜饮。[英]音，用于外国人名、地名、单位名称。

【哈格蒂矿】

英文名 Haggertyite

化学式 $BaFe^{2+}_{4}Fe^{3+}_{2}Ti_{5}MgO_{19}$　（IMA）

哈格蒂矿六方片状晶体

哈格蒂矿是一种钡、铁、钛、镁的氧化物矿物。属磁铁铅矿族。六方晶系。晶体呈六方片状，通常大小为 30～70μm。浅灰色，金属光泽，不透明；硬度 5。1996 年发现于美国阿肯色州派克县默夫里斯伯勒镇钻石坑国家公园（Diamonds State Park）的火山口。英文名称 Haggertyite，以美国马萨诸塞州阿默斯特马萨诸塞大学和佛罗里达国际大学地球物理学家史蒂芬・E. 哈格蒂（Stephen E. Haggerty，1938—）的姓氏命名，以表彰他对地幔中钛酸盐矿物和一般氧化物矿物取得的重要研究成果。IMA 1996－054 批准。1998 年 I. A. 格雷（I. A. Grey）等在《美国矿物学家》（83）报道。2004 年中国地质科学院矿产资源研究所李锦平等在《岩石矿物学杂志》[23(1)]音译为哈格蒂矿。

【哈格斯特罗姆石*】

英文名 Hagstromite

化学式 $Pb_{8}Cu^{2+}(Te^{6+}O_{6})_{2}(CO_{3})Cl_{4}$　（IMA）

哈格斯特罗姆石*叶片状晶体，放射状集合体（美国）和哈格斯特罗姆研究室

哈格斯特罗姆石*是一种含氯的铅、铜的碳酸-碲酸盐矿物。斜方晶系。晶体呈长叶片状，长约 100μm；集合体呈晶簇状、放射状。浅黄色—绿色，玻璃光泽、丝绢光泽，透明；硬度 2～3，完全解理，脆性，易碎。2019 年发现于美国加利福尼亚州圣贝纳迪诺县银湖矿区苏打山贝克奥托山等处。英文名称 Hagstromite，以美国内华达州拉斯维加斯的矿物收藏家约翰・P. 哈格斯特罗姆（John P. Hagstrom，1953—）的姓氏命名，他为研究、描述该物种提供了标本。IMA 2019－093 批准。2020 年 A. R. 坎普夫（A. R. Kampf）等在《CNMNC 通讯》（53）、《矿物学杂志》（84）和《欧洲矿物学杂志》（32）报道。目前尚未见官方中文译名，编译者建议音译为哈格斯特罗姆石*。

【哈根多夫石】

参见【黑磷铁钠石】条 316 页

【哈硅钙石】

英文名 Hatrurite

化学式 $Ca_{3}SiO_{5}$　（IMA）

哈硅钙石是一种含氧的钙的硅酸盐矿物。假六方晶系。晶体呈针状；集合体呈团状。灰白色、无色，玻璃光泽，透明，条痕白色；硬度 6。发现于以色列内盖夫沙漠哈特鲁里姆（Hatrurim）盆地地层。1977 年 S. 格罗斯（S. Gross）在《以色列地质调查局通报》（70）和 1978 年 M. 弗莱舍（M. Fleischer）等在《美国矿物学家》（63）报道。英文名称 Hatrurite，以发现地以色列的哈特鲁里姆（Hatrurim）地层命名。1959 年以前发现、描述并命名的"祖父级"矿物，IMA 承认有效。中文名称根据英文名称首音节音和成分译为哈硅钙石，也有的根据晶系和成分译作六方硅钙石。英文又名 Alite（硅酸三钙石），是水泥熟料中的一个重要阶段的产物。

【哈拉米什石*】

英文名 Halamishite

化学式 $Ni_{5}P_{4}$　（IMA）

哈拉米什石*是一种镍的磷化物矿物。六方晶系。晶体呈粒状，粒径达 20μm。2013 年发现于以色列南区哈拉米什（Halamish）干涸河道。英文名称 Halamishite，2014 年谢尔盖・N. 布里特温（Sergey N. Britvin）等以发现地以色列的哈拉米什（Halamish）干涸河道命名。IMA 2013－105 批准。2014 年 S. N. 布里特温（S. N. Britvin）等在《CNMNC 通讯》（19）和《矿物学杂志》（78）报道。目前尚未见官方中文译名，编译者建议音译为哈拉米什石*。

【哈里森石】

英文名 Harrisonite

化学式 $CaFe^{2+}_{6}(SiO_{4})_{2}(PO_{4})_{2}$　（IMA）

哈里森石是一种钙、铁的磷酸-硅酸盐矿物。三方晶系。晶体呈他形粒状，呈其他矿物的镶嵌边。黄色—橙棕色，玻璃光泽，透明—半透明；硬度 4～5，脆性。1991 年发现于加拿大北极地区富兰克林区布西亚半岛附近的阿奇迪肯（Arcedeckne）岛。英文名称 Harrisonite，以加拿大地球科学家、加拿大地质调查局前局长（1956—1964）詹姆斯・梅里特・哈里森（James Merritt Harrison，1915—1990）的姓氏命名。1969 年，他被加拿大地质协会授予洛根奖章。IMA 1991－010 批准。1993 年 A. C. 罗伯茨（A. C. Roberts）等在《加拿大矿物学家》（31）报道。1998 年中国新矿物与矿物命名委员会黄蕴慧等在《岩石矿物学杂志》[17(2)]音译为哈里森石。

【哈利尔萨尔普石*】

英文名 Halilsarpite

化学式 $[Mg(H_{2}O)_{6}][CaAs^{3+}_{2}(Fe^{3+}_{2.67}Mo^{6+}_{0.33})(AsO_{4})_{2}O_{7}]$　（IMA）

哈利尔萨尔普石*板片状晶体，球粒状集合体（摩洛哥）和哈利尔・萨尔普夫妇

哈利尔萨尔普石*是一种水化镁的钙、砷、铁、钼的氧砷酸盐矿物。属瓦伦特石族哈利尔萨尔普石*亚族。斜方晶系。晶体呈小板状；集合体呈球粒状，直径约 0.1mm。柠檬黄色，玻璃光泽；完全解理，脆性。2019 年发现于摩洛哥萨戈拉省乌姆利勒（Oumlil）矿（包括乌姆利勒东部矿）。英文

名称 Halilsarpite，以哈利尔·萨尔普（Halil Sarp，1944—）博士的姓名命名。萨尔普是瑞士日内瓦自然历史博物馆矿物学系矿物学家，他描述了 30 多种新矿物，特别是来自法国和土耳其的矿物。他以妻子的名字命名的 Chantalite 矿物（参见【钱羟硅铝钙石】条 701 页）。IMA 2019 - 023 批准。2019 年 I. E. 格里（I. E. Grey）等在《CNMNC 通讯》（50）、《矿物学杂志》（31）和 2020 年 T. 胡斯达尔（T. Husdal）等在《欧洲矿物学杂志》（32）报道。目前尚未见官方中文译名，编译者建议音译为哈利尔萨尔普石*。

【哈硫铋铜铅矿】

英文名 Hammarite

化学式 $Cu_2Pb_2Bi_4S_9$　　（IMA）

哈硫铋铜铅矿是一种铜、铅、铋的硫化物矿物。斜方晶系。晶体呈短柱状、针状。钢灰色和红色，金属光泽，不透明；硬度 3～4，完全解理，密度大：6.734g/cm^3（测量），7.05g/cm^3（计算）。1924 年发现于瑞典斯莫兰省韦斯特维克市格拉德哈马尔（Glad Hammar）矿。1924 年约翰逊（Johansson）在瑞典《化学、矿物学和地质学档案》[9(8)]和 1925 年福杉格（Foshag）在《美国矿物学家》（10）报道。英文名称 Hammarite，以发现地瑞典的格拉德哈马尔（Glad Hammar）矿命名。1959 年以前发现、描述并命名的“祖父级”矿物，IMA 承认有效。中文名称根据英文名称首音节音和成分译为哈硫铋铜铅矿；根据成分译为硫铜铅铋矿；根据密度和成分译为重硫铋铜铅矿。

【哈卤石】参见【五水硼镁石】条 993 页

【哈曼石*】

英文名 Harmunite

化学式 $CaFe_2O_4$　　（IMA）

哈曼石*是一种钙、铁的氧化物矿物。属钙黑锰矿族。斜方晶系。晶体呈柱状。黑色、浅灰色，不透明；硬度 5.5。2012 年发现于巴勒斯坦约旦河西岸圣城的热贝尔哈曼（Harmun），出现在砾岩卵石中。英文名称 Harmunite，以发现地巴勒斯坦的哈曼（Harmun）命名。IMA 2012 - 045 批准。2013 年 I. O. 加鲁斯基娜（I. O. Galuskina）等在《CNMNC 通讯》（15）、《矿物学杂志》（77）和 2014 年《美国矿物学家》（99）报道。目前尚未见官方中文译名，编译者建议音译为哈曼石*。

【哈尼矿*】

英文名 Honeaite

化学式 Au_3TlTe_2　　（IMA）

哈尼矿*是一种稀有的金、铊的碲化物矿物。斜方晶系。晶体呈他形粒状，粒径 300μm。黑色，金属光泽，不透明。2015 年发现于澳大利亚西澳大利亚州卡尔古利-博尔德市。英文名称 Honeaite，为纪念美国科罗拉多大学已故的罗素·M. 哈尼（Russell M. Honea，1929—2002）荣誉教授而以他的姓氏命名。IMA 2015 - 060 批准。2015 年 C. M. 赖斯（C. M. Rice）等在《CNMNC 通讯》（27）、《矿物学杂志》（79）和 2016 年《欧洲矿物学杂志》（28）报道。目前尚未见官方中文译名，编译者建议音译为哈尼矿*；曾广策教授建议根据成分译为碲铊金矿。

【哈帕矿】参见【叠羟镁硫镍矿】条 131 页

【哈硼镁石】参见【五水硼镁石】条 993 页

【哈普克矿】

英文名 Hapkeite

化学式 Fe_2Si　　（IMA）

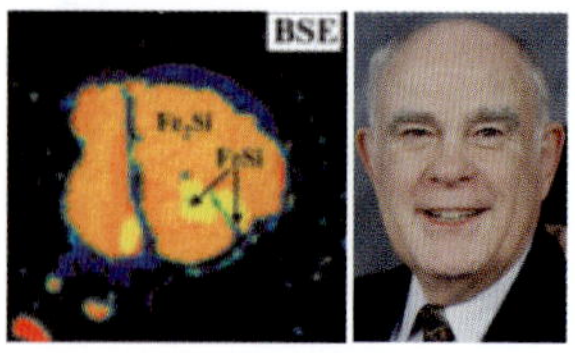

“佐法尔 280”陨石中的哈普克矿和哈普克像

哈普克矿是一种铁的硅化物矿物。等轴晶系。晶体呈粒状，粒径 2～30μm。银白色，轻微变色为黄白色，金属光泽，不透明。美国田纳西大学科学家马赫斯·阿南德等对一块在 2000 年 1 月于阿拉伯半岛阿曼佐法尔（Dhofar）省发现的来自月球高地角砾岩的“佐法尔 280”陨石进行了单晶体 X 射线衍射技术分析，发现了地球上不存在的化学物质硅化铁。这个发现具有重要意义。第一，它证实了美国著名地质和行星学家、匹兹堡大学的科学家布鲁斯·哈普克早在 30 年前发出的预言。第二，这种物质的形成过程是在地球上无法想象的。布鲁斯·哈普克预言，在月球或水星等没有大气层的星体上，当小行星等流星与它们碰撞时，这些流星不会像在地球那样在大气层中烧毁，而是直接坠落到月球或水星的表面上。由于它们的速度很大，可达每小时 100 000km，它们与月球表面的碰撞不仅导致月球岩石熔化，而且也使得月球岩石蒸发变成气体，在这个过程中就会形成硅化铁。这个过程在地球上不会自然发生。英文名称 Hapkeite，以布鲁斯·威廉·哈普克（Bruce William Hapke，1931—）的姓氏将新矿物命名为 Hapkeite；小行星 3549Hapke 也以他的姓氏命名。IMA 2003 - 014 批准。2003 年 M. 阿南德（M. Anand）等在《月球与行星科学》（34）和 2004 年《美国科学院学报》（101）报道。2008 年中国地质科学院地质研究所任玉峰等在《岩石矿物学杂志》[27(3)]音译为哈普克矿。科学家认为，这一发现有重大意义，说明“太空风化”对星体表面物质的作用与“地球风化”的作用不同，这一发现有助于更深入地理解月球等没有大气层的天体表面的风化过程。科学家们指出，新矿物的发现进一步表明，金属会在极高温下气化然后重新以小球的形状沉积在星体表面的地层中，这一机制在改变月球等没有大气层的天体表面特性方面，可能发挥着重要作用。深入理解这种机制，将有助于更准确解释一些探测器所获取的星体光谱反射，从而更好地判断其化学组成。

【哈萨克斯坦石】

英文名 Kazakhstanite

化学式 $Fe^{3+}_5V^{4+}_3V^{5+}_{12}O_{39}(OH)_9 \cdot 9H_2O$　　（IMA）

哈萨克斯坦石椭圆形粒状晶体，圆球状集合体（美国）

哈萨克斯坦石是一种含结晶水、羟基的铁的钒酸盐矿物。单斜晶系。晶体呈显微板状、纤维状、椭圆形粒状；集合体呈放射状、圆球状，球径小的 0.01mm，大的达 0.5cm×1.5cm。深黑色，半金刚光泽，不透明；硬度 2.5，完全解理。1988 年发现于哈萨克斯坦（Kazakhstan）巴拉索斯卡德克（Balasauskandyk）钒矿床。英文名称 Kazakhstanite，以发现地所在国哈萨克斯坦（Kazakhstan）命名。IMA 1988 - 044 批准。1989 年在《全苏矿物学会记事》[118(5)]和 1991 年《美国矿物学家》（76）报道。1991 年中国新矿物与矿物命名委员会郭宗山在《岩石矿物学杂志》[10(4)]音译为哈萨克斯坦石。

【哈特特石*】

英文名 Hatertite

化学式 $Na_2(Ca,Na)(Fe^{3+},Cu)_2(AsO_4)_3$ (IMA)

哈特特像

哈特特石*是一种钠、钙、铁、铜的砷酸盐矿物。属钠磷锰矿族。单斜晶系。晶体呈柱状、片状,粒径0.3mm。蜂蜜黄色,玻璃光泽,透明;脆性。2012年发现于俄罗斯堪察加州托尔巴契克(Tolbachik)火山主断裂破火山喷发口。英文名称Hatertite,2012年L. P. 威尔加索娃(L. P. Vergasova)等以比利时列日大学的弗雷德里克·哈特特(Frederic Hatert,1973—)教授的姓氏命名,以表彰哈特特教授对钠磷铁矿类矿物的矿物学、晶体化学做出的贡献。IMA 2012-048批准。2012年L. P. 威尔加索娃(L. P. Vergasova)等在《CNMNC通讯》(15)、《矿物学杂志》(77)和2013年《欧洲矿物学杂志》(25)报道。目前尚未见官方中文译名,编译者建议音译为哈特特石*。

【哈伊内斯石】

英文名 Haynesite

化学式 $(UO_2)_3(Se^{4+}O_3)_2(OH)_2 \cdot 5H_2O$ (IMA)

哈伊内斯石放射状、晶簇状集合体(美国)和哈伊内斯像

哈伊内斯石是一种含结晶水、羟基的铀酰的硒酸盐矿物。斜方晶系。晶体呈针状、板状;集合体呈放射状、晶簇状。黄色、琥珀色,玻璃光泽,透明—半透明;硬度1.5~2,完全解理。1990年发现于美国犹他州圣胡安县雷佩特(Repete)矿。英文名称Haynesite,以生活在美国新墨西哥州(原科罗拉多州)的地质学家、矿物收藏家、经销商帕特里克·尤金·哈伊内斯(Patrick Eugene Haynes,1953—)先生的姓氏命名。他在尤拉文带探索考察了老矿山,发现了几种新矿物,其中包括该矿物的第一块标本。IMA 1990-023批准。1991年M. 德利安(M. Deliens)等在《加拿大矿物学家》(29)报道。1993年中国新矿物与矿物命名委员会黄蕴慧等在《岩石矿物学杂志》[12(1)]音译为哈伊内斯石。

【哈依达坎石】

英文名 Khaidarkanite

化学式 $Cu_4Al_3(OH)_{14}F_3 \cdot 2H_2O$ (IMA)

哈依达坎石纤维状晶体,放射状、球状、杂乱状集合体(吉尔吉斯斯坦)

哈依达坎石是一种含结晶水的铜、铝的氟-氢氧化物矿物。属绒铜矿族。单斜晶系。晶体呈针状、纤维状;集合体呈放射状、球状、杂乱状。亮蓝色,玻璃光泽,半透明;硬度2.5。1998年发现于吉尔吉斯斯坦奥什州费尔干纳谷地哈依达坎(Khaidarkan)锑-汞矿床。英文名称Khaidarkanite,以发现地吉尔吉斯斯坦的哈依达坎(Khaidarkan)矿床命名。IMA 1998-013批准。1999年N. V. 丘卡诺夫(N. V. Chukanov)在《俄罗斯矿物学会记事》[128(3)]报道。2003年中国地质科学院矿产资源研究所李锦平等在《岩石矿物学杂志》[22(1)]音译为哈依达坎石。

铪 [hā]一种过渡金属元素。[英]Hafnium。化学符号Hf。原子序数72。1923年,瑞典化学家赫维西和荷兰物理学家D. 科斯特在挪威和格陵兰所产的锆石中发现铪元素,并命名为Hafnium,它来源于哥本哈根城的拉丁文名称Hafnia。1925年他们制得纯的金属铪。铪在地壳中的含量为0.000 45%,在自然界中常与锆伴生,独立矿物很少。

【铪锆石】

英文名 Hf-zircon

化学式 $HfZr[SiO_4]$

铪锆石是一种铪、锆的硅酸盐矿物,为锆石的含铪一个亚种。四方晶系。矿物物理化学性质可参照锆石。发现于葡萄牙卡贝塞拉什-德巴什图地区阿尔维(Alv)。英文名称Hf-zircon,由"Hf(铪)"和"Zircon(锆石)"组合命名。英文又名Alvite,以发现地葡萄牙的阿尔维(Alv)命名。铪锆石($HfZr[SiO_4]$)和铪石($Hf[SiO_4]$)在理论上锆石中锆与铪呈完全类质同象系列,Zr可以全部被Hf代替,但在自然界Hf多见于锆石及斜锆石中,以铪锆石形式产出。铪石性质与锆石相似,唯铪石晶体具带状构造,外带HfO_2含量高于内带,铪石的相对密度也高于锆石。

【铪石】

英文名 Hafnon

化学式 $Hf(SiO_4)$ (IMA)

铪石自形柱状晶体(莫桑比克)

铪石是一种铪的硅酸盐矿物,它是目前已知唯一的铪占优势的独立矿物。属锆石族。四方晶系。在自形柱状—不规则状锆石晶体的外层呈带状和碎片状。红色、橙红色、棕黄色、无色(罕见),玻璃光泽、金刚光泽,透明—半透明;硬度7.5。1967年D. J. 萨尔特(D. J. Salt)等在《美国陶瓷学会杂志》(50)报道:合成硅酸铪的X射线研究。1974年J. M. 科雷亚·内维斯(J. M. Correia Neves)等在《矿物学和岩石学杂志》(48)报道:在莫桑比克赞比西亚省莫尼亚(Moneia)矿、莫罗科高矿和慕雅尼(Muiâne)伟晶岩(埃木得尔矿)发现锆石-铪石系列的高铪成员。英文名称Hafnon,由化学成分"Hafnium(铪)"的硅酸盐和结尾"on"组合命名,意指结尾"on"并与"Zircon(锆石)"的结尾是一致的。IMA 1974-018批准。1976年M. 弗莱舍(M. Fleischer)在《美国矿物学家》(61)报道。中文名称根据成分译为铪石。

海 [hǎi]形声；从氵，每声。大洋靠近陆地的部分；有的大湖也叫海；如里海。①用海水的蔚蓝色、碧绿色比喻矿物的颜色。②海神：传说中的日本护海之神。③[英]音，用于外国人名、地名。④海松酸：树脂酸基团的羧酸，它可由松香酸脱水制备，通常伴随着松香混合物。

【海尔达尔石*】

英文名 Heyerdahlite

化学式 $Na_3Mn_7Ti_2(Si_4O_{12})_2O_2(OH)_4F(H_2O)_2$ (IMA)

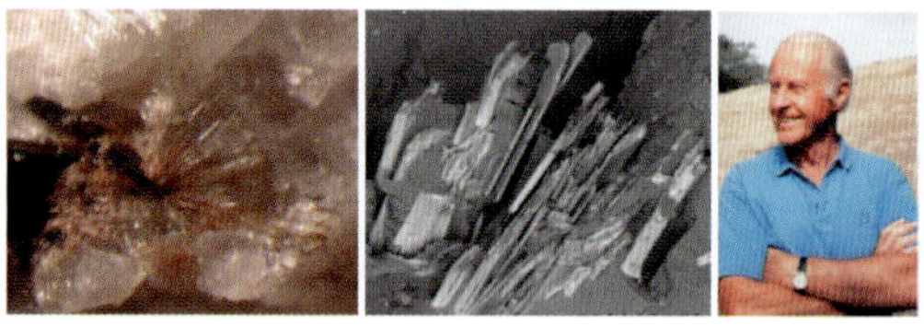

海尔达尔石* 平行板状晶体，放射状集合体(挪威)和海尔达尔像

海尔达尔石*是一种含结晶水、氟、羟基、氧的钠、锰、钛的硅酸盐矿物。属星叶石超族。三斜晶系。晶体呈平行板状；集合体呈放射状。无色—淡褐色，玻璃光泽，透明；硬度3，完全解理。2016年发现于挪威西福尔郡拉尔维克市布拉斯塔根(Bratthagen)伟晶岩。英文名称Heyerdahlite，为纪念挪威探险家和民族志学家托尔·海尔达尔(Thor Heyerdal，1914—2002)而以他的姓氏命名。1947年他的康-蒂基(Kon-Tiki)远征队以及1969年和1970年的Ra探险队在纸莎草船RaⅠ和RaⅡ上获得了显著成绩。IMA 2016-108批准。2017年E.索科洛娃(E. Sokolova)等在《CNMNC通讯》(36)、《矿物学杂志》(81)和2018年《矿物学杂志》(82)报道。目前尚未见官方中文译名，编译者建议音译为海尔达尔石*。

【海格拉契石】

英文名 Haigerachite

化学式 $KFe^{3+}_3(H_2PO_4)_6(HPO_4)_2 \cdot 4H_2O$ (IMA)

海格拉契石是一种含结晶水的钾、铁的氢磷酸盐矿物。单斜晶系。晶体呈假六边形鳞片状、薄板状、叶片状；集合体呈球粒状。白色、黄色，玻璃光泽、半金刚光泽，透明—半透明；硬度2，完全解理，脆性。1997年发现于德国巴登-符腾堡州弗赖堡地区根根巴赫镇海格拉契(Haigerach)山谷西尔伯布尤纳尔(Silberbrünnle)矿。英文名称Haigerachite，以发现地德国的海格拉契(Haigerach)山谷命名。IMA 1997-049批准。1999年K.瓦林塔(K. Walenta)等在德国*Aufschluss*(50)和《美国矿物学家》(85)报道。2003年中国地质科学院矿产资源研究所李锦平等在《岩石矿物学杂志》[22(1)]音译为海格拉契石。

【海蓝宝石】

英文名 Aquamarine

化学式 $Be_3Al_2(SiO_3)_6$

海蓝宝石柱状、棒状晶体(巴基斯坦)

海蓝宝石是含二价铁离子呈天蓝色或海水蓝色的绿柱石变种。六方晶系。晶体呈柱状、棒状、细粒状；集合体呈放射状、块状。浅蓝色、蓝白色、浅绿色，玻璃光泽，透明；硬度8。在1598年，第一个记录使用海蓝宝石的英文名称Aquamarine，其中，"Aqua=Water"是水的意思，"Marinus=Marine"是海洋的意思，源于拉丁文"Sea Water(海水)"，这是因为古代人们发现海蓝宝石的颜色如同海水一样蔚蓝，便赋予它水的属性，认为这种美丽的宝石一定来自海底，是海水之精华，所以航海家用它祈祷海神保佑航海安全，称其为"福神石"。中文名称就是由于其颜色像海水一样蓝而得名。我国古称的"屈没蓝""窟没蓝"系英文音译。我国以前还曾将其称作"水蓝宝石""天蓝宝石""蓝晶"等，这些都是不确切的名字(参见【绿柱石】条551页)。

【海蓝柱石】参见【方柱石】条161页

【海绿石】

英文名 Glauconite

化学式 $(K,Na)(Mg,Fe^{2+},Fe^{3+})(Fe^{3+},Al)(Si,Al)_4O_{10}(OH)_2$

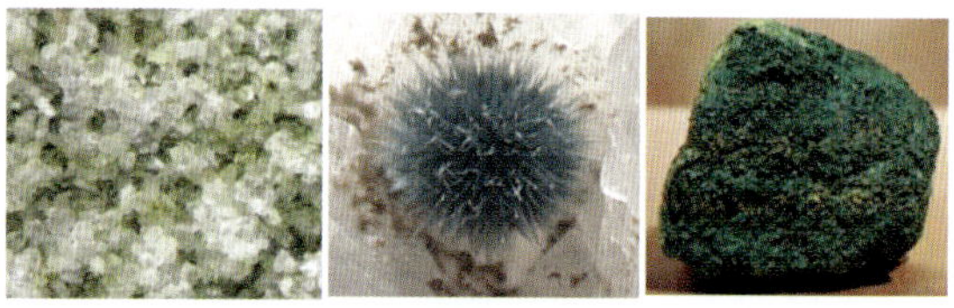

海绿石小片状晶体，放射球状、块状集合体(德国、意大利、中国)

海绿石是一种含羟基的钾、钠、镁、铁、铝的铝硅酸盐黏土矿物。属云母族(1998年之前，可能已经被归类为绿泥石或绿鳞石)。单斜晶系。晶体呈细小假六方形，通常呈叶片状、板条状、滚圆粒状等；集合体呈结核状或不规则蠕虫状(可能是底栖生物的粪球)。新鲜海绿石呈绿色、暗绿色、蓝绿色，也有呈黄绿色、灰绿色、无色，土状光泽，半透明—不透明；硬度2，完全解理，脆性。发现于乌克兰利沃夫州克洛德卡(Kłódka)采石场。英文名称Glauconite，1828年由克里斯坦·克费施泰因(Christian Keferstein)根据希腊文"γλαυκος=Glaucos(大海之子——格洛可斯=蓝绿色)"命名，意指"闪闪发光的"或"银色"，用来形容蓝绿色的外观，大概与大海的光泽和蓝绿色的颜色相关。在克费施泰因使用"Glauconie"术语之前，1823年法国著名的矿物学家、地质学家和博物学家亚历山大·布隆尼亚尔(Alexandre Brongniart，1770—1847)曾使用过"Greensand"术语。因其呈砂状存在于淤泥或海沙中，中文名称也被译为"绿色砂"或"湿砂"。1872—1876年，英联邦国家"挑战者"号(HMS Challenger)皇家船舰的第五次探险时，发现了广泛分布于海洋自然砂质沉积物中的海绿石。海绿石是典型的海相沉积物，被称为深度指示矿物，又被称为缓慢沉积作用的指示矿物。最早见于1927年H.施耐德(H. Schneider)在《地质学杂志》(35)报道海绿石的研究。中文名称根据其海相产状和海绿色译为海绿石。已知多型有-1M和-3T，其中-1M常见。

【海涅奥特石】

英文名 Haineaultite

化学式 $(Na,Ca)_5Ca(Ti,Nb)_5Si_{12}O_{34}(OH,F)_8 \cdot 5H_2O$ (IMA)

海涅奥特石是一种含结晶水、羟基、氟的钠、钙、钛、铌的硅酸盐矿物。属硬硅钙石族。斜方晶系。晶体呈板状、刀

涅奥特石柱状晶体，扇形晶簇状集合体（加拿大）和海涅奥特像

状、柱状；集合体呈扇形晶簇状。淡蜜黄色、无色—白色、淡橙色，玻璃光泽，透明—半透明；硬度 3～4，完全解理，脆性。1986 年发现于加拿大魁北克省圣希莱尔（Saint-Hilaire）山混合肥料采石场。英文名称 Haineaultite，2004 年由安得烈 · M. 麦克唐纳（Andrew M. McDonald）和乔治 · Y. 曹（George Y. Chao）以加拿大矿物收藏家和矿物经销商吉尔斯 · 海涅奥特（Gilles Haineault，1946—）的姓氏命名。海涅奥特是一位多产的矿物收藏家和圣希莱尔山的矿物权威。IMA 1997-015 批准。2004 年麦克唐纳等在《加拿大矿物学家》（42）报道。2008 年任玉峰等在《岩石矿物学杂志》[27（6）]音译为海涅奥特石。

【海泡石】

英文名 Sepiolite

化学式 $Mg_4Si_6O_{15}(OH)_2 \cdot 6H_2O$　　（IMA）

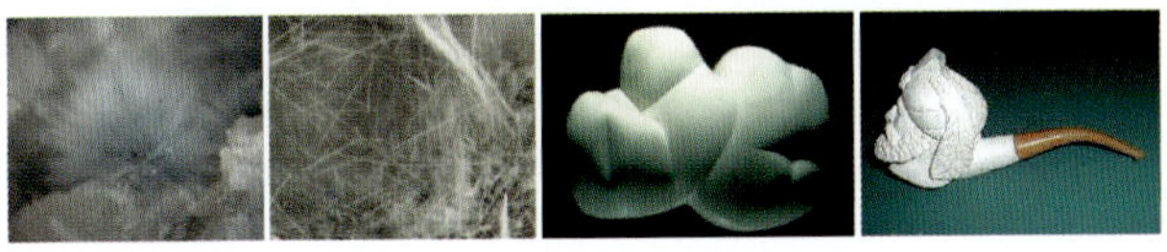

海泡石纤维状晶体，放射状、杂乱状及致密块状集合体（加拿大、中国）

海泡石是一种含水的富镁硅酸盐黏土矿物。属海泡石族。斜方晶系。隐晶质，晶体呈无数显微细纤维状聚在一起呈片状；集合体呈多孔土块状、致密状、皮壳状或结核状。颜色多变，一般呈淡白色或灰白色，也有呈粉红色、绿色、浅黄色，半玻璃光泽、丝绢光泽，有时呈蜡状光泽、土状光泽，半透明—不透明；硬度 2～2.5；触感光滑且粘舌，体质轻，可塑性好。它们具有遇水时会吸收很多水从而变得柔软起来，而一旦干燥就又变硬的特点。海泡石按其晶体形态分为 α-海泡石和 β-海泡石两种。前者呈大束的纤维状晶体产出，故又称纤维状海泡石。中国是使用海泡石最早的国家之一。据传，公元前 206 年，谋士张良跟随汉高祖刘邦进抵霸上，部队帐篷不能满足要求，风餐露宿，张良给刘邦献计，将一种遇水变柔干燥变硬的石头研磨成粉与泥土混成泥巴建造军帐，因张良的字是子房，所以大家将这种泥巴军帐称为"子房"。4 年后的 12 月，时值隆冬，刘邦与项羽屯军垓下，项羽士兵冻病死者甚多，而刘邦士兵却无恙。项羽的投诚士兵在"子房"休养数日，不治自愈，结果刘邦大胜项羽。泥巴"子房"，冬暖夏凉，温湿宜人，神清气爽。后经科学验证，那种遇水变柔干燥变硬的石头为海泡石，具有最大的比表面积和独特的内部孔道结构，是公认的吸附有害气体最强的黏土矿物。江西乐平牯牛岭是我国海泡石的首次发现地，地质调查始于章人骏，1947 年，他依据化学分析及脱色效果将"耐火白土"定名为海泡石。

在西方，1723 年左右，第一个记录使用海泡石制作烟斗，经过滤提供一个凉爽、干燥、可口的烟，因此它迅速成为制作烟斗的珍贵的材料。1788 年最初由亚伯拉罕 · 戈特利布 · 维尔纳（Abrahan Gottlieb Werner）用德文命名为 Meerschaum（海泡石，大海的泡沫）。1794 年，理查德 · 科文（Richard Kirwan）称为 Keffekill（海泡石）。1807 年亚历山大 · 布隆奈尔特（Alexandre Brongniart）称之为矿物镁[Magnesite（菱镁矿）]。1847 年由恩斯特 · 弗里德里希 · 格洛克（Ernst Friedrich Glocker）首次在哈雷 *Generum et Specierum Mineralium*，*Secundum Ordines Naturales Digestorum Synopsis* 正式描述于意大利都灵省巴尔迪塞罗卡纳韦塞区贝托里诺（Bettolino）。英文名称 Sepiolite，由希腊文"σήπιον = Sepion（墨鱼、乌贼，Cuttle-fish）"加"ίθos = Lithos（石头）"组合命名，因为它的低密度及其高孔隙度能浮在水上。1959 年以前发现、描述并命名的"祖父级"矿物，IMA 承认有效。乌贼鱼骨、墨鱼盖称为海螵蛸，因此 Sepiolite 也译作螵蛸石或蛸螵石。

【海神石】

英文名 Watatsumiite

化学式 $LiNa_2KMn_2V_2Si_8O_{24}$　　（IMA）

海神石粒状晶体（日本）

海神石是一种锂、钠、钾、锰、钒的硅酸盐矿物。属柱星叶石族。单斜晶系。晶体呈圆柱状、粒状。橄榄绿色、黄绿色，玻璃光泽，透明；硬度 5～6.5，脆性。2000 年发现于日本本州岛东北部岩手县下闭伊郡田野畑村田野畑矿。英文名称 Watatsumiite，以日本海的神绵津见（Watatsumi 或 Wadatsumi）命名。此神是日本的创世神话《古事记》和《日本书纪》中的日本神之一的守护水的龙或蛇神，绵津见被认为是"伟大的海之神"。最早在日本博多区那珂川河口突出的岬上的位置是航海守护神的祭祀地，后来移到福冈市住吉神社的位置。天平 9 年（737 年）在大阪创建起第一座住吉神社，后成为总部在全国各地陆续建了许多绵津见神社。据考证瓦塔（Watatsumi 或 Wadatsumi）是"海的古老日本字——海洋"，而"蛇或龙是旧日本海神"。1990 年比较语言学家保罗 · K. 本尼迪克（Paul K. Benedict，）提出日本瓦塔海的"海"源于原南岛语族"华歌儿（Wacal）"中的"海，大海"。绵津见神与斯堪的那维亚一个欧洲神话中的无敌海神类似，此矿物属柱星叶石族，因与柱星叶石和霓石的关系，被命名为 Watatsumiite。日文汉字名称海神石（わたつみ石）。IMA 2001-043 批准。2003 年松原（S. Matsubara）在《矿物学和岩石学科学杂志》（98）报道。2008 年章西焕等在《岩石矿物学杂志》[27（2）]将わたつみ石意译为海神石。

【海斯汀石】

参见【绿钙闪石】条 543 页

【海松酸石】

英文名 Refikite

化学式 $C_{20}H_{34}O_2$　　（IMA）

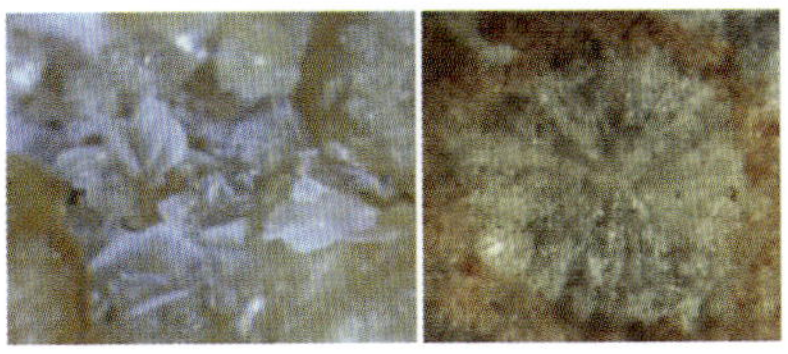

海松酸石针状晶体，鳞片状、放射状集合体（德国）

海松酸石是一种碳、氢、氧的有机化合物矿物。斜方晶系。晶体呈柱状、针状；集合体的形态像鱼鳞状、放射状。白色，树脂光泽，半透明；硬度 1，脆弱。1852 年 D. 拉卡瓦

(D. La Cava)在巴黎《医学知识和药理学杂志》报道。发现于意大利泰拉莫省蒙托里奥-阿尔沃马诺(Montorio al Vomano);也发现于1965年德国巴伐利亚南部的一个沼泽云杉化石的根上[弗莱舍(Fleischer)]。英文名称 Refikite,以对科学感兴趣的土耳其记者雷菲克-贝伊(Refik-Bey,? —1865)的名字命名。1959年以前发现、描述并命名的"祖父级"矿物,IMA承认有效。中文名称根据成分译为海松酸石,也有的译作褐煤树脂。化学名称 δ-13-dihydro-d-pimaric acid,译作δ-13二氢-D-海松酸。

【海特曼石】

英文名 Hejtmanite

化学式 $Ba_2Mn_4^{2+}Ti_2(Si_2O_7)O_2(OH)_2F_2$　　(IMA)

海特曼石是一种含氟、羟基、氧的钡、锰、钛的硅酸盐矿物。属氟钠钛锆石超族钡铁钛石族。单斜晶系。晶体呈板条状。褐黄色、金黄色,玻璃光泽,透明—半透明;硬度4.5,极完全解理。1989年发现于赞比亚中央省姆库希地区姆博韦(Mbolwe)山。英文名称 Hejtmanite,为纪念捷克共和国布拉格查尔斯大学岩石学教授博胡斯拉夫·海特曼(Bohuslav Hejtman,1911—2000)博士而以他的姓氏命名。IMA 1989-038批准。1992年 S. 弗拉纳(S. Vrana)等在《欧洲矿物学杂志》(4)和《美国矿物学家》(77)报道。1998年中国新矿物与矿物命名委员会黄蕴慧等在《岩石矿物学杂志》[17(1)]音译为海特曼石,有的根据成分译为羟硅钡钛锰石。

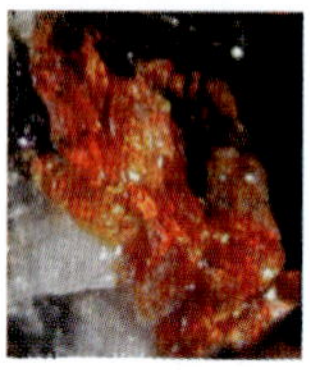

海特曼石板柱状晶体(塔吉克斯坦)

氦 [hài]是一种惰性气体化学元素。[英]Helium。化学符号 He。原子序数2。1868年8月18日,法国天文学家詹森赴印度观察日全食,利用分光镜观察日珥,从黑色月盘背面突出的红色火焰中看见有彩色的彩条,是太阳喷射出来的炽热的光谱。他发现一条黄色谱线,接近钠光谱总的D1线和D2线。日蚀后,他同样在太阳光谱中观察到这条黄线,称为D3线。1868年10月20日,英国天文学家洛克耶也发现了这样的一条黄线。经过进一步研究,认识到是一种新的元素产生的一条新线。英国人 J. N. 洛克耶(J. N. Lockyer)和 E. F. 弗兰克兰(E. F. Frankland)把这个新元素命名为 Helium,来自希腊文ἥλιος=Helios(太阳),旧译作氜,后改译氦。这是第一个在地球以外,在宇宙中发现的元素。为了纪念这件事,当时铸造一块金质纪念牌,一面雕刻着驾着4匹马战车的传说中的太阳神阿波罗(Apollo)像,另一面雕刻着詹森和洛克耶的头像,下面写着:1868年8月18日太阳突出物分析。过了20多年后,拉姆赛在研究钇铀矿时发现了可能是詹森和洛克耶发现的那条黄线D3线。伦敦物理学家克鲁克斯证明了这种气体就是氦。这样氦在地球上也被发现了。氦存在于整个宇宙中,按质量计占23%,仅次于氢。但在自然界中主要存在于天然气体或放射性矿石中,它是放射性元素α衰变的产物。

含 [hán]形声;从口,今声。本义:含在嘴里。引申义:藏在里面,包容在里面。

【含氧钡镁脆云母】

英文名 Oxykinoshitalite

化学式 $BaMg_2Ti^{4+}O_2(Si_2Al_2)O_{10}$　　(IMA)

含氧钡镁脆云母是一种含氧的钡、镁、钛的铝硅酸盐矿物。属云母族。单斜晶系。晶体呈不规则板片状。鲜橙色、橙褐色,玻璃光泽,透明—半透明;硬度2.5,极完全解理,脆性。2004年发现于巴西伯南布哥州费尔南多-迪诺罗尼亚(Fernando de Noronha)岛。英文名称 Oxykinoshitalite,由成分冠词"Oxy(氧)"和根词"Kinoshitalite(钡镁脆云母、羟硅钡镁石、木下云母)"组合命名,意指它是含氧的钡镁脆云母的类似矿物。IMA 2004-013批准。2005年 L. N. 科加科(L. N. Kogarko)等在《加拿大矿物学家》(43)报道。2008年中国地质科学院地质研究所任玉峰等在《岩石矿物学杂志》[27(6)]根据成分及与钡镁脆云母的关系译为含氧钡镁脆云母(参见【羟硅钡镁石】条707页)。

韩 [hán]形声;从韦,倝(gàn)声。[英]音,用于外国人名。

【韩泰石】

英文名 Huntite

化学式 $CaMg_3(CO_3)_4$　　(IMA)

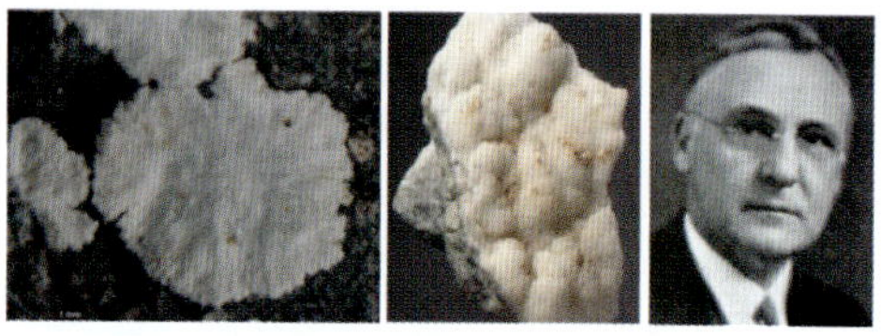

韩泰石细粒状晶体,皮壳状集合体(美国)和亨特像

韩泰石是一种钙、镁的碳酸盐矿物。三方晶系。晶体呈片状菱面体、细粒状;集合体呈白垩状、皮壳状、钟乳状。白色、柠檬白色,土状光泽,半透明;硬度1~2,脆性。1953年发现于美国内华达州怀特派恩县阿拉-马尔(Ala-Mar)矿床;同年,乔治·T. 浮士德(George T. Faust)在《美国矿物学家》(38)报道。1962年 D. L. 格拉夫(D. L. Graf)等在《结晶学报》(15)报道。英文名称 Huntite,由浮士德为纪念他的老师密歇根大学安娜堡分校矿物学教授、美国地质调查局的化学家沃尔特·弗雷德里克·亨特(Walter Frederick Hunt,1882—1975)而以他的姓氏命名。1959年以前发现、描述并命名的"祖父级"矿物,IMA承认有效。中文名称音译为韩泰石(编译者建议音译为亨特石*);根据成分译为碳钙镁石或高镁白云石。

寒 [hán]会意;金文外面是"宀",即房屋;中间是"人";人的左右两边是4个"草",表示很多;下面两横表示"冰"。寒冷是一种感觉,人们虽能感觉到,但是却看不见。于是古人就采用上述4个形体来创造这个字,人踡曲在室内,以草避寒,表示天气很冷。本义:冷,寒冷。

【寒水石】参见【石膏】条803页

汉 [hàn]会意;从水,難(省去隹)声。①用于中国水名:汉江,长江的最大支流。②[英]音,用于外国地名、人名。

【汉江石】

汉拼名 Hanjiangite

化学式 $Ba_2Ca(V^{3+}Al)(AlSi_3O_{10})(OH)_2F(CO_3)_2$　　(IMA)

汉江石是一种含碳酸根、氟、羟基的钡、钙、钒、铝的铝硅酸盐矿物。单斜晶系。晶体呈薄片状、板状、他形粒状。黄绿色、深绿色,玻璃光泽,透明—半透明;硬度4,完全解理,脆性。2005年9月,中国地质大学(北京)刘家军教授在长江最大支流汉江(Hàn Jiāng)流域的上游大巴山地区的陕西省安康市石梯重晶石矿区进行野外调研时，在毒重石-重晶石-石英脉中观察到黄绿色、深绿色的片状矿物，与云母极为类似。经研究它是一种具有新结构型的层状硅酸盐新矿物。根据发现地所在流域将其命名为汉江石(Hanjiangite)。IMA 2009－082 批准。2012 年刘家军、李国武等在中国《矿物学报》(2)和《美国矿物学家》(97)报道。目前已知 Hanjiangite 有-1M、-2M 和-3T 多型。它的发现对我国和世界新矿物的研究具有特殊意义。

【汉克托石】参见【锂蒙脱石】条 444 页

【汉斯埃斯马克石*】

英文名 Hansesmarkite

化学式 $Ca_2Mn_2Nb_6O_{19}\cdot 20H_2O$ (IMA)

埃斯马克像

汉斯埃斯马克石*是一种含结晶水的钙、锰、铌的氧化物矿物。三斜晶系。晶体呈补丁状，少为拉长片状，长达0.3mm。淡黄色、黄色；硬度 2～2.5，完全解理，脆性。2015 年发现于挪威西福尔郡拉尔维克市格拉尼特(Granit)A/S 花岗岩采石场。英文名称 Hansesmarkite，以挪威神父和矿物学家汉斯·莫滕·特拉内·埃斯马克(Hans Morten Thrane Esmark，1801—1882)的姓名命名。埃斯马克是挪威拉尔维克深成杂岩体以西的朗厄松峡湾布雷维克小镇埃当厄尔的一个教区牧师。他发现了几种新矿物，如霓石(Aegirine)、白铍石(Leucophanite)和钍石(Thorite)。现在被怀疑的褐块云母[Esmarkite，由贝采利乌斯(Berzelius)命名]，被证明是一种风化的堇青石，是以他的姓氏命名的。IMA 2015－067 批准。2015 年 H. 弗里斯(H. Friis)等在《CNMNC 通讯》(28)和《矿物学杂志》(79)报道。目前尚未见官方中文译名，编译者建议音译为汉斯埃斯马克石*。

【汉斯布洛克矿*】

英文名 Hansblockite

化学式 $(Cu,Hg)(Bi,Pb)Se_2$ (IMA)

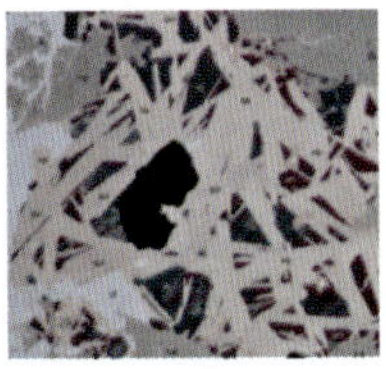

汉斯布洛克矿*薄板状晶体(玻利维亚)

汉斯布洛克矿*是一种铜、汞、铋、铅的硒化物矿物。与格伦德曼矿为同质多象。单斜晶系。晶体呈薄板状、他形粒状，长 150μm 和宽 50μm；集合体呈薄板平行连生。黑色，金属光泽，不透明；硬度 2～2.5，脆性。2015 年发现于玻利维亚波多西省埃尔龙(El Dragón)矿。英文名称 Hansblockite，2015 年 H. J. 福斯特(H. J. Förster)等为纪念玻利维亚矿业和地质工程师汉斯·布洛克(Hans Block，1881—1953)而以他的姓名命名。汉斯·布洛克在他的职业生涯中，曾担任过许多矿山的经理，后来担任奥鲁罗国家工程学院院长以及矿业国有化委员会成员。他负责监督许多矿山、道路、医院和水电大坝的建设。IMA 2015－103 批准。2016 年福斯特等在《CNMNC 通讯》(30)、《矿物学杂志》(80)和 2017 年《矿物学杂志》(81)报道。目前尚未见官方中文译名，编译者建议音译为汉斯布洛克矿*。

豪 [háo]形声；从豕(shǐ)，猪，高省声。[英]音，用于外国人名、地名。

【豪石】参见【羟硅硼钙石】条 711 页

【豪斯利石*】

英文名 Housleyite

化学式 $Pb_6CuTe_4O_{18}(OH)_2$ (IMA)

豪斯利石*球状集合体和豪斯利像

豪斯利石*是一种含羟基的铅、铜的碲酸盐矿物。单斜晶系。晶体呈柱状；集合体呈蝴蝶结状、粗糙的球状和不规则的放射状。淡绿色—绿蓝色，金刚光泽，透明；硬度 3，脆性。2009 年发现于美国加利福尼亚州圣贝纳迪诺县阿加(Aga)矿。英文名称 Housleyite，为纪念美国加利福尼亚州帕萨迪纳的鲍勃·豪斯利(Bob Housley)博士而以他的姓氏命名，以表彰他对该地区矿物学研究做出的贡献。豪斯利在加利福尼亚贝克附近探索了整个奥托山，重新发现了被遗忘的矿山并研究了它们的历史，从而发现了一系列亚碲酸盐物种和相关矿物种。IMA 2009－024批准。2010 年 A. R. 坎普夫(A. R. Kampf)等在《美国矿物学家》(95)报道。目前尚未见官方中文译名，编译者建议音译为豪斯利石*。

郝 [hǎo]形声；从邑，赤声。中国姓。[英]音，用于外国人名。

【郝硅铝铁钠石】参见【硅铁锰钠石】条 292 页

皓 [hào]形声；从白，告声。本义：光明、洁白、明亮。用于比喻矿物的颜色和透明度。

【皓矾】

英文名 Goslarite

化学式 $Zn(SO_4)\cdot 7H_2O$ (IMA)

皓矾纤维状晶体，粉末状、块状集合体(德国、希腊)

皓矾是一种含结晶水的锌的硫酸盐矿物。属泻利盐族。斜方晶系。晶体呈短柱状、粒状、针状、纤维状；集合体呈粉末状、皮壳状、钟乳状、石笋状、块状等。无色、白色、褐色、绿色、蓝色，玻璃光泽，纤维状者呈丝绢光泽，透明—半透明；硬度 2～2.5，完全解理，脆性；味涩、金属味，令人恶心的味道，易溶于水。1546 年乔治·阿格里科拉在 *De natura fossilium and De veteribus et novis metallis* 提到。1845 年发现并描述于德国下萨克森州哈尔茨山戈斯拉尔(Goslar)的拉梅尔斯贝格(Rammelsberg)矿；同年，在维也纳《矿物学鉴定手册》刊载。英文名称 Goslarite，以发现地德国的戈斯拉尔(Goslar)命名。1959 年以前发现、描述并命名的“祖父级”矿物，IMA 承认有效。中文名称根据颜色、透明度和成分译为皓矾；根据成分译为锌矾。

何 [hé]形声；从人，可声。金文，像人负担之形。中国姓。

【何作霖矿】

汉拼名 Hezuolinite

化学式 $(Sr,REE)_4Zr(Ti,Fe^{3+},Fe^{2+})_2Ti_2O_8(Si_2O_7)_2$ (IMA)

何作霖像

何作霖矿是一种锶、稀土、锆、钛、铁、钛氧的硅酸盐矿物。单斜晶系。晶体呈他形，颗粒只有几百微米大小。矿物呈黑色和深棕色，树脂光泽，半透明；硬度 5.5～6，脆性。最早见于 1978 年北京铀矿地质研究所赛马矿床研究组在《中国科学》[11(3)]报道。在中国辽宁省丹东凤城县赛马碱性岩体中发现了一种新矿物，它属于栖硅钛铈矿亚族，被认为是处于莲华矿和柘硅钛铈矿之间的一种化学中间物。为纪念我国稀土矿床之父、矿物-岩石学家、地质教育学家、中国科学院院士、山东大学教授何作霖先生（He Zuolin，1900—1967）而命名为何作霖矿（Hezuolinite）。IMA 2010-045 批准。2011 年中国矿物岩石地球化学学会新矿物及矿物命名委员会副主任委员、中国地质学会矿物学专业委员会副主任委员、中国科学院地质与地球物理研究所、北京铀矿地质研究所赛马矿床研究组杨主明研究员等，又在《CNMNC 通讯》(8)、《矿物学杂志》(75)和 2012 年《欧洲矿物学杂志》(24)报道。何作霖先生于 1935 年在中国内蒙古自治区白云鄂博铁矿石中首次发现了两种含有极为珍贵的稀土元素的细小矿物，当时他命名为"白云矿"和"鄂博矿"，后更名为氟碳铈矿和独居石，因此何先生对发现白云鄂博稀土矿床有首创之功，被称为我国稀土矿床之父。何作霖先生是中国光性矿物学的创始人，是中国岩组学的奠基者，为中国的地质事业做出了巨大的贡献。

和

[hé]形声；从口，禾声。用于日本人名。

【和田石】参见**【氟硅铝钙石】**条 176 页

河

[hé]形声；从氵，可声。本义：中国黄河。泛指水道的通称。①用于中国地名。②用于日本地名。

【河边矿】参见**【钛稀金矿】**条 914 页

【河津矿】参见**【硒碲铋矿】**条 999 页

【河西石】

英文名 Hoshiite

化学式 $NiMg(CO_3)$

河西石是一种含镍的菱镁矿亚种。三方晶系。晶体呈细小半自形粒状；集合体呈肾状、钟乳状、麦穗状、致密块状。翠绿色，玻璃光泽，透明；硬度 5～6。中国学者於祖相等于 1960 年 6 月在中国西北黄河以西某地铜镍硫化物矿床露头中找到的一种矿物，经研究后证明为前所未知的镍、镁的碳酸盐新矿物。根据产地位于黄河西部地区定名为河西石（Hoshiite）。1964 年於祖相等在《地质学报》(2)报道。英文又称 Nickeloan Magnesite，译作镍菱镁矿。

核

[hé]形声；从木，亥声。本义：果核。用于描述矿物的集合体形态。

【核磷铝石】

英文名 Evansite

化学式 $Al_3(PO_4)(OH)_6 \cdot 8H_2O$ (IMA)

核磷铝石皮壳状、钟乳状集合体（中国云南、斯洛伐克）

核磷铝石是一种含结晶水的水合铝的磷酸盐矿物。非晶质、胶质。集合体呈葡萄状、肾状、皮壳状、钟乳状。无色、乳白色，如果含 FeO 杂物可呈蓝色、绿色或黄色、棕色、红棕色或红色，玻璃光泽、树脂光泽、蜡状光泽，透明—半透明；硬度 3.5～4，非常脆。1864 年发现于斯洛伐克班斯卡-比斯特里察市雷武察镇西尔克（Sirk）的泽莱兹尼克（Železník）（沃什海吉）。1864 年福布斯（Forbes）在《哲学杂志和科学期刊》(28)报道。英文名称 Evansite，以英国伯明翰冶金家布鲁克·埃文斯（Brooke Evans，1797—1862）的姓氏命名。他在 1855 年从匈牙利带回第一个标本。1959 年以前发现、描述并命名的"祖父级"矿物，IMA 承认有效。中文名称根据该矿物的集合体形态和成分译为核磷铝石。

贺

[hè]会意；从贝、从加。[英]音，用于外国人名、地名。

【贺加斯石*】

英文名 Hogarthite

化学式 $(Na,K)_2CaTi_2Si_{10}O_{26} \cdot 8H_2O$ (IMA)

贺加斯石*是一种含结晶水的钠、钾、钙、钛的硅酸盐矿物。单斜晶系。晶体呈细长叶片状、刃状；集合体呈放射状、致密块状。棕褐色—白色—无色，半玻璃光泽、丝绢光泽，半透明；硬度 4，完全解理，脆性。2009 年发现于加拿大魁北克省圣莱希尔（Saint-Hilaire）山混合肥料采石场。英文名称 Hogarthite，以加拿大渥太华大学地球科学系教授唐纳德·D. 贺加斯（Donald D. Hogarth，1929—）的姓氏命名，以表彰他对格伦维尔省地质矿物学和烧绿石族命名的贡献。IMA 2009-043 批准。2015 年 A. M. 麦克唐纳（A. M. McDonald）等在《加拿大矿物学家》(53)报道。目前尚未见官方中文译名，编译者建议音译为贺加斯石*。

【贺硫铋铜矿】

英文名 Hodrušite

化学式 $Cu_8Bi_{12}S_{22}$ (IMA)

贺硫铋铜矿是一种铜、铋的硫化物矿物。属辉铋铜矿同源系列族。单斜晶系。晶体呈针状、片状。黑色、钢灰色略带铜黄色和棕色，金属光泽，不透明；硬度 4～5，非常脆。1969 年发现于斯洛伐克班斯卡-比斯特里察市扎尔诺维察区贺德鲁萨-哈姆雷（Hodruša-Hámre）。英文名称 Hodrušite，以发现地斯洛伐克班斯卡的贺德鲁萨（Hodruša）命名。IMA 1969-025 批准。1970 年 M. 克德拉（M. Kodêra）等在《矿物学杂志》(37)和 1971 年 M. 弗莱舍（M. Fleischer）在《美国矿物学家》(56)报道。中文名称根据英文名称首音节音和成分译为贺硫铋铜矿。

赫

[hè]会意；从二赤。本义：泛指赤色。[英]音，用于外国人名、地名。

【赫德利矿】参见**【赫碲铋矿】**条 307 页

【赫碲铋矿】

英文名 Hedleyite

化学式 Bi_7Te_3　　(IMA)

赫碲铋矿是一种铋的碲化物矿物。三方晶系。晶体呈六边形厚板状。铁黑色、黑色、锡白色，金属光泽，不透明；硬度 2，具有完美的底面解理，呈毫米厚、厘米宽的锡白色金属板状。1945 年发现于加拿大不列颠哥伦比亚省奥索尤斯矿区赫德利(Hedley)古德霍普(Good Hope)矿(或译为好希望矿)。1945 年 H. V. 沃伦(H. V. Warren)等在《多伦多研究大学，地质系列》(49)报道。英文名称 Hedleyite，以发现地加拿大的赫德利(Hedley)命名。1959 年以前发现、描述并命名的“祖父级”矿物，IMA 承认有效。中国地质科学院根据英文名称首音节音和成分译为赫碲铋矿。因含有铂，有的译作含铂赫碲铋矿。2011 年杨主明在《岩石矿物学杂志》[30(4)]建议音译为赫德利矿，还有的译作碲铋齐。

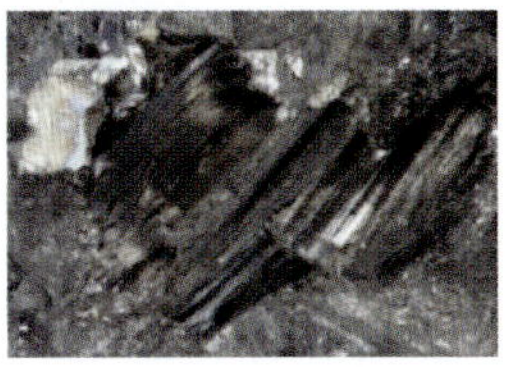

赫碲铋矿板状晶体(加拿大)

【赫尔曼罗斯石*】

英文名 Hermannroseite

化学式 $CaCu(PO_4)(OH)$　　(IMA)

赫尔曼罗斯石*是一种含羟基的钙、铜的磷酸盐矿物，是磷酸占优势的砷钙铜矿的类似矿物。属砷钙镁石-钒铅锌矿族。斜方晶系。晶体大小为 0.7μm，集合体呈葡萄状和皮壳状。绿色，玻璃光泽，半透明。2010 年发现于纳米比亚奥希科托区楚梅布(Tsumeb)矿。英文名称 Hermannroseite，以德国汉堡大学矿物学研究所的负责人赫尔曼·罗斯(Hermann Rose，1883—1976)的姓名命名。IMA 2010－006 批准。2011 年 J. 施吕特(J. Schlüter)等在《矿物学新年鉴：论文》(188)报道。目前尚未见官方中文译名，编译者建议音译为赫尔曼罗斯石*。

【赫尔曼杨石*】

英文名 Hermannjahnite

化学式 $CuZn(SO_4)_2$　　(IMA)

赫尔曼杨石*是一种铜、锌的硫酸盐矿物。单斜晶系。晶体常呈颗粒状，最大粒径可达 0.05mm，玄武岩火山渣上有 2mm×2mm 的块状聚集体或结壳。白色或无色，有时带有浅灰色、黄色、绿色或蓝色，玻璃光泽，透明—半透明；很脆。2015 年发现于俄罗斯堪察加州托尔巴契克(Tolbachik)火山主断裂纳博科(Naboko)大裂隙式喷发火山渣锥。英文名称 Hermannjahnite，以赫尔曼·亚瑟·杨(Hermann Arthur Jahn，1907—1979)的姓名命名。他是一位德国血统的英国科学家，是皇家研究所(Royal Institution)的数学物理学家，后来又任职于南安普敦大学学院(University College)。他与爱德华·泰勒一起发现了杨-泰勒(Jahn-Teller)效应，一种由某些电子构型引起的分子和离子的几何畸变。它负责光谱学和固体物理学中的各种现象。杨-泰勒效应在 Hermannjahnite 的结构中很明显。IMA 2015－050 批准。2015 年 O. I. 希德拉(O. I. Siidra)等在《CNMNC 通讯》(27)、《矿物学杂志》(79)和 2018 年《矿物学与岩石学》(112)报道。目前尚未见官方中文译名，编译者建议音译为赫尔曼杨石*。

赫尔曼像

【赫钒铅矿】

英文名 Heyite

化学式 $Pb_5Fe^{2+}_2O_4(VO_4)_2$　　(IMA)

赫钒铅矿是一种铅、铁氧的钒酸盐矿物。单斜晶系。晶体呈微晶状；集合体呈粉末状。黄色、黄橙色，玻璃光泽，透明；硬度 4。1971 年发现于美国内华达州白松(White Pine)县贝蒂乔(Betty Jo)。1973 年 S. A. 威廉姆斯(S. A. Williams)在《矿物学杂志》(39)报道。英文名称 Heyite，由西德尼·阿瑟·威廉姆斯(Sidney Arthur Williams)为纪念马克斯·哈钦森·赫伊(Max Hutchinson Hey，1904—1984)而以他的姓氏命名。赫伊是英国著名的化学家、系统矿物学家和英国伦敦不列颠自然历史博物馆的矿物管理者，他的几个版本的矿物学发表了所有已知矿物的正确的评估化学指标，他还帮助组建了国际矿物学协会。IMA 1971－042 批准。中文名称根据英文名称的首音节音和化学成分译为赫钒铅矿，也译为钒铁铅矿。

赫伊像

【赫劳什卡石*】

英文名 Hloušekite

化学式 $(Ni,Co)Cu_4(AsO_4)_2(AsO_3OH)_2 \cdot 9H_2O$　　(IMA)

赫劳什卡石*是一种含结晶水的镍、钴、铜的氢砷酸-砷酸盐矿物。属砷镍铜矾超族砷镍铜矾族。三斜晶系。晶体呈薄板条状，长 3mm；集合体呈束状。浅绿色，玻璃光泽，透明；硬度 2～3，完全解理，非常脆。2013 年发现于捷克共和国卡罗维发利州厄尔士山脉亚希莫夫市罗夫诺斯特(Rovnost)矿。英文名称 Hloušekite，为纪念捷克矿物收藏家、地质学家、矿物学家和亚希莫夫矿区矿物专家杰纳·赫劳什卡(Jana Hlouška，1950—2014)博士而以他的姓氏命名。他写了一本《亚希莫夫-约阿希姆斯塔尔百科全书》(两卷)。IMA 2013－048 批准。2013 年 J. 普拉希尔(J. Plášil)等在《CNMNC 通讯》(17)、《矿物学杂志》(77)和 2014 年《矿物学杂志》(78)报道。目前尚未见官方中文译名，编译者建议音译为赫劳什卡石*。

赫劳什卡石*薄板条状晶体(捷克)和赫劳什卡像

【赫雷罗石*】

英文名 Hereroite

化学式 $[Pb_{32}(O,\square)_{21}](AsO_4)_2[(Si,As,V,Mo]O_4)_2Cl_{10}$　(IMA)

赫雷罗石*是一种含氯的铅、氧、空位的硅酸-钒酸-钼酸-砷酸盐矿物。单斜晶系。晶体呈粒状，粒径通常小于 1mm。鲜橙色，金刚光泽，透明—半透明；脆性。2011 年发现于纳米比亚奥乔宗朱帕区赫鲁特方丹市孔巴特(Kombat)矿。英文名称 Hereroite，以纳米比亚的孔巴特矿附近的土著部落赫雷罗(Herero)族命名。IMA 2011－027 批准。2011 年 R. W. 特纳(R. W. Turner)等在《CNMNC 通讯》(10)和 2012 年《矿物学杂志》(76)报道。目前尚未见官方中文译名，编译者建议音译为赫雷罗石*。

H

【赫里斯托夫石】

英文名 Khristovite-(Ce)

化学式 $CaCe(MgAlMn^{2+})[Si_2O_7][SiO_4]F(OH)$ (IMA)

赫里斯托夫石是一种含氟和羟基的钙、铈、镁、铝、锰的硅酸盐矿物。属绿帘石族铅绿帘石(Dollaseite)亚族。单斜晶系。褐色—深褐色,玻璃光泽,透明;硬度5,完全解理。1991年发现于吉尔吉斯斯坦伊塞克湖州伊尼尔切克区穆泽尼(Muzeinyi)山谷。英文名称 Khristovite-(Ce),以俄罗斯地质学家和地质专家叶夫根尼亚·弗拉基米罗维奇·赫里斯托娃(Evgenia Valdimirovicha Khristova,1933—)的姓氏,加占优势的稀土元素铈-(Ce)后缀组合命名。IMA 1991-055批准。1993年L. A.保托夫(L. A. Pautov)等在《俄罗斯矿物学会记事》[122(3)]报道。1998年中国新矿物与矿物命名委员会黄蕴慧等在《岩石矿物学杂志》[17(2)]音译为赫里斯托夫石。

【赫硫镍矿】

英文名 Heazlewoodite

化学式 Ni_3S_2 (IMA)

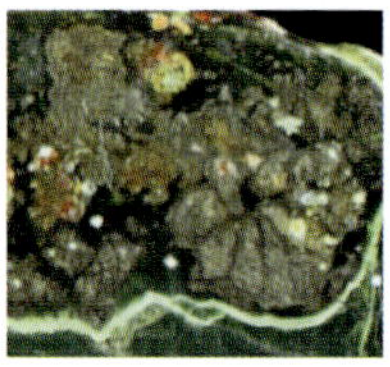

赫硫镍矿微晶浸染状、块状集合体(澳大利亚)

赫硫镍矿是一种镍的硫化物矿物。三方晶系。集合体呈微晶浸染状、致密块状。浅青铜色或黄铜黄色,金属光泽,不透明;硬度4。1896年发现于澳大利亚塔斯马尼亚州赫阿兹勒沃德(Heazlewood)区洛德布拉西(Lord Brassey)矿。1897年J. H.史密斯(J. H. Smith)在霍巴特·威廉·格雷厄姆(Hobart William Grahame)出版的《矿业局局长报告》刊载。英文名称 Heazlewoodite,1897年以发现地澳大利亚的赫阿兹勒沃德(Heazlewood)区命名。1947年M.弗莱舍(M. Fleischer)在《美国矿物学家》(32)报道。1959年以前发现、描述并命名的"祖父级"矿物,IMA承认有效。中文名称根据英文名称首音节音和成分译为赫硫镍矿或希兹硫镍矿;根据晶系和成分译作三方硫镍矿;根据颜色和成分译作黄镍铁矿。

【赫鲁特方丹石*】

英文名 Grootfonteinite

化学式 $Pb_3O(CO_3)_2$ (IMA)

赫鲁特方丹石*是一种铅氧的碳酸盐矿物。六方晶系。晶体呈板状,粒径1mm,厚0.2mm。无色,金刚光泽,透明;完全解理,易碎。2015年发现于纳米比亚赫鲁特方丹(Grootfontein)市孔巴特矿。英文名称 Grootfonteinite,以发现地纳米比亚的赫鲁特方丹(Grootfontein)区命名。IMA 2015-051批准。2015年O. I.希德拉(O. I. Siidra)等在《CNMNC通讯》(27)、《矿物学杂志》(79)和2018年《欧洲矿物学杂志》(30)报道。目前尚未见官方中文译名,编译者建议音译为赫鲁特方丹石*。

【赫洛宾矿】参见【铌钇矿】条652页

【赫姆利石*】

英文名 Hemleyite

化学式 $FeSiO_3$ (IMA)

赫姆利石*是一种铁的硅酸盐矿物。属钛铁矿族。与斜铁辉石、铁辉石和三斜铁辉石为同质多象。三方晶系。

著名陨石研究专家、中国地质大学王人镜教授亲临中国湖北省随州市浙河镇大堰坡乡降落的陨石雨现场考察研究和赫姆利像

1986年4月15日18时52分我国湖北省随州市浙河镇大堰坡乡降落了一次陨石雨。散落面积达40km。目前已收集到陨石的至少有20处数十块。中国著名岩石学家、陨石研究专家、中国地质大学(武汉)地球科学学院王人镜教授和中国科学院地球化学研究所联合团队亲临现场考察研究。一块最大陨石为70kg左右,小的仅2g。表面有暗黑色熔壳,熔壳厚0.5~2mm不等,沿裂隙可进入陨石内部。新鲜的断面为浅灰白色,具球粒结构,已发现的最大的一个球粒直径达7.1mm。考察研究成果集刊载于《随州陨石综合研究》(1990),它的出版为之后的国内外学者深入研究奠定了坚实基础。随后掀起随州陨石研究热潮,相继发现涂氏磷钙石(2001)、谢氏超晶石(2007)、赫姆利石(2016)、王氏铁钛矿(2016)、沈庄矿(2017)、阿西莫夫石(2018)、珀瑞尔石(2018)和广濑石(2019)新矿物。英文名称 Hemleyite,以前任美国华盛顿卡内基研究所地球物理实验室主任罗素·J.赫姆利(Russell J. Hemley)的姓氏命名。他的研究成果是在超高压和超高温条件下材料的状态,在科学界享有盛誉。IMA 2016-085批准。2017年陈鸣(Chen Ming)等在《CNMNC通讯》(35)、《矿物学杂志》(81)和《科学报告》(7)报道。目前尚未见官方中文译名,编译者建议音译为赫姆利石*。

【赫姆洛矿】参见【砷钛矿】条792页

【赫伊尔希尔矿*】

英文名 Hyršlite

化学式 $Pb_8As_{10}Sb_6S_{32}$ (IMA)

赫伊尔希尔矿*是一种铅的砷-锑-硫化物矿物。属脆硫砷铅矿族。单斜晶系。2016年发现于秘鲁利马地区奥永省乌丘查夸(Uchucchacua)矿。英文名称 Hyršlite,为纪念布拉格卡罗维大学(查尔斯大学)矿物学家兼宝石学家雅罗斯拉夫·赫伊尔希尔(Jaroslav Hyršl)博士而以他的姓氏命名。他是一本题为《矿物及其地区》的大型咨询百科全书和无数关于矿物和宝石发现研究的热门文章的作者,以及秘鲁和玻利维亚的矿物和宝石矿床专家。IMA 2016-097批准。2017年F. N.科伊奇(F. N. Keutsch)等在《CNMNC通讯》(36)、《矿物学杂志》(81)和2018年《欧洲矿物学杂志》(30)报道。目前尚未见官方中文译名,编译者建议音译为赫伊尔希尔矿*。

褐

[hè]形声;从衤,曷声。黑黄色。

【褐硅钠钛矿】参见【硅钠钛石】条278页

【褐硅硼钇矿】参见【硼硅钇矿】条674页

【褐硅铈矿】

英文名 Mosandrite-(Ce)

化学式 $(Ca_3REE)[(H_2O)_2Ca_{0.5}\square_{0.5}]Ti(Si_2O_7)_2(OH)_2(H_2O)_2$ (IMA)

褐硅铈矿柱状、板条状晶体(挪威)和莫桑德尔像

褐硅铈矿是一种含结晶水和羟基的钙、稀土、空位、钛的硅酸盐矿物。属氟钠钛锆石超族层硅铈钛矿族。单斜晶系。晶体呈板条状、长柱状。微红褐色、棕色、绿色、黄色、青黄色,松脂光泽,解理面上呈玻璃光泽、油脂光泽,透明—半透明;硬度 4,完全解理,脆性。1839 年,瑞典化学家阿克塞尔・乔阿欣・埃尔德曼(Axel Joakim Erdmann)发现于挪威西福尔郡拉尔维克镇兰格森德斯乔登(Langesundsfjorden)峡湾莱文岛的一种新矿物。1842 年在《化学与矿物学进展年度报告》(21)报道。英文名称 Mosandrite,1840 年 A. J. 埃尔德曼(A. J. Erdmann)在《瑞典皇家科学院特刊》为纪念卡尔・古斯塔夫・莫桑德尔(Carl Gustaf Mosander,1797—1858)而以他的姓氏命名。莫桑德尔是瑞典化学家、矿物学家、陆军外科医官,斯德哥尔摩科学院矿石标本室主任,加路令学院化学及矿物学教授,稀土元素镧[埃尔德曼(A. J. Erdmann,1940)和贝采里乌斯(Berzelius,1841)]、铒和铽的发现人,对发现和研究稀土元素做出了重大贡献。1959 年以前发现、描述并命名的"祖父级"矿物,IMA 承认有效。2016 年(IMA 16-A)由 Mosandrite 更名为 Mosandrite-(Ce)。IMA 2016s. p. 批准。中文根据颜色和成分译为褐硅铈矿;根据形态和成分译为层硅铈矿;音译为莫桑德尔矿。

【褐帘石-镧】

英文名 Allanite-(La)

化学式 $CaLa(Al_2Fe^{2+})[Si_2O_7][SiO_4]O(OH)$ (IMA)

褐帘石-镧柱状晶体(德国)和艾伦像

褐帘石-镧是一种含有较高稀土组分的绿帘石超族褐帘石族矿物,是稀土元素镧占优势的铈褐帘石的类似矿物。单斜晶系。晶体呈柱状。带褐色的黑色,玻璃光泽,透明—半透明;硬度 6,脆性。2003 年发现于意大利卢卡省滨海阿尔卑斯山斯塔泽马镇庞特(Stazzemese)布贾德拉(Buca della)矿。英文名称 Allanite-(La),由 P. 奥兰迪(P. Orlandi)等以苏格兰矿物学家托马斯・艾伦(Thomas Allan,1777—1833)的姓氏,加占优势的稀土元素镧后缀-(La)组合命名。IMA 2003-065 批准。2006 年奥兰迪等在《加拿大矿物学家》[44(1)]报道。中文名称根据成分及与褐帘石的关系译为褐帘石-镧;2009 年中国地质科学院地质研究所尹淑苹等在《岩石矿物学杂志》[28(4)]译为镧褐帘石;音译为阿兰石。

【褐帘石-钕】

英文名 Allanite-(Nd)

化学式 $CaNd(Al_2Fe^{2+})[Si_2O_7][SiO_4]O(OH)$ (IMA)

褐帘石-钕是一种含有较高稀土组分的绿帘石超族褐帘石族矿物,是稀土元素钕占优势的铈褐帘石的类似矿物。单斜晶系。晶体呈柱状。黑褐色—黑色。2010 年发现于瑞典韦姆兰省菲利普斯塔德市佩什贝里区阿斯卡恩(Åskagen)采石场。英文名称 Allanite-(Nd),2012 年由拉狄克・斯柯达(Radek Škoda)等以苏格兰矿物学家托马斯・艾伦(Thomas Allan,1777—1833)的姓氏,加占优势的稀土元素钕后缀-(Nd)组合命名。IMA 2010-060 批准。2010 年拉狄克・斯柯达等在《CNMNC 通讯》(8)、《矿物学杂志》(75)和 2012 年《美国矿物学家》(97)报道。中文名称根据占优势的稀土元素钕和族名译为褐帘石-钕/钕褐帘石。

【褐帘石-铈】

英文名 Allanite-(Ce)

化学式 $CaCe(Al_2Fe^{2+})[Si_2O_7][SiO_4]O(OH)$ (IMA)

褐帘石-铈板状、柱状晶体,晶簇状集合体(意大利、德国、美国)

褐帘石-铈是一种含有较高稀土组分的绿帘石超族褐帘石族矿物。其中铈可高达 11%,此外还常含有钇、钍、镧、钕等。单斜晶系。晶体呈棒状、短柱状、厚板状、针状、粒状;集合体呈浸染状。褐色或沥青黑色,偶尔为黄色、红褐色、棕紫色,玻璃光泽、树脂光泽,半透明—不透明;硬度 5～6.5,脆性;具放射性,常非晶质化。1810 年,它被卡尔・路德维希・吉塞克(Karl Ludwig Giesecke)首次发现于格陵兰岛库雅雷哥自治区恰恰苏亚奇亚克(Qáqarssuatsiaq)。1810 年 T. 汤姆森(T. Thomson)在英国《爱丁堡皇家学会会刊》(8)和 1812 年《爱丁堡皇家学会会刊》(6)报道。英文名称 Allanite,由苏格兰矿物学家托马斯・汤姆森(Thomas Thomson)为纪念托马斯・艾伦(Thomas Allan,1777—1833)而以他的姓氏命名,是他首先观察描述了此矿物。IMA 根据列文森・鲁利(Levinson Rulle)规则 1987 年把铈占优势的矿物种加后缀-Ce,更名为 Allanite-(Ce),即褐帘石-铈。1959 年以前发现、描述并命名的"祖父级"矿物,IMA 承认有效。IMA 1987s. p. 批准。国际矿物学协会根据占主导地位的稀土铈、镧、钕、钇,列出了褐帘石(Allanite)族的 4 个矿物种,每个作为一个独特的矿物:Allanite-(Ce)、Allanite-(La)、Allanite-(Nd)和 Allanite-(Y)。2006 年 T. 安布鲁斯特(T. Armbruster)在《欧洲矿物学杂志》(18)的《绿帘石族矿物的命名建议》报道。中文名称根据颜色译为褐石,因属帘石族通常译为褐帘石;根据占主导地位的稀土元素译为褐帘石-铈(即铈褐帘石)、褐帘石-镧、褐帘石-钕和褐帘石-钇。

【褐帘石-钇】

英文名 Allanite-(Y)

化学式 $CaY(Al_2Fe^{2+})[Si_2O_7][SiO_4]O(OH)$ (IMA)

褐帘石-钇是一种含有较高稀土组分的绿帘石超族褐帘石族矿物,是稀土元素钇占优势的铈褐帘石的类似矿物。单斜晶系。晶体通常呈柱状、板状、棒状,集合体呈放射状。褐色、黑色,半玻璃光泽、树脂光泽、蜡状光泽、油脂光泽,半透明—不透明;硬度 5.5～5.5,非常脆。1949 年在 *Dept. Mines Mem. Geol. Surv.* (43)报道。英文名称 Allanite-(Y),根词 1810 年以苏格兰矿物学家托马斯・艾伦(Thomas Allan,1777—1833)的姓氏命名。1966 年艾尔弗雷德・亚伯拉罕・莱文森(Alfred Abraham Levinson)根据所谓的莱文森

H

规则加占优势的稀土元素钇后缀-(Y)组合更名。1959 年以前发现、描述并命名的“祖父级”矿物，IMA 承认有效。IMA 1966s. p. 批准。1964 年 J. W. 弗龙德尔(J. W. Frondel)在《美国矿物学家》(49)报道。中文名称根据成分及族名译为褐帘石-钇/钇褐帘石。

【褐磷锂矿】参见【磷锂锰矿】条 462 页

【褐磷锰高铁石】

英文名 Earlshannonite

化学式 $Mn^{2+}Fe_2^{3+}(PO_4)_2(OH)_2 \cdot 4H_2O$ (IMA)

褐磷锰高铁石柱状晶体，放射状、圆球状集合体(德国)和香农像

褐磷锰高铁石是一种含结晶水和羟基的锰、三价铁的磷酸盐矿物。属水砷铁铜石族。单斜晶系。晶体呈柱状；集合体呈放射状、圆球状。明亮的黄色、红褐色、暗红棕色、黄棕色、黄橙色，玻璃光泽，透明—半透明；硬度 3～4，完全解理，脆性。1983 年发现于美国北卡罗来纳州克里夫兰县金斯芒廷区富特(Foote)锂公司矿井。英文名称 Earlshannonite，由 P. J. 邓恩(P. J. Dunn)等为纪念美国华盛顿特区国家博物馆助理馆长(1918—1929)、矿物学家、晶体形貌学家和化学家厄尔·维克托·香农(Earl Victor Shannon，1895—1981)伯爵而以他的姓氏命名。香农的工作于 1929 年结束，由于甲醛中毒，伤害坏了他的大脑。他的几篇论文发表于 1930 年，以香农为第二作者，可能是未完成的研究论文，由同事完成。IMA 1983-010 批准。1984 年邓恩等在《加拿大矿物学家》(22)和 1985 年《美国矿物学家》(70)报道。1985 年中国新矿物与矿物命名委员会郭宗山等在《岩石矿物及测试》[4(4)]根据颜色和成分译为褐磷锰高铁石。

【褐磷锰铁矿】

英文名 Landesite

化学式 $Mn_9^{2+}Fe_3^{3+}(PO_4)_8(OH)_3 \cdot 9H_2O$ (IMA)

褐磷锰铁矿双锥状晶体(德国)和兰德斯像

褐磷锰铁矿是一种含结晶水和羟基的锰、铁的磷酸盐矿物。属铁磷锰矿族。斜方晶系。晶体呈双锥状似八面体状。褐色，半玻璃光泽、油脂光泽，半透明；硬度 3～3.5，完全解理。1930 年发现于美国缅因州安德罗斯科金县波伦德(Poland)哈维矿贝里-哈维(Berry-Havey)采石场。1930 年伯曼(Berman)等在《美国矿物学家》(15)报道。英文名称 Landesite，以肯尼斯·奈特·兰德斯(Kenneth Knight Landes，1899—1981)的姓氏命名。他是美国密歇根安娜堡密歇根大学的地质学教授，对美国缅因州的伟晶岩进行了广泛的研究，1925 年建立了花岗伟晶岩共生的现代观念。1959 年以前发现、描述并命名的“祖父级”矿物，IMA 承认有效。IMA 1964s. p. 批准。中文名称根据颜色和成分译为褐磷锰铁矿，也有的译为基性磷锰铁矿。

【褐磷钛钠矿】

英文名 Sobolevite

化学式 $Na_6(Na_2Ca)(NaCaMn)Na_2Ti_2Na_2(TiMn)(Si_2O_7)_2(PO_4)_4O_2(OF)F_2$ (IMA)

索波列夫像

褐磷钛钠矿是一种含氟和氧的钠、钙、锰、钛的磷酸-硅酸盐矿物。属硅铌钛矿族。三斜晶系。晶体呈片状。棕色，树脂光泽、珍珠光泽、金属光泽；硬度 4.5～5，完全解理。1982 年发现于俄罗斯北部摩尔曼斯克州阿鲁艾夫(Alluaiv)山。英文名称 Sobolevite，以俄罗斯莫斯科矿物学博物馆的主任弗拉迪米尔·斯捷潘诺维奇·索波列夫(Vladimir Stepanovich Sobolev，1908—1982)的姓氏命名。他是苏联科学院院士，担任过莫斯科阿伊·费斯曼矿物学博物馆馆长(1980—1982)；他也是一名岩石学家，研究了硅酸盐的矿物学、岩石的岩浆作用和变质作用以及西伯利亚地台的矿物学和岩石学。IMA 1982-042 批准。1983 年 A. P. 霍米亚科夫(A. P. Khomyakov)等在《全苏矿物学会记事》(112)报道。中文名称根据颜色和成分译为褐磷钛钠矿；1985 年中国新矿物与矿物命名委员会郭宗山等在《岩石矿物及测试》[4(4)]根据成分译为磷硅钛钙钠石。

【褐磷铁矿】

英文名 Whitmoreite

化学式 $Fe^{2+}Fe_2^{3+}(PO_4)_2(OH)_2 \cdot 4H_2O$ (IMA)

褐磷铁矿扇状、放射状、球状集合体(德国、比利时)和怀特摩尔像

褐磷铁矿是一种含结晶水、羟基的复铁的磷酸盐矿物。属水砷铁铜石族。单斜晶系。晶体呈柱状、针状；集合体呈扇状、放射状或球状。黄棕色、绿褐色，半金刚光泽、玻璃光泽，半透明；硬度 3。1974 年发现于美国新罕布什尔州格拉夫顿县巴勒莫(Palermo)伟晶岩 1 号矿。英文名称 Whitmoreite，1974 年由保罗·布赖恩·摩尔(Paul Brian Moore)等为纪念美国新罕布什尔州韦尔的矿物收藏家和格罗顿巴勒莫伟晶岩地区的业主罗伯特·怀特摩尔(Robert Whitmore，1936—)而以他的姓氏命名。IMA 1974-009 批准。1974 年 P. B. 摩尔(P. B. Moore)等在《美国矿物学家》(59)报道。中文名称根据颜色和成分译为褐磷铁矿。

【褐硫锰矿】

英文名 Hauerite

化学式 MnS_2 (IMA)

褐硫锰矿自形晶体(波兰)和豪尔像

褐硫锰矿是一个锰的硫化物矿物。属黄铁矿族。等轴

晶系。晶体呈八面体、有时为立方体和八面体球形聚形；集合体呈块状。红褐色或褐黑色，金属光泽、金刚光泽，半透明—不透明；硬度4，完全解理，脆性。1846年发现于奥匈帝国，现在的斯洛伐克班斯卡比斯特里察市代特瓦镇卡林卡(Kalinka)；同年W. 海丁格尔(W. Haidinger)在《维也纳自然科学之友年度圣礼报告》(*Berichte Über die Mittheilungen von Freunden der Naturwissenschaften in Wien*)(2/7)报道。英文名称Hauerite，以奥地利地质学家约瑟夫·里特·冯·豪尔(Joseph Ritter von Hauer，1778—1863)和其儿子弗朗兹·里特·冯·豪尔(Franz Ritter von Hauer，1822—1899)的姓氏命名。1959年以前发现、描述并命名的"祖父级"矿物，IMA承认有效。中文名称根据颜色和成分译为褐硫锰矿；根据晶系和成分译为方硫锰矿。

【褐硫砷铅矿】参见【硫铅砷矿】条508页

【褐硫铁铜矿】

英文名 Mooihoekite

化学式 $Cu_9Fe_9S_{16}$ (IMA)

褐硫铁铜矿是一种铜、铁的硫化物矿物。属硫铁铜矿族。四方晶系。淡黄色、浅褐色和紫色，金属光泽，不透明；硬度4。1971年发现于南非姆普马兰加省莱登堡区莫伊弘克(Mooihoek)农场矿。英文名称Mooihoekite，以发现地南非的莫伊弘克(Mooihoek)农场命名。IMA 1971-019批准。1972年L. J. 卡布里(L. J. Cabri)等在《美国矿物学家》(57)报道。中文名称根据颜色和成分译为褐硫铁铜矿。

【褐氯汞矿】

英文名 Eglestonite

化学式 $([Hg^{1+}]_2)_3OCl_3(OH)$ (IMA)

褐氯汞矿晶体(德国)和埃格尔斯顿像

褐氯汞矿是一种含羟基的汞的氯-氧化物矿物。等轴晶系。晶体呈十二面体、立方体或八面体，但少见，有时在(001)面上呈毛发状；集合体呈块状、皮壳状。黄色、橙黄色、棕色、暗褐色，暴露于空气中变黑色，金刚光泽、树脂光泽，半透明；硬度2.5，脆性。1903年发现于美国得克萨斯州布鲁斯特县特灵瓜(Terlingua)区，同年，摩斯(Moses)在《美国科学杂志》(16)和1904年《结晶学杂志》(39)报道。英文名称Eglestonite，以托马斯·E. 埃格尔斯顿(Thomas E. Egleston，1832—1900)的姓氏命名。他是纽约哥伦比亚大学矿物学和冶金学教授，哥伦比亚矿业学院的创始人之一。1959年以前发现、描述并命名的"祖父级"矿物，IMA承认有效。中文名称根据颜色和成分译为褐氯汞矿。

【褐煤树脂】参见【海松酸石】条303页

【褐锰矿】

英文名 Braunite

化学式 $Mn^{2+}Mn^{3+}_6O_8(SiO_4)$ (IMA)

褐锰矿是一种锰氧的硅酸盐矿物。属褐锰矿族。四方晶系。晶体呈四方偏三角面体、假八面体、粒状，晶面有条纹，但晶体少见，具双晶；集合体常呈隐晶质块状。黑色、灰黑色、棕黑色—钢灰色，半金属光泽，不透明；硬度6～6.5，完全解理，脆性。1827年发现于德国图林根州腓特烈罗达、

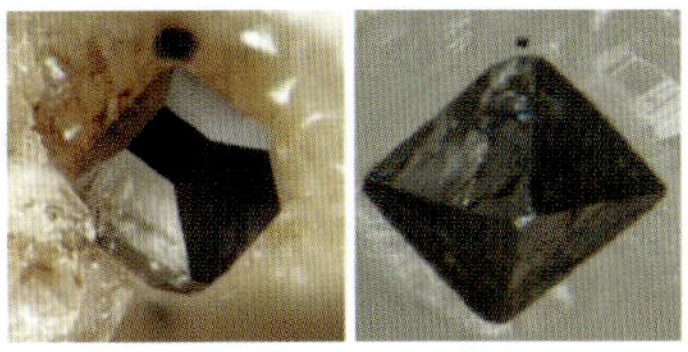

褐锰矿四方偏三角面体和假八面体晶体(德国、意大利)

伊尔默瑙的埃尔格斯堡(Elgersburg)等地和意大利的普拉博纳兹(Prabornaz)。英文名称Braunite，1827年W. 海丁格尔(W. Haidinger)在《爱丁堡科学杂志》[4(41)]，以德国图林根州哥达市的总督威廉·冯·布劳恩(Wilhelm von Braun，1790—1872)的姓氏命名。他是一位德国19世纪考古学家，地质学和矿物学的支持者，提供了描述布氏体的原始材料。1928年在《物理学和化学年鉴》(14)报道。1959年以前发现、描述并命名的"祖父级"矿物，IMA承认有效。中文名称根据颜色和成分译为褐锰矿。

褐锰矿[Braunite，$Mn^{2+}Mn^{3+}_6(SiO_4)O_8$]，即Braunite-Ⅰ，译为布氏体一世。当褐锰矿中的二价锰被钙替代，即$CaMn^{3+}_{14}(SiO_4)O_{20}$，用另一个英文名称Braunite-Ⅱ表示，译为布氏体二世。它于1967年由P. R. 德·维莱(P. R. de Villiers)和F. H. 黑布施泰因(F. H. Herbstein)在《美国矿物学家》(52)报道。该矿物首先发现于南非北开普省喀拉哈里(Kalahari)锰矿区黑岩矿。未经IMA批准，但可能有效。

【褐钼铀矿】参见【铀钼矿】条1088页

【褐钕铌矿】

英文名 Fergusonite-(Nd)

化学式 $(Nd,Ce)(Nb,Ti)O_4$

弗格森像

褐钕铌矿是一种钕、铈、铌、钛的复杂氧化物矿物，是钕占优势的褐钇铌矿。单斜晶系，典型的蜕晶质。晶体呈粒状。橙棕色、深褐色，金刚光泽，半透明—不透明；硬度5.5～6.5。最初的描述来自中国内蒙古自治区包头市白云鄂博矿床。英文名称Fergusonite-(Nd)，以苏格兰政治家和矿物收藏家罗伯特·弗格森(Robert Ferguson，1769—1840)的姓氏，加占优势的稀土元素钕后缀-(Nd)组合命名。1987年IMA未批准，但可能有效。1987年张培善等在《中国稀土学报》(5)和1989年《美国矿物学家》(74)报道。中文名称根据成分及与褐钇铌矿的关系译为褐钕铌矿。

【β-褐钕铌矿】

英文名 Fergusonite-(Nd)-β

化学式 $NdNbO_4$ (IMA)

β-褐钕铌矿与褐钕铌矿为同质多象。单斜晶系，蜕晶质。晶体呈双锥状菱面体、不规则粒状，形成其他矿物的包裹体。棕红色、红色、黄褐色、橙色，玻璃光泽、油脂光泽，半透明—不透明；硬度5.5～6.5，脆性。最初的描述来自中国内蒙古自治区包头市白云鄂博矿床。英文名称Fergusonite-(Nd)-β，由苏格兰政治家和矿物收藏家罗伯特·弗格森(Robert Ferguson，1767—1840的姓氏，加占优势的钕后缀-(Nd)和多型后缀-β组合命名。IMA 1987s. p. 批准。1983年孙未君等在中国《地质科学》(1)和1984年《美国矿物学家》(69)报道。中文名称根据与褐钕铌矿的关系译为β-褐钕铌矿。

【β-褐铈铌矿】

英文名 Fergusonite-(Ce)-β

化学式 $CeNbO_4$ (IMA)

β-褐铈铌矿与褐铈铌矿为同质多象。单斜晶系，晶体呈柱状。红色—红棕色，金刚光泽、玻璃光泽、油脂光泽，半透明；硬度6，脆性。发现于中国内蒙古自治区包头市白云鄂博矿床。英文名称 Fergusonite-(Ce)，根词"Fergusonite"以苏格兰政治家和矿物收藏家罗伯特·弗格森(Robert Ferguson，1767—1840)的姓氏，加占优势的铈后缀-(Ce)和多型符号后缀-β组合命名。IMA 1975s. p. 批准。1973年郭其悌等在《地球化学》(2)和1974年《美国矿物学家》(60)报道。中文名称根据与褐铈铌矿的关系译为β-褐铈铌矿。

【β-褐钇铌矿】

英文名 Fergusonite-(Y)-β

化学式 $YNbO_4$ (IMA)

β-褐钇铌矿是褐钇铌矿的同质多象变体。单斜晶系，典型的蜕变质。晶体呈柱状。浅黄色，半透明；硬度5.5～6.5。1961年发现于中国内蒙古自治区包头市白云鄂博铁铌稀土矿床和塔吉克斯坦。1961年S. A. 龚舍斯卡雅(S. A. Gorshevskaya)等在俄罗斯《梅斯托罗日德尼·雷德基赫·埃莱门托夫地质学》(*Geologiya Mestorozhdenii Redkikh Elementov*)(9)和《美国矿物学家》(46)报道。英文名称 Fergusonite-(Y)-β，根词"Fergusonite"以苏格兰政治家和矿物收藏家罗伯特·弗格森(Robert Ferguson，1767—1840的姓氏，加占优势的钇后缀-(Y)和多型符号-β组合命名。IMA 1987s. p. 批准。中文名称根据与褐钇铌矿的关系译为β-褐钇铌矿。

【褐铅矿】参见【钒铅矿】条151页

【褐砷锰矿】

英文名 Flinkite

化学式 $Mn_2^{2+}Mn^{3+}(AsO_4)(OH)_4$ (IMA)

褐砷锰矿板状晶体，球粒状集合体(瑞典、美国)和弗林克像

褐砷锰矿是一种含羟基的复锰的砷酸盐矿物。斜方晶系。晶体呈长板状；集合体呈圆形球粒状、羽毛状。深绿色、褐绿色、暗绿色，玻璃光泽、油脂光泽，透明；硬度4～4.5，脆性。1889年发现于瑞典韦姆兰省菲利普斯塔市佩什贝里区(Pajsberg)的哈尔斯蒂根(Harstigen)矿山。1889年汉贝格(Hamberg)在《斯德哥尔摩地质学会会刊》(11)报道。英文名称 Flinkite，由阿克塞尔·汉贝格(Axel Hamberg)为纪念古斯塔夫·弗林克(Gustav Flink，1849—1931)而以他的姓氏命名。1959年以前发现、描述并命名的"祖父级"矿物，IMA 承认有效。弗林克是瑞典矿物学家和朗班矿床矿物的系统收集者和收藏家，瑞典斯德哥尔摩自然历史博物馆馆长助理。他描述了球砷锰石(Akrochordite)、黑硅砷锰矿(Dixenite)、日叶石(Heliophyllite)、黑硅锑锰矿(Katoptrite)、硅锑锰矿(Långbanite)、淡钡钛石(Leucosphenite)、硅钠钛石(Lorenzenite)、硅镁铅矿(Molybdophyllite)、短柱石(Narsarsukite)、硼镁锰矿(Pinakiolite)、钒锰铅矿(Pyrobelonite)、基性锰铅矿(Quenselite)、带云母(Tainiolite)、斜楔石(砷锰铅矿)(Trigonite)、三斜石(硅铍钙锰石)(Trimerite)、钇磷灰石(Yttrium-apatite)等。弗林克编写了《瑞典矿物学》；1900年他被授予乌普萨拉大学博士学位；他收集的矿物一部分被哈佛大学作为新物种的原始材料和数据。中文名称根据颜色和成分译为褐砷锰矿/褐砷锰石或褐水砷锰矿。

【褐砷镍矿】参见【六方砷镍矿】条529页

【褐铈铌矿】

英文名 Fergusonite-(Ce)

化学式 $CeNbO_4 \cdot 0.3H_2O$ (IMA)

褐铈铌矿四方双锥状晶体(德国)

褐铈铌矿是一种含结晶水的铈、铌的氧化物矿物，是铈占优势的褐钇铌矿类似矿物。四方晶系。与β-褐铈铌矿为同质多象。晶体呈柱状、四方双锥状，不规则粒状形成其他矿物的包裹体。深红色、黑色，玻璃光泽、金属光泽，半透明—不透明；硬度5.5～6.5，脆性。发现于乌克兰扎波罗日斯卡娅(Zaporozhskaya)州普里亚佐维(Priazovie)切尔尼戈夫卡(Chernigovskiy)地块。英文名称 Fergusonite-(Ce)，根词"Fergusonite"以苏格兰政治家和矿物收藏家罗伯特·弗格森(Robert Ferguson，1769—1840)的姓氏，加占优势的稀土元素铈后缀-(Ce)组合命名。1986年在 *Novye Dannye o Mineralakh*(33)和《美国矿物学家》(74)报道。1959年以前发现、描述并命名的"祖父级"矿物，IMA 承认有效，但持怀疑态度。中文名称根据颜色和成分译为褐铈铌矿。

【褐水砷锰矿】参见【褐砷锰矿】条312页

【褐铊矿】

英文名 Avicennite

化学式 Tl_2O_3 (IMA)

阿维森纳像

褐铊矿是一种罕见的稀有分散元素铊的氧化物矿物。等轴晶系。晶体小于1mm的粒状，有的呈半自形八面体；集合体呈多孔的皮壳状。灰黑色、棕黑色，金属光泽，不透明；硬度1.5～2.5，非常脆。1958年发现于乌兹别克斯坦撒马尔罕市齐拉布拉克(Zirabulak)山德朱祖姆利(Dzhuzumli)村。1958年K. N. 卡尔波娃(K. N. Karpova)等在《苏联乌兹别克科学院报告》(2)和1959年在《美国矿物学家》(44)报道。英文名称 Avicennite，以住在塔吉克斯坦布哈拉的中世纪的波斯学者、医师阿布·阿里·侯赛因·伊本·阿卜杜拉·伊本·斯纳(阿维森纳)(Abu′Alial Husaynibn' Abd Allahibn Sina(Avicenna，乌兹别克语)，980—1037)的名字命名。1959年以前发现、描述并命名的"祖父级"矿物，IMA 承认有效。中文名称根据成分译为褐铊矿；音译为阿维森纳矿。1989年中国学者毛水和等在中国西藏自治区洛隆县斯拉沟的天然河流重砂中发现了褐铊矿[《矿物学报》(3)]。

【褐碳硅钙石】参见【福碳硅钙石】条199页

【褐锑锌矿】

英文名 Ordoñezite

化学式 $ZnSb_2^{5+}O_6$ (IMA)

褐锑锌矿是一种锌、锑的氧化物矿物。属锑镁矿-重钽铁矿族。四方晶系。晶体常见四方双锥状、细粒状，具双晶；集合体呈晶簇状或钟乳状。深棕色，从无色—珍珠灰色、橄

褐锑锌矿晶体(墨西哥、德国)和奥多涅斯像

榄黄色—深橄榄色、淡橄榄棕色,金刚光泽,透明—半透明;硬度 6.5,脆性,密度 6.635g/cm^3(测量)或 6.657g/cm^3(计算)。1953 年发现于墨西哥圣卡塔琳娜州桑廷(Santin)锡矿山。1955 年乔治·瑞士(George Switzer)等在《美国矿物学家》(40)报道。英文名称 Ordoñezite,由乔治·瑞士(George Switzer)等为纪念墨西哥埃斯库埃拉国家预科学校矿物学和地质学家埃塞基耶尔·奥多涅斯(Ezequiel Ordoñez,1867—1950)教授而以他的姓氏命名。他是墨西哥地质研究所的前所长,他首次发现和描述了该矿物。1889 年他还曾在墨西哥出版了地质图,后来他成为石油地质专家并对石油开采的发展有极大的影响;最终被任命为墨西哥地质学院的院长。1959 年以前发现、描述并命名的"祖父级"矿物,IMA 承认有效。中文名称根据颜色和成分译为褐锑锌矿;根据密度和成分译为重锌锑矿。

【褐铁矾】

英文名 Hohmannite

化学式 $Fe_2^{3+}O(SO_4)_2 \cdot 8H_2O$ (IMA)

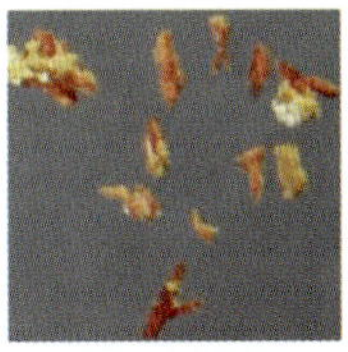

褐铁矾短柱状晶体(智利)

褐铁矾是一种含结晶水的铁氧的硫酸盐矿物。三斜晶系。晶体呈短柱状、半自形粒状、圆粒状。栗褐色、蕉橙色、苋菜色,玻璃光泽,透明—半透明;硬度 3,完全解理。最早见于 1887 年发现于智利安托法加斯塔大区塞拉戈尔达(Sierra Gorda)区。1888 年弗伦泽尔(Frenzel)在维也纳《矿物学和岩石学通报》(9)报道。英文名称 Hohmannite,以该矿物的发现者智利瓦尔帕莱索采矿工程师托马斯·霍曼(Thomas Hohmann,1843—1897)的姓氏命名。1959 年以前发现、描述并命名的"祖父级"矿物,IMA 承认有效。中文名称根据颜色和成分译为褐铁矾/羟水铁矾;也译为基性水铁矾或碱性水铁矾。此矿物不稳定,出露后迅速脱水,崩解成变褐铁矾(参见【变褐铁矾】条 65 页)。

【褐铁矿】

英文名 Limonite

化学式 $Fe_2O_3 \cdot nH_2O$

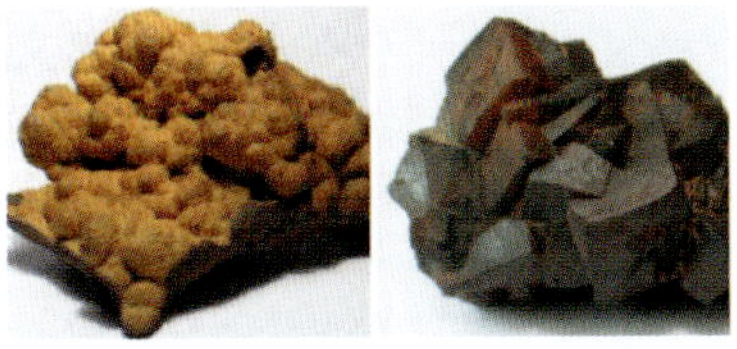

褐铁矿钟乳状集合体和呈其他矿物的假象(澳大利亚)

褐铁矿一词并不是矿物的种名,通常是指针铁矿(Goethite)、水针铁矿、纤铁矿(Lepidocrocite)等的集合体,因为这些矿物颗粒细小,难于区分,故统称为"褐铁矿"。褐铁矿呈多种色调的褐色,由此得名。一般为皮壳状、钟乳状、葡萄状、致密的或疏松的块状,甚至无定形土状,也有的呈黄铁矿假象。土状光泽,不透明;硬度是可变的,但通常在 4～5.5 范围内。

中国古代很早就认识和使用褐铁矿了。距今 1 万～0.4 万年前的新石器时代,我们的祖先利用赭石(红)、褐铁矿(柠檬黄色)和锰矿物等染料美化陶器,创造了丰富多彩的彩陶文化。中国古代主要用于中药,在医药古籍中它有很多别名:太一余粮、石脑(《本经》)、禹哀、太一禹余粮(《吴普本草》)、白余粮(陶弘景)、禹粮石(《中药志》)、石中黄子、天师食、山中盈脂、石饴饼、石中黄、余粮石、禹粮土。名称中的"太一"指太乙真人,道教十二金仙之一。"天师"是道教始祖轩辕黄帝对老师岐伯的尊称,后泛指道教之尊。古代道医一家,行医积德,普度众生,以它们的名字命名此味中药,故有俗称"还魂石""凤凰蛋",象征着吉祥如意、道法无边,可护佑众生、辟邪消灾。名称中的"禹"指大禹。传说大禹治水时,将吃不完的粮食丢弃在山上,久而久之化粮成石,于是就有了"余粮""禹哀""禹余粮""禹粮石""余粮石""禹粮土"等名称。至于"石脑""石中黄子""山中盈脂""石饴饼""石中黄"等,是根据颜色(黄)、形态(饼)和产出位置或状态(脑-山包,山中,石中)而命名的。

在西方,1813 年以约翰·弗里德里希·路德维希·豪斯曼(Johann Friedrich Ludwig Hausmann)根据希腊文"λειμ ώ ν(草甸)"命名为 Limonite,意指通常发现于草地和沼泽,矿物的颜色"Limon(柠檬黄色)"。见于 1944 年 C.帕拉奇(C. Palache)、H.伯曼(H. Berman)和 C.弗龙德尔(C. Frondel)《丹纳系统矿物学》(第一卷,第七版,纽约)。

【褐铜矾】

英文名 Dolerophanite

化学式 $Cu_2O(SO_4)$ (IMA)

褐铜矾是一种铜氧的硫酸盐矿物。单斜晶系。晶体呈柱状。栗褐色—黑褐色、近于黑色,半透明—不透明;硬度 3,完全解理。1873 年发现于意大利那不勒斯省维苏威(Vesuvius)火山;同年,在《科学院物理与数学科学学报》(5)报道。英文名称 Dolerophanite,1873 年由 A.斯卡奇(A. Scacchi)在《那不勒斯梅莫利雅·普莉玛矿物学记录》根据希腊文"δολερ ό ς= Doleros=Fallacious(欺骗的、靠不住的)"和"φαινεσθαι=Appear(出现)"命名,意指其外观不表明其成分铜含量。1959 年以前发现、描述并命名的"祖父级"矿物,IMA 承认有效。中文名称根据颜色和成分译为褐铜矾。

【褐铜锰矿】

英文名 Abswurmbachite

化学式 $Cu^{2+}Mn_6^{3+}O_8(SiO_4)$ (IMA)

褐铜锰矿是一种铜、锰氧的硅酸盐矿物。属褐锰矿族。四方晶系。晶体呈他形粒状,粒径 50μm。褐黑色、黑色,金属光泽,不透明;硬度 6.5。1990 年发现于希腊爱琴海基克拉泽斯群岛安德罗斯岛瓦西里康(Vasilikon)山阿皮基亚(Apikia)和埃维亚岛迈利(Myli)。英文名称 Abswurmbachite,以德国波鸿鲁尔大学矿物学研究所的伊姆加德·阿布斯-乌姆巴赫(Irmgard Abs-Wurmbach,1938—)博士的姓名命名。IMA 1990-007 批准。1991 年 T.赖内克(T. Reinecke)等在《矿物学新年鉴:论文》(163)报道。中文名称根据颜色和成分译为褐铜锰矿,也有的译作氧硅锰铜矿。

【褐锡矿】参见【似黄锡矿】条 903 页

【褐斜闪石】参见【镁钙三斜闪石】条 589 页

【褐锌锰矿】

英文名 Hodgkinsonite

化学式 $Zn_2Mn^{2+}(SiO_4)(OH)_2$ (IMA)

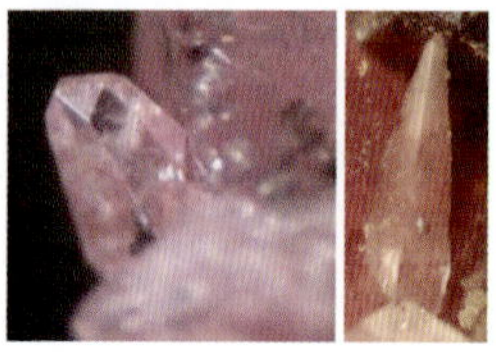

褐锌锰矿带尖锥柱状晶体(美国)

褐锌锰矿是一种含羟基的锌、锰的硅酸盐矿物。单斜晶系。晶体呈角锥状、棱柱状;集合体呈块状。玫瑰红色—浅红褐色,玻璃光泽,透明—半透明;硬度4.5~5,完全解理,脆性。是稀少的宝石矿物。1913年由H. H. 豪哈吉金森(H. H. Hodgkinson)发现于美国新泽西州富兰克林(Franklin)和汉堡(Hamburg)矿山;同年,帕拉奇等在《华盛顿科学院学报》[3(19)]报道。英文名称Hodgkinsonite,由查尔斯·帕拉奇(Charles Palache)和沃尔德马·西奥多·夏勒(Waldemar Theodore Schaller)以该矿物的发现者哈罗德·豪·哈吉金森(Harold Howe Hodgkinson,1886—1947)的姓氏命名。哈吉金森是富兰克林矿山地下主管助理和查尔斯·帕拉奇照料的矿物的负责人。晚年,哈吉金森成为霍奇和哈蒙德商业公司的主席和在纽约布朗克斯建筑设备的经销商。1959年以前发现、描述并命名的"祖父级"矿物,IMA承认有效。中文名称根据颜色和成分译为褐锌锰矿;根据成分译为硅锰锌矿。

【褐钇铌矿】

英文名 Fergusonite-(Y)

化学式 $YNbO_4$ (IMA)

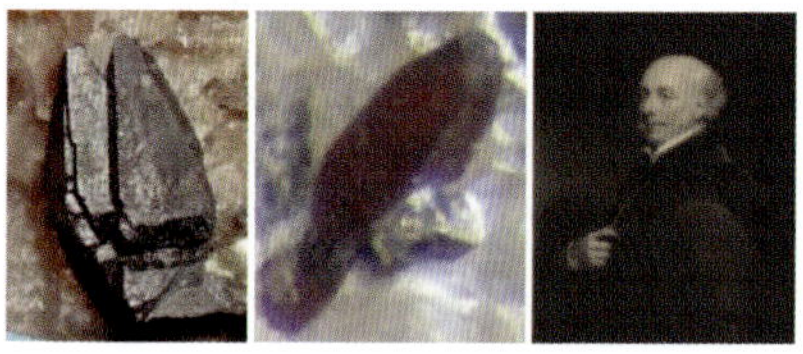

褐钇铌矿双锥柱状晶体(马达加斯加、挪威)和弗格森像

褐钇铌矿是一种钇、铌的氧化物矿物。与β-褐钇铌矿为同质多象。四方晶系,常蜕晶质化。晶体呈粒状、柱状、针状双锥,可达20cm;集合体呈块状。灰色、黄色、褐色、黑色,玻璃光泽、半金属光泽,半透明—不透明;硬度5.5~6.5,脆性。1825年发现于丹麦格陵兰岛库雅雷哥自治区坎哥(Kangeq)。1825年海丁格尔(Haidinger)在《爱丁堡科学杂志》(2)和1826年《爱丁堡皇家学会议事录》(10)报道。英文名称Fergusonite-(Y),以苏格兰地主、政治家和矿物收藏家罗伯特·弗格森(Robert Ferguson,1767—1840)爵士的姓氏,加占优势的稀土元素钇后缀-Y组合命名。1959年以前发现、描述并命名的"祖父级"矿物,IMA承认有效。IMA 1987s. p. 批准。中文名称根据成分译为褐钇铌矿。

根据多型和占优势的稀土元素Fergusonite有:Fergusonite-(Y)和Fergusonite-(Y)-β;Fergusonite-(Ce)和Fergusonite-(Ce)-β;Fergusonite-(Nd)和Fergusonite-(Nd)-β(参见相关条目)。

黑 [hēi]会意;小篆字形,上面是古"囱"字,即烟囱;下面是"炎"(火)字,表示焚烧出烟之盛,合起来表示烟火熏黑之意。本义:黑色,像煤或墨的颜色,与"白"相对。光学意义:是物体完全吸收日光或与日光相似的光线时所呈现的颜色。

【黑铋金矿】

英文名 Maldonite

化学式 Au_2Bi (IMA)

黑铋金矿是一种金与铋的互化物矿物。属自然铜族。等轴晶系。晶体呈八面体;集合体呈块状。铜红色、红白色、黑色、银白色,金属光泽,不透明;硬度1~2.5,完全解理,韧性。1869年发现于澳大利亚维多利亚州亚厉山大区莫尔登(Maldon)天然金矿石英脉;同年,在《新年鉴》(3)报道。英文名称Maldonite,以发现地澳大利亚的莫尔登(Maldon)命名。见于1944年C. 帕拉奇(C. Palache)、H. 伯曼(H. Berman)和C. 弗龙德尔(C. Frondel)《丹纳系统矿物学》(第一卷,第七版,纽约)。1959年以前发现、描述并命名的"祖父级"矿物,IMA承认有效。中文名称根据颜色和成分译为黑铋金矿或银白铋金矿。

【黑辰砂】

英文名 Metacinnabar

化学式 HgS (IMA)

黑辰砂粒状晶体(美国)

黑辰砂是辰砂的低温同质多象变体。属闪锌矿族。与辰砂和六方辰砂为同质多象。等轴晶系。晶体呈四面体、不规则粒状。黑色、灰黑色,金属光泽,不透明;硬度3,脆性。1870年发现于美国加利福尼亚州纳帕县诺克斯维尔区雷廷顿(Redington)矿;同年,G. E. 摩尔(G. E. Moore)在《实用化学杂志》(110)和1873年F. E. 迪朗(F. E. Durand)在《美国加州科学馆的会议记录》[4(1)]报道。英文名称Metacinnabar,由冠词希腊文"Μ ἐ τα=Meta(变、元、和……一致)"和"Cinnabar(辰砂)"组合命名,即黑辰砂是辰砂的变体。1959年以前发现、描述并命名的"祖父级"矿物,IMA承认有效。中文名称根据颜色(黑)及与辰砂的关系译为黑辰砂(参见【辰砂】条88页)。

【黑蛋白石】参见【蛋白石】条111页

【黑碲铜矿】

英文名 Weissite

化学式 $Cu_{2-x}Te$ (IMA)

黑碲铜矿是一种铜与碲的互化物矿物。属辉铜矿族。三方(六方)晶系。蓝黑色、深蓝黑色、黑色(玷污),金属光泽,不透明;硬度3。1927年发现于美国科罗拉多州甘尼森县古德霍普矿(Good Hope或译好希望矿)。1927年克劳福德(Crawford)在《美国科学杂志》[V系列(13)]报道。英文名称Weissite,以美国科罗拉多古德霍普矿(或译好希望矿)的业主路易斯·韦斯(Louis Weiss)的姓氏命名。韦斯发现的该矿物。1959年以前发现、描述并命名的"祖父级"矿物,IMA承认有效。中文名称根据颜色和成分译为黑碲铜矿;根据英文名称首音节音和成分译为韦氏碲铜矿。

【黑电气石】

英文名 Schorl

化学式 $NaFe_3^{2+}Al_6(Si_6O_{18})(BO_3)_3(OH)_3(OH)$ (IMA)

黑电气石是电气石族富含铁的电气石。三方晶系。晶

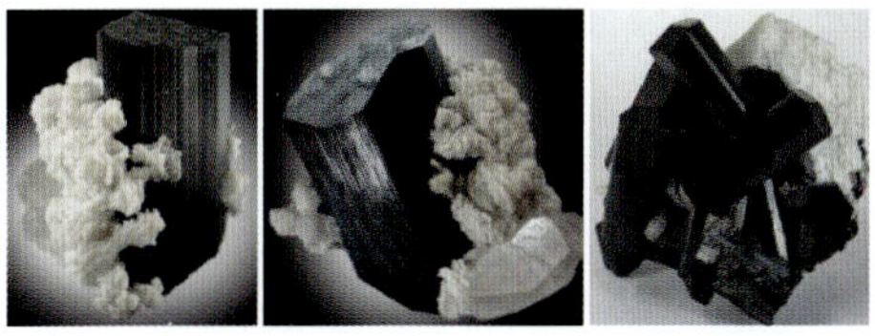

黑电气石柱状晶体，晶簇状集合体(巴基斯坦)

体呈柱状、针状、棒状，晶体两端晶面不同，晶体无对称中心，柱面上常出现纵纹，横断面呈球面三角形；集合体呈放射状、束针状，亦呈致密块状或隐晶质块状。黑色、蓝黑色、微绿的黑色，玻璃光泽、树脂光泽，透明—不透明；硬度 7，脆性。英文名称 Schorl，源自德国 1400 年之前的一则广告，该矿物发现于德国萨克森的今天称为乔劳(Zschorlau)的一个小村庄。“Schorl”是这个小村庄名字去掉词冠 Z-和词尾-au 的变体。这个村子附近有一个锡矿，除了锡石外，还有大量的黑色电气石。1505 年，乌尔里希 · 汝霖 · 冯 · 卡尔夫(Ulrich Rülein von Calw)首次描述为“Schorlein”或“Schörlein”。1524 年首次出版。1562 年，约翰 · 马泰休斯(Johannes Mathesius，1504—1565)在标题《奉差遣赴奥得河伯格波斯蒂尔》(*Sarepta oder Bergpostill*)一文中，第一个相对详细地记述了黑电气石的名称“Schurl”及萨克森锡矿山的情况。约在 1600 年，在德语中使用的名称有“Schurel”“Schorle”和“Schurl”；直到 18 世纪，“黑电气石”主要是在讲德文的地区使用。英文名称“Shorl”和“Shirl”是在 18 世纪后用于黑电气石的。19 世纪“Common schorl(常见黑电气石)”“Schörl(黑电气石)”“Schorl(黑电气石)”和“Iron tourmaline(铁电气石)”的名称来自盎格鲁-撒克逊地区。1959 年以前发现、描述并命名的“祖父级”矿物，IMA 承认有效。IMA 2007s. p. 批准。中文名称根据颜色和族名译为黑电气石；根据成分和族名译为铁电气石(参见【电气石】条 130 页)。

【黑钒钙矿】

英文名 Melanovanadite

化学式 $Ca(V^{5+},V^{4+})_4O_{10}\cdot 5H_2O$　　(IMA)

黑钒钙矿棱柱状晶体，晶簇状、放射状集合体(秘鲁、美国)

黑钒钙矿是一种含结晶水的钙的钒酸盐矿物。三斜晶系。晶体呈棱柱状；集合体呈放射状和天鹅绒般的花环状。黑色，半金属光泽，不透明；硬度 2.5，完全解理，脆性。1921 年发现于秘鲁塞罗德帕斯科市瓦伊亚伊区拉格拉(Ragra)矿。1921 年林格伦(Lindgren)在《美国国家科学院科学类院刊》(7)和 1922 年林格伦等在《美国科学杂志》(3)报道。英文名称 Melanovanadite，由冠词希腊文“μελανός＝Melano＝Black(黑色素)”和成分“Vanadium(钒)”组合命名。1959 年以前发现、描述并命名的“祖父级”矿物，IMA 承认有效。中文名称根据颜色和成分译为黑钒钙矿。

【黑钒矿】参见【黑铁钒矿】条 319 页

【黑钒铁矿】参见【铁钒矿】条 944 页

【黑钒铁钠石】参见【钒钠铜铁矿】条 150 页

【黑方石英】

英文名 Melanophlogite

化学式 $C_2H_{17}O_5\cdot Si_{46}O_{92}$　　(IMA)

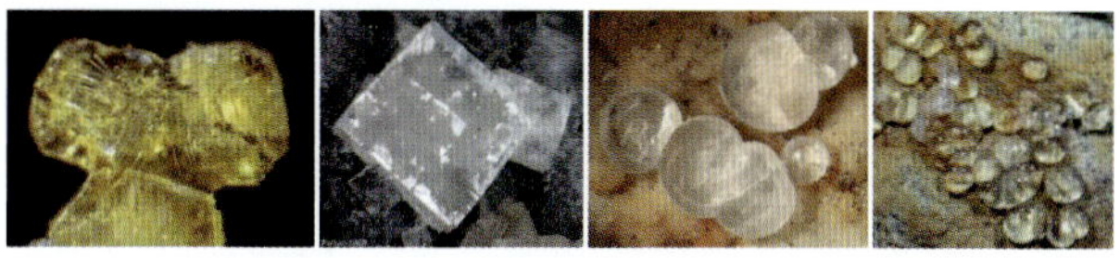

黑方石英立方体晶体，玻璃球状、水珠状集合体(意大利)

黑方石英是一种罕见的硅的氧化物矿物，它有沸石状的多孔结构，孔中含有高达 12% 的氮、甲烷、二氧化碳、有机硫和碳的化合物等杂质。属石英族。四方(或等轴)晶系。晶体呈假立方体状；集合体呈玻璃球状、水珠状、葡萄状、皮壳状。无色、白色，有杂质时淡黄色—深红色，玻璃光泽，透明—半透明；硬度 6.5～7，脆性。1827 年发现于意大利西西里岛卡尔塔尼塞塔省焦纳(Giona)矿。在 1876 年由阿诺德 · 冯 · 拉索(Arnold von Lasaulx)在《矿物学新年鉴》确定和命名；尽管早在 1827 年 G. 艾烈希(G. Alessi)描述了一个非常类似的矿物。拉索所研究样本来自意大利西西里岛，因此他以发现地命名为基尔根蒂(Girghenti)矿物，它是西西里岛的阿格里琴托(Agrigento)镇的旧名。1927 年正式更名为 Melanophlogite，由冠词希腊文“μελανός＝Melano＝Black(黑色素)”和“To be burned＝Phlog(火焰)”组合命名，意指有机物和硫在火焰加热烧毁分解变为黑色。1963 年 B. J. 斯金纳(B. J. Skinner)等在《美国矿物学家》(48)报道立方晶型的二氧化硅。1959 年以前发现、描述并命名的“祖父级”矿物，IMA 承认有效。IMA 1962s. p. 批准。中文名称根据加热后的颜色、晶系(立方)和成分译为黑方石英，也有的译作硫方英石。

【黑复铝钛矿】参见【黑铝钙石】条 316 页

【黑硅砷锰矿】

英文名 Dixenite

化学式 $Cu^{1+}Fe^{3+}Mn^{2+}_{14}(As^{5+}O_4)(As^{3+}O_3)_5(SiO_4)_2(OH)_6$
　　(IMA)

黑硅砷锰矿是一种含羟基的铜、铁、锰的硅酸-亚砷酸-砷酸盐矿物。属红砷锰矿族。三方晶系。晶体呈似云母板状、鳞片状。青铜色、黑色，金属光泽、玻璃光泽、松脂光泽，半透明—不透明；硬度 3～4，极完全解理。1920 年发现于瑞典韦姆兰省菲利普斯塔德市朗班(Långban)；同年，在《斯德哥尔摩地质学会会刊》(42)报道。1981 年 T. 阿拉基(T. Araki)等在《美国矿物学家》(66)报道。英文名称 Dixenite，由希腊文“δύο＝Two(两或双)”和“ξένος＝Guest(特邀客人或寄生的)”转为“Dixen(双栖、双寄生)”而命名，意指是一种硅酸和砷酸的独特的联合一起的矿物。1959 年以前发现、描述并命名的“祖父级”矿物，IMA 承认有效。中文名称根据颜色和成分译为黑硅砷锰矿。

【黑硅锑锰矿】

英文名 Katoptrite

化学式 $Mn^{2+}_{13}Al_4Sb^{5+}_2O_{20}(SiO_4)_2$　　(IMA)

黑硅锑锰矿是一种锰、铝、锑氧的硅酸盐矿物。单斜晶系。晶体常呈细长板状或粒状；集合体呈小球粒状、块状。黑色，薄片火红色，金属光泽，半透明—不透明；硬度 5.5，极完全解理，脆性。最早于 1885 年伊格尔斯特罗姆(Igelstrom)

在《法国矿物学学会通报》(8)报道，称 Hematostibite。1917 年发现于瑞典韦姆兰省菲利普斯塔德市布拉特福什(Brattfors)矿。1917 年弗林克(Flink)在《斯德哥尔摩地质学会会刊》(39)报道。英文名称 Katoptrite，由希腊文“κ ά τοπτρου＝Mirror(镜子)”命名，意指解理面上像玻璃镜子一样的反射光泽。1959 年以前发现、描述并命名的“祖父级”矿物，IMA 承认有效。中文名称根据颜色和成分译为黑硅锑锰矿。

黑硅锑锰矿板状晶体(瑞典)

【黑硅铁钠石】

参见【威尔克斯石】条 977 页

【黑金刚石】

英文名 Carbonado

化学式 C

黑金刚石多晶聚合体(中非、巴西)

黑金刚石又称黑钻石。它是碳的单质天然矿物，是金刚石的黑色变种，是一种发现在中非共和国及巴西冲积矿床的天然多晶金刚石。晶体微小，呈不规则的或圆形的碎片状；集合体通常由晶体聚集成豌豆大小，多孔隙。黑色或暗灰色、褐色，树脂光泽，不透明。黑金刚石的产状与普通金刚石也不同，在金伯利岩中没有发现。

关于黑金刚石，在世界各地有着种种神秘的传说：在古印度，当黑色钻石以双晶的形式出现时，暗示那是大毒蛇的眼睛，人们要把黑色的钻石献给古印度人的死亡之神——阎罗王。在中世纪的意大利，黑色钻石却被当作“和解之石”。如果和爱人刚刚发生了争吵，只要把一颗黑色钻石在她的脸上轻轻来回滑过，一切烦恼和误解顷刻之间就会烟消云散。18 世纪中期，在巴西的葡萄牙人首次提出了“黑色金刚石”这一概念，英文名称 Carbonado，有“烧”“烤”和“碳”之意，显然此名称来源于矿物的颜色，因“烧烤”而炭化形成焦黑色。另一英文名称 Black Diamond，译为黑色金刚石。

据铅同位素分析发现，在年轻冲积物中的黑金刚石大约形成于 30 亿年前。关于它的起源有多种说法：钻石形成的传统假说——地球内部的高压条件下有机碳的直接转化说；陨石冲击变质说；铀和钍的自发裂变说；超新星爆炸说等。在 2006 年 12 月 30 日出版的《天体物理学通讯杂志》(653)中，佛罗里达国际大学的约瑟夫·加赖(Jozsef Garai)和史蒂芬·哈格蒂(Stephen Haggerty)，以及凯斯西储大学的桑迪普·瑞克(Sandeep Rekhi)和马克·查恩斯(Mark Chance)认为，他们发现这种黑色金刚石起源于地球之外。早在地球尚未诞生的时候，黑色金刚石就可能已经在宇宙存在了。科学家们在黑色金刚石中发现了大量氢元素，由此推论它是超新星爆炸的产物。黑金刚石因其数量稀少及有着像神话般的起源——“上帝赠送的礼物”，而显得尤为珍贵，已经成为上流社会最流行的装饰品之一(参见【金刚石】条 385 页)。

【黑金红石】

参见【钛铁金红石】条 913 页

【黑帘石】

参见【绿帘石】条 544 页

【黑磷锰钠矿】

参见【绿磷锰钠矿】条 545 页

【黑磷铁钠石】

英文名 Hagendorfite

化学式 $NaCaMn^{2+}Fe_2^{2+}(PO_4)_3$ (IMA)

黑磷铁钠石是一种钠、钙、锰、铁的磷酸盐矿物。属磷锰钠石族。单斜晶系。晶体呈柱状、粒状；集合体呈放射状、块状。黑色—绿黑色，半玻璃光泽、树脂光泽、油脂光泽，半透明；硬度 3.5，完全解理，脆性。1942 年梅森(Mason)在《斯德哥尔摩地质学会会刊》(64)称 Arrojadite(钠磷锰铁矿)。1954 年发现于德国巴伐利亚州上普法尔茨行政区魏德豪斯的哈根多夫(Hagendorf)南伟晶岩；同年，在《矿物学新年鉴》(月刊)报道。英文名称 Hagendorfite，1954 年由雨果·施特龙茨(Hugo Strunz)根据发现地德国的哈根多夫(Hagendorf)命名。1955 年施特龙茨在《美国矿物学家》(40)报道。1959 年以前发现、描述并命名的“祖父级”矿物，IMA 承认有效。中文名称根据颜色和成分译为黑磷铁钠石或磷锰钠铁石；音译为哈根多夫石。

黑磷铁钠石柱状晶体(美国)

【黑鳞云母】

英文名 Protolithionite

化学式 $KLiFe^{2+}Al(AlSi_3)O_{10}(F,OH)_2$

黑鳞云母是云母族矿物之一，是含羟基和氟的钾、锂、铁、铝的铝硅酸盐矿物。单斜晶系。晶体呈叶片状、细鳞片状。黑绿色、深灰绿色，丝绢光泽；极完全解理。英文名称 Protolithionite，由前缀“Proto(原始、最初)”和根词“Lithionite(锂云母)”组合命名。中文名称根据颜色和形态及族名译为黑鳞云母；或根据颜色及与锂云母的关系译为黑锂云母。1998 年，IMA 云母小组委员会认为 Protolithionite＝铁锂云母(Zinnwaldite)、富锂铁云母(Li-rich annite)或富锂针叶云母(Li-rich siderophyllite)。1998 年，IMA 云母小组委员会在《加拿大矿物学》(36)报道，废弃 Protolithionite 名称。

【黑硫铜镍矿】

英文名 Villamaninite

化学式 CuS_2 (IMA)

黑硫铜镍矿是一种铜的硫化物矿物。属黄铁矿族。等轴晶系。晶体呈立方体与八面体聚形、不规则粒状；集合体呈结核状、团块状。铁黑色、墨绿色，金属光泽，不透明；硬度 4.5，完全解理。1919 年发现于西班牙卡斯蒂利亚-莱昂自治区比亚努埃瓦区普罗维登西亚(Providencia)矿。1919 年在伦敦《自然》(104)和 1920 年在《矿物学杂志》(19)报道。英文名称 Villamaninite，以发现地西班牙的比利亚马宁(Villamanín)命名。1959 年以前发现、描述并命名的“祖父级”矿物，IMA 承认有效。IMA 1989s. p. 批准。中文名称根据颜色和成分译为黑硫铜镍矿。

【黑硫银锡矿】

参见【硫银锡矿】条 527 页

【黑榴石】

参见【钙铁榴石】条 230 页

【黑铝钙石】

英文名 Hibonite

化学式 $CaAl_{12}O_{19}$ (IMA)

黑铝钙石厚板状、柱状晶体(马达加斯加)

黑铝钙石是一种罕见的钙、铝的复杂氧化物矿物。属磁铁铅矿族。六方晶系。晶体呈柱状、陡峭的锥状,或扁平的厚板状。棕黑色—黑色,薄片红棕色,在陨石中者呈蓝色,半金属光泽、玻璃光泽,半透明—不透明;硬度 7.5~8.0,完全解理。1953 年发现于马达加斯加图利亚省马隆比(Marombby)区埃斯瓦残积层;后在原始球粒陨石中也有发现。英文名称 Hibonite,以法国在马达加斯加的探矿者保罗·伊邦(Paul Hibon)的姓氏命名。他于 1953 年发现了一个非常罕见的宝石矿物;同年,将样品寄送给让·贝耶(Jean Behier)鉴定,承认它可能是新矿物,并以发现者的姓氏命名。贝耶把样品转送给法国巴黎索邦神学院(巴黎大学的前身)矿物学实验室的 C. 吉尔曼(C. Guillemin)做进一步分析。1956 年居里安(Curien)等证明是新矿物[见巴黎《法国科学学院会议周报》(242)和 1957 年《美国矿物学家》(42)]。1959 年以前发现、描述并命名的"祖父级"矿物,IMA 承认有效。中文名称根据颜色和成分译为黑铝钙石或黑铝钛钙石;也译作黑复铝钛矿。

【黑铝镁铁矿】

英文名 Högbomite

化学式 $(Mg,Fe)_2(Al,Ti)_5O_{10}$

黑铝镁铁矿是一种镁、铁、铝、钛的复杂氧化物矿物。属黑铝镁铁矿族。六方晶系。罕见的晶体呈板状、微粒状。黑色,金刚光泽、金属光泽,不透明;硬度 6.5,脆性。最初描述来自瑞典拉普兰省克维克约克(Kvikkjokk)的鲁特瓦尔(Ruotevare)。1916 年加韦林(Gavelin)在《乌普萨拉大学地质学通报》(15)报道。英文名称 Högbomite,1916 年由阿克塞尔·奥洛夫·加韦林(Axel Olof Gavelin)为纪念瑞典乌普萨拉大学矿物学和地质学教授阿维德·古斯塔夫·霍格玻姆(Arvid Gustav Högbom,1857—1940)而以他的姓氏命名。霍格玻姆与诺贝尔奖获得者斯万特·阿伦尼乌斯(Svante Arrhenius)合作开展了大气碳的起源与石灰石和二氧化碳沉积影响的因果关系,及大陆冰盖形成的研究。IMA 对该矿物持怀疑态度[见 2002 年 T. 安布鲁斯特(T. Armbruster)在《欧洲矿物学杂志》(14)报道:黑铝镁铁矿、尼日利亚石和塔菲石矿物命名的修订]。中文名称根据颜色和成分译为黑铝镁铁矿。根据杨主明和蔡剑辉《标准化矿物族分类体系与矿物名称的中文译名》(中国地质学会 2011 年学术年会)意见音译为霍格玻姆石。现在为黑铝镁铁矿(霍格玻姆石)系列的名称,目前已知 Högbomite 有-4H、-5H、-6H、-8H、-15H 和-15R、-18R、-24R 等多型。

霍格玻姆画像

【黑铝铁石*】

英文名 Hibonite-(Fe)

化学式 $FeAl_{12}O_{19}$

黑铝铁石*是一种铁、铝的复杂氧化物矿物,是富铁的黑铝钙石类似矿物。属磁铁铅矿族。六方晶系。晶体呈分散的微米级单晶。2009 年马驰(Ma Chi)团队发现于墨西哥奇瓦瓦州普埃夫利托的阿连德(Allende)陨石。英文名称 Hibonite-(Fe),由根词"Hibonite(黑铝钙石)"和后缀-Fe(铁)组合命名,意指它是铁占优势的黑铝钙石的类似矿物。其中,根词由法国在马达加斯加的探矿者保罗·海鹏(Paul Hibon)的姓氏命名。IMA 2009-027 批准。2010 年马驰在《美国矿物学家》(95)报道。目前尚未见官方中文译名,编译者建议根据成分及与黑铝钙石的关系译为黑铝铁石*。

【黑铝锌钛矿-2N2S】参见【锌黑铝镁铁矿-2N2S】条 1042 页

【黑铝锌钛矿-2N6S】参见【锌黑铝镁铁矿-2N6S】条 1042 页

【黑氯铜矿】

英文名 Melanothallite

化学式 Cu_2OCl_2 (IMA)

黑氯铜矿板条状晶体(俄罗斯)

黑氯铜矿是一种铜氧的氯化物矿物。斜方晶系。晶体呈板状、叶片状。绿黑色、蓝绿色,曝光后变为绿色,玻璃光泽,不透明;完全解理。1870 年发现于意大利那不勒斯省维苏威(Vesuvius)火山。1870 年 A. 斯卡基(A. Scacchi)在《那不勒斯皇家科学院物理学和数学学报》(9)报道。1892 年 E. S. 丹纳(E. S. Dana)在《系统矿物学》(第六版)刊载。英文名称 Melanothallite,由希腊文"μελαν ό ς=Melano=Black(黑色)"和"Thall=Young shoot(年轻嫩芽)"组合命名,意指矿物的黑色曝光后变为嫩芽绿色的属性。1959 年以前发现、描述并命名的"祖父级"矿物,IMA 承认有效。中文名称根据颜色和成分译为黑氯铜矿。

【黑锰矿】

英文名 Hausmannite

化学式 $Mn^{2+}Mn_2^{3+}O_4$ (IMA)

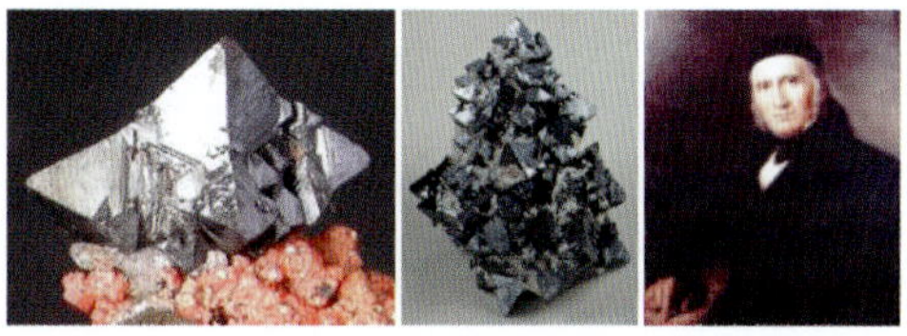

黑锰矿假八面体晶体,晶簇状集合体(南非)和豪斯曼像

黑锰矿是锰的氧化物矿物。化学组成中 Mn^{2+} 和 Mn^{3+} 呈有限类质同象代替;Zn^{2+} 代替 Mn^{2+} 称为锌黑锰矿;Fe^{3+} 代替 Mn^{3+} 称为铁黑锰矿。属尖晶石超族氧尖晶石族尖晶石亚族。四方晶系。晶体呈粒状、带双锥的四方柱状,假八面体,但晶体少见,具片状双晶;集合体常呈块状、皮壳状。颜色为浅褐黑色、红—褐的黑色,条痕棕色,树脂光泽、半金属光泽,不透明,极薄片透明;硬度 5~5.5,完全解理,脆性。1813 年 J. F. L. 豪斯曼(J. F. L. Hausmann)在布拉特里希·施瓦兹-布朗斯坦(Blattricher Schwarz-Braunstein)编《矿物学手册》(第一卷,哥廷根)命名为 Blättricher Schwarz-Braunstein。1828 年发现于德国图林根州伊尔默瑙地区朗格维森的欧伦斯托克(Oehrenstock);同年在《哲学杂志》(4)报道。英文名称 Hausmannite,1827 年由威廉·海丁格尔(Wilhelm Haidinger)为纪念德国哥廷根大学的矿物学教授约翰·弗

里德里希·路德维希·豪斯曼(Johann Friedrich Ludwig Hausmann,1782—1859)而重新以他的姓氏命名。1959 年以前发现、描述并命名的“祖父级”矿物,IMA 承认有效。中文名称根据颜色(黑色)和成分(锰)译为黑锰矿。

【黑锰锶矿】

英文名 Strontiomelane

化学式 $Sr(Mn_6^{4+}Mn_2^{3+})O_{16}$ (IMA)

黑锰锶矿是一种锶、锰的氧化物矿物。属碱硬锰矿超族铅硬锰矿族。单斜晶系。晶体呈显微细长、他形粒状的他矿物的包裹体。黑色,半金属光泽,不透明;硬度 4～4.5,脆性。1995 年发现于意大利阿尔卑斯山脉奥斯塔市圣马塞尔区普拉博纳兹(Prabornaz)矿。英文名称 Strontiomelane,1999 年尼古拉斯·麦斯纳(Nicolas Meisser)等以成分“Strontium(锶)”和希腊文“μελαν ό s=Black color=Melano(黑色)”组合命名。IMA 1995-005 批准。1999 年 N. 梅塞尔(N. Meisser)等在《加拿大矿物学家》(37)报道。2003 年中国地质科学院矿产资源研究所李锦平等在《岩石矿物学杂志》[22(1)]根据颜色和成分译为黑锰锶矿。

【黑钼铀矿】

英文名 Moluranite

化学式 $H_4U^{4+}(UO_2)_3(MoO_4)_7 \cdot 18H_2O$ (IMA)

黑钼铀矿是一种含结晶水的氢、铀的铀酰-钼酸盐矿物。非晶质。集合体呈块状。褐色、黑色,松脂光泽,半透明;硬度 3～4,脆性。1959 年发现于俄罗斯萨哈共和国阿尔丹河流域的亚历山德罗夫斯克(Aleksandrovskii)秃峰钼-铀矿床。1959 年 G. Y. 爱普生(G. Y. Epshtein)在《全苏矿物学会记事》(88)和 1960 年 M. 弗莱舍(M. Fleischer)在《美国矿物学家》(45)报道。英文名称 Moluranite,由化学成分“Molybdenum(钼)”和“Uranium(铀)”缩写组合命名。1959 年以前发现、描述并命名的“祖父级”矿物,IMA 承认有效。中文名称根据颜色和成分译为黑钼铀矿;根据成分译为多水钼铀矿。

【黑硼锡镁矿】

英文名 Magnesiohulsite

化学式 $Mg_2Fe^{3+}O_2(BO_3)$ (IMA)

黑硼锡镁矿是一种富镁的黑硼锡铁矿的镁端元矿物。属硼镁锰石族。单斜晶系。晶体呈柱状、针状;集合体呈放射状、毛发束状。黑色、蓝灰色,条痕呈褐黑色—黑色,半金属光泽,不透明;硬度 6,脆性,易裂。1978—1982 年期间,武汉地质学院杨光明、彭志忠、潘兆橹教授在研究我国湖南省衡阳市常宁县大义山锡多金属矿田七里坪锡铁矿床的富锡镁铁硼酸盐矿物工作中,发现该矿物的晶体结构与黑硼锡铁矿(Hulsite)等型,但化学成分富镁,属单斜富锡镁铁硼酸盐系列的镁端元新矿物,根据成分富镁(Magnesium)和与黑硼锡铁矿(Hulsite)等型关系,取名为黑硼锡镁矿(Magnesiohulsite)。IMA 1983-074 批准。1985 年杨光明、彭志忠、潘兆橹在中国《矿物学报》[5(2)]和 1988 年《美国矿物学家》(73)报道(参见【黑硼锡铁矿】条 318 页)。

【黑硼锡铁矿】

英文名 Hulsite

化学式 $Fe_2^{2+}Fe^{3+}O_2(BO_3)$ (IMA)

赫尔斯像

黑硼锡铁矿是一种复铁氧的硼酸盐矿物。属硼镁锰石族。单斜晶系。晶体呈细小的长方形、板状。黑色,玻璃光泽、金属光泽,不透明;硬度 3,完全解理。1908 年发现于美国阿拉斯加州诺姆镇布鲁克斯(Brooks)山。1908 年 A. 克诺夫(A. Knopf)和 W. T. 夏勒(W. T. Schaller)在《美国科学杂志》(175)报道。英文名称 Hulsite,以美国地质调查局在阿拉斯加的首席地质学家(1903—1924)艾尔弗雷德·赫尔斯·布鲁克斯(Alfred Hulse Brooks,1871—1924)的姓氏命名。1959 年以前发现、描述并命名的“祖父级”矿物,IMA 承认有效。中文名称根据颜色和成分译为黑硼锡铁矿;根据成分译作硼铁锡矿。

【黑铅铜矿】

英文名 Murdochite

化学式 $Cu_{12}Pb_2O_{15}Cl_2$ (IMA)

黑铅铜矿立方体晶体,散粒状集合体(美国)和默多克像

黑铅铜矿是一种含氯的铅、铜的氧化物矿物。等轴晶系。晶体呈立方体、八面体和立方体与八面体聚形;集合体呈散粒状。黑色,金刚光泽;硬度 4,完全解理,脆性。1953 年一名采矿工程师珀西·W. 波特(Percy W. Porter)发现于美国亚利桑那州皮纳尔县马默斯区马默斯-圣安东尼(Mammoth-Saint Anthony)矿。后来,波特将样品提交分析,佛瑞德·A. 希尔德布兰德(Fred A. Hildebrand)用粉末 X 射线分析后确认是一种新矿物。1955 年 J. J. 费伊(J. J. Fahey)在《美国矿物学家》(40)报道。英文名称 Murdochite,以美国加利福尼亚州洛杉矶加利福尼亚大学矿物学教授约瑟夫·默多克(Joseph Murdoch,1890—1973)的姓氏命名。默多克是一位矿石显微镜及矿床成因的权威,美国矿物学协会的前主席,他出版了 23 种出版物,包括论文、摘要和许多书评。1959 年以前发现、描述并命名的“祖父级”矿物,IMA 承认有效。中文名称根据颜色和成分译为黑铅铜矿;根据晶系和成分译作方铜铅矿。

【黑铅铀矿】参见【水板铅铀矿】条 814 页

【黑砷铁铜钾石*】

英文名 Melanarsite

化学式 $K_3Cu_7Fe^{3+}O_4(AsO_4)_4$ (IMA)

黑砷铁铜钾石*是一种钾、铜、铁氧的砷酸盐矿物,它是砷钼铜铁钾石(Obradovicite-KCu)之后第二个钾-铜-铁-砷的矿物。单斜晶系。晶体呈板状、柱状,柱长仅 0.4mm;集合体呈皮壳状。黑色,玻璃光泽,不透明;硬度 4,脆性。2014 年发现于俄罗斯堪察加州托尔巴契克(Tolbachik)火山主裂隙北破火山口第二火山渣锥喷气孔。英文名称 Melanarsite,由矿物的颜色希腊文“μελαν ό s=Melano=Black(黑色)”和成分“Arsenates(砷酸盐)”组合命名。IMA 2014-048 批准。2014 年 I. V. 佩科夫(I. V. Pekov)等在《CNMNC 通讯》(22)、《矿物学杂志》(78)和 2016 年《矿物学杂志》(80)报道。目前尚未见官方中文译名,编译者建议根据颜色和成分译为黑砷铁铜钾石*。

【黑钛铁钠矿】

英文名 Freudenbergite

化学式 $Na(Ti_3^{4+}Fe^{3+})O_8$ (IMA)

黑钛铁钠矿是一种钠、钛、铁的氧化物矿物。单斜(假六方)晶系。晶体呈半自形板状。棕黑色、灰色、黑色,玻璃光泽,透明—半透明;完全解理。1961年发现于德国巴登-符腾堡州奥登林山米歇尔斯堡(Michelsberg)采石场。1961年M. 弗莱舍(M. Fleischer)在《美国矿物学家》(46)和G. 弗兰泽尔(G. Frenzel)在《矿物学新年鉴》(月刊)报道。英文名称Freudenbergite,以德国古生物学家威廉·弗罗伊登伯格(Wilhelm Freudenberg,1881—1960)的姓氏命名。他是图宾根大学和哥廷根大学的古生物学家,卡尔斯鲁厄国家自然史收藏馆矿物学和地质学馆长;他在对德国奥登林山的岩石、矿物进行研究时发现了该矿物。IMA 1967s. p. 批准。中文名称根据颜色和成分译为黑钛铁钠矿。

【黑碳钙铀矿】

英文名 Wyartite

化学式 $CaU^{5+}(UO_2)_2(CO_3)O_4(OH)\cdot 7H_2O$ (IMA)

黑碳钙铀矿板状晶体,晶簇状集合体(刚果)和怀特像

黑碳钙铀矿是一种含结晶水、羟基和氧的钙、铀的铀酰-碳酸盐矿物,它是第一个公认的除了含有典型铀酰形式的六价铀外,还是含有五价铀的矿物。斜方晶系。晶体呈板状、柱状;集合体呈放射状、晶簇状。黑色、紫黑色(新鲜),黄棕色、绿褐色(暴露空气),玻璃光泽、金属光泽,透明—不透明;硬度3~4,完全解理。1958年发现于刚果(金)上加丹加省坎博韦区欣科洛布韦(Shinkolobwe)矿山。英文名称Wyartite,以法国巴黎索邦大学矿物学教授让·怀特(Jean Wyart,1902—1992)的姓氏命名。他是早期X射线结晶学研究者,也是第一个在高温高压下将黑曜石转化为花岗岩的人,证明了水在喷发岩石中的重要性;他还担任国际结晶学联合会主席。IMA 1962s. p. 批准。1959年吉耶曼(Guillemin)等在《法国矿物学和结晶学会通报》(82)报道。中文名称根据颜色及成分译为黑碳钙铀矿,有的译为水碳钙铀矿。

【黑锑锰矿】

英文名 Melanostibite

化学式 $Mn^{2+}(Sb^{5+},Fe^{3+})O_3$ (IMA)

黑锑锰矿是一种锰、锑、铁的氧化物矿物。属刚玉-赤铁矿族。三方晶系。黑色、血红色,半金属光泽,透明—半透明;硬度4,完全解理,脆性。1892年发现于瑞典韦斯特曼省格吕特许坦的索格鲁万(Sjogruvan)。1893年在《结晶学和矿物学杂志》(21)报道。英文名称Melanostibite,1893年被L. J. 伊格尔斯特罗姆(L. J. Igelström)命名为Melanostibian;1967年摩尔由希腊文的“μελαν ό ς=Melano=Black(黑)”和“Antimony=Stibium(锑)”组合更为现名。1968年P. B. 摩尔(P. B. Moore)在《美国矿物学家》(53)报道。1959年以前发现、描述并命名的“祖父级”矿物,IMA承认有效。IMA 1971s. p. 批准。中文名称根据颜色和成分译为黑锑锰矿。

【黑铁钒矿】

英文名 Montroseite

化学式 $(V^{3+},Fe^{2+},V^{4+})O(OH)$ (IMA)

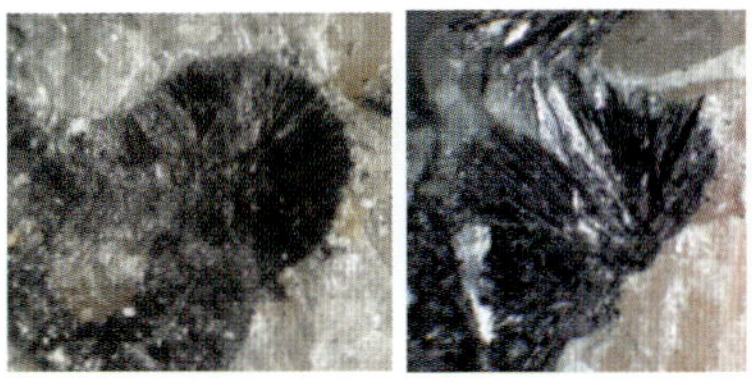

黑铁钒矿放射状、平行排列状集合体(捷克)

黑铁钒矿是一种钒、铁的氢氧-氧化物矿物。斜方晶系。晶体呈显微叶片状、板条状、纤维状;集合体呈放射状、平行排列状。黑色、灰黑色,半金属光泽,不透明;硬度5.5~6.5,完全解理,脆性。1953年发现于美国科罗拉多州蒙特罗斯(Montrose)县尤拉文区帕拉多西(Paradox)山谷比特溪(Bitter Creek)矿。1953年H. T. 埃文斯(H. T. Evans)等在《美国矿物学家》(38)报道。英文名称Montroseite,以发现地美国的蒙特罗斯(Montrose)县命名。1959年以前发现、描述并命名的“祖父级”矿物,IMA承认有效。中文名称根据颜色和成分译为黑铁钒矿或黑钒矿。

【黑铜矿】

英文名 Tenorite

化学式 CuO (IMA)

黑铜矿树枝状和羽毛状集合体(俄罗斯、意大利)和泰诺雷像

黑铜矿是一种铜的氧化物矿物。单斜晶系。晶体呈细小板状或叶片状,有时弯曲,具聚片燕尾双晶;集合体呈鳞片状、土状、块状、皮壳状、粒状、羽毛状、星状和复杂的树枝状。钢灰色、铁灰色—黑色等,金属光泽,不透明;硬度3.5,完全解理,脆性。最早见于1789年维尔纳(Werner)在《Bergm. 杂志》报道,称Kupferschwärze。1832年F. S. 伯当(F. S. Beudant)又命名为Melaconise(Melaconite),意为土状黑色的铜矿。1841年在意大利那不勒斯省维苏威(Vesuvius)火山发现并正确描述命名。英文名称Tenorite,以意大利那不勒斯大学植物学教授米歇尔·泰诺雷(Michele Tenore,1780—1861)和意大利那不勒斯科学院院长G. 泰诺雷(G. Tenore)两人的姓氏命名。1842年M. S. 桑莫拉(M. S. Semmola)在《法国地质学会通报》(13)报道。1959年以前发现、描述并命名的“祖父级”矿物,IMA承认有效。IMA 1962s. p. 批准。中文名称根据矿物的黑色和成分译为黑铜矿。

【黑钨矿】

英文名 Wolframite

化学式 $(Fe^{2+})WO_4$-$(Mn^{2+})WO_4$

黑钨矿也称钨锰铁矿,是铁和锰的钨酸盐矿物。由于含

H

有不同比例的铁钨酸盐和锰钨酸盐，所以如果含铁量高一些就称钨铁矿，含锰多一些就称钨锰矿。黑钨矿是钨铁矿($FeWO_4$)-钨锰矿($MnWO_4$)完全类质同象系列的中间成员。单斜晶系。晶体呈板状或柱状，常见双晶；集合体常呈平行排列晶簇状。颜色随 Fe、Mn 含量而变化，含 Fe 量越高色越深，呈浅红色、浅紫色、褐黑色—黑色，金刚光泽、半金属—金属光泽；硬度 4～5.5，完全解理，脆性；弱磁性，密度 7～7.5g/cm^3。1747 年约翰·戈特沙尔克·瓦勒留斯(Johan Gottschalk Wallerius)将英文名称命名为 Tungsten，意为重石。1783 年，西班牙有两位化学家，即 D. F. 德鲁亚尔(D. F. Delhuyar)兄弟，从一种褐黑色的黑钨矿(Wolframite)中获得金属元素钨(Wolfram)，Wolfram 源自德国的名称"Wolf' sfroth"，意为狼口中的渣。因为钨矿与锡矿经常伴生，在炼锡矿的时候，钨矿与锡矿形成复杂的化合物，减少锡的产量，于是就给这种"像狼一样贪婪地吞食锡"的矿物起了这个名字。此名最早于 1546 年由德国著名矿物学家乔治·阿格里科拉(Georg Agricola)的 *Natura Fossilium* 引自炼金术士的锑条款，德文"Volf＝Wolf(狼)"和"Froth(泡沫、奶油、煤烟)"(拉丁文＝Lupi spuma)，也许是指一个令人反感的人或钨混在锡的冶炼矿渣中；也可能来源于"Lupus(红斑狼疮)"和"Wolf(狼)"，这是锑的炼金术士的术语，很难考证清楚(参见《化学元素发现史》)。1959 年以前发现、描述并命名的"祖父级"矿物，IMA 承认有效。但英、美国家并未接受此名称，仍用瓦勒留斯命名的英文名称 Tungsten(参见【白钨矿】条 39 页)。中文名称根据颜色和成分译为黑钨矿；根据成分译为钨锰铁矿；根据成分和密度译为铁锰重石。中国拥有世界上最大的钨矿矿床，供应世界约 60%的钨矿。

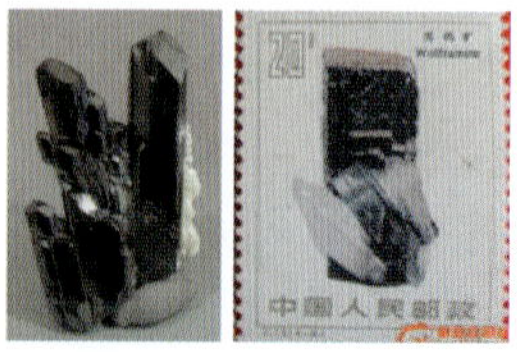

黑钨矿柱状晶体和邮票(中国)

【黑稀金矿】

英文名 Euxenite-(Y)

化学式 (Y,Ca,Ce,U,Th)(Nb,Ta,Ti)$_2$O$_6$　　(IMA)

黑稀金矿是一种含钇、钙、铈、铀、钍、铌、钽、钛的复杂氧化物矿物，与以含钛为主的复稀金矿成完全类质同象系列。属铌铁矿-黑稀金矿族黑稀金矿亚族。斜方晶系或蜕晶质。晶体通常细小，呈板状或锥柱状；集合体呈块状或放射状。黑色，略带浅绿或浅棕色调、天鹅绒黑色，玻璃光泽、半金属光泽、树脂光泽或沥青光泽，不透明、薄片呈半透明；硬度 5.5～6.5，脆性；具放射性。1840 年 T. 舍雷尔(T. Scheerer)在《物理学和化学年鉴》(50)报道。1870 年发现并描述于挪威松恩-菲尤拉纳郡谢伊斯特(Jølster)的隐伏伟晶岩。英文名称 Euxenite，由希腊文"εὐξεινος＝Euxen＝Friendly to strangers，hospitable(热情好客的或者友好的陌生人)"，加占优势的稀土元素钇后缀-(Y)组合命名。有时被称为"垃圾桶矿产"，指其能容纳各种各样的稀有元素。1959 年以前发现、描述并命名的"祖父级"矿物，IMA 承认有效。IMA 1987s. p. 批准。

黑稀金矿锥柱状晶体(加拿大、挪威)

另一个英文名称 Lyndochite，1898 年在加拿大安大略省伦弗鲁郡林道(Lyndoch)镇发现一种矿物，W. G. 米勒(W. G. Miller)在《安大略市矿山局年度报告》[7(3)]描述为铌铁矿族的矿物。1927 年 H. V. 埃尔斯沃思(H. V. Ellsworth)在《美国矿物学家》(12)报道，将它描述为黑稀金矿-复稀金矿族的一个新矿物，并以发现地加拿大安大略省伦弗鲁郡林道(Lyndoch)镇命名为 Lyndochite。2002 年 T. S. 埃尔茨特(T. S. Ercit)重新调查，发现它是 Euxenite-(Y)(黑稀金矿-钇)[见 2002 年《加拿大矿物学家》(4)]。于是 Lyndochite 被视为 Euxenite-(Y)的同义词。中文名称根据黑色和稀有金属译为黑稀金矿，也有的译作杂铌矿，还有的译作钙钍黑稀金矿。

1879 年，瑞典乌普萨拉大学化学家拉尔斯·弗雷德里克·尼尔松(Lars Fredrik Nilson，1840—1899)在此矿物中发现了门捷列夫元素周期表预测的类硼，为了纪念他的祖国瑞典，特称之为 Scandium(汉译钪)。

【黑稀土矿】

英文名 Melanocerite-(Ce)

化学式 Ce$_5$(SiO$_4$,BO$_4$)$_3$(OH,O)　　(IMA)

黑稀土矿是一种含羟基、氧的铈的硼酸-硅酸盐矿物。六方晶系。晶体呈板状、菱面体。棕色、黑色，树脂光泽、油脂光泽、沥青光泽，薄片半透明；硬度 5～6；有时具强放射性，蜕变成均质体。1887 年该矿物发现于挪威西福尔拉尔维克朗格森德斯乔德(Langesundsfjorden)巴尔克维克区域克耶亚(Kjeøya)岛。1887 年 W. C. 布拉格(W. C. Brøgger)在《斯德哥尔摩地质学会会刊》(9)进行了初步的描述，1890 年他又在《结晶学和矿物学杂志》(16)进行了更详细的描述。英文名称 Melanocerite-(Ce)，由 P. T. 克里夫(P. T. Cleve)根据希腊文"μελανός＝Melano(黑色)"和"Cerium(铈)"，加占优势的稀土元素铈后缀-(Ce)组合命名。1959 年以前发现、描述并命名的"祖父级"矿物，IMA 承认有效。中文名称根据颜色和成分译为黑稀土矿。据 2010 年帕塞罗(Pasero)等的意见，怀疑 Melanocerite-(Ce)＝Tritomite-(Ce)，根据形态和成分译为锥稀土矿-铈，或根据成分译为硼硅铈矿。

【黑锡矿】

英文名 Romarchite

化学式 SnO　　(IMA)

中国藏和俄罗斯藏铜钱币上的黑锡矿

黑锡矿是一种锡的氧化物矿物。四方晶系。薄壳状。黑色。1969 年在加拿大安大略省温尼伯河水底锡小盘表面，同羟锡矿(Hydroromarchite)一起发现。它是 1801—1821 年之间一位旅客丢下的。1971 年 R. M. 奥尔甘(R. M. Organ)和 J. A. 曼达林(J. A. Mandarino)在《加拿大矿物学家》(10)报道了 Romarchite 和 Hydroromarchite 两个新的锡矿物。英文名称 Romarchite，由加拿大皇家安大略博物馆(Royal Ontario Museum)的缩写"ROM"和"Archaeology(考古学)"组合命名，在这里首次研究该矿物。IMA 1969-006 批准。这种矿物显然是人为干预的产物，但它是 1997 年之前 IMA-CNMMN 接受的；《国际矿物学学会及矿物命名委员会关于矿物命名的程序和原则(1997)》生效后,人为干预的产物将不再接受为矿物。中文名称根据颜色和成分译为黑锡矿。在中国北宋徽宗赵佶大观年间(公元 1107—1110 年)所铸造的"大观通宝"年号钱币上也发现了此矿物;还在俄罗斯哈巴罗夫斯克边疆区发现了中国北宋仁宗赵祯宝元二年至皇祐末年(公元 1039—1053 年)铸非年号"皇宋通宝"钱币上的黑锡矿。

【黑锌锰矿】

英文名 Chalcophanite

化学式 $ZnMn_3^{4+}O_7 \cdot 3H_2O$ (IMA)

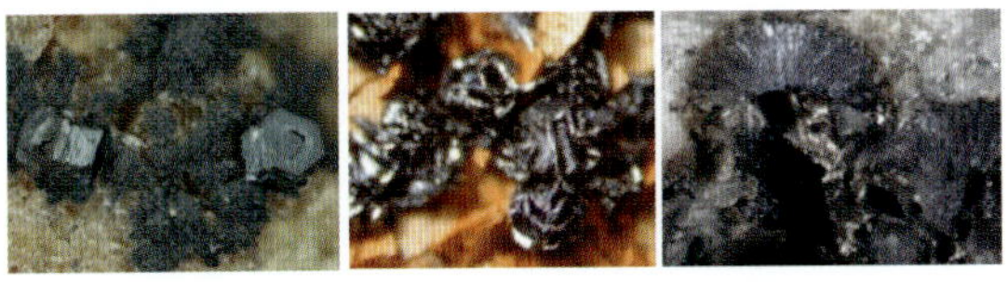

黑锌锰矿柱状晶体,皮壳状、球粒状和放射状集合体(希腊、美国)

黑锌锰矿是一种含结晶水的锌、锰的氧化物矿物。属黑锌锰矿族。三方晶系。晶体呈假八面体、板状、柱状、纤维状;集合体呈葡萄状、钟乳状、皮壳状、晶簇状、块状、致密状。蓝色、蓝黑色、铁黑色,金属—半金属光泽,近于不透明;硬度 2.5,完全解理。1875 发现于美国新泽西州苏塞克斯县富兰克林矿区帕塞伊克河(Passaic)坑(马歇尔矿、帕塞伊克河矿)。1875 年摩尔(Moore)在《美国化学》(6)报道。英文名称 Chalcophanite,由乔治·埃米特·摩尔(George Emmet Moore)根据希腊文"χαλκόs=Chalcos=Brass(黄铜、青铜)"和"φαίνεσθαι=Phainestai=To appear(出现)"命名,意指灼烧时颜色的变化。1959 年以前发现、描述并命名的"祖父级"矿物,IMA 承认有效。中文名称根据颜色和成分译为黑锌锰矿。

【黑银锰矿】

英文名 Aurorite

化学式 $Mn^{2+}Mn_3^{4+}O_7 \cdot 3H_2O$ (IMA)

黑银锰矿是一种含结晶水的锰的氧化物矿物。属黑锌锰矿族。三方晶系。晶体呈板状、鳞片状、不规则粒状;集合体呈块状。灰黑色、黑色,边缘或片状者呈浅棕色,金属光泽,不透明;硬度 2~3。1966 年发现于美国内华达州汉密尔顿市怀特派恩县北奥洛拉(North Aurora)矿。英文名称 Aurorite,1967 年由亚瑟·S. 拉特克(Arthur S. Radtke)等以发现地美国的奥洛拉(Aurora,又译曙光女神或极光)命名。IMA 1966-031 批准。1967 年拉特克等在《经济地质》(62)和《美国矿物学家》(52)报道。中文名称根据颜色和成分译为黑银锰矿。后续研究证明,来自模式产地极光矿的黑银锰矿与黑锌锰矿(美国)和建水矿(中国)几乎没有区别。

【黑硬绿泥石】

英文名 Stilpnomelane

化学式 $(K,Ca,Na)(Fe,Mg,Al)_8(Si,Al)_{12}(O,OH)_{36} \cdot nH_2O$ (IMA)

黑硬绿泥石是黑硬绿泥石族矿物之一,为硬绿泥石黑色富铁的矿物。单斜(三斜)晶系。晶体呈假六方薄片状、板状、纤维状,集合体呈绒毛状或放射状,故又有铁绒硬泥石或硬绒泥石之称。黑色、深红褐色、金褐色或暗绿色,有时呈红色、棕色、金黄色,珍珠光泽、玻璃光泽或半金属光泽,半透明—近于不透明;硬度 3~4,极完全解理,脆性。1827 年发现于捷克共和国摩拉维亚地区奥洛莫乌茨市乌多利(Udoli)梅尔基奥(Melchior)和托比亚斯(Tobias)采坑及波兰;同年,在布雷斯劳 *Beyträge zur Mineralogischen Kenntnissder Sudetenländer Insbesondere Schlesiens* 刊载。英文名称 Stilpnomelane,1827 年由恩斯特·弗里德里希·格拉斯克(Ernst Friedrich Glocke)根据希腊文"στιλπνοζ=Stilpnos=Shining(闪亮)"和"μελανοζ=Melano=Black(黑色)"组合命名,意指其外观的颜色和光泽特征。见于 1892 年 E. S. 丹纳(E. S. Dana)《系统矿物学》(第六版)及 1956 年科林·奥斯本·赫顿(Colin Osborne Hutton)在《美国矿物学家》(41)报道。1959 年以前发现、描述并命名的"祖父级"矿物,IMA 承认有效。IMA 1971s. p. 批准。中文名称根据颜色、硬度(相对绿泥石硬度高)及与绿泥石的关系译为黑硬绿泥石,或根据成分、硬度及与硬绿泥石的关系译为铁硬绿泥石。

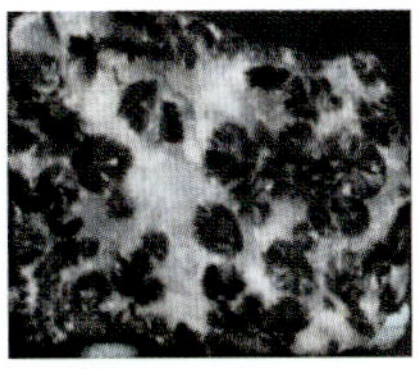

黑硬绿泥石放射状、球粒状集合体(美国)

【黑云母】

英文名 Biotite

化学式 $K(Mg,Fe^{2+})_3(Al,Fe^{3+})Si_3O_{10}(OH,F)_2$

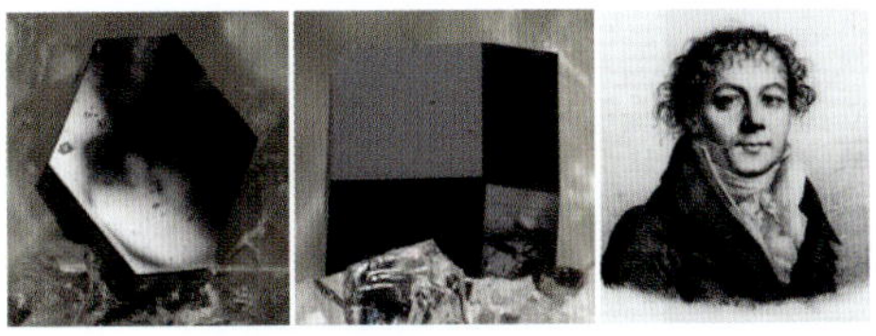

黑云母晶体(意大利)和毕奥像

黑云母是云母族黑云母亚族一个系列的矿物名称,它们是含羟基和氟的钾、镁、铁、铝的层状结构铝硅酸盐矿物。单斜晶系。晶体呈假六方片状、板状、柱状;集合体页状,被称为"书",因为它像一个有很多单页的书。因含铁量高,故颜色较深,呈红棕色、绿色、深褐色—黑色,玻璃光泽,解理面上呈珍珠光泽,有的呈半金属光泽,透明—不透明;硬度 2.5~3,极完全解理。1828 年豪斯曼在《矿物学便览》记载。英文名称 Biotite,1847 年由法国物理学家、数学家约翰·弗里德里希·路德维希·豪斯曼(Johann Friedrich Ludwig Hausmann)为纪念法国物理学家、数学家、天文学家、陨石学家和矿物学家杰·巴普蒂斯特·毕奥(Jean Baptiste Biot,1774—1862)而以他的姓氏命名。毕奥一生中获得了许多大奖,但他的最大贡献是对云母的光学特性进行了研究,发现光的偏振现象。毕奥和他的伙伴菲利克斯·萨瓦(Félix Savart)发现电线的电流产生的磁场。CNMMN 云母命名委员会(1998,1999)建议黑云母用于连接铁云母-金云母(Annite-Phlogopite)和铁叶云母-镁叶云母(Siderophyllite-Eastonite)之间的一个系列,因此不再被视为一个物种的名字。氟金云母和高铁金云母应该包括在内。名字最常用于富铁云母系列,包括铁云母、氟铁云母。

【黑柱石】

英文名 Ilvaite

化学式 $CaFe^{3+}Fe_2^{2+}O(Si_2O_7)(OH)$ (IMA)

黑柱石是一种含羟基的钙、铁氧的硅酸盐矿物。属硬柱石族。斜方晶系。晶体呈柱状、棒状、粒状,柱面上具纵纹;

黑柱石柱状晶体，放射性集合体（希腊、中国）

集合体常呈或块状，也有呈放射状、束状、晶簇状。黑色—灰棕色或棕黑色，条痕呈黑色，常微带绿色或棕色，半金属光泽或油脂光泽，不透明；硬度 5.5～6，中等解理，脆性。1811 年发现于意大利利沃诺省埃尔巴岛的托雷迪里奥-圣菲洛梅纳（Torre di Rio-Santa Filomena）区域；同年，在哈雷 *Vollständiges Handbuch der Oryktognosie*（第一部分）刊载。1931 年 F. 罗多利科（F. Rodolico）在罗马《矿物学期刊》报道。英文名称 Ilvaite，以厄尔巴岛（Elba Island）的旧称拉丁文“Ilva（里瓦）”命名。1959 年以前发现、描述并命名的“祖父级”矿物，IMA 承认有效。同义词 Yenite（Jenite），源于德国耶拿市（Yen 或 Jena）的名称，在那里也发现了黑柱石。中文名称根据特征的黑色和柱状晶体译为黑柱石。

镙 [hēi]形声；从金，黑声。一种人工合成的放射性过渡金属元素。[英]Hassium。元素符号 Hs。原子序数 108。它被发现有类似四氧化锇的四氧化物，因此被证明是 VⅢ 族元素。1984 年 G. 明岑贝格（G. Münzenberg）等，在欧洲著名科学城——德国黑森州（Hessen）达姆施塔特重离子研究中心发现。英文名称 Hassium，以黑森州的拉丁文名称 Hassia 命名。

亨 [hēng]会意；金文字形像盛食物的器皿。[英]音，用于外国人名。

【亨利布朗石*】

英文名 Hylbrownite

化学式 $Na_3MgP_3O_{10} \cdot 12H_2O$　（IMA）

亨利布朗石*是一种含结晶水的钠、镁的磷酸盐矿物，是镁的水磷锰钠石的类似矿物，也是第二个三磷酸盐矿物。单斜晶系。晶体呈细柱状、针状。无色—白色，玻璃光泽，透明；完全解理，脆性。2010 年发现于澳大利亚南澳大利亚州顶岩（Dome Rock）铜矿山。英文名称 Hylbrownite，以南澳州地质学家（1882—1912）亨利·约克·莱尔·布朗（Henry Yorke Lyell Brown，1843—1928）的姓名命名，以纪念他对南澳大利亚州和其北部第一次地质调查和测量工作的贡献，其获取的资料促使 1899 年全澳殖民地首张地质图的诞生。IMA 2010-054 批准。2010 年 P. 埃利奥特（P. Elliott）等在《CNMNC 通讯》（7）、《矿物学杂志》（75）和 2013 年《矿物学杂志》（77）报道。目前尚未见官方中文译名，编译者建议音译为亨利布朗石*，或根据成分译为水磷镁钠石*。

亨利布朗像

【亨利迈耶矿】

英文名 Henrymeyerite

化学式 $Ba(Ti_7Fe^{2+})O_{16}$　（IMA）

亨利迈耶矿是一种钡、钛、铁的氧化物矿物。属锰钡矿超族红柱石族。四方晶系。晶体呈针柱状，长度小于 0.2mm。灰褐色、黑色，金刚光泽，不透明；硬度 5～6，非常脆。1999 年发现于俄罗斯北部摩尔曼斯克州科夫多尔哲勒兹尼（Kovdor Zheleznyi）铁矿。英文名称 Henrymeyerite，以普渡大学的亨利·O. A. 迈耶（Henry O. A. Meyer，1937—1995）教授的姓名命名，以表彰他在岩石学、地幔岩包体和金伯利岩矿物学方面所做出的贡献。IMA 1999-016 批准。2000 年 R. H. 米切尔（R. H. Mitchell）等在《加拿大矿物学家》（38）报道。2003 年中国地质科学院矿产资源研究所李锦平等在《岩石矿物学杂志》[22(1)]音译为亨利迈耶矿。

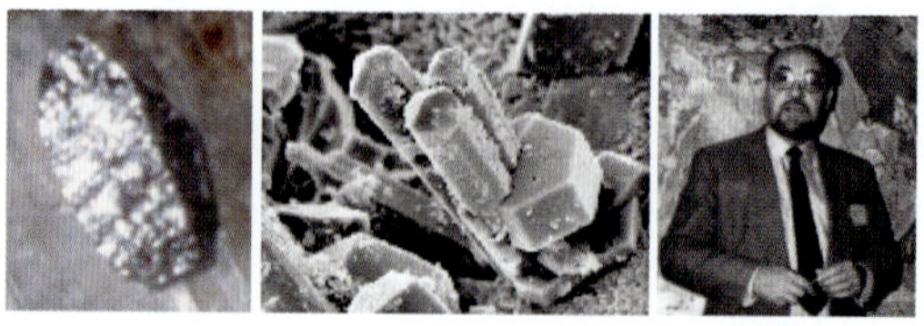

亨利迈耶矿针柱状晶体（俄罗斯，电镜）和亨利·迈耶像

【亨诺马丁石】

英文名 Hennomartinite

化学式 $SrMn_2^{3+}(Si_2O_7)(OH)_2 \cdot H_2O$　（IMA）

亨诺马丁石捆束状集合体（南非）和亨诺·马丁像

亨诺马丁石是一种含结晶水和羟基的锶、锰的硅酸盐矿物。属硬柱石族。斜方晶系。晶体呈柱状；集合体呈捆束状。褐色、黄褐色，玻璃光泽，半透明；硬度 4，脆性。1992 年发现于南非开普省北部的卡拉哈里锰矿田霍塔泽尔的韦塞尔斯（Wessels）矿，该矿隶属于博茨瓦纳莫名的卡拉哈里锰矿带的南延部分。英文名称 Hennomartinite，1993 年由 T. 安布鲁斯特（T. Armbruster）等为纪念从纳粹德国逃到南非的地质学家亨诺·马丁（Henno Martin，1910—1998）而以他的姓名命名。亨诺·马丁以研究南非前寒武纪地质著称，并确定了模式标本的产地，他撰写了《西南非洲和纳马夸兰地区的地质学》（*Geology of South-West Africa and Namaqualand*）一书。IMA 1992-033 批准。1993 年 E. 里博沃特兹基（E. Libowitzky）、T. 安布鲁斯特（T. Armbruster）在《瑞士矿物学和岩石学通报》（73）和 1996 年《美国矿物学家》（81）报道。1998 年中国新矿物与矿物命名委员会黄蕴慧等在《岩石矿物学杂志》[17(2)]音译为亨诺马丁石。

横 [héng]形声；从木，黄声。本义：门框下部的横木。跟地面平行的，与“竖”“直”相对。用于日本地名横须贺：日本神奈川县南东部三浦半岛的城市。

【横须贺石】参见【恩苏塔矿】条 141 页

轰 [hōng]会意；从三车。本义：群车行驶声。用于日本地名。

【轰石】参见【钡镁锰矿】条 55 页

弘 [hóng]形声；从弓，厶（gōng）声。本义：弓声。用于日本人名。

【弘三石】参见【羟碳钕石】条 736 页

【弘三石-镧】参见【羟碳镧石】条 735 页

红 [hóng]形声；从纟，表示与线丝有关；工声。本义：粉红色。光学意义的红色：是白光投射到矿物上其中的绿光被矿物吸收，矿物呈现出绿色的补色，即红色。泛指各种红色。也用于中国地名。

【红铵铁盐】

英文名 Kremersite

化学式 $(NH_4)_2Fe^{3+}Cl_5 \cdot H_2O$　　(IMA)

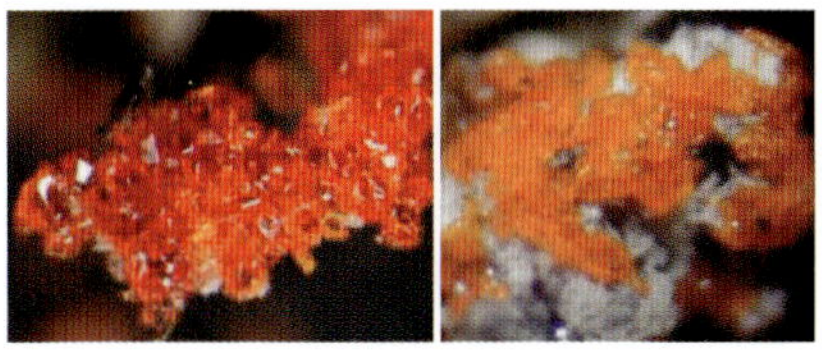

红铵铁盐粒状晶体(德国)

红铵铁盐是一种含结晶水的铵、铁的氯化物矿物。斜方晶系。晶体常呈微小的假八面体、粒状、纤维状。褐红色、红色、橘红色，玻璃光泽，透明—半透明；完全解理；极易潮解。1851 年发现于意大利那不勒斯省维苏威(Vesuvius)火山和西西里区(岛)埃特纳(Etna)火山。1851 年克雷默斯(Kremers)在德国莱比锡《哈雷物理学年鉴》(84)报道。英文名称 Kremersite，1853 年由肯贡特(Kengott)在奥地利维也纳《莫氏矿物系统》和《1850—1851 年矿物学研究成果综述》(9)以德国化学家彼得·克雷默斯(Peter Kremers，1827—?)的姓氏命名。1959 年以前发现、描述并命名的"祖父级"矿物，IMA 承认有效。中文名称根据颜色和成分译为红铵铁盐；根据成分译为钾铵铁矿/氯钾铵矿/氯钾铵铁矿。

【红宝石】参见【刚玉】条 236 页

【红橙石】

英文名 Attakolite

化学式 $CaMn^{2+}Al_4(HSiO_4)(PO_4)_3(OH)_4$　　(IMA)

红橙石粒状晶体，块状集合体(意大利)和三文鱼

红橙石是一种含羟基的钙、锰、铝的磷酸-氢硅酸盐矿物。属柱磷锶锂矿族。单斜晶系。集合体呈隐晶质块状。白色、粉红色、淡红色，玻璃光泽，半透明；硬度 5～6.5，完全解理。1868 年发现于瑞典布鲁默拉市的纳苏姆(Näsum)维斯塔纳(Västanå)铁矿。1868 年布洛姆斯特兰德(Blomstrand)在《斯德哥尔摩皇家科学院文献回顾》(25)报道。英文名称 Attakolite，由希腊文"ά ττακοs＝Attakos＝Salmon(三文鱼)"命名，意指其颜色通常像三文鱼的浅红色。1959 年以前发现、描述并命名的"祖父级"矿物，IMA 承认有效。IMA 1992s. p. 批准。中文名称根据特征的颜色译为红橙石。

【红碲铅铁石】

英文名 Eztlite

化学式 $Pb_2Fe_3^{3+}(Te^{4+}O_3)_3(SO_4)O_2Cl$　　(IMA)

红碲铅铁石是一种含氧和氯的铅、铁的硫酸-碲酸盐矿物。单斜晶系。晶体呈薄片状；集合体呈皮壳状、花朵状。明亮的红色，半透明；硬度 3，完全解理，脆性。1980 年发现于墨西哥索诺拉州蒙特苏马(Moctezuma)县。英文名称 Eztlite，根据纳瓦文"Eztli＝Blood(血)"命名，意指其颜色为血

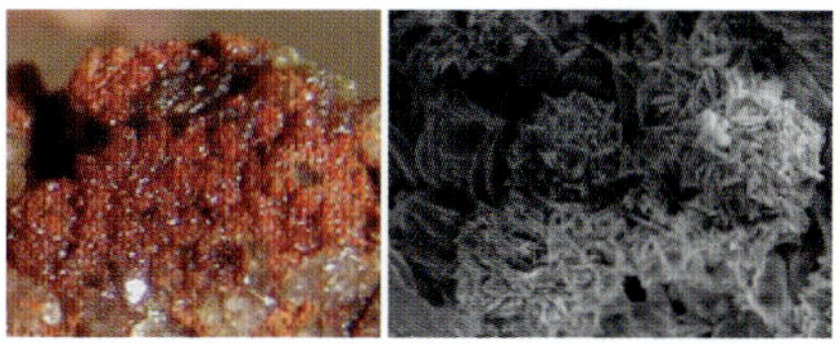

红碲铅铁石片状晶体，皮壳状、花状(电镜)集合体(墨西哥)

红色。IMA 1980－072 批准。1982 年 S. A. 威廉姆斯(S. A. Williams)在《矿物学杂志》(46)和《美国矿物学家》(68)报道。1984 年中国新矿物与矿物命名委员会郭宗山在《岩石矿物及测试》[3(2)]根据颜色和成分译为红碲铅铁石。

【红碲铁石】

英文名 Blakeite

化学式 $Fe_2^{3+}(Te^{4+}O_3)_3$(?)　　(IMA)

布莱克像

红碲铁石是一种铁的碲酸盐矿物。等轴晶系。集合体呈块状、微晶皮壳状。褐色或暗红色、棕色，土状光泽；硬度 2～3，脆性。1944 年发现于美国内华达州埃斯梅拉达县戈尔德菲尔德矿区莫霍克(Mohawk)矿。1944 年弗龙德尔(Frondel)等在《美国矿物学家》(29)报道。英文名称 Blakeite，以美国西南部的先驱地质学家和矿物学家威廉·菲普斯·布莱克(William Phipps Blake，1826—1910)的姓氏命名。1959 年以前发现、描述并命名的"祖父级"矿物，IMA 承认有效，但持怀疑态度。中文名称根据颜色和成分译为红碲铁石。

【红电气石】

英文名 Rubellite

化学式 $NaR_3Al_6B_3Si_6O_{28}(OH,F)_3$(R＝Li，Mn，Al 等)

化学通式 $A(D_3)G_6(T_6O_{18})(BO_3)_3X_3Z$

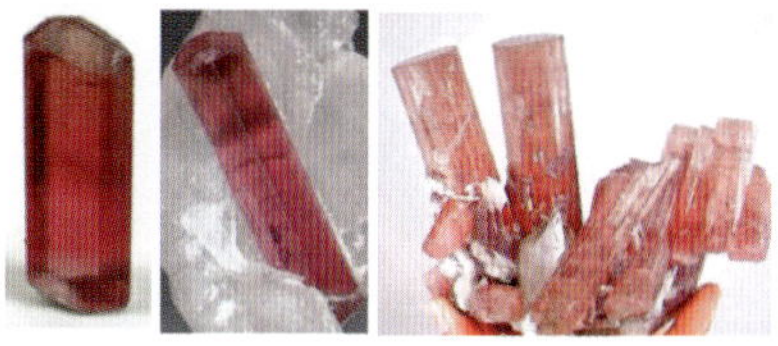

红电气石柱状晶体，晶簇状集合体(巴西、美国)

红电气石是一种含羟基和氟的钠、钾、钙的锂、铝、铁、锰、铬等的硼酸-硅酸盐矿物。属电气石族。三方晶系。晶体呈长柱状、菱面体；集合体呈晶簇状。粉红、桃红、玫瑰红、深红、紫红等以红色调为主，宝石界称之为碧玺，玻璃光泽，透明；硬度 7。在矿物学上它主要属于锂电气石和氟锂电气石，也可能是钠铝电气石(Olenite)和钙锂电气石。红色的起因可能与微量锰及锂和铯有关。1810 年，M. H. 克拉普罗特(M. H. Klaproth)在罗特曼柏林《浅析化学知识对摩拉维亚地区红电气石矿物学研究的贡献》(第五卷)报道了来自原捷克斯洛伐克中部(现为捷克东部)摩拉维亚地区的红电气石(Rubellites)。音译为卢比来或鲁贝特，意思"红宝石般"的。因此，Rubellite 自然在早期曾被频繁误认为是红宝石。其实是不正确的。矿物学家沃尔特·舒曼(Walter Schumann)是宝石界堪称经典的《宝石世界》的作者，他认为"Rubellite"这个词是宝石界使用的一个商业术语，以用来区分不同颜色的碧玺而已。碧玺按照颜色可分为 Indicolite(蓝碧玺)、Verdelite(绿碧玺)、Dravite(棕碧玺)、Schorl(黑碧玺)和 Achroite(无色碧玺)。他还强调认为 Rubellite 仅指"粉红到红，有时微带些紫色调"特定的碧玺。中文矿物名称根据颜色和族名译为红电气石。

【红钒钙铀矿】参见【水钙钒铀矿】条 822 页

【红锆石】参见【锆石】条 242 页

【红铬铅矿】

英文名 Phoenicochroite

化学式 $Pb_2O(CrO_4)$　(IMA)

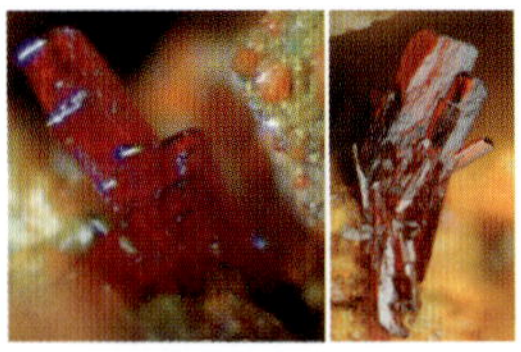

红铬铅矿板状晶体(智利、英国)

红铬铅矿是一种铅氧的铬酸盐矿物。单斜晶系。晶体呈板柱状；集合体呈块状、网状、薄膜状、晶簇状。深红色、明亮红色、橙红色，金刚光泽、树脂光泽，半透明；硬度 2.5～3.5，完全解理。1833 年，赫尔曼(Hermann)在莱比锡《哈雷物理学年鉴》(28)报道。1839 年发现于俄罗斯斯维尔德洛夫斯克州叶卡捷琳堡的贝里约佐夫斯科耶(Beryozovskoye)金矿床，同年，在纽伦堡《矿物学基础概论》(*Petrefactenkunde*)刊载。英文名称 Phoenicochroite，由希腊文"φοίνικος＝Deep red(深红)"和"χρόα＝Colour(颜色)"组合命名，意指它的颜色呈典型的红色。1959 年以前发现、描述并命名的"祖父级"矿物，IMA 承认有效。IMA 1980s. p. 批准。中文名称根据颜色和成分将它们译为红铬铅矿。

【红硅钙锰矿】

英文名 Inesite

化学式 $Ca_2Mn_7^{2+}Si_{10}O_{28}(OH)_2 \cdot 5H_2O$　(IMA)

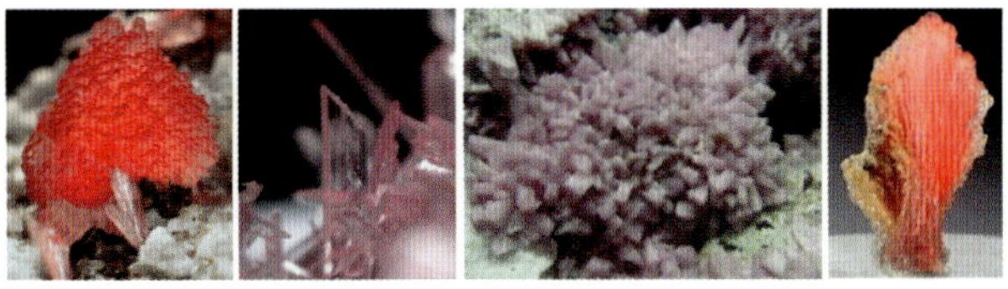

红硅钙锰矿晶簇状(中国)和放射状(美国)、束状集合体

红硅钙锰矿是一种含结晶水和羟基的钙、锰的硅酸盐矿物。三斜晶系。晶体呈扁的长板条状、针状、柱状、刃片状；集合体常呈束状、放射状、球状。玫瑰红色、粉红色、橘红色、橙红色、深葡萄酒红等，玻璃光泽、丝绢光泽，透明—半透明；硬度 5.5～6，脆性。是一种名贵的宝石矿物。据说埃及法老王的权杖上，还有英国女王的王冠上各有一块，是权贵的象征[见 1978 年《美国矿物学家》(63)]。1887 年发现于德国黑森州迪伦堡区希尔费格特斯(Hilfe Gottes)矿；同年，在《德国地质学会杂志》(39)报道。1892 年在美国加利福尼亚州也有发现。英文名称 Inesite，源自拉丁文"Ines＝Flesh fibers"意为肌肉纤维，指其肉红颜色和纤维结晶习性。1959 年以前发现、描述并命名的"祖父级"矿物，IMA 承认有效。中文名称据其颜色和成分译为红硅钙锰矿或红硅钙锰石。20 世纪末在中国湖北大冶冯家山铜矿也有发现。

【红硅镁石】

英文名 Spadaite

化学式 $MgSiO_2(OH)_2 \cdot H_2O(?)$　(IMA)

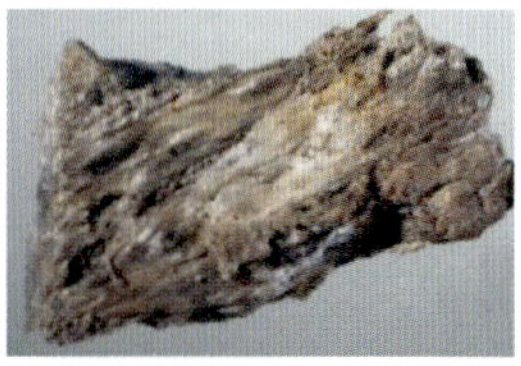

红硅镁石纤维状晶体，毛毡状、束状集合体(美国)

红硅镁石是一种含结晶水、羟基的镁的硅酸盐矿物。斜方晶系。晶体呈柱状、纤维状；集合体呈毛毡状、束状、块状。无色、奶油色、淡红色，玻璃光泽、珍珠光泽或油脂光泽，半透明；硬度 2.5。1843 年发现于意大利拉齐奥大区罗马市卡珀·迪·博韦(Capo di Bove)；同年，F. 冯·克贝尔(F. von Kobell)在《巴伐利亚皇家科学院学术广告》(17)和《实用化学杂志》(30)报道。英文名称 Spadaite，以意大利政治家和业余矿物学者拉维诺·斯帕达·德·梅迪奇(Lavino Spada de Medici，1801—1863)的名字命名。1959 年以前发现、描述并命名的"祖父级"矿物，IMA 承认有效；但持怀疑态度。矿物结构未知，文献中没有 X 射线粉晶数据。中文名称根据颜色特征和成分译为红硅镁石。

【红硅锰矿】

英文名 Parsettensite

化学式 $(K,Na,Ca)_{7.5}(Mn,Mg)_{49}Si_{72}O_{168}(OH)_{50} \cdot nH_2O$　(IMA)

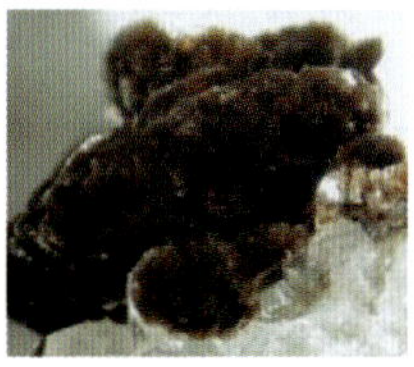

红硅锰矿片状晶体，花状集合体(美国)

红硅锰矿是一种含结晶水和羟基的钾、钠、钙、锰、镁的硅酸盐矿物。属黑硬绿泥石族。与硅钾镁铁矿为同质二象。单斜晶系。晶体呈板状、假六方片状；集合体呈花状、块状。黄棕色、蜜黄色、浅棕色、铜红色，玻璃光泽、金属—半金属光泽，透明—半透明；硬度 1.5，完全解理。1923 年发现于瑞士格劳宾登州阿尔布拉(Albula)山蒂尼聪(Tinizong)的帕尔塞滕斯(Parsettens)山。1923 年雅各布在《瑞士矿物和岩石通报》(3)报道。英文名称 Parsettensite，由约翰·雅克布(Johann Jakob)根据发现地瑞士的帕尔塞滕斯(Parsettens)高山命名。1959 年以前发现、描述并命名的"祖父级"矿物，IMA 承认有效。中文名称根据颜色和成分译为红硅锰矿或水硅锰石。

【红硅硼铝钙石】参见【铝硼锆钙石】条 540 页

【红硅铁锰矿】

英文名 Friedelite

化学式 $Mn_8^{2+}Si_6O_{15}(OH)_{10}$　(IMA)

红硅铁锰矿六方片状、假菱面体晶体(瑞典、美国)和弗里德尔像

红硅铁锰矿是一种含羟基的锰的硅酸盐矿物。属热臭石族。单斜晶系。晶体呈板状、六方片状、假菱面体；集合体呈块状。无色、褐色、玫瑰色、棕色、红棕色、深棕色；硬度 4～5，完全解理。1876 年发现于法国上比利牛斯省阿泽(Azet)山；同年，在巴黎《法国科学院会议周报》(82)报道。英文名称 Friedelite，由埃米尔·伯特兰(Emile Bertrand)在 1876 年为纪念著名的法国化学家和矿物学家查尔斯·弗里

德尔(Charles Friedel,1832—1899)而以他的姓氏命名。弗里德尔是巴黎大学(前身索邦神学院或索邦大学)的化学教授,1877 年他开发了弗里德尔-克拉夫茨烷基化和酰基化反应以及詹姆斯工艺,并试图制造人造金刚石。他的儿子乔治・弗里德尔(Georges Friedel,1865—1933)也是一位著名的矿物学家。1891 年 G. 弗林克(G. Flink)在《矿物学笔记Ⅲ》(8)报道。1959 年以前发现、描述并命名的"祖父级"矿物,IMA 承认有效。中文名称根据颜色和成分译为红硅铁锰矿或红锰铁矿或红锰矿;根据与热臭石的关系和结构也译为热臭石-3R(参见【热臭石】条 751 页)。

【红河石】

汉拼名 Hongheite

化学式 $Ca_{19}Fe^{2+}Al_4(Fe^{3+},Mg,Al)_8(\square,B)_4BSi_{18}O_{69}(O,OH)_9$ (IMA)

红河石是一种复铁的符山石物种。属符山石族。四方晶系。晶体常呈自形柱状(长 0.5～4.0mm,宽 0.3～1.0mm);集合体呈横径达 4～25mm 的放射状。墨绿色,条痕呈浅灰绿色,玻璃光泽,透明;硬度 6～7,脆性。2017 年发现于中国云南省红河(Honghe)哈尼族彝族自治州个旧市个旧锡多金属矿带的马拉格矿田百山冲花岗岩。矿物名称根据模式产地中国红河(Honghe)自治州命名为 Hongheite(红河石)。IMA 2017-027 批准。2017 年徐金沙(Xu Jinsha)等在《CNMNC 通讯》(39)、《矿物学杂志》(81)和《欧洲矿物学杂志》(29)报道。

【红辉沸石】参见【淡红沸石】条 109 页

【红钾铁盐】

英文名 Erythrosiderite

化学式 $K_2Fe^{3+}Cl_5 \cdot H_2O$ (IMA)

红钾铁盐板状晶体(意大利)

红钾铁盐是一种含结晶水的钾、铁的氯化物矿物。斜方晶系。晶体呈假八面体、板状。宝石红色、红色、棕红色、褐红色或淡黄色,玻璃光泽,透明—半透明;完全解理。1872 年发现于意大利那不勒斯省维苏威(Vesuvius)火山喷发物之中,地质上它地处外轮山-维苏威杂岩体。1872 年斯卡基(Scacchi)在《那不勒斯皇家科学院物理和数学报告》(210)和 1973 年《那不勒斯皇家科学院物理和数学报告》(5)报道。英文名称 Erythrosiderite,由希腊文"έρυθρός=Erythros=Red(红色)"和"σίδηρος=Sideros=Iron(铁)"命名,意指矿物颜色呈红色并含铁。1959 年以前发现、描述并命名的"祖父级"矿物,IMA 承认有效。中文名称根据颜色和成分译为红钾铁盐。

【红锂电气石】参见【红电气石】条 323 页

【红帘石】

英文名 Piemontite

化学式 $Ca_2(Al_2Mn^{3+})[Si_2O_7][SiO_4]O(OH)$ (IMA)

红帘石柱状晶体(美国、意大利)

红帘石是一种含羟基和氧的钙、铝、锰的硅酸盐矿物。属绿帘石族斜黝帘石亚族富锰矿物。单斜晶系。晶体呈柱状、叶片状、针状、粒状,具聚片双晶。红色、红紫色、红棕色、红褐色或暗红色,玻璃光泽,透明—不透明;硬度 6～6.5,完全解理,脆性。1803 年首先发现于意大利皮埃蒙特(Piemonte)大区奥斯塔市圣马塞尔区普拉博纳兹(Prabornaz)矿山。英文名称 Piemontite,经历了一个相当长的演变。1758 年由克龙斯泰特(Cronstedt)首次描述于意大利普拉博纳兹矿山称为"Röd Magnesia(红色氧化镁)";1790 年被谢瓦利埃・纳皮诺(Chevalier Napione)再次描述为"Manganèse Rouge(锰胭脂红)",他还提供了化学分析结果;在纳皮诺的化学分析数据的基础上,1801 年阿羽伊(Haüy)将矿物命名为"Manganèse oxidé violet silicifère(紫罗兰色的锰氧化物硅酸盐)";1803 年科迪埃(Cordier)做了一项新的分析,承认 Piemontite 和 Epidot 之间的相似之处,并将此命名为"Èpidote manganésifere",德文和英文科学家分别称为 Manganepidot 和 Manganesian epidote。此外,1822 年阿羽伊(Haüy)在他的《矿物学论著》(*Traitéde Mineralogie*)采用了 Èpidotemanganésifere 的名字;1817 年维尔纳(Werner)选择了"Piemontischer Braunstein"名称;1853 年古斯塔夫・阿道夫・肯龚特(Gustav Adolph Kenngot)在《矿物学杂志》(13)缩写为英文名称 Piedmontite。在奥地利维也纳《莫氏矿物系统》刊载。现在使用的是意大利文拼写法 Piemontite,以模式产地意大利皮埃蒙特(Piemonte)命名。1959 年以前发现、描述并命名的"祖父级"矿物,IMA 承认有效。IMA 1962s. p. 批准。中文名称根据颜色和族名以及晶体柱面条纹译为红帘石。

【红磷锰矿】

英文名 Hureaulite

化学式 $Mn_5^{2+}(PO_3OH)_2(PO_4)_2 \cdot 4H_2O$ (IMA)

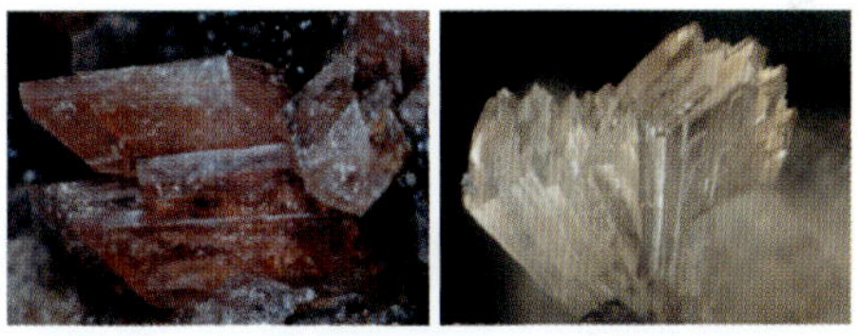

红磷锰矿板状晶体,晶簇状集合体(美国、德国)

红磷锰矿是一种含结晶水的锰的磷酸-氢磷酸盐矿物。属红磷锰矿族。单斜晶系。晶体呈短柱状、板状、鳞片状、纤维状;集合体呈块状、致密块状、晶簇状。粉红色、无色,有时为红、橙、橙红、红棕、黄棕、紫罗兰—粉红和灰等色以及琥珀色,玻璃—半玻璃光泽、油脂光泽,透明—半透明;硬度 5,完全解理,脆性。1825 年,由弗朗索瓦・阿卢奥二世(François Alluaud Ⅱ)发现于法国维埃纳省圣西尔韦斯特的莱斯-胡罗(Hureaux)村。1925 年 L. N. 沃奎琳(L. N. Vauquelin)在《化学和物理学年鉴》(3)和 1826 年阿卢奥(Alluaud)在《自然科学期刊》(8)报道。英文名称 Hureaulite,以发现地法国的胡罗(Hureaux)村命名。1959 年以前发现、描述并命名的"祖父级"矿物,IMA 承认有效。IMA 2007s. p. 批准。1912 年,瓦尔德马・舍勒(Waldemar Schaller)曾以美国加利福尼亚州帕拉(Pala)命名了一种红色的矿物 Palaite,但已经证明它仍是 Hureaulite。1925 年弗朗茨・穆勒巴乌(Franz Mullbauer)曾将此矿物命名为 Baldaufite(巴尔道夫矿)。1933 年德·杰西(De Jesus)还将此命名为 Pseudopalaite(假 Palaite);另外,还有同义词 Wenzelite(德文称温泽尔矿或文策尔矿)等名称。中文名称根据颜色和成分译为红磷锰矿。

【红磷锰铍石】

英文名 Väyrynenite

化学式 $BeMn^{2+}(PO_4)(OH)$ (IMA)

红磷锰铍石柱状晶体(巴基斯坦、阿富汗)和卫瑞恩像

红磷锰铍石是一种很罕见的含羟基的铍、锰的磷酸盐矿物。单斜晶系。晶体呈柱状、板状、细粒状。浅粉色—玫瑰红色、鲑鱼红色、淡灰色、褐色,玻璃光泽、金刚光泽,透明—半透明;硬度5,完全解理,脆性。1939年由冯·克诺林(von Knoring)发现于芬兰皮尔坎马区艾拉贾尔维(Eräjärvi)的维塔涅米(Viitaniemi)伟晶岩;后经沃博尔特(Volborth)详细工作最终于1954年正式确定为新矿物,并在《奥地利科学院数学和自然科学文献》(2)和弗莱舍在《美国矿物学家》(39)报道。英文名称 Väyrynenite,以芬兰赫尔辛基高等技术学院矿物学家和地质学家海基·艾伦·卫瑞恩(Heikki Allen Väyrynen,1888—1956)教授的姓氏命名。1959年以前发现、描述并命名的"祖父级"矿物,IMA 承认有效。中文名称根据其主要成分和特征的粉红色而译为红磷锰铍石或红磷锰铍矿。我国1984年首次在福建南平花岗伟晶岩中发现该矿物。1992年,倪云祥和杨岳清在《岩石矿物学杂志》(3)报道。

【红磷钠矿】

参见【水氟磷铝钙石】条820页

【红磷铁矿】

英文名 Strengite

化学式 $Fe^{3+}(PO_4)\cdot 2H_2O$ (IMA)

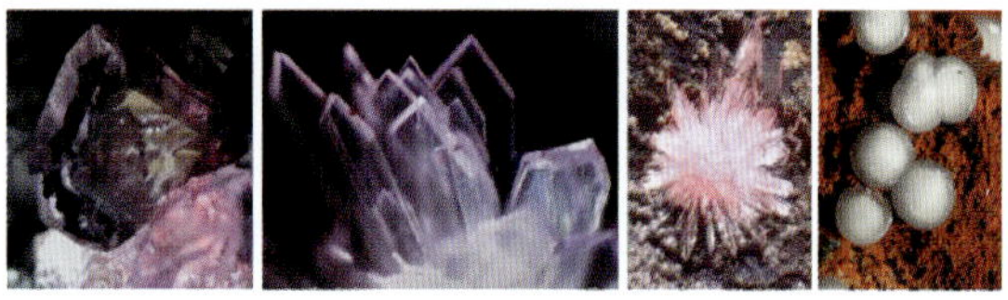

红磷铁矿假八面体、板状晶体,晶簇状、放射状、球状集合体(德国、美国、葡萄牙)

红磷铁矿是一种含结晶水的铁的磷酸盐矿物。属磷铝石族。与磷铝石为完全类质同象系列。斜方晶系。晶体少见斜方双锥八面体,通常呈柱状、板状、纤维状、细粒状或粗粒状;集合体多呈胶凝态出现,呈皮壳状、结核状、肾状、豆状、蛋白石状、晶簇状、放射球状。纯者呈无色、白色,含杂质者呈浅红色、薰衣草色、粉红色、胭脂红色或紫色色调,也有绿色、黄色或天蓝色,条痕呈红色,玻璃光泽、油脂光泽,透明—半透明;硬度5(晶体),胶体状则为3.5～4,完全解理,脆性。1867年诺发罗维奇(Zepharovich)在维也纳《奥匈帝国与皇家科学院研究》(56)报道,称 Barrandite(铝红磷铁矿)。1877年发现于德国黑森州韦茨拉尔市罗德海姆-比伯尔(Rodheim-Bieber)的埃莱奥诺雷(Eleonore)铁矿;同年,尼斯(Nies)在德国斯图加特海德堡《矿物学、地质学和古生物学新年鉴》报道。英文名称 Strengite,以德国吉森大学矿物学家约翰·奥古斯特·施特伦(Johann August Streng,1830—1897)教授的姓氏命名。1959年以前发现、描述并命名的"祖父级"矿物,IMA 承认有效。中文名称根据颜色和成分译为红磷铁矿。

【红磷铁铅矿*】

英文名 Crimsonite

化学式 $PbFe^{3+}_2(PO_4)_2(OH)_2$ (IMA)

红磷铁铅矿*是一种含羟基的铅、铁的磷酸盐矿物,事实上它是砷铅铁矿的磷酸盐矿物。属砷铅铁矿族。斜方晶系。晶体呈叶片状或平板状,厚达0.1mm。深红色,金刚光泽,透明;硬度3.5,中等解理,脆性。2014年发现于美国内华达州洪堡特县瓦尔米(Valmy)银矿山。英文名称 Crimsonite,以矿物的颜色"Crimson(深红色)"命名。IMA 2014-095批准。2015年 A. R. 坎普夫(A. R. Kampf)等在《CNMNC 通讯》(24)、《矿物学杂志》(79)和2016年《矿物学杂志》(80)报道。目前尚未见官方中文译名,编译者根据颜色和成分建议译为红磷铁铅矿*。

【红鳞镁铁矿】

英文名 Brugnatellite

化学式 $Mg_6Fe^{3+}(CO_3)(OH)_{13}\cdot 4H_2O$ (IMA)

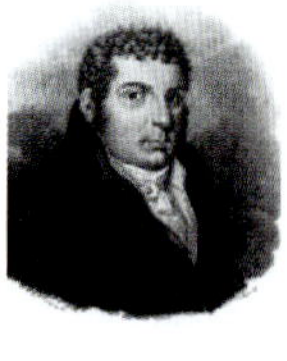

布鲁纳特利像

红鳞镁铁矿是一种含结晶水和羟基的镁、铁的碳酸盐矿物。属水滑石超族。六方晶系。晶体呈板状、三边形或六边形片状、叶片状、小雪片状;集合体呈块状。白色、肉红色—粉红色、黄白色、褐白色,玻璃光泽、珍珠光泽,透明—半透明;硬度2,极完全解理。1909年在意大利松德里奥市西帕尼科(Ciappanico)石棉矿首次发现。最早由雅天尼(Artini)于1909年在意大利《林且(Lincei)皇家科学院学报》[V系列,18]进行了报道。1938年 M. 费诺利奥(M. Fenoglio)在《罗马矿物学期刊》(9)报道了 Brugnatellite 的研究。英文名称 Brugnatellite,源于意大利帕维亚大学矿物学教授利吉·布鲁纳特利(Ligi Brugnatelli,1859—1928)的姓氏。1959年以前发现、描述并命名的"祖父级"矿物,IMA 承认有效。1942年,S. 凯勒(S. Caillere)报道过一个含铬的鳞镁铁矿(Pyroaurite),他当时把它称为"Brugnatellite"。1958年,在我国西南某地的蛇纹岩中,发现了一种紫红色矿物,丁毅等曾将它定名为"鳞镁铬矿(Stichitite)"。近年,四川某地质队在西南某地的另一处蛇纹岩中也找到了这种紫红色矿物,经有关单位定名为"红鳞镁铁矿(Brugnatellite)"。后重新进行研究,发现这两种矿物的成分和物理性质及光学性质几乎相同,认为它们均系同一种矿物,是水滑石(Hydrotalcite)族矿物中的鳞镁铬矿-鳞镁铁矿系列的过渡成员,即该系列的一个新变种,按成分命名为铬鳞镁铁矿(Chrom-pyroaurite)。2012年 IMA 对红鳞镁铁矿(Brugnatellite)提出质疑。

【红菱沸石】

参见【菱沸石-钙】条488页

【红硫砷矿】

英文名 Duranusite

化学式 As_4S (IMA)

红硫砷矿是一种砷和硫的互化物矿物。斜方晶系。晶体呈显微粒状、纤维状、丝状。红色、灰黑色,很小的碎片呈暗红色，金属光泽，不透明—半透明；硬度 2～2.5。1973 年发现于法国普罗旺斯-阿尔卑斯-蓝色海岸大区阿尔卑斯滨海省杜拉奴斯(Duranus)莱吉斯(L'Eguisse)矿。英文名称 Duranusite，以发现地法国的杜拉奴斯(Duranus)命名。IMA 1973-003 批准。1973 年 Z. 约翰(Z. Johan)等在《法国矿物学和结晶学学会通报》(96)报道。中文名称根据颜色和成分译为红硫砷矿；根据成分译为硫四砷矿。

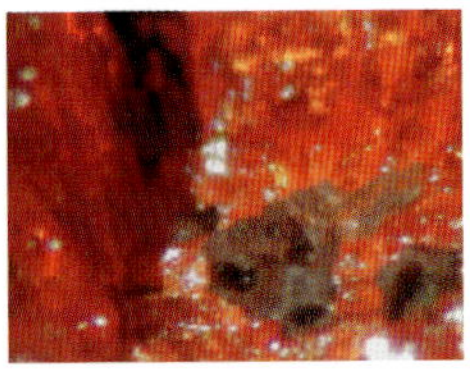

红硫砷矿小粒状、纤维状、丝状晶体(法国)

【红硫锑砷钠矿】

英文名 Gerstleyite

化学式 $Na_2(Sb,As)_8S_{13} \cdot 2H_2O$　(IMA)

红硫锑砷钠矿片状、纤维状晶体(美国)和格斯特尔像

红硫锑砷钠矿是一种含结晶水的钠的砷-锑-硫化物矿物，这是第一个已知的钠硫盐矿物。单斜晶系。晶体呈厚板状、片状和纤维状；集合体呈弯曲状、半扇放射状，像红色的小球。辰砂红色—暗红色—浅黑红色，粉末呈朱红色，光照后变成黑色，半金刚光泽，透明—半透明；硬度 2.5，完全解理，脆性。1956 年发现于美国加利福尼亚州克恩县贝克(Baker)矿。1956 年 C. 弗龙德尔(C. Frondel)和 V. 摩根(V. Morgan)在《美国矿物学家》(41)报道。英文名称 Gerstleyite，以美国太平洋沿岸硼砂和化学公司的总裁詹姆斯·麦克·格斯特尔(James Mack Gerstley，1907—2007)的姓氏命名。他于 2003 年入选美国国家矿业名人堂。1959 年以前发现、描述并命名的"祖父级"矿物，IMA 承认有效。中文名称根据颜色和成分译为红硫锑砷钠矿。

【红榴石】参见【镁铝榴石】条 595 页和【镁铁榴石】条 599 页

【红绿柱石】

英文名 Red beryl

化学式 $Be_3Al_2Si_6O_{18}$

红绿柱石六方柱状晶体，晶簇状集合体(美国)

红绿柱石是绿柱石的红色变种。六方晶系。晶体呈六方柱状；集合体呈晶簇状。草莓红色、胭脂红色、大红色，玻璃光泽，透明—半透明；硬度 7～8.5，脆性。发现于美国犹他州贾布县。英文名称 Red beryl，最初由阿尔佛雷德·埃普勒(Alfred Eppler)为纪念美国犹他州盐湖城矿工和矿产商梅纳德·比克斯比(Maynard Bixby，1853—1935)而以他的姓氏命名。为使以同一个人名比克斯比(Bixby)命名的 Bixbite 和 Bixbyite(方铁锰矿)两种矿物名称不至于相混淆，遂将 Bixbite 更名为 Red beryl。中文名称根据颜色和根名译为红绿柱石；根据 Bixbite 音译为柏比氏石。

【红锰铁矿】参见【红硅铁锰矿】条 324 页

【红锰榍石】

英文名 Greenovite

化学式 $CaTi(SiO_4)O$

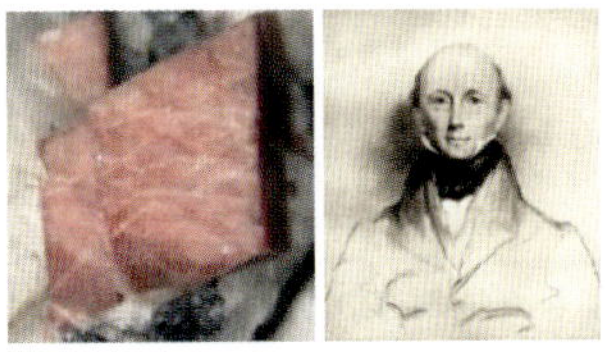

红锰榍石菱形板状晶体(意大利)和格里诺像

红锰榍石是一种红色含锰的榍石变种。属榍石族。单斜晶系。晶体呈菱形板状。红色。最初的报道来自意大利奥斯塔市圣马塞尔的帕拉博尔纳兹(Prabornaz)矿。英文名称 Greenovite，1840 年欧尔斯·彼埃尔·阿尔芒·佩蒂特·迪弗勒努瓦(Ours Pierre Armand Petit Dufrenoy)为纪念乔治·贝拉斯·格里诺(George Bellas Greenough，1778—1855)而以他的姓氏命名。格里诺是伦敦地质学会的创始人之一，并任第一任会长。他生前著有多种地质书籍，在他的努力下也促成了英国地质图的研究和出版。中文名称根据颜色、成分及与榍石的关系译为红锰榍石。

【红钠沸石】参见【钠沸石】条 635 页

【红钠闪石】

英文名 Katophorite

化学式 $Na(NaCa)(Mg_4Al)(Si_7Al)O_{22}(OH)_2$　(IMA)

红钠闪石是一种 A 位钠、C^{2+} 位镁、C^{3+} 位铝、W 位羟基占优势的闪石类矿物。属角闪石超族 W 位羟基、氟、氯占优势的角闪石族钠钙闪石亚族红钠闪石根名族。单斜晶系。晶体呈长柱状、杆状。玫瑰红色、暗红褐色、黑色，玻璃光泽，半透明；硬度 5，完全解理。该矿物首先发现于缅甸克钦邦莫宁(孟养)区帕敢乡(Hpakant)玉石场帕敢-道茂玉矿。1894 年 W. C. 布拉格(W. C. Brøgger)首次确认它是角闪石类矿物。此后布拉格从挪威的 3 个不同地方[挪威奥斯陆地区、韦斯特福尔(Kjose-Oklungen)铁路沿线和韦斯特福尔(Lagendalen)的博尔德]均发现了这种矿物。英文名称 Katophorite，以希腊文"κατ ώ φορos(移动下来)"命名，意指钠铁闪石由光学 Np 轴到结晶 c 轴的化学成分有相对的变化。1978 年 B. E. 利克(B. E. Leake)在《美国矿物学家》(63)和 1997 年《加拿大矿物学家》(35)的《角闪石命名法》中，将 Katophorite 定义为在 C 位铁和铝作为主要元素的矿物。2012 年 F. C. 霍桑(F. C. Hawthorne)等在《美国矿物学家》(97)根据闪石命名法重新定义 Katophorite 为 Ferro-katophorite 族主要成员。而 Katophorite 名字现在用于 C 位为镁和铝的钠钙闪石族主要成员。IMA 2013-140 批准。2014 年 R. 奥贝蒂(R. Oberti)等在《CNMNC 通讯》(20)、《矿物学杂志》(78)和 2015 年《矿物学杂志》(79)报道。中文名称根据颜色及与钠闪石的关系译为红钠闪石；根据成

红钠闪石柱状晶体(俄罗斯)

分、颜色及族名译为镁红钠闪石。

【红镍矿】参见【红砷镍矿】条 329 页

【红旗矿】

汉拼名 Hongquiite

化学式 TiO

红旗矿是一种钛的氧化物矿物。等轴晶系。晶体呈立方体、八面体。浅白色，金属光泽，不透明；硬度 3.5。最初的报道来自中国河北省承德地区滦平县红旗（Hongqi）村陶（Tao）区。汉拼名称 Hongquiite，以发现地中国红旗（Hongqi）村命名。原材料被证实是一个钛的碳化物（TiC），而不是一个氧化物。1976 年 IMA 未批准。

【红铅矿】参见【铬铅矿】条 251 页

【红铅铀矿】参见【亮红铅铀矿】条 451 页

【红闪石】

英文名 Ferro-katophorite

化学式 $Na(CaNa)(Fe_4^{2+}Al)(Si_7Al)O_{22}(OH)_2$ （IMA）

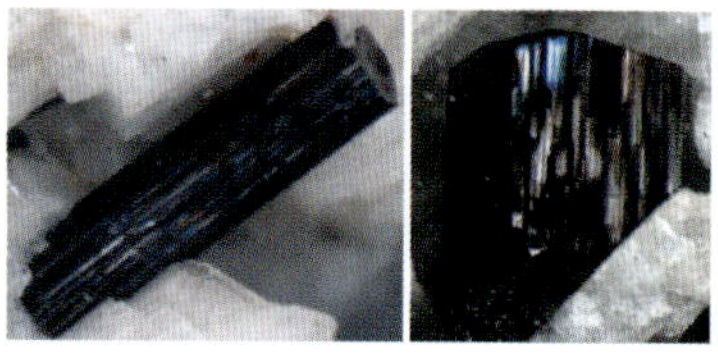

红闪石柱状晶体（葡萄牙）

红闪石是一种含羟基的钠、钙、铁、铝的铝硅酸盐矿物。属角闪石超族钠钙闪石族红钠闪石根名族。单斜晶系。晶体呈柱状。红褐色。1894 年 W. C. 布拉格（W. C. Brøgger）在《科学家 I. 数学自然类》（*Videnskabsselkabets Skrifter. I. Mathematisk-Naturvidenskabelig Klasse*）（4）报道发现于挪威奥斯陆市格吕斯莱特（Gruesletten）等地。英文名称 Ferro-katophorite，由成分冠词“Ferro（二价铁）”和根词“Katophorite（红钠闪石）”组合命名。1978 年 B. E. 利克（B. E. Leake）在《美国矿物学家》（63）和 1997 年《加拿大矿物学家》（35）将角闪石命名为 Katophorite。2012 年 F. C. 霍桑（F. C. Hawthorne）等在《美国矿物学家》（97）的《角闪石命名法》把 Katophorite 定义为 Fe^{2+} 和 Al 主导的 Katophorite 类矿物，IMA 更名为 Ferro-katophorite。IMA 2012s. p. 批准。中文名称根据颜色和族名译为红闪石，也译作红钠闪石/铝红闪石/褐钠闪石。

【红砷钙锰矿】

英文名 Arseniopleite

化学式 $(Ca,Na)NaMn^{2+}(Mn^{2+},Mg,Fe^{2+})_2(AsO_4)_3$ （IMA）

红砷钙锰矿是一种钙、钠、锰、镁、铁的砷酸盐矿物。属钠磷锰矿超族钠磷锰矿族。单斜晶系。晶体呈细长或粗晶状，假六边形；集合体呈细脉状、结核块状。樱桃红色、棕红色、灰色、黄色、深绿色、橙色，半玻璃光泽、树脂光泽、油脂光泽，半透明—不透明；硬度 3.5，完全解理，脆性。1888 年发现于瑞典厄勒布鲁省格吕特许坦地区绍格鲁万（Sjogruvan）矿。1888 年伊格尔斯特伦姆（Igelström）在《法国矿物学会通报》（11）和《矿物学、地质学和古生物学新年鉴》（2）报道。英文名称 Arseniopleite，由拉尔斯·约翰·伊格尔斯特伦（Lars Johann Igelstrom，1822—1897）根据矿物的化学成分拉丁文“Arsenic（砷含量）”和希腊文“πλεíων = Pleion = More（更多）”组合命名，意指事实上它比已经描述的相关矿物的砷的含量要多。1959 年以前发现、描述并命名的“祖父级”矿物，IMA 承认有效。IMA 1967s. p. 批准。中文名称根据颜色和成分译为红砷钙锰矿/红砷钙锰石。

【红砷硅锰矿】参见【粒砷硅锰矿】条 450 页

【红砷榴石】

英文名 Manganberzeliite

化学式 $(NaCa_2)Mn_2^{2+}(AsO_4)_3$ （IMA）

红砷榴石圆形粒状晶体（瑞士）

红砷榴石是一种钠、钙、锰的砷酸盐矿物。属石榴石超族黄砷榴石族。等轴晶系。晶体非常罕见，晶体呈三角三八面体、四角三八面体和偏方复十二面体，若见则通常呈巨大的圆形粒状。黄橙色、黄红色，红色色调随锰含量的增加而加深，半玻璃光泽、树脂光泽、油脂光泽，透明—半透明；硬度 4.5～5，脆性。1886 年发现于瑞典厄勒布鲁省的斯杰格鲁万（Sjögruvan）。1887 年伊格尔斯特罗姆（Igelström）在《法国矿物学学会通报》（9）称 Pyrrho-arsenite（有异极的亚砷酸盐）；1893 年在《斯德哥尔摩地质学会会刊》（15）改称 Chlorarsenian（羟砷锰矿）；1894 年拉斯·约翰·伊格尔斯特罗姆（Lars Johan Igelstrom）在莱比锡《结晶学、矿物学和岩石学杂志》（23）始称 Manganberzeliite。英文名称 Manganberzeliite，由成分冠词“Mangan（锰）”和根词“Berzeliite（黄砷榴石）”组合命名，意指它是与黄砷榴石（或黄榴砷矿）成系列的锰端元矿物。其中，根词为瑞典著名化学家琼斯·雅各布·伯齐利厄斯（Jöns Jakob Berzelius，1779—1848）的姓氏。伯齐利厄斯是分析化学之父，他发明了化学符号并发现了铈、硒、硅、钛、锆、钍等元素。除此之外他与他的学生还共同发现了其他一些元素。1959 年以前发现、描述并命名的“祖父级”矿物，IMA 承认有效。中文名称根据颜色和成分及族名译为红砷榴石；根据成分及与黄砷榴石的关系译为锰黄砷榴石。

【红砷铝锰矿】

英文名 Hematolite

化学式 $(Mn,Mg,Al)_{15}(AsO_4)_2(AsO_3)(OH)_{23}$ （IMA）

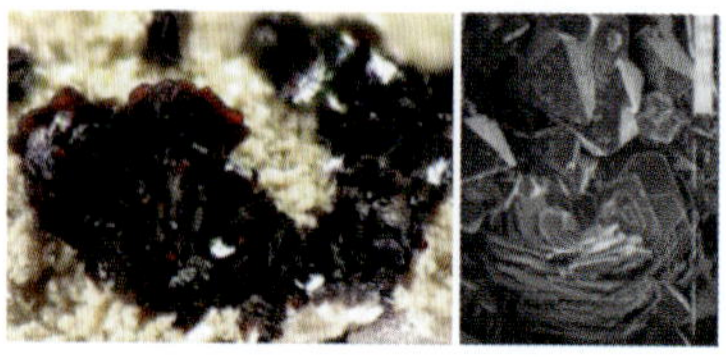

红砷铝锰矿板状晶体，叠板花状（电镜下）集合体（瑞典）

红砷铝锰矿是一种含羟基的锰、镁、铝的亚砷酸-砷酸盐矿物。三方晶系。晶体呈菱面体、厚板状；集合体呈叠板花状、皮壳状。褐红色、血红色，几乎近于黑色，树脂光泽、玻璃—半玻璃光泽，解理面上呈半金属光泽、珍珠光泽，半透明；硬度3.5，完全解理，脆性。1884 年发现于瑞典韦姆兰省菲利普斯塔德市摩斯(Moss)矿;1884 年贝特朗(Bertrand)在《法国矿物学会通报》(7)首次报道。英文名称 Hematolite,1884 年由拉斯·约翰·伊格尔斯特罗姆(Lars Johan Igelström)根据希腊文"αίμα=Blood(血液)"和"λίθos=Ston(石头)"组合命名,意指呈血红色的矿物。1959 年以前发现、描述并命名的"祖父级"矿物,IMA 承认有效。同义词 Aimatolite,1884 年伊格尔斯特罗姆在《斯德哥尔摩地质学会会刊》(7)根据"Aima(血液)"和希腊文"λίθos=Ston(石头)"组合命名。中文名称根据颜色和成分译为红砷铝锰矿或红砷铝锰石。

【红砷锰矿】

英文名 Sarkinite

化学式 $Mn^{2+}_2(AsO_4)(OH)$ (IMA)

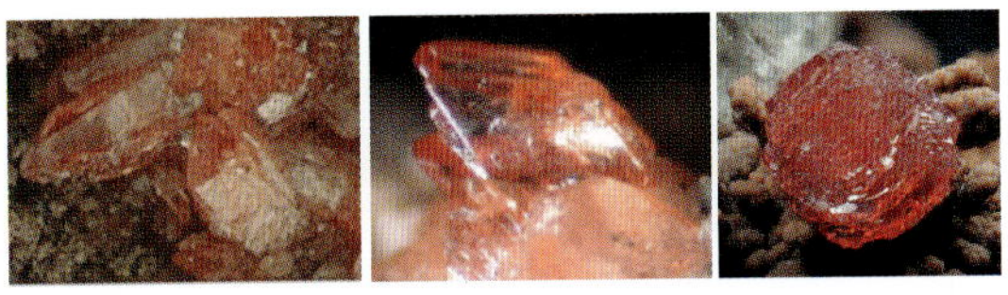

红砷锰矿柱状、板状晶体,球粒状集合体(美国、瑞典)

红砷锰矿是一种含羟基的锰的砷酸盐矿物。属氟磷镁石族。单斜晶系。晶体呈柱状、厚板状、粒状;集合体呈球粒状。红色、玫瑰红色、肉红色—暗血红色、红黄色—黄色、粉红色,油脂光泽,透明;硬度 4~5,中等解理。1865 年 L. J. 伊格尔斯特罗姆(L. J. Igelström)首先在《瑞典科学院会刊》(22)报道,称 Kondroarsenit。1885 年描述于瑞典韦姆兰省菲利普斯塔德市帕斯伯格(Pajsberg)区的哈尔斯蒂根(Harstigen)矿山。英文名称 Sarkinite,1885 年由斯滕·安德斯·亚尔马·肖格伦(Stens Anders Hjalmar Sjögren)在《斯德哥尔摩地质学会会刊》(7)以希腊文"σάρκινος=Sarkinos(血肉)或 Made of flesh(肉的)"命名,意指该矿物肉红色和油脂光泽特征。1959 年以前发现、描述并命名的"祖父级"矿物,IMA 承认有效。中文名称根据颜色和成分译为红砷锰矿。

【红砷镍矿】

英文名 Nickeline

化学式 NiAs (IMA)

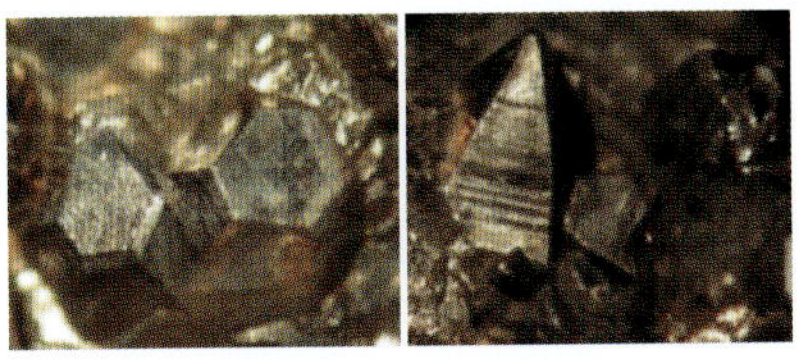

红砷镍矿锥状、板状晶体(德国)

红砷镍矿是一种镍的砷化物矿物。属红砷镍矿族。红砷镍矿高温时与红锑镍矿(Breithauptite)成固熔体。六方晶系。晶体呈六方柱状、锥状、板状、粒状,但极为少见;集合体常呈致密块状,或呈梳状、放射状、肾状,有时呈网状和树枝状。淡铜红色,玷污后呈铅灰色、灰色或黑色,金属光泽,不透明;硬度 5~5.5,脆性。在德国萨克森州厄尔士山脉中产出一种密度大且呈棕红色的矿石,其表面带有绿色斑点,当时矿工们叫它"库弗尔尼克尔铜"(德文 Kupfernickel,昵称撒旦或尼克"Satan or Nick"),但矿工们从中并没有提取到铜,他们指责它是一个调皮鬼、淘气包,即德国神话中的妖魔困扰着铜。早在 1694 年由乌尔班·阿羽伊(Urban Hjärne)命名的"Kupfernickel"相当于"白铜"(其他旧德国同义词 Rotnickelkies 和 Arsennickel),中文可以译为"假铜"。1751 年,瑞典化学家、矿物学家、物理学家 A. F. 克朗斯塔特(A. F. Cronstedt,1722—1756)在这种棕红色的矿石中制得一种新金属,称它为"Nickel"。随后在 1832 年弗朗索瓦·叙尔皮斯·伯当(Francois Sulpice Beudant)在巴黎《矿物学基础教程》(第二版)将矿物命名为 Nickeline(红砷镍矿);1868 年 J. D. 丹纳(J. D. Dana)更名为 Niccolite,即该矿物名称由元素镍的拉丁文"Niccolum"名称而得。1927 年 A. 罗素(A. Russell)在《矿物学杂志》(21)报道。1959 年以前发现、描述并命名的"祖父级"矿物,IMA 承认有效。IMA 1967s. p. 批准。中文名称根据颜色(铜红色)和成分(砷、镍)译为红砷镍矿,又译红镍矿(参见《化学元素的发现》)。

【红砷锌锰矿】

英文名 Holdenite

化学式 $Mn^{2+}_6Zn_3(AsO_4)_2(SiO_4)(OH)_8$ (IMA)

红砷锌锰矿厚板状晶体(美国)和霍尔顿像

红砷锌锰矿是一种含羟基的锰、锌的硅酸-砷酸盐矿物。斜方晶系。晶体呈厚板状、粒状、纤维状;集合体呈块状。粉红色、黄红色、橙色、深红色,半玻璃光泽、树脂光泽、蜡状光泽,半透明;硬度 4。1921 年首次发现于美国新泽西州苏塞克斯县奥格登堡区富兰克林矿区富兰克林(Franklin)矿。1927 年查尔斯·帕拉奇(Charles Palache)和厄尔·维克多·香农(Earl Victor Shannon)在《美国矿物学家》(12)报道。英文名称 Holdenite,帕拉奇和香农为纪念阿尔伯特·费尔柴尔德·霍尔顿(Albert Fairchild Holden,1866—1913)而以他的姓氏命名。霍尔顿是美国新泽西州富兰克林盐湖城采矿工程师和矿物收藏家,他还是美国哈佛大学的捐助者,在他收集的标本中发现了此矿物。在他那个时代,他建立了世界第二大矿业和冶炼信托公司,他的公司包括美国矿业公司和美国冶炼公司。他于 1990 年入选采矿名人堂。1959 年以前发现、描述并命名的"祖父级"矿物,IMA 承认有效。中文名称根据颜色和成分译为红砷锌锰矿。

【红石矿】

汉拼名 Hongshiite

化学式 PtCu (IMA)

红石矿是一种铂和铜混溶的自然金属矿物。三方晶系。晶体呈显微粒状;集合体呈块状。铅灰色、青铜色,条痕呈黑色,金属光泽,不透明;硬度 4~5,有解理。1972 年於祖相等发现于河北省承德市丰宁县波罗诺镇红石(Hongshi)砬村铂钯砂矿。1974 年於祖相等在《地质学报》(2)报道。矿物名称以发现地中国红石(Hongshi)砬村命名,但是 1974 年 IMA 未批准。1976—1977 年又补采样品,1978 年在《地质学报》(4)做了补充报道。补充资料后于 1982 年於祖相在《中国科学院地质研究所通讯》(4)和 1984 年《美国矿物学家》(69)报道。IMA 1988-×××? 批准。

【红水磷铝钾石】

英文名 Tinsleyite

化学式 $KAl_2(PO_4)_2(OH)\cdot 2H_2O$　(IMA)

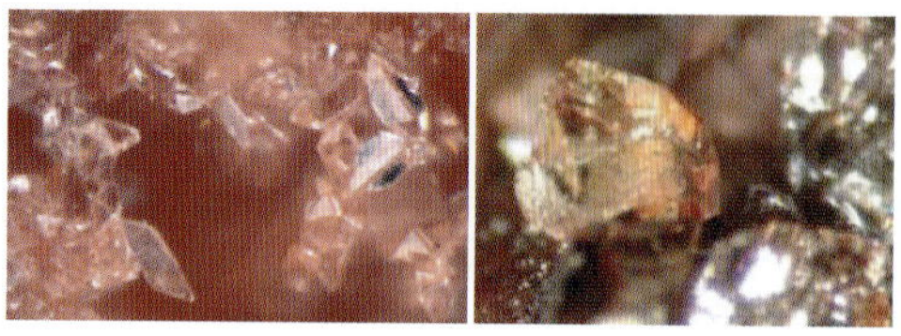

红水磷铝钾石板状、粒状晶体(智利、美国)

红水磷铝钾石是一种含结晶水和羟基的钾、铝的磷酸盐矿物。属淡磷钾铁矿族。单斜晶系。晶体呈粒状、板状。深红色、无色,玻璃光泽,半透明;硬度5,脆性。1983年发现于美国南达科他州卡斯特县福迈尔(Fourmile)村尖顶(Tip Top)伟晶岩矿。英文名称 Tinsleyite,以弗兰克·C.廷斯利(Frank C. Tinsley,1916—1996)的姓氏命名。他是东欧黑山籍矿物收藏家,在南达科他州拉皮德城伟晶岩顶部和该州其他地方找到了保存完好且十分罕见的该矿物标本。IMA 1983-004批准。1984年P. J. 邓恩(P. J. Dunn)等在《美国矿物学家》(69)报道。中文名称根据颜色和成分译为红水磷铝钾石;1985年中国新矿物与矿物命名委员会郭宗山等在《岩石矿物及测试》[4(4)]根据成分译为磷钾铝石②。

【红隼石*】

英文名 Tinnunculite

化学式 $C_5H_4N_4O_3\cdot 2H_2O$　(IMA)

红隼石*柱状晶体,晶簇状集合体(意大利)和红隼

红隼石*是一种含结晶水的碳、氢、氮、氧的有机化合物矿物。看起来与天然二水无水尿酸(尿酸)非常类似。众所周知,它是泌尿和其他结石的稀有矿物成分。化学成分(C-H-N-O)类似于其他有机矿物:鸟嘌呤、无水尿酸、乙铵基苯石。单斜晶系。晶体呈棱柱状或板状,长0.2mm;集合体呈放射状和皮壳状。无色、白色、黄色、红色或浅紫色,土状光泽,透明—半透明;完全解理,脆性。1965年H. 林格兹(H. Ringertz)在《晶体学报》(19)报道了尿酸及其水合物的光学和晶体结构数据。首先在俄罗斯车里雅宾斯克州柯裴斯克地区一座燃烧的煤矿中,由欧亚红隼粪便遇到炙热气体而产生的化合物。1988年天然矿物发现于俄罗斯西北部摩尔曼斯克州希比内地块拉斯武姆霍尔(Rasvumchorr)山。当时并未命名(尿酸二水合物)。英文名称 Tinnunculite,以科曼红隼(Common Kestrel)即拉丁文法尔科红隼(Falco Tinnunculus,也可译为普通红隼)的名字命名。IMA 2015-021a批准。2016年I. V. 佩科夫(I. V. Pekov)等在《CNMNC通讯》(29)、《矿物学杂志》(80)和《俄罗斯矿物学会记事》[145(4)]报道。目前尚未见官方中文译名,编译者建议意译为红隼石*。2019年1月4日自然资源部网站《矿业界》音译为丁宁库石。

【红铊矿】

英文名 Lorándite

化学式 $TlAsS_2$　(IMA)

红铊矿柱状、板状晶体,晶簇状集合体(马其顿)和罗兰像

红铊矿是一种铊的砷-硫化物矿物,它是分布极少的分散元素铊的独立矿物。单斜晶系。晶体呈短柱状、板状;集合体呈晶簇状。桃红色、胭脂红色,表面呈暗铅灰色,常覆盖有黄褐色粉末;金属光泽、金刚光泽,透明—半透明;硬度2~2.5,极完全解理。1894年,由克伦纳(Krenner)首次发现于马其顿北部(现在的北马其顿共和国)卡瓦达齐市罗斯兹丹(Roszdan)附近的阿尔察尔(Allchar)矿床。1894年克伦纳(Krenner)在《数学与自然科学术语》(*Mathematikai és Természet-tudományi Értesítö*)(12)报道。英文名称 Lorándite,以匈牙利著名的物理学家、数学家和政治家罗兰·厄特沃什(Loránd Eötvös,1848—1919)教授的名字命名。1959年以前发现、描述并命名的"祖父级"矿物,IMA承认有效。IMA 2007s. p. 批准。中文名称根据颜色和成分译为红铊矿。中国于1989年在贵州滥木厂汞矿中发现了该矿物。

1861年,由威廉·克鲁克斯(William Crookes)和克洛德-奥古斯特·拉米(Claude-Auguste Lamy)分别独自发现了铊元素。由于在火焰中发出绿光,所以克鲁克斯提议把它命名为"Thallium",该词源自希腊文"θαλλός=Thallos(绿芽)"之意。此前罗伯特·威廉·本生和古斯塔夫·基尔霍夫发表了有关改进火焰光谱法的研究,并于1859—1860年发现铯和铷元素,为此科学家开始广泛使用火焰光谱法来鉴定矿物和分析化学成分。克鲁克斯用这种新方法在德国哈茨山的一座硫酸工厂的废弃产物中分离出小部分的新元素。而拉米用与克鲁克斯的相似方法,对以黄铁矿作为原料的硫酸生产的产物进行了光谱分析,同样观察到了绿色谱线,因此推断这当中含有新元素。拉米在1862年伦敦国际博览会上"为发现新的、充裕的铊来源"而获得一枚奖章。克鲁克斯提出抗议之后,也因"发现新元素铊"而获得奖章。两人之间有关发现新元素的荣誉之争议持续到1862—1863年。争议在1863年6月克鲁克斯获选为英国皇家学会院士之后才逐渐平息。直到1894年之后发现了铊的独立矿物——红铊矿。

【红铊铅矿】

英文名 Hutchinsonite

化学式 $TlPbAs_5S_9$　(IMA)

红铊铅矿扁柱状晶体,晶簇状、放射状集合体(瑞士、秘鲁)和哈钦森像

红铊铅矿是一种罕见的铊、铅的砷-硫化物矿物。斜方晶系。晶体呈扁柱状、针状;集合体呈放射状、晶簇状。朱砂红色、深樱桃红色、粉色、黑色,半金属光泽、金刚光泽,半透明—不透明;硬度1.5~2,中等解理,脆性。1904年,矿物学

家索利(Solly)首次发现并描述于瑞士瓦莱州的林根巴赫(Lengenbach)采石场，并在《剑桥哲学学会会议记录》(12)报道。1905 年索利在《矿物学杂志》(14)报道。英文名称 Hutchinsonite，以英国剑桥大学矿物学家 F. R. S. 阿瑟·哈钦森(F. R. S. Arthur Hutchinson，1866—1937)教授的姓氏命名。1959 年以前发现、描述并命名的"祖父级"矿物，IMA 承认有效。中文名称根据颜色和成分译为红铊铅矿；根据成分译作硫砷铊铅矿。

【红钛锰矿】

英文名 Pyrophanite

化学式 $Mn^{2+}TiO_3$　　(IMA)

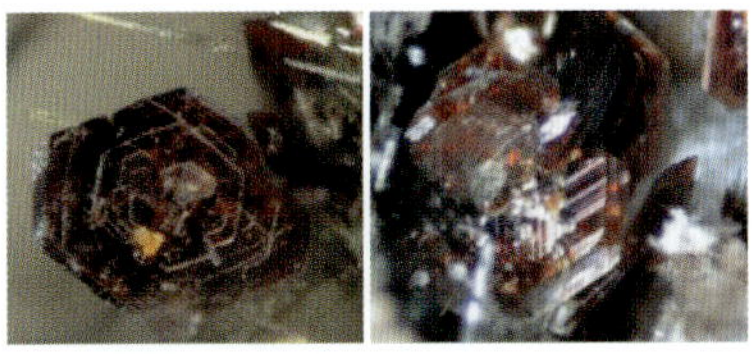

红钛锰矿板状晶体，花状集合体(美国)

红钛锰矿是一种锰、钛的氧化物矿物。属钛铁矿族。三方晶系。晶体呈细鳞片状、板状；集合体呈块状、莲花座状。深血红色、青黄色、绿色—黑色，金属—半金属光泽，不透明—半透明；硬度 5～6，完全解理，脆性。1890 年，阿克塞尔·汉贝格(Axel Hamberg)第一次发现并描述于瑞典韦姆兰省菲利普斯塔德市帕斯伯格(Pajsberg)区的哈尔斯蒂根(Harstigen)矿。1890 年汉贝格在《斯德哥尔摩地质学会会刊》(12)报道。英文名称 Pyrophanite，由汉贝格(Hamberg)根据希腊文"πῦρ=Fire=Pyro(火)"和"φαίνεσθαι=Appear=Phan(出现)"命名，意指矿物的颜色像深红色的火一样闪亮。1959 年以前发现、描述并命名的"祖父级"矿物，IMA 承认有效。中文名称根据颜色和成分译为红钛锰矿。

【红锑矿】

英文名 Kermesite

化学式 Sb_2OS_2　　(IMA)

红锑矿针状晶体，放射状、束状集合体(斯洛伐克)和雌胭脂虫

红锑矿是一种锑氧的硫化物矿物。三斜(或假单斜)晶系。晶体呈柱状、板条状、针状、纤维状；集合体呈放射状、束状。樱桃红色、紫红色—暗灰红褐色、暗红色，金刚光泽、半金属光泽，半透明—不透明；硬度 1～1.5，完全解理，脆性。1737 年发现于德国萨克森州厄尔士山脉新希望上帝(Neue Hoffnung Gottes)矿。1737 年 J. E. 赫本施特赖特(J. E. Hebenstreit)在《物理医学研究院学报》(4)报道。1843 年在伦敦《实用矿物学》刊载。英文名称 Kermesite，来自波斯文 Qurmizq (قرمز)，即胭脂[Kermes(雌胭脂虫)；洋红；无定形三硫化锑]，意为"Crimson(深红色；化妆使脸变为红色)"，老化学红无定形三硫化二锑，经常与三氧化二锑混合使用。此名称是因为矿物典型颜色呈红色而得。这个名字可以追溯到 1832 年。在英文中(17—18 世纪)某些锑化合物被称为"胭脂虫矿物染料"。故红锑矿或红色锑最早在古代埃及第六王朝(公元前 2345—前 2181)和第十八王朝(公元前 1498—前 1483)的哈特谢普苏特女王(Maatkare)使用于嘴唇化妆品。此矿物罕见，为收藏家追捧。日本著名的矿物学家堀秀道在他的著作《快乐矿物图鉴》中写道，如果你收藏有一块红锑矿，说明你是一位不错的矿物收藏者。1959 年以前发现、描述并命名的"祖父级"矿物，IMA 承认有效。中文名称根据颜色和成分译为红锑矿或橘红硫锑矿，也译作硫氧锑矿。

【红锑镍矿】

英文名 Breithauptite

化学式 NiSb　　(IMA)

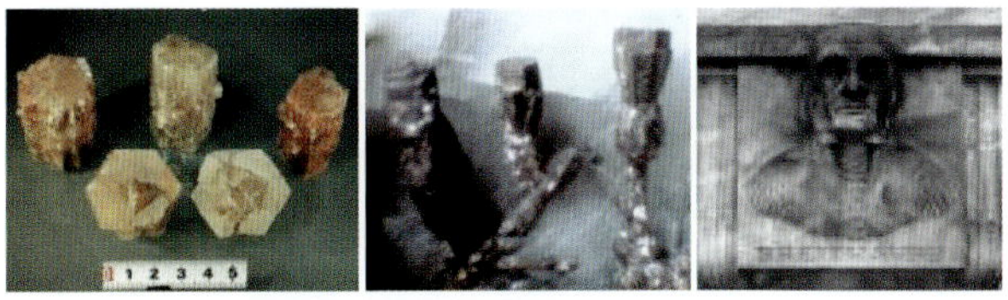

红锑镍矿六方柱状晶体(意大利)和布赖特豪普特像

红锑镍矿是一种罕见的镍的锑化物矿物。属红砷镍矿族。六方晶系。晶体呈薄板状、柱状；集合体多呈致密块状、肾状、树枝状、浸染状、块状。亮铜红色—浅棕红色、淡紫色，金属光泽，不透明；硬度 3.5～4。该矿物最初在 1833 年由弗里德里希·施特罗迈耶(Friedrich Stromeye)发现、描述并命名为 Antimonickel。英文名称 Breithauptite，1840 年由朱利叶斯·福禄贝尔(Julius Fröbel)为纪念德国矿物学家约翰·弗里德里希·奥古斯特·布赖特豪普特(Johann Friedrich August Breithaupt，1791—1873)而以他的姓氏命名。1840 年布赖特豪普特首次描述了在德国下萨克森州布劳恩拉格(Braunlage)圣安德烈亚斯贝格(St Andreasberg)区采到的该矿物，1845 年在加拿大安大略省也发现了它。1945 年在维也纳《矿物学鉴定手册》刊载。布赖特豪普特曾是弗莱贝格矿业学院的德国矿物学家，当发明摩氏硬度计的弗雷德里希·摩斯(Friedrich Mohs，1773—1839)离开工作岗位后，他成为维也纳自然历史博物馆和维也纳大学的教授，他一共发现了 47 个矿物种，还提出了矿物共生的概念。见于 1944 年 C. 帕拉奇(C. Palache)、H. 伯曼(H. Berman)和 C. 弗龙德尔(C. Frondel)《丹纳系统矿物学》(第一卷，第七版，纽约)。1959 年以前发现、描述并命名的"祖父级"矿物，IMA 承认有效。中文名称根据矿物的颜色(亮铜红)和成分(锑、镍)译为红锑镍矿。

【红锑铁矿】

英文名 Schafarzikite

化学式 $Fe^{2+}(Sb^{3+})_2O_4$　　(IMA)

红锑铁矿四方双锥柱状晶体，晶簇状、放射状集合体(斯洛伐克)和谢法尔泽克像

红锑铁矿是一种铁、锑的氧化物矿物。属软砷铜矿族。四方晶系。晶体呈四方双锥柱状；集合体呈晶簇状、放射状。红棕色、红色、黑色，金属光泽，不透明；硬度 3.5，完全解理，脆性。1921 发现于斯洛伐克布拉迪斯拉发(Bratislava)州马

拉茨基县佩尔内克的克里日尼卡(Krížnica)。1921 年克伦纳(Krenner)在莱比锡《结晶学、矿物学和岩石学杂志》(56)报道。英文名称 Schafarzikite，以匈牙利矿物学家和工程地质学家布达佩斯理工学院矿物学与地质学教授费伦茨·谢法尔泽克(Ferenc Schafarzik，1854—1927)的姓氏命名。1959 年以前发现、描述并命名的“祖父级”矿物，IMA 承认有效。中文名称根据颜色和成分译为红锑铁矿；根据晶系和成分译为四方锑铁矿。

【红铁矾】

英文名 Amarantite

化学式 $Fe^{3+}_2O(SO_4)_2 \cdot 7H_2O$　　(IMA)

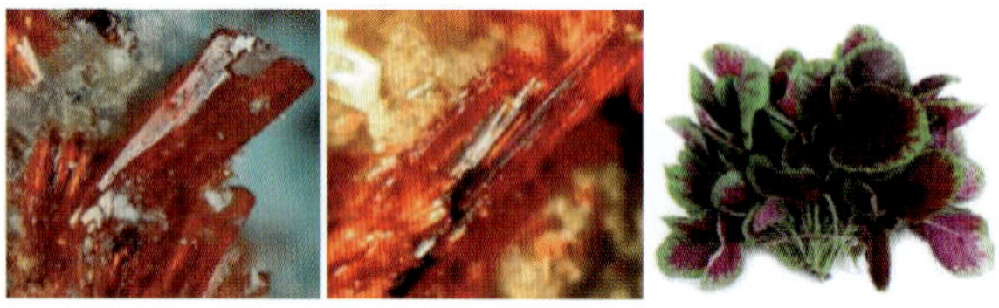

红铁矾柱状晶体，束状集合体(智利)和苋菜

红铁矾是一种含结晶水的铁氧的硫酸盐矿物。三斜晶系。晶体呈扁平刃片状、柱状、纤维状；集合体呈无序聚集状或放射状、束状、晶簇状。颜色似苋菜红紫色、棕红色和橙色，玻璃光泽，透明；硬度 2.5，完全解理，脆性。1887 年由 L. 达拉普斯基(L. Darapsky)在《智利圣地亚哥国家矿物学会通报》(92)首次报道：当时根据发现地累文顿区帕波索(Paposo)尤尼昂(Unión)矿命名为 Paposit。1888 年，正式描述于智利北部安托法加斯塔(Antofagasta)市的卡拉高莱斯(Caracoles)，同年，在 *Vorkommnisse von Ehrenfriedersdorf，Mineralogische und Petrographische Mittheilungen* (9)报道。英文名称 Amarantite，1888 年由 A. 弗伦泽尔(A. Frenzel)在《矿物学》根据希腊文“αμ ά ραντos＝Amaranth(苋菜)”而命名，在希腊神话传说中它是一种能够永葆芬芳和永不凋谢的红色之花，意指其矿物颜色呈苋菜般紫红色。1959 年以前发现、描述并命名的“祖父级”矿物，IMA 承认有效。中文名称根据颜色、成分及矾类译为红铁矾。

【红铁铅矿】

英文名 Hematophanite

化学式 $Pb_4Fe^{3+}_3O_8(Cl,OH)$　　(IMA)

红铁铅矿是一种含羟基和氯的铅、铁的复杂氧化物矿物。钙钛矿超群非化学计量的钙钛矿族红铁铅矿亚族。四方晶系。晶体呈薄板状、叶片状；集合体呈层状。深红棕色，透射光中呈血红色，半金属光泽，半透明—不透明；硬度 2～3，极完全解理。1928 年发现于瑞典韦姆兰省菲利普斯塔德市的雅各布斯贝格(Jakobsberg)矿。1928 年约翰逊(Johansson)在《结晶学杂志》(68)报道。英文名称 Hematophanite，由“Hemato(血)”和“Phan(呈现)”组合命名，大概是指在透射光下的血红色。1959 年以前发现、描述并命名的“祖父级”矿物，IMA 承认有效。中文名称根据颜色和成分译为红铁铅矿。

【红硒铜矿】

英文名 Umangite

化学式 Cu_3Se_2　　(IMA)

红硒铜矿是一种铜的硒化物矿物。属硒铜矿-红硒铜矿族。四方晶系。晶体呈粒状。红色、蓝色、暗红色、虹彩蓝紫色(玷污)，金属光泽，不透明；硬度 3。1891 年发现于阿根廷拉里奥哈省卡斯特利镇斯拉德卡乔(Sierra de Cacho)拉斯阿斯佩雷萨斯(Las Asperezas)矿和德国下萨克森州哈尔茨山劳滕塔尔的特罗格塔尔(Trogtal)采石场。1891 年在《结晶学和矿物学杂志》(19)报道。英文名称 Umangite，以发现地阿根廷的斯拉德乌曼果(Sierra de Umango)附近的乌曼果(Umango)山脉命名。1959 年以前发现、描述并命名的“祖父级”矿物，IMA 承认有效。中文名称根据颜色和成分译为红硒铜矿。

【红峡谷铀矿*】

英文名 Redcanyonite

化学式 $(NH_4)_2Mn[(UO_2)_4O_4(SO_4)_2](H_2O)_4$　　(IMA)

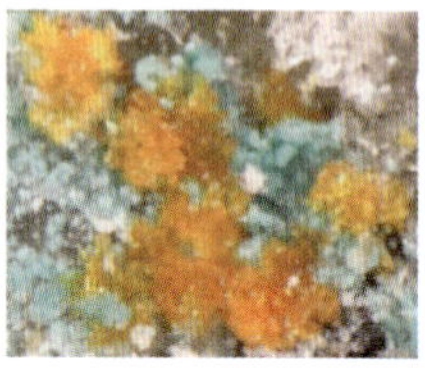

红峡谷铀矿*柱状、针状晶体，放射状集合体(美国)

红峡谷铀矿*是一种含结晶水的铵、锰的铀酰-氧-硫酸盐矿物，它是第一种被发现的铵、锰和铀酰结合的矿物。单斜晶系。晶体呈柱状、针状；集合体呈放射状。橘黄色、橘红色。2016 年发现于美国犹他州圣胡安县红峡谷(Red Canyon)蓝蜥蜴矿。英文名称 Redcanyonite，以发现地红峡谷(Red Canyon)命名。IMA 2016－082 批准。2016 年 T. A. 奥尔德斯(T. A. Olds)等在《CNMNC 通讯》(34)、《矿物学杂志》(80)和 2018 年《矿物学杂志》(82)报道。目前尚未见官方中文译名，编译者建议根据模式产地和成分译为红峡谷铀矿*。

【红纤维石】

英文名 Hemafibrite

化学式 $Mn_3(H_2O)[AsO_4](OH)_3$

红纤维石是一种含结晶水和羟基的锰的砷酸盐矿物，是砷铝锰矿的血红色纤维状变种。斜方晶系。晶体呈柱状、纤维状。浅褐红色—深红色，风化后浅褐黑色—黑色，晶面呈玻璃光泽，断口呈油脂光泽，透明—半透明；硬度 3，完全解理。英文名称 Hemafibrite，由希腊文而来的“Χ έ μα＝Hema＝Blood-red(血红)”和“Γνεs＝Fibr(纤维)”组合命名，意指它的颜色和结构特征。中文名称根据颜色和结晶习性译为红纤维石或血纤维石。

【红斜方沸石】参见【菱沸石-钙】条 488 页

【红锌矿】

英文名 Zincite

化学式 ZnO　　(IMA)

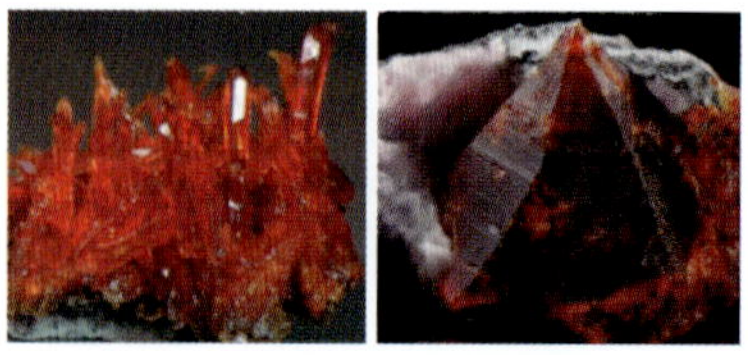

红锌矿六方锥状、柱状晶体，晶簇状集合体(美国)

红锌矿是一种锌的氧化物矿物。六方晶系。晶体呈六方锥、六方柱、叶片状、粒状等，具双晶；集合体呈致密块状、晶簇状、放射状。红色、暗红色或褐红色、橙色、黄色、白色，很少见有绿色，半金刚光泽、半玻璃光泽、树脂光泽、蜡状光泽、油脂光泽、丝绢光泽、土状光泽，透明—不透明；硬度 4～

4.5，完全解理，脆性。1810 年由阿奇博尔德·布鲁斯（Archibald Bruce）在《美国矿物学杂志》[1(2)]报道，将其命名为锌的红色氧化物（Red oxyde of zinc）。1844 年弗朗西斯·阿尔杰（Francis Alger）称之为“Sterlingite（红锌矿）”（原词根含义应是纯银，音译斯特林）。1845 年发现于美国新泽西州苏塞克斯县富兰克林（Franklin）矿和奥格登斯堡的斯特林（Sterling，也译银）山之斯特林（Sterling）矿，由威廉·卡尔·冯·海丁格尔（Wilhelm Karl von Haidinger）在维也纳《矿物学鉴定手册》根据锌含量（Zinc content）更名为 Zincite。1959 年以前发现、描述并命名的“祖父级”矿物，IMA 承认有效。中文名称根据颜色和成分译为红锌矿（参见【自然锌】条 1136 页）。

【红钇石】

英文名 Thalénite-(Y)

化学式 $Y_3Si_3O_{10}F$　　(IMA)

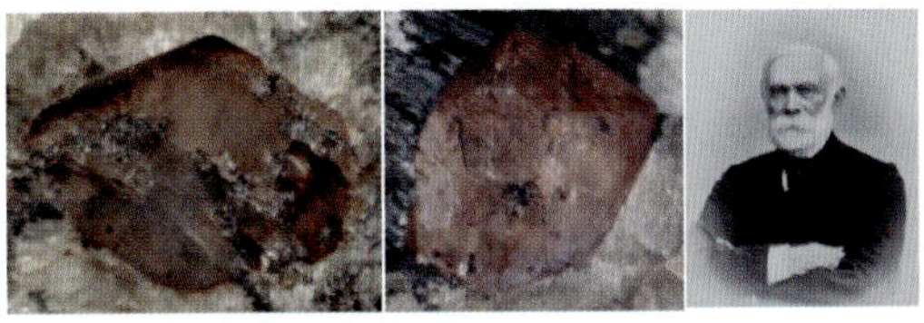

红钇石板状、柱状晶体（挪威）和塔伦像

红钇石是一种含氟的钇的硅酸盐矿物。单斜晶系。晶体呈板状、柱状。粉红色、棕色或绿色，金刚光泽、玻璃光泽、油脂光泽，半透明；硬度 4～6，脆性。1898 年发现于瑞典达拉那省奥斯特比（Österby）；同年，C. 贝内迪克斯（C. Benedicks）在《斯德哥尔摩的地质学会会刊》(20)报道。英文名称 Thalénite-(Y)，根词由瑞典物理学家兼天文学家托维亚·罗伯特·塔伦（Tobia Robert Thalén，1827—1905）的姓氏，加占优势的稀土元素钇后缀-(Y)组合命名。塔伦开发了一种利用磁场发现铁矿的方法。早先定义为“Fluorthalénite”的羟基类似矿物。2015 年斯克达（Škoda）等重新检查了类型材料，发现它的氟含量优于羟基，因此类型材料实际上对应于之前定义的“Fluorthalénite-(Y)”的物种。由 IMA 于 2014 年（IMA 14-D）在《CNMNC 通讯》(22)重新定义为具有理想组成 $Y_3Si_3O_{10}F$ 且氟占优势的物种，并给予名称 Thalénite-(Y)，因为它具有命名史的优先权。IMA 2014s. p. 批准。中文名称根据颜色和成分译为红钇石/红钇矿。

【红铀矿】

英文名 Fourmarierite

化学式 $Pb_{1-x}O_{3-2x}(UO_2)_4(OH)_{4+2x}\cdot 4H_2O$　　(IMA)

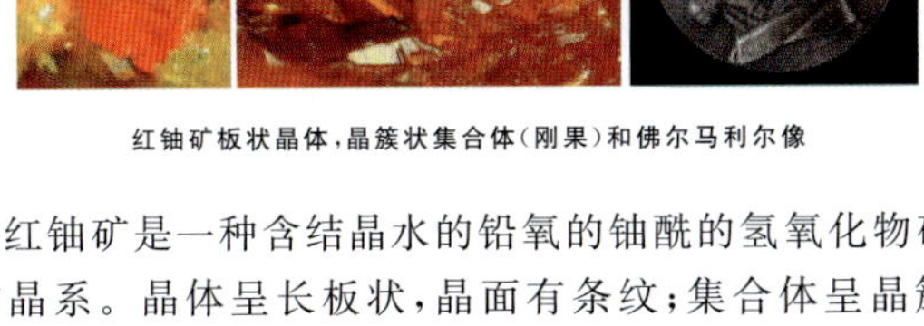

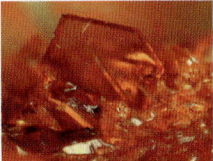

红铀矿板状晶体，晶簇状集合体（刚果）和佛尔马利尔像

红铀矿是一种含结晶水的铅氧的铀酰的氢氧化物矿物。斜方晶系。晶体呈长板状，晶面有条纹；集合体呈晶簇状。红色、金红色、棕色、橙色、黄色，金刚光泽，透明—半透明；硬度 3～4，完全解理。1924 年发现于刚果（金）上加丹加省坎博韦区欣科洛布韦（Shinkolobwe）铜矿。1924 年布特滕巴希（Buttenbach）在《比利时地质学会》(47)报道。英文名称 Fourmarierite，以比利时列日大学的地质学教授保罗·佛尔马利尔（Paul Fourmarier，1877—1970）的姓氏命名。1959 年以前发现、描述并命名的“祖父级”矿物，IMA 承认有效。中文名称根据颜色和成分译为红铀矿。

【红柱石】

英文名 Andalusite

化学式 Al_2SiO_5　　(IMA)

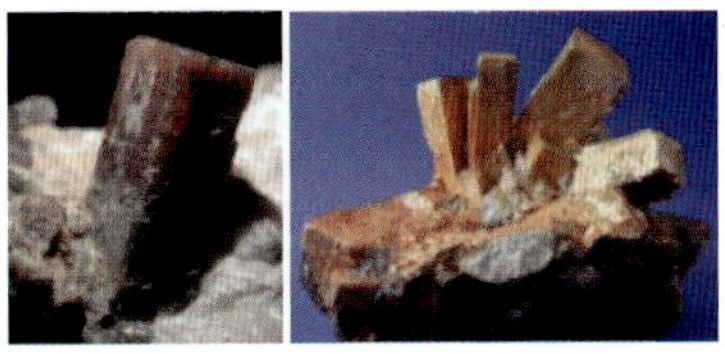

红柱石柱状晶体，晶簇状集合体（奥地利）

红柱石是一种含氧的铝的硅酸盐矿物。属蓝晶石族。红柱石与蓝晶石、矽线石为同质多象。这 3 种矿物化学组成相同，但却具有不同的晶体结构，因此物理性质也有很大的差异。斜方晶系。晶体多呈柱状，少见有纤维状；集合体呈放射状、晶簇状、块状等。颜色为粉红色、红色、红褐色、白色、灰白色及浅绿色、紫色，玻璃—半玻璃光泽、油脂光泽，透明—半透明；硬度 6.5～7.5，完全解理，脆性。1789 年第一次发现于西班牙的卡斯提尔-拉曼查自治区瓜达拉哈拉（Guadalajara）的一个小镇卡多佐（Cardoso）。1798 年 J. C. 德拉梅特尔（J. C. Delamétherie）在《物理、化学、自然历史与艺术杂志》(46)正式公开发布，但他并不知道这个小镇的具体位置，而以为它在西班牙南部的安达卢西亚（Andalucia）自治区，于是他命名为 Andalusite。1959 年以前发现、描述并命名的“祖父级”矿物，IMA 承认有效。中文名称根据颜色（红色）和结晶习性（柱状）译为红柱石；音译安达卢西亚石。

空晶石晶体和菊花石（中国）

红柱石有一个变种叫空晶石。其实在红柱石被确定之前就有人注意到它，西班牙的托鲁维亚（Torrubia）于 1754 年就曾描述为 Chiastolite。观察到红柱石的横截面上呈现出黑色的十字交叉现象，这是红柱石在结晶时包裹一些碳和黏土矿物所致。英文名称 Chiastolite，由希腊文 Χρνσόλθos 演变而来，意为“对角交叉”。红柱石的柱状晶体聚在一起呈放射状时，人们常称它为“菊花石”，因为它们像菊花的花瓣一样开放。

胡 [hú]形声；从肉，古声。本义：牛脖子下的垂肉。[英]音，用于外国地名、人名。

【胡安席尔瓦石*】

英文名 Juansilvaite

化学式 $Na_5Al_3[AsO_3(OH)]_4[AsO_2(OH)_2]_2(SO_4)_2\cdot 4H_2O$　　(IMA)

胡安席尔瓦石*是一种含结晶水的钠、铝的硫酸-氢砷酸盐矿物。单斜晶系。晶体呈板片状，长约 0.5mm；集合体

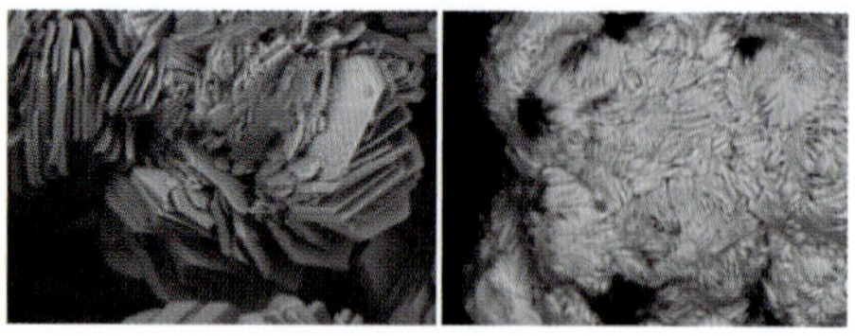

胡安席尔瓦石* 叠板状、麦穗状集合体(智利)

呈叠板状、放射状、席状、麦穗状。晶体呈亮粉红色,集合体呈暗淡的浅粉红色,玻璃光泽,透明—不透明;硬度 2.5,完全解理,脆性。2015 年发现于智利塔马鲁加尔省的托雷西亚(Torrecillas)矿。英文名称 Juansilvaite,为纪念智利著名采矿工程师胡安·席尔瓦·阿吉雷(Juan Silva Aguirre,1939—2012)而以他的名字命名。席尔瓦先生是智利最成功的矿业企业家之一。他除负责几个重要矿山的开发和运营外,还在相邻的阿塔卡马区科皮亚波、阿马利亚和瓦列纳尔(Vallenar)地区的众多小矿进行开发和运营。IMA 2015-080 批准。2015 年 A. R. 坎普夫(A. R. Kampf)等在《CNMNC 通讯》(28)、《矿物学杂志》(79)和 2017 年《矿物学杂志》(81)报道。目前尚未见官方中文译名,编译者建议音译为胡安席尔瓦石*。

【胡安扎拉矿*】

英文名 Huanzalaite

化学式 $Mg(WO_4)$ (IMA)

胡安扎拉矿*是一种镁的钨酸盐矿物。属钨锰铁矿族。单斜晶系。晶体微小。金刚光泽、玻璃光泽,透明。2009 年发现于秘鲁博洛涅西省瓦扬卡区胡安扎拉(Huanzala)矿。英文名称 Huanzalaite,以发现地秘鲁的胡安扎拉(Huanzala)矿命名。IMA 2009-018 批准。2010 年宫胁律郎(R. Miyawaki)等在《加拿大矿物学家》(48)报道。目前尚未见官方中文译名,编译者建议音译为胡安扎拉矿*。

湖

[hú]形声;从水,从胡,胡亦声。"胡"字从古从肉,意为"古人身体上长满了毛发"。"水"与"胡"联合起来表示"水面充满了像胡子般的水草"。用于中国地名湖北省。

【湖北石】

汉拼名 Hubeite

化学式 $Ca_2Mn^{2+}Fe^{3+}Si_4O_{12}(OH)\cdot 2H_2O$ (IMA)

湖北石板状晶体,晶簇状集合体(中国湖北)

湖北石是一种含结晶水和羟基的钙、锰、铁的偏硅酸盐新矿物。20 世纪 90 年代末期,金敬芳、朱裕民等中国湖北黄石市矿物晶体爱好和收藏者,在黄石大冶冯家山铜矿首次发现该矿物,且时常与羟鱼眼石、红硅钙锰矿、碳酸钡矿、硅硼石等多种珍稀矿物晶体伴生在一起(朱裕民《失之交臂的湖北石》中国矿产网,2011)。三斜晶系。晶体呈板条状、片状或丝状;集合体呈晶簇状、捆束状、放射状、玫瑰花状。浅棕色、红褐色、棕黑色,玻璃光泽,透明—半透明;硬度 5.5,完全解理,脆性。颇具观赏和收藏价值。当时送中国地质大学(武汉)进行鉴定误认为是"直闪石"。2000 年几位加拿大矿物爱好者收集到这种矿物后,拿回去研究、鉴定,确认它是一种新矿物。因只知道它来自中国湖北,于是将其命名为湖北石(Hubeite)。IMA 2000-022 批准。2002 年 F. C. 霍桑(F. C. Hawthorne)等在《矿物学记录》(33)和 2004 年《加拿大矿物学家》(42)报道。

琥

[hǔ]用于矿物名:琥珀,是古代树脂的化石。

【琥珀】

英文名 Amber

化学式 $C_{20}H_{32}O_2$

块状琥珀的各种虫珀

琥珀是一种碳氢氧的高分子聚合有机矿物。非晶质体。晶体多呈不规则的粒状;集合体呈块状、钟乳状及分散状。有时内部包裹着植物或昆虫的化石。常见浅黄色、黄色—深褐色、橙色、红色、白色,也有绿色和罕见的蓝色,树脂光泽,透明—不透明;硬度 2~2.5。琥珀属于有机物半宝石,玲珑轻巧,触感温润细致,透明似水晶,光亮如珍珠,色泽像玛瑙,自古就被视为珍贵的宝物。

琥珀,在中国古代称为"瑿"或"遗玉"。"瑿"即黑色的琥珀。明代宋应星《天工开物·珠玉》曰:"琥珀最贵者名曰瑿,红而微带黑,然昼见则黑,灯光下则红甚也。"琥珀,传说是老虎的魂魄,所以称"虎魄",玉属即琥珀。

琥珀的英文名称 Amber,来自拉丁文 Ambrum,意思是"精髓"。也有说是来自阿拉伯文 Anbar,意思是"胶",因为西班牙人将埋在地下的阿拉伯胶和琥珀称为 Amber。也有的说该词源于阿拉伯文"安巴尔省 عنبر,后拉丁化为 Ambar",或源于法国中部"亚艾伯利(灰色)"。早在 13 世纪晚期,这个词的意义已经被扩展到波罗的海琥珀(化石树脂)。在 14 世纪,该英文词指的是现在被称为"龙涎香琥珀"(亚艾伯利"灰色"),指抹香鲸肠梗阻所产生的固体蜡状物质。15 世纪早期该英文词指白色或黄色琥珀(亚艾伯利"黄色")。琥珀的拉丁文名称"Elektron(电子)",乃是英文"Elektricity(电)"的词源,这是因琥珀摩擦起电之故。一种淡黄色的琥珀(Succinite)源于拉丁名称"Succinum",该词来自"Juice",意为"液汁"。在波罗的海沿岸和立陶宛的传说中,Juratė女王爱上了一个渔夫,她父亲为惩罚女儿便毁坏了琥珀宫,该Juratė宫的碎片至今在波罗的海海岸仍然可以发现。波罗的海沿岸的人们称琥珀为"Gun",即树胶,它出自"Gedanum(格但斯克)"(波兰文:Gdańsk,德文称 Danzig),格但斯克是流入波罗的海的格但尼亚河口的波兰第二大城市,这里是最早发现树胶或琥珀的地方,故以此地名命名。德国人把琥珀称伯恩斯坦"Bernstin,$C_{10}H_{16}O+(H_2S)$",即燃烧石,因为它在极低温度下可燃烧。

在西方,公元前 9 世纪,生活在地中海东岸的腓尼基人在波罗的海沿岸就发现了琥珀。古希腊泰奥弗拉斯托斯在公元前 4 世纪就讨论过琥珀,认为是公元前 330 年皮西亚斯说的"海洋"。古罗马普林尼的《自然历史》曾有过琥珀的记述,据说来自日耳曼。在古希腊、古埃及墓葬中都存在有琥珀。在中国，先秦古籍《山海经》中已有琥珀的记载。相传公元前 109 年秦国宰相吕不韦在锻造天下第一剑时，在位于山东临沂八脚山的溶洞中发现了树脂，吕不韦让工匠把其雕刻成一只雄鹰献给秦王，这也是世界上第一件树脂工艺品，从此在秦代它就开始流传起来。战国时期墓葬中有琥珀珠。晋代已有琥珀摩擦后能吸草木灰的记载。唐代典籍就有已阐明琥珀成因的文字说明。中国古代把琥珀进行了分类命名：以颜色命名的有金珀（淡金黄色）、血珀（深红色如鸡血）、翳珀（色黑透红）、棕红珀（棕红）、蓝珀（蓝色）、绿珀（绿色）、蜜蜡（金黄、蛋黄、蜡状感）；以包裹体命名的有虫珀（包裹各种昆虫）、花珀（包裹有似木屑、花、草）、珀根（有斑驳纹理）；以嗅味命名的有香珀（有香味）；以形成环境命名的有江珀（产于江河）、海珀（"珀"源自古希腊神话海神波塞冬之子独眼巨人波吕斐摩斯（Polypheme）字首发音"珀"，产于波罗的海的琥珀）；以用途命名的有育沛（《山海经》：育沛，佩之无瘕疾）等。在东方，琥珀受到各民族人民的珍爱，特别是阿拉伯、波斯、土耳其和中国。中国人除将琥珀加工成饰物或念珠外，还把琥珀选为一味药材，具有安神定性的功效。明代李时珍《本草纲目》：琥珀"……安脏定魂魄，消淤血疗蛊毒，破结痂，生血生肌，安胎……"说的就是琥珀的疗效（参见《维基百科英文版》）。

滑 [huá]形声；从水，骨声。本义：滑溜，光滑。用于描述矿物的手感。

【滑间皂石】

英文名 Aliettite

化学式 $Ca_{0.2}Mg_6(Si,Al)_8O_{20}(OH)_4 \cdot 4H_2O$ (IMA)

滑间皂石板状晶体（乌兹别克斯坦）

滑间皂石是一种不膨胀的滑石和膨胀的皂石 1∶1 的规则混层构成的黏土矿物。属蒙脱石族。单斜晶系。晶体呈显微板状；集合体呈微圆球状。无色、淡黄色或绿色，泥土光泽，半透明；硬度 1～2。最早见于 1958 年意大利阿来特缇（Alietti）在《黏土矿物通报》(3)报道。1968 年发现于意大利帕尔马省阿尔巴雷托的基亚罗（Chiaro）山。1969 年在东京《国际黏土会议纪要》(1)报道。1972 年 M. 弗莱舍（M. Fleischer）在《美国矿物学家》(57)报道。英文名称 Aliettite，以意大利摩德纳大学的安德里亚·阿来特缇教授（Andrea Alietti，1923—2000）的姓氏命名，他最早研究出了该矿物的晶体结构。经 IMA 批准。1934 年美国的 J. W. 格鲁纳首先提出间层矿物或混层矿物的概念。根据 1982 年国际黏土学会命名委员会的间层矿物命名原则将 Aliettite 意译为滑间皂石；音译为阿来石。

【滑石】

英文名 Talc

化学式 $Mg_3Si_4O_{10}(OH)_2$ (IMA)

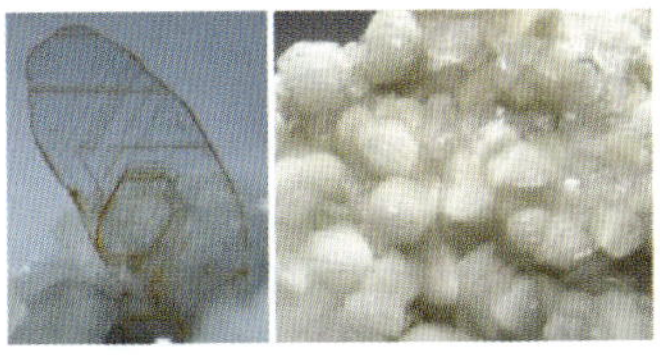

滑石片状晶体（法国）

滑石是一种含羟基的镁的硅酸盐矿物。属叶蜡石-滑石族。三斜（单斜）晶系。晶体呈叶片状、纤维状，自形的假六方板状较少见；集合体一般呈致密块状或放射状。无色、白色或各种浅色如灰色、浅棕色、淡绿色，也有明亮的翡翠绿色、蓝绿色等，半玻璃光泽、树脂光泽、蜡状光泽、油脂光泽（块状）或珍珠光泽（纤维状、片状），透明—不透明；硬度 1，是已知硬度最小的矿物，完全解理；触摸具有滑腻感或肥皂感，由此得名滑石。中国古代早已认识、命名和利用滑石矿物。秦汉时期已广泛用于中医药。柔软的滑石可以代替粉笔，或作化妆品。滑石之名出自《神农本草经》。亦名画石（《本草衍义》）、液石、脱石、冷石、番石（《别录》）、共石、脆石、留石（《石药尔雅》等。

英文名称 Talc，于 1546 年以德国矿物学家格奥尔格·阿格里科拉（Georgius Agricola，1494—1555）由法文转译自拉丁文 Talcum，而后者则来自波斯文تالک= Tālk 和阿拉伯文طلق= Talg（牛脂或纯净）"，意指滑石的颜色外貌"纯净"和滑润的感觉像"牛脂"。1546 年在巴塞尔 *De natura eorum quae effluunt ex terra*. 刊载。1959 年以前发现、描述并命名的"祖父级"矿物，IMA 承认有效。块滑石 Steatite 一词，由拉丁文转译为"Tallow-stone"，即牛脂石。中国的寿山石（Shoushan Stone）某些是块滑石（周国平，1989），它的英文名称来自希腊文，意为"图像"，因中国人长期用它来雕刻偶像和宝塔等饰品。

怀 [huái]形声；从心，褱声。本义：想念，怀念。[英]音，用于外国地名。

【怀特卡普斯石*】

英文名 Whitecapsite

化学式 $H_{16}Fe_5^{2+}Fe_{14}^{3+}Sb_6^{3+}(AsO_4)_{18}O_{16} \cdot 120H_2O$ (IMA)

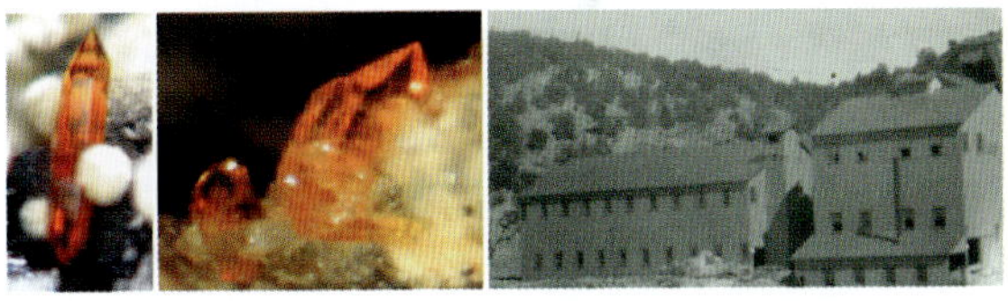

怀特卡普斯石* 锥柱状晶体，晶簇状集合体和怀特卡普斯矿

怀特卡普斯石* 是一种含结晶水和氧的氢、二价铁、三价铁、锑的砷酸盐矿物。六方晶系。晶体呈带双锥的六方柱状；集合体呈晶簇状。明亮的橙色—金棕色，玻璃光泽，透明；硬度 2～2.5，脆性。2012 年发现于美国内华达州中部奈（Nye）县曼哈顿镇的怀特卡普斯（White Caps）矿中。英文名称 Whitecapsite，以发现地美国的怀特卡普斯（White Caps）矿命名。IMA 2012－030 批准。2012 年 I. V. 佩科夫（I. V. Pekov）等在《CNMNC 通讯》(14)、《矿物学杂志》(76)和 2014 年《欧洲矿物学杂志》(26)报道。目前尚未见官方中文译名，编译者建议音译为怀特卡普斯石*。

环 [huán]形声；从玉，睘(huán)声。本义：圆形而中间有孔的玉器。用于描述矿物的双晶的形态。

【环晶石-钙】

英文名 Dachiardite-Ca

化学式 $Ca_2(Si_{20}Al_4)O_{48} \cdot 13H_2O$ (IMA)

环晶石是一种含沸石水的钙的铝硅酸盐矿物。属沸石族环晶石系列。单斜晶系。晶体呈柱状，常见双晶，假八面体晶体表现出环状轮廓。无色、白色、粉红色、红色或橙色，

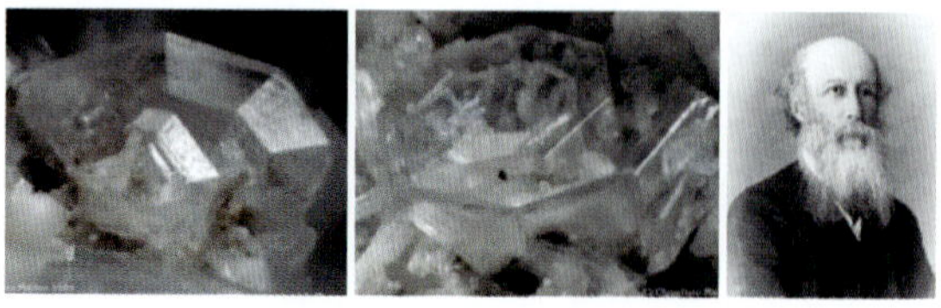

环晶石-钙环状双晶(意大利)和达希亚尔迪像

透明—半透明;硬度 4～4.5,完全解理。最早于 1906 年由 G.达希亚尔迪(G. D'Achiardi)在意大利《托斯卡纳自然科学学会会刊》(22)报道。英文名称 Dachiardite,以意大利比萨大学矿物学教授安东尼奥·达希亚尔迪(Antonio D'Achiardi,1839—1902)的姓氏命名,是他首先描述了他儿子发现的矿物。他的儿子在意大利托斯卡纳利沃诺区厄尔巴岛发现并且首先描述了该矿物。1959 年以前发现、描述并命名的"祖父级"矿物,IMA 承认有效。1997 年 IMA 更名为 Dachiardite-Ca。IMA 1997s.p.批准。中文名称根据矿物的环形双晶译为环晶石-钙;或根据环形双晶和族名译为环晶沸石-钙。

已知环晶石系列成员包括:环晶沸石-钙(Dachiardite-Ca)、环晶沸石-钾(Dachiardite-K)、环晶沸石-钠(Dachiardite-Na)等。

【环晶石-钾】

英文名 Dachiardite-K

化学式 $K_4(Si_{20}Al_4)O_{48} \cdot 13H_2O$　　(IMA)

环晶石-钾是一种含沸石水的钾的铝硅酸盐矿物,是钾占优势的环晶石-钙的类似矿物。属沸石族环晶石系列。单斜晶系。晶体呈针状;集合体呈放射状、球状,球径 8mm。雪白色,玻璃光泽,透明;硬度 4,完全解理,脆性。2015 年发现于保加利亚卡尔扎利市莫姆奇尔格勒区奥布什蒂纳(Obshtina)。英文名称 Dachiardite-K,根词由意大利比萨大学矿物学教授安东尼奥·达希亚尔迪(Antonio D'Achiardi,1839—1902)的姓氏,后加占优势成分钾的后缀-K 组合命名。IMA 2015-041 批准。2015 年 N. V. 丘卡诺夫(N. V. Chukanov)等在《CNMNC 通讯》(27)、《矿物学杂志》(79)和 2016 年《俄罗斯矿物学会记事》[145(1)]报道。中文名称根据占优势的成分及与环晶石的关系译为环晶石-钾/钾环晶沸石(参见【环晶石-钙】条 335 页)。

【环晶石-钠】

英文名 Dachiardite-Na

化学式 $Na_4(Si_{20}Al_4)O_{48} \cdot 13H_2O$　　(IMA)

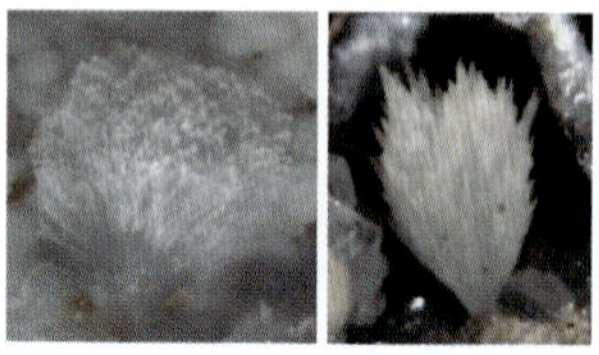

环晶石-钠针状晶体,束状集合体(德国、美国)

环晶石-钠是一种含沸石水的钠的铝硅酸盐矿物,是钠含量占优势的环晶石-钙的类似矿物。属沸石族环晶石系列。单斜晶系。晶体呈针状;集合体呈束状。白色,玻璃光泽,透明;硬度 4～4.5,脆性。1975 年发现于意大利特兰蒂诺-阿尔托·阿迪杰(Trentino-Alto Adige)区特伦托省拉帕拉契亚-法萨奥利(La Palaccia-Orli di Fassa)花岗伟晶岩;同年,在《矿物学和岩石学论文集》(49)报道。英文名称 Dachiardite-Na,根词以意大利比萨大学矿物学教授安东尼奥·达希亚尔迪(Antonio D'Achiardi,1839—1902)的姓氏,加占优势成分的后缀-Na 组合命名(见 1997 年 D. S. 库姆斯(D. S. Coombs)等《加拿大矿物学家》(35)推荐国际矿物学协会分子筛委员会新矿物和矿物命名委员会沸石矿物术语报告)。IMA 1997s.p.批准。以前曾用名 Na-Dachiardite[T. 吉村(T. Yoshimura),1977];Sodium Dachiardite[H. 西岛(H. Nishido),1979]。中文名称根据成分及与环晶石-钙的关系译为环晶石-钠/钠环晶沸石(参见【环晶石-钙】条 335 页)。

荒 [huāng]形声;从艸,巟(huāng)声。本义:荒芜。用于日本河名:荒川。

【荒川石】参见【磷锌铜矿】条 485 页

黄 [huáng]象形;金文像蝗虫形。当是"蝗"的本字。本义:蝗虫。甲骨文像佩璜形。①黄色:像黄金、向日葵、黄花菜等的颜色。光学意义的黄,是指自然光波投射到物体上,其中的蓝紫光被吸收,物体呈现出吸收色的补色,即黄色。用于描述矿物的各种黄颜色。②特指中国黄河。③中国姓氏。

【黄铵汞矿】参见【黄氮汞矿】条 337 页

【黄铵铁矾】参见【铵黄钾铁矾】条 23 页

【黄钡铀矿】

英文名 Billietite

化学式 $Ba(UO_2)_6O_4(OH)_6 \cdot 8H_2O$　　(IMA)

黄钡铀矿柱状、假六方板状晶体(德国)和比耶像

黄钡铀矿是一种少见的含结晶水的钡的铀酰的氧、氢氧化物矿物。斜方晶系。晶体呈柱状、纤维状、假六方板片状,双晶发育。琥珀黄色、金黄色,金刚光泽,透明—半透明;完全解理。1947 年首先发现于刚果(金)上加丹加省坎博韦区欣科洛布韦(Shinkolobwe)镇矿山。1947 年 J. F. 瓦埃斯(J. F. Vaes)在《比利时地质学会年鉴》(70)和 1948 年 M. 弗莱舍(M. Fleischer)在《美国矿物学家》(33)报道。英文名称 Billietite,以比利时根特大学结晶学家瓦莱雷·路易斯·比耶(Valere Louis Billiet,1903—1944)的姓氏命名。"二战"期间他曾参加抵抗运动,被纳粹逮捕,遭杀害。1959 年以前发现、描述并命名的"祖父级"矿物,IMA 承认有效。中文名称根据颜色和成分译为黄钡铀矿。

【黄长石】

英文名 Melilite

化学式 $Ca_2(Al,Mg)[(Si,Al)SiO_7]$

化学通式 $Ca_2M(XSiO_7)$

黄长石是钙、铝、镁的铝硅酸盐矿物。它是黄长石类矿物的族名,包括钙黄长石、镁黄长石两端元及其两者之间的过渡矿物等。四方晶系。晶体呈他形细粒状、短柱状或板状;集合体呈放射状。白色、蜜黄色、灰绿色、浅绿黄色或较少的浅红褐色,玻璃光泽、油脂光泽,透明—半透明;硬度

5～6，完全—不完全解理。黄长石最初描述于 1796 年，它发现于意大利拉丁姆大区罗马的卡坡迪波夫(Capo di Bove)。英文名称 Melilite，源于希腊文“μέλι＝Meli＝Honey(蜂蜜)”和“λίθους＝Lithos＝Stone(石头)”命名，意指矿物的颜色呈蜜黄色。中文名称根据特征颜色(蜜黄)和族名(黄长石)译为黄长石。

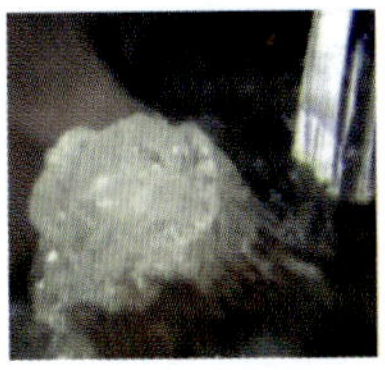

黄长石柱状晶体(意大利)

【黄氮汞矿】

英文名 Mosesite

化学式 $(Hg_2N)Cl$ (IMA)

摩西像

黄氮汞矿是一种非常罕见的汞、氮的氯化物矿物。等轴晶系。晶体通常呈八面体，也有立方体与八面体组合的聚形，常见尖晶石律双晶；集合体呈近球状聚晶。柠檬黄色、淡黄色，长时间暴露于光下变成橄榄绿色、绿黄色，金刚光泽，透明—半透明；硬度 3.5，不完全解理，脆性。1910 年发现于美国得克萨斯州布鲁斯特县特灵瓜(Terlingua)矿区，后在内华达州和墨西哥等地也有发现。最早于 1910 年由弗雷德里克·亚历山大·坎菲尔德(Frederick Alexander Canfield)等在《美国科学杂志》(30)报道。英文名称 Mosesite，以阿尔弗雷德·J. 摩西(Alfred J. Moses，1859—1920)教授的姓氏命名。摩西教授在矿物学领域做出了贡献，他发现并描述了来自特灵瓜区的几个汞矿物，其中包括此黄氮汞矿。1959 年以前发现、描述并命名的“祖父级”矿物，IMA 承认有效。中文名称根据颜色和成分译为黄氮汞矿，也译作黄铵汞矿。

【黄地蜡】

英文名 Carpathite

化学式 $C_{24}H_{12}$ (IMA)

黄地蜡针状晶体，束状、放射状集合体(美国)

黄地蜡是一种碳氢化合物矿物。化学名称蔻(读音：Guān，英文：Coronene)，又名六苯并苯，晕苯，是一种周围由 6 个苯环稠合而成，结构高度对称的多环芳香烃类化合物。单斜晶系。晶体呈柱状、针状、薄板状；集合体呈束状、放射状。白色或淡黄色—黄褐色或黑色，玻璃光泽、金刚光泽、蜡状光泽，半透明；硬度 1～1.5，完全解理；具有芳香性。蔻主要来自中草药中的白蔻或草蔻。矿物蔻在自然界中罕见。1955 年首次在乌克兰扎卡帕蒂亚州奥列涅沃(Olenevo)的喀尔巴阡(Carpathian)山脉发现，其主要成分为碳和氢；G. L. 彼得罗夫斯基(G. L. Piotrovsky)在俄罗斯《斯博尼克矿物》(*Mineralogicheskii Sbornik*)(9)报道，称 Karpatite(黄地蜡)。1967 年，苏联 V. A. 弗兰克-卡梅涅茨基(V. A. Frank-Kamenetski)、S. K. 菲拉托夫(S. K. Filatov)和 Y. L. 吉勒(Y. L. Giller)报道了黄地蜡的晶体结构和化学成分。英文名称 Carpathite，以发现地乌克兰境内的喀尔巴阡(Carpathian)山命名。1959 年以前发现、描述并命名的“祖父级”矿物，IMA 承认有效。IMA 1971s. p. 批准。1967 年约瑟夫·默多克(Joseph Murdoch)等在《美国矿物学家》(52)报道了美国加利福尼亚州圣贝尼托县的煤层中发现 1cm 厚的此矿物层。中文名称根据颜色(黄色)、成因(地壳中天然形成的)和物质种类(蜡)译为黄地蜡。

【黄碲钯矿】

英文名 Kotulskite

化学式 $Pd(Te,Bi)_{2-x}(x\approx0.4)$ (IMA)

孔图里斯基像

黄碲钯矿是一种钯的碲-铋互化物矿物。属红砷镍矿族。六方晶系。晶体呈粒状。黄色、灰色、钢灰色，金属光泽，不透明；硬度 4～4.5。1963 年发现于俄罗斯摩尔曼斯克州蒙切戈尔斯克(Monchegorsk)市铜镍矿床。1963 年 A. D. 根金(A. D. Genkin)等在《全苏矿物学会记事》[92(1)]和 M. 弗莱舍(M. Fleischer)在《美国矿物学家》(48)报道。英文名称 Kotulskite，以苏联经济地质学家和铜镍硫化物矿床的权威专家弗拉迪米尔·克勒门特维奇·孔图里斯基(Vladimir Klementevich Kotulskii，1879—1951)的姓氏命名。IMA 1967s. p. 批准。中文名称根据颜色和成分译为黄碲钯矿。

【黄碲矿】

英文名 Tellurite

化学式 TeO_2 (IMA)

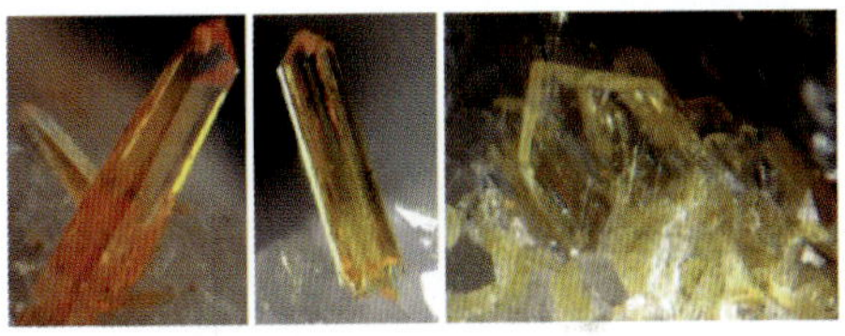

黄碲矿柱状、板状晶体，晶簇状集合体(墨西哥)

黄碲矿是一种碲的氧化物矿物。属金红石族。与副黄碲矿为同质二象。斜方晶系。晶体呈柱状、针状、细板条状；集合体呈晶簇状、球形放射状、粉末状、块状。白色、淡黄白色、稻草黄色、蜂蜜黄色，半金刚光泽，透明；硬度 2，完全解理。1842 年 W. 佩茨(W. Petz)第一次描述了发现于罗马尼亚阿尔巴县兹拉特纳镇法塔-布埃(Faţa Băii)的矿物并在《物理学与化学年鉴》(57)报道，称 Tellurige Säure。1845 年在维也纳《矿物学鉴定手册》刊载。英文名称 Tellurite，以化学元素“Tellurium(碲)”命名。Tellurium 这一词来自拉丁文“Tellus(地球或土地)”(参见【碲金矿】条 123 页)。1959 年以前发现、描述并命名的“祖父级”矿物，IMA 承认有效。中文名称根据颜色和成分译为黄碲矿。

【黄碲铁石】

英文名 Cuzticite

化学式 $Fe^{3+}_2Te^{6+}O_6\cdot3H_2O$ (IMA)

黄碲铁石薄鳞片状晶体，皮壳状集合体(墨西哥)

黄碲铁石是一种含结晶水的铁的碲酸盐矿物。六方晶系。晶体呈薄鳞片状；集合体呈钟乳状、皮壳状。深黄色，也有金黄色或棕色，半玻璃光泽、油脂光泽、珍珠光泽，透明—半透明；硬度3，完全解理，脆性。1982年发现于墨西哥索诺拉州蒙特祖马（Moctezuma）矿。英文名称Cuzticite，以墨西哥南部印第安族那瓦特尔文（Nahuatl）的“Something yellow（黄色的东西）”命名，意指矿物的原始颜色呈黄色—棕色。IMA 1980-071批准。1982年S. A. 威廉姆斯（S. A. Williams）在《矿物学杂志》(46)和1983年《美国矿物学家》(68)报道。1984年中国新矿物与矿物命名委员会郭宗山在《岩石矿物及测试》[3(2)]根据颜色和成分译为黄碲铁石。

【黄碘银矿】

英文名 Miersite

化学式 AgI　　(IMA)

黄碘银矿四面体、假八面体晶体（澳大利亚）和迈尔斯像

黄碘银矿是一种银的碘化物矿物。属角银矿族。等轴晶系。晶体呈四面体，四面体的正形与负形大小近于一致时晶体呈假八面体，罕见立方体与八面体组合成聚形粒状，具双晶；集合体呈皮壳状、块状。绿色、黄色或淡黄色，金刚光泽、松脂光泽，透明—半透明；硬度2.5～3，完全解理，脆性。1898年发现于澳大利亚新南威尔士州扬科文纳（Yancowinna）县布罗肯希尔（Broken Hill）。1898年L. J. 斯宾塞（L. J. Spencer）在《自然》(57)报道。英文名称Miersite，以英国牛津大学矿物学家亨利·亚历山大·迈尔斯（Henry Alexander Miers，1858—1942）教授的姓氏命名。1959年以前发现、描述并命名的“祖父级”矿物，IMA承认有效。中文名称根据颜色和成分译为黄碘银矿。

【黄钒锰矿】参见【弗硅钒锰石】条170页

【黄钒铀矿】

英文名 Vanuranylite

化学式$(H_3O,Ba,Ca,K)_2(UO_2)_2(VO_4)_2 \cdot 4H_2O(?)$

黄钒铀矿是一种含结晶水的卉离子、钡、钙、钾的铀酰-钒酸盐矿物。单斜晶系。晶体呈假六方板片状；集合体呈皮壳状。鲜艳的黄色，透明；硬度2，极完全解理。1965年发现于俄罗斯和加蓬弗朗斯维尔的穆纳纳（Mounana）铀矿。1965年E. Z. 布里阿诺娃（E. Z. Buryanova）等在《全苏矿物学会记事》[94(4)]和1966年《美国矿物学家》(51)报道。英文名称Vanuranylite，由化学成分“Vanadium（钒）”“Uranium（铀）”和“Aluminum（铝）”缩写组合命名。1968年被IMA废弃。中文名称根据颜色和成分译为黄钒铀矿；也因含钒低又译为低钒铀矿。

【黄钙铝矾】

汉拼名 Huangite

化学式$Ca_{0.5}Al_3(SO_4)_2(OH)_6$　　(IMA)

黄钙铝矾是一种含羟基的钙、铝的硫酸盐矿物。属明矾石超族明矾石族。三方晶系。晶体呈细长叶片状。白色、黄色，玻璃光泽，透明；硬度3～4，完全解理。1991年发现于智利科金博大区埃尔基镇埃尔印第奥矿床坦博（Tambo）矿的雷塔纳（Retna）脉矿。汉拼名称Huangite，以中国地质科学院（北京）矿床地质与矿产资源研究所的中国矿物学家黄蕴慧（Huang Yunhui，1926—）的姓氏命名，以表彰她对中国香花岭（Hsianghualing）接触变质矿床的矿物学和岩石学研究做出的贡献。黄蕴慧，1957年发现新矿物香花石，1961年发现新矿物索伦石，主编《透明矿物显微镜鉴定表》和《香花岭岩石矿床与矿物》等著作。IMA 1991-009批准。1992年李广仁（Li Guangren）和D. R. 皮克尔（D. R. Peacor）等在《美国矿物学家》(77)报道。中文名称根据汉拼名称音和成分译为黄钙铝矾。

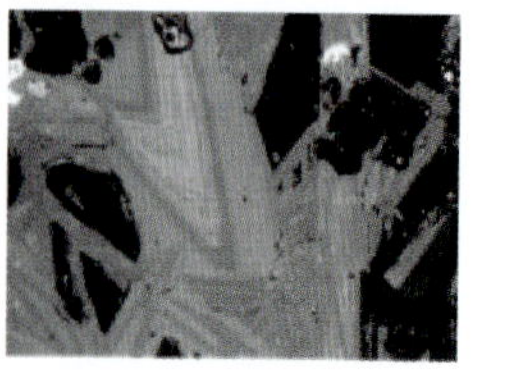

黄钙铝矾叶片状晶体（日本）

【黄钙铀矿】参见【深黄铀矿】条799页

【黄铬钾石】

英文名 Tarapacáite

化学式$K_2(CrO_4)$　　(IMA)

黄铬钾石粒状晶体和塔拉帕卡徽章

黄铬钾石是一种钾的铬酸盐矿物。斜方晶系。晶体呈厚板状、粒状，三连晶呈假六方片状；集合体常呈松散状。明亮的黄色、黄橙色，玻璃光泽，透明—半透明；完全解理。1878年发现于智利塔拉帕卡（Tarapaca）大区安托法加斯塔以北托科皮亚市的奥菲西纳玛丽亚埃琳娜（Oficina Maria Elena）；同年A. 雷蒙迪（A. Raimondi）在巴黎《秘鲁矿物：共和国主要矿物目录全集》报道。英文名称Tarapacáite，以发现地智利的塔拉帕卡（Tarapacá）区名命名。1959年以前发现、描述并命名的“祖父级”矿物，IMA承认有效。中文名称根据颜色和成分译为黄铬钾石或黄钾铬石，也有的译为铬钾石。

【黄铬铅矿】

英文名 Santanaite

化学式$Pb_{11}CrO_{16}$　　(IMA)

黄铬铅矿是一种铅的铬酸盐矿物。六方晶系。晶体呈六方板状。稻草黄色，金刚光泽，半透明；硬度4，完全解理。1971年发现于智利安托法加斯塔市谢拉戈达镇卡拉科莱斯附近的圣安娜（Santa Ana）矿山。英文名称Santanaite，以发现地智利的圣安娜（Santa Ana）矿山命名。IMA 1971-035批准，但需要再研究。1972年在《矿物学新年鉴》(月刊)和1973年《美国矿物学家》(58)报道。中文名称根据颜色和成分译为黄铬铅矿。

【黄硅钾铀矿】参见【硅钾铀矿】条268页

【黄硅钠铀矿】

英文名 Natroboltwoodite

化学式$Na(UO_2)(SiO_3OH) \cdot H_2O$　　(IMA)

黄硅钠铀矿是一种含结晶水的钠、铀酰的氢硅酸盐矿物。属硅钙铀矿族。斜方晶系。晶体呈纤维状、细粒状；集合体呈放射状、皮壳状。白色、淡黄色，半透明；完全解理。1975年发现于哈萨克斯坦阿拉木图州楚伊犁山脉克孜勒赛(Kyzylsai)钼-铀矿床。英文名称 Natroboltwoodite，由成分冠词“Natro 或 Sodium(钠)”和“Boltwoodite(黄硅钾铀矿或硅钾铀矿)”组合命名，意指它是钠占优势并与黄硅钾铀矿(硅钾铀矿)类似的矿物。IMA 2007s. p. 批准。1975年 A. A. 切尔尼科夫(A. A. Chernikov)等在《苏联科学院报告》(221)和1976年《美国矿物学家》(61)报道。中文名称根据颜色和成分译为黄硅钠铀矿(根词参见【硅钾铀矿】条268页)。

【黄硅铌钙石】

英文名 Niocalite

化学式 $Ca_7Nb(Si_2O_7)_2O_3F$ (IMA)

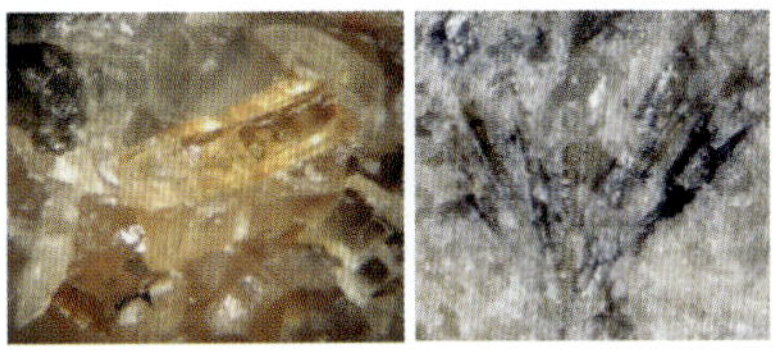

黄硅铌钙石柱状晶体，扇状集合体(加拿大)

黄硅铌钙石是一种含氟和氧的钙、铌的硅酸盐矿物。属硅铌锆钙钠石族。单斜晶系。晶体呈近方形截面和曲面的柱状，有的两端有锥；集合体呈扇状。柠檬黄色，玻璃光泽，透明；硬度6，脆性。1956年发现于加拿大魁北克省格朗德河流域；同年 E. H. 尼克尔(E. H. Nickel)在《美国矿物学家》(41)报道。英文名称 Niocalite，由化学成分“Niobium(铌)”和“Calcium(钙)”缩写组合命名。1959年以前发现、描述并命名的“祖父级”矿物，IMA 承认有效。中文名称根据颜色和成分译为黄硅铌钙石。

【黄河矿】

英文名 Huanghoite-(Ce)

化学式 $BaCe(CO_3)_2F$ (IMA)

黄河矿片状晶体(中国)和黄河

黄河矿是一种含氟的钡、铈的碳酸盐矿物。属氟碳钙铈矿族。与中华铈矿成系列。三方晶系。晶体常呈板状、片状、粒状，粒径10cm×5cm×1cm。蜜黄色或黄绿色，油脂光泽，透明；硬度4.5。1961年，中国科学院中苏地质合作队中国学者张培善和苏联专家谢苗诺夫等在中国内蒙古自治区包头市白云鄂博矿床发现的一种稀土新矿物，由于矿物的产地靠近黄河，经与苏联专家共同研究，以中国伟大的母亲河——黄河(Huangho)，加占优势的稀土元素铈后缀-(Ce)组合命名。1961年 E. I. 谢苗诺夫(E. I. Semenov)和张培善在《中国科学》[10(8)]和1963年 M. 弗莱舍(M. Fleischer)在《美国矿物学家》(48)报道(参见【张培善矿】条1104页)。IMA 1967s. p. 批准。

【黄钾钙铀矿】

英文名 Rameauite

化学式 $K_2Ca(UO_2)_6O_6(OH)_4 \cdot 6H_2O$ (IMA)

黄钾钙铀矿板状晶体(法国，电镜照片)和拉莫像

黄钾钙铀矿是一种含结晶水和羟基的钾、钙的铀酰的氧化物矿物。单斜(假六方)晶系。晶体呈柱状、假六方板状。橙色，半透明；完全解理。1971年发现于法国上维埃纳省孔普雷尼亚克的马格纳克(Margnac)矿中。英文名称 Rameauite，以法国巴黎法国粮食和原子能委员会的探矿者雅克·拉莫(Jacques Rameau)的姓氏命名，是他发现了此矿床和该矿物。IMA 1971-045 批准。1972年 F. 塞斯勃隆(F. Cesbron)等在《矿物学杂志》(38)报道。中文名称根据颜色和成分译为黄钾钙铀矿，也译为水钾钙铀矿。

【黄钾铬石】参见【黄铬钾石】条338页

【黄钾铁矾】

英文名 Jarosite

化学式 $KFe_3^{3+}(SO_4)_2(OH)_6$ (IMA)

黄钾铁矾菱面体和粒状晶体(西班牙、希腊、法国)

黄钾铁矾是一种含羟基的钾、铁的硫酸盐矿物。属明矾石族。三方晶系。部分钾常被钠类质同象代替，称钠铁矾(Natrojarosite)。晶体细小而罕见，呈假立方体或假菱面体(实为两个三方单锥所构成的聚形，或是6个双晶连生)、板状、粒状、纤维状；集合体常呈致密块状及隐晶质土状、皮壳状、结核状、薄膜覆盖状。赭黄色、琥珀黄色—暗褐色，半金刚光泽、玻璃光泽、断口呈树脂光泽，半透明—不透明；硬度2.5～3.5，完全解理。黄钾铁矾是稀有昂贵的赭黄色无机颜料，最近发现在古代埃及金字塔的壁画艺术中已有应用。

最早于1838年由德国拉梅尔斯贝格(Rammelsberg)在莱比锡哈雷《物理学年鉴》(43)报道，称 Gelbeisenerz。1852年布赖特豪普特发现于西班牙南部安达卢西亚自治区阿尔梅里亚省(Almería)库埃瓦斯德拉尔曼索拉的贾罗索(Jaroso)深峡谷；同年，在《山和人报纸》[(*Berg-und Hüttenmannische Zeitung*(11)]报道。英文名称 Jarosite，由约翰·弗里德里希·奥古斯特·布赖特豪普特(Johann Friedrich August Breithaupt)根据发现地贾罗索或贾拉(Jaroso 或 Jara)深峡谷命名。西班牙的这个名字属于黄花岩蔷薇科植物，它在贾拉这个地方生长，矿物和该花有相同的颜色。1959年以前发现、描述并命名的“祖父级”矿物，IMA 承认有效。IMA 1987s. p. 批准。另一英文名称 Borgstromite，以博格斯特伦姆(Borgstrom)的名字命名，汉译名有金黄铁矾、黄褐铁矾、草黄铁矾；还有英文名称 Carphosiderite，由希腊文“κάρφος=Straw(秸秆)”和“σίδηρος=Iron(铁)”组合命名，意指其颜色和成分；汉译为草黄铁矾、草黄铁环矾。

最近在火星上发现了黄钾铁矾，被认为是火星上曾经有水的证据。西班牙国家研究委员会航空航天技术研究所(INTA-CSIC)天体生物学中心的研究人员分析了韦尔瓦地区的力拓河流域,这种环境与火星上发现的环境极为类似,在一种含有硫和铁的矿物盐沉积层,发现其中有钠铁矾。由此推论火星上过去或现在可能存在水。1902 年在美国内华达州苏打水泉谷曾发现钠铁矾(参见【钠铁矾】条 642 页)。

【黄钾铀矿】

参见【钾铀矿】条 373 页

【黄晶】

英文名 Citrine

化学式 SiO_2

黄花菜和黄晶柱状晶体(巴西、俄罗斯)

黄晶是一种硅的氧化物矿物,即石英(水晶)的黄色、黄橙色或黄绿色的变种。它与宝石界的商用黄晶是有所不同的,注意二者不能相混淆。三方晶系。晶体呈柱状;集合体呈晶簇状。黄色、橙色、橘黄色、柠檬黄色、黄绿色,玻璃光泽,透明;硬度 7。英文名称 Citrine,由“Citrina(黄花菜,颜色为柠檬黄)”命名。颜色的成因仍有很大争论。1972 年莱曼(Lehmann)和 1980 年马琪梅尔(Maschmeyer)等均认为:至少一些茶晶与铝基和辐照诱导色心的茶晶色有关;因此,过渡到墨晶(“冒烟的柠檬色”)的存在,许多柠檬色显示烟雾缭绕的幻影。像墨晶,这些类型的苍白的柠檬色,当加热超过 200～500℃时则变黄色。由于黄色中心往往比烟熏色中心更加稳定,一些茶晶可以通过加热变成黄晶(拿骚和普雷斯科特,1977)。也有人说,铁是颜色改变的成因,因为人工晶体生长在一个含铁的环境中会变成黄色;但实验证明,与天然的黄晶是不同的。天然黄水晶是非常罕见的;宝石界商家往往是将紫水晶通过加热变成黄色或橙色而以假“黄晶”出售。见于 1546 年乔治·阿格里科拉(Georgius Agricola)在 *De Natura Fossilium*(*Book VI*)和 1892 年丹纳在《系统矿物学》(第六版)描述。中文名称根据颜色译为黄晶或黄水晶(参见【石英】条 806 页和【水晶】条 835 页)。

【黄磷铝铁矿】

英文名 Sigloite

化学式 $Fe^{3+}Al_2(PO_4)_2(OH)_3 \cdot 7H_2O$　(IMA)

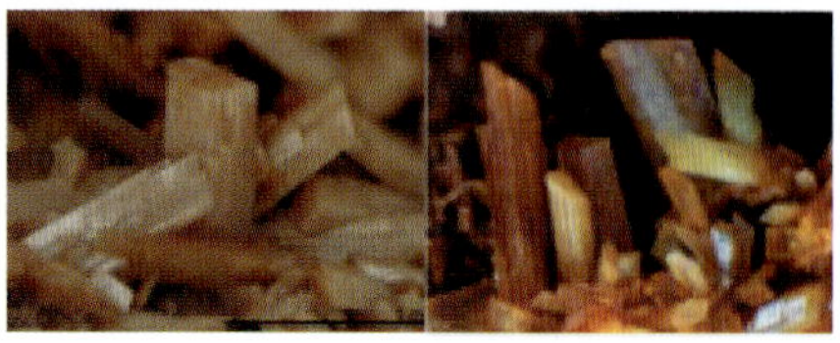

黄磷铝铁矿厚板状晶体,晶簇状集合体(玻利维亚)

黄磷铝铁矿是一种含结晶水和羟基的铁、铝的磷酸盐矿物。属黄磷锰铁矿(劳埃石)族。三斜晶系。晶体呈短柱、厚板状,常具副磷铁铝矿的假象。稻草黄色—浅褐色,玻璃光泽、珍珠光泽,半透明;硬度 3,完全解理。1962 年发现于玻利维亚波托西省拉拉瓜(Llallagua)的 20 世纪(Siglo Veinte)矿。1962 年在《美国矿物学家》(47)报道。英文名称 Sigloite,以发现地玻利维亚的 20 世纪(Siglo Veinte)矿命名。IMA 1967s. p. 批准。中文名称根据颜色和成分译为黄磷铝铁矿,有的音译为西格洛石。

【黄磷锰铁矿】

参见【劳埃石】条 436 页

【黄磷铅铀矿】

英文名 Renardite

化学式 $Pb(UO_2)_4(PO_4)_2(OH)_4 \cdot 7H_2O$　(IMA)

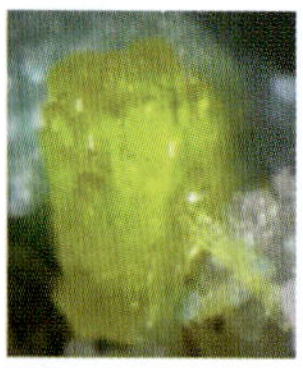

黄磷铅铀矿板状晶体,晶簇状集合体(刚果)

黄磷铅铀矿是一种含结晶水、羟基的铅的铀酰-磷酸盐矿物。斜方晶系。晶体呈柱状、板状;集合体呈晶簇状。黄色,油脂光泽,透明—半透明;完全解理。1928 年发现于刚果(金)上加丹加省坎博韦区欣科洛布韦镇的卡斯洛(Kaslo)矿。1928 年舒尔普(Schoep)在《法国矿物学学会通报》(51)报道。英文名称 Renardite,以比利时根特大学矿物学家阿方斯·弗朗索瓦·里纳德(Alphonse Francois Renard,1842—1903)的姓氏命名。1959 年以前发现、描述并命名的“祖父级”矿物,IMA 承认有效。1990 年德利安(Deliens)等认为,它是一个磷铅铀矿(Dewindite)和福磷钙铀矿(Phosphuranylite)的混合物。2003 年塞科拉(Sejkora)等调查捷克共和国波希米亚的样本认为它是一个有效的矿物种。然而,IMA 认为有必要进一步调查。中文名称根据颜色和成分译为黄磷铅铀矿,也译为多水磷铅铀矿。

【黄磷铁钙矿】

英文名 Xanthoxenite

化学式 $Ca_4Fe_2^{3+}(PO_4)_4(OH)_2 \cdot 3H_2O$　(IMA)

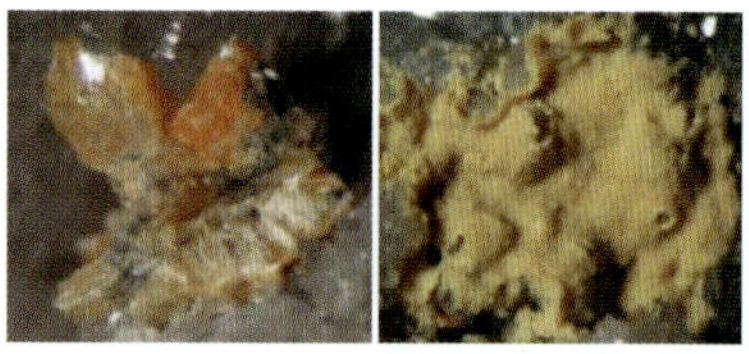

黄磷铁钙矿板状晶体,皮壳状集合体(巴西)

黄磷铁钙矿是一种含结晶水和羟基的钙、铁的磷酸盐矿物。三斜晶系。晶体呈板状、板条状;集合体呈皮壳状。浅黄色—黄褐色,蜡状光泽,半透明;硬度 2.5,完全解理。1920 年首次发现并描述于德国巴伐利亚州下巴伐利亚行政区的亨内科贝尔(Hennenkobel)矿山和美国新罕布什尔州格拉夫顿县北莫尔顿巴勒莫(Palermo)1 号伟晶岩。1920 年 H. 劳布曼(H. Laubmann)和 H. 斯坦梅茨(H. Steinmetz)在《结晶学、矿物学和岩石学杂志》(55)报道。英文名称 Xanthoxenite,由希腊文“Ζάνθos = Xanthos(黄色)”,再加上“Oxenite(很差)”命名,意指与“Cacoxenite(黄磷铁矿)”在化学成分上有相似之处。1959 年以前发现、描述并命名的“祖父级”矿物,IMA 承认有效。IMA 1975－004a 批准。1978 年 P. B. 摩尔(P. B. Moore)等在《矿物学杂志》(42)报道。中文名称根据颜色和成分译为黄磷铁钙矿。

【黄磷铁矿】

英文名 Cacoxenite

化学式 $Fe_{24}^{3+}AlO_6(PO_4)_{17}(OH)_{12} \cdot 75H_2O$　(IMA)

黄磷铁矿是一种含结晶水、羟基的铁、铝氧的磷酸盐矿物。六方晶系。晶体呈六角形、针状、纤维状;集合体呈放射

黄磷铁矿纤维状晶体，放射状、球状集合体（西班牙、葡萄牙）

状、皮壳状、葡萄状或球状。金黄色、黄色、浅褐黄色、红黄色、橙红色、绿色，玻璃光泽、丝绢光泽，透明—半透明；硬度3～3.5。现出土的古墓木器绘画的红漆皮用的红色矿粉（红磷铁矿）中的大部分是以黄粉（黄磷铁矿）为主，说明古代人民早就认识并使用此矿物。1825 年发现于捷克共和国波希米亚中部贝龙镇的赫尔贝克（Hrbek）矿。1825 年斯坦曼（Steinmann）在布拉格 *Vortr. Böhm. Ges* 报道，称 Kakoxen。英文名称 Cacoxenite，由希腊文“κακ ó s＝Kakos＝Bad（坏、有害的）”和“ξ έ νos＝Xenos＝Guest（陌生客人）”组合命名，是指因为它的含磷量影响熔炼铁矿石质量。1959 年以前发现、描述并命名的“祖父级”矿物，IMA 承认有效。中文名称根据颜色和成分译为黄磷铁矿。1983 年美国矿物学家 P. B. 摩尔（P. B. Moore）教授和中国地质大学沈今川教授在《自然》（306）杂志上发表含水磷酸铁矿物——黄磷铁矿（Cacoxenite）的 X 射线结构研究，发现其具有与沸石类似的大孔道结构，这一发现使得铁磷酸盐备受化学家、材料学家等的高度重视。

【黄菱锶铈矿】参见【黄碳锶钠石】条 343 页

【黄硫镉矿】参见【方硫镉矿】条 155 页

【黄榴石】参见【钙铁榴石】条 230 页

【黄绿石】参见【烧绿石】条 773 页

【黄氯汞矿】

英文名 Terlinguaite

化学式 Hg_2OCl　（IMA）

黄氯汞矿粒状晶体，块状集合体（美国）

黄氯汞矿是一种汞氧的氯化物矿物。单斜晶系。晶体呈粒状、柱状、板状；集合体呈粉状、块状。黄色、青黄色、棕色、褐色，氧化则变为橄榄绿色，强金刚光泽，透明—半透明；硬度 2～3，完全解理，脆性。1900 年发现于美国得克萨斯州布鲁斯特县特灵瓜（Terlingua）矿区马里波萨矿；1900 年 W. H. 图尔纳（W. H. Turner）在美国旧金山《采矿科学》（21）、《经济地质学》（1）和 1903 年摩斯（Moses）在《美国科学杂志》（16）报道。英文名称 Terlinguaite，以发现地美国的特灵瓜（Terlingua）矿区命名。1959 年以前发现、描述并命名的“祖父级”矿物，IMA 承认有效。中文名称根据颜色和成分译为黄氯汞矿。

【黄氯铅矿】

英文名 Lorettoite

化学式 $Pb_7O_6Cl_2$

黄氯铅矿是一种铅氧的氯化物矿物。斜方晶系。晶体呈粗纤维状、刃片状；集合体呈致密块状。蜜黄色、黄色—黄红色，金刚光泽；硬度 2.5～3。1916 年发现于美国田纳西州劳伦斯县的洛雷托（Loretto）矿。1916 年，维尔斯（Wells）和拉森（Larsen）在《华盛顿科学院杂志》（6）报道。英文名称 Lorettoite，以发现地美国田纳西州的洛雷托（Loretto）矿命名。其后，证明是人造材料，1979 年被 IMA 废弃。中文名称根据颜色和成分译为黄氯铅矿。

【黄钼矿】参见【水钼矿】条 856 页

【黄钼铀矿】

英文名 Iriginite

化学式 $(UO_2)Mo_2^{6+}O_7 \cdot 3H_2O$　（IMA）

黄钼铀矿是一种含结晶水的铀酰的钼酸盐矿物。斜方晶系。晶体呈长条的薄板状、针状、粒状；集合体呈皮壳状或泉华状。淡黄色、金黄色、碧玉黄色，中国还发现其蓝色变种，该样品放置半年后，明显转变为绿黄色，玻璃光泽，半透明；硬度 1～2。1956 年发现于俄罗斯萨哈（雅库特）共和国阿列克山德罗夫斯基（Aleksandrovskii）秃峰钼-铀矿。1957 年 M. V. 索博列娃（M. V. Soboleva）等在苏联莫斯科《铀矿物鉴定手册》和 1958 年 M. 弗莱舍（M. Fleischer）在《美国矿物学家》（43）报道。英文名称 Iriginite，因作者喜欢悦耳的声音伊里金（Irigin）（没有内涵）而命名。1959 年以前发现、描述并命名的“祖父级”矿物，IMA 承认有效。中文名称根据颜色和成分译为黄钼铀矿；根据成分译为水钼铀矿。

【黄硼镁石】参见【斜方水硼镁石】条 1026 页

【黄铅矿】

英文名 Lanarkite

化学式 $Pb_2O(SO_4)$　（IMA）

黄铅矿柱状晶体，晶簇状或放射状集合体（英国）

黄铅矿是一种铅氧的硫酸盐矿物。单斜晶系。晶体呈柱状，具聚片双晶；集合体常呈晶簇状或放射状、块状。白色、淡绿色、黄绿色、浅黄色或灰白色，金刚光泽、树脂光泽，解理面上呈珍珠光泽，透明或半透明；硬度 2～2.5，完全解理。1820 年布鲁克（Brooke）在《爱丁堡 N. Phil. 杂志》（3）报道，称 Sulphato-carbonate of Lead（铅的硫酸-碳酸盐）。1832 年，发现并描述于苏格兰南拉纳克（Lanarkshire）郡利德希尔斯的波特贝罗矿脉苏珊娜（Susanna）矿。1832 年 F. S. 伯当（F. S. Beudant）在《基础矿物学教程》（第二卷，第二版）刊载。英文名称 Lanarkite，以发现地苏格兰的拉纳克（Lanarkshire）命名。1959 年以前发现、描述并命名的“祖父级”矿物，IMA 承认有效。中文名称根据颜色和成分译为黄铅矿，也译作黄铅矾。

黄铅矿的研究与金属元素钒的发现有一定的联系。钒元素先后被发现过两次，其中一次是在这种矿物中发现的。第一次为在 1801 年由墨西哥的矿物学教授捷烈里瓦在亚钒酸盐[$Pb_5(VO_4)_3Cl$]中发现，由于这种新元素的盐溶液在加热时呈现鲜艳的红色，所以被取名为“爱丽特罗尼”，即“红色”的意思，并将它送到巴黎。然而，法国化学家推断认为，它是一种被污染的铬矿石，所以没有被人们承认。第二次发现是在 1830 年，瑞典化学家 N. G. 塞夫斯特伦穆（N. G. Sefstrom，1787—1845）在研究斯马兰矿区铁矿的黄铅矿时，在残渣中发现了钒。因为钒的化合物的颜色五颜六色，十分漂亮，所以就用古希腊神话中一位叫凡娜迪丝“Vanadis”的美丽女神的名字给这种新元素起名叫“Vanadium”（中文按其音译为钒）。塞夫斯特伦、维勒、贝采里乌斯等都曾研究过钒，但他们始终都没有分离出单质钒。直到后来 1831 年塞夫斯特伦穆在研究黄铅矿时发现了钒，但这已是 30 年后的事了，1867 年英国 H. E. 罗斯科（H. E. Roscoe，1833—1915）第一次制得了纯净的金属钒。

【黄铅铁矾】参见【铅铁矾】条 700 页

【黄砷榴石】

英文名 Berzeliite

化学式 $(NaCa_2)Mg_2(AsO_4)_3$ (IMA)

黄砷榴石圆粒状晶体，块状集合体（瑞典）和贝采利乌斯像

黄砷榴石是一种钠、钙、镁的砷酸盐矿物。属石榴石结构超族黄砷榴石族。锰和镁之间可形成完全类质同象系列，镁端元矿物叫黄砷榴石（Berzeliite），也叫镁黄砷榴石；另外的锰端元矿物则称锰黄砷榴石（Manganberzeliite）或红砷榴石。与副黄砷榴石为同质多象。黄砷榴石属等轴晶系。晶体呈圆粒状；集合体呈块状。黄色、橘色、橙黄色、无色，半玻璃光泽、松脂光泽、油脂光泽，半透明；硬度 4.5～5，脆性。1840 年发现于瑞典韦姆兰省菲利普斯塔德市朗班（Långban）。1840 年库恩（Kühn）在《海德堡化学与药学年鉴》（34）报道。英文名称 Berzeliite，1848 年由 O. 库恩（O. Kuhn）为纪念琼斯·雅各布·贝采利乌斯（又译柏齐力阿斯或白则里）（Jöns Jakob Berzelius，1779—1848）的姓氏命名。1802 年，贝采利乌斯毕业于乌普萨拉大学，1807 年出任斯德哥尔摩大学化学学院教授。他首先提出了用元素拉丁文名称的开头字母作为化学元素符号。他发现了硒、硅、钍、铈等元素。1806 年他最先提出有机化学概念，以区别于无机化学。1812 年他又提出“二元论的电化基团学说”。1830 年发现同分异构现象。他与约翰·道尔顿·安托万·拉瓦锡一起被认为是现代化学之父。1959 年以前发现、描述并命名的“祖父级”矿物，IMA 承认有效。中文名称根据颜色和成分译为黄砷榴石或黄榴砷矿；根据成分译为镁黄砷榴石。

【黄砷氯铅石】

英文名 Sahlinite

化学式 $Pb_{14}O_9(AsO_4)_2Cl_4$ (IMA)

萨林像

黄砷氯铅石是一种含氯的铅氧的砷酸盐矿物。单斜晶系。晶体呈薄板状、鳞片状。亮黄色、淡硫黄色，金刚光泽，半透明；硬度 2～3，完全解理。1934 年发现于瑞典韦姆兰省菲利普斯塔德市朗班（Långban）。1934 年阿米诺夫（Aminoff）在《斯德哥尔摩地质学会会刊》（56）和 1935 年《美国矿物学家》（20）报道。英文名称 Sahlinite，以瑞典拉克萨（Laxa）钢铁厂的化学家和总经理卡尔·安德烈亚斯·萨林（Carl Andreas Sahlin）的姓氏命名。1959 年以前发现、描述并命名的“祖父级”矿物，IMA 承认有效。中文名称根据颜色和成分译为黄砷氯铅石或黄砷氯铅矿；《英汉矿物种名称》（2017）根据英文名称首音节音和成分译为萨砷氯铅石。

【黄砷铀铁矿】

英文名 Kahlerite

化学式 $Fe^{2+}(UO_2)_2(AsO_4)_2 \cdot 12H_2O$ (IMA)

黄砷铀铁矿板状晶体（奥地利）和卡勒像

黄砷铀铁矿是一种含结晶水的铁的铀酰-砷酸盐矿物。属钙铀云母族。四方晶系。晶体呈板状、薄片状。黄色、柠檬黄、黄绿色，玻璃光泽，透明—半透明；硬度 2～2.5，完全解理。1953 年发现于奥地利卡林西亚省弗里萨赫镇的克尼赫特（Knichte）地段。1953 年 H. 梅克斯纳（H. Meixner）在德国 *Der Karinthin*（23）和 1954 年 M. 弗莱舍（M. Fleischer）在《美国矿物学家》（39）报道。英文名称 Kahlerite，以奥地利位于克拉根福市的克恩滕州博物馆的奥地利地质学家弗朗兹·卡勒（Franz Kahler，1900—1995）博士的姓氏命名。1959 年以前发现、描述并命名的“祖父级”矿物，IMA 承认有效。中文名称根据颜色和成分译为黄砷铀铁矿；根据成分译为砷铁铀矿；《英汉矿物种名称》（2017）译为铁砷铀云母。

【黄束沸石】

英文名 Beaumontite

化学式 $(Ca,Na)_5(Si_{27}Al_9)O_{72} \cdot 26H_2O$

黄束沸石是一种含沸石水的钙、钠的铝硅酸盐矿物。属片沸石单斜发沸石族。单斜晶系。无色、浅绿色，通常呈金黄色、黄棕色，玻璃—半玻璃光泽、珍珠光泽，透明—半透明；硬度 3.5～4，完全解理，脆性。1839 年发现于美国马里兰州巴尔的摩市琼斯·福尔斯（Jones Falls）采石场；同年，由 M. 列维（M. Levy）在法兰西科学院研究所发表。英文名称 Beaumontite，为纪念法兰西学院的地质学教授让·巴蒂斯特·埃利·德·博蒙特（Jean Baptiste Elie de Beaumont，1798—1874）而以他的姓氏命名。博蒙特是法国地质图的合著者之一，也是有关造山运动机制研究的科学家。1844 年由弗朗西斯·阿尔杰（Francis Alger）在重新调查时发现 Beaumontite 是一个假斜方晶系的矿物，只不过是含氧化钡和氧化钾的片沸石的变体［见《美国科学杂志》（第一系列，46）］。中文名称根据颜色和结晶习性及与沸石的关系译为黄束沸石或黄片沸石。

【黄水钒铝矿】

英文名 Satpaevite

化学式 $Al_{12}(V^{4+},V^{5+})_8O_{37} \cdot 30H_2O(?)$ (IMA)

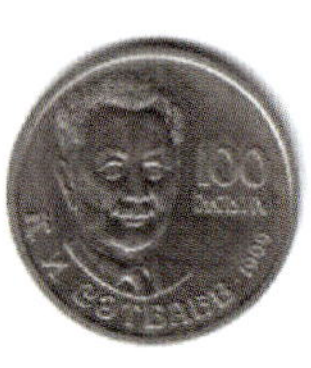

萨特佩夫纪念币

黄水钒铝矿是一种含结晶水的铝的钒酸盐矿物。斜方晶系（?）。晶体呈板状、粒状、鳞片状。藏红花黄色—黄绿色，解理面上呈珍珠光泽，隐晶质集合体无光泽；硬度 1.5，完全解理。1959 年发现于哈萨克斯坦南部阿拉木图州阿拉套山脉之阿克苏姆比（Aksumbe）的库鲁姆萨克（Kurumsak）钒矿床和巴拉索斯卡德克（Balasauskandyk）钒矿床。1959 年 E. A. 安基诺维奇（E. A. Ankinovich）在《全苏

矿物学会记事》(88)和《美国矿物学家》(44)报道。英文名称 Satpaevite,以哈萨克斯坦地质科学研究所地质学家坎尼斯·伊曼塔耶维奇·萨特佩夫(Kanysh Imantaevich Satpaev,1899—1964)的姓氏命名。经 IMA 批准。中文名称根据颜色和成分译为黄水钒铝矿。

【黄水晶】参见【水晶】条 835 页和【黄晶】条 340 页

【黄铊矿*】

英文名 Chrysothallite

化学式 $K_6Cu_6Tl^{3+}Cl_{17}(OH)_4 \cdot H_2O$　(IMA)

黄铊矿* 粒状或短柱状晶体(俄罗斯)

黄铊矿* 是一种含结晶水和羟基的钾、铜、铊的氯化物矿物,它是发现的含三价铊的第二矿物,其他两个是褐铊矿(Avicennite)和钾铊矿*(Kalithallite,IMA 2017-044)。四方晶系。晶体呈板状、层状、粒状或短柱状,粒径仅 0.1mm;集合体呈晶簇状、皮壳状。金黄色—浅黄色,玻璃光泽,透明;脆性。2013 年发现于俄罗斯堪察加州托尔巴契克(Tolbachik)火山主裂隙北破火山口第二火山渣锥皮亚诺(Pyatno)喷气孔。英文名称 Chrysothallite,根据颜色"Chryso(金,金黄色)"和成分"Thallium(铊)"组合命名。IMA 2013-008 批准。2013 年 I. V. 佩科夫(I. V. Pekov)等在《CNMNC 通讯》(16)、《矿物学杂志》(77)和 2015 年《矿物学杂志》(79)报道。目前尚未见官方中文译名,编译者根据颜色和成分译为黄铊矿*。

【黄碳钙铀矿】

英文名 Urancalcarite

化学式 $Ca(UO_2)_3(CO_3)(OH)_6 \cdot 3H_2O$　(IMA)

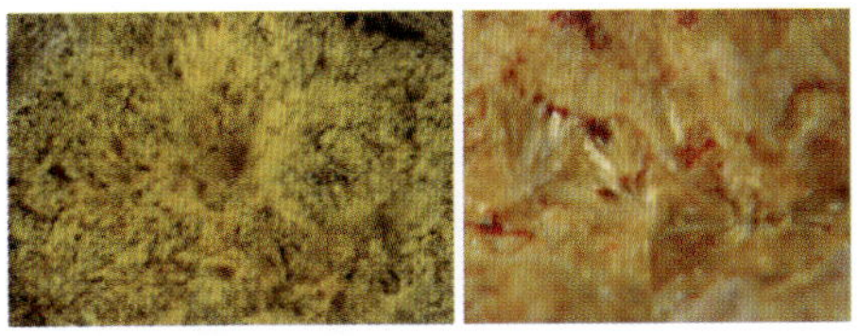

黄碳钙铀矿针状晶体,放射状集合体(刚果)

黄碳钙铀矿是一种含结晶水和羟基的钙、铀酰的碳酸盐矿物。斜方晶系。晶体呈针状;集合体呈放射状。浅黄色、亮黄色,玻璃光泽,透明;硬度 2~3。1983 年发现于刚果(金)上加丹加省坎博韦区欣科洛布韦(Shinkolobwe)矿。英文名称 Urancalcarite,由成分"Uranyl(铀酰)"和"Calcareous(碳酸钙)"组合命名。IMA 1983-052 批准。1984 年在《法国矿物学和结晶学学会通报》(107)和 1985 年《美国矿物学家》(70)报道。中文名称根据颜色和成分译为黄碳钙铀矿。

【黄碳锶钠石】

英文名 Burbankite

化学式 $(Na,Ca)_3(Sr,Ba,Ce)_3(CO_3)_5$　(IMA)

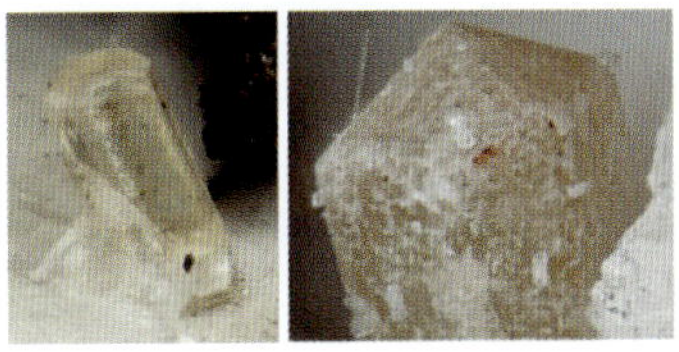

黄碳锶钠石锥柱状晶体(加拿大)

黄碳锶钠石是一种钠、钙、锶、钡、铈的碳酸盐矿物。属黄碳锶钠石族。六方晶系。晶体呈带六方双锥的柱状、纤维状、他形粒状;集合体呈球状、浸染状。无色、淡灰黄色、淡黄色、粉红色、淡绿色,玻璃光泽、油脂光泽,透明—半透明;硬度 3.5~4,菱面体完全解理。1953 年发现于美国蒙大拿州熊掌山大桑迪溪(Big Sandy Creek)的蛭石矿。1953 年 W. T. 皮科拉(W. T. Pecora)等在《美国矿物学家》(38)报道。英文名称 Burbankite,以美国地质调查局的地质学家威尔伯·斯威特·伯班克(Wilbur Sweet Burbank,1898—1975)的姓氏命名。1959 年以前发现、描述并命名的"祖父级"矿物,IMA 承认有效。中文名称根据颜色和成分译为黄碳锶钠石,也有的根据颜色、菱面体解理和成分译为黄菱锶铈矿,还有的音译为布尔班克石或伯班克石。中国湖北省区域地质调查所于 1984 年在湖北竹山发现杀熊洞碳酸岩杂岩体,并在该岩体的人工重砂样中发现了黄碳锶钠石,这在国内尚属首次。

【黄锑华】

英文名 Stibiconite

化学式 $Sb^{3+}Sb_2^{5+}O_6(OH)$　(IMA)

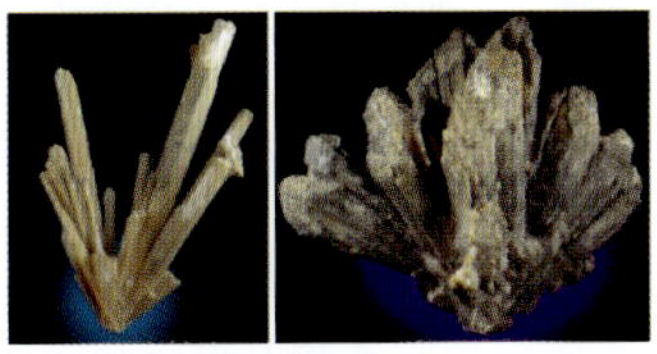

黄锑华柱状晶体,晶簇状集合体(墨西哥)

黄锑华是一种含羟基的锑的氧化物矿物。等轴晶系。晶体罕见,多为柱状;集合体呈晶簇状、块状、致密块状、葡萄状、粉末聚集状、皮壳状。白色、奶油白色、硫化黄色、橙色、浅棕色、无色,珍珠光泽、土状光泽、蛋白光泽、玻璃光泽,透明—半透明;硬度 5.5~7。最早见于 1837 年在巴黎《矿物学基础教程》(第二版)刊载。1847 年布卢姆(Blum)和代尔夫(Delffs)在《应用化学杂志》(40)首先报道。1862 年第一次描述了发现于德国巴伐利亚州法兰克尼亚地区斐克特高原的布兰德霍尔兹-金克罗纳(Brandholz-Goldkronach)矿区。

1862 年布鲁斯(Brush)在《美国科学杂志》(34)报道。英文名称 Stibiconite,1832 年伯当(Beudant)根据希腊文"αντιμόνιο=Stibi(锑)"和"Koni=Powder(粉末)"命名,意指其成分和形态习性。1959 年以前发现、描述并命名的"祖父级"矿物,IMA 承认有效;但持怀疑态度。IMA 2013s. p. 批准。中文名称根据颜色、成分及形态("华"古通"花",繁体"華"字,上面是"垂"字,像花叶下垂形,比喻矿物集合体形态如"花")译为黄锑华。黄锑华很长一段时间是一个公认的矿物种,按照修订的烧绿石超族矿物命名法[阿滕西奥(Atencio)等,2010],但现在被认为是可疑的,IMA 认为有待进一步的工作。

【黄锑矿】参见【白安矿】条 34 页

【黄铁矾】参见【碱铁矾】条 378 页

【黄铁矿】

英文名 Pyrite

化学式 FeS_2　(IMA)

黄铁矿是地壳中分布最广的一种铁的硫化物矿物。属黄铁矿族。等轴晶系。晶体常呈立方体、五角十二面体及它

黄铁矿立方体、八面体、五角十二面体晶体，球状集合体（西班牙、秘鲁、意大利、澳大利亚）

们的聚形等，八面体少见，具穿插和接触双晶；集合体呈块状、结核状、肾状、盘状或放射状、球状，也有的呈菊石化石的假象等。浅黄铜色，表面带有黄褐的锖色，强金属光泽，颇似黄金，不透明；硬度 6～6.5，脆性。因其浅黄铜的颜色和明亮的金属光泽，常被误认为是黄金，故又称为“愚人金”。黄铁矿是硫铁矿石中最主要的含硫矿物，主要用于制硫酸、硫黄等，这还是近代的事情。黄铁矿被当作珠宝已有几千年的历史，从希腊、罗马和印加人的古文明中都发现这方面的实例。在 16 世纪和 17 世纪就有了用黄铁矿点火的早期枪支。英文名称 Pyrite，源于古希腊文 πυρίτης（Pyritēs），进而演变为“πύρ＝Pyr＝Fire”，意思为“火”，因为当用另一种硬的矿物或金属（如铁锤）敲击黄铁矿会产生火花。古罗马时期，这个名字同时适用好于几种被石头敲击产生火花的矿物，意大利老普林尼（公元 23—79）曾描述过其中一个是所谓“厚脸皮”的，毫无疑问它是指我们现在所说的黄铁矿。1959 年以前发现、描述并命名的“祖父级”矿物，IMA 承认有效。著名的希腊医学家狄奥斯科里迪斯（Dioscorides）在公元 50 年称之为 περιυληζ 和 ιατρικηζ 的矿物是包括黄铁矿和黄铜矿的。到阿格里科拉的时代（1494—1555），这个词已经成为所有硫化矿物的通用术语了。1817 瑞典著名化学家雅各布·贝采利乌斯（Jakob Berzelius，1779—1848），在斯德哥尔摩著名的法龙镇的黄铁矿中发现了硒，并把它命名为 Selene，希腊文“月亮”的意思。中文名称根据其颜色（黄）和成分（铁）译为黄铁矿。

H

【黄铁钠矾】

英文名 Amarillite

化学式 $NaFe^{3+}(SO_4)_2 \cdot 6H_2O$ （IMA）

黄铁钠矾板状晶体（智利）

黄铁钠矾是一种含结晶水的钠、铁的硫酸盐矿物。单斜晶系。晶体呈等粒状、复杂多面体、柱状（稀少）；集合体呈厚板状、粉末状。浅黄带绿色、淡黄色，玻璃光泽、金刚光泽，透明；硬度 2.5～3，解理良好；有味涩。1933 年发现于智利阿塔卡马大区科皮亚波市附近的特拉阿玛利拉（Tierra Amarilla）。1933 年翁格马赫（Ungemach）在法国《巴黎科学院会议周报》（197）报道。英文名称 Amarillite，以发现地智利的阿玛利拉（Amarilla）命名。1959 年以前发现、描述并命名的“祖父级”矿物，IMA 承认有效。中文名称根据颜色和成分译为黄铁钠矾；根据单斜晶系和成分译为单斜钠铁矾。

【黄铜】参见【自然黄铜】条 1129 页

【黄铜矿】

英文名 Chalcopyrite

化学式 $CuFeS_2$ （IMA）

黄铜矿是一种铜、铁的硫化物矿物。属黄铜矿族。四方晶系。晶体相对少见，为楔形四面体、不规则粒状；集合体多

黄铜矿粒状晶体（英国、罗马尼亚）

呈致密块状，也有肾状、葡萄状。黄铜黄色、蜂蜜黄色，时有斑状锖色，强金属光泽，不透明；硬度 3～4，脆性。中国最早用黄铜铸钱始于明嘉靖年间。“黄铜”一词最早见于西汉东方朔所撰的《申异经·中荒经》：“西北有宫，黄铜为墙，题曰地皇之宫。”这种“黄铜”可能指的是铜合金。《新唐书·食货志》又有“青铜”“黄铜”的称谓，分别指矿石颜色和冶炼产品，并非为现在的铜锡合金或铜锌合金，这里所说的黄铜是矿石的颜色，而非专称黄铜矿。在古代它常被称为“愚人金”，人们常误以为它是闪闪发光的金子。英文名称 Chalcopyrite，1725 年由约翰·弗里德里希·亨克尔（Johann Friedrich Henckel）根据拉丁文“Chalco（铜）”和“Pyro＝Pyrites 和 Strike fire（硫化铁矿打火）”组合命名，意指含铜的黄铁矿。1725 年在莱比锡《黄铁矿学，或砾石历史》（*Pyritologia, oder Kiess－Historie.*）刊载。1959 年以前发现、描述并命名的“祖父级”矿物，IMA 承认有效。中文名称根据颜色和成分译为黄铜矿。

【黄硒铅矿】

英文名 Kerstenite

化学式 $PbSeO_4$

黄硒铅矿是一种铅的硒酸盐矿物，为杂硒铜铅矿的蚀变产物。斜方晶系。晶体呈柱状、针状。无色—绿黄色，油脂光泽、玻璃光泽；硬度 3.5。1839 年，克斯滕（Kersten）在莱比锡哈雷《物理学年鉴》（46）报道。英文名称 Kerstenite，以德国弗赖贝格矿业学院化学教授 K. M. 克斯滕（K. M. Kersten，1803—1850）的姓氏命名，他从自己学院的矿物标本中发现了此矿物。该标本来自德国图林根州图林根林山苏尔市希尔德布格豪森镇的弗里德里希斯格吕斯克（Friedrichsglück）矿区之格拉斯巴赫（Glasbach）附近；另一英文名称 Glasbachite，1869 年 M. 亚当（M. Adam）在巴黎《矿物表》（52）以发现地德国的格拉斯巴赫（Glasbach）命名。中文名称根据颜色和成分译为黄硒铅矿（或黄硒铅石），也有的译为黄硒铜矿。它可能是白硒铅石（Molybdomenite）和硒铅矾（Olsacherite）及杂硒铜铅矿的混合物。2006 年被 IMA 废弃。

【黄锡矿】

英文名 Stannite

化学式 Cu_2FeSnS_4 （IMA）

黄锡矿粒状晶体（玻利维亚、中国）

黄锡矿是一种铜、铁、锡的硫化物矿物，常有锌取代铁，有时含有微量的锗。它是提取金属锡的矿石之一。属黄锡矿族。四方晶系。晶体少见，一般呈粒状，偶见假八面体，具

穿插双晶。金属光泽，不透明，颜色呈微带橄榄绿色调的钢灰色，有时呈铁黑色及带蓝黑的锖色，故旧名称其为黝锡矿。它常包裹有黄铜矿，因常呈黄灰色而得名黄锡矿。1797 年第一次发现并描述于英国康沃尔郡圣艾格尼丝的凯蒂（Kitty）岩丘。1797 年 M. H. 克拉普罗特（M. H. Klaproth,）在《浅析化学分析化学知识对研究矿物的贡献》（第二卷，柏林罗特曼）刊载。1832 年在巴黎《矿物学基础教程》（第二版）刊载。英文名称 Stannite，来自化学元素锡的拉丁文 Stannum，它反映了该矿物中锡含量较高的特征。1959 年以前发现、描述并命名的“祖父级”矿物，IMA 承认有效。锡是“五金”——金、银、铜、铁、锡之一，史前时代就有发现。在约公元前 2000 年，就已得到广泛应用。锡和铜的合金就是青铜，它在人类文明史上写下了极为辉煌的一页，这便是“青铜文化时代”（参见【自然锡】条 1135 页和【锡石】条 1007 页）。

【黄血盐】

英文名 Kafehydrocyanite

化学式 $K_4[Fe(CN)_6] \cdot H_2O$

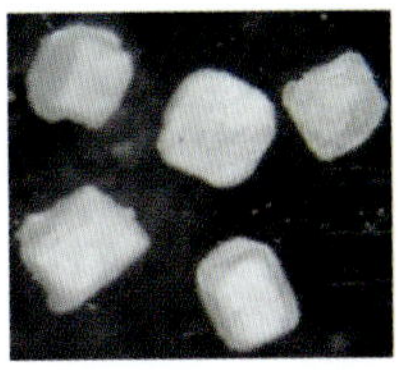

黄血盐片状晶体（俄罗斯）

黄血盐是一种含结晶水的钾的亚铁氰化物复合盐矿物。四方晶系。晶体呈板状、微片状；集合体呈块状。白色、黄色、淡黄绿色；硬度 2～2.5，完全解理。1970 年 J. C. 泰勒（J. C. Taylor）等在《晶体学报》（A26）报道了人工合成的黄血盐。1973 年发现于俄罗斯图瓦共和国克拉斯诺亚尔斯克境内东萨彦岭奥尔霍夫斯克（Olkhovsk）矿田的梅德维齐洛格（Medvizhii Log）金矿巷道的钟乳石中。英文名称 Kafehydrocyanite，由化学成分“Ka（钾）”“Fe（铁）”“Hydro（水）”和“Cyano（氰基）”加词尾“-ite”组合命名（即六氰铁酸钾（Ⅱ）水合物）。有人怀疑它不是天然形成的矿物，有可能来源于取金时使用氰化物浸出反应形成的。1973 年 IMA 未批准，但可能有效。1974 年在《美国矿物学家》（59）报道。中文名称根据颜色和成分译为黄血盐。

【黄钇钽矿】

英文名 Formanite-(Y)

化学式 $YTaO_4$　　(IMA)

黄钇钽矿柱状晶体（瑞典）和福尔曼像

黄钇钽矿是一种钇、钽氧化物矿物。四方晶系。晶体呈不规则粒状、柱状或双锥状、薄板状；集合体常呈扇状。灰色、黄色或褐色、天鹅绒般的黑色，条痕呈浅黄灰色，光泽暗淡，新鲜断口呈半金属光泽、树脂光泽、油脂光泽，半透明—不透明；硬度 5.5～6.5，脆性。黄钇钽矿首先由 E. S. 辛普森（E. S. Simpson）于 1909 年发现于澳大利亚西澳大利亚州皮尔巴拉地区的库格尔贡（Cooglegong）伟晶岩矿床。1944 年帕拉奇（Palache）等在《丹纳系统矿物学》（第一卷，第七版，纽约）和《美国矿物学家》（29）报道。1959 年，科姆科夫（Komkov）研究 $YNbO_4$-$YTaO_4$ 系列时认为，该系列铌和钽形成连续的类质同象。这个结论被用于解释自然界的褐钇铌矿-黄钇钽矿的成分变化。1964 年 Kophetoba 等曾对苏联产出的黄钇钽矿做过报道。我国贵阳地球化学研究所及冶金部桂林地质研究所等单位也报道了我国首次发现于江西赣州的黄钇钽矿，但未进行深入研究。1980 年施倪承、彭志忠深入研究认为黄钇钽矿和褐钇铌矿是两个独立的矿物，而不是类质同象关系[《科学通报》1981，26(6)]。

英文名称 Formanite-(Y)，由西澳大利亚政府地质学家弗朗西斯·格洛斯特·福尔曼（Francis Gloster Forman，1904—1980）的姓氏，加占优势含量的钇后缀-(Y)组合命名。福尔曼 1904 年 12 月 28 日出生于西澳大利亚州，并在西澳大利亚大学接受教育。他受雇于西澳矿业公司（1945—1950）及私人执业的地质咨询公司（1950—1970）。1937 年他成为英国皇家学会成员并任澳大利亚西部总裁。在野外地质考察时，他的兴趣之一是与植物学家 C. F. 加德纳（C. F. Gardner）一起收集本地的原始植物标本。1959 年以前发现、描述并命名的“祖父级”矿物，IMA 承认有效。IMA 1987s. p. 批准。中文名称根据颜色和成分译为黄钇钽矿。

【黄银矿】

英文名 Xanthoconite

化学式 Ag_3AsS_3　　(IMA)

黄银矿带锥板柱状晶体、晶簇状集合体（墨西哥）

黄银矿是一种银的硫-砷化物矿物。属淡红银矿族。是淡红银矿的同质多象。单斜晶系。晶体呈粒状、锥柱状、板条状，具双晶；集合体呈肾状。胭脂红色、深橙色、黄橙色、红棕色、棕色、柠檬黄色，条痕呈橙黄色，金刚光泽，半透明；硬度 2.5～3，完全解理，脆性。1840 年发现于德国萨克森州弗赖贝格县布兰德-埃比斯多夫的希梅尔斯福斯特（Himmelsfurst）矿山，同年，A. 布赖特豪普特（A. Breithaupt）在德国《实用化学杂志》（20）报道。英文名称 Xanthoconite，由英文“Xanthos（黄色的）”和“Koni（粉末）”组合命名，意指矿物的颜色和条痕都是黄色的。1959 年以前发现、描述并命名的“祖父级”矿物，IMA 承认有效。中文名称根据颜色和成分译为黄银矿，也译为黄砷硫银矿。

【黄铀钒矿】参见【钒铀矿】条 152 页

【黄玉】

英文名 Topaz

化学式 $Al_2SiO_4F_2$　　(IMA)

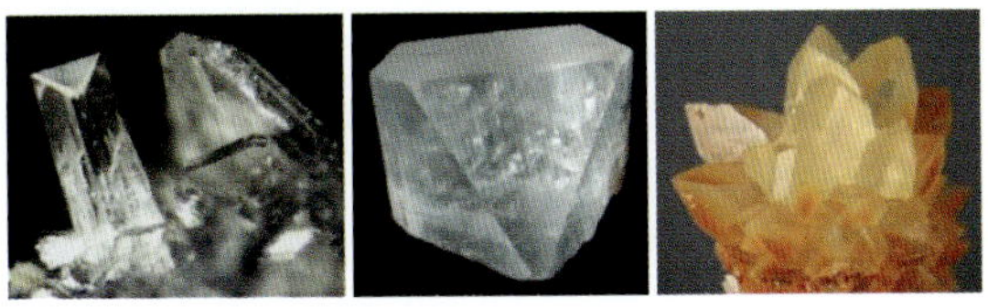

黄玉柱状晶体（德国、美国）和晶簇状集合体（乌拉圭）

黄玉是一种含氟的铝的硅酸盐矿物。矿物学上应是实至名归的黄晶。斜方晶系。晶体呈粒状、长柱状或短柱状，柱面有纵纹；集合体呈晶簇状。无色、白色，多呈浅黄色—深黄色、褐色，及亮灰、绿、红、粉红、天蓝等色，玻璃光泽，透明—半透明或不透明；硬度 8，完全解理。自古以来，它都是人们珍爱的宝石。

英文名称 Topaz，来源有几种说法：根据古罗马时代普林尼的著作，Topaz 是由红海扎巴贾德岛（Zebergad）而来，该岛旧称“托帕焦斯（Topazios 或 Topasos）”，意为“难寻找”，希腊文有“臆测”之意，因它常被浓雾笼罩不易找到；另一种说法是此名称由梵文“तपस्”经 Tapas 衍生为 Topas，有“火彩”的意思，指矿物的颜色。还有人认为它经过古法文“Topace”和拉丁文“Topazus”、希腊文“Τοπάζιος= Topazios 或 Τοπάζιον = Topazion)”演变而来。这个极具异国情调的名字，似乎已经诉说了这一宝石代表的神秘。在西方人看来，黄玉可以作为护身符佩带，能辟邪驱魔，使人消除悲哀，增强信心。用此石的粉末泡酒，则可以治疗气喘、失眠、烧伤和出血症等。最早见于 1565 年 C. 格斯纳（C. Gesner）的报道。1810 年 M. H. 克拉普罗特（M. H. Klaproth）在《皮克尼特的化学分析，化学知识对矿物学的贡献》（第五卷，柏林罗特曼）刊载。1847 年在斯德哥尔摩《矿物学，或矿物界》刊载。1959 年以前发现、描述并命名的“祖父级”矿物，IMA 承认有效。

我国对黄玉的认识和使用有着悠久的历史。中国古籍中用“黄精”“黄雅姑”“黄雅虎”“木难”等称呼，但这些词泛指所有黄色宝石，并非专指现代矿物学中的矿物黄玉。该矿物因多呈黄色而得名黄玉；其实此黄玉并不是矿物学中的真正的玉石，这只是古代遗留下的一种具特征颜色的玉石的统称，古人不分矿物和岩石而将一切美石都称为玉。宝石界中有称黄玉为黄宝石或黄晶的，后者与黄水晶易混淆。Topaz 音译为托帕石。

【黄针石*】参见【氧砷铁铜矿*】条 1063 页

【黄浊沸石】

英文名 Leonhardite

化学式 $CaAl_2Si_4O_{12} \cdot 4H_2O$

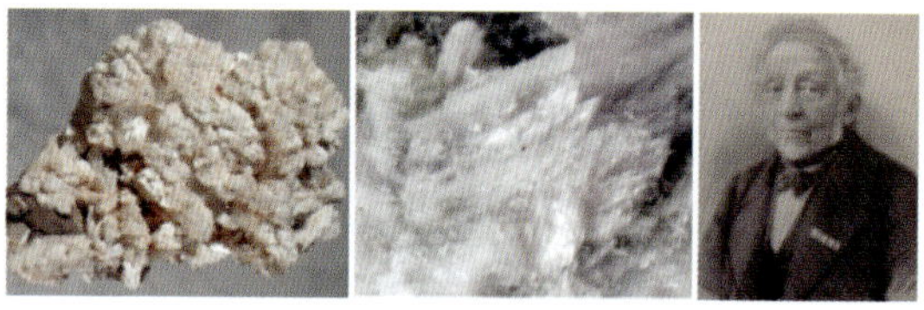

黄浊沸石粒状、纤维状晶体（加拿大、美国）和莱昂哈德像

黄浊沸石是完全水化的浊沸石因暴露而失去大约 1/8 水所形成的一种含沸石水的钙的铝硅酸盐矿物相。单斜晶系。晶体呈柱状、板状、纤维状。无色、白色、红色、黄色、褐色，丝绢光泽，半透明—不透明；硬度 3～3.5，完全解理。英文名称 Leonhardite，1943 年由约翰·莱因哈德·勃鲁姆（Johann Reinhard Blum）为纪念卡尔·凯撒·冯·莱昂哈德（Karl Caesar von Leonhard，1779—1862）而以他的姓氏命名。冯·莱昂哈德是德国法兰克福大公国的税务评估员和管理者。后他成为德国海德堡大学矿物学教授，他的论述之一是首先提出了黄土的概念，并研究了它的形成和性质。中文名称根据颜色和与浊沸石的关系译为黄浊沸石或黄粒浊沸石。根据 IMA-CNMMN 批准的沸石命名法的修改建议，Leonhardite（黄浊沸石）矿物名已被废弃。

幌

[huǎng]形声；从巾，晃声。用于日本地名。

【幌别矿】参见【辉锑铋矿】条 351 页

【幌满矿】参见【硫镍铁矿*】条 507 页

灰

[huī]会意；从手，从火，意思是火已熄灭，可以用手去拿。本义：死火余烬，火灰。①颜色：介于黑与白之间的颜色。光学意义的灰色是指物体对自然光波均匀吸收或发射所呈现出的颜色。②成分：早期化学将氧化钙称灰土。

【灰硅钙石】

英文名 Spurrite

化学式 $Ca_5(SiO_4)_2(CO_3)$ (IMA)

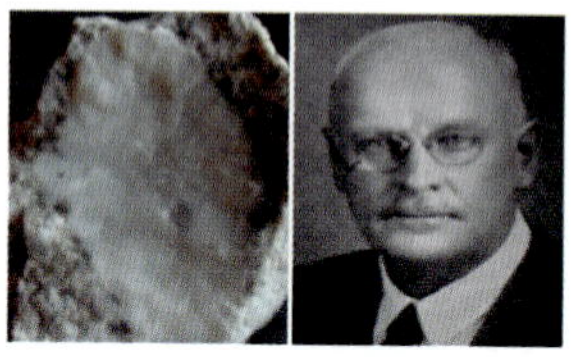

灰硅钙石致密块状集合体（德国）和斯珀尔像

灰硅钙石是一种钙的碳酸-硅酸盐矿物。单斜晶系。晶体呈粒状；集合体呈块状。无色、灰白色、黄色、淡紫灰色，玻璃光泽、树脂光泽，透明—半透明；硬度 5，完全解理，脆性。1908 年发现于墨西哥杜兰戈市的特涅拉（Terneras）矿和美国加利福尼亚州伊尼欧区达尔文（Darwin）矿区。1908 年弗雷德·尤金·赖特（Fred Eugene Wright）在《美国科学杂志》（Ⅳ系列，176）报道。英文名称 Spurrite，1908 年由弗雷德·尤金·赖特（Fred Eugene Wright）以英国伦敦大学亚非学院的美国经济地质学家约西亚·爱德华·斯珀尔（Josiah Edward Spurr，1870—1950）的姓氏命名。在月球表面凋沼阿基米德火山口附近的斯珀尔（Spurr）陨石坑也是以他的姓氏命名的。1959 年以前发现、描述并命名的“祖父级”矿物，IMA 承认有效。中文名称根据颜色和成分译为灰硅钙石，也译为硅方解石。

【灰硫铋铅矿】参见【柱辉铋铅矿】条 1119 页

【灰芒硝】

英文名 Wattevilleite

化学式 $Na_2Ca(SO_4)_2 \cdot 4H_2O$(?) (IMA)

瓦特维尔像

灰芒硝是一种含结晶水的钠、钙的硫酸盐矿物。斜方（或单斜）晶系。晶体呈显微针状、发状、纤维状；集合体呈块状。雪白色，丝绢光泽，透明；溶于水，其味先甜后涩。1879 年发现于德国巴伐利亚州弗朗科尼亚地区勒恩山脉比绍夫斯海姆的鲍尔斯堡（Bauersberg）艾尼基特（Einigkeit）矿；同年，在伍尔茨堡 *Beitraege zur Kenntniss der am Bauersberge bei Bischofscheim vor der Rhön vor kommenden Sulfate* 刊载。见于 1951 年 C. 帕拉奇（C. Palache）、H. 伯曼（H. Berman）和 C. 弗龙德尔（C. Frondel）《丹纳系统矿物学》（第二卷，第七版，纽约）。英文名称 Wattevilleite，以法国巴黎奥斯卡·德·瓦特维尔（Oscar de Watteville，1824—1901）男爵的姓氏命名。1959 年以前发现、描述并命名的“祖父级”矿物，IMA 承认有效，但持怀疑态度。中文名称根据成分译为灰芒硝。

【灰闪石】

英文名 Nybøite

化学式 $NaNa_2(Mg_3Al_2)(Si_7Al)O_{22}(OH)_2$ (IMA)

灰闪石柱状晶体(希腊)

灰闪石是一种 A 位钠、C^{2+} 位镁、C^{3+} 位铝和 W 位羟基占优势的闪石矿物。属角闪石超族 W 位羟基、氟、氯主导的角闪石族钠闪石亚族灰闪石根名族。单斜晶系。晶体呈柱状。蓝灰色、灰绿色,玻璃光泽,透明—半透明;硬度 5~6,完全解理。1981 年发现于挪威松恩-菲尤拉讷郡沃格岛的尼伯(Nybø)榴辉岩。英文名称 Nybøite,以发现地挪威的尼伯(Nybø)地名命名。1992 年 A. R. 波利(A. R. Pawley)等在《欧洲矿物学杂志》(4)报道。然而,第一份出版物并未提供 IMA 所需的全部矿物数据。随后,2003 年奥贝蒂(Oberti)等在《矿物学杂志》(67)发表并讨论了一个全面的描述。IMA 2012s. p. 批准。1997 年杨建军在《地球科学——中国地质大学学报》[22(3)]根据颜色和族名曾建议译为灰闪石;根据英文名称的音及族名译为尼布闪石;音译为尼伯石。

【灰硒铜矿】参见【辉硒铜矿】条 354 页

【灰锗矿】

英文名 Briartite

化学式 Cu_2FeGeS_4 (IMA)

灰锗矿是一种铜、铁、锗的硫化物矿物。属黄锡矿族。四方晶系。晶体呈小粒状,也可在其他硫化物矿物中呈镶嵌结构或呈网格状出现,常见聚片双晶。灰色—蓝灰色、铁灰色,金属光泽,不透明;硬度 3.5~4.5。1965 年发现于刚果(金)上加丹加省基普希(Kipushi)市的矿床。英文名称 Briartite,以研究基普希矿床的比利时地质学家加斯顿·布里亚尔(Gaston Briart,1897—1962)的姓氏命名。IMA 1965-018 批准。1965 年 J. 芙兰苛特(J. Francotte)等在《法国矿物学、结晶学学会通报》(88)报道。中文名称根据颜色和成分译为灰锗矿。

辉

[huī]形声;从光,军声。本义:光,光辉。用于描述矿物闪耀的光泽,除指少数强玻璃光泽、珍珠光泽的非金属矿物外,多指具金属光泽的金属矿物。

【辉铋矿】

英文名 Bismuthinite

化学式 Bi_2S_3 (IMA)

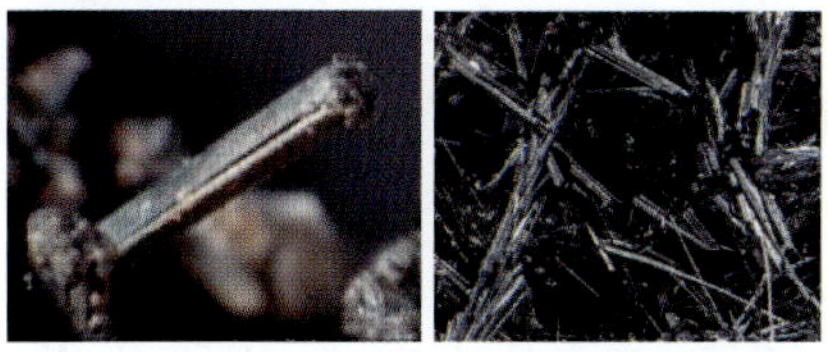

辉铋矿柱状、针状晶体,束状集合体(玻利维亚、秘鲁)

辉铋矿是一种铋的硫化物矿物。属辉锑矿族。斜方晶系。晶体呈长柱状或针状或毛发状或片状;集合体呈放射状、束状或致密块状。微带铅灰的锡白色、银白色,表面常有黄色或斑状锖色,金属光泽,不透明;硬度 2~2.5,完全解理,脆性。古希腊和古罗马很早就使用金属铋,如制作盒和箱的底座。直到 1556 年德国 G. 阿格里科拉在《论金属》中提出了锑和铋是两种独立金属的见解。1737 年埃洛(Hellot)用火法分析钴矿时曾获得一小块铋的样品,但当时不知是何物。1753 年英国 C. 若弗鲁瓦和 T. 伯格曼确认铋是一种化学元素,定名为 Bismuth。1757 年法国人日夫鲁瓦(Geoffroy)经分析研究确定铋为一种新元素。铋的拉丁名称 Bismuthum 和元素符号来自德文"Weissemasse(白色物质)",但是金属铋并非只有银白色,而是银白色—粉红色。1832 年辉铋矿首次发现于玻利维亚波托西省的拉拉瓜(Llallagua);同年,在巴黎《矿物学基础教程》(第二版)刊载。1880 年格罗思(Groth)在《结晶学杂志》(5)报道。英文名称 Bismuthinite,以铋元素名称命名。1959 年以前发现、描述并命名的"祖父级"矿物,IMA 承认有效。中文名称根据矿物的金属光泽和成分译为辉铋矿(参见【自然铋】条 1126 页)(《化学元素的发现》)。

【辉铋铅矿】参见【辉铅铋矿】条 350 页

【辉铋铜矿】

英文名 Cuprobismutite

化学式 $Cu_8AgBi_{13}S_{24}$ (IMA)

辉铋铜矿针状、柱状晶体(捷克、德国)

辉铋铜矿是一种铜、银、铋的硫化物矿物。属辉铋铜矿同源系列族。单斜晶系。晶体呈针状、柱状、薄叶片;集合体呈晶簇状、杂乱状、块状。暗蓝灰色、灰色、深蓝黑色,金属光泽,不透明。1884 年发现于美国科罗拉多州帕克县的密苏里(Missouri)矿。1884 年希勒布兰德(Hillebrand)在《美国科学杂志》(27)报道。英文名称 Cuprobismutite,由成分"Copper(铜)"和"Bismuth(铋)"组合命名。1959 年以前发现、描述并命名的"祖父级"矿物,IMA 承认有效。中文名称根据金属光泽和成分译为辉铋铜矿或辉铜铋矿。

【辉铋铜铅矿】

英文名 Lindströmite

化学式 $Pb_3Cu_3Bi_7S_{15}$ (IMA)

辉铋铜铅矿短柱状晶体(瑞典)和林德斯特伦像

辉铋铜铅矿是一种铅、铜、铋的硫化物矿物。斜方晶系。晶体呈柱状,晶面有聚形纹。铅灰色、锡白色,金属光泽,不透明;硬度 3~3.5,完全解理。1924 年发现于瑞典卡尔马省韦斯特维克市格拉德哈玛尔(Gladhammar)矿。1924 年 K. 约翰逊(K. Johansson)在瑞典《化学、矿物学和地质学报告》(9)和 1925 年 W. F. 福杉格(W. F. Foshag)在《美国矿物学家》(10)报道。英文名称 Lindströmite,以瑞典斯德哥尔摩自然历史博物馆的瑞典矿物化学家和古生物学家古斯塔夫·林德斯特伦(Gustav Lindstrom,1838—1916)的姓氏命名。1959 年以前发现、描述并命名的"祖父级"矿物,IMA 承认有效。IMA 1975-005a 批准。1976 年 W. G. 穆默(W. G.

Mumme)在《美国矿物学家》(61)报道。中文名称根据金属光泽和成分译为辉铋铜铅矿。

【辉铋银铅矿】

英文名 Gustavite

化学式 $AgPbBi_3S_6$　　(IMA)

辉铋银铅矿板状、柱状晶体,晶簇状集合体(奥地利)

辉铋银铅矿是一种银、铅、铋的硫化物矿物。属硫铋铅矿同源系列族。单斜晶系(天然)、斜方晶系(合成)。晶体呈板状、柱状,有时弯曲;集合体呈晶簇状。钢灰色,金属光泽,不透明;硬度 3.5。1967 年发现于丹麦格陵兰岛瑟摩苏哥地区阿尔苏克峡湾的伊维赫图特(Ivigtut)冰晶石矿。英文名称 Gustavite,以丹麦格陵兰岛伊维赫图特冰晶石公司化学工程师古斯塔夫·阿道夫·哈格曼(Gustav Adolf Hageman,1842—1916)的姓氏命名。IMA 1967-048 批准。1970 年 S.卡鲁普-摩勒(S. Karup-Møller)在《加拿大矿物学家》(10)和 1971 年 M.弗莱舍(M. Fleischer)在《美国矿物学家》(56)报道。中文名称根据金属光泽和成分译为辉铋银铅矿。

【辉碲铋矿】

英文名 Tetradymite

化学式 Bi_2Te_2S　　(IMA)

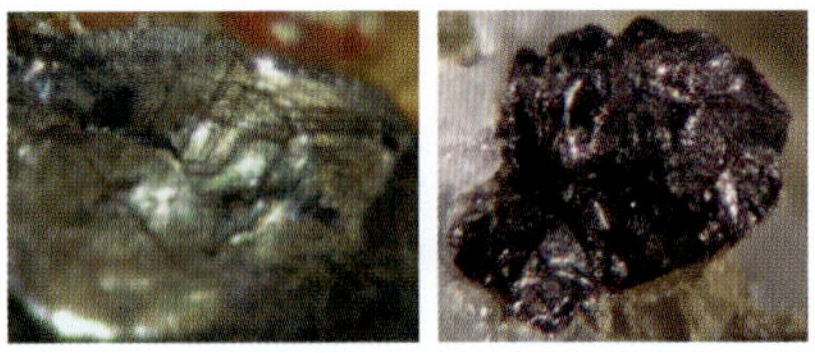

辉碲铋矿四连双晶(墨西哥、奥地利)

辉碲铋矿是一种铋、碲的硫化物矿物。属辉碲铋矿族。三方晶系。晶体呈薄片状、假六边形状。明亮的钢灰色、锡白色,若氧化会失去光泽,出现彩虹般锖色,金属光泽,不透明;硬度 1.5～2,完全解理。1831 年发现于斯洛伐克班斯卡-比斯特里察市的诺普克夫(Župkov);同年,在《物理与数学杂志》(9)报道。英文名称 Tetradymite,由拉丁文"Tetra=Four(四)"和"Didymos(狄律摩斯,双)"缩写组合"Tetradymos(四重)"命名,意指其通常形成四连双晶。见于 1944 年 C.帕拉奇(C. Palache)、H.伯曼(H. Berman)和 C.弗龙德尔(C. Frondel)《丹纳系统矿物学》(第一卷,第七版,纽约)。1959 年以前发现、描述并命名的"祖父级"矿物,IMA 承认有效。中文名称根据金属光泽和成分译为辉碲铋矿。

【辉沸石-钙】

英文名 Stilbite-Ca

化学式 $NaCa_4(Si_{27}Al_9)O_{72}\cdot 28H_2O$　　(IMA)

辉沸石-钙是一种含沸石水的钠、钙的铝硅酸盐矿物。属沸石族辉沸石系列。单斜晶系。晶体呈柱状、板状、片状或纤维状等,常形成假斜方晶系对称的十字形穿插和扇形双晶;集合体呈捆束状、球粒状,故中文有束沸石之称。颜色为

辉沸石-钙柱状晶体,晶簇状、捆束状集合体(冰岛、波兰、印度、美国)

无色、白色、灰色,有时带淡黄色、淡褐色或淡红色,玻璃光泽、珍珠光泽,透明—半透明;硬度 3.5～4。发现于冰岛、德国、法国和挪威等国。英文名称 Stilbite,1797 年吉恩·克洛德·德·拉·米契尔(Jean Claude de la Metherie)根据希腊文"στιλβη=Stilbein",意为"闪亮发光",或"Stilbe",意为"一面镜子"而命名,指其闪光或发光的珍珠光泽。最初于 1756 年阿克赛尔·克朗斯提(Axel Cronstedt)称为沸石(Zeolite)。1758 年克朗斯提又称之为水晶体(Crystalii)。1772 年,约翰·戈特沙尔克·瓦勒留斯(Johan Gottschalk Wallerius)称之为沸石(Selenitica lamellaris)矿物。1780 年,维尔纳(Werner)称沸石(Strehliger)。1796 年雷内·朱斯特·阿羽伊(Rene Just Haüy)在《矿山日记》(51)曾报道。1801 年阿羽伊使用辉沸石(Stilbite)这个名称。1801 年在巴黎《矿物学教程》(第三卷)刊载。1818 年,由约翰·弗里德里希·奥古斯特·布赖特豪普特(Johann Friedrich August Breithaupt)介绍了辉沸石。1832 年,弗朗索瓦·叙尔皮斯·伯当(François Sulpice Beudant)曾称作球状辉沸石(Sphaerostilbite)。之后还有其他名称和同义词被提出。总之这个矿物名称经历了半个多世纪的演变才确定下来。1959 年以前发现、描述并命名的"祖父级"矿物,IMA 承认有效。IMA 1997s.p.批准。辉沸石晶体具有一组相互平行的、发育完全的解理,其上有美丽的珍珠光泽,中文名称由矿物的光泽和族名组合译为辉沸石(=辉沸石-钙/钙辉沸石)。在 1997 年之前,辉沸石是公认的矿物种,但国际矿物学协会 1997 年分类变成了一个系列的名称,其矿物种被命名为:Stilbite-Ca 和 Stilbite-Na。

【辉沸石-钠】

英文名 Stilbite-Na

化学式 $Na_9(Si_{27}Al_9)O_{72}\cdot 28H_2O$　　(IMA)

辉沸石-钠板状晶体,捆束状集合体(意大利、澳大利亚)

辉沸石-钠是一种含沸石水的钠的铝硅酸盐矿物。属沸石族辉沸石系列。单斜晶系。晶体呈薄板状、纤维状,常见十字和渗透双晶;集合体呈球状或近圆状、捆束状、蝴蝶结状。白色、红色、黄色、棕色、奶油白色,玻璃光泽、珍珠光泽,透明—半透明;硬度 3.5～4,完全解理,脆性。1970 年发现于意大利撒丁区(岛)卡利亚里市卡波迪普拉(Capo di Pula)。英文名称 Stilbite-Na,由根词"Stilbe(闪耀发光的珍珠光泽)",意指其解理面上呈珍珠光泽,加占优势的钠后缀-Na 组合命名。1970 年 M.斯劳格赫特尔(M. Slaughter)在《美国矿物学家》(55)和 1978 年《矿物学通报》(101)报道。

IMA 1997s. p. 批准。中文名称根据占优势的钠及与辉沸石的关系译为辉沸石-钠/钠辉沸石。

【辉钴矿】

英文名 Cobaltite

化学式 CoAsS　　(IMA)

辉钴矿假立方体和假五角十二面体晶体(瑞典)

辉钴矿又称辉砷钴矿,是一种钴的砷-硫化物矿物。属辉钴矿族。斜方晶系。晶体呈粒状、假八面体、假立方体、假五角十二面体或它们的聚形;集合体呈致密块状。呈微带玫瑰红的锡白(或银白)色、紫钢灰色或黑色,金属光泽,不透明;硬度 5～6,完全解理,脆性。在地表,易氧化为玫瑰色的钴华。最早见于 1797 年德国 M. H. 克拉普罗特(M. H. Klaproth)《关于化学知识对矿物学的贡献》(第二卷,柏林罗特曼)报道。1932 年在巴黎《矿物学基础教程》(第二版)刊载。后又见于 1944 年 C. 帕拉奇(C. Palache)、H. 伯曼(H. Berman)和 C. 弗龙德尔(C. Frondel)在《丹纳系统矿物学》(第一卷,第七版,纽约)。英文名称 Cobaltite,源自德文 Kobalt 或希腊文 Kobolos。大约在公元 1500 年,德国萨克森州有一个规模很大的银铜多金属矿床,矿工们发现一种外表似银的矿石,并试图炼出有价值的金属,结果不但未能提炼出有价值的金属,而且还使工人受到二氧化硫等毒气的伤害。他们认为这是"地下恶魔"或"地精"作祟。在教堂里诵读祈祷文为工人解脱"地下恶魔"的毒害。德国"地精"中有一个叫"科波尔得(Kobold)"的"小鬼",显然它源于原始的日耳曼神话,也可能与希腊文中的 Kobolos 有着某种紧密关系。而该希腊文也确是"讨厌小鬼"的意思。萨克森的矿工们因此就将这种矿石称为"科波尔得"了。1735 年,瑞典矿物学家乔治·布兰特(Georg Brandt)在利用这种矿物制作蓝色玻璃时,从中分离出一种新金属。他把萨克森的矿工们因气恼而称呼这种矿物名称与新金属联系起来,这种金属在德语中叫 Kobalt,在英语和法语中叫 Cobalt,汉译为钴。这种矿物的英文名称由此而得名。1959 年以前发现、描述并命名的"祖父级"矿物,IMA 承认有效。中文名称根据金属光泽和成分译为辉钴矿或辉砷钴矿。

【辉铼矿】参见【铼矿】条 426 页

【辉铼铜矿】

英文名 Dzhezkazganite

化学式 $ReMoCu_2PbS_6$?

辉铼铜矿是一种铼、钼、铜、铅的硫化物矿物。三方晶系。灰色、白色,金属光泽,不透明;硬度 4。1962 年发现于哈萨克斯坦卡拉干达州热兹卡兹甘市(Zhezqazghan,1962 年报道的原文写为 Dzhezkazgan)热兹卡兹干镇的矿山。英文名称 Dzhezkazganite,以发现地 Zhezqazghan 的原拼写名 Dzhezkazgan 命名。1965 年未经 IMA 批准。因它与辉钼矿-3R比较,具有相似的电子衍射图,IMA 持怀疑态度。1994 年 A. D. 亨金(A. D. Genkin)等在《地质与矿床》[36(6)]和 1995 年 J. L. 杨博尔(J. L. Jambor)在《美国矿物学家》(80)报道。中文名称根据金属光泽和成分译为辉铼铜矿。

【辉锰锑矿】

英文名 Clerite

化学式 $MnSb_2S_4$　　(IMA)

克勒像

辉锰锑矿是一种锰的锑-硫化物物矿物。属辉锑铁矿族。斜方晶系。晶体呈他形粒状;集合体呈晶簇状。黑色,半金属光泽,不透明;硬度 3.5～4,脆性。1995 年发现于俄罗斯斯维尔德洛夫斯克州克拉斯诺图林斯克市图林斯克的沃龙佐夫斯基(Vorontsovskoe)金矿。英文名称 Clerite,以俄罗斯矿物学会名誉会员奥尼西姆·耶格罗维奇·克勒(Onisim Yegorovitch Kler,1845—1920)的姓氏命名。IMA 1995-029 批准。1996 年 V. V. 穆尔津(V. V. Murzin)等在《俄罗斯矿物学会记事》[125(3)]报道。2003 年中国地质科学院矿产资源研究所李锦平等在《岩石矿物学杂志》[22(3)]根据光泽和成分译为辉锰锑矿。

【辉钼矿】

英文名 Molybdenite

化学式 MoS_2　　(IMA)

辉钼矿六方板片状、六方双锥晶体(纳米比亚、美国)

辉钼矿是一种钼的硫化物矿物,是分布最广的钼矿物,也是提炼钼的最主要矿物原料。属辉钼矿族。六方(三方)晶系。晶体多呈片状、鳞片状或细小分散粒状、六方板状、六方柱状、六方双锥状、桶状。呈黑色、铅灰色、灰色,强金属光泽,不透明;硬度 1～1.5,极完全解理,解理片具挠性;可染手,有滑感。辉钼矿与石墨外表很相似,在 18 世纪末叶之前,包括迪奥斯科里季斯(Dioscorides,公元 50—70 年)、老普林尼(Pliny,公元 79 年)和阿格里科拉(Agricola,公元 1556 年)都分辨不清,乃至在欧洲市场上辉钼矿和石墨都混称为 Molybdenum 或 Molybdan。现代使用的辉钼矿(Molybdenite)名称直到 1747 年约翰·戈特沙尔克·瓦勒留斯(Johan Gottschalk Wallerius)在研究意大利埃勒岛的辉钼矿矿物学的成果发表之后才开始使用的。1778 年,卡尔·威廉·舍勒(Carl Wilhelm Scheele)指出辉钼矿与石墨是两种不同的矿物。1782 年,舍勒的挚友瑞典人彼得·雅各布·海基尔姆从辉钼矿中分离出一种新金属,命名为 Molybdenum。希腊文"μ ό λυβδοζ=Lead=Molybdenum",意指铅,即钼与铅很相似。1789 年,经贝尔蒂埃(Pelletier)证明,这是一种钼的硫化物,而不是舍勒所谓的钼酸盐,并以元素名称命名该矿物为 Molybdenite。1796 年在伦敦《矿物学基础》(第二卷)刊载。这些名称变化见于 1944 年 C. 帕拉奇(C. Palache)、H. 伯曼(H. Berman)和 C. 弗龙德尔(C. Frondel)的《丹纳系统矿物学》(第一卷,第七版,纽约)。1959 年以前发现、描述并命名的"祖父级"矿物,IMA 承认有效。中文根据强金属光泽和成分译为辉钼矿。辉钼矿的常见多型 Molyb-

H

denite-2H 和罕见的 Molybdenite-3R。六方晶系的变体称六方辉钼矿。

此外，辉钼矿与金属铼有紧密的关系。铼为稀散元素，发现较晚。1872 年俄国化学家门捷列夫根据元素周期律预言，在自然界中存在一个尚未发现原子量为 190（实际为 186）的“类锰”元素。1925 年德国化学家 W. 诺达克（W. Nodack）用光谱法在铌锰铁矿中发现了这个元素，并以莱茵河的名称 Rhein 命名为 Rhenium。以后，诺达克又发现铼主要赋存于辉钼矿，并从中提取了金属铼。

【辉铅铋矿】

英文名 Galenobismutite

化学式 $PbBi_2S_4$ （IMA）

辉铅铋矿柱状晶体（意大利）

辉铅铋矿是一种铅、铋的硫化物矿物。斜方晶系。晶体呈细长扁条状、针状、极薄板状、柱状、纤维状，常有弯曲或扭曲；集合体呈块状或致密状。铅灰色、灰色、浅灰色、锡白色，玷污可能呈黄色或闪光锖色，金属光泽，不透明；硬度 2.5～3.5，完全解理。1878 年发现于瑞典韦姆兰省菲利普斯塔德市的科格鲁万（Kogruvan）。1878 年肖格伦（Sjögren）在《斯德哥尔摩地质学会会刊》（4）报道。英文名称 Galenobismutite，以其化学成分“Galeno（铅）”和“Bismuth（铋）”组合命名。1959 年以前发现、描述并命名的“祖父级”矿物，IMA 承认有效。中文名称根据金属光泽和成分译为辉铅铋矿/辉铋铅矿。

【辉砷钴矿】参见【辉钴矿】条 349 页

【辉砷镍矿】

英文名 Gersdorffite

化学式 NiAsS （IMA）

辉砷镍矿八面体晶体（摩洛哥）和格斯多夫像

辉砷镍矿是一种镍的砷-硫化物矿物。属辉砷钴矿族。等轴晶系。晶体呈粒状、八面体、五角十二面体，或立方体与八面体的聚形。灰色、灰黑色、银白色、锡白色、银灰色—钢灰色，金属光泽，不透明；硬度 5.5，完全解理，脆性。1845 年发现于奥地利斯蒂里亚地区奥贝塔巴赫（Obertalbach）山谷的辛克沃德（Zinkwand）；同年，在维也纳《矿物学鉴定手册》刊载。英文名称 Gersdorffite，由亚历山大·罗威（Alexander Löwe）在 1845 年为纪念约翰·鲁道夫·里特·冯·格斯多夫（Johann Rudolf Ritter von Gersdorff，1781—1849）而以他的姓氏命名。格斯多夫是施莱德明镍矿的采矿专家和业主（约 1842 年）。1925 年拉姆斯德尔（Ramsdell）在《美国矿物学家》（10）报道。IMA 1986s. p. 批准。中文名称根据金属光泽和成分译为辉砷镍矿。目前已知 Gersdorffite 有 3 种与温度相关的多型：-$P2_13$（低温型）、-$Pca2_1$（中温型）和-Pa3（高温型）。其中，中温型和高温型见于 1986 年《加拿大矿物学家》（24）。

【辉砷铜矿】

英文名 Lautite

化学式 CuAsS （IMA）

辉砷铜矿板状晶体，团状集合体（秘鲁）

辉砷铜矿是一种铜的砷-硫化物矿物。属硫锑钴矿族。斜方晶系。晶体呈柱状、粒状。浅灰黑色、黑色、铁灰色，金属光泽，不透明；硬度 3～3.5，脆性。1880 年弗里德里克·奥古斯特·弗伦泽尔（Friedrich August Frenzel）发现并描述于德国萨克森州厄尔士山脉马林贝格地区劳塔（Lauta）的鲁道夫（Rudolph）竖井。1881 年弗伦泽尔在《矿物学》（6）和《契尔马克氏矿物学和岩石学通报》（3）报道。英文名称 Lautite，以发现地德国马林贝格镇附近的劳塔（Lauta）命名。1959 年以前发现、描述并命名的“祖父级”矿物，IMA 承认有效。中文名称根据金属光泽和成分译为辉砷铜矿。

【辉砷银铅矿】

英文名 Lengenbachite

化学式 $Ag_4Cu_2Pb_{18}As_{12}S_{39}$ （IMA）

辉砷银铅矿板状晶体，放射状、晶簇状集合体（瑞士）

辉砷银铅矿是一种银、铜、铅的砷-硫化物矿物。三斜晶系。晶体呈板状；集合体呈晶簇状。灰蓝色、钢灰色，有时有彩虹般锖色，金属光泽，不透明；硬度 1～2，完全解理，韧性。1904 年发现于瑞士沃利斯区的林根巴赫（Lengenbach）采石场。1904 年索利（Solly）在《自然》（71）和 1905 年《矿物学杂志》（14）报道。英文名称 Lengenbachite，以发现地瑞士的林根巴赫（Lengenbach）采石场命名。1959 年以前发现、描述并命名的“祖父级”矿物，IMA 承认有效。中文名称根据金属光泽和成分译为辉砷银铅矿。

【辉石】

英文名 Pyroxene

化学式 $W_{1-p}(X,Y)_{1+p}Z_2O_6$

辉石属于单链结构硅酸盐矿物。辉石族可结晶成斜方晶系或单斜晶系，因此分为两个亚族：斜方辉石亚族包括顽火辉石、古铜辉石、紫苏辉石、斜方铁辉石等；单斜辉石亚族包括透辉石、钙铁辉石、普通辉石、霓石、霓辉石、硬玉、锂辉石等。辉石族矿物的一般化学式用 $W_{1-p}(X,Y)_{1+p}Z_2O_6$ 表示。其中，W＝Ca，Na；X＝Mg，Fe，Mn，Ni，Li；Y＝Al，Fe，Cr，Ti；Z＝Si，Al。晶体多呈短柱状，横切面呈近正八边形，发育两组完全解理。颜色呈墨绿色、黑色或罕见的蓝色，玻璃光泽，半透明—不透明；硬度 5～6。1796 年由法国结晶学和矿物学家雷内·贾斯特·阿羽伊（Rene Just Haüy）首先在熔岩中发现了这种绿色的矿物晶体（辉石），他根据希腊文“πυρ＝Fire＝Pyro（火）”和“ξένος＝Stranger＝Xene（陌生人，客居）”命名为“Pyro-xene”，意指熔岩中较早结晶的辉石晶体“客居”在火山熔岩之中，即嵌在火山玻璃之中，因此得名

“火中陌生人”。最新是由森本(Morimoto)于 1989 年在《加拿大矿物学家》(27)刊登的《辉石族命名法》对辉石进行了系统的讨论,这应是辉石的最新研究成果。中文辉石之名是根据该矿物的晶面或解理面具强玻璃光泽而呈闪烁光辉译得。

【辉铊矿】

英文名 Carlinite

化学式 Tl_2S (IMA)

辉铊矿是一种铊的硫化物矿物。三方晶系。晶体呈他形小晶粒状,发育不良的菱面体和板状。灰色,氧化表面变黑,金属光泽,不透明;硬度 1.5~2,完全解理。1974 年发现于美国内华达州尤里卡县的卡林(Carlin)金矿。英文名称 Carlinite,以发现地美国的卡林(Carlin)金矿命名。IMA 1974-062 批准。1975 年在《美国矿物学家》(60)报道。中文名称根据金属光泽和成分译为辉铊矿;根据成分译为硫铊矿。

【辉铊锑矿】

英文名 Vrbaite

化学式 $Hg_3Tl_4As_8Sb_2S_{20}$ (IMA)

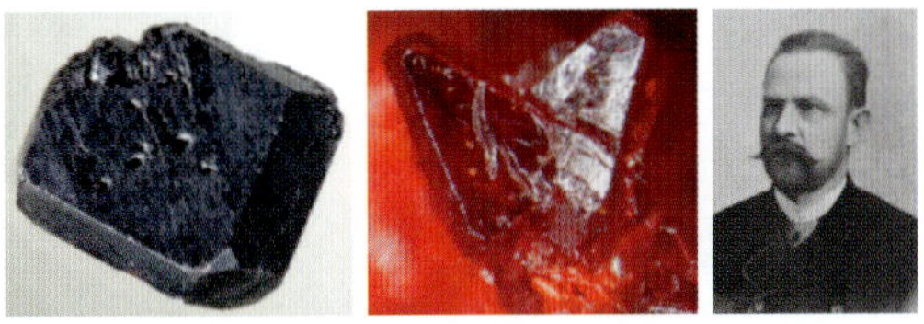

辉铊锑矿板状晶体(马其顿、中国)和弗尔芭像

辉铊锑矿是一种汞、铊的砷-锑-硫化物矿物。斜方晶系。晶体呈板状或锥状;集合体呈晶簇状。深灰色、黑色和蓝色,暗红色(薄片),金属—半金属光泽,不透明;硬度 3.5,完全解理,脆性。1912 年发现于北马其顿卡瓦达尔齐区普里莱普市阿尔察(Allchar)。1912 年杰泽克(Jezek)在《波希米亚科学院》(*Ak. Böhmen*, *Roz.*)(21)和《结晶学和矿物学杂志》(51)报道。英文名称 Vrbaite,以捷克共和国布拉格查尔斯特大学矿物学教授卡尔·弗尔芭(Karl Vrba,1845—1922)的姓氏命名。1959 年以前发现、描述并命名的“祖父级”矿物,IMA 承认有效。中文名称根据金属光泽和成分译为辉铊锑矿;根据成分译为硫砷锑铊矿或硫砷锑汞铊矿。

【辉锑铋矿】

英文名 Horobetsuite

化学式 $(Sb,Bi)_2S_3$

辉锑铋矿是一种铋、锑的硫化物矿物。斜方晶系。灰色,金属光泽,不透明;硬度 2。最初发现于日本北海道胆振国(Iburi,1869 年时的旧地名)的幌别(Horobetsu)矿。英文名称 Horobetsuite,以发现地日本的幌别(Horobetsu)矿命名。日文汉字名称幌別矿。IMA 未批准。中文名称根据金属光泽和成分译为辉锑铋矿。

【辉锑钴矿】

英文名 Willyamite

化学式 CoSbS (IMA)

辉锑钴矿是一种钴、锑的硫化物矿物。属辉砷钴矿族。假等轴(单斜晶系或三斜)晶系。晶体呈假立方体;集合体呈块状。锡白色、钢灰色,金属光泽,不透明;硬度 5~5.5,脆性。1893 年发现于澳大利亚新南威尔士州扬科文纳(Yancowinna)镇破山的孔索尔(Consols)矿。1893 年 E. F. 皮特曼(E. F. Pittman)在《新南威尔士州皇家学会会刊》(27)报道。英文名称 Willyamite,以发现地澳大利亚新南威尔士州维里雅马(Willyama)镇命名。1959 年以前发现、描述并命名的“祖父级”矿物,IMA 承认有效。IMA 1970s. p. 批准。中文名称根据金属光泽和成分译为辉锑钴矿;根据成分译为钴锑硫镍矿。

辉锑钴矿块状集合体(澳大利亚)

【辉锑矿】

英文名 Stibnite

化学式 Sb_2S_3 (IMA)

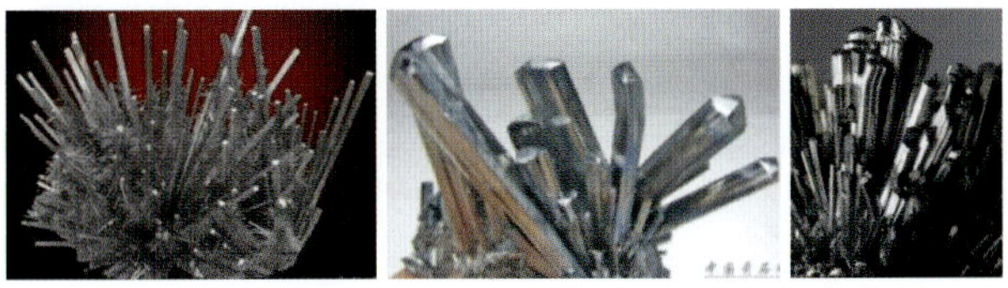

辉锑矿柱状晶体,晶簇状集合体(中国、罗马尼亚)

辉锑矿是一种锑的硫化物矿物,是锑的最重要的矿物资源。属辉锑矿族。与变辉锑矿(Metastibnite)为同质二象。斜方晶系。晶体常呈粒状尖顶的纤细长和粗柱状,柱面具纵条纹;集合体呈块状或放射状、晶簇状。铅灰色,局部氧化有彩虹锖色,金属光泽,不透明;硬度 2~2.5,完全解理,脆性。约于公元前 18 世纪在匈牙利曾发现了一小块硫化锑矿物,但在很长时间里,人们并未真正地认识这种矿物和元素锑。公元前 16 世纪在埃及人的沙草纸中曾提及硫化锑这种黑色色素的物质,天然的辉锑矿矿物曾被作为睫毛膏和化妆墨使用。在东方的妇女也常将它用来描眉。公元前 6 世纪和 7 世纪伊拉克南部的迦勒底古文明就已知这种天然的染料,它就是黄色的锑酸铅。公元前 604—前 561 年,在巴比伦它被发现于装饰砖的釉料之中。到古罗马时代老普林尼等都误认为是铅。直到 1556 年德国冶金学家 G. 阿格里科拉(G. Agricola)在其著作中叙述了用矿石熔析生产硫化锑的方法,但仍将硫化锑误认为是锑。西方讨论锑的最早著述首推德国人巴西尔·瓦仑泰恩(Basil Valentino)的《锑之胜利车》(*Gurrus triomphalis antimonii*)一书,多数化学史研究者认为他是锑的发现者。他的著述自己声言多译自 15 世纪炼金术士的著作,当时对锑的讨论有助于炼制风行的“长生不老丹”和“万应如意丹”,他记述了锑与硫化锑的提取方法。真正论述锑的科学著作要算尼古拉·莱姆里(Nicolas Lemery)的《锑之化学分析全集》。到 18 世纪已用焙烧还原法炼锑,1896 年制作出电解锑。1930 年以后,锑矿用鼓风炉熔炼法是生产金属锑的重要方法。

在 1430 年巴兹尔·瓦伦丁(Basil Velentine)认为辉锑矿含有硫,也称为闪光辉锑矿(Antimony glance)、辉锑矿(Antimonite)和锑(Stibine)。在 1832 年由弗朗索瓦·圣叙尔皮斯·伯当(François Sulpice Beudant)更改为拉丁名 Stibnite。最初的希腊文的矿物名称是由迪奥斯科里季斯(Dioscorides,公元 50—70 年)使用的“Στιβι=Stibi、Στιμμι=Stimmi 和 Πλατν ό πθαλμου”,前者(Stibi)成为拉丁文“锑”和锑元素符号(Sb),意指含锑的矿物。1883 年丹纳(Dana)在《美国科学杂志》(26)和 1888 年《美国哲学学会会刊》(25)报道。1959 年以前发现、描述并命名的“祖父级”矿物，IMA 承认有效。中文名称根据矿物的金属光泽和成分译为辉锑矿。

【辉锑镍矿】参见【锑硫镍矿】条 938 页

【辉锑铅矿】

英文名 Zinkenite

化学式 $Pb_9Sb_{22}S_{42}$ (IMA)

辉锑铅矿针状晶体(玻利维亚)和辛肯像

辉锑铅矿是一种铅、锑的硫化物矿物。六方晶系。晶体呈细长柱状，柱面有纵纹，或针状、纤维状；集合体呈块状、放射状。灰色、钢灰色，氧化变为彩虹锖色，条痕呈钢灰色，金属光泽，不透明；硬度 3～3.5。1826 年发现于德国萨克森-安哈尔特(Saxony-Anhalt)州哈尔茨山沃尔夫斯堡(Wolfsberg)的格拉夫乔斯特-克里斯蒂安(Graf Jost-Christian)矿。英文名称 Zinkenite，1826 年，古斯塔夫·罗斯(Gustav Rose)在《物理学和化学年鉴》(7)为纪念德国矿物学家、采矿工程师并任马格德斯普林(Mägdesprung)安哈尔特-伯恩伯吉斯城，贝格和哈特温尔克(Anhalt-Bernburgischen Berg-und Hüttenwerke)钢铁厂经理的约翰·卡尔·路德维格·辛肯[Johann Karl Ludwig Zinken(Zincken)，1790—1862]而以他的姓氏命名，是他发现了此矿物。1959 年以前发现、描述并命名的“祖父级”矿物，IMA 承认有效。中文名称根据金属光泽和成分译为辉锑铅矿。

【辉锑铅银矿】

英文名 Diaphorite

化学式 $Ag_3Pb_2Sb_3S_8$ (IMA)

辉锑铅银矿柱状晶体，晶簇状集合体(加拿大)

辉锑铅银矿是一种银、铅、锑的硫化物矿物。单斜晶系。晶体呈短柱状、长柱状，晶面有聚形纹；集合体呈晶簇状。钢灰色—黑色，金属光泽，不透明；硬度 2.5～3，脆性。1871 年发现于捷克共和国波希米亚中部皮里布拉姆(Příbram)和德国萨克森州厄尔士山脉的新希望上帝(Neue Hoffnung Gottes)矿。1871 年 M. V. R. 泽发洛维奇(M. V. R. Zepharovich)在《皇家科学院报告：数学、自然科学类》(1)和《皇家科学院报告》(63)报道。英文名称 Diaphorite，由希腊文“διαφορά=Difference，(差异)”命名，意指它不同于柱硫锑铅银矿(Freieslebenite)，一个假想的二形体。1959 年以前发现、描述并命名的“祖父级”矿物，IMA 承认有效。中文名称根据金属光泽和成分译为辉锑铅银矿，也译作异辉锑铅银矿或辉硫锑铅银矿。

【辉锑铁矿】

英文名 Berthierite

化学式 $FeSb_2S_4$ (IMA)

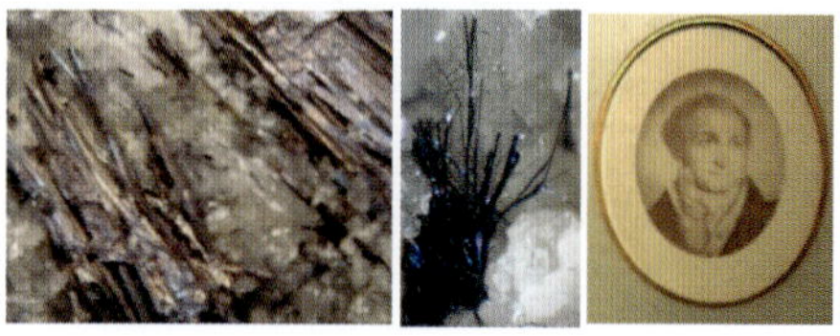

辉锑铁矿柱状、针状晶体，束状集合体和贝蒂尔像

辉锑铁矿是一种铁、锑的硫化物矿物。属辉锑铁矿族。斜方晶系。晶体呈粒状、纤维状、柱状，柱面有平行的聚形纹；集合体呈放射状、羽状、束状。暗钢灰色，常具闪光的锖色，金属光泽，不透明；硬度 2～3，脆性。1827 年发现于法国上卢瓦尔省的上查泽尔(Chazelles-Haut)；同年，贝蒂尔(Berthier)在《化学和物理学年鉴》(35)报道，称为 Haidingerite(海丁格尔矿)。英文名称 Berthierite，1827 由威廉·卡尔·冯·海丁格尔(Wilhelm Karl von Haidinger)在《爱丁堡科学杂志》(7)为纪念法国矿业学院的化学家和矿物学家彼埃尔·贝蒂尔(Pierre Berthier，1782—1861)而以他的姓氏命名。彼埃尔·贝蒂尔的职业是矿山督察，但他却命名了许多种矿物，包括鲕绿泥石、锌铁尖晶石、埃洛石、绿脱石等。此外，他对铝土矿的研究是众所周知的。1959 年以前发现、描述并命名的“祖父级”矿物，IMA 承认有效。中文名称根据金属光泽和成分译为辉锑铁矿/辉铁锑矿。

【辉锑锡铅矿】

英文名 Franckeite

化学式 $Pb_{21.7}Sn_{9.3}Fe_{4.0}Sb_{8.1}S_{56.9}$ (IMA)

辉锑锡铅矿层片状晶体，放射状、球状集合体(玻利维亚)

辉锑锡铅矿是一种辉锑锡铅矿-圆柱锡矿族矿物之一，为一种成分复杂的铅、锡、铁的锑-硫化物矿物。三斜晶系。晶体呈薄板状、层片状、纤维状，经常弯曲，具聚片双晶；集合体呈球状、薄板花环状、块状、放射状。浅灰黑色、黑色，金属光泽，不透明；硬度 2.5～3，极完全解理。1893 年发现于玻利维亚波托西省乔卡亚-阿尼马斯(Chocaya-Animas)区乔卡亚(Chocaya)矿。1893 年斯特尔兹纳尔(Stelzner)在《矿物学新年鉴》和 1904 年布赖特豪普特(Breithaupt)在 *Hintze*[1(1)]报道。英文名称 Franckeite，以采矿工程师卡尔·弗朗克(Carl Francke，1832—1907)和欧内斯特·弗朗克(Ernest Francke，1838—1913)两人的姓氏命名。他们促进了玻利维亚高地的矿物学、地质学和古生物学的发展；并为研究提供了第一批标本。1959 年以前发现、描述并命名的“祖父级”矿物，IMA 承认有效。中文名称根据金属光泽和成分译为辉锑锡铅矿。

【辉锑银矿】

英文名 Miargyrite

化学式 $AgSbS_2$ (IMA)

辉锑银矿是一种银、锑的硫化物矿物。与方硫安银矿(Cuboargyrite)和硫砷锑银矿*(Baumstarkite)呈同质多象。单斜晶系。晶体呈厚板状、粒状；集合体呈块状、球状。铁黑色—钢灰色、暗红色、灰红色，金属光泽、金刚光泽，不透明—

辉锑银矿厚板状、粒状晶体(德国、秘鲁)

半透明;硬度 2~2.5,不完全解理,脆性。最早于 1805 年由豪斯曼(Hausmann)在 *Hercyn. Archiv*(4)记载。1824 年由矿物学家和化学家弗里德里希·摩斯(Friedrich Mohs)发现于德国萨克森州厄尔士山脉弗赖贝格县的新希望上帝(Neue Hoffnung Gottes)矿。1829 年由 H. 罗斯(H. Rose)在德国《波根多尔夫物理学和化学年鉴》(15)报道。英文名称 Miargyrite,由希腊文"μειων = Meion = Meyon(小、少)"和"ἄ ργυρος = Argyros(银)"命名,意指它的银含量低于其他大多数银硫化物矿物(如深红银矿)。1959 年以前发现、描述并命名的"祖父级"矿物,IMA 承认有效。同义词 Kenngottite,1856 由威廉·卡尔·冯·海丁格尔(Wilhelm Karl von Haidinger)在 *Ak. Wien*, *Ber*. (2)为纪念古斯塔夫·阿道夫·肯贡特(Gustav Adolph Kenngott,1818—1897)而以他的姓氏命名。肯贡特是苏黎世大学一位系统矿物学家和矿物学教授,也是一位成功的彩版系列矿物学书籍的作者。同义词 Hypargyrite,1832 年布赖特豪普特(Breithaupt)命名,词源不详,但 Hypargyrite 拆开解为"Hyp(假设)"和"Argyr(银)"组合命名,意为假定的银矿物(?)。中文名称根据金属光泽和成分译为辉锑银矿。

【辉锑银铅矿】

英文名 Ramdohrite

化学式 $Pb_{5.9}Fe_{0.1}Mn_{0.1}In_{0.1}Cd_{0.2}Ag_{2.8}Sb_{10.8}S_{24}$ (IMA)

辉锑银铅矿柱状晶体,晶簇状集合体(德国)和拉姆多尔像

辉锑银铅矿是一种铅、铁、锰、铟、镉、银、锑的硫化物矿物。属硫铋铅矿同源系列族。单斜晶系。晶体呈薄板状、长柱状;集合体呈晶簇状。灰色、蓝黑色,金属光泽,不透明;硬度 2,脆性。1930 年发现于玻利维亚波托西省乔卡亚(Chocaya)矿。1930 年阿尔弗尔德(Ahlfeld)在《矿物学、地质学和古生物学中心论文》(8)和 1931 年 W. F. 福杉格(W. F. Foshag)在《美国矿物学家》(16)报道。英文名称 Ramdohrite,以德国海德堡大学矿物学家保罗·拉姆多尔(Paul Ramdohr,1890—1985)的姓氏命名。他是研究矿床矿物学的先驱,被授予罗柏林勋章(1962 年)、彭罗斯勋章(1972 年)和伦纳德勋章(1979 年)等。1959 年以前发现、描述并命名的"祖父级"矿物,IMA 承认有效。中文名称根据金属光泽和成分译为辉锑银铅矿。

【辉铁铊矿】

英文名 Picotpaulite

化学式 $TlFe_2S_3$ (IMA)

辉铁铊矿是一种铊、铁的硫化物矿物。斜方晶系。晶体

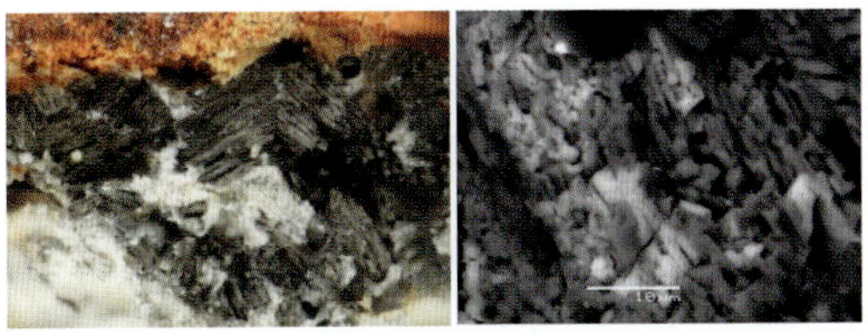

辉铁铊矿叠瓦板状集合体(北马其顿)

呈显微假六边形板片状;集合体呈叠瓦板状。青铜色,金属光泽,不透明;硬度 2。1970 年发现于北马其顿卡瓦达尔齐区的阿尔察(Allchar);同年,在《法国矿物学和结晶学会通报》(93)报道。英文名称 Picotpaulite,以法国奥尔良地质矿产调查局的法国矿物学家保罗·皮科特(Paul Picot,1931—)的姓名命名。IMA 1970-031 批准。1972 年在《美国矿物学家》(57)报道。中文名称根据金属光泽和成分译为辉铁铊矿;音译为皮科保尔矿。

【辉铁锑矿】参见【辉锑铁矿】条 352 页

【辉铜矿】

英文名 Chalcocite

化学式 Cu_2S (IMA)

辉铜矿晶体和集合体(澳大利亚、美国)

辉铜矿是一种铜的硫化物矿物。属辉铜矿-蓝辉铜矿族。与六方辉铜矿(Hexachalcocite)为同质二象。单斜晶系。晶体呈细粒状、假斜方柱状、假斜方双锥状、厚板状、假六边形星状,但少见;集合体常呈致密块状。蓝黑色、灰色、黑色、暗灰色或钢灰色,新鲜面铅灰色,风化表面呈深灰黑色,常带锖色,金属光泽,不透明;硬度 2.5~3,脆性。发现于英国康沃尔(Cornwall)郡和美国蒙大拿州巴特(Butte)。1751 年在伦敦《本草学史》(*A History of the Materia Medica.*)刊载。英文名称 Chalcocite,1832 年由弗拉克斯·叙尔皮斯·伯当(Fracois Sulpice Beudant)根据希腊文"Tσ ά λκοs = Chalkos(铜)"命名。这种矿物还有各种各样的名字,如又称为 Copper Glance,其中 Copper 意为"铜色的",Glance 为"闪光",即闪光的铜。同义词还有 Redruthite(可能以英国雷德鲁斯镇命名,这里从 18 世纪就大量开采铜矿石)和 Vitreous copper(玻璃铜)。1868 年 J. D. 丹纳(J. D. Dana)和 J. 布鲁斯(J. Brush)更名为 Chalcocite。见于 1944 年 C. 帕拉奇(C. Palache)、伯曼 H. (H. Berman)和 C. 弗龙德尔(C. Frondel)《丹纳系统矿物学》(第一卷,第七版,纽约)。1959 年以前发现、描述并命名的"祖父级"矿物,IMA 承认有效。中文名称根据金属光泽和成分译为辉铜矿。Cu_2S 六方晶系的高温同质多象变体,称为六方辉铜矿。

【辉铜银矿】

英文名 Jalpaite

化学式 Ag_3CuS_2 (IMA)

辉铜银矿是一种罕见的银、铜的硫化物矿物。四方晶系。晶体呈四方板状;集合体呈块状。灰色或深灰色,局部呈彩虹般锖色,条痕呈黑色,金属光泽,不透明;硬度 2~

H

辉铜银矿四方板状晶体，块状集合体（墨西哥、捷克）

2.5。1858 年第一次发现并描述于墨西哥萨卡特卡斯州利奥诺拉（Leonora）矿；同年，在《山和人报纸》（*Berg-und Hüttenmannische Zeitung*）（17）报道。英文名称 Jalpaite，以发现地墨西哥的贾尔帕（Jalpa）市命名。见于 1944 年 C. 帕拉奇（C. Palache）、H. 伯曼（H. Berman）和 C. 弗龙德尔（C. Frondel）在《丹纳系统矿物学》（第一卷，第七版，纽约）。1959 年以前发现、描述并命名的“祖父级”矿物，IMA 承认有效。中文名称根据金属光泽和成分译为辉铜银矿。

【辉钨矿】

英文名 Tungstenite

化学式 WS_2　　（IMA）

辉钨矿是一种钨的硫化物矿物。属辉钼矿族。三方（或六方）晶系。晶体呈板状、片状。铅灰色，金属光泽，不透明；硬度 2.5，完全解理；染手。1917 年发现于美国犹他州盐湖城瓦萨奇山脉的艾玛（Emma）矿。英文名称 Tungstenite，由其成分“Tungsten（钨）”命名。1917 年在《华盛顿科学院学报》（7）和 1918 年《美国矿物学家》（3）报道。1959 年以前发现、描述并命名的“祖父级”矿物，IMA 承认有效。中文名称根据金属光泽和成分译为辉钨矿；或根据成分译为硫钨矿。已知其多型有 Tungstenite-2H（六方）和 Tungstenite-3R（三方）。

辉钨矿六方片状晶体（意大利）

【辉硒铋铜铅矿】

英文名 Nordströmite

化学式 $Pb_3CuBi_7(S,Se)_{14}$　　（IMA）

辉硒铋铜铅矿是一种铅、铜、铋的硒-硫化物矿物。单斜晶系。晶体呈纤维状。灰色、银白色，金属光泽，不透明；硬度 2～2.5。1978 年发现于瑞典达拉纳省法伦（Falun）铜矿。英文名称 Nordströmite，以瑞典采矿工程师 T. 诺德斯特龙（T. Nordström，1843—1920）的姓氏命名，他首先研究了法伦（Falun）硫化物矿物。IMA 1978-073 批准。1980 年 W. G. 穆默（W. G. Mumme）在《加拿大矿物学家》（18）和《美国矿物学家》（65）报道。中文名称根据金属光泽和成分译为辉硒铋铜铅矿。

【辉硒铜矿】

英文名 Bellidoite

化学式 Cu_2Se　　（IMA）

辉硒铜矿是一种铜的硒化物的矿物。属辉铜矿族。与硒铜矿呈同质二象。四方晶系。晶体呈他形粒状。乳白色，金属光泽，不透明；硬度 1.5～2。1970 年发现于捷克共和国维索基纳州泽德阿尔（Žďár）和萨扎沃（Sázavou）的罗日娜（Rožná）矿床哈伯里（Habři）矿。英文名称 Bellidoite，以秘鲁地质矿产局局长埃莱奥多罗·贝利多·布拉沃（Eleodoro Bellido Bravo）的名字命名。IMA 1970-050 批准。1975 年 L. A. 蒙特勒伊（L. A. De Montreuil）在《经济地质学》（70）和《美国矿物学家》（60）报道。中文名称根据光泽和成分译为辉硒铜矿，也有的译作灰硒铜矿，还有的译作 β-硒铜矿。

【辉硒银矿】

英文名 Aguilarite

化学式 Ag_4SeS　　（IMA）

辉硒银矿骨骼状集合体（墨西哥）

辉硒银矿是一种银的硒-硫化物矿物。属辉银矿族。单斜晶系。晶体呈假十二面体、假八面体，边缘呈细长柱状；集合体呈骨骼状。明亮的铅灰色，氧化面呈铁黑色，金属光泽，不透明；硬度 2.5。1891 年发现于墨西哥瓜纳华托州圣卡洛斯（San Carlos）矿。英文名称 Aguilarite，以墨西哥圣卡洛斯矿矿长 P. 阿基拉（P. Aguilar）先生的姓氏命名，是他首先发现了此矿物。在 19 世纪晚期，阿基拉先生任墨西哥圣卡洛斯矿的负责人，他采集到硒银矿等几个矿物的标本。样品送给 F. A. 根特（F. A. Genth）鉴定，随后 S. L. 潘菲尔德（S. L. Penfield）才发现这是一个新矿物种。1891 年根特在《美国科学杂志》（Ⅲ系列，41）发表，以阿基拉先生的荣誉描述和命名为 Aguilarite。国际矿物学协会成立时，Aguilarite（辉硒银矿）已是一个前人命名的“祖父级”矿物，IMA 承认有效。中文名称根据矿物的金属光泽和成分译为辉硒银矿。

【辉叶石】

英文名 Ganophyllite

化学式 $(K,Na)_xMn_6^{2+}(Si,Al)_{10}O_{24}(OH)_4 \cdot nH_2O(x=1\sim2, n=7\sim11)$　　（IMA）

辉叶石是一种含结晶水的钾、钠、锰的铝硅酸盐矿物。属辉叶石族。单斜晶系。晶体呈短柱状、板状、叶片状；集合体呈莲座丛状、块状。无色、浅棕黄色、褐色，玻璃光泽、珍珠光泽、土状光泽，透明—半透明；硬度 4～4.5，完全解理，脆性。1890 年发现于瑞典韦姆兰省菲利普斯塔德市哈尔斯蒂根（Harstigen）矿山；同年，在《斯德哥尔摩地质学会会刊》（12）报道。英文名称 Ganophyllite，1890 年由阿克塞尔·汉贝格（Axel Hamberg）根据希腊文“γανωμα＝Brilliance 或 Luste（辉煌或光泽）”和“φύλλον＝Leaf（叶子）”命名，意指解理或板状解理面上的强光泽。1892 年 E. S. 丹纳（E. S. Dana）在《系统矿物学》（第六版）刊载。1959 年以前发现、描述并命名的“祖父级”矿物，IMA 承认有效。中文名称根据珍珠光泽和晶体习性译为辉叶石。

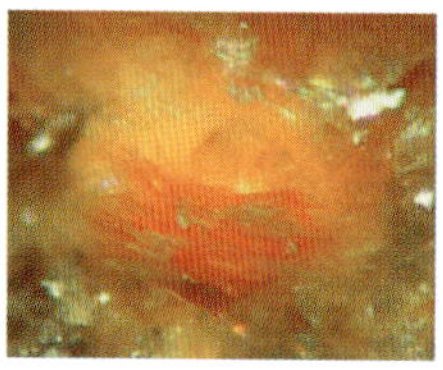

辉叶石叶片状晶体莲座丛状集合体（意大利）

【辉银矿】

英文名 Argentite

化学式 Ag_2S

辉银矿是一种银的硫化物矿物，是一种高温形式的螺硫银矿。属方铅矿族。等轴晶系。晶体呈粒状、立方体与八面体的聚形，但少见；集合体常呈块状、树枝状。颜色呈暗铅灰色—铁黑色，金属光泽，不透明；硬度 2.5。英文名称 Argentite，源自拉丁文 Argentum，意指银（Silver）。1529 年，德国冶金学家、矿物学家 G. 阿格里科拉（G. Agricola）提到过该矿物，但 Argentite 这个名字直到 1845 年才被 W. 海丁格尔（W. Haidinger）使用。该矿物使用过的名称有 Glaserz、Silver-glance（辉银矿）和 Vitreous silver（玻璃银）等。1925 年 L. S. 拉姆斯德尔（L. S. Ramsdell）在《美国矿物学家》（10）报道。中文名称根据金属光泽和成分译为辉银矿。该矿物名称已被 IMA 废弃（参见【螺硫银矿】条 572 页）。

惠

［huì］会意；从心，从叀（zhuān）。本义：仁爱。用于日本地名。

【惠那石】参见【变铀钍石】条 70 页

珲

［hún］用于中国水名：珲春河，在中国吉林省。

【珲春矿】

汉拼名 Hunchunite

化学式 Au_2Pb （IMA）

珲春矿是一种铅与金的互化物矿物。等轴晶系。矿物粒度十分细小，常与自然金或阿纽依矿（$AuPb_2$）呈文象交生的不规则他形柱状。新鲜面为铅灰色、银灰色，金属光泽，氧化后颜色变暗，不透明；硬度 3.5。1989 年，中国有色金属工业总公司吉林地质勘查局研究所高级工程师吴尚全等在对中国吉林延边朝鲜族自治州珲春县珲春河流域砂金矿进行调查时，发现了有复杂矿物组合的砂金连生体，其中的自然金与一种银灰色矿物呈文象结构交生，这种矿物与苏联 1988 年发现的阿纽依矿（安云矿）十分相似，经进一步研究确定它是另一种新的铅金互化物，根据其产地命名为珲春矿（Hunchunite）。根据成分命名铅金矿。IMA 1991－033 批准。1992 年吴尚全等在《矿物学报》[12(4)]和 1994 年《美国矿物学家》（79）报道。

火

［huǒ］象形；甲骨文字形像火焰。本义：物体燃烧所发的光、焰和热。颜色形容像火那样，一般指红色。

【火蛋白石】参见【蛋白石】条 111 页

【火红银矿】

英文名 Pyrostilpnite

化学式 Ag_3SbS_3 （IMA）

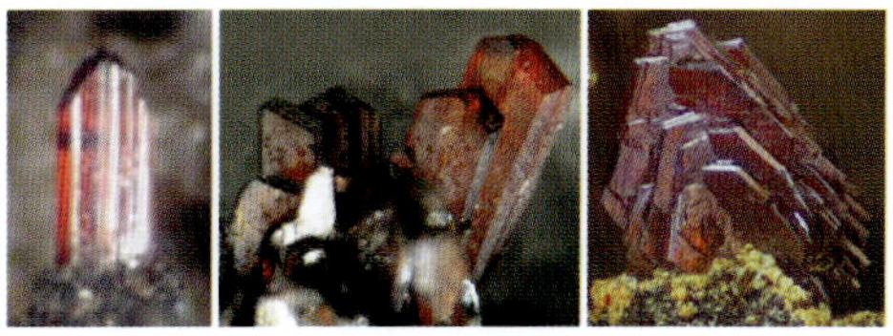

火红银矿板状晶体，晶簇状集合体（加拿大、德国、法国）

火红银矿是一种银、锑的硫化物矿物。属淡红银矿族。与深红银矿呈同质二象。单斜晶系。晶体呈板状、针状，具双晶；集合体呈晶簇状。红色、棕红色、橙红色、火的紫蓝红色，金刚光泽，透明—半透明；硬度 2，完全解理，脆性。1832 年发现于德国萨克森州厄尔士山脉弗赖伯格区格罗斯基尔马（Großschirma）的丘尔普林斯·弗里德里希·奥古斯特·埃尔伯斯顿（Churprinz Friedrich August Erbstolln）矿山；同年，A. 布赖特豪普特（A. Breithaupt）在德累斯顿和莱比锡《矿物系统的完整特征》（*Vollstandige Charakteristik des Mineral-Systems*）称为 Feuerblende（斜硫锑银矿），它源于"Feuer＝Fire（火）"和"Blende（闪锌矿），意为 blenden＝Blind（褐色闪光矿物，金刚光泽）"；1868 年 J. D. 丹纳（J. D. Dana）在《系统矿物学》（第五版，纽约）改称"Pyrostilpnite（火色硫锑银矿）"，源于拉丁文"Pyr＝Fire（火）"和"Stilpnos＝Bright or shining（明亮或闪亮的）"。1959 年以前发现、描述并命名的"祖父级"矿物，IMA 承认有效。中文名称根据颜色和成分译为火红银矿，也译作火硫锑银矿或火色硫锑银矿。

【火石】参见【石英】条 806 页和【石髓】条 805 页

【火焰石*】

英文名 Flamite

化学式 $Ca_{8-x}(Na,K)_x(SiO_4)_{4-x}(PO_4)_x$ （IMA）

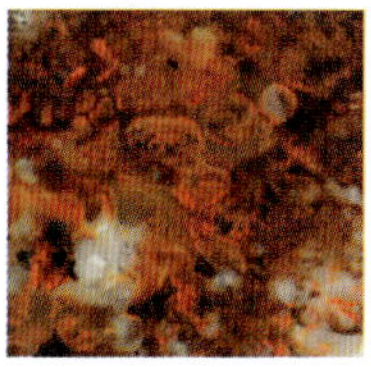

火焰石* 粒状晶体（以色列）

火焰石* 是一种钙、钠、钾的磷酸-硅酸盐矿物。斜方晶系。晶体呈粒状，粒径仅 100～250μm。灰色、浅黄色，玻璃光泽，透明；硬度 5～5.5，脆性。2013 年发现于以色列内盖夫沙漠哈特鲁里姆盆地南部的后生形成物。英文名称 Flamite，由"Flame（火焰）"命名，意指它是由煤炭类等化石燃料自燃导致超高温燃烧而变质形成的新矿物。IMA 2013－122 批准。2014 年 E. V. 索科尔（E. V. Sokol）等在《CNMNC 通讯》（20）、《矿物学杂志》（78）和 2015 年《矿物学杂志》（79）报道。目前尚未见官方中文译名，编译者建议意译为火焰石*。

钬

［huǒ］形声；从钅，火声。一种稀土金属元素。［英］Holmium。元素符号 Ho。原子序数 67。1842 年莫桑德尔从钇土中分离出铒土和铽土后，不少化学家利用光谱分析鉴定，确定它们不是纯净的一种元素的氧化物，这就鼓励了化学家们继续去分离它们。1878 年 J. L. 索里特（J. L. Soret）发现钬。1879 年 P. T. 克利夫（P. T. Cleve）分离出新元素的氧化物，被命名为 Holmium，以纪念克利夫的出生地，瑞典首都斯德哥尔摩古代的拉丁名称 Holmia。其后 1886 年布瓦博德朗又从钬中分离出了另一元素，但钬的名称被保留了。随着钬以及其他一些稀土元素的发现，完成了发现稀土元素第三阶段的另一半。钬在地壳中的含量为 0.000 115%，与其他稀土元素一起存在于独居石和硅铍钇矿稀土矿中。

霍

［huò］会意；从雨，俗省作"霍"。本义：鸟疾飞时发出的声音。［英］音，用于外国人名、地名。

【霍尔达维石】

英文名 Holdawayite

化学式 $Mn_6^{2+}(CO_3)_2(OH)_7(Cl,OH)$ （IMA）

霍尔达维石是一种含羟基、氯的锰的碳酸盐矿物。单斜晶系。晶体呈纤维状、粒状；集合体呈块状。淡—深粉红色，氧化后变黑，玻璃光泽、丝绢光泽，透明—半透明；硬度 3，完全解理，脆性。1986 年发现于纳米比亚赫鲁特方丹市的孔巴特（Kombat）矿。英文名称 Holdawayite，以美国南卫理公会大学岩石学家麦克尔·乔恩·霍尔达维（Michael Jon Holdaway，1936—）的姓氏命名。IMA 1986－001 批准。1988 年 D. R. 佩阿克尔（D. R. Peacor）等在《美国矿物学家》（73）报道。1989 年中国新矿物与矿物命名委员会郭宗山在《岩石矿物学杂志》[8(3)]音译为霍尔达维石。

【霍钒矿】参见【钒钠铜铁矿】条 150 页

H

【霍根石】

英文名 Hoganite

化学式 $Cu(CH_3COO)_2 \cdot H_2O$　(IMA)

霍根石厚板状、柱状晶体(美国)

霍根石是一种含结晶水的铜的醋酸盐矿物。单斜晶系。晶体呈厚板状、柱状。带蓝色调的深绿色,玻璃光泽,透明;硬度1.5,完全解理,脆性。2001年发现于澳大利亚新南威尔士州杨科维纳(Yancowinna)地区布罗肯山的佩里尔亚波托西(Perilya Potosi)矿山露天采坑。英文名称 Hoganite,以澳大利亚布罗肯山矿工和矿物收藏家格雷厄姆·霍根(Graham Hogan)的姓氏命名,是他发现该矿物的第一块标本。IMA 2001-029批准。2002年D. E. 希布斯(D. E. Hibbs)等在《矿物学杂志》(66)报道。2006年中国地质科学院矿产资源研究所李锦平在《岩石矿物学杂志》[25(6)]音译为霍根石。

【霍拉克铀矿*】

英文名 Horákite

化学式 $(Bi_7O_7OH)[(UO_2)_4(PO_4)_2(AsO_4)_2(OH)_2] \cdot 3.5H_2O$　(IMA)

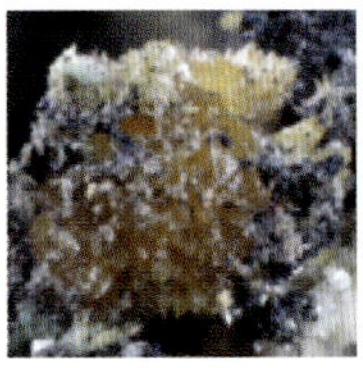

霍拉克铀矿*柱状、针状晶体,晶簇状集合体(捷克)

霍拉克铀矿*是一种含结晶水的铋氧-氢氧的铀酰-氢砷酸-磷酸盐矿物。单斜晶系。晶体呈针状、棱柱状,直径可达1mm。绿黄色—淡黄色,透明—半透明,玻璃光泽;硬度2,完全解理。2017年发现于捷克共和国卡罗维发利州厄尔士山脉亚希莫夫(Jáchymov)区的罗夫诺斯特矿。英文名称 Horákite,以从1916年到1918年担任亚希莫夫镭工厂的负责人弗兰蒂斯克·霍拉克(František Horák,1882—1919)和他的孙子、医学博士、一名业余矿物收藏家并专注亚希莫夫采矿史的历史学家弗拉迪米尔·霍拉克(Vladimír Horák,1964—)两人的姓氏命名。IMA 2017-033批准。2017年J. 普拉希尔(J. Plášil)等在《CNMNC通讯》(38)、《矿物学杂志》(81)和2018年《地球科学杂志》(63)报道。目前尚未见官方中文译名,编译者建议音加成分译为霍拉克铀矿*。

【霍雷矿】参见【方硫镉矿】条155页

【霍里克萨斯石*】

英文名 Khorixasite

化学式 $(Bi_{0.67}\square_{0.33})Cu(VO_4)(OH)$　(IMA)

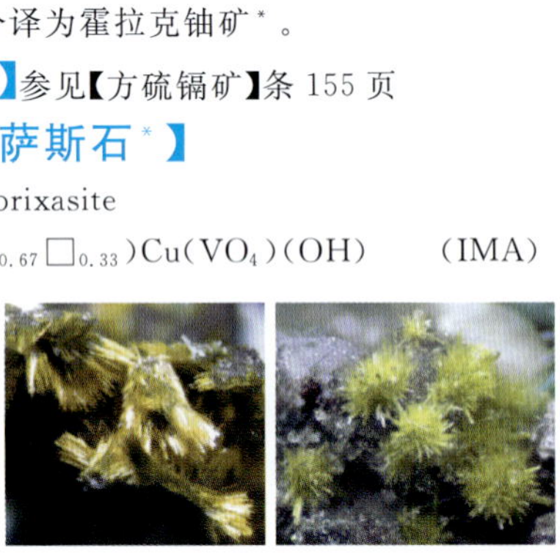

霍里克萨斯石*针状晶体,束状、放射状集合体(纳米比亚)

霍里克萨斯石*是一种含羟基的铋、空位、铜的钒酸盐矿物。单斜晶系。晶体呈针状;集合体呈束状、放射状。黄色。2016年发现于纳米比亚霍里克萨斯(Khorixas)区美索不达米亚(Mesopotamia)504农场。英文名称 Khorixasite,以发现地纳米比亚的霍里克萨斯(Khorixas)区命名。IMA 2016-048批准。2016年S. J. 米尔斯(S. J. Mills)等在《CNMNC通讯》(33)和《矿物学杂志》(80)报道。目前尚未见官方中文译名,编译者建议音译为霍里克萨斯石*。

【霍利斯特矿*】

英文名 Hollisterite

化学式 Al_3Fe　(IMA)

霍利斯特矿*是一种铝、铁互化物的合金矿物,是目前已知的唯一的纯铝铁合金,也是全新的天然准晶态矿物。单斜晶系。晶体呈半自形粒状,粒径仅$2\mu m \times 7\mu m$。2016年美国加州理工学院(Caltech)地质和行星科学研究部分析室马驰(Ma Chi)团队研究哈特尔卡(Khatyrka)CV3碳质球粒陨石时发现。该陨石现位于俄罗斯科里亚克自治区伊奥拉特瓦姆(Iomrautvaam)地块切特金瓦亚姆(Chetkinvaiam)构造混杂岩体哈特尔卡河利斯维尼托维(Listvenitovyi)溪流附近。英文名称 Hollisterite,2017年马驰等以普林斯顿大学地质学家林肯·霍利斯特(Lincoln Hollister,1938—)的姓氏命名,以表彰霍利斯特对地球科学做出的杰出的贡献。IMA 2016-034批准。2016年马驰等在《CNMNC通讯》(32)、《矿物学杂志》(80)和2017年《美国矿物学家》(102)报道。目前尚未见官方中文译名,编译者建议音译为霍利斯特矿*;或根据成因和成分译为陨铁铝矿*。

【霍羟磷镁石】参见【三方羟磷镁石】条761页

【霍钦石*】

英文名 Huizingite-(Al)

化学式 $(NH_4)_9Al_3(SO_4)_8(OH)_2 \cdot 4H_2O$　(IMA)

霍钦石*板状晶体(意大利)和霍钦夫妇像

霍钦石*是一种含结晶水和羟基的铵、铝的硫酸盐矿物。三斜晶系。晶体呈板状、叶片状;集合体呈晶簇状。浅绿色、黄色,玻璃光泽,透明;硬度2.5,脆性。2015年发现于美国俄亥俄州休伦河休伦(Huron)页岩燃烧现场。英文名称 Huizingite-(Al),以辛辛那提博物馆中心的矿物学家兼职副馆长特里·E. 霍钦(Terry E. Huizing,1938—)及1978年以来一直在《岩石与矿物杂志》任编辑的玛丽·E. 霍钦(Marie E. Huizing,1939—)夫妇的姓氏,加占优势的铝后缀-(Al)组合命名。IMA 2015-014批准。2015年A. R. 坎普夫(A. R. Kampf)等在《CNMNC通讯》(25)、《矿物学杂志》(79)和2016年《美国矿物学家》(101)报道。目前尚未见官方中文译名,编译者建议音译为霍钦石*。

【霍瓦钇矿】参见【氟碳钠钇矿】条194页

Jj

鸡 [jī]从奚，从隹。鸟纲雉科家禽。以鸡冠、鸡血的颜色比喻矿物的颜色。

【鸡冠石】参见【雄黄】条 1051 页

【鸡血石】参见【石髓】条 805 页

基 [jī]形声；从土，其声。“其”意为“一系列等距排列的直线条”。“土”指夯土层。“土”与“其”联合起来表示“夯土层剖面像一系列等距排列的直线条”。本义：叠加的夯土层，承重用的夯土地面。化学上化合物的分子中所含的一部分原子被看作是一个单位时，称作“基”：如羟基、氨基、羧基等。也用于外国人名。

【基德克里克矿】参见【硫钨锡铜矿】条 524 页

【基尔霍夫石*】

英文名 Kirchhoffite

化学式 $CsBSi_2O_6$　(IMA)

基尔霍夫像

基尔霍夫石*是一种铯的硼硅酸盐矿物。属沸石族。四方晶系。晶体呈粒状，粒径 10～80μm。无色，玻璃—半玻璃光泽，透明；硬度 6～6.5，脆性。2009 年发现于塔吉克斯坦天山山脉达拉伊-皮奥兹(Dara-i-Pioz)冰川冰碛物。英文名称 Kirchhoffite，2010 年阿塔利·A. 阿加哈诺夫(Atali A. Agakhanov)等为纪念古斯塔夫·基尔霍夫(Gustav Kirchhoff，1824—1887)而以他的姓氏命名。基尔霍夫是铯的合作发现者之一，并与他人共同开发了化学光谱学领域，除此，他还发展了电子电路的规律性，并提出了“黑体辐射”的基本原理。IMA 2009-094 批准。2010 年阿加哈诺夫等在《矿物学杂志》(74)和 2012 年《加拿大矿物学家》(50)报道。目前尚未见官方中文译名，编译者建议音译为基尔霍夫石*。

【基尔矿】参见【硫镁铁矿】条 505 页

【基诺托勃莫来石*】

英文名 Kenotobermorite

化学式 $Ca_4Si_6O_{15}(OH)_2(H_2O)_2 \cdot 3H_2O$　(IMA)

基诺托勃莫来石*是一种含结晶水、羟基的钙的硅酸盐矿物。属托勃莫来石超族托勃莫来石族。单斜(斜方)晶系。发现于南非北开普省库鲁曼镇卡拉哈里锰矿田北克瓦宁 2 号矿。英文名称 Kenotobermorite，由冠词“Keno，音基诺，意空位”和根词“Tobermorite，托勃莫来石”组合命名，意指托勃莫来石族这一成员的结构空洞的无钙性质。IMA 2014s. p. 批准。2014 年在《CNMNC 通讯》(21)、《矿物学杂志》(78)和 2015 年 C. 比亚乔尼(C. Biagioni)等在《矿物学杂志》(79)报道。目前尚未见官方中文译名，编译者建议音及与托勃莫来石的关系译为基诺托勃莫来石*。目前已知 Kenotobermorite 有 -2M(单斜晶系)和 -4O(斜方晶系)两个多型。

【基锑矾】

英文名 Klebelsbergite

化学式 $Sb_4^{3+}O_4(SO_4)(OH)_2$　(IMA)

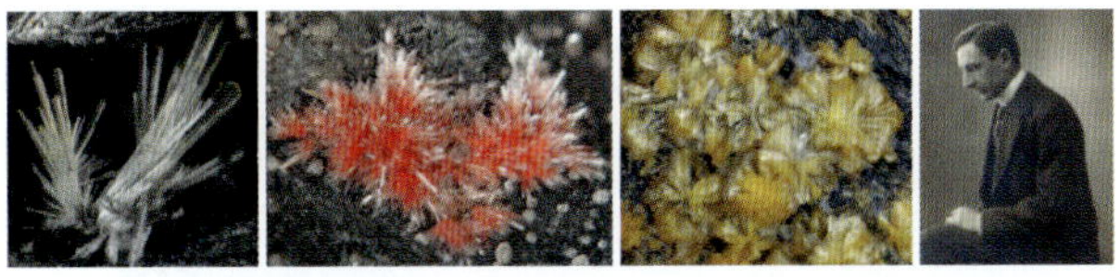

基锑矾针状晶体，束状、放射状集合体(意大利)和克勒贝尔斯贝格像

基锑矾是一种含羟基的锑氧的硫酸盐矿物。属基锑矾族。斜方晶系。晶体呈针状；集合体呈束状、放射状、晶簇状。无色、白色、黄橙色、浅黄色、深黄色，玻璃光泽、丝绢光泽，透明；硬度 3.5～4，完全解理，脆性。1929 年发现于罗马尼亚马拉穆列什县巴亚斯普列(Baia Sprie)。1929 年日夫尼(Zsivny)在匈牙利布达佩斯《数学与自然科学通报》(*Mathematikai és Természet-tudományi Értesítö*)(46)报道。后见于 1951 年 C. 帕拉奇(C. Palache)、H. 伯曼(H. Berman)和 C. 弗龙德尔(C. Frondel)《丹纳系统矿物学》(第二卷，第七版，纽约)。英文名称 Klebelsbergite，以匈牙利前教育部部长库诺·克勒贝尔斯贝格(Kuno Klebelsberg，1875—1932)的姓氏命名。1959 年以前发现、描述并命名的“祖父级”矿物，IMA 承认有效。IMA 1980s. p 批准。中文名称根据成分及含羟基译为基锑矾。

【基铁矾】

英文名 Butlerite

化学式 $Fe^{3+}(SO_4)(OH) \cdot 2H_2O$　(IMA)

基铁矾叠板状，球粒状集合体(智利，德国)和巴特勒像

基铁矾是一种含结晶水、羟基的铁的硫酸盐矿物。与坎加拉斯石*、副基铁矾为同质多象。单斜晶系。晶体呈板状或八面体，常见双晶；集合体呈球粒状。暗橙色、黄橙色，玻璃光泽，半透明；硬度 2.5，完全解理。1922 年珀森加克(Posnjak)和默温(Merwin)在《美国化学学会杂志》(44)报道 Fe_2O_3-SO_3-H_2O 体系。1928 年在美国亚利桑那州亚瓦派(Yavapai)县布莱克山佛尔得联合矿(United Verde)发现。1928 年劳森(Lausen)在《美国矿物学家》(13)报道美国的首次发现和 1938 年 M. C. 班迪(M. C. Bandy)在《美国矿物学家》(23)报道又在智利发现。英文名称 Butlerite，1928 年由卡尔·劳森(Carl Lausen)为纪念格登·蒙塔古“蒙蒂”·巴特勒(Gurdon Montague“Monty”Butler，1881—1961)而以他的姓氏命名。巴特勒是亚利桑那大学矿业地质学家和教授。亚利桑那州的卡米诺德尔迪亚博罗(Camino del Diablo)的巴特勒山脉，也是以格登·蒙塔古“蒙蒂”·巴特勒的姓氏命名。1959 年以前发现、描述并命名的“祖父级”矿物，IMA 承认有效。中文名称根据成分及含羟基译为基铁矾。

【基铜矾】

英文名 Ktenasite

化学式 $ZnCu_4(SO_4)_2(OH)_6 \cdot 6H_2O$　(IMA)

基铜矾是一种含结晶水和羟基的铜、锌的硫酸盐矿物。属钙铜矾族。单斜晶系。晶体呈板状。蓝色、蓝绿色、绿色、

基铜矾假斜方板状晶体(希腊、西班牙)和克泰纳斯雕像

翡翠绿色,玻璃光泽,透明;硬度 2～2.5。1950 年发现于希腊阿提卡大区利瓦迪亚区阿基圣康斯坦丁诺斯矿山的吉恩巴普蒂斯特(Jean Baptiste)矿。1950 年 P. 考克考罗斯(P. Kokkoros)在德国《契尔马克氏矿物学和岩石学通报》(1)和 1951 年在《美国矿物学家》(36)报道。英文名称 Ktenasite,由考克考罗斯以康斯坦丁诺斯·I. 克泰纳斯(Konstantinos I. Ktenas,1884—1935)的姓氏命名。克泰纳斯是希腊医生,也是矿物学和岩石学教授,自 1908 年以来就担任迪安希腊国立与卡珀得斯兰大学矿物学和古生物学博物馆及动物学博物馆馆长;除此之外,他还是希腊的地质调查和雅典学院的创始成员之一(1926)。1959 年以前发现、描述并命名的"祖父级"矿物,IMA 承认有效。中文名称根据成分以及含羟基译为基铜矾,也译作基性铜锌矾。

【基歇尔石*】

英文名 Kircherite

化学式 $[Na_5Ca_2K](Si_6Al_6O_{24})(SO_4)_2 \cdot 0.33H_2O$ (IMA)

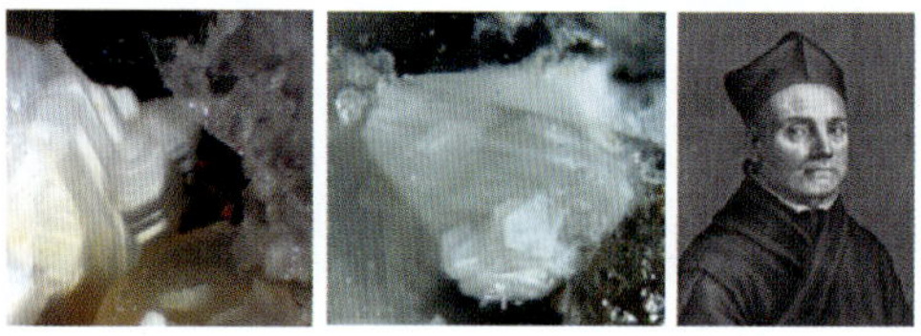

基歇尔石* 叠层状集合体(意大利)和基歇尔像

基歇尔石* 是一种含沸石水的钠、钙、钾的硫酸-铝硅酸盐矿物。属似长石族钙霞石族。三方晶系。晶体呈六方片状;集合体呈平行叠层状。白色、浅灰色,油脂光泽、丝绢光泽,透明—半透明;硬度 5.5,完全解理,脆性。2009 年发现于意大利罗马省萨克罗法诺镇的比亚切拉(Biachella)谷火山口。英文名称 Kircherite,以德国耶稣会学者阿萨内修斯·基歇尔(Athanasius Kircher,1602—1680)的姓氏命名。基歇尔出版了大约 40 部作品,其中一些涉及磁学、地质学、矿物学和火山学;他于 1635 年在罗马和 1651 年在罗马学院工作,均是其博物馆的创建人,后来被命名为基歇尔(Kircherianum)博物馆。IMA 2009-084 批准。2010 年 F. 卡马拉(F. Cámara)等在 IMA 第 20 届会议(匈牙利布达佩斯,8 月 21—27 日)《光盘文摘》和 2012 年《美国矿物学家》[97(8-9)]报道。目前尚未见官方中文译名,编译者建议音译为基歇尔石*。

【基性铵矾】参见【氢铵矾】条 748 页

【基性磷镁石】

英文名 Phosphorrösslerite

化学式 $Mg(PO_3OH) \cdot 7H_2O$ (IMA)

基性磷镁石是一种含结晶水的镁的氢磷酸盐矿物。单斜晶系。晶体呈粒状、短柱状、针状;集合体呈骨架状、皮壳状。无色、白色、淡黄色,新鲜者呈玻璃光泽、蜡状光泽,半透明;硬度 2.5,脆性。1939 年发现于奥地利萨尔茨堡市默文克尔·斯舍尔加登(Murwinkel schellgaden)金矿斯塔布堡(Stüblbau)矿。英文名称 Phosphorrösslerite,1939 年由弗雷德里希·罗比捷(Friedrich Robitsch)等在斯图加特《矿物学、地质学和古生物学学报》根据成分中含有"Phosphorus(磷)"及与"Rösslerite(基性砷镁石)"的化学关系命名。1959 年以前发现、描述并命名的"祖父级"矿物,IMA 承认有效。中文名称根据成分译为基性磷镁石;根据成分中的二元酸译作重磷镁石或磷氢镁石。

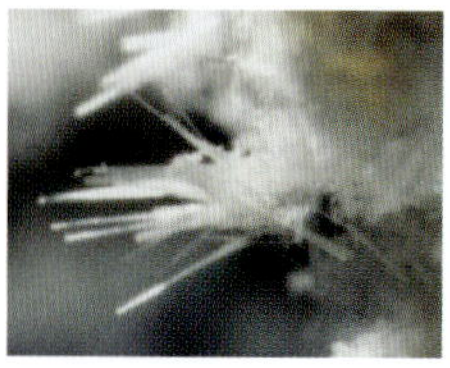

基性磷镁石针状晶体(美国)

【基性磷锰铁矿】参见【褐磷锰铁矿】条 310 页

【基性铝矾】参见【斜方铝矾】条 1023 页

【基性锰铅矿】

英文名 Quenselite

化学式 $PbMn^{3+}O_2(OH)$ (IMA)

基性锰铅矿板状晶体,晶簇状集合体(瑞典)和昆塞尔像

基性锰铅矿是一种含羟基的铅、锰的氧化物矿物。单斜晶系。晶体呈板状,晶面有条纹;集合体呈晶簇状。沥青黑色,金属光泽、金刚光泽,不透明—半透明;硬度 2.5,完全解理。1925 年发现于瑞典韦姆兰省菲利普斯塔德市朗班(Långban)。1925 年弗林克(Flink)在瑞典《斯德哥尔摩地质学会会刊》(47)报道。英文名称 Quenselite,以瑞典斯德哥尔摩大学矿物学教授珀尔西·杜德根·昆塞尔(Percy Dudgeon Quensel,1881—1966)的姓氏命名。1959 年以前发现、描述并命名的"祖父级"矿物,IMA 承认有效。中文名称根据成分译为基性锰铅矿,也译作羟锰铅矿。

【基性硼钙石】参见【水硼钙石】条 859 页

【基性砷镁石】参见【砷氢镁石】条 790 页

【基性铜锌矾】参见【基铜矾】条 357 页

【基性异性石】

英文名 Lovozerite

化学式 $Na_3CaZrSi_6O_{15}(OH)_3$ (IMA)

基性异性石假立方体晶体(加拿大)

基性异性石是一种含羟基的钠、钙、锆的硅酸盐矿物。属基性异性石族硅锆钙钠石-基性异性石亚族。三方晶系。晶体呈假立方体,有聚片双晶。樱桃红色、暗棕红色—黑色,玻璃光泽、树脂光泽、沥青光泽,透明—半透明;硬度 5,脆性;具放射性。1939 年发现于俄罗斯北部摩尔曼斯克州的艾尔马拉里克(Elmaraiok)河上游。1939 年 V. I. 格拉斯莫夫斯基(V. I. Gerasimovskii)在《苏联科学院报告》(25)和《美国矿物学家》(25)报道。英文名称 Lovozerite,以发现地俄罗斯的洛沃泽罗(Lovozero)地块命名。1959 年以前发现、

描述并命名的"祖父级"矿物，IMA 承认有效。中文名称根据成分和族名译为基性异性石。

【基亚皮诺钇石*】

英文名 Chiappinoite-(Y)

化学式 $Y_2Mn(Si_3O_7)_4$　　(IMA)

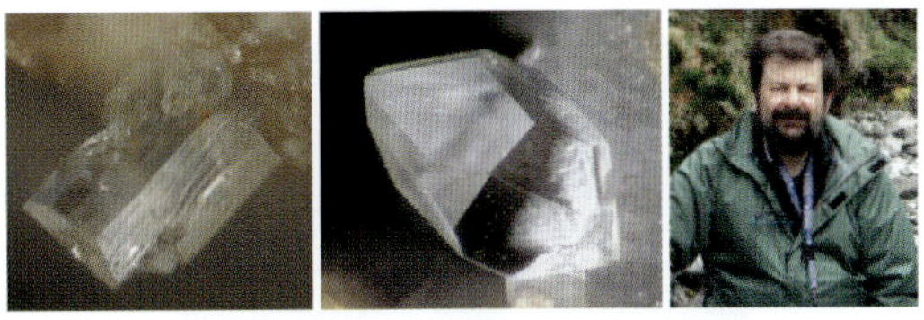

基亚皮诺钇石*厚板柱状晶体(葡萄牙)和基亚皮诺像

基亚皮诺钇石*是一种钇、锰的硅酸盐矿物。斜方晶系。晶体呈厚度不一的板状或柱状，后者长达 1mm，其柱顶端有钝凿子状锥体。无色，玻璃光泽，透明；硬度 6，完全解理，脆性，易碎。2014 年发现于葡萄牙亚速尔群岛圣米格尔岛阿瓜·德保罗(Água de Pau)过碱性粗面火山岩。英文名称 Chiappinoite-(Y)，以意大利米兰的杰出矿物收藏家路易吉·基亚皮诺(Luigi Chiappino)的姓氏，加占优势的稀土元素钇后缀-(Y)组合命名，是他发现的该矿物。IMA 2014－040 批准。2014 年 A. R. 坎普夫(A. R. Kampf)等在《CNMNC 通讯》(22)、《矿物学杂志》(78)和 2015 年《欧洲矿物学杂志》(27)报道。目前尚未见官方中文译名，编译者建议音加成分译为基亚皮诺钇石*。

箕 [jī]形声；从竹，其声。本义：簸箕，扬米去糠的器具。用于日本地名。

【箕面石*】

英文名 Minohlite

化学式 $(Cu,Zn)_7(SO_4)_2(OH)_{10}\cdot 8H_2O$　　(IMA)

箕面石*六方片状晶体(日本、意大利)

箕面石*是一种含结晶水和羟基的铜、锌的硫酸盐矿物。与羟碳锌铜(Schulenbergite)拥有同样的主要化学成分，只是其内的结晶水含量有差异。六方(或三方)晶系。晶体呈六方片状，直径仅 50μm、厚仅 10μm；集合体呈 100μm 的细脉状。蓝绿色，玻璃光泽、珍珠光泽，透明；硬度 2，完全解理。2012 年日本民间矿物学家大西政之等发现于日本本州岛近畿地区大阪府箕面(Minoh)市温泉町平尾矿。英文名称 Minohlite，以发现地日本的箕面(Minoh)市命名。IMA 2012－035 批准。日文汉字名称箕面石。2012 年大西政之(M. Ohnishi)等在《CNMNC 通讯》(14)、《矿物学杂志》(76)和 2013 年《矿物学杂志》(77)报道。目前尚未见官方中文译名，编译者建议中文名称借用日文汉字名称箕面石*。

吉 [jí]会意；从士，从口。甲骨文，上是兵器，下是盛放兵器的器具。合起来表示：①把兵器盛放在器中，不用，以减少战争，使人民免受危难。②兵器安放，以确保自己具备防范侵袭的实力，心生安然。本义：吉祥，吉利。[英]音。①用于外国人名、地名。②陀螺仪(guros)首音节音。

【吉安彻夫矿*】

英文名 Janchevite

化学式 $Pb_7V^{5+}(O_{8.5}\square_{0.5})Cl_2$　　(IMA)

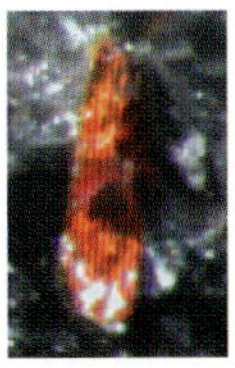

吉安彻夫矿*柱状晶体(纳米比亚)

吉安彻夫矿*是一种含氯的铅、钒的氧化物矿物。四方晶系。晶体呈柱状、厚板状他形—半自形，粒径仅 0.4mm×0.8mm×0.8mm。橙红色，金刚光泽；硬度 2.5，中等解理，脆性。2017 年发现于纳米比亚奥乔宗朱帕地区赫鲁特方丹市孔巴特(Kombat)矿。英文名称 Janchevite，以马其顿斯科普里圣西里尔和美多迪乌斯大学工艺技术和冶金学院著名矿物学家西米恩·吉安彻夫(Simeon Janchev，1942—)教授的姓氏命名。IMA 2017－079 批准。2017 年 N. V. 丘卡诺夫(N. V. Chukanov)等在《CNMNC 通讯》(40)、《矿物学杂志》(81)和 2018 年《加拿大矿物学家》(56)报道。目前尚未见官方中文译名，编译者建议音译为吉安彻夫矿*。

【吉村石】参见【硅钛锰钡石】条 288 页

【吉多蒂石*】

英文名 Guidottiite

化学式 $Mn_2Fe^{3+}(SiFe^{3+})O_5(OH)_4$　　(IMA)

吉多蒂石*纤维状晶体，层状集合体(南非)和吉多蒂像

吉多蒂石*是一种含羟基的锰、铁的铁硅酸盐黏土矿物，与锰占主导的绿锥石相类似。属高岭石-蛇纹石族蛇纹石亚族。六方晶系。晶体呈细粒状(不可分)、纤维状；集合体呈层状。黑色，玻璃光泽、丝绢光泽，几乎不透明；硬度 4～5，完全解理。2009 年发现于南非北开普省库鲁曼镇卡拉哈里锰矿田北克瓦宁(N'Chwaning)矿山二矿。英文名称 Guidottiite，为纪念美国缅因大学查尔斯·V. 吉多蒂(Charles V. Guidotti，1935—2005)教授而以他的姓氏命名，以表彰他对层状硅酸盐矿物和缅因州北部阿巴拉契亚山脉变质岩的岩石学研究做出的诸多重要贡献。IMA 2009－061 批准。2010 年 M. W. 瓦勒(M. W. Wahle)等在《黏土和黏土矿物》[58(3)]报道。目前尚未见官方中文译名，编译者建议音译为吉多蒂石*，或根据英文名称首音节音、成分和族名译为吉锰蛇纹石*。

【吉恩坎普石*】

英文名 Jeankempite

化学式 $Ca_5(AsO_4)_2(AsO_3OH)_2(H_2O)_7$　　(IMA)

吉恩坎普石*板状晶体(美国)和吉恩像

吉恩坎普石*是一种含结晶水的钙的氢砷酸-砷酸盐矿物。三斜晶系。晶体呈板状；集合体呈平行排列板束状。无色—白色，蜡状光泽，透明—半透明；硬度1.5，完全解理，脆性。2018年发现于美国密歇根州基韦诺县莫霍克(Mohawk)矿山。英文名称Jeankempite，为纪念A. E. 西曼(A. E. Seaman)矿物博物馆馆长(1975—1986)吉恩·彼得曼·坎普·齐默(Jean Petermann Kemp Zimmer，1917—2001)而以她的姓名命名。IMA 2018-090批准。2018年T. A. 奥尔德斯(T. A. Olds)等在《CNMNC通讯》(46)、《矿物学杂志》(82)和《欧洲矿物学杂志》(30)报道。目前尚未见官方中文译名，编译者建议音译为吉恩坎普石*。

【吉尔瓦斯石】

英文名 Girvasite

化学式 $NaCa_2Mg_3(PO_4)_2[PO_2(OH)_2](CO_3)(OH)_2 \cdot 4H_2O$ (IMA)

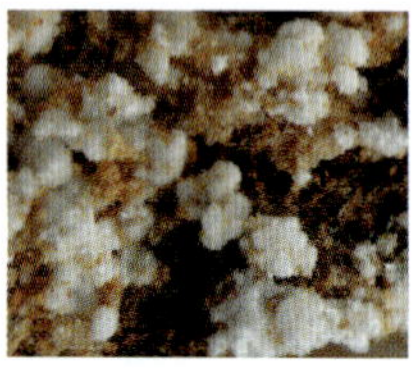

吉尔瓦斯石球粒状集合体(智利)

吉尔瓦斯石是一种含结晶水的钠、钙、镁的碳酸-氢磷酸-磷酸盐矿物。单斜晶系。晶体呈柱状；集合体呈球粒状。灰白色、无色，玻璃光泽、丝绢光泽，透明；硬度3.5，完全解理，非常脆。1988年发现于俄罗斯北部摩尔曼斯克州哲勒兹尼(Zheleznyi)铁矿。英文名称Girvasite，1990年S. N. 布里特温(S. N. Britvin)等以发现地科拉半岛科夫多尔地块西北部的吉尔瓦斯(Girvas)湖命名。IMA 1988-046批准。1990年E. V. 索克罗娃(E. V. Sokolova)等在《矿物学杂志》[12(3)]和《苏联科学院报告》(331)报道。1993年中国新矿物与矿物命名委员会黄蕴慧等在《岩石矿物学杂志》[12(1)]音译为吉尔瓦斯石；1991年中国新矿物与矿物命名委员会郭宗山在《岩石矿物学杂志》[10(4)]根据成分译为水碳磷碱镁石。

【吉弗特格鲁贝石*】

英文名 Giftgrubeite

化学式 $CaMn_2Ca_2(AsO_4)_2(AsO_3OH)_2 \cdot 4H_2O$ (IMA)

吉弗特格鲁贝石*板团状、蝴蝶结状、放射状集合体(法国)

吉弗特格鲁贝石*是一种含结晶水的钙、锰的氢砷酸-砷酸盐矿物。属红磷锰矿族。单斜晶系。晶体呈板状；集合体呈团块状、蝴蝶结状、放射状。粉红色。2016年发现于法国上莱茵省圣玛丽矿区的吉弗特格鲁贝(Giftgrube)矿。英文名称Giftgrubeite，以发现地法国的吉弗特格鲁贝(Giftgrube)矿命名。IMA 2016-102批准。2017年N. 梅瑟尔(N. Meisser)等在《CNMNC通讯》(36)、《矿物学杂志》(81)和2019年《地球科学杂志》(64)报道。目前尚未见官方中文译名，编译者建议音译为吉弗特格鲁贝石*。

【吉硫铜矿】

英文名 Geerite

化学式 Cu_8S_5 (IMA)

吉硫铜矿是一种铜的硫化物矿物。斜方(或假等轴)晶系。晶体呈薄片状、假立方体(可能是呈闪锌矿的假象)；集合体呈皮壳状。白色、蓝灰色，金属光泽，不透明；硬度3.5～4。1978年发现于美国纽约州圣劳伦斯县迪卡尔布(De Kalb)镇。英文名称Geerite，以美国纽约州尤蒂卡已故的矿物收藏家亚当·吉尔(Adam Geer，1895—1973)的姓氏命名，是他收集到原始标本。IMA 1978-024批准。1980年R. J. 戈布尔(R. J. Goble)等在《加拿大矿物学家》(18)和《美国矿物学家》(66)报道。中文名称根据英文名称首音节音和成分译为吉硫铜矿。

【吉水硅钙石】

英文名 Gyrolite

化学式 $NaCa_{16}(Si_{23}Al)O_{60}(OH)_8 \cdot 14H_2O$ (IMA)

吉水硅钙石球状集合体(印度、冰岛)

吉水硅钙石是一种含结晶水和羟基的钠、钙的铝硅酸盐矿物。属吉水硅钙石族。三斜晶系。晶体呈纤维状、片状；集合体呈球状、结核状、放射状。白色或无色，绿色或棕色，玻璃光泽、珍珠光泽，透明—半透明；硬度2.5，完全解理，脆性。1851年首次被发现于英国苏格兰北西高地斯凯岛特罗特尼什半岛斯托尔·波尔特里(Storr Portree)，后也发现于印度马哈拉施特拉邦浦那市及美国加利福尼亚州和北爱尔兰。1851年T. 安德森(T. Anderson)在 *Philos. Mag. Sect.* (IV，1)报道。在1855年被确认为是一个独特的矿物。英文名称Gyrolite，根据希腊文"Γκούρος＝Guros，κὐκλος＝Circle(陀螺＝圈子)"命名，意指其结晶呈圆状物。1959年以前发现、描述并命名的"祖父级"矿物，IMA承认有效。中文名称根据英文名称首音节音和成分译作吉水硅钙石，也有的误译为白钙沸石/白沸钙石。

【吉亚拉石*】

英文名 Ghiaraite

化学式 $CaCl_2 \cdot 4H_2O$ (IMA)

吉亚拉石*是一种极为罕见的含结晶水的钙的氯化物矿物。三斜晶系。晶体呈自形等轴状的非常小的颗粒(仅5～6μm)，但很难确定其具体的形态。乳白色—浅灰色，半透明；当暴露在空气中时，易强烈潮解。2012年发现于意大利那不勒斯省的维苏威(Vesuvius)火山。其实早在1872年维苏威火山爆发不久阿肯基罗·斯卡奇(Arcangelo Scacchi，1810—1894)就收集并存放在皇家物理和数学科学院(Reale Accademia delle Scienze Fisiche e Matematiche)那不勒斯皇家博物馆。英文名称Ghiaraite，以那不勒斯皇家博物馆(Museo Mineralogico di Napoli)矿物保护主管、那不勒斯费德里科二世自然博物馆和那不勒斯联邦理工大学自然科学博物馆的负责人马丽亚·罗莎莉·吉亚拉(Maria Rosaria Ghiara，1948—)的姓氏命名。几年前，吉亚拉开始了一项促进科学合作的计划，从而获得有关200年来维苏威火山储存的矿物新信息。IMA 2012-072批准。2013年F. 内斯托拉(F. Nestola)等在《CNMNC通讯》(15)、《矿物学杂志》(77)和2014年《美国矿物学家》(99)报道。目前尚未见官方中文译名，编译者建议音译为吉亚拉石*，或根据成分译为四水氯钙石*。

集 [jí]会意；从隹，从木。本义：群鸟在木上也。《说文》引申义：会合，集合，汇集。用来描述聚晶。

【集晶锰矾】参见【四水锰矾】条 901 页

蓟 [jì]形声；从艸，魝(jì)声。本义：蓟属植物的泛称。中国地名：天津市蓟县。

【蓟县矿】

汉拼名 Jixianite

化学式 $(Pb,\square)_2(W,Fe^{3+})_2(O,OH)_7$　　(IMA)

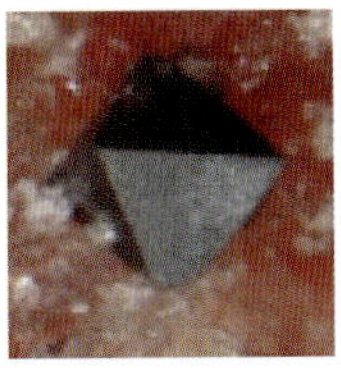

蓟县矿八面体晶体(德国)

蓟县矿是一种具烧绿石型结构的含羟基的铅、空位的铁-钨酸盐矿物。等轴晶系。晶体很少呈八面体，通常呈微晶或粒状；集合体呈蜂窝状、皮壳状。红色—褐红色，条痕呈黄色，强油脂光泽、松脂光泽，透明；硬度约 3，无解理。1979 年河北地质局中心实验室刘建昌高级工程师在天津市蓟县沿河(Yanhe)钨矿床氧化带中发现该新矿物，并以产地蓟县(Jixian)命名。IMA 1984 - 062 批准，但仍持怀疑态度。IMA 2013s. p. 批准。1979 年刘建昌在中国《地质学报》[53(1)]和《美国矿物学家》(64)报道。

冀 [jì]形声；从北，异(yì)声。本义：中国古九州之一冀州。河北省别称冀。

【冀承矿】

汉拼名 Jichengite

化学式 $3CuIr_2S_4 \cdot (Ni,Fe)_9S_8$

冀承矿是一种镍、铁、铜、铱的硫化物矿物。三方晶系。晶体呈细小颗粒状，集合体呈块状。钢灰色，金属光泽，不透明；硬度 4.5，脆性；有弱磁性。在测定单晶结构时，发现其硫为 5 次配位，这是在自然界中首次发现的矿物新结构。中国地质科学院於祖相研究员发现于河北省承德滦河支流的砂矿中，显然它来自上游超基性岩体的铬矿体。矿物名称由矿物发现地所在的河北省(别称冀)承德市(简称承)缩写组合(Jicheng)命名。IMA 1994-039 批准(见 mindat. org 网站)。2011 年於祖相等在《地质学报》(5，英文版)报道。

加 [jiā]会意；字从力，从口。"力"指"用力"，"口"指"喊声"。"力"与"口"联合起来表示本义"用呐喊声助力"。[英]音，用于外国地名、人名。

【加多林矿】参见【硅铍钇矿】条 283 页

【加哈尔多石*】

英文名 Gajardoite

化学式 $KCa_{0.5}As^{3+}_4O_6Cl_2 \cdot 5H_2O$　　(IMA)

加哈尔多石*是一种含结晶水和氯的钾、钙的砷酸盐矿物。六方晶系。晶体呈六方板状，粒径为 100μm×5μm；集合体呈玫瑰花状平行连生。无色、白色，玻璃光泽，透明；硬度 1.5，完全解理，脆性。2015 年发现于智利艾尔塔马鲁加尔省托雷西亚斯(Torrecillas)矿。英文名称 Gajardoite，以智利科学院院士阿尼瓦尔·加哈尔多·库维略斯(Anibal Gajardo Cubillos，1945—)博士的名字命名。他曾在智利国家地质和采矿服务机构 SERNAGEOMIN 担任多个领导职务，并于 1979 年至 2009 年担任智利大学地质系教授，他还是智利地质学家协会主席。加哈尔多博士是一位著名的地质学家，他有 200 多篇(部)出版物，包括书籍、期刊论文和会议摘要和专业报告。IMA 2015 - 040 批准。2015 年 A. R. 坎普夫(A. R. Kampf)等在《CNMNC 通讯》(26)、《矿物学杂志》(79)和 2016 年《矿物学杂志》(80)报道。目前尚未见官方中文译名，编译者建议音译为加哈尔多石*。

【加里斯基石*】

英文名 Galliskiite

化学式 $Ca_4Al_2(PO_4)_2F_8 \cdot 5H_2O$　　(IMA)

加里斯基石*是一种含结晶水和氟的钙、铝的磷酸盐矿物。三斜晶系。无色，玻璃光泽，透明；硬度 2.5，脆性。2009 年发现于阿根廷科尔多瓦省普尼拉(Punilla)的吉甘特(Gigante)伟晶岩。英文名称 Galliskiite，以阿根廷矿物学家和伟晶岩研究专家米格尔·安格尔·加里斯基(Miguel Angel Galliski，1948—)的姓氏命名。他在阿根廷西北部一直从事伟晶岩的研究工作。IMA 2009 - 038 批准。2010 年 A. R. 坎普夫(A. R. Kampf)等在《美国矿物学家》(95)报道。目前尚未见官方中文译名，编译者建议音译为加里斯基石*。

【加鲁斯金石*】

英文名 Galuskinite

化学式 $Ca_7(SiO_4)_3(CO_3)$　　(IMA)

加鲁斯金夫妇像

加鲁斯金石*是一种钙的碳酸-硅酸盐矿物。单斜晶系。晶体呈粒状；集合体呈块状。无色、白色、浅灰色，玻璃光泽，透明；硬度 5，完全解理，脆性。2010 年发现于俄罗斯伊尔库茨克州的伯金(Birkhin)辉长岩地块。英文名称 Galuskinite，以在波兰索斯诺维茨西里西亚大学地球科学学院工作的俄罗斯矿物学家伊莉娜·欧莱乌娜·加鲁斯金娜(Irina Olegovna Galuskina，1961—)和叶夫根尼·瓦迪莫维奇·加鲁斯金(Evgeny Vadimovich Galuskin，1960—)的姓氏命名。IMA 2010 - 075 批准。2011 年 B. 拉西克(B. Lazic)等在《矿物学杂志》(75)报道。目前尚未见官方中文译名，编译者建议音译为加鲁斯金石*。

【加纳辉石】参见【锰辉石】条 607 页

【加羟砷锰石】

英文名 Jarosewichite

化学式 $Mn^{3+}Mn^{2+}_3(AsO_4)(OH)_6$　　(IMA)

加羟砷锰石柱状晶体，放射状集合体(美国)和加罗塞维赫像

加羟砷锰石是一种含羟基的锰的砷酸盐矿物。属绿砷锌锰矿族。斜方晶系。晶体呈柱状；集合体呈放射状。深红棕色，半玻璃光泽、树脂光泽、油脂光泽，半透明；硬度 4，脆性。1981 年发现于美国新泽西州苏塞克斯县富兰克林矿区富兰克林(Franklin)矿的荞麦坑。英文名称 Jarosewichite，1982 年皮特·J. 邓恩(Pete J. Dunn)等为纪念美国国家自然历史博物馆矿物科学部主任、矿物和陨石化学家尤金·加罗塞维赫(Eugene Jarosewich，1926—2007)而以他的姓氏命名。加罗塞维赫建立了用于微区探针分析的分析标准，并为

J

陨石制定了分析标准。IMA 1981－060 批准。1982 年邓恩等在《美国矿物学家》(67)报道。中国地质科学院根据英文名称首音节音和成分译为加羟砷锰石。

【加斯佩矿】参见【菱镍矿】条 492 页

【加苏石】

英文名 Kasoite

化学式 $(Ba,K_2)Al_2Si_2O_3$

加苏石是一种富含钾的钡长石。三斜晶系。晶体呈柱状。无色，玻璃光泽，透明；硬度 3，完全解理。英文名称 Kasoite，1936 年由日本学者吉村豊文根据产地日本栃木県加苏矿山命名。中文名称音译为加苏石；根据成分及与钡长石的关系又译为钾钡长石(Potassiancelsian)。曾经被视为独立的矿物种，但目前已被废弃。

【加泰尔铈石*】

英文名 Gatelite-(Ce)

化学式 $(Ca,Ce)_4(Al,Mg,Fe)_4(Si_2O_7)(SiO_4)_3(O,F,OH)_3$ (IMA)

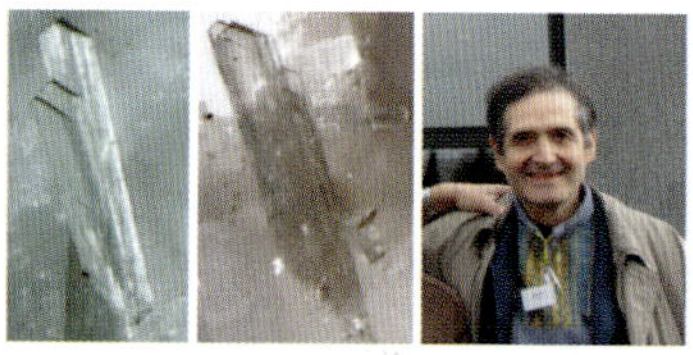

加泰尔铈石* 板条状晶体，晶簇状集合体和加泰尔像

加泰尔铈石*是一种含羟基、氧和氟的钙、铈、铝、镁、铁的硅酸盐矿物。属加泰尔铈石*超族加泰尔铈石*族。单斜晶系。晶体呈刀刃状、板条状；集合体呈晶簇状。无色；硬度 6～7，完全解理，脆性。2001 年发现于法国阿列日省特里蒙斯(Trimouns)滑石矿。英文名称 Gatelite-(Ce)，以法国矿物学会(AFM)创始主席之一、矿物收藏家皮埃尔·加泰尔(Pierre Gatel)的姓氏命名。IMA 2001－050 批准。2003 年 P. 伯纳齐(P. Bonazzi)等在《美国矿物学家》(88)报道。目前尚未见官方中文译名，编译者建议音加成分译为加泰尔铈石*。

【加特达尔石*】

英文名 Gatedalite

化学式 $ZrMn_2^{2+}Mn_4^{3+}O_8(SiO_4)$ (IMA)

加特达尔石*是一种锆、锰氧的硅酸盐矿物。属褐锰矿族。四方晶系。晶体呈不规则的小圆粒状，粒径 60μm。灰色，半金属光泽，不透明。2013 年发现于瑞典韦姆兰省菲利普斯塔德市朗班(Långban)。英文名称 Gatedalite，2013 年 U. 霍莱纽斯(U. Hålenius)等以瑞典厄勒布鲁诺拉矿物学家谢尔·加特达尔(Kjell Gatedal，1947—)的姓氏命名，以表彰他对朗班型矿床矿物学做出的贡献。IMA 2013－091 批准。2013 年霍莱纽斯等在《CNMNC 通讯》(18)、《矿物学杂志》(77)和 2015 年《矿物学杂志》[79(3)]报道。目前尚未见官方中文译名，编译者建议音译为加特达尔石*。

【加特雷尔石】参见【葛特里石】条 248 页

【加特雅玛石】

英文名 Katayamalite

化学式 $KLi_3Ca_7Ti_2(SiO_3)_{12}(OH)_2$ (IMA)

片山信夫像

加特雅玛石是一种含羟基的钾、锂、钙、钛的硅酸盐矿物。属大隅石族。三斜晶系。晶体呈薄板状，常见双晶。白色，玻璃光泽、珍珠光泽，透明；硬度 3.5～4，完全解理。1982 年发现于日本爱媛县内海(濑户内海)岩城(Iwagi)岛岩城村。英文名称 Katayamalite，以日本著名矿物学家片山信夫(Nobuo Katayama，1910—)教授的姓氏命名。IMA 1982－004 批准。日文汉字名称片山石。1983 年村上(N. Murakami)等在《矿物学杂志》(11)和 1984 年 P. J. 邓恩(P. J. Dunn)等在《美国矿物学家》(69)报道。中国地质科学院音译为加特雅玛石，也有的根据成分和族名译为锂钙大隅石。2010 年杨主明在《岩石矿物学杂志》[29(1)]建议借用日文汉字名称片山石。

【加藤石】

英文名 Katoite

化学式 $Ca_3Al_2(OH)_{12}$ (IMA)

加藤石粒状晶体(意大利)

加藤石是一种含羟基的钙、铝的硅酸盐矿物。属石榴石族。等轴晶系。晶体呈粒状。无色、乳白色，玻璃光泽，透明—半透明；硬度 5～6。1982 年发现于意大利维泰博省蒙塔尔托-迪卡斯特罗镇的坎波莫托(Campomorto)采石场。英文名称 Katoite，1984 年 E. 帕萨利亚(E. Passaglia)等在《矿物学通报》(107)以国际矿物协会前主席、日本东京上野国立科学博物馆地质学部的加藤昭(Akira Kato，1931—)的姓氏命名。IMA 1982－080 批准。日文汉字名称加藤柘榴石。1985 年中国新矿物与矿物命名委员会郭宗山等在《岩石矿物及测试》[4(4)]译为加藤石，也有的借用日文汉字名称加藤柘榴石。

【加藤柘榴石】参见【加藤石】条 362 页

【加沃里耶石*】

英文名 Javorieite

化学式 $KFeCl_3$ (IMA)

加沃里耶石*是一种钾、铁的氯化物矿物。斜方晶系。晶体呈粒状，粒径 15mm。绿色。暴露空气中极易吸水氧化。2016 年发现于斯洛伐克班斯卡-比斯特里察州代特瓦镇的别雷(Biely)山。英文名称 Javorieite，以斯洛伐克西喀尔巴阡山脉中部火山岩区“Javorie(加沃里耶)”层状火山命名。IMA 2016－020 批准。2016 年 P. 科德拉(P. Koděra)等在《CNMNC 通讯》(32)、《矿物学杂志》(80)和 2017 年《欧洲矿物学杂志》(29)报道。目前尚未见官方中文译名，编译者建议音译为加沃里耶石*。

【加泽耶夫石*】

英文名 Gazeevite

化学式 $BaCa_6(SiO_4)_2(SO_4)_2O$ (IMA)

加泽耶夫石*是一种含氧的钡、钙的硫酸-硅酸盐矿物。属北极石(Arctite)超族扎多夫石*(Zadovite)族。三方晶系。晶体呈他形或部分六边形，粒径仅 50μm。无色，玻璃光泽，透明；硬度 4.5，中等解理，脆性。2015 年发现于以色列内盖夫沙漠哈尔帕萨(Har Parsa)山、巴勒斯坦约旦河西岸哈特鲁里姆盆地杰贝尔·哈蒙(Jebel Harmun)和纳哈尔·达尔加(Nahal Darga)，以及格鲁吉亚南奥塞梯大高加索山脉凯尔火山岩区的沙迪尔-霍克(Shadil-Khokh)火山。英文名称 Gazeevite,以莫斯科俄罗斯科学院矿床地质、岩相学、矿物学和地球化学研究所(IGEM RAS)和俄罗斯科学院北奥塞梯阿拉尼亚共和国弗拉迪卡夫卡兹科学中心的研究人员维克托·马加里莫维奇·加泽耶夫(Viktor Magalimovich Gazeev,1954—)博士的姓氏命名。加泽耶夫是在上切格姆河火山口中一种独特岩石包体的发现者之一(2006),后他们在该包体中竟发现 20 余种新矿物,可谓成果累累。IMA 2015-037 批准。2015 年 E. V. 加鲁斯金(E. V. Galuskin)等在《CNMNC 通讯》(26)、《矿物学杂志》(79)和 2017 年《矿物学杂志》(81)报道。目前尚未见官方中文译名,编译者建议音译为加泽耶夫石*。

伽 [jiā]形声;从人,加声。翻译多用为人名,故从"人"。[英]音,用于外国人名。

【伽利略石】

英文名 Galileiite

化学式 $NaFe^{2+}_4(PO_4)_3$　(IMA)

伽利略像

伽利略石是一种钠、铁的磷酸盐矿物。属粒磷钠锰矿族。三方晶系。晶体呈他形粒状,粒径 30μm。无色、浅琥珀色,蜡状光泽,透明;硬度 4。1996 年发现于美国新墨西哥州锡沃拉县格兰特(Grant)ⅢAB 和ⅢB 铁陨石。英文名称 Galileiite,E. J. 奥尔森(E. J. Olsen)等为纪念意大利数学家、天文学家、物理学家、工程师、哲学家、诗人伽利略·伽利雷(Galileo Galilei,1564—1642)而以他的姓氏命名,以表彰他对天文学工作的贡献和他在 17 世纪的科学革命中所起的重要作用。IMA 1996-028 批准。1997 年奥尔森等在《陨石和行星科学》(32)报道。2003 年中国地质科学院矿产资源研究所李锦平等在《岩石矿物学杂志》[22(2)]音译为伽利略石。

佳 [jiā]形声;从人,圭(guī)声。"圭"指"圭表",古代的标准计时器。引申为"标准""标志"。"人"与"圭"联合起来表示"外貌标志的人"。本义:长相标志的人。引申义:善。好。[英]音,用于外国人名。

【佳羟硅钙石】

英文名 Jaffeite

化学式 $Ca_6Si_2O_7(OH)_6$　(IMA)

佳羟硅钙石是一种含羟基的钙的硅酸盐矿物。三方晶系。晶体呈自形—半自形粒状,横切面呈六边形。无色,玻璃光泽,透明;完全解理,脆性。1987 年发现于纳米比亚奥乔宗朱帕地区赫鲁特方丹市孔巴特(Kombat)矿。英文名称 Jaffeite,以美国马萨诸塞州阿默斯特大学地质学家霍华德·贾菲(Howard Jaffe,1919—2002)的姓氏命名,以表彰他对矿物学和岩石学做出的贡献;除此之外,他是第一个认识到钇铝在石榴石中的替代现象。IMA 1987-056 批准。1989 年 H. 萨尔普(H. Sarp)等在《美国矿物学家》(74)报道。1990 年中国新矿物与矿物命名委员会郭宗山在《岩石矿物学杂志》[9(3)]根据英文名称首音节音和成分译为佳羟硅钙石。

嘉 [jiā]形声;从壴(zhù),从加,加亦声。"加"意为"用呐喊声助力"。"壴"为"鼓"省。"壴"与"加"联合起来表示"鼓手们以击鼓声加上呐喊声助威"。本义:呐喊声伴随鼓声。引申义:齐心协力,结局完美。[英]音,用于外国人名。

【嘉麦伦矾】

英文名 Camérolaite

化学式 $Cu_6Al_3(OH)_{18}(H_2O)_2[Sb(OH)_6](SO_4)$　(IMA)

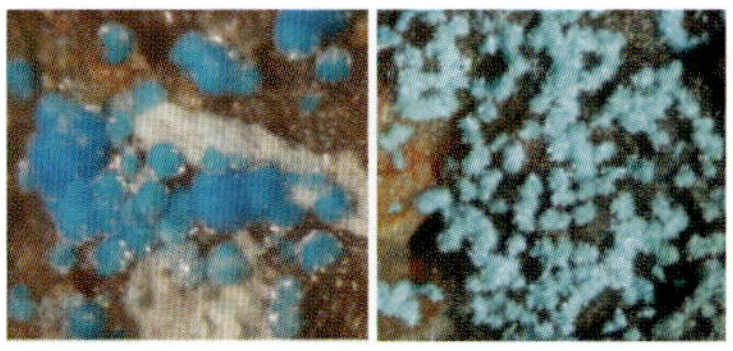

嘉麦伦矾簇绒放射球粒状集合体(斯洛伐克)

嘉麦伦矾是一种含结晶水和羟基的铜、铝的硫酸-氢锑酸盐矿物。属绒铜矿族。三斜晶系。晶体呈针状、纤维状、片状;集合体呈簇绒放射球粒状。蓝绿色,丝绢光泽,透明;完全解理,脆性。1990 年发现于法国普罗旺斯-阿尔卑斯-蓝色海岸大区瓦尔河的加龙河(Cap Garonne)矿。英文名称 Camérolaite,为纪念法国矿物收藏家米歇尔·卡梅罗拉(Michel Caméro1a)而以他的姓氏命名。IMA 1990-036 批准。1991 年 H. 萨尔普(H. Sarp)等在《矿物学新年鉴》(月刊)报道。中文名称音译为嘉麦伦矾;《英汉矿物种名称》(2017)根据成分译为碳锑铝铜矾。

镓 [jiā]形声;从钅,家声。一种金属元素。[英]Gallium。元素符号 Ga。原子序数 31。在化学元素周期系建立的过程中,性质相似的元素成为一族已被化学家们接受。当时法国化学家布瓦邦德朗利用光谱分析发现,在铝族中,铝和铟之间缺少一个元素。从 1865 年开始,他用分光镜寻找这个元素,分析了许多矿物,但都没有成功。直到 1875 年 9 月,布瓦邦德朗在法国化学家们面前演示了从闪锌矿中离析出与门捷列夫预言的"类铝"相同的元素的实验,证明新元素的存在。他将此物质命名为 Gallium,意为"法国的"。镓是化学史上第一个先从理论预言,后在自然界中被发现验证的化学元素。它的发现引起了科学家们对门捷列夫制定的元素周期系的重视,使化学元素周期系得到赞扬和承认。镓在地壳中的含量约 0.001%,主要存在于铝土矿、闪锌矿中,含量最富的锗石中也只含 0.5%左右。

【镓水磷铝铅矿*】

英文名 Galloplumbogummite

化学式 $Pb(Ga,Al,Ge)_3(PO_4)_2(OH)_6$　(IMA)

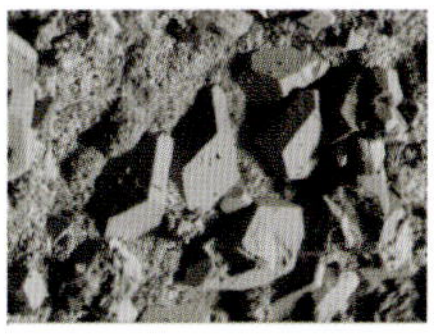

镓水磷铝铅矿*菱面体晶体(纳米比亚)

镓水磷铝铅矿*是一种含羟基的铅、镓、铝、锗的磷酸盐矿物。属明矾石超族水磷铝铅矿族。三方晶系。晶体呈菱面体,粒径仅 0.15mm。无色—磨砂白色。2010 年发现于纳米比亚奥希科托区楚梅布(Tsumeb)矿[但矿物却是在德国赫尔曼·罗斯(Hermann Rose,1883—1976)教授遗留在汉堡矿物博物馆中的标本中发现的]。英文名称 Galloplumbogummite,由成分冠词"Gallo(镓)"和根词"Plumbogummite(水磷铝铅矿)"组合命名(根词参见【水磷铝铅矿】条 841 页)。IMA 2010-088 批准。2011 年 J. 施吕特(J. Schlüter)等在《CNMNC 通讯》(9)、《矿物学杂志》(75)和 2014 年《矿物学与地球化学杂志》(191)报道。目前尚未见官方中文译名,编译者建议根据成分及与水磷铝铅矿的关系译为镓水磷铝铅矿*。

甲 [jiǎ]象形；其小篆字形像草木生芽后所戴的种皮裂开的形象。本义：为种子萌芽后所戴的种壳。《说文》从木，戴孚甲之象。居于首位的，超过所有其他的。天干的第一位，用于作顺序第一的代称。

【甲酸钙石】

英文名 Formicaite

化学式 $Ca(CHOO)_2$　　(IMA)

甲酸钙石板状晶体(美国)

甲酸钙石是一种钙的甲酸盐矿物。四方晶系。晶体呈叶片状、板状；集合体呈致密隐晶质和胶状。微带蓝色的白色，玻璃光泽，半透明；硬度1，完全解理，脆性。1998年发现于俄罗斯布里亚特共和国维季姆高原苏隆格(Solongo)矽卡岩硼矿床。英文名称 Formicaite，由其主要化学成分“Formiate(甲酸)”和“Calcium(钙)”缩写组合命名。IMA 1998-030批准。1998年N. V. 丘卡诺夫(N. V. Chukanov)等在《俄罗斯矿物学会记事》[128(2)]报道。2003年中国地质科学院矿产资源研究所李锦平等在《岩石矿物学杂志》[22(1)]根据成分译为甲酸钙石。

【甲型硅灰石】参见【斜硅钙石】条1029页

钾 [jiǎ]是一种碱金属元素。[英]Potassium。[拉]Kalium。元素符号K。原子序数19。古代的人们就知道草木灰中存在着钾草碱(即碳酸钾)，可用作洗涤剂。硝酸钾也被用作黑火药的成分之一。早期的化学家安东尼·拉瓦锡(Antoine Lavoisier)将钾分类为“泥土”。1807年，汉弗莱·戴维用电解法从氢氧化钾中发现钾。拉丁文Kalium，从阿拉伯文Qali借来的，原意是“碱”。中国科学家在命名此元素时，因其活泼性在当时已知的金属中居首位，故用“金”旁加上表示首位的“甲”字而造出“钾”这个字。钾在地壳中的含量为2.59%，占第七位。钾在自然界没有单质形态存在，以盐的形式广泛分布于陆地和海洋中。主要钾盐矿物有钾石盐(KCl)、光卤石($KCl \cdot MgCl_2 \cdot 6H_2O$)、杂卤石($2CaSO_4 \cdot K_2SO_4 \cdot 2H_2O$)，分布极广的天然硅酸盐矿物中也富含钾，如在云母、钾长石等。

【钾铵石】

英文名 Gwihabaite

化学式$(NH_4)(NO_3)$　　(IMA)

钾铵石皮壳状集合体(俄罗斯)

钾铵石是一种铵的硝酸盐矿物，钾可部分替代铵。斜方晶系。晶体呈细针状、柱状；集合体呈皮壳状、放射花状。无色，玻璃光泽，透明；硬度2，易潮解。1994年发现于非洲博茨瓦纳西北部恩加米兰地区格兹沃哈巴(Gcwihaba)蝙蝠洞穴。英文名称 Gwihabaite，以博茨瓦纳西北部的格兹沃哈巴(Gcwihaba)洞穴命名。IMA 1994-011批准。1996年J. E. J. 马蒂尼(J. E. J. Martini)在《南非的洞穴协会通报》(36)报道。2003年中国地质科学院矿产资源研究所李锦平等在《岩石矿物学杂志》[22(3)]根据成分译为钾铵石。

【钾铵铁矿】参见【红铵铁盐】条323页

【钾钡长石】参见【加苏石】条362页

【钾冰晶石】

英文名 Elpasolite

化学式 K_2NaAlF_6　　(IMA)

钾冰晶石粒状晶体(意大利)

钾冰晶石是一种钾、钠、铝的氟化物矿物。属钙钛矿超族钙钛矿族冰晶石亚族。等轴晶系。晶体有时呈八面体和立方体；集合体呈隐晶块状。无色，半玻璃光泽、弱油脂光泽，透明—半透明；硬度2.5。1883年发现于美国科罗拉多州埃尔帕索(El Paso)县夏延族人矿区圣彼得斯(St Peters)山顶。1883年克洛斯(Cross)、希勒布兰德(Hillebrand)在《美国科学杂志》(26)和1885年《美国地质调查局通报》(20)报道。英文名称 Elpasolite，以发现地美国的埃尔帕索(El-Paso)县命名。1959年以前发现、描述并命名的“祖父级”矿物，IMA承认有效。中文名称根据成分及与冰晶石的关系译为钾冰晶石。

【钾长石】参见【正长石】条1112页、【微斜长石】条978页、【条纹长石】条942页

【钾定永闪石】参见【钾砂川闪石】条370页

【钾矾】

英文名 Arcanite

化学式 $K_2(SO_4)$　　(IMA)

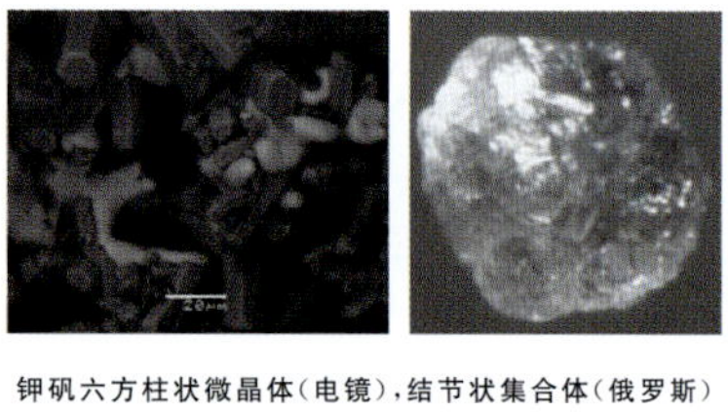

钾矾六方柱状微晶体(电镜)，结节状集合体(俄罗斯)

钾矾是一种钾的硫酸盐矿物。斜方晶系。晶体呈薄片状、柱状，由双晶组成假六方形；集合体呈皮壳结节状。无色、白色，玻璃光泽，透明；硬度2，完全解理。1845年发现于美国加利福尼亚州奥兰治县圣安娜山脉特拉布科-坎宁(Trabuco Canyon)峡谷(镇)，为该镇圣安娜(Santa Ana)锡矿废弃铁路轨道老松木枕木上表面上的渗出物。英文名称 Arcanite，1845年由威廉·卡尔·冯·海丁格尔(Wilhelm Carl von Haidinger)在维也纳《矿物鉴定手册》根据拉丁文“Arcanum duplicatum(双重秘药)”命名，其中“Arcanum(奥秘；秘密；秘药)”，而“Duplicatum(双重)”，意指中世纪炼金术中一种叫过二硫酸钾的秘药名字。1959年以前发现、描述并命名的“祖父级”矿物，IMA承认有效。中文名称根据成分译为钾矾或单钾芒硝或斜方钾芒硝。

【钾沸石】

英文名 Offretite

化学式 $KCaMg(Si_{13}Al_5)O_{36} \cdot 15H_2O$　　(IMA)

钾沸石是一种含沸石水的钾、钙、镁的铝硅酸盐矿物。属沸石族。六方晶系。晶体呈六方柱状、针状、毛发状；集合

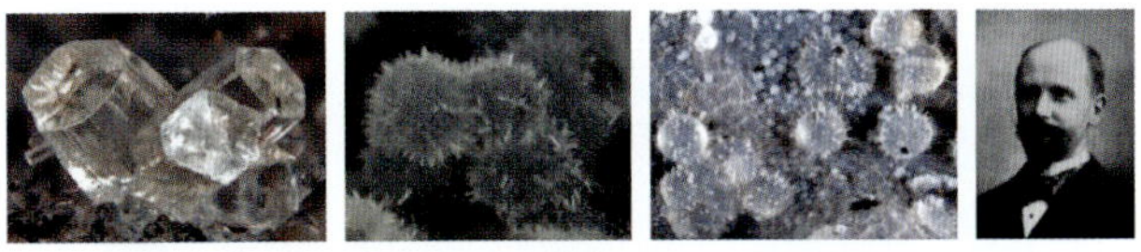

钾沸石六方柱状、针状、毛发状晶体，放射球状集合体（法国、德国）和奥菲尔特像

体呈放射球状。无色、白色，玻璃光泽，透明—半透明；硬度4～4.5，脆性。1890年发现于法国罗纳阿尔卑斯大区卢瓦尔河地区查特尔尼夫（Châtelneuf）的塞米奥尔（Semiol）山；同年，F. 戈纳尔（F. Gonnard）在《巴黎科学院会议周报》（111）报道。英文名称Offretite，以法国科学院的阿尔伯特·朱尔斯·约瑟夫·奥菲尔特（Albert Jules Joseph Offret，1857—1933）教授的姓氏命名。1959年以前发现、描述并命名的“祖父级”矿物，IMA承认有效。IMA 1997s. p. 批准。中文名称根据成分和族名译为钾沸石，也译为菱钾铝矿；或硅钾铝石。

【钾氟韭闪石*】

英文名 Potassic-fluoro-pargasite

化学式 $KCa_2(Mg_4Al)Si_6O_{22}F_2$　(IMA)

钾氟韭闪石*是一种A位钾、C位镁和铝及W位氟为主导的闪石矿物。属角闪石超族W位羟基、氟、氯主导的角闪石族钙角闪石亚族韭闪石根名族。单斜晶系。晶体呈柱状。棕黑色，玻璃光泽；硬度6.5，完全解理。2009年发现于马达加斯加阿瑙希地区特拉努马鲁市的特兰诺马罗姆比（Tranomaro-Maromby）。英文名称Potassic-fluoro-pargasite，由成分冠词“Potassic（钾）”“Fluoro（氟）”和根词“Pargasite（韭闪石）”组合命名（根词参见【韭闪石】条390页）。2010年R. 奥贝蒂（R. Oberti）等在《矿物学杂志》（74）报道。IMA 2012s. p. 批准[见2012年F. C. 霍桑（Hawthorne）等《美国矿物学家》（97）的《角闪石超群的命名法》]。目前尚未见官方中文译名，编译者建议根据成分及与韭闪石的关系译为钾氟韭闪石*。

【钾氟钠透闪石】

英文名 Potassic-fluoro-richterite

化学式 $K(NaCa)Mg_5Si_8O_{22}F_2$　(IMA)

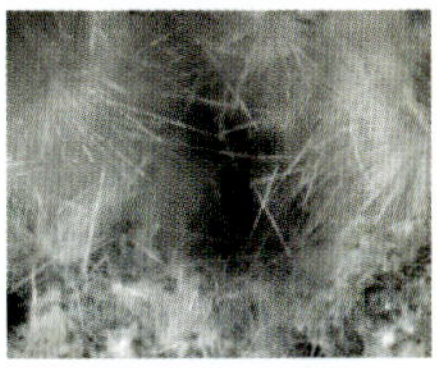

钾氟钠透闪石杂乱针状集合体（意大利）

钾氟钠透闪石是一种A位钾、C位镁和W位氟的角闪石矿物。属角闪石超族W位羟基、氟、氯主导的角闪石族钠钙闪石亚族镁闪石根名族。单斜晶系。晶体呈柱状、针状；集合体呈细脉状、杂乱针状。黑色—棕红色、玫瑰红色、黄色、灰棕色，也有淡绿色—深绿色，玻璃光泽，透明；硬度5.5，完全解理。1986年发现于意大利那不勒斯省的圣维托（San Vito）采石场。英文名称Potassic-fluoro-richterite，最初于1983年黛拉·文图拉（Della Ventura）等根据成分冠词“Potassium（钾）”“Fluor（氟）”和与根词“Richterite（碱镁闪石）”关系组合命名为Potassium-fluorrichterite（IMA 1986－046批准）；2004年伯克和利克（Burke和Leake）更名为“Fluoro-potassic-richterite”；2012年霍桑（Hawthorne）等最终更名“Potassic-fluoro-richterite”。IMA 2012s. p. 批准[见F. C. 霍桑（F. C. Hawthorne）等《美国矿物学家》（97）的《角闪石超族命名法》]。1998年中国新矿物与矿物命名委员会黄蕴慧等在《岩石矿物学杂志》[17(1)]根据成分及族名译为钾氟钠透闪石。

【钾钙板锆石】参见【硅锆钙钾石】条265页

【钾钙镁高铁闪石】

英文名 Potassic-magnesio-hastingsite

化学式 $KCa_2(Mg_4Fe^{3+})(Si_6Al_2)O_{22}(OH)_2$　(IMA)

钾钙镁高铁闪石是一种A位钾、C^{2+}位镁、C^{3+}位三价铁和W位羟基的闪石矿物。属角闪石超族W位羟基、氟、氯主导的角闪石族钙角闪石亚族绿钠闪石根名族。单斜晶系。晶体呈他形粒状、柱状，长3cm。绿褐色、黑色，玻璃光泽，半透明；硬度6.5，完全解理，脆性。2004年发现于俄罗斯车里雅宾斯克州伊尔门湖自然保护区博绍伊什库尔（Bolshoi Ishkul）湖的阿斯本（Aspen）岬。英文名称Potassic-Magnesio-hastingsite，由成分冠词“Potassium（钾）”“Magnesium（镁）”和根词“Hastingsite（绿钠闪石）”组合命名。2006年V. G. 克里涅夫斯基（V. G. Korinevsky）等在《俄罗斯矿物学会记事》[135(2)]报道。IMA 2012s. p. 批准[见2012年霍桑等在《美国矿物学家》（97）的《角闪石超族命名法》]。2009年中国地质科学院地质研究所尹淑苹等在《岩石矿物学杂志》[28(4)]根据成分及族名译为钾钙镁高铁闪石。

【钾钙锶铀矿】

英文名 Agrinierite

化学式 $K_2Ca[(UO_2)_3O_3(OH)_2]_2 \cdot 5H_2O$　(IMA)

钾钙锶铀矿是一种含结晶水的钾、钙的铀酰的氧-氢氧化物矿物。斜方晶系。晶体呈假六方板状，具扇状双晶。橙色，树脂光泽、油脂光泽，透明—半透明；完全解理。1971年发现于法国上维埃纳省孔普雷尼亚克地区马格纳克（Margnac）矿。英文名称Agrinierite，于1972年由法比安·P. 塞斯布龙（Fabien P. Cesbron）、W. L. 布朗（W. L. Brown）、皮埃尔·巴里安德（Pierre Bariand）和雅克·热弗鲁瓦（Jacques Geffroy）为纪念法国巴黎法国原子能委员会矿物学实验室工程师亨利·阿格里尼耶（Henry Agrinier，1928—1971）而以他的姓氏命名。IMA 1971－046批准。1972年塞斯布龙（Cesbron）等在《矿物学杂志》（38）和1973年M. 弗莱舍（M. Fleischer）在《美国矿物学家》（58）报道。中文名称根据成分译为钾钙锶铀矿，有的根据颜色和成分译为橙水铀矿。

【钾钙铜矾】

英文名 Leightonite

化学式 $K_2Ca_2Cu(SO_4)_4 \cdot 2H_2O$　(IMA)

钾钙铜矾柱状、似板状、刃状晶体（智利）

钾钙铜矾是一种含结晶水的钾、钙、铜的硫酸盐矿物。三斜晶系。晶体呈柱状、似板状、刃状、板条状、纤维状，少数呈粒状，具聚片双晶；集合体呈皮壳状或交错的细网脉状。浅蓝色、灰蓝色、蓝绿色，玻璃光泽，透明—半透明；硬度3。1938年首次描述了发现于智利洛阿省（El Loa）的基卡马塔（Chuquicamata）铜矿（世界最大的铜矿）。1938年

J

C. 帕拉奇(C. Palache)在《美国矿物学家》(23)报道。英文名称 Leightonite,以智利矿业工程师和圣地亚哥大学矿物学教授托马斯·雷顿·多诺索(Tomas Leighton Donoso,1896—1967)的名字命名。1959 年以前发现、描述并命名的“祖父级”矿物,IMA 承认有效。中文名称根据成分译为钾钙铜矾。

【钾钙霞石】

英文名 Davyne

化学式 $[(Na,K)_6(SO_4)_{0.5}Cl][Ca_2Cl_2][Si_6Al_6O_{24}]$ (IMA)

钾钙霞石柱状晶体(意大利)和戴维像

钾钙霞石是霞石族矿物之一。属似长石族钙霞石族。六方晶系。晶体呈柱状;集合体呈块状、晶簇状。无色、白色,玻璃光泽,解理面上呈珍珠光泽,透明;硬度 5.5~6,完全解理,脆性。1825 年发现于意大利那不勒斯省外轮山(Somma);同年,T. 蒙蒂塞利(T. Monticelli)和 N. 克韦利(N. Covelli)在《戴维:维苏威矿物学研究进展》(1)报道。英文名称 Davyne,1827 年 W. 海丁格尔(W. Haidinger)在《物理学和化学年鉴》(87)以英国化学家汉弗莱·戴维(Humphry Davy,1778—1829)爵士的姓氏命名。戴维于 1801 年在英国皇家学院讲授化学,1803 年成为英国伦敦皇家自然知识促进学会会员,1813 年当选为法国科学院院士,1820 年任英国皇家学会主席,1826 年被封为爵士,1829 年殁于日内瓦。他的主要成就是 1802 年创建农业化学;发明煤矿安全灯;用电解法获取镁、钙、锶、钡、硅、硼等元素;确定氯为单质;发现“无氧酸”。1959 年以前发现、描述并命名的“祖父级”矿物,IMA 承认有效。1973 年 IMA 批准。中文名称根据成分及与钙霞石的关系译为钾钙霞石。

【钾钙锌大隅石】

英文名 Shibkovite

化学式 $K_2Ca_2(Zn_3Si_{12})O_{30}$ (IMA)

钾钙锌大隅石是一种钾、钙的锌硅酸盐矿物。属大隅石族。六方晶系。晶体呈显微粒状;集合体呈块状。无色—白色,玻璃光泽,透明—半透明;硬度 5.5~6,脆性。1997 年发现于塔吉克斯坦天山山脉的达拉伊-皮奥兹(Dara-i-Pioz)冰川冰碛物。英文名称 Shibkovite,以俄罗斯两位著名地质学家维克托·塞格维奇·舒布科夫(Viktor Sergeevitch Shibkov,1926—1992)和尼古拉·维克托罗夫维奇·舒布科夫(Nikolai Viktorovitch Shibkov,1951—1991)的姓氏命名。他们两人毕生致力于地质工作。IMA 1997-018 批准。1998 年 L. A. 保托夫(L. A. Pautov)等在《俄罗斯矿物学会记事》[127(4)]报道。2003 年中国地质科学院矿产资源研究所李锦平等在《岩石矿物学杂志》[22(2)]根据成分及族名译为钾钙锌大隅石。

【钾锆石】

英文名 Dalyite

化学式 $K_2ZrSi_6O_{15}$ (IMA)

钾锆石短柱状、粒状晶体(葡萄牙)和达利像

钾锆石是一种钾、锆的硅酸盐矿物。属硅钾锆石族。三斜晶系。晶体呈短柱状、粒状。无色、褐色,玻璃光泽,透明—半透明;硬度 7.5,完全解理,脆性。1952 年发现于南大西洋的英国海外领地圣海伦娜岛阿森松(Ascension)岛的绿山。英文名称 Dalyite,由雷内·冯·塔塞尔(Rene von Tassel)于 1952 年以雷金纳德·奥德沃思·达利(Reginald Aldworth Daly,1871—1957)的姓氏命名。达利是美国马萨诸塞州哈佛大学教授,是最辉煌的火成岩岩石学家之一,并建立了许多地质原则。在月球和火星上有两个陨石坑就是以达利的姓氏命名的。1952 年达利等在《矿物学杂志》(29)报道。1959 年以前发现、描述并命名的“祖父级”矿物,IMA 承认有效。中文名称根据成分译为钾锆石,也译作硅钾锆石。

【钾韭闪石】

英文名 Potassic-pargasite

化学式 $KCa_2(Mg_4Al)(Si_6Al_2)O_{22}(OH)_2$ (IMA)

钾韭闪石柱状晶体(芬兰)

钾韭闪石是一种 A 位钾、C 位二价镁和三价铝阳离子、W 位羟基阴离子占优势的闪石矿物。属角闪石超族 W 位羟基、氟、氯占优势角闪石族钙闪石亚族韭闪石根名族。单斜晶系。晶体呈柱状。黑色,玻璃光泽;硬度 6~6.5,完全解理。1994 年发现于芬兰西南图尔库-波里省的帕尔加斯(Pargas)。英文名称 Potassic-pargasite,由成分冠词“Potassic(钾)”和根词“Pargasite(韭闪石)”组合命名。1997 年 G. W. 罗宾逊(G. W. Robinson)等在《加拿大矿物学家》(35)报道。IMA 2012s. p. 批准[见 2012 年 F. C. 霍桑(F. C. Hawthorne)等《美国矿物学家》(97)的《角闪石超群的命名法》]。中文根据成分及与韭闪石的关系译为钾韭闪石(参见【韭闪石】条 390 页)。2003 年中国地质科学院矿产资源研究所李锦平等在《岩石矿物学杂志》[22(2)]译为钾闪石。

【钾蓝矾】

英文名 Cyanochroite

化学式 $K_2Cu(SO_4)_2 \cdot 6H_2O$ (IMA)

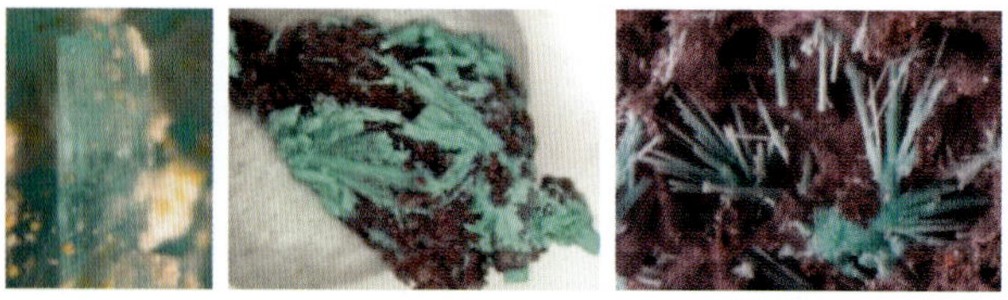

钾蓝矾板状、针状晶体,晶簇状集合体(意大利、俄罗斯)

钾蓝矾是一种含结晶水的铜和钾的硫酸盐矿物。属软钾镁矾族。单斜晶系。晶体呈板状、针状;集合体呈皮壳状、放射状、晶簇状。蓝色、绿蓝色,玻璃光泽,透明;硬度 2~2.5,完全解理。1855 年发现于意大利那不勒斯省维苏威(Vesuvius)火山熔岩。最早见于 1855 年斯卡基(Scacchi)

的《维苏威火山火灾记忆》。1868 年 J. D. 丹纳(J. D. Dana)《系统矿物学》(第五版，纽约)刊载。英文名称 Cyanochroite，由希腊文“κυανός=Blue=Cyano(蓝色)”和“χρώσις=Chromium(铬)”命名，命名时以为含有铬，其实不然，是铜呈现的蓝绿色。1959 年以前发现、描述并命名的“祖父级”矿物，IMA 承认有效。中文名称根据成分、颜色和矾类译为钾蓝矾。

【钾累托石】参见【云间蒙石】条 1096 页

【钾锂云母】

英文名 Paucilithionite

化学式 $KLi_{1.5}Al_{1.5}[AlSi_3O_{10}](F,OH)_2$

钾锂云母属锂云母系列富钾的变种。单斜(或三斜)晶系。晶体呈小板状、鳞片状。无色、浅蓝色、玫瑰红色、紫色，玻璃光泽、珍珠光泽，透明；硬度 2.5～3，极完全解理。英文名称 Paucilithionite，由冠词“Pauci(少、小)”和根词“Lithionite(锂云母)”组合命名，意指细小的锂云母。中文名称根据成分和系列名称译为钾锂云母(参见【锂云母】条 445 页)。

【钾利克石】

英文名 Potassic-leakeite

化学式 $KNa_2(Mg_2Al_2Li)(Si_8O_{22})(OH)_2$

钾利克石是一种 A 位钾、C^{2+} 位镁、C^{3+} 位铝和 W 位羟基占优势的角闪石矿物。属角闪石超族 W 位羟基、氟、氯主导的角闪石族钠质闪石亚族利克石根名族。单斜晶系。晶体呈柱状。2002 年发现于日本岩手县田野畑村(Tanohata)矿；同年，由日本的松原(Matsubara)等在《矿物学与岩石学科学杂志》(97)首先作为新矿物发表。英文名称 Potassic-leakeite，由成分冠词“Potatsic(钾)”和根词“Lekeite(利克石)”组合命名。其中，根词是 1992 年由弗兰克·克里斯托弗·霍桑(Frank Christopher Hawthorne)等在《美国矿物学家》(77)以苏格兰格拉斯哥大学地质学家伯纳德·埃尔热·利克(Bernard Elgey Leake，1932—)的姓氏命名。他是美国的 IMA 主席，主持修改了闪石命名法，在根名前加一系列的化学成分的前缀，指出其化学成分与根名的关系。中文名称根据成分及与利克石的关系译为钾利克石。

【钾菱沸石】

英文名 Gmelinite-K

化学式 $K_4(Si_8Al_4)O_{24} \cdot 11H_2O$ (IMA)

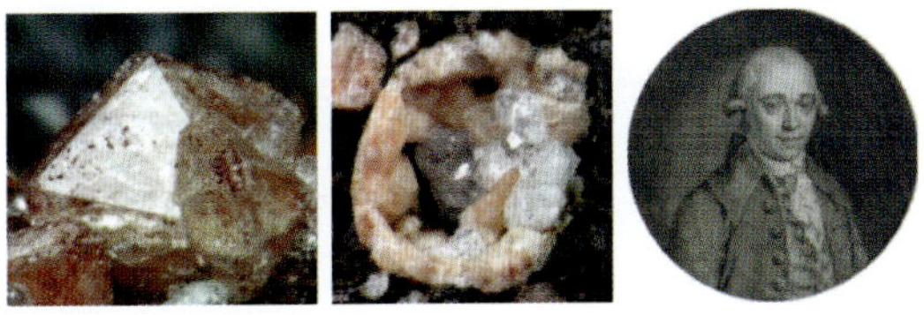

钾菱沸石六方锥状、粒状晶体(意大利)和格梅林像

钾菱沸石是一种含沸石水的钾的铝硅酸盐矿物。属沸石族钠菱沸石亚族。六方晶系。晶体呈六方柱状、粒状；集合体呈放射状。无色—棕色，玻璃光泽，透明；硬度 4，脆性。1999 年发现于意大利维琴察省法拉维琴蒂诺镇圣乔治佩勒纳(San Giorgio di Perlena)和俄罗斯北部摩尔曼斯克州洛沃泽罗地块的阿鲁艾夫(Alluaiv)山。英文名称 Gmelinite-K，根词以德国图宾根矿物学家和化学家克里斯琴·戈特洛布·格梅林(Christian Gottlob Gmelin，1792—1860)的姓氏，加占优势的钾后缀-K 组合命名。IMA 1999－039 批准。2001 年霍米亚科夫在《俄罗斯矿物学会记事》[130(3)]报道。2007 年中国地质科学院地质研究所任玉峰在《岩石矿物学杂志》[26(3)]根据成分及与钠菱沸石的关系译为钾菱沸石。

【钾铝矾*】

英文名 Steklite

化学式 $KAl(SO_4)_2$ (IMA)

钾铝矾*是一种钾、铝的硫酸盐矿物。三方晶系。晶体呈六方片状或不规则片状。无色、白色—灰白色，玻璃光泽，透明；硬度 2.5，完全解理，脆性。2011 年发现于俄罗斯堪察加州托尔巴契克(Tolbachik)火山主裂隙破火山口第二火山渣锥亚多维塔亚(Yadovitaya)喷气孔。英文名称 Steklite，1995 年由切斯诺科夫(Chesnokov)等根据俄文“стекло=英文 Steklo(玻璃)”命名，意指燃烧煤堆时在通风口周围形成的该片状矿物的集合体，其外观像玻璃碎片。最初发现于俄罗斯南乌拉尔科佩斯克附近的 47 号煤矿烧焦的煤堆，因此开始被认为是人工的而不是一个天然的矿物。1995 年第一次发表未经批准，然后于 2011 年在托尔巴契克火山发现了天然矿物。IMA 2011－041 批准。2011 年 M. N. 穆拉什科(M. N. Murashko)等在《CNMNC 通讯》(10)和 2012 年《俄罗斯矿物学会记事》[141(4)]报道。目前尚未见官方中文译名，编译者根据成分译为钾铝矾*。

【钾绿钙闪石】

英文名 Potassic-hastingsite

化学式 $KCa_2(Fe^{2+}_4Fe^{3+})(Si_6Al_2)O_{22}(OH)_2$ (IMA)

钾绿钙闪石是一种 A 位钾、C 位二价铁和 W 位为羟基的铝硅酸盐矿物。属角闪石超族 W 位羟基、氟、氯占优势的角闪石族钙闪石亚族绿钙闪石根名族。单斜晶系。粒径 0.02～0.25mm。中国地质调查局成都地质调查中心高级工程师任光明发现于中国内蒙古自治区赤峰市克什克腾旗大乃林沟砷-钴矿床。21 世纪初，任光明从有关文献中获悉，大乃林沟的火山“角闪石岩”中的一种矿物虽然已被命名，但是一直未得到 IMA-CNMNC 正式批准。从此，任光明开始了漫漫探索研究之路。2010—2015 年期间，分别对单矿物进行了电子探针测试分析，确定了其化学成分式。为进一步研究矿物的物性和结构特征，在中国地质大学(北京)对单矿物进行了莫氏硬度、扫描电镜分析测定，同时开展了矿物 X 射线粉晶衍射分析；由于粒度微小，再加上常发育有聚片双晶，晶体结构无法精测，最终在中国地质大学(北京)晶体结构研究室李国武教授(亦是钾绿钙闪石发现者之一)的帮助下，终于圆满完成了晶体结构精测，新矿物的鉴定之路取得了实质性进展。2016—2017 年，又在云南珠宝科学研究院对矿物进行了折光率测试，因颗粒太小，测试结果不理想；后经中南大学粉末冶金国家重点实验室对单矿物进行了穆斯堡尔分析，刻画了其微观结构特征，并将其与已知角闪石类矿物比对，最后确定了该矿物为角闪石族的一个新成员，经十几年的潜心研究终于正式被批准为新矿物。英文名称 Potassic-hastingsite，由成分冠词“Potassic(钾)”和根词“Hastingsite(绿钙闪石)”组合命名。IMA 2018－160 批准。2019 年任光明(Ren Guangming)等在《CNMNC 通讯》(49)和《矿物学杂志》(83)及《欧洲矿物学杂志》(31)报道。中文名称根据成分及与绿钙闪石的关系命名为钾绿钙闪石(参见根名【绿钙闪石】条 543 页)。钾绿钙闪石的发现，标志着我国在角闪石超族矿物种成员的研究首次突破，翻开了历史新篇章。

【钾氯铅矿】

英文名 Pseudocotunnite

化学式 K_2PbCl_4(?)　　(IMA)

钾氯铅矿草丛状集合体(意大利)

钾氯铅矿是一种钾、铅的氯化物矿物。斜方晶系。晶体呈板条状、针状;集合体呈疣状、草丛状、树瘤状、结壳状。无色、白色、黄色、黄绿色,土状光泽,透明—半透明。1873年发现于意大利那不勒斯省维苏威(Vesuvius)火山喷气孔。1873年A.斯卡基(A. Scacchi)在《那不勒斯皇家物理和数学科学院文献》(Ⅰ系列,6)报道。英文名称Pseudocotunnite,由拉丁文"Pseudo(假的)"和"Cotunnite(氯铅矿)"组合命名,这是因它的晶体与氯铅矿相似。1959年以前发现、描述并命名的"祖父级"矿物,IMA承认有效;但IMA持怀疑态度。中文名称根据成分译为钾氯铅矿或氯钾铅矿,或意译为假氯铅矿。

【钾氯闪石】

英文名 Potassic-chloro-pargasite

化学式 $KCa_2(Mg_4Al)(Si_6Al_2)O_{22}Cl_2$　　(IMA)

钾氯闪石是一种A位钾、C位镁和铝及W位氯的闪石矿物。属角闪石超族W位羟基、氟、氯主导的角闪石族钙闪石亚族韭闪石根名族。单斜晶系。晶体呈他形粒状。黑色,玻璃光泽,半透明;硬度5.5,完全解理,脆性。2001年发现于俄罗斯北部摩尔曼斯克州萨尔尼通德瑞(Salnye Tundry)地块的埃尔格拉斯(Elgoras)山。英文名称Potassic-chloro-pargasite,由成分冠词"Potassic(钾)""Chloro(氯)"和根词"Pargasite(韭闪石)"组合命名。2002年N. V.丘卡诺夫(N. V. Chukanov)等在《俄罗斯矿物学会记事》[131(2)]报道。IMA 2012s. p.批准[见2012年F. C.霍桑(F. C. Hawthorne)等《美国矿物学家》(97)的《角闪石超群的命名法》]。2006年中国地质科学院矿产资源研究所李锦平在《岩石矿物学杂志》[25(6)]根据成分及族名译为钾氯闪石;李昌年教授建议译为钾氯韭闪石。

【钾芒硝】

英文名 Aphthitalite

化学式 $K_3Na(SO_4)_2$　　(IMA)

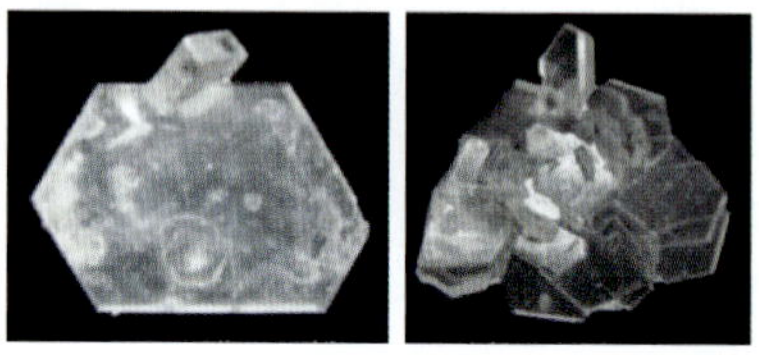

钾芒硝六方板片状晶体(伊朗)

钾芒硝是一种钾、钠的硫酸盐矿物。三方晶系。晶体呈薄—厚板状、叶片状、菱面体,具类似于文石的双晶;集合体常呈皮壳状、泉华状。白色或无色、灰色、蓝色、绿色,带红色色调,条痕呈白色,玻璃光泽、树脂光泽,透明—不透明;硬度3~3.5,平行柱面上解理清晰,脆性;易溶于水,味咸而苦。最早见于1813年J.史密森(J. Smithson)在《伦敦皇家哲学学会汇刊或英国皇家学会自然科学会报》(256)报道:维苏威火山的盐。1832年F. S.伯当(F. S. Beudant)在《矿物学纲要》(第二卷,第二版)命名为Aphthalose。1835年发现于意大利那不勒斯省维苏威(Vesuvius)火山。英文名称Aphthitalite,1835年C. U.谢泼德(C. U. Shepard)在纽黑文《矿物学论著》(第二部分,第一卷)根据希腊文"ά φθητos=Aphthitos=Unalterable(不可改变的)"和"ά λαs=Halas=Salt(盐)"命名,意指在空气中稳定的盐。1959年以前发现、描述并命名的"祖父级"矿物,IMA承认有效。硫酸钾自14世纪早期以来就为人所知,格劳伯(Glauber)、博伊尔(Boyle)和塔亨尼乌斯(Tachenius)都对此有过研究。到17世纪称它为"Arcanuni"或"Sal duplicatum(过二硫酸钾)",因为它是一个硫酸盐与碱金属的组合。同义词Glaserite,以17世纪的药学者、化学家格拉泽(Glaser)的名字命名。中文名称根据成分及与芒硝的关系译为钾芒硝,又译为硫酸钾石。

【钾镁矾】

英文名 Leonite

化学式 $K_2Mg(SO_4)_2 \cdot 4H_2O$　　(IMA)

钾镁矾板状、粒状晶体(德国)

钾镁矾是一种含结晶水的钾、镁的硫酸盐矿物。属钾镁矾族。单斜晶系。晶体呈半自形—他形板状、粒状,有聚片双晶;集合体常呈块状。无色或淡黄色,蜡状光泽、玻璃光泽,透明;硬度2.5~3;味苦。1893年范·德·海德(van der Heide)在《德意志化学学会通报》(26)报道称之为Kalium-Astrakanit;同年,瑙佩特(Naupert)和温瑟(Wense)也在《德意志化学学会通报》(26)报道称为Kaliastrakanit。1896年发现于德国萨克森-安哈尔特州施塔斯富特市埃格尔恩的威斯特格尔恩(Westeregeln)。英文名称Leonite,1896年由滕内(Tenne)在德国《德国地质学会杂志》(48)以德国威斯特格尔恩(Westeregeln)盐业工程总监利奥·斯特普佩尔曼(Leo Strippelmann,1826—1892)名字命名。1959年以前发现、描述并命名的"祖父级"矿物,IMA承认有效。中文名称根据成分译为钾镁矾。

【钾镁钠铁闪石*】

英文名 Potassic-magnesio-arfvedsonite

化学式 $KNa_2(Mg_4Fe^{3+})Si_8O_{22}(OH)_2$　　(IMA)

钾镁钠铁闪石*是一种A位钾、C^{2+}位镁、C^{3+}位铁和W位羟基的闪石矿物。属角闪石超族W位羟基、氟、氯主导的角闪石族钠质闪石亚族钠铁闪石根名族。单斜晶系。晶体呈柱状。最初的报道来自英国英格兰康沃尔郡法尔茅斯地区潘登尼斯(Pendennis)。2016年又发现于保加利亚索非亚州布霍夫-塞斯拉夫希(Buhovo-Seslavtsi)深成岩体。英文名称Potassic-magnesio-arfvedsonite,由成分冠词"Potassic(钾)""Magnesio(镁)"和根词"Arfvedsonite(钠铁闪石)"组合命名。IMA 2016-083批准。2017年M.德久尔格罗夫(M. Dyulgerov)等在《CNMNC通讯》(35)、《矿物学杂志》

(81)和 2019 年《矿物学杂志》(83)报道。目前尚未见官方中文译名，编译者建议根据成分及与钠铁闪石的关系译为钾镁钠铁闪石*。

【钾锰利克石】

英文名 Potassic-mangani-leakeite

化学式 $KNa_2(Mg_2Mn_2^{3+}Li)Si_8O_{22}(OH)_2$ (IMA)

利克像

钾锰利克石是一种 A 位钠和钾、C^{2+} 位镁、C^{3+} 位锰及 W 位羟基的闪石矿物。属角闪石超族 W 位羟基、氟、氯占优势的闪石族钠闪石亚族利克石根名族。单斜晶系。晶体呈柱状。深红色—棕紫色，玻璃光泽；硬度 6～7，完全解理。1992 年发现于南非北开普省霍塔泽尔市卡拉哈里锰矿田的威塞尔(Wessels)矿。英文名称 Potassic-mangani-leakeite，由成分冠词“Potassic(钾)”“Mangani(锰)”和根词“Leakeite(利克石)”组合命名。根名以苏格兰格拉斯哥大学地质学家、IMA 角闪石小组主席伯纳德·埃尔热·利克(Bernard Elgey Leake，1932—)的姓氏命名。1993 年 T. 安布鲁斯特(T. Armbruster)等在《瑞士矿物学和岩石学通报》(73)报道。同义词 Kornite，最初以德国地质学家赫尔曼·科恩(Hermann Korn，1946—)的姓氏命名。我国有人将 Kornite 译为角石。2012 年 F. C. 霍桑(F. C. Hawthorne)等在《美国矿物学家》(97)的《闪石超族系统命名法》更名为 Potassic-mangani-leakeite。IMA 2012s. p. 批准。中文名称根据成分和根名译为钾锰利克石(参见【利克石】条 447 页)。

【钾锰盐】

英文名 Chlormanganokalite

化学式 K_4MnCl_6 (IMA)

钾锰盐是一种钾、锰的氯化物矿物。属钾铁盐族。三方晶系。晶体呈菱面体；集合体有时呈并列排列。亮黄色、香槟色、柠檬色，玻璃光泽、油脂光泽，透明；硬度 2.5，脆性。1906 发现于意大利那不勒斯省的维苏威(Vesuvius)火山熔岩孔洞；同年，在《自然》(74)报道。英文名称 Chlormanganokalite(Chlormankalite)，1907 年，拉克鲁瓦(Lacroix)在《法国矿物学学会通报》(30)由化学成分“Chlorine(氯)”“Manganese(锰)”和“Potassium(拉丁文 Kalium，钾)”组合命名。1959 年以前发现、描述并命名的“祖父级”矿物，IMA 承认有效。中文名称根据成分译为钾锰盐。

【钾明矾】

英文名 Alum-(K)

化学式 $KAl(SO_4)_2 \cdot 12H_2O$ (IMA)

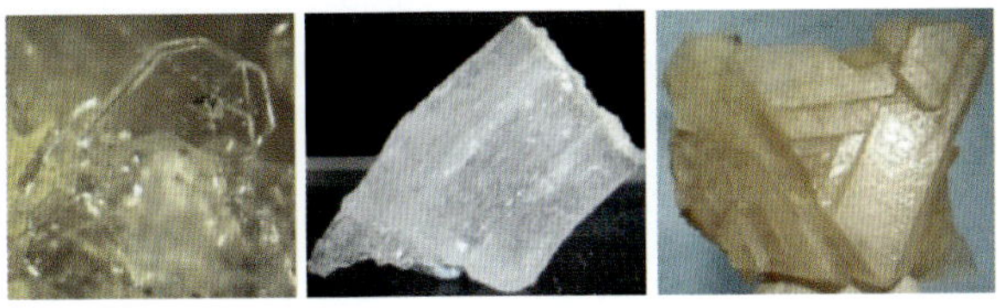

钾明矾板状晶体(玻利维亚、美国)

钾明矾是一种含结晶水的钾、铝的硫酸盐矿物。属明矾族。等轴晶系。晶体常呈八面体，或与立方体、菱形十二面体形成的聚形，有时形似六方板状，也有呈柱状、粒状；集合体呈块状、钟乳状、粉末状。无色、白色，玻璃光泽，透明；硬度 2～2.5；味酸涩，寒，有毒。据报道古埃及人早在公元前1500 年就用作凝结剂以减少水的浊度。英文名称曾用 Potassiumalum，由成分冠词“Potassium(钾)”和根词“Alum(铝矾土)”两部分组合命名；其中，Potassium 源于 Potash 一词，含义是木灰碱(含钾)。见于 1868 年 J. D. 丹纳(J. D. Dana)《系统矿物学》(第五版，纽约)和 1951 年《系统矿物学》(第二卷，第七版，纽约)。之后改名为 Alum-(K)。1959 年以前发现、描述并命名的“祖父级”矿物，IMA 承认有效。IMA 2007s. p. 批准。

钾的化合物早就被人类利用，古代就知道草木灰中存在着钾草碱，可用作洗涤剂。一直到 1807 年，英国 H. 戴维才用电解氢氧化钾熔体的方法制得金属钾。Alum 一词，源自盎格鲁诺曼语 Alum、Alume 等；法国中部使用 Allume；拉丁文为 Alūmen。这些词字面上意为“苦盐”，与拉丁文 Aludoimos“苦”同源。“Alumen”这个词最早出现在古罗马时代的老普林尼的《自然历史》，在地球上被发现后，一直用于净化饮用水。元素铝(Aluminium)的英文名称就出自明矾(Alum)。史前时代，人类已经使用含铝化合物的黏土($Al_2O_3 \cdot 2SiO_2 \cdot 2H_2O$)制成陶器。意大利物理学家伏特发明电池后，戴维试图利用电流从矾土中分离出金属铝，都没有成功，但他建议将其命名为“Alumium”，后改为“Aluminum”。丹麦化学家奥斯特第一次分离出不纯的金属铝。1827 年德国化学家武勒重复了奥斯特的实验，并不断改进制取铝的方法而获得纯金属铝。中国古代将钾明矾主要用于医药治疗腹泻。在中国有明矾、白矾、生矾，还有钾矾、钾铝矾等名称。古代名称较混乱，并不一定专指钾明矾。准确地说，十二水硫酸铝钾或十二水合硫酸铝钾确指钾明矾或钾明矾石。

【钾明矾石】参见【钾明矾】条 369 页

【钾钠镁矾】

英文名 Chile-loeweite

化学式 $K_2Na_4Mg_2(SO_4)_5 \cdot 5H_2O$

钾钠镁矾是一种含结晶水的钾、钠、镁的硫酸盐矿物。三方晶系。晶体呈片状、薄板状；集合体呈块状。黄白色、蜜黄色、红色，玻璃光泽，透明；硬度 2.5，中等解理。发现于智利。1928 年韦策尔(Wetzel)在德国《耶拿地球化学》(3)报道。英文名称 Chile-loeweite，由“Chile(智利)”和“Loeweite(钠镁矾)”组合命名，意为智利的钠镁矾。中文名称根据成分译为钾钠镁矾(参见【钠镁矾】条 640 页)。

【钾钠铅矾】

英文名 Palmierite

化学式 $K_2Pb(SO_4)_2$ (IMA)

钾钠铅矾片状、板条状、针状晶体(俄罗斯、意大利)和帕尔米耶里像

钾钠铅矾是一种钾、铅的硫酸盐矿物，钾可被部分钠替代。三方晶系。晶体呈微晶六方片状、板条状、针状。无色、白色、浅乳黄色，珍珠光泽、玻璃光泽，透明；硬度 2，极完全解理。1907 年发现于意大利那不勒斯省维苏威(Vesuvius)火山喷气孔。1907 年拉克鲁瓦(Lacroix)在《法国矿物学学会通报》(30)报道。英文名称 Palmierite，以路易吉·帕尔米

耶里(Luigi Palmieri,1807—1896)的姓氏命名。他是意大利科学家和维苏威火山观测站的主任。1959 年以前发现、描述并命名的“祖父级”矿物,IMA 承认有效。中文名称根据成分译为钾钠铅矾或硫钾钠铅矿。

【钾鸟粪石】

英文名 Struvite-(K)

化学式 $KMg(PO_4)\cdot 6H_2O$ (IMA)

钾鸟粪石是一种含结晶水的钾、镁的磷酸盐矿物。属鸟粪石族。斜方晶系。晶体呈拉长的针状、粒状。无色,玻璃光泽,透明。2000 年发现于奥地利施蒂利亚州施拉德明陶恩山的罗塞利(Roßblei)矿和瑞士瓦莱州沃法尔德区林根巴赫(Lengenbach)采石场;同年,W. 波斯特尔(W. Postl)等在《矿物学杂志》(1)报道了钾镁鸟粪石。英文名称 Struvite-(K),由根词“Struvite(鸟粪石)”加占优势的钾后缀-(K)组合命名,意指它是钾占优势的鸟粪石类矿物。IMA 2003-048 批准。2008 年 W. 波斯特尔(W. Postl)等在《欧洲矿物学杂志》(20)报道。2011 年中国地质科学院地质研究所任玉峰等在《岩石矿物学杂志》[30(2)]根据成分及族名译为钾鸟粪石。

【钾砂川闪石】

英文名 Potassic-sadanagaite

化学式 $KCa_2(Mg_3Al_2)(Si_5Al_3)O_{22}(OH)_2$ (IMA)

钾砂川闪石柱状晶体(意大利)和定永像

钾砂川闪石是一种 A 位钾、C^{2+} 位镁、C^{3+} 位铝和 W 位羟基的角闪石矿物。属角闪石超族 W 位羟基、氟、氯主导的角闪石族钙角闪石亚族砂川闪石根名族。单斜晶系。晶体呈柱状。黑色、深棕色,玻璃光泽;硬度 5～6,完全解理。发现于日本四国岛爱媛县内陆海(濑户内海)明神(Myojin)岛。英文名称 Potassic-sadanagaite,由成分冠词“Potassic(钾)”和根词“Sadanagaite(定永闪石)”组合命名。其中根词 Sadanagaite,以东京大学名誉教授定永两一(Ryoichi Sadanaga,1920—)的姓氏命名。中国地质科学院原译名砂川闪石中的“砂川”二字来自砂川(Sunagawa)教授的名字,属误译;故“砂川”二字应改为“定永”二字。1984 年岛崎(Shimazaki)等把这种矿物描述为 Magnesio sadanagaite(镁定永闪石)(IMA 1982-102 批准)。1984 年在《美国矿物学家》(69)报道。1997 年砂川闪石族在《国际矿物学协会新矿物和矿物名称委员会角闪石小组委员会角闪石命名法》被定义为Potassic-magnesiosadanagaite(钾镁定永闪石)[见 B. E. 利克(B. E. Leake)等《加拿大矿物学家》(35)]。在 2012 年《国际矿物学协会新矿物和矿物名称委员会角闪石小组委员会角闪石命名法》中砂川闪石族重新定义为 Potassic-sadanagaite(钾定永闪石)[见 F. C. 霍桑(F. C. Hawthorne)等《美国矿物学家》(97)的《角闪石超族命名法》]。日文名称为カリ苦土定永閃石。中国地质科学院仍译为钾砂川闪石。2010 年杨主明在《岩石矿物学杂志》[29(1)]建议译为钾定永闪石(参见【砂川闪石】条 770 页)。

【钾闪石】参见【钾韭闪石】条 366 页

【钾烧绿石】参见【水烧绿石】条 866 页

【钾十字沸石】

英文名 Phillipsite-K

化学式 $K_6(Si_{10}Al_6)O_{32}\cdot 12H_2O$ (IMA)

钾十字沸石柱状晶体、三连晶(意大利、德国)和菲利普斯像

钾十字沸石是一种含沸石水的钾的铝硅酸盐矿物。属沸石族钙十字沸石系列。单斜(假斜方)晶系。晶体呈假四方柱状,常具三连晶;集合体呈十字球状。无色、白色、红白色、浅黄色、粉红色,玻璃光泽,透明—不透明;硬度 4～5。1897 在莱比锡《矿物学手册》刊载。发现于意大利罗马首都大都会的卡波迪博韦(Capo di Bove)。英文名称 Phillipsite-K,由根词“Phillipsite(钙十字沸石)”加占优势的钾后缀-K 组合命名,意指它是钙十字沸石系列的钾占优势的类似矿物。其中,根词 1825 年 A. 列维(A. Lévy)在《哲学年鉴》(10)以英国矿物学家和伦敦地质学会的创始人威廉·菲利普斯(William Phillips,1775—1828)的姓氏命名。IMA 1997s. p. 批准。1998 年在《矿物学杂志》(62)报道。中文名称根据成分及与钙十字沸石的关系译为钾十字沸石。

【钾石膏】

英文名 Syngenite

化学式 $K_2Ca(SO_4)_2\cdot H_2O$ (IMA)

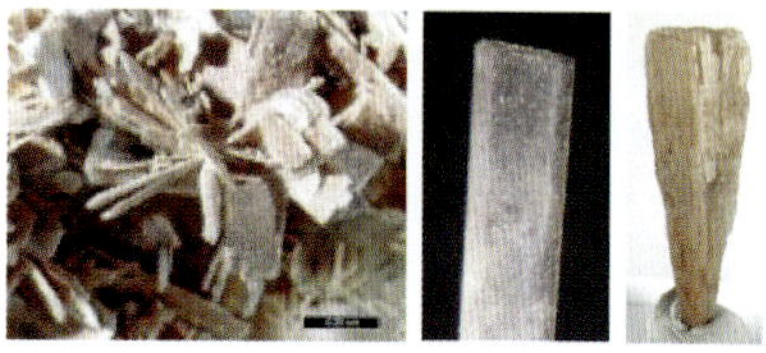

钾石膏板状、锥柱状晶体,放射状集合体(德国)

钾石膏是一种含结晶水的钾、钙的硫酸盐矿物。单斜晶系。晶体呈板状、锥柱状、针状、叶片状,具接触双晶;集合体呈皮壳状、放射状、层状。无色,或因含有杂质而呈浅黄色和乳白色,玻璃光泽,透明—半透明;硬度 2.5,完全解理;微溶于水。1872 年朗夫(Rumpf)在维也纳《矿物学和岩石学通报》(2)报道称 Kaluszite。1872 年,发现于乌克兰伊万诺-弗兰科夫斯克州卡鲁萨(Kalusa)盐类沉积矿床;同年,西法罗维奇(Zepharovich)在《洛托斯自然科学杂志》(22)报道。英文名称 Syngenite,由希腊文“συγγευής=Related(相关)”命名,意指与杂卤石(Polyhalite)相关,它们的化学成分也有相似之处。1959 年以前发现、描述并命名的“祖父级”矿物,IMA 承认有效。中文名称根据成分及与石膏的关系译为钾石膏。

【钾石盐】

英文名 Sylvite

化学式 KCl (IMA)

钾石盐立方体晶体(德国、西班牙)和西尔维乌斯像

广义钾盐是含钾盐类矿物的总称。按其可溶性可分为可溶性钾盐(狭义)矿物和不可溶性含钾的铝硅酸盐矿物。钾石盐是一种钾的氯化物矿物。属石盐族。等轴晶系。晶体呈粒状、纤维状、立方体,偶尔呈八面体;集合体常呈致密块状以及皮壳状。纯净时无色透明,常呈微白色或乳白色、灰色、微蓝色、黄色,很少紫色或红色,玻璃光泽、油脂光泽,透明—半透明;硬度 1.5~2,完全解理,脆性;易溶于水,味咸苦涩。1823 年首次发现并描述于意大利那不勒斯省的维苏威(Vesuvius)火山附近;同年,J. 史密森(J. Smithson)在《哲学年鉴》(6)报道。1832 年 F. S. 伯当(F. S. Beudant)在巴黎《矿物学基础教程》(第二版)刊载。1865 年比肖夫(Bischoff)在《化学和物理学年鉴》(5)等刊物中进一步报道。英文名称 Sylvite,以荷兰莱顿的医生药剂师且为化学家的弗朗索瓦·西尔维乌斯·德·勒·博(François Sylvius de le Boe,1614—1672)的名字命名。1959 年以前发现、描述并命名的"祖父级"矿物,IMA 承认有效。中文名称根据成分译为钾石盐或钾盐。

【钾锶矾】

英文名 Kalistrontite

化学式 $K_2Sr(SO_4)_2$ (IMA)

钾锶矾是一种钾、锶的硫酸盐矿物。三方晶系。无色,玻璃光泽,透明;硬度 2,完全解理,脆性。1962 年发现于俄罗斯巴什科尔托斯坦共和国(吉里亚共和国)斯捷尔利塔马克市阿尔什坦(Alshtan)村。1962 年 M. L. 沃洛诺娃(M. L. Voronova)在《全苏矿物学会记事》(91)和《美国矿物学家》(48)报道。英文名称 Kalistrontite,由化学成分"Potassium(拉丁文 Kalium,钾)"和"Strontium(锶)"组合命名。IMA 1967s. p. 批准。中文名称根据成分译为钾锶矾或硫锶钾石。

【钾钛石】

英文名 Jeppeite

化学式 $(K,Ba)_2(Ti,Fe^{3+})_6O_{13}$ (IMA)

钾钛石是一种钾、钡、钛、铁的复杂氧化物矿物。单斜晶系。晶体呈针状、柱状。黑色,半金属光泽,不透明;硬度5~6,完全解理,脆性。1980 年发现于澳大利亚西澳大利亚州沃尔吉迪(Walgidee)山的钾镁煌斑岩。英文名称 Jeppeite,1984 年由 M. P. 普赖斯(M. P. Pryce)等在《矿物学杂志》(48)以第一次发现该矿物的西澳大利亚州的地质学家约翰·弗雷德里克·比查尔德·耶珀(John Frederik Biccard Jeppe,1920—)的姓氏命名。IMA 1980-080 批准。1985 年中国新矿物与矿物命名委员会郭宗山等在《岩石矿物及测试》[4(4)]根据成分译为钾钛石。

【钾铁矾】

英文名 Krausite

化学式 $KFe^{3+}(SO_4)_2 \cdot H_2O$ (IMA)

钾铁矾是一种含结晶水的钾、铁的硫酸盐矿物。单斜晶系。晶体呈柱状、板状;集合体呈晶簇状、皮壳状、土状。淡柠檬黄色、黄绿色、灰色、无色—淡黄色,半玻璃光泽、蜡状光泽、土状光泽,透明—半透明;硬度 2.5,完全解理,脆性。1931 年发现于美国加利福尼亚州圣贝纳迪诺县卡利科(Calico)区骡子峡谷的硫磺洞。1931 年 W. F. 福杉格(W. F. Foshag)在《美国矿物学家》(16)报道。英文名称 Krausite,由威廉·F. 福杉格(William F. Foshag)为纪念密歇根大学美国矿物学家爱德华·亨利·克劳斯(Edward Henry Kraus,1875—1973)博士而以他的姓氏命名。1959 年以前发现、描述并命名的"祖父级"矿物,IMA 承认有效。中文名称根据成分译为钾铁矾。

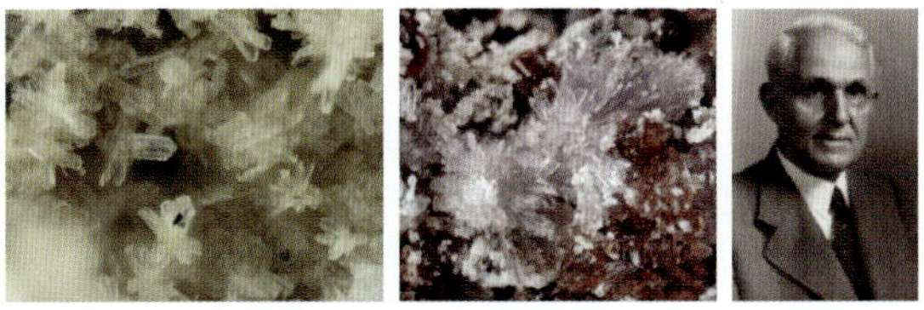

钾铁矾板柱状晶体,放射状集合体(德国、法国)和克劳斯像

【钾铁韭闪石】

英文名 Potassic-ferro-pargasite

化学式 $KCa_2(Fe_4^{2+}Al)(Si_6Al_2)O_{22}(OH)_2$ (IMA)

钾铁韭闪石是一种 A 位钾、C 位二价铁和 W 位羟基占优势的富钾、铁的韭闪石矿物。属角闪石超族 W 位羟基、氟和氯为主导的角闪石族钙角闪石亚族韭闪石根名族。单斜晶系。晶体呈半自形—他形粒状,粒径 0.7mm。黑色,玻璃光泽,半透明—不透明;硬度 6,完全解理。可作宝石材料。2007 年发现于日本本州岛近畿地区三重县龟山市的加太市场(Kabutoichiba)。英文名称 Potassic-ferro-pargasite,由成分冠词"Potassic(钾)""Ferro(二价铁)"和根词"Pargasite(韭闪石)"组合命名;其中根词 Pargasite,以 1814 年韭闪石的第一次描述地芬兰的帕尔加斯(Pargas)命名。IMA 2007-053 批准。日文名称为カリ鉄パーガス閃石。2009 年 Y. 巴诺(Y. Banno)和宫胁律郎(R. Miyawaki)等在日本《矿物学与岩石学科学杂志》(104)报道。IMA 2012s. p. 批准[见 F. C. 霍桑(F. C. Hawthorne)等《美国矿物学家》(97)的《角闪石超族命名法》]。中文名称根据成分及与韭闪石的关系译为钾铁韭闪石(根词参见【韭闪石】条 390 页)。

【钾铁利克石】参见【富钾锂钠闪石】条 213 页

【钾铁砂川闪石】

英文名 Potassic-ferro-sadanagaite

化学式 $KCa_2(Fe_3^{2+}Al_2)(Si_5Al_3)O_{22}(OH)_2$ (IMA)

钾铁砂川闪石是一种 A 位钾、C^{2+} 位铁、C^{3+} 位铝和 W 位羟基的闪石矿物。属角闪石超族 W 位羟基、氟、氯主导的角闪石族钠质闪石亚族砂川闪石根名族。单斜晶系。晶体呈柱状。黑色,玻璃光泽,透明—半透明;硬度 5.5~6,完全解理。1984 年发现于日本爱媛县濑户内海渔歌(Yuge)岛;同年,M. 布诺(M. Bunno)等在《美国矿物学家》(69)报道,来自日本的钙角闪石贫硅成员。英文名称 Potassic-ferro-sadanagaite,由成分冠词"Potassic(钾)""Ferro(二阶铁)"和根词"Sadanagaite(砂川闪石=定永闪石)"组合命名。中文名称根据成分及与砂川闪石的关系译为钾铁砂川闪石(=钾铁定永闪石)。IMA 2012s. p. 批准[见 2012 年 F. C. 霍桑(F. C. Hawthorne)等《美国矿物学家》(97)的《角闪石超族命名法》]。

【钾铁铁砂川闪石】

英文名 Potassic-ferro-ferri-sadanagaite

化学式 $KCa_2(Fe^{2+}_3Fe^{3+}_2)(Si_5Al_3)O_{22}(OH)_2$ (IMA)

钾铁铁砂川闪石是一种 A 位钾、C^{2+} 位铁、C^{3+} 位铁和 W 位羟基的闪石矿物。属角闪石超族 W 位羟基、氟、氯主导的角闪石族钠质闪石亚族砂川闪石根名族。单斜晶系。晶体呈柱状。黑色，玻璃光泽；硬度 5.5～6，完全解理。1997 年发现于俄罗斯车里雅宾斯克州伊尔门自然保护区。英文名称 Potassic-ferro-ferri-sadanagaite，由成分冠词“Potassic（钾）”“Ferro（二价铁）”“Ferri（三价铁）和根词“Sadanagaite（砂川闪石＝定永闪石）”组合命名。1999 年在《俄罗斯矿物学会记事》[128(4)]报道。2008 年 F. C. 霍桑（F. C. Hawthorne）等在《加拿大矿物学家》(46)报道。IMA 2012s. p. 批准[见 2012 年霍桑等《美国矿物学家》(97)的《角闪石超族命名法》]。中文名称译为钾铁铁砂川闪石（＝钾铁铁定永闪石）。

【钾铁盐】

英文名 Rinneite

化学式 $K_3NaFe^{2+}Cl_6$ (IMA)

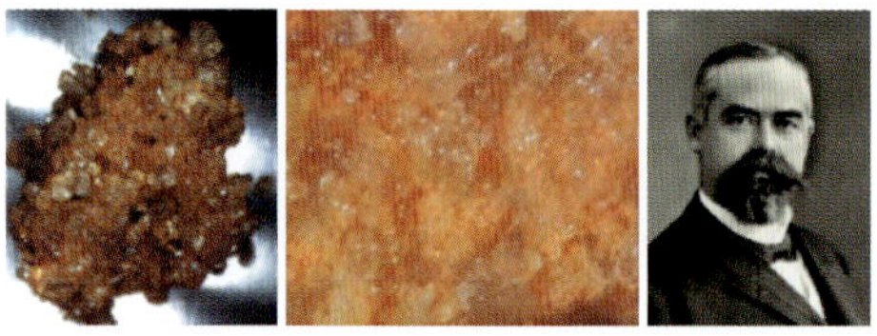

钾铁盐细粒状晶体，皮壳状集合体（美国、德国）和林纳像

钾铁盐是一种钾、钠、铁的氯化物矿物。属钾铁盐族。三方晶系。晶体呈菱面体、厚板状、短柱状、粗粒状；集合体呈块体、浸染状、椭球状。无色、白色、浅黄色、黄色、棕褐色或玫瑰色、紫罗兰色，常呈丝绢光泽，透明；硬度 3；具吸湿性，在空气中不稳定，具带涩的辣味，易溶于水并具有强烈的铁锈味。1908 年发现于德国图林根州布莱谢罗德镇的沃尔克拉姆斯豪森（Wolkramshausen）。英文名称 Rinneite，1908 年由亨德里克·恩诺·伯克（Hendrik Enno Boeke）为纪念德国基尔大学晶体学家和岩相学家弗里德里希·威廉·贝托尔德·林纳（Friedrich Wilhelm Bertold Rinne，1863—1933）而以他的姓氏命名。1909 年伯克在德国斯图加特海德堡《矿物学、地质学和古生物学新年鉴》[2(38)]报道。1959 年以前发现、描述并命名的“祖父级”矿物，IMA 承认有效。中文名称根据成分译为钾铁盐。

【钾铜矾】

英文名 Piypite

化学式 $K_4Cu_4O_2(SO_4)_4 \cdot (Na,Cu)Cl$ (IMA)

钾铜矾针状晶体，放射状、草丛状集合体（俄罗斯）

钾铜矾是一种钠、铜氯化物的钾、铜氧的硫酸盐矿物。属氯钾胆矾族。四方晶系。晶体呈针状、圆柱状；集合体呈放射状、草丛状、青苔状。祖母绿色、绿色、墨绿色，玻璃光泽、油脂光泽，透明—半透明；硬度 2.5，完全解理。1982 年发现于俄罗斯堪察加州托尔巴契克（Tolbachik）火山主断裂的喷发物。英文名称 Piypite，最初被称为绿铜钾石（Caratiite），后发现是一种新矿物，并以苏联彼得罗巴甫洛夫斯克-堪察加火山学研究所主任和地质学家鲍里斯·I. 皮里普（Boris I. Piyp，1906—1966）的姓氏命名。IMA 1982-097 批准。1984 年 L. P. 维尔戛索娃（L. P. Vergasova）等在《苏联科学院报告：地球科学部分》(275)报道。1985 年中国新矿物与矿物命名委员会郭宗山等在《岩石矿物及测试》[4(4)]根据成分译为钾铜矾，也有的译作氯钾铜矾。

【钾霞石】

英文名 Kaliophilite

化学式 $KAlSiO_4$ (IMA)

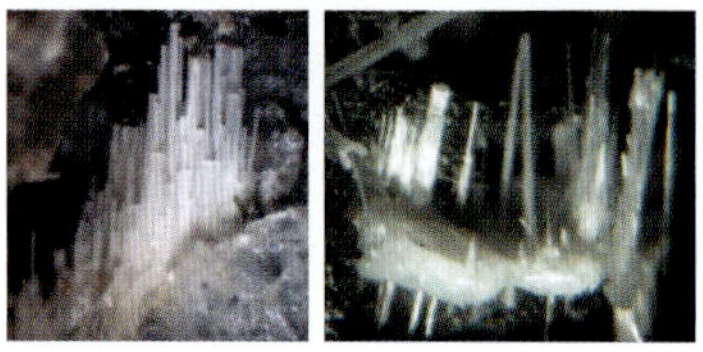

钾霞石柱状晶体，梳状集合体（意大利）

钾霞石是霞石族矿物之一。六方晶系。晶体呈针状、柱状、粗粒状；集合体呈梳状。无色，通常因含杂质呈灰白色或带浅黄、红、褐等色，玻璃光泽、油脂光泽、丝绢光泽，透明—半透明；硬度 5.5～6，完全解理，脆性。1887 年发现于意大利那不勒斯省的外轮山（Somma）火山；同年，B. 米耶里希（B. Mierisch）在《矿物学和岩石学通报》(8)报道。又见于 1892 年 E. S. 丹纳（E. S. Dana）《系统矿物学》（第六版）。英文名称 Kaliophylite，由“Potassium（拉丁文 Kalium，钾）”和“Nepheline（霞石）”缩写组合命名，意指钾在其中占优势地位。1959 年以前发现、描述并命名的“祖父级”矿物，IMA 承认有效。中文名称根据成分和族名译为钾霞石。

【钾硝石】参见【硝石】条 1017 页

【钾盐】参见【钾石盐】条 370 页

【钾盐镁矾】

英文名 Kainite

化学式 $KMg(SO_4)Cl \cdot 3H_2O$ (IMA)

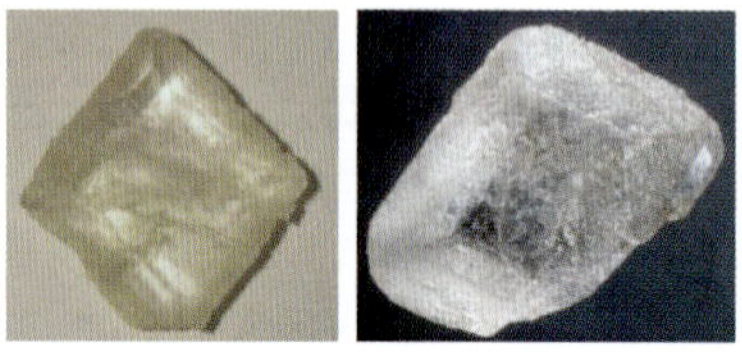

钾盐镁矾厚板状晶体（德国）

钾盐镁矾是一种含结晶水的氯化钾（钾盐）和硫酸镁（镁矾）的复盐矿物。单斜晶系。晶体呈细粒状、纤维状、扁平厚板状或柱状，但少见；集合体常呈块状、星团状，有的在空隙中呈晶簇状。无色，但常常被其中所含铁质染成红色或灰黄色、蓝色、紫色，玻璃光泽，透明；硬度 2.5～3，完全解理，脆性；易溶于水，味苦咸。1865 年发现于德国萨克森-安哈尔特州施塔斯富特市的利奥波德威尔（Leopoldshall）。1865 年 C. 泽科恩（C. Zincken）在

《矿物学、地质学和古生物学新年鉴》(310)和《山地与赫特曼报》(*Berg-und Huttenmannische Zeitung*)(24)报道。英文名称 Kainite,来自希腊文"καινος=Recent(近代的或全新世的)",是指近期形成的次生矿物。1959 年以前发现、描述并命名的"祖父级"矿物,IMA 承认有效。中文名称根据成分译为钾盐镁矾。

【钾硬硅钙石】参见【硅铈钙钾石】条 285 页

【钾铀矾】

英文名 Adolfpateraite

化学式 $K(UO_2)(SO_4)(OH)(H_2O)$ (IMA)

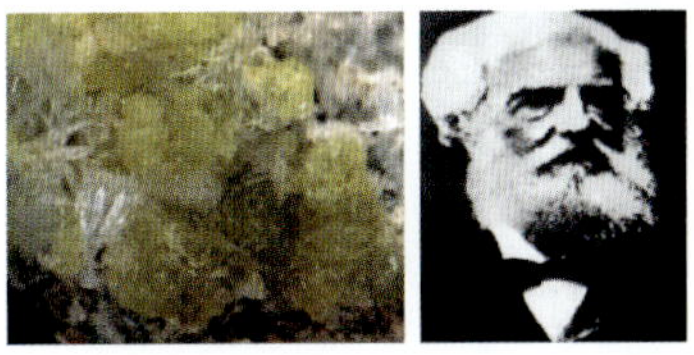

钾铀矾半球状集合体(捷克)和阿道夫·帕塔拉像

钾铀矾是一种含结晶水、羟基的钾的铀酰-硫酸盐矿物。单斜晶系。晶体呈纤维状、粒状;集合体呈大小仅为 3mm 的放射状、半球状。黄绿色、浅绿色,玻璃光泽,透明—半透明;硬度 2,脆性。2011 年发现于捷克共和国卡罗维发利州亚希莫夫市的斯沃诺斯特(Svornost)矿。英文名称 Adolfpateraite,为纪念捷克化学家、矿物学家和冶金学家阿道夫·帕塔拉(Adolf Patera,1819—1894)而以他的姓名命名,他在亚希莫夫发明了加工处理铀矿石生产铀颜料的技术。IMA 2011-042 批准。2012 年 J. 普拉希尔(J. Plášil)等在《美国矿物学家》(97)报道。2015 年艾钰洁、范光在《岩石矿物学杂志》[34(1)]根据成分译为钾铀矾。

【钾铀矿】

英文名 Compreignacite

化学式 $K_2(UO_2)_6O_4(OH)_6 \cdot 7H_2O$ (IMA)

钾铀矿是一种含结晶水的钾的铀酰-氧-氢氧化物矿物。属深黄铀矿族黄钡铀矿亚族。斜方晶系。晶体呈细小的片状或板状,常呈很小的直角三角形;双晶常形成假六方柱;集合体常呈粉末块状。鲜黄色或淡黄绿色,玻璃光泽,透明;硬度 2~2.5;具强放射性。1964 年发现于法国南部阿韦龙省(Aveyron)马格纳克(Margnac)。英文名称 Compreignacite,以发现地法国的康普雷亚克(Compreignac)市命名。IMA 1964-026 批准。1964 年 J. 普罗塔斯(J. Protas)在《法国矿物学和结晶学会通报》(87)报道。中文名称根据成分译为钾铀矿;根据颜色和成分译为黄钾铀矿。

假

[jiǎ]形声;从人,从叚。表示不真实的,不是本来的,与"真"相对。

【假白榴石】

英文名 Pseudoleucite

化学式 $K(AlSi_2O_6)$(近似)

假白榴石是一种似长石(霞石)与正长石的混合物。晶体常呈粒状、四角三八体、立方体、菱形十二面体等。白色或带点黄色、灰色,透明,玻璃光泽、断口油脂光泽;硬度 5.5~6。发现于意大利的维苏威(Vesuvius)火山和美国的留沙特希尔山(意译即为"白榴石山")。1937 年在《美国矿物学家》(22)报道。英文名称 Pseudoleucite,由冠词"Pseudo(假的)"和根词"Leucite(白榴石)"组合命名,意指似白榴石而不是白榴石。白榴石在常温下呈假等轴的四方晶系,通常所见的晶体仍保持着高温态的等轴晶系的外形,具完好的四角三八面体。在白榴石结晶后常与残余的岩浆发生反应而转变为霞石和钾长石,但仍保留白榴石的外形,故中文名称意译为假白榴石(参见【白榴石】条 35 页)。

假白榴石呈白榴石四角三八面体假象(捷克)

【假板钛矿】

英文名 Pseudobrookite

化学式 $(Fe^{3+}_2Ti)O_5$ (IMA)

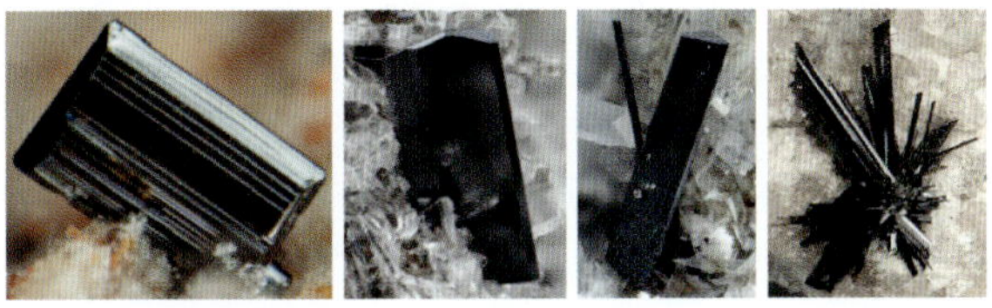

假板钛矿板柱状、针状晶体,放射状集合体(罗马尼亚、德国、美国)

假板钛矿是一种铁、钛的氧化物矿物。斜方晶系。晶体常呈细长板柱状或针状,具双晶;集合体呈放射状。棕黑色、红棕色或黑色,金刚光泽、油脂光泽、金属光泽,不透明;硬度 6,完全解理。1878 年发现于罗马尼亚胡内多阿拉县锡梅里亚的乌罗伊(Uroi)山(阿拉尼山)。1878 年 A. 克赫(A. Koch)在《契尔马克氏矿物学和岩石学通报》(1)报道。英文名称 Pseudobrookite,由希腊文"ψευδής=False=Pseudo(假的)"和根词"Brookite(板钛矿)"组合命名,意指与板钛矿相似但又不是板钛矿的矿物,在一段时间内曾被误认。1959 年以前发现、描述并命名的"祖父级"矿物,IMA 承认有效。IMA 1988s. p. 批准。中文名称根据与板钛矿的相似性关系意译为假板钛矿;根据成分及与板钛矿的关系译为铁板钛矿(参见【板钛矿】条 45 页)。

【假钒铁铜矿】

英文名 Pseudolyonsite

化学式 $Cu_3(VO_4)_2$ (IMA)

假钒铁铜矿是一种铜的钒酸盐矿物。与马克比艾矿为同质多象。单斜晶系。晶体呈柱状、针状;集合体呈放射状。深红色、棕色—黑色,金刚光泽、半金属光泽,半透明、不透明;硬度 2~3,脆性。2009 年发现于俄罗斯堪察加州托尔巴契克(Tolbachik)火山。英文名称 Pseudolyonsite,由冠词"Pseudo(假)"和根词"Lyonsite(钒铁铜矿)"组合命名,意指它在颜色、光泽、晶习方面与钒铁铜矿相类似但不是钒铁铜矿。IMA 2009-062 批准。2011 年 M. E. 泽林斯基(M. E. Zelenski)等在《欧洲矿物学杂志》(23)报道。中文名称根据意及与钒铁铜矿的关系译为假钒铁铜矿。

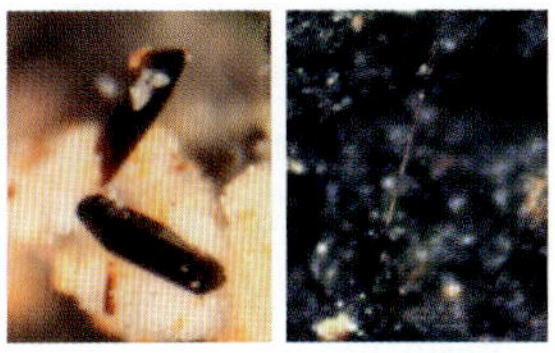

假钒铁铜矿柱状、针状晶体(俄罗斯)

【假氟铅矾】

英文名 Pseudograndreefite

化学式 $Pb_6(SO_4)F_{10}$ (IMA)

J

假氟铅矾是一种含氟的铅的硫酸盐矿物。斜方晶系。无色，半金刚光泽，透明；硬度 2.5；溶于水。1988 年发现于美国亚利桑那州格雷厄姆县圣特雷莎区大礁(Grand Reef)矿。英文名称 Pseudograndreefite，由希腊文“ψευδής＝False＝Pseudo(假的)”和根词“Grandreefite(氟铅矾)”组合命名，意指似氟铅矾而又不是氟铅矾。IMA 1988－017 批准。1989 年 A. R. 坎普夫(A. R. Kampf)等在《美国矿物学家》(74)报道。1990 年中国新矿物与矿物命名委员会郭宗山在《岩石矿物学杂志》[9(3)]根据与氟铅矾的相似性关系意译为假氟铅矾。

【假钙铀云母】

英文名 Pseudo-autunite

化学式 $(H_3O)_2Ca(UO_2)_2(PO_4)_2 \cdot 2.5H_2O$

假钙铀云母是一种含结晶水的卉离子、钙的铀酰-磷酸盐矿物。斜方晶系。晶体呈细鳞片状、假六方板状，具双晶；集合体呈粉末状、皮壳状和小球状。浅黄色—白色；硬度 2～3，极完全解理。发现于俄罗斯北部摩尔曼斯克州北卡累利阿(North Karelia)。1964 年在苏联列宁格勒大学《矿物学与地球化学》(1)公布研究资料。1965 年在《美国矿物学家》(50)报道。英文名称 Pseudo-autunite，由冠词“Pseudo(假的)”和根词“Autunite(钙铀云母)”组合命名，意指与钙铀云母相类似而不是钙铀云母的矿物。1968 年 IMA 未批准。中文名称意译为假钙铀云母(参见【钙铀云母】条 232 页)。

【假硅灰石】

英文名 Pseudowollastonite

化学式 $CaSiO_3$ (IMA)

假硅灰石假六方板片状晶体(德国，法国；电镜)

假硅灰石是一种钙的偏硅酸盐矿物。是硅灰石的高温同质异象变体，环状结构(亦称环硅灰石)和布雷石* 的同质多象。单斜晶系。自然界晶体呈常见假六方板片状、粒状，聚片双晶发育；集合体呈放射状。无色、白色，玻璃光泽，透明—半透明；硬度 5。发现于以色列南部内盖夫沙漠的哈特鲁里姆地层和位于德国巴伐利亚州豪岑贝格区附近的普法芬伦特(Pfaffenrenth)的石墨矿，也见于炉渣和水泥中。1959 年，J. M. 托尼迪(J. M. Tolliday)在《自然》(182)报道：β-Wollastonite的晶体结构。英文名称 Pseudowollastonite，由冠词“Pseudo(假的)”和根词“Wollastonite(硅灰石)”组合命名，意指与硅灰石相类似但又不是硅灰石的矿物。1959 年以前发现、描述并命名的“祖父级”矿物，IMA 承认有效。IMA 1962s. p. 批准。中文名称根据与硅灰石相类似的关系意译为假硅灰石(参见【硅灰石】条 267 页)。

【假金红石】

英文名 Pseudorutile

化学式 $Fe_2^{3+}Ti_3^{4+}O_9$ (IMA)

假金红石是一种铁、钛的氧化物矿物。六方晶系。晶体呈粒状。黑色、棕色、红色、灰色，半金属光泽，不透明；硬度 3.5。1966 年发现于澳大利亚南部艾尔半岛的南海王星

假金红石粒状晶体(澳大利亚)

(South Neptune)岛。英文名称 Pseudorutile，由冠词“Pseudo(假的)”和根词“Rutile(金红石)”组合命名，意指与金红石相似但又不是金红石的矿物。1966 年 G. 托伊费尔(G. Teufer)等在《自然》(211)报道为钛铁矿和金红石之间的中间新矿物。IMA 1994s. p. 批准。1999 年中国新矿物与矿物命名委员会黄蕴慧等在《岩石矿物学杂志》[18(1)]根据与金红石的相似性意译为假金红石。

【假孔雀石】

英文名 Pseudomalachite

化学式 $Cu_5(PO_4)_2(OH)_4$ (IMA)

假孔雀石柱状、叶片状晶体，球状集合体(德国、智利、斯洛伐克)

假孔雀石是一种含羟基的铜的磷酸盐矿物。与陆羟磷铜石(Ludjibaite)和羟磷铜石(Reichenbachite)为同质多象变体。单斜晶系。晶体呈柱状、叶片状、针状、纤维状，具双晶；集合体呈结核状、肾状、葡萄状、球状、块状、致密状、胶体状、放射状、晶簇状、串珠状、皮壳状。绿色、暗翠绿色、宝石绿色、暗绿色、黑绿色、蓝绿色，玻璃光泽，半透明；硬度 4.5～5，完全解理。1801 年发现于德国莱茵兰-普法尔茨州韦斯特林山县的维尔内贝格(Virneberg)矿。最早见于 1801 年德国化学家克拉普罗特(Klaproth)在 *Ges. nat. Freunde Berlin*，*N. Schr.* (3)报道称 Phosphorsaures Kupfer。1813 年在哥廷根《矿物学手册》(第三卷)载。英文名称 Pseudomalachite，由希腊文“ψευδής＝False＝Pseudo(假的、假冒的)”和根词“Malachite(孔雀石)”组合命名，意指与孔雀石相似但又不是孔雀石的矿物。1959 年以前发现、描述并命名的“祖父级”矿物，IMA 承认有效。同义词 Eudo-malachite，由“Eudo(假的、虚拟、伪)”和“Malachite(孔雀石)”组合命名(参见【孔雀石】条 414 页)。同义词 Dihydrite(翠绿磷铜矿)，意指二氢化物。同义词 Tagilite(纤磷铜矿)[$Cu_2(PO_4)(OH) \cdot H_2O$]，纤维状结核，绿色；硬度3～4，源于俄罗斯乌拉尔的下塔吉尔(Nizhny Tagil)。1846 年赫尔曼(Hermann)在莱比锡《化学实验杂志》(37)报道。中文名称根据与孔雀石的相似性意译为假孔雀石。

【假蓝宝石】

英文名 Sapphirine

化学式 $Mg_4(Mg_3Al_9)O_4[Si_3Al_9O_{36}]$ (IMA)

假蓝宝石是一种稀有的镁、铝的铝硅酸盐矿物。属假蓝宝石超族假蓝宝石族。单斜(三斜)晶系。晶体呈自形的板柱状、片状、他形粒状。呈浅蓝色、灰色或浅绿色、紫粉红色、褐绿及蓝色、黑色等，其特征与刚玉中的蓝色变种(蓝宝石)

假蓝宝石柱状、粒状晶体(马达加斯加)

相似,玻璃光泽,透明—半透明;硬度 7.5。1819 年首先发现于丹麦格陵兰塞梅索克(Sermersooq)岛努克市费申纳什(Fiskenæsset)的奥尔德(Old)旧港。1819 年施特罗迈尔(Stromeyer)在《物理学与化学年鉴》(63)和柏林魏德曼希 *Göttingische Gelehrte Anzeigen*(3)报道。英文名称 Sapphirine(False sapphire),由施特罗迈尔根据“Sapphire(蓝宝石)”的颜色命名,意为类似于蓝宝石般的颜色但又不是蓝宝石的矿物。1959 年以前发现、描述并命名的“祖父级”矿物,IMA 承认有效。中文名称根据与蓝宝石相似的颜色译为假蓝宝石。目前已知 Sapphirine 常见的多型有-1A(三斜)和-2M(单斜),还有-3A、-4M 和-5A 等。

【假劳埃石】

英文名 Pseudolaueite

化学式 $Mn^{2+}Fe_2^{3+}(PO_4)_2(OH)_2 \cdot 8H_2O$ (IMA)

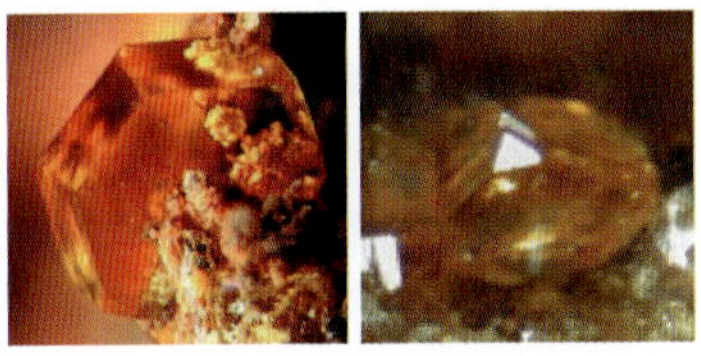

假劳埃石假六方厚板状、近于板柱状晶体(德国、美国)

假劳埃石与劳埃石族相关,但不是真正的多形矿物,因为劳埃石有 8 个水分子。与斯图尔特石或斜磷锰矿(Stewartite)和施特伦茨石(Strunzite)为同质多象。单斜晶系。晶体呈假六方厚板状、近于板柱状;集合体呈皮壳状。橙黄色—琥珀黄色,半玻璃光泽、树脂光泽,透明—半透明;硬度 3,脆性。1956 年发现于德国巴伐利亚州上普法尔茨行政区魏德豪斯的哈根多夫(Hagendorf)南伟晶岩。1956 年雨果·施特伦茨(Hugo Strunz)在德国《自然科学期刊》(43)和《美国矿物学家》(41)报道。英文名称 Pseudolaueite,由施特伦茨根据“Pseudo(假的)”和“Laueite(劳埃石)”组合命名,意指与劳埃石具有化学成分相似性但又不是劳埃石的多形矿物。1959 年以前发现、描述并命名的“祖父级”矿物,IMA 承认有效。中文名称根据与劳埃石的化学成分相似性意译为假劳埃石,有的根据对称性译为斜劳埃石(参见【劳埃石】条 436 页)。

【假马基铀矿*】

英文名 Pseudomarkeyite

化学式 $Ca_8(UO_2)_4(CO_3)_{12} \cdot 21H_2O$ (IMA)

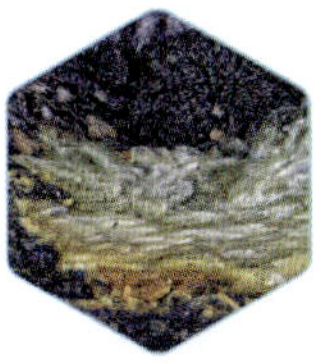

假马基铀矿* 片状晶体(美国)

假马基铀矿* 是一种含结晶水的钙的铀酰-碳酸盐矿物。它是目前已知的第十种碳酸钙铀酰矿物。单斜晶系。晶体呈片状,集合体呈平行排列状。淡黄色,玻璃光泽,透明。2018 年发现于美国犹他州圣胡安市红峡谷马基(Markey)矿。英文名称 Pseudomarkeyite,由冠词“Pseudo(假的)”和根词“Markeyite(马基铀矿*)”组合命名,意指它的化学成分、光学性质和晶体结构与马基铀矿* 相似但又不相同。IMA 2018-114 批准。2019 年 A. R. 坎普夫(A. R. Kampf)等在《CNMNC 通讯》(47)、《矿物学杂志》(83)和《欧洲矿物学杂志》(31)报道。目前尚未见官方中文译名,编译者建议根据意及与马基铀矿* 的关系译为假马基铀矿*。

【假硼铝镁石】

英文名 Pseudosinhalite

化学式 $Mg_2Al_3B_2O_9(OH)$ (IMA)

假硼铝镁石是一种含羟基的镁、铝的硼酸盐矿物。单斜晶系。晶体呈粒状、硼铝镁石的假象;集合体呈块状。无色,玻璃光泽,透明;脆性。1997 年发现于俄罗斯萨哈(雅库特)共和国阿尔丹地盾的泰耶日诺(Tayezhnoe)铁硼矽卡岩矿床。英文名称 Pseudosinhalite,由冠词“Pseudo(假的)”和根词“Sinhalite(硼铝镁石)”组合命名,意指它的化学成分、光学性质和晶体结构与硼铝镁石相似但又不相同。IMA 1997-014 批准。1998 年 W. 施赖尔(W. Schreyer)等在《矿物学与岩石学杂志》(133)报道。2003 年中国地质科学院矿产资源研究所李锦平等在《岩石矿物学杂志》[22(2)]根据意及与硼铝镁石的关系译为假硼铝镁石(参见【硼铝镁石】条 675 页)。

【假水镁铀矾】参见【马雷科特石*】条 577 页

【假像赤铁矿】参见【赤铁矿】条 91 页

【假铀铜矾】

英文名 Pseudojohannite

化学式 $Cu_3(OH)_2[(UO_2)_4O_4(SO_4)_2] \cdot 12H_2O$ (IMA)

假铀铜矾柱状晶体,放射状、晶簇状集合体(捷克)

假铀铜矾是一种含结晶水的水合铜的铀酰-氧-硫酸盐矿物。属水铀矾族。三斜晶系。晶体呈柱状、片状;集合体呈放射状、晶簇状。橄榄灰色、苔绿色,玻璃光泽,半透明;完全解理。2000 年发现于捷克共和国卡罗维发利州厄尔士山脉亚西莫夫的罗夫诺斯特(Rovnost)矿。英文名称 Pseudojohannite,由冠词“Pseudo(假)”和根词“Johannite(铀铜矾)”组合命名,意指它与铀铜矾外貌相似但又不是铀铜矾的矿物。IMA 2000-019 批准。2006 年 P. 翁德鲁谢(P. Ondruš)等在《美国矿物学家》(91)报道。中文名称根据意和与铀铜矾的关系译为假铀铜矾。

【假中沸石】

英文名 Pseudomesolite

化学式 $Na_2Ca_2(Al_2Si_3O_{10})_3 \cdot 8H_2O$

假中沸石是沸石族矿物之一。三斜晶系。晶体呈纤维状。白色;硬度 5,完全解理。最初的报道来自美国明尼苏达州库克县卡尔顿(Carlton)峰。英文名称 Pseudomesolite,由冠词“Pseudo(假的)”和根词“Mesolite(中沸石)”组合命名,意指似中沸石,而不是中沸石的矿物。中文名称意译为假中沸石。假中沸石属三斜晶系,而中沸石属单斜晶系,二者可能是同质二象关系。1985 年 R. 纳瓦兹(R. Nawaz)、J. 马龙(J. Malone)和 V. 迪恩(V. Din)在《矿物学杂志》(49)刊文指出:假中沸石就是中沸石(Pseudomesolite is mesolite)。1985 年被 IMA 废弃(参见【中沸石】条 1116 页)。

驾

[jià]形声；从马，加声。本义：以轭加于马上。用于中国地名。

【驾鹿矿】

汉拼名 Jialuite

化学式 $Bi_{38}CrO_{60}$

驾鹿矿是一种铋、铬的氧化物矿物。等轴晶系。晶体多为不规则粒状，偶见立方体微晶(0.05mm)。棕黑色，金属光泽，不透明；硬度 4，脆性。1983 年日托米尔斯基(Zhitomir-sKii)等在实验室条件下合成了立方晶体 $Bi_{38}CrO_{60}$。它在自然界首次发现于中国陕西省洛南县驾鹿金矿床。矿物名称以发现地中国驾鹿(Jialu)金矿命名。1997 年 2 月 24 日被中国新矿物及矿物命名专业委员会评审通过(97－01)批准上报 IMA。IMA 要求与日本软铋矿比较。2005 年周新春等在《新疆地质》(1)报道。

尖

[jiān]会意；从小，从大。一头小一头大为尖。本义：物体的末端细削而锐利。

【尖晶橄榄石】参见【林伍德石】条 452 页

【尖晶石】

英文名 Spinel

化学式 $MgAl_2O_4$　　(IMA)

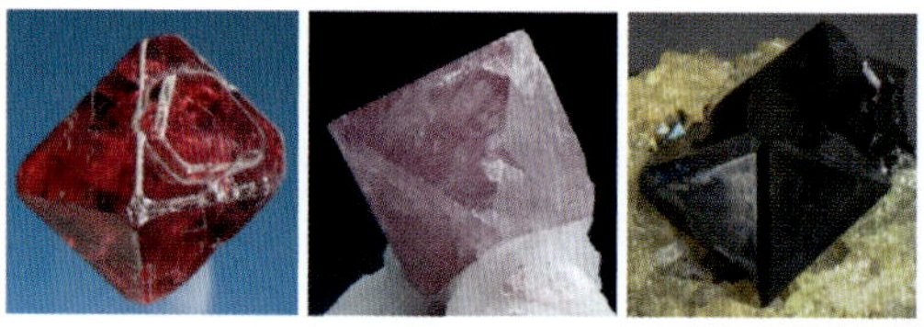

尖晶石八面体晶体(越南、意大利)

尖晶石矿物族名，是一类氧化物矿物的总称。化学通式 XY_2O_4，X、Y 可以是二价、三价或四价的阳离子，通常为镁、锌、铁、锰、铝、铬、钛等。等轴晶系。这类矿物一般结晶完好，晶体呈八面体或与菱形十二面体构成的聚形，常沿八面体方向按尖晶石律形成接触双晶，因它有 4 个尖锐的角顶，故名尖晶石。由于尖晶石族矿物的成分较为复杂，颜色多种多样，有红色、粉红色、紫红色、无色、蓝色、绿色、褐色、黑色等，玻璃光泽，透明—半透明；硬度 7.5～8，脆性。色泽美丽的可作宝石。

最早发现于 1546 年(?)，模式产地不详。英文名称 Spinel，一说 1779 年吉恩·德墨特尔(Jean Demeste)根据拉丁文"Spinells"或"Spina"命名，它们的意思是"荆棘"，使人联想到尖晶石晶体的尖锐的顶角。另一说，源自古希腊文转换而来的"Spintharis"，意指它有着明亮的红色，可能是指镁尖晶石(Spinel，$MgAl_2O_4$)呈红宝石色。1959 年以前发现、描述并命名的"祖父级"矿物，IMA 承认有效。

按成分分为尖晶石亚族：包括镁尖晶石(Spinel，$MgAl_2O_4$)、铁尖晶石(Hercynite，$Fe^{2+}Al_2O_4$)、锌尖晶石(Gahnite，$ZnAl_2O_4$)、锰尖晶石(Galaxite，$MnAl_2O_4$)等；磁铁矿亚族(Magnetite series)：包括镁铁矿(Magnesioferrite，$MgFe_2^{3+}O_4$)、磁铁矿(Magnetite，$Fe^{2+}Fe_2^{3+}O_4$)、磁赤铁矿(Maghemite，γ-$Fe_2^{3+}O_3$)、钛铁尖晶石(Ulvöspinel，$Fe_2^{2+}TiO_4$)、锌铁尖晶石(Franklinite，$ZnFe_2^{3+}O_4$)、锰铁矿(Jacobsite，$MnFe_2^{3+}O_4$)、镍磁铁矿(Trevorite，$NiFe_2^{3+}O_4$)等；铬铁矿亚族(Chromite series)：包括镁铬铁矿(Magnesiochromite，$MgCr_2O_4$)、铬铁矿(Chromite，$Fe^{2+}Cr_2O_4$)等(参见相关条目)。

碱

[jiǎn]形声；从石，从咸。"碱"为"鹼"的俗字。"鹼"已简化为硷。而硷、鹻、堿、鹹、硷为过去俗用过的杂字。①化学上称能在水溶液中电离而生成氢氧离子(OH^-)的化合物，如氢氧化钠等。②专指纯碱碳酸钠(苏打)。③碱金属钾、钠。

【碱】

英文名 Natron

化学式 $Na_2(CO_3)\cdot10H_2O$　　(IMA)

碱柱状晶体，粉状、块状集合体(美国、加拿大)

碱的广义是指含氢氧根的化合物的统称。这里的"碱"专指纯碱(苏打)，它是一种含结晶水的钠的碳酸盐矿物。单斜晶系。晶体呈板状、粒状、柱状；集合体呈皮壳状、粉状、块状。无色—白色，不纯时呈灰色—黄色，玻璃光泽，透明—半透明；硬度 1～1.5，脆性；易溶于水，有涩味，遇酸起泡。中国古代先民认识、利用碱的历史悠久，汉字有硷、鹻、堿、咸等。"碱(鹼)"音有二：音咸者，润下之味；音减者，盐土之名。后人作碱、作鹻，是矣(《本草纲目》)。

古埃及把碱用于葬礼仪式(保护木乃伊)已有数千年的历史，罗马人用于制作陶瓷和玻璃至少始于公元 640 年。1702 年德国化学家施塔尔把"碱"分成天然的和人造的两种，即碱(碳酸钠)和钾灰(碳酸钾)。19 世纪初，意大利物理学家 A. G. 伏特(A. G. Volta，1745—1827)发明电池后，各国化学家纷纷利用电池分解研究物质成分，英国化学家 H. 戴维(H. Davy，1778—1829)是这方面的杰出代表，他在 1807 年 10 月 6 日用电解法发现了金属钾，几天之后，用电解苏打的方法得到金属钠。因为钠是在天然碱苏打(Soda)中发现的，所以钠的英文名称 Sodium 源于"Soda(苏打)"。钠元素名称 Natron 和元素符号"Na"源自医学拉丁文 Natrium，意为"头痛药"。英文名称 Natron，与法文同源于西班牙文"Natrón"，它们又源于希腊文"ν ί τρον"。最古老的词源是古埃及"N ṯ ry"一词，由此衍生出"Natron"词，它是指埃及"Wadi El Natrun"或天然碳酸钠山谷(Natron Valley)。归根结底，英文名称 Natron，来源于古埃及最早发现地埃尔纳特伦溪谷(Wadi El Natrun)。1747 年在斯德哥尔摩《矿物学或矿物界》(*Mineralogia，eller Mineralriket*)刊载。又见于 1783 年罗马·莱尔(de Lisle，Romé)《晶体》(第四卷，巴黎：1)称碱固定矿物晶体(Cristaux d'alkali fixe minéral)。R. J. 阿羽伊(R. J. Haüy，1801)在《矿物学教科书》(第一卷，第一版，巴黎：2)称碳酸苏打(Souda carbonatée)；1824 年 F. 莫斯(F. Mohs)在《矿物学概论》(第二卷，德累斯顿)称半柱状钠盐(Hemiprismatisches Natronsalz)。1959 年以前发现、描述并命名的"祖父级"矿物，IMA 承认有效。IMA 1967s. p. 批准。中文名称意译为碱或因遇酸起泡又译为泡碱。

【碱钒石】

英文名 Bannermanite

化学式 $(Na,K)_xV_x^{4+}V_{6-x}^{5+}O_{15}$ $(0.5<x<0.9)$　　(IMA)

碱钒石是一种钠、钾的钒酸盐矿物。单斜晶系。晶体

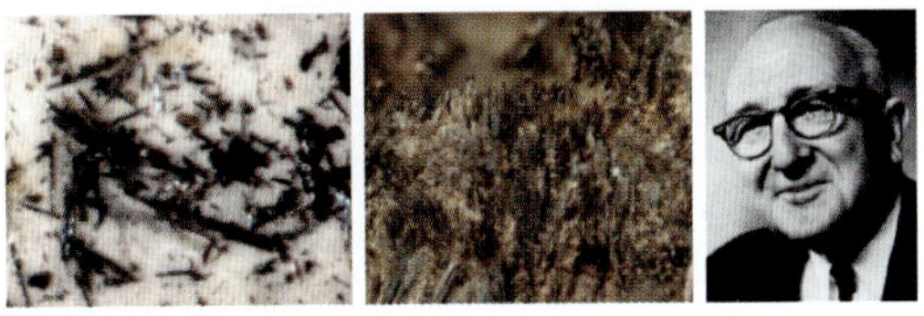

碱钒石板条状晶体，丛状集合体（希腊）和班纳曼像

呈扁平细长的自形、半自形板条状；集合体呈丛状、束状、杂乱状、皮壳状。黑色，薄边缘呈浅棕色，金属—半金属光泽，不透明；完全解理，脆性。1980 年发现于萨尔瓦多松索纳特省伊萨尔科（Izalco）火山玄武岩火山锥的含钒升华喷气孔。英文名称 Bannermanite，以美国地质调查局经济地质学家和新罕布什尔州汉诺威达特茅斯学院教授哈罗德·麦科尔·班纳曼（Harold MacColl Bannerman，1897—1976）博士的姓氏命名。IMA 1980 - 010 批准。1983 年 J. M. 休斯（J. M. Hughes）等在《美国矿物学家》（68）报道。1985 年中国新矿物与矿物命名委员会郭宗山等在《岩石矿物及测试》[4(4)]根据成分译为碱钒石。

【碱硅钙石】参见【碳硅碱钙石】条 920 页

【碱硅钙钇石】参见【硅碱钙钇石】条 269 页

【碱硅镁石】

英文名 Roedderite

化学式 $KNaMg_2(Mg_3Si_{12})O_{30}$ （IMA）

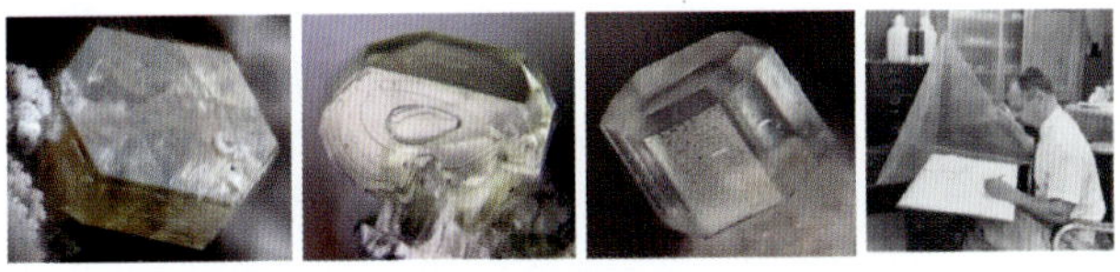

碱硅镁石六方厚板状、柱状晶体（西班牙、德国）和勒德像

碱硅镁石是一种钾、钠、镁的镁硅酸盐矿物，为陨石矿物。属大隅石族。六方晶系。晶体呈六方厚板状、柱状。无色、蓝色、绿色、黄色或红棕色，玻璃光泽，透明—半透明；硬度5～6。发现于阿塞拜疆阿格贾贝迪区舒沙的因达尔赫（Indarch）陨石。英文名称 Roedderite，以美国地质调查局世界著名经济地质学家埃德温·伍兹·勒德（Edwin Woods Roedder，1919—2006）的姓氏命名。勒德研究了 K_2O-FeO-MgO-SiO_2 系统中液相线之间的关系，发现了不同的液态不混溶现象，此研究成果长期为一些岩石学家不认可，直到阿波罗号宇航员从月球带回月岩样品，不混溶现象终被事实所证实。这项伟大的贡献使勒德获得了美国矿物学会 1986 年度罗布林奖章（Roebling Medal）和 1988 年彭罗斯（Penrose Medal）勋章，并担任美国矿物学协会主席。此外，勒德还创立了地质科学的一个重要分支学科——流体包裹体，许多人尊他为“流体包裹体研究之父”。他一生著述 400 余篇，重要著作《流体包裹体》（*Fluid Inclusions*）于 1984 年发表。他的学生加拿大魁北克大学终身教授、中国科学院贵阳地球化学研究所研究员卢焕章先生等于 1985 年将该著作翻译成中文，题目为《流体包裹体》。IMA 1965 - 023 批准。1966 年 L. H. 富克斯（L. H. Fuchs）等在《美国矿物学家》（51）报道。中文名称根据成分译为碱硅镁石，也译为硅碱铁镁石；因与大隅石结构相同，也根据英文名称第一个音节的音和成分译为罗镁大隅石或镁碱大隅石。

【碱硅锰钛石】参见【硅钾锰铌钛石】条 267 页

【碱硅钛铁石】

英文名 Neskevaaraite-Fe

化学式 $NaK_3Fe(Ti,Nb)_4(Si_4O_{12})_2(O,OH)_4 \cdot 6H_2O$ （IMA）

碱硅钛铁石柱状晶体（俄罗斯）

碱硅钛铁石是一种含结晶水、羟基和氧的钠、钾、铁、钛、铌的硅酸盐矿物。属硅钛钾钡矿超族硅碱锰铌钛石族。单斜晶系。晶体呈柱状。浅黄色、黄褐色，玻璃光泽，透明—半透明；硬度 5，脆性。2002 年发现于俄罗斯东部摩尔曼斯克州武里亚尔维（Vuoriyarvi）碱性—超碱性岩体所在的涅斯科瓦拉（Neskevaara）山。英文名称 Neskevaaraite-Fe，根词以发现地俄罗斯的涅斯科瓦拉（Neskevaara）山，加占优势的铁后缀- Fe 组合命名。IMA 2002 - 007 批准。2003 年 N. V. 丘卡诺夫（N. V. Chukanov）等在《矿物新数据》（38）报道。2008 年中国地质科学院地质研究所任玉峰等在《岩石矿物学杂志》[27(2)]根据成分译为碱硅钛铁石。

【碱硅铁锂石】参见【钠锂大隅石】条 637 页

【碱钾钙霞石】参见【氯碱钙霞石】条 555 页

【碱锂钛锆石】参见【锆锂大隅石】条 242 页

【碱磷钙锰铁矿】参见【钙磷铍锰矿】条 221 页

【碱菱沸石】

英文名 Herschelite

化学式 $(Na_3K)[Al_4Si_8O_{24}] \cdot 11H_2O$

碱菱沸石六方板状、板状晶体（美国）和赫歇尔像

碱菱沸石是一种含沸石水的钠、钾的铝硅酸盐矿物。属沸石族菱沸石-插晶菱沸石系列。三方晶系。晶体呈六方小板状；集合体呈板状。无色、白色，玻璃光泽，透明—半透明；硬度 4～5，脆性。最初的报告来自意大利卡塔尼亚省埃特纳火山杂岩体的鲁佩（Rupe）。英文名称 Herschelite，1825 年以英国天文学家约翰·弗雷德里克·威廉·赫歇尔（John Frederick William Herschel，1792—1871）爵士的姓氏命名。早在 1788 年或 1792 年 L. 博斯克·德·安蒂奇（L. Bosc d Antic）在《自然历史杂志》（2）描述为“Chabazie（菱沸石）”，显然这是错误的。1962 年 B. 梅森（B. Mason）在《美国矿物学家》（47）指出 Herschelite 是一个有效的矿物种。1970 年在《美国矿物学家》（55）报道。1997 年经 IMA 沸石小组委员会将 Herschelite 更名为 Chabazite-Na。IMA 1997s. p. 批准。中文名称根据钠、钾碱和与菱沸石的关系译为碱菱沸石（参见【菱沸石-钠】条 488 页），也有的译为钠斜沸石。

【碱镁闪石】

英文名 Richterite

化学式 $Na(NaCa)Mg_5Si_8O_{22}(OH)_2$ （IMA）

碱镁闪石是一种 A 位钠、C 位镁和 W 位羟基的硅酸盐矿物。属角闪石超族 W 位羟基、氟、氯占优势的闪石族钠

碱镁闪石柱状晶体（阿富汗）和里克特像

钙角闪亚族锰闪石根名族。单斜晶系。晶体呈长柱状、纤维状、石棉状，具简单或聚片双晶。棕色、黄色、棕红色、灰褐色、淡绿色—深绿色，新鲜面上呈玻璃光泽，透明—半透明；硬度5～6，完全解理。1865年发现于瑞典韦姆兰省菲利普斯塔德市朗班（Långban）；同年，布赖特豪普特在《矿物学研究》（25）和 *Berg-und Huttenmannische Zeitung*（24）报道。英文名称Richterite，1865年由约翰·弗里德里希·布赖特豪普特（Johann Friedrich August Breithaupt）为纪念希罗尼穆斯·西奥多·里克特（Hieronymus Theodor Richter，1824—1898）而以他的姓氏命名。里克特是弗赖伯格矿业和技术大学的化学教授，是化学元素铟的发现者之一。1959年以前发现、描述并命名的"祖父级"矿物，IMA承认有效。IMA 2012s. p. 批准。中文名称根据成分及与闪石的关系译为碱镁闪石或碱锰闪石或锰闪石，也译作钠透闪石。

【碱硼硅石】

英文名 Poudretteite

化学式 $KNa_2(B_3Si_{12})O_{30}$ （IMA）

碱硼硅石柱状晶体（缅甸）

碱硼硅石是一种钾、钠的硼硅酸盐矿物。属大隅石族。六方晶系。晶体呈柱状；集合体呈晶簇状。无色、淡粉色，玻璃光泽，透明；硬度5，脆性。可做宝石材料，比钻石还稀有。1986年发现于拿大魁北克省的圣希莱尔（Saint-Hilaire）山混合肥料采石场。英文名称Poudretteite，由混合肥料家族（Poudrette family），即原来的采石场业主和运营商R. 庞德雷（R. Poudrette））的姓氏命名。原来的混合肥料采石和运营联合体成立于1959年，从1992年到2007年混合肥料采石场扩大为单一实体，它包括原来全部的分场和被他收购的前国营的采石场。混合肥料采石场是世界上最伟大的矿物宝藏，在这里发现超过60个矿物种。混合肥料家族慷慨地允许外人进入他们的采石场参观和访问，这对圣希莱尔山的矿物学研究做出了很大的贡献。IMA 1986－028批准。1987年J. D. 格莱斯（J. D. Grice）等在《加拿大矿物学家》（25）报道。1989年中国新矿物与矿物命名委员会郭宗山在《岩石矿物学杂志》[8(3)]根据成分译为碱硼硅石，有的根据成分及族名译为硼碱大隅石，以及硅硼钾钠石。2011年杨主明在《岩石矿物学杂志》[30(4)]建议音译为庞德雷石。

【碱钛铌矿】参见【等轴钠铌矿】条118页

【碱铁矾】

英文名 Ungemachite

化学式 $K_3Na_8Fe^{3+}(SO_4)_6(NO_3)_2 \cdot 6H_2O$ （IMA）

碱铁矾是一种含结晶水的钾、钠、铁的硝酸－硫酸盐矿物。属碱铁矾族。三方晶系。晶体呈扁平厚板状、圆粒状，有超过20种的其他单形。无色、灰黄色，玻璃光泽，透明；硬度2.5，完全解理，脆性。1936年发现于智利洛阿省卡拉马市丘基卡马塔（Chuquicamata）矿；同年，在《美国矿物学家》（第二部分：2）和1938年M. A. 帕科克（M. A. Peacock）等在《美国矿物学家》（23）报道。英文名称Ungemachite，以比利时矿物学家、结晶学家亨利-莱昂·翁格马赫（Henri-Léon Ungemach，1880—1936）的姓氏命名。他从1919年到1934年担任法国矿物学会秘书。1959年以前发现、描述并命名的"祖父级"矿物，IMA承认有效。中文名称根据成分译为碱铁矾；根据颜色和成分译为黄铁矾；根据菱面体类和成分译为菱碱铁矾。

碱铁矾圆粒状晶体（智利）和翁格马赫像

【碱铜矾】

英文名 Euchlorine

化学式 $KNaCu_3O(SO_4)_3$ （IMA）

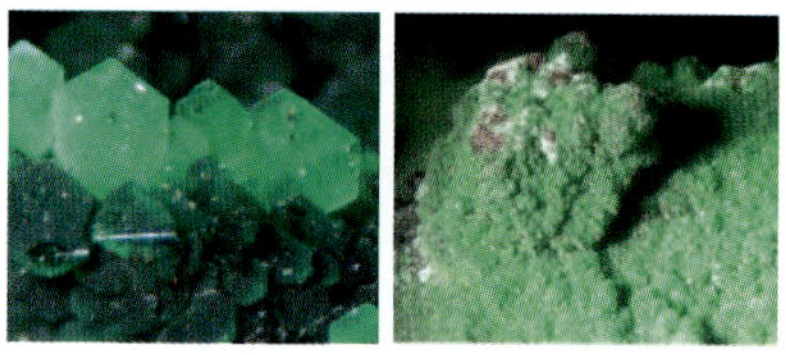

碱铜矾六方片状晶体，皮壳状集合体（俄罗斯）

碱铜矾是一种钾、钠、铜氧的硫酸盐矿物。属碱铜矾族。单斜晶系。晶体呈略长的六方片状；集合体呈皮壳状。翡翠绿色，透明；完全解理。1869年发现于意大利那不勒斯省维苏威（Vesuvius）火山。英文名称Euchlorine，1869年由A. 斯卡基（A. Scacchi）根据希腊文"εὖ χλωρos＝Euclorina＝Pale green（淡绿色）"命名，意指它的颜色。1884年斯卡基在《那不勒斯物理和数学科学院文献》（23）报道。1959年以前发现、描述并命名的"祖父级"矿物，IMA承认有效。中文名称根据成分译为碱铜矾。

【碱柱晶石】

英文名 Prismatine

化学式 $(Mg,Al,Fe)_6Al_4(Si,Al)_4(B,Si,Al)(O,OH,F)_{22}$ （IMA）

碱柱晶石长柱状晶体（德国）

碱柱晶石是一种含羟基、氟的镁、铝、铁的硼铝硅酸盐矿物。斜方晶系。晶体呈柱状、纤维状。黑色、褐色，玻璃光泽；硬度6.5～7，完全解理。1886年发现于德国萨克森州的瓦尔德海姆（Waldheim）附近麻粒岩露头被开劈的掌子面。1886年A. 萨奥尔（A. Sauer）在《德国地质学会杂志》（38）报道。英文名称Prismatine，因矿物晶体呈棱柱状（Prismatic）而得名。1959年以前发现、描述并命名的"祖父级"矿物，IMA承认有效。IMA 1996s. p. 批准。在早期的西方文献中，Komerupine和Prismatine是同一矿物的两个名称，并以前者为主；早期的汉译者认为二者含义等同，均译为"柱晶石"，其实二者是有区别的，故《系统矿物学》（潘兆橹等，1984）根据其中的钠碱质译作"碱柱晶石"以示与前者区别（参见【柱晶石】条1119页）；《英汉矿物种名称》（2017）译为硼柱晶石。

J

建 [jiàn]会意；从廴(yǐn)，从聿(意为律)。本义：立朝律。引申义：建立、创设。用于中国地名。

【建水矿】

汉拼名 Jianshuiite

化学式 $MgMn_3^{4+}O_7 \cdot 3H_2O$　(IMA)

建水矿是一个含结晶水的镁、锰的氧化物矿物，黑锌锰矿族镁端元的新矿物。属黑锌锰矿族。三斜晶系。晶体呈细小板片状和鳞片状；集合体呈疏松多孔状或块状。棕色—棕黑色，金属光泽，不透明；硬度1.5～2。1985年，云南省地质矿产局测试中心严桂英等在对中国云南省红河自治州建水县白显锰矿床芦寨矿区卢村锰矿"偏锰酸矿"(按新矿物及矿物命名委员会审定且为科学出版社出版的《英汉矿物种名称》译为水羟锰矿)进行研究时，发现一种镁的含结晶水的锰氧化物矿物，以发现地中国建水(Jianshui)县命名为建水矿。IMA 1990－019批准。1992年严桂英等在《矿物学报》[12(1)]和1994年《美国矿物学家》(79)报道。

剑 [jiàn]剑，是一种冷兵器。剑短兵器，开双刃身直头尖。用于比喻矿物的形态。

【剑石*】

英文名 Espadaite

化学式 $Na_4Ca_3Mg_2[AsO_3(OH)]_2[AsO_2(OH)_2]_{10}(H_2O)_6 \cdot H_2O$　(IMA)

剑石*是一种含结晶水的钠、钙、镁的氢亚砷酸-氢砷酸盐矿物。斜方晶系。晶体呈拉长的叶片状，长0.2mm；集合体呈风扇形、放射状、无序状。无色，玻璃光泽，透明；硬度2，完全解理，脆性。2018年发现于智利伊基克省的托雷西利亚斯(Torrecillas)矿。英文名称Espadaite，这个名字来源于西班牙文"Espada"，音译埃斯帕达，意为剑，暗指矿物晶体形态。IMA 2018－089批准。2018年A. R. 坎普夫(A. R. Kampf)等在《CNMNC通讯》(46)、《矿物学杂志》(82)和《欧洲矿物学杂志》(30)报道。目前尚未见官方中文译名，编译者建议意译为剑石*。

箭 [jiàn]箭，又名矢，是一种具有锋刃的兵器。也指宝剑。用于比喻矿物的形态。

【箭石】

英文名 Gladiusite

化学式 $Fe_2^{3+}Fe_4^{2+}(PO_4)(OH)_{11} \cdot H_2O$　(IMA)

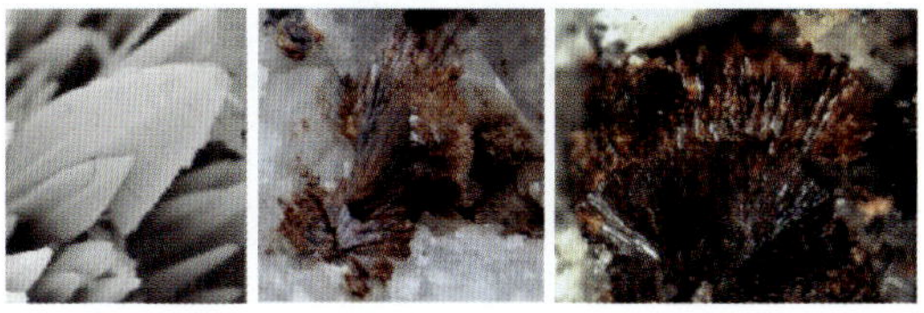

箭石箭状(电镜)、针状晶体，放射状集合体(俄罗斯)

箭石是一种含结晶水和羟基的铁的磷酸盐矿物。单斜晶系。晶体呈箭状、针状；集合体呈放射状。暗绿色，近黑色，玻璃光泽，半透明—不透明；硬度4～4.5，脆性。1998年发现于俄罗斯东部科拉半岛科夫多尔(Kovdor)地块碱性岩体。英文名称Gladiusite，以晶体形态"Gladius(双刃剑、短剑、拉丁剑)命名。IMA 1998－011批准。2000年R. P. 李费拉维奇(R. P. Liferovich)等在《加拿大矿物学家》(38)报道。2003年中国地质科学院矿产资源研究所李锦平等在《岩石矿物学杂志》[22(1)]根据晶体习性译为箭石。

桨 [jiǎng]形声；从木，将声。本义：划船用具。桨轮：推动舰船运动的螺旋桨。用于比喻矿物的结构。

【桨轮铀矿*】

英文名 Paddlewheelite

化学式 $MgCa_5Cu_2(UO_2)_4(CO_3)_{12}(H_2O)_{33}$　(IMA)

桨轮铀矿*片状晶体(捷克)和桨轮结构单元图

桨轮铀矿*是一种含结晶水的镁、钙、铜的铀酰-碳酸盐矿物。单斜晶系。晶体呈片状。蓝绿色，半金刚光泽，透明；硬度2，完全解理，脆性。2018年发现于捷克共和国卡洛夫艾尼基特(Einigkeit)矿克莱蒙特(Klement)矿脉。英文名称Paddlewheelite，以其独特的"Paddle-wheel(桨轮)"结构命名，其组件包括方形锥形铜"Axles(轮轴)"和立方钙离子"Gearbox(齿轮箱)"结合的三碳酸铀酰$[(UO_2)(CO_3)_3]$单元组成的桨轮簇。IMA 2017－098批准。2018年T. A. 奥尔德斯(T. A. Olds)等在《CNMNC通讯》(41)、《欧洲矿物学杂志》(30)和《矿物》(8)报道。目前尚未见官方中文译名，编译者建议根据独特的结构和成分译为桨轮铀矿*。

交 [jiāo]象形；小篆字形，像人两腿交叉形。本义：交叉。用于描述矿物双晶的形态。

【交沸石】

英文名 Harmotome

化学式 $Ba_2(Si_{12}Al_4)O_{32} \cdot 12H_2O$　(IMA)

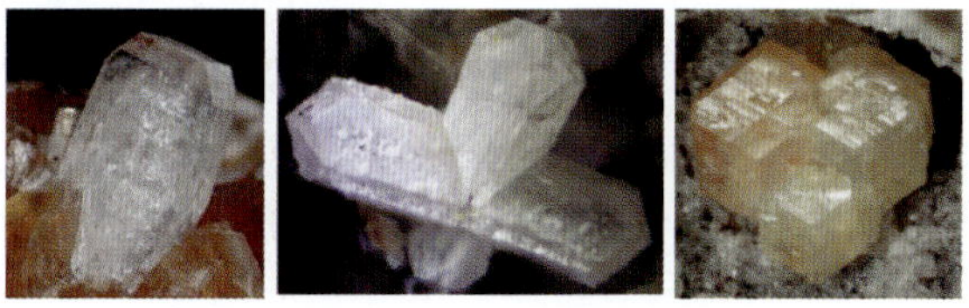

交沸石柱状和十字双晶、假立方体晶体(英国、德国、意大利)

交沸石是一种含沸石水的钡的铝硅酸盐矿物。属沸石族十字沸石亚族。单斜晶系。晶体呈柱状、板状，常呈十字交叉双晶，而具有假斜方或假立方的外形。无色、白色、灰色、淡黄色、淡红色、淡褐色，玻璃光泽，透明—半透明；硬度4～5，完全解理，脆性，密度2.41～2.47g/cm³。最早见于1797年M. H. 克拉普罗特(M. H. Klaproth)在德国柏林罗特曼《化学知识对矿物学的贡献》(第二卷)报道。1801年发现于德国下萨克森州哈尔茨山圣安德烈斯伯格区的圣安德烈斯伯格(St Andreasberg)。英文名称Harmotome，1801年R. J. 阿羽伊(R. J. Haüy)将巴黎《矿物表》转自法文，又来自希腊文"Κονό＝Joint＝Harmo(s)(联合)"和"Cutting＝Tomos＝Tome(切割、穿插)"组合命名，指其晶体联合交叉形成十字形穿插双晶。1959年以前发现、描述并命名的"祖父级"矿物，IMA承认有效。IMA 1997s. p. 批准。中文名称根据十字形穿插双晶及族名译为交沸石；根据成分、密度及特征双晶译为钡十字石/重十字石。

胶 [jiāo]形声；从月，交声。膈肉。古代"胶"用动物的皮煮制而成，所以从"肉"。本义：黏性物质，用动物的皮角或树脂制成。胶体(Colloid)又称胶状分散体,它包括两种不同状态的物质,一种分散相,另一种分散连续相。分散相的一部分是由微小的粒子或液滴所组成,大小介于1～100nm之间,且几乎遍布在整个连续相态中,是一种均匀混合物。用于描述矿物的结晶状态。

【胶锆石】

英文名 Gelzircon

化学式 $ZrSiO_4 \cdot nH_2O$

胶锆石是锆石的胶体态变种。非晶质,胶状集合体呈细小粒状凝胶块。黄色、褐色、灰色、白色,无色透明;硬度小。英文名称 Gelzircon,由"Gel(凝胶、胶体)"和"Zircon(锆石)"组合命名,意指胶体状的锆石。中文名称根据形态和成分译为胶锆石。同义词 Arshinovite,以俄罗斯人阿申诺夫(Arshinov)的姓氏命名。中文名称音译为阿申诺夫石。此矿物存争议。

【胶硅锰矿】

英文名 Penwithite

化学式 $MnSiO_3 \cdot 2H_2O$

胶硅锰矿是一种含胶体水的锰的硅酸盐矿物,是硅锰矿的胶体变种。非晶质,集合体呈块状。暗琥珀色—红褐色,玻璃光泽;硬度 3.5。1878 年 J. H. 柯林斯(J. H. Collins)发现于英国西康沃尔(West Cornwall)郡的彭威思(Penwith)处。英文名称 Penwithite,以发现地英国的彭威思(Penwith)地名命名。现废弃。被视为 Neotocite(水锰辉石)的同义词。中文名称根据形态和成分译为胶硅锰矿(参见【水锰辉石】条 855 页)。

【胶硅铍石】

英文名 Gelbertrandite

化学式 $Be_4(Si_2O_7)(OH)_2$

胶硅铍石是一种玻璃状胶体形式的羟硅铍石(Bertrandite)。偏胶体、似玻璃状。淡紫色,玻璃光泽;硬度 4。最初的描述来自俄罗斯北部摩尔曼斯克州洛沃泽罗(Lovozero)地块。英文名称 Gelbertrandite,由冠词"Gel(胶体)"和根词"Bertrandite(羟硅铍石)"组合命名。中文名称根据结晶形态和与羟硅铍石的关系译为胶硅铍石。

【胶硅钍钙石】参见【钍菱黑稀土矿】条 970 页

【胶辉锑矿】

英文名 Metastibnite

化学式 Sb_2S_3　　(IMA)

胶辉锑矿块状集合体(美国)

胶辉锑矿是一种锑的硫化物矿物。与辉锑矿呈同质多象。非晶质。集合体呈块状、钟乳状、皮壳状、葡萄状、粉末状。红紫色、红灰色,半金属光泽,半透明;硬度 2～3。1888 年发现于美国内华达州瓦肖县斯廷博特斯普林斯区斯廷博特(Steamboat)。1888 年 G. F. 贝克尔(G. F. Becker)在《美国哲学学会会刊》(25)报道。英文名称 Metastibnite,由冠词"Meta(变)"和根词"Stibnite(辉锑矿)"组合命名,意指与辉锑矿呈同质多象关系。1959 年以前发现、描述并命名的"祖父级"矿物,IMA 承认有效。中文名称根据结晶形态和与辉锑矿的关系译为胶辉锑矿。

【胶磷钙锰矿】

英文名 Robertsite

化学式 $Ca_2Mn_3^{3+}O_2(PO_4)_3 \cdot 3H_2O$　　(IMA)

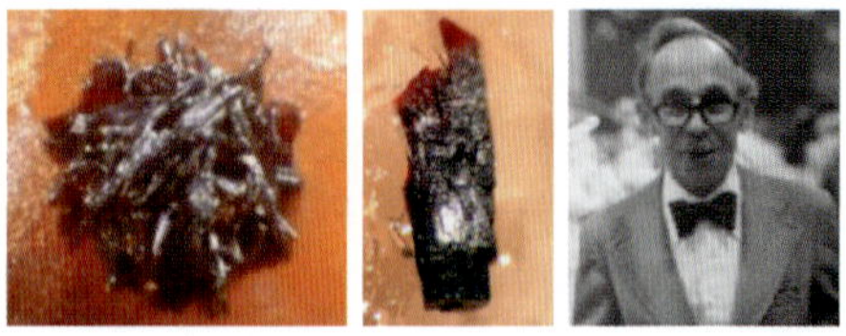

胶磷钙锰矿板状晶体,放射状集合体(美国)和罗伯特像

胶磷钙锰矿是一种含结晶水的钙、锰氧的磷酸盐矿物。与胶磷钙铁矿为等结构,属胶磷钙铁矿族。与副水磷钙锰石(Pararobertsite)为同质多象。单斜晶系。晶体呈板状或楔形,若很厚的板状则呈假菱面体,具双晶;集合体常呈放射状、羽毛状、葡萄状、块状。红色、红褐色、深红色、青铜色的棕色—亮黑色,蜡状光泽、油脂光泽、珍珠光泽,半透明;硬度 3.5,极完全解理。1973 年保罗·布莱恩·摩尔(Paul Brian Moore)和伊藤顺(Jun Ito)发现于美国南达科他州卡斯特县卡斯特矿区福迈尔(Fourmile)花岗伟晶岩山顶矿;他们于 1974 年在《美国矿物学家》(59)报道。英文名称 Robertsite,由保罗·布赖恩·摩尔(Paul Brian Moore)和伊藤顺(Jun Ito)为纪念威拉德·"比尔"·林肯·罗伯特(Willard"Bill" Lincoln Roberts,1923—1987)教授而以他的姓氏命名。IMA 1973-024 批准。比尔是南达科塔矿业学院矿物学教授和矿物博物馆馆长,他在黑山花岗伟晶岩的磷酸盐矿物研究方面有很大的影响。他与很多矿物学家,包括玛丽·摩尔斯(Mary Mrose)、保罗·摩尔(Paul Moore)和伊藤顺(Jun Ito)合作研究了大约 20 种磷酸盐矿物,这些矿物是由不同的作者描述的。比尔是《黑山矿物学和矿物百科全书(第一版)》的资深作者。中文名称根据成分译为胶磷钙锰矿;《英汉矿物种名称》(2017)译为水磷钙锰矿。

【胶磷钙铁矿】

英文名 Mitridatite

化学式 $Ca_2Fe_3^{3+}O_2(PO_4)_3 \cdot 3H_2O$　　(IMA)

胶磷钙铁矿假六边形晶体(美国)

胶磷钙铁矿是一种含结晶水的钙、铁氧的磷酸盐矿物。属胶磷钙铁矿族。单斜晶系。罕见的晶体是假六边形,通常是扁平的和具有圆形边缘;集合体呈块状、结节状、结壳状和小环状、粉状、致密状和胶状。青铜红色、棕绿色、黄绿色、橄榄绿色、褐绿色等,金刚光泽、蜡状光泽、油脂光泽、泥土光泽,半透明—不透明;硬度 2.5,完全解理,脆性。最早见于 1910 年波波夫(Popov)的报道。1914 年由 P. A. 维琴科(P. A. Dvoichenko)发现于乌克兰克里米亚州刻赤半岛刻赤市的密特里达特(Mithridat)山克钦斯基(Kerchenskyi)铁矿。维琴科(Dvoichenko)在 *Zapiski Krymskogo Obshchestva Estestvoispytatelei*(4)报道。英文名称 Mitridatite,由维琴科(Dvoichenko)以发现地俄罗斯密特里达特(Mithridat)山命

名。1959 年以前发现、描述并命名的“祖父级”矿物，IMA 承认有效。中文名称根据结晶形态和成分译为胶磷钙铁矿；《英汉矿物种名称》(2017)根据晶系和成分译为斜磷钙铁矿。

【胶磷矿】

英文名 Collophane

化学式 $Ca_3P_2O_8 \cdot H_2O$

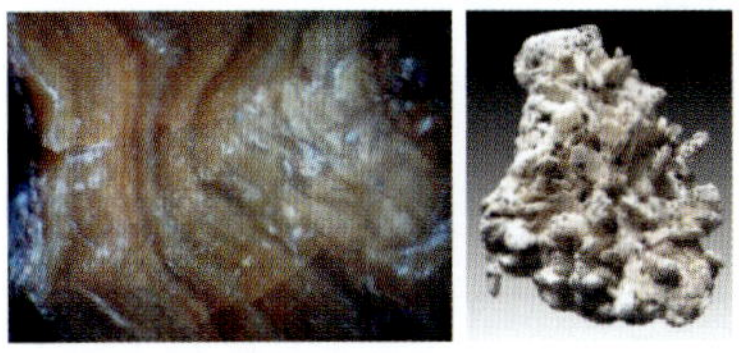

胶磷矿层状、骨骼状集合体(美国、墨西哥)

胶磷矿是一种含结晶水的钙的磷酸盐矿物。集合体多呈似蛋白石状、层状、块状，有时呈结核状、球粒状或粉末状、骨骼状等，具鲕粒结构。无色、白色、黄色、褐色或灰白色等，玻璃光泽、松脂光泽；硬度 3.5。1912 年前认为胶磷矿是一种非晶质的钙的磷酸盐矿物。1912 年劳埃采用伦琴射线研究矿物内部结构，发现胶磷矿是结晶的非均质体，内部质点排列遵循晶体所共有的空间格子规律。目前对其认识已趋统一，普遍认为胶磷矿主要是由超微粒状碳氟磷灰石、羟磷灰石组成。英文名称 Collophane，于 1870 年由卡尔·路德维希·弗里多林·冯·桑德伯格(Karl Ludwig Fridolin von Sandberger)在德国斯图加特海德堡《矿物学、地质学和古生物学新年鉴》(308)报道。他是根据希腊文“κολλα＝Glue＝Collo(胶)”和“φαινεσθαι＝Appear＝Phan(表象，显像)”命名，指矿物的外观呈“凝胶”或“胶状”的意思。中文名称根据形态和成分译为胶磷矿。

【胶磷铁矿】

英文名 Delvauxite

化学式 $CaFe^{3+}_4(PO_4)_2(OH)_8 \cdot 4\sim5H_2O$ (IMA)

胶磷铁矿结核状集合体(比利时)和德尔沃像

胶磷铁矿是一种含结晶水和羟基的钙、铁磷酸盐矿物。非晶质，集合体呈结核状、葡萄状、钟乳状。栗褐色、黄棕色—深棕色，玻璃光泽、油脂光泽，不透明—半透明；硬度 2.5。1836 年由比利时化学家、地质学家安德烈·杜蒙特(André Dumont)第一次发现并描述于比利时列日省贝尔瑙的沙托(Château de Berneau)和捷克共和国中部地区；同年，P. 伯蒂尔(P. Berthier)在《矿山年鉴》(9)称 Foucherite(土磷铁钙矿)。1838 年让·查尔斯·菲利普·约瑟夫·德尔沃·德芬菲(Jean-Charles-Philippe-Joseph Delvaux de Fenffe，1782—1863)在比利时布鲁塞尔《皇家科学院通报》(147)报道。英文名称 Delvauxite，由杜蒙特在《皇家科学院通报》(5)为纪念比利时列日大学化学家和矿物学家德尔沃(1817—1837)而以他的姓氏命名，是他首先分析了该矿物。1959 年以前发现、描述并命名的“祖父级”矿物，IMA 承认有效。中文名称根据结晶形态和成分译为胶磷铁矿/水磷铁石。

【胶岭石】参见【蒙脱石】条 603 页

【胶硫钼矿】

英文名 Jordisite

化学式 MoS_2 (IMA)

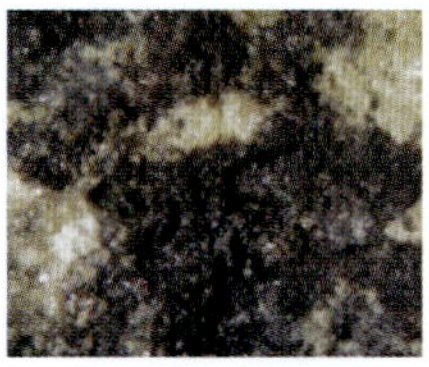

胶硫钼矿土状集合体(德国)

胶硫钼矿是一种钼的硫化物矿物。是辉钼矿的同质多象变体。非晶质。虽然通常认为是非晶态的，但约迪斯给出了电子衍射粉末图案(SAED)，它具有层状结构。集合体呈土状。黑色、蓝灰色，土状光泽，不透明；硬度 1～2。1909 年发现于德国下萨克森州厄尔士山脉的希梅尔斯夫尔斯特(Himmelsfürst)矿。1909 年 F. 科尔尼(F. Cornu)在《胶体化学和工业杂志》(4)报道。英文名称 Jordisite，以胶体化学家爱德华·弗里德里希·亚力山大·约迪斯(Eduard Friedrich Alexander Jordis，1868—1917)的姓氏命名。1959 年以前发现、描述并命名的“祖父级”矿物，IMA 承认有效。中文名称根据结晶形态和成分译为胶硫钼矿，也译作硫酸钼矿。

【胶棕铁矿】

英文名 Azovskite

化学式 $Fe^{3+}_3(PO_4)(OH)_6$(或近似)

胶棕铁矿是一种含羟基的铁的磷酸盐矿物。非晶质，胶体状。集合体呈隐晶大块状、结节状、皮壳状和网状小脉。深棕色、棕红色，沥青光泽；硬度 4，脆性。1937 年发现于俄罗斯克拉斯诺达尔边疆区亚速海(Azov)塔曼半岛阿纳帕(Anapa)铁矿；同年，叶夫列莫夫(Efremov)在苏联《罗蒙诺索夫科学研究院汇刊》(10)报道。英文名称 Azovskite，以发现地俄罗斯的亚速海(Azov)命名。1959 年以前发现、描述并命名的“祖父级”矿物，IMA 承认有效；但持怀疑态度，可能与胶磷铁矿(Delvauxite)相同。中文名称根据结晶状态、颜色和成分译为胶棕铁矿。

焦 [jiāo]会意；金文字形，上面是“隹”(Zhuī)，短尾鸟，下面是“火”。把鸟放在火上烤。本义：物经火烧而变成黑黄色并发硬、发脆或变黑炭状。

【焦绿石】参见【烧绿石】条 773 页

【焦石英】

英文名 Lechatelierite

化学式 SiO_2 (IMA)

焦石英不规则状(澳大利亚)、长管筒状和勒沙特利耶像

焦石英是一种天然形成的玻璃或准矿物，它的成分与石英一样都是二氧化硅，但结构不一样。焦石英有两个变种：一个叫陨石二氧化硅玻璃(Lechatelierite)，一个叫闪电管石(Fulgurites)。

陨石二氧化硅玻璃是二氧化硅受到陨石冲击在高温高压作用下形成的。英国生物学家达尔文 1844 年在澳大利亚

J

获得一块纽扣状陨石玻璃。后在利比亚发现，被称为利比亚沙漠玻璃(Libyanite)。非晶质。集合体呈球状、哑铃状、液滴状、纽扣状，多呈不规则的块体。无色或白色、黄色—绿色，橄榄褐色—暗褐色—黑色，透明—半透明；硬度 6.5，易碎，破裂后多具贝壳状断口。1915 年在《法国矿物学会通报》(38)和 1930 年 A. F. 罗杰斯(A. F. Rogers)在《美国科学杂志》(19)报道。英文名称 Lechatelierite，以法国化学家亨利·路易斯·勒·沙特利耶(Henry Louis Le Chatelier, 1850—1936)的姓氏命名。他以勒沙特利耶原理而闻名，利用该原理可以预测条件变化(如温度、压力或反应组分浓度)对化学反应的影响。此原理在化学工业中被证明是非常宝贵的，可用于开发最有效的化学工艺。1959 年以前发现、描述并命名的“祖父级”矿物，IMA 承认有效；但持怀疑态度。

闪电管石(准矿物)是落地闪电产生的高温作用在硅石上形成的。“电筒”形成空心管，通常呈枝杈状、片状、火箭状、球状等，它基本上就是一个二氧化硅的中空玻璃管，被称为“闪电化石”。最初描述来自德国北莱茵-威斯特伐利亚州居特斯洛塞恩(Senne)高原。在美国佛罗里达发现的，存放于耶鲁大学皮博迪自然历史博物馆的“电筒”大约长 4m。查尔斯·达尔文在贝格尔号航行时发现的“电筒”，存放于英国坎伯兰德里格，长度达到 9.1m。中国北京郊区、秦皇岛、内蒙古自治区包头、邯郸肥乡县都有发现。英文名称 Fulgurites，源自拉丁文“Fulgur”，有闪电或迅雷的意思，直译为电筒，也叫闪电熔岩、雷击石；根据成分和形态译为硅管石。见于 2007 年费蒂斯(Fettes)等在剑桥大学出版社出版的《变质岩分类和术语表》。中文名称根据成因和成分译为焦石英。焦字，从隹，从火。“隹”与“火”联合起来表示“火苗”，引申义集中火力加热于一点。加热过头，加热的物体被烧焦。IMA 对此矿物持怀疑态度。

角

[jiǎo]象形；甲骨文字形，像兽角形。本义：动物的角。用于描述矿物的棱角形态。

【角铅矿】

英文名 Phosgenite

化学式 $Pb_2(CO_3)Cl_2$　　(IMA)

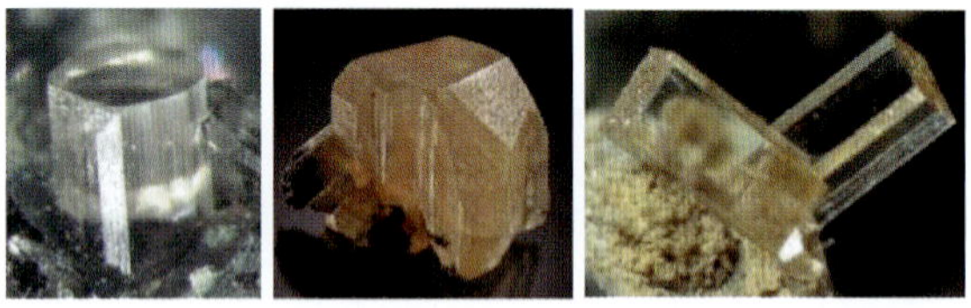

角铅矿柱状、厚板状晶体(法国、意大利、希腊)

角铅矿是一种含氯的铅的碳酸盐矿物。四方晶系。晶体呈粒状、假立方体、短柱状、厚板状、薄板状及粗大粒状；集合体呈块状。无色、白色、淡黄色、粉红色、浅褐色、绿色等，金刚光泽，透明—半透明；硬度 2～3，完全解理。早期被称为角质铅(Corneous lead)。1800 年 D. L. G. 卡斯滕(D. L. G. Karsten)在柏林《矿物表》(第一版，78)刊载，称 Hornblei(角)。英文名称 Phosgenite，由奥古斯特·布赖特豪普特(August Breithaupt)于 1820 年根据矿物成分中的“$COCl_2$，Phosgene(光气)”命名。光气是“光成气”的简称，是碳酰氯、氧氯化碳的俗名，译自希腊文“φωσφένη＝Phos(光)＋Gene(产生)，光气最初是由氯仿受光照分解产生，故有此名；光气从化学结构上看是碳酸的二酰氯衍生物，意指矿物包含元素碳、氧和氯。1841 年在莱比锡德累斯顿《矿物学手册全集》(第二卷)刊载。同义词 Cromfordite，见于 1858 年 R. P. 格雷格(R. P. Greg)和 W. G. 莱特逊(W. G. Lettsom)的《伦敦大不列颠和爱尔兰矿物学》，名称以发现地英国马特洛克镇附近的克罗姆福德(Cromford)小镇命名。1959 年以前发现、描述并命名的“祖父级”矿物，IMA 承认有效。中文名称根据形态和成分译为角铅矿。

【角闪石】

英文名 Hornblende

化学式 $A_{0-1}B_2C_5T_8O_{22}(OH,F,Cl)_2$

角闪石通常为闪石族矿物的总称。角闪石属闪石族中的一员。闪石族矿物公认成分十分复杂，类质同象代替十分普遍，是一族以镁、铁、钙、钠、铝等的链状结构硅酸盐或铝硅酸盐矿物。闪石族矿物的一般化学成分通式为 $A_{0-1}B_2C_5T_8O_{22}(OH,F,Cl)_2$。其中 A＝Na、K；B＝Na、Li、Ca、Mn、Fe^{2+}、Mg；C＝Mg、Fe^{2+}、Mn、Al、Fe^{3+}、Cr、Ti；T＝Si、Al、(Fe^{3+}、Ti)。

根据晶系可分为 3 个亚族。斜方角闪石亚族主要有直闪石(Anthophyllite)和铝直闪石(Gedrite)。单斜角闪石亚族主要有透闪石(Tremolite)、阳起石(Actinolite)、普通角闪石(Common hornblende)、蓝闪石(Glaucophane)、钠铁闪石(Arfvedsonite)等。三斜角闪石亚族有三斜闪石(Aenigmatite)和褐斜闪石(Rhoenite)等。

角闪石通常指的就是分布很广的普通角闪石，它是闪石族矿物中的一员。属单斜晶系。晶体呈柱状。绿色、绿褐色、棕色或黑色，玻璃光泽，半透明—不透明；硬度 5～6，完全解理。英文名称 Hornblende 源于德文。1789 年，亚伯拉罕·戈特利布·维尔纳(Abraham Gottlieb Werner, 1749—1817)根据一个古老的德国矿工的术语而命名。其中“Horn”，意为角或角状物，可能指号角的颜色或指晶体形态上有“角”和“Blende(闪锌矿)”，意思是欺骗者，因为这种深黑色的、闪光的，看似金属矿物，可其中并不是含有价值的、可供使用的金属。根据当前的命名法，暗绿色—黑色的角闪石通常指的是普通角闪石：铁角闪石(Ferro-hornblende)和镁角闪石(Magnesio-hornblende)。1930 年 V. E. 巴恩斯(V. E. Barnes)在《美国矿物学家》(15)报道。2013 年 6 月，美国布朗大学地理科学系一位名叫科林·杰克逊(Colin Jackson)的本科生，在世界上首次发现了角闪石是能够溶解惰性气体的矿物，有可能开发出角闪石的新用途。

【角石】参见【钾锰利克石】条 369 页

【角银矿】

英文名 Chlorargyrite

化学式 AgCl　　(IMA)

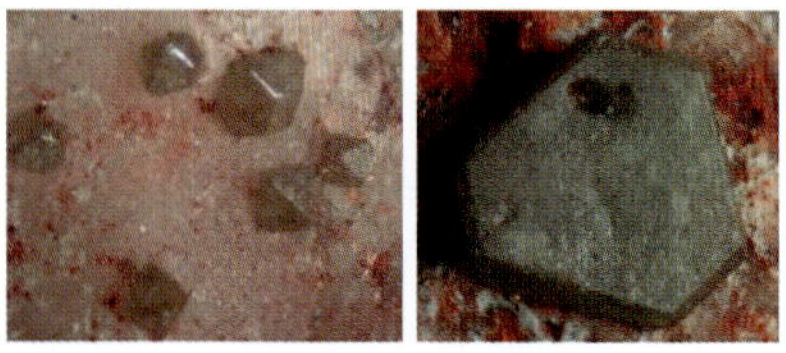

角银矿晶体(美国)

角银矿是一种银的氯化物矿物。属角银矿族。等轴晶系。晶体呈立方体、八面体、六八面体、柱状，但少见；集合体通常呈块状或被膜状、蜡状或角状、钟乳状，很少呈纤维状。

颜色多变,新鲜者几近无色、白色、灰色的淡黄色—浅绿色,因它是一种光敏物质,日照会分解成银及氯,变暗,变为褐色、紫色或黑色,结晶质呈金刚光泽,隐晶质为蜡状光泽、松脂光泽,透明—半透明;硬度 1.5～2.5,质地较柔软,具延展性。角银矿由于在沙漠空气中风化后,风化物状如号角、喇叭、角状物,故称角银(Horn silver)。

1565 年发现于德国下萨克森州厄尔士山脉马林贝格(Marienberg)区。1875 年在弗里堡《系统矿物学》刊载。1877 年,又在澳大利亚新南威尔士州的布罗肯希尔(Brockenhill)地区发现。英文名字 Chlorargyrite,由希腊文"Μάλρos＝Χλωρνοὺχα＝Khlros＝Chloros(氯或浅绿色)"和拉丁文"Argentum(银)"组合命名,拉丁文名称为"Kerargyrite(或 Cerargyrite)"意思为"氯化银或浅绿色的银"。1959 年以前发现、描述并命名的"祖父级"矿物,IMA 承认有效。IMA 1962s.p.批准。它也被称为 Bromian chlorargyrite 或 Embolite(氯溴银矿,Ag[Cl,Br])。1902 年普赖尔(Prior)和斯宾塞(Spencer)在《矿物学杂志》(13)报道。中文名称根据形态和成分译为角银矿,或根据成分译为氯银矿。

皆

[jiē]会意;从比,从白。从"比",有"并"的意思。本义:都,全。用于日本人名。

【皆川矿*】

英文名 Minakawaite

化学式 RhSb　(IMA)

皆川铁雄像

皆川矿*是一种铑的锑化物矿物。与铂族矿物相关。斜方晶系。玫瑰灰色,金属光泽。2019 年发现于日本熊本县下益城郡美里町拂川水坝东北侧黑泽带蛇纹岩单斜辉石岩体的小溪。英文名称 Minakawaite,以日本矿物学家、爱媛大学矿物学教授皆川铁雄(Tetsuo Minakawa,1950—)的姓氏命名,以表彰他对日本九州和四国描述矿物学做出的杰出贡献。这是日本令和时代开启以来发现的第一个新矿物。IMA 2019-024 批准。2019 年浜根(西尾)大辅(D. Nishio-Hamane)等在《CNMNC 通讯》(50)和《矿物学学杂志》(83)及《欧洲矿物学杂志》(31)报道。目前尚未见官方中文译名,译者建议借用日文汉字名称皆川矿*。

杰

[jié]原为形声;从亻,桀声(傑)。杰为傑的俗字。本义:才智出众的人。[英]音,用于外国地名、人名。

【杰弗本石*】

英文名 Jeffbenite

化学式 $Mg_3Al_2Si_3O_{12}$　(IMA)

杰弗本石*是一种镁、铝的硅酸盐矿物。属石榴石族。是以前已知的镁铝榴石-铁铝榴石的高压四方相新结构。与镁铝榴石为同质多象。四方晶系。晶体呈粒状,粒径 0.07mm,呈金刚石的包裹体。深翠绿色,玻璃光泽,透明;硬度 7,脆性。2014 年发现于巴西马托格罗索州茹伊纳镇萨奥路易斯(São Luis)河冲积物层。英文名称 Jeffbenite,是以英国格拉斯哥大学中学地理与地球科学学院的杰弗里·W.哈里斯(Jeffrey W. Harris,1940—)和爱丁堡大学地球科学与技术学院的本·哈特(Ben Harte,1941—)两位科学家的名字组合命名。他们致力于对钻石,特别是超深钻石的研究,多年来的积累加深了人们对地幔地球化学过程的认识和理解。IMA 2014-097 批准。2015 年 F.内斯托拉(F. Nestola)等在《CNMNC 通讯》(24)、《矿物学杂志》(79)和 2016 年《矿物学杂志》(80)报道。目前尚未见官方中文译名,编译者建议音译为杰弗本石*。

【杰弗里石】参见【羟硅铍钙石】条 711 页

【杰洛萨石*】

英文名 Gelosaite

化学式 $BiMo^{6+}_{(2-5x)}Mo^{5+}_{6x}O_7(OH)\cdot H_2O(0<x<0.4)$　(IMA)

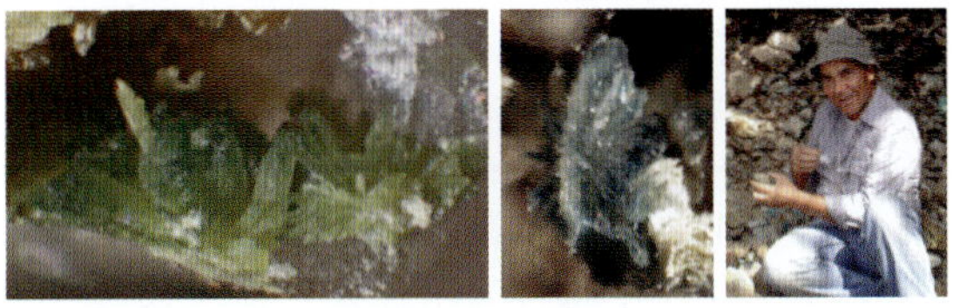

杰洛萨石*放射状、晶簇状集合体(澳大利亚)和杰洛萨像

杰洛萨石*是一种含结晶水和羟基的铋、钼的钼酸盐矿物。单斜晶系。晶体呈棱柱状、非常薄的拉长的片状;集合体呈放射状、晶簇状。黄色、黄绿色、浅蓝色、无色,金刚光泽,透明;硬度 3,脆性。2009 年发现于意大利卡利亚里省萨罗奇(Sarroch)的蓬塔德苏塞纳丘(Punta de Su Seinargiu)。英文名称 Gelosaite,以意大利波尔图托雷斯的矿物收藏家马里奥·杰洛萨(Mario Gelosa,1947—2006)的姓氏命名。IMA 2009-022 批准。2011 年 F.德马丁(F. Demartin)等在《美国矿物学家》[96(2-3)]报道。目前尚未见官方中文译名,编译者建议音译为杰洛萨石*。

【杰仁钇石】参见【硅钙钇石】条 264 页

【杰森史密斯石*】

英文名 Jasonsmithite

化学式 $Mn_4^{2+}ZnAl(PO_4)_4(OH)(H_2O)_7\cdot 3.5H_2O$　(IMA)

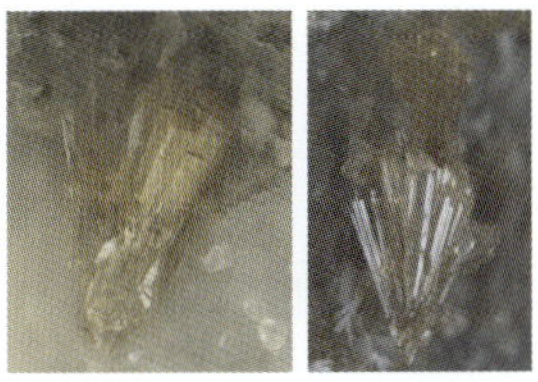

杰森史密斯石*柱状晶体,束状集合体(美国)

杰森史密斯石*是一种含结晶水和羟基的锰、锌、铝的磷酸盐矿物。单斜晶系。晶体呈柱状,长约 1mm;集合体呈晶簇状、束状。无色—浅棕色,玻璃光泽,透明;硬度 2,完全解理,脆性。2019 年发现于美国北卡罗来纳州克利夫兰县国王山矿区富特锂公司富特(Foote)矿。英文名称 Jasonsmithite,由安东尼·R.坎普夫(Anthony R. Kampf)、亚伦·J.塞莱斯蒂安(Aaron J. Celestian)、芭芭拉·P.纳什(Barbara P. Nash)为纪念地质学家和该类型标本的发现者杰森·博伊德·史密斯(Jason Boyd Smith)而以他的姓名命名。IMA 2019-121 批准。2020 年 A.R.坎普夫(A. R. Kampf)等在《CNMNC 通讯》(54)、《矿物学杂志》(84)和《欧洲矿物学杂志》(32)报道。目前尚未见官方中文译名,编译者建议音译为杰森史密斯石*。

【杰泽克铀矿*】

英文名 Ježekite

化学式 $Na_8[(UO_2)(CO_3)_3](SO_4)_2\cdot 3H_2O$　(IMA)

杰泽克铀矿* 针状晶体，放射状集合体（捷克）和杰泽克像

杰泽克铀矿*是一种含结晶水的钠的硫酸-铀酰碳酸盐矿物。六方晶系。晶体呈薄的叶片状、柱状、针状；集合体放射状、球粒状、皮壳状。浅黄色、硫黄色，玻璃光泽、珍珠光泽；硬度2，完全解理，脆性。2014年发现于捷克共和国卡罗维发利州厄尔士山脉格斯基伯(Geschieber)矿脉。英文名称Ježekite，以俄罗斯特拉发和普里布拉姆矿业大学著名的捷克矿物学家和晶体学家博胡斯拉夫·杰泽克(Bohuslav Ježek，1877—1950)教授的姓氏命名。IMA 2014-079批准。2015年J.普拉希尔(J. Plašil)等在《CNMNC通讯》(23)、《矿物学杂志》(79)和2015年《地球科学杂志》(60)报道。目前尚未见官方中文译名，编译者建议音加成分译为杰泽克铀矿*。

巾 [jīn]象形；甲骨文字形，像布巾下垂之形。本义：佩巾，拭布，相当于现在的手巾。[英]音，用于日本人名。

【巾碲铁石】

英文名 Kinichilite

化学式 $Mg_{0.5}Mn^{2+}Fe^{3+}(Te^{4+}O_3)_3 \cdot 4.5H_2O$ (IMA)

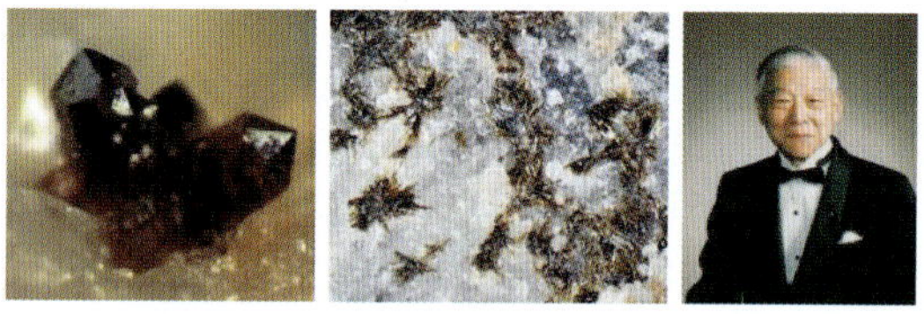

巾碲铁石柱状、针状晶体，晶簇状、放射状集合体（墨西哥、日本）和樱井钦一像

巾碲铁石是一种含结晶水的镁、锰、铁的碲酸盐矿物。属水碲锌矿族。六方晶系。晶体呈带锥的六方柱状、针状；集合体呈晶簇状、放射状。深棕色，半金刚光泽，半透明；硬度2，脆性，易碎。1981年发现于日本本州岛中部静冈县下田市河津矿。英文名称Kinichilite，1981年由堀秀道(Hidemichi Hori)等以日本矿物学家、收藏家和爱好者樱井钦一(Kin-ichi Sakurai，1912—1993)博士的名字命名。他描述和/或提供了50种类型的材料。樱井矿(Sakuraiite)也是以他的姓氏命名的。以他一人之姓名命名了两个矿物，这在世界矿物学界也是罕见的。IMA 1979-031批准。日文汉字名称欽一石。1981年堀秀道等在日本东京《矿物学杂志》(10)和1982年M.弗莱舍(M. Fleischer)在《美国矿物学家》(67)报道。1983年中国新矿物与矿物命名委员会郭宗山等在《岩石矿物及测试》[2(1)]根据英文首音节音和成分译为巾碲铁石。2010年杨主明在《岩石矿物学杂志》[29(1)]建议借用日文汉字名称的简化汉字名称钦一石。

【巾水碲铜石】

英文名 Jensenite

化学式 $Cu_3^{2+}Te^{6+}O_6 \cdot 2H_2O$ (IMA)

巾水碲铜石是一种含结晶水的铜的碲酸盐矿物。单斜晶系。晶体呈假菱面体、板柱状；集合体呈晶簇状。翠绿色，金刚光泽，透明；硬度3～4，中等解理，脆性。1994年发现于美国犹他州贾布县百年尤里卡(Centennial Eureka)矿。英文名称Jensenite，以发现该矿物的美国犹他州和内华达州的学者马丁·简森(Martin Jensen，1959—)的姓氏命名，是他发现了该矿物的第一块标本。他是麦凯矿业学院的矿物收藏家和扫描电子探针专家，他曾在美国西部，尤其是犹他州和内华达州的许多矿山研究并撰写了不少论文/文章。IMA 1994-043批准。1996年A.C.罗伯茨(A. C. Roberts)等在《加拿大矿物学家》(34)报道。2003年中国地质科学院矿产资源研究所李锦平等在《岩石矿物学杂志》[22(3)]根据英文名称首音节音和成分译为巾水碲铜石。

巾水碲铜石板柱状晶体，晶簇状集合体（美国）

今 [jīn]会意；从佳亼(jí)。本义：现在。与"古"相对。[英]音，用于日本人名。

【今吉石*】

英文名 Imayoshiite

化学式 $Ca_3Al(CO_3)[B(OH)_4](OH)_6 \cdot 12H_2O$ (IMA)

今吉石* 纤维状晶体，脉状集合体（日本）和今吉隆治像

今吉石*是一种含结晶水和羟基的钙、铝的氢硼酸-碳酸盐矿物。属钙矾石族。六方晶系。晶体呈纤维状；集合体呈块状、脉状。无色、白色，玻璃光泽、丝绢光泽，透明；硬度2～3，完全解理，脆性。2012年发现于日本本州岛近畿地区三重县伊势(Ise)市水晶谷。这个矿物的发现可以追溯到30年前：稻叶在伊势市山中的蛇纹岩地带的辉长伟晶岩中发现了一种矿物，由于当时样品少，分析困难。直到2012年夏，得到了很多人的帮助，才确定是一种新矿物。英文名称Imayoshiite，根据"自己发现的新矿物不能取自己的名字"的规则；矿物发现者稻叶为纪念他的老师而以矿物收藏家今吉隆治(Ryuji Imayoshi，1905—1984)的姓氏命名。在日本以人名命名的矿物中，他是继长岛乙吉、樱井钦一、益富寿之助、足立富男之后的第五人。今吉隆治是一位狂热的矿物收藏家，到去世时收集的标本达万件，而且多数是佳品，现藏于日本地质调查局地质博物馆。日文汉字名称今吉石。IMA 2013-069批准。2013年浜根(西尾)大辅(D. Nishio-Hamane)等在《CNMNC通讯》(18)、《矿物学杂志》(77)和2015年《矿物学杂志》(79)报道。目前尚未见官方中文译名，编译者建议借用日文汉字名称今吉石*。

金 [jīn]会意或形声；金文字形。从亼(jí)，从土，从二。从亼(表示覆盖、冶炼)。从"土"，表示藏在地下；从"二"，表示藏在地下的矿物。本义：金属。①金属的通称或金属总名，一般具金属光泽。②专指一种化学金元素；[英]Gold。[拉]Aurum，而Aurum来自Aurora一词，是"灿烂的黎明"的意思。元素符号Au。原子序数79。金在史前时期已经被认知及高度重视。③金黄色。④金刚，指硬度高。⑤水名：金沙江。⑥[英]音，用于外国人名、地名。

【金刚石】

英文名 Diamond

化学式 C　(IMA)

金刚石八面体晶体(刚果、南非)

金刚石是碳的单质天然矿物,与石墨(Graphite)、赵石墨(Chaoite)、六方金刚石(即蓝丝黛尔石)(Lonsdaleite)、碳 60(Fullerite)互为同质异形体。等轴晶系。晶体常呈八面体或菱形十二面体、立方体,四面体较少见,晶面常呈浑圆弯曲状,具双晶。无色,常带黄、绿、蓝、褐、紫、粉红、橙或红等色调,直到黑色等,金刚光泽、油脂光泽,透明—不透明,紫外线下发天蓝色或紫色荧光;硬度 10,完全解理,脆性。金刚石是自然界最硬的矿物,经加工称“金刚钻”或“钻石”。人类文明虽已有几千年的历史,但人们初步认识金刚石却只有几百年,而真正揭开金刚石内部奥秘的时间则更短。在《旧约》的《出埃及记》和《以西结书》中都曾提到过金刚石。罗马时代的著名哲学家老普林尼记述过关于印度金刚石谷的故事(公元 100 年)。据说,3 000 年前(最有可能是 6 000 年前),金刚石首先发现于印度戈尔康达地区戈达瓦里和克里希纳河之间的峡谷内的冲积矿床。在《吠陀经》和《刺马耶那》等经书中都有记载。印度人因金刚石硬度大无法加工,就镶嵌在哼哈二将的眼睛和金刚杵的顶端,被视为权力、威严、地位的象征。又因为它美丽无比,被看成是爱情和忠贞的象征。后来,荷兰人研究出用金刚石加工金刚石的方法。

英文名称 Diamond 一词,最早源于法文 Diamand,而法文又源于古希腊文“ἀδάμας=Adamant(牢不可破、不可摧毁)”,意思是指坚硬的材料。16 世纪法文的拼法演变成 Diamaund,意指坚硬无比,不可侵犯的物质。大约到 16 世纪中期,英文开始以 Diamond 拼法流行于世。1959 年以前发现、描述并命名的“祖父级”矿物,IMA 承认有效。公元 1 世纪到其后的 1 600 多年中,人们始终不知道金刚石的成分是什么。直到 18 世纪初,英国物理学家牛顿曾说过金刚石一定能够燃烧,1772 年法国化学家拉瓦锡(1743—1794)等经实验,证明了金刚石的成分是碳。

【金汞齐】

英文名 Goldamalgam

化学式(Au,Ag)Hg

金汞齐是一种金、银的汞的互化物矿物。等轴晶系。集合体呈圆粒状、液滴状。青铜色、黄铜黄色、银白色,金属光泽,不透明;硬度 3。英文名称 Goldamalgam,由“Gold(金)”和“Amalgam(汞齐,汞合金)”组合命名,意指是金占优势的汞合金混合物矿物。IMA 未批准。1944 年见于帕拉奇(Palache)等《丹纳系统矿物学》(第一卷,第七版)。1981 年陈克樵、杨慧芳、马乐田、彭志忠在《地质论评》(第 27 卷)的《金汞合金和铅汞合金两种新矿物[围山矿(Weishanite)和益阳矿(Yiyangite)]的发现》再次报道。2011 年黄少峰在《地质与勘探》[47(5)]讨论过菲律宾棉兰老岛的金汞矿矿物学特征及其找矿意义。中文名称根据成分译为金汞齐或金汞膏。

金汞齐圆粒状集合体(奥地利)

【金红石】

英文名 Rutile

化学式 TiO_2　(IMA)

金红石柱状、针状晶体(美国、瑞士)

金红石是一种钛的氧化物矿物。与锐钛矿、板钛矿、阿考寨石、里斯矿* 和 TiO_2 Ⅱ 为同质多象。金红石是含钛的主要矿物之一。属金红石族。四方晶系。晶体常呈完好的四方柱状或针状,柱面有条纹,双晶常见,在水晶等矿物中呈针状、发状包裹体。暗红色、褐红色、黄色或橘黄色,也有紫色、绿色等,金刚光泽、半金属光泽,透明—不透明;硬度 6~6.5,完全解理。模式产地西班牙马德里区奥尔卡约德拉谢拉(Horcajuelo de la Sierra)。

1795 年,德国柏林的科学家马丁·海因里希·克拉普罗特(Martin Heinrich Klaproth,1743—1817)研究了一种来自匈牙利的叫作“Schörl”的红色矿物(金红石),他意识到它是一种以前未知元素的氧化物,用希腊神话中曾统治世界的古老的神族“泰坦”命名为 Titanium(钛)。但是,他被康沃尔的皇家地质学会告知:1791 年,英格兰矿物学家威廉·格雷戈尔(William Gregor)牧师在康沃尔发现了一种黑色沙子叫作钛铁砂(钛铁矿),他分析了它并推断其是由铁和一种未知金属的氧化物组成,并报告给了皇家地质学会。因此发现钛的荣誉归于格雷戈尔,而克拉普罗特获得命名权。直到 1910 年,工作于美国通用电气公司的 M. A. 亨特(M. A. Hunter)才制造出了纯净的钛金属。

英文名称 Rutile,1800 年著名德国矿物学家亚伯拉罕·戈特洛布·维尔纳(Abraham Gottlob Werner,1749—1814)命名,源于拉丁文 Rutilus,指红色(Red),象征着矿物的颜色呈红色。1803 年在莱比锡《矿物学手册》(第一卷)刊载。1840 年米勒(Miller)在《物理学杂志》(17)报道。1959 年以前发现、描述并命名的“祖父级”矿物,IMA 承认有效。中文名称根据光泽(金刚和金属)与颜色(红)译为金红石(参见【钛铁矿】条 913 页)。

【金绿宝石】

英文名 Chrysoberyl

化学式 $BeAl_2O_4$　(IMA)

金绿宝石厚板状晶体和贯穿三连晶(巴西)

金绿宝石是一种铍和铝的氧化物矿物。斜方晶系。晶体呈厚板状、柱状,双锥状;常形成心形双晶或假六方贯穿连晶。呈或深或浅的黄绿色或黄色—棕色、蓝色，玻璃光泽、油脂光泽，透明—不透明，在短波紫外光下，产生绿黄色荧光；硬度 8～8.5，具良好的柱面解理，脆性。金绿宝石在珠宝界亦称“金绿玉”“金绿铍”，它位列名贵宝石，具有 4 个变种：猫眼石、变石、变石猫眼宝石和金绿宝石。人们熟知的就是金绿猫眼(Cats eye)，它以其丝状光泽和锐利的眼线而成为自然界中最美丽的宝石之一。当含有微量 Cr^{3+} 时，在日光下呈绿色，在透射光和烛光等人造光下呈红色的变种，称为变石。另一种呈浅绿色并因含许多显微空洞和平行分布的针状包裹体而具蛋白光和活光的变种，则称为金绿宝石猫眼，因主要产于斯里兰卡而又称东方猫眼和锡兰猫眼。在这类宝石中有一颗著名的亚历山大石，它既具有变色效应又有猫眼现象。据说，1830 年 4 月 29 日，在乌拉尔山上发现了一颗从未见过的美丽宝石，这天正好是俄皇亚历山大(Alexandra)二世的 21 岁生日，那天他戴着镶有宝石的皇冠出席典礼，以自己的名字将其命名为亚历山大石。

1789 年首先在巴西发现。最早于 1789 年由维尔纳(Werner)在《Bergm. 杂志》(373)称 Krisoberil 和《伯格曼尼斯期刊》(1)报道，称 Krisoberil。1798 年阿羽伊(Haüy)称 Cymophane。英文名称 Chrysoberyl，源于希腊文的“χρυσό s=Chryso(金黄色)”和“βήρυλλos=Beryuos(绿宝石)”，意思是“金黄色的绿宝石”。1959 年以前发现、描述并命名的“祖父级”矿物，IMA 承认有效。中文名称根据其通常透明度较好，呈现黄色或黄绿色，而译为金绿宝石或金绿石。化学式类同尖晶石，故也有的译为铍尖晶石，但其晶体结构与晶形都相似于贵橄榄石(橄榄石)，所以名称比较混乱。

【金绿玉】参见【金绿宝石】条 385 页

【金绿柱石】

英文名 Heliiedor

化学式 $Be_3Al_2(Si_6O_{18})$

金绿柱石是一种金黄色的绿柱石变种。晶体呈六方柱状。金黄色，玻璃光泽，透明—半透明；硬度 6.5～8，脆性。最初在美国康涅狄格州勒辛(Rössing)的来自纳米比亚的“GoldenBeryl”商品中发现。现在更加普遍的用于任何宝石级质量的黄金绿柱石。1888 年 S. L. 彭菲尔德(S. L. Penfield)在《美国科学杂志》(3)报道。英文名称 Heliiedor，源于希腊文的“太阳”和“镀金”，即矿物的颜色像镀上金色的太阳一样。中文名称根据颜色及与绿柱石的关系译为金绿柱石；也译作金色绿宝石、黄绿宝石、黄透绿柱石(参见【绿柱石】条 551 页)。

金绿柱石六方柱状晶体
(巴西、美国)

【金沙江石】

汉拼名 Jinshajiangite

化学式 $BaNaFe^{2+}_4Ti_2(Si_2O_7)_2O_2(OH)_2F$ (IMA)

金沙江石是一种含羟基、氟和氧的钡、钠、铁、钛的硅酸盐矿物。属金沙江石族。单斜晶系。晶体呈长板状。黑红色、鲜褐红色、金红色、金黄色，条痕呈浅黄色，玻璃—半玻璃光泽，透明—半透明；硬度 4.5～5，完全解理。1970 年夏，中国科学院地球化学研究所研究员洪文兴、傅平秋在研究中国四川攀枝花的碱性岩脉型稀有元素矿床时，在金沙江北岸会理红格区路枯村发现一种金红色的矿物，经鉴定认为是一种新的含钡锰铁钛的硅酸盐矿物，当时暂命名为钡锰铁钛石。后经进一步研究证明，它确系一种新的钡锰铁钛硅酸盐矿物。根据发现地长江支流金沙江命名为金沙江石(Jinshajiangite)。IMA 1981－061 批准。1981 年洪文兴、傅平秋在《矿物学报》[1(1)]和 1982 年《地球化学》(1)及 1984 年《美国矿物学家》(69)报道。

金沙江石长板状晶体(瑞典)

【金斯盖特石*】

英文名 Kingsgateite

化学式 $ZrMo^{6+}_2O_7(OH)_2\cdot 2H_2O$ (IMA)

金斯盖特石*是一种含结晶水、羟基的锆的钼酸盐元素独特组合的矿物。四方晶系。晶体呈四方板状。灰绿色，玻璃光泽，透明。2019 年发现于澳大利亚新南威尔士州金斯盖特(Kingsgate)高夫县老 25 管道(14 号管道)。英文名称 Kingsgateite，以发现地澳大利亚的金斯盖特(Kingsgate)命名。IMA 2019－048 批准。2019 年 P. 埃利奥特(P. Elliott)等在《CNMNC 通讯》(51)、《矿物学杂志》(83)和《欧洲矿物学杂志》(31)报道。目前尚未见官方中文译名，编译者建议音译为金斯盖特石*。

金斯盖特石*四方板状晶体
(澳大利亚)

【金水银矿*】

英文名 Aurihydrargyrumite

化学式 Au_6Hg_5 (IMA)

金水银矿*是一种金和汞的互化物汞齐矿物，是已知合成物的类似矿物。六方晶系。晶体呈粒状，粒径 2μm；集合体呈薄皮状。银灰白色，金属光泽，不透明；密度大。2017 年发现于日本四国岛爱媛县喜多郡内子町五百木浜根皆川(Iyok)河滩。英文名称 Aurihydrargyrumite，由拉丁文“Aurum(金)”转化为“Auri”，加“Hydrargyrum(汞，水银)”组合命名。IMA 2017－003 批准。日文汉字名称金水銀鉱。2017 年滨根(西尾)大辅(D. Nishio-Hamane)等在《CNMNC 通讯》(37)、《矿物学杂志》(81)和 2018 年《矿物》(8)报道。目前尚未见官方中文译名，编译者建议借用日文汉字名称金水銀鉱的简化汉字名称金水银矿*。

【金铜矿】参见【四方铜金矿】条 900 页

【金托尔石】

英文名 Kintoreite

化学式 $PbFe^{3+}_3(PO_4)(PO_3OH)(OH)_6$ (IMA)

金托尔石菱面体、六方板状、柱状晶体(德国、西班牙)

金托尔石是一种含羟基的铅、铁的氢磷酸-磷酸盐矿物。属明矾石超族铅铁矿族。三方晶系。晶体呈菱面体、六方板状、柱状；集合体呈晶簇状、皮壳状、球粒状。奶油色、黄绿色、褐黄色，玻璃光泽、金刚光泽、油脂光泽、蜡状光泽，透明—半透明；硬度 4，中等解理，脆性。1992 年发现于澳大利亚南威尔士州扬科文纳(Yancowinna)县布罗肯山南矿金托尔(Kintore)露天采场。英文名称 Kintoreite，以发现地澳大利亚的金托尔(Kintore)采坑命名。IMA 1992－045 批准。1995 年 A. 普林(A. Pring)等在《矿物学杂志》(59)和《美国矿物学家》(80)报道。2003 年中国地质科学院矿产资源研究所李锦平等在《岩石矿物学杂志》[22(3)]音译为金托尔石。

【金云母】

英文名 Phlogopite

化学式 $KMg_3(AlSi_3O_{10})(OH)_2$ (IMA)

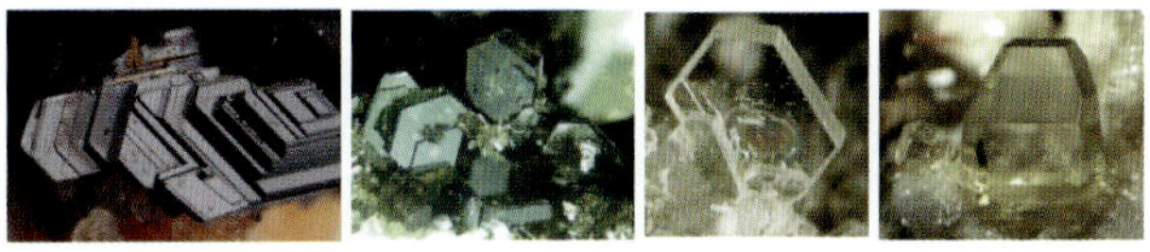

金云母假六方板状、柱状晶体(意大利)

金云母是云母族黑云母亚族矿物之一，是一种含羟基的钾、镁的铝硅酸盐矿物。单斜晶系。晶体常呈板柱状、板状、叶片状、鳞片状，具假六方形轮廓，双晶常见。无色，通常呈黄色、灰色、绿色、棕色、暗棕色或黑色，玻璃光泽，解理面上呈珍珠光泽、半金属光泽，类似“金色的”反射光泽，鳞片状者呈丝绢光泽，透明—半透明；硬度 2～2.5，极完全解理。英文名称 Phlogopite，1841 年由约翰·弗里德里希·奥古斯特·布赖特豪普特(Johann Friedrich August Breithaupt)在莱比锡德累斯顿《矿物学手册全集》(第二卷)根据希腊文“φλογωποζ＝Phlogopos”，意“像火”命名，意指原始矿物标本的颜色和光泽像火一样的红。1959 年以前发现、描述并命名的“祖父级”矿物，IMA 承认有效。1998 年 IMA 批准[Y. 赫罗伊(Y. Hiroi)等《加拿大矿物学家》(36)的云母族命名法]。中文名称根据颜色和光泽及族名译为金云母。目前已知 Phlogopite 有－1M、－2M1 和－3T 多型。

【金兹堡石】参见【水硅铝钙石】条 828 页

津 [jīn]会意；从氵，从聿。金文字形，从舟，从淮。“淮”表示淮水。泛指一般的河流。船停泊在河旁，用来渡河。本义：渡口。用于外国地名、国名、人名。

【津巴布韦石】

英文名 Zimbabweite

化学式 $Na(Pb,Na,K)_2(Ta,Nb,Ti)_4As_4O_{18}$ (IMA)

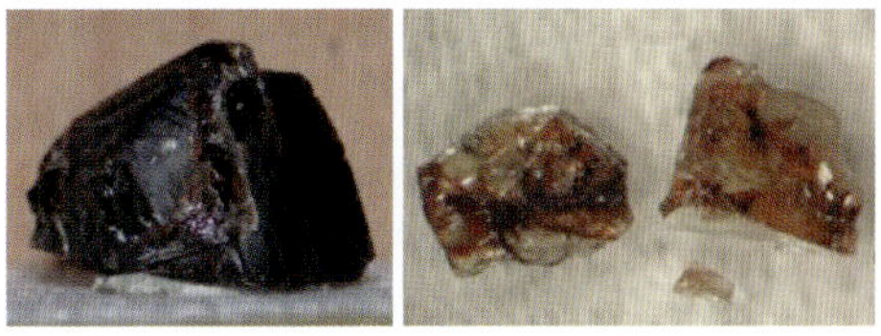

津巴布韦石不规则状晶体(津巴布韦)

津巴布韦石是一种钠、铅、钾、钽、铌、钛的砷酸盐矿物。斜方晶系。晶体呈板状、不规则状。黄色、黄棕色、蜜黄色，金刚光泽，半透明；硬度 5～5.5，完全解理，脆性。1984 年发现于津巴布韦(Zimbabwe)西马绍纳兰省卡罗伊区姆瓦米圣安妮(St Anns)矿。英文名称 Zimbabweite，以发现地所在国津巴布韦(Zimbabwe)命名。IMA 1984－034 批准。1986 年 E. N. 杜斯勒尔(E. N. Duesler)等在《法国矿物和结晶学会通报》(106)和 E. E. 福德(E. E. Foord)等在《矿物学通报》(109)及 1988 年《美国矿物学家》(73)报道。1987 年中国新矿物与矿物命名委员会郭宗山等在《岩石矿物学杂志》[6(4)]中音译为津巴布韦石。

【津格鲁万石*】

英文名 Zinkgruvanite

化学式 $Ba_4Mn_4^{2+}Fe_2^{3+}(Si_2O_7)_2(SO_4)_2O_2(OH)_2$

瑞典的津格鲁万矿山

津格鲁万石*是一种含羟基和氧的钡、锰、铁的硫酸-硅酸盐矿物。属钡锰闪叶石族。三斜晶系。2020 年发现于瑞典阿斯克松德市津格鲁万(Zinggruvan)矿山奥姆贝格矿。英文名称 Zinkgruvanite，以发现地瑞典的津格鲁万(Zinggruvan)矿山命名。IMA 2020－031 批准。2020 年 F. 卡马拉(F. Cámara)等在《CNMNC 通讯》(56)、《矿物学杂志》(84)和《欧洲矿物学杂志》(32)报道。目前尚无中文官方译名，编译者建议音译为津格鲁万石*。

【津羟锡铁矿】

英文名 Jeanbandyite

化学式 $Fe^{3+}Sn(OH)_5O$ (IMA)

津羟锡铁矿假八面体晶体(英国)

津羟锡铁矿是一种铁、锡的氧-氢氧化物矿物。属钙钛矿超族非化学计量钙钛矿族水锡镁石(羟锡镁石)亚族。与铁锡石(Natanite)为同质多象。四方晶系。晶体呈假八面体。棕橙色、红褐色、淡黄色，玻璃光泽、金刚光泽，透明—半透明；硬度 3.5，完全解理。1980 年发现于玻利维亚波多西省二十世纪(Siglo Veinte)矿。英文名称 Jeanbandyite，以美国亚利桑那州威肯堡的吉恩·班迪(Jean Bandy，1900—1991)女士的姓名命名。在她和她丈夫马尔克·班迪(Mark Bandy)捐赠给洛杉矶自然历史博物馆的收藏品中的一个标本中发现了这种新矿物。IMA 1980－043 批准。1982 年 A. R. 坎普夫(A. R. Kampf)在《矿物学记录》(13)和 1983 年 P. J. 邓恩(P. J. Dunn)等在《美国矿物学家》(68)报道。1984 年中国新矿物与矿物命名委员会郭宗山在《岩石矿物及测试》[3(2)]根据英文名称首音节音和成分译为津羟锡铁矿，也有的译作水锡锰铁矿。

【津轻矿】参见【楚硫砷铅矿】条 94 页

堇 [jǐn]从草，从土。假借为“仅”。少的。堇菜一种多年生草本植物，花浅紫色。堇色：淡紫色。用于比喻矿物的颜色。

【堇泥石】参见【铬绿泥石】条 250 页

【堇青石】

英文名 Cordierite

化学式 $Mg_2Al_4Si_5O_{18}$ (IMA)

堇青石是一种镁、铝的铝硅酸盐矿物。属堇青石族。与印度石为同质多象。斜方晶系。完好晶体不常出现，有时晶

J

堇青石柱状晶体(挪威、德国)和柯尔迪埃像

体呈假六方短柱状。常见简单双晶、叶片双晶、轮式双晶。它可呈无色、浅黄色,但通常具有浅蓝色或浅紫色、紫罗兰色,玻璃光泽,透明—半透明;硬度 7～7.5,中等解理,脆性。颜色美丽透明者,可作为宝石。一般宝石级的堇青石多呈蓝色和紫罗兰色,其中蓝色堇青石很像缅甸所产出的蓝宝石,且又因为它常含有水,所以又称之为水蓝宝石(Water Sapphire)。首先发现于德国巴伐利亚州下巴伐利亚行政区格罗塞尔阿尔伯(Großer Arber)。1813 年在巴黎《矿物物种表》(*Tableau Méthodique Espèces Minérales*)(第二部分)报道。

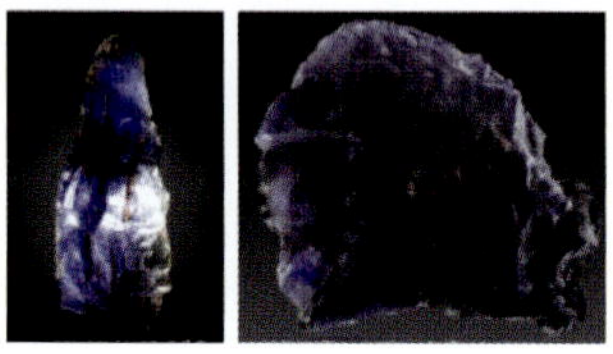

堇青石(坦桑尼亚、缅甸)

英文名称 Cordierite[$Mg_2Al_3(AlSi_5)O_{18}$],是为纪念法国矿业工程师和地质学家 P. L. A. 柯尔迪埃(P. L. A. Coedier,1777—1861)而以他的姓氏命名,是他第一个研究了该矿物标本。1959 年以前发现、描述并命名的"祖父级"矿物,IMA 承认有效。同义词 Iolite[$(Mg,Fe)_2Al_3(AlSi_5O_{18})$],1807 年 A. G. 维尔纳(A. G. Werner)根据希腊文"紫罗兰"命名,象征宝石级堇青石的特征颜色。同义词 Dichroite,来自希腊文,意为"双色",宝石级堇青石具有明显的多色性,用肉眼从不同角度观察,可以发现它的颜色有明显的变化,即称二色石。在 1814 年,约翰·加多林(Johan Gadolin)将堇青石以费边·戈特哈德·冯·施泰因海尔(Fabian Gotthard von Steinheil)伯爵的姓氏命名为 Steinheilite。施泰因海尔伯爵不是知名的矿物学家,但他曾在 1810 年任芬兰的总督。

在公元 980 年,即在哥伦布发现美洲大陆之前 400 多年,维琴高人在没有任何导航工具、天空又常常是阴云密布的情况下,穿越了极地冰冷的海洋,万里跋涉到达美洲。传说他们是借助于"太阳石"导航的。1967 年丹麦考古学家 T. 拉姆斯考(T. Ramsko)对此做出了解释,所谓"太阳石"就是一种堇青石晶体,维琴高人利用其双折射和二向色性进行导航,他们将其指向天空,在阴云密布的情况下,也能知道太阳的位置,从而辨别出航行方向来。也就是说,在公元 980 年前挪威人就认识、使用堇青石了,此说值得进一步考证。

堇青石有 3 个变种:堇青石中的镁可被铁替代,当镁含量高于铁时称堇青石,较出名的是产于印度的富镁品种,常被用来做成宝石,又称为印度石(参见【印度石】条 1082 页)。当铁含量大于镁时称之为铁堇青石。当矿物内部有赤铁矿或针铁矿、磷灰石、锆石及气、液体等包裹体,且呈定向排列使得堇青石带有红色色带时,被称为血点堇青石(Bloodshot)。

经

[jīng]形声;从糸(mì),表示与线丝有关,巠声。本义:织物的纵线,与"纬"相对,经,织也。用于中国人名。

【经绥矿】

汉拼名 Jingsuiite

化学式 TiB_2 (IMA)

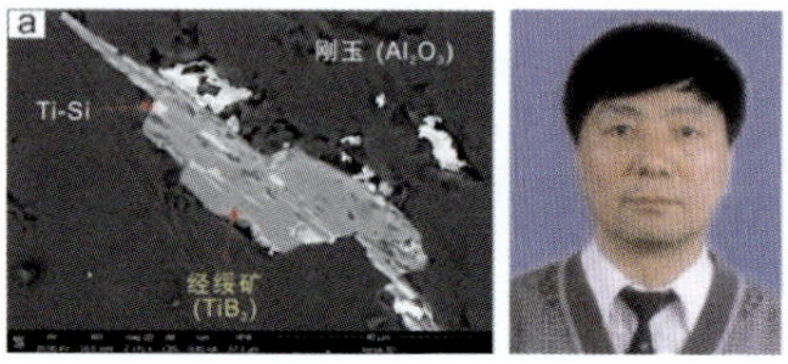

经绥矿(中国西藏)和杨经绥像

经绥矿是一种钛和硼的化合物矿物,是迄今为止第一种硼化物矿物。六方晶系。该矿物呈纳米—微米级包裹体的形式产于铬铁矿矿石中的特殊矿物刚玉内。中国地质科学院地质研究所地幔研究中心熊发挥副研究员领衔,与美国缅因州大学、德国地学研究中心和意大利技术研究院的学者们合作发现于中国西藏自治区山南地区罗布萨蛇绿岩曲松县康金拉(Kangjinla)铬矿床 CR-11 矿体。汉拼名称 Jingsuiite,以杨经绥(1950—)的名字命名。他是浙江杭州人。1977 年毕业于长春地质学院,1986 从中国地质科学院地质研究所留学加拿大,1992 获加拿大达霍西大学(Dalhousie University)理学博士学位,2017 年当选中国科学院院士。现任自然资源部大陆动力学重点实验室主任,博士生导师,中国大陆科学钻探工程项目(CCSD)总地质师,国际大陆科学钻探委员会(ICDP)专家组成员,国际大陆科学钻探中国委员会副主任,中国地质学会理事和岩石专业委员会主任,中国矿物岩石地球化学学会常务理事。长期从事岩石学结合大地构造学的研究,重点研究青藏高原地体边界、中央碰撞造山带的超高压变质岩、蛇绿岩和地幔岩。IMA 2018-117b 批准。2019 年熊发挥等在《CNMNC 通讯》(52)、《矿物学杂志》(83)和 2020 年《欧洲矿物学杂志》(32)报道。

巴登珠矿、经绥矿、志琴矿 3 种新矿物的发现是继近年来发现的青松矿、曲松矿、罗布莎矿、雅鲁矿、藏布矿、林芝矿等多种异常矿物之后的又一重要突破。它们的发现为壳源物质可循环到深部地幔提供了直接证据,也为揭示地球早期演化历史和地幔的不均一性特征提供了重要依据。也证明蛇绿岩型地幔橄榄岩和铬铁矿是一个重要的地幔矿物储存库,存在许多来自地幔深部的异常矿物,为我们了解地球深部的物质组成、物理化学环境、物质的运移和深部动力学过程提供了天然样品,是地球科学研究向深部进军的一个重要方向。它的发现不仅丰富了我国矿物种类、提升了我国在国际矿物学领域的影响力,而且为推动豆荚状铬铁矿的矿床成因研究具有重要意义,同时也可为合成制备新材料提供技术支撑。

惊

[jīng]驚的简化字,形声;从马,敬声。本义:马受惊。精神受了突然刺激而紧张。惊奇:出人意料的奇怪。

【惊奇石*】

英文名 Ekplexite

化学式 $(Nb,Mo)S_2\cdot(Mg_{1-x}Al_x)(OH)_{2+x}$ (IMA)

惊奇石*是一种含镁、铝的氢氧化物层片的铌、钼的硫化物矿物。属墨铜矿族。三方晶系。晶体呈片状;集合体呈近平行状、放射状或混沌状、透镜状(0.2mm×1mm×1mm)。

J

铁黑色，金属光泽，不透明；硬度 1，完全解理。2011 年发现于俄罗斯北部摩尔曼斯克州卡斯卡恩云科尔（Kaskasnyunchorr）山。英文名称 Ekplexite，由希腊文“ἐκπληξιs＝Ekplexis＝Surprise（惊奇）”命名，意指其化学式中化学元素的组合令人惊讶。IMA 2011－082 批准。2012 年 I. V. 佩科夫（I. V. Pekov）等在《CNMNC 通讯》（12）、《矿物学杂志》（76）和 2014 年《矿物学杂志》（78）报道。目前尚未见官方中文译名，编译者建议意译为惊奇石*。

晶 ［jīng］会意；甲骨文字形，从三日，表示光亮之意。本义：光亮，明亮。晶体：物质的结晶体，即内部质点在三维空间呈周期性重复排列的固体。

【晶蜡石】

英文名 Hartite

化学式 $C_{20}H_{34}$ （IMA）

晶蜡石针状晶体，层状或皮壳状集合体（捷克）

晶蜡石是一种碳氢化合物矿物。三斜晶系。晶体呈粗结晶状、复合扁平成针状，长 8mm；集合体呈层状或皮壳状。白色、灰色、黄灰色、无色，蜡状光泽、玻璃光泽，半透明；硬度 1，完全解理。1841 年发现于奥地利下奥地利州恩岑赖特市哈特（Hart）褐煤矿山。最初于 1841 年由海丁格尔（Haidinger）在《物理学和化学年鉴》（130）和（54）描述为二萜烃。英文名称 Hartite，以发现地奥地利的哈特（Hart）命名。1959 年以前发现、描述并命名的“祖父级”矿物，IMA 承认有效。中文名称意译为晶蜡石。

【晶质铀矿】

英文名 Uraninite

化学式 UO_2 （IMA）

晶质铀矿立方体、八面体晶体（刚果、加拿大）

晶质铀矿是一种铀的氧化物矿物。属晶质铀矿族。等轴晶系。晶体以立方体或八面体为主，菱形十二面体较不常见，也有柱状、弯曲片状、细粒状；集合体一般呈巨型葡萄状、肾形、带状。黑色、棕黑色、灰色、绿色、绿灰色（薄片），油脂光泽、半金属光泽，风化面光泽暗淡，不透明；硬度 5～6，脆性；具强放射性。呈致密块状、葡萄状等胶体形态，并具有沥青光泽的隐晶质变种称为沥青铀矿（Pitchblende，旧译沥青闪锌矿）。富含铀的土状变种称为铀黑。钍、钇、铈等稀土元素可类质同象替代铀，含量高的分别称为钍铀矿（Bröggerite，布拉格矿/Thoruraninite）或钇铀矿［Cleveite，1878 年发现人诺登瑟德（Nordenskjold）在《斯德哥尔摩地质学会会刊》（4）为纪念瑞典化学家、矿物学家和海洋学家、诺贝尔化学奖金委员会主席佩尔·西奥多·克里夫（Per Theodor Cleve，1840—1905）而以他的姓氏命名］。

人类最早使用铀的天然氧化物，可以追溯到公元 79 年以前。当时氧化铀被用作陶瓷上黄色的彩釉。1912 年，牛津大学的 R. T. 贡特尔（R. T. Gunther）在意大利那不勒斯省湾波希里坡海角（Cape Posillipo）的古罗马别墅中，发现了含氧化铀的黄色玻璃。从欧洲中世纪晚期开始，波西米亚约阿希姆斯塔尔（今捷克亚希莫夫）的居民就使用哈布斯堡的沥青铀矿来制造玻璃。1789 年，德国化学家马丁·海因里希·克拉普罗特（Martin Heinrich Klaproth）从沥青铀矿中分离出铀，并以德国出生的英籍天文学家威廉·赫歇尔在 8 年前（1781）发现的天王星（以希腊神话中的天空之神乌拉诺斯的名字——拉丁文 Uranus）命名为 Uranium，元素符号 U。1841 年，E. M. 佩利戈特（E. M. Peligot）指出，克拉普罗特分离出的“铀”，实际上是二氧化铀，而他成功地获得了金属铀。1727 年，最初由弗朗茨·恩斯特·布鲁克曼（Franz Ernst Brückmann）将晶质铀矿的英文名称 Uraninite 称为“施瓦茨贝克黑矿”；1845 年由威廉·卡尔·冯·海丁格尔（Wilhelm Karl von Haidinger）根据成分铀的名字天王星乌拉诺斯（Ouranus）的拉丁文 Uranus 更名为 Uraninite。1959 年以前发现、描述并命名的“祖父级”矿物，IMA 承认有效。中文名称根据结晶质和成分译为晶质铀矿；或根据晶系和成分译为方铀矿。

镭和地球上的氦都首先是在晶质铀矿中发现的。1868 年 8 月 18 日，法国天文学家让桑赴印度观察日全食，利用分光镜观察到日珥的一条黄线，认识到是一条不属于任何已知元素的新谱线。J. N. 洛克耶（J. N. Lockyer）通过伦敦的烟雾观察太阳，也记录下了同样的线，并假设是个新的元素，从而命名为 Helium（氦），来自希腊文 Helios（太阳），元素符号 He。这是第一个在地球以外，在宇宙中发现的元素。当时铸造了一块金质纪念牌，一面雕刻着驾着四匹马战车的传说中的太阳神阿波罗（Apollo）像，另一面雕刻着让桑和洛克耶的头像，以此纪念氦元素的发现。20 多年后，拉姆赛在钇铀矿中发现了氦。这样氦在地球上也被发现了。

1898 年，M. 居里（M. Curie）夫人及她丈夫皮埃尔·居里（Pierre Curie）在捷克北波希米亚沥青铀矿中发现了两种未知的新元素。1898 年 7 月，他们先把其中一种元素命名为钋（Polonium），以纪念居里夫人的祖国波兰。稍后 12 月，他们又把另一种元素命名为镭（Radium），英文名称来源于拉丁文 Radius，含义是“射线”。

镤也是在沥青铀矿中发现的天然存在的镤，它是最罕见和最昂贵元素之一。1871 年，门捷列夫预测钍和铀之间有未知元素的存在。1900 年，威廉·克鲁克斯从铀矿中分离出镤，但他并不知道发现了一个新的化学元素，因此将其命名为铀-X。镤真正首次发现于 1913 年，法扬斯和奥斯瓦尔德·格林研究^{238}铀衰变链时，发现了镤的同位素^{234}镤，以 Brevium（拉丁文，意思是短暂、短期）命名新元素。1917—1918 年间，两组科学家奥托·哈恩和莉泽·迈特纳，以及德国和英国的弗雷德里克·索迪和约翰·克兰斯登（John Cranston）发现了镤的另一个同位素^{231}镤，因此，他们将名称从 Brevium 变更为镤（Proto-actinium）（希腊文：πρ ῶ τos，意为之前，首先），因为镤在^{235}铀衰变链的位置在锕之前。在所有的矿物中晶质铀矿是发现新元素最多的一种矿物（参见《维基百科》《科技名词探源》《化学元素的发现》）。

静 ［jìng］从青，从争。本义：彩色分布适当。静海：即月球上的宁静海。

【静海石】参见【宁静石】条 659 页

镜

[jìng]象形；从金，从竟音。用来映照形象的器具：镜子。

【镜铁矿】参见【赤铁矿】条 91 页

九

[jiǔ]中国数目字。①九水：指矿物中含有 9 个结晶水。②晶胞参数倍数。

【九脆硫砷铅铊矿*】

英文名 Enneasartorite

化学式 $Tl_6Pb_{32}As_{70}S_{140}$　　(IMA)

九脆硫砷铅铊矿*柱状晶体，晶簇状集合体（瑞士）

九脆硫砷铅铊矿*是一种铊、铅的砷-硫化物矿物。属脆硫砷铅矿同源系列族。它与七脆硫砷铅铊矿*(Heptasartorite)和原脆硫砷铅铊矿*(Hendekasartorite)的物理和光学性质类似，但结构在基本的晶胞参数 4.2Å(1Å=0.1nm)基础有变化，如 7 倍，9 倍和 11 倍 P21/c 超结构；只能用化学分析和/或单晶 X 射线衍射来区分它们。单斜晶系。晶体呈柱状；集合体呈晶簇状。灰色，金属光泽，不透明；硬度 3～3.5。2015 年发现于瑞士瓦莱州法尔德区林根巴赫(Lengenbach)采石场。英文名称 Enneasartorite，由结构冠词希腊文“Eνια=Ennea(九)”和根词“Sartorite(脆硫砷铅矿)”组合命名。IMA 2015-074 批准。2015 年 D. 托帕(D. Topa)等在《CNMNC 通讯》(28)、《矿物学杂志》(79)和 2017 年《欧洲矿物学杂志》(29)报道。目前尚未见官方中文译名，编译者建议根据结构、成分及族名译为九脆硫砷铅铊矿*。

【九水砷钙石】

英文名 Machatschkiite

化学式 $Ca_6(AsO_4)(AsO_3OH)_3(PO_4) \cdot 15H_2O$　　(IMA)

九水砷钙石板状晶体（德国）和马查特斯基像

九水砷钙石是一种含结晶水的钙的磷酸-氢砷酸-砷酸盐矿物。三方晶系。晶体呈假菱面体。无色，玻璃光泽，透明—半透明；硬度 2～3。1976 年发现于德国巴登-符腾堡州弗赖堡市罗霍伊巴赫区安东(Anton)矿。英文名称 Machatschkiite，以奥地利维也纳大学矿物学教授费利克斯·卡尔·路德维希·马查特斯基(Felix Karl Ludwig Machatschki，1895—1970)的姓氏命名。IMA 1976-010 批准。1977 年 K. 瓦林塔(K. Walenta)在《契尔马克氏矿物学和岩石学通报》(24)和 M. 弗莱舍(M. Fleischer)等在《美国矿物学家》(62)报道。中文名称根据成分译为九水砷钙石。前人译名似有不妥，编译者建议音译为马查特斯基石。

久

[jiǔ]会意；字形字义由“夂”派生出来。久指“长时间”，与“短时间”相对。[英]音，用于外国人名。

【久硅铝钠石】参见【久霞石】条 390 页

【久辉铜矿】

英文名 Djurleite

化学式 $Cu_{31}S_{16}$　　(IMA)

久辉铜矿短柱状、厚板状晶体（澳大利亚、哈萨克斯坦）

久辉铜矿是一种铜的硫化物矿物。属辉铜矿族。单斜晶系。晶体呈短柱状、厚板状；集合体呈致密块状。铅灰色、蓝黑色、黑色、黑灰色，金属光泽，不透明；硬度 2.5～3，脆性。1962 年发现于墨西哥奇瓦瓦州(Chihuahua)铜峡谷。英文名称 Djurleite，1962 年美国地质调查局的尤金·霍洛韦·罗斯勃姆(Eugene Holloway Roseboom)首次描述，为纪念瑞典乌普萨拉大学化学教授斯维德·尤尔勒(Seved Djurle，1918—2000)博士而以他的姓氏命名，他在 1958 年首次合成矿物的等效物。IMA 1967s.p. 批准。1962 年 E. H. 罗斯勃姆(E. H. Roseboom)在《美国矿物学家》(47)报道。中文名称根据英文名称首音节音及与辉铜矿的关系译为久辉铜矿，有的译为低辉铜矿。

【久霞石】

英文名 Giuseppettite

化学式 $Na_{42}K_{16}Ca_6Si_{48}Al_{48}O_{192}(SO_4)_{10}Cl_2 \cdot 5H_2O$　　(IMA)

久霞石无定形粒状晶体（意大利）

久霞石属似长石族钙霞石族成员之一。六方晶系。晶体呈他形粒状。淡紫蓝色，玻璃光泽，透明—半透明；硬度 6～7。1979 年发现于意大利罗马首都萨克罗法诺(Sacrofano)火山口比亚切拉(Biachella)谷。英文名称 Giuseppettite，以意大利帕维亚大学矿物学教授朱塞佩·朱塞佩蒂(Giuseppe Giuseppetti)的姓氏命名。IMA 1979-064 批准。1981 年 F. 马兹(F. Mazzi)在《矿物学新年鉴》(月刊)和 1982 年《美国矿物学家》(67)报道。中文名称根据英文名称首音节音和族名译为久霞石；1983 年中国新矿物与矿物命名委员会郭宗山等在《岩石矿物及测试》[2(1)]根据英文名称首音节音和成分译为久硅铝钠石。

韭

[jiǔ]象形；小篆，像韭菜长在地上的形状。本义：韭菜。用来描述矿物的形态像细长扁平的韭菜叶。

【韭闪石】

英文名 Pargasite

化学式 $NaCa_2(Mg_4Al)(Si_6Al_2)O_{22}(OH)_2$　　(IMA)

韭闪石板状柱状晶体（巴基斯坦）

韭闪石是一种 A 位钠、C 位镁和铝、W 位羟基的闪石矿物。属角闪石超族 W 位羟基、氟、氯占优势的闪石族钙闪石亚族韭闪石根名族。单斜晶系。晶体呈柱状，具简单双晶和聚片双晶。亮褐色、褐色、浅绿色、蓝绿色、浅灰黑色等，玻璃光泽，半透明；硬度 5～6，完全解理。英文名称 Pargasite，

1814年由费边·戈特哈德·冯·施泰因海尔(Fabian Gotthard von Steinheil)伯爵根据发现地芬兰西南部的帕尔加斯(Pargas)山谷命名。1815年在《最新发现全矿物学袖珍手册》(9)报道。1959年以前发现、描述并命名的"祖父级"矿物,IMA承认有效。IMA 2012s. p. 批准。施泰因海尔伯爵不是知名的矿物学家,但他曾在1810年任芬兰的总督;也是在1814年,堇青石(Steinheilite)被约翰·加多林(Johan Gadolin)以施泰因海尔伯爵的姓氏命名。中文名称根据其形态像扁平细长的韭菜叶并多呈绿色及族名译为韭闪石。异铝闪石(Soretite)是韭闪石的变种,也称次韭闪石。

桔

[jú]形声;从木、吉声。"橘"的俗字。像橘子皮一样的颜色:橘红色。用于比喻矿物的颜色。

【桔榴石】参见【锰铝榴石】条610页

菊

[jú]形声;从艸,匊(jū)声。本义:植物名,通称"菊花"。用于描述矿物集合体形态像放射状的菊花一样。

【菊花石】参见【红柱石】条333页

锔

[jú]形声;从金,局声。一种放射性元素。英Curium。元素符号Cm。原子序数96。1944年,美国加州大学伯克利分校G. T. 西博格(G. T. Seaporg)、R. A. 詹姆斯(R. A. Jamse)和A. 吉奥索(A. Ghiorso)团队在伯克利用人工核反应获得锔元素。为纪念居里夫妇皮埃尔·居里(Pierre Curie)和玛丽·居里(Marie Curie)而命名。锔在地球上没有单质或化合物矿物存在。

苣

[jù]形声;从艹,巨声。本义:菜名,莴苣。用于日本人名。

【苣木矿】参见【苏硫镍铁铜矿】条904页

绢

[juàn]形声;从糸(mì,表示与线丝有关),肙(yuān)声。"肙"意为"细小的""小巧的"。二者联合起来表示"小巧的丝织物"。在古代,绢丝指蚕丝;也泛指棉、麻织物。光泽闪烁柔滑,用于比喻矿物的光泽。

【绢石】

英文名 Bastite

化学式 $D_3[Si_2O_5](OH)_4$(D=Mg,Fe,Ni,Mn,Al,Zn)

绢石是一种具斜方辉石假象的利蛇纹石或叶蛇纹石。晶体呈叶片状;集合体呈块体。常呈金黄色和橄榄绿色、灰绿色或棕色,沿辉石解理面上有青铜黄色的游彩,丝绢光泽,一般不透明;硬度3.5~4。较重要的产地有缅甸和德国的哈茨山巴斯特(Baste)谷。见于1874年卡尔·弗里德里克·瑙曼(Carl Friedrch Naumann)的《矿物学原本(增订版和改进版)》(*Elemente der Mineralogie neunte, vermehrte und verbesserte Auflage*)。英文名称Bastite,以"Bast(树的内皮)"命名,意指一种交代斜方辉石并形成辉石假象的利蛇纹石或叶蛇纹石,像细棉布或细亚麻布一样;或是由发现地德国哈茨山的巴斯特(Baste)谷命名。中文名称根据丝绢光泽译为绢石(参见【利蛇纹石】条447页和【叶蛇纹石】条1067页)。

【绢云母】

英文名 Sericite

化学式 $KAl_2[Si_3AlO_{10}](OH,F)_2$

绢云母假六方片状和鳞片状晶体(中国、哈萨克斯坦)

绢云母属白云母的亚种,是一种细小的白云母。单斜晶系。晶体呈假六方片状、细小鳞片状。白色、灰色、淡绿色—油绿色、紫玫瑰色等,丝绢光泽、珍珠光泽,透明;硬度2.5~3,极完全解理。英文名称Sericite,来自1852年卡尔/卡尔(Karl/Carl)的《矿物表》,由希腊文"Σάιρος=μειάξν(Seiros=Silken)"命名,意为"丝",指矿物具丝绢光泽。中文名称根据矿物的丝绢光泽和族名译为绢云母(参见【白云母】条40页)。

觉

[jué]形声;从见,学省声。本义:醒悟,明白。[英]音,用于缅甸人名。

【觉都矿*】

英文名 Kyawthuite

化学式 $Bi^{3+}Sb^{5+}O_4$ (IMA)

觉都矿*单晶刻面宝石(缅甸)

觉都矿*是一种目前唯一批准的铋、锑的氧化物矿物。单斜晶系。晶体呈柱状,长6mm;单晶刻面宝石,重1.61克拉。红橙色,金刚光泽,透明;硬度5.5,完全解理,脆性。2015年发现于缅甸曼德勒省抹谷区眉谬镇昌(Chaung)村河流冲积层。英文名称Kyawthuite,以缅甸矿物学家、岩石学家和宝石学家觉都(Kyaw Thu,1973—)博士的姓名命名。他于1998—2005年在仰光大学地质系工作,自2003年以来一直是双晶宝石(Macle Gem)贸易实验室的所有者/经营者。IMA 2015-078批准。2015年A. R. 坎普夫(A. R. Kampf)等在《CNMNC通讯》(28)、《矿物学杂志》(79)和2017年《矿物学杂志》(81)报道。目前尚未见官方中文译名,编译者建议音译为觉都矿*。

Kk

喀 [kā]形声；从口，客声。象声词，形容折断的声音。[英]音，用于外国人名。

【喀碲银铜矿】

英文名 Cameronite

化学式 $Cu_{5-x}(Cu,Ag)_{3+x}Te_{10}$ ($x=0.43$)　(IMA)

喀碲银铜矿粒状晶体，块状集合体(美国)和卡梅林像

喀碲银铜矿是一种铜、银的碲化物矿物。最初认为是四方晶系，后确认为单斜晶系。晶体呈显微自形—他形粒状，粒径 200μm；集合体呈块状。黑色、灰色，金属光泽，不透明；硬度 3.5～4，脆性。1984 年发现于美国科罗拉多州好希望(Good Hope)矿。英文名称 Cameronite，以美国威斯康星大学经济地理学家尤金・N. 卡梅林(Eugene N. Cameron，1910—1999)教授的姓氏命名。他是第一次认识该矿物的美国人；他在职业生涯早期为美国地质调查局工作，是伟晶岩专家，研究过月球样品。IMA 1984-069 批准。1986 年 A. C. 罗伯茨(A. C. Roberts)等在《加拿大矿物学家》(24)报道。1987 年中国新矿物与矿物命名委员会郭宗山等在《岩石矿物学杂志》[6(4)]根据英文名称首音节音和成分译为喀碲银铜矿。

卡 [kǎ]会意；从上，从下。意夹在中间，堵塞。或象声字。如：机器卡卡响。[英]音，用于外国人名、地名。

【卡博文石*】

英文名 Cabvinite

化学式 $Th_2F_7(OH)\cdot 3H_2O$　(IMA)

卡博文石*是一种含结晶水、羟基的钍的氟化物矿物。四方晶系。晶体呈方形柱状，长 100μm，厚 40μm。白色，玻璃光泽，透明；脆性。2016 年发现于意大利撒丁岛卡利亚里地区萨罗奇的苏塞纳丘(Su Seinargiu)钼铋矿床。英文名称 Cabvinite，以意大利矿物收藏家费尔南多・卡博尼(Fernando Caboni，1941—)和安东内洛・文奇(Antonello Vinci，1944—)两个人的姓氏的首字母缩写"Cab(卡博)"和"Vin(文)"组合命名，以表彰他们对苏塞纳丘(Su Seinargiu)矿床的矿物学研究做出的贡献。IMA 2016-011 批准。2016 年 P. 奥兰迪(P. Orlandi)等在《CNMNC 通讯》(31)、《矿物学杂志》(80)和 2017 年《美国矿物学家》(10)报道。目前尚未见官方中文译名，编译者建议音译为卡博文石*。

【卡大隅石】

英文名 Chayesite

化学式 $KMg_4Fe^{3+}[Si_{12}O_{30}]$　(IMA)

卡大隅石板状堆成的柱状晶体(西班牙、德国)和蔡斯像

卡大隅石是一种钾、镁、铁的硅酸盐矿物。属大隅石族。六方晶系。晶体呈六方薄板状、板状堆成的柱状。蓝色、棕色、铁锈红色，玻璃光泽，透明—半透明；硬度 5～6，脆性。1987 年发现于美国犹他州萨米特县月亮峡谷(Moon Canyon)。英文名称 Chayesite，以美国华盛顿特区卡耐基研究院地球物理实验室的费利克斯・蔡斯(Felix Chayes，1916—1993)博士的姓氏命名。他是美国岩石学家和数学地质学家，也是美国矿物学学会主席。IMA 1987-059 批准。1989 年 D. 维尔德(D. Velde)等在《美国矿物学家》(74)报道。1990 年中国新矿物与矿物命名委员会郭宗山在《岩石矿物学杂志》[9(3)]根据英文名称首音节音及族名译为卡大隅石。

【卡尔波夫石*】

英文名 Karpovite

化学式 $Tl_2VO(SO_4)_2(H_2O)$　(IMA)

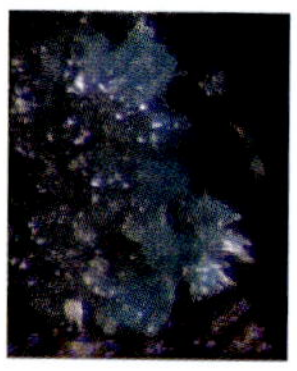

卡尔波夫石*针状晶体，束状集合体(俄罗斯)

卡尔波夫石*是一种含结晶水的铊、钒氧的硫酸盐矿物。单斜晶系。晶体呈柱状、针状；集合体呈束状。白色、浅蓝色，金刚光泽，透明；硬度 2，脆性。2013 年发现于俄罗斯堪察加州托尔巴契克(Tolbachik)火山主裂隙北破火山口第一火山渣锥。英文名称 Karpovite，以俄罗斯科学院火山学研究所的火山学家、科学院院士根纳迪・亚历山德罗维奇・卡尔波夫(Gennadii Alexandrovich Karpov，1938—)教授的姓氏命名。卡尔波夫教授主要从事活动火山作用区汞、锑和砷矿化的研究。IMA 2013-040 批准。2013 年 L. P. 维尔加索娃(L. P. Vergasova)等在《CNMNC 通讯》(17)、《矿物学杂志》(77)和 2014 年《矿物学杂志》(78)报道。目前尚未见官方中文译名，编译者建议音译为卡尔波夫石*。

【卡尔达斯石】参见【斜锆石】条 1028 页

【卡尔德隆矿*】

英文名 Calderónite

化学式 $Pb_2Fe^{3+}(VO_4)_2(OH)$　(IMA)

卡尔德隆矿*板柱状晶体，晶簇状集合体(西班牙)和卡尔德隆像

卡尔德隆矿*是一种含羟基的铅、铁的钒酸盐矿物。属锰铁钒铅矿超族。单斜晶系。晶体呈长柱状、板柱状、板状、粒状；集合体呈晶簇状。红橙色、红褐色，玻璃光泽、金刚光泽，透明—半透明；硬度 3～4，脆性。2001 年发现于西班牙埃斯特雷马杜拉自治区巴达霍斯省拉斯科尔梅尼塔斯(Las Colmenitas)矿。英文名称 Calderónite，以西班牙的矿物学家、植物学家和自然科学博物馆矿物学科科长(1910)萨尔瓦

多·卡尔德隆(Salvador Calderón,1852—1911)教授的姓氏命名,以表彰他对西班牙矿物学做出的贡献,他出版了《西班牙矿物》(*Los minerales de España*)。IMA 2001-022 批准。2003 年 J. 冈萨雷斯·德尔·塔纳戈(J. Gonzalez del Tanago)等在《美国矿物学家》(88)报道。目前尚未见官方中文译名,编译者建议音译为卡尔德隆矿*。

【卡尔杜齐矿*】

英文名 Carducciite

化学式 $(AgSb)Pb_6(As,Sb)_8S_{20}$ (IMA)

卡尔杜齐矿*柱状晶体(意大利)

卡尔杜齐矿*是一种银、锑、铅的砷-锑-硫化物矿物。属脆硫砷铅矿。单斜晶系。晶体呈柱状,长 0.5mm。黑色,金属光泽,不透明;硬度 2.5~3,脆性。2013 年发现于意大利卢卡省珀罗内(Pollone)矿。英文名称 Carducciite,以发现地意大利的卡尔杜齐(Carducci)镇命名,在这里发现的第一批标本。IMA 2013-006 批准。2013 年 C. 比亚乔尼(C. Biagioni)等在《CNMNC 通讯》(16)、《矿物学杂志》(77)和 2014 年《矿物学杂志》(78)报道。目前尚未见官方中文译名,编译者建议音译为卡尔杜齐矿*。

【卡尔弗朗西斯石*】

英文名 Carlfrancisite

化学式 $Mn_3^{2+}(Mn^{2+},Mg,Fe^{3+},Al)_{42}(As^{3+}O_3)_2(As^{5+}O_4)_4[(Si,As^{5+})O_4]_8(OH)_{42}$ (IMA)

弗兰西斯像

卡尔弗朗西斯石*是一种含羟基的锰、镁、铁、铝的砷硅酸-砷酸-亚砷酸盐矿物。三方晶系。集合体呈弯曲板状。黄橙色—淡黄色,玻璃光泽,半透明;硬度 3。2012 年发现于纳米比亚奥乔宗朱帕区赫鲁特方丹市孔巴特(Kombat)矿。英文名称 Carlfrancisite,以美国矿物学家、哈佛大学的矿物学博物馆原馆长卡尔·A. 弗兰西斯(Carl A. Francis,1949—)的姓名命名。他的专业领域包括系统矿物学和伟晶岩地质学。IMA 2012-033 批准。2012 年 F. C. 霍桑(F. C. Hawthorne)等在《CNMNC 通讯》(14)、《矿物学杂志》(76)和 2013 年《美国矿物学家》(98)报道。目前尚未见官方中文译名,编译者建议音译为卡尔弗朗西斯石*。

【卡尔古利石】

英文名 Kalgoorlieite

化学式 As_2Te_3 (IMA)

卡尔古利石是一种砷的碲化物矿物。单斜晶系。晶体颗粒非常小。银白色。2015 年澳大利亚科廷大学应用地质系地球化学家基尔斯滕·雷姆佩尔(Kirsten Rempel)博士在检查西澳矿业学院卡尔古里校区的样品时,发现了一种微粒银白色矿物。在此之前,西澳矿业学院讲师菲利普·斯托萨德(Phillip Stothard)最早开始对样品进行过分析。样品是从西澳大利亚州卡尔古利-博尔德(Kalgoorlie - Boulder)超大金坑的中部采集的,已经在博物馆展放了多年。在研究过程中西澳大学提供了电子探针设备,获得了准确的化学成分,伦敦自然历史博物馆克里斯·斯坦利(Chris Stanley)博士测定了矿物折射率。国际矿物学会经过一年的鉴定和分类研究,正式认定它是一种新矿物。英文名称 Kalgoorlieite,由雷姆佩尔根据发现地西澳的卡尔古利(Kalgoorlie)镇将矿物命名为 Kalgoorlieite。IMA 2015-119 批准;这是 IMA 批准的第 5107 种矿物。2016 年 K. 雷姆佩尔(K. Rempel)等在《CNMNC 通讯》(30)和《矿物学杂志》(80)报道。中文名称音译为卡尔古利石。

【卡尔吉塞克钕石*】

英文名 Carlgieseckeite-(Nd)

化学式 $NaNdCa_3(PO_4)_3F$ (IMA)

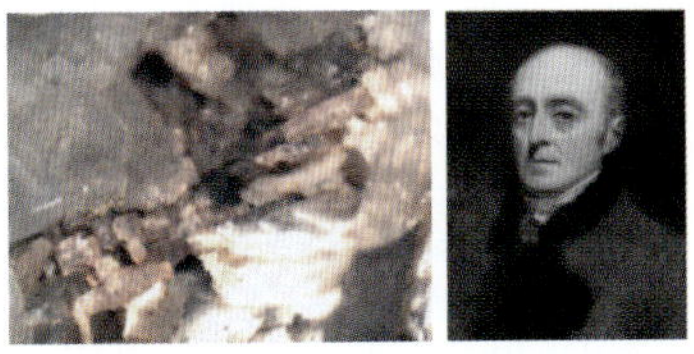

卡尔吉塞克钕石*柱状晶体(格陵兰)和吉塞克像

卡尔吉塞克钕石*是一种含氟的钠、钕、钙的磷酸盐矿物。属磷灰石超族锶铈磷灰石族。三方晶系。晶体呈六方扁平板状、柱状。无色、带淡淡的绿色、粉红色,玻璃光泽、油脂光泽,透明;硬度 5,脆性。2010 年发现于丹麦格陵兰岛库雅雷哥自治区库安纳尔苏特(Kuannersuit)高原钠长岩。英文名称 Carlgieseckeite-(Nd),以矿物学家和极地探险家卡尔·路德维格·吉塞克[Carl(或 Karl) Ludwig Giesecke,1761—1833]的姓名加占优势稀土元素钕后缀-(Nd)组合命名。吉塞克是格陵兰岛矿物学的开拓者。IMA 2010-036 批准。2010 年 I. V. 佩科夫(I. V. Pekov)等在《矿物学杂志》(74)和 2012 年《加拿大矿物学家》(50)报道。目前尚未见官方中文译名,编译者建议音加成分译为卡尔吉塞克钕石*。

【卡尔彭科矿*】

英文名 Karpenkoite

化学式 $Co_3(V_2O_7)(OH)_2 \cdot 2H_2O$ (IMA)

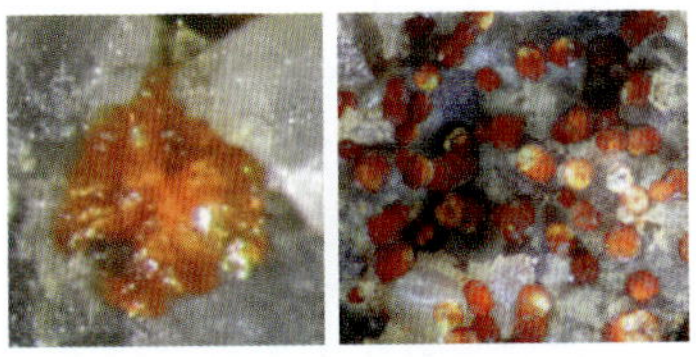

卡尔彭科矿*片状晶体,玫瑰花状、晶簇状或球粒状集合体(美国)

卡尔彭科矿*是一种含结晶水、羟基的钴的钒酸盐矿物。属水钒铜矿族。三方晶系。晶体呈片状、粗糙的六角形或不规则状、典型的弯曲状;集合体呈玫瑰花状、晶簇状或叠片状、球粒状。橙色、淡黄橙色,玻璃光泽,透明;完全解理,脆性。2014 年发现于美国犹他州格兰德县小艾娃(Little Eva)矿。英文名称 Karpenkoite,以俄罗斯矿物学家弗拉迪米尔·尤·卡尔彭科(Vladimir Yu Karpenko,1965—)的姓氏命名,他是一位钒矿物学专家。IMA 2014-092 批准。2015 年 A. V. 卡萨金(A. V. Kasatkin)等在《CNMNC 通讯》(24)、《矿物学杂志》(79)和《地球科学杂志》(60)报道。目前尚未见官方中文译名,编译者建议音译为卡尔彭科矿*。

【卡尔森石*】

英文名 Carlsonite

化学式 $(NH_4)_5Fe_3^{3+}O(SO_4)_6 \cdot 7H_2O$ (IMA)

卡尔森像

卡尔森石*是一种含结晶水的铵、铁氧的硫酸盐矿物。三斜晶系。晶体呈薄—厚的显微片状、柱状，但粒径通常很小。黄色—橙棕色，玻璃光泽，透明；硬度2，完全解理，脆性。2014年发现于美国俄亥俄州休伦县休伦河休伦(Huron)油页岩燃烧现场。英文名称Carlsonite，以俄亥俄州肯特州立大学的矿物学教授(1966—2009)欧内斯特·H.卡尔森(Ernest H. Carlson，1933—2010)博士的姓氏命名。在他去世时，完成并提交了大受欢迎的《俄亥俄州矿物》修订版，最初由俄亥俄地质调查局于1991年出版；他还从事了休伦河页岩火灾的研究。IMA 2014-067批准。2015年A. R.坎普夫(A. R. Kampf)等在《CNMNC通讯》(23)、《矿物学杂志》(79)和2016年《美国矿物学家》(101)报道。目前尚未见官方中文译名，编译者建议音译为卡尔森石*。

【卡尔斯石】参见【水碳铝铁石】条876页

【卡硅铁镁石】

英文名 Carlosturanite

化学式 $(Mg,Fe^{2+},Ti)_{21}(Si,Al)_{12}O_{28}(OH)_{34}\cdot H_2O$ (IMA)

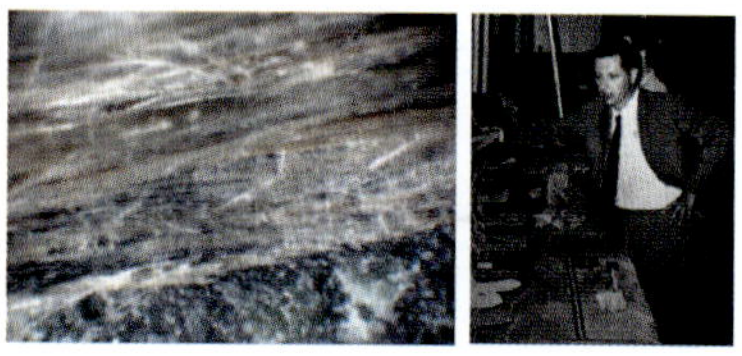
卡硅铁镁石纤维状晶体，束状集合体(意大利)和卡罗·斯图拉尼像

卡硅铁镁石是一种含结晶水和羟基的镁、铁、钛的铝硅酸盐矿物。单斜晶系。晶体呈纤维状；集合体呈平行排列的石棉状、束状。浅棕色，玻璃光泽、珍珠光泽，透明；硬度2.5，完全解理。1984年发现于意大利库尼奥省瓦莱塔(Varaita)山谷奥里尔(Auriol)矿。英文名称Carlosturanite，以意大利都灵大学卡罗·斯图拉尼(Carlo Sturani，1938—1976)教授的姓名命名。IMA 1984-009批准。1985年R.孔帕尼奥尼(R. Compagnoni)等在《美国矿物学家》(70)报道。1986年中国新矿物与矿物命名委员会郭宗山等在《岩石矿物学杂志》[5(4)]根据英文名称首音节音和成分译为卡硅铁镁石。

【卡辉铋铅矿】

英文名 Cannizzarite

化学式 $Pb_8Bi_{10}S_{23}$ (IMA)

卡辉铋铅矿星状集合体(意大利)和坎尼扎罗像

卡辉铋铅矿是一种铅、铋的硫化物矿物。单斜晶系。晶体呈非常薄的单一板条状，经常翘曲但也发现有直的，末端可能有磨损，具"V"形双晶；集合体呈毡状和星状。浅灰色—银灰色、彩虹锖色，金属光泽，不透明；硬度2。1924年发现于意大利墨西拿省伊奥利亚群岛拉福萨(La Fossa)火山口。1924年卡罗比(Carobbi)等在《维苏威亚诺观察报》(1)报道。英文名称Cannizzarite，以意大利罗马大学著名的化学家斯塔尼斯劳·坎尼扎罗(Stanislao Cannizzaro，1826—1910)的姓氏命名。他最著名的是卡尼扎罗反应和他在原子量方面的工作。1959年以前发现、描述并命名的"祖父级"矿物，IMA承认有效。中文名称根据英文名称首音节音和成分译为卡辉铋铅矿。

【卡拉拉石*】

英文名 Carraraite

化学式 $Ca_3Ge(SO_4)(CO_3)(OH)_6\cdot 12H_2O$ (IMA)

卡拉拉石*六方厚板状晶体(意大利，电镜下)

卡拉拉石*是一种含结晶水和羟基的钙、锗的碳酸-硫酸盐矿物，是含锗的碳硫硅钙石的类似矿物。属钙矾石族。六方晶系。晶体呈微六方厚板状；集合体呈晶簇状。无色、乳白色，玻璃光泽，透明。1998年发现于意大利马萨-卡拉拉省滨海阿尔卑斯山脉焦亚(Gioia)大理石露天采石场。英文名称Carraraite，以发现地意大利的卡拉拉(Carrara)盆地命名。IMA 1998-002批准。2001年S.梅尔利诺(S. Merlino)等在《美国矿物学家》(86)报道。目前尚未见官方中文译名，编译者建议音译为卡拉拉石*。

【卡拉马石*】

英文名 Calamaite

化学式 $Na_2TiO(SO_4)_2\cdot 2H_2O$ (IMA)

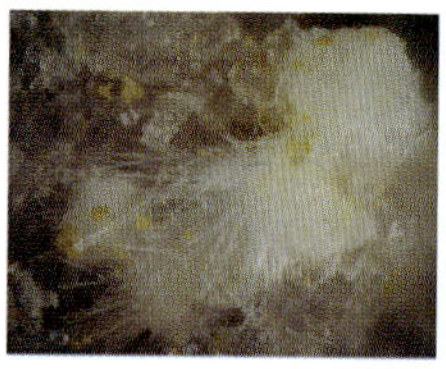
卡拉马石*针状晶体，放射状、无序团状集合体(智利)

卡拉马石*是一种含结晶水的钠、钛氧的硫酸盐矿物，它是硅钛钠钡石(Innelite)和阿尔卡帕罗萨石*(Alcaparrosaite)之后的第三个以钛为主的硫酸盐矿物。斜方晶系。晶体呈针状(0.01mm×2mm)、柱状(1mm×1mm×3mm)，常见十字交叉双晶；集合体呈放射状、无序团状。无色(晶体)、白色(集合体)，玻璃光泽，透明；硬度3，完全解理。2016年发现于智利洛阿省卡拉马(Calama)塞里托斯贝奥斯(Cerritos Bayos)阿尔卡帕罗萨(Alcaparrosa)矿山。英文名称Calamaite，以发现地智利的卡拉马(Calama)命名。IMA 2016-036批准。2016年I. V.佩科夫(I. V. Pekov)等在《CNMNC通讯》(33)、《矿物学杂志》(80)和2018年《欧洲矿物学杂志》(30)报道。目前尚未见官方中文译名，编译者建议音译为卡拉马石*。

【卡拉苏石*】

英文名 Karasugite

化学式 $SrCaAlF_7$ (IMA)

卡拉苏石*是一种锶、钙、铝的氟化物矿物。单斜晶系。晶体呈扁平薄刃片状；集合体呈花状、扇状。无色，玻璃光泽，透明；完全解理。1993年发现于俄罗斯图瓦共和国卡拉苏(Karasug)稀土锶钡铁萤石矿床。英文名称Karasugite，1994年O. V.彼得森(O. V. Petersen)等根据发现地俄罗斯的卡拉苏(Karasug)稀土锶钡铁萤石矿床命名。IMA 1993-013批准。1994年彼得森等在《矿物学新年鉴》(月刊)报道。目前尚未见官方中文译名，编译者建议音译为卡拉苏石*。

【卡硫锗铜矿】

英文名 Calvertite

化学式 $Cu_5Ge_{0.5}S_4$ (IMA)

卡硫锗铜矿是一种铜、锗的硫化物矿物。等轴晶系。晶体呈他形粒状、椭圆粒状。黑色，金属光泽，不透明；硬度4～5，脆性。2006年发现于纳米比亚奥希科托区楚梅布(Tsumeb)矿山。英文名称Calvertite，以加拿大渥太华国家研究委员会的里斯顿·D.卡尔弗特(Lauriston D. Calvert，1924—1993)的姓氏命名。IMA 2006-030批准。2007年J. L.杨博尔(J. L. Jambor)等在《加拿大矿物学家》(45)报道。2010年中国地质科学院地质研究所尹淑苹等在《岩石矿物学杂志》[29(4)]根据英文名称首音节音和成分译为卡硫锗铜矿。

【卡鲁金石*】

英文名 Kaluginite

化学式 $(Mn^{2+},Ca)MgFe^{3+}(PO_4)_2(OH)\cdot4H_2O$

卡鲁金石*是一种含结晶水和羟基的锰、钙、镁、铁的磷酸盐矿物。斜方晶系。绿黄色、黄绿色，玻璃光泽、油脂光泽，透明—半透明；硬度3.5。1991年发现于俄罗斯车里雅宾斯克州伊尔门(Ilmeny)自然保护区。英文名称Kaluginite，以俄罗斯乌拉尔山脉矿物学家亚历山大·V.卡鲁金(Aleksandr V. Kalugin，1857—1933)的姓氏命名。未经IMA批准，但可能有效。1991年在《全苏矿物学会记事》[120(4)]报道。目前尚未见官方中文译名，编译者建议音译为卡鲁金石*。

【卡伦韦伯石*】

英文名 Karenwebberite

化学式 $NaFe^{2+}(PO_4)$ (IMA)

卡伦韦伯石*是一种钠、铁的磷酸盐矿物。属磷锂铁矿(Triphylite)族。与磷铁钠矿(Maričite)为同质多象。斜方晶系。在磷铁锰矿(Graftonite)上形成薄的出溶片(小于0.1mm×7mm)。浅绿色、深绿色，玻璃光泽、油脂光泽，半透明(浅绿色)—不透明(深绿色)；完全解理，脆性。2011年发现于意大利莱科省皮奥纳(Piona)半岛马尔彭萨塔(Malpensata)伟晶岩脉。英文名称Karenwebberite，以美国路易斯安那州新奥尔良大学地球与环境科学系矿物学、岩石学和伟晶学研究组的助理教授卡伦·路易丝·韦伯(Karen Louise Webber)的姓名命名。她专注于花岗岩伟晶岩的冷却和结晶动力学的研究。IMA 2011-015批准。2011年P.维尼奥拉(P. Vignola)等在《CNMNC通讯》(10)、《矿物学杂志》(75)和2013年《美国矿物学家》(98)报道。目前尚未见官方中文译名，编译者建议音译为卡伦韦伯石*。

【卡洛斯鲁伊兹石】

英文名 Carlosruizite

化学式 $K_3Na_2Na_3Mg_5(IO_3)_6(SeO_4)_6\cdot6H_2O$ (IMA)

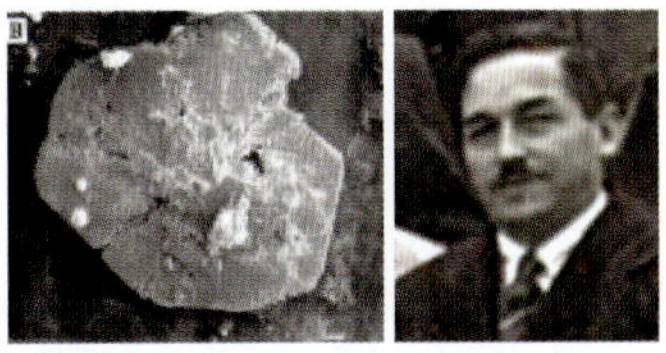

卡洛斯鲁伊兹石六方片状晶体(智利)和卡洛斯·鲁伊兹·富勒像

卡洛斯鲁伊兹石是一种含结晶水的钾、钠、镁的硒酸-碘酸盐矿物。三方晶系。晶体呈自形薄六方片状、片状。无色、鲜黄色，玻璃光泽，透明；硬度2.5～3，完全解理，脆性。1993年发现于智利艾尔塔马鲁加尔省萨皮加(Zapiga)。英文名称Carlosruizite，1994年朱迪斯·A.康纳特(Judith A. Konnert)等为纪念智利地质调查局第一任主任卡洛斯·鲁伊兹·富勒(Carlos Ruiz Fuller，1916—1997)而以他的名字命名。IMA 1993-020批准。1994年康纳特等在《美国矿物学家》(79)报道。1999年中国新矿物与矿物命名委员会黄蕴慧等在《岩石矿物学杂志》[18(1)]音译为卡洛斯鲁伊兹石。

【卡马拉石*】

英文名 Cámaraite

化学式 $Ba_3NaFe^{2+}_8Ti_4(Si_2O_7)_4O_4(OH)_4F_3$ (IMA)

卡马拉像

卡马拉石*是一种含氟、羟基和氧的钡、钠、铁、钛的硅酸盐矿物。属氟钠钛锆石超族钡铁钛石族。三斜晶系。晶体呈扁平状；集合体呈星状。橙红色—棕红色，玻璃光泽，半透明；硬度5，完全解理，脆性。2009年发现于哈萨克斯坦阿克扎伊尔雅塔(Akzhaylyautas)山脉维克尼(Verkhnee)地块。英文名称Cámaraite，2009年E.索科洛娃(E. Sokolova)等以矿物学家、晶体学家和米兰大学教授费尔南多·卡马拉(Fernando Cámara，1967—)的姓氏命名。他对钛硅酸盐矿物、角闪石和钠磷锰铁矿、钙霞石族矿物有着特殊的兴趣。IMA 2009-011批准。2009年E.索科洛娃(E. Sokolova)等在《矿物学杂志》(73)报道。目前尚未见官方中文译名，编译者建议音译为卡马拉石*。

【卡马罗内斯石*】

英文名 Camaronesite

化学式 $Fe^{3+}_2(PO_3OH)_2(SO_4)(H_2O)_4\cdot1\sim2H_2O$ (IMA)

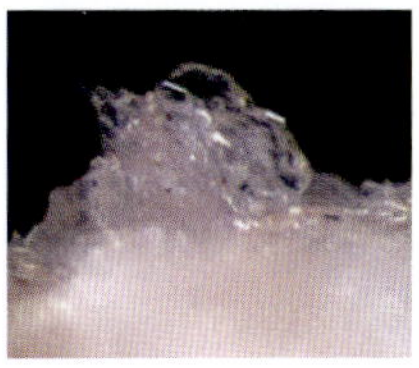

卡马罗内斯石*片状晶体，块状、晶簇状集合体(智利)

卡马罗内斯石*是一种含结晶水的铁的硫酸-氢磷酸盐矿物。三方晶系。晶体呈片状，粒径可达数毫米；集合体呈致密块状、晶簇状。淡紫色，玻璃光泽，透明；硬度2.5，完全解理，脆性。2012年发现于智利阿里卡省卡马罗内斯(Camarones)山谷库亚(Cuya)村。英文名称Camaronesite，以发现地智利的卡马罗内斯(Camarones)山谷命名。IMA 2012-094批准。2013年A. R.坎普夫(A. R. Kampf)等在《矿物学杂志》(77)报道。目前尚未见官方中文译名，编译者建议音译为卡马罗内斯石*。

【卡麦尔石*】

英文名 Carmeltazite

化学式 $ZrAl_2Ti_4O_{11}$ (IMA)

卡麦尔石*是一种锆、铝、钛的氧化物矿物。斜方晶系。呈刚玉的包裹体或分布在刚玉间隙。深棕色—深绿色。2018年发现于以色列海法区卡麦尔(Carmel)山拉克菲(Rakefet)岩浆杂岩体。英文名称Carmeltazite，源于模式产地以色列的卡麦尔(Carmel)山，以及矿物中的主要金属元素，即钛、铝和锆("TAZ")组合命名。IMA 2018-103批准。2018年W. L.格里芬(W. L. Griffin)等在《矿物》(8)和2019

K

年《CNMNC 通讯》(47)、《欧洲矿物学杂志》(31)报道。目前尚未见官方中文译名,编译者建议音译为卡麦尔石*,或根据音加成分译为卡麦尔钛铝锆石*。

【卡曼恰卡石*】

英文名 Camanchacaite

化学式 $NaCaMg_2[AsO_4][AsO_3(OH)]_2$ (IMA)

卡曼恰卡石*是一种钠、钙、镁的氢砷酸-砷酸盐矿物。属磷锰钠石超族磷锰钠石族。单斜晶系。无色,粉红米色,玻璃光泽,透明、半透明;硬度 2.5,完全解理,脆性。2018 年发现于智利伊基克省托雷西利亚斯(Torrecillas)矿。英文名称 Camanchacaite,以"卡曼恰卡(camanchaca)"命名,这是一种浓雾,形成于智利北部海岸,阿塔卡马沙漠到达太平洋一带。水滴太小,无法形成雨水,但它所提供的水分可能是导致含砷矿脉改变的部分原因,这些矿脉在类型区域产生次生矿物。IMA 2018－025 批准。2018 年 A. R. 坎普夫(A. R. Kampf)等在《CNMNC 通讯》(44)、《矿物学杂志》(82)和 2019 年《矿物学杂志》(83)报道。目前尚未见官方中文译名,编译者建议音译为卡曼恰卡石*。

【卡米图加石】

英文名 Kamitugaite

化学式 $PbAl(UO_2)_5(PO_4)_3O_2(OH)_2(H_2O)_{11.5}$ (IMA)

卡米图加石板状晶体,放射状集合体(刚果)

卡米图加石是一种含结晶水、羟基和氧的铅、铝的铀酰-磷酸盐矿物。三斜晶系。晶体呈板状;集合体呈放射状。米黄色、黄色,透明;硬度 2～3,完全解理。1983 年发现于刚果(金)南基伍省姆文加地区卡米图加(Kamituga)采矿区。英文名称 Kamitugaite,1984 年由 M. 德利安(M. Deliens)等在《法国矿物学和结晶学通报》(107)根据发现地刚果(金)的卡米图加(Kamituga)采矿区命名。IMA 1983－030 批准。1985 年中国新矿物与矿物命名委员会郭宗山等在《岩石矿物及测试》[4(4)]音译为卡米图加石,有的根据成分译为砷磷铝铅铀矿。

【卡姆费奇石】

英文名 Kamphaugite-(Y)

化学式 $CaY(CO_3)_2(OH)\cdot H_2O$ (IMA)

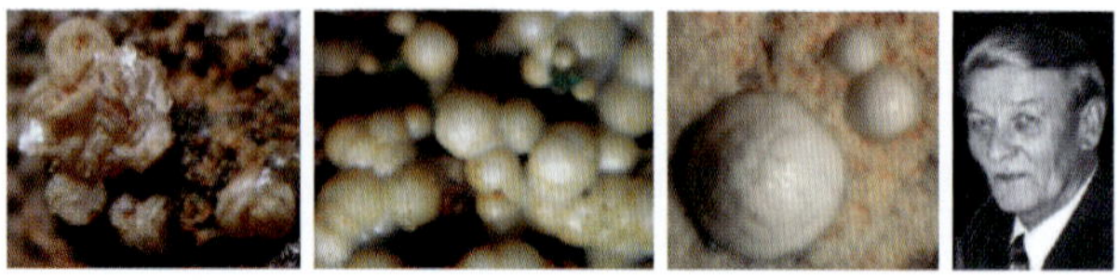
卡姆费奇石玫瑰花状、球粒状集合体(挪威、澳大利亚)和卡姆费奇像

卡姆费奇石是一种含结晶水和羟基的钙、钇的碳酸盐矿物。四方晶系。晶体呈板状;集合体呈放射状或玫瑰花状,有时呈球粒状。白色—无色,球形者可呈淡黄色—棕色,玻璃光泽,透明;硬度 2～3,脆性。最早见于 1961 年 A. V. 斯捷潘诺夫(A. V. Stepanov)报道在哈萨克斯坦维克尼(Verkhnee)埃斯佩地块发现,当时命名为 Tengerite(水菱钇矿),1994 年被米内耶夫(Mineev)更名为 Calciotengerite(钙水菱钇矿)。1987 年在挪威布斯克吕郡赫特科伦(Hørtekollen)发现了更好的标本。英文名称 Kamphaugite-(Y),以挪威的矿物收藏家埃尔林·卡姆费奇(Erling Kamphaug,1931—2000)的姓氏,加占优势的稀土元素钇后缀-(Y)组合命名,是他提供了挪威的赫特科伦第一个供研究的标本。IMA 1987－043 批准。1993 年 G. 拉德(G. Raade)等在《欧洲矿物学杂志》(5)报道。1998 年中国新矿物与矿物命名委员会黄蕴慧等在《岩石矿物学杂志》[17(1)]音译为卡姆费奇石,有的根据成分译为碳钇钙石。

【卡努特石*】

英文名 Canutite

化学式 $NaMn_3(AsO_4)[AsO_3(OH)]_2$ (IMA)

卡努特石*板状晶体,晶簇状集合体(智利)

卡努特石*是一种钠、锰的氢砷酸-砷酸盐矿物。属钠磷铁矿族。单斜晶系。晶体呈柱状、板状;集合体呈晶簇状。红棕色,玻璃光泽,透明;硬度 2.5,完全解理,脆性。2013 年发现于智利塔拉帕卡地区托雷西亚(Torrecillas)矿。英文名称 Canutite,以克劳迪奥·卡努特·德·博恩·乌鲁蒂亚(Claudio Canut de Bon Urrutia,1937—)的名字命名。他是智利的矿业工程师、塞雷娜大学地质学和矿物学教授。IMA 2013－070 批准。2013 年 A. R. 坎普夫(A. R. Kampf)等在《CNMNC 通讯》(18)、《矿物学杂志》(77)和 2014 年《矿物学杂志》(78)报道。目前尚未见官方中文译名,编译者建议音译为卡努特石*。

【卡诺吉欧石*】

英文名 Canosioite

化学式 $Ba_2Fe^{3+}(AsO_4)_2(OH)$ (IMA)

卡诺吉欧石*是一种含羟基的钡、铁的砷酸盐矿物。属锰铁钒铅矿族。单斜晶系。晶体呈粒状和半自形状,粒度为毫米级。红棕色,玻璃光泽。2015 年发现于意大利库内奥省瓦莱塔(Valletta)矿。英文名称 Canosioite,以发现地意大利的卡诺吉欧(Canosio)命名。IMA 2015－030 批准。2015 年 F. 卡马拉(F. Cámara)等在《CNMNC 通讯》(26)、《矿物学杂志》(79)和 2017 年《矿物学杂志》(81)报道。目前尚未见官方中文译名,编译者建议音译为卡诺吉欧石*。

【卡潘达石*】

英文名 Kapundaite

化学式 $CaNaFe_4^{3+}(PO_4)_4(OH)_3\cdot 5H_2O$ (IMA)

卡潘达石*纤维状晶体,束状、丛状集合体(澳大利亚)

卡潘达石*是一种含结晶水和羟基的钙、钠、铁的磷酸盐矿物。三斜晶系。晶体呈针状、纤维状;集合体呈束状、丛状。浅黄色、金黄色,丝绢光泽,透明—半透明;硬度 3。2009 年发现于澳大利亚南澳大利亚州卡潘达(Kapunda)汤姆(Tom's)磷酸盐采石场。英文名称 Kapundaite,以发现地澳大利亚的卡潘达(Kapunda)命名。IMA 2009－047 批准。2010 年 S. J. 米尔斯(S. J. Mills)等在《美国矿物学家》(95)报道。目前尚未见官方中文译名,编译者建议音译为卡潘达石*。

K

【卡佩拉斯石*】

英文名 Kapellasite

化学式 $Cu_3Zn(OH)_6Cl_2$ (IMA)

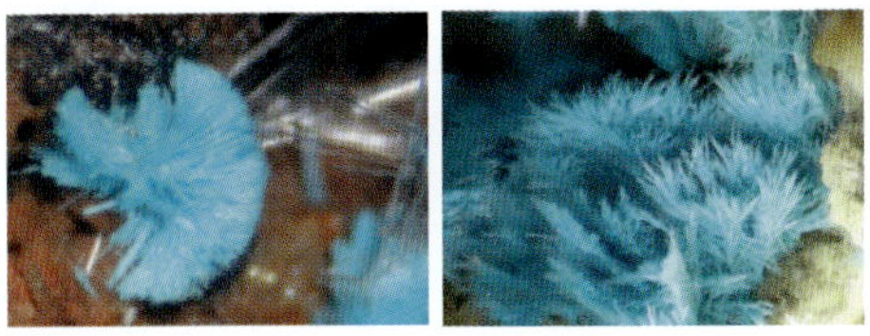

卡佩拉斯石* 纤维状晶体，放射状、草丛状集合体(希腊、德国)

卡佩拉斯石*是一种铜、锌的氢氧-氯化物矿物。属氯铜矿族。三方晶系。晶体呈纤维状；集合体呈皮壳状、放射状、草丛状。蓝绿色、灰蓝色，玻璃光泽，透明；脆性。2005年发现于希腊阿提卡州苏尼翁(Sounion)19号矿。英文名称Kapellasite，以希腊拉夫里卡马里扎的矿物收藏家和经销商克里斯托·卡佩拉斯(Christo Kapellas，1938—2004)的姓氏命名。IMA 2005-009批准。2006年W.克劳斯(W. Krause)等在《矿物学杂志》(70)报道。目前尚未见官方中文译名，编译者建议音译为卡佩拉斯石*。

【卡硼硅钡钇石】

英文名 Kapitsaite-(Y)

化学式 $Ba_4Y_2Si_8B_4O_{28}F$ (IMA)

卡硼硅钡钇石纤维状晶体，束状集合体(塔吉克斯坦)和卡皮查像

卡硼硅钡钇石是一种含氟的钡、钇的硼硅酸盐矿物。属硼硅钡铅矿族。三斜晶系。晶体呈纤维状、粒状；集合体呈捆束状。白色、浅粉色，玻璃光泽，半透明；硬度5.5，脆性。1998年发现于塔吉克斯坦天山山脉达拉伊-皮奥兹(Dara-i-Pioz)冰川冰碛物。英文名称Kapitsaite-(Y)，根词以俄国物理学家、诺贝尔奖获得者彼得·利奥尼多维奇·卡皮查(Pyotr Leonidovich Kapitsa，1894—1984)的姓氏，加占优势的稀土元素钇后缀-(Y)组合命名。他因在低温物理方面的工作而获得许多奖项，包括1978年诺贝尔物理学奖。IMA 1998-057批准。2000年L. A.保托夫(L. A. Pautov)等在《俄罗斯矿物学会记事》[129(6)]报道。2003年中国地质科学院矿产资源研究所李锦平等在《岩石矿物学杂志》[22(1)]根据英文名称首音节音和成分译为卡硼硅钡钇石。

【卡硼镁石】

英文名 Karlite

化学式 $(Mg,Al)_{6.5}(BO_3)_3(OH)(\square,Cl)_{0.5}$ (IMA)

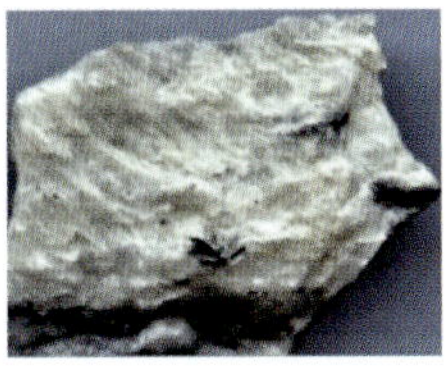

卡硼镁石纤维状晶体，块状集合体(奥地利)

卡硼镁石是一种含羟基、空位和氯的镁、铝的硼酸盐矿物。斜方晶系。晶体呈针状、纤维状；集合体呈块状。浅绿色、白色，丝绢光泽，透明；硬度5.5，完全解理。1980年发现于奥地利齐勒塔尔阿尔卑斯山脉施莱格斯塔尔(Schlegeistal)山谷的弗茨沙格豪斯(Furtschaglhaus)。英文名称Karlite，以奥地利基尔大学的德国矿物学和岩石学教授弗朗茨·卡尔(Franz Karl，1918—1972)博士的姓氏命名。他著有《东阿尔卑斯山地质学研究》。IMA 1980-030批准。1981年在《美国矿物学家》(66)报道。1983年中国新矿物与矿物命名委员会郭宗山等在《岩石矿物及测试》[2(1)]根据英文名称首音节音和成分译为卡硼镁石。

【卡普加陆石】

英文名 Capgaronnite

化学式 AgHgClS (IMA)

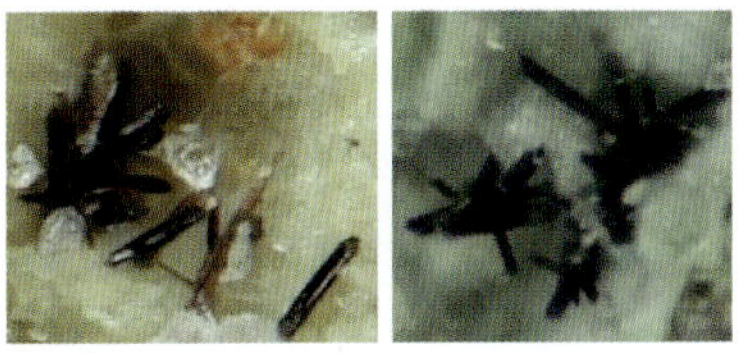

卡普加陆石柱状晶体，晶簇状集合体(法国)

卡普加陆石是一种银、汞的氯-硫化物矿物。斜方晶系。晶体呈小柱状；集合体呈晶簇状。黑色、灰色、绿色、黄色，半金刚光泽，半透明—不透明；完全解理。1990年发现于法国普罗旺斯-阿尔卑斯-蓝色海岸大区卡普加陆(Cap Garonne)矿。英文名称Capgaronnite，以发现地法国的卡普加陆(Cap Garonne)矿命名。IMA 1990-011批准。1992年B.梅森(B. Mlson)等在《美国矿物学家》(77)报道。1993年中国新矿物与矿物命名委员会黄蕴慧等在《岩石矿物学杂志》[12(1)]音译为卡普加陆石；也有人译为卡帕各诺石。

【卡普拉尼卡石*】

英文名 Capranicaite

化学式 $KCaNaAl_4B_4Si_2O_{18}$ (IMA)

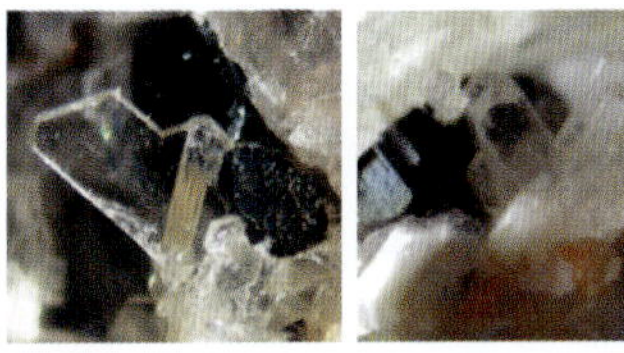

卡普拉尼卡石* 薄片状晶体，晶簇状集合体(意大利)

卡普拉尼卡石*是一种钾、钙、钠、铝的硼硅酸盐矿物。单斜晶系。晶体呈薄片状；集合体呈晶簇状。无色，玻璃光泽，透明；硬度小于6，完全解理，脆性。2009年发现于意大利维泰博省卡普拉尼卡(Capranica)。英文名称Capranicaite，以发现地意大利的卡普拉尼卡(Capranica)命名。IMA 2009-086批准。2010年A. M.卡莱加里(A. M. Callegari)等在IMA第二十届大会(布达佩斯，匈牙利，8月21—27日)《光盘摘要》和2011年《矿物学杂志》(75)报道。目前尚未见官方中文译名，编译者建议音译为卡普拉尼卡石*。

【卡萨特金石*】

英文名 Kasatkinite

化学式 $Ba_2Ca_8B_5Si_8O_{32}(OH)_3 \cdot 6H_2O$ (IMA)

卡萨特金石* 纤维状、毛发状晶体，束状、放射状集合体(俄罗斯)和卡萨特金像

卡萨特金石^* 是一种含结晶水和羟基的钡、钙的硼硅酸盐矿物。单斜晶系。晶体呈纤维状、毛发状；集合体呈束状、放射状。无色、雪白色，玻璃光泽、丝绢光泽，透明；硬度 4～4.5。2011 年发现于俄罗斯维尔德洛夫斯克州巴扎诺夫斯基(Bazhenovskoe)温石棉矿床。英文名称 Kasatkinite，以俄罗斯莫斯科的业余矿物学家和矿物收藏家阿纳托利·维塔列维奇·卡萨特金(Anatoly Vitalevich Kasatkin，1970—)的姓氏命名，是他发现的该矿物。IMA 2011－045 批准。2011 年 I. V. 佩科夫(I. V. Pekov)等在《CNMNC 通讯》(10)和 2012 年《俄罗斯矿物学会记事》[141(3)]及 2013 年《矿床地质》(55)报道。目前尚未见官方中文译名，编译者建议音译为卡萨特金石^*。

【卡瑟达纳矿^*】

英文名 Cassedanneite

化学式 $Pb_5(VO_4)_2(CrO_4)_2 \cdot H_2O$　　(IMA)

卡瑟达纳矿^* 板状晶体(俄罗斯)

卡瑟达纳矿^* 是一种含结晶水的铅的铬酸-钒酸盐矿物。单斜晶系。晶体呈假六方板状；集合体呈小圆状。橙红色，树脂光泽，半透明；硬度 3.5。1984 年发现于俄罗斯斯维尔德洛夫斯克州贝勒佐夫斯基(Berezovsk)金矿床。英文名称 Cassedanneite，1988 年法比安·P. 塞斯布龙(Fabien P. Cesbron)等以巴西里约热内卢大学的矿物学教授雅克·P. 卡瑟达纳(Jacques P. Cassedanne，1928—)的姓氏命名。IMA 1984－063 批准。1988 年塞斯布龙等在《法国巴黎科学院会议周报》(系列 Ⅱ，306)和杨博尔等在《美国矿物学家》(73)报道。目前尚未见官方中文译名，编译者建议音译为卡瑟达纳矿^*。

【卡水磷镁石】

英文名 Cattiite

化学式 $Mg_3(PO_4)_2 \cdot 22H_2O$　　(IMA)

卡水磷镁石块状集合体(俄罗斯)

卡水磷镁石是一种含结晶水的镁的磷酸盐矿物。三斜晶系。晶体细小；集合体呈不规则块状。无色，金刚光泽、玻璃光泽、珍珠光泽，透明；硬度 2，完全解理。2000 年发现于俄罗斯北部摩尔曼斯克州哲勒兹尼(Zheleznyi)铁矿。英文名称 Cattiite，以意大利米兰比可卡大学物理化学教授米歇尔·卡蒂(Michele Catti，1945—)的姓氏命名。IMA 2000－032 批准。2002 年 S. N. 布里特温(S. N. Britvin)等在《矿物学新年鉴》(月刊)报道。2006 年中国地质科学院矿产资源研究所李锦平在《岩石矿物学杂志》[25(6)]根据英文名称首音节音和成分译为卡水磷镁石。

【卡斯卡斯矿^*】

英文名 Kaskasite

化学式 $(Mo,Nb)S_2 \cdot (Mg_{1-x}Al_x)(OH)_{2+x}$　　(IMA)

卡斯卡斯矿^* 是一种含镁、铝的氢氧化物层的钼-铌-硫化物矿物。三方晶系。晶体呈六方片状；集合体呈平行堆垛的层状。铁黑色，金属光泽，不透明；硬度 1，完全解理，解理片具弹性。2013 年发现于俄罗斯北部摩尔曼斯克州科拉半岛卡斯卡斯尼奴查尔(Kaskasnyunchorr)山。英文名称 Kaskasite，以发现地俄罗斯的卡斯卡斯尼奴查尔(Kaskasnyunchorr)山命名，科拉半岛土著民族萨米语"Juniper(杜松、刺柏)＝Kaskas(卡斯卡斯)"。IMA 2013－025 批准。2013 年 I. V. 佩科夫(I. V. Pekov)等在《CNMNC 通讯》(16)、《矿物学杂志》(77)和 2014 年《矿物学杂志》(78)报道。目前尚未见官方中文译名，编译者建议音译为卡斯卡斯矿^*。

【卡斯泰拉罗石^*】

英文名 Castellaroite

化学式 $Mn_3^{2+}(AsO_4)_2 \cdot 4.5H_2O$　　(IMA)

卡斯泰拉罗石^* 薄叶片状晶体，束状、放射状集合体(意大利)和卡斯泰拉罗像

卡斯泰拉罗石^* 是一种含结晶水的锰的砷酸盐矿物。单斜晶系。晶体呈薄叶片状；集合体呈束状、放射状。无色，玻璃光泽、丝绢光泽，透明；硬度 3.5，完全解理。2015 年发现于意大利拉斯佩齐亚省蒙特尼禄(Monte Nero)矿和库尼奥省瓦莱塔(Valletta)矿。英文名称 Castellaroite，以矿物收藏家法布里奇奥·卡斯泰拉罗(Fabrizio Castellaro，1970—)的姓氏命名，他是该矿物的发现者。他还发现了巴莱斯特拉石^*(Balestraite)、氯羟硅钡锰石-铁(Cerchiaraite-Fe)和拉文斯基石^*(Lavinskyite-1M)。IMA 2015－071 批准。2015 年 A. R. 坎普夫(A. R. Kampf)等在《CNMNC 通讯》(28)、《矿物学杂志》(79)和 2016 年《欧洲矿物学杂志》(28)报道。目前尚未见官方中文译名，编译者建议音译为卡斯泰拉罗石^*。

【卡特里诺普洛斯石^*】

英文名 Katerinopoulosite

化学式 $(NH_4)_2Zn(SO_4)_2 \cdot 6H_2O$　　(IMA)

卡特里诺普洛斯石^* 叶片状晶体(希腊)和卡特里诺普洛斯像

卡特里诺普洛斯石^* 是一种含结晶水的铵、锌的硫酸盐矿物。属软钾镁矾族。单斜晶系。晶体呈叶片状，集合体呈蠕形多晶状。白色、淡蓝色、淡绿色，玻璃光泽，透明；硬度 2.5，脆性。2017 年发现于希腊东阿提卡州埃斯佩兰萨(Esperanza)矿。英文名称 Katerinopoulosite，以雅典大学地质系矿物学教授阿萨纳西奥·卡特里诺普洛斯(Athanasios Katerinopoulos)的姓氏命名，以表彰他对拉夫里昂矿床矿物学知识做出的贡献。卡特里诺普洛斯教授是雅典大学矿物学和岩石学博物馆馆长，也是雅典大学博物馆研究实验室主任。他获得了希腊文学学会(1993)和雅典学院(1996 和 2010)颁发的奖项，以及俄罗斯矿物学学会(2011 和 2014)颁发的荣誉文凭。IMA 2017－004 批准。2017 年 N. V. 丘卡诺夫(N. V. Chukanov)等在《CNMNC 通讯》(37)、《矿物学

杂志》(81)和 2018 年《欧洲矿物学杂志》(30)报道。目前尚未见官方中文译名,编译者建议音译为卡特里诺普洛斯石*。

【卡赞斯基石*】

英文名 Kazanskyite

化学式 $Ba\square TiNbNa_3Ti(Si_2O_7)_2O_2(OH)_2(H_2O)_2$ (IMA)

卡赞斯基石*是一种含结晶水、羟基和氧的钡、空位、钛、铌、钠的硅酸盐矿物。属氟钠钛锆石超族闪叶石族。三斜晶系。晶体呈弯曲的薄片状。无色—浅棕色,玻璃光泽,透明;硬度 3,完全解理。2011 年发现于俄罗斯北部摩尔曼斯克州希比内地块库基斯武姆科尔(Kukisvumchorr)山基罗夫斯基(Kirovskii)磷灰石矿。英文名称 Kazanskyite,以俄罗斯著名矿床地质学家和前寒武纪成矿学专家瓦迪姆·伊万诺维奇·卡赞斯基(Vadim Ivanovich Kazansky,1926—)教授的姓氏命名。IMA 2011 - 007 批准。2011 年 F. 卡马拉(F. Cámara)等在《CNMNC 通讯》(10)和 2012 年《矿物学杂志》(76)报道。目前尚未见官方中文译名,编译者建议音译为卡赞斯基石*。

开 [kāi]開的简化字。会意;小篆字形,两边是两扇门,中间一横是门闩,下面是一双手,表示两手打开门闩之意。本义:开门。引申义打开,开启。

【开普勒石*】

英文名 Keplerite

化学式 $Ca_9(Ca_{0.5}\square_{0.5})Mg(PO_4)_7$ (IMA)

开普勒像

开普勒石*是一种钙、空位、镁的磷酸盐矿物。属白磷钙石族。三方晶系。2019 年发现在 1902 年降落于俄罗斯卡累利阿共和国拉多加湖北岸地区皮特基亚兰塔(Pitkyaaranta)矿区[皮特凯兰塔(Pitkäranta)矿区]维普里(Viipuri)马尔贾拉提(Marjalahti)陨石及以色列内盖夫沙漠哈特鲁里姆(Hatrurim)盆地。英文名称 Keplerite,为纪念德国天文学家、物理学家、数学家、现代天文学的奠基人、现代实验光学奠基人,有“天空立法者”之称的约翰内斯·开普勒(Johannes Kepler,1571—1630)而以他的姓氏命名。开普勒是 17 世纪科学革命的关键人物,其最为人知的“开普勒三大定律”对天文学、物理学影响深远。IMA 2019 - 108 批准。2020 年 S. N. 布里特温(S. N. Britvin)等在《CNMNC 通讯》(54)、《矿物学杂志》(84)和《欧洲矿物学杂志》(32)报道。目前尚未见官方中文译名,编译者建议音译为开普勒石*。

【开天石】

汉拼名 Kaitianite

化学式 $Ti_2^{3+}Ti^{4+}O_5$ (IMA)

盘古开天

开天石是一种钛的氧化物矿物,它是氧钒矿(Oxyvanite)的钛类似矿物。单斜晶系。发现的两个颗粒晶体,粒径(0.3~0.6)μm×3.6μm和 0.2μm×1.1μm。美国加州理工学院地质与行星科学系马驰团队发现于 1969 年 2 月 8 日落入墨西哥奇瓦瓦州阿连德镇阿连德(Allende)CV3 碳质球粒陨石。开天石是一种早期的太阳系星云的难熔氧化钛的最新矿物。它的发现使人们对星云或母体过程的理解又增添了一个新的认识。IMA 2017 - 078a 批准。2017 年马驰等在《CNMNC 通讯》(42)、《矿物学杂志》(82)和 2018 年《美国矿物学家》(99)及《欧洲矿物学杂志》(30)报道。马驰命名为开天石(Kaitianite)。这个名字源于中国古代“盘古开天辟地,造化万物”的神话故事,见于《三五历纪》《广博物志》《述异记》等古籍。“开天”一词,意思是指巨人盘古创造天堂/天空(参见【盘古石】条 668 页)。

锎 [kāi]形声;从金,开声。一种人工合成的放射性锕系元素之一。[英]Californium。元素符号 Cf。原子序数 98。1950 年,美国加州大学的 S. G. 汤普森(S. G. Thompson)、K. 斯特里特(K. Street Jr.)、A. 乔索(A. Chiorso)和 G. T. 西博格(G. T. Seaporg)合成。为纪念加利福尼亚州即加州(California)以及加州大学而命名。地球上有极少量的锎,主要出现在含铀量很高的铀矿中。

凯 [kǎi]会意;从岂,从几。本义:军队得胜所奏的乐曲。[英]音,用于外国地名、人名。

【凯碲钯矿】

英文名 Keithconnite

化学式 $Pd_{20}Te_7$ (IMA)

凯碲钯矿是一种钯的碲化物矿物。三方晶系。晶体呈粒状。灰白色,金属光泽,不透明;硬度 5。1978 年发现于美国蒙大拿州斯蒂尔沃特县斯蒂尔沃特(Stillwater)区杂岩体矿。英文名称 Keithconnite,以加拿大地质学家和矿业官员赫伯特·凯思·康恩(Herbert Keith Conn,1923—)的姓名命名。他在斯蒂尔沃特含铂钯硫化矿床发现,并提供了进行研究的标本。IMA 1978 - 032 批准。1979 年 L. J. 卡布里(L. J. Cabri)等在《加拿大矿物学家》(17)报道。中文名称根据英文名称首音节音和成分译为凯碲钯矿;根据晶系和成分译为三方碲钯矿。

【凯恩克罗斯石*】

英文名 Cairncrossite

化学式 $Sr_2Ca_{7-x}Na_{2x}(Si_4O_{10})_4(OH)_2(H_2O)_{15-x}$ (IMA)

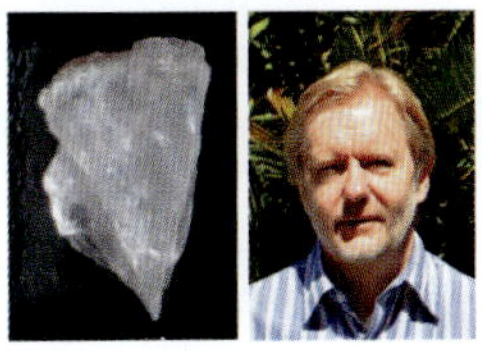

凯恩克罗斯石*片状晶体(南非)和凯恩克罗斯像

凯恩克罗斯石*是一种含结晶水和羟基的锶、钙、钠的硅酸盐矿物。属白钙沸石-铝白钙沸石族。三斜晶系。晶体呈片状;集合体呈放射状,可达 1cm。无色,玻璃光泽、珍珠光泽,透明—半透明;硬度 3,完全解理,脆性。2013 年发现于南非北开普省卡拉哈里锰矿田韦塞尔斯(Wessels)矿。英文名称 Cairncrossite,以南非约翰内斯堡大学地质系主任(2003—2015)布鲁斯·凯恩克罗斯(Bruce Cairncross,1953—)教授的姓氏命名,以表彰他对南非矿物特别是锰矿床做出的贡献。IMA 2013 - 012 批准。2013 年 G. 盖斯特(G. Giester)等在《CNMNC 通讯》(16)、《矿物学杂志》(77)和 2016 年《欧洲矿物学杂志》(28)报道。目前尚未见官方中文译名,编译者建议音译为凯恩克罗斯石*。

K

【凯金石*】

英文名 Kegginite

化学式 $Pb_3Ca_3[AsV_{12}O_{40}(VO)]\cdot 20H_2O$　　(IMA)

凯金石*是一种含结晶水的铅、钙的钒氧钒酸-砷酸盐矿物，它是第一个被发现的包含一个$[As^{5+}V^{5+}_{12}O_{40}(VO)]^{12-}$多金属氧簇单端凯金 ε-异构体矿物。三方晶系。晶体呈六方板状。橘红色，玻璃光泽，透明；硬度2，完全解理，脆性。2015年发现于美国科罗拉多州梅萨县帕克拉特(Packrat)矿。英文名称 Kegginite，以美国曼彻斯特大学的詹姆斯·法格·凯金(James Fargher Keggin，1905—1993)的姓氏命名。凯金阴离子的 ε-异构体作为矿物结构单元的基础，并且于1934年由凯金首先通过实验确定了 α-Keggin 阴离子结构。IMA 2015-114 批准。2016年 A. R. 坎普夫(A. R. Kampf)等在《CNMNC 通讯》(30)、《矿物学杂志》(80)和2017年《美国矿物学家》[102(2)]报道。目前尚未见官方中文译名，编译者建议音译为凯金石*。

【凯里马西石*】

英文名 Kerimasite

化学式 $Ca_3Zr_2(SiFe^{3+}_2)O_{12}$　　(IMA)

凯里马西石*是一种钙、锆的铁硅酸盐矿物。属石榴石超族钛榴石族。等轴晶系。晶体呈半自形状，粒径100～180μm。浅棕色，玻璃光泽，透明；硬度7，脆性。2009年发现于坦桑尼亚阿鲁沙区凯里马西(Kerimasi)火山。英文名称 Kerimasite，以发现地坦桑尼亚的凯里马西(Kerimasi)火山命名。IMA 2009-029 批准。2010年 A. N. 扎伊采夫(A. N. Zaitsev)等在《矿物学杂志》[74(5)]报道。目前尚未见官方中文译名，编译者建议音译为凯里马西石*。

【凯罗伯森石*】

英文名 Kayrobertsonite

化学式 $MnAl_2(PO_4)_2(OH)_2\cdot 6H_2O$　　(IMA)

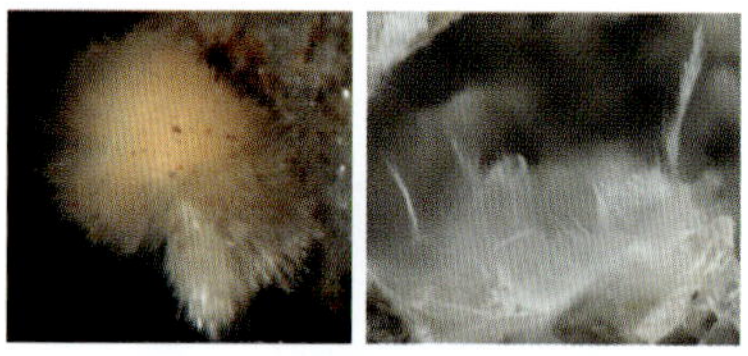

凯罗伯森石*纤维状晶体，放射状、丛状集合体(美国)

凯罗伯森石*是一种含结晶水和羟基的锰、铝的磷酸盐矿物。三斜晶系。晶体呈细纤维状、针状，长100μm，直径小于5μm；集合体呈放射状、丛状。雪白色，丝绢光泽，透明；硬度2。2015年发现于德国巴伐利亚州上普法尔茨行政区南哈根多夫(Hagendorf South)伟晶岩和美国北卡罗来纳州克里夫兰县富特(Foote)锂公司矿井。英文名称 Kayrobertsonite，以德裔美籍矿物收藏家加布里埃·凯·罗伯森(Gabriella Kay Robertson，1920—)的姓氏命名。凯·罗伯森自20世纪50年代中期以来，一直是一位热情而精致的矿物收藏家，擅长德国矿物，是专业矿物学家的珍贵资源。IMA 2015-029 批准。2015年 S. J. 米尔斯(S. J. Mills)等在《CNMNC 通讯》(26)、《矿物学杂志》(79)及2016年《欧洲矿物学杂志》(28)报道。目前尚未见官方中文译名，编译者建议音译为凯罗伯森石*。

【凯瑟波铈石*】

英文名 Kesebolite-(Ce)

化学式 $CeCa_2Mn(AsO_4)(SiO_3)_3$　　(IMA)

凯瑟波铈石*柱状晶体(瑞典)

凯瑟波铈石*是一种铈、钙、锰的硅酸-砷酸盐矿物。单斜晶系。晶体呈自形短柱状，具纵向条纹，长达3mm。深褐色—灰褐色，玻璃光泽，透明；硬度5～6，不完全解理，脆性，易碎。2019年发现于瑞典西戈德兰(Västra Götaland)县阿马尔(Åmål)斯特兰赫姆矿田凯瑟波(Kesebol)矿。英文名称 Kesebolite-(Ce)，由发现地瑞典的凯瑟波(Kesebol)矿，加占优势的稀土元素铈后缀-(Ce)组合命名。IMA 2019-097 批准。2020年 D. 霍尔茨坦(D. Holtstam)等在《CNMNC 通讯》(53)、《矿物》(10)和《欧洲矿物学杂志》(32)报道。目前尚未见官方中文译名，编译者建议音加占优势的稀土元素铈译为凯瑟波铈石*。

【凯斯通石*】

英文名 Keystoneite

化学式 $Mg_{0.5}NiFe^{3+}(Te^{4+}O_3)_3\cdot 4.5H_2O$　　(IMA)

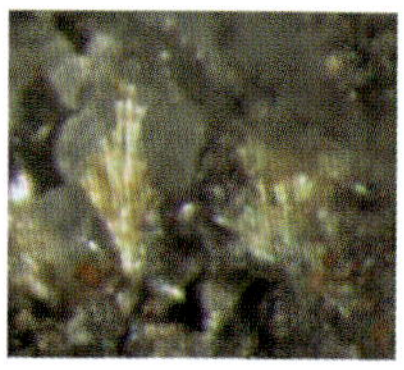

凯斯通石*针柱状晶体，晶簇状集合体(美国)

凯斯通石*是一种含结晶水的镁、镍、铁的碲酸盐矿物，是镍的水碲锌矿和巾碲铁矿的类似矿物。属水碲锌矿族。六方晶系。晶体呈六方针柱状；集合体呈平行状和放射状、晶簇状。金黄色、橙黄色，金刚光泽，半透明；脆性。1987年发现于美国科罗拉多州博尔德县凯斯通(Keystone)矿。英文名称 Keystoneite，以发现地美国的凯斯通(Keystone)矿命名。IMA 1987-049 批准。1988年 M. E. 巴克(M. E. Back)等在《加拿大地质协会联合会议-加拿大矿物学协会会议文摘》(13)报道。目前尚未见官方中文译名，编译者建议音译为凯斯通石*；《英汉矿物种名称》(2017)根据成分译为水碲镍镁石。

【凯塔贡哈矿*】

英文名 Kitagohaite

化学式 Pt_7Cu　　(IMA)

凯塔贡哈矿*是一种铂和铜的互化物矿物。等轴晶系。冲积颗粒状。灰白色，金属光泽，不透明；硬度3.5，韧性。2013年发现于刚果(金)北基伍省卢贝罗区凯塔贡哈(Kitagoha)河。英文名称 Kitagohaite，以发现地刚果(金)的凯塔贡哈(Kitagoha)河命名。IMA 2013-114 批准。2014年 A. R. 卡布拉尔(A. R. Cabral)等在《CNMNC 通讯》(19)和《矿物学杂志》(78)报道。目前尚未见官方中文译名，编译者建议音译为凯塔贡哈矿*。

【凯西石*】

英文名 Caseyite

化学式 $[(V^{5+}O_2)Al_{7.5}(OH)_{15}(H_2O)_{13}]_2[H_2V^{4+}V^{5+}_9O_{28}][V^{5+}_{10}O_{28}]_2\cdot 90H_2O$　　(IMA)

凯西石*是一种含结晶水的水化钒氧铝的钒酸-氢钒酸

凯西石* 锥针状晶体(美国)和凯西父子像

盐矿物。单斜晶系。晶体呈锥针状或刀片状;集合体呈放射球状。黄色,玻璃光泽,透明;硬度 2～3,脆性。2019 年发现于美国科罗拉多州梅萨县帕克拉特(Packrat)矿、圣米格尔县布罗(Burro)矿和西星期日(West Sunday)矿。英文名称 Caseyite,以加州大学戴维斯文学与科学学院化学教授威廉·H. 凯西(William H. Casey,1955—)的姓氏命名。他因在钒化合物和多金属氧酸盐方面的研究而著名;他在水地球化学和无机溶液化学领域做出了重大贡献,并获得多项奖项和奖章。IMA 2019－002 批准。2019 年 A. R. 坎普夫(A. R. Kampf)等在《CNMNC 通讯》(49)、《矿物学杂志》(83)和 2020 年《美国矿物学家》[105(1)]报道。目前尚未见官方中文译名,编译者建议音译为凯西石*。

楷 [kǎi]形声;从木,皆声。本义:木名。即"黄连木"。[英]音,用于外国地名。

【楷莱安矿】

英文名 Kelyanite

化学式 $Hg_{12}SbO_6BrCl_2$ (IMA)

楷莱安矿半自形粒状晶体(俄罗斯)

楷莱安矿是一种汞、锑氧的氯-溴化物矿物。三方晶系。晶体呈粒状。黑色、红褐色,几乎不透明。1981 年发现于苏联布里亚特共和国楷莱安(Kelyana)汞矿床。英文名称 Kelyanite,以发现地苏联的楷莱安(Kelyana)汞矿床命名。IMA 1981－013 批准。1982 年在《全苏矿物学会记事》(111)和 1983 年 V. I. 瓦西里耶夫(V. I. Vasil′yev)等在《国际地质论评》[25(7)]及《美国矿物学家》(68)报道。中国地质科学院音译为楷莱安矿。

坎 [kǎn]形声;从土,欠声。本义:坑,穴。[英]音,用于外国人名、地名。

【坎波斯特里尼石*】

英文名 Campostriniite

化学式 $(Bi_{2.5}Na_{0.5})(NH_4)_2Na_2(SO_4)_6 \cdot H_2O$ (IMA)

坎波斯特里尼石* 针柱晶体,束状、放射状集合体(意大利)和坎波斯特里尼像

坎波斯特里尼石*是一种含结晶水的铋、钠、铵的硫酸盐矿物。单斜晶系。晶体呈针柱状,长约 0.2mm;集合体呈束状、放射状、球状。白色,玻璃光泽,透明。2013 年发现于意大利墨西拿省伊奥利亚群岛利帕里岛弗卡诺(Vulcano)火山坑一个活跃的喷气孔。英文名称 Campostriniite,2013 年 F. 德马丁(F. Demartin)等以米兰大学的伊塔洛·坎波斯特里尼(Italo Campostrini,1959—)的姓氏命名。他是一位非常活跃的矿物学家,尤其是在研究火山升华物质方面做出了贡献。IMA 2013－086a 批准。2013 年德马丁等在《CNMNC 通讯》(18)、《矿物学杂志》(77)和 2015 年《矿物学杂志》(79)报道。目前尚未见官方中文译名,编译者建议音译为坎波斯特里尼石*。

【坎加拉斯石*】

英文名 Khangalasite

化学式 $Fe(SO_4)(OH) \cdot 2H_2O$

坎加拉斯石*是一种含结晶水和羟基的铁的硫酸盐矿物。与基铁矾和副基铁矾为同质多象。三斜晶系。2017 年发现于俄罗斯萨哈(雅库特)共和国奥伊米亚孔斯基区坎加拉斯(Khangalas)溪。英文名称 Khangalasite,由发现地俄罗斯的坎加拉斯(Khangalas)溪命名。IMA 2017－091a 批准。但其后又被废弃。2019 年 M. V. 库德林(M. V. Kudrin)等在《CNMNC 通讯》(48)和《矿物学杂志》(83)报道。

【坎锰铜矿】

英文名 Campigliaite

化学式 $Cu_4Mn^{2+}(SO_4)_2(OH)_6 \cdot 4H_2O$ (IMA)

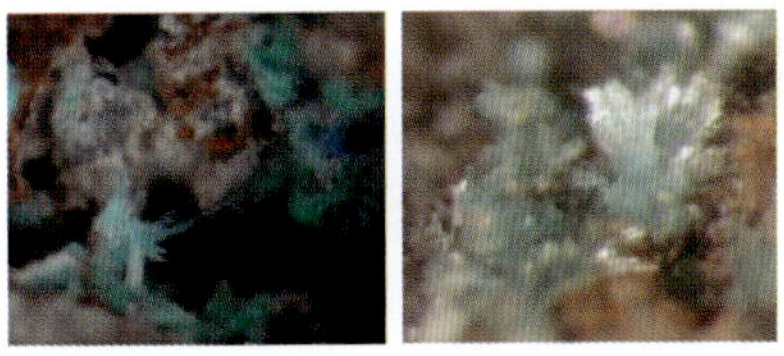

坎锰铜矿刀片状晶体,放射状、晶簇状集合体(意大利、美国)

坎锰铜矿是一种含结晶水和羟基的铜、锰的硫酸盐矿物。属钙铜矾族,是钙铜矾的锰的类似矿物。单斜晶系。晶体呈细长刀片状;集合体呈放射状、晶簇状。浅蓝色、浅绿蓝色,玻璃光泽,透明;完全解理。1981 年由 C. 萨贝利(C. Sabelli)等发现于意大利里窝那省海滨小镇特佩里诺(Temperino)矽卡岩矿床的一条隧道中。英文名称 Campigliaite,以发现地意大利的坎皮利亚(Campiglia)山命名。IMA 1981－001批准。1982 年萨贝利在《美国矿物学家》(67)报道。1984 年中国新矿物与矿物命名委员会郭宗山在《岩石矿物及测试》[3(2)]根据英文名称首音节音和成分译为坎锰铜矿或坎锰铜矾。

【坎农矿】

英文名 Cannonite

化学式 $Bi_2O(SO_4)(OH)_2$ (IMA)

坎农矿柱状、粒状、纤维状晶体,放射状集合体(美国、意大利)和坎农像

坎农矿是一种含羟基的铋氧的硫酸盐矿物。单斜晶系。晶体呈自形—半自形柱状、粒状、纤维状;集合体呈放射状、不规则状。无色,金刚光泽,透明;硬度 4,脆性。1992 年发现于美国犹他州派尤特县埃克斯滕申(Extension)隧道 2 号矿。英文名称 Cannonite,以本杰明·巴特利特"巴特"·坎农(Benjamin Bartlett"Bart" Cannon,1950—)的姓氏命名,是

他发现了该矿物。IMA 1992-002 批准。1992 年 C. J. 斯坦利(C. J. Stanley)等在《矿物学杂志》(56)和《美国矿物学家》(78)报道。1998 年中国新矿物与矿物命名委员会黄蕴慧等在《岩石矿物学杂志》[17(1)]音译为坎农矿。

【坎佩尔石*】

英文名 Kampelite

化学式 $Ba_3Mg_{1.5}Sc_4(PO_4)_6(OH)_3 \cdot 4H_2O$　(IMA)

坎佩尔石*是一种含结晶水和羟基的钡、镁、钪的磷酸盐矿物。斜方晶系。晶体呈板状,粒径 1.5mm;集合体呈放射状。无色,珍珠光泽,透明;硬度 1,完全解理。2016 年发现于俄罗斯北部摩尔曼斯克州哲勒兹尼(Zheleznyi)磁铁橄磷岩碳酸岩杂岩体。英文名称 Kampelite,以俄罗斯矿业工程师菲利克斯·鲍里索维奇·坎佩尔(Felix Borisovich Kampel,1935—)的姓氏命名,以表彰他对科夫多尔矿床的磁铁矿-磷灰石-铜矿矿石开采、开发处理技术的发展做出的贡献。IMA 2016-084 批准。2017 年 V. N. 雅克温丘克(V. N. Yakovenchuk)等在《CNMNC 通讯》(35)、《矿物学杂志》(81)和 2018 年《矿物学与岩石学》(112)报道。目前尚未见官方中文译名,编译者建议音译为坎佩尔石*。

康 [kāng]会意;康为糠的本字。从禾,康声。本义:谷皮;米糠。康字古形为:下部为米,意为腹中有粮;中部为左右两只手,上部为所举之牛;整字含义为吃得饱饭,力能举牛,即为康。[英]音,用于外国人名、地名。

【康沃尔石】参见【翠绿砷铜矿】条 100 页

钪 [kàng]形声;从金,从亢(gāng),亢亦声。中国古字,"亢"意为"管子""管道"。"金"与"亢"联合起来表示"金属管子(或金属管道)"。现代指一种金属元素。[英]Scandium,旧译鉰、镰。元素符号 Sc。原子序数 21。1869 年,门捷列夫注意到原子质量在钙(40)和钛(48)之间有一个间隙,并预言这里还有一个未被发现的中间级原子质量的元素。他预测其氧化物是 XO 的类硼。1879 年,瑞典乌普萨拉大学的拉斯·弗雷德里克·尼尔森和他的团队在斯堪的纳维亚半岛的黑稀金矿(Euxenite)和硅铍钇矿(Gadolinite)中通过光谱分析发现了这个新的元素。英文名称 Scandium 来自 Scndia,斯堪的纳维亚半岛的拉丁文名称。早期,钪和钇、镧一起被列入稀土金属。钪存在于大多数稀土矿,也陆续发现了一些钪矿物。

【钪锆矿】

英文名 Allendeite

化学式 $Sc_4Zr_3O_{12}$　(IMA)

钪锆矿是一种钪、锆的氧化物矿物,可能是太阳系形成早期的耐火矿物。三方晶系。晶体呈纳米级微粒状包裹体。2007 年发现于墨西哥奇瓦瓦州阿连德(Allende)碳质球粒陨石。英文名称 Allendeite,以 1969 年陨落在墨西哥奇瓦瓦的阿连德(Allende)陨石命名。IMA 2007-027 批准。2009 年马驰(Ma Chi)等在《第四十届月球与行星科学会议文摘》(1402)和 2014 年《美国矿物学家》(99)报道。中文名称根据成分译为钪锆矿。

【钪硅铁灰石】

英文名 Scandiobabingtonite

化学式 $(Ca,Na)_2(Fe^{2+},Mn)(Sc,Fe^{3+})Si_5O_{14}(OH)$　(IMA)

钪硅铁灰石柱状晶体(挪威、意大利)

钪硅铁灰石是一种含羟基的钙、钠、二价铁、锰、钪、三价铁的硅酸盐矿物,是含钪的硅铁灰石类似矿物。属蔷薇辉石族。三斜晶系。晶体呈短柱状、伸长的板状。无色、浅灰绿色,玻璃光泽,透明;硬度 6,完全解理,脆性。1990 年由意大利矿物收藏家 G. 诺娃(G. Nova)发现于意大利诺瓦拉省巴韦诺花岗岩蒙特卡蒂尼(Montecatini)采石场苏拉(Seul)矿晶洞,后来被奥兰迪(Orlandi)等描述。英文名称 Scandiobabingtonite,由成分冠词"Scandium(钪)"和根词"Babingtonite(硅铁灰石)"组合命名。IMA 1993-012 批准。1998 年 P. 奥兰迪(P. Orlandi)等在《美国矿物学家》(83)报道。2004 年中国地质科学院矿产资源研究所李锦平等在《岩石矿物学杂志》[23(1)]根据成分及与硅铁灰石的关系译为钪硅铁灰石(参见【硅铁灰石】条 292 页)。

【钪辉石】

英文名 Davisite

化学式 $CaScAlSiO_6$　(IMA)

钪辉石是一种极为罕见的钙、钪的铝硅酸盐矿物,可能是太阳星云内的冷凝/蒸发形成的超耐火的矿物。辉石族单斜辉石亚族富钪的透辉石。单斜晶系。晶体呈微粒状。玻璃光泽,透明;脆性。1978 年大桥(H. Ohashi)在《日本矿物学家、岩石学家和经济地理学家协会杂志》(73)报道了钙钪铝硅酸盐($CaScAlSiO_6$)为辉石的结构。2008 年发现于 1969 年降落于墨西哥奇瓦瓦州阿连德(Allende)CV3 碳质球粒陨石。英文名称 Davisite,以美国芝加哥大学宇宙化学、天体化学家安得烈·M. 戴维斯(Andrew M. Davis,1950—)教授的姓氏命名,以表彰戴维斯在陨石研究方面做出的突出贡献。IMA 2008-030 批准。2009 年马驰(Ma Chi)等在《美国矿物学家》(94)报道。中文名称根据成分和族名译为钪辉石。

【钪绿柱石】

英文名 Bazzite

化学式 $Be_3(Sc,Fe^{3+},Mg)_2Si_6O_{18} \cdot Na_{0.32} \cdot nH_2O$
(IMA)

钪绿柱石六方柱状晶体(挪威、瑞士)

钪绿柱石是一种含结晶水的铍、钪、铁、镁、钠的硅酸盐矿物。属绿柱石族。六方晶系。晶体呈柱状。深蓝色或其他蓝色,蓝绿色,玻璃光泽,透明—半透明;硬度 6.5~7,脆性。1915 年发现于意大利韦尔巴诺-库西亚-奥索拉省奥尔特雷尤姆(Oltrefiume)的卡莫西奥(Camoscio)山苏拉(Seula)矿山;同年,在《林且皇家科学院物理、数学和自然科学文献》(Ⅴ系列,24)报道。英文名称 Bazzite,1915 年由 E. 雅天妮

(E. Artini)以意大利工程师亚历山德罗·尤金尼奥·巴齐(Alessandro Eugenio Bazzi,1892—1929)的姓氏命名,他是该矿物的发现者。1955 年在《美国矿物学家》(40)报道。1959 年以前发现、描述并命名的"祖父级"矿物,IMA 承认有效。中文名称根据成分及与绿柱石的关系译为钪绿柱石。

【钪霓辉石】

英文名 Jervisite

化学式 $NaSc^{3+}Si_2O_6$ (IMA)

钪霓辉石针状晶体,放射状集合体(意大利)

钪霓辉石是一种钠、钪的硅酸盐矿物。属辉石族单斜辉石亚族。单斜晶系。晶体呈针状;集合体呈放射状。淡绿色、白色,玻璃光泽,透明—半透明;硬度 6~7,完全解理。1980 年发现于意大利韦尔巴诺-库西亚-奥索拉省贾科米尼(Giacomini)采石场。英文名称 Jervisite,1982 年 M. 梅利尼(M. Mellini)等为纪念意大利皇家都灵工业博物馆地质学家兼馆长威廉·帕吉特·杰维斯(William Paget Jervis,1832—1906)而以他的姓氏命名。IMA 1980-012 批准。1982 年梅利尼等在《美国矿物学家》(67)报道。1984 年中国新矿物与矿物命名委员会郭宗山在《岩石矿物及测试》[3(2)]根据成分及族名译为钪霓辉石,也有的译作钠钪辉石。

【钪石】参见【星钪石】条 1050 页

【钪钇石】

英文名 Thortveitite

化学式 $Sc_2Si_2O_7$ (IMA)

钪钇石柱状晶体(挪威),放射状集合体(法国)和特奥尔特维特像

钪钇石是一种钪的硅酸盐矿物。属钪钇石族。单斜晶系。晶体呈柱状、长板状、纤维状,具双晶;集合体呈放射状、玫瑰花状。灰绿色、黑色、灰色、蓝色、黄色、棕色,玻璃光泽、金刚光泽,透明—不透明;硬度 6~7,中等解理。1911 年发现于挪威东阿格德尔郡克尼潘(Knipan)约斯兰德(Ljoslands);同年,J. 施特林格(J. Schetelig)在《矿物学、地质学和古生物学总览》刊载。雅各布·格鲁比·科克·谢特利格(Jakob Grubbe Cock Schetelig)为纪念冈德·奥劳斯·奥尔森·特奥尔特维特(Gunder Olaus Olsen Thortveit,1872—1917)而以他的姓氏命名。他是挪威伊夫兰的一位工程师和矿物出口商。1959 年以前发现、描述并命名的"祖父级"矿物,IMA 承认有效。中文名称根据成分译为钪钇石或硅钪钇石。

钪钇石是一种极稀少的矿物,钪是 1879 年由瑞典乌普萨拉大学的化学教授拉斯·弗雷德里克·尼尔森(Lars Fredrik Nilson,1840—1899)与他的合作者克利夫(1840—1905)在斯堪的纳维亚半岛的黑稀金矿(Euxenite)和硅铍钇矿(Gadolinite)中发现的新元素,直到 1937 年才找到提取钪的恰当方式。其名称 Scandium 来自斯堪的纳维亚半岛(Scandia)的拉丁文名称。中文旧译作鈧、鐮。早期,钪与钇和镧一起被列入稀土金属,并在稀土中提取钪。钪钇石的发现使其成为提取钪的主要矿物原料。

【钪整柱石】

英文名 Oftedalite

化学式 $KSc_2\square_2Be_3Si_{12}O_{30}$ (IMA)

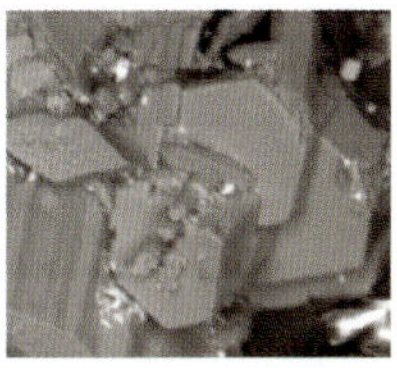

钪整柱石短柱状晶体(挪威)

钪整柱石是一种钾、钪、空位的铍硅酸盐矿物。属大隅石族。六方晶系。晶体呈短柱状,横切面呈六边形。灰白色,玻璃光泽,透明;硬度 6,脆性。2003 年发现于挪威南部泰勒马克郡赫夫特杰恩(Heftetjern)伟晶岩。英文名称 Oftedalite,2006 年 M. A. 库珀(M. A. Cooper)等为纪念挪威奥斯陆大学地质研究所的矿物学教授(1949—1964)伊瓦尔·维尔纳·奥弗泰德尔(Ivar Werner Oftedal,1894—1976)而以他的姓氏命名。他对钪的地球化学做出了广泛的贡献,并且撰写了关于托尔达尔伟晶岩矿物学的第一篇论文。IMA 2003-045a 批准。2006 年库珀等在《加拿大矿物学家》(44)报道。2009 年中国地质科学院地质研究所尹淑苹等在《岩石矿物学杂志》[28(4)]根据成分译为钪整柱石。

考 [kǎo]形声;从老省,丂(kǎo)声。按甲骨文、金文均像偻背老人扶杖而行之状,与老同义。[英]音,用于外国地名。

【考尔斯基石*】

英文名 Kolskyite

化学式 $(Ca\square)Ti_2Na_2Ti_2(Si_2O_7)_2O_4(H_2O)_7$ (IMA)

考尔斯基石*是一种含结晶水和氧的钙、空位、钛、钠的硅酸盐矿物。属氟钠钛锆石超族硅钛钠石族。三斜晶系。晶体呈板片状,厚 2~40μm;集合体厚达 500μm。淡黄色,玻璃光泽,透明;硬度 3,完全解理,脆性。2013 年发现于俄罗斯北部摩尔曼斯克州库基斯武姆科尔(Kukisvumchorr)山基洛夫斯基(Kirovskii)磷灰石矿。英文名称 Kolskyite,以发现地俄罗斯科拉(Kola)半岛的俄文名称考尔斯基(Kolskyi)半岛命名。IMA 2013-005 批准。2013 年 F. 卡马拉(F. Cámara)等在《CNMNC 通讯》(16)、《矿物学杂志》(77)和《加拿大矿物学家》(51)报道。目前尚未见官方中文译名,编译者建议音译为考尔斯基石*。

柯 [kē]形声;从木,可声。本义:斧柄。[英]音,用于外国人名、地名、单位名。

【柯赫石】

英文名 Kochite

化学式 $Ca_2MnZrNa_3Ti(Si_2O_7)_2(OF)F_2$ (IMA)

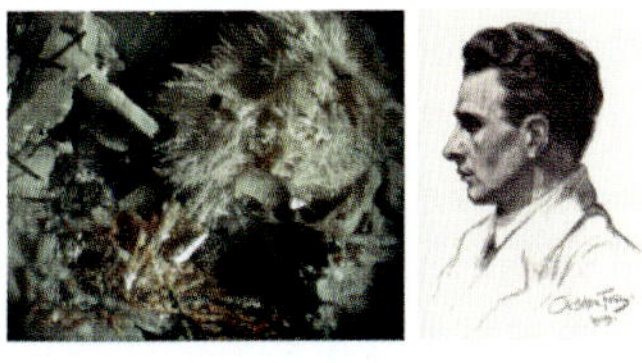

柯赫石板状、针柱状晶体,团状、放射状集合体(加拿大)和柯赫像

柯赫石是一种含氟和氧的钙、锰、锆、钠、钛的硅酸盐矿物。属氟钠钛锆石超族褐硅铈石族。三斜晶系。晶体呈小板状、针柱状、针状;集合体呈近于平行排列状、团状、放射状等。无色—浅棕色,玻璃光泽,透明;硬度 5,完全解理,脆性。2002 年发现于丹麦东格陵兰岛赫维德里格(Hvide Ryg)山北坡碱性杂岩体。英文名称 Kochite,以丹麦地质学家劳厄·柯赫(Lauge Koch,1892—1964)的姓氏命名。他带领丹麦政府 24 支远征队考察格陵兰岛,对格陵兰东部地质学研究作出贡献。IMA 2002-012 批准。2003 年 C. C. 克里斯蒂安森(C. C. Christiansen)等在《欧洲矿物学杂志》(15)和《加拿大矿物学家》(41)报道。2008 年中国地质科学院地质研究所任玉峰等在《岩石矿物学杂志》[27(2)]音译为柯赫石。

【柯里尔石*】

英文名 Currierite

化学式 $Na_4Ca_3MgAl_4(AsO_3OH)_{12}\cdot 9H_2O$ (IMA)

柯里尔石*柱状、纤维状晶体,放射状集合体(智利)和柯里尔像

柯里尔石*是一种含结晶水的钠、钙、镁、铝的氢砷酸盐矿物。六方晶系。晶体呈六方柱状、针状和类似毛发的纤维状,长约 200μm;集合体呈放射状。白色,玻璃光泽、丝绢光泽,透明;硬度 2,完全解理,脆性。2016 年发现于智利塔马鲁加尔省托雷西利亚斯(Torrecillas)矿。英文名称 Currierite,为纪念美国矿物新数据库经理、收藏家、作家、讲师洛克·亨利·柯里尔(Rock Henry Currier,1940—2015)而以他的姓氏命名。IMA 2016-030 批准。2016 年 A. R. 坎普夫(A. R. Kampf)等在《CNMNC 通讯》(32)、《矿物学杂志》(80)和 2017 年《矿物学杂志》(81)报道。目前尚未见官方中文译名,编译者建议音译为柯里尔石*。

【柯硼钙石】

英文名 Korzhinskite

化学式 $CaB_2O_4\cdot 0.5H_2O$ (IMA)

柯硼钙石块状集合体(俄罗斯)和柯尔任斯基像

柯硼钙石是一种含结晶水的钙的硼酸盐矿物。斜方晶系。晶体呈板状;集合体呈块状。无色、白色,玻璃光泽,透明。1963 年发现于俄罗斯斯维尔德洛夫斯克州图里雅(Turya)河洛夫斯科耶(Novofrolovskoye)硼-铜矿床。英文名称 Korzhinskite,为纪念俄罗斯莫斯科矿床地质、岩石学、矿物学和地球化学研究所岩石学家德米特里·谢尔盖维奇·柯尔任斯基(Dmitri Sergeevich Korzhinskii,1899—1985)而以他的姓氏命名。他的贡献包括发展涉及气相的变质反应理论和开放系统,还获得了 1980 年的罗布林勋章。IMA 1967s. p. 批准。1963 年 S. V. 马林科(S. V. Malinko)在《全苏矿物学会记事》(92)和 1964 年 M. 弗莱舍(M. Fleischer)在《美国矿物学家》(49)报道。中文名称根据英文名称首音节音和成分译为柯硼钙石。

【柯羟氯镁石】

英文名 Korshunovskite

化学式 $Mg_2Cl(OH)_3\cdot 4H_2O$ (IMA)

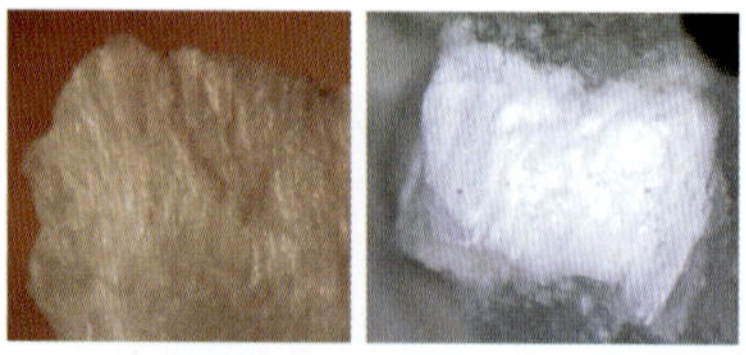

柯羟氯镁石纤维状晶体,块状集合体(俄罗斯)

柯羟氯镁石是一种含结晶水和羟基的镁的氯化物矿物。三斜晶系。晶体呈柱状、弯曲纤维状;集合体呈块状。白色,玻璃光泽,透明;硬度 2。1980 年发现于俄罗斯伊尔库茨克州科什努夫斯基(Korshunovskoye)铁矿。英文名称 Korshunovskite,以发现地俄罗斯的科什努夫斯基(Korshunovskoye)铁矿命名。IMA 1980-083 批准。1982 年在《全苏矿物学会记事》(111)和 1983 年《美国矿物学家》(68)报道。中文名称根据英文名称首音节音和成分译为柯羟氯镁石。

【柯砷钙铁石】

英文名 Kolfanite

化学式 $Ca_2Fe^{3+}_3O_2(AsO_4)_3\cdot 2H_2O$ (IMA)

柯砷钙铁石是一种含结晶水的钙、铁氧的砷酸盐矿物。属胶磷钙铁矿族。单斜晶系。晶体呈扁平状;集合体呈皮壳状、放射状、结节状。黄色、橙色、红色,金刚光泽,半透明;硬度 2.5,完全解理,脆性。1981 年发现于俄罗斯北部摩尔曼斯克州瓦辛麦尔克(Vasin-mylk)山。英文名称 Kolfanite,以科拉半岛的研究中心"Kolskii"和"Filial Akademii Nauk SSSR"(苏联科学院科拉分院)缩写(FAN)组合命名。IMA 1981-017 批准。1982 年 A. V. 沃洛申(A. V. Voloshin)等在俄罗斯《矿物学杂志》[4(2)]和 1983 年《美国矿物学家》(68)报道。1984 年中国新矿物与矿物命名委员会郭宗山在《岩石矿物及测试》[3(2)]根据英文名称首音节音和成分译为柯砷钙铁石。

【柯砷硅锌锰矿】

英文名 Kolicite

化学式 $Zn_4Mn^{2+}_7(AsO_4)_2(SiO_4)_2(OH)_8$ (IMA)

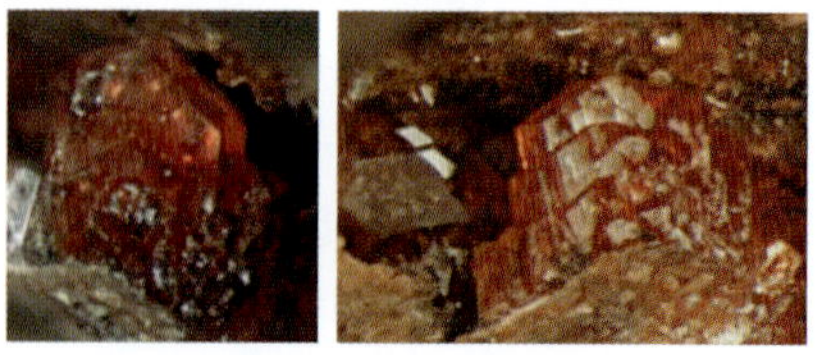

柯砷硅锌锰矿短柱状晶体(美国)

柯砷硅锌锰矿是一种含羟基的锌、锰的硅酸-砷酸盐矿物。斜方晶系。晶体呈块状、柱状。红棕色、黄橙色,玻璃光泽、树脂光泽,透明—半透明;硬度 4.5,脆性。1978 年发现于美国新泽西州苏塞克斯县斯特林(Sterling)矿。英文名称 Kolicite,由皮特·J. 邓恩(Pete J. Dunn)等为纪念新泽西州洛克威的约翰·A. 科里克(John A. Kolic,1943—2014)先生

而以他的姓氏命名。科里克是新泽西州奥格登斯堡斯特林矿的一个硬石矿工专家和钻井探索者，众所周知，他心目中的矿和矿体有一个“3D”的形象。他提供了关键的专业知识，将斯特林矿转变为公共访问的博物馆，并对斯特林山矿体的矿物学做出了许多贡献。IMA 1978－076 批准。1979 年在《美国矿物学家》(64)报道。中文名称根据英文名称首音节音和成分译为柯砷硅锌锰矿。

【柯石英】

英文名 Coesite

化学式 SiO_2 (IMA)

柯石英晶体(美国亚利桑那陨石坑)

柯石英是石英在冲击波作用下转变为亚稳态的高压相多形变体。与方石英(或白硅石)、正方硅石(或热液石英)、莫石英、石英、塞石英、斯石英(或超石英或重硅石)、鳞石英为同质多象变体。单斜晶系。晶体呈柱状、不规则细粒状，具双晶。无色，玻璃光泽，透明；硬度 7.5～8。1953 年，美国一个以生产和经营磨料磨具为主的诺顿(Norton)公司的化学家小洛林·柯斯(Jr. Loring Coes，1915—1978)首先在大约 35×10^8 Pa 和 500～800℃的条件下熔融氧化硅结晶形成了人工合成柯石英。柯石英也因柯斯(Coes)而得名。1954 年，美籍华裔矿物学家赵景德在美国亚利桑那州科科尼诺县温斯洛巴林杰火山口“流星”陨石坑内的石英砂岩中首次发现了天然产出的柯石英。1960 年 E. C. T. 赵(E. C. T. Chao)等在《科学》(132)报道。1959 年以前发现、描述并命名的“祖父级”矿物，IMA 承认有效。IMA 1962s. p. 批准。1987 年，我国地质学家许志琴首先在中国天柱山高压变质带榴辉岩中发现柯石英，被包裹在绿辉石或石榴石中，在其四周总有放射性裂纹。

【柯水硫钠铁矿】

英文名 Coyoteite

化学式 $NaFe_3S_5\cdot2H_2O$ (IMA)

柯水硫钠铁矿不规则粒状晶体(美国)

柯水硫钠铁矿是一种含结晶水的钠、铁的硫化物矿物。三斜晶系。晶体呈不规则粒状。黑色—浅棕色、灰色，金属光泽，不透明；硬度 1.5，完全解理。1978 年发现于美国加利福尼亚州洪堡特县海岸山脉凯奥特(Coyote)峰火山口。英文名称 Coyoteite，以发现地美国的凯奥特(Coyote)峰命名。IMA 1978－042 批准。1983 年 R. C. 埃尔德(R. C. Erd)等在《美国矿物学家》(68)报道。1985 年中国新矿物与矿物命名委员会郭宗山等在《岩石矿物及测试》[4(4)]根据英文名称首音节音和成分译为柯水硫钠铁矿。

科 [kē]会意；从斗，从禾。本义：品类，等级。[英]音，用于外国人名、地名。

【科博科博石*】

英文名 Kobokoboite

化学式 $Al_6(PO_4)_4(OH)_6\cdot11H_2O$ (IMA)

科博科博石*是一种含结晶水、羟基的铝的磷酸盐矿物。三斜晶系。集合体呈圆粒状、不规则团状、皮壳状。珍珠白色，珍珠光泽，透明—半透明；硬度 2，脆性。2009 年发现于刚果(金)南基伍省沙本达地区科博科博(Kobokobo)伟晶岩。英文名称 Kobokoboite，2010 年斯图尔特·J. 米尔斯(Stuart J. Mills)等根据最初发现地刚果(金)的科博科博(Kobokobo)伟晶岩命名。IMA 2009－057 批准。2010 年米尔斯等在《欧洲矿物学杂志》[22(2)]报道。目前尚未见官方中文译名，编译者建议音译为科博科博石*。

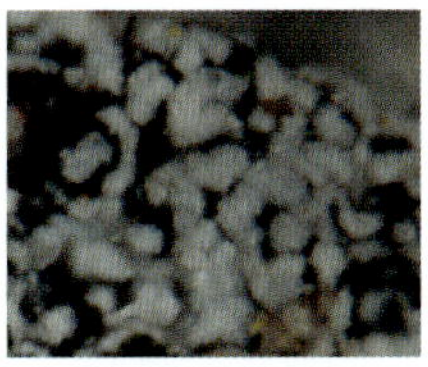

科博科博石* 不规则团状集合体(刚果)

【科布雅舍夫石*】

英文名 Kobyashevite

化学式 $Cu_5(SO_4)_2(OH)_6\cdot4H_2O$ (IMA)

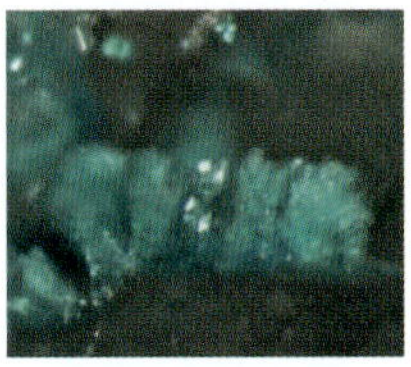

科布雅舍夫石* 针状晶体，薄壳状集合体(墨西哥)

科布雅舍夫石*是一种含结晶水、羟基的铜的硫酸盐矿物。属钙铜矾族。三斜晶系。晶体呈细长针状，有的弯曲或裂开，长 0.2mm；集合体常组成薄壳状。蓝绿色—绿松石色，玻璃光泽，透明；硬度 2.5，完全解理。2011 年发现于俄罗斯车里雅宾斯克州卡皮塔尔纳亚(Kapitalnaya)矿。英文名称 Kobyashevite，以俄罗斯矿物学家、伊尔门自然保护区的科学工作者尤里·斯捷潘诺维奇·科布雅舍夫(Yurii Stepanovich Kobyashev，1935—2009)的姓氏命名。IMA 2011－066 批准。2011 年 I. V. 佩科夫(I. V. Pekov)等在《CNMNC 通讯》(11)、《矿物学杂志》(75)和 2013 年《矿物学和岩石学》(107)报道。目前尚未见官方中文译名，编译者建议音译为科布雅舍夫石*。

【科长石】

英文名 Kokchetavite

化学式 $K(AlSi_3O_8)$ (IMA)

科长石是一种钾的铝硅酸盐矿物。属长石族。是钾长石的超高压亚稳态多形体。与利伯曼石(Liebermannite)、微斜长石、正长石和透长石为同质多象。六方晶系。晶体呈板状、柱状，通常作为其他矿物中的微米级包裹物。2004 年发现于哈萨克斯坦阿克莫拉州科克切塔夫(科克舍套的旧称)(Kokchetav)库姆迪-库尔(Kumdy－Kul)湖金刚石矿床；同年，在《矿物学和岩石学论文集》(148)报道。英文名称 Kokchetavite，以发现地哈萨克斯坦的科克切塔夫(Kokchetav)命名。IMA 2004－011 批准。2013 年 S. L. 黄(S. L. Hwang)等在《亚洲地球科学学报》(63)报道。中文名称根据英文名称首音节音和族名译为科长石；2008 年中国地质科学院地质研究所任玉峰等在《岩石矿物学杂志》[27(3)]音译为库克塔切夫石。

【科碲铅铋矿】

英文名 Kochkarite

化学式 $PbBi_4Te_7$ (IMA)

科碲铅铋矿是一种铅、铋的碲化物矿物。属硫碲铋铅矿族。三方晶系。晶体呈板状、细粒状；集合体呈脉状。银灰色，金属光泽，不透明；硬度 2～2.5，完全解理。1988 年发现于俄罗斯车里雅宾斯克州科契卡尔(Kochkar)金矿床。英文名称 Kochkarite，以发现地俄罗斯的科契卡尔(Kochkar)金矿命名。IMA 1988－030 批准。1989 年在 *Geologiya Rudnykh Mestorozhdenii* (31)和 1991 年《美国矿物学家》(76)报道。中文名称根据英文名称首音节音和成分译为科碲铅铋矿；1993年中国新矿物与矿物命名委员会黄蕴慧等在《岩石矿物学杂志》[12(1)]音译为科契卡尔石。

【科尔德韦尔矿*】

英文名 Coldwellite

化学式 Pd_3Ag_2S (IMA)

科尔德韦尔矿*是一种钯、银的硫化物矿物，它是目前已知的唯一批准的钯-银-硫组合矿物。等轴晶系。晶体呈他形粒状，粒径150μm。淡粉红白色，金属光泽，不透明。2014年发现于加拿大安大略省桑德贝地区科尔德韦尔(Coldwell)碱性杂岩体马拉松(Marathon)矿床。英文名称Coldwellite，以发现地加拿大的科尔德韦尔(Coldwell)命名。IMA 2014-045批准。2014年A. M. 麦克唐纳(A. M. McDonald)等在《CNMNC通讯》(22)、《矿物学杂志》(78)和2015年《加拿大矿物学家》(53)报道。目前尚未见官方中文译名，编译者建议音译为科尔德韦尔矿*。

【科氟钠矾】

英文名 Kogarkoite

化学式 $Na_3(SO_4)F$ (IMA)

科氟钠矾块状集合体(加拿大)

科氟钠矾是一种含氟的钠的硫酸盐矿物。单斜晶系。晶体呈板状、粒状、假菱形，达2cm，常见双晶；集合体呈泥土状、块状。无色、淡蓝色、淡粉红色、紫丁香色，玻璃光泽，透明—半透明；硬度3.5。1970年发现于俄罗斯北部摩尔曼斯克州阿鲁艾夫(Alluaiv)山。英文名称Kogarkoite，以发现该矿物的俄罗斯地球化学家和岩石学家、碱性岩石研究员利雅·尼古拉耶芙娜·科佳尔科(Lia Nikolaevna Kogarko，1936—)的姓氏命名。IMA 1970-038批准。1973年A. 帕布斯特(A. Pabst)等在《美国矿物学家》(58)报道。中文名称根据英文名称首音节音和成分译为科氟钠矾。

【科汞铜矿】

英文名 Kolymite

化学式 Cu_7Hg_6 (IMA)

科汞铜矿是一种铜与汞的互化物矿物。与贝兰道尔夫矿(Belendorffite)为同质二象。等轴晶系。晶体呈显微粒状，正八面体。新鲜解理面上呈锡白色，在潮湿的空气中可迅速转化为褐黑色、黑色，金属光泽，不透明；硬度4，脆性。1979年发现于俄罗斯马加丹州科累马(Kolyma)河流域克罗卡利诺(Krokhalinoye)沟锑矿床。英文名称Kolymite，以发现地俄罗斯的科累马(Kolyma)河命名。IMA 1979-046批准。1980年在《全苏矿物学会记事》[109(2)]和1981年《美国矿物学家》(66)报道。中文名称根据英文名称首音节音和成分译为科汞铜矿；根据成分译为汞铜矿。

【科济列夫斯基石*】

英文名 Kozyrevskite

化学式 $Cu_4O(AsO_4)_2$ (IMA)

科济列夫斯基石*柱状晶体，放射状、晶簇状集合体(俄罗斯)

科济列夫斯基石*是一种铜氧的砷酸盐矿物。与埃里克拉希曼石*为同质多象。斜方晶系。晶体呈柱状，长0.3mm；集合体呈放射状、晶簇状。明亮的草绿色—淡黄绿色，玻璃光泽，透明；硬度3.5，脆性。1995年R. D. 亚当斯(R. D. Adams)等在《无机化学》(34)报道了一种具有低温磁性的新型砷酸铜$Cu_4O(AsO_4)_2$。2013年发现于俄罗斯堪察加州托尔巴契克(Tolbachik)火山主裂隙北部喷发口第二火山渣锥喷气孔。英文名称Kozyrevskite，为纪念俄罗斯地理学家、旅行者和军人伊万·彼得罗维奇·科济列夫斯基(Ivan Petrovich Kozyrevskiy，1680—1734)而以他的姓氏命名，他是研究堪察加州半岛的第一人。IMA 2013-023批准。2013年I. V. 佩科夫(I. V. Pekov)等在《CNMNC通讯》(16)、《矿物学杂志》(77)和2014年《矿物学杂志》(78)报道。目前尚未见官方中文译名，编译者建议音译为科济列夫斯基石*。

【科金奥斯石*】

英文名 Kokinosite

化学式 $Na_2Ca_2(V_{10}O_{28})\cdot 24H_2O$ (IMA)

科金奥斯石*是一种含结晶水的钠、钙的钒酸盐矿物。三斜晶系。晶体呈叶片状、刀片状，大小1mm，厚0.05mm。黄橙色—棕橙色，半金刚光泽，透明；硬度1.5，完全解理，脆性。2013年发现于美国科罗拉多州圣米格尔县圣裘德(Saint Jude)矿。英文名称Kokinosite，由加利福尼亚州显微载片(Micromounters)名人堂的一个著名的矿物收藏家迈克尔·科金奥斯(Michael Kokinos，1927—)的姓氏命名。IMA 2013-099批准。2013年A. R. 坎普夫(A. R. Kampf)等在《CNMNC通讯》(18)、《矿物学杂志》(77)和2014年《加拿大矿物学家》(52)报道。目前尚未见官方中文译名，编译者建议音译为科金奥斯石*。

【科克沙罗夫石*】

英文名 Koksharovite

化学式 $CaMg_2Fe^{3+}_4(VO_4)_6$ (IMA)

科克沙罗夫像

科克沙罗夫石*是一种钙、镁、铁的钒酸盐矿物。属黑钒铁钠石(霍钒矿)族。三斜晶系。晶体呈粒状、柱状，粒径5～15mm；集合体常呈骨骼状，有的达30～70mm；分布在安山岩火山渣表面。黄棕色—红棕色，金刚光泽，半透明；硬度4.5，脆性。2012年发现于俄罗斯堪察加州贝兹米扬尼(Bezymyannyi)火山。英文名称Koksharovite，为纪念俄罗斯科学院院士(1855)和俄罗斯矿物学会会长(1865)尼古拉·伊万诺维奇·科克沙罗夫(Nikolay Ivanovich Koksharov，1818—1893)教授而以他的姓氏命名。科克沙罗夫教授首次对俄罗斯的矿物学进行了系统的、深入的研究。他的著名著作《俄罗斯矿物学资料》从1853年至1892年以俄文和德文出版了11卷。他也是众所周知的、仍然有效的许多矿物晶体的优秀测角测量作者。IMA 2012-092批准。2013年I. V. 佩科夫(I. V. Pekov)等在《CNMNC通讯》(16)、《矿物学杂志》(77)和2014年《欧洲矿物学杂志》(26)报道。目前尚未见官方中文译名，编译者建议音译为科克沙罗夫石*；根据成分译为钒铁镁钙石*。

【科匡德石】

英文名 Coquandite

化学式 $Sb^{3+}_{6+x}O_{8+x}(SO_4)(OH)_x \cdot (H_2O)_{1-x}$ ($x=0.3$)
(IMA)

科匡德石粒状、针状晶体，束状集合体（意大利、美国）和科匡德像

科匡德石是一种含结晶水和羟基的锑氧的硫酸盐矿物。三斜晶系。晶体呈粒状、板状、针状；集合体呈束状。无色、白色，金刚光泽，透明—半透明；硬度 3～4，完全解理。1991 年发现于意大利格罗塞托省帕累塔(Pereta)矿和美国华盛顿州奥卡诺根县劳伦斯(Lawrence)矿。英文名称 Coquandite，以法国马赛大学地质学和矿物学教授亨利·科匡德(Henri Coquand，1811—1881)的姓氏命名。他在 1842—1849 年间对托斯卡纳的锑矿进行了广泛的研究。IMA 1991－024 批准。1992 年 C. 萨贝利(C. Sabelli)等在《矿物学杂志》(56)报道。1998 年中国新矿物与矿物命名委员会黄蕴慧等在《岩石矿物学杂志》[17(1)]音译为科匡德石。

【科拉里矾】

英文名 Clairite

化学式 $(NH_4)_2Fe^{3+}_3(SO_4)_4(OH)_3 \cdot 3H_2O$ (IMA)

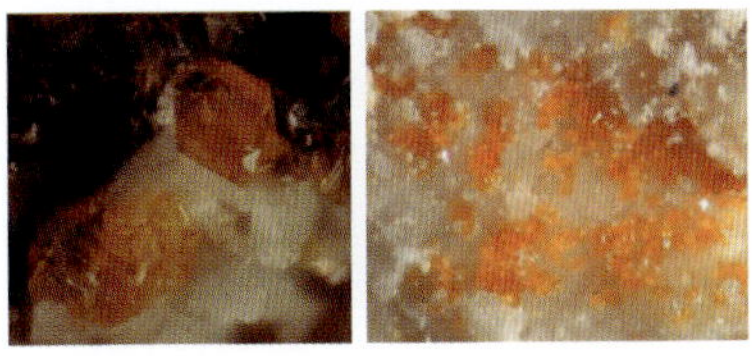

科拉里矾假六方板状、粒状晶体（匈牙利、德国）

科拉里矾是一种含结晶水和羟基的铵、铁的硫酸盐矿物。三斜晶系。晶体呈假六角板状、粒状；集合体呈粉末状。橙黄色，透明—半透明；硬度 2，完全解理。1982 年发现于南非普马兰加省埃兰泽尼(Ehlanzeni)区龙溪(Lone Creek)瀑布洞穴。英文名称 Clairite，以科拉里·马蒂尼(Claire Martini，1936—)女士的名字命名，她是首先描述该矿物的 J. C. J. 马蒂尼(J. C. J. Martini)博士的妻子，她协助丈夫洞穴探险和收集矿物标本。IMA 1982－093 批准。1983 年马蒂尼(Martini)在《南非地质调查年鉴》(17)和 1984 年《美国矿物学家》(71)报道。中文名称根据英文名称音和成分译为科拉里矾。

【科拉洛石*】

英文名 Coralloite

化学式 $Mn^{2+}Mn^{3+}_2(AsO_4)_2(OH)_2 \cdot 4H_2O$ (IMA)

科拉洛石*是一种含结晶水、羟基的锰的砷酸盐矿物。三斜晶系。晶体细小。红色。2010 年发现于意大利拉斯佩齐亚省尼禄(Nero)山矿。英文名称 Coralloite，以意大利业余矿物收藏家乔治·科拉洛(Giorgio Corallo，1937—)的姓氏命名。他在利古里亚发现了几个新矿物，包括羟硅钒铁钙石(Cassagnaite)、格拉维里石(Gravegliaite)和雷皮阿石(Reppiaite)。IMA 2010－012 批准。2010 年 A. M. 卡莱加里(A. M. Callegari)等在《矿物学杂志》(74)和 2012 年《美国矿物学家》(97)报道。目前尚未见官方中文译名，编译者建议音译为科拉洛石*。

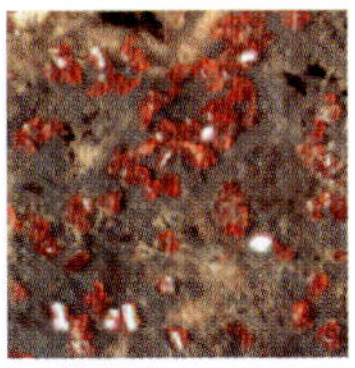

科拉洛石*细小粒状晶体（意大利）

【科勒石*】

英文名 Kollerite

化学式 $(NH_4)_2Fe^{3+}(SO_3)_2(OH) \cdot H_2O$ (IMA)

科勒石*显微柱状、球粒状集合体（匈牙利）

科勒石*是一种含结晶水和羟基的铵、铁的亚硫酸盐矿物，它是首次确认的硫酸铵(IV)(亚硫酸盐)矿物。斜方晶系。晶体呈显微柱状；集合体呈放射状、球粒状。鲜黄色。2018 年发现于匈牙利佩克斯-瓦萨斯(Pécs-Vasas)。英文名称 Kollerite，以戈博尔·科勒(Gábor Koller，1975—)的姓氏命名。他自 1995 年以来一直是匈牙利矿物收藏界的重要人物。他在匈牙利发现了 30 多种新矿物。他还发现了新的矿物物鲁道巴尼奥矿*(Rudabányaite，IMA 2016－088)。IMA 2018－131 批准。2019 年 B. 费赫尔(B. Fehér)等在《CNMNC 通讯》(48)和《矿物学杂志》(83)报道。目前尚未见官方中文译名，编译者建议音译为科勒石*。

【科雷亚内维斯石*】

英文名 Correianevesite

化学式 $Fe^{2+}Mn^{2+}_2(PO_4)_2 \cdot 3H_2O$ (IMA)

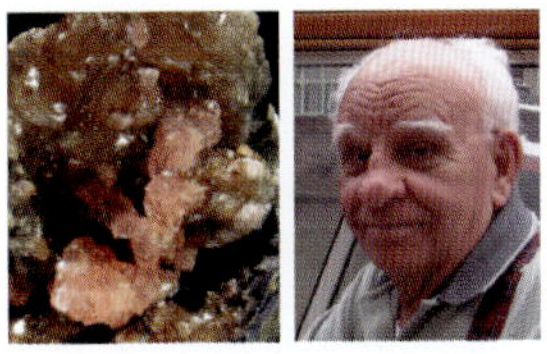

科雷亚内维斯石*晶簇状集合体（巴西）和科雷亚·内维斯像

科雷亚内维斯石*是一种含结晶水的铁、锰的磷酸盐矿物。属铁磷锰矿族。斜方晶系。晶体呈菱面体，粒径 4mm；集合体呈晶簇状。灰棕色—红棕色，玻璃光泽，透明；硬度 3.5。2013 年发现于巴西米纳斯吉拉斯州乔桑(Jocão)伟晶岩。英文名称 Correianevesite，为纪念葡萄牙矿物学家何塞·马尔克斯·科雷亚·内维斯(José Marques Correia Neves，1929—2011)教授而以他的姓名命名，以表彰他对巴西伟晶岩的详细研究。IMA 2013－007 批准。2013 年 N. V. 丘卡诺夫(N. V. Chukanov)等在《CNMNC 通讯》(16)、《矿物学杂志》(77)和 2014 年《美国矿物学家》(99)报道。目前尚未见官方中文译名，编译者建议音译为科雷亚内维斯石*。

【科林欧文石*】

英文名 Colinowensite

化学式 $BaCuSi_2O_6$ (IMA)

科林欧文石*是一种钡、铜的新结构类型的硅酸盐矿

科林欧文石* 半自形晶体(南非)和欧文像

物。四方晶系。晶体呈半自形状,粒径 100μm。紫色、深蓝色,玻璃光泽,几乎不透明;硬度 4,完全解理,脆性。2012 年发现于南非北开普省霍塔泽尔市卡拉哈里锰矿田韦塞尔(Wessels)矿区的中东部矿体。英文名称 Colinowensite,以南非西萨默塞特的矿产商人、矿物收藏家、该矿物的发现者科林·R. 欧文(Colin R. Owen,1937—)的姓名命名。IMA 2012-060 批准。2013 年 B. 里克(B. Rieck)在《CNMNC 通讯》(15)、《矿物学杂志》(77)和 2015 年《矿物学杂志》[79(7)]报道。目前尚未见官方中文译名,编译者建议音译为科林欧文石*。

【科林斯石】参见【磷钙镁石】条 455 页

【科诺诺夫石*】

英文名 Kononovite

化学式 $NaMg(SO_4)F$ (IMA)

科诺诺夫石* 柱状、厚板状晶体(俄罗斯)和科诺诺夫像

科诺诺夫石*是一种含氟的钠、镁的硫酸盐矿物。属氟砷钙镁石族。单斜晶系。晶体呈柱状、厚片状;集合体呈晶簇状或皮壳状。白色,玻璃光泽,透明—半透明;硬度 3,中等解理,脆性。2013 年发现于俄罗斯堪察加州托尔巴契克(Tolbachik)火山主裂隙北部突破火山口第二火山渣锥体。英文名称 Kononovite,以俄罗斯莫斯科大学矿物学家奥列格·V. 科诺诺夫(Oleg V. Kononov,1932—)的姓氏命名。IMA 2013-116 批准。2014 年 I. V. 佩科夫(I. V. Pekov)等在《CNMNC 通讯》(19)、《矿物学杂志》(78)和 2015 年《欧洲与矿物学杂志》(27)报道。目前尚未见官方中文译名,编译者建议音译为科诺诺夫石*。

【科契卡尔石】参见【科碲铅铋矿】条 405 页

【科羟铝黄长石】

英文名 Kamaishilite

化学式 $Ca_2(SiAl_2)O_6(OH)_2$ (IMA)

科羟铝黄长石属黄长石族矿物之一。与羟铝黄长石为同质二象。四方晶系。晶体呈显微粒状;集合体呈块状。无色,玻璃光泽,透明。1980 年发现于日本本州岛东北地区岩手地区釜石(Kamaishi)市釜石矿山。英文名称 Kamaishilite,1981 年由内田(E. Uchida)等以发现地日本釜石(Kamaishi)矿山命名。IMA 1980-052 批准。日文汉字名称釜石石。1981 年内田等在《日本科学院学报》(57B)和 1982 年 M. 弗莱舍(M. Fleischer)等在《美国矿物学家》(67)报道。1984 年中国新矿物与矿物命名委员会郭宗山在《岩石矿物及测试》[3(2)]根据英文名称首音节音和成分及与羟铝黄长石关系译为科羟铝黄长石。2010 年杨主明在《岩石矿物学杂志》[29(1)]建议借用日文汉字名称釜石石。

【科萨石*】

英文名 Cossaite

化学式 $(Mg_{0.5},\square)Al_6(SO_4)_6(HSO_4)F_6 \cdot 36H_2O$ (IMA)

科萨石* 粗壮的柱状晶体(意大利,电镜)和科萨像

科萨石*是一种含结晶水和氟的镁、空位、铝的氢硫酸-硫酸盐矿物。三方晶系。晶体呈粗壮的柱状,柱端有菱形面。无色,玻璃光泽,半透明;脆性。2009 年发现于意大利墨西拿省伊奥利亚群岛利帕里市镇弗卡诺(Vulcano)火山岛火山坑。英文名称 Cossaite,2011 年 I. 坎波斯特里尼(I. Campostrini)等为纪念阿方索·科萨(Alfonso Cossa,1833—1902)而以他的姓氏命名,以表彰他对弗卡诺的矿物和岩石研究工作所做出的贡献。IMA 2009-031 批准。2010 年坎波斯特里尼等在德国《矿物世界》(21)和 2011 年《矿物学杂志》(75)报道。目前尚未见官方中文译名,编译者建议音译为科萨石*。

【科水砷锌石】

英文名 Koritnigite

化学式 $Zn(AsO_3OH) \cdot H_2O$ (IMA)

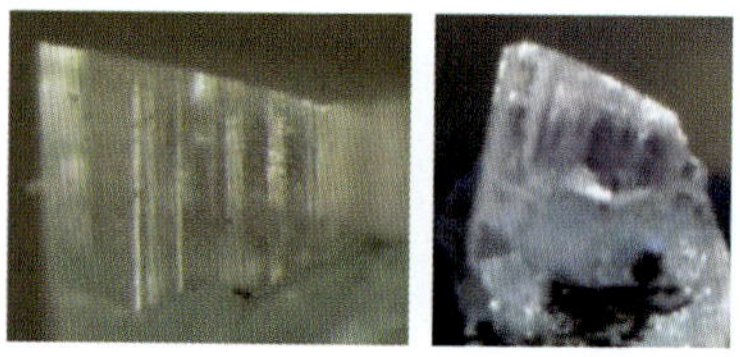

科水砷锌石宽刀片状晶体(纳米比亚)

科水砷锌石是一种含结晶水的锌的氢砷酸盐矿物。属科水砷锌石族。三斜晶系。晶体呈宽刀片状、针状;集合体呈晶簇状。无色、白色,玻璃—半玻璃光泽,半透明;硬度 2,完全解理。1978 年发现于纳米比亚奥希科托区楚梅布(Tsumeb)矿山。英文名称 Koritnigite,由 P. 凯勒(P. Keller)等为纪念德国哥廷根大学岩石学家西格蒙德·科里特尼希(Sigmund Koritnig,1912—1994)教授而以他的姓氏命名。IMA 1978-008 批准。1979 年凯勒等在《契尔马克氏矿物学与岩石学通报》(26)和 1980 年弗莱舍等在《美国矿物学家》(65)报道。中文名称根据英文名称首音节音和成分译为科水砷锌石。

【科碳磷镁石】

英文名 Kovdorskite

化学式 $Mg_2(PO_4)(OH) \cdot 3H_2O$ (IMA)

科碳磷镁石柱状晶体,晶簇状集合体(俄罗斯)

科碳磷镁石是一种含结晶水和羟基的镁的磷酸盐矿物。单斜晶系。晶体呈柱状；集合体呈晶簇状。无色、绿蓝色、浅粉红色、黄色，玻璃光泽，透明；硬度 4。1979 年发现于俄罗斯北部摩尔曼斯克州科夫多尔（Kovdor）地块赫勒兹尼（Kheleznyi）铁矿。英文名称 Kovdorskite，以发现地俄罗斯的科夫多尔（Kovdor）地块命名。IMA 1979－066 批准。1980 年尤·L. 卡普斯京（Yu. L. Kapustin）等在《全苏矿物学会记事》[109(3)]和 1981 年《美国矿物学家》(66)报道。中文名称根据英文名称首音节音和成分译为科碳磷镁石。

【科滕海姆石*】

英文名 Kottenheimite

化学式 $Ca_3Si(SO_4)_2(OH)_6 \cdot 12H_2O$　　(IMA)

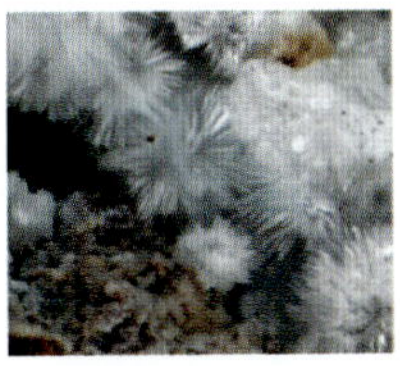

科滕海姆石* 纤维状晶体，放射状集体（德国）

科滕海姆石* 是一种含结晶水和羟基的钙、硅的硫酸盐矿物。属钙矾石族。六方晶系。晶体呈纤维状、毛发状；集合体呈放射状。白色，丝绢光泽，透明；硬度 2～2.5。2011 年发现于德国莱茵兰-普法尔茨州艾费尔高原贝尔伯格（Bellerberg）火山卡斯帕（Caspar）采石场。英文名称 Kottenheimite，以位于发现地附近的德国的科滕海姆（Kottenheim）社区命名。IMA 2011－038 批准。2011 年 N. V. 丘卡诺夫（N. V. Chukanov）等在《CNMNC 通讯》(10)和 2012 年《加拿大矿物学家》(50)报道。目前尚未见官方中文译名，编译者建议音译为科滕海姆石*。

【科沃罗夫石*】

英文名 Khvorovite

化学式 $Pb_4Ca_2[Si_8B_2(SiB)_2O_{28}]F$　　(IMA)

科沃罗夫石* 是一种含氟的铅、钙的硼硅酸盐矿物。属硼硅钡铅矿族。三斜晶系。晶体呈不规则粒状，很少有方形或矩形，长 150μm。无色，很少白色，玻璃光泽，透明；硬度 5～5.5，脆性。2014 年发现于塔吉克斯坦天山山脉达拉伊-皮奥兹（Dala-i-pioz）冰川。英文名称 Khvorovite，以俄罗斯矿物学家帕维尔·V. 科沃罗夫（Pavel V. Khvorov，1965—）的姓氏命名，以表彰他对达拉伊-皮奥兹地块矿物学研究做出的贡献。IMA 2014－050 批准。2014 年 L. A. 保托夫（L. A. Pautov）等在《CNMNC 通讯》(22)、《矿物学杂志》(78)和 2015 年《矿物学杂志》(79)报道。目前尚未见官方中文译名，编译者建议音译为科沃罗夫石*。

【科伊奇矿*】

英文名 Keutschite

化学式 Cu_2AgAsS_4　　(IMA)

科伊奇矿* 粒状晶体（秘鲁）和科伊奇像

科伊奇矿* 是一种铜、银的砷-硫化物矿物。属黝锡矿族。四方晶系。晶体呈粒状。金属光泽，不透明。2014 年发现于秘鲁利马省奥永地区乌丘查夸（Uchucchacua）矿。英文名称 Keutschite，以哈佛大学化学教授和硫化物矿物专家弗兰克·科伊奇（Frank Keutsch，1971—）博士的姓氏命名。IMA 2014－038 批准。2014 年 D. 托帕（D. Topa）等在《CNMNC 通讯》(21)和《矿物学杂志》(78)报道。目前尚未见官方中文译名，编译者建议音译为科伊奇矿*。

【科约宁矿*】

英文名 Kojonenite

化学式 $Pd_{7-x}SnTe_2$ $(0.3 \leqslant x \leqslant 0.8)$　　(IMA)

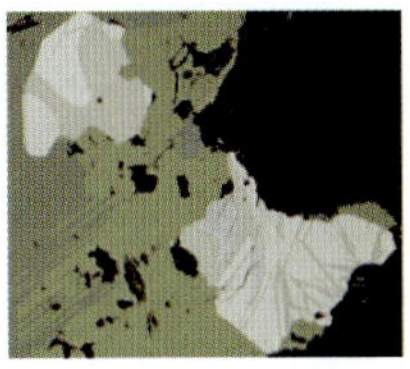

科约宁矿* 他形粒状晶体（美国）

科约宁矿* 是一种钯、锡的碲化物矿物。四方晶系。晶体呈他形粒状（＜40μm），集合体（约 100μm），呈黄铜矿、方黄铜矿的包裹体。略带粉红色的白色，在光片上呈亮奶油色。2013 年发现于美国蒙大拿州斯蒂尔沃特县斯蒂尔沃特（Stillwater）杂岩体明尼阿波利斯（Minneapolis）平硐。英文名称 Kojonenite，以芬兰地质调查所的基岩地质和资源集团的高级研究科学家卡尔·K. 科约宁（Kari K. Kojonen，1949—）的姓氏命名。他还担任国际矿物学协会矿石矿物学委员。IMA 2013－132 批准。2014 年 C. J. 斯坦利（C. J. Stanley）等在《CNMNC 通讯》(20)、《矿物学杂志》(78)和 2015 年《美国矿物学家》(100)报道。目前尚未见官方中文译名，编译者建议音译为科约宁矿*。

钶

[kē]形声；从金，从可。一种化学元素。铌的旧称 Columbium。

【钶铁矿】

参见【铌铁矿】条 652 页

克

[kè]象形。甲骨文字形，下面像肩形。整个字形，像人肩物之形。本义：胜任。[英]音，用于外国人名、地名。

【克碲铀矿】

参见【铀碲矿】条 1087 页

【克尔斯威石*】

英文名 Cranswickite

化学式 $Mg(SO_4) \cdot 4H_2O$　　(IMA)

克尔斯威石* 纤维状晶体，细脉状集合体（阿根廷）和克尔斯威像

克尔斯威石* 是一种含 4 个结晶水的镁的硫酸盐矿物。与四水镁矾为同质二象。单斜晶系。晶体呈纤维状；集合体呈细脉状。白色；软。2010 年发现于阿根廷圣胡安省卡林加斯塔区卡林加斯塔（Calingasta）矿山。英文名称 Cranswickite，为纪念澳大利亚结晶学家拉克伦·M. D. 克尔斯威（Lachlan M. D. Cranswick，1968—2010）而以他的姓氏命名。他曾帮助开发、维护粉末和小分子单晶衍射 14 号项目中的协同计算。拉克伦是在粉末 X 射线和中子衍射分析中使用里特威尔（Rietveld）方法的专家。这个矿物以前被称为"β-Starkeyite（β-四水镁矾）"。IMA 2010－016 批准。2010 年 R. C. 皮特森（R. C. Peterson）在《矿物学杂志》(74)和 2011 年《美国矿物学家》(96)报道。目前尚未见官方中文译名，编译者建议音译为克尔斯威石*。

K

【克尔特索格诺石*】

英文名 Cortesognoite

化学式 $CaV_2Si_2O_7(OH)_2 \cdot H_2O$ (IMA)

克尔特索格诺石*是一种含结晶水和羟基的钙、钒的硅酸盐矿物，是钒的硬柱石的类似矿物。属硬柱石族。斜方晶系。2014 年发现于意大利热那亚省东北部莫利奈洛(Molinello)矿。英文名称 Cortesognoite，以克尔特索格诺(Cortesogno)命名。IMA 2014－029 批准。2014 年马驰(Ma Chi)等在《CNMNC 通讯》(21)和《矿物学杂志》(78)报道。目前尚未见官方中文译名，编译者建议音译为克尔特索格诺石*。

【克拉夫佐夫矿*】

英文名 Kravtsovite

化学式 $PdAg_2S$ (IMA)

克拉夫佐夫矿*是一种钯、银的硫化物矿物。属钯族矿物。斜方晶系。晶体呈粒状，大小不等，从几微米到 40～50μm。黄白色，金属光泽，不透明；脆性，易碎。2016 年发现于俄罗斯普托拉纳高原科姆索莫斯基(Komsomol'skii)矿。英文名称 Kravtsovite，以俄罗斯塔尔纳赫十月镇第二区矿床的发现者之一的 V. F. 克拉夫佐夫(V. F. Kravtsov)的姓氏命名。IMA 2016－092 批准。2017 年 A. 维马扎洛娃(A. Vymazalová)等在《CNMNC 通讯》(35)、《矿物学杂志》(81)和《欧洲矿物学杂志》(29)报道。目前尚未见官方中文译名，编译者建议音译为克拉夫佐夫矿*。

【克拉普罗特铀矿*】

英文名 Klaprothite

化学式 $Na_6(UO_2)(SO_4)_4(H_2O)_4$ (IMA)

克拉普罗特铀矿*片状晶体(美国)和克拉普罗特像

克拉普罗特铀矿*是一种含结晶水的钠的铀酰-硫酸盐矿物。与彼利戈特铀矿*为同质多象。单斜晶系。晶体呈片状。黄绿色—黄绿黄色；硬度 2.5，完全解理，脆性。2015 年发现于美国犹他州圣胡安县蓝蜥蜴(Blue Lizard)矿。英文名称 Klaprothite，为纪念德国化学家和铀、锆和铈的发现者马丁·海因里希·克拉普罗特(Martin Heinrich Klaproth，1743—1817)而以他的姓氏命名。IMA 2015－087 批准。2016 年 A. R. 坎普夫(A. R. Kampf)等在《CNMNC 通讯》(29)、《矿物学杂志》(80)和 2017 年《矿物学杂志》(81)报道。目前尚未见官方中文译名，编译者建议音加成分译为克拉普罗特铀矿*。

【克拉舍宁尼科夫石*】

英文名 Krasheninnikovite

化学式 $KNa_2CaMg(SO_4)_3F$ (IMA)

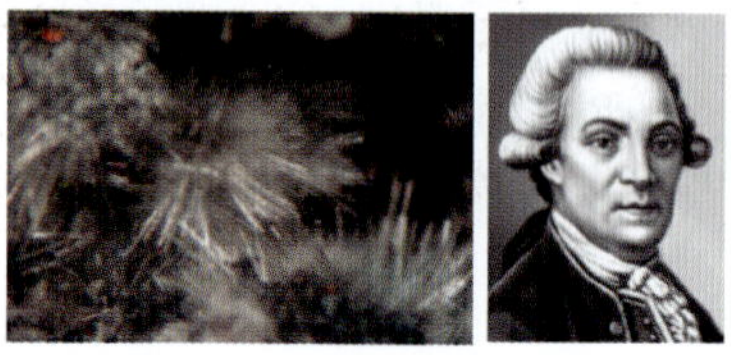

克拉舍宁尼科夫石*针状、纤维状晶体(俄罗斯)和克拉舍宁尼科夫像

克拉舍宁尼科夫石*是一种含氟的钾、钠、钙、镁的硫酸盐矿物。六方晶系。晶体呈细长柱状、针状、纤维状；集合体呈放射状、束状、无序缠结状、巢穴状、皮壳状。无色(单晶)、白色(集合体)，玻璃光泽，透明；硬度 2.5～3，脆性，易碎。2011 年发现于俄罗斯堪察加州托尔巴契克(Tolbachik)火山主断裂北部破火山口第二火山渣锥。英文名称 Krasheninnikovite，2011 年 I. V. 佩科夫(I. V. Pekov)等为纪念俄罗斯研究堪察加半岛的一位科学家斯捷潘·彼得洛维奇·克拉舍宁尼科夫(Stepan Petrovich Krasheninnikov，1711—1755)而以他的姓氏命名，他是一位博物学家、植物学家、民族志学者和地理学家。堪察加半岛上的克拉舍宁尼科夫火山也是以他的姓氏命名的。IMA 2011－044 批准。2011 年佩科夫等在《CNMNC 通讯》(10)和 2012 年《美国矿物学家》(97)报道。目前尚未见官方中文译名，编译者建议音译为克拉舍宁尼科夫石*。

【克拉斯诺石*】

英文名 Krásnoite

化学式 $Ca_3Al_{7.7}Si_3P_4O_{22.9}(OH)_{13.3}F_2 \cdot 8H_2O$ (IMA)

克拉斯诺石*六方片状晶体，球状集合体(捷克)

克拉斯诺石*是一种含结晶水、氟和羟基的钙、铝的磷硅酸盐矿物。属磷硅铝钙石族。三方晶系。晶体呈六方小板片状，小于 0.3mm；集合体呈珍珠状、花环状。白色，珍珠光泽、油脂光泽，透明；硬度 5，脆性。2011 年发现于捷克共和国卡罗维发利州克拉斯诺(Krásno)胡贝尔(Huber)露天矿和美国内华达州洪堡特县瓦尔米(Valmy)银矿山。英文名称 Krásnoite，以首次发现地捷克的克拉斯诺(Krásno)矿区命名。2011 年 S. J. 米尔斯(S. J. Mills)等在《CNMNC 通讯》(10)、《矿物学杂志》(75)和 2012 年《矿物学杂志》(76)报道。原认为是铝的氟磷酸类似矿物；IMA 17－E提案重新定义为 F 和 OH 与 Al 结合。IMA 2017s. p. 批准。目前尚未见官方中文译名，编译者建议音译为克拉斯诺石*。

【克拉伊石*】

英文名 Klajite

化学式 $MnCu_4(AsO_4)_2(AsO_3OH)_2 \cdot 9H_2O$ (IMA)

克拉伊石*板条状晶体，捆束状集合体(匈牙利)和克拉伊像

克拉伊石*是一种含结晶水的锰、铜的氢砷酸-砷酸盐矿物。属砷镍铜矾超族翁德鲁什石*族。三斜晶系。晶体呈板条状、薄片状；集合体呈不规则状或捆束状。绿黄色—黄绿色，玻璃光泽，半透明；硬度 2～3，完全解理，非常脆。2010 年发现于匈牙利赫维什州马特拉山脉。英文名称 Klajite，2011 年 S. 绍考尔(S. Szakáll)等以匈牙利的矿工和矿物收藏家桑德尔·克拉伊(Sándor Klaj，1948—)的姓氏命名。IMA 2010－004 批准。2010 年绍考尔等在《矿物学杂志》(74)和 2011 年《欧洲矿物学杂志》(23)报道。目前尚未见官

方中文译名，编译者建议音译为克拉伊石*。

【克勒贝尔石*】

英文名 Kleberite

化学式 $Fe^{3+}Ti_6O_{11}(OH)_5$　　(IMA)

克勒贝尔像

克勒贝尔石*是一种含羟基的铁、钛的氧化物矿物。单斜晶系。晶体呈他形、自形假六方片状，粒径 0.04～0.3mm。红棕色、橙色、褐色，玻璃光泽、蜡状光泽；硬度 4～4.5，脆性。1960 年发现于澳大利亚南部默里(Murray)盆地、德国萨克森州及印度尼西亚的加里曼丹(Kalimantan)等地。最早见于 1960 年 M. G. 佳琴科(M. G. Dyadchenko)在《苏联科学院报告》(132)报道。英文名称 Kleberite，为纪念德国柏林洪堡大学的德国矿物学家、晶体学家和岩石学家威廉"威尔"·克勒贝尔(Wilhelm"Will"Kleber，1906—1970)而以他的姓氏命名。矿物名称最初是在没有 IMA 批准的情况下发布的，1978 年未批准，但最终于 IMA 2012－023 正式获得批准。2012 年 I. E. 格雷(I. E. Grey)等在《CNMNC 通讯》(14)、《矿物学杂志》(76)和 2013 年《矿物学杂志》(77)报道。目前尚未见官方中文译名，编译者建议音译为克勒贝尔石*。它与 Hydroxylian Pseudorutile 密切相关，根据成分译为羟铁钛矿/水钛铁矿或羟假金红石。

【克雷特尼希矿*】

英文名 Krettnichite

化学式 $PbMn_2^{3+}(VO_4)_2(OH)_2$　　(IMA)

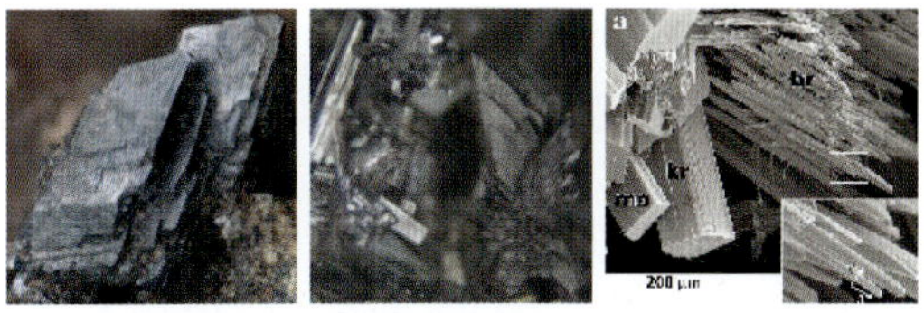

克雷特尼希矿*板状晶体，平行排列状、晶簇状集合体(德国)

克雷特尼希矿*是一种含羟基的铅、锰的钒酸盐矿物，可有少量锶替代铅。属砷铁锌铅石族。单斜晶系。晶体呈板状；集合体呈平行排列状、放射状、晶簇状。红棕色、灰黑色，玻璃光泽、金刚光泽，半透明—不透明；硬度 4.5，完全解理。1998 年发现于德国萨尔州克雷特尼希(Krettnich)附近的锰矿。英文名称 Krettnichite，以发现地德国萨尔州的克雷特尼希(Krettnich)命名。IMA 1998－044 批准。2001 年 J. 布鲁格(J. Brugger)等在《欧洲矿物学杂志》(13)报道。目前尚未见官方中文译名，编译者建议音译为克雷特尼希矿*。

【克里奥蒂矿*】

英文名 Ciriottiite

化学式 $Cu_4Pb_{19}(Sb,As,Bi)_{22}(As_2)S_{56}$　　(IMA)

克里奥蒂矿*管状晶体(意大利)和克里奥蒂像

克里奥蒂矿*是一种铜、铅、锑、铋的砷-硫化物矿物。单斜晶系。晶体呈管状、晶须状，长度达 150μm。浅灰色、褐色或绿色，金属光泽，不透明。2015 年发现于意大利都灵省维科卡纳韦塞镇塔瓦尼亚斯科(Tavagnasco)矿山希望(Espérance)隧道。英文名称 Ciriottiite，以马克·E. 克里奥蒂(Marco E. Ciriotti，1945—)的姓氏命名，以表彰他对系统矿物长期做出的贡献。IMA 2015－027 批准。2015 年 L. 宾迪(L. Bindi)等在《CNMNC 通讯》(26)、《矿物学杂志》(79)和 2016 年《矿物》(6)报道。目前尚未见官方中文译名，编译者建议音译为克里奥蒂矿*。

【克里德矿】参见【硫铊银金锑矿】条 515 页

【克里拉矿】参见【硫铋铂矿】条 494 页

【克里斯多夫舍弗铈石*】

英文名 Christofschäferite-(Ce)

化学式 $(Ce,La,Ca)_4Mn(TiFe)_3(FeTi)(Si_2O_7)_2O_8$　　(IMA)

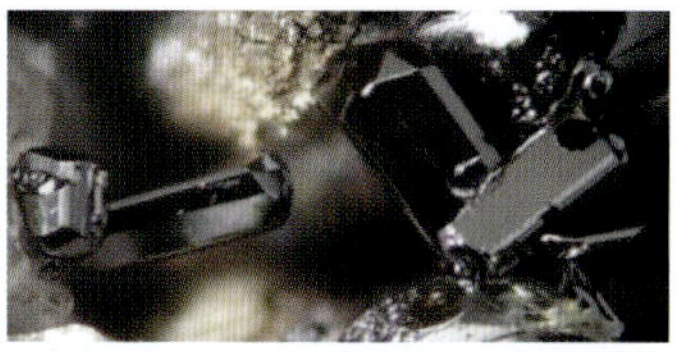

克里斯多夫舍弗铈石*板柱状晶体(德国)

克里斯多夫舍弗铈石*是一种含氧的铈、镧、钙、锰、钛、铁的硅酸盐矿物。属硅钛铈矿族。单斜晶系。晶体呈粗晶和孤立的板柱状、他形粒状。黑色，树脂光泽，半透明；硬度 6，脆性。2011 年发现于德国莱茵兰-普法尔茨州艾费尔高原尼德门迪格(Niedermendig)温格茨伯格(Wingertsberg)山浮石采石场。英文名称 Christofschäferite-(Ce)，根词由发现该矿物的迈恩-库伦贝格(Mayen－Kürrenberg)的矿物学家、艾费尔火山地区矿物学专家克里斯多夫·舍弗(Christof Schäfer，1961—)的姓名，加占优势的稀土元素铈后缀-(Ce)组合命名。IMA 2011－107 批准。2012 年 N. V. 丘卡诺夫(N. V. Chukanov)等在《CNMNC 通讯》(13)、《矿物学杂志》(76)和《矿物新数据》(47)报道。目前尚未见官方中文译名，编译者建议音加成分译为克里斯多夫舍弗铈石*。

【克里亚奇科矿*】

英文名 Kryachkoite

化学式 $(Al,Cu)_6(Fe,Cu)$　　(IMA)

克里亚奇科像

克里亚奇科矿*是一种铝、铜、铁的互化物矿物，它是全新的天然准晶体矿物。化学性质类似于霍利斯特矿*(Hollisterite)和正二十面体矿*(Icosahedrite)。斜方晶系。2016 年美国加州理工学院(Caltech)地质和行星科学研究部分析室马驰(Ma Chi)团队发现于俄罗斯科里亚克自治区科里亚克高地伊姆劳特瓦姆(Iomrautvaam)地块利斯韦尼托夫伊(Listvenitovyi)溪流哈特尔卡(Khatyrka)CV3 碳质球粒陨石。英文名称 Kryachkoite，2016 年马驰等为纪念纳米矿物学的奠基人之一的瓦莱利·克里亚奇科(Valery Kryachko)教授而以他的姓氏命名。他于 1979 年发现的哈特尔卡陨石样品。IMA 2016－062 批准。2016 年马驰等在《CNMNC 通讯》(33)、《矿物学杂志》(80)和 2017 年《美国矿物学家》

(102)报道。目前尚未见官方中文译名，编译者建议音译为克里亚奇科矿*，或根据成因和成分译为陨铁铜铝矿*。

【克鲁帕铀矿*】

英文名 Kroupaite

化学式 $KPb_{0.5}[(UO_2)_8O_4(OH)_{10}]\cdot 10H_2O$ (IMA)

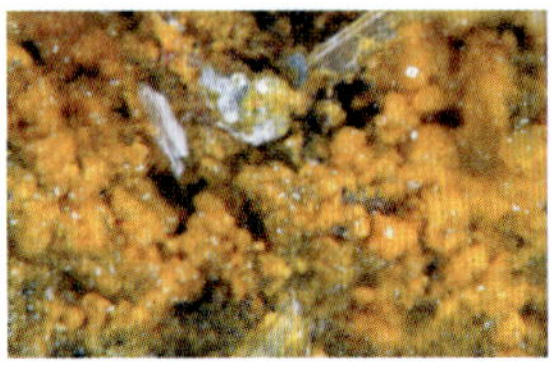

克鲁帕铀矿*细粒状晶体，结节状、皮壳状集合体（捷克）

克鲁帕铀矿*是一种含结晶水的钾、铅的铀酰-氢氧-氧化物矿物。斜方晶系。晶体呈粒状、片状；放射状、结节状、球粒状集合体。橙黄色，玻璃光泽，半透明；硬度2，完全解理，脆性。2017年发现于捷克共和国卡罗维发利州厄尔士山脉斯夫诺斯坦(Svornost)矿。英文名称 Kroupaite，以捷克采矿工程师古斯塔夫·克鲁帕(Gustav Kroupa，1857—1935)的姓氏命名。1896年他成为圣约阿希姆斯塔尔（亚希莫夫区）的 K. K. 乌兰法本法布里克(K. K. Uranfarbenfabrik)公司负责人直到1900年。他批准并将铀矿石加工铀颜料后的10t垃圾渗滤液送给玛丽·居里(Marie Curie)夫人和皮埃尔·居里(Pierre Curie)，他们从中发现并第一个分离出3g的 $RaCl_2$。IMA 2017-031批准。2017年J. 普拉希尔(J. Plášil)等在《CNMNC通讯》(38)和《矿物学杂志》(81)报道。目前尚未见官方中文译名，编译者建议音加成分译为克鲁帕铀矿*。

【克鲁扬石*】

英文名 Kruijenite

化学式 $Ca_4Al_4(SO_4)F_2(OH)_{16}\cdot 2H_2O$ (IMA)

克鲁扬石*针柱状晶体（德国）

克鲁扬石*是一种含结晶水、羟基和氟的钙、铝的硫酸盐矿物。四方晶系。晶体呈四方长针柱状，粒径达0.1mm×1mm；集合体常呈放射状。浅绿色—黄色—无色；硬度3，易碎。2018年发现于德国莱茵兰-普法尔茨州费尔伯格(Feuerberg)火山区。英文名称 Kruijenite，以荷兰埃菲尔矿物收藏家弗雷德·克鲁扬(Fred Kruijen，1956—)的姓氏命名。IMA 2018-057批准。2018年N. V. 丘卡诺夫(N. V. Chukanov)等在《CNMNC通讯》(45)、《矿物学杂志》(82)和2019年《矿物学与岩石学》(113)报道。目前尚未见官方中文译名，编译者建议音译为克鲁扬石*。

【克罗特石】参见【始铝钙石】条807页

【克洛宁希尔德矿*】

英文名 Crowningshieldite

化学式 $(Ni_{0.9}Fe_{0.1})S$ (IMA)

克洛宁希尔德矿*是一种镍、铁的硫化物矿物，可以看作是矿物的高温多型。六方晶系。晶体呈金刚石的包裹体。2018年发现于莱索托王国莫霍特隆区马耳他山脉莱森拉泰拉(Letseng-La-Terae)矿的两颗CLIPPIR钻石（一种类型为IIa的钻石，其形成深度远大于大多数钻石）。英文名称

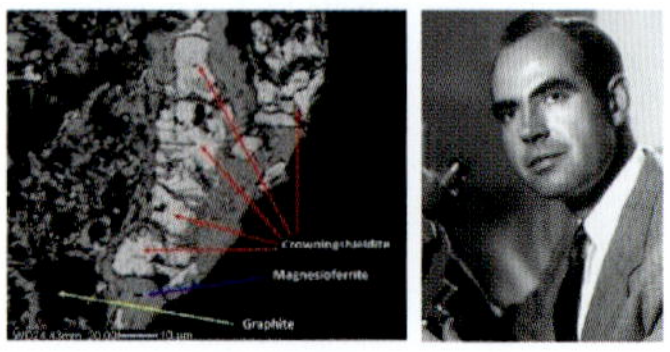

克洛宁希尔德矿*金刚石的包裹体（莱索托）和克洛宁希尔德像

Crowningshieldite，2018年美国宝石学院(GIA)科学家与帕多瓦大学的研究人员为纪念G. 罗伯特·克洛宁希尔德(G. Robert Crowningshield，1919—2006)而以他的姓氏命名。克洛宁希尔德50多年来，一直是纽约GIA实验室的中流砥柱。在第二次世界大战期间担任海军军官后，他加入了GIA，在洛杉矶担任教官，1948年被派往东部设立纽约办事处，1950年，克洛宁希尔德被任命为纽约办事处主任，在那里他开始了开创性的工作，这使GIA和年轻的宝石学领域达到新高度。1970年，克洛宁希尔德报道了一种新的激光钻孔工艺，用于漂白钻石中的黑色包裹体。一年后，在通用电气公司宣布开发出宝石级人造钻石后，他首次撰写了这一材料的科学研究报告。20世纪70年代中期，他检查了数百颗塔希提黑养殖珍珠，确定它们是天然的颜色，这是贸易界接受这些产品的一个重要里程碑。他在1983年发表《宝石与宝石学》(*Gems & Gemology*)，其中，描述了橘红色"Padparadscha"蓝宝石，被认为是对这些稀有而珍贵的蓝宝石的权威解释。IMA 2018-072批准。2018年E. M. 史密斯(E. M. Smith)等在《CNMNC通讯》(45)、《矿物学杂志》(82)和《欧洲矿物学杂志》(30)报道。目前尚未见官方中文译名，编译者建议音译为克洛宁希尔德矿*。

【克水碳钙钇石】参见【水碳钙钇石】条874页

【克水碳锌铜石】

英文名 Claraite

化学式 $(Cu,Zn)_{15}(CO_3)_4(AsO_4)_2(SO_4)(OH)_{14}\cdot 7H_2O$ (IMA)

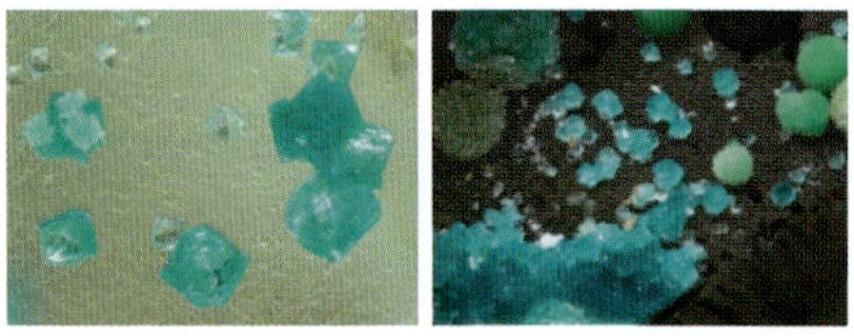

克水碳锌铜石粒状、纤维状晶体，皮壳状、放射球粒状集合体（德国）

克水碳锌铜石是一种含结晶水和羟基的铜、锌的硫酸-砷酸-碳酸盐矿物。最初于1975年由瓦林塔(Walenta)报告为"无名碳酸铜"，1982年IMA批准了化学式 $(Cu,Zn)_3CO_3(OH)_4\cdot 4H_2O$；2007—2015年U. 科利奇(U. Kolitsch)等的几项研究表明，它含有少量但必不可少的砷和硫，在晶体结构测定的帮助下，最终于2017年被比亚戈尼和奥兰迪(Biagoni & Orlandi)重新定义为 $(Cu,Zn)_{15}(CO_3)_4(AsO_4)_2(SO_4)(OH)_{14}\cdot 7H_2O$，它是目前已知的唯一的硫酸-砷酸-碳酸盐矿物。IMA 2016s. p. 批准。三斜晶系。晶体呈粒状、纤维状；集合体呈皮壳状、球粒状。蓝绿色，玻璃光泽，透明—半透明；硬度2，完全解理。1981年发现于德国巴登-符腾堡州黑林山区兰卡赫(Rankach)山谷克拉拉(Clara)矿山。英文名称 Claraite，以发现地德国的克拉拉(Clara)矿山命名。1982年K. 瓦林塔(K. Walenta)在德国《地球化学》(41)报

K

道。1984 年中国新矿物与矿物命名委员会郭宗山在《岩石矿物及测试》[3(2)]根据英文名称首音节音和成分译为克水碳锌铜石。

【克铁蛇纹石】

英文名 Cronstedtite

化学式 $(Fe^{2+},Fe^{3+})_3(Si,Fe^{3+})_2O_5(OH)_4$ (IMA)

克铁蛇纹石锥状晶体,肾状、圆筒状集合体(西班牙)

克铁蛇纹石是一个复杂的铁的铁硅酸盐矿物。属高岭石-蛇纹石族蛇纹石亚族。三方(单斜)晶系。晶体呈锐角三方、六方锥状、三方(或六方)柱状、菱面体状、板片状、纤维状;集合体呈圆筒状、肾状。黑色、褐黑色、墨绿色,玻璃光泽、树脂光泽、半金属光泽,透明—不透明;硬度 3.5,极完全解理,解理片具弹性。1821 年发现于捷克共和国波西米亚中部地区普日布拉姆(Příbram)碳质球粒陨石;同年,在《化学与物理杂志》(32)报道。英文名称 Cronstedtite,以瑞典化学家和矿物学家阿克塞尔·弗雷德里克·克龙斯泰特(Axel Fredrik Cronstedt,1722—1765)男爵的姓氏命名。他于 1751 年发现了镍元素和白钨矿;1753 年当选为瑞典皇家科学院成员;1756 年用吹管分析发现沸石,并创造了沸石这个术语。克龙斯泰特的矿物学书籍变革了矿物学,是现代矿物学创始人之一,有人称他为现代矿物学之父。1939 年 S. B. 亨德里克斯(S. B. Hendricks)在《美国矿物学家》(24)报道。1959 年以前发现、描述并命名的"祖父级"矿物,IMA 承认有效。中文名称根据英文名称首音节音和成分铁以及族名译为克铁蛇纹石;也根据颜色和特征的形态译为绿锥石;也有人根据良好的弹性认为它属绿泥石族译为弹性绿泥石。目前已知 Cronstedtite 的多型有-1M、-1T、-3T[R·斯特德曼(R. Steadman)等,1963]、6T2[许布勒(Hybler)等,2016]。

氪 [kè]形声;从气,克声。一种惰性气体元素。[英]Krypton。元素符号 Kr。原子序数 36。1898 年,英国的拉姆赛和特拉威斯用光谱分析液态空气蒸发氧气、氮气、氩后所剩下的残余气体时,发现了氪。拉姆赛决定把它叫作氪 Krypton(Kr),来自希腊文 Κρύπτον。氪正如其他惰性气体一样,不易与其他物质产生化学作用。但 1963 年首次合成二氟化氪(KrF_2);另外有未经证实的报告指出发现氪含氧酸的钡盐、氪化硅石。

肯 [kěn]小篆字形,从肉。本意骨头上附着的肉。引申:许可,愿意。[英]音,用于外国人名。

【肯戈特石*】

英文名 Kenngottite

化学式 $Mn_3^{2+}Fe_4^{3+}(PO_4)_4(OH)_6(H_2O)_2$ (IMA)

肯戈特石*板条状晶体,放射状集合体(巴西)和肯戈特像

肯戈特石*是一种含结晶水和羟基的锰、铁的磷酸盐矿物。单斜晶系。晶体呈板条状、纤维状,长约 0.5mm;集合体呈放射状,大小为 3mm 左右。棕色,玻璃光泽、珍珠光泽,透明—半透明(晶体)、不透明(集合体);硬度 4~5,脆性。2018 年发现于捷克共和国卡洛夫瓦里地区索科洛夫区克鲁斯诺的锡矿(休伯矿井)。英文名 Kenngottite,为纪念瑞士苏黎世大学的矿物学家古斯塔夫·阿道夫·肯戈特(Gustav Adolf Kenngott,1818—1879)教授而以他的姓氏命名,以表彰他在系统矿物学方面的贡献。IMA 2018 - 063a 批准。2019 年 J. 塞科拉(J. Sejkora)等在《CNMNC 通讯》(47)和《欧洲矿物学杂志》(31)报道。目前尚未见官方中文译名,编译者建议音译为肯戈特石*。

【肯异性石】

英文名 Kentbrooksite

化学式 $(Na,REE)_{15}(Ca,REE)_6Mn_3Zr_3Nb(Si_{25}O_{73})(O,OH,H_2O)_3(F,Cl)_2$ (IMA)

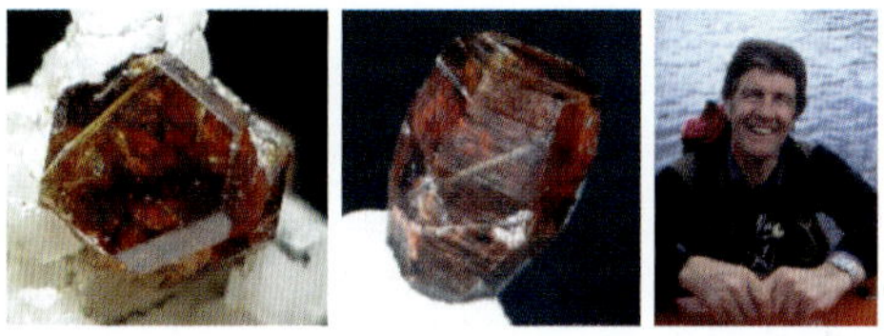

肯异性石六方板状、柱状晶体(俄罗斯)和肯特·布鲁克斯像

肯异性石是一种含氯、氟、结晶水、羟基和氧的钠、稀土、钙、锰、锆、铌的硅酸盐矿物。属异性石族。三方晶系。晶体呈自形—半自形板状、柱状、他形粒状。红褐色,玻璃光泽,透明;硬度 5~6,脆性。1996 年发现于丹麦东格陵兰凯库卡塔(Qeqqata)康克鲁斯瓦格峡湾镇阿姆迪鲁普(Amdrup)湾。英文名称 Kentbrooksite,以东格陵兰康克鲁斯瓦格峡湾地区的第十四地质考查队领队 C. 肯特·布鲁克斯(C. Kent Brooks,1943—)博士的姓名命名,是他收集到的矿物标本。IMA 1996 - 023 批准。1998 年 O. 约翰逊(O. Johnsen)等在《欧洲矿物学杂志》(10)报道。2003 年中国地质科学院矿产资源研究所李锦平等在《岩石矿物学杂志》[22(2)]根据英文名首音节音和族名译为肯异性石。

空 [kōng]形声;从穴,工声。本义:孔,窟窿。空位:不包含东西。

【空晶石】参见【红柱石】条 333 页

【空铅细晶石*】

英文名 Kenoplumbomicrolite

化学式 $(Pb,\square)_2Ta_2O_6[\square,(OH),O]$ (IMA)

空铅细晶石*八面体晶体(俄罗斯)

空铅细晶石*是一种含氧、羟基和空位的铅、空位、钽的氧化物矿物。属烧绿石超族细晶石族。等轴晶系。晶体呈八面体、立方体,长达 20cm。黄褐色,油脂光泽,半透明;硬度 6。2015 年发现于俄罗斯北部摩尔曼斯克州基维(Keivy)山脉西部地块普洛斯卡亚(Ploskaya)山。英文名称 Kenoplumbomicrolite，由希腊文“Κἰνο＝Keno（空位）”、拉丁文“Plumbo（铅）”和根词“Microlite（细晶石）”组合命名。IMA 2015－007a 批准。2016 年 L. 宾迪（L. Bindi）等在《CNMNC 通讯》（33）、《矿物学杂志》（80）和 2018 年《矿物学杂志》（82）报道。目前尚未见官方中文译名，编译者建议根据空位、成分及与细晶石的关系译为空铅细晶石*。

【空锌银黝铜矿】

英文名 Kenoargentotetrahedrite-(Zn)

化学式 $Ag_6(Cu_4Zn_2)Sb_4S_{12}\square$　　（IMA）

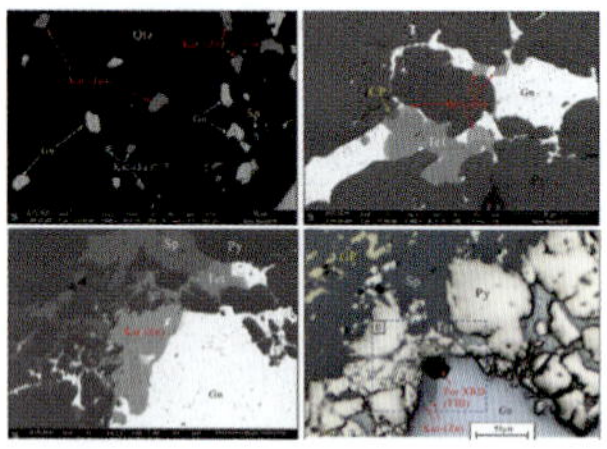

空锌银黝铜矿及其共生矿物的 BSE 图像

空锌银黝铜矿是一种含空位的银、铜、锌、锑的硫化物矿物，它是 $^{M(1)}C$ 位以 Zn 为主、$^{S(2)}Z$ 位为□（空位）的新矿物。属黝铜矿族。等轴晶系。他形粒状晶体，粒度 5～10μm。灰黑色，条痕黑色，金属光泽，不透明；硬度 3.5，脆性，贝壳状或不规则断口。自然资源部中国地质调查局天津地质调查中心曲凯研究团队牵头，南京大学、中南大学、河南省地质矿产勘查开发局第三地质矿产调查院、核工业北京地质研究院共同参与发现于河南省桐柏县银洞坡金矿床。与锌黝铜矿、螺硫银矿、硫金银矿、闪锌矿、方铅矿、黄铁矿、黄铜矿和石英等矿物紧密共生。英文名称 Kenoargentotetrahedrite-(Zn)，由“Keno（空位）”和“Argentotetrahedrite（银黝铜矿）”及占优势的锌后缀-(Zn)组合命名。IMA 2020－075 批准。中文名称根据成分命名为空锌银黝铜矿。2021 年曲凯、司马献章、谷湘平等在《CNMNC 通讯》（59）和《欧洲矿物学杂志》（33）报道。

此矿物的发现与研究堪称合作共赢的典范。矿石标本由司马献章通过孙卫志院长取得。王艳娟博士在探针分析、晶体结构精修与谱学特征等方面做出贡献。谷湘平教授获取了单晶和反射率数据。范光研究员和于阿朋做了探针和电镜扫描分析。郃宗尧工程师进行了探针成分分析测试，叶丽娟工程师做了拉曼光谱测试。

黝铜矿作为热液矿床中的常见矿物，不仅有着重要的经济价值，同时其银的含量也是成矿温度的指标参数，对矿床研究有着重要意义。更为重要的是 $(Ag_6)^{4+}$ 这一特殊结构因其在催化、化学传感和光电功能材料的突出性能，已经成为高核银簇团研究领域的热点。作为自然界发现的矿物结构，其形成机制将为人工合成材料领域提供新的参考。

K

孔 ［kǒng］会意；从乙，从子。本义：小洞、窟窿。①孔雀：鸡形目、雉科两种羽衣非常华美的鸟类的统称。重要种有绿孔雀和蓝孔雀，雄鸟颈部羽毛呈绿色或蓝色。比喻矿物的颜色。②［英］音，用于外国人名。

【孔贝石】参见【硅钙钠石】条 263 页

【孔钠镁矾】

英文名 Konyaite

化学式 $Na_2Mg(SO_4)_2 \cdot 5H_2O$　　（IMA）

孔钠镁矾是一种含结晶水的钠、镁的硫酸盐矿物。与软钾镁矾族相关。单斜晶系。晶体显微叶片状。白色、无色，透明；硬度 2.5；非常不稳定，溶于水变白钠镁矾（Blödite）。1881 年发现于土耳其科尼亚省科尼亚（Konya）盆地恰克马克（Cakmak）附近。英文名称 Konyaite，以发现地土耳其的

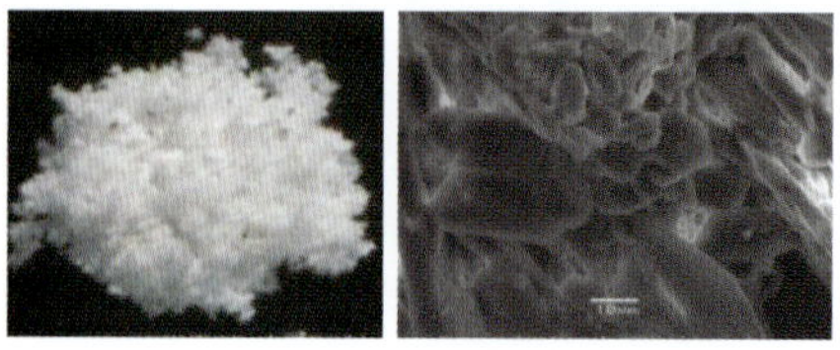

孔钠镁矾粉末状集合体和电镜照片（土耳其、波兰）

科尼亚（Konya）盆地命名。IMA 1981－003 批准。1982 年 J. D. J. 范・杜斯堡（J. D. J. van Doesburg）等在《美国矿物学家》（67）报道。1984 中国新矿物与矿物命名委员会郭宗山在《岩石矿物及测试》［3(2)］根据英文名首音节音和成分译为孔钠镁矾。

【孔雀石】

英文名 Malachite

化学式 $Cu_2(CO_3)(OH)_2$　　（IMA）

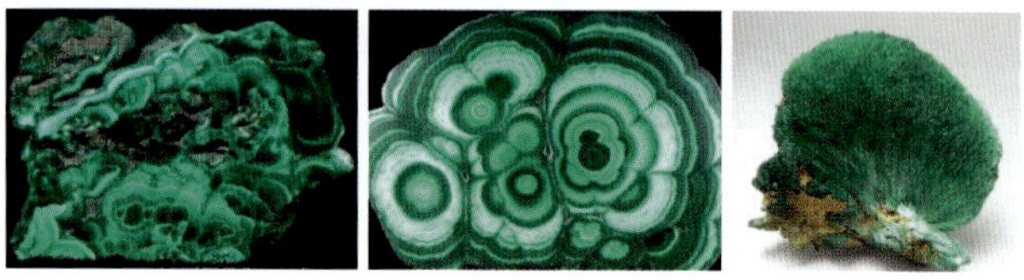

孔雀石纤维状晶体，同心层状、放射状集合体（俄罗斯、中国）

孔雀石是一种含羟基的铜的碳酸盐矿物。单斜晶系。晶体形态呈柱状或针状、纤维状，十分稀少，双晶常见；集合体常呈同心层状、隐晶钟乳状、块状、皮壳状、结核状和放射状。亮绿色、孔雀绿、暗绿色等，常有纹带，丝绢光泽、玻璃光泽或金刚光泽；硬度 3.5～4，完全解理，脆性。公元前 13 世纪中国商代已有孔雀石石簪工艺品。中国古代称为“绿青”“石绿”或“青琅玕”等；又因呈翠绿或草绿色，俗称铜绿。孔雀石由于其纹饰和颜色酷似孔雀的羽毛上绿色的斑点，而获得如此美丽的名字。

锦葵

英文名称 Malachite，通过拉丁文 Molochītis，中间法语 Melochite 和中世纪英语 Melochites 派生而来。它又来自希腊文“Μολοχίτηsλίθos＝Molochitis lithos”即“Mallow-green stone”，来自“μολόχη＝Molōchē，它是 μαλάχη＝Malāchē 变体，即 Mallow（锦葵）”，指一种锦葵（Mallows）植物的叶子，意思是“绿色”，以象征孔雀石的颜色。在公元 79 年普林尼长老曾用过古名。已知新的拼写名称，至少在 1661 年就开始使用了。有明确记载的见于 1747 年 J. G. 瓦勒留斯（J. G Wallerius）在斯德哥尔摩《矿物学或矿物界》（*Mineralogia，eller Mineralriket*）用 Malachit 命名。1959 年以前发现、描述并命名的“祖父级”矿物，IMA 承认有效。

早在 4 000 年前，古埃及人就开采了苏伊士和西奈之间的矿山，利用孔雀石作为儿童的护身符，驱除邪恶的灵魂。3 000多年前在以色列蒂姆纳（Timna）山谷矿石已被开采和冶炼铜。1981 年在修改意大利著名壁画《春》时，画上的绿色就是用孔雀石当作颜料的。此后，孔雀石被用作装饰石和宝石。在德国，人们认为佩戴孔雀石的人可以避免死亡的威胁。孔雀石的原产地是巴西，是一种脆弱但漂亮的石头，有“妻子幸福”的寓意。孔雀石具有鲜艳的微蓝绿色，使它成为矿物中最引人注目的特点。人类自石器时代进入铜器时代，

自然铜和孔雀石等铜矿物就是“人类文明的使者”。此后，铜被广泛地用于铸造钟鼎礼乐之器，如 1929 年在河南省安阳市武官村殷墟遗址中出土的中国稀世之宝——商代晚期的司母戊鼎就是用青铜制成的，重达 800 多千克。在商代殷墟中几次发现孔雀石矿石，在商代中期湖北黄陂盘龙城遗址中也出土了一些孔雀石。《中国古代矿物知识》的作者王根元教授认为，盘龙城所发现的孔雀石，很可能采自位于其东南约 100km 的湖北省大冶铜绿山。

南美洲的智利，号称“铜矿之国”。那里有个大铜矿，也是外国人根据孔雀石发现的，那是 18 世纪末叶的一则趣闻。当时，智利还在西班牙殖民者的统治下。一次，有个西班牙的中尉军官，因负债累累而逃往阿根廷去躲债。他取道智利首都圣地亚哥以南 50 英里（1 英里＝1.609km）的卡佳波尔山谷，登上 1 600m 高的安第斯山时，无意中发现山石上有许多翠绿色的铜绿。他的文化素养使他认识到这是找铜的“矿苗”，于是带着矿石标本去报矿。后经勘查证实，这是一个大型富铜矿。这座铜矿特命名为“特尼恩特”（西班牙文意为“中尉”）。我国湖北大冶是孔雀石的主要产地，广东阳春石绿铜矿也是大型孔雀石的矿床。

【孔赛石】参见【锂辉石】条 443 页

库 ［kù］会意；从广，从车。兵车藏在房屋一类的建筑内，表示是储藏武器战车的地方。本义：军械库，收藏兵器和兵车的处所。［英］音，用于外国人名、地名。

【库铋硫铁铜矿】

英文名 Kupčíkite

化学式 $Cu_{3.4}Fe_{0.6}Bi_5S_{10}$　　（IMA）

库铋硫铁铜矿不规则状晶体（美国）

库铋硫铁铜矿是一种铜、铁、铋的硫化物矿物。属辉铜铋矿同源序列族。单斜晶系。晶体呈拉长的粒状，粒径 1mm。灰色，金属光泽；硬度 3，脆性。2001 年发现于奥地利萨尔茨堡州上陶恩山费尔本（Felben）谷白钨矿矿床西矿。英文名称 Kupčíkite，以斯洛伐克共和国布拉迪斯拉发大学和德国哥廷根大学结晶学教授弗拉迪米尔·库普西克（Vladimir Kupčík，1934—1990）的姓氏命名，以表彰他对矿物的晶体化学做出的贡献。IMA 2001－017 批准。2003 年 D. 托帕（D. Topa）等在《加拿大矿物学家》（41）报道。2008 年中国地质科学院地质研究所任玉峰等在《岩石矿物学杂志》［27（2）］根据英文名首音节音和成分译为库铋硫铁铜矿。

【库德雅芙塞娃石*】

英文名 Kudryavtsevaite

化学式 $Na_3MgFe^{3+}Ti_4O_{12}$　　（IMA）

库德雅芙塞娃石*是一种钠、镁、铁、钛的氧化物矿物。斜方晶系。晶体呈柱状，长 100μm。灰黑色，玻璃光泽，不透明；硬度 6，脆性。2012 年发现于博茨瓦纳共和国奥拉帕（Orapa）Ak－8 角砾云橄岩（金伯利岩）岩管。英文名称 Kudryavtsevaite，以俄罗斯莫斯科洛蒙诺索夫国立大学著名的俄罗斯矿物学家、钻石矿物学实验室、钻石矿物学和地球化学研究科学院创始人佳丽娜·库德雅芙塞娃（Galina Kudryavtseva，1947—2006）的姓氏命名。IMA 2012－078 批准。2013 年 S. 阿纳什金（S. Anashkin）等在《CNMNC 通讯》（15）和《矿物学杂志》（77）报道。目前尚未见官方中文译名，编译者建议音译为库德雅芙塞娃石*。

【库钒钛矿】

英文名 Kyzylkumite

化学式 $Ti_2V^{3+}O_5(OH)$　　（IMA）

库钒钛矿是一种含羟基的钛、钒的复杂氧化物矿物。单斜晶系。晶体呈粒状、柱状与锥状，粒径 0.2mm。黑色，玻璃光泽、树脂光泽，不透明；硬度 6～6.5。1980 年发现于乌兹别克斯坦克孜勒库姆（Kyzylkum）沙漠中央克孜勒库姆地区奥明扎套山脉科什卡（Koscheka）铀矿床。英文名 Kyzylkumite，以发现地乌兹别克斯坦的克孜勒库姆（Kyzyl-kum）命名。它是世界上第十五大沙漠。IMA 1980－081 批准。1981 年 I. G. 斯密斯洛娃（I. G. Smyslova）等在《全苏矿物学会记事》［110（5）］和 1982 年 M. 弗莱舍（M. Fleischer）等在《美国矿物学家》（67）报道。1984 年中国新矿物与矿物命名委员会郭宗山在《岩石矿物及测试》［3（2）］根据英文名中的一个音节音和成分译为库钒钛矿。

【库辉铋铜铅矿】

英文名 Krupkaite

化学式 $PbCuBi_3S_6$　　（IMA）

库辉铋铜铅矿纤维状晶体，束状、放射状集合体（秘鲁）

库辉铋铜铅矿是一种铅、铜、铋的硫化物矿物。斜方晶系。晶体呈纤维状；集合体呈放射状。深灰色、钢灰色，金属光泽，不透明；硬度 3.5～4。1974 年发现于捷克共和国波希米亚乌斯蒂（Ústí）地区厄尔士山脉克鲁普卡（Krupka）巴巴拉（Barbora）平硐。英文名称 Krupkaite，以发现地捷克共和国的克鲁普卡（Krupka）命名。IMA 1974－020 批准。1974 年 V. 西内切克（V. Syneček）等在《矿物学新年鉴》（月刊）报道。中文名根据英文名首音节音和光泽及成分译为库辉铋铜铅矿。

【库克斯石】

英文名 Kuksite

化学式 $Pb_3Zn_3TeO_6(PO_4)_2$　　（IMA）

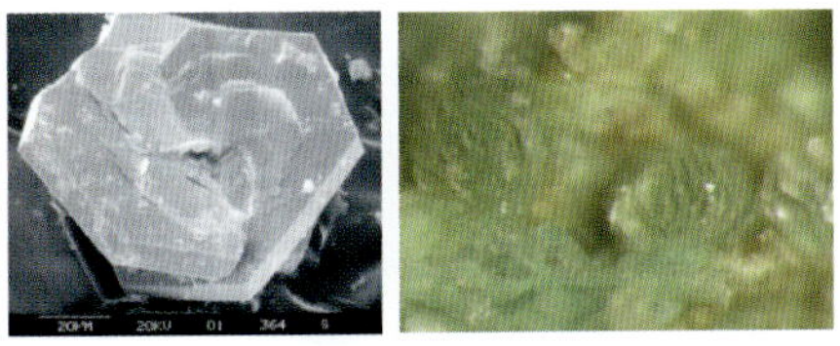
库克斯石板状晶体（美国）

库克斯石是一种铅、锌的磷酸-碲酸盐矿物。属砷碲锌铅石族。斜方晶系。晶体呈薄板状、片状。灰色，金刚光泽，透明—半透明；硬度 5，完全解理，脆性。1989 年发现于俄罗斯萨哈共和国阿尔丹地盾阿尔丹库拉纳赫金矿德尔布（Delbe）矿体。英文名称 Kuksite，以俄罗斯探矿者、库拉纳赫矿床发现者之一的 A. I. 库克斯（A. I. Kuks，1906—?）的姓氏命名。IMA 1989－018 批准。1990 年在《全苏矿物学会记事》［119（5）］和 1992 年《美国矿物学家》（77）报道。1993 年中国新矿物与矿物命名委员会黄蕴慧等在《岩石矿物学杂志》

［12(1)］音译为库克斯石。

【库克塔切夫石】参见【科长石】条 405 页

【库兰石】参见【磷铝铁钡石】条 468 页

【库默尔石*】

英文名 Kummerite

化学式 $Mn^{2+}Fe^{3+}Al(PO_4)_2(OH)_2 \cdot 8H_2O$　　(IMA)

库默尔石*薄板片状晶体，放射状、扇形集合体（德国）

库默尔石*是一种含结晶水和羟基的锰、铁、铝的磷酸盐矿物。属黄磷锰铁矿超族黄磷锰铁矿族。三斜晶系。晶体呈板条状、非常薄的片状，几微米厚；集合体常呈放射状、圆形、扇形，大小为100～500μm。琥珀黄色，玻璃光泽，半透明；完全解理，脆性。2015 年发现于德国巴伐利亚州上普法尔茨行政区哈根多夫(Hagendorf South)伟晶岩。英文名称 Kummerite，以鲁道夫·库默尔(Rudolf Kummer，1924—1982)的姓氏命名。1964 年库默尔在南哈根多夫的科妮莉亚矿山担任开采总监，直到 1982 年去世。库默尔非常欣赏并熟悉该矿的矿物成分，他非常支持地质学家、矿物学家和收藏家来研究与收集矿山的样品。IMA 2015-036 批准。2015 年 I. E. 格雷(I. E. Grey)等在《CNMNC 通讯》(26)、《矿物学杂志》(79)和 2016 年《矿物学杂志》(80)报道。目前尚未见官方中文译名，编译者建议音译为库默尔石*。

【库姆迪科尔石*】

英文名 Kumdykolite

化学式 $Na(AlSi_3O_8)$　　(IMA)

库姆迪科尔石*是一种钠的铝硅酸盐矿物。属长石族。与钠长石和玲根石为同质多象变体。斜方晶系。晶体呈针状，长 20μm，呈绿辉石包裹体。半透明。2007 年中国台湾学者 S. L. 黄(S. L. Hwang)等发现于哈萨克斯坦阿克莫拉州库姆迪科尔(Kumdykol)湖金刚石矿床超高压岩体榴辉岩中。该矿物保存在中国台湾台中自然科学博物馆。英文名称 Kumdykolite，以发现地哈萨克斯坦的库姆迪科尔(Kumdykol)湖命名。IMA 2007-049 批准。2009 年 S. L. 黄等在《欧洲矿物学杂志》(21)报道。目前尚未见官方中文译名，编译者建议音译为库姆迪科尔石*。

【库姆科夫石】

英文名 Komkovite

化学式 $BaZrSi_3O_9 \cdot 3H_2O$　　(IMA)

库姆科夫石是一种含结晶水的钡、锆的硅酸盐矿物。属三水钠锆石族。三方晶系。晶体呈锥状、粒状。褐棕色，玻璃光泽，半透明；硬度 3～4，脆性。1988 年发现于俄罗斯北部摩尔曼斯克州武里亚尔维(Vuoriyarvi)碳酸岩杂岩体地块。英文名称 Komkovite，以俄罗斯矿物学家和晶体学家亚历山大·伊万诺维奇·科姆科夫(Aleksandr Ivanovich Komkov，1926—1987)的姓氏命名。IMA 1988-032 批准。1990 年 A. V. 沃洛申(A. V. Voloshin)等在《矿物学杂志》［12(3)］和 1992 年 J. L. 杨博尔(J. L. Jambor)等在《美国矿物学家》(77)及 1993 年《俄罗斯矿物学会记事》(122)报道。1993 年中国新矿物与矿物命名委员会黄蕴慧等在《岩石矿物学杂志》［12(1)］音译为库姆科夫石。

【库姆斯石*】参见【菱硅钾锰石】条 489 页

【库姆雅科夫石】参见【锶异性石】条 896 页

【库水硼镁石】

英文名 Kurnakovite

化学式 $MgB_3O_3(OH)_5 \cdot 5H_2O$　　(IMA)

库水硼镁石厚板状晶体（美国），块状集合体（哈萨克斯坦））和库尔纳科夫像

库水硼镁石是一种少见的含结晶水、羟基的镁的硼酸盐矿物。属多水硼镁石族。与多水硼镁石为同质二象。三斜晶系。晶体呈厚板状、粒状，粒径达 37cm，具双晶；集合体呈致密块状或结核状。无色、白色、灰色、苍白淡紫色，玻璃光泽、珍珠光泽，透明—半透明；硬度 3，完全解理，脆性。在短波紫外光照射下发淡绿色磷光。1940 年首次被戈德列夫斯基(Godlevsky)发现于哈萨克斯坦阿特劳州英德尔(Inder)硼矿床。1940 年，戈德列夫斯基曾对该矿物做了物理性质的研究和化学分析工作，表明可能属单斜晶系，并在《苏联科学院报告》(28)报道。英文名称 Kurnakovite，以俄罗斯矿物学家和化学家尼古拉·谢苗诺维奇·库尔纳科夫(Nikolai Semenovich Kurnakov，1860—1941)的姓氏命名。1959 年以前发现、描述并命名的"祖父级"矿物，IMA 承认有效。第二次发现是在美国加利福尼亚州，而海因里希(Heinrich)将其误认为是多水硼镁石(Inderite)，因此造成了在名称上英文和俄文之间的混乱。后来夏勒和姆罗斯把这个问题澄清了，指出库水硼镁石和多水硼镁石是一对同质多象变体，前者是三斜的，后者是单斜的。中文名称根据英文名首音节音和成分译为库水硼镁石；根据成分译为富水镁硼石。

【库亚石*】

英文名 Cuyaite

化学式 $Ca_2Mn^{3+}As^{3+}_{14}O_{24}Cl$　　(IMA)

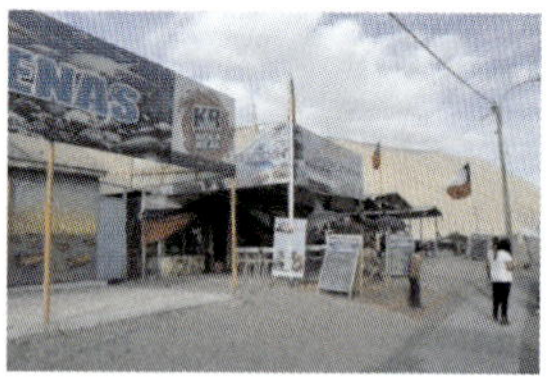

智利库亚村

库亚石*是一种含氯的钙、锰的砷酸盐矿物。单斜晶系。晶体呈薄针头状；集合体呈发散的放射状或平行状。浅棕色，金刚光泽、丝绢光泽，透明；硬度 2.5，易碎。2019 年发现于智利阿里卡和帕里纳科塔大区库亚(Cuya)村。英文名称 Cuyaite，以发现地智利的库亚(Cuya)村命名。IMA 2019-126 批准。2020 年 A. R. 坎普夫(A. R. Kampf)等在《矿物学杂志》(84)报道。目前尚未见官方中文译名，编译者建议音译为库亚石*。

块

［kuài］形声；从土，鬼声。字本作"凷"，是个会意字，表示土块装在筐器之中。后来写作"塊"，变成了形声字，现在简化为"块"。本义：土块。用于描述矿物的形态。

【块硅镁石】

英文名 Norbergite

化学式 $Mg_3(SiO_4)F_2$　　(IMA)

块硅镁石是一种含氟的镁的硅酸盐矿物。属硅镁石族。斜方晶系。晶体呈粒状，板状少见；集合体多呈块状。黄色、橘黄色、橙棕色、粉红色和紫色色调，白色，半玻璃光泽、树脂

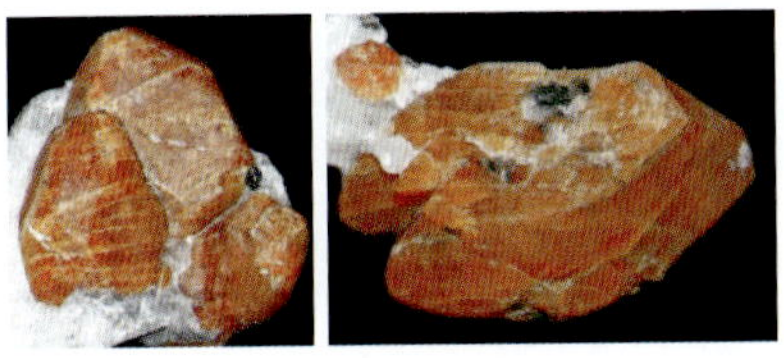

块硅镁石粒状、板状晶体(美国)

光泽、蜡状光泽,透明—半透明;硬度 6～6.5,脆性。1926 年由皮尔·盖格(Per Geijer)发现于瑞典西曼兰省诺伯格(Norberg)奥斯坦莫萨(Östanmossa)铁矿;同年,在《斯德哥尔摩地质学会会刊》(48)报道。英文名称 Norbergite,以发现地瑞典的诺伯格(Norberg)命名。1959 年以前发现、描述并命名的“祖父级”矿物,IMA 承认有效。中文名称根据形态和成分译为块硅镁石(参见【硅镁石】条 275 页)。

【块黑铅矿】

英文名 Plattnerite

化学式 PbO_2 (IMA)

块黑铅矿柱状、针状晶体,放射状集合体(墨西哥、美国)和普拉特纳像

块黑铅矿是一个铅的氧化物矿物。属金红石族。与斯块黑铅矿(Scrutinyite,$\alpha-PbO_2$,斜方晶系)为同质多象。四方晶系。晶体呈柱状、针状、纤维状、板状,具穿插双晶;集合体呈结核状、葡萄状、致密块状、放射状。黑色,块状者呈铁黑色、褐黑色,金刚光泽、金属光泽,近于不透明;硬度 5～5.5,脆性。1845 年发现于英国苏格兰南拉纳克郡的利德希尔斯(Leadhills);同年,在维也纳《矿物学鉴定手册》刊载。1892 年耶茨(Yeates)和艾尔斯(Ayres)在《美国科学杂志》(43)报道。英文名称 Plattnerite,由卡尔·威廉·冯·海丁格尔(Karl Wilhelm von Haidinger)为纪念德国萨克森州弗赖贝格矿业学院的冶金和化验分析教授卡尔·弗里德里希·普拉特纳(Karl Friedrich Plattner,1800—1858)而以他的姓氏命名。1959 年以前发现、描述并命名的“祖父级”矿物,IMA 承认有效。中文名称根据块状和黑色及成分译为块黑铅矿。

【块滑石】参见【滑石】条 335 页

【块辉铋铅银矿】

英文名 Schirmerite

化学式 $PbAgBi_3S_6—Pb_3Ag_{1.5}Bi_{3.5}S_9$

块辉铋铅银矿是一种铅、银、铋的硫化物矿物。属硫铋铅矿族。斜方晶系。晶体呈粒状。铅灰色—铁灰色,金属光泽,不透明;硬度 2,脆性。1874 年发现于美国科罗拉多州帕克县日内瓦地区财政部金库(Treasury Vault)矿。1874 年恩德里希(Endlich)在《工程和采矿杂志》报道。英文名 Schirmerite,以美国科罗拉多州丹佛的美国铸币厂总监雅各布·弗雷德里克·L.希尔默(Jacob Frederick L. Schirmer)的姓氏命名。1977 年马克维奇(Makovicky)和卡鲁普-摩勒(Karup－Møller)将 Schirmerite 重新定义为具有介于 $PbAgBi_3S_6—Pb_3Ag_{1.5}Bi_{3.5}S_9$ 之间的组成的无序单斜晶相。根据莫埃洛(Moëlo,2008)等的组合物位于辉铋银铅矿(Gustavite)和富硫铋铅矿(Heyrovskite)之间,他们认为这种无序的共生不是有效的物种。IMA 已废弃。莫埃洛(Moëlo,2008)等也讨论了博尔特尼科夫(Bortnikov,1987)等定义的 Schirmerite“Ⅰ型”是否等同于硫铅铋银矿(Schapbachite)或对应于有序二形变体之一。中文名称根据块状和成分译为块辉铋铅银矿(参见【针硫铋银矿】条 1109 页)。

【块锂磷铝石】参见【锂磷铝石】条 443 页

【块磷锂矿】

英文名 Lithiophosphate

化学式 $Li_3(PO_4)$ (IMA)

块磷锂矿柱状、粒状晶体(美国、加拿大)

块磷锂矿是一种锂的磷酸盐矿物。斜方晶系。晶体呈柱状、粒状;集合体呈块状。无色、白色、玫瑰色,玻璃—半玻璃光泽,透明—半透明;硬度 4,中等解理,脆性。1957 年发现于俄罗斯北部摩尔曼斯克州奥克麦尔克(Okhmylk)山;同年,V.V.马蒂亚斯(V.V.Matias)等在《苏联科学院报告》(112)和《美国矿物学家》(42)报道。英文名称 Lithiophosphate,由马蒂亚斯和 A.M.柏尼达若娃(A.M.Bondareva)根据化学成分“Lithio(锂)”和“Phosphate(磷酸盐)”组合命名。1959 年以前发现、描述并命名的“祖父级”矿物,IMA 承认有效。中文名称根据形态和成分译为块磷锂矿。

【块磷铝矿】

英文名 Berlinite

化学式 $Al(PO_4)$ (IMA)

柏林像

块磷铝矿是一种罕见的铝的磷酸盐矿物。三方晶系。晶体呈粒状(类似石英),具片状双晶;集合体呈块状。无色—淡灰色或淡粉色,玻璃光泽,透明—半透明;硬度 6～7。1868 年首次发现并描述于瑞典斯卡恩省布鲁默拉市维斯塔纳(Västanå)铁矿。1868 年布洛姆斯特兰德(Blomstrand)在《斯德哥尔摩瑞典皇家科学院文献回顾》(25)和莱比锡《实用化学杂志》(105)报道。英文名称 Berlinite,以瑞典隆德大学药理学荣誉教授尼尔斯·约翰·柏林(Nils Johan Berlin,1812—1891)的姓氏命名。1959 年以前发现、描述并命名的“祖父级”矿物,IMA 承认有效。中文名称根据形态和成分译为块磷铝矿;音译为柏林石。

【块硫铋铅银矿】参见【蒙梅石】条 602 页

【块硫铋银矿】

英文名 Pavonite

化学式 $AgBi_3S_5$ (IMA)

块硫铋银矿板条状晶体(德国)和皮科克(帕沃)像

K

块硫铋银矿是一种银、铋的硫化物矿物。Ag 可被 Cu、Bi 可被 Pb 少量替代。属块硫铋银矿同源系列族。单斜晶系。晶体呈刀片状、小薄板条状;集合体呈块状。银白色、锡白色、钢灰色、铅灰色,金属光泽,不透明;硬度 2。1953 年发现于玻利维亚南利普斯省博内特峰波利瓦尔(Bolivar)矿。英文名称 Pavonite,1953 年由爱德华·威尔弗里德·纳菲尔德(Edward Wilfrid Nuffield)为纪念加拿大多伦多大学矿物学家和晶体学家、矿物学教授(1937—1950)马丁·阿尔弗雷德·皮科克(Martin Alfred Peacock,1898—1950)姓氏的拉丁文“Pavo(帕沃)”命名。皮科克对硫酸盐矿物的研究做出了许多贡献,最终刊于后期出版的矿物 X 射线数据图集上,他也是一位杰出的形态晶体学家和加拿大 X 射线矿物学的先驱。1954 年 E. W. 纳菲尔德(E. W. Nuffield)在《美国矿物学家》(39)报道。1959 年以前发现、描述并命名的“祖父级”矿物,IMA 承认有效。中文名称根据块状和成分译为块硫铋银矿或块硫铅铋银矿。

【块硫钴矿】

英文名 Jaipurite

化学式 CoS (IMA)

块硫钴矿是一种钴的硫化物矿物。六方晶系。集合体呈块状。钢灰色,金属光泽,不透明。1880 年发现于印度拉贾斯坦邦斋浦尔(Jaipur)琼丘努区凯德里矿区凯特里(Ketri)矿。见于 1944 年 C. 帕拉奇(C. Palache)、H. 伯曼(H. Berman)和 C. 弗龙德尔(C. Frondel)《丹纳系统矿物学》(第一卷,第七版,纽约)。英文名称 Jaipurite,以发现地印度斋浦尔(Jaipur)命名。1959 年以前发现、描述并命名的“祖父级”矿物,IMA 承认有效,但 IMA 持怀疑态度。它可能与 1974 年 A. H. 克拉克(A. H. Clark)描述的 β-$Co_{1-x}S$(NiAs 型)矿物相同。1988 年在《苏联科学院报告》(303)报道。中文名称根据块状和成分译为块硫钴矿。

【块硫砷铜矿】参见【四方硫砷铜矿】条 898 页

【块硫锑铜矿】

英文名 Famatinite

化学式 Cu_3SbS_4 (IMA)

块硫锑铜矿粒状晶体,结核状聚晶集合体(德国、中国台湾)

块硫锑铜矿是一种铜、锑的硫化物矿物。属黄锡矿族。四方晶系。晶体呈粒状;集合体呈块状、结核状、肾状聚晶。深粉红棕色,金属光泽,不透明;硬度 3~4,完全解理,脆性。1873 年发现于阿根廷拉里奥哈省法马蒂纳(Famatina)山;同年,斯特尔茨纳(Stelzner)在《矿物学通报》(242)报道。英文名称 Famatinite,以发现地阿根廷的法马蒂纳(Famatina)山命名。1959 年以前发现、描述并命名的“祖父级”矿物,IMA 承认有效。中文名称根据块状和成分译为块硫锑铜矿;根据脆性和成分译为脆硫锑铜矿;音译为法马丁矿。

【块砷铝铜矿】

英文名 Ceruleite

化学式 $CuAl_4(AsO_4)_2(OH)_8(H_2O)_4$ (IMA)

块砷铝铜矿是一种含结晶水和羟基的铜、铝的砷酸盐矿物。属绿松石-氯磷钠铜矿族。三斜晶系。晶体呈极细小的

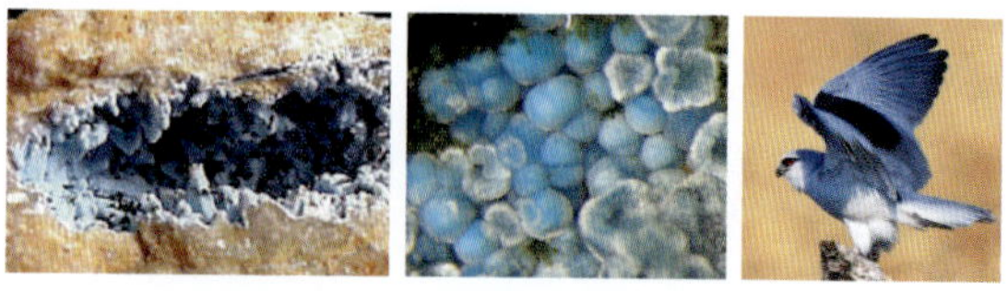

块砷铝铜矿小棒状晶体,球粒状集合体(英国、法国)和黑翅鸢

棒状,未见单独较大的晶体;集合体呈致密块状、结核状、球粒状。绿色—蓝色、绿松石蓝色;硬度 5~6。1900 年发现于智利托法加斯塔区圣卡塔利娜岛瓜纳可(Guanaco)艾玛·路易莎(Emma Luisa)矿。1900 年 M. H. 迪费(M. H. Dufet)在《法国矿物学会通报》(23)报道。英文名称 Ceruleite,由拉丁美洲山雀(Caeruleus,黑翅鸢属)命名,意指常见为“天蓝色、蔚蓝色”的颜色。1959 年以前发现、描述并命名的“祖父级”矿物,IMA 承认有效。IMA 2007s. p. 批准。中文名称根据集合体形态和成分译为块砷铝铜矿。

【块砷镍矿】

英文名 Aerugite

化学式 $Ni_{8.5}(AsO_4)_2As^{5+}O_8$ (IMA)

块砷镍矿皮壳状集合体(德国)

块砷镍矿是一种镍的砷酸盐矿物。三方晶系。晶体呈细粒状;集合体呈块状、皮壳状。深草绿色、蓝绿色、浅棕色,半金刚光泽、半玻璃光泽、树脂光泽,透明—不透明;硬度 4,脆性。1858 年发现于德国萨克森州厄尔士山脉约翰乔治城区约翰乔治城(Johanngeorgenstadt)。1858 年 C. 贝尔格曼(C. Bergemann)在《实用化学杂志》(75)报道。英文名称 Aerugite,1869 年由吉尔伯特-约瑟夫·亚当(Gilbert-Joseph Adam)根据它的外观“Aerugo = Copper rust”,意思是“铜锈”命名。1959 年以前发现、描述并命名的“祖父级”矿物,IMA 承认有效。IMA 1965s. p. 批准。中文名称根据块状和成分译为块砷镍矿。

【块树脂石】

英文名 Ajkaite

化学式(化石树脂)

块树脂石是一种化石树脂。非晶质。集合体呈块状。淡黄色—红褐色,半透明;硬度 2.5;可燃烧。发现于匈牙利维斯普雷姆州阿吉卡(Ajka)村克辛格(Csinger)谷。英文名称 Ajkaite,以匈牙利阿吉卡(Ajka)村命名。约在 1214 年村的名称来自 Ajka 部族的名称。在接下来的几个世纪该村发展缓慢,真正的繁荣是在 19 世纪下半叶,在这里发现了煤炭资源,并从中发现了化石树脂。中文名称根据形态和成分译为块树脂石;加热熔化呈蜜黄色液体,燃烧时放出硫化氢,故也译为硫树脂石。

【块铜矾】参见【羟铜矾】条 740 页

奎

[kuí]形声;从大,圭声。从“大”,表示与人有关。本义:两髀之间(《说文》)。段注:“奎与胯双声。”[英]音,用于外国人名。

【奎水碳铝镁石】参见【羟碳铝镁石】条 736 页

昆

[kūn]会意;从日,从比。金文字形,表示二人在日光下并肩行走。本义:一起,共同。[英]音,用于人名。

【昆汀石】参见【羟碳铝镁石】条 736 页

Ll

拉 [lā]形声；从手，立声。本义：摧折，折断。[英]音，用于外国地名、人名。

【拉崩佐夫石】参见【水硅碱钛矿】条 827 页

【拉比异性石】

英文名 Labyrinthite

化学式 $(Na,K,Sr)_{35}Ca_{12}Fe_3Zr_6TiSi_{51}O_{144}$
$(O,OH,H_2O)_9Cl_3$ (IMA)

拉比异性石是一种含氯、结晶水、羟基和氧的钠、钾、锶、钙、铁、锆、钛的硅酸盐矿物。属异性石族。三方晶系。晶体呈半自形—他形—圆形粒状，粒径 0.5～1cm。鲜艳的粉红色，玻璃光泽，透明；硬度 5～6，脆性。2002 年发现于俄罗斯北部摩尔曼斯克州科阿什瓦(Koashva)山和尼科帕克(Nyorkpakhk)山碱性伟晶岩。英文名称 Labyrinthite，以其非常复杂的晶体结构[Labyrinthine(迷宫、复杂)]命名，其中包含大约 800 个阳离子和阴离子分布在超过 100 个晶体学空间群点位上。IMA 2002－065 批准。2006 年 A. P. 霍米亚科夫(A. P. Khomyakov)等在《俄罗斯矿物学会记事》[135(2)]报道。2009 年中国地质科学院地质研究所尹淑苹等在《岩石矿物学杂志》[28(4)]根据英文名前两个音节音和族名译为拉比异性石。

【拉伯矿*】

英文名 Raberite

化学式 $Tl_5Ag_4As_6SbS_{15}$ (IMA)

拉伯矿* 柱状晶体(瑞士)和拉伯像

拉伯矿*是一种铊、银的砷-锑-硫化物矿物。三斜晶系。晶体呈自形柱状，长达 150μm。黑色、深灰色，金属光泽，不透明；硬度 2.5～3，脆性。2012 年发现于瑞士瓦莱州林根巴赫(Lengenbach)采石场。英文名称 Raberite，以托马斯·拉伯博士(Dr. Thomas Raber，1966—)的姓氏命名。他是林根巴赫有名的矿物专家，已有 20 多年的历史。他分析了这个矿床的几个标本，并发表了很多关于林根巴赫矿物的文章。2012 年，他是德国国家科学研究基金会林根巴赫研究社区(FGL)副总裁。IMA 2012－017 批准。2012 年 L. 宾迪(L. Bindi)等在《矿物学杂志》[76(5)]报道。目前尚未见官方中文译名，编译者建议音译为拉伯矿*。

【拉伯雅克石】

英文名 Rabejacite

化学式 $Ca[(UO_2)_4O_4(SO_4)_2](H_2O)_8$ (IMA)

拉伯雅克石是一种含结晶水的钙的铀酰-氧-硫酸盐矿物。斜方晶系。晶体呈板状、针状；集合体呈圆形结核状、皮

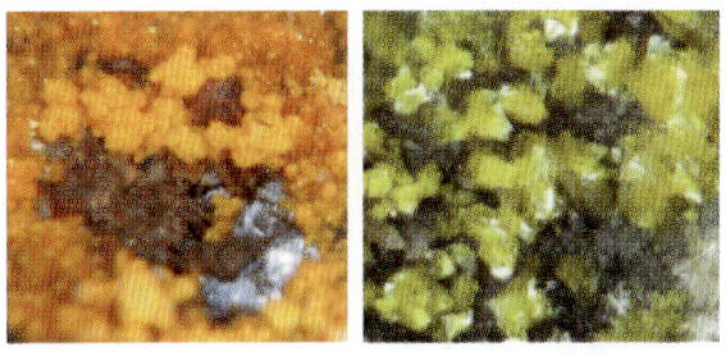

拉伯雅克石结核状、皮壳状、玫瑰花状集合体(法国)

壳状、放射状、玫瑰花状。鲜黄色、琥珀黄色、黄棕色，玻璃光泽，透明—半透明；硬度 3。1992 年发现于法国奥辛塔尼行政区埃罗省拉伯雅克(Rabejac)沥青铀矿。英文名称 Rabejacite，以发现地法国的拉伯雅克(Rabejac)矿床命名。IMA 1992－043 批准。1993 年 M. 德利安(M. Deliens)等在《欧洲矿物学杂志》(5)和 1994 年《美国矿物学家》(79)报道。1998 年中国新矿物与矿物命名委员会黄蕴慧等在《岩石矿物学杂志》[17(2)]音译为拉伯雅克石。

【拉长石】

英文名 Labradorite

化学式 $(Ca,Na)[Al(Al,Si)Si_2O_8]$

变彩拉长石(加拿大、马达加斯加)

拉长石是长石族斜长石亚族矿物之一，是一种钙、钠的铝硅酸盐矿物。钠长石-钙长石系列的中间成员。三斜晶系。晶体多呈柱状、板状、粒状，常见聚片双晶；集合体呈块状。一般为白色—灰白色、褐色—黑色，可作宝石的有红色、蓝色、绿色的晕彩，玻璃光泽，透明—半透明；硬度 6～6.5，完全解理。变彩拉长石是拉长石中最常见的宝石，其最大的特征是在拉长石集合体中有大面积明亮的变彩。其中最漂亮的颜色是蓝色和绿色，几乎可以与蝴蝶的晕彩比美，除此之外还可见到黄色、金黄色、红色和紫色，从不同方向看可以出现不同的颜色或颜色消失，在转动过程中同一部位的颜色和光彩都发生变化，真正是青绿而玄，光彩照人。

19 世纪首先发现于加拿大拉布拉多(Labrador)保罗岛福特港口内恩的斜长岩。1823 年 G. 罗斯(G. Rose)在《物理学和化学年鉴》(73)报道。英文名称 Labradorite，以发现地加拿大的拉布拉多(Labrador)而命名。中文名称根据成分和与斜长石的关系旧译为钠钙长石；现根据英文名的第一个音节音和族名译为拉长石；因具有变彩效应也译作变彩拉长石；也音译为“拉勃拉多石”或“拉伯来多石”。发现于芬兰的具有鲜艳颜色闪光的拉长石变种又称光谱石或谱长石(Spectrolite)，因为它可以闪现出像太阳的七彩光芒而得名。

相传在中国 2 000 多年前的春秋战国时期，楚人卞和采到的玉璞，即“和氏璧”转动时在一定方向上能呈现出美丽的蓝、绿、紫、金黄等色变彩，有人怀疑是拉长石。中国宝玉石协会地质考古学家郝用威于 1986 年在全国地学史学术会上以《和氏璧探源》指出：“和氏璧为月光石，产于神农架南漳西部沮水之源的板仓坪、阴峪河一带，那里是当年卞

和抱璞之处……"。已故的国际著名地质学家、宝玉石和观赏石专家袁奎荣教授经多年研究认为和氏璧是变彩拉长石(参见【斜长石】条1018页)。"和氏璧"在我国最早记载是战国的《荀子·大略》:"'和之璧',井里厥也,玉人琢之,为天下宝。"据《史记》记载,赵惠王五代杜光庭(850—933年)和元末明初陶宗仪在文献中的物理特性的描述,王根元在《中国古代矿物知识》著作中认为"和氏璧就是拉长石(月光石)的说法比较可靠"。

【拉德克石】参见【碘氯硫汞矿】条129页

【拉德石*】

英文名 Raadeite

化学式 $Mg_7(PO_4)_2(OH)_8$　　(IMA)

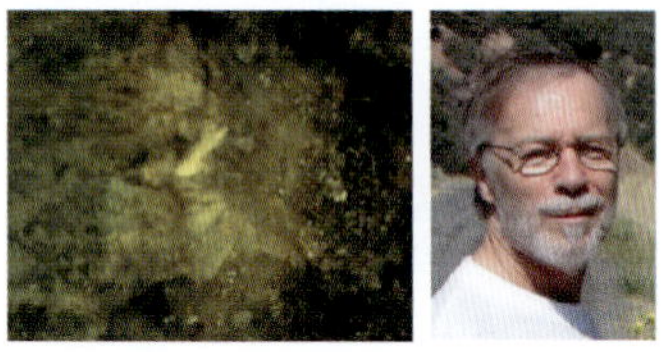

拉德石* 纤维状晶体,放射状集合体(挪威)和拉德像

拉德石*是一种含羟基的镁的磷酸盐矿物。属砷水锰矿族。单斜晶系。晶体呈纤维状;集合体呈放射状、细脉状。无色,珍珠光泽,透明。1996年发现于挪威布斯克吕郡廷格尔施塔特(Tingelstadtjern)采石场。英文名称Raadeite,以挪威奥斯陆自然历史博物馆退休高级矿物馆长贡纳·拉德(Gunnar Raade,1944—)博士的姓氏命名,以表彰他对镁的磷酸盐矿物做出的贡献。IMA 1996-034批准。2001年C.肖邦(C. Chopin)等在《欧洲矿物学杂志》(13)报道。目前尚未见官方中文译名,编译者建议音译为拉德石*。

【拉多水砷铁铜石】

英文名 Radovanite

化学式 $Cu_2Fe^{3+}[As^{5+}O_4][As^{3+}O_2(OH)]_2 \cdot H_2O$
(IMA)

拉多水砷铁铜石片状晶体(法国)和拉多旺像

拉多水砷铁铜石是一种含结晶水的铜、铁的氢砷酸-砷酸盐矿物。斜方晶系。单晶体呈等轴或稍伸长,长2mm左右;集合体常呈多晶晶簇状。淡黄绿色,金刚光泽、玻璃光泽,透明;脆性,贝壳状断口。2000年由瑞士拉多旺·塞尔尼(Radovan Cerny,1957—)发现于法国阿尔卑斯滨海省罗瓦(Roua)矿山。英文名称Radovanite,以瑞士日内瓦大学著名的晶体学家拉多旺·塞尔尼(Radovan Cerny,1957—)的名字命名。IMA 2000-001批准。2002年H.萨尔普(H. Sarp)等在《日内瓦科学档案》(55)记载。2006年中国地质科学院矿产资源研究所李锦平在《岩石矿物学杂志》[25(6)]根据英文名称前两个音节音和成分译为拉多水砷铁铜石。

【拉尔夫坎农矿*】

英文名 Ralphcannonite

化学式 $AgZn_2TlAs_2S_6$　　(IMA)

拉尔夫坎农矿* 晶簇状集合体(瑞士)和拉尔夫·坎农像

拉尔夫坎农矿*是一种银、锌、铊的砷硫盐矿物。属硫砷汞铊矿族。三方晶系。晶体呈粒状、柱状,粒径达50μm;集合体呈晶簇状。黑色,金属光泽,不透明。2014年发现于瑞士瓦莱州林根巴赫(Lengenbach)采石场。英文名称Ralphcannonite,以林根巴赫研究社区和林根巴赫矿物专家、技术负责人拉尔夫·坎农(Ralph Cannon)的姓名命名。IMA 2014-077批准。2015年L.宾迪(L. Bindi)等在《CNMNC通讯》(23)和《矿物学杂志》(79)报道。目前尚未见官方中文译名,编译者建议音译为拉尔夫坎农矿*。

【拉凡特石】

英文名 Ravatite

化学式 $C_{14}H_{10}$　　(IMA)

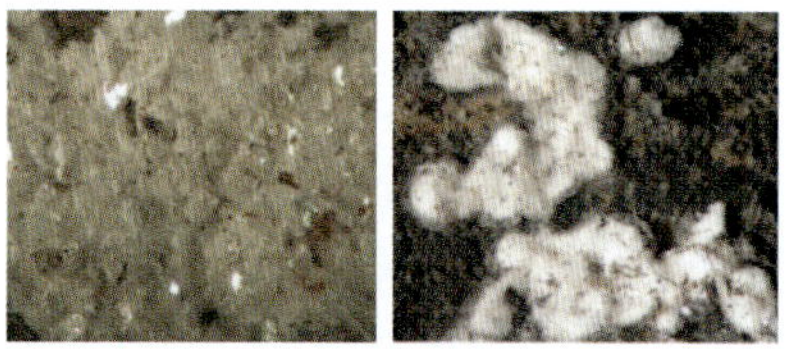

拉凡特石皮壳状集合体(德国)

拉凡特石是一种碳与氢的有机化合物矿物,在50~60℃燃烧褐煤层中形成的有机化合物菲(Phenanthrene)。单斜晶系。晶体呈不规则片状、小板状;集合体呈皮壳状。无色、白色—浅灰色,玻璃光泽、蜡状光泽,透明—半透明;硬度1,极完全解理,蜡状韧性。1992年发现于塔吉克斯坦粟特州杜尚别市泽拉夫尚河流域拉瓦特(Ravat)村中侏罗纪褐煤层。英文名称Ravatite,以发现地塔吉克斯坦的拉瓦特(Ravat)村命名。IMA 1992-019批准。1993年L.纳斯达拉(L. Nasdala)等在《欧洲矿物学杂志》(5)和1994年J. L.杨博尔(J. L. Jambor)等在《美国矿物学家》(79)报道。1998年中国新矿物与矿物命名委员会黄蕴慧等在《岩石矿物学杂志》[17(2)]音译为拉凡特石。编译者建议音译为拉瓦特石*。

【拉赫石*】

英文名 Laachite

化学式 $(Ca,Mn)_2Zr_2Nb_2TiFeO_{14}$　　(IMA)

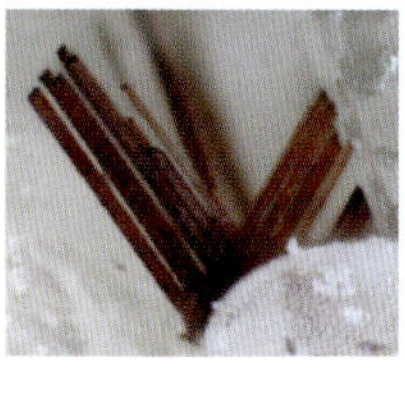

拉赫石* 柱状晶体,晶簇状集合体(德国)

拉赫石*是一种钙、锰、锆、铌、钛、铁的氧化物矿物。单斜晶系。晶体呈长柱状,粒径0.02mm×0.04mm×0.5mm;集合体呈晶簇状。棕红色,金刚光泽,半透明;脆性。2012年发现于德国莱茵兰-普法尔茨州艾费尔高原拉赫(Laach)湖火山杂岩体门迪格(Mendig)采石场。英文名称Laachite,以发现地德国的拉赫(Laach)湖命名。IMA 2012-100批准。2013年N. V.丘卡诺夫(N. V. Chukanov)等在《CNMNC通讯》(16)、《矿物学杂志》(77)和2014年《欧洲矿物学杂志》(26)报道。目前尚未见官方中文译名,编译者建议音译为拉

L

赫石*。

【拉科万石*】

英文名 Rakovanite

化学式 $(NH_4)_3Na_3[V_{10}O_{28}] \cdot 12H_2O$　　(IMA)

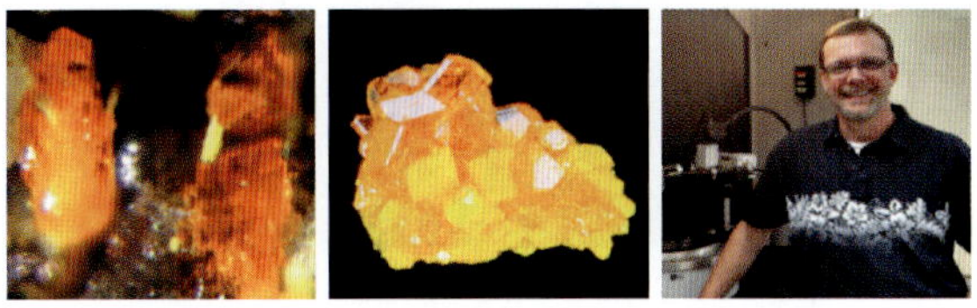

拉科万石* 柱状、短柱状晶体,块状集合体(美国)和拉科万像

拉科万石*是一种含结晶水的铵、钠的钒酸盐矿物。属橙钒钙石族。单斜晶系。晶体呈柱状、短柱状;集合体呈块状、晶簇状。橙色,金刚光泽,透明;硬度1。2010年发现于美国科罗拉多州圣米格尔县森迪(Sunday)矿和西森迪矿。英文名称 Rakovanite,以美国俄亥俄州牛津迈阿密大学地质和地球科学系教授约翰·拉科万(John Rakovan,1964—)博士的姓氏命名,以表彰他在矿物学领域做出的贡献。IMA 2010-052批准。2010年A. R. 坎普夫(A. R. Kampf)等在《CNMNC通讯》(7)、《矿物学杂志》(75)和2011年《加拿大矿物学家》(49)报道。目前尚未见官方中文译名,编译者建议音译为拉科万石*。

【拉利玛石】参见【针钠钙石】条1110页

【拉硫砷铅矿】

英文名 Rathite

化学式 $Ag_2Pb_{12-x}Tl_{x/2}As_{18+x/2}S_{40}$　　(IMA)

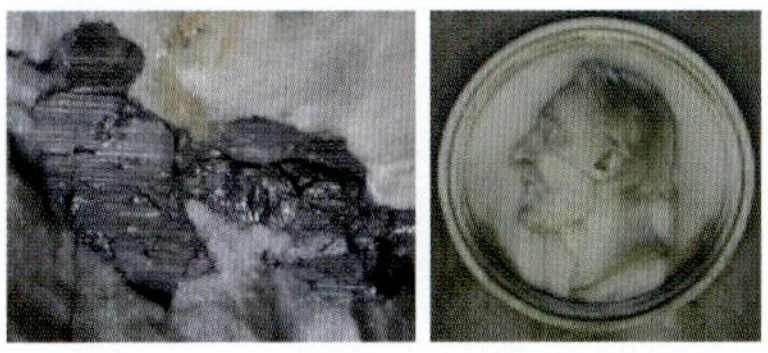

拉硫砷铅矿不规则柱状、板状晶体(瑞士)和拉思像

拉硫砷铅矿是一种银、铅、铊的砷-硫化物矿物。属脆硫砷铅矿族。单斜晶系。晶体呈不规则柱状、板片状。银铅灰色,失去光泽者呈彩虹锖色,金属光泽,不透明;硬度3,完全解理。1857年发现于瑞士瓦莱州林根巴赫(Lengenbach)矿山采石场。1857年瓦尔特斯豪森(Waltershausen)在乌尔劳布(Urlaub)和纳森(Nason)的《物理学年鉴》(100)报道。1896年H. 鲍姆豪尔(H. Baumhauer)在《结晶学杂志》(26)报道。英文名称 Rathite,以德国矿物学教授格哈德·沃姆拉思(Gerhard vom Rath,1830—1888)的姓氏命名。1959年以前发现、描述并命名的"祖父级"矿物,IMA承认有效。2002年贝尔普施(Berlepsch)等注意到银替代可能是必要的,使矿物结构不同于Dufrénoysite(硫砷铅矿)。中文名称根据英文名首音节音和成分译为拉硫砷铅矿,也有的译作斜方砷铅矿(注意:其实不是斜方晶系)。

【拉伦德石】

英文名 Lalondeite

化学式 $(Na,Ca)_6(Ca,Na)_3Si_{16}O_{38}(F,OH)_2 \cdot 3H_2O$　　(IMA)

拉伦德石是一种含结晶水、羟基和氟的钠、钙的硅酸盐矿物。属铝白钙沸石族。三斜晶系。晶体半自形—不规则粒状;呈斑状形成在其他矿物或岩石中的包裹体。无色、白色、粉色,珍珠光泽,透明;硬度3,完全解理,脆性。2002年发现于加拿大魁北克省圣希莱尔(Saint-Hilaire)山混合肥料采石场。英文名称 Lalondeite,以加拿大渥太华大学地球科学系教授安德烈·拉伦德(André Lalonde,1955—2012)博士的姓氏命名。拉伦德主要从事云母矿物和碱性侵入岩体的研究。IMA 2002-026批准。2009年A. M. 麦克唐纳(A. M. McDonald)和G. Y. 曹(G. Y. Chao)在《加拿大矿物学家》(47)报道。2011年杨主明在《岩石矿物学杂志》[30(4)]建议音译为拉伦德石。

拉伦德像

【拉马佐石*】

英文名 Ramazzoite

化学式 $[Mg_8Cu_{12}(PO_4)(CO_3)_4(OH)_{24}(H_2O)_{20}]$
$[(H_{0.33}SO_4)_3(H_2O)_{36}]$　　(IMA)

拉马佐石*是一种含水化的氢硫酸根、结晶水、羟基的镁、铜的碳酸-磷酸盐矿物。它是元素独特组合(Mg-Cu-P-C-S)的第一种具有多金属氧酸盐阳离子的矿物。等轴晶系。晶体呈立方体,棱长0.15mm。蓝色—青蓝色,玻璃光泽,透明;硬度2.5,脆性。2017年发现于意大利热那亚省波佐利市拉马佐(Ramazzo)山矿山。英文名称 Ramazzoite,以发现地意大利的拉马佐(Ramazzo)山矿山命名。IMA 2017-090批准。2018年A. R. 坎普夫(A. R. Kampf)等在《CNMNC通讯》(41)、《欧洲矿物学杂志》(30)和《矿物学杂志》(76)报道。目前尚未见官方中文译名,编译者建议音译为拉马佐石*。

拉马佐石* 立方晶体(意大利)

【拉锰矿】参见【软锰矿】条754页

【拉米克钇石*】

英文名 Ramikite-(Y)

化学式 $Li_4(Na,Ca)_{12}(Y,Ca,REE)_6Zr_6(PO_4)_{12}(CO_3)_4O_4$
$[(OH),F]_4$　　(IMA)

拉米克钇石*是一种含氟、羟基和氧的锂、钠、钙、钇、稀土、锆的碳酸-磷酸盐矿物。三斜(假等轴)晶系。晶体呈假立方体,0.1～1mm。黄白色、白色,玻璃光泽;硬度3。2009年发现于加拿大魁北克省圣希莱尔(Saint-Hilaire)山混合肥料采石场。英文名称 Ramikite-(Y),以加拿大多伦多安大略皇家博物馆自然历史部的罗伯特·A. J. 拉米克(Robert A. J. Ramik,1951—)先生的姓氏,加占优势的稀土元素钇后缀-(Y)组合命名。拉米克是一位差热分析师。IMA 2009-021批准。2013年A. M. 麦克唐纳(A. M. McDonald)等在《加拿大矿物学家》(51)报道。目前尚未见官方中文译名,编译者建议音加成分译为拉米克钇石*。

【拉姆齐石*】

英文名 Rumseyite

化学式 $[Pb_2OF]Cl$　　(IMA)

拉姆齐石*是一种铅氧氟的氯化物矿物。四方晶系。晶体粒状,粒径1mm。浅橙棕色,玻璃光泽,半透明;完全解理,脆性。2011年发现于英国英格兰萨默塞特郡托尔沃克斯(Torr Works)采石场。英文名称 Rumseyite,以伦敦自然

拉姆齐石* 粒状晶体（英国）和拉姆齐像

历史博物馆的馆长和行星科学部门的高级馆长迈克尔·斯科特（迈克）·拉姆齐[Michael Scott (Mike) Rumsey, 1980—]的姓氏命名，是他发现的该矿物。IMA 2011-091 批准。2012 年 R. W. 特纳(R. W. Turner)等在《CNMNC 通讯》[13(6)]和《矿物学杂志》(76)报道。目前尚未见官方中文译名，编译者建议音译为拉姆齐石*。

【拉派矿】参见【硫锑镍铜矿】条 517 页

【拉普捷娃铈石*】

英文名 Laptevite-(Ce)

化学式 $NaFe^{2+}(REE_7Ca_5Y_3)(SiO_4)_4(Si_3B_2PO_{18})(BO_3)F_{11}$ (IMA)

拉普捷娃铈石* 是一种含氟的钙、铁、稀土、钇的亚硼酸-硼硅磷酸-硅酸盐矿物。属维卡石族。三方晶系。晶体呈他形粒状，粒径 0.8～1cm。黄色、黑色，玻璃光泽、油脂光泽，半透明；硬度 4～4.5，脆性。2011 年发现于塔吉克斯坦天山山脉达拉伊-皮奥兹(Dara-i-Pioz)冰川冰碛物。英文名称 Laptevite-(Ce)，根词由在中亚从事地质工作的俄罗斯地质学家和岩石学家达吉雅娜·米哈伊洛芙娜·拉普捷娃(Tatyana Mikhailovna Lapteva, 1928—2011)的姓氏，加占优势的稀土元素铈后缀-(Ce)组合命名。IMA 2011-081 批准。2012 年 A. A. 阿加哈诺夫(A. A. Agakhanov)等在《CNMNC 通讯》(12)、《矿物学杂志》(76)和 2013 年《矿物新数据》(48)报道。目前尚未见官方中文译名，编译者建议音加成分译为拉普捷娃铈石*。

【拉砷钙复铁石】

英文名 Lazarenkoite

化学式 $CaFe^{3+}As_3^{3+}O_7 \cdot 3H_2O$ (IMA)

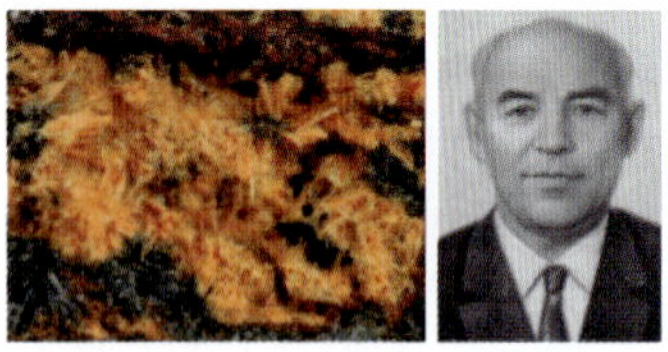

拉砷钙复铁石片状晶体（俄罗斯）和拉扎连科像

拉砷钙复铁石是一种含结晶水的钙、高铁的砷酸盐矿物。斜方晶系。晶体呈假六方片状、纤维状；集合体呈皮壳状。亮橙色，树脂光泽、丝绢光泽，半透明；硬度 1。1980 年发现于俄罗斯图瓦共和国科武-阿克西(Khovu-Aksy)镍-钴矿床。英文名称 Lazarenkoite，为纪念苏联利沃夫大学矿物学家、苏联科学院院士叶甫盖尼·康斯坦丁诺维奇·拉扎连科(Evgenii Konstantinovich Lazarenko, 1912—1979)而以他的姓氏命名。IMA 1980-076 批准。1981 年 L. K. 雅克翰托娃(L. K. Yakhontova)等在苏联《矿物学杂志》[3(3)]和 1982 年《美国矿物学家》(67)报道。中文名称根据英文名称首音节音和成分译为拉砷钙复铁石。

【拉砷铜石】

英文名 Lammerite

化学式 $Cu_3(AsO_4)_2$ (IMA)

拉砷铜石板状晶体，晶簇状集合体（纳米比亚）和拉默像

拉砷铜石是一种铜的砷化物矿物。与 β-拉砷铜石为同质多象。单斜晶系。晶体呈板状；集合体呈晶簇状。深绿色，金刚光泽；硬度 3～4，完全解理。1980 年发现于玻利维亚奥鲁罗省劳拉尼区劳拉尼(Laurani)矿。英文名称 Lammerite，以奥地利莱奥本的矿物收藏家弗兰兹·拉默(Franz lammer, 1914—1997)的姓氏命名，他是该矿物第一块标本的提供者。IMA 1980-016 批准。1981 年在《契尔马克氏矿物学和岩石学通报》(28)和 1982 年《美国矿物学家》(67)报道。1983 年中国新矿物与矿物命名委员会郭宗山等在《岩石矿物及测试》[2(1)]根据英文名称首音节音和成分译为拉砷铜石/拉砷铜矿。

【β-拉砷铜石】

英文名 Lammerite-β

化学式 $Cu_3(AsO_4)_2$ (IMA)

β-拉砷铜石板柱状晶体（俄罗斯）

β-拉砷铜石是一种铜的砷酸盐矿物。与拉砷铜石为同质多象。单斜晶系。晶体呈板柱状、粒状。浅绿色—深绿色，玻璃光泽，透明；硬度 5，脆性。2009 年发现于俄罗斯堪察加州托尔巴契克(Tolbachik)火山大裂隙喷发口。英文名称 Lammerite-β，由根词 Lammerite(拉砷铜石)加后缀-β组合命名，意指与拉砷铜石为多形的关系。IMA 2009-002 批准。2011 年 G. L. 斯塔罗娃(G. L. Starova)等在《俄罗斯矿物学会记事》(140)报道。中文名称根据与拉砷铜石多形的关系译为 β-拉砷铜石(根词参见【拉砷铜石】条 422 页)。

【拉斯尼尔石*】

英文名 Lasnierite

化学式 $(Ca,Sr)(Mg,Fe^{2+})_2Al(PO_4)_3$ (IMA)

拉斯尼尔石* 是一种钙、锶、镁、铁、铝的磷酸盐矿物。斜方晶系。晶体呈叶片状，横截面 120μm×60μm。浅灰色、粉棕色、无色；透明。2017 年发现并描述于马达加斯加安布西特拉市萨哈希安博希马贾卡(Sahatsiho Ambohimanjaka)一块椭圆形切割的多面宝石(10mm×8mm×6mm，重 1.97 克拉)，标记为"来自马达加斯加伊比提山的蓝色石英岩"中石英的包裹体。英文名称 Lasnierite，以法国南特珍宝中心的主席伯纳德·拉斯尼尔(Bernard Lasnier, 1938—)教授的姓氏命名。IMA 2017-084 批准。2018 年 B. 隆多(B. Rondeau)等在《CNMNC 通讯》(42)、《矿物学杂志》(82)和 2019 年《欧洲矿物学杂志》[31(2)]报道。目前尚未见官方中文译名，编译者建议音译为拉斯尼尔石*。

L

【拉斯特斯维塔耶娃石*】

英文名 Rastsvetaevite

化学式 $Na_{27}K_8Ca_{12}Fe_3Zr_6Si_{52}O_{144}(OH,O)_6Cl_2$ (IMA)

拉斯特斯维塔耶娃石* 不规则柱状晶体(俄罗斯)和拉斯特斯维塔耶娃像

拉斯特斯维塔耶娃石* 是一种含氯、羟基和氧的钠、钾、钙、铁、锆的硅酸盐矿物。属异性石族。三方晶系。晶体呈不规则柱状、粒状。粉红色,玻璃光泽,透明;硬度 5~6,脆性。2000 年发现于俄罗斯北部摩尔曼斯克州拉斯武姆霍尔(Rasvumchorr)山。英文名称 Rastsvetaevite,2006 年 A. P. 霍米亚科夫(A. P. Khomyakov)等以莫斯科俄罗斯科学院著名的晶体学家拉米扎·拉斯特斯维塔耶娃(Ramiza K. Rastsvetaeva,1936—)的姓氏命名,以表彰她对异性石族矿物研究做出的重要贡献。IMA 2000-028 批准。2006 年霍米亚科夫等在《俄罗斯矿物学会会刊》[135(1)]报道。目前尚未见官方中文译名,编译者建议音译为拉斯特斯维塔耶娃石*。

【拉索石*】

英文名 Russoite

化学式 $(NH_4)ClAs_2O_3(H_2O)_{0.5}$ (IMA)

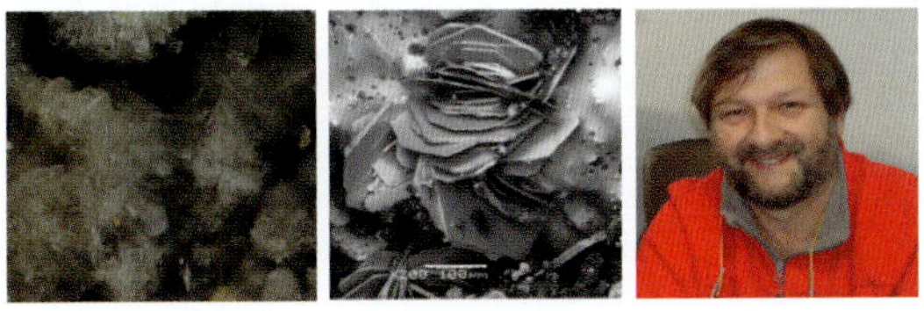

拉索石* 片状晶体,晶簇状集合体(意大利)和拉索像

拉索石* 是一种含结晶水的铵的砷酸-氯化物矿物。六方晶系。晶体呈六方片状;集合体呈晶簇状。无色,透明。2015 年发现于意大利那不勒斯省弗雷兰(Phlegrean)火山群杂岩体。英文名称 Russoite,以意大利那不勒斯地球物理和火山学研究所的地质学家马西莫·拉索(Massimo Russo,1960—)的姓氏命名。IMA 2015-105 批准。2016 年 I. 坎波斯特里尼(I. Campostrini)等在《CNMNC 通讯》(30)、《矿物学杂志》(80)和 2019 年《矿物学杂志》(83)报道。目前尚未见官方中文译名,编译者建议音译为拉索石*。

【拉瓦锡石*】

英文名 Lavoisierite

化学式 $Mn_8^{2+}[Al_{10}(Mn^{3+}Mg)][Si_{11}P]O_{44}(OH)_{12}$ (IMA)

拉瓦锡石* 平行排列状集合体(意大利)和拉瓦锡像

拉瓦锡石* 是一种含羟基的锰、铝、镁的磷硅酸盐矿物。斜方晶系。晶体呈针状、柱状和片状,长度可达几毫米;集合体呈平行排列状。黄橙色,玻璃光泽,透明—半透明;脆性。2012 年发现于意大利都灵省蓬塔根萨内(Punta Gensane)。英文名称 Lavoisierite,2012 年 P. 奥兰迪(P. Orlandi)等为纪念法国化学家和生物学家安托万·洛朗·德·拉瓦锡(Antoine Laurent de Lavoisier,1743—1794)而以他的姓氏命名。他是"燃烧的氧化学说"的提出者,氧的发现者。拉瓦锡与他人合作制定出化学物种命名原则,创立了化学物种分类新体系。拉瓦锡根据化学实验的经验,用清晰的语言阐明了质量守恒定律和它在化学中的运用。这些工作,特别是他所提出的新观念、新理论、新思想,为近代化学的发展奠定了重要的基础,被认为是现代化学之父。IMA 2012-009 批准。2012 年奥兰迪等在《CNMNC 通讯》(13)、《矿物学杂志》(76)和 2013 年《矿物的物理和化学》(40)报道。目前尚未见官方中文译名,编译者建议音译为拉瓦锡石*。

【拉文斯基石*】

英文名 Lavinskyite

化学式 $K(LiCu)Cu_6(Si_4O_{11})_2(OH)_4$ (IMA)

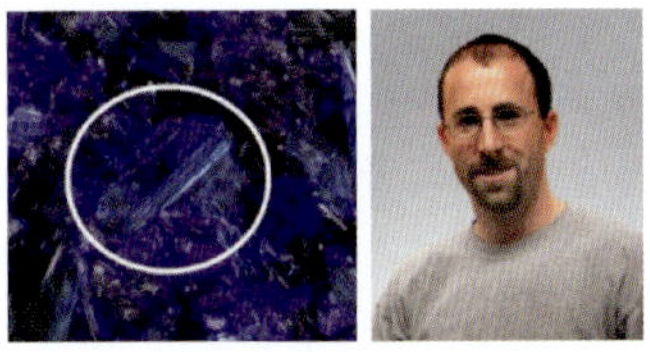

拉文斯基石* 板状晶体(南非)和拉文斯基像

拉文斯基石* 是一种含羟基的钾、锂、铜的硅酸盐矿物。斜方晶系。晶体呈板状。淡蓝色,玻璃光泽,透明;硬度 5。完全解理,脆性。2012 年发现于南非北开普敦省霍塔泽尔市卡拉哈里锰矿田韦塞尔(Wessels)矿。英文名称 Lavinskyite,2012 年杨和雄(Yang Hexiong)等以美国矿物收藏家和经销商罗伯特·马修·拉文斯基(Robert Matthew Lavinsky,1972—)的姓氏命名。IMA 2012-028 批准。2012 年杨和雄等在《CNMNC 通讯》(14)、《矿物学杂志》(76)和 2014 年《美国矿物学家》(99)报道。目前尚未见官方中文译名,编译者建议音译为拉文斯基石*。

目前已知它有两个多型:Lavinskyite-2O(即 Lavinskyite)和 Lavinskyite-1M;后者最初命名并被批准为"Liguriaite,IMA 2014-035",但随后确认为是"Lavinskyite"的单斜晶系多型[IMA 16-E,$K(Li,Cu)Cu_6(Si_4O_{11})_2(OH)_4$]。2014 年发现于意大利利古里亚拉斯佩齐亚省切尔基亚拉(Cerchiara)矿。2014 年 U. 科利奇(U. Kolitsch)等在《CNMNC 通讯》(21)、《矿物学杂志》(78)和 2018 年《欧洲矿物学杂志》(30)报道。

【拉扎尔石*】

英文名 Lazaraskeite

化学式 $Cu(C_2H_3O_3)_2$ (IMA)

拉扎尔石* 柱状晶体(美国)

拉扎尔石* 是一种铜的乙醇酸盐矿物。它被称为合成化合物["双(乙醇酸)铜(Ⅱ)"]的第一个天然乙醇酸盐矿物。单斜晶系。晶体呈柱状。蓝色,玻璃光泽,透明。2018 年发现于美国亚利桑那州皮马县普什里奇(Pusch Ridge)西区。英文名称 Lazaraskeite，以发现这种新矿物的沃伦·拉扎尔（Warren Lazar）先生的姓氏命名。IMA 2018－137 批准。2019 年杨和雄（Yang Hexiong）等在《CNMNC 通讯》（48）、《欧洲矿物学杂志》（31）和《矿物学杂志》（83）报道。目前尚未见官方中文译名，编译者建议音译为拉扎尔尔石*。

【拉扎里迪斯石*】

英文名 Lazaridisite

化学式 $Cd_3(SO_4)_3 \cdot 8H_2O$　　（IMA）

拉扎里迪斯像

拉扎里迪斯石*是一种含结晶水的镉的硫酸盐矿物。单斜晶系。晶体呈粒状。无色，玻璃光泽，透明—半透明；硬度 3，脆性。2012 年发现于希腊阿提卡州拉夫里区埃斯佩兰萨（Esperanza）矿。英文名称 Lazaridisite，以拉夫里矿床的矿物收藏家斯塔西斯·拉扎里迪斯（Stathis Lazaridis，1953—2010）的姓氏命名。他促成了对拉夫里矿床的共生序列的认识和理解。IMA 2012－043 批准。2012 年 B. 里克（B. Rieck）等在《CNMNC 通讯》（14）、《矿物学杂志》（76）和 2019 年《矿物学杂志》（83）报道。目前尚未见官方中文译名，编译者建议音译为拉扎里迪斯石*。

蜡

［là］形声；从虫，昔声。本义：动物、植物或矿物所产生的某些油质。用于描述矿物的蜡状光泽。

【蜡硅锰矿】参见【硅锰矿】条 276 页

【蜡蛇纹石】

英文名 Kerolite

化学式 $(Mg,Ni)_3Si_4O_{10}(OH)_2 \cdot nH_2O(n \sim 1)$

蜡蛇纹石是蛇纹石-滑石族矿物之一，是含镍的滑石（?）。单斜晶系。白色、棕色、绿色、无色，蜡状光泽；硬度 2～2.5。最初的报道来自波兰下西里西亚省宗布科维采（Ząbkowice）。英文名称 Kerolite，1823 年以布赖特豪普特（Breithaupt）根据“Waxy（蜡状）”外观命名。1959 年以前发现、描述并命名的“祖父级”矿物，IMA 承认有效；但它未被 IMA 列为一个有效种，但似乎也并没有被正式废弃。1977 年 G. W. 布林德雷（G. W. Brindley）在《矿物学杂志》（41）和 1979 年《美国矿物学家》（64）报道。中文名称根据光泽及族名译为蜡蛇纹石，也译作镁质多水高岭石。

莱

［lái］形声；从艸，来声。本义：草名。即藜。①用于中国地名。②［英］音，用于外国地名、人名。

【莱河矿】

英文名 Laihunite

化学式 $(Fe^{3+},Fe^{2+},\square)_2(SiO_4)$　　（IMA）

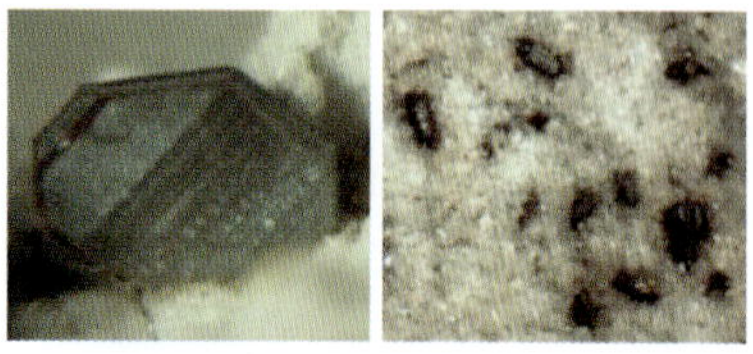

莱河矿厚板状、短柱状晶体（美国、日本）

莱河矿是一种三价铁、二价铁、空位的硅酸盐矿物。属橄榄石族。单斜晶系。晶体呈厚板状、短柱状。黑色，条痕呈微带淡褐色，半金属光泽，半透明—不透明；硬度 6，中等解理；具弱—中磁性。1976 年辽宁冶金 101 地质队地质工作者在中国东北辽宁省鞍山市潜山区莱河（Laihe）村附近的一个前震旦系鞍山群变质岩莱河（Laihe）铁矿中发现，经中国科学院地球化学研究所研究确定是一种新矿物，并在《地球化学》（2）报道，以发现地莱河（Laihe）村命名为莱河矿。IMA 1988－×××？批准。1976 年中国地质科学院地质所和北京大学地质地理系在《地质学报》（50）将此矿物命名为高铁铁橄榄石（Ferrifayalite）。

【莱卡石】

英文名 Rankachite

化学式 $Ca_{0.5}(V^{4+},V^{5+})(W^{6+},Fe^{3+})_2O_8(OH) \cdot 2H_2O$　　（IMA）

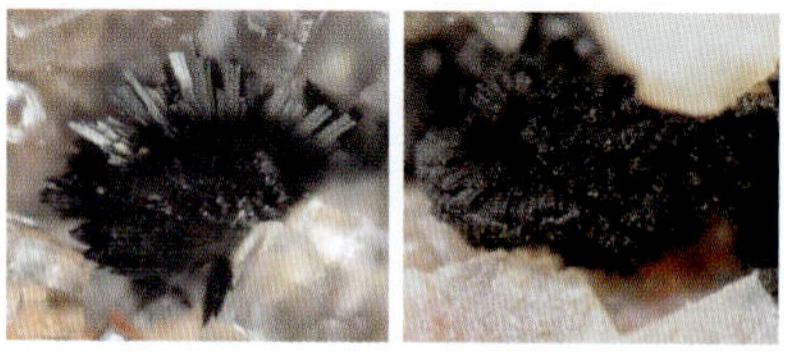

莱卡石片状晶体，放射状、卷曲状、晶簇状集合体（德国）

莱卡石是一种含结晶水和羟基的钙、钒的铁钨酸盐矿物。单斜晶系。晶体呈细长片状；集合体呈放射状、卷曲状、玫瑰花状。黑褐色、棕黄色，树脂光泽、油脂光泽，半透明；硬度 2.5，完全解理。1983 年发现于德国巴登-符腾堡州莱卡赫（Rankach）山谷克拉拉（Clara）矿。英文名称 Rankachite，以发现地德国的莱卡赫（Rankach）山谷命名。IMA 1983－044 批准。1984 年 K. 瓦林塔（K. Walenta）等在德国《矿物学新年鉴》（月刊）报道。1985 年中国新矿物与矿物命名委员会郭宗山等在《岩石矿物及测试》［4（4）］音译为莱卡石；根据成分译为水钒铁钨矿。

【莱粒硅钙石】

英文名 Reinhardbraunsite

化学式 $Ca_5(SiO_4)_2(OH)_2$　　（IMA）

莱粒硅钙石粒状晶体，块状集合体（德国）和莱因哈德·布劳恩像

莱粒硅钙石是一种含羟基的钙的硅酸盐矿物。属切格姆石*（Chegemite）系列族硅镁石族。单斜晶系。晶体呈粒状；集合体呈块状。浅粉色，玻璃光泽，半透明；硬度 5～6。1980 年发现于德国莱茵兰-普法尔茨州艾费尔高原贝尔伯格（Bellerberg）火山卡斯帕（Caspar）采石场。英文名称 Reinhardbraunsite，以德国波恩大学矿物学教授莱因哈德·布劳恩（Reinhard Brauns，1861—1937）的姓名命名。自 1907 年以来，布劳恩在波恩大学任矿物学与岩石学教授；作为一名科学家，布劳恩教授非常多才多艺；他的许多贡献涉及矿物学和岩石学，出版物近 200 种，著名的论文涉及晶体光学和矿物化学，以及宝石矿物学。IMA 1980－032 批准。1983 年 H. M. 哈姆（H. M. Hamm）等在《矿物学新年鉴》（月刊）报道。1985 年中国新矿物与矿物命名委员会郭宗山等在《岩石矿物及测试》［4（4）］根据英文名称首音节音、结晶习性和

成分译为莱粒硅钙石。

【莱硫铁银矿】

英文名 Lenaite

化学式 $AgFeS_2$ (IMA)

莱硫铁银矿是一种银、铁的硫化物矿物。属黄铜矿族。四方晶系。晶体呈他形粒状。钢灰色，金属光泽，不透明；硬度4.5。1994年发现于俄罗斯萨哈共和国上扬斯克镇卡恰克汗(Khachakchan)银锑汞矿床。英文名称Lenaite，以发现地附近俄罗斯的莱娜(Lena)河命名。IMA 1994-008批准。1995年V. A. 阿穆泽恩斯基(V. A. Amuzinskii)等在《俄罗斯矿物学会记事》[124(5)]报道。2003年中国地质科学院矿产资源研究所李锦平等在《岩石矿物学杂志》[22(3)]根据英文名称首音节音和成分译为莱硫铁银矿。

【莱普生石-钆】

英文名 Lepersonnite-(Gd)

化学式 $CaGd_2(UO_2)_{24}(CO_3)_8Si_4O_{28} \cdot 60H_2O$ (IMA)

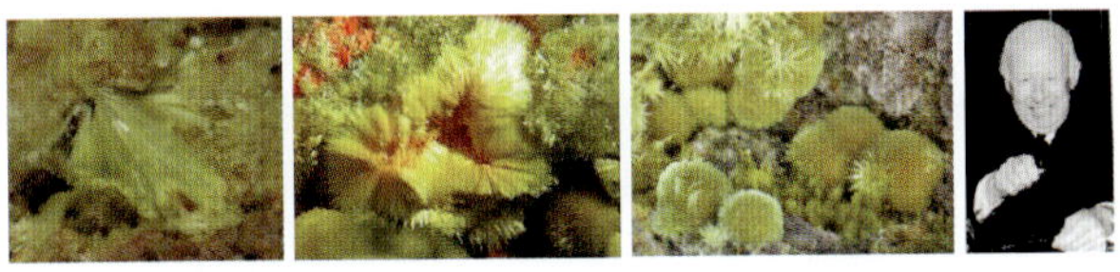

莱普生石-钆纤维状晶体，放射状、球粒状集合体(刚果)和莱普生像

莱普生石-钆是一种含结晶水的钙、钆的铀酰-硅酸-碳酸盐矿物。斜方晶系。晶体呈纤维状；集合体呈放射球状、晶簇状、钟乳状、皮壳状。亮黄色，玻璃光泽，透明—半透明；完全解理。1981年发现于刚果(金)上加丹加省坎博韦区欣科洛布韦(Shinkolobwe)矿山。英文名称Lepersonnite-(Gd)，以比利时布鲁塞尔中非皇家博物馆的地质学和矿物学系主任雅克·莱普生(Jacques Lepersonne，1909—1997)先生的姓氏，加占优势的稀土元素钆后缀-(Gd)组合命名。IMA 1981-036批准。它是IMA批准的唯一的钆占优势的一个独特的矿物。1982年M. 德利安(M. Deliens)等在《加拿大矿物学家》(20)和1983年《美国矿物学家》(68)报道。1984年中国新矿物与矿物命名委员会郭宗山在《岩石矿物及测试》[3(2)]音译为莱普生石，其后加占优势的稀土元素钆后缀译为莱普生石-钆/钆莱普生石。

【莱氏石】

英文名 Reidite

化学式 $Zr(SiO_4)$ (IMA)

莱氏石针状晶体(电镜)和莱德像

莱氏石是一种锆的硅酸盐矿物。属锆石族。与锆石为同质二象。白钨矿结构的超高压型锆石，密度比锆石高约10%，是地球最坚硬的矿物之一。四方晶系。晶体呈针状(或片状)，长10μm和宽0.3μm；同时与层状锆石主晶体连生。无色—白色，金刚光泽，半透明；硬度7.5，脆性。2001年发现于美国新泽西州大西洋大陆斜坡上的深海钻井工程场地和美国威斯康星州西部形成于4.7亿年前的埃尔姆岩陨石碰撞坑及巴巴多斯国圣约翰教区巴斯克里夫(Bath Cliff)。英文名称Reidite，由P. 比利(P. Billy)等以艾伦·F. 莱德(Alan F. Reid)的姓氏命名。1969年他在澳大利亚联邦科学和工业研究组织(CSIRO)首先在高压实验室制备出该物质的高压相[见1969年《地球和行星科学快报》(6)]；他曾在不同时期担任矿产、能源和建筑主管；CSIRO能源和地球资源研究所所长以及矿产工程部部长。他还分析了阿波罗计划月岩的样品，并编码了矿物宁静石。IMA 2001-013批准。2002年比利等在《美国矿物学家》(87)报道。中文名称音译为莱氏石。中国科学院广州地球化学研究所陈鸣研究员等在中国岫岩满族自治县陨石坑也发现了莱氏石[见《陨石学与行星科学》(2013.4.1)]。

【莱铁铀矾】

英文名 Leydetite

化学式 $Fe(UO_2)(SO_4)_2 \cdot 11H_2O$ (IMA)

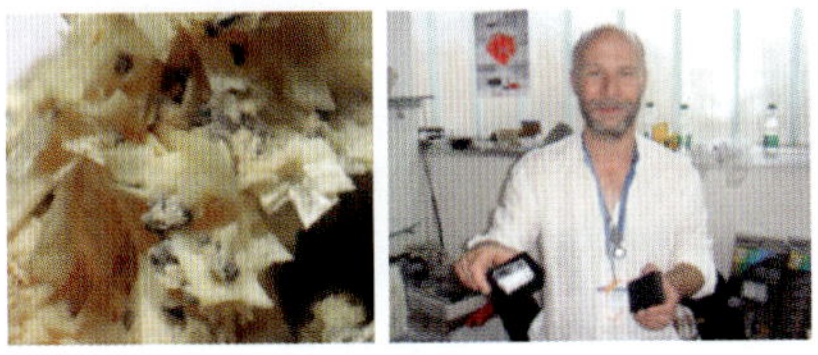

莱铁铀矾片状晶体(法国)和莱代像

莱铁铀矾是一种含结晶水的铁的铀酰-硫酸盐矿物。单斜晶系。晶体呈片状；集合体呈晶簇状。黄白色、黄绿色，玻璃光泽，透明—半透明；硬度2，完全解理。2012年发现于法国埃罗省洛代夫区马斯达拉里(Mas d'Alary)。英文名称Leydetite，以法国布雷斯特的矿物学家吉安·克劳德·莱代(Jean Claude Leydet，1961—2018)的姓氏命名。他发现了该新矿物，也是一位伟大的铀矿物的鉴赏家。IMA 2012-065批准。2012年J. 普拉希尔(J. Plášil)等在《矿物学杂志》(76)和2013年《矿物学杂志》(77)报道。2015年艾钰洁、范光在《岩石矿物学杂志》[34(1)]根据英文名称首音节音和成分译为莱铁铀矾。

【莱圆柱锡矿】

英文名 Lévyclaudite

化学式 $Pb_8Cu_3Sn_7(Bi,Sb)_3S_{28}$ (IMA)

莱圆柱锡矿是一种铅、铜、锡、铋、锑的硫化物矿物。属圆柱锡矿族。单斜晶系。晶体呈微观薄片状；集合体呈层状。灰色，金属光泽，不透明；硬度2.5～3，完全解理。1989年发现于希腊阿吉奥斯·菲利普斯(Agios Philippos)铅-锌矿床。英文名称Lévyclaudite，以法国矿物学家、巴黎第六大学列维·克劳德(Lévy Claude，1924—)博士的姓名命名，以表彰他对复杂硫化物矿物学做出的贡献。IMA 1989-034批准。1990年Y. 莫罗(Y. Moëlo)等在《欧洲矿物学杂志》[2(5)]报道。1991年中国新矿物与矿物命名委员会郭宗山《岩石矿物学杂志》[10(4)]根据英文名称首音节音和族名译为莱圆柱锡矿；1993年中国新矿物与矿物命名委员会黄蕴慧等在《岩石矿物学杂志》[12(1)]简化音译为列维矿(编译者全音译为列维克劳德矿*)。

铼 [lái]形声；从钅，来声。一种稀有金属元素。[英] Rhenium。元素符号Re。原子序数75。铼是存在于自然界中被人们发现的最后一个元素。它作为锰副族中的一个成员，早在1872年门捷列夫建立元素周期系的时候，就曾预言它的存在，把它称为 Dwi-manganese(次锰)，而把这个族中的另一个当时也没有发现的成员称为 Eka-manganese(类锰)。后来莫斯莱确定了这两个元素的原子序数分别是 75 和 43。科学家们一直致力于寻找这两个元素，但直到 1924 年才由德国的 W. 诺达克(W. Noddack)、I. 塔克(I. Tacke)和 O. 贝格(O. Berg)利用光谱从大量的矿物和岩石的浓缩产物中发现了它，并用莱茵河的拉丁文 Rhenus 命名为 Rhenium。它在地壳中的含量为十亿分之一。已发现铼矿(辉铼矿)和硫铜铼矿独立的铼矿物。

【铼矿】

英文名 Rheniite

化学式 ReS_2　　(IMA)

铼矿暗红色楔形晶体，晶簇状集合体(俄罗斯)

铼矿是一种铼的硫化物矿物；它是第一个被发现的以铼为主的十分罕见的矿物。三斜晶系。晶体呈扁平片状、楔形；集合体呈晶簇状。银灰色、黑色、暗红色，金属光泽，不透明—半透明(红色)；完全解理。发现于俄罗斯萨哈林州千岛群岛德里亚维(Kudriavy)火山。1994 年 S. P. 凯尔蒂(S. P. Kelty)等在《美国化学学会杂志》(116)和《无机化学》(33)报道。英文名称 Rheniite，由成分"Rhenium(铼)"命名。IMA 1999-004a 批准。2005 年 V. S. 兹纳缅斯基(V. S. Znamensky)等在《俄罗斯矿物学会记事(俄罗斯矿物学会会议记录)》[134(5)]和《加拿大矿物学家》(43)报道。日文名称レニウム鉱。中文名称根据成分译为铼矿或辉铼矿。

赖

[lài]形声；从贝，剌(là)声。本义：得益；赢利。[英]音，用于外国人名。

【赖莎石*】

英文名 Raisaite

化学式 $CuMg[Te^{6+}O_4(OH)_2]\cdot 6H_2O$　　(IMA)

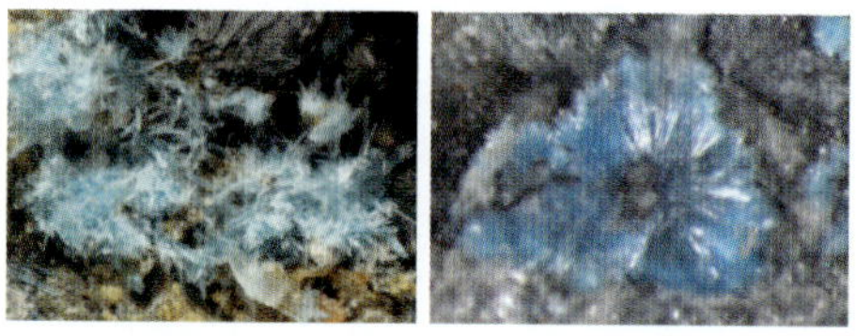

赖莎石*针柱状晶体，团状、放射状集合体(俄罗斯)

赖莎石*是一种含结晶水和羟基的铜、镁的碲酸盐矿物。单斜晶系。晶体呈针柱状(0.1mm×0.6mm)；集合体呈团状或皮壳状(0.4mm×0.6mm)和致密圆状(直径 0.2mm)形成葡萄状(直径 1mm)。浅蓝的明亮的天蓝色，玻璃光泽，透明；硬度约 2。2014 年发现于俄罗斯楚科奇自治区森蒂亚布尔斯科伊(Sentyabrskoe)矿床。英文名称 Raisaite，以俄罗斯莫斯科大学矿物学家赖莎·A. 维诺格纳多娃(Raisa A. Vinogradova，1935—)的名字命名。IMA 2014-046 批准。2014 年 I. V. 佩科夫(I. V. Pekov)等在《CNMNC 通讯》(22)、《矿物学杂志》(78)和 2016 年《欧洲矿物学杂志》(28)报道。目前尚未见官方中文译名，编译者建议音译为赖莎石*。

兰

[lán]蘭的简化字。形声；从艸，阑(lán)声。本义：兰草，即泽兰。[英]音，用于外国人名。

【兰道矿】

英文名 Landauite

化学式 $(Na,Pb)(Mn^{2+},Y)(Zn,Fe)_2(Ti,Fe^{3+},Nb)_{18}(O,OH,F)_{38}$　　(IMA)

兰道矿晶体(俄罗斯)和兰道像

兰道矿是一种含羟基、氧和氟的钠、铅、锰、钇、锌、铁、钛、铌的复杂氧化物矿物。属尖钛铁矿族。三方晶系。晶体呈柱状、粒状，通常有复杂的环状双晶；集合体呈晶簇状。黑色，薄片半透明者呈褐绿色，半金属光泽，不透明；硬度 7.5，脆性。1965 年发现于俄罗斯布里亚特共和国妈妈河(Maigunda)流域布尔帕拉(Burpala)碱性岩地块。英文名称 Landauite，以苏联著名物理学家列弗·达维多维奇·兰道(Lev Davidovich Landau，1908—1968)的姓氏命名。他在理论物理学的许多领域做出了贡献，因而获得 1962 年诺贝尔物理学奖。还有很多以他的名字命名的，包括物理效应、方程式，一个小行星和一个月球陨石坑。IMA 1965-033 批准。1966 年 A. M. 波尔特诺夫(A. M. Portnov)等在《苏联科学院报告》(166)和 M. 弗莱舍(M. Fleischer)在《美国矿物学家》(51)报道。中文名称音译为兰道矿，也有的误译为蓝道矿。

【兰吉斯矿】参见【砷镍钴矿】条 788 页

【兰施泰因石*】

英文名 Lahnsteinite

化学式 $Zn_4(SO_4)(OH)_6\cdot 3H_2O$　　(IMA)

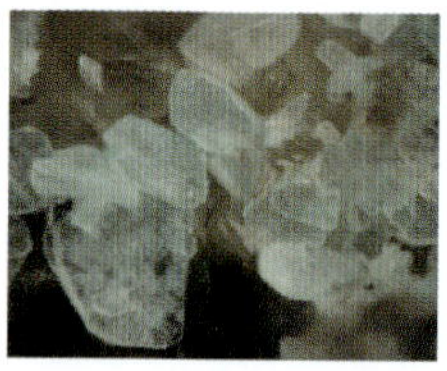

兰施泰因石*片状晶体(希腊)

兰施泰因石*是一种含结晶水、羟基的锌的硫酸盐矿物，可能是大阪石(Osakaite)的脱水的产物。三斜(假斜方)晶系。晶体呈假六方片状，长 0.7mm。无色，玻璃光泽，透明；硬度 1.5，完全解理。2012 年发现于德国莱茵兰-普法尔茨州巴特埃姆斯市弗里德里希森(Friedrichssegen)矿区。英文名称 Lahnsteinite，以矿物发现地德国弗里德里希森矿区附近的兰施泰因(Lahnstein)镇命名。IMA 2012-002 批准。2012 年 N. V. 丘卡诺夫(N. V. Chukanov)等在《CNMNC 通讯》(13)、《矿物学杂志》(76)和 2013 年《俄罗斯矿物学会记事》[142(1)]报道。目前尚未见官方中文译名，编译者建议音译为兰施泰因石*。

蓝

[lán]形声；从艸，监声。本义：蓼蓝。颜色的一种，像晴天天空的颜色。具体讲，根据色彩中的互补色理论蓝色与橙色互补，当自然光波(白色)投射在矿物上，其中的橙色被吸收，呈现出的是蓝色。①用于描述矿物的颜色。②[英]音，用于外国人名、地名。

【蓝宝石】参见【刚玉】条 236 页

L

【蓝彩钠长石】参见【钠长石】条 634 页

【蓝方钠石】参见【方钠石】条 157 页

【蓝方石】

英文名 Haüyne

化学式 $Na_3Ca(Si_3Al_3)O_{12}(SO_4)$　　(IMA)

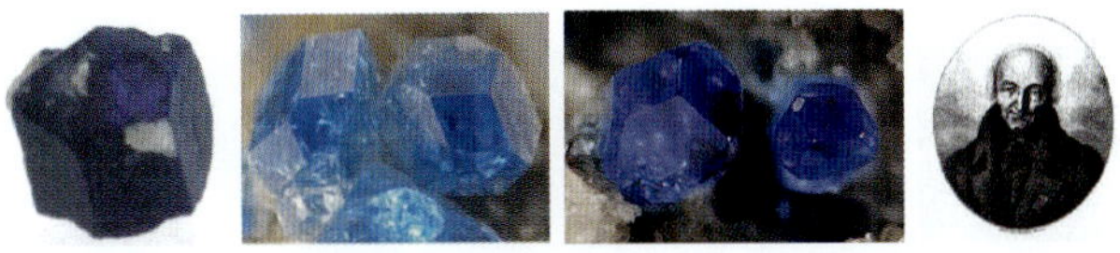

蓝方石晶体(阿富汗、德国)和阿羽伊像

蓝方石属似长石族方钠石族，是一种含硫酸根的钠、钙的铝硅酸盐矿物。等轴晶系。晶体呈菱形十二面体或八面体、圆粒状及粒状，具双晶。蓝色—深天蓝色，也有白色、灰色、浅黄色、浅绿色、浅红色，玻璃光泽、油脂光泽，透明—不透明；硬度 5.5～6，完全解理，脆性。1803 年首次发现于意大利罗马省内米湖畔，由卡罗·朱塞佩·吉斯蒙(Carlo Giuseppe Gismon)暂时以拉丁文(Latium)命名为 Latialite，但没有正式报道。1807 年又描述了在意大利外轮山(当地人称索马山)-维苏威(Somma-Vesuvius)火山的熔岩中发现的标本。1807 年由滕内斯·克里斯坦·布鲁恩·德·内高(Tønnes Christian Bruun de Neergaard)在《矿山杂志》(21)报道。英文名称 Haüyne，为了纪念法国“结晶学之父”阿贝·雷内·尤斯特·阿羽伊(Abbé Rene Just Haüy，1743—1822)而以他的姓氏命名为 Haüyne。阿羽伊是一位罗马天主教神父并担任法国国家巴黎国立博物馆的馆长，他设计和销售的木制晶体模型，在国际上被同时代的人乃至今天都认为具有很高的价值，被视为珍宝。1959 年以前发现、描述并命名的“祖父级”矿物，IMA 承认有效。1831 年路易斯·阿尔伯特·内克尔·德·萨塞尔(Louis Albert Necker de Saussiere)为纪念乔恩·雅克布·贝采里乌斯(Jöns Jakob Berzelius)而以他的名字命名为 Berzeline。1868 年由美国地质学、矿物学和动物学家詹姆斯·德怀特·丹纳(James Dwight Dana，1813—1895)在其著名的《系统矿物学》(第三版)命名为 Haüynite。中文名称根据矿物的颜色(蓝色)和晶系(等轴)及与方钠石的关系译为蓝方石。

【蓝硅孔雀石】参见【硅孔雀石】条 270 页

【蓝硅镍镁石】参见【硅镍镁石】条 280 页

【蓝硅硼钙石】

英文名 Serendibite

化学式 $Ca_4[Mg_6Al_6]O_4[Si_6B_3Al_3O_{36}]$　　(IMA)

蓝硅硼钙石板片状晶体(缅甸)

蓝硅硼钙石是一种钙、镁、铝氧的硼铝硅酸盐矿物。它被认为是世界上最稀有的宝石。属假蓝宝石超族镁钙三斜闪石(褐斜闪石)族。三斜晶系。晶体呈六边形的板片状，聚片双晶。淡黄色、灰蓝色、天蓝色—深蓝色、蓝绿色、蓝黑色，玻璃光泽，透明—不透明；硬度 6.5～7。1902 年发现于斯里兰卡安巴科特(Ambakotte)冈帕皮蒂亚(Gangapitiya)。1903 年 G. T. 普赖尔(G. T. Prior)和 A. K. 孔马拉斯瓦米(A. K. Coomáraswámy)在《矿物学杂志》(13)报道。英文名称 Serendibite，以斯里兰卡的古老的阿拉伯文名字塞伦底伯或塞伦迪布(Serendib)命名。1959 年以前发现、描述并命名的“祖父级”矿物，IMA 承认有效。中文名称根据颜色和成分译为蓝硅硼钙石；编译者音译为塞伦迪布石*。

【蓝黑镁铝石】参见【皂石】条 1103 页

【蓝辉铜矿】

英文名 Digenite

化学式 $Cu_{1.8}S$　　(IMA)

蓝辉铜矿立方体晶体，晶簇状、球粒状集合体(美国、德国)

蓝辉铜矿是一种铜的硫化物矿物。属辉铜矿-蓝辉铜矿族。蓝辉铜矿有 3 个同质多象变体：高温相 73°C 以上为假等轴晶系，低温相为三方晶系，准温相不稳定慢慢转变为低温相。晶体呈立方体，粒径达 3cm；集合体呈晶簇状、球粒状、块状。通常与其他铜硫化物共生。灰色、灰黑蓝色，金属—半金属光泽，不透明；硬度 2.5～3，完全解理，脆性。1844 年发现于德国萨克森-安哈尔特州桑格豪森(Sangerhausen)铜板岩矿床；同年，奥古斯特·布赖特豪普特(August Breithaupt)在《波根多尔夫物理学和化学年鉴》(61)/(137)报道。英文名称 Digenite，1844 年奥古斯特·布赖特豪普特(August Breithaupt)根据希腊文“διγενης＝Digenus(两种)”命名，意指它由辉铜矿和铜蓝两种起源；或假设它存在两种铜离子-亚铜和铜离子。1959 年以前发现、描述并命名的“祖父级”矿物，IMA 承认有效。IMA 1962s. p. 批准。中文名称根据颜色和成分译为蓝辉铜矿。

【蓝尖晶石】

英文名 Blue spinel

化学式 $(Fe,Mg)Al_2O_4$

蓝尖晶石八面体晶体

蓝尖晶石是尖晶石的蓝色变种，包括铁镁尖晶石(Zeylanite，锡兰石)和锌尖晶石(Gahnite)。等轴晶系。晶体呈八面体。颜色从浅蓝色—深蓝色，暗蓝绿色—黑色，大多数都呈趋于烟灰色的深而暗的蓝色，即使带有紫色色调也是如此，玻璃光泽，透明—半透明，其光泽和透明度也总带有一种沉闷的、模糊不清的感觉，少数蓝尖晶石具有猫眼效应和星光效应(四射星光)；硬度 7.5。可作为宝石品种。蓝尖晶石主要产于斯里兰卡的宝石砂砾层中，缅甸也有少量产出。英文名称 Blue spinel，由“Blue(蓝色)”和“Spinel(尖晶石)”组合命名。中文名称根据蓝色及与尖晶石的关系译为蓝尖晶石(参见【锌尖晶石】条 1043 页)。

【蓝晶石】

英文名 Kyanite

化学式 Al_2OSiO_4　　(IMA)

蓝晶石是一种铝氧的硅酸盐矿物。与红柱石和硅线石为同质多象。三斜晶系。晶体呈柱状、板状、片状、纤维状。

L

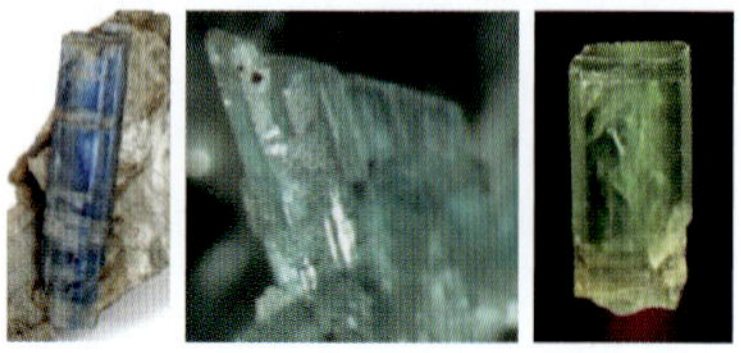

蓝晶石板柱状晶体（瑞士、美国、巴西）

蓝色、白色、浅灰色、绿色，很少黄色、橙色、粉红色，玻璃—半玻璃光泽、油脂光泽、珍珠光泽，透明—半透明；硬度 5.5～7，完全解理，脆性。在平行晶体伸长方向上摩氏硬度为4.5，垂直方向上为 6；硬度有明显的异向性，故又名二硬石。1789 年发现于意大利；同年，在《伯格曼杂志》(1)报道。英文名称 Kyanite，1789 年由亚伯拉罕·戈特利布·维尔纳(Abraham Gottlieb Werner)根据希腊文“κιόνος＝Kyanos＝Blue(蓝色)”命名。法文的拼写法“Cyanite”，在 19 世纪和 20 世纪早期矿物学家常用这个名称。1810 年 M. H. 克拉普罗特(M. H. Klaproth)在《化学知识对矿物学研究的贡献》(第五卷，柏林罗特曼)报道。1959 年以前发现、描述并命名的“祖父级”矿物，IMA 承认有效。IMA 1967s. p. 批准。中文名称根据颜色译为蓝晶石。

【蓝磷铝钡石】参见【磷铝铁钡石】条 468 页

【蓝磷铝高铁矿*】

英文名 Ferrivauxite

化学式 $Fe^{3+}Al_2(PO_4)_2(OH)_3 \cdot 5H_2O$ (IMA)

蓝磷铝高铁矿*是一种含结晶水和羟基的三价铁、铝的磷酸盐矿物。属黄磷锰铁矿-磷铁华族磷铁华亚族。三斜晶系。晶体呈蓝磷铝铁矿板状的假象。金棕色，玻璃光泽，透明—半透明；硬度 3.5，脆性。2014 年发现于玻利维亚波托西省拉拉瓜(Llallagua)。英文名称 Ferrivauxite，由成分冠词“Ferri(三价铁)”和根词“Vauxite(蓝磷铝铁矿)”组合命名。IMA 2014 - 003 批准。2014 年 G. 拉伊德(G. Raade)等在《CNMNC 通讯》(20)、《矿物学杂志》(78)和 2016 年《矿物学杂志》(80)报道。目前尚未见官方中文译名，编译者根据成分及与蓝磷铝铁矿的关系译为蓝磷铝高铁矿*。

【蓝磷铝铁矿】

英文名 Vauxite

化学式 $Fe^{2+}Al_2(PO_4)_2(OH)_2 \cdot 6H_2O$ (IMA)

蓝磷铝铁矿板状晶体，皮壳结节状集合体（玻利维亚）和沃克斯像

蓝磷铝铁矿是一种含结晶水和羟基的铁、铝的磷酸盐矿物。属黄磷锰铁矿-磷铁华族磷铁华亚族。三斜晶系。晶体呈扁平板状、纤维状；集合体呈放射状、皮壳结节状。天蓝色、深蓝色，条痕呈白色，玻璃光泽，透明—半透明；硬度3.5，脆性。1922 年发现于玻利维亚波托西省拉拉瓜(Llallagua)。1922 年戈登(Gordon)在《科学》(56)和《美国矿物学家》(7)报道。英文名称 Vauxite，以美国宾夕法尼亚律师和矿物收藏家乔治·沃克斯·朱尼尔(George Vaux Junior，1863—1927)的名字命名。1959 年以前发现、描述并命名的“祖父级”矿物，IMA 承认有效。中文名称根据颜色和成分译为蓝磷铝铁矿。

【蓝磷铜矿】

英文名 Cornetite

化学式 $Cu_3(PO_4)(OH)_3$ (IMA)

蓝磷铜矿柱状、粒状晶体，放射状、晶簇状、球状集合体（刚果）和科内特像

蓝磷铜矿是一种含羟基的铜的磷酸盐矿物。斜方晶系。晶体呈短柱状、粒状；集合体呈皮壳状、放射状、晶簇状、球状。孔雀蓝色—浅绿蓝色、深蓝色、蓝色—蓝绿色，玻璃光泽，透明—半透明；硬度 4.5。1916 年发现并描述于刚果(金)上加丹加省卢本巴希市刚果之星(Star of the Congo)矿；同年，在列日《矿物与岩石》报道。英文名称 Cornetite，是为了纪念比利时地质学家朱尔斯·科内特(Jules Cornet，1865—1929)而以他的姓氏命名。他在刚果(金)，特别是加丹加勘探，在那里发现了丰富的矿产资源。1959 年以前发现、描述并命名的“祖父级”矿物，IMA 承认有效。中文名称根据颜色和成分译为蓝磷铜矿。

【蓝铃石*】

英文名 Bluebellite

化学式 $Cu_6(IO_3)(OH)_{10}Cl$ (IMA)

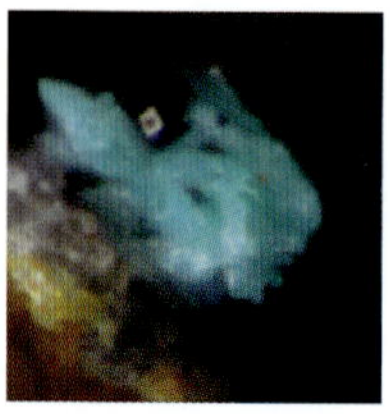

蓝铃石*板条状晶体（美国）

蓝铃石*是一种含氯、羟基的铜的碘酸盐矿物，它是第三个碘酸盐矿物(水碘铜矿和碘铜矿)。三方晶系。晶体呈板状或片状，通常弯曲，粒径 20μm×20μm×5μm。明亮的蓝绿色，金刚光泽，表面粗糙的常显得暗淡无光；非常软，硬度 1，完全解理。2013 年发现于美国加利福尼亚州圣贝纳迪诺县蓝铃(Blue Bell)矿。英文名称 Bluebellite，2014 年 S. J. 米尔斯(S. J. Mills)等根据发现地美国的蓝铃(Blue Bell)矿命名(地名又以蓝铃草、蓝铃花、风铃草命名)。IMA 2013 - 121 批准。2014 年米尔斯等在《CNMNC 通讯》(20)和《矿物学杂志》(78)报道。目前尚未见官方中文译名，编译者根据地名译为蓝铃石*。

【蓝钼矿】

英文名 Ilsemannite

化学式 $Mo_3O_8 \cdot nH_2O$(?) (IMA)

蓝钼矿土状、皮壳状集合体（捷克、德国）

蓝钼矿是一种含结晶水的钼的氧化物矿物。无定形非晶质。集合体呈土状、皮壳状或弥散状。黑色、蓝黑色或蓝色，在曝光后变为蓝色；硬度 5.5～6。1871 年发现于奥地利

克恩顿州阿尔卑斯山布莱贝格(Bleiberg)矿泉浴区。1871年胡弗(Höfer)在《矿物学杂志》和《矿物学、地质学和古生物学新年鉴》报道。英文名称 Ilsemannite，以德国赫兹克劳斯塔尔的采矿专员 J. C. 伊尔泽曼(J. C. Ilsemann，1727—1822)的姓氏命名，1787 年他曾发表辉钼矿的研究。1959 年以前发现、描述并命名的"祖父级"矿物，IMA 承认有效。中文名称根据颜色和成分译为蓝钼矿。

【蓝色电气石】

英文名 Indicolite

化学式(通式) $A(D_3)G_6(T_6O_{18})(BO_3)_3X_3Z$

蓝色电气石柱状晶体，放射状、晶簇状集合体(纳米比亚、巴基斯坦)

蓝色电气石是一种电气石的蓝色变种，可能是锂电气石，但不一定总是锂电气石或氟电气石。属电气石族。三方晶系。晶体呈柱状；集合体呈放射状、晶簇状。蓝色，玻璃光泽，透明；硬度 7～8。英文名称 Indicolite，以"Indigo(靛蓝色)"命名。中文名称根据颜色及族名译为蓝色电气石；旧译蔚蓝碧玺(参见【电气石】条 130 页)。

【蓝色堇青石】参见【堇青石】条 387 页

【蓝色针钠钙石】参见【针钠钙石】条 1110 页

【蓝闪石】

英文名 Glaucophane

化学式 $\square Na_2(Mg_3Al_2)Si_8O_{22}(OH)_2$　　(IMA)

蓝闪石柱状晶体(意大利)

蓝闪石是一种含羟基的空位、钠、镁、铁和铝的硅酸盐矿物。属角闪石超族 W 位羟基、氟、氯占优势的闪石族钠质闪石亚族蓝闪石根名族。单斜晶系。晶体呈细长柱状、针状或纤维状、薄片状、细粒状，具聚片双晶；集合体常呈块状和石棉状。颜色以蓝色系为主，多为淡灰蓝色、海军蓝色、薰衣草紫蓝色—深蓝色或黑色(含铁愈多，颜色愈深)，玻璃光泽、丝绢光泽、珍珠光泽，半透明；硬度 6～6.5，完全解理，脆性。1845 年发现于希腊爱琴海群岛(Aiyaion)锡罗斯(Syros)岛；同年，在《实用化学杂志》(34)报道。英文名称 Glaucophane，来自两个希腊文，"γλαυκός＝Glaukos＝Sky-blue＝Bluish"，意指"天蓝色的"和"Φαίνεσθαι＝Phainestai＝To appear"，有"出现"之意，指蓝闪石颜色与天蓝色相似，故得此名。1959 年以前发现、描述并命名的"祖父级"矿物，IMA 承认有效。IMA 2012s. p. 批准。中文名称根据颜色和族名译为蓝闪石。

纤维状蓝闪石称作青石棉；当纤维被石英部分或全部置换，当中所含的铁亦会被氧化变成金色，使得青石棉的纤维组织便会发出黄色的猫眼光，经切割后称为虎眼石。1960 年，日本首次发现无色蓝闪石。

【蓝砷钙铜矿】参见【水砷钙铜石】条 867 页

【蓝砷铜锌矿】

英文名 Stranskiite

化学式 $CuZn_2(AsO_4)_2$　　(IMA)

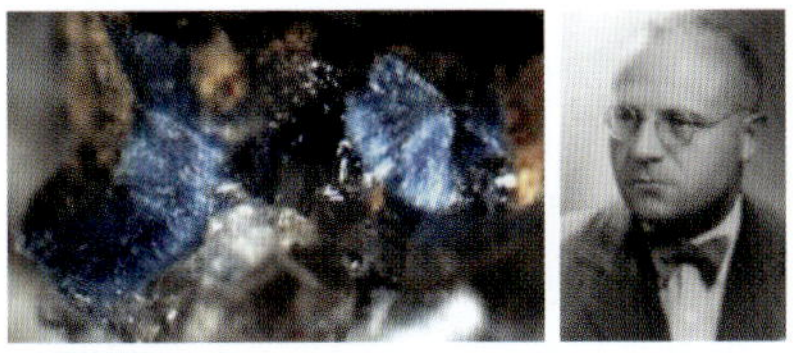

蓝砷铜锌矿纤维状晶体，放射状集合体(纳米比亚)和斯特兰斯基像

蓝砷铜锌矿是一种铜、锌的砷酸盐矿物。三斜晶系。晶体呈片状、纤维状；集合体呈放射状、块状。鲜蓝色，玻璃光泽，透明；硬度 4，完全解理。1960 年发现于纳米比亚奥希科托区楚梅布(Tsumeb)矿。1960 年由卡尔·雨果·施特龙茨(Karl Hugo Strunz)描述了此矿物；并在德国《自然科学期刊》(47)和《美国矿物学家》(45)报道。英文名称 Stranskiite，以德国柏林化学家和物理学家伊万·N. 斯特兰斯基(Iwan N. Stranski，1897—1979)荣誉教授的姓氏命名。斯特兰斯基对晶体生长做出了开创性的工作。IMA 1962s. p. 批准。中文名称根据颜色和成分译为蓝砷铜锌矿。

【蓝石棉】参见【青石棉】条 747 页

【蓝水硅铜石】

英文名 Apachite

化学式 $Cu_9^{2+}Si_{10}O_{29}\cdot 11H_2O$　　(IMA)

蓝水硅铜石纤维状晶体，放射球状、葡萄状集合体(美国)

蓝水硅铜石是一种含结晶水的铜的硅酸盐矿物。单斜晶系。晶体呈纤维状；集合体呈放射状、球状、葡萄状。蓝色、绿色，丝绢光泽，透明—半透明；硬度 2。1979 年发现于美国亚利桑那州圣诞矿山。英文名称 Apachite，以发现地美国印第安人部落居住地阿帕奇(Apache)山命名。IMA 1979－022 批准。1980 年 F. P. 塞斯勃隆(F. P. Cesbron)等在《矿物学杂志》(43)和 M. 弗莱舍(M. Fleischer)等在《美国矿物学家》(65)报道。中文名称根据颜色和成分译为蓝水硅铜石。

【蓝水氯铜矿】

英文名 Calumetite

化学式 $CaCu_4(OH)_8Cl_2\cdot 3.5H_2O$　　(IMA)

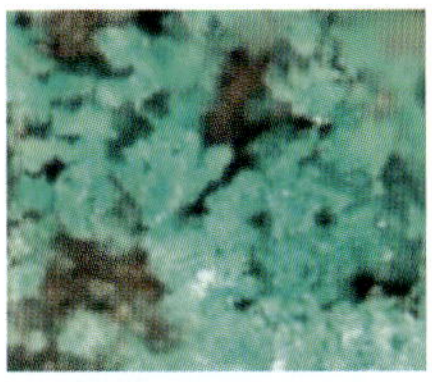

蓝水氯铜矿皮壳状集合体(美国)

蓝水氯铜矿是一种罕见的含结晶水的钙、铜的氯-氢氧化物矿物。斜方晶系。晶体呈柱状、鳞片状；集合体呈皮壳状、球状、小麦捆束状。天青蓝、粉蓝色、蓝白色，珍珠光泽，半透明；硬度 2，完全解理，脆性。1963 年发现于美国密歇根州霍顿县卡吕梅(Calumet)镇附近的百年(Centennial)铜矿。1963 年

S. A. 威廉姆斯(S. A. Williams)在《美国矿物学家》(48)报道。英文名称 Calumetite,以发现地美国的卡吕梅(Calumet)矿命名(意为和平的象征,美国国内战争结束,《解放黑人奴隶宣言》从 1863 年元旦生效)。IMA 2019s. p. 批准。中文名称根据颜色和成分译为蓝水氯铜矿/羟水铜矿。

【蓝水砷锌矿】

英文名 Mapimite

化学式 $Zn_2Fe_3^{3+}(AsO_4)_3(OH)_4 \cdot 10H_2O$　　(IMA)

蓝水砷锌矿是一种含结晶水和羟基的锌、铁的砷酸盐矿物。单斜晶系。蓝色、绿色,玻璃光泽;硬度 3,完全解理。1978 年发现于墨西哥杜兰戈州马皮米(Mapimi)洼地欧耶拉(Ojuela)矿。英文名称 Mapimite,以发现地墨西哥的马皮米(Mapimi)洼地命名。IMA 1978－070 批准。1981 年法比安·塞斯布龙(Fabien Cesbron)、米格尔·罗梅罗·桑切斯(Miguel Romero Sanchez)和西德尼·A. 威廉姆斯(Sidney A. Williams)在《矿物学通报》(104)及 1982 年《美国矿物学家》(67)报道。中文名称根据颜色和成分译为蓝水砷锌矿,也有的译作水砷铁锌石。

【蓝丝黛尔石】

英文名 Lonsdaleite

化学式 C　　(IMA)

蓝丝黛尔像和王占奎(左)展示夜明珠

蓝丝黛尔石是一个美丽的名字,它是一种碳的单质陨石矿物。与金刚石、石墨、赵石墨等为同质多象。六方晶系。晶体为毫米级显微状,立方体、立方体与八面体聚形。棕黄色、浅灰色,金刚光泽,透明—不透明;硬度 7～8。第一次鉴别出蓝丝黛尔石是 1966 年在美国亚利桑那州科科尼诺县巴林杰(Barringer)陨石坑中的"魔谷陨石"(Canyon Diablo meteorite)。这是世界上第一颗蓝丝黛尔石,它被收藏于美国华盛顿博物馆。1967 年 C. 弗龙德尔(C. Frondel)和 U. B. 马文(U. B. Marvin)在《自然》(214)和《化学物理杂志》(46)及《美国矿物学家》(52)报道。英文名称 Lonsdaleite,为了纪念爱尔兰地质学家、结晶矿物学家凯瑟琳·朗斯代尔爵士(Kathleen Lonsdale,1903—1971)而以她的姓氏命名;朗斯代尔 1929 年通过 X 射线衍射方法建立了苯的结构;她还致力于合成钻石研究,是使用 X 射线研究晶体的先驱,对陨石物质研究做出了贡献。IMA 1966－044 批准。中文名称音译为饱含着矿物之美的一个引人注目的具有女性色彩的蓝丝黛尔石;也译为朗斯代尔石或郎士德碳,又因晶体结构及特性又译为六方金刚石或六方碳。2014 年内梅特(Nemeth)等提出质疑,认为可能是孪生立方金刚石。科学家们确信它是流星上的石墨在坠入地球时所形成;撞击时的巨大压力及热量改变石墨结构形成金刚石,却又保留了石墨的平行六边形晶格,并构成了立方的六方晶格。蓝丝黛尔石莫氏硬度在 7～8 之间,而金刚石则为 10。2009 年专家在《物理评论快报》解释说:蓝丝黛尔石较低的硬度主要原因系天然形成不纯且结构不完美所致,如果结构完美则比金刚石还要硬 58%。

目前世界上被认定的第二颗蓝丝黛尔石为中国公民王占奎所收藏。它呈自然圆球体,米黄色,不透明,重 43.03 克拉,直径 1.75～1.80cm,宛如一颗寻常石子。但将其迎光转动,遍布球体上的小晶体闪射出美丽的金刚光泽。将其置于暗室,此珠立刻发出黄绿色美丽的磷光,宛如一轮圆月;置于手中即有掌上明珠之感,强光刺激后,其光能看清 3m 范围内的一切物体;距离 10cm 左右,能看清最小的铅字。尤其奇妙的是,将此珠放入水中,水面会顿时呈现出绿、蓝、白、黄、黑五色光环,光环界线分明,最大直径达 60cm。专家解释说:此珠发光原理为离子反应,它吸收光能的速度极快,而释放光能则长达 72h。

关于它的来历还有一段鲜为人知的神奇佳话。1971 年,中国内蒙古自治区赤峰市的王占奎在雪地里救了一位快要冻僵的蒙古族老人。经过王占奎悉心照料,老人起死回生。老人为答谢救命之恩送给他一个小盒子。因为在当地,蒙古族互赠礼物是很平常的事情,所以,王占奎并没有在意,权当是个小玩意儿,顺手放进衣服口袋里,任凭它在衣服口袋里"睡觉"。20 年后,在整理杂物时无意间找到了这个礼物。它是一个黄色丝缎包裹的很精致的骨料制作的小盒子。盒子打开后,老王在厚厚的蜡封下抠出一个像泥丸子一样的小球。但是,一次偶然的机会,老王发现这个小球竟能在夜里发光,放在鱼缸里,深更半夜竟然十分清楚地看到鱼儿在水中漫游,亦真亦幻,煞是好看。经照相机闪光灯强光刺激后,黑夜里竟然可以借助"小球"光线看清书中字迹。"难道这是个宝贝?""难不成这是颗夜明珠?"王占奎把小球拿到天津珠宝检测中心鉴定,鉴定结果:这个小球是天上掉下来的陨石钻石夜明珠,专家估价 3 000 多万元。可是不到一个星期,专家就声明将这张鉴定证书作废。王占奎决定再到北京做更全面的鉴定。天津国际宝石检测鉴定中心、中国地质大学宝石鉴定室、中国地质科学院、中国石油天然气总公司 X 光检测中心、中国宝玉石协会珠宝鉴定检测中心等单位,先后对这颗夜明珠以现代高科技手段,进行了电子探针分析、背散射电子图像分析、X 光衍射分析及红外光谱分析等多项检测,结果表明:此夜明珠主要由六方金刚石和纤锌矿组成,圆球体系天然形成;鉴于其金刚石为六方晶体,再结合 X 光衍射出现的 6 根长线与国际通用卡、系统矿物学数据相比对,最终鉴定为该球体是从太空降落下的陨石钻石。在经过红外线、电子探针的检测后,鉴定人员证实了这个小球是钻石夜明珠,并且最终鉴定出这个小球不但是夜明珠而且还是从天上掉下来的陨石钻石夜明珠。这个神奇的"小球"的身世终于被揭开(参见【金刚石】条 385 页)。

【蓝铁矿】

英文名 Vivianite

化学式 $Fe_3^{2+}(PO_4)_2 \cdot 8H_2O$　　(IMA)

蓝铁矿是一群有相似结构的磷酸盐矿物的总称(族名),包括蓝铁矿(Vivianite,含水铁磷酸盐矿物)、镍华(Annabergite,含水镍砷酸盐矿物)、镁蓝铁矿(Barićite,含水铁镁磷酸盐矿物)、钴华(Erythrite,含水钴砷酸盐矿物)和水砷锌石(Köttigite,含水锌砷酸盐矿物)。所有的成员都有非常灿烂的颜色:蓝铁矿以其蓝绿色著名;钴华有着美丽的紫红色;而镍华则是有着粉嫩的苹果绿颜色(参见相关条目)。

蓝铁矿作为矿物种是一种含水的铁磷酸盐矿物。属蓝

蓝铁矿板状晶体，花状、绒球状、晶簇状集合体（德国、玻利维亚、乌克兰、澳大利亚）

铁矿族。与砷铁矿为同质多象。单斜晶系。晶体多呈扁平长柱状、板状、纤维状、刀片状，时常充填于化石壳，如双壳类和腹足类，或者附在骨头化石空穴内；集合体呈放射状、花环状、肾状、球粒状、结核状、土状。无色、绿色、蓝色、深绿色、深青绿色，玻璃光泽，解理面上呈珍珠光泽，新鲜时透明，暴露久后改变为蓝色—绿色或黑色，半透明—不透明，光泽暗淡；硬度 1.5～2.5。它是矿物收藏家喜好收藏的矿物之一。

1817 年发现于英国英格兰康沃尔郡威尔简（Wheal Kine）锡矿；同年，在弗赖堡和维也纳《最后的矿物系统》（*Letztes Mineral-System*）报道。英文名称 Vivianite，1817 年，亚伯拉罕·戈特洛布·维尔纳（Abraham Gottlob Werner）为纪念最早在英国康沃尔（Cornwall）郡发现蓝铁矿的英国矿物学家约翰·亨利·维维安（John Henry Vivian，1785—1855）而以他的姓氏命名。维维安是一位英格兰威尔士-康沃尔的政治家和矿物学家，该矿物的发现者。1959 年以前发现、描述并命名的“祖父级”矿物，IMA 承认有效。又因其外表发出闪亮的蓝色故也有蓝铁土（Blueironearth）的别名。中文名称根据颜色和成分译为蓝铁矿/蓝铁石。

【蓝铜矾】

英文名 Langite

化学式 $Cu_4(SO_4)(OH)_6 \cdot 2H_2O$　　(IMA)

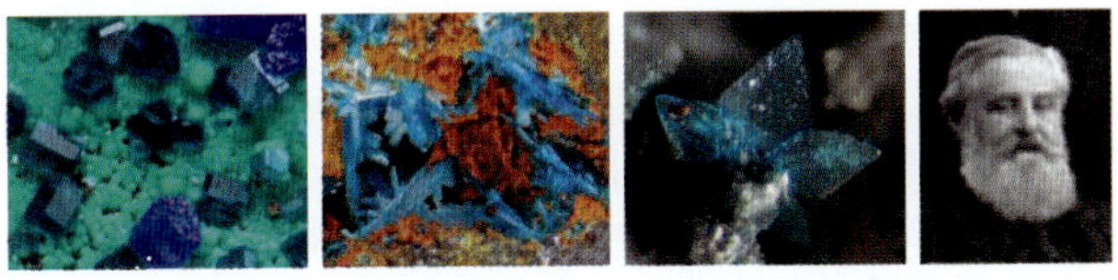

蓝铜矾柱状、板片状晶体，花状集合体（德国、法国）和朗像

蓝铜矾是一种罕见的含结晶水、羟基的铜的硫酸盐矿物。它与斜蓝铜矾（Wroewolfeite）为同质二象。单斜晶系。晶体呈柱状、板条状、纤维状，双晶很常见，常重复呈雪花或星状；集合体呈鳞状或泥土状。蓝色、蓝绿色，玻璃光泽、丝绢光泽，半透明；硬度 2.5～3，完全解理。1864 年发现并正式描述于英国英格兰康沃尔郡圣贾斯特（St Just）和福伊（Fowey）；同年，N. S. 马斯基林（N. S. Maskelyne）在《地质学杂志》(1) 和《哲学杂志与科学期刊》(28) 报道。英文名称 Langite，以奥地利维也纳大学晶体学家、物理学家维克多·冯·朗（Viktor von Lang，1838—1921）教授的姓氏命名。他曾在英国博物馆工作（1862—1864）；他是一位晶体物理学的先驱。1959 年以前发现、描述并命名的“祖父级”矿物，IMA 承认有效。中文名称根据颜色和成分译为蓝铜矾。

【蓝铜矿】

英文名 Azurite

化学式 $Cu_3(CO_3)_2(OH)_2$　　(IMA)

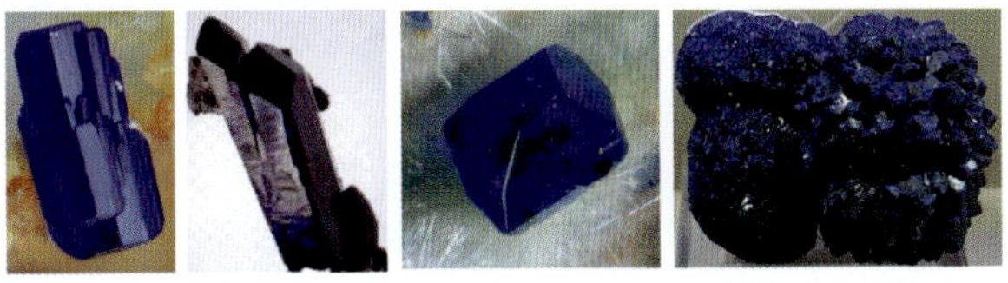

蓝铜矿柱状晶体，球状集合体（西班牙、纳米比亚、希腊、中国）

蓝铜矿是一种含羟基的铜的碳酸盐矿物。单斜晶系。晶体常呈粒状、短柱状、柱状或厚板状，具双晶；集合体呈晶簇状、放射状、土状或皮壳状、钟乳状、葡萄状、被膜状等。颜色鲜艳，天蓝色、深蓝色—微紫蓝色，土状块体呈浅蓝色，玻璃光泽或金刚光泽，土状块体呈土状光泽，似透明—不透明；硬度 3.5～4，完全解理，脆性。蓝铜矿常与孔雀石相伴生，蓝铜矿的颜色酷似孔雀羽毛上的斑点，中国古代春秋末期公元前 5 世纪称为“空青”“白青”“曾青”“石青”“绿青”“石绿”或“青琅玕”等，“青”即蓝，“青出之蓝，而胜于蓝”。“琅玕”似玉的美石，古代之玉料。“曾青”（亦即蓝铜矿）产于战国时期的四川重庆北嘉陵江北岸。

在西方老普林尼的《自然历史》中已经提到。1747 年 J. G. 瓦勒留斯（J. G. Wallerius）在瑞典斯德哥尔摩《矿物学与矿物世界》报道。1798 年施图茨（Stütz）在奥地利维也纳 *Einricht. nat*(49) 报道。1824 年发现于法国里昂附近谢尔西（Chessy）铜矿。1832 年 F. S. 伯当（F. S. Beudant）刊载于在法国巴黎维蒂尔出版的《矿物学基础教程》（第二版）。英文名称 Azurite，多数认为源于古代波斯文中的 Lazhward（لاژورد），意为天蓝色。在各种语言中都是用蓝色来命名蓝铜矿的，例如，希腊文 Κουάνος＝Kuanos，拉丁文 Caeruleum 等。1824 年，由弗朗索瓦·叙尔皮斯·伯当（Francois Sulpice Beudant）更名为 Azurite。1959 年以前发现、描述并命名的“祖父级”矿物，IMA 承认有效。中文名称根据颜色（蓝色）和成分（铜）译为蓝铜矿。

【蓝铜钠石】

英文名 Chalconatronite

化学式 $Na_2Cu(CO_3)_2 \cdot 3H_2O$　　(IMA)

蓝铜钠石是一种含结晶水的钠、铜的碳酸盐矿物。单斜晶系。晶体呈小板条状、假六方薄片状；集合体呈皮壳状、薄膜状。浅绿色、天蓝色、蓝绿色，玻璃光泽，透明；硬度 1～2。1955 年首先发现于古代埃及青铜纪念碑的溶蚀物中，它使青铜器锈蚀，有“青铜传染病”之说，因不易修复，故又被称为青铜器的“癌症”。后在德国哈尔茨山附近的格拉德（Gluckrad）矿井中发现。1955 年在《科学》(122) 报道。英文名称 Chalconatronite，由化学成分“Copper＝Chalco（铜）”和“Natrium（钠）”组合命名。1959 年以前发现、描述并命名的“祖父级”矿物，IMA 承认有效。中文名称根据颜色和成分译为蓝铜钠石。

【蓝铜铅矾】参见【陈铜铅矾】条 89 页

【蓝透闪石】

英文名 Winchite

化学式 $\square(NaCa)(Mg_4Al)Si_8O_{22}(OH)_2$　　(IMA)

蓝透闪石是一种 C^{2+} 位镁、C^{3+} 位铝、W 位羟基的闪石矿物。属角闪石超族 W 位羟基、氟、氯占优势的角闪石族钠钙角闪石亚族蓝透闪石根名族。单斜晶系。晶体呈针状、柱状、叶片状，具双晶；集合体呈玫瑰花状、小球状。红色、钴蓝色的紫蓝色、淡紫色、灰色、无色，玻璃光泽，透明—半透明；硬度 5.5，完全解理，脆性。1904 年刘易斯・利・弗莫尔(Lewis Leigh Fermor)在《印度地质调查记录》(31)记载。英文名称 Winchite，由霍华德・詹姆斯・维恩希(Howard James. Winch，1877—1964)的姓氏命名。他是英国地质学家、分析化学家、矿物学家、冶金学家和采矿工程师，在印度中央邦贾布瓦的卡吉里东里(Kajlidongri)锰矿进行地质调查时，发现了此矿物；他还发现了锰钡矿。1906 年弗莫尔在《印度矿业和地质研究所学报》(1)报道。1959 年以前发现、描述并命名的"祖父级"矿物，IMA 承认有效。IMA 2012s. p. 批准。中文名称根据颜色和与透闪石的关系译为蓝透闪石。同义词 Alumino-winchite，由成分冠词"Alumino(铝)"和根词"Winchite(蓝透闪石)"组合命名。中文名称根据成分及与蓝透闪石的关系译为铝蓝透闪石。

【蓝硒铜矿】

英文名 Chalcomenite

化学式 $Cu(Se^{4+}O_3)\cdot 2H_2O$　　(IMA)

蓝硒铜矿柱状晶体，晶簇状集合体(意大利、刚果)

蓝硒铜矿是自然界中稀少的一种新的含结晶水的铜的亚硒酸盐矿物。它与单斜蓝硒铜矿(Ainochalcomenite)为同质多象。斜方晶系。晶体一般颗粒细小，呈针状、柱状；集合体呈放射状、晶簇状、分散状，偶见穿插状。颜色呈蓝色或天蓝色，玻璃光泽，透明；硬度 2～2.5，无解理，脆性，易碎。1881 年，最先由法国的矿物学家阿尔弗雷德・路易斯・奥利弗・勒格兰德・德克洛伊索(Alfred Louis Oliver Legrande Des Cloizeaux)和达穆尔(Damour)发现于阿根廷历史名城门多萨(Mendoza)的卡契塔(Cacheuta)山脉塞罗迪的卡契塔矿山，并在《法国矿物学会通报》(4)报道。英文名称 Chalcomenite，由希腊文"χαλκοs = Copper = Chalco(铜)"和"μήνη(σελήνη)The moon(月亮)"组合命名，意指其成分和像月亮一样的亮蓝色。1959 年以前发现、描述并命名的"祖父级"矿物，IMA 承认有效。中文名称根据颜色和成分译为蓝硒铜矿。

【蓝线石】

英文名 Dumortierite

化学式 $AlAl_6BSi_3O_{18}$　　(IMA)

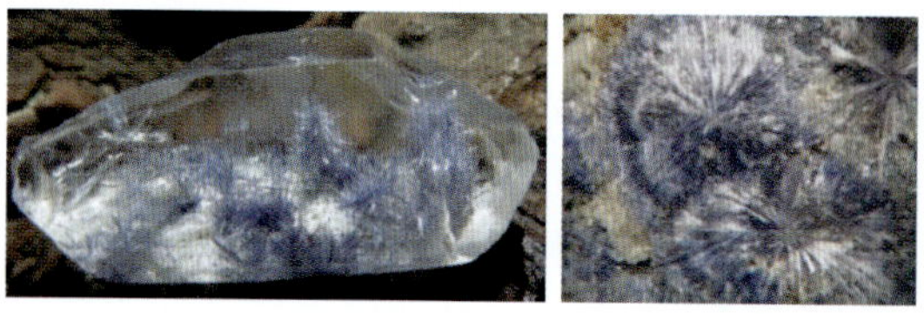

蓝线石纤维状晶体，放射状集合体(巴西、莫桑比克)

蓝线石是一种铝的硼酸-硅酸盐矿物。属蓝线石族。斜方晶系。晶体呈双锥柱状、假六方页片状、针状、纤维状，常具三连双晶；集合体呈块状及束状的。蓝色、棕色、紫色、蓝绿色、粉红色皆有，玻璃光泽，透明—半透明；硬度 7～8，中等解理。1879 年首次发现并描述于法国里昂近郊的博南特(Beaunant)迪卡尔(Ducarre's)采石场。1881 年 M. F. 戈纳尔(M. F. Gonnard)在《法国矿物学学会通报》(4)报道。英文名称 Dumortierite，为纪念法国里昂古生物学家尤金・杜莫蒂尔(Eugene Dumortier，1801—1876)而以他的姓氏命名。1959 年以前发现、描述并命名的"祖父级"矿物，IMA 承认有效。IMA 2013s. p. 批准。中文名称根据颜色(蓝色)和晶体形态(纤维状)译为蓝线石。

【蓝锌钙铜矾】参见【斜方锌钙铜矾】条 1028 页

【蓝锌锰矿】

英文名 Loseyite

化学式 $Mn_4^{2+}Zn_3(CO_3)_2(OH)_{10}$　　(IMA)

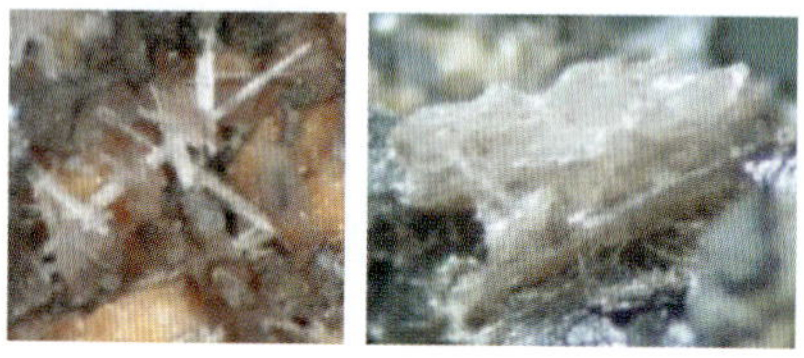

蓝锌锰矿柱状、纤维状、板条状晶体(美国)

蓝锌锰矿是一种含羟基的锰、锌的碳酸盐矿物。单斜晶系。晶体呈柱状、板条状、纤维状；集合体呈平行状或放射状、晶簇状。白色、无色、淡蓝白色、淡棕色，玻璃—半玻璃光泽、树脂光泽、丝绢光泽，透明—半透明；硬度 3，脆性。1929 年发现于美国新泽西州苏塞克斯县富兰克林(Franklin)矿区；同年，鲍尔(Bauer)和伯曼(Berman)在《美国矿物学家》(14)报道。英文名称 Loseyite，1929 年劳森・H. 鲍尔(Lawson H. Bauer)和哈利・伯曼(Harry Berman)为纪念在美国新泽西州富兰克林的矿工和矿物的收集者塞缪尔・R. 洛西(Samuel R. Losey，1830—1904)而以他的姓氏命名。弗雷德里克・A. 加菲尔德(Frederack A. Canfield)先生简要地提到了富兰克林区 19 世纪他们的一些家庭的矿物来源："富兰克林矿物质被塞缪尔・伍德拉夫(Samuel Woodruff)和洛西他们家族的矿工收集的矿物超过肯布尔(Kemble)的几个矿工的家庭。"塞缪尔・洛西(Samuel R. Losey)的祖父是迈克尔・罗里克(Michael Rorick，1749—1832 年)，他是 1765 年沿瓦尔基尔基尔河沿岸铸造的老板之一。后来富兰克林炉被称为富兰克林市。1959 年以前发现、描述并命名的"祖父级"矿物，IMA 承认有效。中文名称根据颜色和成分译为蓝锌锰矿，也译作碳锌锰矿。

【蓝黝帘石】参见【坦桑石】条 915 页

【蓝柱石】

英文名 Euclase

化学式 $BeAlSiO_4(OH)$　　(IMA)

蓝柱石柱状晶体，晶簇状集合体(巴西、中国)

L

蓝柱石是一种含羟基的铍、铝的硅酸盐矿物。单斜晶系。晶体呈完好的长柱状。颜色呈无色、白色、淡绿色、深黄绿色、绿蓝色、浅蓝色、深蓝色，外观诱人，玻璃光泽，一组完全解理面上略呈珍珠光泽，透明—半透明；硬度 7.5，完全解理，脆性。它是一种稀有的宝石矿物。1792 年首次报道于俄罗斯奥伦堡市南部地区。1792 年还描述于巴西米纳斯吉拉斯州艾恩区奥罗普雷托（Ouro Preto）；在《瑞士矿物学和岩石学通报》(72)和《物理、自然历史和艺术评论》(41)报道。英文名称 Euclase，由法国矿物学家阿羽伊（Rene Hauy）建议，由希腊文“ε ὖ，= Easily（容易的）”和“κλάσιs = Fracture（破裂）”组合命名，意指由于矿物解理发育“容易破裂”，不易雕琢。1959 年以前发现、描述并命名的“祖父级”矿物，IMA 承认有效。中文名称根据特征的颜色（蓝色）和晶体形态（柱状）而译为蓝柱石。

【蓝锥矿】

英文名 Benitoite

化学式 $BaTiSi_3O_9$　　(IMA)

蓝锥矿扁锥状、柱状晶体（美国）

蓝锥矿是一种钡、钛的硅酸盐矿物。属蓝锥矿族。六方晶系。晶体通常呈复三方双锥类的扁锥状、柱状或板状。颜色呈蓝色、蓝紫色，也有无色、粉红色，玻璃光泽、半金刚光泽，透明—半透明，多色性强，并具火彩；硬度 6～6.5，不完全解理。蓝锥矿相当稀有，全世界仅在美国加利福尼亚州圣贝尼托（Benito）县达拉斯（Dallas）宝石矿山发现。在 1906 年发现的时候被乔治·D. 劳德巴克（George D. Louderback）认为是硅酸钡钛矿（蓝宝石），但是，它具有强烈的二色性、典型的紫罗兰色。1907 年劳德巴克和 W. C. 布拉斯达勒（W. C. Blasdale）在《加州大学地质科学系通报》(5)报道。英文名称 Benitoite，源自它的产地美国圣贝尼托（Benito）县命名，同样也是流经该矿区的圣贝尼托河及其发源地圣贝尼托山的名字。1959 年以前发现、描述并命名的“祖父级”矿物，IMA 承认有效。中文名称由矿物的颜色和典型的结晶习性译为蓝锥矿。

蓝锥矿具有典型的结晶学意义。一切晶体结构中总共只能有 230 种不同的对称要素组合方式，即 230 个空间群。它是由俄国结晶学家费多洛夫（Fedorov，1853—1919）和德国结晶学家阿图尔·莫里茨·薛恩弗利斯（Artur Moritz Schoenflies，1853—1928）于 1890—1891 年间各自独立地先后推导得出来的，故亦称“230 个费多洛夫群”。但其中有一种排列方式在自然界中一直没有发现，这就是六方晶系的复三方双锥晶类。直到发现蓝锥矿，才证明 230 个空间群的客观存在，就是说蓝锥矿是复三方双锥晶类的第一个实例。

镧

[lán]形声；从钅，阑声。一种稀土金属元素。[英] Lanthanum。元素符号 La。原子序数 57。1839 年瑞典卡罗林斯卡研究所的化学家卡尔·古斯塔法·莫桑德尔（Carl Gustaf Mosander）从 1803 年已经发现的粗铈土中发现了镧，并确认是一种新元素。用希腊文 Λανθανό＝Lanthanō，命名为 Lanthanum，意为“隐蔽”；同年，一位同样来自卡罗林斯卡研究所的阿克塞尔·埃尔德曼（Axel Erdmann）从一种来自位于挪威莱文岛的新矿物中发现了镧。镧以及接着发现的铒、铽打开了发现稀土元素的第二道大门，是发现稀土元素的第二阶段。元素周期表中 57～71 号的 15 种化学元素统称为镧系：包括镧、铈、镨、钕、钷、钐、铕、钆、铽、镝、钬、铒、铥、镱、镥。镧在地壳中的含量为 0.001 83%，是稀土元素中含量最丰富的一种元素。

【镧独居石】

英文名 Monazite-(La)

化学式 $La(PO_4)$　　(IMA)

镧独居石是一种镧的磷酸盐矿物。属独居石族。单斜晶系。晶体呈细粒状，具双晶。棕色、黄棕色、粉红色、黄色，油脂光泽、树脂光泽，透明—半透明；硬度 5.5～6，脆性。1945 年发现于哈萨克斯坦卡拉干达州巴尔喀什湖科翁腊德（Kounrad）地块；同年，在《苏联科学院报告》(49)报道。1966 年在《美国矿物学家》(51)报道。英文名称 Monazite-(La)，由根词“Monazite（独居石）”加占优势的稀土元素镧后缀-(La)组合命名。根词“Monazite（独居石）”，由希腊文“μουζειυ＝To be solitary（孤立、孤独）”命名，意指在第一个发现它的地方是罕见的孤立晶体出现。IMA 1966s. p. 批准。中文名称根据成分及族名译为镧独居石。

【镧钒褐帘石】

英文名 Vanadoallanite-(La)

化学式 $CaLa(V^{3+}AlFe^{2+})[Si_2O_7][SiO_4]O(OH)$　　(IMA)

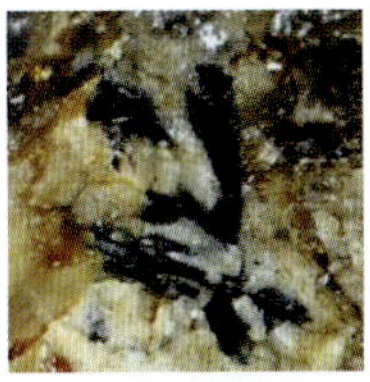

镧钒褐帘石柱状晶体（日本）

镧钒褐帘石是一种富镧和钒的绿帘石族褐帘石亚族的矿物。单斜晶系。晶体呈板柱状。黑褐色，树脂光泽。2011 年，日本山口大学、爱媛大学和东京大学的联合研究小组山口大学矿物学副教授永岛真理子（Mariko Nagashima）等发现于日本本州岛近畿地区三重县伊势市菖蒲区矢持町的一个未名的层状锰矿床。英文名称 Vanadoallanite-(La)，由化学成分冠词“Vanadium（钒）”和根词“Allanite（褐帘石）”加占优势的稀土元素镧后缀-(La)组合命名。日文名称ランタンバナジウム褐簾石。IMA 2012-095 批准。2013 年永岛真理子等在《CNMNC 通讯》(16)和《矿物学杂志》(77)报道。中文名称根据成分及族名译为镧钒褐帘石（根词参见【褐帘石-镧】条 309 页）。

【镧硅铈石】

英文名 Cerite-(La)

化学式 $(La,Ce,Ca)_9(Fe^{3+},Ca,Mg)(SiO_4)_3(SiO_3OH)_4(OH)_3$　　(IMA)

镧硅铈石扁平板状晶体（俄罗斯，显微镜）

镧硅铈石是一种含羟基的镧、铈、钙、铁、镁的氢硅酸-硅酸盐矿物。属铈硅石/硅铈石族。三方晶系。晶体呈显微粒状、扁平板状。浅黄色、粉褐色，玻璃光泽，半透明；硬度 5，脆性。2001 年发现于俄罗斯北部摩尔曼斯克州尤克斯波（Yukspor）山哈克曼（Hackman）山谷。英文名称 Cerite-(La)，由根词“Cerite（铈硅石）”加占优势的稀土元素镧后缀-

L

(La)组合命名。IMA 2001－042 批准。2002 年 Y. A. 帕霍莫夫斯基(Y. A. Pakhomovsky)等在《加拿大矿物学家》(40)报道。2006 年中国地质科学院矿产资源研究所李锦平在《岩石矿物学杂志》[25(6)]根据成分译为镧硅铈石(根词参见【铈硅石】条 809 页)。

【镧褐帘石】参见【褐帘石-镧】条 309 页

【镧磷铜石】

英文名 Petersite-(La)

化学式 $Cu_6La(PO_4)_3(OH)_6 \cdot 3H_2O$　(IMA)

镧磷铜石是一种含结晶水和羟基的铜、镧的磷酸盐矿物。属砷铋铜石族。六方晶系。2017 年发现于日本三重县熊野市纪和(Kiwa)町大栗须(Ohgurusu)出谷(Detani)河。英文名称 Petersite-(La),由美国新泽西州帕得森博物馆矿物博物馆馆长和美国纽约自然历史博物馆馆长托马斯・A. 彼得斯(Thomas A. Peters,1947—)和约瑟夫・彼得斯(Joseph Peters,1951—)两人的姓氏,加占优势的稀土元素铈后缀-(La)组合命名。日文名称ランタンピーターース石。IMA 2017－089 批准。2018 年浜根(西尾)大辅(Daisuke Nishio-Hamane)等在《CNMNC 通讯》(41)、《矿物学杂志》(82)和《欧洲矿物学杂志》(30)报道。中文名称根据成分及与磷铜石的关系译为镧磷铜石。

【镧磷稀土矿】

英文名 Rhabdophane-(La)

化学式 $La(PO_4) \cdot H_2O$　(IMA)

镧磷稀土矿纤维状晶体,放射状、晶簇状集合体(德国)

镧磷稀土矿是一种含结晶水的镧的磷酸盐矿物。属磷稀土矿族。六方晶系。晶体呈细小的纤维状;集合体呈皮壳状、放射状、晶簇状。棕色、粉红色、白色、绿色,油脂光泽,半透明;硬度 3～4。1883 年发现于美国康涅狄格州利奇菲尔德县斯科维尔(Scoville)矿井;同年,布鲁斯(Brush)和彭菲尔德(Penfield)在《美国科学杂志》(25)以发现地美国的斯科维尔(Scoville)矿井命名为 Scovillite。英文名称 Rhabdophane-(La),由根词“Rhabdophane(磷稀土矿)”加占优势的稀土元素镧后缀-(La)组合命名[1984 年《矿物学杂志》(48)更名];其中根词 Rhabdophane,1878 年由威廉・加罗・勒特逊(William Garrow Lettsom)在莱比锡《结晶学、矿物学和岩石学杂志》(3)根据希腊文“ραβδοζ＝Rhabdos＝Rod(杆、棒),意指矿物的形态”和“φαινεσθαι＝Phainesthai＝Appear(出现),意指各种不同的稀土元素在发射光谱中出现的条带”命名。IMA 1987s. p. 批准。中文名称根据成分和族名译为镧磷稀土矿。

【镧镁褐帘石】参见【镁镧褐帘石】条 594 页

【镧锰赤坂石*】

英文名 Manganiakasakaite-(La)

化学式 $CaLa(Mn^{3+}AlMn^{2+})[Si_2O_7][SiO_4]O(OH)$
(IMA)

镧锰赤坂石*是一种含羟基和氧的钙、镧、锰、铝的硅酸盐矿物。属绿帘石超族褐帘石族。单斜晶系。晶体呈他形粒状,镶嵌在辉石颗粒之间。深棕色,透明;硬度 5～5.5,脆性。1991 年首先发现于俄罗斯并由 V. N. 斯莫雅尼诺娃(V. N. Smolyaninova)描述,但未被 IMA 批准。2017 年又发现于意大利库尼奥市马尼利亚(Maniglia)山矿。英文名称 Manganiakasakaite-(La),由成分冠词“Mangani(锰)”和根词“Akasakaite(赤坂石)”,加占优势的稀土元素镧后缀-(La)组合命名。它是锰的镧铁赤坂石*[Ferriakasakaite-(La)]的类似矿物。IMA 2017－028 批准。2017 年 C. 比亚乔尼(C. Biagioni)等在《CNMNC 通讯》(38)、《矿物学杂志》(81)和 2019 年《矿物》(9)报道。目前尚未见官方中文译名,编译者建议根据成分及与赤坂石的关系译为镧锰赤坂石*。

【镧锰帘石】

英文名 Manganiandrosite-(La)

化学式 $MnLa(Mn^{3+}AlMn^{2+})[Si_2O_7][SiO_4]O(OH)$
(IMA)

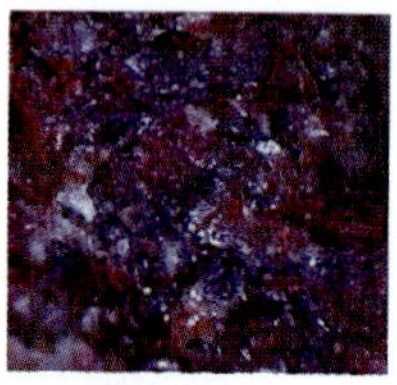

镧锰帘石粒状晶体,块状集合体(俄罗斯)

镧锰帘石是一种含羟基和氧的锰、镧、铝的硅酸盐矿物。属绿帘石族褐帘石亚族。单斜晶系。晶体呈半自形—自形柱状、粒状;集合体呈块状。棕红色、褐色,玻璃光泽,透明。1994 年发现于希腊爱琴海诸岛基克拉泽斯群岛安德罗斯(Andros)岛瓦西里康(Vasilikon)山佩塔隆(Petalon)峰。最初英文名称 Androsite-(La),由发现地希腊的安德罗斯(Andros)岛,加占优势的稀土元素镧后缀-(La)组合命名。2006 年 CNMMN 绿帘石小组委员会在《欧洲矿物学杂志》(18)更名为 Manganiandrosite-(La),它由成分冠词“Mangani(锰)”加“Androsite-(La)(镧锰帘石,安德鲁斯石)”组合命名。IMA 1994－048 批准。1996 年 P. 博纳齐(P. Bonazzi)等在《美国矿物学家》(81)报道。2004 年中国地质科学院矿产资源研究所李锦平等在《岩石矿物学杂志》[23(1)]根据成分及族名译为镧锰帘石。

【镧石】参见【碳镧石】条 922 页

【镧铈石】参见【水碳镧铈石】条 875 页

【镧铁安德罗斯石*】

英文名 Ferriandrosite-(La)

化学式 $MnLa(Fe^{3+}AlMn^{2+})[Si_2O_7][SiO_4])O(OH)$
(IMA)

镧铁安德罗斯石*是一种富镧和铁的绿帘石族褐帘石亚族的矿物。单斜晶系。晶体呈柱状。黑色、褐黑色。2011 年日本山口大学、东京大学、爱媛大学等组成的研究小组山口大学矿物学副教授永岛真理子(Mariko Nagashima)等发现于日本本州岛近畿地区三重县伊势市菖蒲区矢持町的一个未名的层状锰矿床。英文名称 Ferriandrosite-(La),由成分冠词“Ferri(三价铁)”和根词“Androsite(安德罗斯石)”加占优势稀土元素镧后缀-(La)组合命名;其中根词“Androsite(安德罗斯石)”,以希腊爱琴海基克拉泽斯第二大岛安德罗斯(Andros)岛命名。IMA 2013－127 批准。日文名称ランタンフェリアンドロス石。2014 年永岛真理子等在《CNMNC 通讯》(20)、《矿物学杂志》(78)和 2015 年《矿物学杂志》(79)报道。目前尚未见官方中文译名,编译者建议根据成分及与安德罗斯石的关系译为镧铁安德罗斯石*。

【镧铁赤坂石*】

英文名 Ferriakasakaite-(La)

化学式 $CaLa(Fe^{3+}AlMn^{2+})[Si_2O_7][SiO_4]O(OH)$ (IMA)

镧铁赤坂石* 柱状晶体，集合体（日本）和赤坂正秀像

镧铁赤坂石*是一种富镧和铁的绿帘石族褐帘石亚族的矿物。单斜晶系。晶体呈柱状。黑色、褐黑色。2011年日本山口大学、东京大学、爱媛大学等组成的研究小组山口大学矿物学副教授永岛真理子(Mariko Nagashima)等，发现于日本本州岛近畿地区三重县伊势市菖蒲区矢持町的一个未名的层状锰矿床。英文名称 Ferriakasakaite-(La)，由化学成分冠词“Ferri(三价铁)”和根词“Akasakaite(赤坂石)”加占优势稀土元素镧后缀-(La)组合命名。其中根词“Akasakaite(赤坂石)”是以日本岛根大学的赤坂正秀(Masahide Akasaka，1950—)教授的姓氏命名，以表彰他对矿物学做出的杰出贡献，尤其是研究锰铁矿床中的造岩矿物以及天然和合成绿帘石超群矿物方面的成就。山口大学矿物学副教授永岛真理子是该新矿物发现研究者之一，她是赤坂先生的学生，为报答老师的培养、指导之恩而以老师的姓氏命名。IMA 2013-126批准。日文名称ランタンフェリ赤坂石。2014年永岛真理子等在《CNMNC通讯》(20)、《矿物学杂志》(78)和2015年《矿物学杂志》(79)报道。目前尚未见官方中文译名，编译者建议根据成分及与赤坂石的关系译为镧铁赤坂石*。

【镧铁褐帘石】参见【富铁镧褐帘石】条216页

【镧铀钛铁矿】

英文名 Davidite-(La)

化学式 $La(Y,U)Fe_2(Ti,Fe,Cr,V)_{18}(O,OH,F)_{38}$ (IMA)

镧铀钛铁矿短柱状晶体（瑞士、哈萨克斯坦）和戴维像

镧铀钛铁矿是一种含氟和羟基的镧、钇、铀、铁、钛、铬、钒的复杂氧化物矿物。属尖钛铁矿族。三方晶系。晶体呈短柱状、粒状；集合体呈晶簇状、块状。黑色、灰黑色、棕黑色、黑褐色、淡红色，玻璃光泽、金属光泽，不透明—半透明；硬度6，脆性。1906年发现于澳大利亚南澳大利亚州；同年，在《南澳大利亚皇家学会会刊》(30)和《经济地质》(54)报道。英文名称 Davidite-(La)，由根词“Davidite(铀钛铁矿)”加占优势的稀土元素镧后缀-(La)组合命名。其中根词“Davidite(铀钛铁矿)”，1906年由道格拉斯·莫森(Douglas Mawson)为纪念坦纳特·威廉·埃奇沃思·戴维(Tannat William Edegeworth David，1858—1934)教授而以他的姓氏命名。戴维在加的夫皇家矿业学院学习期间，接受了澳大利亚新南威尔士助理地质师职务。他早期的工作是研究新英格兰地区的锡矿开采，后来被分配到研究亨特山谷煤田，他发现了重要的葛丽泰煤层。1891年戴维被任命为悉尼大学地质学教授。1896年戴维参加远征研究富纳富提环礁的成因；也进行了前寒武纪冰期的冰川研究。戴维发现了他所认为的第一个前寒武纪化石。戴维在与欧内斯特·沙克尔顿的第一次南极考察和埃里伯斯火山第一次登顶期间，发现南磁极。第一次世界大战期间，戴维曾使用他的技能参与隧道、挖沟和防御工事的建设。戴维制作了英联邦地质图及其所附的注释，但没有完整地完成澳大利亚联邦地质图。戴维获得了澳大利亚和英联邦的许多最高荣誉。1959年以前发现、描述并命名的“祖父级”矿物，IMA承认有效。IMA 1987s.p.批准。中文名称根据成分译为镧铀钛铁矿。

【镧铀钛铁矿-铈】

英文名 Davidite-(Ce)

化学式 $Ce(Y,U)Fe_2(Ti,Fe,Cr,V)_{18}(O,OH,F)_{38}$ (IMA)

镧铀钛铁矿-铈短柱状晶体（挪威）

镧铀钛铁矿-铈是一种含氟和羟基的铈、钇、铀、铁、钛、铬、钒的复杂氧化物矿物，是铈占优势的镧铀钛铁矿类似矿物。属尖钛铁矿族。三方晶系。晶体呈短柱状。黑色、亮黑色，氧化表面呈褐色或红色，玻璃光泽，不透明；硬度6。1960年发现于挪威东阿格德尔郡塔土夫坦(Tuftane)采石场。1960年H.诺伊曼(H. Neumann)等在《挪威地质学杂志》(40)报道。英文名称 Davidite-(Ce)，由根词“Davidite(铀钛铁矿)”加占优势的稀土元素铈后缀-(Ce)组合命名。IMA 1966s.p.批准。中文名称根据成分及与镧铀钛铁矿的关系译为镧铀钛铁矿-铈(参见【镧铀钛铁矿】条435页)。

【镧铀钛铁矿-钇】

英文名 Davidite-(Y)

化学式 $(Y,U)(Ti,Fe^{3+})_{21}O_{38}$ （弗莱舍，2014）

镧铀钛铁矿-钇是一种钇占优势的铀钛铁矿的类似矿物。属尖钛铁矿族。三方晶系。晶体呈短柱状。黑色、亮黑色，玻璃光泽。1963年发现于俄罗斯车里雅宾斯克州维什内维(Vishnevye)山脉。1963年A.G.扎宾(A.G.Zhabin)等在《苏联科学院报告》(15)报道。英文名称 Davidite-(Y)，由根词“Davidite(铀钛铁矿)”加占优势的稀土元素钇后缀-(Y)组合命名。未经批准发表，但可能是有效的矿物种。中文名称根据成分及与镧铀钛铁矿的关系译为镧铀钛铁矿-钇(参见【镧铀钛铁矿】条435页)。

朗

[lǎng]形声；从月，良声。本义：明亮。[英]音，用于外国地名。

【朗班许坦石*】

英文名 Långbanshyttanite

化学式 $Pb_2Mn_2Mg(AsO_4)_2(OH)_4 \cdot 6H_2O$ (IMA)

朗班许坦石*是一种含结晶水和羟基的铅、锰、镁的砷酸盐矿物。三斜晶系。晶体呈板条状。无色，透明。2010年发现于瑞典韦姆兰省菲利普斯塔德市朗班(Långban)。英文名称 Långbanshyttanite，以发现地瑞典的朗班(Långban)矿山的旧称许坦(Shyttan)冶炼厂和采矿村组合命名。IMA

朗班许坦石* 板条状晶体(瑞典)和朗班许坦矿

2010－071 批准。V. 尼基塔(V. Nikita)等在《欧洲矿物学杂志》(23)报道。目前尚未见官方中文译名,编译者建议音译为朗班许坦石*。

劳

[láo]勞的简化字。会意;小篆字形,上面是焱(yàn),即“焰”的本字,表示灯火通明;中间是“冖”字,表示房屋;下面是“力”,表示用力。夜间劳作。本义:努力劳动;使受辛苦。[英]音,用于外国人名、地名、大学名。

【劳埃石】

英文名 Laueite

化学式 $Mn^{2+}Fe_2^{3+}(PO_4)_2(OH)_2 \cdot 8H_2O$ (IMA)

劳埃石板状晶体,晶簇状集合体(德国)和劳厄像

劳埃石是一种含结晶水和羟基的锰、铁的磷酸盐矿物,是锰占优势的铁劳埃石的类似矿物。属劳埃石超族劳埃石族。三斜晶系。晶体呈板状、柱状;集合体呈晶簇状。棕黄色、琥珀色、黄色、暗黄色、橘黄色、红橙色,玻璃—半玻璃光泽、树脂光泽,透明—半透明;硬度 3,完全解理,非常脆。1954 年发现于德国巴伐利亚州上巴拉丁伯爵领地哈根多夫(Hagendorf South)伟晶岩。1954 年雨果·施特龙茨(Hugo. Strunz)在《自然科学期刊》(41)和《美国矿物学家》(39)报道。英文名称 Laueite,施特龙茨为纪念德国物理学家马克斯·费利克斯·西奥多·冯·劳厄(Max Felix Theodor von Laue,1879—1960)而以他的姓氏命名。劳厄是威廉二世学院(现在的德国马克斯普朗克研究所)和德国哥廷根大学物理学教授,他于 1912 年发现了晶体的 X 射线衍射现象,证实了先前物理学家的预测,并因此获得诺贝尔物理学奖。这是固体物理学中具有里程碑意义的发现,从此,人们可以通过观察衍射花纹研究晶体的微观结构,并且对生物学、化学、材料科学的发展都起到了巨大的推动作用。例如 1953 年沃森和克里克就是通过 X 射线衍射方法得到了 DNA 分子的双螺旋结构。1959 年以前发现、描述并命名的“祖父级”矿物,IMA 承认有效。中文名称音译为劳埃石;根据晶系和音译为三斜劳埃石;也根据颜色和成分译为黄磷锰铁矿。

【劳铵铁矾】参见【苏铵铁矾】条 903 页

【劳拉尼石*】

英文名 Lauraniite

化学式 $Cu_6Cd_2(SO_4)_2(OH)_{12} \cdot 5H_2O$ (IMA)

劳拉尼石*是一种含结晶水和羟基的铜、镉的硫酸盐矿物。单斜晶系。晶体呈刀片状;集合体呈晶簇状。蓝色,玻璃光泽,透明。2019 年发现于玻利维亚拉巴斯大区阿洛马(Aroma)省劳拉尼区劳拉尼(Laurani)矿。英文名称 Lauraniite,以发现地玻利维亚的劳拉尼(Laurani)矿命名。IMA 2019－049 批准。2019 年 P. 埃利奥特(P. Elliott)等在《CNMNC 通讯》(51)、《矿物学杂志》(83)和《欧洲矿物学杂志》(31)报道。目前尚未见官方中文译名,编译者建议音译为劳拉尼石*。

劳拉尼石* 刀片状晶体,晶簇状集合体(玻利维亚)

【劳磷铁矿】参见【羟绿铁矿】条 722 页

【劳硫锑铅矿】

英文名 Launayite

化学式 $CuPb_{10}(Sb,As)_{13}S_{20}$ (IMA)

劳娜依像

劳硫锑铅矿是一种铜、铅的锑-砷-硫化物矿物。单斜晶系。晶体呈纤维状。铅灰色,金属光泽,不透明;硬度 3.5～4,完全解理。1966 年发现于加拿大安大略省黑斯廷斯县泰勒(Taylor)坑。英文名称 Launayite,J. L. 杨博尔(J. L. Jambor)为纪念法国巴黎国家矿业学院地质学、矿物矿床学家路易斯·阿方斯·奥古斯特·德·劳娜依(Louis Alphonse Auguste de Launay,1860—1938)而以他的姓氏命名。他是巴黎国家矿业学院的一位地质学教授、洞穴专家、传记作家和诗人。IMA 1966－021 批准。1967 年杨博尔在《加拿大矿物学家》(9)和 1968 年 J. A. 曼达里诺(J. A. Mandarino)等在《美国矿物学家》(53)报道。中国地质科学院根据英文名称首音节音和成分译为劳硫锑铅矿。2011 年杨主明在《岩石矿物学杂志》[30(4)]建议音译为劳娜依矿。

【劳伦森石*】

英文名 Laurentianite

化学式 $[NbO(H_2O)]_3(Si_2O_7)_2[Na(H_2O)_2]_3$ (IMA)

劳伦森石* 细长针状晶体(加拿大)

劳伦森石*是一种含水化钠的水化铌氧的硅酸盐矿物。三方晶系。晶体呈自形细长针状。无色,玻璃光泽,透明—半透明。2010 年发现于加拿大魁北克省圣希莱尔(Saint-Hilaire)山混合肥料采石场。英文名称 Laurentianite,以加拿大安大略萨德伯里的劳伦森(Laurentian)大学命名,在那里进行了矿物特征的研究。IMA 2010－018 批准。2012 年 M. M. M. 哈林(M. M. M. Haring)等在《加拿大矿物学家》(50)报道。目前尚未见官方中文译名,编译者建议音译为劳伦森石*。

【劳伦特托马斯石*】

英文名 Laurentthomasite

化学式 $Mg_2K(Be_2Al)Si_{12}O_{30}$ (IMA)

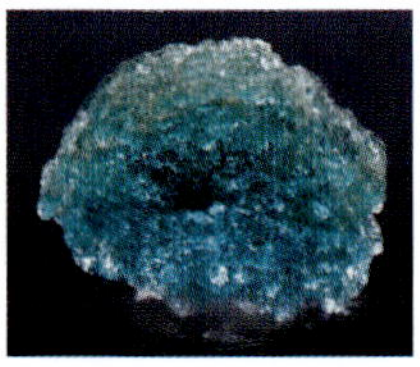

劳伦特托马斯石* 粒状晶体(马达加斯加)

劳伦特托马斯石*是一种镁、钾的铍铝硅酸盐矿物。六方晶系。晶体呈粒状。矿物表现出明显的二色性:从正面看呈蓝色“Paraíba”,从侧面看呈黄色带绿色。属于宝石类,加上它是一种新的物种以及它的稀有性,不可避免地使它的价格很高。另一个令人感兴趣的原因是其成分中钪的含量很高

(约 3.8%)。2018 年发现于马达加斯加贝拉维纳(Beravina)。英文名称 Laurentthomasite,以法国多色矿业公司的劳伦特・托马斯(Laurent Thomas)姓名命名。IMA 2018 - 157 批准。2019 年 C. 费拉里斯(C. Ferraris)等在《CNMNC 通讯》(49)、《矿物学杂志》(83)和《欧洲矿物学杂志》(31)报道。目前尚未见官方中文译名,编译者建议音译为劳伦特托马斯石*。

【劳娜依矿】参见【劳硫锑铅矿】条 436 页

【劳镍砷铀云母】

英文名 Rauchite

化学式 $Ni(UO_2)_2(AsO_4)_2 \cdot 10H_2O$　　(IMA)

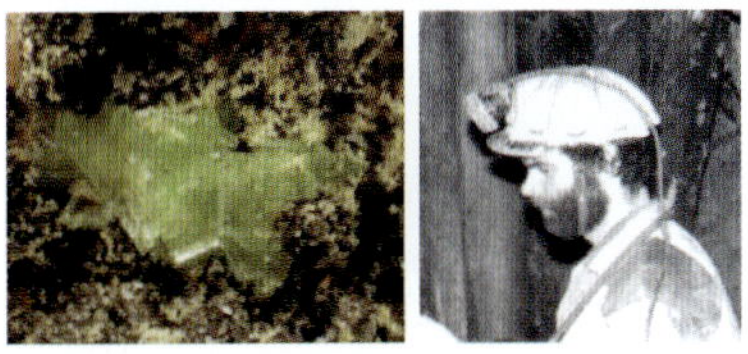

劳镍砷铀云母假四方片状晶体,层状集合体(俄罗斯)和劳赫像

劳镍砷铀云母是一种含结晶水的镍的铀酰-砷酸盐矿物。属钙铀云母族。三斜晶系。晶体呈假四方片状;集合体呈册页层状。浅黄绿色、淡绿色,薄片无色,玻璃光泽、珍珠光泽,透明—半透明;硬度 2,极完全解理,脆性。2010 年发现于俄罗斯阿迪格共和国贝洛里琴斯科(Belorechenskoe)矿床。英文名称 Rauchite,以捷克共和国矿物收藏家路德克・劳赫(Luděk Rauch,1951—1983)的姓氏命名。他在捷克共和国亚希莫夫(Jáchymov)矿山收集矿物过程中不幸死亡。IMA 2010 - 037 批准。2012 年 I. V. 佩科夫(I. V. Pekov)等在《欧洲矿物学杂志》(24)报道。2015 年艾钰洁、范光在《岩石矿物学杂志》[34(1)]根据英文名称首音节音和成分译为劳镍砷铀云母。

【劳唐特尔石】

英文名 Lautenthalite

化学式 $PbCu_4(SO_4)_2(OH)_6 \cdot 3H_2O$　　(IMA)

劳唐特尔石板片状、刃状晶体(英国)

劳唐特尔石是一种含结晶水和羟基的铅、铜的硫酸盐矿物。属钙铜矾族。单斜晶系。晶体呈板片状、刃状;集合体呈束状、不规则晶簇状。绿色、鲜蓝色,玻璃光泽,透明;硬度 2.5,完全解理。1983 年发现于德国下萨克森州哈尔茨山劳唐特尔(Lautenthal)古老冶炼厂的冶炼渣废墟。英文名称 Lautenthalite,1993 年 O. 梅登巴赫(O. Medenbach)等根据发现地德国的劳唐特尔(Lautenthal)古老冶炼厂命名。IMA 1983 - 029 批准。1993 年梅登巴赫等在《矿物学新年鉴》(月刊)报道。1998 年中国新矿物与矿物命名委员会黄蕴慧等在《岩石矿物学杂志》[17(2)]音译为劳唐特尔石。

铹 [láo]形声;从钅,劳声。一种人造的放射性元素。[英]Lawrencium。元素符号 Lr。原子序数 103。在 1961 年 4 月美国出版的《物理评论》中登载出关于发现 103 号元素的最早报道。1961 年在美国加利福尼亚州旧克利市劳伦斯放射实验室中,由 A. 吉奥索(A. Ghiorso)、T. 西克兰(T. Sikkeland)、A. E. 拉希(A. E. Larsh)等用回旋加速器以硼原子轰击锎制得。发现者为了纪念回旋加速器的发明人、美国物理学家欧内斯特・O. 劳伦斯(Ernest O. Lawrence)而以他的姓氏命名。

铑 [lǎo]形声;从钅,老声。一种铂族金属元素。[英]Rhodium。元素符号 Rh。原子序数 45。1803 年威廉・武拉斯顿(William Wollaston)和史密森・坦南特(Smithson Tennant)为了生产出纯铂,在生产过程处理黑色残渣中发现了一种漂亮的红色溶液,从中获得了玫瑰红晶体。这些就是氯铑酸钠(NaRhCl)。他最终从中生产出了一种金属;命名为 Rhodium,意为"玫瑰",因为铑盐的溶液呈现玫瑰的淡红色。铑为铂族稀有贵金属,钌、铑、钯、锇、铱、铂 6 个元素在地壳中的含量都非常少。除了铂在地壳中的含量为亿分之五、钯在地壳中的含量为亿分之一外,钌、铑、锇、铱 4 个元素在地壳中的含量都只有十亿分之一。铑存在于铂矿中,在精炼过程中可以集取而制得。

【铑马兰矿】参见【马兰矿】条 577 页

勒 [lè]形声;从革,力声。从"革",表示与皮革有关。本义:套在马头上带嚼子的笼头。[英]音,用于外国人名。

【勒盖恩石*】

英文名 Leguernite

化学式 $Bi_{12.67}O_{14}(SO_4)_5$　　(IMA)

勒盖恩石*是一种铋氧的硫酸盐矿物。单斜晶系。晶体呈针状、纤维状,长 0.4mm,直径 0.01mm。白色、无色,半金刚光泽,透明;脆性。2013 年发现于意大利墨西拿省伊奥利亚群岛弗卡诺(Vulcano)岛火山坑。英文名称 Leguernite,由弗朗索瓦・勒・盖恩(Francois Le Guern,1942—2011)姓氏命名,更被人称为"Fanfan(范范)"。范范・勒・盖恩是一位非常活跃的火山学家,也是火山气体和升华研究的专家,他发表大量成果。IMA 2013 - 051 批准。2013 年 A. 加拉韦利(A. Garavelli)等在《CNMNC 通讯》(17)、《矿物学杂志》(77)和 2014 年《矿物学杂志》(78)报道。目前尚未见官方中文译名,编译者建议音译为勒盖恩石*。

【勒佩奇矿*】

英文名 Lepageite

化学式 $Mn_3^{2+}(Fe_7^{3+}Fe_4^{2+})O_3[Sb_5^{3+}As_8^{3+}O_{34}]$　　(IMA)

勒佩奇矿*是一种锰、铁氧的锑砷酸盐矿物。三斜晶系。呈他矿物的微小包裹体,通常 5μm,最大 30μm。棕黑色,金属光泽,不透明。2018 年发现于波兰下西里西亚省萨布科维斯莱斯基(Zbkowicelskie)县什克莱花岗伟晶岩什克拉纳(Szklana)矿。英文名称 Lepageite,以加拿大渥太华国家研究委员会的晶体学家伊冯・勒佩奇(Yvon Le Page,1943—)的姓氏命名。他开发了 MISSYM 软件,在正确计算复杂矿物结构发挥了重要作用;他还计算了许多矿物的结构,并参与了一些新矿物的描述。IMA 2018 - 028 批准。2018 年 A. 皮耶茨卡(A. Pieczka)等在《CNMNC 通讯》(44)、《矿物学杂志》(82)和 2019 年《美国矿物学家》(104)报道。目前尚未见官方中文译名,编译者建议音译为勒佩奇矿*。

【勒伊滕贝格石】

英文名 Ruitenbergite

化学式 $Ca_9B_{26}O_{34}(OH)_{24}Cl_4 \cdot 13H_2O$　　(IMA)

勒伊滕贝格石是一种含结晶水、氯、羟基的钙的硼酸盐矿物。与普林格尔石(Pringleite)为同质多象。单斜晶系。晶体呈短柱状、他形粒状。无色—橙色、白色、浅黄色,玻璃光泽,透明—半透明;硬度 3~4,完全解理,脆性。1992 年发现于加拿大新不伦瑞省萨斯喀彻温(Saskatchewan)钾肥公司矿。英文名称 Ruitenbergite,以加拿大新不伦瑞克苏塞克斯自然资源部地质调查处的地质学家阿里·安尼·勒伊滕贝格(Arie Anne Ruitenberg,1929—)的姓氏命名,以表彰他对新不伦瑞克的地质工作做出的贡献。IMA 1992-011 批准。1993 年 A. C. 罗伯茨(A. C. Roberts)等在《加拿大矿物学家》(31)报道。1998 年中国新矿物与矿物命名委员会黄蕴慧等在《岩石矿物学杂志》[17(2)]音译为勒伊滕贝格石。

勒伊滕贝格石短柱状晶体(加拿大)

雷 [léi]象形;甲骨文,中间像闪电,圆圈和小点表示雷声。整个字形像雷声和闪电相伴而作。小篆变成了会意字,从雨,下像雷声相连之形,表示打雷下雨。本义:云层放电时发出的巨响。[英]音,用于外国地名、人名。

【雷奥塞科石*】

英文名 Ríosecoite

化学式 $Ca_2Mg(AsO_3OH)_3(H_2O)_2$ (IMA)

雷奥塞科石*是一种含结晶水的钙、镁的氢砷酸盐矿物。三斜晶系。晶体呈柱状,末端不规则,通常有点圆;集合体常呈近平行的束状。无色,玻璃光泽,透明;硬度 3.5,完全解理,脆性。2018 年发现于智利伊基克省萨拉尔格兰德盆地托雷西利亚斯(Torrecillas)矿。英文名称 Ríosecoite,以智利托雷西利亚斯山附近的卡莱塔·雷奥·塞科和雷奥·塞科(Río Seco)小镇命名。IMA 2018-023 批准。2018 年 A. R. 坎普夫(A. R. Kampf)等在《CNMNC 通讯》(44)、《矿物学杂志》(82)和《欧洲矿物学杂志》(30)及 2019 年《矿物学杂志》(83)报道。目前尚未见官方中文译名,编译者建议音译为雷奥塞科石*。

【雷格兰特石*】

英文名 Raygrantite

化学式 $Pb_{10}Zn(SO_4)_6(SiO_4)_2(OH)_2$ (IMA)

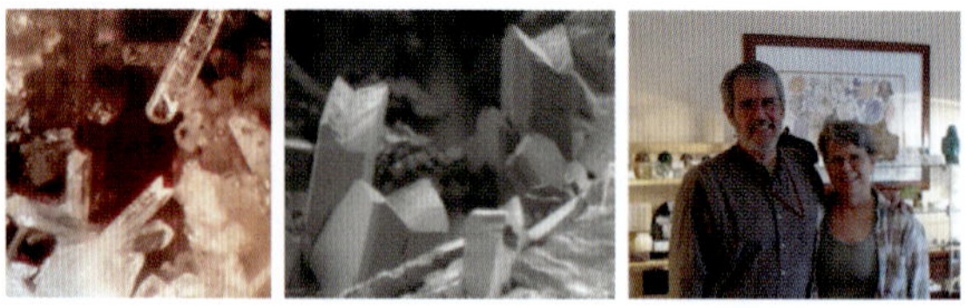
雷格兰特石*柱状晶体、鱼尾双晶(美国)和格兰特夫妇像

雷格兰特石*是一种含羟基的铅、锌的硅酸-硫酸盐矿物。属水铬铅矿(伊朗石)族。三斜晶系。晶体呈叶片状、柱状。无色,玻璃光泽,透明;硬度 3,完全解理,脆性。2013 年发现于美国亚利桑那州马里科帕县贝尔蒙(Belmont)山夜星(Evening Star)矿(银皇后矿)。英文名称 Raygrantite,以雷蒙德·W. 格兰特(Raymond W. Grant,1939—)的姓名缩写命名。他是一名地质学教授、矿物学家,皮纳尔(Pinal)地质与矿物博物馆的创始人和馆长,皮纳尔宝石与矿物协会的创始人和主席,亚利桑那州矿物学协会的终身会员和前任主席,弗拉格(Flagg)矿物基金会前任主席,《亚利桑那州矿物学》(1995)的作者和《佛罗伦萨、亚利桑那州缩略图》矿物收藏家。IMA 2013-001 批准。2013 年杨和雄(Yang Hexiong)等在《CNMNC 通讯》(16)、《矿物学杂志》(77)和 2016 年《加拿大矿物学家》(54)报道。目前尚未见官方中文译名,编译者建议音译为雷格兰特石*。

【雷尼沸石】参见【插晶菱沸石】条 86 页

【雷诺兹矿*】

英文名 Reynoldsite

化学式 $Pb_2Mn_2^{4+}O_5(CrO_4)$ (IMA)

雷诺兹矿*柱状晶体,放射状集合体(美国)和雷诺兹像

雷诺兹矿*是一种铅、锰氧的铬酸盐矿物。三斜晶系。晶体呈长柱状,具有正方形横截面和类似凿子的末端;集合体呈放射状。深橙褐色—黑色,只有在透射光较强的非常薄的晶体中才能看到橙褐色,金刚光泽,半透明;硬度 4.5,脆性。2011 年发现于澳大利亚塔斯马尼亚州西海岸登打士(Dundas)矿田红铅矿山和美国加利福尼亚州圣贝纳迪诺县银湖区索达(Soda)山脉布卢贝尔(Blue Bell)矿。英文名称 Reynoldsite,2011 年 A. R. 坎普夫(A. R. Kampf)等以美国圣贝纳迪诺县博物馆地球科学前馆长罗伯特·E. 雷诺兹(Robert E. Reynolds,1943—)的姓氏命名。IMA 2011-051 批准。2011 年坎普夫等在《CNMNC 通讯》(10)和 2012 年《美国矿物学家》(97)报道。目前尚未见官方中文译名,编译者建议音译为雷诺兹矿*。

【雷皮阿石】

英文名 Reppiaite

化学式 $Mn_5^{2+}(VO_4)_2(OH)_4$ (IMA)

雷皮阿石是一种含羟基的锰的钒酸盐矿物。单斜晶系。晶体呈薄板状。橘红色,玻璃光泽,透明;硬度 3~3.5。1991 年发现于意大利热亚那省格拉夫利亚(Graveglia)谷雷皮阿(Reppia)瓦尔格拉维利亚(Valgraveglia)矿。英文名称 Reppiaite,以发现地意大利的雷皮阿(Reppia)命名。IMA 1991-007 批准。1992 年 R. 巴索(R. Basso)等在《结晶学杂志》(201)报道。1998 年中国新矿物与矿物命名委员会黄蕴慧等在《岩石矿物学杂志》[17(1)]音译为雷皮阿石。

雷皮阿石薄板状晶体(意大利)

【雷水硅钠石】

英文名 Revdite

化学式 $Na_{16}Si_{16}O_{27}(OH)_{26} \cdot 28H_2O$ (IMA)

雷水硅钠石是一种含结晶水和羟基的钠的硅酸盐矿物。单斜晶系。晶体呈柱状、纤维状;集合体呈放射状、球状、肿块状。无色、白色,玻璃光泽、珍珠光泽,透明;硬度 2,完全解理。1979 年发现于俄罗斯北部摩尔曼斯克州卡纳苏特

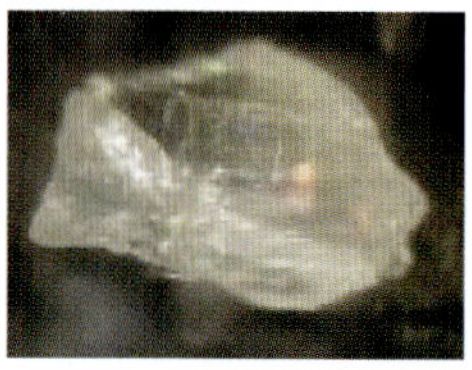
雷水硅钠石块状集合体(俄罗斯)

(Karnasurt)山附近的列夫达(Revda)市。英文名称 Revdite,以发现地俄罗斯的列夫达(Revda)市命名。IMA 1979－082 批准。1980 年 A. P. 霍米亚科夫(A. P. Khomyakov)等在《全苏矿物学记事》(109)和 1982 年《美国矿物学家》(67)报道。中文名称根据英文名称首音节音和成分译为雷水硅钠石。

【雷亚普霍克石*】

英文名 Reaphookhillite

化学式 $MgZn_2(PO_4)_2 \cdot 4H_2O$　(IMA)

雷亚普霍克石*是一种含结晶水的镁、锌的磷酸盐矿物。三斜晶系。发现于澳大利亚南澳大利亚州弗林德斯山脉雷亚普霍克(Reaphook)山。英文名称 Reaphookhillite,由发现地南澳大利亚州的雷亚普霍克(Reaphook)山命名。IMA 2018－128 批准。2019 年 P. 埃利奥特(P. Elliott)等在《CNMNC 通讯》(47)、《欧洲矿物学杂志》(31)和《矿物学杂志》(83)报道。目前尚未见官方中文译名,编译者建议音译为雷亚普霍克石*。

镭 [léi]形声;从钅,雷声。一种放射性金属元素。[英]Radium。元素符号 Ra。原子序数 88。1898 年玛丽·居里(Marie Curie)和皮埃尔·居里(Pierre Curie)从沥青铀矿提取铀后的矿渣中分离出溴化镭。1910 年又用电解氯化镭的方法制得了金属镭。英文名称来源于拉丁文 Radius,含义是"射线"。镭的发现在科学界爆发了一次真正的革命,1903 年,居里夫妇因此而双双获得了诺贝尔物理学奖。镭存在于多种矿石和矿泉中,但含量极稀少,较多的来源于沥青铀矿中。

累 [léi]形声;从糸(mì),表示与线丝有关,畾(雷)声。本义:绳索。会意。字本像土块相积之形;从糸(mì),细丝,织物由细丝积累而成,因而也取积累的意思。隶变以后写作"累"。本义:堆积,积聚。[英]音,用于外国人名、地名。

【累范特石*】参见【黎凡特石*】条 439 页

【累托石】

英文名 Rectorite

化学式 $(Na,Ca)Al_4(Si,Al)_8O_{20}(OH)_4 \cdot 2H_2O$　(IMA)

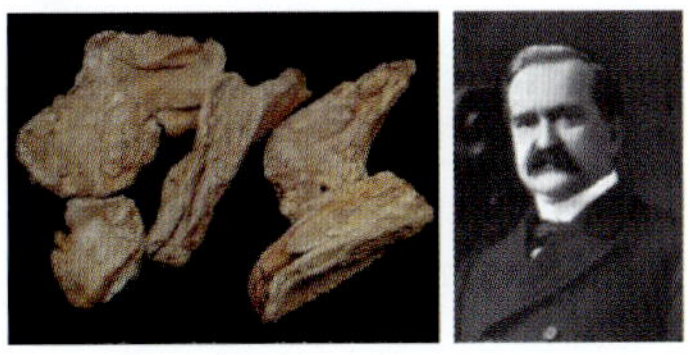

累托石细鳞片状晶体,泥土状集合体(美国)和雷克托像

累托石是一种具有特殊结构、较为罕见的含结晶水和羟基的钠、钙、铝的铝硅酸盐黏土矿物,根据 K、Na、Ca 含量又可分为钾累托石、钠累托石和钙累托石 3 种。单斜晶系。晶体呈微晶鳞片状;集合体呈泥土状、山柔皮状。白色—淡棕色,油脂光泽、蜡状光泽、珍珠光泽、土状光泽,半透明;硬度 1～2,完全解理。它具有高温稳定性、高分散性和高塑性、吸附性和阳离子交换性、层间孔径和电荷密度可调控、阻隔紫外线性、结构层分离性等,有广泛的用途。1891 年 E. W. 雷克托(E. W. Rector)在美国阿肯色州加兰县马布里(Marble)乡蓝山矿区发现;同年,布兰克特等在《美国科学杂志》(42/142)报道。1892 年 E. S. 丹纳(E. S. Dana)在《系统矿物学》(第六版)刊载。英文名称 Rectorite,由理查德·纽曼·布兰克特(Richard Newman Brackett)和约翰·弗朗西斯·威廉姆斯(John Francis Williams)为纪念伊莱亚斯·威廉·雷克托(Elias William Rector,1847/1849—1917)上校而以他的姓氏命名。雷克托是美国的一位政治家,阿肯色州众议院议长和阿肯色州的律师,在他支持下成立了阿肯色州地质调查局。1959 年,S. 卡希尔(S. Ccaillere)等指出在法国阿勒瓦尔有一种新的黏土矿物,并以地名命名为 Allerardite(我国译名为钠板石)。1963 年 G. 布朗(G. Brown)等将累托石和钠板石对比研究后,发现它们都是云母-蒙脱石规则型间层矿物。从此,这一新矿物才确定累托石这一正式名称。1959 年以前发现、描述并命名的"祖父级"矿物,IMA 承认有效。IMA 1967s. p. 批准。1934 年首先由美国的 J. W. 格鲁纳提出间层矿物或混层矿物的概念。1981 年国际矿物学会新矿物和矿物命名委员会最终将其定义为"二八面体云母和二八面体蒙皂石组成的 1∶1 规则间层矿物"。1982 年在《美国矿物学家》(67)报道。中文名称音译为累托石;也译为钠板石、正板石;还译为二叠泥。长期以来,累托石仅限于矿物学研究,作为累托石黏土矿床,在国内外尚未发现。在 20 世纪 80 年代后期,在我国湖北钟祥、南漳发现独立的累托石工业矿床。

黎 [lí]形声;从黍,利省声。本义:黍胶。以黍米制成。古代用以粘履。[音],用于外国地名。

【黎凡特石*】

英文名 Levantite

化学式 $KCa_3Al_2(SiO_4)(Si_2O_7)(PO_4)$　(IMA)

黎凡特石*是一种钾、钙、铝的磷酸-硅酸盐矿物。属硫硅碱钙石族。单斜晶系。硬度 5,中等解理。2017 年发现于以色列南部塔马尔地区哈尔帕尔萨(Har Parsa)山。英文名称 Levantite,以地中海东部的一个大的历史区域黎凡特(Levant)命名;从历史上看,它覆盖了今天的叙利亚、黎巴嫩、约旦、以色列、巴勒斯坦和中幼发拉底河东南部的土耳其大部分地区。IMA 2017－010 批准。2017 年 E. V. 加卢斯金(E. V. Galuskin)等在《CNMNC 通讯》(37)、《矿物学杂志》(81)和《欧洲矿物学杂志》(29)及 2019 年《矿物学杂志》[83(5)]报道。目前尚未见官方中文译名,编译者建议音译为黎凡特石*,或译作累范特石*。

李 [lǐ]会意;从木、从子。本义:李树。中国姓。[英]音,用于外国人名。

【李璞硅锰石】

汉拼名 Lipuite

化学式 $KNa_8Mn_5^{3+}Mg_{0.5}[Si_{12}O_{30}(OH)_4](PO_4)O_2(OH)_2 \cdot 4H_2O$　(IMA)

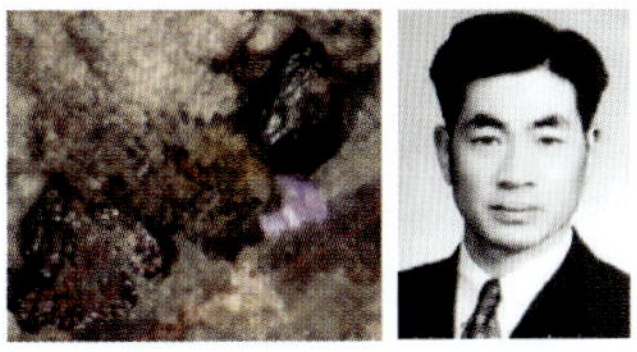

李璞硅锰石粒状晶体(南非)和李璞像

李璞硅锰石是一种含结晶水、氧和羟基的钾、钠、锰、镁

的磷酸-氢硅酸盐矿物。斜方晶系。晶体呈板状、片状、粒状，集合体呈脉状。黑色，透射光下呈红棕色，玻璃光泽，透明；硬度 5，完全解理，脆性。2014 年发现于南非共和国北开普省卡拉哈里锰矿田库鲁曼镇的北奇瓦宁(N'Chwaning)矿山Ⅲ矿。汉拼名称 Lipuite，由美国亚利桑那大学博士杨和雄、中国中南大学教授谷湘平和中国科学院广州地球化学研究所研究员谢先德等为纪念中国科学院地球化学研究所已故李璞(Li Pu)教授而以他的姓名命名为 Lipuite。中文名称由李璞的姓名和成分命(译)为李璞硅锰石。李璞教授(1911—1968)早年就读于清华大学地质学系和西南联合大学地质地理气象学系，1942 年获学士学位，1945 年获硕士学位，后赴英国剑桥大学岩石矿物学系留学，1950 年获博士学位后回国，先后在中国科学院地质研究所和地球化学研究所工作，是中国知名的岩石学家、矿床学家，我国同位素地质年代学和地球化学的奠基人。IMA 2014-085 批准。它正好是经 IMA 批准的第 5 000 种天然矿物。2015 年杨和雄等在《CNMNC 通讯》(23)和《矿物学杂志》(79)报道。

【李时珍石】

汉拼名 Lishizhenite

化学式 $ZnFe_2^{3+}(SO_4)_4 \cdot 14H_2O$　(IMA)

《本草纲目》与李时珍雕像

李时珍石是一种含结晶水的锌和铁的硫酸盐矿物。三斜晶系。晶体呈板状或板柱状、粒状；集合体呈晶簇状或致密块状或细脉状。晶体晶莹透明，呈淡玫瑰紫色、深玫瑰紫色，在空气中易变成黄褐色，条痕呈白色，玻璃光泽、油脂光泽，透明—不透明；硬度 3.5，完全解理；易溶于水。1988 年，兰州大学地质系李万茂、陈国英在中国青海省海西自治州柴达木锡铁山铅锌矿氧化带发现的新矿物。为纪念我国明代著名医学家、药物学家李时珍(Lishizhen，1518—1593)而以他的姓名命名。李时珍曾参考历代有关医药及其学术书籍 800 余种，结合自身经验和调查研究，历时 27 年于公元 1578 年编成《本草纲目》。全书约 200 万字，52 卷，载药 1 892 种，新增药物 374 种，成了中国药物学的空前巨著。在动植物分类学等许多方面有突出成就，并对生物学、化学、矿物学、地质学、天文学等也做出了贡献；达尔文称赞她是"中国古代的百科全书"。值得一提的是其中矿物药金石部分为 4 类，即金、玉、石、卤，描述矿物 161 种。这位伟大的科学家将永远被世界人民所怀念。IMA 1989-002 批准。1990 年李万茂、陈国英在《矿物学报》[10(4)]和 1991 年 J. L. 杨博尔(J. L. Jambor)等在《美国矿物学家》(76)报道。

【李四光矿】

汉拼名 Lisiguangite

化学式 $CuPtBiS_3$　(IMA)

李四光矿是一种铜、铂、铋的硫化物新矿物。属硫锑镍铜矿族。斜方晶系。晶体呈自形板状、片状，粒径0.5mm，长2mm。铅灰色，金属光泽，不透明；硬度 2.5，完全解理，脆性。中国地质科学院地质研究所研究员，国际矿物协会新矿物及矿物命名委员会中国代表，中国矿物、岩石、地球化学协

李四光像与《地质力学概论》

会新矿物及矿物命名委员会主任委员於祖相与陈方远合作，在中国河北承德市滦平县三道沟石榴石辉石岩体含铂钴铜硫化物脉矿石中发现的一种铂的新矿物，在中国科学院化学所马宏伟博士配合下完成矿物研究工作。李四光矿在地表易氧化，主要富集在较深部矿体中，深部矿石品位往往是浅部的 10 倍以上，因此李四光矿是一种有工业价值的铂族矿物，具有极高的经济与科学价值。为纪念中国杰出的地质学家、地质力学创立者、新中国地质事业的开拓者和奠基人、首任中国地质部部长(1952—1971)、中国科学院副院长、中国科学协会主席李四光(Lisiguang，1889—1971)把新矿物命名为李四光矿。IMA 2007-003 批准。2009 年於祖相等在中国《地质学报》(83)报道。於祖相从 1972 年开始，共发现红石矿、道马矿、马兰矿、兴中矿、长城矿、承德矿、大庙矿、古北矿、伊逊矿、双峰矿、喜峰矿、高台矿、马营矿、李四光矿等 15 种铂族新矿物，保持了以"第一人"身份发现新矿物的世界纪录。迄今为止，全世界总共发现了 103 种铂族矿物，於祖相以个人发现新矿物数第一而闻名世界，也使我国的铂族矿物研究达到了国际先进水平。

【李特曼石】参见【斜磷钙锰石】条 1031 页

里 [lǐ]会意；从土，从田。从"田"，含有区分界域的意思。本义：里弄；街巷。[英]音，用于外国地名、人名。

【里奥廷托石*】

英文名 Riotintoite

化学式 $Al(SO_4)(OH) \cdot 3H_2O$　(IMA)

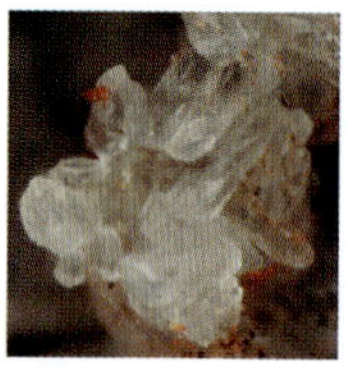
里奥廷托石*板柱状晶体(智利)

里奥廷托石*是一种含结晶水、羟基的铝的硫酸盐矿物。三斜晶系。晶体呈柱状、板片状、板柱状，粒径 0.1mm×0.4mm×0.4mm。无色，玻璃光泽，透明；硬度 2.5，完全解理，脆性。2015 年发现于智利安托法加斯塔省谢拉戈达城镇里奥廷托(Rio Tinto)矿。英文名称 Riotintoite，以发现地智利的拉温迪达矿山里奥廷托(Rio Tinto)矿命名。IMA 2015-085 批准。2015 年 N. V. 丘卡诺夫(N. V. Chukanov)等在《CNMNC 通讯》(29)、《矿物学杂志》(80)和 2016 年《加拿大矿物学家》(54)报道。目前尚未见官方中文译名，编译者建议音译为里奥廷托石*。

【里克特纳石*】

英文名 Rickturnerite

化学式 $Pb_7O_4[Mg(OH)_4](OH)Cl_3$　(IMA)

里克特纳石*是一种含氯和羟基的铅氧、镁的氢氧化物矿物。斜方晶系。晶体呈纤维状、叶片状；集合体呈草丛状、无序状。白色、浅绿色、翠绿色，玻璃光泽，透明；硬度 3，脆

里克特纳石* 纤维状晶体,丛状集合体(英国)和里克·特纳像

性。2005 年发现于英国英格兰萨默塞特郡托尔沃克斯(Torr Works)采石场。英文名称 Rickturnerite,以罗素协会的前任会长、地质学家和矿物收藏家里克·特纳(Rick Turner)的姓名命名,是他首次发现了该矿物。IMA 2010-034 批准。2010 年 M. S. 拉姆齐(M. S. Rumsey)等在《矿物学杂志》(74)和 2012 年《矿物学杂志》(76)报道。目前尚未见官方中文译名,编译者建议音译为里克特纳石*。

【里赛特石】

英文名 Lisetite

化学式 $Na_2CaAl_4(SiO_4)_4$　　(IMA)

里赛特石是一种钠、钙、铝的硅酸盐矿物,在高压环境下形成的具有长石晶体结构的矿物。斜方晶系。晶体在薄片中观察呈条状结构。无色,玻璃光泽,透明。1985 年发现于挪威松恩-菲尤拉纳郡塞尔耶市里赛特(Liset)榴辉岩豆荚。英文名称 Lisetite,以发现地挪威的里赛特(Liset)命名。IMA 1985-017 批准。1986 年 D. C. 史密斯(D. C. Smith)等在《美国矿物学家》(71)报道。1987 年中国新矿物与矿物命名委员会郭宗山等在《岩石矿物学杂志》[6(4)]音译为里赛特石。

【里斯矿*】

英文名 Riesite

化学式 TiO_2　　(IMA)

里斯矿*是一种钛的氧化物矿物。与阿考寨石、金红石、锐钛矿、板钛矿和 TiO_2 Ⅱ为同质多象。单斜晶系。2015 年马驰(Ma Chi)团队发现于德国巴伐利亚州斯瓦比亚区诺德林格里斯(Nördlinger Ries)火山口。英文名称 Riesite,以发现地德国的诺德林格里斯(Nördlinger Ries)火山口命名。IMA 2015-110a 批准。2017 年马驰等在《CNMNC 通讯》(35)、《矿物学杂志》(81)和《欧洲矿物学杂志》(29)报道。目前尚未见官方中文译名,编译者建议音译为里斯矿*。

【里特韦尔铀矿*】

英文名 Rietveldite

化学式 $Fe(UO_2)(SO_4)_2(H_2O)_5$　　(IMA)

里特韦尔铀矿* 叶片状晶体,丛状集合体(美国)和里特韦尔像

里特韦尔铀矿*是一种含结晶水的铁的铀酰-硫酸盐矿物。斜方晶系。晶体呈薄叶片状,长 0.5mm;集合体呈丛状、放射状、粉末状。棕黄色,粉状者呈淡黄褐色,玻璃光泽,透明—半透明;硬度 2,完全解理,脆性。2016 年发现于捷克共和国卡罗维发利州厄尔士山脉亚希莫夫矿区、德国萨克森州德累斯顿市阿加茨(Agatz)矿和美国犹他州圣胡安县红峡谷(Red Canyon)吉维-辛普洛特矿。英文名称 Rietveldite,为纪念荷兰晶体学家雨果·M. 里特韦尔(Hugo M. Rietveld,1932—2016)而以他的姓氏命名。里特韦尔的父亲用一个独特的方法——X 射线粉末衍射法提供了精修结构数据(例如,晶胞参数、定量相分析等)。IMA 2016-081 批准。2016 年 A. R. 坎普夫(A. R. Kampf)等在《CNMNC 通讯》(34)、《矿物学杂志》(80)和 2017 年《地球科学杂志》(62)报道。目前尚未见官方中文译名,编译者建议音加成分译为里特韦尔铀矿*。

【里托查勒布矿*】

英文名 Litochlebite

化学式 $Ag_2PbBi_4Se_8$　　(IMA)

里托查勒布像

里托查勒布矿*是一种银、铅、铋的硒化物矿物。单斜晶系。晶体呈不规则粒状,长 200μm,在石英脉中形成 1~2mm 大小的集合体。深灰色—黑色,金属光泽,不透明;硬度 3,脆性。2009 年发现于捷克共和国摩拉维亚地区奥洛穆茨市亚沃尔尼克的萨莱斯(Zálesí)。英文名称 Litochlebite,以捷克荣誉矿物学家吉里·里托查勒布(Jiri Litochleb,1948—2014)博士的姓氏命名。里托查勒布是捷克共和国布拉格国家博物馆自然历史博物馆馆长、前矿物岩石学部主任;里托查勒布博士曾撰写过许多关于铀、贱金属和金矿矿床的论文,以及捷克共和国的铋硫硒碲化物、硒化物和硫化物的矿物学。IMA 2009-036 批准。2011 年 J. 塞科拉(J. Sejkora)等在《加拿大矿物学家》(49)报道。目前尚未见官方中文译名,编译者建议音译为里托查勒布矿*。

理

[lǐ]形声;从玉,里声。本义:加工雕琢玉石。同本义理,治玉也。《说文》理者,成物之文也。[英]音,用于外国人名。

【理查德矿*】

英文名 Richardsite

化学式 Zn_2CuGaS_4　　(IMA)

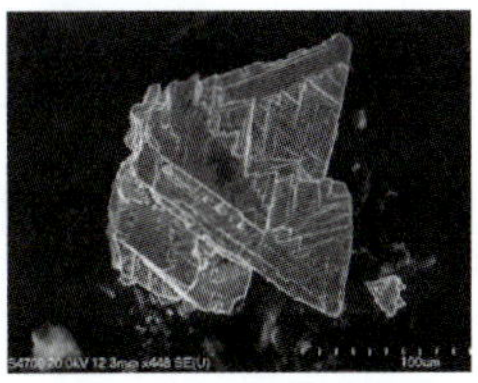

理查德矿* 板状晶体(坦桑尼亚)

理查德矿*是一种锌、铜、镓的硫化物矿物。四方晶系。晶体呈板状,粒径 50~400μm。深灰色,金属光泽,不透明;脆性,易碎。2019 年发现于坦桑尼亚马尼亚拉地区司马儒罗(Simanjiro)区梅雷拉尼(Merelani)附近的宝石矿。英文名称 Richardsite,以 R. 彼得·理查德(R. Peter Richards)博士的姓氏命名,以表彰他在与理解矿物形态成因有关的主题方面的广泛研究和写作所做出的贡献。IMA 2019-136 批准。2020 年 L. 宾迪(L. Bindi)等在《矿物》(10)报道。目前尚未见官方中文译名,编译者建议音译为理查德矿*。

【理查德索利矿*】

英文名 Richardsollyite

化学式 $TlPbAsS_3$　　(IMA)

理查德索利矿*是一种铊、铅的砷-硫化物矿物。单斜晶系。晶体呈短柱状,长可达 750μm。灰黑色、枣红色,金属光泽,不透明。2016 年发现于瑞士瓦莱州法尔德区林根巴赫(Lengenbach)采石场。英文名称 Richardsollyite,为纪念英国学者理查德·哈里森·索利(Richard Harrison Solly,

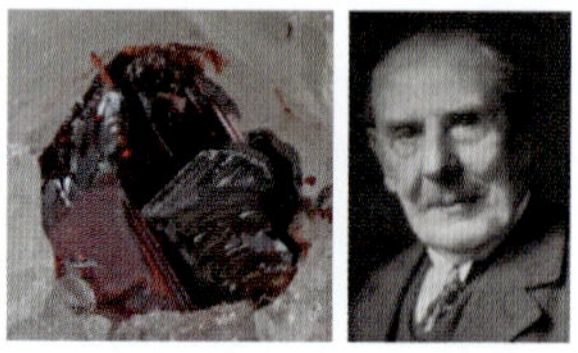

理查德索利矿* 短柱状晶体(瑞士)和索利像

1851—1925)而以他的姓名命名。索利在1901—1912年期间仔细描述了来自林根巴赫的8种新矿物。在20世纪初，林根巴赫调查的第一个繁荣时期他被认为是最成功的科学家。IMA 2016-043批准。2016年N. 梅瑟尔(N. Meisser)等在《CNMNC通讯》(33)、《矿物学杂志》(80)和2017年《欧洲矿物学杂志》(29)报道。目前尚未见官方中文译名，编译者建议译为理查德索利矿*。

锂 [lǐ]形声；从钅，里声。一种稀有金属元素。[英]Lithium。元素符号Li。原子序数3。18世纪90年代第一块锂矿石-透锂长石($LiAlSi_4O_{10}$)是由巴西化学家若泽·博尼法齐·德·安德拉达·厄·席尔瓦(José Bonifácio de Andralda e Silva)在瑞典攸桃(Utö)岛上发现的。当把它扔到火里时会出现浓烈的深红色火焰，1817年斯德哥尔摩的约翰·奥古斯特·阿尔费特森(Johan August Arfvedson)分析了它并推断它含有以前未知的金属，他把它称作Lithium。1821年威廉·布兰德(William Brande)电解出了微量的锂。直到1855年德国化学家罗伯特·本生(Robert Bunsen)和英国化学家奥古斯塔斯·马提森(Augustus Matthiessen)电解氯化锂才获得了大块的锂。英文名称为Lithium，来源于希腊文Λiθos=Lithos，意为"石头"。锂在地壳中含量约0.006 5%，其丰度居第二十七位。已知含锂的矿物有150多种，其中主要有锂辉石、锂云母、透锂长石等。

【锂白榍石】

英文名 Bityite

化学式 $CaLiAl_2(Si_2BeAl)O_{10}(OH)_2$ (IMA)

锂白榍石桶柱状、粒状晶体(马达加斯加)

锂白榍石是一种含羟基的钙、锂、铝的铝铍硅酸盐矿物。属云母族脆云母族。单斜晶系。晶体呈板状、假六方状片状、桶柱状、粒状，有聚片双晶；集合体呈薄板状、莲花座丛状。无色、白色、淡黄色、褐色，玻璃光泽、珍珠光泽，透明—半透明；硬度5.5，极完全解理。1908年发现于马达加斯加塔那那利佛省瓦卡南卡拉特拉地区萨哈塔尼(Sahatany)村伟晶花岗岩[伊碧提(Ibity)山系]萨哈塔尼山谷马哈利特拉(Maharitra)矿。1908年拉克鲁瓦在《法国科学院会议周报》(146)和《法国矿物学会通报》(31)报道。英文名称Bityite，1908年由拉克鲁瓦(Lacroix)根据一个里程碑位置接近的区域伊碧提(Ibity)山系2 292m的高山地块的名字命名(在法国的早期文献中拼写为Bity山)。1956年由施特龙茨(Strunz)确定了它的化学成分。1959年以前发现、描述并命名的"祖父级"矿物，IMA承认有效。IMA 1998s. p.批准。中文名称根据成分和颜色及与榍石的关系译为锂白榍石，也有的根据成分及与脆云母的关系译为锂铍脆云母。

【锂冰晶石】

英文名 Cryolithionite

化学式 $Na_3Al_2(LiF_4)_3$ (IMA)

锂冰晶石是一种钠、铝的锂氟化物矿物。属石榴石超族。等轴晶系。晶体呈菱形十二面体、粗粒状。无色或白色，玻璃光泽、油脂光泽，透明；硬度2.5～3，完全解理，脆性。在自然界分布稀少。1904年发现于丹麦格陵兰岛伊维赫图特(Ivigtut)冰晶石矿床。1904年乌辛(Ussing)在哥本哈根《丹麦皇家科学学会哥本哈根分会》(1)报道。英文名称Cryolithionite，由与"Cryolite(冰晶石)"相似和成分"Lithium(锂)"组合命名。1959年以前发现、描述并命名的"祖父级"矿物，IMA承认有效。中文名称根据成分及与冰晶石相似关系译为锂冰晶石。

【锂电气石】

英文名 Elbaite

化学式 $Na(Al_{1.5}Li_{1.5})Al_6(Si_6O_{18})(BO_3)_3(OH)_3(OH)$ (IMA)

锂电气石柱状晶体(美国、巴西)

锂电气石是电气石族富锂和钠的电气石，故也称"钠锂电气石"。三方晶系。晶体呈柱状、针状、棒状，柱面有纵纹；集合体呈放射状、束针状、晶簇状，亦呈致密块状或隐晶质块状。绿色、红色、粉色、蓝色、橙色、黄色、无色，常有色带现象出现，玻璃光泽、树脂光泽，透明—半透明；硬度7.5，脆性。1810年M. H. 克拉普罗特(M. H. Klaproth)在柏林罗特曼《浅析化学知识对摩拉维亚红电气石矿物学调查的贡献》(第五卷)刊载。1913年首先发现于意大利托斯卡纳区利沃诺市厄尔巴(Elba)岛圣皮耶罗坎波斯的丰特·德尔·普雷特(Fonte del Prete)；同年，在《结晶学杂志》(53)报道。英文名称Elbaite，源自其产地意大利的厄尔巴岛(Elba)。1959年以前发现、描述并命名的"祖父级"矿物，IMA承认有效。中文名称根据成分及与电气石的关系译为锂电气石(参见【电气石】条130页)。

【锂钙大隅石】参见【加特雅玛石】条362页

【锂钙铝磷石】

英文名 Bertossaite

化学式 $Li_2CaAl_4(PO_4)_4(OH)_4$ (IMA)

锂钙铝磷石块状集合体(卢旺达)

锂钙铝磷石是一种含羟基的锂、钙、铝的磷酸盐矿物。属柱磷锶锂矿族。斜方晶系。集合体呈块状。淡玫瑰红色，玻璃光泽，透明；硬度6，中等解理。1965年发现于卢旺达西部省吉塞尼加通巴区布兰加(Buranga)锂伟晶岩。英文名称Bertossaite，以卢旺达地质调查局主任安东尼奥·贝尔托萨(Antonio Bertossa)的姓氏命名，是他第一次发现了此矿物。

IMA 1965－038 批准。1965 年 O. 冯·文诺灵(O. von Knorring)在《卢旺达共和国地质学会通报》(2)和 1966 年《加拿大矿物学家》(8)报道。中文名称根据成分译为锂钙铝磷石，或磷铝钙锂石，有的音译为伯托赛石。

【锂辉石】

英文名 Spodumene

化学式 $LiAlSi_2O_6$ (IMA)

锂辉石柱状、板状晶体(美国、阿富汗)

锂辉石是一种锂、铝的硅酸盐矿物。属辉石族单斜辉石亚族。单斜晶系。晶体常呈柱状、粒状或板状。颜色呈灰白色、浅灰色、灰绿色、翠绿色、紫色、粉红色或黄色等，玻璃光泽、珍珠光泽，透明—半透明；硬度 6.5～7，完全解理。1877 年发现于瑞典斯德哥尔摩市攸桃(Utö)岛矿山。1880 年在《化学杂志概览》(4)报道。又见于 1892 年 E. S. 丹纳(E. S. Dana)《系统矿物学》(第六版，纽约)。英文名称 Spodumene，来自希腊文"Σποντούμενοs＝Spodoumenos(烧成灰烬)"，这是指 1877 年最早发现于巴西时，它的外观像灰烬。1959 年以前发现、描述并命名的"祖父级"矿物，IMA 承认有效。IMA 1962s. p. 批准。

色彩鲜艳且透明的锂辉石，如紫锂辉石(丁香紫)和翠绿锂辉石(宝石绿)，1879 年发现的这两种矿物可作宝石。

孔赛像

紫锂辉石(Kunzite)为粉红色变种，因为含有锰而呈现如薰衣草的淡紫色或丁香紫色是锂辉石中的著名品种。1902 年，由乔治·弗雷德里克·孔赛(有人译作康滋或昆茨)博士发现于美国加利福尼亚州，他是蒂芙尼首席宝石学家，他第一个鉴定并描述这种质地坚韧的粉红色宝石，此矿物以乔治·弗雷德里克·孔赛(George Frederick Kunz，1856—1932)的姓氏而命名{见 1903 年孔赛《美国科学杂志》[4 系列(16)]}。它还曾经被音译为"孔赛石"。

翠绿锂辉石柱状晶体(美国)和希登像

翠绿锂辉石(Hiddenite)是一种含铬的锂辉石变种，也被称作翠铬锂辉石。呈黄绿色、绿色、深绿色、带蓝色调的宝石绿或祖母绿色，是一种珍贵的宝石。英文名称 Hiddenite，1881 年由约瑟夫·劳伦斯·史密斯(Joseph Lawrence Smith)根据威廉·厄尔·赫邓尼缇(William Earl Hiddenit，1853—1918)的姓氏命名。他在美国的北卡罗莱州亚历山大城中发现此矿物，他是来自新泽西州纽瓦克城的矿山采矿工程师、矿物收藏家和矿物经销商。有人把它音译为希登石。

【锂蓝闪石】

英文名 Holmquistite

化学式 $\square Li_2(Mg_3Al_2)Si_8O_{22}(OH)_2$ (IMA)

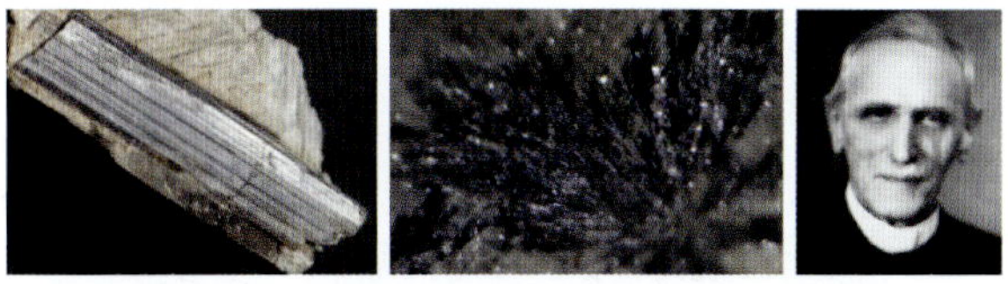

锂蓝闪石柱状、纤维状晶体(奥地利、中国新疆)和霍姆奎斯特像

锂蓝闪石是一种含羟基的空位、锂、镁、铝的硅酸盐矿物。属角闪石超族 W 位羟基、氟、氯占优势的闪石族锂闪石亚族锂蓝闪石根名族。斜方晶系。晶体呈柱状、石棉状、毛发状；集合体呈放射状，似朵朵开放的菊花，故有菊花石之称，黑色放射状者又称黑菊花石。浅蓝色、天蓝色、暗紫蓝色、紫色、紫黑色—黑色，玻璃光泽，半透明—不透明；硬度 5～6，完全解理。1913 年发现并第一次描述于瑞典斯德哥尔摩市攸桃(Utö)岛。1913 年 A. 奥赞(A. Osann)在《海德堡科学院会议报告论文集》(23)报道。英文名称 Holmquistite，以瑞典岩石学家约翰·霍姆奎斯特(Johan Holmquist，1866—1946)的姓氏命名。1959 年以前发现、描述并命名的"祖父级"矿物，IMA 承认有效。IMA 2012s. p. 批准。中文名称根据成分及与蓝闪石的关系译为锂蓝闪石或镁锂闪石，也有的译为镁锂蓝闪石。

【锂磷铝石】

英文名 Amblygonite

化学式 $LiAl(PO_4)F$ (IMA)

锂磷铝石是一种含氟的锂和铝的磷酸盐矿物，是磷铝石的富氟的类似矿物。属锂磷铝石族。三斜晶系。晶体呈粒状、短柱状，具聚片双晶；集合体呈块状。无色、白色、乳白色、玛瑙白色—浅黄色、浅绿黄色、浅粉色、绿色、淡蓝色或褐色，玻璃光泽、树脂光泽、油脂光泽，解理面上呈珍珠光泽；硬度 5.5～6，完全解理；有非常弱的绿色、浅蓝色的磷光。透明晶体相当罕见，它是一个有趣的宝石矿物。宝石级锂磷铝石常颜色变化较大，内部常有气液包体和云雾状条带。1817 年发现于德国萨克森州开姆尼斯市佩尼西镇休尔斯多夫(德语：Chursdorf 是德国图林根州的一个市镇)。1818 年 A. 布赖特豪普特(A. Breithaupt)在弗里堡 C. A. S. 霍夫曼《矿物学手册》[4(2)]刊载。英文名称 Amblygonite，于 1817 年由奥古斯特·布赖特豪普特(August Breithaupt，1791—1873)根据希腊文"αμβλύs＝Amvlys＝Blunt(钝的)"和"γωνία＝Gonia＝Angle(角度)"命名，指的是矿物的解理夹角略不等于而大于 90°，以区分它与方柱石最初混淆不清的错误。布赖特豪普特曾是弗莱贝格矿业学院的德国矿物学家，当发明摩氏硬度的福尔·摩斯(Friedrich Mohs，1773—1839)离开工作岗位后，他成为维也纳大学的教授，这是他发现的第 47 个矿物种。1959 年以前发现、描述并命名的"祖父级"矿物，IMA 承认有效。中文名称根据成分译为锂磷铝石或磷铝锂石或锂磷石。根据颜色和成分又译为磷红石。

块锂磷铝石(板磷铝矿)又称柏林石(Berlinite)，它于 1868 年第一次被发现在瑞典斯堪尼亚维斯塔纳(Västanå)铁矿，并以瑞典隆德大学的药理学家尼尔斯·约翰·柏林(Nils Johan Berlin，1812—1891)教授的姓氏命名。

【锂磷锰石】参见【磷锂锰矿】条 462 页

【锂磷石】参见【锂磷铝石】条 443 页

【锂鳞铁石】参见【羟磷锂铁石】条 716 页

【锂绿泥石】

英文名 Cookeite

化学式 $(Al,Li)_3Al_2(Si,Al)_4O_{10}(OH)_8$　(IMA)

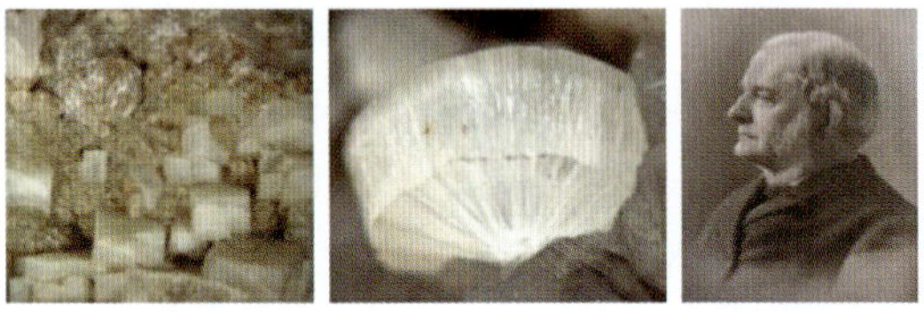

锂绿泥石板状、鳞片状晶体,扇形集合体(美国)和库克像

锂绿泥石是一种含羟基的铝、锂的铝硅酸盐矿物。属绿泥石族。单斜晶系。晶体呈板状、鳞片状;集合体呈扇形。无色、白色、淡黄色—绿色、玫瑰红色、棕色,蜡状光泽、油脂光泽,解理面上呈珍珠光泽,透明—半透明;硬度 2.5～3.5,极完全解理,具挠性。1866 发现于美国缅因州牛津县希布伦(Hebron)云母山采石场和红电气石山采石场;同年,在《美国科学与艺术杂志》(91)报道。英文名称 Cookeite,以美国哈佛大学矿物学家和化学家约西亚·帕森斯·库克(Josiah Parsons Cooke,1827—1894)的姓氏命名。他是一个自学成才的化学家,是美国教授实验室化学的人之一,他对原子量的测量做出了重大贡献。1959 年以前发现、描述并命名的"祖父级"矿物,IMA 承认有效。中文名称根据成分及族名译为锂绿泥石,也有的根据细鳞片状译为细鳞云母。目前已知 Cookeite 有-1A 和-2M 多型。

【锂蒙脱石】

英文名 Swinefordite

化学式 $Ca_{0.2}(Li,Al,Mg,Fe)_3(Si,Al)_4O_{10}(OH,F)_2 \cdot nH_2O$　(IMA)

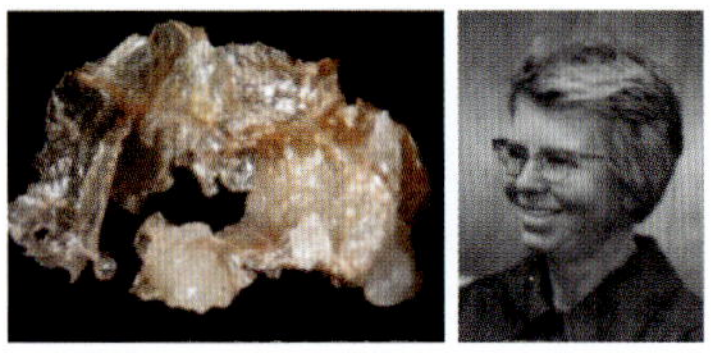

锂蒙脱石薄带状集合体(美国)和斯温福德像

锂蒙脱石是一种富锂的蒙脱石矿物。单斜晶系。晶体呈微晶纤维状;集合体呈薄带状、折叠状、扭曲状和卷曲的皮状。白色、绿黄色、深橄榄灰色,半透明—不透明;硬度 1,完全解理。1973 年发现于美国北卡罗来纳州克里夫兰县金斯芒廷(Kings Mountain)矿区富特锂公司矿锂伟晶岩。英文名称 Swinefordite,以美国华盛顿贝宁汉西部华盛顿州立大学的黏土矿物学家和地质学教授艾达·斯温福德(Ada Swineford,1917—1993)的姓氏命名。IMA 1973-054 批准。1975 年 P. L. 泰恩(P. L. Tien)等在《美国矿物学家》(60)报道。中文名称根据成分及族名译为锂蒙脱石,有的音译为史温福石。

【锂铌锰钽矿】

英文名 Lithiowodginite

化学式 $LiTa_3O_8$　(IMA)

锂铌锰钽矿是一种锂、钽的氧化物矿物。属锡锰钽矿族。与锂钽矿为同质多象。单斜晶系。晶体呈粒状,呈他矿物的包裹体或填隙物。褐色、暗粉红色—红色,金刚光泽,半透明—不透明;硬度 6.5。1988 年发现于哈萨克斯坦东部的哈萨克斯坦省奥格涅夫卡(Ognevka)钽矿床。英文名称 Lithiowodginite,由成分冠词"Lithium(锂)"和根词"Wodginite(锡锰钽矿)"组合命名。IMA 1988-011 批准。1990 年在俄罗斯《矿物学杂志》[12(1)]和 1991 年《美国矿物学家》(76)报道。1991 年中国新矿物与矿物命名委员会郭宗山在《岩石矿物学杂志》[10(4)]根据成分及族名译为锂铌锰钽矿(根词参见【锡锰钽矿】条 1007 页)。

【锂硼绿泥石】参见【硅硼锂铝石】条 281 页

【锂铍脆云母】参见【锂白榍石】条 442 页

【锂铍石】

英文名 Liberite

化学式 $Li_2Be(SiO_4)$　(IMA)

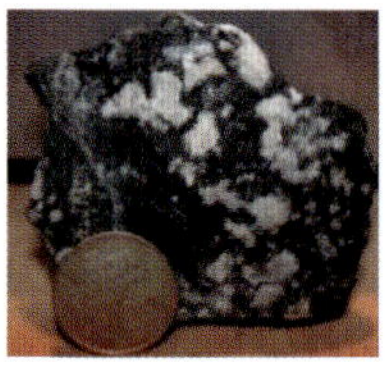

锂铍石粒状晶体(中国)

锂铍石是一种罕见的锂、铍的硅酸盐矿物。单斜晶系。晶体呈显微自形—半自形柱状、粒状,具叶片双晶;集合体呈块状、细脉状。乳白色或淡黄色—褐色,玻璃光泽、油脂光泽、蜡状光泽,新鲜面上呈丝绢光泽,透明—半透明;硬度 7,完全解理,脆性。1959 年,中国学者赵春林在采选矿试料时在薄片中发现该矿物,当时由于样品有限,未能对其进行详细研究,仅做了初步光性测定及光谱半定量分析,发现与任何已知矿物均不相同。1963 年春,赵春林又赴中国湖南郴州临武县香花岭矿区采集标本,继续进行研究,发现它是世界上独有的新矿物。英文名称 Liberite,由成分"Lithium(锂)"和"Beryllium(铍)"组合命名。中文命名为锂铍石。1964 年赵春林在《地质学报》[44(3)]和 1965 年《美国矿物学家》(50)报道。IMA 1967s. p. 批准。

【锂铯绿柱石】

英文名 Pezzottaite

化学式 $CsLiBe_2Al_2Si_6O_{18}$　(IMA)

锂铯绿柱石柱状、板状晶体(马达加斯加)佩佐塔像

锂铯绿柱石是一种铯、锂的铍铝硅酸盐矿物。属绿柱石族。六方晶系。晶体呈六方体、柱状、板状、粒状。草莓红色—粉红色,玻璃光泽,透明—半透明;硬度 8,脆性。2003 年发现于马达加斯加菲亚纳兰楚阿省安巴托芬纳德拉哈纳(Ambatofinandrahana)区曼德鲁苏努鲁镇阿姆巴托维塔的萨卡瓦拉纳(Sakavalana)矿。英文名称 Pezzottaite,2003 年由布伦丹·M. 劳尔斯(Brendan M. Laurs)等在《宝石和宝石学》[39(4)]以意大利米兰奇维克博物馆岩石学家和馆长费德里克·佩佐塔(Federico Pezzotta,1965—)的姓氏命名。他以致力于马达加斯加花岗伟晶岩的研究工作而著称。IMA 2003-022 批准。中文名称根据成分及族名译为锂铯

L

绿柱石或铯绿柱石；2008 年中国地质科学院地质研究所任玉峰等在《岩石矿物学杂志》[27(2)]根据成分译为硅铝铯铍石；根据颜色和族名译为草莓红绿柱石。

【锂闪石】参见【锂蓝闪石】条 443 页

【锂钽矿】

英文名 Lithiotantite

化学式 $LiTa_3O_8$ (IMA)

锂钽矿柱状晶体(巴西)

锂钽矿是一种锂、钽的复杂氧化物矿物。属锡锰钽矿族。与钽锂矿为同质多象。单斜晶系。晶体呈柱状。无色、粉红色，金刚光泽，透明；硬度 6～6.5。1982 年发现于哈萨克斯坦东部的奥格涅夫卡(Ognevka)钽矿床。英文名称 Lithiotantite，由成分“Lithium(锂)”和“Tantalum(钽)”组合命名。IMA 1982-022 批准。1983 年 A. V. 沃洛申(A. V. Voloshin)等在《矿物学杂志》[5(1)]和 1984 年《美国矿物学家》(69)报道。1984 年中国新矿物与矿物命名委员会郭宗山在《岩石矿物及测试》[3(2)]根据成分译为锂钽矿。

【锂霞石】

英文名 Eucryptite

化学式 $LiAlSiO_4$ (IMA)

锂霞石是一种锂的铝硅酸盐矿物。属硅铍石族。三方晶系。晶体呈自形粒状；集合体呈块状。无色或白色、浅灰色、棕色，玻璃光泽、树脂光泽、油脂光泽，透明—半透明；硬度 6.5，中等解理，脆性。1880 年第一次描述了发现于美国康涅狄格州费尔菲尔德县菲罗(Fillow)采石场的该矿物；同年，在《美国科学杂志》(120)报道。1892 年又见于 E. S. 丹纳(E. S. Dana)《系统矿物学》(第六版)。英文名称 Eucryptite，由布鲁斯(Brush)和丹纳(Dana)根据希腊文“Καλομεγμένα＝Well concealed＝Eucrypt(秘密、隐藏)”命名，意指其镶嵌在钠长石中。1959 年以前发现、描述并命名的“祖父级”矿物，IMA 承认有效。也称 α-Eucryptite 或 Alpha-eucryptite[见 1953 年 M. E. 莫罗塞(M. E. Mrose)《美国矿物学家》(38)]。中文名称根据成分及与霞石的关系译为锂霞石。

【锂硬锰矿】

英文名 Lithiophorite

化学式 $(Al,Li)(Mn^{4+},Mn^{3+})O_2(OH)_2$ (IMA)

锂硬锰矿钟乳状、肾状和葡萄状集合体(德国、巴西)

锂硬锰矿是一种铝、锂、锰的氢氧-氧化物矿物。三方晶系。晶体少见；集合体常呈钟乳状、肾状和葡萄状。蓝色—黑色，金属光泽；硬度 3，完全解理。1870 年发现于德国萨克森州斯皮兹莱蒂(Spitzleithe)。最早见于 1870 年 C. 弗龙德尔(C. Frondel)在《实用化学杂志》(110)报道。1944 年 C. 帕拉奇(C. Palache)、H. 伯曼(H. Berman)和弗龙德尔在《丹纳系统矿物学》(第一卷，第七版，纽约)刊载。英文名称 Lithiophorite，以成分冠词“Lithium(锂)”和希腊文“φόρος＝Phoros(佛洛斯)＝To bear(熊＝黑猫)”组合命名，意指它是富锂的黑色矿物。1959 年以前发现、描述并命名的“祖父级”矿物，IMA 承认有效。中文名称根据成分译为锂硬锰矿。

【锂云母】

英文名 Lepidolite

化学式 $KLi_2Al(Si_4O_{10})(F,OH)_2$～$K(Li_{1.5}Al_{1.5})(AlSi_3O_{10})(F,OH)_2$

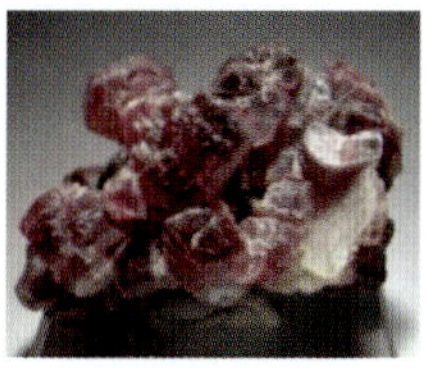
锂云母片状晶体(美国)

锂云母属云母族矿物之一。国际矿物协会(IMA)新矿物命名及分类委员会(CNMNC)规定，传统称谓的锂云母(Lepidolite；Lithionite)改作“系列名”，泛指“位于或者近于三锂云母(Trilithionite)到多硅锂云母(Polylithionite)之间的三八面体云母，亦即富锂的浅色云母”，包括三锂云母、锂珍珠云母、索科洛娃云母、沃洛欣云母、栾锂云母、多硅锂云母 6 个矿物种。单斜晶系。晶体常呈鳞片状或叶片状，具假六方形轮廓，有双晶。常因晶体细小又称“鳞云母”。淡紫色、玫瑰红色—灰色、无色，有时呈黄绿色、浅蓝色，玻璃光泽，解理面上呈珍珠光泽，透明—半透明；硬度 2.5～4，极完全解理。1905 年沃尔德马·西奥多·夏勒(Waldemar Theodore Schaller)在《美国科学杂志》(Ⅳ系列，19)报道。

最初的锂云母来自捷克共和国摩拉维亚地区维索契纳(Vysočina)地区兹德阿尔(Žďár)和萨扎沃(Sazavou)的罗兹纳(Rožná)伟晶岩。英文名称 Lepidolite，1792 年由马丁·克拉普罗特(Martin Klaproth)根据希腊文 Λεπιδο＝Lepidos 演变而来，“Scale(鳞)”和“Lithos＝Stone(石头)”，指矿物呈小鳞片状。另一个英文名称 Lithionite，来自锂的化学元素名称 Lithium。1817 年瑞典化学家佐罕·奥古斯德·阿尔费特孙(Johann August Arfvedson，1792—1841)首先在透锂长石中发现了一种新的碱金属锂，后在鳞云母中也发现了锂，他把新碱质命名为 Lithion(Lithia)，它源于希腊文 Λιθός＝lithos，意为“石头”。鳞云母也就有了 Lithionite 名称。1861 年罗伯特·本生和古斯塔夫·基尔霍夫在锂云母中发现新的铷元素。它是碱金属铷和铯的主要来源之一。1989 年 IMA 对此矿物提出怀疑。中文名称由成分(锂)和族名译为锂云母，也有的根据形态译为鳞云母。

【锂皂石】

英文名 Hectorite

化学式 $Na_{0.3}(Mg,Li)_3Si_4O_{10}(F,OH)_2 \cdot nH_2O$ (IMA)

锂皂石土块状集合体(美国)

锂皂石是一种含结晶水、羟基和氟的钠、镁、锂的硅酸盐矿物。属蒙皂石族。单斜晶系。集合体呈土块状。白色，土状光泽，半透明—不透明；硬度 1～2，完全解理。1936 年发现于美国加利福尼亚州圣贝纳迪诺县汉克托(Hector)斑托岩矿。1941 年 V. H. 斯特若塞(V. H. Strese)等在《普通与无机化学杂志》(247)报道。英文名称 Hectorite，以发现地美国的汉克托(Hector)命名。1959 年以前发现、描述并命名的“祖父级”矿物，IMA 承认有效。中文名称根据成分及与蒙皂石的关系译为锂皂石；音译为汉克托石。

L

立 [lì]会意。甲骨文像一人正面立地之形。本义：笔直的站立。立方：指对称，等轴晶系（立方晶系）。

【立方碲铜石】

英文名 Mcalpineite

化学式 $Cu_3Te^{6+}O_6$　　（IMA）

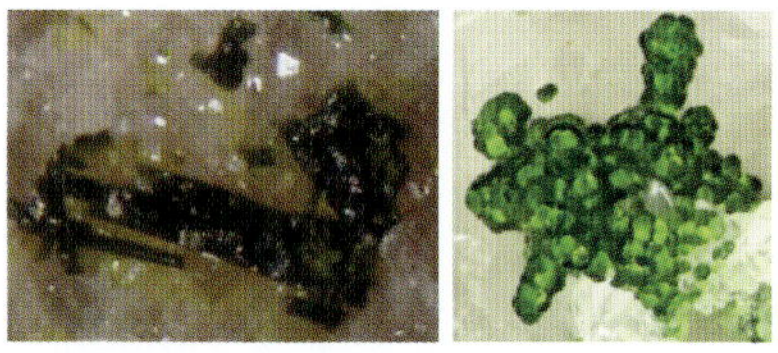

立方碲铜石柱状、粒状晶体（美国）

立方碲铜石是一种铜的碲酸盐矿物。等轴晶系。晶体呈他形柱状、纤维状、粒状；集合体呈皮壳状、球粒状。翡翠绿色、暗绿色、橄榄绿色，金刚光泽，透明—半透明；硬度3，脆性。1992年发现于美国加利福尼亚州佩尼昂布兰科（Peñon Blanco）峰的麦卡尔平（McAlpine）矿。英文名称Mcalpineite，以发现地美国的麦卡尔平（McAlpine）矿命名。IMA 1992－025批准。1994年A.C.罗伯茨（A.C.Roberts）等在《矿物学杂志》(58)报道。1999年中国新矿物与矿物命名委员会黄蕴慧等在《岩石矿物学杂志》[18(1)]根据对称和成分译为立方碲铜石。

利 [lì]会意；从刀，从禾。表示以刀断禾的意思。本义：刀剑锋利，刀口快。[英]音，用于外国人名、地名。

【利奥西拉德铀矿*】

英文名 Leószilárdite

化学式 $Na_6Mg(UO_2)_2(CO_3)_6 \cdot 6H_2O$　　（IMA）

利奥西拉德铀矿*板条状晶体，放射状集合体（美国）和利奥·西拉德像

利奥西拉德铀矿*是一种含结晶水的钠、镁的铀酰-碳酸盐矿物，它也是第一个被发现的钠、镁的铀酰-碳酸盐矿物。单斜晶系。晶体呈叶片状、小板状；集合体呈放射状，粒径仅2mm。浅黄色，玻璃光泽、珍珠光泽，半透明—透明；硬度2，完全解理，脆性。2015年由美国诺特丹大学（Notre Dame，又称圣母大学）的T.奥尔德斯（T.Olds）和他的同事发现于美国犹他州圣胡安县马基（Markey）矿。英文名称Leószilárdite，以匈牙利物理学家、发明家和生物学家利奥·西拉德（Leó Szilárd，1898—1964）博士的姓名命名。利奥·西拉德开创性地提出了电子显微镜和核链式反应的设想，他的核反应堆、直线加速器和回旋加速器获得了专利。IMA 2015－128批准。2016年T.A.奥尔德斯（T.A.Olds）等在《CNMNC通讯》(31)、《矿物学杂志》(80)和2017年《矿物学杂志》(81)报道。目前尚未见官方中文译名，编译者建议根据音加成分译为利奥西拉德铀矿*。

【利伯曼石】

英文名 Liebermannite

化学式 $KAlSi_3O_8$　　（IMA）

利伯曼像

利伯曼石是一种钾的铝硅酸盐（微斜长石与碱硬锰矿型结构）高压矿物。与科长石（Kokchetavite）、微斜长石、正长石、透长石为同质多象。四方晶系。晶体呈微粒状，粒径仅15μm左右；集合体呈微粒聚集状。透明。2013年发现于尼日利亚卡齐纳州扎加米（(Zagami)火星陨石。英文名称Liebermannite，以美国纽约州立大学石溪分校矿物物理学家罗伯特·利伯曼（Robert Liebermann，1942—）的姓氏命名。他在矿物高温和高压的基础性研究方面做出了许多的贡献。IMA 2013－128批准。2014年马驰（Ma Chi）等在《CNMNC通讯》(20)、《矿物学杂志》(78)和2017年《陨石学和行星科学》报道。中国地质科学院音译为利伯曼石。

【利博石】

英文名 Liebauite

化学式 $Ca_3Cu_5Si_9O_{26}$　　（IMA）

利博石柱状晶体（德国）和利博像

利博石是一种钙、铜的硅酸盐矿物。单斜晶系。晶体呈柱状。蓝绿色、绿蓝色，玻璃光泽，透明；硬度5～6。1990年发现于德国莱茵兰-普法尔茨州迈恩-科布伦茨县尼科尼希尔温伯格（Nickenicher Weinberg）。英文名称Liebauite，以德国化学家、克里斯汀-阿尔布雷希特大学的矿物学和结晶学教授弗里德里希·卡尔·弗兰兹·利博（Friedrich Karl Franz Liebau，1926—2011）的姓氏命名。利博教授在硅酸盐晶体学、拓扑结构和分类学等广泛领域是一位值得尊敬的学者，1985年他出版了《硅酸盐结构化学：结构、键合和分类》专著。IMA 1990－040批准。1992年M.H.佐勒（M.H.Zöller）等在《结晶学杂志》(200)和1993年《美国矿物学家》(78)报道。1998年中国新矿物与矿物命名委员会黄蕴慧等在《岩石矿物学杂志》[17(1)]音译为利博石。

【利钙霞石】

英文名 Liottite

化学式 $Na_{16}Ca_8Si_{18}Al_{18}O_{72}(SO_4)_5Cl_4$　　（IMA）

利钙霞石六方柱状晶体（意大利）

利钙霞石是一种含氯和硫酸根的钠、钙的铝硅酸盐矿物。属似长石族钙霞石族。六方晶系。晶体呈六方柱状。无色、白色，玻璃光泽，透明；硬度5。1975年发现于意大利格罗塞托省皮蒂利亚诺镇托斯科米奇（Toscopomici）采石场。英文名称Liottite，1977年S.梅利诺（S.Merlino）等为纪念意大利矿物收藏家卢西亚诺·廖蒂（Luciano Liotti，1932—2006）而以他的姓氏命名，是在他捐赠的标本中首次

发现该矿物。IMA 1975－036 批准。1977 年梅利诺等在《美国矿物学家》(62)报道。中文名称根据英文名称首音节音和族名译为利钙霞石。

【利克石】

英文名 Leakeite

化学式 $NaNa_2(Mg_2Al_2Li)(Si_8O_{22})(OH)_2$

利克像

利克石是一种 A 位钠、C^{2+} 位镁、C^{3+} 位铝和 W 位羟基占优势的角闪石矿物。属角闪石超族 W 位羟基、氟、氯主导的角闪石族钠质闪石亚族利克石根名族。单斜晶系。晶体呈柱状。深红色；硬度 6，脆性。1992 年发现于印度中央邦贾布瓦县卡吉里东里(Kajlidongri)锰矿；同年，霍桑(Hawthorne)等在《美国矿物学家》(77)报道。2012 年，利克石根名族矿物是霍桑等在《美国矿物学家》(97)的《角闪石超族命名法》重新定义。1992 年霍桑等描述的矿物现在叫 Ferri-leakeite(参见【高铁利克石】条 239 页)。英文名称 Leakeite，1992 年由弗兰克·克里斯托弗·霍桑(Frank Christopher Hawthorne)等在《美国矿物学家》(77)以苏格兰格拉斯哥大学的地质学家伯纳德·埃尔热·利克(Bernard Elgey Leake，1932—)的姓氏命名。他是美国的 IMA 主席，主持修改了闪石命名法，在根名前加一系列的化学成分的前缀，指出其化学成分与根名的关系。1998 年中国新矿物与矿物命名委员会黄蕴慧等在《岩石矿物学杂志》[17(1)]音译为利克石。现在为根名族系列名称。

【利空格钇石】

英文名 Lecoqite-(Y)

化学式 $Na_3Y(CO_3)_3 \cdot 6H_2O$ (IMA)

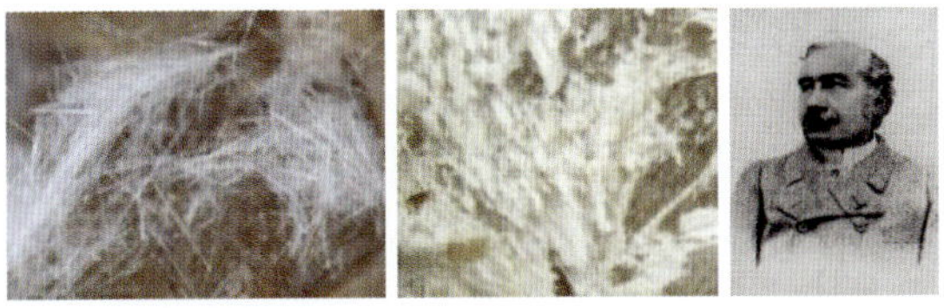

利空格钇石毛发状晶体，皮壳状集合体(加拿大)和勒高克像

利空格钇石是一种含结晶水的钠、钇的碳酸盐矿物。六方晶系。晶体呈纤维状、毛发状；集合体呈皮壳状。无色、白色，丝绢光泽，透明。2008 年发现于加拿大魁北克省圣希莱尔(Saint-Hilaire)山混合肥料采石场。英文名称 Lecoqite-(Y)，以法国著名的矿物和合成化合物的光谱分析化学家保罗-埃米尔·勒高克·德·布瓦博德朗(Paul-Émile Lecoq de Boisbaudran，1838—1912)的名字，加占优势的稀土元素钇后缀-(Y)组合命名。勒高克发现了化学元素镓、钐、镝，对稀土元素化学做出了重大贡献。IMA 2008－069 批准。2010 年 I. V. 佩科夫(I. V. Pekov)等在《加拿大矿物学家》(48)报道。2011 年杨主明在《岩石矿物学杂志》[30(4)]建议英文名称音加成分译为利空格钇石。

【利利石*】

英文名 Lileyite

化学式 $Ba_2Ti_2Na_2Fe^{2+}Mg(Si_2O_7)_2O_2F_2$ (IMA)

利利石*是一种含氟和氧的钡、钛、钠、铁、镁的硅酸盐矿物。属氟钠钛锆石超族闪叶石族。单斜晶系。晶体呈板状、厚板状；集合体呈晶簇状。褐色，玻璃光泽，半透明；硬度 3～4，完全解理，脆性。2011 年发现于德国莱茵兰-普法尔茨州艾

利利石* 板状、厚板状晶体，晶簇状集合体(德国)

菲尔火山县埃德尔斯多夫(Üdersdorf)的利利(Löhley＝Liley)采石场。英文名称 Lileyite，以发现地德国的利利(Löhley＝Liley)采石场命名。IMA 2011－021 批准。2012 年 N. V. 丘卡诺夫(N. V. Chukanov)等在《欧洲矿物学杂志》(24)报道。目前尚未见官方中文译名，编译者建议音译为利利石*。

【利硫砷铅矿】

英文名 Liveingite

化学式 $Pb_{20}As_{24}S_{56}$ (IMA)

利硫砷铅矿柱状晶体(瑞士)和利文像

利硫砷铅矿是一种铅的砷-硫化物矿物。属脆硫砷铅矿族。单斜晶系。晶体呈柱状，柱面有纵向条纹。铅灰色，金属光泽，不透明；硬度 3。1901 年发现于瑞士瓦莱州法尔德区林根巴赫(Lengenbach)采石场。R. H. 索利(R. H. Solly)等 1901 年在《剑桥哲学学会会刊》(11)和 1902 年在《矿物学杂志》(13)报道。英文名称 Liveingite，以英国剑桥大学化学学院教授乔治·D. 利文(Geroge D. Liveing，1827—1924)的姓氏命名。1959 年以前发现、描述并命名的"祖父级"矿物，IMA 承认有效。中文名称根据英文名称首音节音和成分译为利硫砷铅矿。

【利蛇纹石】

英文名 Lizardite

化学式 $Mg_3Si_2O_5(OH)_4$ (IMA)

利蛇纹石柱状、纺锤状晶体(意大利)

利蛇纹石是一种含羟基的镁的硅酸盐矿物。属高岭石-蛇纹石族蛇纹石亚族。六方(三方)晶系。晶体呈柱状、纺锤状；集合体常呈均匀的致密块状，颗粒极为细小，仅在高倍显微镜下才可见到纤维状、粒状形态，有时呈斜方辉石假象，这种利蛇纹石称为绢石(Bastite)(参见【绢石】条 391 页)。深绿色、墨绿色、淡绿色、黄绿色、灰黄色、白色及杂色，通常以微带黄色调的淡绿色为主，蜡状光泽，透明—半透明；硬度 3～3.5(随透闪石的增多可大至 6)，质地细腻，手感滑腻。1955 年分别发现于英国英格兰康沃尔郡利泽德(Lizard)半岛和美国明尼苏达州苏必利尔湖的北岸。1956 年 E. J. W. 惠塔克(E. J. W. Whittaker)等在《矿物学杂志》(31)和 1957 年《美国矿物学家》(42)报道。英文名称 Lizardite，由埃里

L

克·詹姆斯·威廉·惠塔克(Eric James William Whittaker)和杰克·祖斯曼(Jack Zussman)根据发现地英国利泽德(又意译蜥蜴)(Lizard)半岛命名。1959 年以前发现、描述并命名的"祖父级"矿物,IMA 承认有效。1982 年 M. 梅利尼(M. Mellini)在《美国矿物学家》(67)报道:利蛇纹石 1T 晶体结构为氢键和多型性。1987 年梅利尼和 P. F. 扎纳兹(P. F Zanazzi)在意大利发现利蛇纹石 2H。中文名称根据英文名称首音节音和族名译为利蛇纹石。

蛇纹石玉是人类最早认识和利用的玉石品种,在中国距今约 7 000 年前的新石器文化遗址中出土了大量的蛇纹石玉器,是我国历史最悠久、产量最大、产地最多、应用最广泛的玉石品种。由于在世界各地均有产出,蛇纹石玉常常因产地的不同有许多名称。如新西兰产的称鲍文玉;美国产的称威廉玉;朝鲜产的称高丽玉。在我国蛇纹石玉也有众多名称:岫岩玉(产于辽宁岫岩);南方玉(产于广东罗定、信宜);老君庙玉(产于甘肃酒泉);祁连玉(产于青海祁连山);莱阳玉(产于山东莱阳)。

【利斯铀矿*】

英文名 Leesite

化学式 $K(H_2O)_2[(UO_2)_4O_2(OH)_5] \cdot 3H_2O$ (IMA)

利斯铀矿*是一种含结晶水的水合钾的铀酰-氢氧-氧化物矿物。斜方晶系。晶体呈针状;集合体呈放射状、皮壳状。黄色、橙黄色。2016 年发现于美国犹他州圣胡安县乔迈克(Jomac)矿。英文名称 Leesite,以美国矿物经销商和收藏家布赖恩·K. 利斯(Bryan K. Lees,1957—)的姓氏命名。IMA 2016-064 批准。2016 年 T. A. 奥尔德斯(T. A. Olds)等在《CNMNC 通讯》(34)、《矿物学杂志》(80)和 2018 年《美国矿物学家》(103)报道。目前尚未见官方中文译名,编译者建议音加成分译为利斯铀矿*。

利斯铀矿*皮壳状集合体(美国)

【利特文思克石】

英文名 Litvinskite

化学式 $Na_3ZrSi_6O_{13}(OH)_5$ (IMA)

利特文思克石是一种含羟基的钠、锆的硅酸盐矿物。属基性异性石族硅锆钙钠石亚族。单斜晶系。晶体呈粒状。暗樱桃红色—红褐色,玻璃光泽,透明;硬度 5,完全解理,脆性。1999 年发现于俄罗斯北部摩尔曼斯克州什卡图尔卡(Shkatulka)伟晶岩。英文名称 Litvinskite,以俄罗斯晶体学家加利亚·彼德罗芙娜·里特文斯卡娅(Galia Petrovna Litvinskaya,1920—1994)的姓氏命名。IMA 1999-017 批准。2000 年 I. V. 佩科夫(I. V. Pekov)等在《俄罗斯矿物学会记事》[129(1)]报道。2003 年中国地质科学院矿产资源研究所李锦平等在《岩石矿物学杂志》[22(1)]音译为利特文思克石。

利特文思克石粒状晶体(俄罗斯)

【利西岑石*】

英文名 Lisitsynite

化学式 $KBSi_2O_6$ (IMA)

利西岑石*是一种钾、硼的硅酸盐矿物。斜方晶系。晶体呈粒状;集合体呈块状、晶簇状。无色,玻璃光泽,透明;硬度 6,完全解理,脆性。2000 年发现于俄罗斯北部摩尔曼斯克州科阿什瓦(Koashva)山露天采坑。英文名称 Lisitsynite,以俄罗斯著名的矿产资源、地质和硼矿床矿物学专家阿波罗·E. 利西岑(Apollon E. Lisitsyn,1928—1999)的姓氏命名。IMA 2000-008 批准。2000 年 A. P. 霍米亚科夫(A. P. Khomyakov)等在《俄罗斯矿物学会记事》[129(6)]和 2001 年《俄罗斯矿物学会记事》[131(1)]报道。目前尚未见官方中文译名,编译者建议音译为利西岑石*。

沥 [lì]瀝的简化字。形声;从水,歷声。字又作"砅",从石从水会意。本义:踩着石头过河。沥青:是一种由不同分子量的碳氢化合物及其非金属衍生物组成的黑褐色复杂混合物。

【沥青】

英文名 Asphalt

化学式 沥青质和树脂

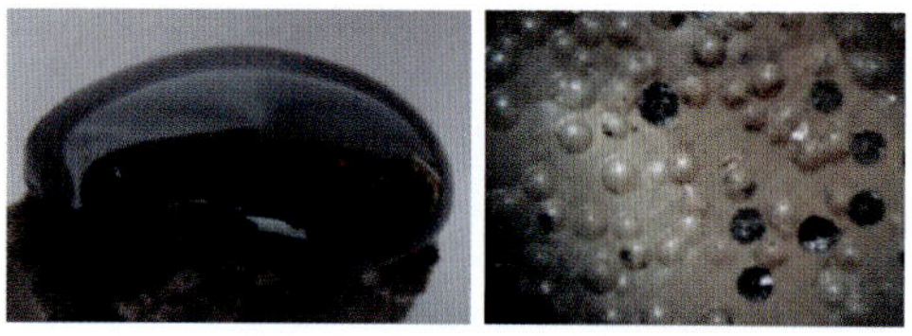
天然沥青液滴状(加拿大、美国)

沥青是一种有机胶凝状物质,包括天然沥青、石油沥青、页岩沥青和煤焦油沥青 4 种,它们主要含有可溶液三氯乙烯烃类衍生物。严格说它不是一种矿物,但它又是一种矿物资源。非晶质体。在高温下呈液态;常温下呈半固体或液体状态;低温时质脆,黏结性和防腐性能良好。颜色为黑褐色—黑色,沥青光泽,不透明。英文名称 Asphalt,源于中古晚期英语,进而法文的 Asphalte、拉丁文的 Asphalton 都源于希腊文"ἄσφαλτος=Asphalton(地沥青)",意指球场。这或许源于它的铺地用途。

考古发现,早在公元前 1200 年,人们已经开始应用天然沥青,在生产兵器和工具时用沥青作为装饰,为雕刻物添加颜色。特别是在中东美索不达米亚地区(古希腊称中东两河流域中、下游地区),由于天然沥青的充足的蕴藏量,沥青被广泛利用,如涂沫在器皿和船的表面,或在黏土砖中做黏合剂。古巴比伦人用沥青铺路可以说是现代沥青混凝土路的先驱。在与美索不达米亚毗邻的印度和欧洲,天然沥青作为密封材料用于浴池、船、水渠、厕所和河堤的构建以阻隔漏水。此后,中国的长城和巴比伦空中花园也用沥青做密封材料。罗马帝国时期,沥青被称为"犹太沥青"(Bitumen Iudaicum,Judenpech)。考古发发掘公元前 100 年庞贝古城的罗马大道使用沥青填充接缝和涂抹外层。

中世纪时期开始,罗马帝国衰落后,沥青失去了它曾经的辉煌。直到 18 世纪人们才重新开始重视使用沥青。公元 1000 年的阿拉伯人开始从天然沥青(Naturasphalt)中提取沥青(Bitumen)。15 世纪时在中南美洲的印加帝国把沥青用作医药用途。无独有偶,1712 年,希腊医生艾琳娜·德艾里尼(Eirini d'Eyriny)在瑞士的塔威山谷(Val de Travers)发现了储量巨大的沥青矿。一开始他只是对沥青的医药用途感兴趣,但因沥青在工程材料方面的优良特点,促使他于 1721 年完成了关于沥青的博士论文(*Dissertation sur L'As-*

L

phalte ov Ciment Naturel），并为现代沥青工艺的研究奠定基础。之后的 300 年间（1712—1986 年），不知有多少沥青矿被发现并开采出来，从此沥青作为矿物资源在世界建筑行业大放异彩。

【沥青闪锌矿】参见【沥青铀矿】条 449 页

【沥青铀矿】

英文名 Pitchblende

化学式 UO_2

沥青铀矿玻璃头状、球状集合体（捷克、哈萨克斯坦）

沥青铀矿是晶质铀矿的隐晶质变种。等轴晶系。集合体呈致密块状、葡萄状、球状等胶状体。沥青黑色，沥青光泽、树脂光泽或半金属光泽；具强放射性。沥青铀矿又称非晶铀矿或铀沥青。其发现历史可以追溯到至少 15 世纪德国厄尔士山脉的银矿开采过程中。最早的文字记载见 F. E. 布鲁克马恩（F. E. Brückmann）1772 年对捷克共和国亚希莫夫（Jáchymov）地区的矿物记录。

铀元素于 1789 年被德国化学家马丁·海因里希·克拉普罗特（Martin Heinrich Klaproth）在德国约翰乔治城（Johanngeorgenstadt）的矿脉中首先发现。所有的沥青铀矿中除含有少量铀的放射性衰变产物镭和钋外，还存在有微量的氦，这也是氦在太阳光谱中被发现后首次在地球沥青铀矿中被发现。1896 年，居里夫妇开始合作探测沥青铀矿中的新元素。1898 年他们根据不同的放射性特征证实了一种新放射性元素的存在，居里夫人把这个新元素命名为“Polonium（钋）”，这是为了纪念她的祖国波兰。接着，居里夫妇又根据其放射性发现了另一种新的放射性元素，居里夫妇给该元素命名为“Radium（镭）”，意思是“赋予放射性的物质”。1903 年，玛丽·居里夫人在巴黎大学通过了博士论文《放射性物质的研究》，英国皇家学会授予居里夫妇得维金质奖章，这一年她因研究放射线而获得诺贝尔物理学奖。1911 年又因发现两种新元素而荣获诺贝尔化学奖。居里夫人也是第一个获得两次诺贝尔奖的人。

英文名称 Pitchblende，来自“Pitch（沥青或柏油）”和“Blende（闪锌矿）”，即沥青闪锌矿（旧译名）。中文名称由矿物的颜色和光泽（沥青黑，沥青光泽）和成分（铀）组合译为沥青铀矿（参见【晶质铀矿】条 388 页）。

粒

［lì］形声；从米，立声。本义：米粒，谷粒。用于比喻矿物晶体的形态。

【粒碲银矿】

英文名 Empressite

化学式 AgTe （IMA）

粒碲银矿是一种罕见的银的碲化物矿物。斜方晶系。晶体呈粒状；集合体呈块状。青铜色，氧化后色变暗，金属光泽，不透明；硬度 3～3.5，脆性。最早于 1914 年描述了该矿物，它发现于美国科罗拉多州萨沃奇县恩普里斯约瑟芬（Empress Josephine）矿。1914 年布拉德利（Bradley）在《美国科学杂志》（38）和 1914 年夏勒（Schaller）在《华盛顿科学院杂志》（4）报道。英文名称 Empressite，根据发现地美国的恩普里斯约瑟芬（Empress Josephine）命名。1959 年以前发现、描述并命名的“祖父级”矿物，IMA 承认有效。中文名称根据形态和成分译为粒碲银矿。

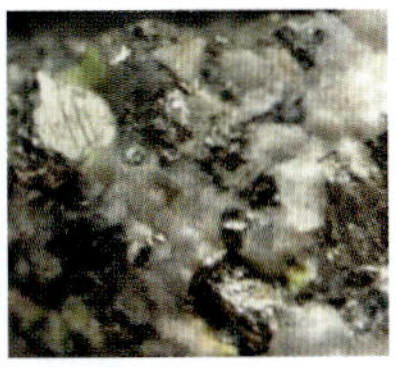

粒碲银矿粒状晶体（墨西哥）

【粒硅钙石】

英文名 Tilleyite

化学式 $Ca_5Si_2O_7(CO_3)_2$ （IMA）

粒硅钙石细粒状晶体，块状集合体（美国）和蒂利像

粒硅钙石是一种钙的碳酸-硅酸盐矿物。单斜晶系。晶体呈细粒状，具双晶；集合体呈块状。白色、无色，玻璃光泽，透明；完全解理。1933 年发现于美国加利福尼亚州里弗塞德县克雷斯莫尔（Crestmore）采石场。1933 年 E. S. 拉森（E. S. Larsen）和 K. C. 邓纳姆（K. C. Dunham）在《美国矿物学家》（18）报道。英文名称 Tilleyite，以英国剑桥大学岩石学教授塞西尔·埃德加·蒂利（Cecil Edgar Tilley，1894—1973）的姓氏命名。1959 年以前发现、描述并命名的“祖父级”矿物，IMA 承认有效。中文名称根据形态和成分译为粒硅钙石。

【粒硅镁石】

英文名 Chondrodite

化学式 $Mg_5(SiO_4)_2F_2$ （IMA）

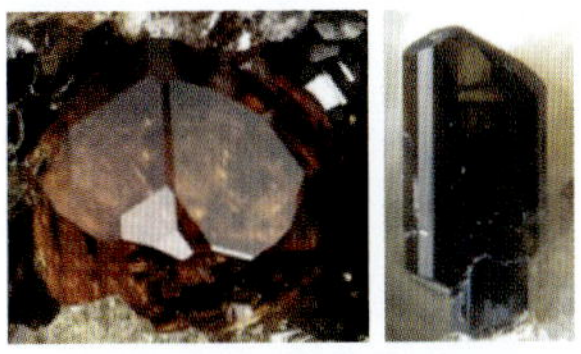

粒硅镁石板状、柱状晶体（意大利）

粒硅镁石是一种含氟的镁的硅酸盐矿物。属硅镁石族硅镁石系列。与硅羟锰石为同质多象。单斜晶系。晶体呈板状、柱状、粒状，具聚片双晶；集合体常呈圆形颗粒聚集状。黄色、褐色、绿色、红色，玻璃光泽、树脂光泽，透明—半透明；硬度 6～6.5，脆性。1817 年发现于芬兰西芬兰省帕尔加斯镇斯科拉博勒（Skräbböle）采石场；同年，德多桑在斯德哥尔摩《瑞典科学院文献》刊载。英文名称 Chondrodite，由亚美尼亚籍瑞典东方人文学家、外交官亚伯拉罕·康斯坦丁·穆拉德热亚·德多桑（Abraham Constantin Mouradgea d'Ohsson，1779—1851）男爵按谷物的瑞典文“Graingrynig och körtelaktig＝χονδρωδης（粗粒的）”命名此矿物。1959 年以前发现、描述并命名的“祖父级”矿物，IMA 承认有效。中文名称根据形态和成分译为粒硅镁石，也有的译为单斜镁氟橄榄石。

【粒硅锰矿】

英文名 Alleghanyite

化学式 $Mn_5^{2+}(SiO_4)_2(OH)_2$ （IMA）

L

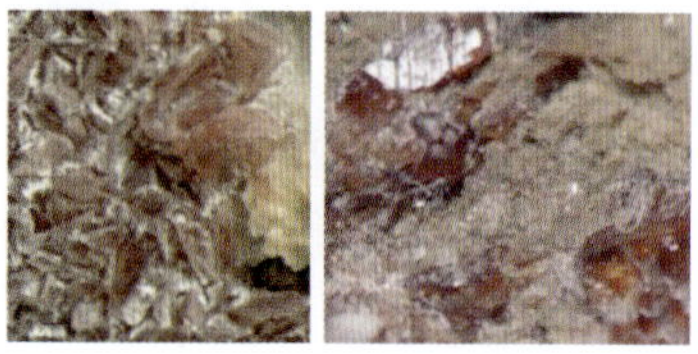

粒硅锰矿片状、粒状晶体(美国)

粒硅锰矿是一种含羟基的锰的硅酸盐矿物。属硅镁石族锰硅镁石系列族。与硅羟锰石为同质多象。单斜晶系。晶体呈薄片状、粗板状、不规则粒状,可见聚片双晶;集合体常呈块状、放射状、扇形。白色、棕色、棕桃红色、紫红色、浅灰色的粉红色,透明—半透明,玻璃光泽、树脂光泽、蜡状光泽、土状光泽;硬度5.5~6,脆性。1932年由克拉伦斯·S.罗斯(Clarence S. Ross)和保罗·F.克尔(Paul F. Kerr)发现于美国北卡罗来纳州阿利根尼(Alleghany)县鲍尔德克诺布(Bald Knob)矿床的锰矿脉;同年,在《美国矿物学家》(17)报道。英文名称 Alleghanyite,以发现地美国的阿利根尼(Alleghany)县命名。1959年以前发现、描述并命名的"祖父级"矿物,IMA承认有效。中文名称根据形态和成分译为粒硅锰矿。

【粒磷锰矿】参见【锰磷矿】条609页

【粒磷钠锰矿】参见【锰磷矿】条609页

【粒磷铅铀矿】

英文名 Dewindtite

化学式 $H_2Pb_3(UO_2)_6O_4(PO_4)_4 \cdot 12H_2O$ (IMA)

粒磷铅铀矿柱状晶体,晶簇状集合体(德国、法国)和温特像

粒磷铅铀矿是一种含结晶水的氢、铅的铀酰-氧-磷酸盐矿物。属磷铀矿族。斜方晶系。晶体呈稍扁平的柱状、粒状;集合体呈晶簇状、粉末状。黄色、淡黄色,可能会出现绿色调,条痕呈浅黄色,树脂光泽、蜡状光泽、玻璃光泽,解理面上呈珍珠光泽,透明—半透明;硬度2.5~3,完全解理,脆性。发现于刚果(金)上加丹加省坎博韦镇卡索洛(Kasolo)矿。1922年阿尔弗雷德·肖普(Alfred Schoep)在法国《巴黎科学院会议周报》(174)报道。英文名称 Dewindtite,1922年肖普为纪念根特大学地质系的比利时学生让·德·温特(Jean De Windt,1876—1899)博士而以他的姓名命名。1959年以前发现、描述并命名的"祖父级"矿物,IMA承认有效。中文名称根据常见晶习和成分译为粒磷铅铀矿,也有的根据成分译为磷铅铀矿或水磷铅铀矿。

L

【粒镁硼石】

英文名 Kotoite

化学式 $Mg_3(BO_3)_2$ (IMA)

小藤文次郎像

粒镁硼石是一种镁的硼酸盐矿物。斜方晶系。晶体呈粒状,具聚片双晶;集合体呈块状。无色,玻璃—半玻璃光泽,透明—半透明;硬度6.5,完全解理,脆性。1939年发现于朝鲜黄海北道苏安郡(Suan-gun)Hol Kol矿的北矿体(新矿体)。英文名称 Kotoite,1939年由渡边(T. Watanabe)在维也纳《矿物学和岩石学通报》(50)报道,并以日本的地质学家、岩相学家和矿物学家小藤文次郎(Bundjirô Kotô,1856—1935)的姓氏命名。1959年以前发现、描述并命名的"祖父级"矿物,IMA承认有效。中文名称根据形态和成分译为粒镁硼石或镁硼石,也有的音译为小藤石。

【粒砷硅锰矿】

英文名 Mcgovernite

化学式 $Zn_3(Mn^{2+},Mg,Fe^{3+},Al)_{42}(As^{3+}O_3)_2(As^{5+}O_4)_4[(Si,As^{5+})O_4]_8(OH)_{42}$ (IMA)

粒砷硅锰矿粒状晶体,块状、放射状集合体(美国)

粒砷硅锰矿是一种含羟基的锌、锰、镁、铁、铝的硅酸-砷酸盐矿物。粒砷硅锰矿族。三方晶系。晶体呈粒状,也有呈变形的片状、板状、粒状;集合体呈块状、放射状。青铜棕色、亮棕色—深红棕色,玻璃光泽、珍珠光泽,半透明;硬度5.5~6,极完全解理,脆性。1927年发现于美国新泽西州苏塞克斯县斯特林(Sterling)矿。英文名称 Mcgovernite,1927年由查尔斯·帕拉奇(Charles Palache)和劳森·亨利·鲍尔(Lawson Henry Bauer)为纪念美国著名的富兰克林矿物收藏家、矿产经销商詹姆斯·J.麦戈文(James J. McGovern,1861—1915)而以他的姓氏命名。1959年以前发现、描述并命名的"祖父级"矿物,IMA承认有效。1978年在《美国矿物学家》(63)报道。中文名称根据形态和成分译为粒砷硅锰矿或粒砷锰锌矿,也有的根据颜色和成分译为红砷硅锰矿。

【粒水硼钙石】

英文名 Nifontovite

化学式 $Ca_3[BO(OH)_2]_6 \cdot 2H_2O$ (IMA)

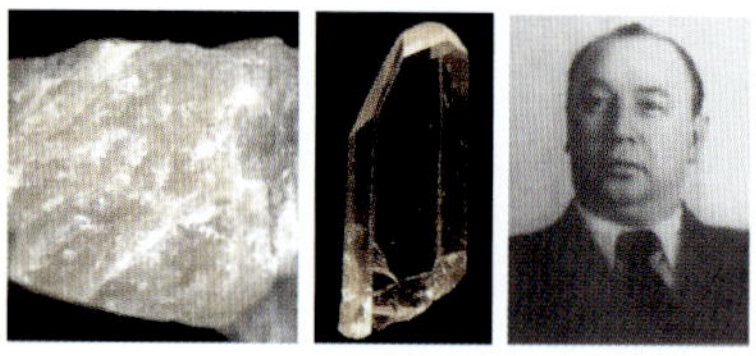

粒水硼钙石柱状、粒状晶体,块状集合体(墨西哥、日本)和尼丰托夫像

粒水硼钙石是一种含结晶水的钙的硼酸盐矿物。单斜晶系。晶体呈柱状、粒状,常见双晶;集合体呈块状。无色、白色,玻璃光泽,透明;硬度3.5。1961年发现于俄罗斯斯维尔德洛夫斯克州克拉斯诺图林斯克市诺富罗夫斯科耶(Novofrolovskoye)硼-铜矿床。英文名称 Nifontovite,以苏联地质学家罗曼·V.尼丰托夫(Roman V. Nifontov,1901—1960)的姓氏命名,以表彰他为苏联矿产勘探和开发做出的重大贡献。1961年S.V.马林科(S. V. Malinko)等在《苏联科学院报告》(139)报道。IMA 1967s. p.批准。中文名称根据形态和成分译为粒水硼钙石;根据英文名称首音节音和成分译为尼硼钙石。

【粒铁矾】

英文名 Römerite

化学式 $Fe^{2+}Fe^{3+}_2(SO_4)_4 \cdot 14H_2O$ (IMA)

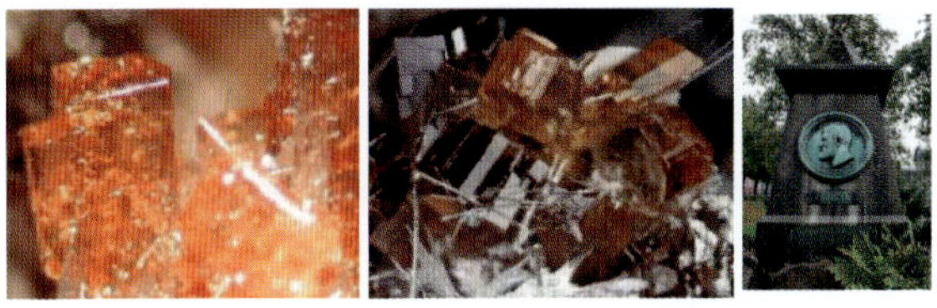

粒铁矾假六方厚板状晶体(意大利、美国)和罗默纪念碑

粒铁矾是一种含结晶水的铁的硫酸盐矿物。三斜晶系。晶体呈假六方、立方厚板状,粒状;集合体呈钟乳状、皮壳状。黄色、红褐色、紫褐色,条痕呈灰白色,玻璃光泽、松脂光泽或油脂光泽,透明—半透明;硬度 3～3.5,完全解理,脆性;易溶于水。发现于德国下萨克森州戈斯拉尔镇的拉梅尔斯贝格(Rammelsberg)矿山。1858 年 J. 格莱利希(J. Grailich)在《帝国科学院会议报告》(*Sitzungsberichte der Kaiserlichen Akademie der Wissenschaften*)(28)报道。英文名称 Römerite,以德国地质学家弗里德里希·阿道夫·罗默(Friedrich Adolph Römer,1809—1869)的姓氏命名。他是德国克劳斯塔尔矿业学院的院长,以在德国北部工作而著名。1959 年以前发现、描述并命名的"祖父级"矿物,IMA 承认有效。中文名称根据习见形态和成分译为粒铁矾或水粒铁矾。

【粒硬绿泥石】参见【锰硬绿泥石】条 617 页

铉 [lì]形声;从金,立声。一种人工合成的放射性弱金属元素。[英]Livermorium。元素符号 Lv。原子序数 116。2000 年美国劳伦斯·利弗莫尔国家实验室的研究人员和俄罗斯杜布纳核研究联合科研所弗廖罗夫核反应实验室的重元素研究小组一起在杜布纳合成。2012 年,国际纯粹与应用化学联合会(IUPAC)宣布命名为 Livermorium,以纪念劳伦斯利弗莫尔国家实验室(LLNL)对元素发现做出的贡献。多年以来,利弗莫尔的科学家们在核科学领域进行了大量研究:最重元素的裂变性能的调查研究,包括双向裂变的发现;由裂变产生的裂变碎片发出的瞬间 γ 射线的研究;对于许多原子核的同分异构体和同分异构水平的研究,以及最重元素的化学性能的研究等。中文名称译为铉 。

莲 [lián]形声;从艸,连声。本义:莲子,荷的种子。用于日本地名。

【莲华矿】参见【硅锆钛锶矿】条 266 页

亮 [liàng]《说文》一说本作"倞",后移"人"于"京"下,又变作"儿",并省去"京"中一竖。本义:明亮。用于描述矿物的明亮光泽和颜色。

【亮碲金矿】

英文名 Montbrayite

化学式 $(Au,Ag,Sb,Bi,Pb)_{23}(Te,Sb,Bi,Pb)_{38}$ (IMA)

亮碲金矿是一种金、锑等的碲化物矿物。三斜晶系。晶体呈他形粒状。浅黄色、亮黄色、白色,金属光泽,不透明;硬度 2.5,非常脆。1945 年发现于加拿大魁北克省阿比提比-特米斯卡明(Abitibi-Témiscamingue)罗布-蒙特伯雷(Robb-Montbray)矿。1946 年 M. A. 皮科克(M. A. Peacock)等在《美国矿物学家》(31)报道。英文名称 Montbrayite,以发现地加拿大的蒙特伯雷(Montbray)命名。1959 年以前发现、描述并命名的"祖父级"矿物,IMA 承认有效。IMA 2017s. p. 批准。中国地质科学院根据光泽和成分译为亮碲金矿。2011 年杨主明在《岩石矿物学杂志》[30(4)]建议音译为蒙特伯雷矿。

【亮碲锑钯矿】

英文名 Borovskite

化学式 Pd_3SbTe_4 (IMA)

亮碲锑钯矿是一种钯、锑的碲化物矿物。等轴晶系。晶体呈不规则粒状。深灰色,金属光泽,不透明;硬度 3。1972 年发现于俄罗斯卡累利阿共和国卡图瓦拉(Khautovaara)铜镍矿床。英文名称 Borovskite,以俄罗斯莫斯科矿床地质、岩石学、地球化学和矿物学研究所的俄罗斯电子探针分析先驱伊格尔·鲍里索维奇·鲍罗夫斯基(Igor Borisovich Borovskii,1909—1985)的姓氏命名。IMA 1972－032 批准。1973 年 A. A. 亚洛沃伊(A. A. Yalovoi)等在《全苏矿物学会记事》(102)和 1974 年《美国矿物学家》(59)报道。中文名称根据光泽和成分译为亮碲锑钯矿。

【亮红铅铀矿】

英文名 Wölsendorfite

化学式 $Pb_7(UO_2)_{14}O_{19}(OH)_4 \cdot 12H_2O$ (IMA)

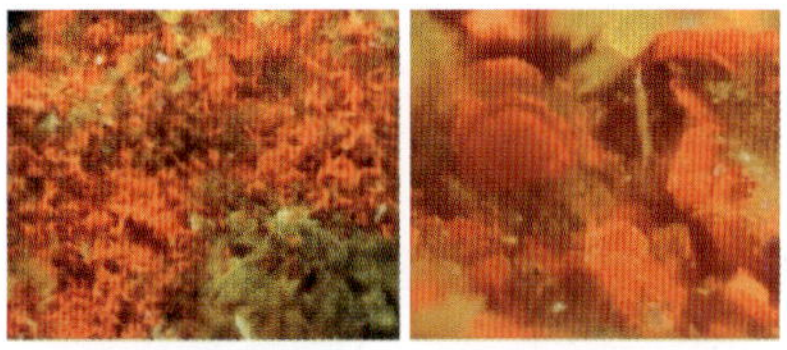

亮红铅铀矿板片状晶体,团状集合体(刚果)

亮红铅铀矿是一种含结晶水、羟基的铅的铀酰-氧化物矿物。斜方晶系。晶体呈板片状;集合体呈皮壳状、放射状、小团块状。鲜红色、红橙色—紫红色,玻璃光泽、金刚光泽,半透明;硬度 5,完全解理。1957 年发现于德国巴伐利亚州上普法尔茨(Upper Palatinate)行政区沃尔森多尔夫(Wölsendorf)的萤石矿区。1957 年 J. 普罗塔斯(J. Protas)在《法国巴黎科学院会议周报》(244)和 M. 弗莱舍(M. Fleischer)在《美国矿物学家》(42)报道。英文名称 Wölsendorfite,以发现地德国沃尔森多尔夫(Wölsendorf)命名。1959 年之前发现、描述和命名的"祖父级"矿物,IMA 承认有效。中文名称根据颜色和成分译为亮红铅铀矿或红铅铀矿。

钌 [liǎo]形声;从钅,了声。一种稀有金属元素。[英]Ruthenium。元素符号 Ru。原子序数 44。钌是铂系元素中在地壳中含量最少的一个,也是铂系元素中最后被发现的一个。它在铂被发现 100 多年后,比其余铂系元素晚 40 年才被发现。不过,它的名字早在 1828 年就被提出来了。当时俄国人在乌拉尔发现了铂的矿藏,塔尔图大学化学教授奥桑首先研究了它,认为其中除了铂外,还有 3 个新元素。奥桑把他分离出的新元素样品寄给了伯齐里乌斯,贝氏认为其中只有 Pluranium 一个是新金属元素。1844 年,喀山大学化学教授克劳斯重新研究了奥桑的分析工作,肯定了在铂矿残渣中确实有一种新金属存在,并分离出钌,就用奥桑为纪念他的祖国俄国而命名为 Ruthenium。1845 年伯齐里乌斯承认钌是一个新元素。在俄国,由科学院的几位院士们组成一个专门委员会,审查克劳斯得到的结果,确认了他的发现。钌在地壳中含量仅为十亿分之一。钌的独立矿物有自然钌及钌与其他铂族元素的天然合金。

【钌铱锇矿】

英文名 Rutheniridosmine

化学式 (Ir,Os,Ru) (IMA)

钌铱锇矿六方板状晶体
（俄罗斯）

钌铱锇矿是一种铱、锇、钌的自然合金矿物。六方晶系。晶体呈六方板状、粒状。银白色、蓝灰色，金属光泽，不透明；硬度6～7。1936年发现于加拿大不列颠哥伦比亚省阿特林镇的金银矿，以及日本北海道上川镇雨龙川村幌加内砂矿。英文名称Rutheniridosmine，由化学成分“Ruthenium（钌）”“Iridium（铱）”和“Osmium（锇）”缩写组合命名。IMA 1973s. p. 批准。1973年D. C. 哈里斯（D. C. Harris）等在《加拿大矿物学家》(12)报道。1991年IMA重新批准[见哈里斯等在1991年《加拿大矿物学家》(29)刊载的《铂族元素合金的命名法：回顾与修订》]。中文名称根据成分译为钌铱锇矿。

列 [liè]形声；从刀。本义：分割、分解。[英]音，用于外国人名、地名。

【列宁格勒石】

英文名 Leningradite

化学式 $PbCu_3(VO_4)_2Cl_2$　　(IMA)

列宁格勒石片状晶体（俄罗斯）

列宁格勒石是一种含氯的铅、铜的钒酸盐矿物。斜方晶系。晶体呈板状、片状。红色、红棕色，玻璃光泽，透明—半透明；硬度4.5，完全解理。1988年发现于俄罗斯堪察加州托尔巴契克（Tolbachik）火山主断裂北部破火山口的火山渣堆（1975—1976年形成）。英文名称Leningradite，以发现地俄罗斯的圣彼得堡（St. Petersburg）（以前的列宁格勒（Leningrad））命名。IMA 1988－014批准。1990年L. P. 维尔加索娃（L. P. Vergasova）等在《苏联科学院报告》(310)和1991年J. L. 杨博尔（J. L. Jambor）等在《美国矿物学家》(76)报道。中文名称音译为列宁格勒石，也有的根据成分译为氯钒铜铅矿。

【列维矿】参见【莱圆柱锡矿】条425页

林 [lín]会意；从二木，表示树木丛生。本义：丛聚的树木或竹子。①用于中国地名。②用于外国地名、人名。

【林道矿】参见【黑稀金矿】条320页

【林德维斯特石】

英文名 Lindqvistite

化学式 $Pb_2Mn^{2+}Fe^{3+}_{16}O_{27}$　　(IMA)

林德奎斯特像

林德维斯特石是一种铅、锰、铁的氧化物矿物。六方晶系。晶体呈半自形板状。黑色，半金属光泽，不透明；硬度6，完全解理，脆性。1991年发现于瑞典韦姆兰省菲利普斯塔德市雅各布斯堡（Jakobsberg）矿。英文名称Lindqvistite，1991年D. 霍尔斯特拉姆（D. Holstram）等为纪念瑞典斯德哥尔摩自然历史博物馆资深馆长本特·林德奎斯特（Bengt Lindqvist，1927—2009）而以他的姓氏命名。IMA 1991－038批准。1993年霍尔斯特拉姆等在《美国矿物学家》(78)报道。1998年中国新矿物与矿物命名委员会黄蕴慧等在《岩石矿物学杂志》[17(2)]音译为林德维斯特石。

【林克钇石*】

英文名 Rinkite-(Y)

化学式 $Na_2Ca_4YTi(Si_2O_7)_2OF_3$　　(IMA)

林克钇石*是一种含氟和氧的钠、钙、钇、钛的硅酸盐矿物。属氟钠钛锆石超族层硅铈钛石族。单斜晶系。2017年发现于天山山脉塔吉克斯坦一侧的达拉伊-皮奥兹（Dara-i-Pioz）冰川。英文名称Rinkite-(Y)，由根词“Rinkite（林克石＝层硅铈钛矿＝褐硅铈矿）”加占优势的稀土元素钇后缀-(Y)组合命名。其中，根词由当时的丹麦格陵兰岛贸易局局长亨利克·约翰内斯·林克（Henrik Johannes Rink，1819—1893）的姓氏命名。IMA 2017－043批准。2017年L. A. 保托夫（L. A. Pautov）等在《CNMNC通讯》(39)、《矿物学杂志》(81)和2019年《矿物学杂志》(83)报道。目前尚未见官方中文译名，编译者建议音加成分译为林克钇石*，或根据成分及与层硅铈钛矿关系译为层硅钇钛矿*。

【林斯利矿】参见【钡蒙山矿】条55页

【林伍德石】

英文名 Ringwoodite

化学式 $SiMg_2O_4$　　(IMA)

林伍德像

林伍德石是橄榄石的高压γ相变体尖晶橄榄石。属尖晶石超族氧尖晶石族钛铁晶石亚族。与镁橄榄石和瓦兹利石为同质多象。等轴晶系。晶体呈他形细粒状，粒径100μm左右；集合体呈多晶状。蓝色、紫色、烟灰色和绿色，或无色，半透明；具密度大、体积小的特点。1968年首次被发现于澳大利亚昆士兰州查特斯堡镇的特纳姆（Tenham）陨石。1969年，R. A. 宾斯（R. A. Binns）、戴维斯R. J.（R. J. Davis）和S. J. B. 雷德（S. J. B. Reed）在《自然》(221)和M. 弗莱舍（M. Fleischer）在《美国矿物学家》(54)报道。英文名称Ringwoodite，以澳大利亚国立大学地球化学和地质学家、国际著名的岩石矿物学家阿尔弗雷德·爱德华·林伍德（Alfred Edward Ringwood，1930—1993）的姓氏命名。他还是鲍威奖、沃拉斯顿奖章和赫斯奖章等多奖项的获得者。IMA 1968－036批准。中文名称音译为林伍德石，也有的意译为尖晶橄榄石或陨尖晶石。

在多年前林伍德教授曾预言，如果尖晶石类矿物在地球深部发生高温高压相转变，很可能从立方晶体结构转变为密度更高的超尖晶石结构。此后，有若干超尖晶石结构相在实验室获得，这种超尖晶石结构相就以国际著名的岩石矿物学家林伍德（Ringwood）的姓氏命名。然而天然的超尖晶石结构的高压矿物一直没有找到，直到1968年才在特纳姆（Tenham）陨石中发现。1986年坠落在中国随州境内的陨石冲击微脉中也发现了林伍德石，为微细多晶集合体、纤维状及玻璃体等。表面呈乌黑色，内部银灰色。

人类居住的地球与其他星球最大的不同点是存在着大量的水，关于地球水的来源问题始终是科学家没有揭开的一个谜。一些人认为地球上的水可能是彗星或陨石撞击地球时带来的，另一些人认为是在地球早期冷却时从地下慢慢渗透出来的。2014年美国西北大学地球物理学家史蒂夫·杰克布森(Steve Jacobsen)和新墨西哥大学的地震科学家布兰登·施曼特(Brandon Schmandt)合作研究了地球水的来源,他们的实验证明在大约 520km 深处地幔过渡带橄榄石相变为瓦兹利石,到 660km 会进一步相变成具有尖晶石结构的尖晶橄榄石,即林伍德石,同时会有水像出汗一样释放出来。这一新发现为地球水来源于地球深部提供了新证据。2014 年 3 月加拿大艾伯塔大学研究人员在英国《科学》杂志上报道说:他们首次发现来自上下地幔过渡带的带有绿色杂质的林伍德石,其中含 1.5% 的水,从而证明过渡带有大量水的理论是正确的。

【林芝矿】

汉拼名 Linzhiite

化学式 $FeSi_2$ (IMA)

林芝矿是一种硅-铁的天然互化物矿物。与罗布莎矿互为同质多象变体。四方晶系。晶体呈不规则粒状,粒径 0.04~0.5mm。钢灰色,条痕呈灰黑色,金属光泽,不透明;硬度 6.5,无解理,脆性,贝壳状断口。最初的报告为来自乌克兰顿涅茨克州顿涅茨克市扎查蒂夫斯克(Zachativsk)[见于 1969 年格沃尔基扬(Gevork'yan)《苏联科学院报告》(185)]。20 世纪 60 年代报道时,称二硅铁矿(Ferdisilicite),但未获 IMA 批准。中国地质科学院地质所和中国地质大学(北京)李国武、施倪承、白文吉等,2001—2008 年在研究中国西藏自治区山南地区曲松县罗布莎蛇绿岩 Fe、Co、Ni、Cr、Cu、Mn、W、Ag、Au 及 Ti、C、Si 等的金属单质及互化物矿物组成时发现了 7 种新矿物,其中之一根据模式产地附近的中国西藏的林芝(Linzhi)县命名为林芝矿。IMA 2010-011 批准。2010 年李国武等在《矿物学杂志》(74)和 2012 年《欧洲矿物学杂志》(24)报道。

磷 [lín]形声;从石,粦(lìn)声。本义:薄石。一种氮族非金属元素。[英]Phosphorus。元素符号 P。原子序数 15。在化学史上第一个发现磷元素的人,是 17 世纪的一个德国汉堡商人恩尼格·波兰特(Henning Brand,约公元 1630—1710)。他是一个相信炼金术的人,由于他曾听传说从尿里可以制得"金属之王"黄金,于是抱着图谋发财的目的,使用尿做了大量的实验。1669 年,他在一次实验中,将砂、木炭、石灰等和尿混合,加热蒸馏,虽没有得到黄金,而竟意外地得到一种十分美丽的物质,它色白质软,能在黑暗的地方放出闪烁的亮光,于是波兰特给它取了个名字,叫"冷光",发现新物质的消息立刻传遍了德国。德国化学家孔克尔曾用尽种种方法想打听出这一秘密的制法,终于探知这种所谓发光的物质,是由尿里提取出来的,于是他也开始用尿做试验,经过苦心摸索,终于在 1678 年也告成功。后来,他为介绍磷,曾写过一本书,名叫《论奇异的磷质及其发光丸》。在磷元素的发现上,英国化学家罗伯特·波义耳差不多与孔克尔同时,用与他相近的方法也制得了磷。波义耳的学生科德弗里·汉克维茨(Codfrey Hanckwitz)曾用这种方法在英国制得较大量的磷,作为商品运到欧洲其他国家出售。他在 1733 年曾发表论文,介绍制磷的方法,又有人从动物骨质中发现了磷。古代人们最初发现时取得的是白磷(黄磷)。到 1845 年,奥地利化学家施勒特尔发现了红磷。磷有白磷、红磷、黑磷 3 种同素异构体。拉瓦锡首先把磷列入化学元素的行列。磷的拉丁名称 Phosphorum,原指"启明星",希腊文"Τηλέφωνα=Phos(光)"和"Phero(携带)"组成,也就是"发光物"的意思。另外,我们常说的"鬼火"是 P_2H_4 气体在空气中自燃的现象。磷在地壳中的含量为 0.118%。磷广泛存在于动植物体中,因而它最初从人和动物的尿以及骨骼中取得。自然界中存在磷灰石等大量的含磷矿物。

【磷铵石】参见【二磷铵石】条 142 页

【磷钡钒石】

英文名 Bariosincosite

化学式 $Ba(VO)_2(PO_4)_2 \cdot 4H_2O$ (IMA)

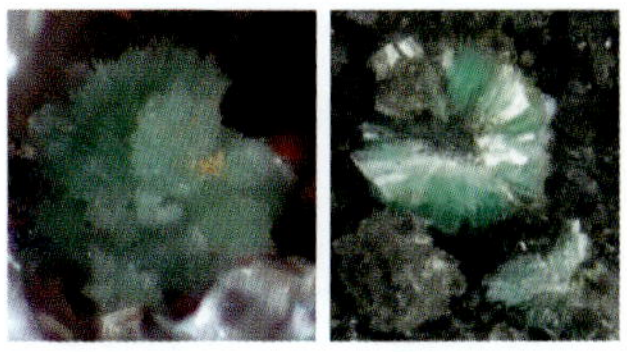

磷钡钒石板状晶体,放射状、花环状集合体(澳大利亚、西班牙)

磷钡钒石是一种含结晶水的钡的磷酸-钒酸盐矿物。四方晶系。晶体呈板状;集合体放射状、花环状、不规则发散状、晶簇状。带蓝色色调的浅绿色,玻璃光泽,透明;硬度 3,完全解理。1998 年发现于澳大利亚南澳大利亚州弗林德斯山脉斯普林克里克(Spring Creek)废弃矿山小铜矿。英文名称 Bariosincosite,由成分冠词"Bario(钡)"和根词"Sincosite(磷钙钒矿)"组合命名,意指它是钡的磷钙钒矿的类似矿物。IMA 1998-047 批准。1999 年 A. 布林(A. Pring)等在《矿物学杂志》(63)报道。2003 年中国地质科学院矿产资源研究所李锦平等在《岩石矿物学杂志》[22(1)]根据成分译为磷钡钒石。

【磷钡铝石】

英文名 Gorceixite

化学式 $BaAl_3(PO_4)(PO_3OH)(OH)_6$ (IMA)

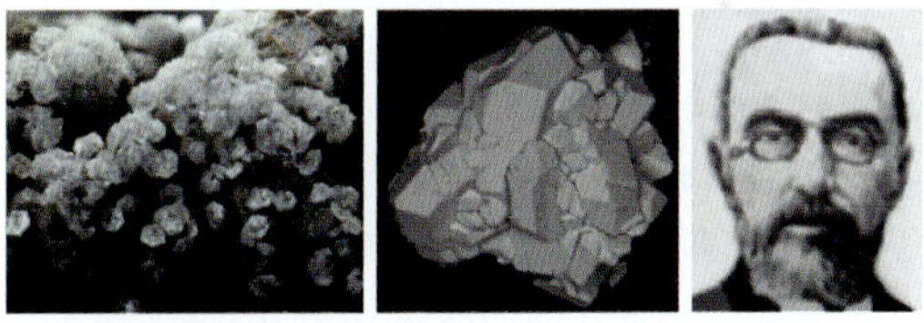

磷钡铝石粒状、片状晶体,花状集合体(法国)和戈尔塞像

磷钡铝石是一种含羟基的钡、铝的氢磷酸-磷酸盐矿物。属明矾石超族水磷铝铅矿族。单斜(假三方)晶系。晶体呈显微粒状、片状、假立方体、假菱面体;集合体呈花瓣状、微隐晶瓷质块状。无色、白色、灰白色、绿色、褐色、天蓝色,玻璃光泽、树脂光泽、蜡状光泽,透明—半透明;硬度 6,脆性。1906 年尤金·胡萨克(Eugen Hussak)发现于巴西米纳斯吉拉斯州欧鲁普雷托(Ouro Preto)古城北面;同年,在维也纳《契尔马克氏矿物学和岩石学通报》(25)报道。英文名称 Gorceixite,由尤金·胡萨克为纪念法国巴黎高等矿业学院采矿和地质学家、矿物学家克劳德·亨利"亨利克"·戈尔塞(Claude Henri "Henrique" Gorceix,1842—1919)教授而以他的姓氏命名。他曾被邀请担任过巴西欧鲁普雷托矿业学院的第一位主任(1874—1891)。1959 年以前发现、描述并命名的"祖父级"矿物,IMA 承认有效。同义词 Ferrazite,以巴西地质调查局的 J. B. 阿劳·费拉兹(J. B. de Araujo Ferraz)的姓氏命名[见 1919 年莫里斯(Moraes)等《美国科学杂志》(48)]。中文名称根据成分译为磷钡铝石/磷钡铝矿。

【磷钡镁石】

英文名 Rimkorolgite

化学式 $BaMg_5(PO_4)_4 \cdot 8H_2O$ (IMA)

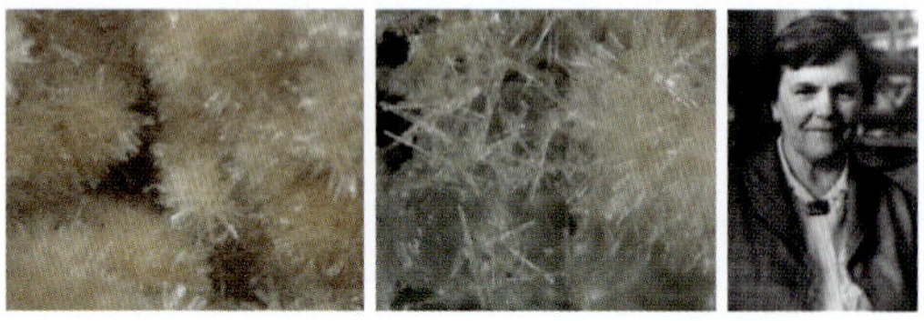

磷钡镁石针状晶体，放射状、杂乱状集合体（俄罗斯）和奥尔格像

磷钡镁石是一种含结晶水的钡、镁的磷酸盐矿物。斜方晶系。晶体呈假六方柱状、针状；集合体呈放射状、杂乱状、丛状。黄棕色—浅粉红色，玻璃光泽、丝绢光泽，透明—半透明；硬度3，完全解理，脆性。1990年发现于俄罗斯北部摩尔曼斯克州科夫多尔镇的哲勒兹尼（Zheleznyi）铁矿。英文名称Rimkorolgite，以俄罗斯圣彼得堡大学矿物学教授米哈伊洛芙娜·里姆斯卡娅·科斯塔科娃·奥尔格（Mikhailovna Rimskaya Korstakova Olga，1914—1987）姓名缩写命名。她是科夫多尔地区的专家，在那里做了25年的实地工作。IMA 1990-032批准。1995年S. N. 布里特温（S. N. Britvin）在《俄罗斯矿物学会记事》[124(1)]报道。2003年中国地质科学院矿产资源研究所李锦平等在《岩石矿物学杂志》[22(3)]根据成分译为磷钡镁石。

【磷钡锶钠石】

英文名 Bario-olgite

化学式 $Na(Na,Sr,Ce)_2Ba(PO_4)_2$ (IMA)

磷钡锶钠石是一种钠、锶、铈、钡的磷酸盐矿物。三方晶系。晶体呈带锥的三方柱状、不规则状、粒状、扁平六边形状。浅棕色、浅绿色，玻璃光泽，透明；硬度4～4.5，脆性，易碎。2003年发现于俄罗斯北部摩尔曼斯克州洛沃泽罗镇凯迪克韦尔帕克（Kedykverpakhk）山的帕里特拉（Palitra）伟晶岩，该伟晶岩发育于洛沃泽罗碱性岩体。英文名称Bario-olgite，由成分冠词“Bario（钡）”和根词“Olgite（磷钠锶石）”组合命名，意指它是钡占优势的磷钠锶石的类似矿物。IMA 2003-002批准。2004年I. V. 佩科夫（I. V. Pekov）等在《俄罗斯矿物学会记事》[133(1)]报道。2008年中国地质科学院地质研究所任玉峰等在《岩石矿物学杂志》[27(3)]根据成分及与磷钠锶石的关系译为磷钡锶钠石（根词参见【磷钠锶石】条473页）。

【磷钡铀矿】参见【钡磷铀矿】条55页

【磷铋铀矿】

英文名 Phosphowalpurgite

化学式 $(UO_2)Bi_4O_4(PO_4)_2 \cdot 2H_2O$ (IMA)

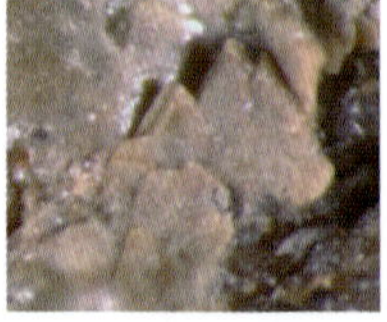

磷铋铀矿板状晶体，晶簇状集合体（捷克）

磷铋铀矿是一种含结晶水的铋氧的铀酰-磷酸盐矿物。属砷铀铋矿族。三斜晶系。晶体呈自形板状；集合体呈晶簇状。褐灰色，玻璃光泽、金刚光泽，半透明；硬度5，完全解理，脆性。2001年发现于捷克共和国卡罗维发利州马里安斯克利兹（Mariánské Lýzně）斯马尔科维奇（Smrkovec）附近的铀铋银矿床。英文名称Phosphowalpurgite，由成分冠词“Phospho（磷）”和根词“Walpurgite（砷铀铋矿）”组合命名，意指它是磷占优势的砷铀铋矿的类似矿物。IMA 2001-062批准。2004年J. 塞科拉（J. Sejkora）等在《加拿大矿物学家》(42)报道。2008年中国地质科学院地质研究所任玉峰等在《岩石矿物学杂志》[27(3)]根据成分译为磷铋铀矿（根词参见【砷铀铋矿】条798页）。

【磷二铵石】

英文名 Phosphammite

化学式 $(NH_4)_2(PO_3OH)$ (IMA)

磷二铵石土状、块状集合体（秘鲁）

磷二铵石是一种铵的氢磷酸盐矿物。单斜晶系。集合体呈细粒皮壳、粉状块状。无色、白色，玻璃光泽、土状光泽，半透明；硬度1，脆性。1870年发现于澳大利亚西澳大利亚州拉弗顿郡拉森（Rason）湖鸟粪矿床[另一说，模式产地是秘鲁（IMA表-2019）]；同年，在*The Rural Carolinian*(1)报道。英文名称Phosphammite，1870年由查尔斯·厄珀姆·谢泼德（Charles Upham Shepard）根据化学成分“Phosphate（磷酸盐）”和“Ammonium（铵）”组合命名。1892年E. S. 丹纳（E. S. Dana）在《系统矿物学》（第六版）刊载。1959年以前发现、描述并命名的“祖父级”矿物，IMA承认有效。中文名称根据成分译为磷二铵石。

【磷钒沸石-钡】

英文名 Phosphovanadylite-Ba

化学式 $Ba[V^{4+}_4P_2O_{12}(OH)_4] \cdot 12H_2O$ (IMA)

磷钒沸石-钡等轴粒状晶体（美国，电镜）

磷钒沸石-钡是一种含沸石水的钡的氢磷钒酸盐矿物。等轴晶系。晶体呈细粒状、自形立方；集合体呈皮壳状。浅绿蓝色，玻璃光泽，透明。1996年发现于美国爱达荷州卡里布市伊诺克（Enoch）谷磷酸盐矿。英文名称Phosphovanadylite-Ba，由成分“Phosphate（磷酸盐）”和“Vanadyl（$V^{4+}O_2$）$^{2-}$钒酸离子团”组合命名。IMA 1996-037批准。2012年8月IMA加占优势的阳离子更名为Phosphovanadylite-Ba。1998年M. D. 梅德拉诺（M. D. Medrano）等在《美国矿物学家》(83)报道。2004年中国地质科学院矿产资源研究所李锦平等在《岩石矿物学杂志》[23(1)]根据成分译为磷钒沸石/磷钒沸石-钡，也有的译为钡钒磷矿。

【磷钒沸石-钙】

英文名 Phosphovanadylite-Ca

化学式 $Ca[V^{4+}_4P_2O_{12}(OH)_4] \cdot 12H_2O$ (IMA)

磷钒沸石-钙粒状晶体，皮壳状集合体（美国）

磷钒沸石-钙是一种含沸石水的钙的氢磷钒酸盐矿物。等轴晶系。晶体呈自形小立方体、粒状；集合体呈皮壳状。浅绿蓝色，长期暴露在阳光下，会逐渐变绿色，然后变黑色，玻璃光泽，透明；硬度2，脆性。2011年发现于美国爱达荷州卡里布市南拉斯姆森（South Rasmussen）岭磷矿。英文名称Phosphovanadylite-Ca，根词由成分“Phosphate（磷酸盐）”和“Vanadyl（$V^{4+}O_2$）$^{2-}$（钒酸离子团）”，加占优势的阳离子钙

后缀-Ca组合命名，意指它是钙占优势的磷钒沸石-钡的类似矿物。IMA 2011-101批准。2013年A. R. 坎普夫(A. R. Kampf)等在《美国矿物学家》(98)报道。中文名称根据成分及与磷钒沸石-钡的关系译为磷钒沸石-钙，也有的译为钙钒磷矿。

【磷方沸石】

英文名 Viséite

化学式 $Ca_{10}Al_{23}(SiO_4)_6(PO_4)_7O_{22}F_3 \cdot 72H_2O$

磷方沸石是一种含沸石水、氟、氧的钙、铝的磷酸-硅酸盐矿物。属沸石族。等轴(或假等轴)晶系。略具浅蓝或浅黄的白色，蜡状光泽、土状光泽；硬度3～4。最初的描述来自比利时列日省维塞(Visé)。1942年J. 梅隆(J. Mélon)在《比利时地质学会年鉴》(66)(法国)和1945年《美国矿物学家》(30)报道。英文名称Viséite，以发现地比利时的维塞(Visé)命名。IMA持怀疑态度。中文名称根据成分及与方沸石的关系译为磷方沸石，有的译为沸水硅磷钙石。

【磷钙钒矿】

英文名 Sincosite

化学式 $Ca(VO)_2(PO_4)_2 \cdot 4H_2O$　(IMA)

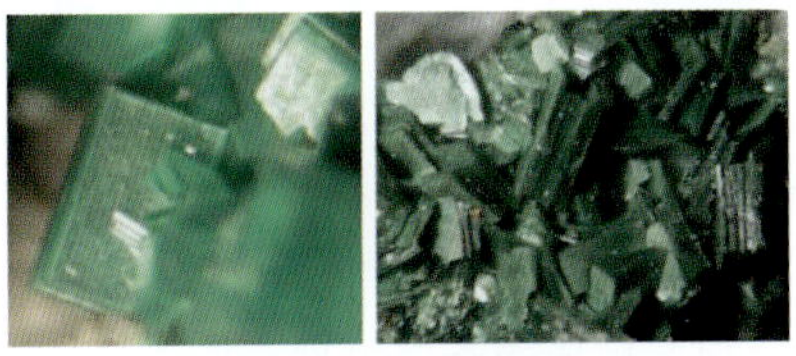

磷钙钒矿板片状晶体，叠板状集合体(美国)

磷钙钒矿是一种含结晶水的钙的磷酸-钒酸盐矿物。四方晶系。晶体呈长方形、板片状、鳞片状；集合体呈致密块状、细脉状、莲花状、平行叠板状、葡萄状、结节状等。草绿色、葱绿色、橄榄绿色、褐绿色、黄绿色、蓝绿色，玻璃光泽、珍珠光泽、半金属光泽，透明—半透明；硬度1～2，完全解理，脆性。1922年首次发现于秘鲁帕斯科区域塞罗德帕斯科市辛科斯(Sincos)；同年，W. T. 夏勒(W. T. Schaller)在《华盛顿科学院院报》(12)报道。英文名称Sincosite，以发现地秘鲁的辛科斯(Sincos)命名。1959年以前发现、描述并命名的"祖父级"矿物，IMA承认有效。中文名称根据成分译为磷钙钒矿。

【磷钙复铁石】参见【魏磷石】条983页

【磷钙铝矾】

英文名 Woodhouseite

化学式 $CaAl_3(SO_4)(PO_4)(OH)_6$　(IMA)

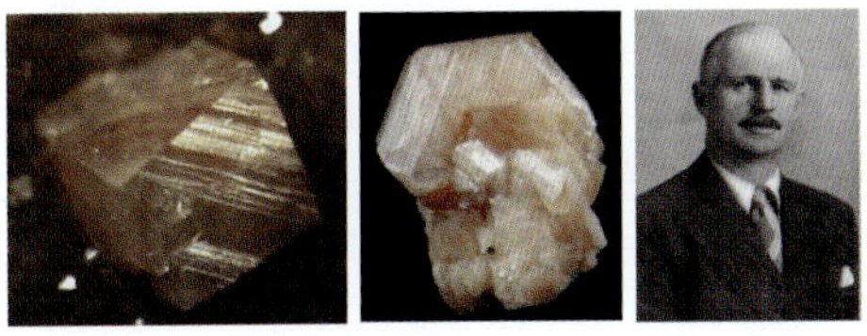

磷钙铝矾假立方体晶体，晶簇状集合体(美国)和伍德豪斯像

磷钙铝矾是一种含羟基的钙、铝的磷酸-硫酸盐矿物。属明矾石超族砷菱铅矾族。三方晶系。晶体呈假立方体、板状、复三方偏三角面体，具环状双晶；集合体呈晶簇状。白色、粉红色、浅橙色或无色，玻璃光泽、解理面上呈珍珠光泽，透明—半透明；硬度4.5，极完全解理。1937年发现于美国加利福尼亚州莫诺县；同年，D. W. 雷蒙(D. W. Lemmon)和A. 劳滕贝格(A. Rautenberg)在《美国矿物学家》(22)报道。英文名称Woodhouseite，以美国矿物学家和矿物收藏家查尔斯·道格拉斯·伍德豪斯(Charles Douglas Woodhouse，1888—1975)的姓氏命名。他是美国加州大学圣芭芭拉分校矿物学教授和矽线石矿公司总经理，他发现的该矿物。1959年以前发现、描述并命名的矿物，IMA承认有效。IMA 1987s. p. 批准。中文名称根据成分译为磷钙铝矾或磷钙铝石。

【磷钙镁石】

英文名 Collinsite

化学式 $Ca_2Mg(PO_4)_2 \cdot 2H_2O$　(IMA)

磷钙镁石叶片状晶体，放射状、扇状集合体(美国)和科林斯像

磷钙镁石是一种含结晶水的钙、镁的磷酸盐矿物。属磷钙锰石族。三斜晶系。晶体呈叶片状、板条状、细长纤维状；集合体呈束状、放射状、扇状、层状。浅棕色—黄棕色、白色、无色，丝绢光泽，透明—半透明；硬度3～3.5，完全解理，脆性。1924年发现于加拿大不列颠哥伦比亚省弗朗索瓦湖磷酸盐矿点；同年，E. 潘特瓦(E. Poitevin)等在《加拿大皇家学会会刊》(18)和1926年《加拿大地质调查局博物馆简报》(46)及1927年《加拿大矿业部通报》(46)报道。英文名称Collinsite，1924年潘特瓦等为纪念加拿大地质调查局局长(1920—1936)、地质学家威廉·亨利·科林斯(William Henry Collins，1878—1937)而以他的姓氏命名。1959年以前发现、描述并命名的"祖父级"矿物，IMA承认有效。中国地质科学院根据成分译为磷钙镁石，也有的根据颜色比磷钙铁矿浅而译作淡磷钙铁矿。2011年杨主明在《岩石矿物学杂志》[30(4)]建议音译为科林斯石。

【磷钙锰石】

英文名 Fairfieldite

化学式 $Ca_2Mn^{2+}(PO_4)_2 \cdot 2H_2O$　(IMA)

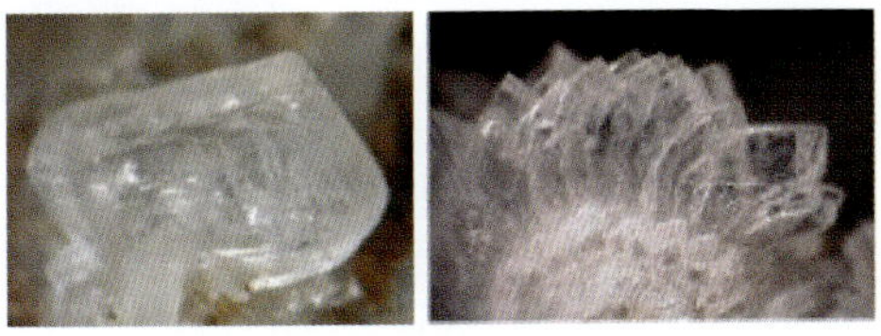

磷钙锰石板状晶体，鸡冠晶簇状集合体(美国)

磷钙锰石是一种含结晶水的钙、锰的磷酸盐矿物。属磷钙锰石族。三斜晶系。晶体呈柱状、板状、叶片状、纤维状；集合体呈球粒状、鸡冠晶簇状、皮壳状。无色、白色或淡黄色、绿白色、浅琥珀色、浅稻草黄色、橙黄色，半玻璃光泽、蜡状光泽，解理面上呈珍珠光泽，透明—半透明；硬度3.5，完全解理，脆性。1878年发现于美国康涅狄格州费尔菲尔德(Fairfield)县雷丁布兰奇维尔云母矿菲罗(Fillow)采石场。1879年布鲁斯(Brush)和丹纳(Dana)在《美国科学与艺术杂志》(17)报道。英文名称Fairfieldite，由乔治·J. 布鲁斯(George J. Brush)和爱德华·丹纳(Edward S. Dana)根据发

现地美国的费尔菲尔德(Fairfield)县命名。1959 年以前发现、描述并命名的“祖父级”矿物,IMA 承认有效。中文名称根据成分译为磷钙锰石。磷钙锰石族(Fairfieldite group)包括斜磷钙锰石(Rittmannite)、磷铝锰钙石(Kingsmountite)、水磷锰钙石(Wilhelmvierlingite)、磷铁锰钙石(Keckite)(参见相应条目)。

【磷钙钠石】

英文名 Canaphite

化学式 $Na_2CaP_2O_7 \cdot 4H_2O$ (IMA)

磷钙钠石针柱状晶体,晶簇状、放射状集合体(美国)

磷钙钠石是一种含结晶水的钠、钙的磷酸盐矿物。单斜晶系。晶体呈微小(约 100μm)的无色针状覆盖在辉沸石上;集合体呈放射状、晶簇状。无色,玻璃光泽,透明;硬度 2,完全解理。1983 年发现于美国新泽西州利特尔福尔斯市大峡(Great Notch)谷采石场。研究样本来自矿物收藏家西德·思泰瑞(Sid Steris)。英文名称 Canaphite,1985 年由唐纳德·拉尔夫·皮科尔(Donald Ralph Peacor)等根据组成成分“Calcium(钙)”“Sodium(拉丁文 Natrium,钠)”和“Phosphorus(磷)”缩写组合命名。IMA 1983－067 批准。1985 年 D. R. 皮科尔(D. R. Peacor)等在《矿物学记录》(16)和 1988 年 R. C. 洛兹(R. C. Rouse)在《美国矿物学家》(73)报道。中文名称根据成分译为磷钙钠石。

【磷钙钠铁铀矿】

英文名 Lakebogaite

化学式 $NaCaFe_2H(UO_2)_2(PO_4)_4(OH)_2 \cdot 8H_2O$ (IMA)

磷钙钠铁铀矿柱状晶体(澳大利亚)

磷钙钠铁铀矿是一种含结晶水和羟基的钠、钙、铁、氢的铀酰-磷酸盐矿物。单斜晶系。晶体呈柱状。亮柠檬黄色,玻璃光泽,透明;硬度 3。2007 年发现于澳大利亚维多利亚州斯旺希尔城博加湖(Lake Boga)花岗岩采石场。英文名称 Lakebogaite,以发现地维多利亚的博加湖(Lake Boga)命名。IMA 2007－001 批准。2008 年 S. J. 米尔斯(S. J. Mills)等在《美国矿物学家》(93)报道。2015 年艾钰洁、范光在《岩石矿物学杂志》[34(1)]根据成分译为磷钙钠铁铀矿。

【磷钙镍石】

英文名 Cassidyite

化学式 $Ca_2Ni(PO_4)_2 \cdot 2H_2O$ (IMA)

卡西迪像

磷钙镍石是一种含结晶水的钙、镍的磷酸盐矿物。属磷锰钙石族。三斜晶系。晶体呈纤维状;集合体呈球粒状、皮壳状。淡绿色—鲜绿色,玻璃光泽,透明;硬度 3.5。1953 年卡西迪发现于澳大利亚西澳大利亚州霍尔斯克里克镇的沃尔夫溪陨石坑风化陨石的空洞或裂隙。英文名称 Cassidyite,1966 年以美国匹兹堡大学地质学家兼地质学和行星科学教授威廉·A. 卡西迪(William A. Cassidy)的姓氏命名。他认识到南极洲是地球上最大的陨石库,并在 1953 年绘制了沃尔夫溪火山口的地图。南极洲的卡西迪冰川也以他的姓命名。IMA 1966－024 批准。1967 年 J. S. 怀特(J. S. White)等在《美国矿物学家》(52)报道。中文名称根据成分译为磷钙镍石,也有的译为磷镁钙镍矿/磷镍镁钙矿。

【磷钙铍石】

英文名 Hurlbutite

化学式 $CaBe_2(PO_4)_2$ (IMA)

磷钙铍石短柱状、纤维状晶体,球粒状集合体(美国)和赫尔伯特像

磷钙铍石是一种钙、铍的磷酸盐矿物。单斜晶系。晶体呈短柱状、纤维状;集合体呈球粒状。无色、淡黄色、浅绿色,玻璃光泽、油脂光泽,透明—半透明;硬度 6,脆性。1951 年发现于美国新罕布什尔州沙利文县纽波特镇的钱德勒米尔(Chandlers Mill)采石场。英文名称 Hurlbutite,由玛丽·艾玛·美诺思(Mary Emma Mrose)教授以美国矿物学家科尼利厄斯·塞尔·赫尔伯特(Cornelius Searle Hurlbut,1906—2005)的姓氏命名。他是美国哈佛大学矿物学教授。1952 年美诺思在《美国矿物学家》(37)报道。1959 年以前发现、描述并命名的“祖父级”的矿物,IMA 承认有效。中文名称根据成分译为磷钙铍石。

【磷钙铁锰石】

英文名称 Bederite

化学式 $Ca_2Mn_4^{2+}Fe_2^{3+}(PO_4)_6 \cdot 2H_2O$ (IMA)

磷钙铁锰石长椭球状集合体(阿根廷)和贝德像

磷钙铁锰石是一种含结晶水的钙、锰、铁的磷酸盐矿物。属磷钙复铁石(魏磷石)族。斜方晶系。集合体呈块状、椭球状。暗褐色—黑色,玻璃光泽;硬度 5,完全解理,脆性。1998 年发现于阿根廷萨尔塔市埃尔培农(El Peñón)伟晶岩。英文名称 Bederite,1999 年 M. A. 加里斯基(M. A. Galliski)等为纪念瑞士籍阿根廷矿物学家罗伯托·贝德(Roberto Beder,1888—1930)而以他的姓氏命名,以表彰他对阿根廷矿物学发展做出的重大贡献。1912 年他在拉普拉塔自然历史博物馆任馆长助理,1914 年成为科尔多瓦大学的矿物学教授。IMA 1998－007 批准。1999 年加里斯基等在《美国矿物学家》(84)报道。2004 年中国地质科学院矿产资源研究所李锦平等在《岩石矿物学杂志》[23(1)]根据成分译为磷钙铁锰石。

【磷钙铁钼矿】

英文名 Melkovite

化学式 $CaFe_2^{3+}Mo_5O_{10}(PO_4)_2(OH)_{12} \cdot 8H_2O$ (IMA)

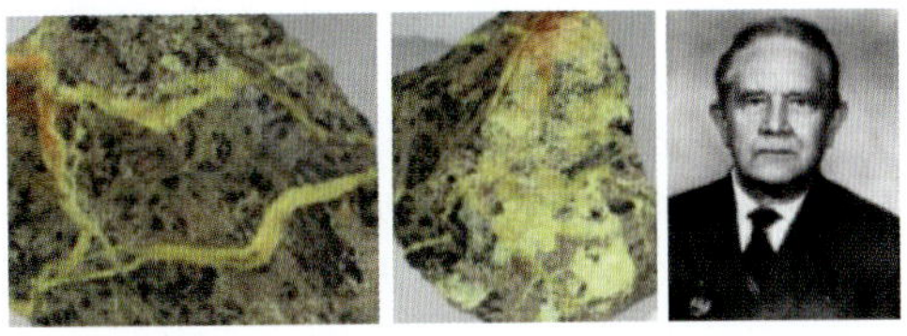

磷钙铁钼矿细脉状、薄膜状集合体(哈萨克斯坦)和梅尔科夫像

磷钙铁钼矿是一种含结晶水和羟基的钙、铁的磷酸-钼酸盐矿物。属砷钼钙铁矿超族磷钼铁钠钙石族。单斜晶系。晶体呈细粒状、板状、假六方细小鳞片状;集合体呈粉末状、细脉状、薄膜状。柠檬黄色—褐黄色,蜡状光泽,透明;硬度3,完全解理,脆性。1968年B. L. 叶戈洛夫(B. L. Yegorov)等发现于哈萨克斯坦卡拉干达州巴尔喀什市舒纳克(Shunak)山脉铀-钼矿床。英文名称Melkovite,为纪念苏联矿物学家维亚切斯拉夫·加夫里洛维奇·梅尔科夫(Vyacheslav Gavrilovich Melkov,1911—1991)教授而以他的姓氏命名。弗磷铀矿(Vyacheslavite)是以他的名字命名的。他是苏联莫斯科矿产资源研究所专门从事铀矿物研究的矿物学专家。IMA 1968-033批准。1969年叶戈洛夫等在《全苏矿物学会记事》[98(2)]和1970年M. 弗莱舍(M. Fleischer)在《美国矿物学家》(55)报道。中文名称根据成分译为磷钙铁钼矿或磷钼钙铁矿。

【磷钙钍石】

英文名 Brabantite

化学式 $CaTh(PO_4)_2$

磷钙钍石是一种钙、钍的磷酸盐矿物。单斜晶系。晶体呈粒状;集合体呈块状。浅灰棕色—红棕色、淡黄色、棕绿色、棕灰色,油脂光泽,半透明;硬度5.5。最初的报道来自纳米比亚埃龙戈地区卡里比布区布拉班特(Brabant)86农场伟晶岩。英文名称Brabantite,以发现地纳米比亚的布拉班特(Brabant)命名。IMA 1978-003批准。1981年在《美国矿物学家》(66)报道。2007年K. 林特(K. Linthout)在《加拿大矿物学家》(45)指出:它是一个$(PO_4)_2$占优势的独居石成员,原名被IMA废弃,现在叫富钍独居石(Cheralite)。1983年中国新矿物与矿物命名委员会郭宗山等在《岩石矿物及测试》[2(1)]根据成分译为磷钙钍石。

【磷钙锌矿】

英文名 Scholzite

化学式 $CaZn_2(PO_4)_2 \cdot 2H_2O$ (IMA)

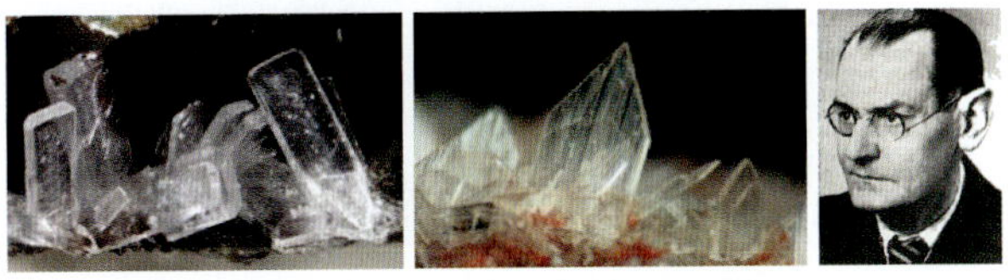

磷钙锌矿板状、刀刃状晶体,晶簇状集合体(德国、澳大利亚)和肖尔茨像

磷钙锌矿是一种含结晶水的钙、锌的磷酸盐矿物。与副磷钙锌石为同质多象。斜方晶系。晶体呈假六方板状、带尖的刀刃状、针状;集合体呈晶簇状、放射状。无色、白色、灰白色,红褐色、黄色,少见有橙绿色,玻璃—半玻璃光泽,透明—半透明;硬度3~3.5,脆性。1948年发现于德国巴伐利亚州上普法尔茨行政区魏德豪斯(Waidhaus)哈根多夫(Hagendorf)南和北伟晶岩;同年,在《矿物学进展》(27)报道。英文名称Scholzite,1949年由雨果·施特龙茨(Hugo Strunz)为纪念德国雷根斯堡化学家和矿物收藏家阿道夫·肖尔茨(Adolph Scholz,1894—1950)博士而以他的姓氏命名。1951年H. 施特龙茨(H. Strunz)在《美国矿物学家》(36)报道。1956年施特龙茨和坦尼森(Tennyson)在《结晶学杂志》(107)对化学式进行了修正。1959年以前发现、描述并命名的"祖父级"的矿物,IMA承认有效。中文名称根据成分译为磷钙锌矿或磷钙锌石。

【磷钙铀矿】

英文名 Ningyoite

化学式 $(U,Ca,Ce)_2(PO_4)_2 \cdot 1\sim2H_2O$ (IMA)

磷钙铀矿是一种含结晶水的铀、钙、铈的磷酸盐矿物。斜方(假六方)晶系。晶体呈假六方形、小板条状、拉长的菱形柱状、针状、细粒状;集合体呈放射状。深黄色、褐绿色、褐色—黑色,玻璃光泽、油脂光泽,半透明;硬度3~4,脆性、易碎;具放射性。1955年发现于日本本州岛中国地方鸟取县人形山口(Ningyo-toge)矿。1959年T. 穆托(T. Muto)等在《美国矿物学家》(44)报道。英文名称Ningyoite,以发现地人形山口(Ningyo-toge)矿命名。IMA 1962s. p. 批准。日文汉字名称人形石。中国地质科学院根据成分译为水磷铀矿(?)。2010年杨主明在《岩石矿物学杂志》[29(1)]建议采用日文汉字名称人形石。同义词Phosphurancalcilite,由成分"Phosphorus(磷)""Uranium(铀)"和"Calcium(钙)"缩写组合命名。中文名称根据成分译为磷钙铀矿。

【磷锆钾矿】

英文名 Kosnarite

化学式 $KZr_2(PO_4)_3$ (IMA)

磷锆钾矿假立方体、菱面体晶体(巴西)和科什纳尔像

磷锆钾矿是一种钾、锆的磷酸盐矿物。三方(或假等轴)晶系。晶体呈假立方体、菱面体、复三方偏三角面体。无色、灰蓝色、淡绿色,玻璃光泽,透明—半透明;硬度4.5,完全解理,脆性。1991年发现于美国缅因州牛津县云母采石场和拉姆福德(Rumford)布莱克(Black)山伟晶岩采石场。英文名称Kosnarite,迈克尔·E. 布朗菲尔德(Michael E. Brownfield)等为纪念美国科罗拉多布莱克霍克的矿物经销商理查德·安德鲁·"理查"科什纳尔(Richard Andrew "Rich" Kosnar,1946—2007)而以他的姓氏命名。科什纳尔长期对伟晶岩矿物感兴趣,是一位新泽西暗色岩矿物和科罗拉多伟晶岩和阿尔卑斯高山型矿物专家。IMA 1991-022批准。1993年布朗菲尔德等在《美国矿物学家》(78)报道。中文名称根据成分译为磷锆钾矿。

【磷铬铅矿】

英文名 Embreyite

化学式 $Pb_5(CrO_4)_2(PO_4)_2 \cdot H_2O$ (IMA)

磷铬铅矿是一种含结晶水的铅的磷酸-铬酸盐矿物。单斜晶系。晶体呈粒状;集合体呈葡萄状、皮壳状、晶簇状。橙红色,松脂光泽,透明—半透明;硬度3.5,脆性。1971年发现于俄罗斯斯维尔德洛夫斯克州别列佐夫斯基(Berezovskii)金矿。英文名称Embreyite,以大英博物馆(British

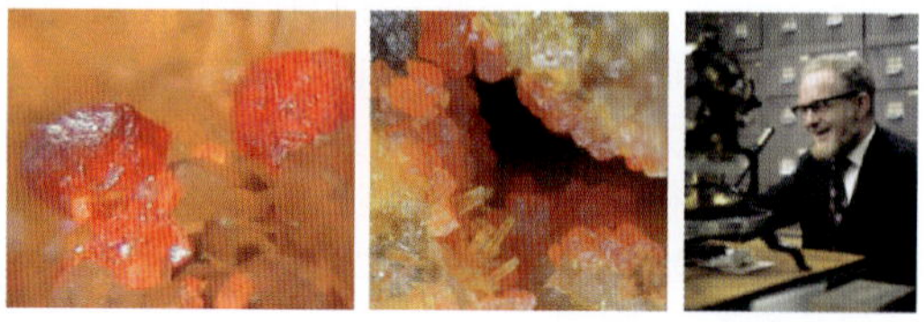

磷铬铅矿粒状晶体，晶洞晶簇状集合体（德国）和恩布里像

Museum）的彼得·戈德温·恩布里（Peter Godwin Embrey，1929—2010）的姓氏命名。他的科学成就包括1977年重印格雷格（Greg）和勒特索姆（Lettsom）的《英国矿物学》和1987年出版《康沃尔郡和德文郡的矿物》。IMA 1971－048批准。1972年S. A. 威廉姆斯（S. A. Williams）在《矿物学杂志》（38）报道。中文名称根据成分译为磷铬铅矿。

【磷铬铁矿】

英文名 Andreyivanovite

化学式 FeCrP　　（IMA）

磷铬铁矿是一种铁、铬的磷化物矿物。斜方晶系。常呈其他矿物内的包裹体存在。奶油白色，金属光泽，不透明。2006年发现于1980年陨落在也门哈德拉马特省凯顿（Kaidun）陨石。英文名称Andreyivanovite，以俄罗斯莫斯科气象实验室地球化学家和矿物学家安德烈·伊万诺夫（Andrey Ivanov，1937—2016）的姓名命名。他是月球任务的首席调查员，小行星5761安德列伊万诺夫也以他的姓名命名的。IMA 2006－003批准。2008年迈克尔·佐兰斯基（Michael Zolensky）等在《美国矿物学家》（93）报道。中文名称根据成分译为磷铬铁矿。

【磷铬铜铅矿】

英文名 Vauquelinite

化学式 $CuPb_2(CrO_4)(PO_4)(OH)$　　（IMA）

磷铬铜铅矿球状、晶簇状（德国、俄罗斯）和沃克兰像

磷铬铜铅矿是一种含羟基的铜、铅的磷酸-铬酸盐矿物。单斜晶系。晶体呈纤维状或楔形，具双晶；集合体常呈毛球状、晶簇状、乳头状、肾状、葡萄状。橄榄绿色、苹果绿色、暗棕色，金刚光泽、松脂光泽，透明—半透明；硬度2.5～3，脆性。1818首先发现于俄罗斯斯维尔德洛夫斯克州叶卡捷琳堡别列佐夫斯基·乌斯片斯卡亚（Berezovskoe Uspenskaya）山茨韦特诺（Tsvetnoi）矿山铬-铅矿床；同年，伯齐利厄斯（Berzelius）在《斯德哥尔摩阿夫汉丁格尔物理、化学和矿物学》（6）报道。英文名称Vauquelinite，以法国化学家和矿物化学分析家沃克兰教授的姓氏命名。1959年以前发现、描述并命名的“祖父级”矿物，IMA承认有效。中文名称根据成分译为磷铬铜铅矿。

路易·尼克拉斯·沃克兰（Louis Nicolas Vauquelin，1763—1829）是法国大革命时代著名的化学家、矿物化学分析家和植物学家，曾任巴黎科学院院士，担任过军事医院药房主任和巴黎矿业视察员，他还是综合工艺学校、矿业学校及药物专科学校、法兰西学院巴黎植物园的化学教授等。他一生发表论文376篇，涉及植物、试金、医药、有机化学等领域，但在矿物研究方面占比很大。他最不朽的成就是化学分析铬铅矿时发现了元素铬（1797），在化学分析祖母绿（绿柱石）时还发现了元素铍（1798）（参见【铬铅矿】条251页和【绿柱石】条551页）。G. 居维叶说：沃克兰教授“是一位真正的化学家，他把自己生活中的每一天，每一天中的每一刻都奉献给了化学”。他本人的成就是巨大的，他还为后人开拓了前进的道路，促进了近代化学的发展。

【磷硅铝钙石】

英文名 Perhamite

化学式 $Ca_3Al_{7.7}Si_3P_4O_{23.5}(OH)_{14.1}\cdot 8H_2O$　　（IMA）

磷硅铝钙石假六方板片状晶体，放射状、晶簇状集合体（法国）和佩勒姆像

磷硅铝钙石是一种含结晶水和羟基的钙、铝的磷酸-硅酸盐矿物。属磷硅铝钙石族。六方晶系。晶体呈假六方板片状、纤维状；集合体呈放射状、球状、花环状、盘状。无色、白色、淡黄色、浅棕色、橙色，玻璃—半玻璃光泽、珍珠光泽，透明—半透明，几乎不透明；硬度5，中等解理，非常脆。1975年P. 邓恩（P. Dunn）等发现于美国缅因州牛津县纽里（Newry）贝尔（Bell）采石坑和邓顿杰姆（Dunton Gem）采石坑。英文名称Perhamite，以美国缅因州立大学的地质学家弗兰克·克罗伊登·佩勒姆（Frank Croydon Perham，1934—）的姓氏命名。他在缅因州伟晶岩矿长期工作，拥有45年开采伟晶岩矿的经验，因其在矿物样品回收方面的辛勤劳动而得名。IMA 1975－019批准。1977年邓恩等在《矿物学杂志》（41）和1978年《美国矿物学家》（63）报道。中文名称根据成分译为磷硅铝钙石。

【磷硅铝钇钙石】参见【硅铝磷钇钍矾】条273页

【磷硅铌钠钡石】

英文名 Bornemanite

化学式 $Na_6(Na\square)Ba_2Ti_2Nb_2(Si_2O_7)_4(PO_4)_2O_4(OH)_2F_2$　（IMA）

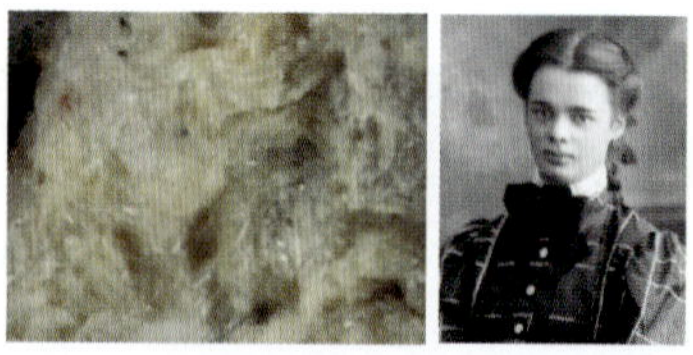

磷硅铌钠钡石纤维状晶体，块状集合体（俄罗斯）和伊琳娜像

磷硅铌钠钡石是一种含氟、羟基和氧的钠、空位、钡、钛、铌的磷酸-硅酸盐矿物。属闪叶石族。斜方晶系。晶体呈板状、叶片状、纤维状；集合体呈放射状、晶簇状、块状。浅黄色，珍珠光泽，透明—半透明；硬度3.5～4，完全解理，脆性。1973年发现于俄罗斯北部摩尔曼斯克州洛沃泽罗镇尤比莱纳亚（Yubileinaya）伟晶岩。英文名称Bornemanite，为纪念莫斯科岩石学、矿物学、地球化学、矿床地质研究所的矿物学家伊琳娜·德米特里耶夫娜·博恩曼-斯塔林克维奇（Irina Dmitrievna Borneman-Starynkevich，1891—1988）而以她的

姓氏命名，以表彰她在研究科拉半岛克里比尼和洛沃泽罗地块稀有矿物和矿物学方面做出的巨大贡献。IMA 1973－053 批准。1975 年 Y. P. 缅希科夫（Y. P. Menshikov）等在《全苏矿物学会记事》[104(3)]和《美国矿物学家》(61)报道。中文名称根据成分译为磷硅铌钠钡石。

【磷硅铌钠石】

英文名 Vuonnemite

化学式 $Na_6Na_2Nb_2Na_3Ti(Si_2O_7)_2(PO_4)_2O_2(OF)$ (IMA)

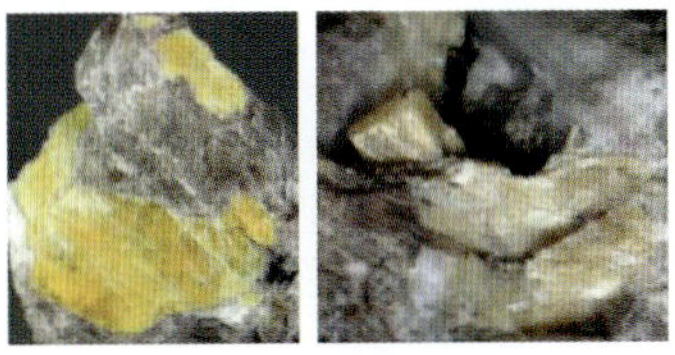

磷硅铌钠石片状晶体（俄罗斯）

磷硅铌钠石是一种含氟和氧的钠、铌、钛的磷酸-硅酸盐矿物。属硅铌钛矿族。三斜晶系。晶体呈板状、叶片状、刀刃状、片状。浅黄色—柠檬黄色、绿黄色、浅粉色，玻璃光泽、油脂光泽，透明—半透明；硬度 2～3，完全解理，非常脆。1973 年发现于俄罗斯北部摩尔曼斯克州乌讷密克（Vuonnemiok）河谷。英文名称 Vuonnemite，以发现地俄罗斯的乌讷密克（Vuonnemiok）河谷命名。IMA 1973－015 批准。1973 年在《全苏矿物学会记事》(102)和 1974 年《美国矿物学家》(59)报道。中文名称根据成分译为磷硅铌钠石或磷硅钛铌钠石，也有的根据英文名称首音节音和成分译为乌钠铌钛石。

【磷硅铈钠石】

英文名 Phosinaite-(Ce)

化学式 $Na_{13}Ca_2Ce(SiO_3)_4(PO_4)_4$ (IMA)

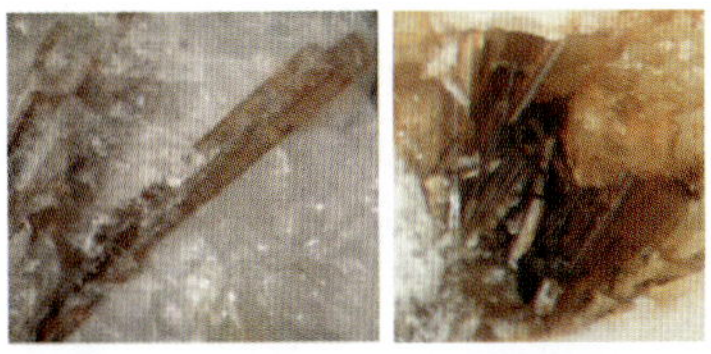

磷硅铈钠石柱状晶体，束状、放射状集合体（俄罗斯、加拿大）

磷硅铈钠石是一种钠、钙、铈的磷酸-硅酸盐矿物。斜方晶系。晶体呈柱状、板状；集合体呈束状、放射状。无色、粉红色、浅棕色，玻璃光泽、树脂光泽，透明—半透明；硬度3.5，完全解理。1973 年发现于俄罗斯北部摩尔曼斯克州科阿什瓦（Koashva）山伏斯托奇尼（Vostochnyi）矿科阿什瓦（Koashva）采坑和卡纳苏特（Karnasurt）山。英文名称 Phosinaite-(Ce)，根词由其主要成分“Phosphate(磷酸)”“Silicate(硅酸)”和“Sodium[拉丁文 Natrium(钠)]”缩写组合，加占优势的稀土元素铈后缀-(Ce)命名。IMA 1973－058 批准。1974 年在《全苏矿物学会记事》(103)和 1975 年 Y. L. 卡普斯(Y. L. Kapustin)在《国际地质评论》(17)、《美国矿物学家》(60)报道。中文名称根据成分译为磷硅铈钠石。

【磷硅钛钙钡石】

英文名 Quadruphite

化学式 $Na_6Na_2(CaNa)_2Na_2Ti_2Na_2Ti_2(Si_2O_7)_2(PO_4)_4O_4F_2$ (IMA)

磷硅钛钙钡石是一种含氟和氧的钠、钙、钛的磷酸-硅酸盐矿物。属硅铌钛矿族。三斜晶系。晶体呈片状。浅褐色，玻璃光泽、松脂光泽、珍珠光泽、金属光泽，透明—不透明；硬度 5，极完全解理，脆性。1990 年发现于俄罗斯北部摩尔曼斯克州阿鲁艾夫（Alluaiv）山。英文名称 Quadruphite，由化学成分式中的磷酸基团（PO_4）氧的数目[拉丁文 Quadruplex＝Four（四）]和“Phosphate（磷酸盐）”组合命名。IMA 1990－026批准。1992 年 A. P. 霍米亚科夫（A. P. Khomyakov）等在《俄罗斯矿物学会记事》[121(1)]报道。1998 年中国新矿物与矿物命名委员会黄蕴慧等在《岩石矿物学杂志》[17(1)]根据成分译为磷硅钛钙钡石。

【磷硅钛钙钠石】参见【褐磷钛钠矿】条 310 页

【磷硅钛镁钙钠石】

英文名 Polyphite

化学式 $Na_6(Na_4Ca_2)_2Na_2Ti_2Na_2Ti_2(Si_2O_7)_2(PO_4)_6O_4F_4$ (IMA)

磷硅钛镁钙钠石是一种含氟和氧的钠、钙、钛的磷酸-硅酸盐矿物。属硅铌钛矿族。三斜晶系。浅棕色，玻璃光泽、珍珠光泽、金刚光泽，透明—半透明；硬度 5，完全解理。1990 年发现于俄罗斯北部摩尔曼斯克州阿鲁艾夫（Alluaiv）山。英文名称 Polyphite，由“Poly(许多)”和“Phosphorus(磷酸盐)”组合命名，意指它是多个磷酸根的磷酸盐矿物。IMA 1990－025 批准。1992 年 A. P. 霍米亚科夫（A. P. Khomyakov）等在《俄罗斯矿物学会记事》[121(1)]报道。1998 年中国新矿物与矿物命名委员会黄蕴慧等在《岩石矿物学杂志》[17(1)]根据成分译为磷硅钛镁钙钠石。

【磷硅钛钠石】

英文名 Lomonosovite

化学式 $Na_6Na_2Ti_2Na_2Ti_2(Si_2O_7)_2(PO_4)_2O_4$ (IMA)

磷硅钛钠石片状晶体（俄罗斯）和罗蒙诺索夫像

磷硅钛钠石是一种含氧的钠、钛的磷酸-硅酸盐矿物。属硅铌钛矿族。三斜晶系。晶体呈薄片状、板状、鳞片状。棕色、浅褐色、玫瑰紫色、黄色、暗褐色、黑色，解理面上呈玻璃光泽、金刚光泽，断口呈玻璃光泽、油脂光泽；硬度3～4，完全解理，脆性。1941 年发现于俄罗斯北部摩尔曼斯克州龙舌草（Chinglusuai）河谷 65 号伟晶岩。1950 年 V. I. 格拉斯莫夫斯基（V. I. Gerasimovskii）在《苏联科学院报告》(70)和《美国矿物学家》(35)报道。英文名称 Lomonosovite，为纪念俄国矿物学家、博物学家和诗人米哈伊尔·瓦西里耶维奇·罗蒙诺索夫（Mikhail Vassil'evich Lomonosov，1711—1765）而以他的姓氏命名。他是俄国著名科学家、教育家、语言学家、哲学家和诗人，被誉为“俄国科学史上的彼得大帝”。1959 年以前发现、描述并命名的“祖父级”矿物，IMA 承认有效。IMA 1967s. p. 批准。中文名称根据成分译为磷硅钛钠石。

【磷硅钛铌钠石】参见【磷硅铌钠石】条 459 页

【磷硅钍铈石】

英文名 Cerphosphorhuttonite

化学式 (Ce,LREE)Th[PO_4]SiO_4

磷硅钍铈石是一种铈、轻稀土、钍的硅酸-磷酸盐矿物。浅黄色—红褐色，蜡状光泽；硬度 5～5.5。英文名称 Cerphosphorhuttonite，根据成分冠词“Cer(铈)”“Phosphor(磷)”和根词“Huttonite(硅钍石)”组合命名，意指它是与硅钍石相类似的矿物。可能是铈独居石[Monazite-(Ce)]和硅钍石(Huttonite)固溶体系列的中间成员。1965 年 A. S. 帕夫连科(A. S. Pavlenko)等在苏联《特鲁迪博物馆矿物学(Trudy Mineralogicheskogo Muzeya)》(16)报道。中文名称根据成分译为磷硅钍铈石。

【磷硅稀土矿】参见【菱黑稀土矿】条 490 页

【磷红石】参见【锂磷铝石】条 443 页

【磷灰石】

英文名 Apatite

化学式 $Ca_5(PO_4)_3$(Cl,F,OH)

磷灰石柱状晶体，晶簇状集合体

磷灰石是一类含羟基、氯和氟的钙的磷酸盐矿物总称(族名或超族名)。其化学式为$(X_5ZO_4)_3$(F,Cl,OH)，其中 X 代表 Ca,Sr,Ba,Pb,Na,Ce,Y 等，Z 主要为 P，还可为 As,V,Si 等，附加阴离子有氟、氯、羟基。自然界以氟磷灰石(Fluorapatite，Ca_5PO_43F)最常见，一般简称磷灰石。其次有氯磷灰石(Chlorapatite，Ca_5PO_43Cl)、羟磷灰石[Hydroxylapatite，$Ca_5PO_4$3(OH)]、碳磷灰石(Carbonate-apatite，Ca_5[PO_4,CO_3(OH)]3(F,OH))，还有氧硅磷灰石[Ca_5(Si,P,S)$O_4$3(O,OH,F)]、锶磷灰石(Sr_5PO_43F)等(参见相关条目)。六方晶系。晶体常见带锥面的六方柱、粒状，具双晶；集合体呈致密块状、隐晶聚集的结核状；呈胶体形态的变种称为胶磷灰石，其矿石称为胶磷矿。无色、浅绿色、黄绿色、黄蓝色、褐红色、白色等，玻璃光泽；硬度 5，不完全解理。磷灰石加热后常会发出磷光，中国古代称“灵光”。

在西方，德国汉堡一位名叫恩尼格·布兰特(Hennig Brand)的医生兼商人，于 1669 年第一次从人尿中发现有磷元素，他把这种散发美丽光辉的元素称之为“冷光”(Phosphorus)，后白屠英氏命名为“Balduins phosphorus”即白屠英氏磷。其实，“Phosphorus”一词最早指金星。金星离太阳比地球近，结果从地球看金星时，早晨出现在太阳以东，西方人叫它“晨星”(中国叫“启明星”)，傍晚黄昏它出现在太阳以西，西方人叫它“昏星”(中国叫“长庚星”)。古代人以为这是两颗不同的星，古希腊人称“晨星”为 Phosphorus，其中“Phos”意为“光”，而“Phoros”意为“生产”和“诞生”，即“晨星”是光的产婆，因为它出现不久，太阳就升起来了。可是“晨星”和“昏星”总是不能见面，古希腊人逐渐认识到它们是一颗星，于是称她为阿弗洛忒特(Aphrodite，即爱与美的女神)之星，罗马人称维纳斯(Venus)，即现在的金星之名。磷得名于金星的古称。1676 年，克拉夫特从人体骨骼中取得磷。究竟是谁首先从矿物中取得磷的尚待考证。

磷灰石最早见于 1767 年 M. 戴维拉(M. Davila)的著作目录系统(称拉皮埃尔 Phosphorique)。1786 年由德国地质学家亚伯拉罕·戈特洛布·维尔纳(Abraham Gottlob Werner)用德文命名。他所描述的特定的矿物在 1860 年由德国矿物学家卡尔·弗里德里希·奥古斯特·拉梅尔斯贝格(Karl Friedrich August Rammelsberg)又重新归类为氟磷灰石。英文名称 Apatite，源自希腊文“απατεἰν＝Apatein(欺骗、误导)”的意思。阿帕忒(Apate)是古希腊神话中“欺骗、虚伪”之神。一说因为磷灰石的晶体很像其他矿物的晶体，经常相混淆(如绿宝石、整柱石)；另一说，磷光像火而不是火，有“欺骗、虚伪”之意。1959 年以前发现、描述并命名的“祖父级”矿物，IMA 承认有效。中文名称根据成分译为磷灰石。中国最早于清朝同治年间发现江苏海州锦屏磷灰石矿，并于 1914 年正式开采。

【磷钾铝石①】

英文名 Taranakite

化学式 $K_3Al_5(PO_3OH)_6(PO_4)_2 \cdot 18H_2O$ (IMA)

磷钾铝石土块状集合体(澳大利亚)

磷钾铝石是一种含结晶水的钾、铝的磷酸-氢磷酸盐矿物。三方晶系。晶体呈显微粒状、板条状；集合体呈块状、致密状、土状、粉尘状。白色、灰色、黄白色、粉红色，透明；硬度 1～2，有脂滑感。1865 年由 H. 里士满(H. Richmond)发现于新西兰北岛塔拉纳基(Taranaki)区新普利茅斯镇舒加尔(Sugar)群岛；同年，由詹姆斯·赫克托耳(James Hector)第一次描述。这一年詹姆斯·赫克托耳和威廉·斯基(William Skey)在《新西兰探险队陪审员新闻报》报道。最初被误认为是银星石(Wavellite)。新西兰化学分析师威廉·斯基经定量化学分析，确认为是一个新矿物。英文名称 Taranakite，以发现地新西兰的塔拉纳基(Taranaki)区命名。1959 年以前发现、描述并命名的“祖父级”矿物，IMA 承认有效。后于 1893 年在法国的埃罗省(Herault)米内尔夫(Minerve)洞穴内也发现此矿物，同年，戈蒂埃(Gautier)在巴黎《法国科学院会议周报》(116)报道，并以米内尔夫(Minerve)洞穴命名此矿物名为 Minervite。1904 年，欧亨尼奥·卡索里亚(Eugenio Casoria)在意大利蒙特阿尔布诺粪层下又发现了这种矿物，并在 *Acc. Georgofili, Att.* (1)中报道命名为 Palmerite(以帕尔莫命名)。由于该矿物产于洞穴蝙蝠粪或海岸附近的企鹅等鸟粪中，故认为它是动物粪便与黏土或铝质岩反应形成的。根据命名优先权原则，后命名的 Minervite 和 Palmerite 被废弃或视为同义词。中文名称根据成分译为磷钾铝石；根据颜色和成分译为乳白磷铝石。

【磷钾铝石②】参见【红水磷铝钾石】条 330 页

【磷钾石】

英文名 Archerite

化学式 $H_2K(PO_4)$ (IMA)

磷钾石是一种钾的二氢磷酸盐矿物。与二磷铵石同构。四方晶系。晶体呈带锥柱状；集合体呈皮壳状。白色，半玻璃光泽、蜡状光泽、油脂光泽，半透明；硬度 1～2，脆性。1930 年 J. 韦斯特(J. West)在《晶体学杂志》(74)报道了磷酸

磷钾石皮壳状集合体和阿彻像

二氢钾（KH_2PO_4）的 X 射线分析结构。1975 年发现于澳大利亚西澳大利亚州马都拉（Madura）客栈岩洞鸟粪矿床。英文名称 Archerite，1977 年由彼得·布里奇（Peter Bridge）以澳大利亚新南威尔士大学生物学教授米迦勒·阿彻（Michael Archer，1945—）的姓氏命名。阿彻是昆士兰博物馆馆长，他发现了该岩石洞穴并收集标本，其中包括此新矿物。IMA 1975-008 批准。1977 年彼得·布里奇在《矿物学杂志》（41）报道。中文名称根据成分译为磷钾石。

【磷碱钡铁石】

英文名 Arrojadite-(BaFe)

化学式 $BaFe^{2+}(CaNa_2)Fe^{2+}_{13}Al(PO_4)_{11}(PO_3OH)(OH)_2$ （IMA）

磷碱钡铁石是一种含羟基的钡、铁、钙、钠、铝的氢磷酸-磷酸盐矿物。属钠磷锰铁矿（Arrojadite）族。单斜晶系。晶体呈不规则状、长条状；集合体呈团块状、晶簇状。灰绿色，油脂光泽；完全解理，脆性。1994 年发现于意大利松德里奥市斯普卢加（Spluga）山谷马德西莫（Madesimo）格罗佩拉阿尔卑斯（Groppera Alp）山白云岩。英文原名称 Sigismundite，以彼得罗·西吉斯蒙德（Pietro Sigismund，1874—1962）的姓氏命名。他是一位著名的瓦尔泰利纳，特别是瓦伦·马伦科的矿物收藏家。IMA 1994-033 批准。1996 年 F. 德马丁（F. Demartin）等在《加拿大矿物学家》（34）报道。2003 年中国地质科学院矿产资源研究所李锦平等在《岩石矿物学杂志》[22(3)]根据成分译为磷碱钡铁石。

2005 年 10 月（CNMMN 05-D）重新更名为 Arrojadite-(BaFe)，根词由巴西地质学家米格尔·阿罗雅多·里斯本（Miguel Arrojado Lisbôa，1872—1932）的名字，加占优势的阳离子钡铁后缀-(BaFe)组合命名。中文名称根据成分译为钠磷锰铁矿-钡铁。《英汉矿物种名称》（2017）译为磷碱铁石-(BaFe)。

【磷碱锰石-钾锰钠】

英文名 Dickinsonite-(KMnNa)

化学式 $K(NaMn)CaNa_3AlMn_{13}(PO_4)_{12}(OH)_2$ （IMA）

磷碱锰石-钾锰钠纤维状晶体（美国）和狄金森像

磷碱锰石-钾锰钠是一种含羟基的钾、钠、锰、钙、铝的磷酸盐矿物。属磷碱铁石族。单斜晶系。晶体呈板片状、弯曲片状、纤维状，通常呈假菱形；集合体呈放射状、星状和浸染状。绿色—深绿色、淡黄绿色、棕绿色，玻璃光泽，解理面上呈珍珠光泽，透明—半透明；硬度 3.5～4，完全解理，非常脆。1878 年发现于美国康涅狄格州费尔菲尔德县菲洛（Fillow）采石场；同年，布鲁斯（Brush）和丹纳（Dana）在《美国科学杂志》（16）报道，称 Dickinsonite。英文名称 Dickinsonite-(KMnNa)，根词由美国康涅狄格州雷丁布兰奇维尔云母矿的早期矿物收藏家约翰·威廉·狄金森（John William Dickinson 1835—1899）牧师的姓氏命名。他在收集该地区矿物时并提请注意该矿物。1959 年以前发现、描述并命名的"祖父级"矿物，IMA 承认有效。IMA 2005-048 批准。2006 年 C. 肖邦（C. Chopin）等在《美国矿物学家》（91）的《磷碱铁矿族组成空间、新成员和系统命名法》将 Dickinsonite 加占优势的元素后缀更名为 Dickinsonite-(KMnNa)。中文名称根据成分译为磷碱锰石-钾锰钠；根据颜色和成分译作绿磷锰矿。

【磷碱铁石-钾钠】

英文名 Arrojadite-(KNa)

化学式 $KNa_3(CaNa_2)Fe^{2+}_{13}Al(PO_4)_{11}(PO_3OH)(OH)_2$ （IMA）

磷碱铁石板状晶体，晶簇状集合体（加拿大）

磷碱铁石-钾钠是一种含羟基的钾、钠、钙、铁、铝的氢磷酸-磷酸盐矿物。属磷碱铁石族。单斜晶系。晶体呈假菱形板状；集合体呈晶簇状。橄榄绿色、丁香棕色、浅黄色，玻璃光泽、油脂光泽，透明—半透明；硬度 5。2005 年发现于加拿大育空地区道森矿区大鱼河急流溪（Rapid Creek）。英文名称 Arrojadite-(KNa)，根词以巴西地质学家米格尔·阿罗加德·里斯本（Miguel Arrojado Lisbôa，1872—1932）的名字并根据系统命名法重新定义（2005 年 10 月 CNMMN 05-D）为新钠磷锰铁矿（New arrojadite），即加成分钾、钠后缀-(KNa)组合命名。IMA 2005-047 批准。2006 年 C. 肖邦（C. Chopin）等在《美国矿物学家》（91）的《磷碱铁石族组成空间、新成员和系统命名法》中将 Arrojadite 加占优势的元素后缀更名为 Arrojadite-(KNa)。中国地质科学院根据成分译为磷碱铁石-钾钠，有的译作钠磷锰铁矿。2011 年杨主明在《岩石矿物学杂志》[30(4)]建议音译加成分译为阿罗加德钾钠石。

【磷钪矿】

英文名 Pretulite

化学式 $Sc(PO_4)$ （IMA）

磷钪矿双锥状晶体（奥地利）

磷钪矿是一种钪的磷酸盐矿物。属磷钇矿族。四方晶系。晶体呈自形的双锥状。无色—淡粉色、浅橙色、深橙色，金刚光泽，透明—半透明；硬度 5，完全解理，脆性。1996 年发现于奥地利斯蒂里亚州菲施巴赫镇克里格拉赫（Krieglach）村弗雷尼茨格拉本（Freßnitzgraben）赫尔科格尔（Höllkogel）。英文名称 Pretulite，由奥地利菲施巴赫阿尔彭山脉的第二高峰普勒图尔（Pretul，1 656m）山命名。富特滕堡（Fürstenbauer）首先在普勒图尔（Pretul）山西北坡发现了该矿物；然而，赫尔科格尔（Höllkogel）的样品被证明更适合作为一个新矿物种的表征，所以最终后者被选为模式产地。IMA 1996-024 批准。1998 年 F. 伯恩哈德（F. Bernhard）等在《美国矿物学家》（83）报道。2004 年中国地质科学院矿产资源研究所李锦平等在

《岩石矿物学杂志》[23(1)]根据成分译为磷钪矿。

【磷锂镁石】

英文名 Simferite

化学式 $Li(Mg,Fe^{3+},Mn^{3+})_2(PO_4)_2$　　(IMA)

磷锂镁石是一种锂、镁、铁、锰的磷酸盐矿物。斜方晶系。晶体呈粒状、扁平状，具穿插双晶。暗红色—黑色，玻璃光泽、油脂光泽，半透明。1989 年发现于乌克兰扎波罗热州罗迪奥诺夫斯基(Rodionovskoe)伟晶岩矿区的克鲁塔亚巴尔卡(Krutaya Balka)伟晶岩。英文名称 Simferite，由 V. V. 白拉克夫(V. V. Bairakov)发现于罗迪奥诺夫斯基伟晶岩矿区 15m 深的钻探岩芯中，并以乌克兰克里米亚的西费罗波尔(Simferopol)市命名。白拉克夫在第一篇论文中就使用了 Simferopolite 和 Simferite 这两个名字。城市和矿物的名称源自希腊文“συμφέρω＝Symphero”，意为汇集；即指锂、镁、铁和锰等阳离子一起进入其晶体结构。IMA 1989－016 批准。1989 年白拉克夫等在《苏联科学院报告》[307(5)]和 2005 年 M. A. 西蒙诺夫(M. A. Simonov)等在乌克兰《矿物学杂志》(27)报道。2008 年中国地质科学院地质研究所任玉峰等在《岩石矿物学杂志》[27(6)]根据成分译为磷锂镁石/磷镁锂石。

【磷锂锰矿】

英文名 Sicklerite

化学式 $LiMn^{2+}(PO_4)$　　(IMA)

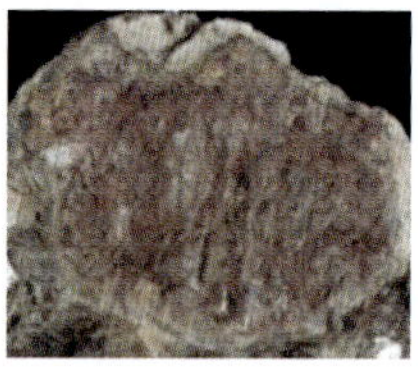

磷锂锰矿块状集合体(美国)

磷锂锰矿是一种锂、锰的磷酸盐矿物。属磷铁锂矿族。斜方晶系。集合体呈块状。深棕色的黄褐色、黑色，树脂光泽，半透明—不透明；硬度 4，完全解理。1912 年发现于美国加利福尼亚州圣迭戈县斯图尔特(Stewart)锂矿；同年，夏勒(Schaller)在美国《华盛顿科学院杂志》(2)报道。英文名称 Sicklerite，以美国帕拉伟晶岩矿床的发现者、矿物收藏家族西克勒(Sickler)命名。1959 年以前发现、描述并命名的“祖父级”矿物，IMA 承认有效。中文名称根据成分译为磷锂锰矿或锂磷锰石；根据颜色和成分译为褐磷锂矿。

【磷锂钠石】参见【磷钠锂石】条 472 页

【磷锂铁矿】

英文名 Ferrisicklerite

化学式 $Li_{1-x}(Fe^{3+},Mn^{2+})(PO_4)$　　(IMA)

磷锂铁矿块状集合体(美国)

磷锂铁矿是一种锂、铁、锰的磷酸盐矿物。属磷锂铁矿族磷锂铁矿-磷锂锰矿系列。斜方晶系。集合体呈块状、放射状、球状。黄褐色—深棕色、黑色，半透明—不透明；硬度 4，完全解理。1937 年发现于摩洛哥马拉喀什萨非市赖哈姆纳杰比莱特(Jebilet)山脉西迪布奥斯曼(Sidi Bou Othmane)[一说模式产地为瑞典(IMA 表-2019)]；同年，昆塞尔(Quensel)在《斯德哥尔摩地质学会会刊》(59)报道。英文名称 Ferrisicklerite，由成分冠词“Ferri(三价铁)”和根词“Sicklerit(磷锂锰矿)”组合命名，意指它是磷锂铁矿-磷锂锰矿系列的铁的端元矿物。1959 年以前发现、描述并命名的“祖父级”矿物，IMA 承认有效。中文名称根据成分译为磷锂铁矿；根据成分及与磷锂锰矿的关系译为铁磷锂锰矿。

【磷菱铅铁矾】

英文名 Corkite

化学式 $PbFe_3^{3+}(SO_4)(PO_4)(OH)_6$　　(IMA)

磷菱铅铁矾菱面体晶体，皮壳状、圆球状集合体(德国、英国、爱尔兰)

磷菱铅铁矾是一种含羟基的铅、铁的磷酸-硫酸盐矿物。属明矾石超族砷铅铁矾族。三方晶系。晶体呈假立方体、菱面体，底面有 6 个扇形双晶；集合体呈皮壳状、圆球状。棕色、黄棕色、橄榄黄色、暗绿色、黄绿色、浅黄色、褐色，玻璃—半玻璃光泽、松脂光泽、蜡状光泽、油脂光泽，透明—半透明；硬度 3.5～4.5，完全解理，脆性。1857 年，多伯(Dauber)在莱比锡《物理和化学年鉴》(10)报道，误称 Beudantite(参见【砷铅铁矾】条 789 页)。1869 年由吉尔伯特·约瑟夫·亚当(Gilbert Joseph Adam)发现于爱尔兰的科克(Cork)市格兰多尔(Glandore)矿山锰铜矿脉；同年，在《矿山年鉴》(15)报道。英文名称 Corkite，亚当根据首次发现地爱尔兰的科克(Cork)市命名。1959 年以前发现、描述并命名的“祖父级”矿物，IMA 承认有效。IMA 1987s. p. 批准。中文名称根据成分和菱面体形态译为磷菱铅铁矾；根据成分译为磷铅铁矾或磷硫铅铁矿。

【磷硫铅铝矿】参见【磷铅铝矾】条 476 页

【磷硫铅铁矿】参见【磷菱铅铁矾】条 462 页

【磷硫铁矿】

英文名 Destinezite

化学式 $Fe_2^{3+}(PO_4)(SO_4)(OH)\cdot 6H_2O$　　(IMA)

磷硫铁矿板状晶体，块状集合体(智利、比利时)和德斯蒂纳茨像

磷硫铁矿是一种含结晶水、羟基的铁的硫酸-磷酸盐矿物。属水磷铝矾(Sanjuanite)-磷硫铁矿族。三斜晶系或为非晶质。晶体很少呈微晶六双面板状；集合体呈块状。黄色、棕黄色、棕色、棕红色、绿黄色、浅绿色、浅黄色，土状光泽；硬度 3～4。1880 年发现于比利时列日省维塞市阿根托(Argenteau)和美国田纳西州塞维尔(Sevier)县附近的大雾山国家公园的明矾洞崖。英文名称 Destinezite，1881 年由 H. 福里尔(H. Forir)和 A. 焦瑞生(A. Jorissen)在《比利时地质学会会志》(8)为纪念比利时列日大学实验室助理皮埃尔·德斯蒂纳茨(Pierre Destinez，？—1911)先生而以他的姓氏命名。德斯蒂纳茨先生早在 1886 年就是比利时地质学会会员，晚年于 1904 年出版了一批古生物研究的文章。1959 年以前发现、描述并命名的“祖父级”矿物，IMA 承认有

效。IMA 2000s. p. 批准。2003 年 J. D. 格莱斯(J. D. Grice)等在《加拿大矿物学家》(41)报道，在《2002 年批准的新矿物和 1998—2002 年由国际矿物学协会新矿物和矿物命名委员会批准的命名修改》中批准。中文名称根据成分译为磷硫铁矿(参见【磷铁华】条 479 页)。

【磷铝铋矿】

英文名 Waylandite

化学式 $BiAl_3(PO_4)_2(OH)_6$ (IMA)

磷铝铋矿细粒状晶体，粉末状集合体(德国)

磷铝铋矿是一种含羟基的铋、铝的磷酸盐矿物。属明矾石超族铅铁矿族。三方晶系。晶体呈细粒状，粒径仅 0.5mm；集合体呈皮壳状和细脉状。无色、白色、浅蓝色、浅棕色，玻璃光泽，透明—半透明；硬度 4～5。1962 年发现于乌干达共和国中部地区瓦基索区旺普沃(Wampewo)山伟晶岩。英文名称 Waylandite，以乌干达地质调查局的第一任主任埃德加·詹姆斯·韦兰(Edgar James Wayland，1888—1966)的姓氏命名。IMA 1962－003 批准。1963 年 O. 冯·文诺灵(O. Von Knorring)等在《美国地质学会专题论文》(73)和《美国矿物学家》(48)报道。中文名称根据成分译为磷铝铋矿。

【磷铝多铁钠石】

英文名 Ferrorosemaryite

化学式 $\square NaFe^{2+}Fe^{3+}Al(PO_4)_3$ (IMA)

磷铝多铁钠石粒状晶体(卢旺达)

磷铝多铁钠石是一种空位、钠、二价铁、三价铁、铝的磷酸盐矿物。属磷铝铁锰钠石族。单斜晶系。晶体呈自形—他形粒状，粒径有 3mm 左右。深绿色—青铜色，树脂光泽，透明—半透明；硬度 4，完全解理，脆性。2003 年发现于卢旺达西部省鲁宾迪(Rubindi)伟晶岩。英文名称 Ferrorosemaryite，由成分冠词“Ferro(二价铁)”和“Rosemaryite(磷铝高铁锰钠石)”组合命名，意指是二价铁主导的磷铝高铁锰钠石的类似矿物。IMA 2003－063 批准。2005 年 F. 哈特尔特(F. Hatert)等在《欧洲矿物学杂志》[17(5)]报道。2008 年中国地质科学院地质研究所任玉峰等在《岩石矿物学杂志》[27(6)]根据成分译为磷铝多铁钠石(根词参见【磷铝高铁锰钠石】条 463 页)。

【磷铝钙锂石】参见【锂钙铝磷石】条 442 页

【磷铝钙石】

英文名 Matulaite

化学式 $Fe^{3+}Al_7(PO_4)_4(PO_3OH)_2(OH)_8(H_2O)_8 \cdot 8H_2O$ (IMA)

磷铝钙石假六方片状晶体(美国)和马图拉像

磷铝钙石是一种含结晶水和羟基的铁、铝的氢磷酸-磷酸盐矿物。单斜晶系。晶体呈假六角形、薄片状、鳞片状；集合体呈玫瑰花状和球状。无色、白色、灰白色，玻璃光泽，半透明；硬度 1.5，完全解理，解理片具弹性。1977 年发现于美国宾夕法尼亚州巴赫曼(Bachman)矿。英文名称 Matulaite，以美国宾夕法尼亚州阿伦顿的矿物收藏家玛格丽特“玛吉”·玛丽·马图拉(Margaret“Marge”Mary Matula，1925—)的姓氏命名，是她发现的此矿物，并于 2002 年被选入 Micromounters 名人堂。IMA 1977－013 批准。1980 年在 *Aufschluss*(31)和《美国矿物学家》(65)报道。中文名称根据最初化学式 $CaAl_{18}(PO_4)_{12}(OH)_{20} \cdot 28H_2O$ 译为磷铝钙石。2012 年 A. R. 坎普夫(A. R. Kampf)等在《矿物学杂志》[76(3)]重新定义化学成分式为 $(Fe^{3+},Al)Al_7(PO_4)_4(PO_3OH)_2(OH)_8(H_2O)_8 \cdot 8H_2O$。原译名磷铝钙石显然已不合适，编译者建议音译为马图拉石*。

【磷铝高铁锰钠石】

英文名 Rosemaryite

化学式 $NaMn^{2+}Fe^{3+}Al(PO_4)_3$ (IMA)

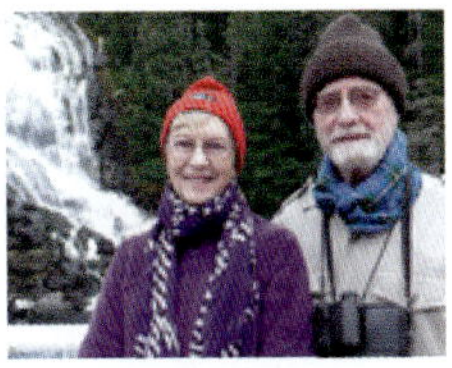

罗斯玛丽与她丈夫合照

磷铝高铁锰钠石是一种钠、锰、三价铁、铝的磷酸盐矿物。属磷铝铁锰钠石族磷铝铁锰钠石-磷铝高铁锰钠石系列。单斜晶系。晶体呈粒状；集合体呈块状。深橄榄绿色、深褐色、红棕色、黑色，半玻璃光泽、树脂光泽、油脂光泽、金属光泽，透明—半透明；硬度 4～4.5，完全解理，脆性。1978 年发现于美国南达科他州的岩岭(Rock Ridge)伟晶岩。英文名称 Rosemaryite，1979 年保罗·B. 穆尔(Paul B. Moore)和伊藤顺(Jun Ito)以《地质学杂志》总编辑弗朗西斯·罗斯玛丽“罗密”·怀利(Frances Rosemary “Romy”Wyllie，1932—)的名字命名。IMA 1979s. p. 批准。1979 年穆尔等在《矿物学杂志》(43)和 1980 年 M. 弗莱舍(M. Fleischer)等在《美国矿物学家》(65)报道。中文名称根据成分译为磷铝高铁锰钠石[注：磷铝铁锰钠石(Wyllieite)是以她的丈夫彼得·约翰·怀利(Peter John Wyllie，1930—)的姓氏命名的]。

【磷铝钾石】

英文名 Francoanellite

化学式 $K_3Al_5(PO_3OH)_6(PO_4)_2 \cdot 12H_2O$ (IMA)

磷铝钾石细粒状晶体，块状集合体(意大利)和弗朗哥·阿内利像

磷铝钾石是一种含结晶水的钾、铝的磷酸-氢磷酸盐矿物。三方晶系。晶体呈假六方片状、细粒状；集合体呈块状、球状。黄白色，土状光泽，半透明；硬度 1～2。1974 年发现于意大利巴里省卡斯泰拉纳(Castellanai)岩洞。英文名称 Francoanellite，以意大利巴里大学地理学和洞穴学教授弗朗哥·阿内利(Franco Anelli，1899—1977)的姓名命名，他在卡斯泰拉纳岩洞中发现此新矿物。IMA 1974－051 批准。1976 年 F. 巴伦扎诺(F. Balenzano)等在《矿物学新年鉴》(月刊)和 M. 弗莱舍(M. Fleischer)等在《美国矿物学家》(61)报

道。中文名称根据成分译为磷铝钾石。

【磷铝镧石】

英文名 Florencite-(La)

化学式 $LaAl_3(PO_4)_2(OH)_6$ (IMA)

镧磷铝铈矿放射状、花状、球粒状集合体(巴西)

磷铝镧石是一种含羟基的镧、铝的磷酸盐矿物。属明矾石超族水磷铝铅矿族。三方晶系。晶体呈菱面体;集合体呈放射状、花状、球粒状。无色、淡绿色、黄褐色,油脂光泽、树脂光泽,透明—半透明;硬度5~6,完全解理,脆性。1980年发现于刚果(金)上加丹加省坎博韦区利卡西市什图鲁(Shituru)矿。英文名称Florencite-(La),由根词"Florencite(磷铝铈矿)"加占优势的元素镧后缀-(La)组合命名;其中根词"Florencite(磷铝铈矿)"由W.弗洛伦斯(W. Florence)博士的姓氏命名。IMA 1987s. p. 批准。1980年J. J. 勒费布尔(J. J. Lefebvre)在《加拿大矿物学家》(18)报道。中文名称根据占优势的元素镧及与磷铝铈矿的关系译为磷铝镧石或镧磷铝铈矿。《英汉矿物种名称》(2017)根据成分译为磷镧铝石。

【磷铝锂石】参见【锂磷铝石】条443页

【磷铝镁钡石】

英文名 Penikisite

化学式 $BaMg_2Al_2(PO_4)_3(OH)_3$ (IMA)

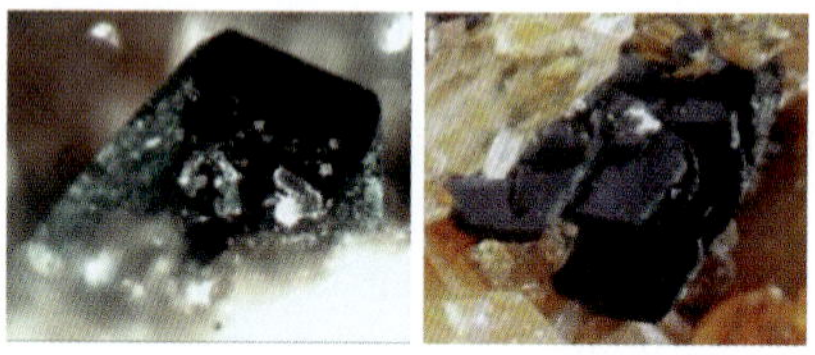

磷铝镁钡石厚板状、片状晶体(加拿大)

磷铝镁钡石是一种含羟基的钡、镁、铝的磷酸盐矿物。属磷铝锰钡石族。三斜晶系。晶体呈厚板状、片状;集合体呈类似玫瑰花瓣状。蓝色、绿色,近于黑色,玻璃光泽,透明或半透明;硬度4,完全解理。1976年由艾伦·库伦(Alan Kulan)和古纳尔·佩里金斯(Gunar Penikis)发现于加拿大育空地区道森市大鱼河急流(Rapid)溪。英文名称Penikisite,艾伦·库伦以加拿大地球物理学家和该矿物的发现者之一的古纳尔·佩里金斯(1936—1979)的姓氏命名。佩里金斯不仅是育空地区罗斯河的探矿者,早期还是一个探险家(1974—1975),而且与库伦在急流溪地区工作的合作伙伴。IMA 1976-023批准。1977年J. A. 曼达里诺(J. A. Mandarino)等在《加拿大矿物学家》(15)报道。中国地质科学院根据成分译为磷铝镁钡石。2011年杨主明在《岩石矿物学杂志》[30(4)]建议音译为佩里金斯石。

【磷铝镁钙石】参见【斜磷铝钙石】条1031页

【磷铝镁锰石-钙镁镁】

英文名 Whiteite-(CaMgMg)

化学式 $CaMg_3Al_2(PO_4)_4(OH)_2 \cdot 8H_2O$ (IMA)

磷铝镁锰石-钙镁镁是一种含结晶水和羟基的钙、镁、铝的磷酸盐矿物。属磷铁镁锰钙石族磷铝镁锰石亚族。单斜晶系。晶体呈锥柱状、片状。无色,玻璃光泽,透明;硬度4,完全解理,脆性。2016年发现于美国内华达州米纳勒尔县。英文名称Whiteite-(CaMgMg),由根词Whiteite加占优势的主要阳离子钙镁镁的后缀-(CaMgMg)组合命名。根名Whiteite,以美国史密森学会矿物副馆长、《矿物学记录》杂志的创始人、编辑和出版商(1970—1982)约翰·桑普森·怀特(John Sampson White,1933—)的姓氏命名。IMA 2016-001批准。2016年A. R. 坎普夫(A. R. Kampf)等在《CNMNC通讯》(31)、《矿物学杂志》(80)和《加拿大矿物学家》(54)报道。中文名称根据成分及与根名的关系译为磷铝镁锰石-钙镁镁。

【磷铝镁锰石-钙锰镁】

英文名 Whiteite-(CaMnMg)

化学式 $CaMn^{2+}Mg_2Al_2(PO_4)_4(OH)_2 \cdot 8H_2O$ (IMA)

磷铝镁锰石-钙锰镁板状晶体(美国)和怀特像

磷铝镁锰石-钙锰镁是一种含结晶水和羟基的钙、锰、镁、铝的磷酸盐矿物。属磷铁镁锰钙石族磷铝镁锰石亚族。单斜晶系。晶体呈假六方板状;集合体呈晶簇状。黄色、黄绿色、淡紫色、粉红色,玻璃光泽、蜡状光泽,透明;硬度3.5,脆性。1978年发现于美国南达科他州福迈尔(Fourmile)顶尖(顶尖伟晶岩)矿区;同年,保罗·B. 穆尔(Paul B. Moore)在《矿物学杂志》(42)报道。英文名称Whiteite-(CaMnMg),由根词"Whiteite(磷铝镁锰石)"和占优势的阳离子钙锰镁的后缀-(CaMnMg)组合命名。其中,根词"Whiteite(磷铝镁锰石)",1978年由穆尔以史密森学会矿物博物馆副馆长和《矿物学记录》杂志的创始人、编辑和出版商(1970—1982)约翰·桑普森·怀特(John Sampson White,1933—)的姓氏命名。IMA 1986-012批准。1989年J. D. 格赖斯(J. D. Grice)在《加拿大矿物学家》(27)报道。1990年中国新矿物与矿物命名委员会郭宗山在《岩石矿物学杂志》[9(3)]根据成分译为磷铝镁锰石-钙锰镁。

【磷铝镁锰石-钙锰锰】

英文名 Whiteite-(CaMnMn)

化学式 $CaMn^{2+}Mn^{2+}_2Al_2(PO_4)_4(OH)_2 \cdot 8H_2O$ (IMA)

磷铝镁锰石-钙锰锰板状晶体(德国)

磷铝镁锰石-钙锰锰是一种含结晶水和羟基的钙、锰、铝的磷酸盐矿物。属磷铁镁锰钙石族磷铝镁锰石亚族。单斜晶系。晶体呈细长状和板状;集合体呈晶簇状。无色—浅黄色,玻璃光泽,透明;硬度3.5,完全解理。2010年发现于德国巴伐利亚州上普法尔茨行政区科妮莉亚(Cornelia)矿;同年,I. E. 格雷(I. E. Grey)等在《矿物学杂志》(74)报道。英文名称Whiteite-(CaMnMn),由根词"Whiteite(磷铝镁锰石)"和占优势的阳离子钙锰锰的后缀-(CaMnMn)组合命名。其中，根词“Whiteite(磷铝镁锰石)”，1978 年由保罗·B. 穆尔(Paul B. Moore)以史密森学会矿物博物馆副馆长和《矿物学记录》杂志的创始人、编辑和出版商(1970—1982)约翰·桑普森·怀特(John Sampson White，1933—)的姓氏命名。IMA 2011-002 批准。2012 年 V. N. 雅科温楚克(V. N. Yakovenchuk)等在《矿物学杂志》(76)报道。中文名称根据成分译为磷铝镁锰石-钙锰锰。

【磷铝镁锰石-钙铁镁】

英文名 Whiteite-(CaFeMg)

化学式 $CaFe^{2+}Mg_2Al_2(PO_4)_4(OH)_2 \cdot 8H_2O$ (IMA)

磷铝镁锰石-钙铁镁板状晶体(加拿大)

磷铝镁锰石-钙铁镁是一种含结晶水和羟基的钙、铁、镁、铝的磷酸盐矿物。属磷铁镁锰钙石族磷铝镁锰石亚族。单斜晶系。晶体呈假六方板状。粉红色、浅棕色；硬度 4。1975 年发现于巴西米纳斯吉拉斯州伊尔哈(Ilha)领地。英文名称 Whiteite-(CaFeMg)，由根词“Whiteite(磷铝镁锰石)”和占优势的阳离子钙铁镁的后缀-(CaFeMg)组合命名。其中，根词“Whiteite(磷铝镁锰石)”，1978 年由保罗·B. 穆尔(Paul B. Moore)以史密森学会矿物博物馆副馆长和《矿物学记录》杂志的创始人、编辑和出版商(1970—1982)约翰·桑普森·怀特(John Sampson White)的姓氏命名。IMA 1975-001 批准。1978 年在《矿物学杂志》(42)报道。中文名称根据成分译为磷铝镁锰石-钙铁镁。

【磷铝镁锰石-锰锰镁】

英文名 Whiteite-(MnMnMg)

化学式 $Mn^{2+}Mn^{2+}Mg_2Al_2(PO_4)_4(OH)_2 \cdot 8H_2O$

磷铝镁锰石-锰锰镁是一种含结晶水和羟基的锰、镁、铝的磷酸盐矿物。属磷铁镁锰钙石族磷铝镁锰石亚族。单斜晶系。晶体呈柱状。红橙色，玻璃光泽，半透明；硬度 4，脆性，完全解理。2015 年发现于澳大利亚南澳大利亚州艾尔半岛艾恩诺布市。英文名称 Whiteite-(MnMnMg)，由根词“Whiteite(磷铝镁锰石)”和占优势的阳离子锰锰镁的后缀-(MnMnMg)组合命名。其中，根词“Whiteite(磷铝镁锰石)”，1978 年由保罗·B. 穆尔(Paul B. Moore)以史密森学会矿物博物馆副馆长和《矿物学记录》杂志的创始人、编辑和出版商(1970—1982)约翰·桑普森·怀特(John Sampson White，1933—)的姓氏命名。IMA 2015-092 批准。2016 年 P. 埃利奥特(P. Elliott)在《CNMNC 通讯》(29)、《矿物学杂志》(80)和 2019 年《加拿大矿物学家》(57)报道。中文名称根据成分译为磷铝镁锰石-锰锰镁。

【磷铝镁锰石-锰铁镁】

英文名 Whiteite-(MnFeMg)

化学式 $Mn^{2+}Fe^{2+}Mg_2Al_2(PO_4)_4(OH)_2 \cdot 8H_2O$ (IMA)

磷铝镁锰石-锰铁镁是一种含结晶水和羟基的锰、铁、镁、铝的磷酸盐矿物。属磷铁镁锰钙石族磷铝镁锰石亚族。单斜晶系。晶体呈板状、柱状；集合体呈放射花状。浅褐色，

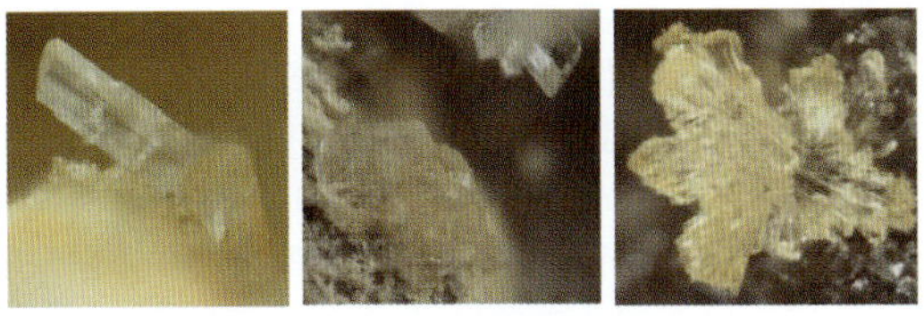

磷铝镁锰石-锰铁镁柱状、板状晶体，花状集合体(美国)

玻璃光泽，透明；硬度 4。1978 年发现于巴西米纳斯吉拉斯州伊尔哈(Ilha)领地。英文名称 Whiteite-(MnFeMg)，由根词“Whiteite(磷铝镁锰石)”和占优势的阳离子锰铁镁的后缀-(MnFeMg)组合命名。其中，根词“Whiteite(磷铝镁锰石)”，1978 年由保罗·B. 穆尔(Paul B. Moore)以史密森学会矿物博物馆副馆长和《矿物学记录》杂志的创始人、编辑和出版商(1970—1982)约翰·桑普森·怀特(John Sampson White)的姓氏命名。IMA 1987s. p. 批准。1978 年 P. B. 穆尔(P. B. Moore)、J. 伊藤(J. Ito)在《矿物学杂志》(42)和 1979 年《美国矿物学家》(64)报道。中文名称根据成分译为磷铝镁锰石-锰铁镁。

【磷铝镁石】

英文名 Gordonite

化学式 $MgAl_2(PO_4)_2(OH)_2 \cdot 8H_2O$ (IMA)

磷铝镁石板状晶体，晶簇状集合体(巴西、美国)和戈登像

磷铝镁石是一种含结晶水和羟基的镁、铝的磷酸盐矿物。属黄磷锰铁矿族。三斜晶系。晶体稀少，呈柱状、板状；集合体常呈束状、晶簇状。无色、白色、烟白色，淡粉红色或淡绿色，玻璃光泽、珍珠光泽，透明；硬度 3.5，完全解理，脆性。1930 年发现于美国犹他州犹他县费尔菲尔德黏土峡谷；同年，E. S. 拉尔森(E. S. Larsen)等在《美国矿物学家》(15)报道。英文名称 Gordonite，以美国宾夕法尼亚州费城自然科学院美国矿物学家塞缪尔·乔治·戈登(Samuel George Gordon，1897—1953)的姓氏命名。戈登 24 岁时写了《宾夕法尼亚州矿物学》，他到过秘鲁、玻利维亚、智利、格陵兰和非洲进行了 5 次国际旅行，为学院收集矿物，并描述了 9 个新物种。他也是美国矿物学学会的创始人，并帮助创立了《美国矿物学家》杂志。1959 年以前发现、描述并命名的“祖父级”矿物，IMA 承认有效。中文名称根据成分译为磷铝镁石或磷镁铝石，也有的译作基性磷铝石。

【磷铝锰钡石】

英文名 Bjarebyite

化学式 $BaMn^{2+}_2Al_2(PO_4)_3(OH)_3$ (IMA)

磷铝锰钡石柱状晶体(美国)和布加勒比像

磷铝锰钡石是一种含羟基的钡、锰、铝的磷酸盐矿物。

属磷铝锰钡石族。单斜晶系。晶体呈柱状、针状、锥状、矛状；集合体呈块状。翡翠绿色，带蓝色色调，绿色，半金刚光泽，透明—半透明；硬度 4，完全解理。1972 年发现于美国新罕布什尔州格罗顿(Groton)镇巴勒莫(Palermo)矿 1 号伟晶岩。英文名称 Bjarebyite，1973 年由保罗斯·B. 摩尔(Paulus B. Moore)等为纪念瑞典裔美国艺术家和著名的矿物收藏家阿尔弗雷德·贡纳·布加勒比(Alfred Gunnar Bjareby，1899—1967)而以他的姓氏命名，他收集到美国马萨诸塞州波士顿伟晶岩第一块矿物标本。IMA 1972 - 022 批准。1973 年摩尔等在《矿物学记录》(4)和 1974 年《美国矿物学家》(59)报道。中文名称根据成分译为磷铝锰钡石，也有的根据颜色和成分译为绿磷铝钡石。

【磷铝锰钙石】

英文名 Kingsmountite

化学式 $Ca_3MnFe^{2+}Al_4(PO_4)_6(OH)_4 \cdot 12H_2O$ (IMA)

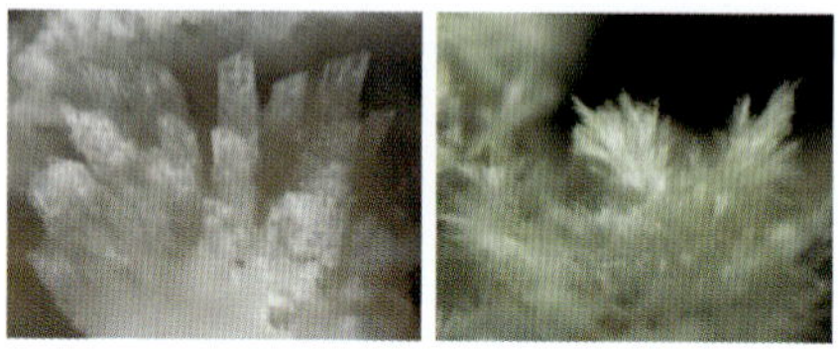

磷铝锰钙石晶簇状、树枝状集合体(德国)

磷铝锰钙石是一种含结晶水和羟基的钙、锰、铁、铝的磷酸盐矿物。属钙磷铁矿族斜磷铝钙石亚族。单斜晶系。晶体呈刀刃状、纤维状；集合体呈放射状、树枝状、晶簇状。无色—白色，有浅棕色—深棕色的色调，半玻璃光泽、珍珠光泽，透明—半透明；硬度 2.5，脆性。1978 年发现于美国北卡罗莱州金斯芒廷(Kings Mountain)镇福特锂公司矿花岗伟晶岩。英文名称 Kingsmountite，1979 年由皮特·J. 邓恩(Pete J. Dunn)等以发现地美国的金斯芒廷(Kings Mountain)命名。1979 年在《加拿大矿物学家》(17)。2019 年 IMA 19 - B 提案三斜结构理想成分式为 $Ca_3MnFe^{2+}Al_4(PO_4)_6(OH)_4 \cdot 12H_2O$。IMA 2019s. p. 批准[见 2019 年《CNMNC 通讯》(49)和《矿物学杂志》(83)]。中文名称根据成分译为磷铝锰钙石。

【磷铝锰矿】

英文名 Eosphorite

化学式 $Mn^{2+}Al(PO_4)(OH)_2 \cdot H_2O$ (IMA)

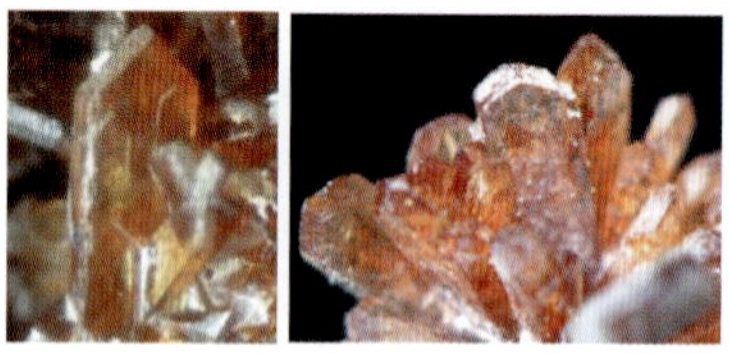

磷铝锰矿板柱状晶体，晶簇状集合体(巴西、美国)

磷铝锰矿是一种含结晶水和羟基的锰、铝的磷酸盐矿物。属磷铝铁石系列的锰端元。单斜晶系。晶体呈长度不等的柱状，有时呈粗纤维状；集合体多呈放射状、葡萄状或皮壳状，块状集合体少见。褐色、浅红褐色、黄色、玫瑰红色，氧化变黑，玻璃—半玻璃光泽、油脂光泽、松脂光泽，透明—半透明；硬度 5，脆性。1878 年乔治·J. 布鲁斯(George J. Brush)和爱德华·S. 丹纳(Edward S. Dana)第一次描述了发现于美国康涅狄格州费尔菲尔德县菲洛(Fillow)采石场云母矿的标本；同年，在《美国科学与艺术杂志》(16)报道。英文名称 Eosphorite，1878 年由布鲁斯和丹纳根据希腊文“έωσφορος＝Dawn(黎明的意思)”命名，因为它的主色为粉红的颜色，像拂晓的曙光。1959 年以前发现、描述并命名的“祖父级”矿物，IMA 承认有效。中文名称根据成分译为磷铝锰矿，也有的意译为曙光石。

【磷铝钠石】

英文名 Brazilianite

化学式 $NaAl_3(PO_4)_2(OH)_4$ (IMA)

磷铝钠石柱状、板状晶体(巴西)

磷铝钠石是一种含羟基的钠、铝的磷酸盐矿物。单斜晶系。晶体呈柱状或短柱状、矛头状、粒状、纤维状；集合体呈放射球粒状。浅黄色、黄色、黄绿色—绿黄色，偶见无色；玻璃光泽、油脂光泽，透明—半透明；硬度 5.5，完全解理，脆性。1944 年发现于巴西米纳斯吉拉斯州科雷戈弗里奥(Córrego Frio)矿，同年，首次被弗雷德里克·哈维·波乌赫(Frederick Harvey Pough)和爱德华·波特·亨德森(Edward Porter Henderson)描述。当初被当成金绿宝石，后来发现晶体形态和硬度都不同，从而发现了这种新矿物。1945 年波乌赫(Pough)等在《美国矿物学家》(30)报道。英文名称 Brazilianite，以发现地巴西利亚(Brazilian)命名。1959 年以前发现、描述并命名的“祖父级”矿物，IMA 承认有效。中文名称根据成分译为磷铝钠石；音译为巴西利亚石(巴西石)。

【磷铝钕石】

英文名 Florencite-(Nd)

化学式 $NdAl_3(PO_4)_2(OH)_6$ (IMA)

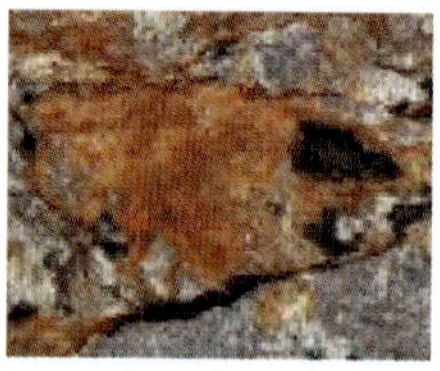

磷铝钕石粉状薄膜集合体(美国)

磷铝钕石是一种含羟基的钕、铝的磷酸盐矿物。属明矾石超族铅铁矿族。三方晶系。集合体呈粉状薄膜。黄色、粉红色，油脂光泽、树脂光泽，透明—半透明；硬度 5～6，完全解理，脆性。1986 年发现于美国加利福尼亚州马林县索萨利托罗德(Sausalito Road)采石场。英文名称 Florencite-(Nd)，根词 Florencite(磷铝铈石)，由 W. 弗洛伦斯(W. Florence)博士的姓氏加占优势的稀土元素钕后缀-(Nd)组合命名，意指它是稀土元素钕占优势的磷铝铈石的类似矿物，是他对该矿物进行了初步的化验检查。IMA 1987s. p. 批准。1971 年在《矿物学记录》(2)和 1990 年《矿物学新年鉴》(月刊)报道。中文名称根据成分译为磷铝钕石。

【磷铝铅矾】参见【磷铅铝矾】条 476 页

【磷铝铅铜矿】

英文名 Rosièresite

化学式 $[Pb,Cu,Al,PO_4,H_2O](?)$ (IMA)

磷铝铅铜矿是一种含结晶水的铅、铜、铝的磷酸盐矿物。非晶质。集合体具同心环状构造的钟乳状、石笋状。乳白色、米黄色、绿黄色—浅棕色，玻璃光泽、珍珠光泽，半透明；

硬度 3～3.5，脆性。1841 年发现于法国塔恩省卡尔莫市罗西埃(Rosières)地区；同年，贝铁尔(Berthier)在《矿业年鉴》(19)报道。英文名称 Rosièresite，以发现地法国的罗西埃(Rosières)地区命名。1959 年以前发现、描述并命名的"祖父级"矿物，IMA 承认有效，但 IMA 持怀疑态度。1910 年 A. 拉克鲁瓦(A. Lacroix)在巴黎《法国及其殖民地矿物学》(第四卷)刊载。中文名称根据成分译为磷铝铅铜矿。

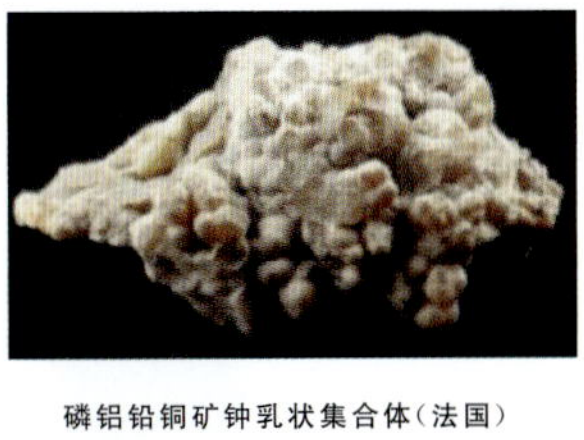
磷铝铅铜矿钟乳状集合体(法国)

【磷铝钐石】

英文名 Florencite-(Sm)

化学式 $SmAl_3(PO_4)_2(OH)_6$ (IMA)

磷铝钐石是一种含羟基的钐、铝的磷酸盐矿物。属明矾石超族铅铁矿族。三方晶系。晶体呈菱面体，粒径仅 0.1mm。无色、淡粉红色、淡黄色，玻璃光泽、油脂光泽，透明；硬度 5.5～6，完全解理，脆性。2009 年发现于俄罗斯科米共和国盆地科日姆河流域马尔代尼德(Maldynyrd)范围格鲁本迪蒂(Grubependity)湖斯沃多夫伊(Svodovyi)地区。英文名称 Florencite-(Sm)，根词 Florencite(磷铝铈石)，以 W. 弗洛伦斯(W. Florence，1864—1942)博士的姓氏，加占优势的稀土元素钐后缀-(Sm)组合命名，意指它是稀土元素钐占优势的磷铝铈石的类似矿物，他对该矿物进行了初步的化验检查。IMA 2009－074 批准。2010 年 S. A. 雷平纳(S. A. Repina)等在《俄罗斯矿物学会记事》[139(4)]报道。中文名称根据成分译为磷铝钐石。

磷铝钐石粉红色晶体(俄罗斯)

【磷铝石】

英文名 Variscite

化学式 $Al(PO_4) \cdot 2H_2O$ (IMA)

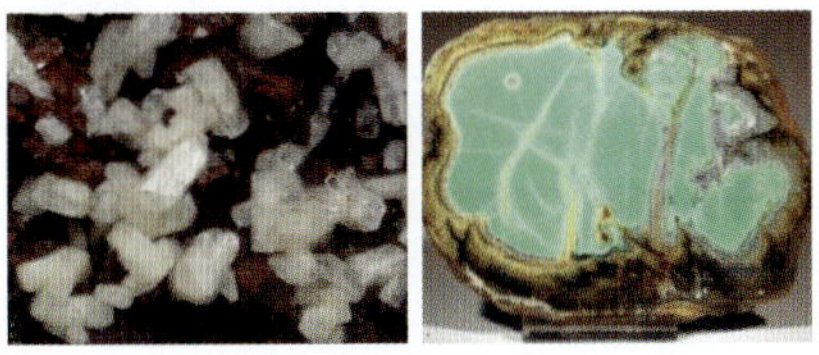
磷铝石柱状晶体，结核状集合体(法国、美国)

磷铝石是一种含结晶水的铝的磷酸盐矿物。属磷铝石族。与准磷铝石为同质多象。斜方晶系。晶形少见，偶见斜方双锥(假八面体)、柱状或细粒状、纤维状，双晶罕见；集合体多呈胶态，如皮壳状、结核状、肾状、豆状、玉髓状、蛋白石状、细脉状等。颜色纯者无色、白色、灰色，含杂质时呈浅红色、绿色、黄色或天蓝色，玻璃光泽、油脂光泽、蜡状光泽，透明—半透明；硬度 3.5～4.5，中等解理。它是一种宝石矿物，它的绿色和多孔的特点，很像绿松石，常常用来替代绿松石，故有很多像"绿磷铝石""氯磷铝石""内华达绿松石""加州绿松石""美国苹果绿""澳洲绿松石"等名称。1837 年发现于德国萨克森州福格特兰(Vogtland)县迈巴赫(Meßbach)采石场。1837 年布赖特豪普特(Breithaupt)在莱比锡《实用化学杂志》(10)报道。英文名称 Variscite，取自该矿物的首先发现地福格特兰(Vogtland)，该镇早先也叫瓦里西亚(Variseia)。1959 年以前发现、描述并命名的"祖父级"矿物，IMA 承认有效。IMA 1967s. p. 批准。中文名称根据成分译为磷铝石。

【磷铝铈石】

英文名 Florencite-(Ce)

化学式 $CeAl_3(PO_4)_2(OH)_6$ (IMA)

磷铝铈石双锥状、柱状晶体(巴西、比利时)

磷铝铈石是一种含羟基的铈、铝的磷酸盐矿物。属明矾石超族铅铁矿族。三方晶系。晶体呈菱面体、假立方体、双锥状、柱状。无色、灰色、浅黄色、粉红色，油脂光泽、松脂光泽，透明—半透明；硬度 5～6，完全解理，脆性。1899 年首先发现于巴西米纳斯吉拉斯州马塔·多斯克里乌洛斯(Mata dos Crioulos)；同年，胡萨克(Hussak)等在《自然》(61)报道。1900 年胡萨克(Hussak)和普赖尔(Prior)在《矿物学杂志》(12)报道。英文名称 Florencite-(Ce)，根词由 W. 弗洛伦斯(W. Florence，1864—1942)博士的姓氏命名，他对该矿物的化学成分做了初步的测试；1987 年加占优势稀土元素铈后缀-(Ce)组合命名。1959 年以前发现、描述并命名的"祖父级"矿物，IMA 承认有效。IMA 1987s. p. 批准。中文名称根据成分译为磷铝铈石或磷铈铝石。

最初此名称是铈占优势的 Florencite-(Ce)，现在指一组相关的磷酸盐矿物。根据占优势的稀土元素有：磷铝铈石-铈、磷铝铈石-镧、磷铝铈石-钕、磷铝铈石-钐(参见相关条目)。

【磷铝锶石】

英文名 Goyazite

化学式 $SrAl_3(PO_4)(PO_3OH)(OH)_6$ (IMA)

磷铝锶石晶体(瑞士)

磷铝锶石是一种含羟基的锶、铝的氢磷酸-磷酸盐矿物。属明矾石超族铅铁矿族。三方晶系。晶体呈菱面体、假立方体、板状、圆粒状；集合体呈圆粒聚集状。无色、白色、蜂蜜黄色、浅红色、淡紫色、橘红色，油脂光泽、松脂光泽，解理面上呈珍珠光泽，透明—半透明；硬度 4.5～5，完全解理，非常脆。1884 年发现于巴西米纳斯吉拉斯州热基蒂尼奥尼亚河流域迪亚曼蒂纳(Diamantina)河畔的孔戈尼亚斯；同年，达穆尔(Damour1)在《法国矿物学会通报》(7)报道。英文名称 Goyazite，由奥古斯丁·亚历克西斯·达穆尔(Augustin Alexis Damour)根据发现地巴西米纳斯吉拉斯州西北的邻省戈亚兹(Goyaz)命名(现称戈亚斯 Goiás，尽管矿物发现于米纳斯吉拉斯州，但矿物由邻省份命名)。1959 年以前发现、

L

描述并命名的"祖父级"矿物，IMA 承认有效。IMA 1999s. p. 批准。中文名称根据成分译为磷铝锶石/磷锶铝石。

同义词 Hamlinite，1890 年 W. E. 海登（W. E. Hidden）和 S. L. 彭菲尔德（S. L. Penfield）在《美国科学杂志》(39)报道，以奥古斯都·乔特·哈姆林（Augustus Choate Hamlin，1839—1905）女士的姓氏命名，她是美国作家和矿物、宝石采集者。1995 年被 IMA 废弃。同义词 Bowmanite，1905 年索利（Solly）在《矿物学杂志》(14)报道，以英格兰牛津大学矿物学教授 H. L. 鲍曼（H. L. Bowman，1874—1942）的姓氏命名。

【磷铝铁钡石】

英文名 Kulanite

化学式 $BaFe_2^{2+}Al_2(PO_4)_3(OH)_3$ (IMA)

磷铝铁钡石板状、柱状晶体，晶簇状、玫瑰花状集合体（加拿大）

磷铝铁钡石是一种含羟基的钡、铁、铝的磷酸盐矿物。属磷铝锰钡石族。单斜晶系。晶体呈板状、柱状、片状；集合体呈晶簇状、花朵状。蓝色、蓝绿色、绿色、黑色，金刚光泽、玻璃光泽，透明—半透明；硬度 4，完全解理。1975 年发现于加拿大育空地区道森市大鱼河急流（Rapid）溪。英文名称 Kulanite，以发现第一个标本的淘金者艾兰·库兰（Alan Kulan，1921—1977）的姓氏命名。IMA 1975－012 批准。1976 年 J. A. 曼达里诺（J. A. Mandarino）在《加拿大矿物学家》(14)报道。中国地质科学院根据成分译为磷铝铁钡石；根据颜色和成分译作蓝磷铝钡石。2011 年杨主明在《岩石矿物学杂志》[30(4)]建议音译为库兰石。

【磷铝铁锰钠石】

英文名 Wyllieite

化学式 $(Na,Ca,Mn^{2+},\square)_2Mn_2^{2+}Al(PO_4)_3$ (IMA)

怀利和妻子罗密合照

磷铝铁锰钠石是一种钠、钙、锰、空位、铝的磷酸盐矿物。属磷铝铁锰钠石族。单斜晶系。晶体呈粗粒状，粒径可达 10～15cm；集合体呈块状。深蓝色—深绿色，灰绿色—绿黑色，玻璃光泽、半金属光泽，半透明；硬度 4～4.5，完全解理，脆性。1972 年发现于美国南达科他州老迈克（Old Mike）矿。英文名称 Wyllieite，1973 年保罗·B. 穆尔（Paul B. Moore）和伊藤顺（Jun Ito）以美国芝加哥大学（1965—1983）和加州理工学院（1984—1999）岩石学和地球化学教授彼得·约翰·怀利（Peter John Wyllie，1930—）博士的姓氏命名。怀利的工作是从事无水和有水条件下的花岗岩熔体研究。他在 2001 年获得了罗布林奖章。IMA 1972－015 批准。1973 年穆尔和伊藤在《矿物学记录》(4)和 1974 年 M. 弗莱舍（M. Fleischer）在《美国矿物学家》(59)报道。中文名称根据成分译为磷铝铁锰钠石或钠磷铁矿，也有的音译为魏黎石[注：以怀利的妻子弗朗西斯·罗斯玛丽"罗密"·怀利（Frances Rosemary "Romy" Wyllie）命名了 Rosemaryite]（参见【磷铝高铁锰钠石】条 463 页）。

【磷铝铁钠矿】

英文名 Ferrowyllieite

化学式 $(Na,Ca,Mn^{2+})_2Fe_2^{2+}Al(PO_4)_3$ (IMA)

磷铝铁钠矿短柱状、粒状晶体（美国）

磷铝铁钠矿是一种钠、钙、锰、铁、铝的磷酸盐矿物。属磷铝铁锰钠石族。单斜晶系。晶体呈粗粒状、短柱状（长达 10cm）。墨绿色、深蓝绿色、暗灰绿色、深绿色、深褐色，半玻璃光泽、树脂光泽、油脂光泽、金属光泽，透明—不透明；硬度 4，完全解理，脆性。1973 年发现于美国南达科他州维克托里（Victory）矿花岗伟晶岩。1973 年在《矿物学记录》(4)报道。英文名称 Ferrowyllieite，由成分冠词"Ferro（二价铁）"和根词"Wyllieite（磷铝铁锰钠石）"组合命名，意为富含二价铁的磷铝铁锰钠石的类似矿物。其中，根词 Wyllieite，1973 年由（保罗）布赖恩·穆尔[（Paulus）Brian Moore]和伊藤顺（Jun Ito）以美国芝加哥大学和加州理工学院矿物学家、岩石学家彼得·约翰·怀利（Peter John Wyllie，1930—）的姓氏命名。IMA 1979s. p. 批准。1979 年穆尔和伊藤在《矿物学杂志》(43)重新定义为 Ferrowyllieite-(MnNaNa)，旧名为 Wyllieite-□NaCa。中文名称根据成分译为磷铝铁钠矿（参见【磷铝铁锰钠石】条 468 页）。

【磷铝铁钠石】

英文名 Burangaite

化学式 $NaFe^{2+}Al_5(PO_4)_4(OH)_6 \cdot 2H_2O$ (IMA)

磷铝铁钠石放射状集合体（瑞典）

磷铝铁钠石是一种含结晶水和羟基的钠、铁、铝的磷酸盐矿物。属绿磷铁矿族。单斜晶系。晶体呈鳞片状、板条状、细柱状、纤维状；集合体呈放射状。蓝色、绿蓝色，半透明；硬度 5，完全解理。1976 年发现于卢旺达西部的布兰戛（Buranga）伟晶岩。英文名称 Burangaite，以发现地卢旺达的布兰戛（Buranga）命名。IMA 1976－013 批准。1977 年 O. 冯·诺灵（O. von Knorring）等在《芬兰地质学会通报》(49)报道。中文名称根据成分译为磷铝铁钠石。

【磷铝铁石】

英文名 Childrenite

化学式 $Fe^{2+}Al(PO_4)(OH)_2 \cdot H_2O$ (IMA)

磷铝铁石锥状、柱状晶体，晶簇状集合体（英国、巴西）和乔尊像

磷铝铁石是一种含结晶水和羟基的铁、铝的磷酸盐矿物。属磷铝铁石-磷铝锰石系列的铁端元矿物。单斜晶系。晶体呈粒状、双锥状、柱状、厚板或板片状、纤维状；集合体呈束状、放射状、晶簇状、皮壳状。白色、黄褐色或金黄色，玻

璃—半玻璃光泽、树脂光泽、油脂光泽，透明—半透明；硬度4.5～5，脆性，贝壳状断口。1823年首次发现于英国英格兰德文郡塔维斯托克市乔治(George)和夏洛特(Charlotte)矿；同年，布鲁克(Brooke)在《科学、文学和艺术季刊》(16)报道。英文名称Childrenite，由亨利·J.布鲁克(Henry J. Brooke)为纪念约翰·乔治·乔尊(John George Children，1777—1852)而以他的姓氏命名。他是英国著名的化学家、矿物学家、动物学家，英国自然历史博物馆矿物管理者。1959年以前发现、描述并命名的"祖父级"矿物，IMA承认有效。中文名称根据成分译为磷铝铁石；根据乔尊的英文"Children(儿童、小孩)"的意译为童颜石。

【磷氯铅矿】

英文名 Pyromorphite

化学式 $Pb_5(PO_4)_3Cl$　　(IMA)

磷氯铅矿球状、晶簇状集合体(中国、西班牙、美国)

磷氯铅矿是一种含氯的铅的磷酸盐矿物。属磷灰石族。六方晶系。晶体常呈六方柱状、纺锤状、桶状、板状或针状、粒状；集合体呈晶簇状、球状、肾状、葡萄状、瘤状等。纯净者无色、白色，常呈灰、黄绿、绿、蜡黄、褐、橙红等色，半玻璃光泽、树脂光泽、金刚光泽，透明—半透明；硬度3.5～4，脆性。因颜色五彩缤纷、晶莹透亮、精美多姿便成为一种十分美丽的观赏石，其中像芹菜绿色的晶体尤为珍贵。1992年第38届美国图桑宝石矿物展委员会就选磷氯铅矿作为主题矿物，许多磷氯铅矿为10年前采自欧美不同国家的古老铅矿区，故每块标本还记述了采矿的历史意义，即具有"纪念石"的功能。

最早见于1693年J.M.米凯利斯(J. M. Michaelis)博物馆馆藏目录。1748年由约翰·戈特沙尔克·瓦勒留斯(Johan Gottschalk Wallerius)命名为格龙·布里斯帕特(Gron Blyspat)和翠绿色的铅矿物(Minera plumbi viridis)，随后，在1753年称铬绿铅矿艺术品(智慧和技术及工艺女神)(Mine de plumb verte)。1761年名叫"舒尔茨"的作者，可能是克里斯坦·弗里德里希·舒尔茨(Christian Friedrich Schultze，1730—1775)开始使用描述性术语Grunbleierz(格伦铅矿)和Braunbleierz(布劳恩铅矿)。直到1791年才由亚伯拉罕·戈特洛布·维尔纳(Abraham Gottlob Werner)终结这种名称的混乱局面。1813年发现于德国萨克森州埃尔兹格比格斯克雷斯(Erzgebirgskreis)乔保(Zschopau)；同年，在哥廷根《矿物学手册》(第三卷)刊载。英文名称Pyromorphite，1813年由约翰·弗里德里希·路德维希·豪斯曼(Johann Friedrich Ludwig Hausmann)根据希腊文"φωτιά=Fire=Pyro(火)"和"Form=Morph(形成)"，因为它在灼烧时被融化成一个球状体，而后开始冷却结晶形成一个晶体。1813年豪斯曼也用了Traubenblei这个名字。1959年之前发现、描述并命名的"祖父级"矿物，IMA承认有效。中文名称根据成分译为磷氯铅矿。

【磷镁铵石】

英文名 Schertelite

化学式 $(NH_4)_2Mg(PO_3OH)_2\cdot4H_2O$　　(IMA)

斯彻特像

磷镁铵石是一种含结晶水的铵、镁的氢磷酸盐矿物。斜方晶系。晶体细小，集合体呈块状。无色，玻璃光泽，透明；脆性。1887年发现于澳大利亚维多利亚州斯基普顿(Skipton)洞穴；同年，R.W.E.麦基弗(R. W. E. MacIvor)在伦敦《化工新闻和工业科技杂志》(55)报道，称Muellerite。1902年麦基弗在《化工新闻和工业科技杂志》(85)仍称Muellerite。英文名称Schertelite，为纪念德国萨克森弗莱伯格矿业学院矿物学教授阿诺夫·斯彻特(Arnulf Schertel，1841—1902)而以他的姓氏命名[见1963年A.W.弗雷泽(A. W. Frazier)等《美国矿物学家》(48)]。1959年之前发现、描述并命名的"祖父级"矿物，IMA承认有效。中文名称根据成分译为磷镁铵石。

【磷镁钙矿】

英文名 Stanfieldite

化学式 $Ca_4Mg_5(PO_4)_6$　　(IMA)

磷镁钙矿不规则粒状晶体(美国)和斯坦利·菲尔德像

磷镁钙矿是一种钙、镁的磷酸盐矿物。单斜晶系。晶体呈不规则粒状；集合体呈细叶脉状、块状。浅红色—琥珀色，玻璃光泽，透明；硬度4～5。1966年发现于美国爱荷华州埃米特县埃斯特维尔(Estherville)陨石。英文名称Stanfieldite，以美国伊利诺伊州芝加哥自然历史自然史博物馆董事会主席斯坦利·菲尔德(Stanley Field，1875—1964)的姓名命名。IMA 1966-045批准。1967年L.H.福克斯(L. H. Fuchs)在《科学》和1968年《美国矿物学家》(53)报道。中文名称根据成分译为磷镁钙矿；根据成因和成分译为陨磷镁钙矿；根据英文前2个字段音和成分译为斯旦磷钙镁矿。

【磷镁钙钠石】

英文名 Brianite

化学式 $Na_2CaMg(PO_4)_2$　　(IMA)

布赖恩像

磷镁钙钠石是一种钠、钙、镁的磷酸盐矿物。单斜晶系。晶体呈薄片状、他形粒状，具聚片双晶。无色，透明；硬度4～5。1966年发现于美国俄亥俄州蒙哥马利县代顿(Dayton)陨石。英文名称Brianite，以新西兰裔美国地球化学家、矿物学家、陨石学家布赖恩·哈罗德·梅森(Brian Harold Mason，1917—2009)博士的名字命名。布赖恩毕业于新西兰坎特伯雷大学。他曾担任纽约的美国自然历史博物馆矿物学馆长、华盛顿特区史密森陨石馆长。他是一位系统收集陨石和研究月球岩石的倡导者和支持者，是林纳德奖章和罗伯林奖章的获得者。砷锑铁钙矿(Stenhuggarite)也是以他命名的(参见【砷锑铁钙矿】条793页)。IMA 1966-030批准。1967年L.H.福斯(L. H. Fuchs)等在《地球化学和天体化学评论》(31)和1968年《美国矿物学家》(53)报道。中文名称根据成分译为磷镁钙钠石/镁磷钙钠石。

【磷镁钙镍矿】参见【磷钙镍石】条 456 页

【磷镁钙石】

英文名 Thadeuite

化学式 $CaMg_3(PO_4)_2(OH,F)_2$ (IMA)

塔哈德像

磷镁钙石是一种含氟和羟基的钙、镁的磷酸盐矿物。斜方晶系。晶体呈粒状；集合体呈块状。黄橙色、褐色，玻璃光泽，透明—半透明；硬度 3.5～4，完全解理。1978 年发现于葡萄牙卡斯特罗布兰科省朗库堡市帕纳什凯拉(Panasqueira)矿。英文名称 Thadeuite，以葡萄牙里斯本高等技术学院地质学教授德西奥·塔哈德(Décio Thadeu，1919—1995)的姓氏命名。IMA 1978-001 批准。1979 年在《美国矿物学家》(64)报道。中文名称根据成分译为磷镁钙石。

【磷镁铝石】参见【磷铝镁石】条 465 页

【磷镁锰钠石】

英文名 Maghagendorfite

化学式 $(Na,\square)MgMn^{2+}(Fe^{2+},Fe^{3+})_2(PO_4)_3$ (IMA)

磷镁锰钠石是一种钠、空位、镁、锰、铁的磷酸盐矿物。属磷锰钠石(钠磷锰矿)族。单斜晶系。晶体呈他形微粒状。墨绿色；硬度 3.5，完全解理。1979 年由(保罗)布赖恩·穆尔[(Paulus)Brian Moore]和伊藤顺(Jun Ito)发现于美国南达科他州彭宁顿县戴克(Dike)花岗伟晶岩脉；同年，在《矿物学杂志》(43)和 1980 年《美国矿物学家》(65)报道。英文名称 Maghagendorfite，由成分冠词"MAGnesium(镁)"和根名"Hagendorfite(黑磷铁钠石)"组合命名；其中，根名 Hagendorfite，1954 年由雨果·施特龙茨(Hugo Strunz)根据发现地德国哈根多夫(Hagendorf)命名，意指它是富镁的黑磷铁钠石的类似矿物。IMA 1979s.p. 批准。中文名称根据成分译为磷镁锰钠石。

【磷镁钠石】

英文名 Panethite

化学式 $(Na,Ca,K)_{1-x}(Mg,Fe^{2+},Mn)PO_4$ (IMA)

帕内斯像

磷镁钠石是一种钠、钙、钾、镁、铁、锰的磷酸盐矿物。单斜晶系。晶体呈粒状；集合体呈块状。浅琥珀黄色，透明。1966 年发现于美国俄亥俄州蒙哥马利(Montgomery)县代顿(Dayton)陨石。英文名称 Panethite，1966 年由福斯(Fuchs)、奥尔森(Olsen)和亨德森(Henderson)以德国美因兹普兰克化学研究所的陨星学家和主任弗里德里克·阿道夫·帕内斯(Friedrich Adolph Paneth，1887—1958)的姓氏命名。他对宇宙起源的探索，特别是陨石的研究做出了很多贡献。IMA 1966-035 批准。1967 年福斯(Fuchs)等在《地球化学和天体化学学报》(31)报道。中文名称根据成分译为磷镁钠石；根据成因和成分译作陨磷碱锰镁石。

【磷镁石】

英文名 Farringtonite

化学式 $Mg_3(PO_4)_2$ (IMA)

磷镁石是一种镁的磷酸盐矿物。与磷铁镁石为同质多象。单斜晶系。晶体呈不规则粒状。无色、白色、淡黄色、琥珀黄色，似蜡状光泽，透明—半透明；完全解理。1961 年发现于加拿大萨斯喀彻温省斯普林沃特(Springwater)石铁陨石；同年，E. R. 迪弗雷纳(E. R. DuFrene)和 S. K. 罗伊(S. K. Roy)在《地球化学和天体化学评论》(24)报道。英文名称 Farringtonite，由迪弗雷纳和罗伊为纪念美国矿物学家和陨石专家奥利弗·卡明斯·法灵顿(Oliver Cummings Farrington，1864—1935)而以他的姓氏命名。他是美国伊利诺伊州芝加哥菲尔德博物馆地质学馆馆长。IMA 1967s.p. 批准。中文名称根据成分译为磷镁石，有的音译为法灵顿石。

【磷锰矿】

英文名 Reddingite

化学式 $Mn_3^{2+}(PO_4)_2 \cdot 3H_2O$ (IMA)

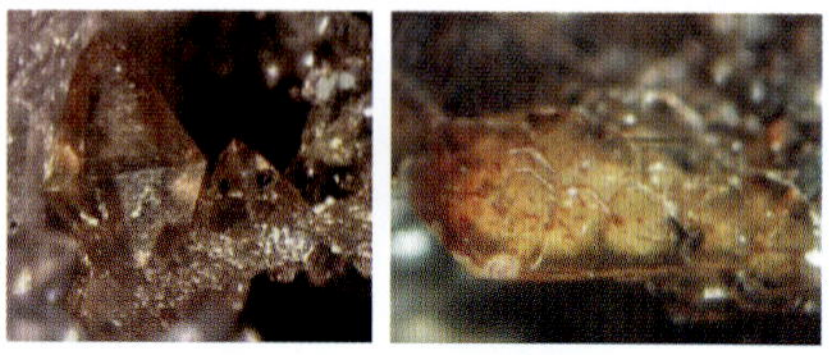

磷锰矿八面体、板状晶体，晶簇状集合体(巴西)

磷锰矿是一种含结晶水的锰的磷酸盐矿物。属铁磷锰矿族。斜方晶系。晶体呈八面体、板状、纤维状、粒状；集合体呈块状。无色、淡粉色或黄色、红棕色—深棕色、玫瑰紫色，玻璃光泽、树脂光泽，透明—半透明；硬度 3～3.5，脆性。1878 年发现于美国康涅狄格州布兰奇维尔(Branchville)矿；同年，布鲁斯(Brush)和丹纳(Dana)在《美国科学与艺术杂志》(116)报道。英文名称 Reddingite，以美国康涅狄格州费尔菲尔德县的雷丁(Redding)村命名。1959 年以前发现、描述并命名的"祖父级"矿物，IMA 承认有效。IMA 1980s.p. 批准。中文名称根据成分译为磷锰矿。

【磷锰锂矿】参见【锰磷锂矿】条 609 页

【磷锰铝石】

英文名 Mangangordonite

化学式 $Mn^{2+}Al_2(PO_4)_2(OH)_2 \cdot 8H_2O$ (IMA)

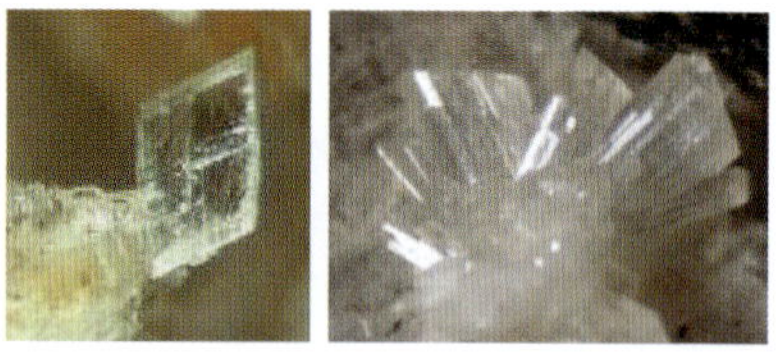

磷锰铝石板状晶体，放射状、晶簇状集合体(美国)

磷锰铝石是一种含结晶水和羟基的锰、铝的磷酸盐矿物。属黄磷锰铁矿族。与副蓝磷铝锰石为同质多象。三斜晶系。晶体呈粒状、叶片状、板状；集合体呈放射状、晶簇状。无色、白色、浅黄色，玻璃光泽，透明；硬度 3，完全解理。1989 年分别发现于美国缅因州牛津县丹顿(Dunton)宝石采石场和美国北卡罗来纳州金斯芒廷(Kings Mountain)山富特锂公司的矿山。英文名称 Mangangordonite，由成分冠词"Manganese(锰)"和根词"Gordonite(磷铝镁石)"组合命名，意指它是锰的磷铝镁石的类似矿物。IMA 1989-023 批准。1991 年 P. B. 莱文斯(P. B. Leavens)在《矿物学新年鉴》(月刊)报道。1991 年中国新矿物与矿物命名委员会郭宗山在《岩石矿物学杂志》[10(4)]根据成分译为磷锰铝石(根词参见【磷铝镁石】条 465 页)。

【磷锰钠石】

英文名 Alluaudite

化学式 $(Na,Ca)(Mn,Mg,Fe^{2+})(Fe^{3+},Mn^{2+})_2(PO_4)_3$ (IMA)

阿卢奥二世像

磷锰钠石是一种钠、钙、锰、镁、铁的磷酸盐矿物。属磷锰钠石超族磷锰钠石族。单斜晶系。晶体呈板状、纤维状,具聚片双晶;集合体常呈放射状,球粒状、块状。黄色—棕黄色、灰绿色,氧化表面变暗绿黑色、黑褐色、黑色,半透明—不透明;硬度 5.5~6,完全解理。1847 年发现于瑞典西博滕(Västerbotten)省斯凯勒夫特奥(Skellefteå)[另一说,模式产地是法国(IMA 表-2019)]。1848 年在《矿山年鉴》(4 系列,13)报道。英文名称 Alluaudite,1847 年亚历克西斯·达穆尔(Alexis Damour)为纪念法国利摩日陶艺家、矿物学家弗朗索瓦·阿卢奥二世(François Alluaud(Ⅱ),1778—1866)而以他的姓氏命名,他发现了尚特卢布(Chanteloube)的矿物。其父弗朗索瓦(Ⅰ)是利摩日皇家瓷器厂的主管,1798 年建立了他自己的瓷器厂,1799 去世。他的儿子弗朗索瓦(Ⅱ)已经是一个陶瓷学家,可能是为他父亲工作的缘故,在 1808—1855 年间他写了许多矿物学等方面的文章,并在 1858 年获得军人荣誉博物馆奖。弗朗索瓦(Ⅱ)在 1830—1833 年间任利摩日市长。弗朗索瓦(Ⅱ)还命名过红磷锰矿(Hureaulite,1825)和异磷铁锰矿(Heterosite,1826)(见 1902 年《百科陶瓷》)。1937 年,昆塞尔(Quensel)在《斯德哥尔摩地质学会会刊》(59)报道。1959 年之前发现、描述并命名的"祖父级"矿物,IMA 承认有效。IMA 1979s. p. 批准。中文名称根据成分译为磷锰钠石/钠磷锰矿。

【磷锰石】参见【紫磷铁锰矿】条 1124 页

【磷锰铁矿】参见【钙磷铁锰矿】条 222 页

【磷锰铁矿-钙*】

英文名 Graftonite-(Ca)

化学式 $CaFe^{2+}_2(PO_4)_2$ (IMA)

磷锰铁矿-钙*是一种钙、铁的磷酸盐矿物。属磷锰铁矿族。单斜晶系。棕色,玻璃光泽,透明;硬度 5,完全解理,脆性。2017 年发现于波兰下西里西亚省希维德尼察小镇。英文名称 Graftonite-(Ca),根词"Graftonite(磷锰铁矿)"以发现地美国格拉夫顿(Grafton)加占优势的钙后缀-(Ca)组合命名。IMA 2017-048 批准。2017 年 A. 皮耶泽卡(A. Pieczka)等在《CNMNC 通讯》(39)、《矿物学杂志》(81)和 2018 年《矿物学杂志》(82)报道。目前尚未见官方中文译名,编译者建议根据成分及族名译为磷锰铁矿-钙*。

【磷锰铁矿-锰*】

英文名 Graftonite-(Mn)

化学式 $MnFe^{2+}_2(PO_4)_2$ (IMA)

磷锰铁矿-锰*是一种锰、铁的磷酸盐矿物。属磷锰铁矿族。单斜晶系。粉棕色,玻璃光泽,透明;硬度 5,完全解理,脆性。2017 年发现于波兰下西里西亚省斯维德尼察小镇卢托米娅·多尔纳(Lutomia Dolna)。英文名称 Graftonite-(Mn),由根词"Graftonite(磷锰铁矿)"以发现地美国格拉夫顿(Grafton)加占优势的锰后缀-(Mn)组合命名。IMA 2017-050 批准。2017 年 F. C. 霍桑(F. C. Hawthorne)等在《CNMNC 通讯》(39)、《矿物学杂志》(81)和 2018 年《矿物学杂志》(82)报道。目前尚未见官方中文译名,编译者建议根据成分及族名译为磷锰铁矿-锰*。

【磷锰铀矿】

英文名 Fritzscheite

化学式 $Mn^{2+}(UO_2)_2(VO_4,PO_4)_2 \cdot 4H_2O$ (IMA)

弗里切像

磷锰铀矿是一种含结晶水的锰的铀酰-磷酸-钒酸盐矿物。属钒钡铀矿族。四方晶系。晶体呈矩形板状。红褐色、红色,玻璃光泽、珍珠光泽,透明;硬度 2~3,完全解理。1865 年发现于捷克共和国卡罗维发利州内代克(Nejdek)和德国萨克森州厄尔士山脉约翰乔治城格奥尔瓦格斯佛尔特(Georg Wagsfort)矿;同年,在 *Berg-und Hüttenmännische Zeitung*(2)报道。英文名称 Fritzscheite,1865 年 A. 布赖特豪普特(A. Breithaupt)为纪念德国化学家卡尔·朱利叶斯·弗里切(Carl Julius Fritzsche,1808—1871)而以他的姓氏命名。1865 年布赖特豪普特在德国《矿物学研究》(2)报道。1959 年之前发现、描述并命名的"祖父级"矿物,IMA 承认有效。中文名称根据成分译为磷锰铀矿/钒磷锰铀矿,也有的译为锰钒铀云母。

【磷钼钙铁矿】参见【磷钙铁钼矿】条 456 页

【磷钼铁钠钙石-钾钙】

英文名 Mendozavilite-KCa

化学式 $[K_2(H_2O)_{15}Ca(H_2O)_6][Mo_8P_2Fe^{3+}_3O_{34}(OH)_3]$ (IMA)

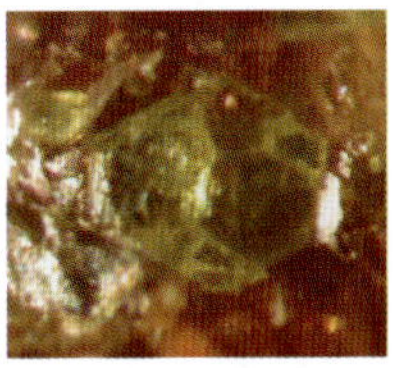

磷钼铁钠钙石-(钾钙)假六方板状晶体(智利)

磷钼铁钠钙石-钾钙是一种水合钾和钙的羟基铁磷钼酸盐矿物。属砷钼铁钠石超族磷钼铁钠钙石族。单斜晶系。晶体呈假六方板状,具接触和穿插双晶。绿黄色,半金刚光泽、玻璃光泽,透明;硬度 2.5,完全解理,脆性。2011 年发现于智利安托法加斯塔大区卡拉马市丘基卡马塔(Chuquicamata)镇矿。英文名称 Mendozavilite-KCa,由根名 Mendozavilite,加主要阳离子钾、钙后缀-(KCa)组合命名。其中,根名 Mendozavilite,以菲尔普斯道奇(Phelps Dodge)勘探地质学家赫里伯托·门多萨·阿维拉(Heriberto Mendoza Avila,1924—)的姓名命名。IMA 2011-088 批准。2012 年 A. R. 坎普夫(A. R. Kampf)等在《CNMNC 通讯》(12)和《矿物学杂志》(76)报道。1987 年中国新矿物与矿物命名委员会郭宗山等在《岩石矿物学杂志》[6(4)]根据成分根名译为磷钼铁钠钙石,其后根据主要阳离子钾、钙及与根名的关系译为磷钼铁钠钙石-钾钙。

【磷钼铁钠钙石-钠铁】

英文名 Mendozavilite-NaFe

化学式 $[Na_2(H_2O)_{15}Fe^{3+}(H_2O)_6][Mo_8P_2Fe^{3+}_3O_{35}(OH)_2]$ (IMA)

磷钼铁钠钙石-钠铁属砷钼铁钠石超族磷钼铁钠钙石族。磷钼铁钠钙石族根据主要阳离子有:Mendozavilite-NaFe、Mendozavilite-KCa 和 Mendozavilite-NaCu 等矿物种

（参见相关条目）。英文名称 Mendozavilite-NaFe，是一种水合钠、铁的羟基铁、磷、钼酸盐矿物。单斜晶系。晶体呈细粒状；集合体呈土状、皮壳状。黄色、橙色、棕色，玻璃光泽，透明；硬度 1.5。1982 年被威廉姆斯（Williams）发现于墨西哥索诺拉州圣犹大（San Judas）矿山。英文名称 Mendozavilite-NaFe，以前被称为 Mendozavilite，以菲尔普斯道奇（Phelps Dodge）勘探地质学家赫里伯托·门多萨·阿维拉（Heriberto Mendoza Avila，1924—）的姓名命名，是他发现了该矿物的第一块标本。IMA 1982 - 009 批准。1986 年威廉姆斯（Williams）在《矿物学通报》[2(1)]报道。2010 年（IMA 10 - E）重新定义，由根名加主要阳离子钠、铁后缀 - NaFe 组合命名[见 2012 年 A. R. 坎普夫（A. R. Kampf）等《矿物学杂志》(76)]。中文名称根据主要阳离子及与根名的关系译为磷钼铁钠钙石-钠铁。当钠铁位的铁被铝部分替代时，称为副磷钼铁钠铝石*。

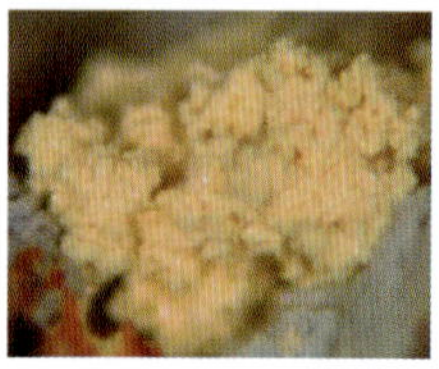
磷钼铁钠钙石-钠铁土状集合体（美国）

【磷钼铁钠钙石-钠铜】

英文名 Mendozavilite-NaCu

化学式 $[Na_2(H_2O)_{15}Cu(H_2O)_6][Mo_8P_2Fe^{3+}_3O_{34}(OH)_3]$ (IMA)

磷钼铁钠钙石-钠铜是一种水合钠和铜的羟基铁磷钼酸盐矿物。属砷钼铁钠石超族磷钼铁钠钙石族。单斜晶系。晶体呈假六方板状；集合体呈球状、葡萄状、细脉状。绿色，半金刚光泽、玻璃光泽，透明；硬度 2.5，完全解理。2011 年发现于智利安托法加斯塔大区巴亚斯（Bayas）矿。英文名称 Mendozavilite-NaCu，由根词 Mendozavilite 加主要阳离子钠、铜后缀 - NaCu 组合命名；其中，根名 Mendozavilite 以菲尔普斯道奇勘探地质学家赫里伯托·门多萨·阿维拉（Heriberto Mendoza Avila，1924—）的姓名命名。IMA 2011 - 039 批准。2011 年 A. R. 坎普夫（A. R. Kampf）等在《CNMNC 通讯》(10)和 2012 年《矿物学杂志》[76(5)]报道。中文名称根据主要阳离子及与根名的关系译为磷钼铁钠钙石-钠铜。

磷钼铁钠钙石-钠铜葡萄状集合体（智利）

【磷钠铵石】

英文名 Stercorite

化学式 $(NH_4)Na(PO_3OH)\cdot 4H_2O$ (IMA)

磷钠铵石是一种含结晶水的铵、钠的氢磷酸盐矿物。三斜晶系。人造晶体呈短柱状，有聚片双晶，天然的为晶质；集合体呈块状、结节状。无色（人造材料）、白色—浅黄色、褐色，玻璃光泽，透明；硬度 2。1850 年发现于纳米比亚卡拉斯区吕德立茨港区伊卡博（Ichaboe）岛鸟粪层；同年，赫勒帕思（Herapath）在《伦敦化学学会季刊》(2)报道。英文名称 Stercorite，来自拉丁文"Stercus"，意思是粪便，因为最早在鸟粪层发现了该矿物。1959 年之前发现、描述并命名的"祖父级"矿物，IMA 承认有效。中文名称根据成分译为磷钠铵石。

【磷钠钡石】

英文名 Nabaphite

化学式 $NaBa(PO_4)\cdot 9H_2O$

磷钠钡石是一种含结晶水的钠、钡的磷酸盐矿物。等轴晶系。晶体呈四面体，不规则粒状。无色、白色，玻璃光泽；硬度 2，脆性。1981 年发现于俄罗斯西北部摩尔曼斯克州尤克斯波（Yukspor）山平硐。英文名称 Nabaphite，由化学成分"Natrium（钠，拉丁文 Sodium，苏打）""Barium（钡）"和"Phosphate（磷酸盐）"缩写组合命名。IMA 1981 - 058 批准。1982 年 A. P. 霍米亚科夫（A. P. Khomyakov）等在《苏联科学院报告》(266)和 1983 年《美国矿物学家》(68)报道。中文名称根据成分译为磷钠钡石。

磷钠钡石四面体晶体（俄罗斯）

【磷钠钙石】

英文名 Buchwaldite

化学式 $NaCa(PO_4)$ (IMA)

磷钠钙石是一种钠、钙的磷酸盐矿物。斜方晶系。晶体呈微小的纤维状。白色，半透明；硬度 3，脆性。1975 年发现于丹麦格陵兰岛萨维克索（Saviksoah）半岛约克角（Cape York）陨石。英文名称 Buchwaldite，以丹麦灵比丹麦技术大学冶金系的瓦根·法布里蒂乌斯·布赫瓦尔德（Vagn Fabritius Buchwald，1929—）博士的姓氏命名，以表彰他对铁陨石研究做出的较大贡献。他是陨石方面的专家，写了几本书，包括《铁陨石手册》(1975)；他于 1963 年在格陵兰岛发现了 20t 重的阿格帕利克（Agpalilik）陨石，并在其中发现了 5 种新矿物。IMA 1975 - 041 批准。1977 年 E. 奥尔森（E. Olsen）等在《美国矿物学家》(62)报道。中文名称根据成分译为磷钠钙石。

布赫瓦尔德像

【磷钠锂石】

英文名 Nalipoite

化学式 $NaLi_2(PO_4)$ (IMA)

磷钠锂石是一种钠、锂的磷酸盐矿物。斜方晶系。晶体呈半自形柱状、他形粒状；集合体呈块状。浅黄色、白色、浅蓝色，玻璃光泽，透明—半透明；硬度 4，完全解理，非常脆。1990 年发现于加拿大魁北克省圣希莱尔（Saint-Hilaire）山混合肥料采石场。英文名称 Nalipoite，根据化学成分"Na（钠）、Li（锂）、P（磷）和 O（氧）"的元素符号组合命名。IMA 1990 - 030 批准。1991 年 G. Y. 曹（G. Y. Chao）等在《加拿大矿物学家》(29)报道。1993 年中国新矿物与矿物命名委员会黄蕴慧等在《岩石矿物学杂志》[12(1)]根据成分译为磷锂钠石/磷钠锂石。

磷钠锂石柱状晶体（俄罗斯）

【磷钠镁石】

英文名 Bradleyite

化学式 $Na_3Mg(PO_4)(CO_3)$ (IMA)

磷钠镁石细粒状晶体（美国）和布拉德利像

磷钠镁石是一种钠、镁的碳酸-磷酸盐矿物。单斜晶系。晶体呈极细的粒状。浅灰色、白色或无色，玻璃光泽，透明—半透明；硬度3～4。1941年发现于美国怀俄明州斯威特沃特县绿河地层小约翰·海1号井；同年，费伊(Fahey)在《美国矿物学家》(26)报道。英文名称Bradleyoite，由约翰·约瑟夫·费伊(John Joseph Fahey)为纪念美国地质学家威尔莫特·海德·布拉德利(Wilmot Hyde Bradley，1899—1979)而以他的姓氏命名。布拉德利1943—1959年任美国地质调查局的首席地质学家，他领导了怀俄明州绿河地区的地质调查，而且是军事地质分支学科的共同创建人兼领导。1959年以前发现、描述并命名的"祖父级"矿物，IMA承认有效。中文名称根据成分译为磷钠镁石或磷碳镁钠石。

【磷钠锰高铁石】

英文名 Bobfergusonite

化学式 $Na_2Mn_5^{2+}Fe^{3+}Al(PO_4)_6$　　(IMA)

弗格森像

磷钠锰高铁石是一种钠、锰、三价铁、铝的磷酸盐矿物。属磷铝铁锰钠石(Wyllieite)族。单斜晶系。晶体呈他形粒状；集合体呈皮壳状。绿棕色—红棕色，半玻璃光泽、树脂光泽、油脂光泽，半透明；硬度4，完全解理，脆性。1984年发现于加拿大马尼托巴省克罗斯(Cross)湖北方集团22号伟晶岩。英文名称Bobfergusonite，由T.史葛·厄尔茨特(T. Scott Ercit)、A.J.安德森(A. J. Anderson)、彼得·切尼(Petr Cerny)和弗兰克·C.霍桑(Frank C. Hawthorne)为纪念加拿大曼尼托巴大学(在温尼伯)矿物学退休荣誉教授罗伯特·伯里·弗格森(Robert Bury Ferguson，1921—2015)而以他的姓名命名。罗伯特教授对伟晶岩矿物学的研究做出了突出贡献。IMA 1984-072a批准。1986年厄尔茨特等在《加拿大矿物学家》(24)和1988年《美国矿物学家》(73)报道。1989年中国新矿物与矿物命名委员会郭宗山在《岩石矿物学杂志》[8(3)]根据成分译为磷钠锰高铁石。2011年杨主明在《岩石矿物学杂志》[30(4)]建议音译为鲍伯弗格森石。

【磷钠锰矿】

英文名 Natrophilite

化学式 $NaMn^{2+}(PO_4)$　　(IMA)

磷钠锰矿细粒状晶体(美国)

磷钠锰矿是一种钠、锰的磷酸盐矿物。属磷酸锂铁矿族。斜方晶系。晶体呈细粒状。深酒黄色、浅黄色，半玻璃光泽、树脂光泽，近于金刚光泽，透明—半透明；硬度4.5～5，中等解理，脆性。1890年发现于美国康涅狄格州费尔菲尔德县菲洛(Fillow)采石场；同年，乔治·布鲁斯(George Brush)和爱德华·丹纳(Edward Dana)在《美国科学杂志》(39)报道。英文名称Natrophilite，由布鲁斯(Brush)和丹纳(Dana)根据成分"Natrium(钠，拉丁文Sodium，苏打)"和希腊文"φίλοs=Afriend(一个朋友)"命名，意指其成分中包含重要的钠。1959年以前发现、描述并命名的"祖父级"矿物，IMA承认有效。中文名称根据成分译为磷钠锰矿。

【磷钠铍石】

英文名 Beryllonite

化学式 $NaBe(PO_4)$　　(IMA)

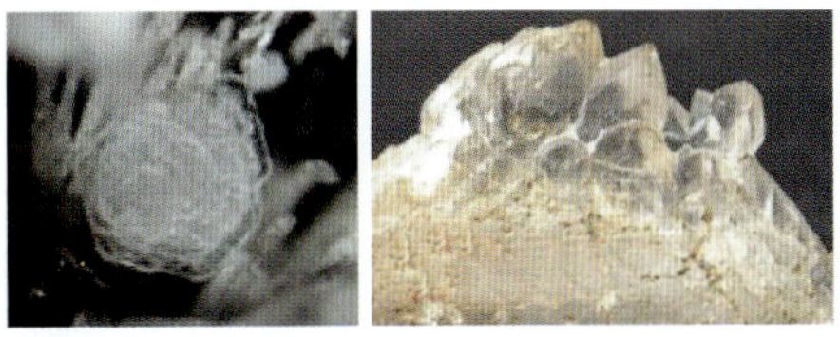

磷钠铍石片状、短柱状晶体，晶簇状集合体(加拿大、美国)

磷钠铍石是一种罕见的钠、铍的磷酸盐矿物。单斜晶系。晶体呈板片状、短柱状、纤维状，接触和穿插双晶形成假六方晶形；集合体呈放射状或球状、晶簇状。无色、雪白色、浅黄色或淡绿色，金刚光泽、玻璃光泽、蜡状光泽、树脂光泽、油脂光泽，解理面上呈珍珠光泽，透明—半透明；硬度5.5～6，完全解理，脆性。美丽者可做宝石。1888年发现于美国缅因州牛津县麦卡利斯特(Mcallister)矿点和麦肯(McKean)农场；同年，爱德华·丹纳在《美国科学杂志》(136)报道。英文名称Beryllonite，由爱德华·S.丹纳(Edward S. Dana)根据其成分含有"Beryllium(铍)"而命名。1959年以前发现、描述和命名的"祖父级"矿物，IMA承认有效。中文名称根据成分译为磷钠铍石。

【磷钠石】

英文名 Olympite

化学式 $LiNa_5(PO_4)_2$　　(IMA)

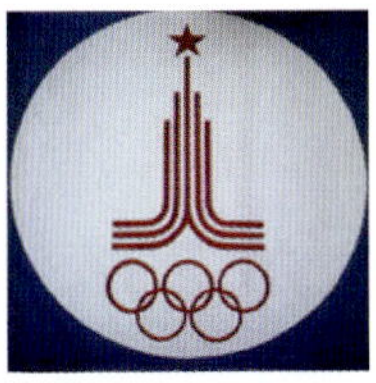

1980夏季奥运会会徽

磷钠石是一种锂、钠的磷酸盐矿物。斜方晶系。晶体呈椭圆形颗粒状。无色，玻璃光泽，半透明；硬度4，贝壳状断口，脆性。存在于寒冷的水中，在空气中迅速分解。1979年发现于俄罗斯北部摩尔曼斯克州拉斯穆森(Rasvumchorr)冰山。1980年A.P.霍米亚科夫(A. P. Khomyakov)、A.V.贝科娃(A. V. Bykova)和Y.A.马利诺夫斯基(Y. A. Malinovskii)在《全苏矿物学会记事》(109)报道。英文名称Olympite，为了纪念苏联莫斯科奥林匹克(Olympic)夏季运动会，该矿物被命名为Olympite。IMA 1979-065批准。中文名称根据成分译为磷钠石，也有的音译为奥林匹矿。

【磷钠铈钡石】

英文名 Kuannersuite-(Ce)

化学式 $NaCeBa_3(PO_4)_3F_{0.5}Cl_{0.5}$　　(IMA)

磷钠铈钡石是一种含氯和氟的钠、铈、钡的磷酸盐矿物。属磷灰石超族锶铈磷灰石族。六方晶系。晶体呈六方柱状；集合体呈晶簇状。浅玫瑰红色，玻璃光泽，半透明；硬度4.5～5.5，脆性。2002年发现于丹麦格陵兰库雅雷哥自治区库安那尔舒特(Kuannersuit)高原钠长岩脉晶洞。英文名称Kuannersuite-(Ce)，根词由发现地格陵兰的库安那尔舒特(Kuannersuit)高原，加占优势的稀土元素铈后缀-(Ce)组合命名。IMA 2002-013批准。2004年H.弗里斯(H. Friis)等在《加拿大矿物学家》(42)报道。2008年中国地质科学院地质研究所任玉峰等在《岩石矿物学杂志》[27(3)]根据成分译为磷钠铈钡石。

【磷钠锶石】

英文名 Olgite

化学式 $(Ba,Sr)(Na,Sr,REE)_2Na(PO_4)_2$　　(IMA)

磷钠锶石是一种钡、锶、钠、稀土的磷酸盐矿物。三方晶系。晶体呈显微柱状。亮蓝色、蓝绿色，玻璃光泽，半透明；硬度 4.5，脆性。1979 年发现于俄罗斯北部摩尔曼斯克州卡纳苏特（Karnasurt）山霞石正长伟晶岩。英文名称 Olgite，1980 年霍米亚科夫（Khomyakov）等为纪念苏联物学家奥尔加·安斯莫夫娜·沃洛彼奥娃（Olga Anisimovne Vorobiova，1902—1974）而以她的名字命名。她是科拉半岛碱性岩专家。在未来它可能成为一个以钡-锶为端元的系列名称。IMA 1979－027 批准。1980 年 A. P. 霍米亚科夫（A. P. Khomyakov）等在《全苏矿物学会记事》(110) 和 1981 年《美国矿物学家》(66) 报道。中文名称根据成分译为磷钠锶石/磷锶钠石。

奥尔加像

【磷铌锰钾石】

英文名 Johnwalkite

化学式 $K(Mn^{2+},Fe^{3+})_2(Nb,Ta)O_2(PO_4)_2 \cdot 2(H_2O,OH)$ (IMA)

磷铌锰钾石是一种含羟基和结晶水的钾、锰、铁、铌、钽氧的磷酸盐矿物。斜方晶系。晶体呈柱状，长 1～6mm；集合体呈放射状、晶簇状。暗红褐色、红棕色，玻璃光泽，透明—不透明；硬度 4，完全解理，脆性。1985 年发现于美国南达科他州彭宁顿县。英文名称 Johnwalkite，以美国华盛顿国立自然历史博物馆矿物标本制作人员理查德·约翰逊（Richard Johnson，1936—1998）和弗兰克·瓦尔库普（Frank Walkup，1943—1993）两人的姓氏组合命名。IMA 1985－008 批准。1986 年 P. J. 邓恩（P. J. Dunn）等在《矿物学新年鉴》（月刊）和 1987 年《美国矿物学家》(72) 报道。1987 年中国新矿物与矿物命名委员会郭宗山等在《岩石矿物学杂志》[6(4)] 中根据成分译为磷铌锰钾石。

【磷铌铁钾石】

英文名 Olmsteadite

化学式 $KFe_2^{2+}NbO_2(PO_4)_2 \cdot 2H_2O$ (IMA)

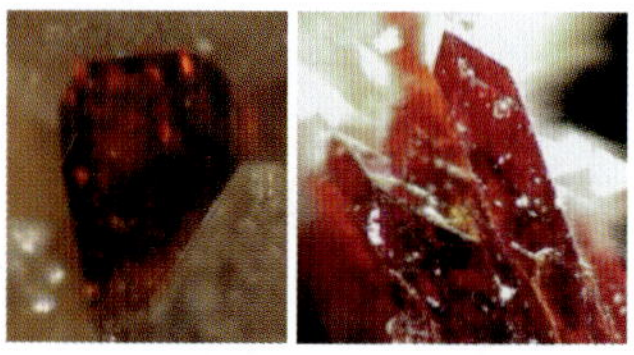
磷铌铁钾石板柱状晶体，晶簇状集合体（美国）

磷铌铁钾石是一种含结晶水的钾、铁、铌氧的磷酸盐矿物，是铁占优势磷铌锰钾石的类似矿物。斜方晶系。晶体呈厚薄不一的板状、柱状。血红色、红棕色、黑色、青铜色，玻璃光泽、半金刚光泽，透明—半透明；硬度 4，脆性。1974 年发现于美国南达科他州彭宁顿县。英文名称 Olmsteadite，为纪念美国拉皮德市业余微观矿物收藏家米洛·C. 奥姆斯特德（Milo C. Olmstead，1909—2005）而以他的姓氏命名，是他首先关注到此矿物。IMA 1974－034 批准。1976 年 P. B. 穆尔（P. B. Moore）等在《美国矿物学家》(61) 报道。中文名称根据成分译为磷铌铁钾石。

【磷镍钼矿】

英文名 Monipite

化学式 MoNiP (IMA)

磷镍钼矿是一种钼、镍的磷化物矿物。属巴磷铁矿族。六方晶系。晶体呈显微粒状，粒径 2μm，以包裹物的形式存在于富钙、铝矿物。1977 年 R. 格林（R. Guerin）等在《晶体学报》(B33) 报道了人工合成的 MoNiP 化合物的结构。2007 年发现于墨西哥奇瓦瓦市阿连德 CV3 碳质球粒陨石。英文名称 Monipite，由“Mo（钼）、Ni（镍）和 P（磷）”的元素符号组合命名。IMA 2007－033 批准。2009 年 J. 贝克特（J. Beckett）等在《第七十二届流星学会年会文摘》(5090) 和马驰等在《陨石和行星科学》(44) 及 2014 年《美国矿物学家》(99) 报道。中文名称根据成分译为钼镍磷矿。

【磷镍铁矿*】

英文名 Allabogdanite

化学式 $(Fe,Ni)_2P$ (IMA)

磷镍铁矿*是一种铁、镍的磷化物矿物。斜方晶系。晶体呈小板状，粒径 0.4mm×0.1mm×0.01mm。浅黄色，金属光泽，不透明；硬度 5～6，脆性。2000 年发现于俄罗斯萨哈（雅库特）共和国阿尔丹市奥涅洛（Onello）陨石。英文名称 Allabogdanite，以俄罗斯科学院科拉科学中心地质研究所的阿拉·博格达诺娃（Alla Bogdanova）的姓名命名。IMA 2000－038 批准。2002 年 S. N. 布里特温（S. N. Britvin）等在《美国矿物学家》(87) 报道。目前尚未见官方中文译名，编译者建议根据成分译为磷镍铁矿*。

【磷钕铀矿】

英文名 Françoisite-(Nd)

化学式 $Nd(UO_2)_3O(OH)(PO_4)_2 \cdot 6H_2O$ (IMA)

磷钕铀矿小片状晶体，皮壳状集合体（刚果）

磷钕铀矿是一种含结晶水、羟基、氧的钕的铀酰-磷酸盐矿物。单斜晶系。晶体呈小片状；集合体呈晶簇状、皮壳状。鲜黄色，玻璃光泽，半透明；硬度 5，完全解理。1987 年发现于刚果（金）卢阿拉巴省科卢韦齐市的开摩朵（Kamoto）东露天采坑。英文名称 Françoisite-(Nd)，1988 年由 P. 皮雷（P. Piret）等在《矿物学通报》(111) 以比利时地质学家和刚果地质部门扎伊尔矿业有限公司前主任阿曼德·弗朗索瓦（Armand François，1922—）博士的姓氏，加占优势的稀土元素钕后缀-(Nd) 组合命名。IMA 1987－041 批准。中文名称根据成分译为磷钕铀矿。

【磷硼锰石】

英文名 Seamanite

化学式 $Mn_3^{2+}B(OH)_4(PO_4)(OH)_2$ (IMA)

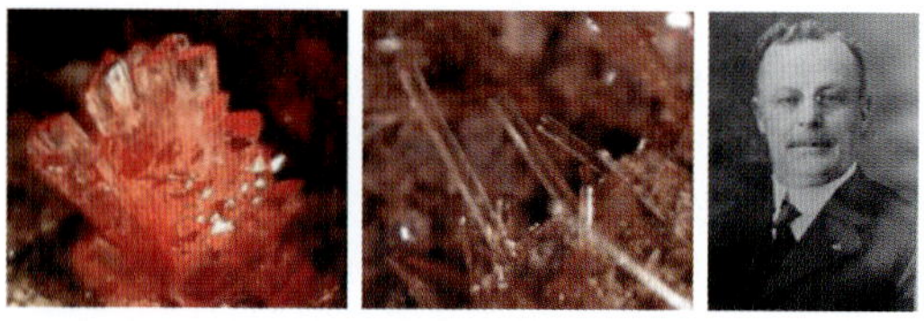
磷硼锰石柱状、棒状晶体（美国）和希曼像

磷硼锰石是一种含羟基的锰的磷酸-硼酸盐矿物。属碳硼钇石-砷硼钙石族。斜方晶系。晶体呈棒柱状、针状；集合体呈晶簇状。酒黄色、黄褐色、粉红色，玻璃—半玻璃光泽，透明；硬度4，完全解理，脆性。1917年，阿瑟·E.希曼（Arthur Edmund Seaman）是该矿物样品的发现者，发现于美国密歇根州艾恩（Iron）县。F. B. 威尔逊（F. B. Wilson）准确地分析了此矿物的成分。后此矿物的研究因第一次世界大战而被推迟到1929年。1930年的一项研究证明了它是一个新的矿物，爱德华·亨利·克劳斯（Edward Henry Kraus）等在《美国矿物学家》（15）报道。英文名称Seamanite，爱德华·亨利·克劳斯（Edward Henry Kraus）、阿瑟·埃德蒙·希曼（Arthur Edmund Seaman）和切斯特·贝克·斯劳森（Chester Baker Slawson）等为纪念阿瑟·埃德蒙·希曼（Arthur Edmund Seaman，1858—1937）而以他的姓氏命名。希曼是密歇根矿业技术学院地质学和矿物学教授，他对该矿物的发现和研究做出了很大的贡献。1959年以前发现、描述和命名的"祖父级"矿物，IMA承认有效。中文名称根据成分译为磷硼锰石。

【磷铍钙石】

英文名 Herderite

化学式 $CaBe(PO_4)F$　　(IMA)

磷铍钙石假八面体晶体（德国）和赫尔德像

磷铍钙石是一种含氟的钙、铍的磷酸盐矿物。属硅铍钇矿超族磷铍钙石族。单斜晶系。晶体呈假八面体、短柱状、厚板状、纤维状；集合体呈放射状、球粒状、葡萄状。无色—浅黄色、淡绿色、浅蓝色、浅绿色，玻璃—半玻璃光泽，透明—半透明；硬度5～5.5。1828年第一次描述了发现于德国萨克森州埃尔兹格比斯基（Erzgebirgskreis）埃伦弗里德斯多夫（Ehrenfriedersdorf）的索伯格（Sauberg）矿；同年，海丁格尔（Haidinger）在《哲学杂志和科学期刊》（4）报道。英文名称Herderite，以德国弗里堡的矿业官员西格蒙德·奥古斯特·沃尔夫冈·冯·赫尔德（Sigmund August Wolfgang von Herder，1776—1838）的姓氏命名。1959年以前发现、描述并命名的"祖父级"矿物，IMA承认有效。1830年布赖特豪普特（Breithaupt）在《弗赖贝格系统矿物学便览》[8(23)]刊载，称Allogonite（词源不详）。1884年（Hidden）在《美国科学杂志》（27）报道，称Glucinite，根据成分"Glucin(i)um（铍）"命名，Glucinium来自希腊文Τλνκόξη＝Glykys，是甜的意思，因为铍的盐类有甜味。根据命名优先权的原则，Allogonite和Glucinite被废弃，或视为同义词。中文名称根据成分译为磷铍钙石。

【磷铍锆钠钾石】

英文名 Selwynite

化学式 $NaKBeZr_2(PO_4)_4 \cdot 2H_2O$　　(IMA)

磷铍锆钠钾石柱状晶体（澳大利亚）和塞尔温像

磷铍锆钠钾石是一种含结晶水的钠、钾、铍、锆的磷酸盐矿物。属磷铍锆钠石族。四方晶系。晶体呈柱状。深紫蓝色，玻璃光泽，透明—半透明；硬度4。1993年发现于澳大利亚维多利亚州布鲁克郡威奇普鲁夫（Wycheproof）花岗岩采石场。英文名称Selwynite，为纪念出生于英国的地质学家、澳大利亚维多利亚地质勘测局的创始主任（1860—1869）和加拿大地质调查局第二主任（1869—1895）艾尔弗雷德·李察德·塞西尔·塞尔温（Alfred Richard Cecil Selwyn，1824—1902）而以他的姓氏命名。IMA 1993－037批准。1995年W. D. 伯奇（W. D. Birch）等在《加拿大矿物学家》（33）报道。2003年中国地质科学院矿产资源研究所李锦平等在《岩石矿物学杂志》[22(3)]根据成分译为磷铍锆钠钾石。

【磷铍锆钠石】

英文名 Gainesite

化学式 $Na_2(Be,Li)Zr_2(PO_4)_4 \cdot 1.5H_2O$　　(IMA)

磷铍锆钠石锥状晶体（美国）和盖恩斯像

磷铍锆钠石是一种含结晶水的钠、铍、锂、锆的磷酸盐矿物。属磷铍锆钠石族。四方晶系。晶体呈四方锥状，长仅0.1～0.2mm。淡紫色，半金刚光泽、玻璃光泽，透明；硬度4，脆性。1978年发现于美国缅因州牛津县纽里内维尔（Nevel Newry）采石场（双隧道；联合长石矿）。英文名称Gainesite，1983年由保罗·布赖恩·穆尔（Paul Brian Moore）等为纪念美国矿物经济地质学家、矿物学家和伟晶岩矿物，尤其是铍矿物的收藏家理查德·维纳布尔·盖恩斯（Richard Venable Gaines，1917—1994）而以他的姓氏命名。他是碲矿物专家并命名了一批矿物种，还是《系统矿物学》（第八版）的资深作者。IMA 1978－020批准。1983年穆尔等在《美国矿物学家》（68）报道。1985年中国新矿物与矿物命名委员会郭宗山等在《岩石矿物及测试》[4(4)]根据成分译为磷铍锆钠石。

【磷铍锰石】参见【磷铍锰铁石】条475页

【磷铍锰铁石】

英文名 Faheyite

化学式 $Be_2Mn^{2+}Fe^{3+}_2(PO_4)_4 \cdot 6H_2O$　　(IMA)

磷铍锰铁石纤维状晶体，束状、放射状集合体（巴西）和费伊像

磷铍锰铁石是一种含结晶水的铍、锰、铁的磷酸盐矿物。三方晶系。晶体呈针状、板条状、纤维状；集合体呈束状、玫瑰花状、晶簇状。白色、蓝白色、棕白色，半玻璃光泽、丝绢光泽，透明—半透明；硬度3，完全解理，脆性。1952年发现于巴西米纳斯吉拉斯州加利利亚（Galiléia）镇萨普卡亚（Sapucaia)矿。1953 年 M. L. 林德伯格(M. L. Lindberg)等在《美国矿物学家》(38)报道。英文名称 Faheyite,由玛丽·路易斯·林德伯格"史密斯"(Marie Louise Lindberg"Smith")等为纪念美国加利福尼亚州门洛帕克美国地质调查局的矿物化学家约瑟夫·约翰·费伊(Joseph John Fahey,1901—1980)而以他的姓氏命名。费伊命名了几个矿物,包括磷钠镁石(Bradleyite)、硅汞石(Edgarbaileyite)和碳硫酸氯铅矿(Wherryite)。1959 年以前发现、描述并命名的"祖父级"矿物,IMA 承认有效。中文名称根据成分译为磷铍锰铁石/磷铍锰石/磷铍锰矿。

【磷铅铝矾】

英文名 Hinsdalite

化学式 $PbAl_3(SO_4)(PO_4)(OH)_6$　　(IMA)

磷铅铝矾粒状、纤维状晶体,放射状、球粒状集合体(德国)

磷铅铝矾是一种含羟基的铅、铝的磷酸-硫酸盐矿物。属明矾石超族砷铅铁矾族。三方晶系。晶体呈假立方体或六方板状、粒状。无色、绿色、珍珠白色,玻璃光泽、油脂光泽,透明—半透明;硬度 4.5,完全解理。1911 年发现于美国科罗拉多州欣斯代尔(Hinsdale)县莱克城戈尔登弗利斯(Golden Fleece)矿;同年,拉森(Larsen)和夏勒(Schaller)在《华盛顿科学院学报》(1)和《美国科学杂志》(32)报道。英文名称 Hinsdalite,以发现地美国的欣斯代尔(Hinsdale)县命名。1959 年以前发现、描述并命名的"祖父级"矿物,IMA 承认有效。IMA 1987s. p. 批准。中文名称根据成分译为磷铅铝矾或磷硫铅铝矿;由于铅可部分的被锶替代,故也有的译为磷铅锶矾。

同义词 Orpheite,以俄耳甫斯(Orpheus)的名字命名,他是希腊神话中罗多彼山脉的神秘歌手。1971—1972 年,科尔科夫斯基(Kolkovski)在 *Ann. Univ. Sofia Fac. Biol. Géol. Géogr.* (64)报道。1972 年 IMA 批准。中文名称根据成分译为磷铅铝矾。此矿物三方晶系。集合体呈致密状、皮壳状、放射状、球粒状。无色、灰色、灰蓝色、黄色绿色,或浅蓝色,玻璃光泽,集合体者光泽暗淡,透明—半透明。2010 年贝利斯(Bayliss)等重新调查,认为它与 Hinsdalite 是同种矿物,故 Orpheite 被 IMA 废弃(参见【硫磷铅铝矿】条 504 页)。

【磷铅铁矾】参见【磷菱铅铁矾】条 462 页

【磷氢镁石】参见【基性磷镁石】条 358 页

【磷氢钠石】

英文名 Nahpoite

化学式 $Na_2(PO_3OH)$　　(IMA)

磷氢钠石是一种钠的氢磷酸盐矿物。单斜晶系。晶体显微粒状;集合体呈微粒聚集状。白色,土状光泽,半透明;硬度 1~2,脆性。1981 年发现于加拿大育空地区道森市大鱼(Big Fish)溪;同年,L. C. 科尔曼(L. C. Coleman)等在《加拿大矿物学家》(19)报道。英文名称 Nahpoite,1981 年由科尔曼等根据化学成分"Na(钠)、H(氢)、P(磷)和 O(氧)"的元素符号组合命名。IMA 1981-002 批准。1983 年中国新矿物与矿物命名委员会郭宗山等在《岩石矿物及测试》[2(1)]根据成分译为磷氢钠石。

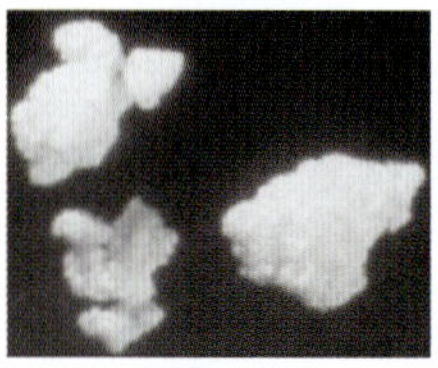

磷氢钠石细粒状晶体(加拿大)

【磷砷铅矿】

英文名 Campylite

化学式 $Pb_5[PO_4,AsO_4]_3Cl$

磷砷铅矿桶形弯曲多晶集合体(英国)

磷砷铅矿是一种砷铅矿中砷部分被磷替代而形成的含磷类似矿物。六方晶系。晶体呈球状、纺锤状、桶状;集合体呈皮壳状、葡萄状、肾状、瘤状。黄色、橙红色、褐红色,玻璃光泽、松脂光泽、半金刚光泽,半透明;硬度 3.5~4。英文名称 Campylite,根据希腊文"Καμπύλos=Kampylos=Campylos(卡姆皮罗斯=弯曲)"命名,意指晶体的晶面呈弯曲状的晶习。见于 1951 年 C. 帕拉奇(C. Palache)、H. 伯曼(H. Berman)和 C. 弗龙德尔(C. Frondel)《丹纳系统矿物学》(第二卷,第七版,纽约)。中文名称根据成分及与砷铅矿的关系译为磷砷铅矿;也译作氯磷砷铅矿(参见【砷铅矿】条 789 页)。

【磷砷锌铜矿】

英文名 Veszelyite

化学式 $(Cu,Zn)_2Zn(PO_4)(OH)_3 \cdot 2H_2O$　　(IMA)

磷砷锌铜矿板状晶体(罗马尼亚、美国)

磷砷锌铜矿是一种含结晶水和羟基的铜、锌的磷酸盐矿物。单斜晶系。晶体呈短柱状、粒状、厚板状、假八面体;集合体呈晶簇状。绿色、蓝色、绿蓝色、深蓝色,玻璃光泽,半透明;硬度 3.5~4,完全解理。1874 年发现于罗马尼亚卡拉什-塞维林县奥克纳德菲尔(Ocna de Fier)。1874 年施劳夫(Schrauf)在奥地利《维也纳皇家科学院报告》(11)报道。英文名称 Veszelyite,以匈牙利采矿工程师 A. 韦塞利(A. Veszeli,1820—1888)的姓氏命名,是他发现了此矿物。1959 年以前发现、描述并命名的"祖父级"矿物,IMA 承认有效。中文名称根据成分译为磷砷锌铜矿,也有的译为磷锌铜矿(参见【磷锌铜矿】条 485 页)。

【磷石膏】

英文名 Ardealite

化学式 $Ca_2(PO_3OH)(SO_4) \cdot 4H_2O$　　(IMA)

磷石膏是一种含结晶水的钙的硫酸-氢磷酸盐矿物。单斜晶系。晶体呈非常薄的细小片状、鳞片状。浅黄色、黄色、

磷石膏细粉状、皮壳状集合体（澳大利亚）

棕黄色、无色，土状光泽，半透明；硬度 1～1.5，脆性。1931 年发现于罗马尼亚胡内多拉县伯索罗德（BoŞorod）村乔克洛维纳（Cioclovina）洞穴；同年，F. 哈拉（F. Halla）在《结晶学、矿物学和岩石学杂志》（80）报道。英文名称 Ardealite，1932 年由约瑟夫·谢德勒（Josef Schadler）在《矿物学、地质学和古生物学杂志》（2）以阿德阿尔（Ardeal）地名命名，它是古罗马尼亚语特兰西瓦尼亚（Transylvania）的旧称。1959 年以前发现、描述并命名的“祖父级”矿物，IMA 承认有效。中文名称根据成分译为磷石膏。

【磷铈镧矿】参见【独居石】条 134 页

【磷铈铝石】参见【磷铝铈石】条 467 页

【磷铈钠石】

英文名 Vitusite-(Ce)

化学式 $Na_3Ce(PO_4)_2$ （IMA）

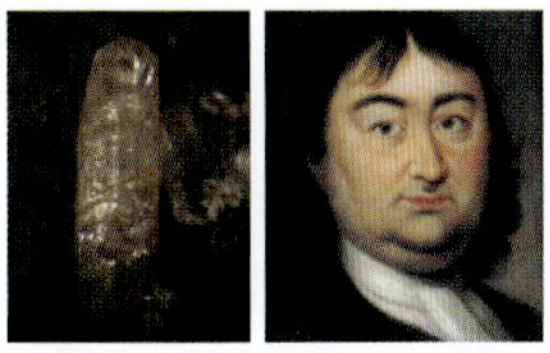
磷铈钠石柱状晶体（格陵兰）和维他斯像

磷铈钠石是一种钠、铈的磷酸盐矿物。斜方晶系。晶体呈假六方柱状、细粒状，达 5mm。浅粉色、白色、浅绿色、黄色、灰色至黑色，玻璃光泽、油脂光泽，半透明；硬度 4.5，完全解理，脆性。1976 年发现于丹麦格陵兰岛库雅雷哥自治区克瓦内夫耶尔德（Kvanefjeld）高原铀矿床钻探岩芯和俄罗斯北部摩尔曼斯克州卡纳苏特（Karnasurt）山尤比莱纳亚（Yubileinaya）花岗伟晶岩。英文名称 Vitusite-(Ce)，根词以丹麦-俄国北方海域的探险家维他斯·白令（Vitus Bering，1681—1741）（白令海和白令海峡的发现者）的名字，加占优势的稀土元素铈后缀-(Ce)组合命名的。IMA 1976－055 批准。1979 年 J. G. 伦斯伯（J. G. Rønsbo）等在《矿物学新年鉴：论文》（137）和 1980 年《美国矿物学家》（65）报道。中文名称根据成分译为磷铈钠石。

【磷铈钍石】

英文名 Smirnovskite

化学式 $(Th,Ca)PO_4 \cdot nH_2O$ （IMA）

磷铈钍石是一种含结晶水的钍、钙的磷酸盐矿物。六方晶系。最初的报道来自俄罗斯赤塔州埃蒂卡（Etyka）锡矿。1957 年由格里戈里耶夫（Grigoriev）和多罗马诺娃（Dolomanova）发现的一种像板钛矿一样的矿物；同年，在《全苏矿物学会记事》（86）报道。英文名称 Smirnovskite，以斯米尔诺夫（Smirnov）的名字命名。1993 年在《俄罗斯矿物学会记事》[122(3)]报道。1959 年以前发现、描述并命名的“祖父级”矿物，IMA 承认有效，但 IMA 持怀疑态度。中文名称根据成分译为磷铈钍石。

【磷铈铀矿】

英文名 Françoisite-(Ce)

化学式 $Ce(UO_2)_3O(OH)(PO_4)_2 \cdot 6H_2O$ （IMA）

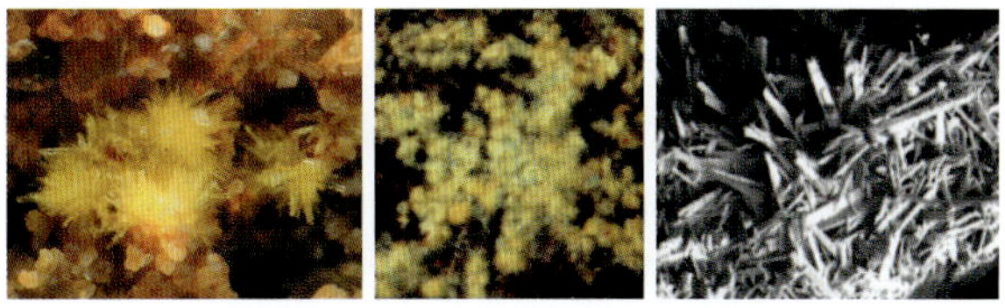
磷铈铀矿小板状晶体，球粒状集合体（瑞士）

磷铈铀矿是一种含结晶水、羟基、氧的铈的铀酰-磷酸盐矿物。属磷铀矿族。单斜晶系。晶体呈柱状、小板状；集合体呈放射状、球粒状。黄色，玻璃光泽，透明；硬度 3，脆性。2004 年分别发现于澳大利亚南澳大利亚州弗林德斯山脉阿卡鲁拉区佩因特（Painter）山和瑞士瓦莱州克鲁萨（Creusa）铀矿床。英文名称 Françoisite-(Ce)，根词以比利时地质学家、刚果（金）地质部门扎伊尔矿业有限公司前主任阿曼德·弗朗索瓦（Armand François，1922—）博士的姓氏，加占优势的稀土元素铈后缀-(Ce)组合命名。IMA 2004－029 批准。2010 年在《美国矿物学家》（95）报道。2015 年艾钰洁、范光在《岩石矿物学杂志》[34(1)]根据成分译为磷铈铀矿。

【磷水锌钙石】

英文名 Hillite

化学式 $Ca_2Zn(PO_4)_2 \cdot 2H_2O$ （IMA）

磷水锌钙石板片状、楔形晶体（澳大利亚）和希尔像

磷水锌钙石是一种含结晶水的钙、锌的磷酸盐矿物。三斜晶系。晶体呈自形板片状、楔形片状，具环带结构；集合体呈块状。无色、绿色、浅蓝色，玻璃光泽、丝绢光泽，透明—半透明；硬度 3.5，完全解理。1973 年发现于澳大利亚南澳大利亚州弗林德斯山脉雷亚普霍克（Reaphook）山；同年，R. J. 希尔（R. J. Hill）等在《矿物学新年鉴》（月刊）首次把这种矿物描述为锌淡磷钙铁矿（Zincian collinsite）。英文名称 Hillite，2003 年奥尔加·V. 尤科博维奇（Olga V. Yakubovich）等以矿物的发现者澳大利亚矿物学家和澳大利亚联邦科学与工业研究组织（CSIRO）管理人员、澳大利亚墨尔本矿物研究部门主任罗德里克·J. 希尔（Roderick J. Hill，1949—）博士的姓氏命名。IMA 2003－005 批准。2003 年尤科博维奇等在《加拿大矿物学家》（41）报道。2008 年中国地质科学院地质研究所任玉峰等在《岩石矿物学杂志》[27(2)]根据成分译为磷水锌钙石。

【磷锶铝矾】参见【菱磷铝锶矾】条 490 页

【磷锶铝石】参见【磷铝锶石】条 467 页

【磷锶铍石】

英文名 Strontiohurlbutite

化学式 $SrBe_2(PO_4)_2$ （IMA）

磷锶铍石一种锶占优势的磷钙铍石类似矿物。单斜晶系。晶体呈半自形—他形板状，长度 1.5～5mm。浅蓝色，玻璃光泽，透明—半透明；硬度 6，脆性。中国浙江大学饶灿副教授于 2006—2011 年在研究中国福建省南平市延平区南平伟晶岩田 31 号伟晶岩西坑矿时发现。2012 年饶灿在中南大学谷湘平教授的帮助下从化学成分、原子比、结构等方面做了相关的分析，发现这种富锶磷酸盐矿物跟磷钙铍石相类似，饶灿就给这种矿物取了一个与磷钙铍石相近的名字，叫磷锶铍石。英文名称 Strontiohurlbutite，由成分冠词“Strontio(锶)”和根词“Hurlbutite(磷钙铍石)”组合命名。IMA 2012－032 批准。2012 年饶灿等在《CNMNC 通讯》(14)、《矿物学杂志》(76)和 2014 年《美国矿物学家》(99)报道。该新矿物的发现不仅丰富了矿物学的内容，同时对南平伟晶岩的成因具有指示意义。

【磷酸钙石】

英文名 Carbonate-rich Hydroxylapatite

化学式 $Ca_5(PO_4,CO_3)_3(OH,O)$

磷酸钙石柱状、针状晶体，球粒状集合体（玻利维亚、美国、西班牙）

磷酸钙石是一种含氧、羟基的钙的碳酸-磷酸盐矿物。属磷灰石族。六方晶系。晶体呈针状、柱状；集合体球粒状。硬度 5。最初的报道来自挪威泰勒马克郡班布勒的奥德戛登(Ødegaarden)矿。英文名称 Carbonate-rich Hydroxylapatite，是富含碳酸根的羟基磷灰石。IMA 持怀疑态度。1865 年朱利安(Julien)在《美国科学杂志》(40)报道，称 Ornithite；由或“鸟”或是鸟粪矿命名。1888 年沃尔德马·克里斯托弗·布拉格(Waldemar Christofer Brögger)等在 *Ak. Stockholm, Öfv.* (45)报道，称 Dahllite；为纪念挪威地质学家和矿物学家特勒夫·达尔(Tellef Dahll，1825—1893)和约翰·马丁·达尔(Johan Martin Dahll，1830—1877)兄弟而以他们的姓氏命名。中文名称根据成分译为磷酸钙石，也有的译为富碳羟基磷灰石。

【磷酸镁铵石】参见【迪磷镁铵石】条 121 页

【磷钛铝钡石】

英文名 Curetonite

化学式 Ba(Al,Ti)(PO_4)(OH,O)F　　(IMA)

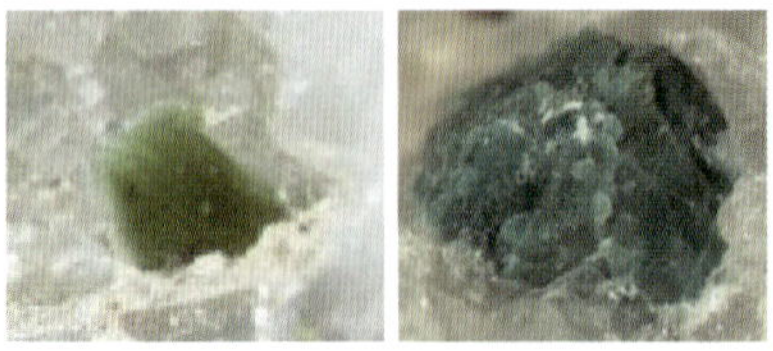

磷钛铝钡石楔形晶体（美国）

磷钛铝钡石是一种含氟、氧和羟基的钡、铝、钛的磷酸盐矿物。单斜晶系。晶体呈楔形，具聚片双晶。淡黄色、绿色，玻璃光泽，半透明；硬度 3.5，完全解理，脆性。1978 年发现于美国内华达州洪堡特县雷德豪斯(Redhouse)重晶石矿。英文名称 Curetonite，以美国亚利桑那州图森市的矿产商和矿物收藏家福利斯特·埃尔斯沃斯·丘尔顿(Forrest Ellsworth Cureton，1932—)和他的儿子美国加利福尼亚州斯托克顿的矿物收藏家迈克尔·丘尔顿(Michael Cureton，1960—)两人的姓氏命名，是他们发现了该矿物。IMA 1978－065 批准。1979 年 S. A. 威廉姆斯(S. A. Williams)在《矿物学记录》(10)和 1980 年《美国矿物学家》(65)报道。中文名称根据成分译为磷钛铝钡石。

【磷钛铁矿】

英文名 Florenskyite

化学式 FeTiP　　(IMA)

弗洛伦斯基像

磷钛铁矿是一种铁、钛的磷化物矿物。斜方晶系。晶体呈显微他形、半自形粒状、自形菱形，粒径 14μm，一般呈其他矿物中的包裹体。奶油白色，金属光泽，不透明。1999 年发现于 1980 年陨落在也门哈德拉马特省凯顿(Kaidun)陨石中。英文名称 Florenskyite，以苏联地球化学家西里尔·P. 弗洛伦斯基(Cyrill P. Florensky，1915—1982)的姓氏命名。他是一个比较行星学实验室团队的创建者之一。IMA 1999－013 批准。2000 年 A. V. 伊万诺夫(A. V. Ivanov)在《美国矿物学家》(85)报道。2004 年中国地质科学院矿产资源研究所李锦平等在《岩石矿物学杂志》[23(1)]根据成分译为磷钛铁矿。

【磷碳镁钠石】参见【磷钠镁石】条 472 页

【磷铁铋石】

英文名 Zaïrite

化学式 $BiFe^{3+}_3(PO_4)_2(OH)_6$　　(IMA)

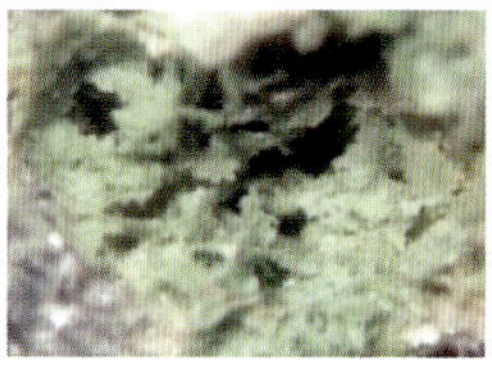

磷铁铋石不规则细脉状集合体（刚果）

磷铁铋石是一种含羟基的铋、铁的磷酸盐矿物。属明矾石超族铅铁矿族。三方晶系。晶体呈不规则板状(<1mm)；集合体呈细脉状。绿色、淡绿色、浅橄榄绿色，玻璃光泽、树脂光泽、蜡状光泽，透明—半透明；硬度 4.5，脆性。1975 年发现于刚果(金)北基伍省卢贝罗地区。英文名称 Zaïrite，以发现地扎伊尔(Zaïr)命名。IMA 1975－018 批准。1975 年 L. 范·瓦姆贝克(L. van Wambeke)在《法国矿物学和结晶学会通报》(98)和 1977 年《美国矿物学家》(62)报道。中文名称根据成分译为磷铁铋石。

【磷铁矾】参见【磷铁华】条 479 页

【磷铁钙石】

英文名 Mélonjosephite

化学式 $CaFe^{2+}Fe^{3+}(PO_4)_2(OH)$　　(IMA)

磷铁钙石板状、柱状晶体（纳米比亚）和约瑟夫·梅伦像

磷铁钙石是一种含羟基的钙、铁的磷酸盐矿物。斜方晶系。晶体呈柱状、板状、纤维状。深绿色，近黑色，金刚光泽、油脂光泽、树脂光泽，半透明；硬度 5，完全解理，脆性。1973 年发现于摩洛哥瓦尔扎扎特省泰兹纳赫特(Tazenakht)村南安加夫(Angarf-South)伟晶岩。英文名称 Mélonjosephite，为纪念比利时列日大学矿物研究所的科学工作者和后来的矿物学教授约瑟夫·梅伦(Joseph Mélon，1898—1991)而以他的姓名命名。IMA 1973－012 批准。1973 年 A. M. 弗兰

索勒特（A. M. Fransolet）在《法国矿物学结晶学会通报》(96)报道。中文名称根据成分译为磷铁钙石。

【磷铁华】

英文名 Diadochite

化学式 $Fe_2^{3+}(PO_4)(SO_4)(OH)\cdot 6H_2O$　　(IMA)

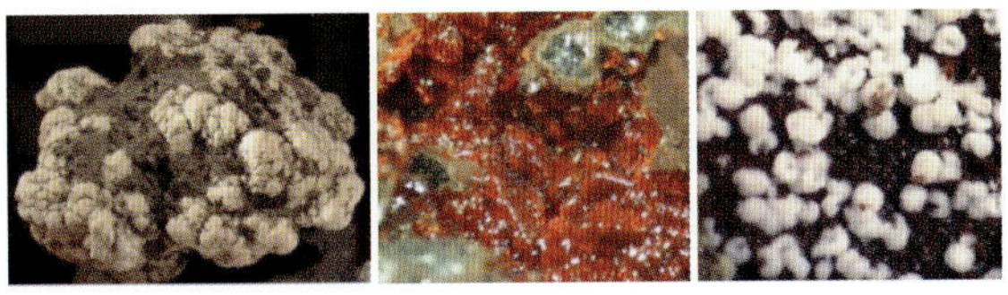

磷铁华钟乳状、球状集合体（比利时、美国、意大利）

磷铁华是一种含结晶水、羟基的铁的硫酸-磷酸盐矿物。三斜晶系。晶体呈微细六方板片状；集合体多呈葡萄状、钟乳状、皮壳状、肾状、块状、玻璃状、胶体状。褐色、黄色、黄绿色、浅绿色、褐黄色、棕色、红棕色，蜡状光泽、树脂光泽、油脂光泽、土状光泽，透明—不透明；硬度 3～4，脆性。它是其他硫化物矿物风化和水化形成的次生矿物。结晶形式被称为磷铁华（或矾），这已被 IMA 认可。非晶态的被称磷硫铁矿（Destinezite）。1831 年最早发现于比利时。1837 年又发现于德国图林根州萨尔费尔德-鲁多尔施塔特县霍克罗达（Hockeroda）阿恩斯巴赫（Arnsbach）。1837 年由约翰·弗雷德里希·奥古斯特·布赖特豪普特（Johann Friedric August Breithaupt）在莱比锡《实用化学杂志》(10)报道。英文名称 Diadochite，根据希腊文“διάδοχος＝Successor＝Diadoch（继任者或置换的）”命名，意指它是由其他矿物次生而来的。1959 年之前发现、命名的“祖父级”矿物，IMA 承认有效。中文名称根据成分和形态译为磷铁华；华繁体華，会意。从𠂹，从亏（Xū）。上面是“垂”字，像花叶下垂形。古通“花”，花朵，意指矿物的形态似花。也有的根据成分译为磷铁矾。

【磷铁矿】参见【巴磷铁矿】条 32 页

【磷铁锂矿】

英文名 Triphylite

化学式 $LiFe^{2+}(PO_4)$　　(IMA)

磷铁锂矿柱状晶体（美国）

磷铁锂矿是一种锂、铁的磷酸盐矿物。属磷铁锂矿族磷铁锂矿-磷锰锂矿系列。斜方晶系。晶体呈粗柱状，表面粗糙凹凸不平；集合体呈豆荚状。褐绿色，可能会出现蓝灰色，无色—淡黄色，半玻璃光泽、树脂光泽、油脂光泽，半透明；硬度 4，完全解理，脆性。1834 年发现于德国巴伐利亚州下巴伐利亚行政区赫内科贝尔（Huhnerkobel）矿；同年，福克斯（Fuchs）在莱比锡《实用化学杂志》(3)报道。英文名称 Triphylite，根据希腊文“τοιs＝Tria（三重）”加上“φυλή＝Phylon（家族谱系）”命名，意指其家庭成员被认为包含 3 种阳离子（铁、锂、锰）。1959 年以前发现、描述并命名的“祖父级”矿物，IMA 承认有效。中文名称根据成分译为磷铁锂矿/铁磷锂矿。

【磷铁镁锰钙石-钙镁镁】

英文名 Jahnsite-(CaMgMg)

化学式 $CaMgMg_2Fe_2^{3+}(PO_4)_4(OH)_2\cdot 8H_2O$

詹恩斯像

磷铁镁锰钙石-钙镁镁是一种含结晶水和羟基的钙、镁、铁的磷酸盐矿物。属磷铁镁锰钙石族。单斜晶系。英文名称 Jahnsite-(CaMgMg)，其中根词是 1974 年保罗（保罗斯）·布赖恩·穆尔[Paul (Paulus) Brian Moore]等为纪念美国斯坦福大学的矿物学家和伟晶岩专家理查德·亨利·詹恩斯（Richard Henry Jahns，1915—1983）而以他的姓氏，加占位主要金属阳离子钙、镁、镁后缀-(CaMgMg)组合命名。未经 IMA 批准命名，但可能有效。2008 年 A. R. 坎普夫（A. R. Kampf）等在《美国矿物学家》(93)报道。中文名称根据占位主要金属阳离子钙、镁、镁及族名译为磷铁镁锰钙石-钙镁镁。

【磷铁镁锰钙石-钙锰镁】

英文名 Jahnsite-(CaMnMg)

化学式 $CaMn^{2+}Mg_2Fe_2^{3+}(PO_4)_4(OH)_2\cdot 8H_2O$　　(IMA)

磷铁镁锰钙石-钙锰镁柱状、板状晶体，放射状集合体（美国）

磷铁镁锰钙石-钙锰镁是一种含结晶水和羟基的钙、锰、镁、铁的磷酸盐矿物。属磷铁镁锰钙石族。单斜晶系。晶体呈柱状、板状；集合体呈放射状、晶簇状。褐色、金棕色、紫褐色、黄色、黄橙色、绿黄色，半金刚光泽、半玻璃光泽、树脂光泽，透明—半透明；硬度 4，完全解理，脆性。1973 年发现于美国南达科他州福迈尔（Fourmile）顶尖（Tip Top）花岗伟晶岩。英文名称 Jahnsite-(CaMnMg)，其中根词是 1974 年保罗（保罗斯）·布赖恩·穆尔[Paul (Paulus) Brian Moore]等为纪念美国斯坦福大学的矿物学家和伟晶岩专家理查德·亨利·詹恩斯（Richard Henry Jahns，1915—1983）而以他的姓氏，加占位主要金属阳离子钙、锰、镁后缀-(CaMnMg)组合命名。IMA 1973-022 批准。1974 年穆尔等在《美国矿物学家》(59)报道。中文名称根据占位主要金属阳离子钙、锰、镁及族名译为磷铁镁锰钙石-钙锰镁。

【磷铁镁锰钙石-钙锰锰】

英文名 Jahnsite-(CaMnMn)

化学式 $CaMn^{2+}Mn_2^{2+}Fe_2^{3+}(PO_4)_4(OH)_2\cdot 8H_2O$　(IMA)

磷铁镁锰钙石-钙锰锰板状、粒状晶体，放射状集合体（葡萄牙）

磷铁镁锰钙石-钙锰锰是一种含结晶水和羟基的钙、锰、铁的磷酸盐矿物。属磷铁镁锰钙石族。单斜晶系。晶体呈板状、粒状。褐色、棕黄色，半金刚光泽、半玻璃光泽、树脂光泽，透明—半透明；硬度4，脆性。1987年发现于葡萄牙维塞乌区曼瓜尔迪镇库博斯-梅斯基特拉-曼瓜尔德(Cubos-Mesquitela-Mangualde)范围。英文名称Jahnsite-(CaMnMn)，其中根词是1974年保罗(保罗斯)·布赖恩·穆尔[Paul (Paulus) Brian Moore]等为纪念美国斯坦福大学的矿物学家和伟晶岩专家理查德·亨利·詹恩斯(Richard Henry Jahns，1915—1983)而以他的姓氏，加占位主要金属阳离子钙、锰、锰后缀-(CaMnMn)组合命名。IMA 1987-020a批准。1990年格赖斯等在《美国矿物学家》(75)报道。中文名称根据占位主要金属阳离子钙、锰、锰及族名译为磷铁镁锰钙石-钙锰锰。

【磷铁镁锰钙石-钙锰铁】

英文名 Jahnsite-(CaMnFe)

化学式 $CaMn^{2+}Fe^{2+}_2Fe^{3+}_2(PO_4)_4(OH)_2 \cdot 8H_2O$ (IMA)

磷铁镁锰钙石-钙锰铁板状晶体，晶簇状集合体(德国、美国)

磷铁镁锰钙石-钙锰铁是一种含结晶水和羟基的钙、锰、铁的磷酸盐矿物。属磷铁镁锰钙石族。单斜晶系。晶体呈板状；集合体呈晶簇状。褐色、金棕色、紫褐色、黄色、黄橙色，半金刚光泽、半玻璃光泽、树脂光泽，透明—半透明；硬度4，完全解理，脆性。1978年发现于美国新罕布什尔州格拉夫顿县弗莱彻(Fletcher)矿。英文名称Jahnsite-(CaMnFe)，其中根词是1974年由保罗(保罗斯)·布赖恩·穆尔[Paul (Paulus) Brian Moore]等为纪念美国斯坦福大学的矿物学家和伟晶岩专家理查德·亨利·詹恩斯(Richard Henry Jahns，1915—1983)而以他的姓氏，加占位主要金属阳离子钙、锰、铁后缀-(CaMnFe)组合命名。IMA 1978s. p. 批准。1978年格赖斯等在《矿物学杂志》(42)报道。中文名称根据占位主要金属阳离子钙、锰、铁及族名译为磷铁镁锰钙石-钙锰铁。

【磷铁镁锰钙石-钙铁镁】

英文名 Jahnsite-(CaFeMg)

化学式 $CaFe^{2+}Mg_2Fe^{3+}_2(PO_4)_4(OH)_2 \cdot 8H_2O$ (IMA)

磷铁镁锰钙石-钙铁镁是一种含结晶水和羟基的钙、二价铁、镁、三价铁的磷酸盐矿物。属磷铁镁锰钙石族。单斜晶系。晶体呈柱状，长仅0.2mm。褐橙色，玻璃光泽，透明；硬度4，完全解理，脆性。2013年发现于澳大利亚南澳大利亚州北洛夫蒂山脉卡潘达(Kapunda)汤姆(Tom's)采石场。英文名称Jahnsite-(CaFeMg)，其中根词是1974年由保罗(保罗斯)·布赖恩·穆尔[Paul (Paulus) Brian Moore]等为纪念美国斯坦福大学的矿物学家和伟晶岩专家理查德·亨利·詹恩斯(Richard Henry Jahns，1915—1983)而以他的姓氏，加占位主要金属阳离子钙、铁、镁后缀-(CaFeMg)组合命名。IMA 2013-111批准。2014年P. 埃利奥特(P. Elliott)在《CNMNC通讯》(19)、《矿物学杂志》(78)和2016年《欧洲矿物学杂志》(28)报道。中文名称根据占位主要金属阳离子钙、铁、镁及族名译为磷铁镁锰钙石-钙铁镁。

【磷铁镁锰钙石-钙铁铁】

英文名 Jahnsite-(CaFeFe)

化学式 $CaFe^{2+}Fe^{2+}_2Fe^{3+}_2(PO_4)_4(OH)_2 \cdot 8H_2O$

磷铁镁锰钙石-钙铁铁是一种含结晶水和羟基的钙、铁的磷酸盐矿物。属磷铁镁锰钙石族。单斜晶系。晶体呈板状；集合体呈晶簇状、皮壳状。深褐色，金刚光泽、玻璃光泽，透明—半透明；硬度4。最初的描述来自日本本州岛近畿地区兵库县神户市押部谷(Oshibedani)町。英文名称Jahnsite-(CaFeFe)，其中根词是1974年保罗(保罗斯)·布赖恩·穆尔[Paul (Paulus) Brian Moore]等为纪念美国斯坦福大学的矿物学家和伟晶岩专家理查德·亨利·詹恩斯(Richard Henry Jahns，1915—1983)而以他的姓氏，加占位主要金属阳离子钙、铁、铁后缀-(CaFeFe)组合命名。未经IMA批准命名，但可能有效。1995年Ganko-Gakkai Koen-Yoshi在日本《日本矿物学家协会会议摘要》(40)报道。中文名称根据占位主要金属阳离子钙、铁、铁及族名译为磷铁镁锰钙石-钙铁铁。

【磷铁镁锰钙石-锰锰镁】

英文名 Jahnsite-(MnMnMg)

化学式 $Mn^{2+}Mn^{2+}Mg_2Fe^{3+}_2(PO_4)_4(OH)_2 \cdot 8H_2O$ (IMA)

磷铁镁锰钙石-锰锰镁柱状晶体(巴西)

磷铁镁锰钙石-锰锰镁是一种含结晶水和羟基的锰、镁、铁的磷酸盐矿物。属磷铁镁锰钙石族。单斜晶系。晶体呈柱状，长200μm。黄色—蜜黄色或绿黄色，玻璃光泽，部分透明；硬度4，完全解理，脆性。发现于巴西米纳斯吉拉斯州萨普卡亚(Sapucaia)镇花岗伟晶岩。英文名称Jahnsite-(MnMnMg)，其中根词是1974年由保罗(保罗斯)·布赖恩·穆尔[Paul (Paulus) Brian Moore]等为纪念美国斯坦福大学的矿物学家和伟晶岩专家理查德·亨利·詹恩斯(Richard Henry Jahns，1915—1983)而以他的姓氏，加占位主要金属阳离子锰、锰、镁后缀-(MnMnMg)组合命名。IMA 2017-118批准。2018年P. 维格奥拉(P. Vignola)等在《CNMNC通讯》(43)、《矿物学杂志》(82)和2019年《加拿大矿物学家》(57)报道。中文名称根据占位主要金属阳离子锰、锰、镁及族名译为磷铁镁锰钙石-锰锰镁。

【磷铁镁锰钙石-锰锰锰】

英文名 Jahnsite-(MnMnMn)

化学式 $Mn^{2+}Mn^{2+}Mn^{2+}_2Fe^{3+}_2(PO_4)_4(OH)_2 \cdot 8H_2O$ (IMA)

磷铁镁锰钙石-锰锰锰是一种含结晶水和羟基的锰、铁的磷酸盐矿物。属磷铁镁锰钙石族。单斜晶系。褐色、紫褐色、黄色、黄橙色，玻璃光泽、金刚光泽，透明—半透明；硬度4。发现于美国加利福尼亚州圣地亚哥县斯图尔特(Stewart)矿。英文名称Jahnsite-(MnMnMn)，其中根词是1974年由保罗(保罗斯)·布赖恩·穆尔[Paul (Paulus) Brian Moore]等为纪念美国斯坦福大学的矿物学家和伟晶岩专家理查德·亨利·詹恩斯(Richard Henry Jahns，1915—1983)而以他的姓氏，加占位主要金属阳离子锰、锰、锰后缀-(MnMnMn)组合命名。1959年以前发现、描述并命名的"祖父级"矿物，IMA承认有效。1978年由IMA通过特殊程序重新定义1978s. p. 批准。1978年穆尔等在《矿物学杂志》

(42)报道。中文名称根据成分占位主要金属阳离子锰、锰、锰及族名译为磷铁镁锰钙石-锰锰锰。

【磷铁镁锰钙石-锰锰铁】

英文名 Jahnsite-(MnMnFe)

化学式 $Mn^{2+}Mn^{2+}Fe^{2+}_2Fe^{3+}_2(PO_4)_4(OH)_2 \cdot 8H_2O$ (IMA)

磷铁镁锰钙石-锰锰铁是一种含结晶水和羟基的锰、二价铁、三价铁的磷酸盐矿物。属磷铁镁锰钙石族。单斜晶系。晶体呈柱状,长130μm。暗黄色,玻璃光泽,部分透明;硬度4,很脆,完全解理。2018年发现于意大利莱科省科科镇皮奥纳(Piona)半岛马尔彭萨塔(Malpensata)伟晶岩。英文名称Jahnsite-(MnMnFe),其中根词是1974年由保罗(保罗斯)·布赖恩·穆尔[Paul (Paulus) Brian Moore]等为纪念美国斯坦福大学的矿物学家和伟晶岩专家理查德·亨利·詹恩斯(Richard Henry Jahns,1915—1983)而以他的姓氏,加占位主要金属阳离子锰、锰、铁后缀-(MnMnFe)组合命名。IMA 2018-096批准。2018年P.维格奥拉(P. Vignola)等在《CNMNC通讯》(46)、《矿物学杂志》(82)和2019年《加拿大矿物学家》(57)报道。中文名称根据成分占位主要金属阳离子锰、锰、铁及族名译为磷铁镁锰钙石-锰锰铁。

【磷铁镁锰钙石-锰锰锌】

英文名 Jahnsite-(MnMnZn)

化学式 $Mn^{2+}Mn^{2+}Zn_2Fe^{3+}_2(PO_4)_4(OH)_2 \cdot 8H_2O$ (IMA)

磷铁镁锰钙石-锰锰锌柱状晶体(葡萄牙)

磷铁镁锰钙石-锰锰锌是一种含结晶水和羟基的锰、锌、铁的磷酸盐矿物。属磷铁镁锰钙石族。单斜晶系。晶体呈柱状,长0.3mm。浅黄色、金褐色,玻璃光泽,透明。2017年发现于葡萄牙圣路易斯的海尔达德·多斯·彭多斯(Herdade dos Pendões)矿山。英文名称Jahnsite-(MnMnZn),其中根词是1974年由保罗(保罗斯)·布赖恩·穆尔[Paul (Paulus) Brian Moore]等为纪念美国斯坦福大学的矿物学家和伟晶岩专家理查德·亨利·詹恩斯(Richard Henry Jahns,1915—1983)而以他的姓氏,加占位主要金属阳离子锰、锰、锌后缀-(MnMnZn)组合命名。IMA 2017-113批准。2018年A. R. 坎普夫(A. R. Kampf)等在《CNMNC通讯》(42)、《矿物学杂志》(82)和2019年《欧洲矿物学杂志》(31)报道。中文名称根据成分占位主要金属阳离子锰、锰、锌及族名译为磷铁镁锰钙石-锰锰锌。

【磷铁镁锰钙石-钠锰镁】

英文名 Jahnsite-(NaMnMg)

化学式 $(Na,Ca)Mn^{2+}(Mg,Fe^{3+})_2Fe^{3+}_2(PO_4)_4(OH)_2 \cdot 8H_2O$ (IMA)

磷铁镁锰钙石-钠锰镁是一种含结晶水和羟基的钠、钙、锰、镁、三价铁的磷酸盐矿物。属磷铁镁锰钙石族。单斜晶系。晶体呈柱状,晶面有条纹。黄色,玻璃光泽,透明;硬度4,脆性。发现于澳大利亚南澳大利亚州白洛克(White Rock)伟晶岩和巴西米纳斯吉拉斯州的萨普卡(Sapucia)矿山。英文名称Jahnsite-(NaMnMg),其中根词是1974年由保罗(保罗斯)·布赖恩·穆尔[Paul (Paulus) Brian Moore]等为纪念美国斯坦福大学的矿物学家和伟晶岩专家理查德·亨利·詹恩斯(Richard Henry Jahns,1915—1983)而以他的姓氏,加占位主要金属阳离子钠、锰、镁后缀-(NaMnMg)组合命名。IMA 2018-017批准。2018年A. R. 坎普夫(A. R. Kampf)等在《CNMNC通讯》(44)、《矿物学杂志》(82)和2018年《加拿大矿物学家》(56)报道。中文名称根据成分占位主要金属阳离子钠、锰、镁及族名译为磷铁镁锰钙石-钠锰镁。

【磷铁镁锰钙石-钠铁镁】

英文名 Jahnsite-(NaFeMg)

化学式 $NaFe^{3+}Mg_2Fe^{3+}_2(PO_4)_4(OH)_2 \cdot 8H_2O$ (IMA)

磷铁镁锰钙石-钠铁镁柱状晶体,放射状、晶簇状集合体(美国)

磷铁镁锰钙石-钠铁镁是一种含结晶水和羟基的钠、铁、镁的磷酸盐矿物。属磷铁镁锰钙石族。斜方晶系。晶体呈柱状;集合体呈放射状、晶簇状。黄色、橘红色,晶体末端呈橙红色,玻璃光泽,透明;硬度4,完全解理,脆性。2007年发现于美国南达科他州福迈尔(Fourmile)镇顶尖的伟晶岩。英文名称Jahnsite-(NaFeMg),其中根词是1974年由保罗(保罗斯)·布赖恩·穆尔[Paul (Paulus) Brian Moore]等为纪念美国斯坦福大学的矿物学家和伟晶岩专家理查德·亨利·詹恩斯(Richard Henry Jahns,1915—1983)而以他的姓氏,加占位主要金属阳离子钠、铁、镁后缀-(NaFeMg)组合命名。IMA 2007-016批准。2008年A. R. 坎普夫(A. R. Kampf)等在《加拿大矿物学家》(93)报道。中文名称根据成分占位主要金属阳离子钠、铁、镁及族名译为磷铁镁锰钙石-钠铁镁。

【磷铁镁钠钙石】

英文名 Johnsomervilleite

化学式 $Na_{10}Ca_6Mg_{18}Fe^{2+}_{25}(PO_4)_{36}$ (IMA)

磷铁镁钠钙石是一种钠、钙、镁、铁的磷酸盐矿物。属锰磷矿(粒锰磷矿)族。三方晶系。晶体呈他形—半自形粒状;集合体呈胶体凝胶树枝状。深棕色、黑灰色,半玻璃光泽、树脂光泽,透明—半透明;硬度4.5,完全解理,脆性。1979年发现于英国苏格兰西北高地因弗内斯市洛赫库伊奇(Loch Quoich)镇。英文名称Johnsomervilleite,1980年根据A.利文斯顿(A. Livingstone)记忆是以约翰·M.萨默维尔(John M. Somerville,1908—1978)先生的姓名命名。因他向苏格兰皇家博物馆赠送了一个含有新矿物的石榴石石英岩标本。IMA 1979-032批准。1980年利文斯顿在《矿物学杂志》(43)和1981年《美国矿物学家》(66)报道。中文名称根据成分译为磷铁镁钠钙石/磷铁镁钙钠石。

【磷铁镁石】

英文名 Chopinite

化学式 $Mg_3(PO_4)_2$ (IMA)

磷铁镁石是一种镁的磷酸盐矿物。属磷钙铁锰矿族。与磷镁石(法灵顿石)为同质多象。单斜晶系。晶体呈他形粒状,粒径(0.1mm×0.3mm)~(0.2mm×0.6mm);多晶集合体。无色,玻璃光泽,透明。2006年发现于南极洲东伊丽莎白·兰德公主领地英格里德·克里斯滕森海岸布拉特奈夫特(Brattnevet)半岛。英文名称 Chopinite,由法国国家科学研究中心研究室主任、矿物学家、岩石学家克里斯琴·肖邦(Christian Chopin)的姓氏命名,以表彰他对磷酸盐矿物学做出的重大贡献。IMA 2006－004 批准。2007 年 E. S. 格勒维(E. S. Grew)等在《欧洲矿物学杂志》(19)报道。2010 年中国地质科学院地质研究所尹淑苹等在《岩石矿物学杂志》[29(4)]根据成分译为磷铁镁石。

肖邦像

【磷铁锰钡石】

英文名 Perloffite

化学式 $BaMn_2^{2+}Fe_2^{3+}(PO_4)_3(OH)_3$　　(IMA)

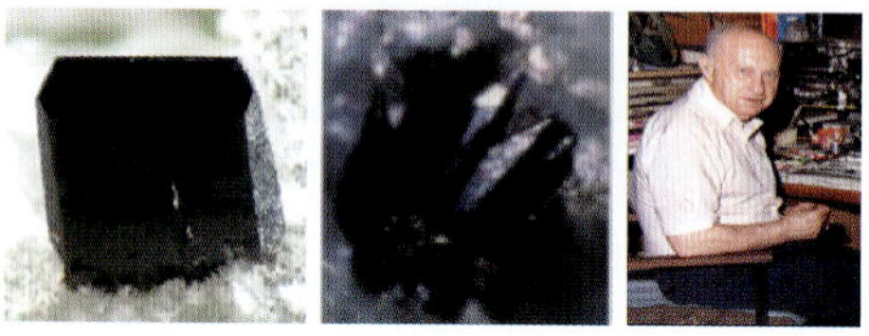

磷铁锰钡石厚板状、矛状晶体(德国)和佩罗夫像

磷铁锰钡石是一种含羟基的钡、锰、铁的磷酸盐矿物,是富含三价铁的磷铝锰钡石的类似矿物。属磷铝锰钡石族。单斜晶系。晶体呈厚板状、矛状;集合体呈块状。棕黑色、绿褐色、深褐色、黑色,金刚光泽、玻璃光泽,透明—半透明;硬度 5,完全解理。1976 年发现于美国南达科他州彭宁顿县大酋长(Big Chief)矿(约翰逊伟晶岩矿)。英文名称 Perloffite,1977 年 A. R. 坎普夫(A. R. Kampf)为纪念美国律师和微观矿物收藏家(Micromounter)路易斯“鲁”·佩罗夫(Louis“Lou”Perloff,1907—2004)而以他的姓氏命名。他拥有最丰富的微观矿物标本和显微幻灯片的收藏。IMA 1976－002 批准。1977 年坎普夫在《矿物学记录》(8)报道。中文名称根据成分译为磷铁锰钡石。

【磷铁锰钙石】

英文名 Keckite

化学式 $CaMn(Fe^{3+},Mn)_2Fe_2^{3+}(PO_4)_4(OH)_3 \cdot 7H_2O$
(IMA)

磷铁锰钙石柱状、板片状晶体,晶簇状集合体(德国)和凯克像

磷铁锰钙石是一种含结晶水和羟基的钙、锰、铁的磷酸盐矿物。属磷铁镁锰钙石族。单斜晶系。晶体呈柱状、板片状;集合体呈近于平行或略显平行的晶簇状、扇状。金棕色、橙棕色,可能有红褐色,半玻璃光泽、树脂光泽,透明—半透明;硬度 4.5,完全解理,脆性。1977 年发现于德国巴伐利亚州上普法尔茨行政区哈根多夫(Hagendorf)村南伟晶岩(科妮莉亚等矿)。英文名称 Keckite,1979 年由阿尔诺·穆克(Arno Mücke)根据德国专门收藏哈根多夫矿物的收藏家埃里克·凯克(Erich Keck)的姓氏命名。IMA 1977－028 批准。1979 年穆克在《矿物学新年鉴:论文》(134)和 M. 弗莱舍(M. Fleischer)等在《美国矿物学家》(64)报道。中文名称根据成分译为磷铁锰钙石。

【磷铁锰矿】

英文名 Beusite

化学式 $Mn^{2+}Mn_2^{2+}(PO_4)_2$　　(IMA)

比乌斯像

磷铁锰矿是一种锰的磷酸盐矿物。属磷锰铁矿族磷铁锰矿-磷锰铁矿系列。单斜晶系。晶体呈柱状。红棕色—粉棕色,玻璃光泽、树脂光泽、油脂光泽,半透明;硬度 5,完全解理,脆性。1968 年发现于阿根廷圣路易斯省普林格莱斯上校城洛斯阿莱罗斯(Los Aleros)花岗伟晶岩。英文名称 Beusite,1968 年由小科尼利厄斯·S. 赫尔布特(Cornelius S. Hurlbut,Jr.)等以莫斯科理工学院的俄罗斯地球化学家和矿物学家亚历克谢·亚历山德罗维奇·比乌斯(Alexei Alexandrovich Beus,1923—1994)的姓氏命名。IMA 1968－012 批准。1968 年 C. S. 赫尔布特(C. S. Hurlbut)等在《美国矿物学家》(53)报道。中文名称根据原成分译为磷铁锰矿。2017 年 IMA 重新定义成分式为 $Mn^{2+}Mn_2^{2+}(PO_4)_2$ 并更名为 Beusite-(Mn)。编译者建议译为磷铁锰矿-锰*。

【磷铁锰矿-钙*】

英文名 Beusite-(Ca)

化学式 $CaMn_2^{2+}(PO_4)_2$　　(IMA)

磷铁锰矿-钙*是一种钙、锰的磷酸盐矿物。属磷锰铁矿族。单斜晶系。晶体呈薄片状,宽 0.1～1.5mm。浅棕色,玻璃光泽;硬度 5,脆性。2017 年发现于加拿大西北地区耶洛奈夫市上罗斯(Upper Ross)湖和雷杜特(Redout)湖之间的花岗伟晶岩。英文名称 Beusite-(Ca),根词“Beusite(磷铁锰矿)”由俄罗斯莫斯科工业研究所的地球化学家和矿物学家历克谢·亚历山德罗维奇·比乌斯(Alexei Alexandrovich Beus,1923—)的姓氏,加成分钙后缀-(Ca)组合命名。IMA 2017－051 批准。2017 年 F. C. 霍桑(F. C. Hawthorne)等在《CNMNC 通讯》(39)、《矿物学杂志》(81)和 2018 年《矿物学杂志》(82)报道。目前尚未见官方中文译名,编译者建议根据成分及与磷铁锰矿的关系译为磷铁锰矿-钙*。

【磷铁锰锶石*】

英文名 Strontioperloffite

化学式 $SrMn_2^{2+}Fe_2^{3+}(PO_4)_3(OH)_3$　　(IMA)

磷铁锰锶石*是一种含羟基的锶、锰、铁的磷酸盐矿物。单斜晶系。2015 年发现于澳大利亚南澳大利亚州普林克里克(Spring Creek)矿。英文名称 Strontioperloffite,由成分冠词“Strontio(锶)”和根词“Perloffite(磷铁锰钡石)”组合命名,意指它是锶的磷铁锰钡石的类似矿物。IMA 2015－023 批准。2015 年 P. 埃利奥特(P. Elliott)在《CNMNC 通讯》(26)、《矿物学杂志》(79)和 2019 年《欧洲矿物学杂志》(31)报道。目前尚未见官方中文译名,编译者建议根据成分及与磷铁锰钡石的关系译为磷铁锰锶石*(根词参见【磷铁锰钡石】条 482 页)。

【磷铁锰锌石】

英文名 Schoonerite

化学式 $ZnMn^{2+}Fe_2^{2+}Fe^{3+}(PO_4)_3(OH)_2(H_2O)_7 \cdot 2H_2O$　(IMA)

磷铁锰锌石板条晶体，花状集合体（德国、美国）和斯库纳像

磷铁锰锌石是一种含结晶水和羟基的锌、锰、铁的磷酸盐矿物。属磷铝镁钙石族。斜方晶系。晶体呈板条、针状；集合体呈花状、晶簇状。浅棕色—棕色、绿褐色、红褐色—风化面青铜色，玻璃光泽、油脂光泽、丝绢光泽，透明—半透明；硬度4，完全解理，脆性。1976年发现于美国新罕布什尔州格拉夫顿县巴勒莫（Palermo）1号矿。英文名称Schoonerite，1977年保罗·布赖恩·穆尔（Paul Brian Moore）等为纪念美国康涅狄格州伍德斯托克的矿物收藏家理查德·斯库纳（Richard Schooner，1925—2007）而以他的姓氏命名。IMA 1976－021批准。1977年穆尔等在《美国矿物学家》（62）报道。中文名称根据成分译为磷铁锰锌石。

【磷铁钠矿】

英文名 Marićite

化学式 $NaFe^{2+}(PO_4)$ （IMA）

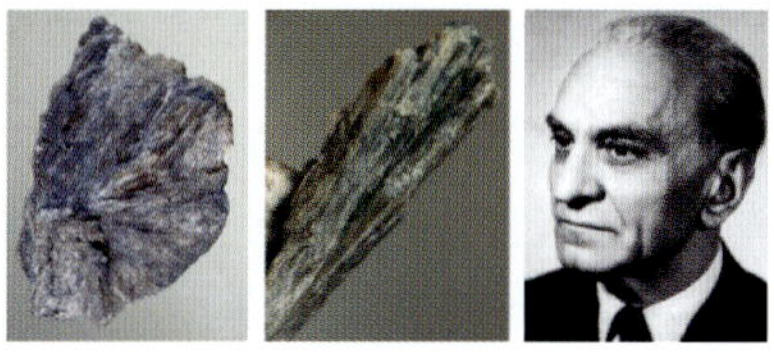

磷铁钠矿纤维状晶体，放射状、束状集合体（加拿大）和马里思像

磷铁钠矿是一种钠、铁的磷酸盐矿物。与凯伦韦伯石*（Karenwebberite）为同质二象。与磷铁锂矿同构。斜方晶系。晶体呈柱状、纤维状；集合体呈放射状、束状。深灰色、棕色—浅棕色，几乎无色，玻璃光泽、油脂光泽，透明—半透明；硬度4～4.5，脆性。1976年发现于加拿大育空地区道森市大鱼溪。英文名称Marićite，为纪念克罗地亚萨格勒布大学的矿物学、岩石学部门负责人矿物学教授卢卡·马里思（Luka Marić，1899—1979）而以他的姓氏命名。IMA 1976－024批准。1977年达科·斯特曼（Darko Sturman）和约瑟夫·曼达里诺（Joseph Mandarino）等在《加拿大矿物学家》（15）报道。中国地质科学院根据成分译为磷铁钠矿（或磷铁钠石）。2011年杨主明在《岩石矿物学杂志》[30(4)]建议音译为马里思矿。

【磷铁铅铋矿】

英文名 Brendelite

化学式 $(Bi,Pb)_2(Fe^{3+},Fe^{2+})O_2(OH)(PO_4)$ （IMA）

磷铁铅铋矿片状、粒状晶体（德国）和布伦德尔像

磷铁铅铋矿是一种含羟基和氧的铋、铅、铁的磷酸盐矿物。单斜晶系。晶体呈片状、粒状，粒径0.3mm；集合体呈放射状、半球状，球径约3mm。深棕色、黑色，金刚光泽、玻璃光泽，半透明—不透明；硬度4.5。1997年发现于德国下萨克森州厄尔士山脉施内贝格镇诺伊斯特（Neustädtel）的古尔德纳（Güldener）法尔克矿。英文名称Brendelite，以该矿的采矿总监克里斯坦·弗里德里希·布伦德尔（Christain Friedrich Brendel，1776—1861）的姓氏命名，以表彰他在机械化采矿技术方面的贡献和应用。IMA 1997－001批准。1998年W.克劳斯（W. Krause）在《矿物学与岩石学》（63）报道。中国地质科学院根据成分译为磷铁铅铋矿。

【磷铁石】

参见【异磷铁锰矿】条1075页

【磷铁锌钙石】

英文名 Jungite

化学式 $Ca_2Zn_4Fe^{3+}_8(PO_4)_9(OH)_9 \cdot 16H_2O$ （IMA）

磷铁锌钙石片状晶体，花饰状、晶簇状集合体（德国）

磷铁锌钙石是一种含结晶水和羟基的钙、锌、铁的磷酸盐矿物。斜方晶系。晶体呈片状；集合体呈玫瑰花状、晶簇状。明亮的黄色、黄绿色、绿色，玻璃光泽、丝绢光泽，透明；硬度1，完全解理。1977年发现于德国巴伐利亚州上普法尔茨行政区哈根多夫（(Hagendorf)）村南伟晶岩（科妮莉亚矿）。英文名称Jungite，1980年P.B.穆尔（P. B. Moore）等为纪念德国阿尔布鲁克的矿物收藏家格哈德·荣格（Gerhard Jung）博士而以他的姓氏命名，他第一个发现的该矿物。IMA 1977－034批准。1980年穆尔在*Aufschluss*（31）和M.弗莱舍（M. Fleischer）等在《美国矿物学家》（65）报道。中文名称根据成分译为磷铁锌钙石。

【磷铁铀矿】

英文名 Vochtenite

化学式 $Fe^{2+}Fe^{3+}(UO_2)_4(PO_4)_4(OH) \cdot 12\sim13H_2O$ （IMA）

沃彻滕像

磷铁铀矿是一种含结晶水和羟基的铁的铀酰-磷酸盐矿物。单斜晶系。晶体呈叶片状；集合体呈晶簇状。青铜色、棕色，金刚光泽、金属光泽，半透明—不透明；硬度2.5，完全解理。1987年发现于英国英格兰康沃尔郡巴赛特（Basset）矿山。英文名称Vochtenite，以比利时安特卫普州立大学的矿物学教授雷诺·F.C.沃彻滕（Renaud F. C. Vochten，1933—2012）的姓氏命名。IMA 1987－047批准。1989年在《矿物学杂志》（53）报道。1990年中国新矿物与矿物命名委员会郭宗山在《岩石矿物学杂志》[9(3)]根据成分译为磷铁铀矿。

【磷铜矿】

英文名 Libethenite

化学式 $Cu_2(PO_4)(OH)$ （IMA）

磷铜矿是一种罕见的含羟基的铜的磷酸盐矿物。属橄榄铜矿族。斜方晶系。晶体呈假八面体、短柱状、楔形；集合体呈球状、晶簇状。深墨绿色、绿色、橄榄绿色，玻璃光

磷铜矿假八面体、柱状晶体，晶簇状集合体（葡萄牙、美国）

泽、断口呈油脂光泽、树脂光泽、蜡状光泽，透明—半透明；硬度 4，脆性。最早见于 1789 年维尔纳在德国《弗赖贝格伯格曼尼斯》(*Bergmaennusches*)杂志[《新伯格曼尼》杂志]报道，称 Olivenerz。1823 年发现于斯洛伐克班斯卡-比斯特里察市鲁别托娃(Ľubietová)村[1919 年之前分属匈牙利的利贝塔尼亚(Libetbánya)]和德国的利比森(Libethen)波德利帕(Podlipa)矿。英文名称 Libethenite，1823 年由奥古斯特·布赖特豪普特(August Breithaupt)在德累斯顿《矿物系统的完整特征》根据发现地德国的利比森(Libethen)命名。1959 年以前发现、描述并命名的"祖父级的"矿物，IMA 承认有效。中文名称根据成分译为磷铜矿或羟磷铜矿。

【磷铜铝矿】

英文名 Sieleckiite

化学式 $Cu_3Al_4(PO_4)_2(OH)_{12}\cdot 2H_2O$　　(IMA)

磷铜铝矿球粒状集合体（澳大利亚）和斯勒科奇像

磷铜铝矿是一种含结晶水和羟基的铜、铝的磷酸盐矿物。三斜晶系。晶体呈纤维状；集合体呈放射状、球粒状。深天蓝色—宝蓝色，解理面上呈珍珠光泽，半透明；硬度 3。1987 年发现于澳大利亚昆士兰州伊萨山(Mount Isa)镇戈登(Gordon)山氧化铜矿山。英文名称 Sieleckiite，由澳大利亚地质学家罗伯特·斯勒科奇(Robert Sielecki，1958—)的姓氏命名，是她发现的该矿物。IMA 1987－023 批准。1988 年 W. D. 伯奇(W. D. Birch)等在《矿物学杂志》(52)和 1989 年《美国矿物学家》(74)报道。1989 年中国新矿物与矿物命名委员会郭宗山在《岩石矿物学杂志》[8(3)]根据成分译为磷铜铝矿。

【磷铜铁矿】

英文名 Chalcosiderite

化学式 $CuFe^{3+}_6(PO_4)_4(OH)_8\cdot 4H_2O$　　(IMA)

磷铜铁矿短柱状晶体，球状集合体（德国、捷克）

磷铜铁矿是一种含结晶水和羟基的铜、铁的磷酸盐矿物。属绿松石族。与绿松石成类质同象系列。三斜晶系。晶体呈短柱状；集合体常呈束状、球状、皮壳状。淡绿色、苹果绿色、暗绿色，玻璃光泽、油脂光泽，透明；硬度 4.5，完全解理，脆性。1814 年发现于英国英格兰康沃尔郡林金霍恩(Linkinhorne)米尼奥恩斯(Minions)菲尼克斯(Phoenix)联合矿山和德国莱茵兰-普法尔茨州阿尔滕基兴赫尔多夫德尔巴赫霍勒茨祖格(Hollertszug)矿；同年，在德国卡尔塞和马尔堡《矿物系统表概述》(*Systematisch-Tabellarische Uebersichtder Mineralogisch-Einfachen Fossilien.*)刊载。英文名称 Chalcosiderite，1814 年由约翰·克里斯托夫·乌尔曼(Johann Christoph Ullmann)根据希腊文"χαλκός＝Copper＝Chalcos(铜)"和"Iron＝Ider(铁)"组合命名。1959 年以前发现、描述并命名的"祖父级"矿物，IMA 承认有效。中文名称根据成分译为磷铜铁矿；根据成分及与绿松石的关系译为铁绿松石。

【磷钍矿】参见【水磷铅钍石】条 844 页

【磷钍铝石】

英文名 Eylettersite

化学式 $Th_{0.75}Al_3(PO_4)_2(OH)_6$　　(IMA)

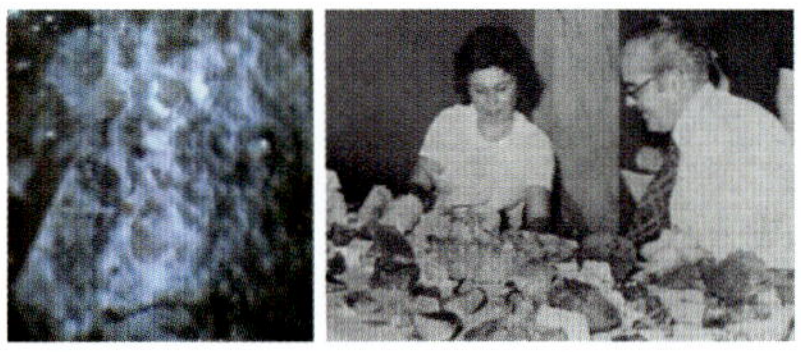

磷钍铝石乳白皮壳状集合体（刚果），埃利特斯和瓦姆贝克像

磷钍铝石是一种含羟基的钍、铝的磷酸盐矿物。属明矾石超族铅铁矿族。三方晶系。集合体呈皮壳状、粉状、结节状、球状。乳白色，玻璃光泽，透明—半透明；硬度 3～4；具放射性。1969 年发现于刚果(金)南基伍省。英文名称 Eylettersite，以该矿物的发现者范·瓦姆贝克(Van Wambeke)的妻子莉·埃利特斯(Lea Eyletters)的姓氏命名。IMA 1969－035 批准。1972 年 L. 范·瓦姆贝克(L. van Wambeke)在《法国矿物学和晶体学会通报》(95)报道。中文名称根据成分译为磷钍铝石或磷钍铝矿。

【磷钍石】

英文名 Auerlite

化学式 $Th(Si,P)O_4$（近似）

磷钍石是一种罕见的钍的磷硅酸盐矿物。四方晶系。晶体呈四方柱状、纤维状。黄色、黄白色、橙红色、暗橙红色，树脂光泽，半透明—不透明；硬度 3，非常脆。最初的报告发现于美国北卡罗来纳州亨德森(Henderson)县。1888 年 W. E. 希登(W. E. Hidden)和 J. B. 麦金托什(J. B. MacKintosh)在《美国科学杂志》(36)报道。英文名称 Auerlite，以希登和麦金托什建议以发明白炽气体照明系统的卡尔·奥尔·冯·韦尔斯巴克(Carl Auer von Welsbach)的名字命名。这是因为这个矿物是在使用白炽气体照明开采锆石时发现的。中文名称根据成分译为磷钍石。

【磷稀土矿-铈】

英文名 Rhabdophane-(Ce)

化学式 $Ce(PO_4)\cdot H_2O$　　(IMA)

磷稀土矿-铈是一种含结晶水的铈的磷酸盐矿物。属磷稀土矿族：包括 Rhabdophane-(Ce)、Rhabdophane-(La)、Rhabdophane-(Nd)和 Rhabdophane-(Y)等矿物种(参见相关条目)。英文名称 Rhabdophane＝Rhabdophane-(Ce)，$CePO_4\cdot H_2O$，是一种含结晶水的铈的磷酸盐矿物。六方晶

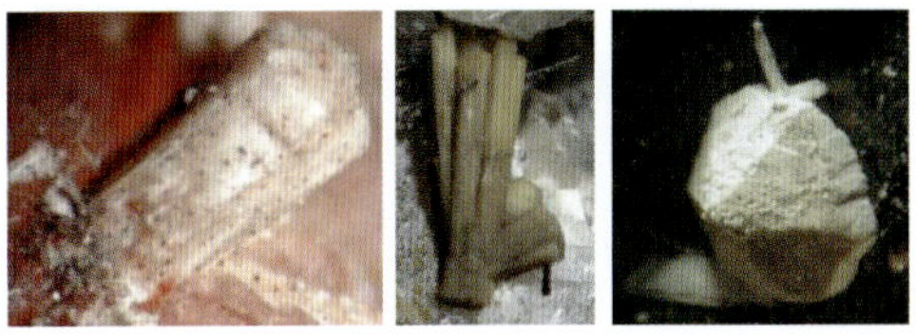
铈磷稀土矿棒状、锥状晶体（加拿大）

系。晶体呈柱状、棒状、锥状、纤维状；集合体呈晶簇状、皮壳状、葡萄状、球状、钟乳状或放射状。褐色、浅粉色、淡黄白色、淡灰色，若被氧化可能呈铁锈色，树脂光泽、蜡状光泽、油脂光泽，半透明；硬度 3.5，脆性。1878 年发现于英国英格兰康沃尔郡福伊（Fowey）村一个铜矿。英文名称 Rhabdophane-(Ce)，根名 Rhabdophane 是 1878 年由威廉·加罗·勒特逊（William Garrow Lettsom）在莱比锡《矿物学和岩石学》(3)根据希腊文“ραβδοζ=A rod(杆、棒)”，意指矿物的晶习呈杆、棒状，加上“φαιυεσθαι=To appear(出现)”，意指各种不同的稀土元素在发射光谱中出现的条带”，后再加上占优势的稀土元素铈后缀-(Ce)组合命名。IMA 1987s. p. 批准。中文名称根据成分译为磷稀土矿（族名）；根据矿物种名和占优势的稀土元素译为磷稀土矿-铈/铈磷稀土矿。

【磷锌矿】

英文名 Hopeite

化学式 $Zn_3(PO_4)_2 \cdot 4H_2O$　　(IMA)

磷锌矿板柱、粗粒状晶体，树枝状、晶簇状集合体（赞比亚）和弘佩像

磷锌矿是一种含结晶水的锌的磷酸盐矿物。属磷锌矿族。与副磷锌矿为同质多象。斜方晶系。晶体呈菱面体或三角面体、板状、柱状；集合体常呈肾状、葡萄状、钟乳状、结壳状、蜂巢状、树枝状，还有呈晶簇状及土状。黄褐色、无色、白色、绿色及蓝色，玻璃光泽，解理面上呈珍珠光泽，透明—半透明；硬度 3～3.5，完全解理，脆性。1822 年第一次描述了发现于比利时列日省韦尔维耶市莫里斯尼特（Moresnet）村的维埃里（Vieille）山区的样品；同年，D. 布鲁斯特（D. Brewster）在《爱丁堡哲学杂志》(6)报道。英文名称 Hopeite，1823 年布鲁斯特在《爱丁堡哲学杂志》(9)以苏格兰化学家爱丁堡大学教授托马斯·查尔斯·弘佩（Thomas Charles Hope，1766—1844）的姓氏命名。他也是一个医生，他发现了锶元素，并确定水的最大密度出现在 4℃。1826 年 D. 布鲁斯特在《爱丁堡皇家学会会刊》(10)再报道。1959 年以前描述并命名的“祖父级”矿物，IMA 承认有效。1908 年斯宾塞（Spencer）在《矿物学杂志》(15)指出：它有两个变种 α-Hopeite 和 β-Hopeite，它们的光学特性和热学性质略有不同。2004 年赫什克（Herschke）等在《欧洲化学杂志》(10)指出：这两个品种的一个水分子的取向不同而晶体结构有所差别。中文名称根据成分译为磷锌矿。同义词 Hibbenite，以美国新泽西普林斯顿大学的校长约翰·格里尔·希本（John Grier Hibben）的姓氏命名[见菲利普斯（Phillips）1916 年《美国科学杂志》(42)]。中文名称根据其形态和成分译为板状磷锌矿，也有的译为杂磷锌矿。

【磷锌铜矿】

英文名 Arakawaite

化学式 $(Cu,Zn)_5Zn(PO_4)_2(OH)_6 \cdot H_2O$

磷锌铜矿纤维状晶体（日本）

磷锌铜矿是一种含结晶水和羟基的铜、锌的磷酸盐矿物。单斜晶系。晶体呈柱状、纤维状。微绿蓝色—深蓝色，玻璃光泽，透明—半透明，硬度 3.5～4。1921 年若林史江（Y. Wakabayashi）和达田（K. Komada）在《东京地质学会杂志》(28)报道。英文名称 Arakawaite，以该矿物首次发现地日本本州岛秋田县荒川（Arakawa）矿山命名。日文汉字名称荒川石。中文名称根据成分译为磷锌铜矿。

同义词 Kipushite，1983 年发现于刚果（金）加丹加省卢本巴希市基普希镇的（Kipushi）矿山。1985 年保罗·皮雷（Paul Piret）等在《加拿大矿物学家》(23)报道。由保罗·皮雷（Paul Piret）、米歇尔·德利安（Michel Deliens）和皮雷·莫尼耶·杰奎琳（Piret Meunier Jacqueline）根据发现地刚果（金）的基普希（Kipushi）矿山命名。后来证明磷锌铜矿[Arakawaite（荒川石）和 Kipushite（羟磷锌铜石）]与 Veszelyite（磷砷锌铜矿）为同种矿物（参见【磷砷锌铜矿】条 476 页）。

【磷叶石】

英文名 Phosphophyllite

化学式 $Zn_2Fe^{2+}(PO_4)_2 \cdot 4H_2O$　　(IMA)

磷叶石板状晶体，晶簇状集合体（玻利维亚）

磷叶石是一种罕见的含结晶水的锌、铁的磷酸盐矿物。单斜晶系。晶体呈厚板状或柱状，聚片鱼尾双晶常见；集合体呈晶簇状。颜色为无色—海绿色、淡蓝色，玻璃—半玻璃光泽、树脂光泽、蜡状光泽，透明—半透明；硬度 3～3.5，有一组完全解理使其裂成叶片状。它是收藏家们非常珍贵的稀有和精致的蓝绿色宝石收藏品。1920 年发现于德国巴伐利亚州上普法尔茨行政区哈根多夫（Hagendorf）村北伟晶花岗岩体长石坑。1920 年劳布曼（Laubmann）和斯坦梅茨（Steinmetz）在莱比锡《结晶学、矿物学杂志》(55)报道。英文名称 Phosphophyllite，由海因里希·劳布曼（Heinrich Laubmann）和赫尔曼·斯坦梅茨（Hermann Steinmetz）根据其化学组成“Phosphate（磷酸盐）”和它的解理片的形态，即希腊文“φύλλον=Phyllos(叶子，意指解理片像叶子)”命名。1959 年之前描述并命名的“祖父级”矿物，IMA 承认有效。中文名称根据成分和叶片状解理片译为磷叶石。

【磷钇矿】

英文名 Xenotime-(Y)

化学式 $Y(PO_4)$　　(IMA)

磷钇矿是稀土矿的主要矿物之一，是一种钇的磷酸盐矿物。四方晶系。晶体呈四方柱状或双锥状、粒状；集合体呈晶簇状或致密块状。淡黄色、黄褐色、红褐色、红色、亮绿色、酒黄色、灰色、无色等，玻璃光泽、油脂光泽，透明—不透明；

磷钇矿四方锥柱状晶体(法国、奥地利)

硬度 4～5,完全解理,脆性;具放射性。1824 年 J. 伯齐利厄斯(J. Berzelius)在《矿物调查记录》(1)记载,称 Phosphorsyrad Ytterjord。1832 年,该矿物在挪威西阿格德尔郡弗莱克菲尤尔镇的海德拉(Hidra)村发现并首次被描述。1832 年 F. S. 伯当(F. S. Beudant)在《基础矿物学教程》(第二卷,第二版)使用 Xenotime 名称。它源于希腊文"κενός＝Vain(虚荣的)"和"τιμή＝Honor(荣耀)",指误认为钇是在它之中第一次被发现的一个新的元素,其实并非如此。在 1794 年芬兰化学家约翰·加多林在瑞典第一个发现了钇,因貌似土族氧化物,故取名稀土元素。根据维克瑞(Vickery),最初的矿物名称是"Kenotime",但由于印刷错误"K"讹为"X",于是就形成"Xenotime"。现已更名为 Xenotime-(Y),即由根词"Xenotime"加占优势的稀土钇后缀-(Y)组合命名。1959 年以前发现、描述并命名的"祖父级"矿物,IMA 承认有效。IMA 1987s. p. 批准。中文名称根据成分译为磷钇矿。

磷钇矿是钇正磷酸盐(YPO_4),与砷钇矿(Chernovite,$YAsO_4$)形成固溶体系列。该矿物常混有稀土元素镝、铒、铽、镱及钍和铀等次要成分。磷钇矿主要用作提取钇和镧系金属(镝、镱、铒和钆)。大颗粒磷钇矿晶体可作宝石。

【磷镱矿】

英文名 Xenotime-(Yb)

化学式 $Yb(PO_4)$　　(IMA)

磷镱矿是一种镱的磷酸盐矿物。属磷钇矿族。四方晶系。一般呈他矿物的包裹体或填隙物。无色—黄色、浅棕色,玻璃光泽,透明;脆性。1998 年发现于加拿大马尼托巴省贝尔尼克湖和沙福德湖(Shatford)的伟晶岩。英文名称 Xenotime-(Yb),由根词"Xenotime(磷钇矿)"加占优势的稀土元素镱后缀-(Yb)组合命名,意指它是镱占优势的磷钇矿类似矿物。IMA 1998－049 批准。1999 年 H. M. 布克(H. M. Buck)等在《加拿大矿物学家》(37)报道。2003 年中国地质科学院矿产资源研究所李锦平等在《岩石矿物学杂志》[22(1)]根据成分译为磷镱矿/磷镱石(根词参见【磷钇矿】条 485 页)。

【磷铀矿】参见【万磷铀矿】条 976 页

鳞 [lín]形声;从鱼,粦(lìn)声。本义:鱼甲。鳞片状,用于描述矿物的形态。

【鳞海绿石】

英文名 Skolite

化学式 $H_4K(Mg,Fe^{2+},Ca)(Al,Fe^{3+})_3Si_6O_{20}\cdot 4H_2O$

鳞海绿石是一种含结晶水的氢、钾、镁、二价铁、钙、铝、三价铁的硅酸盐矿物,是一种富铝的海绿石。晶体呈细鳞片状。深绿色、灰绿色、黄绿色,油脂、土状光泽;硬度 2。1936 年发现于波兰东喀尔巴阡山脉斯科尔(Skole)即现在的乌克兰利沃夫(州)市斯科尔镇(Skole)克罗德卡(Kłódka)采石场。1936 年 K. 斯穆利科夫斯基(K. Smulikowski)在 *Arch. Min. Tow. Nauk. Warszaw*(*Arch. Soc. Sci. Varsovie*)(12)报道。英文名称 Skolite,以发现地乌克兰的斯科尔(Skole)命名。中文名称根据鳞片状形态及与海绿石的关系译为鳞海绿石。

【鳞绿泥石】

英文名 Thuringite

化学式 $(Fe,Fe,Mg,Al)_6(Si,Al)_4O_{10}(O,OH)_8$

鳞绿泥石实际上是一种富含铁的鲕绿泥石。单斜晶系。晶体有时呈六方细鳞片状;集合体多呈隐晶质致密块状。淡黄绿色、橄榄绿色—绿黑色,鳞片呈珍珠光泽;硬度 2.5,极完全解理。首先从德国图林根(Thuringia)州赖希曼斯多夫(Reichmannsdorf)最早报道。英文名称 Thuringite,以发现地德国的图林根(Thuringia)州命名。IMA 未批准。中文名称根据形态及与绿泥石的关系译为鳞绿泥石(参见【鲕绿泥石】条 142 页)。

【鳞镁铁矿】参见【碳镁铁矿】条 923 页

【鳞石蜡】

英文名 Evenkite

化学式 $C_{23}H_{48}$　　(IMA)

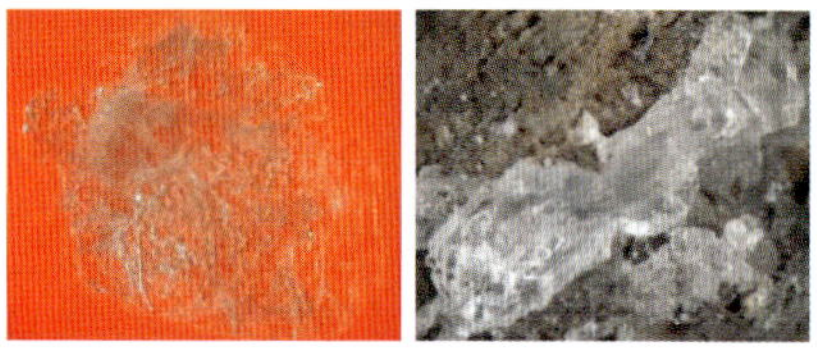

鳞石蜡鳞片状晶体(俄罗斯)

鳞石蜡是一种罕见的烃类碳氢有机化合物矿物,化学名称正构二十四烷;通常被看作植物蜡、蜂蜡、多类型油。2000 年斯潘根贝格(Spangenberg)和麦斯纳(Meisser)指出它是一种固体石蜡,与伟晶蜡石显然相同。斜方晶系。晶体呈半自形片状、鳞片状。无色、白色、黄白色、淡黄绿色,蜡状光泽,透明;硬度 1,完全解理。1953 年发现于俄罗斯克拉斯诺亚尔斯克边疆区埃文基(Evenkiyskiy)自治区下通古斯河流域卡沃基珀斯基耶(Khavokiperskiye)岩多金属矿床的石英晶洞;同年,在《苏联科学院报告》(88)报道。英文名称 Evenkite,以发现地俄罗斯的埃文基(Evenkia)自治区命名。2004 年 E. N. 克特林克娃(E. N. Kotelnikova)等在《俄罗斯矿物学会记事》[133(3)]和《美国矿物学家》(40)报道。1959 年以前发现、描述并命名的"祖父级"矿物,IMA 承认有效。中文名称根据鳞片状和成分译为鳞石蜡。

【鳞石英】

英文名 Tridymite

化学式 SiO_2　　(IMA)

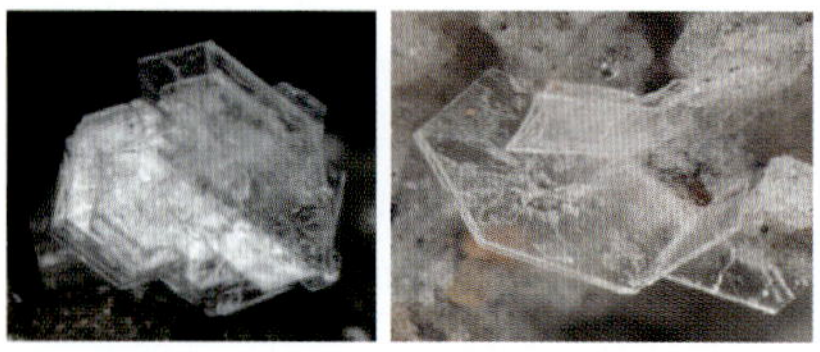

鳞石英假六方片状、片状晶体(德国、斯洛伐克)

鳞石英是一种硅的氧化物矿物。与柯石英(Coesite)、方石英或白硅石(Cristobalite)、正方硅石(或热液石英)(Keatite)、莫石英(Mogánite)、塞石英(Seifertite)、斯石英(或超石英或重硅石)(Stishovite)和石英为同质多象。鳞石英有 3 个变体:β_2-鳞石英(高温鳞石英)、β_1-鳞石英、α-鳞石英(低温鳞石英)。通常说的鳞石英即指 α-鳞石英。三斜(单斜、六方、斜方)晶系。晶体呈假六方片状、板状、楔形,常见接触双晶或穿插双晶呈扇形或楔形;集合体常呈叠瓦状、花瓣状、扇状或球状。无色、白色、淡黄的白色或灰色,玻璃光泽,解理面上呈珍珠光泽,透明—半透明;硬度 6.5~7,脆性。1868 年发现于墨西哥伊达尔戈州帕丘卡市圣克里斯托瓦尔(Cerro San Cristóbal)山;同年,G. 冯·拉斯(G. vom Rath)在《物理学和化学年鉴》(135)发表。英文名称 Tridymite,以希腊文"Τριδυμος=Tridymos(三胞胎)"命名,因其一般由三连孪生双晶组成。1959 年以前发现、描述并命名的"祖父级"矿物,IMA 承认有效。中文名称根据其鱼鳞状形态和属石英类矿物二者复合译为鳞石英,也有的译为"鳞英石"或"鳞硅石"。

【鳞云母】参见【锂云母】条 445 页

灵

[líng]形声;从巫,霝(líng)声。本义:巫。用于中国地名。

【灵宝矿】

汉拼名 Lingbaoite

化学式 $AgTe_3$ (IMA)

灵宝矿是一种银的碲化物矿物。三方晶系。晶体呈粒状,粒径一般小于 20μm,最大 30μm×12μm;与针碲金银矿、六方碲银矿、黄铜矿、斑铜矿等矿物以复合矿物包裹体的形式赋存于黄铁矿中。金黄色,金属光泽,不透明。中国地质调查局中国地质科学院矿产资源研究所简伟博士发现于中国河南省三门峡市灵宝(Lingbao)市小秦岭金矿田 S60 号石英脉。此新矿物的发现,有一段鲜为人知的故事,简伟团队从 2014 年到 2018 年,通过开展扫描电镜分析,初步确定灵宝矿是单一的化合物而非多种矿物的亚显微共生,通过对透射电镜薄片样品分析,成功获得灵宝矿的透射电子显微镜选区电子衍射数据(SAED),再通过完成电子背散射衍射(EBSD)分析,从而进一步证实灵宝矿的晶体结构等。灵宝矿的样品辗转于中国、德国等十几个实验室,被一次次拍摄、查看、计算、检验,终于在 2018 年与 2019 年交接的时刻,国际矿物学协会新矿物及矿物分类、命名专业委员会接收了灵宝矿作为新矿物的申请材料,最终于 2019 年 5 月 23 日通知灵宝矿正式成为新矿物。中文名称根据模式产地灵宝(Lingbao)市命名为灵宝矿。IMA 2018-138 批准。2019 年简伟(Jian Wei)等在《CNMNC 通讯》(50)、《矿物学杂志》(83)和《欧洲矿物学杂志》(31)及 2020 年《美国矿物学家》(105)报道。

玲

[líng]形声;从玉,令声。玲玎:玉石等相击的清脆声。用于中国台湾人名。

【玲根石】

英文名 Lingunite

化学式 $NaAlSi_3O_8$ (IMA)

刘玲根像

玲根石是一种钠的铝硅酸盐高压相多型新矿物,属钠长石或库姆迪科尔石(Kumdykolite)的高压相变体。四方晶系。晶体呈显微粒状,常以其他矿物中的包裹体存在。白色,玻璃光泽,透明。中国台湾中研院地球科学研究所特聘研究员刘玲根,早在半个多世纪前就实验证明石墨在 4 万个大气压、1 000℃的环境中,加入催化剂,几分钟就可以变成金刚石。受此启发他于 1974—1975 年间,在实验室内首次合成"钙钛矿"。1978 年他在澳大利亚国立大学任教时,在 20 万个大气压、1 000℃的环境下,使钠长石相变成一种具有锰钡矿结构的(Na,Ca)$AlSi_3O_8$。因当时科学家尚未在大自然找到相同的矿物,一直未受到国际科学家的重视。

2000 年,法、中、德、美研究团队的吉勒特(Gillet)博士等首次在 1989 年 8 月 15 日 21 时 53 分记录到的中国江苏省泰县(现称姜堰市)寺巷口(Sixiangkou)L 型石质陨石之碰撞熔脉中,发现了具锰钡矿结构的(Na,Ca)$AlSi_3O_8$;同年,日本科学家富岳(Tomioka)等在澳大利亚特纳姆另一 L 型石质陨石中也找到了具锰钡矿(Hollandite)结构的(Na,K,Ca)$AlSi_3O_8$,其后吉勒特博士等陆续又在其他的 L 型或 H 型石质陨石中也发现了相同的矿物。研究团队在回溯期刊论文时,发现刘玲根早在 1978 年前就在实验室内合成了这种矿物,并发表在《地球行星科学通讯》(37),高压阶段转换的钠长石、翡翠和霞石。于是吉勒特博士等在 2004 年向国际矿物协会(IMA)新矿物与矿物命名委员会(CNMMN)提出申请,建议将自然界中具锰钡矿结构的(Na,Ca)$AlSi_3O_8$ 以在中国台湾大学工作的刘玲根(1942—)的名字命名为玲根石(Lingunite)。IMA 2004-054 批准。刘玲根因此成为中国台湾以发现者的名字来命名矿物的第一人。2006 年刘玲根在《地球与行星科学通讯》(246)报道。

铃

[líng]形声;从金,令声。本义:金属制成的响器。用于日本人名。

【铃木石】参见【苏硅钒钡石】条 904 页

菱

[líng]形声;上形下声。菱形,用于描述矿物的菱面体形态,或菱面体解理块。

【菱钡镁石】

英文名 Norsethite

化学式 $BaMg(CO_3)_2$ (IMA)

菱钡镁石板片状晶体(保加利亚)

菱钡镁石是一种钡、镁的碳酸盐矿物。属白云石族。三方晶系。晶体呈板片状、板状、菱面体。无色、乳白色,玻璃光泽、珍珠光泽、树脂光泽、蜡状光泽,透明—半透明;硬度 3.5,菱面体完全解理,脆性。1959 年首次发现于美国怀俄明州的油页岩;1961 年美诺思等在《美国矿物学家》(46)报道;尔后,1967 年在纳米比亚南部的罗什皮纳(Rosh Pinah)铜-铅-锌矿床亦有发现。1982 年中国在内蒙古自治区白云鄂博铁矿区发现了大量的菱钡镁石。英文名称 Norsethite,由玛丽·艾玛·美诺思(Mary Emma Mrose)、E. C. T. 赵(E. C. T. Chao)、约瑟夫·詹姆斯·费伊(Joseph James Fahey)和查尔斯·弥尔顿(Charles Milton)为纪念凯思·诺塞思(Keith Norseth,1927—1991)而以他的姓氏命名。他是美国怀俄明州绿(格林)河西的韦斯特瓦科(Westvaco)矿山的工程地质学家,并协助进行了矿物学研究。IMA 1962s. p. 批准。中文名称根据菱面体形态或解理块和成分译为菱钡镁石,也有的根据成分及与白云石的关系译为钡白云石。

【菱沸石-钙】

英文名 Chabazite-Ca

化学式 $Ca_2[Al_4Si_8O_{24}]\cdot 13H_2O$ (IMA)

菱沸石-钙近立方体晶体，晶簇状集合体(德国、加拿大)

菱沸石-钙是一种含沸石水的钙的铝硅酸盐矿物。属沸石族菱沸石-插晶菱沸石亚族。三方晶系。晶体呈近立方的较复杂的菱面体，具穿插或接触双晶。无色、白色、黄色和肉红色、淡绿色、淡红色，玻璃光泽，透明或半透明；硬度 4.5，完全解理。发现于意大利特兰迪诺-上阿迪杰地区特伦托省(特伦蒂诺)布法尔的圣尼科洛山谷拉雷斯(Lares)。英文名称 Chabazite，于 1788 年由路易斯-奥古斯丁·博斯克·德安蒂克(Louis-Augustin Bosc d'Antic)根据希腊文"Σαμπ ά τσιοs=Chabazios(曲调或旋律)"，后加占优势的阳离子钙后缀-Ca 组合命名。这首曲子讴歌的是 20 座石像之一的"仙女石"，以此来赞颂矿物的美德。这首曲子归因于对传奇的创始人俄耳甫斯(Orpheus，即奥路菲)的崇拜，在 18 世纪初盛行于希腊。奥路菲是太阳神阿波罗之子，又被称为天琴座白银圣斗士，传说少年时的奥路菲同尤莉迪丝坠入爱河，爱人尤莉迪丝在一次意外中死去，痛心的奥路菲为了使爱人复活，进入冥界祈求冥王哈迪斯让她复活，奥路菲善弹竖琴，其琴声能感动草木、禽兽和顽石，他的美妙乐曲打动了冥王哈迪斯，让哈迪斯将奥路菲的爱人复活。但是潘多拉却指使天兽星法拉奥用计将尤莉迪丝的下半身变成了石头，目的就是为了留住奥路菲在冥王身边演奏乐曲。奥路菲因为冥王对自己有恩而一直为冥王弹奏乐曲，星矢和瞬等人到来的时候，奥路菲曾出手相救，但却不参与圣战。后来奥路菲知道了法拉奥设计的圈套使尤莉迪丝变成石头，奥路菲悲痛欲绝力战法拉奥，将其击败后，以雅典娜圣斗士的身份加入了圣战。奥路菲带领星矢和瞬去行刺冥王哈迪斯的时候，被拉达曼迪斯偷袭致重伤，行刺失败，奥路菲战死在冥王神殿。追随爱人而去，奥路菲化作星尘，在北方的天空演奏情歌。由此可见西方人在命名矿物时的浪漫情怀之一斑。1792 年 L.-A.-G. 博斯克·德安蒂克(L.-A.-G. Bosc d'Antic)在《自然历史期刊》(2)报道。1959 年以前发现、描述并命名的"祖父级"矿物，IMA 承认有效。IMA 1997s. p. 批准。中文名称根据结晶习性(菱面体)和族名译为菱沸石，旧译钙斜沸石。因钙可以被钾、钠、镁、锶代替，于是有 Chabazite-Ca，Chabazite-K，Chabazite-Mg，Chabazite-Na，Chabazite-Sr，即菱沸石-钙、菱沸石-钾、菱沸石-镁、菱沸石-钠和菱沸石-锶(参见相关条目)。同义词 Acadialite，由阿卡迪亚(或译阿卡狄亚、阿凯迪亚，古希腊一山区，人情淳朴，生活愉快)命名，译为红菱沸石或红斜沸石。

【菱沸石-钾】

英文名 Chabazite-K

化学式 $(K_2NaCa_{0.5})[Al_4Si_8O_{24}]\cdot 11H_2O$ (IMA)

菱沸石-钾是一种含沸石水的钾、钠、钙的铝硅酸盐矿物。属沸石族菱沸石-插晶菱沸石亚族。三方晶系。晶体呈假立方菱面体、柱状；集合体呈晶簇状。无色、黄色、粉红色、淡红色，玻璃光泽，透明—半透明；硬度 4。发现于意大利那不勒斯省埃尔科拉诺(Ercolano)村。英文名称 Chabazite-K，由根词"Chabazite(菱沸石)"加占优势的阳离子钾后缀-K 组合命名，根词 Chabazite 是以希腊文"Σαμπ ά τσιοs=Chabazios(曲调或旋律)"命名(参见【菱沸石-钙】条 488 页)。IMA 1997s. p. 批准。1970 年在《美国矿物学》(55)和 1976 年《林且国家科学院文献》(40)报道。中文名称根据成分及与菱沸石的关系译为菱沸石-钾/钾菱沸石；旧译钾斜沸石。

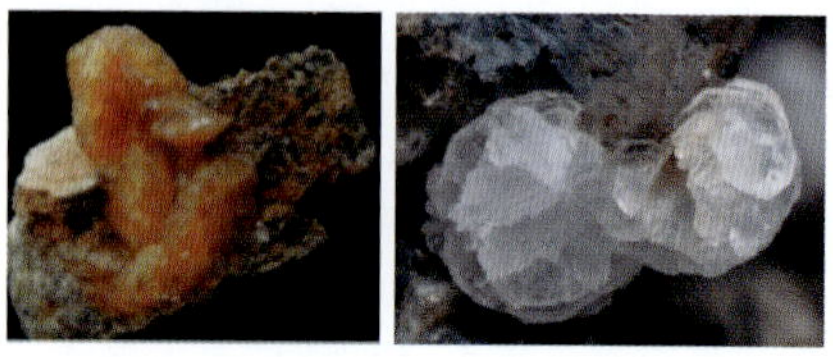

菱沸石-钾菱面体晶体，晶簇状集合体(美国、德国)

【菱沸石-镁】

英文名 Chabazite-Mg

化学式 $(Mg_{0.7}K_{0.5}Ca_{0.5}Na_{0.1})[Al_3Si_9O_{24}]\cdot 10H_2O$ (IMA)

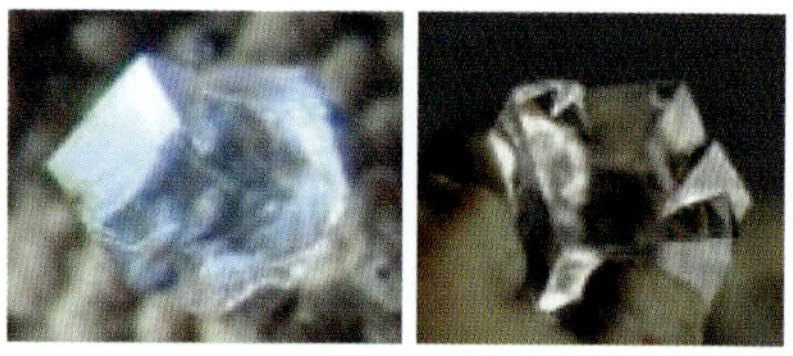

菱沸石-镁假立方菱面体晶体，晶簇状集合体(匈牙利)

菱沸石-镁是一种含沸石水的镁、钾、钙、钠的铝硅酸盐矿物。属沸石族的菱沸石-插晶菱沸石亚族。三方晶系。晶体呈假立方菱面体，粒径 0.4mm；集合体呈晶簇状。无色，玻璃光泽，透明；硬度 4，非常脆。2009 年发现于匈牙利维斯普雷姆州维斯普雷姆(Veszprém)市卡里卡(Karikás)山采石场。英文名称 Chabazite-Mg，由根词"Chabazite(菱沸石)"加占优势的阳离子镁后缀-Mg 组合命名，根词 Chabazite 以希腊文"Chabazios(曲调或旋律)"命名(参见【菱沸石-钙】条 488 页)。IMA 2009-060 批准。2010 年 G. 蒙塔尼亚(G. Montagna)等在《美国矿物学家》(95)报道。中文名称根据成分及与菱沸石的关系译为菱沸石-镁/镁菱沸石，有的译为镁斜沸石。

【菱沸石-钠】

英文名 Chabazite-Na

化学式 $(Na_3K)[Al_4Si_8O_{24}]\cdot 11H_2O$ (IMA)

菱沸石-钠六方板状、板状、圆粒状晶体(美国、澳大利亚)

菱沸石-钠是一种含沸石水的钠、钾的铝硅酸盐矿物。属沸石族菱沸石-插晶菱沸石亚族。三方晶系。晶体呈六方板状、板状、圆形粒状、假六方菱面体。无色、淡黄色、粉红色、淡红色，玻璃光泽，透明—半透明；硬度 4。发现于意大利西西里区卡塔尼亚市阿奇卡斯泰洛(Aci Castello)村。英文名称 Chabazite-Na，由根词“Chabazite（菱沸石）”加占优势的阳离子钠后缀- Na 组合命名，根词 Chabazite 是以希腊文“Σαμπάτσνος＝Chabazios（曲调或旋律）”命名（参见【菱沸石-钙】条 488 页）。1970 年在《美国矿物学家》（55）报道。IMA 1997s. p. 批准。中文名称根据成分及与菱沸石的关系译为菱沸石-钠/钠菱沸石；或译为钠斜沸石或碱菱沸石。

【菱沸石-锶】

英文名 Chabazite-Sr

化学式 $(Sr,Ca)_2[Al_4Si_8O_{24}]\cdot 11H_2O$　　(IMA)

菱沸石-锶是一种含沸石水的锶、钙的铝硅酸盐矿物。属沸石族菱沸石-插晶菱沸石亚族。三方晶系。晶体呈假立方菱面体；集合体呈晶簇状。无色、淡黄色，玻璃光泽，透明—半透明；硬度 4～4.5，脆性。1998 年发现于俄罗斯北部摩尔曼斯克州索洛莱夫（Suoluaiv）山赛多泽里托夫伊（Seidozeritovyi）伟晶岩。英文名称 Chabazite-Sr，由根词“Chabazite（菱沸石）”加占优势的阳离子锶后缀- Sr 组合命名，根词 Chabazite 是以希腊文“Σαμπ ά τσιοs＝Chabazios（曲调或旋律）”命名（参见【菱沸石-钙】条 488 页）。IMA 1999－040 批准。2000 年 I. V. 佩科夫（I. V. Pekov）等在《俄罗斯矿物学会记事》[129(4)]报道。中文名称根据成分及与菱沸石的关系译为菱沸石-锶/锶菱沸石，或译锶斜沸石。

【菱镉矿】

英文名 Otavite

化学式 $Cd(CO_3)$　　(IMA)

菱镉矿菱面体晶体（意大利、纳米比亚）

菱镉矿是一种罕见的镉的碳酸盐矿物。属方解石族。三方晶系。晶体细微，呈复三方偏三角面体、菱面体，常与菱锌矿、硫镉矿共生或伴生在一起；集合体呈疏松状、皮壳状或薄膜状。白色、黄色、黄棕色或红色，金刚光泽，透明—半透明；硬度 3.5～4，具菱面体解理。最早见于 1897 年德·斯考尔滕（de Schulten）在《法国矿物学学会通报》（20）报道。1906 年奥托·施耐德（Otto Schneider）首次描述于纳米比亚奥希科托区奥塔维（Otavi）镇附近的楚梅布（Tsumeb）矿山；同年，施耐德在《斯图加特矿物学、地质学和古生物学论文集》刊载。英文名称 Otavite，以发现地纳米比亚的奥塔维（Otavi）命名。1959 年以前发现、描述并命名的“祖父级”矿物，IMA 承认有效。中文名称根据矿物的菱面体解理和成分镉译为菱镉矿。

2005 年，刘铁庚等在《中国地质》（3）报道在我国贵州牛角塘镉锌矿床中发现了菱镉矿，此为中国首次发现，这一发现填补了中国矿物学上的一个空白。

【菱钴矿】

英文名 Spherocobaltite

化学式 $Co(CO_3)$　　(IMA)

菱钴矿是一种钴的碳酸盐矿物。三方晶系。晶体常呈柱状、菱面体、板状等；集合体呈豆状、结核状、球状、葡萄状、

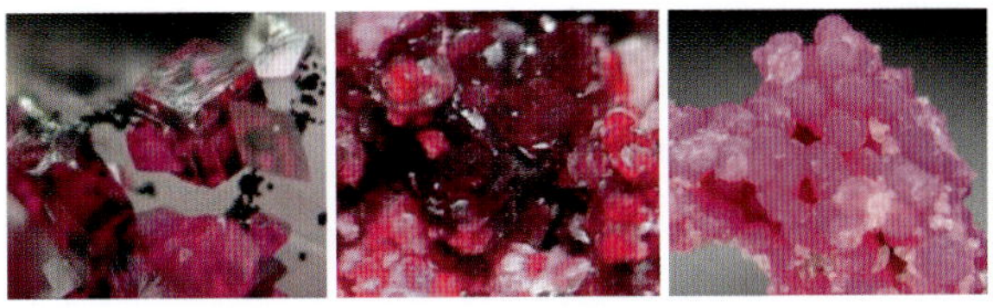

菱钴矿菱面体晶体，球状晶簇（摩洛哥、刚果）

晶簇状、钟乳状和鲕状等。玫瑰红色、粉红色、黑红色，有时呈棕红色、淡灰色的红色，或表面变为黑色，玻璃光泽、蜡状光泽，透明—半透明；硬度 3～4，菱面体解理，脆性。1877 年发现于德国萨克森州纽斯塔德特尔（Neustadtel）丹尼尔（Daniel）矿；同年，阿尔宾·魏斯巴赫（Albin Weisbach）在 *Jahrb. Berg-und Hüttenwesen*, *Abh.*（53）报道。阿尔宾·魏斯巴赫根据希腊文“Σφαί ρα＝Sphaira＝Sphere（球）”，加上成分“Kobaltit＝Cobalt（钴）”命名，意指其结晶习性呈球状和化学组成为钴。1959 年以前发现、描述并命名的“祖父级”矿物。IMA 1962s. p. 批准。IMA 批准的正确的拼写名称为 Spherocobaltite，而“Sphaerocobaltite”是不正确的。中文名称根据菱面体和成分译为菱钴矿；根据球状集合体和成分译为球泡酸钴矿或球菱钴矿。

【菱硅钙钠石】参见【硅钙钠石】条 263 页

【菱硅钾锰石】

英文名 Coombsite

化学式 $KMn^{2+}_{13}(Si,Al)_{18}O_{42}(OH)_{14}$　　(IMA)

菱硅钾锰石是一种含羟基的钾、锰的铝硅酸盐矿物。三方晶系。晶体呈纤维状、片状，长 20μm；集合体呈球状。浅棕黄色，半透明；硬度 3。1989 年发现于新西兰奥塔哥大区东南部克鲁萨区沃特森（Watsons）海滩。英文名称 Coombsite，1991 年由特鲁希科·萨梅希马（Teruhiko Sameshima）和河内洋佑（Yosuke Kawachi）以新西兰奥塔戈大学地质学、矿物学家和岩石学家道格拉斯·萨克森·库姆斯（Douglas Saxon Coombs，1924—）教授的姓氏命名。他首先描述了由于低级埋藏变质作用引起的渐进的矿物的变化，特别是与沸石有关的变化。库姆斯命名了斜钙沸石（Wairakite）、亚铁绿鳞石（Ferroceladonite）和铁铝绿鳞石（Ferroaluminoceladonite）。IMA 1989－058 批准。1991 年萨梅希马和河内洋佑在《新西兰地质和地球物理杂志》（34）报道。中文名称根据菱面体解理和成分译为菱硅钾锰石；编译者建议音译为库姆斯石*。

【菱硅钾铁石】

英文名 Zussmanite

化学式 $K(Fe,Mg,Mn)_{13}(Si,Al)_{18}O_{42}(OH)_{14}$　　(IMA)

菱硅钾铁石是一种含羟基的钾、铁、镁、锰的铝硅酸盐矿物。三方晶系。晶体呈板片状。浅绿色，半玻璃光泽、树脂光泽、油脂光泽，透明—半透明；硬度 4～4.5，菱面体完全解理。1964 年发现于美国加利福尼亚州门多西诺县莱顿维尔（Laytonville）镇采石场。英文名称 Zussmanite，以英国曼彻斯特大学矿物学教授杰克·祖斯曼（Jack Zussman，1924—）的姓氏命名。祖斯曼教授是《造岩矿物》系列专著的作者之一。IMA 1964－018 批准。1965 年 S. O. 阿格雷尔（S. O. Agrell）在《美国矿物学家》（50）报道。中文名称根据菱面体解理和成分译为菱硅钾铁石；根据英文名称首音节音、菱面

体解理和成分译为邹菱钾铁石。

【菱黑稀土矿】

英文名 Steenstrupine-(Ce)

化学式 $Na_{14}Ce_6Mn_2^{2+}Fe_2^{3+}Zr(PO_4)_7Si_{12}O_{36}(OH)_2 \cdot 3H_2O$ (IMA)

菱黑稀土矿柱状、板状晶体(格陵兰)和斯滕斯特鲁普像

菱黑稀土矿是一种含结晶水和羟基的钠、铈、锰、铁、锆的硅酸-磷酸盐矿物。属菱黑稀土矿族。三方晶系(或变生非晶质)。晶体呈菱面体、柱状、板状,晶面圆化且粗糙,常见不规则粒状;集合体呈块状。浅褐色、褐色、褐红色、褐黑色、黑色,半金属光泽、玻璃光泽、油脂光泽,不透明;硬度 4~5,脆性;具放射性。1881 年发现于丹麦格陵兰岛南部库雅雷哥自治区伊犁马萨克(Ilimaussaq)侵入杂岩体康尔卢苏克(Kangerluarsuk)峡湾。1882 年 J. 洛伦岑(J. Lorenzen)在《矿物学杂志》(5)和《大不列颠及爱尔兰矿物学学会期刊》[23(5)]报道。英文名称 Steenstrupine-(Ce),根词由丹麦地质调查局的国家地质学家和探险家克努兹·约翰内斯·沃格柳斯·斯滕斯特鲁普(Knud Johannes Vogelius Steenstrup,1842—1913)的姓氏,加占优势的稀土元素铈后缀-(Ce)组合命名。1866—1889 年,斯滕斯特鲁普在哥本哈根大学地质博物馆工作,并发现了此矿物;他 9 次前往格陵兰岛,其中一次历时 2.5 年。1959 年以前发现、描述并命名的"祖父级"矿物,IMA 承认有效。IMA 1987s. p. 批准。中文名称根据菱面体和颜色及稀土成分译为菱黑稀土矿或菱硅稀土矿;因铈土占优势故有 Steenstrupine-(Ce),译为菱黑稀土矿(铈);也有根据音加成分译为斯担硅石。

【菱碱铁矾】参见【碱铁矾】条 378 页

【菱碱土矿】

英文名 Benstonite

化学式 $Ba_6Ca_6Mg(CO_3)_{13}$ (IMA)

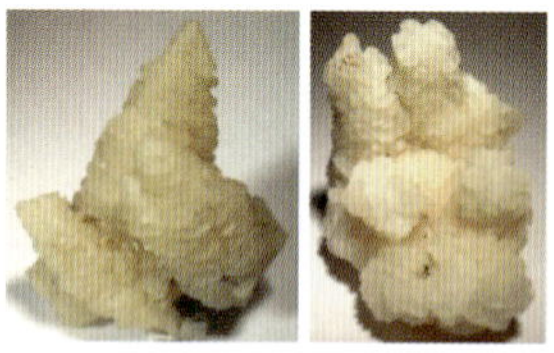

菱碱土矿叠塔状集合体(美国)

菱碱土矿是一种钡、钙、镁的碳酸盐矿物。三方晶系。晶体呈菱面体;集合体呈叠塔状。象牙骨白色、淡黄色、淡黄棕色,玻璃光泽,半透明;硬度 3~4,完全解理。1961 年发现于美国阿肯色州温泉县张伯伦(Chamberlain)溪重晶石矿泥浆坑。1962 年 F. 李普曼(F. Lippmann)在《美国矿物学家》(47)报道。英文名称 Benstonite,以奥兰多·J. 本斯顿(Orlando J. Benston,1901—1966)的姓氏命名。他是美国伊利诺伊大学选矿冶金学家,他提供了第一块标本。IMA 1967s. p. 批准。中文名称根据菱面体解理和成分译为菱碱土矿或菱镁钙钡石;音译为本斯顿石。

【菱磷铝锶矾】

英文名 Svanbergite

化学式 $SrAl_3(SO_4)(PO_4)(OH)_6$ (IMA)

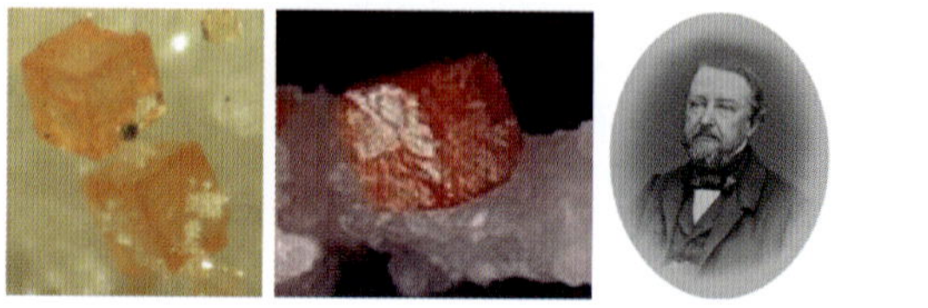

菱磷铝锶矾假立方体晶体(意大利、巴西)和思文凯像

菱磷铝锶矾是一种含羟基的锶、铝的磷酸-硫酸盐矿物。属明矾石超族砷铅铁矾族。三方晶系。晶体呈假立方体、菱面体、粒状;集合体呈块状。无色、金黄色、玫瑰色、红棕色或红色,玻璃光泽、金刚光泽,半透明;硬度 5,完全解理。1851 年第一次发现并描述于瑞典韦姆兰省哈尔斯霍贝格(Hålsjöberg)。1854 年伊格尔斯特伦(Igelstrom)在《斯德哥尔摩皇家科学院文献回顾》(11)报道。英文名称 Svanbergite,由伊格尔斯特伦为纪念瑞典乌普萨拉大学化学家、矿物学家和矿物学教授拉尔斯·弗雷德里克·思文凯(Lars Fredrik Svanberg,1805—1878)而以他的姓氏命名。1959 年以前发现、描述并命名的"祖父级"矿物,IMA 承认有效。IMA 1987s. p. 批准。同义词 Harttite,1906 年由胡萨克(Hussak)在《维也纳矿物学和岩石学通报》(25)对此矿物的称谓以哈特(Harttite)的名字命名。同义词 Tikhvinite,1927 年由安舍勒斯(Ansheless)和弗罗达维茨(Vlodavetz)在《列宁格勒矿物学会记事》[(2)56]以列宁格勒州季赫温(Tikhvin)命名。根据命名优先权的原则,后两者未获 IMA 批准,仅作为同义词。中文名称根据菱面体形态和成分译为菱磷铝锶矾或菱磷铝锶石;根据成分译为硫磷铝锶矿或硫磷铝锶石。

【菱硫铁矿】

英文名 Smythite

化学式 $(Fe,Ni)_{3+x}S_4$ ($x \approx 0 \sim 0.3$) (IMA)

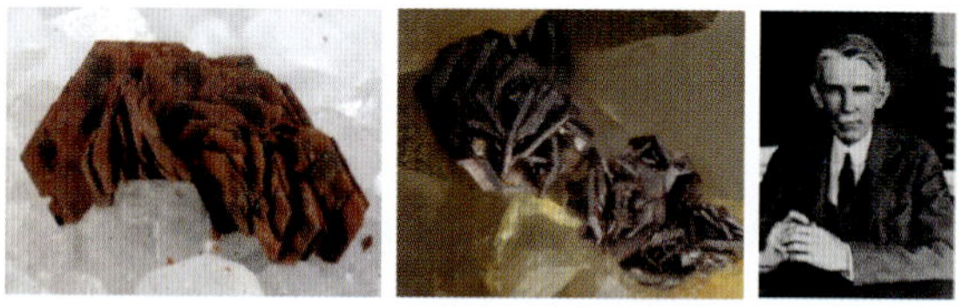

菱硫铁矿六角板花状晶体(意大利、法国)和史密斯像

菱硫铁矿是一种铁、镍的硫化物矿物,外观上与磁黄铁矿和陨硫铁矿非常相似。属磁黄铁矿族。三方晶系。晶体呈假六方薄板状和"菱形"状、翘曲六角板花状。棕黑色、浅古铜色,金属光泽,不透明;硬度 4.5,完全解理,脆性。发现于美国印第安纳州门罗县布卢明顿(Bloomington)采石场。英文名称 Smythite,1956 年由理查德·C. 埃尔德(Richard C. Erd)等为纪念美国新泽西州普林斯顿大学经济地质学教授小查尔斯·亨利·史密斯(Charles Henry Smyth Jr.,1867—1937)而以他的姓氏命名。1959 年以前发现、描述并命名的"祖父级"矿物,IMA 承认有效。1956 年 R. C. 埃尔德(R. C. Erd)等在《美国化学学会杂志》(78)报道。中文名称根据形态与成分译为菱硫铁矿。

【菱镁钙钡石】参见【菱碱土矿】条 490 页

【菱镁矿】

英文名 Magnesite

化学式 $Mg(CO_3)$　　(IMA)

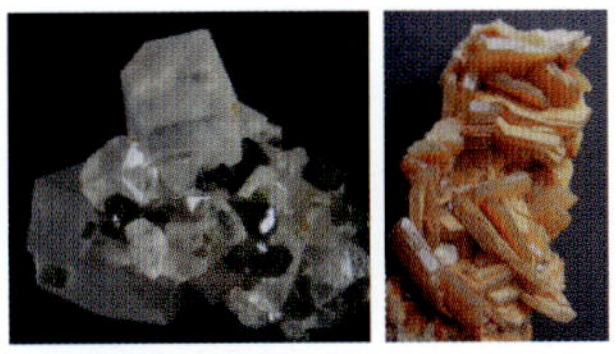

菱镁矿近立方体、板状晶体(巴西、澳大利亚)

菱镁矿是一种镁的碳酸盐矿物。$Mg(CO_3)$-$Fe(CO_3)$之间可形成完全类质同象系列。菱镁矿含 FeO 一般小于 8%。含 FeO 约 9%者称铁菱镁矿(Breunerite);更富含 Fe 者称菱铁镁矿(Mesitite)。属方解石族。三方晶系。晶体呈复三方偏三角面体、菱面体、柱状、板状、纤维状或显晶粒状;集合体呈隐晶质致密块状,还有土状。无色、白色或浅黄白色、灰白色,有时带淡红色调,含铁者呈黄色—褐色、棕色,陶瓷状者大多呈雪白色,玻璃光泽,透明—半透明;硬度 3.5～4.5,菱面体完全解理,脆性。最早发现于希腊塞萨利区马格尼西亚(Magnisía)县和意大利都灵市贝托利诺(Bettolino)蒙蒂佩拉蒂(Monti Pelati)。

近代以前,化学家们将镁的氧化物(苦土)当作是不可再分割的物质。在 1789 年拉瓦锡发表的元素表中就列有它。1808 年,戴维在成功制得钙以后,使用同样的办法又成功地制得了金属镁。从此镁被确定为元素,并被命名为 Magnesium,它来自希腊的塞萨利区马格尼西亚(Magnisia)县,因为在这个城市附近出产氧化镁,被称为 Magnesia alba,即白色氧化镁。菱镁矿的英文名称 Magnesite,亦由马格尼西亚(Magnesia)而得名。1808 年在德国柏林罗特曼《矿物表》(第二版)刊载。1959 年以前发现、描述并命名的"祖父级"矿物,IMA 承认有效。IMA 1962s. p. 批准。中文名称根据形态或菱面体解理块和成分镁译为菱镁矿。

【菱镁镍矿】参见【菱镍矿】条 492 页

【菱镁铁矾】

英文名 Slavikite

化学式$(H_3O)_3Mg_6Fe_{15}(SO_4)_{21}(OH)_{18}\cdot 98H_2O$　　(IMA)

菱镁铁矾皮壳状集合体(捷克)和斯拉维克像

菱镁铁矾是一种含结晶水和羟基的卉离子、镁、铁的硫酸盐矿物。三方晶系。晶体呈菱面体、小板状、粒状、鳞片状;集合体呈皮壳状。浅黄绿色、绿黄色,玻璃光泽,透明;硬度 3.5,菱面体完全解理。1882 年发现于捷克波希米亚中部地区斯克伊瓦(Skřivaň)的瓦拉乔夫(Valachov)山。1882 年克尔瓦纳(Klvana)在《波希米亚》(*Böhm. Ges.*, *Ber.*)(272)报道,称 Paracoquimbite,它根据希腊文"Παρα=Para(副)"及其与"Coquimbite(针绿矾)"的亲缘关系命名(参见【副针绿矾】条 212 页)。英文名称 Slavikite,1926 年鲁道夫·伊尔科夫斯基(Rudolf Jirkovsky)等为纪念弗兰蒂斯克·斯拉维克(František Slavík,1876—1957)而以他的姓氏命名。斯拉维克是布拉格查尔斯特大学理学院院长(1924—1925)和大学校长(1937—1938)。IMA 2008s. p. 批准。2009 年 IMA 07-D 更名为 Slavikite[见 2010 年《美国矿物学家》(95)]。1959 年以前发现、描述并命名的"祖父级"矿物,IMA 承认有效。中文名称根据菱面体解理和成分译为菱镁铁矾。

【菱锰矿】

英文名 Rhodochrosite

化学式 $Mn(CO_3)$　　(IMA)

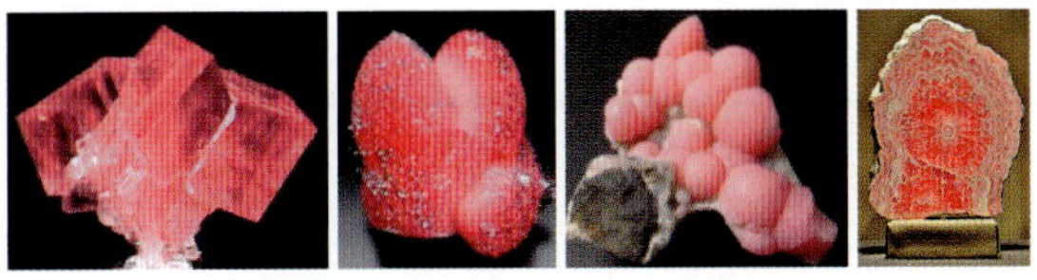

菱锰矿菱面体晶体,葡萄状、钟乳状集合体

菱锰矿是一种锰的碳酸盐矿物。锰可被铁、钙、锌替代形成完全类质同象系列,形成铁菱锰矿、钙菱锰矿、菱锌锰矿等。属方解石族。三方晶系。晶体呈菱面体、柱状、厚板状、粗粒状,晶形少见,双晶罕见;集合体常呈块状、鲕状、肾状、葡萄状、土状等。晶体呈淡玫瑰色、粉红色或淡紫红色,随含 Ca 量的增高,颜色变浅;致密块状体呈白色、黄色、灰白色、褐黄色等,当有 Fe 代替 Mn 时,变为黄或褐色。氧化后表面变褐黑色和黑色,玻璃光泽、珍珠光泽,透明—半透明;硬度 3.5～4,具完全的菱面体解理,脆性。美丽者可作宝石,有"爱神"之称号,因为它可帮助你吸引到合适的异性。发现于罗马尼亚卡夫尼克(Cavnic)镇卡夫尼克(卡普尼克巴尼亚,Kapnikbánya)矿山。最早见于 1782 年 T. 伯格曼(T. Bergmann)在《矿物科学王国》(*Sciagraphia regni mineralis*)的报道。英文名称 Rhodochrosite,命名于 1800 年,来源于希腊文"ῥοδόχρωs=Rhodon(玫瑰)"和"χρῶs=Chrosis(颜色)",意为其颜色为玫瑰色的,以象征它特殊的色彩。带状菱锰矿最早发现地为阿根廷安第斯山脉卡皮利塔(Capillitas)矿山,因而有"阿根廷国家宝石"之称。南美原住民印第安人相信他们古老的祖先、圣者、大智慧者在转世后其高贵精纯的能量(血)就会化为此种宝石,故又有"印加红玫瑰石(Inca Rose)、红玉、红纹石"之别名。英文另一异体名称 Rodocrosita,1813 年由约翰·弗里德里希·路德维希·豪斯曼(Johann Friedrich Ludwig Hausmann)在《矿物学手册》(第三卷,第二版,哥廷根)第一次描述了发现于罗马尼亚马拉穆列什县卡夫尼克矿的晶体标本。1959 年以前发现、描述并命名的"祖父级"矿物,IMA 承认有效。IMA 1962s. p. 批准。中文名称根据矿物成分(锰)和菱面体解理而译为菱锰矿。

【菱锰铅矾】参见【锰铅矾】条 613 页

【菱锰铁方硼石】参见【刚果石】条 236 页

【菱锰铁矿】

英文名 Oligonite

化学式 $(Fe,Mn)CO_3$

菱锰铁矿是一种铁、锰的碳酸盐矿物。属菱铁矿含锰(40%$MnCO_3$)变种。三方晶系。玫瑰红色、粉红色、红色;硬度 3.5～4,菱面体完全解理。英文名称 Oligonite,源于希腊文"ὀλίγοs=Small(小、细微的、微弱的)",由于密度稍微低

L

于菱铁矿，是因为铁被锰部分代替的结果。见于 1951 年 C. 帕拉奇(C. Palache)、H. 伯曼(H. Berman)和 C. 弗龙德尔(C. Frondel)根据詹姆斯·德怀特·丹纳(James Dwight Dana)和爱德华·索尔兹伯里·丹纳(Edward Salisbury Dana)在《丹纳系统矿物学》(第二卷，第七版，纽约)的修订和扩大版。中文名称根据菱面体和成分译为菱锰铁矿或锰菱铁矿。

【菱钠矾】参见【氟钠矾】条 185 页

【菱镍矿】

英文名 Gaspéite

化学式 $Ni(CO_3)$　　(IMA)

菱镍矿皮壳状和葡萄状集合体(澳大利亚)

菱镍矿是一种非常罕见的镍的碳酸盐矿物。属方解石族。三方晶系。晶体呈菱面体；集合体呈皮壳状、结核状、葡萄状、肾状、钟乳状、块状。淡绿色，常有棕色矿物杂质呈网脉状分布，玻璃光泽，半透明；硬度 4.5～5，菱面体完全解理。1965 年发现于加拿大魁北克省加斯佩(Gaspé)半岛。英文名称 Gaspéite，以发现地加斯佩(Gaspé)半岛命名。IMA 1965-029 批准。1966 年 D. W. 科尔斯(D. W. Kohls)等在《美国矿物学家》(51)报道。中国地质科学院根据菱面体解理和成分译为菱镍矿，也有的译作菱镁镍矿。它的外貌有点像绿松石，可作宝玉石材料。2010 年谢浩等在《宝石和宝石学杂志》[12(3)]音译为加斯佩石。2011 年杨主明在《岩石矿物学杂志》[30(4)]建议音译为加斯佩矿。

【菱硼硅铈矿】

英文名 Stillwellite-(Ce)

化学式 $CeBSiO_5$　　(IMA)

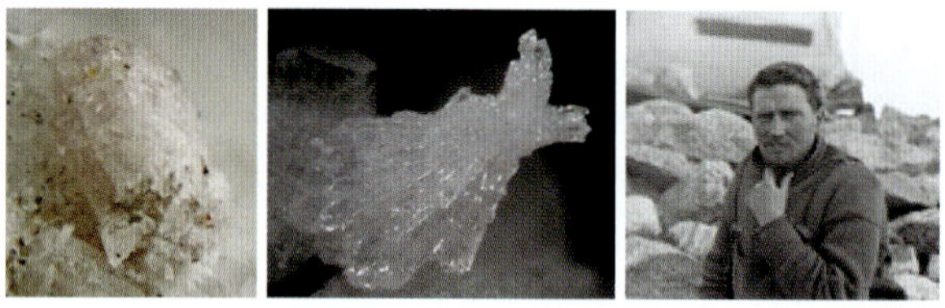

菱硼硅铈矿晶体，束状集合体和史迪威像

菱硼硅铈矿是一种铈的硼硅酸盐矿物。属硼硅钡钇矿-菱硼硅铈矿族。三方晶系。晶体呈巨大的菱面体或纤维状；集合体呈束状。无色、浅灰紫色、红棕色、棕色黄色、橙色、浅粉色，玻璃光泽、树脂光泽、油脂光泽，透明—半透明；硬度 6.5；具放射性。1955 年首次发现并描述于澳大利亚昆士兰州玛丽凯瑟琳(Mary Kathleen)铀矿；同年，J. 麦克安德鲁(J. McAndrew)等在《自然》(176)和 1956 年在《美国矿物学家》(41)报道。英文名称 Stillwellite，1955 年麦克安德鲁等为纪念澳大利亚矿物学家弗兰克·莱斯利·史迪威(Frank Leslie Stillwell，1888—1963)而以他的姓氏命名。史迪威是澳大利亚联邦科学与工业研究组织的铁矿石矿物学家和南极探险家，他曾在澳大利亚破山和卡尔古利金矿场及其他一些地方进行考察。因铈土元素占优势，故有 Stillwellite-(Ce)。1959 年以前发现、描述并命名的"祖父级"矿物，IMA 承认有效。IMA 1987s. p. 批准。中文名称根据菱面体形态和成分译为菱硼硅铈矿；根据成分译为铈硼硅石。

【菱砷铁矿】

英文名 Arseniosiderite

化学式 $Ca_2Fe_3^{3+}O_2(AsO_4)_3 \cdot 3H_2O$　　(IMA)

菱砷铁矿纤维状晶体，放射状、球粒状集合体(德国、法国)

菱砷铁矿是一种含结晶水的钙、铁氧的砷酸盐矿物。属胶磷钙铁矿族。单斜晶系。晶体呈纤维状、板状、粒状；集合体呈块状、放射状、球粒状。金黄色—黄褐色、红褐色、褐黑色、黑色，半金刚光泽、树脂光泽、丝绢光泽、半金属光泽，半透明—不透明；硬度 4.5(纤维状者为 1.5)，菱面体完全解理，脆性。1842 年发现于法国索恩-卢瓦尔省罗曼涅什-索伦(Romanèche-Thorens)锰矿床；同年，杜弗诺依(Dufrenoy)在《矿山年鉴》(2)报道。英文名称 Arseniosiderite，由乌尔斯·皮埃尔·阿尔芒·佩蒂特·杜弗诺依(Ours Pierre Armand Petit Dufrenoy)根据"Arseni(砷)"和希腊文"σύδηρos＝Sideros＝Iron(铁)"组合命名，意指矿物由砷和铁组成。1959 年以前发现、描述并命名的"祖父级"矿物，IMA 承认有效。中文名称根据菱面体和成分译为菱砷铁矿；根据成分译为砷铁钙石；根据颜色和成分译为黑砷铁矿。

【菱水碳铬镁石】参见【碳铬镁矿】条 920 页

【菱水碳铝镁石】参见【水滑石】条 834 页

【菱水碳铁镁石】参见【碳镁铁矿】条 923 页

【菱锶矿】

英文名 Strontianite

化学式 $Sr(CO_3)$　　(IMA)

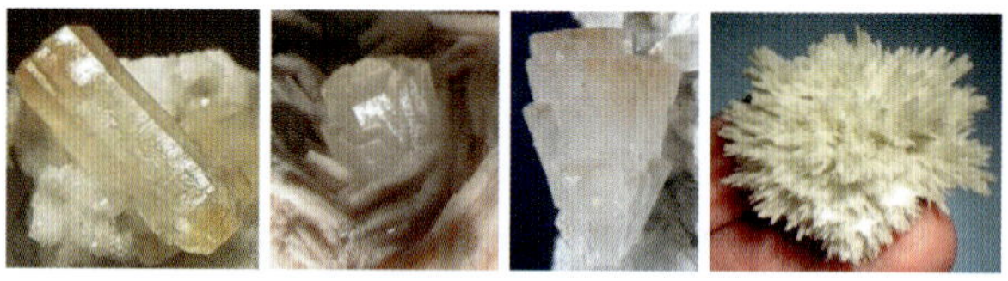

菱锶矿柱状、针状晶体，放射状集合体(奥地利、德国、瑞士)

菱锶矿是一种锶的碳酸盐矿物。属霰石族。斜方晶系。晶体呈六方短柱状、长柱状、针状、纤维状或粒状，但少见，接触双晶、穿插双晶、聚片双晶常见；集合体呈块状、放射状等。无色、白色、灰色、浅黄色、浅棕色、浅绿色或浅红色，玻璃光泽、树脂光泽、油脂光泽，透明—半透明；硬度 3.5，菱面体完全解理，脆性。英文名称 Strontianite，来自英国苏格兰西北高地阿盖尔郡(Argyllshire)斯特朗申(Strontian)镇，这里是菱锶矿的最早发现地。1787 年，在苏格兰的斯特朗申镇的铅矿中发现了一种与众不同的矿石，英国爱丁堡的阿代尔·克劳福德(Adair Crawford)研究后认为，其中包含一种未知的新"土"，并以发现地命名为 Strontia(锶土-氧化锶)。1791 年，另一位爱丁堡人托马斯·查尔斯·荷普(Thomas Charles Hope，1766—1844)对其做了全面的调查研究并证明它是一种新的元素，还注意到它会造成蜡烛的火焰燃烧出红色，后来成为制作红色烟花和信号弹的原料。1791 年由弗里德里希·加布里埃尔·苏尔泽(Friedrich Gabriel Sulze)在《利希滕贝格杂志》(7)和《伯格曼尼斯期刊》(1)报道，以发现地英国苏格兰斯特朗申(Strontian)命名。1959 年以前发现、描述并命名的“祖父级”矿物，IMA 承认有效。1808 年，H. 戴维取得锶的单质(Strontium)。金属元素锶也以首先发现地而命名，元素符号 Sr。中文名称由矿物的菱面体解理块和成分锶译为菱锶矿，又译作碳锶矿。

【菱铁矿】

英文名 Siderite

化学式 $Fe(CO_3)$ (IMA)

菱铁矿菱面体、菱面片状晶体(中国)

菱铁矿是一种铁的碳酸盐矿物。属方解石族。它在地壳中是一种分布比较广泛的矿物。经常有锰、镁等替代铁，形成锰菱铁矿、镁菱铁矿等变种。三方晶系。晶体呈菱面体，或厚或薄的板状，柱状，粒状，晶面往往弯曲，聚片双晶常见；集合体呈块状或结核状、球粒状、葡萄状、鲕状等。显晶质球粒状者称球菱铁矿；隐晶质凝胶状者称胶菱铁矿。颜色一般为灰白色或黄白色，风化后可变成褐色或褐黑色等，玻璃光泽，解理面上呈珍珠光泽，隐晶质无光泽，透明—半透明；硬度 3.5～4.5，菱面体完全解理，脆性。最早见于 1565 年 C. 格斯纳(C. Gesner)的报道。英文名称 Siderite，1845 年由威廉·卡尔·冯·海丁格尔(Wilhelm Karl von Haidinger)命名，取自希腊文“σίδηρος＝Sideros＝Iron(铁)”，意指其是由铁组成的矿物。见 1845 年维也纳《矿物学鉴定手册》刊载。1959 年以前发现、描述并命名的“祖父级”矿物，IMA 承认有效。IMA 1962s. p. 批准。中文名称由菱面体形态或菱面体解理块和成分(铁)而译为菱铁矿。

【菱铁镁矿】参见【菱镁矿】条 491 页

【菱锌矿】

英文名 Smithsonite

化学式 $Zn(CO_3)$ (IMA)

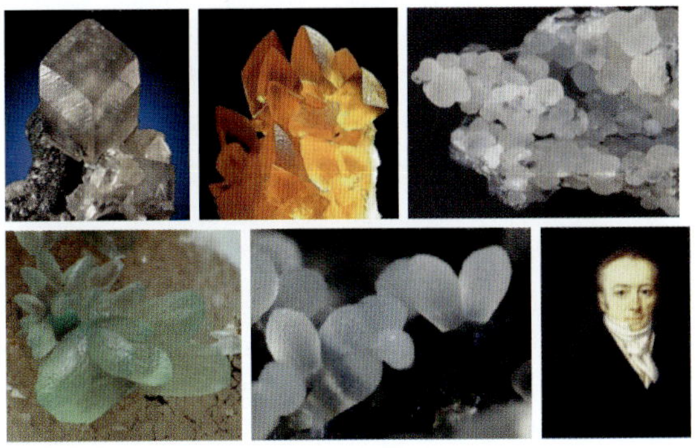

锌矿菱面体晶体，晶簇状、葡萄状、灯泡状集合体(纳米比亚、澳大利亚、德国)和史密森像

菱锌矿是一种锌的碳酸盐矿物。属方解石族。三方晶系。晶体呈菱面体、粒状；集合体呈块状、葡萄状、钟乳状、肾状、土状等。颜色有无色、白色、暗灰色、黄色、蓝色、蓝绿色、蓝灰色、淡绿色、粉红色及褐色等，玻璃光泽，晶面上呈珍珠光泽，透明—半透明；硬度 4～4.5，菱面体解理，脆性。它除了用于提炼锌外，若呈半透明的绿色或绿蓝色的晶体，亦可作为宝石。

在古代一直被作为锌的主要来源。锌也是人类自远古时代就知道的元素之一。锌和铜的合金——黄铜，早为古代人所利用。但金属锌的获得比铜、铁、锡、铅要晚得多。据考，1374 年印度有一位叫马达纳帕拉(Madanapala)的国王，即认为锌是一种金属，由此推断炼锌的方法，最初由印度人发明，后传入中国。中国明代炼锌的原料是炉甘石。李时珍著《本草纲目》说，炉甘石或称炉先生，因此矿物是方士点化之妙药，非小药，故曰：“炉火所重，其味甘，故名。”至清代《格物要论》和《物理小识》都有炉甘石的记载。炉甘石即现代矿物学中的菱锌矿。

在德国 1546 年被阿格里科拉(Agricola)命名为 Lapiscalaminaris(异极矿或炉甘石)。1747 年由约翰·戈特沙尔克·瓦勒留斯(Johan Gottschalk Wallerius“Vallerius”)命名 Calamine(炉甘石和碳酸锌)。1780 年，托尔贝恩·伯格曼(Torbern Bergmann)分析了 Calamine(炉甘石)，证明它有两个矿物种，有相同的名称[见于 1780 年《托尔贝恩·伯格曼小品》(209)]。由于 Calamine(炉甘石)被滥用，而不得不放弃了这个名字。1830 年詹姆斯·L. 史密森(James L. Smithson，1754—1829)对异极矿和炉甘石进行了系统调查研究，认为它们由几种不同的碳酸盐(异极矿、水锌矿和碳酸锌)和硅酸盐矿物组成。英文名称 Smithsonite，1832 年弗朗索瓦·叙尔皮斯·伯当(François Sulpice Beudant)在巴黎《基础矿物学教程》(第二卷，第二版)为纪念英国化学家、矿物学家和史密森学会(Smithsonian Institution)的捐赠者、史密森(Smithsonian)研究院的奠基人詹姆斯·史密森(James Smithson，1754—1829)将碳酸盐“炉甘石”以他的姓氏重新命名为史密森矿。史密森的贡献是创立了美国史密森学会并首次发现了该矿物。1959 年以前发现、描述并命名的“祖父级”矿物，IMA 承认有效。中文名称根据矿物的菱面体解理和成分锌译为菱锌矿。

在 1817 年，德国哥廷根大学化学和医药学教授兼政府药商视察专员的斯特罗迈尔在视察药商的含锌药物的问题时，从不纯的锌中发现了一种新金属镉，他就以含锌的矿石 Calamine(炉甘石)命名该新金属为 Cadmium，元素符号为 Cd。Cadmium，又源自 Kadmia，“泥土”的意思(参见【自然锌】条 1136 页)。

【菱铀矿】

英文名 Rutherfordine

化学式 $(UO_2)(CO_3)$ (IMA)

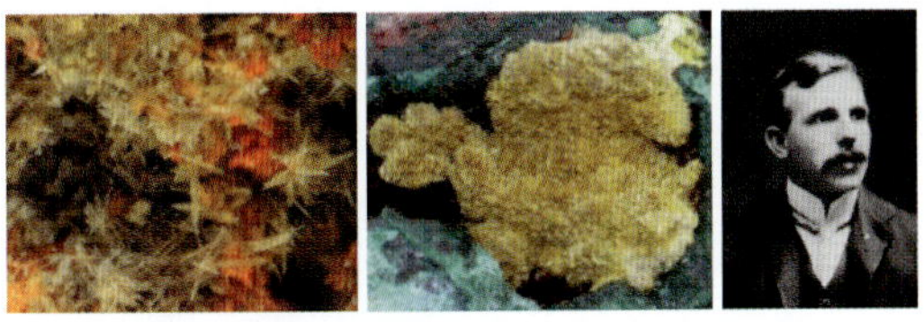

菱铀矿针状晶体，土状集合体(刚果)和卢瑟福像

菱铀矿是一种铀酰的碳酸盐矿物。斜方晶系。晶体呈针状、纤维状；集合体呈缠结状、土状。浅棕黄色、黄色至橙色、黄绿色，丝绢光泽，透明；完全解理。1906 年发现于坦桑

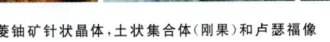

尼亚莫罗戈罗区乌卢古鲁山脉卢文古尔(Lukwengule)。1906 年 W. 马克华(W. Marckwald)在德国斯图加特《矿物学、地质学和古生物学论文集》报道。英文名称 Rutherfordine,1906 年马克华为纪念英国原子物理学家欧内斯特·卢瑟福(Ernest Rutherford,1871—1937)而以他的姓氏命名。卢瑟福在核物理研究做出了重大的贡献,包括发现放射性半衰期的概念,证明放射性涉及到一种元素向另一种元素的转化,区分和命名 α 和 β 辐射,发现和命名质子,以及发展卢瑟福原子模型(即一个原子具有小原子核),为此他荣获了 1908 年度诺贝尔化学奖,104 号化学元素鑪(𬬻,Rutherfordium)也是为纪念他而以他的姓氏命名的。1959 年以前发现、描述并命名的"祖父级"矿物,IMA 承认有效。IMA 1962s. p. 批准。中文名称根据菱面体解理和成分译为菱铀矿;根据斜方晶系和成分译为斜方碳铀矿。

刘

[liú]劉的简化字。形声;从金,从刀,丣(yǒu)声。中国姓氏。

【刘东生石*】

汉拼名 Liudongshengite

化学式 $Zn_4Cr_2(OH)_{12}(CO_3)\cdot 3H_2O$ (IMA)

刘东生像和《黄土的物质成分和结构》

刘东生石*是一种含结晶水的锌、水化铬的碳酸盐矿物。水滑石超族绿锈矿族。三方晶系。2019 年发现于美国亚利桑那州吉拉县滴水泉(Dripping Spring)山脉班纳(Banner)矿区海登地区奇里托(Chilito)79 矿。汉拼名称 Liudongshengite,以中国地质学家、地球环境科学领域专家刘东生(1917—2008)的姓名命名。刘东生 1942 年毕业于西南联合大学地质地理气象系。中国科学院资深院士,毕生后从事地球科学研究,创立了黄土学,被誉为"黄土之父"。曾获得国家最高科学技术奖,代表作品有《黄河中游黄土及黄土分布图》《中国的黄土堆积》《黄土的物质成分和结构》和《黄土与环境》等。IMA 2019 - 044 批准。2019 年 H. 杨(H. Yang)等在《CNMNC 通讯》(51)、《矿物学杂志》(83)和《欧洲矿物学杂志》(31)报道。目前尚未见官方中文译名,编译者建议音译为刘东生石*。

留

[liú]会意;从田,从丣,丣亦(yǒu)声。从"田",表示停留的地方。本义:停留,留下。用于日本地名。

【留萌矿*】

英文名 Rumoiite

化学式 $AuSn_2$ (IMA)

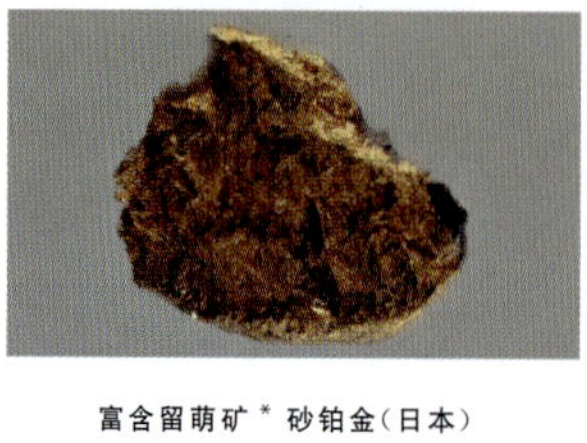

富含留萌矿*砂铂金(日本)

留萌矿*是一种金和锡的互化物矿物。斜方晶系。这些矿物被周围的砂金包裹,外观无法确认它们的存在,它们的大小只有几微米,因此只能用光学显微镜确认。2018 年发现于日本北海道留萌(Rumoi)管内中部苫前(Tomamae)郡初山别(Shosanbetsu)町初山别村南千代田。英文名称 Rumoiite,以模式产地日本的留萌(Rumoi)命名为留萌鉱;它是日本平成时代最后发现的日本新矿物。IMA 2018 - 161 批准。日文汉字名称留萌鉱。2019 年滨根(西尾)大辅(D. Nishio-Hamane)等在《CNMNC 通讯》(49)、《矿物学杂志》(83)和《欧洲矿物学杂志》(31)报道。目前尚未见官方中文译名,编译者建议借用日文汉字名称简化为汉字名称留萌矿*。

硫

[liú]形声;从石,流省声。一种非金属元素。[英]Sulfur。元素符号 S。原子序数 16。硫在远古时代就被人们所知晓。大约在 4 000 年前,埃及人已经会用硫燃烧所形成的二氧化硫来漂白布匹,古希腊和古罗马人也能熟练地使用二氧化硫来熏蒸消毒和漂白。公元前 9 世纪,古罗马著名诗人荷马在他的著作里讲述了硫燃烧时有消毒和漂白的作用。硫在古代中国被列为重要的药材。在中国古代第一部药物学专著《神农本草经》中所记载的 46 种矿物药中,就有石硫黄(即硫磺);著作指出:"石硫黄能化金银铜铁,奇物";说明当时已经知晓硫能与铜、铁等金属直接作用而生成金属硫化物。世界现存最古的炼丹著作——魏伯阳的《周易参同契》,也记述了硫能和易挥发的汞化合成硫化汞。在东晋炼丹家葛洪的《抱朴子内篇》中也有"丹砂烧之成水银,积变又还成丹砂"的记载。中国对火药的研究,大概始于公元 7 世纪。当时的黑火药是由硝酸钾、硫黄和木炭三者组成。火药的制造促进了硫磺的提取和精制技术的发展,《太清石壁记》有用升华法精制硫磺的记载。明朝末年宋应星的《天工开物》一书中对从黄铁矿石和含煤黄铁矿石制取硫磺的操作方法作了详细的叙述。随着 1746 年英国 J. 罗巴克(J. Roebuck)发明了铅室法制造硫酸和 1777 年硫被法国 A. L. 拉瓦锡(A. L. Lavoisier)确认为一种元素后,硫便进入了近代化学的大门。在此之后的年代,硫就迅速成为与近代化学工业和现代化学工业密切相关的最重要的元素之一。硫因其晶体呈黄色而得名(梵文 Sulvere,意思是鲜黄色)。硫在自然界中分布较广,在地壳中含量为 0.048%(按质量计)。自然界中硫的存在形式有游离态和化合态;化合物可分为硫化物矿物和硫酸盐矿物等。

【硫钯矿】

英文名 Vysotskite

化学式 (Pd,Ni)S (IMA)

硫钯矿是一种钯、镍的硫化物矿物。属硫镍钯铂矿-硫钯矿系列族。四方晶系。晶体少有呈完好的柱状;集合体呈细微的不规则团块状。银白色,金属光泽,不透明;硬度 1.5。1962 年发现于俄罗斯泰梅尔自治区(半岛)普托拉纳高原诺里尔斯克市塔尔纳赫铜镍矿床谢韦尔纳亚(Severnaya)矿。英文名称 Vysotskite,以在诺里尔斯克发现铂矿床的苏联地质学家尼古拉·康斯坦丁诺维奇·沃索特斯基(Nikolai Konstantinovich Vysotskii,1864—1932)的姓氏命名。IMA 1967s. p. 批准。1962 年 A. D. 根金(A. D. Genkin)等在《全苏矿物学会记事》(91)和 1963 年 M. 弗莱舍(M. Fleischer)在《美国矿物学家》(48)报道。中文名称根据成分译为硫钯矿。

【硫铋铂矿】

英文名 Crerarite

化学式 $(Pt,Pb)Bi_3(S,Se)_{4-x}$ (x=0.4～0.8) (IMA)

克里拉像

硫铋铂矿是一种铂、铅、铋的硒-硫化物矿物。等轴晶系。晶体呈他形—半自形粒状。亮灰色、黑色,金属光泽,不透明;硬度3~3.5,完全解理,脆性。1994年发现于加拿大魁北克省蒂米斯卡明区贝勒泰尔希恩(Belleterre Lac Sheen)湖。英文名称Crerarite,以美国新泽西普林斯顿大学经济地质学家、地球化学讲座教授戴维·克里拉(David Crerar,1945—1994)的姓氏命名。他是环境地球化学、矿床勘查和水-岩相互作用方面的专家。IMA 1994-003批准。1994年N.J.库克(N.J.Cook)等在《矿物学新年鉴》(月刊)和1995年《美国矿物学家》(80)报道。1999年黄蕴慧等在《岩石矿物学杂志》[18(1)]根据成分译为硫铋铂矿。2011年杨主明在《岩石矿物学杂志》[30(4)]建议音译为克里拉矿。

【硫铋镉矿】

英文名 Kudriavite

化学式 $(Cd,Pb)Bi_2S_4$ (IMA)

硫铋镉矿柱状、针状晶体,放射状集合体(俄罗斯)

硫铋镉矿是一种镉、铅、铋的硫化物矿物。单斜晶系。晶体呈板片状、针状;集合体呈放射状。略带红的深灰色,金属光泽,不透明;非常脆。2003年发现于俄罗斯萨哈林州千岛群岛库德里亚维(Kudriavy)火山喷气孔。英文名称Kudriavite,以模式产地俄罗斯的库德里亚维(Kudriavy)火山命名。IMA 2003-011批准。2005年I.V.查普雷金(I.V.Chaplygin)等在《加拿大矿物学家》(43)报道。日文名称クドリャブイ鉱。2008年中国地质科学院地质研究所任玉峰等在《岩石矿物学杂志》[27(6)]根据成分译为硫铋镉矿。

【硫铋镍矿】

英文名 Parkerite

化学式 $Ni_3(Bi,Pb)_2S_2$ (IMA)

硫铋镍矿是一种镍、铋、铅的硫化物矿物。单斜晶系。晶体呈显微半自形状。青铜色、青铜棕色,金属光泽,不透明;硬度2~3,完全解理,脆性。1937年分别发现于加拿大安大略省萨德伯里区马金乡镇弗鲁德(Frood)矿和南非东开普省艾尔弗雷德恩港镇因斯泽瓦(Insizwa)的沃特福尔(Waterfall)峡;同年,D.L.肖尔茨(D.L.Scholz)在《南非地质学会会刊》(39)报道。英文名称Parkerite,以瑞士苏黎世的矿物岩石学家罗伯特·卢林·帕克(Robert Lüling Parker,1893—1973)的姓氏命名。1959年以前发现、描述并命名的"祖父级"矿物,IMA承认有效。中文名称根据成分译为硫铋镍矿;根据单斜晶系和成分译为斜硫铅铋镍矿。

【硫铋镍铜矿】

英文名 Mückeite

化学式 $CuNiBiS_3$ (IMA)

硫铋镍铜矿是一种铜、镍、铋的硫化物矿物。属硫锑镍铜矿族。斜方晶系。晶体呈细长板柱状,柱面条纹发育。浅灰色、橘红色,金属光泽,不透明;硬度3.5,完全解理。1988

硫铋镍铜矿板柱状晶体和穆克像

年发现于德国莱茵兰-普法尔茨州阿尔滕基县格鲁内(Grüneau)金矿。英文名称Mückeite,1989年G.舒诺尔-科勒(G.Schnorrer-Köhler)等为纪念德国哥廷根大学矿物学与岩石学研究所的矿物学教授阿诺·穆克(Arno Mücke,1937—)而以他的姓氏命名,以表彰他致力于系统矿物学研究的工作。IMA 1988-018批准。1989年舒诺尔-科勒等在《矿物学新年鉴》(月刊)报道。中文名称根据成分译为硫铋镍铜矿/硫铋铜镍矿。

【硫铋铅矿】

英文名 Lillianite

化学式 $Pb_{3-2x}Ag_xBi_{2+x}S_6$ (IMA)

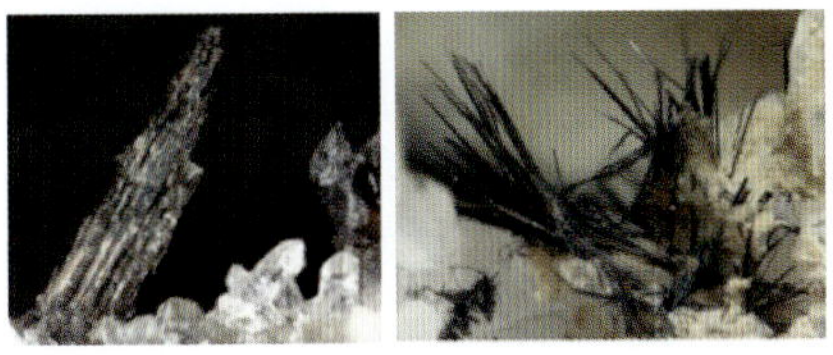
硫铋铅矿针状、柱状晶体,束状集合体(意大利、瑞典)

硫铋铅矿是一种铅、银、铋的硫化物矿物。属硫铋铅矿族。与锡林郭勒矿为同质多象。斜方晶系。晶体呈柱状、针状、纤维状;集合体呈束状、放射状。钢灰色,金属光泽,不透明;硬度2~3,完全解理。1889年发现于美国科罗拉多州莱克县普林特尔伯伊(Printer boy)山莉莲(Lillian)矿山;同年,凯勒(Keller)在《晶体学杂志》(17)报道。英文名称Lillianite,以发现地美国的莉莲(Lillian)矿山命名。1959年以前发现、描述并命名的"祖父级"矿物,IMA承认有效。中文名称根据成分译为硫铋铅矿。

【硫铋铅铁铜矿】

英文名 Miharaite

化学式 $PbCu_4FeBiS_6$ (IMA)

硫铋铅铁铜矿是一种铅、铜、铁、铋的硫化物矿物。斜方晶系。晶体显微粒状。灰色或灰白色,金属光泽,不透明;硬度4。1976年,发现于日本本州岛中国地方冈山县井原市东三原(Mihara)矿山Honpi矿床。英文名称Miharaite,由苣木浅彦(Asahiko Sugaki)等根据发现地日本的三原(Mihara)矿山命名。IMA 1976-012批准。1980年在《美国矿物学家》(65)报道。中国地质科学院根据成分译为硫铋铅铁铜矿;2010年杨主明在《岩石矿物学杂志》[29(1)]建议借用日文汉字名称三原矿。1986年,冶金工业部天津地质研究院关康等在中国河北省青龙县三家金矿进行金矿调查研究时,也发现了硫铋铅铁铜矿,这是在中国的首次发现[见1990年《矿物学报》(3)]。

【硫铋铅铜矿】

英文名 Larosite

化学式 $(Cu,Ag)_{21}PbBiS_{13}$ (IMA)

硫铋铅铜矿是一种铜、银、铅、铋的硫化物矿物。斜方晶系。晶体呈显微针状。黑色，金属光泽，不透明；硬度 3～3.5。1971 年发现于加拿大安大略省蒂米斯卡明区高甘达钴矿区科博尔特镇福斯特（Foster）矿。英文名称 Larosite，以阿尔弗雷德·拉罗斯（Alfred LaRose，1870—1940）的姓氏命名。拉罗斯是一位铁匠和探矿者，他是 1903 年安大略省北部钴矿区丰富的银矿床的主要发现者之一，这一发现导致该地区的大规模勘探和采矿热潮。2003 年拉罗斯入选加拿大矿业名人堂。IMA 1971-014 批准。1972 年 W. 彼得鲁克（W. Petruk）在《加拿大矿物学家》（11）报道。中文名称根据成分译为硫铋铅铜矿。

拉罗斯像

【硫铋铅银矿】

英文名 Ourayite

化学式 $Ag_3Pb_4Bi_5S_{13}$　（IMA）

硫铋铅银矿是一种银、铅、铋的硫化物矿物。属硫铋铅矿同源系列族。斜方晶系。晶体呈显微刀片状、板条状。灰色，金属光泽，不透明；硬度 2。1976 年发现于美国科罗拉多州圣胡安县老鲁特（Old Lout）矿。英文名称 Ourayite，以发现地美国的乌雷（Ouray）社区命名。IMA 1976-007 批准。1977 年 E. 马克维奇（E. Makovicky）等在《矿物学新年鉴：论文集》（131）报道。中文名称根据成分译为硫铋铅银矿。

【硫铋锑铅矿】

英文名 Kobellite

化学式 $Pb_{11}(Cu,Fe)_2(Bi,Sb)_{15}S_{35}$　（IMA）

硫铋锑铅矿纤维状晶体，块状集合体（瑞典）和科贝尔像

硫铋锑铅矿是一种铅、铜、铁、铋、锑的硫化物矿物。斜方晶系。晶体呈叶片状、纤维状、粒状；集合体呈块状。黑铅灰色—钢灰色，金属光泽，不透明；硬度 2.5～3，完全解理。1839 年发现于瑞典内尔彻省厄勒布鲁镇的哈马尔（Hammar）矿山；1840 年，J. 塞特贝里（J. Setterberg）在《化学年报》（20）报道。1841 年在《瑞典科学院文献》刊载。英文名称 Kobellite，1839 年塞特贝里为纪念德国专门用巴伐利亚方言写作的矿物学家和作家/诗人沃尔夫冈·泽维尔·弗朗茨·里特·冯·科贝尔（Wolfgang Xavier Franz Ritter von Kobell，1803—1882）而以他的姓氏命名。科贝尔从 1826 年起任慕尼黑大学的矿物学教授，1855 年发明了一种用于研究晶体光学性质的装置（十字镜，Stauroscope）。1856 年，他成为巴伐利亚博物馆矿物收藏的第一位馆长，同时也是摄影和光化学技术的早期实验者。1959 年以前发现、描述并命名的“祖父级”矿物，IMA 承认有效。中文名称根据成分译为硫铋锑铅矿或硫锑铋铅矿。

【硫铋锑银矿】

英文名 Aramayoite

化学式 $Ag_3Sb_2(Bi,Sb)S_6$　（IMA）

硫铋锑银矿是一种银、锑、铋的硫化物矿物。三斜晶系。晶体呈假四方薄板状；集合体呈板状。铁黑色，血红色（透射

硫铋锑银矿板状晶体（秘鲁）和阿拉马约像

光），金属光泽，不透明；硬度 2.5，完全解理。1926 年发现于玻利维亚波托西省阿尼马斯（Ánimas）矿；同年，L. J. 斯潘塞（L. J. Spencer）等在《矿物学杂志》（21）报道。英文名称 Aramayoite，以费利克斯·阿韦利诺·阿拉马约（Don Felix Avelino Aramayo，1846—1929）的姓氏命名。他是玻利维亚阿拉马约矿山公司的原总经理。1959 年以前发现、描述并命名的“祖父级”矿物，IMA 承认有效。中文名称根据成分译为硫铋锑银矿，有的音译为阿拉马约矿。

【硫铋铁铅矿】参见【艾辉铋铜铅矿】条 18 页

【硫铋铜矿】

英文名 Wittichenite

化学式 Cu_3BiS_3　（IMA）

硫铋铜矿柱状晶体（澳大利亚、德国）

硫铋铜矿是一种铜、铋的硫化物矿物。斜方晶系。晶体呈粒状、圆柱状；集合体呈瘤状、不规则块茎状。铅灰色，青铜色、锡白色、钢灰色、黄色，金属光泽，不透明；硬度 2～3，脆性。1853 发现于德国巴登-符腾堡州黑林山（又称黑森林）地区威蒂亨（Wittichen）纽格洛克（Neugluck）矿；同年，在维也纳《莫氏矿物系统》刊载。英文名称 Wittichenite，以发现地德国威蒂亨（Wittichen）命名。又见于 1944 年 C. 帕拉奇（C. Palache）、H. 伯曼（H. Berman）和 C. 弗龙德尔（C. Frondel）《丹纳系统矿物学》（第一卷，第七版，纽约）。1959 年以前发现、描述并命名的“祖父级”矿物，IMA 承认有效。中文名称根据成分译为硫铋铜矿；根据脆性和成分译为脆硫铜铋矿。

【硫铋铜铅矿】

英文名 Felbertalite

化学式 $Cu_2Pb_6Bi_8S_{19}$　（IMA）

硫铋铜铅矿是一种铜、铅、铋的硫化物矿物。单斜晶系。晶体通常为半自形。灰白色，金属光泽，不透明；硬度 3.5～4，完全解理，脆性。1999 年发现于奥地利萨尔茨堡州菲耳伯特（Felbertal）山谷。英文名称 Felbertalite，以发现地奥地利的菲耳伯特（Felbertal）山谷命名。IMA 1999-042 批准。2001 年 D. 托帕（D. Topa）等在《欧洲矿物学杂志》（13）报道。2007 年中国地质科学院地质研究所任玉峰在《岩石矿物学杂志》[26(3)]根据成分译为硫铋铜铅矿。

【硫铋铜银矿】

英文名 Arcubisite

化学式 Ag_6CuBiS_4　（IMA）

硫铋铜银矿是一种银、铜、铋的硫化物矿物。斜方晶系。晶体显微他形粒状，平均粒径 0.05mm。钢灰色，金属光泽，

L

不透明。1973年发现于丹麦格陵兰岛瑟莫苏克自治市阿尔苏克峡湾伊维赫图特(Ivigtut)冰晶石矿。英文名称 Arcubisite,由化学成分"Argentum(银)""Cuprum(铜)""Bismuth(铋)"和"Sulfur(硫)"组合命名。IMA 1973-009批准。1976年S.卡鲁普·穆勒(S. Karup Møller)在《岩石》(9)报道。中文名称根据成分译为硫铋铜银矿。

【硫铋铜银铅矿】

英文名 Cupropavonite

化学式 $Cu_{0.9}Ag_{0.5}Pb_{0.6}Bi_{2.5}S_5$ (IMA)

硫铋铜银铅矿是一种铜、银、铅、铋的硫化物矿物。属块硫铋银矿同源系列族。单斜晶系。与块硫铋银矿呈细薄层状、薄片状共生。铅灰色—白色,金属光泽,不透明;硬度2。1978年发现于美国科罗拉多州圣胡安县阿拉斯加(Alaska)矿。英文名称 Cupropavonite,1979年,斯文·卡鲁普·穆勒(Sven Karup Møller)等由成分冠词"Cuprum(铜)"及与根词"Pavonite(块硫铋银矿)"的关系组合命名。根词 Pavonite 以马丁·阿尔弗雷德·皮科克(Martin Alfred Peacock)的姓氏命名(Peacock=拉丁文 Pavo)(参见【块硫铋银矿】条417页)。IMA 1978-033批准。1979年斯文·卡鲁普·穆勒等在《矿物学通报》(102)和1980年《美国矿物学家》(65)报道。中文名称根据成分译为硫铋铜银铅矿。

【硫铋银矿】

英文名 Matildite

化学式 $AgBiS_2$ (IMA)

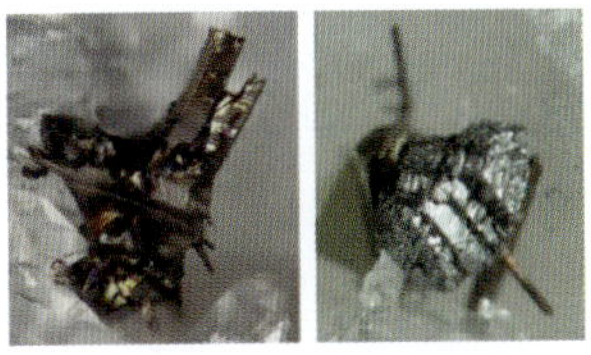

硫铋银矿针状、柱状、粒状晶体(德国)

硫铋银矿是一种银、铋的硫化物矿物。属硫铋银矿族。与硫铅铋银矿为同质多象。三方晶系。晶体呈针状、柱状、粒状。铁灰色或黑色,金属光泽,不透明;硬度2.5,脆性。最早见于1877年Z.拉梅尔斯贝格(Z. Rammelsberg)在《德国经济地质》(29)报道。1883年发现于秘鲁胡宁省莫罗科查区附近玛蒂尔达(Matilda)矿;同年,在比萨《金属》(*I metalli.*)刊载。英文名称 Matildite,以发现地秘鲁的玛蒂尔达(Matilda)命名。1959年以前发现、描述并命名的"祖父级"矿物,IMA承认有效。IMA 1982s. p. 批准。中文名称根据成分译为硫铋银矿或硫银铋矿。

【硫铋银铅铜矿】

英文名 Cupromakovickyite

化学式 $Cu_4AgPb_2Bi_9S_{18}$ (IMA)

硫铋银铅铜矿是一种铜、银、铅、铋的硫化物矿物。属块硫铋银矿同源系列族。单斜晶系。晶体在单斜硫铋银矿中呈出溶薄片状。浅灰白色,金属光泽,不透明;硬度4~4.5。2002年发现于奥地利萨尔茨堡州米特西尔(Mittersill)白钨矿矿床。英文名称 Cupromakovickyite,由化学成分冠词"Cuprum(铜)"及与根词"Makovickyite(单斜硫铋银矿)"的关系组合命名,意指铜占优势的单斜硫铋银矿的类似矿物。IMA 2002-058批准。2003年D.托帕(D. Topa)等在《加拿大矿物学家》(41)和2008年《加拿大矿物学家》(46)报道。2010年中国地质科学院地质研究所尹淑苹等在《岩石矿物学杂志》[29(4)]根据成分译为硫铋银铅铜矿(根词参见【单斜硫铋银矿】条107页)。

【硫铂矿】

英文名 Cooperite

化学式 PtS (IMA)

硫铂矿是一种铂的硫化物矿物。与布拉格矿(硫镍钯铂矿)为同质多象。四方晶系。晶体呈扭曲的碎片,不规则粒状,粒径仅为1.5mm。钢灰色,金属光泽,不透明;硬度4~5,完全解理。1928年分别发现于南非东北部林波波省瓦特贝格区莫加拉克韦纳的莫科帕内(Mokopane)镇和南非西北省勒斯滕堡市汤兰兹(Townlands)矿布尔维尔德超镁铁质岩体。英文名称 Cooperite,以南非约翰内斯堡的理查德·A.库珀(Richard A. Cooper,1890—1972)的姓氏命名。他首先发现、描述并介绍了该矿物。1928年瓦滕韦勒(Wartenweiler)在《南非化学、冶金和采矿学会杂志》(*Journal of Chem. Met. Mining Soc*)(28)讨论了库珀发现该矿物的论文。1959年以前发现、描述并命名的"祖父级"矿物,IMA承认有效。中文名称根据成分译为硫铂矿。

【硫楚碲铋矿】

英文名 Sulphotsumoite

化学式 Bi_3Te_2S (IMA)

硫楚碲铋矿是一种铋、碲的硫化物矿物。属辉碲铋矿。三方晶系。银白色;硬度2。1980年发现于俄罗斯马加丹州布尔加基尔坎(Burgagylkan)金-银矿床。英文名称 Sulphotsumoite,由成分冠词"Sulpho(硫)"和根词"Tsumoite(楚碲铋矿)"组合命名,意指它是含硫的楚碲铋矿的类似矿物。IMA 1980-084批准。1982年在《全苏矿物学会记事》(111)报道。中文名称根据成分及与楚碲铋矿的关系译为硫楚碲铋矿。

【硫碲铋矿】

英文名 Joséite-A

化学式 Bi_4TeS_2 (IMA)

硫碲铋矿是一种铋的碲-硫化物矿物。三方晶系。银白色,变色的铅灰色,金属光泽,不透明;硬度2,完全解理。1853年最初报道于巴西东南部米纳斯吉拉斯州马里亚纳市卡马戈斯区圣何塞(São José)矿;同年,在维也纳《莫氏矿物系统》刊载。1949年又发现于加拿大不列颠哥伦比亚省傲梅尼卡矿区史密斯(Smithers)冰川峡谷[Joséite-B,Bi_4Te_2S(IMA),《美国矿物学家》(34)]。英文名称 Joséite,以最早发现地巴西的圣何塞(Sān José)矿命名,最初于1962年由L.G.贝里(L.G. Berry)和R.M.汤普森(R.M. Thompson)命名为 Joséite-I,意指其与 Joséite 的相似性。1959年以前发现、描述并命名的"祖父级"矿物。又见 Joséite-A(最初为 Joséite-I)、Joséite-B(最初为 Joséite-Ⅱ)及 Joséite-C 都是可疑的,IMA未批准。1991年P.贝里斯(P. Bayliss)在《美国矿物学家》(76)报道,它可能是富碲的脆硫铋矿(Ikunolite)。中文名称根据成分译为硫碲铋矿。

【硫碲铋镍矿】

英文名 Tellurohauchecornite

化学式 Ni_9BiTeS_8 (IMA)

硫碲铋镍矿是一种镍、铋、碲的硫化物矿物。属硫镍铋锑矿族。四方晶系。青铜色，金属光泽，不透明；硬度 4。1978 年发现于加拿大安大略省萨德伯里区斯特拉康纳(Strathcona)矿。英文名称 Tellurohauchecornite，由成分冠词“Tellurian(碲)”和根词族名“Hauchecornite(硫镍铋锑矿)”组合命名(参见【硫镍铋锑矿】条 506 页)。IMA 1978-G 提案，IMA 1978s. p. 批准。1980 年 R. I. 加特(R. I. Gait)等在《矿物学杂志》(43)报道。中文名称根据成分译为硫碲铋镍矿或碲硫铋镍矿。

【硫碲铋铅金矿】

英文名 Buckhornite

化学式 $(Pb_2BiS_3)(AuTe_2)$ (IMA)

硫碲铋铅金矿是一种铅、铋的硫化物和金的碲化物矿物。斜方晶系。晶体呈自形—半自形叶片状，粒径 1.5mm，可扭曲呈躬形；集合体呈螺旋状。黑色，金属光泽，不透明；硬度 2.5，完全解理。1988 年发现于美国科罗拉多州博尔德县詹姆斯敦矿区巴克霍恩(Buckhorn)矿。英文名称 Buckhornite，以发现地美国的巴克霍恩(Buckhorn)矿命名。IMA 1988-022 批准。1992 年 C. A. 弗朗西斯(C. A. Francis)等在《加拿大矿物学家》(30)报道。中文名称根据成分译为硫碲铋铅金矿；1998 年中国新矿物与矿物命名委员会黄蕴慧等在《岩石矿物学杂志》[17(1)]音译为巴克霍恩矿。

【硫碲铋铅矿】

英文名 Aleksite

化学式 $PbBi_2Te_2S_2$ (IMA)

硫碲铋铅矿是一种铅、铋、碲的硫化物矿物。属硫碲铋铅矿族。三方(或六方)晶系。晶体常呈半自形片状、粒状。钢灰色，在光片中呈浅灰色略带绿色色调，金属光泽，不透明；硬度 2.5，完全解理。1977 年发现于俄罗斯萨哈共和国阿列克谢耶夫(Alekseev)矿。英文名称 Aleksite，以发现地俄罗斯阿列克谢耶夫(Alekseev)矿命名。IMA 1977-038 批准。1978 年 A. G. 里珀夫特斯基(A. G. Lipovetskii)等在《全苏矿物学会记事》[107(3)]报道。中文名称根据成分译为硫碲铋铅矿。

【硫碲铅矿】

英文名 Radhakrishnaite

化学式 $PbTe_3(Cl,S)_2$ (IMA)

硫碲铅矿是一种铅、碲的硫-氯化物矿物。四方晶系。晶体呈显微粒状，粒径仅 20～40μm，呈碲铅矿的包裹体存在。灰色、红褐色，金属光泽，不透明。1983 年发现于印度卡纳塔克邦戈拉尔(Kolar)金矿区中央片岩带矿脉。英文名称 Radhakrishnaite，以印度矿物学家、迈索尔地质部门的主任班加罗尔·普泰亚·拉达克里希南(Bangalore Puttaiya Radhakrishnan，1918—2012)的姓氏命名。IMA 1983-082 批准。1985 年 A. D. 亨金(A. D. Genkin)等在《加拿大矿物学家》(23)报道。中文名称根据成分译为硫碲铅矿；《英汉矿物种名称》(2017)中根据英文名首音节音和成分译为若氯碲铅矿。

【硫碲锑银矿】

英文名 Benleonardite

化学式 $Ag_{15}Cu(Sb,As)_2S_7Te_4$ (IMA)

硫碲锑银矿是一种银、铜、锑、砷的硫-碲化物矿物。属砷硫银矿-硫锑铜银矿族。四方晶系。晶体呈微细粒状和板条状，粒径 60μm；集合体呈皮壳状和裂隙充填状。深灰色、黑色，金属光泽，不透明；硬度 3。1985 年发现于墨西哥索诺拉州巴姆波里塔(Bambollita)矿。英文名称 Benleonardite，1986 年由 C. J. 斯坦利(C. J. Stanley)等为纪念丹佛科罗拉多美国地质调查局的矿物学家和地质学家本杰明·富兰克林·伦纳德三世(Benjamin Franklin Leonard Ⅲ，1921—2008)博士而以他的姓名命名。他是矿相显微镜方面的专家，他发现并描述了两种新矿物，并与他人共同描述了其他 4 种新矿物。IMA 1985-043 批准。1986 年斯坦利等在《矿物学杂志》(50)报道。1987 年中国新矿物与矿物命名委员会郭宗山等在《岩石矿物学杂志》[6(4)]根据成分译为硫碲锑银矿。

伦纳德像

【硫碲铜钯矿】

英文名 Vasilite

化学式 $(Pd,Cu)_{16}(S,Te)_7$ (IMA)

硫碲铜钯矿是一种钯、铜的碲-硫化物矿物。等轴晶系。晶体呈不规则状、粒状、板状，一般为其他矿物的包裹体。钢灰色，金属光泽，不透明；硬度 5～5.5，脆性。1976 年发现于保加利亚布尔加斯州卡梅诺镇康斯坦丁诺夫(Konstantinovo)；同年，P. 马特科维奇(P. Matković)等在《稀有金属学报》(50)报道。英文名称 Vasilite，1990 年由阿塔纳斯·Y. 阿塔纳索夫(Atanas Y. Atanasov)以他的父亲保加利亚索非亚矿业与地质学高等研究院矿物学副教授瓦西尔·阿塔纳索夫(Vasil Atanasov，1933—)的名字命名。IMA 1989-044 批准。1990 年阿塔纳索夫在《加拿大矿物学家》(28)报道。中文名称根据成分译为硫碲铜钯矿；1993 年中国新矿物与矿物命名委员会黄蕴慧等在《岩石矿物学杂志》[12(1)]音译为瓦西尔矿。

【硫碲铜钙石】

英文名 Tlapallite

化学式 $(Ca,Pb)_3CaCu_6O_2[Te^{4+}_3Te^{6+}O_{12}]_2(Te^{4+}O_3)_2(SO_4)_2 \cdot 3H_2O$ (IMA)

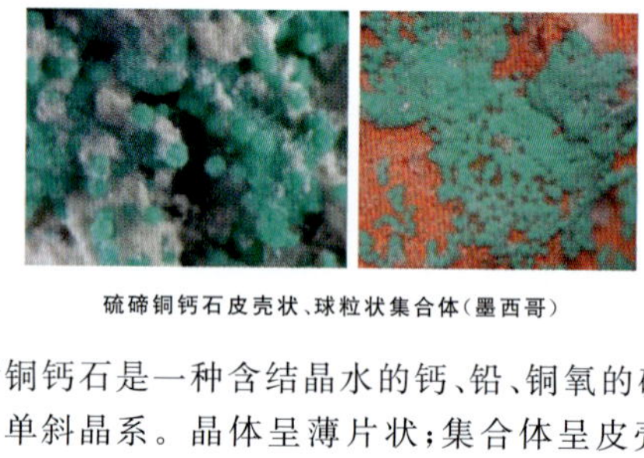

硫碲铜钙石皮壳状、球粒状集合体(墨西哥)

硫碲铜钙石是一种含结晶水的钙、铅、铜氧的硫酸-碲酸盐矿物。单斜晶系。晶体呈薄片状；集合体呈皮壳状、玫瑰花状、球粒状、葡萄状。绿色，玻璃光泽、蜡状光泽，半透明；硬度 3。1977 年发现于墨西哥索诺拉州巴姆博里塔(Bambollita)矿。英文名称 Tlapallite，根据纳瓦人“Tlalpalli＝Paint(油漆、染料)”命名，意指矿物在发现地点的断裂面上呈油漆状薄膜。IMA 1977-044 批准。1978 年 S. A. 威廉姆斯(S. A. Williams)等在《矿物学杂志》(42)报道。中文名称根据成分译为硫碲铜钙石。

【硫碲银矿】

英文名 Cervelleite

化学式 Ag_4TeS (IMA)

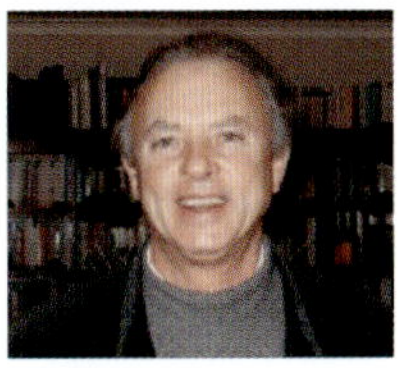
塞尔维勒像

硫碲银矿是一种银的碲-硫化物矿物。属辉银矿族。等轴晶系。晶体呈显微粒状。深灰色、黑色，金属光泽，不透明；硬度 1.5～2。1986 年发现于墨西哥索诺拉州巴姆博里塔(Bambollita)矿。英文名称 Cervelleite，以巴黎大学教授、法国矿物学家伯纳德·塞尔维勒(Bernard Cervelle，1940—)博士的姓氏命名。IMA 1986-018 批准。1989 年 A. J. 柯瑞多(A. J. Criddle)等在《欧洲矿物学杂志》(1)报道。1990 年中国新矿物与矿物命名委员会郭宗山在《岩石矿物学杂志》[9(3)]根据成分译为硫碲银矿。

【硫锇矿】

英文名 Erlichmanite

化学式 OsS_2　　(IMA)

硫锇矿是一种锇的硫化物矿物。属黄铁矿族。等轴晶系。晶体呈五角十二面体圆粒状。灰白色，金属光泽，不透明；硬度 4.5～5.5。1970 年发现于美国加利福尼亚州洪堡特县克拉马斯山脉麦金托什(MacIntosh)矿。英文名称 Erlichmanite，以美国宇航局艾姆斯研究分会行星科学分支的美国电子探针分析专家约瑟夫·埃利希曼(Joseph Ehrlichman，1935—)的姓氏命名。他的分析有助于确定一些新矿物，并发现或研究了几种新矿物。IMA 1970-048 批准。1971 年 K. G. 施奈辛格(K. G. Snetsinger)在《美国矿物学家》(56)报道。中文名称根据成分译为硫锇矿。

【硫钒钾铀矿】

英文名 Mathesiusite

化学式 $K_5(UO_2)_4(SO_4)_4(VO_5)(H_2O)_4$　　(IMA)

硫钒钾铀矿针状晶体，放射状集合体(捷克)和马特修斯像

硫钒钾铀矿是一种含结晶水的钾的铀酰-钒酸-硫酸盐矿物。四方晶系。晶体呈柱状、针状；集合体呈放射状。黄绿色，玻璃光泽，透明—半透明；硬度 2，完全解理，脆性。2013 年发现于捷克共和国卡罗维发利州厄尔士山脉亚希莫夫矿区斯沃诺斯特(Svornost)矿。英文名称 Mathesiusite，以德国福音派牧师神学家、德国部长和路德会改革家、矿物学家约翰内斯·马特修斯(Johannes Mathesius，1504—1565)的姓氏命名。他也是冶金学家、矿物学家、"矿物学之父"乔治·阿格里科拉(Georg Agricola)的同事。他们都住在约阿希姆斯塔尔(现在的约什修夫)，马特修斯研究过亚希莫夫矿区的矿物，并著有采矿著作 *Sarepta oder Bergpostil*。IMA 2013-046 批准。2013 年 J. 普拉希尔(J. Plášil)等在《CNMNC 通讯》(17)、《矿物学杂志》(77)和 2014 年《美国矿物学家》(99)报道。2015 年艾钰洁、范光在《岩石矿物学杂志》[34(1)]根据成分译为硫钒钾铀矿。

【硫钒锡铜矿】

英文名 Nekrasovite

化学式 $Cu_{13}VSn_3S_{16}$　　(IMA)

涅克拉索夫像

硫钒锡铜矿是一种铜、钒、锡的硫化物矿物。属锗石族。等轴晶系。晶体呈他形圆粒状，粒径小于 11μm。淡褐棕色，金属光泽，不透明；硬度 4.5，脆性。1983 年发现于乌兹别克斯坦塔什干州凯拉格赫(Kairagach)金矿床。英文名称 Nekrasovite，以苏联莫斯科实验矿物学研究所的矿物学家和地球化学家 I. Y. 涅克拉索夫(I. Y. Nekrasov，1929—2000)的姓氏命名。IMA 1983-051 批准。1984 年 V. A. 科拉瓦勒克(V. A. Kovalenker)等在《矿物学杂志》[6(2)]和 1985 年 P. J. 邓恩(P. J. Dunn)等在《美国矿物学家》(70)报道。1985 年中国新矿物与矿物命名委员会郭宗山等在《岩石矿物及测试》[4(4)]根据成分译为硫钒锡铜矿。

【硫复铁矿】

英文名 Greigite

化学式 $Fe^{2+}Fe^{3+}_2S_4$　　(IMA)

硫复铁矿八面体、立方体晶体(俄罗斯)和格雷格像

硫复铁矿是一种二价铁、三价铁的硫化物矿物。属尖晶石超族硫硼尖晶石族硫钴矿亚族。与无名的(铁硫化物Ⅱ)为同质多象。等轴晶系。晶体呈显微粒状，粒径 0.03mm，呈八面体、立方体；集合体呈球粒状。金属粉红色、变色为蓝色，黑色时为非晶质，金属光泽、土状光泽，不透明；硬度 4～4.5。1963 年发现于美国加利福尼亚州圣贝纳迪诺县克莱默(Kramer)3 号、4 号、5 号井。英文名称 Greigite，以美国宾夕法尼亚州立大学矿物学家和物理化学家 J. W. 格雷格(J. W. Greig，1895—1977)的姓氏命名。他是美国华盛顿卡内基研究所地球物理实验室的矿物学家和物理化学家，后来在美国宾夕法尼亚州立大学任教，他是氧化物和硫化物系统的高温相平衡研究的先驱。他最大的贡献是对硅酸盐系统中液体不混溶性的全面研究。IMA 1963-007 批准。1964 年布瑞恩·约翰·斯金纳(Brian John Skinner)等在《美国矿物学家》(49)报道。中文名称根据成分译为硫复铁矿；根据非晶质和成分译为胶黄铁矿。

【硫钙铝柱石】参见【硫钙柱石】条 500 页

【硫钙水铬矿】

英文名 Cronusite

化学式 $Ca_{0.2}CrS_2 \cdot 2H_2O$　　(IMA)

克罗诺斯像

硫钙水铬矿是一种含结晶水的钙、铬的硫化物矿物。三方晶系。晶体呈粒状，分散于顽火辉石中。黑色，半金属光泽，不透明；硬度 1.5，完全解理。1999 年发现于美国堪萨斯州诺顿(Norton)县诺顿陨石，属于陨石矿物硫钠铬矿(Caswellsilverite)在陆地的风化产物。英文名称 Cronusite，根据希腊神话中的泰坦神之一的"时间之神"克罗诺斯(Kronos=Cronos)的名字命名。他是天神乌拉诺斯神(Uranus)和地神

盖亚(Gaea)的儿子，意指它是陨星矿物经陆地风化综合起源的产物。IMA 1999－018 批准。2001 年 S. N. 布里特温(S. N. Britvin)等在《俄罗斯矿物学会记事》[130(3)]报道。2007 年中国地质科学院地质研究所任玉峰在《岩石矿物学杂志》[26(3)]根据成分译为硫钙水铬矿。

【硫钙柱石】

英文名 Silvialite

化学式 $Ca_4Al_6Si_6O_{24}(SO_4)$ (IMA)

硫钙柱石是一种含硫酸根的钙的铝硅酸盐矿物。属方柱石族。四方晶系。晶体呈柱状、粒状。无色、白色、微黄色，玻璃光泽，透明；硬度 5.5，完全解理，脆性。1998 年发现于澳大利亚昆士兰州查特斯塔区域迈克布莱德省(McBride Province)。英文名称 Silvialite，以奥地利矿物学家古斯塔夫·契尔马克·冯·塞斯塞纳格(Gustav Tschermak von Sessenegg，1836—1927)的女儿西尔维亚·希勒布兰德(Silvia Hillebrand)的名字命名。这个名字最初是在 1914 年提出的，用于当时假设的硫酸钙柱石矿物。IMA 1998－010 批准。1999 年 D. K. 特尔特斯特拉(D. K. Teertstra)等在《矿物学杂志》(63)报道。中文名称根据成分与钙柱石的关系译为硫钙柱石；2003 年中国地质科学院矿产资源研究所李锦平等在《岩石矿物学杂志》[22(1)]根据成分及族名译为硫钙铝柱石。

【硫锆矾】参见【锆矾】条 242 页

【硫镉矿】

英文名 Greenockite

化学式 CdS (IMA)

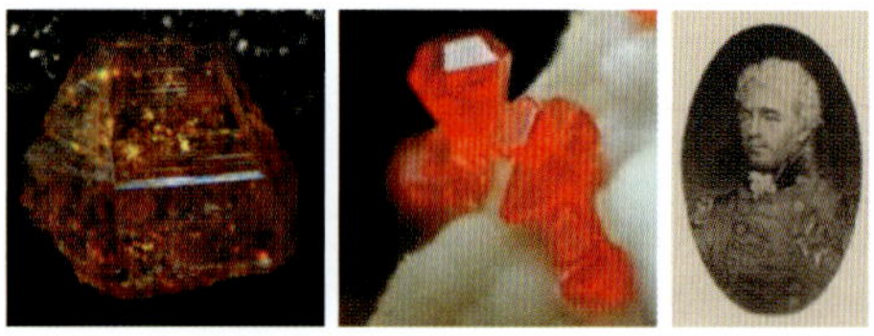

硫镉矿六方单锥状晶体(德国、玻利维亚)和格林诺克像

硫镉矿是一种罕见的镉的硫化物矿物，它的含镉量最高，是提炼镉的重要原料。属纤锌矿族。与方硫镉矿为同质多象。六方晶系。晶体呈粒状、单锥状、柱状；集合体呈粉末状、土状或为凝胶状或胶体结成的被膜状、皮壳状。棕色、蜜黄色，或深或浅的红色、黄橙色或暗橙黄色，松脂光泽或金刚光泽，透明—不透明；硬度 3～3.5，完全解理，脆性。1840 年首次发现于英国苏格兰伦弗鲁郡(Renfrewshire)佩斯利市—格拉斯哥市和格里诺克市铁路通过的隧道；同年，布鲁克在《物理和化学年鉴》(127)和《爱丁堡新哲学杂志》(28)报道。英文名称 Greenockite，1840 年亨利·詹姆斯·布鲁克(Henry James Brooke)等以发现地苏格兰的格林诺克市(Greenock)[此城名为土地所有者格林诺克(Greenock，1783—1859)]的名字命名。洛德·格林诺克[后来的厄尔·查尔斯·默里·卡思卡特(Earl Charles Murray Cathcart)、第二厄尔·卡思卡特(2nd Earl Cathcart)]伯爵在英国军队是一位将军并担任过加拿大的省长。他也是《苏格兰爱丁堡的火成岩》和《苏格兰南部煤炭》两篇论文的作者。1959 年以前发现、描述并命名的“祖父级”矿物，IMA 承认有效。同义词 Xanthochroite，由矿物引人注目的黄色(Xanthochro)而得名。闪锌矿的含镉变种叫闪镉矿(Cadmium blende)，其中 Blende，来自德文，古代德国的矿工称闪锌矿为“Blende”，指盲目(Blind)或欺骗(Deceiving)的意思。这是因为它经常和方铅矿共生，也很像方铅矿，但不产铅，容易令人受骗上当。Cadmium 是镉的化学元素名称，它来自 Calamine，即菱锌矿(炉甘石)。1817 年，首先发现镉的是德国哥廷根大学化学和医药学教授斯特罗迈尔，他兼任政府委托的药商视察专员，在视察药商以碳酸锌(菱锌矿粉)充当氧化锌药物的问题时，在不纯的氧化锌(含菱锌矿粉)中分离出褐色粉末而制得镉。他就以菱锌矿的名称 Calamine 命名该新元素为 Cadmium，而 Cadmium，又源自 Kalmia，“泥土”的意思。中文名称根据化学成分硫和镉译为硫镉矿，也有的译为镉赭石或镉黄。

【硫镉铜石】

英文名 Niedermayrite

化学式 $Cu_4Cd(SO_4)_2(OH)_6 \cdot 4H_2O$ (IMA)

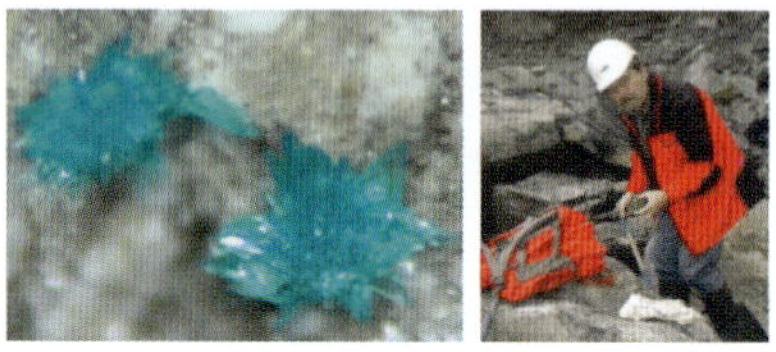

硫镉铜石片状晶体，放射状集合体(美国)和尼德梅尔像

硫镉铜石是一种含结晶水和羟基的铜、镉的硫酸盐矿物。单斜晶系。晶体呈片状、板状、柱状；集合体呈皮壳状、球粒状、放射状。蓝绿色、浅蓝色，玻璃光泽，透明；完全解理，脆性。1997 年发现于希腊阿提卡区拉夫里奥提基的拉夫里翁矿区埃斯佩兰萨(Esperanza)矿。英文名称 Niedermayrite，以奥地利维也纳自然历史博物馆的矿物学家和地质学家格哈德·尼德梅尔(Gerhard Niedermayr，1941—2015)博士的姓氏命名。他是阿尔卑斯山东部地区矿物学编著者，他以对阿尔卑斯型矿物、卡林西亚矿物学以及石英和宝石的广泛研究而闻名。IMA 1997－024 批准。1998 年 G. 盖斯特(G. Giester)等在《矿物学与岩石学》(63)报道。2003 年中国地质科学院矿产资源研究所李锦平等在《岩石矿物学杂志》[22(2)]根据成分译为硫镉铜石。

【硫镉铟矿】

英文名 Cadmoindite

化学式 $CdIn_2S_4$ (IMA)

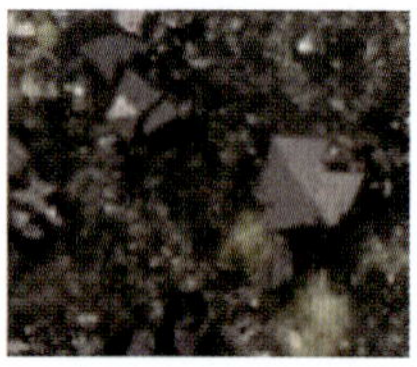

硫镉铟矿八面体晶体(俄罗斯)

硫镉铟矿是一种镉、铟的硫化物矿物。属尖晶石超族硫硼尖晶石族硫钴矿亚族。等轴晶系。晶体呈显微八面体。黑褐色、深棕色，金刚光泽，半透明。2003 年发现于俄罗斯萨哈林州千岛群岛库德里亚维(Kudriavy)火山喷气孔。英文名称 Cadmoindite，由化学成分“Cadmium(镉)”和“Indium(铟)”组合命名。IMA 2003－042 批准。2004 年 S. V. 恰普雷金(S. V. Chaplygin)等在《俄罗斯矿物学会记事(俄罗斯矿物学会学报)》[133(4)]报道。日文名称カドモインダイト。2008 年中国地质科学院地质研究所任玉峰等在《岩石矿物学杂志》[27(3)]根据成分译为硫镉铟矿。

【硫铬矿】

英文名 Brezinaite

化学式 Cr_3S_4 (IMA)

硫铬矿是一种铬的硫化物矿物。单斜晶系。晶体呈他形粒状，粒径仅有 3mm 左右（合成）。灰褐色，金属光泽，不透明；硬度 3.5～4.5。1969 年发现于美国亚利桑那州皮马县伊尔文-艾因萨（Irwin - Ainsa）陨石。英文名称 Brezinaite，1969 年西奥多·E. 邦奇（Theodore E. Bunch）等为纪念奥地利维也纳自然历史博物馆矿物-岩石部前主任玛丽亚·阿里斯蒂德·布热齐纳（Maria Aristides Brezina，1848—1909）而以他的姓氏命名。布热齐纳是一位最重要的陨石学科学家，他最早提出了一个重要的陨石的早期分类方案。IMA 1969 - 004 批准。1969 年邦奇等在《美国矿物学家》（54）报道。中文名称根据成分译为硫铬矿；根据成因和成分译为陨硫铬矿。

布热齐纳像

【硫铬铜矿*】

英文名 Cuprokalininite

化学式 $CuCr_2S_4$　　（IMA）

硫铬铜矿* 是一种铜、铬的硫化物矿物。属尖晶石超族硫硼尖晶石族硫铜钴矿亚族。等轴晶系。晶体呈八面体或立方八面体，粒径细小，仅 0.2mm，具尖晶石律双晶。黑色，带有微弱的暗青铜色，半金属光泽—接近金属光泽；硬度 4.5～5，非常脆。2010 年发现于俄罗斯伊尔库茨克州贝加尔湖区斯柳江卡（Slyudyanka）山口的大理石采石场。英文名称 Cuprokalininite，由成分冠词“Cupro（铜）”和根词“Kalininite（硫铬锌矿）”组合命名，意指它是铜占优势的硫铬锌矿的类似矿物。IMA 2010 - 008 批准。2010 年 L. Z. 列兹尼茨基（L. Z. Reznitsky）等在《俄罗斯矿物学会记事》[139(6)]报道。目前尚未见官方中文译名，编译者根据成分及与硫铬锌矿的关系译为硫铬铜矿*。

【硫铬锌矿】

英文名 Kalininite

化学式 $ZnCr_2S_4$　　（IMA）

硫铬锌矿是一种锌、铬的硫化物矿物。属尖晶石超族硫硼尖晶石族硫钴矿亚族。等轴晶系。晶体呈不规则板状。黑色，金刚光泽，不透明；硬度 5。1984 年发现于俄罗斯伊尔库茨克州斯柳江卡（Slyudyanka）山口大理石采石场。英文名称 Kalininite，1985 年 L. Z. 勒泽尼特斯基（L. Z. Reznickii）等为纪念苏联莫斯科地质勘探学院的矿物学家和岩石学家帕维尔·瓦西里耶维奇·卡里宁（Pavel Vasilevich Kalinin，1905—1981）而以他的姓氏命名。他曾在南贝加尔湖地区进行了地质调查。IMA 1984 - 028 批准。1985 年勒泽尼特斯基等在《全苏矿物学会记事》（114）报道。1986 年中国新矿物与矿物命名委员会郭宗山等在《岩石矿物学杂志》[5(4)]根据成分译为硫铬锌矿。

【硫汞镍矿】

英文名 Donharrisite

化学式 Ni_3HgS_3　　（IMA）

硫汞镍矿是一种镍、汞的硫化物矿物。单斜晶系。晶体细小，呈鳞片状，片径仅 1mm²，厚 0.1mm。棕色、乳白色、微黄色，金属光泽，不透明；硬度 2，完全解理，脆性。1987 年发现于奥地利萨尔茨堡州采尔阿姆西区史瓦兹地堑（Schwarzleograben）施瓦兹洛（Schwarzleo）区伊拉斯谟斯（Erasmus）平硐。英文名称 Donharrisite，1990 年由 W. H. 帕尔（W. H. Paar）等以加拿大地质调查局的矿物学家唐纳德·克莱顿·哈里斯（Donald Clayton Harris，1936—）的姓名命名，以表彰他在矿石矿物学方面做出的许多贡献。IMA 1987 - 007 批准。1989 年帕尔等在《加拿大矿物学家》（27）报道。2016 年帕尔等又重新定义。1990 年中国新矿物与矿物命名委员会郭宗山在《岩石矿物学杂志》[9(3)]根据成分译为硫汞镍矿。

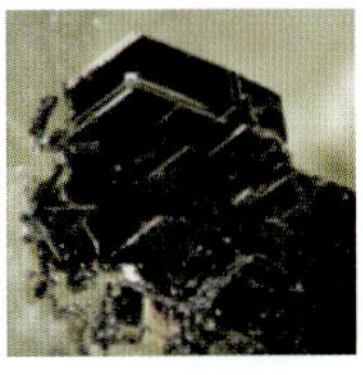
硫汞镍矿六方片状晶体（西班牙）

【硫汞锑矿】

英文名 Livingstonite

化学式 $HgSb_4S_6(S)_2$　　（IMA）

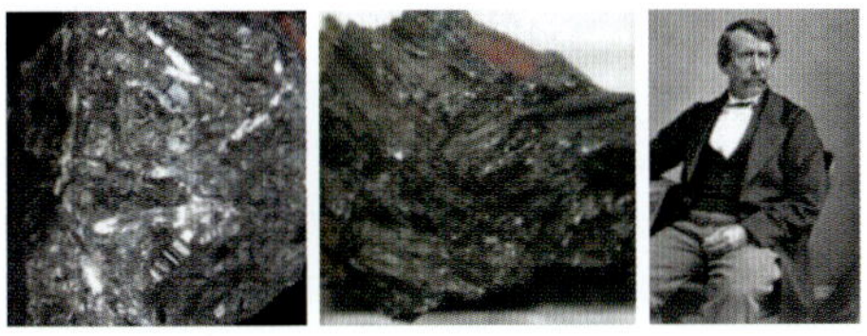
硫汞锑矿针状、纤维状、柱状晶体（墨西哥）和利文斯通像

硫汞锑矿是一种汞、锑的硫化物矿物。单斜晶系。晶体呈针状、纤维状、柱状；集合体呈球状、交错的团块状。铅灰色，金刚光泽、金属光泽，半透明—不透明；硬度 2，完全解理。1874 年首次发现并描述于墨西哥格雷罗州惠祖科德罗斯菲格罗亚（Huitzuco de los Figueroa）村；同年，巴尔塞纳（Barcena）在《自然》（3）和《美国科学与艺术杂志》（108）报道。英文名称 Livingstonite，以在非洲探险的苏格兰传教士大卫·利文斯通（David Livingstone，1813—1873）的姓氏命名。1959 年以前发现、描述并命名的“祖父级”矿物，IMA 承认有效。中文名称根据成分译为硫汞锑矿/硫锑汞矿。

【硫汞铜矿】

英文名 Gortdrumite

化学式 $Cu_{24}Fe_2Hg_9S_{23}$　　（IMA）

硫汞铜矿针状晶体，束状、乱发状集合体（德国）

硫汞铜矿是一种铜、铁、汞的硫化物矿物。斜方晶系。晶体呈显微他形粒状、针状、发状，粒径 200μm；集合体呈束状、乱发状。黑色、铅灰色，金属光泽，不透明；硬度 3.5～4。1979 年发现于爱尔兰南部芒斯特省蒂珀雷里郡贡特德鲁姆（Gortdrum）矿山。英文名称 Gortdrumite，以发现地爱尔兰的贡特德鲁姆（Gortdrum）矿山命名。IMA 1979 - 039 批准。1983 年 G. M. 斯蒂德（G. M. Steed）等在《矿物学杂志》（47）报道。1985 年中国新矿物与矿物命名委员会郭宗山等在《岩石矿物及测试》[4(4)]根据成分译为硫汞铜矿。

【硫汞锌矿】

英文名 Polhemusite

化学式（Zn，Hg）S　　（IMA）

硫汞锌矿是一种锌、汞的硫化物矿物。四方（或假等轴）晶系。晶体呈不规则粒状，常见单形为四方柱及四方双锥，膝状双晶，亦出现聚片双晶。黑色，金刚光泽、树脂光泽、油脂光泽，微透明—薄片半透明；硬度 4.5。1972 年发现于美国爱达荷州瓦利县邓迪（Dundee）矿床。英文名称 Polhemusite，以美国经济地质学家克莱德·波尔希默斯·罗斯（Clyde Polhemus Ross，1891—1965）的姓名命名。他是研究汞矿床和爱达荷州地质的专家。克莱德罗斯峰也以他的名字命名。IMA 1972－017 批准。1978 年 B. F. 伦纳德（B. F. Leonard）等在《美国矿物学家》（63）报道。中文名称根据成分译为硫汞锌矿。

【硫汞银矿】参见【汞辉银矿】条 253 页

【硫汞银铜矿】

英文名 Balkanite

化学式 $Ag_5Cu_9HgS_8$　　（IMA）

硫汞银铜矿是一种银、铜、汞的硫化物矿物。单斜晶系。晶体呈显微棒状、板状、薄片状、页片状。灰色、钢灰色，金属光泽，不透明；硬度 3.5。1971 年发现于保加利亚弗拉察州巴尔干半岛的巴尔干（Balkan）山脉赛德莫基什莱尼茨（Sedmochislenitsi）矿。英文名称 Balkanite，以模式标本产地保加利亚中世纪流行的老山山脉名称"Balkan（巴尔干山脉）"命名。IMA 1971－009 批准。1973 年 V. A. 阿塔纳索夫（V. A. Atanassov）等在《美国矿物学家》（58）报道。中文名称根据成分译为硫汞银铜矿。

【硫钴矿】

英文名 Linnaeite

化学式 $Co^{2+}Co_2^{3+}S_4$　　（IMA）

硫钴矿八面体、粒状晶体（德国）和林奈像

硫钴矿是一种钴的硫化物矿物。属硫钴矿-硫硼尖晶石族硫钴矿-硫镍矿系列。等轴晶系。晶体可见八面体、粒状，具双晶；集合体常呈致密块状。浅灰色—钢灰色，通常具铜红色—紫灰的锖色，金属光泽，不透明；硬度 4.5～5.5。1832 年伯当（Beudant）报道称 Koboldine；而豪斯曼（Hausmann）称 Kobaltkies。1845 年发现于瑞典西曼兰省里达尔许坦（Riddarhyttan）村的帕斯特纳斯（Bastnäs）矿山；同年，在维也纳《矿物学鉴定手册》刊载。英文名称 Linnaeite，以瑞典分类学者、植物学家、医生、地质学家和动物学家卡尔·冯·林奈（Carl von Linné，1707—1778）的姓氏命名。林奈是 18 世纪最杰出的科学家之一，他是瑞典科学院创始人并担任第一任主席。他出版的《自然系统》奠定了现代生物学命名法二分法的基础，是现代生物分类学之父，也被认为是现代生态学之父。见于 1944 年 C. 帕拉奇（C. Palache）、H. 伯曼（H. Berman）和 C. 弗龙德尔（C. Frondel）《丹纳系统矿物学》（第一卷，第七版，纽约）。1959 年以前发现、描述并命名的"祖父级"矿物，IMA 承认有效。中文名称根据成分译为硫钴矿。

【硫硅钙钾石】

英文名 Tuscanite

化学式 $KCa_6(Si,Al)_{10}O_{22}(SO_4,CO_3)_2(OH)\cdot H_2O$　（IMA）

硫硅钙钾石板片状晶体，晶簇状集合体（意大利）

硫硅钙钾石是一种含结晶水和羟基的钾、钙的碳酸-硫酸-铝硅酸盐矿物。单斜晶系。晶体呈板片状；集合体呈晶簇状。无色、白色，玻璃光泽、蜡状光泽、珍珠光泽，透明；硬度 5.5～6。1976 年发现于意大利托斯卡纳（Tuscany）大区格罗塞托省皮蒂利亚诺镇破火山口凯斯（Case）丘陵采石场。英文名称 Tuscanite，以发现地意大利的托斯卡纳（Tuscany）命名。IMA 1976－031 批准。1977 年在《美国矿物学家》（62）报道。中文名称根据成分译为硫硅钙钾石。

【硫硅钙铅矿】

英文名 Roeblingite

化学式 $Ca_6Mn^{2+}Pb_2(Si_3O_9)_2(SO_4)_2(OH)_2\cdot 4H_2O$　（IMA）

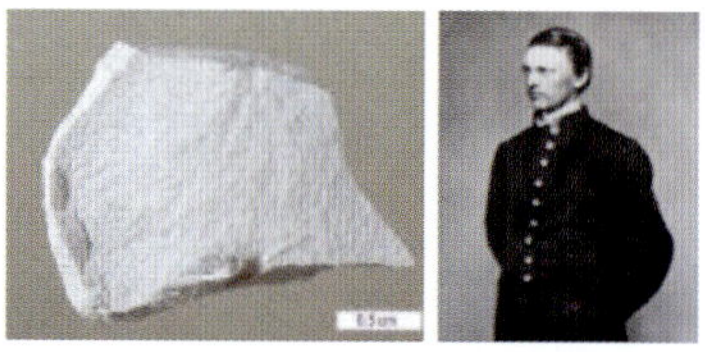

硫硅钙铅矿致密瓷状集合体（美国）和罗柏林像

硫硅钙铅矿是一种含结晶水和羟基的钙、锰、铅的硫酸-硅酸盐矿物。单斜晶系。晶体呈细小条状；集合体呈致密瓷状。白色、灰白色、粉红色，透明—不透明；硬度 3，完全解理。1897 年发现于美国新泽西州苏塞克斯县富兰克林采矿区帕克（Parker）矿。英文名称 Roeblingite，1897 年塞缪尔·刘易斯·彭菲尔德（Samuel Lewis Penfield）等在《美国科学杂志》（153）为纪念华盛顿·A. 罗柏林（Washington A. Roebling，1837—1926）上校而以他的姓氏命名。罗柏林是美国矿物学协会创始人、工程师，潜水钟的发明者，布鲁克林大桥的建造者和狂热的矿物收藏家，收藏品捐赠给了史密森学会（美国国立博物馆）[见 1931 年《美国矿物学家》（16）]。1959 年以前发现、描述并命名的"祖父级"矿物，IMA 承认有效。中文名称根据成分译为硫硅钙铅矿。

【硫硅钙石】

英文名 Ternesite

化学式 $Ca_5(SiO_4)_2(SO_4)$　　（IMA）

硫硅钙石板状晶体（法国）和泰恩斯像

硫硅钙石是一种含硫酸根的钙的硅酸盐矿物。斜方晶系。晶体呈柱状、片状；集合体呈放射状。淡蓝色、棕色、浅绿色、无色，玻璃光泽，透明；硬度 4.5～5。1995 年发现于德国莱茵兰-普法尔茨州艾费尔高原迈恩镇贝尔伯格（Bellerberg）火山卡斯帕（Caspar）采石场。英文名称 Ternesite，以德国迈恩的收藏家贝恩德·泰恩斯(Bernd Ternes)的姓氏命名。泰恩斯先生是德国艾费尔地区的矿物专家,他发现该矿物并提供标本进行研究。IMA 1995－015 批准。1995 年 E. 伊尔兰(E. Irran)在《维也纳自然科学学院大学硕士论文》和1997 年《矿物学和岩石学》(60)报道。2003 年中国地质科学院矿产资源研究所李锦平等在《岩石矿物学杂志》[22(2)]根据成分译为硫硅钙石。

【硫硅碱钙石】

英文名 Latiumite

化学式 $(Ca,K)_4(Si,Al)_5O_{11}(SO_4,CO_3)$ (IMA)

硫硅碱钙石长板状晶体(意大利)

硫硅碱钙石是一种含碳酸-硫酸根的钙、钾的铝硅酸盐矿物。属硫硅石族。单斜晶系。晶体呈长板状,具双晶;集合体呈块状。无色、白色、灰色,玻璃光泽,透明;硬度 5.5～6,完全解理。1952 年发现于意大利拉丁姆(Latium)大区罗马省卡布奇尼(Cappuccini)采石场。1953 年 C. E. 蒂利(C. E. Tilley)和 N. F. M. 亨利(N. F. M. Henry)在《矿物学杂志》(30)报道。英文名称 Latiumite,由蒂利等根据首次发现地意大利的拉丁姆(Latium)命名,即现在的拉齐奥(Lazio)。1959 年以前发现、描述并命名的“祖父级”矿物,IMA 承认有效。中文名称根据成分译为硫硅碱钙石;旧译名硫硅石。

【硫硅铝锌铅石】

英文名 Kegelite

化学式 $Pb_4Al_2Si_4O_{10}(SO_4)(CO_3)_2(OH)_4$ (IMA)

硫硅铝锌铅石板状微晶,球粒状、团块状集合体(纳米比亚)和凯格尔像

硫硅铝锌铅石是一种含羟基的铅的碳酸-硫酸-铝硅酸盐矿物。单斜晶系。晶体呈微小假六边形板状;集合体呈球粒状、团块状。无色、白色,玻璃光泽,透明—半透明;完全解理。1974 年发现于纳米比亚奥希科托区楚梅布(Tsumeb)矿。1975 年,O. 梅登巴赫(O. Medenbach)等在德国《自然科学期刊》(62)报道。英文名称 Kegelite,1975 年梅登巴赫等为纪念纳米比亚楚梅布矿采矿部主任(1922—1938)弗里德里克·威廉·凯格尔(Friedrich Wilhelm Kegel,1874—1948)而以他的姓氏命名。IMA 1974－042 批准。1976 年梅登巴赫在《矿物学新年鉴》(月刊)报道。1990 年由 IMA 重新定义为 $Pb_4Al_8Si_8(SO_4)_2(CO_3)_4(OH)_8O_{20}$,单斜晶系。中文名称根据成分译为硫硅铝锌铅石。

【硫硅石】

参见【硫硅碱钙石】条 503 页

【硫硅锌铅石】

英文名 Queitite

化学式 $Zn_2Pb_4(Si_2O_7)(SiO_4)(SO_4)$ (IMA)

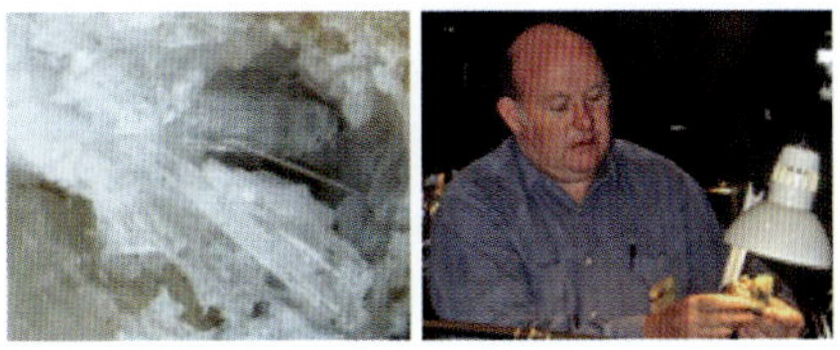

硫硅锌铅石片状晶体(美国)和奎特像

硫硅锌铅石是一种锌、铅的硫酸-硅酸盐矿物。单斜晶系。晶体呈片状,长 1.5cm。无色、白色、淡黄色,油脂光泽,透明;硬度 4。1978 年发现于纳米比亚奥希科托区楚梅布(Tsumeb)矿。英文名称 Queitite,以楚梅布的矿产商克莱夫·S. 奎特(Clive S. Queit)的姓氏命名。IMA 1978－029 批准。1979 年 P. 凯勒(P. Keller)等在《矿物学新年鉴》(月刊)报道。中文名称根据成分译为硫硅锌铅石。

【硫黄】

参见【自然硫】条 1130 页

【硫镓铜矿】

英文名 Gallite

化学式 $CuGaS_2$ (IMA)

硫镓铜矿是一种铜、镓的硫化物矿物。属黄铜矿族。四方晶系。晶体呈块状,或在其他矿物中呈包裹体,或是出溶片,粒径达 2mm。灰色,金属光泽,不透明;硬度 3～3.5。1958 年分别发现于刚果(金)加丹加省基普希(Kipushi)市矿和纳米比亚奥希科托区楚梅布城楚梅布(Tsumeb)矿;同年,H. 施特龙茨(H. Strunz)等在《矿物学新年鉴》(月刊)报道。1959 年 M. 弗莱舍(M. Fleischer)在《美国矿物学家》(44)报道。英文名称 Gallite,以化学成分“Gallium(镓)”命名。1959 年以前发现、描述并命名的“祖父级”矿物,IMA 承认有效。中文名称根据成分译为硫镓铜矿。

【硫钾锶石】

参见【钾锶矾】条 371 页

【硫碱钙霞石】

参见【硫酸钙霞石】条 514 页

【硫金铋矿】

英文名 Jonassonite

化学式 $Au(Bi,Pb)_5S_4$ (IMA)

硫金铋矿是一种金、铋、铅的硫化物矿物。单斜晶系。晶体呈他形粒状,粒径 500μm。锡白色,金属光泽,不透明;硬度 2.5～3,脆性。2004 年发现于匈牙利佩斯州纳格伯兹斯尼(Nagybórzsóny)。英文名称 Jonassonite,以加拿大渥太华地质调查局的经济地质学家伊恩·罗伊·乔纳森(Ian Roy Jonasson,1939—)的姓氏命名,以表彰他对全球矿床研究做出的杰出贡献。IMA 2004－031 批准。2006 年 W. H. 帕尔(W. H. Paar)等在《加拿大矿物学家》(44)报道。中文名称根据成分译为硫金铋矿。

【硫金银矿】

英文名 Uytenbogaardtite

化学式 Ag_3AuS_2 (IMA)

乌顿布格像和《金属矿物显微镜鉴定表》

L

硫金银矿是一种银、金的硫化物矿物。四方晶系。晶体呈显微粒状。灰白色，金属光泽，不透明；硬度 2，脆性。1977 年分别发现于印度尼西亚苏门答腊岛明古鲁省、俄罗斯阿尔泰边疆区兹梅伊诺戈尔斯克(Zmeinogorsk)矿山，及美国内华达州斯托里县康姆斯托克(Comstock)区。英文名称 Uytenbogaardtite，1978 年由 M. D. 巴尔顿(M. D. Barton)等以荷兰代尔夫特技术大学的地质学教授威廉·乌顿布格(Willem Uytenbogaardt，1918—2012)的姓氏命名。乌顿布格是一位突出的技术人员，著有《金属矿物显微镜鉴定表》一书，1975 年翻译到中国。IMA 1977－018 批准。1978 年在《加拿大矿物学家》(16)和 1980 年《美国矿物学家》(65)报道。中文名称根据成分译为硫金银矿；音译为乌顿布格矿或沃登堡矿。

【硫铑铁矿*】

英文名 Ferhodsite

化学式 $(Fe,Rh,Ni,Ir,Cu,Co,Pt)_{9-x}S_8$ (IMA)

硫铑铁矿*是一种铁、铑、镍、铱、铜、钴、铂的硫化物矿物。四方晶系。2009 年发现于俄罗斯哈巴罗夫斯克边疆区康德(Konder)碱性-超基性岩体。英文名称 Ferhodsite，由化学成分元素符号“Fe(铁)”“Rh(铑)”和“S(硫)”组合命名。IMA 2009－056 批准。2009 年 P. A. 威廉姆斯(P. A. Williams)等在《IMA－CNMNC 网站》和 2016 年 V. D. 别吉佐夫(V. D. Begizov)等在《矿物新数据》(51)报道。目前尚未见官方中文译名，编译者建议根据成分译为硫铑铁矿*。

【硫铑铜矿】

英文名 Cuprorhodsite

化学式 $(Cu^{1+}_{0.5}Fe^{3+}_{0.5})Rh^{3+}_2S_4$ (IMA)

硫铑铜矿是一种铜、铁、铑的硫化物矿物。属尖晶石超族硫硼尖晶石族硫钴矿亚族。等轴晶系。晶体呈其他矿物的包裹体，粒径 300μm。铁黑色、黑色，金属光泽，不透明；硬度 5～5.5，非常脆。1984 年分别发现于俄罗斯堪察加州菲利普(Filipp)山和哈巴罗夫斯克边疆区康德地块。英文名称 Cuprorhodsite，由化学成分“Copper(铜)”和“Rhodium(铑)”组合命名。IMA 1984－017 批准。1985 年 N. S. 鲁达谢夫斯基(N. S. Rudashevsky)等在《全苏矿物学会记事》(114)报道。1986 年中国新矿物与矿物命名委员会郭宗山等在《岩石矿物学杂志》[5(4)]根据成分译为硫铑铜矿/硫铜铑矿。

【硫铑铜铁矿】

英文名 Ferrorhodsite

化学式 $(Fe,Cu)(Rh,Pt,Ir)_2S_4$ (弗莱舍，2014)

硫铑铜铁矿是一种铁、铜、铑、铂、铱的硫化物矿物。属尖晶石超族硫硼尖晶石族硫钴矿亚族。等轴晶系。晶体呈半自形粒状，一般呈其他矿物的包裹体。黑色，金属光泽，不透明；硬度 4.5，脆性，易碎。1996 年发现于俄罗斯哈巴罗夫斯克边疆区查德(Chad)地块和孔德(Konder)碱性超基性岩体。英文名称 Ferrorhodsite，由成分“Ferro(二价铁)”“Rhodium(铑)”和“Sulfur(硫)”组合及与硫铑铜矿(Cuprorhodsite)的关系命名。IMA 1996－047 批准。1998 年 N. S. 鲁达舍夫斯基(N. S. Rudashevsky)等在《俄罗斯矿物学会记事》[127(5)]报道。2018 年废弃。2003 年中国地质科学院矿产资源研究所李锦平等在《岩石矿物学杂志》[22(2)]根据成分译为硫铑铜铁矿。

【硫铑铱铜矿】

参见【斜方硫铱矿】条 1023 页

【硫钌矿】

英文名 Laurite

化学式 RuS_2 (IMA)

硫钌矿圆粒状晶体(哥伦比亚)

硫钌矿是一种钌的硫化物矿物。属黄铁矿族。等轴晶系。晶体呈八面体、立方体、五角十二面体，圆粒状。黑色，金属光泽，不透明；硬度约 7.5，完全解理，脆性。1866 年发现于印度尼西亚加里曼丹岛(婆罗洲)南加里曼丹省塔纳·劳特(Tanah Laut)。1866 年维勒(Wöhler)在《英国皇家科学家学会和乔治奥古斯特大学的消息》报道。英文名称 Laurite，由维勒(Wöhler)为赞美一个私人朋友美国纽约哥伦比亚大学化学家查尔斯·A. 乔伊(Charles A. Joy)的妻子劳拉·R. 乔伊(Laura R. Joy)而以她的名字命名。1959 年以前发现、描述并命名的“祖父级”矿物，IMA 承认有效。中文名称根据成分译为硫钌矿；根据锇可部分替代钌也译作硫钌锇矿。

【硫磷铝石】

英文名 Kribergite

化学式 $Al_5(PO_4)_3(SO_4)(OH)_4 \cdot 4H_2O$ (IMA)

硫磷铝石是一种含结晶水、羟基的铝的硫酸-磷酸盐矿物。三斜晶系。集合体呈致密块状。白色，土状光泽，半透明。1945 年发现于瑞典西博滕省克里斯蒂娜贝里(Kristineberg)矿；同年，杜·里茨(Du Rietz)在《斯德哥尔摩地质学会会刊》(67)报道。英文名称 Kribergite，来自模式标本产地瑞典的克里斯蒂娜贝里(Kristineberg)矿的名字缩写。1959 年以前发现、描述并命名的“祖父级”矿物，IMA 承认有效。中文名称根据成分译为硫磷铝石，也有的译为羟磷铝矾/磷铝矾。

【硫磷铝铁铀矿】

英文名 Coconinoite

化学式 $Fe^{3+}_2Al_2(UO_2)_2(PO_4)_4(SO_4)(OH)_2 \cdot 20H_2O$ (IMA)

硫磷铝铁铀矿是一种含结晶水和羟基的铁、铝的铀酰-硫酸-磷酸盐矿物。单斜晶系。晶体呈显微板条状，粒径 6～20μm；集合体呈皮壳状。黄色、奶油黄色、浅黄色，半透明；硬度 1～2。1965 年发现于美国亚利桑那州科科尼诺(Coconino)县胡斯康(Huskon)矿山和森瓦利(Sun Valley)矿。英文名称 Coconinoite，以发现地美国的科科尼诺(Coconino)县命名。IMA 1965－003 批准。1966 年 E. J. 杨(E. J. Young)等在《美国矿物学家》(51)报道。中文名称根据成分译为硫磷铝铁铀矿或铁硫磷铀矿，也译为水磷铁铀矿。

【硫磷铅铝矿】

英文名 Orpheite

化学式 $PbAl_3(PO_4)(SO_4)(OH)_6$

俄耳甫斯图

硫磷铅铝矿是一种含羟基的铅、铝的硫酸-磷酸盐矿物。三方晶系。无色、灰色、灰蓝色、黄绿色、浅蓝色，透明—半透明；硬度 3.5。1971 年发现于保加利亚哈斯科沃州罗多彼山脉。英文名称 Orpheite，以在罗多彼山脉神秘的歌手俄

L

耳甫斯(Orpheus)的名字命名。1976 年在《美国矿物学家》(61)报道。2010 年贝里斯(Bayliss)等提出质疑。2010 年穆拉德诺娃(Mladenova)等指出 Orpheite 是磷铅锶矾(Hinsdalite)的同义词。于是 Orpheite 被 IMA 废弃。中文名称根据成分译为硫磷铅铝矿。

【硫卤钠石】

英文名 Schairerite

化学式 $Na_{21}(SO_4)_7ClF_6$ (IMA)

谢勒像

硫卤钠石是一种含氟、氯的钠的硫酸盐矿物。三方晶系。晶体呈菱面体,人造的晶体呈板状,双晶常见。无色,玻璃光泽,透明;硬度 3.5,脆性,贝壳状断口。1931 年发现于美国加利福尼亚州圣贝纳迪诺县瑟尔湖盐湖沉积物的岩芯。1931 年 W. F. 福杉格(W. F. Foshag)在《美国矿物学家》(16)报道。英文名称 Schairerite,1941 年由福杉格为纪念美国华盛顿地球物理实验室的美国物理化学家约翰·弗兰克·谢勒(John Frank Schairer,1904—1970)而以他的姓氏命名。谢勒研究了硅酸盐岩石成因的硅饱和与非饱和系统的相平衡,并与其他人合作撰写并发表相关论文。在"二战"期间他在华盛顿物理实验室研制合金大大提高了小型武器的性能。谢勒是美国社会的重要矿物学及其他专业机构的负责人,在他的职业生涯中获得了许多奖项和荣誉。1959 年以前发现、描述并命名的"祖父级"矿物,IMA 承认有效。中文名称根据成分译为硫卤钠石或氟氯钠矾或卤钠矾,还有的译作硫酸卤钠石。

【硫铝钙石】

英文名 Ye'elimite

化学式 $Ca_4Al_6O_{12}(SO_4)$ (IMA)

硫铝钙石是一种钙、铝氧的硫酸盐矿物。属方钠石族。等轴晶系。无色,半透明。1961 年福田(N. Fukuda)在《日本化学学会通报》(34)报道,它是硫酸盐水泥中的合成成分,也出现在燃煤堆放产品之中。易与水发生反应。1984 年发现于以色列南部哈特鲁里姆(Hatrurim)盆地,这里是以色列最显眼的山丘和沼泽地;同年,在《以色列地质调查局研究》报道。英文名称 Ye'elimite,以发现地以色列的哈雷耶利姆(Har Ye'elim)和纳哈尔·耶利姆(Nahal Ye'elim)命名。IMA 1984-052批准。1987 年在《美国矿物学家》(72)报道。1987 年中国新矿物与矿物命名委员会郭宗山等在《岩石矿物学杂志》[6(4)]根据成分译为硫铝钙石。

【硫氯钠铀矿】

英文名 Bluelizardite

化学式 $Na_7(UO_2)(SO_4)_4Cl(H_2O)_2$ (IMA)

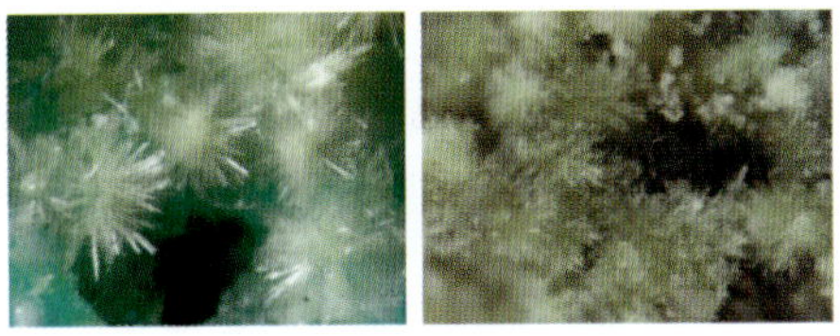

硫氯钠铀矿叶片状晶体,放射状集合体(美国)

硫氯钠铀矿是一种含结晶水、氯的钠的铀酰-硫酸盐矿物。单斜晶系。晶体呈叶片状、长刀片状;集合体放射状。淡黄色,玻璃光泽,透明;硬度 2,完全解理,脆性。2013 年发现于美国犹他州圣胡安县蓝蜥蜴(Blue Lizard)矿。英文名称 Bluelizardite,由发现地美国的蓝蜥蜴(Blue Lizard)矿命名。IMA 2013-062 批准。2014 年 J. 普拉希尔(J. Plášil)等在《地球科学学报》(59)报道。2015 年艾钰洁、范光在《岩石矿物学杂志》[34(1)]根据成分译为硫氯钠铀矿。

【硫镁矿】

英文名 Niningerite

化学式 MgS (IMA)

尼宁格像

硫镁矿是一种镁的硫化物矿物。属方铅矿族。等轴晶系。晶体呈粒状。灰色,金属光泽,不透明;硬度 3.5~4。1966 年分别发现于阿塞拜疆共和国因达奇(Indarch)陨石和加拿大阿尔伯塔省阿比(Abee)陨石。英文名称 Niningerite,以美国亚利桑那州塞多纳的哈维·哈洛·尼宁格(Harvey Harlow Nininger,1887—1986)的姓氏命名,以表彰他对陨星学研究做出的较大贡献。哈维·哈洛·尼宁格是美国陨石学家和教育家,他复兴了 20 世纪 30 年代陨石科学的学习兴趣并拥有那时最多和最大的个人陨石收藏。他在亚利桑那州靠近流星陨石坑首次创立了美国陨石博物馆和美国亚利桑那州塞多纳陨石博物馆。尼宁格收藏的一部分陨石于 1958 年出售给大英博物馆,剩余部分于 1960 年卖给了亚利桑那州立大学陨石研究中心。他出版了关于陨石的 162 篇科学论文和 4 本专著,被认为是现代陨星学之父。IMA 1966-036 批准。1967 年 K. 克劳斯(K. Klaus)等在《科学》(155)和《美国矿物学家》(52)报道。中文名称根据成分译为硫镁矿;或因锰、铁可部分的替代镁并根据成因译为陨硫镁铁锰石;音译为尼宁格矿。

【硫镁铁矿】

英文名 Keilite

化学式 FeS (IMA)

基尔像

硫镁铁矿是一种铁的硫化物矿物。与布塞克矿*(Buseckite)、鲁达谢夫斯基矿*(Rudashevskyite)和陨硫铁(Troilite)为同质多象变体。等轴晶系。灰白色,金属光泽,不透明。2001 年发现于加拿大阿尔伯塔省阿比(Abee)陨石。英文名称 Keilite,以美国夏威夷大学教授克劳斯·基尔(Klaus Keil)的姓氏命名。IMA 2001-053 批准。2002 年清水(M. Shimizu)等在《加拿大矿物学家》(40)报道。2006 年李锦平在《岩石矿物学杂志》[25(6)]根据成分译为硫镁铁矿[$(Fe^{2+},Mg)S$]。2011 年杨主明在《岩石矿物学杂志》[30(4)]建议音译为基尔矿。

【硫锰矿】

英文名 Alabandite

化学式 MnS (IMA)

硫锰矿粒状晶体(秘鲁)

硫锰矿是一种稀有的锰的硫化物矿物。属方铅矿族。

等轴晶系。晶体常见单形有立方体、八面体、菱形十二面体，粒状等，具双晶；集合体呈块状。钢灰色—铁黑色、绿色，风化后变为褐色、暗红色，半金属光泽，不透明，薄片半透明；硬度 3.5～4，完全解理，脆性。1784 年由奥地利矿物学家弗朗茨·约瑟夫·穆勒·冯·莱赫斯坦（Franz Joseph Müller von Reichenstein）首次描述。1802 年 M. H. 克拉普罗特（M. H. Klaproth）在柏林罗特曼《化学知识对矿物学的贡献论文集》（*Beiträge zur chemischen Kenntniss der Mineralkörper*）（第三集）报道。1822 年在巴黎《矿物学教程》（第四卷，第二版）刊载。1832 年又发现于罗马尼亚特兰西瓦尼亚（Transylvania）地区南部胡内多阿拉（Hunedoara）县德瓦（Deva）塞克伦布（Sacarimb）。英文名称 Alabandite，来源于最早发现地土耳其艾丁的阿拉班达（Alabanda），老普林尼（Pliny，公元 23—79）在他的《自然史》中提到过。1959 年以前发现、描述并命名的"祖父级"矿物，IMA 承认有效。中文名称根据成分译为硫锰矿。此矿物有时在陨石中被发现。

【硫锰铅锑矿】

英文名 Benavidesite

化学式 $Pb_4MnSb_6S_{14}$ (IMA)

硫锰铅锑矿是一种铅、锰、锑的硫化物矿物。单斜晶系。晶体呈针状、圆形粒状。铅灰色，金属光泽，不透明；硬度 2.5。1980 年发现于秘鲁利马大区奥永省乌丘查夸（Uchucchacua）矿和瑞典东约特兰省芬斯蓬市多佛斯托普（Doverstorp）矿田萨特拉（Sätra）矿。英文名称 Benavidesite，1982 年 É. 奥丁（É. Oudin）等为纪念秘鲁采矿工程师、地质学家阿尔伯托·贝纳维德斯·德拉·奎塔纳（Alberto Benavides de la Quintana，1920—2014）而以他的名字命名，以表彰贝纳维德斯为秘鲁矿业发展做出的重要贡献。IMA 1980 - 073 批准。1982 年奥丁等在《矿物学通报》（105）报道。1984 年中国新矿物与矿物命名委员会郭宗山在《岩石矿物及测试》[3(2)] 根据成分译为硫锰铅锑矿，有的音译为比纳维迪斯矿。

【硫钼锡铜矿】

英文名 Hemusite

化学式 $Cu_4^{1+}Cu_2^{2+}SnMoS_8$ (IMA)

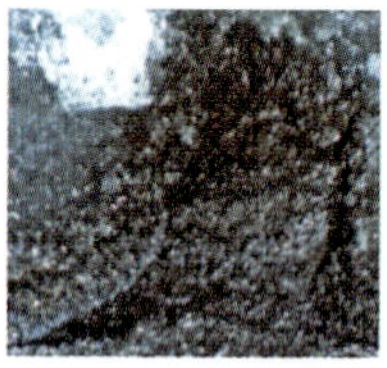

硫钼锡铜矿圆形粒状晶体（日本）

硫钼锡铜矿是一种铜、锡、钼的硫化物矿物。等轴晶系。晶体显微圆形粒状，粒径 0.05mm。灰色，金属光泽，不透明；硬度 4。1963 年保加利亚矿物学家 G. I. 特尔兹耶夫（G. I. Terziev）发现于保加利亚索菲亚州切洛佩奇（Chelopech）金-铜矿山。英文名称 Hemusite，以发现地保加利亚巴尔干山脉的古称"Hemus（赫姆斯）"命名。IMA 1968 - 038 批准。1971 年特尔兹耶夫在《美国矿物学家》（56）报道。中文名称根据成分译为硫钼锡铜矿。

【硫钠铬矿】

英文名 Caswellsilverite

化学式 $NaCrS_2$ (IMA)

硫钠铬矿是一种钠、铬的硫化物矿物。三方晶系。晶体呈他形粒状。黄灰色、灰色，金属光泽，不透明；硬度 2。1981 年发现于美国堪萨斯州诺顿县诺顿（Norton）陨石。英文名称 Caswellsilverite，1982 年冈田昭彦（Akihiko Okada）等为纪念卡斯韦尔·西尔弗（Caswell Silver，1916—1988）而以他的姓名命名。卡斯韦尔·西尔弗在 1960—1984 年间担任圣丹斯石油公司的地质学家和总裁，他是新墨西哥大学地质学系和陨石研究所的校友和捐助者。IMA 1981 - 012a 批准。1982 年 A. 奥卡达（A. Okada）等在《美国矿物学家》（67）报道。中文根据成分译为硫钠铬矿。1984 年中国新矿物与矿物命名委员会郭宗山在《岩石矿物及测试》[3(2)] 根据成因和成分译为陨硫钠铬矿。

卡斯韦尔·西尔弗像

【硫钠铜矿】

英文名 Chvilevaite

化学式 $Na(Cu,Fe,Zn)_2S_2$ (IMA)

硫钠铜矿是一种钠、铜、铁、锌的硫化物矿物。六方晶系。晶体呈板片状、棱柱状和粒状，粒径仅 0.5mm。青铜色、黑色，金属光泽，不透明；硬度 3，完全解理，脆性。1987 年发现于俄罗斯外贝加尔边疆区赤塔市阿卡图伊（Akatui）铅-锌矿床。英文名称 Chvilevaite，1988 年由 V. M. 卡查罗夫斯卡娅（V. M. Kacholovskaya）等以俄罗斯稀有元素矿物学和地球化学研究所的经济矿物学家塔蒂阿娜·尼基佛罗夫娜·查维列娃（Tatiana Nikiforovna Chvileva，1925—）的姓氏命名。IMA 1987 - 017 批准。1988 年卡查罗夫斯卡娅等在《全苏矿物学会记事》[117(2)] 报道。1990 年中国新矿物与矿物命名委员会郭宗山在《岩石矿物学杂志》[9(3)] 根据成分译为硫钠铜矿。

【硫镍钯铂矿】

英文名 Braggite

化学式 PtS (IMA)

硫镍钯铂矿晶体（俄罗斯）和布拉格父子像

硫镍钯铂矿是一种铂的硫化物矿物，常有镍、钯类质同象代替。与硫砷铂矿为同质多象。四方晶系。晶体呈柱状（柱长达 2cm）、圆粒状。金属光泽，不透明；硬度 5。1932 年发现于南非林波波省布什维尔德杂岩体莫加拉克韦纳的瓦特贝格区莫科帕内（Mokopane）；同年，班尼斯特（Bannister）等在《矿物学杂志》（23）报道。英文名称 Braggite，1932 年由 F. A. 班尼斯特（F. A. Bannister）为纪念阿德莱德大学、利兹大学、伦敦大学院和皇家学院的物理学家、化学家和数学家威廉·亨利·布拉格（William Henry Bragg，1862—1942）爵士和他的儿子剑桥大学、曼彻斯特大学的物理学家和 X 射线晶体学家威廉·劳伦斯·布拉格（1890—1971）爵士而以他们的姓氏命名。这对父子研究团队应用 X 射线分析晶体结构获得了 1915 年诺贝尔物理学奖，由此彻底改变了晶体学和矿物学的面貌。此矿物是通过 X 射线方法分析并确定的第一种新矿物。1959 年以前发现、描述并命名的"祖父级"矿物，IMA 承认有效。中文名称根据成分译为硫镍钯铂矿；音译为布拉格矿。

【硫镍铋锑矿】

英文名 Hauchecornite

化学式 Ni_9BiSbS_8 (IMA)

硫镍铋锑矿板状晶体(德国)和哈乌彻孔尼像

硫镍铋锑矿是一种镍、铋、锑的硫化物矿物。属硫镍铋锑矿族。四方晶系。晶体呈板状、短柱状、双锥状。浅青铜色,棕色,氧化变暗黑色,金属光泽,不透明;硬度5。1891年发现于德国莱茵兰-普法尔茨州弗里德里希(Friedrich)矿;同年,R.沙伊贝(R. Scheibe)在《1891年普鲁士皇家地质研究所和柏林科学院年鉴》(12,1893年出版)报道。英文名称Hauchecornite,1893年沙伊贝以德国柏林地质调查局和采矿学院院长威廉·哈乌彻孔尼(William Hauchecorn,1828—1900)的姓氏命名。1959年以前发现、描述并命名的"祖父级"矿物,IMA承认有效。IMA 1975-006a批准。中文名称根据成分译为硫镍铋锑矿或硫锑铋镍矿。

【硫镍钴矿】

英文名 Siegenite

化学式 $CoNi_2S_4$ (IMA)

硫镍钴矿粒状晶体(美国)

硫镍钴矿是一种钴和镍含量近于相等的硫化物矿物。常含铜和铁。属尖晶石超族硫硼尖晶石族硫钴矿亚族。等轴晶系。晶体呈八面体、粒状;集合体呈块状、致密状。亮钢灰色,氧化呈灰紫锖色,金属光泽,不透明;硬度4.5~5.5。1850发现于德国北莱茵-威斯特法伦州施塔尔贝格(Stahlberg)矿;同年,在纽约和伦敦《系统矿物学》(第三版)刊载。英文名称Siegenite,以发现地德国的锡根(Siegen)命名。又见于1944年帕拉奇(Palache)、查尔斯(Charles)、哈利·伯曼(Harry Berman)和克利福德·弗龙德尔(Clifford Frondel)《丹纳系统矿物学》(第一卷,第七版,纽约)。1959年以前发现、描述并命名的"祖父级"矿物,IMA承认有效。中文名称根据成分译为硫镍钴矿,也译作块硫镍钴矿,还有的译为碲硫镍钴矿。中国首次在硫镍钴矿中发现黄金。

【硫镍矿】

英文名 Polydymite

化学式 $Ni^{2+}Ni_2^{3+}S_4$ (IMA)

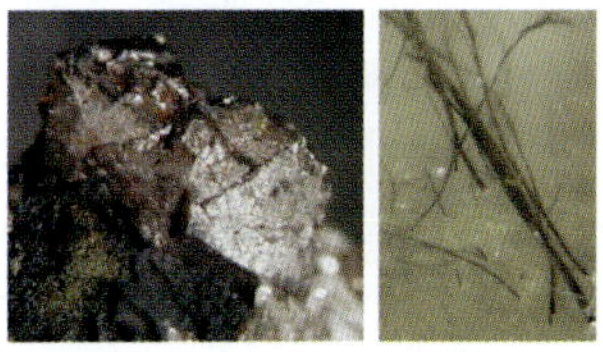

硫镍矿八面体和毛发状晶体(德国、美国)

硫镍矿是一种镍的硫化物矿物。属尖晶石超族硫硼尖晶石族硫钴矿亚族。等轴晶系。晶体呈八面体、粒状、毛发状,常见双晶;集合体呈块状。紫灰色、铜红色、浅灰色或钢灰色,金属光泽,不透明;硬度4.5~5.5。1876年发现于德国莱茵兰-普法尔茨州格鲁尼奥(Grüneau)矿;同年,在《实用化学杂志》(122)报道。英文名称Polydymite,由希腊文"πολυς= Many(许多)"和"διδυμος=Twin(孪生双晶)"命名,意指观察到的是它的双晶形式。1959年以前发现、描述并命名的"祖父级"矿物,IMA承认有效。中文名称根据成分译为硫镍矿;根据光泽和成分译作辉铁镍矿、辉镍矿。

【硫镍铁矿*】

英文名 Horomanite

化学式 $Fe_6Ni_3S_8$ (IMA)

硫镍铁矿*是一种铁、镍的硫化物矿物。四方晶系。晶体呈他形粒状。淡黄色,金属光泽,不透明;完全解理,脆性。1998年发现于日本北海道日高镇样似乡样似村幌满(Horoman)橄榄岩体。1998年北风(A. Kitakaze)在《矿物学、岩石学和经济地质学杂志》(93)报道。英文名称Horomanite,以发现地日本幌满(Horoman)命名。日文汉字名称幌満鉱。IMA 2007-037批准。2011年北风在《矿物学和岩石学科学杂志》(106)报道,化学式为$(Fe,Ni,Co,Cu)_9S_8$。目前尚无官方中文译名;编译者建议根据成分译为硫镍铁矿*。2010年杨主明在《岩石矿物学杂志》[29(1)]建议借用日文汉字名称幌満鉱的简化汉字名称幌满矿。

【硫镍铁铊矿】

英文名 Thalfenisite

化学式 $Tl_6(Fe,Ni)_{25}S_{26}Cl$ (IMA)

硫镍铁铊矿是一种含氯的铊、铁、镍的硫化物矿物。属陨硫铜钾矿族。等轴晶系。晶体呈显微粒状,粒径5μm。青铜棕色、绿棕色,金属光泽,不透明;硬度1~1.5,脆性。1979年发现于俄罗斯普托拉纳高原诺里尔斯克的塔尔纳赫(Talnakh)铜镍矿床十月(Oktyabrsky)镇矿。英文名称Thalfenisite,由成分"Thallium(铊)""Iron(拉丁文ferrum,铁)""Nickel(镍)"和"Sulfur(硫)"缩写组合命名。IMA 1979-018批准。1979年N.S.鲁达舍夫斯基(N. S. Rudashevskii)等在《全苏矿物学会记事》(108)和1981年《美国矿物学家》(66)报道。中文名称根据成分译为硫镍铁铊矿。

【硫镍铁铜矿*】

英文名 Samaniite

化学式 $Cu_2Fe_5Ni_2S_8$ (IMA)

硫镍铁铜矿*是一种铜、铁、镍的硫化物矿物。四方晶系。晶体呈他形粒状。黄白色,金属光泽,不透明;脆性。1998年发现于日本北海道日高县样似郡样似町幌满(Horoman)橄榄岩体。英文名称Samaniite,由第一次发现地日本的样似(Samani)郡命名。1998年北风(A. Kitakaze)在《日本矿物学家、岩石学家和经济地质学家协会杂志》(*Ganseki-Kobutsu-Koshogaku*)(93)报道。IMA 2007-038批准。日文汉字名称様似鉱。2011年北风在《矿物与岩石科学杂志》(106)报道,化学式为$Cu_2(Fe,Ni)_7S_8$。目前尚无官方中文译名。编译者建议根据成分译为硫镍铁铜矿*。2010年杨主明在《岩石矿物学杂志》[29(1)]建议采用日文汉字名称的简化汉字名称样似矿。

【硫镍铜铂矿】

英文名 Kharaelakhite

化学式 $(Cu,Pt,Pb,Fe,Ni)_9S_8$ (IMA)

硫镍铜铂矿是一种铜、铂、铅、铁、镍的硫化物矿物。斜方晶系。呈硫镍钯铂矿的反应边。青铜棕色,金属光泽,不透明。1983年发现于俄罗斯普托拉纳高原诺里尔斯克的塔尔纳赫铜镍矿床科姆索莫斯基(Komsomolskii)矿。英文名称 Kharaelakhite,以发现地俄罗斯塔尔纳赫铜镍矿床附近的克哈拉耶拉赫(Kharaelakh)高原命名。IMA 1983-080 批准。1985 年 A. D. 亨金(A. D. Genkin)等在《矿物学杂志》(7)和 1989 年 J. L. 杨博尔(J. L. Jambor)在《美国矿物学家》(74)报道。中文名称根据成分译为硫镍铜铂矿;根据对称(斜方晶系,也称正交晶系,正即直)和成分译为直硫镍矿。

【硫硼镁石】参见【硼镁矾】条 676 页

【硫铅钯矿】

英文名 Laflammeite

化学式 $Pd_3Pb_2S_2$ (IMA)

硫铅钯矿是一种钯、铅的硫化物矿物。单斜晶系。晶体呈自形—半自形板片状、片状,厚仅 0.3mm。带褐色色调的奶油色,金属光泽,不透明;硬度 3.5,完全解理,脆性。2000 年发现于芬兰拉普兰地区派尼卡特杂岩体索姆普杰尔维(Sompujärvi)矿脉基拉卡朱普拉(Kirakkajuppura)铂族元素(PGE)矿床。英文名称 Laflammeite,以加拿大渥太华加拿大矿物和能源技术中心(CANMET)的矿物学家约瑟夫·赫克托·吉勒斯·拉夫拉姆姆(Joseph Hector Gilles Laflamme,1947—)的姓氏命名,以表彰他对铂族矿物研究做出的重要贡献。IMA 2000-014 批准。2002 年 A. Y. 巴尔科夫(A. Y. Barkov)等在《加拿大矿物学家》(40)报道。2006 年中国地质科学院矿产资源研究所李锦平在《岩石矿物学杂志》[25(6)]根据成分译为硫铅钯矿。

【硫铅铋银矿】参见【针硫铋银矿】条 1109 页

【硫铅铑矿】

英文名 Rhodplumsite

化学式 $Rh_3Pb_2S_2$ (IMA)

硫铅铑矿是一种铑、铅的硫化物矿物。三方晶系。晶体显微粒状,一般呈其他矿物的包裹体存在。灰色,金属光泽,不透明。1982 年发现于俄罗斯斯维尔德洛夫斯克州波列夫斯科伊(Polevskoi)奥穆特纳亚(Omutnaya)河含铂砂矿。英文名称 Rhodplumsite,由成分"Rhodium(铑)"和"Lead=拉丁文 Plumbum(铅)"组合命名。IMA 1982-043 批准。1983 年 A. D. 根金(A. D. Genkin)等在基辅《矿物学杂志》[5(2)]报道。1985 年中国新矿物与矿物命名委员会郭宗山等在《岩石矿物及测试》[4(4)]根据成分译为硫铅铑矿/硫铑铅矿。

【硫铅镍矿】

英文名 Shandite

化学式 $Ni_3Pb_2S_2$ (IMA)

桑德像

硫铅镍矿是一种镍、铅的硫化物矿物。三方(假等轴)晶系。晶体常存在于其他矿物的包裹体。铜黄色,金属光泽,不透明;硬度 4,完全解理。1949 年发现于澳大利亚塔斯马尼亚州西海岸市试验港区镍矿区。1950 年拉姆多尔在《德国柏林科学院数学与自然科学类报告》(6)报道。英文名称 Shandite,1950 年保罗·拉姆多尔(Paul Ramdohr)以南非斯泰伦博斯大学的苏格兰裔石油学家塞缪尔·詹姆斯·桑德(Samuel James Shand,1882—1957)教授的姓氏命名,后来他到纽约哥伦比亚大学担任岩石学教授。1959 年以前发现、描述并命名的"祖父级"矿物,IMA 承认有效。中文名称根据成分译为硫铅镍矿。

【硫铅砷矿】

英文名 Baumhauerite

化学式 $Pb_{12}As_{16}S_{36}$ (IMA)

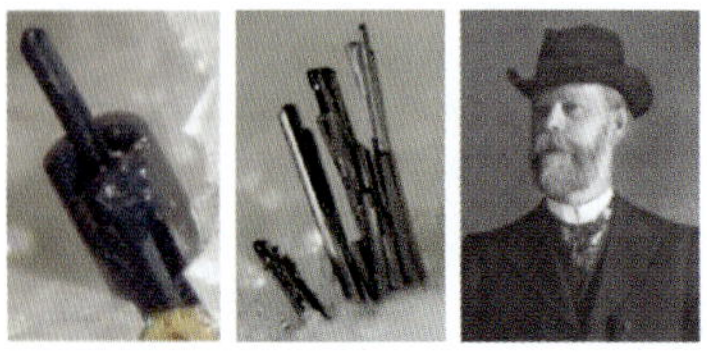

硫铅砷矿柱状晶体,晶簇状集合体(瑞士)和鲍姆豪尔像

硫铅砷矿是一种铅的砷-硫化物矿物。属脆硫砷铅矿族。三斜晶系。晶体呈柱状、板状,晶体常经溶蚀变得浑圆;集合体呈晶簇状。铅灰色、钢灰色,有时有彩虹锖色,金属光泽,不透明;硬度 3,完全解理。1902 年发现于瑞士瓦莱州林根巴赫(Lengenbach)采石场;同年,索利(Solly)在《矿物学杂志》(13)报道。英文名称 Baumhauerite,1902 年由理查德·哈里森·索利(Richard Harrison Solly)为纪念瑞士弗里堡大学的矿物学教授海因里希·阿道夫·鲍姆豪尔(Heinrich Adolf Baumhauer,1848—1926)而以他的姓氏命名。1959 年以前发现、描述并命名的"祖父级"矿物,IMA 承认有效。IMA 1988-061 批准。中文名称根据成分译为硫铅砷矿;根据颜色和成分译为褐硫砷铅矿。

【硫铅铁矿】

英文名 Viaeneite

化学式 $(Fe,Pb)_4S_8O$ (IMA)

硫铅铁矿扇状集合体(比利时)和维阿涅像

硫铅铁矿是一种铁、铅的氧-硫化物矿物。单斜晶系。集合体呈众多的单晶(80μm)晶簇组成扇状、球状。黄色,金属光泽,不透明;硬度 3.5~4.5。1993 年发现于比利时列日省列日市拉马莱厄(La Mallieue)。英文名称 Viaeneite,以比利时鲁汶天主教大学的威利·A. 维阿涅(Willy A. Viaene,1940—2000)的姓氏命名,以表彰他对比利时的地质科学做出的重要贡献。IMA 1993-051 批准。1995 年 H. 库查(H. Kucha)等在《矿物学新年鉴》(月刊)和 1996 年《欧洲矿物学杂志》(8)报道。2003 年中国地质科学院矿产资源研究所李锦平等在《岩石矿物学杂志》[22(3)]中根据成分译为硫铅铁矿。

【硫铅铜矿】

英文名 Furutobeite

化学式 $(Cu,Ag)_6PbS_4$ (IMA)

硫铅铜矿是一种铜、银、铅的硫化物矿物。单斜晶系。晶体显微针状;集合体呈块状。灰色,金属光泽,不透明;硬度 3。1978 年发现于日本本州岛秋田县小坂镇古远部(Furutohbe)矿。英文名称 Furutobeite,以发现地日本的古远部(Furutohbe)矿命名。IMA 1978-040 批准。日文汉字名称古遠部鉱。1981 年 A. 杉木(A. Sugaki)等在《矿物学通报》[104(6)]和《美国矿物学家》(67)报道。1983 年中国新矿物与矿物命名委员会郭宗山等在《岩石矿物及测试》[2(1)]根据成分译为硫铅铜矿。2010 年杨主明在《岩石矿物学杂志》[29(1)]建议借用日文汉字名称的简化汉字名称古远部矿。

硫铅铜矿针状晶体、块状集合体(纳米比亚)

【硫铅铜铑矿】

英文名 Konderite

化学式 $PbCu_3Rh_8S_{16}$ (IMA)

硫铅铜铑矿是一种铅、铜、铑的硫化物矿物。六方晶系。晶体呈显微粒状。钢灰色,金属光泽,不透明;硬度 5.5,完全解理,脆性。1983 年发现于俄罗斯哈巴罗夫斯克边疆区阿尔丹地盾孔德(Konder)碱性超基性岩体。英文名称 Konderite,以发现地俄罗斯的孔德(Konder)命名。IMA 1983-053 批准。1984 年 N. S. 鲁达舍夫斯基(N. S. Rudashevsky)在《全苏矿物学会记事》(113)和 1986 年《美国矿物学家》(71)报道。中文名称根据成分译为硫铅铜铑矿。

【硫铅铜铱矿】

英文名 Inaglyite

化学式 $PbCu_3Ir_8S_{16}$ (IMA)

硫铅铜铱矿是一种铅、铜、铱的硫化物矿物。六方晶系。晶体呈微细的不规则粒状,粒径仅 150μm,为其他矿物的包裹体。钢灰色,金属光泽,不透明;硬度 5.5,脆性。1983 年分别发现于俄罗斯萨哈共和国阿尔丹地盾伊纳格里(Inagli)地块和俄罗斯斯维尔德洛夫斯克州亚历山德罗夫(Aleksandrov)铂矿床。英文名称 Inaglyite,以发现地俄罗斯的伊纳格里(Inagli)地块命名。IMA 1983-054 批准。1984 年 N. S. 鲁达舍夫斯基(N. S. Rudashevskiy)等在《全苏矿物学会记事》(113)和 1986 年《美国矿物学家》(71)报道。中文名称根据成分译为硫铅铜铱矿。

【硫羟氯铜石】参见【羟硫氯铜石】条 721 页

【硫氰钠钴石】参见【毛青钴矿】条 584 页

【硫砷铋镍矿】

英文名 Arsenohauchecornite

化学式 $Ni_{18}Bi_3AsS_{16}$ (IMA)

硫砷铋镍矿是一种镍、铋的砷-硫化物矿物。属硫镍铋锑矿族。四方晶系。晶体呈板片状;集合体呈不规则状。青铜色,金属光泽,不透明;硬度 5.5。1978 年发现于加拿大安大略省萨德伯里区。英文名称 Arsenohauchecornite,由成分冠词"Arsenic(砷)"和与根词"Hauchecornite(硫镍铋锑矿)"的关系组合命名(参见【硫镍铋锑矿】条 506 页)。IMA 1978-E 提案,IMA 1978s. p. 批准。1980 年 R. L. 盖特(R. L. Gait)等在《矿物学杂志》(43)报道。中文名称根据成分译为硫砷铋镍矿或砷硫铋镍矿。

【硫砷铋铅矿】

英文名 Kirkiite

化学式 $Pb_{10}Bi_3As_3S_{19}$ (IMA)

硫砷铋铅矿是一种铅、铋的砷-硫化物矿物。属碲硫砷铅矿同源系列族。六方(或单斜)晶系。晶体呈显微柱状、假六角形轮廓。锡白色,金属光泽,不透明;硬度 3.5。1984 年发现于希腊埃夫罗斯省基尔基(Kirki)矿山。英文名称 Kirkiite,以发现地希腊的基尔基(Kirki)矿山命名。IMA 1984-030 批准。1985 年 Y. 莫罗(Y. Moelo)等在《矿物学通报》(108)和 1986 年《美国矿物学家》(71)报道。1986 年中国新矿物与矿物命名委员会郭宗山等在《岩石矿物学杂志》[5(4)]根据成分译为硫砷铋铅矿。

【硫砷铂矿】

英文名 Platarsite

化学式 PtAsS (IMA)

硫砷铂矿是一种铂的砷-硫化物矿物。属辉钴矿族。等轴晶系。晶体呈半自形粒状。灰色,金属光泽,不透明;硬度 7.5。1976 年发现于南非姆普马兰加省布什维尔德尔杂岩体东翁弗瓦赫特(Onverwacht)矿。英文名称 Platarsite,由化学成分"Platinum(铂)""Arsenic(砷)"和"Sulfur(硫)"缩写组合命名。IMA 1976-050 批准。1977 年 L. J. 卡布里(L. J. Cabri)等在《加拿大矿物学家》(15)报道。中文名称根据成分译为硫砷铂矿。

【硫砷锇矿】

英文名 Osarsite

化学式 OsAsS (IMA)

硫砷锇矿是一种锇、钌的砷-硫化物矿物。属砷黄铁矿族。单斜晶系。晶体呈粒状。灰色,金属光泽,不透明;硬度 6。1971 年发现于美国加利福尼亚州洪堡县。英文名称 Osarsite,由化学成分"Osmium(锇)""Arsenic(砷)"和"Sulfur(硫)"缩写组合命名。IMA 1971-025 批准。1972 年 K. G. 斯尼特斯内格尔(K. G. Snetsinger)在《美国矿物学家》(57)报道。中文名称根据成分译为硫砷锇矿。

【硫砷汞铊矿】

英文名 Routhierite

化学式 $TlCuHg_2As_2S_6$ (IMA)

硫砷汞铊矿他形粒状晶体(法国)和鲁蒂埃像

硫砷汞铊矿是一种铊、铜、汞的砷-硫化物矿物。属硫砷汞铊矿族。四方晶系。晶体呈他形粒状。紫罗兰色、紫红色、黑色,金属光泽,不透明;硬度 3.5,完全解理。1973 年发现于法国普罗旺斯-阿尔卑斯-蓝色海岸大区拉沙佩勒昂瓦尔戈代马尔(La Chapelle-en-Valgaudemar)雅鲁(Jas Roux)矿。英文名称 Routhierite,以法国经济地质学教授彼埃尔·让·鲁蒂埃(Pierre-Jean Routhier,1916—2008)的姓氏命名。鲁蒂埃是一位著名的成矿作用和矿床研究专家。IMA 1973-030批准。1974 年 Z. 约翰(Z. Johan)等在《法国矿物学和结晶学会通报》(97)报道。中文名称根据成分译为硫砷汞铊矿。

【硫砷汞铜矿】

英文名 Aktashite

化学式 $Cu_6Hg_3As_4S_{12}$ (IMA)

硫砷汞铜矿是一种铜、汞的砷-硫化物矿物。三方晶系。

晶体常呈他形粒状，很少呈类似三角锥状。灰黑色，金属光泽，不透明；硬度 3.5，脆性。1968 年发现于俄罗斯戈尔诺-阿尔泰斯克阿克塔什(Aktashskoye)锑汞矿床。1968 年 V. I. 瓦西尔列夫(V. I. Vasilev)在莫斯科出版的《科学(*Nauka*)：关于汞的成矿问题》报道。英文名称 Aktashite，以发现地俄罗斯的阿克塔什(Aktashskoye)命名。未经核准而发表，但是有效矿物种。IMA 2008s. p. 批准。中文名称根据成分译为硫砷汞铜矿；音译为阿克塔什矿。

【硫砷汞银矿】

英文名 Laffittite

化学式 $AgHgAsS_3$ (IMA)

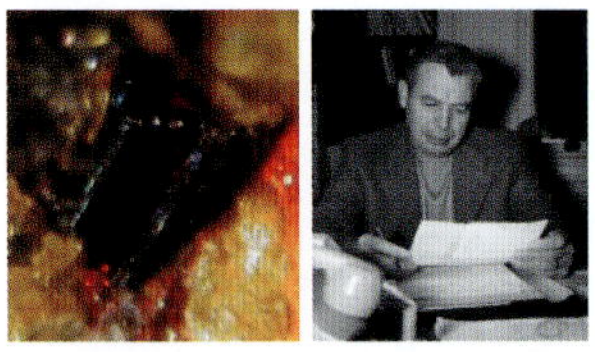

硫砷汞银矿短柱状晶体(美国)和拉菲特像

硫砷汞银矿是一种银、汞的砷-硫化物矿物。单斜晶系。晶体呈短柱状、他形粒状。深红色、红褐色，金属光泽，半透明—不透明；硬度 3.5。1973 年发现于法国普罗旺斯-阿尔卑斯-蓝色海岸大区拉沙佩勒昂瓦尔戈代马尔(La Chapelle-en-Valgaudemar)雅鲁(Jas Roux)矿。英文名称 Laffittite，1974 年兹德内克·约翰(Zdeněk Johan)等为纪念法国地质调查局(BRGM)主任、国立巴黎高等矿业学院院长兼总经理彼埃尔·保罗·拉菲特(Pierre Paul Laffitte，1925—1974)而以他的姓氏命名。IMA 1973-031 批准。1974 年 Z. 约翰(Z. Johan)等在《法国矿物学和结晶学会通报》(97)报道。中文名称根据成分译为硫砷汞银矿。

【硫砷钴矿】参见【阿硫砷钴矿】条 7 页

【硫砷矿】

英文名 Dimorphite

化学式 As_4S_3 (IMA)

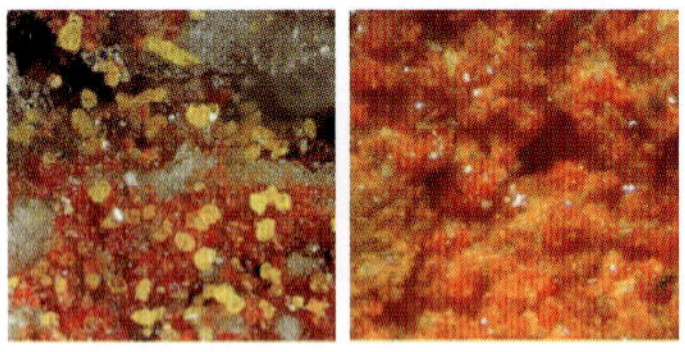

硫砷矿小粒状晶体，皮壳状集合体(意大利)

硫砷矿是一种非常罕见砷的硫化物矿物。斜方晶系。晶体呈双锥状；集合体呈皮壳状。橙黄色，金刚光泽，透明；硬度 1.5，脆性。1849 年矿物学家阿尔坎杰洛·斯卡基(Arcangelo Scacchi，1810—1893)发现于意大利那不勒斯省弗雷兰(Phlegrean)火山杂岩体波佐利(Pozzuoli)硫磺喷气孔；同年，在那不勒斯《坎帕尼亚的地质记忆》报道。又见于 1944 年 C. 帕拉奇(C. Palache)、H. 伯曼(H. Berman)和 C. 弗龙德尔(C. Frondel)《丹纳系统矿物学》(第一卷，第七版，纽约)。英文名称 Dimorphite，由希腊文"Δύ ο(Two)＝Mεi ωση(Dimor)(双，二形)"和"Μορφ ή(Form)(形式)"命名，意指矿物的形态呈 α 和 ß 两种形式出现。雌黄与 α 硫砷矿和 β 硫砷矿之间在一定条件下可以转换。1959 年以前发现、描述并命名的"祖父级"矿物，IMA 承认有效。中文名称根据成分译为硫砷矿。

【硫砷铑矿】

英文名 Hollingworthite

化学式 RhAsS (IMA)

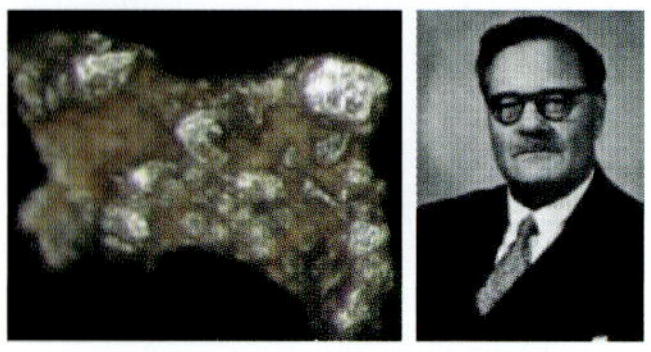

硫砷铑矿粒状晶体(埃塞俄比亚)和霍林沃斯像

硫砷铑矿是一种铑的砷-硫化物矿物。属辉钴矿族。等轴晶系。晶体呈细粒状。中灰色、浅蓝色，金属光泽，不透明；硬度 6～6.5。1963 年发现于南非林波波省德里克普(Driekop)矿。1965 年 E. F. 施通佩尔(E. F. Stumpel)等在《美国矿物学家》(50)报道。英文名称 Hollingworthite，由尤金·弗里德里希·司徒福尔(Eugen Friedrich Stumpfl)和安德鲁·M. 克拉克(Andrew M. Clark)为纪念西德尼·艾瓦特·霍林沃斯(Sidney Ewart Hollingworth，1899—1966)而以他的姓氏命名。霍林沃斯是英国伦敦大学的地质学教授，他对英国北部更新世地质有很深入的研究，南极洲霍林沃斯崖也是以他的姓氏命名的。IMA 1964-029 批准。中文名称根据成分译为硫砷铑矿。

【硫砷钌矿】

英文名 Ruarsite

化学式 RuAsS (IMA)

硫砷钌矿是一种钌的砷-硫化物矿物。属砷黄铁矿族。单斜晶系。晶体呈不规则粒状。铅灰色—暗铅灰色，条痕呈灰黑色，金属光泽，不透明；脆性。1972 年 K. G. 斯尼特斯内格尔(K. G. Snetsinger)在《美国矿物学家》(57)报道了美国加利福尼亚州砂矿中发现的一种灰色金属矿物，经电子探针分析确定为 OsAsS，根据化学成分"Osmium(锇)""Arsenic(砷)"和"Sulfur(硫)"的缩写命名。1979 年，中国地质科学院地质矿产研究所的科学家在中国西藏自治区那曲地区安多县铬矿床发现了 RuAsS，根据成分"Ruthenium(钌)""Arsenic(砷)"和"Sulfur(硫)"的缩写命名为硫砷钌矿(Ruarsite)。IMA 1980s. p. 批准。1979 年中国地质科学院地质矿产研究所二室铂矿组、探针组等在《科学通报》[24(7)]和 1980 年 M. 弗莱舍(M. Fleischer)等在《美国矿物学家》(65)报道。

【硫砷铅矿】参见【单斜硫砷铅矿】条 107 页

【硫砷铅石】

英文名 Revoredite

化学式 $PbAs_4S_7$

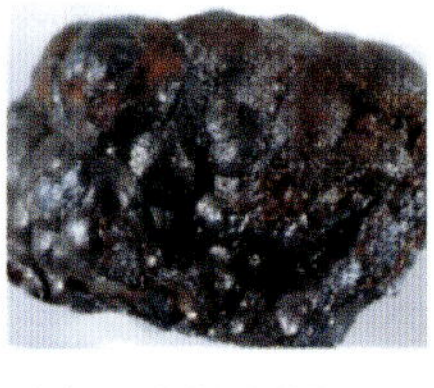

硫砷铅石玻璃头状块体(秘鲁)

硫砷铅石是一种铅的砷-硫化物矿物。非晶质。集合体呈块体。黑色—红色，玻璃光泽，半透明。最初的报道来自秘鲁拉利伯塔德省基鲁维尔卡(Quiruvilca)矿和帕斯科省塞罗德帕斯科(Cerro de Pasco)胡宁拉格拉(Ragra)矿。英文名称 Revoredite，以里沃尔德(Revored)命名(其意不详，待考)。1959 年查尔斯·米尔顿(Charles Milton)等在《美国矿物学家》(44)报道。未经 IMA 接受为适当的矿物种；其成分在 $PbAs_4S_7$ 附近，似乎很可能是从 $Pb_2As_2S_7$ 到 As_2S_3 的连续系列。中文名称根据成分译为硫砷铅石。

【硫砷铅铊矿】参见【艾登哈特尔矿】条 17 页

【硫砷铅银矿*】

英文名 Argentodufrénoysite

化学式 $Ag_3Pb_{26}As_{35}S_{80}$　　(IMA)

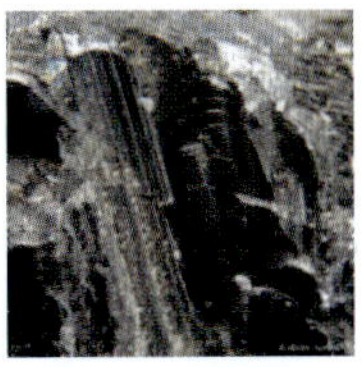

硫砷铅银矿*柱状晶体（瑞士）

硫砷铅银矿*是一种银、铅的砷-硫化物矿物。属脆硫砷铅矿同源系列族。三斜晶系。晶体呈柱状。黑色。2016 年发现于瑞士瓦莱州林根巴赫(Lengenbach)采石场。英文名称 Argentodufrénoysite，由成分冠词"Argento(银)"和根词"Dufrénoysite(硫砷铅矿)"组合命名，意指它是银占优势的硫砷铅矿的类似矿物。IMA 2016－046 批准。2016 年 D. 托帕(D. Topa)等在《CNMNC 通讯》(33)和《矿物学杂志》(80)报道。目前尚未见官方中文译名，编译者建议根据成分及与硫砷铅矿的关系译为硫砷铅银矿*。

【硫砷铊汞矿】

英文名 Galkhaite

化学式 $(Hg_5Cu)CsAs_4S_{12}$　　(IMA)

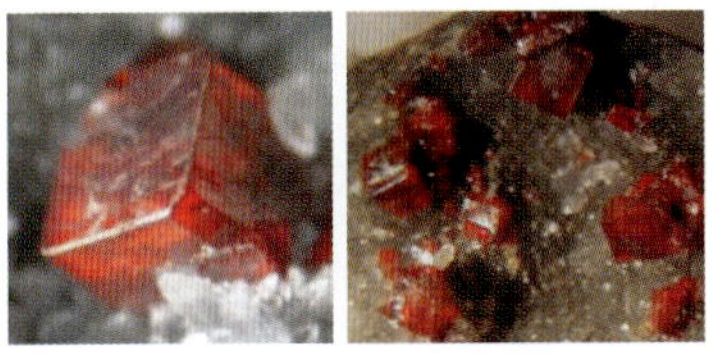

硫砷铊汞矿立方体晶体(美国)

硫砷铊汞矿是一种汞、铜、铯的砷-硫化物矿物。等轴晶系。晶体呈立方体、粒状，粒径 1cm，集合体晶簇状。橙红色、红色、黑色，金刚光泽、玻璃光泽，半透明一不透明；硬度 3，脆性。1971 年分别发现于吉尔吉斯斯坦奥什州阿莱山脉凯达坎(Khaidarkan)锑-汞矿床和俄罗斯萨哈共和国加尔-卡亚(Gal-Khaya)砷-汞-锑矿床。英文名称 Galkhaite，以发现地俄罗斯的加尔-卡亚(Gal-Khaya)命名。IMA 1971－029 批准。1972 年在《苏联科学院报告》(205)报道。中文名称根据成分译为硫砷铊汞矿。

【硫砷铊矿】

英文名 Ellisite

化学式 Tl_3AsS_3　　(IMA)

硫砷铊矿是一种铊的砷-硫化物矿物。三方晶系。晶体呈他形粒状、菱形状。深灰色，金属光泽，不透明；硬度 2，菱形完全解理。1977 年发现于美国内华达州尤里卡县林恩(Lynn)矿区卡林(Carlin)金矿。英文名称 Ellisite，以新西兰科学与工业研究局(DSIR)地球化学家 A. J. 埃利斯(A. J. Ellis)博士的姓氏命名。IMA 1977－041 批准。1979 年 F. W. 迪克森(F. W. Dickson)等在《美国矿物学家》(64)报道。中文名称根据成分译为硫砷铊矿。

【硫砷铊铅矿】参见【红铊铅矿】条 330 页

【硫砷铊银铅矿】

英文名 Hatchite

化学式 $AgTlPbAs_2S_5$　　(IMA)

硫砷铊银铅矿板状、粒状晶体(瑞士)和哈奇像

硫砷铊银铅矿是一种银、铊、铅的砷-硫化物矿物。三斜晶系。晶体呈自形板状、粒状。铅灰色、灰黑色，金属光泽，不透明。1912 年发现于瑞士瓦莱州林根巴赫(Lengenbach)采石场；同年，理查德·H. 索利(Richard H. Solly)等在《矿物学杂志》(16)报道。英文名称 Hatchite，1912 年理查德·索利等以英国地质调查局的地质学家与采矿工程师弗雷德里克·亨利·哈奇(Frederick Henry Hatch，1864—1932)博士的姓氏命名。1959 年以前发现、描述并命名的"祖父级"矿物，IMA 承认有效。中文名称根据成分译为硫砷铊银铅矿。

【硫砷锑汞矿】

英文名 Tvalchrelidzeite

化学式 Hg_3SbAsS_3　　(IMA)

硫砷锑汞矿是一种汞、锑的砷-硫化物矿物。单斜晶系。晶体常呈半自形粒状；集合体由许多单个的晶体或晶簇组成。铅灰色、深红色，金刚光泽，半透明一不透明；硬度 3；完全解理。1974 年发现于格鲁吉亚格米(Gomi)砷-锑-汞矿床。英文名称 Tvalchrelidzeite，以格鲁吉亚科学院院士、格鲁吉亚矿物岩石学学派创始人 A. A. 特瓦尔奇列利泽(A. A. Tvalchrelidze，1915—?)的姓氏命名。IMA 1974－052 批准。1975 年在《苏联科学院报告》(225)和 1977 年《美国矿物学家》(62)报道。中文名称根据成分译为硫砷锑汞矿。

【硫砷锑汞铊矿】参见【辉铊锑矿】条 351 页

【硫砷锑矿】

英文名 Getchellite

化学式 $SbAsS_3$　　(IMA)

硫砷锑矿板状晶体(伊朗)

硫砷锑矿是一种锑的砷-硫化物矿物。单斜晶系。晶体呈自形一半自形板状，粒径达 2cm；集合体呈块状。血红色、深红色、紫红色、黑血红色，褪色呈绿色，或具紫色虹彩锖色，树脂光泽，解理面上呈珍珠光泽、玻璃光泽，透明一不透明；硬度 1.5～2，完全解理。1962 年 8 月，新西兰科学和工业研究部的 B. G. 韦斯伯格(B. G. Weissberg)访问位于美国内华达州格切尔(Getchell)矿。他访问的目的是收集样品，研究各种相当普遍的硫化物之间的关系，而不是寻找新的矿物。1963 年韦斯伯格在重新检查样品时发现此新矿物。英文名称 Getchellite，以发现地美国的格切尔(Getchell)矿命名。IMA 1965－010 批准。1965 年韦斯伯格在《美国矿物学家》(50)报道。中文名称根据成分译为硫砷锑矿。

【硫砷锑铅矿】

英文名 Geocronite

化学式 $Pb_{14}(Sb,As)_6S_{23}$　　(IMA)

L

硫砷锑铅矿短柱状、板状晶体，放射状集合体（意大利、加拿大）

硫砷锑铅矿是一种铅的锑-砷-硫化物矿物。碲硫砷铅矿同源系列族。单斜晶系。晶体罕见，呈短柱状、板状，长可达 8cm；集合体呈层状、放射状、块状。浅铅灰色—灰色，金属光泽，不透明；硬度 2.5～3，完全解理。1839 年发现于瑞典韦斯特曼省撒拉（Sala）银矿；同年，斯万贝里（Svanberg）在瑞典《斯德哥尔摩科学院 Handl.》（184）报道。1841 年斯万贝里在《瑞典皇家科学院学术文献》刊载。英文名称 Geocronite，由希腊文“γή＝Earth＝Gea（锑，在希腊文中 Gea 是锑的炼金术名字）”和“κρόνος＝Saturn（萨图恩，在希腊文中是铅的炼金术名字）”组合命名。1959 年以前发现、描述并命名的“祖父级”矿物，IMA 承认有效。中文名称根据成分译为硫砷锑铅矿或砷硫锑铅矿。

【硫砷锑铅铊矿】参见【沙硫锑铊铅矿】条 770 页

【硫砷锑铊矿】

英文名 Rebulite

化学式 $Tl_5Sb_5As_8S_{22}$　　(IMA)

硫砷锑铊矿是一种铊、锑的砷-硫化物矿物。单斜晶系。深灰色，半金属光泽，不透明。1982 年发现于北马其顿共和国卡瓦达奇的阿尔察（Allchar）。英文名称 Rebulite，以斯洛文尼亚地质学家或采矿工程师雷布拉（Rebula）命名。1982 年 T. 巴里奇-祖尼奇（T. Balić-Žunić）等《结晶学杂志》（160）报道。IMA 2008s. p. 批准。中文名称根据成分译为硫砷锑铊矿。

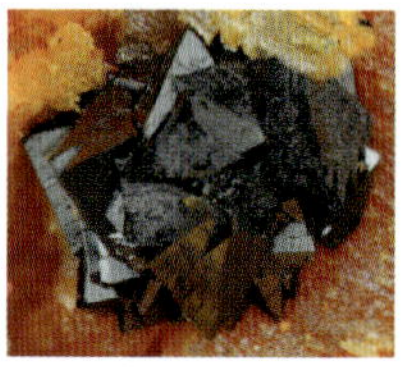

硫砷锑铊矿自形粒状晶体（中国·湖南）

【硫砷锑银矿*】参见【鲍姆施塔克矿*】条 49 页

【硫砷铜矿】

英文名 Enargite

化学式 Cu_3AsS_4　　(IMA)

硫砷铜矿柱状晶体（意大利）

硫砷铜矿是一种铜的砷-硫化物矿物。属四方硫砷铜矿族。与块硫砷铜矿成同质多象变体。斜方晶系。晶体呈粒状、柱状，少为板状，双晶有时为星状六连晶；集合体常呈块状。钢灰色，带灰或黄的黑色，紫黑色，金属光泽，不透明；硬度 3，完全解理平行于菱方柱方向，脆性。1850 年发现于秘鲁乌利省莫罗科查区圣弗朗西斯科（San Francisco）矿脉；同年，布赖特豪普特（Breithaupt）在西德《物理学和化学年鉴》（80）报道。英文名称 Enargite，19 世纪中期来自希腊文“ἐναργής＝Enarge（显著）”，指的正是其菱方柱方向显著的解理。1959 年以前发现、描述并命名的“祖父级”矿物，IMA 承认有效。同义词 Clarite，由 1874 年卡尔·路德维格·弗里多林·冯·桑德伯格（Karl Ludwig Fridolin von Sandberger）可能根据德国的克拉克（Clara）矿命名；同义词 Garbyite，可能根据波兰的加尔比命名；同义词 Guayacanite，可能以智利中部太平洋沿岸港口瓜亚坎命名。中文名称根据成分译为硫砷铜矿。

【硫砷铜铅石】

英文名 Arsentsumebite

化学式 $Pb_2Cu(AsO_4)(SO_4)(OH)$　　(IMA)

硫砷铜铅石扭曲的片状晶体，球状集合体（纳米比亚）

硫砷铜铅石是一种含羟基的铅、铜的硫酸-砷酸盐矿物。属锰铁钒铅矿超族。单斜晶系。晶体呈扭曲的片状；集合体呈结壳状、球状，粒径 2mm。翡翠绿色、草绿色、苹果绿色、浅蓝绿色，金刚光泽、玻璃光泽，半透明—不透明；硬度 4～5，脆性。1935 年发现于纳米比亚奥希科托地区楚梅布（Tsumeb）矿；同年，L. 韦赛尼（L. Vésignié）在《法国矿物学会通报》（58）报道。英文名称 Arsentsumebite，1958 年由韦赛尼根据成分“Arsenate（砷酸）”和“Tsumebite（绿磷铅铜矿）”组合命名，意指是砷酸占优势的绿磷铅铜矿类似矿物。1966 年 R. A. 比多（R. A. Bideaux）等在《美国矿物学家》（51）报道。1959 年以前发现、描述并命名的“祖父级”矿物，IMA 承认有效。中文名称根据成分译为硫砷铜铅石。

【硫砷铜铊矿】

英文名 Imhofite

化学式 $Tl_{5.8}As_{15.4}S_{26}$　　(IMA)

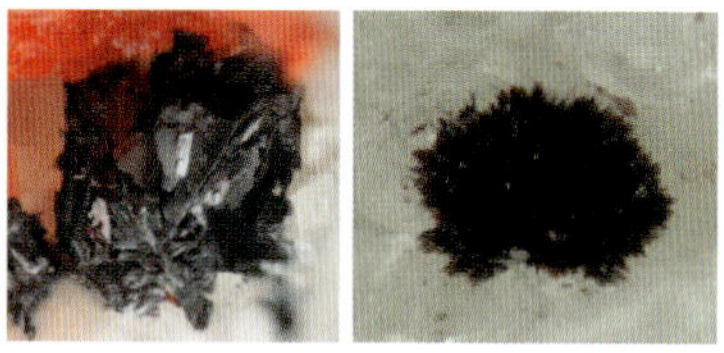

硫砷铜铊矿板状、针状晶体，球状集合体（瑞士）

硫砷铜铊矿是一种铊的砷-硫化物矿物。单斜晶系。晶体呈针状、板状；集合体呈放射球状。铜红色—黑色，金属光泽，半透明；硬度 2，完全解理。1965 年发现于瑞士瓦莱州林根巴赫（Lengenbach）采石场。英文名称 Imhofite，以瑞士碧茵山谷专业矿物收集者约瑟夫·伊姆霍夫（Joseph Imhof，1902—1969）的姓氏命名。1965 年 G. 布里（G. Burri）等在瑞士《化学》（*Chimia*）（19）和 1966 年《美国矿物学家》（51）报道。IMA 1971s. p. 批准。中文名称根据成分译为硫砷铜铊矿；音译为伊姆霍夫矿。

【硫砷铜锌铊矿】

英文名 Stalderite

化学式 $TlCu(Zn,Fe,Hg)_2As_2S_6$　　(IMA)

硫砷铜锌铊矿是一种铊、铜、锌、铁、汞的砷-硫化物矿物。属硫砷汞铊矿族。四方晶系。晶体呈自形粒状。黑色，带蓝

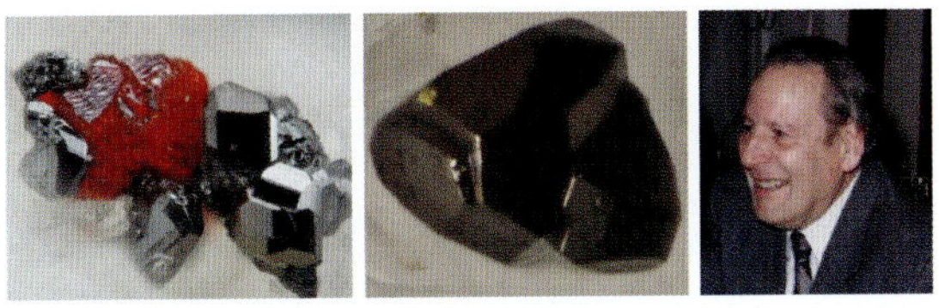

硫砷铜锌铊矿自形晶体(瑞士)和施塔尔德尔像

和红的彩虹锖色,金属光泽,不透明;硬度 3.5～4,脆性。1987 年发现于瑞士瓦莱州林根巴赫(Lengenbach)采石场。英文名称 Stalderite,以瑞士伯尔尼自然历史博物馆馆长和伯尔尼大学矿物学教授汉斯·安东·施塔尔德尔(Hans Anton Stalder,1925—2011)的姓氏命名。IMA 1987－024 批准。1995 年 S. 格雷泽尔(S. Graeser)等在《瑞士矿物学和岩石学通报》(75)报道。1998 年中国新矿物与矿物命名委员会黄蕴慧等在《岩石矿物学杂志》[17(1)]音译为施塔尔德尔矿。2003 年中国地质科学院矿产资源研究所李锦平等在《岩石矿物学杂志》[22(3)]根据成分译为硫砷铜锌铊矿。

【硫砷铜银矿】

英文名 Pearceite

化学式 $[Ag_9CuS_4][(Ag,Cu)_6(As,Sb)_2S_7]$　(IMA)

硫砷铜银矿板状、板柱状晶体(秘鲁、西班牙、哈萨克斯坦)和皮尔斯像

硫砷铜银矿是一种银、铜的砷-锑-硫化物矿物。属硫砷铜银矿-硫锑铜银矿族或系列。三方(或单斜)晶系。晶体呈偏三角面体、柱状和板状。黑色和深红色,金属—半金属光泽,半透明—不透明;硬度 2.5～3。最早见于 1833 年罗斯(Rose)在《物理学年鉴》(28)报道。1896 年发现于美国科罗拉多州皮特金县阿斯彭区莫莉吉布森(Mollie Gibson)矿。1896 年彭菲尔德(Penfield)在《美国科学杂志》(152)报道。英文名称 Pearceite,以美国化学家和冶金学家理查德·皮尔斯(Richard Pearce,1837—1927)博士的姓氏命名。他在美国工作了 30 年,在科罗拉多州的丹佛和蒙大拿州的巴特建立了冶炼厂;他是科罗拉多科学协会的创始成员;他向大英博物馆捐赠了许多标本。1959 年以前发现、描述并命名的“祖父级”矿物,IMA 承认有效。IMA 2006s. p. 批准。最初认为 Pearceite(硫砷铜银矿)是 Polybasite(硫锑铜银矿)砷的类似矿物“Arsenpolybasite(砷硫锑铜银矿)”,然而,后来发现代表两个不同的多型 Pearceite－T2ac(三方)和 Pearceite－M2a2b2c(单斜)(宾迪等,2007)。中文名称根据成分译为硫砷铜银矿或砷硫铜银矿或砷硫银矿。

【硫砷锡铊矿】参见【埃尔尼格里石】条 12 页

【硫砷锡铁铜矿】

英文名 Vinciennite

化学式 $Cu_{10}Fe_4SnAsS_{16}$　(IMA)

硫砷锡铁铜矿是一种铜、铁、锡的砷-硫化物矿物。四方晶系。晶体呈他形—半自形粒状。橙色,金属光泽,不透明;硬度 4.5,脆性。1983 年发现于法国索恩-卢瓦尔省齐泽尔(Chizeuil)矿。英文名称 Vinciennite,以法国巴黎高等矿业大学(ENSMP)矿物学教授亨利·万谢纳(Henri Vincienne,1898—1965)的姓氏命名。IMA 1983－031 批准。1985 年 F. 塞斯布龙(F. Cesbron)等在《法国矿物学和结晶学通报》(108)报道。1987 年中国新矿物与矿物命名委员会郭宗山等在《岩石矿物学杂志》[6(4)]根据成分译为硫砷锡铁铜矿。

万谢纳像

【硫砷锌铜矿】

英文名 Nowackiite

化学式 $Cu_6Zn_3As_4S_{12}$　(IMA)

硫砷锌铜矿板状晶体(瑞士)和诺瓦克像

硫砷锌铜矿是一种铜、锌的砷-硫化物矿物。三方晶系。晶体呈粒状、板状。铅灰色、黑色、钢灰色,金属光泽,不透明;硬度 3.5～4。1965 年发现于瑞士瓦莱州林根巴赫(Lengenbach)采石场。英文名称 Nowackiite,为纪念瑞士伯尔尼大学瑞士矿物学家维尔纳·诺瓦克(Werner Nowacki,1909—1989)教授而以他的姓氏命名。他对林根巴赫矿的硫酸盐矿物进行了广泛的研究。IMA 1971s. p. 批准。1965 年 G. 布里(G. Burri)等在瑞士《化学》(*Chimia*)(19)和 1966 年《美国矿物学家》(51)报道。中文名称根据成分译为硫砷锌铜矿。

【硫砷铱矿】

英文名 Irarsite

化学式 IrAsS　(IMA)

硫砷铱矿是一种铱的砷-硫化物矿物。属辉钴矿族硫砷铱矿-硫砷铱矿系列。等轴晶系。集合体呈块状。颜色铁黑色、铅灰色,金属光泽,不透明;硬度 6.5,脆性。1966 年发现于南非姆普马兰加省布什维尔德杂岩体东部奥弗瓦赫特(Onverwacht)矿。1966 年 A. D. 根金(A. D. Genkin)等在《全苏矿物学会记事》[95(6)]和 1967 年 M. 弗莱舍(M. Fleischer)在《美国矿物学家》(52)报道。英文名称 Irarsite,由化学成分“Iridium(铱)、Arsenic(砷)和 Sulfur(硫)”缩写组合命名。IMA 1966－028 批准。中文名称根据成分译为硫砷铱矿。

【硫砷银矿】

英文名 Dervillite

化学式 Ag_2AsS_2　(IMA)

硫砷银矿柱状微晶体(瑞士、镜下)

硫砷银矿是一种银的砷-硫化物矿物。单斜晶系。晶体呈微小的柱状,长仅 0.3mm。灰色,金属光泽,不透明;硬度 1～1.5。发现于法国上莱茵省圣玛丽亚奥克斯矿山加布上帝(Gabe Gottes)矿。英文名称 Dervillite,以法国斯特拉斯堡大学的古生物学家亨利·德维尔(Henri Derville)博士的姓氏命名。R. 威尔(R. Weil)在 1936 年发现了这个样品,同年恩格玛(Ungemach)进行了晶体研究。“二战”时,乌尔普

被转移到克莱蒙特·费朗，研究于1941年完成；同年，在《奥弗涅自然科学杂志》(*Revue des Sciences Naturelles d'Auvergne*)(7)报道。皮耶罗(Pierrot)和舒布内尔(Schubnel)在1965年证实了它是一种新矿物。1959年以前发现、描述并命名的"祖父级"矿物，IMA承认有效。IMA 1983s.p.批准。1983年P.J.邓恩(P.J.Dunn)在《美国矿物学家》(68)报道。中文名称根据成分译为硫砷银矿。

【硫砷银铅矿】

英文名 Marrite

化学式 $AgPbAsS_3$ (IMA)

硫砷银铅矿粒状、柱状、板状晶体(瑞士)

硫砷银铅矿是一种铅、银的砷-硫化物矿物。属柱硫锑铅银矿族。单斜晶系。晶体呈粒状、柱状、板状；集合体呈晶簇状。铅灰色、钢灰色，常具彩虹般锖色，金属光泽，不透明；硬度3，脆性。1904年发现于瑞士瓦莱州林根巴赫(Lengenbach)采石场。英文名称Marrite，1904年R.H.索利(R.H.Solly)为纪念英国剑桥大学的地质学家约翰·爱德华·马尔(John Edward Marr,1857—1933)教授而以他的姓氏命名。1959年以前发现、描述并命名的"祖父级"矿物，IMA承认有效。1904年索利在《自然》(71)和1905年《矿物学杂志》(14)报道。中文名称根据成分译为硫砷银铅矿。

【硫砷银铜铊矿】

英文名 Gabrielite

化学式 $Tl_2AgCu_2As_3S_7$ (IMA)

硫砷银铜铊矿板状晶体(瑞士)和加布里埃尔像

硫砷银铜铊矿是一种铊、银、铜的砷-硫盐矿物。三斜晶系。晶体呈自形假六方柱状、板状。灰色—黑色，金属光泽，不透明；硬度1.5～2.0，完全解理。2002年发现于瑞士瓦莱州林根巴赫(Lengenbach)采石场。英文名称Gabrielite，以瑞士巴塞尔的沃尔特·加布里埃尔(Walter Gabriel,1943—)的姓氏命名。他是一位知名的矿物摄影家和林根巴赫矿物专家。IMA 2002-053批准。2006年S.格拉塞尔(S.Graeser)等在《加拿大矿物学家》(44)报道。2009年中国地质科学院地质研究所尹淑苹等在《岩石矿物学杂志》[28(4)]根据成分译为硫砷银铜铊矿。

【硫双铋镍矿】

英文名 Bismutohauchecornite

化学式 $Ni_9Bi_2S_8$ (IMA)

硫双铋镍矿是一种镍、铋的硫化物矿物。属硫镍铋锑矿族。四方晶系。晶体呈细长片状、粒状；集合体呈块状。金黄色，金属光泽，不透明；硬度4.5～5.5。1978年发现于俄罗斯泰梅尔自治区泰梅尔半岛普托拉纳高原塔尔纳赫(Talnakh)铜镍矿床十月村矿。英文名称Bismutohauchecornite，由成分冠词"Bismuth(铋)"和根名词"Hauchecornite(硫镍铋锑矿)"组合命名，意指是含两个铋的硫镍铋锑矿的类似矿物。IMA 1978-F提案，IMA 1978s.p.批准。1978年V.A.克瓦林科(V.A.Kovalenker)在《苏联科学院博物馆特鲁迪矿物学》(26)报道。中文名称根据成分译为硫双铋镍矿。

【硫四砷矿】参见【红硫砷矿】条326页

【硫酸方柱石】参见【硫钙柱石】条500页

【硫酸钙霞石】

英文名 Vishnevite

化学式 $Na_8(Al_6Si_6)O_{24}(SO_4)\cdot 2H_2O$ (IMA)

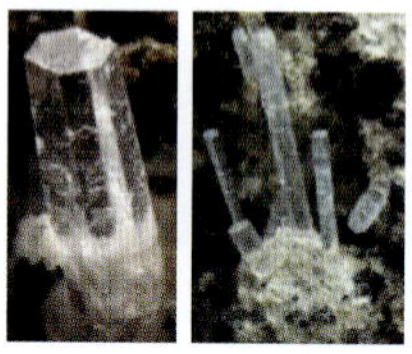

硫酸钙霞石六方柱状晶体，晶簇状集合体(意大利)

硫酸钙霞石是一种含结晶水的钠的硫酸-铝硅酸盐矿物。属似长石族钙霞石族。六方晶系。晶体呈六方长柱状；集合体呈晶簇状、不规则状。无色、白色、淡紫色、浅蓝色—深灰色、橙黄色，玻璃光泽、珍珠光泽，透明—半透明；硬度5～6，完全解理，脆性。1931年发现于俄罗斯车里雅宾斯克州伊尔门山脉伊尔门自然保护区和威参威(Vishnevy)山脉库罗奇金(Kurochkin)谷。1944年在《苏联科学院报告》(42)报道。英文名称Vishnevite，以发现地俄罗斯的威参威(Vishnevy)山脉命名。1959年以前发现、描述并命名的"祖父级"矿物，IMA承认有效。中文名称根据成分译为硫酸钙霞石，也译作硫碱钙霞石或富硫钙霞石或硫钠霞石，还有的根据成分中无钙和族名译为无钙钙霞石。

【硫酸铅矿】参见【铅矾】条697页

【硫铊汞锑矿】

英文名 Vaughanite

化学式 $TlHgSb_4S_7$ (IMA)

沃恩像

硫铊汞锑矿是一种铊、汞、锑的硫化物矿物。三斜晶系。晶体呈显微他形粒状。黑色，金属光泽，不透明；硬度3～3.5，脆性。1987年发现于加拿大安大略省雷湾地区赫姆洛金矿床戈尔登(Golden)矿。英文名称Vaughanite，以英国曼彻斯特大学矿物学主席戴维·约翰·沃恩(David John Vaughan,1946—)的姓氏命名，以表彰他在矿物学和矿相学方面做出的贡献。IMA 1987-055批准。1989年D.C.哈里斯(D.C.Harris)等在《矿物学杂志》(53)报道。1989年中国新矿物与矿物命名委员会郭宗山在《岩石矿物学杂志》[8(3)]根据成分译为硫铊汞锑矿/硫锑汞铊矿。2011年杨主明在《岩石矿物学杂志》[30(4)]建议音译为沃恩矿。

【硫铊矿】参见【辉铊矿】条351页

【硫铊砷矿】

英文名 Gillulyite

化学式 $Tl_2As_{7.5}Sb_{0.3}S_{13}$ (IMA)

硫铊砷矿是一种铊的砷-锑-硫化物矿物。单斜晶系。晶体呈柱状。深红色、红色、褐色、蓝色、黄色，半金属光泽，半透明；硬度2～2.5，完全解理。1989年发现于美国犹他州图埃勒县。英文名称Gillulyite，以美国地质调查局地质学家

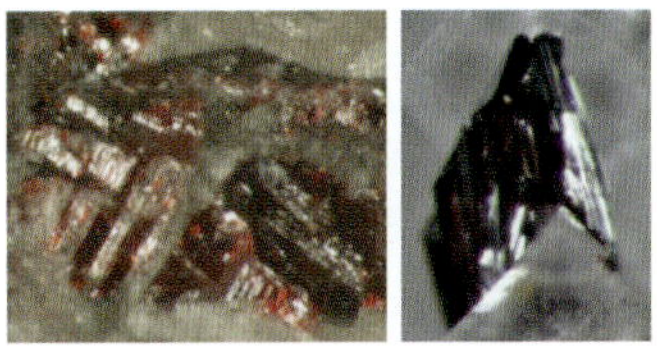

硫铊砷矿柱状晶体(美国)

詹姆斯·C. 吉列鲁(James C. Gilluly)的姓氏命名,以表彰他对犹他州的默瑟、奥菲尔和斯托克顿矿区的基础地质学做出的贡献。IMA 1989-029 批准。1991 年 J. R. 威尔逊(J. R. Wilson)等在《美国矿物学家》(76)报道。1991 年中国新矿物与矿物命名委员会郭宗山在《岩石矿物学杂志》[10(4)]根据成分译为硫铊砷矿,也有的译作辉砷锑铊矿。

【硫铊铁铜矿】

英文名 Thalcusite

化学式 $(Cu,Fe)_4Tl_2S_4$ (IMA)

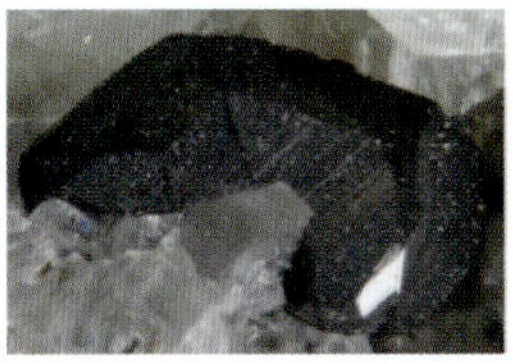

硫铊铁铜矿板状晶体(瑞士)

硫铊铁铜矿是一种铜、铁、铊的硫化物矿物。属硒铊铁铜矿族。四方晶系。晶体呈板状。灰色,金属光泽,不透明;硬度 2.5~3,完全解理,脆性。1975 年发现于俄罗斯泰梅尔自治区泰梅尔半岛普托拉纳高原诺里尔斯克塔尔纳赫铜镍矿床马雅克(Mayak)矿。英文名称 Thalcusite,由化学成分"Thallium(铊)""Copper(拉丁文 Cuprum,铜)"和"Sulfur(硫)"缩写组合命名。IMA 1975-023 批准。1976 年 V. A. 克瓦林科(V. A. Kovalenker)等在《全苏矿物学会记事》(105)报道。中文名称根据成分译为硫铊铁铜矿。

【硫铊铜矿】

英文名 Chalcothallite

化学式 $(Cu,Fe,Ag)_{6.3}(Tl,K)_2SbS_4$ (IMA)

硫铊铜矿页片板状晶体(格陵兰)

硫铊铜矿是一种铜、铁、银、铊、钾的锑-硫化物矿物。四方晶系。晶体呈薄片状、页片板状。铅灰色、铁黑色,表面常具锖色,金属光泽,不透明;硬度 2~2.5,完全解理。1966 年发现于丹麦格陵兰岛库雅雷哥自治区纳卡拉克(Nakkaalaaq)山。英文名称 Chalcothallite,由化学成分"Chalco(铜)"和"Thallium(铊)"组合命名。IMA 1966-008 批准。1967 年在《格陵兰岛通讯》(181)和《美国矿物学家》(53)报道。中文名称根据成分译为硫铊铜矿,或硫锑铊铁铜矿。

【硫铊银金锑矿】

英文名 Criddleite

化学式 $Ag_2Au_3TlSb_{10}S_{10}$ (IMA)

克里德像

硫铊银金锑矿是一种银、金、铊、锑的硫化物矿物。单斜晶系。晶体呈板条状,粒径 70μm。灰蓝色,金属光泽,不透明;硬度 3~3.5。1987 年发现于加拿大安大略省赫姆洛(Hemlo)金矿和威廉姆斯(Williams)矿。英文名称 Criddleite,由 D. C. 哈里斯(D. C. Harris)等为纪念英国伦敦大英自然历史博物馆的矿物学家艾伦·J. 克里德(Alan J. Criddle,1944—2002)博士而以他的姓氏命名,以表彰克里德对不透明矿物的研究和反射率定量测定做出的重大贡献。他帮助描述了 65 种新矿物,并且是矿石矿物定量数据文件(QDF)(第二版和第三版)的作者。IMA 1987-037 批准。1988 年哈里斯等在《矿物学杂志》(52)和 1989 年《加拿大地质调查局经济地质报告》(38)报道。1989 年中国新矿物与矿物命名委员会郭宗山在《岩石矿物学杂志》[8(3)]根据成分译为硫铊金银锑矿/硫铊银金锑矿。2011 年杨主明在《岩石矿物学杂志》[30(4)]建议音译为克里德矿。

【硫钛铁矿】

英文名 Heideite

化学式 $(Fe,Cr)_{1.15}(Ti,Fe)_2S_4$ (IMA)

硫钛铁矿是一种铁、铬、钛的硫化物矿物。单斜晶系。晶体呈他形粒状,粒径仅为 100μm。钢灰色,金属光泽,不透明;硬度 3.5~4.5。1973 年发现于印度北方邦巴斯蒂(Bustee)陨石。英文名称 Heideite,以德国陨石学家弗里茨·海德(Fritz Heide,1891—1973)教授的姓氏命名。他主要对陨石领域开展研究。IMA 1973-062 批准。1974 年在《美国矿物学家》(59)报道。中文名称根据成分译为硫钛铁矿或硫钛铬铁矿。

【硫碳钙锰石】

英文名 Jouravskite

化学式 $Ca_3Mn^{4+}(SO_4)(CO_3)(OH)_6 \cdot 12H_2O$ (IMA)

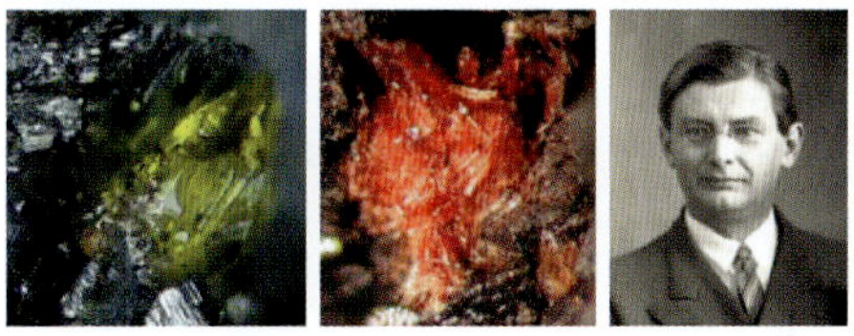

硫碳钙锰石柱状晶体(摩洛哥)和久拉夫斯基像

硫碳钙锰石是一种含结晶水和羟基的钙、锰的碳酸-硫酸盐矿物。属钙矾石族。六方晶系。晶体呈柱状、锥状、粒状;集合体呈皮壳状。绿黄色—黄橙色、硫黄色;硬度 2.5,完全解理。1965 年发现于摩洛哥瓦尔扎扎特省塔希尕尕利特(Tachgagalt)矿;同年,C. 戈德弗鲁瓦(C. Gaudefroy)等在《法国矿物学和结晶学学会通报》(88)和 M. 弗莱舍(M. Fleischer)在《美国矿物学家》(50)报道。英文名称 Jouravskite,克利斯托夫·戈德弗鲁瓦(Christophe Gaudefroy)和弗朗索瓦·佩尔曼雅(François Permingeat)为纪念乔治·久拉夫斯基(Georges Jouravsky,1896—1964)而以他的姓氏命名。他是摩洛哥地质调查局的首席地质学家。IMA 1965-009 批准。中文名称根据成分译为硫碳钙锰石。

【硫碳硅钙石】参见【硅碳石膏】条 290 页

【硫碳铝镁石】

英文名 Motukoreaite

化学式 $Mg_6Al_3(OH)_{18}[Na(H_2O)_6](SO_4)_2 \cdot 6H_2O$ (IMA)

硫碳铝镁石是一种含结晶水和羟基的镁、铝、钠的硫酸盐矿物。属水滑石超族羟铝钙镁石族。三方晶系。晶体呈六角形片状,粒径 0.2mm;集合体呈黏土状、皮壳状、玫瑰花状、球状。白色、浅黄色、浅黄绿色或无色,玻璃光泽,透明—半透明。1941 年发现于新西兰北岛奥克兰市布朗斯岛(毛

L

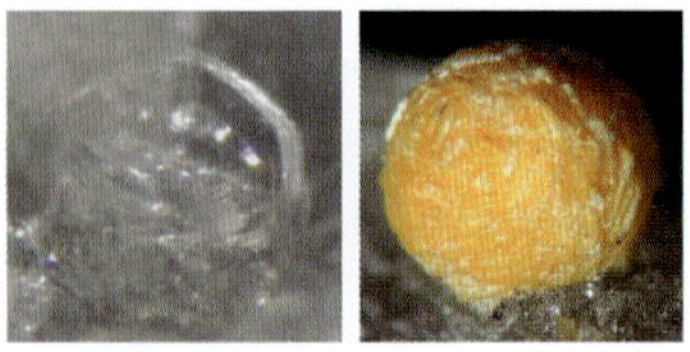

硫碳铝镁石片状晶体，球状集合体（奥地利）

利语又称莫图科雷亚岛（Motukorea））。英文名称 Motukoreaite，以发现地新西兰布朗斯岛的毛利语莫图科雷亚（Motukorea）岛命名。IMA 1976－033 批准。1977 年 K. A. 罗杰斯（K. A. Rodgers）等在《矿物学杂志》(41)报道。2012 年米尔斯（Mills）等对水滑石超群的命名重新评价，Motukoreaite 被确定为可疑的矿物，有待进一步调查，因 Motukoreaite 可能代表一种以上的矿物。中文名称根据成分译为硫碳铝镁石或碳铝镁钠矾。

【硫碳镁钠石】参见【杂芒硝】条 1102 页

【硫碳铅矿】

英文名 Leadhillite

化学式 $Pb_4(SO_4)(CO_3)_2(OH)_2$　　(IMA)

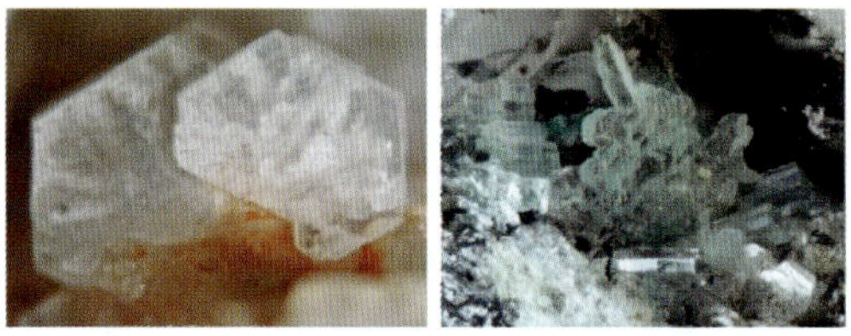

硫碳铅矿假六方板状、柱状晶体（英国、法国）

硫碳铅矿是一种含羟基的铅的碳酸-硫酸盐矿物。与直硫碳铅石和硫碳酸铅矿为同质多象。单斜晶系。晶体呈厚度不一的假六方板状或柱状、锥状、菱面体、粒状；集合体呈晶簇状。无色—白色、灰色、黄色、浅绿色、蓝色，金刚光泽、树脂光泽，解理面上呈珍珠光泽，透明—半透明；硬度 2.5～3，完全解理，密度大（6.26～6.55g/cm^3）。最早见于 1817 年布尔农（Bournon）伯爵私人收藏的《巴黎阿特拉斯矿物学目录》(343)称为偏菱形铅碳酸盐（Plomb carbonaté rhomboidal）。1832 年被发现于英国苏格兰拉纳克郡利德希尔斯（Leadhills）县的苏珊娜（Susanna）矿；同年，F. S. 伯当（F. S. Beudant）在《矿物学论文集》[第二版，2(2)]和《矿物学基础教程》（第二版，巴黎）报道。英文名称 Leadhillite，根据模式产地英国的利德希尔斯（Leadhills）命名。1959 年以前发现、描述并命名的“祖父级”矿物，IMA 承认有效。中文名称根据成分译为硫碳铅矿/硫碳铅石。

【硫碳铅锰铝石】参见【锰铅矾】条 613 页

【硫碳酸铅矿】

英文名 Susannite

化学式 $Pb_4(SO_4)(CO_3)_2(OH)_2$　　(IMA)

硫碳酸铅矿六方板状晶体（英国）

硫碳酸铅矿是一种含羟基的铅的碳酸-硫酸盐矿物。与硫碳铅矿、直硫碳铅石为同质多象。三方晶系。晶体六方板状。无色—绿色或黄色，金刚光泽，透明—半透明；硬度 2.5～3。1827 年发现于英国苏格兰斯特拉思克莱德区南拉纳克郡苏珊娜（Susanna）矿；同年，布鲁克（Brooke）在《爱丁堡新哲学杂志》(3)报道，称铅的硫酸-三碳酸盐。英文名称 Susannite，以发现地英国的苏珊娜（Susanna）矿命名。1845 年布劳穆勒（Braumüller）和赛德尔（Seidel）在维也纳《矿物学手册》刊载。1959 年以前发现、描述并命名的“祖父级”矿物，IMA 承认有效。中文名称根据成分译为硫碳酸铅矿；《英汉矿物种名称》(2017)中根据对称和成分译为三方硫碳铅石，还有的译为菱硫碳酸铅矿。

【硫碳铁钠石】参见【碳铁钠矾】条 930 页

【硫锑铋镍矿】参见【硫镍铋锑矿】条 506 页

【硫锑铋铅矿】参见【硫铋锑铅矿】条 496 页

【硫锑铋铁矿】

英文名 Garavellite

化学式 $FeSbBiS_4$　　(IMA)

加拉韦利像

硫锑铋铁矿是一种铁、锑、铋的硫化物矿物。属蓝铁矿族。斜方晶系。晶体呈小粒状(200μm)。灰色，带棕色色调，金属光泽，不透明；硬度 4。1978 年发现于意大利马萨-卡拉拉省伊希尼亚诺（Ischignano）的弗里吉多（Frigido）矿。英文名称 Garavellite，1979 年 F. 格雷戈里奥（F. Gregorio）等为纪念意大利巴里阿尔多莫罗大学的矿物学家卡洛·洛伦佐·加拉韦利（Carlo Lorenzo Garavelli，1929—1998）教授而以他的姓氏命名，以表彰他在托斯卡纳矿床矿物学领域做出的贡献。IMA 1978－018 批准。1979 年格雷戈里奥等在《矿物学杂志》(43)报道。中文名称根据成分译为硫锑铋铁矿。

【硫锑铋铜矿】参见【硫锑铜铅矿】条 519 页

【硫锑铬铜矿】

英文名 Florensovite

化学式 $Cu(Cr_{1.5}Sb_{0.5})S_4$　　(IMA)

弗洛连索夫像

硫锑铬铜矿是一种铜、铬、锑的硫化物矿物。属尖晶石超族硫硼尖晶石族硫钴矿亚族。等轴晶系。黑色，金刚光泽、金属光泽，不透明；硬度 5，脆性。1987 年发现于俄罗斯伊尔库茨克州斯柳江卡山口大理石采石场。英文名称 Florensovite，由苏联地质学家、苏联伊尔库茨克地壳研究所所长尼古拉·A. 弗洛连索夫（Nikolai A. Florensov，1909—1986）的姓氏命名。IMA 1987－012 批准。1990 年 L. Z. 勒泽尼特斯基（L. Z. Reznitskii）在《全苏矿物学会记事》[118(1)]和《美国矿物学家》(75)报道。中文名称根据成分译为硫锑铬铜矿。

【硫锑汞矿】参见【硫汞锑矿】条 501 页

【硫锑汞铅矿】

英文名 Marrucciite

化学式 $Hg_3Pb_{16}Sb_{18}S_{46}$　　(IMA)

硫锑汞铅矿是一种汞、铅、锑的硫化物矿物。单斜晶系。晶体呈针状；集合体呈放射状。黑色，金属光泽，不透明。

硫锑汞铅矿针状晶体(意大利)

2006年发现于意大利卢卡省滨海阿尔卑斯山斯塔泽马镇布贾德拉(Buca della)矿。英文名称 Marrucciite,为纪念意大利矿物学家安吉洛·马鲁奇(Angelo Marrucci,1956—2003)而以他的姓氏命名。他是一位非常细心的矿物收藏家,他对托斯卡纳的矿物学做出了贡献。IMA 2006-015 批准。2007年 P. 奥兰迪(P. Orlandi)等在《欧洲矿物学杂志》(19)报道。2010年中国地质科学院地质研究所尹淑苹等在《岩石矿物学杂志》[29(4)]根据成分译为硫锑汞铅矿。

【硫锑汞铜铅矿】

英文名 Rouxelite

化学式 $Cu_2HgPb_{22}Sb_{28}S_{64}(O,S)_2$　　(IMA)

硫锑汞铜铅矿针状晶体,放射状、杂乱状集合体(意大利)和鲁克塞尔像

硫锑汞铜铅矿是一种铜、汞、铅、锑的氧-硫化物矿物。单斜晶系。晶体呈针状;集合体呈放射状、杂乱状。黑色,有时具蓝紫红锖色,金属光泽,不透明。2002年发现于意大利卢卡省阿普安阿尔卑斯山斯塔泽马镇布贾德拉韦纳(Buca della Vena)矿。英文名称 Rouxelite,为纪念法国科学院院士和法国南特大学的材料研究所的创始人、固态化学家吉恩·鲁克塞尔(Jean Rouxel,1935—1998)教授而以他的姓氏命名。IMA 2002-062 批准。2005年 P. 奥兰迪(P. Orlandi)等在《加拿大矿物学家》(43)报道。2008年中国地质科学院地质研究所任玉峰等在《岩石矿物学杂志》[27(6)]根据成分译为硫锑汞铜铅矿。

【硫锑钴矿】

英文名 Costibite

化学式 CoSbS　　(IMA)

硫锑钴矿是一种钴的锑-硫化物矿物。与副硫锑钴矿为同质多象。属斜方砷铁矿族。斜方晶系。晶体呈薄板状,为白云石中的层状夹杂物,与副硫锑钴矿(Paracostibite)相互交织。钢灰色,金属光泽,不透明;硬度6。1969年发现于澳大利亚新南威尔士州扬科文纳(Yancowinna)县布罗肯(Broken)山公债矿。英文名称 Costibite,由化学成分"Cobalt(钴)"和"Antimony(拉丁文 Stibium,锑)"组合命名。IMA 1969-014 批准。1970年 L. J. 卡布里(L. J. Cabri)等在《美国矿物学家》(55)报道。中文名称根据成分译为硫锑钴矿。

【硫锑锰银矿】

英文名 Samsonite

化学式 $Ag_4MnSb_2S_6$　　(IMA)

硫锑锰银矿是一种银、锰、锑的硫化物矿物。单斜晶系。晶体呈柱状,有纵向条纹;集合体呈晶簇状。黑色,具锖色,金属光泽,不透明;硬度2.5,脆性。1910年发现于德国下萨克森州哈尔茨山萨姆森(Samson)矿;同年,维尔纳(Werner)等在《矿物学、地质学和古生物学文集》刊载。英文名称 Samsonite,以发现地德国的萨姆森(Samson)矿命名。1959

硫锑锰银矿柱状晶体,晶簇状集合体(德国)

年以前发现、描述并命名的"祖父级"矿物,IMA 承认有效。中文名称根据成分译为硫锑锰银矿。

【硫锑锰银铅矿】

英文名 Uchucchacuaite

化学式 $AgMnPb_3Sb_5S_{12}$　　(IMA)

硫锑锰银铅矿柱状晶体(秘鲁)

硫锑锰银铅矿是一种银、锰、铅、锑的硫化物矿物。属硫铋铅矿同源系列族。单斜晶系。晶体呈半自形柱状、他形粒状。铅灰色,金属光泽,不透明;硬度3.5。1981年发现于秘鲁奥永省乌丘查夸(Uchucchacua)多金属矿床。英文名称 Uchucchacuaite,以发现地秘鲁的乌丘查夸(Uchucchacua)矿命名。IMA 1981-007 批准。1984年 Y. 莫洛(Y. Moelo)等在《法国矿物学和结晶学通报》(107)报道。1985年中国新矿物与矿物命名委员会郭宗山等在《岩石矿物及测试》[4(4)]根据成分译为硫锑锰银铅矿。

【硫锑镍矿】

英文名 Tučekite

化学式 $Ni_9Sb_2S_8$　　(IMA)

硫锑镍矿他形粒状晶体(德国)和图切克像

硫锑镍矿是一种镍的锑-硫化物矿物。属硫镍铋锑矿族。四方晶系。晶体呈不规则他形粒状。黄铜黄色,金属光泽,不透明;硬度6,脆性。1975年发现于澳大利亚西澳大利亚州卡诺纳(Kanowna)金矿区和南非。英文名称 Tučekite,以捷克共和国布拉格国家博物馆馆长卡列·图切克(Karel Tuček,1906—1990)的姓氏命名。IMA 1975-022 批准。1978年 J. 贾斯特(J. Just)等在《矿物学杂志》(42)报道。中文名称根据成分译为硫锑镍矿。

【硫锑镍铜矿】

英文名 Lapieite

化学式 $CuNiSbS_3$　　(IMA)

硫锑镍铜矿是一种铜、镍、锑的硫化物矿物。属硫锑镍铜矿族。斜方晶系。晶体呈半自形粒状,粒径仅150μm。钢灰色,金属光泽,不透明;硬度4.5~5。1983年发现于加拿大育空地区拉派(Lapie)河。英文名称 Lapieite,以发现地加拿大的拉派(Lapie)河命名。IMA 1983-002 批准。1984年 D. C. 哈里斯(D. C. Harris)等在《加拿大矿物学家》(22)和1985年《美国矿物学家》(70)报道。1985年中国新矿物与矿物命名委员会郭宗山等在《岩石矿物及测试》[4(4)]根据成分译为硫锑镍铜矿。2011年杨主明在《岩石矿物学杂志》

L

[30(4)]建议音译为拉派矿。

【硫锑铅矿】

英文名 Boulangerite

化学式 $Pb_5Sb_4S_{11}$ (IMA)

硫锑铅矿针状晶体，毛发状集合体(德国、中国湖南)

硫锑铅矿是一种铅的锑-硫化物矿物。单斜晶系。晶体常呈针状、纤维状；集合体呈毡状、团状。铅灰色—铁黑色，条痕呈灰黑色，微带棕色，金属光泽，不透明；硬度 2.5～3，完全解理，脆性。最早见于 1935 年 C. 博兰格尔(C. Boulanger)在《矿山年鉴》(7)报道了双硫锑化物矿物。1837 年发现于法国奥克西塔尼大区(Occitanie)[即以前的朗格多克-鲁西永加尔大区(Langeudoc-Rousillion)和南部-比利牛斯大区(Midi-Pyrénées)合并而成的]加德(Gard)莫利埃-卡瓦拉克(Molières-Cavaillac)；同年，在《物理学和化学年鉴》(41)报道。英文名称 Boulangerite，1837 年莫里兹·克里斯琴·尤利乌斯·索罗(Moritz Christian Julius Thaulow)为纪念法国采矿工程师查尔斯·博兰格尔(Charles Boulanger，1810—1849)而以他的姓氏命名。1835 年博兰格尔首先分析了以他名字命名的同种矿物，填补了锑硫类的矿物；他还翻译了德国利奥波德·冯·布赫(Leopold von Buch's)著名的《加纳利群岛物理特征：世界主要火山的标志》(*Description physique des Iles Canaries，suivie dune indication des principaux volcans du globe*)著作，该书描述了加纳利群岛并指出全世界主要的火山活动，促成了维尔纳地球起源的“水成论”学说的衰败。1959 年以前发现、描述并命名的“祖父级”矿物，IMA 承认有效。中文名称根据成分译为硫锑铅矿；根据形态和成分也译作块硫锑铅矿；根据双硫译作过硫锑铅矿。

【硫锑铅银矿】

英文名 Roshchinite

化学式 $(Ag,Cu)_{19}Pb_{10}Sb_{51}S_{96}$ (IMA)

硫锑铅银矿是一种银、铜、铅、锑的硫化物矿物。属硫铋铅矿同源系列族。斜方晶系。晶体呈细长柱状，粒径 0.5～4mm。银灰色、铅灰色，金属光泽，不透明；硬度 2.5～3.5，脆性。1989 年发现于哈萨克斯坦阿克莫拉州的科瓦特西托夫高尔基(Kvartsitovje Gorki)金矿。英文名称 Roshchinite，以苏联地质学家尤里·V. 罗辛[Yuri V. Roshchin (Roschin)，1934—1979]的姓氏命名。他也是哈萨克斯坦中央地质局地质学家和地球化学家。IMA 1989-006 批准。1990 年 E. M. 斯皮里多夫(E. M. Spiridov)等在《苏联科学院报告》[312(1)]、《全苏矿物学会记事》[119(5)]和 1992 年 J. L. 杨博尔(J. L. Jambor)等在《美国矿物学家》(77)报道。中国地质科学院根据成分译为硫锑铅银矿。

【硫锑砷铊矿】

英文名 Jankovićite

化学式 $Tl_5Sb_9(As,Sb)_4S_{22}$ (IMA)

硫锑砷铊矿是一种铊、锑的砷-锑-硫化物矿物。三斜晶系。晶体呈半自形粒状或小板片状，粒径仅 1mm。黑色、褐黑色，金属光泽，不透明；硬度 2，完全解理，脆性。1993 年发现于北马其顿共和国克里文杜尔(Crven Dol)矿。英文名称 Jankovićite，以在阿尔察从事矿物学和地质学工作的 S. 杨科维奇(S. Janković，1925—)教授的姓氏命名，以表彰他在矿物学和地质学方面所做出的贡献。IMA 1993-050 批准。1995 年 L. 斯维特科维奇(L. Cvetković)等在马其顿《矿物学和岩石学》(53)报道。2003 年中国地质科学院矿产资源研究所李锦平等在《岩石矿物学杂志》[22(3)]根据成分译为硫锑砷铊矿。

硫锑砷铊矿板状晶体
(中国、湖南)

【硫锑砷银矿】

英文名 Billingsleyite

化学式 Ag_7AsS_6 (IMA)

硫锑砷银矿扁平八面体、细粒状晶体(意大利、德国)和比林斯利像

硫锑砷银矿是一种银的砷-硫化物矿物。等轴晶系。晶体呈扁平八面体；集合体呈细粒块状。黑铅灰色，金属光泽，不透明；硬度 2.5。1967 年发现于美国犹他州贾布县北莉莉(North Lily)矿(国际冶炼公司；威克洛)。英文名称 Billingsleyite，以发现北莉莉矿和此矿物的美国采矿地质学家保罗·比林斯利(Paul Billingsley，1887—1962)的姓氏命名。IMA 1967-012 批准。1968 年 C. 弗龙德尔(C. Frondel)等在《美国矿物学家》(53)报道。中文根据成分译为硫锑砷银矿。

【硫锑铊矿】

英文名 Pierrotite

化学式 $Tl_2(Sb,As)_{10}S_{16}$ (IMA)

硫锑铊矿是一种铊的锑-砷-硫化物矿物。属脆硫砷铅矿族。与斜硫锑铊矿(Parapierrotite)为同质多象。斜方晶系。晶体呈半自形板条状；集合体呈晶簇状。灰黑色，金属—半金属光泽，不透明；硬度 3.5，脆性。1969 年发现于法国普罗旺斯-阿尔卑斯-蓝色海岸大区上阿尔卑斯省杰斯鲁克斯(Jas Roux)。英文名称 Pierrotite，1970 年由克劳德·吉尔曼(Claude Guillemin)等为纪念法国矿物学家罗兰·皮埃罗(Roland Pierrot，1930—1998)而以他的姓氏命名。他曾任法国地质调查局(BRGM)矿物学系主任兼国家地理局秘书长。IMA 1969-036 批准。1970 年在《矿物学和结晶学会通报》(93)报道。中文名称根据成分译为硫锑铊矿。

皮埃罗像

【硫锑铊铁铜矿】参见【硫铊铜矿】条 515 页

【硫锑铊铜矿】参见【硫铜锑矿】条 523 页

【硫锑铁矿】

英文名 Gudmundite

化学式 FeSbS (IMA)

硫锑铁矿是一种铁的锑-硫化物矿物。属毒砂族。单斜

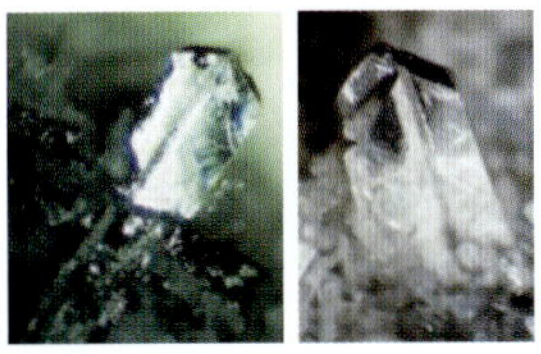

硫锑铁矿锥柱状晶体(瑞典)

晶系。晶体呈锥柱状,具渗透和接触、十字形和蝴蝶形双晶。银白色、钢灰色,金属光泽,不透明;硬度 5.5～6,脆性。1928 年发现于瑞典西曼兰省沙拉镇古德曼施托普(Gudmundstorp)村;同年,在《结晶学杂志》(68)报道。英文名称 Gudmundite,以发现地瑞典的古德曼(Gudmund)命名。又见于 1944 年帕拉奇(Palache)、查尔斯(Charles)、哈利·伯曼(Harry Berman)和克利福德·弗龙德尔(Clifford Frondel)《丹纳系统矿物学》(第一卷,第七版,纽约)。1959 年以前发现、描述并命名的"祖父级"矿物,IMA 承认有效。中文名称根据成分译为硫锑铁矿。

【硫锑铁铅矿】参见【脆硫锑铅矿】条 98 页

【硫锑铜矿】

英文名 Skinnerite

化学式 Cu_3SbS_3　　(IMA)

硫锑铜矿叶片状、板状晶体(匈牙利、斯洛伐克)和斯金纳像

硫锑铜矿是一种铜的锑-硫化物矿物。单斜晶系。晶体呈粒状,少有叶片状、板状。银灰色,金属光泽,不透明;硬度 3,脆性。1973 年发现于丹麦格陵兰岛库雅雷哥自治区纳萨克镇伊犁马萨克杂岩体康尔卢苏克(Kangerluarsuk)峡湾。英文名称 Skinnerite,1974 年由 S. 卡鲁普-莫勒(S. Karup-Moller)等以美国耶鲁大学经济地质学教授布莱恩·约翰·斯金纳(Brian John Skinner,1928—)的姓氏命名。IMA 1973-035批准。1974 年卡鲁普-莫勒等在《美国矿物学家》(59)报道。中文名称根据成分译为硫锑铜矿。

【硫锑铜铅矿】

英文名 Jaskólskiite

化学式 $Cu_xPb_{2+x}(Sb,Bi)_{2-x}S_5$ ($x\approx0.15$)　　(IMA)

贾斯科尔斯基像

硫锑铜铅矿是一种铜、铅、锑、铋的硫化物矿物。属斜辉锑铅矿同源系列族。斜方晶系。晶体呈粒状;集合体呈晶簇状。铅灰色,金属光泽,不透明;硬度 4。1982 年发现于瑞典中部内尔彻(Närke)省阿斯克松德市哈马尔(Hammar)矿山。英文名称 Jaskólskiite,1984 年马雷克·A. 扎克热夫斯基(Marek A. Zakrzewski)为纪念波兰地质学家、波兰克拉科夫(Kraków)矿业冶金学院教授斯坦尼斯瓦夫·贾斯科尔斯基(Stanisław Jaskólski,1896—1981)而以他的姓氏命名。他在波兰开发了矿相显微镜。IMA 1982-057 批准。1984 年 M. A. 扎克热夫斯基(M. A. Zakrzewski)在《加拿大矿物学家》(22)报道。中文名称根据成分译为硫锑铜铅矿;1985 年中国新矿物与矿物命名委员会郭宗山等在《岩石矿物及测试》[4(4)]根据成分译为硫锑铋铜矿。

【硫锑铜铊矿】

英文名 Rohaite

化学式 $(Tl,Pb,K)_2Cu_{8.7}Sb_2S_4$　　(IMA)

硫锑铜铊矿是一种铊、铅、钾、铜、锑的硫化物矿物。斜方晶系。晶体呈显微自形—半自形粒状;集合体呈斑块状。钢灰色,金属光泽,不透明;硬度 3～3.5。1973 年发现于丹麦格陵兰岛库雅雷哥自治区伊犁马萨克杂岩体科瓦内湾[库安讷尔苏特(Kuannersuit)高原]。英文名称 Rohaite,以丹麦哥本哈根大学的丹麦矿物学教授约翰·罗斯·汉森(John Rose Hansen,1937—2015)的名字命名。IMA 1973-043 批准。1978 年 S. 卡鲁普-摩勒(S. Karup-Møller)在《格陵兰地质调查通报》(126)和 1980 年《美国矿物学家》(65)报道。中文名称根据成分译为硫锑铜铊矿。

【硫锑铜银矿】

英文名 Polybasite

化学式 $[Ag_9CuS_4][(Ag,Cu)_6(Sb,As)_2S_7]$　　(IMA)

硫锑铜银矿板状晶体,花状、晶簇状集合体(加拿大)

硫锑铜银矿是一种银、铜的锑-砷-硫化物矿物。属硫砷铜银矿-硫锑铜银矿族或系列。单斜(或三方)晶系。晶体呈假六方板状,具双晶条纹;集合体呈块状、花状、晶簇状。铁黑色,黑色和深色红宝石色,具灰蓝锖色,金属光泽、金刚光泽,几乎不透明,薄片半透明;硬度 2～3。1829 年发现于墨西哥和德国;同年,在《物理学和化学年鉴》(15)报道。1896 年彭菲尔德(Penfield)在《美国科学杂志》(2)报道。英文名称 Polybasite,由希腊文"πολύs=Poly(聚,许多的)"和"βάσιs=Basis,a base(主要成分,基础)"命名,意指矿物由许多的化学元素组成。1959 年以前发现、描述并命名的"祖父级"矿物,IMA 承认有效。IMA 2006s. p. 批准。中文名称根据主要成分译为硫锑铜银矿。现在已知 Polybasite 有-M2a2b2c(单斜)、-T2ac(三方)和-Tac(三方)多型(宾迪等,2007)。

【硫锑锡铅矿】

英文名 Potosiite

化学式 $Pb_6Sn_3FeSb_3S_{16}$

硫锑锡铅矿晶簇状集合体(玻利维亚)

硫锑锡铅矿是一种铅、锡、铁、锑的硫化物矿物。三斜晶系。晶体呈显微假六边形;集合体由许多单个的晶体或晶簇组成。银白色,金属光泽,不透明;硬度 2.5,完全解理。最初来自玻利维亚波托西(Potosi)省安塔卡巴(Andacaba)矿床。英文名称 Potosiite,以发现地玻利维亚的波托西(Potosi)命名。IMA 1980-057 批准。1983 年在《美国矿物学家》(68)报道。中文名称根据成分译为硫锑锡铅矿,也有的译作铅圆柱锡矿。原本以为是一个单独的矿物种,实际上是一种含二价锡的辉锑锡铅矿(Franckeite)(参见【辉锑锡铅矿】条 352 页)。

2008年Y.莫洛(Y. Moëlo)等在《欧洲矿物学杂志》(20)的IMA-CNMNC硫化物小组委员会《修订硫化物定义和命名-硫盐矿物系统分类法综述》提出质疑,Potosiite被废弃。

【硫锑锡铁铅矿】

英文名 Incaite

化学式 $(Pb,Ag)_4Sn_4FeSb_2S_{15}$

硫锑锡铁铅矿是一种铅、银、锡、铁、锑的硫化物矿物。单斜晶系。晶体显微粒状;集合体呈块状。铅灰色;硬度2,完全解理。最初的描述来自玻利维亚奥鲁罗省波波镇圣克鲁斯(Santa Cruz)矿。英文名称Incaite,以智利、玻利维亚和秘鲁的前欧洲统治者印加(Inca)人命名。IMA 1973-059批准。1974年E.马科维奇(E. Makovicky)在《矿物学新年鉴》(月刊)报道。中文名称根据成分译为硫锑锡铁铅矿。实际上它可能是富含二价锡的辉锑锡铅矿。IMA持怀疑态度。

【硫锑银矿】

英文名 Cuboargyrite

化学式 $AgSbS_2$ (IMA)

硫锑银矿是一种银的锑-硫化物矿物。与硫砷锑银矿*(Baumstarkite,鲍姆施塔克矿*)和辉锑银矿为同质多象。等轴晶系。晶体呈他形粒状。灰黑色,金属光泽,不透明;硬度3,脆性。1997年发现于德国巴登-符腾堡州弗赖堡市韦尔施博伦巴赫(Welschbollenbach)巴贝拉斯特(Baberast)区贝尔格曼斯特洛斯特(Bergmannstrost)矿。英文名称Cuboargyrite,由对称冠词"Cubic(立方)"和根词"Miargyrite(辉锑银矿)(单斜晶系,Monoclinic)"命名,意指它与辉锑银矿(Miargyrite)为同质多象的关系。IMA 1997-004批准。1998年K.瓦林塔(K. Walenta)在德国《岩石》(*Lapis*)[23(11)]报道。2003年中国地质科学院矿产资源研究所李锦平等在《岩石矿物学杂志》[22(2)]根据成分译为硫锑银矿,有的译为方硫安银矿。

【硫锑银铅矿】

英文名 Andorite

化学式 $AgPbSb_3S_6$ (IMA)

硫锑银铅矿柱状、板状晶体(玻利维亚、德国)和安道尔像

硫锑银铅矿是一种银、铅、锑的硫化物矿物。属辉锑银铅矿-硫铋铅矿族。斜方(单斜)晶系。晶体呈柱状、厚板状,薄板状不常见,晶面有纵条纹;集合体呈晶簇状。深灰色,金属光泽,不透明;硬度3.5,脆性。1892年发现于罗马尼亚马拉穆列什县费尔斯巴尼亚(Felsōbánya)矿;同年,J.S.克伦纳(J.S. Krenner)在《数学和自然科学通报》(11)报道。英文名称Andorite,以匈牙利贵族和业余矿物学家安道尔·冯·谢姆谢伊(Andor von Semsey,1833—1923)的名字命名[注:板硫锑铅矿或单斜铅锑矿或板辉锑铅矿(Semseyite)以他的姓氏命名]。1959年以前发现、描述并命名的"祖父级"矿物,IMA承认有效。现在IMA持怀疑态度。中文名称根据成分译为硫锑银铅矿/锑铅银矿。

1954年多奈(Donnay)在《美国矿物学家》(39)总结了Andorite矿物的复杂早期历史,发现它实际上是由两个物种组成的多晶体,并引入了Andorite-Ⅳ和Andorite-Ⅵ的两个不同的多形矿物种:即Andorite-Ⅳ[=Andorite,单斜晶系,模式产地玻利维亚/法国,1893年《结晶学杂志》(21)]和Andorite-Ⅵ[斜方晶系,模式产地罗马尼亚,1892年《数学和自然科学通报》(11)]。

【硫铁钾矿】

英文名 Rasvumite

化学式 KFe_2S_3 (IMA)

硫铁钾矿纤维状晶体(俄罗斯)

硫铁钾矿是一种钾、铁的硫化物矿物。斜方晶系。晶体呈针状、纤维状。棕黑色、灰色、黑色、钢灰色,氧化变为紫红色或古铜色,氧化后颜色变暗淡,金属光泽,不透明;硬度4~5,完全解理。1970年发现于俄罗斯北部摩尔曼斯克州基洛夫斯基(Kirovskii)磷灰石矿和拉斯穆森(Rasvumchorr)山。英文名称Rasvumite,以发现地俄罗斯的拉斯穆森(Rasvumchorr)山命名。IMA 1970-028批准。1970年在《全苏矿物学会记事》(99)和1971年《美国矿物学家》(56)报道。中文名称根据成分译为硫铁钾矿。

【硫铁铌矿】

英文名 Edgarite

化学式 $FeNb_3S_6$ (IMA)

硫铁铌矿六方板状晶体(俄罗斯)

硫铁铌矿是一种铁、铌的硫化物矿物。六方晶系。晶体呈六方板状。深灰色、黑色,金属光泽,不透明;硬度2~2.5,完全解理。1995年发现于俄罗斯北部摩尔曼斯克州卡斯克森霍尔(Kaskasnyunchorr)山。英文名称Edgarite,以加拿大安大略省安大略大学岩石学教授艾伦·D.埃德加(Alan D. Edgar,1935—1998)的姓氏命名,以表彰他对碱性岩及合成等效物研究做出的贡献。IMA 1995-017批准。2000年A.Y.巴尔科夫(A.Y. Barkov)等在《矿物学与岩石学杂志》(138)报道。2003年中国地质科学院矿产资源研究所李锦平等在《岩石矿物学杂志》[22(1)]根据成分译为硫铁铌矿。

【硫铁镍矿】参见【方硫铁镍矿】条156页

【硫铁铅矿】

英文名 Shadlunite

化学式 $(Fe,Cu)_8(Pb,Cd)S_8$ (IMA)

硫铁铅矿是一种铁、铜、铅、镉的硫化物矿物。属镍黄铁矿族。等轴晶系。晶体呈不规则显微粒状。青铜色、黄灰色,金属光泽,不透明;硬度4。1972年发现于俄罗斯克拉斯诺亚尔斯克边疆区泰梅尔自治区泰梅尔半岛普托拉纳高原诺里尔斯克市塔尔纳赫铜镍矿床马亚克(Mayak)矿。英文名称Shadlunite,以苏联莫斯科地球化学、矿物学、岩石学、矿石矿物矿床地质研究所的矿石矿物学家塔蒂阿娜·尼古拉耶夫娜·沙德隆(Tatiana Nikolaevna Shadlun,1912—1996)的姓氏命名。IMA 1972-012批准。1973年T.L.埃夫斯蒂涅娃(T.L. Evstigneeva)等在《全苏矿物学会记事》(102)和《美国矿物学家》(58)报道。中文名称根据成分译为硫铁铅矿,有的音译为沙德隆矿。

【硫铁铯矿】

英文名 Pautovite

化学式 $CsFe_2S_3$ (IMA)

保托夫像

硫铁铯矿是一种铯、铁的硫化物矿物。它是一个不寻常的目前唯一已知的铯硫化物矿物;同时,也是铯毒铁矿(Caesiumpharmacosiderite)之后的第二个铯铁矿物。斜方晶系。晶体呈粗柱状、针状,长 120μm 和厚 15μm。暗灰色,在空气中变黑,强金属光泽,不透明;完全解理。2004 年发现于俄罗斯北部摩尔曼斯克州凯迪克韦尔帕克(Kedykverpakhk)山卡纳苏特(Karnasurt)地下矿凯迪克(Kedyk)地区佩利特拉(Palitra)伟晶岩。英文名称 Pautovite,以列奥尼达·A. 保托夫(Leonid A. Pautov,1958—)的姓氏命名,以表彰他通过物理方法研究矿物所做出的贡献。IMA 2004 - 005 批准。2005 年 I. V. 佩科夫(I. V. Pekov)等在《加拿大矿物学家》(43)报道。2008 年中国地质科学院地质研究所任玉峰等在《岩石矿物学杂志》[27(6)]根据成分译为硫铁铯矿。

【硫铁铊矿】

英文名 Raguinite

化学式 $TlFeS_2$ (IMA)

硫铁铊矿柱状、粒状晶体(马其顿)和拉甘像

硫铁铊矿是一种铊、铁的硫化物矿物。斜方晶系。晶体呈假六边形柱状、显微粒状,呈未知矿物的假象。亮青铜色,金属光泽,不透明。1968 年发现于北马其顿共和国卡瓦达奇的罗兹登(Rozhden)阿尔察(Allchar)。英文名称 Raguinite,以法国矿山地质学教授尤金·拉甘(Eugene Raguin,1900—2001)的姓氏命名。IMA 1968 - 022 批准。1969 年 Y. 劳伦特(Y. Laurent)等在《法国矿物学和结晶学学会通报》(92)报道。中文名称根据成分译为硫铁铊矿。

【硫铁铜钡矿】

英文名 Owensite

化学式 $(Ba,Pb)_6(Cu^{1+},Fe,Ni)_{25}S_{27}$ (IMA)

硫铁铜钡矿是一种钡、铅、铜、铁、镍的硫化物矿物。属硫铁铜钾矿(或译陨硫铜钾矿)族。等轴晶系。晶体呈他形粒状。黑色,金属光泽,不透明;硬度 3.5。1993 年发现于加拿大育空地区克卢恩区韦尔格林(Wellgreen)铜-镍-铂族元素矿床。英文名称 Owensite,以加拿大矿产与能源技术中心的道尔顿·R. 欧文斯(DeAlton R. Owens,1934—)的姓氏命名。IMA 1993 - 061 批准。1995 年 J. H. G. 拉芙拉莱(J. H. G. Laflamme)在《加拿大矿物学家》(33)报道。2003 年李锦平等在《岩石矿物学杂志》[22(3)]根据成分译为硫铁铜钡矿。2011 年杨主明在《岩石矿物学杂志》[30(4)]建议音译为欧恩矿(编译者建议音译为欧文斯矿*)。

【硫铁铜钾矿】参见【陨硫铜钾矿】条 1098 页

【硫铁铜矿】

英文名 Fukuchilite

化学式 Cu_3FeS_8 (IMA)

福地像

硫铁铜矿是一种铜、铁的硫化物矿物。属黄铁矿族。等轴晶系。晶体呈粒状,小于 1μm,与黄铁矿等共生。深棕灰色,半金属光泽,不透明;硬度 4~6。1967 年发现于日本本州岛秋田县鹿角市花轮(Hanawa)矿。英文名称 Fukuchilite,以日本矿物学家和地质学家福地信世(Fukuchi Nobuyo,1877—1934)的姓氏命名。他研究了许多日本黑矿型矿床。IMA 1967 - 009 批准。日文汉字名称福地鉱。1969 年梶原(Y. Kajiwara)在《日本矿物学杂志》(5)和 1970 年《美国矿物学家》(55)报道。中国地质科学院根据成分译为硫铁铜矿。2010 年杨主明在《岩石矿物学杂志》[29(1)]中建议借用日文汉字名称的简化汉字名称福地矿。

【硫铁锡铜矿】

英文名 Mawsonite

化学式 $Cu_6Fe_2SnS_8$ (IMA)

莫森像

硫铁锡铜矿是一种铜、铁、锡的硫化物矿物。四方晶系。晶体在斑铜矿中呈显微圆形不规则粒状的包裹体。褐橙色、青铜色,金属光泽,不透明;硬度 3.5~4。1964 年分别发现于澳大利亚新南威尔士州皇家乔治(Royal George)矿和澳大利亚塔斯马尼亚州西海岸北莱尔(North Lyell)矿。英文名称 Mawsonite,以澳大利亚地质学家、矿物学家和南极探险家道格拉斯·莫森(Douglas Mawson,1882—1958)爵士的姓氏命名。IMA 1964 - 030 批准。1965 年 N. L. 马卡姆(N. L. Markham)等在《美国矿物学家》(50)报道。中文名称根据成分译为硫铁锡铜矿或硫锡铁铜矿。

【硫铁铟矿】

英文名 Indite

化学式 $FeIn_2S_4$ (IMA)

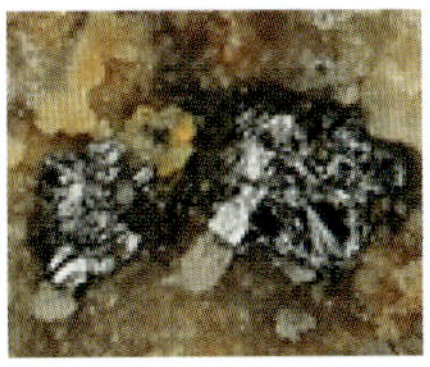

硫铁铟矿粒状晶体(俄罗斯)

硫铁铟矿是一种铁、铟的硫化物矿物。属尖晶石超族硫硼尖晶石族硫钴矿亚族。等轴晶系。晶体呈八面体,粒状,粒径 0.5mm。铁黑色,金属光泽;硬度 5。1962 年发现于俄罗斯哈巴罗夫斯克边疆区贾林达(Dzhalinda)锡矿床。英文名称 Indite,由化学成分"indium(铟)"命名。IMA 1967s. p. 批准。1963 年 A. D. 根金(A. D. Genkin)等在《全苏矿物学会记事》(92)报道。中文名称根据成分译为硫铁铟矿/硫铟铁矿。

【硫铁银矿】

英文名 Sternbergite

化学式 $AgFe_2S_3$ (IMA)

硫铁银矿假六方板状晶体(德国)和施特恩贝格像

硫铁银矿是一种银、铁的硫化物矿物。与含银黄铁矿为同质多象。斜方晶系。晶体呈假六边形薄板状；集合体呈花环状和扇状。金黄色、紫蓝色，金属光泽，不透明；硬度 1～1.5，完全解理。1827 年发现于捷克共和国卡罗维发利州厄尔士山脉亚希莫夫（Jáchymov）；同年，海丁格尔（Haidinger）在《爱丁堡科学杂志》（7）和 2018 年《爱丁堡皇家学会会刊（11）报道。英文名称 Sternbergite，以捷克共和国布拉格国家博物馆的创始人和植物学家卡斯帕・玛丽亚・施特恩贝格（Caspar Maria Sternberg，1761—1838）伯爵的姓氏命名。1959 年以前发现、描述并命名的“祖父级”矿物，IMA 承认有效。中文名称根据成分译为硫铁银矿/硫银铁矿。

【硫铁银锡矿】

英文名 Toyohaite

化学式 $Ag^{1+}(Fe^{2+}_{0.5}Sn^{4+}_{1.5})S_4$　　(IMA)

硫铁银锡矿是一种银、铁、锡的硫化物矿物。属尖晶石超族硫硼尖晶石族硫铜钴矿亚族。四方晶系。晶体呈微小粒状。灰棕色，金属光泽，不透明；硬度 4。1989 年发现于日本北海道札幌南区丰羽（Toyoha）矿。英文名称 Toyohaite，以发现地日本的丰羽（Toyoha）矿命名。IMA 1989－007 批准。日文汉字名称豐羽鉱。1991 年在《日本矿物学杂志》[15(5)]和 1992 年《美国矿物学家》（77）报道。中国地质科学院根据成分译为硫铁银锡矿；2007 年何明跃在《新英汉矿物种名称》译为硫锡铁银矿。2010 年杨主明在《岩石矿物学杂志》[29(1)]建议采用日文汉字名称的简化汉字名称丰羽矿。

【硫铁铀矿】

英文名 Deliensite

化学式 $Fe^{2+}(UO_2)_2(SO_4)_2(OH)_2 \cdot 7H_2O$　　(IMA)

硫铁铀矿片状晶体，花状、球粒状集合体（法国）和德利安像

硫铁铀矿是一种含结晶水、羟基的铁的铀酰-硫酸盐矿物。斜方晶系。晶体呈片状、板状；集合体呈放射状、球粒状、玫瑰花状。淡黄色—淡灰色、白色，玻璃光泽，透明—半透明；硬度 2，完全解理。1996 年发现于法国马斯德阿拉里（Mas d'Alary）村铀矿床。英文名称 Deliensite，以比利时布鲁塞尔比利时皇家自然历史研究所的米歇尔・德利安（Michel Deliens，1939—）博士的姓氏命名，以表彰他对含铀矿物研究所做出的贡献。IMA 1996－013 批准。1997 年 R. 沃彻滕（R. Vochten）等在《加拿大矿物学家》（35）报道。2003 年中国地质科学院矿产资源研究所李锦平等在《岩石矿物学杂志》[22(2)]根据成分译为硫铁铀矿。

【硫铜钴矿】

英文名 Carrollite

化学式 $CuCo_2S_4$　　(IMA)

硫铜钴矿是一种铜和钴的硫化物矿物。属尖晶石超族硫硼尖晶石族硫钴矿亚族。等轴晶系。晶体呈八面体、立方体、粒状；集合体呈致密状。明亮银灰色，但氧化会褪色成铜红色、紫灰色，金刚光泽，不透明；硬度 4.5～5.5，脆性。1852

硫铜钴矿八面体和立方体晶体（刚果）

年由威廉・伦纳德・费伯（William Leonard Faber）发现于美国马里兰州卡洛尔（Carroll）县帕塔普斯科（Patapsco）矿山；同年，费伯在《美国科学与艺术杂志》（第Ⅱ系列，13）报道。英文名称 Carrollite，以发现地美国的卡罗尔（Carroll）县命名。1959 年以前发现、描述并命名的“祖父级”矿物，IMA 承认有效。中文名称根据成分译为硫铜钴矿或硫钴铜矿。

【硫铜铼矿】

英文名 Tarkianite

化学式 $(Cu,Fe)(Re,Mo)_4S_8$　　(IMA)

硫铜铼矿是一种铜、铁、铼、钼的硫化物矿物。属尖晶石超族硫硼尖晶石族硫钴矿亚族。等轴晶系。晶体呈微细粒状，粒径为仅 0.1mm。黑色，金属光泽，不透明；硬度 5.5～6，脆性。2003 年发现于芬兰北奥斯特罗波的尼亚希图拉（Hitura）镍矿。英文名称 Tarkianite，由德国汉堡大学矿相学家马哈茂德・塔尔坎（Mahmud Tarkian，1941—）教授的姓氏命名。他首先描述了合成材料，并确定其结构。IMA 2003－004 批准。它是第二个被 IMA 批准的铼矿物。2004 年 K. K. 科约宁（K. K. Kojonen）等在《加拿大矿物学家》（42）报道。2008 年中国地质科学院地质研究所任玉峰等在《岩石矿物学杂志》[27(3)]根据成分译为硫铜铼矿。

【硫铜锰矿】

英文名 Manganoshadlunite

化学式 $(Mn,Pb,Cd)(Cu,Fe)_8S_8$

硫铜锰矿是一种锰、铅、镉、铜、铁的硫化物矿物。等轴晶系。晶体呈不规则粒状，粒径仅 0.4mm。黄色，金属光泽，不透明；硬度 4。1973 年发现于俄罗斯泰梅尔自治区泰梅尔半岛塔尔纳赫铜镍矿床马亚克（Mayak）矿。英文名称 Manganoshadlunite，由占优势的成分冠词“Manganese（锰）”和根词“Shadlunite（硫铁铅矿）”组合命名，意指它是锰占优势的硫铁铅矿的类似矿物（参见【硫铁铅矿】条 520 页）。未经 IMA 批准命名，但可能有效。1973 年 T. L. 埃夫斯蒂涅娃（T. L. Evstigneeva）等在《全苏矿物学会记事》（102）报道。中文名称根据成分译为硫铜锰矿。

【硫铜镍矿】

英文名 Fletcherite

化学式 $CuNi_2S_4$　　(IMA)

硫铜镍矿四面体晶体（西班牙）

硫铜镍矿是一种铜、镍的硫化物矿物。属尖晶石超族硫硼尖晶石族硫铜钴矿亚族。等轴晶系。晶体呈四面体、微小他形粒状，粒径仅 200μm。钢灰色，金属光泽，不透明；硬度 5。1976 年发现于美国密苏里州雷诺兹县弗莱彻（Fletcher）矿。英文名称 Fletcherite，以发现地美国的弗莱彻（Fletcher）矿命名。IMA 1976－044 批准。1977 年 J. R. 克雷格（J. R. Craig）等在《经济地质学》（72）报道。中文名称根据成分译

为硫铜镍矿。

【硫铜铅铋矿】参见【哈硫铋铜铅矿】条 300 页

【硫铜锑矿】

英文名 Chalcostibite

化学式 $CuSbS_2$　　(IMA)

硫铜锑矿板状、长柱状晶体，晶簇状集合体(罗马尼亚)

硫铜锑矿是一种铜、锑的硫化物矿物。属硫铜锑矿族。斜方晶系。晶体呈扁板状、刀状、细长柱状；集合体呈晶簇状。铅灰色、铁灰色，偶见蓝色或绿色变彩锖色，金属光泽，不透明；硬度 3～4，完全解理，脆性。1835 年发现于德国萨克森-安哈尔特州哈尔茨山沃尔夫斯堡市格拉夫·乔斯特-克里斯蒂安(Graf Jost-Christian)伯爵矿；同年，C. 兹肯(C. Zincken)在《波根多夫物理学与化学年鉴》(35)和 1847 年 E. F. 格洛克(E. F. Glocker)在《普通和特殊矿物研究概况》(*Generum et specierum mineraliumsecundum ordines naturales digestorium synopsis*)报道。英文名称 Chalcostibite，由希腊文"χαλκός = Chalkos(铜)"和"στίβι = Antimony = Stibium(锑)"组合命名。1959 年以前发现、描述并命名的"祖父级"矿物，IMA 承认有效。中文名称根据成分译为硫铜锑矿或硫锑铊铜矿。

【硫铜铁矿】

英文名 Talnakhite

化学式 $Cu_9Fe_8S_{16}$　　(IMA)

硫铜铁矿是一种铜、铁的硫化物矿物。属硫铜铁矿族。等轴晶系。晶体呈小的薄的板条状，粒径可至 2mm；集合体常呈块状，与其他铜铁硫化物共生。黄铜黄色，氧化失去光泽，粉红色或褐色的变彩锖色，金属光泽，不透明。1963 年布德克(Budko)等发现于俄罗斯泰梅尔自治区泰梅尔半岛普托拉纳高原诺里尔斯克市塔尔纳赫(Talnakh)铜镍矿床。英文名称 Talnakhite，以发现地俄罗斯的塔尔纳赫(Talnakh)铜镍矿床命名。IMA 1967-014 批准。1968 年在《全苏矿物学会记事》(97)报道。中文名称根据成分译为硫铜铁矿。

【硫铜锡汞矿】

英文名 Velikite

化学式 Cu_2HgSnS_4　　(IMA)

硫铜锡汞矿是一种铜、汞、锡的硫化物矿物。属黝锡矿族。四方晶系。晶体常呈半自形粒状、四方偏三角面体。深灰色、灰绿色、浅灰色，金属光泽，不透明；硬度 4，脆性。1996 年发现于吉尔吉斯斯坦奥什州费尔干纳盆地卡达尔坎(Khaidarkan)锑-汞矿床。英文名称 Velikite，以苏联中亚地区著名的矿床研究者 A. S. 维利基(A. S. Velikiy，1913—1970)的姓氏命名。IMA 1996-052 批准。1997 年 V. S. 格鲁兹杰夫(V. S. Gruzdev)等在《俄罗斯矿物学会记事》[126(4)]报道。2003 年中国地质科学院矿产资源研究所李锦平等在《岩石矿物学杂志》[22(2)]根据成分译为硫铜锡汞矿，也有的译为硫锡汞铜矿，还有的音译为维利基矿。

【硫铜锌矿】

英文名 Christelite

化学式 $Zn_3Cu_2(SO_4)_2(OH)_6 \cdot 4H_2O$　　(IMA)

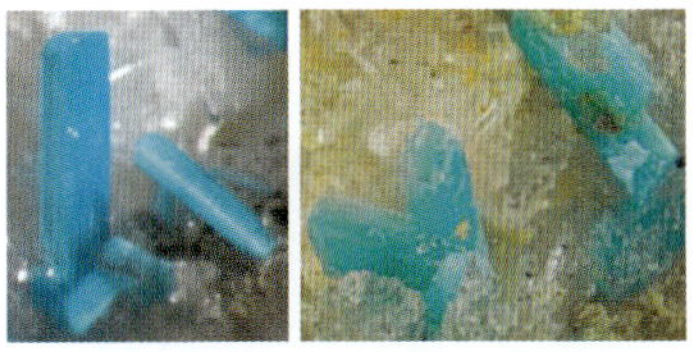

硫铜锌矿柱状、板状晶体，晶簇状集合体(智利)

硫铜锌矿是一种含结晶水和羟基的铜、锌的硫酸盐矿物。三斜晶系。晶体呈扁平薄板状、刀刃状、柱状；集合体呈晶簇状。绿蓝色，玻璃光泽，透明；硬度 2～3，完全解理。1995 年发现于智利安托法加斯塔省圣弗朗西斯科(San Francisco)矿。英文名称 Christelite，以德国矿物收藏家克里斯特尔·格布哈特-吉森(Christel Gebhard-Giesen，1950—)夫人的名字命名，她是乔治·格布哈特(Georg Gebhard)博士的妻子，是她发现的该矿物。IMA 1995-030 批准。1996 年 J. 施吕特尔(J. Schlüter)等在《矿物学新年鉴》(月刊)报道。2003 年中国地质科学院矿产资源研究所李锦平等在《岩石矿物学杂志》[22(3)]根据成分译为硫铜锌矿。

【硫铜铱矿】

英文名 Cuproiridsite

化学式 $CuIr_2S_4$　　(IMA)

硫铜铱矿是一种铜、铱的硫化物矿物。属尖晶石超族硫硼尖晶石族硫铜钴矿亚族。等轴晶系。黑色、铁黑色，金属光泽，不透明；硬度 5.5，非常脆。1984 年发现于俄罗斯堪察加州菲利普(Filipp)山、哈巴罗夫斯克边疆区阿尔丹地盾康德(Konder)碱性岩地块。英文名称 Cuproiridsite，由化学成分"Cuprum(铜)""Iridium(铱)"和"Sulfur(硫)"缩写组合命名。IMA 1984-016 批准。1985 年 N. S. 鲁达舍夫斯基(N. S. Rudashevsky)等在《全苏矿物学会记事》(114)中报道。1986 年中国新矿物与矿物命名委员会郭宗山等在《岩石矿物学杂志》[5(4)]中根据成分译为硫铜铱矿/硫铱铜矿。

【硫铜银矿】

英文名 Stromeyerite

化学式 CuAgS　　(IMA)

硫铜银矿柱状晶体(捷克)和施特罗迈尔像

硫铜银矿是一种铜和银的硫化物矿物。斜方晶系。晶体呈六方柱状；集合体呈块状或分散粒状。黄铜色或暗钢灰色、黑钢灰色，但氧化后呈蓝灰色、深蓝色，金属光泽，不透明；硬度 2.5～3。1832 年发现于俄罗斯阿尔泰边疆区兹梅伊诺戈尔斯克(Zmeinogorsk)矿(2019 版的 IMA 表，模式产地捷克)；同年，F. S. 伯当(F. S. Beudant)在巴黎《矿物学基础教程》(第二版)刊载。英文名称 Stromeyerite，以德国哥廷根大学的化学教授弗里德里希·施特罗迈尔(Friedrich Stromeyer，1776—1835)的姓氏命名。他首先对该矿物进行了化学分析。1959年以前发现、描述并命名的“祖父级”矿物，IMA承认有效。中文名称根据成分译为硫铜银矿。

【硫铜锗矿】

英文名 Renierite

化学式 $(Cu^{1+},Zn)_{11}Fe_4(Ge^{4+},As^{5+})_2S_{16}$ (IMA)

硫铜锗矿片状、粒状晶体(刚果)和雷尼尔像

硫铜锗矿是一种铜、锌、铁的锗-砷-硫化物矿物。属锗石族。四方(假等轴)晶系。晶体呈四面体、粒状、不规则的片状，粒径仅3mm。橙红色，氧化有变彩锖色，金属光泽，不透明；硬度4～5。1948年发现于刚果(金)上加丹加省基普希(Kipushi)矿；同年，J. F. 范斯(J. F. Vaes)在法国出版的《比利时地质学会年鉴》(72)报道。英文名称Renierite，以比利时地质学家、地质调查局局长阿尔芒·玛丽·文森特·约瑟夫·雷尼尔(Armand Marie Vincent Joseph Renier，1876—1951)的姓氏命名。1959年以前发现、描述并命名的“祖父级”矿物，IMA承认有效。IMA 2007s. p. 批准。中文名称根据成分译为硫铜锗矿；《英汉矿物种名称》(2017)译为硫锗铁铜矿。

【硫钨矿】参见【辉钨矿】条354页

【硫钨锡铜矿】

英文名 Kiddcreekite

化学式 Cu_6WSnS_8 (IMA)

硫钨锡铜矿是一种铜、钨、锡的硫化物矿物；是含钨的硫钼锡铜矿的类似矿物。等轴晶系。晶体呈不规则显微粒状、叶片状。浅灰棕色、浅灰色，金属光泽，不透明；硬度4。1982年分别发现于加拿大安大略省科克伦区蒂明斯市基德克里克(Kiddcreek)矿和美国亚利桑那州科奇斯县坎贝尔(Campbell)矿。英文名称Kiddcreekite，以首次发现地加拿大的基德克里克(Kiddcreek)矿命名。IMA 1982-106批准。1984年D. C. 哈里斯(D. C. Harris)等在《加拿大矿物学家》(22)和1985《美国矿物学家》(70)报道。2014年中国学者刘文元等利用实验室光源和原位微区衍射方法测定出硫钨锡铜矿(Kiddcreekite)矿物的晶体结构[见《矿物学杂志》(78)]。1985年中国新矿物与矿物命名委员会郭宗山等在《岩石矿物及测试》[4(4)]根据成分译为硫钨锡铜矿。2011年杨主明在《岩石矿物学杂志》[30(4)]建议音译为基德克里克矿。

【硫钨锗铜矿】

英文名 Catamarcaite

化学式 Cu_6GeWS_8 (IMA)

硫钨锗铜矿是一种铜、锗、钨的硫化物矿物。六方晶系。晶体呈粒状；集合体呈晶簇状。灰色，金属光泽，不透明；硬度3.5，脆性。2003年发现于阿根廷卡塔马卡省安达尔加拉县卡皮利塔斯(Capillitas)矿区。英文名称Catamarcaite，以发现地阿根廷卡塔马卡(Catamarca)省命名。IMA 2003-020批准。2006年H. 普茨(H. Putz)等在《加拿大矿物学家》(44)报道。中文名称根据成分译为硫钨锗铜矿。

【硫硒铋矿】

英文名 Laitakarite

化学式 $Bi_4(Se,S)_3$ (IMA)

硫硒铋矿是一种铋的硒-硫化物矿物。三方晶系。晶体呈粒状，粒径0.5～2mm。铅白色，表面呈铅灰色，强金属光泽，不透明；硬度2。1959年发现于芬兰西南地区的奥里杰尔维(Orijärvi)。英文名称Laitakarite，以芬兰地质调查局局长、地质学家和教授阿尔内·莱塔卡里(Aarne Laitakari，1890—1975)的姓氏命名。IMA 1967s. p. 批准。1959年A. 沃尔马(A. Vorma)在《地质学》[11(2)]报道。中文名称根据成分译为硫硒铋矿。

【硫硒铋铅矿】

英文名 Babkinite

化学式 $Pb_2Bi_2(S,Se)_3$ (IMA)

硫硒铋铅矿是一种铅、铋的硒-硫化物矿物。属硫碲铋铅矿族。三方晶系。晶体呈薄片状、板状；集合体由许多单个的晶体或晶簇组成。银灰色，金属光泽，不透明；硬度2，完全解理。1994年发现于俄罗斯马加丹州科雷马河流域涅夫斯科耶(Nevskoe)钨-锡矿床。英文名称Babkinite，以著名的苏联地质学家瓦西列维奇·巴布金(Vasilevich Babkin，1929—1977)的姓氏命名。他是涅夫斯科耶矿床第一个调查研究者。IMA 1994-030批准。1996年I. A. 布雷兹加洛夫(I. A. Bryzgalov)等在《俄罗斯科学院报告》[346(5)]报道。2003年中国地质科学院矿产资源研究所李锦平等在《岩石矿物学杂志》[22(3)]根据成分译为硫硒铋铅矿。

【硫硒金银矿】

英文名 Penzhinite

化学式 $(Ag,Cu)_4Au(S,Se)_4$ (IMA)

硫硒金银矿是一种银、铜、金的硒-硫化物矿物。六方晶系。晶体呈细长连生体或片状，粒径仅7μm。灰白色、钢灰色，金属光泽，不透明。1982年发现于俄罗斯堪察加州品仁纳湾品仁纳(Penzhina)河谢尔盖耶夫(Sergeevskoye)金-银矿床。英文名称Penzhinite，以发现地附近的品仁纳(Penzhina)河命名。IMA 1982-027批准。1984年L. I. 伯彻克(L. I. Bochek)等在《全苏矿物学会记事》(113)和1985年《美国矿物学家》(70)报道。中文名称根据成分译为硫硒金银矿。

【硫硒银金矿】

英文名 Petrovskaite

化学式 AuAgS (IMA)

硫硒银金矿是一种金、银的硫化物矿物。单斜晶系。晶体显微粒状，粒径20μm。铅灰色、灰黑色、黑色，金属光泽，不透明；硬度2～2.5，脆性。1983年发现于哈萨克斯坦巴甫洛达尔州巴彦阿乌尔的麦凯恩(Maikain)金矿床。英文名称Petrovskaite，以苏联莫斯科矿床地质、岩石学、矿物学和地球化学研究所矿物学家、金矿专家妮娜·瓦西里列夫娜·彼得罗夫斯卡雅(Nina Vasilevna Petrovskaya，1910—1991)的姓氏命名。IMA 1983-079批准。1984年G. V. 涅斯捷连科(G. V. Nesterenko)等在《全苏矿物学会记事》[113(5)]和1985年P. J. 邓恩(P. J. Dunn)等在《美国矿物学家》(70)报道。中文名称根据成分译为硫硒银金矿。

【硫锡矿】

英文名 Herzenbergite

化学式 SnS (IMA)

硫锡矿是一种锡的硫化物矿物。属硫锡矿-叶硫锡铅矿系列。斜方晶系。晶体呈自形细粒状。灰色、黑色，金属光泽，不透明；硬度 2，完全解理。1932 年发现于玻利维亚奥鲁罗省马丽亚-特里萨(Maria - Teresa)矿；同年，罗伯托·赫岑伯把他发现的矿物命名为 Kolbeckine。1934 年赫岑伯格在《矿物学新年鉴》(68A)报道。英文名称 Herzenbergite，1935 年 P. 拉姆多尔(P. Ramdohr)在《结晶学杂志》(92)更名，以拉脱维亚里加的德国裔化学家罗伯托·赫岑伯格(Roberto Herzenberg，1885—1955)博士的姓氏命名。他是玻利维亚奥鲁罗霍克希尔德"锡男爵"莫里兹(毛里求斯)成矿分析实验室的主管。1959 年以前发现、描述并命名的"祖父级"矿物，IMA 承认有效。中文名称根据成分译为硫锡矿。

【硫锡铅矿】

英文名 Suredaite

化学式 $PbSnS_3$ (IMA)

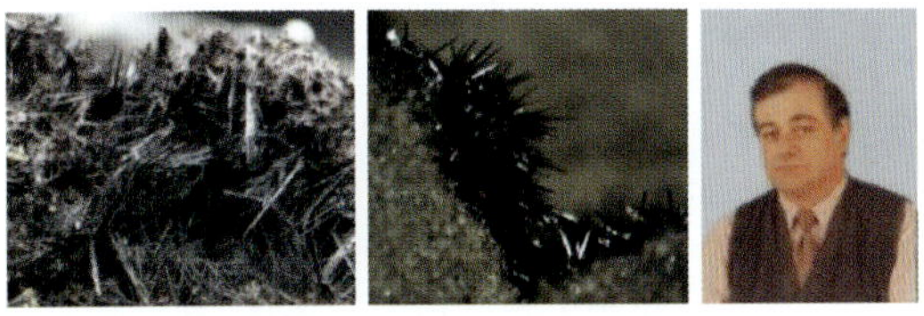

硫锡铅矿针状晶体(阿根廷)和苏雷达像

硫锡铅矿是一种铅、锡的硫化物矿物。斜方晶系。晶体呈自形板柱状、针状。灰黑色，金属光泽，不透明；硬度 2.5～3，完全解理。1997 年发现于阿根廷胡胡伊省林科纳达市皮奎塔斯银锡矿床奥普洛卡(Oploca)矿。英文名称 Suredaite，为纪念阿根廷萨尔塔大学矿物学和经济地质学系主任里卡多·乔斯·苏雷达·莱斯顿(Ricardo Jose Sureda Leston，1946—)而以他的名字命名。IMA 1997 - 043 批准。2000 年 W. H. 帕尔(W. H. Paar)等在《美国矿物学家》(85)报道。2004 年中国地质科学院矿产资源研究所李锦平等在《岩石矿物学杂志》[23(1)]根据成分译为硫锡铅矿；《英汉矿物种名称》(2017)译苏硫锡铅矿。

【硫锡砷铜矿】

英文名 Colusite

化学式 $Cu_{13}VAs_3S_{16}$ (IMA)

硫锡砷铜矿四面体晶体(意大利、美国)

硫锡砷铜矿是一种铜、钒的砷-硫化物矿物。属锗石族。等轴晶系。晶体呈四面体、五角十二面体、粒状；集合体呈块状。青铜色、粉红青铜色，金属光泽，不透明；硬度 3～4，非常脆。1933 年发现于俄罗斯萨哈共和国阿尔丹地盾勒贝迪诺(Lebedinoe)金矿和美国蒙大拿州锡尔弗博县科卢萨(Colusa)矿山；同年，R. E. 兰登(R. E. Landon)等在《美国矿物学家》(18)报道。英文名称 Colusite，1933 年兰登等以发现地美国的东科卢萨(Colusa)矿命名。1959 年以前发现、描述并命名的"祖父级"矿物，IMA 承认有效。中文名称根据成分译为硫锡砷铜矿或译为锡砷硫钒铜矿。

【硫锡铁铜矿】

英文名 Chatkalite

化学式 $Cu_6FeSn_2S_8$ (IMA)

硫锡铁铜矿是一种铜、铁、锡的硫化物矿物。属锗石族。四方晶系。晶体呈大小不等的圆形粒状，约 100μm。浅玫瑰红色、橙棕色，金属光泽，不透明；硬度 4.5。1981 年发现于乌兹别克斯坦塔什干自治州安格连市恰特卡尔(Chatkal)。英文名称 Chatkalite，以发现地乌兹别克斯坦的恰特卡尔(Chatkal)山脉命名。IMA 1981 - 004 批准。1981 年 V. A. 克维林科尔(V. A. Kovalenker)等在《矿物学杂志》[3(5)]和 1982 年《美国矿物学家》(67)报道。1983 年中国新矿物与矿物命名委员会郭宗山等在《岩石矿物及测试》[2(1)]根据成分译为硫锡铁铜矿。《英汉矿物种名称》(2017)根据成分译为硫双锡铁铜矿。

【硫锡铜矿】

英文名 Kuramite

化学式 Cu_3SnS_4 (IMA)

硫锡铜矿是一种铜、锡的硫化物矿物。属黄锡矿族。四方晶系。晶体显微粒状，一般呈其他矿物的包裹体。灰色、钢灰色，金属光泽，不透明；硬度 5。1979 年发现于乌兹别克斯坦塔什干自治州安格连市恰特卡尔库拉明(Kuramin)山科赫布拉克(Kochbulak)金银碲矿床。英文名称 Kuramite，由 V. A. 卡瓦林柯(V. A. Kovalenker)等根据发现地乌兹别克斯坦的库拉明(Kuramin)山命名。IMA 1979 - 013 批准。1979 年由卡瓦林柯等在《全苏矿物学会记事》(108)报道。中文名称根据成分译为硫锡铜矿。

【硫锡锌银矿】参见【皮硫锡锌银矿】条 682 页

【硫硝镍铝石】

英文名 Mbobomkulite

化学式 $(Ni,Cu)Al_4(NO_3,SO_4)_2(OH)_{12} \cdot 3H_2O$ (IMA)

硫硝镍铝石是一种含结晶水和羟基的镍、铜、铝的硫酸-硝酸盐矿物。属铜明矾族。单斜晶系。晶体呈假六方片状，粒径 10μm；集合体呈土状、皮壳状、球状、堆叠花环状。白色、天蓝色，半透明；非常软，完全解理。1979 年发现于南非姆普马兰加省埃兰岑(Ehlanzeni)区姆波波姆库鲁(Mbobo Mkulu)洞穴。英文名称 Mbobomkulite，以发现地南非的姆波波姆库鲁(Mbobo Mkulu)洞穴命名。IMA 1979 - 078 批准。1980 年 J. E. J. 马提尼(J. E. J. Martini)在《南非地质调查局年鉴》[14(2)]和 1982 年《美国矿物学家》(67)报道。中文名称根据成分译为硫硝镍铝石。

【硫氧锑钙石】

英文名 Sarabauite

化学式 $Sb_4S_6 \cdot CaSb_6O_{10}$ (IMA)

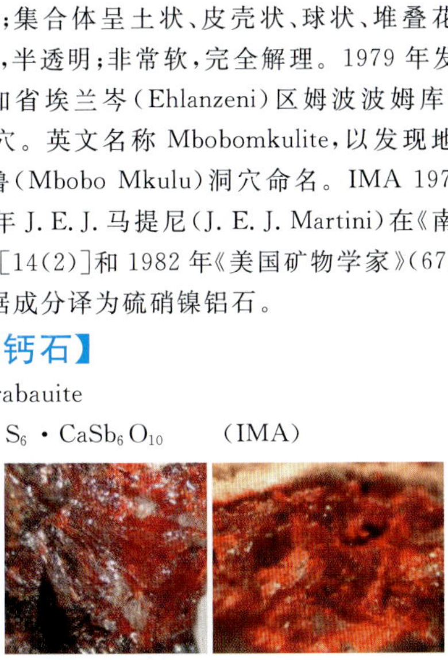

硫氧锑钙石板状晶体，块状集合(马来西亚)

硫氧锑钙石是一种钙、锑的氧-硫化物矿物。单斜晶系。晶体呈板状、柱状;集合体呈块状。深红色、红色,树脂光泽,半透明;硬度4～4.5。1976年发现于马来西亚婆罗洲沙捞越州萨拉鲍(Sarabau)矿山。英文名称Sarabauite,以发现地马来西亚的萨拉鲍(Sarabau)矿山命名。IMA 1976-035批准。1978年中井(I. Nakai)等在《美国矿物学家》(63)报道。中文名称根据成分译为硫氧锑钙石。

【硫氧锑铁矿】

英文名 Apuanite

化学式 $(Fe^{2+}Fe_2^{3+})(Fe_2^{3+}Sb_4^{3+})O_{12}S$　(IMA)

硫氧锑铁矿厚板状晶体(意大利)

硫氧锑铁矿是一种铁、锑的氧-硫化物矿物。四方晶系。晶体呈柱状、厚板状;集合体呈块状。黑色,金属光泽,不透明;硬度4～5,完全解理。1978年发现于意大利卢卡省滨海(Apuan)阿尔卑斯山脉斯塔泽马的布贾德拉(Buca della)矿。英文名称Apuanite,以发现地意大利滨海(Apuan,音译阿普安)命名。IMA 1978-069批准。1979年M.梅利尼(M. Mellini)等在《美国矿物学家》(64)报道。中文名称根据成分译为硫氧锑铁矿。

【硫铑铑矿】

英文名 Bowieite

化学式 Rh_2S_3　(IMA)

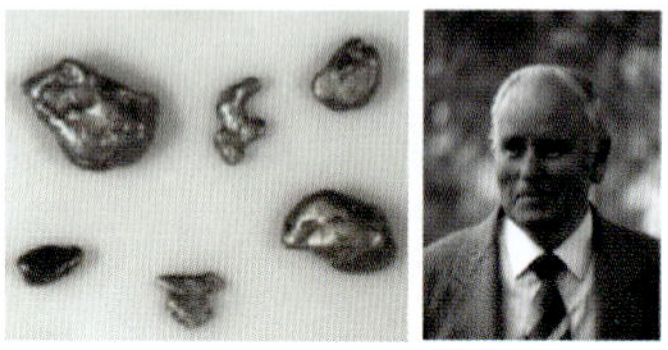

硫铑铑矿他形粒状晶体(美国)和鲍伊像

硫铑铑矿是一种铑的硫化物矿物。斜方晶系。晶体呈他形粒状。灰色、淡灰色、棕灰色,金属光泽,不透明;硬度7,脆性。1967年发现于美国阿拉斯加州贝塞尔市谷德纽斯湾鲑鱼(音译萨蒙)河-红山区;同年,E.帕特(E. Parthé)等在《晶体学报》(23)报道。英文名称Bowieite,1967年由乔治·A.德斯伯勒(George A. Desborough)等为纪念英国伦敦地质科学研究所(现在英国地质调查局)助理主任斯坦利·哈伊·伍穆弗雷·鲍伊(Stanley Hay Umphray Bowie,1917—2008)而以他的姓氏命名。鲍伊是铀矿地质学的权威,并开发了不透明矿物鉴定的硬度和反射率方法。IMA 1980-022批准[见1984年《加拿大矿物学家》(22)]。1985年中国新矿物与矿物命名委员会郭宗山等在《岩石矿物及测试》[4(4)]根据化学成分译为硫铑铑矿;因成分中常有同族的铱、铂等,故又译为硫铱铂铑矿。

【硫铱铜矿】参见【硫铜铱矿】矿523页

【硫钇铀矿】

英文名 Sejkoraite-(Y)

化学式 $Y_2[(UO_2)_8O_6(SO_4)_4(OH)_2]\cdot 26H_2O$　(IMA)

硫钇铀矿板片状晶体,放射状集合体(捷克)和塞科拉像

硫钇铀矿是一种含结晶水的钇的氧铀酰-氢氧硫酸盐矿物。属水铀矾族。三斜晶系。晶体呈板片状;集合体呈放射状。黄橙色—橙色,强玻璃光泽,透明;硬度2,完全解理,脆性。2009年发现于捷克共和国卡罗维发利州罗夫诺斯特(Rovnost)矿。英文名称Sejkoraite-(Y),根词为纪念吉里·塞科拉(Jiří Sejkora)博士而以他的姓氏,加占优势的稀土元素钇后缀-(Y)组合命名。塞科拉博士是捷克布拉格国家博物馆的捷克矿物学家、次生铀矿物专家,他描述了大量的新矿物。IMA 2009-008批准。2011年J.普拉希尔(J. Plášil)等在《美国矿物学家》(96)报道。2015年艾钰洁、范光在《岩石矿物学杂志》[34(1)]根据成分译为硫钇铀矿。

【硫铟铁矿】参见【硫铁铟矿】条521页

【硫铟铜矿】

英文名 Roquesite

化学式 $CuInS_2$　(IMA)

硫铟铜矿是一种铜、铟的硫化物矿物。属黄铜矿族。四方晶系。晶体呈硫化物矿物之中的包裹体,具聚片双晶。灰色,金属光泽,不透明;硬度3.5～4。1962年发现于法国涅罗讷-阿尔卑斯大区拉普吕尼区沙里耶(Charrier)矿。英文名称Roquesite,以法国克莱蒙费朗大学的地质学家莫里斯·罗克斯(Maurice Roques,1911—1997)的姓氏命名。IMA 1962-001批准。1963年P.皮科特(P. Picot)等在《法国矿物学和结晶学学会通报》(86)报道。中文名称根据成分译为硫铟铜矿。

【硫铟银矿】

英文名 Laforêtite

化学式 $AgInS_2$　(IMA)

硫铟银矿是一种银、铟的硫化物矿物。属黄铜矿族。四方晶系。晶体呈他形显微粒状,粒径小于30μm,在其他矿物中呈包裹体。褐色,金属光泽,不透明;硬度3。1995年发现于法国卢瓦尔省蒙哥洛斯(Montgros)矿。英文名称Laforêtite,以法国矿物和矿产研究所的金相学家克劳德·P.拉费(Claude P. Laforêt,1936—)的姓氏命名,拉费在蒙哥罗斯矿山第一个观察到该矿物。IMA 1995-006批准。1999年N.梅塞尔(N. Meisser)等在《欧洲矿物学杂志》(11)报道。2003年中国地质科学院矿产资源研究所李锦平等在《岩石矿物学杂志》[22(1)]根据成分译为硫铟银矿。

【硫银铋矿】参见【硫铋银矿】条497页

【硫银锑铅矿】

英文名 Zoubekite

化学式 $AgPb_4Sb_4S_{10}$　(IMA)

硫银锑铅矿是一种银、铅、锑的硫化物矿物。斜方晶系。晶体呈显微不规则的长条状,长0.5mm。钢灰色,金属光泽,不透明;硬度3.5～4。1983年发现于捷克共和国波希米亚中部地区波什布拉姆(Příbram)区。英文名称Zoubekite,以捷克共和国布拉格捷克斯洛伐克科学院地质调查和地质研究所所长弗拉基米尔·祖贝克(Vladimir Zoubek,1903—1995)院士的姓氏命名。IMA 1983－032 批准。1986 年 L. 麦加斯卡娅(L. Megarskaya)在《矿物学新年鉴》(月刊)和 1987 年《美国矿物学家》(72)报道。1986 年中国新矿物与矿物命名委员会郭宗山等在《岩石矿物学杂志》[5(4)]根据成分译为硫银锑铅矿。

【硫银铁矿】参见【硫铁银矿】条 521 页

【硫银锡矿】

英文名 Canfieldite

化学式 Ag_8SnS_6　(IMA)

硫银锡矿假八面体和四面体、粒状晶体(玻利维亚)和坎菲尔德像

硫银锡矿是一种银、锡的硫化物矿物。属硫银锗矿族。斜方(假等轴)晶系。晶体呈假八面体、假四面体和假十二面体及它们的聚形;集合体呈晶簇状、葡萄状。钢灰色,带浅红色调,具蓝紫色、紫罗兰的锖色,金属光泽,不透明;硬度2.5,脆性。1894 年发现于玻利维亚查扬塔省科尔克查卡(Colquechaca);同年,彭菲尔德(Penfield)在《美国科学杂志》(47)报道。英文名称 Canfieldite,1893 年由萨缪尔·莱维斯·彭菲尔德(Samuel Lewis Penfield)为纪念美国新泽西州的采矿工程师和矿物收集家弗雷德里克·亚历山大·坎菲尔德(Frederick Alexander Canfield,1849—1926)而以他的姓氏命名。坎菲尔德的家庭长期以来一直希望在新泽西州莫里斯县运营迪克森·苏茨卡苏尼(Dickerson Suckasunny)矿业公司和铁矿。坎菲尔德的许多专业采矿工作都在新泽西州和玻利维亚。坎菲尔德也是第三代矿物收藏家,收购了他叔父和他父亲的矿物收藏。1959 年以前发现、描述并命名的"祖父级"矿物,IMA 承认有效。中文名称根据成分译为硫银锡矿;根据颜色和成分译为黑硫银锡矿。

【硫银锗矿】

英文名 Argyrodite

化学式 Ag_8GeS_6　(IMA)

硫银锗矿晶体,球状集合体(玻利维亚、德国)

硫银锗矿是一种非常罕见的银和锗的硫化物矿物。属硫银锗矿族。斜方晶系。晶体呈假八面体、立方体、十二面体;集合体常呈块状、放射状、葡萄状、球状、皮壳状。颜色灰色、铁黑色,浅蓝黑色—浅紫黑色,金属光泽,不透明;硬度2.5,脆性,密度大。1885 年德国弗莱贝格(Freiberg)矿业学院的矿物学、结晶学和物理学教授阿尔宾·威斯巴克(Albin Weisbach,1833—1901)第一次发现并描述于德国萨克森州希尔曼弗斯特(Himmelsfürst)矿的新矿物。英文名称 Argyrodite 由希腊文"αργυρ ώ δηs＝Argyrodes(寄居姬蛛)或 Silver－bearing(含银的)"而得名,意指其富含银。1886 年威斯巴克在《矿物学、地质学和古生物学新年鉴》(第二卷)刊载。1959 年以前发现、描述并命名的"祖父级"矿物,IMA 承认有效。中文名称根据成分译为硫银锗矿。在此之前,弗赖贝格的矿物由奥古斯特·布赖特豪普特(August Breithaupt)描述并命名为 Plusinglanz 并于 1849 年将玻利维亚晶体错误地形容为 Brongniardite(硫锑铅银矿)。威斯巴克教授为了确定其成分,又委托克莱门斯·亚历山大·文克勒(Clemens Alexander Winkler,1838—1904)进行精确的化学分析,1886 年文克勒在这种稀有矿物中,除了找到硫和银之外,还发现了一种新元素,它符合门捷列夫在 1869 年根据元素周期表预测的类硅。他以德国的拉丁文 Germania 来命名这种新元素为 Germanium(锗),以纪念发现锗的文克勒的祖国。元素符号 Ge。中文现译锗(旧译作鈤,德国日耳曼族)。锗继镓和钪后被发现,巩固了门捷列夫化学元素周期系。即使地球表面上的锗丰度是相对的高,但因为它是地壳中最分散的元素之一,含锗的矿物很少,所以它在化学史上比较晚被发现,而长时期以来也没有被工业规模的开采。美国用无机锗来治疗贫血,对癌症的疗效也有过讨论。

【硫锗铅矿】

英文名 Morozeviczite

化学式 $Pb_3Ge_{1-x}S_4$　(IMA)

硫锗铅矿是一种铅、锗的硫化物矿物。等轴晶系。晶体呈粒状;集合体呈块状。棕灰色,金属光泽,不透明;硬度3.5。1974 年发现于波兰下西里西亚省波尔科维兹(Polkowice)矿。英文名称 Morozeviczite,以波兰克拉科夫杰格隆尼大学矿物学教授约瑟夫·玛丽安·莫罗泽维奇(Józef Marian Morozewicz,1865—1941)的姓氏命名。IMA 1974－036 批准。1975 年 C. 哈拉齐克(C. Harańczyk)在波兰《矿山和有色金属》(20)和 1981 年 M. 弗莱舍(M. Fleischer)等在《美国矿物学家》(66)报道。中文名称根据成分译为硫锗铅矿。

【硫锗铁矿】

英文名 Polkovicite

化学式 $(Fe,Pb)_3(Ge,Fe)_{1-x}S_4$　(IMA)

硫锗铁矿是一种铁、铅、锗的硫化物矿物。等轴晶系。棕灰色,金属光泽,不透明;硬度 3.5。1974 年发现于波兰下西里西亚省波尔科维兹(Polkowice)矿。英文名称 Polkovicite,以发现地波兰的波尔科维兹(Polkowice)矿命名。IMA 1974－037 批准。1975 年 C. 哈拉齐克(C. Harańczyk)在波兰《矿山和有色金属》(20)和 1981 年 M. 弗莱舍(M. Fleischer)等在《美国矿物学家》(66)报道。中文根据成分译为硫锗铁矿。

【硫锗铁铜矿】参见【硫铜锗矿】条 524 页

【硫锗铜矿】

英文名 Germanite

化学式 $Cu_{13}Fe_2Ge_2S_{16}$　(IMA)

硫锗铜矿是一种铜、铁、锗的硫化物矿物。属硫锗铜矿族。等轴晶系。晶体呈四面体,通常很小,但也有达 3cm 的巨晶。浅灰色、粉红色,失去光泽,变暗褐色,金属光泽,不透明;硬度 4,脆性。1922 年发现于纳米比亚奥希科托区楚梅布(Tsumeb)矿;同年,普法尔(Pufahl)在 *Met. Erz*(19)报道。也见于 1944 年 C. 帕拉奇(C. Palache)、H. 伯曼(H. Berman)和 C. 弗龙德尔(C. Frondel)《丹纳系统矿物学》(第一卷,第七版，纽约）。英文名称 Germanite，由化学成分“Germanium（锗）”命名。1959 年以前发现、描述并命名的“祖父级”矿物，IMA 承认有效。中文名称根据成分译为硫锗铜矿。

【硫锗银铜矿】

英文名 Putzite

化学式 $(Cu,Ag)_8GeS_6$　　(IMA)

普特兹像

硫锗银铜矿是一种铜、银、锗的硫化物矿物。属硫银锗矿族。等轴晶系。晶体呈他形粒状。紫罗兰色、铁黑色，金属光泽，不透明；硬度 3～3.5，完全解理，脆性。2002 年发现于阿根廷卡塔马卡省安达尔加拉镇卡比利塔斯（Capillitas）矿区。英文名称 Putzite，以萨尔茨堡大学的休伯特·普特兹（Hubert Putz，1973—）博士的姓氏命名。他在卡塔马卡工作期间发现的新矿物，并为卡比利塔斯锗矿床的矿物学研究做出了重大贡献。IMA 2002－024 批准。2004 年 W. H. 帕尔（W. H. Paar）等在《加拿大矿物学家》（42）报道。2008 年中国地质科学院地质研究所任玉峰等在《岩石矿物学杂志》［27（3）］根据成分译为硫锗银铜矿。

六

［liù］中文数目字。①六方：指 7 个晶系之一的六方晶系。②六水：6 个结晶水，其中包括羟基水。

【六方钡长石】参见【钡霞石】条 58 页

【六方铋钯矿】

英文名 Sobolevskite

化学式 PdBi　　(IMA)

索博列夫斯基像

六方铋钯矿是一种钯与铋的互化物矿物。属红砷镍矿。六方晶系。晶体呈显微粒状，通常呈其他矿物的包裹体。钢灰色，金属光泽，不透明；硬度 4。1973 年发现于俄罗斯克拉斯诺亚尔斯克边疆区泰梅尔自治区泰梅尔半岛普托拉纳高原塔尔纳赫铜镍矿床十月（Oktyabrsky）铜镍矿床。英文名称 Sobolevskite，以俄国冶金学家彼得·格里戈里耶维奇·索博列夫斯基（Petr Grigorevich Sobolevski，1781—1841）的姓氏命名。他是俄国乌拉尔铂矿床的研究学者，也是粉末冶金的奠基人之一。IMA 1973－042 批准。1975 年在《全苏矿物学会记事》（104）和 1976 年《美国矿物学家》（61）报道。中文名称根据晶系和成分译为六方铋钯矿，或译铋钯矿。

【六方辰砂】

英文名 Hypercinnabar

化学式 HgS　　(IMA)

六方辰砂是一种汞的硫化物矿物。属纤锌矿族。与辰砂和黑辰砂为同质多象。六方晶系。晶体呈显微粒状。红色、紫黑色，金刚光泽，半透明；硬度 3。1977 年发现于美国加利福尼亚州康特拉科斯塔县代阿布洛岭克莱顿湖州立公园代阿布洛（Diablo）矿。英文名称 Hypercinnabar，由冠词“Hyper（高）”和根词“Cinnabar（辰砂）”组合命名，意指它的温度稳定范围比辰砂和黑辰砂高（根词参见【辰砂】条 88 页）。IMA 1977－D 提案，IMA 1977s. p. 批准。1978 年 R. W. 波特（R. W. Potter）等在《美国矿物学家》（63）报道。中文名称根据晶系及与辰砂的关系译为六方辰砂。

【六方碲锑钯镍矿】

英文名 Hexatestibiopanickelite

化学式 (Pd,Ni)(Sb,Te)

六方碲锑钯镍矿是一种钯、镍与锑、碲的互化物矿物。六方晶系。浅灰色、浅黄色、黄白色，金属光泽，不透明；硬度 2。最初的描述来自中国西南地区的四川丹巴杨柳坪铜镍铂矿床。1974 年於祖相等在《矿物学报》［48（2）］和《美国矿物学家》（76）报道。英文名称 Hexatestibiopanickelite，由六方晶系和成分“Tellurium（碲）”“Antimony［拉丁文＝Stibium（锑）］”“Palladium（钯）”和“Nicdel（镍）”组合命名。未经 IMA 批准，但可能有效。中文名称根据晶系和成分命名为六方碲锑钯镍矿。

【六方碲银矿】参见【史碲银矿】条 806 页

【六方汞银矿】

英文名 Schachnerite

化学式 $Ag_{1.1}Hg_{0.9}$　　(IMA)

多里斯像

六方汞银矿是一种银、汞的互化物矿物。属银汞合金族。六方晶系。晶体可达 1cm。银灰色，金属光泽，不透明；硬度 3.5。1971 年发现于德国莱茵兰-普法尔茨州信任上帝（Vertrauen zu Gott）矿。英文名称 Schachnerite，以德国亚琛莱茵威斯特伐利亚技术学院矿石矿物、矿物、矿床研究所矿物学教授多里斯·沙赫纳-科恩（Doris Schachner－Korn，1904—1988）的姓氏命名。她是德国第一位矿物学和岩石学的女教授。IMA 1971－055 批准。1972 年 E. 泽利格（E. Seeliger）等在《矿物学新年鉴：论文集》（117）和 1973 年 M. 弗莱舍（M. Fleischer）在《美国矿物学家》（58）报道。中文名称根据晶系和成分译为六方汞银矿或六方银汞矿。

【六方钴镍矿】参见【沃硫砷镍矿】条 986 页

【六方硅钙石】参见【哈硅钙石】条 299 页

【六方硅锰钙石】参见【奥莱曼石】条 27 页

【六方辉钼矿】参见【辉钼矿】条 349 页

【六方辉铜矿】参见【辉铜矿】条 353 页

【六方钾霞石】参见【原钾霞石】条 1093 页

【六方金刚石】参见【蓝丝黛尔石】条 430 页

【六方堇青石】参见【印度石】条 1082 页

【六方硫锰矿】

英文名 Rambergite

化学式 MnS　　(IMA)

六方硫锰矿板状、锥状晶体（意大利）

六方硫锰矿是一种锰的硫化物矿物。属纤锌矿族。与硫锰矿和布朗尼矿* 为同质多象。六方晶系。晶体呈六方锥柱状、板状、厚矛状，厚 1.5mm。深棕色—黑色，树脂光泽，不透明；硬度 4，完全解理，脆性。1995 年发现于瑞典达拉纳省穆拉市的北加尔彭伯格（Garpenberg Norra）矿。英文名称 Rambergite，以美国芝加哥大学和瑞典乌普萨拉大学的矿物学和岩石学教授汉斯·拉姆贝格（Hans

Ramberg，1917—1998)的姓氏命名。1972 年他被授予沃拉斯顿勋章。IMA 1995－028 批准。1996 年 M. P. 卡利诺夫斯基(M. P. Kalinowski)在《斯德哥尔摩地质学会会刊》(118)和 1998 年《美国矿物学家》(83)报道。2003 年中国地质科学院矿产资源研究所李锦平等在《岩石矿物学杂志》[22(2)]根据晶系和成分译为六方硫锰矿。

【六方硫镍矿】参见【赫硫镍矿】条 308 页

【六方铝氧石】

英文名 Akdalaite

化学式 $Al_{10}O_{14}(OH)_2$　　(IMA)

六方铝氧石是一种非常罕见的含羟基的铝的氧化物矿物。六方晶系。晶体呈六方板状，大小 0.1～0.8mm；集合体呈透镜状。白色、浅绿黄色，玻璃光泽，半透明；硬度 7～7.5，脆性。1969 年发现于哈萨克斯坦中部卡拉干达州卡拉奥巴钨矿床索尔内奇诺耶(Solnechnoye)矿。英文名称 Akdalaite，以哈萨克斯坦(Kazakhstan)文的阿克达拉(Akdala)命名。IMA 1969－002 批准。1970 年 E. P. 舍帕诺夫(E. P. Shpanov)等在《全苏矿物学会记事》(99)报道。同义词 Tohdite(东大石)，1964 年山口(Yamaguchi)、柳田(Yanagida)和秀一郎(Shuitiro)在《日本化学学会通报》(37)报道，称"Tohdite"($5Al_2O_3 \cdot H_2O$)。IMA 2004－051 批准。实际上，这两个名称是同一种矿物，根据优先原则，IMA 批准 Akdalaite 名称，而 Tohdite 作为同义词。中文名称根据晶系和成分译为六方铝氧石或六方水铝石。

【六方氯铅矿】

英文名 Penfieldite

化学式 $Pb_2Cl_3(OH)$　　(IMA)

六方氯铅矿柱状或双尖锥状晶体，晶簇状集合体(智利)和潘菲尔德像

六方氯铅矿是一种含羟基的铅的氯化物矿物。六方晶系。晶体呈板状、带锥的柱状或双尖锥状，具双晶；集合体呈晶簇状。无色、白色、浅黄色或蓝色，金刚光泽、油脂光泽，透明；硬度 3～4。1892 年发现于希腊东阿提州卡拉夫里奥镇的拉夫里昂(Lavrion)区古老铅熔渣。1892 年 F. 根特(F. Genth)在《美国科学杂志》(44)报道。英文名称 Penfieldite，以美国耶鲁大学矿物学家和矿物化学家塞缪尔·刘易斯·潘菲尔德(Samuel Lewis Penfield，1856—1906)的姓氏命名。1959 年以前发现、描述并命名的"祖父级"矿物，IMA 承认有效。中文名称根据晶系和成分译为六方氯铅矿。

【六方锰矿】参见【恩苏塔矿】条 141 页

【六方钼】参见【自然钼】条 1132 页

【六方羟磷镁石】参见【三方羟磷镁石】条 761 页

【六方球方解石】参见【球霰石】条 749 页

【六方砷钯矿】

英文名 Stillwaterite

化学式 Pd_8As_3　　(IMA)

六方砷钯矿是一种钯的砷化物矿物。六方晶系。晶体呈显微他形粒状，粒径达 265μm。淡乳灰色，金属光泽，不透明；硬度 4.5。1974 年发现于美国蒙大拿州斯蒂尔沃特县斯蒂尔沃特(Stillwater)杂岩体斯蒂尔沃特矿。英文名称 Stillwaterite，以发现地美国的斯蒂尔沃特(Stillwater)命名。IMA 1974－029 批准。1975 年 L. J. 卡布尔(L. J. Cabri)等在《加拿大矿物学家》(13)报道。中文名称根据晶系和成分译为六方砷钯矿。

【六方砷铑矿】

英文名 Polkanovite

化学式 $Rh_{12}As_7$　　(IMA)

六方砷铑矿是一种铑的砷化物矿物。六方晶系。晶体呈显微粒状。灰色，金属光泽，不透明。1997 年发现于俄罗斯车里雅宾斯克州米阿斯(Miass)河砂矿。英文名称 Polkanovite，由乌克兰技术科学院矿产资源研究所著名的矿物学和克里米亚半岛矿床，特别是砂矿研究专家尤里·亚历山大罗维奇·波尔卡诺夫(Yuri Aleksandrovich Polkanov，1935—)院士的姓氏命名。IMA 1997－030 批准。1998 年 S. N. 布里特温(S. N. Britvin)等在《俄罗斯矿物学会记事》[127(2)]报道。2003 年中国地质科学院矿产资源研究所李锦平等在《岩石矿物学杂志》[22(2)]根据晶系和成分译为六方砷铑矿。

【六方砷镍矿】

英文名 Orcelite

化学式 $Ni_{5-x}As_2(x=0.23)$　　(IMA)

奥塞尔像

六方砷镍矿是一种镍的砷化物矿物。六方晶系。晶体呈显微粒状，为镍黄铁矿的包裹体。黄白色或粉青铜色。金属光泽，不透明；脆性。1959 年发现于法国新喀里多尼亚北部省库马克区蒂巴吉(Tiebaghi)地块蒂巴吉铬矿；同年，在《巴黎科学院会议周报》(249)报道。英文名称 Orcelite，1959 年 S. J. 凯勒(S. J. Caillère)等为纪念法国矿物学家、法国巴黎国家自然历史博物馆馆长杰·奥塞尔(Jean Orcel，1896—1978)教授而以他的姓氏命名。IMA 1962s. p. 批准。1960 年凯勒在《美国矿物学家》(45)报道。中文名称根据晶系和成分译为六方砷镍矿；根据颜色和成分译为褐砷镍矿。

【六方砷铜矿】

英文名 Koutekite

化学式 Cu_5As_2　　(IMA)

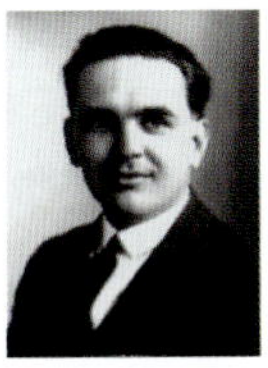

考特克像

六方砷铜矿是一种铜的砷化物矿物。六方晶系。晶体呈显微粒状。灰蓝色，金属光泽，不透明；硬度 3.5。1958 年发现于捷克共和国波希米亚赫拉德茨-克拉洛韦采恩杜尔(ČernýD ů l)矿；同年，兹德内克·约翰(Zdenek Johan)在《自然》(181)报道。英文名称 Koutekite，1958 年由兹德内克·约翰(Zdenek Johan)为纪念捷克共和国布拉格查尔斯大学经济地质学教授亚罗米尔·考特克(Jaromir Koutek，1902—1983)而以他的姓氏命名。1959 年以前发现、描述并命名的"祖父级"矿物，IMA 承认有效。中文名称根据晶系和成分

译为六方砷铜矿。

【六方水锰矿】

英文名 Feitknechtite

化学式 $Mn^{3+}O(OH)$ (IMA)

费特克纳赫像

六方水锰矿是一种含羟基的锰的氧化物矿物。与锰榍石、水锰矿为同质多象。六方(或四方)晶系。晶体呈六方小板状、粒状，粒径 3mm;集合体呈土状。铅灰色、棕黑色，树脂光泽、半金属光泽、土状光泽，半透明—不透明;脆性。1965 年发现于美国新泽西州苏塞克斯县富兰克林矿区富兰克林(Franklin)矿。英文名称 Feitknechtite，1965 年欧文·P. 布里克纳(Owen P. Brickner)在《美国矿物学家》(50)为纪念瑞士伯尔尼大学的氧化锰矿物系统研究者和化学教授沃尔特·费特克纳赫(Walter Feitknecht，1899—1975)而以他的姓氏命名，这是他第一个合成的化合物。IMA 1968s. p. 批准。中文名称根据晶系和成分译为六方水锰矿。

【六方碳钙石】参见【球霰石】条 749 页

【六方碳钠石】参见【格碳钠石】条 247 页

【六方锑钯矿】

英文名 Sudburyite

化学式 PdSb (IMA)

六方锑钯矿是一种钯的锑化物矿物。属红砷镍矿族。六方晶系。晶体呈显微粒状，在其他矿物中呈细长包裹体。银灰色，金属光泽，不透明;硬度 4.5。1973 年发现于加拿大安大略省萨德伯里(Sudbury)市崖南铜矿区。英文名称 Sudburyite，以发现地加拿大安大略省萨德伯里(Sudbury)市命名。IMA 1973-048 批准。1974 年 L. J. 卡布里(L. J. Cabri)等在《加拿大矿物学家》(12)报道。中国地质科学院根据晶系和成分译为六方锑钯矿。2011 年杨主明在《岩石矿物学杂志》[30(4)]建议音译为萨德伯里矿。

【六方锑铂矿】

英文名 Stumpflite

化学式 PtSb (IMA)

斯图姆帕夫尔像

六方锑铂矿是一种铂的锑化物矿物。属红砷镍矿族。六方晶系。晶体呈显微粒状，一般呈其他矿物的包裹体。银白色，金属光泽，不透明;硬度 5。1972 年发现于南非林波波省布什维尔德杂岩体伯格斯堡镇塞胡克兰(Sekhukhuneland)的德里克普(Driekop)矿。英文名称 Stumpflite，1972 年兹德内克·约翰(Zdenek Johan)等为纪念奥地利莱奥本矿业学院的矿物学教授和矿相学的权威尤金·弗里德里克·斯图姆帕夫尔(Eugen Friedrich Stumpfl，1931—2004)而以他的姓氏命名。汞银矿(Eugenite)以他的名字命名。IMA 1972-013 批准。1972 年 Z. 约翰(Z. Johan)等在《法国矿物学和结晶学会通报》(95)报道。中文名称根据晶系和成分译为六方锑铂矿。

【六方锑锡铜矿】参见【锑锡铜矿】条 940 页

【六方锑银矿】

英文名 Allargentum

化学式 $Ag_{1-x}Sb_x$(x=0.09～0.16) (IMA)

六方锑银矿是一种银的锑化物矿物。六方晶系。晶体呈非常小的粒状;集合体呈与银形成复杂的共生树枝状、姜状。银灰色，金属光泽，不透明;硬度 3.5。1940 年发现于加拿大安大略省蒂米斯卡明区科博尔特镇比弗(Beaver)矿和吉鲁湖(Giroux Lake)矿;同年，在《电化学杂志》(53)报道。1949 年 P. 拉姆多尔(P. Ramdohr)在《矿物学进展》(28)报道。英文名称 Allargentum，由希腊文"ἀλλος=Allos=Another(锑)"和拉丁文"Argentum=Silver(银)"组合命名。1959 年以前发现、描述并命名的"祖父级"矿物，IMA 承认有效。IMA 1970s. p. 批准[见 1970 年 W. 彼得鲁克(W. Petruk)等在《加拿大矿物学家》(10)报道 Allargentum 的重新定义]。中文名称根据晶系和成分译为六方锑银矿，有的音译为阿拉京矿。

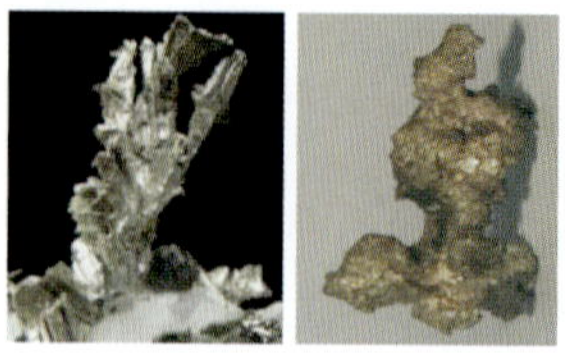
六方锑银矿树枝状、姜状集合体(摩洛哥、德国)

【六方铁矿】

英文名 Hexaferrum

化学式 (Fe,Os,Ru,Ir) (IMA)

六方铁矿是一种铁、锇、钌、铱的自然元素矿物。自然铁的同质多象变体。六方晶系。晶体呈假立方体或八面体，长达 200μm(通常是 5～50μm)，呈铬尖晶石的包裹体。带黄色的钢灰色，金属光泽，不透明;硬度 6～7。1995 年发现于俄罗斯堪察加州科里亚克山脉奇里奈斯基(Chirynaisky)地块。英文名称 Hexaferrum，由晶体对称"Hexagonal(六方晶系)"和成分"Iron(拉丁文=Ferrum，铁)"组合命名。IMA 1995-032 批准。1998 年 A. G. 莫查洛夫(A. G. Mochalov)等在《俄罗斯矿物学会记事》[127(5)]报道。2003 年中国地质科学院矿产资源研究所李锦平等在《岩石矿物学杂志》[22(2)]根据对称和成分译为六方铁矿。有富钌变种:钌铁矿(Fe,Ru)、富锇变种:锇铁矿(Fe,Os)和富铱变种:铱铁矿(Fe,Ir)。

【六方无水芒硝】参见【变无水芒硝*】条 70 页

【六方硒镉矿】

英文名 Cadmoselite

化学式 CdSe (IMA)

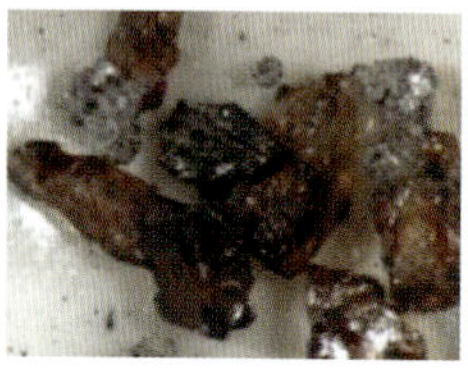
六方硒镉矿不规则粒状晶体(俄罗斯)

六方硒镉矿是一种镉的硒化物矿物。属纤锌矿族。六方晶系。晶体呈六方柱状、锥柱状、粒状。黑色、黑褐、褐色，金刚光泽、树脂光泽，半透明—不透明;硬度 4，完全解理，脆性。1957 年发现于俄罗斯图瓦共和国图兰地区乌斯图约克(UstUyok)矿床;同年，E. Z. 布里阿诺娃(E. Z. Buryanova)等在《全苏矿物学会记事》(86)和 1958 年《美国矿物学家》(43)报道。英文名称 Cadmoselite，由化学成分"Cadmium(镉)"和"Selenium(硒)"缩写组合命名。1959 年以前发现、描述并命名的"祖父级"矿物，IMA 承认有效。中文名称根据晶系和成分译为六方硒镉矿，或硒镉矿。

【六方硒钴矿】

英文名 Freboldite

化学式 $CoSe$ (IMA)

六方硒钴矿是一种钴的硒化物矿物。属红砷镍矿族。六方晶系。晶体呈粒状;集合体呈块状。铜红色,金属光泽,不透明;硬度 2.5~3。1955 年发现于德国下萨克森州哈尔茨山脉特罗格塔尔(Trogtal)采石场;同年,P. 拉姆多尔(P. Ramdohr)等在《矿物学新年鉴》(月刊)和 1956 年 M. 弗莱舍(M. Fleischer)在《美国矿物学家》(41)报道及 1957 年《矿物表》(第三版)刊载。英文名称 Freboldite,以德国汉诺威应用技术大学的地质学家乔治·弗雷博尔德(Georg Frebold, 1891—1948)教授的姓氏命名。1959 年以前发现、描述并命名的"祖父级"矿物,IMA 承认有效。中文名称根据晶系和成分译为六方硒钴矿。

【六方硒镍矿】

英文名 Sederholmite

化学式 $NiSe$ (IMA)

塞德霍尔姆像

六方硒镍矿是一种镍的硒化物矿物。与三方硒镍矿为同质多象。六方晶系。晶体呈显微粒状。黄铜黄色—橙黄色,金属光泽,不透明;硬度 2.5~3,脆性。1964 年发现于芬兰北部库萨莫市基特卡(Kitka)河谷。英文名称 Sederholmite,1964 年伊尔约·沃雷莱宁(Yrjö Vuorelainen)等在《芬兰地质学会通报》(36)以芬兰地质调查局雅各布·若阿内斯·塞德霍尔姆(JakobJohannes Sederholm, 1863—1934)的姓氏命名。IMA 1967s. p. 批准。中文名称根据晶系和成分译为六方硒镍矿。

【六方硒铜矿】

英文名 Klockmannite

化学式 $Cu_{5.2}Se_6$ (IMA)

克洛克曼像

六方硒铜矿是一种铜的硒化物矿物。六方晶系。晶体呈粒状。黑灰蓝色、深蓝色,金属光泽,不透明;硬度 2~2.5,完全解理。1928 年发现于阿根廷拉里奥哈省卡斯特利镇的拉斯阿斯佩雷斯(Las Asperezas)矿。1928 年拉姆多尔(Ramdohr)在《矿物学、地质学和古生物学论文集》刊载。英文名称 Klockmannite,由德国亚琛技术高中矿物学家弗里德里希·费迪南德·赫尔曼·克洛克曼(Friedrich Ferdinand Hermann Klockmann, 1858—1937)教授的姓氏命名。1959 年以前发现、描述并命名的"祖父级"矿物,IMA 承认有效。中文名称根据晶系和成分译为六方硒铜矿;根据成分和颜色译为硒铜蓝。

【六方锡铂矿】

英文名 Niggliite

化学式 $PtSn$ (IMA)

六方锡铂矿是一种铂和锡的化合物矿物。六方晶系。晶体呈显微圆形粒状,粒径 75μm,呈其他矿物的包裹体。银白色,金属光泽,不透明;硬度 3,脆性。1936 年发现于南非东开普省艾尔弗雷德的因斯泽瓦(Insizwa)沃特福尔(Waterfall)峡谷;同年,舒尔茨(Scholtz)在《南非地质学会会刊》(39)报道。英文名称 Niggliite,由 D. L. 舒尔茨(D. L. Scholtz)以瑞士联邦技术学院和苏黎世大学出色的晶体学家和教育家保罗·尼格里(Paul Niggli, 1888—1953)的姓氏命名。1959 年以前发现、描述并命名的"祖父级"矿物,IMA 承认有效。中文名称根据成分译为六方锡铂矿;音译为尼格里矿。

尼格里像

【六方纤铁矿】

英文名 Feroxyhyte

化学式 $Fe^{3+}O(OH)$ (IMA)

六方纤铁矿针状晶体,球粒状集合体(意大利)

六方纤铁矿是一种铁的氢氧-氧化物矿物。与针铁矿、纤铁矿为同质多象。六方晶系。晶体微小的针状、薄片状;集合体呈黏土状、球粒状。黄棕色、黑色,不透明。1975 年发现于乌克兰伊万诺-弗兰科夫斯克州科洛梅亚(Kolomyia)。英文名称 Feroxyhyte,由成分"Ferrum(铁)""Oxygen(氧)"和"Hydroxyl(羟基)"组合命名。IMA 1975-032 批准。1976 年 F. V. 丘赫罗夫(F. V. Chukhrov)等在《苏联科学院报告:地质类》(5)报道。中文名称根据晶系和成分译为六方纤铁矿。

【六水铵镁矾】

英文名 Boussingaultite

化学式 $(NH_4)_2Mg(SO_4)_2 \cdot 6H_2O$ (IMA)

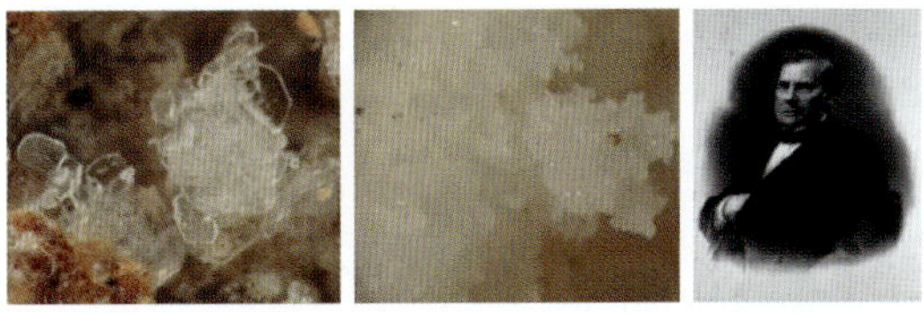

六水铵镁矾圆粒状晶体,皮壳状集合体(匈牙利、德国)和布森格像

六水铵镁矾是一种含 6 个结晶水的铵、镁的硫酸盐矿物。属软钾镁矾族。单斜晶系。晶体呈短柱状、圆粒状;集合体呈块状、皮壳状、钟乳状。无色—粉红色、黄粉色、淡黄色,玻璃光泽、丝绢光泽;透明—半透明;硬度 2,完全解理。它最初在 1864 年被描述于意大利格罗塞托省蒙蒂耶里的特拉维尔(Travale)火山附近地段,它与六水铵铁矾(Mohrite)发现在一起,但更常见于燃烧的煤炭中。1864 年贝基(Bechi)在《巴黎科学院会议周报》(58)报道。英文名称 Boussingaultite,由贝基为纪念法国里昂大学化学家杰-巴普蒂斯特·布森格(Jean-Baptiste Boussingault, 1802—1887)而以他的姓氏命名。1959 年以前发现、描述并命名的"祖父级"矿物,IMA 承认有效。中文名称根据成分译为六水铵镁矾。

【六水铵镍矾】

英文名 Nickelboussingaultite

化学式 $(NH_4)_2Ni(SO_4)_2 \cdot 6H_2O$ (IMA)

六水铵镍矾是一种含 6 个结晶水的铵、镍的硫酸盐矿物。属软钾镁矾族。硬度 2.5。1975 年发现于俄罗斯泰梅尔斯基自治区泰梅尔半岛诺里尔斯克市塔尔纳赫(Talnakh)铜-镍矿床。英文名称 Nickelboussingaultite,1976 年由 L. K. 亚孔托娃(L. K. Yakhontova)等由成分冠词"Nicke(镍)"和根词"Boussingaultite(六水铵镁矾)"组合命名,意指它是镍的六水铵镁矾的类似矿物(根词参见【六水铵镁矾】条 531 页)。IMA 1975－037 批准。1976 年在《全苏矿物学会记事》(105)报道。中文名称根据成分译为六水铵镍矾。

【六水铵铁矾】

英文名 Mohrite

化学式 $(NH_4)_2Fe(SO_4)_2 \cdot 6H_2O$ (IMA)

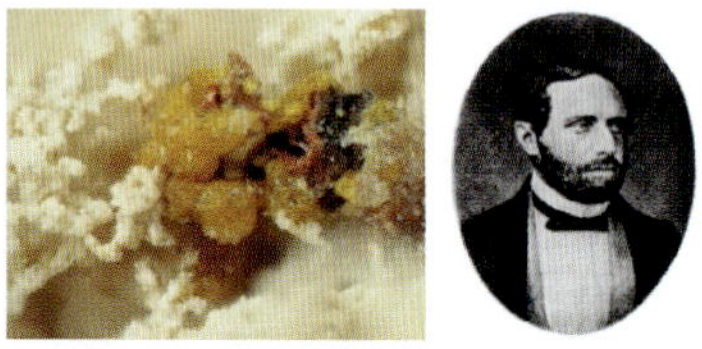

六水铵铁矾皮壳状集合体(德国)和莫尔像

六水铵铁矾是一种含 6 个结晶水的铵、铁的硫酸盐矿物。属软钾镁矾族。单斜晶系。晶体呈不规则的薄片状、小的半自形状;集合体呈皮壳状。淡绿色、无色,玻璃光泽,透明;硬度 2～2.5,完全解理。1964 年发现于意大利格罗塞托省蒙蒂耶里的特拉维尔(Travale);同年,C. L. 加拉韦利(C. L. Garavelli)在意大利《林且科学院物理、数学和自然科学文献》(Ⅷ系列,36)报道。英文名称 Mohrite,以德国波恩大学的化学教授卡尔·弗里德里希·莫尔(Karl Friedrich Mohr,1806—1879)的姓氏命名。莫尔首先合成了这种化合物;他最初是一个商业的化学家,对化学分析装置设计做出了许多贡献,如改进的滴定管;他对体积分析方法的改进在定量化学分析中很重要;他的理论贡献是非常重要的,包括他在 1837 年发表的节约能源的一个简洁的描述以及著有化学和地质学书籍。在晚年,他还在波恩大学担任药学教授。IMA 1964－023 批准。1965 年在《美国矿物学家》(50)报道。中文名称根据成分译为六水铵铁矾。

【六水绿矾】

英文名 Ferrohexahydrite

化学式 $Fe^{2+}(SO_4) \cdot 6H_2O$ (IMA)

六水绿矾土状、皮壳状集合体(德国)

六水绿矾是一种含 6 个结晶水的铁的硫酸盐矿物。属六水泻盐族。单斜晶系。晶体呈纤维状、粒状;集合体呈皮壳状、钟乳状。蓝绿色、无色、白色、浅褐色,玻璃光泽,透明;硬度 2。1930 年发现于乌克兰顿涅茨克州顿巴斯地区尼基托夫卡汞矿床索非亚(Sofiya)矿;同年,V. A. 卡尔尼茨基(V. A. Karnitskii)等在俄罗斯《矿产资源》(1)报道。英文名称 Ferrohexahydrite,由成分冠词"Ferrous(二价铁)"和根词"Hexahydrite(六水泻盐)"组合命名,意指它是铁占优势的六水泻盐的类似矿物。1959 年以前发现、描述并命名的"祖父级"矿物,IMA 承认有效。1962 年 V. V. 弗拉索夫(V. V. Vlasov)等在《全苏矿物学会记事》(91)和《美国矿物学家》(48)报道。IMA 1967s. p. 批准。中文名称根据成分和颜色译为六水绿矾;根据成分铁及与六水泻盐的关系译为铁六水泻盐。

【六水锰矾】

英文名 Chvaleticeite

化学式 $Mn(SO_4) \cdot 6H_2O$ (IMA)

六水锰矾是一种含结晶水的锰的硫酸盐矿物。属六水泻盐族。单斜晶系。晶体呈细粒状;集合体呈块状。白色、粉红色、黄绿色,玻璃光泽,透明—半透明;硬度 1.5。1984 年发现于捷克共和国波希米亚帕尔杜比采市赫瓦莱季采(Chvaletice)。英文名称 Chvaleticeite,以发现地捷克的赫瓦莱季采(Chvaletice)命名。IMA 1984－059 批准。1986 年 J. 帕萨娃(J. Pasava)等在《矿物学新年鉴》(月刊)报道。1986 年中国新矿物与矿物命名委员会郭宗山等在《岩石矿物学杂志》[5(4)]根据成分译为六水锰矾。

六水锰矾细粒状晶体(捷克)

【六水镍矾】

英文名 Nickelhexahydrite

化学式 $Ni(SO_4) \cdot 6H_2O$ (IMA)

六水镍矾是一种含 6 个结晶水的镍的硫酸盐矿物。属六水泻盐族。与镍矾为同质二象。单斜晶系。集合体呈微晶皮壳状、钟乳状。蓝绿色,玻璃光泽,透明;硬度 2,完全解理。1965 年发现于俄罗斯泰梅尔自治区州泰梅尔半岛普托拉纳高原诺里尔斯克市塔尔纳赫铜镍矿床谢韦尔尼(Severniy)矿。1965 年 B. V. 欧尼可夫(B. V. Oleinikov)等在《全苏矿物学会记事》[93/94(5)]和 1966 年 M. 弗莱舍(M. Fleischer)在《美国矿物学家》(51)报道。英文名称 Nickelhexahydrite,由化学成分冠词"Nickel(镍)"和根词"Hexahydrite(六水泻盐)"组合命名,意指它是镍占优势的六水泻盐的类似矿物。IMA 1968s. p. 批准。中文名称根据成分译为六水镍矾;根据单斜晶系和成分译为斜镍矾。

六水镍矾微晶皮壳状集合体(意大利)

【六水硼钙石】

英文名 Hexahydroborite

化学式 $Ca[B(OH)_4]_2 \cdot 2H_2O$ (IMA)

六水硼钙石是一种含 6 个结晶水(包括 4 个羟基水)的钙的硼酸盐矿物。单斜晶系。晶体呈扁平柱状,长 0.5～2mm;集合体呈皮壳状。无色、白色,在曝光时产生淡蓝色,玻璃光泽,透明;硬度 2.5。1977 年发现于俄罗斯布里亚特共和国维季姆高原索隆格(Solongo)硼矿床。英文名称 Hexahydroborite,由成分"Hexahydro(六氢水)"和"Boron(硼)"组合命名(原本以为含有 6 个结晶水,后来发现晶体结构分析不正确,实际上包括 2 个结晶水和 4 个羟基结构水)。IMA 1977－015 批准。1977 年 M. A. 西蒙诺夫(M. A. Simonov)等在《全苏矿物学会记事》[106(6)]和 1978 年 M. 弗莱舍(M. Fleischer)在《美国矿物学家》(63)报道。中文名称根据成分译为六水硼钙石,也译为水羟硼钙石。

【六水羟磷铁石】参见【三方羟磷铁石】条 761 页

【六水羟铜矾】

英文名 Ramsbeckite

化学式 $Cu_{15}(SO_4)_4(OH)_{22} \cdot 6H_2O$ (IMA)

六水羟铜矾是一种含 6 个结晶水和羟基的铜的硫酸盐矿物。单斜晶系。晶体呈假六方体、菱面体、圆柱状。绿色、蓝绿色,玻璃光泽,透明—半透明;硬度 3.5,完全解理,脆性。1984 年发现于德国北莱茵-威斯特法伦州绍尔兰地区梅舍德

六水羟铜矾假菱形、柱状晶体(意大利、英国)

市拉姆斯贝克(Ramsbeck)附近的贝斯特伯格(Bastenberg)矿。英文名称 Ramsbeckite,以发现地德国的拉姆斯贝克(Ramsbeck)命名。IMA 1984－067 批准。1985 年 R. V. 霍登贝格(R. V. Hodenberg)等在《矿物学新年鉴》(月刊)和 1987 年《美国矿物学家》(72)报道。1988 年中国新矿物与矿物命名委员会郭宗山等在《岩石矿物学杂志》[7(3)]根据成分译为六水羟铜矾,也有的根据颜色和成分译为绿锌铜矾。

【六水碳钙石】

英文名 Ikaite

化学式 $Ca(CO_3) \cdot 6H_2O$ (IMA)

六水碳钙石锥状晶簇(俄罗斯)和圆形粒状晶体(南极冰芯)

六水碳钙石是一种罕见的含 6 个结晶水的钙的碳酸盐矿物。单斜晶系。晶体往往会形成非常陡峭或尖锐的近方形的柱状锥体、板状、圆形;集合体呈金字塔状或大规模管状或蒺藜锥状。坐白色、浅黄色、红褐色,玻璃光泽,透明—半透明;硬度 2。1962 年在丹麦格陵兰岛赛梅索克岛伊卡(Ikka,以前拼为 Ika)峡湾外滩珊瑚礁中首次发现。英文名称 Ikaite,以发现地丹麦格陵兰岛伊卡(Ikka)峡湾命名。IMA 1962－005 批准。1963 年丹麦矿物学家 H. 保利(H. Pauly)在《北极》(16)、《自然世界》和 1964 年《美国矿物学家》(49)报道。中文名称根据成分译为六水碳钙石。它形成于冷的海水中,温度达到 8℃即分解为方解石和水。Ikaite 假象组[Glendonite(方解石假象六水碳钙石)]的存在可以用作古气候或古温度测定的标志,代表它形成时水接近冰点的条件。科学家们认为 Ikaite 假象组的存在是证明气候变暖的证据。

【六水铁矾】

英文名 Lausenite

化学式 $Fe_2^{3+}(SO_4)_3 \cdot 5H_2O$ (IMA)

六水铁矾细粒状晶体(美国)

六水铁矾是一种含结晶水[以前认为是 $Fe_2(SO_4)_3 \cdot 6H_2O$]的铁的硫酸盐矿物。单斜晶系。晶体呈粒状、纤维状;集合体呈瘤状、块状。无色、白色,丝绢光泽,透明。最早见于 1922 年珀森贾克(Posnjak)和默温(Merwin)在《美国化学学会杂志》(44)报道。1928 年发现于美国亚利桑那州亚瓦派县布莱克山佛得角(Verde)矿区杰罗姆的佛得角(United Verde)联合矿,它是一个矿井发生火灾时形成的;同年,格登·蒙太古·巴特勒(Gurdon Montague Butler)在《美国矿物学家》(13)报道。英文名称 Lausenite,巴特勒为了纪念美国采矿工程师卡尔·劳森(Carl Lausen)而以他的姓氏命名。他是亚利桑那州佛得角矿业公司采矿工程师,是他首先描述了该物种。1959 年以前发现、描述并命名的"祖父级"矿物,IMA 承认有效。中文名称根据成分译为六水铁矾。

【六水泻盐】

英文名 Hexahydrite

化学式 $Mg(SO_4) \cdot 6H_2O$ (IMA)

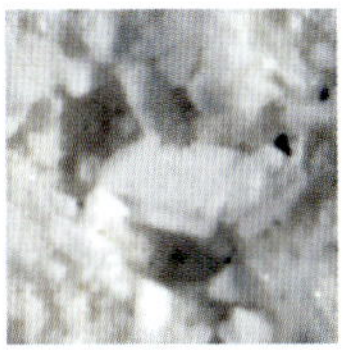

六水泻盐板状晶体(美国)

六水泻盐是一种含 6 个结晶水的镁的硫酸盐矿物,又称六水镁矾。属六水泻盐族。单斜晶系。晶体呈粗柱状、厚板状或矛状、针状、细纤维状;集合体呈致密状。无色、白色、浅绿色,玻璃光泽、珍珠光泽、土状光泽,透明—半透明;硬度 2,完全解理;有苦味和咸味。1910 年,发现于加拿大不列颠哥伦比亚省利卢埃特镇采矿场波拿巴(Bonaparte)河。1911 年罗伯特·安格斯·阿利斯特·约翰斯顿(Robert Angus Alister Johnston)在《加拿大地质调查总结报告》描述。英文名称 Hexahydrite,由"Hexa(6 个)"和"Hydr(水分子)"的硫酸镁而命名。1959 年以前发现、描述并命名的"祖父级"矿物,IMA 承认有效。中文名称根据成分、或成因(潟湖沉淀)或与泻利盐(泻药)的关系译为六水泻盐。

【六水锌矾】参见【锌铁矾】条 1046 页

龙

[lóng]龍的简化字。象形;甲骨文,像龙形。本义:中国古代传说中的一种有鳞有须能兴云作雨的神异动物。中国图腾。[英]音,用于外国地名

【龙纳堡矿*】

英文名 Ronneburgite

化学式 $K_2MnV_4O_{12}$ (IMA)

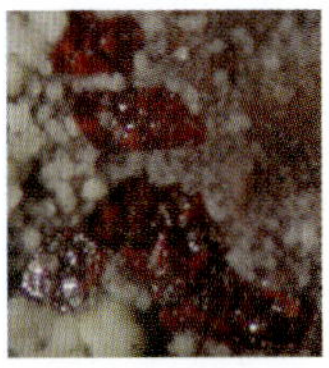

龙纳堡矿* 板状晶体(德国)

龙纳堡矿*是一种钾、锰的钒酸盐矿物。单斜晶系。晶体呈柱状、板状、粒状。红棕色,金刚光泽,半透明;硬度 3,脆性。1998 年发现于德国图林根州的龙纳堡(Ronneburg)铀矿床利希滕贝格(Lichtenberg)转储站。英文名称 Ronneburgite,以发现地德国的龙纳堡(Ronneburg)铀矿床命名。IMA 1998－069 批准。2001 年 T. 维茨克(T. Witzke)等在《美国矿物学家》(86)报道。目前尚未见官方中文译名,编译者建议音译为龙纳堡矿*。

卢

[lú]盧的简化汉字。形声;甲骨文字形,从皿,虎声。本义:饭器。[英]音,用于外国地名、人名。

【卢贝罗石】

英文名 Luberoite

化学式 Pt_5Se_4 (IMA)

卢贝罗石是一种铂的硒化物矿物。单斜晶系。晶体呈自形状,有时呈拉长、圆形、不规则状,或呈单矿物碎片状。深古铜色,金属光泽,不透明;硬度 5～5.5,完全解理。1990 年发现于刚果(金)基伍省卢贝罗(Lubero)县。英文名称 Luberoite,以发现地刚果(金)的卢贝罗(Lubero)县命名。IMA 1990－047 批准。1992 年 J. 杰布瓦布(J. Jebwab)等在《欧洲矿物学杂志》(4)报道。1998 年中国新矿物与矿物命名委员会黄蕴慧等在《岩石矿物学杂志》[17(1)]音译为卢贝罗石。

L

【卢卡宾迪石*】

英文名 Lucabindiite

化学式 $(K,NH_4)As_4O_6(Cl,Br)$　　(IMA)

卢卡宾迪石*柱状晶体(意大利)和卢卡·宾迪像

卢卡宾迪石*是一种含溴和氯的钾、铵的砷酸盐矿物。六方晶系。晶体呈六角形柱状、板片状。无色—白色，玻璃光泽，透明。2011年发现于意大利墨西拿省利帕里群岛卡诺火山岛拉福萨(La Fossa)坑。英文名称Lucabindiite，以佛罗伦萨大学自然历史博物馆矿物学研究部前主任、矿物学教授卢卡·宾迪(Luca Bindi，1971—)的姓名命名。IMA 2011-010批准。2013年A.加拉韦利(A. Garavelli)等在《美国矿物学家》(98)报道。目前尚未见官方中文译名，编译者建议音译为卢卡宾迪石*。

【卢卡库莱斯瓦拉矿*】

英文名 Lukkulaisvaaraite

化学式 $Pd_{14}Ag_2Te_9$　　(IMA)

卢卡库莱斯瓦拉矿*是一种钯、银的碲化物矿物。属铂族元素族。四方晶系。晶体呈粒状，粒径40μm。浅灰色带褐色，金属光泽，不透明；硬度0～4，脆性。2013年发现于俄罗斯卡累利阿共和国卢卡库莱斯瓦拉(Lukkulaisvaara)基性—超基性岩体地块。英文名称Lukkulaisvaaraite，以发现地俄罗斯的卢卡库莱斯瓦拉(Lukkulaisvaara)地块命名。IMA 2013-115批准。2014年A.维玛扎洛娃(A. Vymazalová)等在《CNMNC通讯》(19)和《矿物学杂志》(78)报道。目前尚未见官方中文译名，编译者建议音译为卢卡库莱斯瓦拉矿*。

【卢凯西石*】

英文名 Lucchesiite

化学式 $CaFe_3^{2+}Al_6(Si_6O_{18})(BO_3)_3(OH)_3O$　　(IMA)

卢凯西石*是一种含氧和羟基的钙、铁、铝的硼酸-硅酸盐矿物。属电气石族。三方晶系。晶体呈他形粒状，粒径5mm；集合体的大小为5cm。黑色，玻璃光泽；硬度7，脆性。2015年发现于斯里兰卡萨伯勒格穆沃省拉特纳普勒(宝石城)矿区，最有可能来自捷克共和国维索基纳州泽达尔(Žďár)和萨扎沃(Sázavou)区米拉索夫(Mirošov)附近的伟晶岩。英文名称Lucchesiite，为纪念意大利罗马大学矿物学教授塞尔吉奥·卢凯西(Sergio Lucchesi，1958—2010)而以他的姓氏命名，以表彰他对电气石和尖晶石晶体化学研究做出的贡献。IMA 2015-043批准。2015年F.博瑟(F. Bosi)等在《CNMNC通讯》(27)、《矿物学杂志》(79)和2017年《矿物学杂志》(81)报道。目前尚未见官方中文译名，编译者建议音译为卢凯西石*。

【卢克常铈石】参见【氟碳钠铈石】条194页

【卢姆登矿*】

英文名 Lumsdenite

化学式 $NaCa_3Mg_2(As^{3+}V_2^{4+}V_{10}^{5+}As_6^{5+}O_{51})\cdot 45H_2O$　　(IMA)

卢姆登矿*是一种含结晶水的钠、钙、镁的钒砷酸盐矿物。属钒砷矿族。三斜晶系。晶体呈叶片状，长达0.2mm，集合体通常呈放射状。深绿色的蓝黑色。2018年发现于美国科罗拉多州梅萨县卢姆登(Lumsden)峡谷帕斯克拉特(Packrat)矿。英文名称Lumsdenite，由帕斯克拉特(Packrat)矿所在的卢姆登(Lumsden)峡谷命名。IMA 2018-092批准。2018年A. R.坎普夫(A. R. Kampf)等在《CNMNC通讯》(46)、《矿物学杂志》(82)和《欧洲矿物学杂志》(30)及2020年《加拿大矿物学家》[58(1)]报道。目前尚未见官方中文译名，编译者建议音译为卢姆登矿*。

卢姆登矿*放射状集合体(美国)

【卢塞纳钇石*】

英文名 Lusernaite-(Y)

化学式 $Y_4Al(CO_3)_2(OH,F)_{11}\cdot 6H_2O$　　(IMA)

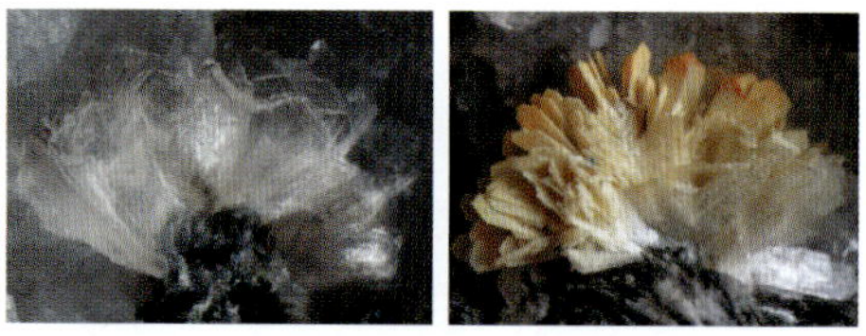

卢塞纳钇石*板片状晶体，放射状、晶簇状集合体(意大利)

卢塞纳钇石*是一种含结晶水、氟和羟基的钇、铝的碳酸盐矿物。斜方晶系。晶体呈板片状；集合体呈放射状、晶簇状。无色、浅橘黄色，珍珠光泽，透明；完全解理，脆性。2011年发现于意大利都灵省卢塞纳(Luserna)河谷卢塞纳采石场。英文名称Lusernaite-(Y)，2012年C.比亚乔尼(C. Biagioni)等以发现地意大利的卢塞纳(Luserna)河，加占优势的钇后缀-(Y)组合命名。IMA 2011-108批准。2012年比亚焦尼等在《CNMNC通讯》(13)、《矿物学杂志》(76)和2013年《美国矿物学家》(98)报道。目前尚未见官方中文译名，编译者建议音加成分译为卢塞纳钇石*。

【卢森堡矿*】

英文名 Luxembourgite

化学式 $AgCuPbBi_4Se_8$　　(IMA)

卢森堡矿*是一种银、铜、铅、铋的硒化物矿物。单斜晶系。晶体呈显微针状，比头发细10倍，接近红细胞大小；集合体呈束状。2018年发现于卢森堡(Luxembourg)斯托尔泽姆堡(Stolzembourg)一座旧铜矿。英文名称Luxembourgite，由发现地卢森堡(Luxembourg)大公国命名。IMA 2018-154批准。2019年S.菲利浦(S. Philippo)等在《CNMNC通讯》(49)、《矿物学杂志》(83)和《欧洲矿物学杂志》(31)报道。目前尚未见官方中文译名，编译者建议音译为卢森堡矿*。

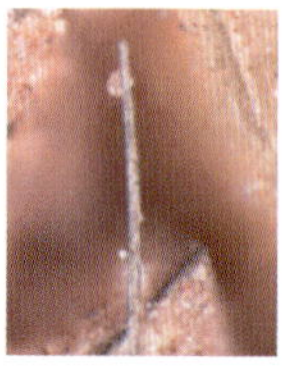

卢森堡矿*显微针状晶体(卢森堡)

【卢砷铁铅石】

英文名 Ludlockite

化学式 $PbFe_4^{3+}As_{10}^{3+}O_{22}$　　(IMA)

卢砷铁铅石是一种铅、铁的砷酸盐矿物。三斜晶系。晶体呈发状、针状；集合体呈束状、放射状。橙红色、橙棕色，油脂光泽、丝绢光泽，半透明；硬度1.5～2，完全解理，脆性。

卢砷铁铅石发状和针状晶体，束状、放射状集合体（纳米比亚、智利）

发现于纳米比亚奥希科托区楚梅布（Tsumeb）矿。英文名称 Ludlockite[＝Ludlockite-(Pb)]，以美国新泽西矿产经销商弗雷德里克·卢德洛·史密斯三世（Frederick Ludlow Smith Ⅲ，1939—2014）和查尔斯·洛克·基（Charles Locke Key，1935—）两人的姓名组合命名，是他们发现该矿物并提供了研究标本。IMA 1969－046 批准。1970 年 R. J. 戴维斯（R. J. Davis）等在《日本矿物学学会特刊》(1)和 1972 年 P. G. 恩布里（P. G. Embrey）等在《美国矿物学家》(57)报道。中文名称根据英文名首音节音和成分译为卢砷铁铅石；根据成分译为铁铅砷石。

【卢伊纳电气石*】

英文名 Luinaite-(OH)

化学式 $(Na,\square)(Fe^{2+},Mg)_3Al_6(BO_3)_3Si_6O_{18}(OH)_4$ (IMA)

卢伊纳电气石* 柱状、针状晶体，束状、丛状集合体（挪威、美国）

卢伊纳电气石*是一种含羟基的钠、空位、铁、镁、铝的硼酸-硅酸盐矿物。属电气石族。与黑电气石为同质二象。单斜晶系。晶体呈柱状、针状；集合体呈束状、放射状。黑色、灰黑色，玻璃光泽，半透明。2009 年发现于澳大利亚塔斯马尼亚州希兹伍德（Heazlewood）区卢伊纳（Luina）克利夫兰德（Cleveland）矿山。英文名称 Luinaite-(OH)，根词以发现地澳大利亚的卢伊纳（Luina），加占优势的羟基后缀-(OH)组合命名。IMA 2009－046 批准。日文名称ルイナ電気石。2011 年 U. 科利奇（U. Kolitsch）等在《挪威博格沃克博物馆》（*Norsk Bergverksmuseum Skrift*）(46)报道。目前尚未见官方中文译名，编译者建议音加族名译为卢伊纳电气石*。

庐 [lú]形声；从广（Yǎn），盧声。从“广”，表示与房屋有关。本义：特指田中看守庄稼的小屋。[英]音，用于外国人名。

【庐硅铜铅石】

英文名 Luddenite

化学式 $Cu_2Pb_2Si_5O_{14}\cdot 14H_2O$ (IMA)

庐硅铜铅石是一种含结晶水的铜、铅的硅酸盐矿物。单斜晶系。晶体呈板状与楔形状，粒径不超过 0.01mm；集合体呈玫瑰花状或扇形。镍绿色，半透明；硬度 4，完全解理。1981 年发现于美国亚利桑那州莫哈维县未命名的前景区。英文名称 Luddenite，以菲尔普斯道奇公司西部大开发的首席地质学家雷蒙德·W. 勒登（Raymond W. Ludden）的姓氏命名。IMA 1981－032 批准。1982 年 S. A. 威廉姆斯（S. A. Williams）在《矿物学杂志》(46)和 1983 年《美国矿物学家》(68)报道。1984 年中国新矿物与矿物命名委员会郭宗山在《岩石矿物及测试》[3(2)]根据英文名称首音节音和成分译为庐硅铜铅石。

炉 [lú]爐的简化汉字。从火，盧声。本义：储火的器具，作冶炼、烹饪、取暖等用。用于中国古代炼金术士矿物名称。

【炉甘石】参见【菱锌矿】条 493 页

铲 [lú]鑪的简化汉字。从金，盧声。一种人工合成的放射性金属元素。[英]Rutherfordium。元素符号 Rf。原子序 104。1960 年代苏联杜布纳核研究所和美国加利福尼亚州的劳伦斯伯克利国家实验室分别制造出少量的铲。由于双方发现铲的先后次序不清，因此苏联和美国科学家们对其命名产生了争议。苏联科学家建议使用 Kurchatovium 作为新元素名称，以纪念曾领导过苏联原子弹计划的化学家伊格尔·库尔恰托夫；而美国科学家则建议使用 Rutherfordium，以纪念原子核物理学之父英籍新西兰物理学家欧内斯特·卢瑟福。在确认正式命名之前，国际纯粹与应用物理学联合会（IUPAC）使用临时系统命名为 Unnilquadium(Unq)，该名称源自数字 1、0 和 4 的拉丁文写法。1994 年，IUPAC 建议使用 Dubnium，以俄罗斯杜布纳（Dubna）命名，因为 Rutherfordium 已被建议作为 106 号元素的名称，而 IUPAC 也认为应该承认杜布纳团队对此领域研究的贡献。然而，这时 104 号至 107 号元素的名称都具有争议。1997 年，有关的团队解决了纷争，并最终采用了美国建议名称 Rutherfordium。而 Dubnium 一名则成为了 105 号元素的名称。目前自然界中尚未发现该元素。

卤 [lǔ]鹵的简化汉字。象形；金文字形，像盐罐（或盐池）中有盐形。本义：盐碱地。英国人李约瑟著《中国科学技术史》第五卷对“鹵”字有一种解释，认为“那是一种自然蒸发咸水的盐池的‘鸟瞰图’，上部为引水渠道，下部为盐池，池内有田埂，田内有结晶的粒状石盐”。我国的汉字起源于象形文字，甲骨文、金文中的“鹵”字则是引卤至盐池的象形素描（参见【石盐】条 805 页）。卤也指卤族元素氟、氯、溴、碘、砹等。

【卤汞石】

英文名 Comancheite

化学式 $Hg^{2+}_{55}N^{3-}_{24}(NH_2,OH)_4(Cl,Br)_{34}$ (IMA)

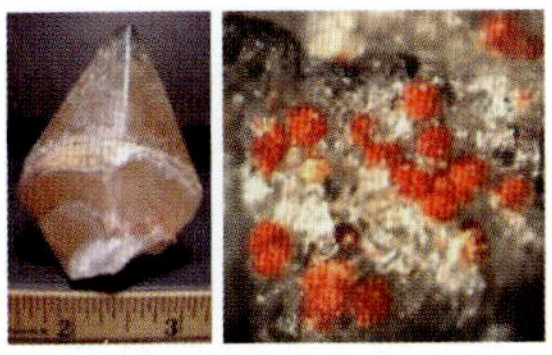

卤汞石锥状晶体，小球粒状集合体（美国）

卤汞石是一种汞和氮的氨基-氢氧-氯-溴化物矿物。最初认为化学成分为 $Hg^{2+}_{13}(Cl,Br)_8O_9$，其后 IMA 13－B 修订为 $Hg^{2+}_{55}N^{3-}_{24}(NH_2,OH)_4(Cl,Br)_{34}$。斜方晶系。晶体呈粒状、针状、锥状；集合体呈小球粒状。橘红色、黄色，玻璃光泽、树脂光泽，透明—半透明；硬度 2。1980 年发现于美国得克萨斯州马里波萨（Mariposa）矿。英文名称 Comancheite，以北美印第安人的科曼奇（Comanche）族命名，汞矿床的第一个科曼奇族矿工在这里发现了此矿物。IMA 1980－077 批准。1981 年 A. C. 罗伯茨（A. C. Roberts）等在《加拿大矿物学家》(19)和 1982 年《美国矿物学家》(67)报道。2013 年

IMA 13-B 重新定义成分式[见 2013 年 M. A. 库珀(M. A. Cooper)等《矿物学杂志》(77)]。1983 年中国新矿物与矿物命名委员会郭宗山等在《岩石矿物及测试》[2(1)]根据成分译为卤汞石。

【卤硫汞矿】参见【格雷奇什切夫石】条 245 页

【卤钠矾】参见【硫卤钠石】条 505 页

【卤钠石】参见【氟盐矾】条 197 页

【卤砂】

英文名 Salammoniac

化学式 $(NH_4)Cl$ (IMA)

卤砂立方体、十二面体晶体，鱼骨状集合体(德国、意大利、塔吉克斯坦)

卤砂是一种非常罕见的铵的氯化物矿物。等轴晶系。晶体常呈偏方三八面体、立方体、十二面体、纤维状、粒状，具双晶；集合体呈鱼骨状、树枝状、粉末状、皮壳状等。无色、白色，混入杂质呈灰色、黄色、褐色、红色、紫色等，玻璃光泽，透明—微透明；硬度 1.5～2，脆性；有咸味，溶于水。它是火山喷气附近的升华物，亦为燃烧的煤层中的升华物，鸟粪沉积中也有发现。中国是世界上认识、描述、利用卤砂最早的国家之一，主要用于医药。中国古称硇砂，出自《唐本草》：硇砂柔金银，可为焊药。形如朴消，光净者良。驴马药亦用之。《本草纲目》：硇砂亦消石之类，乃卤液所结，出于青海，附盐而成质，人采取淋炼而成，状如盐块，以白净者为良。别名有北庭砂(《四声本草》)、赤砂、黄砂(《石药尔雅》)、狄盐(《日华子本草》)、气砂(《本草图经》)、透骨将军、戎硇、白硇砂(《中药志》)、淡硇砂、岩硇砂。《本草原始》：戎硇块小、色白、带石者，俗呼番硇。有青、红、黄色者，俗呼气硇。块大色暗、底黑者，俗呼盐硇。《纲目拾遗》：硇砂有两种：一种盐脑，出西戎，状如盐块；另一种番硇，出西藏。这些名称的来历大致可分几类：以产地命名的，如北庭砂、狄盐、戎硇、番硇等。北庭泛指汉代塞北少数民族所统治之地；狄是古代中国人对北方各民族的泛称；戎指中国古代西部民族；番指唐代吐蕃即西藏。以颜色命名的，如白砂、青砂、黄砂、赤砂、红砂、黑砂等。以成因命名的，如气砂由火山喷气升华形成；盐脑或岩硇是从卤水溶液结晶出来的。以药效命名的，如透骨将军，《土宿本草》云："硇性透物，五金借之为先锋，故号为透骨将军。"关于硇砂名称的来历未见考证。仅见有硇洲岛来历的传说，在广东省雷州湾的东南海域，坐落着海底火山喷发形成的中国第一大火山岛硇洲岛。相传当年流亡至此的南宋皇帝赵昰和军民同仇敌忾抗击元军，"以石击匈(元)"，"硇"字由此而生，硇洲岛也因而得名。硇砂之名出自《唐本草》，南宋"以石击匈(元)"生"硇"字的说法不足为信。"硇砂"之名可能或与产地，或与矿物形态，或与卤字有渊源关系。其一，匈奴(英文 Hun，即胡)是中国古代北方的一个民族，古代硇砂主要产自那里，"硇"是"匈奴(英文 Hun，即胡)"音转，故以产地命名；其二硇砂别称盐脑，古人用"脑"形象的描述这类盐的集合体形态，"硇"与"脑"同音，又有"卤"结成石，故有"硇"，硇砂晶体多呈细小粒状"小石"亦砂，故有硇砂之名。明代李时珍《本草纲目》说："硇砂性毒，服之使人硇乱，故曰硇砂"。

英文名称 Salammoniac，可能出自普林尼的著作。1556 年在巴塞尔弗罗本(Froben, Basel) *De Re Metallica* (Libri XII.)刊载。模式产地意大利(IMA 表-2019)。源自希腊文"ἁλς ἁμμωνιακός"，它又来自"Ἄμμων＝Ammon"。它的来历有一段传奇的故事。古埃及的阿曼神(Amen)或阿摩神(Amun)，他是上尼罗河畔的埃及古城底比斯的保护神。那里有一座希腊人建造的阿摩神庙，当时当地人以骆驼粪作为燃料，熏蒸在庙墙壁上的烟灰中有一种白色的晶体，希腊亚扪人称作 Sal Ammoniac，其中 Sal 是拉丁文的"盐"，因此 Sal Ammoniac 一词的意思是"阿摩神之盐"。另一说，罗马人在阿曼寺庙(希腊文 Ἄμμων)的附近发现了氯化铵矿床，古老的利比亚的亚扪人称"Sal Ammoniacus"(阿曼盐)。对于此矿物的科学描述见于 1758 年 G. 莫德尔(G. Model)在德国莱比锡的报道：《关于自然生长的卤砂(Salmiak)的实验与思考》(*Versuche und Gedanken über ein natürliches und gewachsenes Salmiak*)。在以后许多世纪中人们发现了一种刺鼻的气体，直到 1774 年，才由普利斯特列首次收集到这种气体，人们叫它阿摩尼亚(Ammonia)，中文译为氨。铵、胺皆由氨演变而来。1959 年以前发现、描述并命名的"祖父级"矿物，IMA 承认有效。IMA 2007s. p. 批准。该矿物是铵的氯化物，且晶体细小如砂，故在现代矿物学中译为卤砂。

【卤银矿】

英文名 Iodobromite

化学式 Ag(Br,Cl,I)

卤银矿是一种自然界稀少的银的碘-氯-溴化物矿物。属氯银矿族。为角银矿-溴银矿的变种或是 Iodian Bromian Chlorargyrite 或 Chlorargyrite 同义词。等轴晶系。晶体呈立方体或八面体。无色、灰黄色或淡绿色，树脂光泽，透明；硬度 1～2，中等解理。见于 1951 年 C. 帕拉奇(C. Palache)、H. 伯曼(H. Berman)和 C. 弗龙德尔(C. Frondel)《丹纳系统矿物学》(第二卷，第七版，纽约)。英文名称 Iodobromite，由化学成分"Iodine(碘)"和"Bromum(溴)"组合命名。中文名称根据成分译为卤银矿或碘溴银矿(参见【角银矿】条 382 页)。

鲁 [lǔ]会意；甲骨文从鱼，从口，"口"像器形。整个字形像鱼在器皿之中。本义：鱼味美，嘉。[英]音，用于外国人名、地名。

【鲁宾石*】

英文名 Rubinite

化学式 $Ca_3Ti^{3+}_2Si_3O_{12}$ (IMA)

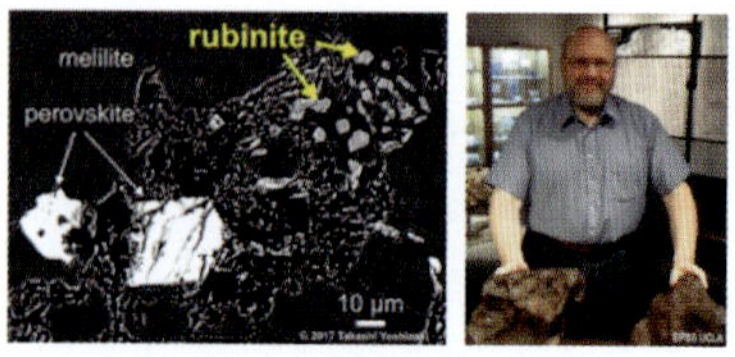

鲁宾石* 微小粒状晶体和鲁宾像

鲁宾石*是一种钙、钛的硅酸盐矿物，它是大约 45.6 亿年前最古老的太阳系固体中的新矿物。属石榴石结构族。等轴晶系。晶体呈显微粒状，粒径小于 10μm。2016 年发现于意大利艾米利亚-罗马涅区费拉拉省维加拉诺马伊纳尔达镇维加拉诺(Vigarano)陨石。它源于原始小行星,保留了早期太阳能系统的物理化学条件的特性,因此它们对行星科学的研究非常有价值,将揭示对太阳系初期过程和演变的新见解。英文名称 Rubinite,为纪念美国加利福尼亚大学的宇宙化学家、天体化学家先驱艾伦·E.鲁宾(Alan E. Rubin)博士而以他的姓氏命名。IMA 2016－110 批准。2017 年马驰(Ma Chi)等在《CNMNC 通讯》(36)、《矿物学杂志》(81)和《欧洲矿物学杂志》(29)报道。目前尚未见官方中文译名,编译者建议音译为鲁宾石*。

【鲁达谢夫斯基矿*】

英文名 Rudashevskyite

化学式(Fe,Zn)S (IMA)

鲁达谢夫斯基矿*是一种铁、锌的硫化物矿物。属闪锌矿族。与硫镁铁矿、布塞克矿*(Buseckite)和陨硫铁(Troilite)为同质多象。等轴晶系。晶体呈自形柱状。黑色,树脂光泽、金属光泽,不透明;硬度 4,脆性。2005 年发现于阿塞拜疆共和国阿格贾贝迪区纳戈尔诺-卡拉巴赫舒莎的因达尔赫(Indarch)陨石。英文名称 Rudashevskyite,以俄罗斯圣彼得堡的尼古拉伊·S.鲁达谢夫斯基(Nickolay S. Rudashevsky,1944—)的姓氏命名,以表彰他对矿石矿物研究做出的贡献。IMA 2005－017 批准。2008 年 S. N. 布里特温(S. N. Britvin)在《美国矿物学家》(93)报道。目前尚未见官方中文译名,编译者建议音译为鲁达谢夫斯基矿*,或根据成分译为铁闪锌矿。

【鲁道巴尼奥矿*】

英文名 Rudabányaite

化学式$(Ag_2Hg_2)(AsO_4)Cl$ (IMA)

鲁道巴尼奥矿*是一种含氯的银、汞的砷酸盐矿物。等轴晶系。2016 年发现于匈牙利波索德-阿巴约-泽姆普伦(Borsod-abauj-zemplén)县鲁道巴尼奥(Rudabányai)山脉阿道夫(Adolf)矿。英文名称 Rudabányaite,以发现地匈牙利的鲁道巴尼奥(Rudabányai)山脉命名。IMA 2016－088 批准。2017 年 S. 斯扎卡尔(S. Szakáll)等在《CNMNC 通讯》(35)、《矿物学杂志》(81)和 2019 年《欧洲矿物学杂志》(31)报道。目前尚未见官方中文译名,编译者建议音译为鲁道巴尼奥矿*。

【鲁德林格尔石*】

英文名 Rüdlingerite

化学式 $Mn_2^{2+}V^{5+}As^{5+}O_7 \cdot 2H_2O$ (IMA)

鲁德林格尔石*柱状晶体,晶簇状集合体(瑞士)

鲁德林格尔石*是一种含结晶水的锰、钒的砷酸盐矿物。单斜晶系。晶体呈柱状;集合体呈晶簇状。橘红色,金刚光泽、玻璃光泽,透明。2016 年分别发现于意大利库内奥省瓦莱塔(Valletta)矿和瑞士格劳宾登州奥瑟费雷拉(Ausserferrera)的菲涅尔(Fianel)矿。英文名称 Rüdlingerite,为纪念瑞士矿物收藏家戈特弗里德·鲁德林格尔(Gottfried Rüdlinger)而以他的姓氏命名。IMA 2016－054a 批准。2017 年 N. 梅瑟尔(N. Meisser)等在《CNMNC 通讯》(39)、《矿物学杂志》(81)和《欧洲矿物学杂志》(29)报道。目前尚未见官方中文译名,编译者建议音译为鲁德林格尔石*。

【鲁登克石】

英文名 Rudenkoite

化学式 $Sr_3Al_{3.5}Si_{3.5}O_{10}(OH,O)_8Cl_2 \cdot H_2O$ (IMA)

鲁登克石纤维状晶体(俄罗斯)

鲁登克石是一种含结晶水、氯、氧、羟基的锶的铝硅酸盐矿物。单斜晶系。晶体呈纤维状;集合体呈放射状、球粒状。白色,玻璃光泽、丝绢光泽,半透明;硬度 1.5(集合体)。2003 年发现于俄罗斯萨哈共和国阿尔丹地盾埃默尔德扎克斯科(Emeldzhakskoe)金云母矿床。英文名称 Rudenkoite,以圣彼得堡(列宁格勒)矿业学院教授谢尔盖·亚历山大诺维奇·鲁登克(Sergey Alexandrovich Rudenko,1917—1992)的姓氏命名。他是一位碱性伟晶岩矿物学专家。IMA 2003－060 批准。2004 年 N. V. 丘卡诺夫(N. V. Chukanov)等在《俄罗斯矿物学会记事》[133(3)]报道。2008 年中国地质科学院地质研究所任玉峰等在《岩石矿物学杂志》[27(3)]音译为鲁登克石。

【鲁硅钙石】

英文名 Rustumite

化学式 $Ca_{10}(Si_2O_7)_2(SiO_4)(OH)_2Cl_2$ (IMA)

鲁硅钙石块状集合体(墨西哥)和鲁斯特姆像

鲁硅钙石是一种含羟基和氯的钙的硅酸盐矿物。单斜晶系。晶体呈板状,聚片双晶普遍;集合体呈块状。无色,半透明。1964 年发现于英国苏格兰高地(阿盖尔郡)基尔霍恩(Kilchoan)。英文名称 Rustumite,以美国宾夕法尼亚州立大学实验岩石学家、材料科学家和矿物晶体化学家鲁斯特姆·罗伊(Rustum Roy,1924—2010)的名字命名。他是材料研究学会的联合创始人,他开发了溶胶-凝胶工艺,并确定了钛酸钡的相,钛酸钡是电子工业中用来制造电容器的重要材料。IMA 1964－004 批准。1965 年 S. O. 阿格雷尔(S. O. Agrell)在《矿物学杂志》(34)和 M. 弗莱舍(M. Fleischer)在《美国矿物学家》(50)报道。中文名称根据英文名称首音节音和化学成分译为鲁硅钙石。

【鲁磷锶铁铝石】

英文名 Lulzacite

化学式 $Sr_2Fe_3^{2+}Al_4(PO_4)_4(OH)_{10}$ (IMA)

鲁磷锶铁铝石自形厚板状晶体(法国)

鲁磷锶铁铝石是一种含羟基的锶、铁、铝的磷酸盐矿物。三斜晶系。晶体呈他形粒状、自形厚板状;集合体呈块状。灰绿色、深黄绿色,玻璃光泽,透明—半透明;硬度 5.5～6。1998 年发现于法国大西洋卢瓦尔省博伊斯·德拉罗什(Bois-de-la-Roche)采石场。英文名称 Lulzacite,以法国地质研究与矿产局(BRGM)的地质工程师伊夫斯·鲁尔扎克(Yves Lulzac,1934—)先生的姓氏命名,是他发现的该新矿物。

L

IMA 1998-039 批准。2000 年 Y. 莫洛(Y. Moëlo)等在《法国科学院会议周报》(330)报道。2003 年中国地质科学院矿产资源研究所李锦平等在《岩石矿物学杂志》[22(1)]根据英文名称首音节音和成分译为鲁磷锶铁铝石。

【鲁诺克石*】

英文名 Lun'okite

化学式 $MgMn^{2+}Al(PO_4)_2OH \cdot 4H_2O$ (IMA)

鲁诺克石*平行板状晶体(俄罗斯、葡萄牙)

鲁诺克石*是一种含结晶水和羟基的镁、锰、铝的磷酸盐矿物。属水磷铝钙石/水磷铝钙镁石族。斜方晶系。晶体呈细长板状。无色、白色,半玻璃光泽,透明—半透明;硬度3~4,完全解理,脆性。1982 年发现于俄罗斯北部摩尔曼斯克州沃罗尼·通德瑞(Voroni Tundry)。英文名称 Lun'okite,以发现地俄罗斯的鲁诺克(Lun'ok)河命名。IMA 1982-058批准。1983 年在《全苏矿物学会记事》(112)和1984 年《美国矿物学家》(69)报道。目前尚未见官方中文译名,编译者建议音译为鲁诺克石*;《英汉矿物种名称》(2017)根据成分译为水磷铝镁锰石。

【鲁西诺夫石*】

英文名 Rusinovite

化学式 $Ca_{10}(Si_2O_7)_3Cl_2$ (IMA)

鲁西诺夫石*放射状集合体(俄罗斯)

鲁西诺夫石*是一种含氯的钙的硅酸盐矿物。斜方晶系。晶体细针状、纤维状;集合体放射状。白色、无色、淡黄色,玻璃光泽、丝绢光泽,透明;硬度 4~5,完全解理,脆性。2010 年发现于俄罗斯卡巴尔达-巴尔卡尔共和国巴克桑(Baksan)峡谷拉卡吉(Lakargi)山 1 号捕虏体。英文名称 Rusinovite,以俄罗斯岩石学家、非平衡系统矿物热力学专家弗拉基米尔·列奥尼多维奇·鲁西诺夫(Vladimir Leonidovich Rusinov,1935—2007)的姓氏命名。IMA 2010-072 批准。2011 年 E. V. 加鲁斯金(E. V. Galuskin)等在《CNMNC 通讯》(8)、《矿物学杂志》(75)和《欧洲矿物学杂志》(23)报道。目前尚未见官方中文译名,编译者建议音译为鲁西诺夫石*。

镥 [lǔ]鑥的简化汉字。形声;从钅,鲁声。一种三价的稀土族的金属元素。[英]Lutetium。元素符号 Lu。原子序数 71。1907 年,奥地利化学家韦耳斯和法国化学家 G. 乌尔班(G. Urbain),用不同的分离方法从镱中又发现了一个新元素,韦尔斯把这个元素取名为 Cp(Cassiopeium),乌尔班根据他的出生地巴黎的旧名 Lutece 将其命名为 Lu(Lutetium)。后来发现 Cp 和 Lu 是同一元素,便统一称为镥。镥在地壳的含量为 0.007 5%,主要存在于磷钇矿和黑稀金矿中。

陆 [lù]会意;从阜(Fù),表示与地形地势的高低上下有关,从坴(Lù),土块很大。本义:陆地,高而平的地方。[英]音,用于外国地名。

【陆羟磷铜石】

英文名 Ludjibaite

化学式 $Cu_5(PO_4)_2(OH)_4$ (IMA)

陆羟磷铜石叶片状晶体,皮壳状集合体(刚果)

陆羟磷铜石是一种含羟基的铜的磷酸盐矿物。与假孔雀石和羟磷铜石为同质多象。三斜晶系。晶体呈叶片状;集合体呈皮壳状、球状。蓝绿色,玻璃光泽,半透明—不透明。1987 年发现于刚果(金)上加丹加省坎博韦区欣科洛布韦(Shinkolobwe)鲁迪吉巴(Ludjiba)山脉矿。英文名称 Ludjibaite,以发现地刚果(金)的鲁迪吉巴(Ludjiba)矿命名。IMA 1987-009 批准。1988 年 P. 皮雷(P. Piret)等在法国《矿物学通报》(111)和 J. L. 杨博尔(J. L. Jambor)等在《美国矿物学家》(73)报道。1989 年中国新矿物与矿物命名委员会郭宗山在《岩石矿物学杂志》[8(3)]根据英文名称首音节音和化学成分译为陆羟磷铜石。

吕 [lǚ]象形;甲骨文字形,像脊骨形,是"膂"的本字。本义:脊梁骨。用于菲律宾群岛中最大和最重要的岛——吕宋岛。

【吕宋矿】参见【四方硫砷铜矿】条 898 页

铝 [lǚ]形声;从钅,吕声。一种金属元素。[英]Aluminium。元素符号 Al。原子序数 13。1808—1810 年间英国化学家戴维和瑞典化学家贝齐里乌斯都曾试图利用电流从铝矾土中分离出铝,但都没有成功。贝齐里乌斯却给这个未能取得的金属用拉丁文"Alumen"起了一个名字 Alumien。该名词在中世纪的欧洲是对具有收敛性矾的总称,是指染棉织品时的媒染剂。铝后来的拉丁名称 Aluminium 和元素符号 Al 正是由此而来。1825 年丹麦化学家和矿物学家 H. C. 厄斯泰德(H. C. Oersted,1777—1851)发表实验制取铝的经过。1827 年,德国化学家维勒·弗雷德里希(Wohler Friedrich,1800—1882)重复了奥斯特的实验,并不断改进制取铝的方法。1854 年,德国化学家德维尔利用钠代替钾还原氯化铝,制得成锭的金属铝。在中国一位 3 世纪的军事领袖周处的墓葬中,发现含有 85%的铝金属装饰品。它是如何产生的至今还是一个未解之谜。铝是地壳中含量最丰富的元素,仅次于氧和硅排名第三,在 7%以上。铝矿物也非常丰富。

【铝贝塔石】参见【铌钛铀矿】条 651 页

【铝冻蓝闪石】参见【冻蓝闪石】条 133 页

【铝毒石】参见【毒铝石】条 133 页

【铝钒钙石*】

英文名 Beckettite

化学式 $Ca_2V_6Al_6O_{20}$ (IMA)

铝钒钙石*是一种钙、钒、铝的氧化物矿物。是三价钒占优势的阿铝钙石*(Addibischoffite)和沃克石*(Warkite)的类似矿物。属假蓝宝石超族。三斜晶系。晶体呈粒状,粒径 4～8μm 的。2015 年马驰(Ma Chi)团队发现于墨西哥奇瓦瓦州阿连德(Allende)碳质球粒陨石。英文名称 Beckettite，以美国加州理工大学的宇宙化学、天体化学家约翰·R.贝克特(John R. Beckett)的姓氏命名。IMA 2015－001 批准。2015 年马驰(Ma Chi)等在《CNMNC 通讯》(25)和《矿物学杂志》(79)报道。目前尚未见官方中文译名，编译者建议根据成分译为铝钒钙石*，或音译为贝克特石*。

【铝钒铀矿】参见【钒铝铀矿】条 149 页

【铝氟石膏】参见【氟铝石膏】条 183 页

【铝符山石*】

英文名 Alumovesuvianite

化学式 $Ca_{19}Al(Al_{10}Mg_2)Si_{18}O_{69}(OH)_9$ (IMA)

铝符山石*是一种含羟基的钙、铝、镁的硅酸盐矿物。属符山石族。四方晶系。晶体呈四方柱状，粒径 4mm×4mm×6mm。无色、淡粉色，玻璃光泽，透明；硬度 6.5。2016 年发现于加拿大魁北克省杰弗里(Jeffrey)矿。英文名称 Alumovesuvianite，由成分冠词"Alumo(铝)"和根词"Vesuvianite(符山石)"组合命名，意指它是铝的符山石的类似矿物。IMA 2016－014 批准。2016 年 T. L. 潘伊科罗夫斯基(T. L. Panikorovskii)等在《CNMNC 通讯》(32)、《矿物学杂志》(80)和 2017 年《矿物学与岩石学》(111)报道。目前尚未见官方中文译名，编译者建议根据成分及与符山石的关系译为铝符山石*。

【铝钙铀云母】参见【铝铀云母】条 542 页

【铝硅钡石】

英文名 Cymrite

化学式 $Ba(Si,Al)_4(O,OH)_8 \cdot H_2O$ (IMA)

铝硅钡石纤维状晶体(英国)

铝硅钡石是一种含结晶水、羟基的钡的铝硅酸盐矿物。单斜(或六方、斜方)晶系。晶体呈假小六方柱状、薄片状、纤维状。无色、白色，有杂质或蚀变者呈暗绿色或褐色，玻璃光泽，纤维状者呈丝绢光泽，透明；硬度 2～3，完全解理。1949 年发现于英国威尔士(Cymru，Welsh)格温内思郡利恩(Lleyn)半岛贝纳尔特(Benallt)矿。1949 年在《矿物学杂志》(28)报道。英文名称 Cymrite，以发现地英国的威尔士(Cymru)命名。1959 年以前发现、描述并命名的"祖父级"矿物，IMA 承认有效。中文名称根据成分译为铝硅钡石。

【铝硅氮氨石】

英文名 Tsaregorodtsevite

化学式 $N(CH_3)_4Si_4(SiAl)O_{12}$ (IMA)

铝硅氮氨石假等轴立方体晶体(俄罗斯)

铝硅氮氨石是一种氮、氨{(四甲基铵离子$[N(CH_3)_4{}^+]$}的铝硅酸盐矿物。属似长石族方钠石族。斜方晶系。晶体呈假等轴立方体。无色、白色—微黄色，玻璃光泽。透明—半透明；硬度 6，脆性。1991 年发现于俄罗斯乌拉尔山脉汉特-曼西自治区雅鲁塔(Yaruta)山。英文名称 Tsaregorodtsevite，以苏联矿物收藏家谢尔盖·瓦西列维奇·察列戈罗采夫(Sergei Vasilevich Tsaregorodtsev，1953—1986)的姓氏命名，是他发现了该矿物。IMA 1991－042 批准。1993 年 L. A. 保托夫(L. A. Pautov)等在《俄罗斯矿物学会记事》[122(1)]报道。1998 年中国新矿物与矿物命名委员会黄蕴慧等在《岩石矿物学杂志》[17(2)]根据成分译为铝硅氮氨石。

【铝硅铅石】

英文名 Wickenburgite

化学式 $Pb_3CaAl_2Si_{10}O_{27} \cdot 4H_2O$ (IMA)

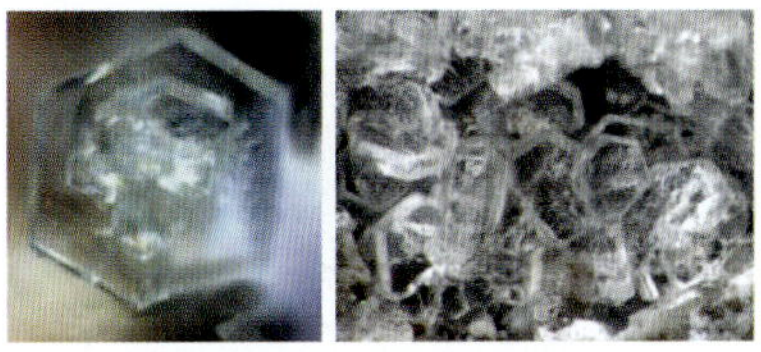

铝硅铅石六方板状晶体，晶簇状集合体(美国)

铝硅铅石是一种含结晶水的铅、钙、铝的硅酸盐矿物。三方晶系。晶体呈六方板状；集合体呈晶簇状。无色、白色、粉红色，玻璃光泽，透明；硬度 5，完全解理。1968 年发现于美国亚利桑那州马里科帕县威肯堡(Wickenburg)附近的波特克莱默(Potter-Cramer)矿。英文名称 Wickenburgite，以发现地美国的威肯堡(Wickenburg)命名。IMA 1968－006 批准。1968 年 S. A. 威廉姆斯(S. A. Williams)在《美国矿物学家》(53)报道。中文名称根据成分译为铝硅铅石/铅铝硅石。

【铝红闪石】参见【红闪石】条 328 页

【铝黄长石】参见【钙黄长石】条 221 页

【铝钪钙石*】参见【沃克石*】条 986 页

【铝蓝透闪石】参见【蓝透闪石】条 431 页

【铝绿鳞石】

英文名 Aluminoceladonite

化学式 $K(Mg,Fe^{2+})Al(Si_4O_{10})(OH)_2$ (IMA)

铝绿鳞石鳞片状晶体(意大利、印度)

铝绿鳞石是一种含羟基的钾、镁、铁、铝的硅酸盐矿物。属云母族。单斜晶系。晶体呈鳞片状。纯时无色，含亚铁时草绿色，珍珠光泽，透明—半透明。1959 年以前发现并描述于奥地利下奥地利州布克利根韦尔特地区维斯马特市弗罗斯多夫(Frohsdorf)(IMA 表－2019，模式产地奥地利/波兰)。英文名称 Aluminoceladonite，1997 年亚历山德罗·帕韦斯(Alessandro Pavese)等在《欧洲矿物学杂志》(9)根据成分冠词"Aluminium(铝)"和根词"Celadonite(绿鳞石)"组合命名，意指它是铝占优势的绿鳞石的类似矿物(根词参见【绿鳞石】条 545 页)。1959 年以前发现、描述并命名的"祖父级"矿物，IMA 承认有效。IMA 1998s. p. 批准。1998 年里德

(Rieder)等在《加拿大矿物学家》(36)报道。中文名称根据成分及与绿鳞石之间的关系译为铝绿鳞石。

【铝绿泥石】参见【须藤绿泥石】条 1053 页

【铝绿纤石】

英文名 Pumpellyite-(Al)

化学式 $Ca_2Al_3(Si_2O_7)(SiO_4)(OH,O)_2 \cdot H_2O$ (IMA)

铝绿纤石纤维状晶体,束状、放射状集合体(比利时)

铝绿纤石是一种铝占优势的绿纤石矿物。属绿纤石族。单斜晶系。晶体呈纤维状;集合体呈放射状。白色,玻璃光泽,透明—半透明;硬度 5.5,完全解理,脆性。2005 年发现于比利时卢森堡省贝尔特里附近的弗雷切(Flèche)采石场。英文名称 Pumpellyite-(Al),根词 1925 年以美国地质学家拉斐尔·庞培里(Raphael Pumpelly,1837—1923)的姓氏命名。1973 年由 IMA 批准添加化学成分铝后缀-(Al)命名[见 E. 帕萨利亚(E. Passaglia)等在《加拿大矿物学家》(12)报道]。IMA 2005-016 批准。2007 年 F. 哈特尔特(F. Hatert)等在《欧洲矿物学杂志》(19)报道。2010 年中国地质科学院地质研究所尹淑苹等在《岩石矿物学杂志》[29(4)]根据占优势的成分及与根词的关系译为铝绿纤石,或译为绿纤石-铝。

【铝镁黄长石】

英文名 Alumoåkermanite

化学式 $(Ca,Na)_2(Al,Mg,Fe^{2+})(Si_2O_7)$ (IMA)

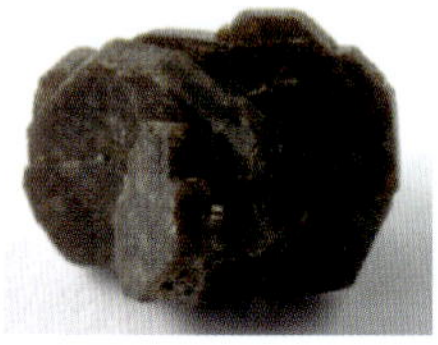

铝镁黄长石板状晶体(坦桑尼亚)

铝镁黄长石是一种钙、钠、铝、镁、铁的硅酸盐矿物。属黄长石族。四方晶系。晶体呈板状、微细粒状。浅棕色,玻璃光泽。半透明;硬度 4.5~5,脆性。2008 年发现于坦桑尼亚阿鲁沙区恩戈罗恩戈罗自然保护区奥尔多伊尼奥伦盖伊(Ol Doinyo Lengai)山。英文名称 Alumoåkermanite,由成分冠词"Alumo(铝)"和根词"åkermanite(镁黄长石)"组合命名(根词参见【镁黄长石】条 591 页)。IMA 2008-049 批准。2009 年 D. 威德曼(D. Wiedenmann)等在《矿物学杂志》(73)报道。中文名称根据成分及与镁黄长石的关系译为铝镁黄长石。

【铝锰矾】参见【羟铝锰矾】条 721 页

【铝钠锂大隅石*】

英文名 Aluminosugilite

化学式 $KNa_2Al_2Li_3Si_{12}O_{30}$ (IMA)

铝钠锂大隅石* 柱状晶体(意大利)

铝钠锂大隅石*是一种钾、钠、铝、锂的硅酸盐矿物。属大隅石族。六方晶系。晶体呈柱状、粒状,粒径 1mm。粉紫色,玻璃光泽,透明—半透明;硬度 6~6.5。2018 年发现于意大利利古里亚省的切尔基亚拉(Cerchiara)矿。英文名称 Aluminosugilite,由成分冠词"Alumino(铝)"和根词"Sugilite(钠锂大隅石或杉石)"组合命名,意指它是铝占优势的钠锂大隅石(杉石)的类似矿物。IMA 2018-142 批准。2019 年长岛(M. Nagashima)等在《CNMNC 通讯》(49)、《矿物学杂志》(83)和 2020 年《欧洲矿物学杂志》(32)报道。目前尚未见官方中文译名,编译者建议根据成分及与钠锂大隅石(杉石)的关系译为铝钠锂大隅石*。

【铝钠佩尔伯耶铈石*】

英文名 Alnaperbøeite-(Ce)

化学式 $(CaCe_{2.5}Na_{0.5})(Al_4)(Si_2O_7)(SiO_4)_3O(OH)_2$ (IMA)

铝钠佩尔伯耶铈石*是一种含羟基和氧的钙、铈、钠、铝的硅酸盐矿物。属加泰尔铈石*超族佩尔伯耶铈石*-铝钠佩尔伯耶铈石*系列族。单斜晶系。浅灰色、浅绿色,玻璃光泽,透明;硬度 6~7,完全解理,脆性。2012 年发现于挪威斯特丁(Stetind)伟晶岩。英文名称 Alnaperbøeite-(Ce),由成分冠词"Al(铝)""Na(钠)"及根词和后缀"Perbéeite-(Ce)"组合命名,意指它是 M3 位置的 Al,以及 Na 在稀土-绿帘石模块 M3 位占优势的佩尔伯耶铈石*的类似矿物。IMA 2012-054 批准。2013 年 P. 博纳齐(P. Bonazzi)等在《CNMNC 通讯》(15)、《矿物学杂志》(77)和 2014 年《美国矿物学家》(99)报道。目前尚未见官方中文译名,编译者建议根据成分及与佩尔伯耶铈石的关系译为铝钠佩尔伯耶铈石*。

【铝钠云母】

英文名 Preiswerkite

化学式 $NaAlMg_2(Si_2Al_2)O_{10}(OH)_2$ (IMA)

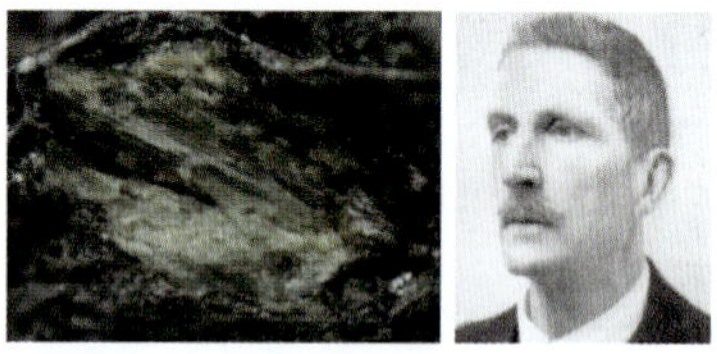

铝钠云母片状晶体(瑞士)和普赖斯沃克像

铝钠云母是一种含羟基的钠、铝、镁的铝硅酸盐矿物。属云母族三八面体云母族。单斜晶系。晶体呈板状、片状。绿白色、淡绿色—无色,玻璃光泽、珍珠光泽,透明—半透明;硬度 2.5,完全解理。1979 年发现于瑞士瓦莱州盖斯普法德(Geisspfad)地区盖斯普法德超基性杂岩体。英文名称 Preiswerkite,以瑞士巴塞尔的 H. 普赖斯沃克(H. Preiswerk,1876—1940)教授的姓氏命名。他花了 30 年时间绘制辛普隆-宾塔尔地区和提契诺山脉的地图。IMA 1979-008 批准。1980 年 H. R. 科伊森(H. R. Keusen)等在《美国矿物学家》(65)报道。中文名称根据成分及族名译为铝钠云母。

【铝硼锆钙石】

英文名 Painite

化学式 $CaZrAl_9O_{15}(BO_3)$ (IMA)

铝硼锆钙石六方柱状晶体(缅甸)

铝硼锆钙石是一种钙、锆、铝氧的硼酸盐矿物。六方晶系。晶体呈六方柱状。石榴红色、棕色、橙红色，玻璃光泽、金刚光泽，透明—半透明；硬度 7.5～8。1951 年发现于缅甸曼德勒省抹谷(Mogok)镇抹谷和克钦邦宝石砂矿。英文名称 Painite，以英国矿物学家、宝石学家和宝石收藏家、宝石经销商阿瑟·查尔斯·戴维·佩因(Arthur Charles Davy Pain，1901—1971)的姓氏命名，是他首先注意到该矿物。1959 年以前发现、描述并命名的"祖父级"矿物，IMA 承认有效。1957 年 G. F. 克拉林布尔(G. F. Claringbull)等在《矿物学杂志》(31)和 M. 弗莱舍(M. Fleischer)在《美国矿物学家》(42)报道，被国际上确认为宝石新矿物，是极罕见的优质宝石，并于 2005 年被列为金氏世界纪录中最稀有的宝石矿物。据报道，宝石收藏家佩因或者大英博物馆藏有一块号称是世界最大的此种矿物标本。直到 2005 年，全球也只找到 25 个样本。但由于新式鉴定技术，发现铝硼锆钙石的数量也增加，不过能被切割成高品质宝石的数量有限。中文名称根据成分译为铝硼锆钙石；根据颜色呈透明的似石榴石的红色—暗红色和成分译为红硅硼铝钙石，也译作硅硼钙铝石。

【铝砷铀云母】参见【水砷铀云母】条 873 页

【铝铈硅石*】

英文名 Aluminocerite-(Ce)

化学式 $(Ce,REE,Ca)_9(Al,Fe^{3+})(SiO_4)_3[SiO_3(OH)]_4(OH)_3$ (IMA)

铝铈硅石*是一种含羟基的铈、稀土、钙、铝、铁的氢硅酸-硅酸盐矿物。属铈硅石/硅铈石族。三方晶系。浅粉色—红粉红色，玻璃光泽，半透明；硬度 5，脆性。2007 年发现于意大利韦巴诺-库西亚-奥索拉省的斯卡拉德伊拉蒂(Scala dei Ratti)采石场。英文名称 Aluminocerite-(Ce)，由成分冠词"Aluminium(铝)"和根词"Cerite(铈硅石)"，加占优势的稀土元素铈后缀-(Ce)组合命名，意指它是铝占优势的铈硅石的类似矿物。IMA 2007-060 批准。2009 年 F. 内斯托拉(F. Nestola)等在《美国矿物学家》(94)报道。目前尚未见官方中文译名，编译者建议根据成分译为铝铈硅石*(根词参见【铈硅石】条 809 页)。

【铝水方解石】参见【水碳铝钙石】条 875 页

【铝水钙石】参见【水铝钙石】条 849 页

【铝钽矿】

英文名 Alumotantite

化学式 $AlTaO_4$ (IMA)

铝钽矿是一种铝、钽的氧化物矿物。斜方晶系。晶体呈自形—半自形菱形，长 1mm。无色、白色，金刚光泽、油脂光泽，透明—半透明；硬度 7.5。1980 年发现于俄罗斯北部摩尔曼斯克州沃罗诺伊通德瑞(Voron'i Tundry)瓦欣麦尔克(Vasin-Mylk)山。英文名称 Alumotantite，由化学成分"Aluminium(铝)"和"Tantalum(钽)"组合命名。IMA 1980-025 批准。1981 年 A. V. 博罗金(A. V. Voloshin)等在《全苏矿物学会记事》(110)报道。1983 年中国新矿物与矿物命名委员会郭宗山等在《岩石矿物及测试》[2(1)]根据成分译为铝钽矿/铝钽石。

【铝铁钒石】参见【钒铝铁石】条 149 页

【铝铜矿】

英文名 Cupalite

化学式 CuAl (IMA)

铝铜矿是一种铜和铝的互化合物合金矿物。与施托尔珀矿*(Stolperite)为同质多象。斜方晶系。晶体呈显微蠕虫状和滴状，一般呈其他矿物的包裹体，粒径 35μm。黄色，金属光泽，不透明；硬度 4～4.5。1983 年发现于俄罗斯堪察加州科里亚克区伊姆劳特瓦姆(Iomrautvaam)地块切特金瓦亚姆(Chetkinvaiam)构造混杂岩哈特尔卡(Khatyrka)陨石。英文名称 Cupalite，由化学成分"Copper(铜)"和"Aluminium(铝)"缩写组合命名。IMA 1983-084 批准。1985 年 L. V. 拉津(L. V. Razin)等在《全苏矿物学会记事》[114(1)]和 1986 年 J. L. 杨博尔(J. L. Jambor)等在《美国矿物学家》(71)报道。1986 年中国新矿物与矿物命名委员会郭宗山等在《岩石矿物学杂志》[5(4)]根据成分译为铝铜矿。

【铝土矿】

英文名 Bauxite

化学式 铝的氢氧化物

铝土矿不是一种矿物，而主要是由三水铝矿(Gibbsite)、薄水铝矿(Boehmite)和水铝石(Diaspore)，以及其他杂质矿物所组成的矿石的统称。1821 年，法国地质学家皮埃尔·贝尔蒂埃(Pierre Berthier)在法国南部普罗封斯省阿尔城附近包村(Baux)发现了一种新矿石，他第一个意识到它包含铝，以发现地命名为包村矿(Bauxite)；同年，贝尔蒂埃(Berthier)在《矿业年鉴》(6)报道。中文名称根据成分译为铝土矿，又译为铝矾土或铝土、矾土。相对于其他金属，铝的发现比较晚。1808 年汉弗里·戴维爵士首次使用了"Aluminum"这个词，因它出自明矾(Alum)，即硫酸复盐 $KAl(SO_4)_2 \cdot 12H_2O$，并开始尝试从铝土中制取铝，但未成功。1825 年，丹麦物理学家汉斯·克里斯坦·奥尔斯德(Hans Christian Oersted，1777—1851)第一次制得金属铝。此后铝土矿成为制取铝的主要矿物原料。1854 年法国科学家 H. 仙克列尔·戴维里(H. Sainte Claire Diwill)创立了钠法化学制铝法。1865 年俄国物理化学家 H. H. 别凯托夫(H. H. Бекетов)创立了镁法化学制铝法。法国于 1855 年采用化学法开始工业生产，是世界最早生产铝的国家。

在中国，在一位 3 世纪的军事领袖周处的墓葬中，发现了含有 85%铝的饰品，它是如何生产的至今还是一个未解之谜。中国铝土矿的开采最早是 1911 年始于日本人。1924 年，日本人板本峻雄等对中国东北和山东省的矾土进行了地质调查。此后，中国学者王竹泉、谢家荣、陈鸿程、边兆祥、彭琪瑞、乐森、王寻等先后对中国铝土矿进行了调查。中国铝土矿真正的勘探和开发是从新中国成立后开始的(参见【三水铝石】条 764 页、【薄水铝矿】条 78 页和【硬水铝石】条 1084 页)。

【铝钍铀矿】

英文名 Althupite

化学式 $AlTh(UO_2)_7(PO_4)_4O_2(OH)_5 \cdot 15H_2O$ (IMA)

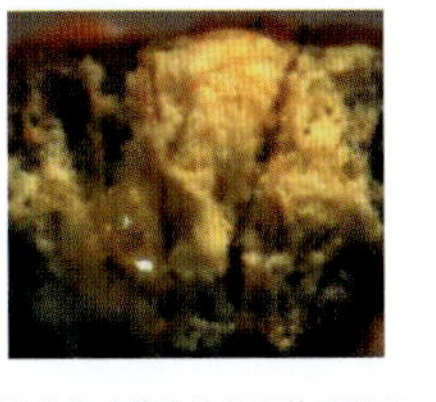

铝钍铀矿薄的片状晶体(刚果)

铝钍铀矿是一种含结晶水、羟基和氧的铝、钍的铀酰-磷酸盐矿物。属磷铀矿族。三斜晶系。晶体呈薄片状；集合体呈平行片状排列。黄色，半玻璃—玻璃光泽，透明—半透明；硬度 3.5～4，完全解理。1986 年发现于刚果(金)南基伍省姆文加地区卡博卡博(Kobokobo)伟晶岩。英文名称 Althupite，1987 年由保罗·波烈(Paul Piret)和米切尔·德利安(Michel Deliens)根据化学成

L

分“Aluminum(铝)”“Thorium(钍)”“Uranium(铀)”和“Phosphorus(磷)”的元素符号组合命名。IMA 1986－003 批准。1987 年保罗·波烈等在《矿物学通报》(110)报道。1988 年中国新矿物与矿物命名委员会郭宗山等在《岩石矿物学杂志》[7(3)]根据成分译为铝钍铀矿。

【铝钨华】

英文名 Alumotungstite

化学式 $\square_2W_2O_6(H_2O)$

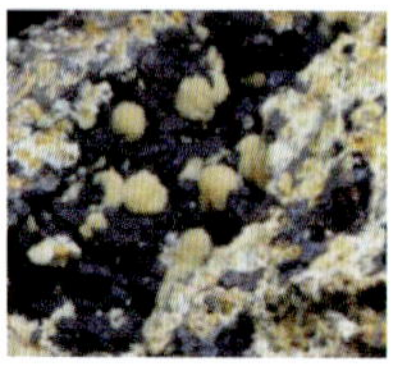

铝钨华皮壳状、圆球状集合体(英国)

铝钨华是一种含结晶水的空位、钨的氧化物矿物。等轴晶系。晶体呈八面体，具双晶，粒径 250μm；集合体呈皮壳状、圆球状。黄色，透明—半透明。1971 年发现于马来西亚霹雳州坚打区克拉玛特普拉伊(Kramat Pulai)矿；同年，R.J.戴维斯(R.J.Davis)等在《矿物学杂志》(38)报道，以为是钇钨华(Yttrotungstite)。英文名称 Alumotungstite，由成分“Aluminium(铝)”和“Tungstite(钨华)”组合命名，意指它是铝占优势的高铁钨华类似矿物。中文名称根据成分译为铝钨华。以前被认为是一个独立的矿物种，但现在明白它是水钨石(Hydrokenoelsmoreite)的富铝变种。2013 年阿滕西奥(Atencio)等在《矿物学杂志》(77)报道。2012 年 IMA 将其名废弃(参见【水钨石】条 881 页)。

【铝叶绿矾】

英文名 Aluminocopiapite

化学式 $(Al,Mg)Fe_4^{3+}(SO_4)_6(OH,O)_2\cdot20H_2O$ (IMA)

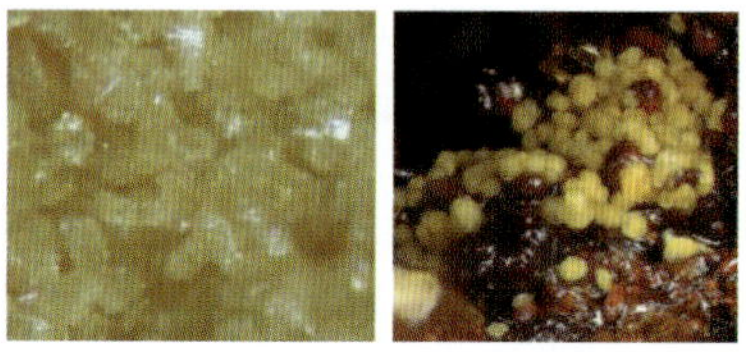

铝叶绿矾片状晶体，球粒状集合体(德国、法国)

铝叶绿矾是叶绿矾的铁和镁被铝部分代替的一个类似矿物。属叶绿矾族。三斜晶系。晶体呈菱面体板片状、粒状、鳞片状；集合体常呈块状、球粒状。浅黄色、金黄色、浅橙色、浅绿黄色或橄榄绿色，玻璃光泽或珍珠光泽，透明—半透明；硬度 2.5～3，完全解理，脆性。1947 年发现于美国阿拉斯加州费尔班克斯市莫斯基托(Mosquito)和犹他州埃默里县圣拉斐尔区庙(Temple)山；同年，L.G.贝瑞(L.G.Berry)在《多伦多大学研究：地质系列》(51)和 M.弗莱舍(M.Fleischer)在《美国矿物学家》(32)报道。英文名称 Aluminocopiapite，由成分冠词“Aluminum(铝)”和根词“Copiapite(叶绿矾)”组合命名，意指其成分包含铝代替三价铁的叶绿矾。1959 年以前发现、描述并命名的“祖父级”矿物，IMA 承认有效。中文名称根据成分及与叶绿矾的关系译为铝叶绿矾(根词参见【叶绿矾】条 1067 页)。

L

【铝铀云母】

英文名 Sabugalite

化学式 $HAl(UO_2)_4(PO_4)_4\cdot16H_2O$ (IMA)

铝铀云母是一种含结晶水的氢、铝的铀酰-磷酸盐矿物。属钙铀云母族。单斜(假四方)晶系。晶体常呈薄板状、片状；集合体呈皮壳状。鲜黄色—柠檬黄色，树脂光泽、

铝铀云母叶片状晶体，晶簇状集合体(法国)

蜡状光泽、油脂光泽，透明—半透明；硬度 2.5，极完全解理，脆性。1951 年发现于葡萄牙萨布加尔(Sabugal)县夸尔塔-费拉(Quarta-Feira)比卡矿。英文名称 Sabugalite，由克利福德·弗龙德尔根据发现地葡萄牙萨布加尔(Sabugal)县命名。1951 年克利福德·弗龙德尔(Clifford Frondel)在《美国矿物学家》(36)报道。1959 年以前发现、描述并命名的“祖父级”矿物，IMA 承认有效。中文名称根据成分及与钙铀云母的关系译为铝铀云母。同义词 Aluminium－Autunite，由成分“Aluminium(铝)”和“Autunite(钙铀云母)”组合命名。中文名称根据成分及与钙铀云母的关系译为铝钙铀云母。

【铝针绿矾*】

英文名 Aluminocoquimbite

化学式 $Al_2Fe_4^{3+}(SO_4)_6(H_2O)_{12}\cdot6H_2O$ (IMA)

铝针绿矾*是一种含结晶水的铝、铁的硫酸盐矿物。属针绿矾族。三方晶系。晶体呈柱状，长 0.5mm。无色、浅粉红色。2009 年发现于意大利墨西拿省伊奥利亚群岛法拉戈林(Faraglione)尼科洞穴。英文名称 Aluminocoquimbite，由成分冠词“Alumino(铝)”和根词“Coquimbite(针绿矾)”组合命名。IMA 2009－095 批准。2010 年 F.德马丁(F.Demartin)等在《加拿大矿物学家》[48(6)]报道。目前尚未见官方中文译名，编译者建议根据成分及与针绿矾的关系译为铝针绿矾*。

【铝直闪石】

英文名 Gedrite

化学式 $\square Mg_2(Mg_3Al_2)(Si_6Al_2)O_{22}(OH)_2$ (IMA)

铝直闪石纤维状晶体，放射状集合体(瑞典)

铝直闪石是一种 B 位和 C^{2+} 位镁及 C^{3+} 位铝的角闪石矿物。属角闪石超族 W 位羟基、氟、氯主导的角闪石族镁铁锰闪石亚族铝直闪石根名族。斜方晶系。晶体呈柱状、叶片状、纤维状，具接触双晶；集合体呈放射状、束状。白色、灰色、灰白色、棕色、绿色、黑色，玻璃光泽、丝绢光泽，半透明；硬度 5.5～6，完全解理，脆性。1836 年发现并描述于法国上比利牛斯省赫亚斯(Héas)山谷格德尔(Gedres)；同年，A.迪弗勒努瓦(A.Dufrenoy)在《矿山年鉴》(10)报道。英文名称 Gedrite，以发现地法国的格德尔(Gedres)命名。1959 年以前发现、描述并命名的“祖父级”矿物，IMA 承认有效。IMA 2012s.p.批准。中文名称根据成分及与直闪石的关系译为铝直闪石。同义词 Magnesiogedrite，由成分冠词“Magnesio(镁)”和根词“Gedrite(铝直闪石)”组合命名，中文名称根据成分及与铝直闪石的关系译为镁铝直闪石。

绿 [lǜ]形声；从纟，录声。本义：青中带黄的颜色。一般草和树叶呈现这种颜色。光学意义的绿色是指蓝和黄混合成的颜色。也用于外国地名。

【绿草酸钠石】

英文名 Stepanovite

化学式 $NaMgFe^{3+}(C_2O_4)_3 \cdot 9H_2O$　　(IMA)

斯特帕诺夫像

绿草酸钠石是一种含结晶水的钠、镁、铁的草酸盐矿物。三方晶系。晶体呈六方柱状、菱面体、粒状，具双晶。黄绿色，玻璃光泽，透明；硬度 2～3。1953 年发现于俄罗斯萨哈(雅库特)共和国勒拿河流域泰拉克(Tyllakh)褐煤矿床；同年，Y. L. 涅费多夫(Y. L. Nefedov)在《全苏矿物学会记事》(82)报道。英文名称 Simplotite，以苏联莫斯科地质科学研究所煤炭地质部门主管帕维尔·伊凡诺维奇·斯特帕诺夫(Pavel Ivanovich Stepanov，1880—1947)的姓氏命名。1959 年以前发现、描述并命名的"祖父级"矿物，IMA 承认有效。IMA 1967s. p. 批准。中文名称根据颜色和成分译为绿草酸钠石。

【绿层硅铈钛矿】

英文名 Rinkolite

化学式 $(\square,Ca,Na)_3(Ca,REE)_4Ti(Si_2O_7)_2[H_2O,OH,F]_4 \cdot H_2O$

绿层硅铈钛矿是一种含结晶水、氟和羟基的空位、钙、钠、稀土、钛的硅酸盐矿物。属层硅铈钛矿-星叶石族。亚种有层硅铈钛矿、水绿层硅铈钛矿、水层硅铈钛矿、钙层硅铈钛矿以及似晶体化绿层硅铈钛矿等。单斜晶系。晶体呈刃状、长柱状、扁平板状，柱面上有条纹，有聚片双晶；集合体呈块状。颜色黄绿色、褐色、红棕色，玻璃光泽或油脂光泽，常产生似晶体化及水化，光泽减弱甚至无光泽，半透明；硬度 4～5，中等解理，脆性。1926 年 E. M. 博恩施泰特(E. M. Bonshtedt)在《苏联科学院通报》(20)报道。英文名称 Rinkolite，以相似层硅铈钛矿(Rinkite)而得名。其实它是褐硅铈矿[Mosandrite-(Ce)]的同义词。中文名称根据颜色及族名译为绿层硅铈钛矿(参见【褐硅铈矿】条 308 页)。

【绿脆云母】

参见【脆云母】条 99 页

【绿地蜡】

英文名 Idrialite

化学式 $C_{22}H_{14}$　　(IMA)

绿地蜡小鳞片状晶体(美国)

绿地蜡是一种极为罕见的烃类矿物，可能是多环芳烃的复杂混合物。斜方晶系。晶体呈方形或六边形小鳞片状，集合体呈星团状、块状。青黄色—微绿色、浅棕色、无色，玻璃光泽、金刚光泽，透明—半透明；硬度 1.5，可塑，完全解理；可燃，溶于水；在紫外线下呈明亮的浅蓝绿色荧光。1832 年首次发现并描述于斯洛文尼亚共和国西北部卢布尔雅那区伊德里亚镇(Idrija)西部伊德里亚(Idria)矿山；同年，在《化学和物理学年鉴》(50)报道。1883 年 R. 斯查里泽(R. Scharizer)在《矿物年鉴》(1)报道。1892 年 E. S. 丹纳(E. S. Dana)在《系统矿物学》(第六版)刊载。英文名称 Idrialite，以发现地斯洛文尼亚的伊德里亚(Idria)矿命名。1959 年以前发现、描述并命名的"祖父级"矿物，IMA 承认有效。同义词 Curtisite，1925 年 F. E. 怀特(F. E. Wright)和 E. T. 艾伦(E. T. Allen)在《美国矿物学家》(11)报道产于美国加利福尼亚州索诺玛县斯卡格斯泉的一个新的有机矿物称 Curtisite，以柯蒂斯命名。中文名称根据颜色和成分译为绿地蜡。

【绿碲铁石】

参见【碲铁石】条 126 页

【绿碲铜石】

英文名 Xocomecatlite

化学式 $Cu_3(Te^{6+}O_4)(OH)_4$　　(IMA)

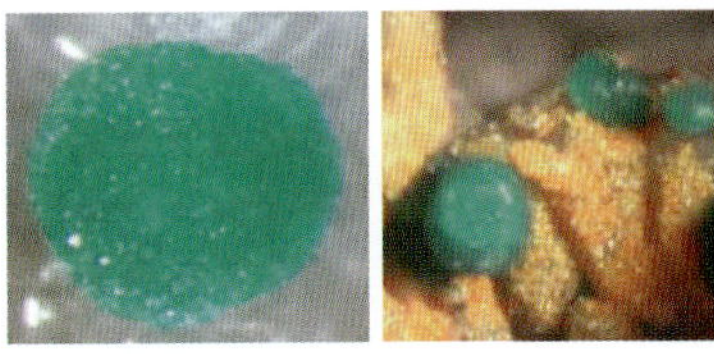

绿碲铜石球状集合体(美国、墨西哥)

绿碲铜石是一种含羟基的铜的碲酸盐矿物。斜方晶系。晶体呈针状；集合体呈放射状、球状、葡萄状。绿色、翠绿色，半透明；硬度 4。1974 年发现于墨西哥索诺拉州巴姆波利塔(Bambollita)矿(奥连塔尔矿)。英文名称 Xocomecatlite，由纳瓦特尔人语"Xocomecatl＝Grapes(葡萄)"命名，意指其呈绿色的小球状外貌。IMA 1974－048 批准。1975 年 S. A. 威廉姆斯(S. A. Williams)在《矿物学杂志》(40)和 1976 年《美国矿物学家》(61)报道。中文名称根据颜色和成分译为绿碲铜石。

【绿钙闪石】

英文名 Hastingsite

化学式 $NaCa_2(Fe^{2+}_4Fe^{3+})(Si_6Al_2)O_{22}(OH)_2$　　(IMA)

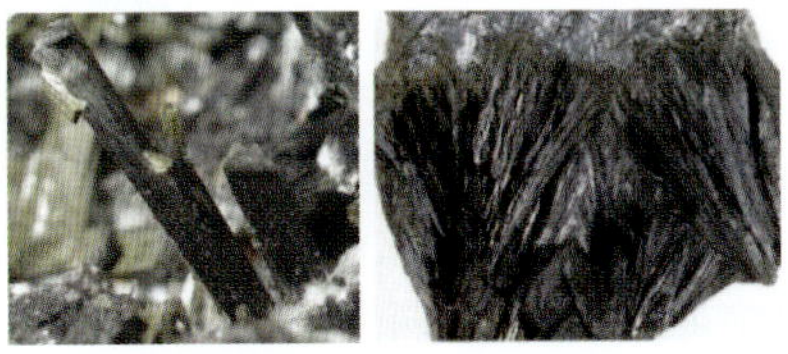

绿钙闪石柱状、纤维状晶体，束状集合体(澳大利亚、日本)

绿钙闪石是一种 A 位钠、钙，C 位铁，W 位羟基的铝硅酸盐矿物。属角闪石超族 W 位羟基、氟、氯主导的角闪石族钙角闪石亚族绿钙闪石根名族。单斜晶系。晶体呈柱状、纤维状，具简单聚片双晶；集合体呈束状。黑色、深绿色、褐色、黄色、蓝色，玻璃光泽，半透明；硬度 5～6，完全解理。1896 年发现于加拿大安大略省黑斯廷斯(Hastings)县。1896 年弗兰克·道森·亚当斯(Frank Dawson Adams)和伯纳德·詹姆斯·哈林顿(Bernard James Harrington)在《美国科学杂志》(151)报道。英文名称 Hastingsite，1896 年由亚当斯和哈林顿根据发现地加拿大的黑斯廷(Hastings)县命名。1978 年 B. E. 利克(B. E. Leake)在《加拿大矿物学家》(16)的《角闪石命名法》中确认。1959 年以前发现、描述并命名的"祖父级"矿物，IMA 承认有效。IMA 2012s. p. 批准。中国地质科学院根据颜色和成分及族名译为绿钙闪石，也译作绿钠闪石或绿钙钠闪石，也有的译为富铁钠闪石；2011 年杨主明在《岩石矿物学杂志》[30(4)]中建议音译为海斯汀石。

【绿杆沸石】

参见【钙杆沸石】条 219 页

【绿高岭石】

参见【绿脱石】条 550 页

【绿铬矿】

英文名 Eskolaite

化学式 Cr_2O_3　　(IMA)

绿铬矿六方板状晶体(芬兰)和埃斯科拉像

绿铬矿是一种铬的氧化物矿物,它被公认为是球粒陨石矿物。属赤铁矿族。三方晶系。晶体呈六方厚板状、柱状;集合体呈晶簇状。黑色、深绿色,条痕呈绿色,金属光泽,不透明,边缘为半透明;硬度 8～8.5,非常脆。1958 年发现于芬兰东部卡累利阿的欧托昆普(Outokumpu)铜-钴-锌-镍-银-金矿田;同年,O. 科沃(O. Kouvo)等在《美国矿物学家》(43)报道。英文名称 Eskolaite,以芬兰赫尔辛基大学地质学家彭蒂·埃莉斯·埃斯科拉(Pentti Eelis Eskola,1883—1964)教授的姓氏命名。他在变质岩方面做了开创性的工作,并获得了包括 1958 年沃拉斯顿奖章在内的多项国际奖项。1959 年以前发现、描述并命名的"祖父级"矿物,IMA 承认有效。中文名称根据颜色和成分译为绿铬矿;音译为埃斯科拉矿。

【绿辉石】

英文名 Omphacite

化学式 $(Ca,Na)(Mg,Fe,Al)Si_2O_6$　　(IMA)

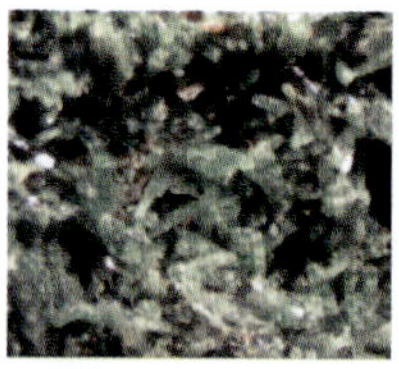

绿辉石小柱状晶体(意大利)

绿辉石是一种钙、钠、镁、铁、铝的硅酸盐矿物。属辉石族单斜辉石亚族。属透辉石-硬玉系列中间组分,是透辉石的一个变种。绿辉石也是硬玉的一种。产于中美洲的旧文献中称为透辉石翡翠。产于缅甸的按颜色分为油青、蓝水。因其多为墨绿色故也叫墨翠;以前墨翠不被认可为翡翠,现在已被视为翡翠的一个品种。单斜晶系。完整的晶体常呈柱状和柱粒状,但少见,具简单、聚片双晶。绿色、暗绿色,有时呈蓝绿色、浅绿色—灰白色、无色,玻璃光泽、丝绢光泽,半透明;硬度 5～6,甚至 7,中等解理,脆性。1815 年发现于德国巴伐利亚州法兰克尼亚地区霍夫市维根斯汀(Weißenstein)榴辉岩;同年,在弗赖贝格《矿物学手册》(第二卷)刊载。又见于 1892 年 E. S. 丹纳(E. S. Dana)《系统矿物学》(第六版)。英文名称 Omphacite,源于希腊的"未成熟的葡萄",意指其绿色像未成熟的生葡萄。1959 年以前发现、描述并命名的"祖父级"矿物,IMA 承认有效。IMA 1988s. p. 批准。中文名称根据颜色及与辉石的关系译为绿辉石。

【绿钾铁矾】

英文名 Voltaite

化学式 $K_2Fe_5^{2+}Fe_3^{3+}Al(SO_4)_{12}\cdot18H_2O$　　(IMA)

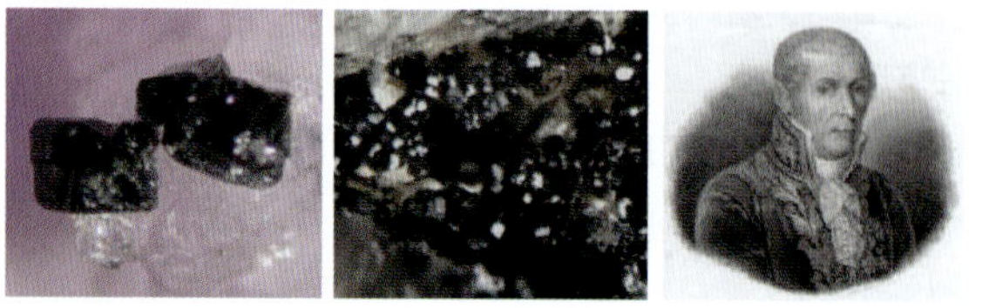

绿钾铁矾立方体、粒状晶体(西班牙、德国)和沃尔塔像

绿钾铁矾是一种含结晶水的钾、铁、铝的硫酸盐矿物。属绿钾铁矾族。等轴晶系。晶体呈立方体、八面体、菱形十二面体、粒状;集合体呈块状。墨绿色、黑色、橄榄绿色、暗油绿色,松脂光泽,不透明,边缘半透明;硬度 3～3.5。最早见于 1792 年布赖斯拉克(Breislak)《那不勒斯波佐利硫质喷气孔矿物分析评论》(155)。1841 年发现于意大利那不勒斯省波佐利(Pozzuoli)硫质喷气孔;同年,在《那不勒斯自然科学选集》(1)报道。1943 年斯卡基(Scacchi)在莱比锡《实用化学杂志》(28)报道。英文名称 Voltaite,以意大利物理学家和电力先锋亚历山德罗·朱塞佩·安东尼奥·安纳塔西奥·沃尔塔(Alessandro Giuseppe Antonio Anastasio Volta,1745—1827)伯爵的姓氏命名。1959 年以前发现、描述并命名的"祖父级"矿物,IMA 承认有效。中文名称根据颜色和成分译为绿钾铁矾。

【绿钾铁盐】

英文名 Douglasite

化学式 $K_2Fe^{2+}Cl_4\cdot2H_2O$　　(IMA)

绿钾铁盐是一种含结晶水的钾、铁的氯化物矿物。单斜晶系。晶体为人工合成的柱状、粒状或坡面状。新鲜断口呈浅绿色,氧化变为红褐色,玻璃光泽。1877 年奥先森尼乌斯(Ochsenius)在《哈雷斯坦塞尔兹拉格》(*Steinsalzlager, Halle*)(94)首次报道。1880 年发现于德国萨克森-安哈尔特州斯塔斯弗特(Stassfurt)钾盐矿床道格拉斯霍尔(Douglashall)。1880 年 H. 普雷克特(H. Precht)在《德国柏林化学学会报告》(13)报道。英文名称 Douglasite,以发现地德国的道格拉斯(Douglas)命名。1959 年以前发现、描述并命名的"祖父级"矿物,IMA 承认有效。中文名称根据颜色和成分译为绿钾铁盐或氯钾铁盐。

【绿锂辉石】参见【锂辉石】条 443 页

【绿帘石】

英文名 Epidote

化学式 $Ca_2(Al_2Fe^{3+})[S_2iO_7][SiO_4]O(OH)$　　(IMA)

绿帘石柱状晶体,晶簇状集合体(巴基斯坦)

绿帘石是一种含氧和羟基的钙、铝、铁的硅酸盐矿物。属绿帘石超族绿帘石族。单斜晶系。晶体呈柱状、杆状、纤维状、粒状,柱面常发育晶面纵纹是重要特征,聚片双晶形成的双晶纹;集合体呈块状、晶簇状。常见颜色浅绿色—深绿色,也有黄色、灰色、无色、黑色,玻璃光泽、珍珠光泽,透明—不透明;硬度 6～7,完全解理,脆性。1801 年首先发现于法国奥弗涅-罗讷-阿尔卑斯大区的勒布尔德奥桑(Le Bourg-D'Oisan)村;同年,在巴黎《矿物学教程》(第三卷)刊载。英文名称 Epidote,1801 年由法国矿物学家雷内·贾斯特·阿羽伊(Rene Just Hauy,1743—1822)长老根据希腊文"επιδοσιζ=Epidosis"命名,意思是"增长",指的是它晶体一面比另外一面长。1959 年以前发现、描述并命名的"祖父级"矿物,IMA 承认有效。中文名称以其特征的绿色和柱面条纹译为绿帘石。

绿帘石的变种较多,如透明度较好的绿帘石称透绿帘石

(Oisanite)，以发现地法国奥桑(D'Oisan)村命名。含锰高的红色绿帘石称红帘石(Piedmontite)。一种含铅和锶的绿帘石称铅绿帘石(Hancockite)，已知的唯一产地是美国新泽西州的富兰克林。一种呈暗绿色—绿黑色富铁的绿帘石变种，称铁绿帘石(Ferri-epidote)。一种含铬的深绿色(似祖母绿)的绿帘石称铬绿帘石(Chrom-epidote)，也称"度冒石"，因发现于缅甸的度冒而得名。法国产的一种黄绿色绿帘石(Delphinite)。一种罕见的黄色—红色的绿帘石变种称橙色绿帘石(Whitamite)。还有黑帘石(Bucklandite)等。

【绿磷铝钡石】参见【磷铝锰钡石】条 465 页

【绿磷铝石】

英文名 Callainite

化学式 $AlPO_4 \cdot 2H_2O$

绿磷铝石是一种水化铝的磷酸盐矿物。斜方晶系。晶体呈假八面体、细粒状；集合体多呈胶状。纯者无色、白色，含杂质时呈浅红色、绿色、黄色或天蓝色、苹果绿色、翠绿色，或有纹理的白色或蓝色，油脂光泽，透明—半透明；硬度3.5～5。英文名称 Callainite，根据普林尼的记载，这种材料的名字来自法国北部卡莱(Callais)港。名称适用于发现在法国布列塔尼的各地的新石器时代的墓葬珠，最初发现在高加索地区。经测定平均折射率(1.576)和其他物理性质类似于微晶磷铝石，它可能是磷铝石(Variscite)。1864 年阿穆尔(Amour)在法国《巴黎科学院会议周报》(59)报道，称 Callais。中文名称根据颜色和成分译为绿磷铝石(参见【磷铝石】条 467 页)。

【绿磷锰矿】参见【磷碱锰石-钾锰钠】条 461 页

【绿磷锰钠矿】

英文名 Varulite

化学式 $NaCaMn_3^{2+}(PO_4)_3$ (IMA)

绿磷锰钠矿是一种钠、钙、锰的磷酸盐矿物。属钠磷锰矿族。单斜晶系。晶体呈粒状；集合体呈块状。墨绿色、深橄榄绿色、黄色、褐色，半玻璃光泽、油脂光泽、树脂光泽，半透明；硬度 5，完全解理，脆性。1937 年以珀西·昆塞尔(Percy Quensel)发现于瑞典西博滕省谢莱夫特奥市布利登矿瓦鲁特拉斯克(Varutrask)伟晶岩；同年，昆塞尔(Quensel)在《斯德哥尔摩地质学会会刊》(59)报道。英文名称 Varulite，由昆塞尔根据发现地瑞典的瓦鲁特拉斯克(Varutrask)命名。1959 年以前发现、描述并命名的"祖父级"矿物，IMA 承认有效。中文名称根据颜色和成分译为绿磷锰钠矿或绿磷锰钠石；也有译作黑磷锰钠矿。

【绿磷铅铜矿】

英文名 Tsumébite

化学式 $Pb_2Cu(PO_4)(SO_4)(OH)$ (IMA)

绿磷铅铜矿厚板状晶体(纳米比亚)

绿磷铅铜矿是一种罕见的含羟基的铅、铜的硫酸-磷酸盐矿物。是众所周知矿物收藏家广泛关注的矿物。属钛钒铅矿超族。单斜晶系。晶体呈厚板状，双晶几乎是普遍的，互生的双晶可能是多个，呈现出锯齿状的凹角；集合体呈皮壳状。绿色、翠绿色、蓝绿色，金刚—半金刚光泽、玻璃—半玻璃光泽、树脂光泽、蜡状光泽，透明—半透明；硬度 3.5，脆性。1912 年首次被发现于纳米比亚奥希科托地区楚梅布(Tsumeb)矿；同年，卡尔·海因里希·埃米尔·乔治·布斯(Karl Heinrich Emil Georg Busz)在莱比锡《结晶学、矿物学和岩石学杂志》(51)和慕尼黑《自然科学家和医生》(*Naturforscher und Ärtze*)(84)报道。英文名称 Tsumebite，由布斯(Busz)根据发现地纳米比亚的楚梅布(Tsumeb)矿命名。1959 年以前发现、描述并命名的"祖父级"矿物，IMA 承认有效。中文名称根据颜色和成分译为绿磷铅铜矿。

【绿磷铁矿】

英文名 Dufrénite

化学式 $Ca_{0.5}Fe^{2+}Fe_5^{3+}(PO_4)_4(OH)_6 \cdot 2H_2O$ (IMA)

绿磷铁矿柱状晶体，花状、晶簇状集合体(法国)和杜弗雷诺像

绿磷铁矿是一种含结晶水和羟基的钙、铁的磷酸盐矿物。属绿磷铁矿族。单斜晶系。晶体呈柱状，但少见；集合体常呈葡萄状或皮壳状、花状、晶簇状、平行叶片状或束状。深绿色、橄榄绿色、橄榄棕色、黑色，氧化带橄榄棕色—红棕色，半玻璃光泽、树脂光泽、丝绢光泽，半透明—不透明；硬度3.5～4.5，完全解理，脆性。最早见于 1803 年乔丹(Jordan)在《雷瑟本矿物》(*Min. Reisebem.*)的报道，称 Strahlstein。1833 年发现于法国上维埃纳省安格拉尔(Anglar)和德国图林根州福格特兰县乌勒斯鲁思(Ullersreuth)的霍夫(Hoff)铁矿；同年，在巴黎《矿物种概览》刊载。英文名称 Dufrénite，1833 年亚历山大·布龙奈尔特(Alexandre Brongniart)为纪念法国巴黎矿业大学矿物学家和地质学家奥尔斯·皮埃尔·阿曼德·佩蒂·杜弗雷诺(Ours Pierre Armand Petit Dufrénoy，1792—1857)教授而以他的姓氏命名。1959 年以前发现、描述并命名的"祖父级"矿物，IMA 承认有效。中文名称根据颜色和成分译为绿磷铁矿。硫砷铅矿(Dufrenoysite)也是以他的姓氏命名的。

【绿鳞石】

英文名 Celadonite

化学式 $KMgFe^{3+}Si_4O_{10}(OH)_2$ (IMA)

绿鳞石片状、纤维状晶体(俄罗斯)

绿鳞石是一种含羟基的钾、镁、铁的硅酸盐矿物。属云母族。单斜晶系。晶体呈鳞片状、薄板状、片状、纤维状；集合体呈土状。灰绿色、苹果绿色、海蓝绿色，蜡状光泽、土状光泽，半透明—不透明；硬度 1～2，极完全解理，脆性，易碎。1841 年发现于德国萨克森州茨维考小镇普拉尼茨(Planitz)，及意大利特伦托省布伦托尼科市马尔加·卡纳莱斯圣瓦伦蒂诺蒂-比萨吉诺(Malga Canalece-San Valentino)和蒂尔诺·贝萨尼奥(Tierno-Besagno)。1941 年 S. B. 亨德里克斯(S. B. Hendricks)和 C. S. 罗斯(C. S. Ross)在《美国矿物学家》(26)报道。1847 年在《天然次生矿物学和特殊矿物学文摘》(*Generum et specierum mineralium secundum ordines naturales digestorium synopsis.*)刊载。英文名称 Celadonite，由法国"Celadon(青瓷)"即"Sea-green(海绿色)"命名，意指其常见的颜色呈"海蓝绿色"。1959 年以前

发现、描述并命名的“祖父级”矿物，IMA 承认有效。IMA 1988s. p. 批准。中文名称根据颜色和鳞片状习性译为绿鳞石；根据颜色及与云母的关系译为绿云母。

【绿硫钒矿】

英文名 Patrónite

化学式 VS_4　(IMA)

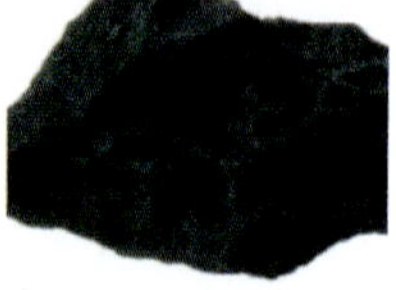

绿硫钒矿致密块状集合体（秘鲁）

绿硫钒矿是一种钒的硫化物矿物。单斜晶系。晶体呈细小短柱状、似针状；集合体常呈致密块状或粉末状。颜色墨绿色—黑色，断口铅灰色，很快有晕色覆盖，金属光泽，不透明；硬度 2，柱面呈完全解理。1906 年发现于秘鲁帕斯科省米纳斯拉格拉（Minasragra）钒矿；同年，休伊特（Hewett）在《工程与矿业学报》(82)报道。又见于 1944 年 C. 帕拉奇（C. Palache）、H. 伯曼（H. Berman）和 C. 弗龙德尔（C. Frondel）修订的《丹纳系统矿物学》（第一卷，第七版，纽约）。英文名称 Patrónite，以胡鲁卡卡（Huaraucaca）冶炼厂的冶金学家、矿床的发现者安特诺尔·里佐-帕特洛纳（Antenor Rizo-Patróna，1866—1948）工程师的姓氏命名。1959 年以前发现、描述并命名的“祖父级”矿物，IMA 承认有效。IMA 2007s. p. 批准。中文名称根据颜色和化学成分译为绿硫钒矿或绿硫钒石。

【绿蒙脱石】

英文名 Lembergite

化学式 $Ca_{0.25}(Mg,Fe)_3[(Si,Al)_4O_{10}](OH)_2 \cdot nH_2O$

绿蒙脱石是一种含结晶水和羟基的钠、镁、铁的铝硅酸盐矿物。属蒙皂石族黏土矿物。斜方晶系。晶体呈细粒状；集合体呈块状。暗绿色—棕绿色，为铁砂岩的胶结物。1954 年须藤俊男（Sudo Tosio）在《日本地质学会杂志》(60)报道。英文名称 Lembergite，由须藤俊男根据 H. 伦伯格（H. Lemberg）的名字给一个富含亚铁的皂石（Ferroan Saponite）命名。须藤俊男是日本东京帝国大学理学部矿物教研室教授，他于 1941 年研究了日本第三纪凝灰岩中的铁砂矿层，发现一广泛分布的绿色矿物，仔细研究后发现与 1887 年伦伯格报道的辉石蚀变物中的 1 个非常近似。用 X 线研究表明它是モンモリロナイト矿物。1948 年须藤俊男在日本宫城县名取郡茂庭村铁砂矿层中成功地分离出 Lemergite 的样本。研究确认属于蒙皂石族矿物-亚铁皂石（Ferroan Saponite）。1959 年以前发现、描述并命名的“祖父级”矿物，IMA 承认有效。中文名称根据颜色及与蒙脱石的关系译为绿蒙脱石，也译为绿胶岭石或铁绿皂石。

【绿钠闪石】参见【绿钙闪石】条 543 页

【绿泥间滑石】

英文名 Kulkeite

化学式 $Na_{0.3}Mg_8Al(Si,Al)_8O_{20}(OH)_{10}$　(IMA)

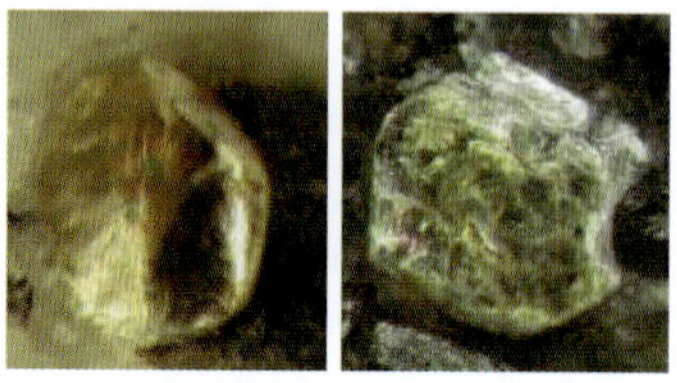

绿泥间滑石板状晶体（俄罗斯）

绿泥间滑石是一种含羟基的钠、镁、铝的铝硅酸盐，三八面体绿泥石与滑石的 1∶1 规则混层矿物。1934 年首先由美国的 J. W. 格鲁纳提出间层矿物或混层矿物的概念。单斜晶系。晶体呈显微半自形假六方板状。无色，玻璃光泽、珍珠光泽，透明；硬度 2，完全解理。1980 年 K. 亚伯拉罕（K. Abraham）等在阿尔及利亚的埃尔穆杜尔（El Mourdur）山发现。英文名称 Kulkeite，以德国地质学家霍尔格·库尔克（Holger Kulke）博士的姓氏命名，他提供了原始矿物标本。IMA 1980－031批准。1980 年亚伯拉罕等在德国《矿物学研究进展》(58)和 1981 年《美国矿物学家》(66)及 1982 年《对矿物学和岩石学的贡献》(80)报道。中文名称意译为绿泥间滑石。

【绿泥间蜡石】

汉拼名 Lunijianlaite

化学式 $Li_{0.7}Al_{6.2}(Si_7Al)O_{20}(OH,O)_{10}$　(IMA)

绿泥间蜡石是一种含羟基和氧的锂、铝的铝硅酸盐，由二八面体、三八面体的锂绿泥石晶层和二八面体的叶蜡石晶层沿 c 轴方向规则交替堆垛而成的间层新矿物。单斜晶系。晶体呈针状、层状，一般呈其他矿物的包裹体；集合体呈放射状、束状。无色、白色，珍珠光泽、玻璃光泽，集合体呈丝绢光泽，透明；硬度 2，完全解理。1987 年，浙江地质矿产研究所孔祐华等在中国浙江省青田叶蜡石矿床中发现的我国第一种规则间层黏土新矿物绿泥间蜡石。汉拼名称 Lunijianlaite，由绿泥间蜡石的汉语拼音 Lunijianla 加-ite 命名。IMA 1989－056 批准。1990 年孔祐华、彭秀文、田德辉在中国《矿物学报》[10(4)]和 1992 年《美国矿物学家》(77)报道。它是世界上第八种规则间层黏土矿物，也是世界上发现的第一个以叶蜡石为成员层的规则间层矿物。它与 K. 亚伯拉罕（K. Abraham）等于 1980 年在阿尔及利亚发现的绿泥间滑石是姊妹矿物，后者由三八面体的绿泥石晶层和滑石晶层组成。自 1934 年首先由美国 J. W. 格鲁纳提出间层矿物或混层矿物的概念，截至 1988 年，世界上仅发现并命名了 8 种规则混层矿物。它们是：①累托石（Rectorite），即二八面体云母与二八面体蒙皂石的 1∶1 规则混层；②水黑云母（Hydrobiotite），即黑云母和蛭石 1∶1 的规则混层；③滑间皂石（Aliettite），即滑石和皂石 1∶1 的规则混层；④绿泥间蛭石（Corrensite），即三八面体绿泥石和三八面体蒙皂石或三八面体蛭石的 1∶1 规则混层；⑤绿泥间蒙石（Tosudite），即二八面体绿泥石和蒙皂石的 1∶1 规则混层；⑥绿泥间滑石（Kulkeite），即三八面体绿泥石与滑石的 1∶1 规则混层；⑦云间蒙石（Tarasovite），即二八面体云母与二八面体蒙皂石的 3∶1 规则混层；⑧绿泥间蜡石（Lunijianlaite）。

【绿泥间蒙石】

英文名 Tosudite

化学式 $Na_{0.5}(Al,Mg)_6(Si,Al)_8O_{18}(OH)_{12} \cdot 5H_2O$　(IMA)

绿泥间蒙石土状集合体（乌克兰）和须藤俊男像

绿泥间蒙石是一种含结晶水和羟基的钠、铝、镁的铝硅酸盐，二八面体绿泥石和蒙皂石的 1∶1 规则混层矿物。1934 年首先由美国的 J. W. 格鲁纳提出间层矿物或混层矿物的概念。单斜晶系。晶体呈片状、鳞片状；集合体呈土状。颜色白色、淡黄色、浅绿色、深蓝色、天蓝色，蜡状光泽，半透明；硬度 1～2，完全解理。1914 年发现于乌克兰克里米亚州克里米亚半岛阿卢什塔（Alushta）市，现在的索尔涅奇诺戈尔斯克（Solnechnogorsk）村。英文原名称 Alushtite，以最初发现地乌克兰阿卢什塔（Alushta）市命名，曾译为蓝高岭石。其实他是各种各样的须藤石。而 Alushtite 被废弃，或作为 Tosudite 的同义词。英文名称 Tosudite，在 Alushtite 标本中发现，1963 年 V. A. 弗兰克-卡米涅茨基（V. A. Frank-Kamenetskii）等为纪念日本东京大学矿物学教授须藤俊男（Toshio Sudo，1911—2000）而以他的名字命名。他是黏土矿物学专家，特别是黏土矿物形成的蚀变过程研究。1963 年弗兰克-卡米涅茨基等在《全苏矿物学会记事》（92）报道。1959 年以前发现、描述并命名的"祖父级"矿物，IMA 承认有效。中文名称意译为绿泥间蒙石。也有人认为它是一种迪凯石与蒙脱石的间层矿物，译为迪间蒙石。日文汉字名称俊男石。

【绿泥间蛇纹石】

英文名 Dozyite

化学式 $Mg_7Al_2(Si_4Al_2)O_{15}(OH)_{12}$ (IMA)

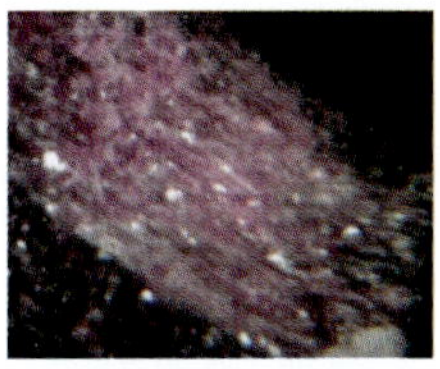

绿泥间蛇纹石鳞片状晶体，螺层状集合体（美国）

绿泥间蛇纹石是一种含羟基的镁、铝的铝硅酸盐，是三八面体蛇纹石和三八面体绿泥石 1∶1 规则间层矿物。1934 年首先由美国的 J. W. 格鲁纳提出间层矿物或混层矿物的概念。单斜晶系。晶体呈自形片状、楔形状、鳞片状；集合体呈螺层状。无色、浅紫色、浅绿色，珍珠光泽，透明—半透明；硬度 2.5，完全解理。1993 年发现于印度尼西亚巴布亚省新几内亚岛埃斯伯格（Ertsberg）杂岩体。英文名称 Dozyite，1995 年斯特奇斯·W. 贝利（Sturges W. Bailey）等为纪念荷兰地质学家让·雅克·多兹（Jean Jacques Dozy，1908—2004）而以他的姓氏命名。多兹于 1936 年发现并命名了埃斯伯格（Ertsberg）杂岩体矿床。IMA 1993-042 批准。1995 年贝利等在《美国矿物学家》（80）报道。2004 年中国地质科学院矿产资源研究所李锦平等在《岩石矿物学杂志》[23(1)]意译为绿泥间蛇纹石。

【绿泥间蛭石】

英文名 Corrensite

化学式 $(Ca,Na,K)_{1-x}(Mg,Fe,Al)_9(Si,Al)_8O_{20}(OH)_{10} \cdot nH_2O$ (IMA)

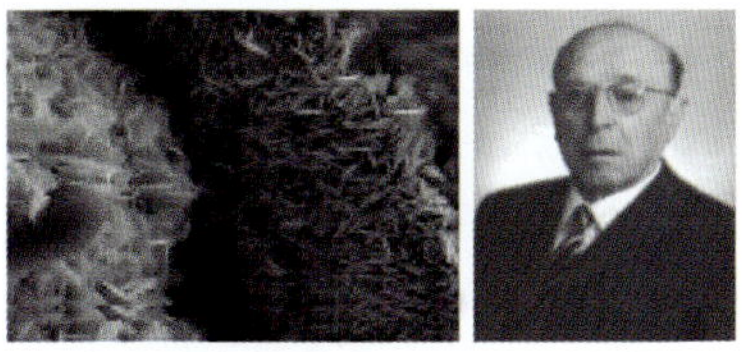

绿泥间蛭石卷曲或折叠片状集合体和柯伦斯像

绿泥间蛭石是一种含结晶水和羟基的钙、钠、钾、镁、铁、铝的铝硅酸盐，三八面体绿泥石和三八面体蒙皂石或三八面体蛭石的 1∶1 规则混层矿物。1934 年首先由美国的 J. W. 格鲁纳提出间层矿物或混层矿物的概念。斜方晶系。晶体呈显微粒状，偶见六角薄片状；集合体呈卷曲网状或折叠片状。颜色深绿色、黄绿色、墨绿色、棕色、粉红色、浅金黄色、灰白色，条痕呈白色—浅灰色，蜡状光泽、土状光泽，半透明；硬度 1～2，完全解理。1954 年发现于德国巴登-符腾堡州；同年，F. 李普曼（F. Lippmann）在德国《对矿物学和岩石学的贡献》[4(1)]报道。英文名称 Corrensite，由弗里德布里希·李普曼为纪念德国哥廷根大学矿物学和岩石学教授、沉积岩石学研究所所长卡尔·W. 柯伦斯（Carl W. Correns，1893—1980）而以他的姓氏命名。他在 1976 获得了小罗柏林奖章。1959 年以前发现、描述并命名的"祖父级"矿物，IMA 承认有效。中文名称意译为绿泥间蛭石，或音意译为柯绿泥石。

【绿泥石】

英文名 Chlorite

化学式（通式）$A_{5\sim6}T_4Z_{18}$

绿泥石族名，一类层状结构硅酸盐矿物的总称。化学通式中 A＝Al、Fe^{2+}、Fe^{3+}、Li、Mg、Mn、Ni；T＝Al、Fe^{3+}、Si 或它们的组合；Z＝O 和/或 OH。通常所称的绿泥石，主要为 Mg 和 Fe 的矿物种，即斜绿泥石（Clinochlore）、鲕绿泥石（Chamosite）等。单斜（三斜或斜方）晶系。晶体呈假六方片状、鳞片状或板状，具双晶；集合体呈球粒状、土状。绿泥石颜色随含铁量的多少呈深浅不同的绿色、白色、黄色、玫瑰红色、褐色、红色等，玻璃光泽，解理面上呈珍珠光泽；硬度 2.5～3，极完全解理。英文名称 Chlorite，最初于 1789 年由德国的亚伯拉罕·戈特洛布·维尔纳（Abraham Gottlob Werner）命名，名称来自希腊文"χλωρός＝Chloros"，意为"绿色"，指矿物的颜色。当时他命名的是斜绿泥石。1959 年以前发现、描述并命名的"祖父级"矿物，IMA 承认有效。中文名称根据颜色（绿色）和晶体形态（细小泥状）译为绿泥石。

凡色泽艳丽、质地致密细腻坚韧、块度较大的绿泥石集合体，可作玉料，即绿泥石玉（Chloritejade）。著名品种如施蒂里亚玉（Styrian jade），代表性产地为奥地利，又称奥地利玉。中国已知有绿冻石、仁布玉、果日阿玉、海底玉等。绿冻石（Lvdongstone 或 jade）因其色绿似冻，故名；因产于山东莱州，又称"莱州玉"（Laizhou jade）。仁布玉（Renbujade）以产地西藏仁布县而得名。果日阿玉（Guoria jade）以产地藏北果日阿地区而得名。海底玉（Haidijade）以产地山东青岛崂山仰口村的大海底而得名。

【绿镍矿】

英文名 Bunsenite

化学式 NiO (IMA)

本生像

绿镍矿是一种镍的氧化物矿物。属方镁石族。等轴晶系。晶体呈八面体、菱形十二面体、立方体、细粒状；集合体多呈粉末状。浊绿色、黄绿色—褐黑色，条痕呈棕黑色，玻璃光泽、金刚光泽，透明—半透明；硬度 5.5～6。1858 年发现于德国萨克森州约翰乔治城（Johanngeorgenstadt）；同年，贝格曼（Bergemann）在《实用化学杂志》（75）称 Nickeloxydul（镍氧化物）。1868 年 J. D. 丹纳（J. D. Dana）等在《系统矿物学》（第五版，纽约）称 Bunsenite。英文名称 Bunsenite，由德国詹姆斯·德怀特·丹纳（James Dwight Dana）为纪念德国海德堡大学化学教授罗伯特·威廉·埃伯哈德·本生(Robert Wilhelm Eberhard Bunsen,1811—1899)而以他的姓氏命名。本生首先观察研究了人工合成的 NiO 晶体;他还研究了加热元素的发射光谱,并发现了铯和铷。众所周知的本生灯是以他的姓氏命名的。1959 年以前发现、描述并命名的“祖父级”矿物,IMA 承认有效。中文名称根据颜色和成分译为绿镍矿。

【绿硼石】参见【柱晶石】条 1119 页

【绿闪石】

英文名 Taramite

化学式 $Na(CaNa)(Mg_3Al_2)(Al_2Si_6)O_{22}(OH)_2$　　(IMA)

绿闪石是一种 A 位钠、C^{2+} 位镁、C^{3+} 位铝、W 位羟基的闪石矿物。属角闪石超族 W 位羟基、氟和氯主导的角闪石族钠钙闪石亚族绿闪石根名族。单斜晶系。晶体呈柱状。绿灰色;完全解理。发现于挪威的李斯特(Liset)榴辉岩。英文名称 Taramite,以乌克兰马里乌波尔市瓦利塔拉马(Walitarama)命名。IMA 2006 - 024 批准。绿闪石是指 A 位 Na>K,C 位 $Mg>Fe^{2+}$,$Al>Fe^{3+}$ 的绿闪石族成员。绿闪石最初的定义是 $Fe^{2+}>Mg, Al=Fe^{3+}$。这一定义在 1978 年和 1997 年的闪石命名中一直保持不变。绿闪石在 2012 年的闪石命名法中重新定义为:公式由 $Na(NaCa)(Mg_3AlFe^{3+})(Al_2Si_6O_{22})(OH)_2$ 改为 $(Na)(CaNa)(Mg_3Al_2)(Al_2Si_6)O_{22}(OH)_2$。IMA 2012s. p. 批准。绿闪石成为绿闪石根名族的镁和铝的主要成员。同义词 Alumino-Magnesiotaramite(铝镁绿闪石)和 Magnesio-aluminotaramite(镁铝绿闪石)。见于 2006 年 F. C. 霍桑(F. C. Hawthorne)等《加拿大矿物学家》(44)的《关于角闪石的分类》和 2012 年《美国矿物学家》(97)的《角闪石超群的命名法》。中文名称译为绿闪石或绿铁闪石。

【绿砷钡铁石】

英文名 Dussertite

化学式 $BaFe_3^{3+}(AsO_4)(AsO_3OH)(OH)_6$　　(IMA)

绿砷钡铁石扁平晶体,玫瑰花状集合体(德国)和杜塞尔特像

绿砷钡铁石是一种含羟基的钡、铁的氢砷酸-砷酸盐矿物。属明矾石超族绿砷钡铁石族。三方晶系。晶体呈小扁平六方形状;集合体呈玫瑰花状或皮壳状。绿色、黄绿色,玻璃光泽、树脂光泽,透明—半透明;硬度 3.5。1925 年首次发现于阿尔及利亚康斯坦丁省盖勒马的德杰巴尔·德巴尔(Djebel Debar);同年,朱尔斯·巴尔图(Jules Barthoux)在法国《巴黎科学院会议周报》(180)报道。英文名称 Dussertite,1925 年朱尔斯·巴尔图为纪念曾在阿尔及利亚工作的法国采矿工程师迪飒·杜塞尔特(Desiré Dussert,1872—1928)而以他的姓氏命名。1959 年以前发现、描述并命名的“祖父级”矿物,IMA 承认有效。IMA 1999s. p. 批准。中文名称根据颜色和成分译为绿砷钡铁石或绿砷钡铁矿。在我国,1984 年中国有色金属工业总公司矿产地质研究院赖来仁和李艺在中国广西壮族自治区德保矿区首次发现这种矿物,并进行了矿物学研究。

【绿砷铁铜矿】

英文名 Chenevixite

化学式 $CuFe^{3+}(AsO_4)(OH)_2$　　(IMA)

绿砷铁铜矿球状、草丛状集合体(德国、希腊)和切尼维克斯像

绿砷铁铜矿是一种含羟基的铜、铁的砷酸盐矿物。单斜晶系。晶体呈针状、似板条状;集合体呈球状、草丛状、致密块状、土状、蛋白石状或隐晶质。绿黄色、橄榄绿色、暗绿色,油脂光泽,透明—半透明;硬度 3.5~4.5,脆性。1866 年发现于英国英格兰康沃尔郡麦尔戈兰(Wheal Gorland)高地;同年,M. F. 皮萨尼(M. F. Pisani)在法国《巴黎科学院会议周报》(62)报道。英文名称 Chenevixite,以爱尔兰化学家理查德·切尼维克斯(Richard Chenevix,1774—1830)的姓氏命名。他在 1801 年是康沃尔的铜和铁砷酸盐的分析师,后来证明它是砷铁铜石。1959 年以前发现、描述并命名的“祖父级”矿物,IMA 承认有效。中文名称根据颜色和成分译为绿砷铁铜矿,也译作砷铁铜石。

【绿砷铜矿】

英文名 Chlorotile

化学式 $Cu_8(AsO_4)_2 \cdot 6H_2O$

绿砷铜矿是一种含结晶水的铜的砷酸盐矿物。类似砷铋铜矿(Mixite),但不含铋。六方晶系。晶体呈针状、长发状;集合体呈放射状。绿色、黄色、淡蓝色,玻璃光泽、丝绢光泽,透明;硬度 3。发现于德国萨克森州纽斯塔德特尔(Neustadtel)拉波尔德(Rappold)矿。1875 年弗伦泽尔(Frenzel)在维也纳《矿物和岩石通报》(42)报道,称 Chlorotile,词源来自希腊文“χλωρός=Chloro=Green(绿色)”。它是 Mixite(砷铋铜石)和 Agardite(砷钇铜石)的同义词(参见【砷铋铜石】条 775 页和【砷钇铜石】条 797 页)。中文名称根据颜色和成分译为绿砷铜矿或绿砷铜石。

【绿砷铜铅矿】参见【亚砷铜铅石】条 1056 页

【绿砷锌锰矿】

英文名 Chlorophoenicite

化学式 $(Mn,Mg,Zn)_3Zn_2AsO_4(OH,O)_6$　　(IMA)

绿砷锌锰矿针状、毛发状晶体,交织状、放射状、束状集合体(美国)

绿砷锌锰矿是一种含羟基和氧的锰、镁、锌的砷酸盐矿物。单斜晶系。晶体常呈毛发状、针状、长柱状、棒状,端部呈菱形和锥形;集合体呈交织状、放射状、束状。在自然光下无色、白色、淡灰绿色,在强人造光源下呈粉红色、浅紫红色,玻璃光泽,解理面上呈珍珠光泽,透明;硬度 3.5,完全解理,脆性。1924 年发现于美国新泽西州苏塞克斯县富兰克林矿区富兰克林矿;同年,威廉·弗雷德里克·福杉格(William Frederick Foshag)和罗伯特·彭斯·盖奇(Robert Burns

Gage)在《华盛顿科学院学报》(14)报道。英文名称 Chlorophoenicite,1924 年由福杉格和盖奇根据希腊文“χλωρὁs=Green(绿色)”和“φοινικοs=Purple-red(紫红色)”组合命名,意指它的颜色从自然光到人造光的变化。1959 年以前发现、描述并命名的“祖父级”矿物,IMA 承认有效。中文名称根据颜色和成分译为绿砷锌锰矿/石。

【绿水钒钙矿】

英文名 Simplotite

化学式 $CaV_4^{4+}O_9 \cdot 5H_2O$　(IMA)

桑普洛像

绿水钒钙矿是一种含结晶水的钙的钒酸盐矿物。单斜晶系。晶体呈板状;集合体呈放射状、半球状。深绿色、墨绿色、黑色,薄片呈黄绿色,玻璃光泽,半透明;硬度 1,完全解理。1956 年发现于美国科罗拉多州蒙特罗斯县皮纳特(Peanut)矿。1956 年 M. E. 汤普森(M. E. Thompson)等在《科学》(123)和 1958 年《美国矿物学家》(43)报道。英文名称 Simplotite,以美国爱达荷州博伊西·J. R. 桑普洛采矿公司的业主约翰·理查德·桑普洛(John Richard Simplot,1909—2008)的姓氏命名。1959 年以前发现、描述并命名的“祖父级”矿物,IMA 承认有效。中文名称根据颜色和成分译为绿水钒钙矿。

【绿松石】

英文名 Turquoise

化学式 $CuAl_6(PO_4)_4(OH)_8 \cdot 4H_2O$　(IMA)

绿松石片状晶体,花状、球状、隐晶质块状集合体(美国、比利时)

绿松石是一种含结晶水和羟基的铜、铝的磷酸盐矿物。属绿松石族。三斜晶系。晶体呈短柱状,但少见;集合体常呈隐晶质块状,也有呈结核状和皮壳状、花状、球状。颜色有差异,多呈天蓝色、淡蓝色、绿蓝色、苹果绿色、带绿的苍白色,半玻璃光泽、蜡状光泽、油脂光泽、土状光泽,透明—不透明;硬度 5,完全解理,脆性。

绿松石是我国“四大名玉”之一,自新石器时代中晚期以后历代文物中均有不少绿松石制品。王根元等在《中国古代矿物知识》中根据考古发现指出:中国“……新石器时代中期和晚期的遗址里,都发现有绿松石制成的石饰(绿松石块、绿松石耳饰或绿松石珠)”。进而指出伯特霍尔德·劳乌弗尔(Berthold Laufer)所说:“中国古无绿松石”和“绿松石,昔每自波斯市得之”的看法,显然是与事实不符的。绿松石中国古称“碧甸子”“青琅玕”等。1927 年我国地质界老前辈章鸿钊先生《石雅》说:“此(指绿松石)或形似松球,色近松绿,故以为名。”是说绿松石因其天然产出常呈结核状、球状,色如松树之绿,因而被称为“绿松石”,简称“松石”。优质品经抛光后好似上了釉的瓷器,故称谓“瓷松石”。

英文名称 Turquoise,音译为土耳其玉,其实土耳其并不产绿松石,传说古代波斯产的绿松石经土耳其运进欧洲而得名。古代突厥是中亚北亚游牧民族,他们尤喜佩戴土耳其玉,故又有突厥玉之称。Turquoise 一词开始出现于 13 世纪,它源于法文 Pierre Turquoise,意指土耳其的宝石。1959 年以前发现、描述并命名的“祖父级”矿物,IMA 承认有效。IMA 1967s. p. 批准。绿松石的波斯文“Ferozah”或“Firozah”,是“胜利”的意思。绿松石是古老宝石之一,有着几千年的灿烂文明历史。早在古埃及、古墨西哥、古波斯以及古中国,绿松石被视为神秘、避邪之物,当成护身符和随葬品。在古中国,位于河南省漯河市舞阳县贾湖遗址出土的 4 件绿松石坠饰是距今 9 000～7 500 年的新石器时代贾湖文化的重要物证(2013 年发掘);郑州大河村仰韶文化(距今 6 500～4 400 年)的遗址中,出土了 2 件绿松石制的鱼形饰物。在 5 000 多年前古埃及皇后的木乃伊手臂上发现 4 只绿松石镶嵌的黄金手镯。中国藏族同胞认为绿松石是神的化身,是权力和地位的象征。在宝石行业绿松石是国内外公认的“十二月生辰石”,代表胜利与成功,有“成功之石”的美誉。

【绿碳钙铀矿】

参见【铀钙石】条 1088 页

【绿锑铅矿】

英文名 Monimolite

化学式 $Pb_2Sb_2^{5+}O_7$　(IMA)

绿锑铅矿正八面体或立方体小晶体(瑞典)

绿锑铅矿是一种铅、锑的氧化物矿物。属锑钙石族。等轴晶系。晶体呈八面体或立方体。黄色、灰绿色、暗褐色,油脂光泽、金刚光泽,半透明—不透明;硬度 4.5～6。1865 年发现于瑞典韦姆兰省菲利普斯塔德市哈斯奇根(Harstigen)矿;同年,伊格尔斯特伦(Igelström)在瑞典《皇家科学院文献回顾》(*Öfversigt af Kongliga Vetenskaps Akademiens Förhandlingar*)(22)报道。英文名称 Monimolite,由希腊文“μὀνἵμos=Monimos=Stable(稳定的)”命名,意指矿物稳定,化学分解困难。1959 年以前发现、描述并命名的“祖父级”矿物,IMA 承认有效;但 IMA 持怀疑态度,它是一个有疑问的矿物,与 Oxyplumboromeite(IMA 2013－042)几乎肯定是相同的。根据霍莱纽斯(Halenius)和博瑟(Bosi)2013 年在《矿物学杂志》(77)的《烧绿石超群的新矿物》的意见应该废弃。IMA 2013s. p. 批准。《弗莱舍矿物种类词汇表》(2018)却仍保留了该名称,并认为它类似于 Oxyplumboroméite。中文名称根据颜色和成分译为绿锑铅矿,也有的译为丝锑铅矿。

【绿铁碲矿】

参见【碲铁石】条 126 页

【绿铁矿】

英文名 Rockbridgeite

化学式 $(Fe_{0.5}^{2+}Fe_{0.5}^{3+})_2Fe_3^{3+}(PO_4)_3(OH)_5$　(IMA)

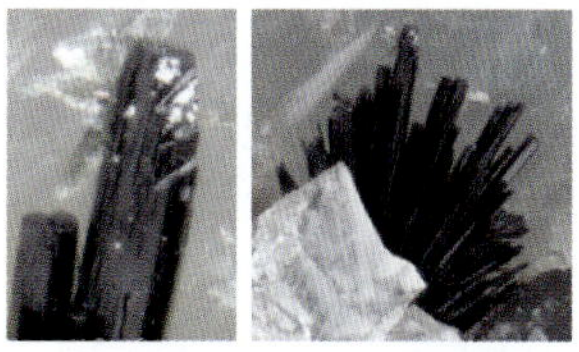

绿铁矿细板柱状晶体,放射状、晶簇状集合体(美国、德国)

绿铁矿是一种含羟基的铁的磷酸盐矿物。属绿铁矿族。斜方晶系。晶体呈板状、细柱状、纤维状;集合体呈葡萄状、放射状。墨绿色、橄榄绿色、棕色、黄色、绿黑色、黑色,氧化后呈青铜色—褐色或红棕色,玻璃光泽、树脂光泽、蜡状光泽、油脂光泽、丝绢光泽,半透明—不透明;硬度 3.5~4.5,中等解理,脆性。1880 年马西(Massie)在伦敦《化学新闻与工业科学杂志》(42)和 1881 年坎贝尔(Campbell)在《美国科学杂志》(22)报道。1949 年克利福德·弗龙德尔(Clifford Frondel)发现于美国弗吉尼亚州罗克布里奇(Rockbridge)县米德维尔(Midvale)矿,并在《美国矿物学家》(34)报道。英文名称 Rockbridgeite,1949 年弗龙德尔根据发现地美国的罗克布里奇(Rockbridge)县命名。1959 年以前发现、描述并命名的"祖父级"矿物,IMA 承认有效。同义词 Kobokobite,以刚果(金)的卡博卡博(Kobokobo)伟晶岩命名。1958 年 J. 梭罗(J. Thoreau)在《美国矿物学家》(43)报道。中文名称根据颜色和成分译为绿铁矿,也译作铁锰绿铁矿。

【绿铜矿】参见【透视石】条 967 页

【绿铜铅矿】

英文名 Chloroxiphite

化学式 $Pb_3CuO_2Cl_2(OH)_2$ (IMA)

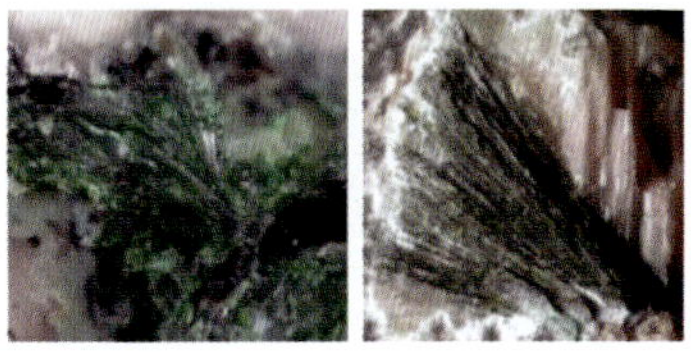

绿铜铅矿片状晶体,放射状、束状集合体(英国)

绿铜铅矿是一种含羟基的铅、铜的氧-氯化物矿物。单斜晶系。晶体呈细长扁平的弯曲刃片状,有晶面条纹;集合体呈放射状、束状。暗橄榄绿色或绿色,松脂光泽、金刚光泽,透明—半透明;硬度 2.5,完全解理,很脆,易碎。1923 年首次发现于英国英格兰萨默塞特郡门迪普丘陵的高皮茨(Higher Pitts)矿;同年,斯潘塞(Spencer)在《矿物学杂志》(20)报道。英文名称 Chloroxiphite,由希腊文"χλωρός = Chloro = Green(绿色)"和"ζιφos = Xiph = Blade 或 Sword(刀片或剑)"组合命名,意指晶体呈绿色的细长刀剑状。1959 年以前发现、描述并命名的"祖父级"矿物,IMA 承认有效。中文名称根据颜色和成分译为绿铜铅矿。

【绿铜锌矿】

英文名 Aurichalcite

化学式 $(Zn,Cu)_5(CO_3)_2(OH)_6$ (IMA)

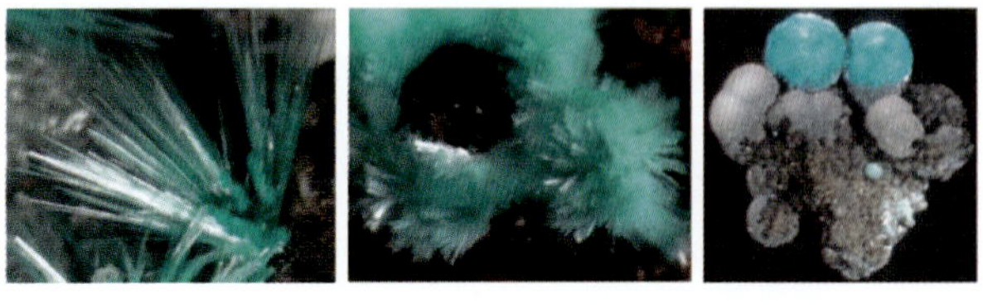

绿铜锌矿针状、羽毛状晶体,晶簇状、球状集合体(德国、美国)

绿铜锌矿是一种含羟基的锌、铜的碳酸盐矿物。单斜晶系。晶体呈针状、似羽毛状、细长板条状,很少呈柱状、片状或粒状;集合体常呈结壳状、球粒状、放射状、晶簇状。暗绿色、淡绿色、带绿的蓝色、天蓝色、白色、无色,丝绢光泽、珍珠光泽,透明;硬度 1~2,完全解理,脆性。最早见于 1788 年帕汀(Patrin)在《巴黎镭物理学杂志》(33)报道,称暗绿色炉甘石(Calamine verdâtre)。1791 年赛捷(Sage)在《巴黎镭物理学杂志》(38)报道,称为比萨和托斯卡纳的黄铜矿(Mine de Laiton de Pise en Toscane)。1839 年发现并描述于俄罗斯阿尔泰山地区洛克捷夫卡耶(Loktevskoye)矿;同年,伯特格尔(Böttger)在《物理学和化学年鉴》(48)报道,称 Aurichalcit。英文名称 Aurichalcite,以矿物化学成分锌和铜的含量命名;赛捷(Sage)指出 Aurichalcum,意指古人的"Cuivre de Corinthe(古铜色的科林斯)",即黄色的铜或黄铜(希腊文"ορειχαλκos = Mountain copper",即 Latinicized 版"山铜")。1959 年以前发现、描述并命名的"祖父级"矿物,IMA 承认有效。同义词 Buratite,1846 年德莱斯(Delesse)在巴黎《化学和物理学年鉴》(18)报道。1847 年 E. F. 格洛克(E. F. Glocker,)在《哈雷》(230)报道,称 Orichalcite。1869 年 M. 亚当(M. Adam)在《巴黎矿物表》刊载,称 Messingite。中文名称根据颜色和成分译为绿铜锌矿。

【绿透辉石】参见【透辉石】条 966 页

【绿脱石】

英文名 Nontronite

化学式 $Na_{0.3}Fe^{3+}_2(Si,Al)_4O_{10}(OH)_2 \cdot nH_2O$ (IMA)

绿脱石纤维状、片状晶体,球粒状集合体(澳大利亚、德国)

绿脱石是一种含铁的蒙脱石。属蒙脱石族。单斜晶系。晶体呈片状、纤维状、蠕虫状;集合体常呈土状或致密块状、球粒状。白色、微黄色、褐绿色、黄绿色、橄榄绿色、黑色、红色等,蜡状光泽或土状光泽;硬度 1.5~2,极完全解理;具滑感。该矿物最初名为绿蛋白石(Chloropal),1822 年由约翰·雅各布·伯恩哈迪(Johann Jacob Bernhardi)博士和鲁道夫·布兰蒂(Rudolph Brandes)博士根据绿色和蛋白石命名,比喻这种绿色蜡状矿物有些类似于常见的蛋白石。1827 年发现于法国新阿基坦大区多尔多涅(Dordogne)河诺托(Nontron)地方;同年,P. 贝尔捷(P. Berthier)在《化学和物理学年鉴》(36)报道。1928 年埃斯佩尔·西纽斯·拉森(Esper Signius Larsen)和乔治·施泰格尔(George Steiger)在《美国科学杂志》[5(15)]报道。英文名称 Nontronite,由法国皮埃尔·贝尔捷(Pierre Berthier)根据产地法国的诺托(Nontron)命名。1959 年以前发现、描述并命名的"祖父级"矿物,IMA 承认有效。IMA 1962s. p. 批准。中文名称音译为囊脱石;根据颜色及与蒙脱石的关系译为绿脱石或绿高岭石。

【绿蜥蜴铀矿*】

英文名 Greenlizardite

化学式 $(NH_4)Na(UO_2)_2(SO_4)_2(OH)_2 \cdot 4H_2O$ (IMA)

绿蜥蜴铀矿*是一种含结晶水和羟基的铵、钠的铀酰-硫酸盐矿物。三斜晶系。晶体呈叶片状,长约 0.3mm。浅绿黄色,透明;硬度 2,完全解理,脆性,易碎。2017 年发现于美国犹他州圣胡安县绿蜥蜴(Green Lizard)矿。英文名称 Greenlizardite,以发现地美国的绿蜥蜴(Green Lizard)矿命名。IMA 2017-001 批准。2017 年 A. R. 坎普夫(A. R. Kampf)

等在《CNMNC 通讯》(37)、《矿物学杂志》(81)和 2018 年《矿物学杂志》(82)报道。目前尚未见官方中文译名,编译者建议根据美国地名加成分译为绿蜥蜴铀矿*。

【绿纤石】参见【镁绿纤石】条 596 页

【绿纤透辉石】参见【透辉石】条 966 页

【绿锌铜矾】参见【六水羟铜矾】条 532 页

【绿锈矿】

英文名 Fougèrite

化学式 $Fe^{2+}_4Fe^{3+}_2(OH)_{12}(CO_3)\cdot 3H_2O$ (IMA)

绿锈矿是一种含结晶水、碳酸根的复铁氢氧化物矿物。属水滑石超族绿锈矿族。三方晶系。只有在新鲜的时候呈蓝色、绿色、绿色—黑色、黑色,在阳光下数小时或几天后变为铁锈土黄色,土状光泽,不透明。2003 年发现于法国布列塔尼大区福热雷斯(Fougères)森林。英文名称 Fougèrite,以发现地法国的福热雷斯(Fougères)森林命名。IMA 2003-057 批准。2007 年 F. 特罗拉尔(F. Trolard)等在《黏土和黏土矿物》(55)报道。中文名称根据新鲜颜色和曝光后的颜色译为绿锈矿;编译者音译为福热雷斯石*。

【绿铀钙石】参见【铀钙石】条 1088 页

【绿铀矿】

英文名 Vandenbrandeite

化学式 $Cu(UO_2)(OH)_4$ (IMA)

绿铀矿板状晶体,晶簇状集合体(刚果)

绿铀矿是一种铜的铀酰-氢氧化物矿物。三斜晶系。晶体呈板状、刀状、板条状、鳞片状;集合体呈晶簇状。墨绿色—蓝绿色、深绿色,条痕呈绿色,玻璃—半玻璃光泽、油脂光泽,透明—半透明;硬度 3.5~4,完全解理,脆性。1932 年发现于刚果(金)卢阿拉巴省科卢韦齐矿区卡隆圭(Kalongwe)矿床;同年,修斯普(Schoep)在《比属刚果博物馆年鉴》[1(1)]报道。英文名称 Vandenbrandeite,由阿尔弗雷德·修斯普(Alfred Schoep)于 1932 年为纪念皮埃尔·冯·登·布兰德(Pierre Van den Brande,1896—1957)而以他的姓名命名。他是比利时地质学家,他在地质调查局时发现了刚果(金)的卡隆圭(Kalongwe)矿床;因遭大象袭击不幸身亡。1959 年以前发现、描述并命名的"祖父级"矿物,IMA 承认有效。中文名称根据颜色和成分译为绿铀矿,或根据成分译为水铀铜矿。

【绿柱石】

英文名 Beryl

化学式 $Be_3Al_2Si_6O_{18}$ (IMA)

绿柱石柱状晶体,晶簇状集合体

绿柱石是一种铍、铝的硅酸盐矿物。六方晶系。晶体一般呈六方长柱状、粒状、棒状,晶面有纵纹;集合体常呈放射状、块状、晶簇状。呈现的颜色一般多为各种绿色,故名绿柱石,又称为"绿宝石",也有称"绿玉石"者,也有无色、白色、浅黄色、蓝色、玫瑰色等,玻璃光泽,透明—半透明;硬度 6.5~8,脆性。英文名称 Beryl,来源于希腊文"βήρυλλος=Beryllos",又转由拉丁文"Beryllus"慢慢演变而来,意思为"海水般的蓝绿色"。1959 年以前发现、描述并命名的"祖父级"矿物,IMA 承认有效。

自史前时代人类就已开始使用绿柱石。在古代欧洲用透明的绿柱石做成球来占卜。其实,18 世纪中叶以前人们还弄不明白绿柱石与绿宝石(或 Beryl,绿玉石)之间的关系,为此当时著名的化学家克拉普罗兹和 M. 平特海姆(M. Bindheim)等分别对绿柱石和绿玉石进行了化学分析,都误认为是钙铝硅酸盐。直到法国著名矿物学家雷内-朱斯特·阿羽伊(Rene-Just Hauy,1743—1822)长老仔细研究了它们的晶体形态和物理性质以后,才发现这两种矿物十分相似,并请福克兰再进行化学分析。1798 年,法国化学家福克兰发现绿柱石和绿玉石中的一种新土质,并命名为 Glucina,含有甜味的意思,即甜土;同年,在《物理、化学、自然历史和艺术杂志》(46)报道。克拉普罗兹将 Glucina 改称为 Earth beryllia(铍土,氧化铍)。1828 年,舍勒和彪西各自独立制出金属铍元素(Beryllium,旧称 Glucinum)。绿柱石之名即来自 Beryllium 元素之名(《化学元素的发现》)。

绿柱石有几个颜色变种,如淡蓝色的叫海蓝宝石(Aquamarine);深绿色的叫祖母绿;金黄色的叫金绿柱石(Heliiedor,名称源于希腊文的"太阳"和"镀金",即矿物的颜色像镀上金色的太阳一样);有粉红色的叫铯绿柱石(摩根石);无色透明的透绿柱石(Goshenite),又叫白绿玉或白柱石,音译为戈申石等。色泽美丽者是珍贵的宝石,如祖母绿、海蓝宝石。祖母绿最为著名,海蓝宝石次之,二者属绿柱石族中的佼佼者。金绿柱石和铯绿柱石也颇具吸引力(参见相关条目)。还有一种非常罕见的红色绿柱石(Red Beryl)又称红桃色绿玉(Bixbite),其浓烈的玫瑰红色是由宝石内部的锰元素导致的。1912 年发现在美国犹他州贾布县托马斯山和沃沃山的流纹岩。最初由阿尔弗雷德·埃普勒(Alfred Eppler)命名为红绿柱石(Bixbite),是为了纪念梅纳德·毕克斯比(Maynard Bixby,1853—1935)而以他的姓氏命名,他是犹他州盐湖城矿工和矿产经销商。

【绿锥石】参见【克铁蛇纹石】条 413 页

氯 [lǜ]形声;从气,录声。卤族的一种气体元素。[英]Chlorine。元素符号 Cl。原子序数 17。1774 年,瑞典化学家舍勒在从事软锰矿的研究时发现:软锰矿与盐酸混合后加热就会生成一种令人窒息的黄绿色气体。当时,大化学家拉瓦锡认为氧是酸性的起源,一切酸中都含有氧。舍勒及许多化学家都坚信拉瓦锡的观点,认为这种黄绿色的气体是一种化合物,是由氧和另外一种未知的基所组成的,所以舍勒称它为"氧化盐酸"。但英国化学家戴维却持有不同的观点,他想尽了一切办法也不能从"氧化盐酸"中把氧夺取出来,均告失败。他怀疑"氧化盐酸"中根本就没有氧存在。1810 年,戴维以无可辩驳的事实证明了"氧化盐酸"不是一种化合物,而是一种化学元素的单质。他将这种元素命名为"Chlorine",它的希腊文原意是"绿色"。中文译名为氯。

自然界中游离状态的氯存在于大气层中；大多数通常以氯化物(Cl^-)的形式存在，常见的主要是氯化钠(食盐，NaCl)等化合物。

【氯铋矿】

英文名 Bismoclite

化学式 BiOCl　　(IMA)

氯铋矿柱状、纤维状晶体(智利、英国)

氯铋矿是一种铋氧的氯化物矿物。属氟氯铅矿族。四方晶系。晶体呈板状、纤维状、鳞片状、圆柱状；集合体呈土状、块状、放射状。白灰色、黄褐色，薄边缘无色，油脂光泽、丝绢光泽，解理面上呈珍珠光泽，块状、土状者呈土状光泽，透明—半透明；硬度 2～2.5，完全解理。1916 年发现于南非北开普省纳马夸区的贾克尔斯瓦特(Jakkalswater)(努玛基伟晶岩等矿)；同年，米恩斯(Means)在《美国科学杂志》(41)报道，称羟氯铋矿(Daubréeite)。英文名称 Bismoclite，1935 年班尼斯特(Bannister)在《矿物学杂志》(24)根据化学成分"Bismuth(铋)""Oxide(氧)"和"Chloride(氯)"缩写组合命名。1959 年以前发现、描述并命名的"祖父级"矿物，IMA 承认有效。中文名称根据成分译为氯铋矿；实际上，译为氯氧铋矿更确切。

【氯氮汞矿】

英文名 Kleinite

化学式$(Hg_2N)(Cl,SO_4)\cdot nH_2O$

氯氮汞矿柱状、粒状晶体，晶簇状集合体(美国)和克莱因像

氯氮汞矿是一种含结晶水的汞、氮的氯-硫酸盐矿物。与黄氮汞矿为同质多象。六方晶系。晶体呈长柱状、粒状，有时呈其他矿物的假象；集合体呈晶簇状。亮黄色、橙色，金刚光泽、油脂光泽，透明—半透明；硬度 3.5～4，完全解理，脆性。1903 年摩西(Moses)在《美国科学杂志》(16)报道，称为黄色汞矿 5 号。1905 年发现于美国得克萨斯州特灵瓜(Terlingua)汞矿场；同年，希勒布兰德(Hillebrand)在《科学》(22)和《普鲁士皇家科学院会议报告》(21)报道，称氯铵汞矾(Mercurammonite)。英文名称 Kleinite，1905 年，亚瑟·萨克斯(Arthur Sachs)为纪念德国柏林大学矿物学教授、自然博物馆馆长约翰·弗里德里希·卡尔·克莱因(Johann Friedrich Carl Klein，1842—1907)而以他的姓氏命名。克莱因是一位为了解矿物光学性质而使用薄片鉴定矿物从而做出了重大贡献的岩石学家；他是研究陨石薄片的先驱。1959 年以前发现、描述并命名的"祖父级"矿物，IMA 承认有效。中文名称根据成分译为氯氮汞矿或氯铵汞矿(矾)或氯氧汞矿(矾)。

【氯碲铅矿】

英文名 Kolarite

化学式 $PbTeCl_2$　　(IMA)

氯碲铅矿是一种铅、碲的氯化物矿物。斜方晶系。晶体显微粒状；集合体呈细脉状、晶簇状。钢灰色，金属光泽，不透明。1983 年发现于印度卡纳塔克邦科拉尔(Kolar)金矿中央片岩带矿脉。英文名称 Kolarite，以发现地印度的科拉尔(Kolar)金矿命名。IMA 1983－081 批准。1985 年 A. D. 亨金(A. D. Genkin)等在《加拿大矿物学家》(23)报道。1986 年中国新矿物与矿物命名委员会郭宗山等在《岩石矿物学杂志》[5(4)]根据成分译为氯碲铅矿。

【氯碲铁石】

英文名 Rodalquilarite

化学式 $H_3Fe_2^{3+}(Te^{4+}O_3)_4Cl$　　(IMA)

氯碲铁石板柱状、刀状晶体，晶簇状集合体(智利)

氯碲铁石是一种含氯的氢、铁的碲酸盐矿物。三斜晶系。晶体呈粗大板柱状、刀状，粒径 2.5cm；集合体呈晶簇状、皮壳状。草绿色、翠绿色、油绿色、淡黄绿色、黄绿色，油脂光泽，半透明；硬度 2～3，完全解理，脆性。1967 年发现于西班牙安达卢西亚自治区阿尔梅里亚省的罗达尔奎拉尔(Rodalquilar)金矿 340 号矿脉。英文名称 Rodalquilarite，以发现地西班牙的罗达尔奎拉尔(Rodalquilar)命名。IMA 1967－040 批准。1968 年 J. 塞拉·洛佩斯(J. Sierra Lopez)等在《法国矿物学和结晶学会通报》(91)和《美国矿物学家》(53)报道。中文名称根据成分译为氯碲铁石或氯铁碲矿。

【氯碘铅矿】

英文名 Schwartzembergite

化学式 $Pb_5^{2+}H_2I^{3+}O_6Cl_3$　　(IMA)

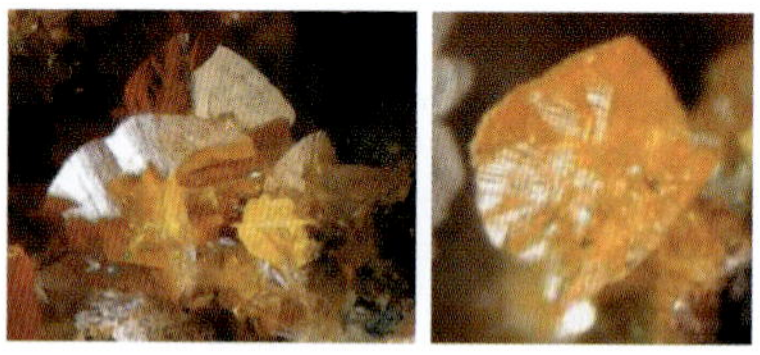

氯碘铅矿扁平锥状、圆粒状晶体(智利)

氯碘铅矿是一种极不寻常的含氯、氧的铅的氢碘酸盐矿物。四方晶系。晶体呈扁平锥状、圆粒状；集合体呈致密土状、皮壳状。蜂蜜黄色、草黄色、柠檬黄色、黄棕色、棕红色，金刚光泽，半透明；硬度 2.5，完全解理。1864 年发现于智利安托法加斯塔省卡奇纳尔(Cachinal)干旱地区铅矿床氧化带；同年，多梅科(Domeyko)在《矿山年鉴》(5)报道，称铅的氧氯碘化物(Oxychloroïodure de plomb)。1868 年 J. D. 丹纳(J. D. Dana)在《系统矿物学》(第五版，纽约)刊载。英文名称 Schwartzembergite，以智利科皮亚波的分析专家、矿物的第一个发现者阿道夫·埃米利奥·施瓦岑贝格(Adolf Emilio Schwarzenberg，1826—1907)博士的姓氏命名。1959 年以前发现、描述并命名的"祖父级"矿物，IMA 承认有效。中文名

称根据成分译为氯碘铅矿；《英汉矿物种名称》(2017)译作羟氯碘铅石。

【氯碘铅石】

英文名 Seeligerite

化学式 $Pb_3(IO_4)Cl_3$　　(IMA)

氯碘铅石是一种罕见的含氯的铅的碘酸盐矿物。斜方(假四方)晶系。晶体呈薄板状。鲜黄色，玻璃光泽、蜡状光泽，半透明；完全解理。1970年首次发现于智利安托法加斯塔省谢拉戈达镇圣安娜(Santa Ana)矿。英文名称 Seeligerite，以德国柏林科技大学矿物学教授埃里克·西里格(Erich Seeliger)的姓氏命名。IMA 1970-036批准。1971年在《矿物学新年鉴》(月刊)和1972年《美国矿物学家》(57)报道。中文名称根据成分译为氯碘铅石，或音译为西里格矿。

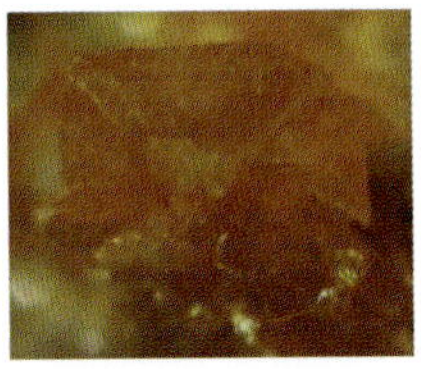

氯碘铅石薄板状晶体(智利)

【氯钒铅石】

英文名 Kombatite

化学式 $Pb_{14}O_9(VO_4)_2Cl_4$　　(IMA)

氯钒铅石是一种含氯的铅氧的钒酸盐矿物。单斜晶系。晶体呈他形粒状。黄色，金刚光泽，半透明；硬度2～3，完全解理，脆性。1985年发现于纳米比亚奥特乔宗朱帕省赫鲁特方丹市孔巴特(Kombat)矿。英文名称 Kombatite，以发现地纳米比亚的孔巴特(Kombat)矿命名。IMA 1985-056批准。1986年R.C.罗斯(R.C.Rouse)等在《矿物学新年鉴》(月刊)和1988年《美国矿物学家》(73)报道。1987年中国新矿物与矿物命名委员会郭宗山等在《岩石矿物学杂志》[6(4)]根据成分译为氯钒铅石。

氯钒铅石他形粒状晶体(纳米比亚)

【氯钒铜铅矿】参见【列宁格勒石】条452页

【氯氟钙石】

英文名 Rorisite

化学式 CaClF　　(IMA)

氯氟钙石是一种钙的氟-氯化物矿物。属氟氯铅矿族。四方晶系。晶体呈圆粒状、板状。无色，玻璃光泽，透明；硬度2，完全解理，脆性；易吸水潮解。1982年发现于俄罗斯车里雅宾斯克州车里雅宾斯克煤田科佩伊斯克(Kopeisk)45号煤矿；同年，I.V.库利科夫(I.V.Kulikov)等在苏联《地质科学》(25)和1983年《美国矿物学家》(68)报道。英文名称 Rorisite，来自拉丁文"Roris"即"Dew(露水珠)"命名，意指在潮湿的空气中像透明的水珠状覆盖在其他矿物上。IMA 1989-015批准。1990年B.V.切斯诺科夫(B.V.Chesnokov)等在《全苏矿物学会记事》[119(3)]和1991年《美国矿物学家》(76)报道。1993年中国新矿物与矿物命名委员会黄蕴慧等在《岩石矿物学杂志》[12(1)]根据成分译为氯氟钙石。

【氯钙铝石】

英文名 Chlormayenite

化学式 $Ca_{12}Al_{14}O_{32}[\square_4Cl_2]$　　(IMA)

氯钙铝石是一种含氯、空位的钙、铝的氧化物矿物，即含氯的钙铝石类似物，它可能是一种外星的蚀变矿物。不仅是一个新的陨石钙-铝相，也是一个新的氯在原始陨石中富集的相。它可能是始铝钙石和氯占主导地位的热气体或液体反应的产物。属钙铝石超族。等轴晶系。晶体呈细粒状。暗绿色。2010年发现于墨西哥奇瓦瓦州阿连德(Allende)碳质球粒陨石。英文原名称 Brearleyite，以新墨西哥大学的矿物学家阿德里安·J.布里尔利(Adrian J. Brearley，1958—)的姓氏命名，以表彰他在陨石矿物学领域做出的许多贡献。IMA 2010-062批准。2010年马驰(Ma Chi)在《第七十三届陨石学会年度会议文摘》、《CNMNC通讯》(7)和《矿物学杂志》(75)报道。英文名称 Chlormayenite，由成分冠词"Chlor(氯)"和根词"Mayenite(钙铝石)"组合命名，根词1963年以发现地德国埃菲尔迈恩(Mayen)命名[IMA 1963-016，$Ca_{12}Al_{14}O_{33}$。1964年在《矿物学新年鉴》(月刊)报道]。2013年IMA 13-C重新定义，Mayenite改为族名，而 Brearleyite 被废弃，或作为 Chlormayenite 的同义词，并将原名更名为 Chlormayenite。中文名称根据成分译为氯钙铝石(参见【钙铝石】条223页)。

【氯钙石】

英文名 Hydrophilite

化学式 $CaCl_2$

氯钙石是一种钙的氯化物矿物。斜方晶系。晶体呈假四方柱状、立方体，具似微斜长石的聚片双晶。白色，玻璃光泽、油脂光泽，透明—半透明；柱面为完全解理；易潮解，溶于水，味苦。最初的描述来自德国下萨克森州吕内堡市卡尔克博格(Kalkberg)山丘。1813年J.F.L.豪斯曼(J.F.L.Hausmann)在哥廷根《矿物学手册》(3)刊载。英文名称 Hydrophilite，根据希腊文"νζρό=Hydros=Water(水)"和"Νερό=Philos=Friend(朋友)"组合命名，意指矿物具有"Hydrophilic(亲水性、吸水性、易潮解)"的特性。中文名称根据成分译为氯钙石。它可能与 Antarcticite(南极石，$CaCl_2\cdot 6H_2O$)和 Sinjarite(水氯钙石 $CaCl_2\cdot 2H_2O$)相同，2006年被IMA废弃，或视为同义词(参见【南极石】条646页和【水氯钙石】条851页)。

【氯汞矿】

英文名 Hanawaltite

化学式 $Hg_6^{1+}Hg^{2+}O_3Cl_2$　　(IMA)

氯汞矿是一种汞的氧-氯化物矿物。斜方晶系。晶体呈他形—半自形长叶片状、刀刃状、板状。黑色、暗褐黑色、深棕红色，金属光泽，透明—不透明；硬度5，完全解理，脆性。1994年发现于美国加利福尼亚州圣贝尼托县代阿布洛岭新伊德里亚地区皮卡乔峰克利尔(Clear)溪老汞矿。英文名称 Hanawaltite，1996年安德鲁·C.罗伯茨(Andrew C. Roberts)等为纪念3M公司和美国密歇根州安娜堡密歇根大学的约瑟夫·唐纳德·哈纳沃特(Joseph Donald Hanawalt，1902—1987)而以他的姓氏命名。他开展了早期的X射线粉末衍射分析工作，被称为X射线粉末衍射领域的开拓者；他是镁的冶金学家和权威人士；他开发了被称为哈纳沃特X射线衍射方法，获得了30项专利和无数奖项。IMA 1994-036批准。1996年罗伯茨等在《粉末衍射》(*Powder Diffraction*)(11)和J.L.杨博尔(J.L.Jambor)等在《美国矿物学家》(81)报道。2003年中国地质科学院矿产资源研究所李锦平等在《岩石矿物学杂志》[22(3)]根据成分译为氯汞矿。

【氯硅钙铅矿】

英文名 Nasonite

化学式 $Ca_4Pb_6(Si_2O_7)_3Cl_2$ (IMA)

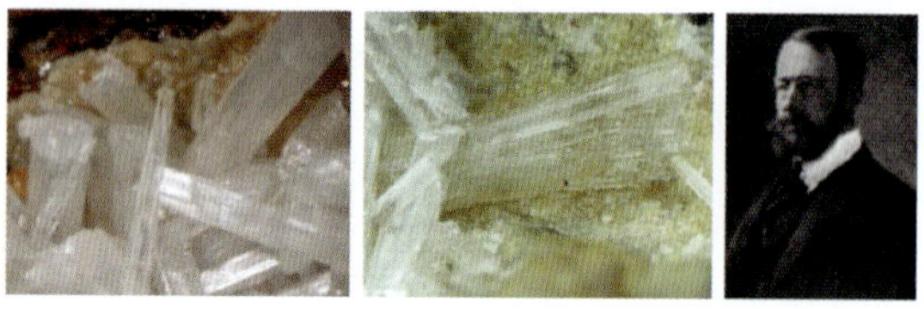

氯硅钙铅矿柱状晶体(美国)和内森像

氯硅钙铅矿是一种含氯的铅、钙的硅酸盐矿物。六方晶系。晶体呈柱状、粒状;集合体块状。无色、白色、蓝色,金刚光泽、玻璃光泽、油脂光泽,透明—半透明;硬度 4。1899 年发现于美国新泽西州苏塞克斯县富兰克林矿区富兰克林矿山帕克(Parker)矿的矿井;同年,在《美国科学杂志》(8)报道和 E. S. 丹纳(E. S. Dana)在《系统矿物学》(第六版)刊载。1902 年在《弗兰克・莱斯利的热门月刊:弗兰克・刘易斯・内森》[第 89 卷(6 月)]报道。英文名称 Nasonite,1899 年由塞缪尔・刘易斯・潘菲尔德(Samuel Lewis Penfield)和查尔斯・海德・沃伦(Charles Hyde Warren)为纪念美国新泽西州的地质调查局地质学家和新泽西锌有限公司的一个私人顾问弗兰克・刘易斯・内森(Frank Lewis Nason,1856—1928)而以他的姓氏命名。他也是富兰克林和苏塞克斯山丘的研究学者,还是一位小说家,写了挖掘矿山采矿的冒险故事。1959 年以前发现、描述并命名的"祖父级"矿物,IMA 承认有效。中文名称根据成分译为氯硅钙铅矿。

【氯硅锆钠石】

英文名 Petarasite

化学式 $Na_5Zr_2Si_6O_{18}(Cl,OH)\cdot 2H_2O$ (IMA)

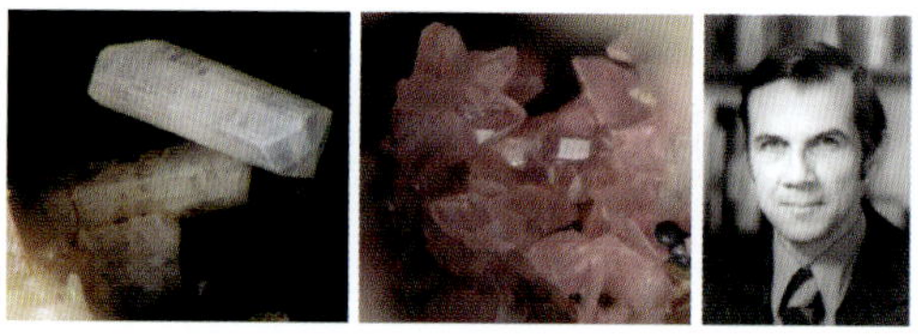

氯硅锆钠石柱状晶体,晶簇状集合体(葡萄牙、加拿大)和皮特・塔拉索夫像

氯硅锆钠石是一种含结晶水、羟基和氯的钠、锆的硅酸盐矿物。与基性异性石族相关。单斜晶系。晶体呈柱状;集合体呈晶簇状。棕黄色、黄绿色、深绿色、粉色,玻璃光泽,透明—半透明或不透明;硬度 5~5.5,完全解理。1979 年发现于加拿大魁北克省圣莱希尔(Saint - Hilaire)山混合肥料采石场。英文名称 Petarasite,1980 年由乔治・Y. 赵(George Y. Chao)等以来自加拿大魁北克比肯斯菲尔德的被誉为圣莱希尔山矿物收藏家"院长"的业余矿物学家皮特・塔拉索夫(Peter Tarassoff,1934—)博士的姓名缩写组合命名。他长期(40 年以上)从事圣莱希尔山矿物收藏和持续地为圣莱希尔山矿物学做出了贡献。IMA 1979 - 063 批准。1980 年乔治・Y. 赵等在《加拿大矿物学家》(18)报道。中文名称根据成分译为氯硅锆钠石。

【氯硅磷灰石】

英文名 Chlorellestadite

化学式 $Ca_5(SiO_4)_{1.5}(SO_4)_{1.5}Cl$ (IMA)

氯硅磷灰石是一种含氯的钙的硫酸-硅酸盐矿物。属磷灰石超族硅磷灰石族。六方晶系。晶体呈细长柱状,长 0.2~0.3mm。白色,略带蓝色和绿色,玻璃光泽,透明;硬度 4.5,脆性。英文名称 Chlorellestadite,由成分冠词"Chlor(氯)"和根词"Ellestadite(硅磷灰石)"组合命名,这是一个假定名称,用于人工合成物[2010 年 M. 帕塞罗(M. Pasero)等在《欧洲矿物学杂志》(22)磷灰石超族命名法认为假定不存在],IMA 也未批准。2017 年发现于格鲁吉亚南奥塞梯自治州高加索山脉凯尔(Kel')火山岩区沙迪尔霍克(Shadil - khokh)火山西北坡。IMA 2017 - 013 批准。2017 年 D. Środek 等在《CNMNC 通讯》(37)、《矿物学杂志》(81)和 2018 年《矿物学与岩石学》(112)报道。同义词 Ellestadite-(Cl)。中文名称根据成分及与硅磷灰石的关系译为氯硅磷灰石。

【氯硅钛钙钠石】参见【阿卢艾夫石】条 7 页

【氯硅铁铅矿】

英文名 Jagoite

化学式 $Pb_{18}Fe_4^{3+}[Si_4(Si,Fe^{3+})_6][Pb_4Si_{16}(Si,Fe)_4]O_{82}Cl_6$ (IMA)

氯硅铁铅矿片状晶体(瑞典)和贾戈像

氯硅铁铅矿是一种含氯的铅、铁的铅铁硅酸-铁硅酸盐矿物。六方晶系。晶体呈细鳞片状。黄色、黄绿色、稻草黄色、灰蓝色,条痕呈黄色,玻璃光泽,半透明;硬度 3,完全解理,解理片具弹性。1957 年发现于瑞典韦姆兰省菲利普斯塔德市朗班(Långban);同年,R. 布里克斯(R. Blix)等在《矿物学和地质学档案》(2)记载;1958 年 M. 弗莱舍(M. Fleischer)在《美国矿物学家》(43)报道。英文名称 Jagoite,以美国加利福尼亚州帕罗奥图的矿物收藏家和矿物收藏的捐赠者约翰・伯纳德・贾戈・特里劳尼(John Bernard Jago Trelawney,1909—2001)的名字命名。他周游欧洲和非洲,参观过许多著名的地方,并在 20 世纪 70 年代末收集了被认为是最好的私人矿物收藏品之一;这个名字是为了表彰他为瑞典自然历史博物馆提供的用于研究朗班矿物的资金。1959 年以前发现、描述并命名的"祖父级"矿物,IMA 承认有效。中文名称根据成分译为氯硅铁铅矿。

【氯黄晶】

英文名 Zunyite

化学式 $Al_{13}Si_5O_{20}(OH,F)_{18}Cl$ (IMA)

氯黄晶四面体晶体(美国)

氯黄晶是一种含氯、氟和羟基的铝的硅酸盐矿物。等轴晶系。晶体呈四面体、假八面体,粒径 2cm。无色、灰色、白色、桃红色,玻璃光泽,透明—半透明;硬度 7,完全解理,脆性。它的最早发现地可能是危地马拉,但命名是在 1884 年发现于美国科罗拉多州圣胡安县祖尼(Zuni)矿;同年,在《科罗拉多科学学会会刊》(1)报道。英文名称 Zunyite,以发现地美国的祖尼(Zuni)矿命名。1959 年以前发现、描述并命

名的“祖父级”矿物，IMA 承认有效。中文名称根据成分及与黄晶的关系译为氯黄晶。

【氯钾铵矿】参见【红铵铁盐】条 323 页

【氯钾铵铁矿】参见【红铵铁盐】条 323 页

【氯钾胆矾】

英文名 Chlorothionite

化学式 $K_2Cu(SO_4)Cl_2$ (IMA)

氯钾胆矾粒状晶体，块状集合体(意大利、俄罗斯)

氯钾胆矾是一种含氯的钾、铜的硫酸盐矿物。斜方晶系。晶体呈不规则粒状；集合体呈块状。淡蓝色、蓝绿色；硬度 2.5，完全解理。1872 年发现于意大利那不勒斯省维苏威(Vesuvius)火山。1872 年斯卡基(Scacchi)在《那不勒斯皇家物理和数学科学院文献》(5)报道。英文名称 Chlorothionite 由化学成分希腊文“Χλωρίνη=Chlorine(氯)”和“Θευκό=Thio=Sulfur(硫黄，含硫的)”组合命名。1959 年以前发现、描述并命名的“祖父级”矿物，IMA 承认有效。中文名称根据成分译为氯钾胆矾，也译作钾氯胆矾。

【氯钾钙石】

英文名 Chlorocalcite

化学式 $KCaCl_3$ (IMA)

氯钾钙石是一种钾、钙的氯化物矿物。属钙钛矿超族化学计量比钙钛矿族氯钾钙石亚族。斜方晶系。晶体呈假立方体、八面体、菱形十二面体、柱状、板状，具聚片双晶。白色带紫红色调，透明；硬度 2.5～3，完全解理；易潮解，有苦味。最早见于 1823 年 T. 蒙蒂切利(T. Monticelli)和 N. 科韦利(N. Covelli)在那不勒斯《1821 年等维苏威火山喷发史》(*Storia di fenom. Del Vesuvio avven. Negli anni*, 1821 *etc.*)报道。1872 年发现于意大利那不勒斯省维苏威(Vesuvius)火山升华物。1872 年斯卡基(Scacchi)在《那不勒斯皇家科学院数学和物理文献》(5)报道。英文名称 Chlorocalcite，由化学成分“Chlorine(氯)”和“Calcium(钙)”缩写组合命名。1959 年以前发现、描述并命名的“祖父级”矿物，IMA 承认有效。中文名称根据成分译为氯钾钙石或盐氯钙石。

【氯钾铅矿】

英文名 Challacolloite

化学式 KPb_2Cl_5 (IMA)

氯钾铅矿板状晶体，平行晶簇状集合体(意大利)

氯钾铅矿是一种钾、铅的氯化物矿物。单斜晶系。晶体呈板状、弯曲薄片状；集合体呈近于平行的晶簇状、皮壳状、葡萄状。无色、白色—黄色，金刚光泽、油脂光泽，透明；硬度 2～3，脆性。2004 年发现于智利塔马鲁加尔省阿塔卡玛沙漠查亚科约(Challacollo)矿；随后在意大利维苏威火山 1855 年喷发物中、千岛群岛火山及日本萨摩火山也有发现及描述。英文名称 Challacolloite，以最早发现地智利的查亚科约(Challacollo)矿命名。IMA 2004-028 批准。2005 年 J. 施吕特尔(J. Schlüter)等在《矿物学新年鉴：论文》(182)报道。2008 年中国地质科学院地质研究所任玉峰等在《岩石矿物学杂志》[27(6)]根据成分译为氯钾铅矿。

【氯钾铁盐】参见【绿钾铁盐】条 544 页

【氯钾铜矿】

英文名 Mitscherlichite

化学式 $K_2CuCl_4 \cdot 2H_2O$ (IMA)

氯钾铜矿粒状晶体(意大利)和米切利希像

氯钾铜矿是一种含结晶水的钾、铜的氯化物矿物。四方晶系。晶体呈短柱状、粒状、锥状；集合体呈钟乳状。蓝绿色、绿青色、无色，玻璃光泽，透明；硬度 2.5。最早见于 1887 年乌伊洛勃夫(Wyrouboff)在《法国矿物学会通报》(10)报道了人工合成物。1925 年发现于意大利那不勒斯省维苏威(Vesuvius)火山底盘。1925 年赞博尼尼(Zambonini)和卡罗比(Carobbi)在《R. 奥塞尔特维苏威年鉴》[(3)2]报道。英文名称 Mitscherlichite，以德国晶体学家和化学家艾尔哈德·米切利希(Eilhard Mitscherlich，1794—1863)的姓氏命名。他是德国柏林大学的化学教授，发现了同构现象和多态性并首先人工合成了此化合物。1959 年以前发现、描述并命名的“祖父级”矿物，IMA 承认有效。中文名称根据成分译为氯钾铜矿。

【氯碱钙霞石】

英文名 Microsommite

化学式 $[(Na,K)_6(SO_4)][Ca_2Cl_2][(Al_6Si_6O_{24})]$ (IMA)

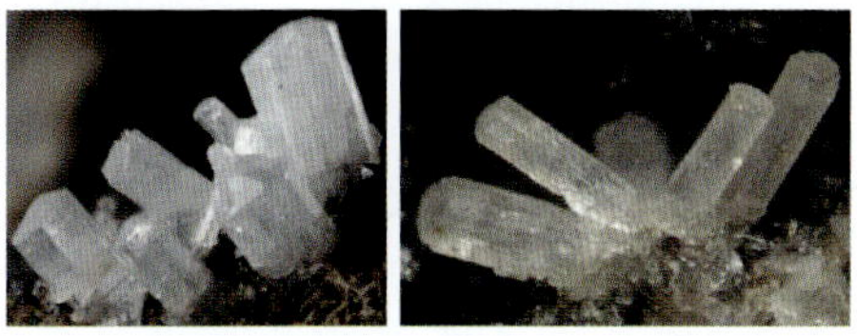

氯碱钙霞石柱状晶体，晶簇状集合体(意大利)

氯碱钙霞石是一种含氯化钙和钠、钾的铝硅酸-硫酸盐矿物。属似长石族钙霞石族。六方晶系。晶体呈柱状；集合体呈晶簇状。无色、白色，玻璃光泽、丝绢光泽，透明；硬度 6，完全解理。1872 年发现于意大利那不勒斯省库珀戴尔奥利维拉(Cupa dell'Olivella)峡谷；同年，A. 斯卡基(A. Scacchi)在《那不勒斯皇家科学院物理和数学文献》(11)报道。英文名称 Microsommite，1872 年由斯卡基根据“Micro(小的晶体)”和发现地意大利的外轮(Somma)山组合命名。1959 年以前发现、描述并命名的“祖父级”矿物，IMA 承认有效。中文名称根据成分译为氯碱钙霞石；《英汉矿物种名称》

L

(2017)译为微碱钙霞石，也有的译作碱钾钙霞石。

【氯磷钡石】

英文名 Alforsite

化学式 $Ba_5(PO_4)_3Cl$　(IMA)

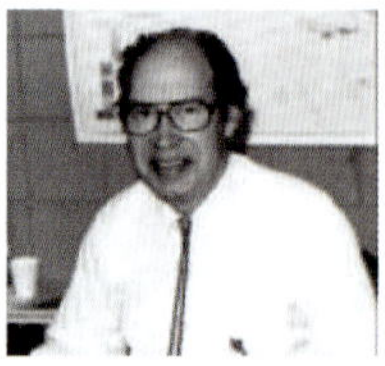
阿尔福什像

氯磷钡石是一种含氯的钡的磷酸盐矿物，是钡的氯磷灰石类似矿物。属磷灰石超族磷灰石族。六方晶系。晶体呈半自形粒状，粒径 0.2mm。无色，玻璃—半玻璃光泽，透明；硬度 5，脆性。1980 年发现于美国加利福尼亚州弗雷斯诺县大溪(Big Creek)。英文名称 Alforsite，由 N. G. 纽贝里(N. G. Newberry)等为纪念美国加利福尼亚州地质调查局的地质学家和系统矿物学家约翰·T.阿尔福什(John T. Alfors，1930—2005)而以他的姓氏命名。IMA 1980-039 批准。1981 年纽贝里等在《美国矿物学家》(66)报道。中文名称根据成分译为氯磷钡石；1983 年中国新矿物与矿物命名委员会郭宗山在《岩石矿物及测试》[2(1)]根据成分及与族名译为钡磷灰石。

【氯磷灰石】

英文名 Chlorapatite

化学式 $Ca_5(PO_4)_3Cl$　(IMA)

氯磷灰石六方带锥的柱状晶体(阿塞拜疆)

氯磷灰石是一种含氯的钙的磷酸盐矿物。属磷灰石超族磷灰石族。六方晶系。晶体呈带锥的柱状、厚板状；集合体呈粗粒块状。无色、白色，半玻璃光泽、松脂光泽，透明—半透明；硬度 5，脆性。1827 年首先发现于挪威泰利马科地区克拉格勒(Kragerø)镇和瑞典韦姆兰省迪克斯伯格(Dicksberg)(IMA 表-2019 年，模式产地为奥地利/德国/西班牙/瑞士)；同年，在《物理学和化学年鉴》(85)报道。1860 年拉梅尔斯贝格(Rammelsberg)在莱比锡《矿物化学手册》(第一版)刊载，称 Chlorapatit。英文名称 Chlorapatite，1860 年由卡尔·F.拉梅尔斯贝格(Carl F. Rammelsberg)根据希腊文“απατεiν=Apatein，即 To deceive(欺骗)或 To be misleading(误导)”，意指磷灰石经常与其他矿物混淆(例如绿柱石、整柱石)，前缀加上主要阴离子“Chlor(氯)”命名。1959 年以前发现、描述并命名的“祖父级”矿物，IMA 承认有效。IMA 2010s. p. 批准。中文名称根据成分及与磷灰石的关系译为氯磷灰石(参见【磷灰石】条 460 页)。

【氯磷钠铜矿】

英文名 Sampleite

化学式 $NaCaCu_5(PO_4)_4Cl \cdot 5H_2O$　(IMA)

氯磷钠铜矿板条状晶体，晶簇状、放射状集合体(澳大利亚、智利)

氯磷钠铜矿是一种含结晶水和氯的钠、钙、铜的磷酸盐矿物。属氯砷钠铜石(砷钙钠铜矿)族。斜方晶系。晶体呈薄板条状；集合体呈放射状。淡蓝色—蓝绿色，解理面上呈珍珠光泽，透明；硬度 4，完全解理，脆性。1942 年首次发现并描述于智利洛阿省卡拉马丘基卡马塔(Chuquicamata)矿；同年，C. S. 赫尔伯特(C. S. Hurlbut)在《美国矿物学家》(27)报道。英文名称 Sampleite，由科尼利厄斯·赫尔伯特(Cornelius Hurlbut)先生为纪念马特·萨姆普勒(Matt Sample)先生而以他的姓氏命名。1921 年马特·萨姆普勒先生是智利勘探公司负责人，他提供了矿物样品。1959 年以前发现、描述并命名的“祖父级”矿物，IMA 承认有效。中文名称根据成分译为氯磷钠铜矿。

【氯磷砷铅矿】参见【磷砷铅矿】条 476 页

【氯硫铋锡铅矿】

英文名 Vurroite

化学式 $Pb_{20}Sn_2(Bi,As)_{22}S_{54}Cl_6$　(IMA)

氯硫铋锡铅矿纤维状晶体，放射状集合体(意大利，电镜)

氯硫铋锡铅矿是一种含氯的铅、锡的铋-砷-硫化物矿物。单斜(假斜方)晶系。晶体呈针状、纤维状；集合体呈放射状。银灰色，金属光泽，不透明。2003 年发现于意大利墨西拿省利帕里岛弗卡诺岛拉福萨(La Fossa)火山口。英文名称 Vurroite，2005 年由安娜·加拉维利(Anna Garavelli)等为纪念意大利巴里大学矿物学教授菲利波·乌洛(Filippo Vurro，1940—)而以他的姓氏命名。他致力于现代火山矿床的矿物学和地球化学研究工作。IMA 2003-027 批准。2005 年 A. 加拉维利(A. Garavelli)等在《加拿大矿物学家》(42/43)报道。2008 年中国地质科学院地质研究所任玉峰等在《岩石矿物学杂志》[27(6)]根据成分译为氯硫铋锡铅矿。

【氯硫汞矿】

英文名 Corderoite

化学式 $Hg_3S_2Cl_2$　(IMA)

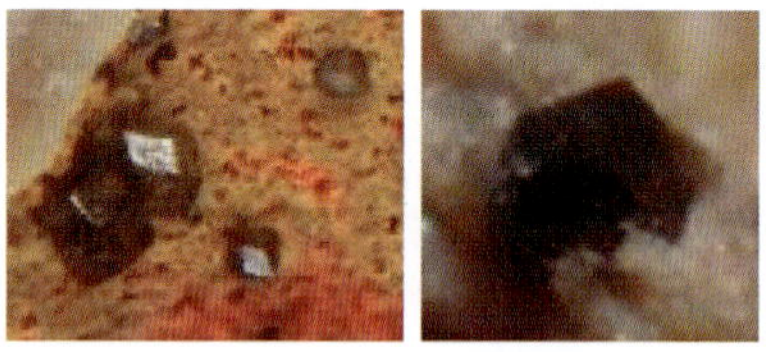
氯硫汞矿立方体、菱形十二面体晶体(德国)

氯硫汞矿是一种极其罕见的汞的氯-硫化物矿物。与氯溴硫汞矿和斜方氯硫汞矿为同质多象。等轴晶系。晶体呈立方体、菱形十二面体、粒状，粒径 2mm。浅黄色、浅橙粉色，曝光迅速变浅灰色、棕黑色，金刚光泽，透明；硬度 2～3。1973 年发现于美国内华达州洪堡特县麦克德米特(McDermitt)矿山[原名科德罗(Cordero)矿山]。英文名称 Corderoite，以发现地美国的科德罗(Cordero)矿山命名。IMA 1973-037 批准。1974 年 E. E. 富尔德(E. E. Foord)在《美国矿物学家》(59)报道。中文名称根据成分译为氯硫汞矿。

【氯硫铝钙石】

英文名 Vlodavetsite

化学式 $Ca_2Al(SO_4)_2F_2Cl \cdot 4H_2O$　(IMA)

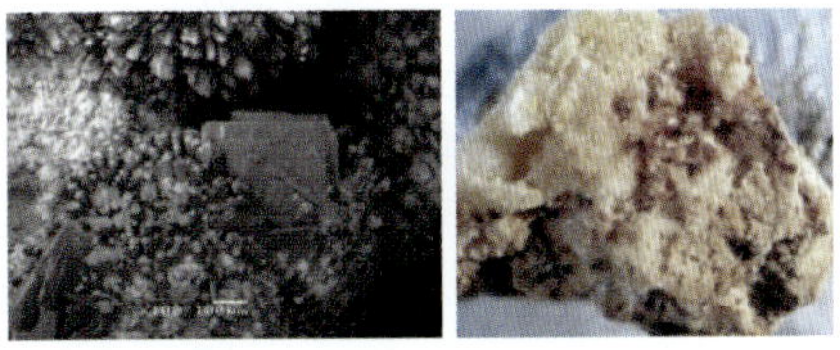

氯硫铝钙石显微四方板状晶体，皮壳状集合体（俄罗斯、意大利）

氯硫铝钙石是一种含结晶水、氯和氟的钙、铝的硫酸盐矿物。四方晶系。晶体呈鳞片状、板状、细粒状；集合体呈皮壳状、块状。无色、浅黄色，玻璃光泽，透明—半透明；完全解理，脆性。1993 年发现于俄罗斯堪察加州托尔巴契克（Tolbachik）火山主断裂北破火山口第二火山渣锥喷发口裂隙壁。英文名称 Vlodavetsite，以俄罗斯的火山学家 V. I. 弗洛达韦茨（V. I. Vlodavets，1893—1993）姓氏命名。他领导成立了堪察加火山站。IMA 1993－023 批准。1995 年 L. P. 维尔戛索娃（L. P. Vergasova）等在《俄罗斯科学院报告》（343）报道。2003 年中国地质科学院矿产资源研究所李锦平等在《岩石矿物学杂志》[22(3)]根据成分译为氯硫铝钙石。

【氯硫硼钠钙石】参见【钙钠硫硼石】条 226 页

【氯硫锑铅矿】

英文名 Ardaite

化学式 $Pb_{17}Sb_{15}S_{35}Cl_9$　（IMA）

氯硫锑铅矿是一种含氯的铅、锑的硫化物矿物。单斜晶系。晶体呈显微针状，粒径 2～50μm。绿灰色或蓝绿色，金属光泽，不透明；硬度 2.5～3。1979 年发现于保加利亚哈斯科沃州罗多彼山脉马贾罗沃（Madzharov）多金属矿床。英文名称 Ardaite，以矿物发现地附近的保加利亚阿尔达（Arda）河命名。IMA 1979－073 批准。1982 年 V. V. 布勒斯科夫斯卡（V. V. Breskovska）等在《矿物学杂志》（46）和 1983 年 P. J. 邓恩（P. J. Dunn）等在《美国矿物学家》（68）报道。1984 年中国新矿物与矿物命名委员会郭宗山在《岩石矿物及测试》[3(2)]根据成分译为氯硫锑铅矿。

【氯硫铁钾矿】

英文名 Chlorbartonite

化学式 $K_6Fe_{24}S_{26}Cl$　（IMA）

氯硫铁钾矿是一种含氯的钾、铁的硫化物矿物，化学性质非常接近陨硫铜钾矿。四方晶系。晶体呈他形粒状、板状，呈其他矿物的包裹体。棕色、褐色、黑色，半金属光泽，不透明；硬度 4，脆性。2000 年发现于俄罗斯北部摩尔曼斯克州科阿斯瓦（Koashva）山科阿斯瓦露天坑。英文名称 Chlorbartonite，由成分冠词“Chlor（氯）”和“Bartonite（巴硫铁钾矿或褐硫铁钾矿）”组合命名，意指它是氯占优势的巴硫铁钾矿（褐硫铁钾矿）的类似矿物。IMA 2000－048 批准。2003 年 V. N. 亚科温楚克（V. N. Yakovenchuk）等在《加拿大矿物学家》（41）报道。2008 年中国地质科学院地质研究所任玉峰等在《岩石矿物学杂志》[27(2)]根据成分译为氯硫铁钾矿。

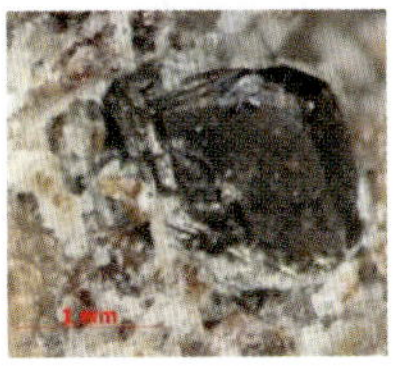

氯硫铁钾矿四方板状晶体（俄罗斯）

【氯硫溴银汞矿】

英文名 Iltisite

化学式 HgAgSCl　（IMA）

氯硫溴银汞矿针状晶体，放射状集合体（法国）和伊尔蒂斯夫妇像

氯硫溴银汞矿是一种含氯的汞、银的硫化物矿物。与卡普加陆石（Capgaronnite）为同质多象。六方晶系。晶体呈六方针状；集合体呈放射状、杂乱状。红色、褐红色，金刚光泽，透明—半透明；完全解理，脆性。1994 年发现于法国普罗旺斯-阿尔卑斯-蓝色海岸大区卡普加伦（Cap Garonne）矿。英文名称 Iltisite，以矿物的发现者安托万·伊尔蒂斯（Antoine Iltis，1942—）的姓氏命名。他是一位业余矿物学家。IMA 1994－031 批准。1997 年 H. 萨尔普（H. Sarp）等在《日内瓦科学档案馆》[50(1)]报道。2003 年中国地质科学院矿产资源研究所李锦平等在《岩石矿物学杂志》[22(2)]根据成分译为氯硫溴银汞矿。

【氯硫银汞矿】

英文名 Perroudite

化学式 $Ag_4Hg_5S_5(I,Br)_2Cl_2$　（IMA）

氯硫银汞矿柱状晶体，放射状集合体（法国）和佩罗德像

氯硫银汞矿是一种含氯、溴、碘的银、汞的硫化物矿物。斜方晶系。晶体呈针状、柱状；集合体呈放射状。亮红色，金刚光泽、玻璃光泽，透明；硬度 2，完全解理，脆性。1986 年发现于法国普罗旺斯-阿尔卑斯-蓝色海岸大区卡普加伦（Cap Garonne）矿。英文名称 Perroudite，以瑞士日内瓦伏尔泰学院的在法国卡普加伦（Cap Garonne）矿工作的皮埃尔·佩罗德（Pierre Perroud，1943—）教授的姓氏命名。佩罗德还开发了第一个在线矿物数据库。IMA 1986－035 批准。1987 年 H. 萨尔普（H. Sarp）等在《美国矿物学家》（72）报道。1988 年中国新矿物与矿物命名委员会郭宗山等在《岩石矿物学杂志》[7(3)]根据成分译为氯硫银汞矿。

【氯铝硅钛碱石】

英文名 Altisite

化学式 $Na_3K_6Ti_2Al_2Si_8O_{26}Cl_3$　（IMA）

氯铝硅钛碱石是一种含氯的钠、钾、钛、铝的硅酸盐矿物。单斜晶系。晶体呈他形粒状；集合体呈块状。无色，玻璃光泽，透明；硬度 6，脆性。1993 年发现于俄罗斯北部摩尔曼斯克州奥列尼卢奇（Olenii Ruchei）磷灰石矿床。英文名称 Altisite，由化学成分“Al（铝）”“Ti（钛）”和“Si（硅）”元素符号组合命名。IMA 1993－055 批准。1994 年 A. P. 霍米亚科夫（A. P. Khomyakov）等在《俄罗斯矿物学会记事》[123(6)]报道。2003 年中国地质科学院矿产资源研究所李锦平等在《岩石矿物学杂志》[22(3)]根据成分译为氯铝硅钛碱石。

【氯铝石】

英文名 Chloraluminite

化学式 $AlCl_3 \cdot 6H_2O$　（IMA）

氯铝石是一种含结晶水的铝的氯化物矿物。三方晶系。晶体呈柱状(人工合成)、菱面体(天然的);集合体呈结晶的皮壳状和钟乳状。无色、白色或浅黄白色,玻璃光泽,透明—半透明;硬度软;在空气中易潮解。1873 年首次发现并描述于意大利那不勒斯省维苏威(Vesuvius)火山。1873 年 A. 斯卡基(A. Scacchi)在《那不勒斯皇家科学院数学与物理文献》(6)报道,称 Chloralluminio。英文名称 Chloraluminite,由化学成分"Chlorine(氯)"和"Aluminium(铝)"缩写组合命名。1959 年以前发现、描述并命名的"祖父级"矿物,IMA 承认有效。中文名称根据成分译为氯铝石。

【氯镁铝石】

英文名 Chlormagaluminite

化学式 $Mg_4Al_2(OH)_{12}Cl_2(H_2O)_2$ (IMA)

氯镁铝石是一种含结晶水和氯的镁、铝的氢氧化物矿物。属水滑石超族羟碳铝镁石(=奎水碳铝镁石)族。六方晶系。晶体呈六方双锥状;集合体呈晶簇状。无色、黄褐色,玻璃光泽、珍珠光泽,透明—半透明;硬度 1.5~2.5,完全解理。1980 年发现于俄罗斯伊尔库茨克州安加拉河卡帕耶夫斯卡亚(Kapaevskaya)爆发岩管。英文名称 Chlormagaluminite,由化学成分"Chloride(氯)""Magnesium(镁)"和"Aluminium(铝)"缩写组合命名。IMA 1980-098 批准。1982 年 A. A. 卡沙耶夫(A. A. Kashaev)等在《全苏矿物学会记事》(111)和 1983 年《美国矿物学家》(68)报道。1984 年中国新矿物与矿物命名委员会郭宗山在《岩石矿物及测试》[3(2)]根据成分译为氯镁铝石。

【氯镁芒硝】参见【丹斯石】条 105 页

【氯镁石】

英文名 Chloromagnesite

化学式 $MgCl_2$ (IMA)

氯镁石是一种镁的氯化物矿物。属陨氯铁(Lawrencite)族。六方晶系。晶体呈板状、菱面体状。无色,白色,透明—半透明;易潮解,苦味。1855 年发现并描述于意大利那不勒斯省维苏威(Vesuvius)火山喷气孔的升华物。1855 年斯卡基(Scacchi)在维苏威 *Mem. Incend.* (181)报道,称为"Cloruro di Magnesio(镁的氯化物)"。1873 年 A. 斯卡基(A. Scacchi)在《那不勒斯皇家科学院数学与物理文献》(6)报道。英文名称 Chloromagnesite,根据其组成成分"Chlorine(氯)"和"Magnesium(镁)"缩写组合命名。1959 年以前发现、描述并命名的"祖父级"矿物,IMA 承认有效,但 IMA 持怀疑态度。中文名称根据成分译为氯镁石。

【氯锰石】

英文名 Scacchite

化学式 $MnCl_2$ (IMA)

斯卡基像

氯锰石是一种锰的氯化物矿物。属陨氯铁(Lawrencite)族。三方晶系。无色、玫瑰红色、暗褐色或棕红色,透明;硬度软,完全解理。1855 年发现并描述于意大利那不勒斯省维苏威(Vesuvius)火山;同年,斯卡基(Scacchi)在维苏威 *Mem. Incend.* (181)报道,称为锰的原型氯化物(protochloruro di Manganese)。英文名称 Scacchite,1869 年吉尔伯特·约瑟夫·亚当(Gilbert Joseph Adam)在《巴黎矿物学表》(70)为纪念意大利那不勒斯大学矿物学教授阿尔坎杰罗·斯卡基(Arcangelo Scacchi,1810—1893)而以他的姓氏命名。斯卡基是一位系统矿物学家,他因对那不勒斯附近的维苏威火山的研究而著称。1959 年以前发现、描述并命名的"祖父级"矿物,IMA 承认有效。中文名称根据成分译为氯锰石。

【氯硼钙镁石】参见【氯硼石】条 558 页

【氯硼钙石】

英文名 Tyretskite

化学式 $Ca_2B_5O_9(OH) \cdot H_2O$ (IMA)

氯硼钙石是一种含结晶水、羟基的钙的硼酸盐矿物。属水氯硼钙石族。三斜晶系。晶体呈细粒状、纤维状;集合体呈放射状、球粒状。晶体无色透明,集合体者呈白色、浅褐色,玻璃光泽;硬度 5。1964 年发现于俄罗斯伊尔库茨克州特列季(Tyret)火车站;同年,在《苏联科学院教育学院西伯利亚 X 射线矿物报告》(4)报道。英文名称 Tyretskite,以发现地俄罗斯的特列季(Tyret)火车站命名。IMA 1968s. p. 批准;同年,在《美国矿物学家》(53)报道。中文名称根据成分译为氯硼钙石,也有的根据英文第一个音节音和成分译为蒂羟硼钙石,还有的根据晶系和成分译为三斜氯羟硼钙石。

【氯硼硅铝钾石】参见【硅硼钾铝石】条 280 页

【氯硼钠石】

英文名 Teepleite

化学式 $Na_2B(OH)_4Cl$ (IMA)

氯硼钠石板片状晶体,穿插状集合体(美国)和提普尔像

氯硼钠石是一种含氯的钠的硼酸盐矿物。四方晶系。晶体呈板状、滚圆状、透镜状;集合体呈互相穿插状。无色、白色或灰色,玻璃光泽、油脂光泽,透明—半透明;硬度 3~3.5,脆性。1929 年提普尔(Teeple)在纽约《瑟尔斯湖卤水的工业发展》(130)报道了人造合成材料。1938 年发现于美国加利福尼亚州莱克县。1939 年 W. A. 盖尔(W. A. Gale)、福杉格(Foshag)和温森(Vonsen)在《美国矿物学家》(24)报道。英文名称 Teepleite,以美国化学家约翰·埃德加·提普尔(John Edgar Teeple,1874—1931)的姓氏命名,以表彰他对加利福尼亚州瑟尔斯(Searles)湖矿物化学知识的贡献;他还为玛雅象形文字的破译做出了重大贡献。1959 年以前发现、描述并命名的"祖父级"矿物,IMA 承认有效。中文名称根据成分译为氯硼钠石。

【氯硼石】

英文名 Aldzhanite

化学式 $CaMgB_2O_4Cl \cdot 7H_2O$

氯硼石是一种含结晶水和氯的钙、镁的硼酸盐矿物。斜方晶系。无色、淡玫瑰色,透明;硬度 2~2.5。1968 年发现于哈萨克斯坦阿尔占(Aldzhan)。英文名称 Aldzhanite,以发现地哈萨克斯坦的阿尔占(Aldzhan)命名。该矿物名称是 1968 年发表的,它是一个不确定的氯硼酸钙矿物。1972 年 IMA 持怀疑态度,未批准。中文名称根据成分译为氯硼石或氯硼钙镁石，或音译为阿尔占石。

【氯硼锶钙石】参见【水硼钙锶石】条 859 页

【氯硼铁钡石】

英文名 Titantaramellite

化学式 $Ba_4(Ti,Fe^{3+},Mg)_4(O,OH)_2[B_2Si_8O_{27}]Cl_x$ (IMA)

氯硼铁钡石是一种含氯、氧、羟基的钡、钛、铁、镁的硼硅酸盐矿物。属纤硅钡铁矿族纤硅钡铁矿-氯硼铁钡石系列。斜方晶系。晶体呈柱状、他形粒状。古铜色、紫红色、褐色、黑色，玻璃光泽、油脂光泽，半透明—不透明；硬度 5.5～6，完全解理。1977 年发现于加拿大育空地区威尔逊(Wilson)湖、墨西哥和美国等多地。英文名称 Titantaramellite，由成分“Titanium(钛)”和“Taramellite(纤硅钡铁矿)”组合命名，意指它是纤硅钡铁矿-氯硼铁钡石系列的钛端元矿物。IMA 1977-046 批准。1980 年在《美国矿物学家》(65)和 1984 年 J. T. 阿尔弗斯(J. T. Alfors)在《美国矿物学家》(69)报道。中文名称根据成分译为氯硼铁钡石；《英汉矿物种名称》(2017)译为钛纤硅钡铁石。

【氯硼铜矿】

英文名 Bandylite

化学式 $CuB(OH)_4Cl$ (IMA)

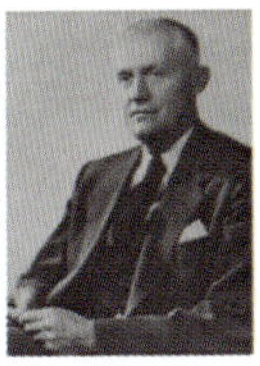

班迪像

氯硼铜矿是一种含氯的铜的硼酸盐矿物。四方晶系。晶体呈板状、锥状、粒状；集合体呈平行排列状或放射状、晶簇状。深蓝带浅绿色，玻璃光泽，解理面上呈珍珠光泽，透明；硬度 2.5，完全解理，解理片具弹性。1938 年发现于智利洛阿省卡拉马市丘基卡马塔区奎特纳(Queténa)矿。1938 年 C. 帕拉奇(C. Palache)和福杉格(Foshag)在《美国矿物学家》(23)报道。英文名称 Bandylite，以美国采矿工程师、矿物学家和矿物收藏家马克·钱斯·班迪(Mark Chance Bandy，1900—1963)博士的姓氏命名，是他首先收集到该矿物。在他的职业生涯中，他在许多不同的地方工作，特别是在南美。水锡锰铁矿(jeanbandyite)这个矿物是以他妻子的姓名命名的。1959 年以前发现、描述并命名的“祖父级”矿物，IMA 承认有效。中文名称根据成分译为氯硼铜矿或氯硼铜石。

【氯铅矾】

英文名 Sundiusite

化学式 $Pb_{10}(SO_4)O_8Cl_2$ (IMA)

氯铅矾是一种含氯和氧的铅的硫酸盐矿物。单斜晶系。晶体呈纤维状；集合体呈放射状。白色—无色，金刚光泽，透明—半透明；硬度 3。1979 年发现于瑞典韦姆兰省菲利普斯塔德市朗班(Långban)。英文名称 Sundiusite，以瑞典矿物学家尼尔斯·森迪厄斯(Nils Sundius，1886—1976)的姓氏命名，以表彰他对瑞典朗班矿物学做出的重要贡献。IMA 1979-044 批准。1980 年 P. J. 邓恩(P. J. Dunn)在《美国矿物学家》(65)报道。中文名称根据成分译为氯铅矾。

【氯铅铬矿】

英文名 Yedlinite

化学式 $Pb_6Cr(Cl,OH)_6(OH,O)_8$ (IMA)

氯铅铬矿柱状晶体(美国)和叶德林像

氯铅铬矿是一种含羟基和氧的铅、铬的氢氧-氯化物矿物。三方晶系。晶体呈柱状。红紫色，半玻璃光泽、油脂光泽，透明—半透明；硬度 2.5，完全解理。1974 年发现于美国亚利桑那州皮纳尔县马默斯-圣安东尼(Mammoth-Saint Anthony)矿。英文名称 Yedlinite，1974 年由 W. J. 麦克莱恩(W. J. McLean)等在《美国矿物学家》(59)以美国康涅狄格州纽黑文的律师、作家和著名的显微矿物收藏家里奥·尼尔·叶德林(Leo Neal Yedlin，1908—1977)的姓氏命名，是他发现的该矿物[氯砷铁铅矿(Nealite)是以他的名字命名的]。IMA 1974-001 批准。中文名称根据成分译氯铅铬矿或氯铅铬石。

【氯铅钾石】参见【钾氯铅矿】条 368 页

【氯铅矿】

英文名 Cotunnite

化学式 $PbCl_2$ (IMA)

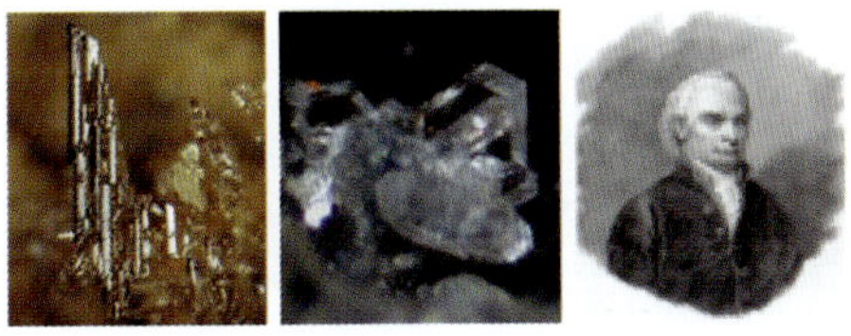

氯铅矿柱状晶体(意大利、希腊)和科图尼奥像

氯铅矿是一种铅的氯化物矿物。斜方晶系。晶体呈针状、扁平柱状，呈方铅矿等铅矿物的假象；集合体呈放射状、块状、皮壳状。无色、白色、浅绿色、淡黄色，金刚光泽、丝绢光泽、珍珠光泽，透明—不透明；硬度 1.5～2，完全解理。1825 年首次发现并描述于意大利那不勒斯省维苏威(Vesuvius)火山。1825 年 T. 蒙蒂切利(T. Monticelli)和 N. 科韦利(N. Covelli)在那不勒斯《维苏威矿物学研究进展》(*Prodromo della Mineralogia Vesuviana*)(第一卷)报道。英文名称 Cotunnite，以意大利那不勒斯大学医生和解剖学教授多梅尼科·科图尼奥[Domenico Cotugno(Cotunnius)，1736—1822]的姓氏命名。又见于 1951 年 C. 帕拉奇(C. Palache)、H. 伯曼(H. Berman)和 C. 弗龙德尔(C. Frondel)《丹纳系统矿物学》(第二卷，第七版，纽约)。1959 年以前发现、描述并命名的“祖父级”矿物，IMA 承认有效。中文名称根据成分译为氯铅矿。

【氯铅芒硝】

英文名 Caracolite

化学式 $Na_2(Pb_2Na)(SO_4)_3Cl$ (IMA)

氯铅芒硝柱状晶体(智利)

氯铅芒硝是一种含氯的钠、铅的硫酸盐矿物。属磷灰石

L

超族钙砷铅矿族。单斜（假六方）晶系。晶体呈短柱状，假六方三连晶；集合体呈结壳状。无色、浅灰色、绿色、蓝色，玻璃光泽，透明；硬度 4～4.5，完全解理。1886 年发现于智利安托法加斯塔省谢拉戈达镇附近的比阿特丽斯（Beatriz）矿；同年，维布斯基（Websky）在《柏林普鲁士皇家科学院会议报告》（48）报道。英文名称 Caracolite，以发现地智利的卡拉科尔（Caracoles）小镇命名。1959 年以前发现、描述并命名的“祖父级”矿物，IMA 承认有效。中文名称根据成分及与芒硝的关系译为氯铅芒硝。

【氯羟硅钡铝石】

英文名 Cerchiaraite-(Al)

化学式 $Ba_4Al_4(Si_4O_{12})O_2(OH)_4Cl_2[Si_2O_3(OH)_4]$ （IMA）

氯羟硅钡铝石是一种含氯、羟基和氧的钡、铝的氢硅酸-硅酸盐矿物。属氯羟硅钡锰石族。四方晶系。晶体呈不规则的柱状；集合体呈平行梳状。蓝色—蓝绿色，玻璃光泽，透明；硬度 4.5，脆性。2012 年发现于美国加利福尼亚州弗雷斯诺县急流溪（Rush Creek）矿床等处。英文名称 Cerchiaraite-(Al)，由根词“Cerchiaraite（氯羟硅钡锰石）”，加占优势的阳离子铝后缀-(Al)命名，意指它是铝占优势的氯羟硅钡锰石的类似矿物。IMA 2012－011 批准。2012 年 A. R. 坎普夫（A. R. Kampf）等在《CNMNC 通讯》（13）、《矿物学杂志》（76）和 2013 年《矿物学杂志》（77）报道。中文名称根据成分译为氯羟硅钡铝石（参见【氯羟硅钡锰石】条 560 页）。

【氯羟硅钡锰石】

英文名 Cerchiaraite-(Mn)

化学式 $Ba_4Mn_4^{3+}(Si_4O_{12})O_2(OH)_4Cl_2[Si_2O_3(OH)_4]$ （IMA）

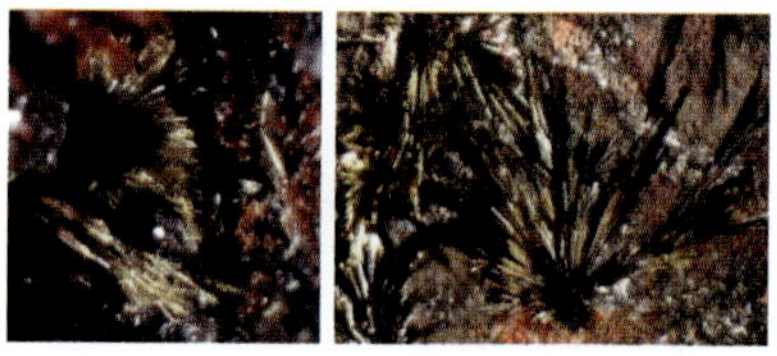

氯羟硅钡锰石针状、柱状晶体，放射状集合体（意大利）

氯羟硅钡锰石是一种含氯、羟基和氧的钡、锰的氢硅酸-硅酸盐矿物。属氯羟硅钡锰石族。四方晶系。晶体呈柱状、针状；集合体呈放射状。深绿色，玻璃光泽，透明—半透明；硬度 4～5，脆性。1999 年发现于意大利拉斯佩齐亚省的切尔基亚拉（Cerchiara）锰矿。英文名称 Cerchiaraite-(Mn)，根词由发现地意大利的切尔基亚拉（Cerchiara）矿，加占优势的阳离子锰-(Mn)后缀组合命名。IMA 1999－012 批准。2000 年 R. 巴索（R. Basso）等在《矿物学新年鉴》（月刊）报道。2003 年中国地质科学院矿产资源研究所李锦平等在《岩石矿物学杂志》[22(1)]根据成分译为氯羟硅钡锰石。2013 年，Cerchiaraite 被发现有铁和铝类似物之后，A. R. 坎普夫（A. R. Kampf）改为族名，矿物种名称重新定义加占主导地位的三价阳离子，于是 Cerchiaraite 有-(Al)、-(Mn)和-(Fe)多型（参见相关条目）。

【氯羟硅钡铁石】

英文名 Cerchiaraite-(Fe)

化学式 $Ba_4Fe_4^{3+}(Si_4O_{12})O_2(OH)_4Cl_2[Si_2O_3(OH)_4]$ （IMA）

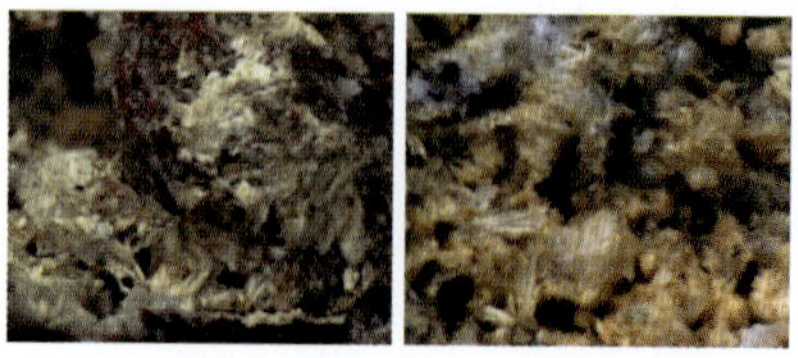

氯羟硅钡铁石纤维状晶体，缠结状集合体（意大利）

氯羟硅钡铁石是一种含氯、羟基和氧的钡、铁的氢硅酸-硅酸盐矿物。属氯羟硅钡锰石族。四方晶系。晶体呈不规则柱状、纤维状；集合体呈放射缠结状。黄褐色—棕色，蓝色—蓝绿色，玻璃光泽，透明；硬度 4.5，脆性。2012 年发现于意大利拉斯佩齐亚省的切尔基亚拉（Cerchiara）锰矿和美国加利福尼亚州弗雷斯诺县大溪冲溪矿区急流溪（Rush Creek）矿床等处。英文名称 Cerchiaraite-(Fe)，由根词“Cerchiaraite（氯羟硅钡锰石）”，加占优势的阳离子铁后缀-(Fe)组合命名，意指它是铁占优势的氯羟硅钡锰石的类似矿物。IMA 2012－012 批准。2012 年 A. R. 坎普夫（A. R. Kampf）等在《CNMNC 通讯》（13）、《矿物学杂志》（76）和 2013 年《矿物学杂志》（77）报道。中文名称根据成分译为氯羟硅钡铁石（参见【氯羟硅钡锰石】条 560 页）。

【氯羟铝石】

英文名 Cadwaladerite

化学式 $Al_2(H_2O)(OH)_4 \cdot n(Cl,OH,H_2O)$ （IMA）

氯羟铝石是一种含结晶水、氯的水化铝的氢氧化物矿物。集合体呈非晶质块状。柠檬黄色，玻璃光泽，透明—半透明；脆性。1941 年第一次发现并描述于智利塔马鲁加尔省塞罗斯平塔多斯（Cerros Pintados）矿的转运矿堆；1941 年戈登（Gordon）在《费城自然科学院院刊》（80）报道。又见于 1951 年 C. 帕拉奇（C. Palache）、H. 伯曼（H. Bermanh）和 C. 弗龙德尔（C. Frondel）修订的《丹纳系统矿物学》（第七版，纽约）。英文名称 Cadwaladerite，由美国宾夕法尼亚州的费城自然科学学院院长查尔斯·梅格斯·比德尔·卡德瓦拉德（Charles Meigs Biddle Cadwalader，1885—1959）的姓氏命名。1959 年以前发现、描述并命名的“祖父级”矿物，IMA 承认有效。IMA 2019s. p. 批准。中文名称根据成分译为氯羟铝石。

【氯羟镁铝石】

英文名 Koenenite

化学式 $Na_4Mg_9Al_4Cl_{12}(OH)_{22}$ （IMA）

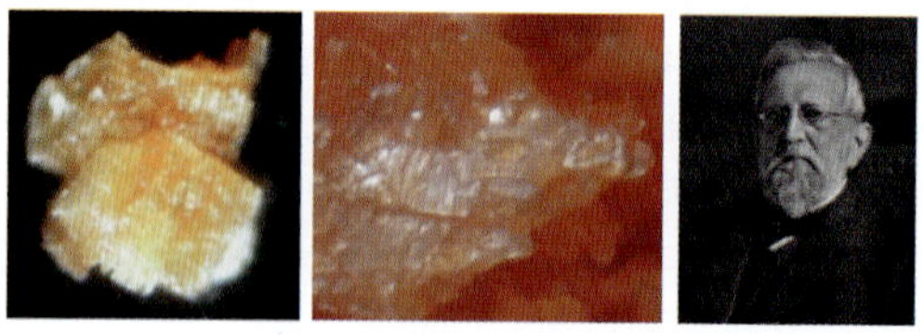

氯羟镁铝石片状晶体，块状集合体（德国）和科龙像

氯羟镁铝石是一种少见的含羟基的钠、镁、铝的氯化物矿物。三方晶系。典型的间层矿物，结构以钠、镁氯化物层 $(Na,Mg)Cl_2$ 和镁、铝氢氧化物层 $(Mg,Al)(OH)_2$ 规则交互构成。晶体呈叶片状、小菱面体；集合体呈皮壳状、块状、玫瑰花。无色、浅黄色—深红色（包裹赤铁矿），珍珠光泽，透明—半透明；硬度 1.5，完全解理。1902 年发现于德国下萨克森州沃尔普里豪森（Volpriehausen）附近的维特金德（Wittekind)矿;同年,F. 林内(F. Rinne)在《矿物学、地质学和古生物学论文集》报道。英文名称 Koenenite,以德国的地质学家、古生物学家阿道夫·冯·科龙(Adolf von Koenen,1837—1915)的姓氏命名,是他第一个发现的该矿物。1959年以前发现、描述并命名的"祖父级"矿物,IMA 承认有效。中文名称根据成分译为氯羟镁铝石或氯氧镁铝石或羟氯镁铝石。1984 年中国地质科学院矿床地质研究所刘金定和刘群首次在我国云南江城也发现了此矿物。

【氯羟镁铜石】

英文名 Haydeeite

化学式 $Cu_3Mg(OH)_6Cl_2$ (IMA)

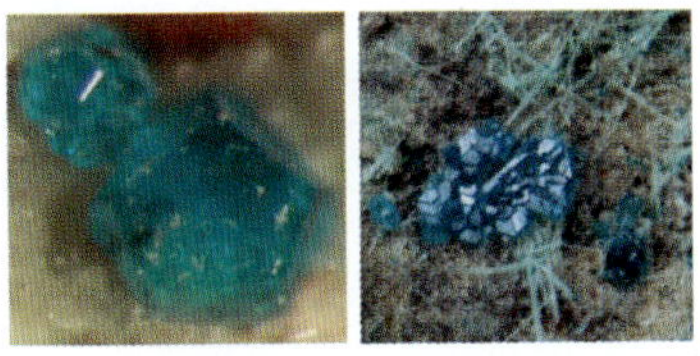

氯羟镁铜石板状、针状晶体(智利)

氯羟镁铜石是一种含氯的铜、镁的氢氧化物矿物。属氯铜矿族。三方晶系。晶体针呈状、板状、柱状。蓝绿色,玻璃光泽,透明;硬度 2,完全解理,脆性。2006 年发现于智利伊基克省萨拉尔格兰德盆地艾德(Haydee)矿山。英文名称 Haydeeite,以发现地智利的艾德(Haydee)矿山命名。IMA 2006-046 批准。2007 年 J. 施吕特尔(J. Schlüter)等在《矿物学新年鉴:论文》(184)报道。2010 年中国地质科学院地质研究所尹淑苹等在《岩石矿物学杂志》[29(4)]根据成分译为氯羟镁铜石。

【氯羟锰矿】

英文名 Kempite

化学式 $Mn_2^{2+}Cl(OH)_3$ (IMA)

氯羟锰矿柱状晶体(美国)和坎普像

氯羟锰矿是一种含羟基的锰的氯化物矿物。属氯铜矿族。斜方晶系。晶体呈柱状、菱面体。翠绿色,玻璃光泽,半透明—不透明;硬度 3.5。1924 年发现于美国加利福尼亚州圣克拉拉县代阿布洛岭布莱克旺德(Black Wonder)矿区东山麓圣何塞(San Jose)矿。1924 年奥斯汀·F. 罗杰斯(Austin F. Rogers)在《美国科学杂志》(8)报道。英文名称 Kempite,罗杰斯为纪念哥伦比亚大学地质学教授和采矿地质学家詹姆斯·福曼·坎普(James Furman Kemp,1859—1926)而以他的姓氏命名。1959 年以前发现、描述并命名的"祖父级"矿物,IMA 承认有效。中文名称根据成分译为氯羟锰矿。

【氯羟镍铜石】

英文名 Gillardite

化学式 $Cu_3NiCl_2(OH)_6$ (IMA)

氯羟镍铜石是一种含羟基的铜、镍的氯化物矿物。属氯铜矿族。三方晶系。晶体呈柱状;集合体呈晶簇状、皮壳状。深绿色,玻璃光泽,透明;硬度 3,完全解理。2006 年发现于

氯羟镍铜石柱状晶体,晶簇状、皮壳状集合体(澳大利亚)

澳大利亚西澳大利亚州库尔加迪镇艾德华兹(Edwards)山矿。英文名称 Gillardite,2007 年 D. M. 科尔切斯特(D. M. Colchester)为纪念威尔士卡蒂夫大学化学系教授罗伯特·D. 吉拉德(Robert D. Gillard,1936—)而以他的姓氏命名,以表彰他在无机化学领域做出的贡献。IMA 2006-041 批准。2007 科尔切斯特等在《澳大利亚矿物学杂志》[13(1)]和 M. E. 克利索尔德(M. E. Clissold)等在《加拿大矿物学家》(45)报道。2010 年中国地质科学院地质研究所尹淑苹等在《岩石矿物学杂志》[29(4)]根据成分译为氯羟镍铜石。

【氯羟硼钙石】参见【水氯硼钙石】条 851 页

【氯羟铅矿】

英文名 Blixite

化学式 $Pb_8O_5(OH)_2Cl_4$ (IMA)

氯羟铅矿薄片状晶体(希腊)

氯羟铅矿是一种含氯的铅的氢氧-氧化物矿物。斜方晶系。晶体呈薄片状;集合体呈球粒状。淡黄色、橘黄色、浅灰黄色,玻璃光泽,半透明;硬度 3,中等解理。1958 年首次发现于瑞典韦姆兰省菲利普斯塔德市朗班(Långban)铁-锰矿。1958 年 O. 加布里埃尔森(O. Gabrielson)、A. 帕维利(A. Parwel)和 F. E. 威克曼(F. E. Wickman)在《瑞典矿物学和地质学报》[2(32)]及 1960 年《美国矿物学家》(45)报道。英文名称 Blixite,以瑞典自然历史博物馆化学家拉格纳·布里希(Ragnar Blix,1898—1985)博士的姓氏命名。他分析了朗班(Långban)的许多矿物。1959 年以前发现、描述并命名的"祖父级"矿物,IMA 承认有效。IMA 1962s. p. 批准。中文名称根据成分译为氯羟铅矿或氯氧铅矿。

【氯羟碳硅铅石】参见【阿什伯敦石】条 10 页

【γ-氯羟铁矿】

英文名 Hibbingite

化学式 $Fe_2^{2+}(OH)_3Cl$ (IMA)

γ-氯羟铁矿是一种含氯的铁的氢氧化物矿物。属氯铜矿族。斜方晶系。晶体呈片状、粒状。无色—浅绿色,氧化后变黄色、红色,半透明—不透明;硬度 3.5,完全解理。1991 年发现于美国明尼苏达州圣路易斯县希宾(Hibbing)市附近的德卢斯(Duluth)杂岩体。英文名称 Hibbingite,以发现地美国的希宾(Hibbing)市命名。IMA 1991-036 批准。1994 年 B. 萨伊尼·厄伊杜卡特(B. Saini Eidukat)等在《美国矿物学家》(79)报道。1999 年中国新矿物与矿物命名委员会黄蕴慧等在《岩石矿物学杂志》[18(1)]译为 γ-氯羟铁矿。

【氯羟锡石】

英文名 Abhurite

化学式 $Sn_{21}^{2+}O_6(OH)_{14}Cl_{16}$ (IMA)

氯羟锡石薄片状、板状晶体，放射状集合体（英国、挪威）

氯羟锡石是一种含氯的锡的氢氧-氧化物矿物。三方晶系。晶体呈薄片状、板状、六面体；集合体呈放射状、隐晶皮壳状。无色、乳白色，透明；硬度 2，脆性。1977 年首先由 W. L. 格里芬（W. L. Griffin）等发现并描述于挪威海德拉（Hidra）岛上的一艘遇难船锡板上的新的氯化锡化合物，已经出版报道，但没有得到 IMA 正式承认。1985 年又发现于沙特阿拉伯的明塔卡麦加（Mintaqah Makkah）红海吉达的沙姆阿布胡尔（Sharm Abhur）湾港。英文名称 Abhurite，以发现地沙特阿拉伯的阿布胡尔（Abhur）湾港命名。IMA 1983-061 批准。1985 年 J. J. 马特兹卡（J. J. Matzko）等在《加拿大矿物学家》(23)报道。1986 年中国新矿物与矿物命名委员会郭宗山等在《岩石矿物学杂志》[5(4)]根据成分译为氯羟锡石。

【氯羟锌铜石】

英文名 Herbertsmithite

化学式 $Cu_3Zn(OH)_6Cl_2$ (IMA)

氯羟锌铜石是一种含氯的铜、锌的氢氧化物矿物。属氯铜矿族。三方晶系。晶体呈复杂的菱面体、假八面体、扁平六边形板状；集合体呈皮壳状、晶簇状。暗绿色、蓝绿色、翠绿色，玻璃光泽，透明；硬度 3～3.5，完全解理。2003 年发现于智利安托法加斯塔省谢拉戈达镇的洛斯特雷斯（Los Tres）矿。英文名称 Herbertsmithite，以英国伦敦自然历史博物馆矿物学家、馆长、荣誉博士 G. F. 赫伯特·史密斯（G. F. Herbert Smith，1872—1953）的姓名命名，是他发现的类似矿物副氯铜矿（Paratacamite）。斜硫砷银矿（Smithite）是以他的姓命名的。IMA 2003-041 批准。2004 年 R. S. W. 布雷思韦特（R. S. W. Braithwaite）等在《矿物学杂志》(68)报道。这种矿物在 2007 年 3 月受到关注，据报道，它具有非常特殊和不同寻常的物理性质——铁磁性和反铁磁性之外的第三种磁性状态"液态自旋量子（QSL）"，使其成为一种新的矿物类型。2008 年中国地质科学院地质研究所任玉峰等在《岩石矿物学杂志》[27(3)]根据成分译为氯羟锌铜石，有的译作羟氯锌铜矿。

氯羟锌铜石复杂的菱面体晶体（智利）

【氯砷钙石】

英文名 Turneaureite

化学式 $Ca_5(AsO_4)_3Cl$ (IMA)

氯砷钙石是一种含氯的钙的砷酸盐矿物。属磷灰石超族磷灰石族。六方晶系。晶体呈柱状，长约 1.5mm。无色—灰白色，微浊，玻璃光泽、油脂光泽，透明—半透明；硬度 5。1983 年发现于瑞典韦姆兰省菲利普斯塔德市朗班（Långban）、美国新泽西州苏塞克斯县富兰克林矿区富兰克林（Franklin）矿和美国纽约州圣劳伦斯县巴尔马特-爱德华兹新区圣乔（St Joe）矿。英文名称 Turneaureite，1985 由 P. J. 邓恩（P. J. Dunn）等为纪念玻利维亚矿床地质学家（1930—1947），后来的美国安娜堡密歇根大学地质学教授（1947—）弗雷德里克·斯图尔特·特诺勒（Frederick Stewart Turneaure，1899—1986）博士而以他的姓氏命名。IMA 1983-063 批准。1985 年邓恩等在《加拿大矿物学家》(23)报道。1986 年中国新矿物与矿物命名委员会郭宗山等在《岩石矿物学杂志》[5(4)]根据成分译为氯砷钙石。

【氯砷汞石】

英文名 Kuznetsovite

化学式 $Hg_2^{1+}Hg^{2+}(AsO_4)Cl$ (IMA)

氯砷汞石是一种含氯的汞的砷酸盐矿物。等轴晶系。晶体呈粒状，粒径为 1mm。黄棕色、蜂蜜棕色、浅棕色，暴露在光下颜色变深，金刚光泽、玻璃光泽，半透明；硬度 2.5～3，脆性。1980 年发现于吉尔吉斯斯坦奥什州阿莱山谷凯达坎（Khaidarkan）锑-汞矿床和俄罗斯图瓦共和国阿尔扎克（Arzak）汞矿。英文名称 Kuznetsovite，以苏联科学院院士、汞矿床的学者瓦列里·阿列克谢耶维奇·库兹涅佐夫（Valerii Alekseevich Kuznetsov，1906—1985）的姓氏命名。他是岩浆作用和内生成矿（汞和有色金属）的专家，并发现了阿克塔什和佩扎汞矿床（戈尔尼阿尔泰）。IMA 1980-009 批准。1980 年 V. I. 瓦西列娃（V. I. Vasileva）等在《苏联科学院报告》(255)和 1981 年 L. J. 卡布里（L. J. Cabri）等在《美国矿物学家》(66)报道。中文名称根据成分译为氯砷汞石。

库兹涅佐夫像

【氯砷锰矿】参见【四水钴矾】条 901 页

【氯砷钠铜石】参见【砷钙钠铜矿】条 777 页

【氯砷铅矿】

英文名 Ecdemite

化学式 $Pb_6As_2^{3+}O_7Cl_4$ (IMA)

氯砷铅矿板状、片状晶体（法国、希腊）

氯砷铅矿是一种含氯的铅的砷酸盐矿物。属日叶石（Heliophyllite）族。四方晶系。晶体呈小板状、片状；集合体呈块状、皮壳状。黄绿色、黄色、橙色，玻璃光泽、油脂光泽，半透明；硬度 2.5～3，完全解理。1877 年发现于瑞典韦姆兰省菲利普斯塔德市朗班（Långban）变质铁锰矿体；同年，A. E. 诺登舍尔德（A. E. Nordenskiöld）在《斯德哥尔摩地质学会会刊》(3)报道。英文名称 Ecdemite，由希腊文"ἔδημos＝Unusual（不寻常的）"或"＝Outstanding（罕见的）"命名，意指其化学组成是罕见的。1959 年以前发现、描述并命名的"祖父级"矿物，IMA 承认有效。中文名称根据成分译为氯砷铅矿。

【氯砷铅石】

英文名 Georgiadèsite

化学式 $Pb_4(As^{3+}O_3)Cl_4(OH)$

氯砷铅石柱状、板状晶体（希腊）

氯砷铅石是一种含羟基、氯的铅的砷酸盐矿物。单斜晶系。晶体呈粗短柱状、假六方板状；集合体呈层状双晶平行排列。白色、棕黄色，树脂光泽；硬度 3.5。1907 年发现于希腊阿提卡大区拉夫里翁（Lavrion）区维里萨基（Vrissaki）矿渣点；同年，A. 拉克鲁瓦（A. Lacroix）等在《法国科学院会议周报》（45/145）报道。英文名称 Georgiadèsite，以希腊劳里厄姆（Laurium）矿的主任（1896）乔治亚兹（Georgiadès）先生的名字命名。1959 年以前发现、描述并命名的“祖父级”矿物，IMA 承认有效。中文名称根据成分译为氯砷铅石。

【氯砷铁铅石】

英文名 Nealite

化学式 $Pb_4Fe(AsO_3)_2Cl_4 \cdot 2H_2O$ （IMA）

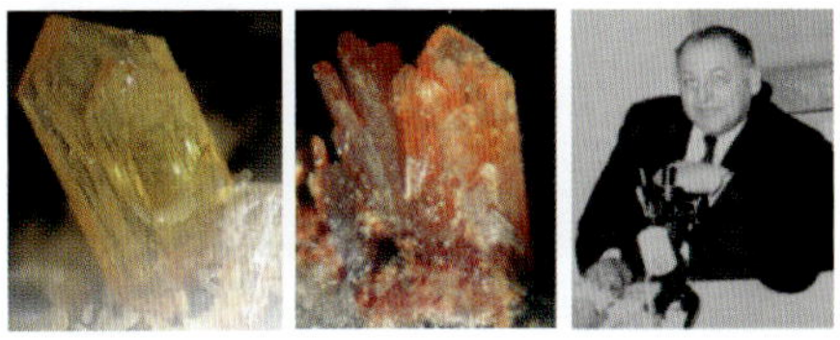

氯砷铁铅石板状晶体，晶簇状集合体（希腊）和尼尔像

氯砷铁铅石是一种含结晶水和氯的铅、铁的砷酸盐矿物。三斜晶系。晶体呈薄叶片板条状、柱状；集合体呈晶簇状。黄棕色—橙棕色，金刚光泽、玻璃—半玻璃光泽，透明—半透明；硬度 4，非常脆。发现于希腊阿提卡大区拉夫里（Lavrion）区冶炼厂古代精炼渣与海水相互作用的产物。英文名称 Nealite，1980 年由 P. J. 邓恩（P. J. Dunn）等为纪念美国康涅狄格州纽黑文的律师、作家和著名的矿物收藏家里奥·尼尔·叶德林（Leo Neal Yedlin，1908—1977）而以他的名字命名，是他首先发现的该矿物。氯铅铬矿（Yedlinite）是以他的姓氏命名的。IMA 1979－050 批准。1980 年邓恩等在《矿物学记录》（11）报道。同义词 Nealite-（H_2O）。中文名称根据成分译为氯砷铁铅石。

【氯砷铜矿】

英文名 Richelsdorfite

化学式 $Ca_2Cu_5Sb^{5+}(AsO_4)_4(OH)_6Cl \cdot 6H_2O$ （IMA）

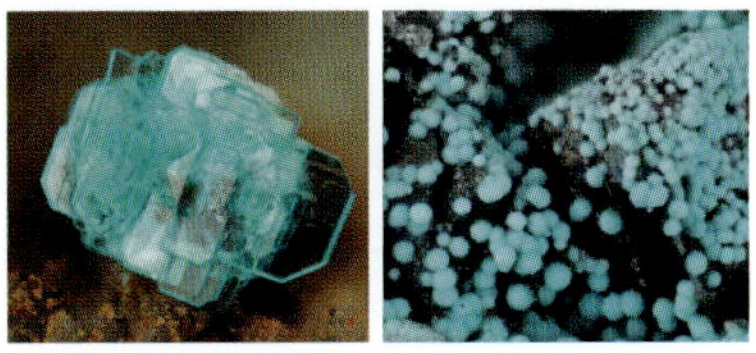

氯砷铜矿板状晶体，球粒状集合体（法国、德国）

氯砷铜矿是一种含结晶水、羟基和氯的钙、铜、锑的砷酸盐矿物。单斜晶系。晶体呈板状；集合体呈皮壳状、球粒状。天蓝色、蓝绿色，玻璃光泽，透明；硬度 2，完全解理。1982 年发现于德国黑森州里谢尔斯多夫（Richelsdorf）区威廉姆（Wilhelm）矿。英文名称 Richelsdorfite，以发现地德国的里谢尔斯多夫（Richelsdorf）命名。IMA 1982－019 批准。1983 年 P. 叙斯（P. Süsse）等在《矿物学新年鉴》（月刊）报道。中文名称根据成分译为氯砷铜矿；《英汉矿物种名称》（2017）译为砷锑钙铜石。

【氯铊铅矿】

英文名 Hephaistosite

化学式 $TlPb_2Cl_5$ （IMA）

氯铊铅矿柱状、板状晶体，晶簇状集合体（意大利）和赫菲斯托斯火神

氯铊铅矿是一种铊、铅的氯化物矿物。单斜晶系。晶体呈柱状、板状；集合体呈晶簇状。浅黄色，玻璃光泽、金刚光泽，透明。2006 年发现于意大利墨西拿省弗卡诺（Vulcano）岛火山坑。英文名称 Hephaistosite，以希腊神话中的火神赫菲斯托斯（Hephaistos）的名字命名，它相当于发现地弗卡诺（Vulcano）的罗马火神或中国的祝融火神，据称赫菲斯托斯曾在弗卡诺（Vulcano）岛从事讲习工作。IMA 2006－043 批准。2008 年 I. 坎波斯特里尼（I. Campostrini）等在《加拿大矿物学家》（46）报道。2011 年中国地质科学院地质研究所任玉峰等在《岩石矿物学杂志》[30(2)]根据成分译为氯铊铅矿。

【氯碳硅钡石】

英文名 Kampfite

化学式 $Ba_{12}(Si_{11}Al_5)O_{31}(CO_3)_8Cl_5$ （IMA）

坎普夫像

氯碳硅钡石是一种含氯的钡的碳酸-铝硅酸盐矿物。单斜晶系。晶体呈不规则粒状；集合体呈斑块状。浅蓝灰色，玻璃光泽，半透明；硬度 3，完全解理，脆性。2000 年发现于美国加利福尼亚州弗雷斯诺县大溪冲溪（Rush Creek）区矿床。英文名称 Kampfite，2001 年劳雷尔·克里斯廷·巴夏诺（Laurel Christine Basciano）等以洛杉矶县自然史博物馆馆长兼矿物科科长安东尼·罗伯特·坎普夫（Anthony Robert Kampf，1948—）博士的姓氏命名，以表彰他对新的稀有矿物的研究做出许多重大贡献，他描述了大约 158 种新矿物。IMA 2000－003 批准。2001 年巴夏诺等在《加拿大矿物学家》（39）报道。2007 年中国地质科学院地质研究所任玉峰在《岩石矿物学杂志》[26(3)]根据成分译为氯碳硅钡石。

【氯碳硅铁钡石】

英文名 Fencooperite

化学式 $Ba_6Fe^{3+}_3Si_8O_{23}(CO_3)_2Cl_3 \cdot H_2O$ （IMA）

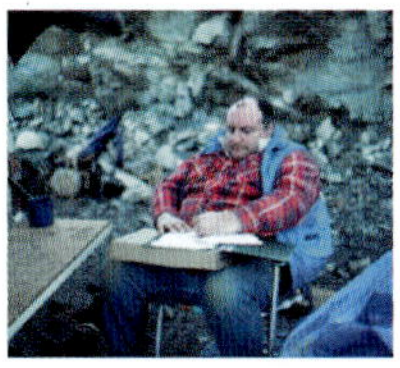

库珀像

氯碳硅铁钡石是一种含结晶水和氯的钡、铁的碳酸-硅酸盐矿物。三方晶系。晶体呈他形片状、粒状。黑色、黑色—灰棕色，玻璃光泽、金刚光泽，不透明，边缘半透明；硬度 4.5～5。2000 年发现于美国加利福尼亚州马里波萨县的特朗布尔（Trumbull）峰钡硅酸盐矿床。英文名称 Fencooperite，以加利福尼亚州圣克鲁斯的矿物收藏家约瑟夫·费尼莫尔·库珀（Joseph Fenimore Cooper，1937—2017）的姓名命名。他热衷于收集美国西部

的矿物，他是一位多产作家，撰写了 20 多种出版物。IMA 2000-023 批准。2001 年 J. D. 格赖斯(J. D. Grice)在《加拿大矿物学家》(39)报道。2007 年中国地质科学院地质研究所任玉峰在《岩石矿物学杂志》[26(3)]根据成分译为氯碳硅铁钡石。

【氯碳钠镁石】

英文名 Northupite

化学式 $Na_3Mg(CO_3)_2Cl$ (IMA)

氯碳钠镁石八面体晶体(乌干达)

氯碳钠镁石是一种含氯的钠、镁的碳酸盐矿物。属氯碳钠镁石族。等轴晶系。晶体呈八面体、细粒状，具双晶；集合体常呈球状。无色、淡黄色—灰色、棕褐色，玻璃光泽，透明—半透明；硬度 3.5～4.0，无解理，脆性，贝壳状断口。1895 年发现于美国加利福尼亚州圣贝纳迪诺县的瑟尔(Searles)湖；同年，富特(Foote)在《美国科学杂志》(50)报道。英文名称 Northupite，为纪念美国加利福尼亚州圣何塞的杂货商查尔斯·亨利·诺萨普二世(Charles Henry Northup Ⅱ，1861—1906)而以他的姓氏命名，是他发现了第一块矿物标本。1959 年以前发现、描述并命名的"祖父级"矿物，IMA 承认有效。中文名称根据成分译为氯碳钠镁石。

【氯碳铅石】

英文名 Barstowite

化学式 $Pb_4(CO_3)Cl_6 \cdot H_2O$ (IMA)

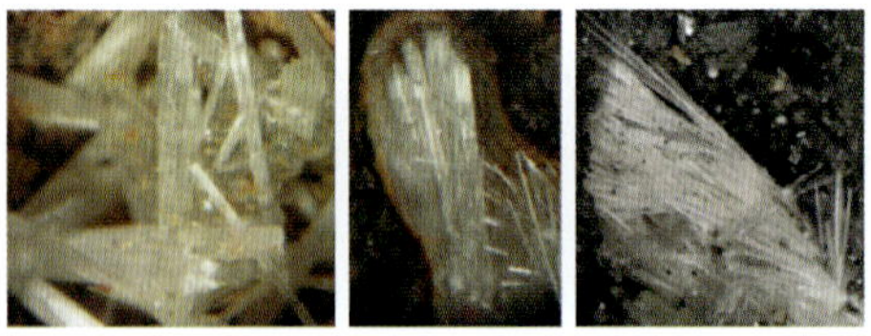

氯碳铅石柱状、纤维状晶体，束状集合体(意大利、希腊)

氯碳铅石是一种含结晶水和氯的铅的碳酸盐矿物。单斜晶系。晶体呈柱状、纤维状；集合体呈束状。无色、白色，金刚光泽，透明—不透明；硬度 3，脆性。1989 年发现于英国康沃尔郡韦德布里奇区的邦德(Bounds)悬崖。英文名称 Barstowite，以英国康沃尔郡的矿物收藏家和矿物经销商理查德·W. 巴斯托(Richard W. Barstow，1947—1982)的姓氏命名。IMA 1989-057 批准。1991 年 C. J. 斯坦利(C. J. Stanley)等在《矿物学杂志》(55)和 1992 年《美国矿物学家》(77)报道。1991 年中国新矿物与矿物命名委员会郭宗山在《岩石矿物学杂志》[10(4)]根据成分译为氯碳铅石，也有的译为水碳氯铅矿。

【氯碳铜铅矾】参见【碳铜氯铅矾】条 930 页

【氯锑矿】

英文名 Onoratoite

化学式 $Sb_8O_{11}Cl_2$ (IMA)

氯锑矿是一种锑氧的氯化物矿物。单斜晶系。晶体呈针状、纤维状、刀片状、薄板条；集合体呈放射状、束状。无

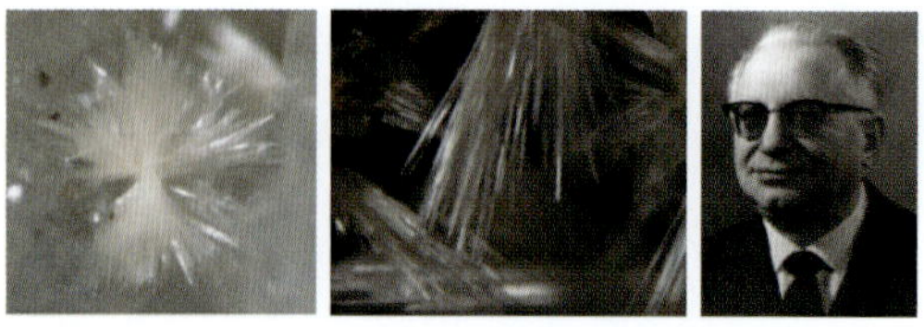

氯锑矿纤维状晶体，放射状、束状集合体(意大利)和欧诺拉托像

色、白色、浅黄色，透明；硬度 3。1967 年发现于意大利锡耶纳省的科托尼亚诺(Cotorniano)矿。英文名称 Onoratoite，以意大利罗马大学矿物学教授埃托雷·欧诺拉托(Ettore Onorato，1899—1971)的姓氏命名。他帮助在巴西圣保罗建立了一个矿物学博物馆。IMA 1967-032 批准。1968 年 G. 贝洛米尼(G. Belluomini)、M. 福尔纳谢里(M. Fornasieri)和 M. 尼科莱蒂(M. Nicoletti)在《矿物学杂志》(36)报道。中文名称根据成分译为氯锑矿或氯氧锑矿。

【氯锑铅矿】

英文名 Nadorite

化学式 $PbSb^{3+}O_2Cl$ (IMA)

氯锑铅矿方形板状、透镜状晶体(瑞典、阿尔及利亚)

氯锑铅矿是一种含氯的铅、锑的氧化物矿物。属氯锑铅矿族。斜方晶系。晶体呈板状、柱状、正方形或八边形轮廓的透镜状，后者可能是平行或不同的板状双晶。棕色、棕黄色、灰棕色、烟褐色—硫黄黄色，松脂光泽、金刚光泽，透明—半透明；硬度 3.5～4，完全解理，脆性。1870 年在阿尔及利亚盖勒马省的德杰贝尔·纳祖尔(Djebel Nador)的纳祖尔恩贝尔斯(Nador n'Bails)矿首次发现；同年，M. 弗拉贾洛特(M. Flajolot)在法国《巴黎科学院会议周报》(71)报道。英文名称 Nadorite，以发现地阿尔及利亚的纳祖尔(Nador)矿命名。1959 年以前发现、描述并命名的"祖父级"矿物，IMA 承认有效。中文名称根据成分译为氯锑铅矿或氯氧锑铅矿。

【氯铁碲矿】参见【氯碲铁石】条 552 页

【氯铁铝石】

英文名 Zirklerite

化学式 $(Fe,Mg)_9Al_4Cl_{18}(OH)_{12} \cdot 14H_2O(?)$ (IMA)

氯铁铝石是一种含结晶水和羟基的铁、镁、铝的氯化物矿物。三方晶系。晶体呈粗的菱面体；集合体呈块状。浅灰色、白色，玻璃光泽，透明—半透明；硬度 3.5，完全解理。1928 年发现于德国下萨克森州阿道夫格鲁克-希望(Adolfsglück-Hope)矿；同年，在《钾及相关盐》(22)和 E. 哈尔伯特(E. Harbort)在《美国矿物学家》(13)报道。英文名称 Zirklerite，以德国阿舍斯莱本钾肥厂的厂长贝格拉特·泽克勒(Bergrat Zirkler)的姓氏命名。1959 年以前发现、描述并命名的"祖父级"矿物，IMA 承认有效，但 IMA 持怀疑态度。中文名称根据成分译为氯铁铝石或铁镁氯铝石。

【氯铁铅矿】参见【红铁铅矿】条 332 页

【氯铜矾】参见【羟硫氯铜石】条 721 页

【氯铜钾矾】

英文名 Kamchatkite

化学式 $KCu_3O(SO_4)_2Cl$　（IMA）

氯铜钾矾棒状、板状晶体（俄罗斯）

氯铜钾矾是一种含氯的钾、铜氧的硫酸盐矿物。斜方晶系。晶体呈棒状、板状，横截面为长方形或菱形，长度达 3mm。绿棕色，玻璃光泽，透明；硬度 3.5，完全解理，脆性。1987 年发现于俄罗斯堪察加（Kamchatskaya）州托尔巴契克火山大裂缝喷发（主裂缝）北部破火山口（1975—1976 年）第二火山渣锥亚多维塔亚（Yadovitaya）喷气孔。英文名称 Kamchatkite，以发现地俄罗斯的堪察加（Kamchatskaya）半岛命名。IMA 1987－018 批准。1988 年 L. P. 维尔戛索娃（L. P. Vergasova）等在《全苏矿物学会记事》[117(4)]报道。中文名称根据成分译为氯铜钾矾。

【氯铜钾石】

英文名 Ponomarevite

化学式 $K_4Cu_4OCl_{10}$　（IMA）

氯铜钾石粒状晶体，块状集合体（俄罗斯）

氯铜钾石是一种钾、铜氧的氯化物矿物。单斜晶系。晶体呈粒状；集合体呈块状。橙红色，玻璃光泽、油脂光泽，透明；硬度 2.5。1986 年发现于俄罗斯堪察加州托尔巴契克（Tolbachik）火山主裂隙北第一火山渣锥。英文名称 Ponomarevite，为纪念苏联彼得罗巴甫洛夫斯克-堪察加火山研究所的火山学家瓦西里·瓦西里耶维奇·波诺马廖夫（Vasilii Vasilevich Ponomarev，1940—1976）而以他的姓氏命名。他致力于托尔巴契克火山的研究工作。IMA 1986－040 批准。1988 年在《苏联科学院报告》(300)和 1990 年《美国矿物学家》(75)报道。中国地质科学院根据成分译为氯铜钾石。

【氯铜碱矾】参见【钾铜矾】条 372 页

【氯铜矿】

英文名 Atacamite

化学式 $Cu_2Cl(OH)_3$

氯铜矿柱状、板状晶体，晶簇状、肾状集合体（澳大利亚）

氯铜矿是一种稀有的碱式氯化铜，属于卤化物矿物。属氯铜矿族。与羟氯铜矿（Botallackite）、斜氯铜矿（Clinoatacamite）、三斜氯铜矿（Anatacamite）、副氯铜矿（Paratacamite）呈同质多象变体。斜方晶系。晶体呈自形细长柱状、板状、纤维状、假八面体，晶面有垂直条纹，具双晶；集合体呈放射状、肾状、块状、晶簇状。颜色有绿色、翠绿色或黑绿色，条痕呈苹果绿色，玻璃光泽、金刚光泽，透明—半透明；硬度 3～3.5，完全解理，脆性。

中国是世界上发现、认识、命名和利用氯铜矿最早的国家之一。在中国古医药书籍中称为绿盐（出自《唐本草》）、石绿（出自《海药本草》）、盐绿（出自《本草纲目》）。20 世纪 80 年代初，在进行敦煌壁画、彩塑颜料分析时，发现敦煌壁画、彩塑中应用了大量的碱式氯化铜及其水合物，由于它和氯铜矿、水氯铜矿的组成相同，所以就将这两种颜料也以两种矿物的名称代替。据目前的科学分析结果可知，以氯铜矿、水氯铜矿作为绿色颜料的使用以中国西北地区为最早，甘肃永靖炳灵寺石窟西秦（公元 385—431 年）时期的壁画、彩塑中就有；应用最广泛的是甘肃河西走廊各地石窟和墓室彩绘壁画。而敦煌石窟应用的时间最长，用量最多，从北朝（公元 397—439 年）到元代近一千年一直应用。北朝以来的绿色颜料中，既有单独应用氯铜矿的，也有氯铜矿与石绿（孔雀石）或石青（蓝铜矿）混合的，说明早期的铜绿是从自然铜矿氧化带中采集的伴生矿物加工而成的。唐代以来，敦煌、新疆等石窟中绿色颜料主要是氯铜矿，这与当地制取出售铜绿的文献记载相符。由此可见，新疆吐鲁番、敦煌遗书中记载的铜绿颜料应是氯化铜，而不是五代、宋、明朝医药书中记载用铜和醋制造的“铜绿”“铜青”“碱式醋酸铜”。21 世纪初在中国新疆已找到了氯铜矿矿床。

在西方，该矿物的报道最早见于罗什福科（Rochefoucauld）、波美（Baumé）和弗朗索瓦（Fourcroy）1786 年编辑、1788 年出版的《法国巴黎法兰西科学院汇报》。1801 年正式第一次描述它是在智利阿塔卡马（Atacama）沙漠。英文名称 Atacamite，于 1802 年由德米特里·德·戛理特泽（Demitri de Gallitzen）根据其产地智利的阿塔卡马（Atacama）沙漠命名。1803 年在巴黎《自然历史手册》（第二卷）刊载。1959 年以前发现、描述并命名的“祖父级”矿物，IMA 承认有效。中文名称根据成分译为氯铜矿；音译为阿塔卡马石。

【氯铜铝矾】

英文名 Spangolite

化学式 $Cu_6Al(SO_4)(OH)_{12}Cl \cdot 3H_2O$　（IMA）

氯铜铝矾六方短柱状、异极锥状晶体（美国）

氯铜铝矾是一种含结晶水、羟基和氯的铜、铝的硫酸盐矿物。属氯铜铝矾族。三方晶系。晶体呈三方或六方短柱状、板状、异极锥状。暗绿色、翡翠绿色、蓝绿色，玻璃光泽，透明—半透明；硬度 2～3，完全解理，脆性。模式产地不详，但研究标本可能来自美国比斯比的汤姆斯通（Tombstone，也译墓碑）镇 200 英里（1 英里＝1.61km）半径范围内。1890 年潘菲尔德（Penfield）在《美国科学杂志》[39(3)]报道。英文名称 Spangolite，由塞缪尔·路易斯·潘菲尔德（Samuel Lewis Penfield）在 1890 年为纪念矿物收藏家诺曼·斯潘（Norman Spang，1842—1922）而以他的姓氏命名。斯潘是美国宾夕法尼亚州阿勒格尼县铁制造商、埃特纳火山矿物收藏家和研究标本的贡献者。1959 年以前发现、描述并命名的“祖父级”矿物，IMA 承认有效。中文名称根据成分译为氯铜铝矾或氯铜矾。

【氯铜铅矾】

英文名 Arzrunite

化学式 $Pb_2Cu_4(SO_4)(OH)_4Cl_6 \cdot 2H_2O$　（IMA）

氯铜铅矾是一种含结晶水和羟基、氯的铅、铜的硫酸盐矿物。斜方晶系。晶体呈小柱状;集合体呈晶簇状。蓝色、蓝绿色。1899年发现于智利伊基克省查亚科约的布埃纳埃斯佩兰萨(Buena Esperanza)矿;同年,A.阿尔兹鲁尼(A. Arzruni)等在莱比锡《结晶学、矿物学和岩石学杂志》(31)报道。

阿尔兹鲁尼像

英文名称Arzrunite,以德国亚琛大学的矿物学教授安德烈亚斯·厄尔梅维奇·阿尔兹鲁尼(Andreas Eremeevich Arzruni,1847—1898)的姓氏命名,他首先认识了该矿物。1959年以前发现、描述并命名的"祖父级"矿物,IMA承认有效,但IMA持怀疑态度,不确定矿物,可能是混合物。中文名称根据成分译为氯铜铅矾。

【氯铜铅矿】

英文名 Percylite

化学式 $PbCuCl_2(OH)_2$

氯铜铅矿立方体、粒状晶体(智利)和珀西像

氯铜铅矿是一种含羟基的铅、铜的氯化物矿物。等轴晶系。晶体呈立方体、菱形十二面体;集合体呈块状。天蓝色,玻璃光泽,透明;硬度2.5。1850年布鲁克(Brooke)在《哲学杂志和科学期刊》(36)报道。英文名称Percylite,以英国冶金学家约翰·珀西(John Percy,1817—1889)的姓氏命名。1959年以前发现、描述并命名的"祖父级"矿物,IMA承认有效,但IMA持怀疑态度,可能是铜铅矿、水氯铜铅矿的混合物。中文名称根据成分译为氯铜铅矿。

【氯铜硝石】参见【毛青铜矿】条584页

【氯铜银铅矿】

英文名 Boleite

化学式 $KAg_9Pb_{26}Cu_{24}Cl_{62}(OH)_{48}$ (IMA)

氯铜银铅矿立方体晶体及聚形(墨西哥、智利)

氯铜银铅矿是一种成分复杂的含羟基的钾、银、铅、铜的氯化物矿物。等轴晶系。晶体呈立方体、八面体、菱形十二面体及其聚形,具三连双晶,粒径2cm。靛蓝色—普鲁士蓝色或淡黑蓝色,玻璃光泽,解理面上呈珍珠光泽,半透明—不透明;硬度3~3.5,完全解理。1891年发现于墨西哥下加利福尼亚半岛圣罗萨利亚附近的保雷奥(Boleo),当时描述为一个酰氯矿物;同年,马拉德(Mallard)等在《法国矿物学会通报》(14)和《巴黎科学院会议周报》(113)报道。英文名称Boleite,以首先发现地墨西哥的保雷奥(Boleo)命名。1959年以前发现、描述并命名的"祖父级"矿物,IMA承认有效。中文名称根据成分译为氯铜银铅矿或银铜氯铅矿。

【氯钨铅石】

英文名 Pinalite

化学式 $Pb_3(WO_4)OCl_2$ (IMA)

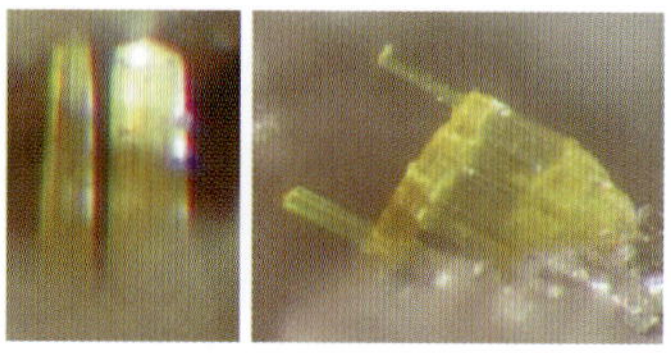
氯钨铅石针状、柱状、薄板状晶体(美国)

氯钨铅石是一种含氯、氧的铅的钨酸盐矿物。斜方晶系。晶体呈针状、柱状、薄板状;集合体呈放射状。亮黄色、橙黄色、金黄色,金刚光泽,透明;脆性。1988年发现于美国亚利桑那州皮纳尔(Pinal)县马默斯-圣安东尼(Mammoth-Saint Anthony)矿。英文名称Pinalite,以发现地美国的皮纳尔(Pinal)县命名。IMA 1988-025批准。1989年P. J.邓恩(P. J. Dunn)等在《美国矿物学家》(74)报道。1990年中国新矿物与矿物命名委员会郭宗山在《岩石矿物学杂志》[9(3)]根据成分译为氯钨铅石。

【氯硒铋铜石】

英文名 Francisite

化学式 $Cu_3Bi(Se^{4+}O_3)_2O_2Cl$ (IMA)

氯硒铋铜石叶片状晶体,放射状集合体(澳大利亚)和弗兰西斯像

氯硒铋铜石是一种含氯和氧的铜、铋的硒酸盐矿物。斜方晶系。晶体呈针状、叶片状;集合体呈皮壳状、放射状。亮苹果绿色,金刚光泽,透明;硬度3~4。1989年发现于澳大利亚南澳大利亚州艾尔半岛艾恩莫纳克(Iron Monarch)采石场。英文名称Francisite,以格林·弗兰西斯(Glyn Francis's,1939—)的姓氏命名,以表彰他对艾恩莫纳克矿矿物的认识和保护所做出的贡献。格林是艾恩莫纳克矿的质量管理经理,并在2010年出版了一本关于艾恩莫纳克矿床的著作。IMA 1989-028批准。1990年A.普林(A. Pring)等在《美国矿物学家》(75)报道。1991年中国新矿物与矿物命名委员会郭宗山在《岩石矿物学杂志》[10(4)]根据成分译为氯硒铋铜石。

【氯硒锌石】

英文名 Sofiite

化学式 $Zn_2(Se^{4+}O_3)Cl_2$ (IMA)

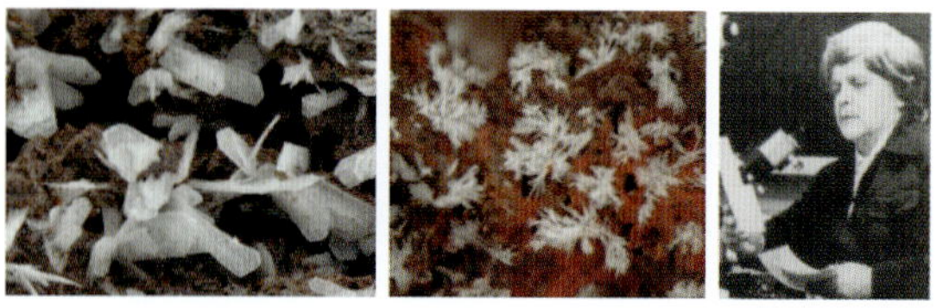
氯硒锌石板状晶体,花状集合体(俄罗斯)和索非亚像

氯硒锌石是一种含氯的锌的硒酸盐矿物。斜方晶系。晶体呈板状、假六方板状;集合体呈花状。无色、天蓝色、浅

蓝色，玻璃光泽、油脂光泽、丝绢光泽，透明；硬度 2～2.5，完全解理。1987 年发现于俄罗斯堪察加州托尔巴契克（Tolbachik）火山。英文名称 Sofiite，以苏联彼得罗巴甫洛夫斯克-堪察加斯基火山学研究所的矿物学家和考察堪察加火山的先驱索非亚·伊万诺娃·纳博科（Sofia Ivanova Naboko，1909—?）的名字命名。纳博柯石（Nabokoite）是以她的姓氏命名的。IMA 1987-028 批准。1989 年 L. P. 维尔戛索娃（L. P. Vergasova）等在《全苏矿物学会记事》[118(1)]和 1990 年《美国矿物学家》(75)报道。1991 年中国新矿物与矿物命名委员会郭宗山在《岩石矿物学杂志》[10(4)]根据成分译为氯硒锌石。

【氯溴硫汞矿】

英文名 Lavrentievite

化学式 $Hg_3S_2Cl_2$ （IMA）

氯溴硫汞矿是一种含氯的汞的硫化物矿物。与氯硫汞矿和斜方氯硫汞矿为同质多象。与溴氯硫汞矿（Arzakite）成类质同象系列。单斜（或三斜）晶系。晶体呈显微粒状，粒径 0.2mm，与溴氯硫汞矿（Arzakite）共生。无色—浅灰色、浅黄色，玻璃光泽、金刚光泽，透明；硬度 2～2.5。1984 年发现于俄罗斯图瓦共和国阿尔扎克（Arzak）汞矿和卡迪雷尔（Kadyrel）汞矿。英文名称 Lavrentievite，1984 年 V. I. 瓦西列夫（V. I. Vasilev）等为纪念苏联新西伯利亚流体力学研究所的数学家和流体动力学家以及西伯利亚科学研究院的创始人米哈伊尔·阿列克谢耶维奇·拉夫连季耶夫（Mikhail Alekseevich Lavrentev，1900—1980）而以他的姓氏命名。IMA 1984-020 批准。1984 年瓦西列夫等在《地质学和地球物理学》(7/25)和 1985 年 P. J. 邓恩（P. J. Dunn）等在《美国矿物学家》(70)报道。中文名称根据成分译为氯溴硫汞矿。

【氯溴银矿】

英文名 Bromian Chlorargyrite

化学式 Ag(Cl,Br)

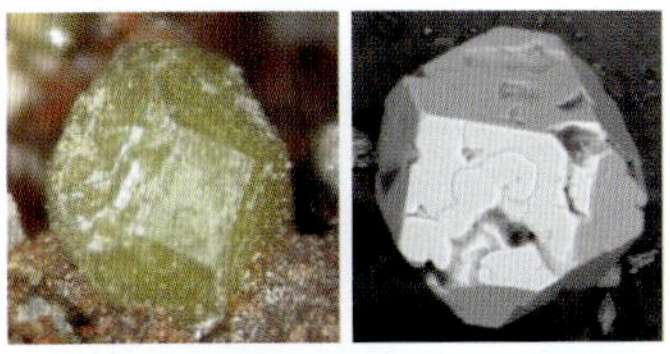

氯溴银矿晶体（澳大利亚、美国）

氯溴银矿是一种银的溴-氯化物矿物，是含溴的氯银矿（角银矿）。等轴晶系。晶体呈立方体、菱形十二面体及其聚形。浅黄色、黄绿色，金刚光泽、油脂光泽、树脂光泽，透明—半透明；硬度 1.5～2。最初报道来自智利科皮亚波省科罗拉多（Colorado）矿。英文名称 Bromian Chlorargyrite，由成分"Bromian（溴）"和"Chlorargyrite（氯银矿）"组合命名。同义词 Embolite，以希腊文"Ενδιαμεόη＝Intermediate（中间）"命名，意指氯和溴的比例为 50∶50[见于 1849 年布雷森特（Breithaupt）《物理学年鉴》(77)]。IMA 未批准，因它是角银矿的变种。中文名称根据成分译为氯溴银矿。

【氯亚硒酸铅铜石】

英文名 Allochalcoselite

化学式 $Cu^{1+}Cu_5^{2+}PbO_2(SeO_3)_2Cl_5$ （IMA）

氯亚硒酸铅铜石是一种含氯的铜、铅氧的亚硒酸盐矿物。单斜晶系。晶体呈柱状、粒状，粒径 0.1mm；集合体呈皮壳状。暗褐色，金刚光泽，半透明；硬度 3～4，完全解理，脆性。2004 年发现于俄罗斯堪察加州托尔巴契克（Tolbachik）火山主断裂破火山口第二火山渣锥 1975—1976 年喷发形成的喷气沉积物。英文名称 Allochalcoselite，根据希腊文"ἄλλος＝Allos（不同的）""χαλκός＝Chalkos（铜）"和元素"Selenium（硒）"组合命名，以反映铜在这种矿物中不同的价态和结晶行为。IMA 2004-025 批准。2005 年 L. 维尔戛索娃（L. Vergasova）等在《俄罗斯矿物学会记事》[134(3)]报道。2008 年中国地质科学院地质研究所任玉峰等在《岩石矿物学杂志》[27(6)]根据成分译为氯亚硒酸铅铜石。

【氯氧铋铅矿】

英文名 Perite

化学式 $PbBiO_2Cl$ （IMA）

氯氧铋铅矿是一种含氯的铅、铋的氧化物矿物。属氯氧锑铅矿族。斜方晶系。晶体呈板状。棕黄色、黄色、硫磺黄色，金刚光泽，半透明；硬度 3，完全解理。1960 年发现于瑞典韦姆兰省菲利普斯塔德市朗班（Långban）；同年，M. 吉尔伯格（M. Gillberg）在《矿物学和地质学档案》(2)刊载。1961 年 M. 弗莱舍（M. Fleischer）在《美国矿物学家》(46)报道。英文名称 Perite，以瑞典地质调查局的经济地质学家和皇家理工学院教授皮尔·阿道夫·盖格尔（Per Adolf Geijer，1886—1976）的名字命名。IMA 1962s. p. 批准。中文名称根据成分译为氯氧铋铅矿。

【氯氧碲铅矿*】

英文名 Telluroperite

化学式 $Pb(Te_{0.5}Pb_{0.5})O_2Cl$ （IMA）

氯氧碲铅矿* 方板状晶体（美国）

氯氧碲铅矿* 是一种含氯的铅、碲氧化物矿物。斜方晶系。晶体呈边缘厚而圆的方薄板状和薄片状，边缘高 0.25mm，厚 0.02mm。蓝绿色，金刚光泽，透明；硬度 2～3，完全解理，脆性。2009 年发现于美国加利福尼亚州圣贝纳迪诺市贝克奥托（Otto，Baker）山。英文名称 Telluroperite，由成分冠词"Telluro（碲）"和根词"Perite（氯氧铋铅矿）"组合命名，意指它是氯氧铋铅矿的碲的类似矿物。IMA 2009-044 批准。2010 年 A. R. 坎普夫（A. R. Kampf）等在《美国矿物学家》[95(10)]报道。目前尚未见官方中文译名，编译者建议根据成分及与氯氧铋铅矿的关系译为氯氧碲铅矿*。

【氯氧钒砷铜石】

英文名 Coparsite

化学式 $Cu_4^{2+}O_2(AsO_4)Cl$ （IMA）

氯氧钒砷铜石是一种含氯的铜氧的砷酸盐矿物。斜方晶系。晶体呈显微板状，一般呈其他矿物中的包裹体。黑色或暗灰色，金属光泽，不透明；完全解理，极脆。1996 年发现于俄罗斯堪察加州托尔巴契克（Tolbachik）火山主断裂破火山口第二火山渣锥。英文名称 Coparsite，由化学成分"Copper（铜）"和"Arsenic（砷）"组合命名。IMA 1996-064 批准。1999 年 L. P. 维尔戛索娃（L. P. Vergasova）在《加拿大矿物学家》(37)报道。2003 年中国地质科学院矿产资源研究所李锦平等在《岩石矿物学杂志》[22(1)]根据成分译为氯氧钒砷铜石。

L

【氯氧钒铜矿】

英文名 Averievite

化学式 $Cu_5O_2(VO_4)_2 \cdot CuCl_2$　　(IMA)

阿维里耶夫像

氯氧钒铜矿是一种含氯化铜的铜氧的钒酸盐矿物。三方晶系。晶体呈假六方板状、三方柱状。黑色，树脂光泽、沥青光泽、金属光泽，不透明；硬度4，解理发育，脆性。1995年发现于俄罗斯堪察加州托尔巴契克（Tolbachik）火山大裂隙式破火山口。英文名称Averievite，由苏联彼得罗巴甫洛夫斯克-堪察加火山研究所的火山学家、火山热能源专家瓦勒里·维克托维奇·阿维里耶夫（Valerii Viktorovich Averiev，1929—1968）的姓氏命名。IMA 1995-027批准。1998年L. P. 维尔戛索娃（L. P. Vergasova）等在《俄罗斯科学院报告》(359)报道。2003年中国地质科学院矿产资源研究所李锦平等在《岩石矿物学杂志》[22(2)]根据成分译为氯氧钒铜矿。

【氯氧汞矿】

英文名 Pinchite

化学式 $Hg_5O_4Cl_2$　　(IMA)

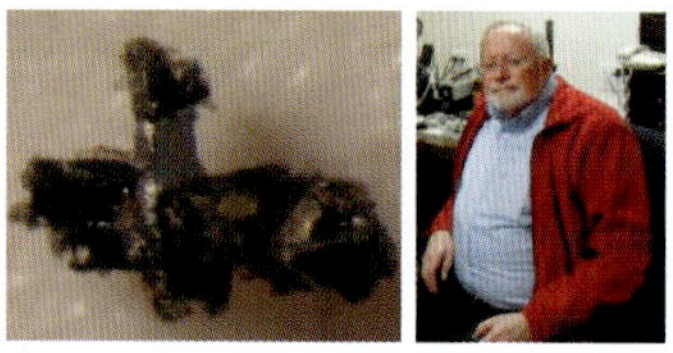

氯氧汞矿柱状晶体（美国）和平奇像

氯氧汞矿是一种汞氧的氯化物矿物。斜方晶系。晶体呈柱状。深棕色、黑色，条痕呈红棕色，金刚光泽，透明。1973年发现于美国得克萨斯州布鲁斯特县特灵瓜（Terlingua）矿区。英文名称Pinchite，为纪念美国纽约罗切斯特的威廉"比尔"·华莱士·平奇（William"Bill" Wallace Pinch，1940—2017）而以他的姓氏命名。平奇是一位有经验的私人矿物收藏家和业余矿物学家，他首先注意到该矿物。他获得以他的名字命名的成立于2001年的加拿大矿物学协会发行的"比尔平奇"奖章，以表彰他通过识别理想的学习标本而对矿物学做出的巨大和无私贡献，并将其提供给学术界。IMA 1973-052批准。1974年在《加拿大矿物学家》(12)和1976年《美国矿物学家》(61)报道。中文名称根据成分译为氯氧汞矿。

【氯氧硫锑铜铅矿】

英文名 Pellouxite

化学式 $(Cu,Ag)_2Pb_{21}Sb_{23}S_{55}ClO$　　(IMA)

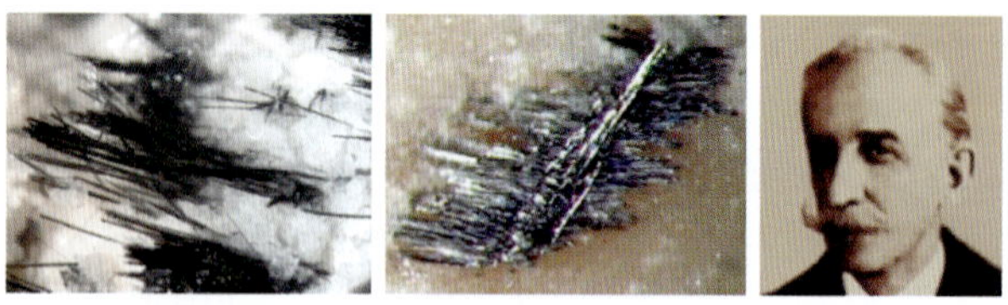

氯氧硫锑铜铅矿针状晶体，束状、梳状或鱼骨状集合体（意大利）和佩卢像

氯氧硫锑铜铅矿是一种含氧和氯的铜、银、铅的锑-硫化物矿物。单斜晶系。晶体呈针状、发状、薄叶片状；集合体呈束状、梳状、鱼骨状。黑色，金属光泽，不透明；完全解理，脆性。2001年发现于意大利卢卡省阿普安阿尔卑斯山斯塔泽马的布加德拉矿脉（Buca della Vena）。英文名称Pellouxite，为纪念意大利热那亚大学矿物学博物馆馆长、矿物学和岩石学教授、吉亚科莫·多利亚自然历史博物馆矿物学和地质学系主任、意大利地质学会前会长阿尔贝托·佩卢（Alberto Pelloux，1868—1948）而以他的姓氏命名。他描述了几个新物种，并在利比亚，阿尔巴尼亚和撒丁岛做了重要的工作。IMA 2001-033批准。2004年P. 奥兰迪（P. Orlandi）等在《欧洲矿物学杂志》(16)报道。2008年中国地质科学院地质研究所任玉峰等在《岩石矿物学杂志》[27(3)]根据成分译为氯氧硫锑铜铅矿。

【氯氧镁铝石】参见【氯羟镁铝石】条560页

【氯氧铅矿】参见【氯羟铅矿】条561页

【氯氧砷锑铅矿】

英文名 Thorikosite

化学式 $Pb_3O_3Sb^{3+}(OH)Cl_2$　　(IMA)

氯氧砷锑铅矿柱状晶体（希腊）

氯氧砷锑铅矿是一种含氯的铅氧的氢锑酸盐矿物。四方晶系。晶体呈柱状、板状。浅黄色、蜜黄色，玻璃光泽、蜡状光泽，透明—半透明；硬度3，完全解理，脆性。1984年发现于希腊阿提卡大区帕萨利马尼（Passa Limani）湾废炉渣堆积处和骚里哥（Thorikos）湾古代遗址废炉渣堆积处。英文名称Thorikosite，以发现地希腊的骚里哥（Thorikos）古镇命名。IMA 1984-013批准。1985年P. J. 邓恩（P. J. Dunn）等在《美国矿物学家》(70)报道。1986年中国新矿物与矿物命名委员会郭宗山等在《岩石矿物学杂志》[5(4)]根据成分译为氯氧砷锑铅矿或氯砷锑铅矿。

【氯氧锑矿】参见【氯锑矿】条564页

【氯氧锑铅矿】参见【氯锑铅矿】条564页

【氯氧硒钠铜石】

英文名 Ilinskite

化学式 $NaCu_5O_2(Se^{4+}O_3)_2Cl_3$　　(IMA)

氯氧硒钠铜石板状晶体，晶簇状集合体（俄罗斯）

氯氧硒钠铜石是一种含氯的钠、铜氧的亚硒酸盐矿物。斜方晶系。晶体呈板状、片状；集合体呈晶簇状、皮壳状。祖母绿色，玻璃光泽，透明；硬度1.5，完全解理，脆性。1996年发现于俄罗斯堪察加州托尔巴契克（Tolbachik）火山大断裂破火山口第二火山渣锥和南部格拉夫诺耶（Glavnoye）喷气孔。英文名称Ilinskite，以俄罗斯圣彼得堡大学的G. A. 伊林斯基（G. A. Ilinskiy，1927—1996）的姓氏命名。IMA 1996-027批准。1997年L. P. 维尔戛索娃（L. P. Vergasova）等在《俄罗斯科学院报告》[353(5)]报道。2003年中国地质科学院矿产资源研究所李锦平等在《岩石矿物学杂志》[22(2)]根据成分译为氯氧硒钠铜石。

【氯氧亚硒铜石】

英文名 Chloromenite

化学式 $Cu_9O_2(Se^{4+}O_3)_4Cl_6$　　(IMA)

氯氧亚硒铜石是一种含氯的铜氧的亚硒酸盐矿物。单斜晶系。晶体呈板状。烟草绿色，玻璃光泽，透明；硬度1.5～2.5，完全解理。1996年发现于俄罗斯堪察加州托尔巴契克(Tolbachik)火山主裂隙破火山口第二火山渣锥。英文名称Chloromenite，由成分"Chloros(氯＝绿色)"和"Mene＝Moon(月亮，硒)"组合命名，意指有"Selenium(硒)"的存在，希腊文Σελήνη＝Selene，意为月亮。IMA 1996-048批准。1999年L.维尔戛索娃(L. Vergasova)等在《欧洲矿物学杂志》(11)报道。2003年中国地质科学院矿产资源研究所李锦平等在《岩石矿物学杂志》[22(1)]根据成分译为氯氧亚硒铜石。

【氯银矿】参见【角银矿】条382页

【氯银铅矿】参见【银氯铅矿】条1080页

栾

[luán]欒的简化字。形声。本义：木名栾树。中国姓。

【栾锂云母】

汉拼名 Luanshiweiite

化学式 $KLiAl_{1.5}(Si_{3.5}Al_{0.5})O_{10}(OH)_2$　　(IMA)

栾世伟像

栾锂云母是一种含羟基的钾、锂、铝的铝硅酸盐矿物。属云母族。单斜晶系。矿物呈鳞片状。银白色；硬度3，极完全解理。该矿物产于中国河南省三门峡地区卢氏县官坡花岗伟晶岩脉，前人描述为"银白色富锂云母"。经中国核工业北京地质研究院分析测试所范光研究员与中国地质大学(北京)李国武教授、成都地质矿产研究所沈敢富研究员等共同研究发现是一种锂云母的新种，并以中国著名的地质学家、地质学教育家、地球化学专家、伟晶岩石学家，成都理工大学教授栾世伟(1928—2012)的姓名命名，以表彰他对我国西北地区伟晶岩矿床研究所做的突出贡献。IMA 2011-102批准。2012年范光、李国武、沈敢富、徐金莎、戴婕在《CNMNC通讯》(13)、《矿物学杂志》(76)和2013年中国《矿物学报》(33)报道。

滦

[luán]灤的简化字。形声；从氵，栾声。本义：水名滦河，在河北省东北部。

【滦河矿】

汉拼名 Luanheite

化学式 Ag_3Hg　　(IMA)

滦河矿细粒状晶体，树枝状、树根状集合体(俄罗斯、智利)

滦河矿是一种银和汞的互化物矿物。属银汞合金族。六方晶系。晶体微细粒状、板柱状；集合体多为球粒状、树枝状、树根状。灰白色，失去光泽变褐黑色，强金属光泽，不透明；硬度2.5。1981年，河北省地质局实验室、地质部矿床地质研究所邵殿信等在中国河北省承德地区滦河流域发现了一个特殊的重砂矿物。1983年，经武汉地质学院北京研究生部张建洪研究确定为一种新矿物，并以发现地滦河(Luanhe)命名为滦河矿。IMA 1983-083批准。1984年邵殿信等在中国《矿物学报》(2)和1988年《美国矿物学家》(73)报道。

伦

[lún]形声；从亻，仑声。本义：辈，类。[英]音，用于外国人名。

【伦纳德森石*】

英文名 Leonardsenite

化学式 $MgAlF_5 \cdot 2H_2O$　　(IMA)

伦纳德森石*柱状晶体(意大利，电镜)

伦纳德森石*是一种含结晶水的镁、铝的氟化物矿物。斜方晶系。晶体呈柱状，粒径20μm；集合体呈土状。白色，土状光泽，半透明；柔软，脆性。2011年发现于冰岛南部的赫克拉(Hekla)火山和韦斯特曼纳群岛的埃尔德菲尔(Eldfell)。英文名称Leonardsenite，以哥本哈根大学地质研究所X射线衍射实验室前主任埃里克·伦纳德森(Erik Leonardsen，1934—)的姓氏命名。IMA 2011-059批准。2011年D.米多罗(D. Mitolo)等在《CNMNC通讯》(11)、《矿物学杂志》(75)和2013年《加拿大矿物学家》(51)报道。目前尚未见官方中文译名，编译者建议音译为伦纳德森石*。

【伦琴石】参见【氟维钙铈矿】条196页

铊

[lún]形声；从钅，仑声。是一种人工合成的放射性化学元素。[英]Roentgenium。化学符号Rg。原子序数111。属于过渡金属之一，超重元素、超铀元素、超锕元素。1994年12月8日德国达姆施塔特的重离子研究所(Gesellschaft für Schwerionenforschung，GSI)，在线性加速器内利用镍-64轰击铋-209而合成。2006年11月17日被命名为Roentgenium(Rg)，以纪念1895年发现X射线的科学家伦琴。铊极易衰变为其他元素，因此在自然条件下无此元素的分布。

罗

[luó]羅的简化字。会意；甲骨文字形，像网中有隹，表示以网捕鸟的意思。小篆增加了"糸"(mì)，表示结网所用的材料。本义：用绳线结成的捕鸟网。①用于中国地名、姓氏。②[英]音，用于外国人名、地名。

【罗布莎矿】

汉拼名 Luobusaite

化学式 $Fe_{0.84}Si_2$　　(IMA)

罗布莎矿是一种铁-硅的天然合金矿物。为林芝矿的同质多象变体。斜方晶系。晶体呈不规则粒状、板状，颗粒细小。钢灰色，金属光泽，不透明；硬度7，无解理，脆性，贝壳状断口。1981年中国地质科学院地质研究所方青松、白文吉等在中国西藏罗布莎蛇绿岩型铬铁矿床调查研究时，因发现了蛇绿岩型金刚石，而引起关注。遂获得了国家自然科学基金资助，中国地质大学与中国地质科学院合作的基金课题组在中国地质大学施倪承教授主持下，发现了多种形成于地球深部的新矿物种群。

在2006—2007年，课题组成员白文吉、方青松、施倪承及李国武已先后分别向国际矿物学会新矿物、矿物命名及分类委员会提交了新矿物罗布莎矿($Fe_{0.83}Si_2$)，曲松矿(WC)、雅鲁矿($(Cr,Fe,Ni)_9C_4$)及藏布矿($TiFeSi_2$)的申请，并用我国著名的河流雅鲁藏布江命名雅鲁矿及藏布矿。曲松矿及罗布莎矿则是以我国科学家这次考察的西藏山南地区曲松县罗布莎蛇绿岩铬铁矿区；曲松矿因色布河、江扎河、贡布河贯穿曲松县全境，3条河藏语译音为“曲松”，曲松矿因县而得名。而罗布莎矿因(Luobusa)村命名。IMA 2005-052a批准。这些新矿物的发现对研究地球深部物质及地球动力学有重要意义。2007年李国武等在《矿物岩石》(3)和《地质学报》[80(10)]报道。

【罗氮铁矿】

英文名 Roaldite

化学式 $(Fe,Ni)_4N$ (IMA)

罗氮铁矿是一种铁、镍的氮化物矿物。等轴晶系。锡白色，金属光泽，不透明；硬度5.5～6.5。1980年发现于澳大利亚西澳大利亚州的尤金(Youndegin)铁陨石。英文名称Roaldite，以丹麦冶金学家、电子-微探针专家罗尔德·诺贝尔·尼尔森(Robert Norbach Nielsen，1928—)的名字命名。IMA 1980-079批准。1981年在《地球化学学报》[(16)主要补充说明]刊(月球和行星科学会议12，B辑)和1990年P.贝利斯(P. Bayliss)在《加拿大矿物学家》(28)报道。中文名称根据英文名称首音节音和成分译为罗氮铁矿；根据成因和成分译为陨氮镍铁矿。

【罗道尔夫石】

英文名 Rondorfite

化学式 $Ca_8Mg(SiO_4)_4Cl_2$ (IMA)

罗道尔夫石他形粒状晶体(德国)和罗道尔夫夫妇(左)及同事在卡斯帕现场

罗道尔夫石是一种含氯的钙、镁的硅酸盐矿物。等轴晶系。晶体呈他形粒状，粒径0.5mm。橙色、褐色、琥珀色，玻璃光泽，透明；脆性。1997年发现于德国莱茵兰-普法尔茨州艾费尔高原。英文名称Rondorfite，由两位杰出的矿物收藏家爱丽丝·罗道尔夫(Alice Rondorf)和欧根·罗道尔夫(Eugen Rondorf)的姓氏命名，是他(她)们发现的矿物，他们还发现了阿尔玛鲁道夫石(Almarudite)。IMA 1997-013批准。2004年T.米哈伊洛维奇(T. Mihajlović)等在《矿物学新年鉴：论文》(179)报道。2008年中国地质科学院地质研究所任玉峰等在《岩石矿物学杂志》[27(3)]中音译为罗道尔夫石。

【罗德斯石】参见【纤硅碱钙石】条1011页

【罗恩吉布斯石*】

英文名 Rongibbsite

化学式 $Pb_2(Si_4Al)O_{11}(OH)$ (IMA)

罗恩吉布斯石*片状晶体，晶簇状、放射状集合体(美国)

罗恩吉布斯石*是一种含羟基的铅的铝硅酸盐矿物。单斜晶系。晶体呈细长叶片状；集合体呈晶簇状。无色，透明；硬度5，完全解理，脆性。2010年发现于美国亚利桑那州马里科帕县比格霍恩(Big Horn)山脉未命名的前景勘探区。英文名称Rongibbsite，以亚利桑那州图森的矿物收藏家、采矿工程师和矿物的发现者罗纳德·布拉德福·吉布斯(Ronald Bradford Gibbs)的姓名命名。IMA 2010-055批准。2010年杨和雄(Yang Hexiong)等在《CNMNC通讯》(7)、《矿物学杂志》(75)和2013年《美国矿物学家》(98)报道。目前尚未见官方中文译名，编译者建议音译为罗恩吉布斯石*。

【罗利石*】

英文名 Rowleyite

化学式 $[Na(NH_4,K)_9Cl_4][V_2^{5+,4+}(P,As)O_8]_6 \cdot n[H_2O,Na,NH_4,K,Cl]$ (IMA)

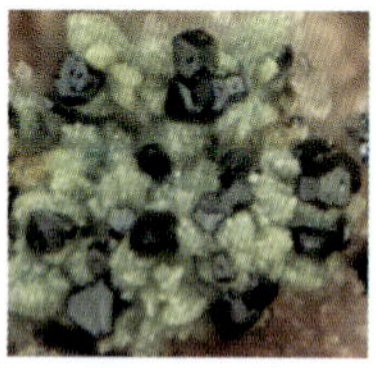

罗利石*八面体粒状晶体(美国)

罗利石*是一种含结晶水、钠、铵、钾、氯的钠、铵、钾的氯化-砷-磷-钒酸盐矿物；它是一种元素独特组合的新结构类型，继辛德勒石(Schindlerite)和维尔纳鲍尔石(Wernerbaurite)之后的第三个富钒酸铵矿物。等轴晶系。晶体呈八面体，粒径50μm。深棕绿色、黑色，玻璃光泽，碎片透明；硬度2，脆性。2016年发现于美国亚利桑那州马里科帕县帕因特德(Painted)山脉帕因特德矿区罗利(Rowley)矿蝙蝠粪源。英文名称Rowleyite，以发现地美国的罗利(Rowley)矿命名。IMA 2016-037批准。2016年A. R. 坎普夫(A. R. Kampf)等在《CNMNC通讯》(33)、《矿物学杂志》(80)和2017年《美国矿物学家》(102)报道。目前尚未见官方中文译名，编译者建议音译为罗利石*。

【罗磷铁矿】

英文名 Rodolicoite

化学式 $Fe^{3+}(PO_4)$ (IMA)

罗磷铁矿柱状晶体，不规则状集合体(意大利)

罗磷铁矿是一种铁的磷酸盐矿物。三方晶系。晶体呈柱状；集合体呈不规则状、土块结核状。红褐色，油脂光泽，不透明；脆性。1995年发现于意大利阿雷佐省卡斯泰尔诺沃(Castelnuovo)矿。英文名称Rodolicoite，以意大利佛罗伦萨大学的弗朗西斯科·罗多利克(Francesco Rodolico，1905—1988)的姓氏命名。他是意大利佛罗伦萨大学矿物学教授和意大利城市学院的地质学、建筑和装饰材料史专家，著有《意大利之城》(*Le pietre delle città d'Italia*)一书。IMA 1995-038批准。1997年C.西普里亚尼(C. Cipriani)等在《欧洲矿物学杂志》(9)报道。2003年中国地质科学院矿产资源研究所李锦平等在《岩石矿物学杂志》[22(2)]根据英文名首音节音和成分译为罗磷铁矿。

【罗镁大隅石】参见【碱硅镁石】条377页

【罗森贝格石】

英文名 Rosenbergite

化学式 $AlF[F_{0.5}(H_2O)_{0.5}]_4 \cdot H_2O$ (IMA)

罗森贝格石是一种含结晶水的水化氟的铝的氟化物矿

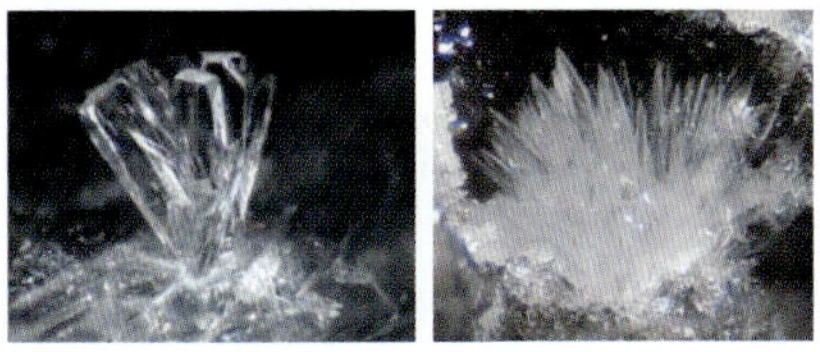
罗森贝格石柱状、叶状晶体，束状、晶簇状集合体（意大利）

物。四方晶系。晶体呈细长的四方柱状、锥状、叶片状；集合体呈放射状、晶簇状。无色，玻璃光泽，透明；硬度 3～3.5，完全解理，脆性。1992 年发现于意大利锡耶纳省的科托尼亚诺（Cotorniano）矿和南极洲罗斯岛埃里伯斯（Erebus）山火山口。英文名称 Rosenbergite，1993 年以美国华盛顿州立大学地球化学家菲利普·E. 罗森贝格（Philip E. Rosenberg，1931—）的姓氏命名，是他首先在南极洲注意到该矿物。IMA 1992-046 批准。1993 年 F. 奥尔米（F. Olmi）等在《欧洲矿物学杂志》(5) 报道。1998 年中国新矿物与矿物命名委员会黄蕴慧等在《岩石矿物学杂志》[17(2)] 音译为罗森贝格石。

【罗氏铁矿】

汉拼名 Luogufengite

化学式 Fe_2O_3　(IMA)

罗谷风像与《结晶学导论》

罗氏铁矿是一种铁的氧化物矿物。与赤铁矿和磁赤铁矿为同质多象。斜方晶系。晶体呈纳米级的自形或半自形状，具假六边形的双晶，粒径在 20～120nm 之间。2016 年发现于美国爱达荷州麦迪逊县靠近雷克斯堡地区米南（Menan）火山杂岩体的更新世玄武质火山熔渣中，是含铁玄武质玻璃在高温下的氧化产物。汉拼名称 Luogufengite，由南京大学地质系 80 级校友、威斯康星大学麦迪逊分校地质系发现该新矿物的徐惠芳教授，以恩师中国矿物学家南京大学矿物学教授罗谷风（Luogufeng，1933—）的姓名命名。他教授结晶矿物学达 50 年，著有《结晶学导论》等著作。IMA 2016-005 批准。2016 年徐惠芳（Xu Huifang）等在《CNMNC 通讯》(31)、《矿物学杂志》(80) 和 2017 年《美国矿物学家》(102) 报道。中文名称根据汉拼名称和成分译为罗氏铁矿。

【罗水硅钙石】

英文名 Rosenhahnite

化学式 $Ca_3Si_3O_8(OH)_2$　(IMA)

罗水硅钙石是一种含羟基的钙的偏硅酸盐矿物。三斜晶系。晶体呈针状、柱状、板条状；集合体呈杂乱状。白色、米色、无色、黄褐色，玻璃光泽，透明—半透明；硬度 4.5～5，完全解理。1965 年发现于美国加利福尼亚州门多西诺县鲁斯安（Russian）河。英文名称 Rosenhahnite，由利奥·罗森汉（Leo Rosenhahn，1903/1904—1991）的姓氏命名。他是美国加利福尼亚州圣安塞尔莫的一位矿物学家，是他发现的该矿物。IMA 1965-030 批准。1967 年，阿道夫·帕布斯特（Adolf Pabst）和 J. T. 阿尔福什（J. T. Alfors）在《美国矿物学家》(52) 报道。中文名称根据英文名称首音节音和成分译为罗水硅钙石。

罗水硅钙石针状晶体，脉状集合体（美国）

【罗水氯铁石】

英文名 Rokühnite

化学式 $FeCl_2 \cdot 2H_2O$　(IMA)

罗水氯铁石是一种含结晶水的铁的氯化物矿物。单斜晶系。晶体呈薄板状、纤维状；集合体呈块状。无色、浅绿色，暴露在空气中变为红褐色，透明；完全解理。1979 年发现于德国下萨克森州汉诺威市希尔德斯海姆县的西格弗里德·吉森（Siegfried-Giesen）的钾肥厂和萨尔兹德福（Salzdetfurth）钾肥厂。英文名称 Rokuhnite，以德国矿物学家、汉诺威钾盐研究所的教授罗伯特·库恩（Robert Kühn，1911—2000）的姓名组合命名。IMA 1979-036 批准。1980 年 R. 冯·霍登贝格（R. von Hodenberg）等在《矿物学新年鉴》（月刊）和 1981 年《美国矿物学家》(66) 报道。中文名称根据英文名首音节音和成分译为罗水氯铁石。

罗水氯铁石块状集合体（德国）

【罗水砷铜石】

英文名 Rollandite

化学式 $Cu_3(AsO_4)_2 \cdot 4H_2O$　(IMA)

罗水砷铜石是一种含结晶水的铜的砷酸盐矿物。斜方晶系。晶体呈板状、柱状；集合体呈晶簇状、皮壳状、葡萄状。白色、绿色、黄绿色，玻璃光泽、金刚光泽，透明—半透明；硬度 4～4.5，中等解理，脆性。1998 年发现于法国普罗旺斯-阿尔卑斯-蓝色海岸大区滨海阿尔卑斯省吉洛梅县（Guillaumes）达吕斯罗瓦（Roua）老铜矿山。英文名称 Rollandite，以法国著名的罗瓦矿矿物收藏家皮埃尔·罗兰（Pierre Rolland，1940—）的姓氏命名。IMA 1998-001 批准。2000 年 H. 萨尔普（H. Sarp）等在《欧洲矿物学杂志》(12) 报道。2003 年中国地质科学院矿产资源研究所李锦平等在《岩石矿物学杂志》[22(1)] 根据英文名称首音节音和成分译为罗水砷铜石。

罗水砷铜石板柱状晶体，晶簇状集合体（法国）

【罗斯曼石】

英文名 Rossmanite

化学式 $\square(Al_2Li)Al_6(Si_6O_{18})(BO_3)_3(OH)_3(OH)$　(IMA)

罗斯曼石自形柱状晶体（英国、意大利）和罗斯曼像

罗斯曼石是一种含羟基的空位、铝、锂的硼酸-硅酸盐矿物。属电气石族。三方晶系。晶体呈自形柱状。淡粉色、无色，玻璃光泽，透明—半透明；硬度 7。1996 年发现于捷克共

和国摩拉维亚地区罗泽纳(Rožná)伟晶岩。英文名称 Rossmanite,以美国加州理工大学的乔治·R.罗斯曼(George R. Rossman,1944—)的姓氏命名,以表彰他在电气石族矿物(以及许多其他矿物)的光谱学方面所做出的贡献。IMA 1996-018 批准。1998 年 J. B. 塞尔韦(J. B. Selway)等在《美国矿物学家》(83)报道。2004 年中国地质科学院矿产资源研究所李锦平等在《岩石矿物学杂志》[23(1)]音译为罗斯曼石。

【罗索夫斯基矿*】

英文名 Rossovskyite

化学式 $(Fe^{3+},Ta)(Nb,Ti)O_4$ (IMA)

罗索夫斯基矿*是一种铁、钽、铌、钛的氧化物矿物。属钨锰铁矿族。单斜晶系。晶体呈扁平粒状,粒径 6cm×6cm×2cm。黑色,半金属光泽,不透明;硬度 6,脆性。2014 年发现于蒙古国西部科布多省阿尔泰山脉布卢特(Bulgut)伟晶岩。英文名称 Rossovskyite,以俄罗斯地质学家、地球化学家和花岗伟晶岩矿物学专家列夫·尼古拉耶维奇·罗索夫斯基(Lev Nikolaevich Rossovskii,1933—2009)的姓氏命名。IMA 2014-056 批准。2014 年 S. I. 科诺瓦连科(S. I. Konovalenko)等在《CNMNC 通讯》(22)、《矿物学杂志》(78)和 2015 年《矿物物理与化学》(42)报道。目前尚未见官方中文译名,编译者建议音译为罗索夫斯基矿*。

罗索夫斯基像

【罗特贝尔矿*】

英文名 Roterbärite

化学式 $PdCuBiSe_3$ (IMA)

罗特贝尔矿*是一种钯、铜、铋的硒化物矿物。属硫锑镍铜矿族。斜方晶系。呈黄铜矿中的包裹体,晶体呈自形—半自形粒状,直径达 50μm。金属光泽,不透明;脆性,易碎。2019 年发现于德国下萨克森州戈斯拉区布朗拉格圣安德烈亚斯堡罗特·贝尔(Rote Bär)矿山。英文名称 Roterbärite,由发现地德国的罗特·贝尔(Roter Bär)矿命名。IMA 2019-043 批准。2019 年 A. 维玛扎洛娃(A. Vymazalová)等在《CNMNC 通讯》(51)、《矿物学杂志》(83)和《欧洲矿物学杂志》(31)报道。目前尚未见官方中文译名,编译者建议音译为罗特贝尔矿*。

【罗维莱石】

英文名 Rouvilleite

化学式 $Na_3CaMn^{2+}(CO_3)_3F$ (IMA)

罗维莱石是一种含氟的钠、钙、锰的碳酸盐矿物。单斜晶系。晶体呈半自形—自形柱状、粒状。无色、黄色、浅褐色、浅粉红色,玻璃光泽、蜡状光泽,透明—半透明;硬度 3,完全解理。1989 年发现于加拿大魁北克省罗维莱(Rouville)县圣希莱尔(Saint-Hilaire)山混合肥料采石场。英文名称 Rouvilleite,以发现地加拿大的罗维莱(Rouville)县命名。IMA 1989-050 批准。1991 年 A. M. 麦克唐纳(A. M. McDonald)等在《加拿大矿物学家》(29)报道。1991 年中国新矿物与矿物命名委员会郭宗山在《岩石矿物学杂志》[10(4)]根据成分译为氟碳钙钠石;1993 年中国新矿物与矿物命名委员会黄蕴慧等在《岩石矿物学杂志》[12(1)]音译为罗维莱石。2011 年杨主明在《岩石矿物学杂志》[30(4)]建议音译为罗维利石。

【罗西安东尼奥石*】

英文名 Rossiantonite

化学式 $Al_3(PO_4)(SO_4)_2(OH)_2(H_2O)_{10}\cdot 4(H_2O)$ (IMA)

罗西安东尼奥石*是一种含结晶水、羟基的铝的硫酸-磷酸盐矿物。三斜晶系。晶体呈自形柱状、粒状,粒径 0.15mm。无色,略带粉红色,玻璃光泽,透明;脆性。2012 年发现于委内瑞拉玻利瓦尔共和国奇曼塔(Chimantá)地块阿科班-达尔辛(Akopan-Dal Cin)洞穴。英文名称 Rossiantonite,以意大利摩德纳和雷焦艾米利亚大学的沉积岩石学教授以及意大利科学洞穴学的早期开发者安东尼奥·罗西(Antonio Rossi,1942—2011)的姓名命名,以表彰他对矿物研究,特别是洞穴矿物研究的不懈努力。IMA 2012-056 批准。2013 年 E. 加利(E. Galli)等在《CNMNC 通讯》(15)、《矿物学杂志》(77)和《美国矿物学家》(98)报道。目前尚未见官方中文译名,编译者建议音译为罗西安东尼奥石*。

【罗伊米勒石*】

英文名 Roymillerite

化学式 $Pb_{24}Mg_9(Si_{10}O_{28})(CO_3)_{10}(BO_3)(SiO_4)(OH)_{13}O_5$ (IMA)

罗伊米勒石*是一种含氧和羟基的铅、镁的硼酸-碳酸-硅酸盐矿物。三斜晶系。晶体呈片状,粒径 1.5mm×0.3mm。无色—浅粉红色,玻璃光泽,透明;完全解理。2016 年发现于纳米比亚奥乔宗朱帕区赫鲁特方丹市孔巴特(Kombat)矿。英文名称 Roymillerite,由对纳米比亚地质学做出重要贡献的罗伊·McG. 米勒(Roy McG. Miller)博士的姓名命名。IMA 2016-061 批准。2016 年丘卡诺夫(N. V. Chukanov)等在《CNMNC 通讯》(33)、《矿物学杂志》(80)和 2017 年《矿物物理与化学》(44)报道。目前尚未见官方中文译名,编译者建议音译为罗伊米勒石*。

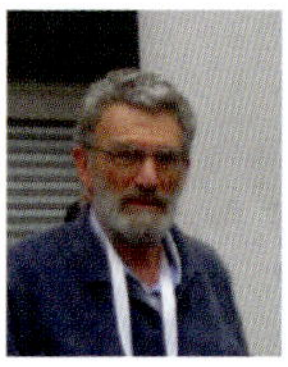

米勒像

【罗针沸石】参见【纤硅碱钙石】条 1011 页

螺 [luó]形声;从虫,累声。本义:凡软体动物腹足类,背有旋线的硬壳都叫螺。引申像螺壳纹理的:~纹。~钉。比喻矿物的形态特征。

【螺硫银矿】

英文名 Acanthite

化学式 Ag_2S (IMA)

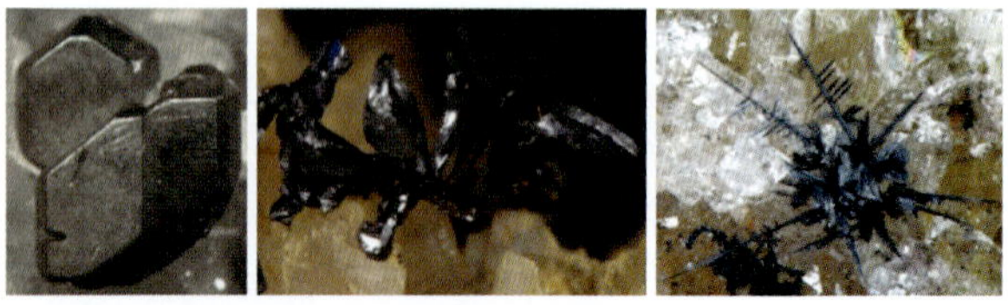

螺硫银矿板柱晶体,"蒺藜"状集合体(秘鲁、德国)

螺硫银矿是一种银的硫化物矿物,辉银矿的低温同质二象变体。属螺硫银矿族。单斜晶系。晶体常呈辉银矿晶体之假象,有时呈立方体、八面体副像(高温变体),柱状;集合体多呈块状、浸染状、细脉状、被膜状、网状、树枝状、毛发状、钉子状、"蒺藜"状等。铅灰色、黑色,金属光泽,不透明;硬度 2~2.5。1855 年发现于捷克共和国卡罗维发利州厄尔士山脉亚希莫夫(Jáchymov)矿区;同年,A. 肯龚特(A. Kenngott)

在《物理和化学年鉴》(95)报道。英文名称 Acanthite，1855 年由古斯塔夫 · 阿道夫 · 肯龚特(Gustav Adolf Kenngott)根据希腊文“ἀ κανθα= Akantha”或“Thorn”，意为“荆棘，蒺藜”，象征晶体的形状像“钉子”状或“蒺藜”状的外观。1959 年以前发现、描述并命名的“祖父级”矿物，IMA 承认有效。中文名称根据形态和成分译为螺硫银矿。

洛 [luò]形声；从水，各声。本义：水名，指洛水。[英]音，用于外国人名。

【洛巴诺夫石*】

英文名 Lobanovite

化学式 $K_2Na(Fe^{2+}_4Mg_2Na)Ti_2(Si_4O_{12})_2O_2(OH)_4$ (IMA)

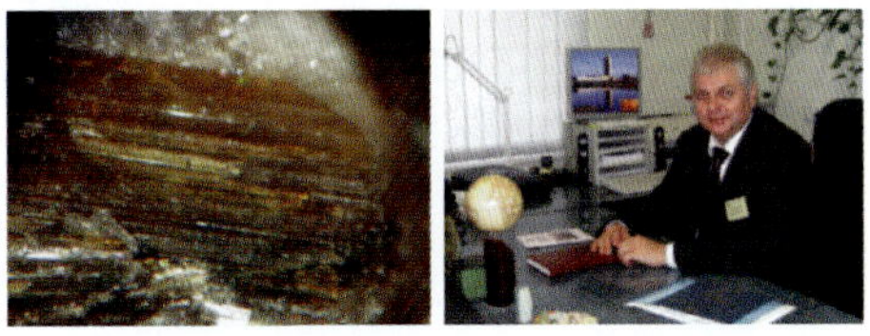

洛巴诺夫石* 叶片状晶体(俄罗斯)和洛巴诺夫像

洛巴诺夫石* 是一种含羟基和氧的钾、钠、铁、镁、钛的硅酸盐矿物。属星叶石超族德维托石* 族。单斜晶系。晶体呈细长的叶片状。稻草黄色—橙色，玻璃光泽；硬度 3。1959 年发现于俄罗斯北部摩尔曼斯克州库基斯武姆科尔(Kukisvumchorr)山和尤克斯波(Yukspor)山。英文名称 Lobanovite，最初命名为镁星叶石(Magnesium astrophyllite)，2015 年更名现名 Lobanovite，以在科拉半岛工作的苏联地质学家康斯坦丁 · V. 洛巴诺夫(Constantin V. Lobanov)荣誉博士的姓氏命名。1959 年由 E. I. 谢苗诺夫(E. I. Semenov)在 *Aca. Sci.* (9)第一次描述为“不寻常的淡黄色和绿色的纤维状星叶石”(库基斯武姆科尔山的标本)。1963 年中国学者彭志忠和马喆生在《中国科学》(12)确认为单斜对称性。2015 年 IMA 15 - B 提案，IMA 2015 s. p. 批准。2017 年索科洛娃(Sokolova)等在《矿物学杂志》(81)正式描述为一种新矿物(尤克斯波山标本)，并命名为 Lobanovite。目前尚未见官方中文译名，编译者建议音译为洛巴诺夫石*。根据原英文名称译为镁星叶石。

Mm

马 [mǎ]象形；早期金文字形，像马眼、马鬃、马尾之形。本义：家畜名。①中国姓、中国地名。②[英]音，用于外国人名、地名、国名。

【马驰矿*】

汉拼名 Machiite

化学式 $Al_2Ti_3O_9$ (IMA)

马驰(Ma Chi)像

马驰矿*是一种铝、钛的氧化物矿物，它是第一个纯的 Al-Ti 氧化物矿物，被认为是太阳星云气体的凝聚物或耐火熔体的结晶。单斜晶系。2016 年美国夏威夷大学宇宙化学家亚历山大·N. 克诺特(Alexander N. Knot)发现于澳大利亚维多利亚大谢珀顿市默奇森(Murchison)陨石。英文名称 Machiite，以华裔高级科学家、美国加州理工学院的地质和行星科学分部主任、世界公认的纳米矿物学专家和许多新矿物的发现者马驰(Ma Chi)的姓名命名。马驰博士 1989 年毕业于中国地质大学(武汉)地质系岩矿专业。1998 年至今在美国加州理工学院地质与行星科学系工作，目前担任分析实验室主任。2006 年以来，马驰领导的地球和行星科学部，利用电子束技术借助高分辨率分析扫描电子显微镜，对地球和行星材料进行研究，已经发现了 45 种新矿物，包括 19 种在太阳星云中形成的耐火材料、11 种冲击诱导的高压矿物，每一种新的外星矿物都显示出独特的形成环境，为星云或母体过程提供新的见解，它们标志着45.68亿年之前太阳星云中矿物演化的开始。IMA 2016-067 批准。2016 年克诺特在《CNMNC 通讯》(34)和《矿物学杂志》(80)报道。目前尚未见官方中文译名，编译者建议音译为马驰矿*。

【马丁安德烈斯石*】

英文名 Martinandresite

化学式 $Ba_2(Al_4Si_{12}O_{32})\cdot 10H_2O$ (IMA)

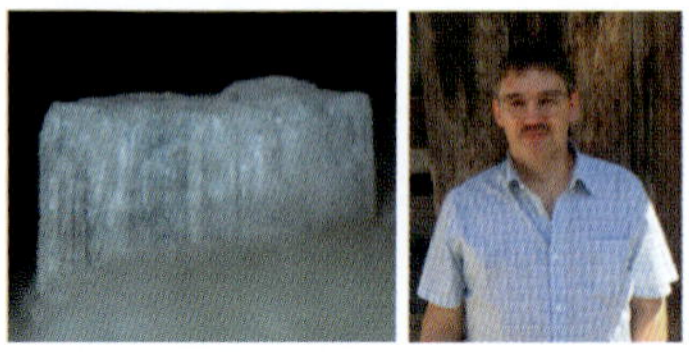

马丁安德烈斯石*短粗柱状晶体(瑞士)和马丁·安德烈斯像

马丁安德烈斯石*是一种含结晶水的钡的铝硅酸盐矿物。属沸石族。斜方晶系。晶体呈短柱状，大小 8mm×5mm×3.5mm，具十字双晶，达 3.5mm；集合体可达 6cm。无色、黄褐色，玻璃光泽，透明；硬度 4.5，中等解理。2017 年发现于瑞士瓦莱州辛普隆山口地区阿尔卑斯山伊森沃克(Isenwegg)峰。英文名称 Martinandresite，由马丁·安德烈斯(Martin Andres，1965—)的姓名命名，是他发现的该矿物。IMA 2017-038 批准。2017 年 N. V. 丘卡诺夫(N. V. Chukanov)等在《CNMNC 通讯》(38)、《矿物学杂志》(81)和 2018 年《矿物的物理与化学》(45)报道。目前尚未见官方中文译名，编译者建议音译为马丁安德烈斯石*。

【马丁矿】参见【板鳞钙石】条 44 页

【马多克矿*】参见【麦硫锑铅矿】条 581 页

【马尔凯蒂石*】

英文名 Marchettiite

化学式 $C_5H_7N_5O_3$ (IMA)

马尔凯蒂石*是一种天然无水尿酸氢铵有机矿物，它是尿或动物的粪便在较低的温度下由大气水循环而形成的。三斜晶系。1985 年马尔凯蒂(Marchetti)发现于意大利韦尔巴诺-库西亚-奥索拉省安提戈里奥(Antigorio)谷德维洛谷巴切诺德维洛高山塞万通(Cervandone)地区塞万通山西南山坡。直到 2013 年马尔凯蒂去世后科学家们才得到分析样本，并由帕多瓦大学法布里奇奥·内斯托拉(Fabrizio Nestola)教授描述。英文名称 Marchettiite，以意大利一位著名的业余矿物收藏家、此矿物的发现者奇安弗兰科·马尔凯蒂(Gianfranco Marchetti)的姓氏命名。IMA 2017-066 批准。2017 年 A. 瓜斯托尼(A. Guastoni)等在《CNMNC 通讯》(40)、《矿物学杂志》(81)和《欧洲矿物学杂志》(29)报道。目前尚未见官方中文译名，编译者建议音译为马尔凯蒂石*。

【马尔凯尼石*】

英文名 Markhininite

化学式 $TlBi(SO_4)_2$ (IMA)

马尔凯尼石*是一种铊、铋的硫酸盐矿物。三斜晶系。晶体假六方形。白色，金刚光泽，半透明；完全解理，脆性。2012 年发现于俄罗斯堪察加州托尔巴契克(Tolbachik)火山主裂隙破火山口第一火山渣锥。英文名称 Markhininite，以俄罗斯堪察加半岛俄罗斯科学院火山研究所的耶夫根尼·康斯坦丁诺维奇·马尔凯尼(Yevgeniy Konstantinovich Markhinin，1926—)教授的姓氏命名，以表彰他对火山学所做出的贡献。IMA 2012-040 批准。2013 年 S. K. 弗拉托福(S. K. Filatov)等在《CNMNC 通讯》(15)、《矿物学杂志》(77)和 2014 年《矿物学杂志》(78)报道。目前尚未见官方中文译名，编译者建议音译为马尔凯尼石*。

【马夫利亚诺夫石】

英文名 Mavlyanovite

化学式 Mn_5Si_3 (IMA)

马夫利亚诺夫像

马夫利亚诺夫石是一种锰的硅化物矿物，是喜峰矿的锰的类似矿物。属硅三铁矿族。六方晶系。晶体呈菱面体；集合体呈球粒状或卵形。灰色，金属光泽，不透明；硬度 7，完全解理，脆性。2008 年乌兹别克斯坦地质博物馆的工作人员在乌兹别克斯坦塔什干州昂仁县科什曼赛(Koshmansay)河发现，它的发现预示着当地可能存在金刚石矿。英文名称 Mavlyanovite，以乌兹别克斯坦科学院院士、地质学家和地震学家加尼·阿利夫罕诺维奇·马夫利亚诺夫(Gani Arifkhanovich Mavlyanov，1910—1988)的姓氏命名，以表彰他对乌兹别克斯坦的地质做出的贡献。他是水文地质与工程地质研究所和地震研究所的第一任所长。IMA 2008－026 批准。2009 年 R. G. 尤苏波夫（R. G. Yusupov）等在《矿物学杂志》（73）报道。中文名称音译为马夫利亚诺夫石。

【马格里布石*】

英文名 Maghrebite

化学式 $MgAl_2(AsO_4)_2(OH)_2 \cdot 8H_2O$　　（IMA）

马格里布石* 板状晶体，扇状集合体（摩洛哥）

马格里布石* 是一种结晶水和羟基的镁、铝的砷酸盐矿物。属劳埃石超族马格里布石* 族。三斜晶系。晶体呈柱状、板状、片状，长达 0.2mm；集合体呈扇状。无色，玻璃光泽，透明；完全解理。2005 年发现于摩洛哥瓦尔扎扎特省泰兹纳赫特地区布阿泽尔区阿格巴尔（Aghbar）露天采场。英文名称 Maghrebite，以北非地区的马格里布（Maghreb）命名。马格里布这个词来源于阿拉伯文“马格里布”，意思是“太阳落下的地区”，最初是指位于南部阿特拉斯山脉和地中海之间的地区。今天这个术语通常用来统称摩洛哥、阿尔及利亚、突尼斯、利比亚和毛里塔尼亚的非洲国家。IMA 2005－044 批准。2006 年 N. 梅瑟尔（N. Meisser）等在德国《岩石》［31（7－8）］报道。目前尚未见官方中文译名，编译者建议音译为马格里布石*。

【马格纳内利石*】

英文名 Magnanelliite

化学式 $K_3Fe^{3+}_2(SO_4)_4(OH)(H_2O)_2$　　（IMA）

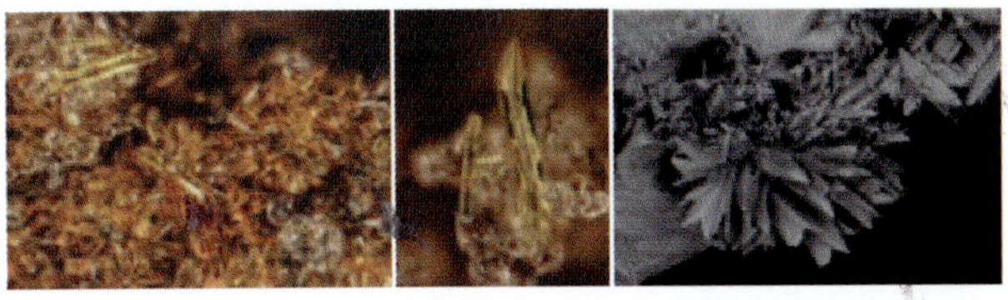

马格纳内利石* 尖端棱柱体晶体，放射状集合体（意大利）

马格纳内利石* 是一种含结晶水和羟基的钾、铁的硫酸盐矿物。单斜晶系。晶体呈尖端棱柱体，最长 0.5mm；集合体呈放射状。黄色—橙黄色，玻璃光泽，透明；硬度 3，中等解理，脆性。2019 年发现于意大利卢卡省斯塔泽马市圣安娜-迪斯塔泽马村阿尔西西奥山（Monte Arsiccio）矿。英文名称 Magnanelliite，以意大利化学家和矿物收藏家斯特凡诺·马格纳内利（Stefano Magnanelli，1959—）的姓氏命名，以表彰他对阿普安阿尔卑斯山热液脉的矿物学知识做出的贡献。他与别人合著了博蒂诺石（Bottinoite）的描述，并提供了第一批样品，以及来自卡拉拉大理石采石场和阿普安阿尔卑斯山其他采矿点的几个样品，支持对这些矿点的矿物学研究。IMA 2019－006 批准。2019 年 C. 比亚乔尼（C. Biagioni）等在《CNMNC 通讯》（49）、《矿物学杂志》（83）和《欧洲矿物学杂志》（31）报道。目前尚未见官方中文译名，编译者建议音译为马格纳内利石*。

【马赫茂德石】

英文名 Malhmoodite

化学式 $Fe^{2+}Zr(PO_4)_2 \cdot 4H_2O$　　（IMA）

马赫茂德石放射状、球粒状集合体（美国）

马赫茂德石是一种含结晶水的铁、锌的磷酸盐矿物。单斜晶系。晶体呈板条状、纤维状；集合体呈放射状、球粒状。奶白色、灰白色，玻璃光泽、丝绢光泽，透明—半透明；硬度 3，完全解理。1992 年发现于美国阿肯色州加兰县威尔逊（Wilson）硫磺温泉。英文名称 Malhmoodite，以美国地质调查局分析实验室分公司多年的秘书和行政助理贝莎·K. 马赫茂德（Bertha K. Malhmood）的姓氏命名。IMA 1992－001 批准。1993 年 C. 米尔顿（C. Milton）等在《美国矿物学家》（78）报道。1998 年中国新矿物与矿物命名委员会黄蕴慧等在《岩石矿物学杂志》［17（2）］音译为马赫茂德石。

【马基诺矿】参见【四方硫铁矿】条 898 页

【马基铀矿*】

英文名 Markeyite

化学式 $Ca_9(UO_2)_4(CO_3)_{13} \cdot 28H_2O$　　（IMA）

马基铀矿* 是一种含结晶水的钙的铀酰-碳酸盐矿物。斜方晶系。晶体呈拉长的叶片状。淡黄绿色，玻璃光泽、珍珠光泽，透明；硬度 1.5～2，完全解理，脆性。2016 年发现于美国犹他州圣胡安县马基（Markey）矿。英文名称 Markeyite，以发现地美国的马基（Markey）矿命名。IMA 2016－090 批准。2017 年 A. R. 坎普夫（A. R. Kampf）等在《CNMNC 通讯》（35）、《矿物学杂志》（81）和 2018 年《矿物学杂志》（82）报道。目前尚未见官方中文译名，编译者建议音加成分译为马基铀矿*。

【马金斯特矿】参见【马硫铜银矿】条 578 页

【马进德矿】

汉拼名 Majindeite

化学式 $Mg_2Mo_3O_8$　　（IMA）

马进德矿是一种镁、钼的氧化物矿物，是镁占优势的钼铁矿的类似矿物。属钼铁矿族。六方晶系。为亚微米级晶体。2012 年由美国加州理工学院地质和行星科学系主任、资深科学家、矿物学家、华裔学者马驰（Ma Chi）博士发现于墨西哥奇瓦瓦州阿连德（Allende）碳质球粒陨石。该矿物是马驰自 2007 年以来一直领导的一个纳米矿物学研究小组，从原始陨石，包括阿连德陨石中首次描述并命名的第 11 个矿物。汉拼名称 Majindeite，马驰博士为纪念他的父亲、中国地质大学（武汉）矿物学家马进德（Majinde，1939—1991）而以他的姓名命名。IMA 2012－079 批准。2013 年马驰在《CNMNC 通讯》（15）、《矿物学杂志》（77）和 2016 年《美国矿物学家》（101）报道。中文名称音译为马进德矿。

【马柯斯兰石】

英文名 Mcauslanite

化学式 $Fe^{2+}_3Al_2(PO_4)_3(PO_3OH)F \cdot 18H_2O$　　（IMA）

马柯斯兰石是一种含结晶水和氟的铁、铝的氢磷酸-磷酸盐矿物。三斜晶系。晶体呈纤维状、薄叶片、板条状；集合体呈晶簇状、放射状。无色、淡黄白色，玻璃光泽、丝绢光泽，透明—半透明；硬度 3.5，完全解理，脆性。1986 年发现于加拿大新斯科舍省雅茅斯市阿盖尔的东肯普特维尔(East Kemptville)锡矿。英文名称 Mcauslanite,以加拿大资源有限公司前东部勘探经理大卫・亚历山大・马柯斯兰(David Alexander McAuslan,1943—)的姓氏命名,是他发现了此矿物。IMA 1986-051 批准。1988 年 J. M. 理查森(J. M. Richardson)等在《加拿大矿物学家》(26)报道。1990 年中国新矿物与矿物命名委员会郭宗山在《岩石矿物学杂志》[9(3)]音译为马柯斯兰石。

马柯斯兰像

【马可韦克矿】参见【单斜硫铋银矿】条 107 页

【马克阿舍尔石*】

英文名 Markascherite

化学式 $Cu_3(MoO_4)(OH)_4$ (IMA)

马克阿舍尔石*是一种含羟基的铜的钼酸盐矿物。与斜方钼铜矿(西尼克石)为同质多象。单斜晶系。晶体呈板片、叶片状,粒径 0.50mm×0.10mm×0.05mm。绿色,半金刚光泽,透明;硬度 3.5~4,完全解理,脆性。2010 年发现于美国亚利桑那州皮纳尔县蔡尔兹-阿德温克勒(Childs-Adwinkle)矿。英文名称 Markascherite,由美国亚利桑那州图森的矿物收藏家和工程师马克・高柏・阿舍尔(Mark Goldberg Ascher)的姓名命名。IMA 2010-051 批准。2010 年杨和雄(Yang Hexiong)等在《CNMNC 通讯》(7)、《矿物学杂志》(75)和 2012 年《美国矿物学家》(97)报道。目前尚未见官方中文译名,编译者建议音译为马克阿舍尔石*;或根据对称和成分译为单斜钼铜矿*。

阿舍尔像

【马克巴尔迪矿*】

英文名 Marcobaldiite

化学式 $Pb_{12}(Sb_3As_2Bi)_{\Sigma 6}S_{21}$ (IMA)

马克巴尔迪矿*是一种铅、锑、砷、铋的硫化物矿物。属约硫砷铅矿同源系列族。三斜晶系。晶体呈柱状,长达 1cm。黑色,金属光泽,不透明。2015 年发现于意大利卢卡省滨海阿尔卑斯山脉彼得拉桑塔的瓦迪卡斯特罗卡杜奇(Valdicastello Carducci)波洛内矿斯坦佐内(Stanzone)隧道。英文名称 Marcobaldiite,以业余矿物爱好者马克・巴尔迪(Marco Baldi,1944—)的姓名命名。马克・巴尔迪对法国南部滨海阿尔卑斯山脉的黄铁矿±重晶石±铁氧化物矿床矿物学做出了贡献。IMA 2015-109 批准。2016 年 C. 比亚乔尼(C. Biagioni)等在《CNMNC 通讯》(30)、《矿物学杂志》(80)和 2018 年《欧洲矿物学杂志》(30)报道。目前尚未见官方中文译名,编译者建议音译为马克巴尔迪矿*。

【马克比艾矿】

英文名 Mcbirneyite

化学式 $Cu_3(VO_4)_2$ (IMA)

马克比艾矿是一种铜的钒酸盐矿物。与假钒铁铜矿(Pseudolyonsite)为同质多象。三斜晶系。晶体呈柱状,长 200μm。深灰色、黑色,金属光泽,不透明。1985 年发现于萨尔瓦多松索纳特省伊萨尔科(Izalco)火山。英文名称 Mcbirneyite,以美国俄勒冈州科瓦利斯俄勒冈大学的火山学家亚历山大・罗伯特・麦克伯尼(Alexander Robert McBirney,1924—2019)的姓氏命名。他是美国《火山和地热研究杂志》的主编。IMA 1985-007 批准。1987 年 J. M. 休斯(J. M. Hughes)等在《火山和地热研究杂志》(33)报道。1989 年中国新矿物与矿物命名委员会郭宗山在《岩石矿物学杂志》[8(3)]音译为马克比艾矿,也有的根据对称和成分译为三斜钒铜矿。

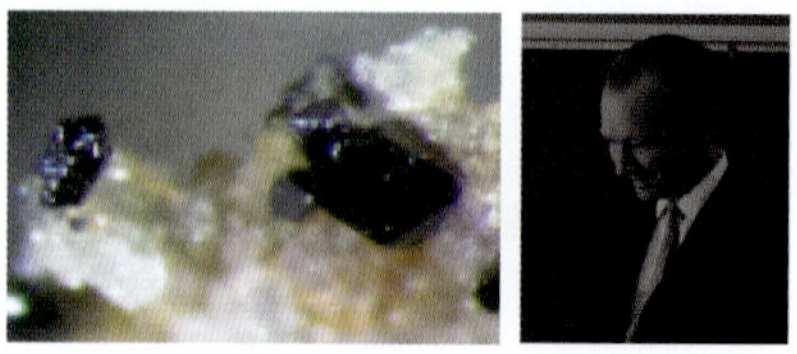
马克比艾矿自形粒状晶体(俄罗斯)和麦克伯尼像

【马克尔石*】

英文名 Marklite

化学式 $Cu_5(CO_3)_2(OH)_6 \cdot 6H_2O$ (IMA)

马克尔石*叶片状晶体,束状集合体(德国)和马克尔像

马克尔石*是一种含结晶水、羟基的铜的碳酸盐矿物。单斜晶系。晶体呈薄叶片状;集合体呈束状。淡蓝色。2015 年发现于德国巴登-符腾堡州黑林山沙普巴赫谷弗里德里希-克里斯蒂安(Friedrich-Christian)矿。英文名称 Marklite,以德国法兰克福市蒂宾根大学的矿物学家格雷戈尔・马克尔(Gregor Markl,1971—)教授的姓氏命名,马克尔博士发现了这种矿物类型标本。他著有许多关于地壳岩石学、地球化学的专著,特别是研究关于黑林山地区的热液矿床(成因、氧化蚀变、矿物学和地球化学)的书籍。IMA 2015-101 批准。2016 年 A. R. 坎普夫(A. R. Kampf)等在《CNMNC 通讯》(29)和《矿物学杂志》(80)报道。目前尚未见官方中文译名,编译者建议音译为马克尔石*。

【马克斯威石】

英文名 Maxwellite

化学式 $NaFe^{3+}(AsO_4)F$ (IMA)

马克斯威石是一种含氟的钠、铁的砷酸盐矿物。属氟砷钙镁石族。单斜晶系。晶体呈自形—半自形短柱状、粒状;集合体呈晶簇状。暗红色、橘红色,玻璃光泽,透明—半透明;硬度 5~5.5,完全解理。1987 年发现于美国新墨西哥州卡特伦县斯阔溪(Squaw Creek)矿。英文名称 Maxwellite,以美国地质调查局的地质学家查尔斯・亨利・麦克斯威(Charles Henry Maxwell,1923—?)的姓氏命名。他研究了泰勒溪矿区的地质。IMA 1987-044 批准。1991 年 E. E. 富尔德(E. E. Foord)等在《矿物学新年鉴》(月刊)和 1992 年《美国矿物学家》(77)报道。1993 年中国新矿物与矿物命名委员会黄蕴慧等在《岩石矿物学杂志》[12(1)]音译为

马克斯威石短柱状、粒状晶体(美国)

马克斯威石。

【马拉松矿*】

英文名 Marathonite

化学式 $Pd_{25}Ge_9$　(IMA)

马拉松矿*是一种钯与锗的互化物矿物。它是第一个被发现和认可的锗矿物,在批准的物种中具元素组合独特的新结构类型。三方晶系。2016年发现于加拿大安大略省雷湾市马拉松(Marathon)矿床。英文名称 Marathonite,以发现地加拿大的马拉松(Marathon)矿床命名。IMA 2016-080批准。2016年 A. M. 麦克唐纳(A. M. McDonald)等在《CNMNC通讯》(34)和《矿物学杂志》(80)报道。目前尚未见官方中文译名,编译者建议音译为马拉松矿*。

【马来亚石】

英文名 Malayaite

化学式 $CaSnO(SiO_4)$　(IMA)

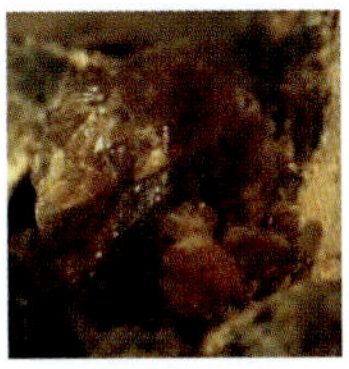

马来亚石粒状晶体(加拿大)

马来亚石是一种钙、锡氧的硅酸盐矿物,是含锡(Sn^{4+})的榍石的类似矿物。属榍石族。单斜晶系。晶体呈楔状、细粒状;集合体呈块状、薄层状、皮壳状。无色、绿灰色、白色、淡黄色、橙色,玻璃光泽或树脂光泽,半透明;硬度3.5~4。1964年该矿物首先在马来半岛霹雳州的洛克(Lok)发现。英文名称 Malayaite,以发现国马来西亚(Malaysia)命名。IMA 1964-024批准。1965年 J. B. 亚力山大(J. B. Alexander)等在《矿物学杂志》(35)和1966年 M. 弗莱舍(M. Fleischer)在《美国矿物学家》(51)报道。中文名称音译为马来亚石。有人认为它是一种稀少的石榴石变种,又称变色石榴石。已知有两个亚种:一是锰铝-镁铝榴石,1960年发现于东非的坦桑尼亚和肯尼亚翁巴河谷的镁铝榴石与锰铝榴石混溶体,呈橙色—红橙色并泛粉色调,被称为"马来亚石或马来亚榴石",或"翁巴榴石"。另一品种是1972年在中国江西省德安曾家垅及1978年在中国四川省义敦亥隆新发现的一种钙铁榴石,在日光或日光灯下呈浅绿色者在白炽灯下为橙红色。

【马莱托瓦扬矿*】

英文名 Maletoyvayamite

化学式 $Au_3Se_4Te_6$　(IMA)

马莱托瓦扬矿*是一种金的硒-碲化物矿物。三斜晶系。晶体呈六面体,晶粒10~50μm。灰色;完全解理。2019年发现于俄罗斯堪察加州马莱托瓦扬(Maletoyvayam)矿田 Gaching 矿点。英文名称 Maletoyvayamite,由发现地俄罗斯的马莱托瓦扬(Maletoyvayam)矿田命名。IMA 2019-021批准。2019年 N. D. 托尔斯特赫(N. D. Tolstykh)等在《CNMNC通讯》(50)、《矿物学杂志》(84)和2020年《欧洲矿物学杂志》(31)报道。目前尚无中文官方译名,编译者建议音译为马莱托瓦扬矿*。

【马兰矿】

汉拼名 Malanite

化学式 $Cu^{1+}(Ir^{3+}Pt^{4+})S_4$　(IMA)

马兰矿是一种硫尖晶石型铜、铱、铂的硫化物矿物。属尖晶石超族硫硼尖晶石族硫铜钴矿亚族。等轴晶系。晶体常呈八面体及菱形十二面体半自形晶;集合体呈块状或脉状。钢灰色,条痕呈黑色,金属光泽,不透明;硬度5,脆性。1972年中国地质科学院地质研究所於祖相研究员在河北省遵化县马兰峪橄榄辉石岩铜镍硫化物矿石中发现了一种铂族元素新矿物,后又在河北省承德市兴隆县双峰村含铂的铬矿石中发现。1974年在《地质学报》初步报道,误认为属黄铁矿型矿物,没有被国际新矿物委员会及命名委员会批准。1976年在《地质学报》上更正为硫尖晶石型铜、铱、铂硫化物矿物。自1978年起,作者重新进行了一些研究,1981年进一步修改补充。矿物名称以矿物的发现地中国马兰(Malan)峪命名。IMA 1995-003批准。1996年於祖相在《地质学报》[70(4)]报道。与马兰矿同时发现的还有钴马兰矿(以前称大营矿,$CuPtCoS_4$)和铑马兰矿($CuPtRhS_4$)。

【马雷科特石*】

英文名 Marécottite

化学式 $Mg_3O_6(UO_2)_8(SO_4)_4(OH)_2 \cdot 28H_2O$　(IMA)

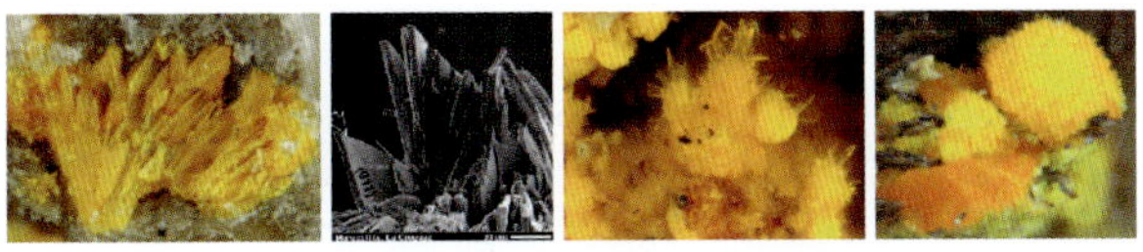

马雷科特石*菱形板片状晶体,束状、球粒状、皮壳状集合体(美国、捷克)

马雷科特石*是一种含结晶水、羟基的镁氧的铀酰-硫酸盐矿物。属水铀矾族。三斜晶系。晶体呈菱形板片状;集合体呈放射状、束状、球粒状、皮壳状。黄色、橙色,玻璃光泽,透明;硬度3,完全解理,脆性。2001年发现于瑞士瓦莱州勒特里安(Le Trient)山谷莱斯马雷科特(Les Marécottes)村附近的拉克列乌萨(La Creusa)铀前景勘探区。英文名称 Marécottite,以发现地瑞士的马雷科特(Marécottes)村命名。IMA 2001-056批准。2003年 J. 布鲁格(J. Brugger)等在《美国矿物学家》(88)报道。目前尚未见官方中文译名,编译者建议音译为马雷科特石*。它与水镁铀矾相似,因此也可译为假水镁铀矾(Pseudo-Mg-Zippeite)。

【马里榴石】参见【钙铝榴石】条222页

【马里思矿】参见【磷铁钠矿】条483页

【马里亚诺石】参见【硅锆铌钙钠石】条266页

【马林科石*】

英文名 Malinkoite

化学式 $NaBSiO_4$　(IMA)

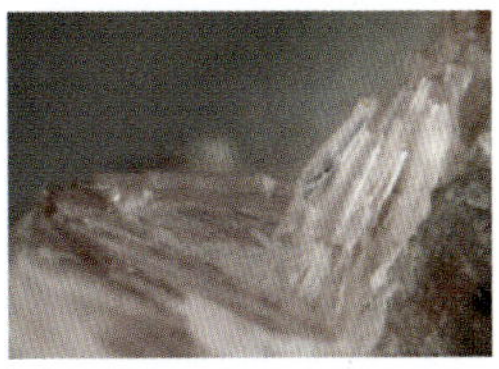

马林科石*柱状晶体,晶簇状集合体(加拿大)

马林科石*是一种钠、硼的硅酸盐矿物。六方晶系。晶体呈柱状;集合体呈块状、晶簇状。无色—浅粉红色、蓝绿色,玻璃光泽,透明;硬度5,脆性。2000年发现于俄罗斯北部摩尔曼斯克州卡纳苏特(Karnasurt)山。英文名称 Malinkoite,2000年 A. P. 霍米亚科夫(A. P. Khomyakov)等以俄罗斯莫斯科矿物资源研究所的矿物学家斯维特拉娜·维雅切斯拉夫娜·马林科(Svetlana Vyacheslavovna Malinko,1927—)的姓氏命名。她擅长硼矿物研究并发现了一些新矿物。IMA 2000-009批准。2000年霍米亚科夫等在《俄罗斯矿物学会记事》[129(6)]报道。目前尚未见官方中文译名,编译者建议音译为马林科石*。

M

【马林斯克石*】

英文名 Mariinskite

化学式 $BeCr_2O_4$　　(IMA)

马林斯克石*是一种铍、铬的氧化物矿物。斜方晶系。晶体呈他形细粒状,假六边形金绿宝石型双晶。黑色—深绿色,玻璃光泽,透明—半透明;硬度8.5。2011年发现于俄罗斯斯维尔德洛夫斯克州叶卡捷琳堡马林斯克(Mariinskoe)矿床。英文名称 Mariinskite,以发现地俄罗斯的马林斯克(Mariinskoe)矿床命名。IMA 2011-057 批准。2011年 L. A. 保托夫(L. A. Pautov)等在《CNMNC通讯》(11)、《矿物学杂志》(75)和2012年《俄罗斯矿物学会记事》[141(6)]报道。目前尚未见官方中文译名,编译者建议音译为马林斯克石*。

【马硫铜银矿】

英文名 Mckinstryite

化学式 $Ag_5Cu_3S_4$　　(IMA)

马硫铜银矿柱状、粒状晶体,块状集合体(德国)和麦金斯特里像

马硫铜银矿是一种银、铜的硫化物矿物。斜方晶系。晶体呈柱状、粒状;集合体呈块状。钢灰色、暗灰色—黑色,条痕呈深灰色,金属光泽,不透明;硬度1.5~2.5。1958年 S. 杜尔莱(S. Djurle)在《斯堪的纳维亚化学学报》(12)报道Ag-Cu-S系统的X射线研究。1966年发现于加拿大安大略省蒂米斯卡明(Timiskaming)区佛斯特(Foster)矿;同年,1966年 B. J. 斯金纳(B. J. Skinner)等在《经济地质学》(61)报道。英文名称 Mckinstryite,以美国哈佛大学地质学教授休米·埃克斯顿·麦金斯特里(Hugh Exton McKinstry,1896—1961)的姓氏命名。IMA 1966-012 批准。1967年在《美国矿物学家》(52)报道。中国地质科学院根据英文名称首音节音和成分译为马硫铜银矿。2011年杨主明在《岩石矿物学杂志》[30(4)]建议音译为马金斯特矿。

【马纳斯基石*】

英文名 Maneckiite

化学式 $(Na\square)Ca_2Fe_2^{2+}(Fe^{3+}Mg)Mn_2(PO_4)_6 \cdot 2H_2O$
(IMA)

马纳斯基像

马纳斯基石*是一种罕见的含结晶水的钠、空位、钙、二价铁、三价铁、镁、锰的磷酸盐矿物。属磷钙复铁石族。斜方晶系。晶体呈他形或半自形晶,粒径约150μm×150μm。深棕色,玻璃光泽,透明;硬度5,完全解理,脆性。2015年发现于波兰下西里西亚省米哈尔科夫(Michałkowa)伟晶岩。英文名称 Maneckiite,以波兰克拉科夫AGH科技大学的安杰伊·马纳斯基(Andrzej Manecki,1933—)教授的姓氏命名。他曾是IMA宇宙矿物学(Cosmomineralogy)委员会成员(代表波兰,1974—1988),同时也是IMA新矿物及矿物名称委员会的波兰代表(1988)。IMA 2015-056 批准。2015年 A. 皮兹卡(A. Pieczka)等在《CNMNC通讯》(27)、《矿物学杂志》(79)和2017年《矿物学杂志》(81)报道。目前尚未见官方中文译名,编译者建议音译为马纳斯基石*。

【马皮奎罗矿*】

英文名 Mapiquiroite

化学式 $(Sr,Pb)(U,Y)Fe_2(Ti,Fe^{3+})_{18}O_{38}$　　(IMA)

马皮奎罗矿*板状晶体(意大利)

马皮奎罗矿*是一种锶、铅、铀、钇、铁、钛的复杂氧化物矿物。属尖钛铁矿族。三方晶系。晶体呈复杂的菱面体或假六方片状(大小1mm)、假六方板状(大小5mm)。黑色,半金属光泽,不透明;硬度6。2013年发现于意大利卢卡省阿普安阿尔卑斯山斯塔泽马市布卡德拉(Buca della)矿和阿斯西奥(Arsiccio)矿。英文名称 Mapiquiroite,为纪念意大利里卡尔多·马赞蒂(Riccardo Mazzanti)、路易吉·皮耶罗蒂(Luigi Pierotti)、乌戈·奎利西(Ugo Quilici)和莫雷诺·罗马尼(Moreno Romani)4位矿物收藏家,而以他们的姓的首音节音组合命名,以表彰他们对滨海阿尔卑斯山脉的重晶石+黄铁矿+铁氧化物矿床矿物学研究所做的贡献。IMA 2013-010 批准。2013年 C. 比亚乔尼(C. Biagioni)等在《CNMNC通讯》(16)、《矿物学杂志》(77)和2014年《欧洲矿物学杂志》(26)报道。目前尚未见官方中文译名,编译者建议音译为马皮奎罗矿*。

【马砷铁铅石】参见【羟砷铅铁石】条729页

【马水硅钠石】

英文名 Makatite

化学式 $Na_2Si_4O_8(OH)_2 \cdot 4H_2O$　　(IMA)

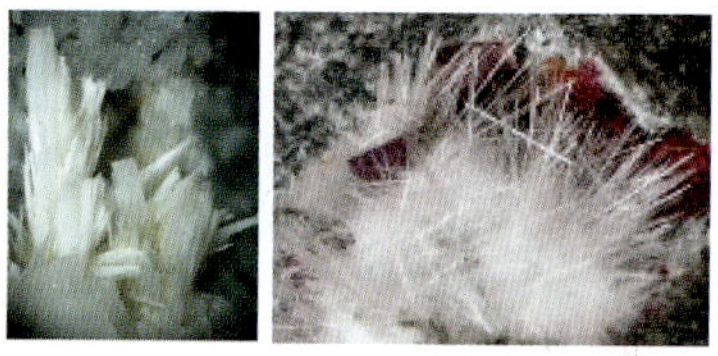

马水硅钠石纤维状晶体(纳米比亚)

马水硅钠石是一种含结晶水、羟基的钠的硅酸盐矿物。单斜晶系。晶体呈针状、纤维状;集合体呈放射状、球粒状。无色、白色,玻璃光泽,半透明;完全解理。1969年发现于肯尼亚卡加多县马加迪(Magadi)湖。英文名称 Makatite,源于马赛文"Emakut=Soda(苏打)",意指矿物的钠含量高。IMA 1969-003 批准。1970年 R. A. 谢泼德(R. A. Sheppard)、A. J. 古德(A. J. Gude)和 R. L. 海伊(R. L. Hay)在《美国矿物学家》(55)报道。中文名称根据英文名称的首音节音和成分译为马水硅钠石。

【马水铀矿】参见【橙红铀矿】条90页

【马苏石】参见【锰锂云母】条608页

【马塔加密矿】参见【斜方碲钴矿】条1019页

【马廷尼星石】参见【板鳞钙石】条44页

【马廷英-雪峰石】

英文名 Matyhite

化学式 $Ca_9(Ca_{0.5}\square_{0.5})Fe^{2+}(PO_4)_7$　　(IMA)

马廷英-雪峰石是一种钙、空位、铁的磷酸盐矿物。属白磷钙石(Whitlockite)族。三方晶系。2015年由中国台湾东华大学黄士龙教授、中山大学沈博彦教授等与阿根廷 M. E.

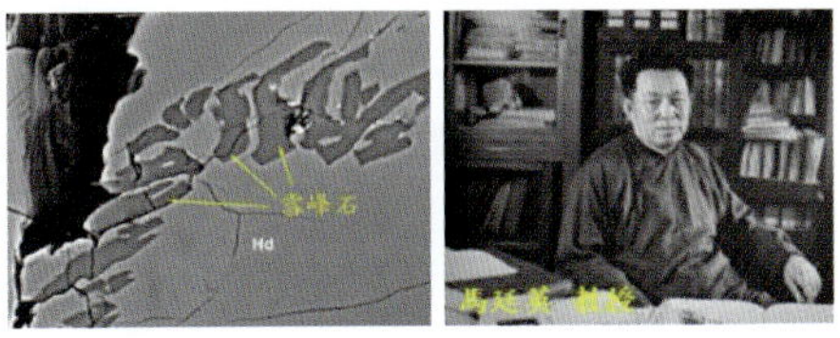

马廷英-雪峰石电镜照片和马廷英像

瓦雷拉(M. E. Varela)博士和 Y. 伊祖卡(Y. Iizuka)博士研究团队,用透射电子显微镜与电子微探分析在阿根廷布宜诺斯艾利斯省科罗内尔苏亚雷斯(Coronel Suaréz)的多比内(D'Orbigny)钛辉无球粒陨石里发现的 3 种新矿物之一。英文名称 Matyhite,由中国台湾大学地质系第一任系主任、国际知名的地质学家马廷英教授的英文名字 Ma Ting Ying H. 的缩写(Matyh)命名,其中的 H 就是他的字雪峰。马廷英教授 1899 年出生在中国辽宁省金县,是一位著名的地质学家、古生物学家及海洋地质学家。他的研究确立了珊瑚生长速率与海水温度的关系,强有力地支持"大陆漂移"假说,也成为"板块构造"学说的重要基础。这是继沧波石(纪念颜沧波教授)之后,第二个为纪念中国台湾知名地质学家所命名的新矿物。全称马廷英-雪峰石,简称雪峰石。雪峰石、沧波石与铁钙韭石(Kuratite)是多比内(D'Orbigny)陨石形成末期的产物。这一发现意义非同寻常,它透露了宇宙铁钛钙磷酸盐与硅酸盐物质的分布、结晶化学,以及太阳系演化初期的相变情况。IMA 2015-121 批准。2016 年黄士龙等在《CNMNC 通讯》(31)、《矿物学杂志》(80)和 2019 年《矿物学杂志》[83(2)]报道。

【马歇尔苏斯曼石*】

英文名 Marshallsussmanite

化学式 $NaCaMnSi_3O_8(OH)$　(弗莱舍,2018)

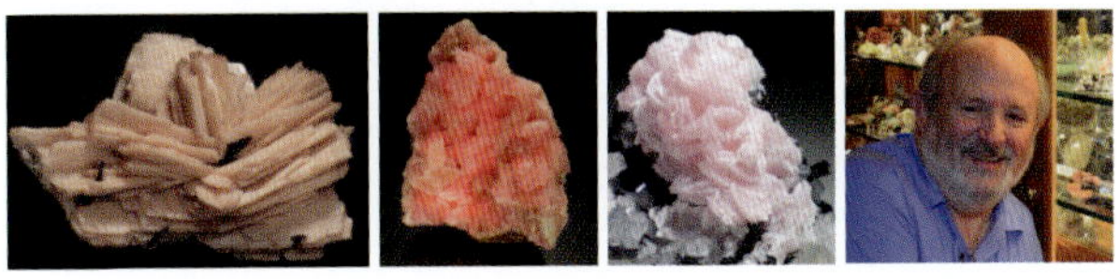

马歇尔苏斯曼石* 叶片状晶体,块状集合体(南非)和马歇尔·苏斯曼像

马歇尔苏斯曼石* 是一种含羟基的钠、钙、锰的硅酸盐矿物,它是针钠钙石-针钠锰石系列的中间成员。属硅灰石族。三斜晶系。晶体呈叶片状;集合体呈块状。淡粉色—深粉红色,橙粉红色,玻璃—半玻璃光泽,透明—半透明。2013 年发现于南非北开普省卡拉哈里锰矿田韦斯塞尔斯(Wessels)矿。英文名称 Marshallsussmanite,2013 年 M. J. 奥里格列尔(M. J. Origlieri)等以在南非纳米比亚专门从事收集矿物的美国矿物收藏家马歇尔·苏斯曼(Marshall Sussman)的姓名命名。IMA 2013-067 批准。2013 年奥里格列尔等在《CNMNC 通讯》(18)和《矿物学杂志》(77)报道。目前尚未见官方中文译名,编译者建议音译为马歇尔苏斯曼石*。

关于这个矿物的命名有一个曲折的过程。1900 年由 C. 温特(C. Winther)首先发现于丹麦格陵兰岛库雅雷哥自治区伊犁马萨克杂岩体塔格图普阿塔乔皮亚(Tugtup Agtakôrfia);温特命名为 Schizolite,源自希腊文"σχιζω",意为有完全解理[见 2019 年《矿物学杂志》(83)]。在 2000 年代早期,在韦斯塞尔斯(Wessels)矿发现的第一批标本被认为是钙蔷薇辉石(Bustamite)和一些锰针钠钙石。2013 年 M. J. 奥里格列尔(M. J. Origlieri)等将它描述为一个新矿物,并以发现者马歇尔·苏斯曼(Marshall Sussman)命名为 Marshallsusmanite。在 2018 年《CNMNC 通讯》(43)和《矿物学杂志》(82)根据发现及命名优先权原则又将 Marshallsusmanite 恢复为 Schizolite;而 Marshallsusmanite 作为 Schizolite 的同义词。编译者的译名是根据 IMA 2013-067 批准的 Marshallsusmanite 译出的。

【马营矿】

汉拼名 Mayingite

化学式 IrBiTe　(IMA)

马营矿是一种铱的碲-铋化物矿物。属辉钴矿族。等轴晶系。晶体呈自形晶、粒状,集合体呈块状或脉状。与硫铱矿(IrS_2)、双峰矿、高台矿等紧密共生。颜色呈钢黑色,条痕呈黑色,金属光泽,不透明;硬度 4,脆性。1985 年,中国地质科学院地质研究所於祖相研究员在河北省北部承德市滦河流域纯橄榄岩体内的铂矿体及矿体附近的砂矿中发现。研究工作于 1988—1991 年完成。矿物名称以矿区附近的马营(Maying)村命名为马营矿。IMA 1993-016 批准。1995 年於祖相在《矿物学报》[15(1)]报道。於祖相研究员在研究马营矿时,还发现了新变种富碲马营矿[$Ir(Te,Bi)_2$]。

【马兹兰石*】

英文名 Majzlanite

化学式 $K_2Na(ZnNa)Ca(SO_4)_4$　(IMA)

马兹兰石* 是一种钾、钠、锌、钙的硫酸盐矿物。单斜晶系。晶体呈不规则状粒状,粒径 50μm×50μm×80μm。灰色、淡蓝色,玻璃光泽;硬度 2~3,脆性。2018 年发现于俄罗斯堪察加州托尔巴契克(Tolbachik)火山大裂缝(主裂缝)北部破火山口第二火山渣锥亚多维塔亚(Yadovitaya)喷气孔(1975—1976)。英文名称 Majzlanite,为纪念弗里德里希席勒大学地球科学研究所的尤拉伊·马兹兰(Juraj Majzlan)博士而以他的姓氏命名。他是次生(主要是硫酸盐)矿物热力学和表生矿石风化作用领域的专家。IMA 2018-016 批准。2018 年 O. I. 西德拉(O. I. Siidra)等在《CNMNC 通讯》(43)、《矿物学杂志》(82)和《欧洲矿物学杂志》(30)报道。目前尚未见官方中文译名,编译者建议音译为马兹兰石*。

玛

[mǎ]形声;从王,马声。①玛瑙,一种玉石。②[英]音,用于外国地名、人名。

【玛令南利石】

英文名 Marinellite

化学式 $Na_{42}Ca_6Al_{36}Si_{36}O_{144}(SO_4)_8Cl_2 \cdot 6H_2O$　(IMA)

玛令南利石是一种含沸石水、氯和硫酸根的钠、钙的铝硅酸盐矿物。属似长石族钙霞石族。三方晶系。晶体呈他形粒状;集合体呈块状。无色,玻璃光泽,透明;硬度 5.5,脆性。2002 年发现于意大利罗马大都会城市比亚切拉(Biachella)山谷火山喷发物。英文名称 Marinellite,以意大利比萨大学地球科学系乔治·马里内利(Giorgio Marinelli,1922—1993)教授的姓氏命名。IMA 2002-021 批准。2003 年 E. 博纳科尔西(E. Bonaccorsi)等在《欧洲矿物学杂志》(15)报道。2008 年中国地质科学院地质研究所任玉峰等在《岩石矿物学杂志》[27(2)]音译为玛令南利石。

【玛莫石】

英文名 Mammothite

化学式 $Pb_6Cu_4AlSb^{5+}O_2(SO_4)_2Cl_4(OH)_{16}$　　(IMA)

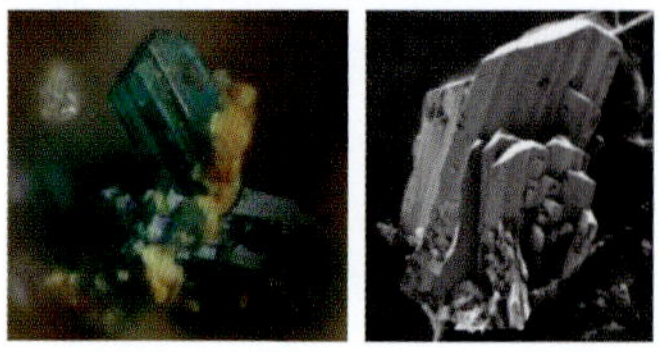

玛莫石板片状晶体，晶簇状集合体(美国)

玛莫石是一种含羟基和氯的铅、铜、铝、锑氧的硫酸盐矿物。单斜晶系。晶体呈板片状、柱状和针状；集合体呈放射状。蔚蓝色、蓝绿色、淡蓝色，玻璃光泽、树脂光泽，透明；硬度3，完全解理，非常脆。1983年发现于美国亚利桑那州皮纳尔县马莫斯(Mammoth)镇圣安东尼(Saint Anthony)矿床。英文名称Mammothite，1985年由唐纳德·R. 佩阿孔尔(Donald R. Peacor)等在《矿物学记录》(16)以发现地美国亚利桑那州马莫斯(Mammoth)镇命名。IMA 1983-076a批准。1986年中国新矿物与矿物命名委员会郭宗山等在《岩石矿物学杂志》[5(4)]音译为玛莫石；根据成分译为氯锑铜铅矾。

【玛瑙】

英文名 Agate

化学式 SiO_2

玛瑙的隐晶晶腺构造和纤维层状构造(墨西哥)

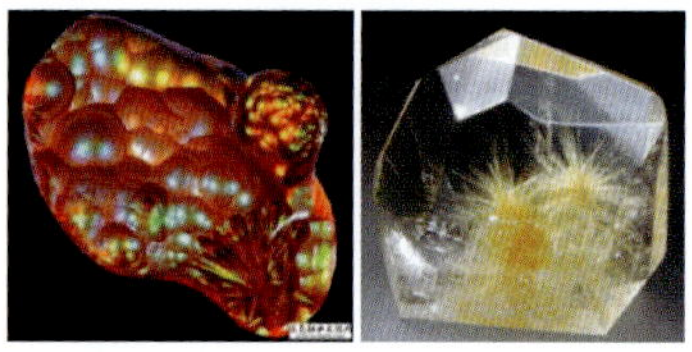

火玛瑙、羽毛玛瑙

玛瑙是石英的隐晶质、纤维状变种。属玉髓类，经常混有蛋白石和隐晶质的石英。白色、灰色、浅蓝色、橙色、红色、黑色等，玻璃光泽、蜡状光泽，半透明；硬度6.5～7，贝壳状断口，脆性。不同颜色(通常是红色与白色相间)的同心环带状纤维状晶腺构造。按纹理可分为缠丝玛瑙、条纹玛瑙、苔纹玛瑙、火玛瑙、缟玛瑙、羽毛玛瑙等变种。

英文名称Agate，来源有两种说法：一说来源于佛经，梵文译音“阿斯玛加波”，意为“马脑”，是因为此玉石的色彩纹理似马脑而得名。又因为“马脑”属玉，因而古人译其义而有“玛瑙“一词。中国宋代《太平广记》中亦有“玛瑙，鬼血所化”之说，给玛瑙增添了几分奇诡的色彩。另一说“Agate”的名字，来自希腊文，源于发现地意大利拉古萨省阿盖特河(Achates river；Rive Achates)，意为忠实的朋友。阿盖特河古称Fiume Dirillo，据传来源于中世纪阿拉伯文(西西里岛公元9世纪被阿拉伯人占领)，后来移民到此的希腊人将此河更名为“Acate(阿盖特)”，并发现了宝石“玛瑙”。古希腊哲学家、自然科学家泰奥弗拉斯托斯(Theophrastus)描述、记载并命名Ἀχάτης＝Agate。玛瑙是最常见的一种玉石材料，长期以来一直用于工艺品雕刻。考古发掘古代遗址证明，公元前4—前3世纪之间，古希腊克里特文明就有了彩色玛瑙文化。中国使用玛瑙的历史更悠久，早在春秋时代的西周(前1046—前771年)早期的三门峡虢国墓葬就发现了玛瑙珠，红色玛瑙更受到达官贵族的垂青，古人称其为“赤玉”。1892年A. 米歇尔-列维(A. Michel-Lévy)等在《法国矿物学会通报》报道。1959年以前发现、描述并命名的“祖父级”矿物，IMA承认有效。

麦 [mài]形声；甲骨文字形。从夊(zhǐ)，来声。本义：麦子。[英]音，用于外国大学名、人名、地名。

【麦吉尔石*】

英文名 Mcgillite

化学式 $Mn_8^{2+}Si_6O_{15}(OH)_8Cl_2$　　(IMA)

麦吉尔石*块状集合体(加拿大)和麦吉尔大学校徽

麦吉尔石*是一种含氯和羟基的锰的硅酸盐矿物。属热臭石族。单斜晶系。晶体呈假六方体；集合体块状。浅粉色—深粉色，珍珠光泽，透明；硬度5，完全解理。1979年发现于加拿大不列颠哥伦比亚省金伯利市苏利万(Sullivan)矿。英文名称Mcgillite，以加拿大魁北克蒙特利尔的麦吉尔(McGill)大学命名。IMA 1979-024批准。1980年G. 多奈(G. Donnay)等在《加拿大矿物学家》(18)和1981年《美国矿物学家》(66)报道。目前尚未见官方中文译名，编译者建议音译为麦吉尔石*，有的译为热臭石-12R。

【麦钾沸石】

英文名 Merlinoite

化学式 $K_5Ca_2(Si_{23}Al_9)O_{64}\cdot 24H_2O$　　(IMA)

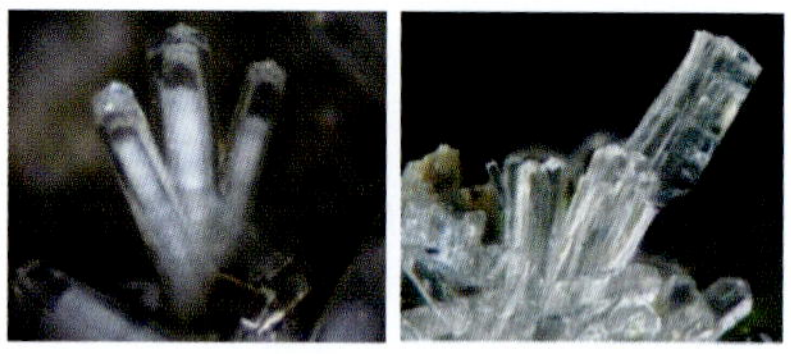

麦钾沸石柱状晶体，晶簇状集合体(意大利)

麦钾沸石是一种含沸石水的钾、钙的铝硅酸盐矿物。属沸石族。斜方晶系。晶体呈柱状、纤维状；集合体呈放射状、球状、晶簇状。无色、白色，玻璃光泽，透明—半透明；硬度4.5，完全解理。1976年发现于意大利里埃蒂省库佩罗(Cupaello)采石场。英文名称Merlinoite，1977年由埃利奥·帕萨利亚(Elio Passaglia)等在《矿物学新年鉴》(月刊)以意大利比萨大学晶体学教授斯特凡诺·梅利诺(Stefano Merlino，1938—)的姓氏命名。IMA 1976-046批准。中文名称根据英文名称首音节音、成分和族名译为麦钾沸石。

【麦克里利石】

英文名 Mccrillisite

化学式 $NaCs(Be,Li)Zr_2(PO_4)_4\cdot 1\sim 2H_2O$　　(IMA)

麦克里利石是一种含结晶水的钠、铯、铍、锂、锆的磷酸

M

盐矿物。属磷铍锆钠石族。四方晶系。晶体呈四方双锥状。无色、白色，玻璃光泽，透明—半透明；硬度 4～4.5，脆性。1991 年发现于美国缅因州牛津县帕里斯（Paris）云母矿。英文名称 Mccrillisite，以已故的矿产经销商迪安·麦克里利（Dean McCrillis，1931—1989）和在南帕里斯云母矿做矿工的他的儿子菲利普·麦克里利（Philip McCrillis）的姓氏命名。IMA 1991－023 批准。1994 年 E. E. 福尔德（E. E. Foord）等在《加拿大矿物学家》（32）报道。1999 年中国新矿物与矿物命名委员会黄蕴慧等在《岩石矿物学杂志》[18(1)]音译为麦克里利石。

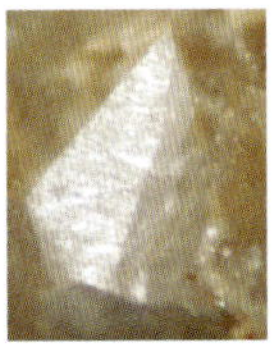

麦克里利石四方锥状晶体（美国）

【麦硫锑铅矿】

英文名 Madocite

化学式 $Pb_{19}(Sb,As)_{16}S_{43}$ （IMA）

麦硫锑铅矿是一种铅的锑-砷-硫化物矿物。斜方晶系。晶体呈细长柱状，晶面有条纹。灰黑色，条痕呈灰黑色，金属光泽，不透明；硬度 3，完全解理，脆性。1965 年发现于加拿大安大略省黑斯廷斯县马多克（Madoc）区亨廷顿镇泰勒（Taylor）矿坑。英文名称 Madocite，1965 年由约翰·L. 杨博尔（John L. Jambor）以发现地加拿大的马多克（Madoc）命名。IMA 1966－015 批准。1967 年杨博尔在《加拿大矿物学家》（9）报道。中国地质科学院根据英文名称首音节音和成分译为麦硫锑铅矿；编译者建议音译为马多克矿*。

【麦镍砷铀云母】

英文名 Metarauchite

化学式 $Ni(UO_2)_2(AsO_4)_2 \cdot 8H_2O$ （IMA）

麦镍砷铀云母是一种含结晶水的镍的铀酰-砷酸盐矿物。属钙铀云母族。三斜晶系。晶体呈厚板状。黄色—浅绿黄色，玻璃光泽、珍珠光泽，透明—半透明；硬度 2，完全解理，脆性。2008 年发现于捷克共和国卡罗维发利州厄尔士山脉亚希莫夫市爱德华（Eduard）矿。英文名称 Metarauchite，由冠词“Meta（变）”和根词“Rauchite（劳镍砷铀云母）”组合命名，意指它是劳镍砷铀云母的脱水或低程度水化的产物。其中，根词以捷克矿物收藏家路德克·劳赫（Luděk Rauch，1951—1983）的姓氏命名。IMA 2008－050 批准。2010 年 J. 普拉希尔（J. Plášil）等在《加拿大矿物学家》（48）报道。2015 年艾钰洁、范光在《岩石矿物学杂志》[34(1)]根据英文名称首音节音和成分译为麦镍砷铀云母（根词参见【劳镍砷铀云母】条 437 页）（编译者注：应译为变镍砷铀云母*）。

【麦羟硅钠石】

英文名 Magadiite

化学式 $Na_2Si_{14}O_{29} \cdot 11H_2O$ （IMA）

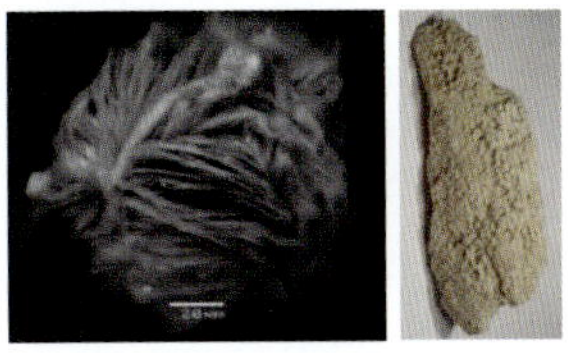

麦羟硅钠石显微板状晶体，球状、松散粉状、块状集合体（纳米比亚、肯尼亚）

麦羟硅钠石是一种含结晶水的钠的硅酸盐矿物。单斜晶系。晶体呈显微板状；集合体呈松散粉状、块状、球粒状。白色，玻璃光泽，半透明—不透明；硬度 2。1967 年发现于肯尼亚裂谷省南裂谷卡加多县马加迪（Magadi）湖。英文名称 Magadiite，以发现地肯尼亚马加迪（Magadi）湖命名。IMA 1967－017 批准。1967 年 H. P. 尤格斯特（H. P. Eugster）在《科学》（157）和 1968 年 J. L. 麦卡蒂（J. L. McAtee）在《美国矿物学家》（53）报道。中文名称根据英文名称首音节音和成分译为麦羟硅钠石/羟钠硅石。

【麦砷钠钙石】

英文名 Mcnearite

化学式 $NaCa_5(AsO_4)(AsO_3OH)_4 \cdot 4H_2O$ （IMA）

麦砷钠钙石是一种含结晶水的钠、钙的氢砷酸-砷酸盐矿物。三斜晶系。晶体呈纤维状；集合体呈放射状。白色，珍珠光泽；完全解理。1980 年发现于法国上莱茵省纽恩堡（Neuenberg）圣雅各布矿脉。英文名称 Mcnearite，以在瑞士日内瓦大学从事矿物学和晶体学领域工作的矿物学家和晶体学家伊丽莎白·麦克尼尔（Elizabeth McNear）的姓氏命名。IMA 1980－017 批准。1981 年 H. 萨尔普（H. Sarp）等在《瑞士矿物学和岩石学通报》（61）报道。1983 年中国新矿物与矿物命名委员会郭宗山等在《岩石矿物及测试》[2(1)]根据英文名称首音节音和成分译为麦砷钠钙石。

【麦碳铜镁石】

英文名 Mcguinnessite

化学式 $CuMg(CO_3)(OH)_2$ （IMA）

麦碳铜镁石球粒状集合体（美国）和麦吉尼斯像

麦碳铜镁石是一种含羟基的铜、镁的碳酸盐矿物。属锌孔雀石族。单斜（或三斜）晶系。晶体呈纤维状；集合体呈皮壳状、球粒状。绿色、蓝绿色、白色，玻璃光泽、丝绢光泽，透明—半透明；硬度 2.5，脆性。1977 年发现于美国加利福尼亚州门多西诺县梅亚卡玛斯山脉红山铜金矿山。英文名称 Mcguinnessite，由加利福尼亚州圣马特奥的业余矿物收藏家、矿物经销商阿尔伯特·L. 麦吉尼斯（Albert L. McGuinness，1926—1990）的姓氏命名，以表彰他对矿物学科学做出的贡献。IMA 1977－027 批准。1981 年 R. C. 厄尔德（R. C. Erd）等在《矿物学记录》（12）和 M. 弗莱舍（M. Fleischer）在《美国矿物学家》（66）报道。1983 年中国新矿物与矿物命名委员会郭宗山等在《岩石矿物及测试》[2(1)]根据英文名称首音节音和成分译为麦碳铜镁石。

鿏 [mài]一种人工合成的放射性过渡金属元素。[英]Meitnerium。元素符号 Mt。原子序数 109。属于第七周期第Ⅷ族过渡金属。1982 年 G. 明岑贝格等在联邦德国达姆斯塔特重离子研究所用加速器加速的铁离子（Fe）轰击铋靶合成了 109 号元素。1994 年 5 月 IUPAC（国际纯粹化学与应用化学联合会）把第 109 号元素命名为 Meitnerium，以纪念核物理学家莉泽·梅特纳（Lise Meitner）。

曼 [màn]根据隶定字形解释：会意；从日，从罒，从又。“罒”即罗网。“又”即右手。“日”“罒”“又”联合起来表示“日头底下以手引网”“大白天撒网”。本义：罗网、延展、铺开。引申义：延展的、延长的、扩张的、铺开的。[英]音，用于外国人名、地名。

【曼贝蒂石*】

英文名 Mambertiite

化学式 $BiMo^{5+}_{2.8}O_8(OH)$ (IMA)

曼贝蒂石*片状晶体（意大利）

曼贝蒂石*是一种含羟基的铋的钼酸盐矿物，它是第四种公认的铋、钼为基本成分的矿物。三斜晶系。晶体呈假六方片状，长达1mm，厚数微米。浅黄色，金刚光泽；脆性。2013年发现于意大利卡利亚里省苏塞纳丘蓬塔(Punta de Su Seinargiu)苏塞纳丘石英脉。英文名称Mambertiite，以意大利矿物收藏家马尔奇奥·曼贝蒂(Marzio Mamberti，1959—)的姓氏命名，以表彰他对撒丁岛矿物学做出的贡献。IMA 2013－098批准。2013年P.奥兰迪(P. Orlandi)等在《CNMNC通讯》(18)、《矿物学杂志》(77)和2015年《欧洲矿物学杂志》[27(3)]报道。目前尚未见官方中文译名，编译者建议音译为曼贝蒂石*。

【曼纳德石】参见【钡钒钛石】条53页

【曼尼托巴石】

英文名 Manitobaite

化学式 $Na_{16}Mn^{2+}_{25}Al_8(PO_4)_{30}$ (IMA)

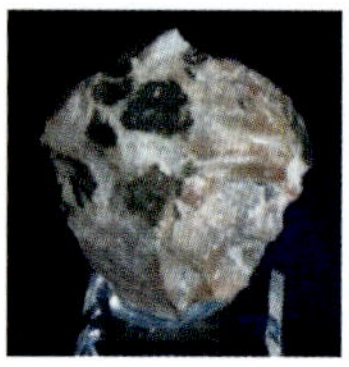
曼尼托巴石粒状晶体（加拿大）

曼尼托巴石是一种钠、锰、铝的磷酸盐矿物。属磷锰钠石超族曼尼托巴石族。单斜晶系。晶体呈粒状。暗绿色—棕色，玻璃光泽、树脂光泽，透明—半透明；硬度5～5.5，完全解理，脆性。2008年发现于加拿大马尼托巴(Manitoba)克罗斯湖北部组22号伟晶岩。英文名称Manitobaite，2010年由斯克特·T.厄尔克特(Scott T. Ercit)等在《加拿大矿物学家》(48)根据发现地加拿大马尼托巴(Manitoba)命名。IMA 2008－064批准。目前尚未见官方中文译名。2011年杨主明在《岩石矿物学杂志》[30(4)]建议音译为曼尼托巴石。

【曼斯非尔德石】参见【砷铝石】条783页

【曼廷尼石】

英文名 Mantienneite

化学式 $KMg_2Al_2Ti(PO_4)_4(OH)_3 \cdot 15H_2O$ (IMA)

曼廷尼石纤维状晶体，球状集合体（喀麦隆）和曼廷尼像

曼廷尼石是一种含结晶水和羟基的钾、镁、铝、钛的磷酸盐矿物。斜方晶系。晶体呈纤维状；集合体呈放射状、球状。焦糖棕色—棕蜂蜜棕色，玻璃光泽；硬度3，完全解理，脆性。1983年发现于喀麦隆阿达马瓦省阿达马瓦高原安卢阿(Anloua)。英文名称Mantienneite，以法国奥尔良地质与矿业研究所(BRGM)的法国矿物学家约瑟夫·曼廷尼(Joseph Mantienne，1929—)博士的姓氏命名。IMA 1983－048批准。1984年A. M.弗兰索勒特(A. M. Fransolet)等在《法国矿物学和结晶学会通报》(107)报道。1985年中国新矿物与矿物命名委员会郭宗山等在《岩石矿物及测试》[4(4)]音译为曼廷尼石。

芒 [máng]形声；从艹，亡声。本义：谷类植物种子壳上或草木上的针状物。①用于描述矿物的形态。②[英]音，用于外国地名。

【芒加塞石*】

英文名 Mangazeite

化学式 $Al_2(SO_4)(OH)_4 \cdot 3H_2O$ (IMA)

芒加塞石*是一种含结晶水、羟基的铝的硫酸盐矿物。属矾石族。三斜晶系。晶体呈薄片状、纤维状、针状；集合体呈放射状。无色、白色、淡黄色，玻璃光泽，透明；硬度1～2。2005年发现于俄罗斯萨哈共和国上杨斯克褶皱带芒加塞斯基(Mangazeisky)成矿群芒加塞斯基锡-银矿床。英文名称Mangazeite，以发现地俄罗斯的芒加塞斯基(Mangazeisky)锡-银矿床附近的芒加塞亚河命名。IMA 2005－021a批准。2006年G. M.高亚宁(G. M. Gamyanin)等在《俄罗斯矿物学会记事》[135(4)]报道。目前尚未见官方中文译名，编译者建议音译为芒加塞石*。

【芒硝】

英文名 Mirabilite

化学式 $Na_2(SO_4) \cdot 10H_2O$ (IMA)

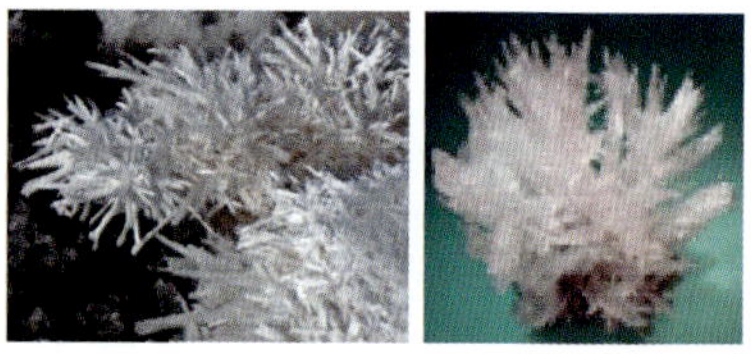
芒硝花丛状集合体（中国）

芒硝是一种十水合钠的硫酸盐矿物。单斜晶系。晶体呈短柱状、针状、板条状、纤维状，具双晶；集合体常呈块状、钟乳状、花(华)状。无色、白色、浅黄色、淡绿色，玻璃光泽，透明—不透明；硬度1.5～2，完全解理；极易潮解，易溶于水。在干燥的空气中逐渐失去水分而转变为白色粉末状的无水芒硝。中国是世界上认识、命名和利用芒硝最早的国家之一。中国古代主要用于医药，后用于制革、制玻璃、制碱。在医药著作中除芒硝外，还有硭硝、芒消、马牙硝(马牙消)、盐硝、盆硝(盆消)、英消等别名。芒硝出自《名医别录》，陶弘景：按《神农本经》无芒硝，只有消石名芒消尔。《唐本草》：晋宋古方多用消石，少用芒硝，近代诸医，但用芒消，鲜言消石，岂古人昧于芒消也。《本经》云：生于朴消，朴消一名消石朴，消石一名芒消。《开宝本草》：芒消，此即出于朴消，以暖水淋朴硝取汁炼之令减半，投于盆中，经宿乃有细芒生，故谓之芒消也。又有英消者，其状若白石英，作四、五棱，白色莹澈可爱，……亦出于朴消，……亦呼为马牙消。也作硭硝。这些名称中的硝字，从石，从肖，肖亦声。“肖”意为“变小变细”。“石”指矿石。“石”与“肖”联合起来表示“一种其体积(经过化学变化)能变小变细的矿石”。消，溶也，意指易溶于水。芒，从亡，亡亦声，“亡”意为“消失”。“艹”指草本植物。“艹”与“亡”联合起来表示“植物种子壳上或草木上的针状物由粗到细，到尖头处消失”，如麦芒。用来比喻矿物的结晶形态。

芒，石属，即硭。马牙，也即比喻矿物的形态。盆，芒硝在盆中结晶，故有盆消之称。

1658 年格劳伯在《论自然盐》称为 Sal mirabile。英文名称 Mirabilite，即来自约翰·鲁道夫·格劳伯(Johann Rudolph Glauber，1603—1668)无意中用硫酸和盐人工合成的“Sal mirabile(米拉比莱盐)”，拉丁文“萨尔大地之年”即“精彩美妙的盐”。在自然界发现于盐温泉和盐水周围沿河岸湖泊。1845 年在维也纳《矿物学鉴定手册》刊载。1959 年以前发现、描述并命名的“祖父级”矿物，IMA 承认有效。

【芒云母】

英文名 Montdorite

化学式 $KFe^{2+}_{1.5}Mn^{2+}_{0.5}Mg_{0.5}Si_4O_{10}(F,OH)_2$ (IMA)

芒云母是一种含氟和羟基的钾、铁、锰、镁的硅酸盐矿物。属云母族二八面体云母族。单斜晶系。晶体呈显微片状，一般 5～10μm，最大者 25μm。绿色、褐绿色，半透明。1979 年发现于法国奥弗涅罗讷-阿尔卑斯多姆山省拉布尔布勒的察尔兰尼斯(Charlannes)的蒙多尔(Mont Dore)。1979 年 J. L. 罗伯特(J. L. Robert)等在《矿物学和岩石学论文集》(68)报道。英文名称 Montdorite，以发现地法国的蒙多尔(Mont Dore)山命名。IMA 1998s. p. 批准。中文名称音加族名译为芒云母。

毛

[máo]象形。金文字形。本义：眉毛、头发、兽毛等。①用于比喻矿物的形态。②中国姓。

【毛赤铜矿】

英文名 Chalcotrichite

化学式 Cu_2O

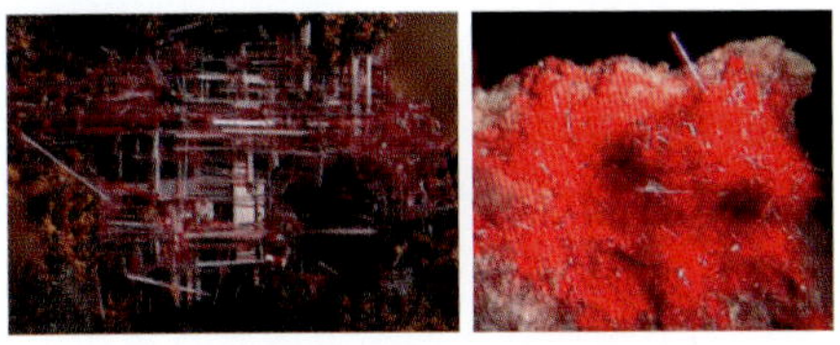

毛赤铜矿针状、毛发状晶体(美国)

毛赤铜矿是一种铜的氧化物矿物，是赤铜矿的变种。等轴晶系。晶体呈针状、毛发状。红色；硬度 3.5～4。见于 1944 年 C. 帕拉奇(C. Palache)、H. 伯曼(H. Berman)和 C. 弗龙德尔(C. Frondel)《丹纳系统矿物学》(第一卷，第七版，纽约)。英文名称 Chalcotrichite，由希腊文“θρίξ=Hair(头发)”和“χαλκός=Copper(铜)”组合命名，意即“Hairy copper(毛铜)”。1959 年以前发现、描述并命名的“祖父级”矿物，IMA 承认有效。中文名称根据矿物形态和成分译为毛赤铜矿。

【毛矾石】

英文名 Alunogen

化学式 $Al_2(SO_4)_3(H_2O)_{12}\cdot 5H_2O$ (IMA)

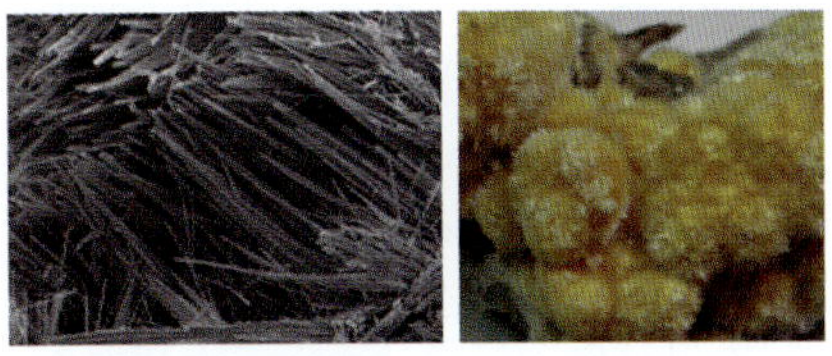

毛矾石纤维状晶体，放射球状集合体(中国、斯洛伐克)

毛矾石是一种含结晶水的铝的硫酸盐矿物。三斜晶系。晶体呈板柱状、纤维状，具双晶；集合体呈块状或皮壳状、放射球状。无色—白色、黄色、红色等，玻璃光泽或丝绢光泽，透明；硬度 1～2，完全解理；有酸味及螯舌的辛涩味。此矿物早在古代就被中国先民认识、利用并命名。由于它们像盐华，在中国比较古老的文献中，毛矾石和其他毛发状硫酸盐矿物被统称为发盐(Haarsalz)，钟乳状毛矾石名柳絮矾、羽矾等。在西方，最早在 1824 年见于 F. S. 伯当(F. S. Beudant)在《矿物学基础教程》(第八卷，巴黎)称 Hydrotrisulfate d'alumine(羟基硫酸铝)。1832 年伯当在巴黎《矿物学基础教程》(第二卷)刊载，称 Alunogène。英文名称 Alunogen，源自拉丁文“Alum(明矾)”和希腊文“γενν ώ=Genno(根诺=创造)，即 Create(产生)”，意指毛矾石是明矾的次生矿物。1959 年以前发现、描述并命名的“祖父级”矿物，IMA 承认有效。

【毛沸石-钙】

英文名 Erionite-Ca

化学式 $Ca_5[Si_{26}Al_{10}O_{72}]\cdot 30H_2O$ (IMA)

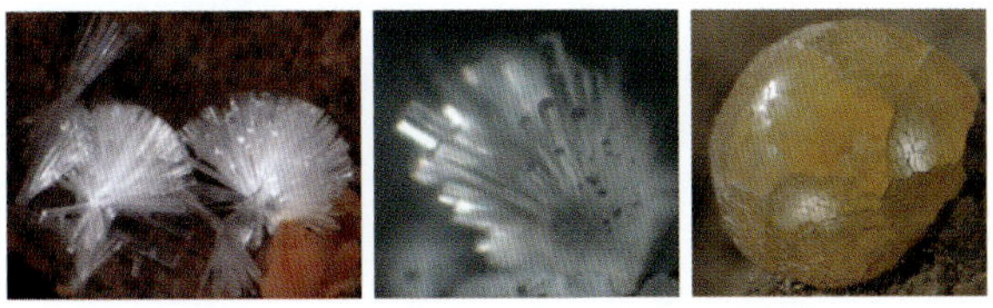

毛沸石-钙纤维状晶体，放射状、球粒状、捆束状集合体(意大利)

毛沸石-钙是一种含沸石水的钙的铝硅酸盐矿物。属沸石族毛沸石系列。六方晶系。晶体呈纤维状；集合体呈放射状、球粒状、捆束状。白色、淡黄色、绿色、灰色、橙色，玻璃光泽、丝绢光泽，透明—半透明；硬度 3.5～4，完全解理。1967 年发现于日本本州岛新潟县新潟市西蒲区间濑(Maze)；同年，在《美国矿物学家》(52)报道。英文名称 Erionite-Ca，根词 1898 由亚瑟·斯塔尔·厄阿克勒(Arthur Starr Eakle)根据希腊文“εριον=Wooly(毛)”命名，意指“类型材料呈毛茸茸的外观”。日文名称灰エリオン沸石。IMA 1997s. p. 批准。1998 年 A. 瓜尔蒂耶里(A. Gualtieri)等在《美国矿物学家》(83)报道。中文名称根据成分及根词名称译为毛沸石-钙/钙毛沸石。

【毛沸石-钾】

英文名 Erionite-K

化学式 $K_{10}[Si_{26}Al_{10}O_{72}]\cdot 30H_2O$ (IMA)

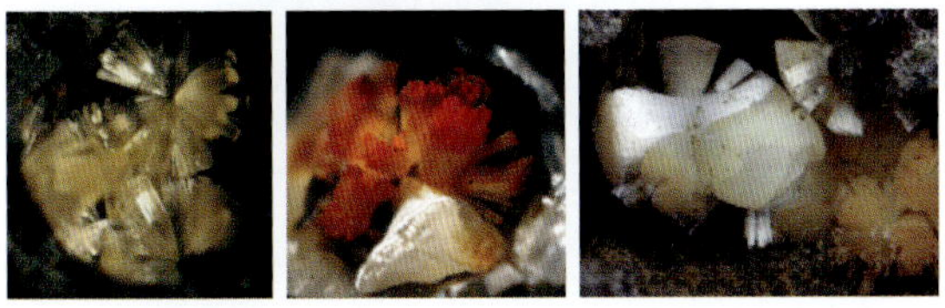

钾毛沸石柱状、针状晶体，放射状、球状集合体(美国、新西兰)

毛沸石-钾是一种含沸石水的钾的铝硅酸盐矿物。属沸石族毛沸石系列。六方晶系。晶体呈柱状、针状、细长的纤维状、羊毛状；集合体常呈似棉花状或放射状、球状。无色、白色、橙黄色、灰色、浅绿色，玻璃光泽、丝绢光泽，透明—半透明；硬度 3.5～4，脆性。1964 年发现于美国俄勒冈州马里昂县罗马(Rome)；同年，在《美国矿物学家》(49)报道。英文名称 Erionite-K，根词是 1898 年由阿瑟·斯塔尔·埃阿克勒(Arthur Starr Eakle)在美国俄勒冈州贝克县德基斯韦兹河德基火蛋白石矿一处流纹岩中以白色毛状纤维的形式发现并以“Erion(绵状毛)”命名，其意来自希腊文“εριον＝Wool(羊毛)”，意指它的白色纤维像毛茸茸的羊毛；根据莱文森(Levinson)规则后缀添加占主导地位的钾的后缀-K组合命名。IMA 1997s. p. 批准。1998年A. 瓜尔蒂耶里(A. Gualtieri)等在《美国矿物学家》(83)报道。中文名称根据占主导地位的钾和族名译为毛沸石-钾/钾毛沸石。

【毛沸石-钠】

英文名 Erionite-Na

化学式 $Na_{10}[Si_{26}Al_{10}O_{72}]\cdot 30H_2O$　　(IMA)

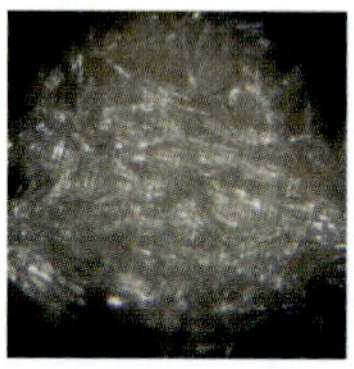

毛沸石纤维状晶体(意大利)

毛沸石-钠是一种含沸石水的钠的铝硅酸盐矿物。属沸石族毛沸石系列。六方晶系。晶体呈柱状、针状或细长的纤维状、羊毛状；集合体常呈似棉花状。白色、灰色、绿色、橙色，玻璃光泽、丝绢光泽，透明—半透明；硬度3.5～4，脆性。1898年发现于美国加利福尼亚州圣贝纳迪诺县凯迪(Cady)山脉；同年，在《美国科学杂志》(156)报道。毛沸石是一种较为罕见的天然纤维状矿物，一般存在于因气候变化或地下水的作用而风化的火山灰岩石空隙中，故得名毛沸石。它是一种能使人类致癌的矿物。英文名称Erionite-Na，词根“Erion(绵状毛)”，其意来自希腊文“εριον＝Wool(羊毛)”，意指它的白色纤维像毛茸茸的羊毛。1898年由阿瑟·斯塔尔·埃阿克勒(Arthur Starr Eakle)在美国俄勒冈州贝克县德基火蛋白石矿一处流纹岩中以白色毛状纤维的形式发现。它曾被认为是另一种外观和化学成分十分类似且同样罕见的菱钾铝沸石。在现代矿物学术语中，最初的毛沸石是Erionite-Na(毛沸石-钠/钠毛沸石)。1969年R. A. 谢泼德(R. A. Sheppard)和A. J. 古德(A. J. Gude)在《美国矿物学家》(54)报道。1959年以前发现、描述并命名的“祖父级”矿物，IMA承认有效。IMA 1997s. p. 批准。1998年A. 瓜尔蒂耶里(A. Gualtieri)等在《美国矿物学家》(83)报道。

【毛河光矿】

英文名 Maohokite

化学式 $MgFe_2O_4$　　(IMA)

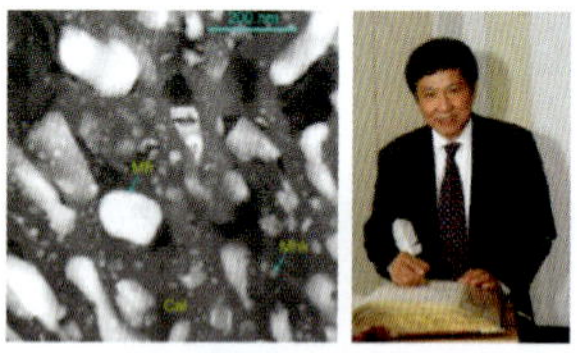

毛河光矿和毛河光像

毛河光矿是一种镁、铁的氧化物矿物，是一种新的镁铁矿(镁铁尖晶石)(Megneisoferrite)高压多形新矿物。单晶为纳米级矿物。2017年世界高温高压研究领军顶尖人物，世界杰出高压科学家，美国科学院院士，中国科学院外籍院士，瑞典皇家科学院院士，英国皇家科学院院士，现任美国华盛顿卡内基研究院地球物理实验室研究员，美国能源部先进光源(APS)高压合作团队HPCAT(The High Pressure Collaborative Access Team)主任毛河光[Maohok(汉拼名称Mao He Guang)，1941—，生于上海]，与中国科学院广州地球化学研究所陈鸣(1957)教授团队合作，在陈鸣博士发现的中国辽宁省鞍山市岫岩县片岭岫岩陨石坑是第一个也是唯一获得国际认可的岫岩陨石坑，发现了大量的高温高压矿物，如：柯石英(SiO_2)、莱氏石($ZrSiO_4$)，还有金红石(Ⅱ)、纳米金刚石等，还发现了高温高压型的新矿物。2017年8月10日(IMA 2017-047)批准以毛河光院士的姓名命名为毛河光矿(Maohokite)。2017年陈鸣(Chen Ming)等在《CNMNC通讯》(39)、《矿物学杂志》(81)和2019年《陨星学与行星科学》(54)报道。毛河光矿的发现具有重大科学意义，它揭示了金刚石形成的新机理，更为了解地球深部下地幔的重要组成提供了重要信息。

毛河光院士的成就世界瞩目，首次解决了百万大气压的产生和标定问题，创建了多种微区原位测量高压下物质结构和性质的实验方法与实验系统，利用高压解决了让“钻石快速长大”的科学难题。现在，国际上静态超高压研究多数都使用他发明的高压装置、压力标准与实验技术或引用他的研究成果。毛河光院士在高压科学领域做出了杰出贡献，荣获了2005年瑞典皇家科学学会以格雷戈里·阿米诺夫(Gregori Aminoff)命名的结晶学大奖(高压学科的“诺贝尔奖”)、罗布林勋章(Roebling)、美国物理学会、矿物学会和地球物理学会的最高荣誉奖、国际高压科学与技术学会的布里奇曼(Bridgman)金奖和美国科学院亚瑟·L. 戴(Arthur L. Day)奖。同时，由于他对祖国科学事业的贡献，2002年荣获中国政府“友谊奖”。

【毛青钴矿】

英文名 Julienite

化学式 $Na_2Co(SCN)_4\cdot 8H_2O$　　(IMA)

毛青钴矿针状晶体(刚果)

毛青钴矿是一种含结晶水的钠的钴氰化物矿物。与铜绿矾成类质同象。单斜晶系。晶体呈针状；集合体呈皮壳状。蓝色，玻璃光泽、油脂光泽、丝绢光泽，透明—半透明；硬度不确定，完全解理，脆性。1928年发现于刚果(金)上丹加省坎博韦地区欣科洛布韦的萨米图巴(Shamitumba)；同年，桑彻普(Schoep)在《安特卫普自然科学杂志》(*Natuurwetenshappelijk Tijdschrift, Antwerp*)[10(2)]报道。英文名称Julienite，1928年由阿尔弗雷德·桑彻普(Alfred Schoep)为了纪念巴黎索邦大学博士生亨利·朱利安(Henri Julien，1887—1920)而以他的姓氏命名。他是刚果(金)地质调查团的成员，曾想追随他父亲的地质学家生涯，不幸的是他在33岁时因病去世。1935年，桑彻普(Schoep)和比耶(Billiet)在法国《结晶学杂志》(91)报道。1959年以前发现、描述并命名的“祖父级”矿物，IMA承认有效。IMA 2007s. p. 批准。中文名称根据矿物形态、颜色和成分译为毛青钴矿或毛氰钴矿或天青钴矿或硫氰钠钴石。

【毛青铜矿】

英文名 Buttgenbachite

化学式 $Cu_{36}(NO_3)_2Cl_8(OH)_{62}\cdot nH_2O$　　(IMA)

毛青铜矿柱状、纤维状晶体，晶簇状、放射状、毛毡状集合体(刚果)和布特根巴赫像

毛青铜矿是一种含结晶水、羟基的铜的氯化-硝酸盐矿物。六方晶系。晶体呈针状、柱状、纤维状；集合体呈放射状、毛毡状。天蓝色、深蓝色，玻璃光泽，半透明；硬度3。最早见于1890年彭菲尔德(Penfield)在《美国科学杂志》(40)报道。1925年首次描述于刚果(金)上加丹加省坎博韦地区利卡西(Likasi)市利卡西矿。1925年桑彻普(Schoep)在法国《巴黎科学院会议周报》(181)报道。英文名称Buttgenbachite，以比利时矿物学家亨利·布特根巴赫(Henri Buttgenbach，1874—1964)的姓氏命名。他在刚果(金)工作，从1921年开始任列日大学的教授，他描述了几种矿物，并编写有《比利时和比属刚果矿物志》。1959年以前发现、描述并命名的“祖父级”矿物，IMA承认有效。中文名称根据矿物形态、颜色和成分译为毛青铜矿；根据成分译为氯铜硝石。

牦 [máo]会意；从犛(máo)省，从毛。犛，牛名。本义：牦牛。牦牛：一种牛，全身有长毛，腿短；产于中国青藏高原地区。用于中国地名。

【牦牛坪矿-铈】

汉拼名 Maoniupingite-(Ce)

化学式 $(Ce,Ca)_4(Fe^{3+},Ti,Fe^{2+},\square)(Ti,Fe^{3+},Fe^{2+},Nb)_4Si_4O_{22}$　(IMA)

牦牛坪矿-铈是一种铈、钙、铁、钛、空位、铌的硅酸盐矿物。属硅钛铈矿(Chevkinite)族硅钛铈矿亚族的新成员。单斜晶系。黑色、棕黑色，树脂光泽、半金属光泽，不透明。2003年发现于中国四川省凉山自治州冕宁县牦牛坪(Maoniuping)矿。汉拼名称Maoniupingite-(Ce)，由发现地中国的牦牛坪(Maoniuping)矿，加占优势的稀土元素铈后缀-(Ce)组合命名。IMA 2003-017批准。2002年杨光明等曾在《欧洲矿物学杂志》(14)报道，当时称天然富含铁的硅钛铈矿[Fe-rich chevkinite-(Ce)]。2005年沈敢富等在《沉积和特提斯地质》[25(1-2)]称Maoniupingite-(Ce)。

玫 [méi]形声；从玉，文声。玫瑰：植物名，蔷薇属的一种植物，花紫红色。引申指美玉，或珍珠。

【玫瑰榴石】参见【镁铁榴石】条599页

梅 [méi]形声；从木，每声。本义：梅树、梅花。[英]音，用于“Mega(极大的、巨大的)”音译，以及人名。

【梅尔石*】

英文名 Meierite

化学式 $Ba_{44}Si_{66}Al_{30}O_{192}Cl_{25}(OH)_{33}$　(IMA)

梅尔石*是一种含羟基、氯的钡的铝硅酸盐矿物。等轴晶系。晶体呈粒状，粒径200μm。明亮的白色，玻璃光泽，透明；硬度5.5，脆性。2014年发现于加拿大育空地区沃森湖矿区冈恩(Gun)。英文名称Meierite，为纪念瓦尔特·M.梅尔(Walter M. Meier，1926—2009)而以他的姓氏命名。他是一位沸石研究的先驱。IMA 2014-039批准。2015年R.C.彼得森(R. C. Peterson)等在《CNMNC通讯》(23)、《矿物学杂志》(79)和2016年《加拿大矿物学家》(54)报道。目前尚未见官方中文译名，编译者建议音译为梅尔石*。

【梅高石*】

英文名 Megawite

化学式 $CaSnO_3$　(IMA)

梅高石*是一种钙、锡的氧化物矿物。属钙钛矿超族化学计量的钙钛矿族钙钛矿亚族。斜方晶系。晶体呈假立方

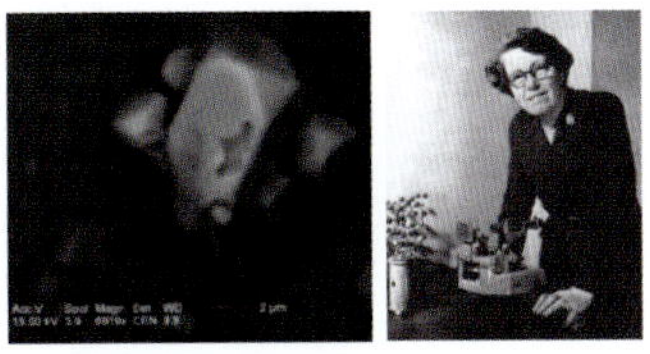

梅高石*假立方体晶体和梅高像

体和假立方八面体。浅黄褐色、浅黄色—无色，玻璃光泽，透明；完全解理。2009年发现于俄罗斯卡巴尔达-巴尔卡尔共和国上切格姆(Upper Chegem)火山拉卡吉(Lakargi)山3号捕虏体。英文名称Megawite，为纪念英国晶体学家海伦·迪克·梅高(Helen Dick Megaw，1907—2002)而以她的姓氏命名，以表彰她对天然的和合成的钙钛矿的结构和性质的研究做出的重大贡献。1989年梅高成为获得美国矿物学会罗勃林奖章的第一位女性。IMA 2009-090批准。2010年E.V.加鲁斯金(E. V. Galuskin)等在IMA第20届大会会议(匈牙利布达佩斯，8月21—27日)《光盘文摘》和2011年《矿物学杂志》(75)报道。目前尚未见官方中文译名，编译者建议音译为梅高石*。

【梅钾霞石】

英文名 Megakalsilite

化学式 $KAlSiO_4$　(IMA)

梅钾霞石是一种钾、铝的硅酸盐矿物。属霞石族。与六方钾霞石为同质多象。六方晶系。晶体呈他形粒状，粒径2～3mm。无色，玻璃光泽，透明；硬度6，脆性。2001年发现于俄罗斯北部摩尔曼斯克州科阿什瓦(Koashva)山沃斯托奇尼(Vostochnyi)矿科阿什瓦露天矿。英文名称Megakalsilite，由“Mega(极大的、巨大的)”和根词“Kalsilite(六方钾霞石)”组合命名，意指它与六方钾霞石的成分相同，但它的单位晶胞比六方钾霞石大12倍。IMA 2001-008批准。2002年A.P.霍米亚科夫(A. P. Khomyakov)等在《加拿大矿物学家》[40(3)]报道。2006年中国地质科学院矿产资源研究所李锦平在《岩石矿物学杂志》[25(6)]根据英文名称首音节音及与钾霞石的关系译为梅钾霞石。

【梅勒拉尼矿*】

英文名 Merelaniite

化学式 $Pb_4Mo_4VSbS_{15}$　(IMA)

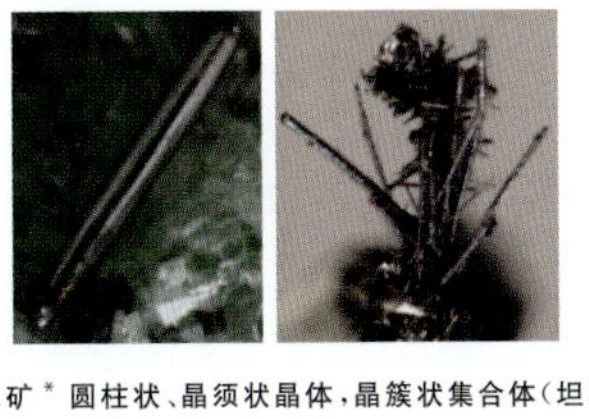

梅勒拉尼矿*圆柱状、晶须状晶体，晶簇状集合体(坦桑尼亚)

梅勒拉尼矿*是一种铅、钼、钒、锑的硫化物矿物。属圆柱锡矿族。三斜晶系。晶体呈圆柱状、晶须状，长1～12mm，直径几十微米；集合体呈晶簇状。深灰色，金属光泽，不透明。2016年密歇根理工大学约翰·吉奥斯泽扎克(John Jaszczak)教授带领的一个研究团队发现于坦桑尼亚曼亚拉区域西曼吉罗(Simanjiro)区利拉特马(Lelatema)山脉梅勒拉尼(Merelani)山。英文名称Merelaniite，以发现地坦桑尼亚的梅勒拉尼(Merelani)山命名。IMA 2016-042批准。2016年M.S.拉姆齐(M. S. Rumsey)等在《CNMNC通

讯》(33)和《矿物学杂志》(80)及《矿物》(6)报道。目前尚未见官方中文译名，编译者建议音译为梅勒拉尼矿*。

【梅利尼石*】

英文名 Melliniite

化学式 $(Ni,Fe)_4P$ (IMA)

梅利尼石*是一种镍、铁的磷化物矿物。等轴晶系。晶体呈他形—半自形粒状，粒径 100μm。灰色，金属光泽，不透明；硬度 8～8.5，脆性。2005 年发现于摩洛哥拉希迪耶省伊尔富德 1054 陨石。英文名称 Melliniite，以意大利比萨和锡耶纳佩鲁贾大学的矿物学家马塞洛·梅利尼(Marcello Mellini)教授的姓氏命名，以表彰他对意大利陨石研究的发展做出的贡献。IMA 2005－027 批准。2005 年 V.莫吉·赛奇(V. Moggi Cecchi)等在《第 68 届陨石学会会议摘要》(5308)和 2006 年《美国矿物学家》(91)报道。目前尚未见官方中文译名，编译者建议音译为梅利尼石*。

【梅罗维茨铀矿*】

英文名 Meyrowitzite

化学式 $Ca(UO_2)(CO_3)_2 \cdot 5H_2O$ (IMA)

梅罗维茨铀矿*板片状晶体，晶簇状集合体(美国)

梅罗维茨铀矿*是一种含结晶水的钙的铀酰-碳酸盐矿物。与碳钙铀矿为同质多象。单斜晶系。晶体呈板片状、叶片状，长 0.2mm；集合体呈晶簇状。黄色，玻璃光泽，透明；硬度 2，完全解理，脆性。2018 年发现于美国犹他州圣胡安县马基(Markey)矿。英文名称 Meyrowitzite，为纪念美国分析化学家罗伯特·梅罗维茨(Robert Meyrowitz，1916—2013)而以他的姓氏命名。他曾参与曼哈顿项目，后来加入美国地质调查局(USGS)；他配制了用于光学测定的高指数油浸液，并致力于描述十几种新矿物。IMA 2018－039 批准。2018 年 A. R. 坎普夫(A. R. Kampf)等在《CNMNC 通讯》(44)、《矿物学杂志》(82)和 2019 年《美国矿物学家》[104(4)]报道。目前尚未见官方中文译名，编译者建议根据音和成分译为梅罗维茨铀矿*。

【梅萨石*】

英文名 Mesaite

化学式 $CaMn^{2+}_5(V_2O_7)_3 \cdot 12H_2O$ (IMA)

梅萨石*是一种罕见的含结晶水的钙、锰的钒酸盐矿物。单斜晶系。晶体呈叶片状，长 0.1mm，厚 10μm。橙红色，玻璃光泽，透明；硬度 2，完全解理，脆性。2015 年发现于美国科罗拉多州梅萨(Mesa)县盖特韦区帕克拉特(Packrat)矿。英文名称 Mesaite，以发现地美国的梅萨(Mesa)县命名。IMA 2015－069 批准。2015 年 A. R. 坎普夫(A. R. Kampf)等在《CNMNC 通讯》(28)、《矿物学杂志》(79)和 2017 年《矿物学杂志》(81)报道。目前尚未见官方中文译名，编译者建议音译为梅萨石*。

【梅特纳铀矿*】

英文名 Meitnerite

化学式 $(NH_4)(UO_2)(SO_4)(OH) \cdot 2H_2O$ (IMA)

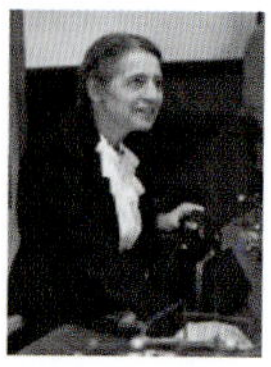
梅特纳像

梅特纳铀矿*是一种含结晶水、羟基的铵的铀酰-硫酸盐矿物。三斜晶系。晶体呈板状。微绿黄色，玻璃光泽，透明；硬度 2，脆性。2017 年发现于美国犹他州圣胡安县绿蜥蜴(Green Lizard)矿。英文名称 Meitnerite，为纪念奥地利-瑞典物理学家利兹·梅特纳(Lise Meitner，1878—1968)而以她的姓氏命名。她是一位从事放射性和核物理研究的物理学家。奥托·哈恩(Otto Hahn)和梅特纳(Meitner)是领导首批发现铀核裂变的小组的科学家。她被排除在 1944 年的核裂变化学诺贝尔奖，专门授予她的长期合作者 A. R. 奥托·哈恩，现在被认为是不公平的。IMA 2017－065 批准。2017 年 A. R. 坎普夫(A. R. Kampf)等在《CNMNC 通讯》(40)、《矿物学杂志》(81)和 2018 年《欧洲矿物学杂志》(30)报道。目前尚未见官方中文译名，编译者建议音加成分译为梅特纳铀矿*。

【梅希约内斯石*】

英文名 Mejillonesite

化学式 $NaMg_2(PO_3OH)(PO_4)(OH) \cdot H_5O_2$ (IMA)

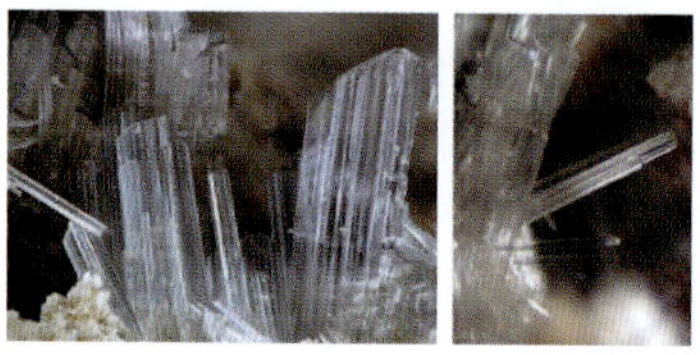
梅希约内斯石*板柱状晶体，晶簇状集合体(智利)

梅希约内斯石*是一种含结晶水和羟基的钠、镁的磷酸-氢磷酸盐矿物。斜方晶系。晶体呈柱状、厚板条状；集合体呈放射状、晶簇状。无色，玻璃光泽，透明；硬度 4，完全解理，脆性。2010 年发现于智利安托法加斯塔省梅希约内斯镇梅希约内斯(Mejillones)山丘。英文名称 Mejillonesite，2012 年丹尼尔·阿滕西奥(Daniel Atencio)等根据发现地智利的梅希约内斯(Mejillones)山丘命名。IMA 2010－068 批准。2011 年阿滕西奥等在《CNMNC 通讯》(8)、《矿物学杂志》(75)和 2012 年《美国矿物学家》(97)报道。目前尚未见官方中文译名，编译者建议音译为梅希约内斯石*。

镅 [méi]是一种人造放射性超铀元素。[英]Americium。元素符号 Am。原子序数 95。在 1944 年美国加州大学伯克利分校核物理学、化学家 G. T. 西博格(G. T. Seaporg)和他的同事们 R. A. 詹姆斯(R. A. Jamse)、L. O. 摩根(L. O. Morgan)和吉奥索等首先发现。他们用美洲一词(America)命名这一新元素为 Americium。

美 [měi]会意。金文字形，从羊，从大，古人以羊为主要副食品，肥壮的羊吃起来味很美。本义：味美；美，甘也。用于中国人名。

【美夫石】

汉拼名 Meifuite

化学式 $KFe_6(Si_7Al)O_{19}(OH)_4Cl_2$ (IMA)

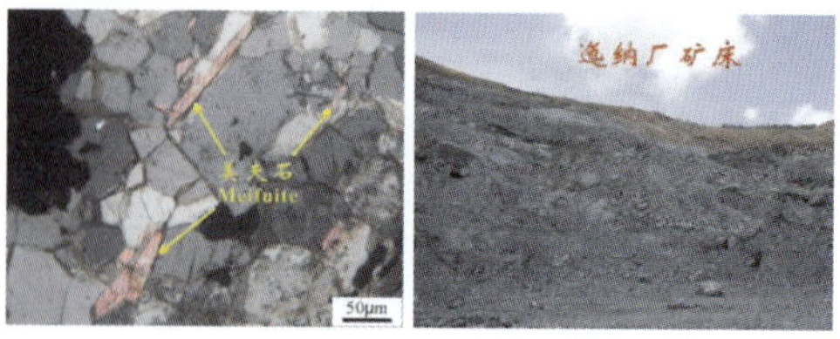

美夫石长柱状或层状晶体(中国)和迤纳厂矿床

M

美夫石是一种含氯和羟基的钾、铁的 T－O－T 型层状铝硅酸盐矿物。属云母族。三斜晶系。晶体呈长柱状或层状，粒径一般为 100μm×20μm。2019 年中国科学院地质与地球物理研究所李晓春博士发现于中国云南省楚雄州武定县迤纳厂(Yinachang)铁-铜-稀土矿床。汉拼名称 Meifuite，李晓春博士以其导师香港大学周美夫(1962—)教授的名字命名。周美夫教授长期从事岩石学、矿床学、地球化学和区域地质等多方面综合研究。近 30 年来在大火成岩省岩浆成矿作用、扬子地块西缘元古宙地质演化及铁-铜-稀土矿床成因，以及蛇绿岩和豆荚状铬铁矿床等研究领域取得了突出成果。曾获得国家“海外杰出青年基金”，香港大学“杰出青年研究奖”“杰出研究生导师奖”，并当选为“美国地质学会会士”。IMA 2019－101 批准。2020 年徐慧芳、李晓春等在《CNMNC 通讯》(54)、《矿物学杂志》(84)和《欧洲矿物学杂志》(32)报道。目前尚未见官方中文名称，李晓春博士命名为美夫石。

镁 [měi]形声；从钅，美声。一种碱土金属元素。[英]Magnesium。元素符号 Mg。原子序数 12。1755 年，第一个确认镁是一种元素的是英国爱丁堡的化学家、物理学家约瑟夫·布莱克(Joseph Black)。他辨别了石灰(氧化钙，CaO)中的苦土(氧化镁，MgO)，两者各自都是由加热类似于碳酸盐岩，菱镁矿和石灰石来制取。另一种镁矿石叫作海泡石(硅酸镁)，于 1799 年由托马斯·亨利(Thomas Henry)报告，他说这种矿石在土耳其更多地用于制作烟斗。1808 年由英国化学家汉弗莱·戴维(Humphry Davy)电解氧化镁制得镁。从此镁被确定为一种元素，并命名为 Magnesium。名称来自希腊城市美格里亚(Magnesia)，因为在这个城市附近出产氧化镁，被称为 Magnesia alba，即白色氧化镁。镁是在自然界中分布最广的 10 个元素之一，它是在地球的地壳中第八个丰富的元素，约占 2%的质量。在自然界中分布有大量的镁矿物。

【镁白孔雀石】参见【半水羟碳镁石】条 46 页

【镁钡石】参见【硅镁钡石】条 274 页

【镁冰晶石】参见【氟铝镁钠石】条 182 页

【镁橙钒钙石】

英文名 Magnesiopascoite

化学式 $Ca_2MgV_{10}^{5+}O_{28}\cdot 16H_2O$ (IMA)

镁橙钒钙石板状、柱状晶体，晶簇状集合体(美国)

镁橙钒钙石是一种含结晶水的钙、镁的钒酸盐矿物。属橙钒钙石族。单斜晶系。晶体呈板状、粒状、柱状；集合体呈晶簇状。浅橘红色，金刚光泽，透明；硬度 2.5，完全解理，脆性。2007 年发现于美国犹他州圣胡安县蓝帽(Blue Cap)矿。英文名称 Magnesiopascoite，由成分冠词“Magnesio(镁)”和根词“Pascoite(橙钒钙石)”组合命名，意指它是富镁的橙钒钙石的类似矿物。IMA 2007－025 批准。2008 年 A. R. 坎普夫(A. R. Kampf)等在《加拿大矿物学家》(46)报道。2011 年中国地质科学院地质研究所任玉峰等在《岩石矿物学杂志》[30(2)]根据成分及与橙钒钙石的关系译为镁橙钒钙石。

【镁川石】

英文名 Jimthompsonite

化学式 $Mg_5Si_6O_{16}(OH)_2$ (IMA)

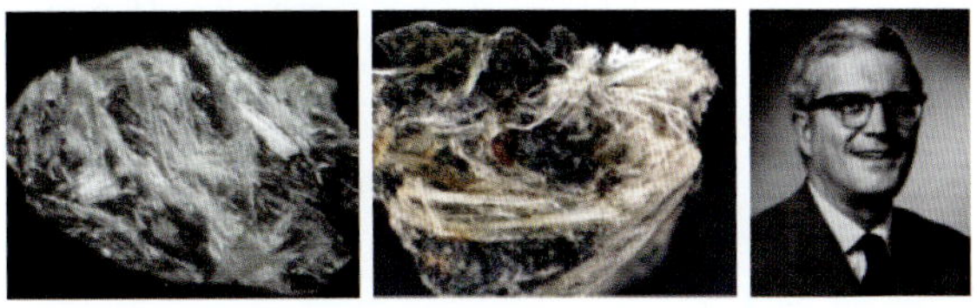

镁川石纤维状晶体，石棉状集合体(美国)和汤普森像

镁川石是一种含羟基的镁的硅酸盐矿物。与斜镁川石呈同质二象。斜方晶系。晶体呈纤维状，作为超显微共生体存在于其他寄主矿物中，通常是角闪石，寄主矿物纤维状晶体可达 5cm，寄生矿物通常肉眼看不到，但可以通过光学或透射电子显微镜观察到；寄主矿物集合体呈纤维石棉状。无色—浅粉红色，玻璃光泽、丝绢光泽、珍珠光泽，透明；硬度 2～2.5，完全解理，脆性。1977 年发现于美国佛蒙特州温莎县卡尔顿(Carlton)滑石矿采石场。英文名称 Jimthompsonite，1978 年由戴维·R. 凡勃伦(David R. Veblen)等以美国马萨诸塞州剑桥哈佛大学荣誉教授、杰出的矿物学家和岩石学家詹姆斯(吉姆)·B. 汤普森[James(Jim) B. Thompson，1921—2011]的姓名命名。汤普森在国际专业矿物期刊上发表了约 41 篇文章，并撰写了 12 份野外指南和 4 份地质图。他的职业生涯几乎完全是在哈佛大学工作。他最广受欢迎的工作是“相空间”研究：“然后在 1957 年的《泥质片岩中矿物组合的图解分析》中，介绍了用于分析多组分系统中矿物组合的图解投影，促成了分析化学开放系统的热力学和概念工具，以及其他工具。他的会员资格和奖项包括：美国国家科学院院士、美国艺术与科学院院士。他获得了美国地质学会颁发的亚瑟·L. 戴勋章(1964 年)、美国矿物学学会颁发的罗布林勋章(1979 年)和地球化学学会颁发的维克托·M. 戈德施密特勋章(1985 年)。他是约翰霍普金斯大学(1983 年)的恩斯特克罗斯纪念学者和加州理工学院(1976 年)的费尔柴尔德杰出学者。1967—1968 年任美国矿物学学会会长，1968 年和 1969 年任地球化学学会会长。IMA 1977－011 批准。1978 年在《美国矿物学家》(63)报道。推测类似于闪石。中文名称根据成分和三链结构译为镁川石。

【镁大隅石】

英文名 Osumilite-(Mg)

化学式 $KMg_2Al_3(Al_2Si_{10})O_{30}$ (IMA)

镁大隅石板状、柱状晶体(德国)

镁大隅石是一种钾、镁、铝的铝硅酸盐矿物。属大隅石族。六方晶系。晶体呈板状、柱状。棕色、绿色、浅蓝色、黑色，玻璃光泽，半透明—不透明；硬度 5～6，脆性。2011 年发现于德国莱茵兰-普法尔茨州艾费尔高原的贝尔伯格(Bellerberg)火山卡斯帕(Caspar)采石场。英文名称 Osumilite-(Mg)，它是镁占优势的大隅石(铁)的类似矿物。1988

年安布鲁斯特(Armbruster)等在《美国矿物学家》(73)、2008年巴拉索内(Balassone)等在《欧洲矿物学杂志》(20)、2008年塞里奥特金(Seryotkin)等已有几次报道，但未获批准。IMA 2011-083终于批准为一个有效的矿物种。日文汉字名称苦土大隅石。2012年N. V. 丘卡诺夫(N. V. Chukanov)等在《CNMNC通讯》(12)、《矿物学杂志》(76)和《俄罗斯矿物学会记事》[141(4)]报道。中文名称根据成分及与铁大隅石的关系译为镁大隅石/大隅石-镁(参见【大隅石】条104页)。

【镁电气石】

英文名 Dravite

化学式 $NaMg_3Al_6(Si_6O_{18})(BO_3)_3(OH)_3(OH)$ (IMA)

镁电气石柱状晶体(巴西、美国、中国)

镁电气石是电气石族含较多钠和镁成分的电气石。三方晶系。晶体多呈等长短柱状—长柱状，晶柱面上有纵向条纹，横断面呈球面三角形，顶部为由3个面组成的锥体。因含镁而呈金棕色—深棕色或是近于黑色，也有蓝色、青色、青绿色，常具有从内向外、从下向上的色带现象，玻璃光泽、树脂光泽，透明—不透明；硬度7～7.5，脆性，贝壳断口；具有压电性，热释电性。1883年，著名的奥地利矿物学者古斯塔夫·切尔马克(Gustav Tschermak)发现于斯洛文尼亚卡林西亚地区德拉沃格勒镇多布罗娃(Dobrava)河。他给这种矿物取名为"Drau(德拉瓦)"。1884年在维也纳《莱布赫矿物学》刊载。英文名称Dravite，1883年由古斯塔夫·切尔马克根据多布罗娃(Dobrava)河流的拉丁文名字Drave命名。1959年以前发现、描述并命名的"祖父级"矿物，IMA承认有效。同义词Magnodravite。中文名称根据成分及与电气石的关系译为镁电气石。斯洛文尼亚的镁电气石对于世界各地的矿物收藏者和博物馆都很珍贵，它美丽的形状、独特的色泽及其与周围岩层的色差是受到人们喜爱的原因。见于1964年G. P. 巴尔萨诺夫(G. P. Barsanov)和M. E. 亚科夫列娃(M. E. Yakovleva)在《苏联科学院报告》(15)报道(参见【电气石】条130页)。

【镁定永闪石】参见【砂川闪石】条770页

【镁毒石】

英文名 Picropharmacolite

化学式 $Ca_4Mg(AsO_3OH)_2(AsO_4)_2 \cdot 11H_2O$ (IMA)

镁毒石放射状、结核状集合体(德国、希腊、墨西哥)

镁毒石是一种含结晶水的钙、镁的砷酸-氢砷酸盐矿物。三斜晶系。晶体呈针状、射状、纤维状、叶片状；集合体呈放射状、球粒状、结核状、钟乳状。无色—白色，带粉红色调，玻璃光泽、丝绢光泽、珍珠光泽，透明—半透明；硬度2～3，完全解理，脆性；具毒性。1819年发现于德国黑森州赫斯费尔德-罗滕堡县的里谢尔斯多夫(Richelsdorf)冶炼厂矿石转储场。1819年施特罗迈尔(Stromeyer)在西德莱比锡哈雷《物理学年鉴》(61)报道。英文名称Picropharmacolite，由弗里德里希·施特罗迈尔(Friedrich Stromeyer)于1819年根据希腊文"πικροζ=Bitter=Picro(苦的、剧烈的)"和"φ ά ρμακον=Pharmakon(药物或医学)"组合命名，意指成分中含有镁而苦，而砷具有强大的毒性，但毒性也可能意味着是一种药物或可用于医学。Picropharmacolite不是与毒石结构相关，而是其化学和物理性质与毒石相似。1959年以前发现、描述并命名的"祖父级"矿物，IMA承认有效。中文名称根据成分及物理性质与毒石相似译为镁毒石。

【镁鄂霍次克石*】

英文名 Okhotskite-(Mg)

化学式 $Ca_8(Mn^{2+},Mg)(Mn^{3+},Al,Fe^{3+})(SiO_4)(Si_2O_7)(OH)_2 \cdot H_2O$

镁鄂霍次克石*是一种绿纤石族矿物。单斜晶系。英文名称Okhotskite-(Mg)，根词1987年由日本北海道大学的矿床学者户刈田贤二(Togari)和赤坂(Akasaka)根据发现地鄂霍次克(Okhotsk)海，加占优势的阳离子镁后缀-(Mg)组合命名。IMA未命名，但可能有效。1991年在《美国矿物学家》(76)报道。编译者建议根据成分和根词音译为镁鄂霍次克石*。

【镁氟磷铁锰矿】参见【氟磷铁镁矿】条180页

【镁符山石】

英文名 Magnesiovesuvianite

化学式 $Ca_{19}Mg(Al_{11}Mg)Si_{18}O_{69}(OH)_9$ (IMA)

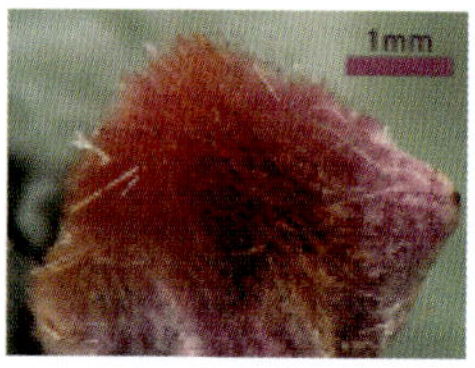

镁符山石针状晶体，放射状集合体(马其顿)

镁符山石是一种含羟基的钙、镁、铝的硅酸盐矿物。属符山石族。四方晶系。晶体呈针状，长7mm和厚5～40μm；集合体呈放射状。亮粉红色，丝绢光泽，透明；硬度6。2015年发现于北马其顿共和国利普科沃区洛简(Lojane)图伊多(Tuydo)峡谷。英文名称Magnesiovesuvianite，由成分冠词"Magnesio(镁)"和根词"Vesuvianite(符山石)"组合命名(根词参见【符山石】条198页)。IMA 2015-104批准。2016年T. L. 潘伊克罗夫斯基(T. L. Panikorovskii)等在《CNMNC通讯》(30)、《矿物学杂志》(80)和2017年《地球科学杂志》(62)报道。中文名称根据成分及与符山石的关系译为镁符山石。

【镁福伊特石】

英文名 Magnesio-foitite

化学式 $\square(Mg_2Al)Al_6(Si_6O_{18})(BO_3)_3(OH)_3(OH)$ (IMA)

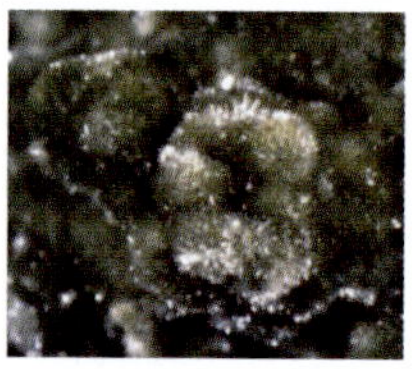

镁福伊特石针状晶体，放射状集合体(日本)

镁福伊特石是一种含羟基的空位、镁、铝的硼酸-铝硅酸盐矿物。属电气石族。三方晶系。晶体呈针状、柱状；集合体呈放射状、毡状。浅蓝灰色，土状光泽，透明；硬度7，脆性。1998年发现于日本本州岛中部山梨市三富村京川。英文名称Magnesiofoitite，由成分冠词“Magnesio（镁）”和根词“Foitite（福伊特石）”组合命名。IMA 1998－037 批准。日文名称苦土フォイト電気石。1999 年 F. C. 霍桑（F. C. Hawthorne）等在《加拿大矿物学家》（37）报道。2004 年中国地质科学院矿产资源研究所李锦平等在《岩石矿物学杂志》[23(1)]根据成分及与福伊特石的关系译为镁福伊特石（根词参见【福伊特石】条 199 页）。

【镁斧石】

英文名 Axinite-(Mg)

化学式 $Ca_4Mg_2Al_4[B_2Si_8O_{30}](OH)_2$ （IMA）

镁斧石薄板状晶体（坦桑尼亚）

镁斧石是一种含羟基的钙、镁、铝的硼硅酸盐矿物。属斧石族。三斜晶系。晶体呈薄板状。棕色、紫蓝色、淡蓝色、灰色、绿黄色，玻璃光泽，透明—半透明；硬度 6.5～7，脆性。1975 年发现于坦桑尼亚马尼亚拉区域西曼吉罗（Simanjiro）区利拉特马（Lelatema）山脉西北山麓附近的梅雷拉尼（Merelani）镇；同年，在《宝石学杂志》（14）报道。英文名称 Axinite-(Mg)，最初为 Magnesio-axinite，后于 2008 年在《矿物学记录》（131）更为现名，根词由希腊文“αξίνα＝Axina（斧头）”，加占优势的镁（Magnesium）后缀－Mg 组合命名，意指其晶体的常见习性。IMA 1975－025 批准。1976 年在《美国矿物学家》（61）报道。中文名称根据成分和族名译为镁斧石。

【镁钙三斜闪石】

英文名 Rhönite

化学式 $Ca_4[Mg_8Fe^{3+}_2Ti_2]O_4[Si_6Al_6]O_{36}$ （IMA）

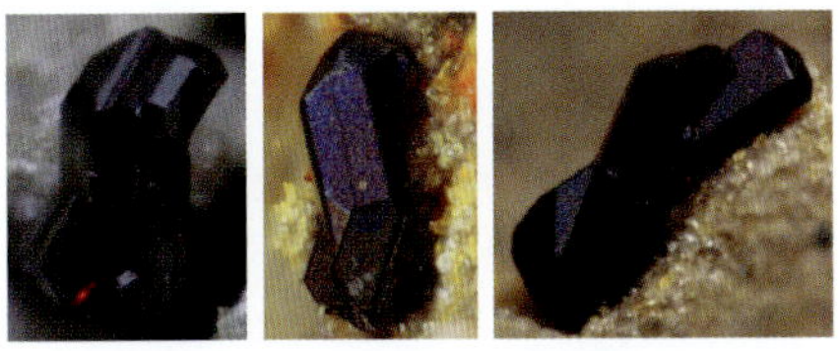

镁钙三斜闪石柱状晶体（德国）

镁钙三斜闪石是一种钙、镁、铁、钛氧的硅酸盐矿物。属假蓝宝石超族镁钙三斜闪石族。三斜晶系。晶体呈柱状。棕红色、黑色—暗红色，玻璃光泽、半金属光泽，半透明—不透明；硬度 5～6，完全解理。1907 年发现于德国黑森州富尔达市附近的伦恩山（Rhön）霞石碧玄岩。英文名称 Rhönite，以发现地德国的伦恩山（Rhön）命名。1907 年 J. 泽尔纳（J. Soellner）在《矿物学、地质学和古生物学新年鉴》[24（增刊）]报道。1959 年以前发现、描述并命名的“祖父级”矿物，IMA 承认有效。IMA 2007s. p. 批准。中文名称根据成分、晶系译为镁钙三斜闪石；根据颜色、晶系译为褐斜闪石；根据成分译为钛硅镁钙石。

【镁钙闪石】参见【钙镁闪石】条 224 页

【镁橄榄石】

英文名 Forsterite

化学式 $Mg_2(SiO_4)$ （IMA）

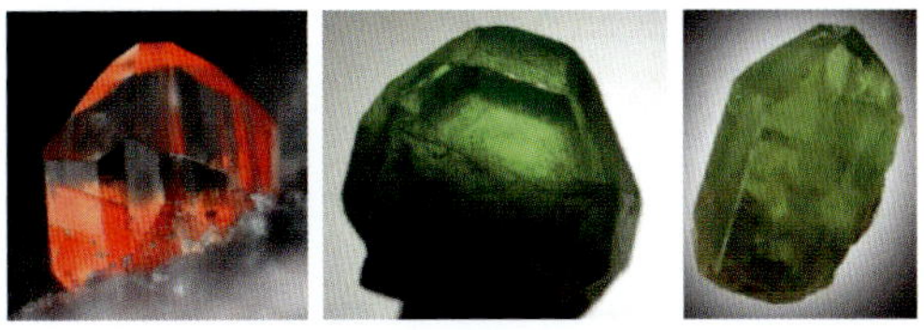

镁橄榄石短柱状晶体（德国、埃及、巴基斯坦）

镁橄榄石与铁橄榄石形成完全类质同象系列，是该系列中的镁端元矿物。斜方晶系。晶体呈柱状、厚板状或粒状，但完好晶形者少见。颜色较浅，呈无色或白色，淡黄色、淡绿色，随成分中 Fe^{2+} 含量的增高颜色加深而呈深黄色—墨绿色或黑色，玻璃光泽，透明—半透明；硬度 7。镁橄榄石不稳定，蛇纹石化称为残晶或假象。早在古代（普林尼，公元 79 年）就有一些 Smaragdus（叽盐碧）和 Beryllos（绿柱石）可能是现在称之为镁橄榄石的，而公元 79 年普林尼认为是“Chrysolithas（黄玉）”。一个无可争议的橄榄石族物种的最早的名字是 Chrysolit（Chrysolite，贵橄榄石），并在 1747 年被约翰·戈特沙尔克·瓦勒留斯（Johan Gottschalk Wallerius）命名，尽管后来 1777 年由鲍尔萨·乔治斯·萨格（Balthasar Georges Sage）使用了 Chrysolite 这个名字，现在被称为 Prehnite（葡萄石）。1824 年第一次发现并描述于意大利那不勒斯省维苏威火山杂岩体外轮山（Somma）；同年，在《哲学年鉴》（7）报道。1892 年 E. S. 丹纳（E. S. Dana）的《系统矿物学》（第六版，纽约）仍称 Chrysolite。英文名称 Forsterite，1824 年由塞尔维-迪厄·阿贝拉尔“阿尔芒”·列维（Serve－Dieu Abailard “Armand”Lévy）根据英国博物学家、矿物收藏家和矿物经销商阿德拉里乌斯·雅各布·福斯特（Adolarius Jacob Forster，1739—1806）的姓氏命名。1959 年以前发现、描述并命名的“祖父级”矿物，IMA 承认有效。中文名称根据成分和族名译为镁橄榄石，也称贵橄榄石（Peridot，直接源于法语）。

在地球以外的陨石中也有发现。2005 年，它也被发现在彗星返回的尘埃星尘号探测器。2011 年观察到形成于恒星周围的尘埃云层中的微小晶体及陨石中的晶体。镁橄榄石的同质多象有 Wadsleyite（β－相镁橄榄石，即瓦兹利石，斜方晶系）和 Ringwoodite（陨尖晶石＝林伍德石，等轴晶系）（参见相关条目）还有未译名的 Poirierite（斜方晶系，发现于澳大利亚昆士兰州特纳姆陨石；中国湖北随州陨石。）

【镁铬钒矿】

英文名 Magnesiocoulsonite

化学式 MgV_2O_4 （IMA）

镁铬钒矿是一种镁、钒的氧化物矿物。属尖晶石超族氧尖晶石族尖晶石亚族。等轴晶系。晶体呈不规则粒状、八面体，粒径 0.25mm。黑色，金属光泽，不透明；硬度 6.5，脆性。1994 年发现于俄罗斯伊尔库茨克州贝加尔湖斯柳江卡（Slyudyanka）山口大理石采石场。英文名称 Magnesiocoulsonite，由成分冠词“Magnesium（镁）”和根词“Coulsonite（钒磁铁矿）”组合命名，意指它是镁的钒磁铁矿的类似矿物（根词参见【钒磁铁矿】条 147 页）。IMA 1994－034 批准。1995 年 L. Z. 勒泽尼特斯基（L. Z. Reznitskii）在《俄罗斯矿物学会记事》[124(4)]报道。2003 年中国地质科学院矿产资源研究所李锦平等在《岩石矿物学杂志》[22(3)]根据成分译为镁铬钒矿。

【镁铬尖晶石】参见**【镁铬矿】**条 590 页

【镁铬矿】

英文名 Magnesiochromite

化学式 $MgCr_2O_4$　(IMA)

镁铬矿是一种镁、铬的氧化物矿物，镁可以部分被二价铁取代，铬可以部分被铝和三价铁取代。属尖晶石超族氧尖晶石族尖晶石亚族。等轴晶系。晶体呈立方体、八面体，具尖晶石律双晶；集合体常呈块状。黑色，深红色，强金属—半金属光泽、沥青光泽、蜡状光泽，不透明；硬度 5.5～7，脆性。1868 年发现于德国萨克森州厄尔士山脉施瓦岑贝格(Schwarzenberg)市。1873 年在《德国地质学会会刊》(25)报道。英文名称 Magnesiochromite，最初于 1868 年由 G. M. 冯·博克(G. M. von Bock)在波兰《布雷斯劳就职论文》(*Inaugual Dissertation*, *Beslau.*)命名为 Magnochromite；1910 年由安托万·弗朗索瓦·阿尔弗雷德·拉克鲁瓦(Antoine François Alfred Lacroix)指出其组成，包含"Magnesium(镁)"及其与"Chromite(铬铁矿)"的关系，并命名为 Magnesiochromite。1959 年以前发现、描述并命名的"祖父级"矿物，IMA 承认有效。同义词 Picrochromite，由"Picro(苦味，指镁)"和"Chromite(铬铁矿)"组合命名。中文名称根据成分译为镁铬矿或镁铬铁矿或镁铬尖晶石。

【镁铬榴石】

英文名 Knorringite

化学式 $Mg_3Cr_2(SiO_4)_3$　(IMA)

克诺林像

镁铬榴石是一种镁、铬的硅酸盐矿物。属石榴石超族石榴石族。它是自然界罕见的矿物，是寻找金刚石的指示矿物。等轴晶系。晶体呈微细粒状；集合体呈块状。绿色、蓝色、蓝绿色，玻璃光泽、金刚光泽、油脂光泽，透明—半透明；硬度 6～7。1968 年在非洲东部莱索托王国的布塔-布泰(Butha-Buthe)区花王(Kao)金伯利岩管中发现。英文名称 Knorringite，由尼克松和霍尔农为了纪念英国利兹大学矿物学教授奥列格·冯·克诺林(Oleg Von Knorring，1915—1994)而以他的姓氏命名。克诺林是芬兰赫尔辛基大学地球化学家，后来的英国利兹大学和非洲地质学相关研究所的矿物学教授。他专门研究花岗伟晶岩矿物学并描述命名了 12 个矿物：磷铝钙锂石(Bertossaite)、普兰石*(Burangite)、铈钨华(Cerotungstite)、霍尔达维石(Holdawayite)、铁砷石(Karibibite)、钛镁铁矿(Kennedyite)、含钾绿闪石(Mboziite)、水铝钨矿(Mpororoite)、纳米布石*(Namibite)、钽钠石(Rankamaite)、磷铝铋矿(Waylandite)和铋硅晶矿(Westgrenite)。IMA 1968-010 批准。1968 年彼得·H. 尼克松(Peter H. Nixon)和 G. 霍尔农(G. Hornung)在《美国矿物学家》(53)报道。中文名称根据成分和族名译为镁铬榴石。

【镁铬铁矿】参见**【镁铬矿】**条 590 页

【镁硅氟铁钇矿】

英文名 Magnesiorowlandite-(Y)

化学式 $Y_4(Mg,Fe)(Si_2O_7)_2F_2$　(IMA)

镁硅氟铁钇矿是一种含氟的钇、镁、铁的硅酸盐矿物，是硅氟铁钇矿的富镁的类似矿物。三斜晶系。集合体呈变生非晶质块状、粉末状。灰白色、白色，玻璃光泽、油脂光泽，透明；硬度 5～5.5。2012 年发现于日本本州岛近畿地区三重县菰野町汤之山温泉未名的花岗伟晶岩。英文名称 Magnesiorowlandite-(Y)，由成分冠词"Magnesio(镁)"和根词"Rowlandite-(Y)(硅氟铁钇矿)"组合命名，其中根词 Rowlandite，以物理学教授亨利·奥古斯塔斯·罗兰(Henry Augustus Rowland，1848—1901)的姓氏命名(参见**【氟硅钇石】**条 177 页)。IMA 2012-010 批准。日文名称苦土イットリウムローランド石。2012 年松原(S. Matsubara)等在《CNMNC 通讯》(13)、《矿物学杂志》(76)和 2014 年《矿物学和岩石学科学杂志》(109)报道。中文名称根据成分及与硅氟铁钇矿的关系译为镁硅氟铁钇矿。

【镁硅钙石】

英文名 Merwinite

化学式 $Ca_3Mg(SiO_4)_2$　(IMA)

默温像

镁硅钙石是一种不常见的钙、镁的硅酸盐矿物。单斜晶系。晶体呈粒状、板状，聚片双晶发育。白色、无色、浅绿色、浅灰绿色，玻璃光泽、油脂光泽，透明；硬度 6，完全解理，脆性。1921 年在美国加利福尼亚州里弗塞得(河滨)县克雷斯特莫尔(Crestmore)采石场首次发现。1921 年 E. S. 拉森(E. S. Larsen)和 W. F. 福杉格(W. F. Foshag)在《美国矿物学家》(6)报道。英文名称 Merwinite，由拉森和乔治·浮士德(George Faust)以华盛顿特区卡耐基研究所矿物学家赫伯特·尤金·默温(Herbert Eugene Merwin，1878—1963)的姓氏命名。1959 年以前发现、描述并命名的"祖父级"矿物，IMA 承认有效。中文名称根据成分译为镁硅钙石；根据英文名称第一个音节音和成分译为默硅镁钙石；旧译镁蔷薇辉石。1977 年中国学者孟祥振和赵梅芳在河北省涞源地区发现了镁硅钙石。

【镁哈特特石*】

英文名 Magnesiohatertite

化学式 $(Na,Ca)_2Ca(Mg,Fe^{3+})_2(AsO_4)_3$　(IMA)

镁哈特特石*是一种钠、钙、镁、铁的砷酸盐矿物。属磷锰钠石族。单斜晶系。2016 年发现于俄罗斯堪察加州托尔巴契克(Tolbachik)火山主裂隙破火山口第二火山渣锥喷气孔。英文名称 Magnesiohatertite，由成分冠词"Magnesio(镁)"和根词"Hatertite(哈特特石*)"组合命名，意指它是镁占优势的哈特特石*的类似矿物。IMA 2016-078 批准。2016 年 I. V. 佩科夫(I. V. Pekov)等在《CNMNC 通讯》(34)和《矿物学杂志》(80)报道。目前尚未见官方中文译名，编译者建议根据成分及与哈特特石*的关系译为镁哈特特石*(根词参见**【哈特特石*】**条 301 页)。

【镁海斯汀石】参见**【镁绿钙闪石】**条 595 页

【镁褐帘石】

英文名 Dollaseite-(Ce)

化学式 $CaCe(Mg_2Al)[Si_2O_7][SiO_4]F(OH)$　(IMA)

镁褐帘石是一种含羟基和氟的钙、铈、镁、铝的硅酸盐矿物。属绿帘石超族镁褐帘石族。单斜晶系。晶体呈纤维状、细粒状。暗褐色，玻璃光泽，半透明；硬度 6.5～7。1927 年发现于瑞典瓦斯特曼兰郡厄斯坦莫萨(Östanmossa)矿山。最初由加热尔(Gajer)根据成分及与褐帘石的关系命名为

M

多拉斯像

Magnesium Orthite。英文名称 Dollaseite-(Ce)，1988 年 D. R. 皮科克(D. R. Peacor)等在《美国矿物学家》(73)，对镁褐帘石重新定义为 Dollaseite-(Ce)，以美国加利福尼亚大学洛杉矶分校的韦恩・A. 多拉斯(Wayne A. Dollase，1938—)教授的姓氏，加稀土元素铈后缀-(Ce)组合命名，以表彰他在绿帘石族矿物的晶体化学和无机铈含量研究方面做出的贡献。IMA 1987s. p. 批准。中文名称根据成分及与褐帘石的关系译为镁褐帘石。

【镁黑铝镁铁矿】

英文名 Magnesiohögbomite-2N2S

化学式 $(Mg,Fe,Al,Ti)_{22}(O,OH)_{32}$ (IMA)

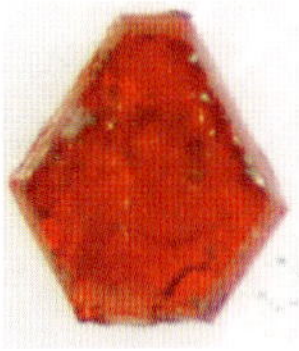

镁黑铝镁铁矿-2N4S 多型六方板状晶体(南极洲)

镁黑铝镁铁矿是一种镁、二价铁、铝、钛的氢氧-氧化物矿物。属黑铝镁铁矿族。六方晶系。淡黄色、棕色、橘红色、黑色，金刚光泽，半透明；硬度 6.5～7，完全解理，脆性。1916 年发现于瑞典拉普兰地区约克莫克镇鲁特瓦雷(Ruoutevare)；同年，A. 加韦林(A. Gavelin)在《乌普萨拉大学地质学会通报》(15)报道。英文名称 Magnesiohögbomite-2N2S，由成分冠词“Magnesio(镁)”和根词“Högbomite(黑铝镁铁矿)”，加多型后缀-2N2S 组合命名。1959 年以前发现、描述并命名的“祖父级”矿物，IMA 承认有效。IMA 2001s. p. 批准。中文名称根据成分及与黑铝镁铁矿的关系译为镁黑铝镁铁矿(根词参见【黑铝镁铁矿】条 317 页)。根据杨主明和蔡剑辉《标准化矿物族分类体系与矿物名称的中文译名》(中国地质学会 2011 年学术年会)的意见成分加音译为镁霍格玻姆石-2N2S(原译名为镁黑铝镁铁矿-8H)。

现在已知 Magnesiohögbomite 的多型有-2N2S、-2N3S、-2N4S和-6N6S。Magnesiohögbomite-2N3S 多型[$(Mg,Fe,Zn,Ti)_4(Al,Fe)_{10}O_{19}(OH)$(IMA)。最早见于 1963 年在《矿物学杂志》(33)报道。2016 年发现于南非林波波省和坦桑尼亚多多马地区孔洼区孔洼山；同年，F. 卡马拉(F. Cámara)等在《西班牙和意大利晶体学协会 21—25 届年会，2016 年 6 月特内里费会议、西班牙-海报》(106)报道。IMA 2001s. p. 批准]、Magnesiohögbomite-2N4S 多型{$[(Mg_{8.43}Fe^{2+}_{1.57})_{\Sigma=10}Al_{22}Ti^{4+}_2O_{46}(OH)_2]$(IMA)，自形六角形板状或柱状晶体，橘红色。2010 年发现于南极洲东部毛德王后领地索伦丹(Sør Rondane)山。IMA 2010-084 批准。2012 年 T. 志村(T. Shimura)等在《美国矿物学家》(97)报道}和 Magnesiohögbomite-6N6S 多型[$(Mg,Al,Fe)_3(Al,Ti)_8O_{15}(OH)$(IMA)模式产地坦桑尼亚。1990 年在《矿物学新年鉴》(月刊)报道。IMA 2001s. p. 批准]。

【镁红钠闪石】参见【红钠闪石】条 327 页

【镁黄长石】

英文名 Åkermanite

化学式 $Ca_2MgSi_2O_7$ (IMA)

镁黄长石是一种钙、镁的硅酸盐矿物。属黄长石族。与钙铝黄长石(Gehlenite)成系列。四方晶系。晶体呈短柱状、薄层状、似压扁状、假立方体、八面体；十字双晶(合成材料)。无色、灰绿色、棕褐色，玻璃光泽、树脂光泽，透明—半透明；

镁黄长石柱状、板状晶体(德国)和阿克曼像

硬度 5～6，完全解理，脆性。1884 年在瑞典首先描述了 3 个熔炉地点发现的来自熔炉铁生产的炉渣样品，J. H. L. 沃格特(J. H. L. Vogt)[见《瑞典皇家科学院文献》(9)]从中发现了一个新矿物，并命名为 Åkermanite。1890 年沃格特在《数学与科学档案》(13)报道。1961 年 O. H. J. 克里斯蒂(O. H. J. Christie)在《挪威地质杂志》(42)报道。英文名称 Åkermanite，以瑞典冶金家安德斯・理查德・阿克曼(Anders Richard Åkerman)的姓氏命名。1959 年以前发现、描述并命名的“祖父级”矿物，IMA 承认有效。中文名称根据成分及与黄长石的关系译为镁黄长石。

【镁黄砷榴石】参见【黄砷榴石】条 342 页

【镁尖晶石】

英文名 Spinel

化学式 $MgAl_2O_4$ (IMA)

镁尖晶石八面体晶体(缅甸、越南)

镁尖晶石为尖晶石族的一个种，也称贵尖晶石。属尖晶石超族氧尖晶石族尖晶石亚族。等轴晶系。晶体常呈完好的八面体和菱形十二面体聚形，具八面体双晶律；集合体呈块状。呈红色、蓝色、绿色、褐色、黑色或无色等，玻璃光泽，透明—半透明；硬度 7.5～8，脆性。英文名称 Spinel，1779 年由琼・得墨忒耳(Jean Demeste)根据拉丁文“Spinella(小刺)”命名，意指其锋利的八面体晶体。1797 年 M. H. 克拉普思(M. H. Klaproth)在柏林罗特曼《化学知识对矿物学的贡献》(第二集)报道。1959 年以前发现、描述并命名的“祖父级”矿物，IMA 承认有效。中文名称根据成分及族名译为镁尖晶石(参见【尖晶石】条 376 页)。

作为宝石的尖晶石几乎是透明的镁尖晶石，由于它的美丽和稀少，自古以来就是较珍贵的、迷人的宝石之一。由于它的红色，一直把它误认为是红宝石，如 1398 年铁木尔征服德里而获得的，目前世界上最具有传奇色彩、最迷人的“铁木尔红宝石”(Timur Ruby)，它自 1612 年以来，被称为东方的“世界贡品”，据说产自阿富汗巴达赫尚省中部科克恰河(Kokcha)河主要支流之一的奥克萨斯(Oxus)河。1367 年，在西班牙发现了另一颗著名的尖晶石，成为西班牙国王的财宝。1415 年流落到英国，后又辗转多处，1660 年又镶在英国查尔斯(Charles)二世王冠上，称“黑色王子红宝石”(Black-Prince's Ruby)，直到近代才鉴定出它们都是红色镁尖晶石。在我国清代皇族封爵和一品大官帽子上用的红宝石顶子，几乎全是用红色尖晶石制成的。1676 年俄国特使在我国北京买下的，世界上最大、最漂亮的红天鹅绒色尖晶石。说明尖晶石宝石自古就被世人所青睐，然而矿物学界认清它的“庐山真面目”还不足200年。据悉，早在1581年，缅甸当地人就辨认出尖晶石是一种单独的种属，官方并公布了名称：“Safires(尖晶石)”，明令归君主所有，并不允许带到别的国家，遗憾的是此名称并没有被矿物学界采纳。红色尖晶石还称“Balas(红宝石、红玉、红晶石)”，巴拉斯(Balas)是阿富汗的巴达克山(Badakshan)的旧称，位于帕米尔地区，曾经在900年前挖掘红尖晶石。

【镁碱大隅石】参见【碱硅镁石】条377页

【镁碱沸石-铵】

英文名 Ferrierite-NH_4

化学式$(NH_4,Mg_{0.5})_5(Al_5Si_{31}O_{72})\cdot 22H_2O$　(IMA)

镁碱沸石-铵捆束状、扇状集合体(捷克)

镁碱沸石-铵是一种镁碱沸石的富铵矿物。属沸石族镁碱沸石系列。斜方晶系。晶体呈薄的扁平棱柱状，直径可达2mm；集合体呈捆束状、扇状、放射状。白色，玻璃光泽，透明；硬度3～3.5，完全解理。2017年发现于捷克共和国拉贝河畔乌斯季地区乔穆托夫区利布斯(Libous)采石场。英文名称Ferrierite-NH_4，根词由加拿大地质调查局前成员、地质矿物学家、采矿工程师沃尔特·弗雷德里克·费雷尔(Walter Frederick Ferrier，1865—1950)的姓氏命名，加占优势的阳离子铵后缀(-NH_4)组合命名。IMA 2017-099批准。2018年N. V. 丘卡诺夫(N. V. Chukanov)等在《CNMNC通讯》(42)、《矿物学杂志》(82)和2019年《加拿大矿物学家》(57)报道。中文名称根据成分和族名及与镁碱沸石的关系译为镁碱沸石-铵/铵镁碱沸石。

【镁碱沸石-钾】

英文名 Ferrierite-K

化学式$(K,Na)_5(Si_{31}Al_5)O_{72}\cdot 18H_2O$　(IMA)

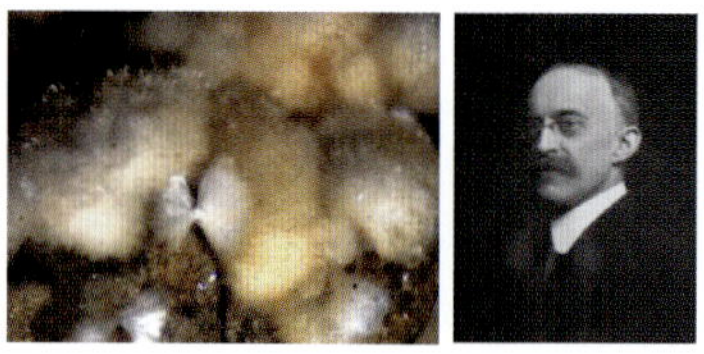

镁碱沸石-钾纤维状晶体，放射状、球粒状集合体(美国)和费雷尔像

镁碱沸石-钾是一种镁碱沸石的富钾矿物。属沸石族镁碱沸石系列。斜方晶系。晶体呈纤维状；集合体呈放射状、球粒状。白色，玻璃光泽，透明；硬度3～3.5。1976年发现于美国加利福尼亚州洛杉矶县圣莫尼卡(Santa Monica)山脉。英文名称Ferrierite-K，根词由加拿大地质调查局前成员、地质矿物学家、采矿工程师沃尔特·弗雷德里克·费雷尔(Walter Frederick Ferrier，1865—1950)的姓氏命名，加占优势的阳离子钾后缀-K组合命名。费雷尔首先在加拿大不列颠哥伦比亚省坎卢普斯湖北岸收集到该矿物。IMA 1997s. p.批准。1976年在《美国矿物学家》(61)报道。中文名称根据成分和族名及与镁碱沸石的关系译为镁碱沸石-钾/钾镁碱沸石。2011年杨主明在《岩石矿物学杂志》[30(4)]建议音加成分译为费雷尔钾石。

【镁碱沸石-镁】

英文名 Ferrierite-Mg

化学式$[Mg_2(K,Na)_2Ca_{0.5}](Si_{29}Al_7)O_{72}\cdot 18H_2O$　(IMA)

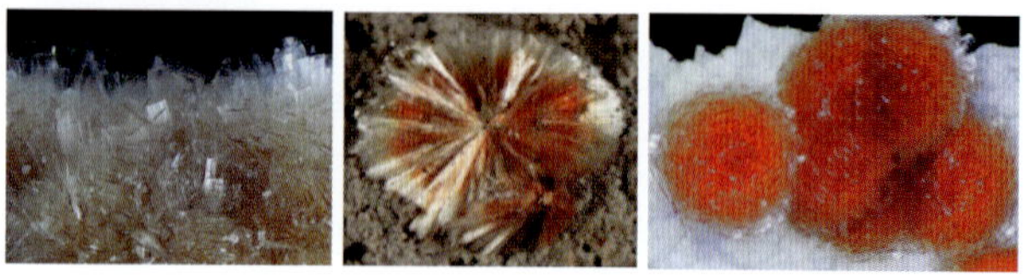

镁碱沸石-镁板状、毛发状、板条状晶体，晶簇状、球粒状集合体(加拿大)

镁碱沸石-镁是一种含沸石水的镁、钾、钠、钙的铝硅酸盐矿物。属沸石族镁碱沸石系列。斜方晶系。晶体呈板状、针状、毛发状；集合体呈放射状、球粒状。白色、无色、粉红色、橙色、红色，玻璃光泽、珍珠光泽，透明—半透明；硬度3～3.5，完全解理。1918年R. P. D.格林汉姆(R. P. D. Graham)在《加拿大皇家学会汇刊：地质科学包括矿物学》(3辑，12)报道。该矿物发现于加拿大不列颠哥伦比亚省坎卢普斯市坎卢普斯(Kamloops)湖。英文名称Ferrierite，以加拿大地质调查局前成员、地质学家和采矿工程师沃尔特·弗雷德里克·费雷尔(Walter Frederick Ferrier，1865—1950)的姓氏命名。费雷尔首先在加拿大不列颠哥伦比亚省坎卢普斯湖北岸收集到该矿物。1959年以前发现、描述并命名的“祖父级”矿物，IMA承认有效。IMA 1997s. p.批准。中国地质科学院根据成分及族名译为镁碱沸石。2011年杨主明在《岩石矿物学杂志》[30(4)]建议音加成分译为费雷尔镁石。也有的根据成分和形态及与沸石的关系译为镁钠针沸石。根据Ferrierite占优势的阳离子有-NH_4、-K、-Mg和-Na多型(参见相关条目)。

【镁碱沸石-钠】

英文名 Ferrierite-Na

化学式$(Na,K)_5(Si_{31}Al_5)O_{72}\cdot 18H_2O$　(IMA)

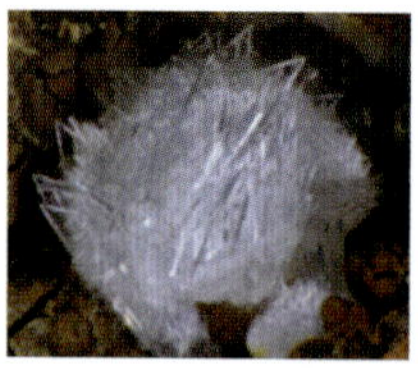

钠镁碱沸石-钠片状晶体，团状集合体(美国)

镁碱沸石-钠是一种镁碱沸石的富钠物种。属沸石族镁碱沸石系列。单斜晶系。晶体呈片状、纤维状；集合体呈束状、放射状、球粒状。白色，玻璃光泽，透明；硬度3～3.5。1976年发现于美国华盛顿州沃凯亚库姆县阿尔图纳(Altoona)；同年，在《美国矿物学家》(61)报道。英文名称Ferrierite-Na，根词由加拿大地质调查局前成员、地质矿物学家、采矿工程师沃尔特·弗雷德里克·费雷尔(Walter Frederick Ferrier，1865—1950)的姓氏，加占优势的阳离子钠后缀-Na组合命名。费雷尔首先在加拿大不列颠哥伦比亚省坎卢普斯湖北岸收集到该矿物。IMA 1997s. p.批准。1985年R.格拉姆利克-梅尔(R. Gramlich-Meier)等在《美国矿物学家》(70)报道镁碱沸石单斜晶体结构。中文名称根据成分和族名及与镁碱沸石的关系译为镁碱沸石-钠/钠镁碱沸石。2011年杨主明在《岩石矿物学杂志》[30(4)]建议音加成分译为费雷尔钠石。

【镁角闪石】

英文名 Magnesio-hornblende

化学式 $\square Ca_2(Mg_4Al)(Si_7Al)O_{22}(OH)_2$　(IMA)

镁角闪石柱状晶体（意大利、加拿大）

镁角闪石是一种C位 Mg>Fe^{2+}和 Al>Fe^{3+} W位羟基的角闪石矿物。属角闪石超族W位羟基、氟、氯占优势的闪石族钙闪石亚族角闪石根名族。单斜晶系。晶体呈柱状。绿色—深绿色—墨绿色—黑色，棕色，玻璃光泽、珍珠光泽，半透明—不透明；硬度5～6，完全解理，脆性。2017年发现于纳米比亚卡拉斯地区吕德里茨（Lüderitz）沙丘。英文名称 Magnesio-hornblende，其中根名 Hornblende 在1789年由亚伯拉罕·戈特利布·维尔纳（Abraham Gottlieb Werner）命名。它来自一个古老的德国术语，用于没有矿石价值的暗色矿物和来自“Blende（闪锌矿）”，意味着“欺骗性”，指它被发现在矿床中，与有价值的矿物相似，但不产生任何有用金属，1978年由IMA加冠词“Magnesio（镁）”表明镁是主要阳离子。1981年F. S. 斯皮尔（F. S. Spear）在《美国科学杂志》（281）报道。IMA 2017-059批准。2017年R. 奥贝蒂（R. Oberti）等在《CNMNC通讯》（39）、《矿物学杂志》（81）和2018年《矿物学杂志》（82）报道。中文名称根据成分及与角闪石的关系译为镁角闪石（参见【角闪石】条382页）。

【镁卡努特石*】

英文名 Magnesiocanutite

化学式 $NaMnMg_2[AsO_4]_2[AsO_2(OH)_2]$　（IMA）

镁卡努特石*片状晶体，团状、球状集合体（智利）

镁卡努特石*是一种钠、锰、镁的氢砷酸-砷酸盐矿物。属磷锰钠石族。单斜晶系。晶体呈菱形、片状；集合体呈团状、球状。浅棕粉色、玫瑰粉红色，玻璃光泽，透明；硬度2.5，完全解理，脆性。2016年发现于智利伊基克省萨拉尔格兰德盆地托雷西亚（Torrecillas）矿。英文名称 Magnesiocanutite，由成分冠词“Magnesio（镁）”和根词“Canutite（卡努特石*）”组合命名。IMA 2016-057批准。2016年A. R. 坎普夫（A. R. Kampf）等在《CNMNC通讯》（33）、《矿物学杂志》（80）和2017年《矿物学杂志》（81）报道。目前尚未见官方中文译名，编译者建议根据成分及与卡努特石*的关系译为镁卡努特石*。

【镁科水砷锌石*】

英文名 Magnesiokoritnigite

化学式 $Mg(AsO_3OH)\cdot H_2O$　（IMA）

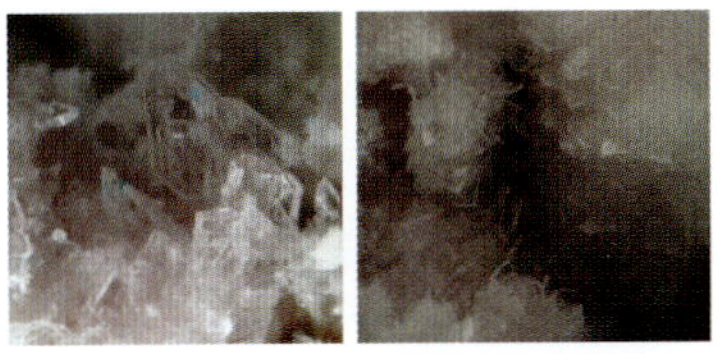

镁科水砷锌石*板条状晶体，晶簇状集合体（智利）

镁科水砷锌石*是一种含结晶水的镁的氢砷酸盐矿物。属科水砷锌石族。三斜晶系。晶体呈厚薄不一的长板条状，厚可达2mm；集合体呈晶簇状。无色—浅粉红色，玻璃光泽，透明；硬度3，完全解理，脆性。2013年发现于智利伊基克省萨拉尔格兰德盆地托雷西亚（Torrecillas）矿。英文名称 Magnesiokoritnigite，由成分冠词“Magnesio（镁）”和根词“Koritnigite（科水砷锌石）”组合命名，意指它是镁的科水砷锌石的类似矿物（根词参见【科水砷锌石】条408页）。IMA 2013-049批准。2013年A. R. 坎普夫（A. R. Kampf）等在《CNMNC通讯》（17）和《矿物学杂志》（77）报道。目前尚未见官方中文译名，编译者建议根据成分及与科水砷锌石的关系译为镁科水砷锌石*。

【镁莱铁铀矾*】

英文名 Magnesioleydetite

化学式 $Mg(UO_2)(SO_4)_2\cdot 11H_2O$　（IMA）

镁莱铁铀矾*是一种含结晶水的镁的铀酰-硫酸盐矿物。单斜晶系。晶体呈叶片状；集合体呈不规则状。淡绿色、黄色，玻璃光泽，透明—半透明；硬度2，脆性。2017年发现于美国犹他州圣胡安县马基（Markey）矿。英文名称 Magnesioleydetite，由成分冠词“Magnesio（镁）”和根词“Leydetite（莱铁铀矾）”组合命名，意指它是镁的莱铁铀矾的类似矿物。IMA 2017-063批准。2017年A. R. 坎普夫（A. R. Kampf）等在《CNMNC通讯》（39）、《矿物学杂志》（81）和2019年《矿物学杂志》（83）报道。目前尚未见官方中文译名，编译者建议根据成分及与莱铁铀矾的关系译为镁莱铁铀矾*（根词参见【莱铁铀矾】条425页）。

【镁蓝铁矿】

英文名 Baričite

化学式 $(Mg,Fe)_3(PO_4)_2\cdot 8H_2O$　（IMA）

镁蓝铁矿片状晶体（加拿大）和巴里克像

镁蓝铁矿是一种含结晶水的镁、铁的磷酸盐矿物。与白磷镁石（Bobierrite）成同质多象。属蓝铁矿族。单斜晶系。晶体呈片状、刀状。无色、淡蓝色、蓝色，暴露于阳光下颜色变暗，玻璃光泽、树脂光泽、珍珠光泽，透明—半透明；硬度1.5～2，完全解理。1975年发现于加拿大育空地区道森市大鱼（Big Fish）河和急流溪（Rapid Creek）。英文名称 Baričite，1976年由博兹达尔·达尔孔·斯图尔曼（Bozidar Darko Sturman）等以克罗地亚萨格勒布大学矿物学博物馆前主任和矿物学教授勒菊德维特·巴里克（Ljudevit Barič，1902—1984）博士的姓氏命名。IMA 1975-027批准。1976年斯图尔曼等在《加拿大矿物学家》（14）报道。中文名称根据成分和与蓝铁矿的关系译为镁蓝铁矿。

【镁蓝线石】

英文名 Magnesiodumortierite

化学式 $MgAl_6BSi_3O_{17}(OH)$　（IMA）

镁蓝线石是一种含羟基的镁、铝的硼硅酸盐矿物。属蓝线石超族蓝线石族。斜方晶系。晶体呈他形—半自形板条状，在镁铝榴石巨变晶中呈包裹体。粉红色—红色，玻璃光泽，透明；硬度 7～8。1992 年发现于意大利皮特蒙特地区库尼奥市圣贾科莫(San Giacomo)和马蒂安娜・波卡塞拉梅洛(Case Ramello)。英文名称 Magnesiodumortierite，由成分冠词"Magnesium(镁)"和根词"Dumortierite(蓝线石)"组合命名，意指它是镁占优势的蓝线石的类似矿物。IMA 1992 - 050 批准。1995 年 G. 费拉里斯(G. Ferraris)等在《欧洲矿物学杂志》(7)报道。2003 年中国地质科学院矿产资源研究所李锦平等在《岩石矿物学杂志》[22(3)]根据成分及与蓝线石的关系译为镁蓝线石(根词参见【蓝线石】条 432 页)。

【镁镧褐帘石】

英文名 Dissakisite-(La)

化学式 $CaLa(Al_2Mg)[Si_2O_7][SiO_4]O(OH)$ (IMA)

镁镧褐帘石是一种含羟基和氧的钙、镧、铝、镁的硅酸盐矿物。属绿帘石超族褐帘石族。单斜晶系。晶体呈厚叶片状、较小的粒状；集合体呈结节状。黑色—深棕色，玻璃光泽，半透明；硬度 6.5～7，中等解理，脆性。2003 年发现于意大利博尔扎诺自治省维德塔阿尔塔(Vedetta Alta)。英文名称 Dissakisite-(La)，根据与镁铈褐帘石的关系命名，意指它是富镧的镁铈褐帘石的类似矿物。IMA 2003 - 007 批准。2005 年 S. 图米亚蒂(S. Tumiati)等在《美国矿物学家》(90)报道。中文名称根据占优势的镧及与镁铈褐帘石的关系译为镁镧褐帘石。

【镁锂蓝闪石】参见【锂蓝闪石】条 443 页

【镁锂闪石】参见【锂蓝闪石】条 443 页

【镁磷钙钠石】参见【磷镁钙钠石】条 469 页

【镁磷石】

英文名 Newberyite

化学式 $Mg(PO_3OH)\cdot 3H_2O$ (IMA)

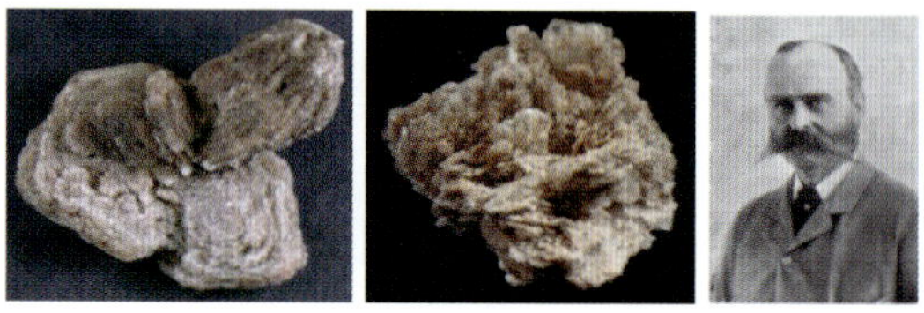

镁磷石板状晶体(澳大利亚)和纽贝里像

镁磷石是一种含结晶水的镁的氢磷酸盐矿物。斜方晶系。晶体呈粒状、薄板状、短柱状。浅灰色、白色或无色、淡棕色，玻璃光泽，透明—半透明；硬度 3～3.5，完全解理。1879 年发现于澳大利亚维多利亚州斯基普顿(Skipton)城熔岩洞穴鸟粪石和蝙蝠粪石层。1879 年古斯塔夫・冯・拉斯(Gustav vom Rath)在波恩《自然和医学下莱茵学会报告》(36)和《法国矿物学会通报》(2)报道。英文名称 Newberyite，由古斯塔夫・冯・拉斯为纪念在澳大利亚墨尔本发现此矿物的地质学家詹姆斯・卡斯摩・纽贝里(James Cosmo Newbery，1843—1895)而以他的姓氏命名。纽贝里于 1864 年毕业于哈佛大学，曾是约西・亚库克(Josiah Cooke)的助理；在澳大利亚他是工业和技术博物馆馆长，后来成为一个矿山部门的化学分析师；他也是一位有影响力的药剂咨询师，在澳大利亚建立起食品安全法律。1959 年以前发现、描述并命名的"祖父级"矿物，IMA 承认有效。中文名称根据成分译为镁磷石或水磷镁石。

【镁磷铀云母】

英文名 Saléeite

化学式 $Mg(UO_2)_2(PO_4)_2(H_2O)_{10}$ (IMA)

镁磷铀云母板状晶体(法国)和萨利像

镁磷铀云母是一种含结晶水的镁的铀酰-磷酸盐矿物。属钙铀云母族。单斜(假四方)晶系。晶体呈近于方形板状、细片状。黄色—柠檬黄色，半金刚光泽、玻璃光泽、树脂光泽、蜡状光泽，透明—不透明；硬度 2～3，完全解理，脆性。1932 年由 J. 梭罗(J. Thoreau)和 J. F. 瓦埃斯(J. F. Vaes)发现于刚果(金)上加丹加省坎博韦地区欣科洛布韦(Shinkolobwe)矿；同年，在《比利时地质学会通报，即比利时地质学、古生物学和水文学学会通报》(42)报道。英文名称 Saléeite，为了纪念比利时鲁汶天主教大学的地质学、矿物学家阿喀琉斯・萨利(Achille Salée，1883—1932)教授而以他的姓氏命名。萨利是一位地质学家和古生物学家，他撰写了卢旺达的地质图。1959 年以前发现、描述并命名的"祖父级"矿物，IMA 承认有效。中文名称根据成分及与钙铀云母的关系译为镁磷铀云母，也译作水铀磷镁石。低水平水化的 8 个结晶水的 Saléeite，1950 年由美诺思(Mrose)更名为 Metasaleeite(变镁磷铀云母)。

【镁菱锰矿】

英文名 Kutnohorite

化学式 $CaMn^{2+}(CO_3)_2$ (IMA)

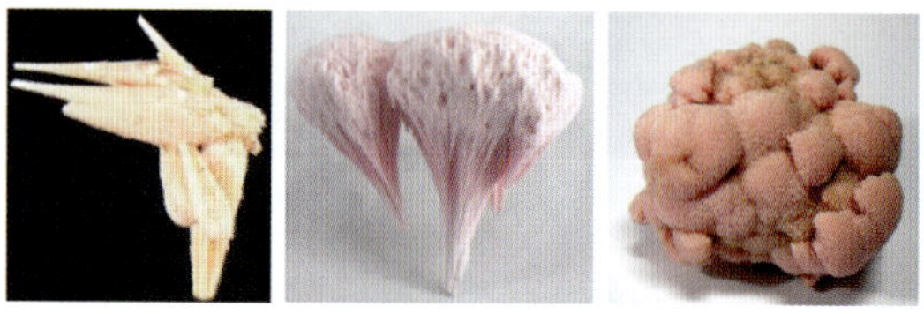

镁菱锰矿叶片状晶体，束状、球状集合体(南非)

镁菱锰矿是一种钙、锰的碳酸盐矿物。属白云石族。三方晶系。晶体呈菱面体、细粒状、叶片状，晶面弯曲；集合体呈束状、球状、致密块状。白色、淡粉色或淡棕色，玻璃光泽，断口呈油脂光泽，半透明；硬度 3.5～4.5，脆性；可雕。1901 年发现于捷克共和国波希米亚中部库特纳霍拉(Kutná Hora)区波利查尼(Poli any)；同年，布可夫斯基(Bukowsky)初步做了报道。1903 年在《矿物学、地质学和古生物学新年鉴》报道。又见于 1951 年 C. 帕拉奇(C. Palache)、H. 伯曼(H. Berman)和 C. 弗龙德尔(C. Frondel)修订的《丹纳系统矿物学》(第二卷，第七版，纽约)。英文名称 Kutnohorite，1901 年由布科夫斯基(Bukowsky)教授根据发现地捷克库特纳霍拉(Kutná Hora)命名。它原本拼写为"Kutnahorite"，但当前 IMA 核准的拼写"Kutnohorite"。1959 年以前发现、描述并命名的"祖父级"矿物，IMA 承认有效。中文名称根据成分译为镁菱锰矿或镁锰方解石或锰白云石或铁锰云石。颜色艳丽的，有红色、橙色或者黄色等，宝玉石界称为"金田黄"。作为玉料的"金田黄"产自印度尼西亚爪哇岛的太阳溪，故又称太阳石、太阳仔冻石。由于这种石头在未经加工时，看上去很像是肥皂，又被称为“肥皂石”。

【镁铝矾】参见【镁明矾】条 596 页

【镁铝榴石】

英文名 Pyrope

化学式 $Mg_3Al_2(SiO_4)_3$　　(IMA)

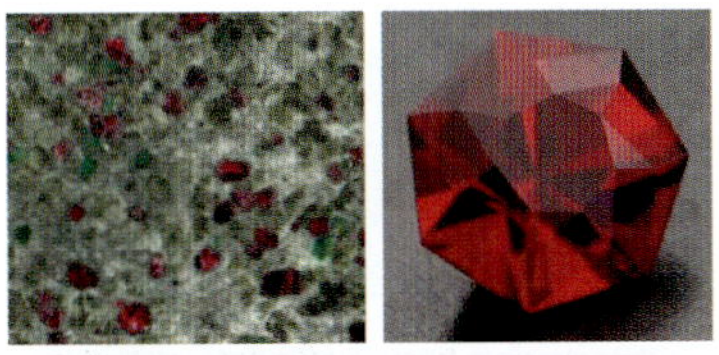

镁铝榴石粒状晶体（南非）和红宝石饰件

镁铝榴石属于镁铝榴石-铁铝榴石-锰铝榴石系列的镁的端元矿物。属石榴石超族石榴石族。与杰弗本石*(Jeffbenite)为同质二象。等轴晶系。晶体呈菱形十二面体、粒状。纯净者无色，但常含有铁和铬等色素离子，多呈浅黄红色、深红色、紫红色和红色—黑色，玻璃光泽、油脂光泽，透明—半透明；硬度 7～7.5。最早见于 1797 年 M. H. 克拉普罗特(M. H. Klaproth)在柏林罗特曼《化学知识对矿物学的贡献》(第二集)报道。1803 年发现于捷克共和国；同年，在德国莱比锡《维尔纳矿物学手册》刊载。英文名称 Pyrope，来自希腊文 Πυρόπος＝Pyropos，意思是“火一般的”或“像火一样的”，宝石界称红宝石/红榴石。1959 年以前发现、描述并命名的“祖父级”矿物，IMA 承认有效。中文名称根据成分和族名译为镁铝榴石。

【镁铝钠闪石】参见【氟镁钠闪石】条 184 页

【镁铝蛇纹石】参见【镁绿泥石】条 595 页

【镁铝云母】参见【富镁黑云母】条 214 页

【镁铝直闪石】参见【铝直闪石】条 542 页

【镁绿钙闪石】

英文名 Magnesio-hastingsite

化学式 $NaCa_2(Mg_4Fe^{3+})(Si_6Al_2)O_{22}(OH)_2$　　(IMA)

镁绿钙闪石柱状、针状晶体，放射状集合体（德国、意大利）

镁绿钙闪石是一种 A 位钠、C 位镁和 W 位羟基占优势的闪石矿物。属角闪石超族 W 位羟基、氟、氯占优势是闪石族钙闪石亚族绿钙闪石根名族。单斜晶系。晶体呈短柱状、针状；集合体呈放射状。绿色—深绿色或棕黑绿色，玻璃光泽，半透明；硬度 5～6，完全解理，脆性。1928 年发现于加拿大魁北克省蒙特利尔市皇家山加拿大国家铁路隧道。1928 年 M. P. 比林斯(M. P. Billings)在《美国矿物学家》(13)报道。英文名称 Magnesio－hastingsite，按《IMA 角闪石命名法》，2004 年伯克和利克在《加拿大矿物学家》(42)根据化学成分“Magnesium(镁)”和“Hastingsite(绿钙闪石)”组合命名。1959 年以前发现、描述并命名的“祖父级”矿物，IMA 承认有效。IMA 2012s. p. 批准。中国地质科学院根据成分及与绿钙闪石的关系译为镁绿钙闪石。2011 年杨主明在《岩石矿物学杂志》[30(4)]建议根据成分及音译为镁海斯汀石(根词参见【绿钙闪石】条 543 页)。

【镁绿钾铁矾*】

英文名 Magnesiovoltaite

化学式 $K_2Mg_5Fe_3^{3+}Al(SO_4)_{12}\cdot18H_2O$　　(IMA)

镁绿钾铁矾*立方体、圆粒状晶体（智利）

镁绿钾铁矾*是一种含结晶水的钾、镁、三价铁、铝的硫酸盐矿物。属氯钾铁矾族。等轴晶系。晶体呈立方体、八面体及其聚形，粒径 2mm。黄色、棕黄色、浅黄绿色，玻璃光泽，透明；硬度 2.5，脆性。2015 年发现于智利安托法加斯塔大区埃尔洛阿省卡拉马市阿尔卡帕罗萨(Alcaparrosa)矿。英文名称 Magnesiovoltaite，由成分冠词“Magnesio(镁)”和根词“Voltaite(绿钾铁矾)”组合命名(根词参见【绿钾铁矾】条 544 页)。IMA 2015－095 批准。2016 年 N. V. 丘卡诺夫(N. V. Chukanov)等在《CNMNC 通讯》(29)、《矿物学杂志》(80)和《欧洲矿物学杂志》(28)报道。目前尚未见官方中文译名，编译者建议根据成分及与绿钾铁矾的关系译为镁绿钾铁矾*。

【镁绿泥石】

英文名 Amesite

化学式 $Mg_2Al(AlSiO_5)(OH)_4$　　(IMA)

镁绿泥石六方柱状晶体（俄罗斯）

镁绿泥石是一种含羟基的镁、铝的铝硅酸盐矿物。属高岭石-蛇纹石族蛇纹石亚族。三斜晶系。晶体呈假六方片状、柱状。淡蓝绿色、深紫罗兰色，尚有无色、白色、浅绿色、粉红色，在不同光线下显不同颜色，在阳光下呈蓝色，白炽灯下呈紫红色，荧光灯下色彩会更加艳丽，是一种非常难得的矿物。树脂光泽、蜡状光泽、油脂光泽、半金属光泽，解理面上呈珍珠光泽，透明—半透明；硬度 2～3，极完全解理，脆性。1876 年首先发现于美国马萨诸塞州切斯特埃默里(Chester Emery)金刚砂矿山；后又发现于俄罗斯乌拉尔戈罗扎沃德(Gorozavod)区萨拉诺夫斯基矿山。1876 年查尔斯·厄珀姆·谢泼德(Charles Upham Shepard)在《孔特报告》(*Compte Rendus*)(83)和在《阿默斯特学院 75 英里范围内发现的矿物目录》(私人印刷)刊载。英文名称 Amesite，谢泼德为了纪念詹姆斯·泰勒·艾姆斯(James Tyler Ames，1810—1883)而以他的姓氏命名。艾姆斯是美国切斯特刚玉矿山的合伙人之一，是一位发明家和制造商，他发明了许多重要的现代机械设备；他还是美国引入青铜雕像的第一人，为纽约联合广场建设华盛顿雕像、国会大厦青铜门充分展现出他的“精湛的天才和著名的艺术成就”；他也是一位矿物爱好者，他收集了一个不寻常的罕见矿物标本，作为纪念品经常向他的朋友展示。C. U. 谢泼德氏（C. U. Shepard's）根据外部特征称为 Phosophy 矿物质。他的新矿物受到他的姐夫詹姆斯·D. 丹纳和其他家庭成员的重视。谢泼德还曾将它命名为 Corundophilite（脆绿泥石）。1920 香农（Shannon）将镁绿泥石重新作为一个物种。1944 古纳（Grune）研究表明，所谓的镁绿泥石是蛇纹石。1959 年以前发现、描述并命名的“祖父级”矿物，IMA 承认有效。中文名称根据先前认识属绿泥石族，译为镁绿泥石，又根据后来新的研究属蛇纹石族，译为镁铝蛇纹石。我国西藏产的仁布玉，主要由它组成。目前已知的多型有-2H1、-2H2、-6R 等。

【镁绿纤石】

英文名 Pumpellyite-(Mg)

化学式 $Ca_2MgAl_2(Si_2O_7)(SiO_4)(OH)_2 \cdot H_2O$ （IMA）

镁绿纤石纤维状晶体，放射状、球粒状集合体（捷克、美国）和庞培里像

镁绿纤石是一种富镁的绿纤石矿物。属绿纤石族。单斜晶系。晶体呈扁平柱状、纤维状；集合体呈放射状、球粒状。绿色、橄榄绿色、蓝绿色、黑绿色、棕色，玻璃光泽，半透明；硬度 5.5。1925 年发现于美国密歇根州基威诺（Keweenaw）半岛霍顿县苏必利尔湖皇家岛国家公园。1925 年在《美国矿物学家》（10）报道。英文名称 Pumpellyite-(Mg)，根词 1925 年由查尔斯·帕拉奇（Charles Palache）和海伦·E. 瓦萨尔（Helen E. Vassar）为了纪念美国地质学家拉斐尔·庞培里（Raphael Pumpelly，1837—1923）而以他的姓氏命名。庞培里是哈佛大学的采矿科学教授，1884 年他被任命为美国地质调查局新英格兰分支主任，是一位出色的矿业顾问。1973 年由 IMA 批准添加化学成分后缀镁-(Mg)[见 1973 年 E. 帕萨利亚（E. Passaglia）等《加拿大矿物学家》（12）]。1959 年以前发现、描述并命名的“祖父级”矿物，IMA 承认有效。IMA 1973s. p. 批准。根名根据颜色和晶习译为绿纤石，作为族名使用。加占优势的成分及族名译为镁绿纤石。同义词 Chlorastrolite，由“Chlor（绿色）”和“Astrol（星）”命名，是指球粒状绿纤石变种，有“绿星石”之称（Green star stone）或“皇家岛绿岩”或“龟甲，抛光花纹像龟背纹”。

【镁明矾】

英文名 Pickeringite

化学式 $MgAl_2(SO_4)_4 \cdot 22H_2O$

镁明矾毛发状集合体（意大利、葡萄牙）和皮克林像

镁明矾是一种含结晶水的镁、铝的硫酸盐矿物。属铁明矾族。单斜晶系。晶体呈针状、毛发状；集合体呈毛毯状、石棉状、球粒状、丛集状、皮壳状或粉末状。无色—白色，淡黄色、淡粉色、灰色，玻璃光泽；硬度 1.5～2，贝壳状断口，有苦涩味。1844 年发现于智利塔马鲁加尔省塔马鲁加尔大草原平塔多斯（Pintados）山丘；同年，海斯（Hayes）在《美国科学与艺术杂志》（46）报道。英文名称 Pickeringite，以美国语言学家、文献学者和美国科学院院长约翰·皮克林（John Pickering，1777—1846）的姓氏命名。1959 年以前发现、描述并命名的“祖父级”矿物，IMA 承认有效。中文名称根据成分译为镁明矾/镁铝矾。

【镁钠闪石】

英文名 Magnesio-riebeckite

化学式 $\square Na_2(Mg_3Fe^{3+}_2)Si_8O_{22}(OH)_2$ （IMA）

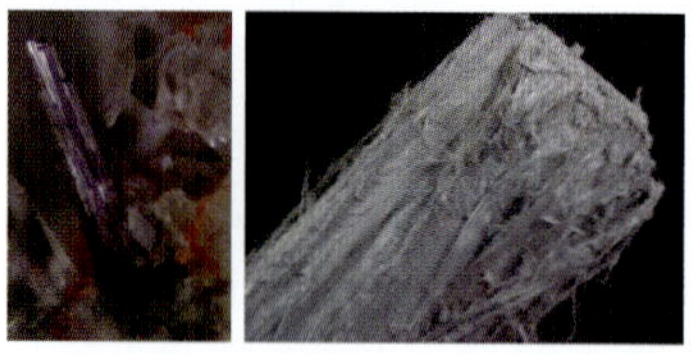

镁钠闪石柱状晶体，石棉状集合体（奥地利、玻利维亚）

镁钠闪石是一种 C^{2+} 位 $Mg>Fe^{2+}$，W 位（OH）占优势的闪石矿物。属角闪石超族 W 位羟基、氟、氯占优势的闪石族钠闪石亚族钠闪石根名族。单斜晶系。晶体呈针状、柱状、纤维状，纤维可长达 1m，具简单聚片双晶；集合体呈致密状、肾状、放射状、石棉状。浅蓝色、深蓝色、黑色、蓝色或黑色，玻璃光泽、丝绢光泽，半透明—不透明；硬度 5～5.5，完全解理，脆性。1949 年发现于玻利维亚科恰班巴省阿尔托恰巴雷（Alto Chapare）矿区；同年，E. J. W. 惠特克（E. J. W. Whittaker）在《晶体学报》（2）报道。2019 年版本的 IMA 表显示模式产地为日本。英文名称 Magnesio-riebeckite，1957 年由都城秋穗（Akiho Miyashiro）在《日本地质学会学报》（63）根据成分“Magnesio（镁）”和与“Riebeckite（钠闪石）”关系组合命名。1959 年以前发现、描述并命名的“祖父级”矿物，IMA 承认有效。IMA 2012s. p. 批准。中文名称根据加前缀的规则及与钠闪石的关系译为镁钠闪石（参见【钠闪石】条 641 页）。镁钠闪石的纤维状变种称 Rhodusite，根据形态和颜色及与闪石的关系译为纤蓝闪石或镁青石棉。

【镁钠铁闪石】

英文名 Magnesio-arfvedsonite

化学式 $NaNa_2(Mg_4Fe^{3+})Si_8O_{22}(OH)_2$ （IMA）

镁钠铁闪石柱状晶体（俄罗斯、加拿大）

镁钠铁闪石是一种 A 位钠、C^{2+} 位镁、C^{3+} 位铁和 W 位羟基占优势的闪石矿物。属角闪石超族 W 位羟基、氟、氯占主导的角闪石族钠闪石亚族钠铁闪石根名族。单斜晶系。晶体呈柱状。蓝黑色—黑色、紫色，玻璃光泽，半透明—不透明；硬度 5～6，完全解理。A. 拉克鲁瓦（A. Lacroix）发现于马达加斯加菲亚纳兰楚阿省安布西特拉市的安巴托里纳（Ambatoarina）变质石灰岩中针状蓝黑色至薰衣草蓝色闪石；他以马达加斯加高原的古代梅里纳（Merina）王国的名字

伊梅里纳(Imerina)命名为 Imerinite(钠透闪石)。1957 年又发现于缅甸克钦邦莫宁区帕敢镇帕敢道茂玉道。1978 利克(Leake)认为 Imerinite 是 Magnesio-arfvedsonite(镁钠铁闪石)的同义词。2013 年更名为英文名称 Magnesio-arfvedsonite,它由成分冠词"Magnesio(镁)"和根词"Arfvedsonite(钠铁闪石)"组合命名。IMA 2013-137 批准。2014 年 F. C. 霍桑(F. C. Hawthorne)等在《CNMNC 通讯》(20)和 2015 年《矿物学杂志》(79)报道。中文名称根据成分译为镁钠铁闪石,也译作镁亚铁钠闪石(根词参见【钠铁闪石】条 643 页)。

【镁钠云母】参见【钠金云母】条 637 页

【镁铌钽矿】

英文名 Tantalite-(Mg)

化学式 $MgTa_2O_6$　(IMA)

镁铌钽矿不规则板状晶体(俄罗斯)

镁铌钽矿是一种镁、钽的氧化物矿物。属铌铁矿族铌铁矿-钽铁矿系列。斜方晶系。晶体呈不规则板状。黑色,半金属—金属光泽,不透明;硬度 5.5,脆性。2002 年发现于俄罗斯斯维尔德洛夫斯克州利波夫卡(Lipovka)矿。英文原名称 Magnesiotantalite,由成分冠词"Magnesio(镁)"和根词"Tantalite(钽铁矿)"组合命名,意指它是镁占优势的钽铁矿的类似矿物。IMA 2002-018 批准。2003 年 I. V. 佩科夫(I. V. Pekov)等在《俄罗斯矿物学会记事》[132(2)]报道。2007 年 IMA 07-C 提案更名为 Tantalite-(Mg)。2008 年 E. A. J. 伯克(E. A. J. Burke)在《矿物学记录》(39)报道。2008 年中国地质科学院地质研究所任玉峰等在《岩石矿物学杂志》[27(2)]根据成分译为镁铌钽矿;也译作钽镁矿。

【镁铌铁矿】

英文名 Columbite-(Mg)

化学式 $MgNb_2O_6$　(IMA)

镁铌铁矿板状晶体(阿富汗)

镁铌铁矿是一种镁、铌的氧化物矿物。属铌铁矿族。斜方晶系。晶体呈柱状、板状,具双晶。黑色,半金属光泽,不透明;硬度 6.5。1963 年发现于阿富汗戈尔诺-巴达赫尚自治州伊斯卡希姆县穆泽娜雅(Muzeinaya)伟晶岩脉[2019 年版本的 IMA 表显示模式产地塔吉克斯坦];同年,V. V. 马蒂亚斯(V. V. Mathias)等在《苏联科学院报告》(148)和 M. 弗莱舍(M. Fleischer)在《美国矿物学家》(48)报道。英文原名称 Magnocolumbite 或 Magnesiocolumbite,由成分冠词"Magnesium(镁)"和根词"Columbite(铌铁矿)"组合命名。IMA 1967s. p. 批准。2008 年更名为 Columbite-(Mg)。2008 年 E. A. J. 伯克(E. A. J. Burke)在《矿物学记录》(39)报道。中文名称根据成分和族名译为镁铌铁矿,也译为铌镁矿。

【镁镍华】

英文名 Magnesian Annabergite

化学式 $(Ni,Mg)_3(AsO_4)_2 \cdot 8H_2O$

镁镍华板状晶体,晶簇状、放射状集合体(希腊)

镁镍华是一种含结晶水的镍、镁的砷酸盐矿物,是镍华的富镁变种。单斜晶系。晶体呈柱状、板状、纤维状;集合体呈放射状、肾状、球粒状、皮壳状、粉末状。无色、苹果绿色,半金刚光泽,解理面上呈珍珠光泽,纤维状者呈丝绢光泽,透明;硬度 2,完全解理。1863 年费伯(Ferber)最初的报道来自西班牙阿尔梅里亚省塞拉卡布雷拉(Sierra Cabrera)。英文名称 Magnesian Annabergite,由成分冠词"Magnesian(镁)"和根词"Annabergite(镍华)"组合命名,意指它是镁的镍华的类似矿物。1868 年 J. D. 丹纳(J. D. Dana)的《系统矿物学》(第五版,纽约)称为 Cabrerite,由西班牙的塞拉卡布雷拉(Sierra Cabrera)命名。中文名称根据成分及与镍华的关系译为镁镍华(参见【镍华】条 657 页)。

【镁硼石】参见【粒镁硼石】条 450 页

【镁铍铝石】参见【塔菲石】条 908 页

【镁青石棉】参见【镁钠闪石】条 596 页

【镁沙川闪石】参见【砂川闪石】条 770 页

【镁闪石】参见【镁铁闪石】条 600 页

【镁砷锌锰矿】

英文名 Magnesiochlorophoenicite

化学式 $Mg_3Zn_2(AsO_4)(OH,O)_6$　(IMA)

镁砷锌锰矿是一种含羟基和氧的镁、锌的砷酸盐矿物。单斜晶系。晶体呈针状、纤维状;集合体呈放射状。无色、白色,玻璃光泽、丝绢光泽,透明;硬度 3~3.5,完全解理,脆性。1935 年发现于美国新泽西州苏塞克斯县富兰克林矿区富兰克林(Franklin)矿。1935 年帕拉奇在《美国地质调查局专业论文》(180)报道,称 Magnesium-chlorophoenicite。英文名称 Magnesiochlorophoenicite,查尔斯·帕拉奇(Charles Palache)认为是成分镁和锰占优势的"Chlorophoenicite(绿砷锌锰矿)",由 IMA 根据成分冠词"Magnesium(镁)"和根词"Chlorophoenicite(绿砷锌锰矿)"组合命名为 Magnesiochlorophoenicite,意指它是富镁的绿砷锌锰矿类似矿物。1959 年以前发现、描述并命名的"祖父级"矿物,IMA 承认有效。IMA 1981s. p. 批准。中文名称根据成分译为镁砷锌锰矿(根词参见【绿砷锌锰矿】条 548 页)。

【镁砷铀云母】参见【水砷镁铀矿】条 869 页

【镁铈褐帘石】

英文名 Dissakisite-(Ce)

化学式 $CaCe(Al_2Mg)[Si_2O_7][SiO_4]O(OH)$　(IMA)

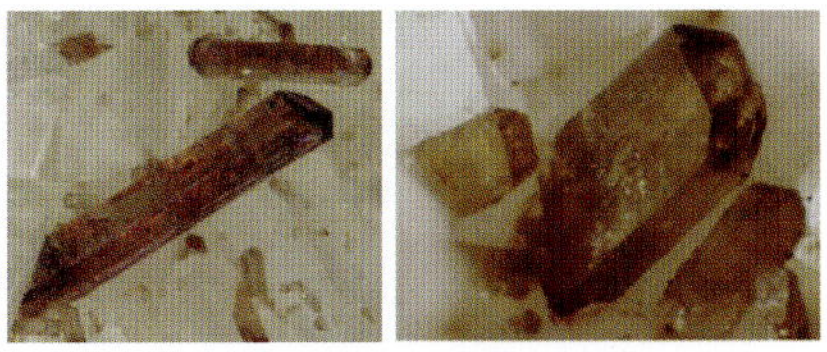

镁铈褐帘石柱状、板状晶体(法国)

镁铈褐帘石是一种含羟基和氧的钙、铈、铝、镁的硅酸盐

M

矿物。属绿帘石超族褐帘石族。单斜晶系。晶体呈柱状、板状、他形粒状；集合体呈晶簇状。淡黄棕色、红棕色，玻璃光泽，透明；硬度 6.5～7，完全解理。1990 年发现于南极洲东部毛德皇后地巴尔肯(Balchen)山。英文名称 Dissakisite-(Ce)，1990 年爱德华·S.格鲁(Edward S. Grew)等根据希腊文“γιαδεύτερη φορά＝Twice over(两次以上)”，加占优势的稀土元素铈后缀-(Ce)组合命名，意指它是褐帘石的镁的二次模拟的类似矿物。IMA 1990-004 批准。1991 年 E. S. 格鲁(E. S. Grew)等在《美国矿物学家》(76)报道。1993 年中国新矿物与矿物命名委员会黄蕴慧等在《岩石矿物学杂志》[12(1)]根据成分及与褐帘石的关系译为镁铈褐帘石。

【镁水钾铀矾】

英文名 Magnesiozippeite

化学式 $Mg(UO_2)_2(SO_4)O_2 \cdot 3.5H_2O$　　(IMA)

镁水钾铀矾粉末状、球粒状集合体(法国、捷克)

镁水钾铀矾是一种含结晶水和氧的镁的铀酰-硫酸盐矿物。属水钾铀矾族。单斜晶系。晶体呈纤维状；集合体呈土状、皮壳状、球粒状。黄色、橘黄色，土状光泽，透明—半透明；硬度 2。1971 年发现于美国犹他州埃默里县幸运(Lucky Strike)2 号矿。英文名称 Magnesiozippeite，由成分冠词“Magnesio(镁)”和根词“Zippeite(水钾铀矾)”组合命名，其中根名由弗兰提谢克·克萨韦尔·马克西米利安·兹普(František Xaver Maximilian Zippe，1791—1863)的姓氏命名(参见【水铀矾】条 884 页)。IMA 1971-007 批准。1976 年 C. 弗龙德尔(C. Frondel)等在《加拿大矿物学家》(14)报道。IMA 2000-G 提案[2008 年《矿物学记录》(v330)]由 Magnesium-zippeite 更名为 Magnesiozippeite 或 Mg-zippeite 或 Zippeite-Mg]。中文名称根据成分及与水钾铀矾的关系译为镁水钾铀矾。

【镁水绿矾】

英文名 Kirovite

化学式 $(Fe,Mg)SO_4 \cdot 7H_2O$

基洛夫像

镁水绿矾是一种含结晶水的铁、镁的硫酸盐矿物。属水绿矾富镁的矿物。单斜晶系。晶体呈短柱状、假八面体、板状；集合体钟乳状。黄绿色、绿色，玻璃光泽；硬度 2.5，完全解理；易溶于水。1939 年维尔图施科夫(Vertushkov)在《苏联科学院报告：地质类》(1)报道。英文名称 Kirovite，由格里戈里·尼古拉耶维奇·维尔图施科夫(Grigoriy Nikolaevitch Vertushkov)为了纪念谢尔盖·米洛诺维奇·基洛夫(Sergey Mironovich Kirov，1886—1934)而以他的姓氏命名。基洛夫于 1934 年 12 月 1 日在列宁格勒斯莫尔尼宫被暗杀，他是一位俄罗斯政府高级官员和共产党员，他被暗杀后很多地名都以他的名字命名：包括基洛夫斯克(列宁格勒)市、科拉半岛、摩尔曼斯克州，以及其他城市基洛沃赫拉德、基洛瓦坎、基洛瓦巴德等一些地方的名字。1959 年以前发现、描述并命名的“祖父级”矿物，IMA 承认有效。中文名称根据成分及与水绿矾的关系译为镁水绿矾。

【镁塔菲石-2N'2S】

参见【塔菲石】条 908 页

【镁塔菲石-6N'3S】

英文名 Magnesiotaaffeite-6N'3S

化学式 $Mg_2BeAl_6O_{12}$　　(IMA)

镁塔菲石-6N'3S 是一种富镁的塔菲石。属黑铝镁铁矿超族塔菲石族。三方晶系。晶体呈六方片状。淡橄榄绿色、灰色、淡紫色、灰紫色，玻璃光泽，透明；硬度 8～8.5，脆性。1967 年发现于澳大利亚南澳大利亚州穆斯格雷夫(Musgrave)山脉埃纳贝拉(Ernabella)；同年，在《矿物学杂志》(36)报道。2002 年安布鲁斯特(Armbruster)等以发现地澳大利亚穆斯格雷夫(Musgrave)山脉命名为 Musgravite。后经研究它是一种富镁的塔菲石的多型，IMA 更名为 Magnesiotaaffeite-6N'3S，即由成分冠词“Magnesio(镁)”和根词“Taaffeite(塔菲石)”和多型后缀-6N'3S 组合命名。IMA 2001s. p. 批准。中文名称根据成分和族名及多型译为镁塔菲石-6N'3S，还有的根据成分译为铍铝镁锌石，也有的译为似塔菲石。它是一种稀有的宝石矿物(参见【塔菲石】条 908 页)。

【镁钛矿】

英文名 Geikielite

化学式 $MgTiO_3$　　(IMA)

镁钛矿板状、粒状晶体(意大利)和盖基像

镁钛矿是一种镁、钛的氧化物矿物。属钛铁矿族。三方晶系。晶体为菱面体，呈柱状、板状、圆粒状。黑色、红色、褐黑色，半金属光泽，不透明—半透明；硬度 5～6，完全解理。1892 年僧伽罗人在斯里兰卡萨伯勒格穆沃省拉特纳普勒区拉克沃纳(Rakwana)第一次发现并描述于宝石砾石砂矿；同年，弗莱彻(Fletcher)在《自然》(46)报道。1893 年在《矿物学杂志》(10)报道。英文名称 Geikielite，为纪念苏格兰地质学家、英国地质调查局局长及爱丁堡大学的地质学和矿物学教授阿奇博尔德·盖基(Archibald Geikie，1835—1924)而以他的姓氏命名。1959 年以前发现、描述并命名的“祖父级”矿物，IMA 承认有效。中文名称根据成分译为镁钛矿。

【镁铁氟角闪石*】

英文名 Magnesio-ferri-fluoro-hornblende

化学式 $\square Ca_2(Mg_4Fe^{3+})(Si_7Al)O_{22}F_2$　　(IMA)

镁铁氟角闪石*柱状、针状晶体(意大利)

镁铁氟角闪石*是一种 C 位 $Mg>Fe^{2+}$ 和 $Fe^{3+}>Al$ 及 W 位 F 的闪石矿物。属角闪石超族 W 位羟基、氟、氯主导的角闪石族钙角闪石亚族普通角闪石根名族。单斜晶系。晶体呈柱状、针状。深棕色，玻璃光泽，透明—半透明；硬度 6，完全解理，脆性。2014 年发现于意大利撒丁岛卡博尼亚-伊格莱西亚斯省波尔托斯库索(Portoscuso)港附近。英文名称 Magnesio-ferri-fluoro-hornblende，由成分冠词“Magnesio(镁)”“Ferri(三价铁)”“Fluoro(氟)”

和根词"Hornblende(普通角闪石)"组合命名。IMA 2014-091 批准。2015 年 R. 奥贝蒂(R. Oberti)等在《CNMNC 通讯》(24)、《矿物学杂志》(79)和 2016 年《矿物学杂志》(80)报道。编译者根据成分及与普通角闪石的关系译为镁铁氟角闪石*。

【镁铁橄榄石】

英文名 Hortonolite

化学式 $(Fe_{1.5}Mg_{0.5})_2SiO_4$ 到 $(Mg_{1.5}Fe_{0.5})_2SiO_4$

霍尔顿像

镁铁橄榄石是一种铁橄榄石(Fayalite)-镁橄榄石(Forsterite)完全类质同象系列的中间成员;也被认为是含锰和镁的铁橄榄石。斜方晶系。黄色、暗黄绿色—黑色;硬度6.5。英文名称 Hortonolite,1869 年由贾维斯·布鲁斯(George Jarvis Brush)在《美国科学杂志》(48)为纪念赛拉斯·雷内克·霍尔顿(Silas Ryneck Horton,1820—1881)而以他的姓氏命名。他的父亲威廉·霍尔顿(Willam Horton)博士也是一位著名的医生、矿物学家和地质学家,他为他父亲也命名了一个矿物名称——Hortonite(赫尔顿石)。中文名称根据成分和族名译为镁铁橄榄石。

【镁铁红钠闪石】参见【铁红闪石】条 946 页

【镁铁尖晶石】

英文名 Pleonaste

化学式 $(Mg,Fe)Al_2O_4$

镁铁尖晶石各种晶体形态(意大利、马达加斯加)

镁铁尖晶石是尖晶石族矿物之一,是铁尖晶石-镁尖晶石完全类质同象系列的富铁尖晶石或富镁铁尖晶石。等轴晶系。晶体呈八面体。褐色、棕色、绿黑色或蓝黑色—黑色,玻璃光泽,微透明—不透明;硬度 7.5。英文名称 Pleonaste,1801 年法国矿物学家阿羽伊(Haüy)描述并根据希腊文"Πλούσιο=Abundant(丰富的)"命名,意指它有许多晶体形态。同义词 Ceylonite(锡兰石),1793 年由法国地质学家让·克劳德·德拉密特尔(Jean Claude Delametherie)首先发现于锡兰(Ceylon)(现在的斯里兰卡),在《物理学杂志》(42)报道,并以发现地锡兰(Ceylon)命名。音译为锡兰石。IMA 未承认。中文名称根据成分及与尖晶石的关系译为镁铁尖晶石;也译作亚铁尖晶石(参见【镁铁矿】条 599 页)。

【镁铁矿】

英文名 Magnesioferrite

化学式 $MgFe_2^{3+}O_4$ (IMA)

镁铁矿八面体晶体(德国、意大利)

镁铁矿是一种镁、铁的氧化物矿物。属尖晶石超族氧尖晶石族尖晶石亚族。与毛河光矿为同质多象。等轴晶系。晶体呈粒状,少见八面体;集合体呈块状。黑色—褐黑色,金属—半金属光泽,不透明;硬度 5.5~6.5,脆性。1858 年发现于意大利那不勒斯省维苏威(Vesuvius)杂岩体。1858 年 C. 拉梅尔斯贝格(C. Rammelsberg)在《物理学和化学年鉴》(180/F2-104 卷)和 1859 年《物理学和化学年鉴》(183/F2-107)报道。英文名称 Magnesioferrite,由化学成分镁(Magesium)和拉丁文铁(Ferrum)缩写组合命名。1959 年以前发现、描述并命名的"祖父级"矿物,IMA 承认有效。中文名称根据成分译为镁铁矿;根据成分和族名译为镁铁尖晶石。

【镁铁榴石】

英文名 Rhodolite

化学式 $(Mg,Fe)_3Al_2[SiO_4]_3$

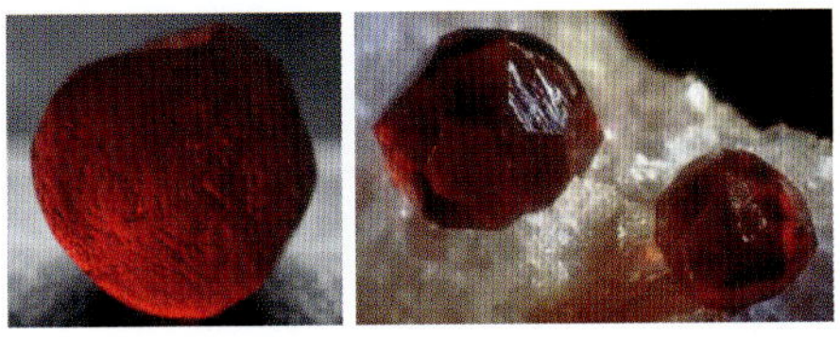

镁铁榴石晶体(坦桑尼亚、中国)

镁铁榴石是镁铝榴石和铁铝榴石类质同象系列的中间成员,又称镁铁铝榴石、红榴石、玫瑰榴石。等轴晶系。晶体呈菱形十二面体、四角三八面体,具晶面条纹。粉红色—暗红色,玻璃光泽、金刚光泽,透明;硬度 7,贝壳状断口。从古埃及时代开始,耀眼泛红的玫瑰榴石被视为护身符。在古希腊和罗马帝国时代,主要被用作驱魔避邪的宝石。在英国维多利亚王朝时期,则被用来作为宝石首饰品。这种矿物自古以来就被青睐。1898 年由希登(Hidden)和普拉特(Pratt)在美国北卡罗来纳州梅肯县科韦(Cowee)山谷小溪的碎屑矿物中发现,并在《美国科学杂志》(第五集,6)报道。英文名称 Rhodolite,源于希腊文"Ρόδον=Rose-όπως=like(像玫瑰一样)",与许多粉红色的矿物,例如菱锰矿、蔷薇辉石相似。1959 年以前发现、描述并命名的"祖父级"矿物,IMA 承认有效。中文名称根据成分和族名译为镁铁榴石、镁铁铝榴石;或根据颜色和族名译为红榴石或玫瑰榴石;根据英文音和族名译为罗德榴石。

【镁铁铝榴石】

英文名 Majorite

化学式 $Mg_3(MgSi)(SiO_4)_3$ (IMA)

镁铁铝榴石是一种镁的硅酸盐矿物。属石榴石超族石榴石族。等轴晶系。晶体呈八面体。棕色、紫色、黄色、无色,玻璃光泽,透明—半透明;硬度 7~7.5。1969 年第一次发现于澳大利亚西澳大利亚州克拉拉(Coorara)陨石,被认为是来自外星高压冲击的事件或来自地球过渡区和最下地幔 550~900km 深处的捕虏包体。1970 年 J. V. 史密斯(J. V. Smith)、B. 梅森(B. Mason)在《科学》(168)和 M. 弗莱舍(M. Fleischer)等在《美国矿物学家》(55)报道。英文名称 Majorite,由史密斯等为纪念澳大利亚国立大学地球物理和地球化学系的协助林伍德一起工作的阿兰·马约尔(Alan Major)而以他的姓氏命名。IMA 1969-018 批准。中文名称根据成分和族名译为镁铁铝榴石或富硅钙铁榴石和镁铁榴石。2013 年,中国科学家在中国辽宁瓦房店复县金刚石中也发现了此矿物。

【镁铁绿闪石】参见【高铁绿闪石】条 239 页

【镁铁闪石】

英文名 Cummingtonite

化学式 $\square Mg_2Mg_5Si_8O_{22}(OH)_2$ (IMA)

镁铁闪石纤维状晶体，平行排列状、放射状集合体（美国）

镁铁闪石是一种含羟基的空位、镁的硅酸盐矿物。与直闪石成同质多象。属角闪石超族 W 位羟基、氟、氯主导的角闪石族镁铁锰闪石亚族。单斜晶系。晶体呈柱状、纤维状，具简单双晶、叶片双晶；集合体呈放射状。深绿色、棕色、灰色、米色，薄片中浅绿色，玻璃光泽、丝绢光泽，半透明；硬度 5～6，完全解理。1824 年发现于美国马萨诸塞州卡明顿（Cummington）镇。1824 年切斯特 · 杜威（Chester Dewey）在《美国科学与艺术杂志》（Ⅰ系列，8）报道。英文名称 Cummingtonite，杜威根据产地卡明顿（Cummington）镇命名。杜威（1824）没有分析物种，但指出其不同寻常的外表。实际物理描述和化学分析是由汤姆森（Thomson）1831 年完成的，随后 1853 年史密斯（Smith）和布鲁斯（Brush）进一步补充完善。1978 年利克（Leake）发表了一份关于镁铁闪石的镁/铁比（0.3～0.7）的报道。2006 年霍桑（Hawthorne）和奥贝蒂（Oberti）发表镁铁闪石新界限（$Mg : Fe^{2+} = 1 : 1$）。1959 年以前发现、描述并命名的“祖父级”矿物，IMA 承认有效。IMA 2012s. p. 批准。中文名称根据成分和与闪石的关系译为镁闪石或镁铁闪石或铁镁闪石。很多闪石都发育有纤维状的晶体，人们将它们统称为石棉，镁铁闪石即是这种石棉之一。

【镁铁钛矿】参见【阿姆阿尔柯尔石】条 8 页

【镁魏磷石】

英文名 Tassieite

化学式 $NaCa_2Mg_3Fe^{2+}_2Fe^{3+}(PO_4)_6 \cdot 2H_2O$ (IMA)

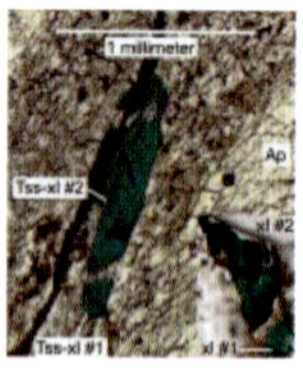

镁魏磷石他形粒状、板状晶体（南极洲）

镁魏磷石是一种含结晶水的钠、钙、镁、铁的磷酸盐矿物。属魏磷石（磷钙复铁石）族。斜方晶系。晶体呈他形粒状、板状。深绿色，玻璃光泽，透明—半透明；完全解理，脆性。2005 年发现于南极洲东部伊丽莎白公主地英格丽德 · 克里斯腾森海岸约翰斯顿（Johnston）湾。英文名称 Tassieite，以发现地南极洲塔西塔恩（Tassie Tarn）命名。IMA 2005－051 批准。2006 年 E. S. 格雷夫（E. S. Grew）等在《加拿大矿物学家》（45）报道。2010 年中国地质科学院地质研究所尹淑苹等在《岩石矿物学杂志》[29(4)]根据成分及与魏磷石的关系译为镁魏磷石。

M

【镁硝石】

英文名 Nitromagnesite

化学式 $Mg(NO_3)_2 \cdot 6H_2O$ (IMA)

镁硝石块状集合体（法国）

镁硝石是一种含结晶水的镁的硝酸盐矿物。单斜晶系。晶体（合成）呈柱状；集合体（天然）通常呈羊毛状、絮状、土块状、粉末状。无色或白色，玻璃光泽，透明；硬度 1.5～2，完全解理；易溶于水，有苦味。最早见于 1828 年 C. F. 瑙曼（C. F. Naumann）在柏林《矿物学教科书》刊载，称 Magnesiasalpeter（镁硝酸盐）。1935 年发现于美国田纳西州马里昂县尼卡杰克（Nicajack）洞穴。英文名称 Nitromagnesite，由豪伊（Howe）和赫里克（Herrick）及诺伊斯（Noyes）在纽黑文《矿物学论著》（第二卷，第一版）根据化学组成“Nitrate（硝酸盐）”和“Magnesium（镁）”组合命名。1959 年以前发现、描述并命名的“祖父级”矿物，IMA 承认有效。中文名称根据成分译为镁硝石/水镁硝石。

【镁锌尖晶石】

英文名 Gahnospinel

化学式 $(Mg,Zn)Al_2O_4$

镁锌尖晶石晶体（捷克）

镁锌尖晶石是尖晶石族矿物之一，尖晶石成分中的镁部分被锌替代，成为镁锌尖晶石，它是一种含锌的尖晶石。等轴晶系。晶体常呈完好的八面体和菱形十二面体聚形；集合体呈块状。颜色为淡—深的蓝色和绿色，或深蓝绿色—灰绿色，玻璃光泽，透明；硬度 7.5。有些类似于蓝宝石。最初报告来自斯里兰卡萨伯勒格穆沃省拉特纳普勒矿区（宝石城）的宝石砂砾。1937 年由宝石学家 B. W. 安德森（B. W. Anderson）和 C. I. 佩恩（C. I. Payne）首先在《矿物学杂志》（24）报道，并命名为 Gahnospinel，即“Gahnite（锌尖晶石）”与“Spinel（尖晶石）”组合命名。中文名称根据成分及与尖晶石的关系译为镁锌尖晶石（参见【锌尖晶石】条 1043 页）。

【镁星叶石】参见【洛巴诺夫石*】条 573 页

【镁亚铁钠闪石】参见【镁钠铁闪石】条 596 页

【镁叶绿矾】

英文名 Magnesiocopiapite

化学式 $MgFe^{3+}_4(SO_4)_6(OH)_2 \cdot 20H_2O$ (IMA)

镁叶绿矾片状晶体，皮壳状集合体（秘鲁、波兰）

镁叶绿矾是一种含结晶水和羟基的镁、铁的硫酸盐矿物。属叶绿矾族富镁成员。三斜晶系。晶体呈板状、片状、小鳞片状及粒状；集合体呈皮壳状。黄色、橙色或金黄色，块状者呈绿黄色、橄榄绿色，解理面上呈珍珠光泽，透明—半透明；硬度 2.5～3，完全解理。1938 年发现于美国加利福尼亚州纳帕县雷丁顿汞矿和里弗赛德市布莱斯（Blythe）。1938 年贝里（Berry）在《美国矿物学家》（23/2）报道。英文名称 Magnesiocopiapite，由成分冠词“Magnesium（镁）”和根词“Copiapite（叶绿矾）”组合命名。1959 年以前发现、描述并命名的“祖父级”矿物，IMA 承认有效。中文名称根据占优势的成分镁及与叶绿矾的关系译为镁叶绿矾（参见【叶绿矾】条 1067 页）。

【镁硬绿泥石】

英文名 Magnesiochloritoid

化学式 $MgAl_2O(SiO_4)(OH)_2$ (IMA)

镁硬绿泥石是一种含羟基的镁、铝氧的硅酸盐矿物。属硬绿泥石族。单斜晶系。集合体呈不规则粒状。淡蓝绿色—深蓝色，透明；硬度 6.5，完全解理。最早见于 1963 年在《瑞士矿物学和岩石学通报》(43)报道。1983 年发现于瑞士瓦莱州沃利斯采尔马特-萨斯费地区萨斯河谷萨斯-阿尔马格尔阿拉林区阿拉林(Allalin)冰川及意大利奥斯塔山谷尚波吕克(Champoluc)。英文名称 Magnesiochloritoid，由成分冠词“Magnesio(镁)”和根词“Chloritoid(硬绿泥石)”组合命名，意指是富镁的硬绿泥石。IMA 1987s. p. 批准。1983 年 C. 肖邦(C. Chopin)等在《美国科学杂志》(283A)和《矿物学通报》(106)报道。中文名称根据成分及与硬绿泥石的关系译为镁硬绿泥石(根词参见【硬绿泥石】条 1083 页)。

【镁铀硅石】

英文名 Magnioursilite

化学式 $Mg_4(UO_2)_4(Si_2O_5)_5(OH)_6 \cdot 20H_2O$ (IMA)

镁铀硅石是一种含结晶水、羟基的镁的铀酰-硅酸盐矿物。斜方晶系。晶体呈超显微针状；集合体呈土状、肾状、放射球粒状。淡黄色、柠檬黄色、稻草黄色，玻璃光泽、丝绢光泽；硬度 2～3。1957 年发现于塔吉克斯坦粟特州苦盏古城克孜尔特尤贝赛(Kyzyltyube - Sai)十月(Oktyabr' skoye)村铀矿。1957 年 A. A. 切尔尼科夫(A. A. Chernikov)等在《原子能铀地质学期刊》(*Atomnaya Energiya Voprosy Geologii Urana*)(附录 6)报道。英文名称 Magnioursilite，由成分“Magnesium(镁)”“Uranium(铀)”和“Silicon(硅)”缩写组合命名。1959 年以前发现、描述并命名的“祖父级”矿物，IMA 承认有效。中文名称根据成分译为镁铀硅石，还有的译作硅镁钙铀矿、水钙镁铀石和水硅铀矿等。

【镁直闪石】参见【直闪石】条 1115 页

【镁柱石】参见【硅铍锰钙石】条 282 页

【镁柱星叶石】

英文名 Magnesioneptunite

化学式 $KNa_2Li(Mg,Fe)_2Ti_2Si_8O_{24}$ (IMA)

镁柱星叶石是一种富镁的柱星叶石矿物。属柱星叶石族。单斜晶系。深棕色—红棕色，玻璃光泽，半透明；硬度 5～6，完全解理。2009 年发现于俄罗斯卡巴尔达-巴尔卡尔共和国巴克桑谷上切格(Upper Chegem)火山口拉卡吉(Lakargi)山 5 号捕虏体。英文名称 Magnesioneptunite，由成分冠词“Magnesio(镁)”和根词“Neptunite(柱星叶石)”组合命名。IMA 2009-009 批准。2010 年 O. 卡丽莫娃(O. Karimova)等在德国达姆施塔特《第二十六欧洲晶体学会议论文集摘要》和 2011 年《俄罗斯矿物学会记事》[140(1)]报道。中文名称根据成分镁及与柱星叶石的关系译为镁柱星叶石。

【镁浊沸石】参见【浊沸石】条 1123 页

门 [mén]象形；甲骨文字形，像门形。本义：双扇门，门。[英]音，用于外国地名、人名。

【门迪希石*】

英文名 Mendigite

化学式 $Mn_2Mn_2MnCa(Si_3O_9)_2$ (IMA)

门迪希石* 长柱状、针状晶体，束状、簇团状集合体(德国)

门迪希石*是一种锰、钙的硅酸盐矿物。属硅灰石族。三斜晶系。晶体呈长柱状、针状，长 2.5mm；集合体呈束状、簇团状。黄色—棕色，如果涂有锰氧化物，则呈深棕色或黑色，玻璃光泽，透明—不透明；完全解理。2014 年发现于德国莱茵兰-普法尔茨州尼德门迪格(Niedermendig)采石场。英文名称 Mendigite，2015 年 N. V. 丘卡诺夫(N. V. Chukanov)等以德国发现地附近的门迪希(Mendig)镇命名。IMA 2014-007 批准。2014 年丘卡诺夫等在《CNMNC 通讯》(20)、《矿物学杂志》(78)和 2015 年《俄罗斯矿物学会记事》[144(2)]报道。目前尚未见官方中文译名，编译者建议音译为门迪希石*。

【门捷列夫钕石*】

英文名 Mendeleevite-(Nd)

化学式 $Cs_6(Nd,REE,Ca)_{30}(Si_{70}O_{175})(OH,F,H_2O)_{35}$ (IMA)

门捷列夫像

门捷列夫钕石*是一种含结晶水、氟和羟基的铯、钕、稀土、钙的硅酸盐矿物。等轴晶系。晶体呈立方体，粒径 10～40μm。淡棕色，玻璃光泽；硬度 5～5.5，脆性。2015 年发现于塔吉克斯坦天山山脉达拉伊-皮奥兹(Dara - i - Pioz)冰川冰碛物。英文名称 Mendeleevite-(Nd)，根词为纪念俄国著名的化学家、化学元素周期表的发明者德米特里·伊万诺维奇·门捷列夫(Dmitri Ivanovich Mendeleev，1834—1907)而以他的姓氏，加占优势稀土元素钕后缀-(Nd)组合命名。IMA 2015-031 批准。2015 年 A. A. 阿加哈诺夫(A. A. Agakhanov)等在《CNMNC 通讯》(26)、《矿物学杂志》(79)和 2017 年《矿物学杂志》(81)报道。目前尚未见官方中文译名，编译者建议音加成分译为门捷列夫钕石*。

【门捷列夫铈石*】

英文名 Mendeleevite-(Ce)

化学式 $Cs_6(Ce,REE,Ca)_{30}(Si_{70}O_{175})(OH,F,H_2O)_{35}$ (IMA)

门捷列夫铈石*是一种含结晶水、氟和羟基的铯、铈、稀土、钙的硅酸盐矿物。等轴晶系。晶体呈立方体状，10～30μm。无色、茶色，玻璃光泽，透明；硬度 5～5.5，脆性。2010 年发现于塔吉克斯坦天山山脉达拉伊-皮奥兹(Dara-i-Pioz)冰川冰碛物。英文名称 Mendeleevite-(Ce)，根词为纪念俄国著名的化学家、化学元素周期表的发明者德米特里·伊万诺维奇·门捷列夫(Dmitri Ivanovich Mendeleev，1834—1907)而以他的姓氏，加占优势稀土元素铈后缀-(Ce)组合命名。IMA 2009-092 批准。2013 年 L. A. 保托夫(L. A. Pautov)等在《俄罗斯科学院报告：地球科学》(552)和《地球科学》(452)报道。目前尚未见官方中文译名，编译者建议音加成分译为门捷列夫铈石*。

【门凯蒂矿*】

英文名 Menchettiite

化学式 $Pb_5Mn_3Ag_2Sb_6As_4S_{24}$ (IMA)

门凯蒂矿*是一种铅、锰、银、锑的砷-硫化物矿物。单斜晶系。晶体呈他形—半自形粒状，粒径 200μm。黑色，金属光泽，不透明；硬度 2.5～3，脆性。2011 年发现于秘鲁利马市乌丘查夸(Uchucchacua)多金属矿床。英文名称 Menchettiite，以意大利佛罗伦萨大学矿物学和结晶学教授西尔维奥·门凯蒂(Silvio Menchetti，1937—)的姓氏命名。IMA 2011－009 批准。2012 年 L. 宾迪(L. Bindi)等在《美国矿物学家》(97)报道。目前尚未见官方中文译名，编译者建议音译为门凯蒂矿*。

西尔维奥·门凯蒂像

【门砷镍钯矿】

英文名 Menshikovite

化学式 $Pd_3Ni_2As_3$ (IMA)

门砷镍钯矿是一种钯、镍的砷化物矿物。六方晶系。晶体呈他形粒状。白色，金属光泽，不透明；硬度 5，脆性。1993 年发现于俄罗斯赤塔州奇内斯科耶(Chineyskoye)铁-钛-钒矿床。英文名称 Menshikovite，以俄罗斯阿帕季特地质研究所科拉科学中心的著名矿物学家和伦琴射线技术专家尤里·帕夫罗维奇·缅希科夫(Yuriy Pavlovich Men'shikov，1934—)博士的姓氏命名。他描述了许多新矿物。IMA 1993－057 批准。2002 年 A. Y. 巴尔科夫(A. Y. Barkov)等在《加拿大矿物学家》(40)报道。2006 年中国地质科学院矿产资源研究所李锦平在《岩石矿物学杂志》[25(6)]根据英文名称首音节音和成分译为门砷镍钯矿。

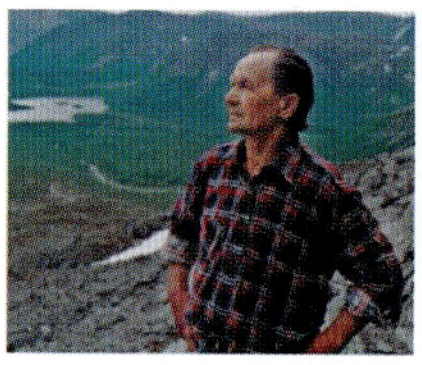
缅希科夫像

【门泽钇石*】

英文名 Menzerite-(Y)

化学式 $(CaY_2)Mg_2(SiO_4)_3$ (IMA)

门泽钇石*是一种钙、钇、镁的硅酸盐矿物。属石榴石结构族。等轴晶系。晶体呈铁铝榴石内的自形晶包裹体。棕红色、黑色，玻璃光泽，透明；硬度 6.5～7，脆性。2009 年发现于加拿大安大略省乔治亚湾邦内(Bonnet)岛。英文名称 Menzerite-(Y)，根词由德国晶体学家格奥尔·门泽(Georg Menze，1897—1989)的姓氏，加占优势的稀土元素钇后缀-(Y)组合命名。他在 1925 年第一个解决了石榴石的晶体结构问题。IMA 2009－050 批准。2010 年 E. S. 格雷夫(E. S. Grew)等在《加拿大矿物学家》(48)报道。目前尚未见官方中文译名，编译者建议音加成分译为门泽钇石*。

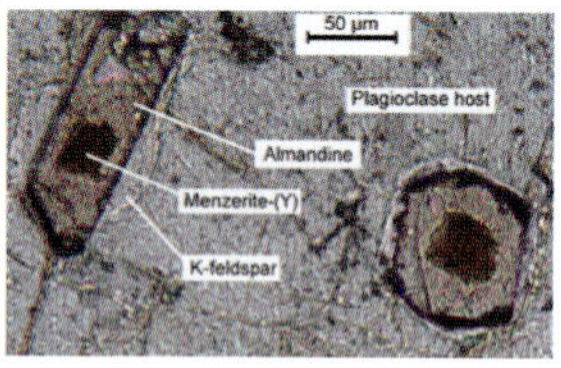

门泽钇石*呈铁铝榴石内的包裹体(加拿大)

钔 [mén]一种人造的放射性元素。[英]Mendelevium。元素符号 Md。原子序数 101。1955 年，由美国的 A. 乔索(A. Ghiorso)、B. G. 哈维(B. G. Harvey)、G. R. 肖邦(G. R. Choppin)等，在加速器中用氦核轰击锿(^{253}Es)，锿与氦核相结合，发射出一个中子，而获得了钔(^{256}Md)。他们为纪念发明元素周期表的俄国化学家德米特里·伊万诺维奇·门捷列夫(Dmitri Ivanovitch Mendeleyev)而以他的姓氏命名为 Mendelevium，元素符号定为 Mv。1957 年国际纯粹和应用化学联合会所属无机物质命名委员会根据许多国家拼音字母中没有 V，将其改为 Md。钔在自然界中不存在。

蒙 [méng]形声；从艸，冡(méng)声。本义：草名。①用于中国山名。②[英]音，用于外国地名、人名。

【蒙沸石】

英文名 Montesommaite

化学式 $K_9(Si_{23}Al_9)O_{64}\cdot 10H_2O$ (IMA)

蒙沸石板片状、板柱状、锥柱状晶体(意大利)

蒙沸石是一种含沸石水的钾的铝硅酸盐矿物。属沸石族。斜方(假四方)晶系。晶体呈带锥的板柱状、片状。白色、无色，玻璃光泽，透明—半透明。1988 年发现于意大利那不勒斯省外轮山(Somma)。英文名称 Montesommaite，1990 年由 R. C. 劳斯(R. C. Rouse)等以发现地意大利的蒙特外轮(当地叫索马)山(Monte Somma)命名，属于"火山锥，在维苏威火山"仍然是高高的山脊。IMA 1988－038 批准。1990 年劳斯等在《美国矿物学家》(75)报道。中文名称根据英文名称首音节音和族名译为蒙沸石；音译为蒙特索马石。1991 年中国新矿物与矿物命名委员会郭宗山在《岩石矿物学杂志》[10(4)]根据成分译为水硅钾铝石。

【蒙磷钙铵石】

英文名 Mundrabillaite

化学式 $(NH_4)_2Ca(PO_3OH)_2\cdot H_2O$ (IMA)

蒙磷钙铵石是一种含结晶水的铵、钙的氢磷酸盐矿物。与斯瓦克诺石(Swaknoite)为同质多象。单斜晶系。微米级晶体的集合体。无色，土状光泽，透明—半透明；硬度 1～2，脆性。1978 年发现于澳大利亚西澳大利亚州蒙卓贝拉(Mundrabilla)站附近的岩洞。英文名称 Mundrabillaite，以发现地澳大利亚的蒙卓贝拉(Mundrabilla)车站命名。IMA 1978－058 批准。1983 年 P. J. 布里奇(P. J. Bridge)等在《矿物学杂志》(47)和 1984 年《美国矿物学家》(69)报道。1984 年中国新矿物与矿物命名委员会郭宗山在《岩石矿物及测试》[3(2)]根据英文名称首音节音和成分译为蒙磷钙铵石。

【蒙梅石】

英文名 Mummeite

化学式 $Cu_{0.58}Ag_{3.11}Pb_{1.10}Bi_{6.65}S_{13}$ (IMA)

蒙梅石是一种铜、银、铅、铋的硫化物矿物。属块硫铋银矿同源系列族。单斜晶系。晶体呈柱状，晶面有条纹。银灰色、灰黑色，金属光泽，不透明；硬度 4。1986 年发现于美国科罗拉多州圣胡安县阿拉斯加盆地阿拉斯加(Alaska)矿。英文名称 Mummeite，以澳大利亚联邦科学与工业研究组织的矿物学家和晶体学家 W. 格斯·蒙梅(W. Gus Mumme)的姓氏命名。他第一个研究了该矿物并从事硫盐

蒙梅石柱状晶体(美国)

M

矿物的研究。IMA 1986－025 批准。1990 年蒙梅在《矿物学新年鉴》(月刊)报道。1998 年中国新矿物与矿物命名委员会黄蕴慧等在《岩石矿物学杂志》[17(1)]音译为蒙梅石;根据块状形态和成分译为块硫铋铅银矿。

【蒙钠长石】参见【钠长石】条 634 页

【蒙切苔原矿*】

英文名 Monchetundraite

化学式 Pd_2NiTe_2　　(IMA)

蒙切苔原矿*是一种钯、镍的碲化物矿物。斜方晶系。晶体呈自形粒状,粒径约 20μm。金属光泽,不透明;脆性,易碎。2019 年发现于俄罗斯摩尔曼斯克州蒙切苔原(Monchetundra)矿床 1819 号钻孔。英文名称 Monchetundraite,以发现地俄罗斯蒙切苔原(Monchetundra)矿床命名。IMA 2019－020 批准。2019 年 A. 维马扎洛娃(A. Vymazalová)等在《CNMNC 通讯》(50)、《矿物学杂志》(83)和《欧洲矿物学杂志》(31)报道。目前尚未见官方中文译名,编译者建议音译为蒙切苔原矿*。

【蒙山矿】

英文名 Mathiasite

化学式 $(K,Ba,Sr)(Zr,Fe)(Mg,Fe)_2(Ti,Cr,Fe)_{18}O_{38}$ (IMA)

马蒂亚斯像

蒙山矿是一种钾、钡、锶、锆、铁、镁、钛、铬的氧化物矿物。属尖钛铁矿族。三方晶系。晶体呈不规则细粒状。黑色,条痕带褐色,沥青光泽、金属光泽,不透明;硬度 7.5,脆性,贝壳状断口;具弱电磁性。蒙山矿是 1951 年在中国山东沂蒙地区蒙阴金伯利岩脉发现的新矿物。1979 年,刘民武根据发现地中国蒙山(Mongshan)县命名为 Mongshanite。中国学者周剑雄已作过报道。1987 年陆琦发表蒙山矿晶体结构测定结果。张建洪等对其进行了全面深入研究。但遗憾的是未及时申报,痛失发现和命名优先权。1983 年在南非自由州(Free State)夏里普贾格斯芬汀(Jagersfontein)矿、北开普省等地相继发现了此矿物;同年,S. E. 哈格蒂(S. E. Haggerty)、J. R. 史密斯(J. R. Smyth)等在《美国矿物学家》(68)报道了 Mathiasite(译为蒙山矿)和 Lindsleyite(译为钡蒙山矿＝林斯利矿)两个新矿物。英文名称 Mathiasite,以南非开普敦大学荣誉教授、岩石学家、地球化学家弗朗西斯·西莉亚·茂娜·马蒂亚斯(Frances Celia Morna Mathias,1913—)的姓氏命名,以表彰她对开普敦幔源岩石的橄榄岩和榴辉岩研究做出的贡献。IMA 1982－087 批准。1985 年中国新矿物与矿物命名委员会郭宗山等在《岩石矿物及测试》[4(4)]根据成分译为钛钾铬石。1978 年,在澳大利亚西澳大利亚州邓达斯郡发现了钙蒙山矿(Loveringite,以前译为钛铈钙矿)。至此揭示了蒙山矿系列(参见【钛铈钙矿】条 912 页和【钡蒙山矿】条 55 页)。

【蒙特伯雷矿】参见【亮碲金矿】条 451 页

【蒙特利根钇石】参见【硅碱钇石】条 270 页

【蒙特索马石】参见【蒙沸石】条 602 页

【蒙脱石】

英文名 Montmorillonite

化学式 $(Na,Ca)_{0.3}(Al,Mg)_2Si_4O_{10}(OH)_2 \cdot nH_2O$　　(IMA)

蒙脱石是一种含水的钠、钙、铝、镁的硅酸盐矿物。属于

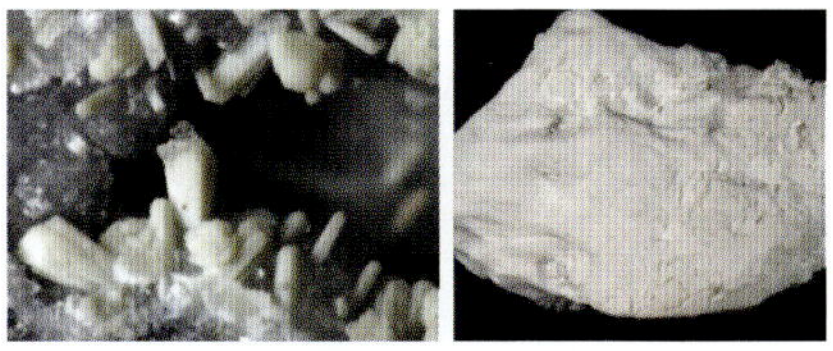

蒙脱石土微观柱状晶体,块状集合体(德国、美国)

蒙脱石-蛭石族贝得石-蒙脱石系列。是重要的黏土矿物之一。单斜晶系。晶体呈显微页片状、鳞片状或絮状、柱状、毛毡状、蠕虫状;集合体常呈块状、土状、球粒状或胶状。白色,有时为浅灰色、粉红色、淡褐色、浅绿色、浅蓝色,土状光泽,半透明;硬度 1～2,甚柔软,有滑感;加水膨胀,体积能增加几倍至十几倍,并变成糊状物。

英文名称 Montmorillonite,因其于 1847 年最初发现于法国普瓦图-夏朗德大区维埃纳省的蒙特莫里隆(Montmorillon)而得名。1847 年在《法国地质学会通报》(4)报道。又见于 1961 年 R. E. 格里姆(R. E. Grim)等在《美国矿物学家》(46)报道。1959 年以前发现、描述并命名的"祖父级"矿物,IMA 承认有效。中文名称音译为蒙脱石。又根据蒙脱石的微小晶体和胶体性,又译为微晶高岭石或胶岭石。中国俗称观音土(是黏土矿物的泛称,不专指蒙脱石),古代穷人在青黄不接时或灾荒年间,常靠吃黏土维持生命,当时的人们把它看作普度众生救穷人于水火的观世音菩萨,由此得名观音土。蒙脱石在现代医学中用于治疗腹泻等疾患。

【蒙皂石】参见【皂石】条 1103 页

锰 [měng]形声;从金,从孟声。是一种过渡金属元素。[英]Manganese。[拉]Manganum。化学符号 Mn。原子序数 25。锰的使用最早可以追溯到石器时代。早在 1.7 万年前,锰的氧化物(软锰矿)就被旧石器时代晚期的人们当作颜料用于洞穴的壁画上,后来在古希腊斯巴达人使用的武器中也发现了锰。古埃及人和古罗马人则使用锰矿给玻璃脱色或染色。但是,一直到 18 世纪的 70 年代以前,西方化学家们仍认为软锰矿是含锡、锌和钴等的矿物。18 世纪后半叶,瑞典化学家 T. O. 柏格曼研究了软锰矿,认为它是一种新金属氧化物。他曾试图分离出这个金属,却没有成功。舍勒也同样没有从软锰矿中提取出金属锰,便求助于他的好友、柏格曼的助手——甘恩。在 1774 年,甘恩分离出了金属锰。柏格曼将它命名为 Manganese(锰)。古希腊思想家泰利斯(Thales)从美格尼西亚(Magnesia,小亚细亚的一座城市名)获得了一种能吸铁的黑色矿物样品,把它叫作"美格尼斯"(Gagnes,"磁铁石"Gagnetite 一词由此而来)。罗马博物学家盖乌斯·普林尼·塞孔都斯(Gaius Plinius Secundus)把泰利斯称作"美格尼斯"(磁铁石)的与另一种矿物(软铁锰)搞混了,他把后者也称作"美格尼斯"。在中世纪,人们又把普林尼搞错了的"美格尼斯"进一步曲解,错拼为"孟戈尼斯"(Manganese)。舍勒为当时被称为"脱燃素的新金属"命名时,就沿用了这个被错拼的名字"孟戈尼斯"(Manganese,软锰矿的通称)。锰是在地壳中广泛分布的元素之一。

【锰白云石】参见【镁菱锰矿】条 594 页

【锰钡矿】

英文名 Hollandite

化学式 $Ba(Mn^{4+}_6Mn^{3+}_2)O_{16}$　　(IMA)

锰钡矿是一种钡、锰的氧化物矿物。单斜(假四方)晶

锰钡矿纤维状晶体，放射状、钟乳状集合体（马达加斯加、德国）和霍兰德像

系。属锰钡矿超族铅硬锰矿族。晶体呈四方双锥状，单体呈短柱状、纤维状、纹片状，顶端具有扁平的锥面；集合体呈块状、放射状、肾状或钟乳状等。银灰色、灰黑色—黑色，半金属—金属光泽，不透明；硬度 4～6，完全解理，脆性。1906 年发现于印度中央邦贾巴尔普尔地区钦德瓦拉区戈瓦里·瓦杜纳(Gowari Wadhona)矿。1906 年弗莫尔(Fermor)在《印度采矿、地质调查所学会汇刊》(1)报道。英文名称 Hollandite，以印度的地质调查局局长、地质学家和教育行政长官 T. H. 霍兰德(T. H. Holland，1868—1947)的姓氏命名。他还在伦敦帝国理工学院和爱丁堡大学担任行政职务。1986 年三浦(H. Miura)在《日本矿物学杂志》[13(3)]报道。1959 年以前发现、描述并命名的"祖父级"矿物，IMA 承认有效。IMA 2012s. p. 批准。中文名称根据化学成分译为锰钡矿或钡硬锰矿或碱硬锰矿。单斜变体称为斜锰钡矿。

【锰钡闪叶石】参见【钡锰闪叶石】条 55 页

【锰丹斯石】

英文名 D'ansite-(Mn)

化学式 $Na_{21}Mn(SO_4)_{10}Cl_3$　　(IMA)

锰丹斯石四面体晶体（意大利）

锰丹斯石是一种含氯的钠、锰的硫酸盐矿物，二价锰占优势的丹斯石。属丹斯石族。等轴晶系。晶体呈三四面体，粒径 0.2mm。无色，玻璃光泽，半透明；脆性。2011 年发现于意大利那不勒斯省外轮山-维苏威(Somma-Vesuvius)火山喷气孔的结壳。英文名称 D'ansite -(Mn)，由根词"D'ansite(丹斯石，或盐镁芒硝)"加锰后缀-(Mn)组合命名。其中，根词"D'ansite"以德国柏林卡利科学研究院让·丹斯(Jean D'Ans)的姓氏命名。IMA 2011 - 064 批准。2011 年 I. 坎波斯特里尼(I. Campostrini)等在《CNMNC 通讯》(11)、《矿物学杂志》(75)和 2012 年《矿物学杂志》(76)报道。中文名称根据成分及与丹斯石的关系译为锰丹斯石（根词参见【丹斯石】条 105 页）。

【锰矾】

英文名 Szmikite

化学式 $Mn(SO_4)\cdot H_2O$　　(IMA)

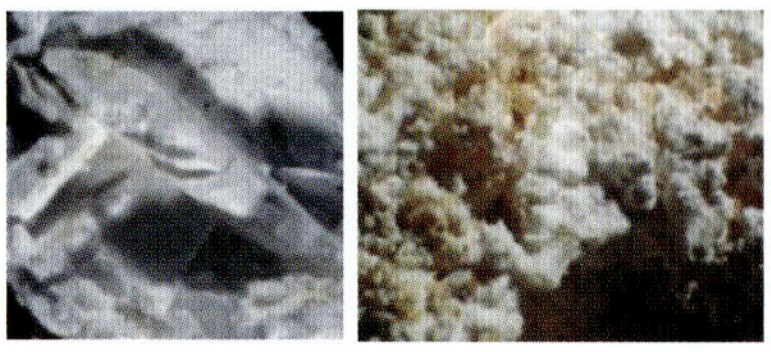

锰矾叶片状晶体，钟乳状集合体（日本、澳大利亚）

锰矾是一种含结晶水的锰的硫酸盐矿物。属硫镁矾族。单斜晶系。晶体呈纤维状、叶片状；集合体呈钟乳状、葡萄状、粉末状。白色、灰色、玫瑰红色、浅粉红色、紫红色，土状光泽；硬度 1.5，完全解理。1877 年发现于罗马尼亚马拉穆列什郡(Maramureş)巴亚斯普列菲拉索巴尼亚(Felsobanya)。1877 年 J. 冯·施罗丁格(J. von Schröckinger)、弗赖赫尔(Freiherr)在《矿物学杂志》(1)和《皇家地质学会会刊》报道。英文名称 Szmikite，以罗马尼亚菲拉索巴尼亚(Felsobanya)矿业官员伊格纳兹·斯泽米克(Ignaz Szmik)的姓氏命名。1959 年以前发现、描述并命名的"祖父级"矿物，IMA 承认有效。中文名称根据成分译为锰矾。

【锰钒榴石】

英文名 Momoiite

化学式 $Mn_3^{2+}V_2^{3+}(SiO_4)_3$　　(IMA)

锰钒榴石是一种锰、钒的硅酸盐矿物。属石榴石超族石榴石族。等轴晶系。晶体呈粒状。黄绿色—暗绿色；硬度 6～7。最初报道来自日本南西群岛鹿儿岛州奄美大岛大和(Yamato)锰矿。英文原名称 Yamatoite，以最初发现地日本大和(Yamato)矿命名。但$(Mn^{2+},Ca)_3(V^{3+},Al)_2(SiO_4)_3$并非锰-钒占优势，故此名 1967 年被 IMA 废弃。后在日本四国岛爱媛县西条市鞍濑(Kurase)矿场发现新矿物(日文名称ヴァナジウム，锰石榴石)。英文名称 Momoiite，以首先认识到在石榴石中存在 $Mn_3^{2+}V_2^{3+}(SiO_4)_3$ 组分[见 1964 年桃井齐(Momoi)《日本九州大学理学院回忆录：D 系列》(15)]的桃井齐(Hitoshi Momoi，1930—2002)教授的姓氏命名。桃井在矿物学上的业绩，著有《幼儿矿物学·矿床学》。日文汉字名称桃井柘榴石。IMA 2009 - 026 批准。2010 年田中(H. Tanaka)等在日本《矿物学和岩石学科学杂志》(105)报道。中文名称根据成分及族名译为锰钒榴石，也译作锰钙钒榴石。

【锰钒铀云母】参见【磷锰铀矿】条 471 页

【锰方解石】

英文名 Manganoan Calcite

化学式 $(Ca,Mn)CO_3$

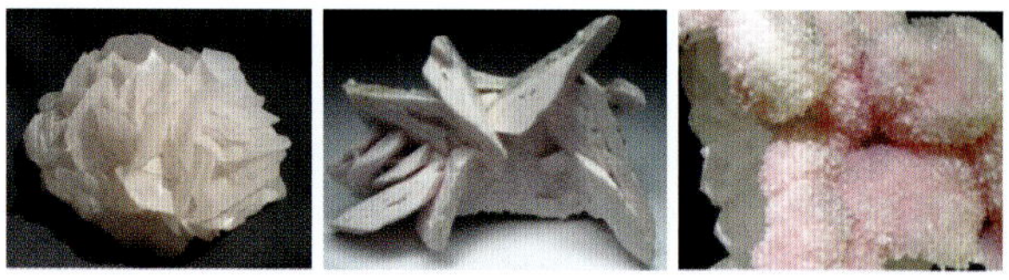

锰方解石花状、犬牙状、球状集合体（罗马尼亚、秘鲁）

锰方解石是一种富含锰的方解石变种。方解石的成分接近纯 $CaCO_3$，由于 Ca^{2+} 和 Mn^{2+} 可互相取代，因此方解石与菱锰矿($MnCO_3$)能形成完全的固溶体系列，介于两者之间的，即称为锰方解石。三方晶系。晶体多呈菱面体、复三方偏三角面体、柱状、板状、片状、粒状；集合体呈钟乳状、土状、钉头状、犬牙状。白色、无色、灰色、黄色、红色、玫瑰色、褐色、绿色、黑色，玻璃光泽，透明—半透明；硬度 3，菱面体完全解理。最初的报道来自斯洛伐克共和国班斯卡-比斯特里察市斯蒂夫尼卡(Štiavnica)山脉班斯卡斯蒂夫尼卡(Banská Štiavnica)采矿区。1947 年 J. H. 舒尔曼(J. H. Schulman)等在《应用物理学杂志》(18)报道。英文名称 Manganoan Calcite，由"Manganoan(锰)"和"Calcite(方解石)"组合命名。中文名称根据成分及与方解石的关系译为锰方解石（根词参见【方解石】条 154 页）。

【锰方硫砷银镉矿】参见【方硫砷银锰矿*】条 156 页

M

【锰方硼石】

英文名 Chambersite

化学式 $Mn_3B_7O_{13}Cl$ (IMA)

锰方硼石等轴副象四面体(美国)

锰方硼石是一种罕见的含氯的锰的硼酸盐矿物。属方硼石族。斜方晶系。晶体呈立方体、正四面体的副象(由低温变形斜方小晶体集合体组成,大于470℃变为等轴ß-锰方硼石),不规则粒状;集合体呈变鲕粒状、变豆状、变球粒状。无色、白色—微灰白色,暴露在阳光下变深紫色—黑色,油脂光泽、玻璃光泽,透明—不透明;硬度7。1957年首次发现于美国得克萨斯州钱伯斯(Chambers)县巴尔比尔(Barbers)山盐丘。1962年R. M. 霍内亚(R. M. Honea)和F. R. 贝克(F. R. Beck)在《美国矿物学家》(47)报道,他们确定的化学式为$Mn_3B_7O_{13}Cl$,并以发现地钱伯斯(Chambers)县命名为Chambersite。这是第二个在自然界发现的方硼石的化学模拟。IMA 1967s. p. 批准。中文名称根据成分及与方硼石的关系译为锰方硼石。1971年在中国天津蓟县发现了世界上第一个独立形成矿体的锰方硼石矿床。

【锰弗鲁尔石*】

英文名 Manganflurlite

化学式 $ZnMn_3^{2+}Fe^{3+}(PO_4)_3(OH)_2(H_2O)_7 \cdot 2H_2O$ (IMA)

锰弗鲁尔石*长板条状晶体(德国)

锰弗鲁尔石*是一种含结晶水和羟基的锌、锰、铁的磷酸盐矿物。单斜晶系。晶体呈非常薄的矩形长板条状,最长0.5mm,厚度小于10μm。橙棕色,玻璃光泽,透明;硬度约2.5,完全解理,解理片具弹性。2017年发现于德国巴伐利亚州哈根多夫(Hagendorf)南伟晶岩。英文名称Manganflurlite,由成分冠词"Mangan(锰)"和根词"Flurlite(弗鲁尔石*)"组合命名,意指它是锰占优势的弗鲁尔石*的类似矿物(根词参见【弗鲁尔石*】条171页)。IMA 2017-076批准。2017年A. R. 坎普夫(A. R. Kampf)等在《CNMNC通讯》(40)、《矿物学杂志》(81)和2019年《欧洲矿物学杂志》(31)报道。目前尚未见官方中文译名,编译者建议根据成分及与弗鲁尔石*的关系译为锰弗鲁尔石*。

【锰氟磷灰石】参见【锰磷灰石】条609页

【锰符山石】

英文名 Manganvesuvianite

化学式 $Ca_{19}Mn^{3+}Al_{10}Mg_2(SiO_4)_{10}(Si_2O_7)_4O(OH)_9$ (IMA)

锰符山石柱状晶体,晶簇状集合体(南非)

锰符山石是一种富三价锰的符山石。属符山石族。四方晶系。晶体呈柱状;集合体呈晶簇状。深棕红色、近黑色,玻璃光泽,透明—不透明;硬度6～7。2000年发现于南非北开普省卡拉哈里锰矿床北奇瓦宁(N'Chwaning)矿山Ⅱ矿山。英文名称Manganvesuvianite,2000年由T. 安布鲁斯特(T. Arbruster)等根据成分冠词"Mangan(三价锰)"和根词"Vesuvianite(符山石)"组合命名。IMA 2000-040批准。2000年安布鲁斯特等在《美国矿物学家》(85)报道:锰占优势的符山石。2002年安布鲁斯特等在《美国矿物学家》(66)报道来自南非的锰符山石(Manganvesuvianite)。2006年中国地质科学院矿产资源研究所李锦平在《岩石矿物学杂志》[25(6)]根据成分及与符山石的关系译为锰符山石(根词参见【符山石】条198页)。

【锰斧石】

英文名 Axinite-(Mn)

化学式 $Ca_4Mn_2^{2+}Al_4[B_2Si_8O_{30}](OH)_2$ (IMA)

锰斧石斧状、片状晶体(意大利)

锰斧石是一种含羟基的钙、锰、铝的硼硅酸盐矿物。属斧石族。三斜晶系。晶体呈刀片状、粒状;集合体呈致密状。棕色、金黄色,玻璃—半玻璃光泽,透明—半透明;硬度6.5～7,完全解理,脆性。发现于德国下萨克森州哈茨山和美国新泽西州苏塞克斯县富兰克林矿区富兰克林(Franklin)矿。1895年H. 肖格伦(H. Sjögren)在《斯德哥尔摩地质学会会刊》(17)报道。英文名称Axinite-(Mn),原名为Manganaxinite,由成分冠词"Manganese(锰)"和根词"Axinite(斧石)"组合命名。其中根名"Axinite(斧石)"是在1797年被雷恩·贾斯特·阿羽伊(Rene Just Haüy)根据希腊文"αξίνα=Axina,即Axe(斧头)"命名,意指其晶体的常见习性。"Manganese(锰)"占优势"Axinite(斧石)"1895年首先由罗伯特·马泽里乌斯(Robert Mauzelius)描述。Manganaxinite由沃尔德马·T. 夏勒(Waldemar T. Schaller)于1909年在《契尔马克氏矿物学和岩石学通报》(28)命名;同年,J. 弗罗姆(J. Fromme)使用了Mangaxinit名称。1911年夏勒又使用Manganoaxinite名称,但没有提供物种标本,他的研究材料被火烧毁。Manganaxinite由格里高利·爱明诺夫(Gregori Aminoff)在1919年使用,当时提到来自美国新泽西州富兰克林的标本。一个完整的物种描述最终于1929年到1935年由查尔斯·帕拉奇(Charles Palache)基于新泽西州富兰克林标本完成。1959年以前发现、描述并命名的"祖父级"矿物,IMA承认有效。IMA 2004s. p. 批准。2007年IMA-CNMNC(IMA 07-C)将其更名为Axinite-(Mn)。中文名称根据成分及族名译为锰斧石。

【锰钙钒榴石】参见【锰钒榴石】条604页

【锰钙锆钛石】

英文名 Normandite

化学式 $Na_2Ca_2(Mn,Fe)_2(Ti,Nb,Zr)_2(Si_2O_7)_2O_2F_2$ (IMA)

M

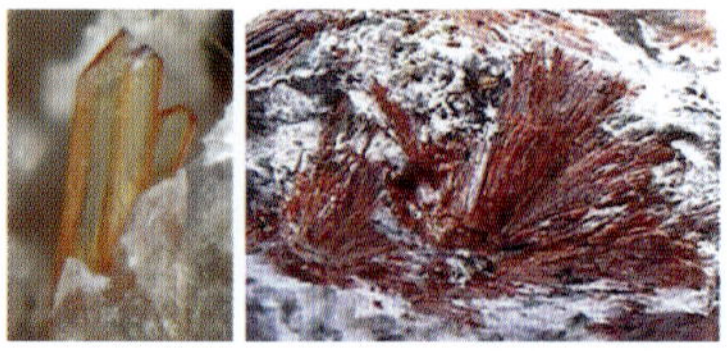
锰钙锆钛石柱状、针状晶体，放射状集合体（西班牙、俄罗斯）

锰钙锆钛石是一种含氧和氟的钠、钙、锰、铁、钛、铌、锆的硅酸盐矿物。属铌锆钠石族。单斜晶系。晶体呈柱状、针状；集合体呈放射状。黄色、橙棕色、橙色、红棕色，金刚光泽、玻璃光泽，透明—半透明；硬度5～6，脆性。1990年发现于加拿大魁北克省圣希莱尔（Saint-Hilaire）山混合肥料采石场。英文名称Normandite，以加拿大蒙特利尔的地质学家查尔斯·诺曼德（Charles Normand，1963—）博士的姓氏命名，是他发现的该矿物。IMA 1990-021批准。1997年G. Y. 赵（G. Y. Chao）等在《加拿大矿物学家》（35）报道。2003年中国地质科学院矿产资源研究所李锦平等在《岩石矿物学杂志》[22（2）]根据成分译为锰钙锆钛石，有的译为锰钙钛锆石。

【锰钙辉石】参见【钙锰辉石】条225页

【锰橄榄石】

英文名 Tephroite

化学式 $Mn_2^{2+}(SiO_4)$ （IMA）

锰橄榄石短柱状晶体（德国、美国）

锰橄榄石是一种锰的硅酸盐矿物。属橄榄石族。斜方晶系。晶体呈短柱状、粒状。灰色、橄榄绿色、肉红色或红棕色、深棕色，玻璃光泽、油脂光泽，透明—半透明；硬度6，完全解理，脆性。1823年发现于美国新泽西州苏塞克斯县富兰克林矿区奥格登斯堡斯特林（Sterling）矿；同年，布赖特豪普特（Breithaupt）在德累斯顿《矿物系统的完整特征》（*Vollstandige Charakteristik des Mineral-Systems*）（第二版）刊载。英文名称Tephroite，由约翰·弗里德里希·奥古斯特·布赖特豪普特（Johann Friedrich August Breithaupt）根据希腊文"τεφροζ＝Tephros（灰烬）"命名，意指矿物通常呈灰烬的灰色。1959年以前发现、描述并命名的"祖父级"矿物，IMA承认有效。中文名称根据成分及与橄榄石的关系译为锰橄榄石。

【锰铬铁矿】

英文名 Manganochromite

化学式 $Mn^{2+}Cr_2O_4$ （IMA）

锰铬铁矿是一种锰、铬的氧化物矿物。属尖晶石超族氧尖晶石族尖晶石亚族。等轴晶系。晶体呈显微粒状。灰黑色，金属光泽，不透明；硬度5.5。1975年发现于澳大利亚南澳大利亚州阿德莱德地区奈恩（Nairne）矿床牧羊山采石场。英文名称Manganochromite，由成分冠词"Manganese（锰）"和根词"Chromite（铬铁矿）"组合命名。IMA 1975-020批准。1978年J. 格雷厄姆（J. Graham）在《美国矿物学家》（63）报道。中文名称根据成分及与铬铁矿的关系译为锰铬铁矿。

【锰钴土】参见【钴土】条257页

【锰硅灰石】

英文名 Bustamite

化学式 $CaMn^{2+}Si_2O_6$ （IMA）

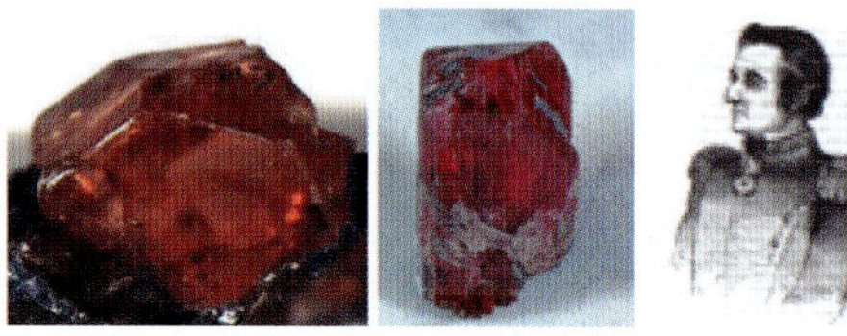
锰硅灰石板状、柱状晶体（澳大利亚、日本）和布斯塔蒙特像

锰硅灰石是一种钙、锰的硅酸盐矿物。属硅灰石族。三斜晶系。晶体呈柱状、针状、板状、粗纤维状，具简单双晶。无色—淡黄色，粉红色—褐红色，半玻璃光泽、树脂光泽、蜡状光泽，透明—半透明；硬度5.5～6.5，完全解理，脆性。1876年查尔斯·厄珀姆·谢泼德（Charles Upham Shepard）在《阿默斯特学院矿物学论文集》曾描述为Keatingine（锌锰辉石），1892年丹纳根据矿物的结构，废弃了Keatingine名称。1922年发现于美国新泽西州苏塞克斯县富兰克林矿区富兰克林（Franklin）矿。1922年E. S. 拉森（E. S. Larsen）和E. V. 香农（E. V. Shannon）在《美国矿物学家》（7）报道。英文名称Bustamite，1826年最初由亚历山大·布隆奈尔特（Alexandre Brongniart）为纪念阿纳斯塔西奥·布斯塔蒙特·伊·奥塞古埃拉（Anastasio Bustamente y Oseguera，1780—1853）而以他的名字命名。1826年在《自然科学年鉴》（8）报道。布斯塔蒙特是一位医生、将军并3次任墨西哥总统。1959年以前发现、描述并命名的"祖父级"矿物，IMA承认有效。中文名称根据成分及与硅灰石的关系译为锰硅灰石，也译作钙蔷薇辉石。

【锰硅铝矿】参见【砷硅铝锰石】条780页

【锰硅镁石】

英文名 Manganhumite

化学式 $Mn_7^{2+}(SiO_4)_3(OH)_2$ （IMA）

锰硅镁石他形粒状晶体（瑞典）

锰硅镁石是一种含羟基的锰的硅酸盐矿物。属硅镁石族锰硅镁石系列族。斜方晶系。晶体呈他形粒状。浅—深红褐色、橙色，金刚光泽、玻璃光泽，透明—半透明；硬度4，完全解理。1969年发现于瑞典韦姆兰省布拉特福什（Brattfors）矿山。英文名称Manganhumite，1978由保罗·布赖恩·摩尔（Paul Brian Moore）以成分冠词"Manganese（锰）"和根词"Humite（硅镁石）"组合命名，意指它是锰占优势的硅镁石的类似矿物。其中，根词以英国鉴赏家，宝石、矿物和艺术品收藏家亚伯拉罕·休姆（Abraham Hume，1749—1838）爵士的姓氏命名。IMA 1969-021批准。1978由保罗·布赖恩·摩尔（Paul Brian Moore）在《矿物学杂志》（42）报道。中文名称根据成分及与硅镁石的关系译为锰硅镁石。

【锰硅钠锶铈石】

英文名 Manganonordite-(Ce)

化学式 $Na_3SrCeMn^{2+}Si_6O_{17}$ （IMA）

M

锰硅钠锶铈石是一种钠、锶、铈、锰的硅酸盐矿物。属硅钠锶镧石族。斜方晶系。晶体呈薄叶片状;集合体呈放射状、玫瑰花状。无色—粉红色、淡褐色、黑褐色,玻璃光泽、油脂光泽,透明—半透明;硬度 5～5.5,完全解理,脆性。1997 年发现于俄罗斯北部摩尔曼斯克州洛沃泽罗(Lovozero)碱性岩地块。英文名称 Manganonordite-(Ce),由成分冠词"Mangano(锰)"和根词"Nordite(硅钠锶镧石)",加占优势的稀土元素铈后缀-(Ce)组合命名。其中,根词"Nordite(硅钠锶镧石)"以洛沃泽罗北部的诺德(North)命名。IMA 1997-007 批准。1998 年 I. V. 佩科夫(I. V. Pekov)等在《俄罗斯矿物学会记事》[127(1)]报道。2003 年中国地质科学院矿产资源研究所李锦平等在《岩石矿物学杂志》[22(2)]根据成分译为锰硅钠锶铈石(根词参见【硅钠锶镧石】条 278 页)。

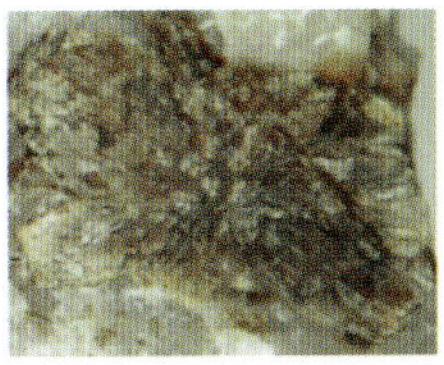

锰硅钠锶铈石叶片状晶体,放射状、玫瑰花状集合体(俄罗斯)

【锰硅铁灰石】参见【硅锰灰石】条 276 页

【锰硅锌矿】

英文名 Troostite

化学式 $(Zn,Mn)_2SiO_4$

锰硅锌矿柱状晶体(美国)和特罗斯特像

锰硅锌矿是一种锰占优势的硅锌矿(Willemite)的类似矿物。三方晶系。晶体呈柱状。肉红色、灰色或苹果绿色,玻璃光泽,透明—半透明;硬度,中等解理,脆性。英文名称 Troostite,1932 年查尔斯·厄珀姆·谢泼德(Charles Upham Shepard)为纪念荷兰裔美国田纳西州矿物学家、植物学家和地质学家杰拉德·特罗斯特(Gerard Troost,1776—1850)博士而以他的姓氏命名。1959 年以前发现、描述并命名的"祖父级"矿物,IMA 承认有效。中文名称根据成分及与硅锌矿的关系译为锰硅锌矿。

【锰黑柱石】

英文名 Manganilvaite

化学式 $CaFe^{2+}Fe^{3+}Mn^{2+}(Si_2O_7)O(OH)$ (IMA)

锰黑柱石是一种含羟基和氧的钙、铁、锰的硅酸盐矿物。属硬柱石族。单斜晶系。晶体呈自形双锥状、柱状。黑色,玻璃光泽,不透明;硬度 5.5～6,完全解理,脆性。2002 年发现于保加利亚斯莫梁州罗多彼山脉莫吉拉塔(Mogilata)和奥西科沃(Osikovo)矿床。英文名称 Manganilvaite,由成分冠词"Mangani(锰)"和根词"Lvaite(黑柱石)"组合命名,意指它是锰占优势的黑柱石的类似矿物。IMA 2002-016 批准。2005 年 I. K. 博内夫(I. K. Bonev)等在《加拿大矿物学家》(43)报道。2008 年中国地质科学院地质研究所任玉峰等在《岩石矿物学杂志》[27(6)]根据成分及与黑柱石的关系译为锰黑柱石。

【锰红帘石】

英文名 Withamite

化学式 $Ca_2Al_2(Fe^{3+},Mn)(Si_2O_7)(SiO_4)O(OH)$

锰红帘石是一种富含锰的绿帘石矿物。晶体呈柱状;集合体呈晶簇状。粉红色、黄绿色,玻璃光泽,透明—半透明。最初报告来自英国苏格兰阿盖尔郡斯特拉斯克莱德(Strathclyde)河谷。英文名称 Withamite,在 1825 年由在苏格兰的格伦科(Glencoe)河谷发现该矿物的威瑟姆(Witham)先生的姓氏命名。见于 1897 年 C. 欣策(C. Hintze)《矿物学手册》(第二卷)。中文名称根据成分、颜色及与帘石的关系译为锰红帘石;根据颜色及与帘石的关系译为黄红帘石。

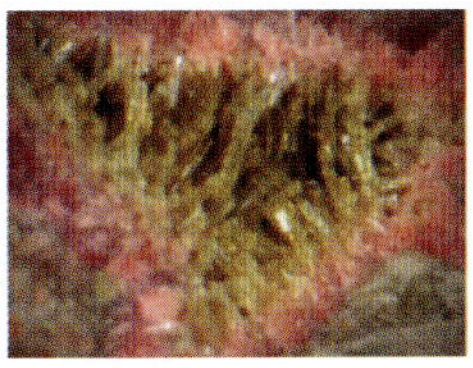

锰红帘石柱状晶体,晶簇状集合体(英国)

【锰红柱石】

英文名 Kanonaite

化学式 $Mn^{3+}AlOSiO_4$ (IMA)

锰红柱石是一种锰占优势的绿色红柱石的矿物。斜方晶系。晶体呈柱状、他形粒状;集合体呈瘤状。草绿色、墨绿色、褐色,玻璃光泽、树脂光泽,透明—半透明;硬度 6.5。1976 年发现于赞比亚中央省塞伦杰县卡诺纳(Kanona)。英文名称 Kanonaite,1978 年 S. 弗拉纳(S. Vrana)等根据发现地赞比亚的卡诺纳(Kanona)命名。IMA 1976-047 批准。1978 年弗拉纳等在《矿物学和岩石学论文集》(66)报道。1981 年阿 L. 布斯武姆巴赫(L. Abswurmbach)、K. 兰格(K. Langer)、F. 塞弗特(F. Seifert)和 E. 蒂尔曼斯(E. Tillmanns)在《结晶学杂志》(155)报道:同义词 Viridine,由"Virid(青绿色、草绿色)"命名。还有同义词 Gosseletite(以戈瑟莱命名)、Manganandalusite、Manganoan Andalusite(由锰和红柱石组合命名)。中文名称根据成分及与红柱石的关系译为锰红柱石;根据颜色与红柱石的关系译为草绿红柱石。

锰红柱石柱状晶体(巴西)

【锰黄砷榴石】参见【红砷榴石】条 328 页

【锰辉石】

英文名 Kanoite

化学式 $MnMgSi_2O_6$ (IMA)

锰辉石柱状晶体(日本)和加纳像

锰辉石是一种锰、镁的硅酸盐矿物。属辉石族单斜辉石亚族。与直锰辉石(Donpeacorite)为同质二象。单斜晶系。晶体呈柱状,常见聚片双晶。浅棕色、粉红褐色,玻璃光泽,透明—半透明;硬度 6,完全解理。1977 年发现于日本北海道大岛半岛熊石馆平(Tatehira)矿山。英文名称 Kanoite,以日本秋田大学岩石学教授加纳藤原浩(Hiroshi Kano,1914—2009)博士的姓氏命名,以表彰他对日本变质岩特别是构成日本岛屿基底的变质岩的地质和岩石学做出的贡献。IMA 1977-020 批准。日文汉字名称加纳辉石。1977 年小林(H. Kobayashi)在《日本地质学会杂志》(83)和 1978 年 M. 弗莱舍(M. Fleischer)在《美国矿物学家》(63)报道。中国地质科学院根据成分及族名译为锰辉石;有的根据单斜晶系、成分及族名译为斜锰辉石,也有的译作锰易变辉石。2010 年杨主明在《岩石矿物学杂志》[29(1)]建议借用日文汉字名称加纳辉石。

【锰钾矾】参见【无水钾锰矾】条 991 页

【锰钾矿】

英文名 Cryptomelane

化学式 $K(Mn_7^{4+}Mn^{3+})O_{16}$　　(IMA)

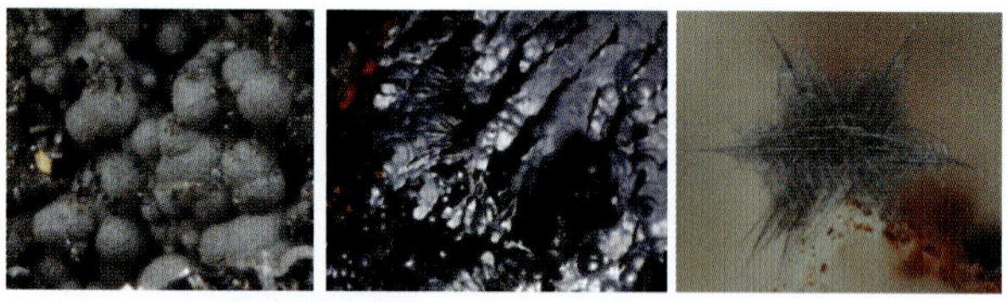

锰钾矿肾状、葡萄状、针网状集合体(葡萄牙、美国、德国)

锰钾矿是一种钾、锰的氧化物矿物。属锰钡矿超族锰铅矿族。单斜(假四方)晶系。晶体呈半自形,但罕见,具双晶;集合体呈致密块状、带状胶体、葡萄状、肾状放射状。蓝灰色、浅棕色或灰色—黑色,蜡状光泽、土状光泽、金属光泽,不透明;硬度 6~6.5,脆性。1942 年发现于美国亚利桑那州科奇斯县墓碑(Tombstone)镇。1942 年里士满(Richmond)和弗莱舍(Fleischer)在《美国矿物学家》(27)报道,提出了一个新名字"Cryptomelane",原来以为是"Psilomelane(硬锰矿)"。后经 X 射线分析确认是一种新矿物。英文名称 Cryptomelane,根据希腊文"κρυπτος=Crypto=Hidden(隐藏、秘密)"和"μελας=Mela=Black(黑色)"组合命名。因为这种常见的锰的身份一直隐藏在一群黑色锰氧化物中,意指矿物的模糊身份。1959 年以前发现、描述并命名的"祖父级"矿物,IMA 承认有效。IMA 1982s. p. 批准。中文名称根据成分译为锰钾矿或钾锰氧矿或根据隐晶质和成分译为隐钾锰矿。继 20 世纪大规模开发利用沸石型四面体分子筛的研究之后,又开辟了一个崭新的锰钾矿型八面体分子筛的研究新领域。

【锰钾镁矾】参见【无水钾锰矾】条 991 页

【锰尖晶石】

英文名 Galaxite

化学式 $Mn^{2+}Al_2O_4$　　(IMA)

锰尖晶石自形晶体(瑞典)

锰尖晶石是一种尖晶石成分中的镁被锰替代的矿物。属尖晶石超族氧尖晶石族尖晶石亚族。等轴晶系。晶体呈粒状、八面体,具双晶;集合体呈块状。黑色、红棕色、红色,玻璃光泽,半透明;硬度 7.5,脆性。最早见于 1907 年克伦纳(Krenner)在西德《结晶学杂志》(43)报道。1932 年发现并描述于美国北卡罗来纳州阿利根尼县附近鲍尔德诺布(Bald Knob)矿床;同年,罗斯(Ross)和克尔(Kerr)在《美国矿物学家》(17)报道。英文名称 Galaxite,以发现地美国加莱克斯(Galax)镇命名。1959 年以前发现、描述并命名的"祖父级"矿物,IMA 承认有效。同义词 Manganspinel,由成分冠词"Mangan(锰)"和根词"Spinel(尖晶石)"组合命名。中文名称根据成分和族名译为锰尖晶石。

【锰金云母】

英文名 Manganophyllite

化学式 $K(Mn,Mg,Al)_{2-3}(Al,Si)_4O_{10}(OH)_2$

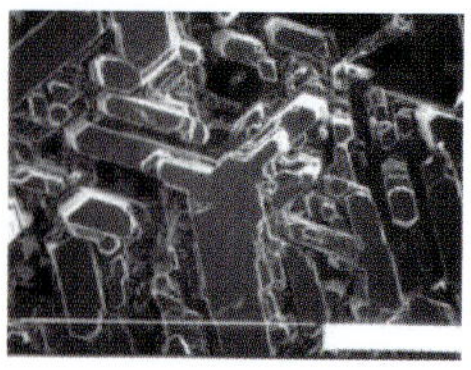

锰金云母假六方片状晶体(瑞典,电镜)

锰金云母是一种富锰的金云母变种。属云母族黑云母亚族。单斜晶系。晶体呈假六方片状;集合体呈鳞片状。暗褐红色;硬度 3~4,极完全解理。最初的报道来自瑞典韦姆兰省帕斯伯格(Pajsberg)哈斯蒂格(Harstigen)矿山。1890 年 A. 汉伯格(A. Hamberg)在《矿物学研究》(7)和《斯德哥尔摩地质学会会刊》(133)报道。英文名称 Manganophyllite,由成分冠词"Mangano(锰)"和根词"Phyllite(金云母)"组合命名。中文名称根据成分及与金云母的关系译为锰金云母。

【锰卡斯卡斯矿*】

英文名 Manganokaskasite

化学式 $(Mo,Nb)S_2\cdot(Mn_{1-x}Al_x)(OH)_{2+x}$　　(IMA)

锰卡斯卡斯矿*是一种钼、铌的硫化物和锰、铝氢氧化物矿物,是锰占优势的卡斯卡斯矿*类似矿物。三方晶系。晶体呈六方片状;集合体呈平行堆垛的层状。铁黑色,金属光泽,不透明;硬度 1,完全解理,解理片具弹性。2013 年发现于俄罗斯北部摩尔曼斯克州卡斯卡斯尼奴查尔(Kaskasnyunchorr)山。英文名称 Manganokaskasite,由成分冠词"Mangano(锰)"和根词"Kaskasite(卡斯卡斯矿*)"组合命名,根词以发现地俄罗斯的卡斯卡斯尼奴查尔(Kaskasnyunchorr)山命名,科拉半岛土著民族萨米文"Juniper(杜松、刺柏)=Kaskas(卡斯卡斯)"。IMA 2013-026 批准。2013 年 I. V. 佩科夫(I. V. Pekov)等在《CNMNC 通讯》(16)、《矿物学杂志》(77)和 2014 年《矿物学杂志》(78)报道。目前尚未见官方中文译名,编译者建议根据成分及与卡斯卡斯矿*关系译为锰卡斯卡斯矿*。

【ε-锰矿】

英文名 Akhtenskite

化学式 MnO_2　　(IMA)

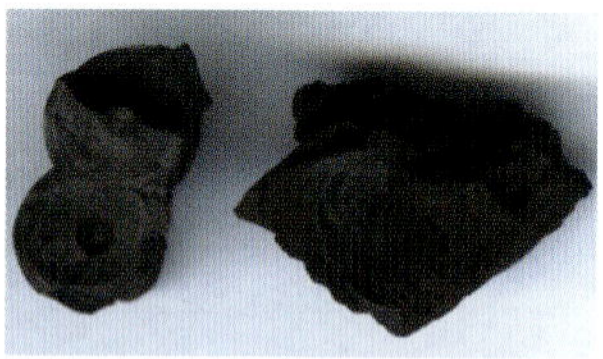

ε-锰矿块状、鲕粒状集合体(俄罗斯)

ε-锰矿是一种锰的氧化物矿物。属斜方锰矿族。与软锰矿、斜方锰矿为同质多象。六方晶系。晶体呈显微六方板状、片状;集合体呈平行状、块状、鲕粒状。浅灰色—黑色,不透明;完全解理。1982 年发现于俄罗斯车里雅宾斯克州库辛斯基(Kusinskii)分区马格尼特卡的阿赫滕斯克(Akhtenskoe)铁矿床。英文名称 Akhtenskite,以发现地俄罗斯的阿赫滕斯克(Akhtenskoe)铁矿命名。IMA 1982-072 批准。1987 年 F. V. 丘赫罗夫(F. V. Chukhrov)在《全苏矿物学会记事》(16)和 1989 年《苏联科学院报告:地质学部分》(9)报道。1991 年中国新矿物与矿物命名委员会郭宗山在《岩石矿物学杂志》[10(4)]根据成分译为 ε-锰矿。

【锰锂云母】

英文名 Masutomilite

化学式 $KLiAlMn^{2+}(Si_3Al)O_{10}(F,OH)_2$　　(IMA)

锰锂云母片状晶体(日本)和益富像

锰锂云母是云母族的富锂、锰的云母矿物。单斜晶系。晶体呈假六方片状。紫粉色、褐黑色,玻璃光泽、珍珠光泽,透明—半透明;硬度2.5,极完全解理。1974年发现于日本本州岛近畿地区滋贺县大津市田上(Tanakami)矿山。英文名称Masutomilite,1977年由原田一雄(Kazuo Harada)等为纪念日本的药剂师、著名的业余矿物学家和矿物收藏者益富寿之助(Kazunosuke Masutomi,1901—1993)而以他的姓氏命名,以表彰他对日本矿物学做出的贡献。IMA 1974-046批准。日文汉字名称益富雲母。1976/1977年原田等在日本《矿物学杂志》(8)报道。中国地质科学院根据成分和族名译为锰锂云母。2010年杨主明在《岩石矿物学杂志》[29(1)]建议借用日文汉字名称的简化汉字名称益富云母。还有的音译为马苏石。

【锰帘石】

英文名 Sursassite

化学式 $Mn^{2+}_2Al_3(SiO_4)(Si_2O_7)(OH)_3$ (IMA)

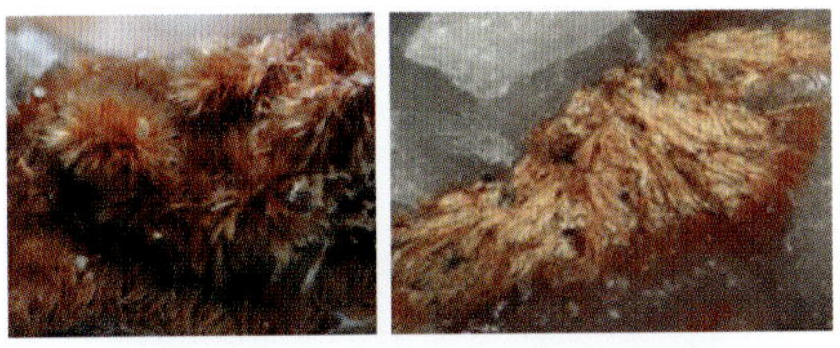

锰帘石束状、放射状集合体(意大利、瑞士)

锰帘石是一种含羟基的锰、铝的硅酸盐矿物。属帘石族。单斜晶系。晶体呈针状;集合体呈葡萄状、放射状、束状。红褐色、铜红色,丝绢光泽,半透明;硬度3。1926年首次发现于瑞士格里松斯地区(即格劳宾登州)阿尔贝拉(Albula)山谷上哈尔布施泰因河谷(苏尔塞斯Surses;苏尔萨斯Sursass)泰泽格(Tinizong)阿尔卑斯帕塞滕斯(Parsettens)锰矿。1926年J.雅各布(J. Jakob)在《瑞士矿物学和岩石学通报》(6)和1927年《美国矿物学家》(12)报道。英文名称Sursassite,以发现地瑞士的苏尔萨斯(Sursass)命名。1959年以前发现、描述并命名的"祖父级"矿物,IMA承认有效。中文名称根据成分及与帘石的关系译为锰帘石;根据颜色和族名译为红帘石。

【锰磷灰石】

英文名 Manganapatite

化学式 $(Ca,Mn^{2+})_5(PO_4)_3(F)$

锰磷灰石蓝色短柱状晶体(俄罗斯)

锰磷灰石是一种含有二价锰(代替钙)或五价锰(代替磷)的氟磷灰石。六方晶系。晶体通常呈短柱状。中—深绿色(二价锰或铁)—蓝色、绿蓝色(五价锰),还可能有粉红色、紫色(三价、四价锰),玻璃—半玻璃光泽、树脂光泽,透明—不透明;硬度5,脆性。最初的描述来自瑞典瓦特拉克(Varutrask)。英文名称Manganapatite,1874年由马克斯·W.西沃特(Max W. Siewert)在《哈雷自然科学学报》(10)根据成分冠词"Mangan(锰)"和根词"Apatite(磷灰石或氟磷灰石)"组合命名。2004年M.约翰·休斯(M. John Hughes)等在《美国矿物学家》(89)报道来自奥地利的富锰氟磷灰石(Mn-rich fluorapatite)。又见于1951年C.帕拉奇(C. Palache)等《丹纳系统矿物学》(第二卷。第七版,纽约)刊载。中文名称根据成分锰及与磷灰石(氟磷灰石)的关系译为锰磷灰石或锰氟磷灰石。

【锰磷矿】

英文名 Fillowite

化学式 $Na_2CaMn^{2+}_7(PO_4)_6$ (IMA)

锰磷矿假立方体、菱面体、粒状晶体(美国)和菲洛瓦像

锰磷矿是一种钠、钙、锰的磷酸盐矿物。属锰磷矿族。三方晶系。晶体呈假立方体、菱面体、粒状,粒径小于1mm。青黄色、黄绿色、黄棕色、红棕色、无色,半玻璃光泽、树脂光泽、油脂光泽,透明—半透明;硬度4.5,完全解理,脆性。1879年发现于美国康涅狄格州费尔菲尔德县菲洛瓦(Fillow)采石场;同年,布鲁斯和丹纳在《美国科学与艺术杂志》(17)报道。英文名称Fillowite,由乔治·J.布鲁斯(George J. Brush)和爱德华·S.丹纳(Edward S. Dana)在1879年为纪念美国康涅狄格州布兰奇维尔的阿拜贾·N.菲洛瓦(Abijah N. Fillow,1822—1895)而以他的姓氏命名。最初他是布兰奇维尔伟晶岩和矿山的所有者与经营者,以及布兰奇维尔火车站经理,他首先收集了罕见的锰磷酸盐矿物,在当地是很著名的。1959年以前发现、描述并命名的"祖父级"矿物,IMA承认有效。中文名称根据成分译为锰磷矿;根据形态和成分译为粒磷锰矿或粒磷钠锰矿。

【锰磷锂矿】

英文名 Lithiophilite

化学式 $LiMn^{2+}(PO_4)$ (IMA)

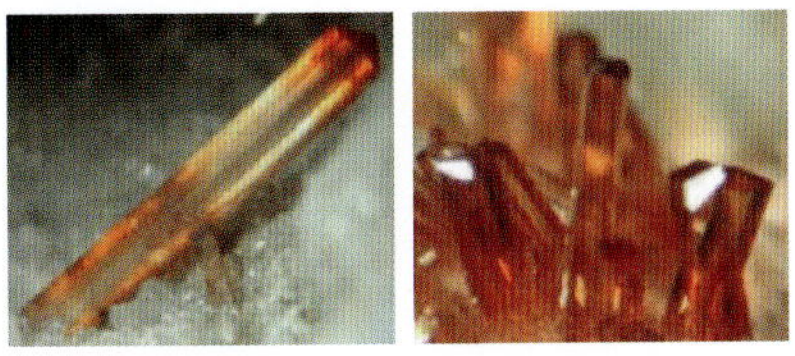

锰磷锂矿柱状晶体,晶簇状集合体(美国)

锰磷锂矿是一种锂、锰的磷酸盐矿物。属磷铁锂矿族。斜方晶系。晶体呈柱状;集合体一般呈块状、晶簇状。粉红色、黄棕色、蜜黄色、橙红色、肝褐色、黑色,半玻璃光泽、树脂光泽、油脂光泽,透明—半透明;硬度4~5,完全解理。1878年首次发现于美国康涅狄格州费尔菲尔德县菲洛乌(Fillow)采石场。1878年布鲁斯和丹纳在《美国科学与艺术杂志》(16)和1879年《美国科学与艺术杂志》(18)报道。英文名称Lithiophilite,由乔治·布鲁斯(George Brush)和爱德华·丹纳(Edward Dana)根据"Lithium(锂)"和希腊文"φιλός=Friend(朋友)"组合命名,意指其成分包含锂。

1959 年以前发现、描述并命名的"祖父级"矿物，IMA 承认有效。中文名称根据成分译为锰磷锂矿或磷锰锂矿。

【锰硫碳镁钠石】参见【锰杂芒硝】条 618 页

【锰榴石】

英文名 Blythite

化学式 $Mn_3^{2+}Mn_2^{3+}[SiO_4]_3$

锰榴石是一种锰的硅酸盐矿物。属石榴石超族。等轴晶系。英文名称 Blythite，以布莱思(Blyth)的姓氏命名，用于假设成员的名称。IMA 未命名，但可能有效。1926 年 L. L. 费莫尔(L. L. Fermor)在印度《地质勘查记录》(59)的《关于一些印度石榴石的成分组成》一文报道。中文名称根据成分及族名译为锰榴石。

【锰铝矾】参见【锰明矾】条 611 页

【锰铝榴石】

英文名 Spessartine

化学式 $Mn_3^{2+}Al_2(SiO_4)_3$　　(IMA)

锰铝榴石晶体(意大利、巴西、中国)

锰铝榴石属于镁铝榴石-铁铝榴石-锰铝榴石系列的锰的端元矿物，为石榴石族中重要宝石品种之一。等轴晶系。晶体常呈菱形十二面体、四角三八面体及两者之聚形，晶面有聚形纹。颜色呈红色—橙红色、红色—棕红色、玫瑰红色、浅玫红色，也有绿色、无色，其中以橙红色、橙黄色为美，橙红色锰铝榴石是红色系石榴石中最佳品种，玻璃光泽、树脂光泽，透明—半透明；硬度 6.5～7.5，贝壳状断口，韧性。1832 年发现于德国巴伐利亚州法兰克尼亚地区施佩萨特(Spessart)市的松梅尔(Sommer)采石场；同年，在巴黎《矿物学基础教程》(第二版)刊载。最初于 1797 年马丁·克拉普罗特(Martin Klaproth)称其为 Granatformiges braunsteinerz。以前著名的"Manganesian(锰铝榴石)"，1823 年由亨利·塞博尔特(Henry Seybert)用于产自美国康涅狄格州哈德姆(Haddam)的石榴石。英文名称 Spessartine，1832 年由弗朗索瓦·叙尔皮斯·伯当(François Sulpice Beudant)根据原始产地德国施佩萨特(Spessart)山脉改名为 Spessartine。1959 年以前发现、描述并命名的"祖父级"矿物，IMA 承认有效。中文名称根据成分和族名译为锰铝榴石；含铁量低时呈现柑橘般的金橙色，根据其颜色和族名译为桔榴石。

【锰铝蛇纹石】

英文名 Kellyite

化学式 $(Mn^{2+},Mg,Al)_3(Si,Al)_2O_5(OH)_4$　　(IMA)

凯利像

锰铝蛇纹石是一种含羟基的锰、镁、铝的铝硅酸盐矿物。属高岭石-蛇纹石族蛇纹石亚族。六方晶系。晶体呈不规则的细小粒状、片状及板条状，粒径达 3mm。金黄色、柠檬黄色，薄片呈淡黄色，玻璃光泽、树脂光泽，透明；硬度 2.5，完全解理。1974 年发现于美国北卡罗来纳州阿利根尼县鲍尔德科诺布(Bald Knob)矿。英文名称 Kellyite，以美国地质学家、密歇根大学地质与矿物学系教授和主任威廉·克劳利·凯利(William Crowley Kelley，1929—)的姓氏命名，以表彰他为世界矿床研究做出的贡献。IMA 1974－002 批准。1974 年 D. R. 皮科尔(D. R. Peacor)等在《美国矿物学家》(59)报道。中文名称根据成分及族名译为锰铝蛇纹石。目前已知有-2H及-6H 两个多型。

【锰绿鳞石*】

英文名 Manganiceladonite

化学式 $KMgMn^{3+}Si_4O_{10}(OH)_2$　　(IMA)

锰绿鳞石*片状晶体，放射状集合体(意大利)

锰绿鳞石*是一种含羟基的钾、镁、三价锰的硅酸盐矿物。属云母族。单斜晶系。晶体呈薄片状、针状；集合体呈放射状。橙棕色，丝绢光泽，透明；完全解理。2015 年发现于意大利切尔基亚拉(Cerchiara)矿。英文名称 Manganiceladonite，由成分冠词"Mangani(三价锰)"和根词"Celadonite(绿鳞石)"组合命名，意指它是三价锰代替三价铁的绿鳞石的类似矿物。IMA 2015－052 批准。2015 年 G. O. 莱波雷(G. O. Lepore)等在《CNMNC 通讯》(27)、《矿物学杂志》(79)和 2017 年《矿物学杂志》(81)报道。目前尚未见官方中文译名，编译者建议根据成分及与绿鳞石的关系译为锰绿鳞石*。

【锰绿泥石】

英文名 Pennantite

化学式 $Mn_5^{2+}Al(Si_3Al)O_{10}(OH)_8$　　(IMA)

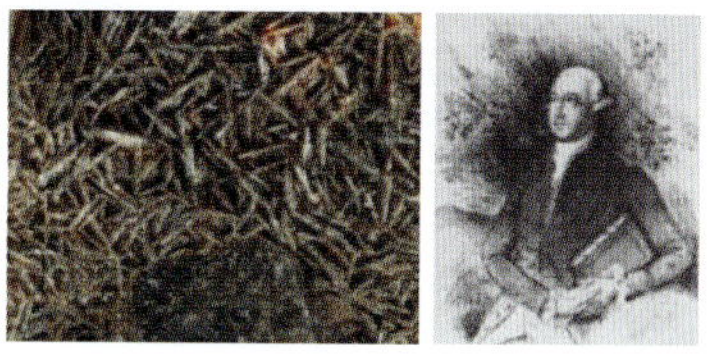

锰绿泥石片状晶体(意大利)和彭南特像

锰绿泥石是绿泥石族含锰矿物。三斜晶系。晶体呈薄片状。橙色、红棕色、棕色、深红色、深绿色、黑色，蜡状光泽、油脂光泽，解理面上呈珍珠光泽，半透明；硬度 2～2.5，完全解理。1946 年发现于英国威尔士西北部格温内思郡贝纳尔特(Benallt)矿。1946 年在《矿物学杂志》(27)和 1947 年《美国矿物学家》(32)报道。英文名称 Pennantite，1946 年沃尔特·坎贝尔·史密斯(Walter Campbell Smith)、弗雷德里克·艾伦·班尼斯特(Frederick Allen Bannister)和马克斯·哈钦森·赫伊(Max Hutchinson Hey)为纪念托马斯·彭南特(Thomas Pennant，1726—1798)而以他的姓氏命名。他是英国的一位作家、博物学家和古董商人。1959 年以前发现、描述并命名的"祖父级"矿物，IMA 承认有效。中文名称根据成分及与绿泥石的关系译为锰绿泥石。

【锰$^{2+}$绿纤石】

英文名Pumpellyite-(Mn^{2+})

化学式$Ca_2Mn^{2+}Al_2(Si_2O_7)(SiO_4)(OH)_2 \cdot H_2O$　　(IMA)

锰$^{2+}$绿纤石是一种含富二价锰的绿纤石。属绿纤石族。单斜晶系。晶体呈针状、纤维状。浅灰色、粉棕红色，玻璃光泽。1980 年发现于日本本州岛中部山梨县南アルプス市

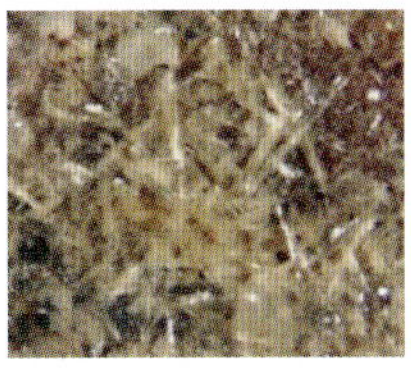
锰$^{2+}$绿纤石针状晶体(意大利)

(Minami-Alps)光彩(Kohsai)落合矿山。英文名称 Pumpellyite-(Mn^{2+}),由根词"Pumpellyite(绿纤石)"加占优势的二价锰后缀-(Mn^{2+})组合命名。其中,根名1925年由查尔斯·帕拉奇(Charles Palache)和海伦·E.瓦萨尔(Helen E. Vassar)为纪念美国地质学家拉斐尔·庞培里(Raphael Pumpelly,1837—1923)而以他的姓氏命名。1973年由IMA批准添加化学成分锰后缀-(Mn^{2+})[见1973年E.帕萨利亚(E. Passaglia)等《加拿大矿物学家》(12)]。IMA 1980-006批准。日文名称マンガノパンペリー石。1981年加藤(A. Kato)等在《矿物学通报》(104)和1983年《美国矿物学家》(68)报道。1988年中国新矿物与矿物命名委员会郭宗山等在《岩石矿物学杂志》[7(3)]根据成分及与绿纤石的关系译为锰$^{2+}$绿纤石(参见【镁绿纤石】条596页)。

【锰$^{3+}$绿纤石】参见【鄂霍次克石】条141页

【锰绿铁矿】

英文名 Frondelite

化学式($Mn^{2+}_{0.5}Fe^{3+}_{0.5}$)$_2$$Fe^{3+}_3$($PO_4$)$_3(OH)_5$ (IMA)

锰绿铁矿葡萄状、放射状集合体(美国、德国)和弗龙德尔像

锰绿铁矿是一种含羟基的锰、铁的磷酸盐矿物。属绿铁矿族。斜方晶系。晶体呈纤维状;集合体呈葡萄状、皮壳状。新鲜者呈暗绿色、橄榄绿色—黑绿色,氧化后变褐绿色—暗红褐色、橙色,半玻璃—玻璃光泽、树脂光泽、油脂光泽,半透明;硬度4.5,完全解理,脆性。1949年发现于巴西米纳斯吉拉斯州伽利略县(Galileia)萨普卡亚(Sapucaia)矿。1949年林德伯格(Lindberg)在《美国矿物学家》(34)报道。英文名称Frondelite,1949年由玛丽·路易丝·林德伯格(Marie Louise Lindberg)为纪念美国哈佛大学矿物学家克利福德·弗龙德尔(Clifford Frondel,1907—2002)而以他的姓氏命名。他是《丹纳系统矿物学》(第七版)的修订者之一。克碲铀矿(Cliffordite)则是以他的名字命名的。1959年以前发现、描述并命名的"祖父级"矿物,IMA承认有效。中文名称根据成分及与绿铁矿的关系译为锰绿铁矿。

【锰茂】参见【锰明矾】条611页

【锰镁钙辉石】参见【锰透辉石】条616页

【锰镁铝蛇纹石】

英文名 Baumite

化学式(Mg,Al,Mn,Zn,Fe)$_3$(Si,Al)$_2$$O_5(OH)_4$

鲍姆像

锰镁铝蛇纹石属高岭石-蛇纹石族蛇纹石亚族的利蛇纹石矿物。棕色、黑棕色,少见较深的红棕色,蜡状光泽、油脂光泽,半透明—不透明;硬度2,脆性。1972年发现于美国新泽西州苏塞克斯县富兰克林采矿区富兰克林(Franklin)矿。英文名称Baumite,1975年克利福德·弗龙德尔(Clifford Frondel)和伊藤顺(Jun Ito)以约翰·利奇·鲍姆(John Leach Baum,1916—2011)的姓氏命名。鲍姆是查尔斯·帕拉奇(Charles Palache)博士在哈佛大学毕业的学生、富兰克林矿的前任首席地质学家、富兰克林矿物博物馆名誉馆长和《富兰克林矿床矿物学和地质学》的作者和贡献者。IMA 1972-024批准。该矿物可与少量绿泥石共生。1992年克拉克(Clark)作为一个矿物种报道;但尼克尔(Nickel)和尼克尔斯(Nichols)于1991年在《矿物参考手册》视为"几种蛇纹石和绿泥石的混合物"(引自1975年弗龙德尔和伊藤《美国矿物学家》)。被IMA废弃。中文名称根据成分及与蛇纹石的关系译为锰镁铝蛇纹石。

【锰镁锌矾】

英文名 Mooreite

化学式 $Mg_{15}(SO_4)_2(OH)_{26}\cdot8H_2O$ (IMA)

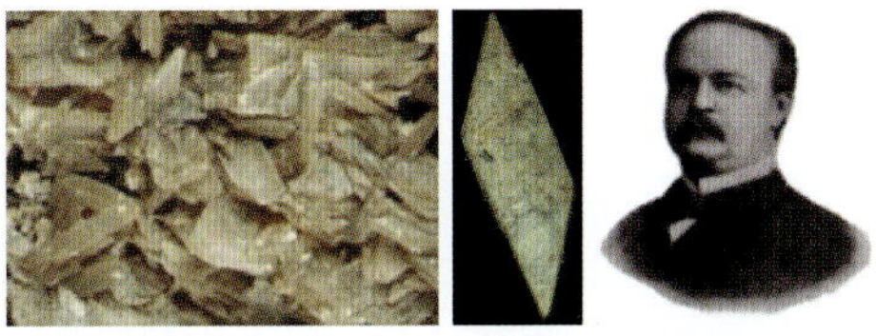
锰镁锌矾菱形板状、片状晶体(美国)和摩尔像

锰镁锌矾是一种含结晶水和羟基的镁的硫酸盐矿物。单斜晶系。晶体呈菱形板状、片状。无色、浅棕色,半玻璃光泽、珍珠光泽,透明;硬度3,完全解理。1929年发现于美国新泽西州苏塞克斯县富兰克林矿区斯特林(Sterling)矿山。1929年鲍尔和伯曼在《美国矿物学家》(14)报道。英文名称Mooreite,劳森·H.鲍尔(Lawson H. Bauer)和哈利·伯曼(Harry Berman)为纪念美国化学家盖登·埃米特·摩尔(Gideon Emmet Moore,1842—1895)而以他的姓氏命名。他是美国内华达州弗吉尼亚城和帕塞伊克河锌公司最初的主要分析者,他对新泽西州斯特林山和富兰克林矿的矿物进行了早期研究,命名了透钙磷石(Brushite)、黑锌锰矿(Chalcophanite)和锌锰矿(Hetaerolite)。1959年以前发现、描述并命名的"祖父级"矿物,IMA承认有效。中文名称根据成分译为锰镁锌矾或镁锰锌矾或锌镁矾。

【锰明矾】

英文名 Apjohnite

化学式 $Mn^{2+}Al_2(SO_4)_4\cdot22H_2O$ (IMA)

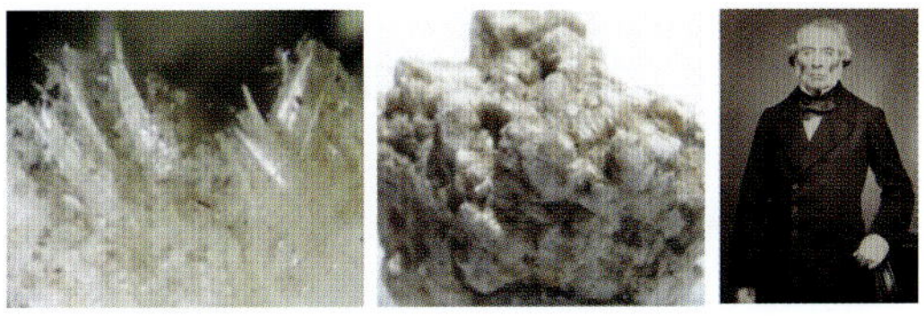
锰明矾纤维状、针状晶体(意大利、美国)和阿浦约翰像

锰明矾是一种含结晶水的锰、铝的硫酸盐矿物。可能是铁明矾或镁明矾的含锰矿物。属铁明矾族。单斜晶系。晶体呈纤维状、针状;集合体呈皮壳状、块状、石棉状。无色、白色、淡粉色、淡黄色、浅绿色,丝绢光泽,透明—半透明;硬度1.5~2。1838年阿浦约翰(Apjohn)在《哲学杂志和科学期刊》(12)报道,称为Manganese Alum。1847年发现于莫桑比克马普托省马普托(Maputo)(马普托湾、德拉瓜湾、洛伦索马克斯湾);同年,E. F. 格洛克(E. F. Glocker)在哈雷《普通

M

矿物和特殊天然次生矿物概要》刊载。英文名称 Apjohnite，以爱尔兰都柏林三一学院化学和矿物学教授詹姆斯·阿浦约翰(James Apjohn，1796—1886)的姓氏命名。1959 年以前发现、描述并命名的“祖父级”矿物，IMA 承认有效。中文名称根据成分译为锰明矾或锰铝矾(Manganese Alum)，也有的译为锰茂。茂金属名称中的“茂”来自有机化合物“环戊二烯”中的“戊”字，上加草字头表示配体为具有芳香性的环戊二烯基负离子。尽管 IUPAC(国际纯粹与应用化学联合会，又译国际理论与应用化学联合会)对茂金属的定义较为严格，但在习惯命名中，并非那么严格，如二茂锰也被归为茂金属及其衍生物一类，故有人将锰明矾也译作锰茂。

【锰钠矾】参见【白钠锰矾】条 36 页

【锰钠钾硅石】参见【硅碱锰石】条 270 页

【锰钠矿】

英文名 Manjiroite

化学式 $Na(Mn^{4+}_7Mn^{3+})O_{16}$　(IMA)

锰钠矿纤维状晶体，钟乳状集合体(美国、日本)和万次郎像

锰钠矿是一种钠、锰的氧化物矿物。属锰钡矿超族锰铅矿族。四方晶系。晶体呈纤维状；集合体呈块状、钟乳状。棕灰色、灰棕色、暗棕灰色，树脂光泽，不透明；硬度 7，脆性。1966 年发现于日本本州岛东北岩手县小春轻间町(Kohare)矿。英文名称 Manjiroite，1967 年由南部松夫(Matsuo Nambu)和谷田胜俊(Katsutoshi Tanida)以日本仙台东北大学的矿物学家、经济地质学家和教授渡边万次郎(Manjiro Watanabe，1891—1980)博士的姓氏命名。IMA 1966－009 批准。日文汉字名称萬次郎鉱。1967 年南部松尾等在《日本矿物学家、岩石学家和经济地质学家协会杂志》(58)和 1968 年米迦勒·弗莱舍(Michael Fleischer)在《美国矿物学家》(53)报道。中国地质科学院根据成分译为锰钠矿。2010 年杨主明在《岩石矿物学杂志》[29(1)]建议借用日文汉字名称的简化汉字名称万次郎矿。

【锰钠闪石】

英文名 Mangano-mangani-ungarettiite

化学式 $NaNa_2(Mn^{2+}_2Mn^{3+}_3)Si_8O_{22}O_2$　(IMA)

锰钠闪石柱状晶体(德国)

锰钠闪石是一种 A 位钠、C^{2+} 位二价锰、C^{3+} 位三价锰和 W 位氧占优势的角闪石矿物。属角闪石超族 W 位氧占优势的角闪石族锰钠闪石根名族。单斜晶系。晶体呈柱状。鲜红色—暗红色，玻璃光泽；硬度 6，完全解理，脆性。1994 年发现于澳大利亚新南威尔士州福布斯市霍斯金斯(Hoskins)矿山。英文名称 Mangano-mangani-ungarettiite，由成分冠词“Mangano(二价锰)”和“Mangani(三价锰)”及根词“Ungarettiite(锰钠闪石)”组合命名，意指它是富二价锰和三价锰的锰钠闪石。其中，根词 Ungarettiite，以意大利帕维大学鲁西亚诺·翁加雷蒂(Luciano Ungaretti，1942—)教授的姓氏命名。IMA 1994－004 批准。1995 年 F. C. 霍桑(F. C. Hawthorne)等在《美国矿物学家》(80)报道。从前它是一个有效的矿物种，现在是一个根域名。根据新的角闪石超群的命名法(霍桑，2012)更名为 Mangano-mangani-ungarettiite。IMA 2012s. p. 批准。2004 年中国地质科学院矿产资源研究所李锦平等在《岩石矿物学杂志》[23(1)]根据成分和根名译为锰钠闪石。

【锰钠铁闪石】

英文名 Juddite

化学式 $Na_{2.5}Ca_{0.5}(Fe,Mg,Mn)_4(Fe,Al)[Si_{3.5}Al_{0.5}O_{11}]_2(OH)_2$

贾德像

锰钠铁闪石属角闪石族钠闪石-钙闪石亚族矿物。单斜晶系。晶体呈柱状，具简单、聚片双晶。硬度 5～6，完全解理。英文名称 Juddite，1908 年刘易斯·利·弗莫尔(Lewis Leigh Fermor)以约翰·卫斯理·贾德(John Wesley Judd，1840—1916)的姓氏命名。贾德是英国地质调查局的地质学家和岩石学家，英国伦敦帝国(皇家)大学的地质学教授。1910 年 L. J. 斯宾塞(L. J. Spencer)在《矿物学杂志》(15)报道。1978 年 IMA 废弃。1978 年利克(Leake)根据《矿物学杂志》(42)角闪石命名法按 1955 年比尔格拉米(Bilgrami)提供的数据将 Juddite 设定为锰的 Arfvedsonite(钠闪石)，即 Manganarfvedsonite(锰亚铁钠闪石)。中文名称根据成分及族名译为锰钠铁闪石。

【锰铌铁矿】

英文名 Columbite-(Mn)

化学式 $Mn^{2+}Nb_2O_6$　(IMA)

锰铌铁矿柱状、板状晶体(阿富汗、美国、意大利)

锰铌铁矿是铌铁矿的富锰矿物。属铌铁矿族铌铁矿(Fe)-铌铁矿(Mn)系列。斜方晶系。晶体呈板状、柱状，具双晶。褐黑色—黑色，金属—半金属光泽，不透明；硬度 6～6.5，完全解理，脆性。模式产地美国。1892 年在《丹纳系统矿物学》(第六版，纽约)刊载。英文名称 Columbite-(Mn)，原名 Manganocolumbite 或 Manganoniobite，2008 年 E. A. J. 伯克(E. A. J. Burke)在《矿物学记录》(39)更为现名 Columbite-(Mn)，由根词“Columbite(铌铁矿)”加占优势的锰后缀-(Mn)组合命名。1959 年以前发现、描述并命名的“祖父级”矿物，IMA 承认有效。IMA 2007s. p. 批准。中文名称根据成分译为锰铌铁矿或铌锰矿(根词参见【铌铁矿】条 652 页)。

【锰镍矿】

英文名 Ernienickelite

化学式 $NiMn^{4+}_3O_7\cdot 3H_2O$　(IMA)

锰镍矿是一种含结晶水的镍、锰的氧化物矿物。属黑锌锰矿族。三方晶系。晶体呈六方薄片近圆形；集合体呈不规则排列的花朵状。黑色、红棕色，半金属光泽、玻璃光泽，半透明—不透明；硬度 2，极完全解理，脆性。1993 年发现于澳大利亚西澳大利亚州卡尔古利-博尔德市韦弗利(Waverley)

M

金矿坑。英文名称 Ernienickelite，1994 年约尔·D. 格赖斯(Joel D. Grice)等为纪念加拿大-澳大利亚矿物学家厄内斯特(厄尼)·亨利·尼克尔[Ernest (Ernie) Henry Nickel，1925—2009]而以他的姓名命名。尼克尔曾在加拿大渥太华矿产与能源技术中心(CANMET)(1953—1971)、西澳大利亚温斯利联邦科学与工业研究组织(CSIRO)矿物学研究所(1971—1985)和国际矿物学协会(IMA)工作，他对加拿大和澳大利亚的矿物学及经济矿床成因研究做出了突出贡献，他致力于矿物分类，包括镍-施特伦茨(Nickel-Strunz)矿物分类系统的研究。IMA 1993-002 批准。1994 年格赖斯等在《加拿大矿物学家》(32)报道。1999 年中国新矿物与矿物命名委员会黄蕴慧等在《岩石矿物学杂志》[18(1)]根据成分译为锰镍矿。

尼克尔像

【锰硼石】

英文名 Jimboite

化学式 $Mn_3^{2+}(BO_3)_2$　(IMA)

神保像

锰硼石是一种锰的硼酸盐矿物。斜方晶系。晶体呈柱状，具双晶；集合体呈块状。浅紫褐色、红棕色，玻璃光泽，透明—半透明；硬度 5.5，完全解理。1963 年发现于日本本州岛关东地区栃木县鹿沼城加苏(Kaso)矿山。1963 年渡边(T. Watanabe)、加藤(A. Kato)、松木(T. Matsumoto)和伊藤(J. Ito)在《日本科学院学报》(B39)和 M. 弗莱舍(M. Fleischer)在《美国矿物学家》(48)报道。英文名称 Jimboite，为纪念已故的东京大学矿物学研究所的创始人神保小虎(Kotora Jimbo，1867—1924)教授而以他的姓氏命名。日文汉字名称神保石。IMA 1963-002 批准。中国地质科学院根据成分译为锰硼石。2010 年杨主明在《岩石矿物学杂志》[29(1)]建议借用日文汉字名称神保石。

【锰坡缕石】

英文名 Yofortierite

化学式 $Mn_5^{2+}Si_8O_{20}(OH)_2 \cdot 7H_2O$　(IMA)

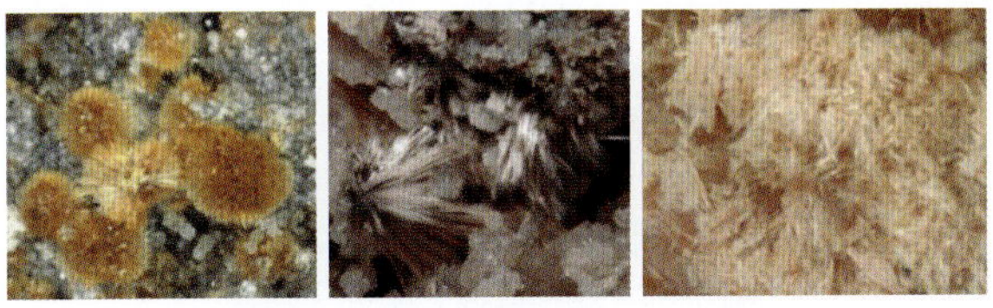

锰坡缕石纤维状晶体，球粒状、放射状、团状集合体(美国、加拿大)

锰坡缕石是一种含结晶水、羟基的锰的硅酸盐矿物。属坡缕石族。单斜晶系。晶体呈纤维状、针状；集合体呈球粒状、团状、放射状。紫罗兰色、淡紫色、粉红色、米色、红色—橙棕色、深棕色、青铜色，丝绢光泽，透明—不透明；硬度2.5。1974 年发现于拿大魁北克省圣希莱尔(Saint-Hilaire)山混合肥料采石场。英文名称 Yofortierite，由加拿大地质调查局局长(1964—1973)伊夫·奥斯卡·福捷(Yves Oscar Fortier，1914—2014)的姓名缩写组合命名，以表彰他对加拿大地球科学做出的许多贡献。IMA 1974-045 批准。1975 年 G. 佩罗特(G. Perrault)等在《加拿大矿物学家》(13)和 1976 年《美国矿物学家》(61)报道。中国地质科学院根据成分和族名译为锰坡缕石。2011 年杨主明在《岩石矿物学杂志》[30(4)]建议音译为约夫蒂尔石。

【锰铅矾】

英文名 Nasledovite

化学式 $PbMn_3^{2+}Al_4O_5(SO_4)(CO_3)_4 \cdot 5H_2O$　(IMA)

锰铅矾鲕状集合体(墨西哥)和纳斯莱多夫像

锰铅矾是一种含 5 个结晶水的铅、锰、铝的碳酸-硫酸盐矿物。晶体呈柱状、纤维状；集合体呈鲕状、毡状、放射状。雪白色，丝绢光泽，半透明；硬度 2。1958 年发现于塔吉克斯坦粟特(Sogd)州萨尔多布(Sardob)多金属矿床；同年，M. R. 埃尼基夫(M. R. Enikeev)等在《苏联乌兹别克斯坦科学院报告》(5)和 1959 年 M. 弗莱舍(M. Fleischer)在《美国矿物学家》(44)报道。英文名称 Nasledovite，以苏联地质学家鲍里斯·尼古拉耶维奇·纳斯莱多夫(Boris Nikolaevich Nasledov，1885—1942)姓氏命名。他是乌兹别克矿石地质学学院的创始人，还是撒马尔罕和中亚大学的教授，是卡拉马扎尔矿群专家，并研究了查特卡尔山和库拉明山的地质构造和成矿作用。1959 年以前发现、描述并命名的"祖父级"矿物，IMA 承认有效，但持怀疑态度。中文名称根据成分译为锰铅矾或菱锰铅矾，还有的译为硫碳铅锰铝石。

【锰铅矿】

英文名 Coronadite

化学式 $Pb(Mn_6^{4+}Mn_2^{3+})O_{16}$　(IMA)

锰铅矿针柱状晶体，晶簇状集合体(法国)和科罗纳多探险队

锰铅矿是一种铅、锰的氧化物矿物。属锰钡矿超族锰铅矿族。单斜(假四方)晶系。晶体呈细柱状、纤维状、针柱状；集合体呈晶簇状、葡萄状、皮壳状。深灰色、黑色，金属—半金属光泽、土状光泽，不透明；硬度 4.5～5。1904 年发现于美国亚利桑那州格林利县科罗纳多(Coronado)矿山。1904 年由沃尔德马·林格伦(Waldemar Lindgren)和希勒布兰德(Hillebrand)在《美国科学杂志》(1/18)报道。英文名称 Coronadite，以发现地美国的科罗纳多(Coronado)矿命名。该矿名是 1905 年由林格伦等以在美国西南部一个著名的西班牙探险家弗朗西斯科·瓦斯克斯·德·科罗纳多(Francisco Vasquez de Coronado，1510—1554)的姓氏命名。1959 年以前发现、描述并命名的"祖父级"矿物，IMA 承认有效。中文名称根据成分译为锰铅矿，有的根据成分及与硬锰矿的关系译为铅硬锰矿，还有的译作方锰铅矿。

【锰热臭石】

英文名 Pyrosmalite-(Mn)

化学式 $Mn_8^{2+}Si_6O_{15}(OH,Cl)_{10}$　(IMA)

锰热臭石是一种富锰的热臭石。属热臭石族铁热臭石-

锰热臭石柱状晶体（澳大利亚、美国、瑞典）

锰热臭石系列。三方晶系。晶体呈柱状、粒状。灰色、淡褐色、微黑色，玻璃光泽，半透明；硬度 4.5，完全解理。1953 年发现于美国新泽西州苏塞克斯县富兰克林矿区斯特林（Sterling）矿；同年，弗龙德尔等在《美国矿物学家》(38)报道。英文名称 Pyrosmalite-(Mn)，最初由克利福德·弗龙德尔（Clifford Frondel）和劳森·鲍尔（Lawson H. Bauer）命名为 Manganpyrosmalite，它相对于原始 Pyrosmalite（热臭石）的组成锰占优势。随后，发现 Pyrosmalite 有锰和铁占优势的两个种，IMA 添加后缀- Mn 或- Fe，以指示化学式中的阳离子占优势[见 2008 年《矿物学记录》(39)]。1959 年以前发现、描述并命名的“祖父级”矿物，IMA 承认有效。IMA 2007s. p. 批准。中文名称根据成分及与热臭石的关系译为锰热臭石（根词参见【热臭石】条 751 页）。

【锰三斜辉石】参见【三斜锰辉石】条 766 页

【锰闪石】参见【碱镁闪石】条 377 页

【锰砷镁石】

英文名 Manganohörnesite

化学式 $Mn_3^{2+}(AsO_4)_2 \cdot 8H_2O$　　(IMA)

锰砷镁石纤维状晶体，扇状集合体（瑞典）

锰砷镁石是一种含结晶水的锰的砷酸盐矿物。属蓝铁矿族。单斜晶系。晶体呈针状、纤维状；集合体呈扇状、放射状。白色、无色，丝绢光泽，透明—半透明；硬度 1，完全解理。1951 年发现于瑞典韦姆兰省朗班（Långban）。英文名称 Manganohörnesite，1951 年由奥洛夫·加布里埃尔森（Olof Gabrielson）在《矿物学和地质学档案》(1)命名为 Manganese-hörnesite，因为它是 Hörnesite（砷镁石）的富锰的类似矿物。2008 年伯克（Burke）经 IMA 更为现名 Manganohörnesite，由成分冠词“Mangano（锰）”和根词“Hörnesite（砷镁石）”组合命名。1959 年以前发现、描述并命名的“祖父级”矿物，IMA 承认有效。IMA 2007s. p. 批准。中文名称根据成分及与砷镁石的关系译为锰砷镁石（根词参见【砷镁石】条 785 页）。

【锰水磷铁钙镁石】

英文名 Manganosegelerite

化学式 $Mn_2^{2+}Fe^{3+}(PO_4)_2(OH) \cdot 4H_2O$　　(IMA)

锰水磷铁钙镁石柱状、片状晶体，捆状、晶簇状集合体（俄罗斯）

锰水磷铁钙镁石是一种含结晶水和羟基的锰、铁的磷酸盐矿物。属水磷铝钙石族。斜方晶系。晶体呈柱状、片状；集合体呈捆状、晶簇状、块状。黄色、黄绿色，半玻璃光泽、树脂光泽，薄片透明；硬度 3～4。1984 年发现于俄罗斯北部摩尔曼斯克州瓦辛-麦尔克（Vasin-Mylk）山。英文名称 Manganosegelerite，由成分冠词“Manganese（锰）”和根词“Segelerite（水磷铁钙镁石）”组合命名，意指它是锰占优势的水磷铁钙镁石的类似矿物。IMA 1984 - 055 批准。1992 年 A. V. 沃罗金（A. V. Voloshin）在《俄罗斯矿物学会记事》[121(2)]报道。1998 年中国新矿物与矿物命名委员会黄蕴慧等在《岩石矿物学杂志》[17(1)]根据成分译为锰水磷铁钙镁石（根词参见【水磷铁钙镁石】条 845 页）。

【锰锶异性石】

英文名 Manganokhomyakovite

化学式 $Na_{12}Sr_3Ca_6Mn_3Zr_3W(Si_{25}O_{73})(O,OH,H_2O)_3(Cl,OH)_2$　　(IMA)

锰锶异性石柱状晶体（俄罗斯）和霍米亚科夫像

锰锶异性石是一种含氯、羟基、结晶水和氧的钠、锶、钙、锰、锆、钨的硅酸盐矿物。属异性石族。三方晶系。晶体呈假八面体、柱状。红色、橙红色，玻璃光泽，透明—半透明；硬度 5～6，脆性。1998 年发现于加拿大魁北克省圣希莱尔（Saint-Hilaire）山混合肥料采石场。英文名称 Manganokhomyakovite，由成分冠词“Mangano（锰）”和根词“Khomyakovite（锶异性石）”组合命名，其中，根词“Khomyakovite（锶异性石）”是 O. 约翰逊（O. Johnsen）等为纪念亚历山大·彼得罗维奇·霍米亚科夫（Alexander Petrovich Khomyakov，1933—2012）而以他的姓氏命名。IMA 1998 - 043 批准。1999 年约翰逊等在《加拿大矿物学家》(37)报道。2003 年中国地质科学院矿产资源研究所李锦平等在《岩石矿物学杂志》[22(1)]根据成分及族名译为锰锶异性石（根词参见【锶异性石】条 896 页）。

【锰钽矿】参见【钽锰矿】条 917 页

【锰铁钒铅矿】

英文名 Brackebuschite

化学式 $Pb_2Mn^{3+}(VO_4)_2(OH)$　　(IMA)

锰铁钒铅矿扁柱状晶体（阿根廷）和布拉克布施像

锰铁钒铅矿是一种含羟基的铅、锰的钒酸盐矿物。属锰铁钒铅矿族。单斜晶系。晶体呈针状、扁柱状、楔状；集合体呈晶簇状、树枝状、葡萄状等。暗褐色、深棕黑色—黑色，树脂光泽、半玻璃光泽、半金属光泽，半透明—不透明；硬度 4～5，脆性。1880 年发现于阿根廷科尔多瓦省维纳斯（Venus）矿。1880 年拉梅尔斯贝格（Rammelsberg）在柏林《德国地质学会杂志》(32)报道。英文名称 Brackebuschite，1880 年 A. 多林（A. Döring）以德国矿物学家和地质学家路德维希·布拉克布施（Ludwig Brackebusch，1849—1906）的姓氏命名。他是阿根廷科尔多瓦大学矿物学教授（1875—1888），1888 年回到德国，做咨询地质学家。1959 年以前发现、描述并命名的“祖父级”矿物，IMA 承认有效。中文名称根据成分译为锰铁钒铅矿，也译作水钒锰铅矿。

【锰铁橄榄石】

英文名 Knebelite

化学式 $(Fe_{1.5}Mn_{0.5})_2SiO_4$ 到 $(Mn_{1.5}Fe_{0.5})_2SiO_4$

锰铁橄榄石是铁橄榄石-锰橄榄石系列的中间成员。属橄榄石族。斜方晶系。晶体呈粒状。深绿色、褐黑色、灰黑色，油脂光泽，半透明—不透明；硬度 6.5。最初的报道来自德国伊尔默瑙(Ilmenau)或瑞典。1817 年 J. W. 多伯临纳(J. W. Dobereiner)在《化学物理学杂志》(21)报道。英文名称 Knebelite，以矿物发现者 M. 冯·克内贝尔(M. von Knebel)的姓氏命名。同义词 Igelströmite，1884 年 M. 韦布尔(M Weibull)在《斯德哥尔摩地质学会会刊》(7)为纪念瑞典矿物学家拉尔斯·约翰·伊格尔斯托姆(Lars Johann Igelstrom，1822—1897)而以他的姓氏命名。中文名称根据成分和族名译为锰铁橄榄石。

【锰铁尖晶石】参见【锰铁矿】条 615 页

【锰铁矿】

英文名 Jacobsite

化学式 $Mn^{2+}Fe_2^{3+}O_4$　(IMA)

锰铁矿八面体晶体，晶簇状集合体(德国、南非)

锰铁矿是一种锰、铁的氧化物矿物。属尖晶石超族氧尖晶石族尖晶石亚族。锰铁矿-磁铁矿系列成员之一。与四方锰铁矿(Jacobsite-Q)为同质多象。等轴晶系。晶体呈八面体、粒状；集合体呈块状、晶簇状。铁黑色、灰黑色，树脂光泽、半金属光泽，不透明；硬度 5.5～6.5，脆性。1869 年发现于瑞典韦姆兰省雅各斯贝格(Jakobsberg)矿。1869 年达穆尔(Damour)在《科学院会议周报》(69)报道。英文名称 Jacobsite，由奥古斯汀·亚历克西斯·达穆尔(Augustin Alexis Damour)根据发现地瑞典的雅各斯贝格(Jakobsberg)矿命名。1959 年以前发现、描述并命名的“祖父级”矿物，IMA 承认有效。IMA 1982s. p. 批准。中文名称根据成分译为锰铁矿；根据成分及族名译作锰铁尖晶石；有时根据颜色和成分也译作黑镁锰铁矿。

【锰铁榴石】

英文名 Calderite

化学式 $Mn_3^{2+}Fe_2^{3+}(SiO_4)_3$　(IMA)

锰铁榴石粒状晶体(纳米比亚)

锰铁榴石是一种锰、铁的硅酸盐矿物。属石榴石族。等轴晶系。深红棕色—深黄色、棕黄色，玻璃光泽，透明—半透明。发现于加拿大纽芬兰岛拉布拉多省瓦布斯(Wabush)和纳米比亚奥乔宗朱帕区奥乔松杜(Otjosondu)。1909 年见于《印度地质调查局回忆录》(37)报道。英文名称 Calderite，以印度地质学的早期作家詹姆斯·考尔德(James Calder)的姓氏命名。Calderite(锰铁榴石)之名首先应用于含石榴石的岩石，后来在印度中央邦巴拉卡德(Balaghat)区比哈尔哈扎里巴格区卡坦桑迪(Katkamsandi)发现一个大石榴石。1892 年丹纳(Dana)《系统矿物学》(第六版)分析了在印度发现的矿物，但它不是锰铁榴石(只显示微量的锰)。锰铁榴石已从文献中不被视为一个有效的物种(弗莱舍，1971，1975)，直到 1952 年 F. H. S. 维尔马斯(F. H. S. Vermass)在《矿物学杂志》(29)报道来自纳米比亚的一个锰铁石榴石(Manganese-iron garnet)和 1966 年 C. 克莱因(C. Klein)在《岩石学杂志》(7)报道来自加拿大拉布拉多瓦布斯(Wabush)的锰铁榴石(Calderite)并于 1979 年经邓恩(《加拿大矿物学家》(17)的研究。邓恩推荐的品种数据只来自纳米比亚和加拿大各地的再验证。他证实了加拿大瓦布斯(Wabush)的 Calderite 作为锰铁榴石-钙铁榴石系列的近锰端元成分。1959 年以前发现、描述并命名的“祖父级”矿物，IMA 承认有效。中文名称根据成分及族名译为锰铁榴石/铁锰榴石。

【锰铁铅矿】

英文名 Zenzénite

化学式 $Pb_3Fe_4^{3+}Mn_3^{4+}O_{15}$　(IMA)

锰铁铅矿是一种铅、铁、锰的氧化物矿物。六方晶系。晶体呈自形—半自形板条状、粒状。黑色，不透明；硬度 5.5～6，中等解理。1990 年发现于瑞典韦姆兰省朗班(Långban)。英文名称 Zenzénite，由瑞典斯德哥尔摩自然历史博物馆资深策展人(馆长)尼尔斯·泽纳泽纳(Nils Zenzén，1883—1959)博士的姓氏命名。IMA 1990－031 批准。1991 年 D. 霍尔特斯坦(D. Holtstam)等在《加拿大矿物学家》(29)报道。1993 年中国新矿物与矿物命名委员会黄蕴慧等在《岩石矿物学杂志》[12(1)]根据成分译为锰铁铅矿；《英汉矿物种名称》(2017)译作铅铁锰矿。

【锰铁闪石】

英文名 Clino-ferro-suenoite

化学式 $\square Mn_2Fe_5^{2+}Si_8O_{22}(OH)_2$

锰铁闪石是一种含羟基的空位、锰、铁的硅酸盐矿物。属角闪石超族 W 位羟基、氟、氯占优势的角闪石族镁铁锰闪石亚族末野闪石根名族。单斜晶系。晶体呈柱状，具聚片双晶。深绿色、褐色、无色，玻璃光泽，半透明；硬度 5～6，完全解理。1855 年首先被发现于瑞典东南部乌普兰地区东哈马尔市丹内马拉(Dannemora)矿山。英文原名称 Dannemorite，1855 年以发现地瑞典的丹内马拉(Dannemora)矿山命名。根据 1978 年角闪石命名法(IMA 78)，Dannemorite 被废弃，采用新名 Manganogrunerite(＝Magnesiogrunerite)，它由成分冠词“Mangano(锰)”和根词“Grunerite(铁闪石)”组合命名。2017 年奥贝蒂(Oberti)等在《矿物学杂志》(81)经 CNMNC 决定重新命名为 Clino-ferro-suenoite，它由对称和成分冠词“Clino(单斜)”“Ferro(二价铁)”和根词“Suenoite(末野闪石)”组合命名。中文名称根据成分及与铁闪石的关系译为锰铁闪石(根词参见【铁闪石】条 954 页)。

【锰铁锌矾】

英文名 Dietrichite

化学式 $ZnAl_2(SO_4)_4 \cdot 22H_2O$　(IMA)

锰铁锌矾是一种含结晶水的锌、铝的硫酸盐矿物。属铁明矾族。单斜晶系。晶体呈纤维状、针状；集合体呈束状、晶簇状。棕色、黄色、米白色，玻璃光泽、丝绢光泽，透明；硬

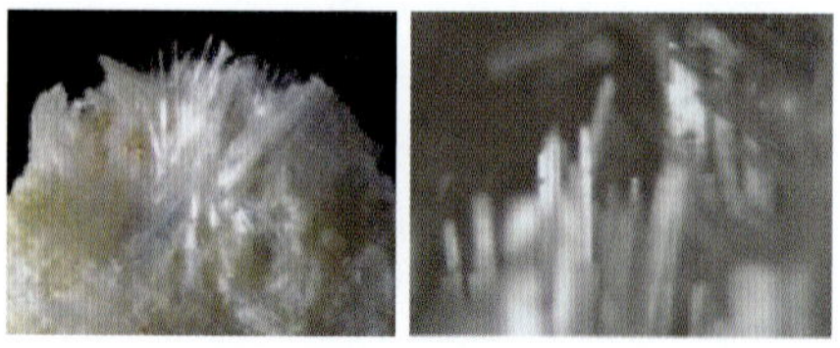

锰铁锌矾纤维状晶体,束状、晶簇状集合体(希腊、美国)

度 2。1878 年发现于罗马尼亚巴亚斯普列(Baia Sprie)矿;同年,冯·施罗丁格(von Schrockinger)在《维也纳皇家地质学会会刊》报道。英文名称 Dietrichite,以捷克共和国普里布拉姆(Příbram)镇的古斯塔夫·海因里希·迪特里希(Gustav Heinrich Dietrich)博士的姓氏命名,是他首先分析了该矿物标本。1959 年以前发现、描述并命名的"祖父级"矿物,IMA 承认有效。中文名称根据成分译为锰铁锌矾或锌铝矾。

【锰铜矿】

英文名 Crednerite

化学式 $CuMnO_2$ (IMA)

锰铜矿柱状晶体,放射状集合体(意大利)

锰铜矿是一种铜、锰的氧化物矿物。单斜晶系。晶体呈假六方薄板状、柱状;集合体呈放射状、半球状或球状、皮壳状。亮灰色—铁黑色,金属光泽,不透明;硬度 4～5,完全解理,脆性。英文名称 Crednerite,以德国矿业地质学家和矿物学家卡尔·弗里德里希·海因里希·克雷德纳(Karl Friedrich Heinrich Credner,1809—1876)的姓氏命名,他是该矿物的发现者。1847 年发现于德国图林根州幸运星(Glückstern)矿;同年,克雷德纳在《矿物学杂志》(5)报道,称 Kupferhaltige Manganerz。1849 年 C.拉梅尔斯贝格(C. Rammelsberg)在《物理学和化学年鉴》(74)报道。1959 年以前发现、描述并命名的"祖父级"矿物,IMA 承认有效。中文名称根据成分译为锰铜矿。

【锰透辉石】

英文名 Schefferite

化学式 $(Ca,Mn)(Mg,Fe,Mn)Si_2O_6$

锰透辉石柱状、纤维状晶体(瑞典、意大利)

锰透辉石是一种含锰的次透辉石,介于透辉石与钙辉石之间。晶体呈柱状、纤维状。棕色、褐色;硬度 6,完全解理。最初描述来自瑞典韦姆兰省朗班(Långban)。英文名称 Schefferite,1862 年由约翰·安德烈亚斯·克里斯蒂安·迈克尔森(Johann Andreas Christian Michaelson)为纪念瑞典的一位医生、植物学家和化学家亨利克·特奥菲卢斯·谢佛尔(Henrik Teofilus Scheffer,1710—1759)而以他的姓氏命名。他是摄氏(摄氏温标的创立者)和勃兰特的学生,在确立铂是一个新元素之前,他研究过铂,1752 年发表了一份有关铂的详细科学描述,将其称为"白金",并详述了如何利用砷来熔融铂矿物。1988 年 IMA 辉石小组委员会指出它是一个含锰的棕色的透辉石,IMA 未批准。中文名称根据成分及与透辉石的关系译为锰透辉石,也译作锰镁钙辉石。

【锰铊矿*】

英文名 Thalliomelane

化学式 $Tl(Mn^{4+}_{7.5}Cu^{2+}_{0.5})O_{16}$ (IMA)

锰铊矿*是一种铊、锰、铜的氧化物矿物。属锰钡矿超族锰铅矿族。四方晶系。黑色。2019 年发现于波兰小波兰省(Lesser Poland Voivodeship)克拉科夫(Kraków)县格米纳·克尔泽佐维兹萨拉斯(Zalas)采石场。英文名称 Thalliomelane,由成分冠词"Thallio(铊)"和根词"Melane(黑色)"组合命名,意指它是铊的锰钾矿(cryptomelane)和黑锰锶矿(Strontiomelane)的类似矿物。IMA 2019－055 批准。2019 年 B.戈文比奥夫斯卡(B. Gołębiowska)等在《CNMNC 通讯》(52)、《矿物学杂志》(83)和 2020 年《欧洲矿物学杂志》(32)报道。目前尚无中文官方译名,编译者建议根据成分及与锰钾矿(cryptomelane)的关系译为锰铊矿*(参见【锰钾矿】条 608 页)。

【锰榍石】

英文名 Groutite

化学式 $Mn^{3+}O(OH)$ (IMA)

锰榍石针柱状、楔形晶体(美国、乌克兰)和格劳特像

锰榍石是一种锰的氧-氢氧化物矿物。属水铝石族。与六方水锰矿和水锰矿为同质多象。斜方晶系。晶体呈楔形或透镜状、针柱状。黑色,可能有彩虹锖色,半金刚光泽、树脂光泽、蜡状光泽、油脂光泽,不透明;硬度 3.5～4,完全解理,脆性。1945 年发现于美国明尼苏达州马诺门(Mahnomen)坑和酋长锰(Sagamore Mangan)二号坑。英文名称 Groutite,1945 年由约翰·W.格鲁纳(John W. Gruner)以美国明尼苏达大学岩石学家弗兰克·费奇·格劳特(Frank Fitch Grout,1880—1958)的姓氏命名。1947 年格鲁纳在《美国矿物学家》(32)报道。1959 年以前发现、描述并命名的"祖父级"矿物,IMA 承认有效。中文名称根据成分和楔状形态译为锰榍石;根据斜方晶系和成分译为斜方水锰矿。

【锰锌大隅石】

英文名 Dusmatovite

化学式 $KK_2Mn_2(Zn_2LiSi_{12})O_{30}$ (IMA)

杜斯马托夫像

锰锌大隅石是一种钾、锰、锌、锂的硅酸盐矿物。属大隅石族。六方晶系。晶体呈粒状,集合体的大小达 4cm×5cm。深蓝色、污浊的蓝色或紫褐色,玻璃光泽,半透明;硬度 4.5,脆性。1994 年发现于塔吉克斯坦天山山脉达拉伊-皮奥兹(Dara-i-Pioz)冰川冰碛伟晶岩。英文名称 Dusmatovite,由塔吉克斯坦共和国矿物学家和地质学家维亚切斯拉夫·德祖拉耶维

M

奇·杜斯马托夫(Vyacheslav Djuraevitch Dusmatov,1936—2004)的姓氏命名,以表彰他在发现地进行了多年的工作。IMA 1994-010 批准。1995 年 E. V. 索科罗娃(E. V. Sokolova)等在《俄罗斯科学院报告》(344)和 1996 年 L. A. 保托夫(L. A. Pautov)等在《莫斯科大学维斯尼克分校学报》(4)报道。2003 年中国地质科学院矿产资源研究所李锦平等在《岩石矿物学杂志》[22(3)]根据成分及族名译为锰锌大隅石。

【锰锌碲矿】参见【碲锰锌石】条 124 页

【锰锌辉石】

英文名 Jeffersonite

化学式 $Ca(Mn,Zn,Fe)Si_2O_6$

锰锌辉石柱状晶体(美国)和杰斐逊像

锰锌辉石是一种含锰、锌的铁次透辉石。单斜晶系。晶体呈柱状。深绿色、深棕色、黑色,树脂光泽、蜡状光泽、半金属光泽,半透明—不透明;硬度 4.5～5,完全解理。最初的描述来自美国新泽西州苏塞克斯县富兰克林矿区斯特林(Sterling)山。英文名称 Jeffersonite,1822 年由拉德纳·瓦尼克桑(Lardner Vanuxem)和威廉·希坡律陀·基廷(William Hipolytus Keating)在《费城自然科学院学报》(第二卷)以美国前总统和博物学家托马斯·杰斐逊(Thomas Jefferson,1743—1826)的姓氏命名。杰斐逊是美利坚合众国第三任总统(1801—1809);同时也是《美国独立宣言》主要起草人,及美国开国元勋中最具影响力的人物之一;除政治外,杰斐逊同时也是农业学、园艺学、建筑学、词源学、考古学、数学、密码学、测量学与古生物学等学科的专家。中文名称根据成分及与辉石的关系译为锰锌辉石。

【锰星叶石】

英文名 Kupletskite

化学式 $K_2NaMn_7^{2+}Ti_2(Si_4O_{12})_2O_2(OH)_4F$ (IMA)

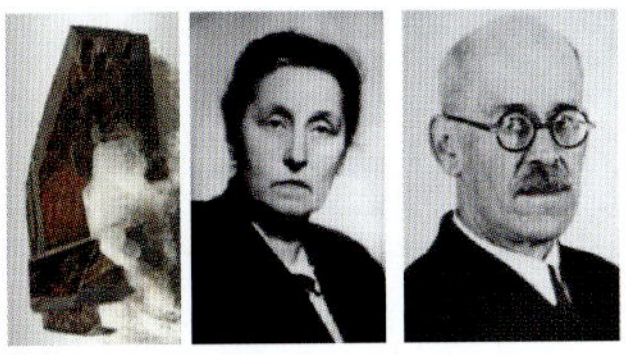

锰星叶石板状晶体(加拿大)和库普列茨基夫妇像

锰星叶石是星叶石超族锰星叶石族锰的端元矿物。三斜晶系。晶体呈叶片状、板状、鳞片状、针状;集合体呈放射状。棕色、黄色、暗褐色、黑色,金刚光泽、玻璃光泽,半透明;硬度 3～4,完全解理。1956 年发现于俄罗斯北部摩尔曼斯克州库夫乔尔(Kuivchorr)山和赛多泽罗(Seidozero)湖勒普赫-内尔(Lepkhe-Nel)伟晶岩;同年,E. I. 谢苗诺夫(E. I. Semenov)在《苏联科学院报告》(108)报道。英文名称 Kupletskite,以苏联地质学家鲍里斯·米哈伊洛维奇·库普列茨基(Boris Mikhailovich Kupletski,1884—1964)和埃尔莎·尼古拉耶夫娜·B. 库普列茨卡娅(Elsa Maximilianovna B. Kupletskaya,1897—1974)夫妇二人的姓氏命名。1959 年以前发现、描述并命名的"祖父级"矿物,IMA 承认有效。中文名称根据成分和族名译为锰星叶石。

【锰耶尔丁根石】

英文名 Gjerdingenite-Mn

化学式 $K_2Mn(Nb,Ti)_4(Si_4O_{12})_2(O,OH)_4 \cdot 6H_2O$ (IMA)

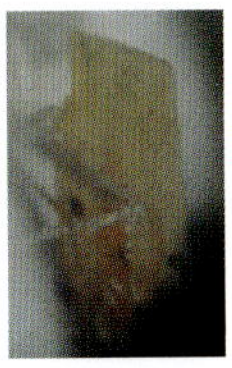

锰耶尔丁根石柱状晶体(挪威)

锰耶尔丁根石是一种含结晶水、羟基和氧的钾、锰、铌、钛的硅酸盐矿物,是含锰的耶尔丁根石的类似矿物。属硅钛钾钡矿(拉崩佐夫石)超族硅钾锌铌钛族。单斜晶系。晶体呈棒状、柱状。淡黄色—褐色,玻璃光泽,透明—半透明;硬度 5,脆性。2003 年发现于挪威奥斯陆地区奥普兰郡的耶尔丁根(Gjerdingen)。英文名称 Gjerdingenite-Mn,由根词"Gjerdingenite(耶尔丁根石)"加占优势的锰后缀-(Mn)组合命名。IMA 2003-015批准。2004 年 G. 拉德(G. Raade)在《欧洲矿物学杂志》(16)报道。2008 年中国地质科学院地质研究所任玉峰等在《岩石矿物学杂志》[27(3)]根据成分及与耶尔丁根石的关系译为锰耶尔丁根石。

【锰叶泥石】

英文名 Ekmanite

化学式 $(Fe^{3+},Mn,Mg,Ca,Al,Fe^{2+})_{10}Al[Si,Al]O_{30}(O,OH)_{12}$

锰叶泥石是一种黑硬绿泥石(Stilpnomelane)之一种。斜方晶系。晶体呈假六方叶片状、粒状、柱状;集合体呈石棉状、放射状、块状。灰色、沥青黑色,半金属光泽,解理面上呈珍珠光泽,半透明—不透明;硬度 2～3,完全解理。最初发现并描述于瑞典西曼兰省海勒福什的戈朗维斯特(Grythyttan)小镇布伦索(Brunsjo)矿。最初的名字为 Mn-rich stilpnomelane(富锰黑硬绿泥石)。1954 年 B. 纳吉(B. Nagy)在《美国矿物学家》(39)报道,废弃了 Mn-rich stilpnomelane 名称。英文名称 Ekmanite,以艾克曼(Ekman)的姓氏命名。1998 年 IMA 云母小组委员会认为可能是蒙脱石,并在《加拿大矿物学家》(36)报道。IMA 将其废弃。中文名称根据成分及与叶绿泥石的关系译为锰叶泥石或锰星泥石。

【锰异性石】

英文名 Manganoeudialyte

化学式 $Na_{14}Ca_6Mn_3Zr_3[Si_{26}O_{72}(OH)_2](H_2O,Cl,O,OH)_6$ (IMA)

锰异性石放射状集合体(西班牙)

锰异性石是一种含羟基、氧、氯和结晶水的钠、钙、锰、锆的硅酸盐矿物。属异性石族。三方晶系。晶体呈三方锥状;集合体呈放射状、晶簇状。粉红色—紫色,玻璃光泽,透明—半透明;硬度 5～6,脆性。2009 年发现于巴西米纳斯吉拉斯州卡尔达斯(Caldas)碱性岩体采坑。英文名称 Manganoeudialyte,由成分冠词"Mangano(锰)"和根词"Eudialyte(异性石)"组合命名。IMA 2009-039 批准。2010 年野村(S. F. Nomura)等在《俄罗斯矿物学会记事》[139(4)]报道。中文名称根据成分及与异性石的关系译为锰异性石(根词参见【异性石】条 1076 页)。

【锰硬绿泥石】

英文名 Ottrélite

化学式 $Mn^{2+}Al_2O(SiO_4)(OH)_2$ (IMA)

锰硬绿泥石粒状晶体
(比利时)

锰硬绿泥石是一种含羟基的锰、铝氧的硅酸盐矿物。属硬绿泥石族。单斜晶系。晶体呈假六方鳞片状、粒状;集合体呈块状。绿色—深灰色,玻璃光泽,解理面上呈金刚光泽,半透明;硬度 6~7,完全解理。1819 年发现于比利时卢森堡省。英文名称 Ottrélite,1842 年由 A. 迪斯克洛泽(A. Descloizeux)和 A. A. 达穆尔(A. A. Damour)等在《矿业年鉴》(2)根据发现地比利时奥特尔(Ottré)市命名。1959 年以前发现、描述并命名的"祖父级"矿物,IMA 承认有效。中文名称根据成分及族名译为锰硬绿泥石;根据晶体形态及族名译为粒硬绿泥石。

【锰黝帘石】

英文名 Thulite

化学式 $Ca_2(Al,Mn^{3+}_3)(Si_2O_7)(SiO_4)O(OH)$

锰黝帘石板柱状、粒状晶体(美国、挪威)

锰黝帘石是一种含锰的黝帘石矿物。晶体呈柱状、厚板状、粒状。粉红色。1820 年最初的描述来自挪威泰勒马克郡克莱潘(Kleppan)。1942 年 W. T. 夏勒(W. T. Schaller)等在《美国矿物学家》(27)报道了发现于美国的粉红色的黝帘石。英文名称 Thulite,由古人相信存在于世界最北端的国家极北之地"Thule(图勒)"镇的名字命名,它是古老的斯堪的纳维亚(Scandinavia)和神话岛(Mythical island)的名字。中文名称根据成分及与黝帘石的关系译为锰黝帘石。

【锰云母】

英文名 Alurgite

化学式 $K_2(Mg,Al)_{4-5}(Al,Si)_8O_{20}(OH)_4$

锰云母是一种含锰的白云母。紫红色。英文名称 Alurgite,1865 年由布赖特豪普特(Breithaupt)引入;1893 年由 S. L. 彭菲尔德(S. L. Penfield)描述了来自意大利皮德蒙特区圣马修锰矿山的一些矿物[见《美国科学杂志》(46)]。1950 年 W. T. 夏勒(W. T. Schaller)作为淡云母(现在是铝白云母的同义词)和白云母之间的中间体。1986 年克努尔(Knurr)和贝利(Bailey)的研究表明:作为含有三价锰的锰白云母-2M1 处理。

【锰杂芒硝】

英文名 Manganotychite

化学式 $Na_6Mn^{2+}_2(CO_3)_4(SO_4)$　　(IMA)

锰杂芒硝是一种钠、锰的硫酸-碳酸盐矿物。属氯碳钠镁石族。等轴晶系。晶体呈粒状。褐色、白色、粉色,玻璃光泽,透明;硬度 4。1989 年发现于俄罗斯北部摩尔曼斯克州阿鲁艾夫(Alluaiv)山。英文名称 Manganotychite,1990 年由亚历山大·彼得罗维奇·霍米亚科夫(Alexander Petrovich Khomyakov)等由成分冠词"Mangano(锰)"和根词"Tychite(杂芒硝)"组合命名,意指它是锰占优势的杂芒硝的类似矿物。IMA 1989-039 批准。1990 年霍米亚科夫等在《全苏矿物学会记事》[119(5)]和 1992 年《美国矿物学家》(77)报道。中文名称根据成分及与杂芒硝的关系译为锰杂芒硝(根词参见【杂芒硝】条 1102 页);根据成分译为锰硫碳镁钠石。

【锰柱石】

英文名 Orientite

化学式 $Ca_8Mn^{3+}_{10}(SiO_4)_3(Si_3O_{10})_3(OH)_{10}\cdot 4H_2O$
(IMA)

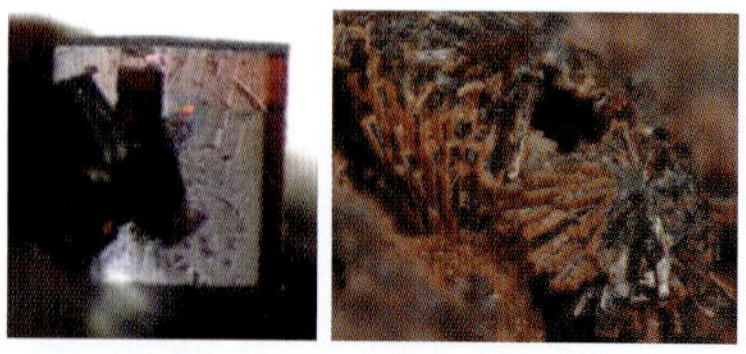
锰柱石板状、柱状晶体,放射状集合体(意大利、古巴)

锰柱石是一种含结晶水和羟基的钙、锰的硅酸盐矿物。属柱石族。斜方晶系。晶体呈柱状、板状、粒状;集合体呈放射状。深红褐色—黑色、棕色,油脂光泽、玻璃光泽,半透明—不透明;硬度 4~5。1921 年发现于古巴圣地亚哥省菲尔梅萨(Firmeza)区。1921 年休伊特和香农在《美国科学杂志》(1)报道。英文名称 Orientite,由丹尼尔·福斯特·休伊特(Donnel Foster Hewett)和文森特·香农(Vincent Shannon)伯爵根据发现地古巴的奥连特(Oriente)省命名。1976 年,奥连特省被分成 6 个省,现在位于古巴圣地亚哥省。1959 年以前发现、描述并命名的"祖父级"矿物,IMA 承认有效。中文名称根据成分及族名译为锰柱石。

【锰柱星叶石】

英文名 Manganoneptunite

化学式 $KNa_2LiMn^{2+}_2Ti_2Si_8O_{24}$　　(IMA)

锰柱星叶石柱状、板状晶体(加拿大)

锰柱星叶石是一种钾、钠、锂、锰、钛的硅酸盐矿物,即含锰的柱星叶石的类似矿物。属柱星叶石族。单斜晶系。晶体呈柱状、板状。红色、灰黑色,玻璃光泽,半透明—不透明;硬度 5~6。1923 年发现于俄罗斯北部摩尔曼斯克州马利曼尼帕克(Maly Mannepakhk)山。1923 年 S. M. 库尔巴托夫(S. M. Kurbatov)在《苏联科学院报告》(1)和《北方科学经济考察报告》(16)报道。英文名称 Manganoneptunite,由成分冠词"Mangano(锰)"和根词"Neptunite(柱星叶石)"组合命名。1959 年以前发现、描述并命名的"祖父级"矿物,IMA 承认有效。IMA 2007s. p. 批准。中文名称根据成分及与柱星叶石的关系译为锰柱星叶石(根词参见【柱星叶石】条 1121 页)。

孟

[mèng]形声;从子,皿声。中国姓。

【孟宪民石】

汉拼名 Mengxianminite

化学式 $Ca_2Sn_2Mg_3Al_8[(BO_3)(BeO_4)O_6]_2$　　(IMA)

孟宪民石是一种钙、锡、镁、铝等的复杂的氧-铍酸-硼酸盐矿物。斜方晶系。晶体呈自形—半自形柱状,柱长 0.55mm

M

左右，直径 0.06mm。暗绿色，玻璃光泽，透明—半透明；硬度 7，脆性。1986 年，由黄蕴慧等发现于中国湖南省郴州地区临武县香花岭(Xianghualing)矽卡岩锡多金属矿田[见于 1988 年周秀仲《香花岭岩石矿床与矿物》；1986 年 IMA 第十四届大会(美国斯坦福大学)摘要：130]。黄蕴慧、杜绍华为纪念恩师孟宪民(Mengxianmin)教授而以他的姓名命名。当时未经 IMA 批准发表。孟宪民，字应鳌(1900—1969)中国地质学家、矿床学家；他对湖南临武香花岭锡矿作过深入研究，领导并促成了新中国第一个新矿物——香花石的发现，并为云南个旧锡矿矿床、云南东川铜矿研究做出了贡献；他最早在我国倡导使用微化学试验的矿物鉴定法；最早开始进行对矿床同生论和层控矿床的研究与推广应用工作，成绩卓著。此矿物发现 27 年后才获得 IMA 的批准(IMA 2015-070)。2016 年 C. 拉奥(C. Rao)等在《CNMNC 通讯》(29)、《矿物学杂志》(80)和 2017 年《美国矿物学家》(102)报道。

孟宪民像

米

[mǐ]象形；甲骨文字形。像米粒琐碎纵横之状。[英]音，用于外国地名、人名。

【米德巴克石*】

英文名 Middlebackite

化学式 $Cu_2C_2O_4(OH)_2$ (IMA)

米德巴克石*是一种含羟基的铜的草酸盐矿物。单斜晶系。晶体呈刀片状、板片状；米德巴克石*板片状晶体(意大利)的集合体呈放射状。绿松石蓝色，玻璃光泽，透明；完全解理。1990 年发现于澳大利亚南澳大利亚州艾尔半岛米德巴克(Middleback)区艾恩诺布的艾恩莫纳赫(Iron Monarch)露天采坑。2015 年澳大利亚阿德莱德大学的 P. 埃利奥特(P. Elliott)用同步辐射单晶 X 射线衍射确定了它的晶体结构。英文名称 Middlebackite，以发现地澳大利亚的米德巴克(Middleback)命名。IMA 2015-115 批准。2016 年埃利奥特在《CNMNC 通讯》(30)、《矿物学杂志》(80)和 2019 年《矿物学杂志》[83(3)]报道。目前尚未见官方中文译名，编译者建议音译为米德巴克石*。

米德巴克石*板片状晶体(意大利)

【米尔氯氧铅矿】

英文名 Mereheadite

化学式 $Pb_{47}O_{24}(OH)_{13}Cl_{25}(BO_3)_2(CO_3)$ (IMA)

米尔氯氧铅矿是一种含碳酸根、硼酸根、羟基的铅氧氯化物矿物。单斜晶系。晶体呈他形粒状；集合体呈块状。浅黄色，带红色调的橙色，玻璃光泽、树脂光泽，透明—半透明；硬度 3.5，完全解理，脆性。1998 年发现于英国英格兰萨默塞特郡米尔黑德(Merehead)采石场。英文名称 Mereheadite，以发现地英国的米尔黑德(Merehead)采石场命名。IMA 1996-045 批准。1998 年 M. D. 韦尔希(M. D. Welch)等在《矿物学杂志》(62)报道。2003 年中国地质科学院矿产资源研究所李锦平等在《岩石矿物学杂志》[22(2)]根据英文名称前两个音节音和成分译为米尔氯氧铅矿。

【米尔斯豪特矿*】

英文名 Meerschautite

化学式 $(Ag,Cu)_{5.5}Pb_{42.4}(Sb,As)_{45.1}S_{112}O_{0.8}$ (IMA)

米尔斯豪特矿*是一种银、铜、铅、锑、砷的硫酸盐矿物。单斜晶系。晶体呈柱状，粒径 0.7mm×0.1mm。铅灰色—黑色，金属光泽，不透明；完全解理，脆性。2013 年发现于意大利卢卡省滨海阿尔卑斯山脉瓦迪卡斯特罗(Valdicastello)卡尔杜齐波洛内(Pollone)矿。英文名称 Meerschautite，以法国固态化学领域的化学家、结晶学家阿兰·米尔斯豪特(Alain Meerschaut，1945—)的姓氏字命名。他的贡献在于从滨海阿尔卑斯山热液矿石(即蛇纹石、萤石、磷灰石、绿沸石、石英岩和石榴石)中分离出新的铅锑硫酸盐矿物。IMA 2013-061 批准。2013 年 C. 比亚乔尼(C. Biagioni)等在《CNMNC 通讯》(17)、《矿物学杂志》(77)和 2016 年《矿物学杂志》(80)报道。目前尚未见官方中文译名，编译者建议音译为米尔斯豪特矿*。

米尔斯豪特矿*柱状晶体(法国)

【米尔斯石*】

英文名 Millsite

化学式 $CuTeO_3 \cdot 2H_2O$ (IMA)

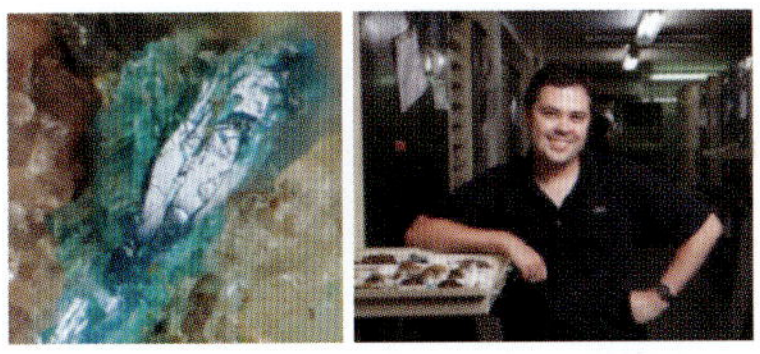

米尔斯石*板状和米尔斯像

米尔斯石*是一种含结晶水的铜的碲酸盐矿物。与碲铜矿为同质多象。单斜晶系。晶体呈板状、柱状。蓝色，玻璃光泽，透明。1991 年挪威矿物收藏家谢尔·阿尔沃·伊斯贝尔科肯(Kjell Arve Isbrekken)发现于挪威南特伦德拉格郡奥普达尔的格拉德夫杰莱特(Gråurdfjellet)松散的巨石。英文名称 Millsite，以澳大利亚维多利亚博物馆地质学、矿物学、晶体学家和高级策展人(馆长)斯图尔特·米尔斯(Stuart Mills)博士的姓氏命名。米尔斯从事矿物命名和晶体学问题的研究工作，一生描述了许多新矿物，他还是 IMA 新矿物、命名和分类委员会秘书(2016 年至现在)。IMA 2015-086 批准。2016 年 M. S. 拉姆齐(M. S. Rumsey)等在《CNMNC 通讯》(29)、《矿物学杂志》(80)和 2018 年《矿物学杂志》(82)报道。目前尚未见官方中文译名，编译者建议音译为米尔斯石*。

【米查尔斯基矿*】

英文名 Michalskiite

化学式 $Fe^{3+}_{1.33}Cu^{2+}_2(MgFe^{3+})_2(VO_4)_6$ (IMA)

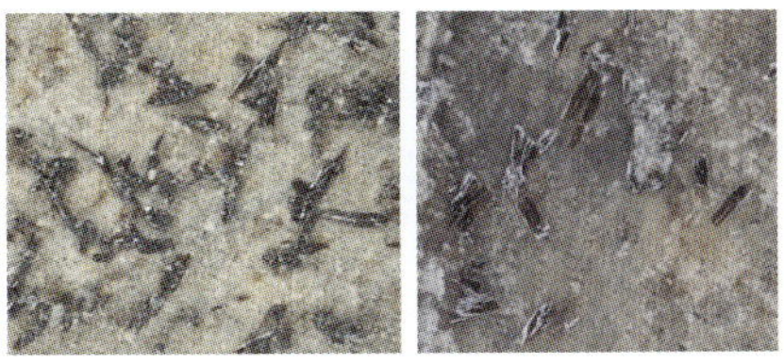

米查尔斯基矿*叶片状晶体(德国)

米查尔斯基矿*是一种铁、铜、镁的钒酸盐矿物。斜方晶系。晶体呈长片状，褐色，玻璃光泽，透明。2019 年发现于德国图林根区罗纳堡(Ronneburg)铀矿床利希滕贝格·阿

M

布塞策(Lichtenberg Absetzer)露天矿尾矿堆。英文名称 Michalskiite,以斯特芬·米查尔斯基(Steffen Michalski)的姓氏命名。IMA 2019-062 批准。2019 年 A. R. 坎普夫(A. R. Kampf)等在《CNMNC 通讯》(52)、《矿物学杂志》(83)和 2020 年《欧洲矿物学杂志》(32)报道。目前尚未见官方中文译名,编译者建议音译为米查尔斯基矿*。

【米兰里德石*】

英文名 Milanriederite

化学式 $(Ca,REE)_{19}Fe^{3+}Al_4(Mg,Al,Fe^{3+})_8Si_{18}O_{68}(OH,O)_{10}$ (IMA)

米兰里德石* 双锥晶体(纳米比亚)

米兰里德石*是一种含氧和羟基的钙、稀土、铁、铝、镁的硅酸盐矿物。属符山石族。四方晶系。晶体呈双锥状,直径 3mm。深棕红色;硬度 6,脆性,易碎。2018 年发现于纳米比亚赫鲁特方丹市孔巴特(Kombat)矿。英文名称 Milanriederite,以捷克矿物学家米兰·里德(Milan Rieder,1940—)教授的姓名命名,以表彰他对国际矿物学界的贡献。IMA 2018-041 批准。2018 年 N. V. 丘卡诺夫(N. V. Chukanov)等在《CNMNC 通讯》(45)、《矿物学杂志》(82)和 2019 年《欧洲矿物学杂志》[31(3)]报道。目前尚未见官方中文译名,编译者建议音译为米兰里德石*。

【米特罗福诺夫矿*】

英文名 Mitrofanovite

化学式 Pt_3Te_4 (IMA)

米特罗福诺夫矿*是一种铂的碲化物矿物。三方晶系。晶体呈他形粒状,粒径约 20μm×50μm。灰色,金属光泽,不透明;完全解理,脆性,易碎。2017 年发现于俄罗斯摩尔曼斯克州费多洛夫潘斯基(Fedorovo Pansky)地块费多洛夫潘娜(Fedorova-Pana)杂岩体东丘阿维(East Chuarvy)。英文名称 Mitrofanovite,以俄罗斯科学院地质学家和院士费利克斯·P. 米特罗福诺夫(Felix P. Mitrofanov,1935—2014)的姓氏命名。他是最早在俄罗斯费多洛夫潘娜(Fedorova-Pana)杂岩体中发现铂族元素矿化的人之一。IMA 2017-112 批准。2018 年 V. V. 苏博京(V. V. Subbotin)等在《CNMNC 通讯》(42)、《矿物学杂志》(82)和 2019 年《矿物学杂志》[83(4)]报道。目前尚未见官方中文译名,编译者建议音译为米特罗福诺夫矿*。

密 [mì]形声;从山,从宓(mì),宓亦声。"宓"与"山"联合起来表示"山中的隐藏处"。①引申义:不公开的事物:秘密。②稠,空隙小,与"稀""疏"相对。③[英]音,用于外国地名。

【密硫铑矿】

英文名 Miassite

化学式 $Rh_{17}S_{15}$ (IMA)

密硫铑矿是一种铑的硫化物矿物。等轴晶系。晶体呈粒状,常为其他矿物的包裹体。灰色,金属光泽,不透明;硬度 5～6。1997 年发现于俄罗斯车里雅宾斯克州米阿斯(Miass)河上游一个小砂矿。英文名称 Miassite,以发现地俄罗斯米阿斯(Miass)河命名。IMA 1997-029 批准。2001 年 S. N. 布里特温(S. N. Britvin)等在《俄罗斯矿物学会记事》[130(2)]报道。同义词 Prassoite(Rh_3S_4),曾被 IMA 1970-041 批准[见金斯顿(Kingston)发表的 1977 年博士论文及 2000 年 J. F. W. 鲍尔斯(J. F. W. Bowles)《矿物学与岩石学》(68)]。这两个名称是否是同一矿物,学界一直有争议,至今无果。2007 年中国地质科学院地质研究所任玉峰在《岩石矿物学杂志》[26(3)]根据英文名称首音节音和成分译为密硫铑矿。

【密绿泥石】

英文名 Pyknochlorite

化学式 $Mg_5Al(AlSi_3O_{10})(OH)_8$

密绿泥石是一种富铁的斜绿泥石。单斜晶系。晶体呈鳞片状;集合体呈致密块状。绿色、黄色、白色、玫瑰色、红褐色;完全解理。1901 年 J. 弗罗姆(J. Fromme)在《结晶学、矿物学和岩石学杂志》[22(1)]报道。英文名称 Pyknochlorite,由冠词"Pykno=Pycno(致密)"和根词"Chlorite(绿泥石)"组合命名。中文名称根据致密块状集合体形态及与绿泥石的关系译为密绿泥石。

【密陀僧】

英文名 Litharge

化学式 PbO (IMA)

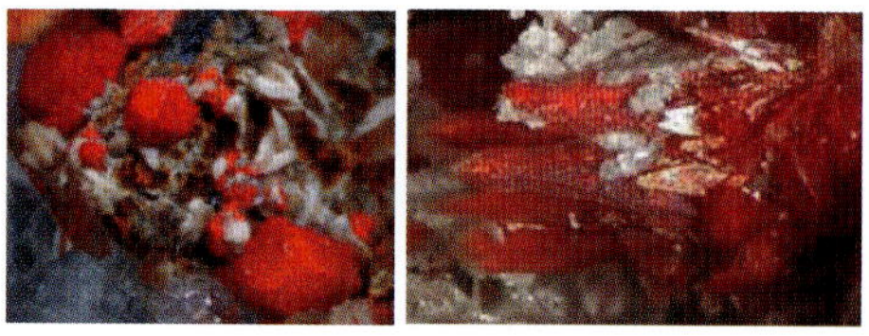

密陀僧粒状、片状晶体(英国、德国)

密陀僧是一种铅的氧化物矿物。与黄铅丹为同质多象。四方晶系。人工合成的晶体呈板状,自然产出的晶体则呈小片状或粒状;集合体呈土状,或不规则的块状、皮壳状。橘黄色、红色,油脂光泽;硬度 2,完全解理,脆性;密度大。密陀僧与铅黄往往共生在一起。密陀僧的别名有很多,如陀僧、金陀僧、密陀僧、没多僧、银池、金炉底、银炉底、炉底等。唐代由波斯传入中国,密陀僧是波斯文 Mirdasang(米尔达桑)的音译。

中文名称密陀僧的来历,有一则鲜为人知的故事。相传,河南登封嵩山一樵夫,进山砍柴,遇狼惊吓,得一失音怪病,多天难愈。一日,遇一僧人,自称能治此病。僧人取出一块似铜非铜、似金非金的东西,研末让樵夫服下。樵夫很快感觉浑身轻松,失音症状随即消失。樵夫向僧人询问药名,僧人连声念"阿密陀佛!阿密陀佛!"。后来,那樵夫在一家银匠家里发现炼银炉炉底的残渣很像那僧人治病的药,便也试着给人治病,别人问药名,他想起僧人给他治病时口念"密陀",便说这药名叫"密陀僧"。至于银池、金炉底、银炉底、炉底等名称,宋代《图经本草》载有制密陀僧的工艺:"今岭南、闽中银铅冶处亦有之,是银铅脚。其初采矿时,银铜相杂,先以铅同煎炼,银随铅出。又采山木叶烧灰,开地作炉,填灰其中,谓之灰池。置银铅于灰上,更加火大煅,铅渗灰下,银住灰上,罢火,候冷出银。其灰池感铅银气置之积久,成此物。"这种方法叫作"灰吹法",在 11 世纪流行于广东、四川等地。

由此可知，密陀僧之别名银池、金炉底、银炉底、炉底等来自炼金、银、铅之残余物，即银铅脚。

在西方，1890 年米歇尔(Michel)在《矿物学会通报》(13)报道。1892 年丹纳提到了 Litharge 名称，作为一种人工产品，但没有指出可能存在一种天然的等价物。1917 年在美国加利福尼亚州圣贝纳迪诺县库卡蒙加(Cucamonga)峰发现未命名的铅；同年，埃斯珀·拉森(Esper S. Larsen)在《美国矿物学家》(2)报道，认为是一种新矿物。1917 年埃德德·惠里(Edgder Wherry)提出了 Lithargite 名称，但未被接受。直到 1944 年第一个详细的矿物学描述是由帕拉奇、伯曼和弗龙德尔完成。描述的模式产地美国加利福尼亚州圣贝纳迪诺县圣盖博山脉库卡蒙加(Cucamonga)未名铅矿点。英文名称 Litharge，公元 50 年由迪奥斯科里季斯(Dioscorides)根据希腊文"λιθάργυρos"命名，意指它是从火法冶金分离银和铅的过程中获得的材料。这与中国古代的命名殊途同归。1959 年以前发现、描述并命名的"祖父级"矿物，IMA 承认有效。

蜜 [mì]形声；从虫，宓(mì)声。本义：蜂蜜，蜜蜂采取花液酿成的甜汁。呈淡黄色。用于比喻矿物的颜色。

【蜜黄长石】

英文名 Meliphanite

化学式 $Ca_4(Na,Ca)_4Be_4AlSi_7O_{24}(F,O)_4$　(IMA)

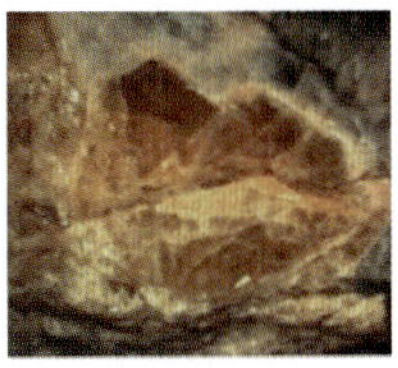

蜜黄长石薄板状、层状集合体(挪威)

蜜黄长石是一种含氧和氟的钙、钠的铍-铝硅酸盐矿物。四方晶系。晶体常呈板状、短柱状、四方单锥；集合体呈层状。黄色、黄红色，或近于无色，也有近于黑色，玻璃光泽，透明—半透明；硬度 5～5.5，完全解理，脆性，贝壳状断口。1852 年发现于挪威斯塔文(Stavern)和兰格森德斯乔登(Langesundsfjorden)；同年，T. 舍雷尔(T. Scheerer)在《实用化学杂志》(55)报道。英文名称 Meliphanite，由希腊文"μέλι=Melis=Honey(蜂蜜)"(意指颜色呈蜂蜜黄色)和化学成分"Leucophanite(白铍石)"组合命名。1959 年以前发现、描述并命名的"祖父级"矿物，IMA 承认有效。中文名称根据颜色及族名译为蜜黄长石，简称蜜黄石。

【蜜黄锌钾石*】

英文名 Mellizinkalite

化学式 $K_3Zn_2Cl_7$　(IMA)

蜜黄锌钾石*是一种钾、锌的氯化物矿物。三斜晶系。晶体呈不规则粒状，粒径为 0.5mm，粗长的晶体达 0.25mm×1.3mm；集合体呈皮壳状。蜜黄色、黄棕色—红棕色，玻璃光泽，透明；脆性。2014 年发现于俄罗斯堪察加州托尔巴契克(Tolbachik)火山主断裂北破火山口第二火山渣锥格拉夫纳亚特诺里托瓦亚(Glavnaya Tenoritovaya)喷气孔。英文名称 Mellizinkalite，由 3 个拉丁文"Mellis=Honey(蜂蜜)""Zincum(锌)"和"Kalium(钾)"组合命名，意指其颜色(蜜黄)和物种定义化学成分阳离子锌和钾。IMA 2014-010 批准。2014 年 I. V. 佩科夫(I. V. Pekov)等在《CNMNC 通讯》(20)、《矿物学杂志》(78)和 2015 年《欧洲矿物学杂志》(27)报道。目前尚未见官方中文译名，编译者根据颜色和成分译为蜜黄锌钾石*。

【蜜蜡石】

英文名 Mellite

化学式 $Al_2C_6(COO)_6 \cdot 16H_2O$　(IMA)

蜜蜡石锥状晶体和雕件(匈牙利、德国、中国)

蜜蜡石是一种罕见的苯基六甲酸酯的铝的水合物矿物。四方晶系。晶体呈柱状、双锥状、细粒状；集合体呈块状及结核状。蜜黄色、深红色、淡红色、棕色、灰色、白色，蜡状光泽、玻璃光泽、树脂光泽、油脂光泽，透明—不透明；硬度 2～2.5。中国是世界上发现、认识、利用、命名蜜蜡石最早的国家之一。在中国古代《本草纲目》等医学著作中有详细记载。蜜蜡石堪称中医五宝之一，佩戴在手上可以缓解风湿骨痛、鼻敏感、胃痛、高血压、皮肤敏感等，佩带后身体会慢慢吸收，经血液运行到全身，把疾病消除。蜜蜡石乃是佛教七宝之一，得道高僧用蜜蜡石做成 108 颗佛珠。蜜蜡石在现代仍作为安神药。从古至今人们都把蜜蜡石视为珍宝。蜜蜡石是古代树木中分泌出的一种树脂埋在煤矿中或者泥沙中等融合石化而成的。是琥珀中一种优质的品种。中国古代商贩认为蜜蜡石是蜂蜜与蜂蜡融合在一起被埋入地层下后形成的，所以称它为蜜蜡石。

在西方，它最初在 1789 年发现于德国图林根州的阿尔滕(Artern)和萨克森-安哈尔特州比特菲尔德县附近。1789 年 A. G. 维尔纳(A. G. Werner)等在《维尔纳矿物系统》(第一卷)称 Honigstein(Honeystone)：由"Honey(蜂蜜)"和"Stone(石头、宝石)"组合命名。1793 年在莱比锡《特里亚自然王国的自然系统》(第三卷)刊载。英文名称 Mellite，1796 年 R. 柯万(R. Kirwan)在《矿物学原理》(第二版)称 Mellilite(Mellite)，由希腊文"μέλι=Melis=Honey(蜂蜜)"得名，意指其颜色似蜂蜜。1959 年以前发现、描述并命名的"祖父级"矿物，IMA 承认有效。

冕 [miǎn]形声；从月(Mào)，免声。"月是蛮夷及小儿的头衣"，"免"是"冕"的本字。本义：古代帝王、诸侯及卿大夫所戴的礼帽。用于中国地名。

【冕宁铀矿】

汉拼名 Mianningite

化学式$(\square,Pb,Ce,Na)(U^{4+},Mn,U^{6+})Fe^{3+}_2(Ti,Fe^{3+})_{18}O_{38}$　(IMA)

冕宁铀矿是一种空位、铅、铈、钠、铀、锰、铁、钛的复杂氧化物矿物。属尖钛铁矿族。三方晶系。晶体呈半自形板状，粒径 1～2mm。黑色，半金属光泽，不透明；硬度 6，脆性。2011 年中国核工业北京地质研究院分析测试研究所葛祥坤等和中国地质大学(北京)等单位人员共同研究发现于中国四川省凉山彝族自治州冕宁(Mianning)县包子山牦牛坪稀土矿。矿物名称以发现地中国冕宁(Mianning)县命名。IMA 2014-072 批准。2015 年葛祥坤等在《CNMNC 通讯》(23)、《矿物学杂志》(79)和 2017 年《欧洲矿物学杂志》(29)报道。同义词 Romanite，以罗马尼亚(Romania)国名命名。1983 年(Ryzhov)等报道了来自哈萨克斯坦的空位(□)占优势的铁钛铀矿族矿物，但没有进行详细描述。1990 年德拉吉拉(Dragila)报道了来自罗马尼亚的被称为"罗马琥珀(Romanite)"的矿物，并将"罗马琥珀"归入铁钛铀矿族，这样的分配是高度可疑的，而且它没有被提交到新矿物及矿物命名委员会，因此不能被视为一个有效的矿物种。

苗

[miáo]会意；从田，从艸。田里生长的形状像草的东西。本义：禾苗，未吐穗的庄稼。用于日本地名。

【苗木石】参见**【锆石】**条 242 页

闽

[mǐn]形声；从虫，门声。本义：古种族名。生活在浙江南部和福建一带，后因称福建为闽。

【闽江石】

汉拼名 Minjiangite

化学式 $BaBe_2(PO_4)_2$ (IMA)

闽江石是一种钡、铍的磷酸盐矿物。六方晶系。晶体半自形—他形粒状，长 5～200μm。无色、白色，玻璃光泽，半透明—透明；硬度 6。中国浙江大学青年教师饶灿博士与比利时列日大学弗雷德里克·哈特(Frédéric Hatert)教授、南京大学王汝成教授、中南大学谷湘平教授合作时，在中国福建南平县(现为南平市)砚平区 31 号伟晶岩脉中发现的一种新矿物。根据发现地附近的主要河流闽江(Minjiang)命名为闽江石。IMA 2013－021 批准。2013 年饶灿等在《CNMNC 通讯》(16)、《矿物学杂志》(77)和 2015 年《矿物学杂志》(79)报道。

明

[míng]会意；甲骨文以"日、月"发光表示明亮。小篆从月囧(Jiǒng)，从月，取月之光；从囧，取窗牖之明亮。①本义：明亮。与"昏暗"相对。②[英]音，用于外国人名。

【明矾石】

英文名 Alunite

化学式 $KAl_3(SO_4)_2(OH)_6$ (IMA)

明矾石菱面体(中国台湾)、假立方体晶体(美国)

明矾石是一种含羟基的钾、铝的硫酸盐矿物。属明矾石族。三方晶系。晶体呈菱面体、假立方体、纤维柱状；集合体一般呈块状或土状、隐晶质块状。纯净的呈白色，但含有杂质后则呈浅灰色、浅红色、浅黄色或红褐色，玻璃光泽，解理面上呈珍珠光泽，透明或半透明；硬度 3.5～4，中等解理，脆性。中国是世界上发现、认识、利用、命名明矾石最早的国家之一。中国古代称明矾，也叫白矾。中国是生产明矾的大国，浙江省苍南县矾山镇因盛产明矾而驰名中外，素有"世界矾都"之称，明矾产量和品位均居世界之首，开采明矾从宋朝末年至今有 600 年历史，是浙南最悠久的矿山集镇。安徽省庐江县矾山镇也盛产明矾，自唐贞观年间因盛产明矾而得名，迄今已有 1 300 多年历史。明矾是传统的净水剂。中医认为它具有解毒杀虫、燥湿止痒、止血止泻、清热消痰的功效。这里有一段关于白矾名称来历的故事。古时候，中国云南省有个苦孩子叫白凡，和爹爹住在一间破草屋里。他们的草房外有株很高的树。每当夏季，这棵树都会开出黄色的小花，花落了，就会长出黑色的果实。白凡很喜欢这棵树，树也以其树荫尽心尽力守护着破草房，使它免受风吹雨打和日晒。有一天，白凡梦见这棵大树变成英俊的王子。他自称"诃黎勒"，来自遥远的南方，现在要回去，"我们朋友一场，我要走了，临走前送你这些东西留念，记住，需要时给你老爹吃。"白凡惊醒，屋前的大树不见了，遗下一包大树的果实，还有一包无色透明、闪亮的晶体。不久，该地发生了流行病，老人都腹泻不止。白凡的老爹亦不例外，他把王子留下的两包东西煨烧成灰，再细捣细筛成散，用粥调和，喂给老爹吃。老爹的腹泻止住了，白凡又将药分给其他老人，治好他们的腹泻毛病。从此，用这两种东西制药的方法就传开了。人们因而将那包种子称为"诃黎勒"，晶体则称为"白矾"。

现代矿物学根据矿物透明的光学性质和矾类，命名为明矾石。矾指各种金属(如铜、铁、锌)的硫酸盐，尤指具有玻璃质状态表面或光泽的硫酸盐的水合物。矾的繁体字是"礬"，为上下结构的形声字，上面为"樊"，《说文》作从楙。《孙炎曰》樊圃之樊也。谓樊篱。古代先民用木扎成"樊"，将硫酸盐水溶液淋上，水分自然蒸发后，在樊篱下获得结晶体，即"礬石"(参见**【矾石】**条 145 页)。

欧洲从 15 世纪以来就进行了开采，作为钾和铝的原料。15 世纪时在意大利罗马省附近的阿卢米耶雷(Allumiere)托尔法(Tolfa)区的阿卢米耶雷(Allumiere)采石场和乌克兰穆日耶沃矿床(Muzhijevo)首次观察到明矾矿，后开采并生产明矾。最早见于 1565 年 C. 格斯纳(C. Gesner)的报道，称 Alumen。1797 年，法国地质学家 J. C. 德拉梅瑟利(J. C. Delametherie)在巴黎《地质学原理》(*Théorie de la Terre*)(第二版，第五卷)刊载，首先叫它 Aluminilite。1824 年，弗朗索瓦·伯当(François Beudant)在巴黎《基础矿物学教程》(*Traité élémentaire de Minéralogie*)简化为 Alunite，来自拉丁文的 Alum，即明矾。1959 年以前发现、描述并命名的"祖父级"矿物，IMA 承认有效。IMA 1987s. p. 批准。当明矾石中的钾被钠替代，钠大于钾时称钠矾石或钠明矾石(Natroalunite)。

【明尼也夫石】

英文名 Mineevite-(Y)

化学式 $Na_{25}BaY_2(CO_3)_{11}(HCO_3)_4(SO_4)_2F_2Cl$ (IMA)

明尼也夫石是一种含氟和氯的钠、钡、钇的硫酸-氢碳酸-碳酸盐矿物。六方晶系。晶体呈他形—半自形粒状。绿色、淡黄绿色或近于无色，玻璃光泽、珍珠光泽，透明；硬度 4，完全解理，脆性。1991 年发现于俄罗斯北部摩尔曼斯克州阿鲁艾夫(Alluaiv)山。英文名称 Mineevite-(Y)，1992 年霍米亚科夫等以俄罗斯矿物学家和地球化学家、俄罗斯科学院的创始人迪米特里·A. 明尼也夫(Dimitry A. Mineev，1935—1992)教授的姓氏，加占优势的稀土元素钇后缀-(Y)组合命名。IMA 1991－048 批准。1992 年 A. P. 霍米亚科夫(A. P. Khomyakov)等在《俄罗斯矿物学会记事》[121(6)]和 1994 年《美国矿物学家》(79)报道。1998 年中国新矿物与矿物命名委员会黄蕴慧等在《岩石矿物学杂志》[17(1)]音译为明尼也夫石。

摩

[mó]形声；从手，麻声。本义：摩擦，磨蹭。[英]音，用于外国人名、地名、国名。

【摩登沸石】参见**【丝光沸石】**条 885 页

【摩根石】

英文名 Morganite

化学式 $Be_3Al_2(SiO_3)_6$

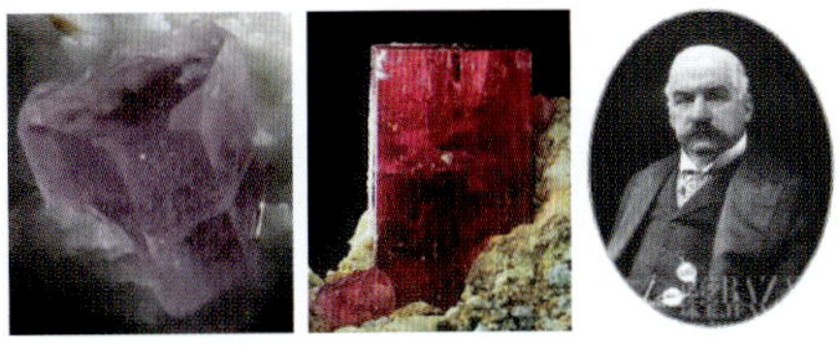

摩根石柱状晶体(意大利)和摩根像

摩根石即含铯、铷和锰的粉红色绝绿柱石。六方晶系。晶体呈六方柱形,柱面有纵纹。硬度 7.5～8。因含锰元素而呈现出橙红色和紫红色,又因与祖母绿、海蓝宝石同属绿柱石,常被称作"粉色祖母绿""粉色海蓝宝"。摩根石和祖母绿又称姐妹石。摩根石产量稀少且颜色娇艳可人,这种独特的洋红色宝石价值很高,优质者价格在普通祖母绿之上。英文名称 Morganite,为纪念美国著名金融家、艺术品收藏家、宝石收藏家约翰·皮尔庞特·摩根(John Pierpont Morgan,1837—1913)而以他的姓氏命名。1911 年昆兹(Kunz)在《美国科学杂志》(第四卷,31)报道。摩根一生收藏过许多宝石,最后全部捐赠给美国纽约史密森博物馆。据说,他毕生的心愿就是能有一种宝石以他的名字来命名。直到 1911 年,美国蒂芙尼公司(Tiffany)在马达加斯加岛首次发现了一种新的粉红色宝石,发现人、当时蒂芙尼公司的副总裁、著名宝石学家乔治·弗雷德里克·昆兹博士(George Frederick Kunz)为向其好友、纽约银行家,也是此次宝石开采的赞助人摩根表示敬意,将这种新的粉红色宝石命名为摩根石(Morganite)。至此摩根总算在晚年完成了以他的姓氏来命名宝石的心愿。中文名称音译为摩根石;根据颜色译为红绿宝石/红绿柱石。

【摩洛哥矿】参见【钙黑锰矿】条 221 页

莫 [mò]会意;甲骨文字形。从日,从茻(mǎng)。太阳落在草丛中,表示傍晚天快黑了。是"暮"的本字。本义:日落时。中国姓。[英]音,用于外国地名、人名、单位名。

【莫恩石*】

英文名 Möhnite

化学式 $(NH_4)K_2Na(SO_4)_2$　　(IMA)

莫恩石* 团簇状、放射状集合体(智利)和莫恩像

莫恩石*是一种铵、钾、钠的硫酸盐矿物,它是钾芒硝的铵的类似矿物。三方晶系。晶体呈不完全双锥体或纺锤状;集合体团簇状、团簇状、放射状。褐色、浅棕色;硬度 3,脆性。2014 年发现于智利塔拉帕卡大区伊基克省昌夸亚(Chanquaya)村附近的帕贝隆德·皮卡(Pabellónde Pica)山上的一鸟粪矿床。英文名称 Möhnite,以德国药剂师、业余矿物学家、该矿物的发现者格哈德·莫恩(Gerhard Möhn,1959—)的姓氏命名。他发现了许多智利和德国地区的矿物,这些矿物后来被专业矿物学家研究过,并且是至少 6 个新物种描述的合著者。IMA 2014-101 批准。2015 年 N. V. 丘卡诺夫(N. V. Chukanov)等在《CNMNC 通讯》(24)、《矿物学杂志》(79)和《矿物学与岩石学》(109)报道。目前尚未见官方中文译名,编译者建议音译为莫恩石*。

【莫哈维石*】

英文名 Mojaveite

化学式 $Cu_6[Te^{6+}O_4(OH)_2](OH)_7Cl$　　(IMA)

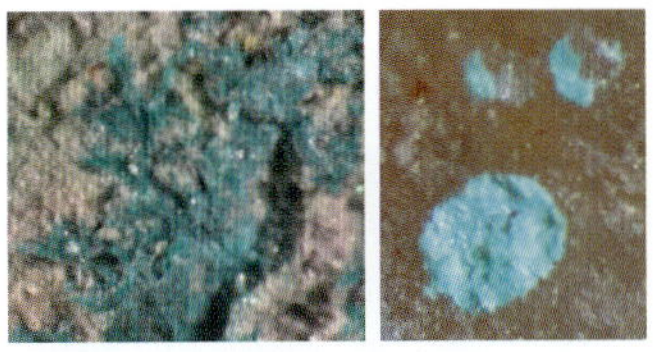

莫哈维石* 板条状晶体,不规则状、球状集合体(美国)

莫哈维石*是一种含氯、羟基的铜的水合碲酸盐矿物。三方晶系。晶体呈扁平板条状,通常是弯曲的,少见六角形;集合体呈不规则状,也有呈球状,球径 0.5mm。蓝绿色、蓝色—绿色,金刚光泽、珍珠光泽;硬度 1,完全解理。2013 年发现于美国加利福尼亚州圣贝纳迪诺县阿加(Aga)矿、炉渣堆(Bird Nest drift)和蓝铃(Blue Bell)矿。英文名称 Mojaveite,以发现地莫哈维(Mohave)沙漠命名。IMA 2013-120 批准。2014 年 S. J. 米尔斯(S. J. Mills)等在《CNMNC 通讯》(20)和《矿物学杂志》(78)报道。目前尚未见官方中文译名,编译者建议音译为莫哈维石*。

【莫拉斯科石*】

英文名 Moraskoite

化学式 $Na_2Mg(PO_4)F$　　(IMA)

莫拉斯科石*是一种含氟的钠、镁的磷酸盐矿物。斜方晶系。晶体呈不规则楔状,粒径 1.5mm,个别在 20～300μm 之间,呈石墨、硫铁矿的包裹体。无色,玻璃光泽,透明;硬度 4～5。2013 年发现于波兰大波兰省波兹南市莫拉斯科(Morasko)村陨石。英文名称 Moraskoite,2013 年 Ł. 卡尔沃夫斯基(Ł. Karwowski)等根据陨石降落地波兰的莫拉斯克(Morasko)村命名。IMA 2013-084 批准。2013 年卡尔沃夫斯基等在《CNMNC 通讯》(18)、《矿物学杂志》(77)报道和 2015 年《矿物学杂志》(79)。目前尚未见官方中文译名,编译者建议音译为莫拉斯科石*。

【莫来石】

英文名 Mullite

化学式 $Al_{4+2x}Si_{2-2x}O_{10-x}(x\approx0.4)$　　(IMA)

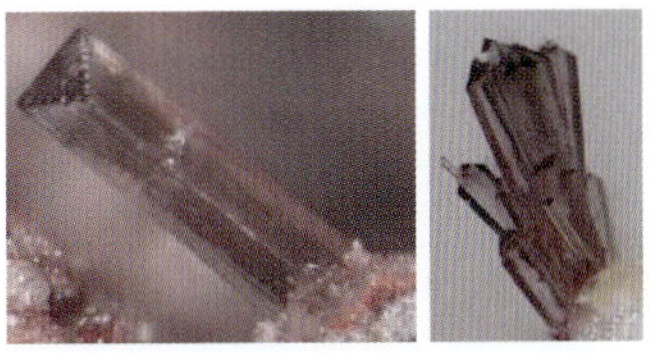

莫来石柱状晶体,晶簇状集合体(德国)

莫来石是一系列由铝硅酸盐组成的矿物统称,这一类矿物自然界比较稀少。硅线石当加热到 1 300℃ 时相变为莫来石。斜方晶系。天然的莫来石晶体呈细长的针状或柱状;集合体呈放射状、束状、晶簇状。无色、白色、黄色、粉色、红色、灰色,玻璃光泽,透明—半透明;硬度 6～7,完全解理。1924 年发现于英国苏格兰阿盖尔郡斯特拉思克莱德市莫尔岛(Mull)海岸;同年,N. L. 伯恩(N. L. Bowen)等在《华盛顿科学院学报》(14)和 W. F. 福杉格(W. F. Foshag)在《美国矿物学家》(9)报道。英文名称 Mullite,以发现地英国的莫尔岛(Mull)命名。1959 年以前发现、描述并命名的"祖父级"矿物,IMA 承认有效。中文名称音译为莫来

石、模来石或莫乃石，也有的按成分译作多铝红柱石或富铝红柱石。

【莫里铅沸石】

英文名 Maricopaite

化学式 $Ca_2Pb_7(Si_{36}Al_{12})O_{99} \cdot n(H_2O,OH)$ (IMA)

莫里铅沸石纤维状晶体，束状、放射状集合体(美国)

莫里铅沸石是一种含沸石水和羟基的钙、铅的铝硅酸盐矿物。属沸石族。斜方晶系。晶体呈柱状、纤维状；集合体呈束状、放射状。白色，玻璃光泽、丝绢光泽，透明—半透明；硬度 1～1.5。1985 年发现于美国亚利桑那州马里科帕(Maricopa)县大喇叭山脉奥斯本区月亮锚(Moon Anchor)矿。英文名称 Maricopaite，以发现地美国的马里科帕(Maricopa)县命名。IMA 1985－036 批准。1988 年皮科克(Peacor)等在《加拿大矿物学家》(26)报道。1989 年中国新矿物与矿物命名委员会郭宗山在《岩石矿物学杂志》[8(3)]根据英文名称前两个音节音、成分及族名译为莫里铅沸石，也有的根据成分译作水钙铅矿。

【莫丽奈罗矿*】

英文名 Molinelloite

化学式 $Cu(H_2O)(OH)V^{4+}O(V^{5+}O_4)$ (IMA)

莫丽奈罗矿*是一种羟基水合铜的钒氧-钒酸盐矿物，它是第一个含有铜和氧钒基团的钒酸盐矿物。三斜晶系。晶体呈粒状。黑色，金属光泽，不透明。2016 年发现于意大利热那亚省格拉夫利亚(Graveglia)谷莫丽奈罗(Molinello)矿。英文名称 Molinelloite，以发现地意大利的莫丽奈罗(Molinello)矿命名。IMA 2016－055 批准。2016 年 U. 科利奇(U. Kolitsch)等在《CNMNC 通讯》(33)和《矿物学杂志》(80)报道。目前尚未见官方中文译名，编译者建议音译为莫丽奈罗矿*。

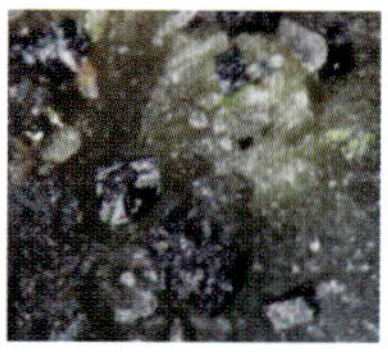

莫丽奈罗矿*粒状晶体(意大利)

【莫磷铝铀矿】

英文名 Moreauite

化学式 $Al_3(UO_2)(PO_4)_3(OH)_2 \cdot 13H_2O$ (IMA)

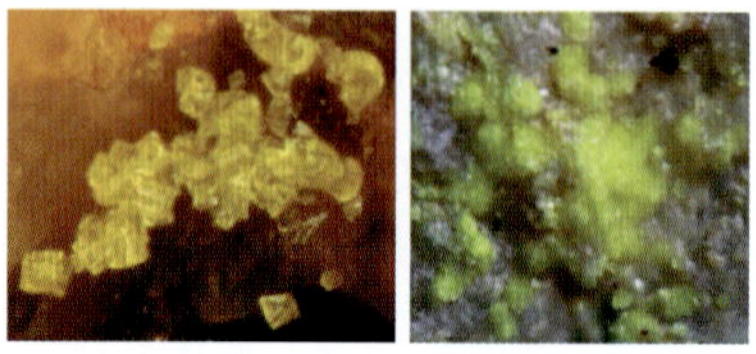

莫磷铝铀矿粒状晶体，皮壳状、结节状集合体(西班牙)

莫磷铝铀矿是一种含结晶水、羟基的铝的铀酰-磷酸盐矿物。单斜晶系。晶体呈板状、粒状；集合体呈皮壳状、结节状。黄色、黄绿色，玻璃光泽，半透明—不透明；硬度 2～3，完全解理。1977 年 M. 德利安(M. Deliens)等发现于刚果(金)南基伍省姆文加地区科博科博(Kobokobo)伟晶岩。英文名称 Moreauite，以比利时天主教鲁汶大学矿物学教授、比利时矿物学家朱尔斯·莫罗(Jules Moreau，1931—2015)的姓氏命名。IMA 1984－010 批准。1985 年德利安在《美国矿物学家》(70)和《矿物学通报》(108)报道。中文名称根据英文名称首音节音和成分译为莫磷铝铀矿；《英汉矿物种名称》(2017)根据成分译为水磷铝铀云母。

【莫片榍石】

汉拼名 Moxuanxueite

化学式 $Na_2Ca_4ZrCa(Si_2O_7)_2F_4$ (IMA)

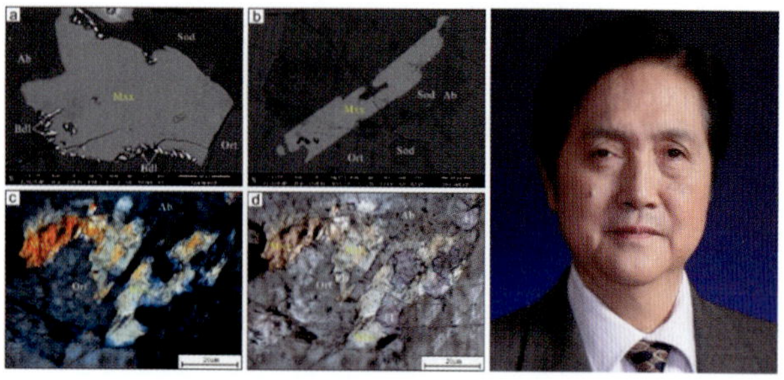

莫片榍石及其共生矿物的 BSE 图和莫宣学像

莫片榍石是一种含氟的钠、钙、锆的硅酸盐矿物，它是 M_2 位置钙占优势的片榍石的新物种。属硅铌锆钙钠石族。三斜晶系。晶体呈板条状、不规则状。淡黄色，条痕呈白色，玻璃光泽，透明；硬度 5.5。2019 年由中国地质大学(北京)董国臣领衔、中国地质调查局天津地质调查中心曲凯作为第一完成人发现于云南省红河哈尼族彝族自治州，产于个旧地区晚白垩世霞石正长岩。该矿物与斜锆石、方钠石、正长石、钠长石、硅灰石、黑榴石、氟硅磷灰石、氟铈硅磷灰石和磁铁矿等矿物紧密共生。汉拼名称 Moxuanxueite，该矿物的发现者董国臣、曲凯等为表达对老师的敬意，以中国科学院院士、著名岩石学家、中国地质大学(北京)教授莫宣学(Moxuanxue，1938—)的姓名命名。IMA 2019－100 批准。莫宣学院士长期在青藏高原和金沙江-澜沧江-怒江地区从事研究，在青藏高原和“三江”特提斯成矿域岩浆-构造-成矿领域取得系统性重要贡献。中文名称根据汉拼名称首音节音及与片榍石的关系命名为莫片榍石。2020 年曲凯、董国臣、李婷等在《CNMNC 通讯》(58)和《欧洲矿物学杂志》(32)报道。这个矿物的发现让国际矿物学会意识到这个古老的片榍石矿物的现有化学式是错误的，并启动了对片榍石原型标本的重新调查，最终改写了化学式(参见【片榍石】条 687 页)。

【莫桑德尔矿】参见【褐硅铈矿】条 308 页

【莫桑石】

英文名 Moissanite

化学式 SiC (IMA)

莫桑石柱状、粒状晶体(俄罗斯)和莫桑像

莫桑石是一种碳和硅的自然元素矿物。有六方(γ-SiC)、三方(α-SiC)或等轴晶系(β-SiC)3 种变体，还有许多的多型。晶体呈板状、复三方柱状，多呈自形晶或不规则圆粒状。纯者无色，含杂质时呈蓝色、天蓝色、深蓝色、深绿色、浅绿色及少数黄色、黑色等，金刚光泽、玻璃光泽、半金属光泽，透明—不透明；硬度 9.5，介于钻石与立方氮化硼之间，为自然界第二硬度的矿物。七彩火光比钻石更强。天然莫桑石非常稀少，仅出现在陨石坑内，可能起源于外太阳系。天然莫桑石的发现可追溯到 19 世纪后期，1894 年法国著名化学家斐迪南 · 亨利 · 莫桑（Ferdinand Henri Moissan，1852—1907）博士从坠落于美国亚利桑那州暗黑（魔鬼）峡谷（Canyon Diablo）的陨石中发现了一种碳硅结合的物质颗粒，外表异常明亮，很像钻石，因当时地球上并无此天然物质存在，故科学家们开始研发。10 年之后，1904 年莫桑在亚利桑那陨石坑中发现了这种矿物。1905 年为表示对莫桑博士的尊敬，这个被发现的新矿物以莫桑的姓氏命名为 Moissanite。1905 年 G. F. 孔兹（G. F. Kunz）在《美国科学杂志》（19）报道。1959 年以前发现、描述并命名的“祖父级”矿物，IMA 承认有效。莫桑是第一个获得单质氟的科学家，并因此获得了 1906 年诺贝尔化学奖。此后莫桑制备出许多新的氟化物，其中最引人注目的是四氟代甲烷 CF_4。这项工作使他成为 20 世纪合成一系列作为高效的制冷剂的氟碳化合物（氟利昂）的先驱。中文名称音译为莫桑石。也称为 Carborundum，人工合成莫桑石，即金刚砂、碳硅石、人造金刚砂。1980 年，美国人工合成了宝石级的莫桑石，现已成为一款大受追捧的高贵美雅的人造宝石，可与钻石媲美，真假难辨。

【莫砷钴矿】

英文名 Modderite

化学式 CoAs (IMA)

莫砷钴矿是一种钴的砷化物矿物。斜方晶系。晶体呈半自形显微粒状。蓝白色、钢灰色，金属光泽，不透明；硬度 4。1923 年发现于南非豪登省伯诺尼区莫德方丹（Modderfontein）矿和爱库鲁莱尼区（东兰特）斯普林斯莫德方丹 B 金矿。1923 年 R. A. 库珀（R. A. Cooper）在《南非化学、冶金及采矿学会杂志》（24）报道。英文名称 Modderite，以发现地南非莫德方丹（Modderfontein）矿命名。1959 年以前发现、描述并命名的“祖父级”矿物，IMA 承认有效。1978 年在《美国矿物学家》（63）报道。中文名称根据英文名称首音节音和成分译为莫砷钴矿。

【莫砷硒铜矿】

英文名 Mgriite

化学式 Cu_3AsSe_3 (IMA)

俄罗斯国家地质勘探大学

莫砷硒铜矿是一种铜的砷-硒化合物矿物。等轴晶系。集合体呈致密块状。棕灰色、浅灰色，金属光泽，不透明；硬度 4.5～5，脆性。1968 年 R. M. 伊马莫夫（R. M. Imamov）在《苏联物理晶体学》（13）报道了对 $CuAsSe_2$ 化合物进行的电子衍射研究。后发现于德国下萨克森州厄尔士山脉施莱马-哈滕施泰因（Schlema-Hartenstein）区。英文名称 Mgriite，1982 年由 Yu. M. 德姆科夫（Yu. M. Dymkov）等在《全苏矿物学会记事》（111）以莫斯科地质勘探学院（Moscow Geological Exploration Institute 即 Moskovskogo Geologogro Razvedounogo Instituta）的缩写（MGRI）命名，即现在的俄罗斯国家地质勘探大学（Russian State Geological Prospecting University），该矿物是在该处发现的。IMA 1980-100 批准。1984 年中国新矿物与矿物命名委员会郭宗山在《岩石矿物及测试》[3(2)]根据英文名称首音节音和成分译为莫砷硒铜矿。

【莫石英】

英文名 Mogánite

化学式 $SiO_2 \cdot nH_2O$ (IMA)

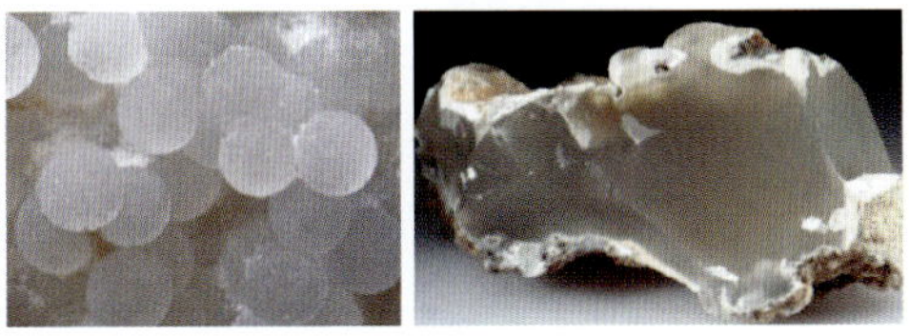

莫石英球状、蛋白石状集合体（日本、西班牙）

莫石英是一种含结晶水的硅的氧化物矿物。与柯石英、方石英、正方硅石（热液石英）、石英、塞石英、斯石英（或超石英或重硅石）、鳞石英为同质多象。单斜晶系。集合体呈块状。灰色，玻璃光泽，半透明；硬度 6。1984 年发现于西班牙拉斯帕尔马斯省大加那利岛的莫根（Mogan）；同年，O. W. 弗洛科（O. W. Flörke）等在《矿物学新年鉴：论文》（149）报道。英文名称 Mognáite，以发现地西班牙加那利岛的莫根（Mogan）命名。当时 IMA 未批准。1985 年中国新矿物与矿物命名委员会郭宗山等在《岩石矿物及测试》[4(4)]根据英文名称首音节音和成分译为莫石英，也有的根据对称和成分译作斜硅石。IMA 1999-035 批准。2001 年 P. J. 希尼（P. J. Heaney）等在《美国矿物学家》（86）和 2005 年《欧洲矿物学杂志》（17）报道。

【莫水硅钙钡石】

英文名 Macdonaldite

化学式 $BaCa_4Si_{16}O_{36}(OH)_2 \cdot 10H_2O$ (IMA)

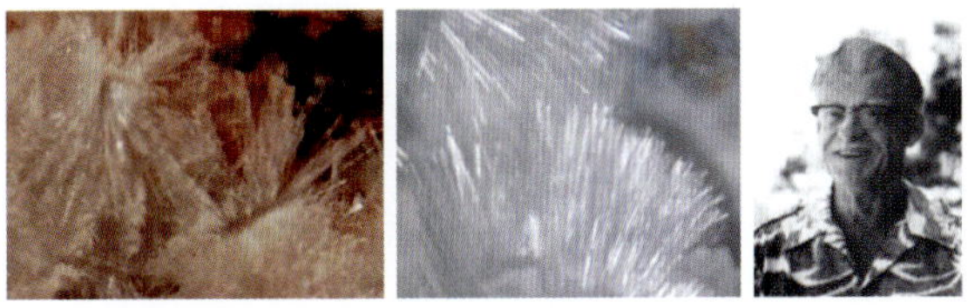

莫水硅钙钡石纤维状晶体，放射状集合体（美国）和麦克唐纳像

莫水硅钙钡石是一种含结晶水和羟基的钡、钙的硅酸盐矿物。斜方晶系。晶体呈双锥柱状、针状、纤维状、粒状；集合体呈放射状、葡萄状、皮壳状。无色、白色，玻璃光泽、丝绢光泽，透明—半透明；硬度 3.5～4.0，完全解理。1964 年首次发现并描述于美国加利福尼亚州弗雷斯诺县东部大溪-拉什（Big Creek-Rush Creek）河附近的几个矿床。英文名称 Macdonaldite，以美国夏威夷大学火山学家戈登 · 安德鲁 · 麦克唐纳（Gordon Andrew MacDonald，1911—1978）的姓氏命名。IMA 1964-010 批准。1965 年，阿尔福什（Alfors）等在《美国矿物学家》（50）报道。中文名称根据英文名称首音节音和成分译为莫水硅钙钡石。

【莫斯克文石】

英文名 Moskvinite-(Y)

化学式 $Na_2KYSi_6O_{15}$ (IMA)

莫斯克文石是一种钠、钾、钇的硅酸盐矿物。斜方晶系。晶体呈粒状；集合体呈斑块状。无色、白色，玻璃光泽，透明；

硬度 5，脆性。2002 年发现于塔吉克斯坦北部天山山脉达拉伊-皮奥兹（Dara-i-Pioz）冰川冰碛伟晶岩。英文名称 Moskvinite-（Y），2003 年 A. A. 阿加哈诺夫（A. A. Agakhanov）等为纪念俄罗斯地质学家和塔吉克帕米尔远征探险队成员（1932—1936）亚历山大・维尼亚米诺维克・莫斯克文（Alexander Veniaminovic Moskvin，1897—1974）而以他的姓氏，加占优势的稀土元素钇后缀-（Y）组合命名。IMA 2002-031 批准。2003 年阿加哈诺夫等在《俄罗斯矿物学会记事》[132(6)]报道。2008 年中国地质科学院地质研究所任玉峰等在《岩石矿物学杂志》[27(2)]音译为莫斯克文石。

【莫塔纳铈石*】

英文名 Mottanaite-（Ce）

化学式 $Ca_4Ce_2Al(Be_{1.5}\square_{0.5})_{\Sigma 2}[B_4Si_4O_{22}]O_2$ （IMA）

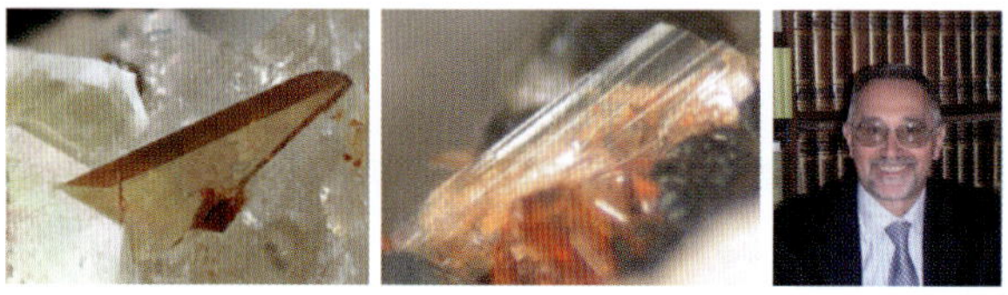

莫塔纳铈石* 自形板状晶体（意大利）和莫塔纳像

莫塔纳铈石* 是一种含氧的钙、铈、铝、铍、空位的硼硅酸盐矿物。属硼硅钇钙石族。单斜晶系。晶体呈自形板状。褐色、浅棕色，玻璃光泽，透明—半透明；脆性。2001 年发现于意大利罗马省卡瓦卢西奥（Cavalluccio）矿山。英文名称 Mottanaite-（Ce），2002 年詹卡洛・黛拉・文图拉（Giancarlo Della Ventura）等以罗马特尔大学矿物学教授安尼巴莱・莫塔纳（Annibale Mottana）的姓氏，加占优势稀土元素铈后缀-（Ce）组合命名，以表彰他在拉丁姆（Latium）矿物研究和编目方面的领导和支持，他发现了 Mottanaite-（Ce）样品。IMA 2001-020 批准。2002 年詹卡洛・黛拉・文图拉等在《美国矿物学家》（87）报道。目前尚未见官方中文译名，编译者建议音加成分译为莫塔纳铈石*。

【莫特克石】

英文名 Mountkeithite

化学式 $(Mg_{1-x}Fe^{3+}_x)(SO_4)_{x/2}(OH)_2 \cdot nH_2O$

$(x<0.5, n>3x/2)$ （IMA）

莫特克石是一种含结晶水和羟基的镁、铁的硫酸盐矿物。属水滑石超族锌铜铝矾族。六方晶系。晶体呈扁平片状、鳞片状；集合体常呈皮壳状、花环状、玫瑰花状。白色—粉红色，珍珠光泽，透明—半透明；硬度 2，完全解理，易碎。1980 年发现于澳大利亚西澳大利亚州基思山（Mount Keith）MKD5 镍矿床。英文名称 Mountkeithite，1981 年 D. R. 哈德森（D. R. Hudson）和 M. 巴塞尔（M. Bussell）在《矿物学杂志》（44）以发现地澳大利亚基思山（Mount Keith）命名。IMA 1980-038 批准。1983 年中国新矿物与矿物命名委员会郭宗山等在《岩石矿物及测试》[2(1)]音译为莫特克石。

【莫硒硫铋铅矿】

英文名 Mozgovaite

化学式 $PbBi_4Se_7$ （IMA）

莫硒硫铋铅矿是一种铅、铋的硒化物矿物。斜方晶系。晶体呈细长柱状、针状；集合体呈放射状。银灰色，金属光泽，不透明；硬度 2.5～3.5。1998 年发现于意大利墨西拿省伊奥利亚群岛弗卡诺（Vulcano）火山岛火山坑。英文名称 Mozgovaite，以俄罗斯莫斯科矿床地质、岩石学、矿物学和地球化学研究所的矿物学家娜杰日达・尼古拉耶芙娜・莫兹格娃（Nadezhda Nikolaevna Mozgova，1931—2019）博士的姓氏命名，以表彰她对硫盐矿物研究做出的贡献。IMA 1998-060 批准。1999 年 F. 乌洛（F. Vurro）等在《加拿大矿物学家》（37）报道。2004 年中国地质科学院矿产资源研究所李锦平等在《岩石矿物学杂志》[23(1)]根据英文名称首音节音和成分译为莫硒硫铋铅矿。

【莫扎尔石】

英文名 Mozartite

化学式 $CaMn^{3+}(SiO_4)(OH)$ （IMA）

莫扎尔石粒状晶体，晶簇状集合体（意大利、南非）和莫扎特像

莫扎尔石是一种含羟基的钙、锰的硅酸盐矿物。斜方晶系。晶体呈他形粒状、半自形短柱状；集合体呈块状、晶簇状。红褐色、深红色，玻璃光泽，透明；硬度 6，脆性。1991 年发现于意大利拉斯佩齐亚省切尔基亚拉（Cerchiara）矿。英文名称 Mozartite，以意大利古典时期一位多产的、有影响力的作曲家沃尔夫冈・阿玛多伊斯・莫扎特（Wolfgang Amadeus Mozart，1756—1791）的姓氏命名。该矿物发现于在他死后 200 周年纪念日。莫扎特是一位欧洲伟大的古典主义音乐作曲家，作为古典主义音乐的典范，他对欧洲音乐的发展起了巨大的作用，代表作品有《安魂曲》和《牧人王》等。IMA 1991-016 批准。1993 年 A. 帕伦佐纳（A. Palenzona）等在意大利《矿物学杂志》（2）和《加拿大矿物学家》（31）报道。1998 年中国新矿物与矿物命名委员会黄蕴慧等在《岩石矿物学杂志》[17(2)]音译为莫扎尔石（编译者建议音译为莫扎特石*）。

墨

[mò]会意兼形声；从土，从黑，黑亦声。本义：书画所用的黑色颜料。引申义：黑色。

【墨晶】参见【水晶】条 835 页

【墨绿砷铜矿】参见【翠绿砷铜矿】条 100 页

【墨铜矿】

英文名 Valleriite

化学式 $2[(Fe,Cu)S] \cdot 1.53[(Mg,Al)(OH)_2]$ （IMA）

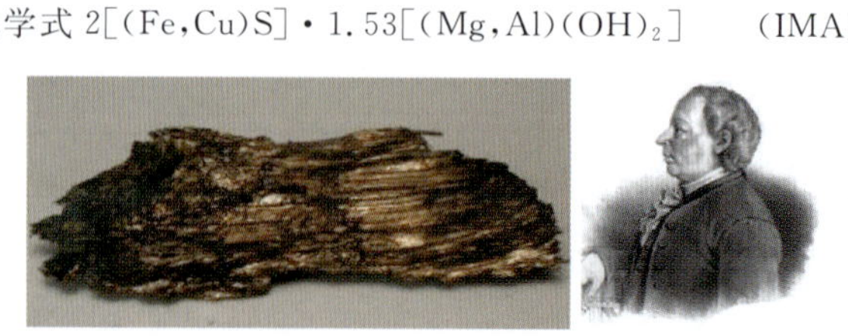

墨铜矿片状晶体（加拿大）和瓦勒留斯像

墨铜矿是一种罕见的具有铁、铜的硫化物层和镁、铝的氢氧化物层的混合结构的矿物。属墨铜矿族。六方晶系。晶体呈薄片状；集合体呈皮壳状、不规则结节状。墨绿色、暗灰色、古铜色、黄色，金刚光泽、金属光泽，半透明—不透明；硬度 1～1.5，完全解理。1870 年发现于瑞典韦斯特曼省厄勒布鲁市奥罗拉（Aurora）矿；同年，C. W. 布隆斯特兰（C. W.

Blomstrand)在《瑞典皇家科学院论文集》(*Vetenskaps - Akademiens Förhandlingar*)刊载。英文名称 Valleriite,以瑞典乌普萨拉大学的化学家和矿物学家约翰·戈特沙尔克·瓦勒留斯[Johan Gottschalk Wallerius(Vallerius),1709—1785]的姓氏命名。他是 1750 年第一位化学、医学和药学的主席,并出版了许多关于化学、矿物学和地质学的著作。1959 年以前发现、描述并命名的"祖父级"矿物,IMA 承认有效。中文名称根据颜色和成分译为墨铜矿。

镆 [mò]形声;从金,莫声。一种人工合成的放射性元素,是 15(VA)族中最重的元素,属于弱金属。[英]Moscovium。元素符号 Mc。原子序数 115。美国劳伦斯·利弗莫尔国家实验室(Lawrence Livermore National Laboratory)的研究人员和俄罗斯杜布纳核研究联合科研所弗廖罗夫核反应实验室的重元素研究小组一起在杜布纳合成。2016 年 6 月 8 日,国际纯粹与应用化学联合会宣布,将第 115 号提名为化学新元素。元素名称由地名"莫斯科"命名,英文拼写为 Moscovium。中文译作镆。

默 [mò]形声;从犬,黑声。本义:狗突然窜出追人。引申义:不说话,不出声。[英]音,用于外国人名、地名。

【默硅镁钙石】参见【镁硅钙石】条 590 页

【默奇森矿[*]】参见【铬硫矿】条 250 页

【默羟磷钠铁石】参见【羟磷钠铁石[②]】条 718 页

【默斯考克斯石】参见【水铁镁石】条 880 页

姆 [mǔ]形声;从女,母声。本义:中国古代教育未出嫁女子的妇人。[英]音,用于外国人名、地名。

【姆拉泽克石】

英文名 Mrázekite

化学式 $Bi_2Cu_3(PO_4)_2O_2(OH)_2 \cdot 2H_2O$ (IMA)

姆拉泽克石柱状、叶片状晶体,放射状集合体(斯洛伐克)和姆拉泽克像

姆拉泽克石是一种罕见的含结晶水、羟基和氧的铋、铜的磷酸盐矿物。单斜晶系。晶体呈柱状、针状、叶片状,端部呈楔状;集合体呈放射状、玫瑰花或小球状、皮壳状。蓝色、蔚蓝色,玻璃光泽,透明—半透明;硬度 2～3,完全解理。1990 年发现于斯洛伐克班斯卡-比斯特里察州卢比耶托娃(Ľubietová)的珀德里帕(Podlipa)矿床。英文名称 Mrázekite,以捷克矿物学家兹德内克·姆拉泽克(Zdenek Mrázek,1952—1984)的姓氏命名,是他首先收集并注意到了这种矿物的特征。IMA 1990 - 045 批准。1992 年 T. 日德科希尔(T. Ridkosil)等在《加拿大矿物学家》(30)报道。1998 年中国新矿物与矿物命名委员会黄蕴慧等在《岩石矿物学杂志》[17(1)]译为姆拉泽克石。

【姆铁绿钠闪石】

英文名 Potassic-ferro-ferri-taramite

化学式 $K(NaCa)(Fe_3^{2+}Fe_2^{3+})(Si_6Al_2)O_{22}(OH)_2$ (IMA)

姆铁绿钠闪石是一种 A 位钾、C^{2+} 位二价铁、C^{3+} 位三价铁和 W 位羟基的闪石矿物。属角闪石超族 W 位羟基、氟、氯占优势的闪石族钠钙闪石亚族绿钠闪石根名族。单斜晶系。晶体呈柱状,长 3mm,直径 0.5～2mm。蓝绿色。1964 年发现于坦桑尼亚姆贝亚市鲁夸地区的姆博齐(Mbozi)杂岩体。P. W. G. 布鲁克(P. W. G. Brock)、D. C. 盖里特利(D. C. Gellatly)和 1964 年 O. 冯·克诺林(O. von Knorring)在《矿物学的杂志》(33)报道。英文原名称 Mboziite,根据发现地坦桑尼亚的姆博齐(Mbozi)杂岩体命名。IMA 1964 - 003 批准。1978 年 IMA 根据角闪石命名法更名为 Ferri-taramite(铁-绿钠闪石)。1997 年 IMA 根据角闪石命名法又重命名为 Ferritaramite(铁绿钠闪石)。2012 年 IMA 根据角闪石命名法最终重新定义并重命名为 Potassic-ferro-ferri-taramite(含钾的亚铁铁绿钠闪石)。IMA 2012s. p. 批准。中文名称根据英文原名称首音节音和成分及与绿钠闪石的关系译为姆铁绿钠闪石(根词参见【绿钙闪石】条 543 页)。

木 [mù]甲骨文字形像树木形;从中,上为枝叶,下像其根。①用于日本人名。②用木纹或内部具同心放射纤维状构造描述矿物的组构。

【木村石】参见【水碳钙钇石】条 874 页

【木蛋白石】参见【蛋白石】条 111 页

【木锡石】参见【锡石】条 1007 页

钼 [mù]形声;从金,从目,目声。一种过渡金属元素。[英]Molybdenum。元素符号 Mo。原子序数 42。两种柔软的黑色的矿物辉钼矿(硫化钼,MoS_2)和石墨,18 世纪末以前,欧洲市场上都以"Molybdenite"名称出售,这个词在希腊文是铅的意思。1778 年,舍勒指出两种是完全不同的物质,然而他并没有认出它。其他人推测它包含一种新的元素,但它很难还原为金属。舍勒把这个问题交给了彼得·雅各布·埃尔姆(Peter Jacob Hjelm)。1781 年埃尔姆从 Molybadenite 分离出一种新金属,命名为 Molybdenum,并得到贝齐里乌斯等的承认。钼在地壳中的平均含量为 1.1×10^{-6}。自然界已知的钼矿物有 20 多种。

【钼铋矿】

英文名 Koechlinite

化学式 Bi_2MoO_6 (IMA)

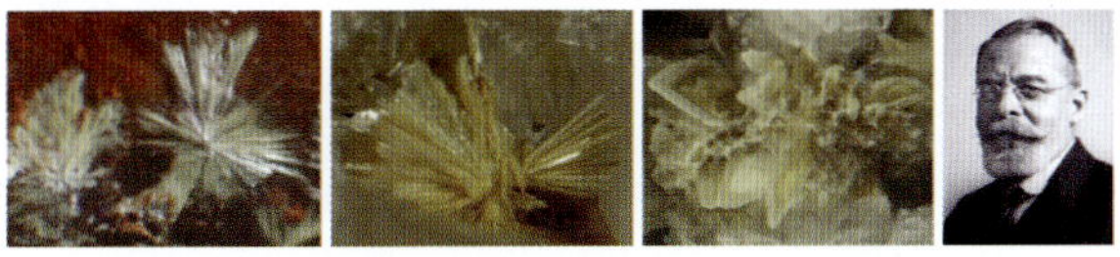

钼铋矿板状、板条状晶体,放射状集合体(澳大利亚、意大利、德国)和凯什兰像

钼铋矿是一种铋的钼酸盐矿物。属钼铋矿族。斜方晶系。晶体呈方形薄板状、板条状,具穿插双晶;集合体呈放射状、球状、块状或土状。青黄色、白色—浅灰色,丝绢光泽,透明;完全解理,非常脆。1914 年发现于德国萨克森州厄尔士山脉诺伊施塔特市丹尼尔(Daniel)矿;同年,夏勒(Schaller)在《华盛顿科学院学报》(4)报道。英文名称 Koechlinite,由沃尔德马·西奥多·夏勒(Waldemar Theodore Schaller)在 1914 年为纪念奥地利矿物学家和奥地利维也纳自然历史博物馆(前霍夫博物馆)矿物收藏馆长鲁道夫·伊格纳兹·凯什兰(Rudolf Ignatz Koechlin,1862—1939)而以他的姓氏命名。1959 年以前发现、描述并命名的"祖父级"矿物,IMA 承认有效。中文名称根据成分译为钼铋矿。

【钼钙矿】

英文名 Powellite

化学式 $Ca(MoO_4)$ (IMA)

钼钙矿四方双锥、针状、粒状晶体，块状、放射状集合体（智利）和鲍威尔像

钼钙矿是一种钙的钼酸盐矿物。属白钨矿族。与白钨矿成固溶体系列。四方晶系。晶体呈四方双锥、针状、薄板状、粒状；集合体呈放射状、皮壳状。草黄色、绿黄色、黄褐色、棕色、无色，也有蓝色—近黑色，半金刚光泽、树脂光泽、珍珠光泽，透明—半透明；硬度 3.5～4，完全解理，脆性，易碎。1891 年威廉·哈洛·梅尔维尔（William Harlow Melville）第一次描述于美国爱达荷州亚当斯县皮科克（Peacock）矿（孔雀铜矿）；同年，在《美国科学杂志》(41)报道。英文名称 Powellite，以美国探险家、地质学家和美国地质调查局局长约翰·维斯利·鲍威尔（John Wesley Powell，1834—1902）少校的姓氏命名。1959 年以前发现、描述并命名的“祖父级”矿物，IMA 承认有效。中文名称根据成分译为钼钙矿或钼钨钙矿或钼酸钙矿。

【钼钙铀矿】参见【水钙钼铀矿】条 823 页

【钼华】

英文名 Molybdite

化学式 MoO_3 (IMA)

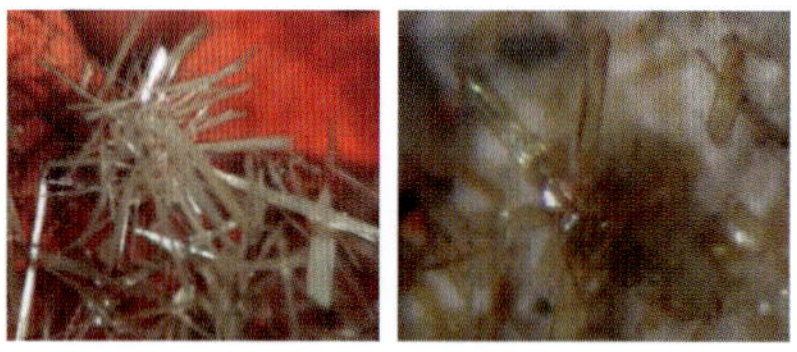

钼华细长薄板状晶体，晶簇状集合体（比利时、德国）

钼华是钼的氧化物矿物。斜方晶系。晶体细小，呈针状、纤维状、毛发状、薄板状；集合体常呈晶簇状、放射状、块状、土状、皮壳状。稻草黄色、黄白色、黄绿色、蓝色，丝绢光泽、金刚光泽及土状光泽，解理面上呈珍珠光泽，透明；硬度变化较大，从 1～2 到 3～4，完全解理。1854 年首次发现并描述于捷克共和国乌斯季州厄尔士山脉克诺特（Knottel）范围内的石英脉。在 18 世纪，辉钼矿往往被认为是铅矿。1778 年瑞典的卡尔·威廉·舍勒从辉钼矿中提取出了氧化钼，根据舍勒的启发，1781 年他的朋友，同是瑞典人的彼得·雅各布·埃尔姆把钼土用“碳还原法”分离出新的金属钼，命名为 Molybdenum。希腊文“Μολυβδαίνιο＝Molybdo（似铅）”，因辉钼矿外形与铅类似而得名。英文名称 Molybdite，由钼元素名称而得。1963 年弗兰兹捷克（Franz - Czech）和帕维尔·波文德拉（Pavel-Povondra）发现氧化钼矿物及矿床，并在《卡罗来纳地质大学学报》(1)报道。1964 年 F. 切赫（F. Ech）等在《美国矿物学家》(49)报道。1959 年以前发现、描述并命名的“祖父级”矿物，IMA 承认有效。IMA 1963s. p. 批准。中文名称根据其成分钼和习见的形态译为钼华。繁体“華”字，上面是“垂”字，像花叶下垂形。古代“華”通“花”，钼华通常生长在辉钼矿等的表面上，比喻矿物的形态像“花朵、枝叶”一样（参见【辉钼矿】条 349 页）。

【钼镁铀矿】

英文名 Cousinite

化学式 $MgU_2^{4+}(MoO_4)_2(OH)_6 \cdot 2H_2O$(?) (IMA)

库欣像

钼镁铀矿是一种含结晶水和羟基的镁、铀的钼酸盐矿物。单斜晶系(?)。晶体呈薄片状。黑色，玻璃光泽，半透明。发现于刚果（金）上加丹加省坎博韦地区欣科洛布韦（Shinkolobwe）矿（卡索洛矿）。最早见于 1954 年戴维森（Davison）描述的镁的铀、钼未命名的单斜（假斜方）晶系矿物的报道。英文名称 Cousinite，1958 年由 J. F. 瓦埃斯（J. F. Vaes）在《地质与采矿》(20)以朱尔斯·库欣（Jules Cousin，1884—1965）的姓氏命名，他曾在刚果（金）上加丹加矿业联盟工作。1959 年以前发现、描述并命名的“祖父级”矿物，IMA 承认有效，但 IMA 持怀疑态度，它可能是“Mg-Umohoite（镁钼铀矿）”，需要用现代方法进一步研究。中文名称根据成分译为钼镁铀矿。

【钼镍磷矿】参见【磷镍钼矿】条 474 页

【钼铅矿】

英文名 Wulfenite

化学式 $PbMoO_4$ (IMA)

钼铅矿四方板状晶体，晶簇状集合体（美国、纳米比亚、奥地利）和武尔芬像

钼铅矿是一种铅的钼酸盐矿物。属白钨矿族。四方晶系。晶体呈四方板状、薄板状，少数呈锥状、柱状；集合体呈块状。颜色丰富多彩，橘黄色、蜡黄色、稻草黄色、黄灰色、灰白色、金丝雀黄色—橄榄绿色、褐色、褐红色、橘色—亮红色，金刚光泽、半金刚光泽，断口呈松脂光泽，透明—不透明；硬度 2.5～3，中等解理，脆性。钼铅矿是金属钼的主要矿物资源之一。世界上第一个开发的钼铅矿是挪威王国的克纳本（Knaben）矿床，该矿于 1885 年开始开采。中国钼铅矿首先发现于清朝末年，始采于第一次世界大战前夕。

矿物最初发现在奥地利，于 1772 年由伊格纳兹·冯·博恩（Ignaz von Born）命名为“黄—红蝶骨棘（Spatosum）铅”。1781 年，约瑟夫·弗朗茨·埃德勒·冯·雅坎（Joseph Franz Edler von Jacquin）称矿物为“Kärntherischer Bleispath”。自 18 世纪在欧洲发现钼铅矿以来，人们称之为黄铅矿（Yellow lead ore）。1845 年首次描述于奥地利克恩滕州卡林西亚-施蒂里亚阿尔卑斯山脉布莱伯格（Bleiberg）变质岩区，由威廉·卡尔·冯·海丁格尔（Wilhelm Karl von Haidinger）为纪念最早研究该矿物并提供照片的奥地利神父兼矿物学家弗朗兹·泽维尔·冯·武尔芬（Franz Xavier von Wulfen，1728—1805）而更名为 Wulfenite。武尔芬是奥地利植物学家、矿物学家、登山家和耶稣会成员，撰写有奥地利布莱伯格铅矿专著。1959 年以前发现、描述并命名的“祖父级”矿物，IMA 承认有效。中文名称根据成分译为钼铅矿。钼铅矿中的铅可被钙和稀土代替，钼可被铀、钨、钒代替形成相应的变种。含钨的变种呈鲜艳的橘红色，特别艳丽夺目，强劲火烈的色彩（包括光泽）是钼铅矿的灵魂，因此又叫彩钼铅矿，是国外收藏家中流行的一种收藏品。

【钼砷锑矿】

英文名 Biehlite

化学式 $Sb^{3+}_2 MoO_6$ （IMA）

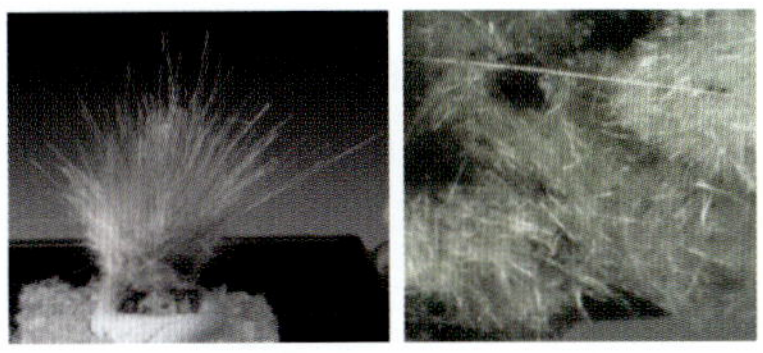

钼砷锑矿纤维状晶体，束状、杂乱毛毡状集合体（纳米比亚）

钼砷锑矿是一种锑的钼酸盐矿物。锑可被部分的砷替代。单斜晶系。晶体呈纤维状；集合体呈丛状、束状、杂乱毛毡状。白色，玻璃光泽、丝绢光泽，透明—半透明；硬度 1～1.5。1999 年发现于纳米比亚奥希科托区楚梅布（Tsumeb）矿。英文名称 Biehlite，以费迪里西·卡尔·毕耶尔（Fredrich Karl Biehl，1887—?）的姓氏命名，以表彰他第一个在楚梅布矿床进行矿物学研究工作。IMA 1999-019a 批准。2000 年 J. 施吕特尔（J. Schlüter）等在《矿物学新年鉴》（月刊）报道。2003 年中国地质科学院矿产资源研究所李锦平等在《岩石矿物学杂志》[22(1)]根据成分译为钼砷锑矿。

【钼砷铜铅石】

英文名 Molybdofornacite

化学式 $CuPb_2(MoO_4)(AsO_4)(OH)$ （IMA）

钼砷铜铅石柱状、板状、纤维状晶体，放射状集合体（纳米比亚、智利、美国）

钼砷铜铅石是一种含羟基的铜、铅的砷酸-钼酸盐矿物。单斜晶系。晶体呈板条状、纤维状、柱状；集合体呈放射状、球粒状。浅绿色、橄榄绿色，金刚光泽，透明；硬度 2～3。1982 年发现于纳米比亚奥希科托区楚梅布（Tsumeb）矿。英文名称 Molybdofornacite，由成分冠词“Molybdenum（钼）”和根词“Fornacite（羟砷铅铜矿）”组合命名，意指它是富钼的羟砷铅铜矿的类似矿物。IMA 1982-062 批准。1983 年 O. 梅登巴赫（O. Medenbach）等在《矿物学新年鉴》（月刊）报道。1985 年中国新矿物与矿物命名委员会郭宗山等在《岩石矿物及测试》[4(4)]根据成分译为钼砷铜铅石（根词参见【羟砷铅铜矿】条 729 页）。

【钼铁矿】

英文名 Kamiokite

化学式 $Fe^{2+}_2 Mo^{4+}_3 O_8$ （IMA）

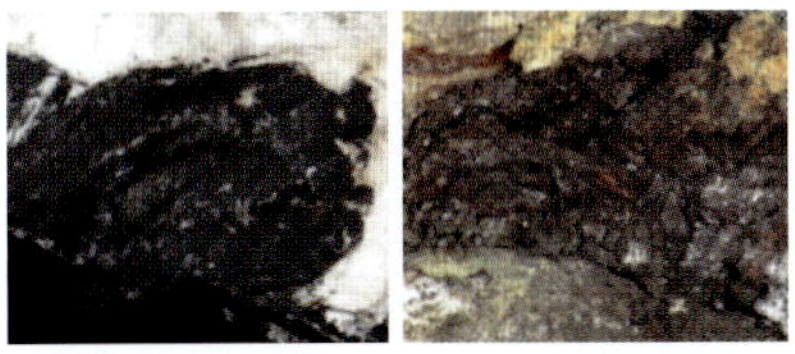

钼铁矿片状晶体（捷克）

钼铁矿是一种铁、钼的氧化物矿物。属钼铁矿族。是铁的马进德矿和伊势矿的类似矿物。六方晶系。晶体呈六方薄板片状。黑色，金属光泽、半金属光泽，不透明；硬度 4.5，完全解理。1975 年发现于日本本州岛中部岐阜县伊达市神冈（Kamioka）银铅锌矿山托奇博拉（Tochibora）矿床。英文名称 Kamiokite，1977 年由 D. 皮克特（D. Picot）和 Z. 约翰（Z. Johan）在《生物、地质和采矿局回忆录》（90）以发现地日本神冈（Kamioka）矿山命名。IMA 1975-003 批准。日文汉字名称神岡鉱。1983 年 P. J. 邓恩（P. J. Dunn）等在《美国矿物学家》（68）和 1985 年佐佐木（A. Sasaki）在日本《矿物学报》[12(8)]报道。1986 年中国新矿物与矿物命名委员会郭宗山等在《岩石矿物学杂志》[5(4)]根据成分译为钼铁矿。2010 年杨主明在《岩石矿物学杂志》[29(1)]建议采用日文汉字名称的简化汉字名称神冈矿。

【钼铜矿】

英文名 Lindgrenite

化学式 $Cu_3(Mo^{6+}O_4)_2(OH)_2$ （IMA）

钼铜矿板状晶体，晶簇状集合体（智利）和林德格列像

钼铜矿是一种含羟基的铜的钼酸盐矿物。与斜方钼铜矿为同质多象。单斜晶系。晶体多呈板状，很少呈针状；集合体呈晶簇状、皮壳状。浅绿色、黄绿色，半玻璃光泽、树脂光泽，透明；硬度 4.5，完全解理，脆性。1935 年发现于智利安托法加斯塔地区丘基卡马塔（Chuquicamata）矿；同年，帕拉奇（Palache）在《美国矿物学家》（20）报道。英文名称 Lindgrenite，由查尔斯·帕拉奇（Charles Palache）为纪念沃尔德马尔·林德格列（Waldemar Lindgren，1860—1939）而以他的姓氏命名。林德格列是一位瑞典裔美国经济地质学家、剑桥麻省理工学院的教授。他是一位对矿床的形成产生深远影响的理论家。1959 年以前发现、描述并命名的“祖父级”矿物，IMA 承认有效。中文名称根据成分译为钼铜矿。

【钼钨钙矿】参见【钼钙矿】条 628 页

【钼氧铜矾石】

英文名 Vergasovaite

化学式 $Cu_3O(MoO_4)(SO_4)$ （IMA）

钼氧铜矾石粒状晶体（俄罗斯）

钼氧铜矾石是一种铜氧的硫酸-钼酸盐矿物。斜方晶系。晶体呈短柱状、粒状；集合体呈放射状。橄榄绿色，玻璃光泽，透明；硬度 4～5，脆性。1998 年发现于俄罗斯堪察加州托尔巴契克（Tolbachik）火山主裂隙北破火山口第二火山渣锥喷气孔。英文名称 Vergasovaite，以俄罗斯科学院火山学研究所的莉迪娅·帕夫洛夫娜·维尔戛索娃（Lidiya Pavlovna Vergasova，1941—）博士的姓氏命名。IMA 1998-009 批准。1998 年 E. Y. 贝科娃（E. Y. Bykova）等在《瑞士矿物学和岩石学通报》（78）和 1999 年 P. 贝尔勒普施（P. Berlepsch）等在《欧洲

矿物学杂志》(11)报道。2004 年中国地质科学院矿产资源研究所李锦平等在《岩石矿物学杂志》[23(1)]根据成分译为钼氧铜矾石。

【钼铀钡矿*】

英文名 Baumoite

化学式 $Ba_{0.5}[(UO_2)_3O_8Mo_2(OH)_3](H_2O)_3$ (IMA)

钼铀钡矿*是一种含结晶水的钡的铀酰氧的氢钼酸盐矿物。单斜晶系。晶体呈柱状、板片状;集合体呈粉末状、皮壳状。黄色—橙色黄色,玻璃光泽,半透明;硬度 2.5,完全解理,脆性。2017 年发现于澳大利亚南澳大利亚州。英文名称 Baumoite,由元素符号“Ba(钡)”“U(铀)”和“Mo(钼)”组合命名,它具独特元素组合和新结构类型。IMA 2017-054 批准。2017 年 P. 埃利奥特(P. Elliott)等在《CNMNC 通讯》(39)、《矿物学杂志》(81)和 2019 年《矿物学杂志》[83(4)]报道。目前尚未见官方中文译名,编译者建议根据成分译为钼铀钡矿*。

【钼铀矿】参见【斜水钼铀矿】条 1036 页

穆 [mù]形声;左形,右声。本义:禾名。[英]音,用于外国人名、地名、单位名。

【穆磁铁矿】

英文名 Mushketovite

化学式 $Fe^{2+}Fe^{3+}_2O_4$

穆磁铁矿片状晶体,玫瑰花状集合体(阿塞拜疆)和穆什克托夫像

穆磁铁矿是一种磁铁矿矿物,又称假象赤铁矿,即磁铁矿呈赤铁矿之假象者。晶体呈片状;集合体呈玫瑰花状。黑色,半金属光泽,不透明。发现于俄罗斯阿塞拜疆。英文名称 Mushketovite,以俄国地质学家 I. V. 穆什克托夫(I. V. Mushketov,1850—1902)的姓氏命名。中文名称根据英文名称首音节音和与磁铁矿的关系译为穆磁铁矿(参见【赤铁矿】条 91 页)。

【穆丁钠石】参见【穆沸石】条 630 页

【穆沸石】

英文名 Mutinaite

化学式 $Na_3Ca_4Al_{11}Si_{85}O_{192} \cdot 60H_2O$ (IMA)

穆沸石是一种含沸石水的钠、钙的铝硅酸盐矿物。属沸石族。斜方晶系。晶体呈扁平板状、纤维状;集合体呈放射状、似球状。无色—淡乳白色,丝绢光泽、玻璃光泽,透明;解理发育,脆性。1996 年发现于南极洲东部亚当森(Adamson)山粗面岩晶洞。英文名称 Mutinaite,以摩德纳(Mutina)的名字命名。它是意大利一个沸石分子筛研究中心摩德纳(Modena)的古拉丁文名字。IMA 1996-025 批准。1997 年在《沸石》(19)和 1998 年 E. 加利(E. Galli)等在《美国矿物学家》(83)报道。2003 年中国地质科学院矿产资源研究所李锦平等在《岩石矿物学杂志》[22(2)]根据英文名称首音节音和族名译为穆沸石,也有的以音和成分译为穆丁钠石。

【穆硅钒钙石】参见【钒帘石】条 149 页

【穆拉什科矿*】

英文名 Murashkoite

化学式 FeP (IMA)

穆拉什科矿*是一种铁的磷化物矿物。斜方晶系。晶体呈粒状,粒径 2mm。黑色、褐色、黄灰色,金属光泽,不透明;很脆。2012 年发现于以色列南部哈拉米什(Halamish)干涸河道。英文名称 Murashkoite,以俄罗斯矿物学家和矿物经销商米哈伊尔·尼古拉耶维奇·穆拉什科(Mikhail Nikolaevich Murashko,1952—)的姓氏命名。他在哈特鲁里姆地层岩石中发现了很多矿物。IMA 2012-071 批准。2013 年 S. N. 布里特温(S. N. Britvin)等在《CNMNC 通讯》(15)、《矿物学杂志》(77)和 2019 年《矿物学与岩石学》(113)报道。目前尚未见官方中文译名,编译者建议音译为穆拉什科矿*或根据英文名称首音节音和成分译为穆磷铁矿*。

【穆磷铝铀矿】

英文名 Mundite

化学式 $Al(UO_2)_3(PO_4)_2(OH)_3 \cdot 5.5H_2O$ (IMA)

穆磷铝铀矿是一种含结晶水、羟基的铝的铀酰-磷酸盐矿物。斜方晶系。晶体呈粒状;集合体呈块状。金黄色,半透明;硬度 2~3,完全解理。1980 年发现于刚果(金)南基伍省姆文加地区科博科博(Kobokobo)伟晶岩。英文名称 Mundite,以鲁汶大学的放射化学家瓦尔特·蒙德(Walter Mund,1892—1956)教授的姓氏命名。IMA 1980-075 批准。1981 年在《法国矿物学和结晶学学会通报》(104)和 1982 年《美国矿物学家》(67)报道。1983 年中国新矿物与矿物命名委员会郭宗山等在《岩石矿物及测试》[2(1)]根据英文名称首音节音和成分译为穆磷铝铀矿,也译作磷铝铀矿 IV。

【穆硫锑铅矿】

英文名 Moëloite

化学式 $Pb_6Sb_6S_{14}(S)_3$ (IMA)

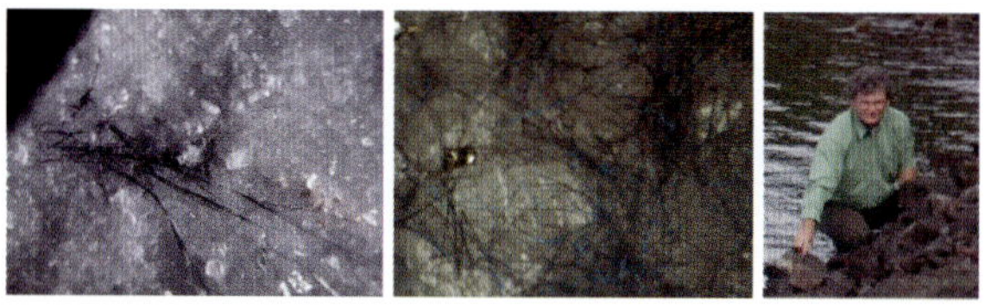

穆硫锑铅矿羽毛状、网状集合体(意大利)和莫罗像

穆硫锑铅矿是一种铅、锑的硫化物矿物。斜方晶系。晶体呈针状、毛发状;集合体呈羽毛状、网状。深灰黑色、棕红色,金属光泽,不透明。1998 年发现于意大利卢卡省滨海阿尔卑斯山脉塞拉韦扎(Seravezza)采石场。英文名称 Moëloite,以法国南特大学材料研究所的铅硫盐矿物学专家伊夫斯·莫罗(Yves Moëlo)博士的姓氏命名,是他首先合成并研究了此化合物。IMA 1998-045 批准。2002 年 P. 奥兰迪(P. Orlandi)等在《欧洲矿物学杂志》(14)报道。2006 年中国地质科学院矿产资源研究所李锦平在《岩石矿物学杂志》[25(6)]根据英文名称首音节音和成分译为穆硫锑铅矿。

【穆硫铁铜钾矿】

英文名 Murunskite

化学式 $K_2(Cu,Fe)_4S_4$ (IMA)

穆硫铁铜钾矿是一种钾、铜、铁的硫化物矿物。属硒铊铁铜矿族。四方晶系。晶体呈显微粒状。铜红色—铜褐色、棕色,金属光泽,不透明;硬度3,脆性。1980年发现于俄罗斯萨哈共和国阿尔丹地盾的穆伦斯基(Murunskii)地块。英文名称 Murunskite,以发现地俄罗斯的穆伦斯基(Murunskii)地块命名。IMA 1980-064 批准。1982年在《美国矿物学家》(67)和《全苏矿物学会记事》(110)报道。中文根据英文名称首音节音和成分译为穆硫铁铜钾矿;1983年中国新矿物与矿物命名委员会郭宗山等在《岩石矿物及测试》[2(1)]根据成分译为硫铁铜钾矿。

穆硫铁铜钾矿粒状晶体(俄罗斯)

【穆尼纳鲁斯塔石*】

英文名 Muonionalustaite

化学式 $Ni_3(OH)_4Cl_2\cdot 4H_2O$　(IMA)

穆尼纳鲁斯塔石*是一种含结晶水的水化镍的氯化物矿物。单斜晶系。2020年发现于瑞典诺尔巴特县的穆尼纳鲁斯塔(Muoninalusta)铁陨石风化壳。英文名称 Muonionalustaite,由发现地瑞典的穆尼纳鲁斯塔(Muoninalusta)陨石命名。IMA 2020-010 批准。2020年 D. 霍尔茨坦(D. Holtstam)等在《CNMNC 通讯》(56)、《矿物学杂志》(84)和《欧洲矿物学杂志》(32)报道。目前尚未见官方中文译名,编译者建议音译为穆尼纳鲁斯塔石*。

【穆水钒钠石】

英文名 Munirite

化学式 $NaV^{5+}O_3\cdot 1.9H_2O$　(IMA)

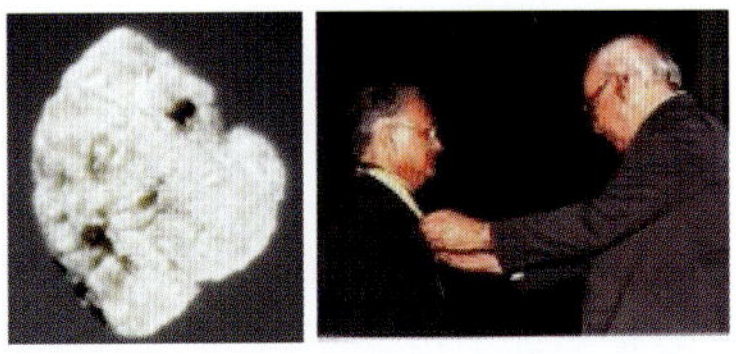

穆水钒钠石块状集合体(巴基斯坦)和穆尼尔像(左)

穆水钒钠石是一种含结晶水的钠的钒酸盐矿物。可能脱水成为钒钠石(Metamunirite)。单斜晶系。集合体呈块状。无色、白色、淡淡的苹果绿色,珍珠光泽;硬度1～2,完全解理。1977年 A. 布京博格(A. Bjornberg)和 B. 海德曼(B. Hedman)等在《斯堪的纳维亚化学学报》(A31)报道人工合成物。1982年发现于巴基斯坦阿扎德克什米尔地区宾贝尔(Bhimber)区。英文名称 Munirite,1983年由 K. A. 布特(K. A. Butt)和 K. 迈哈莫德(K. Mahmood)在《矿物学杂志》(47)为纪念巴基斯坦原子能委员会主席穆尼尔·艾哈迈德·汗(Munir Ahmad Khan,1926—1999)博士而以他的名字命名。IMA 1982-038 批准。1985年中国新矿物与矿物命名委员会郭宗山等在《岩石矿物及测试》[4(4)]根据英文名称首音节音和成分译为穆水钒钠石;根据成分译为水钒钠石。

【穆斯堡尔石*】

英文名 Mössbauerite

化学式 $Fe_6^{3+}O_4(OH)_8(CO_3)\cdot 3H_2O$　(IMA)

穆斯堡尔像

穆斯堡尔石*是一种含结晶水、碳酸根的铁的氢氧-氧化物矿物。属水滑石超族绿锈矿(Fougèrite,富热雷石*)族。三方晶系。晶体呈显微板状进入大气和潜育土(Gleys)中。蓝绿色,纯合成的穆斯堡尔石*呈橙色,土状光泽,不透明;硬度2～3,完全解理。2012年发现于法国布列塔尼大区伊勒-维莱讷省圣米歇尔(Saint-Michel)山。英文名称 Mössbauerite,为纪念鲁道夫·路德维格·穆斯堡尔(Rudolf Ludwig Mössbauer,1929—2011)教授而以他的姓氏命名,是他发现了以其名字命名的 γ 射线的共振,为此他被授予1961年诺贝尔物理学奖。如果没有这项技术,这种矿物的存在和潜育土的绿锈化合物的本质就无法理解。IMA 2012-049 批准。2013年 J. M. R. 格曼(J. M. R. Génin)等在《CNMNC 通讯》(15)、《矿物学杂志》(77)和2014年《矿物学杂志》(78)报道。目前尚未见官方中文译名,编译者建议音译为穆斯堡尔石*。

【穆锡铜矿】

英文名 Mohite

化学式 Cu_2SnS_3　(IMA)

穆锡铜矿是一种铜、锡的硫化物矿物。三斜晶系。晶体呈显微粒状,粒径80μm。绿灰色,金属光泽,不透明;硬度4。1981年发现于乌兹别克斯坦塔什干州安格连地区科赫布拉克(Kochbulak)金银碲矿床。英文名称 Mohite,1982年由 V. A. 克瓦林卡(V. A. Kovalenka)等以德国海德堡大学的君特·哈拉尔德·穆什(Günter Harald Moh,1929—1994)的姓氏命名,以表彰他第一个合成该化合物并对硫化物的人工合成系统进行了研究。IMA 1981-015 批准。1982年克瓦林卡等在《全苏矿物学会记事》(111)报道。1984年中国新矿物与矿物命名委员会郭宗山在《岩石矿物及测试》[3(2)]根据英文名称首音节音和成分译为穆锡铜矿,也译作穆硫锡铜矿。

Nn

镎 [ná]一种锕系金属元素。[英]Neptunium。元素符号 Np。原子序数 93。1940 年由埃德温·麦克米伦(Edwin McMillan)与菲力普·H.艾贝尔森(Philip H. Abelson)于美国伯克利发现。以海王星(Neptune)的名字命名。镎的发现突破了古典元素周期表的界限,为铀后元素或称超铀元素中其他元素的发现闯开了道路,为现代元素周期系和建立锕系元素奠定了基础。它是第一个被发现的人工合成的超铀元素。在自然界只有在铀矿中存在极微量,它是由铀衰变后的游荡中子产生的,尚未发现镎矿物。

那 [nà]形声;小篆字形,从邑,冄(rǎn)声。邑与地名或行政区域有关。用于中国地名。

【那曲矿】

汉拼名 Naquite

化学式 FeSi　　(IMA)

那曲矿是一种铁硅互化物矿物。等轴晶系。晶体呈不规则粒状,直径 15～50μm,与罗布莎矿共生。钢灰色、锡白色,金属光泽,不透明;硬度 6.5,脆性。由中国地质大学(北京)、中国地质科学院地质所研究团队施倪承和李国武等在中国西藏自治区山南地区曲松县罗布莎蛇绿岩铬铁矿区发现的新矿物。原名由化学成分拉丁文“Ferrum(铁)”和“Silicon(硅)”组合命名为 Fersilicite(硅铁矿),未经批准发表,未被采纳。后以发现地中国西藏那曲(Naqu)县命名为 Naquite。IMA 2010-010 批准。2010 年施倪承(Shi Nicheng)等在《矿物学杂志》(74)和 2012 年中国《地质学报》(86)报道。

纳 [nà]形声;从纟,内声。本义:丝被水浸湿。[英]音,用于外国人名、国名。

【纳比穆萨石*】

英文名 Nabimusaite

化学式 $KCa_{12}(SiO_4)_4(SO_4)_2O_2F$　　(IMA)

纳比穆萨石*是一种含氟和氧的钾、钙的硫酸-硅酸盐矿物。属纳比穆萨石*族。三方晶系。无色,玻璃光泽,透明;硬度 5,脆性。2012 年发现于巴勒斯坦西岸哈特鲁里姆地层杰贝·哈曼(Jebel Harmun)。英文名称 Nabimusaite,以纳比·穆萨(Nabi Musa)命名。IMA 2012-057 批准。2013 年 E.V.加鲁斯金(E.V.Galuskin)等在《CNMNC 通讯》(15)、《矿物学杂志》(77)和 2015 年《矿物学杂志》(79)报道。目前尚未见官方中文译名,编译者建议音译为纳比穆萨石*。

【纳比亚斯石】

英文名 Nabiasite

化学式 $BaMn_9(VO_4)_6(OH)_2$　　(IMA)

纳比亚斯石是一种含羟基的钡、锰的钒酸盐矿物。等轴晶系。晶体呈他形粒状,粒径 100μm。暗红色,金刚光泽、玻璃光泽,透明;硬度 4～4.5,脆性。1997 年发现于法国比利牛斯山脉欧尔河谷纳比亚斯(Nabias)附近著名的帕兰德拉巴斯(Plan de Labasse)锰矿床。英文名称 Nabiasite,以发现地法国的纳比亚斯(Nabias)命名。IMA 1997-050 批准。1999 年 J.布鲁格(J.Brugger)等在《欧洲矿物学杂志》[11(5)]报道。2003 年中国地质科学院矿产资源研究所李锦平等在《岩石矿物学杂志》[22(1)]音译为纳比亚斯石。

纳比亚斯石他形粒状晶体(意大利)

【纳博柯石】

英文名 Nabokoite

化学式 $Cu_7Te^{4+}O_4(SO_4)_5 \cdot KCl$　　(IMA)

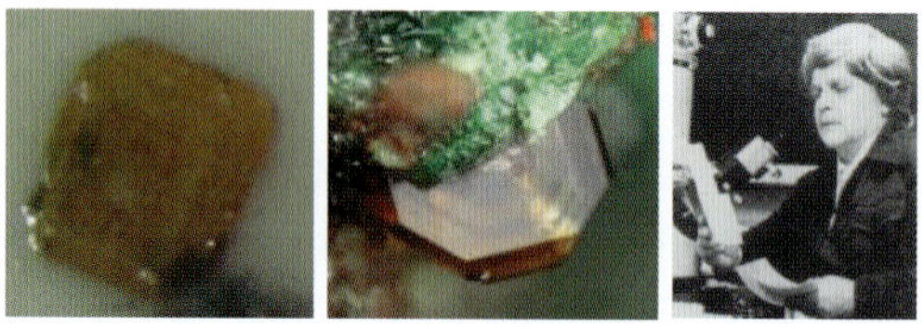

纳博柯石板状晶体(俄罗斯)和纳博柯像

纳博柯石是一种铜的硫酸-硒酸盐和钾的氯化物矿物。四方晶系。晶体呈板状。黄棕色、褐色,玻璃光泽,透明—半透明;硬度 2～2.5。1985 年发现于俄罗斯堪察加州托尔巴契克(Tolbachik)火山主裂隙北破火山口第二火山渣锥亚多维塔亚(Yadovitaya)喷气孔。英文名称 Nabokoite,1987 年由 V.I.波波娃(V.I.Popova)等为纪念俄罗斯彼得罗巴甫洛夫斯克-堪察加火山学研究所的火山学家索菲娅·伊万诺芙娜·纳博柯(Sofya Ivanovna Naboko,1909—?)而以她的姓氏命名。纳博柯是堪察加火山的研究者,她收集了该矿物的第一个样品。IMA 1985-013a 批准。1987 年波波娃等在《全苏矿物学会记事》(116)和 1988 年 J.L.杨博尔(J.L.Jambor)等在《美国矿物学家》(73)报道。1988 年中国新矿物与矿物命名委员会郭宗山等在《岩石矿物学杂志》[7(3)]音译为纳博柯石。

【纳菲尔德矿*】

英文名 Nuffieldite

化学式 $Cu_{1.4}Pb_{2.4}Bi_{2.4}Sb_{0.2}S_7$　　(IMA)

纳菲尔德矿*是一种铜、铅、铋、锑的硫化物矿物。斜方晶系。晶体呈柱状、针状,晶面上有纵纹。铅灰色—钢灰色、灰绿色、红褐色,金属光泽,不透明;硬度 3.5～4,完全解理,脆性。1967 年发现于加拿大不列颠哥伦比亚省帕特西(Patsy)溪不列颠哥伦比亚钼公司矿山。英文名称 Nuffieldite,1968 年由保罗·威廉·埃罗尔·金斯顿(Paul William Errol Kingston)为纪念加拿大多伦多大学矿物学家爱德华·威尔弗里德·纳菲尔德(Edward Wilfrid Nuffield,1914—2006)教授而以他的姓氏命名。IMA 1967-003 批准。1968 年 P.W.金斯顿(P.W.Kingston)在《加拿大矿物学家》(9)报道。中国地质科学院根据成分译为硫铋铜铅矿(与 Felbertalite 译名重复)。2011 年杨主明在《岩石矿物学杂志》[30(4)]建议音译为鲁菲尔德矿(编译者建议译为纳菲尔德矿*)。

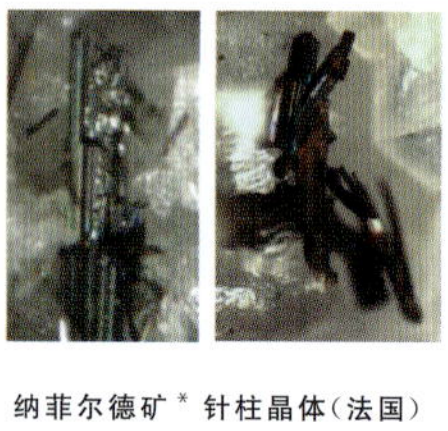

纳菲尔德矿*针柱晶体(法国)

【纳夫罗茨基铀矿*】

英文名 Navrotskyite

化学式 $K_2Na_{10}(UO_2)_3(SO_4)_9 \cdot 2H_2O$　(IMA)

纳夫罗茨基铀矿*纤维状晶体，放射状集合体（美国）

纳夫罗茨基铀矿*是一种含结晶水的钾、钠的铀酰-硫酸盐矿物。斜方晶系。晶体呈细锥形针状；集合体呈放射状、光纤束状。2019年发现于美国犹他州圣胡安市蓝蜥蜴(Blue Lizard)矿。英文名称 Navrotskyite，以美国物理化学家、地球化学家和材料科学家亚历山德拉·纳夫罗茨基(Alexandra Navrotsky，1943—)博士的姓氏命名。IMA 2019-026批准。2019年T. A. 奥尔德斯(T. A. Olds)等在《CNMNC通讯》(50)、《矿物学杂志》(83)和《欧洲矿物学杂志》(31)报道。目前尚未见官方中文译名，编译者建议音加成分译为纳夫罗茨基铀矿*。

【纳米铜铋钒矿】

英文名 Namibite

化学式 $Cu(BiO)_2(VO_4)(OH)$　(IMA)

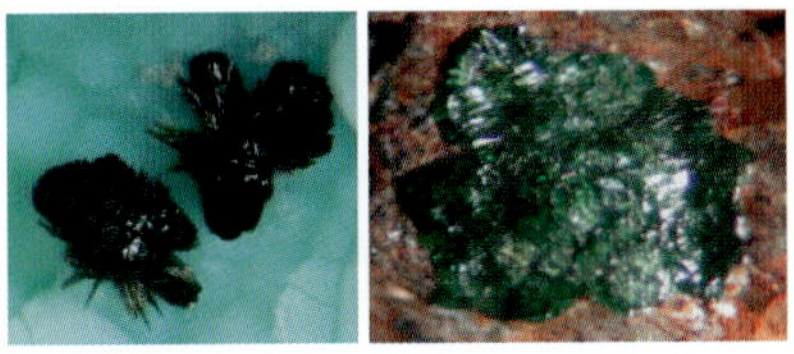

纳米铜铋钒矿片状晶体，放射状集合体（德国、美国）

纳米铜铋钒矿是一种含羟基的铜、铋氧的钒酸盐矿物。结构与磷铁铅铋矿(Brendelite)有关；化学上类似氟硅石(Khorixasite)。三斜晶系。晶体呈板状、片状；集合体呈放射状、圆形花状。深绿色、黑绿色，玻璃光泽，半透明；硬度4.5～5，完全解理。1981年发现于纳米比亚霍里克萨斯市美索不达米亚(Mesopotamia)504农场。英文名称 Namibite，以发现地所在纳米布(Namib)沙漠命名。它是世界上最古老、最干燥的沙漠之一。IMA 1981-024批准。1981年冯·文诺灵(von Knorring)等在《瑞士矿物学和岩石学通报》(61)和1982年M. 弗莱舍(M. Fleischer)在《美国矿物学家》(67)报道。1983年中国新矿物与矿物命名委员会郭宗山等在《岩石矿物及测试》[2(1)]根据英文名称前两个音节音和成分译为纳米铜铋钒矿。

【纳什石*】

英文名 Nashite

化学式 $Na_3Ca_2[(V^{4+}V^{5+}_9)O_{28}] \cdot 24H_2O$　(IMA)

纳什石*片状晶体（美国）和纳什像

纳什石*是一种含结晶水的钠、钙的钒酸盐矿物。单斜晶系。晶体呈片状。蓝绿色，半金刚光泽，透明；硬度2，完全解理，脆性。2011年分别发现于美国科罗拉多州圣米格尔县斯利克罗克区吉普瑟姆山谷圣裘德(Saint Jude)矿和犹他州格朗县汤普森区利特尔伊娃(Little Eva)矿。英文名称 Nashite，以美国犹他大学地质与地球物理学教授芭芭拉·P. 纳什(Barbara P. Nash，1944—)博士的姓氏命名。她是火山系统地球化学和岩石成因方面的专家，并描述了大量的新矿物。IMA 2011-105批准。2012年A. R. 坎普夫(A. R. Kampf)等在《CNMNC通讯》(13)、《矿物学杂志》(76)和2013年《加拿大矿物学家》(51)报道。目前尚未见官方中文译名，编译者建议音译为纳什石*。

钠

[nà]形声；从钅，内声。是一种碱金属元素。[英]Sodium；[拉]Natrium。元素符号Na。原子序数11。伏特在19世纪初发明了电池后，各国化学家纷纷利用电池分解水成功。英国化学家戴维(Davy)坚持不懈地从事于利用电池分解各种物质的实验研究。他在1807年发现了金属钾，几天之后，他又从电解碳酸钠中获得了金属钠。戴维将钾和钠分别命名为 Potassium 和 Sodium，因为钾是从氢氧化钾(Potash)，钠是从碳酸钠(Soda)中得到的。在地壳中钠的含量为2.83%，居第六位，主要以钠盐的形式存在。

【钠铵矾】

英文名 Lecontite

化学式 $(NH_4)Na(SO_4) \cdot 2H_2O$　(IMA)

勒孔特像

钠铵矾是一种含结晶水的铵、钠的硫酸盐矿物。斜方晶系。晶体呈长柱状、短柱状、细粒状；集合体呈块状。无色，玻璃光泽，透明；硬度2～2.5，中等解理；有咸味和苦味。1858年发现于洪都拉斯科马亚瓜区拉斯彼德拉斯(Las Piedras)洞穴蝙蝠粪层；同年，泰勒(Taylor)在《美国科学与艺术杂志》(26)报道。英文名称 Lecontite，以美国昆虫学家约翰·L. 勒孔特(John L. LeConte，1825—1883)的姓氏命名，他是该矿物的发现者。1959年以前发现、描述并命名的"祖父级"矿物，IMA承认有效。中文名称根据成分译为钠铵矾。

【钠奥长石】参见【奥长石】条26页

【钠白榴石】参见【白榴石】条35页

【钠板石】

英文名 Allevardite

化学式 $(Na,Ca)Al_4(Si,Al)_8O_{20}(OH)_4 \cdot 2H_2O$　(IMA)

钠板石泥土状集合体（法国）

钠板石是一种具有特殊结构、较为罕见的含结晶水的钠、钙、铝的铝硅酸盐黏土矿物。单斜晶系。晶体呈细鳞片状；集合体呈土状。白色—淡棕色、银灰绿色，蜡状光泽、丝绢光泽、油脂光泽；硬度1～2，质松软，具滑感。G. W. 布林德利(G. W. Brindley)等认为它的结构为水分子所分隔的双云母型基本层或认为是累托石和地开石的混合物。而实际上是一种"二八面体云母和二八面体蒙皂石组成的1∶1规则间层矿物"。英文名称 Allevardite，以最初描述地法国萨瓦省阿勒瓦尔(Allevard)命名。后更名为 Rectorite，1891年以首次发现此矿物的E. 雷克托(E. Rector)的姓氏命名。1967s. p. 批准。据不完全统计，到目前为止，在世界上已知的具有医疗保健美容功能的这种矿物，仅有日本栃山县、匈牙利托考伊山脉基拉伊海杰什山及美国犹他州中北部有少量发现，中国湖北省也有大量的累托石。国外一直把它作为一种罕见的珍稀材料，进行极其重要的保健方面的科学研究。中文名称根据成分和结构译为钠板石；由于产于二叠纪地层故也译为二叠泥，有的音译为阿里法石(参见【累托石】条 439 页)。

【钠钡长石】参见【钡钠长石】条 56 页

【钠钡闪叶石】

英文名 Nabalamprophyllite

化学式 $(BaNa)Ti_2Na_3Ti(Si_2O_7)_2O_2(OH)_2$　　(IMA)

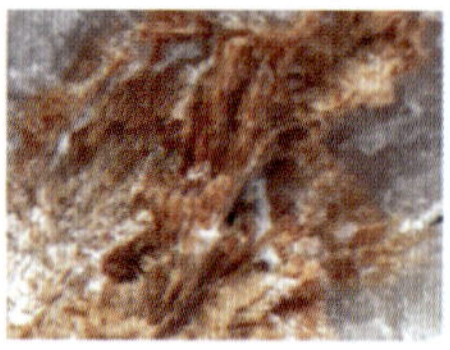

钠钡闪叶石束状、扇状集合体(俄罗斯)

钠钡闪叶石是一种含羟基和氧的钡、钠、钛的硅酸盐矿物。属氟钠钛锆石超族闪叶石族。单斜晶系。晶体呈扁柱状、叶片状；集合体呈束状、扇状。褐色—亮黄色，玻璃光泽、金刚光泽，透明—半透明；硬度 3，完全解理，脆性。2001 年分别发现于俄罗斯萨哈共和国阿尔丹地盾伊纳格里(Inagli)铬透辉石矿床和俄罗斯北部摩尔曼斯克州科夫多尔(Kovdor)地块金云母矿。英文名称 Nabalamprophyllite，由占优势的成分冠词“Na(钠)”“Ba(钡)”和根词“Lamprophyllite(闪叶石)”组合命名，意指它是富钠、钡的闪叶石的类似矿物。IMA 2001－060 批准。2004 年 N. V. 丘卡诺夫(N. V. Chukanov)等在《俄罗斯矿物学会记事》[133(1)]报道。2008 年中国地质科学院地质研究所任玉峰等在《岩石矿物学杂志》[27(3)]根据成分及与闪叶石的关系译为钠钡闪叶石(根词参见【闪叶石】条 772 页)。

【钠变钙铀云母】

英文名 Metanatroautunite

化学式 $Na(UO_2)(PO_4)\cdot 3H_2O$　　(IMA)

钠变钙铀云母四方片状晶体(澳大利亚)

钠变钙铀云母是一种含结晶水的钠的铀酰-磷酸盐矿物。四方晶系。晶体呈片状、鳞片状；集合体呈扇状。柠檬黄色、菜花黄色，玻璃光泽、蜡状光泽，解理面上呈珍珠光泽；硬度 2～2.5，完全解理。1957 年发现于塔吉克斯坦粟特州苦盏(或译忽禅)列宁纳巴德库鲁克铀矿床。1957 年 A. A. 切尔尼科夫(A. A. Chernikov)等在《苏联原子能杂志》(3)报道。最初发表为“Sodium－autunite(钠钙铀云母)”，但同年作者改为“Natroautunite”。1994 年切尔尼科夫等在《俄罗斯科学院学报》(341A)又更名为“Metanatroautunite”，由冠词“Meta(变)”和根词“Natroautunite(钠钙铀云母)”组合命名，描述矿物的脱水的关系。1959 年以前发现、描述并命名的“祖父级”矿物，IMA 承认有效。IMA 1987s. p. 批准。1999 年中国新矿物与矿物命名委员会黄蕴慧等在《岩石矿物学杂志》[18(1)]根据成分及与变钙铀云母的关系译为钠变钙铀云母；根据成分及与钙铀云母的关系译为钠钙铀云母。

【钠长石】

英文名 Albite

化学式 $Na(AlSi_3O_8)$　　(IMA)

钠长石是斜长石 $NaAlSi_3O_8(Ab)-CaAl_2Si_2O_8(An)$完全类质同象系列的钠的端元。有低温钠长石和高温钠长石(Analbite，歪长石)两种变体。属长石族斜长石亚族。与库姆迪科尔石*和玲根石为同质多象。三斜晶系。晶体呈柱

钠长石板柱状(意大利)、叶片状(巴西)晶体和晕长石(中国)

状、厚板状、叶片状，发育聚片、简单卡氏或其他双晶。无色、白色，但有时呈黄色、淡红色、绿色或黑色，玻璃光泽，解理面上呈珍珠光泽，透明—半透明；硬度 6～6.5，完全解理，脆性。1815 年分别发现于瑞典达拉纳法伦芬波(Finnbo Finbo)、法国瓦桑堡和伊塞雷镇，以及德国下萨克森州的凯瑟琳娜诺凡格(Catharina Neufang)矿；同年，在《物理、化学和矿物学杂志》(4)报道。英文名称 Albite，由约翰·戈特利布·加恩(Johan Gottlieb Gahn)和乔斯·雅格布·伯齐利厄斯(Jöns Jacob Berzelius)根据拉丁文“Albus(白色)”，因该矿物常呈纯白色的颜色而得名。1823 年 G. 罗斯(G. Rose)在《物理学和化学年鉴》(73/NF－43 卷)报道。1959 年以前发现、描述并命名的“祖父级”矿物，IMA 承认有效。中文名称根据成分与族名译为钠长石。

晕长石是钠长石一个变种，也称蓝彩钠长石或鸽彩石。英文名称 Peristerite，源于希腊文“Περιστέρι(鸽子)”，因晕长石的晕彩很像鸽子羽毛上的光彩。晕彩是由钠长石和钙长石固溶体分离的晶片对光线反射与衍射时形成的光圈。

蒙钠长石(Monalbite)是钠长石的单斜对称的高温钠长石(980～1 060℃)的多型，由“Monoclinic(单斜晶系)”和“Albite(钠长石)”组合命名，由英文名称首音节音及与钠长石的关系译为蒙钠长石[见 1967 年威廉·L. 布朗(William L. Brown)《矿物学杂志》(36)]。

【钠毒铝石*】

英文名 Natropharmacoalumite

化学式 $NaAl_4(AsO_4)_3(OH)_4\cdot 4H_2O$　　(IMA)

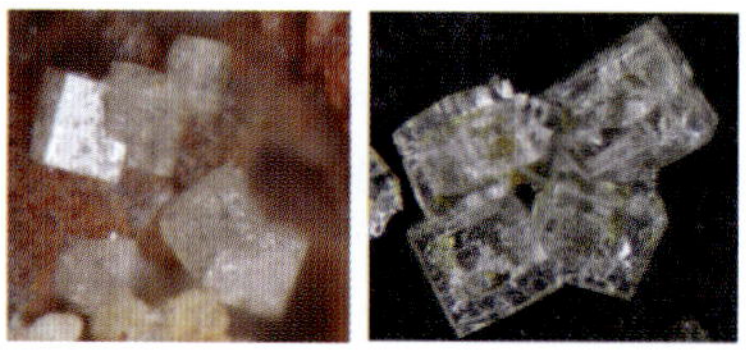

钠毒铝石*立方体晶体(西班牙)

钠毒铝石*是一种含结晶水和羟基的钠、铝的砷酸盐矿物。属毒铁石超族毒铝石族。等轴晶系。晶体呈立方体。无色，金刚光泽、玻璃光泽，透明；硬度 2.5，中等解理，脆性。2010 年发现于西班牙安达卢西亚自治区阿尔梅里亚尼哈尔罗达尔基拉(Rodalquilar)玛丽亚·约瑟法(María Josefa)矿。英文名称 Natropharmacoalumite，由成分冠词“Natro(钠)”和根词“Pharmacoalumite(毒铝石)”组合命名(根词参见【毒铝石】条 133 页)。IMA 2010－009 批准。2010 年 S. J. 米尔斯(S. J. Mills)等在《矿物学杂志》(74)报道。目前尚未见官方中文译名，编译者建议根据成分及与毒铝石的关系译为钠毒铝石*。

【钠毒铁石】

英文名 Natropharmacosiderite

化学式 $Na_2Fe^{3+}_4(AsO_4)_3(OH)_5\cdot 7H_2O$　　(IMA)

钠毒铁石是一种含结晶水和羟基的钠、铁的砷酸盐矿

物。属毒铁石超族毒铁石族。等轴晶系。晶体呈立方体、柱状、粒状。淡绿色、暗橙色，玻璃光泽，透明—半透明；硬度3，中等解理，脆性。最初发现于博物馆的一个单一的标本上，大概是毒砂的氧化产物。1983年发现于澳大利亚西澳大利亚州亿勒哥恩郡杰克逊戈德菲尔德山马尔达（Marda）金矿氧化带。英文名称 Natropharmacosiderite，由成分冠词“Natro（钠）”和根词“Pharmacosiderite（毒铁石）”组合命名。IMA 1983－025 批准。1985年 D. 佩科尔（D. Peacor）等在《矿物学记录》（16）和1986年《美国矿物学家》（71）报道。中文名称根据成分及与毒铁石的关系译为钠毒铁石（根词参见【毒铁矿】条134页）。

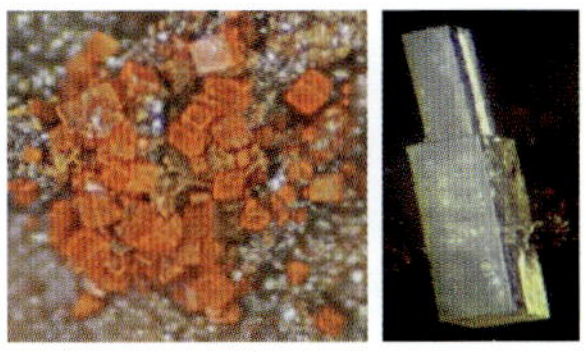
钠毒铁石立方体和四方柱状晶体（美国、西班牙）

【钠矾石】参见【钠明矾石】条641页

【钠沸石】

英文名 Natrolite

化学式 $Na_2(Si_3Al_2)O_{10}\cdot 2H_2O$　（IMA）

钠沸石放射状、球粒状集合体（澳大利亚、美国）

钠沸石是一种含沸石水的钠的铝硅酸盐矿物。属沸石族钠沸石亚族。与纤沸石为同质多象。斜方晶系。晶体呈细长的针状、纤维状，有的长达1m；集合体呈放射状、球粒状。白色、无色、红色、黄色、棕色、绿色、蓝色，玻璃光泽，纤维状者呈丝绢光泽、珍珠光泽，透明—半透明；硬度5～5.5，完全解理，脆性。1756年由瑞典矿冶学家克朗斯提首次发现。1803年又发现于德国巴登-符腾堡州黑高辛根的霍恩特维尔（Hohentwiel）；同年，在《柏林自然研究学会新论文》（4）报道。英文名称 Natrolite，1803年由马丁·H. 克拉普罗特（Martin H. Klaproth，1743—1817）命名。它源自希腊文“Νάτριο＝Natron＝Soda（泡碱、苏打）”，意指成分含钠（拉丁文 Natrium）。1810年克拉普罗特在柏林罗特曼《化学知识对矿物学的贡献》（*Beiträge zur chemischen Kenntniss der Mineralkörper*）（第六集）报道。1959年以前发现、描述并命名的“祖父级”矿物，IMA 承认有效。IMA 1997s. p. 批准。中文名称根据化学成分（钠）和族名译为钠沸石；根据颜色及族名译为白沸石。同义词 Fargite，1993年克拉克（Clark）以发现地苏格兰佩思郡格伦法尔格（Glen Farg）命名，它是一个红色的钙质钠沸石（A red calcian natrolite）变种，译为红钠沸石。

【钠钙锆石】

英文名 Låvenite

化学式 $(Na,Ca)_4(Mn^{2+},Fe^{2+})_2(Zr,Ti,Nb)_2(Si_2O_7)_2(O,F)_4$　（IMA）

钠钙锆石是一种含氟和氧的钠、钙、锰、铁、锆、钛、铌的硅酸盐矿物。属铌锆钠石族。与斜方钙钠锆石（Ortholavenite）为同质多象。单斜晶系。晶体呈柱状、板状、针状、粒状、纤维状，具聚片双晶；集合体呈放射星状或晶簇状、块状。无色—棕黄色、米色、黄色、橙色、红色、棕色—褐黑色，玻璃光泽、油脂光泽，透明—半透明；硬度6，完全解理，脆性。1884年发现于挪威西福尔郡拉尔维克朗厄松峡湾莱文（Låven）岛，同年，在《斯德哥尔摩地质学会会刊》（7）报道。又见于1892年 E. S. 丹纳（E. S. Dana）《系统矿物学》（第六版）。英文名称 Låvenite，以发现地挪威的莱文（Låven）岛命名。1959年以前发现、描述并命名的“祖父级”矿物，IMA 承认有效。中文名称根据成分译为钠钙锆石；根据成分译作钙钠锰锆石、锆钽矿；根据颜色和成分译为褐锰锆矿。

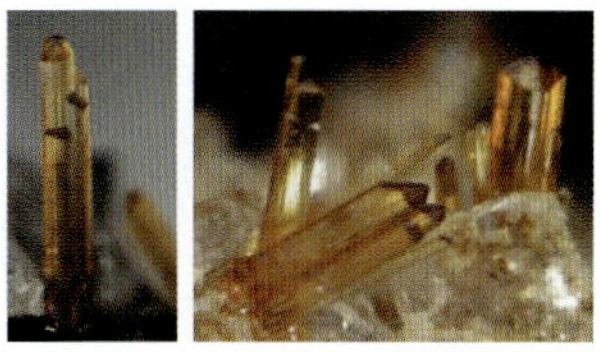
钠钙锆石柱状晶体，晶簇状集合体（德国）

【钠钙镁闪石】参见【砂川闪石】条770页

【钠钙砷铀云母】参见【钠砷铀云母】条641页

【钠钙稀铌石-铈】

英文名 Nacareniobosite-(Ce)

化学式 $(Ca_3REE)Na_3Nb(Si_2O_7)_2(OF)F_2$　（IMA）

钠钙稀铌石-铈是一种含氟和氧的钙、稀土、钠、铌的硅酸盐矿物。属氟钠钛锆石超族褐硅铈石族。单斜晶系。晶体呈板状、板条状。无色，玻璃光泽，透明；硬度5，完全解理。1987年发现于丹麦格陵兰岛库亚雷哥自治区伊犁马萨克杂岩体库安那苏特（Kuannersuit）高原科瓦内湾（Kvanefjeld）铀矿床科瓦内湾隧道。英文名称 Nacareniobosite-(Ce)，由化学成分“Natrium（Sodium，钠）、Calcium（钙）、Rare Earths（稀土）、Niobium（铌）和 Silicon（硅）”的缩写，加占优势的稀土元素铈后缀-(Ce)组合命名。IMA 1987－040 批准。1989年 O. V. 皮特森（O. V. Petersen）等在《矿物学新年鉴》（月刊）报道。中文名称根据成分译为钠钙稀铌石-铈。

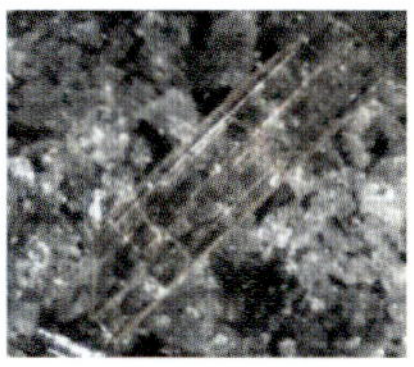
钠钙稀铌石-铈板条状晶体（格陵兰）

【钠钙铀云母】参见【钠变钙铀云母】条634页

【钠钙柱石】

英文名 Mizzonite

化学式 Ma 50%～20%，Me 50%～80%

钠钙柱石属方柱石族，是钠柱石（Maralite）-钙柱石（Meionite）类质同象系列的富钙成员。四方晶系。晶体呈长柱状、针状。无色、白色，巴西产的暗金黄色—金黄色晶体、坦桑尼亚产的黄白色晶体和中国新疆产的紫色晶体皆属此类。玻璃光泽，透明—半透明；硬度6，完全解理。1851年 A. 斯卡基（A. Scacchi）在莱比锡《物理学和化学年鉴》（第三集）报道。英文名称 Mizzonite，由于在钠柱石（Maralite）-钙柱石（Meionite）类质同象系列中钙柱石（Meionite）比例大，因此以希腊文“Μάιζον＝Meizon（更大）”命名；也因处于方柱石系列5个矿物种的中间位置故也译为中柱石；又因常呈针状也译作针柱石。在某些分类系统中 Mizzonite 被视作 Marialite 的同义词（参见【钠柱石】条645页）。

钠钙柱石柱状晶体（中国·新疆）

【钠锆石】

英文名 Catapleiite

化学式 $Na_2Zr(Si_3O_9)\cdot 2H_2O$　（IMA）

N

钠锆石六方板片状晶体，玫瑰花状集合体（加拿大）

钠锆石是一种含结晶水的钠、锆的硅酸盐矿物。属钠锆石族。与斜方钠锆石（Gaidonnayite）为同质二象变体。单斜晶系。晶体呈假六方板、片状、六方柱状，发育聚片双晶；集合体呈玫瑰花状。深棕色、红棕色、肉红色、黄红色、无色、淡灰色、米色、淡黄色、橙色、浅蓝色，玻璃光泽、油脂光泽，透明—半透明；硬度 5～6，完全解理，脆性。1850 年发现于挪威韦斯特福尔区拉尔维克兰格森德斯乔登（Langesundsfjorden）莱文（Låven）岛。1850 年 P. C. 维布耶（P. C. Weibye）在柏林波根多夫出版的《物理学和化学年鉴》（79）报道。英文名称 Catapleiite，根据希腊文“κατα 和 πλειον，即 Wholly（完全）和 Full（丰富）”命名，意思是“许多”，联想到其他许多伴随的罕见的稀有矿物。1959 年以前发现、描述并命名的“祖父级”矿物，IMA 承认有效。中文名称根据成分译为钠锆石；根据晶系和成分译为单斜钠锆石。

【钠铬辉石】

英文名 Kosmochlor

化学式 $NaCr^{3+}Si_2O_6$　（IMA）

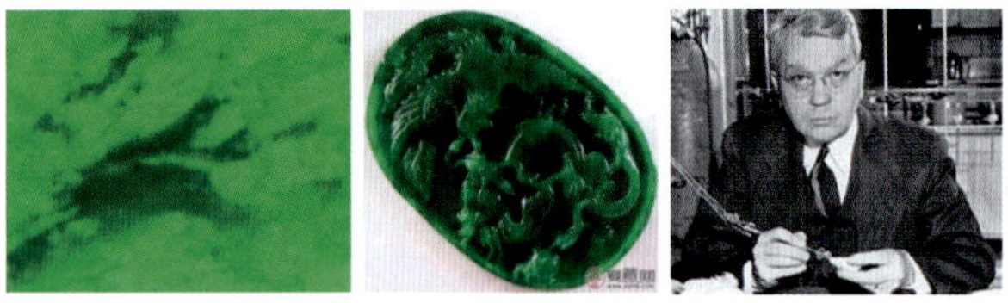

钠铬辉石致密块状集合体、饰品（缅甸）和尤里像

钠铬辉石是一种钠、铬的硅酸盐矿物。属辉石族单斜辉石亚族矿物之一。与硬玉（钠辉石）和绿辉石形成固溶体系列。单斜晶系。晶体常呈显微纤维状或更为细小的隐晶质，呈暗绿色；但当呈微细状并分散在浅色的矿物中时，呈鲜艳的亮绿色，但不透明；当钙、镁、铁等杂质元素增加时会使颜色进一步加深，并称为绿辉石质钠铬辉石。硬度 5.5～6，完全解理。此矿物在自然界是极为罕见的，1897 年发现于墨西哥希基皮尔科（Jiquipilco）托卢卡（Toluca）陨石，被认为是宇宙矿物。1897 年 H. 拉斯贝尔斯（H. Laspeyres）在《结晶学和矿物学杂志》（27）报道。英文名称 Kosmochlor（Cosmochlore），由“Kosmo＝Cosmo（宇宙，太空）”和“Chlore（铬）或 Chlorine（绿色＝氯）”组合命名。1959 年以前发现、描述并命名的“祖父级”矿物，IMA 承认有效。IMA 1988s. p. 批准。早些时候中文名称根据成因和成分译为陨铬石或陨铬辉石；或根据矿物起源、颜色（氯＝绿）及族名译为宇宙氯辉石。

同义词 Ureyite，为纪念美国宇宙化学家、物理学家哈罗德·克莱顿·尤里（Harold Clayton Urey，1893—1981）而以他的姓氏命名。尤里 1931 年发现氘（重氢），1934 年荣获诺贝尔化学奖，1953 年他和学生 S. L. 米勒（S. L. Miller）设计了一套研究生命起源的仪器，1968 年，提出了太阳系由陨石形成的理论；同年，M. 弗莱舍（M. Fleischer）在《美国矿物学家》（53）报道。中文名称根据成分和族名现译为钠铬辉石。

自古以来，缅甸所产翡翠（硬玉）世界闻名。中国称“云玉”（明代属中国云南所辖），缅甸称“缅玉”。翡翠产区在乌鲁河谷（Uru valley）。20 世纪 90 年代初期缅甸村民在龙肯首次挖出“铁龙生（天龙生）”翡翠，整个矿区 25 个矿洞呈带状似龙盘绕，当地狂呼“天龙降生”，这就是“天龙生”的由来。“天龙生”翡翠的特点为很艳的翠绿色，可制作成满绿饰品。缅语“铁龙生”之意为满绿色。我国香港地区的一位翡翠专家将其音译为“天龙生”，使之顿生高贵可爱之意。1983 年欧阳秋眉在缅甸产的一种玉石（干青）中发现了钠铬辉石，而且“铁龙生（天龙生）”翡翠的主要矿物成分是钠铬辉石。成果发表于《美国矿物学家》杂志，于是她获得了地球上的钠铬辉石发现者的殊荣。欧阳秋眉热衷翡翠研究，是香港宝石鉴定所及香港珠宝学院创始人，亚洲宝石协会（GIG）常务理事，珠光宝气学院客座教授，知名翡翠商人。几乎同时，瑞士的宝石学家 H. A. 海密（H. A. Haimi）博士也在做同样的研究，并得出相同的结果（参见【硬玉】条 1085 页）。

【钠硅锆石】

英文名 Keldyshite

化学式 $Na_2ZrSi_2O_7$　（IMA）

克尔德什像

钠硅锆石是一种钠、锆的硅酸盐矿物。三斜晶系。晶体呈不规则柱状、粒状，具聚片双晶。白色，玻璃光泽、油脂光泽，透明—半透明；硬度 3.5～4.5，非常脆。1962 年发现于俄罗斯北部摩尔曼斯克州阿鲁艾夫（Alluaiv）山流霞正长岩；同年，在《苏联科学院报告》（142）和《美国矿物学家》（47）报道。英文名称 Keldyshite，由瓦西里·伊万诺维奇·格拉西莫夫斯基（Vasilii Ivanovich Gerasimovsky）为纪念苏联数学家和第一个地球太空计划的创始人姆斯蒂斯拉夫·弗谢沃洛多维奇·克尔德什（Mstislav Vsevolodovich Keldysh，1911—1978）而以他的姓氏命名。克尔德什提出并开发了第一个地球轨道人造卫星，获得了他的同事们给予俄罗斯太空计划“首席理论家”的绰号。IMA 1975－034 批准。中文名称根据成分译为钠硅锆石或硅钠锆石。

【钠硅铌钙石】

英文名 Natrokomarovite

化学式 $NaNa_{5-x}Ca_{1-x}Ti_xNb_{6-x}(Si_4O_{12})_{14}F_2\cdot 4H_2O$

$(0<x\approx 1)$　（弗莱舍，2014）

钠硅铌钙石是一种富钠的硅铌钙石的类似矿物。斜方晶系。白色，半透明；硬度 4。1979 年发现于俄罗斯北部摩尔曼斯克州基洛夫斯基（Kirovskii）磷灰石矿。英文名称 Natrokomarovite，由成分冠词“Natro（钠）”和根词“Komarovite（硅铌钙石）”组合命名。之前称“Sodium-komarovite”和“Na-komarovite”。1979 年克里沃克涅娃（Krivokoneva）等在《苏联科学院报告》（248）认为它是硅化的烧绿石。2004 年佩科夫（Pekov）等再验证，但未获批准。中文名称根据成分及与硅铌钙石的关系译为钠硅铌钙石（根词参见【硅铌钙石】条 279 页）。

【钠红沸石】

英文名 Barrerite

化学式 $Na_2(Si_7Al_2)O_{18}\cdot 6H_2O$　（IMA）

钠红沸石是一种含沸石水的钠的铝硅酸盐矿物。属沸石族辉沸石亚族。斜方晶系。晶体呈板状；集合体呈晶簇

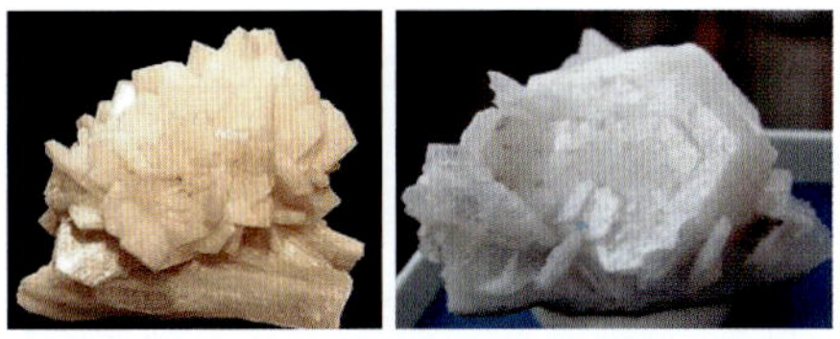

钠红沸石板状晶体，晶簇状集合体(美国)

状。白色、粉红色，玻璃光泽，透明—半透明；硬度3～4，完全解理。1974年发现于意大利卡利亚里省普拉诺拉的桑特埃菲西奥塔(Sant'Efisio Tower)。英文名称Barrerite，以出生在新西兰的沸石类化学分子筛的教师和学者理查德·马林·巴勒(Richard Maling Barrer，1910—1996)的姓氏命名。IMA 1974-017批准。1975年在《矿物学杂志》(40)和1976年E.加利(E. Galli)等在《法国矿物学和结晶学学会通报》(99)和《矿物学通报》(98)报道。中文名称根据成分、颜色和族名译为钠红沸石；根据晶体板状晶习和族名译为板沸石。

【钠辉石】参见【硬玉】条1085页

【钠钾芒硝*】

英文名 Natroaphthitalite

化学式 $KNa_3(SO_4)_2$　　(IMA)

钠钾芒硝*板状近平行状(火炬状)集合体(俄罗斯)

钠钾芒硝*是一种钾、钠的硫酸盐矿物。三方晶系。晶体呈板状、片状六角形，直径可达2mm，有的可达1cm；集合体通常呈平行状，有时呈骨骼状。黄色—无色，半透明。2018年发现于俄罗斯堪察加州托尔巴契克(Tolbachik)火山大裂缝(主裂缝)北部破火山口第二火山渣锥喷气孔。英文名称Natroaphthitalite，由成分冠词"Natro(钠)"和根词"Aphthitalite(钾芒硝)"组合命名，意指它是钠的钾芒硝的类似矿物。IMA 2018-091批准。2018年N. V.什奇帕尔基纳(N. V. Shchipalkina)等在《CNMNC通讯》(46)、《矿物学杂志》(82)和《欧洲矿物学杂志》(30)报道。目前尚未见官方中文译名，编译者根据成分和与钾芒硝的关系译为钠钾芒硝。

【钠基硫脲石】

英文名 Natrosulfatourea

化学式 $Na_2(SO_4)[CO(NH_2)_2]$　　(IMA)

钠基硫脲石是一种钠的碳酰二胺(脲)-硫酸盐矿物。斜方晶系。2019年发现于美国亚利桑那州马里科帕县罗利(Rowley)矿山蝙蝠粪。英文名称Natrosulfatourea，由成分冠词"Natro(钠)"和根词"Sulfatourea(硫脲石)"组合命名。IMA 2019-134批准。2020年A. R.坎普夫(A. R. Kampf)等在《CNMNC通讯》(55)、《矿物学杂志》(84)和《欧洲矿物学杂志》(32)报道。中文名称根据成分译为钠基硫脲石。

【钠金云母】

英文名 Aspidolite

化学式 $NaMg_3(Si_3Al)O_{10}(OH)_2$　　(IMA)

钠金云母是一种金云母的富钠类似矿物。属云母族。单斜(三斜)晶系。晶体呈板片状。浅棕色、白色、绿色、红色，玻璃光泽、珍珠光泽，透明—半透明；硬度2～3，极完全解理，脆性。1869年发现于奥地利北蒂罗尔州齐勒河谷(Zillertal)[见《慕尼黑巴伐利亚皇家科学院会议报告》]和日本本州岛中部岐阜县揖斐川町春日村春日(Kasuga)矿。英文名称Aspidolite，1869由弗兰兹·冯·科贝尔(Franz von Kobell)根据希腊文"ασπίδα＝Aspida＝Shield(盾牌)"和"λίθos＝Lithos(石)"组合命名，意指齐勒河谷(Zillertal)原型晶体的外观形态。1959年以前发现、描述并命名的"祖父级"矿物，IMA承认有效。1980年被施赖尔(Schreyer)等在《矿物学和岩石学学报》(74)称为钠金云母(Sodium Phlogopite)。1998年IMA云母小组委员会投票重新使用1869年科贝尔(Kobell)命名的老名字Aspidolite[见《加拿大矿物学家》(36)]。IMA 2004-049批准。日文名称ソーダ金雲母。2005年Y.巴诺(Y. Banno)、宫胁律郎(R. Miyawaki)等第一次正式描述，并在《矿物学杂志》(69)报道。中文名称根据成分及与金云母的关系译为钠金云母；根据颜色及与金云母的关系译为绿金云母。《英汉矿物种名称》(2017)译为镁钠云母。现已知钠金云母有两个多型：-1M(单斜晶系)和-1A(三斜晶系)。

【钠锂大隅石】

英文名 Sugilite

化学式 $KNa_2Fe_2^{3+}(Li_3Si_{12})O_{30}$　　(IMA)

钠锂大隅石柱状晶体(意大利、南非)和杉健一像

钠锂大隅石是大隅石族的富钠、锂的矿物。六方晶系。晶体呈柱状、半自形粒状、纤维状，晶面有条纹；集合体常呈块状。棕黄色、浅紫色、紫红色—黑色，少见粉红色，玻璃光泽、树脂光泽、油脂光泽，半透明—不透明；硬度6～6.5。1944年在日本爱媛县陆缘濑户内海岩城岛(Iwagi Island)石油勘探中，被日本岩石学家杉健一(Kenichi Snyi，1901—1948)博士发现，并以他的姓命名为Sugilite。IMA 1974-060批准为一个独立的矿物种。1976年村上(N. Murakami)、加藤(T. Kato)等在《矿物学杂志》(8)和1977年在《美国矿物学家》报道。同义词Lavulite，常被误拼为"Luvulite"，得名于薰衣草(英文Lavender)似的色彩。日文汉字名称杉石。1979年，在南非北开普省的韦瑟尔斯(Wessels)矿发现达到宝石级的Sugilite。1981年被美国人介绍到美国亚利桑那州图森(Tucson)展览，在宝石界声名鹊起。他是一种非常罕有的宝石，被誉为"南非国宝石"。在中国宝石界Sugilite的译名较多而混乱，诸如苏纪石、舒俱徕石、芦芙徕石、苏姬石、苏纪莱石、杉石等，这都是由于发音不准确造成的。矿物学者根据成分译为碱硅铁锂石或硅铁锂钠石；1984年中国新矿物及矿物命名委员会审定的《英汉矿物种名称》中将其译为钠锂大隅石。宝石学音译为苏纪石或舒俱来石。2010年杨主明在《岩石矿物学杂志》[29(1)]建议采用日文汉字名称杉石。

【钠锂云母】

英文名 Ephesite

化学式 $NaLiAl_2(Si_2Al_2)O_{10}(OH)_2$　　(IMA)

钠锂云母属云母族矿物，是含钠、锂的珍珠云母。单斜(或三斜)晶系。晶体呈假六方片状。粉红色、黄色、红褐色、

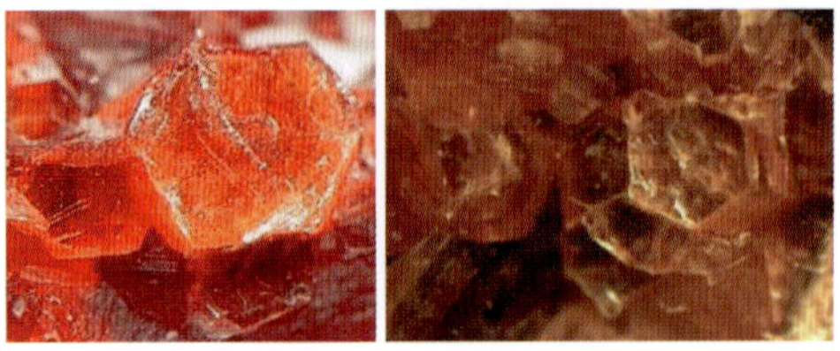

钠锂云母六方片状晶体(南非)

珍珠灰色、浅绿色,玻璃光泽、珍珠光泽,透明—半透明;硬度3.5～4.5,极完全解理。1851年发现于土耳其伊兹密尔省埃菲斯[圣经上称以弗所(Ephesus)古城]古穆赫・达格(Gumuch-dagh)矿床。1851年J.劳伦斯・史密斯(J. Lawrence Smith)的回忆录在《美国科学杂志》(11)报道。英文名称Ephesite,以发现地土耳其埃菲斯(Efes)即《圣经》所称的以弗所(Ephesus)命名。1959年以前发现、描述并命名的"祖父级"矿物,IMA承认有效。IMA 1998s.p.批准。中文名称根据成分及族名译为钠锂云母,也译为钠-珍珠云母。目前已知纳锂云母有-2M1和-1M多型。

【钠磷铝石】

英文名 Harbortite

化学式 $Al_3(PO_4)_2(OH)_3 \cdot 3H_2O$

钠磷铝石是一种含结晶水和羟基的铝的硅酸盐矿物。斜方晶系。晶体呈八面体假象、纤维状;集合体呈球粒状、放射状。白色—褐色;硬度5～5.5,完全解理。1932年发现于巴西北部海岸的马拉尼昂(Maranhao)。1932年布兰德(Brandt)在耶拿《地球化学》(7)报道。英文名称Harbortite,以德国柏林夏洛滕区埃里克・哈伯(Erich Harbort,1879—1929)的姓氏命名。它是一种不明确的矿物,经X射线分析类似于绿松石,可能为含钙银星石的混合物。中文名称根据成分译为钠磷铝石。

【钠磷锰矿】参见【磷锰钠石】条471页

【钠磷锰铁矿-钡钠】

英文名 Arrojadite-(BaNa)

化学式 $BaNa_3(NaCa)Fe^{2+}_{13}Al(PO_4)_{11}(PO_3OH)(OH)_2$ (IMA)

钠磷锰铁矿-钡钠板状粗晶晶体(加拿大)

钠磷锰铁矿-钡钠是一种含羟基的钡、钠、钙、铁、铝的氢磷酸-磷酸盐矿物。属钠磷锰铁矿族。单斜晶系。晶体呈粗大板状,直径达4～5cm;集合体呈块状、晶簇状。绿色、黄色,玻璃光泽,半透明;硬度4～5,完全解理,脆性,易碎。2014年发现于意大利莱科省卢娜(Luna)伟晶岩脉。英文名称Arrojadite-(BaNa),根词最初以巴西地质学家米格尔・阿罗雅多・里韦罗・里斯本(Miguel Arrojado Ribeiro Lisbôa,1872—1932)的名字命名。根据2005年Arrojadite命名法(CNMMN 05-D)加占优势的阳离子钡钠后缀-(BaNa)命名。IMA 2014-071批准。2015年P.维尼奥拉(P. Vignola)等在《CNMNC通讯》(23)、《矿物学杂志》(79)和2016年《加拿大矿物学家》(54)报道。中文名称根据成分译为钠磷锰铁矿-钡钠。

【钠磷锰铁矿-钡铁】参见【磷碱钡铁石】条461页

【钠磷锰铁矿-钾钠】参见【磷碱铁石-钾钠】条461页

【钠磷锰铁矿-钾铁】

英文名 Arrojadite-(KFe)

化学式 $(KNa)Fe^{2+}(CaNa_2)Fe^{2+}_{13}Al(PO_4)_{11}(PO_3OH)(OH)_2$ (IMA)

钠磷锰铁矿板状晶体,晶簇状集合体(加拿大)和阿罗雅多像

钠磷锰铁矿-钾铁是一种含羟基的钾、钠、铁、钙、铝的氢磷酸-磷酸盐矿物。属钠磷锰铁矿族。Arrojadite(钠磷锰铁矿)-(KFe)-Dickinsonite(绿磷锰钠矿)-(KMnNa)系列成员。单斜晶系。晶体呈板状、粒状;集合体呈晶簇状、块状。橄榄绿色、丁香棕色、黄色,玻璃光泽、油脂光泽,半透明;硬度5,完全解理。1925年分别发现于巴西帕拉伊巴市塞拉布兰卡(Serra Branca)伟晶岩和美国南达科他州彭宁顿县基斯顿矿区镍板(Nickel Plate)矿。1942年梅森・布莱恩(Mason Brian)在《斯德哥尔摩地质学会会刊》(64)报道。英文名称Arrojadite,最初以巴西地质学家米格尔・阿罗雅多・里韦罗・里斯本(Miguel Arrojado Ribeiro Lisbôa,1872—1932)的名字命名。1959年以前发现、描述并命名的"祖父级"矿物,IMA承认有效。IMA 2005s.p.批准。中文名称根据成分译为钠磷锰铁矿。后根据新的Arrojadite命名法(CNMMN 05-D,2005年10月)重新定义命名为Arrojadite-(KFe),中文名称根据成分译为钠磷锰铁矿-钾铁。

【钠磷锰铁矿-钾铁钠】

英文名 Arrojadite-(KFeNa)

化学式 $(KNa)(Fe^{2+}\square)Ca(Na_2Na)Fe^{2+}_{13}Al(PO_4)_{11}(PO_4)(OH)_2$

钠磷锰铁矿-钾铁钠是一种含羟基的钾、钠、铁、空位、钙、铝的磷酸盐矿物。属钠磷锰铁矿族。单斜晶系。英文名称Arrojadite-(KFeNa),根词最初以巴西地质学家米格尔・阿罗雅多・里韦罗・里斯本(Miguel Arrojado Ribeiro Lisbôa,1872—1932)的名字命名。根据2005年Arrojadite命名法(CNMMN 05-D)加占优势的阳离子钾铁钠后缀-(KFeNa)命名。中文名称根据成分译为钠磷锰铁矿-钾铁钠。

【钠磷锰铁矿-钠铁】

英文名 Arrojadite-(NaFe)

化学式 $(Na_{Na})(Fe^{2+}\square)Ca(Na_2\square)Fe^{2+}_{13}Al(PO_4)_{11}(PO_3OH)(OH)_2$

钠磷锰铁矿-钠铁是一种含羟基的钠、铁、空位、钙、铁、铝的氢磷酸-磷酸盐矿物。属钠磷锰铁矿族。单斜晶系。英文名称Arrojadite-(NaFe),根词最初以巴西地质学家米格尔・阿罗雅多・里韦罗・里斯本(Miguel Arrojado Ribeiro Lisbôa,1872—1932)的名字命名。根据2005年Arrojadite命名法(CNMMN 05-D)加占优势的阳离子钠铁后缀-(NaFe)命名。中文名称根据成分译为钠磷锰铁矿-钠铁。

【钠磷锰铁矿-铅铁】

英文名 Arrojadite-(PbFe)

化学式 $PbFe^{2+}(CaNa_2)Fe^{2+}_{13}Al(PO_4)_{11}(PO_3OH)(OH)_2$ (IMA)

N

钠磷锰铁矿-铅铁是一种含羟基的铅、铁、钙、钠、铝的氢磷酸-磷酸盐矿物。属钠磷锰铁矿族。单斜晶系。2006 年发现于巴西米纳斯吉拉斯州加利利(Galiléia)萨普卡亚(Sapucaia)北矿。英文名称 Arrojadite-(PbFe),根词最初以巴西地质学家米格尔·阿罗雅多·里韦罗·里斯本(Miguel Arrojado Ribeiro Lisbôa,1872—1932)的名字命名。根据 2005 年 Arrojadite 命名法(CNMMN 05-D)加占优势的阳离子铅铁后缀-(PbFe)命名。IMA 2005 - 056 批准。2006 年 F. 卡马拉(F. Cámara)等在《美国矿物学家》(91)报道。中文名称根据成分译为钠磷锰铁矿-铅铁。

【钠磷锰铁矿-锶铁】

英文名 Arrojadite-(SrFe)

化学式 $SrFe^{2+}(CaNa_2)Fe^{2+}_{13}Al(PO_4)_{11}(PO_3OH)(OH)_2$ (IMA)

钠磷锰铁矿-锶铁是一种含羟基的锶、铁、钙、钠、铝的氢磷酸-磷酸盐矿物。属钠磷锰铁矿族。单斜晶系。2005 年发现于瑞典韦姆兰省霍贝格(Hålsjöberg)。英文名称 Arrojadite-(SrFe),根词最初以巴西地质学家米格尔·阿罗雅多·里韦罗·里斯本(Miguel Arrojado Ribeiro Lisbôa,1872—1932)的名字命名。根据 2005 年 Arrojadite 命名法(CNMMN 05-D)加占优势的阳离子锶铁后缀-(SrFe)命名。IMA 2005 - 032 批准。2006 年 F. 卡马拉(F. Cámara)等在《美国矿物学家》(91)报道。中文名称根据成分译为钠磷锰铁矿-锶铁。

【钠磷石】

英文名 Natrophosphate

化学式 $Na_7(PO_4)_2F\cdot19H_2O$ (IMA)

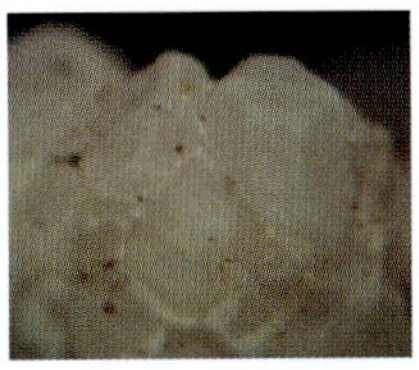

钠磷石块状集合体(俄罗斯)

钠磷石是一种含结晶水的钠的氟-磷酸盐矿物。等轴晶系。晶体通常呈圆形粒状,罕见八面体、菱形十二面体或四面体,大小可达 1cm;集合体常呈块状。无色、白色,玻璃光泽、油脂光泽,透明;硬度 2.5。1971 年发现于俄罗斯北部摩尔曼斯克州尤克斯波(Yukspor)矿山坑道。英文名称 Natrophosphate,由化学成分拉丁文"Natro(钠)"和"Phosphate(磷酸盐)"组合命名。IMA 1971 - 041 批准。1972 年 Y. L. 卡普斯京(Y. L. Kapustin)、A. V. 贝科娃(A. V. Bykova)和 V. I. 布金(V. I. Bukin)在《全苏矿物学会记事》[101(1)]《国际地质评论》(14)及 1973 年《美国矿物学家》(58)报道。中文名称根据成分译为钠磷石或水磷钠石。

【钠菱沸石】

英文名 Gmelinite-Na

化学式 $Na_4(Si_8Al_4)O_{24}\cdot11H_2O$ (IMA)

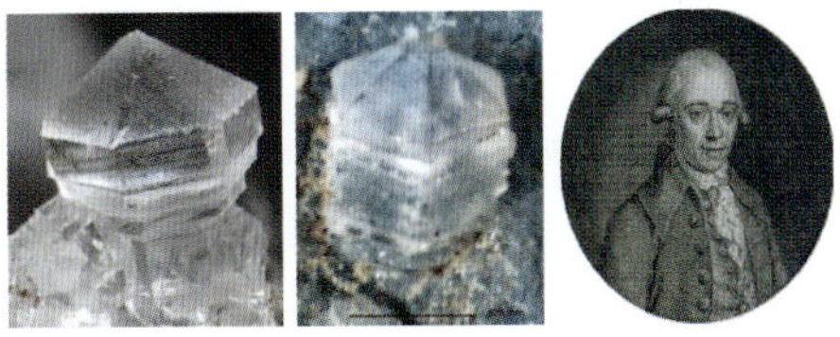

钠菱沸石锥状、柱状晶体(英国、美国)和格梅林像

钠菱沸石是一种含沸石水的钠的铝硅酸盐矿物。属沸石族钠菱沸石系列。六方晶系。晶体呈六方双锥状、柱状、板状、菱形状,双晶发育。无色、白色、灰色、黄绿色、红白色、橙色、粉色、褐色、红色,玻璃光泽,透明—半透明或不透明;硬度 4.5,完全解理,脆性。钠菱沸石最初的描述来自意大利维琴察省尼禄(Nero)山,后发现于英国北爱尔兰安特里姆郡格莱纳姆峡谷。1825 年在《爱丁堡科学杂志》(2)报道。英文名称 Gmelinite-Na,根词 1825 年由德国图宾根大学的化学家和矿物学家克里斯蒂安·戈特洛布·格梅林(Christian Gottlob Gmelin,1792—1860)教授的姓氏,加占优势的钠后缀- Na 组合命名。1818 年,他第一个观察到锂盐红色火焰。1828 年,他是第一个制定出人工制造深蓝色的工艺流程。又见于 1978 年《矿物学新年鉴》(月刊)报道。1959 年以前发现、描述并命名的"祖父级"矿物,IMA 承认有效。IMA 1997s. p. 批准。中文名称根据成分及与沸石的关系译为钠菱沸石,也有的译为钠斜沸石。1997 年根据沸石命名法将 Gmelinite 以占优势的阳离子划分为-Ca、-K 和-Na 物种。

【钠铝电气石】

英文名 Olenite

化学式 $NaAl_3Al_6(Si_6O_{18})(BO_3)_3O_3(OH)$ (IMA)

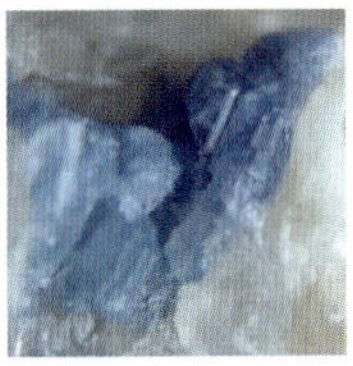

钠铝电气石半自形柱状晶体(俄罗斯)

钠铝电气石是一种含羟基和氧的钠、铝的硼酸-硅酸盐矿物。属电气石族。三方晶系。晶体呈柱状、针状。浅粉色、蓝色、无色,玻璃光泽、油脂光泽,透明—半透明;硬度 7。1985 年发现于俄罗斯北部摩尔曼斯克州奥林伊(Olenii 或 Oleny)岭花岗伟晶岩。英文名称 Olenite,以发现地俄罗斯的奥林伊(Olenii 或 Oleny)岭命名。IMA 1985 - 006 批准。1986 年 P. B. 索科罗夫(P. B. Sokolov)等在《全苏矿物学会记事》(115)报道。1986 年中国新矿物与矿物命名委员会郭宗山等在《岩石矿物学杂志》[5(4)]根据成分及族名译为钠铝电气石。

【钠绿磷高铁石】

英文名 Natrodufrénite

化学式 $NaFe^{2+}Fe^{3+}_5(PO_4)_4(OH)_6\cdot2H_2O$ (IMA)

钠绿磷高铁石柱状、楔状、纤维状晶体,晶簇状、放射状集合体(美国)

钠绿磷高铁石是一种含结晶水和羟基的钠、二价铁、三价铁的磷酸盐矿物。属绿磷铁矿族。单斜晶系。晶体呈板状、柱状、楔状、纤维状;集合体呈球粒状、葡萄状、放射状。浅蓝绿色、绿灰色、绿棕色,丝绢光泽,半透明;硬度 3.5～4.5,脆性。1981 年发现于法国布列塔尼半岛罗什福尔-昂泰尔地区普卢赫林城堡(Pluherlin Castle)。英文名称 Natrodufrénite,由成分冠词"Natrium(钠)"和根词"Dufrénite(绿磷铁矿)"组合命名,意指它是富钠的绿磷铁矿的类似矿物。IMA 1981 - 033 批准。1982 年 F. 丰坦(F. Fontan)等在《法国矿物学和结晶学会通报》(105)和 1983 年《美国矿物学家》(68)报道。1984 年中国新矿物与矿物命名委员会郭宗山在《岩石矿物及测试》[3(2)]根据成分及与绿磷铁矿的关

系译为钠绿磷高铁石，也有的译为钠绿磷铁矿（根词参见【绿磷铁矿】条 545 页）。

【钠绿磷铁矿】参见【钠绿磷高铁石】条 639 页

【钠马基铀矿*】

英文名 Natromarkeyite

化学式 $Na_2Ca_8(UO_2)_4(CO_3)_{13}\cdot 27H_2O$　　(IMA)

钠马基铀矿* 是一种含结晶水的钠、钙的铀酰-碳酸盐矿物。斜方晶系。晶体呈柱状、片状；集合体呈块状。淡绿色，玻璃光泽，透明。2018 年发现于美国犹他州圣胡安市马基(Markey)矿。英文名称 Natromarkeyite，由成分冠词“Natro(钠)”和根词“Markeyite(马基铀矿*)”组合命名，意指它是钠的马基铀矿* 的类似矿物。IMA 2018－152 批准。2019 年 A. R. 坎普夫(A. R. Kampf)等在《CNMNC 通讯》(48)、《矿物学杂志》(83)和《欧洲矿物学杂志》(31)报道。目前尚未见官方中文译名，编译者关系建议根据成分及与马基铀矿* 的关系译为钠马基铀矿*。

【钠毛沸石】参见【毛沸石-钠】条 584 页

【钠镁大隅石】参见【艾钠大隅石】条 19 页

【钠镁矾】

英文名 Löweite

化学式 $Na_{12}Mg_7(SO_4)_{13}\cdot 15H_2O$　　(IMA)

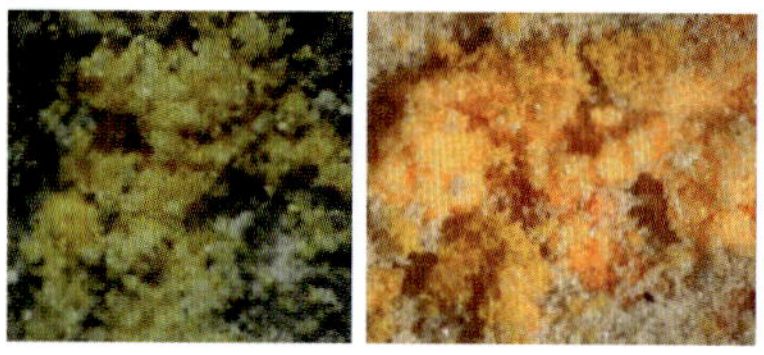

钠镁矾不规则粒状晶体(意大利)

钠镁矾是一种含结晶水的钠、镁的硫酸盐矿物。三方晶系。晶体呈不规则粒状。无色、灰色、浅黄色、红黄色，玻璃光泽，透明；硬度 2.5～3。1846 年发现于奥地利上奥地利州格蒙登区巴德伊舍镇佩内克的伊希勒萨尔兹堡(Ischler Salzberg)。1847 年海丁格尔(Haidinger)在《波希米亚皇家科学学会文集》(*Abhandlungen der Königlichen Böhmischen Gesellschaft der Wissenschaften*)(4)报道。英文名称 Löweite，威廉·卡尔·冯·海丁格尔(Wilhelm Karl von Haidinger)为了纪念亚历山大·洛维(Alexander Löwe，1808—1895)而以的姓氏命名。他是奥地利维恩化学家和瓷器工厂的主任、铸币厂的总工程师。1959 年以前发现、描述并命名的“祖父级”矿物，IMA 承认有效。中文名称根据成分译为钠镁矾。

【钠锰电气石】

英文名 Tsilaisite

化学式 $NaMn_3^{2+}Al_6(Si_6O_{18})(BO_3)_3(OH)_3(OH)$　　(IMA)

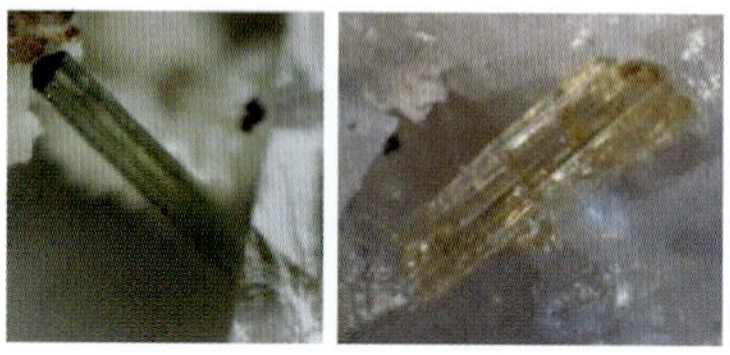

钠锰电气石柱状晶体(意大利)

钠锰电气石是一种富含钠、锰的电气石矿物。属电气石族。三方晶系。晶体呈柱状。黄绿色、浅黄色，玻璃光泽，透明；硬度 7，脆性。1984 年发现于马达加斯加塔那那利佛省瓦卡南卡拉特拉地区特西莱兹那(Tsilaizina)。英文名称 Tsilaisite，以最初报道地马达加斯加的特西莱兹那(Tsilaizina)命名。但后来确认为是富含锰的锂电气石(Elbaite)，2006 年提出质疑。2011 年，从意大利托斯卡纳利窝那省厄尔巴(Elba)岛发现锰占优势的矿物，被重新定义和最后批准(IMA 2011－047)为 Tsilaisite。2011 年 F. 波斯(F. Bosi)等在《CNMNC 通讯》(10)和 2012 年《美国矿物学家》(97)报道。中文名称根据成分及族名译为钠锰电气石。

【钠明矾】

英文名 Mendozite

化学式 $NaAl(SO_4)_2\cdot 11H_2O$　　(IMA)

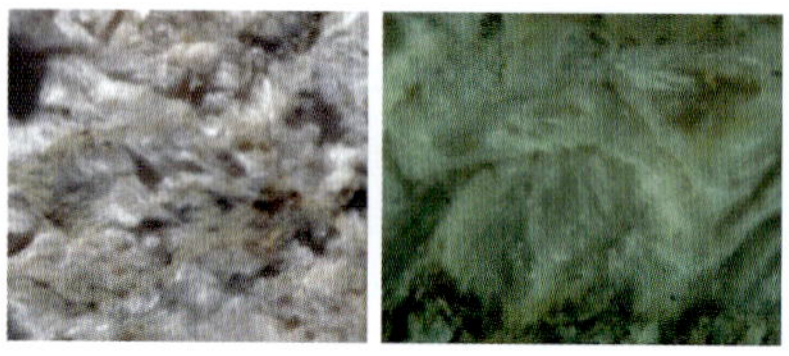

钠明矾纤维状晶体，团状集合体(智利)

钠明矾是一种含结晶水的钠、铝的硫酸盐矿物。属明矾族。单斜晶系、等轴晶系(合成)。晶体呈纤维状、柱状、假菱面体状(六方、合成)、八面体(合成)；集合体呈团状。无色、白色，浅绿色，玻璃光泽，透明—半透明；硬度 3，完全解理。最早见于 1828 年汤姆森(Thomson)在纽约《自然历史学园年鉴》(3)称 Native Soda-Alum(原产钠明矾)。1868 年发现于阿根廷门多萨(Mendoza)附近的圣胡安(San Juan)。英文名称 Mendozite，以发现地阿根廷的门多萨(Mendoza)市命名。见于 1868 年 J. D. 丹纳(J. D. Dana)《系统矿物学》(第五版，纽约)。1959 年以前发现、描述并命名的“祖父级”矿物，IMA 承认有效。中文名称根据成分译为钠明矾；根据结晶习性和成分译为纤钠明矾。

【钠明矾石】

英文名 Natroalunite

化学式 $NaAl_3(SO_4)_2(OH)_6$　　(IMA)

钠明矾石是一种富钠的明矾石物种。属明矾石族。三方晶系。晶体呈菱面体、立方体或似立方体、板状、粒状；集合体呈块状、晶簇状。白色、灰色、黄色、红色、红褐色，玻璃光泽、珍珠光泽，透明；硬度 3～4，完全解理，脆性。最早见于 1894 年赫尔伯特(Hurlbutt)在《美国科学杂志》(48)报道。1902 年发现并描述于美国科罗拉多州乌雷县红山(Red Mountain)矿区；同年，在《美国矿物杂志》(164)报道。英文名称 Natroalunite，由成分冠词“拉丁文 Natrium(钠)”和根词“Alunite(明矾石)”的组合命名，意指它是钠占优势的明矾石类似矿物。1959 年以前发现、描述并命名的“祖父级”矿物，IMA 承认有效。IMA 1987s. p. 批准。中文名称根据成分及与明矾石的关系译为钠明矾石(根词参见【明矾石】条 622 页)。

【钠南部石】参见【多钠硅锂锰石】条 137 页

【钠铌矿】

英文名 Natroniobite

化学式 $NaNbO_3$　　(IMA)

钠铌矿是一种钠、铌的氧化物矿物。属钙钛矿族。与斜方钠铌矿、等轴钠铌矿和三方钠铌矿为同质多象。斜方晶系。晶体呈不规则细粒状。黄色、褐色、黑色，半透明；硬度5.5～6。1960年发现于俄罗斯北部摩尔曼斯克州萨兰拉特维(Sallanlatvi)地块和列斯纳亚瓦拉卡(Lesnaya Varaka)地块；同年，在 *Vses. Nauchno-Issled. Geol. Inst.*(4)报道。英文名称 Natroniobite，由化学成分“Natrium(钠)”和“Niobium(铌)”组合命名。1962年在《美国矿物学家》(47)和《全苏矿物学会记事》(92)报道。1959年以前发现、描述并命名的“祖父级”矿物，IMA 承认有效，但 IMA 持怀疑态度。中文名称根据成分译为钠铌矿/钠铌石。

【钠镍矾】参见【白钠镍矾】条 36 页

【钠硼长石】参见【硅硼钠石】条 281 页

【钠硼解石】参见【三斜硼钠钙石】条 767 页

【钠铍沸石】

英文名 Nabesite

化学式 $Na_2BeSi_4O_{10} \cdot 4H_2O$　　(IMA)

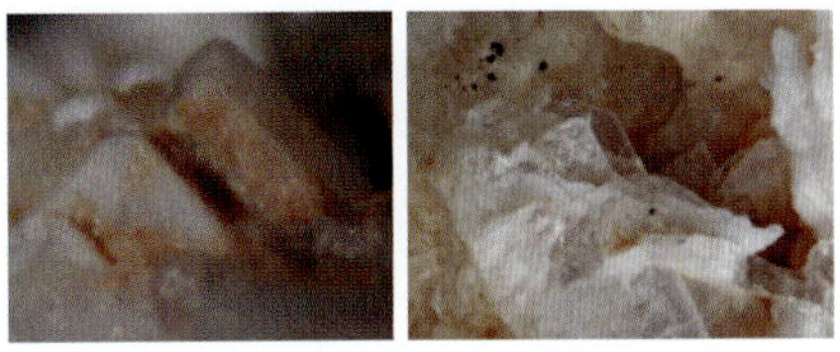

钠铍沸石板状、片状晶体(格陵兰)

钠铍沸石是一种含沸石水的钠、铍的硅酸盐矿物。属沸石族。斜方晶系。晶体呈板状、片状；集合体呈晶簇状。无色、白色，玻璃光泽，透明—半透明；硬度5～6，中等解理，脆性。2000年发现于丹麦格陵兰南部库雅雷哥自治区伊犁马萨克杂岩体科瓦内湾(Kvanefjeld)库安那苏特(Kuannersuit)高原钠长岩晶洞。英文名称 Nabesite，由成分“Natrium(Na，钠)”“Beryllium(Be，铍)”和“Silicon(Si，硅)”元素符号组合命名。IMA 2000-024批准。2002年O. V. 彼得森(O. V. Petersen)等在《加拿大矿物学家》(40)报道。2006年中国地质科学院矿产资源研究所李锦平在《岩石矿物学杂志》[25(6)]根据成分及与沸石的关系译为钠铍沸石。

【钠闪石】

英文名 Riebeckite

化学式 $\square Na_2(Fe^{2+}_3Fe^{3+}_2)Si_8O_{22}(OH)_2$　　(IMA)

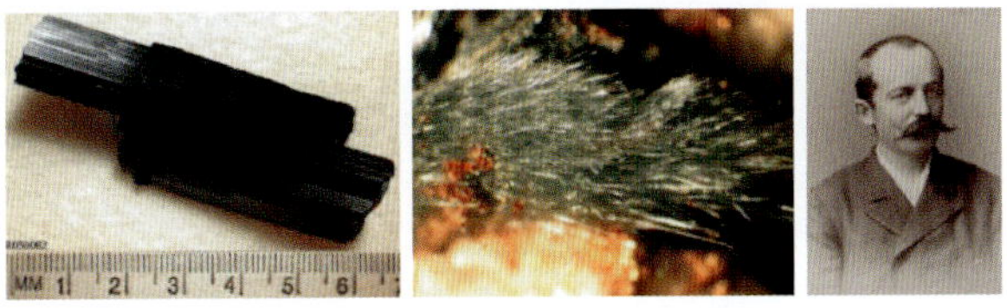

钠闪石柱状、纤维状晶体(马拉维、美国)和里贝克像

钠闪石是一种含羟基的空位、钠、铁的硅酸盐矿物。属角闪石超族W位羟基、氟、氯占优势的闪石族钠闪石亚族钠闪石根名族。包括镁钠闪石和蓝闪石两个种。单斜晶系。晶体呈纤维状、针状、柱状，具简单、聚片双晶；集合体呈石棉状、束状、放射状。黑色，通常为浅蓝色、深蓝色、灰蓝色、灰色、棕色、淡紫色，玻璃—半玻璃光泽、丝绢光泽，透明—不透明；硬度5～6，完全解理，脆性。1888年发现于也门亚丁省索科特拉(Socotra)岛；同年，在《德国地质学会杂志》(40)报道。英文名称 Riebeckite，以德国探险家、人种学者、矿物学家、著名作家和史前古器物收藏家埃米尔·里贝克(Emil Riebeck，1853—1885)的姓氏命名，是他第一次发现并描述了该矿物。1959年以前发现、描述并命名的“祖父级”矿物，IMA 承认有效。IMA 2012s. p. 批准。中文名称根据成分及族名译为钠闪石，也被译为蓝石棉、青石棉或线石棉。

【钠砷铀云母】

英文名 Natrouranospinite

化学式 $Na_2(UO_2)_2(AsO_4)_2 \cdot 5H_2O$　　(IMA)

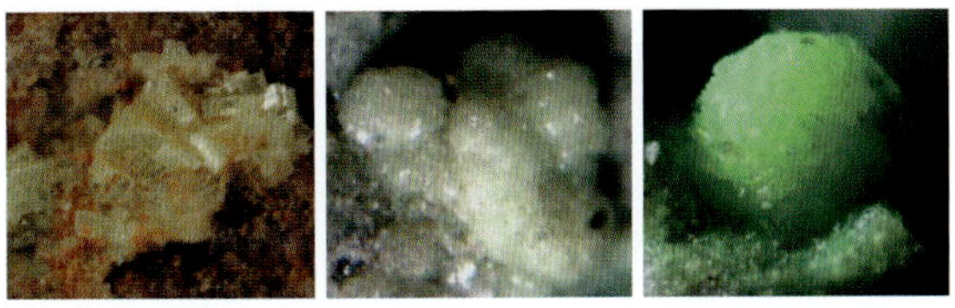

钠砷铀云母片状晶体，皮壳状、球状集合体(德国、法国、西班牙)

钠砷铀云母是一种含结晶水的钠的铀酰-砷酸盐矿物，是富钠的钙砷铀云母的类似矿物。属变钙铀云母族。四方晶系。晶体呈薄板状、片状；集合体呈球状、皮壳状。黄色、绿色、柠檬黄色、稻草黄色，玻璃光泽、蜡状光泽、珍珠光泽，透明—半透明；硬度2.5，完全解理，脆性。1953年发现于哈萨克斯坦阿拉木图州阿拉科尔湖博塔布鲁姆(Bota-Burum)铀矿床。英文名称 Natrouranospinite，1957年由E. V. 克普彻诺娃(E. V. Kopchenova)等根据成分冠词“Natro(钠)”和根词“Uranospinite(砷钙铀矿或钙砷铀云母)”组合命名。1957年在《苏联科学院报告》(114)和《美国矿物学家》(43)报道。1959年以前发现、描述并命名的“祖父级”矿物，IMA 承认有效。IMA 2007s. p. 批准。中文名称根据成分及与钙砷铀云母的关系译为钠砷铀云母或钠钙砷铀云母。

【钠十字沸石】

英文名 Phillipsite-Na

化学式 $Na_6(Si_{10}Al_6)O_{32} \cdot 12H_2O$　　(IMA)

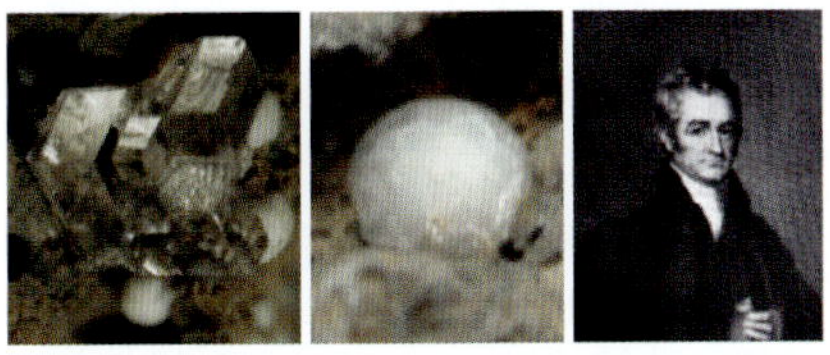

钠十字沸石柱状晶体，球状集合体(意大利)和菲利普斯像

钠十字沸石是一种含沸石水的钠的铝硅酸盐矿物。属沸石族钙十字沸石系列。单斜(假斜方)晶系。晶体呈假四方柱状；集合体呈球状、葡萄状。无色、白色、红白色、浅黄色、粉红色，玻璃光泽，透明—不透明；硬度4～5。最初发现于意大利卡塔尼亚省埃特纳火山杂岩体阿奇卡斯泰洛的鲁佩(Rupe di Aci Castello)。英文名称 Phillipsite-Na，由根词“Phillipsite(钙十字沸石)”，加占优势的钠后缀-Na组合命名，意指它是钙十字沸石的钠占优势的类似矿物。其中，根词于1825年由A. 列维(A. Lévy)在《哲学年鉴》(10)以英国矿物学家和伦敦地质学会的创始人威廉·菲利普斯(William Phillips，1775—1828)的姓氏命名。1959年以前发现、描述并命名的“祖父级”矿物，IMA 承认有效。IMA 1997s. p. 批准。1972年在《美国矿物学家》(57)报道。中文名称根据

成分及与钙十字沸石的关系译为钠十字沸石。钙十字沸石系列根据 Phillipsite 占优势的阳离子有-Ca、-K 和-Na 物种(参见相关条目)。

【钠水锰矿】参见【水钠锰矿】条 857 页

【钠锶长石】

英文名 Stronalsite

化学式 $Na_2SrAl_4Si_4O_{16}$　　(IMA)

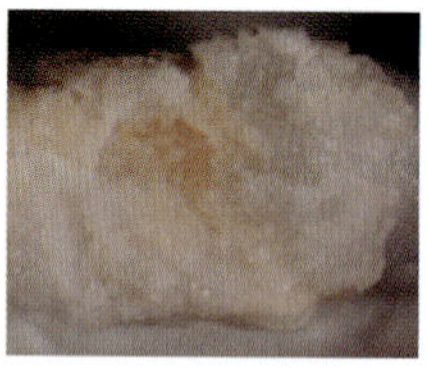

钠锶长石细粒状晶体,块状集合体(日本)

钠锶长石是一种钠、锶的铝硅酸盐矿物。属长石族。斜方晶系。晶体呈细粒状;集合体呈块状。白色,玻璃光泽,透明;硬度 6.5。1983 年发现于日本四国岛高知县高知市莲台(Rendai)田中橄榄石矿业有限公司采石场。英文名称 Stronalsite,由成分"Strontium(锶)""Sodium(拉丁文 Natrium,钠)"和"Aluminium silicate(铝硅酸)"组合命名。IMA 1983-016 批准。1986 年秀道堀(Hidemichi Hori)等在《矿物学杂志》(13)报道。1987 年中国新矿物与矿物命名委员会郭宗山等在《岩石矿物学杂志》[6(4)]根据成分及族名译为钠锶长石/锶钠长石。

【钠钛硅石】

英文名 Ilmajokite-(Ce)

化学式 $Na_{11}KBaCe_2Ti_{12}Si_{37.5}O_{94}(OH)_{30}\cdot 29H_2O$　　(IMA)

钠钛硅石是一种含结晶水和羟基的钠、钾、钡、铈、钛的硅酸盐矿物。单斜晶系。晶体呈柱状、片状、粒状、细晶状;集合体呈皮壳状。鲜黄色、浅黄色,玻璃光泽,不透明;硬度 1,柱面为完全解理,脆性,在空气中发乌变干、易碎。1971 年发现于俄罗斯北部摩尔曼斯克州洛沃泽罗地块卡纳苏特(Karnasurt)山尤比莱纳亚(Yubileinaya)伟晶岩。1972 年 I. V. 布森(I. V. Bussen)等在《全苏矿物学会记事》[101(1)]和 1973 年 M. 弗莱舍(M. Fleischer)在《美国矿物学家》(58)报道。英文名称 Ilmajokite,以发现地附近的伊尔马约基(Ilmajok)河命名。IMA 1971-027 批准。中文名称根据成分译为钠钛硅石,也有的根据英文名称首音节音和成分译为伊硅钠钛石。

【钠钽矿】

英文名 Natrotantite

化学式 $Na_2Ta_4O_{11}$　　(IMA)

钠钽矿是一种钠、钽的氧化物矿物。属钠钽矿族。三方晶系。无色、浅黄色,金刚光泽,透明;硬度 7。1980 年发现于俄罗斯北部摩尔曼斯克州武里亚尔维(Vuoriyarvi)碳酸岩杂岩体沃伦-通德里瓦辛-迈尔克山(Vasin-Myl'k)伟晶岩。英文名称 Natrotantite,由成分"Natrium(钠)"和"Tantalum(钽)"组合命名。IMA 1980-026 批准。1981 年 A. V. 沃洛申(A. V. Voloshin)等在《全苏矿物学会记事》(110)和 1982 年《美国矿物学家》(67)报道。1983 年中国新矿物与矿物命名委员会郭宗山等在《岩石矿物及测试》[2(1)]根据成分译为钠钽矿。

【钠碳石】

英文名 Natrite

化学式 $Na_2(CO_3)$　　(IMA)

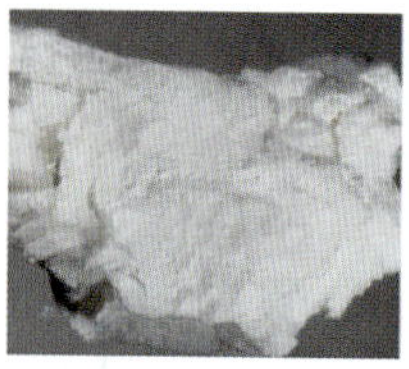

钠碳石块状集合体(俄罗斯)

钠碳石是一种钠的碳酸盐矿物。单斜晶系。晶体呈假六边形微粒;集合体呈块状。无色、灰白色、淡黄色、粉红色,玻璃光泽,透明—不透明;硬度 1~1.5,完全解理。1981 年发现于俄罗斯北部摩尔曼斯克州拉斯武姆霍尔(Rasvumchorr)山和洛沃泽罗地块卡纳苏特(Karnasurt)山等处。英文名称 Natrite,1982 年由亚历山大·彼得罗维奇·霍米亚科夫(Alexander Petrovich Khomyakov)根据化学成分"Natrium(钠)"命名。IMA 1981-005 批准。1982 年 A. P. 霍米亚科夫(A. P. Khomyakov)在《全苏矿物学会记事》(111)和 1983 年《美国矿物学家》(68)报道。1984 年中国新矿物与矿物命名委员会郭宗山在《岩石矿物及测试》[3(2)]根据成分译为钠碳石。

【钠铁矾】

英文名 Natrojarosite

化学式 $NaFe_3^{3+}(SO_4)_2(OH)_6$　　(IMA)

钠铁矾菱面体、鳞片状晶体,皮壳状集合体(希腊、美国、奥地利)

钠铁矾是一种含羟基的钠、铁的硫酸盐矿物。属明矾石族。三方晶系。晶体呈六方板状、菱面体;集合体呈土状、粉末状、细小鳞片状组成的皮壳状。黄色、红褐色、金黄色,玻璃光泽,透明—半透明;硬度 2.5~3.5,完全解理,脆性。1902 年发现于美国内华达州米纳勒尔县苏打水泉(Soda Springs)谷。1902 年潘菲尔德(Penfield)和希勒布兰德(Hillebrand)在《美国科学杂志》(14)报道。英文名称 Natrojarosite,由化学成分"Sodium(拉丁文 Natrium,钠)"和"Jarosite(黄钾铁矾)"组合命名。1959 年以前发现、描述并命名的"祖父级"矿物,IMA 承认有效。IMA 1987s. p. 批准。中文名称根据成分译为钠铁矾;根据颜色和成分译为黄钠铁矾或钠黄铁矾。

【钠铁非石】参见【三斜闪石】条 767 页

【钠铁坡缕石】

英文名 Tuperssuatsiaite

化学式 $Na_2(Fe^{3+},Mn^{2+})_3Si_8O_{20}(OH)_2\cdot 4H_2O$　　(IMA)

钠铁坡缕石放射状、球粒状集合体(纳米比亚、格陵兰)

钠铁坡缕石是一种含结晶水和羟基的钠、铁、锰的硅酸盐矿物。属坡缕石族。单斜晶系。晶体呈纤维状、针状、叶片状;集合体呈捆束状、放射状、球粒状。金黄色、红棕色、橙黄色,玻璃光泽、丝绢光泽,透明;完全解理。1984 年发现于丹麦格陵兰岛库雅雷哥自治区伊犁马萨克杂岩体塔努里亚菲克(Tunulliarfik)峡湾图珀苏亚特(Tuperssuatsiat)湾。英文名称 Tuperssuatsiaite,以发现地格陵兰图珀苏亚特(Tuperssuatsiat)湾命名。IMA 1984-002 批准。1984 年

S. 卡鲁普-穆勒(S. Karup-Møller)等在《矿物学新年鉴》(月刊)报道。1985 年中国新矿物与矿物命名委员会郭宗山等在《岩石矿物及测试》[4(4)]根据成分及族名译为钠铁坡缕石。

【钠铁闪石】

英文名 Arfvedsonite

化学式 $NaNa_2(Fe^{2+}_4Fe^{3+})Si_8O_{22}(OH)_2$　　(IMA)

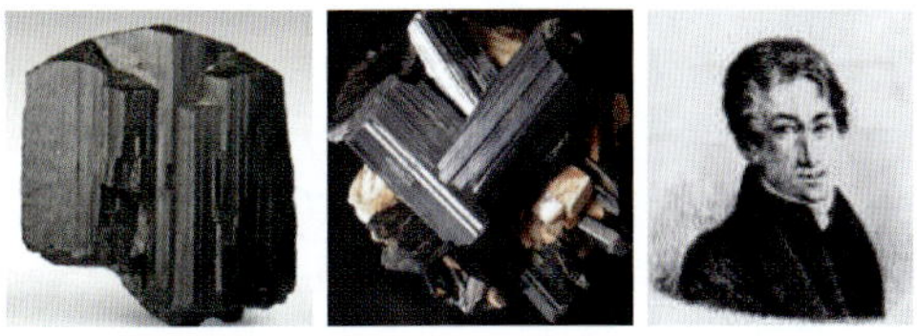

钠铁闪石柱状、棒状晶体(加拿大、马拉维)和阿尔韦德松像

钠铁闪石是一种 A 位钠、C^{2+} 位二价铁、C^{3+} 位三价铁和 W 位羟基占主导的闪石矿物。属角闪石超族 W 位羟基占主导的角闪石族钠角闪石亚族钠铁闪石根名族。单斜晶系。晶体呈柱状、板状、棒状,具简单、聚片双晶。颜色呈灰色、褐色、黑绿色、深蓝色、黑色等,玻璃光泽,半透明—不透明;硬度 5～6,完全解理,脆性。1823 年发现于丹麦格陵兰岛库雅雷哥自治区伊犁马萨克杂岩体康尔卢苏克(Kangerluarsuk)峡湾;同年,在《哲学年鉴》(5)报道。英文名称 Arfvedsonite,由布鲁克(Brooke)以瑞典化学家约翰·A. 阿尔韦德松(Johan A. Arfvedson 或 Arfwedson,1792—1841)的姓氏命名。他在 1817 年发现了化学元素锂。1959 年以前发现、描述并命名的"祖父级"矿物,IMA 承认有效。IMA 2012s. p. 批准。2012 年 F. C. 霍桑(F. C. Hawthorne)等在《美国矿物学家》(97)的《角闪石超族命名法》报道。中文名称根据成分和族名译为钠铁闪石或钠钙闪石;因含二价铁又译为亚铁钠闪石。

【钠铁钛石】

英文名 Nafertisite

化学式 $Na_3Fe^{2+}_{10}Ti_2(Si_6O_{17})_2O_2(OH)_6F(H_2O)_2$
(IMA)

钠铁钛石纤维状晶体(格陵兰)

钠铁钛石是一种含结晶水、氟、羟基和氧的钠、铁、钛的硅酸盐矿物。单斜晶系。晶体呈纤维状;集合体呈石棉状。绿色、深草绿色,玻璃光泽、丝绢光泽,透明;硬度 2～3,完全解理。1994 年发现于俄罗斯北部摩尔曼斯克州库基斯乌姆乔尔(Kukisvumchorr)山。英文名称 Nafertisite,由化学成分"拉丁文 Natrium(钠)、拉丁文 Ferrus(二价铁)、Ferric(三价铁)、Tianium(钛)和 Si(硅)"缩写组合命名。IMA 1994－007 批准。1995 年 A. P. 霍米亚科夫(A. P. Khomyakov)等在《俄罗斯矿物学会记事》[124(6)]和 1996 年 G. 费拉里斯(G. Ferraris)等在《欧洲矿物学杂志》(8)报道。2003 年中国地质科学院矿产资源研究所李锦平等在《岩石矿物学杂志》[22(3)]根据成分译为钠铁钛石。

【钠铜矾】

英文名 Natrochalcite

化学式 $NaCu_2(SO_4)_2(OH)\cdot H_2O$　　(IMA)

钠铜矾是一种含结晶水和羟基的钠、铜的硫酸盐矿物。

钠铜矾柱状晶体,块状集合体(智利)

属砷铁锌铅石族。单斜晶系。晶体呈纤维状、锥状。翠绿色,玻璃光泽,透明—半透明;硬度 4.5,完全解理,脆性。1908 年发现于智利埃尔洛阿省卡拉马的丘基卡马塔(Chuquicamata)矿。1908 年帕拉奇(Palache)和沃伦(Warren)在《美国科学杂志》(26/176)报道。英文名称 Natrochalcite,由化学成分"Sodium(拉丁文 Natrium,钠)"和"Chalcos(铜)"组合命名。1959 年以前发现、描述并命名的"祖父级"矿物,IMA 承认有效。中文名称根据成分译为钠铜矾。

【钠透闪石】参见【碱镁闪石】条 377 页

【钠瓦伦特石*】

英文名 Natrowalentaite

化学式 $[Fe^{3+}_{0.5}Na_{0.5}(H_2O)_6][NaAs^{3+}_2(Fe^{3+}_{2.33}W^{6+}_{0.67})(PO_4)_2O_7]$
(IMA)

钠瓦伦特石*是一种水化钠、铁的钠、砷、铁、钨的氧磷酸盐矿物。属瓦伦特石族瓦伦特石亚族。斜方晶系。晶体呈极薄(1～3μm)的片状、叶片状,长度可达 200μm。亮绿黄色,完全解理。2018 年发现于澳大利亚西澳大利亚州格雷斯湖郡格里芬(Griffins)金矿。英文名称 Natrowalentaite,由成分冠词"Natro(钠)"和根词"Walentaite(瓦伦特石)"组合命名。其中根词,以德国斯图加特大学矿物学教授库尔特·瓦伦塔(Kurt Walenta,1927—)博士的姓氏命名,意指它是钠的瓦伦特石的类似矿物。IMA 2018－032a 批准。2018 年 I. E. 格雷(I. E. Grey)等在《CNMNC 通讯》(46)、《矿物学杂志》(82)和 2019 年《澳大利亚矿物学家》(20)报道。目前尚未见官方中文译名,编译者建议根据成分及与根词的关系译为钠瓦伦特石*。

【钠硝矾】

英文名 Darapskite

化学式 $Na_3(SO_4)(NO_3)\cdot H_2O$　　(IMA)

钠硝矾板状晶体(智利)

钠硝矾是一种含结晶水的钠的硝酸-硫酸盐矿物。单斜晶系。晶体呈板状、柱状、粒状,常见聚片双晶;集合体呈块状、钟乳状、花状。无色、白色,玻璃光泽,透明—半透明;硬度 2.5,完全解理,脆性。1891 年发现于智利安托法加斯塔省塔尔塔尔地区潘帕德尔托罗(Pampa del Toro)。1891 年迭泽(Dietze)在莱比锡《结晶学、矿物学和岩石学杂志》(19)报道。英文名称 Darapskite,以智利圣地亚哥的德国裔智利化学家和矿物学家路德维格·达拉皮斯克伊(Ludwig Darapsky,1857—1916)的姓氏命名。1959 年以前发现、描述并命名的"祖父级"矿物,IMA 承认有效。IMA 1967s. p. 批准。中文名称根据成分译为钠硝矾。

【钠硝石】

英文名 Nitratine

化学式 $Na(NO_3)$　　(IMA)

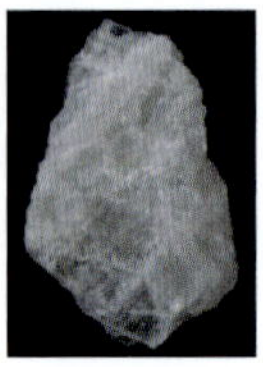

钠硝石块状集合体（智利）

钠硝石又称智利硝石，是一种钠的硝酸盐矿物。三方晶系。晶体呈菱面体粒状，与方解石相似，具双晶；集合体常呈块状、皮壳状、盐华状等。在空气中变成白色粉末状。白色、无色，因含杂质而染成淡灰色、柠檬黄色、淡褐色或红褐色，玻璃光泽，透明；硬度 2，完全解理，脆性；具涩味凉感，强潮解性，极易溶于水。1821 年发现于智利塔拉巴嘎（Tarapaca）地区。1821 年 M. 德・里韦罗（M. de Rivero）在《矿业年鉴》(6) 报道称为 Soude nitratée native（本地钠硝酸盐）。英文名称 Nitratine，由“Nitrate（硝酸钠盐）”命名，即钠占主导地位的硝酸基的类似矿物。1845 年在维也纳《矿物学鉴定手册》刊载。IMA 1980s. p. 批准。同义词 Soda-niter，由化学成分“Soda（苏打、钠）”和“Niter（硝石）”而得名，意指钠质硝石。“Niter”一词，来自拉丁文“Nitrum”，指一种天然的硝酸钾或硝石。中文名称根据成分译为钠硝石；根据产地译为智利硝石。

【钠榍石*】

英文名 Natrotitanite

化学式 $(Na_{0.5}Y_{0.5})TiO(SiO_4)$　　(IMA)

钠榍石*是一种钠、钇、钛氧的硅酸盐矿物。属榍石族。单斜晶系。晶体呈小短柱状，集合体呈榍石镶嵌边的星状。乳白色—灰黄色，玻璃光泽，透明—半透明；脆性。2011 年发现于哈萨克斯坦东哈萨克斯坦省塔尔巴哈泰区域阿克扎里亚塔斯（Akzhailyautas）山脉维克尼（Verkhnee）地块。英文名称 Natrotitanite，由成分冠词“Natro（钠）”和根词“Titanite（榍石）”组合命名（根词参见【榍石】条 1039 页）。IMA 2011-033 批准。2011 年 A. V. 斯捷潘诺夫（A. V. Stepanov）等在《CNMNC 通讯》(10) 和 2012 年《矿物学杂志》(76)、《矿物学杂志》(76) 报道。目前尚未见官方中文译名，编译者建议根据成分及与榍石的关系译为钠榍石*。

【钠耶尔丁根石】

英文名 Gjerdingenite-Na

化学式 $K_2Na(Nb,Ti)_4(Si_4O_{12})_2(OH,O)_4 \cdot 5H_2O$
(IMA)

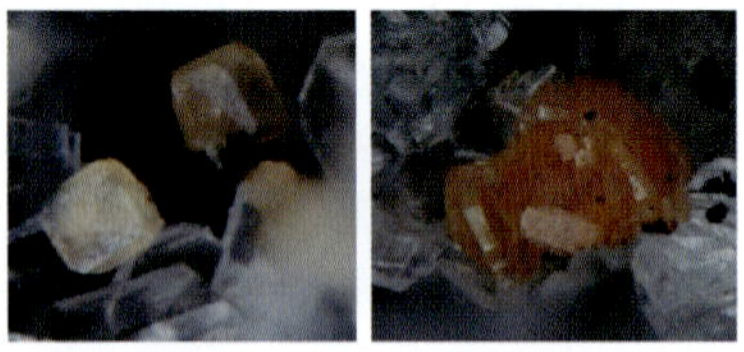

钠耶尔丁根石板状、粒状晶体（加拿大）

钠耶尔丁根石是一种含结晶水、羟基和氧的钾、钠、铌、钛的硅酸盐矿物。属硅钛钾钡矿超族碱硅锰钛石族。单斜晶系。晶体呈弯曲状，一些是空心的呈海绵状，微小晶体呈磷硅铌钠石的板状、柱状、粒状晶体之假象。无色、桃红色、带粉红色的白色，玻璃光泽，透明—半透明；硬度 5，脆性，易碎。2005 年发现于加拿大魁北克省圣希莱尔（Saint-Hilaire）山混合肥料采石场。英文名称 Gjerdingenite-Na，由根词“Gjerdingenite（耶尔丁根石）”加占优势的钠后缀-Na 组合命名，意指它是钠占优势的耶尔丁根石（Gjerdingenite-Fe）的类似矿物。IMA 2005-030 批准。2007 年 I. V. 佩科夫（I. V. Pekov）等在《加拿大矿物学家》(45) 报道。2010 年中国地质科学院地质研究所尹淑苹等在《岩石矿物学杂志》[29(4)]根据成分及与耶尔丁根石的关系译为钠耶尔丁根石（根词参见【耶尔丁根石】条 1064 页）。

【钠伊利石】

英文名 Brammallite

化学式 $Na_{0.65}Al_{2.0}\square Al_{0.65}Si_{3.35}O_{10}(OH)_2$
（弗莱舍，2014）

钠伊利石属水云母族（伊利石族黏土矿物），很难与白云母区别。单斜晶系。晶体呈细小鳞片状；集合体呈土块状。无色、白色，珍珠光泽、土状光泽，半透明；硬度 2.5～3，完全解理。1943 年发现于英国威尔士卡马森郡兰达比（Llandybie）；同年，F. A. 班尼斯特（F. A. Bannister）在《矿物学杂志和矿物学学会杂志》[(26(180)]报道。英文名称 Brammallite，为纪念英国地质学家和矿物学家阿尔弗雷德・布蓝姆玛利（Alfred Brammall，1879—1954）而以他的姓氏命名。1998 年未获 IMA 批准。中文名称根据成分及与伊利石关系译为钠伊利石（参见【水白云母】条 814 页）。

【钠硬硅钙石】参见【硅铈钙钾石】条 285 页

【钠鱼眼石】

英文名 Fluorapophyllite-(Na)

化学式 $NaCa_4Si_8O_{20}F \cdot 8H_2O$　　(IMA)

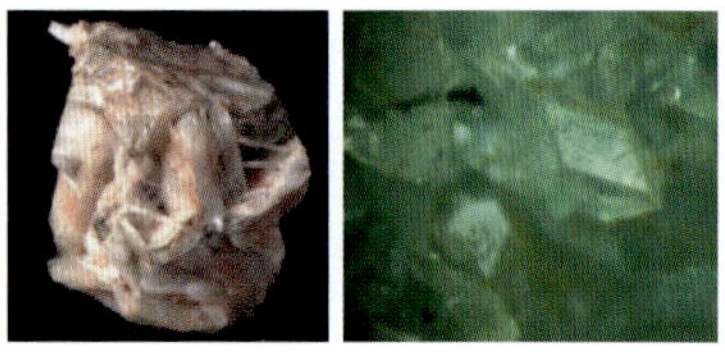

钠鱼眼石柱状、锥状晶体（意大利、美国）

钠鱼眼石是一种含结晶水和氟的钠、钙的硅酸盐矿物。属鱼眼石族。斜方晶系。晶体呈粗粒状。无色、白色、粉红色、绿色、黄色、紫色，玻璃光泽，透明—半透明；硬度 4～5，完全解理。1976 年发现于日本本州岛中国地方冈山县高桥市备中町（Shitouyouze）声宝（Sampo）矿。英文名称 Fluorapophyllite-(Na)，根词 1806 年由雷内・贾斯特・阿羽伊（Rene Just Haüy）根据希腊文“ἀπό Φυλλίso＝Apophylliso，其中“ἀπό＝Apo（剥落）”和“φύλλον＝Phgllon（叶片）”组合命名，因为它在吹管火焰中加热失水时呈叶片状剥落，前缀加成分“Fluor（氟）”，再加钠后缀-(Na) 组合命名。IMA 1976-032 批准。1981 年 Y. 缪拉（Y. Miura）等在《美国矿物学家》(66) 报道称 Natroapophyllite。2008 年 E. A. J. 伯克（E. A. J. Burke）在《矿物记录》(39) 和 2013 年 S. J. 米尔斯（S. J. Mills）等在《欧洲矿物学杂志》(25) 的《为保存历史的名字对矿物命名的前缀和后缀的使用 CNMNC 指南》一文中将 Apophylite-(NaF) 更名为 Fluorapophyllite-(Na)。日文名称ソーダ魚眼石。中文名称根据成分及与鱼眼石的关系译为钠鱼眼石；1983 年中国新矿物与矿物命名委员会郭宗山等在《岩石矿物及测试》[2(1)]根据对称、成分及族名译为斜钠鱼眼石。

【钠云母】

英文名 Paragonite

化学式 $NaAl_2(Si_3Al)O_{10}(OH)_2$　　(IMA)

钠云母是云母族矿物之一，类似白云母，白云母中钾的位置被钠离子占据，是一种含羟基的钠、铝的铝硅酸盐矿物。单斜晶系。晶体一般呈板状、片状，常有假六边形或菱形。无色、浅黄色、褐色、灰色、浅绿色等，玻璃光泽，解理面上呈珍珠光泽，透明；硬度 2～4，完全解理，薄片具弹性。1843 年第一次发现并描述于瑞士提契诺州莱文蒂纳区阿尔卑斯山脉坎皮奥内(Campione)山；同年，在《化学与物理学年鉴》(46)报道。又见于 1892 年 E. S. 丹纳(E. S. Dana)《系统矿物学》(第六版)。英文名称 Paragonite，1843 年由卡尔·埃米尔·夏弗哈特(Karl Emil Schafhäutl)根据希腊文“παραγειυ＝Paragon(典范)”命名，这是一种误导，由于其外观与滑石相似，但不含镁。1959 年以前发现、描述并命名的“祖父级”矿物，IMA 承认有效。IMA 1998s. p. 批准。中文名称根据成分及族名译为钠云母。目前已知 Paragonite 的多型有-1M、-1Md、-2M1 和-3T。

【钠正长石】

英文名 Barbierite

化学式 $(Na,K)AlSi_3O_8$

钠正长石属长石族碱性长石钾-钠长石系列的矿物。单斜晶系。晶体呈短柱状或厚板状、粒状，双晶发育；集合体呈块状。白色、浅肉红色、黄白色、黄褐色等，玻璃光泽，半透明；硬度 6～6.5，完全解理。最初的报道来自挪威泰勒曼克的克拉格勒(Kragerø)镇。1908 年 P. 巴比耶(P. Barbier)和 A. 普罗斯特(A. Prost)在法国《巴黎化学学会通报月刊》[4(3)]报道。英文名称 Barbierite，1910 年由夏勒(Schaller)在《美国科学杂志》[4(30)]为纪念法国里昂大学的化学教授菲利普·巴比耶(Phillipe Barbier，1848—1922)而以他的姓氏命名，他首先分析了该矿物，认为是含 K_2O 占 1.15%的钠长石。1957 年施耐德(Schneider)和拉弗斯(Laves)在《结晶学杂志》(109)研究表明，原产地的标本是微斜长石。中文名称根据成分译为钠正长石。

【钠直闪石】

英文名 Sodicanthophyllite

化学式 $NaMg_2Mg_5(AlSi_7O_{22})(OH)_2$

钠直闪石是一种钠、镁占优势的直闪石类似矿物。化学式在 2012 年命名中重新定义。属角闪石超族 W 位羟基、氟、氯占优势的闪石族镁-铁-锰闪石亚族。斜方晶系。丁香棕色—深棕色、灰色—白色、绿色，玻璃光泽；硬度 5.5～6。英文名称 Sodicanthophyllite，由成分冠词“Sodic(钠)”和根词“Anthophyllite(直闪石)”组合命名。根词 Anthophyllite，由拉丁文“Anthophyllum(丁香)”命名，意指颜色呈丁香色。1983 年 F. C. 霍桑(F. C. Hawthorne)在《加拿大矿物学家》(21)关于“角闪石晶体化学”的报道。中文名称根据成分与直闪石的关系译为钠直闪石(根词参见【直闪石】条 1115 页)。

【钠柱晶石】参见【柱晶石】条 1119 页

【钠柱磷锶锂矿*】

英文名 Natropalermoite

化学式 $Na_2SrAl_4(PO_4)_4(OH)_4$　　(IMA)

钠柱磷锶锂矿*是一种含羟基的钠、锶、铝的磷酸盐矿物。属柱磷锶锂矿族。斜方晶系。晶体呈柱状，粒径 200μm×50μm×45μm。无色，玻璃光泽，透明；硬度 5.5，完全解理，脆性。2013 年发现于美国新罕布什尔州格拉夫顿县格罗顿镇巴勒莫(Palermo)1 号矿。英文名称 Natropalermoite，由成分冠词“Natro(钠)”和根词“Palermoite(柱磷锶锂矿)”组合命名，意指它是钠的柱磷锶锂矿的类似矿物(根词参见【柱磷锶锂矿】条 1120 页)。IMA 2013-118 批准。2014 年 B. N. 舒默(B. N. Schumer)等在《CNMNC 通讯》(19)、《矿物学杂志》(78)和 2017 年《矿物学杂志》(81)报道。目前尚未见官方中文译名，编译者建议根据成分及与柱磷锶锂矿的关系译为钠柱磷锶锂矿*。

【钠柱石】

英文名 Marialite

化学式 $Na_4Al_3Si_9O_{24}Cl$　　(IMA)

钠柱石柱状晶体(巴西)

钠柱石属方柱石族，是钠柱石-钙柱石类质同象系列的钠端元矿物。四方晶系。晶体呈带钝锥长柱状、粒状；集合体呈块状。颜色呈无色、白色、灰色、蓝灰色、蓝色、浅黄绿色、黄色、粉红色、紫罗蓝色、褐色或橙色、红色—褐色，玻璃光泽、珍珠光泽、树脂光泽，透明—不透明；硬度 5.5～6，完全解理，非常脆。1866 年首次发现并描述于意大利那不勒斯省皮亚努拉(Pianura)平原。1866 年冯·拉特在《德国地质学会杂志》(18)报道。英文名称 Marialite，由德国矿物学家格哈德·冯·拉特(Gerhard vom Rath)为纪念他的妻子玛丽亚·罗莎·冯·拉特(Maria Rosa vom Rath，1830—1888)而以她的名字命名。1959 年以前发现、描述并命名的“祖父级”矿物，IMA 承认有效。中文名称根据成分及族名译为钠柱石。

娜 [nà]形声；从女，那声(nuó)。本义：婀娜，美貌。[英]音，用于外国女子人名。

【娜塔莉亚库利克矿*】

英文名 Nataliakulikite

化学式 $Ca_4Ti_2(Fe^{3+},Fe^{2+})(Si,Fe^{3+},Al)O_{11}$　　(IMA)

娜塔莉亚库利克矿*是一种钙、钛、铁、硅、铝的氧化物矿物。属钙钛矿超族。斜方晶系。晶体呈半自形或柱状，高达 20μm；集合体高达 50μm。棕色，半金属光泽，不透明；硬度 5.5～6。2018 年发现于以色列南部地区(哈达罗姆地区)塔马尔区哈特鲁里姆盆地纳哈尔莫拉格(Nahal Morag)峡谷。英文名称 Nataliakulikite，以娜塔莉亚·阿蒂耶莫夫娜·库利克(Natalia Artyemovna Kulik，1933—)姓名命名。她是来自俄罗斯新西伯利亚的著名矿物学家、花岗岩伟晶岩矿物学描述专家，放射性和稀土元素矿物以及古代计量学专家。IMA 2018-061 批准。2018 年 V. V. 沙雷金(V. V. Sharygin)等在《CNMNC 通讯》(45)、《矿物学杂志》(82)和《欧洲矿物学杂志》(30)及 2019 年《矿物》(9)报道。目前尚未见官方中文译名，编译者建议音译为娜塔莉亚库利克矿*。

【娜塔莉亚马利克石*】

英文名 Nataliyamalikite

化学式 TlI　　(IMA)

娜塔莉亚马利克石*是一种铊的碘化物矿物。它为铊盐的同质多象。斜方晶系。晶体呈假立方体，粒径≤1μm；集合体达 25μm。2016 年发现于俄罗斯堪察加州阿瓦恰(Avachinsky)火山。英文名称 Nataliyamalikite，以俄罗斯彼得罗巴甫洛夫斯克-堪察加火山学和地震学研究所火山活动实验室的娜塔莉亚·马利克(Nataliya Malik)的姓名命名。

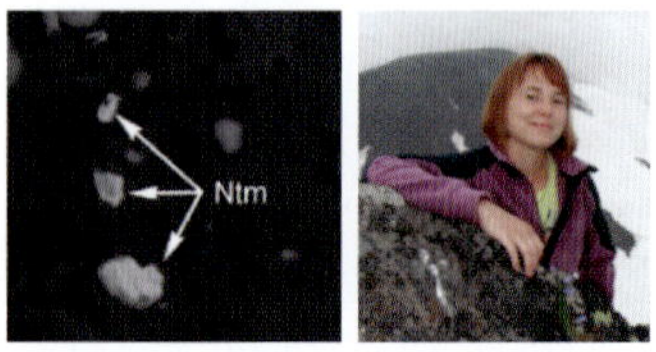

娜塔莉亚马利克石*假立方体晶体(俄罗斯)和娜塔莉亚像

IMA 2016-022 批准。2016 年 V. 奥克鲁金(V. Okrugin)等在《CNMNC 通讯》(32)和《矿物学杂志》(80)报道。目前尚未见官方中文译名，编译者建议音译为娜塔莉亚马利克石*。

氖 [nǎi]形声;从气,从乃,亦声。是一种惰性气体化学元素。[英]Neon。旧译作氝。化学符号 Ne。原子序数 10。英国化学家威廉·拉姆塞在发现氩和氦后发现它们的性质与已发现的其他元素都不相似,所以他提议在化学元素周期表中列入一族新的化学元素。他还根据门捷列夫提出的关于元素周期分类的假说,推测出该族还应该有一个原子量为 20 的元素。在 1896—1897 年间,拉姆塞在特拉威斯的协助下,试图用找到氦的同样方法,加热稀有金属矿物来获得他预言的元素。他们试验了大量的矿石,但都没有找到。最后他们想到了从空气中分离这种气体。1898 年 5 月 24 日拉姆塞获得英国人汉普森送来的少量液态空气。拉姆塞和特拉威斯从液态空气中首先分离出了氪,接着又分离出氩气。1898 年 6 月 12 日他们终于找到了氖,并命名为 Neos,源于希腊文 Nέον,意为新的,即从空气中发现的新元素。主要存在于大气和地幔中,它们可能来自于地球形成前太阳系星云。

奈 [nài]会意;从大,从示。[英]音,用于外国人名。

【奈硼钠石】参见【七水硼钠石】条 694 页

【奈碳钠钙石】参见【尼碳钠钙石】条 649 页

南 [nán]象形;甲骨文字形,是钟镈之类的乐器。①本义:乐器。②方位词,和“北”相对。③用于中国地名。④用于外国人名。

【南部石】参见【硅锰钠锂石】条 276 页

【南极石】

英文名 Antarcticite

化学式 $CaCl_2 \cdot 6H_2O$　　(IMA)

南极石是一种含结晶水的钙的氯化物矿物。三方晶系。晶体呈发状、针状;集合体皮壳状。无色,条痕呈白色,玻璃光泽,透明;硬度 2～3,完全解理,脆性;吸湿性很强。1962 年 12 月日本南极考察队的地球化学家鸟居发现于东南极洲维多利亚地区赖特山谷唐璜(Don Juan)池塘非常干旱的高盐卤水沉淀物。1965 年鸟居(T. Torii)和大坂(J. Ossaka)在《科学》(149)和 M. 弗莱舍(M. Fleischer)在《美国矿物学家》(50)报道。英文名称 Antarcticite,以发现地南极(Antarctic)大陆命名。最初命名为唐璜石(Don Juan),但未被 IMA 采纳。IMA 1965-015 批准 Antarcticite 名称。中文名称根据产地南极(Antarctic)译为南极石;根据产地和成分译为南极钙氯石。

南极石皮壳状集合体(美国)

【南岭石】

汉拼名 Nanlingite

化学式 $Na(Ca_5Li)Mg_{12}(AsO_3)_2[Fe^{2+}(AsO_3)_6]F_{14}$
(IMA)

南岭石是一种含氟的钠、钙、锂、镁的铁亚砷酸-亚砷酸盐矿物。三方晶系。晶体多呈不规则粒状,偶尔可见极不完整的假六方板片状。棕红色、深褐色,条痕呈浅黄色,玻璃光泽,长期暴露于空气中,表面氧化成暗褐色,光泽亦渐变为暗淡,透明;硬度 2。1964 年,顾雄飞等在鉴定南岭地区的一些矿物标本时,发现一种棕红色的矿物,并根据其产于南岭(Nanling)地区命名为南岭石。现此产地隶属中国湖南省郴州地区宜章县柿竹园矿,为中华人民共和国成立后最早发现的稀有元素矿物——香花石的原产地。IMA 1985-×××?批准。顾雄飞等最早于 1976 年在《地球化学》(2)和 1977 年《美国矿物学家》(62)报道。

【南平石】

汉拼名 Nanpingite

化学式 $CsAl_2(Si_3Al)O_{10}(OH)_2$　　(IMA)

南平石是一种含羟基的铯、铝的铝硅酸岩矿物。属云母族。单斜晶系。晶体呈假六方片状、板状、鳞片状;集合体呈梳状、放射状。白色、银白色、无色,玻璃光泽,解理面上呈珍珠光泽,透明—半透明;硬度 2.5～3,极完全解理。1983—1985 年间,中国地质科学院矿床地质研究所研究员杨岳清与福建地质矿产局闽北地质大队、测试中心协作,对福建省南平县砚平区南平伟晶岩进行较系统的研究时发现的新矿物。1985 年末,杨岳清的学生倪云祥等从西坑白云母-钠长石-锂辉石型伟晶岩中采回 40 多件云母矿样,经分析云母中的铯超过 20%,杨岳清意识到这可能是一种含铯的新矿物。进一步分析得到证实。关于新矿物的名称起初有 3 个:以产地命名为南平石(或溪源头矿、西坑石等);以发现者命名为杨岳清石;以成分和矿物族名命名为铯云母。杨岳清研究员最终以产地福建南平县(Nanping)命名为南平石(Nanpingite)。IMA 1987-006 批准。“南平石”是中国福建省第一次被发现的新矿物,也是迄今为止,全世界范围内仅在福建省南平市发现的新矿物。1988 年杨岳清、倪云祥等在《岩石矿物学杂志》(7)报道。

【南石】参见【钙钠明矾石】条 226 页

囊 [náng]形声;大篆字形像两头扎起的口袋。本义:有底的口袋。[英]音,用于外国地名。

【囊脱石】参见【绿脱石】条 550 页

硇 [náo]形声;从石,从铙(铙)声。用于中国古代矿物名称。

【硇砂】参见【卤砂】条 536 页

瑙 [nǎo]形声;从玉,𫐉(nǎo)声。①用于矿物名“玛瑙”。②[英]音,用于外国地名。

【瑙云母】

英文名 Naujakasite

化学式 $Na_6Fe^{2+}Al_4Si_8O_{26}$　　(IMA)

瑙云母是一种钠、铁的云母类矿物。属云母族。单斜晶系。晶体呈板片状、片状。灰色、珍珠白色、银白色,解理面上呈珍珠光泽,半透明;硬度 2～3,极完全解理,脆性。1897 年古斯塔夫·弗林克(Gustav Flink)第一次收集于丹麦格陵

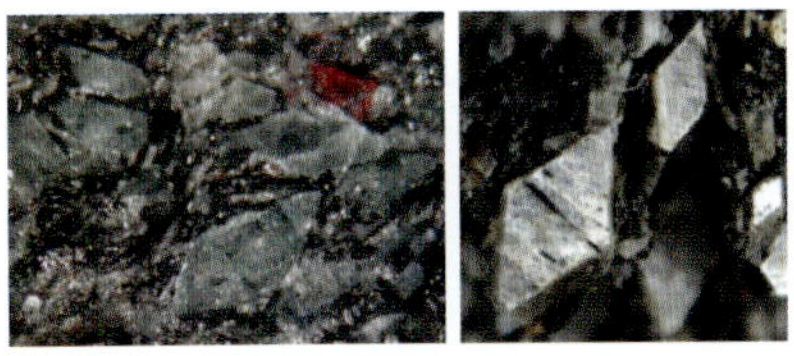

瑙云母板片状晶体(格陵兰)

兰岛伊犁马萨克杂岩体瑙贾卡斯克(Naujakasik)。1933 年首先被 O. B. 博格希尔德(O. B. Bøgghild)描述,并在《格陵兰岛通讯》[92(9)]和 1935 年《美国矿物学家》(20)报道。英文名称 Naujakasite,以发现地格陵兰岛瑙贾卡斯克(Naujakasik)命名。1959 年以前发现、描述并命名的"祖父级"矿物,IMA 承认有效。中文名称根据英文名称首音节音和族名译为瑙云母;根据成分译为硅铝铁钠石。

内 [nèi]会意;甲骨文字形,从入,从冂。冂(jiōng)表示蒙盖,入表示进入之物,合而表示事物被蒙盖在里面。本义:入,自外面进入里面;也有中间之意。[英]音,用于外国人名、地名。

【内盖夫石*】

英文名 Negevite

化学式 NiP_2　(IMA)

内盖夫石*是一种镍的磷化物矿物。等轴晶系。2013 年发现于以色列内盖夫(Negev)沙漠哈特鲁里姆地层哈拉米什(Halamish)干涸河道。英文名称 Negevite,2014 年谢尔盖·N. 布里特温(Sergey N. Britvin)等根据发现地以色列的内盖夫(Negev)命名。IMA 2013-104 批准。2014 年 S. N. 布里特温(S. N. Britvin)等在《CNMNC 通讯》(19)和《矿物学杂志》(78)报道。目前尚未见官方中文译名,编译者建议音译为内盖夫石*。

【内硅锰钠石】

英文名 Intersilite

化学式 $Na_6Mn(Ti,Nb)Si_{10}(O,OH)_{28}\cdot 4H_2O$　(IMA)

内硅锰钠石是一种含结晶水和羟基的钠、锰、钛的硅酸盐矿物。单斜晶系。晶体呈他形粒状。鲜黄色,带粉红色调的黄色或粉红色,玻璃光泽、油脂光泽,透明一半透明;硬度 3~4,完全解理,脆性。1995 年发现于俄罗斯北部摩尔曼斯克州阿鲁艾夫(Alluaiv)山。英文名称 Intersilite,由"Intermediate(中间位置之间)"和"Silicates(硅酸盐)"缩写组合命名,意指它是层状硅酸盐和带状硅酸盐中间位置的矿物。IMA 1995-033 批准。1996 年 A. P. 霍米亚科夫(A. P. Khomyakov)等在《俄罗斯矿物学会记事》[125(4)]报道。2003 年中国地质科学院矿产资源研究所李锦平等在《岩石矿物学杂志》[22(3)]根据英文名称的意和成分译为内硅锰钠石。

【内华达石】

英文名 Nevadaite

化学式 $(Cu^{2+},\square,Al,V^{3+})_6Al_8(PO_4)_8F_8(OH)_2\cdot 22H_2O$　(IMA)

内华达石是一种含结晶水、羟基和氟的铜、空位、铝、钒的磷酸盐矿物。斜方晶系。晶体呈柱状、针状;集合体呈晶簇状、束状、放射状、球粒状。浅蓝色、灰绿色、青绿色、绿松石色,玻璃光泽,透明一半透明;硬度 3,脆性。2002 年发现于美国内华达(Nevada)州尤里卡县卡林地区马吉(Maggie)溪矿区附近的露天金矿采场。英文名称 Nevadaite,1995 年延森(Jensen)等发现并描述为未知矿物;2004 年 M. A. 库珀(M. A. Cooper)等在《加拿大矿物学家》[42(3)]以发现地美国内华达(Nevada)州命名。IMA 2002-035 批准。2008 年中国地质科学院地质研究所任玉峰等在《岩石矿物学杂志》[27(3)]音译为内华达石。

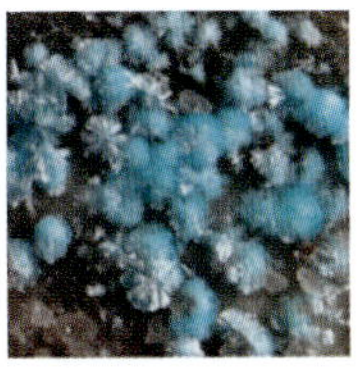

内华达石放射状、球粒状集合体(美国)

【内斯托拉石*】

英文名 Nestolaite

化学式 $CaSeO_3\cdot H_2O$　(IMA)

内斯托拉石*圆团状集合体(美国)和内斯托拉像

内斯托拉石*是一种含结晶水的钙的硒酸盐矿物,它是被发现的第一个钙硒酸盐矿物。单斜晶系。晶体呈扁平状、针状,长 30μm;集合体呈圆团状,粒径 2mm。淡紫色,玻璃光泽,透明;硬度 2.5,完全解理,脆性。2013 年发现于美国犹他州格兰德县汤普森区黄猫(Yellow Cat)平顶山利特尔伊娃(Little Eva)矿。英文名称 Nestolaite,以意大利帕多瓦大学地球科学系矿物学家和晶体学家法布里齐奥·内斯托拉(Fabrizio Nestola,1972—)的姓氏命名。IMA 2013-074 批准。2013 年 A. V. 卡萨金(A. V. Kasatkin)等在《CNMNC 通讯》(18)、《矿物学杂志》(77)和 2014 年《矿物学杂志》(78)报道。目前尚未见官方中文译名,编译者建议音译为内斯托拉石*。

【内伊矿】参见【针硫铋铜铅矿】条 1109 页

鿭 [ní]从金,你声。是一种极不稳定的超重弱金属元素。[英]Nihonium。元素符号 Nh。原子序数 113。日本理化学研究所和俄美的研究团队都声称发现了 113 号元素,并从约 2005 年前就开始提交国际专家进行审查。2015 年 12 月,国际化学机构将 113 号元素正式认定为新元素,并将命名权授予日本。日本科研小组准备了 3 个候选名称:"Japonium"(代表日本)、Rikenium(代表理化学研究所)和 Nishinarium(代表该元素的发现地仁科加速器研究中心)。2016 年 6 月 8 日,国际纯粹与应用化学联合会宣布,将合成化学元素第 113 号(缩写为 Nh)提名为化学新元素。日本理化学研究所仁科加速器研究中心的科研人员将第 113 号元素以日本国名(Nihon)命名为 Nihonium(缩写 Nh)。中文汉字译为"鿭"。

尼 [ní]会意;从尸,从匕。甲骨文字形像两个人亲昵的样子。本义:亲近,亲昵。[英]音,用于外国人名、地名、国名。

【尼伯石】参见【灰闪石】条 347 页

【尼布楚石】参见【埃洛石-10Å】条 15 页

【尼格里矿】参见【六方锡铂矿】条 531 页

【尼硅钙锰石】

英文名 Neltnerite

化学式 $CaMn^{3+}_6O_8(SiO_4)$　(IMA)

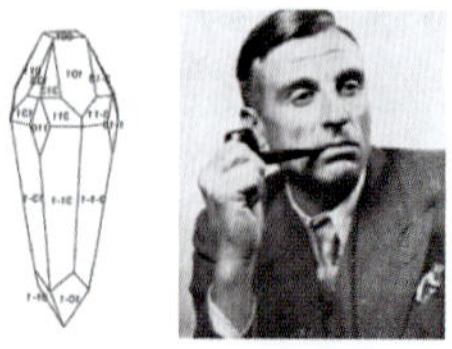

尼硅钙锰石双锥晶体图和尼尔特涅尔像

尼硅钙锰石是一种钙、锰氧的硅酸盐矿物。属褐锰矿族。四方晶系。晶体呈双锥状，粒径 1mm。黑色，半金属光泽，不透明；硬度 6。1979 年发现于摩洛哥瓦尔扎扎特省塔什加尔特(Tachgagalt)矿。英文名称 Neltnerite，以摩洛哥圣艾蒂安国家高等研究院院长、非洲高阿特拉斯山脉矿床矿物学研究的开拓学者路易斯·尼尔特涅尔(Louis Neltner，1903—1985)的姓氏命名。IMA 1979－059 批准。1982 年 C. 博德拉科-格里蒂(C. Baudracco-Gritti)等在《矿物学通报》(105)报道。1984 年中国新矿物与矿物命名委员会郭宗山在《岩石矿物及测试》[3(2)]根据英文名称首音节音和成分译为尼硅钙锰石。

【尼克梅尔尼科夫石*】

英文名 Nikmelnikovite

化学式 $Ca_{12}Fe^{2+}Fe^{3+}_3Al_3(SiO_4)_6(OH)_{20}$ (IMA)

尼克梅尔尼科夫石*是一种含羟基的钙、铁、铝的硅酸盐矿物。属石榴石超族。三方晶系。2018 年发现于俄罗斯摩尔曼斯克州科夫多尔(Kovdor)地块。英文名称 Nikmelnikovite，为纪念尼古拉·尼古拉埃维奇·梅尔尼科夫院士(Nikolay Nikolaevich Melnikov，1938—2018)而以他的姓名命名。梅尔尼科夫是俄罗斯杰出的采矿工程师，长期(1981—2015 年)担任采矿研究所所长。IMA 2018－043 批准。2019 年 S. V. 克里沃切夫(S. V. Krivovichev)等在《CNMNC 通讯》(47)、《矿物学杂志》(83)和《欧洲矿物学杂志》(31)报道。目前尚未见官方中文译名，编译者建议音译为尼克梅尔尼科夫石*。

【尼克松矿*】

英文名 Nixonite

化学式 $Na_2Ti_6O_{13}$ (IMA)

尼克松像

尼克松矿*是一种钠、钛的氧化物矿物。单斜晶系。晶体呈微晶状，粒径 15～40μm。硬度 5～6。2018 年发现于加拿大努纳武特地区基蒂克美奥特区达尔比(Darby)金伯利岩矿田。英文名称 Nixonite，以英国利兹大学地幔地质学已退休教授彼得·H. 尼克松(Peter H. Nixon，1935—)的姓氏命名。尼克松撰写了两本关于地幔岩石学的非常有影响力的著作，除了对金伯利岩及其地幔和深部地壳源捕虏体进行了一生的研究外，他还命名了镁铬榴石(Knorringite)，并描述了沂蒙矿(Yimengite)的第二产状。彼得·尼克松是一位有远见的人，他使科学界注意到钻石稳定场中造山侵位地幔岩的证据越来越多，他与其他人共同撰写了许多重要的出版物，为这一过程提供了第一个有力的证据。IMA 2018－133 批准。2018 年 C. 安佐里尼(C. Anzolini)等在《CNMNC 通讯》(48)、《矿物学杂志》(83)和 2019 年《美国矿物学家》[104(9)]报道。目前尚未见官方中文译名，编译者建议音译为尼克松矿*。

【尼克索博列夫石*】

英文名 Nicksobolevite

化学式 $Cu_7(SeO_3)_2O_2Cl_6$ (IMA)

尼克索博列夫石*是一种含氯、氧的铜的亚硒酸盐矿物，是迄今为止已知的结构最复杂、富含铜的亚硒酸盐矿物。单斜晶系。晶体呈针状，长 0.4mm。深红色，玻璃光泽，透明；硬度 2～2.5，完全解理，非常脆。2012 年发现于俄罗斯堪察加州托尔巴契克(Tolbachik)火山主断裂北部破火山口第二火山渣锥。英文名称 Nicksobolevite，以尼古拉(尼克)·弗拉基米罗维奇·索博列夫[Nikolay(Nick) Vladimirovich Sobolev，1935—]院士的名字命名，以表彰他对矿物学和岩石学做出的重要贡献。IMA 2012－097 批准。2013 年 L. P. 维尔戛索娃(L. P. Vergasova)等在《CNMNC 通讯》(16)、《矿物学杂志》(77)和 2014 年《欧洲矿物学杂志》(26)报道。目前尚未见官方中文译名，编译者建议音译为尼克索博列夫石*。

【尼肯尼契石】

英文名 Nickenichite

化学式 $(Na,Ca,Cu)_{1.6}(Mg,Fe^{3+},Al)_3(AsO_4)_3$ (IMA)

尼肯尼契石放射星状、树丛状集合体(德国、俄罗斯)

尼肯尼契石是一种钠、钙、铜、镁、铁、铝的砷酸盐矿物。属钠磷锰矿族。单斜晶系。晶体呈柱状、纤维状；集合体呈放射星状、树丛状。亮蓝色—灰蓝色，半玻璃光泽，透明—半透明；硬度 3，极完全解理，脆性。1992 年发现于德国莱茵兰-普法尔茨州尼肯尼契(Nickenich)村附近的火山渣洞穴。英文名称 Nickenichite，1993 年由 M. 奥尔汉姆(M. Auernhammer)等以发现地德国的尼肯尼契(Nickenich)村命名。IMA 1992－014 批准。1993 年由奥尔汉姆等在《矿物学和岩石学》(48)报道。1998 年中国新矿物与矿物命名委员会黄蕴慧等在《岩石矿物学杂志》[17(2)]音译为尼肯尼契石。

【尼雷尔石】参见【尼碳钠钙石】条 649 页

【尼禄山石*】

英文名 Monteneroite

化学式 $Cu^{2+}Mn^{2+}_2(AsO_4)_2 \cdot 8H_2O$ (IMA)

尼禄山石*板状晶体(意大利)

尼禄山石*是一种含结晶水的铜、锰的砷酸盐矿物。单斜晶系。晶体呈不规则厚板片状，长约 2.5mm；集合体扇状。淡绿色，玻璃光泽，透明；硬度 2，完全解理。2020 年发现于意大利拉斯佩齐亚省罗切塔迪瓦拉尼禄山(Monte Nero)矿。英文名称 Monteneroite，以发现地意大利的尼禄山(Monte Nero)矿命名。IMA 2020－028 批准。2020 年 A. R. 坎普夫(A. R. Kampf)等在《CNMNC 通讯》(56)、《矿物学杂志》(84)和《欧洲矿物学杂志》(32)报道。目前尚未见官方中文译名，编译者建议音译为尼禄山石*。

【尼宁格矿】参见【硫镁矿】条 505 页

【尼硼钙石】参见【粒水硼钙石】条 450 页

N

【尼日利亚石】

英文名 Ferronigerite-2N1S

化学式 $(Al,Fe,Zn)_2(Al,Sn)_6O_{11}(OH)$ (IMA)

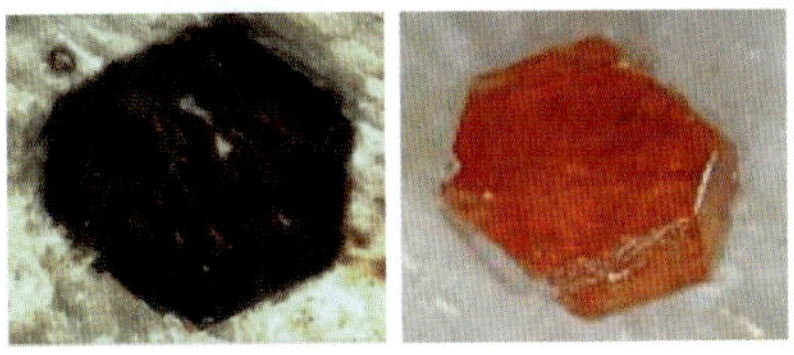

尼日利亚石六方板状晶体（纳米比亚）

尼日利亚石是一种含羟基的铝、铁、锌、锡的复杂氧化物矿物。属黑铝镁铁矿超族尼日利亚石族。三方晶系。晶体呈六方板状。无色、褐色、黄色、黄绿色、瓶绿色、黑色，玻璃光泽，透明—半透明；硬度 8～9。1947 年发现于尼日利亚科吉州埃贝(Egbe)区。英文原名称 Nigerite，以发现地所在国尼日利亚(Nigeria)命名。最初发现的尼日利亚石是铁尼日利亚石(Ferronigerite-2N1S)。1947 年 R. 雅各布森(R. Jacobson)等在《矿物学杂志》(28)报道。1959 年以前发现、描述并命名的"祖父级"矿物，IMA 承认有效。IMA 2001s. p. 批准。中文名称根据成分及族名译为铁尼日利亚石。目前尼日利亚石更为族名，包括铁尼日利亚石 Ferronigerite-2N1S 和 Ferronigerite-6N6S；镁尼日利亚石 Magnesionigerite-2N1S(彭志忠石-6T)和 Magnesionigerite-6N6S(彭志忠石-24T)；锌尼日利亚石 Zinconigerite-2N1S 和 Zinconigerite-6N6S 多型(参见相关条目)。

【尼碳钠钙石】

英文名 Nyerereite

化学式 $Na_2Ca(CO_3)_2$ (IMA)

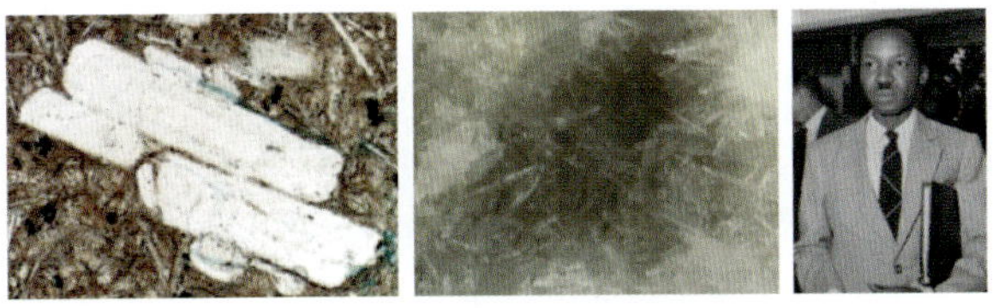

尼碳钠钙石板状、针状晶体(坦桑尼亚)和尼雷尔像

尼碳钠钙石是一种钠、钙的碳酸盐矿物。属碳钠镁石族。斜方(假六方)晶系。晶体呈板状、针状，具假六方三连双晶。无色、白色，透明；硬度 2.5。1962 年发现于坦桑尼亚阿鲁沙区伦盖(Lengai)火山。1962 年道森(Dawson)在《自然》(195)报道了坦噶尼喀伦盖火山的碳酸钠熔岩。英文名称 Nyerereite，原始的描述只包含名称和组成，后在另一篇论文，包括数据，提出名称 Natrofairchildite(碳酸钾钙石或奈碳钠钙石)被废弃。1968 年 C. 米尔顿(C. Milton)为纪念坦噶尼喀和坦桑尼亚总统(1964—1985)朱利叶斯·坎巴拉吉·尼雷尔(Julius Kambarage Nyerere，1922—1999)而以他的姓氏命名。IMA 1963-014 批准。1977 年 D. 麦基(D. McKie)等在《结晶学杂志》(145)和 1978 年 M. 弗莱舍(M. Fleischer)在《美国矿物学家》(63)报道。中文名称根据英文名称首音节音和成分译为尼碳钠钙石或奈碳钠钙石，有的音译为尼雷尔石，还有的根据斜方晶系和成分译为直碳钠钙石。

【尼扎莫夫石*】

英文名 Nizamoffite

化学式 $Mn^{2+}Zn_2(PO_4)_2(H_2O)_4$ (IMA)

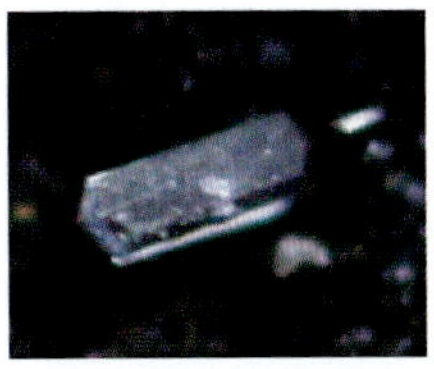

尼扎莫夫石* 柱状晶体(美国)

尼扎莫夫石*是一种含结晶水的锰、锌的磷酸盐矿物。属磷锌矿族。斜方晶系。晶体呈柱状，长 1mm，直径 0.5mm。无色，玻璃光泽，透明；硬度 3.5，完全解理，脆性。2012 年发现于美国新罕布什尔州格拉夫顿县格罗顿镇巴勒莫(Palermo)1 号矿。英文名称 Nizamoffite，以詹姆斯·W. 尼扎莫夫(James W. Nizamoff，1971—)的姓氏命名，以表彰他对一般伟晶岩矿物学的研究，特别是对新罕布什尔州北格罗顿的巴勒莫伟晶岩的磷矿物学研究。尼扎莫夫是新矿物的发现者之一，并提供了用于鉴定的标本。IMA 2012-076 批准。2013 年 A. R. 坎普夫(A. R. Kampf)等在《CNMNC 通讯》(15)、《矿物学杂志》(77)和《美国矿物学家》(98)报道。目前尚未见官方中文译名，编译者建议音译为尼扎莫夫石*。

铌 [ní]从金，从尼，卯声。是一种金属化学元素。[英]Niobium。化学符号 Nb。原子序数 41。1801 年英国 C. 哈切特从铌铁矿中分离出一种新元素的氧化物，并命名该元素为 Columbium(汉译钶)。1802 年瑞典 A. G. 厄克贝里在钽铁矿中发现另一种新元素 Tantalum(钽)。由于这两种元素性质上非常相似，不少人认为它们是同一种元素。1844 年德国 H. 罗泽详细研究了许多铌铁矿和钽铁矿，分离出两种元素，才澄清了事实真相。最后查尔斯·哈切特用神话中的女神尼俄伯(Niobe)的名字命名了该元素。在历史上，最初人们用铌所在的铌铁矿的名字"Columbium"来称呼铌为钶。铌在地壳中的含量为 0.002%，主要矿物有铌铁矿、烧绿石、黑稀金矿、褐钇铌矿、钽铁矿和钛铌钙铈矿等。

【铌钙矿】

英文名 Fersmite

化学式 $(Ca,Ce,Na)(Nb,Ta,Ti)_2(O,OH,F)_6$ (IMA)

铌钙矿柱状晶体(意大利)和费尔斯曼像

铌钙矿是一种钙、铈、钠、铌、钽、钛的复杂的氟化-氢氧-氧化物矿物。属黑稀金矿族。斜方晶系。晶体呈短柱状、不规则粒状。黑色、深棕色，柠檬黄色—黄棕色，半玻璃光泽、树脂光泽、半金属光泽，半透明—不透明；硬度 4～5，完全解理，非常脆；弱放射性。1946 年发现于俄罗斯车里雅宾斯克州维什内维(Vishnevye)山布尔迪姆(Buldym)湖畔。英文名称 Fersmite，1946 年埃尔莎·马西米拉耶夫娜·博恩施泰特·库普列特斯卡娅(Elsa Maximilianovna Bohnstedt-Kupletskaya)和 T. A. 布罗娃(T. A. Burova)在《苏联科学院报告》(52)及 1947 年《美国矿物学家》(32)为纪念亚历山大·叶夫根尼耶维奇·费尔斯曼(Aleksandr Evgenievich Fersman，1883—1945)而以他的姓氏命名。费尔斯曼是苏联著名结晶矿物学家、俄罗斯莫斯科矿物博物馆创始人、地球化学创始人之一。1959 年以前发现、描述并命名的"祖父级"矿物，IMA 承认有效。中文名称根据主要成分译为铌钙矿。

【铌钙钛矿】

英文名 Latrappite

化学式 $Ca_2NbFe^{3+}O_6$　　(IMA)

铌钙钛矿假立方体晶体（加拿大）

铌钙钛矿是一种钙、铌、铁的氧化物矿物。属钙钛矿超族化学计量钙钛矿族重钙铀矿亚族。斜方晶系。晶体呈假立方体。黑色、红棕色，金属光泽，不透明；硬度5.5。1963年发现于加拿大魁北克省洛朗蒂德区奥卡碳酸盐杂岩体邦德(Bond)区域。1963年E. H. 尼克尔(E. H. Nickel)等首次在《加拿大矿物学家》(7)报道。英文名称Latrappite，1964年尼克尔(Nickel)在《加拿大矿物学家》(8)以发现地拉特拉普(La Trappe)附近的天主教西多会的特拉普派(Trappist)(此派强调缄口苦修)修道院命名。IMA 1964－019批准。最初命名为Niobian perovskite(含铌钙钛矿)；因铌含量大于钛，因此于2016年IMA通过特别程序重新定义为新矿物，并IMA 2016s. p. 批准[2016年R. 米切尔(R. Mitchell)在《矿物学杂志》(80)报道]。中文名称根据成分译为铌钙钛矿/钙钛铌矿。

【铌锆钠石】参见【硅铌锆钙钠石】条279页

【铌黑钨矿】

英文名 Wolframoixiolite

化学式$(Nb,W,Ta,Fe,Mn,Nb)_2O_4$

铌黑钨矿是一种铌、钨、钽、铁、锰的氧化物矿物。单斜晶系。晶体呈柱状及锥状。黑色，半金属光泽，不透明；硬度5～6，脆性。1969年苏联学者发现于俄罗斯萨哈(雅库特)共和国；首次在《全苏矿物学会记事》(98)报道。英文名称Wolframoixiolite，由成分冠词“Wolfram(钨)”和根词“Ixiolite(锡铁钽矿或锰钽矿)”组合命名，意为钨占优势的锡铁钽矿(根词参见【锡铁钽矿】条1008页)。中文名称根据成分和颜色译为铌黑钨矿。1987年中国学者彭志忠等在中国湖南骑田岭地区发现了铌黑钨矿[见1987年中国《科学通报》(8)]。

【铌镁矿】参见【镁铌铁矿】条597页

【铌锰矿】参见【锰铌铁矿】条612页

【铌锰星叶石】

英文名 Niobokupletskite

化学式 $K_2NaMn_7(Nb,Ti)_2(Si_4O_{12})_2O_2(OH)_4(O,F)$ (IMA)

铌锰星叶石放射星状、束状集合体(加拿大)

铌锰星叶石是一种含氟、氧和羟基的钾、钠、锰、铌、钛的硅酸盐矿物。属星叶石超族锰星叶石族。三斜晶系。晶体呈针状、叶片状；集合体呈束状、放射星状。米色、浅黄棕色、银棕色，玻璃光泽；硬度3～4，完全解理，脆性。1999年发现于加拿大魁北克省圣希莱尔(Saint-Hilaire)山混合肥料采石场。英文名称Niobokupletskite，由成分冠词“Niobo(铌)”和根词“Kupletskite(锰星叶石)”组合命名，意指它是富铌的锰星叶石的类似矿物。IMA 1999－032批准。2000年P. C. 皮洛宁(P. C. Piilonen)等在《加拿大矿物学家》(38)报道。2003年中国地质科学院矿产资源研究所李锦平等在《岩石矿物学杂志》[22(1)]根据成分及与锰星叶石的关系译为铌锰星叶石(根词参见【锰星叶石】条617页)。

【铌钕易解石】

英文名 Nioboaeschynite-(Nd)

化学式$(Nd,Ce,Ca,Th)(Nb,Ti,Fe,Ta)_2(O,OH)_6$

铌钕易解石是一种钕、铈、钙、钍、铌、钛、铁、钽的复杂氢氧-氧化物矿物。属易解石族。斜方晶系。黑褐色；硬度5.5。发现于中国内蒙古自治区包头市白云鄂博矿。见于1996年张培善等《白云鄂博矿物学》。英文名称Nioboaeschynite-(Nd)，由成分冠词“Niobium(铌)”、根词“Aeschynite(易解石)”加占优势的稀土元素钕-(Nd)后缀组合命名。IMA未批准。中文名称根据成分及族名译为铌钕易解石(根词参见【易解石】条1077页)。

【铌铈钇矿】

英文名 Polymignite

化学式$(Ca,Fe,Y,Th)(Nb,Ti,Ta,Zr)O_4$

铌铈钇矿柱状晶体，晶簇状集合体(挪威、德国)

铌铈钇矿是一种钙、铁、钇、钍、铌、钛、钽、锆的氧化物矿物。斜方晶系。晶体呈柱状；集合体呈晶簇状。黑色、褐色，玻璃光泽，半透明。1824年伯齐利厄斯(Berzelius)发现于挪威西福尔郡斯塔韦恩(Fredriksvärn)。英文名称Polymignite，1824年由伯齐利厄斯以希腊文“ρολυs＝Much(许多)”和“μιννωω(混入)”组合命名，意指它混合了许多物质。1956年证明它与Zirconolite(钛锆钍石/钙钛锆石)描述相同，随后1989年废弃，然而由于它的优先权，在文献中仍广泛使用，尽管如此，铌铈钇矿(Polymignite)现在被认为是Zirconolite-3O(钛锆钍石/钙钛锆石)的同义词。IMA未批准。中文名称根据成分译为铌铈钇矿或铌铈钛锆矿或铌铈钇钙矿。

【铌铈易解石】

英文名 Nioboaeschynite-(Ce)

化学式$(Ce,Ca)(Nb,Ti)_2(O,OH)_6$　　(IMA)

铌铈易解石是一种铈、钙、铌、钛的氢氧-氧化物矿物。属易解石族。斜方晶系。蜕晶质。黑色、深红色，条痕呈棕色，树脂光泽，半透明；硬度5.5。1960年发现于俄罗斯车里雅宾斯克州维什内维(Vishnevye)山脉。1960年在《苏联科学院特鲁迪稀有元素矿物学、地球化学家和晶体化学研究所文集》(4)和1962年弗莱舍在《美国矿物学家》(47)报道。英文名称Nioboaeschynite-(Ce)，2008年《矿物学记录》(39)由Niobo-aeschynite-(Ce)更名为Nioboaeschynite-(Ce)，由成分冠词“Niobium(铌)”和根词“Aeschynite(易解石)”加占优势的铈后缀-(Ce)组合命名。IMA 1987s. p. 批准。中文名称根据成分及与铈易解石的关系译为铌铈易解石(根词参见【易解石】条 1077 页)。

【铌钛锰石】

英文名 Manganbelyankinite

化学式 $Mn^{2+}(Ti,Nb)_5O_{12}\cdot 9H_2O$　　(IMA)

铌钛锰石是一种含结晶水的锰、钛、铌的氧化物矿物。晶体呈非晶质、蜕晶质;集合体呈块状。棕黑色、粉红棕色,玻璃光泽、油脂光泽,半透明—不透明;硬度 2～2.5。1957 年发现于俄罗斯北部摩尔曼斯克州凯迪克瓦尔帕克(Kedykverpakhk)山 31 号伟晶岩;1957 年 E. I. 塞梅诺夫(E. I. Semenov)在《苏联科学院特鲁迪稀有元素矿物学、地球化学与晶体化学研究所文集》(1)和 1958 年弗莱舍在《美国矿物学家》(43)报道。英文名称 Manganbelyankinite,由成分冠词"Manganese(锰)"和根词"Belyankinite(锆钼钙石)"组合命名。其中,根词由德米特里·斯捷潘诺维奇·别良金(Dmitry Stepanovich Belyankin,1876—1953)的姓氏命名。1959 年以前发现、描述并命名的"祖父级"矿物,IMA 承认有效,但 IMA 持怀疑态度。中文名称根据成分译为铌钛锰石。

【铌钛铀矿】

英文名 Betafite

化学式 $(Ca,Na,U)_2(Ti,Nb,Ta)_2O_6Z(OH)$

铌钛铀矿晶体和聚晶集合体(加拿大)

铌钛铀矿是一种含羟基的钙、钠、铀、钛、铌、钽的复杂氧化物矿物。属烧绿石超族钛铀矿族。等轴晶系。晶体常呈八面体,菱形十二面体,也有四角三八面体及与八面体聚形,有时呈板状。浅绿褐色—深褐色、黑绿色、棕黑色、黑色,新鲜面呈油脂光泽或蜡状光泽,半透明—不透明;硬度 4～5,脆性。1912 年发现于马达加斯加塔那那利佛省贝塔富区贝塔富镇安博洛塔拉(Ambolotara)。英文名称 Betafite,1912 年由安东尼·弗朗索瓦·阿尔弗雷德·拉克鲁瓦(Antoine François Alfred Lacroix)在《矿物学会通报》(35)以发现地马达加斯加的贝塔富(Betafo)命名。1961 年唐纳德·D. 贺加斯(Donald D. Hogarth)重新定义,铌钛铀矿仍然被视为一个物种,但是经常出现化学"反常"现象(IMA 持怀疑态度)。1977 年贺加斯定义为烧绿石族。1996 年兰普金(Lumpkin)和尤因(Ewing)研究了历史上标记"铌钛铀矿"的 9 块标本,发现有替换和改变它们的样本。大部分标本化学成分给人错误的印象是互生的富钛的烧绿石超族矿物。特别是马达加斯加的大晶体,有部分互生的金红石和几个稀有富钛物种。2010 年阿滕西奥(Atencio)等报道了 IMA 批准的超族命名法。因此,Betafite 名称被保留是由于历史的原因,现作为族名。中文名称根据成分译为铌钛铀矿,音译为贝塔石。根据新命名法其变种有:稀土贝塔石、钽贝塔石、铅贝塔石、铝贝塔石、钍贝塔石和铅贝塔石等。

【铌钽钠石】参见【意钽钠矿】条 1077 页

【铌钽铁矿】

英文名 Jedwabite

化学式 Fe_7Ta_3　　(IMA)

杰德瓦布像

铌钽铁矿是一种铁、钽的自然元素互化物矿物。六方晶系。晶体呈六方柱状。灰黄色,金属光泽,不透明;硬度 7,脆性。1995 年发现于俄罗斯斯维尔德洛夫斯克州下塔吉尔巴兰钦斯基(Baranchinsky)地块阿夫罗林斯基(Avrorinskii)砂矿。英文名称 Jedwabite,以比利时布鲁塞尔自由大学的雅克·杰德瓦布(Jacques Jedwab,1925—)的姓氏命名,以表示认可他对自然环境中的沉积物和碳化物的矿物学所做的细致调查研究。IMA 1995-043 批准。1997 年 M. I. 诺夫格尔多娃(M. I. Novgordova)等在《俄罗斯矿物学会记事》[126(2)]报道。2003 年中国地质科学院矿产资源研究所李锦平等在《岩石矿物学杂志》[22(2)]根据成分译为铌钽铁矿。

【铌钽铁铀矿】参见【铌铁铀矿】条 652 页

【铌钽铀矿】

英文名 Liandratite

化学式 $U^{6+}Nb_2O_8$　　(IMA)

铌钽铀矿是一种铀、铌的氧化物矿物。三方晶系。蜕晶质。在铌钽铁铀矿表面形成 2mm 的壳层集合体。黑色、棕黄色、黄色,玻璃光泽,半透明;硬度 3.5,脆性。1975 年发现于马达加斯加马哈赞加省贝奇布卡区察拉塔纳纳附近贝尔(Berere)伟晶岩地区安特索卡(Antsaoka)伟晶岩矿。英文名称 Liandratite,以法国的探矿者乔治斯·利昂德拉(Georges Liandrat)和他的妻子萨莫安斯·利昂德拉(Samoens Liandrat)的姓氏命名。IMA 1975-039 批准。1978 年 A. 穆克(A. Mücke)等在《美国矿物学家》(63)报道。中文名称根据成分译为铌钽铀矿。

【铌锑矿】

英文名 Stibiocolumbite

化学式 $SbNbO_4$　　(IMA)

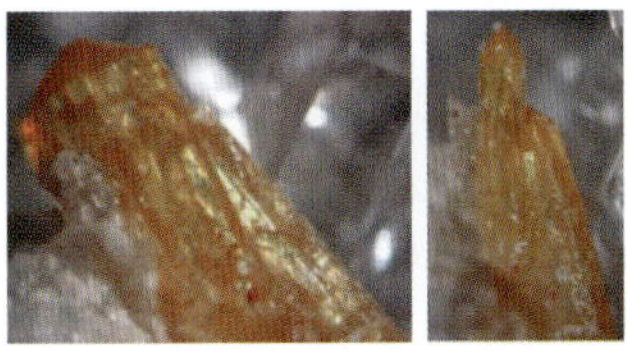

铌锑矿柱状晶体(瑞士)

铌锑矿是一种锑、铌的氧化物矿物。属白安矿族。斜方晶系。晶体呈柱状、板状,具聚片双晶;集合体呈晶簇状。暗褐色、浅黄褐色、浅红黄色、浅绿黄色,树脂光泽、金刚光泽,透明;硬度 5～5.5,完全解理,脆性。1906 年发现于美国加利福尼亚州圣地亚哥县梅萨格兰德区宝石山喜马拉雅(Himalaya)矿。1906 年彭菲尔德(Penfield)和福特(Ford)在《美国科学杂志》(22)报道。又见于 1915 年施阿尔(Schaller)的《丹纳系统矿物学》(第三附录,纽约)刊载。英文名称 Stibiocolumbite,由化学成分希腊文"αντιμόνιο=Stibium(锑)"和根词"Columbite(钶铁矿=铌铁矿)"组合命名。1959 年以前发现、描述并命名的“祖父级”矿物，IMA 承认有效。中文名称根据成分译为铌锑矿。

【铌锑线石*】

英文名 Nioboholtite

化学式 $(Nb_{0.6}\square_{0.4})Al_6BSi_3O_{18}$　（IMA）

铌锑线石*纤维状晶体，放射状集合体（波兰）

铌锑线石*是一种铌、空位、铝的硼硅酸盐矿物。属蓝线石超族锑线石族。斜方晶系。晶体呈纤维状；集合体呈束状、放射状。乳白色—棕黄色或灰黄色，半透明。2012 年发现于波兰下西里西亚省（Ząbkowice）区斯泽克拉纳伟晶岩斯泽克拉纳（Szklana）矿。英文名称 Nioboholtite，由成分冠词“Niobo（铌）”和根词“Holtite（锑线石）”组合命名（根词参见【锑线石】条 940 页）。IMA 2012-068 批准。2013 年 A. 皮耶泽卡（A. Pieczka）等在《CNMNC 通讯》（15）和《矿物学杂志》（77）报道。目前尚未见官方中文译名，编译者根据成分及与锑线石关系译为铌锑线石*。

【铌铁金红石】参见【钛铁金红石】条 913 页

【铌铁矿】

英文名 Columbite-(Fe)

化学式 $Fe^{2+}Nb_2O_6$　（IMA）

铌铁矿板状、柱状晶体（澳大利亚、美国）

铌铁矿是一种铁、铌的氧化物矿物。属铌铁矿族。常与钽铁矿呈类质同象系列。斜方晶系。晶体呈板状或短柱状；集合体呈块状。褐黑色—黑色，具锖色，玻璃光泽、金属—半金属光泽，半透明—不透明；硬度 6，完全解理，脆性。此矿物最早发现于美国康涅狄格州哈达姆；后又发现于澳大利亚西澳大利亚州黑德兰港郡瓦拉雷恩亚（Wallareenya）的皮尔冈戈拉（Pilgangoora）绿色伟晶岩。英文名称 Columbite，来自铌的旧称钶（Columbium）。钶元素名称 Columbium，以发现地美国的波特兰哥伦比亚（Columbia）命名。

铌铁矿的命名，有一段鲜为人知的传奇故事。美国康涅狄格州州长小约翰·温斯洛普（John Winthrop，1606—1676）平生喜爱收集和研究矿石，他在新伦敦的家附近找到一块黑色石块，后来他的孙子约翰·温斯罗普（1681—1747）将其寄给了伦敦英国皇家学会主席哈纳·斯隆（Hana Sloane，1660—1753）爵士，此标本一直在大英自然博物馆存放了几十年。再后来经英国化学家查理斯·哈契特（Charles Hatchet，1765—1847）的研究，于 1801 年在一篇发表于《伦敦皇家学会会刊》（92）的《北美矿物中分析一种新金属的报告》中宣布发现了一种新元素，他根据美国一个带有诗意的别名哥伦比亚（Columbia）将新元素命名为 Columbium，其矿物命名为 Columbite，即钶铁矿。1802 年，瑞典化学家埃克柏格发现了元素钽。1809 年，英国化学家威廉·海德·沃拉斯顿（William Hyde Wollaston）认为钶和钽是完全相同的物质。另一德国化学家海因里希·罗泽（Heinrich Rose）在 1846 年驳斥了这一结论，并称原先的钽铁矿样本中还存在着另外两种元素。他以希腊神话中坦塔洛斯的女儿尼俄伯（Niobe，泪水女神）和儿子珀罗普斯（Pelops）把这两种元素分别命名为“Niobium（铌）”和“Pelopium”。后证明“Pelopium”是铌和钽的混合物。“Columbium（钶）”是哈契特对新元素所给的最早命名，因此，在美国一直广泛的使用，而“Niobium（铌）”则在欧洲通用。1949 年在阿姆斯特丹举办的化学联合会第 15 届会议最终决定以“铌”作为第 41 号元素的正式名称，从此结束了一个世纪来的命名分歧。可是铌铁矿的英文名称仍以发现地——美国哥伦比亚（Columbite）命名而与 Niobite 通用。同义词 Ferrocolumbite，于 2008 年在《矿物学记录》（第三十九卷）更名为 Columbite-(Fe)。1959 年以前发现、描述并命名的“祖父级”矿物，IMA 承认有效。中文名称根据成分译为铌铁矿或钶铁矿或铁铌矿（参见《维基百科》《化学元素的发现》）。

【铌铁铀矿】

英文名 Petscheckite

化学式 $U^{4+}Fe^{2+}Nb_2O_8$　（IMA）

铌铁铀矿是一种铀、铁、铌的氧化物矿物。六方晶系。集合体呈蜕晶质无定形的 2～4cm 皮壳状。黑色，金属光泽，不透明；硬度 5。1975 年发现于马达加斯加贝尔（Berere）区安特索卡（Antsaoka）伟晶岩矿。英文名称 Petscheckite，以德国奥伯施泰因的埃克哈德·佩奇（Eckhard Petsch，1939—）的姓氏命名。他是德国在马达加斯加的一个著名的探矿者。IMA 1975-038 批准。1978 年 A. 穆克（A. Mücke）等在《美国矿物学家》（63）报道。中文名称根据成分译为铌铁铀矿或铌钽铁铀矿。

【铌锡矿】参见【傅锡铌矿】条 212 页

【铌叶石】

英文名 Niobophyllite

化学式 $K_2NaFe^{2+}_7(Nb,Ti)_2(Si_4O_{12})_2O_2(OH)_4(O,F)$　（IMA）

铌叶石叶片状晶体（马拉维）

铌叶石属星叶石超族星叶石族，是含铌的星叶石类似矿物。三斜晶系。晶体呈板状、细小板状、叶片状，具双晶；集合体呈近于平行状。褐色、灰褐色，玻璃光泽、金刚光泽，半透明—不透明；硬度 3～4，完全解理。1964 年发现于加拿大纽芬兰和拉布拉多封湖碱性杂岩体（利蒂希娅湖）。英文名称 Niobophyllite，由成分冠词“Niobo（铌）”和希腊文“φύλλον＝Phyllos（叶子）”组合命名，意指其薄片状的习性。IMA 1964-001 批准。1964 年 E. H. 尼克尔（E. H. Nickel）、J. F. 罗兰（J. F. Rowland）和 D. J. 沙雷特（D. J. Charette）在《加拿大矿物学家》（8）及 1965 年《美国矿物学家》（50）报道。中文名称根据成分和族名译为铌叶石或铌星叶石。

【铌钇矿】

英文名 Samarskite-(Y)

化学式 $YFe^{3+}Nb_2O_8$　（IMA）

铌钇矿板状集合体（美国）

铌钇矿是一种钇、铁、铌的复杂氧化物矿物。属铌钇矿族。斜方晶系。晶体呈柱状、板状，部分呈斜方双锥状，或呈变生非晶质；集合体常呈不规则块状。天鹅绒黑色、褐黑色，有时浅褐红色，矿物表面常附有一层黄褐色薄膜，油脂光泽、玻璃光泽、半金属光泽，断口呈沥青光泽、树脂光泽，半透明—不透明；硬度 5～6，脆性；具强放射性。最早见于 1839 年罗斯（Rose）在《物理学年鉴》（48）报道，称 Uranotantal。1847 年发现于俄罗斯乌拉尔南部车里雅宾斯克州伊尔曼山脉自然保护区布卢姆（Blum）采坑；同年，罗斯在《物理学和化学年鉴》（71）报道，称 Samarskit。英文名称 Samarskite-（Y），为纪念该矿物的发现者俄国矿业工程师兵团的陆军上校参谋长采矿工程师瓦西里·叶夫格拉福维奇·萨马尔斯基-布哈维特（Vasilii Evgrafovichvon Samarskii-Bykhovets，1803—1870）而以他的姓氏，加占优势的稀土元素钇后缀-（Y）组合命名。1879 年由法国的化学家 L. 德·布瓦博德朗（L. de Boisbaubran）在 Samarskite 中发现化学元素钐，并以矿物名称命名此元素为 Samarium。于是他成为第一个以自己名字命名一种化学元素的人。1959 年以前发现、描述并命名的“祖父级”矿物，IMA 承认有效。IMA 2019s. p. 批准。中文名称根据成分译为铌钇矿。

铌钇矿是一种成分复杂的矿物，其中有钛、钍、铈、钙、铝、镁、锰、铅等的混入。变种有：钙铌钇矿（Calciosamarskite）、钛铁-铌钇矿（Chlopinite，音译为赫洛宾矿，赫洛宾是苏联物理学家，1922 年从镭矿中提炼出了镭）、铁-铌钇矿（Fitinhofite，以费丁霍夫命名，其人不详）、铌钇铀矿（Ischikawaite，音译石川石，1922 年由柴田（Shibota）和木村（Kimura）在日本石川（Ishikawa）伟晶岩中发现，以地名命名为石川石）、铅-铌钇矿（Plumboniobite），由化学成分 Plumbum（铅）和 Niobium（铌）组合命名。

【铌钇易解石】

英文名 Nioboaeschynite-（Y）

化学式（Y，REE，Ca，Th，Fe）（Nb，Ti，Ta）$_2$（O，OH）$_6$ （IMA）

铌钇易解石是一种钇、稀土、钙、钍、铁、铌、钛、钽的氢氧-氧化物矿物。属易解石族。斜方晶系。红褐色—黑色，玻璃光泽，半透明；硬度 5～6，脆性。2003 年发现于加拿大安大略省哈利伯顿县蒙默思镇贝尔湖矿区。英文名称 Nioboaeschynite-（Y），由成分冠词“Niobium（铌）”和根词“Aeschynite（易解石）”，加占优势的钇后缀-（Y）组合命名。IMA 2003-038a 批准。2008 年 V. 贝尔曼克（V. Bermanec）等在《加拿大矿物学家》（46）报道。2011 年中国地质科学院地质研究所任玉峰等在《岩石矿物学杂志》[30（2）]根据成分及与易解石的关系译为铌钇易解石（根词参见【易解石】条 1077 页）。

【铌钇铀矿】

英文名 Ishikawaite

化学式（U，Fe，Y）NbO_4 （IMA）

铌钇铀矿柱状、板状晶体（美国）

铌钇铀矿是一种铀、铁、钇、铌的氧化物矿物。属铌钇矿族。单斜晶系。蜕晶质。晶体呈柱状、棒状、板状、叶片状。黑色、褐色—红褐色，半金刚光泽、玻璃—半玻璃光泽、树脂光泽、蜡状光泽，半透明、不透明；硬度 5～6。1922 年发现于日本本州岛东北福岛县磐城市石川（Ishikawa）郡。英文名称 Ishikawaite，1922 年由柴田于吉（Yuji Shibata）和木村二郎（Kenjiro Kimura）在《日本化学学会杂志》（43）和《东京地质学会学报》（29）以发现地日本石川（Ishikawa）郡命名。日文汉字名称石川石。1959 年以前发现、描述并命名的“祖父级”矿物，IMA 承认有效。中国地质科学院根据成分译为铌钇铀矿。2010 年杨主明在《岩石矿物学杂志》[29（1）]建议采用日文汉字名称石川石。

【铌镱矿】

英文名 Samarskite-（Yb）

化学式 $YbNbO_4$ （IMA）

铌镱矿是一种镱、铌的氧化物矿物。属铌钇矿族。单斜晶系。黑色，玻璃光泽，几乎不透明；硬度 5～6，脆性。2004 年发现于美国科罗拉多州杰斐逊县小帕齐（Little Patsy）伟晶岩。英文名称 Samarskite-（Yb），由根词“Samarskite（铌钇矿）”，加镱后缀-（Yb）组合命名，亦为镱占优势的铌钇矿的类似矿物。IMA 2004-001 批准。2004 年莎拉·L. 汉森（Sarah L. Hanson）等在美国《丹佛会议年鉴》和 2006 年《加拿大矿物学家》（44）报道。中文名称根据成分译为铌镱矿（根词参见【铌钇矿】条 652 页）。

【铌铀矿】

英文名 Carlosbarbosaite

化学式$(UO_2)_2Nb_2O_6(OH)_2 \cdot 2H_2O$ （IMA）

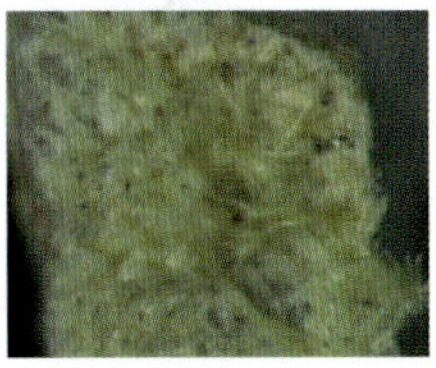

铌铀矿纤维状晶体（巴西）

铌铀矿是一种含结晶水和羟基的铀酰-铌氧化物矿物。斜方晶系。晶体呈板条状、纤维状，长 120μm 和厚 2～5μm；集合体呈束状、无序状。乳白色、浅黄色，玻璃光泽，透明（单晶）、半透明（集合体）。2010 年发现于巴西米纳斯吉拉斯州雅瓜拉苏市雅瓜拉苏（Jaguaraçu）伟晶岩。英文名称 Carlosbarbosaite，为纪念巴西化学工程师、矿物标本经销商卡洛斯·普拉多·巴尔博萨（Carlos Prado Barbosa，1917—2003）而以他的姓名命名，是他发现并描述了此矿物。他早期在巴西里约热内卢的国家理工学院工作；作为一个商人，他以把许多稀有和不寻常的物种带到市场上而闻名。IMA 2010-047 批准。2010 年 D. 阿滕西奥（D. Atencio）等在《CNMNC 通讯》（7）、《矿物学杂志》（75）和 2012 年《矿物学杂志》（76）报道。2015 年艾钰洁、范光在《岩石矿物学杂志》[34（1）]根据成分译为铌铀矿。

霓

[ní]形声；从雨，兒（ní）声。本义：副虹。大气中有时跟虹同时出现的一种光的现象，形成的原因和虹相同，只是光线在水珠中的反射比形成虹时多了一次，彩带排列的顺序和虹相反，红色在内，紫色在外。

【霓辉石】

英文名 Aegirine-augite

化学式（Ca，Na）（Fe^{3+}，Mg，Fe^{2+}）Si_2O_6 （IMA）

霓辉石柱状晶体,放射状集合体(德国)

霓辉石属辉石族单斜辉石亚族,与霓石构成固溶体系列。根据迪尔等的划分,$NaFeSiO_6$分子大于70%者为霓石,介于15%~70%者为霓辉石。单斜晶系。晶体常呈柱状,具简单双晶、聚片双晶;集合体呈放射状。暗绿色—黑色、绿色、黄绿褐色;硬度6,完全解理。模式产地俄罗斯。英文名称 Aegirine-augite,由"Aegirine(霓石)"和"Augite(辉石)"二名法复合而得。1892年由卡尔·哈利·费迪南德·罗森布施(Karl Harry Ferdin Rosenbusch)在 *Mikroskopische Physiographie der Petrographisch Wichtigen Mineralien* 根据矿物化学成分在霓石和辉石之间位置非正式命名。直到1968年琼·R.克拉克(Joan R. Clark)和詹姆斯·J.帕皮克(James J. Papike)在《美国矿物学家》(53)报道:主要作为多种从一个新型的位置重新定义了 Aegirine-augite,对原始描述除了限制晶体结构外,没有实质性改变。1988年日本学者森本晃司(Nobuo Morimoto)等在《美国矿物学家》(73)报道:研究保留了 Aegirine-augite 名称,并发表了一份图表,限制的名字成分从 $Ae_{80}Wo_{20}$ 至 $Ae_{20}Wo_{80}$。1988年IMA经特别程序(1988s. p.)批准了这个名称。中文名称意译为霓辉石(参见【霓石】条654页和【普通辉石】条693页)。

【霓石】

英文名 Aegirine

化学式 $NaFe^{3+}Si_2O_6$　　(IMA)

霓石钝顶柱状晶体,晶簇状集合体(马拉维)和海神埃吉尔传说

霓石是钠、铁的硅酸盐矿物。属辉石族单斜辉石亚族。单斜晶系。晶体呈钝顶柱状、针状,具简单双晶、叶片双晶;集合体呈晶簇状。颜色从绿色到浅绿黑色,也有黑色或红棕色,玻璃光泽,部分为松脂光泽,半透明—不透明;硬度6~6.5,完全解理,脆性。最早见于1821年P.斯特罗姆(P. Ström)在《皇家科学院报告》(*Kongliga Vetenskaps-Academiens Handlingar*)称为"Acmite(锥辉石)"。其实,霓石与锥辉石为同质多象。霓石一词一般限于表示具有同样成分的暗绿色—绿黑色的钝顶柱状晶体。矿物在偏光显微镜下多色性强,色彩像霓(副虹),故名霓石;根据钝顶柱状、成分及族名也译为钝钠辉石。英文名称 Aegirine,来自北欧神话中的日耳曼文深海之神"Aegir(埃吉尔)",以波涛汹涌的深海为他的领地,据说"Aegir"从口中喷出的彩色像副虹。他和他的妻子"Ran(兰)(北欧神话中海之女神,意为强盗)",捕捉失事船只的亡者,带到海底她的像"英灵殿"一样的宫殿。有意思的是霓石产于大洋型的碱性岩浆岩中。1834年发现于斯堪的那维亚半岛的挪威西南比斯克鲁德郡上艾克(Øvre Eike)镇(Eger,埃格尔或埃吉尔)朗德迈尔和韦斯特福拉尔维克尔兰格森德斯乔登(Langesundsfjorden)莱文(Låven)岛。1835年J.伯齐利厄斯(J. Berzelius)在《矿物学、构造地质学、地质学和石油地质新年鉴》报道。1835年由牧师和矿物学家汉斯·莫滕·特拉内·埃斯马克(Hans Morten Thrane Esmark)以北欧神话海神埃吉尔(Ægir=Aegir)命名。这里正是北欧神话海神埃吉尔流传的地方。1959年以前发现、描述并命名的"祖父级"矿物,IMA承认有效。IMA 1998s. p.批准。中国新疆民间探矿人梁娟、宫继军、张景在天山深处采到蓝色略带绿色透明板状晶体宝石,经珠宝协会和宝玉石质检站鉴定测试,确定为霓石,并以产地将其命名为"乌鲁木齐石"。

鸟

[niǎo]象形;甲骨文字形,小篆作字形,都像鸟形。本义:飞禽总名。

【鸟粪石】

英文名 Struvite

化学式 $(NH_4)Mg(PO_4)\cdot 6H_2O$　　(IMA)

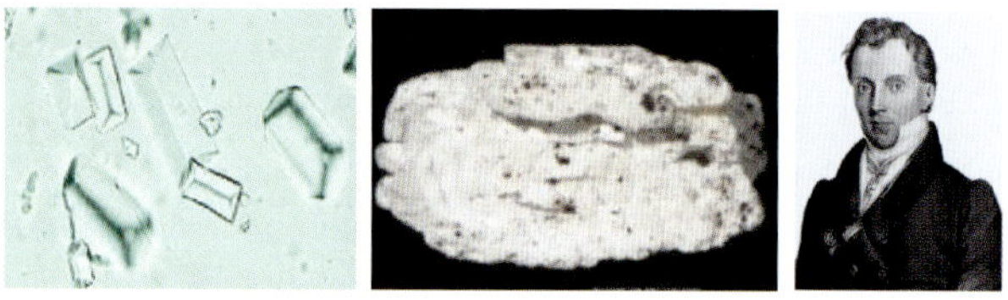

鸟粪石小楔状晶体,块状集合体(澳大利亚)和斯特鲁夫像

鸟粪石是一种含结晶水的铵、镁的磷酸盐矿物。属鸟粪石族。斜方晶系。晶体呈粒状或楔状、短柱状、棺状、厚板状、锥状或圆屋顶状等,具双晶;集合体常呈不规则块状。无色,有时脱水变白色、淡黄色或棕色,玻璃光泽,透明—半透明;硬度1.5~2,完全解理,脆性。1846年在德国汉堡圣尼古拉教堂(St Nikolai church)中世纪的排水系统中第一次发现并描述了该矿物;同年,德国化学家乔治·路德维格·乌里希(Georg Ludwig Ulex,1811—1883)在斯德哥尔摩《瑞典皇家科学院报告》(*Ak. Stockholm, Öfv.*)(3)和1846年在莱比锡哈雷《物理学年鉴》(58)报道。英文名称 Struvite,以地理学家和地质学家海因里希·克里斯蒂安·戈特弗里德·冯·斯特鲁夫(Heinrich Christoph Gottfried von Struve,1772—1851)的姓氏命名。他是德国矿物收藏家,时任俄国外交部驻德国汉堡领事时,发现了此矿物;他还是汉堡一家自然科学博物馆的联合创始人。1959年以前发现、描述并命名的"祖父级"矿物,IMA承认有效。中文名称按意译为鸟粪石,亦称鸟兽积粪结石。聚积的鸟类、鸕鷀、鹈鹕、塘鹅、蝙蝠和海豹的粪便和尸体长期堆积成石是一种优质氮磷肥。我国台湾棉花屿、猫屿、草屿、太平岛与东沙岛盛产鸟粪石。它也最常见于狗、猫和人类的碱性和被感染的尿路结石中。

【鸟嘌呤石】

英文名 Guanine

化学式 $C_5H_3(NH_2)N_4O$　　(IMA)

鸟嘌呤石又称鸟粪嘌呤石,是一种含鸟嘌呤[是5种不同碱基:胞嘧啶、胸腺嘧啶、尿嘧啶、腺嘌呤和鸟嘌呤的其中之一,与DNA(脱氧核糖核酸)和RNA(核糖核酸)的重要组成部分]的芳香杂环有机矿物。1656年,弗朗索瓦·雅坎(François Jaquin)首先在巴黎从鱼类体内提取到了一种"珍珠精华",它其实就是结晶状态的G-四联体。天然的鸟嘌呤

N

石最早于1844年发现于秘鲁伊卡皮斯科省北钦查(North Chincha)岛[见B.昂格尔(B. Unger)的《化学与物理学年鉴》(62)],1846年从鸟粪中分离得到鸟嘌呤。1891年,人们从核酸中分离得到鸟嘌呤。鸟嘌呤一词来源于西班牙文外来词鸟粪(“鸟/蝙蝠的粪便”),它又源于盖丘亚文“Huanu或Wanu”意思是“Guano(粪)”。《牛津英语词典》指出,鸟嘌呤是“海鸟粪中的白色无定形物质,是鸟类粪便的组成成分”。鸟嘌呤石单斜晶系。白色,条痕呈白色;硬度1～2。1973年在澳大利亚西澳大利亚州纳拉伯平原默拉·克莱文(Murra-el-clevyn)洞穴蝙蝠粪便中大量发现。英文名称Guanine,由成分鸟嘌呤命名,而鸟嘌呤是因为它最早是从海鸟粪(guano)中发现的,所以鸟嘌呤石的名字源于海鸟粪(Guano)。IMA 1973-056批准。1974年P. J.布里德奇(P. J. Bridge)在《矿物学杂志》(39)报道。中文名称根据成分译为鸟嘌呤石。

尿 [niào]会意;从尸,从水。尸代表人体。本义:小便。泛指人或动物从尿道排泄出来的液体。

【尿环石】

英文名 Uricite

化学式 $C_5H_4N_4O_3$ (IMA)

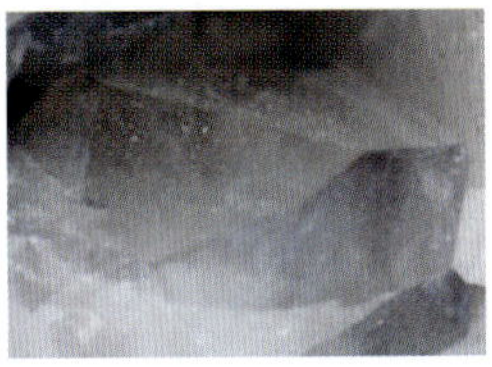

尿环石厚板状晶体(澳大利亚)

尿环石是一种尿酸的二水有机矿物。单斜晶系。晶体呈厚板状。淡黄白色、无色、淡棕色,条痕为白色,半透明;硬度1～2。最早见于1965年H.林格茨(H. Ringertz)在《结晶学报》(19)报道:尿酸及其二水合物的光学和晶体学数据。天然尿环石,1973年发现并描述于澳大利亚西澳大利亚州邓达斯郡马都拉客栈澳洲野狗峡(Dingo Donga)谷洞穴。1974年P. J.布里德奇(P. J. Bridge)在《矿物学杂志》(39)报道。英文名称Uricite,由“Uric acid(尿酸)”命名,反映了其化学特性。IMA 1973-055批准。中文名称根据成分及环状结构译为尿环石。

【尿素石】

英文名 Urea

化学式 $CO(NH_2)_2$ (IMA)

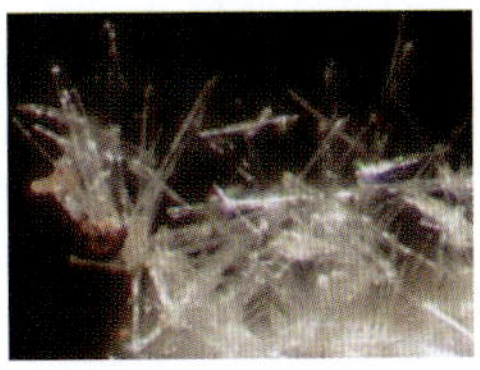

尿素石针状晶体(美国)

尿素石是碳、氮、氧和氢组成的碳二酰胺,又称脲的有机化合物矿物。四方晶系。晶体呈针状或棒状。无色或白色—浅黄色、浅褐色,玻璃光泽,透明—半透明。1727年由荷兰科学家赫尔曼·布尔哈弗(Herman Boerhaave)首次在尿液中发现尿素。但这一发现通常归于法国化学家伊莱尔·罗埃尔(Hilaire Rouelle)助教,他于1773年分离出尿素。1828年,德国化学家弗里德里希·维勒(Friedrich Wöhler)首次使用无机物质氰酸铵(NH_4CNO)与硫酸铵人工合成了尿素[见《哲学杂志》(4)]。本来他打算合成氰酸铵,却得到了尿素(Urea)。尿素的合成揭开了人工合成有机物的序幕,因此维勒被认为是有机化学之父。天然的尿素矿物,是1972年发现于澳大利亚西澳大利亚州拉弗顿郡托平(Toppin)山,源自蝙蝠粪便和尿液,只有在非常干旱的条件下才稳定。英文名称Urea,源自希腊文“Ο ύ ρα＝Oura(尿液)”的名字。1959年以前发现、描述并命名的“祖父级”矿物,IMA承认有效。IMA 1972-031批准。1973年P. J.布里德奇(P. J. Bridge)在《矿物学杂志》(39)报道。中文名称意译为尿素石。

涅 [niè]形声;从水,从土,曰声。本义:可做黑色染料的矾石。[英]音,用于英文名称首音节音或有“新”的意思。

【涅硅钙石】

英文名 Nekoite

化学式 $Ca_3Si_6O_{15}\cdot 7H_2O$ (IMA)

涅硅钙石针状晶体,放射扇状集合体(美国)

涅硅钙石是一种含结晶水的钙的硅酸盐矿物。三斜晶系。晶体呈针状,具聚片双晶;集合体呈放射扇状。白色,玻璃光泽,透明—半透明;硬度无法测量,完全解理。1955年发现于美国加利福尼亚州河畔县柯里斯摩尔(Crestmore)采石场;同年,在《美国矿物学家》(40)报道。1956年约翰·艾伦·加德(John Alan Gard)等在《矿物学杂志》(31)报道。英文名称Nekoite,是由“Okenite(水硅钙石)”颠倒字母顺序而构成的变位词,它最初就是错误的。1959年以前发现、描述并命名的“祖父级”矿物,IMA承认有效。中文名称根据英文名称首音节音和成分译为涅硅钙石,也有的译为新硅钙石,成分相当于硅钙石,但结构和性质不同,相对水硅钙石是新的矿物。

【涅石】参见【矾石】条145页

镍 [niè]形声;从钅,从臬声。一种金属元素。[英]Nickel。元素符号Ni。原子序数28。陨石包含铁和镍,人类早期把它们作为上好的铁使用。因为这种金属不生锈,被秘鲁的土著人看作是银。一种含有锌镍的合金被叫作白铜,在公元前200年中国人已使用。1751年,在瑞典斯德哥尔摩的亚历克斯·弗雷德里克·克朗斯塔特(Alex Fredrik Cronstedt)研究一种来自瑞典海尔辛兰的矿物红砷镍矿(NiAs)。他以为其中包含铜,但他提取出的是一种新的金属,1754年他宣布并命名为Nickel(镍)。许多化学家认为它是钴、砷、铁和铜的合金,这些元素以微量的污染物出现。直到1775年纯净的镍才被托尔贝恩·伯格曼(Torbern Bergman)制得,这才确认了它是一种新元素。中世纪的欧洲矿工将镍称之为矿工的恶魔,这便是“红砷镍矿”(Kupfernickel,铜魔鬼)—假铜。这种矿石表面上与铜矿类似,当时的玻璃制造业尝试用其进行玻璃上色(绿色),而矿石中的这种铜并没能够使其成功,因为它根本就没有铜。Nickel(镍)之名由“红砷镍矿”(Kupfernickel,铜魔鬼)演变而来。镍在地壳中的丰度仅为0.008%,镍矿物主要以氧化矿和硫化矿形式存在。

【镍磁铁矿】

英文名 Trevorite

化学式 $NiFe^{3+}_2O_4$ (IMA)

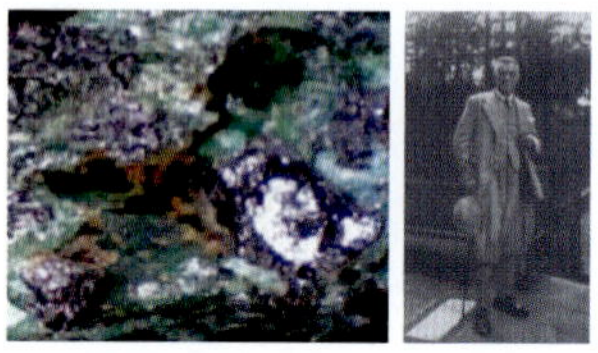

镍磁铁矿粒状晶体(南非)和特雷弗像

镍磁铁矿是一种镍、铁的氧化物矿物。属尖晶石超族氧尖晶石族尖晶石亚族。等轴晶系。六八面体晶类，晶体呈粒状、八面体少见；集合体多呈致密块状。带绿或褐的黑色，条痕呈黑色—暗棕色，金属—半金属光泽，不透明；硬度 5；具强磁性。1921 年发现于南非普马兰加省埃兰泽尼(Ehlanzeni)区巴伯顿山区邦阿科德(Bon Accord)镍矿床。1921 年克罗斯(Crosse)在南非《化工、冶金和矿物学学会杂志》(21)报道。英文名称 Trevorite，由马约尔·帝舵·格鲁菲德·特雷弗(Major Tudor Gruffydd Trevor，1865—1958)的姓氏命名。他是南非德兰士瓦比勒陀利亚地区矿产督察，他第一次发现此矿物。1959 年以前发现、描述并命名的"祖父级"矿物，IMA 承认有效。中文名称根据成分和与磁铁矿系列的关系译为镍磁铁矿，也有人译为镍铁矿。

【镍矾】

英文名 Retgersite

化学式 $Ni(SO_4) \cdot 6H_2O$ (IMA)

镍矾是一种含结晶水的镍的硫酸盐矿物。与六水镍矾为同质多象。四方晶系。晶体呈厚板状、短柱状、纤维状；集合体呈被膜状、皮壳状、细脉状。呈带蓝色的翠绿色，玻璃光泽，条痕呈浅绿白色；硬度 2.5，完全—不完全解理，脆性，断口参差状；易溶于水，味苦。最早见于 1823 年布鲁克(Brooke)在伦敦《哲学年鉴》(22)报道人工合成物的晶体。1948 年发现并描述于秘鲁帕斯科省瓦伊亚伊石林区拉格拉(Ragra)矿。1949 年 C. 弗龙德尔(C. Frondel)等在《美国矿物学家》(34)报道。英文名称 Retgersite，以荷兰物理化学家和结晶学家詹·威廉·雷特格斯(Jan Willem Retgers，1856—1896)姓氏命名。他研究了许多合成化合物的结晶学。1959 年以前发现、描述并命名的"祖父级"矿物，IMA 承认有效。中文名称根据成分译为镍矾。

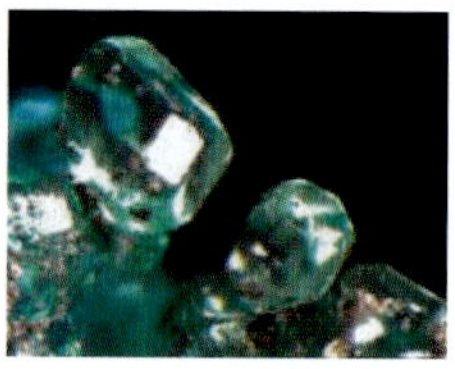

镍矾短柱状晶体(秘鲁)

【镍矾石】

英文名 Nickelalumite

化学式 $(Ni,Cu)Al_4[SO_4(NO_3)_2](OH)_{12} \cdot 3H_2O$

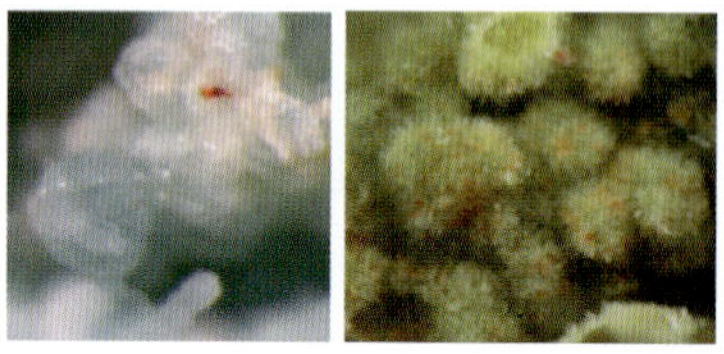

镍矾石粒状晶体，放射状、球状集合体(南非、吉尔吉斯斯坦)

镍矾石是一种含结晶水和羟基的镍、铜、铝的硝酸-硫酸盐矿物。属铜明矾族。单斜晶系。晶体呈粒状、针状；集合体呈皮壳状、不规则突起状、放射球状。天蓝色；硬度 2.5，完全解理。1980 年最初的报道来自南非姆普马兰加省内尔斯普雷特区姆博姆库鲁(Mbobo Mkulu)洞穴。J. E. J. 马丁(J. E. J. Martin)1980 年在《南非地质调查年鉴》[14(2)]和 1982 年在《美国矿物学家》(67)报道。英文名称 Nickelalumite，由成分冠词"Nickel(镍)"和根词"Alumite(矾石)"组合命名。IMA 未命名，但可能有效。1984 年中国新矿物与矿物命名委员会郭宗山在《岩石矿物及测试》[3(2)]根据成分及与矾石的关系译为镍矾石。

【镍橄榄石】

英文名 Liebenbergite

化学式 $Ni_2(SiO_4)$ (IMA)

镍橄榄石等粒状晶体(希腊)和利本伯格像

镍橄榄石是一种镍的硅酸盐矿物。橄榄石族。斜方晶系。晶体呈粒状。淡黄绿色、无色、淡绿色，玻璃光泽、油脂光泽，透明—半透明；硬度 6～6.5。1972 年发现于南非姆普马兰加省埃兰泽尼(Ehlanzeni)区巴伯顿山区阿科德(Bon Accord)镍矿床。英文名称 Liebenbergite，以南非国家冶金研究所副所长 W. R. 利本伯格(W. R. Liebenberg)的姓氏命名。IMA 1972-033 批准。1973 年 S. A. 德瓦尔(S. A. De Waal)等在《美国矿物学家》(58)和 1981 年 D. L. 比什(D. L. Bish)在《美国矿物学家》(66)报道。中文名称根据成分及族名译为镍橄榄石。

【镍铬铁矿】

英文名 Nichromite

化学式 $(Ni,Co,Fe)(Cr,Fe,Al)_2O_4$

镍铬铁矿是一种镍、钴、铁、铬、铝的氧化物矿物。属尖晶石超族氧尖晶石族尖晶石亚族。等轴晶系。晶体呈半自形粒状。深绿色、黑色，金属光泽，不透明；硬度 6～6.5，脆性。1978 年最初的报道来自南非姆普马兰加省巴伯山区邦阿科德(Bon Accord)镍矿床。英文名称 Nichromite，由占优势的成分冠词"Ni(镍)"和根词"Chromite(铬铁矿)"组合命名。IMA 未命名，但可能有效。1980 年在《美国矿物学家》(65)报道。中文名称根据成分译为镍铬铁矿。

【镍海泡石】

英文名 Falcondoite

化学式 $Ni_4Si_6O_{15}(OH)_2 \cdot 6H_2O$ (IMA)

镍海泡石是一种含结晶水和羟基的镍的硅酸盐矿物。属海泡石族。斜方晶系。晶体呈显微纤维状；集合体呈土块状、钟乳石和石笋状。白色、浅绿色、黄绿色，树脂光泽，半透明—近于不透明；硬度 2～3，脆性。1976 年发现于多米尼加共和国摩森努埃尔省(Monsenor Nouel)博瑙的洛马帕格拉(Loma Peguera)。英文名称 Falcondoite，以发现地多米尼加的福尔肯布里奇(Falconbridge)镍铁矿业公司的法尔孔多(Falcondo)矿山命名。IMA 1976-018 批准。1976 年 G. 施普林格(G. Springer)在《加拿大矿物学家》(14)报道。

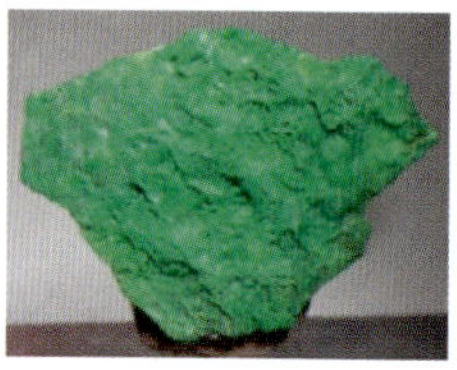

镍海泡石土块状集合体(多米尼加)

中文名称根据成分及族名译为镍海泡石。

【镍华】

英文名 Annabergite

化学式 $Ni_3(AsO_4)_2 \cdot 8H_2O$ (IMA)

镍华板状晶体，放射状集合体（希腊、德国）

镍华是一种含结晶水的镍的砷酸盐矿物。属蓝铁矿族镍华-钴华系列。单斜晶系。晶体呈柱状、板状或发状、针状、纤维状；集合体常呈皮壳状、放射状、土状或粉末状。白色、灰色、淡绿色、黄绿色、苹果绿色，富含钴的呈浅红色、玫瑰色，半金刚光泽、玻璃光泽，解理面上呈珍珠光泽，粉末状的呈土状光泽，透明—半透明；硬度 1.5～3，完全解理。鲜绿色镍华，色彩耀眼动人，深受收藏家喜爱，被冠以镍花之名。最早见于 1758 年 A. 克龙斯泰特（A. Cronstedt）《矿物学》称 Ochra Niccoli（镍赭石）或 Niccolum calciforme（钙质镍矿）。1852 年发现于德国萨克森州厄尔士山脉安纳贝格（Annaberg）区安纳贝格-布赫霍尔茨市弗罗劳斯奇里肯堡吉本汉（Kippenhain）矿。1852 年，布鲁克和米勒尔新版本《矿物学入门》（第八卷，伦敦）引自 1823 年由菲利普斯所著的《矿物学概论》（伦敦）。英文名称 Annabergite，亨利 · J. 布鲁克（Henry J. Brooke）和 W. H. 米勒尔（W. H. Miller）根据发现地德国安纳贝格（Annaberg）命名。1959 年以前发现、描述并命名的"祖父级"矿物，IMA 承认有效。中文名称根据矿物的化学成分（镍）和矿物结晶形态译为镍华。"华"古通"花"，繁体"華"字，上面是"垂"字，像花叶下垂形，比喻矿物形态如"花"。

【镍滑石】

参见【暗镍蛇纹石】条 25 页

【镍黄铁矿】

英文名 Pentlandite

化学式 $(Ni,Fe)_9S_8$ (IMA)

镍黄铁矿粒状晶体，块状集合体（加拿大）和彭特兰像

镍黄铁矿是一种铁和镍的含量接近 1∶1 的硫化物矿物。属镍黄铁矿族。等轴晶系。晶体一般呈半自形细粒状；集合体呈不规则块状，经常呈叶片状或火焰状规则连生于磁黄铁矿中。古铜黄色、浅黄铜色，色调稍浅于磁黄铁矿，条痕呈绿黑色或亮青铜褐色，金属光泽，不透明；硬度 3.5～4，完全解理，脆性。1843 年描述类型在挪威奥普兰郡埃斯佩达伦（Espedalen）矿山和英国苏格兰斯特拉斯克莱德地区因弗雷里区克雷格纽尔（Craignure）矿；同年，Th. 舍雷尔（Th. Scheerer）在《物理学和化学年鉴》（58）报道，称 Eisen-Nickel-kies（铁镍合金）。1856 年在巴黎《矿物学教程》（第二卷）刊载。英文名称 Pentlandite，以爱尔兰自然科学家和历史学家约瑟夫 · 巴克利 · 彭特兰（Joseph Barclay Pentland，1797—1873）的姓氏命名，是他首先注意到该矿物。1959 年以前发现、描述并命名的"祖父级"矿物，IMA 承认有效。中文名称根据成分译为镍黄铁矿。

【镍孔雀石】

英文名 Glaukosphaerite

化学式 $CuNi(CO_3)(OH)_2$ (IMA)

镍孔雀石球粒状集合体（希腊）

镍孔雀石是一种含羟基的铜、镍的碳酸盐矿物。属锌孔雀石族。单斜（或斜方）晶系。晶体呈纤维状；集合体呈球粒状、皮壳状、羽状。浅蓝色、黄绿色、苹果绿色、暗绿色、黑绿色，半玻璃光泽、丝绢光泽，透明—半透明；硬度 3～4，完全解理，脆性。1972 年发现于澳大利亚西澳大利亚州库尔加迪郡坎博尔达（Kambalda）镍矿汉普顿（Hampton）东部。英文名称 Glaukosphaerite，由希腊文"μπλε＝Bluish（接近蓝色的，浅蓝的）"和"σφαιρικό＝Spherical（球形的）"组合命名。IMA 1972－028 批准。1974 年 M. W. 普赖斯（M. W. Pryce）在《矿物学杂志》（39）报道。同义词 Kasompiite，以刚果（金）加丹加省卡索姆皮（Kasompi）矿命名。中文名称根据成分及族名译为镍孔雀石，也有的根据成分译为羟碳铜镍矿。

【镍利蛇纹石】

参见【镍蛇纹石】条 658 页

【镍菱镁矿】

参见【河西石】条 306 页

【镍铝矾】

英文名 Carrboydite

化学式 $(Ni_{1-x}Al_x)(SO_4)_{x/2}(OH)_2 \cdot nH_2O$ ($x<0.5$, $n>3x/2$) (IMA)

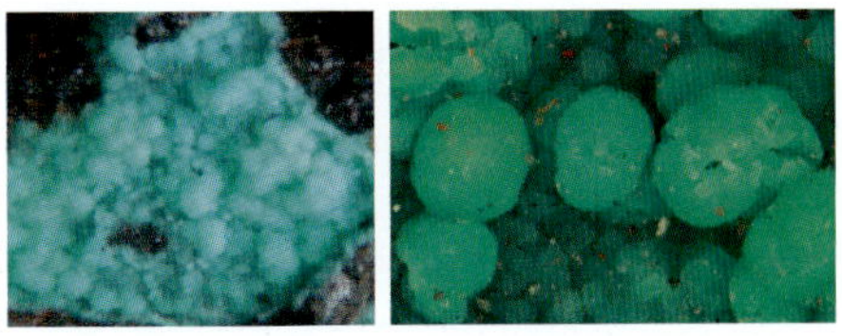

镍铝矾皮壳状、球状集合体（澳大利亚）

镍铝矾是一种含结晶水和羟基的镍、铝的硫酸盐矿物。属水滑石超族锌铜矾族。六方晶系。晶体呈小板状，大小为 1mm；集合体呈皮壳状、不规则突起、球状、毛毡状。黄绿色、蓝绿色，蜡状光泽，半透明。1974 年发现于澳大利亚西澳大利亚州孟席斯郡梅南吉纳（Menangina）地区卡尔博伊德罗克斯（Carr Boyd Rocks）镍矿。英文名称 Carrboydite，以发现地西澳大利亚州卡尔博伊德（Carr Boyd）镍矿命名。IMA 1974－033 批准。1976 年 E. H. 尼克尔（E. H. Nickel）等在《美国矿物学家》（61）报道。作为水滑石超族的命名最近重新评价，Carrboydite 被确定为可疑的矿物，有待进一步调查研究［见 2012 年 S. J. 米尔斯（S. J. Mills）等《矿物学杂志》（76）］。中文名称根据成分译为镍铝矾。

【镍铝蛇纹石】

英文名 Brindleyite

化学式 $(Ni,Al)_3(Si,Al)_2O_5(OH)_4$　　(IMA)

布林德利像

镍铝蛇纹石是一种含羟基的镍、铝的铝硅酸盐矿物。属高岭石-蛇纹石族。单斜晶系。集合体呈土状。黄白色、黄绿色、黑绿色，土状光泽；硬度 2.5～3。1972 年发现于希腊阿提卡省墨伽拉市马尔马拉(Marmara)铝土矿矿床。英文名称 Brindleyite，它最初于 1972 年由 Z.马克西莫维奇(Z. Maksimovic)以法国南部城市尼姆(Nimés)命名为 Nimésite，因它与 Nimite(富镍绿泥石/镍绿泥石)相似；故于 1978 年又被马克西莫维奇等为纪念美国宾夕法尼亚州立大学矿物科学教授乔治·威廉·布林德利(George William Brindley，1905—1983)博士而改以他的姓氏命名。他是一位黏土矿物专家并于 1970 年荣获罗柏林奖章。IMA 1975-009a 批准。1978 年马克西莫维奇等在《美国矿物学家》(63)报道。中文名称根据成分及族名译为镍铝蛇纹石。

【镍绿泥石】参见【富镍绿泥石】条 216 页

【镍蛇纹石】

英文名 Népouite

化学式 $Ni_3Si_2O_5(OH)_4$　　(IMA)

镍蛇纹石土块状集合体(法国)

镍蛇纹石是一种含羟基的镍的硅酸盐矿物。属高岭石-蛇纹石族，利蛇纹石-镍蛇纹石系列。三方晶系。晶体呈假六方片状、叶片状、鳞片状；集合体呈蚯蚓蠕虫状、土块状。淡绿色—深绿色、天蓝色—鲜绿色，玻璃光泽，解理面上呈珍珠光泽；硬度 2～2.5，完全解理。1907 年发现于法国新喀里多尼亚北部波亚北社区内波伊(Népoui)矿；同年，M. E. 格拉瑟(M. E. Glasser)在《法国矿物学会通报》(30)报道。英文名称 Népouite，以发现地新喀里多尼亚的内波伊(Népoui)矿命名。1959 年以前发现、描述并命名的"祖父级"矿物，IMA 承认有效。中文名称根据成分及系列译为镍蛇纹石或镍利蛇纹石。

【镍砷钴矿】参见【方镍矿】条 157 页

【镍砷铁锌铅矿*】

英文名 Nickeltsumcorite

化学式 $Pb(Ni,Fe^{3+})_2(AsO_4)_2(H_2O,OH)_2$　　(IMA)

镍砷铁锌铅矿* 球粒状集合体(德国)

镍砷铁锌铅矿*是一种含羟基和结晶水的铅、镍、铁的砷酸盐矿物，含有较少的 Co。属砷铁锌铅矿族。单斜晶系。集合体呈束状、皮壳状、球粒状、半球状。黄色、棕黄色、浅棕色或棕色，玻璃光泽，透明；硬度 4，完全解理，脆性。2013 年发现于希腊东阿提卡州拉夫雷奥蒂基市拉夫里昂(Lavrion)矿区。英文名称 Nickeltsumcorite，由成分冠词"Nickel(镍)"和根词"Tsumcorite(砷铁锌铅石)"组合命名，意指它是镍的砷铁锌铅矿的类似矿物(根词参见【砷铁锌铅石】条 794 页)。IMA 2013-117 批准。2014 年 I. V. 佩科夫(I. V. Pekov)等在《CNMNC 通讯》(19)、《矿物学杂志》(78)和 2016 年《矿物学杂志》(80)报道。目前尚未见官方中文译名，根据成分及与砷铁锌铅矿的关系译为镍砷铁锌铅矿*。

【镍砷铀矿】

英文名 Dymkovite

化学式 $Ni(UO_2)_2(As^{3+}O_3)_2 \cdot 7H_2O$　　(IMA)

镍砷铀矿板条状晶体(俄罗斯)和德姆科夫像

镍砷铀矿是一种含结晶水的镍的铀酰-砷酸盐矿物。单斜晶系。晶体呈板条状、柱状、针状；集合体呈树枝状、放射状、皮壳状。亮黄色、浅黄色—浅绿黄色，玻璃光泽，透明；硬度 3。2010 年发现于俄罗斯阿迪格共和国贝洛里琴斯科(Belorechenskoe)矿床。英文名称 Dymkovite，为纪念俄罗斯矿物学家尤里·马克西莫维奇·德姆科夫(Yuriy Maksimovich Dymkov，1926—2014)而以他的姓氏命名。他是一位铀矿床地质学以及矿物形成问题铀矿物学专家，也是贝洛里琴斯科(Belorechenskoye)矿床的第一批研究人员之一。IMA 2010-087 批准。2012 年 I. V. 佩科夫(I. V. Pekov)等在《欧洲矿物学杂志》(24)报道。2015 年艾钰洁、范光在《岩石矿物学杂志》[34(1)]根据成分译为镍砷铀矿，也有的译作砷镍铀矿。

【镍水蛇纹石】

英文名 Genthite

化学式 $(Mg,Ni)_6[Si_4O_{10}](OH)_8$

镍水蛇纹石皮壳状集合体(美国)

镍水蛇纹石是一种含羟基的镁、镍的硅酸盐矿物，是叶蛇纹石、脂光蛇纹石的混合物。集合体呈致密状、皮壳状、钟乳状，有时呈胶状、土状、溶渣状等。无色、浅绿色—暗绿色，玻璃光泽、蜡状光泽、树脂光泽，微透明—不透明；硬度 2～4，脆性。英文名称 Genthite，1867 年由詹姆斯·德怀特·丹纳(James Dwight Dana)为纪念宾夕法尼亚大学矿物学教授弗雷德里克·奥古斯特·路德维希·卡尔·威廉·根特(Fredrick August Ludwig Karl Wilhelm Genth，1820—1893)而以他的姓氏命名。1966 年乔治·T. 浮士德(George T. Faust)在《美国矿物学家》(51)报道。中文名称根据成分及族名译为镍水蛇纹石或镍叶蛇纹石或水硅镁镍石。

【镍纹石】

英文名 Taenite

化学式 (Ni,Fe)　　(IMA)

镍纹石条纹结构(中国、丹麦)

镍纹石是一种宇宙矿物，在铁陨石中发现，为高温铁镍相天然合金族。流星、彗星等小天体在降落过程中，表面温、压骤增，表面物质气化、熔融而形成尾随陨落体的冷凝球。大部分以熔壳球状，有空腔圆球状或实心圆球状两种。表面光滑洁亮，另一部分球面粗糙，有撞击坑、沟槽和烧蚀孔洞穴。新鲜镍纹石多见于中心部位，周围可见棕黄色玻璃质体。属铁族。等轴晶系。表面呈黑色、黑褐色，抛光面呈淡灰色的白色、银白色，金属—半金属光泽，不透明；硬度 5～5.5，脆性；具强磁性。1861 年发现于新西兰南岛南韦斯特兰区 Gorge 河谷；同年，赖兴巴赫(Reichenbach)在《物理学和化学年鉴》(114)报道。英文名称 Taenite，来源于希腊文“ταινία＝Tainia＝Band or strip”，意思“条纹带或板条带状”，意指其板状结构。又见于 1944 年 C. 帕拉奇(C. Palache)、H. 伯曼(H. Berman)和 C. 弗龙德尔(C. Frondel)《丹纳系统矿物学》(第一卷，第七版，纽约)。1959 年以前发现、描述并命名的“祖父级”矿物，IMA 承认有效。同义词 Austenite，以威廉·钱德勒·罗伯茨-奥斯汀(William Chandler Roberts-Austen，1843—1902)爵士的姓氏命名。中文名称根据成分和结构译为镍纹石。

【镍硒铜钴矿*】

英文名 Nickeltyrrellite

化学式 $CuNi_2Se_4$　　(IMA)

镍硒铜钴矿*是一种铜、镍的硒化物矿物。属尖晶石超族硒尖晶石族。等轴晶系。晶体呈他形—半自形粒状，粒径 20μm。黑色，金属光泽，不透明；脆性，易碎。2018 年发现于玻利维亚安东尼奥基哈罗省埃尔德隆(El Dragon)矿。英文名称 Nickeltyrrellite，由成分冠词“Nickel(镍)”和根词“Tyrrellite(硒铜钴矿)”组合命名，意指它是镍的硒铜钴矿的类似矿物。IMA 2018－110 批准。2019 年 H. J. 弗尔斯特(H. J. Förster)等在《CNMNC 通讯》(47)、《欧洲矿物学杂志》(31)和《矿物学杂志》(83)报道。目前尚未见官方中文译名，编译者建议根据成分译为镍硒铜钴矿*。

【镍纤蛇纹石】

英文名 Pecoraite

化学式 $Ni_3(Si_2O_5)(OH)_4$　　(IMA)

佩科拉像

镍纤蛇纹石是一种含羟基的镍的硅酸盐矿物。属高岭石-蛇纹石族蛇纹石亚族。与镍蛇纹石/镍利蛇纹石为同质多象。单斜晶系。晶体呈弯曲的板状、螺旋状、管状、鳞片状、纤维状；集合体呈致密状、钟乳状、放射状，有时呈胶状、土状、溶渣状等。暗绿色、蓝绿色、黄绿色及带各种色调，玻璃光泽、蜡状光泽、土状光泽，半透明—不透明；硬度 2～3.5，大多具有贝壳状断口。1969 年发现于澳大利亚西澳大利亚州霍尔斯克里克郡卡兰萨区沃尔夫克里克(Wolfe Creek)陨石坑。英文名称 Pecoraite，以美国地质调查局主任、地质学家和镍硅酸盐矿床的调查研究者威廉·托马斯·佩科拉(William Thomas Pecora，1913—1972)博士的姓氏命名。IMA 1969－005 批准。1969 年 G. T. 浮士德(G. T. Faust)在《科学》(165)和《美国矿物学家》(54)报道。中文名称根据成分、形态及族名译为镍纤蛇纹石。

【镍皂石】

英文名 Alipite

化学式 $(Ni,Mg)_3Si_4O_{10}(OH)_2 \cdot nH_2O$

镍皂石是一种含结晶水的镍、镁的硅酸盐矿物。属皂石族。单斜晶系。晶体呈鳞片状。淡绿色，蜡状光泽，半透明；软，有滑感。它是一种不确定的矿物，当脱水后可能为滑石；也许是皂石的含镍变种。最初的报道来自波兰的西里西亚，现在的波兰下西里西亚省扎布科维奇(Ząbkowice)区什克莱(Szklary)镍矿。英文名称 Alipite，意思是“Not greasy(不油腻)”。中文名称根据成分和族名译为镍皂石，也有的根据颜色和成分译为绿镁镍矿。

宁

[níng]寧的简化字。从宀(mián)，从心，从皿。本义：安宁，平安。

【宁静石】

英文名 Tranquillityite

化学式 $Fe_8^{2+}Ti_3Zr_2Si_3O_{24}$　　(IMA)

美国阿波罗在月球静海采集月岩

宁静石是一种铁、钛、锆的硅酸盐矿物。六方晶系。晶体呈薄板条状，一般为其他矿物的包裹体。灰色、黑色，薄片中呈暗红褐色，半金属光泽，半透明—近于不透明。1970 年，科学家们在一种匿名的材料中发现了一种含稀土钇的铁、钛、锆的硅酸盐矿物。1971 年由 J. F. 洛夫林(J. F. Lovering)、D. A. 华克(D. A. Wark)和 A. F. 里德(A. F. Reid)等在《第二届月球科学会议论文集》(1)发表第一个详细分析资料，披露材料来自月球阿波罗 11 号登陆点宁静基地[Sea of Tranquility(宁静海)]和阿波罗 12 号登陆点[Ocean of Storms(风暴海洋)]。英文名称 Tranquillityite，以发现地月球宁静海(Tranquillity)命名。IMA 1971－013 批准。1973 年在《美国矿物学家》(58)正式报道。中文名称根据月球的产地译为宁静石或静海石。这种矿物是 1969 年美国宇航局发射的阿波罗 11 号、12 号和 17 号在执行任务时采回的月球玄武岩样本中发现的 3 种矿物之一。其余两种为“Armalcolite(阿姆阿尔柯尔石)”和“Pyroxferroite(三斜铁辉石)”，它们大约在 10 年内陆续在地球上被发现，唯有 Tranquillityite 在地球上难觅踪迹，2011 年澳大利亚科廷大学研究员在西澳大利亚州皮尔布拉地区 10 亿年以上的岩石中才发现。2012 年比格尔·拉斯马森(Birger Rasmussen)等在《地质学杂志》[40(1)]报道：“静海石，最后的月球矿物归结到地球上。”即在月球上发现的 3 种新矿物在地球上全部找到(参见【阿姆阿尔柯尔石】条 8 页和【三斜铁辉石】条 768 页)。

浓

[nóng]形声；从水，农声。颜色重或深，与“淡”相对。

【浓红银矿】

英文名 Pyrargyrite

化学式 Ag_3SbS_3　　(IMA)

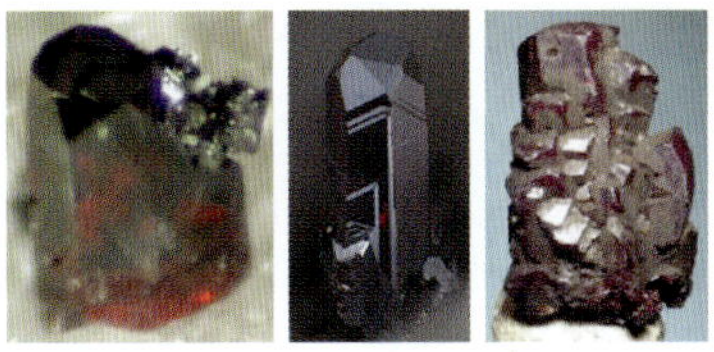

浓红银矿柱状晶体，晶簇状集合体(加拿大、德国)

浓红银矿是一种银、锑的硫化物矿物。属淡红银矿族。与火红银矿为同质多象。三方晶系。晶体呈带锥的柱状；集合体呈晶簇状。深红色或红灰色，金刚光泽、半金属光泽，透明—不透明；硬度 2.5，完全解理，脆性。1831 年发现于墨西哥等地；同年，在纽伦堡《矿物学手册》刊载。英文名称 Pyrargyrite，由 E. F. 格罗克(E. F. Glocker)根据希腊文"Πυρ＝Pyr(火)"和"Αργύρος＝Argyros(银)"即"Fire-silver(火银)"命名，意指其颜色和银含量。见于 1944 年 C. 帕拉奇(C. Palache)、H. 伯曼(H. Berman)和 C. 弗龙德尔(C. Frondel)《丹纳系统矿物学》(第一卷，第七版，纽约)。1959 年以前发现、描述并命名的"祖父级"矿物，IMA 承认有效。中文名称根据颜色和成分译为浓红银矿/深红银矿；根据成分译为硫锑银矿。

奴

[nú]会意；从女，从又。女指女奴，又(手)指用手掠夺之。一说又(手)指女奴从事劳动。本义：奴隶；奴仆。用于日本河名。

【奴奈川石*】

英文名 Strontio-orthojoaquinite

化学式 $NaSr_4Fe^{3+}Ti_2Si_8O_{24}(OH)_4$　　(IMA)

奴奈川石*柱状晶体(日本)

奴奈川石*是一种含羟基的钠、锶、铁、钛的硅酸盐矿物。属硅钠钡钛石族。与锶硅钠钡钛石为同质二象。斜方晶系。晶体呈柱状；集合体呈纺锤状、晶簇状。黄色、黄绿色，玻璃光泽，透明—半透明；硬度 5.5，完全解理。1971 年发现于日本本州岛中部新潟县糸鱼川市青海町的金山谷。1974 年茅原(K. Chihara)等在日本《矿物学杂志》(7)报道。英文名称 Strontio-orthojoaquinite，由化学成分"Strontio(锶)""Ortho(斜方晶系)"和与根词"Joaquinite(硅钠钡钛石)"的关系组合命名(根词参见【硅钠钡钛石】条 277 页)。IMA 1979－081a 批准)。日文名称ストロンチウム斜方ホアキン石。日文汉字名称奴奈川石，以姬川古名奴奈川(Nunakawa，即沼河)命名。1982 年 W. S. 怀斯(W. S. Wise)在《美国矿物学家》(67)报道。目前尚未见官方中文译名；根据晶系和成分可译为锶斜方硅钠钡钛石；编译者建议借用日文汉字名称奴奈川石*。

努

[nǔ]形声；从力，奴声。本义：勉力，出力。[英]音，用于外国地名。

【努拉盖石*】

英文名 Nuragheite

化学式 $Th(MoO_4)_2 \cdot H_2O$　　(IMA)

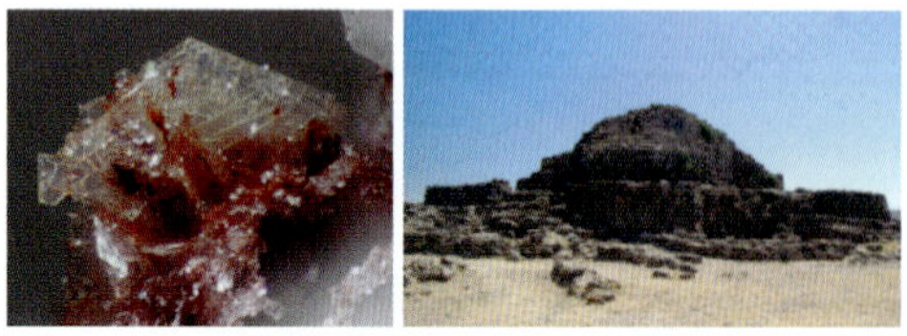

努拉盖石*薄板状晶体(意大利)和努拉盖建筑

努拉盖石*是一种含结晶水的钍的钼酸盐矿物。单斜晶系。晶体呈薄板状，长 200μm。无色、白色，金刚光泽、珍珠光泽，透明；完全解理，脆性。2013 年发现于意大利撒丁岛卡利亚里市萨罗奇区苏塞纳觉的蓬塔(Punta de Su Seinargiu)。英文名称 Nuragheite，以意大利撒丁岛的古代巨石建筑努拉盖(Nuraghe)建筑命名。IMA 2013－088 批准。2013 年 P. 奥兰迪(P. Orlandi)等在《CNMNC 通讯》(18)、《矿物学杂志》(77)和 2015 年《美国矿物学家》(100)报道。目前尚未见官方中文译名，编译者建议音译为努拉盖石*。

【努碳镍石】

英文名 Nullaginite

化学式 $Ni_2(CO_3)(OH)_2$　　(IMA)

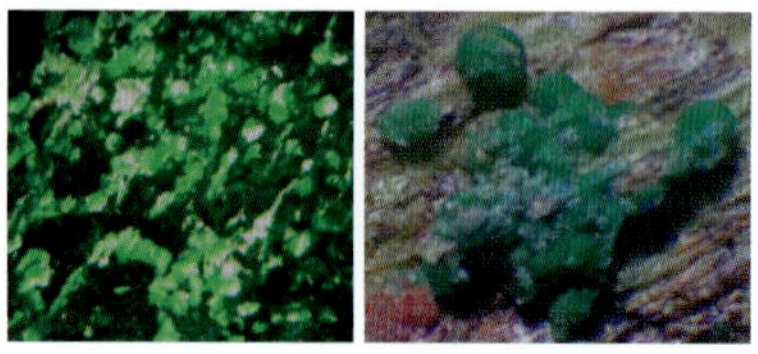

努碳镍石粒状晶体，球粒状集合体(澳大利亚)

努碳镍石是一种含羟基的镍的碳酸盐矿物。属孔雀石族。单斜晶系。晶体呈纤维状、粒状；集合体呈皮壳状、球粒状、毛毡状。明亮的绿色、深绿色，丝绢光泽、土状光泽，半透明；硬度 1.5～2。1978 年发现于澳大利亚西澳大利亚州皮尔巴拉郡东部努拉吉恩(Nullagine)奥特威(Otway)镍矿床。英文名称 Nullaginite，以首次发现地西澳大利亚州努拉吉恩(Nullagine)命名。IMA 1978－011 批准。1981 年 E. H. 尼克尔(E. H. Nickel)和 L. G. 贝利(L. G. Berry)在《加拿大矿物学家》(19)及 1982 年 M. 弗莱舍(M. Fleischer)在《美国矿物学家》(67)报道。1983 年中国新矿物与矿物命名委员会郭宗山等在《岩石矿物及测试》[2(1)]根据英文名称首音节音和成分译为努碳镍石。

女

[nǚ]象形；甲骨文字形，像一个敛手跪着的人形。本义：女性，女人。与"男"相对。

【女娲矿】

汉拼名 Nüwaite

化学式 Ni_6GeS_2　　(IMA)

女娲补天

女娲矿是一种镍、锗的硫化物矿物。四方晶系。晶体呈 1～6μm 大小的不规则粒状。2013 年由美国加州理工学院地质和行星科学系主任、资深科学家、矿物学家马驰(Ma Chi)博士发现于墨西哥奇瓦瓦州阿连德(Allende)碳质球粒陨石。该矿物是马驰自 2007 年以来一直领导的一个纳米矿物学研究小组，从原始陨石，包括阿连德陨石中首次描述并命名的第 12 个矿物。汉拼名称 Nüwaite，由"Nü Wa(女娲)"命名。女娲是中国古代神话中的创世女神，说的是盘古氏(Pan Gus)时代开天辟地炼五彩石修补天堂早期裂缝，防洪拯救世界的故事(语出《列子·汤问》)。意指这种次生矿物在早期太阳系的原始富钙、铝耐火材料裂缝中呈脉状填充物，显然是陨石后期蚀变的产物。IMA 2013－018 批准。2013 年马驰在《CNMNC 通讯》(16)、《矿物学杂志》(77)和 2018《美国矿物学家》(103)报道。中文名称音译为女娲矿。

钕

[nǚ]形声；从钅，女声。一种金属元素。[英]Neodymium。旧译作钕、鋖。元素符号 Nd。原子序数 60。1839 年瑞典人 C. G. 莫桑得尔(C. G. Mosander)发现了镧和镨钕混合物(Didymium)。1885 年奥地利人 A. V. 威斯巴克(A. V. Welsbach)从莫桑得尔认为是"新元素"的镨钕混合物中发现了镨和钕。钕(Neodymium)的命名源自拉丁文，意为"新的孪生子"。钕在地壳中的含量为 0.002 39%，主要

存在于独居石等矿物中。

【钕独居石】

英文名 Monazite-(Nd)

化学式 $Nd(PO_4)$　　(IMA)

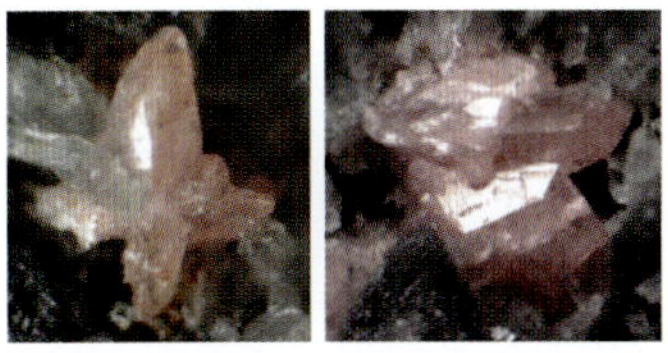

钕独居石柱状、板状晶体，晶簇状集合体(玻利维亚)

钕独居石是一种钕的磷酸盐矿物。属独居石族。单斜晶系。晶体呈柱状、板状；集合体呈晶簇状。棕色、红色、黄色、亮玫瑰色、橙色，金刚光泽、树脂光泽，半透明；硬度 5～5.5，脆性。1986 年发现于意大利韦尔巴诺-库西亚-奥索拉省奥索拉谷福尔马扎山谷瓦隆德尔瓦尼诺的焦韦(Giove)山。英文名称 Monazite-(Nd)，由根词“Monazite(独居石)”加占优势的钕后缀“-(Nd)”组合命名(根词参见【独居石】条 134 页)。IMA 1986－052 批准。1987 年 St. 格雷泽尔(St. Graeser)等在《瑞士矿物学和岩石学通报》(67)报道。1988 年中国新矿物与矿物命名委员会郭宗山等在《岩石矿物学杂志》[7(3)]根据成分及族名译为钕独居石。

【钕磷稀土矿】

英文名 Rhabdophane-(Nd)

化学式 $Nd(PO_4) \cdot H_2O$　　(IMA)

钕磷稀土矿显微柱状晶体，葡萄状、束状集合体(英国、德国)

钕磷稀土矿是一种含结晶水的钕的磷酸盐矿物。属磷稀土矿族。六方晶系。晶体呈显微纤维状、柱状；集合体呈皮壳状、球状、葡萄状、束状。棕色、粉红色、黄白色、无色，油脂光泽，半透明；硬度 3.5。发现于美国康涅狄格州利奇菲尔德县索尔斯伯里镇斯科维尔(Scoville)矿。英文名称 Rhabdophane-(Nd)，由根词“Rhabdophane(磷稀土矿)”，加占优势的成分钕-(Nd)后缀组合命名。1951 年 C. 帕拉奇(C. Palache)、H. 伯曼(H. Berman)和 C. 弗龙德尔(C. Frondel)《丹纳系统矿物学》(第二卷，第七版，纽约)称为 Scovillite。1957 年在《美国地质学会通报》(68)报道。1984 年 J. F. W 鲍尔斯(J. F. W. Bowles)等在《矿物学杂志》(48)更为现名。1959 年以前发现、描述并命名的“祖父级”矿物，IMA 承认有效。IMA 1966s. p. 批准。中文名称根据占优势的成分钕及族名译为钕磷稀土矿(参见根词【磷稀土矿-铈】条 484 页)。

【钕易解石】

英文名 Aeschynite-(Nd)

化学式 $(Nd,Ln,Ca)(Ti,Nb)_2(O,OH)_6$　　(IMA)

钕易解石是一种钕、镥、钙、钛、铌的氢氧-氧化物矿物。属易解石族。斜方晶系。晶体呈粒状、板状、柱状，蜕晶质；集合体呈放射状。黑色—浅棕色、棕黑色，金刚光泽，透明—半透明；硬度 5～6，脆性。1982 年发现于中国内蒙古自治区包头市白云鄂博矿区白云鄂博矿床东矿。英文名称 Aeschynite-(Nd)，由根词“Aeschynite(易解石)”加占优势的成分钕后缀-(Nd)组合命名。IMA 1987s. p. 批准。1982 年张培善(Zhang Peishan)等在中国《地质科学》(4)报道。中文名称根据占优势的成分钕和族名译为钕易解石(根词参见【易解石】条 1077 页)。

诺

[nuò]形声；从言，若声。本义：表示。[英]音，用于外国人名、地名、博物馆名。

【诺达石】

英文名 Zodacite

化学式 $Ca_4Mn^{2+}Fe_4^{3+}(PO_4)_6(OH)_4 \cdot 12H_2O$　　(IMA)

诺达石粒状晶体，放射状集合体(葡萄牙)和诺达像

诺达石是一种含结晶水和羟基的钙、锰、铁的磷酸盐矿物。属磷铝镁钙石族。单斜晶系。晶体呈粒状、柱状；集合体呈放射状。黄色、浅黄色，玻璃光泽，透明—半透明；硬度 4，完全解理。1987 年发现于葡萄牙维塞乌区库博斯-梅斯基特拉-曼瓜尔迪(Cubos-Mesquitela-Mangualde)伟晶岩。英文名称 Zodacite，以美国《岩石和矿物》杂志的创始人和资深编辑彼得·诺达(Peter Zodac，1894—1967)的姓氏命名。IMA 1987－014 批准。1988 年 P. J. 邓恩(P. J. Dunn)等在《美国矿物学家》(73)报道。1989 年中国新矿物与矿物命名委员会郭宗山在《岩石矿物学杂志》[8(3)]音译为诺达石。

【诺德格石*】

英文名 Nordgauite

化学式 $MnAl_2(PO_4)_2(F,OH)_2 \cdot 5.5H_2O$　　(IMA)

诺德格石*毛发状晶体(德国)

诺德格石*是一种含结晶水、羟基和氟的锰、铝的磷酸盐矿物。三斜晶系。晶体呈毛发状、细粒状、纤维状；集合体呈皮壳结节状。白色、米色，蜡状光泽、土状光泽，纤维状集合体呈丝绢光泽，透明—半透明。2010 年发现于德国莱茵兰-普法尔茨州魏德豪斯区哈根多夫(Hagendorf)南伟晶岩。英文名称 Nordgauite，以巴伐利亚东北部哈根多夫地区最古老的诺德格(Nordgau)矿命名。这里从 13 世纪开始采矿。IMA 2010－040 批准。2010 年 W. D. 白芝(W. D. Birch)等在《矿物学杂志》(74)和 2011 年《矿物学杂志》(75)报道。目前尚未见官方中文译名，编译者建议音译为诺德格石*。

【诺尔泽石*】

英文名 Nolzeite

化学式 $Na(Mn,\square)_2[Si_3(B,Si)O_9(OH)_2] \cdot 2H_2O$　　(IMA)

诺尔泽石*是一种含结晶水和羟基的钠、锰、空位的硼硅酸盐矿物。三斜晶系。晶体呈针状，粒径为 $5\mu m \times 8\mu m \times 55\mu m$；集合体呈放射状或疏松状。无色—浅绿色，玻璃光泽，透明。2014 年发现于加拿大魁北克省圣莱希尔(Saint-Hilaire)山混合肥料采石场。英文名称 Nolzeite，以德国柏林联邦材料研究和测试研究所(BAM)的晶体学家格特·诺尔泽(Gert Nolze，1960—)博士的姓氏命名。1996 年诺尔泽博士与维尔纳·克劳斯(Werner Kraus)博士一起开发了《粉末》(*Powdercell*)(2.4 版本)，该程序已被广泛用于计算矿物的粉末 X 射线衍射图。IMA 2014－086 批准。2015 年 M. M. 哈林(M. M. Haring)等在《CNMNC 通讯》(24)、《矿物学杂志》(79)和 2017 年《矿物学杂志》(81)报道。目前尚未见官方中文译名，编译者建议音译为诺尔泽石*。

诺尔泽像

【诺夫格拉夫列诺夫石*】

英文名 Novograblenovite

化学式 $(NH_4,K)MgCl_3 \cdot 6H_2O$　(IMA)

诺夫格拉夫列诺夫石*是一种含结晶水的铵、钾、镁的氯化物矿物。与雷迪科特塞夫石*[Redikortsevite，$(NH_4)MgCl_3 \cdot 6H_2O$。以车里雅宾斯克煤田的发现者 I. I. 雷迪科特塞夫(I. I. Redikortsev)的姓氏命名。IMA 未命名，但可能有效]为同质多象。单斜晶系。晶体呈柱状、针状。无色，玻璃光泽，透明；硬度 1～2，脆性，易碎。2017 年发现于俄罗斯堪察加州托尔巴契克(Tolbachik)火山普洛斯基托尔巴契克火山裂缝 2012—2013 年喷发现场。英文名称 Novograblenovite，以堪察加半岛的研究人员之一，教师、博物学家、地理学家和地质学家普罗科皮伊·特里丰诺维奇·诺夫格拉夫列诺夫(Prokopiy Trifonovich Novograblenov，1892—1934)的姓氏命名。IMA 2017－060 批准。2017 年 V. M. 奥克鲁金(V. M. Okrugin)等在《CNMNC 通讯》(39)、《矿物学杂志》(81)和 2019 年《矿物学杂志》[83(2)]报道。目前尚未见官方中文译名，编译者建议音译为诺夫格拉夫列诺夫石*。

【诺兰矿】参见【铁钒矿】条 944 页

【诺勒莫茨铀矿*】

英文名 Nollmotzite

化学式 $Mg[U^{5+}(U^{6+}O_2)_2O_4F_3] \cdot 4H_2O$　(IMA)

诺勒莫茨铀矿*晶簇状集合体(德国)，诺勒和莫茨根巴像

诺勒莫茨铀矿*是一种含结晶水的镁的铀-氧-氟化物矿物。单斜晶系。晶体呈薄棱柱体，末端有凿子状，长度约 0.3mm；集合体呈晶簇状。深紫色—棕色，玻璃光泽，透明；完全解理，脆性，易碎。2016 年发现于德国巴登-符腾堡州弗赖堡地区克拉拉(Clara)矿。英文名称 Nollmotzite，为纪念马库斯·诺勒(Markus Noller，1977—)和雷因哈德·莫茨根巴(Reinhard Motzigenba，1952—)两位德国矿物收藏家而以他们的姓氏的前四个字母的组合命名。诺勒作为收藏家发现了这种新矿物；而莫茨于 2016 年在德国黑森林山脉的克拉拉(Clara)矿收集的标本，并假定为“Ianthinite(水斑铀矿)”。IMA 2017－100 批准。2018 年 J. 帕希尔(J. Plášil)等在《CNMNC 通讯》(42)和《矿物学杂志》(82)及《晶体学报》(B74)报道。目前尚未见官方中文译名，编译者建议音加成分译为诺勒莫茨铀矿*。

【诺里尔斯克矿*】

英文名 Norilskite

化学式 $(Pd,Ag)_7Pb_4$　(IMA)

诺里尔斯克矿*是一种钯、银、铅的天然合金矿物。三方晶系。晶体呈他形粒状。灰色，金属光泽，不透明；硬度 4，脆性。2015 年发现于俄罗斯泰梅尔自治区泰梅尔半岛诺里尔斯克(Norilsk)区塔尔纳赫铜镍矿床马亚克(Mayak)矿。英文名称 Norilskite，以发现地诺里尔斯克(Norilsk)区命名。IMA 2015－008 批准。2015 年 A. 维玛扎洛娃(A. Vymazalová)等在《CNMNC 通讯》(25)、《矿物学杂志》(79)和 2017 年《矿物学杂志》(81)报道。目前尚未见官方中文译名，编译者建议音译为诺里尔斯克矿*；根据成分译为铅银钯齐*。

【诺硫铁铜矿】

英文名 Nukundamite

化学式 $Cu_{3.4}Fe_{0.6}S_4$　(IMA)

诺硫铁铜矿是一种铜、铁的硫化物矿物。三方晶系。晶体呈显微六方板状；集合体呈树枝状。铜红色，金属光泽，不透明；硬度 3.5，完全解理。1978 年发现于斐济瓦努阿莱武岛诺昆达姆(Nukundamu)的恩杜(Undu)矿。英文名称 Nukundamite，以发现地斐济的诺昆达姆(Nukundamu)命名。IMA 1978－037 批准。1979 年 C. M. 莱斯(C. M. Rice)等在《矿物学杂志》(43)和 1980 年《美国矿物学家》(65)报道。中文名称根据英文名称首音节音和成分译为诺硫铁铜矿。

【诺硼钙石】参见【四水硼钙石】条 901 页

【诺三水铝石】

英文名 Nordstrandite

化学式 $Al(OH)_3$　(IMA)

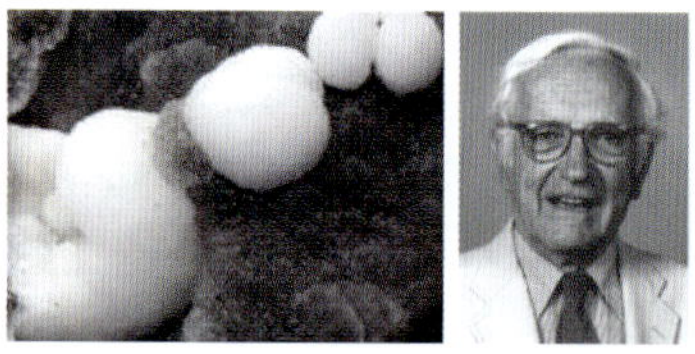

诺三水铝石球粒状集合体(奥地利)和诺斯特兰德像

诺三水铝石是一种铝的三水化物矿物。与拜三水铝石(Bayerite)、水铝石(Doyleite)和三水铝矿(Gibbsite)为同质多象。三斜晶系。晶体呈厚板片状、菱形、纤维状；集合体呈块状、球粒状、管状。无色、白色、奶油白色、浅棕色、粉红色、浅绿色，玻璃光泽、珍珠光泽，透明—不透明；硬度 3，完全解理。1958 年分别发现于关岛阿利凡(Alifan)山和马来西亚婆罗洲岛砂拉越州古晋市附近的顾农卡普尔(Gunong Kapor)。1962 年 J. R. D. 瓦利(J. R. D. Wall)等在《自然》(196)报道。英文名称 Nordstrandite，以美国伊利诺伊州哈维辛克莱研究实验室的罗伯特·A. 范·诺斯特兰德(Robert A. van Nordstrand，1918—2000)的姓氏命名。他于 1956 年首先合成的化合物，然后转移到天然矿物。1959 年以前发现、描述并命名的“祖父级”矿物，IMA 承认有效。IMA 1967s. p. 批准。中文名称根据英文名称首音节音和成分译为诺三水铝

石；也译为 β-三羟铝石。

【诺铜锌矾】

英文名 Namuwite

化学式 $Zn_4(SO)_4(OH)_6 \cdot 4H_2O$ (IMA)

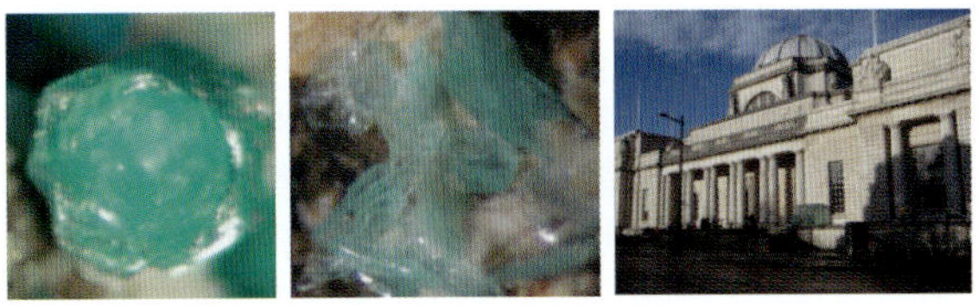

诺铜锌矾六方板状、片状晶体（希腊、德国）和威尔士国家博物馆

诺铜锌矾是一种含结晶水和羟基的锌的硫酸盐矿物。三方晶系。晶体呈六方板片状；集合体呈皮壳状。海绿色、浅绿色，珍珠光泽，透明；硬度 2，完全解理。1981 年发现于英国威尔士康威小镇阿伯林（Aberllyn）铅矿。英文名称 Namuwite，以英国威尔士国家博物馆（National Museum of Wales）的缩写（Namuw）组合命名。它的模式产地标本收藏在该馆。IMA 1981－020 批准。1982 年 R. E. 贝文斯（R. E. Bevins）等在《矿物学杂志》（46）和 1983 年《美国矿物学家》（68）报道。中文名称根据英文名称首音节音和成分译为诺铜锌矾。

【诺伊施塔特石*】

英文名 Neustädtelite

化学式 $Bi_2Fe^{3+}(Fe^{3+},Co)_2(O,OH)_4(AsO_4)_2$ (IMA)

诺伊施塔特石* 片状、板状晶体（德国）

诺伊施塔特石* 是一种含羟基和氧的铋、铁、钴的砷酸盐矿物。三斜晶系。晶体呈片状、板状。棕色、棕红色、黑色，金刚光泽，透明—半透明；硬度 4.5，完全解理，脆性。1998 年发现于德国萨克森州厄尔士山脉施内贝格区诺伊施塔特（Neustädtel）古尔德纳法尔克（Güldener Falk）矿。英文名称 Neustädtelite，以发现地德国的诺伊施塔特（Neustädtel）命名。IMA 1998－016 批准。2002 年 W. 克劳斯（W. Krause）等在《美国矿物学家》（87）报道。目前尚未见官方中文译名，编译者建议音译为诺伊施塔特石*。

【诺云母】

英文名 Norrishite

化学式 $KLiMn_2^{3+}Si_4O_{10}O_2$ (IMA)

诺云母针状晶体，放射状集合体（意大利）和诺里什像

诺云母是一种含氧的钾、锂、锰的硅酸盐矿物。属云母族。单斜晶系。晶体呈片状、针状；集合体呈放射状。黑色—棕黑色，玻璃光泽、半金属光泽，透明（边缘）、半透明；硬度 2.5，极完全解理。1988 年发现于澳大利亚新南威尔士郡福布斯县格伦费尔镇霍斯金斯（Hoskins）矿山。英文名称 Norrishite，1989 年理查德·A. 埃格尔顿（Richard A. Eggleton）等以澳大利亚联邦科学与工业研究组织（CSIRO）阿德莱德土壤分部的地质学家基思·诺里什（Keith Norrish，1924—）博士的姓氏命名，以表彰他对层状硅酸盐研究做出的贡献。他率先使用波长色散 X 射线光谱法（XRF）进行矿物分析。IMA 1989－019 批准。1989 年理查德·埃格尔顿等在《美国矿物学家》（74）报道。1990 年中国新矿物与矿物命名委员会郭宗山在《岩石矿物学杂志》［9（3）］根据英文名称首音节音和族名译为诺云母；根据成分及族名译为锰锂云母。

锘

［nuò］形声；从钅，若声。一种人造的放射性元素。［英］Nobelium。元素符号 No。原子序数 102。1957 年，英国、瑞典和美国的国际科学家小组，首先报道制成了 102 号元素，曾引起一场激烈的争论。随后，于 1958 年美国加州大学科学家们（阿尔伯特-吉奥索）终于很确实地制成了锘。后来，得到了苏联杜布纳（Dubna）的一个俄罗斯物理学家研究小组的证实。斯德哥尔摩诺贝尔研究所的研究小组为纪念炸药发明人阿尔弗德雷-诺贝尔（Alfred-Nobel）而用其名字命名。

Oo

欧 [ōu]形声；从欠，区声。[英]音，用于外国人名、国名、河名。

【欧恩矿】参见【硫铁铜钡矿】条 521 页

【欧兰卡矿】

英文名 Oulankaite

化学式 $Pd_5Cu_4SnTe_2S_2$　　(IMA)

欧兰卡矿是一种钯、铜、锡的碲-硫化物矿物。四方晶系。晶体呈半自形板状、柱状。灰色、玫瑰色、紫罗兰玫瑰色，金属光泽，不透明；硬度 3.5～4，完全解理。1990 年发现于俄罗斯卡累利阿共和国奥兰卡(Oulanka)河卢卡莱斯瓦拉(Lukkulaisvaara)基性—超基性岩体。英文名称 Oulankaite，由安德鲁·Y. 巴尔克夫(Andrew Y. Barkov)等以流经发现地的俄罗斯的奥兰卡(Oulanka)河命名。IMA 1990-055 批准。1996 年巴尔克夫等在《欧洲矿物学杂志》(8)报道。2003 年中国地质科学院矿产资源研究所李锦平等在《岩石矿物学杂志》[22(3)]音译为欧兰卡矿。

【欧姆斯石*】

英文名 Omsite

化学式 $Ni_2Fe^{3+}(OH)_6[Sb(OH)_6]$　　(IMA)

欧姆斯石*盘状晶体，花环状集合体(法国)

欧姆斯石*是一种镍、铁的氢氧化物和锑的氢氧化物层状双氢氧化物矿物。属水滑石超族水锑铝铜石(Cualstibite)族。三方晶系。晶体呈扁平盘状、飞碟状、铁饼状，通常50～100μm；集合体呈花环状。明亮的黄色—琥珀黄色，玻璃光泽、树脂光泽，透明—半透明；硬度 3，脆性。2012 年发现于法国上比利牛斯省欧姆斯(Oms)科雷克·德·利纳索斯(Correc d'en Llinassos)。英文名称 Omsite，以发现地法国的欧姆斯(Oms)命名。IMA 2012-025 批准。2012 年 S. J. 米尔斯(S. J. Mills)等在《矿物学杂志》(76)报道。目前尚未见官方中文译名，编译者建议音译为欧姆斯石*。

【欧珀石】参见【蛋白石】条 111 页

【欧特恩矿】

英文名 Ottensite

化学式 $Na_3(Sb_2O_3)_3(SbS_3)\cdot 3H_2O$　　(IMA)

欧特恩矿是一种含结晶水的钠的锑-硫-锑酸盐矿物。是钠占优势的水钠钾锑矿的类似物。六方晶系。晶体呈小圆粒状；集合体呈薄膜状、小球状，并附着在辉锑矿之上，其上还点缀有晶莹剔透的萤石小晶体。红棕色，玻璃光泽、金刚光泽，半透明；硬度 3.5，脆性。2006 年德国矿物商人欧特恩发现于中国贵州省晴隆县大厂锑矿田晴隆矿(大厂矿)。英文名称 Ottensite，以在中国的来自德国施皮格劳的矿物收藏家、经销商和中国矿物专家、矿物发现者伯特霍尔德·欧特恩(Berthold Ottens，1942—)的姓氏命名。欧特恩先生著有《中国矿物及产地》一书(2013 年，中文译版)。IMA 2006-014批准。2007 年 J. 塞科拉(J. Sejkora)等在《矿物学记录》(38)报道。中文名称音译为欧特恩矿{见王濮等在 2014 年《地学前沿》[21(1)]刊载的《1958—2012 年在中国发现的新矿物》}，也有的音译为奥滕斯矿。

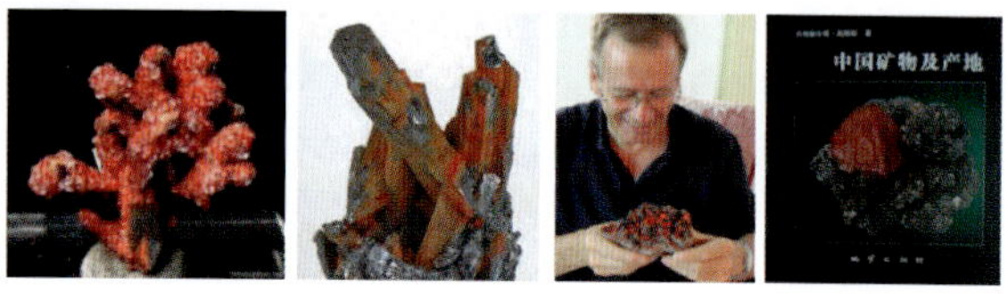

欧特恩矿树枝状、薄膜状集合体(中国·贵州)，欧特恩像和《中国矿物及产地》

【欧文斯矿*】参见【硫铁铜钡矿】条 521 页

【欧西石】参见【水羟磷钠锰石】条 863 页

呕 [ǒu]形声；从口，区(ōu)声。本义：东西在胃喉中上涌，从口中吐出来。

【呕吐石】

英文名 Antozonite

化学式 CaF_2

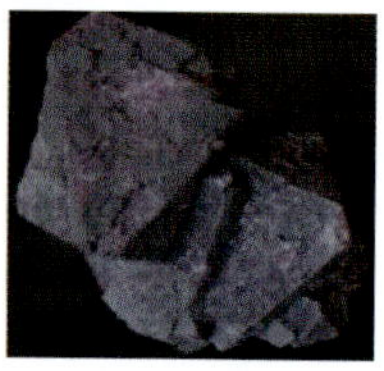

墨紫色萤石(德国)

呕吐石是一种具放射性的恶臭味的墨紫色萤石。紫色、黑色。1841 年最初的描述来自德国巴伐利亚州上普法尔茨行政区施万多夫市沃尔森多夫(Wolsendorf)萤石矿区。1861 年舒宾(Schöbein)在《实用化学杂志》(83)报道。英文名称 Antozonite，以单原子氧(Antozone)命名。它被认为是矿物有特有气味的来源。各种萤石都包含有氟，当破碎时氟与水蒸气反应形成臭氧和氟化氢，而臭氧能产生其臭气味。同义词 Stink-Fluss，德文"Stink(臭味)"和"Flow(涌出、飘出、流出)"，意指萤石(Flusspath)自然地放出臭气。由此产生的异体词有 Stink-spat、Stinkfluss、Stinkstein 和 Stinkspar。中文名称根据人闻到臭气而产生的生理作用"呕吐"，而译为呕吐石；根据颜色译为黑色萤石。

O

Pp

帕 [pà]形声；从巾，白声。包头或擦手、脸用的布或绸，如首帕、手帕。[英]音，用于外国地名、人名。

【帕德矿】

英文名 Paděraite

化学式 $Cu_7[(Cu,Ag)_{0.33}Pb_{1.33}Bi_{11.33}]S_{22}$　(IMA)

帕德矿是一种铜、银、铅、铋的硫化物矿物。单斜晶系。晶体呈粒状、片状、纤维状。灰色、钢灰色，氧化后变为褐黑色，金属光泽，不透明；硬度 4。1983 年发现于罗马尼亚比霍尔县奴切特巴伊塔的雷斯班亚(Resbanya)矿区。英文名称 Paděraite，1985 年 W. G. 穆默(W. G. Mumme)等以捷克斯洛伐克布拉格的查尔斯特大学的捷克矿物学家卡雷尔·帕德拉(Karel Paděra，1923—)的姓氏命名。他最早从事该矿物的研究工作。IMA 1983－091 批准。1985 年穆默在《矿物学新年鉴》(月刊)和 1986 年《加拿大矿物学家》(24)报道。1986 年中国新矿物与矿物命名委员会郭宗山等在《岩石矿物学杂志》[5(4)]音译为帕德矿。

【帕夫洛夫斯基石*】

英文名 Pavlovskyite

化学式 $Ca_8(SiO_4)_2(Si_3O_{10})$　(IMA)

帕夫洛夫斯基石*是一种钙的硅酸盐矿物。斜方晶系。白色，玻璃光泽，透明；硬度 6～6.5，脆性。2010 年分别发现于俄罗斯伊尔库次克州和卡巴尔达-巴尔卡里安共和国拉克(Lakarg)山 1 号捕虏体。英文名称 Pavlovskyite，以苏联的杰出的地质学家 V. E. 帕夫洛夫斯基(V. E. Pavlovsky，1901—1982)的姓氏命名。IMA 2010－063 批准。2011 年 E. V. 加鲁斯金(E. V. Galuskin)等在《CNMNC 通讯》(8)、《矿物学杂志》(75)和 2012 年《美国矿物学家》(97)报道。目前尚未见官方中文译名，编译者建议音译为帕夫洛夫斯基石*。

【帕加诺矿*】

英文名 Paganoite

化学式 $NiBi^{3+}O(AsO_4)$　(IMA)

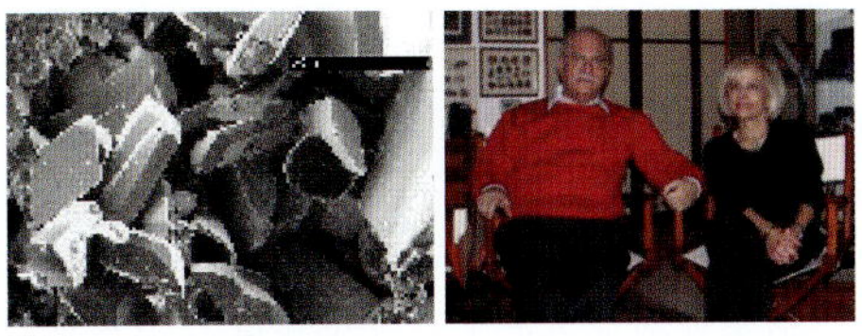

帕加诺矿*柱状、板状晶体，晶簇状集合体(德国)和帕加诺夫妇像

帕加诺矿*是一种镍、铋氧的砷酸盐矿物。三斜晶系。晶体呈自形柱状、板状；集合体呈晶簇状。橘棕色—深金棕色，金刚光泽，透明—半透明；硬度 1～2，脆性。在 1800 年代中期开采于德国萨克森州厄尔士山脉约翰乔治城区约翰乔治城(Johanngeorgenstadt)，1981 年由美国矿物经销商戴维·纽(David New)在德国一家古老矿物厂的后面的一个抽屉里发现，但没有保留任何记载。英文名称 Paganoite，以意大利米兰奇尼赛罗巴尔业余矿物学家雷纳托·帕加诺(Renato Pagano，1938—)和阿德里安娜·(帕卡涅拉)帕加诺[Adriana (Paccagnella) Pagano，1939—]夫妇的姓命名。他(她)们长期为欧洲矿物学界服务。IMA 1999－043 批准。2001 年 A. C. 罗伯茨(A. C. Roberts)等在《欧洲矿物学杂志》(13)报道。目前尚未见官方中文译名，编译者建议音译为帕加诺矿*。

【帕金桑矿】

英文名 Parkinsonite

化学式 $Pb_7MoO_9Cl_2$　(IMA)

帕金桑矿是一种铅、钼氧的氯化物矿物。四方晶系。晶体呈叶片状、刃状；集合体呈束状、致密状。红色—紫红色、棕红色，金刚光泽、树脂光泽、珍珠光泽，透明—半透明；硬度 2～2.5，完全解理。1991 年分别发现于英国英格兰布里斯托尔市韦斯利(Wesley)矿和英格兰萨默塞特郡托儿沃克斯(Torr Works)采石场。英文名称 Parkinsonite，以英国矿物收藏家和商人雷金纳德·F. D. 帕金森(Reginald F. D. Parkinson，1928—1993)的姓氏命名，是他发现了该矿物。IMA 1991－030 批准。1994 年 R. F. 赛姆斯(R. F. Symes)等在《矿物学杂志》(58)报道。1999 年中国新矿物与矿物命名委员会黄蕴慧等在《岩石矿物学杂志》[18(1)]音译为帕金桑矿。

【帕科宁矿*】

英文名 Pääkkönenite

化学式 Sb_2AsS_2　(IMA)

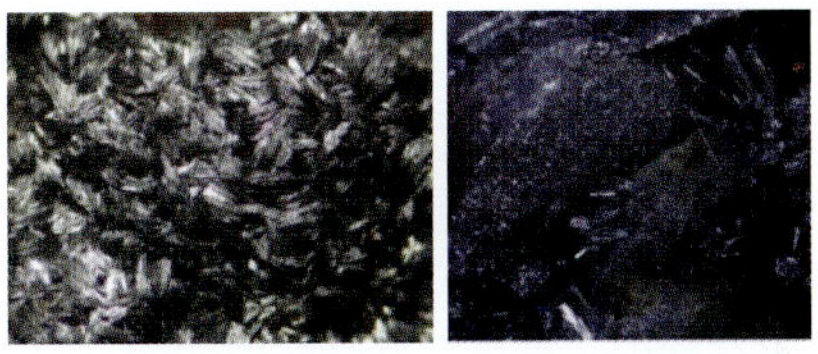

帕科宁矿*粒状、纤维状晶体，束状、编席状、块状集合体(中国)

帕科宁矿*是一种锑的砷-硫化物矿物。单斜晶系。晶体呈粒状、纤维状，粒径 30μm，有聚片双晶；集合体呈束状、编席状、块状。灰色，带褐色的灰色，金属光泽，不透明；硬度 2.5，完全解理，脆性。1980 年发现于芬兰中西部塞伊奈约基市卡利奥萨洛(Kalliosalo)。英文名称 Pääkkönenite，以芬兰地质学家维艾克·帕科宁(Viekko Pääkkönen，1907—1980)的姓氏命名。IMA 1980－063 批准。1981 年 Yu. S. 博洛达耶夫(Yu. S. Borodaev)等在《全苏矿物学会记事》(110)和 1982 年《美国矿物学家》(67)报道。目前尚未见官方中文译名，编译者建议音译为帕科宁矿*；《英汉矿物种名称》(2017)根据英文名称首音节音和成分译为帕硫砷锑矿。

【帕克拉特石*】

英文名 Packratite

化学式 $Ca_{11}(As^{3+}V^{5+}_{10}V^{4+}_{2}As^{5+}_{6}O_{51})_2 \cdot 83H_2O$　(IMA)

帕克拉特石*是一种含结晶水的钙的砷酸-钒酸盐矿物。三斜晶系。晶体呈叶片状，长 1mm；集合体呈梳状或放射状或葡萄状。深绿蓝色、珍珠绿色(集合体)，玻璃光泽，透明；硬度 2，脆性。2014 年发现于美国科罗拉多州梅萨县盖特韦区帕克拉特(Packrat)矿。英文名称 Packratite，以发现地美国的帕克拉特(Packrat)矿命名。IMA 2014－059 批准。2014 年 A. R. 坎普夫(A. R. Kampf)等在《CNMNC 通讯》

(22)、《矿物学杂志》(78)和 2016 年《加拿大矿物学家》[54(1)]报道。目前尚未见官方中文译名，编译者音译为帕克拉特石*。

【帕拉菲尼乌克石*】

英文名 Parafiniukite

化学式 $Ca_2Mn_3(PO_4)_3Cl$ (IMA)

帕拉菲尼乌克石*是一种含氯的钙、锰的磷酸盐矿物。属磷灰石超族。六方晶系。晶体呈他形粒状，达 250μm。深橄榄绿色，玻璃光泽，透明；硬度 4～5，脆性，易碎。2018 年发现于波兰下西里西亚省斯克拉纳(Szklana)矿。英文名称 Parafiniukite，以波兰华沙大学地球化学、矿物学和岩石学研究所矿物学教授简·帕拉菲尼乌克(Jan Parafiniuk，1954—)的姓氏命名。IMA 2018－047 批准。2018 年 A. 皮耶茨卡(A. Pieczka)等在《CNMNC 通讯》(45)、《矿物学杂志》(82)和《矿物》[8(11)]报道。目前尚未见官方中文译名，编译者音译为帕拉菲尼乌克石*。

【帕拉尼石】

英文名 Paraniite-(Y)

化学式 $(Ca,Y,Dy)_2Y(WO_4)_2(AsO_4)$ (IMA)

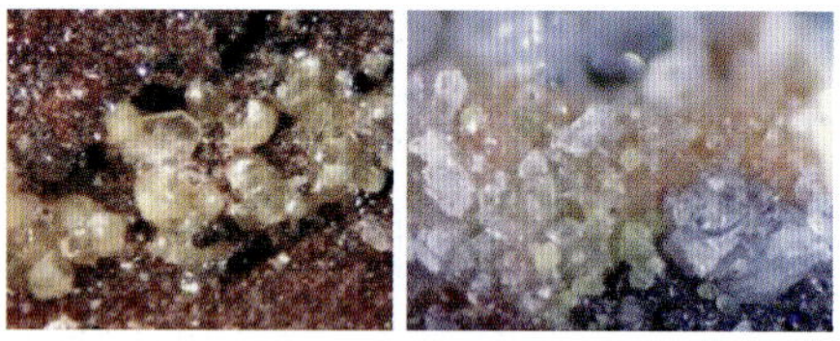

帕拉尼石柱状、粒状晶体(意大利)

帕拉尼石是一种钙、钇、镝的砷酸-钨酸盐矿物。四方晶系。晶体呈柱状、双锥状、粒状。奶黄色，金刚光泽、玻璃光泽，半透明；完全解理。1992 年发现于意大利韦尔巴诺-库西亚-奥索拉省阿尔卑斯塞万通(Cervandone)山区。英文名称 Paraniite-(Y)，1992 年 F. 德马丁(F. Demartin)等在《晶体学报》(C48)为纪念意大利蒙泰克雷斯泰塞的业余矿物收藏家福斯托·帕拉尼(Fausto Parani)而以他的姓氏，加占优势的稀土元素钇后缀-(Y)组合命名，是他发现了该矿物。IMA 1992－018 批准。1993 年 J. L. 杨博尔(J. L. Jambor)等在《美国矿物学家》(78)和 1994 年德马丁等在《瑞士矿物学和岩石学通报》(74)报道。1999 年中国新矿物与矿物命名委员会黄蕴慧等在《岩石矿物学杂志》[18(1)]音译为帕拉尼石。

【帕拉斯坎多拉石*】

英文名 Parascandolaite

化学式 $KMgF_3$ (IMA)

帕拉斯坎多拉石*立方体晶体(意大利，电镜)和帕拉斯坎多拉像

帕拉斯坎多拉石*是一种钾、镁的氟化物矿物。属钙钛矿超族化学计量的钙钛矿族氟镁钠石亚族。等轴晶系。晶体呈立方体，粒径 0.5mm。无色、白色，玻璃光泽，透明；完全解理。2013 年发现于意大利那不勒斯省维苏威(Vesuvius)火山 1944 年喷发的火山渣锥。英文名称 Parascandolaite，以意大利波佐利航空学院矿物学、地质学和后来的火山学和自然地理学教授安东尼奥·帕拉斯坎多拉(Antonio Parascandola，1902—1977)的姓氏命名。IMA 2013－092 批准。2013 年 P. A. 威廉姆斯(P. A. Williams)等在《CNMNC 通讯》(18)和《矿物学杂志》(77)报道。2014 年 F. 德马丁(F. Demartin)等在《矿物物理学与化学》(41)报道。目前尚未见官方中文译名，编译者音译为帕拉斯坎多拉石*；根据成分译为氟镁钾石*。

【帕硫铋铅铜矿】

英文名 Paarite

化学式 $Cu_{1.7}Pb_{1.7}Bi_{6.3}S_{12}$ (IMA)

帕尔像

帕硫铋铅铜矿是一种铜、铅、铋的硫化物矿物。斜方晶系。晶体呈小柱状，长0.3mm。锡白色，金属光泽，不透明；硬度 3.5，完全解理。2001 年发现于奥地利萨尔茨堡州上陶恩地区山米特西尔白钨矿矿床西矿。英文名称 Paarite，2001 年埃米尔·马克维奇(Emil Makovicky)等以奥地利萨尔茨堡大学和哥本哈根大学矿物学教授维尔纳·H. 帕尔(Werner H. Paar，1942—)的姓氏命名，以表彰他对奥地利阿尔卑斯山的矿床潜心研究做出的特殊贡献。IMA 2001－016 批准。2001 年马克维奇等在《加拿大矿物学家》(39)和 2005 年《加拿大矿物学家》(43)报道。2008 年中国地质科学院地质研究所任玉峰等在《岩石矿物学杂志》[27(6)]根据英文名称首音节音和成分译为帕硫铋铅铜矿。

【帕塞罗矿*】

英文名 Paseroite

化学式 $Pb(Mn^{2+},\square)(Fe^{3+},\square)_2(V^{5+},Ti^{4+},\square)_{18}O_{38}$ (IMA)

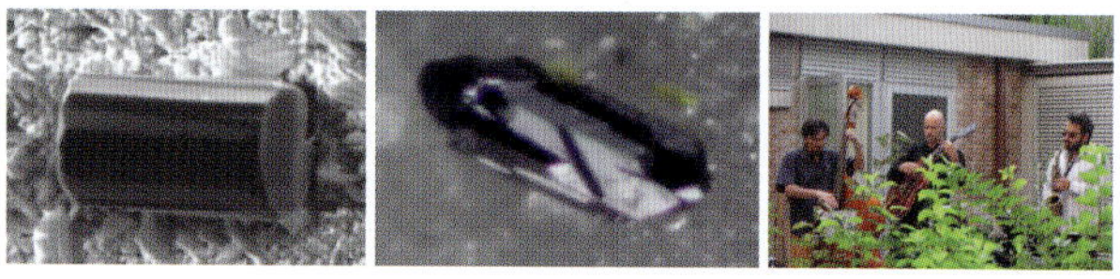

帕塞罗矿*柱状晶体(意大利)和帕塞罗像(中)

帕塞罗矿*是一种铅、锰、空位、铁、空位、钒、钛、空位的氧化物矿物。属尖钛铁矿族。四方晶系。晶体呈柱状、细长的偏三角面体，长度在 50～100μm 之间。深灰色—黑色，半金属光泽，不透明；硬度 6～6.5，脆性。2011 年发现于意大利热那亚省格拉夫利亚(Graveglia)谷莫利内洛(Molinello)矿。英文名称 Paseroite，以马科·帕塞罗(Marco Pasero，1958—)教授的姓氏命名，以表彰他对矿物学和晶体学做出的贡献，特别是他对意大利矿物学的贡献。帕塞罗教授是最新版《意大利矿物类型》[西里奥蒂(Ciriotti 等，2009)]的合著者，书中描述了 12 种来自意大利的新矿物，包括尖钛铁矿族的 2 个新成员：锶钇铁钛矿[Dessauite-(Y)]和铅钇铁钛矿[Gramaccioliite-(Y)]。他也是 IMA 新矿物、命名和分类委员会(CNMNC)的意大利成员，现任副主席。IMA 2011－069批准。2011 年 S. J. 米尔斯(S. J. Mills)等在《CNMNC 通讯》(11)、《矿物学杂志》(75)和 2012 年《欧洲矿物学杂志》(24)报道。目前尚未见官方中文译名，编译者建议音译为帕塞罗矿*。

【帕水硅铝钙石】

英文名 Parthéite

化学式 $Ca_2(Si_4Al_4)O_{15}(OH)_2 \cdot 4H_2O$　　(IMA)

帕尔丝像

帕水硅铝钙石是一种含沸石水的钙的铝硅酸盐矿物。属沸石族。单斜晶系。晶体呈假六方细长柱状;集合体呈放射状。白色、无色,玻璃光泽,透明;硬度4,完全解理。1978年发现于土耳其布尔达尔省多根巴布贝伦克赛尔蒂(Belenköysirti)山。英文名称Parthéite,为纪念瑞士日内瓦大学的结晶学家欧文·帕尔丝(Erwin Parthé,1928—2006)教授而以他的姓氏命名。IMA 1978-026批准。1979年H.萨尔普(H. Sarp)等在《瑞士矿物学和岩石学通报》(59)和1980年M.弗莱舍(M. Fleischer)等在《美国矿物学家》(65)报道。中文名称根据英文名称首音节音和成分译为帕水硅铝钙石或帕水钙石。

【帕碳铜镧石】

英文名 Paratooite-(La)

化学式 $(La,Ca,Na,Sr)_6Cu(CO_3)_8$　　(IMA)

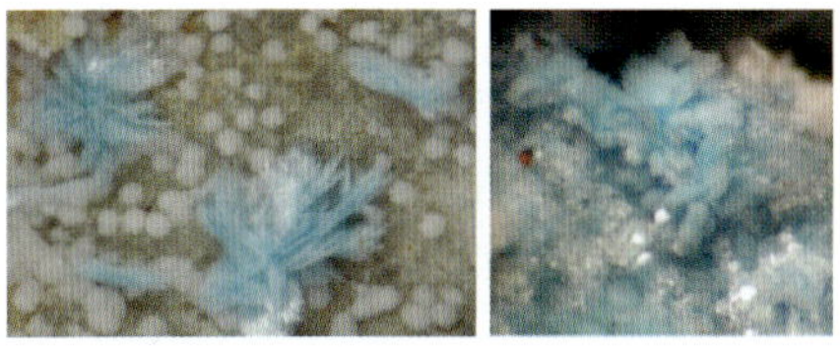

帕碳铜镧石束状、放射状集合体(澳大利亚)

帕碳铜镧石是一种镧、钙、钠、锶、铜的碳酸盐矿物。斜方晶系。晶体呈片状、刀状;集合体呈束状、放射状。青绿色—淡蓝色,玻璃光泽、珍珠光泽,透明;硬度4,中等解理。2005年发现于澳大利亚南澳大利亚州欧莱省杨塔附近的帕拉图(Paratoo)铜矿。英文名称Paratooite-(La),由发现地澳大利亚的帕拉图(Paratoo)铜矿,加占优势的稀土元素镧后缀-(La)组合命名。IMA 2005-020批准。2006年A.普林(A. Pring)等在《矿物学杂志》(70)报道。2008年中国地质科学院地质研究所任玉峰等在《岩石矿物学杂志》[27(6)]根据英文名称首音节音和成分译为帕碳铜镧石。

【帕特森石】

英文名 Pattersonite

化学式 $PbFe_3(PO_4)_2(OH)_5 \cdot H_2O$　　(IMA)

帕特森石平行片状、放射状集合体(德国)和帕特森像

帕特森石是一种含结晶水和羟基的铅、铁的磷酸盐矿物。与金托尔石为同质多象。三斜晶系。晶体呈片状;集合体呈平行排列的板状、放射状。深黄色,金刚光泽,半透明;硬度4~4.5,脆性。2005年发现于德国黑森州林堡-魏尔堡县维雷尼贡(Vereinigung)矿。英文名称Pattersonite,由亚瑟·林多·帕特森(Arthur Lindo Patterson,1902—1966)的姓氏命名。帕特森是一位晶体学创新学家,他开发使用傅立叶级数生成三维函数(帕特森函数)的方法被用于测定晶体结构。IMA 2005-049批准。2008年U.科利奇(U. Kolitsch)等在《欧洲矿物学杂志》(20)报道。2011年中国地质科学院地质研究所任玉峰等在《岩石矿物学杂志》[30(2)]音译为帕特森石。

【帕廷石*】

英文名 Patynite

化学式 $NaKCa_4[Si_9O_{23}]$　　(IMA)

帕廷石*片状晶体(俄罗斯)

帕廷石*是一种钠、钾、钙的硅酸盐矿物。三斜晶系。晶体呈片状,直径可达0.5cm。无色(单体)白色或白褐色(集合体),玻璃光泽、丝绢光泽,透明、半透明;硬度6,脆性。2019年发现于俄罗斯克麦罗沃州辛扎斯河帕廷(Patyn)山丘。英文名称Patynite,以模式产地俄罗斯的帕廷(Patyn)山丘命名。IMA 2019-018批准。2019年A.V.卡萨特金(A. V. Kasatkin)等在《CNMNC通讯》(50)、《矿物学杂志》(83)和《欧洲矿物学杂志》(31)及《矿物》(9)报道。目前尚未见官方中文译名,编译者建议音译为帕廷石*。

派 [pài]形声;左形右声。本义:水的支流。[英]音,用于外国人名、河流名。

【派克石】

英文名 Paqueite

化学式 $Ca_3TiSi_2(Al,Ti,Si)_3O_{14}$　　(IMA)

朱莉·M.派克像

派克石是一种钙、钛、硅的铝钛硅酸盐矿物。三方晶系。晶体呈显微粒状,微米级颗粒。2013年发现于墨西哥奇瓦瓦州阿连德(Allende)碳质球粒陨石。英文名称Paqueite,以美国加州理工大学的宇宙化学家朱莉·M.派克(Julie M. Paque,1958—)的姓氏命名。IMA 2013-053批准。2013年马驰(Ma Chi)在《CNMNC通讯》(17)和《矿物学杂志》(77)报道。中文名称音译为派克石。

【派来石】参见【硅铁钙钡石】条291页

潘 [pān]形声;从氵,番声。[英]音,用于外国人名、地名。

【潘多拉钡石*】

英文名 Pandoraite-Ba

化学式 $BaV^{4+}_5V^{5+}_2O_{16} \cdot 3H_2O$　　(IMA)

潘多拉钡石*是一种含结晶水的钡、钒的钒酸盐矿物。单斜晶系。晶体呈方形板状,最大直径约为100μm,厚约2μm;集合体呈近平行状、随机状。深蓝色,玻璃光泽,透明;硬度2.5,脆性,完全解理。2018年发现于美国犹他州圣胡安市潘多拉(Pandora)矿。英文名称Pandoraite-Ba,由发现地美国的潘多拉(Pandora)矿,加占优势的阳离子钡后缀-Ba组合命名。IMA 2018-024批准。2018年A.R.坎普夫(A. R. Kampf)等在《CNMNC通讯》(44)、《矿物学杂志》(82)和2019年《加拿大矿物学家》(57)报道。目前尚未见官方中文译名,编译者建议音译为潘多拉钡石*。

【潘多拉钙石*】

英文名 Pandoraite-Ca

化学式 $CaV^{4+}_5V^{5+}_2O_{16} \cdot 3H_2O$　　(IMA)

潘多拉钙石*是一种含结晶水的钙、钒的钒酸盐矿物。单斜晶系。晶体呈方形板状，宽约 100μm，厚约 2μm；集合体呈近平行状、随机状。深蓝色，玻璃光泽，透明；硬度约 2.5，脆性，完全解理。2018 年发现于美国犹他州圣胡安市潘多拉(Pandora)矿。英文名称 Pandoraite-Ca，由发现地美国的潘多拉(Pandora)矿，加占优势的阳离子钙后缀-Ca 组合命名。IMA 2018－036 批准。2018 年 A. R. 坎普夫(A. R. Kampf)等在《CNMNC 通讯》(44)、《矿物学杂志》(82)和 2019 年《加拿大矿物学家》(57)报道。目前尚未见官方中文译名，编译者建议音译为潘多拉钙石*。

【潘诺霞石】

英文名 Panunzite

化学式 $K_3Na(AlSiO_4)_4$　　(IMA)

潘诺霞石柱状晶体，晶簇状集合体(意大利)和潘诺泽像

潘诺霞石是一种钾、钠的铝硅酸盐矿物。属霞石族。六方晶系。晶体呈六方柱状；集合体呈晶簇状。无色、白色，玻璃光泽，透明；硬度 5.5。1978 年发现于意大利那不勒斯省外轮山(Somma)火山碎屑晶洞。1985 年 S. 梅利诺(S. Merlino)和 E. 佛朗哥(E. Franco)等在《矿物学新年鉴》(月刊)报道，曾认为 Panunzite 是 Natural Tetrakalsilite(天然四型钾霞石)。英文名称 Panunzite，1988 年由恩里科·佛朗哥(Enrico Franco)等在《美国矿物学家》(73)以意大利那不勒斯大学化学教授阿希尔·潘诺泽(Achille Panunzi)博士的姓氏命名，他在外轮山发现了该矿物。IMA 1978－050 批准。中文名称根据英文名称的前两个音节音和族名译为潘诺霞石；1989 年中国新矿物与矿物命名委员会郭宗山在《岩石矿物学杂志》[8(3)]音译为潘诺泽石。

【潘诺泽石】参见【潘诺霞石】条 668 页

【潘帕洛矿*】

英文名 Pampaloite

化学式 AuSbTe　　(IMA)

潘帕洛矿*是一种金、锑的碲化物矿物。单斜晶系。晶体呈他形粒状，粒径达 20μm。略带粉红色的棕色—略带蓝色的白色(合成材料)，金属光泽，不透明；硬度 4～5，脆性，易碎。2017 年发现于芬兰北卡累利阿区潘帕洛(Pampalo)金矿。英文名称 Pampaloite，以发现地芬兰的潘帕洛(Pampalo)金矿命名。IMA 2017－096 批准。2018 年 A. 维马扎洛娃(A. Vymazalová)等在《CNMNC 通讯》(41)、《欧洲矿物学杂志》(30)和《矿物学杂志》[83(3)]报道。目前尚未见官方中文译名，编译者建议音译为潘帕洛矿*。

盘 [pán]形声；从皿，般声。皿，盘碗一类器具。本义：盘子，浅而敞口的盛物器。用于中国古代神话开天辟地的人物名。

【盘古石】

汉拼名 Panguite

化学式 $(Ti,Al,Sc,Mg,Zr,Ca)_{1.8}O_3$　　(IMA)

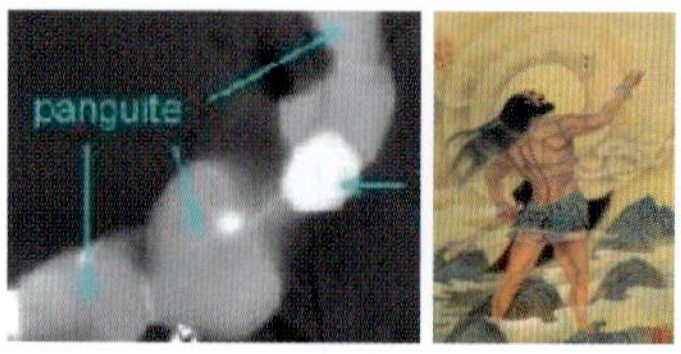

盘古石粒状晶体和盘古开天辟地

盘古石是一种钛、铝、钪、镁、锆、钙的复杂氧化物矿物。斜方晶系。晶体呈不规则半自形，粒径从 500nm 到 1.8μm。不透明。由美国加州理工学院地质和行星科学系主任、资深科学家、矿物学家马驰(Ma Chi)博士发现于墨西哥奇瓦瓦州普埃夫利托-德-阿连德(Allende)镇碳质球粒陨石，在橄榄石中呈包裹体。汉拼名称 Panguite，由中国古代神话中的巨人"Pan Gu(盘古)"的名字命名。他把天地从混沌中分离出来，开天辟地创造了世界。意指它是一种超耐火起源的，太阳系中最古老的 45 亿年前的矿物之一。该矿物是马驰自 2007 年以来一直领导的一个纳米矿物学研究小组，从原始陨石，包括阿连德陨石中首次被描述并命名的第六个矿物。IMA 2010－057 批准。2011 年马驰等在《CNMNC 通讯》(7)、《矿物学杂志》(75)和 2012 年《美国矿物学家》(97)报道。中文名称命名为盘古石。

磐 [pán]形声；从石，般声。本义：纡回层叠的山石，巨石。用于日本地名。

【磐城矿】参见【四方锰铁矿】条 898 页

庞 [páng]形声；从广，龙声。广(yǎn)，像高屋形。本义：高屋。[英]音，用于外国地名。

【庞德雷石】参见【碱硼硅石】条 378 页

泡 [pào]形声；从水，包声。本义：浮沤，水泡。

【泡铋矿】

英文名 Bismutite

化学式 $Bi_2O_2(CO_3)$　　(IMA)

泡铋矿锥状、板条状晶体，放射状集合体(德国)

泡铋矿是一种铋氧的碳酸盐矿物。四方晶系。晶体呈板条状、鳞片状、锥状、纤维状，蜕晶质；集合体呈块状、土状、皮壳状、放射状、球粒状、蛋白石状。无色、灰色、白色、浅绿灰色、黄色、褐黄色、浅黄白色、蓝灰色、蓝色、深灰色—黑色，玻璃光泽、蜡状光泽、珍珠光泽、土状光泽，透明—半透明；硬度 2.5～4，完全解理；溶于酸发泡。它是辉铋矿和自然铋的次生矿物。最早 1805 年见于拜尔(Beyer)的报道。1841 年第一次描述了发现于德国萨克森州厄尔士山脉的施内贝格(Schneeberg)和图林根州阿姆希尔夫(Arme Hilfe)矿的样品。1841 年 A. 布赖特豪普特(A. Breithaupt)在《波根多夫物理和化学年鉴》(53)和《物理和化学年鉴》(23)报道。英文名称 Bismutite，来自其主要化学成分铋(Bismuth)。1959 年以前发现、描述并命名的"祖父级"矿物，IMA 承认有效。中

P

文名称根据成分和遇酸起泡特征译为泡铋矿，也有的译为基性泡铋矿。

古希腊和古罗马就已使用金属铋，用作盒和箱的底座。可能是在 1450 年由德国化学家瓦伦丁发现了铋，但直到 1556 年德国 G. 阿格里科拉才在《论金属》一书中明确提出了锑和铋是两种独立金属的见解。1737 年赫罗特(Hellot)用火法分析钴矿时曾获得一小块样品，但不知是何物。1753 年英国 C. 若弗鲁瓦和 T. 伯格曼确认铋是一种化学元素，定名为 Bismuth。1757 年法国人日夫鲁瓦(Geoffroy)经分析研究，确定为新元素。铋的拉丁名称 Bismuthum 和元素符号来自德文 Weisse masse(白色物质)，但金属铋并非是银白色，而是粉红色的。

【泡碱】参见【碱】条 376 页

【泡锰铅矿】

英文名 Cesàrolite

化学式 PbMn$_3^{4+}$O$_6$(OH)$_2$　　(IMA)

泡锰铅矿泡状集合体(突尼斯)和切萨罗像

泡锰铅矿是一种铅、锰的复杂氢氧-氧化物矿物。六方晶系(?)。集合体呈泡状、葡萄状、皮壳状。黑色、钢灰色、深褐色，半金属光泽，不透明；硬度 4.5，易碎。1920 年发现于突尼斯埃尔卡夫省塔泽罗因(Tajerouine)斯拉塔铅锌矿床西迪·阿莫·本·塞勒姆(Sidi Amor ben Salem)矿。1920 年布特根巴赫(Buttgenbach)和吉勒特(Gillet)在《比利时地质学会年鉴》(43)和《美国矿物学家》(5)报道。英文名称 Cesàrolite，1920 年由亨利·吉恩·弗朗索瓦·布特根巴赫(Henri Jean Francois Buttgenbach)和 C. 吉勒特(C. Gillet)为纪念比利时列日大学矿物学和结晶学教授杰赛普·雷蒙多·皮奥·切萨罗(Giuseppe Raimondo Pio Cesàro，1849—1939)而以他的姓氏命名。1959 年以前发现、描述并命名的"祖父级"矿物，IMA 承认有效。中文名称根据集合体形态和成分译为泡锰铅矿。

炮

[pào]形声；从火，包声(páo)。本义：古烹饪法的一种。用烂泥等裹物而烧烤。转义武器：大炮。

【炮石】

英文名 Kanonenspat

化学式 CaCO$_3$

炮石柱状晶体、晶簇状集合体(奥地利)

炮石是一种钙的碳酸盐矿物，方解石的形态变种之一。三方晶系。晶体呈短柱状、六方柱状或扁菱面体；集合体呈晶簇状。无色、白色、淡黄色，玻璃光泽，透明；硬度 3，完全解理。英文名称 Kanonenspat，由"Cannon(意大炮或音坎农炮)"和"Spar(晶石)"组合命名。中文名称从英文字面意译为炮石(其因和意不详，或许是与晶体形态像大炮有关?)。

培

[péi]形声；从土，从咅(pǒu)声。本义：给植物或墙堤等的根基垒土。[英]音，用于外国地名。

【培长石】

英文名 Bytownite

化学式(Ca,Na)[Al(Al,Si)Si$_2$O$_8$]

培长石厚板状晶体(加拿大、墨西哥)

培长石是长石族斜长石亚族钠长石-钙长石[NaAlSi$_3$O$_8$(Ab)-CaAl$_2$Si$_2$O$_8$(An)]完全类质同象系列的矿物之一。三斜晶系。晶体多呈柱状或板状，常见聚片、卡氏巴双晶；集合体呈块状。无色、白色—灰白色，有些呈微浅蓝或浅绿色，玻璃光泽，透明—半透明；硬度 6～6.5，完全解理。1915 年 R. A. A. 约翰斯顿(R. A. A. Jonhston)在《加拿大矿物表，加拿大地质调查所回忆录》(74)记载。英文名称 Bytownite，1915 年由约翰斯顿根据首先发现地加拿大安大略省渥太华的旧名拜顿(Bytown)城命名。中文名称根据英文名称首音节音和族名译为培长石或倍长石。

【培硫锡铜矿】

英文名 Petrukite

化学式 (Cu,Ag)$_2$(Fe,Zn)(Sn,In)S$_4$　　(IMA)

培硫锡铜矿是一种铜、银、铁、锌、锡、铟的硫化物矿物。属黄锡矿族。斜方晶系。晶体呈显微半自形粒状；集合体呈块状。灰色—黑色，金属光泽，不透明；硬度 4.5。1985 年发现于加拿大不列颠哥伦比亚省特纳盖恩河地区赫布(Herb)领地；加拿大新不伦瑞克省夏洛特镇圣乔治区普莱森特(Pleasant)矿山(不伦瑞克锡矿)和日本兵库县朝日市小野寺矿。英文名称 Petrukite，以加拿大矿物学家威廉·佩特鲁克(William Petruk，1930—)的姓氏命名。1973 年佩特鲁克在研究普莱森特山矿床时，在《加拿大矿物学家》(12)指出，可能存在硫锡矿物。IMA 1985-052 批准。1989 年 S. A. 基辛(S. A. Kissin)等在《加拿大矿物学家》(27)报道。中文名称根据英文名称首音节音和成分译为培硫锡铜矿。1991 年中国新矿物与矿物命名委员会郭宗山在《岩石矿物学杂志》[10(4)]根据成分译为硫锡铜矿。

锫

[péi]形声；从金，右声。是一种人造放射性化学元素。[英]Berkelium。元素符号 Bk。原子序数 97。锫是继镎、钚、镅和锔后第五个被发现的锕系元素和超铀元素。位于美国加州伯克利的劳伦斯伯克利国家实验室在 1949 年 12 月发现锫元素，因此以伯克利(Bereley)命名。汉译锫。中国台湾译为鉳。

裴

[péi]形声；从衣，非声。本义：长衣下垂的样子。[英]音，用于外国人名。

【裴斯莱石】

英文名 Peisleyite

化学式 Na$_3$Al$_{16}$(PO$_4$)$_{10}$(SO$_4$)$_2$(OH)$_{17}$·20H$_2$O　　(IMA)

P

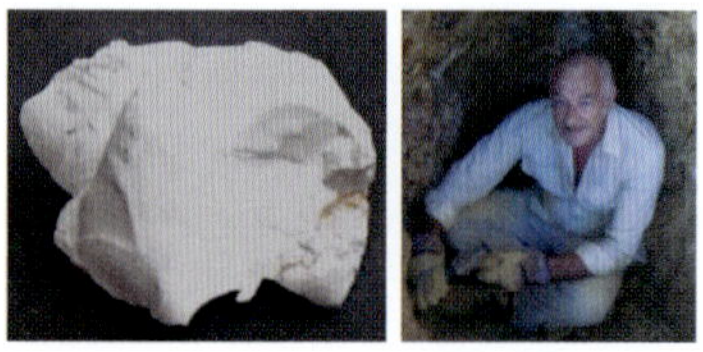

裴斯莱石土块状集合体(澳大利亚)和裴斯莱像

裴斯莱石是一种含结晶水和羟基的钠、铝的硫酸-磷酸盐矿物。三斜晶系。晶体呈非常小的薄片状,直径约 2μm;集合体呈瓷质块状。白色,土状光泽,不透明;硬度 3。1981 年发现于澳大利亚南澳大利亚州汤姆(Tom's)磷酸盐采石场。英文名称 Peisleyite,以澳大利亚矿物收藏家、矿物的发现者文森特·裴斯莱(Vincent Peisley,1941—)先生的姓氏命名。IMA 1981-053 批准。1982 年 E. S. 皮尔金顿(E. S. Pilkington)等在《矿物学杂志》(46)和 1983 年《美国矿物学家》(68)报道。1983 年中国新矿物与矿物命名委员会郭宗山等在《岩石矿物及测试》[2(1)]音译为裴斯莱石。

佩 [pèi]会意;从人,从凡,从巾。本义:系在衣带上的装饰品。[英]音,用于外国人名、地名。

【佩德里萨闪石】

英文名 Pedrizite

化学式 $NaLi_2(LiMg_2Al_2)(Si_8O_{22})(OH)_2$

佩德里萨闪石是一种 A 位钠、C^{2+} 位镁、C^{3+} 位铝、W 位羟基的闪石矿物。属角闪石超族 W 位羟基、氟、氯占优势的闪石族锂闪石亚族佩德里萨闪石根名族。单斜晶系。晶体呈柱状。2003 年 B. E. 利克(B. E. Leake)等在《加拿大矿物学家》(41)增加和修订的《国际矿物协会角闪石命名法》中首次提到了 Pedrizite。2012 年 F. C. 霍桑(F. C. Hawthorne)等在《美国矿物学家》(97)的《角闪石超族命名法》重新定义为 Pedrizite 根名族。杨主明、蔡剑辉在中国地质学会 2011 年学术年会发表的《标准化矿物族分类体系和矿物名称中文译名》中文名称音译加族名译为佩德里萨闪石(用作根名称)。

【佩尔伯耶镧石*】

英文名 Perbøeite-(La)

化学式 $CaLa_3(Al_3Fe^{2+})[Si_2O_7][SiO_4]_3O(OH)_2$ (IMA)

佩尔伯耶镧石*是一种含羟基和氧的钙、镧、铝、铁的硅酸盐矿物。属加泰尔铈石*超族加泰尔铈石*族。单斜晶系。2018 年发现于俄罗斯车里雅宾斯克州莫卡林原木(Mochalin Log)。英文名称 Perbøeite-(La),根词以挪威特罗姆索大学的挪威矿物学家佩尔·伯耶(Per Bøe,1937—)的姓名,加占优势的稀土元素镧后缀-(La)组合命名。IMA 2018-116 批准。2019 年 A. V. 卡萨特金(A. V. Kasatkin)等在《CNMNC 通讯》(47)、《欧洲矿物学杂志》(31)和《矿物学杂志》(83)报道。目前尚未见官方中文译名,编译者建议音加成分译为佩尔伯耶镧石*。

【佩尔伯耶铈石*】

英文名 Perbøeite-(Ce)

化学式 $(CaCe_3)(Al_3Fe^{2+})(Si_2O_7)(SiO_4)_3O(OH)_2$ (IMA)

佩尔伯耶铈石*是一种含羟基和氧的钙、铈、铝、铁的硅酸盐矿物。属加泰尔铈石*超族加泰尔铈石*族。单斜晶系。晶体呈半自形—他形板状,粒径达 400μm;。灰绿色—非常浅绿色,玻璃光泽,透明;硬度 6~7,完全解理,脆性。2011 年发现于挪威诺尔兰郡蒂斯菲尤尔区内德雷埃沃伦(Nedre Eivollen)等地。英文名称 Perbøeite-(Ce),根词以挪威特罗姆索大学的挪威矿物学家佩尔·伯耶(Per Bøe,1937—)的姓名,加占优势的稀土元素铈后缀-(Ce)组合命名。IMA 2011-055 批准。2011 年 P. 博纳齐(P. Bonazzi)等在《CNMNC 通讯》(11)、《矿物学杂志》(75)和 2014 年《美国矿物学家》(99)报道。目前尚未见官方中文译名,编译者建议音加成分译为佩尔伯耶铈石*。

佩尔伯耶铈石*板状晶体(挪威)

【佩雷蒂钇石*】

英文名 Perettiite-(Y)

化学式 $Y_2Mn_4^{2+}Fe^{2+}Si_2B_8O_{24}$ (IMA)

佩雷蒂钇石*是一种钇、锰、铁的硼硅酸盐矿物。斜方晶系。晶体呈针状,包裹在硅铍石晶体中。黄色;硬度 7,脆性。2014 年发现于缅甸掸邦北部皎梅镇凯特切尔(Khetchel)村硅铍石矿。英文名称 Perettiite-(Y),以该矿物的发现者阿道夫·佩雷蒂(Adolf Peretti)博士的姓氏,加占优势的稀土元素钇后缀-(Y)组合命名。佩雷蒂是 2015 年瑞士阿德根斯维尔首席宝石学家兼 GRS 瑞士宝石研究实验室 AG 主任。IMA 2014-109 批准。2015 年 D. E. 丹尼斯(R. M. Danisi)等在《CNMNC 通讯》(25)、《矿物学杂志》(79)和 2015 年《欧洲矿物学杂志》(27)报道。目前尚未见官方中文译名,编译者建议音译为佩雷蒂钇石*。

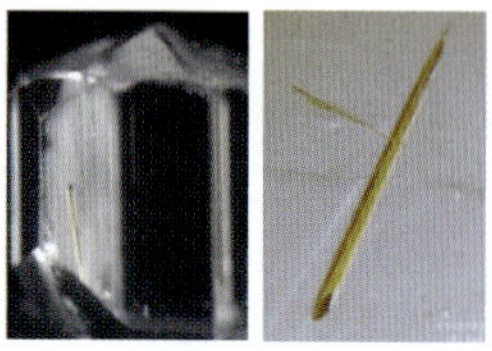

佩雷蒂钇石*针状晶体(缅甸)

【佩里金斯石】参见【磷铝镁钡石】条 464 页

【佩氯羟硼钙石】

英文名 Penobsquisite

化学式 $Ca_2Fe^{2+}[B_9O_{13}(OH)_6]Cl\cdot 4H_2O$ (IMA)

佩氯羟硼钙石是一种含结晶水和氯的钙、铁的氢硼酸盐矿物。单斜晶系。晶体呈自形柱状,长 1.5mm。淡黄色,玻璃光泽,透明—半透明;硬度 3,脆性。1995 年发现于加拿大新不伦瑞克省佩诺布斯奎斯(Penobsquis)镇萨斯喀彻温省钾肥公司矿山。英文名称 Penobsquisite,以发现地加拿大佩诺布斯奎斯(Penobsquis)镇命名。IMA 1995-014 批准。1996 年 J. D. 格莱斯(J. D. Grice)等在《加拿大矿物学家》(34)报道。2003 年李锦平等在《岩石矿物学杂志》[22(3)]根据英文名称首音节音和成分译为佩氯羟硼钙石。2011 年杨主明在《岩石矿物学杂志》[30(4)]建议音译为佩罗斯克石(编译者建议音译为佩诺布斯奎斯石*)。

佩氯羟硼钙石柱状晶体(哈萨克斯坦)

【佩罗斯克石】参见【佩氯羟硼钙石】条 670 页

【佩曼石】参见【铁塔菲石-6N'3S】条 955 页

【佩普鲁斯石】

英文名 Peprossiite-(Ce)

化学式 $(Ce,La)(Al_3O)_{2/3}B_4O_{10}$ (IMA)

佩普鲁斯石是一种铈、镧、铝氧的硼酸盐矿物。六方晶

佩普鲁斯石刃片晶体，叠层状集合体(意大利)

系。晶体呈六方薄片状；集合体呈书页叠层状、玫瑰花状。浅黄色、柠檬黄色、无色，玻璃光泽，透明—半透明；硬度 2，极完全解理。1990 年发现于意大利罗马大都会卡瓦卢西奥(Cavalluccio)山。英文名称 Peprossiite-(Ce)，为纪念意大利帕维亚大学的矿物学家和结晶学家朱塞佩“佩普”·鲁斯(Giuseppe “Pep” Rossi，1938—1989)而以他的姓氏，加占优势的稀土元素铈后缀-(Ce)组合命名。IMA 1990－002 批准。1993 年 G. 黛拉·文图拉(G. Della Ventura)等在《欧洲矿物学杂志》(5)报道。1998 年中国新矿物与矿物命名委员会黄蕴慧等在《岩石矿物学杂志》[17(2)]音译为佩普鲁斯石，有的根据成分译为硼铈铝石。

【佩斯石】

英文名 Paceite

化学式 $CaCu(CH_3COO)_4 \cdot 6H_2O$　　(IMA)

佩斯石是一种含结晶水的钙、铜的醋酸盐矿物。四方晶系。晶体呈显微短四方柱状；集合体皮壳状。深蓝色，玻璃光泽，透明；硬度 1.5，完全解理，脆性。2001 年发现于澳大利亚新南威尔士郡扬科文纳(Yancowinna)县布罗肯山波托西(Potosi)露天采坑铁帽。英文名称 Paceite，2002 年 D. E. 希布斯(D. E. Hibbs)等以澳大利亚新南威尔士布罗肯山的弗兰克·佩斯(Frank L. Pace，1948—)的姓氏命名。佩斯是一位矿物收藏家和布罗肯山的矿工。IMA 2001－030 批准。2002 年希布斯等在《矿物学杂志》(66)报道。2006 年中国地质科学院矿产资源研究所李锦平在《岩石矿物学杂志》[25(6)]音译为佩斯石。

【佩特里克石*】

英文名 Pertlikite

化学式 $K_2(Fe^{2+},Mg)_2(Mg,Fe^{3+})_4Fe_2^{3+}Al(SO_4)_{12} \cdot 18H_2O$　　(IMA)

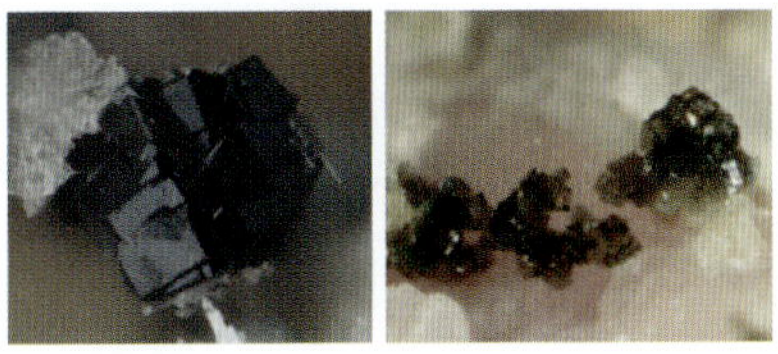

佩特里克石* 假立方体晶体(意大利)

佩特里克石* 是一种含结晶水的钾、二价铁、镁、三价铁、铝的硫酸盐矿物。属绿钾铁矾族。四方晶系。晶体呈假立方体。黑色、深橄榄绿色，玻璃光泽，半透明—不透明；脆性。2005 年发现于伊朗霍尔木兹甘省班达尔-阿巴斯县扎格(Zagh)矿。英文名称 Pertlikite，以奥地利维也纳大学矿物学和结晶学教授弗兰兹·佩特里克(Franz Pertlik，1943—)的姓氏命名，以表彰他在识别矿物晶体化学方面所做的大量工作。IMA 2005－055 批准。2008 年 A. 埃特尔(A. Ertl)等在《加拿大矿物学家》(46)报道。目前尚未见官方中文译名，编译者建议音译为佩特里克石*。

【佩特利克矿*】

英文名 Petříček ite

化学式 $CuSe_2$　　(IMA)

佩特利克矿* 粉红色(反射光)他形粒状晶体(玻利维亚)

佩特利克矿* 是一种铜的硒化物矿物。属白铁矿族。与方硒铜矿为同质多象。斜方晶系。晶体呈他形粒状，粒径为 150μm，在硒铜银矿中呈包裹体。黑色，反射光下粉红色，金属光泽，不透明；硬度 2～2.5，脆性，易碎。2015 年发现于捷克共和国波西米亚中部普雷德鲍里斯(Předbořice)。英文名称 Petříček ite，以布拉格捷克科学院物理研究所的晶体学家瓦茨拉夫·佩特利克(Václav Petříček)的姓氏命名。IMA 2015－111 批准。2016 年 L. 宾迪(L. Bindi)等在《CNMNC 通讯》(30)、《矿物学杂志》(80)和《矿物》(6)报道。目前尚未见官方中文译名，编译者建议音译为佩特利克矿*。

彭

[péng]会意；从壴(zhù)，从彡。“壴”在古文字中像鼓形。彡(shān)，毛饰形。本义：鼓声。①中国姓。②[英]音，数字“Penta(5 个)”的首音节音译为彭。③用于外国地名。

【彭伯西克罗夫特石*】

英文名 Penberthycroftite

化学式 $[Al_6(AsO_4)_3(OH)_9(H_2O)_5] \cdot 8H_2O$　　(IMA)

彭伯西克罗夫特石* 是一种含结晶水、羟基的铝的砷酸盐矿物。单斜晶系。晶体呈超薄(亚微米)的矩形或板条状，一般小于 20μm；集合体呈丛状、放射状。白色，玻璃光泽、珍珠光泽，外壳有暗淡的、几乎是蜡状的光泽，半透明；完全解理。2015 年发现于英国英格兰康沃尔郡芒茨湾地区彭伯西克罗夫特(Penberthy Croft)矿。英文名称 Penberthycroftite，以发现地英国的彭伯西克罗夫特(Penberthy Croft)矿命名。IMA 2015－025 批准。2015 年 I. E. 格雷(I. E. Grey)等在《CNMNC 通讯》(26)、《矿物学杂志》(79)和 2016 年《矿物学杂志》(80)报道。目前尚未见官方中文译名，编译者建议音译为彭伯西克罗夫特石*。

【彭水硼钙石】

英文名 Pentahydroborite

化学式 $CaB_2O(OH)_6 \cdot 2H_2O$　　(IMA)

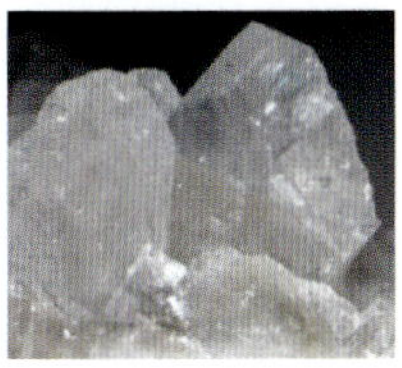

彭水硼钙石板柱状晶体，晶簇状集合体(日本)

彭水硼钙石是一种含 2 个结晶水的钙、硼的氢氧-氧化物矿物。三斜晶系。晶体呈板状、柱状；集合体呈晶簇状。无色、白色，玻璃光泽，透明；硬度 2.5。1961 年发现于俄罗斯斯维尔德洛夫斯克州图尔金斯克(Turjinsk)的诺富罗夫斯科耶(Novofrolovskoye)硼-铜矿床；同年，在《全苏矿物学会记事》(90)报道。1962 年在《美国矿物学家》(47)报道。英文名称 Pentahydroborite，由“Penta(5 个)”“Hydro(水)”和“Bor(硼)”组合命名。其实 Pentahydroborite 中的“Penta(5 个)”是用词不当，这个矿物只有 2 个水，但这是因为 6 个(OH)最初被误认为是还有 3 个“附加的羟基”水。IMA 1967s. p. 批准。中文名称根据英文首音节音和成分译为彭水硼钙石；也译作五水硼钙石。

【彭志忠石-24R】

英文名 Magnesionigerite-6N6S

化学式$(Mg,Al,Zn)_3(Al,Sn,Fe)_8O_{15}(OH)$　(IMA)

彭志忠石-24R是一种镁、铝、锌、锡、铁等多种元素的氢氧-氧化物矿物。在成分上处于尼日利亚石-塔菲石-黑铝镁铁矿系列的过渡位置。属黑铝镁铁矿超族尼日利亚石族。三方晶系。晶体呈六方板状。浅黄褐色,条痕呈白色,玻璃光泽,透明;硬度≥8。1980年中国地质大学陈敬中教授(当时为讲师)在中国湖南益阳地区安化县白钨矿矿区发现的一种新矿物。最初命名为Pengzhizhongite-24R(彭志忠石-24R),以纪念中国著名结晶学家和矿物学家彭志忠(1932—1986)教授。1989年陈敬中等在中国《矿物学报》[9(1)]和《美国矿物学家》(76)及《地球科学——武汉地质学院学报》(14)报道。IMA 2001s. p. 批准。2002年T. 安布鲁斯特(T. Armbruster)在《欧洲矿物学杂志》(14)根据《新修订的黑铝镁铁矿-尼日利亚石-塔菲石命名法》将Pengzhizhongite-24R更名为Magnesionigerite-6N6S。中文名称译为镁尼日利亚石-6N6S。

【彭志忠石-6H】

英文名 Magnesionigerite-2N1S

化学式$(Mg,Al,Zn)_2(Al,Sn)_6O_{11}(OH)$　(IMA)

彭志忠教授像

彭志忠石-6H是一种镁、铝、锌、锡等多种元素的氢氧-氧化物矿物。在成分上处于尼日利亚石-塔菲石-黑铝镁铁矿系列的过渡位置。属黑铝镁铁矿超族尼日利亚石族。三方晶系。晶体呈六方板状。浅黄褐色、浅黄色,条痕呈白色,玻璃光泽,透明;硬度≥8。1980年中国地质大学陈敬中教授(当时为讲师)在中国湖南益阳地区安化县白钨矿矿区发现的一种新矿物。最初命名为Pengzhizhongite-6H(彭志忠石-6H),以纪念中国著名结晶学家和矿物学家彭志忠(1932—1986)教授。彭志忠为湖北天门人。1952年毕业于清华大学。曾任北京地质学院、武汉地质学院教授,第三、五、六届全国人大代表,国际结晶学联合会结晶学教学委员会顾问等。他测定的葡萄石的链层状晶体结构,突破了当时权威的硅酸盐晶体结构分类体系。测定了50多种矿物的晶体结构,发现了10余项具有重要意义的晶体结构新现象;发现或确定了30多个新的矿物种和变种;提出了准晶体的微粒分数维结构模型。著有《葡萄石的晶体结构》和《氟碳铈钡矿的晶体结构和钡-稀土氟碳酸盐的晶体化学》等。1989年陈敬中等在中国《矿物学报》[9(1)]和《美国矿物学家》(76)及《地球科学——武汉地质学院学报》(14)报道。IMA 2001s. p. 批准。2002年T. 安布鲁斯特(T. Armbruster)在《欧洲矿物学杂志》(14)根据《新修订的黑铝镁铁矿-尼日利亚石-塔菲石命名法》将Pengzhizhongite-6H更名为Magnesionigerite-2N1S。中文名称译为镁尼日利亚石-2N1S。

硼 [péng]形声;从石,朋声。一种非金属元素。[英]Boron。元素符号B。原子序数5。约公元前200年,古埃及、罗马、巴比伦曾用硼砂制造玻璃和焊接黄金。1808年法国化学家盖·吕萨克和泰纳尔分别用金属钾还原硼酸制得单质硼,但并不是纯净的硼。1892年亨利·穆瓦桑提取出更纯净的硼。最终,由美国的E. 温特劳布(E. Weintraub)点燃了氯化硼蒸气和氢的混合物,生产出了完全纯净的硼。英文名称Boron,源自阿拉伯文,意是"焊剂"的意思。硼在地壳中的含量为0.001%。硼在自然界中主要矿物有硼砂和白硼钙石等。

【硼铵石】

英文名 Larderellite

化学式$(NH_4)B_5O_7(OH)_2 \cdot H_2O$　(IMA)

硼铵石皮壳状集合体(意大利)和拉尔代雷像

硼铵石是一种罕见的含结晶水、羟基的铵的硼酸盐矿物。与水铵硼石(Ammonioborite)为同质二象。单斜晶系。晶体呈菱形板状;集合体呈皮壳状、棉纱状。白色、浅黄色,玻璃光泽,半透明;硬度1,完全解理。最早见于1806年马斯卡尼(Mascagni)在*Viagg. Tosc.*(3)的报道。1854年发现于意大利比萨省波马兰切区拉尔代雷洛(Larderello)。1854年贝基(Bechi)在《美国科学与艺术杂志》(Ⅱ系列,17/67)报道。英文名称Larderellite,1853年E. 贝基(E. Bechi)为纪念托斯卡纳硼砂工业业主弗朗西斯科·德·拉尔代雷(Francesco de Larderelle,1790—1858)而以他的姓氏命名。他是一名工程师和企业家,曾促进托斯卡纳地热喷口的工业开发,生产硼酸。后他成为托斯卡纳硼砂厂的主要经营者。1959年以前发现、描述并命名的"祖父级"矿物,IMA承认有效。中文名称根据成分译为硼铵石。

【硼白云母】

英文名 Boromuscovite

化学式$KAl_2(Si_3B)O_{10}(OH)_2$　(IMA)

硼白云母是一种含羟基的钾、铝的硼硅酸盐矿物。属云母族。单斜晶系。晶体呈假六方片状、纤维状、粒状;集合体呈皮壳状。白色、奶油色,玻璃光泽、瓷状光泽,几乎不透明;硬度2.5～3,完全解理。1989年发现于美国加利福尼亚州圣地亚哥县拉蒙纳区拉蒙纳里特尔三(Little Three)矿。英文名称Boromuscovite,由成分冠词"Boron(硼)"和根词"Muscovite(白云母)"组合命名,意指它是富硼的白云母类似矿物。IMA 1989-027批准。1991年E. E. 福尔德(E. E. Foord)在《美国矿物学家》(76)报道。1993年中国新矿物与矿物命名委员会黄蕴慧等在《岩石矿物学杂志》[12(1)]根据成分及与白云母的关系译为硼白云母。

【硼钡钠钛石】参见【淡钡钛石】条109页

【硼符山石】

英文名 Wiluite

化学式$Ca_{19}(Al,Mg)_{13}(B,\square,Al)_5(SiO_4)_{10}(Si_2O_7)_4(O,OH)_{10}$　(IMA)

硼符山石是一种含硼的符山石类似矿物。属符山石族。四方晶系。晶体呈钝锥自形柱状。深绿色、棕色或黑色,玻璃光泽;硬度6,脆性。1997年发现于俄罗斯萨哈(雅库特)共和国维柳伊河(Wilui或Vilui)河流域和阿克塔拉格达(Akhtaragda)河口。英文名称Wiluite,以发现地俄罗斯维柳

硼符山石自形柱状晶体(俄罗斯)

伊(Wilui 或 Vilui)河命名。IMA 1997-026 批准。1998 年 L. A. 格罗特(L. A. Groat)等在《加拿大矿物学家》(36)报道。中文名称根据成分及族名译为硼符山石;2003 年中国地质科学院矿产资源研究所李锦平等在《岩石矿物学杂志》[22(2)]音译为威卢伊特石。普遍认为 Wiluite 和 Viluite 是同义词,实际上是两个不同的矿物起源于同一地区,都因俄罗斯维柳伊(Wilui 或 Vilui)河而得名。1824 年谢韦尔金(Severgin)用 Viluite 描述来自同一地区的钙铝榴石(Grossular)。自 19 世纪以来,这一名称被频繁使用。而冯·莱昂哈德(Von Leonhard)认为在西方很长一段时间它是一种符山石。现在认为它是石榴石族的钙铝榴石。

【硼钙石】

英文名 Takedaite

化学式 $Ca_3B_2O_6$　(IMA)

硼钙石块状集合体(日本)和武田像

硼钙石是一种钙的硼酸盐矿物。三方晶系。晶体呈粒状;集合体呈块状。白色—浅灰色,玻璃光泽,半透明;硬度 4.5。1993 年发现于日本本州岛中国地方冈山县高桥市备中町布贺(Fuka)矿。英文名称 Takedaite,以日本东京大学矿物学研究所的武田弘(Hiroshi Takeda,1934—)教授的姓氏命名。小行星武田(4965)也是以他的姓命名的,他著有《行星的物质科学》(东京大学出版,1982)和《行星固体物质进化》(2009)。日文汉字名称武田石。IMA 1993-049 批准。1995 年草地(I. Kusachi)等在日本《矿物学杂志》(59)和 1996 年《美国矿物学家》(81)报道。2003 年李锦平等在《岩石矿物学杂志》[22(3)]根据成分译为硼钙石;2007 年何明跃在《新英汉矿物种名称》根据英文首音节音和成分译为塔硼钙石;2010 年杨主明在《岩石矿物学杂志》[29(1)]建议借用日文汉字名称武田石。

【硼钙锡矿】

英文名 Nordenskiöldine

化学式 $CaSn(BO_3)_2$　(IMA)

诺登舍尔德像

硼钙锡矿是一种十分罕见的钙、锡的正硼酸盐矿物。三方晶系。晶体呈厚薄不一的板状、透镜状。无色、乳白色、硫黄色、淡黄色,玻璃光泽,解理面上呈珍珠光泽,透明;硬度 5.5~6,完全解理,脆性。最早是沃尔德马·克里斯多夫·布拉格(Waldemar Christopher Brögger)1887 年发现于挪威韦斯特福德区阿罗亚(Arøya)碱性伟晶岩,随后在纳米比亚的阿兰德斯锡矿,吉尔吉斯斯坦的乌切加什干锡矿和雅库特的厄夫加奇锡矿以及阿拉斯加的布鲁克林山相继发现。在我国云南个旧锡矿也有发现。英文名称 Nordenskiöldine,1987 年由布拉格在《斯德哥尔摩地质学会会刊》(9)为纪念瑞典矿物学家、地质学家和探险家尼尔斯·阿道夫·埃里克·诺登舍尔德(Nils Adolf Erik Nordenskiöld,1832—1901)而以他的姓氏命名。1959 年以前发现、描述并命名的"祖父级"矿物,IMA 承认有效。中文名称根据成分译为硼钙锡矿或硼锡钙石。

【硼铬镁碱石】

英文名 Iquiqueite

化学式 $K_3Na_4Mg(CrO_4)B_{24}O_{39}(OH)\cdot 12H_2O$　(IMA)

硼铬镁碱石片状、团状集合体(智利)

硼铬镁碱石是一种含结晶水和羟基的钾、钠、镁的硼酸-铬酸盐矿物。三方晶系。晶体呈六方片状、柱状;集合体常呈堆垛成团状和蠕虫状。黄色,玻璃光泽,透明;硬度 2,完全解理,脆性。1984 年发现于智利艾尔塔马鲁加尔省伊基克(Iquique)市萨皮加(Zapiga)。英文名称 Iquiqueite,以发现地智利的伊基克(Iquique)市命名。从 19 世纪 30 年代到 20 世纪 30 年代,这里是智利塔拉帕卡硝酸盐运输的重要历史港口。IMA 1984-019 批准。1986 年 G. E. 埃里克森(G. E. Ericksen)等在《美国矿物学家》(71)报道。1987 年中国新矿物与矿物命名委员会郭宗山等在《岩石矿物学杂志》[6(4)]根据成分译为硼铬锰碱石。

【硼硅钡铅矿】

英文名 Hyalotekite

化学式 $(Ba,Pb,K)_4(Ca,Y)_2(B,Be)_2(Si,B)_2Si_8O_{28}F$　(IMA)

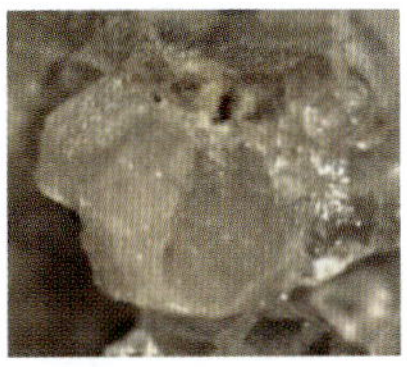

硼硅钡铅矿粗粒状晶体(塔吉克斯坦)

硼硅钡铅矿是一种含氟的钡、铅、钾、钙、钇、硼、铍的硼硅酸盐矿物。属硼硅钡铅矿族。三斜(或假单斜)晶系。晶体呈粗粒状。白色、无色、珍珠灰色,玻璃光泽、油脂光泽,半透明;硬度 5~5.5,脆性。1877 年发现于瑞典韦姆兰省菲利普斯塔德市朗班(Långban)。最早见于 1877 年 A. E. 诺登舍尔德(A. E. Nordenskiöld)在《斯德哥尔摩地质学会会刊》(3)报道。英文名称 Hyalotekite,由希腊文"ύαλος=Hyalosa=Glass(透明的玻璃)"和"τήκεσθαι=Tektos=To melt(融化)"组合命名,意指它的外貌像融化的玻璃。1959 年以前发现、描述并命名的"祖父级"矿物,IMA 承认有效。中文名称根据成分译为硼硅钡铅矿。

【硼硅钡钇矿】

英文名 Cappelenite-(Y)

化学式 $BaY_6B_6Si_3O_{24}F_2$　(IMA)

硼硅钡钇矿是一种含氟的钡、钇的硼硅酸盐矿物。属菱硼硅铈矿族。三方晶系。晶体呈六方柱状、粒状;集合体呈扇状。浅绿色—褐色,玻璃光泽、油脂光泽,透明—半透明;硬度 6~6.5,脆性。1884 年发现于挪威拉尔维克镇纳托利顿(Natrolittodden)。1884 年 W. C. 布拉格(W. C. Brögger)在《斯德哥尔摩地质学会会刊》(7)报道。英文名称 Cappelenite-(Y),根

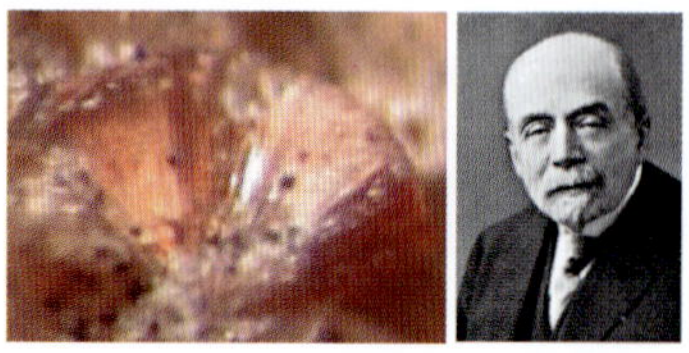

硼硅钡钇矿扇状集合体(加拿大)和卡佩伦像

词为纪念该矿物的发现者迪德里克·卡佩伦(Diderik Cappelen,1856—1935)而以他的姓氏,加占优势的稀土元素钇后缀-(Y)组合命名。他是一位挪威铁制品所有者、总管和来自霍尔登的矿物收藏家。1959 年以前发现、描述并命名的“祖父级”矿物,IMA 承认有效。IMA 1987s. p. 批准。中文名称根据成分译为硼硅钡钇矿。

【硼硅钒钡石】参见【纤硅钒钡石】条 1010 页

【硼硅锂铝石】参见【硅硼锂铝石】条 281 页

【硼硅镁钙石】

英文名 Harkerite

化学式 $Ca_{12}Mg_4Al(CO_3)_5(BO_3)_3(SiO_4)_4 \cdot H_2O$ (IMA)

硼硅镁钙石假八面体(俄罗斯)、假四面体(纳米比亚)晶体和哈克像

硼硅镁钙石是一种罕见的含结晶水的钙、镁、铝的硅酸-硼酸-碳酸盐矿物。三方(或假等轴)晶系。晶体呈假八面体、假四面体。无色、白色、浅棕色,玻璃光泽、蜡状光泽,透明—半透明;硬度 5,脆性。1948 年发现于英国苏格兰西北高原斯凯岛卡玛斯马拉戈(Camas Malag);同年,塞西尔·埃德加·蒂利(Cecil Edgar Tilley)在《地质学杂志》(85)报道。英文名称 Harkerite,由塞西尔·埃德加·蒂利(Cecil Edgar Tilley)为纪念英国剑桥大学、苏格兰地质调查所的系统岩石学家阿尔弗雷德·哈克(Alfred Harker,1859—1939)而以他的姓氏命名。1959 年以前发现、描述并命名的“祖父级”矿物,IMA 承认有效。中文名称根据成分译为硼硅镁钙石或硼硅钙镁石,也有的译为碳硼硅镁钙石或碳硼硅钙镁石。在中国广东大顶锡铁矿的镁矽卡岩体中有发现。

【硼硅铈钙石】

英文名 Hellandite-(Ce)

化学式 $(Ca,REE)_4Ce_2Al\square_2(B_4Si_4O_{22})(OH)_2$ (IMA)

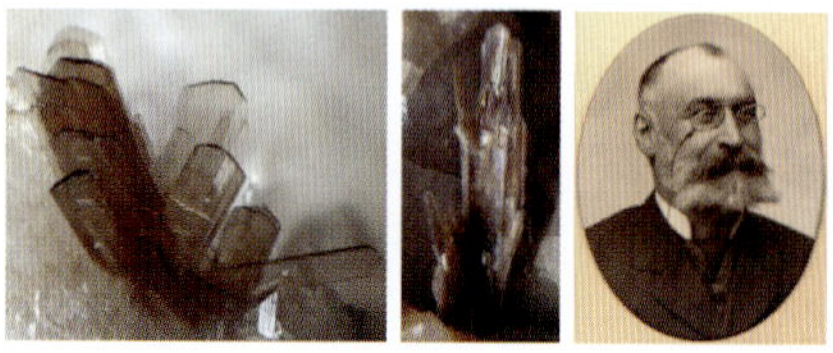

硼硅铈钙石板状晶体,晶簇状集合体(意大利)和赫兰像

硼硅铈钙石是一种含羟基的钙、稀土、铈、铝、空位的硼硅酸盐矿物。属钙铒钇矿族。单斜晶系。晶体呈板状;集合体呈晶簇状。浅绿色、烟灰色,玻璃光泽,透明—半透明。1999 年发现于意大利维泰博省卡坎波帕代拉(Campo Padella)。英文名称 Hellandite-(Ce),R. 奥贝蒂(R. Oberti)等由根词“Hellandite(硼硅钇钙石)”,加占优势的稀土元素铈-(Ce)后缀组合命名。其中,根词 Hellandite,以挪威奥斯陆大学的地质学家阿蒙·西奥多·赫兰(Amund Theodor Helland,1846—1918)的姓氏命名。IMA 2001-019 批准。2002 年奥贝蒂等在《美国矿物学家》(87)报道。中文名称根据成分译为硼硅铈钙石(根词参见【硼硅钇钙石】条 674 页)。

【硼硅铈矿】

英文名 Tritomite-(Ce)

化学式 $Ce_5(SiO_4,BO_4)_3(OH,O)$ (IMA)

硼硅铈矿三角锥状晶体(俄罗斯)

硼硅铈矿是一种含氧和羟基的铈的硼酸-硅酸盐矿物。属磷灰石超族铈磷灰石族。三方晶系。晶体呈假四面体。深棕色、红棕色,油脂光泽,不透明;硬度 5~6.5,脆性。1849 年由保罗·克里斯蒂安·维布耶(Paul Christian Weibye,1819—1865)发现于挪威拉尔维克镇莱文(Låven)岛。1850 年,P. C. 维波(P. C. Weibye)在《物理学和化学年鉴》(柏林,J. C. 波根多夫)(79)报道。英文名称 Tritomite-(Ce),由根词“Tritomite(硼硅铈矿)”和占优势稀土元素铈后缀-(Ce)组合命名。其中,根词 Tritomite,1850 年由维布耶(Weibye)根据希腊文“τρί=Tri=Threefold(三重的)”和“τομos=Tomos=Acut(一个切口)”组合命名,意指晶体横切面为三角锥形。第一化学分析认为主要是铈和镧硅酸盐;1877 年恩格斯特罗姆(Engström)分析表明它是一种硼硅酸盐。1959 年以前发现、描述并命名的“祖父级”矿物,IMA 承认有效。IMA 1987s. p. 批准。中文名称根据成分译为硼硅铈矿;根据晶体形态和成分译为锥稀土矿-铈。

【硼硅钇钙石】

英文名 Hellandite-(Y)

化学式 $(Ca,REE)_4Y_2Al\square_2(B_4Si_4O_{22})(OH)_2$ (IMA)

硼硅钇钙石短柱状晶体(挪威)

硼硅钇钙石是一种含羟基的钙、稀土、钇、铝、空位的硼硅酸盐矿物。属硼硅钇钙石族。单斜晶系。晶体呈柱状、板状。黄色、绿色,栗褐色、褐红色—红色、黑色,玻璃光泽,透明—半透明;硬度 5.5。发现于加拿大魁北克省马塔加米湖(Mattagami Lake)矿和埃文斯卢(Evans-Lou)矿,以及中国湖北、日本、挪威。1903 年 W. C. 布拉格(W. C. Brøgger)在《新自然科学杂志》(*Nyt Magazin for Naturvidenskaberne*)(41)报道。英文名称 Hellandite-(Y),1903 年由沃尔德马·克里斯托弗·布拉格(Waldemar Christofer Brøgger)为纪念挪威皇家弗雷德里克大学(奥斯陆大学)地质地理学教授阿蒙·西奥多·赫兰(Amund Theodor Helland,1846—1918)而以他的姓氏,加占优势的稀土元素钇后缀-(Y)组合命名。1959 年以前发现、描述并命名的“祖父级”矿物,IMA 承认有效。IMA 2000-F 提案重新定义,IMA 2000s. p. 批准[2002 年 R. 奥贝蒂(R. Oberti)等在《美国矿物学家》(87)报道]。中文名称根据成分译为硼硅钇钙石,也译为钙铒钇石。

【硼硅钇矿】

英文名 Tritomite-(Y)

化学式 $Y_5(SiO_4,BO_4)_3(O,OH,F)$ (IMA)

硼硅钇矿是一种含氟、羟基、氧的钇的硼酸-硅酸盐矿物，是钇占优势的硼硅铈矿的类似矿物。属磷灰石超族铈磷灰石族。三方晶系。深绿黑色、红棕色、褐黑色，玻璃光泽、树脂光泽；硬度 3.5～6.5。1934 年加拿大矿物学家休·S. 思彭斯(Hugh S. Spence)发现于加拿大安大略省哈利伯顿县加的夫(Cardiff)乡镇未名前景矿坑。1961 年 C. 弗龙德尔(C. Frondel)在《加拿大矿物学家》(6)报道，描述为一个新矿物，并以思彭斯的姓氏命名为 Spencite。1966 年莱文森(Levinson)将 Spencite 更名为 Tritomite-(Y)，并经 IMA 1966s. p. 批准。它由根词“Tritomite(硼硅铈矿)”和占优势稀土元素钇后缀-(Y)组合命名。其中，根词 Tritomite，由维布耶(Weibye，1850)根据希腊文“τρι=Tri=Threefold(三重的)”和“τομοs=Tomos=Acut(一个切口)”组合命名，意指晶体横切面为三角锥形。中文名称根据成分及与硼硅铈矿的关系译为硼硅钇矿；根据颜色和成分译作褐硅硼钇矿；根据晶体形态和成分译为锥稀土矿-钇。

【硼钾镁石】

英文名 Kaliborite

化学式 $KHMg_2B_{12}O_{16}(OH)_{10} \cdot 4H_2O$ (IMA)

硼钾镁石块状集合体(哈萨克斯坦)

硼钾镁石是一种含结晶水和羟基的钾、氢、镁的硼酸盐矿物。单斜晶系。晶体呈细粒状、小的菱形鳞片状；集合体呈块状。无色、白色、红棕色，玻璃光泽，透明；硬度 4～4.5，完全解理。1889 年发现于德国萨克森-安哈尔特州施密特曼沙尔(Schmidtmannshall)。1889 年 W. 费特(W. Feit)在《化学家报》(73)报道。1889 年利迪克(Luedecke)在哈雷《自然科学馆杂志》(62)称 Hintzeite。1920 年 F. 米洛舍维奇(F. Millosevich)在《罗马林内皇家科学院报告》[(5)29]称 Paternoite。1951 年 C. 帕拉奇(C. Palache)、H. 伯曼(H. Berman)和 C. 弗龙德尔(C. Frondel)在《丹纳系统矿物学》(第二卷，第七版，纽约)称 Kaliborite。英文名称 Kaliborite，由化学成分拉丁文“Kalium(钾)”和“Borate(硼酸)”组合命名。1959 年以前发现、描述并命名的“祖父级”矿物，IMA 承认有效。中文名称根据成分译为硼钾镁石。

【硼碱大隅石】参见【碱硼硅石】条 378 页

【硼锂石】

英文名 Diomignite

化学式 $Li_2B_4O_7$ (弗莱舍，2014)

硼锂石是一种锂的硼酸盐矿物。四方晶系。晶体呈他形粒状、假立方体，粒径 30μm。无色，玻璃光泽，透明。1987 年发现于加拿大马尼托巴省贝尔尼克湖坦科(Tanco)伟晶岩。英文名称 Diomignite，1987 年由戴维德·伦敦(David London)等在《加拿大矿物学家》(25)根据希腊文“διοσ=Divine(很好的)”和“μιγνεν=Mixture(混合)”缩写组合命名，意思是很好的融合，指其可能有明显的助熔作用。IMA 1987 批准。此后，IMA 15 - H 提案废弃。此微小的矿物发现于绿柱石或锂辉石包裹体，也存在于工业过程中，在工厂附近或船坞、填海造地等附近的废弃商业废物堆中也有发现。后来发现原来是认错了的扎布耶石(Zabuyelite)(参见【扎布耶石】条 1100 页)。现在被视为是扎布耶石(Zabuyelite)的同义词。

【硼磷镁石】

英文名 Lüneburgite

化学式 $Mg_3[B_2(OH)_6](PO_4)_2] \cdot 6H_2O$ (IMA)

硼磷镁石一种稀少的含结晶水的镁的磷酸-氢硼酸盐矿物。三斜晶系。晶体微小假六方片状、纤维状、针状；集合体呈豆状、似粟的球状、块状。白色、淡黄色、褐色、绿色，玻璃、土状光泽，透明—半透明；硬度 2。1870 年首先发现于德国下萨克森州汉诺威的吕内堡(Lüneburg)卡尔克博格沃尔格沙尔(Volgershall)。1870 年诺林(Nollner)在德国《慕尼黑巴伐利亚皇家科学院会议报告》(1)报道。英文名称 Lüneburgite，以首次发现地德国吕内堡(Lüneburg)命名。1959 年以前发现、描述并命名的“祖父级”矿物，IMA 承认有效。中文名称根据成分译为硼磷镁石。1968 年中国化学矿产地质研究院在勘探山西某地芒硝矿床时，在我国首次发现。1985 年魏东岩在《岩石矿物学杂志》(4)报道。

【硼铝钙石】

英文名 Johachidolite

化学式 $CaAlB_3O_7$ (IMA)

硼铝钙石块状集合体(缅甸)

硼铝钙石是一种钙、铝的硼酸盐矿物。斜方晶系。晶体呈粒状、片状；集合体呈块状。无色、白色、淡黄色，玻璃光泽，透明；硬度 7.5。1942 年发现于朝鲜咸镜北道吉州郡长白县(Changbaeng-myon)的长白洞[Sang-pal-tong(Johachido，上八洞)]。1942 年岩濑(Iwase)和齐藤(Saito)在东京《日本理化研究所科学论文》(39)报道。英文名称 Johachidolite，以发现地朝鲜上八洞(Johachido)区命名。上八洞是朝鲜一个过时的日本殖民时代的地名。日文汉字名称上八洞石。1959 年以前发现、描述并命名的“祖父级”矿物，IMA 承认有效。IMA 1977s. p. 批准。中文名称根据成分译为硼铝钙石，也译作水氟硼石。

关于它是一种宝石矿物的发现还有一段故事。1998 年，有人送来一颗切割好了的淡黄色宝石，要求英国宝石协会珠宝鉴定实验室鉴定，但常规的折射率、密度、荧光、滤色镜等方法的鉴定结果无法与任何一种已知宝石相对应。后来建议做了电子探针微束分析，结果出现钙、铝，但总量很低，暗示着还有一种或几种元素在电子探针测量范围之外。经主人同意，从宝石表面取一些粉末，做 X 射线衍射分析，结果与稀有硼族矿物硼铝钙石(Johachidolite)相符，再与其拉曼谱图对照，得以证实。

【硼铝镁石】

英文名 Sinhalite

化学式 $MgAl(BO_4)$ (IMA)

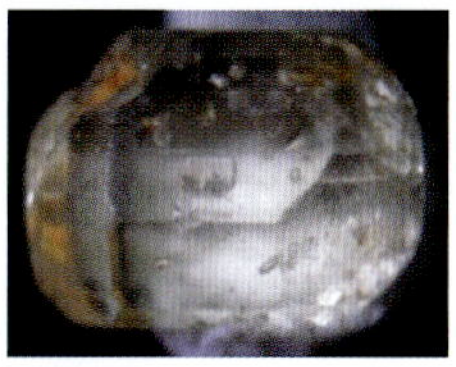

硼铝镁石柱状晶体(缅甸)

硼铝镁石是一种镁、铝的硼酸盐矿物。斜方晶系。晶体多呈他形细粒状，柱状罕见；集合体呈块状。无色、浅灰色、浅黄色、浅粉色、绿色、棕色—暗棕色，玻璃—半玻璃光泽、树脂光泽，透明—半透明；硬度 6.5～7。长期以来，它一直被误认为是褐黄绿色的橄榄石。1952 年，美国国家博物馆的乔治·斯维泽(George Switzer)博士对“褐黄绿色的橄榄石”进行 X 射线分析，结果发现其图谱并不是橄榄石的。后来，威廉·S. 福杉格(William S. Foshag)博士以及美国国家博物馆的矿物管理员先后参观了英国自然历史博物馆，当英国矿物学家把一块褐色晶体介绍为橄榄石时，他们提到了斯维泽博士的研究结果。英国人迅速开展了研究并抢先发表了研究成果[1952 年在《矿物学杂志》(29)和《美国矿物学家》(37)报道]，他们把这种新矿物命名为 Sinhalite，这是以矿物标本(拉特纳普勒区宝石砾)的发现地——斯里兰卡(Sri Lanka)的梵文“僧伽罗语”名称“Sinhala”命名的(参见《宝石学》)。1959 年以前发现、描述并命名的“祖父级”矿物，IMA 承认有效。中文名称根据矿物成分译为硼铝镁石；斯里兰卡旧称锡兰，故也译作锡兰石。

【硼铝石】

英文名 Jeremejevite

化学式 $Al_6(BO_3)_5F_3$　　(IMA)

硼铝石柱状晶体，晶簇状集合体(缅甸、德国)和耶雷梅耶夫像

硼铝石是一种非常罕见的含氟的铝的硼酸盐矿物。六方晶系。晶体呈带锥的柱状；集合体呈晶簇状。无色、白色、淡黄色、淡蓝色，玻璃光泽，透明；硬度 6～7.5，脆性。1883 年首次发现于俄国赤塔州尼布楚区索克图吉·戈拉(Soktuj Gora)山尼布楚宝石矿。1883 年达穆尔(Damour)在《法国矿物学学会通报》(6)报道。英文名称 Jeremejevite，以俄国矿物学家、结晶学家、工程师和圣彼得堡科学院教授帕维尔·弗拉基米罗维奇·耶雷梅耶夫[Pavel Vladimirovich Eremeev(Jeremejev 德文)，1830—1899]的姓氏命名，是他首先发现了该矿物。1959 年以前发现、描述并命名的“祖父级”矿物，IMA 承认有效。中文名称根据成分译为硼铝石。

【硼镁矾】

英文名 Sulfoborite

化学式 $Mg_3[B(OH)_4]_2(SO_4)(OH,F)_2$　　(IMA)

硼镁矾柱状晶体(哈萨克斯坦)

硼镁矾是一种含羟基和氟的镁的硫酸-氢硼酸盐矿物。斜方晶系。晶体呈柱状。纯净者无色透明，杂有氧化铁呈红色，玻璃光泽，透明；硬度 4～4.5，完全解理，脆性。1893 年发现于德国萨克森-安哈尔特州斯塔斯弗特钾盐矿床埃格尔恩韦斯特格林(Westeregeln)村。1893 年布克金格(Bücking)在《柏林科学院会议报告》和瑙佩特(Naupert)等在 *Ber.* (26)报道。英文名称 Sulfoborite，由化学成分“Sulfo 或 Sulpho(硫或硫酸盐)”和“Bor(硼酸)”组合命名。1959 年以前发现、描述并命名的“祖父级”矿物，IMA 承认有效。中文名称根据成分译为硼镁矾或硫硼镁石。

【硼镁钙石】

英文名 Fedorovskite

化学式 $Ca_2Mg_2B_4O_7(OH)_6$　　(IMA)

硼镁钙石是一种含羟基的钙、镁的硼酸盐矿物。斜方晶系。晶体呈柱状、纤维状。棕色，玻璃光泽，半透明；硬度 4.5，完全解理。发现于俄罗斯布里亚特共和国维季姆高原索隆(Solongo)硼矿床。1972 年 S. V. 马林科(S. V. Malinko)、T. I. 斯托利亚罗娃(T. I. Stolyarova)和 D. P. 莎斯肯(D. P. Shashkin)在《全苏矿物学会记事》(101)报道，称 Magnesium roweite(镁硼锰钙石)。英文名称 Fedorovskite，为纪念苏联结晶学家、矿物学家尼古拉·米哈伊洛维奇·费多洛夫斯基(Nikolai Mikhailovich Fedorovskii，1886—1956)而以他的姓氏命名。他是苏联莫斯科矿产资源研究所的创始人。IMA 1975-006 批准。1976 年马林科等在《全苏矿物学会记事》(105)报道。中文名称根据成分译为硼镁钙石；根据英文名称首音节音和成分译为费硼锰钙镁石。

【硼镁锰钙石】

英文名 Kurchatovite

化学式 $CaMgB_2O_5$　　(IMA)

库尔恰托夫像

硼镁锰钙石是一种钙、镁的硼酸盐矿物。与斜硼镁钙石为同质多象。斜方晶系。浅灰色，玻璃光泽，透明；硬度 4.5，完全解理。1965 年发现于俄罗斯布里亚特共和国维季姆高原索隆(Solongo)硼矿床。英文名称 Kurchatovite，以苏联莫斯科核能研究所物理学家伊戈尔·瓦西里耶维奇·库尔恰托夫(Igor Vasilievich Kurchatov，1903—1960)的姓氏命名。他是苏联物理学家、核科学技术的组织者和领导者、科学院院士；在他的领导下，建造了苏联第一台回旋加速器，欧洲第一座原子反应堆，造出了苏联的第一颗原子弹和第一颗氢弹，并建造了世界上第一座原子能发电站。由于他对国家的卓越贡献，曾获社会主义劳动英雄称号。IMA 1965-034 批准。1966 年 S. V. 马林科(S. V. Malinko)等在《全苏矿物学会记事》(95)报道。中文名称根据成分译为硼镁锰钙石。

【硼镁锰矿】

英文名 Pinakiolite

化学式 $(Mg,Mn)_2(Mn^{3+},Sb^{5+})O_2(BO_3)$　　(IMA)

硼镁锰矿板片状、柱状晶体(瑞典)

硼镁锰矿是一种镁、锰、锑氧的硼酸盐矿物。属硼镁锰矿族。与斜方硼镁锰矿为同质二象。单斜晶系。晶体呈薄的矩形板片状、短柱状，常弯曲或折断，常见接触和/或十字形穿插双晶。黑色、橄榄绿色、黄褐色，金刚光泽、金属光泽、珍珠光泽，不透明—半透明；硬度 6，完全解理，很脆。1890 年发现于瑞典韦姆兰省菲利普斯塔德市朗班(Långban)。1890 年弗林克(Flink)在莱比锡《结晶学、矿物学和岩石学杂志》(18)报道。英文名称 Pinakiolite，根据希腊文“πιν ά κιον＝Small tablet(小片状)”和“λ ί θος＝Stone(石头)”组合命名，意

指晶体呈薄片状形态。1959 年以前发现、描述并命名的"祖父级"矿物，IMA 承认有效。中文名称根据成分译为硼镁锰矿。

【硼镁石】

英文名 Szaibélyite

化学式 $MgBO_2(OH)$　　(IMA)

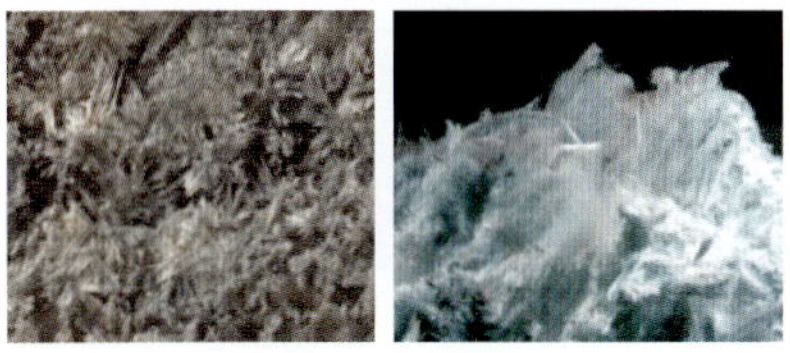

硼镁石纤维状晶体，放射状、块状集合体(罗马尼亚、意大利)

硼镁石是一种含羟基的镁的硼酸盐矿物。属硼镁石族。单斜晶系。晶体呈纤维状、柱状或板状，具聚片双晶；集合体呈松散白垩状或块状。白色、灰白色、浅绿色、黄色，玻璃光泽、丝绢光泽、土状光泽，透明—半透明；硬度 3～4。1861 年发现于罗马尼亚比霍尔县白塔(Băiţa)矿区。1861 年彼得斯(Peters)在《帝国科学院数学-自然科学会议报告》[44(1)]报道，称 Sjajbélit。英文名称 Szaibélyite，1861 年卡尔·费迪南德·彼得斯(Karl Ferdinand Peters)为纪念匈牙利雷兹巴尼亚(Rézbánya)，现在的罗马尼亚的白塔(Băiţa)矿山测量师和矿长史蒂芬·斯扎贝利[Stephen Szaibély(Sjajbély)，1777—1855]而以其姓氏命名，是他首先发现了此矿物。1959 年以前发现、描述并命名的"祖父级"矿物，IMA 承认有效。中文名称根据成分译为硼镁石；根据晶体习性和成分译作针硼酸镁石或纤维硼镁石。

【硼镁钛矿】

英文名 Warwickite

化学式 $(Mg,Ti,Fe,Cr,Al)_2O(BO_3)$　　(IMA)

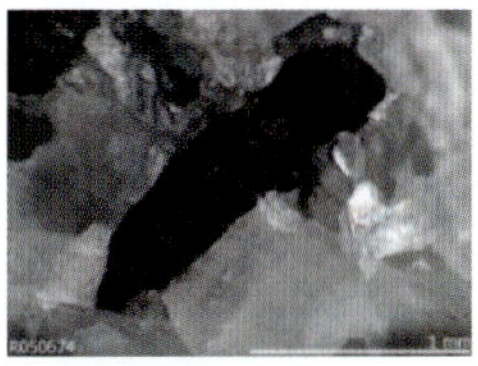

硼镁钛矿柱状晶体(美国)

硼镁钛矿是一种镁、钛、铁、铬、铝氧的硼酸盐矿物。属硼镁钛矿族。斜方晶系。晶体呈柱状，末端呈圆形。暗褐色、深棕色、灰色—黑色，半金属光泽、半玻璃光泽、珍珠光泽；硬度 5.5～6，完全解理，脆性。1838 年发现于美国纽约奥兰治县沃里克(Warwick)镇。1838 年谢泼德(Shepard)在《美国科学与艺术杂志》(34)报道。英文名称 Warwickite，以发现地美国的沃里克(Warwick)镇命名。1959 年以前发现、描述并命名的"祖父级"矿物，IMA 承认有效。同义词 Enceladite，以希腊神话反叛众神的巨人恩克拉多斯(Enceladus)的名字命名。1846 年亨特(Hunt)在《美国科学杂志》(2)报道。中文名称根据成分译为硼镁钛矿或硼镁钛石，也译为钛硼镁铁矿或钛硼镁铁石。

【硼镁铁矿】

英文名 Ludwigite

化学式 $Mg_2Fe^{3+}O_2(BO_3)$　　(IMA)

硼镁铁矿是一种镁、铁氧的硼酸盐矿物。属硼镁铁矿族。硼镁铁矿-硼铁矿系列。斜方晶系。晶体呈细长，针状、毛发状或柱状；集合体常呈放射状、束状、花环状或块体。呈暗绿色或黑色，暗淡的丝绢光泽，不透明；硬度 5.5～6。1874 年发现于罗马尼亚卡拉萨-塞韦林县巴纳特地区奥克纳德费尔(Ocna de Fier)。1874 年切尔马克(Tschermak)在维也纳《矿物学和岩石学通报》(59)报道。英文名称 Ludwigite，以维也纳大学的化学教授恩斯特·路德维希(Ernst Ludwig，1842—1915)的姓氏命名。他在矿物化学、矿泉水分析、食品化学和法医化学领域工作；他首先分析了该矿物。1959 年以前发现、描述并命名的"祖父级"矿物，IMA 承认有效。中文名称根据成分译为硼镁铁矿。

硼镁铁矿柱状、纤维状晶体，束状集合体(瑞典)和路德维希像

【硼镁铁钛矿】

英文名 Azoproite

化学式 $Mg_2[(Ti,Mg),Fe^{3+}]O_2(BO_3)$　　(IMA)

硼镁铁钛矿柱状晶体(俄罗斯)

硼镁铁钛矿是一种镁、钛、铁氧的硼酸盐矿物。属硼镁铁矿族。斜方晶系。晶体呈柱状。黑色，金刚光泽，半透明—几乎不透明；硬度 5.5，完全解理，脆性。1970 年发现于俄罗斯伊尔库茨克州贝加尔湖区塔兹兰斯基(Tazheranskii)地块。英文名称 Azoproite，1969 年由国际地质学会赞助的纪念关于地球地壳深部研究(A Russian acronym honoring the Study of Deep Zones of the Earth's Crust)的俄文缩写 Azopro 组合命名。IMA 1970－021 批准。1970 年 A. A. 克尼夫(A. A. Konev)等在《全苏矿物学会记事》(99)和 1971 年《美国矿物学家》(56)报道。中文名称根据成分译为硼镁铁钛矿或钛硼镁铁矿。

【硼锰钙石】

英文名 Roweite

化学式 $Ca_2Mn_2^{2+}B_4O_7(OH)_6$　　(IMA)

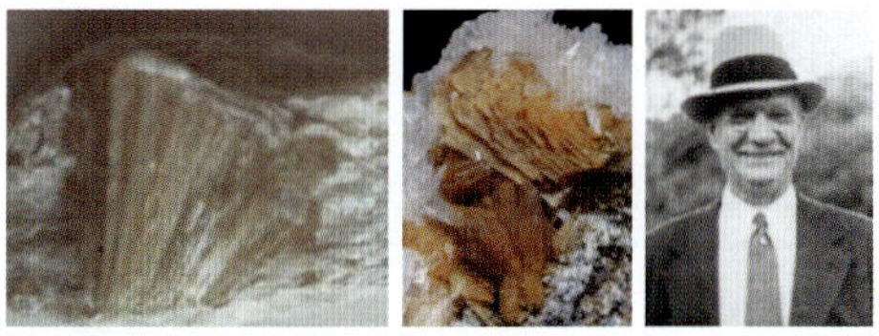

硼锰钙石板条状晶体，扇状、叠板状集合体(美国、中国内蒙古自治区)和罗韦像

硼锰钙石是一种含羟基的钙、锰的硼酸盐矿物。斜方晶系。晶体呈扁平细长的板条状；集合体呈扇状。浅棕色，玻璃光泽，透明；硬度 5，脆性。1937 年发现于美国新泽西州苏塞克斯县富兰克林矿区富兰克林(Franklin)矿。1937 年哈利·伯曼(Harry Berman)和佛若斯特·A. 杰娜尔(Forest A. Gonyer)在《美国矿物学家》(22)报道。英文名称 Roweite，由伯曼和杰娜尔为纪念乔治·罗韦先生(George Rowe，1868—1947)而以他的姓氏命名。他是美国新泽西州富兰克林矿的矿长和矿物收集者。1959 年以前发现、描述并命名的"祖父级"矿物，IMA 承认有效。中文名称根据成分译为硼锰钙石或硼锰锌石；也译作锌硼锰钙石，或基性硼

P

锰钙石。

【硼锰矿】参见【白硼锰石】条 37 页

【硼锰镁矿】

英文名 Takéuchiite

化学式 $Mg_2Mn^{3+}O_2(BO_3)$　　(IMA)

硼锰镁矿半自形板状晶体(瑞典)和竹内像

硼锰镁矿是一种镁、锰氧的硼酸盐矿物。属斜方硼镁锰矿族。斜方晶系。晶体呈半自形板状。黑色,半金属光泽,不透明;硬度 6。1980 年发现于瑞典韦姆兰省菲利普斯塔德市朗班(Långban)。英文名称 Takéuchiite,为纪念日本矿物学和结晶学家、东京大学教授竹内庆夫(Yoshio Takéuchi,1924—2009)而以他的姓命名。他预测到这种矿物中存在的化合物的结构,并为解决硼镁锰矿(Pinakiolite)矿物族的结构做出了重大贡献。IMA 1980－018 批准。日文汉字名称竹内石。1980 年 J. O. 鲍文(J. O. Bovin)等在《美国矿物学家》(65)报道。中文名称根据成分译为硼锰镁矿。

【硼莫来石】

英文名 Boromullite

化学式 $Al_9BSi_2O_{19}$　　(IMA)

硼莫来石是一种铝的硼硅酸盐矿物。斜方晶系。晶体呈柱状;集合体呈束状。白色,玻璃光泽,透明;脆性。2007 年发现于澳大利亚北部斯塔福德(Stafford)山。英文名称 Boromullite,由成分冠词"Boron(硼)"和根词"Mullite(莫来石)"组合命名,意指它是富硼的莫来石的类似矿物。IMA 2007－021 批准。2008 年 I. S. 别克(I. S. Buick)等在《欧洲矿物学杂志》(20)报道。2011 年中国地质科学院地质研究所任玉峰等在《岩石矿物学杂志》[30(2)]根据成分及与莫来石的关系译为硼莫来石(根词参见【莫来石】条 623 页)。

【硼钠长石】参见【硅硼钠石】条 281 页

【硼钠钙石】

英文名 Probertite

化学式 $NaCaB_5O_7(OH)_4 \cdot 3H_2O$　　(IMA)

硼钠钙石柱状晶体,束状集合体(德国、美国)

硼钠钙石是一种含结晶水和羟基的钠、钙的硼酸盐矿物。单斜晶系。晶体呈柱状、针状、细纤维状;集合体常呈束状、放射状或像松松的棉球状。白色、无色,玻璃光泽,透明;硬度 2.5～3.5,完全解理,脆性。1929 年发现于美国加利福尼亚州科恩县克莱默硼矿区克莱默硼酸矿床贝克(Baker)矿。1929 年 A. S. 埃克勒(A. S. Eakle)在《美国矿物学家》(14)报道。英文名称 Probertite,以美国加州大学伯克利分校矿业学院院长弗兰克·H. 普罗伯特(Frank H. Probert,1876—1940)的姓氏命名,是他发现了此矿物,并提供了第一批标本。1959 年以前发现、描述并命名的"祖父级"矿物,IMA 承认有效。中文名称根据成分译为硼钠钙石,也译为基性硼钠钙石,或根据单斜晶系和成分译为斜硼钠钙石。

【硼钠镁石】

英文名 Aristarainite

化学式 $Na_2Mg[B_6O_8(OH)_4]_2 \cdot 4H_2O$　　(IMA)

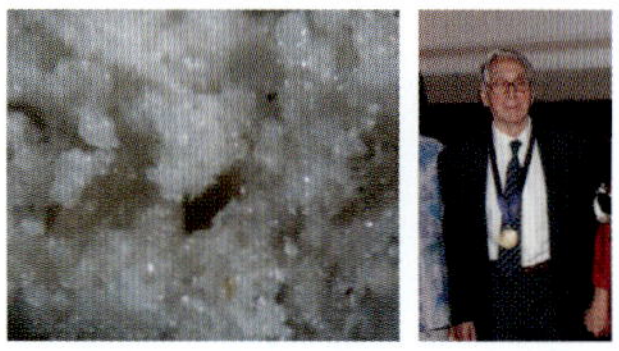

硼钠镁石皮壳状集合体(美国)和阿里斯达伦像

硼钠镁石是一种含结晶水的钠、镁的氢硼酸盐矿物。单斜晶系。晶体呈板状或细长条状;集合体呈皮壳状、放射状、莲花座状。无色、白色,玻璃光泽,透明—半透明;硬度 3.5,完全解理,脆性。1973 年发现于阿根廷萨尔塔省洛斯安第斯行政区廷卡拉尤(Tincalayu)硼矿山。英文名称 Aristarainite,以阿根廷布宜诺斯艾利斯拉普拉塔大学专门从事硼酸矿床研究工作的矿物学家洛伦佐·弗朗西斯科·阿里斯达伦(Lorenzo Francisco Aristarain,1926—2013)的姓氏命名。他描述了 5 种新矿物,包括水硼钠镁石(Rivadavite)、四水硼钠石(Ameghinite)、砷钙硼石(Teruggite)、磷铁锰矿(Beusite)和硒铅矾(Olsacherite)。IMA 1973－029 批准。1974 年 C. S. 赫尔伯特(C. S. Hurlbut)等在《美国矿物学家》(59)报道。中文名称根据成分译为硼钠镁石。

【硼铌石】

英文名 Schiavinatoite

化学式 $Nb(BO_4)$　　(IMA)

希瓦维纳托像

硼铌石是一种铌的硼酸盐矿物。四方晶系。在硼钽石(Behierite)中发现晶体呈四方双锥、四方柱状。粉色、灰色,薄片无色,玻璃光泽,透明;硬度 8,脆性。1999 年发现于马达加斯加塔那那利佛省安德伦博阿(Andrembesoa)镇安特森特辛德拉诺(Antsentsindrano)的安特松贡巴托(Antsongombato)宝石矿。英文名称 Schiavinatoite,以意大利矿物学家朱塞佩·希瓦维纳托(Giuseppe Schiavinato,1915—1996)的姓氏命名。他的工作支持了意大利矿物学的进步与发展。IMA 1999－051 批准。2001 年 F. 德马丁(F. Demartin)等在《欧洲矿物学杂志》(13)报道。中文名称根据成分译为硼铌石。

【硼镍矿】

英文名 Bonaccordite

化学式 $Ni_2Fe^{3+}O_2(BO_3)$　　(IMA)

硼镍矿是一种镍、铁氧的硼酸盐矿物。属硼镁铁矿族。斜方晶系。晶体呈柱状、圆棒状、粒状;集合体呈放射状、细脉状。红褐色、浅灰色,玻璃光泽、金刚光泽,不透明;硬度 7。1974 年发现于南非姆普马兰加省艾兰泽尼区巴伯顿邦阿科德(Bon Accord)镍矿床。英文名称 Bonaccordite,以发现地南非邦阿科德(Bon Accord)命名。IMA 1974－019 批准。1974 年 S. A. 德·瓦尔(S. A. De Waal)等在《南非地质学会会刊》(77)和 1976 年《美国矿物学家》(61)报道。中文名称根据成分译为硼镍矿或硼镍铁矿。

【硼镍铁矿】参见【硼镍矿】条 678 页

【硼铍铝铯石】

英文名 Rhodizite

化学式 $KBe_4Al_4(B_{11}Be)O_{28}$ (IMA)

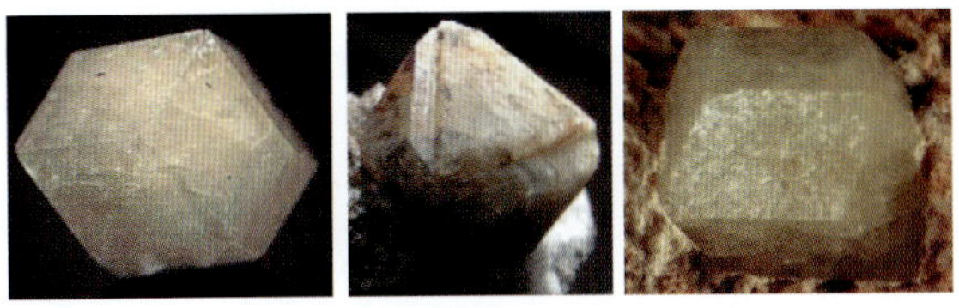

硼铍铝铯石晶体（马达加斯加）

硼铍铝铯石是一种钾、铍、铝的铍硼酸盐矿物。等轴晶系。晶体呈菱形十二面体，四面体或它们的聚形。无色或白色、浅黄色、黄色、桃红色、淡绿等，玻璃光泽、金刚光泽，透明—半透明；硬度 8～8.5。是非常罕见的宝石矿物。1834 年发现于俄罗斯斯维尔德洛夫斯克州萨拉普尔卡（Sarapulka）和萨伊塔卡（Shaitanka）区（木尔津卡铁路）铁道部的基坑；同年，罗斯（Rose）在《波根多夫物理和化学年鉴》(33)报道。英文名称 Rhodizite，根据希腊文“Ροτζιζ ί νη＝Rhodizein（赛玫瑰）”命名，因为矿物颜色可呈玫瑰红色，矿物在吹管火焰中，会使火焰变成玫瑰红色。注意此名不能与纤硅碱钙石（Rhodesite）相混淆。1959 年以前发现、描述并命名的“祖父级”矿物，IMA 承认有效。中文名称根据成分译为硼铍铝铯石，也有的译为硼铯铷矿或硼锂铍石/硼锂铍矿。

[注：1834 年描述时无定量化学分析数据，1882 年达穆尔进行了一次化学分析，但仍不完全。2010 年佩科夫（Pekov）等分析证明铯大于钾。IMA 化学式中无铯，在中文译名中则有铯]。

【硼铍石】

英文名 Hambergite

化学式 $Be_2(BO_3)(OH)$ (IMA)

硼铍石柱状晶体（马达加斯加、挪威）和翰姆伯格像

硼铍石是一种含羟基的铍的硼酸盐矿物。斜方晶系。晶体呈柱状，具双晶。无色、白色、灰白色、浅黄色，玻璃光泽，透明—半透明；硬度 7.5，完全解理，脆性。最初于 1890 年由瑞典探险家和矿物学家翰姆伯格在挪威西福尔德郡拉尔维克兰格森德斯乔登（Langesundsfjorden）赫尔格洛亚（Helgeroa）萨丁根（Salbutangen）发现于铍花岗伟晶岩。1890 年布拉格（Brögger）在莱比锡《结晶学、矿物学和岩石学杂志》(16)报道。英文名称 Hambergite，由瓦尔德马·克里斯托弗·布拉格（Waldemar Christofer Brøgger）为表示对瑞典探险家和矿物学家、乌普萨拉大学地理学教授阿克塞尔·翰姆伯格（Axel Hamberg，1863—1933）的敬意，而以他的姓氏命名。1959 年以前发现、描述并命名的“祖父级”矿物，IMA 承认有效。中文名称根据成分译为硼铍石。

【硼铯铝铍石】

英文名 Londonite

化学式 $CsBe_4Al_4(B_{11}Be)O_{28}$ (IMA)

硼铯铝铍石晶体（马达加斯加）和大卫·伦敦像

硼铯铝铍石是一种铯、铍、铝的铍硼酸盐矿物。等轴晶系。晶体呈菱形十二面体，四面体、立方体、三四面体，或它们的聚形。乳白色—黄色、淡绿黄色，玻璃光泽，透明—半透明；硬度 8，脆性，贝壳状断口。1999 年发现于马达加斯加安博西特拉地区萨哈塔尼（Sahatany）村曼南多纳山谷安坦德罗科姆比（Antandrokomby）伟晶岩。英文名称 Londonite，以大卫·伦敦（David London，1953—）博士的姓氏命名。他是美国俄克拉荷马大学地质学和地球物理学教授，他的贡献是对花岗伟晶岩有深刻的理解。IMA 1999－014 批准。2001 年 W. B. 西蒙斯（W. B. Simmons）等在《加拿大矿物学家》(39)报道。2007 年中国地质科学院地质研究所任玉峰在《岩石矿物学杂志》[26(3)]根据成分译为硼铯铝铍石。硼铯铝铍石（Londonite）-硼铍铝铯石（Rhodizite）系列的两种矿物肉眼很难区别开来，需要化学分析。

【硼砂】

英文名 Borax

化学式 $Na_2B_4O_5(OH)_4 \cdot 8H_2O$ (IMA)

硼砂柱状、板状晶体，晶簇状集合体（美国）

硼砂是一种含结晶水、羟基的钠的硼酸盐矿物。属三方硼砂-硼砂族。单斜晶系。晶体呈短柱状或厚板状，具双晶；集合体呈晶簇状、块状、泉华状、豆状、皮壳状、多孔的土块状等。无色或白色，有时微带浅灰色、浅黄色、浅蓝色、浅绿色等，玻璃光泽、树脂光泽、油脂光泽、土状光泽，透明—不透明；硬度 2～2.5，完全解理，脆性；烧时膨胀，易熔成透明的玻璃体状。

中国是世界上认识、命名、使用硼砂最早的国家之一。首先用于中医药。公元 1116 年，宋政和六年，寇宗爽编著《本草衍义》称蓬砂。明代李时珍的《本草纲目》称硼砂。这些医药书籍中对硼砂的形态、性质、药用、产地等都有较为详细的记载和描述。硼砂也称盆砂或月石。藏药称察拉（Chala），以地名命名。中国西藏有许多含硼盐湖，蒸发干涸后有大量硼砂晶体堆积。中国古代可能是从西藏传到印度，再从印度传到欧洲去的，或通过丝绸之路进入阿拉伯，再到欧洲。

在西方，发现和使用硼砂最早可以追溯到约公元前 200 年，古埃及、罗马、巴比伦曾用硼砂制造玻璃和焊接黄金。古代炼丹家也使用过硼砂。西方文献认为 1546 年发现于印度查谟和克什米尔地区拉达克（Ladakh）。1556 年德国阿格里科拉（Agricola）在《论金属》已有确切记载。1702 年法国医生霍姆贝格首先从硼砂制得硼酸，称为 Salsedativum，即镇静盐。1741 年法国化学家帕特指出，硼砂与硫酸作用除生成硼酸外，还得到硫酸钠。1789 年拉瓦锡把硼酸基列入元素表。直到19世纪初硼酸的化学成分还是个谜。1808年，英国化学家戴维用电解法从硼砂制得棕色的硼；同年，法国化学家盖·吕萨克和泰纳制得单质硼。直到1892年亨利·穆瓦桑提取出更纯净的硼。英文名称Borax，源于硼的拉丁文名称Boracium，该词来自阿拉伯文Buraq(بورق)或波斯文Burah(بوره)；两者皆为硼砂，原意是"焊剂"的意思。也有文献认为阿拉伯文Bauraq，意思是"White(白色)"，这也包括硝石和天然碳酸钠。它们有可能源于梵文टंकण＝ṭ ānkaṇa。1959年以前发现、描述并命名的"祖父级"矿物，IMA承认有效。

【硼铈钙石】

英文名 Braitschite-(Ce)

化学式 $Ca_{6.15}Na_{0.85}REE_{2.08}[B_6O_7(OH)_3(O,OH)_3]_4 \cdot H_2O$ (IMA)

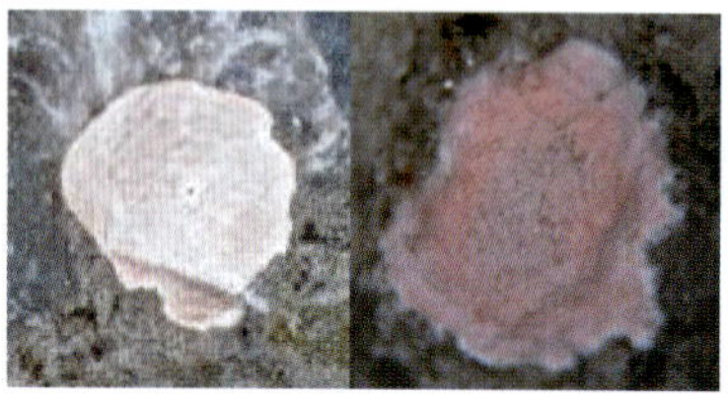

硼铈钙石斑块状、球状集合体(美国)

硼铈钙石是一种含结晶水的钙、钠、稀土的羟基-氧-氢硼酸盐矿物。六方晶系。晶体呈显微六方板状；集合体呈斑块状、球状。无色、白色、粉红色—红色，玻璃光泽，透明；硬度2。1966年发现于美国犹他州格兰德县英特尔维尔区甘蔗溪(Cane Creek)钾盐矿(得克萨斯海湾)。英文名称Braitschite，由O. B. 劳普(O. B. Raup)等为纪念对化学蒸发盐矿物学和地球化学做出贡献的德国矿物学家弗赖堡大学教授奥托·布赖奇(Otto Braitsch，1921—1966)博士而以他的姓氏，加占优势的稀土元素铈后缀-(Ce)命名。IMA 1967-029批准。1968年劳普等在《美国矿物学家》(53)报道。中文名称根据成分译为硼铈钙石，也译作稀土水硼钙石。

【硼锶石】

英文名 Strontioborite

化学式 $SrB_8O_{11}(OH)_4$

硼锶石是一种含羟基的锶的硼酸盐矿物。单斜晶系。无色，透明；非常脆。1960年最初的报告来自哈萨克斯坦阿克图宾斯克州阿克山谷切尔卡尔(Chelkar)盐丘。1960年在《苏联科学院报告》(135)和1961年在《美国矿物学家》(46)报道。英文名称Strontioborite，由化学成分"Strontio(锶)"和"Bor(硼酸)"组合命名，意指它是锶的硼酸盐矿物。IMA不可信，废弃。中文名称根据成分译为硼锶石。

【硼钛镁石】参见【硼镁钛矿】条677页

【硼钽石】

英文名 Béhierite

化学式 $Ta(BO_4)$ (IMA)

硼钽石假八面体晶体(马达加斯加)和琼·贝耶像

P

硼钽石是一种钽的硼酸盐矿物。四方晶系。晶体呈假八面体，粒径0.5～7.0mm。淡灰的玫瑰色，金刚光泽，透明；硬度7～7.5，完全解理。1959年发现于马达加斯加塔那那利佛省瓦卡南卡拉特拉(Vakinankaratra)地区萨哈塔尼(Sahatany)村曼贾卡(Manjaka)伟晶岩。1960年J. 贝耶(J. Béhier)在《马达加斯加共和国地质部门年度报告：塔那那利佛》和1962年M. 弗莱舍(M. Fleischer)在《美国矿物学家》(47)报道。英文名称Béhierite，以法国矿物学家琼·贝耶(Jean Behier，1903—1965)的姓氏命名。他在马达加斯加进行地质服务期间，于1959年发现此矿物。IMA 1967s. p. 批准。中文名称根据成分译为硼钽石。

【硼碳镁石】

英文名 Canavesite

化学式 $Mg_2(HBO_3)(CO_3) \cdot 5H_2O$ (IMA)

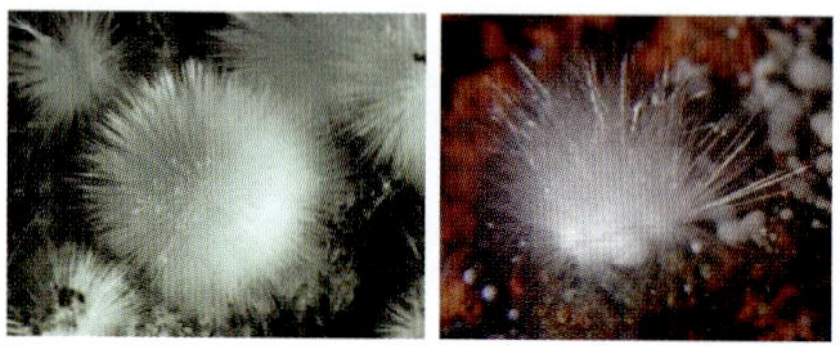

硼碳镁石纤维状晶体，放射状、球粒状集合体(意大利)

硼碳镁石是一种含结晶水的镁的碳酸-氢硼酸盐矿物。单斜晶系。晶体呈针状、纤维状、柱状；集合体呈放射状、球粒状。白色，玻璃光泽、丝绢光泽，透明。1964年朱萨尼(Gi-ussani)等描述了布罗索铁矿山的硼矿化现象。1972年隆巴多(Lombardo)等发现了第一块标本，并成为矿物收藏者的收藏品。1977年在意大利都灵省卡纳韦塞(Canavese)区布罗索(Brosso)铁矿山废弃的隧道掌子面有大量发现。英文名称Canavesite，由乔凡尼·费拉里斯(Giovanni Ferraris)、马里内拉·弗兰基尼-安吉拉(Marinella Franchini-Angela)和保罗·奥兰迪尼(Paolo Orlandini)根据发现地意大利的卡纳韦塞(Canavese)区命名。IMA 1977-025批准。1978年乔凡尼·费拉里斯等在《加拿大矿物学家》(16)和1979年《美国矿物学家》(64)报道。中文名称根据成分译为硼碳镁石。

【硼锑锰矿】参见【贝硼锰石】条51页

【硼铁钙矾】

英文名 Sturmanite

化学式 $Ca_6Fe^{3+}_2(SO_4)_{2.5}[B(OH)_4](OH)_{12} \cdot 25H_2O$ (IMA)

硼铁钙矾钝锥状、柱状晶体(南非)

硼铁钙矾是一种含结晶水和羟基的钙、铁的氢硼酸-硫酸盐矿物。属钙矾石族。六方晶系。晶体呈六方柱状、锥状。亮黄色、琥珀色、黄绿色，玻璃光泽、油脂光泽，透明—半透明；硬度2.5，完全解理，脆性。1981年发现于南非北开普省卡拉哈里锰矿田布莱克罗克(Black Rock)矿。英文名称Sturmanite，由唐纳德·R. 皮科尔(Donald R. Peacor)等以斯洛文尼亚裔加拿大矿物学家和安大略省多伦多安大略皇家博物馆矿物学前副馆长博日达尔·达科·斯特曼(Bozidar Darko Sturman,1937—)的姓氏命名。他的贡献在于系统矿物学,特别是他对来自育空地区的磷酸盐矿物的研究和对光性矿物学方法的改进。IMA 1981－011 批准。1983 年唐纳德·R. 皮科尔(Donald R. Peacor)等在《加拿大矿物学家》(21)报道。1985 年中国新矿物与矿物命名委员会郭宗山等在《岩石矿物及测试》[4(4)]根据成分译为硼铁钙矾。

【硼铁矿】

英文名 Vonsenite

化学式 $Fe_2^{2+}Fe^{3+}O_2(BO_3)$ (IMA)

硼铁矿柱状、纤维状晶体,交织状、放射状集合体(俄罗斯、意大利)和温森像

硼铁矿是一种铁氧的硼酸盐矿物。属硼镁铁矿族硼镁铁矿-硼铁矿系列。斜方晶系。晶体呈柱状、针状、粒状、纤维状;集合体呈交织状或放射状、块状。绿黑色或黑色,金刚光泽、金属光泽,新鲜断面上呈丝绢光泽,不透明;硬度 5,脆性。在美国加利福尼亚州河滨县费尔蒙特公园北山古城(Old City)采石场发现。1908 年克诺夫(Knopf)和夏勒(Schaller)在《美国科学杂志》(25)报道。1917 年布特勒(Butler)和夏勒(Schaller)在《美国华盛顿科学院通报》(7)报道,称 Ferroludwigite。1920 年由亚瑟·S. 埃克勒(Arthur S. Eakle)在《美国矿物学家》(5)报道,称 Vonsenite。英文名称 Vonsenite,为纪念美国矿物收藏家马格努斯·温森(Magnus Vonsen,1880—1954)而以他的姓氏命名。他是来自美国加利福尼亚州佩特卢马的矿物收藏家,他把大量的收集品捐赠给了加州科学院。1959 年以前发现、描述并命名的"祖父级"矿物,IMA 承认有效。中文名称根据成分译为硼铁矿或富铁硼镁铁矿。

【硼铁锡矿】参见【黑硼锡铁矿】条 318 页

【硼铜石】

英文名 Santarosaite

化学式 CuB_2O_4 (IMA)

硼铜石微小球粒状、珠球状集合体(智利)

硼铜石是一种铜的硼酸盐矿物。四方晶系。晶体呈显微叶片状;集合体呈球粒状、微小珠状(60μm)、皮壳状。鲜蓝色、紫蓝色,玻璃光泽,半透明。2007 年发现于智利伊基克省圣罗莎-万塔亚(Santarosa-Huantajaya)区圣罗莎(Santa Rosa)矿。英文名称 Santarosaite,以发现地智利圣罗莎(Santa Rosa)矿命名。IMA 2007－013 批准。2008 年 J. 施吕特尔(J. Schlüter)等在《矿物学新年鉴:论文》(185)报道。2011 年中国地质科学院地质研究所任玉峰等在《岩石矿物学杂志》[30(2)]根据成分译为硼铜石。

【硼锡钙石】参见【硼钙锡矿】条 673 页

【硼锡铝镁石】

英文名 Aluminomagnesiohulsite

化学式 $Mg_2AlO_2(BO_3)$ (IMA)

硼锡铝镁石是一种镁、铝氧的硼酸盐矿物。属硼镁锰矿族。单斜晶系。晶体呈半自形—自形柱状,双晶发育。蓝绿色—褐色、黑色,金刚光泽;硬度 6。2002 年发现于俄罗斯萨哈共和国维尔霍扬斯克区亚纳流域多格多(Dogdo)河克比尔尼尼亚(Kebirninya)溪附近。英文名称 Aluminomagnesiohulsite,由成分冠词"Aluminium(铝)"和根词"Magnesiohulsite(黑硼锡镁矿)"组合命名,意指它是铝占优势的黑硼锡镁矿的类似矿物。IMA 2002－038 批准。2004 年 N. N. 佩尔采夫(N. N. Pertsev)等在《欧洲矿物学杂志》(16)报道。2008 年中国地质科学院地质研究所任玉峰等在《岩石矿物学杂志》[27(3)]根据成分译为硼锡铝镁石;根据成分及与黑硼锡镁矿的关系译作铝黑硼锡镁石/铝黑硼锡镁矿。

【硼锡锰石】

英文名 Tusionite

化学式 $Mn^{2+}Sn(BO_3)_2$ (IMA)

硼锡锰石薄片状、花状集合体(缅甸)

硼锡锰石是一种锰、锡的硼酸盐矿物。三方晶系。晶体呈薄片状,长 1.5cm;集合体呈玫瑰花状。无色、黄棕色、蜜黄色,玻璃光泽,透明—半透明;硬度 5～6,完全解理。1982 年发现于塔吉克斯坦戈尔诺-巴达赫尚自治州帕米尔山脉图斯恩(Tusion)河谷云母花岗伟晶岩。英文名称 Tusionite,以发现地塔吉克斯坦图斯恩(Tusion)河命名。IMA 1982－090 批准。1983 年 S. I. 科诺瓦连科(S. I. Konovalenko)等在《苏联科学院报告》(272)和 1984 年《国际地质学评论》[26(4)]报道。1985 年中国新矿物与矿物命名委员会郭宗山等在《岩石矿物及测试》[4(4)]根据成分译为硼锡锰石。

【硼柱晶石】参见【碱柱晶石】条 378 页

砒

[pī]形声;从石,比声。化学元素"Arsenic(砷)"的旧称。参见"砷"。

皮

[pí]会意;金文字形上面是个口,表示兽的头;一竖表示身体;右边半圆表示已被揭起的皮;右下表手。本义:用手剥兽皮。[英]音,用于外国人名、地名。

【皮蒂哥利奥石】

英文名 Pitiglianoite

化学式 $K_2Na_6(Si_6Al_6)O_{24}(SO_4)\cdot 2H_2O$ (IMA)

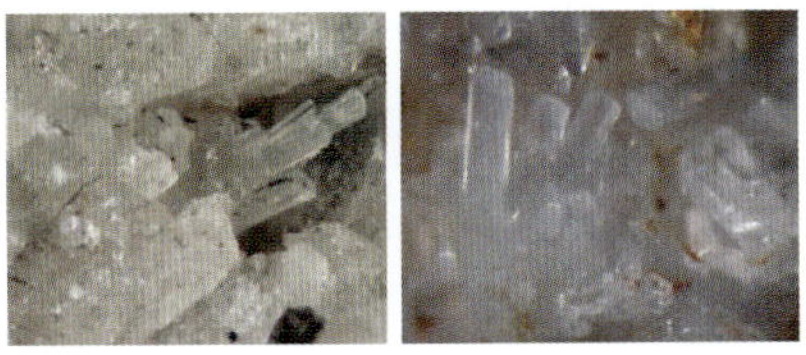

皮蒂哥利奥石柱状晶体,晶簇状集合体(意大利)

皮蒂哥利奥石是一种含结晶水的钾、钠的硫酸-铝硅酸盐矿物。属似长石-钙霞石族。六方晶系。晶体呈六方柱

状;集合体呈晶簇状。无色,玻璃光泽,透明;硬度5,脆性。1990年发现于意大利格罗塞托省皮蒂格里亚诺(Pitigliano)查萨丘陵托斯科米奇(Toscopomici)采石场。英文名称Pitiglianoite,以发现地意大利的皮蒂格里亚诺(Pitigliano)命名。IMA 1990-012批准。1991年S.麦里诺(S. Merlino)等在《美国矿物学家》(76)报道。1993年中国新矿物与矿物命名委员会黄蕴慧等在《岩石矿物学杂志》[12(1)]音译为皮蒂哥利奥石,有的根据成分译为水硅碱硫石。

【皮卡石*】

英文名 Picaite

化学式 $NaCa[AsO_3OH][AsO_2(OH)_2]$ (IMA)

皮卡石*是一种钠、钙的氢亚砷酸-氢砷酸盐矿物。单斜晶系。晶体呈薄片状,厚约1mm。无色,玻璃光泽,透明;硬度3.5,脆性。2018年发现于智利基克省托雷西利亚斯(Torrecillas)矿。英文名称Picaite,以皮卡文化(Pica culture)命名。公元900—1500年占据智利北部阿塔卡马沙漠,包括模式产地周围。IMA 2018-022批准。2018年A.R.坎普夫(A.R. Kampf)等在《CNMNC通讯》(44)、《矿物学杂志》(82)和《欧洲矿物学杂志》(30)及2019年《矿物学杂志》(83)报道。目前尚未见官方中文译名,编译者建议音译为皮卡石*。

【皮科保尔矿】参见【辉铁铊矿】条353页

【皮拉矿*】

英文名 Pillaite

化学式 $Pb_9Sb_{10}S_{23}ClO_{0.5}$ (IMA)

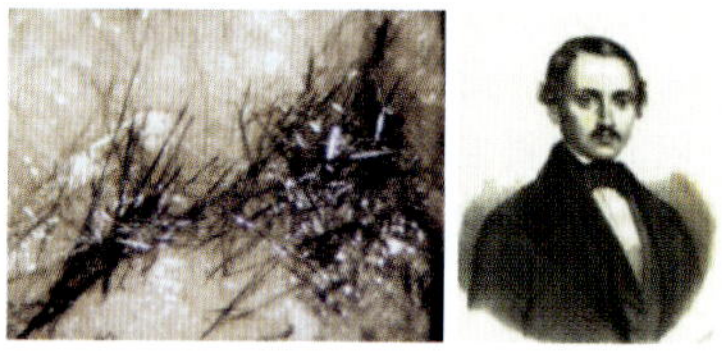

皮拉矿*毛发状晶体(意大利)和皮拉像

皮拉矿*是一种含氧和氯的铅、锑的硫化物矿物。属辉锑铅族。单斜晶系。晶体呈针状、毛发状,长1cm和厚0.1mm。黑色,金属光泽,不透明;硬度3～4,脆性。1997年发现于意大利卢卡省滨海阿尔卑斯山脉斯塔泽马镇布贾德拉韦纳(Buca della Vena)矿。英文名称Pillaite,以意大利早期地球科学家和意大利独立运动英雄莱奥波尔多·皮拉(Leopoldo Pilla,1805—1848)的姓氏命名。IMA 1997-042批准。2001年P.奥兰迪(P. Orlandi)等在《欧洲矿物学杂志》(13)报道。目前尚未见官方中文译名,编译者建议音译为皮拉矿*。

【皮拉瓦钇石*】

英文名 Pilawite-(Y)

化学式 $Ca_2Y_2Al_4(SiO_4)_4O_2(OH)_2$ (IMA)

皮拉瓦钇石*是一种含羟基和氧的钙、钇、铝的硅酸盐矿物。单斜晶系。晶体长达1.5mm。白色,玻璃光泽,半透明;硬度5,脆性。2013年发现于波兰下西里西亚省杰尔若纽夫县皮拉瓦(Pilawa)高尔纳采石场朱莉安娜(Julianna)伟晶岩。英文名称Pilawite-(Y),由发现地波兰的皮拉瓦(Pilawa)高尔纳采石场,加占优势的稀土元素钇后缀-(Y)组合命名。IMA 2013-125批准。2014年A.皮耶兹卡(A. Pieczka)等在《CNMNC通讯》(20)、《矿物学杂志》(78)和2015年《矿物学杂志》(79)报道。目前尚未见官方中文译名,编译者建议音加成分译为皮拉瓦钇石*。

【皮里布拉姆矿*】

英文名 Přibramite

化学式 $CuSbSe_2$ (IMA)

皮里布拉姆矿*是一种铜、锑的硒化物矿物。属硫铜锑矿族。斜方晶系。晶体呈柱状,粒径60μm×112μm。铅灰色,金属光泽,不透明;硬度3～4,脆性。1995年中国学者陈鲁明(Chen Luming)等在《矿物学报》([15(4)],中文摘要)报道为未命名的铜、锑的硒化物矿物。1996年J.L.杨博尔(J.L. Jambor)等在《美国矿物学家》(81)作为新矿物报道。2015年发现于捷克共和国波希米亚中部皮里布拉姆(Příbram)区哈杰铀矿山废石堆。英文名称Přibramite,以发现地捷克的皮里布拉姆(Príbram)区命名。IMA 2015-127批准。2016年P.斯卡查(P. Škácha)等在《CNMNC通讯》(31)、《矿物学杂志》(80)和2017年《欧洲矿物学杂志》(29)报道。目前尚未见官方中文译名,编译者建议音译为皮里布拉姆矿*。

【皮硫铋铜铅矿】

英文名 Pekoite

化学式 $CuPbBi_{11}S_{18}$ (IMA)

皮硫铋铜铅矿是一种铜、铅、铋的硫化物矿物。属针硫铋铅矿-辉铋矿系列。斜方晶系。晶体呈柱状,粒径达2mm。铅灰色,金属光泽,不透明;硬度2～3,完全解理。1975年发现于澳大利亚北澳大利亚州巴克利地区滕南特克里克朱诺矿山佩科(Peko)矿。英文名称Pekoite,1976年由W.G.穆默(W.G. Mumme)等根据发现地澳大利亚的佩科(Peko)矿命名。IMA 1975-014批准。1976年穆默等在《美国矿物学家》(61)和《加拿大矿物学家》(14)报道。中文名称根据英文名称首音节音和成分译为皮硫铋铜铅矿;根据成分译为硒铋铜铅矿。

【皮硫锡锌银矿】

英文名 Pirquitasite

化学式 Ag_2ZnSnS_4 (IMA)

皮硫锡锌银矿粒状晶体(阿根廷)

皮硫锡锌银矿是一种银、锌、锡的硫化物矿物。属黝锡矿族。四方晶系。晶体呈不规则粒状,粒径约0.5mm。棕灰色、黑色,金属光泽,不透明;硬度4。1980年发现于阿根廷胡胡伊省林科纳达地区皮奎塔斯(Pirquitas)银-锡矿床。英文名称Pirquitasite,以发现地阿根廷的皮奎塔斯(Pirquitas)矿床命名。IMA 1980-091批准。1982年Z.约翰(Z. Johan)等在《法国矿物学和结晶学学会通报》(105)和1983年《美国矿物学家》(68)报道。1983年中国新矿物与矿物命名委员会郭宗山等在《岩石矿物及测试》[2(1)]根据英文名称首音节音和成分译为皮硫锡锌银矿;根据成分译为硫锡锌银矿。

【皮诺特石】

英文名 Perraultite

化学式 $BaNaMn_4Ti_2(Si_2O_7)_2O_2(OH)_2F$ (IMA)

皮诺特石是一种含氟、羟基和氧的钡、钠、锰、钛的硅酸盐矿物;是一种锰占优势的金沙江石的类似矿物。属氟钠钛锆石超族钡铁钛石族。单斜晶系。晶体呈柱状、板状,具燕尾双晶。橙棕色，玻璃光泽，透明—半透明；硬度 6.5，完全解理，脆性。1984 年发现于加拿大魁北克省圣希莱尔(Saint-Hilaire)山混合肥料采石场。英文名称 Perraultite，由加拿大的蒙特利尔综合理工学院的盖伊·佩罗特(Guy Perrault，1927—2002)先生的姓氏命名。IMA 1984 - 033 批准。1991 年 G. Y. 曹(G. Y. Chao)在《加拿大矿物学家》(29)报道。1991 年中国新矿物与矿物命名委员会郭宗山在《岩石矿物学杂志》[10(4)]音译为皮诺特石。

皮诺特石柱状晶体(乌克兰)

【皮砷铋石】

英文名 Preisingerite

化学式 $Bi_3O(AsO_4)_2(OH)$　(IMA)

皮砷铋石是一种含羟基的铋氧的砷酸盐矿物。属皮砷铋石族。三斜晶系。晶体呈粒状。灰白色—黄灰色，半金刚光泽，半透明；硬度 3～4，脆性。1981 年发现于阿根廷圣胡安省卡林加斯塔区域圣弗朗西斯科德洛斯安第斯(San Francisco de los Andes)矿。英文名称 Preisingerite，以奥地利维也纳大学的矿物学家安东·普赖辛格(Anton Preisinger，1925—)的姓氏命名。IMA 1981 - 016 批准。1982 年 D. 贝德里维(D. Bedlivy)等在《美国矿物学家》(67)报道。1983 年中国新矿物与矿物命名委员会郭宗山等在《岩石矿物及测试》[2(1)]根据英文名称首音节音和成分译为皮砷铋石。

皮砷铋石粒状晶体(德国)

【皮水硅铝钾石】

英文名 Perlialite

化学式 $K_9NaCa(Si_{24}Al_{12})O_{72}\cdot 15H_2O$　(IMA)

皮水硅铝钾石是一种含沸石水的钾、钠、钙的铝硅酸盐矿物。属沸石族。六方晶系。晶体呈纤维状；集合体呈放射状、束状。珍珠白色，丝绢光泽、珍珠光泽，半透明；硬度 4～5。1982 年发现于俄罗斯北部摩尔曼斯克州武尼米奥克(Vuonnemiok)河谷和尤克斯波(Yukspor)山脉洛帕斯卡亚(Loparskaya)谷。英文名称 Perlialite，以苏联基洛夫斯克矿业技术学院矿物学讲师莉丽·阿列克谢耶芙娜·皮尔克尔斯特"皮尔莉雅"(Lily Alekseevna Perekrest"Perlial"，1928—)的姓名缩写命名。IMA 1982 - 032 批准。1984 年 Y. P. 梅尼希科夫(Y. P. Men'chikov)在《全苏矿物学会记事》[113(5)]和 1985 年 P. J. 邓恩(P. J. Dunn)等在《美国矿物学家》(70)报道。中文名称根据英文名称首音节音和成分译为皮水硅铝钾石。

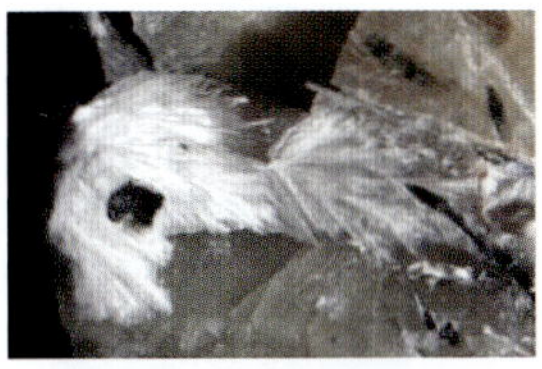
皮水硅铝钾石纤维状晶体，束状集合体(俄罗斯)

【皮水碳铬铅石】

英文名 Petterdite

化学式 $PbCr_2(CO_3)_2(OH)_4\cdot H_2O$　(IMA)

皮水碳铬铅石是一种含结晶水和羟基的铅、铬的碳酸盐矿物。属水碳铝钡石族。斜方晶系。晶体呈细粒状；集合体呈土状。淡紫色，珍珠光泽，半透明；硬度 2，中等解理。1999 年发现于澳大利亚塔斯马尼亚西海岸市齐恩区登达斯(Dundas)矿场红铅矿。英文名称 Petterdite，这个名字是由特威尔翠丝(Twelvetrees)首先用于砷铅矿矿物，后来被证明是一种含磷砷铅矿(P-bearing mimetite)，并因此被怀疑。2000 年这种矿物被 W. D. 白芝(W. D. Birch)等以澳大利亚靴子进口商和科学家威廉·弗雷德里克·培特(William Frederick Petterd，1849—1910)的姓氏命名。他发表了许多关于贝类和地质学的论文，并写了《塔斯马尼亚矿物目录》；他还描述了这种矿物的类似矿物水碳铝铅石(Dundasite)。IMA 1999 - 034 批准。2000 年白芝等在《加拿大矿物学家》(38)报道。2003 年中国地质科学院矿产资源研究所李锦平等在《岩石矿物学杂志》[22(1)]根据英文名称首音节音和成分译为皮水碳铬铅石；《英汉矿物种名称》(2017)译为水碳铬铅石。

皮水碳铬铅石细粒状晶体，土状集合体(德国)和培特像

【皮特威廉姆斯矿】

英文名 Petewilliamsite

化学式 $(Ni,Co)_{30}(As_2O_7)_{15}$　(IMA)

圆形粒状晶体，晶簇状集合体(德国，电镜)和威廉姆斯像(左)

皮特威廉姆斯矿是一种镍、钴的砷酸盐矿物。单斜晶系。晶体呈显微单晶半自形、圆形粒状，粒径为 20μm 至 0.3mm；集合体呈散斑状、晶簇状。深紫红色—暗棕红色，玻璃光泽、金刚光泽，半透明；硬度 1.5～2.5，脆性。2002 年发现于德国萨克森州厄尔士山脉约翰乔治区约翰乔治城(Johanngeorgenstadt)(标本可能采自 19 世纪中期)。英文名称 Petewilliamsite，以澳大利亚新南威尔士彭里斯西悉尼大学矿物和材料科、食品科学学院和园艺学院的地球化学家和结晶学家皮特·阿伦·威廉姆斯[Peter (Pete) Allan Williams，1950—]教授的姓名命名，以表彰他对次生矿物研究做出的贡献。IMA 2002 - 059 批准。2004 年 A. C. 罗伯茨(A. C. Roberts)等在《矿物学杂志》(68)报道。2008 年中国地质科学院地质研究所任玉峰等在《岩石矿物学杂志》[27(3)]音译为皮特威廉姆斯矿。

【皮特钇石*】

英文名 Peatite-(Y)

化学式 $Li_4Na_{12}(Y,Na,Ca,REE)_{12}(PO_4)_{12}(CO_3)_4(F,OH)_8$　(IMA)

皮特钇石* 是一种含羟基和氟的锂、钠、钇、钙、稀土的碳酸-磷酸盐矿物。斜方(假等轴)晶系。晶体呈板状、柱状、自形菱面体、假立方体。浅粉红色，玻璃光泽，透明；硬度 3，完全解理，脆性。2009 年发现于加拿大魁北克省圣希莱尔(Saint-Hilaire)山混合肥料采石场。英文名称 Peatite-(Y)，为纪念加拿大安

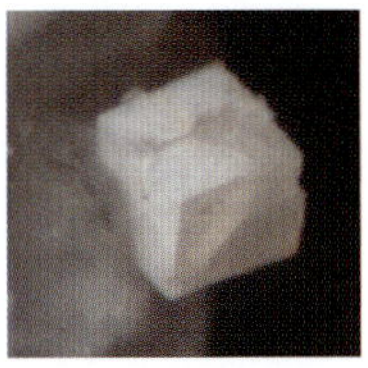
皮特钇石* 自形菱面体(假立方)晶体(加拿大)

大略博物馆的辛西娅·皮特(Cynthia Peat,1925—1999)夫人而以她的姓氏,加占优势的稀土元素钇后缀-(Y)组合命名。辛西娅是皇家矿物学系的一名X射线分析技师。IMA 2009-020批准。2013年A. M. 麦克唐纳(A. M. McDonald)等在《加拿大矿物学家》(51)报道。目前尚未见官方中文译名,编译者建议音加成分译为皮特钇石*。

【皮耶奇卡石*】

英文名 Pieczkaite

化学式 $Mn_5(PO_4)_3Cl$ (IMA)

皮耶奇卡石*是一种含氯的锰的磷酸盐矿物。属磷灰石超族磷灰石族。六方晶系。在花岗伟晶岩中呈细脉状(25μm)、补丁状集合体。灰色,玻璃光泽;硬度4~5,脆性。2014年发现于加拿大马尼托巴省克罗斯湖北组22号花岗伟晶岩。英文名称Pieczkaite,以波兰克拉科夫地质、地球物理和环境保护学院矿物学、岩相学和地球化学系助理教授亚当·皮耶奇卡(Adam Pieczka,1957—)的姓氏命名,以表彰他对伟晶岩矿物的晶体化学研究所做出的广泛贡献。IMA 2014-005批准。2014年K. 泰特(K. Tait)等在《CNMNC通讯》(20)、《矿物学杂志》(78)和2015年《美国矿物学家》(100)报道。目前尚未见官方中文译名,编译者建议音译为皮耶奇卡石*。

【皮兹格里施矿*】

英文名 Pizgrischite

化学式 $(Cu,Fe)Cu_{14}PbBi_{17}S_{34}$ (IMA)

皮兹格里施矿*针柱状晶体,平行状或放射状集合体(瑞士)

皮兹格里施矿*是一种铜、铁、铅、铋的硫化物矿物。单斜晶系。晶体呈针状、柱状,长达1cm,发育聚片双晶;集合体呈平行状或放射状。铅灰色,金属光泽,不透明;硬度3.5,完全解理,脆性。2001年发现于瑞士格劳宾登州莱茵河谷皮兹格里施峰(Piz Grisch)。英文名称Pizgrischite,以发现地瑞士皮兹格里施峰(Piz Grisch)命名。IMA 2001-002批准。2007年N. 梅瑟尔(N. Meisser)等在《加拿大矿物学家》(45)报道。目前尚未见官方中文译名,编译者建议音译为皮兹格里施矿*。

铍

[pí]形声;从钅,皮声。一种金属元素。[英]Beryllium。元素符号Be。原子序数4。绿玉石和绿宝石都是铍铝硅酸盐矿物。克拉普罗特曾经分析过秘鲁出产的绿玉石,但他却没能发现铍。伯格曼也曾分析过绿玉石,结论是一种铝和钙的硅酸盐。18世纪末化学家沃克兰·尼古拉斯·路易斯(Vauquelin Niclas Louis,1763—1829)应法国矿物学家阿羽伊的请求对金绿石和绿柱石进行了化学分析。沃克兰发现两者的化学成分完全相同,并发现其中含有一种新元素,称它为Glucinium,这一名词来自希腊文Γλυκίδες=Glykys,是甜的意思,因为铍的盐类有甜味。沃克兰在1798年2月15日在法国科学院宣读了他发现新元素的论文。但是,单质铍在30年后的1828年由德国化学家弗里德里希·维勒(Friedrich Woler,1800—1882)制得。由于钇的盐类也有甜味,维勒把它命名为Beryllium,它来源于铍的主要矿物——绿柱石的英文名称Beryl。铍的希腊文原意就是"绿宝石"的意思。铍在地壳中含量为0.001%,主要矿物有绿柱石、硅铍石和金绿宝石等。

【铍方钠石】

参见【硅铍铝钠石】条281页

【铍符山石】

参见【符山石】条198页

【铍钙大隅石】

参见【整柱石】条1112页

【铍钙铁非石】

参见【钙铁非石】条229页

【铍硅钠石】

英文名 Lovdarite

化学式 $K_2Na_6Be_4Si_{14}O_{36}\cdot 9H_2O$ (IMA)

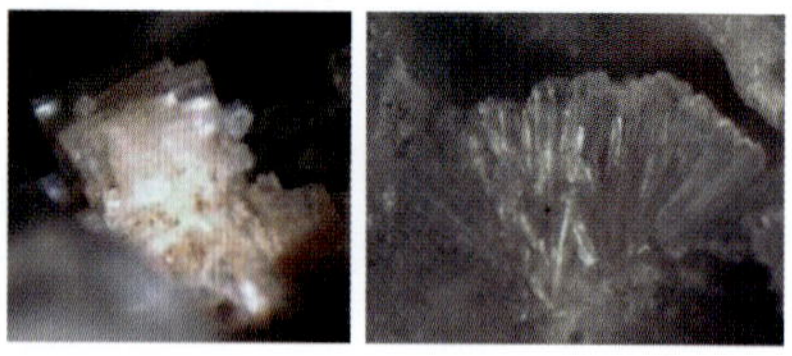

铍硅钠石板状、纤维状晶体,扇状集合体(格陵兰、俄罗斯)

铍硅钠石是一种含沸石水的钾、钠、铍的硅酸盐矿物。属沸石族。斜方晶系。晶体呈柱状、板片状、纤维状;集合体呈放射状、扇状。白色、淡黄色,透明—半透明;硬度5~6。1972年发现于俄罗斯北部摩尔曼斯克州洛沃泽罗(Lovozero)地块卡纳苏特(Karnasurt)山脉尤比莱纳亚(Yubileinaya)伟晶岩。英文名称Lovdarite,以俄文"dar Lovozera"命名,意指俄罗斯的洛沃泽罗(Lovozero)地块赠送的礼物。IMA 1972-009批准。1973年Y. P. 梅尼希科夫(Y. P. Men′shikov)等在《苏联科学院报告》[213(2)]和1974年M. 弗莱舍(M. Fleischer)在《美国矿物学家》(59)报道。中文名称根据成分译为铍硅钠石。

【铍黄长石】

英文名 Aminoffite

化学式 $Ca_3(BeOH)_2Si_3O_{10}$ (IMA)

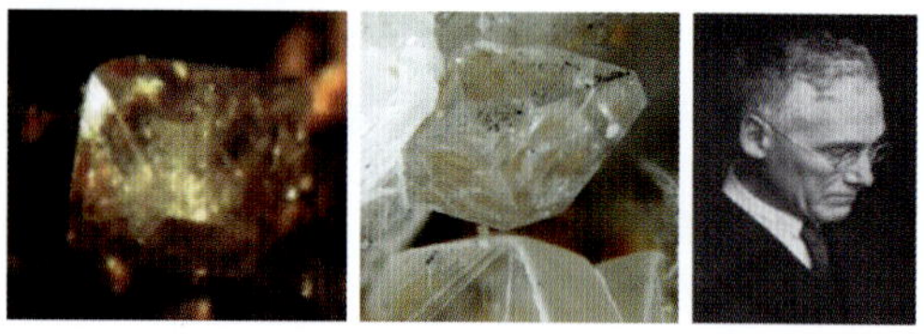

铍黄长石双锥状晶体(瑞典)和阿米诺夫像

铍黄长石是一种钙、铍氢氧的硅酸盐矿物。属黄长石族。四方晶系。晶体呈双锥状。无色、淡黄色、蜜黄色,玻璃光泽,透明;硬度5.5~6,脆性,贝壳状断口。1937年发现于瑞典韦姆兰省菲利普斯塔德市朗班(Långban)。1937年C. S. 赫尔伯特(C. S. Hurlbut)在《斯德哥尔摩地质学会会刊》(59)和《美国矿物学家》(23)报道。英文名称Aminoffite,为纪念瑞典斯德哥尔摩瑞典自然历史博物馆的矿物学家和朗班矿物学专家格列戈里·阿米诺夫(Gregori Aminoff,1883—1947)博士而以他的姓氏命名。1959年以前发现、描述并命名的"祖父级"矿物,IMA承认有效。中文名称根据成分及族名译为铍黄长石;根据成分、颜色和族名译为铍蜜黄石。

【铍尖晶石】

参见【金绿宝石】条385页

【铍榴石】

英文名 Danalite

化学式 $Be_3Fe^{2+}_4(SiO_4)_3S$　　(IMA)

铍榴石晶体(美国)和丹纳像

铍榴石是一种含硫的铍、铁(常含锰和锌)的硅酸盐矿物。属日光榴石族。等轴晶系。晶体呈八面体、四面体、菱形十二面体、不规则粒状,达 10cm;集合体呈致密块状。蜜黄色、肉红色、红褐色或灰色,玻璃光泽或油脂光泽,透明—微透明;硬度 5.5~6,脆性。1866 年,在美国马萨诸塞州埃塞克斯县罗克波特(Rockport)发现;同年,在《美国科学与艺术杂志》(92)报道。英文名称 Danalite,以美国耶鲁大学矿物学家和地质学家詹姆斯·德怀特·丹纳(James Dwight Dana,1813—1895)的姓氏命名。丹纳著有流行于世界的《矿物学手册》和《系统矿物学》名著,对世界矿物学影响深远。1959 年以前发现、描述并命名的"祖父级"矿物,IMA 承认有效。中文名称根据成分译为铍榴石。含锌的变种称锌铍榴石(Zinc danalite)。

【铍铝镁锌石】参见【镁塔菲石-6N'3S】条 598 页

【铍镁晶石】参见【塔菲石】条 908 页

【铍蜜黄石】参见【铍黄长石】条 684 页

【铍石】

英文名 Bromellite

化学式 BeO　　(IMA)

铍石柱状、板状晶体(瑞士)和布罗梅尔像

铍石是一种铍的氧化物矿物。六方晶系。晶体呈带锥的长柱状、板状;集合体呈晶簇状、玫瑰花状。无色、白色、奶油白色,玻璃光泽,透明—半透明;硬度近于 9,中等解理。是极其罕见的宝石矿物。1925 年发现于瑞典韦姆兰省菲利普斯塔德市朗班(Långban)。1925 年阿米诺夫(Aminoff)在德国《晶体学杂志》(62)和 1926 年《美国矿物学家》(11)报道。英文名称 Bromellite,以瑞典医生和矿物学家马格努斯·冯·布罗梅尔(Magnus von Bromell,1670—1731)的姓氏命名。1959 年以前发现、描述并命名的"祖父级"矿物,IMA 承认有效。中文名称根据成分译为铍石。

【铍柱石】参见【硅铍锰钙石】条 282 页

偏 [piān]形声;从人,扁声。本义:不正,倾斜。①用于中国地名。②偏酸盐。

【偏岭石】

英文名 Pianlinite

化学式 $Al_2Si_2O_6(OH)_2$

偏岭石是一种含羟基的铝的硅酸盐矿物。斜方晶系。晶体为半晶质,性质较复杂。白色—黑色,玻璃光泽、土状光泽;硬度 6~7,脆性。最初发现于中国辽宁省鞍山地区岫岩县偏岭(Pianling),并以发现地偏岭(Pianling)命名。1963 年刘长龄、刘德业等在《科学通报》报道。对此矿物长期争论不休。1987 年被 IMA 废弃[见 1987 年《美国矿物学家》(72)],认为它可能是一个无序的高岭石。普遍被认为是变高岭石。

【偏硼石】

英文名 Metaborite

化学式 HBO_2　　(IMA)

偏硼石菱形十二面体晶体(意大利)

偏硼石是一种偏硼酸矿物。与 Clinometaborite(斜偏硼石)为同质多象。等轴晶系。晶体呈菱形十二面体,细粒状。无色,有时呈棕灰色和棕色,玻璃光泽,透明—半透明;硬度 5,脆性。1964 年发现于哈萨克斯坦阿克托别地区沙尔卡尔市阿克塞山谷切尔卡尔(Chelkar)盐丘。英文名称 Metaborite,由希腊文"Μέτα=Meta(变,脱水状态)"和"Borite(偏硼酸)"组合命名。1964 年 V. V. 洛巴诺娃(V. V. Lobanova)等在《全苏矿物学会记事》[93(3)]和 1965 年 M. 弗莱舍(M. Fleischer)等在《美国矿物学家》(50)报道。IMA 1967s. p. 批准。中文名称根据成分译为偏硼石或偏硼酸石。

【偏水锡石】参见【水锡石】条 882 页

片 [piàn]指事。甲骨文字形,像劈开的木片。本义:劈开树木之类。引申:扁而薄的东西。①用于描述矿物的形态。②用于日本人名。

【片沸石-钡】

英文名 Heulandite-Ba

化学式 $(Ba,Ca,K)_5(Si_{27}Al_9)O_{72}\cdot 22H_2O$　　(IMA)

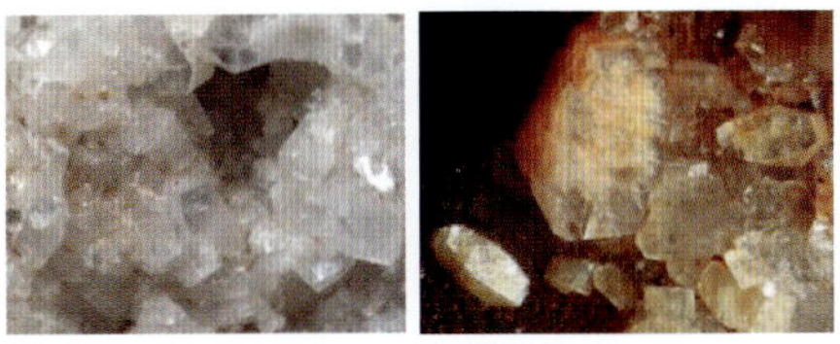

片沸石-钡短柱状、板状晶体(挪威)

片沸石-钡是一种含沸石水的钡、钙、钾的铝硅酸盐矿物。属沸石族片沸石系列。单斜晶系。晶体多呈板状或柱状;集合体呈晶簇状或鳞片状。无色—白色、淡黄白色、米色,玻璃光泽、珍珠光泽,透明—半透明;硬度 3.5,完全解理。2003 年发现于挪威布斯克吕郡维诺林(Vinoren)银矿田北矿。英文名称 Heulandite-Ba,根词 1822 年由亨利·詹姆斯·布鲁克(Henry James Brooke)为纪念英国英格兰苏塞克斯黑斯廷斯的矿物收藏家和矿物商人约翰·海因里希·"约翰·亨利"赫兰德(Johann Heinrich "John Henry" Heuland,1778—1856)而以他的姓氏,加占优势的阳离子钡后缀-Ba 组合命名。IMA 2003-001 批准。2005 年阿尔夫·奥拉夫·拉森(Alf Olav Larsen)等在《欧洲矿物学杂志》(17)报道。2008 年中国地质科学院地质研究所任玉峰等在《岩石矿物学杂志》[27(6)]根据成分及系列族名译为片沸石-钡/钡片沸石[参见 1968 年 A. B. 默克尔(A. B. Merkle)等在《美国矿物学家》(53)发表的《片沸石矿物的结构测定和细化》]。

【片沸石-钙】

英文名 Heulandite-Ca

化学式 $(Ca,Na,K)_5(Si_{27}Al_9)O_{72} \cdot 26H_2O$　　(IMA)

片沸石-钙板状晶体，花状集合体（印度、美国）

片沸石-钙是一种含沸石水的钙、钠、钾的铝硅酸盐矿物。沸石族片沸石系列。单斜晶系。晶体呈片状、粒状；集合体呈块状、花状。白色、无色、红色、黄色、棕色、绿色，玻璃、珍珠光泽，透明；硬度 3.5～4，完全解理，脆性。1822 年发现于英国苏格兰斯特拉斯克莱德(Strathclyde)区；同年，在《爱丁堡哲学杂志》(6)报道。英文名称 Heulandite-Ca，根词是 1822 年由亨利·詹姆斯·布鲁克(Henry James Brooke)为纪念英国英格兰苏塞克斯黑斯廷斯的矿物收藏家和矿物商人约翰·海因里希·"约翰·亨利"赫兰德(Johann Heinrich "John Henry" Heuland，1778—1856)而以他的姓氏，加占优势的阳离子钙后缀-Ca 组合命名。1959 年以前发现、描述并命名的"祖父级"矿物，IMA 承认有效。IMA 1997s. p. 批准。中文名称根据成分及系列族名译为片沸石-钙/钙片沸石[参见 1968 年 A. B. 默克尔(A. B. Merkle)等在《美国矿物学家》(53)发表的《片沸石矿物的结构测定和细化》]。

【片沸石-钾】

英文名 Heulandite-K

化学式 $(K,Ca,Na)_5(Si_{27}Al_9)O_{72} \cdot 26H_2O$　　(IMA)

片沸石-钾板状晶体（意大利）

片沸石-钾是一种含沸石水的钾、钙、钠的铝硅酸盐矿物。属沸石族片沸石系列。单斜晶系。晶体呈由厚向一个方向变薄的板状、粗粒状。白色、红白色、灰白色、褐白色、黄色，玻璃光泽、珍珠光泽，透明—半透明；硬度 3～3.5，完全解理，脆性。1969 年发现于意大利维琴察省圣托尔索区阿尔贝罗巴希(Albero Bassi)附近；同年，在《矿物学期刊》(38)报道。英文名称 Heulandite-K，根词是 1822 年由亨利·詹姆斯·布鲁克(Henry James Brooke)为纪念英国英格兰苏塞克斯黑斯廷斯的矿物收藏家和矿物商人约翰·海因里希·"约翰·亨利"赫兰德(Johann Heinrich "John Henry" Heuland，1778—1856)而以他的姓氏，加占优势的阳离子钾后缀-K组合命名。IMA 1997s. p. 批准。中文名称根据成分及系列族名译为片沸石-钾/钾片沸石[参见 1968 年 A. B. 默克尔(A. B. Merkle)等在《美国矿物学家》(53)发表的《片沸石矿物的结构测定和细化》]。

【片沸石-钠】

英文名 Heulandite-Na

化学式 $(Na,Ca,K)_6(Si,Al)_{36}O_{72} \cdot 22H_2O$　　(IMA)

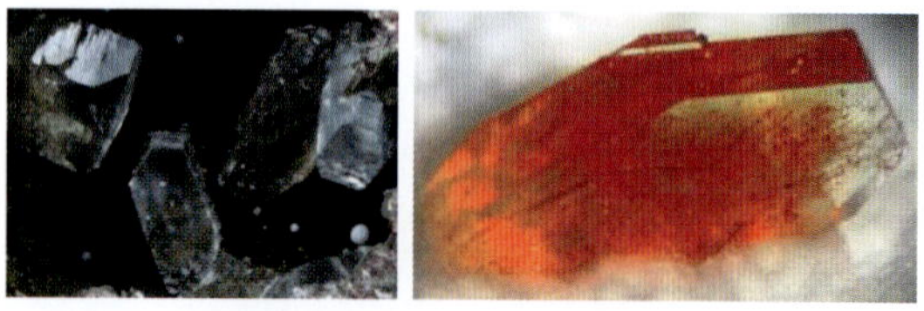

片沸石-钠板状晶体（意大利、美国）

片沸石-钠是一种含沸石水的钠、钙、钾的铝硅酸盐矿物。属沸石族片沸石系列。单斜晶系。晶体多呈一端厚一端薄的板状或柱状；晶体呈短柱状或鳞片状。无色、白色、略带黄色或红色、棕色、绿色等，玻璃光泽，晶面上具珍珠光泽，透明—半透明；硬度 3.5～4，完全解理，脆性。1924 年发现于美国爱达荷州卡斯特县马湾小区查利斯(Challis)未名矿坑；同年，在《美国根据博物馆文献》(24)报道。1818 年首次被奥古斯特·布赖特豪普特(August Breithaupt)从辉沸石(Stilbite)分开并命名为 Euzeolite，意思是"美丽的沸石"。英文名称 Heulandite-Na，1822 年由亨利·詹姆斯·布鲁克(Henry James Brooke)为纪念英国英格兰苏塞克斯黑斯廷斯的矿物收藏家和矿物商人约翰·海因里希·"约翰·亨利"赫兰德(Johann Heinrich "John Henry" Heuland，1778—1856)而以他的姓氏，加占优势的阳离子钠后缀-Na 组合命名。1959 年以前发现、描述并命名的"祖父级"矿物，IMA 承认有效。IMA 1997s. p. 批准。中文名称根据结晶习性(板、鳞片)与族名译为片沸石(片沸石-钠/钠片沸石)；旧译黄束沸石。1997 年国际矿物学协会重新分类把 Heulandite 改为系列名称，根据 Heulandite 占优势的阳离子有：-Ba、-Ca、-K、-Na 和-Sr 物种。片沸石与斜发沸石具有相同的结构，但片沸石 Si∶Al＜4.0，而斜发沸石 Si∶Al≥4.0[参见 1968 年 A. B. 默克尔(A. B. Merkle)等在《美国矿物学家》(53)发表的《片沸石矿物的结构测定和细化》]。

【片沸石-锶】

英文名 Heulandite-Sr

化学式 $(Sr,Ca,Na)_5(Si_{27}Al_9)O_{72} \cdot 24H_2O$　　(IMA)

片沸石-锶板状晶体（意大利）

片沸石-锶是一种含沸石水的锶、钙、钠的铝硅酸盐矿物。属沸石族片沸石系列。单斜晶系。晶体呈厚板状。白色、无色、红色、黄色、棕色、绿色，玻璃光泽、珍珠光泽，透明—半透明；硬度 3～3.5，完全解理，脆性。1982 年发现于意大利热那亚省卡斯蒂廖内基亚瓦雷塞区坎佩格利(Campegli)矿玄武岩；同年，在《矿物学新年鉴》(月刊)报道。英文名称 Heulandite-Sr，根词 1822 年由亨利·詹姆斯·布鲁克(Henry James Brooke)为纪念英国英格兰苏塞克斯黑斯廷斯的矿物收藏家和矿物商人约翰·海因里希·"约翰·亨利"赫兰德(Johann Heinrich "John Henry" Heuland，1778—1856)而以他的姓氏，加占优势的阳离子锶后缀-Sr 组合命名。IMA 1997s. p. 批准。中文名称根据成分及系列名译为片沸石-锶/锶片沸石[参见 1968 年 A. B. 默克尔(A. B. Merkle)等在《美国矿物学家》(53)发表的《片沸石矿物的结构测定和细化》]。

【片硅碱钙石】

英文名 Delhayelite

化学式 $K_7Na_3Ca_5Al_2Si_{14}O_{38}F_4Cl_2$　　(IMA)

片硅碱钙石片状晶体（俄罗斯）

片硅碱钙石是一种含氯和氟的钾、钠、钙的铝硅酸盐矿物。属纤硅碱钙石族。斜方晶系。晶体呈板状、片状。无色、银灰色、灰绿色，玻璃光泽，半透明。1959 年发现于刚果（金）北基伍省尼拉贡戈地区尼拉贡戈火山北侧的沙赫鲁（Shaheru）火山。1959 年 T. G. 萨哈马（T. G. Sahama）和 K. 希陶宁（K. HytAonen）在《矿物学杂志》(32）和《美国矿物学家》(44）报道。英文名称 Delhayelite，为纪念比利时地质学家费尔南德·德尔哈耶（Fernard Delhaye，1880—1946）而以他的姓氏命名。他是在刚果（金）基伍省北部地区进行地质勘探的先驱。IMA 1962s. p. 批准。中文名称根据晶习和成分译为片硅碱钙石。

【片硅铝石】

英文名 Donbassite

化学式 $Al_2(Si_3Al)O_{10}(OH)_2 \cdot Al_{2.33}(OH)_6$ （IMA）

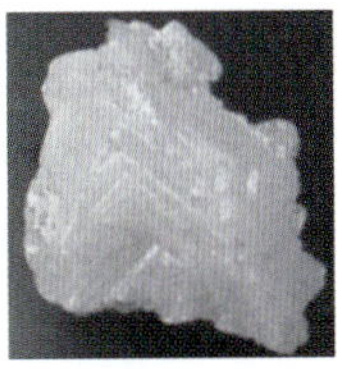

片硅铝石片状晶体（乌克兰）

片硅铝石是一种含铝氢氧化物层片的羟基铝的铝硅酸盐矿物。属绿泥石族。是镁绿泥石与高岭石的中间矿物。单斜晶系。晶体呈假六方鳞片状、片状；集合体呈块状。白色、浅绿色，珍珠光泽，透明；硬度 2～2.5，完全解理。1940 年发现于乌克兰顿涅茨克（Donetsk）地区。1940 年 E. K. 拉扎连科（E. K. Lazarenko）在《苏联科学院报告》(28）和 1941 年《美国矿物学家》(26）报道。英文名称 Donbassite，以乌克兰顿涅茨克盆地或顿巴斯（Donets/Donbas/Donbass）命名。1959 年以前发现、描述并命名的“祖父级”矿物，IMA 承认有效。中文名称根据晶习和成分译为片硅铝石；音译为顿巴斯石；根据英文名称首音节音和族名译为顿绿泥石。

【片钠铝石】参见【碳钠铝石】条 925 页

【片山石】参见【加特雅玛石】条 362 页

【片碳镁石】

英文名 Coalingite

化学式 $Mg_{10}Fe_2^{3+}(CO_3)(OH)_{24} \cdot 2H_2O$ （IMA）

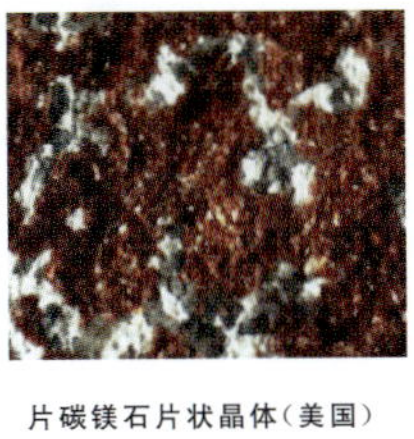

片碳镁石片状晶体（美国）

片碳镁石是一种含结晶水和羟基的镁、铁的碳酸盐矿物。属水滑石超族。三方晶系。晶体呈六方板片状、片状。青铜棕色、浅棕色、红棕色、褐黑色，玻璃光泽、树脂光泽，半透明；硬度 1～2，完全解理。1962 年发现于美国加利福尼亚州圣贝尼托郡和弗雷斯诺县迪亚博罗（Diablo）山脉新伊德里亚（New Idria）蛇纹石石棉矿床；同年，R. C. 蒙罗（R. C. Munro）和 K. M. 雷姆（K. M. Reim）曾在《采矿工程》[14(9)]报道。英文名称 Coalingite，以矿物发现地附近的科林加（Coaling）小镇命名。IMA 1965-011 批准。1965 年 F. A. 穆普顿（F. A. Mumpton）等在《美国矿物学家》(50）报道。中文名称根据晶习和成分译为片碳镁石。

【片铁碲矿】

英文名 Sonoraite

化学式 $Fe^{3+}(Te^{4+}O_3)(OH) \cdot H_2O$ （IMA）

片铁碲矿片状晶体（墨西哥）

片铁碲矿是一种含结晶水、羟基的铁的碲酸盐矿物。单斜晶系。晶体呈薄片状。黄绿色、黄色，玻璃光泽；硬度 3。1968 年发现于墨西哥索诺拉（Sonora）州蒙特祖马（Moctezuma）矿。英文名称 Sonoraite，由理查德·瓦伦丁·盖恩斯（Richard Valentine Gaines）、加布里埃·东奈（Gaibrielle Donnay）和马克斯·H. 赫伊（Max H. Hey）以发现地墨西哥的索诺拉（Sonora）州命名。IMA 1968-001 批准。1968 年 R. V. 盖恩斯（R. V. Gaines）在《美国矿物学家》(53）报道。中文名称根据晶习和成分译为片铁碲矿，有的译作水羟碲铁石。

【片榍石】

英文名 Hiortdahlite

化学式 $(Na,Ca)_2Ca_4Zr(Mn,Ti,Fe)(Si_2O_7)_2(F,O)_4$ （IMA）

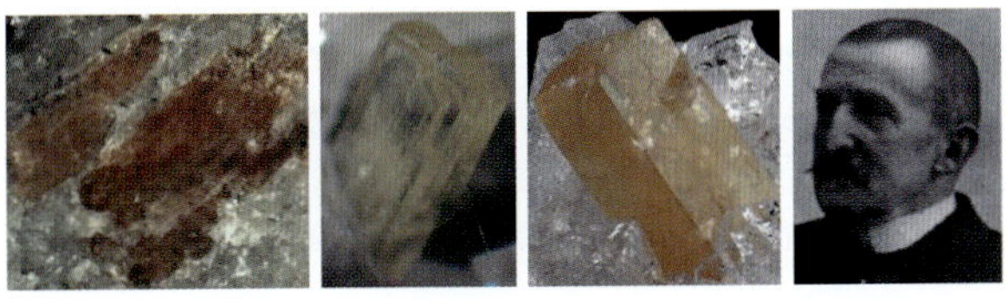

片榍石板状晶体（挪威、意大利）和希奥尔特达赫尔像

片榍石是一种含氧和氟的钠、钙、锆、锰、钛、铁的硅酸盐矿物。属铌锆钠石族。三斜晶系。多以单晶体出现，呈扁平的楔形（信封状）横断面为菱形，底面特别发育时，呈板状，具聚片双晶。蜜黄色、铜黄色、褐色、玫瑰色、绿色、黑色等，玻璃光泽、金刚光泽、油脂光泽，透明—半透明；硬度 5～5.5，柱面解理清楚，非常脆。它是世界最新也是极稀少的宝石矿物，它有特殊的光学效应，能将所接受的光束形成光怪陆离的异常丰富的多色性。通常的色彩为绿色、黄绿色，偶尔也有粉红色、黑色和巧克力色，呈现明亮的彩虹效果。在这一点上比钻石更优异。最早见于 1888 年在《新科学杂志》(31）报道。英文名称 Hiortdahlite，以挪威化学家、矿物学家和政治家索尔斯坦·哈拉格尔·希奥尔特达赫尔（Thorstein Hallager Hiortdahl，1839—1925）的姓氏命名。IMA 1987 s. p. 批准。中文名称根据形态译作片榍石；根据英文名称首音节音和成分译作希硅锆钠钙石。1985 年 S. 梅利诺（S. Merlino）和 N. 佩尔基亚齐（N. Perchiazzi）在《契尔马克氏矿物学和岩石学杂志》(34）将 Hiortdahlite 重新定义为两个矿物种：Hiortdahlite Ⅰ 和 Hiortdahlite Ⅱ。它们在晶体学上密切相关，都属于铌锆钠石族（Wöhlerite）（枪晶石族）。

片榍石Ⅰ[Hiortdahlite Ⅰ，$Na_4Ca_8Zr_2(Nb,Mn,Ti,Fe,Mg,Al)_2(Si_2O_7)_4(O_3F_5)$]。来自挪威西福尔郡拉尔维克市朗厄松峡湾里尔阿罗亚岛礁。最初于 1890 年由 W. C. 布拉格（W. C. Brøgger）在《结晶学和矿物学杂志》(16）报道。IMA 未批准。

P

片榍石Ⅱ[HiortdahliteⅡ，$(Na,Ca)_4Ca_8Zr_2(Y,Zr,REE,Na)_2(Si_2O_7)_4(O_3F_5)$]。最初报告来自加拿大魁北克省特米斯卡明县维尔迪厄乡谢菲尔德湖基帕瓦碱性杂岩体。1974年H. M. 阿腾(H. M. Aarden)在《加拿大矿物学家》(12)报道。未向IMA申报。

同义词Guarinite，报道来自意大利那不勒斯省外轮山埃尔科拉诺圣维托采石场。以瓜林(Guarin)的名字命名。它可能是片榍石(Hiortdahlite)和铌锆钠石(Wohlerite)的混合物。

【片柱钙石】

英文名 Scawtite

化学式 $Ca_7(Si_3O_9)_2(CO_3)\cdot 2H_2O$　(IMA)

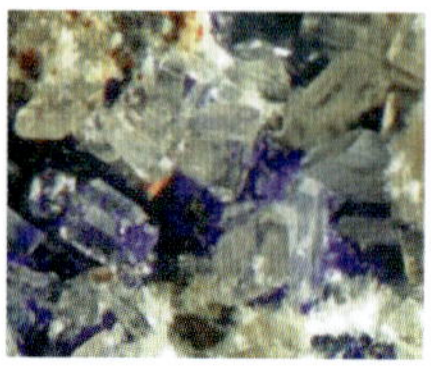

片柱钙石板状、柱状晶体(美国)

片柱钙石是一种罕见的含结晶水的钙的碳酸-硅酸盐矿物。单斜晶系。晶体呈四方板状、片状或柱状；集合体呈平行发散状。无色，玻璃光泽，透明；硬度4.5～5，完全解理。1929年由C. E. 蒂利(C. E. Tilley)发现于英国北爱尔兰安特里姆县拉恩斯卡维特(Scawt)山丘。英文名称Scawtite，1930年由蒂利等在《矿物学杂志》(22)以最早发现地英国的斯卡维特(Scawt)山丘命名。1959年以前发现、描述并命名的“祖父级”矿物，IMA承认有效。中文名称根据形态和成分译为片柱钙石；或根据成分译为碳硅钙石。在美国、日本等地也有发现。1972年在中国安徽省濉溪县邹楼铁矿床和1982年在中国河北省符山铁矿也发现了该矿物。

螵

[piāo]形声；从虫，票声。海螵蛸：乌贼鱼体内的骨状硬壳。

【螵蛸石】

参见【海泡石】条303页

贫

[pín]会意兼形声；从贝从分，分亦声。“贝”是古货币，一个“贝”还要分开，表示贫困。本义：缺少财物，贫困。与“富”相对。

【贫钾镁大隅石】

英文名 Trattnerite

化学式 $Fe_2^{3+}(Mg_3Si_{12})O_{30}$　(IMA)

贫钾镁大隅石板片状晶体(德国)和特拉特纳像

贫钾镁大隅石是一种铁的镁硅酸盐矿物。属大隅石族。六方晶系。晶体呈半自形短柱状、板片状。深蓝色、黄绿色，玻璃光泽，完全解理，脆性。2002年发现于奥地利施蒂利亚州维埃尔姆多夫(Wilhelmsdorf)村斯特拉德纳科格尔(Stradner Kogel)霞石正长岩捕虏体。英文名称Trattnerite，以奥地利矿物收藏家瓦尔特·特拉特纳(Walter Trattner)的姓氏命名。特拉特纳先生是奥地利东南部火山岩矿物专家，他发现的此矿物。IMA 2002-002批准。2004年W. 波斯托(W. Postl)等在《欧洲矿物学杂志》[16(2)]报道。2008年中国地质科学院地质研究所任玉峰等在《岩石矿物学杂》[27(3)]根据成分[相对大隅石(K，Na)$(Fe^{2+},Mg)_2(Al,Fe^{3+})_3(Si,Al)_{12}O_{30}$)贫钾]及族名译为贫钾镁大隅石。

【贫水硼砂】

参见【四水硼砂】条902页

平

[píng]指事。小篆字形，从于，从八。“于”是气受阻碍而能越过的意思，“八”是分的意思，气越过而能分散，语气自然平和舒顺。本义：语气平和舒顺。引申：不倾斜，无凹凸，像静止的水面一样。用于中国地名。

【平谷矿】

汉拼名 Pingguite

化学式 $Bi_6Te_2^{4+}O_{13}$　(IMA)

平谷矿球状集合体(美国)

平谷矿是一种铋的亚碲酸盐矿物。斜方晶系。晶体呈板柱状、粒状，颗粒极细小；集合体呈小圆球状、葡萄状。黄绿色和淡绿色，玻璃光泽、金刚光泽，透明—半透明；硬度5.5～6。1993年，核工业北京地质研究院孙志富等在北京市平谷县杨家洼金矿氧化带的重砂中发现的一种含铋的亚碲酸盐新矿物，并以产地命名为Pingguite。IMA 1993-019批准。1994年孙志富等在中国《矿物学报》[14(4)]和1996年《美国矿物学家》(81)报道。

钋

[pō]从金，从卜声。一种放射性金属元素。[英]Polonium。元素符号Po。原子序数84。钋是一种银白色金属，是世界上最毒的物质之一，能在黑暗中发光。1898年由著名科学家居里夫人与丈夫皮埃尔·居里在处理铀矿时发现，玛丽·居里为纪念自己祖国波兰(拉丁文：Polonia)，把这种新元素定名为Polonium。钋是目前已知最稀有的元素之一。在地壳中含量约为100万亿分之一，天然的钋存在于所有铀矿石、钍矿石中，也存在于镭-铅废渣中及废氡管内。目前钋主要通过人工合成方式取得。

坡

[pō]形声；从土，皮声。本义：山地倾斜的地方。[英]音，用于外国地名。

【坡缕石】

英文名 Palygorskite

化学式 $(Mg,Al)_5Si_4O_{10}(OH)\cdot 4H_2O$　(IMA)

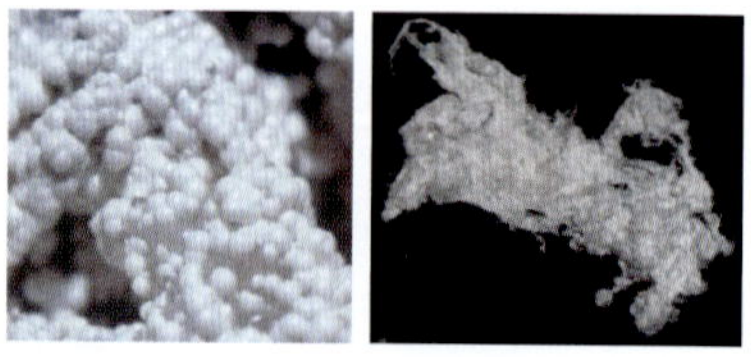

坡缕石纤维状晶体，珍珠状集合体(英国、美国)

坡缕石又名坡缕缟石或凹凸棒石，是一种含水富镁、铝的铝硅酸盐黏土矿物。属坡缕石族。单斜(斜方)晶系。晶体呈毛发状，纤维状；集合体呈土状、致密块状、珍珠状、缠结的垫子状。白色、灰白色、青灰色、灰绿色，蜡状光泽、土状光泽或丝绢光泽，半透明；硬度2～2.5，完全解理，脆性；土质细腻，有油脂滑感，质轻，吸水性强，粘舌，具黏性和可塑性，水浸泡崩散，悬浮液遇电解质不絮凝沉淀，具有很大的比表面积和吸附能力，很好的流变性和催化性能，同时，具有理想的胶体性能、耐热性能和离子交换性能，被称为“千土之王”。

发现于俄罗斯彼尔姆斯卡亚州坡缟斯克(Palygorsk)区波波夫卡(Popovka)河第二矿。1862 年，俄国学者 T. 冯·萨弗特斯钦克夫(T. von Ssaftschenkow)在圣彼得堡《俄罗斯联盟皇家矿物学学会研究报告》以发现地俄罗斯坡缕缟斯克(Palygorsk)矿区命名为 Paligorskit。1913 年 A. E. 费尔斯曼(A. E. Fersman，1883—1945)将该矿物正式命名为 Palygorskite。1959 年以前发现、描述并命名的“祖父级”矿物，IMA 承认有效。1962 年 W. 哈金斯·查尔斯(W. Huggins Charles)等在《美国矿山局调查报告》刊载。中文名称音译为坡缕缟石或坡缕石。1935 年，法国学者 J. D. 拉帕伦特(J. D. Lapparent)在美国小镇奥特堡(Attapulgus)、佐治亚(Georgia)、昆斯(Quincy)、佛罗里达(Florida)和法国莫尔摩隆(Mormoiron)的沉积岩中均发现该矿物，并以美国奥特堡(Attapulgus)命名为 Attapulgite。中文名称音和意译为凹凸棒石。1982 年，世界黏土矿物命名委员会认为，坡缕缟石(Palygorskite)与凹凸棒石(Attapulgite)两者晶体结构一致、化学成分相同，应属同一矿物种；按照命名优先原则，规定统一命名为坡缕缟石(Palygorskite)。尽管如此，这两个名称同时广为流传。其实，该矿物还有许多其他名称，如镁山软木、山软木、山柔皮(Mountain Leather)、山皮(Mountain Shin)、山石棉、石棉(Mountain Cork)，山石棉状聚集物(Mountain-Cork-like accumulations)、绿坡缕缟石、打白石、漂白土(Fullers Earth)、活性蛋白、蛋白石、白土(White Earth)、阿塔凝胶、波莫凝胶等。据统计，该矿物名称使用概率最多的依次为坡缕缟石、凹凸棒石、漂白土或白土、阿塔凝胶。坡缕石还是前哥伦布时期的玛雅文明使用的颜料玛雅蓝中的主要成分之一。

【坡砷铑钯矿】

英文名 Palladodymite

化学式 Pd_2As (IMA)

坡砷铑钯矿是一种钯、铑的砷化物矿物。斜方晶系。晶体呈显微状，呈其他矿物的包裹体。浅灰色，金属光泽，不透明；脆性。1997 年发现于俄罗斯车里雅宾斯克州伊尔门山脉兹拉托乌斯特市米阿斯(Miass)河。英文名称 Palladodymite，由成分“Palladium(钯)”和希腊文“Δίδυμα=Twin(双，孪生)”组合命名，意指它是钯占优势的“Rhodarsenide(砷铑钯矿)”的类似矿物。IMA 1997－028 批准。1999 年 S. N. 布里特温(S. N. Britvin)等在《俄罗斯矿物学会记事》[128(2)]报道。中国地质科学院根据成分把 Palladodymite 和 Rhodarsenide 都译为砷铑钯矿；为把二者区别开来将 Palladodymite 根据英文名称首音节音和成分译为坡砷铑钯矿；将 Rhodarsenide 译为砷钯铑矿*。

泼

[pō]形声；从水，发声。本义：水漏出，用力向外倒或洒。[英]音，用于外国人名。

【泼勒扎耶娃铈石*】

英文名 Polezhaevaite-(Ce)

化学式 $NaSrCeF_6$ (IMA)

泼勒扎耶娃铈石*是一种钠、锶、铈的氟化物矿物。六方晶系。晶体呈细纤维状，长 1mm，直径小于 1μm；集合体呈平行状。雪白色，丝绢光泽，透明—半透明；硬度 3，脆性。2009 年发现于俄罗斯北部摩尔曼斯克州科阿什瓦(Koashva)露天采坑。英文名称 Polezhaevaite-(Ce)，根词由柳德米拉·伊万诺芙娜·泼勒扎耶娃(Lyudmila Ivanovna Polezhaeva，1935—)的姓氏，加占优势的稀土元素铈后缀-(Ce)组合命名。泼勒扎耶娃是俄罗斯电子探针分析矿物专家，她为碱性岩的矿物学研究做出了贡献。IMA 2009－015 批准。2010 年 V. N. 雅科夫丘克(V. N. Yakovenchuk)等在《美国矿物学家》[95(7)]报道。目前尚未见官方中文译名，编译者建议音加成分译为泼勒扎耶娃铈石*。

【泼水铁铜矾】

英文名 Poitevinite

化学式 $Cu(SO_4)\cdot H_2O$ (IMA)

泼水铁铜矾粉末状集合体(加拿大)

泼水铁铜矾是一种含结晶水的铜的硫酸盐矿物。属水镁矾族。三斜晶系。晶体呈细粒状；集合体呈粉末状。橙红色、浅橙色、玫瑰红色，玻璃光泽，透明—半透明；硬度 3～3.5。1963 年发现于加拿大不列颠哥伦比亚省亚利卢埃特矿区波拿巴河哈特溪阿沃卡(Avoca)矿。英文名称 Poitevinite，J. L. 杨博尔(J. L. Jambor)等为纪念加拿大矿物学家泰奥菲尔·尤金·波伊特温(Théophile Eugène Poitevin，1888—1978)而以他的姓氏命名。他在加拿大地质调查局(1913—1957)工作期间，为加拿大矿物学做出了贡献。IMA 1963－010 批准。1964 年杨博尔、G. R. 拉钱斯(G. R. Lachance)和 S. 考维尔(S. Courville)在《加拿大矿物学家》(8)及 1965 年《美国矿物学家》(50)报道。中国地质科学院根据英文名称首音节音和成分译为泼水铁铜矾；2011 年杨主明等建议根据英文名称和矾类译为波依特温矾[见《岩石矿物学杂志》(4)]。

钷

[pǒ]形声；从钅，叵声。是一种属于镧系的稀土放射性元素。[英]Promethium。元素符号 Pm。原子序数 61。1945 年，美国田纳西州橡树岭克林顿实验室的研究人员 J. A. 马林斯基(J. A. Marinsky)、L. E. 格伦丹宁(L. E. Glendenin)和 C. E. 科里尔(C. E. Coryell)从铀的裂变产物中发现了钷，用希腊神话中偷取火种给人类的英雄普罗米修斯(Prometheus)命名为 Promethium。汉译钷。1965 年(一说为 1986 年)M. 阿特雷普(M. Attrep)从刚果沥青铀矿中分离出钷，从此不再是人造元素。

珀

[pò]形声；从玉，白声。本义：琥珀。[英]音，用于外国人名。

【珀蒂让石】

英文名 Petitjeanite

化学式 $Bi_3O(PO_4)_2(OH)$ (IMA)

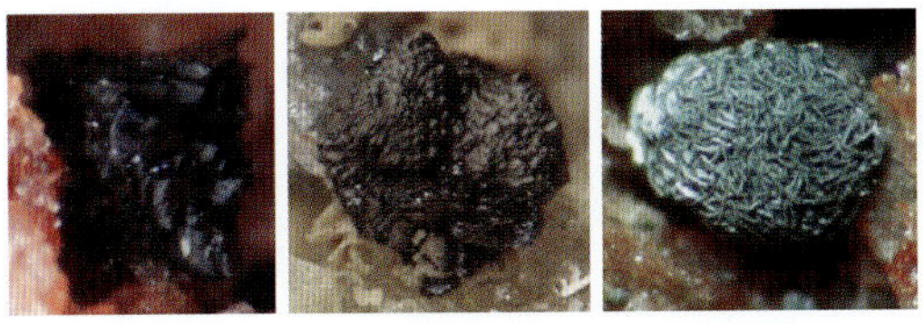

珀蒂让石板状晶体，晶簇状、放射球状、交生团状集合体(德国)

珀蒂让石是一种含羟基的铋氧的磷酸盐矿物。属皮砷铋石族。三斜晶系。晶体呈板状，具双晶；集合体呈皮壳状、交生缠绕团状、放射球状。白色、浅粉色、黄色、暗褐色—黑色，玻璃光泽、金刚光泽，透明—半透明；硬度 4.5。1992 年发现于德国黑森州加登海姆(Gadernheim)山伯格维格(Bergweg)。英文名称 Petitjeanite，以德国的业余矿物收藏家克劳斯·珀蒂让(Klaus Petitjean)的姓氏命名，他在德国赖兴巴赫发现的新矿物。IMA 1992-013 批准。1993 年 W. 克劳塞(W. Krause)等在《矿物学新年鉴》(月刊)报道。1998 年中国新矿物与矿物命名委员会黄蕴慧等在《岩石矿物学杂志》[17(2)]音译为珀蒂让石。

【珀硅钛镧铁矿*】

英文名 Perrierite-(La)

化学式 $(La,Ce,Ca)_4(Fe^{2+},Mn)(Ti,Fe^{3+},Al)_4[(Si_2O_7)O_4]_2$ (IMA)

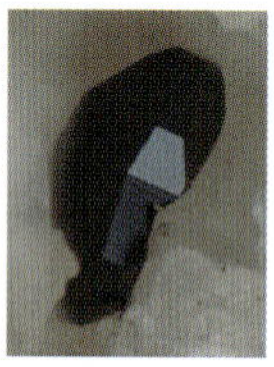

珀硅钛镧铁矿*板柱状晶体(德国)

珀硅钛镧铁矿*是一种镧、铈、钙、铁、锰、钛、铝的氧-硅酸盐矿物。属硅钛铈矿族。单斜晶系。晶体呈柱状，粒径 0.5mm×1mm。黑色，树脂光泽、油脂光泽，半透明—不透明；硬度 6，完全解理，脆性。2010 年发现于德国莱茵兰-普法尔茨州门迪格(Mendig)邓德伦(den Dellen)采石场。英文名称 Perrierite-(La)，根词 Perrierite，1950 年由斯蒂法诺·博纳蒂(Stefano Bonatti)等为纪念意大利矿物学家热那亚大学矿物学教授卡洛·佩里耶(Carlo Perrier，1886—1948)而以他的姓氏，加占优势的稀土元素镧后缀-(La)组合命名。IMA 2010-089 批准。2011 年 N. V. 丘卡诺夫(N. V. Chukanov)等在《俄罗斯矿物学会记事》[140(6)]报道。目前尚未见中文官方译名，编译者根据英文名称首音节音和成分译为珀硅钛镧铁矿*，也译作钛硅镧矿。

【珀硅钛铈铁矿】

英文名 Perrierite-(Ce)

化学式 $Ce_4MgFe^{3+}_2Ti_2O_8(Si_2O_7)_2$ (IMA)

珀硅钛铈铁矿板柱状晶体(德国)和佩里耶像

珀硅钛铈铁矿是一种铈、镁、铁、钛氧的硅酸盐矿物。属硅钛铈矿族。与硅钛铈矿互为同质多象。单斜晶系。晶体呈板柱状；集合体呈晶簇状。棕色、红棕色、黑色，玻璃光泽、树脂光泽，半透明—不透明；硬度 5.5。1950 年发现于意大利罗马首都城市内图诺(Nettuno)。1950 年 S. 博纳蒂(S. Bonatti)等在《皇家科学院分类报表：物理科学、数学和自然》(Ⅷ系列，9)报道。英文名称 Perrierite-(Ce)，根词 Perrierite 为 1950 年由斯蒂法诺·博纳蒂(Stefano Bonatti)等为纪念意大利矿物学家热那亚大学矿物学教授卡洛·佩里耶(Carlo Perrier，1886—1948)而以他的姓氏，加占优势的稀土元素铈-(Ce)后缀组合命名。1937 年他和埃米利奥·塞格雷(Emilio Segre)发现了元素锝。1951 年 M. 弗莱舍(M. Fleischer)在《美国矿物学家》(36)报道。1959 年以前发现、描述并命名的"祖父级"矿物，IMA 承认有效。IMA 1987s. p. 批准。中文名称根据英文名称首音节音和成分译为珀硅钛铈铁矿，也译作钛硅铈矿。

【珀瑞尔石】

英文名 Poirierite

化学式 Mg_2SiO_4 (IMA)

珀瑞尔像

珀瑞尔石是一种镁的硅酸盐矿物。与镁橄榄石、林伍德石和瓦兹利石为同质多象。斜方晶系。晶体呈宽度小于 3nm 的极细条带分布于林伍德石的(110)晶面上，仅在高分辨透射电镜下能观察到，故其颜色、光泽、透明度、条痕、解理、硬度等物性均未能测出。2018 年日本矿物学家富冈尚敬(N. Tomioka)，在谢先德院士提供的中国湖北省随州曾都区淅河 L6 球粒陨石发现，也发现于澳大利亚昆士兰巴库郡温多拉的特纳姆(Tenham)陨石。英文名称 Poirierite，以法国巴黎全球物理研究所实验室，以及高压和机械设备的物理特性研究所，法国科学部科学研究院物理矿物学家让·保罗·珀瑞尔(Jean-Paul Poirier，1935—)博士的姓氏命名，以表彰他在矿物物理研究上的重要贡献，包括在理论上预测 ε-Mg_2SiO_4 相在自然界的存在。著有《地球物理学》和《晶体的蠕变》等著作。曾荣获路易斯奈尔勋章，以表彰他在根据地球物质固态物理基本定律推断地球温度、成分和动力学方面的杰出工作。IMA 2018-026b 批准。2020 年富冈尚敬和谢先德等在《CNMNC 通讯》(54)、《矿物学杂志》(84)及《欧洲矿物学杂志》(32)报道。目前尚无中文官方译名，谢先德院士建议音译为珀瑞尔石。

葡 [pú]形声；从艹，匍声。葡萄：落叶藤本植物，果实圆形或椭圆形。比喻矿物的集合体形态。

【葡萄石】

英文名 Prehnite

化学式 $Ca_2Al(Si_3Al)O_{10}(OH)_2$ (IMA)

葡萄石片状、柱状晶体，晶簇状、葡萄状集合体(意大利、中国、马里)和浦利恩像

葡萄石是一种含羟基的钙和铝的铝硅酸盐矿物。斜方晶系。晶体呈板状、片状、桶状、柱状，具聚片双晶；集合体呈葡萄状、钟乳状、肾状、晶簇状或块状。颜色在浅绿色—灰色之间，还有白、黄、红等色调，但常见的为绿色，蜡状光泽、玻璃光泽，解理面上呈珍珠光泽，透明—半透明；硬度 6～6.5，完全解理，脆性。葡萄石通透细致的质地、优雅清淡的嫩绿色、含水欲滴的透明度，神似顶级冰种翡翠的外观，是非常罕见的宝石。葡萄石，顾名思义，像葡萄一样的石头，无论是颜色还是石头的质感，或是内部果肉般的纹路，都与青葡萄十分相似。有些人将葡萄石叫作"绿石榴"或"绿碧榴"。发现于南非东开普省克里斯哈尼区克拉多克的卡鲁杜勒斯(Karoo dolerites)。

英文名称 Prehnite，1788 年由亚伯拉罕·戈特利布·维尔纳(Abraham Gottlieb Werner)为纪念荷兰上校、矿物发现者亨德里克·范·浦利恩(Hendrik von Prehn，1733—1785)而以他的姓氏命名。1789 年在《伯格曼杂志》(1)报道。浦利恩这个人和葡萄石的发现有相当大的神秘感，在民间流传着鲜为人知的神奇传说。浦利恩曾是好望角的总督(1779—

1780)，直到他被解雇。他也是一位博物学家和矿物收藏家，1774年他第一个描述了发现于南非东开普省克里斯哈尼区克拉多克的卡鲁(Karoo)粗粒玄武岩中的葡萄石，并从南非带到欧洲第一个矿物标本，它被维尔纳注意到是一个未知的矿物。但他一直声称他是葡萄石矿物命名的第一人。1813年，理查德·切尼维克斯(Richard Chenevix)撰写了一篇长达百页的冗长文章谴责矿物的命名人。1959年以前发现、描述并命名的“祖父级”矿物，IMA承认有效。1957年中国学者彭志忠教授首次测出“葡萄石”结构，突破了30年代建立的硅酸盐构造体系[见1957年《科学通报》(11)]。1968年F. 奥门托(F. Aumento)在《加拿大矿物学家》(9)报道了葡萄石的空间群。同义词Grape stone，由“Grape(葡萄)”和“Stone(石头、宝石)”组合命名，即葡萄石。

镤 [pú]形声；左形右声。一种锕系放射性金属元素。[英]Protactinium。元素符号Pa。原子序数91。1900年，克鲁克斯在提取铀矿中的铀时，发现了一种新的放射性元素，称它为铀X。到1913年，波兰出生的美籍化学家法江斯和他的助手戈林证实铀X是两种组分的混合物，并分别命名为铀X1和铀X2。后来，证实它们是镤的同位素。直到1917年间，索迪和克兰斯顿从沥青铀矿中的残渣中发现一放射性元素，因性质和钽相似，被命名为类钽Ekatantalum；同年，哈恩和迈特纳也从同一矿中发现了一种放射性元素，命名为Protoactinium，其中，冠词Proto源于希腊文：πρῶτος，意为之前；根词Actinium源于锕的英文名称，意为锕之母。直到1927年，A. V. 格罗斯(A. V. Grosse)才分离出2mg可见量的镤。目前未发现独立镤矿物。

普 [pǔ]会意兼形声；小篆字形，从日、从并。“普”是二人并排站着。本义：日无光。①普通：正常的、常见的、标准的。②[英]音，用于外国人姓名。

【普拉代石*】

英文名 Pradetite

化学式 $CoCu_4(AsO_4)_2(AsO_3OH)_2 \cdot 9H_2O$ (IMA)

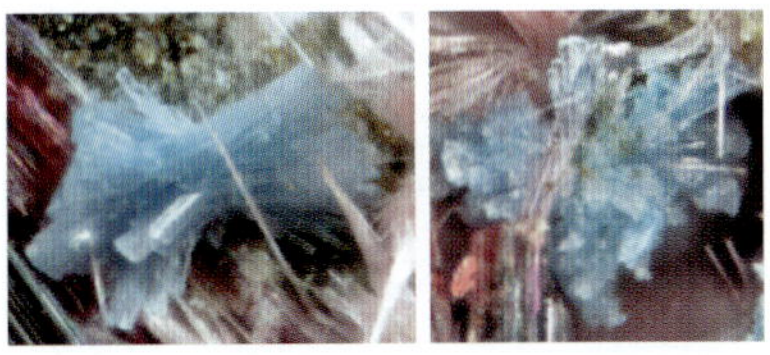

普拉代石*针柱状晶体，捆束状、放射状集合体(法国)

普拉代石*是一种含结晶水的钴、铜的氢砷酸-砷酸盐矿物。属砷镍铜矾超族砷镍铜矾族。三斜晶系。晶体呈柱状、针状；集合体呈捆束状、放射状。淡蓝色、绿色，玻璃光泽，透明；完全解理，脆性。1991年发现于法国普罗旺斯-阿尔卑斯-蓝色海岸大区勒普拉代(Le Pradet)卡普加龙河矿。英文名称Pradetite，以发现地法国的普拉代(Pradet)命名。IMA 1991-046批准。1995年H. 萨尔普(H. Sarp)在《日内瓦科学档案》(48)报道。目前尚未见官方中文译名，编译者建议音译为普拉代石*。

【普拉夫诺铀矿*】

英文名 Plavnoite

化学式 $K_{0.8}Mn_{0.6}[(UO_2)_2O_2(SO_4)] \cdot 3.5H_2O$ (IMA)

普拉夫诺铀矿*是一种含结晶水的钾、锰的铀酰氧的硫酸盐矿物。属水钾铀矾族。单斜晶系。晶体呈针状、薄片状，粒径0.5mm；集合体呈放射状、瘤状。红色、橙红色，玻璃光泽，透明；硬度2，完全解理，脆性。2015年发现于捷克共和国卡罗维发利州厄尔士山脉普拉夫诺(Plavno)矿山。英文名称Plavnoite，以发现地捷克的普拉夫诺(Plavno)矿山命名。IMA 2015-059批准。2015年J. P. 普拉希尔(J. Plášil)等在《CNMNC通讯》(27)、《矿物学杂志》(79)和2017年《欧洲矿物学杂志》(29)报道。目前尚未见官方中文译名，编译者建议音加成分译为普拉夫诺铀矿*。

普拉夫诺铀矿*针状晶体，放射状集合体(捷克)

【普拉绿松石】参见【土绿磷铝石】条969页

【普拉希尔铀矿*】

英文名 Plášilite

化学式 $Na(UO_2)(SO_4)(OH) \cdot 2H_2O$ (IMA)

普拉希尔铀矿*针柱状晶体，放射状集合体(美国)和普拉希尔像

普拉希尔铀矿*是一种非常罕见的含结晶水、羟基的钠的铀酰-硫酸盐矿物。单斜晶系。晶体呈长薄的叶片状，较少呈针柱状；集合体呈放射状、球状、晶簇状。黄绿色，玻璃光泽，透明；硬度2～3，完全解理。2014年发现于美国犹他州圣胡安县蓝蜥蜴(Blue Lizard)矿。英文名称Plášilite，为纪念捷克共和国科学院物理研究所结构分析部的晶体学家雅各布·普拉希尔(Jakub Plášil，1984—)而以他的姓氏命名。他在水合氧化物和六价铀矿物和化合物的晶体化学方面做了大量工作。IMA 2014-021批准。2014年A. R. 坎普夫(A. R. Kampf)等在《CNMNC通讯》(21)、《矿物学杂志》(78)和2015年《地球科学杂志》(60)报道。目前尚未见官方中文译名，编译者建议音加成分译为普拉希尔铀矿*。

【普利费尔矿】参见【普硫锑铅矿】条692页

【普林格尔石】

英文名 Pringleite

化学式 $Ca_9B_{26}O_{34}(OH)_{24}Cl_4 \cdot 13H_2O$ (IMA)

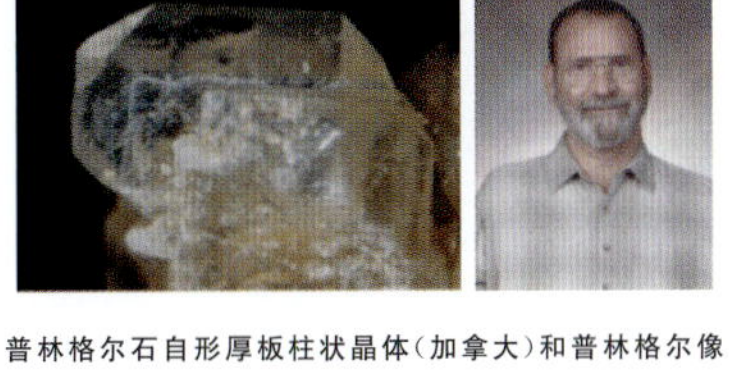

普林格尔石自形厚板柱状晶体(加拿大)和普林格尔像

普林格尔石是一种含结晶水、氯、羟基的钙的硼酸盐矿物。与勒伊滕贝格石为同质多象。三斜晶系。晶体呈半自形—自形厚板状、柱状。无色、浅黄色、橙色，玻璃光泽，透明；硬度3～4，完全解理，脆性。1992年发现于加拿大新不伦瑞克省佩诺布斯奎斯区。英文名称Pringleite，为纪念戈登·詹姆斯·普林格尔(Gordon James Pringle，1944—2013)而以他的姓氏命名。普林格尔是加拿大地质调查局矿物学家和电子微探针分析师，他为加拿大矿物学做出了贡献。IMA 1992-010批准。1993年A. C. 罗伯茨(A. C. Roberts)等在

《加拿大矿物学家》(31)报道。1998 年中国新矿物与矿物命名委员会黄蕴慧等在《岩石矿物学杂志》[17(2)]音译为普林格尔石。

【普硫锑铅矿】

英文名 Playfairite

化学式 $Pb_{16}(Sb,As)_{19}S_{44}Cl$ (IMA)

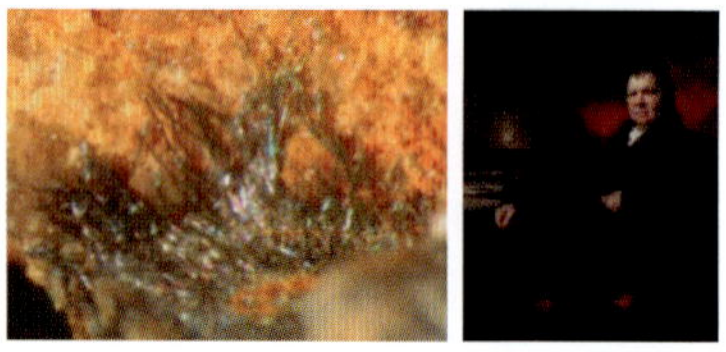

普硫锑铅矿毛发丛状集合体(吉尔吉斯斯坦)和普莱费尔像

普硫锑铅矿是一种含氯的铅、锑、砷的硫化物矿物。单斜晶系。晶体呈板状，具精细的双晶片层；集合体呈毛发丛状。铅灰色—黑色，金属光泽，不透明；硬度 3.5～4，完全解理。1966 年杨博尔发现于加拿大安大略省黑斯廷斯地区泰勒(Taylor)坑。英文名称 Playfairite，1967 年由约翰・莱斯利・杨博尔(John Leslie Jambor)为纪念苏格兰爱丁堡大学英国数学家、物理学家和地质学家、数学和自然哲学史教授约翰・普莱费尔(John Playfair，1748—1819)而以他的姓氏命名。普莱费尔以他在地貌上的开拓性工作而闻名，但最出名的是他对地球的詹姆斯赫顿理论的解释。IMA 1966－019 批准。1967 年杨博尔在《加拿大矿物学家》(9)报道。中国地质科学院根据英文名称首音节音和成分译为普硫锑铅矿。2011 年杨主明在《岩石矿物学杂志》[30(4)]建议音译为普利费尔矿。

【普宁石*】

英文名 Puninite

化学式 $Na_2Cu_3O(SO_4)_3$ (IMA)

普宁石*是一种钠、铜氧的硫酸盐矿物。属碱铜矾(Euchlorine)族。单斜晶系。翠绿色。2015 年发现于俄罗斯堪察加州托尔巴契克(Tolbachik)火山主断裂北破火山口第二火山渣锥格拉夫纳亚特诺里托瓦亚(Glavnaya Tenoritovaya)喷气孔。英文名称 Puninite，以俄罗斯圣彼得堡国立大学结晶学系地球科学研究所的晶体学家尤里・奥列戈维奇・普宁(Yurii Olegovich Punin，1941—2014)的姓氏命名。他是晶体生长和遗传矿物学方面的专家。IMA 2015－012 批准。2015 年 O. I. 斯德拉(O. I. Siidra)等在《CNMNC 通讯》(26)、《矿物学杂志》(79)和 2017 年《欧洲矿物学杂志》(29)报道。目前尚未见官方中文译名，编译者建议音译为普宁石*。

【普瑞希拉格雷夫钇石*】

英文名 Priscillagrewite-(Y)

化学式 $YCa_2Zr_2Al_3O_{12}$ (IMA)

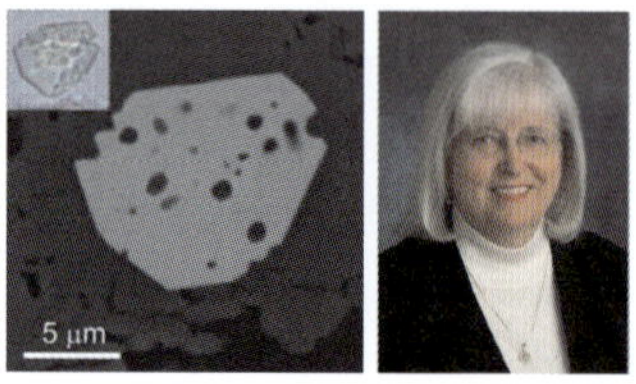

普瑞希拉格雷夫钇石*粒状晶体(美国)和普瑞希拉格雷夫像

普瑞希拉格雷夫钇石*是一种钇、钙、锆、铝的氧化物矿物。属石榴石超族。等轴晶系。晶体呈微米级粒状。2020 年发现于约旦安曼省达巴(Daba)大理石采石场。英文名称 Priscillagrewite-(Y)，以美国地质学家和内布拉斯加州大学林肯分校地球和大气科学名誉教授普瑞希拉・克罗斯韦尔・帕金斯・格雷夫(Priscilla Croswell Perkins Grew，1940—)的姓名命名，以表彰她在榴辉岩石榴石中首先发现锰的振荡分带研究的贡献，她被称为“石榴石夫人”，她与他人共同发现并命名了 8 种经 IMA 批准的石榴石品种。她还是内布拉斯加州大学自然历史博物馆的馆长，并担任过多种政府职位，包括明尼苏达州地质调查局局长。IMA 2020－002 批准。2020 年 I. 加卢斯基纳(I. Galuskina)等在《CNMNC 通讯》(55)、《矿物学杂志》(84)和《欧洲矿物学杂志》(32)报道。目前尚未见官方中文译名，编译者建议根据音及成分译为普瑞希拉格雷夫钇石*。

【普氏锶矿】

英文名 Putnisite

化学式 $SrCa_4Cr^{3+}_8(CO_3)_8(SO_4)(OH)_{16}\cdot 25H_2O$ (IMA)

普氏锶矿立方体晶体(澳大利亚)和普特尼斯夫妇像

普氏锶矿是一种含结晶水和羟基的锶、钙、铬的硫酸-碳酸盐矿物。它的元素组合独特：是第一种含锶和铬的矿物；也是发现的第一种含锶碳酸-硫酸盐矿物。斜方晶系。晶体呈显微粒状，可见 0.5mm 的立方体。深粉红色、紫色，玻璃光泽，半透明；硬度 1～2，完全解理，脆性。2011 年发现于澳大利亚西澳大利亚州。澳大利亚阿德莱德大学地球和环境学院的客座教授彼得・埃利奥特(Peter Elliott)博士认为，大多数矿物都有相关矿物组成的“家族”或“小群体”，但是，此矿物完全不同，尚未发现相关矿物。埃利奥特在过去的 7 年中研究了 12 种新矿物，其中有 7 种是他自己发现的。英文名称 Putnisite，以德国明斯特大学的矿物学家克里斯廷・普特尼斯(Christine Putnis)博士和安德鲁・普特尼斯(Andrew Putnis)教授夫妇的姓氏命名。他们在矿物学和矿物表面科学，尤其是相变(主要是晶体生长和溶解过程)做出了杰出的贡献。IMA 2011－106 批准。2012 年埃利奥特(Elliott)等在《CNMNC 通讯》(13)、《矿物学杂志》(76)和 2014 年《矿物学杂志》(78)报道。中文名称根据英文名称首音节音和成分译为普氏锶矿。

【普水羟砷铜石】

英文名 Pushcharovskite

化学式 $K_{0.6}Cu_{18}[AsO_2(OH)_2]_4[AsO_3OH]_{10}(AsO_4)(OH)_{9.6}\cdot 18.6H_2O$ (IMA)

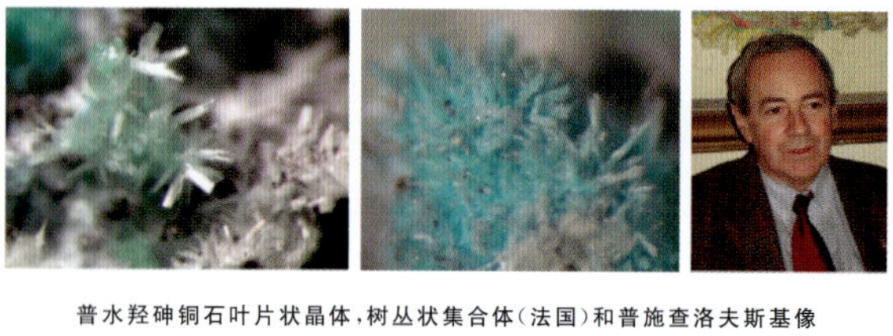

普水羟砷铜石叶片状晶体，树丛状集合体(法国)和普施查洛夫斯基像

普水羟砷铜石是一种含结晶水和羟基的钾、铜的砷酸-氢砷酸盐矿物。三斜晶系。晶体呈针状、纤维状、叶片状;集合体呈树丛状、放射状。无色、浅绿色,玻璃光泽,透明;硬度,完全解理,脆性。1995 年发现于法国普罗旺斯-阿尔卑斯-蓝色海岸大区勒普拉代(Le Pradet)加龙河矿帽。英文名称 Puschcharovskite,以俄罗斯莫斯科国立大学的晶体学家德米特里·尤里耶维奇·普施查洛夫斯基(Dmitry Yurievich Pushcharovsky,1944—)教授的姓氏命名。IMA 1995-048 批准。1997 年 H. 萨尔普(H. Sarp)等在法国《日内瓦科学档案》[50(3)]报道。2003 年中国地质科学院矿产资源研究所李锦平等在《岩石矿物学杂志》[22(2)]根据英文名称首音节音和成分译为普水羟砷铜石。

【普塔帕石*】

英文名 Puttapaite

化学式 $Pb_2Mn_2^{2+}ZnCr_4^{3+}O_2(AsO_4)_4(OH)_6 \cdot 12H_2O$ (IMA)

普塔帕石*是一种含结晶水和羟基的铅、锰、锌、铬氧的砷酸盐矿物。单斜晶系。2020 年发现于澳大利亚南澳大利亚州北弗林德斯岭利溪贝尔塔纳矿床普塔帕(Puttapa)矿。IMA 2020-025 批准。英文名 Puttapaite,以发现地澳大利亚普塔帕(Puttapa)矿命名。2020 年 P. 埃利奥特(P. Elliott)等在《CNMNC 通讯》(56)、《矿物学杂志》(84)和《欧洲矿物学杂志》(32)报道。目前尚未见官方中文译名,编译者建议音译为普塔帕石*。

【普通辉石】

英文名 Augite

化学式 $(Ca,Mg,Fe)_2Si_2O_6$ (IMA)

普通辉石柱状晶体,晶簇状集合体(意大利、墨西哥)

普通辉石是最常见的辉石族单斜辉石亚族矿物之一,它是一种钙、镁、铁的硅酸盐矿物。单斜晶系。晶体呈粗大的短柱状,横断面近八边形,常见简单双晶和聚片双晶。颜色常呈黑色,或带绿色及带褐的黑色,少数呈暗绿色和褐色、紫褐色,玻璃光泽、树脂光泽,半透明—不透明;硬度 5.5~6,完全解理,脆性。英文名称 Augite,1792 年亚伯拉罕·戈特洛布·维尔纳在《伯格曼杂志》(1)根据希腊文"αυγ ή= Auge(奥格)",意"Shine(闪耀)"或"Luster(光辉)",意指普通辉石的解理面上有"闪耀的光泽"命名。又见于 E. S. 丹纳(E. S. Dana)1892 年《系统矿物学》(第六版,纽约)。1959 年以前发现、描述并命名的"祖父级"矿物,IMA 承认有效。IMA 1988s. p. 批准。中文名称根据意译为普通辉石(参见【辉石】条 350 页)。

【普通角闪石】

英文名 Common hornblende

化学式 $(CaNaK)_{2-3}(Mg,Fe^{2+},Fe^{3+},Al)_5Si_7AlO_{22}(OH,F)_2$

普通角闪石是角闪石族单斜角闪石亚族成员,它并不是指一种矿物,而是含有附加阴离子羟基和氟的钙、钠、钾和镁、铁、铝的铝硅酸盐的一类矿物。在 1997 年豪伊(Howie)和祖斯曼(Zussman)著的《造岩矿物,第 2b 卷,双链硅酸盐》一书中,"角闪石"一词用作角闪石超族钙角闪石亚族中所有铝角闪石的族名。根据目前的命名法,主要是铁角闪石或镁角闪石。如镁钙闪石(Tschermakite)、浅闪石(Edenite)、韭闪石(Pargasite)等都属于普通角闪石。单斜晶系。晶体呈柱状,具简单双晶和聚片双晶。绿色、暗绿色、绿黑色,半透明—不透明;硬度 5~6,完全解理。英文名称 Common hornblende,由"Common(普通的)"和"Hornblende(角闪石)"组合命名。中文名称意译普通角闪石(参见【角闪石】条 382 页、【镁角闪石】条 592 页、【钙镁闪石】条 224 页、【浅闪石】条 701 页和【韭闪石】条 390 页)。

镨

[pǔ]形声;从金,从普声。一种稀土金属元素。[英]Praseodymium。元素符号 Pr。原子序数 59。1841 年 C. G. 莫桑德尔从铈土中得到镨、钕混合物,命名为 Didymia。1885 年奥地利化学家威斯巴赫从氧化物中分离出氧化钐后分离出新元素的氧化物,将这种新元素命名为 Preseodidymium,简化成 Praseodymium,由 Praseo(绿色)和 Didymium(钕镨混合物)组成,即"绿色的孪生兄弟",因为它的盐是绿色。汉译镨。镨在地壳中的含量约为 0.000 553%,主要存在于独居石和氟碳铈矿中,核裂变产物中也含有镨。

Qq

七 [qī]数目字。①七水即7个结晶水(H_2O)。②晶胞参数4.2Å(1Å=0.1nm)的7倍。

【七脆硫砷铅铊矿*】

英文名 Heptasartorite

化学式 $Tl_7Pb_{22}As_{55}S_{108}$ (IMA)

七脆硫砷铅铊矿*是一种铊、铅的砷-硫化物矿物。属脆硫砷铅矿同源系列族。它与九脆硫砷铅铊矿*(Enneasartorite)和原脆硫砷铅铊矿*(Hendekasartorite)物理和光学性质类似，但结构在基本的晶胞参数0.42nm的基础上有变化，如7倍，9倍和11倍P21/c超结构；只能用化学分析和/或单晶X射线衍射来区分它们。单斜晶系。灰色，金属光泽，不透明；硬度3～3.5。2015年发现于瑞士瓦莱州林根巴赫(Lengenbach)采石场。英文名称Heptasartorite，由结构冠词希腊文"Δημιουργὶα=Hepta(七)"和根词"Sartorite(脆硫砷铅)"组合命名。IMA 2015-073批准。2015年D.托帕(D. Topa)等在《CNMNC通讯》(28)和《矿物学杂志》(79)报道。目前尚未见官方中文译名，编译者建议根据结构、成分及族名译为七脆硫砷铅铊矿*。

【七水胆矾】

英文名 Boothite

化学式 $Cu(SO_4)\cdot 7H_2O$ (IMA)

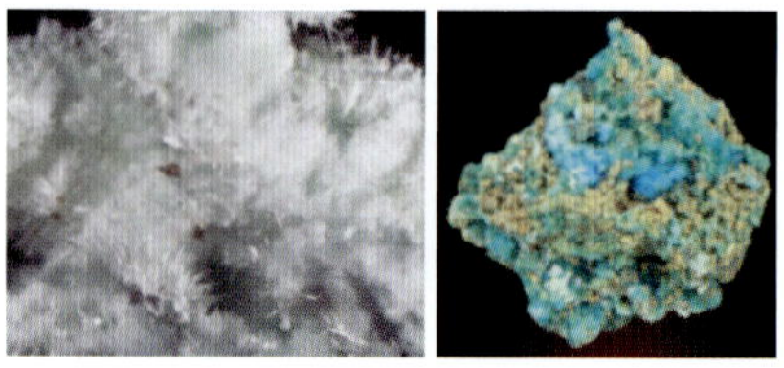

七水胆矾纤维状晶体(美国)

七水胆矾是一种含7个结晶水的铜的硫酸盐矿物。属水绿矾族。单斜晶系。晶体呈纤维状；集合体呈块状。白色、浅蓝色，玻璃光泽，纤维状者呈丝绢光泽、珍珠光泽，透明—半透明；硬度2～2.5。暴露于干燥的空气中脱水变为胆矾。1903年发现于美国加利福尼亚州阿拉米达县戴勃洛(Diablo)山脉阿尔玛(Alma)硫铁矿。1903年W. T. 夏勒(W. T. Schaller)在《加州大学地质系通报》(3)和1904年《美国科学杂志》(17)报道。英文名称Boothite，以美国加州大学的化学家爱德华·布斯(Edward Booth，1857—1917)的姓氏命名。1959年以前发现、描述并命名的"祖父级"矿物，IMA承认有效。中文名称根据成分及与胆矾的关系译为七水胆矾。同义词Copper-Melanterite(铜水绿矾)。

【七水锰矾】

英文名 Mallardite

化学式 $Mn(SO_4)\cdot 7H_2O$ (IMA)

七水锰矾是一种含7个结晶水的锰的硫酸盐矿物。属水绿矾族。单斜晶系。晶体(人工)呈板状、纤维状；集合体呈皮壳状。白色、浅粉色、玫瑰红色，玻璃光泽，透明—半透明；硬度2，完全解理；溶于水，在空气中迅速脱水。1879年发现于美国犹他州盐湖城奥克尔(Oquirrh)山脉宾汉区(西山地区)幸运儿(Lucky Boy)矿。1879年A.卡诺(A. Carnot)在《法国矿物学会通报》(2)报道。英文名称Mallardite，1926年由F.赞波尼尼(F. Zambonini)等为纪念法国结晶学家欧内斯特·马拉德(Ernest Mallard，1833—1894)而以他的姓氏命名。1859年，他是圣艾蒂安矿业学院的教授；1872年，他是巴黎矿业学院的教授。马拉德做出了很多贡献，特别是解决了与具有反常光学性质的矿物有关的重要问题，发现低对称性的矿物可能由于小的低对称性畴的叠加而具有更高的对称性，这一发现解决了与晶体团簇相关的伪对称和光学效应问题。马拉德与亨利·勒夏泰利的合作解决了与矿井瓦斯爆炸有关的问题。马拉德也是一名野外测绘地质学家。1959年以前发现、描述并命名的"祖父级"矿物，IMA承认有效。中文名称根据成分译为七水锰矾/水锰矾；根据颜色和成分译为白锰矾。

马拉德像

【七水硼钠石】

英文名 Nasinite

化学式 $Na_2B_5O_8(OH)\cdot 2H_2O$ (IMA)

纳西尼像

七水硼钠石是一种含2个(当时误为7个)结晶水的钠的硼酸盐矿物。斜方晶系。晶体呈六方小板状；集合体呈土状、皮壳状、微晶簇状。白色、黄色、橘黄色，半透明。1959年发现于意大利比萨省拉尔代雷洛(Larderello)；同年，在C.西普里亚尼(C. Cipriani)在《意大利矿物学会通报》(15)报道为一个未命名的硼酸盐矿物。英文名称Nasinite，1961年库尔齐奥·西普里亚尼(Curzio Cipriani)等为纪念意大利帕多瓦大学和比萨大学的化学家、药剂师拉法埃洛·纳西尼(Rafaello Nasini，1854—1931)而以他的姓氏命名。1962年在《林且国家科学院物理、数学和自然文献》(8系列，30)报道。IMA 1967s. p. 批准。1963年M.弗莱舍(M. Fleischer)在《美国矿物学家》(48)报道。中文名称根据成分译为七水硼钠石；根据英文名称首音节音和成分译为奈硼钠石。

【七水硼砂】参见【异水硼钠石】条1076页

【七水铁矾】

英文名 Tauriscite

化学式 $FeSO_4\cdot 7H_2O$

七水铁矾是一种含7个结晶水的铁的硫酸盐矿物。属水绿矾族。斜方晶系。晶体长达1cm；集合体呈泻盐华晶簇状。绿色(?)，玻璃光泽，透明。英文名称Tauriscite，以发现地瑞士的温达莱(Wingdälle)，即罗马人的帕古斯陶里斯科鲁姆(Pagus Taurtscorum)命名。1855年福尔格(Volger)在斯图加特海德堡《矿物学、地质学和古生物学新年鉴》(152)报道。中文名称根据成分译为七水铁矾。

【七水硒铜铀矿】

英文名 Marthozite

化学式 $Cu^{2+}(UO_2)_3(Se^{4+}O_3)_2O_2\cdot 8H_2O$ (IMA)

七水硒铜铀矿是一种含7个结晶水(前人根据$Cu\{(UO_2)_3[SeO_3](OH)_2\}\cdot 7H_2O$式命名为七水硒铜铀矿。

七水硒铜铀矿板状晶体(刚果)和马尔泰兹像

而 IMA 表-2000 中的 $Cu^{2+}(UO_2)_3(Se^{4+}O_3)_2O_2 \cdot 8H_2O$ 式是将羟基视作一个水,所以就列为 8 个水。)、氧的铜的铀酰-硒酸盐矿物。斜方晶系。晶体呈板状,板面有平行的条纹。淡黄绿色—淡绿褐色,表面脱水使晶体经常不透明;硬度 3.5,完全解理。1968 年发现于刚果(金)卢阿拉巴省科卢韦齐市穆索诺伊(Musonoi)矿床。英文名称 Marthozite,以法国矿物学家艾梅·马尔泰兹(Aime Marthoz,1894—1962)的姓氏命名。他是刚果(金)加丹加省矿业联盟前总干事。IMA 1968-016 批准。1969 年在《法国矿物学和结晶学学会通报》(92)和 1970 年在《美国矿物学家》(55)报道。中文名称根据成分译为七水硒铜铀矿或水硒铜铀矿,也有的译作铜硒铀矿或硒铜铀矿。

齐 [qí]象形;甲骨文字形,像禾麦穗头长得平整的样子。[英]音,用于外国人名、单位名。

【齐甘科矿*】

英文名 Tsygankoite

化学式 $Mn_8Tl_8Hg_2(Sb_{21}Pb_2Tl)S_{48}$　(IMA)

齐甘科矿*是一种锰、铊、汞、锑、铅的硫化物矿物。单斜晶系。晶体呈细长板条状,长达 0.2mm。黑色,金属光泽,不透明;脆性。2017 年发现于俄罗斯斯维尔德洛夫斯克州沃龙佐夫斯克(Vorontsovskoe)矿床沃龙佐夫斯克金矿。英文名称 Tsygankoite,以米哈伊尔·V.齐甘科(Mikhail V. Tsyganko,1979—)的姓氏命名。他是俄罗斯乌拉尔北部塞沃拉尔斯克的一名矿物收藏家,收集了发现这种新矿物的样品。IMA 2017-088 批准。2018 年 A.V.卡萨特金(A.V. Kasatkin)等在《CNMNC 通讯》(41)、《欧洲矿物学杂志》(30)和《矿物》[8(5)]报道。目前尚未见官方中文译名,编译者建议音译为齐甘科矿*。

【齐库拉斯矿*】

英文名 Tsikourasite

化学式 $Mo_3Ni_2P_{1+x}(x<0.25)$　(IMA)

齐库拉斯矿*是一种钼、镍的磷化物矿物。等轴晶系。晶体呈粒状,很少,粒径大约 80μm。浅黄色,金属光泽,不透明;脆性。2018 年发现于希腊中部阿吉奥斯·斯特凡诺斯(Agios Stefanos)前景区。英文名称 Tsikourasite,以文莱达鲁萨兰大学巴西利奥斯·齐库拉斯(Basilios Tsikouras,1965—)教授的姓氏命名。IMA 2018-156 批准。2019 年 F.扎卡里尼(F. Zaccarini)在《CNMNC 通讯》(49)、《矿物学杂志》(83)和《矿物》(9)报道。目前尚未见官方中文译名,编译者建议音译为齐库拉斯矿*。

【齐尼格里亚矿】

英文名 Tsnigriite

化学式 $Ag_9SbTe_3S_3$　(IMA)

齐尼格里亚矿是一种银、锑、碲的硫化物矿物。单斜晶系。晶体呈显微他形粒状。深灰色,金属光泽,不透明;硬度 3.5。1991 年发现于乌兹别克斯坦克孜勒库姆区贝尔托(Beltau)山脉维索科沃尔特诺耶(Vysokovoltnoye)银-金矿床。英文名称 Tsnigriite,以俄罗斯莫斯科中央地质勘探科学研究院(Central Scientific Research Institute of Geological Prospecting)的缩写(TSNIGRI)命名。IMA 1991-051 批准。1992 年 S.M.杉多米尔斯卡雅(S.M. Sandomirskaya)等在《俄罗斯矿物学会记事》[121(5)]报道。1998 年中国新矿物与矿物命名委员会黄蕴慧等在《岩石矿物学杂志》[17(1)]音译为齐尼格里亚矿。

【齐硼铁镁矿】

英文名 Chestermanite

化学式 $Mg_2(Fe^{3+},Mg,Al,Sb^{5+})O_2(BO_3)$　(IMA)

切斯特曼像

齐硼铁镁矿是一种镁、铁、铝、锑氧的硼酸盐矿物。属斜方硼镁锰矿族。斜方晶系。晶体呈纤维状、柱状;集合体呈石棉状平行排列状。灰绿色—黑色、黑绿色,玻璃光泽、丝绢光泽,透明—半透明;硬度 6,脆弱。1986 年发现于美国加利福尼亚州弗雷斯诺市莱克肖尔(Lakeshore)某矽卡岩矿。英文名称 Chestermanite,1988 年 R.C.厄尔德(R.C. Erd)等为纪念美国旧金山加利福尼亚矿产地质学家、地质学家、矿物学家和矿业工程师查尔斯·W.切斯特曼(Charles W. Chesterman,1913—1991)的姓氏命名,是他首先发现了该矿物。IMA 1986-058 批准。1988 年厄尔德等在《加拿大矿物学家》(26)报道。1989 年中国新矿物与矿物命名委员会郭宗山在《岩石矿物学杂志》[8(3)]根据英文名称首音节音和成分译为齐硼铁镁矿;《英汉矿物种名称》(2017)译作水硼铁镁石。

祁 [qí]形声;从邑,示声。用于中国山名。

【祁连山石】

汉拼名 Qilianshanite

化学式 $NaH_4(CO_3)(BO_3) \cdot 2H_2O$　(IMA)

祁连山石是一种含结晶水的钠、氢的正硼酸-重碳酸盐矿物。单斜晶系。晶体呈板状或柱状,单晶少见,聚片双晶发育,晶面有纵条纹。玻璃光泽,无色透明;硬度 2,完全解理;在空气中易氧化。1990 年青海省地质六队和地质部青海中心实验室朱镜清、罗世清、卢建安发现于中国青海省海西蒙古族藏族自治州祁连山西南缘居红图硼矿床下部的样品,后经中国地质科学院矿床地质研究所王立本,中国科学院福建物构所周康靖、施剑秋系统研究认为它是重碳酸根和正硼酸分子之间由氢键连接,其分布具有带状特征的一种新的结构类型的硼碳酸盐新矿物。矿物名称以发现地祁连山(Qilianshan)命名为祁连山石(Qilianshanite)。IMA 1992-008 批准。1993 年罗世清、王立本等在中国《矿物学报》[13(2)]报道。

奇 [qí]会意;从大,从可,可亦声。本义:奇异,怪异。[英]音,用于外国人名。

【奇斯克石】

英文名 Chessexite

化学式 $Na_4Ca_2Mg_3Al_8(SiO_4)_2(SO_4)_{10}(OH)_{10} \cdot 40H_2O$ (IMA)

奇斯克石是一种含结晶水和羟基的钠、钙、镁、铝的硫酸-硅酸盐矿物。斜方晶系。晶体呈显微自形薄的方形或矩

Q

形板状。白色，丝绢光泽，半透明。1981 年发现于法国勃艮第-弗朗什-孔泰大区缅因(Maine)矿。英文名称 Chessexite，以瑞士日内瓦大学的岩石学家罗纳德·切赛克斯(Ronald Chessex，1929—)教授的姓氏命名。IMA 1981 - 054 批准。1982 年 H. 萨尔普(H. Sarp)等在《瑞士矿物学和岩石学通报》(62)报道。1984 年中国新矿物与矿物命名委员会郭宗山在《岩石矿物及测试》[3(2)]音译为奇斯克石。

骑

[qí]形声；从马，奇声。用于中国山名。

【骑田岭矿】

汉拼名 Qitianlingite

化学式 $Fe_2^{2+}Nb_2W^{6+}O_{10}$ (IMA)

骑田岭矿是一种超结构复杂的铁、铌、钨的氧化物矿物。属铌铁矿族。斜方晶系。晶体呈薄板状。黑色，条痕呈褐色，半金属光泽，不透明；硬度 5.5。湖南地质矿产局实验室和武汉地质学院杨光明、汪苏、彭志忠、卜静贞在中国湖南南部郴州骑田岭铁锂云母花岗伟晶岩中发现的新矿物，并以产地骑田岭(Qitianling)命名。IMA 1983 - 075 批准。1985 年杨光明、汪苏、彭志忠、卜静贞在中国《矿物学报》[5(3)]和 1988 年《美国矿物学家》(73)报道。

契

[qì]本义：契约、契据。[英]音，用于外国人名。

【契曼斯基石】参见【斯族曼斯石】条 893 页

千

[qiān]形声；从十，人声。本义：数目。十百为千。用于外国地名、人名。

【千代子石*】

英文名 Chiyokoite

化学式 $Ca_3Si(CO_3)\{[B(OH)_4]_{0.5}(AsO_3)_{0.5}\}(OH)_6 \cdot 12H_2O$ (IMA)

千代子石六方柱状晶体(日本)和千代子像

千代子石*是一种含结晶水和羟基的钙、硅的砷酸-氢硼酸-碳酸盐矿物；它的元素独特组合，是带 As 的第一个最复杂的成员之一。属钙矾石族。六方晶系。晶体呈六方柱状；集合体呈块状。2019 年发现于日本冈山县高桥市备中町布贺(Fuka)矿。英文名称 Chiyokoite，以日本地球科学家、冈山大学矿物学教授逸见千代子(Chiyoko Henmi，1959—2018)博士的名字命名，以表彰她在布贺矿矽卡岩矿物学研究所做出的贡献。她于 1976 年获得樱井奖。IMA 2019 - 054 批准。日文汉字名称千代子石。2019 年由 I. 利科娃(I. Lykova)等在《CNMNC 通讯》(52)和《矿物学杂志》(83)报道。目前尚未见官方中文译名，编译者建议借用日文汉字名称千代子石*。

【千岛矿*】

英文名 Kurilite

化学式 Ag_8Te_3Se (IMA)

千岛矿*是一种银的碲-硒化物矿物。三方晶系。晶体呈微米级粒状，通常呈石英的包裹体；集合体可达 2mm。浅灰色—钢灰色，金属光泽，不透明；硬度 3，脆性。1989 年发现于俄罗斯萨哈林州千岛群岛普拉索洛夫(Prasolovskoe)金矿；同年，在《美国矿物学家》摘要报道。1992 年，编在《ICDD PDF 数据库》编号 00 - 45 - 1399。当时没有提交给 IMA 的新矿物委员会，因为它可能是硫铁矿或针碲银矿而被废弃。后进行了额外的矿物学研究，以澄清化学组成和晶体结构。英文名称 Kurilite，以发现地俄罗斯千岛(Kuril)群岛(日本称：千岛列岛)命名。IMA 2009 - 080 批准。2010 年 V. A. 科瓦林克(V. A. Kovalenker)等在《矿物学杂志》(74)报道。目前尚未见官方中文译名，编译者建议译为千岛矿*。

【千叶石*】

英文名 Chibaite

化学式 $SiO_2 \cdot n(CH_4, C_2H_6, C_3H_8, C_4H_{10})$ ($n_{max} = 3/17$) (IMA)

千叶石*四面体晶体，皮壳状集合体(日本)和千叶县徽

千叶石*是一种罕见的含碳氢烃分子的硅酸盐矿物。等轴晶系(是二氧化硅为主体的等距双孔笼式结构，甲烷、乙烷、丙烷、异丁烷等各种碳氢烃分子被封闭在"笼"中，是合成 MTN 络合物的天然类似物)。晶体呈立方体、四面体，晶体细小；集合体呈皮壳状、晶簇状。白色，玻璃光泽，透明—半透明。2008 年发现于日本本州岛关东地区千叶(Chiba)县房总半岛南房总市荒川(Arakawa)。日本国家材料科学研究所的一位研究人员门马纲一(Koichi Momma)博士和国家高等工业科学与技术研究所高级研究员池田卓史(Takuji Ikeda)博士，在与千叶自然历史博物馆和东北大学研究所共同合作时，西久保胜已(Katsumi Nishikubo)先生、本間千舟(Chifune Honma)先生和一位晶体形态的研究者高田雅介(Masasuke Takata)先生查明了在千叶发现的一种矿物，实际上是一种新矿物。英文名称 Chibaite，以发现地日本千叶(Chiba)县命名。IMA 2008 - 067 批准。日文汉字名称千葉石。2011 年 K. 门马(K. Momma)等在英国科学杂志《自然通讯》(2)报道。目前尚未见官方中文译名，编译者建议借用日文汉字名称千葉石的简化汉字名称千叶石*。

铅

[qiān]形声；从金，沿声。因熔点低，熔后流动貌。一种金属元素。[英]Lead。[拉]Plumbum。元素符号 Pb。原子序数 82。铅是史前人类发现的金、银、铜、铁、锡、铅、水银 7 种金属元素之一。早在公元前 3 000 年左右就已被人类发现。英文名称 Lead，有"管道"的意思，这与铅的早期用途有关；在古罗马时，用铅制作输水管道，被称为"黑导"。[拉]Plumbum，以土星命名。

【铅钯矿】

英文名 Plumbopalladinite

化学式 Pd_3Pb_2 (IMA)

铅钯矿是一种钯和铅的互化物矿物。六方晶系。金属光泽，不透明；硬度 5。1970 年发现于俄罗斯泰梅尔自治区泰梅尔半岛普托拉纳高原诺里尔斯克市塔尔纳赫(Talnakh)

铜-镍矿床玛贾克(Mayak)矿。英文名称 Plumbopalladinite，由化学成分"Plumbum(铅)"和"Palladium(钯)"组合命名。IMA 1970－020 批准。1970 年在《鲁德尼赫梅斯托罗兹德尼地质学家》(*Geologiya Rudnykh Mestorozhdeniy*)(5)和 1971 年《美国矿物学家》(56)报道。中文名称根据成分译为铅钯矿。

【铅丹】

英文名 Minium

化学式 $Pb_2^{2+}Pb^{4+}O_4$ (IMA)

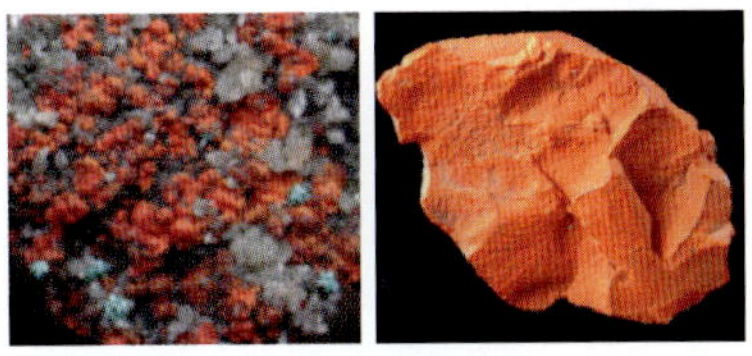

铅丹小球状、土状集合体(纳米比亚、墨西哥)

铅丹是一种四氧化三铅天然的矿物。四方晶系。晶体呈显微鳞片状；集合体常呈粉末状、小球状、土状或块状。橙红色或橙黄色，或鲜红色，弱油脂光泽、土状光泽，半透明—不透明；硬度 2～3。中国是发现、认识、命名和利用铅丹最早的国家之一。中国古籍中多有记载，用作中药材。铅丹出自《本经》。别名有丹(《范子计然》)，黄丹(《抱朴子》)，真丹(《肘后方》)，铅华(《别录》)，丹粉(《唐本草》)，红丹、虢丹(《续本事方》)，国丹(《秘传外科方》)，松丹、东丹(《现代实用中药》)，朱丹、陶丹(《药材学》)。丹、赤、朱，即红色。此矿物多以颜色红色命名。英文名称 Minium，有"朱红色，朱砂色"之意，即以矿物颜色命名。1959 年以前发现、描述并命名的"祖父级"矿物，IMA 承认有效。在西方 1806 年发现于德国；同年，在伦敦皇家《哲学会刊》(96)和 1932 年达比希尔(Darbyshire)在伦敦《化学学会杂志》(211)报道。

【铅毒铁石*】

英文名 Plumbopharmacosiderite

化学式 $Pb_{0.5}Fe_4^{3+}(AsO_4)_3(OH)_4 \cdot 5H_2O$ (IMA)

铅毒铁石*是一种含结晶水和羟基的铅、铁的砷酸盐矿物。属毒铁石族。等轴晶系。晶体呈立方体，粒径 50μm。淡绿色—黄绿色，玻璃光泽、树脂光泽，透明；硬度 2～3。2016 年发现于意大利诺瓦拉省诺科罗蒙(Coiromonte)法罗(Falò)山。英文名称 Plumbopharmacosiderite，由成分冠词"Plumbo(铅)"和根词"Pharmacosiderite(毒铁石)"组合命名。IMA 2016－109 批准。2017 年 P. 维尼奥拉(P. Vignola)等在《CNMNC 通讯》(36)和《矿物学杂志》(81)报道。目前尚未见官方中文译名，编译者建议根据成分及与毒铁石的关系译为铅毒铁石*。

【铅矾】

英文名 Anglesite

化学式 $Pb(SO_4)$ (IMA)

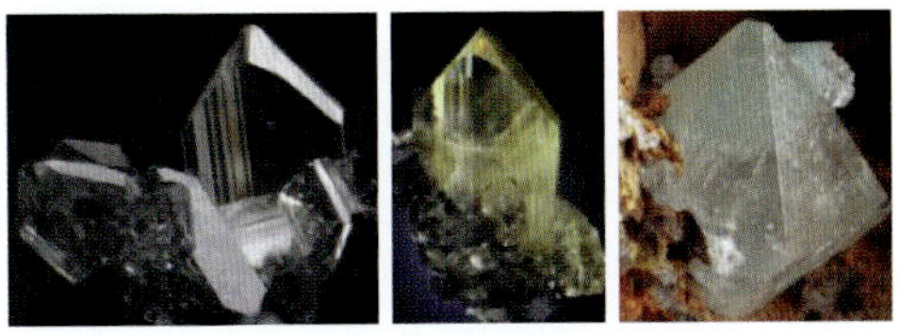

铅矾板状、短柱状和锥状晶体(摩洛哥、美国)

铅矾是一种铅的硫酸盐矿物，含 Ba 称钡铅矾或钡硫酸铅矿。属重晶石族。斜方晶系。晶体呈板状、短柱状或锥状，具双晶；集合体呈致密块状、结核状、钟乳状等。无色—白色、灰色，或黄色、橙色、绿色、蓝色，常因包含未氧化的方铅矿而呈暗灰色、紫色，金刚光泽、玻璃光泽、树脂光泽，透明—不透明；硬度 2.5～3，完全解理，脆性。最早见于 1779 年莫内(Monnet)《系统矿物学》。1783 年发现于英国威尔士安格尔西(Anglesey)岛的帕里斯(Parys)山铜矿。1789 年拉斯乌斯(Lasius)认为是铅玻璃(Bleiglas)。威廉·威得尔格(William Withering)首先认为是一个矿物种。1832 年 F. S. 伯当(F. S. Beudant)在《矿物学论文集》(第二卷，第二版，)根据发现地安格尔西岛(Anglesey)命名为 Anglesite。1959 年以前发现、描述并命名的"祖父级"矿物，IMA 承认有效。中文名称根据成分译为铅矾。中世纪初，人们将"玻璃状的透明矿物"称为"Vitriol(矾)"，后来许多硫酸盐都获得了"矾"这个名称。铅矾亦即硫酸铅矿。

【铅硅磷灰石】

英文名 Mattheddleite

化学式 $Pb_5(SiO_4)_{1.5}(SO_4)_{1.5}Cl$ (IMA)

铅硅磷灰石针状晶体，放射状集合体(英国)和赫德勒像

铅硅磷灰石是一种含氯的铅的硫酸-硅酸盐矿物。属磷灰石超族硅磷灰石族。六方晶系。晶体呈柱状、针状；集合体呈放射状、玫瑰花状。乳白色—粉色，金刚光泽，透明；硬度 3.5～4.5。1985 年利文斯敦(Livingstone)等发现并描述于英国苏格兰斯特拉斯克莱德王国南拉纳克郡利德希尔斯(Leadhills)。英文名称 Mattheddleite，以苏格兰地质学家兼矿物学家马太福音·福斯特·赫德勒(Matthew Forster Heddle，1828—1897)的姓名命名。他在 19 世纪在对苏格兰的矿物学进行调查和描述方面做了大量工作。IMA 1985－019 批准。1987 年利文斯敦等在《苏格兰地质学杂志》(23)报道。中文名称根据成分及与硅磷灰石的关系译为铅硅磷灰石。

【铅硅氯石】

英文名 Asisite

化学式 $Pb_7SiO_8Cl_2$ (IMA)

铅硅氯石是一种含氯的铅的硅酸盐矿物。四方晶系。晶体呈板状。黄绿色、红色，金刚光泽，透明；硬度 3.5～4，完全解理。1987 年发现于纳米比亚奥乔宗蒂朱帕区赫鲁特方丹市阿西斯(Asis)农场。英文名称 Asisite，以发现地纳米比亚的阿西斯(Asis)农场命名。IMA 1987－003 批准。1988 年 R. C. 劳斯(R. C. Rouse)等在《美国矿物学家》(73)报道。1989 年中国新矿物与矿物命名委员会郭宗山在《岩石矿物学杂志》[8(3)]根据成分译为铅硅氯石。

【铅红帘石*】

英文名 Piemontite-(Pb)

化学式 $CaPb(Al_2Mn^{3+})[Si_2O_7][SiO_4]O(OH)$ (IMA)

铅红帘石*是一种含羟基和氧的钙、铅、铝、锰的硅酸盐矿物。属绿帘石超族绿帘石族。单斜晶系。晶体呈他形—半自形板状；集合体呈块状。紫红色，玻璃光泽，半透明；硬度6，完全解理，脆性。2011年发现于北马其顿巴布纳(Babuna)河谷混合岩系列地层。英文名称Piemontite-(Pb)，由根词“Piemontite(红帘石)”，加占优势的铅后缀-(Pb)组合命名，意指它是富铅的红帘石类似矿物(根词参见【红帘石】条325页)。IMA 2011-087批准。2012年S.布里特温(S. Britvin)等在《CNMNC通讯》(12)和《矿物学杂志》(76)报道。目前尚未见官方中文译名，编译者建议根据成分及与红帘石的关系译为铅红帘石*。

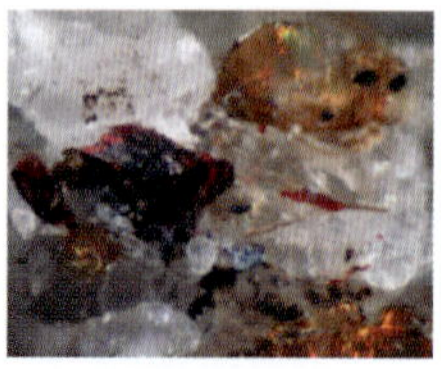
铅红帘石*半自形板状晶体(马其顿)

【铅黄】

英文名 Massicot

化学式 PbO　　(IMA)

铅黄是一种铅的一氧化物天然矿物。与密陀僧为同质多象。斜方晶系。晶体呈鳞片状、板状(合成)；集合体常呈土状、块状。黄色(介于硫磺与雌黄之间)，油脂光泽；硬度2，完全解理。中国是发现、认识、命名、利用铅黄最早的国家之一。中国古代亦作“鈆黄”，古代妇女化妆用品；古文人常用点校书籍，故称校勘之事为“铅黄”。人工制成的铅黄用于制釉和黄色颜料。别名有黄丹、黄铅丹、密陀僧。铅黄中文名称由成分和颜色命名，也叫铅赭石。

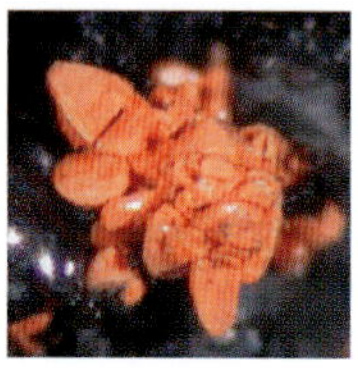
铅黄板状晶体(美国)

在西方，最早见于1841年霍特(Huot)的报道。模式产地德国北莱茵-威斯特伐利亚州宾斯费尔哈默(Binsfeldhammer)铅冶炼场熔渣。英文名称Massicot，有一个漫长的演变过程，其含义也解释得不确切。它来自中世纪英文Masticot一词，又来自法文的“Massicot或Marcicotte”，也许最终来自阿拉伯文的“Martak”，而它又可能来自波斯文的“Murdag(死)[比喻冶炼副产品，即渣滓的铅Murda(死石头)]”。老意大利文Marzacotto(波特的铅釉和砂子)，来自阿拉伯文Masḥ aqūnīyā，又来自叙利亚的Mešāḥ qunyā(釉灰)：叙利亚的“Mešāḥ(药膏)”加希腊文“Κόνια=Koniā(灰、砂)”类似于拉丁文Cinis(灰烬)。简而言之，英文名称Massicot，由“Massi”和“cot-”组合命名，其含义可能是指这种“土状”矿物是“制釉”的原料。1959年以前发现、描述并命名的“祖父级”矿物，IMA承认有效。

【铅辉石】

英文名 Alamosite

化学式 $PbSiO_3$　　(IMA)

铅辉石柱状晶体，放射状集合体(纳米比亚)

铅辉石是一种铅的偏硅酸盐矿物。单斜晶系。晶体呈纤维状、柱状；集合体呈放射状。无色或白色、奶油白色或浅灰色，金刚光泽，透明—半透明；硬度4.5，完全解理。1909年发现于墨西哥索诺拉州阿拉莫斯(Alamos)；同年，C.帕拉奇(C. Palache)在《美国科学杂志》(27)报道。1968年M. L.布彻(M. L. Boucher)在西德《结晶学杂志》(126)报道。英文名称Alamosite，以发现地墨西哥的阿拉莫斯(Alamos)命名。1959年以前发现、描述并命名的“祖父级”矿物，IMA承认有效。中文名称根据成分译为铅辉石，也译为铅灰石或硅铅石。

【铅蓝矾】

英文名 Caledonite

化学式 $Cu_2Pb_5(SO_4)_3(CO_3)(OH)_6$　　(IMA)

铅蓝矾柱状、板状晶体，放射状集合体(英国、美国、德国)

铅蓝矾是一种含羟基的铜、铅的碳酸-硫酸盐矿物。斜方晶系。晶体常呈有条纹的柱状或板状；集合体呈晶簇状、放射状。蓝色、蓝绿色、绿色或深绿色，玻璃光泽、油脂光泽，透明—半透明；硬度2.5～3，完全解理，脆性。最早见于1820年布鲁克在《爱丁堡哲学杂志》(3)报道，称为铅的铜硫酸-碳酸盐(Sulfatocarbonate)。1832年发现并描述于英国苏格兰斯特拉斯克莱德王国南拉纳克郡利德希尔斯(Leadhills)。英文名称Caledonite，以最初发现地苏格兰的历史旧称“Caledonia(加勒多尼亚)”命名。1959年以前发现、描述并命名的“祖父级”矿物，IMA承认有效。中文名称根据成分和颜色译为铅蓝矾或铅绿矾。

【铅铝硅石】参见【铅硅铅石】条539页

【铅绿帘石*】

英文名 Hancockite

化学式 $CaPb(Al_2Fe^{3+})[Si_2O_7][SiO_4]O(OH)$　　(IMA)

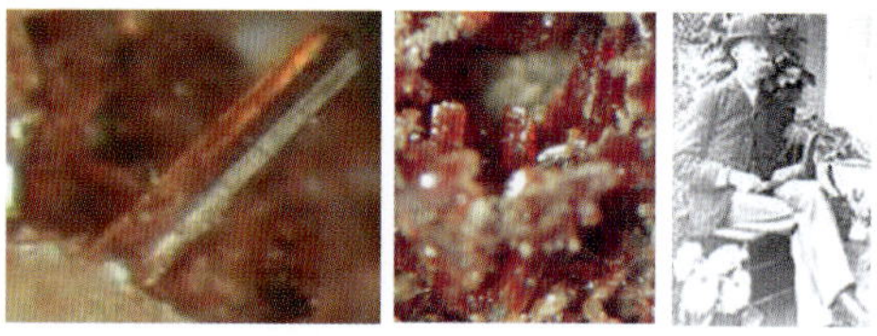
铅绿帘石*柱状晶体，晶簇状集合体(美国)和汉考克像

铅绿帘石*是一种含钙和铅的绿帘石矿物。属绿帘石超族绿帘石族。单斜晶系。晶体呈柱状、厚板状；集合体呈晶簇状。红棕色、橙色、棕色、红色、绿褐色—黑色，半玻璃光泽、树脂光泽，透明—半透明；硬度6～7，完全解理，脆性。1899年发现于美国新泽西州苏塞克斯县富兰克林(Franklin)矿和帕克(Parker)矿；同年，潘菲尔德·塞缪尔·刘易斯(Penfield Samuel Lewis)和沃伦·查尔斯·海德(Warren Charles Hyde)在《美国科学杂志》(Ⅲ系列，第八卷)报道。英文名称Hancockite，最初于1899年由潘菲尔德等为纪念埃尔伍德·P.汉考克(Elwood P. Hancock，1835—1916)而以他的姓氏命名。汉考克是一位风景艺术家，从1854年开始收集矿物，他的收藏品于1916年捐赠给了哈佛大学。中文名称早前译为铅黝帘石或锶帘石。2006年CNMMN小组委员会更名，2015年由IMA恢复为Hancockite。1959年之

Q

前发现、描述并命名的“祖父级”矿物，IMA 承认有效。到目前为止，绿帘石包含的铅仍不详，现在指出这一点当然是不寻常的。在理想的情况下，铅绿帘石是无色、绿褐色—黑色，但代表矿物是红棕色的，因有 Mn^{3+} 替换。编译者现译为铅绿帘石*。

【铅锰钛铁矿】

英文名 Senaite

化学式 $Pb(Mn,Y,U)(Fe,Zn)_2(Ti,Fe,Cr,V)_{18}(O,OH)_{38}$ (IMA)

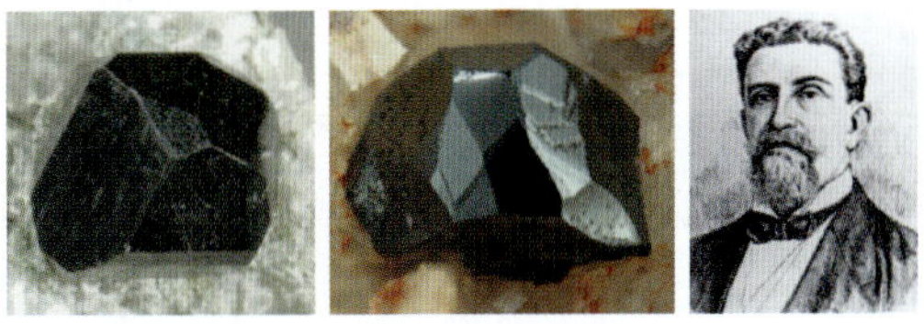

铅锰钛铁矿短柱状晶体(意大利、瑞士)和塞纳像

铅锰钛铁矿是一种铅、锰、钇、铀、铁、锌、钛、铬、钒的氢氧-氧化物矿物。属尖钛铁矿族。三方晶系。晶体呈菱面体、圆柱状。黑色，次金属光泽；硬度 6～6.5，贝壳状断口。1898 年发现于巴西米纳斯吉拉斯州达塔斯(Datas)(以前的达塔)；同年，胡萨克(Hussak)和普赖尔(Prior)在《矿物学杂志》(12)报道。英文名称 Senaite，以巴西欧鲁普雷图(黑金城)的矿物学教授乔奎姆·坎迪多·达·科斯塔·塞纳(Joaquim Candido da Costa Sena，1852—1919)的姓氏命名。塞纳是矿业学院的院长，也是米纳斯吉拉斯州的总统，但他最著名的是在地质、采矿和矿物学文献方面的巨大贡献。他在国际上享有重要荣誉，包括玫瑰骑士、荣誉军团官员、意大利皇冠司令、法国学院官员。他隶属于国际组织，包括巴黎矿物学学会、圣彼得堡矿物学帝国学会、巴黎地质学会、柏林地质学会，拉丁美洲科学大会成员、采矿文学学会成员。1959 年以前发现、描述并命名的“祖父级”矿物，IMA 承认有效。中文名称根据成分译为铅锰钛铁矿/铅锰钛铁石。

【铅铌钛铀矿】

英文名 Samiresite

化学式 $(U,TR,Pb)(Nb,Ta,Ti)_3O_9 \cdot nH_2O$

铅铌钛铀矿是一种含结晶水的铀、稀土、铅、铌、钽、钛的氧化物矿物。等轴晶系。晶体呈八面体，粒状，蜕晶质。褐色、金黄色，玻璃光泽、油脂光泽，透明—半透明；硬度 4～5.5；具放射性。最初于 1922 年发现于马达加斯加塔那那利佛省瓦卡南卡拉特拉地区萨哈塔尼(Sahatany)伟晶岩田萨米尔斯(Samiresy)。英文名称 Samiresite，以发现地马达加斯加的萨米尔斯(Samiresy)命名。见于 1944 年 C. 帕拉奇(C. Palache)、H. 伯曼(H. Berman)和 C. 弗龙德尔(C. Frondel)《丹纳系统矿物学》(第一卷，第七版，纽约)。中文名称根据成分译为铅铌钛铀矿或钶钛铀铅矿。有人认为 Samiresite 与霍加斯(Hogarth，1977)定义的 Uranpyrochlore 为相同矿物。发现于美国北卡罗来纳州米切尔(Mitchell)县。1877 年史密斯(Smith)在《美国科学杂志》(1)报道。化学式为 $(Ca,U,Ce)_2(Nb,Ti,Ta)_2O_6(OH,F)$，其铀含量与烧绿石相似。故将它译为铀铅烧绿石或铅铀烧绿石或铀钽铌矿。

【铅闪石】

英文名 Joesmithite

化学式 $Pb^{2+}Ca_2(Mg_3Fe^{3+}_2)(Si_6Be_2)O_{22}(OH)_2$ (IMA)

史密斯像

铅闪石是一种含羟基的铅、钙、镁、铁的铍硅酸盐闪石。属角闪石超族 W 位羟基、氟、氯占优势角闪石族钙角闪石亚族。单斜晶系。晶体呈柱状。黑色，强玻璃光泽，半透明—不透明；硬度 5.5，完全解理。1968 年发现于瑞典韦姆兰省朗班(Långban)；同年，在《矿物学与地质学杂志》(4)报道。英文名称 Joesmithite，以约瑟夫·维克多·史密斯(Joseph Victor Smith，1929—2007)教授的姓名命名。他是英国裔美国矿物学家和美国伊利诺伊州芝加哥大学的岩石学家，他对月球地质、长石和沸石进行了研究。1969 年 P. B. 摩尔(P. B. Moore)在《美国矿物学会论文特刊》(2)和 M. 弗莱舍(M. Fleischer)在《美国矿物学家》(54)报道。IMA 2012s. p. 批准。中文名称根据成分及族名译为铅闪石，有的也译为铅铍闪石。

【铅烧绿石】

英文名 Plumbopyrochlore

化学式 $(Pb,Y,U,Ca)_{2-x}Nb_2O_6(OH)F$

铅烧绿石是一种含铅的烧绿石。属烧绿石族。深棕色(内部)，青黄色—红色(外部)；硬度 4.5～5.5。1966 年发现于俄罗斯亚马尔-涅涅茨自治区拉贝特南吉的大邱(Tai-Keu)稀土-铌矿床。英文名称 Plumbopyrochlore，由成分冠词“Plumbo(铅)”和根词“Pyrochlore(烧绿石)”组合命名。1977 年在《美国矿物学家》(62)报道。中文名称根据成分译为铅烧绿石(参见【烧绿石】条 773 页)。

【铅砷钯矿】

英文名 Borishanskiite

化学式 $Pd_{1+x}(As,Pb)_2(x=0.0 \sim 0.2)$ (IMA)

铅砷钯矿是一种钯的砷、铅互化物矿物。斜方晶系。晶体呈细粒状，粒径 150μm。黑青灰色，金属光泽，不透明；硬度 4，完全解理，脆性。1975 年发现于俄罗斯泰梅尔自治区泰梅尔半岛普托拉纳高原诺里尔斯克市塔尔纳赫(Talnakh)铜-镍矿床欧卡亚布斯科(Oktyabrsky)矿。英文名称 Borishanskiite，由苏联地质学家塞拉菲玛·萨莫洛夫娜·鲍里珊斯基(Serafima Samoilovna Borishanski)的姓氏命名。IMA 1974-010 批准。1975 年在《全苏矿物学会记事》(104)和 1976 年《美国矿物学家》(61)报道。中文名称根据成分译为铅砷钯矿。

【铅砷磷灰石】参见【钙砷铅矿】条 227 页

【铅钛矿】

英文名 Macedonite

化学式 $PbTiO_3$ (IMA)

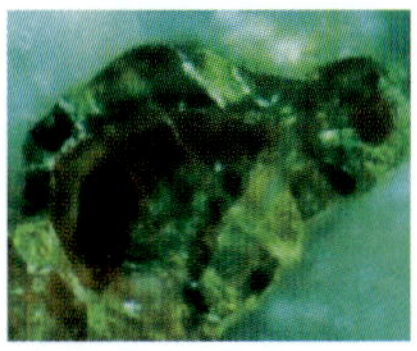

铅钛矿不规则粒状晶体(瑞典)

铅钛矿是一种铅、钛的氧化物矿物。属钙钛矿超族化学计量比钙钛矿族钙钛矿亚族。四方晶系。晶体微小，呈不规则粒状，粒径小于 0.2mm。黑棕色、褐色的黄色与绿色(边缘薄片)，玻璃光泽，不透明—半透明；硬度 5.5～6，非常脆。1970 年发现于北马其顿共和国(当时的南斯拉夫马其顿)普里莱普市克尔尼卡门(Crni Kamen)微斜长石-石英正长伟晶岩脉。英文名称 Macedonite，以发现地马其顿(Macedonia)命名。IMA 1970-

010 批准。1971 年 D. 拉杜辛诺维奇(D. Radusinovi ć)和 C. 马尔可夫(C. Markov)在《美国矿物学家》(56)报道。中文名称根据成分译为铅钛矿。

【铅铁矾】

英文名 Plumbojarosite

化学式 $Pb_{0.5}Fe_3^{3+}(SO_4)_2(OH)_6$　　(IMA)

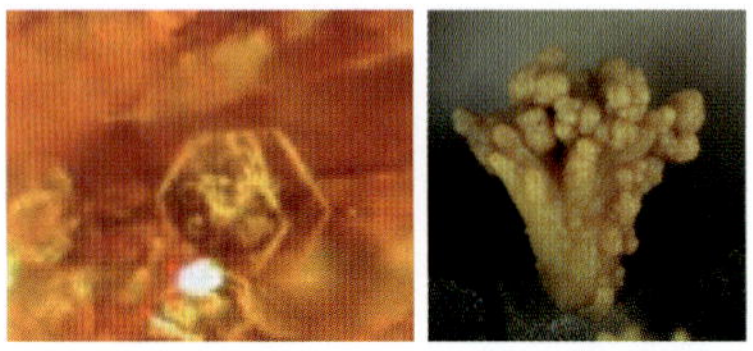

铅铁矾六方板状晶体(美国),钟乳状集合体(德国)

铅铁矾是一种含羟基的铅和铁的硫酸盐矿物。属明矾石超族明矾石族。三方晶系。晶体呈六方板状;集合体呈粉末状、土状、皮壳状、钟乳状。黄褐色、金棕色、深棕色—黑色,丝绢光泽,透明—不透明;硬度 1.5～2,极完全解理,脆性。1902 年发现于美国新墨西哥州露娜县库克(Cookes)峰矿区;同年,希勒布兰德(Hillebrand)和潘菲尔德(Penfield)在《美国科学杂志》(14)报道。英文名称 Plumbojarosite,以其主要成分冠词"Plumbo(拉丁文=铅)"和与根词"Jarosite(黄钾铁矾)"的关系命名(当时可能与黄钾铁矾混淆了)。同义词 Vegasite,1915 年发现于美国内华达州拉斯维加斯(Las Vegas)。1915 年克诺夫(Knopf)在《华盛顿美国科学院杂志》(5)报道,并以发现地美国维加斯(Vegas)命名。施特龙茨(Strunz)建议废弃 Vegasite,而采用 Plumbojarosite。1959 年以前发现、描述并命名的"祖父级"矿物,IMA 承认有效。中文名称根据成分译为铅铁矾;根据颜色和成分译为黄铅铁矾。

【铅铁矿】

英文名 Plumboferrite

化学式 $Pb[Fe^{3+}_{10.6}Mn^{2+}_{0.33}Pb]O_{18.33}$　　(IMA)

铅铁矿是一种铅、铁、锰的氧化物矿物。属磁铁铅矿族。六方晶系。晶体呈厚板状。黑色,条痕呈红色;硬度 5,完全解理。1881 年发现于瑞典韦姆兰省菲利普斯塔德诺德马克区雅各布斯贝里矿田雅各布斯贝里(Jakobsberg)矿;同年,伊格尔斯特罗姆(Igelström)在《斯德哥尔摩科学院报告》(*Ak. Stockholm Öfv.*)[38(8)]报道。英文名称 Plumboferrite,由化学组成拉丁文"Plumbum(铅)"和"Ferrum(铁)"组合命名。IMA 2020s. p.。1959 年以前发现、描述并命名的"祖父级"矿物,IMA 承认有效。中文名称根据成分译为铅铁矿/磁铅铁矿。

【铅铁锰矿】参见【锰铁铅矿】条 615 页

【铅铁锗矿】

英文名 Bartelkeite

化学式 $PbFe^{2+}Ge(Ge_2O_7)(OH)_2 \cdot H_2O$　　(IMA)

铅铁锗矿是一种含结晶水和羟基的铅、铁、锗的锗酸盐矿物。单斜晶系。晶体呈板状和针状,长达 1mm。无色、白色,非常苍白的绿色,半金刚光泽,透明;硬度 4,完全解理。1979 年发现于纳米比亚奥希科托地区楚梅布(Tsumeb)矿。英文名称 Bartelkeite,以德国矿物收藏家和纳米比亚矿物专家沃尔夫冈·巴尔特勒克(Wolfgang Bartelke,1949—)的姓氏命名。IMA 1979-029 批准。1981 年 P. 凯勒(P. Keller)等在德国《地球化学》(40)和 1982 年《美国矿物学家》(67)报道。1983 年中国新矿物与矿物命名委员会郭宗山等在《岩石矿物及测试》[2(1)]根据成分译为铅铁锗矿。

【铅细晶石】

英文名 Plumbomicrolite

化学式 $(Pb,Ca,V)_2Ta_2O_6(OH)$

铅细晶石即含铅的细晶石。等轴晶系。晶体呈八面体、菱形十二面体、四角三八面体。浅黄色,半透明;硬度 5。1961 年发现于刚果(金)北基伍省蒙巴(Mumb)锡石砾石。1962 年 M. 弗莱舍(M. Fleischer)等在《美国矿物学家》(47)报道。英文名称 Plumbomicrolite,由成分冠词"Plumbo(铅)"和根词"Microlite(细晶石)"组合命名。2010 年 IMA 废弃。同义词 Mumbite,以发现地蒙巴(Mumb)命名。中文名称根据成分及与细晶石的关系译为铅细晶石。

【铅霰石】

英文名 Plumboan Aragonite

化学式 $(Ca,Pb)CO_3$

铅霰石柱状晶体,晶簇状、放射状集合体(纳米比亚、波兰)

铅霰石是一种含铅的霰石变种。斜方晶系。晶体呈柱状;集合体呈晶簇状、放射状。白色,玻璃光泽,半透明;硬度 4,完全解理。英文原名称 Tarnowitzite,1841 年由奥古斯特·布赖特豪普特(August Breithaupt)在《矿物学手册》(2)以发现地波兰上西里西亚塔尔诺维茨(Tarnowitz)命名。1889 年柯利(Collie)在《伦敦化学学会杂志》(55)更名为 Plumboan Aragonite=Plumbo-aragonite,由成分冠词"Plumbo(铅)"和根词"Aragonite(霰石)"组合命名。中文名称根据成分及与霰石的关系译为铅霰石(参见【文石】条 984 页)。

【铅钇铁钛矿】

英文名 Gramaccioliite-(Y)

化学式 $(Pb,Sr)(Y,Mn)Fe_2^{3+}(Ti,Fe^{3+})_{18}O_{38}$　　(IMA)

铅钇铁钛矿六方板状晶体(意大利)和格拉马科利像

铅钇铁钛矿是一种铅、锶、钇、锰、铁、钛的氧化物矿物。属钛铁矿族。三方晶系。晶体呈六边形薄板状,宽 8mm。黑色,半金属光泽、油脂光泽,不透明;硬度 6,无解理,脆性,贝壳状断口。1976 年发现于意大利库内奥省桑布科(Sambuco)"历史"遗址处的黑云片麻岩。最早见于 1981 年 G. C. 皮科利(G. C. Piccoli)在《意大利矿物学杂志》的报道,称 Davidite(铀钛磁铁矿或铈铀钛铁矿)。英文名称 Gramaccioliite-(Y),以意大利米兰大学矿物收藏家和物理化学教授卡洛·玛丽亚·格拉马科利(Carlo Maria Gramaccioli,1935—2013)的姓氏,加占优势的稀土元素钇后缀-(Y)组合命名。IMA 2001-034 批准。2004 年 P. 奥兰迪(P. Orlandi)等在

《欧洲矿物学杂志》(16)报道。2008年任玉峰等在《岩石矿物学杂志》[27(3)]根据成分译为铅钇铁钛矿。

【铅铀碲矿】参见【碲铅铀矿】条125页

【铅铀烧绿石】参见【铅铌钛铀矿】条699页

【铅铀云母】参见【水磷铀铅矿】条847页

【铅黝帘石】参见【铅绿帘石*】条698页

【铅圆柱锡矿】参见【硫锑锡铅矿】条519页

钱 [qián]形声;从金,戋(jiān)声。[英]音,用于外国人名。

【钱羟硅铝钙石】

英文名 Chantalite

化学式 $CaAl_2(SiO_4)(OH)_4$ (IMA)

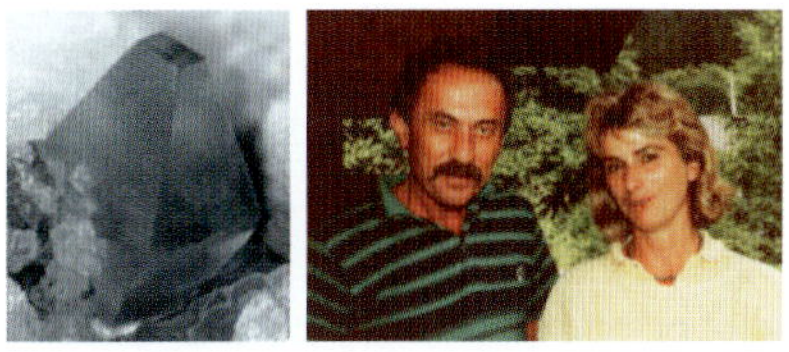

钱羟硅铝钙石四方双锥状晶体(意大利)和尚塔尔与丈夫像

钱羟硅铝钙石是一种含羟基的钙、铝的硅酸盐矿物。四方晶系。晶体呈自形平顶四方双锥状、他形粒状。无色、白色,玻璃光泽,透明—半透明。1977年发现于土耳其地中海地区托罗斯(Taurus)山脉的乔夫·约库苏泰普(Covur Yokusutepe)山。英文名称Chantalite,由哈利尔·萨尔普(Halil Sarp)以妻子尚塔尔·萨尔普(Chantal Sarp,1944—)的名字命名,以感谢她在研究期间对丈夫的支持,并首先描述了该矿物。IMA 1977-001批准。1977年哈利尔·萨尔普(Halil Sarp)等在《美国矿物学家》(63)和《瑞士矿物学岩石学通报》(57)报道。中文名称根据英文首音节音和成分译为钱羟硅铝钙石,也译为水硅铝钙石。

浅 [qiǎn]形声;从水,戋(jiān)声。颜色淡,与"深、浓"相对。

【浅闪石】

英文名 Edenite

化学式 $NaCa_2Mg_5(Si_7Al)O_{22}(OH)_2$ (IMA)

浅闪石柱状晶体,晶簇状集合体(加拿大)

浅闪石是一种A位钠、C位镁、W位羟基的闪石矿物。属角闪石超族W位羟基、氟、氯占优势的角闪石族钙角闪石亚族浅闪石根名族。单斜晶系。晶体呈柱状、纤维状;集合体呈晶簇状。无色、浅褐色、绿褐色等,玻璃光泽,半透明;硬度5~6,完全解理,脆性。1839年发现于美国纽约州奥林奇县(Orange)伊登维尔(Edenville)。英文名称Edenite,于1831年查尔斯·厄珀姆·谢泼德(Charles Upham Shepard)根据原始标本第一次进行了具有矿物学意义的鉴定,但他说:关于矿物名称是在1831年之前根据矿物产地美国伊登维尔(Edenville)命名的。浅闪石第一个化学分析的著作似乎是卡尔·拉莫斯贝格(Carl Rammelsberg)于1858年出版的。1959年以前发现、描述并命名的"祖父级"矿物,IMA承认有效。中文名称根据颜色及族名译为浅闪石,顾名思义即浅色的角闪石。浅闪石中的羟基若被氟所替代,称"氟浅闪石";若氟替代羟基,硼置换铝,称"氟硼浅闪石";若镁大多被铁所替代,则称"铁浅闪石"。这几种浅闪石均可用作宝石。

枪 [qiāng]形声;从木,仓声。古代冷兵器的一种长矛,木长柄,金属头部呈尖矛状。

【枪晶石】

英文名 Cuspidine

化学式 $Ca_8(Si_2O_7)_2F_4$ (IMA)

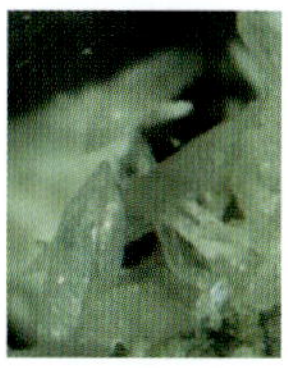

枪晶石矛状晶体(意大利)

枪晶石是一种含氟的钙的硅酸盐矿物。属铌锆钠石(Wöhlerite)族。单斜晶系。晶体呈假菱面体、矛状、小梨状、细粒状,具聚片双晶;集合体呈块状。无色、白色、绿灰色、棕褐色、浅棕色、浅红色,油脂光泽、蜡状光泽、玻璃—半玻璃光泽,透明—半透明;硬度5~6,完全解理,脆性。1876年发现于意大利那不勒斯省外轮山(Somma)。最早见于1876年阿尔坎杰洛·斯卡奇(Arcangelo Scacchi)在*Rendiconto dell'Accademia delle Scienze Fisiche e Matematiche*(15)报道。英文名称Cuspidine,以希腊文"Κούπις=Cuspis(矛)"命名,意指其成双成对的晶体的形态特征。1959年以前发现、描述并命名的"祖父级"矿物,IMA承认有效。中文名称根据结晶形态和透明度译为枪晶石。

蔷 [qiáng]形声;从艸,啬声。蔷薇:灌木,蔓生,枝多刺,花为红色、黄色、白色;通常以玫瑰红色比喻矿物的颜色。

【蔷薇黄锡矿】

英文名 Rhodostannite

化学式 $Cu^{1+}(Fe^{2+}_{0.5}Sn^{4+}_{1.5})S_4$ (IMA)

蔷薇黄锡矿是一种铜、铁、锡的硫化物矿物。属尖晶石超族硫硼尖晶石族硫铜钴矿亚族。四方晶系。晶体呈显微粒状;集合体呈块状。紫红色、灰色,金属光泽,不透明;硬度4。1968年发现于玻利维亚波托西省阿帕切塔(Apacheta)。英文名称Rhodostannite,由其颜色希腊文"ῥόδος=Rhodos=Red(罗德斯岛=红色)"和根词"Stannite(黄锡矿)"的成分相似组合命名。IMA 1968-018批准。1968年G.施普林格(G. Springer)在《矿物学杂志》(36)和1969年《美国矿物学家》(54)报道。中文名称根据颜色和与黄锡矿的关系译为蔷薇黄锡矿。

【蔷薇辉石】

英文名 Rhodonite

化学式 $CaMn_3Mn(Si_5O_{15})$ (IMA)

蔷薇辉石板状晶体,晶簇状集合体(巴西、秘鲁)

蔷薇辉石是一种钙、锰的硅酸盐矿物。与三斜锰辉石为同质多象。属蔷薇辉石族。蔷薇辉石不属于辉石族,而是一种似辉石矿物。三斜晶系。晶体呈厚板状，具聚片双晶。以其特有的玫瑰红色为特征，也有呈褐红色、鲜红色、粉红色(由 Mn^{2+} 引起)，玻璃光泽，解理面上呈珍珠光泽，透明—半透明；硬度 5.5～6.5，完全解理。1819 年发现于德国萨克森-安哈尔特州哈尔茨山沙文霍尔兹(Schavenholz)凯撒弗朗茨(Kaiser Franz)矿。英文名称 Rhodonite，1819 年由克里斯托夫·弗里德里希·耶舍(Christoph Friedrich Jasche)以希腊文"ῥόδος＝Rhodos 或 Rosy(玫瑰)"命名，以象征它的特征颜色。蔷薇(Rosa multiflora)和玫瑰(Rosa rugosa)同属，花有红、白、粉、黄、紫、黑等色，红色居多；此矿物的颜色酷似红色蔷薇花或玫瑰花，中文名称由此而得。1959 年以前发现、描述并命名的"祖父级"矿物，IMA 承认有效。1959 年 F. 利鲍(F. Liebau)等在《丹麦结晶学报》(12)报道。在中国台湾，它又被称为玫瑰石。产于中国北京昌平西湖村的蔷薇辉石，含 MgO 较高，为一富镁变种，曾名西湖村石(Hsihutsunite)。含锌高者又称锌蔷薇辉石(Fowlerite)等(参见【锌蔷薇辉石】条 1046 页)。

【蔷薇石英】参见【水晶】条 835 页

羟

[qiǎng]羟基：氢氧基(OH)⁻矿物的结构水之一。

【羟爱德格雷夫石*】

英文名 Hydroxyledgrewite

化学式 $Ca_9(SiO_4)_4(OH)_2$　(IMA)

羟爱德格雷夫石*是一种含羟基的钙的硅酸盐矿物。单斜晶系。无色、白色，玻璃光泽，透明；硬度 5.5～6.5，完全解理。2011 年发现于俄罗斯卡巴尔达-巴尔卡里亚(Kabardino-Balkaria)共和国拉卡尔基(Lakargi)山 1 号捕虏体。英文名称 Hydroxyledgrewite，由成分冠词"Hydroxyl(羟基)"和根词"Edgrewite(爱德格雷夫石*)"组合命名，意指相对氟来说它是羟基占优势的爱德格雷夫石的类似矿物(根词参见【爱德格雷夫石*】条 19 页)。IMA 2011-113 批准。2012 年 E. V. 加鲁斯金(E. V. Galuskin)等在《CNMNC 通讯》(13)、《矿物学杂志》(76)和《美国矿物学家》(97)报道。目前尚未见官方中文译名，编译者建议成分加音译为羟爱德格雷夫石*。

【羟钡铀矿】

英文名 Protasite

化学式 $Ba(UO_2)_3O_3(OH)_2 \cdot 3H_2O$　(IMA)

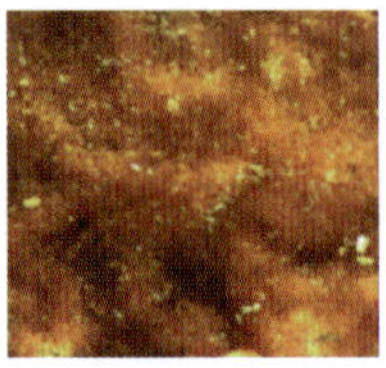

羟钡铀矿皮壳状集合体(意大利)

羟钡铀矿是一种含结晶水、羟基的钡的铀酰-氧化物矿物。单斜(或假六方)晶系。晶体呈薄的假六方小板状；集合体呈皮壳状、球状。亮橙色、橘红色，半金刚光泽，透明；脆性；具放射性。1984 年发现于刚果(金)上加丹加省坎博韦区欣科洛布韦(Shinkolobwe)矿。英文名称 Protasite，以法国南希大学矿物学家琼·普罗塔斯(Jean Protas，1932—)教授的姓氏命名。他首先使用铀氧化物矿物合成了此化合物。IMA 1984-001 批准。1986 年在《矿物学杂志》(50)和 1987 年 M. K. 庞奥阿戛(M. K. Pagoaga)等在《美国矿物学家》(72)报道。1986 年中国新矿物与矿物命名委员会郭宗山等在《岩石矿物学杂志》[5(4)]根据成分译为羟钡铀矿。

【羟胆矾】

英文名 Brochantite

化学式 $Cu_4(SO_4)(OH)_6$　(IMA)

羟胆矾针柱状晶体，放射状集合体(美国、希腊)和布罗尚像

羟胆矾是一种含羟基的铜的硫酸盐矿物。单斜晶系。晶体呈短柱状、针状或发丝状，有时呈板状、粒状、纤维状；集合体呈块状、肾状、放射状。颜色为浅绿色、翠绿色、墨绿色—黑色，玻璃光泽、珍珠光泽，透明—半透明；硬度 3.5～4，脆性。1824 年发现于俄罗斯斯维尔德洛夫斯克州梅德诺鲁德扬斯科耶(Mednorudyanskoye)铜矿床；同年，莱维(Lévy)在伦敦《哲学年鉴》(8)报道。英文名称 Brochantite，由塞尔夫·迪厄·阿伯拉"阿尔芒"·列维(Serve Dieu Abailard "Armand" Lévy)以法国地质学和矿物学家安德烈·琴·弗朗索瓦·玛丽·布罗尚·德·维莱(Andre Jean Francois Marie Brochant de Villiers，1772—1840)的名字命名。1959 年以前发现、描述并命名的"祖父级"矿物，IMA 承认有效。中文名称根据成分及与胆矾的关系译为羟胆矾或水胆矾。

【羟碲铜矿】

英文名 Cesbronite

化学式 $Cu_3Te^{6+}O_4(OH)_4$　(IMA)

羟碲铜矿块状集合体(墨西哥)

羟碲铜矿是一种含羟基的铜的亚碲酸盐矿物。斜方晶系。晶体呈双锥状；集合体呈块状。浅绿色，半金刚光泽；硬度 3，脆性。1974 年发现于墨西哥索诺拉州班波利塔(Bambollita)矿(东方矿)。英文名称 Cesbronite，1974 年西德尼·阿瑟·威廉姆斯(Sidney Arthur Williams)以法国矿物学家法比安·P. 塞斯布龙(Fabien P. Cesbron，1938—)的姓氏命名。IMA 1974-006 批准。1974 年在《矿物学杂志》(39)和《美国矿物学家》(64)报道。中文名称根据成分译为羟碲铜矿。

【羟碲铜石】

英文名 Frankhawthorneite

化学式 $Cu_2Te^{6+}O_4(OH)_2$　(IMA)

羟碲铜石球粒状集合体(美国)和霍桑像

羟碲铜石是一种含羟基的铜的碲酸盐矿物。单斜晶系。晶体呈半自形—自形柱状、短粗的叶片状；集合体呈球粒状。绿色，条痕呈绿色，玻璃光泽，透明；硬度 3～4，脆性。1995 年发现于美国犹他州胡安县廷蒂克(Tintic)矿区尤里卡(Eureka)矿山的废石晶洞内。英文名称 Frankhawthorneite，以加拿大曼尼托巴大学矿物学教授弗兰克·克里斯托弗·霍

桑(Frank Christopher Hawthorne,1946—)的姓名命名。霍桑为晶体结构、实验矿物学和晶体学科学,特别是对角闪石族的晶体化学和含氧酸盐矿物研究做出了重大贡献。霍桑独著或合著的矿物学和结晶学著作得到其他科学家的高度评价并获得了众多国际荣誉。IMA 1993-047 批准。1995年 A. C. 罗伯茨(A. C. Roberts)等在《加拿大矿物学家》(33)报道。2003 年李锦平等在中国《岩石矿物学杂志》[22(3)]根据成分译为羟碲铜石。

【羟碲铜锌石】

英文名 Quetzalcoatlite

化学式 $Cu_3^{2+}Zn_6Te_2^{6+}O_{12}(OH)_6\cdot(Ag,Pb,\square)Cl$ (IMA)

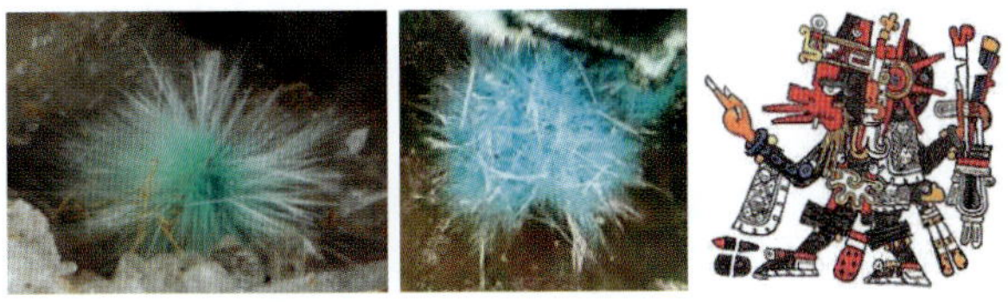

羟碲铜锌石球粒状集合体(墨西哥)和羽蛇神画像

羟碲铜锌石是一种含羟基的铜、锌的碲酸盐并含银、铅、空位的氯化物矿物[可能混有水氯碲铜石(Tlalocite)]。三方晶系。晶体呈针状、纤维状;集合体呈球粒状、粉末状、皮壳状。蓝色、绿色、无色,珍珠光泽,透明;硬度 3,脆性。1973年发现于墨西哥索诺拉州蒙特祖马的班波利塔(Bambollita)矿。英文名称 Quetzalcoatlite,以魁札尔科亚特尔(古典纳瓦特尔文:Quetzalcoatl)名字命名。他是墨西哥印第安人的托尔铁克人和阿兹特克人神话中的最重要的神祇的其中一位。他是"生有羽毛的蛇"形象的神明,最早出现在公元前 1 世纪至公元 1 世纪的奥尔梅克文明中,并普遍见于中美洲文明的神话,如玛雅人的库库尔坎,中文则统称为羽蛇神。有的说是风神,有人说是海神,有人说是农业神,有人说是祭司神,等等,不乏其名。魁札尔科亚特尔最为人所熟悉的一个面相,是戴着鹰首造型的面具、耳挂曲形贝壳吊饰、胸佩海螺。在众多传说中,有的描述他佩戴的或吞食的"Ehecacozcatl"译为"风宝石或绿宝石",也有的描述羽蛇神的嘴像华丽的绿咬鹃,还有的描述羽蛇神的羽毛是蓝绿色的,总之,用它的颜色命名此矿物。IMA 1973-010 批准。1973 年在《矿物学杂志》(39)和 1974 年《美国矿物学家》(59)报道。中文名称根据成分译为羟碲铜锌石或羟铜锌碲矿。

【羟碘铜矿】

英文名 Salesite

化学式 $Cu(IO_3)(OH)$ (IMA)

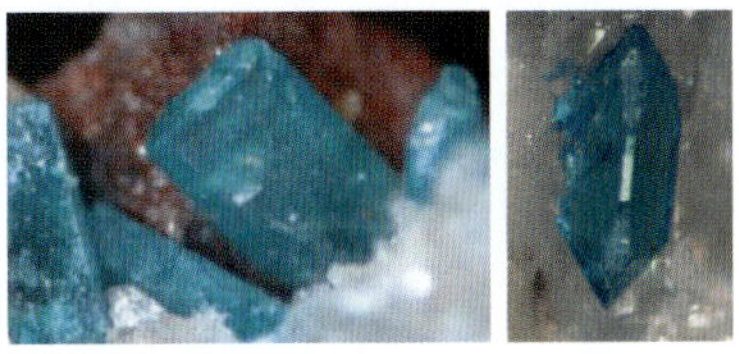

羟碘铜矿柱状、双锥晶体(智利)

羟碘铜矿是一种含羟基的铜的碘酸盐矿物。斜方晶系。晶体呈柱状或带锥的柱状。蓝绿色,玻璃光泽,透明;硬度 3,完全解理。1939 年发现于智利安托法加斯塔省卡奇纳尔(Cachinal)和厄尔洛阿省(El Loa)卡拉马丘基卡马塔(Chuquicamata)矿。1939 年 C. 帕拉奇(C. Palache)和杰罗尔(Jarrell)在《美国矿物学家》(24)报道。英文名称 Salesite,以智利阿纳康达铜业公司的首席地质学家雷诺·H. 萨莱斯(Reno H. Sales,1876—1969)的姓氏命名。1959 年以前发现、描述并命名的"祖父级"矿物,IMA 承认有效。中文名称根据成分译为羟碘铜矿。

【羟矾石】参见【斜方矾石】条 1020 页

【羟钒铋石】

英文名 Hechtsbergite

化学式 $Bi_2O(VO_4)(OH)$ (IMA)

羟钒铋石晶簇状集合体(德国)

羟钒铋石是一种含羟基的铋氧的钒酸盐矿物。属砷酸铋矿族。单斜晶系。晶体呈假斜方自形短柱、圆粒状或溶蚀状;集合体呈晶簇状。褐色、棕色,条痕呈黄色,金刚光泽,透明—半透明;硬度 4.5,贝壳状断口。1995 年发现于德国巴登-符腾堡州黑林山赫彻思贝格(Hechtsberg)采石场片麻岩的小洞穴。英文名称 Hechtsbergite,以发现地德国的赫彻思贝格(Hechtsberg)采石场命名。IMA 1995-050 批准。1997 年 W. 克劳斯(W. Krause)等在《矿物学新年鉴》(月刊)报道。2003 年李锦平等在《岩石矿物学杂志》[22(2)]根据成分译为羟钒铋石。

【羟钒磷铝铅石】

英文名 Bushmakinite

化学式 $Pb_2Al(PO_4)(VO_4)(OH)$ (IMA)

羟钒磷铝铅石是一种含羟基的铅、铝的钒酸-磷酸盐矿物。属锰铁钒铅矿族。单斜晶系。晶体呈层片状,粒径 0.3mm。亮黄色,条痕呈浅黄色,金刚光泽、玻璃光泽,半透明;硬度 3～3.5,完全解理,脆性。2001 年发现于俄罗斯斯维尔德洛夫斯克州叶卡捷琳堡别廖佐夫斯基市谢韦尔纳亚(Severnaya)矿。英文名称 Bushmakinite,以俄罗斯矿物学家 A. F. 布什马金(A. F. Bushmakin,1947—1999)的姓氏命名。IMA 2001-031 批准。2002 年 I. V. 佩科夫(I. V. Pekov)等在《俄罗斯矿物学会记事》[131(2)]报道。2006 年李锦平在中国《岩石矿物学杂志》[25(6)]根据成分译为羟钒磷铝铅石。

【羟钒磷铁铅石*】

英文名 Ferribushmakinite

化学式 $Pb_2Fe^{3+}(PO_4)(VO_4)(OH)$ (IMA)

羟钒磷铁铅石*柱状、六连晶"X"形的双晶(美国)

羟钒磷铁铅石*是一种含羟基的铅、铁的钒酸-磷酸盐矿物。属锰铁钒铅矿超族。单斜晶系。晶体呈略微扁平的柱状,长 0.2mm;具六连晶"X"形的双晶。黄色,金刚光泽,半透明;硬度 2,中等解理,脆性。2014 年发现于美国内华达州洪堡特县铁矿点区(Iron Point)瓦尔米(Valmy)银(Silver Coin)矿。英文名称 Ferribushmakinite,由成分冠词"Ferri(三价铁)"和根词"Bushmakinite(羟钒磷铝铅石)"组合命名,意指它是高铁取代铝的羟钒磷铝铅石的类似矿物(根词参见【羟钒磷铝铅石】条 703 页)。IMA 2014 - 055 批准。2014 年 A. R. 坎普夫(A. R. Kampf)等在《CNMNC 通讯》(22)和《矿物学杂志》(78)报道。目前尚未见官方中文译名,编译者建议根据成分及与羟钒磷铝铅石的关系译为羟钒磷铁铅石*。

【羟钒石】

英文名 Duttonite

化学式 $V^{4+}O(OH)_2$ (IMA)

羟钒石细长晶体,放射状集合体(意大利)和达顿像

羟钒石是一种钒氧的氢氧化物矿物。单斜晶系。晶体呈伸长的细小的假斜方板状;集合体呈皮壳状。浅棕色,金刚光泽、玻璃光泽,透明—半透明;硬度 2.5,完全解理。1956 年发现于美国科罗拉多州蒙特罗斯县公牛(Bull)峡谷皮努(Peanu)矿。1957 年 M. E. 汤姆逊(M. E. Thompson)等在《美国矿物学家》(42)报道。英文名称 Duttonite,以美国地质学家和美国陆军军官克拉伦斯·爱德华·达顿(Clarence Edward Dutton,1841—1912)的姓氏命名。1959 年以前发现、描述并命名的"祖父级"矿物,IMA 承认有效。中文名称根据成分译为羟钒石。

【羟钒铁铅石】

英文名 Mounanaite

化学式 $PbFe^{3+}_2(VO_4)_2(OH)_2$ (IMA)

羟铁钒铅石板状晶体(加蓬)

羟钒铁铅石是一种含羟基的铅、铁的钒酸盐矿物。属砷铁锌铅石族。单斜晶系。晶体呈板状;集合体呈粉末状、细晶皮壳状。褐红色,半透明。1968 年发现于加蓬上奥果韦省弗朗斯维尔市穆纳纳(Mounana)矿。英文名称 Mounanaite,以发现地加蓬东南部矿业城镇穆纳纳(Mounana)矿命名。IMA 1968 - 031 批准。1969 年在《法国矿物学和结晶学学会通报》(92)报道。中文名称根据成分译为羟钒铁铅石/羟铁钒铅矿。

【羟钒铜矿】

英文名 Turanite

化学式 $Cu^{2+}_5(VO_4)_2(OH)_4$ (IMA)

羟钒铜矿是一种含羟基的铜的钒酸盐矿物。三斜晶系。晶体呈片状、纤维状,具聚片双晶;集合体呈肾状、结核状、放射状。绿色、橄榄绿色;硬度 5。1909 年发现于乌兹别克斯坦奥什州图兰(Turan)地区钹汗那(汉代称大宛,中国古籍又作破洛那或钹汗)塔尤那暮云(Tyuya - Muyun)铜-钒-铀-镭矿床;同年,K. A. 涅纳德克维奇(K. A. Nenadkevich)在《帝国科学院通报》(*Izvestiya Imperatorskoy Akademii Nauk*)(3)报道。英文名称 Turanite,以发现地乌兹别克斯坦的图兰(Turan)地区命名。1959 年以前发现、描述并命名的"祖父级"矿物,IMA 承认有效。经 IMA 批准。中文名称根据成分译为羟钒铜矿。

【羟钒铜铅石】

英文名 Mottramite

化学式 $PbCu(VO_4)(OH)$ (IMA)

羟钒铜铅石短柱状、纤维状晶体,捆束状集合体(墨西哥)

羟钒铜铅石是一种含羟基的铅、铜的钒酸盐矿物。属砷钙镁石-钒铅锌矿(Adelite - Descloizite)族。斜方晶系。晶体呈具双锥的短柱状、片状、纤维状;集合体呈晶簇状、束状、钟乳状或葡萄状。草绿色、橄榄绿色、黄绿色、黄雀绿色、黑棕色—近黑色,同一晶体通常表现出不同的颜色,油脂光泽,透明—不透明;硬度 3~3.5,脆性。最早见于 1848 年多梅科(Domeyko)在《矿山记录》(14)称智利石(Chileite)。1869 年 M. 亚当(M. Adam)在《巴黎矿物学图表》(33)称为 Cuprovanadite。1876 年根特(Genth)在《美国哲学学会学报》(14)称为 Psittacinite。1876 年又发现于英国柴郡圣安德鲁莫特拉姆(Mottram)矿石储备处;矿石最有可能是从英国英格兰什罗普郡什鲁斯伯里市皮姆(Pim)山矿开采而来的。1876 年 H. E. 罗斯科(H. E. Roscoe)在《伦敦皇家学会会刊》(25)报道。英文名称 Mottramite,以英国莫特拉姆(Mottram)矿石储备处命名。1959 年以前发现、描述并命名的"祖父级"矿物,IMA 承认有效。中文名称根据成分译为羟钒铜铅石;也译作钒铜铅矿。

【羟钒锌铅石】

英文名 Descloizite

化学式 $PbZn(VO_4)(OH)$ (IMA)

羟钒锌铅石锥状晶体,晶簇状集合体(纳米比亚、葡萄牙)和克洛泽乌斯像

羟钒锌铅石是一种含羟基的铅、锌的钒酸盐矿物。属砷钙镁石-钒铅锌矿(Adelite - Descloizite)族。斜方晶系。晶体呈等径的锥体,很少呈板状或短柱状,通常呈近似平行,但又不平行的片状,互生晶体常见,晶体表面不均匀或粗纤维状;集合体呈钟乳状或葡萄状。棕红色、橙色、红棕色、黑棕色、近黑色,晶体通常表现出不同部位具有不同的颜色,半玻璃光泽、树脂光泽、蜡状光泽、油脂光泽,透明—不透明;硬度 3~3.5,脆性。最早见于 1850 年贝尔格曼(Bergemann)在莱比锡《哈雷物理学杂志》(80)报道,称红钒铅矿-亚砷酸盐变体(Dechenite-arsenatian variety)。1854 年发现于阿根廷科尔多瓦省普尼亚(Punilla)山谷赛拉德科尔多瓦(Sierra de Córdoba)。1854 年达穆尔(Damour)在巴黎《化学和物理学年鉴》(41)报道。英文名称 Descloizite,由奥古斯丁·亚历克西斯·达穆尔(Augustin Alexis Damour)为纪念巴黎大学矿物学教授阿尔弗雷德·刘易斯·奥利弗·罗格朗·迪斯·

克洛泽乌斯(Alfred Lewis Oliver Legrand Des Cloizeaux, 1817—1897)而以他的姓氏命名,是他首先描述了该矿物。1959年以前发现、描述并命名的"祖父级"矿物,IMA承认有效。中文名称根据成分译为羟钒锌铅石/钒铅锌矿/钒锌铅矿。

【羟氟硅镧铝镁钙石】

英文名 Västmanlandite-(Ce)

化学式 $Ce_3CaMg_2Al_2Si_5O_{19}(OH)_2F$　(IMA)

羟氟硅镧铝镁钙石是一种含羟基和氟的铈、钙、镁、铝的硅酸盐矿物。属加泰尔铈石*(Gatelite)超族羟氟硅镧铝镁钙石族。单斜晶系。晶体呈他形粒状。黑色—暗褐色,条痕呈黄灰色,玻璃光泽,半透明;硬度6,完全解理,断口呈参差状、贝壳状。2002年发现于瑞典中南部西曼兰(Västmanlandln)省努尔贝里(Norberg)稀土矿床马尔卡拉(Malmkärra)铁矿废石堆。英文名称Västmanlandite-(Ce),由发现地瑞典的西曼兰(Västmanlandln)省名,加占优势铈后缀-(Ce)组合命名。IMA 2002-025批准。2005年D.霍尔特斯坦(D. Holtstam)等在《欧洲矿物学杂志》(17)报道。2008年任玉峰等在中国《岩石矿物学杂志》[27(6)]根据成分译为羟氟硅镧铝镁钙石(编译者建议译为羟氟硅铈铝镁钙石*)。

【羟氟磷钙镁石】

英文名 Panasqueiraite

化学式 $CaMg(PO_4)(OH)$　(IMA)

羟氟磷钙镁石是一种含羟基的钙、镁的磷酸盐矿物。属氟砷钙镁石族。单斜晶系。晶体呈他形细粒状;集合体呈块状。粉红色,玻璃光泽,半透明;硬度5。1978年发现于葡萄牙布朗库堡区帕纳什凯拉(Panasqueira)矿。英文名称Panasqueiraite,以发现地葡萄牙的帕纳什凯拉(Panasqueira)矿命名。IMA 1978-063批准。1981年A. M.艾萨克斯(A. M. Isaacs)和D. R.皮阿科尔(D. R. Peacor)在《加拿大矿物学家》(19)报道。1983年中国新矿物与矿物命名委员会郭宗山等在《岩石矿物及测试》[2(1)]根据成分译为羟氟磷钙镁石。

【羟氟铝铅石】

英文名 Artroeite

化学式 $PbAlF_3(OH)_2$　(IMA)

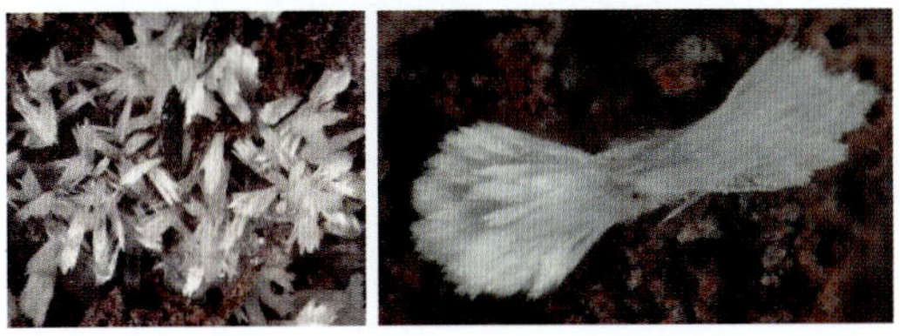

羟氟铝铅石叶片状晶体,捆束状集合体(意大利)

羟氟铝铅石是一种含羟基的铅、铝的氟化物矿物。三斜晶系。晶体呈叶片状,达1mm;集合体呈捆束状。无色,玻璃光泽,透明;硬度2.5,完全解理,脆性。1993年发现于美国亚利桑那州格雷厄姆县克朗迪克(Klondyke)附近的大礁山月桂谷大礁(Grand Reef)矿。英文名称Artroeite,以美国化学家和微观矿物收藏家阿瑟·罗伊(Arthur Roe, 1912—1993)博士的姓名命名。IMA 1993-031批准。1995年A. R.坎普夫(A. R. Kampf)和E. E.富尔德(E. E. Foord)在《美国矿物学家》(80)报道。2004年李锦平等在《岩石矿物学杂志》[23(1)]根据成分译为羟氟铝铅石。

【羟氟铝石】

英文名 Zharchikhite

化学式 $Al(OH)_2F$　(IMA)

羟氟铝石晶簇状集合体(德国)

羟氟铝石是一种含氟的铝的氢氧化物矿物。单斜晶系。晶体呈细长的假斜方柱状、细粒状;集合体呈晶簇状。无色、乳白色,玻璃光泽,透明;硬度4.5,完全解理,非常脆。1986年发现于俄罗斯高加索地区扎尔基欣斯克(Zharchikhinskoe)钼矿床。英文名称Zharchikhite,以发现地俄罗斯的扎尔基欣斯克(Zharchikha)矿床命名。IMA 1986-059批准。1988年S. V.波洛罕瑟娃(S. V. Bolokhontseva)等在《全苏矿物学会记事》(117)和1989年《美国矿物学家》(74)报道。中文名称根据成分译为羟氟铝石。

【羟氟碳硅钛铁钡钠石】

英文名 Bussenite

化学式 $Ba_4(Na,\square)_2(Fe^{2+},Na)_2Ti_2(Si_2O_7)_2(CO_3)_2O_2(OH)_2(H_2O)_2F_2$　(IMA)

布森像

羟氟碳硅钛铁钡钠石是一种含氟、结晶水、羟基和氧的钡、钠、空位、铁、钛的碳酸-硅酸盐矿物。属氟钠钛锆石超族钡铁钛石族。三斜晶系。集合体呈弯曲的片状。黄棕色,玻璃光泽,透明—半透明;硬度4,完全解理,脆性。2000年发现于俄罗斯北部摩尔曼斯克州库基斯乌姆乔尔(Kukisvumchorr)山。英文名称Bussenite,以俄罗斯矿物学家、地质学家、岩石学家和碱性岩专家伊琳娜·V.布森(Irina V. Bussen)的姓氏命名。IMA 2000-035批准。2001年A. P.霍米亚科夫(A. P. Khomyakov)等在《俄罗斯矿物学会记事》[130(3)]报道。2007年任玉峰在《岩石矿物学杂志》[26(3)]根据成分译为羟氟碳硅钛铁钡钠石。

【羟钙镁电气石】

英文名 OH-Uvite

化学式 $CaMg_3(Al_5Mg)(Si_6O_{18})(BO_3)_3(OH)_3(OH)$

羟钙镁电气石柱状、板状、粒状晶体(赞比亚、巴西)

羟钙镁电气石是一种羟基占优势的钙镁电气石矿物。属电气石族。三方晶系。晶体呈柱状、粒状、板状。绿色、红色。2000年发现于巴西巴伊亚州布鲁马杜(Brumado)市。这种矿物种IMA官方的名字是钙镁电气石(Uvite),IMA 2000-030a[见2010年C. M.克拉克(C. M. Clark)在《矿物学杂志》(74)报道]。2011年IMA批准更名为(OH-Uvite)[见2011年亨利(Henry)等在《美国矿物学家》(96)重新定义为一种羟基占优势的钙镁电气石]。然而,分析表明,该类型材料可能是一种潜在的新的氧电气石(Oxy-Uvite)[$CaMg_3Al_6(Si_6O_{18})(BO_3)_3(OH)_3O$,见2016年E. J.贝里曼(E. J. Berryman)等《矿物物理和化学》(43)],于是IMA在

2018 年撤销了 IMA 2000－030a 批准。OH-Uvite 成为 Uvite 的同义词。中文名称根据成分及与钙镁电气石的关系译为羟钙镁电气石(参见【钙镁电气石】条 224 页)。

【羟钙烧绿石】

英文名 Hydroxycalciopyrochlore

化学式 $(Ca,Na,U,\square)_2(Nb,Ti)_2O_6(OH)$　(IMA)

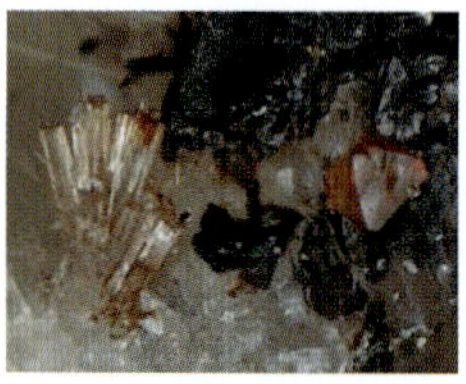

羟钙烧绿石柱状晶体，束状集合体(德国)

羟钙烧绿石是的一种含羟基的富钙的钠、铀、空位、铌、钛的氧化物新物种。属烧绿石超族烧绿石族。等轴晶系。晶体呈正八面体，而少呈十二面体和二十四面体或其聚形，以及他形厚三角板状，也有的呈柱状；粒径一般 0.1～1mm；集合体呈柱束状。棕黑色、墨绿色—黑色，油脂光泽，半透明；硬度 5～6，贝壳状断口。中国地质大学杨光明教授在 20 世纪 80 年代采自中国四川凉山自治州冕宁县牦牛坪稀土矿床的矿物，受当时的实验和研究条件所限，该矿物此前一直被认为是贝塔石。2010 年中国地质大学晶体结构实验室在对该矿物进行再研究时，李国武教授根据衍射数据解析出了晶体结构，结合化学分析结果将该矿物的晶体化学式重新改写为 $(Ca,Na,U,\square)_2(Nb,Ti)_2O_6(OH)$，并根据成分及原子占位特点将该矿物重新定名为羟钙烧绿石(Hydroxycalciopyrochlore)。英文名称 Hydroxycalciopyrochlore，由成分冠词“Hydroxy(羟基)”和“Calcium(钙)”及根词“Pyrochlore(烧绿石)”组合命名。李国武、杨光明等将该矿物资料提交到国际矿物学会新矿物及矿物命名委员会。IMA 2011－026 批准。此新矿物的发现为烧绿石族矿物种增添了新的成员。2011 年杨光明和李国武等在《CNMNC 通讯》(10)、《矿物学杂志》[75(5)]及 2014 年中国《地质学报》(88，英文版)报道。

【羟钙石】

英文名 Portlandite

化学式 $Ca(OH)_2$　(IMA)

羟钙石晶体(南非)

羟钙石是一种钙的氢氧化物矿物。属水镁石族。三方晶系。晶体呈小板状，合成晶体的呈板状；集合体呈粉末状。无色、浅黄色，玻璃光泽、解理面上呈珍珠光泽；硬度 2.5～3，完全解理。在自然界中罕见，却是水泥材料和混凝土的一个重要阶段的产物；在湿空气中不稳，遇二氧化碳变为碳酸钙。1933 年发现于英国北爱尔兰安特里姆县拉恩镇斯卡特(Scawt)山；同年，提莉(Tilley)在《矿物学杂志》(23)报道。英文名称 Portlandite，来自波特兰(Portland)水泥的名称。1959 年以前发现、描述并命名的“祖父级”矿物，IMA 承认有效。中文名称根据成分译为羟钙石。

【羟钙钛矿】

英文名 Kassite

化学式 $CaTi_2O_4(OH)_2$　(IMA)

羟钙钛矿是一种钙、钛氧的氢氧化物矿物。斜方晶系。晶体呈假六方板状，常见双晶；集合体呈球粒状。黄色—浅黄色、棕色红、无色，金刚光泽，半透明；硬度 5，完全解理，脆性。1965 年发现于俄罗斯北部摩尔曼斯克州阿夫里坎达(Afrikanda)地块。1965 年 A. A. 库哈连科(A. A. Kukharen-

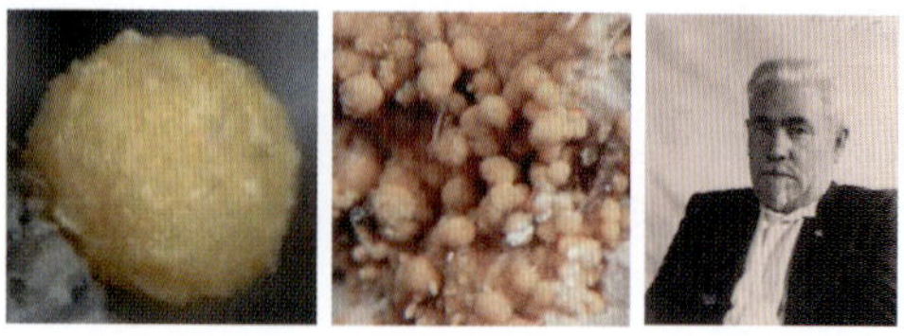

羟钙钛矿球粒状集合体(意大利、俄罗斯)和卡辛像

ko)等在《科拉半岛和卡累利亚北部超基性碱岩和碳酸盐岩的加里东杂岩体》和 1967 年 M. 弗莱舍(M. Fleischer)在《美国矿物学家》(52)报道。英文名称 Kassite，为纪念发现阿夫里坎达地块的苏联地质学家尼古拉·格里格尔耶维奇·卡辛(Nikolai Grigor'evich Kassin，1885—1949)院士而以他的姓氏命名。IMA 1968s. p. 批准。中文名称根据成分译为羟钙钛矿。

【羟钙锡石】

英文名 Burtite

化学式 $CaSn^{4+}(OH)_6$　(IMA)

伯特像

羟钙锡石是一种钙、锡的氢氧化物矿物。钙钛矿超族非化学计量比钙钛矿族羟锡镁石亚族。等轴晶系。晶体呈正八面体。无色、淡黄色，玻璃光泽，半透明；硬度 3，非常脆。1980 年发现于摩洛哥梅克内斯市厄尔哈曼(El Hamman)瓦迪贝特河西岸。英文名称 Burtite，以唐纳德·迈克莱恩·伯特(Donald McLain Burt，1943—)博士的姓氏命名。他是美国亚利桑那州立大学矿物学教授，是矽卡岩和云英岩矿床矿物平衡的权威，他曾预测这种化合物在自然界中可以找到。IMA 1980－078 批准。1981 年 P. M. 桑尼特(P. M. Sonnet)在《加拿大矿物学家》(19)报道。中文名称根据成分译为羟钙锡石。

【羟钙细晶石*】

英文名 Hydroxycalciomicrolite

化学式 $Ca_{1.5}Ta_2O_6(OH)$　(IMA)

羟钙细晶石*八面体晶体(美国)

羟钙细晶石*是一种含羟基的钙、钽的氧化物矿物。属烧绿石超族细晶石族。等轴晶系。晶体呈八面体、立方体—八面体、菱形十二面体，粒径 1.5mm。黄色，也可能是棕色，玻璃光泽、树脂光泽，半透明；硬度 5～6，脆性。2013 年发现于巴西米纳斯吉拉斯州圣若昂-德雷(São João del Rei)伟晶岩省沃尔塔格兰德(Volta Grande)矿。英文名称 Hydroxycalciomicrolite，由成分冠词“Hydroxy(羟基)”“Calico(钙)”和根词“Microlite(细晶石)”组合命名。IMA 2013－073 批准。2013 年 M. B. 安德雷德(M. B. Andrade)等在《CNMNC 通讯》(18)和 2017 年《矿物学杂志》(81)报道。目前尚未见官方中文译名，编译者建议根据成分及族名译为羟钙细晶石*。

【羟钙霞石】

英文名 Hydroxycancrinite

化学式 $(Na,Ca,K)_8(Al_6Si_6O_{24})(OH,CO_3)_2 \cdot 2H_2O$　(IMA)

羟钙霞石粒状晶体，块状集合体（俄罗斯）

羟钙霞石是一种含结晶水、碳酸根和羟基的钠、钙、钾的铝硅酸盐矿物。属似长石族钙霞石族。六方晶系。晶体呈粒状；集合体呈块状。无色、浅蓝色，玻璃光泽，透明—半透明；硬度 6，完全解理，脆性。1990 年发现于俄罗斯北部摩尔曼斯克州卡纳苏特（Karnasurt）山。英文名称 Hydroxy-cancrinite，由成分冠词“Hydroxy（羟基）”和根词“Cancrinite（钙霞石）”组合命名，意指它是羟基占优势的钙霞石的类似矿物。IMA 1990－014 批准。1992 年 A. P. 霍米亚科夫（A. P. Khomyakov）等在《俄罗斯矿物学会记事》[121(1)]和 1993 年《美国矿物学家》(78)报道。1998 年中国新矿物与矿物命名委员会黄蕴慧等在《岩石矿物学杂志》[17(1)]根据成分与族名译为羟钙霞石。

【羟高铁云母】参见【高铁铁云母】条 241 页

【羟铬矿】

英文名 Bracewellite

化学式 CrO(OH)　　(IMA)

羟铬矿是一种铬氧的氢氧化物矿物。属水铝石族。与格羟铬矿（Grimaldiite）和圭亚那矿（Guyanaite）为同质多象变体。斜方晶系。晶体呈粒状、短柱状。深红色—黑色，半玻璃光泽、半金属光泽，透明—不透明；硬度 5.5～6.5，脆性。1949 年在《美国矿物学家》(34)报道。最初在圭亚那马札鲁尼区梅鲁姆（Merume）河 Director 小溪砂矿中发现，并以梅鲁姆（Merume）河命名为 Merumite，当时被描述为“$Cr_2O_3 \cdot H_2O$”，按成分译为水铬矿，后有人译为杂羟铬矿。1976 年 C. 弥尔顿（C. Milton）、D. E. 阿普曼（D. E. Appleman）等在专报 *U. S Geol. Surv. Prof. Paper* 刊载。1977 年又在《美国矿物学家》(62)的摘要中报道。英文名称 Bracewellite，由弥尔顿等为纪念史密斯·布雷斯韦尔（Smith Bracewell）而以他的姓氏命名。布雷斯韦尔至少在 1927—1962 年期间是一位活跃的地质学作家。他曾任英国圭亚那地质调查局主任和西印度群岛的大学教授，他第一次发现了水铬矿（Merumite），并证明主要是埃斯克拉矿（Eskolaite，绿铬矿）与不同比例的其他 4 个细粒度的铬矿石[Grimaldiite（格羟铬矿）、Guyanaite（圭亚那矿或圭羟铬矿）、Bracewellite（羟铬矿或布羟铬矿）和 Mcconnellite（铜铬矿）]的混合物。IMA 1967－035 批准。中文名称根据成分译为羟铬矿或根据英文名称首音节音和成分译为布羟铬矿。

【羟钴矿】

英文名 Heterogenite

化学式 $Co^{3+}O(OH)$　　(IMA)

羟钴矿皮壳状集合体（刚果）

羟钴矿是一种钴氧的氢氧化物矿物。三方（六方）晶系。集合体呈皮壳状、钟乳状。黑色或钢灰色、紫色、红色，金属光泽，不透明；硬度 3～5，完全解理。发现于德国萨克森州施内贝格市沃尔夫冈马恩（Wolfgang Maaßen）矿场。最早见于 1872 年弗伦泽尔（Frenzel）在《莱比锡化学实验》(5)报道。英文名称 Heterogenite，由希腊文“Ετερογόνο＝Another kind＝Heterogen（另一种、异型杂种）”命名，意指其成分与类似的矿物不同。IMA 1967s. p. 批准。目前已知 Heterogenite 有-2H（六方）和-3R（三方）多型。中文名称根据成分译为羟钴矿或水钴矿或羟氧钴矿。

【羟顾家石】

英文名 Hydroxylgugiaite

化学式 $(Ca,\square)_{\Sigma 4}(Si_{3.5}Be_{2.5})_{\Sigma 6}O_{11}(OH)_3$　　(IMA)

羟顾家石棒状、粒状晶体（挪威）

羟顾家石是一种含羟基的钙、空位的铍硅酸盐矿物。属黄长石族。四方晶系。晶体呈棒状、细长的四方柱状、四方双锥状，他形晶粒和很少为自形晶粒状。淡黄色、白色、灰色，玻璃光泽，半透明；硬度 5，脆性。2016 年发现于丹麦格陵兰岛库雅雷哥自治区纳卡拉（Nakalak）山和挪威特里马克波什格伦（Porsgrunn）等处。英文名称 Hydroxylgugiaite，由成分冠词“Hydroxyl（羟基）”和根词“Gugiaite（顾家石）”组合命名（根词参见【顾家石】条 258 页）。IMA 2016－009 批准。2016 年 J. 格赖斯（J. Grice）等在《CNMNC 通讯》(31)、《矿物学杂志》(80)和 2017 年《加拿大矿物学家》(55)报道。中文名称根据成分及与顾家石的关系译为羟顾家石。

【羟硅钡镁石】

英文名 Kinoshitalite

化学式 $BaMg_3(Si_2Al_2O_{10})(OH)_2$　　(IMA)

羟硅钡镁石板片状晶体（德国）和木下龟城像

羟硅钡镁石是一种含羟基的钡、镁的铝硅酸盐矿物。属云母族。单斜晶系。晶体呈板片状。黄褐色，玻璃光泽、珍珠光泽；硬度 2.5～3，极完全解理。1973 年发现于日本本州岛东北岩手县野田佳彦-多摩川（Noda-Tamagawa）矿；同年，吉井（M. Yoshii）、前田（K. Maeda）等在日本《地球科学杂志》[*Chigaku Kenkyu*（*Geoscience Magazine*）](24)和《日本地质调查局通报》(24)报道。英文名称 Kinoshitalite，以木下龟城（Kameki Kinoshital，1896—1974）的姓氏命名。木下龟城是日本著名的矿床学家理学博士，九州大学名誉教授，著有《矿床学》（工业图书，1939）、《矿物学名辞典》（风间书房，1960）等著作。日文汉字名称木下云母。IMA 1973－011 批准。中文名称根据成分译为羟硅钡镁石；根据成分及与云母的关系译为钡镁脆云母。

【羟硅钡石】

英文名 Muirite

化学式 $Ba_{10}Ca_2Mn^{2+}TiSi_{10}O_{30}(OH,Cl,F)_{10}$ (IMA)

约翰·缪尔像

羟硅钡石是一种含氟、氯和羟基的钡、钙、锰、钛的硅酸盐矿物。四方晶系。晶体呈粒状。橘色,半玻璃光泽,透明—半透明;硬度2.5。1964年发现于美国加利福尼亚州弗雷斯诺县大溪急流溪大溪(Big Creek)矿。英文名称Muirite,1965年为纪念美国地质学家和探险家约翰·缪尔(John Muir,1838—1914)而以他的姓氏命名。缪尔被称为"山中约翰",他还是一位博物学家、作家、环境哲学家和冰川学家,是美国早期保护荒野的倡导者,并创立了塞拉俱乐部。IMA 1964-013批准。1965年J. T. 阿尔福什(J. T. Alfors)等在《美国矿物学家》(50)报道。中文名称根据成分译为羟硅钡石,也有的译为硅钛钡石。

【羟硅钡钛锰石】参见【海特曼石】条304页

【羟硅钡铁石】

英文名 Anandite

化学式 $BaFe_3^{2+}(Si_3Fe^{3+})O_{10}S(OH)$ (IMA)

羟硅钡铁石片状晶体(美国)和阿难达像

羟硅钡铁石是一种含羟基和硫的钡、铁的铁硅酸盐矿物。属云母族。单斜(斜方)晶系。晶体呈假六方板状。黑色,玻璃光泽,几乎不透明;硬度3～4,完全解理。1966年发现于斯里兰卡(锡兰)北西省威拉格德拉(Wilagedera)。英文名称Anandite,由芭提雅拉奇等为纪念阿难达·肯特·库马拉斯瓦米(Ananda Kentish Coomaraswamy,1877—1947)而以他的名字命名。他曾是斯里兰卡(锡兰)第一位矿产调查主任,1906年到美国纽约并成为一位著名的哲学家。IMA 1966—005批准。1966年D. B. 芭提雅拉奇(D. B. Pattiaratchi)、埃斯科·萨里(Esko Saari)和图勒·乔治·萨哈马(Thure Georg Sahama)在《矿物学杂志》(36)报道。中文名称根据成分译为羟硅钡铁石。目前已知Anandite有-2M(单形)和-2O(斜方)多型。

【羟硅铋铁石】

英文名 Bismutoferrite

化学式 $Fe_2^{3+}Bi(SiO_4)_2(OH)$ (IMA)

羟硅铋铁石是一种含羟基的铁、铋的硅酸盐矿物。单斜晶系。集合体呈粉末状、土状、皮壳状。土黄色、绿色;硬度6。1871年发现于德国萨克森州厄尔士施内贝格(Schneeberg)区;同年,在《实用化学杂志》(4)报道。英文名称Bismutoferrite,由化学成分"Bismuth(铋)"和"Iron(拉丁文=Ferrum,铁)"组合命名。1958年C. 弥尔顿(C. Milton)、J. M. 阿克塞尔罗德(J. M. Axelrod)和B. 英格拉姆(B. Ingram)在《美国矿物学家》(43)及《苏联物理学和结晶学》(22)报道。1959年以前发现、描述并命名的"祖父级"矿物,IMA承认有效。中文名称根据成分译为羟硅铋铁石或羟硅铋铁矿或铁铋矿。

【羟硅钒铁钙石】

英文名 Cassagnaite

化学式 $Ca_4Fe_4^{3+}V_2^{3+}(OH)_6O_2(Si_3O_{10})(SiO_4)_2$ (IMA)

羟硅钒铁钙石是一种含羟基和氧的钙、铁、钒的硅酸盐矿物。斜方晶系。晶体呈柱状、板状;集合体呈缠结状。金褐色,玻璃光泽,透明;硬度3,脆性。2006年发现于意大利热那亚省格拉夫利亚(Graveglia)山谷卡萨尼亚(Cassagna)矿。英文名称Cassagnaite,以发现地意大利的卡萨尼亚矿(Cassagna)矿命名。IMA 2006-019a批准。2008年R. 巴索(R. Basso)、C. 卡蓬(C. Carbone)和A. 帕伦佐纳(A. Palenzona)在《欧洲矿物学杂志》(20)报道。2011年任玉峰等在《岩石矿物学杂志》[30(2)]根据成分译为羟硅钒铁钙石。

【羟硅钙钪石】参见【硅钙钪石】条263页

【羟硅钙钠石】

英文名 Kvanefjeldite

化学式 $Na_4CaSi_6O_{14}(OH)_2$ (IMA)

羟硅钙钠石是一种含羟基的钠、钙的硅酸盐矿物。斜方晶系。晶体呈他形板状。粉色、紫色色调,玻璃光泽,解理面上呈珍珠光泽,透明;硬度5.5～6。1982年发现于丹麦格陵兰岛库雅雷哥自治区伊犁马萨克(Ilimaussaq)侵入杂岩体库安纳休伊特克凡福尔德(Kvanefjeld)高原克凡福尔德铀矿平硐。英文名称Kvanefjeldite,以发现地丹麦的克凡福尔德(Kvanefjeld)铀矿命名。IMA 1982-079批准。1983年O. 约翰逊(O. Johnsen)等在《矿物学新年鉴》(月刊)和1984年《加拿大矿物学家》(22)报道。1985年中国新矿物与矿物命名委员会郭宗山等在《岩石矿物及测试》[4(4)]根据成分译为羟硅钙钠石。

【羟硅钙铅矿】参见【硅钙铅矿】条263页

【羟硅钙石】

英文名 Dellaite

化学式 $Ca_6(Si_2O_7)(SiO_4)(OH)_2$ (IMA)

羟硅钙石是一种含羟基的钙的硅酸盐矿物。三斜晶系。晶体呈粒状;集合体呈块状。无色、灰白色,玻璃光泽,透明。1965年发现于英国苏格兰北西高地阿德纳默亨半岛基尔丘安(Kilchoan)。英文名称Dellaite,以德拉·M. 罗伊(Della M. Roy,1926—)教授的名字命名。她是宾夕法尼亚州立大学材料科学家和混凝土专家,她首先合成了此化合物[鲁硅钙石(Rustumite)是以她丈夫鲁斯图姆·罗伊(Rustum Roy)教授的名字命名]。IMA 1964-005批准。1965年M. 弗莱舍(M. Fleischer)在《美国矿物学家》(50)和1965年《矿物学杂志》(34)报道。中文名称根据成分译为羟硅钙石/水钙硅石。

【羟硅钾铝硼石】参见【硅硼钾铝石】条280页

【羟硅钾钛石】

英文名 Lourenswalsite

化学式 $(K,Ba)_2Ti_4(Si,Al)_6(OH)_{12}$ (IMA)

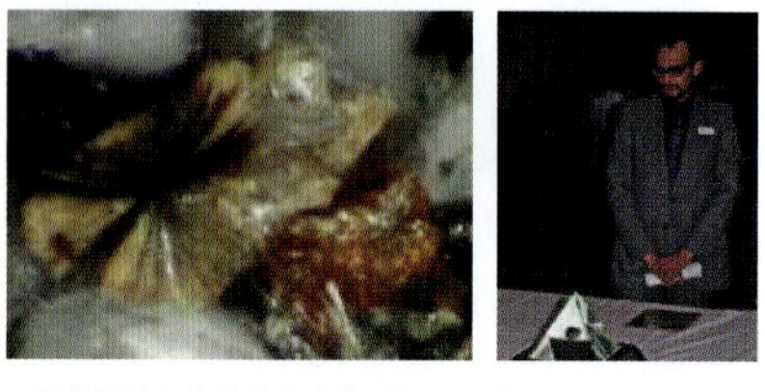

羟硅钾钛石菊花状集合体(美国)和劳伦斯·瓦尔斯像

羟硅钾钛石是一种含羟基的钾、钡、钛的铝硅酸盐矿物。六方晶系。晶体呈薄片状；集合体呈菊花状、晶簇状。浅褐色、银灰色，珍珠光泽，半透明；完全解理，脆性。1987 年发现于美国阿肯色州温泉县黛蒙德乔(Diamond Jo)采石场；同年，D. E. 阿普尔曼(D. E. Appleman)、H. T. 埃文(H. T. Evan)、G. L. Jr. 诺德(G. L. Jr. Nord)等在《矿物学杂志》(51)报道。英文名称 Lourenswalsite，以比利时蒂伦豪特矿物收藏家劳伦斯·瓦尔斯(Lourens Wals)博士的姓名命名。IMA 1987－005 批准。1988 年中国新矿物与矿物命名委员会郭宗山等在《岩石矿物学杂志》[7(3)]根据成分译为羟硅钾钛石。

【羟硅镧矿】

英文名 Törnebohmite-(La)

化学式 $La_2Al(SiO_4)_2(OH)$　(IMA)

羟硅镧矿是一种含羟基的镧、铝的硅酸盐矿物。单斜晶系。晶体稀有，更常见的是粒状，粒径 3mm；集合体呈脉状。绿色、橄榄绿色，蜡状光泽，半透明；硬度 4.5。发现于俄罗斯车里雅宾斯克州克什特姆市莫恰林－洛格(Mochalin Log)。英文名称 Törnebohmite-(La)，根词以瑞典地质调查局前主任阿尔弗雷德·埃利斯·托奈博姆(Alfred Ellis Törnebohm，1838—1911)姓氏，加占优势的稀土元素镧后缀-(La)组合命名。1962 年 N. V. 斯维亚金(N. V. Sviajin)在《全苏矿物学会记事》(91)报道。经 IMA 1966s. p. 批准。中文名称根据成分译为羟硅镧矿。

【羟硅磷灰石】

英文名 Hydroxylellestadite

化学式 $Ca_5(SiO_4)_{1.5}(SO_4)_{1.5}(OH)$　(IMA)

羟硅磷灰石短柱状晶体(日本)

羟硅磷灰石是一种特殊的几乎不含磷的磷灰石矿物。属磷灰石超族硅磷灰石族。氟硅磷灰石－硅羟磷灰石系列。单斜(假六方)晶系。晶体呈带锥的短柱状、粒状。无色、乳白色、淡黄色、橙色、淡紫色，玻璃光泽，透明－半透明；硬度 4.5，脆性。1937 年首先发现于美国，并在《美国矿物学家》(22)报道。1971 年又发现于日本本州岛关东地区埼玉县秩父矿区秩父(Chichibu)矿。1971 年由原田(Harada)等在《美国矿物学家》(56)报道。英文名称 Hydroxylellestadite，由成分冠词“Hydroxyl(羟基)”和根词“Ellestadite(硅磷灰石)”组合命名。根词 Ellestadite 由首次描述该矿物的明尼苏达明尼阿波利斯的美国分析化学家鲁本·B. 埃勒斯塔德(Ruben B. Ellestad，1900—1993)博士的姓氏命名。1959 年以前发现、描述并命名的“祖父级”矿物，IMA 承认有效。IMA 1970－026 批准。日文名称水酸エレスタドト石。2010 年帕赛罗(Pasero)等在对硅磷灰石(Ellestadite)标本进行化学分析的基础上，指出应该被认为是一种羟硅磷灰石(Hydroxylellestadite)，IMA 2010 将其更名为 Ellestadite-(OH)。IMA 2010s. p. 批准。中文名称根据成分羟基及与硅磷灰石的关系译为羟硅磷灰石(参见【硅磷灰石】条 272 页)。

【羟硅铝钙石】

英文名 Vuagnatite

化学式 $CaAl(SiO_4)(OH)$　(IMA)

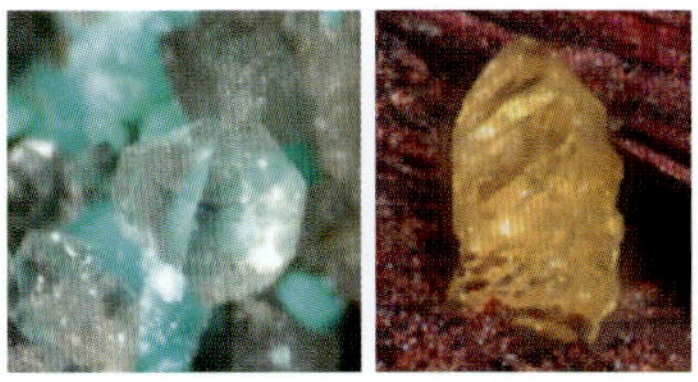

羟硅铝钙石短柱状晶体(美国、南非)

羟硅铝钙石是一种含羟基的钙、铝的硅酸盐矿物。属砷钙镁石－钒铅锌矿(Adelite－Descloizite)族。斜方晶系。晶体呈短柱状。无色、淡蓝色、黄褐色；硬度 6，脆性。1975 年发现于土耳其地中海地区多甘巴巴(Doganbaba)的博古伦奇克(Bogurtlencik)山丘。英文名称 Vuagnatite，以瑞士日内瓦大学的地质学教授马克·伯纳德·维亚尼亚(Marc Bernard Vuagnat，1922—2015)的姓氏命名。IMA 1975－007 批准。1976 年 E. 麦克尼尔·(E. McNear)在《美国矿物学家》(61)报道。中文名称根据成分译为羟硅铝钙石。

【羟硅铝锰石】

英文名 Akatoreite

化学式 $Mn_9^{2+}Al_2Si_8O_{24}(OH)_6$　(IMA)

羟硅铝锰石纤维状晶体，放射状集合体(意大利)

羟硅铝锰石是一种含羟基的锰、铝的硅酸盐矿物。三斜晶系。晶体呈纤维状、细粒状；集合体呈束状、放射状、块状。黄橙色、黄褐色，玻璃光泽，透明；硬度 6，完全解理。1969 年发现于新西兰南岛奥塔哥地区达尼丁市阿卡托(Akatore)溪。1971 年 P. B. 利阿德(P. B. Read)等在《美国矿物学家》(56)报道。英文名称 Akatoreite，以发现地新西兰的阿卡托(Akatore)溪命名。IMA 1969－015 批准。中文名称根据成分译为羟硅铝锰石，有的译为水硅铝锰石。

【羟硅铝锶石】

英文名 Itoigawaite

化学式 $SrAl_2(Si_2O_7)(OH)_2 \cdot H_2O$　(IMA)

羟硅铝锶石是一种含结晶水和羟基的锶、铝的硅酸盐矿物。属硬柱石族。斜方晶系。晶体呈板状。蓝色，条痕呈白色，玻璃光泽，透明；硬度 5～5.5，完全解理。1998 年发现于日本本州岛中部新潟县糸魚川市(Itoigawa)和近江地区亲不知(Oyashirazu)海滨硬玉岩巨砾和卵石的细脉。英文名称 Itoigawaite，以发现地日本的糸鱼川市(Itoigawa)命名。日文汉字名称糸魚川石。IMA 1998－034 批准。1999 年宫岛(H. Miyajima)等在《矿物学杂志》(63)报道。2003 年李锦平等在中国《岩石矿物学杂志》[22(1)]根据成分译为羟硅铝锶石。2010 年杨主明在《岩石矿物学杂志》[29(1)]建议借用日文汉字名称的丝鱼川石。

【羟硅铝钇石】

英文名 Vyuntspakhkite-(Y)

化学式 $Y(Al,Si)(SiO_4)(OH,O)_2$　(IMA)

羟硅铝钇石是一种含羟基和氧的钇的铝硅酸盐矿物。单斜晶系。晶体呈柱状、板状，粒径 0.5～0.7mm。无色、橙色，金刚光泽，透明；硬度 6～7，脆性。1982 年发现于俄罗斯北部摩尔曼斯克州基维(Keivy)山脉普洛斯卡亚(Ploskaya)山。英文名称 Vyuntspakhkite-(Y)，由发现地区的最高山维

Q

羟硅铝钇石柱状、板状晶体(挪威)

云特斯帕赫克(Vyuntspakhk)山,加占优势的稀土元素钇后缀-(Y)组合命名。IMA 1987s. p. 批准。1983 年 A. V. 沃洛申(A. V. Voloshin)等在《矿物学杂志》[5(4)]和 1984 年 P. J. 邓恩(P. J. Dunn)等在《美国矿物学家》(69)报道。1985 年中国新矿物与矿物命名委员会郭宗山等在《岩石矿物及测试》[4(4)]根据成分译为羟硅铝钇石。

【羟硅锰钙石】

英文名 Santaclaraite

化学式 $CaMn_4^{2+}Si_5O_{14}(OH)_2 \cdot H_2O$ (IMA)

羟硅锰钙石纤维状晶体,菊花状集合体(美国)和圣克拉拉县徽章

羟硅锰钙石是一种含结晶水和羟基的钙、锰的硅酸盐矿物。三斜晶系。晶体呈短柱状、粒状、纤维状;集合体呈菊花状。粉红色、红橙色、棕色,玻璃光泽,透明—半透明;硬度 6.5,完全解理。1978 年发现于美国加利福尼亚州圣克拉拉(Santa Clara)县代阿布洛岭;同年,Y. 奥哈施(Y. Ohashi)和 R. C. 埃尔德(R. C. Erd)在《美国地质学会会刊》(10)和 1981 年在《美国矿物学家》(66)报道。英文名称 Santaclaraite,以首次发现地美国加利福尼亚州圣克拉拉(Santa Clara)县命名。IMA 1979-005 批准。中文名称根据成分译为羟硅锰钙石或水硅锰钙石;1985 年中国新矿物与矿物命名委员会郭宗山等在《岩石矿物及测试》[4(4)]根据成分及与蔷薇辉石的关系译为羟蔷薇辉石。

【羟硅锰镁石】

英文名 Gageite

化学式 $Mn_{21}^{2+}Si_8O_{27}(OH)_{20}$ (IMA)

羟硅锰镁石梳状、草丛状集合体(美国)和盖奇像

羟硅锰镁石是一种含羟基的锰的硅酸盐矿物。单斜(三斜)晶系。晶体呈针状、纤维状、板条状;集合体呈梳状、草丛状、放射状。常呈褐色、紫色、棕色、红棕色、浅粉色、浅棕色,也有无色的小晶体,玻璃—半玻璃光泽,透明—半透明;硬度 3,完全解理,脆性。1910 年发现于美国新泽西州苏塞克斯县富兰克林矿区富兰克林(Franklin)矿;同年,A. H. 菲利普斯(A. H. Phillips)在《美国科学杂志》(30)报道。英文名称 Gageite,亚历山大·汉密尔顿·菲利普斯(Alexander Hamilton Phillips)为纪念美国新泽西州罗伯特·伯恩斯·盖奇(Robert Burns Gage,1875—1946)而以他的姓氏命名。盖奇是新泽西公路部门的化学家,他分析了 Gageite 的第一个标本。他还命名了 Chlorophoenicite(绿砷锌锰矿)和 Schallerite(砷硅锰矿)。1959 年以前发现、描述并命名的"祖父级"矿物,IMA 承认有效。目前已知 Gageite 有-1A(三斜)和-2M(单斜)两个多型,它们经常出现在同一个晶体上。中文名称根据成分译为羟硅锰镁石,也有的译为水硅锰镁锌矿,还有的译为锰硅镁石。

【羟硅锰石】

英文名 Jerrygibbsite

化学式 $Mn_9^{2+}(SiO_4)_4(OH)_2$ (IMA)

吉布斯像

羟硅锰石是一种含羟基的锰的硅酸盐矿物。属硅镁石族水硅锰石亚族。与斜锰硅石为同质二象。斜方晶系。晶体呈粒状;集合体呈块状。紫罗兰色、粉红色—略带紫色,半玻璃光泽、树脂光泽,半透明;硬度 5.5,中等解理,脆性。1981 年发现于美国新泽西州苏塞克斯县富兰克林矿区富兰克林(Franklin)矿。英文名称 Jerrygibbsite,由皮特·J. 邓恩(Pete J. Dunn)、唐纳德·R. 皮科尔(Donald R. Peacor)、威廉·B. 西蒙斯(William B. Simmons)和埃里克·J. 艾赛尼(Eric J. Essene)为纪念美国弗吉尼亚理工学院矿物学家杰拉尔德"杰瑞"·V. 吉布斯(Gerald"Jerry"V. Gibbs,1929—)教授而以他的姓名命名。1987 年他获得罗布林奖章。IMA 1981-059 批准。1984 年 P. J. 邓恩(P. J. Dunn)在《美国矿物学家》(69)报道。1985 年中国新矿物与矿物命名委员会郭宗山等在《岩石矿物及测试》[4(4)]根据成分译为羟硅锰石。

【羟硅锰钛钠石】

英文名 Manganokukisvumite

化学式 $Na_6MnTi_4Si_8O_{28} \cdot 4H_2O$ (IMA)

羟硅锰钛钠石是一种含结晶水的钠、锰、钛的硅酸盐矿物。斜方晶系。晶体呈长剑形、柱状,长 0.5mm;集合体呈扇状、放射状、莲花状。无色,玻璃光泽,透明;硬度 5.5~6,无解理,参差状断口。2002 年发现于加拿大魁北克省圣希莱尔(Saint-Hilaire)山混合肥料采石场。英文名称 Manganokukisvumite,由占优势的成分冠词"Manganese(锰)"和根词"Kukisvumite(羟硅锌钛钠石)"组合命名,意指它是富锰的羟硅锌钛钠石的类似矿物。IMA 2002-029 批准。2004 年 R. A. 戈尔特(R. A. Gault)等在《加拿大矿物学家》(42)报道。2008 年任玉峰等在中国《岩石矿物学杂志》[27(3)]根据成分译为羟硅锰钛钠石。

【羟硅钠钡石】

英文名 Delindeite

化学式 $Ba_2Ti_2(Na_2\square)Ti(Si_2O_7)_2(OH)_2(H_2O)_2O_2$ (IMA)

羟硅钠钡石是一种含氧、结晶水和羟基的钡、钛、钠、空位的硅酸盐矿物。属闪叶石族。单斜晶系。晶体呈薄片状;集合体呈晶簇状。浅粉灰色,珍珠光泽,半透明;完全解理,脆性。1987 年发现于美国阿肯色州温泉县黛蒙德乔(Diamond Jo)采石场。英文名称 Delindeite,以黛蒙德乔(Diamond Jo)采石场所有者和业余矿物学家亨利·S. 德林德

(Henry S. DeLinde)的姓氏命名。IMA 1987-004批准。1987年D. E. 阿普尔曼(D. E. Appleman)等在《矿物学杂志》(51)报道。1988年中国新矿物与矿物命名委员会郭宗山等在《岩石矿物学杂志》[7(3)]根据成分译为羟硅钠钡石。

德林德像

【羟硅钠钙石】

英文名 Jennite

化学式 $Ca_9(Si_3O_9)_2(OH)_6 \cdot 8H_2O$　　(IMA)

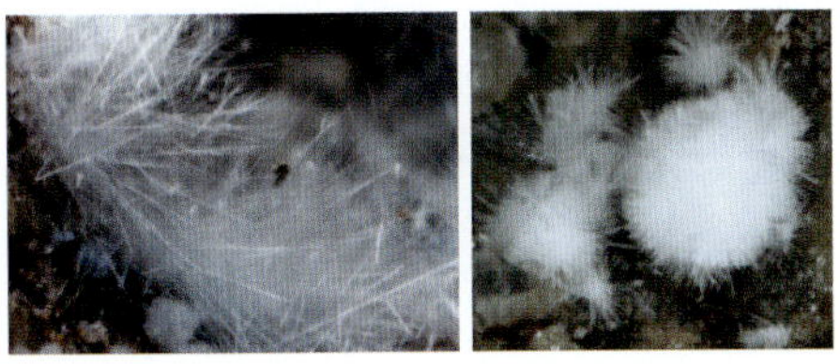
羟硅钠钙石杂草状、球粒状集合体(意大利、德国)

羟硅钠钙石是一种含结晶水、羟基的钙的硅酸盐矿物。三斜晶系。晶体呈纤维状、刃状;集合体呈放射状、球粒状、杂草状。白色,玻璃光泽,透明—半透明;硬度3.5,完全解理。1965年发现于美国哥伦比亚州克雷斯特莫尔(Crestmore)采石场。英文名称Jennite,由奥尔登·B.卡朋特(Alden B. Carpenter)、罗伯特·A.查尔默斯(Robert A. Chalmers)、约翰·艾伦·加德(John Alan Gard)等为纪念美国陆军上校克拉伦斯·马文·珍妮(Clarence Marvin Jenni,1896—1973)而以他的姓氏命名,是他发现的此矿物。他是美国密苏里州哥伦比亚大学、密苏里大学地质博物馆的馆长(1960—1967,但是他退休后仍然开展一些馆长的活动,直到1973年他去世)。IMA 1965-021批准。1966年卡朋特等在《美国矿物学家》(51)报道。中文名称根据成分译为羟硅钠钙石。

【羟硅铌钙石】

英文名 Mongolite

化学式 $Ca_4Nb_6Si_5O_{24}(OH)_{10} \cdot 6H_2O$　　(IMA)

羟硅铌钙石是一种含结晶水和羟基的钙、铌的硅酸矿物。四方晶系。晶体呈显微片状。淡紫色、灰紫色,丝绢光泽,透明;硬度2,完全解理。1983年发现于蒙古国(Mongolia)的戈壁沙漠多罗日内(Dorozhnyi)伟晶岩。英文名称Mongolite,以首次发现地蒙古国(Mongolia)命名。IMA 1983-027批准。1985年N. V. 弗拉德金(N. V. Vladykin)等在《全苏矿物学会记事》(114)和1986年《美国矿物学家》(71)报道。1986年中国新矿物与矿物命名委员会郭宗山等在《岩石矿物学杂志》[5(4)]根据成分译为羟硅铌钙石。

【羟硅硼钙石】

英文名 Howlite

化学式 $Ca_2SiB_5O_9(OH)_5$　　(IMA)

羟硅硼钙石菜花状、晶簇状集合体(加拿大)和亨利·豪像

羟硅硼钙石是一种含羟基的钙的硼硅酸矿物。单斜晶系。晶体呈鳞片状,集合体呈细小粉状、泥土状,有时呈菜花状、晶簇状。颜色一般为白色、灰白色,玻璃光泽,透明—半透明;硬度3.5~6.5。由于具有深灰色或黑色网纹,常被染色为仿绿松石。1868年亨利·豪(Henry How)在加拿大新斯科舍省翰斯县布莱克(Black's)采石场发现并首先描述了此矿物。英文名称Howlite,1868年J. D. 丹纳《系统矿物学》(第五版,纽约)以加拿大化学家、地质学家和矿物学家亨利·豪(Henry How,1828—1879)的姓氏命名。1959年以前发现、描述并命名的"祖父级"矿物,IMA承认有效。它有几个同义词:1868年亨利·豪在《哲学杂志》(35)报道,根据成分Silico(硅)、Boro(硼)、Calc(钙)命名为Silicoborocalcite。1871年亨利·豪在《哲学杂志和科学期刊》(41)报道,以温克沃思(Winkworth)命名为Winkworthite(杂硼钙石膏)。还有根据哈乌勒(Khaul)命名为Khaulite。1993年黄蕴慧等在《岩石矿物学杂志》[12(1)]根据成分译为羟硅硼钙石,也有的根据硬度和成分译为软硼钙石。2011年杨主明等在《岩石矿物学杂志》(4)建议音译为豪石。

【羟硅硼镁石】

英文名 Pertsevite-(OH)

化学式 $Mg_2(BO_3)(OH)$　　(IMA)

羟硅硼镁石是一种含羟基的镁的硼硅酸盐矿物。斜方晶系。晶体呈破碎的粒状,粒径1mm。无色或浅棕色,玻璃光泽,透明—半透明;硬度5.5~6.5,中等解理,贝壳状断口。发现于俄罗斯萨哈(雅库特)共和国斯内兹诺(Snezhnoe)硼矿点镁矽卡岩。英文名称Pertsevite-(OH),是羟基占优势的氟硅硼镁石的类似矿物。其中根词Pertsevite,2003年由W. 施赖尔(W. Schreyer)等以俄罗斯科学院(IGEM)矿床地质、岩石学、矿物学、地球化学研究所的矿物学家、岩石学家尼古拉·尼古拉耶维奇·佩尔采夫(Nikolai Nikolayevich Pertsev,1930—)的姓氏命名。佩尔采夫致力于硼酸盐矿物的研究工作,包括收集小藤石(粒镁硼石)大理石并捐赠了进行研究的薄片。IMA 2008-060批准。2008年I. O. 加卢什基纳(I. O. Galuskina)等在《欧洲矿物学杂志》(20)和2010年《美国矿物学家》[95(7)]报道。中文名称《英汉矿物种名称》(2017)根据成分译为羟硅硼镁石。

【羟硅铍钙石】

英文名 Jeffreyite

化学式 $(Ca,Na)_2(Be,Al)Si_2(O,OH)_7$　　(IMA)

羟硅铍钙石板片状晶体(加拿大)

羟硅铍钙石是一种钙、钠的铍铝硅酸-氢硅酸盐矿物。属黄长石族。斜方(假四方)晶系。晶体呈板片状。无色、浅褐色,玻璃光泽,透明—半透明;硬度5,完全解理。1982年发现于加拿大魁北克省艾斯提瑞(Les Sources)杰弗里(Jeffrey)矿。英文名称Jeffreyite,以首次发现地加拿大的杰弗里(Jeffrey)矿命名。IMA 1982-095批准。1984年J. D. 格赖斯(J. D. Grice)和G. W. 鲁宾逊(G. W. Robinson)在《加拿大矿物学家》(22)报道。1985年中国新矿物与矿物命名委员会郭宗山等在《岩石矿物及测试》[4(4)]和1993年黄蕴慧等在《岩石矿物学杂志》[12(1)根据成分译为羟硅铍钙石。2011年杨主明等在《岩石矿物学杂志》(4)建议音译为杰弗里石。

【羟硅铍石】

英文名 Bertrandite

化学式 $Be_4Si_2O_7(OH)_2$　　(IMA)

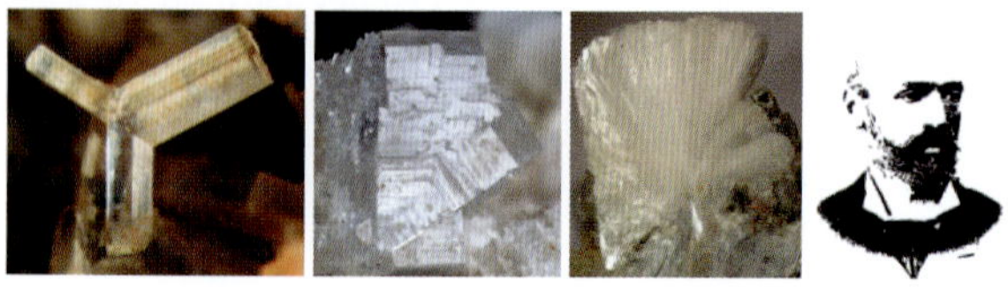

羟硅铍石柱状晶体，扇形集合体（美国、德国）和伯特兰像

羟硅铍石是一种含羟基的铍的硅酸盐矿物。斜方晶系。晶体呈细小板片状或柱状、针状，双晶常见，呈心脏形或"V"形；集合体呈放射状。无色、黄灰色、灰白色、浅红色、褐色，玻璃光泽、珍珠光泽，透明；硬度 6～6.5，完全解理。是一种宝石矿物。1878 年发现于法国佩斯德拉卢瓦尔河谷巴宾(Barbin)采石场和小港口(Petit - Port)。1883 年 A. A. 达穆尔(A. A. Damour)在《法国矿物学会通报》(6)报道。英文名称 Bertrandite，以法国矿物学家、法国矿物学学会联合创始人埃米尔・伯特兰(Emile Bertrand，1844—1909)的姓氏命名。1959 年以前发现、描述并命名的"祖父级"矿物，IMA 承认有效。中文名称根据成分译为羟硅铍石。

【羟硅铍钇铈矿】参见【兴安石-钇】条 1050 页

【羟硅铅石】

英文名 Plumbotsumite

化学式 $Pb_5Si_4O_8(OH)_{10}$　　(IMA)

羟硅铅石假六方厚板状晶体（法国）

羟硅铅石是一种含羟基的铅的硅酸盐矿物。最初于 1982 年凯勒等确定的化学式是 $Pb_5Si_4O_8(OH)_{10}$。在 2010 年库珀(Cooper)与马蒂(Marty)等的私人通信中确定的新化学式为 $Pb_{13}(CO_3)_6(Si_{10}O_{27})\cdot 3H_2O$。但 IMA 仍使用最初的化学式。斜方晶系。晶体呈假六方厚板状，常见双晶。无色、白色，树脂光泽，透明—半透明；硬度 2，完全解理。1979 年发现于纳米比亚奥希科托地区楚梅布(Tsumeb)矿。英文名称 Plumbotsumite，由化学成分"Plumbum(铅)"和发现地"Tsumeb(楚梅布)"的缩写组合命名。IMA 1979 - 049 批准。1982 年 P. 凯勒(P. Keller)和 P. J. 邓恩(P. J. Dunn)在德国《地球化学》(41)及 M. 弗莱舍(M. Fleischer)在《美国矿物学家》(67)报道。1984 年中国新矿物与矿物命名委员会郭宗山在《岩石矿物及测试》[3(2)]根据最初成分先前译为羟硅铅石；根据库珀化学成分译为水硅铅石。

【羟硅砷铁石】

英文名 Ekatite

化学式 $(Fe^{3+},Fe^{2+},Zn)_{12}(AsO_3)_6(AsO_3,SiO_3OH)_2(OH)_6$　(IMA)

羟硅砷铁石是一种含羟基的铁、锌的氢硅酸-砷酸盐矿物。六方晶系。晶体呈针状；集合体呈树枝状。棕黑色，玻璃光泽，半透明；硬度 3，脆性。1998 年发现于纳米比亚奥希科托地区楚梅布(Tsumeb)矿。英文名称 Ekatite，以迪特尔・埃卡特(Dieter Ekat，1935—1996)的姓氏命名，他是纳米比亚卢比孔河矿一个采矿工程师和前老板。IMA 1998 - 024 批准。2001 年 P. 凯勒(P. Keller)在《欧洲矿物学杂志》(13)报道。2007 年任玉峰在中国《岩石矿物学杂志》[26(3)]根据成分译为羟硅砷铁石。

【羟硅铈矿】

英文名 Törnebohmite-(Ce)

化学式 $Ce_2Al(SiO_4)_2(OH)$　　(IMA)

托奈博姆像

羟硅铈矿是一种含羟基的铈、铝的硅酸盐矿物。单斜晶系。绿灰色、暗绿色、橄榄绿色，玻璃光泽、金刚光泽、蜡状光泽、油脂光泽；硬度 4.5～5。1921 年首先发现于瑞典西曼兰省巴斯塔纳(Bastnas)矿区；同年，在《瑞典地质调查局文献》(14)载。1921 年 E. T. 惠里(E. T. Wherry)在《美国矿物学家》(6)报道。英文名称 Törnebohmite-(Ce)，以瑞典地质调查局前主任阿尔弗雷德・埃利斯・托奈博姆(Alfred Ellis Törnebohm，1838—1911)姓氏，加占优势的稀土元素铈后缀-(Ce)组合命名。1959 年以前发现、描述并命名的"祖父级"矿物，IMA 承认有效。IMA 1966s. p. 批准。中文名称根据成分译为羟硅铈矿；原译为硅稀土石。

根据占优势的稀土元素有 Törnebohmite -(Ce)[$Ce_2Al(SiO_4)_2(OH)$，即 Törnebohmite，根据成分又译为羟硅铈矿]和 Törnebohmite -(La)[$La_2Al(SiO_4)_2(OH)$；根据成分译为羟硅镧矿(参见【羟硅镧矿】条 709 页)。

【羟硅钛镁铝石】

英文名 Ellenbergerite

化学式 $Mg_6(Mg,Ti,Zr,\square)_2(Al,Mg)_6Si_8O_{28}(OH)_{10}$　　(IMA)

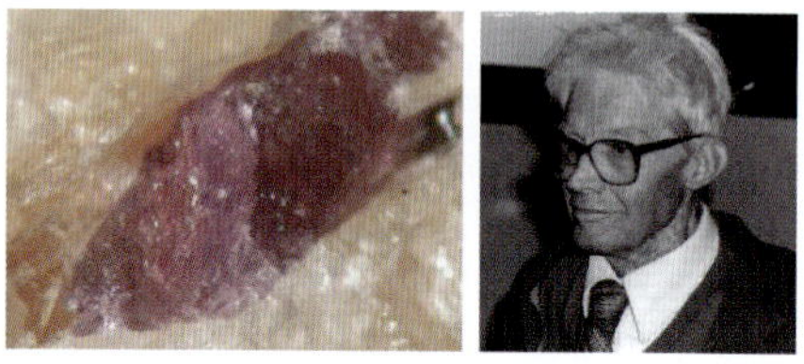

羟硅钛镁铝石柱状晶体（意大利）和埃伦伯格像

羟硅钛镁铝石是一种含羟基的镁、钛、锆、空位、铝的硅酸盐矿物。它是一种极为罕见的矿物。六方晶系。晶体呈带六方锥的柱状。浅紫色、紫丁香色、褐黑色；硬度 6.5。1984 年发现于意大利库内奥省马提尼亚纳坡(Martiniana Po)卡塞帕里吉(Case Parigi)。英文名称 Ellenbergerite，1985 年由 R. 克拉斯卡(R. Klaska)为纪念巴黎索邦大学构造地质学教授弗朗索瓦・西奥多・维克多・埃伦伯格(François Théodore Victor Ellenberger，1915—2000)而以他的姓氏命名。他在阿尔卑斯山脉西部工作而著名，1976 年创建了法国地质历史委员会(Cofrhigeo)，并出版了两卷《地质学史》(*Historire de la Geology*)(1988，1994)。IMA 1984 - 066批准。1985 年 R. 克拉斯卡(R. Klaska)在德国《结晶学杂志》(170)报道。1987 年中国新矿物与矿物命名委员会郭宗山等在《岩石矿物学杂志》[6(4)]根据成分译为羟硅钛镁铝石；根据颜色和成分译为紫铝钛镁石。

【羟硅锑铁矿】参见【硅锑铁矿】条 291 页

【羟硅铁锰钠石】参见【硅铁锰钠石】条 292 页

【羟硅铁锰石】

英文名 Balangeroite

化学式 $Mg_{21}Si_8O_{27}(OH)_{20}$ (IMA)

羟硅铁锰石纤维状晶体,石棉状集合体(意大利)

羟硅铁锰石是一种含羟基的镁的硅酸盐矿物。单斜(三斜)晶系。晶体呈纤维状。棕黄色—黑褐色,玻璃光泽、油脂光泽,半透明—不透明;脆性。1982 年发现于意大利都灵省兰佐山谷巴朗热尔(Balangero)波焦圣维托雷(Poggio San Vittore)石棉矿。英文名称 Balangeroite,以发现地意大利的巴朗热尔(Balangero)命名。IMA 1982 - 002 批准。1983 年 R. 孔帕尼奥尼(R. Compagnoni)等在《美国矿物学家》(68)报道。1985 年中国新矿物与矿物命名委员会郭宗山等在《岩石矿物及测试》[4(4)]根据成分译为羟硅铁锰石,有的译为水硅铁镁石;根据 IMA 成分式应译为羟硅镁石。2012 年发现 Balangeroite - 1A(三斜晶系)和 Balangeroite - 2M(单斜晶系)两个多型。

【羟硅铁钠石】参见【硅铁锰钠石】条 292 页

【羟硅铁石】

英文名 Macaulayite

化学式 $Fe^{3+}_{24}Si_4O_{43}(OH)_2$ (IMA)

羟硅铁石泥土状集合体(英国)

羟硅铁石是一种含羟基的铁的硅酸盐矿物。单斜晶系。集合体呈泥土状。红色,土状光泽。1981 年发现于英国苏格兰阿伯丁郡因弗鲁里镇本纳希(Bennachie)。英文名称 Macaulayite,以英国苏格兰阿伯丁郡麦考利(Macaulay)土壤研究所的名字命名。IMA 1981 - 062 批准。1984 年由 M. J. 威尔逊(M. J. Wilson)、J. D. 罗素(J. D. Russell)、J. M. 泰特(J. M. Tait)、D. R. 克拉克(D. R. Clark)和 A. R. 弗雷泽(A. R. Fraser)在《矿物学杂志》(48)报道。1985 年中国新矿物与矿物命名委员会郭宗山等在《岩石矿物及测试》[4(4)]根据成分译为羟硅铁石。2009 年美国宇航局测试阿伯丁郡这种矿物后,推测它可能是火星历史上存在水的重要的指标,为在火星上发现生命提供了线索。

【羟硅铜矿】

英文名 Shattuckite

化学式 $Cu_5(SiO_3)_4(OH)_2$ (IMA)

羟硅铜矿柱状、纤维状晶体,放射状、球粒状集合体(纳米比亚)

羟硅铜矿是一种含羟基的铜的硅酸盐矿物。斜方晶系。晶体呈针状、纤维状、细长柱状、粒状;集合体常呈致密块状、放射状、球粒状。深蓝色,玻璃光泽,半透明—不透明;硬度 3.5。1915 年发现于美国亚利桑那州科奇斯(Cochise)县比斯比(Bisbee)镇沙特科(Shattuck)矿;同年,W. T. 夏勒(W. T. Schaller)在《华盛顿科学院杂志》(5)报道。英文名称 Shattuckite,以其发现地美国亚利桑那州科奇斯(Cochise)县比斯比镇的沙特科(Shattuck)铜业公司的名字命名。1959 年以前发现、描述并命名的"祖父级"矿物,IMA 承认有效。IMA 1967s. p. 批准。中文名称根据成分译为羟硅铜矿,也有人根据晶系和成分译为斜硅铜矿。

【羟硅铜锌矾】参见【羟硫硅铜锌石】条 720 页

【羟硅锌锰铁石】

英文名 Franklinfurnaceite

化学式 $Ca_2Mn^{2+}_3Mn^{3+}Fe^{3+}Zn_2Si_2O_{10}(OH)_8$ (IMA)

羟硅锌锰铁石是一种含羟基的钙、锰、铁、锌的硅酸盐矿物。属绿泥石族。单斜晶系。晶体呈假六方板状,集合体呈羽毛状、丝状。黑色、红棕色—棕黑色,也有无色的,半玻璃光泽、树脂光泽、蜡状光泽,透明—半透明;硬度 3,完全解理,非常脆。1986 年发现于美国新泽西州苏塞克斯县富兰克林(Franklin)矿。英文名称 Franklinfurnaceite,1987 年由皮特·J. 邓恩(Pete J. Dunn)和唐纳德·R. 佩克(Donald R. Peacor)等以一个古老的城镇的名字富兰克林炉"Franklin Furnace"命名。1913 年 4 月 23 日富兰克林镇改为富兰克林区。IMA 1986 - 034 批准。1987 年邓恩等在《美国矿物学家》(72)报道。1988 年中国新矿物与矿物命名委员会郭宗山等在《岩石矿物学杂志》[7(3)]根据成分译为羟硅锌锰铁石。

【羟硅锌钛钠石】

英文名 Kukisvumite

化学式 $Na_6ZnTi_4O_4(SiO_3)_8 \cdot 4H_2O$ (IMA)

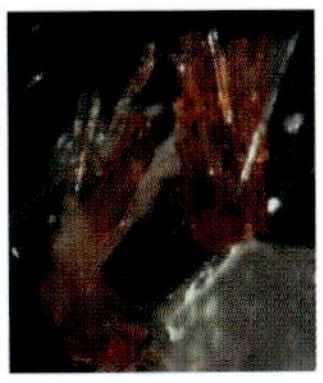

羟硅锌钛钠石柱状晶体(俄罗斯)

羟硅锌钛钠石是一种含结晶水的钠、锌、钛氧的硅酸盐矿物。斜方晶系。晶体呈长柱状;集合体呈束状、放射状。无色、褐色,玻璃光泽,透明—半透明;硬度 5.5~6。1989 年发现于俄罗斯北部摩尔曼斯克州库基斯乌姆乔尔(Kukisvumchorr)山基洛夫斯基(Kirovskii)磷灰石矿。英文名称 Kukisvumite,以发现地俄罗斯的库基斯乌姆乔尔(Kukisvumchorr)山命名。IMA 1989 - 052 批准。1991 年在《矿物学杂志》[13(2)]和 1992 年《美国矿物学家》(77)报道。中文名称根据成分译为羟硅锌钛钠石。

【羟硅钇石】

英文名 Iimoriite-(Y)

化学式 $Y_2(SiO_4)(CO_3)$ (IMA)

羟硅钇石粒状、板状晶体(日本、法国)和饭盛父子像

羟硅钇石是一种钇的碳酸-硅酸盐矿物。三斜晶系。晶体呈粒状、板状。棕色、无色、灰粉色、白色、灰色或紫色,玻璃光泽、树脂光泽,透明;硬度 5.5~6,完全解理。1967 年发现于日本本州岛东北福岛县川俣町饭坂((Iizaka)村竹波水晶浜(Suishoyama)和小岛房(Fusamata)伟晶岩。最早见于

1920 年在《美国矿物学家》(5)报道。英文名称 Iimoriite-(Y),以日本化学家和矿物学家饭盛里安(Satoyasu Iimori,1885—1982)和饭盛武夫(Takeo Iimori,1912—1943)父子的姓氏命名。他们第一次描述了许多来自小岛房(Fusamata)伟晶岩的稀土矿物;钇后缀-(Y)是 1985 年由 IMA 添加的。日文汉字名称飯盛石。IMA 1967－033 批准。1968 年加藤(A. Kato)等在《日本地质调查局日本矿物概论》(39)报道。中国地质科学院根据成分译为羟硅钇石;2010 年杨主明在《岩石矿物学杂志》[29(1)]建议借用日文汉字名称的简化汉字名称饭盛石。

【羟黑锰矿】

英文名 Janggunite

化学式$(Mn^{4+},Mn^{2+},Fe^{3+})_6O_8(OH)_6$　　(IMA)

羟黑锰矿是一种锰、铁的氢氧-氧化物矿物。斜方晶系。黑色,条痕呈棕色黑色、深棕色,不透明;硬度 2～3,完全解理,脆性。1975 年发现于韩国庆尚北道奉化郡长官(Janggun)矿山。英文名称 Janggunite,金喜善以发现地韩国的长官(Janggun)矿山命名。IMA 1975－011 批准。1977 年金喜善(Soo Jin Kim)在《矿物学杂志》(41)和 1978 年 M. 弗莱舍(M. Fleischer)等在《美国矿物学家》(63)报道。中文名称根据成分译为羟黑锰矿。

【羟镓石】

英文名 Söhngeite

化学式 $Ga(OH)_3$　　(IMA)

羟镓石柱状晶体(纳米比亚)和休恩像

羟镓石是一种镓的氢氧化物矿物。属钙钛矿超族非化学计量钙钛矿族羟镓石亚族。斜方(假等轴)晶系。晶体呈柱状,具双晶。白色、淡黄色、淡褐色、淡绿黄色,透明;硬度 4～4.5。首先发现于纳米比亚奥希科托地区楚梅布(Tsumeb)矿。英文名称 Söhngeite,以纳米比亚楚梅布矿原公司首席地质学家阿道夫·保罗·格哈德·休恩(Adolf Paul Gerhard Söhnge,1913—2006)的姓氏命名,是他发现了这种矿物。他还是斯泰伦博斯大学教授(1968—1978)。IMA 1965－022 批准。1965 年 H. 斯特伦茨(H. Strunz)在《自然科学》(52)和 1966 年 M. 弗莱舍(M. Fleischer)在《美国矿物学家》(51)报道。中文名称根据成分译为羟镓石。

【羟碱铌钽矿】

英文名 Rankamaite

化学式$(Na,K)_3(Ta,Nb,Al)_{11}(O,OH)_{31}$　　(IMA)

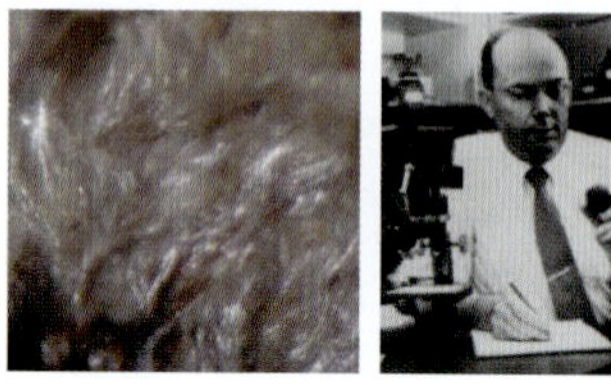

羟碱铌钽矿纤维状晶体(刚果)和兰卡马像

羟碱铌钽矿是一种钠、钾、钽、铌、铝的氧-氢氧化物矿物。斜方晶系。晶体呈纤维状、针状;集合体呈块状。白色、奶油白色,金刚光泽、丝绢光泽,透明;硬度 3～4。1968 年发现于刚果(金)北基伍省马西西县曼巴(Mumba)锡石砂砾石。英文名称 Rankamaite,以芬兰赫尔辛基大学芬兰地球化学家卡勒弗·兰卡马(Kalervo Rankama,1913—1995)教授的姓氏命名。IMA 1968－002 批准。1969 年在《刚果民主共和国地质学会通报(芬兰)》(41)和 1970 年《美国矿物学家》(55)报道。中文名称根据成分译为羟碱铌钽矿,也有的译为钽钠石。

【羟空烧绿石*】

英文名 Hydroxykenopyrochlore

化学式$(\square,Ce,Ba)_2(Nb,Ti)_2O_6(OH,F)$　　(IMA)

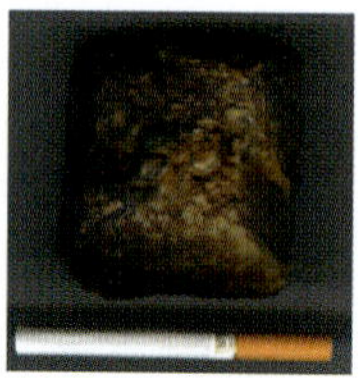

羟空烧绿石*八面体晶体(俄罗斯)

羟空烧绿石*是一种含氟和羟基的空位、铈、钡、铌、钛的氧化物矿物。属烧绿石超族烧绿石族。等轴晶系。晶体呈八面体。2017 年发现于巴西米纳斯吉拉斯州阿拉沙(Araxá)杂岩体阿拉沙矿。英文名称 Hydroxykenopyrochlore,由成分冠词"Hydroxy(羟基)""Keno(空位)"和根词"Pyrochlore(烧绿石)"组合命名。IMA 2017－030a 批准。2017 年宫胁律郎(R. Miyawaki)等在《CNMNC 通讯》(39)、《矿物学杂志》(81)和《欧洲矿物学杂志》(29)报道。目前尚未见官方中文译名,编译者建议根据成分及与烧绿石的关系译为羟空烧绿石*。

【羟空水钨石*】

英文名 Hydroxykenoelsmoreite

化学式$(\square,Pb)_2(W,Fe^{3+},Al)_2(O,OH)_6(OH)$　　(IMA)

羟空水钨石*是一种含羟基的空位、铅、钨、铁、铝的氢氧-氧化物矿物。属烧绿石超族水钨石族。三方晶系。晶体呈板状,长达 20μm,厚低于 2μm;集合体呈莲花座丛状,直径 150μm。淡黄色,玻璃光泽,透明;硬度 3,完全解理,脆性。2016 年发现于布隆迪共和国穆因加省马萨卡(Masaka)金矿。英文名称 Hydroxykenoelsmoreite,由成分冠词"Hydroxy(羟基)""Keno(空位)"和根词"Elsmoreite(水钨石)"组合命名。IMA 2016－056 批准。2016 年 S. J. 米尔斯(S. J. Mills)等在《CNMNC 通讯》(33)、《矿物学杂志》(80)和 2017 年《欧洲矿物学杂志》(29)报道。目前尚未见官方中文名称译名,编译者建议根据成分及与水钨石的关系译为羟空水钨石*。

【羟空细晶石】

英文名 Hydroxykenomicrolite

化学式$(\square,Na,Sb^{3+})_2Ta_2O_6(OH)$　　(IMA)

羟空细晶石是一种含羟基的空位、钠、锑、钽的氧化物矿物。属烧绿石超族细晶石族。等轴晶系。晶体呈粒状。浅灰色、无色,金刚光泽,透明;脆性。1981 年发现于俄罗斯北部摩尔曼斯克州瓦辛恩-米尔克(Vasin-Myl'k)山;同年,A. V. 沃洛申(A. V. Voloshin)等在《全苏矿物学会记事》[110(3)]报道。英文原名称根据模式标本命名为 Cesstibtantite,由成分"Cesium(铯)""Antimony(拉丁文 Stibium,锑)"和"Tantalum(钽)"组合命名(中文名称根据成分译为铯锑钽石)。IMA 1982－021 批准。英文名称 Hydroxykenomicrolite,2010 年阿滕西奥(Atencio)等在《加拿大矿物学家》(48)根据新修订的烧绿石超族命名法将 Cesstibtantite 重新定义,由成分冠词"Hydroxy(羟基)""Keno(空位)"和根词"Microlite(细晶石)”组合命名。IMA 2010s. p. 批准。中文名称根据成分及与细晶石的关系译为羟空细晶石。

【羟磷铋石】

英文名 Smrkovecite

化学式 $Bi_2O(OH)(PO_4)$ (IMA)

羟磷铋石乳头状、球状集合体(捷克)

羟磷铋石是一种含磷酸根的铋氧的氢氧化物矿物。属砷酸铋矿族。单斜晶系。连生晶体;集合体呈皮壳状、乳头状、球状。白色—淡黄色,玻璃光泽、金刚光泽,透明—半透明;硬度4～5。1993年发现于捷克共和国卡罗维发利州玛利亚温泉市附近斯姆尔卡维克(Smrkovec)的一个小型银-铋-砷-铀矿床的风化废石堆。英文名称 Smrkovecite,以发现地捷克的斯姆尔卡维克(Smrkovec)命名。IMA 1993－040 批准。1996年T.利赤库晓(T. Řídkošil)等在《矿物学新年鉴》(月刊)报道。2003年李锦平等在中国《岩石矿物学杂志》[22(3)]根据成分译为羟磷铋石。

【羟磷钙铍石】

英文名 Glucine

化学式 $CaBe_4(PO_4)_2(OH)_4 \cdot 0.5H_2O$ (IMA)

羟磷钙铍石小球粒状集合体(俄罗斯)

羟磷钙铍石是一种含结晶水和羟基的钙、铍的磷酸盐矿物。晶体呈针状;集合体呈泡沫状、结核状、小球状。白色、灰色、淡黄色;硬度5。1963年发现于俄罗斯车里雅宾斯克州卡缅斯克-乌拉尔斯基市波耶夫斯基(Boevskoe)矿床。1963年N. A.格里戈列夫(N. A. Grigoriev)在《全苏矿物学会记事》(92)和1964年M.弗莱舍(M. Fleischer)在《美国矿物学家》(49)报道。英文名称 Glucine,1963年格里戈列夫由化学成分拉丁文“Glucin(i)um＝Beryllium(铍)”命名。IMA 1967s. p. 批准[见1967年《矿物学杂志》(36)国际矿物学协会新矿物和矿物名称委员会]。中文名称根据成分译为羟磷钙铍石。

【羟磷灰石】

英文名 Hydroxylapatite

化学式 $Ca_5(PO_4)_3(OH)$ (IMA)

羟磷灰石柱状晶体(巴西)

羟磷灰石是一种含羟基的钙的磷酸盐矿物。属磷灰石族。与单斜羟磷灰石为同质多象。六方晶系。晶体呈柱状;集合体呈钟乳状、结核状、皮壳状。无色、白色、灰色、黄色、淡黄绿色,玻璃光泽、土状光泽,透明—半透明;硬度5,脆性。1856年发现于瑞士;同年谢泼德(Shepard)在《美国科学杂志》(22)报道称 Pyroclasite。1856年奥古斯丁·亚历克西斯·达摩(Augustin Alexis Damour)在《矿山年鉴》(10)报道称 Hydro-apatite(氢磷灰石)。1912年沃尔德玛·夏勒(Waldemar Schaller)将名称略微改为 Hydroxyl-apatite(羟基磷灰石)。1935年布里(Burri)等引入 Hydroxylapatit。英文名称 Hydroxylapatite,由“Hydroxyl(羟基)”和“Apatite(磷灰石)”组合命名。1959年以前发现、描述并命名的“祖父级”矿物,IMA 承认有效。IMA 2010s. p. 批准。中文名称根据成分译为羟磷灰石(参见【磷灰石】条460页)。

【羟磷钾铁石】

英文名 Meurigite-K

化学式 $KFe_8^{3+}(PO_4)_6(OH)_7 \cdot 6.5H_2O$ (IMA)

羟磷钾铁石球状、放射状集合体(捷克)和迈里格像

羟磷钾铁石是一种含结晶水和羟基的钾、铁的磷酸盐矿物。单斜晶系。晶体呈纤维状、板状;集合体呈球状和半球状及晶簇状、皮壳状。奶油色—淡黄色和带黄色调的褐色,球状者呈玻璃光泽、蜡状光泽,纤维状者呈丝绢状光泽,半透明;硬度3,完全解理,脆性。1995年发现于美国新墨西哥州格兰特县附近的奇诺(Chino)斑岩铜矿床。英文名称 Meurigite－K,由威廉·D.彼尔希(William D. Birch)等以英国剑桥大学的科学家约翰·迈里格·托马斯(John Meurig Thomas,1932—)的名字,加占优势的阳离子钾后缀－K组合命名。他是一位多产的晶体化学家,在多相催化、固体化学、材料科学方面的研究而著称。IMA 1995－022 批准。1996年彼尔希等在《矿物学杂志》(60)报道。2003年李锦平等在《岩石矿物学杂志》[22(3)]根据成分译为羟磷钾铁石。1999年以前它还与黄磷铁钾石(Phosphofibrite)相混淆[见科利奇(Kolitsch)《欧洲矿物学杂志》(11)]。以前 Meurigite 是以 K 为占优势的矿物,但后来发现一些 Meurigites 以 Na 为占优势的矿物,因此现在有 Meurigite－K(羟磷钾铁石)和 Meurigite－Na(羟磷钠铁石)(参见【羟磷钠铁石②】条718页)。

【羟磷锂铝石】

英文名 Montebrasite

化学式 $LiAlPO_4(OH)$ (IMA)

羟磷锂铝石厚板状晶体(巴西)

羟磷锂铝石是一种与磷铝锂石相似的矿物,它所含的羟基多于氟,羟磷锂铝石与磷铝锂石之间呈连续的固溶体系列。属磷铝锂石族。三斜晶系。晶体呈厚板状、柱状,常见聚片双晶;集合体呈不规则块状。无色、蓝色、绿色、灰绿色、灰白色、黄色、橙红色—粉红色、淡紫色,有夹杂物可能是彩色的,半玻璃光泽、油脂光泽、树脂光泽,解理面上呈珍珠光泽,透明—半透明;硬度5.5～6,完全解理,脆性。该矿物呈淡紫色,非常美丽,是国际市场上的名贵宝石。1871年发现于法国克勒兹省蒙蒂伯莱(Montebras)矿山。英文名称 Montebrasite,1871年由法国矿物学家阿尔弗雷德·德斯·克罗泽埃(Alfred Des Cloizeaux)在《法国科学院会议周报》

(73)根据产地蒙蒂伯莱(Montebras)矿山命名。1959 年以前发现、描述并命名的“祖父级”矿物，IMA 承认有效。中文名称在宝石学音译为蒙蒂伯莱石，而在矿物学根据成分译为羟磷锂铝石。

【羟磷锂铍石】

英文名 Tiptopite

化学式 $K_2(Li,Na,Ca)_6(Be_6P)O_{24}(OH)_2 \cdot 1.3H_2O$ (IMA)

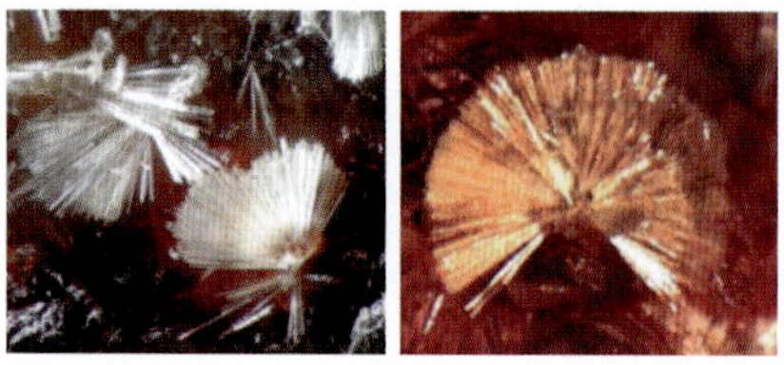

羟磷锂铍石针状晶体，束状、扇状、放射状集合体(美国)

羟磷锂铍石是一种含结晶水和羟基的钾、锂、钠、钙的铍磷酸盐矿物。六方晶系。晶体呈针状；集合体呈束状、扇状、放射状。无色，玻璃光泽，透明—半透明；硬度 3.5。1983 年发现于美国南达科他州福迈尔顶尖(Tip Top 或音译蒂普拓普)伟晶岩矿。英文名称 Tiptopite，以发现地美国的顶尖(或音译蒂普拓普)(Tip Top)伟晶岩矿命名。IMA 1983－007 批准。1985 年 J. D. 格赖斯(Grice)等在《加拿大矿物学家》(23)报道。1985 年中国新矿物与矿物命名委员会郭宗山等在《岩石矿物及测试》[4(4)]根据成分译为羟磷锂铍石；根据英文首音节音和成分译为廷磷钾铝石。

【羟磷锂铁石】

英文名 Tavorite

化学式 $LiFe^{3+}(PO_4)(OH)$ (IMA)

羟磷锂铁石鳞片状、刃片晶体，花状集合体(美国)

羟磷锂铁石是一种含羟基的锂、铁的磷酸盐矿物。属磷铝石族。三斜晶系。晶体呈鳞片状、刃片；集合体常呈圆形花状或溶蚀状。草绿色、黄绿色，半玻璃光泽、树脂光泽、蜡状光泽、油脂光泽，透明—半透明；硬度 5，完全解理，脆性。最早见于 1954 年在《科学》报道。1955 年发现于巴西米纳斯吉拉斯州加利莱亚镇萨普卡亚(Sapucaia)矿；同年，M. L. 林德伯格(M. L. Lindberg)和 W. T. 佩科拉(W. T. Pecora)在《美国矿物学家》(40)报道。英文名称 Tavorite，由林德伯格和佩科拉为纪念巴西里约热内卢大学矿物学教授埃利萨罗·塔沃拉(Elysairio Tavora，1911—?)而以他的姓氏命名。1959 年以前发现、描述并命名的“祖父级”矿物，IMA 承认有效。中文名称根据成分译为羟磷锂铁石；根据鳞片状形态和成分译为锂鳞铁石。

【羟磷铝钡石】

英文名 Jagowerite

化学式 $BaAl_2(PO_4)_2(OH)_2$ (IMA)

羟磷铝钡石是一种含羟基的钡、铝的磷酸盐矿物。三斜晶系。晶体呈柱状；集合体呈块状。无色、青色、亮绿色，玻璃光泽，半透明；硬度 4.5，完全解理。1973 年发现于加拿大的育空地区赫斯(Hess)河。英文名称 Jagowerite，以加拿大温哥华哥伦比亚英国大学矿物学教授(1967—1972)约翰·阿瑟·高尔(John Arthur Gower，1921—1972)的姓名缩写命名。IMA 1973－001 批准。1973 年，E. P. 马尔(E. P. Meagher)、M. E. 科茨(M. E. Coates)和 A. E. 阿霍(A. E. Aho)在《加拿大矿物学家》(12)报道。中文名称根据成分译为羟磷铝钡石。

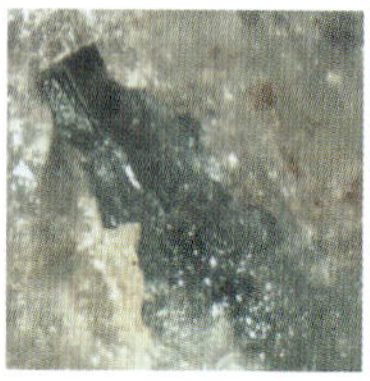

羟磷铝钡石柱状晶体(加拿大)

【羟磷铝矾】参见【硫磷铝石】条 504 页

【羟磷铝钙石】

英文名 Foggite

化学式 $CaAl(PO_4)(OH)_2 \cdot H_2O$ (IMA)

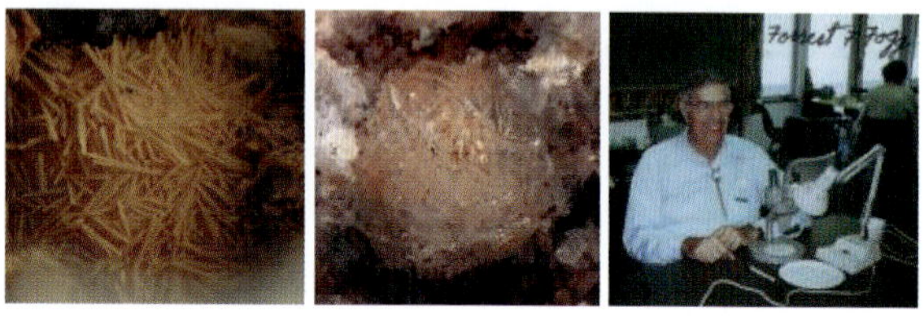

羟磷铝钙石线球状集合体(美国)和福格像

羟磷铝钙石是一种含结晶水和羟基的钙、铝的磷酸盐矿物。斜方晶系。晶体呈细柱状、细长板状；集合体呈扇状、线球状、放射状。无色、白雪色、浅黄土色，半透明；硬度 4，完全解理。1973 年发现于美国新罕布什尔州格拉夫顿县巴勒莫(Palermo)1 号矿(巴勒莫 1 号伟晶岩；哈特福德矿；通用电气矿)。英文名称 Foggite，以美国新罕布什尔州佩纳库克的矿物收藏家福勒斯特·F. 福格(Forrest F. Fogg，1920—)的姓氏命名，是他首先提供了该矿物。IMA 1973－067 批准。1975 年 P. B. 摩尔(P. B. Moore)、A. J. 欧文(A. J. Irving)和 A. R. 坎普夫(A. R. Kampf)在《美国矿物学家》(60)报道。中文名称根据成分译为羟磷铝钙石。

【羟磷铝汞石】

英文名 Artsmithite

化学式 $Hg_4^{+}Al(PO_4)_{1.74}(OH)_{1.78}$ (IMA)

羟磷铝汞石纤维状晶体(美国)和史密斯像

羟磷铝汞石是一种含羟基的汞、铝的磷酸盐矿物。单斜晶系。晶体呈针状、纤维状；集合体以交织的窝状呈无序分散状。无色—白色，条痕呈白色—奶白色，金刚光泽、玻璃光泽，透明；硬度无法测定，无解理，参差状断口。2002 年发现于美国阿肯色州派克县芬德伯克(Funderburk)勘探前景区。英文名称 Artsmithite，以美国石油地质学家和矿物收藏家小阿瑟·E. 史密斯(Mr. Arthur E. Smith，1935—2009)先生的姓名缩写命名，是他首先发现该矿物。IMA 2002－039 批准。2003 年 A. C. 罗伯茨(A. C. Roberts)在《加拿大矿物学家》(41)报道。2008 年章西焕等在中国《岩石矿物学杂志》[27(2)]根据成分译为羟磷铝汞石。

【羟磷铝锂钠石】

英文名 Tancoite

化学式 $HLiNa_2[Al(PO_4)_2(OH)]$　　(IMA)

羟磷铝锂钠石是一种氢、锂、钠、铝的铝氢磷酸盐矿物。斜方晶系。晶体呈板状。无色—淡粉色,玻璃—半玻璃光泽,透明;硬度 4～4.5,中等解理,脆性。1979 年发现于加拿大曼尼托巴省坦科(Tanco)矿(花岗伟晶岩)。英文名称 Tancoite,由罗伯特・A. 拉米克(Robert A. Ramik)等根据发现地加拿大的坦科(Tanco)矿命名。IMA 1979－045 批准。1980 年拉米克等在《加拿大矿物学家》(18)报道。1993 年黄蕴慧等在《岩石矿物学杂志》[12(1)]根据成分译为羟磷铝锂钠石。2011 年杨主明等在《岩石矿物学杂志》[30(4)]建议音译为坦科矿。

【羟磷铝锰石】

英文名 Ernstite

化学式 $(Mn^{2+},Fe^{3+})Al(PO_4)(OH,O)_2$　　(IMA)

羟磷铝锰石柱状晶体(巴西)

羟磷铝锰石是一种含羟基和氧的锰、铁、铝的磷酸盐矿物。单斜晶系。晶体呈柱状,晶面有条纹。黄褐色,玻璃光泽,半透明;硬度 3～3.5,完全解理。1970 年发现于纳米比亚埃龙戈区卡里比布市大卫奥斯特(Davib Ost)农场。英文名称 Ernstite,以德国埃朗根大学矿物学教授西奥多 K. H. 恩斯特(Theodore K. H. Ernst,1904—1983)博士的姓氏命名。IMA 1970－012 批准。1970 年 E. 泽利格(E. Seeliger)在《矿物学新年鉴》(月刊)报道。中文名称根据成分译为羟磷铝锰石。

【羟磷铝石】

英文名 Trolleite

化学式 $Al_4(PO_4)_3(OH)_3$　　(IMA)

汉斯像

羟磷铝石是一种含羟基的铝的磷酸盐矿物。单斜晶系。晶体呈叶片状;集合体呈块状。亮绿色、无色、蓝色、深蓝色,玻璃光泽,透明—半透明;硬度 5.5～6,脆性。1868 年发现于瑞典布鲁默拉市威斯塔娜(Västanå)铁矿;同年,C. W. 布洛姆斯特兰德(C. W. Blomstrand)在 *Öfversigt af Kongliga Vetenskaps－Akademiens Förhandlingar*[25(3)]报道。英文名称 Trolleite,以瑞典化学家、司法部部长汉斯・加布里埃尔・特罗勒-瓦希米斯特尔(Hans Gabriel Trolle－Wachmeister,1782—1871)的姓氏命名。1959 年以前发现、描述并命名的"祖父级"矿物,IMA 承认有效。中文名称根据成分译为羟磷铝石。

【羟磷铝锶石】

英文名 Goedkenite

化学式 $Sr_2Al(PO_4)_2(OH)$　　(IMA)

羟磷铝锶石是一种含羟基的锶、铝的磷酸盐矿物。属锰铁钒铅矿族。单斜晶系。晶体呈菱形状、矛尖状,扁平略延长,一般扭曲,羽毛状结束。无色—淡黄色,半金刚光泽,半透明;硬度 5。1975 年发现于美国新罕布什尔州格拉夫顿县巴勒莫(Palermo)1 号矿(巴勒莫 1 号伟晶岩;哈特福德矿;通用电气矿)。英文名称 Goedkenite,为纪念美国伊利诺伊州芝加哥大学的化学系的维吉尔・李纳斯・戈德肯(Virgil Linus Goedken,1940—1992)博士而以他的姓氏命名。他是一位在有机金属结构化学键研究方面取得了许多重要进展的研究人员。IMA 1974－004 批准。1975 年,P. B. 摩尔(P. B. Moore)、A. J. 欧文(A. J. Irving)和 A. R. 坎普夫(A. R. Kampf)在《美国矿物学家》(60)报道。中文名称根据成分译为羟磷铝锶石。

羟磷铝锶石矛尖状晶体(美国)

【羟磷铝铁钙石】

英文名 Samuelsonite

化学式 $Ca_9Mn_4^{2+}Al_2(PO_4)_{10}(OH)_2$　　(IMA)

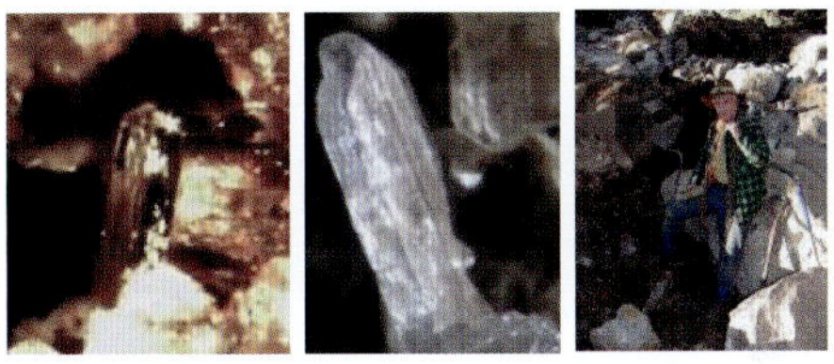
羟磷铝铁钙石柱状晶体(美国)萨缪尔森像

羟磷铝铁钙石是一种含羟基的钙、锰、铝的磷酸盐矿物。单斜晶系。晶体呈细长的柱状,晶面有竖条纹。淡黄色、无色、白色,金刚—半金刚光泽、树脂 光泽、玻璃光泽,透明—半透明;硬度 5,中等解理。1974 年发现于美国新罕布什尔州格拉夫顿县顿巴勒莫(Palermo)1 号矿(哈特福德矿;通用电气矿)。英文名称 Samuelsonite,以美国新罕布什尔州鲁姆尼(Rumney)矿的勘探者彼得・B. 萨缪尔森(Peter B. Samuelson,1941—)的姓氏命名。他积极努力地收集现场的伟晶岩矿物。IMA 1974－026 批准。1975 年,P. B. 摩尔(P. B. Moore)、A. J. 欧文(A. J. Irving)和 A. R. 坎普夫(A. R. Kampf)在《美国矿物学家》(60)报道。中文名称根据成分译为羟磷铝铁钙石。

【羟磷镁石】

英文名 Althausite

化学式 $Mg_4(PO_4)_2(OH,O)(F,\square)$　　(IMA)

羟磷镁石粗片状晶体(挪威)

羟磷镁石是一种含羟基、氧、氟和空位的镁的磷酸盐矿物。斜方晶系。晶体呈粗片状、片状。浅灰色、红棕色,半玻璃光泽、树脂光泽,半透明;硬度 3.5～4,完全解理,脆性。1971 年发现于挪威布斯克吕郡廷格尔施塔特(Tingelstadtjern)菱镁矿采石场。英文名称 Althausite,由贡纳・拉德(Gunnar Raade)和玛格尼・提塞兰(Magne Tysseland)以德国卡尔斯鲁厄大学矿物学家埃贡・奥尔索斯(Egon Althaus,1933—)教授的姓氏命名。IMA 1974－050 批准。1975 年拉德和提塞兰在《岩石》(*Lithos*)(8)报道。中文名称根据成分译为羟磷镁石。

【羟磷锰石】

英文名 Waterhouseite

化学式 $Mn_7(PO_4)_2(OH)_8$　　(IMA)

羟磷锰石叶片状晶体，晶簇状集合体（澳大利亚）和沃特豪斯像

羟磷锰石是一种含羟基的锰的磷酸盐矿物。单斜晶系。晶体呈叶片状；集合体呈放射状。橙棕色—深棕色，条痕呈黄棕色，玻璃光泽、珍珠光泽，透明；硬度 4，完全解理，脆性。发现于澳大利亚南澳大利亚州艾尔半岛铁君主（Iron Monarch）矿床开挖的明洞。英文名称 Waterhouseite，以弗雷德里克·乔治·沃特豪斯（Frederick George Waterhouse，1815—1898）的姓氏命名。他是第一个阿德莱德南澳大利亚博物馆馆长，他为保护南澳大利亚的自然历史做出了贡献。IMA 2004－035 批准。2005 年 A. 普林（A. Pring）、U. 科利奇（U. Kolitsch）、W. D. 伯奇（W. D. Birch）在《加拿大矿物学家》（43）报道。中文名称根据成分译为羟磷锰石；根据英文名称首音节音和成分译为沃羟磷锰石。

【羟磷锰铁矿】

英文名 Triploidite

化学式 $Mn_2^{2+}(PO_4)(OH)$　　（IMA）

羟磷锰铁矿柱状晶体，晶簇状集合体（澳大利亚）

羟磷锰铁矿是一种含羟基的锰的磷酸盐矿物。属磷铁锰矿族。单斜晶系。晶体呈柱状；集合体呈晶簇状。红棕色、浅粉色、黄褐色，半金刚光泽、玻璃光泽、树脂光泽、油脂光泽，透明—半透明；硬度 4.5～5，完全解理，脆性。1878 年在美国康涅狄格州费尔菲尔德县菲罗（Fillow）采石场。1878 布鲁斯（Brush）和丹纳（Dana）在《美国科学杂志》（16）报道。英文名称 Triploidite，由乔治·贾维斯·布鲁斯（George Jarvis Brush）和爱德华·索尔兹伯里·丹纳（Edward Salisbury Dana）根据“Triplite（磷铁锰矿）”和德文“Eidos（理念之内涵）”组合命名，意指与磷铁锰矿在习性和化学成分上有相似之处。1959 年以前发现、描述并命名的“祖父级”矿物，IMA 承认有效。中文名称根据成分译为羟磷锰铁矿。

【羟磷钠铁石①】

英文名 Kidwellite

化学式 $NaFe^{3+}_{9+x}(PO_4)_6(OH)_{11}\cdot 3H_2O(x\approx 0.33)$　（IMA）

羟磷钠铁石① 球粒状、放射状、花状集合体（法国）

羟磷钠铁石①是一种含结晶水和羟基的钠、铁的磷酸盐矿物。单斜晶系。晶体常呈针状，很少呈棒状；集合体呈球粒状、葡萄串状、放射状、花状。橄榄绿色、青黄色、浅绿色、白色、黄色，树脂光泽、蜡状光泽、丝绢光泽，半透明；硬度 3，完全解理，脆性。1974 年发现于美国阿肯色州蒙哥马利县福德尔斯塔克（Fodderstack）山。1978 年摩尔和伊托在《矿物学杂志》（42）和 1979 年《美国矿物学家》（64）报道。英文名称 Kidwellite，由保罗（保卢斯）B. 摩尔［Paul（Paulus）B. Moore］和朱姆·伊托（Jum Ito）在 1978 年为纪念阿尔伯特·刘易斯（或劳斯）·基德韦尔［Albert Lewis（or Laws）Kidwell，1919—2008］而以他的姓氏命名。他是一位矿物收藏家、美国得克萨斯州休斯敦卡特石油公司和后来的埃克森石油公司的地质学家。IMA 1974－024 批准。中文名称根据成分译为羟磷钠铁石①。

【羟磷钠铁石②】

英文名 Meurigite-Na

化学式 $[Na(H_2O)_{2.5}][Fe_8^{3+}(PO_4)_6(OH)_7(H_2O)_4]$
（IMA）

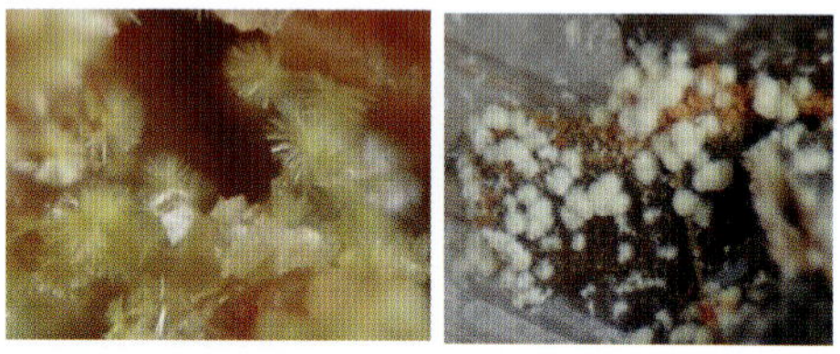

羟磷钠铁石② 纤维状晶体，放射状、球粒状集合体（澳大利亚）

羟磷钠铁石②是一种含结晶水和羟基的水化钠、铁的磷酸盐矿物。单斜晶系。晶体呈纤维状、板条状；集合体呈放射状、球粒状、花状、皮壳状。白色、乳白色或黄色，丝绢光泽，透明；硬度 3。2007 年发现于美国内华达州洪堡县锡尔维科茵（Silver Coin）矿。英文名称 Meurigite－Na，根词 1996 年由威廉·D. 彼尔希（William D. Birch）等以英国剑桥大学的科学家约翰·迈里格·托马斯（John Meurig Thomas，1932—）的名字，加占优势的钠后缀－Na 组合命名。IMA 2007－024 批准。2007 年 A. R. 坎普夫（A. R. Kampf）等在《美国矿物学家》（92）报道。中文名称根据成分译为羟磷钠铁石。因它的译名与 Kidwellite 译名重复，故在译名后加脚注羟磷钠铁石②，以提示读者与 Kidwellite 译名羟磷钠铁石①相区别。

【羟磷铍钙石】

英文名 Hydroxylherderite

化学式 $CaBe(PO_4)(OH)$　　（IMA）

羟磷铍钙石板状、短柱状晶体（巴西、美国）和赫尔德像

羟磷铍钙石是一种含羟基的钙、铍的磷酸盐矿物。属硅铍钇矿超族磷铍钙石族磷铍钙石亚族。磷铍钙石-羟磷铍钙石形成固溶体系列。单斜晶系。晶体呈短柱状、纤维状、厚板状，具鱼尾状双晶；集合体呈葡萄状或球状、放射状。无色、灰色、棕色、淡黄色、绿白色、淡蓝色、紫色，可能在白天呈蓝绿色或蓝色、薰衣草色，在白炽灯呈浅紫色；半玻璃光泽、树脂光泽、蜡状光泽、油脂光泽，透明—半透明；硬度 5～5.5，脆性。在美国缅因州牛津县和巴西米纳斯吉拉斯州都有发现。最早见于 1884 年丹纳（Dana）《美国科学杂志》（27）。

英文名称 Hydroxylherderite，由 hydroxyl（羟基）和 Herderite（磷铍钙石）组合命名。Herderite（磷铍钙石）是以西格蒙德奥古斯特·沃尔夫冈·冯·赫尔德（Siegmund August Wolfgang von Herder1776—1838）的姓氏命名的。他是德国弗赖堡矿业官员。1894 年由塞缪尔·L. 潘菲尔德（Samuel L. Penfield）在《美国科学杂志》（47）命名为“Hydro-herderite（水磷铍钙石）”。其中，根词 Herderite 也是由赫尔德的姓氏命名。1954 年由 C. 帕拉奇（C. Palache）、H. 伯曼（H. Berman）和 C. 弗龙德尔（C. Frondel）更名为“Hydroxylherderite（羟磷铍钙石）”。前缀“羟基-”表示对氟来说，羟基占优势地位。1959 年以前发现、描述并命名的“祖父级”矿物，IMA 承认有效。IMA 2007s. p. 批准。中文名称根据成分译为羟磷铍钙石（参见【磷铍钙石】条 475 页）。

【羟磷铅铀矿】参见【羟磷铀铅矿】条 720 页

【羟磷铁锰石】参见【水锰绿铁矿】条 856 页

【羟磷铁石】

英文名 Wolfeite

化学式 $Fe_2^{2+}(PO_4)(OH)$ （IMA）

羟磷铁石放射状、束状集合体（加拿大）和沃尔夫像

羟磷铁石是一种含羟基的铁的磷酸盐矿物。属磷铁锰矿族。单斜晶系。晶体呈柱状；集合体呈放射状、束状。红棕色—黑棕色，绿色（罕见），半金刚光泽、半玻璃光泽、树脂光泽、油脂光泽，透明—半透明；硬度 4.5～5，完全解理，脆性。最早见于 1892 年 E. S. 丹纳（E. S. Dana）《系统矿物学》（第六版，纽约）。1949 年发现于美国新罕布什尔州格拉夫顿县格罗顿市巴勒莫（Palermo）伟晶岩 1 号矿（哈特福德矿，通用电气矿）。1949 年 C. 弗龙德尔（C. Frondel）在《美国矿物学家》（34）报道。英文名称 Wolfeite，1949 年由弗龙德尔为纪念迦罗·维洛耶·沃尔夫（Caleb Wroe Wolfe，1908—1980）而以他的姓氏命名。沃尔夫是美国波士顿大学的晶体学家和地质学教授，也是一个对花岗伟晶岩磷酸盐矿物感兴趣的系统矿物学家。1959 年以前发现、描述并命名的“祖父级”矿物，IMA 承认有效。中文名称根据成分译为羟磷铁石。

【羟磷铁铜铅石】

英文名 Phosphogartrellite

化学式 $PbCuFe^{3+}(PO_4)_2(OH,H_2O)_2$ （IMA）

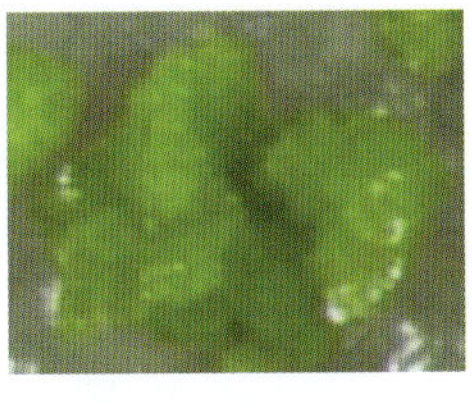

羟磷铁铜铅石片状晶体（德国）

羟磷铁铜铅石是一种含结晶水和羟基的铅、铜、铁的磷酸盐矿物。属砷铁锌铅矿族。三斜晶系。晶体呈板片状、片状；集合体呈团状。鲜绿色，条痕呈黄色，玻璃光泽、金刚光泽，透明；硬度 4。1996 年发现于德国黑森州奥登瓦尔德县。英文名称 Phosphogartrellite，由成分冠词“Phospho（磷酸盐）”及根词“Gartrellite（葛特里石，也译作加特雷尔石）”组合命名。根词 Gartrellite 以澳大利亚的收藏家布莱尔·加特雷尔（Blair Gartrell，1950—1995）的姓氏命名。IMA 1996－035 批准。1998 年 W. 克劳斯（W. Krause）等在《矿物学新年鉴》（月刊）报道。2003 年李锦平等在《岩石矿物学杂志》[22(2)]根据成分译为羟磷铁铜铅石（根词参见【葛特里石】条 248 页）。

【羟磷铁铜石】

英文名 Hentschelite

化学式 $CuFe_2^{3+}(PO_4)_2(OH)_2$ （IMA）

羟磷铁铜石放射状、球粒状集合体（澳大利亚）

羟磷铁铜石是一种含羟基的铜、铁的磷酸盐矿物。属天蓝石族。单斜晶系。晶体呈拉长的楔形、假八面体，常见双晶；集合体呈球粒状。深绿青黑色，玻璃光泽，半透明；硬度 3.5。1985 年发现于德国黑森州奥登瓦尔德县卡岑施泰因（Katzenstein）。英文名称 Hentschelite，以德国黑森州地质调查局的格哈德·亨切尔（Gerhard Hentschel，1930—）博士的姓氏命名。IMA 1985－057 批准。1987 年 N. H. W. 希伯（N. H. W. Sieber）等在《美国矿物学家》（72）报道。1988 年中国新矿物与矿物命名委员会郭宗山等在《岩石矿物学杂志》[7(3)]根据成分译为羟磷铁铜石。

【羟磷铜矿】参见【磷铜矿】条 483 页

【羟磷铜石】

英文名 Reichenbachite

化学式 $Cu_5(PO_4)_2(OH)_4$ （IMA）

羟磷铜石叶片状晶体，放射状、团簇状集合体（德国）

羟磷铜石是一种含羟基的铜的磷酸盐矿物。与陆羟磷铜石和假孔雀石为同质多象。单斜晶系。淡蓝色、深绿色，玻璃光泽，半透明；硬度 3.5。晶体呈柳叶状；集合体呈球状或葡萄状。最早见于 1977 年在《美国矿物学家》（62）报道。1985 年发现于德国黑森州奥登林山赖兴巴赫（Reichenbach）布诺斯町（Borstein）8 号矿点。英文名称 Reichenbachite，以发现地德国的赖兴巴赫（Reichenbach）命名。IMA 1985－044 批准。1987 年 N. H. W. 希伯（N. H. W. Sieber）、E. 蒂尔曼斯（E. Tillmanns）和 O. 梅登巴赫（O. Medenbach）在《美国矿物学家》（72）报道。1988 年中国新矿物与矿物命名委员会郭宗山等在《岩石矿物学杂志》[7(3)]根据成分译为羟磷铜石。

【羟磷铜锌石】

英文名 Zincolibethenite

化学式 $CuZn(PO_4)(OH)$ （IMA）

羟磷铜锌石是一种含羟基的铜、锌的磷酸盐矿物。属橄榄铜矿族。斜方晶系。晶体呈短柱状、两端丘状或双锥状；集合体呈放射状、晶簇状。绿色、浅蓝绿色，透明—半透明；硬度3。早在1908年发现于赞比亚中央省卡布韦（Kabwe）区的布罗肯（Broken）矿山，海绵状“褐铁矿”铁帽（经常包有磷锌矿或三斜磷锌矿）之上。英文名称Zincolibethenite，由成分冠词“Zinco（锌）”和根词“Libethenite（磷铜矿）”组合命名，因它与磷铜矿结构相同。IMA 2003-010批准。2005年R. S. W. 布雷思韦特（R. S. W. Braithwaite）等在《矿物学杂志》（69）报道。2008年任玉峰等在中国《岩石矿物学杂志》［27（6）］根据成分译为羟磷铜锌石（根词参见【磷铜矿】条483页）。

羟磷铜锌石双锥状晶体，放射球状、晶簇状集合体（法国、纳米比亚）

【羟磷硝铜矿】

英文名 Likasite

化学式 $Cu_3(NO_3)(OH)_5 \cdot 2H_2O$　　（IMA）

羟磷硝铜矿是一种含结晶水和羟基的铜的硝酸盐矿物。斜方晶系。晶体呈小板状；集合体呈球粒状。天蓝色，透明；完全解理。1955年发现于刚果（金）上加丹加省坎博韦区利卡西矿（Likasi）。英文名称Likasite，以发现地刚果（金）的利卡西矿（Likasi）命名。1955年A. 修普（A. Schoep）、W. 博尔谢特（W. Borchert）和K. 科勒（K. Kohler）在《法国矿物学和结晶学学会通报》（78）及《美国矿物学家》（40，摘要）报道，当时的化学式为$Cu_{12}(OH)_{12}(NO_3)_4(PO_4)_2$。1986年H. 埃芬贝格尔（H. Effenberger）在《矿物学新年鉴》（月刊）将化学式修订为$Cu_3(NO_3)(OH)_5 \cdot 2H_2O$，而其中不含磷酸根。1959年以前发现、描述并命名的“祖父级”矿物，IMA承认有效。中文名称根据原成分译为羟磷硝铜矿。

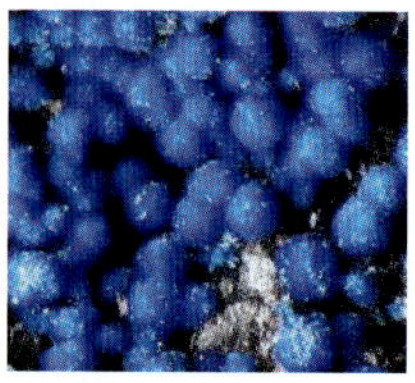

羟磷硝铜矿球粒状集合体（哈萨克斯坦）

【羟磷锌铜石】

英文名 Kipushite

化学式 $Cu_6(PO_4)_2(OH)_6 \cdot H_2O$　　（IMA）

羟磷锌铜石放射状、球粒状集合体（刚果）

羟磷锌铜石是一种含结晶水和羟基的铜的磷酸盐矿物。单斜晶系。晶体呈纤维状；集合体呈皮壳状、球粒状。鲜绿色、蓝绿色，玻璃光泽，透明—半透明；硬度4。最早由刚果人发现并描述，见于1926年H. 布特根巴赫（H. Buttgenbach）在《比利时皇家科学院》的报道。1959年以前发现、描述并命名的“祖父级”矿物，IMA承认有效。1983年发现于刚果（金）上加丹加省卢本巴希市基普希（Kipushi）矿山利奥波德王子矿。英文名称Kipushite，1985年由保罗·皮雷（Paul Piret）、米歇尔·德利安（Michel Deliens）、杰奎琳·皮雷·莫尼耶（Jacqueline Piret Meunier）根据发现地刚果（金）的基普希（Kipushi）矿山命名。IMA 1983-046批准。1985年P. 皮雷（P. Piret）等在《加拿大矿物学家》（23）报道。1985年中国新矿物与矿物命名委员会郭宗山等在《岩石矿物及测试》［4（4）］根据成分译为羟磷锌铜石。后来证明它与磷砷锌铜矿（Veszelyite）为同种矿物（参见【磷砷锌铜矿】条476页）。

【羟磷铀铅矿】

英文名 Dumontite

化学式 $Pb_2(UO_2)_3O_2(PO_4)_2 \cdot 5H_2O$　　（IMA）

羟磷铀铅矿板状晶体、球粒状集合体（刚果）和安德烈·杜蒙特像

羟磷铀铅矿是一种含结晶水、氧的铅的铀酰-磷酸盐矿物。单斜晶系。晶体呈小的扁平细长板状；集合体呈晶簇状、星状、球状。金黄色—赭石黄色，半透明。1924年发现于刚果（金）上加丹加省坎博韦镇欣科洛布韦（Shinkolobwe）矿。1924年肖普（Schoep）在法国《巴黎科学院会议周报》（179）报道。英文名称Dumontite，以比利时地质学家安德烈·杜蒙特（André Dumont，1809—1857）的姓氏命名。1959年以前发现、描述并命名的“祖父级”矿物，IMA承认有效。中文名称根据成分译为羟磷铀铅矿/羟磷铅铀矿。

【羟菱砷铝锶石】

英文名 Kemmlitzite

化学式 $SrAl_3(AsO_4)(SO_4)(OH)_6$　　（IMA）

羟菱砷铝锶石是一种含羟基的锶、铝的硫酸-砷酸盐矿物。属明矾石超族砷菱铅矾族。三方晶系。晶体呈假立方菱面体。无色、浅褐色，玻璃光泽，透明—半透明；硬度5.5。1969年发现于德国萨克森州北萨克森县肯姆利茨（Kemmlitz）。英文名称Kemmlitzite，以发现地德国的肯姆利茨（Kemmlitz）命名。IMA 1967-021批准。1969年J. 哈克（J. Hak）、Z. 约翰（Z. Johan）、M. 克瓦克（M. Kvacek）和W. 列布谢尔（W. Liebscher）在《矿物学新年鉴》（月刊）及1970年M. 弗莱舍（M. Fleischer）在《美国矿物学家》（55）报道。中文名称根据成分和菱面体形态及与菱砷铝锶石相似的结构关系译为羟菱砷铝锶石，也有的译作砷锶铝矾。

羟菱砷铝锶石菱面体晶体（瑞士）

【羟硫硅铜锌石】

英文名 Bechererite

化学式 $Zn_7Cu(OH)_{13}[SiO(OH)_3(SO_4)]$　　（IMA）

羟硫硅铜锌石晶簇状、放射状、小球状集合体（英国）

羟硫硅铜锌石是一种含羟基的锌、铜的硫酸-氢硅酸盐

矿物。三方晶系。晶体呈针状、纤维状；集合体呈晶簇状、放射状、小球粒状。无色、白色、浅绿色、蓝色，玻璃光泽，透明；硬度2.5～3，完全解理。1994年发现于美国亚利桑那州马里科帕县比格霍恩（Big Horn）山脉托诺帕－贝尔蒙特（Tonopah-Belmont）山矿山废石堆。英文名称 Bechererite，为纪念奥地利维也纳大学矿物学家卡尔·比彻（Karl Becherer，1926—2014）博士而以他的姓氏命名。IMA 1994－005批准。1996年G. 格斯特（G. Giester）和B. 里克（B. Rieck）在《美国矿物学家》（81）报道。中文名称根据成分译为羟硫硅铜锌石；《英汉矿物种名称》（2017）译作羟硅铜锌矾。

【羟硫氯铜石】

英文名 Connellite

化学式 $Cu_{36}(SO_4)(OH)_{62}Cl_8 \cdot 6H_2O$ （IMA）

羟硫氯铜石柱状、针状、纤维状晶体，放射状集合体（意大利）

羟硫氯铜石是一种含结晶水、羟基、氯的铜的硫酸盐矿物。六方晶系。晶体呈带锥的细柱状、纤维状、针状；集合体呈放射状。蓝色、蓝绿色，半玻璃光泽，透明；硬度3，脆性。最早见于1802年拉什利（Rashleigh）在《英国矿物学》（2）称天蓝色的针状晶体铜矿石。1847年康奈尔（Connell）在《英国协会报告》中称为铜的硫酸盐-氯化物。1850年发现于英国英格兰康沃尔郡圣艾夫斯区惠尔普罗维登斯（Wheal Providence）。1850年詹姆斯·德怀特·丹纳（James Dwight Dana）在《系统矿物学》（第三版，纽约）刊载。英文名称 Connellite，丹纳为纪念阿瑟·康奈尔（Arthur Connell，1794—1863）而以他的姓氏命名。康奈尔是苏格兰爱丁堡圣安德鲁大学的化学教授，是他首次研究了该矿物。1959年以前发现、描述并命名的"祖父级"矿物，IMA承认有效。中文名称根据成分译为羟硫氯铜石，也有的译为氯铜矾/铜氯矾；根据颜色和成分译为绿盐铜矿。

【羟硫碳锌石】参见【布里杨石】条80页

【羟铝矾】参见【斜方矾石】条1020页

【羟铝钒石】

英文名 Alvanite

化学式 $ZnAl_4(V^{5+}O_3)_2(OH)_{12} \cdot 2H_2O$ （IMA）

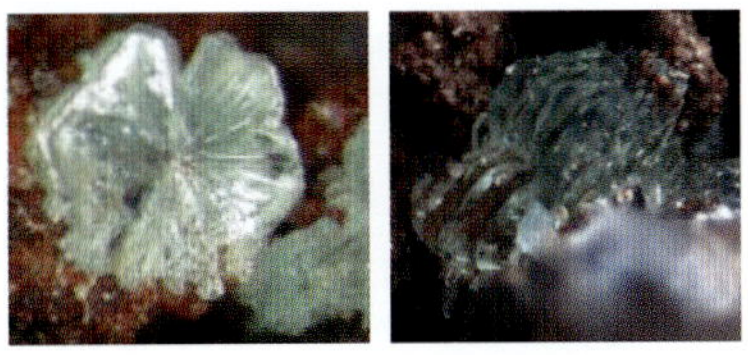

羟铝钒石片状晶体，放射状集合体（哈萨克斯坦）

羟铝钒石是一种含结晶水和羟基的锌、铝的钒酸盐矿物。单斜晶系。晶体呈片状；集合体呈片状平行排列、放射状。淡蓝色、绿色、蓝色、黑色，玻璃光泽，解理面上呈珍珠光泽，半透明；硬度3～3.5，极完全解理。1959年发现于哈萨克斯坦南部阿克苏姆比（Aksumbe）的库鲁姆萨克（Kurumsak）和巴拉索斯卡德克（Balasauskandyk）钒矿床。1959年E. A. 安克诺维奇（E. A. Ankinovich）在《全苏矿物学会记事》（88）和M. 弗莱舍（M. Fleischer）在《美国矿物学家》（44）报道。英文名称 Alvanite，由化学成分"Aluminium（铝）"和"Vanadium（钒）"组合命名。IMA 1962s. p. 批准。中文名称根据成分译为羟铝钒石/水铝钒石。

【羟铝钙镁石】

英文名 Wermlandite

化学式 $Mg_7Al_2(OH)_{18}[Ca(H_2O)_6][SO_4]_2 \cdot 6H_2O$ （IMA）

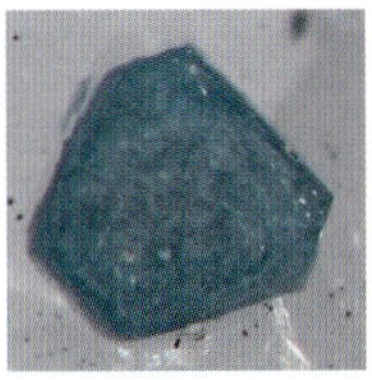

羟铝钙镁石假六方板片状晶体（瑞典）

羟铝钙镁石是一种含结晶水的镁、铝氢氧和水化钙的硫酸盐双层矿物。属水滑石超族羟铝钙镁石族。三方晶系。晶体呈薄假六方板片状、菱面体、六角偏三角面体。青灰色、白色—浅灰绿色，蜡状光泽，半透明；硬度1.5，极完全解理。1970年发现于瑞典韦姆兰（Wermland）省菲利普斯塔德市朗班（Långban）。英文名称 Wermlandite，以发现地瑞典韦姆兰（Wermland）省命名。IMA 1970－007批准。1971年在《岩石》（4）和1972年《美国矿物学家》（57）报道。中文名称根据化学成分式译为羟铝钙镁石；根据英文名称首音节音和经验化学式成分译为吴水碳镁石。

【羟铝黄长石】

英文名 Bicchulite

化学式 $Ca_2Al_2SiO_6(OH)_2$ （IMA）

羟铝黄长石是一种含羟基的钙的铝硅酸盐矿物。与科羟铝黄长石（Kamaishilite，日文汉名釜石石）为同质二象。等轴晶系。无色，透明。1973年发现于日本本州岛中国地方冈山县高梁市备中町（Bicchu-cho）布贺（Fuka）矿山。英文名称 Bicchulite，以首次发现地日本備中（Bicchu）町命名。日文汉字名称備中石。IMA 1973－006批准。1973年在日本《矿物学杂志》（7）报道。中国地质科学院根据成分及与黄长石的关系译为羟铝黄长石。2010年杨主明在《岩石矿物学杂志》[29(1)]建议采用日文汉字名称備中石的简化汉字名称备中石。

【羟铝锰矾】

英文名 Shigaite

化学式 $Mn_6Al_3(OH)_{18}[Na(H_2O)_6](SO_4)_2 \cdot 6H_2O$ （IMA）

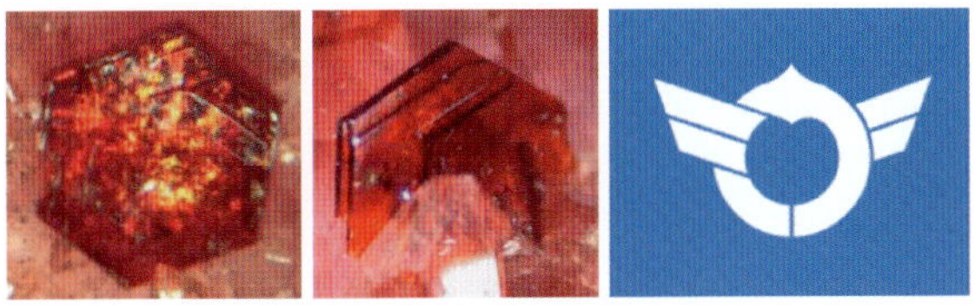

羟铝锰矾六方板状晶体（南非）和滋贺县旗

羟铝锰矾是一种含结晶水的锰、铝羟基的水合钠的硫酸盐矿物。属羟铝钙镁石族。三方晶系。晶体呈六方板片状。深黄色、橘红色—褐黑色，有不均一的夹杂物，玻璃光泽，透明；硬度2，完全解理。1984年发现于日本本州岛近畿地区滋贺县（Shiga）栗东（Ritto）市五百井矿山。英文名称 Shigaite，以发现地日本的滋賀（Shiga）县命名。日文汉字名称滋賀石。IMA 1984－057批准。1986年加藤昭等在《美国矿物学家》（71）报道。1986年中国新矿物与矿物命名委员会郭宗山等在《岩石矿物学杂志》[5(4)]根据成分译为铝锰矾。

2007年何跃明在《新英汉矿物名称》根据成分译为羟铝锰矾;根据颜色和成分译为黄铝锰矾或黄铝锰矾矿。2010年杨主明在《岩石矿物学杂志》[29(1)]建议引用日文汉字名称滋贺石的简化汉字名称滋贺石。

【羟铝钠铁矾】

英文名 Nikischerite

化学式 $Fe_6^{2+}Al_3(OH)_{18}[Na(H_2O)_6](SO_4)_2 \cdot 6H_2O$ (IMA)

羟铝钠铁矾六方片状晶体，球状集合体(玻利维亚)和尼基舍像

羟铝钠铁矾是一种含结晶水的铁、铝的氢氧化物和水化钠的硫酸盐矿物。属水滑石超族羟铝钙镁石族。三方晶系。晶体呈六方片状;集合体呈薄片重叠形成不规则放射状、球状。新鲜时呈绿色—灰白色,氧化为赭色的棕色,条痕呈浅灰绿色,珍珠光泽、油脂光泽;硬度2,完全解理,不规则断口。2001年发现于玻利维亚奥鲁罗省瓦努尼(Huanuni)矿区锡矿。英文名称Nikischerite,以美国矿物学家和矿物经销商安东尼·J.尼基舍(Anthony J. Nikischer,1949—)的姓氏命名,是他首次分析了该矿物。IMA 2001-039批准。2003年D. M. C. 胡米尼斯基(D. M. C. Huminicki)等在《矿物记录》(34)和《加拿大矿物学家》(41)报道。2008年章西焕等在《岩石矿物学杂志》[27(2)]根据成分译为羟铝钠铁矾;《英汉矿物种名称》(2017)译作羟铝铁矾。

【羟铝铅矾】

英文名 Krivovichevite

化学式 $Pb_3Al(OH)_6(SO_4)(OH)$ (IMA)

克里沃维彻夫像

羟铝铅矾是一种含羟基的铅、铝的硫酸盐矿物。三方晶系。晶体呈等粒状。灰白色—无色,玻璃光泽,条痕呈白色;硬度3,无解理,脆性,贝壳状断口。2004年发现于俄罗斯北部摩尔曼斯克州莱普赫内尔姆(Lepkhe-Nel'm)山碱性岩体。英文名称Krivovichevite,以俄罗斯矿物学家和结晶学家圣彼得堡州立大学谢尔盖·弗拉基米尔·克里沃维彻夫(Sergey Vladimirovich Krivovichev)教授的姓氏命名。IMA 2004-053批准。2007年V. N. 雅克温楚克(V. N. Yakovenchuk)等在《加拿大矿物学家》(45)报道。2010年尹淑苹等在中国《岩石矿物学杂志》[29(4)]根据成分译为羟铝铅矾。

【羟铝锑矿】

英文名 Bahianite

化学式 $Al_5Sb_3^{5+}O_{14}(OH)_2$ (IMA)

羟铝锑矿弯曲球面晶体(巴西)和巴伊亚州旗

羟铝锑矿是一种含羟基的铝的锑酸盐矿物。单斜晶系。晶体呈纤维状,由条纹、菱形或矩形构成的弯曲状,具双晶;集合体呈放射状。棕褐色、奶油白色、橙棕色、棕色、无色(晶体)、褐色、浅紫色,金刚光泽,透明—半透明;硬度9,完全解理。1974年发现于巴西巴伊亚州(Bahia)克里乌拉(Crioulas)河阿尔玛斯(Almas)河砾石凹陷。英文名称Bahianite,以发现地巴西的巴伊亚(Bahia)命名。IMA 1974-027批准。1976年P. B. 摩尔(P. B. Moore)和荒木(T. Araki)在《矿物学新年鉴:论文》(126)及1978年《矿物学杂志》(42)报道。中文名称根据成分译为羟铝锑矿。

【羟铝铁矾】

参见【羟铝钠铁矾】条722页

【羟铝铜钙石】

英文名 Papagoite

化学式 $CaCuAlSi_2O_6(OH)_3$ (IMA)

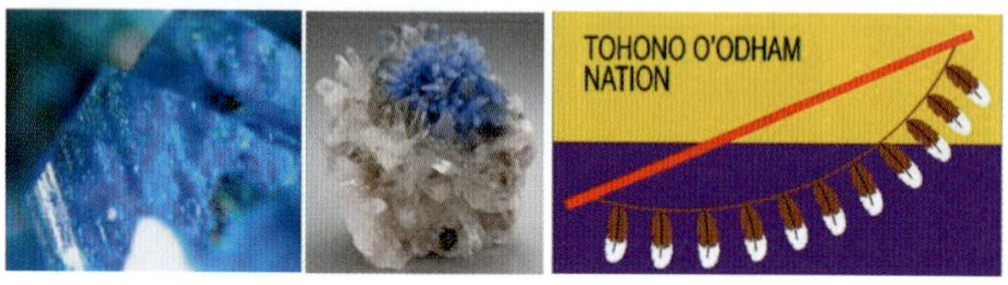

羟铝铜钙石板状晶体(美国),晶簇状集合体(南非)和托洪诺奥德姆(巴巴哥人)旗帜

羟铝铜钙石是一种含羟基的钙、铜的铝硅酸盐矿物。单斜晶系。晶体呈扁平板状、粒状;集合体呈放射状、晶簇状、球粒状。天蓝色,玻璃光泽,半透明—透明;硬度5～5.5,完全解理,脆性。1960年发现于美国亚利桑那州皮马县阿霍(Ajo)区新科妮莉亚(New Cornelia)矿阿霍矿;同年,C. O. 赫顿(C. O. Hutton)和A. C. 维里斯迪斯(A. C. Vlisidis)在《美国矿物学家》(45)报道。英文名称Papagoite,以印第安人居住的美国亚利桑那州比马县阿霍周边地区托洪诺奥德姆(Tohono Oodham)民族,欧洲名字以前称帕帕戈人(Formerly Papago,巴巴哥人,原名鹦鹉属鸟类)命名。IMA 1962s. p. 批准。中文名称根据成分译为羟铝铜钙石,也有的译作水硅铝铜钙石或硅铝铜钙石;俗称蓝水晶。

【羟铝铜铅矾】

英文名 Osarizawaite

化学式 $Pb(Al_2Cu^{2+})(SO_4)_2(OH)_6$ (IMA)

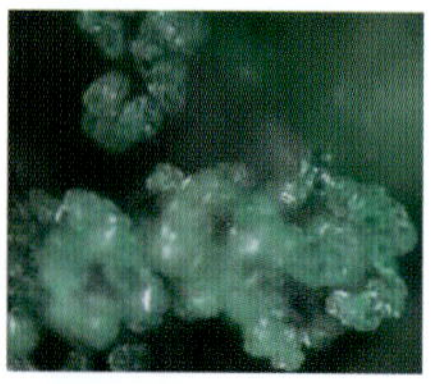

羟铝铜铅矾细粒状晶体(美国)

羟铝铜铅矾是一种含羟基的铅、铝、铜的硫酸盐矿物。属明矾石族。三方晶系。晶体呈六角偏三角面体类小菱面体;集合体呈土状、细粒状。青绿色、黄绿色,玻璃光泽,半透明;硬度3～4,脆性。1961年发现于日本国本州岛东北秋田县鹿角市尾去泽(Osarizawa)矿山。1961年田口(Y. Taguchi)在日本《矿物学杂志》(3)报道。英文名称Osarizawaite,以发现产地日本尾去泽(Osarizawa)矿山命名。日文汉字名称尾去泽石。IMA 1987s. p. 批准。中文名称根据成分译为羟铝铜铅矾。

【羟绿铁矿】

英文名 Laubmannite

化学式 $(Fe^{2+},Mn^{2+},Ca)_3Fe_6^{3+}(PO_4)_4(OH)_{12}(Fe^{3+})$

羟绿铁矿是一种含羟基的铁、锰的磷酸盐矿物。斜方晶系。晶体呈纤维状;集合体呈皮壳状、球粒状。灰绿色、绿褐

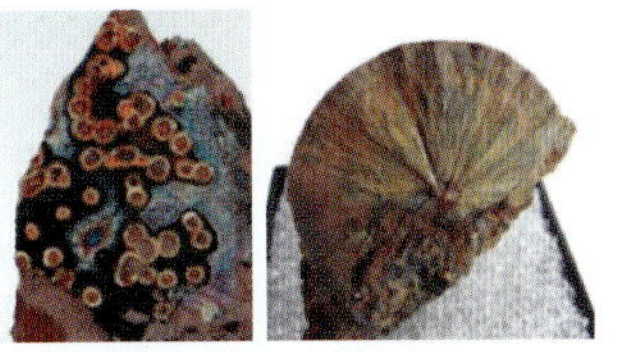

羟绿铁矿纤维状晶体，放射状、球粒状集合体（德国、美国）

色，未风化时呈暗绿色，玻璃光泽或丝绢光泽；硬度 3.4～4。最初描述来自美国阿肯色州波尔克县萨迪(Shady)库恩(Coon Creek)河矿。1949 年 C. 弗龙德尔(C. Frondel)在《美国矿物学家》(34)报道。英文名称 Laubmannite，以德国的矿物学家海因里希·劳布曼(Heinrich Laubmann)的姓氏命名。1990 年 P. J. 邓恩(P. J. Dunn)在《美国矿物学家》(75)报道：原始材料是绿磷铁矿、羟磷钠铁石和簇磷铁矿的混合物。因此，IMA 持怀疑态度。然而，1970 年 P. B. 穆尔(P. B. Moore)在《美国矿物学家》(55)最初描述的物种 Laubmannite(羟绿铁矿)，是一个未命名的但有效的矿物。中文名称根据成分和颜色译为羟绿铁矿；根据英文名称首音节音和成分译为劳磷铁矿。

【羟氯铋矿】参见【铋土】条 62 页

【羟氯碘铅石】参见【氯碘铅石】条 553 页

【羟氯铬镁石】

英文名 Woodallite

化学式 $Mg_6Cr_2(OH)_{16}Cl_2 \cdot 4H_2O$ (IMA)

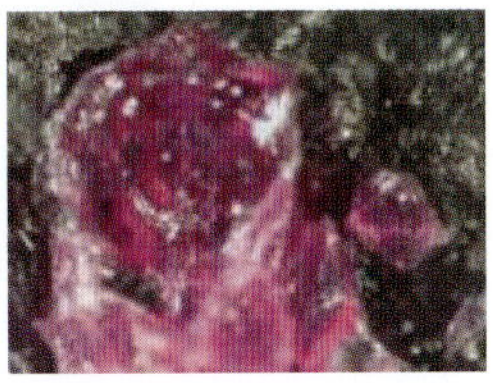

羟氯铬镁石螺旋状集合体（澳大利亚）

羟氯铬镁石是一种含结晶水的镁、铬的氯化-氢氧物矿物。属水滑石超族水滑石族。三方晶系。晶体呈片状，晶面常弯曲；集合体呈螺旋状。深红紫色，树脂光泽、蜡状光泽，透明；硬度 1.5～2，完全解理。2000 年发现于澳大利亚西澳大利亚州威卢纳市基斯(Keith)山 MKD5 镍矿床。英文名称 Woodallite，以澳大利亚著名的地质学家罗伊·伍德尔(Roy Woodall，1930—)的姓氏命名。他是西澳大利亚州镍和铝行业的开拓者并为其发展做出了贡献。IMA 2000－042 批准。2001 年 B. A. 格尔古里克(B. A. Grguric)等在《矿物学杂志》(65)报道。2007 年任玉峰在中国《岩石矿物学杂志》[26(3)]根据成分译为羟氯铬镁石。

【羟氯钴铜矿】

英文名 Leverettite

化学式 $Cu_3CoCl_2(OH)_6$ (IMA)

羟氯钴铜矿"V"字形、箭头状集合体（智利）

羟氯钴铜矿是一种含羟基的铜、钴的氯化物矿物。属氯铜矿族。三方晶系。晶体呈尖的菱面体；集合体呈沿着 c 轴平行堆积形成"V"字形、箭头形。绿色—深绿色，玻璃光泽，透明；硬度 3，完全解理，脆性。2013 年发现于智利塔拉帕卡地区埃尔塔马鲁加尔省撒拉格兰德托雷西利亚斯(Torrecillas)矿。英文名称 Leverettite，以澳大利亚西悉尼大学化学教授皮特·莱弗里特(Peter Leverett，1944—)的姓氏命名，以表彰他对化学和化学地质学的研究和教学做出的贡献。IMA 2013－011 批准。2013 年 A. R. 坎普夫(A. R. Kampf)等在《CNMNC 通讯》(16)和《矿物学杂志》(77)报道。中文名称根据成分译为羟氯钴铜矿。

【羟氯铝矾】

英文名 Lesukite

化学式 $Al_2(OH)_5Cl \cdot 2H_2O$ (IMA)

羟氯铝矾是一种含结晶水、羟基的铝的氯化物矿物。等轴晶系。集合体呈多晶质块状、皮壳状。黄橙色或黄褐色，条痕呈黄橙色，半透明。1996 年发现于俄罗斯堪察加州托尔巴契克(Tolbachik)火山大裂隙喷溢火山口热火山灰和熔岩。英文名称 Lesukite，以格里戈里·伊万诺维奇·勒苏克(Grigorii Ivanovich Lesuke，1935—1995)的姓氏命名，他是俄罗斯圣彼得堡大学结晶学系的技术工人。IMA 1996－004 批准。1997 年 L. P. 维尔戛索娃(L. P. Vergasova)等在《俄罗斯矿物学学会记事》(126)报道。2003 年李锦平等在《岩石矿物学杂志》[22(2)]根据成分译为羟氯铝矾。

【羟氯镁铝石】参见【氯羟镁铝石】条 560 页

【羟氯硼钙石】参见【水氯硼钙石】条 851 页

【羟氯铅矿】

英文名 Laurionite

化学式 PbCl(OH) (IMA)

羟氯铅矿板条状晶体，晶簇状集合体（希腊、意大利）

羟氯铅矿是一种含羟基的铅的氯化物矿物。属氟氯铅矿族。与副羟氯铅矿为同质二象。斜方晶系。晶体呈细长的板状、柱状；集合体呈放射状、晶簇状。无色、白色，金刚光泽、珍珠光泽，透明；硬度 3～3.5。1887 年鲁道夫·伊格纳兹·凯什兰(Rudolf Ignatz Koechlin)第一次发现并描述于希腊阿提卡大区劳里厄姆(Laurium)区的劳里厄姆矿山；同年，凯什兰在《自然历史博物馆年鉴》(*Annalen des K. K. Naturhistorischen Hofmuseums*)(2)报道。英文名称 Laurionite，以发现地劳里厄姆(Laurium)命名。1959 年以前发现、描述并命名的"祖父级"矿物，IMA 承认有效。中文名称根据成分译为羟氯铅矿或水氯铅矿，也译为直水氯铅石。

【羟氯铜矿】

英文名 Botallackite

化学式 $Cu_2Cl(OH)_3$ (IMA)

羟氯铜矿板状晶体（英国）

羟氯铜矿是一种含羟基的铜的氯化物矿物。属氯铜矿族。与三斜氯铜矿(Anatacamite)、氯铜矿(Atacamite)、斜氯铜矿(Clinoatacamite)为同质多象变体。单斜晶系。晶体呈长板片状、菱面体；集合体呈皮壳状。绿色、浅蓝绿色，透明—半透明;硬度软,完全解理。1865年发现于英国英格兰康沃尔郡圣贾斯特区伯塔拉斯克(Botallack)村矿;同年,丘奇(Church)在《伦敦化学学会杂志》(18)报道。英文名称Botallackite,以产地康沃尔郡伯塔拉斯克(Botallack)村锡矿命名。1959年以前发现、描述并命名的"祖父级"矿物,IMA承认有效。中文名称根据成分译为羟氯铜矿。

【羟氯铜铅矿】参见【羟铜铅矿】条740页

【羟氯铜石】

英文名 Bobkingite

化学式 $Cu_5Cl_2(OH)_8 \cdot 2H_2O$　(IMA)

羟氯铜石片状晶体(西班牙)和罗伯特像

羟氯铜石是一种含结晶水、羟基的铜的氯化物矿物。单斜晶系。晶体呈平行生长的板片状;集合体呈皮壳状、放射状。淡蓝色,玻璃光泽,透明;硬度3,完全解理,脆性。2000年发现于英国英格兰莱斯特郡新克里夫(New Cliffe)山采石场。英文名称Bobkingite,以罗伯特·J.金(Robert J. King,1923—2013)的姓名命名。他曾在莱斯特大学地质系工作,是罗素学会的创始成员。IMA 2000-029批准。2002年F. C.霍桑(F. C. Hawthorne)等在《矿物学杂志》(66)报道。2006年李锦平在中国《岩石矿物学杂志》[25(6)]根据成分译为羟氯铜石。

【羟氯锌铜矿】参见【氯羟锌铜石】条562页

【羟镁硫铁矿】

英文名 Tochilinite

化学式 $6(Fe_{0.9}S) \cdot 5[(Mg,Fe)(OH)_2]$　(IMA)

羟镁硫铁矿草丛状集合体(意大利)和托奇林像

羟镁硫铁矿是一种含镁、铁氢氧化物的铁的硫化物矿物。属墨铜矿族。三方晶系。晶体呈微观圆柱形、针状、片状;集合体呈草丛状。青铜色—黑色,金属光泽,不透明;硬度1～1.5。1971年发现于俄罗斯中部沃罗涅日州顿河上游流域下马蒙(Nizhnii Mamon)村铜-镍矿床。英文名称Tochilinite,由苏联沃罗涅什大学矿物学教授米罗特凡·斯捷潘诺维奇·托奇林(Mitrofan Stepanovich Tochilin)的姓氏命名。他是科拉半岛的矿物专家。IMA 1971-002批准。1971年N. I.奥尔戛诺娃(N. I. Organova)等在《全苏矿物学会记事》[100(4)]和1972年M.弗莱舍(M. Fleischer)在《美国矿物学家》(57)报道。中文名称根据成分译为羟镁硫铁矿。研究发现羟镁硫铁矿存在于碳质球粒陨石中,它独立存在或与蛇纹石形成交生相。这种陨石是太阳系中非常古老和原始的陨石(大约46亿年),研究它们对于了解太阳系早期的物理化学状态及其演化有重要意义。

【羟镁铝石】

英文名 Meixnerite

化学式 $Mg_6Al_2(OH)_{16}(OH)_2 \cdot 4H_2O$　(IMA)

羟镁铝石叠瓦状集合体(德国)和迈克斯纳像

羟镁铝石是一种含结晶水和羟基的镁、铝的氢氧化物矿物。属水滑石族。三方晶系。晶体呈菱面体;集合体呈叠瓦状。硬度2。1974年发现于奥地利下奥地利州瓦尔德威尔特尔区诺奇林格(Nochling)格雷森(Gleisen)采石场。英文名称Meixnerite,以奥地利萨尔斯堡大学矿物学家海因里希·赫尔曼·迈克斯纳(Heinrich Hermann Meixner,1908—1981)教授的姓氏命名。IMA 1974-003批准。1975年S.科里特尼格(S. Koritnig)和S.叙斯(P. Süsse)在奥地利《契尔马克氏矿物学和岩石学通报》(22)报道。中文名称根据成分译为羟镁铝石;根据透明度和成分译为透镁铝石。

【羟镁石】参见【水镁石】条855页

【羟镁锡石】

英文名 Schoenfliesite

化学式 $MgSn(OH)_6$　(IMA)

羟镁锡石八面体晶体(捷克)和熊夫利像

羟镁锡石是一种镁、锡的氢氧化物矿物。属钙钛矿超族非化学计量比钙钛矿族羟镁锡石亚族。等轴晶系。晶体呈微粒八面体。红棕色、橙色,白色(合成),玻璃光泽,透明;硬度4～4.5。最初发现于地中海东部的一艘公元前1375年沉船中腐蚀的青铜鱼叉头上,这是人为干预的产物。1968年福斯特(Faust)等发现于美国阿拉斯加州诺姆市西沃德半岛布鲁克斯(Brooks)山。英文名称Schoenfliesite,1971年乔治·T.浮士德等为纪念德国法兰克福大学数学教授亚瑟·莫里斯·熊夫利(Arthur Morris Schoenflies,1853—1928)而以他的姓氏命名。他是一位德国数学家、结晶学家。1890年E. C.费多罗夫、1891年A. M.熊夫利以及1895年W.巴洛各自建立了晶体对称性的群理论。熊夫利的群论和拓扑学方面的研究证明了230个空间群;他的晶体学标引技术也极大地促进了矿物和化学晶体结构的求解,对建立晶体对称指数或符号,为固体物理学发展影响深远。IMA 1968-008批准。1971年G. T.浮士德(G. T. Faust)等在《晶体学杂志》(134)和1972年《美国矿物学家》(57)报道。中文名称根据成分译为羟镁锡石/羟锡镁石或水镁锡矿,有的音译为熊弗里石(熊夫利矿)。

【羟锰矿】

英文名 Pyrochroite

化学式 $Mn^{2+}(OH)_2$　(IMA)

羟锰矿是一种锰的氢氧化物矿物。属水镁石族。三方晶系。晶体呈板状、柱状、菱面体、叶片状。无色、淡绿色、蓝色,风化后变为古铜褐色—黑色,玻璃光泽,解理面上呈珍珠光泽,半透明—不透明;硬度2.5,完全解理。1864年发现于瑞典韦姆兰省菲利普斯塔德市彼得斯贝格区斯托拉·帕杰斯伯格(Stora Pajsberg)矿;同年,伊格尔斯特罗姆在《物理学纪事》(122)报道。英文名称 Pyrochroite,1864年由拉斯·约翰·伊格尔斯特罗姆(Lars Johan Igelstrom)根据希腊文"πὐρ=Fire(火)"和"χρῶσις=Colouring(着色)"命名,意指点火后颜色的变化。1959年以前发现、描述并命名的"祖父级"矿物,IMA承认有效。中文名称根据成分译为羟锰矿。

羟锰矿菱面体晶体(美国)

【羟锰镁锌矾】

英文名 Torreyite

化学式 $Mg_9Zn_4(SO_4)_2(OH)_{22}\cdot 8H_2O$ (IMA)

羟锰镁锌矾粒状晶体,块状集合体(美国)和约翰·托里像

羟锰镁锌矾是一种含结晶水和羟基的镁、锌的硫酸盐矿物。单斜晶系。晶体呈粒状、叶片状;集合体呈块状。无色、白色、浅蓝色,玻璃—半玻璃光泽、珍珠光泽,透明—半透明;硬度3,完全解理,脆性。最早见于1929年L.鲍尔(L. Bauer)和伯曼(Berman)在《美国矿物学家》(14)报道,称 Delta-Mooreite(三角洲-锰镁锌矾)。1949年又发现于美国新泽西州苏塞克斯县富兰克林矿区奥格登斯堡斯特林(Sterling,意译银)山银矿。1949年琼·普鲁伊特-霍普金斯(Joan Prewitt-Hopkins)在《美国矿物学家》(34)报道。英文名称 Torreyite,由普鲁伊特-霍普金斯为纪念约翰·托里(John Torrey,1796—1873)而以他的姓氏命名。托里是美国医师、植物学家、矿物学家和化学家、纽约自然历史博物馆创始成员并首任馆长,随后任总裁。1853年他被任命为纽约市新铸币厂的美国化验师。他研究了新泽西富兰克林矿床的矿物。最初命名为"Delta-mooreite",后发现两个矿物有不同的结构,重新命名为 Torreyite。1959年以前发现、描述并命名的"祖父级"矿物,IMA承认有效。中文名称根据成分译为羟锰镁锌矾/羟锌镁矾。

【羟锰铅矿】参见【基性锰铅矿】条 358 页

【羟锰烧绿石】

英文名 Hydroxymanganopyrochlore

化学式 $(Mn,Th,Na,Ca,REE)_2(Nb,Ti)_2O_6(OH)$ (IMA)

羟锰烧绿石是一种含羟基的锰、钍、钠、钙、稀土、铌、钛的氧化物矿物。属烧绿石超族烧绿石族。等轴晶系。晶体呈八面体,粒径0.7mm。暗棕黑色,玻璃光泽,半透明;脆性。2012年发现于德国莱茵兰-普法尔茨州艾费尔高原尼德门迪格(Niedermendig)的一个采石场。英文名称 Hydroxymanganopyrochlor,由成分冠词"Hydroxy(羟基)""Mangan(锰)"和根词"Pyrochlor(烧绿石)"组合命名,它是二价锰占优势的羟钙烧绿石类似矿物。IMA 2012-005批准。2012年N. V. 丘卡诺夫(N. V. Chukanov)等在《CNMNC通讯》(13)、《矿物学杂志》(76)和2013年《地球科学文档》[449(1)]报道。中文名称根据成分及族名译为羟锰烧绿石。

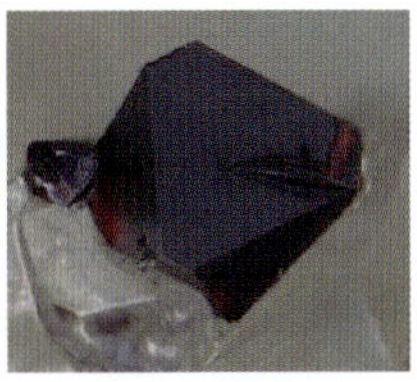

羟锰烧绿石八面体晶体(德国)

【羟钠硅石】参见【麦羟硅钠石】条 581 页

【羟钠烧绿石*】

英文名 Hydroxynatropyrochlore

化学式 $(Na,Ca,Ce)_2Nb_2O_6(OH)$ (IMA)

羟钠烧绿石*是一种钠、钙、铈、铌的氢氧-氧化物矿物。属烧绿石超族烧绿石族。等轴晶系。2017年发现于俄罗斯北部摩尔曼斯克州科夫多尔(Kovdor)地块磁铁橄磷岩-碳酸盐岩管。英文名称 Hydroxynatropyrochlore,由成分冠词"Hydroxy(羟基)""Natro(钠)"和根词"Pyrochlore(烧绿石)"组合命名。IMA 2017-074批准。2017年G. Y. 艾凡雅克(G. Y. Ivanyuk)等在《CNMNC通讯》(40)和《矿物学杂志》(81)报道。目前尚未见官方中文译名,编译者建议根据成分及族名译为羟钠烧绿石*。

【羟硼钙矾石】

英文名 Buryatite

化学式 $Ca_3(Si,Fe^{3+},Al)(SO_4)B(OH)_4(OH,O)_6\cdot 12H_2O$ (IMA)

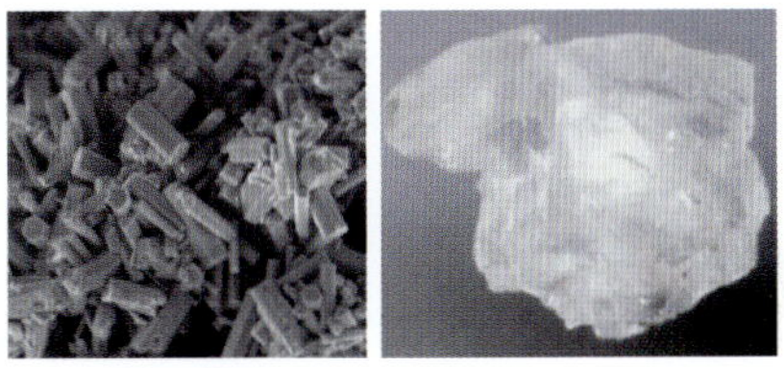

羟硼钙矾石柱状晶体,块状集合体(日本,俄罗斯)

羟硼钙矾石是一种含结晶水、羟基和氧的钙、硅、铁、铝的氢硼酸-硫酸盐矿物。属钙矾石族。三方晶系。晶体呈细粒状、小片状、板状;集合体呈块状、透镜状、带状。淡紫色、浅灰色,透明;硬度2.5,完全解理。2000年发现于俄罗斯布里亚特共和国(Buryatiya)维季姆高原索伦嘎(Solongo)硼矿床。英文名称 Buryatite,以首次发现地俄罗斯的布里亚特(Buryatiya)共和国命名。IMA 2000-021批准。2001年S. V. 马林科(S. V. Malinko)等在《俄罗斯矿物学会记事》[130(2)]报道。2007年任玉峰在《岩石矿物学杂志》[26(3)]根据成分译为羟硼钙矾石。

【羟硼钙石①】

英文名 Olshanskyite

化学式 $Ca_2[B_3O_3(OH)_6]OH\cdot 3H_2O$ (IMA)

羟硼钙石①柱状晶体,晶簇状集合体(中国内蒙古)

Q

羟硼钙石①是一种含结晶水、羟基的钙的氢硼酸盐矿物。三斜晶系。晶体柱状、纤维状；集合体呈细脉状、晶簇状。无色、白色或白棕色，玻璃光泽，透明；硬度 4～6，完全解理。1968 年发现于俄罗斯萨哈(雅库特)共和国多格多(Dogdo)河流域塔斯哈亚克塔克(Tas-Khayakhtakh)区蒂托夫斯基(Titovskoe)硼矿床。英文名称 Olshanskyite，为纪念苏联莫斯科矿床地质、岩石学、矿物学、地球化学研究所的物理化学专家雅科夫·伊奥尔斯沃维奇·奥尔尚斯基(Yakov Iosifovich Olshanskii，1912—1958)而以他的姓氏命名。IMA 1968－025 批准。1969 年 M. A. 博戈莫洛夫(M. A. Bogomolov)、I. B. 妮可缇娜(I. B. Nikitina)和 N. N. 佩尔采夫(N. N. Pertsev)在《苏联科学院报告》(184)及《美国矿物学家》(54)报道。中文名称根据成分译为羟硼钙石①。

【羟硼钙石②】

英文名 Jarandolite

化学式 $CaB_3O_4(OH)_3$ (IMA)

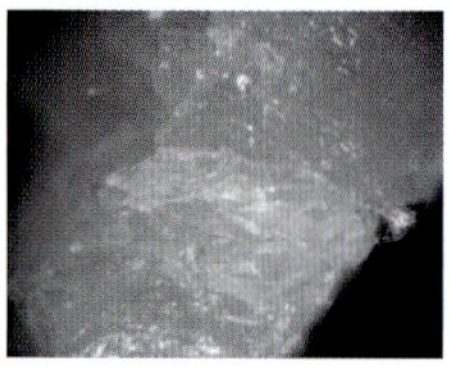

羟硼钙石②板状晶体，块状集合体(德国)

羟硼钙石②是一种含羟基的钙的硼酸盐矿物。单斜晶系。晶体呈板状；集合体呈放射状、块状。无色、白色，玻璃光泽，透明—半透明；硬度 5.5～6，完全解理，脆性。1995 年发现于塞尔维亚共和国贝尔格莱德南贾兰多尔(Jarandol)中新世湖相火山沉积盆地。英文名称 Jarandolite，以发现地塞尔维亚的贾兰多尔(Jarandol)盆地命名。IMA 1995－020c 批准。2004 年 S. V. 马林科(S. V. Malinko)等在《矿物新数据》(39)报道。2008 年中国地质科学院地质研究所任玉峰等在《岩石矿物学杂志》[27(3)]根据成分译为羟硼钙石②。

【羟硼硅钠锂石】

英文名 Jadarite

化学式 $LiNaB_3SiO_7(OH)$ (IMA)

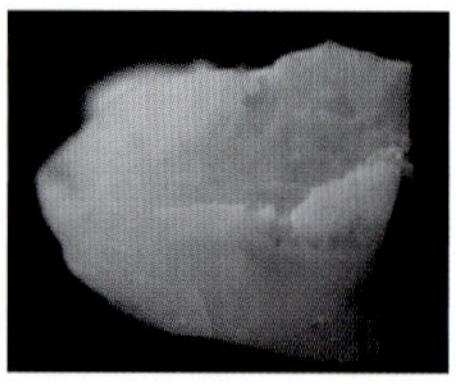

羟硼硅钠锂石块状集合体(塞尔维亚)

羟硼硅钠锂石是一种含羟基的锂、钠的硼硅酸盐矿物。单斜晶系。晶体单晶微小，呈半自形板状、他形粒状；集合体呈块状。白色，透明—不透明；硬度 4～5，脆性，贝壳状断口。2006 年发现于塞尔维亚的亚达尔(Jadar)盆地一钻孔厚数米岩芯中的白色块状集合体。英文名称 Jadarite，以发现地塞尔维亚亚达尔(Jadar)盆地命名。IMA 2006－036 批准。2007 年 P. S. 维特菲尔德(P. S. Whitfield)等在丹麦《结晶学报》(B63)和 C. J. 斯坦利(C. J. Stanley)等在《欧洲矿物学杂志》(19)报道。2010 年尹淑苹等在《岩石矿物学杂志》[29(4)]根据成分译为羟硼硅钠锂石。

【羟硼锰石】

英文名 Wiserite

化学式 $Mn^{2+}_{14}(B_2O_5)_4(OH)_8 \cdot (Si,Mg)(O,OH)_4Cl$ (IMA)

羟硼锰石是一种含氯、氧、羟基的锰的镁硅酸-硼酸盐矿物。四方晶系。晶体呈纤维状；集合体呈平行排列状。白色、淡红色、褐色，玻璃光泽、丝绢光泽，透明；硬度 2.5。1842 年维泽发现于瑞士圣加仑州萨尔甘斯镇刚岑(Gonzen)

羟硼锰石纤维状晶体和维泽像

矿山。1845 年海丁格尔在维也纳《矿物学鉴定手册》(*Handbuch der bestimmenden Mineralogie*)刊载。英文名称 Wiserite，1845 年海丁格尔(Haidinger)为纪念瑞士铁商人、矿物学化学家大卫·弗里德利希·维泽(David Friedrich Wiser，1802—1878)而以他的姓氏命名，他曾于 1842 年发现了该矿物。维泽 38 岁就退休，余生都集中在收集矿物上。19 世纪，他创建了瑞士最优秀的矿物收藏馆，并获得了苏黎世大学荣誉博士学位。1959 年以前发现、描述并命名的"祖父级"矿物，IMA 承认有效。中文名称根据成分译为羟硼锰石或水硼锰石，也有的译为水镁锰石。

【羟硼铜钙石】

英文名 Henmilite

化学式 $Ca_2Cu[B(OH)_4]_2(OH)_4$ (IMA)

羟硼铜钙石菱面体晶体(日本)和逸见父女像

羟硼铜钙石是一种含羟基的钙、铜的氢硼酸盐矿物。三斜晶系。晶体呈小的菱形。蓝紫色，条痕呈淡紫色，玻璃光泽，透明；硬度 1.5～2，易碎。该矿物十分稀少，用于矿物收藏与研究。1981 年首先发现于日本国本州岛中国地方冈山县高桥市备中町布贺(Fuka)矿；同年，通过国际矿物协会(IMA)确认是一种新矿物。英文名称 Henmilite，以日本冈山大学矿物学教授逸见吉之助(Kitinosuke Henmi)和他的女儿逸见千代子(Chiyoko Henmi)博士的姓氏命名，以表彰他们在布贺矿矽卡岩矿物学研究所做出的贡献。IMA 1981－050 批准。1986 年中井(I. Nakai)和冈田(H. Okada)等在《美国矿物学家》(71)报道。1987 年中国新矿物与矿物命名委员会郭宗山等在《岩石矿物学杂志》[6(4)]根据成分译为羟硼铜钙石；又译为逸见石。

【羟硼铜石】

英文名 Jacquesdietrichite

化学式 $Cu_2BO(OH)_5$ (IMA)

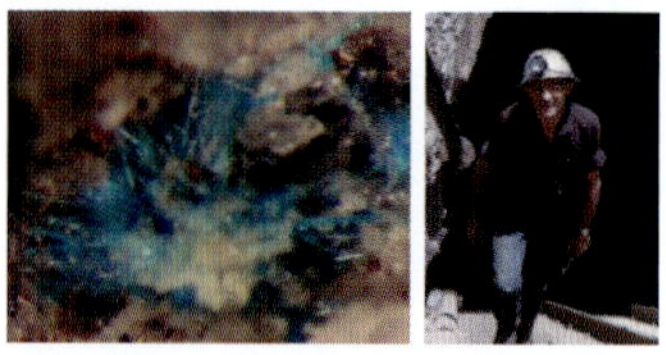

羟硼铜石片状晶体，放射状集合体(摩洛哥)和迪特里希像

羟硼铜石是一种含羟基的铜的硼酸盐矿物。斜方晶系。晶体呈片状、板状、鳞片状；集合体呈放射状。亮蓝色，条痕呈灰蓝色，玻璃光泽；硬度 2，完全解理。2003 年发现

于摩洛哥瓦尔扎扎特城附近的塔赫加加尔特(Tachgagalt)锰矿床。英文名称 Jacquesdietrichite,以法国尼斯(法国南部港市)的雅克·埃米尔·迪特里希(Jacques Emile Dietrich,1926—2009)教授的姓名命名,是他发现的该矿物。IMA 2003-012 批准。2004 年 A. R. 坎普夫(A. R. Kampf)和 G. 法夫罗(G. Favreau)在《欧洲矿物学杂志》(16)报道。2008 年任玉峰等在中国《岩石矿物学杂志》[27(3)]根据成分译为羟硼铜石。

【羟铍石】

英文名 Behoite

化学式 $Be(OH)_2$ (IMA)

羟铍石是一种铍的氢氧化物矿物。与斜羟铍石(Clinobehoite)为同质二象。斜方晶系。晶体呈假八面体、滚圆状。无色或白色,很少呈浅粉色、浅灰色,玻璃光泽、油脂光泽,透明—不透明;硬度 4。1969 年发现于美国得克萨斯州草原(Llano)县骑牧场(Rode Ranch)伟晶岩。英文名称 Behoite,以其组成氢氧化铍命名。IMA 1969-031 批准。1970 年 A. J. 埃尔曼(A. J. Ehlmann)和 R. S. 米切尔(R. S. Mitchell)在《美国矿物学家》(55)报道。中文名称根据成分译为羟铍石。

【羟铅磷灰石*】

英文名 Hydroxylpyromorphite

化学式 $Pb_5(PO_4)_3(OH)$ (IMA)

羟铅磷灰石*是一种含羟基的铅的磷酸盐矿物。属磷灰石超族磷灰石族。六方晶系。晶体呈柱状。灰白色,油脂光泽、树脂光泽,半透明;脆性。2017 年发现于美国密歇根州戈吉比克县梅雷尼斯科地区科普斯(Copps)矿。英文名称 Hydroxylpyromorphite,由成分冠词"Hydroxyl(羟基)"和根词"Pyromorphite(磷氯铅矿)"组合命名,意指它是羟基占优势的磷氯铅矿的类似矿物。IMA 2017-075 批准。2017 年 T. A. 奥尔德斯(T. A. Olds)等在《CNMNC 通讯》(40)、《矿物学杂志》(81)和《欧洲矿物学杂志》(29)报道。目前尚未见官方中文译名,编译者建议根据成分及族名译为羟铅磷灰石*。

【羟铅铀钛铁矿】

英文名 Cleusonite

化学式 $Pb(U^{4+},U^{6+})Fe_2^{2+}(Ti,Fe^{2+},Fe^{3+})_{18}(O,OH)_{38}$ (IMA)

羟铅铀钛铁矿晶体(奥地利)

羟铅铀钛铁矿是一种铅、铀、铁、钛的氢氧-氧化物矿物。属尖钛铁矿族,为富含铀的铅锰钛铁矿。六方(或三方)晶系。部分脱玻化,晶体呈单晶菱面体、柱状组成复杂的多晶形态,双晶发育,形成穿插双晶。黑色,半金属光泽,不透明;硬度 6~7,无解理,脆性,贝壳状断口。1998 年发现于瑞士阿尔卑斯山中部沃利斯(Valais)阿莱山脉楠达兹(Nendaz)山谷克莱姆森(Cleuson)湖附近和贝拉-托利亚山顶附近的片麻岩。英文名称 Cleusonite,以发现地瑞士的克莱姆森(Cleuson)湖命名。IMA 1998-070 批准。2005 年 P. A. 乌尔塞(P. A. Wülser)等在《欧洲矿物学杂志》(17)报道。2008 年任玉峰等在中国《岩石矿物学杂志》[27(6)]根据成分译为羟铅铀钛铁矿。

【羟蔷薇辉石】

参见【羟硅锰钙石】条 710 页

【羟砷铋矿】

英文名 Arsenobismite

化学式 $Bi_2(AsO_4)(OH)_3$

羟砷铋矿是一种含羟基的铋的砷酸盐矿物。等轴晶系(?)。晶体呈隐晶质。黄棕色、微黄发绿色。最初的报告来自美国犹他州圣胡安县。1916 年曼斯(Means)在《美国科学杂志》(41)报道。英文名称 Arsenobismite,由化学成分"Arseno(砷)"和"Bism(铋)"组合命名。它可能是砷酸铋矿、砷菱铅矾等的混合物。IMA 1998-E 提案废弃。中文名称根据成分译为羟砷铋矿。

【羟砷钒钙镁石】

英文名 Gottlobite

化学式 $CaMg(VO_4)(OH)$ (IMA)

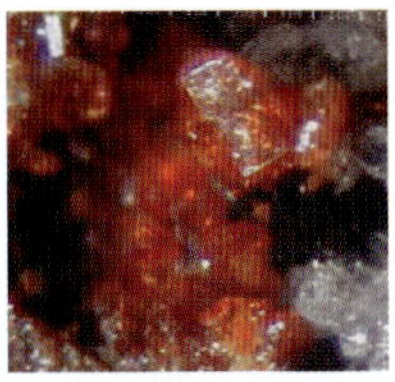

羟砷钒钙镁石粒状晶体(德国)

羟砷钒钙镁石是一种含羟基的钙、镁的钒酸盐矿物。斜方晶系。晶体呈粒状、板状。橙色—橙褐色,条痕呈浅褐色,玻璃光泽、金刚光泽,透明;硬度 4.5,无解理,脆性,贝壳状至不规则状断口。1998 年发现于德国图林根州戈特洛布(Gottlob)山长期被废弃的格吕克斯特(Glücksstern)矿铁-锰矿石的重晶石脉。英文名称 Gottlobite,以发现地德国的戈特洛布(Gottlob)山命名。IMA 1998-066 批准。2000 年 T. 维茨克(T. Witzkem)等在《矿物学新年鉴》(月刊)报道。2003 年李锦平等在中国《岩石矿物学杂志》[22(1)]根据成分译为羟砷钒钙镁石。

【羟砷钙钴矿】

英文名 Cobaltlotharmeyerite

化学式 $CaCo_2(AsO_4)_2 \cdot 2H_2O$ (IMA)

羟砷钙钴矿放射状、仙人掌状集合体(墨西哥)和梅耶像

羟砷钙钴矿是一种含结晶水的钙、钴的砷酸盐矿物。属砷铁锌铅石族。单斜晶系。晶体呈薄的片状、叶片状;集合体呈放射状、仙人掌状。浅棕色—红棕色,玻璃光泽;硬度 4.5。1997 年发现于德国下萨克森州厄尔士山脉施内贝格市洛特贝格(Roter Berg)。英文名称 Cobaltlotharmeyerite,由成分冠词"Cobalt(钴)"和根词"Lotharmeyerite(羟砷锌锰钙石或赤砷锰锌矿)"组合命名,意指它是钴占优势的羟砷锌锰钙石的类似矿物。其中,根词 Lotharmeyerite,以德国化学家朱利叶斯·洛萨·梅耶(Julius Lothar Meyer,1830—1895)的姓名命名。IMA 1997-027 批准。1999 年 W. 克劳斯(W. Krause)等在《矿物学新年鉴》(月刊)报道。中文名称根据成分译为羟砷钙钴矿(根词参见【羟砷锌锰钙石】条 732 页)。2003 年中国地质科学院矿产资源研究所李锦平等在《岩石矿物学杂志》[22(1)]根据成分译为砷铁钴钙石。

【羟砷钙镁石】

参见【水砷镁钙石】条 868 页

【羟砷钙镍石】

英文名 Nickellotharmeyerite

化学式 $CaNi_2(AsO_4)_2 \cdot 2H_2O$　　(IMA)

羟砷钙镍石板条晶体，放射状集合体(德国)

羟砷钙镍石是一种含结晶水的钙、镍的砷酸盐矿物。属砷铁锌铅石族。单斜晶系。晶体呈细长小板状，长 0.1mm；集合体呈放射状、皮壳状。棕色、红棕色、黄色，树脂光泽、金刚光泽，透明；硬度 4.5，无解理，脆性，贝壳状断口。1999 年发现于德国萨克森州厄尔士山脉施内贝格市普克尔(Pucher)竖井氧化带的堆积物。英文名称 Nickellotharmeyerite，根据成分冠词“Nickel(镍)”及根词“Lotharmeyerite(羟砷锌锰钙石或赤砷锰锌矿)”组合命名，意指它是镍占优势的羟砷锌锰钙石的类似矿物。其中，根词 Lotharmeyerite，以德国化学家朱利叶斯·洛萨·梅耶(Julius Lothar Meyer，1830—1895)的姓名命名。IMA 1999-008 批准。2001 年 W.克劳斯(W. Krause)等在《矿物学新年鉴》(月刊)报道。2007 年任玉峰在中国《岩石矿物学杂志》[26(3)]根据成分译为羟砷钙镍石(根词参见【羟砷锌锰钙石】条 732 页)。

【羟砷钙铍石】

英文名 Bergslagite

化学式 $CaBe(AsO_4)(OH)$　　(IMA)

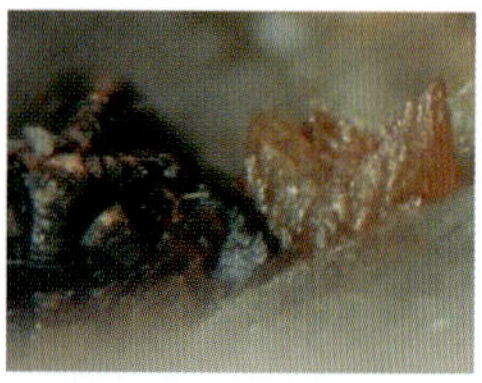

羟砷钙铍石板状晶体，晶簇状集合体(挪威)

羟砷钙铍石是一种含羟基的钙、铍的砷酸盐矿物。属硅铍钇矿超族磷铍钙石族磷铍钙石亚族。单斜晶系。晶体呈拉长的扁平板状；集合体呈皮壳状、晶簇状。无色、白色、灰色、深灰棕色、棕黑色、绿色、粉红色，玻璃光泽、油脂光泽，半透明；硬度 5。1983 年发现于瑞典韦姆兰省菲利普斯塔德市朗班(Långban)。英文名称 Bergslagite，以发现地瑞典的贝格斯拉根(Bergslagen)区命名。IMA 1983-021 批准。1984 年 S.汉森(S. Hansen)等在《矿物学新年鉴》(月刊)和 1985 年《美国矿物学家》(70)报道。1985 年中国新矿物与矿物命名委员会郭宗山等在《岩石矿物及测试》[4(4)]根据成分译为羟砷钙铍石。

【羟砷钙石】

英文名 Johnbaumite

化学式 $Ca_5(AsO_4)_3(OH)$　　(IMA)

羟砷钙石柱状晶体，晶簇状集合体(瑞典)和鲍姆像

羟砷钙石是一种含羟基的钙的砷酸盐矿物，羟基磷灰石的砷酸盐类似矿物。属磷灰石超族磷灰石族。六方(或单斜)晶系。晶体呈柱状；集合体呈块状、晶簇状。浅灰色、白色，半玻璃光泽、树脂光泽、蜡状光泽、油脂光泽，透明—半透明；硬度 4.5，完全解理，脆性。1980 年发现于美国新泽西州苏塞克斯县富兰克林矿区富兰克林(Franklin)矿。英文名称 Johnbaumite，由皮特·邓恩(Pete Dunn)、唐纳德·佩克尔(Donald Peacor)和 N.纽贝里(N. Newberry)在 1980 年为纪念约翰·里奇·鲍姆(John Leach Baum，1916—2011)先生而以他的姓名命名。鲍姆毕业于哈佛大学，是查尔斯·帕拉奇(Charles Palache)博士的学生。他是富兰克林矿前首席地质学家、富兰克林矿矿物博物馆名誉馆长、作家，并为富兰克林矿床的矿物学和地质学做出了贡献。IMA 1980s. p. 批准。1980 年在《美国矿物学家》(65)报道。中文名称根据成分译为羟砷钙石。目前已知 Johnbaumite 有多型-H(六方，即本矿物)和-M(单斜，发现于印度)；后者存疑(参见【锶砷磷灰石】条 895 页)。

【羟砷钙铁石】参见【高铁砷钙锰锌石】条 240 页

【羟砷钙锌石】

英文名 Prosperite

化学式 $Ca_2Zn_4(AsO_4)_4 \cdot H_2O$　　(IMA)

羟砷钙锌石柱状晶体(纳米比亚)

羟砷钙锌石是一种含结晶水的钙、锌的砷酸盐矿物。单斜晶系。晶体呈柱状。无色、白色，玻璃光泽、丝绢光泽，透明；硬度 4.5。1979 年发现于纳米比亚奥希科托地区楚梅布(Tsumeb)矿。英文名称 Prosperite，为纪念普罗斯珀·约翰·威廉姆斯(Prosper John Williams，1910—2001)而以他的名字命名。他是加拿大多伦多和温哥华的南非裔加拿大矿产经销商，他提供了很多西南非楚梅布的矿物标本。IMA 1978-028 批准。1979 年 R. I.盖特(R. I. Gait)、B. D.斯特曼(B. D. Sturman)和 P. J.邓恩(P. J. Dunn)在《加拿大矿物学家》(17)报道。中文名称根据成分译为羟砷钙锌石。

【羟砷镧锰石】

英文名 Retzian-(La)

化学式 $Mn^{2+}_2La(AsO_4)(OH)_4$　　(IMA)

羟砷镧锰石是一种含羟基的锰、镧的砷酸盐矿物。属羟砷钙钇锰矿族。斜方晶系。晶体呈假六方形；集合体呈块状。深红棕色，半玻璃光泽、树脂光泽、蜡状光泽，透明；硬度 3～4，脆性。发现于美国新泽西州苏塞克斯县富兰克林矿区奥格登斯堡斯特林(Sterling)山矿。英文名称 Retzian-(La)，1984 年皮特·J.邓恩(Pete J. Dunn)等为纪念瑞典博物学家隆德大学植物学、化学、自然史学教授安德斯·贾汉·雷丘斯(Anders Jahan Retzius，1742—1821)而以他的姓氏，加占优势的稀土元素镧后缀-(La)组合命名。IMA 1983-077 批准。1984 年邓恩等在《矿物学杂志》(48)报道。1985 年中国新矿物与矿物命名委员会郭宗山等在《岩石矿物及测试》[4(4)]根据成分译为羟砷镧锰石。

【羟砷铝铜钙石】

英文名 Barahonaite-(Al)

化学式 $(Ca,Cu,Na,Fe^{3+},Al)_{12}Al_2(AsO_4)_8$
$(OH,Cl)_x \cdot nH_2O$　　(IMA)

羟砷铜铝钙石是一种含结晶水、羟基和氯的钙、铜、钠、铁、铝的砷酸盐矿物。单斜晶系。晶体呈薄壳状、极薄的片状；集合体呈球状或花瓣状。浅蓝色、绿黄色，玻璃光泽，透明—半透明；硬度3，脆性。2006年发现于西班牙穆尔西亚自治区雷孔基斯塔达(Reconquistada)多洛雷斯(Dolores)矿附近勘探区。英文名称Barahonaite-(Al)，由西班牙矿物收藏家和微矿物(Micromounter)交易商安东尼奥·巴拉奥纳(Antonio Barahona，1937—)的姓氏，加占优势的铝后缀-(Al)命名，是他第一次注意到这种材料可能是一个新矿物。IMA 2006-051批准。2008年J.维纳利斯(J. Viñals)和J. L.杨博尔(J. L. Jambor)等在《加拿大矿物学家》(46)报道：Barahonaite-(Al)(=Barahonaite)。2011年任玉峰等在《岩石矿物学杂志》[30(2)]根据成分译为羟砷铝铜钙石。

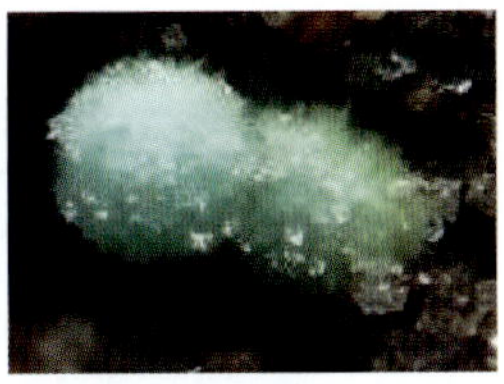

羟砷铜铝钙石纤维状晶体，球状集合体(西班牙)

【羟砷锰矿】参见【阿羟砷锰矿】条9页

【羟砷锰石】

英文名 Eveite

化学式 $Mn_2^{2+}(AsO_4)(OH)$ (IMA)

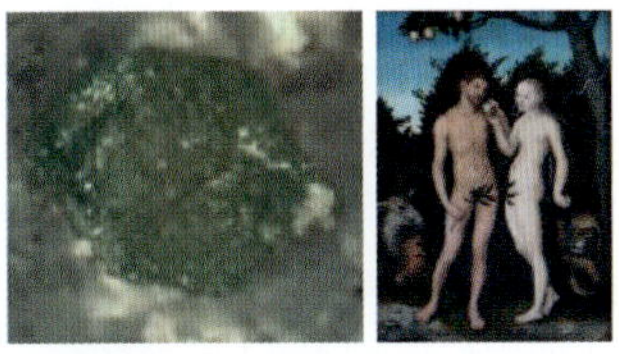

羟砷锰石厚板状晶体(瑞典)和《圣经》的前夜(Eve)图

羟砷锰石是一种含羟基的锰的砷酸盐矿物。属橄榄铜矿族。与红砷锰矿为同质多象。斜方晶系。集合体常呈复合厚板状、筒状、束状。苹果绿色、淡黄色，透明；硬度3.5～4，中等解理。1966年发现于瑞典韦姆兰省菲利普斯塔德市朗班(Långban)。英文名称Eveite，由保罗·布莱恩·摩尔(Paul Brian Moore)在1967年根据《圣经》的前夜(Eve)命名，以亚当和夏娃的裸体比喻晶体的板状形态与两个晶体的复合关系。IMA 1966-047批准。1968年P. B.摩尔(P. B. Moore)在《矿物与地质学报》(4)报道。中文名称根据成分译为羟砷锰石；或根据英文(Eve)音译加成分译为艾弗砷锰矿。

【羟砷钕锰石】

英文名 Retzian-(Nd)

化学式 $Mn_2^{2+}Nd(AsO_4)(OH)_4$ (IMA)

羟砷钕锰石是一种含羟基的锰、钕的砷酸盐矿物。属羟砷钙钇锰矿族。斜方晶系。晶体呈自形长方板状。浅棕色—暗红褐色，玻璃光泽、树脂光泽，透明—半透明；硬度3～4，脆性。1982年发现于美国新泽西州苏塞克斯县富兰克林采矿区奥格登斯堡斯特林山斯特林(Sterling)矿。英文名称Retzian-(Nd)，1982年皮特·J.邓恩(Pete J. Dunn)等为纪念瑞典博物学家，隆德大学植物学、化学、自然史学教授安德斯·贾汉·雷丘斯(Anders Jahan Retzius，1742—1821)而以他的姓氏，加占优势的稀土元素钕后缀-(Nd)组合命名。IMA 1982s. p.批准。1982年邓恩等在《美国矿物学家》(67)报道。1984年中国新矿物与矿物命名委员会郭宗山在《岩石矿物及测试》[3(2)]根据成分译为羟砷钕锰石。

雷丘斯像

【羟砷铍钙石】参见【羟砷钙铍石】条728页

【羟砷铅钴石】

英文名 Cobalttsumcorite

化学式 $PbCo_2(AsO_4)_2 \cdot 2H_2O$ (IMA)

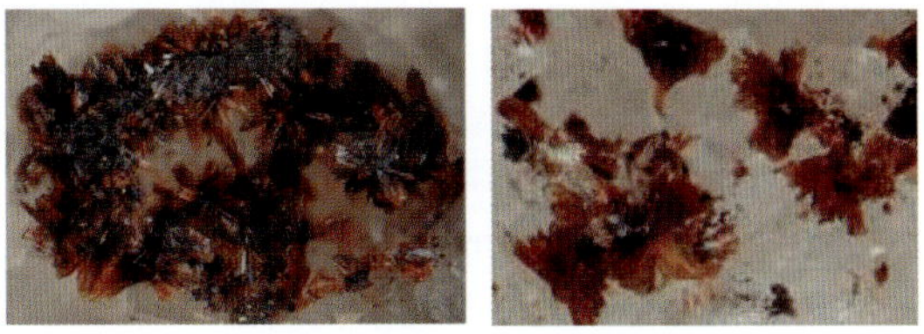

羟砷铅钴石玫瑰花状集合体(德国)

羟砷铅钴石是一种含结晶水的铅、钴的砷酸盐矿物。属砷铁锌铅矿族。单斜晶系。晶体呈扁平片状，长0.3mm；集合体呈玫瑰花状，直径2mm。棕色—黄色，金刚光泽，透明；硬度4.5，完全解理，脆性。1999年发现于德国萨克森州厄尔士山脉施内贝格市的罗登伯格(Roter Berg)矿山。英文名称Cobalttsumcorite，由成分冠词“Cobalt(钴)”及根词“Tsumcorite(砷铁锌铅矿)”组合命名，意指它是钴的砷铁锌铅矿的类似矿物。IMA 1999-029批准。2001年W.克劳斯(W. Krause)和H. J.伯恩哈特(H. J. Bernhardt)等在《矿物学新年鉴》(月刊)报道。2007年任玉峰在中国《岩石矿物学杂志》[26(3)]根据成分译为羟砷铅钴石(根词参见【砷铁锌铅石】条794页)。

【羟砷铅铁石】

英文名 Mawbyite

化学式 $PbFe_2^{3+}(AsO_4)_2(OH)_2$ (IMA)

羟砷铅铁石犬齿柱状晶体，晶簇状、球粒状集合体(澳大利亚、德国)

羟砷铅铁石是一种含羟基的铅、铁的砷酸盐矿物。属砷铁锌铅矿族。单斜晶系。晶体呈犬齿柱状、板状、粒状，粒径0.15mm；集合体呈晶簇状、球粒状。橙棕色、红棕色，金刚光泽，透明—半透明；硬度4，完全解理，贝壳状断口。1988年发现于澳大利亚新南威尔士州金托尔(Kintore)岭露天开采矿山。英文名称Mawbyite，以莫里斯·艾兰·埃德加·莫比(Maurice Alan Edgar Mawby，1904—1977)爵士的姓氏命名，以表彰他为澳大利亚采矿业和布罗克希尔矿产专业知识做出的贡献。他是一位冶金学家和采矿主管；他鉴定了17种来自布罗肯山的物种；他于1963年被授予爵士。IMA 1988-049批准。1989年A.普林(A. Pring)等在《美国矿物学家》(74)报道。1990年中国新矿物与矿物命名委员会郭宗山在《岩石矿物学杂志》[9(3)]根据成分译为羟砷铅铁石或羟砷铅铁矿。

【羟砷铅铜矿】

英文名 Fornacite

化学式 $CuPb_2(CrO_4)(AsO_4)(OH)$ (IMA)

羟砷铅铜矿柱状晶体(刚果)和福诺像

羟砷铅铜矿是一种含羟基的铜、铅的砷酸-铬酸盐矿物。单斜晶系。晶体呈柱状、短刃状、粒状;集合体呈晶簇状。深橄榄绿色、蓝绿色—黄色、黄绿色,玻璃光泽、蜡状光泽、油脂光泽,透明—半透明;硬度2~3,脆性。1915年首次发现并描述于刚果(布)布拉柴维尔市的珀尔(Pool)区域雷内维尔(Renéville)镇矿;同年,拉克在《法国矿物学会通报》(38)报道。英文名称Fornacite,由安东尼·弗朗索瓦·阿尔弗雷德·拉克(Antoine François Alfred Lacroix)根据拉丁文"Fornax(天炉星座),即The furnace(熔炉)"命名,以此表示对法国地理学家和在刚果的法国殖民地总督(1911—1916)吕西安·路易斯·福诺(Lucien Louis Fourneau,1867—1930)的敬意。福诺曾任乌班吉沙里副州长(1909—1910)和法国驻喀麦隆专员(1916—1919)。1959年以前发现、描述并命名的"祖父级"矿物,IMA承认有效。中文名称根据成分译为羟砷铅铜矿,也译为铬砷铅铜矿或砷铬铜铅石。

【羟砷铅铀矿】

英文名 Hügelite

化学式 $Pb_2(UO_2)_3(AsO_4)_2O_2 \cdot 5H_2O$ (IMA)

羟砷铅铀矿板柱状晶体(德国)和胡格尔像

羟砷铅铀矿是一种含结晶水和氧的铅、铀酰的砷酸盐矿物。单斜晶系。晶体呈板柱状,晶面有条纹;集合体呈皮壳状。褐色—橙黄色、黄棕色、棕色,油脂光泽、金刚光泽,透明—半透明;硬度2.5,完全解理,脆性。1913年发现于德国巴登-符腾堡州拉尔市迈克尔(Michael)矿;同年,V.迪尔费尔德(V. Dürrfeld)在莱比锡《结晶学、矿物学和岩石学杂志》(51)报道。当时定为铅和锌的钒酸盐,稍后经化学分析鉴定为铅铀的砷酸盐。英文名称Hügelite,为纪念奥地利-英国神学家弗里德里希·冯·胡格尔(Friedrich von Hügel,1852—1925)而以他的姓氏命名。1951年C.帕拉奇(C. Palache)、H.伯曼(H. Berman)和C.弗龙德尔(C. Frondel)在《丹纳系统矿物学》(第二卷,第七版,纽约)刊载。1959年以前发现、描述并命名的"祖父级"矿物,IMA承认有效。中文名称根据成分译为羟砷铅铀矿;有的译为砷铅铀矿,还有的译作水砷铅铀矿。

【羟砷铈锰石】

英文名 Retzian-(Ce)

化学式 $Mn_2^{2+}Ce(AsO_4)(OH)_4$ (IMA)

羟砷铈锰石是一种含羟基的锰、铈的砷酸盐矿物。属羟砷钙钇锰矿族。斜方晶系。晶体呈柱状、板状。巧克力棕色—栗棕色,玻璃光泽、油脂光泽,半透明;硬度4。1894年首先由肖格伦(Sjögren)发现于瑞典韦姆兰省菲利普斯塔德市莫斯(Moss)矿山;同年,在《乌萨拉地质研究所通报》(2)报道,并命名为Retzian。后来,1968年摩尔(Moore)提供了其晶体学数据。1982年邓恩等对同类样品重新审查表明,它是富铈的Retzian矿物,他们根据列文森的规则重新定义并命名为Retzian-(Ce)。英文名称Retzian-(Ce),为纪念瑞典博物学家,隆德大学植物学、化学、自然史学教授安德斯·贾汉·雷丘斯(Anders Jahan Retzius,1742—1821)而以他的名字,加占优势的稀土元素铈后缀-(Ce)组合命名。IMA 1982s.p.批准。中文名称根据成分译为羟砷铈锰石。

羟砷铈锰石柱状、板状晶体(瑞典)和雷丘斯像

【羟砷铈铁石】

英文名 Graulichite-(Ce)

化学式 $CeFe_3^{3+}(AsO_4)_2(OH)_6$ (IMA)

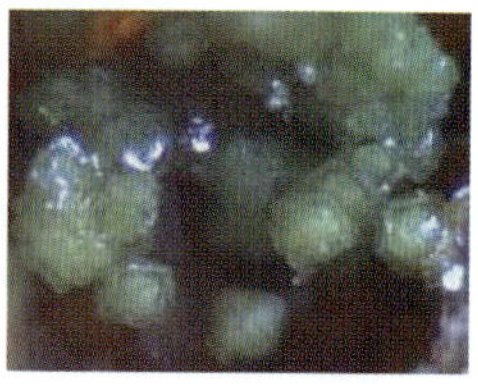

羟砷铈铁石球状集合体(比利时)

羟砷铈铁石是一种含羟基的铈、铁的砷酸盐矿物。属绿砷钡铁石族。三方晶系。晶体呈自形菱面体;集合体呈球状。浅绿色—褐色,树脂光泽,透明;不规则断口。2002年发现于比利时卢森堡省维尔萨姆市霍尔特(Hourt)采石场。英文名称Graulichite-(Ce),以比利时地质调查局采矿工程师和名誉主任让-玛丽·格劳利希(Jean-Marie Graulich,1920—2001)的姓氏,加占优势的稀土元素铈后缀-(Ce)组合命名。IMA 2002-001批准。2003年F.哈塔特(F. Hatert)等在《欧洲矿物学杂志》(15)报道。2008年章西焕等在中国《岩石矿物学杂志》[27(2)]根据成分译为羟砷铈铁石。

【羟砷锑铅矾石】

英文名 Mallestigite

化学式 $Pb_3Sb(SO_4)(AsO_4)(OH)_6 \cdot 3H_2O$ (IMA)

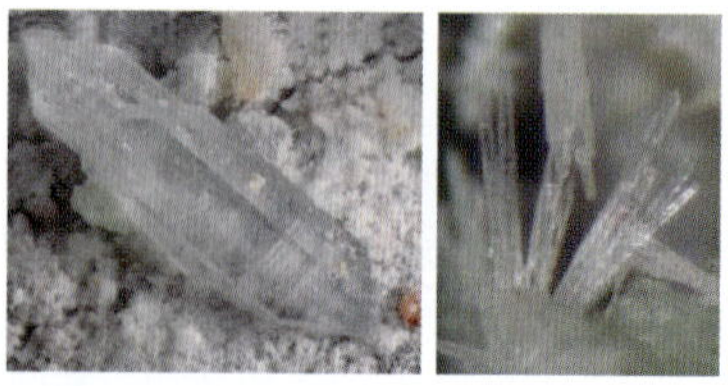

羟砷锑铅矾石柱状晶体,放射状、束状集合体(奥地利)

羟砷锑铅矾石是一种含结晶水和羟基的铅、锑的砷酸-硫酸盐矿物。属纤锌矿族。六方晶系。晶体呈自形—半自形六方柱状;集合体呈丛状、放射状。无色,金刚光泽,透明—半透明;硬度4,脆性。1996年发现于奥地利克恩顿州卡林西亚省马勒斯蒂格尔米塔格斯科格尔(Mallestiger Mittagskogel)芬肯斯坦-艾姆-法克赛区附近的一矿石堆。英文名称Mallestigite,以发现地奥地利的马勒斯蒂格尔(Mallestiger)命名。IMA 1996-043批准。1996年I.司马(I. Sima)

等在《奥地利矿物、地质学会通报》(141)和 1998 年《奥地利矿物、地质学会通报》(143)报道(德国期刊)。2008 年章西焕等在中国《岩石矿物学杂志》[27(2)]根据成分译为羟砷锑铅矾石。

【羟砷铁矾】

英文名 Bukovský ite

化学式 $Fe_2^{3+}(AsO_4)(SO_4)(OH)\cdot 7H_2O$ (IMA)

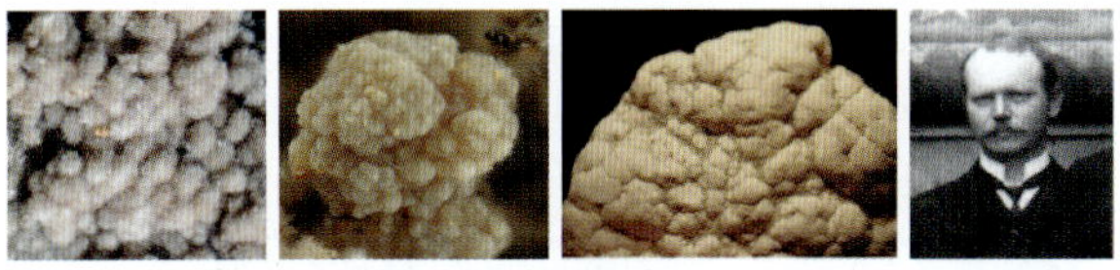

羟砷铁矾纤维状晶体,放射球状、钟乳状集合体(意大利、希腊、捷克)和布科夫斯基像

羟砷铁矾是一种含结晶水、羟基的铁的硫酸-砷酸盐矿物。属纤磷锰铁矿族。三斜晶系。晶体呈纤维状、细圆粒状;集合体呈放射球状、钟乳状、皮壳状。淡绿色、灰绿色,单晶无色、浅黄色;硬度 5。1967 年发现于捷克共和国波希米亚中部库特纳霍拉区坎克(Kaňk)。英文名称 Bukovský ite,由弗朗蒂切克·诺瓦克(František Novák)、帕维尔·帕冯德拉(Pavel Pavondra)和基尼·弗特林斯基(Jiňi Vtělensky)为纪念捷克共和国中等学校教授安东尼奥·布科夫斯基(Antonin Bukovsky,1865—1950)而以他的姓氏命名,是他首先分析了该矿物。IMA 1967-022 批准。1967 年在《卡罗来纳大学学报》(4)报道。中文名称根据成分译为羟砷铁矾。

【羟砷铁铅矿】

英文名 Gabrielsonite

化学式 $PbFe^{3+}(AsO_3)O$ (IMA)

羟砷铁铅矿是一种含氧的铅、铁的砷酸盐矿物。属砷钙镁石-钒铅锌矿族。斜方晶系。晶体呈细粒浑圆状。绿褐色、黑色,金刚光泽,半透明;硬度 3.5,脆性。1966 年发现于瑞典韦姆兰省菲利普斯塔德市朗班(Långban)。英文名称 Gabrielsonite,由摩尔为纪念瑞典斯德哥尔摩大学的矿物学家奥洛夫·埃里克·加布里埃尔森(Olof Erik Gabrielson,1912—1980)而以他的姓氏命名。IMA 1966-011 批准。1967 年保罗(保卢斯)·布莱恩·摩尔[Paul(Paulus) Brian Moore]在《瑞典矿物和地质学报》(4)报道。中文名称根据成分译为羟砷铁铅矿。

【羟砷铁铜钙石①】

英文名 Lukrahnite

化学式 $CaCuFe^{3+}(AsO_4)_2(OH,H_2O)_2$ (IMA)

羟砷铁铜钙石①球粒状集合体(德国)和克兰像

羟砷铁铜钙石①是一种含结晶水和羟基的钙、铜、铁的砷酸盐矿物,为羟砷铅铜石富钙端元类似物。属砷铁铅锌石族。三斜晶系。集合体呈球粒状。黄色,条痕呈浅黄色,断口呈金刚光泽,透明;硬度 5,脆性。1999 年发现于纳米比亚奥希科托区楚梅布(Tsumeb)镇矿山。英文名称 Lukrahnite,以路德格·克兰(Ludger Krahn,1957—)的姓名缩写命名。他是德国克雷费尔德矿物收藏家,为研究提供了最初的标本。IMA 1999-030 批准。2001 年 W. 克劳斯(W. Krause)等在《矿物学新年鉴》(月刊)报道。2007 年任玉峰在中国《岩石矿物学杂志》[26(3)]根据成分译为羟砷铁铜钙石①。

【羟砷铁铜钙石②】

英文名 Barahonaite-(Fe)

化学式 $(Ca,Cu,Na,Fe^{3+},Al)_{12}Fe_2^{3+}(AsO_4)_8(OH,Cl)_x\cdot nH_2O$ (IMA)

羟砷铁铜钙石②放射状、球粒状集合体(西班牙)

羟砷铁铜钙石②是一种含结晶水、羟基和氯的钙、铜、钠、铁、铝的砷酸盐矿物。单斜晶系。晶体呈片状;集合体呈放射状、球粒状、花瓣状。绿黄色,玻璃光泽,透明—半透明;脆性。2006 年发现于西班牙穆尔西亚省多洛雷斯(Dolores)矿。英文名称 Barahonaite-(Fe),由根词"Barahonaite"西班牙矿物收藏家和微矿物交易商(Micromounter)安东尼奥·巴拉奥纳(Antonio Barahona,1937—)的姓氏,加占优势的铁后缀-(Fe)组合命名。IMA 2006-052 批准。2008 年 J. 维纳利斯(J. Viñals)和 J. L. 杨博尔(J. L. Jambor)等在《加拿大矿物学家》(46)报道。2011 年任玉峰等在《岩石矿物学杂志》[30(2)]根据成分译为羟砷铁铜钙石②。

【羟砷铜矿】参见【翠绿砷铜矿】条 100 页

【羟砷铜石】

英文名 Cornubite

化学式 $Cu_5(AsO_4)_2(OH)_4$ (IMA)

羟砷铜石瓷球状、葡萄状集合体(法国)

羟砷铜石是一种含羟基的铜的砷酸盐矿物。与翠绿砷铜矿为同质二象。三斜晶系。晶体呈纤维状,很少呈板状;集合体常呈瓷状、葡萄状、球状。苹果绿色、深绿色,玻璃光泽、树脂光泽、蜡状光泽、油脂光泽,透明—半透明;硬度 4,完全解理,脆性。1958 年发现于英国英格兰康沃尔郡弗拉达姆(Fraddam)卡彭特(Carpenter)山丘。英文名称 Cornubite,1958 年由戈登·弗兰克·克拉林布尔(Gordon Frank Claringbull)、马克斯·H. 海伊(Max H. Hey)和阿瑟·罗素(Arthur Russell)以康沃尔的中世纪拉丁名字科留比亚(Cornubia)命名。1959 年以前发现、描述并命名的"祖父级"矿物,IMA 承认有效。IMA 1962s. p. 批准。1959 年在《矿物学杂志》(32)报道。中文名称根据成分译为羟砷铜石。

【羟砷铜锌石】

英文名 Zincolivenite

化学式 $CuZn(AsO_4)(OH)$ (IMA)

羟砷铜锌石是一种含羟基的铜、锌的砷酸盐矿物。属橄榄铜矿族。斜方晶系。晶体呈柱状;集合体呈放射球状。绿色、绿蓝色,玻璃光泽,半透明;硬度 3.5,完全解理,脆性。

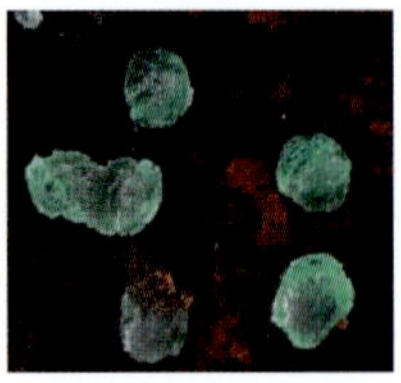

羟砷铜锌石放射状、球状集合体(澳大利亚)

2006 年发现于希腊东阿提卡州拉夫雷奥蒂基市阿吉奥斯·康斯坦丁诺斯(Agios Konstantinos)。英文名称 Zincolivenite,由成分冠词"Zinc(锌)"和根词"Olivenite(橄榄铜矿)"组合命名,意指它是锌的橄榄铜矿的类似矿物。IMA 2006-047 批准。2007 年 N. V. 丘卡诺夫(N. V. Chukanov)等在《俄罗斯科学院报告/地球科学部分:415A》报道。中文名称根据成分译为羟砷铜锌石;根据成分及与橄榄铜矿的关系译为锌橄榄铜矿。

【羟砷锌钙石】

英文名 Gaitite

化学式 $Ca_2Zn(AsO_4)_2 \cdot 2H_2O$　　(IMA)

羟砷锌钙石球粒状集合体(美国)

羟砷锌钙石是一种含结晶水的钙、锌的砷酸盐矿物。属磷钙锰石族。与水砷锌钙石为同质多象。三斜晶系。晶体呈纤维状;集合体呈放射状、球粒状。无色、白色,玻璃光泽,透明;硬度 5,完全解理。1978 年发现于纳米比亚奥希科托区楚梅布(Tsumeb)矿。英文名称 Gaitite,1980 年由博日达尔·达科·斯特曼(Bozidar Darko Sturman)和皮特·J. 邓恩(Pete J. Dunn)以罗伯特·欧文·盖特(Robert Irwin Gait,1938—)的姓氏命名。盖特是加拿大安大略省多伦多安大略博物馆的一位矿物学家、矿物和宝石收藏的管理者(1967—1996),他对矿物学和矿物管理做出了卓越的贡献。IMA 1978-047 批准。1980 年斯特曼和邓恩在《加拿大矿物学家》(18)报道。中文名称根据成分译为羟砷锌钙石,也译作水砷锌钙石。

【羟砷锌矿】

英文名 Legrandite

化学式 $Zn_2(AsO_4)(OH) \cdot H_2O$　　(IMA)

羟砷锌矿柱状晶体,束状集合体(墨西哥)和罗格朗像

羟砷锌矿是一种含结晶水、羟基的锌的砷酸盐矿物。单斜晶系。晶体呈柱状;集合体呈束状、放射状。黄色、淡黄色、无色,玻璃—半玻璃光泽、树脂光泽、蜡状光泽,透明—半透明;硬度 4.5,脆性。1932 年发现于墨西哥新莱昂州福德佩纳(Flor de Peña)矿。1932 年 J. 德鲁格曼(J. Drugman)和 M. H. 海伊(M. H. Hey)在《矿物学杂志》(23)报道。英文名称 Legrandite,由德鲁格曼和海伊为纪念路易斯 C. A. 罗格朗(Louis C. A. LeGrand,1861—1920)先生而以他的姓氏命名。他是比利时的一位采矿工程师和矿物收藏家,收集了该矿物的第一块标本。1959 年以前发现、描述并命名的"祖父级"矿物,IMA 承认有效。中文名称根据成分译为羟砷锌矿或水羟砷锌石或基性砷锌石。

【羟砷锌锰钙石】

英文名 Lotharmeyerite

化学式 $CaZn_2(AsO_4)_2 \cdot 2H_2O$　　(IMA)

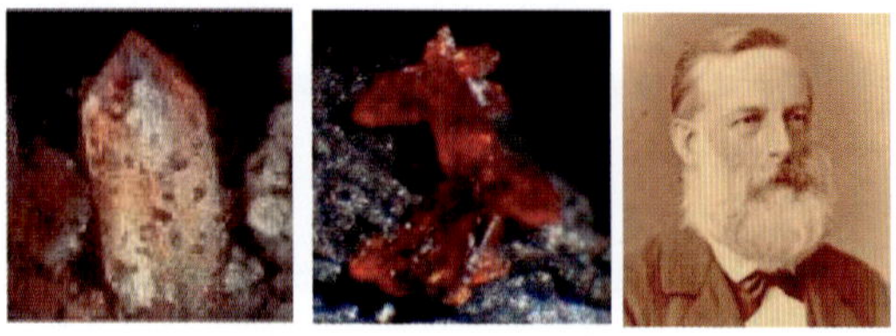

羟砷锌锰钙石锥柱状晶体,晶簇状集合体(墨西哥)和梅耶像

羟砷锌锰钙石是一种含结晶水的钙、锌的砷酸盐矿物。属砷铁锌铅石族。单斜晶系。晶体呈粒状、锥柱状、刀状;集合体呈晶簇状。深红色、黑橙棕色,半玻璃光泽,半透明;硬度 3,完全解理,脆性。1983 年发现于墨西哥杜兰戈州马皮米自治区奥吉拉(Ojuela)矿。英文名称 Lotharmeyerite,以德国化学家朱利叶斯·洛萨·梅耶(Julius Lothar Meyer,1830—1895)的姓名命名。他提出并发展了元素周期表的早期概念。IMA 1982-060 批准。1983 年 P. J. 邓恩(P. J. Dunn)在《矿物学记录》[14(1)]和《美国矿物学家》(68)报道。中文名称根据成分译为羟砷锌锰钙石/钙锰锌石;根据颜色和成分译为赤砷锰锌矿。

【羟砷锌铅石】

英文名 Arsendescloizite

化学式 $PbZn(AsO_4)(OH)$　　(IMA)

羟砷锌铅石球状、钟乳状集合体(纳米比亚、墨西哥)和克洛泽佐像

羟砷锌铅石是一种含羟基的铅、锌的砷酸盐矿物。属砷钙镁石-羟砷锌铅石族。斜方晶系。晶体呈扁平板状、楔形;集合体呈钟乳状、球粒状。淡黄色、深绿色、淡灰棕色,半玻璃光泽,透明;硬度 4。1982 年发现于纳米比亚奥希科托区楚梅布(Tsumeb)矿。英文名称 Arsendescloizite,1982 年由保罗·凯勒(Paul Keller)和皮特·J. 邓恩(Pete J. Dunn)根据成分冠词"Arsenate(砷酸根)"和根词"Descloizite(羟钒锌铅石)"组合命名,意指它是砷酸根取代钒酸根的类似矿物。其中,根词"Descloizite(羟钒锌铅石)"由阿尔弗雷德·德·克洛泽佐(Alfred Des Cloizeaux)姓氏命名。IMA 1979-030 批准。1982 年凯勒和邓恩在《矿物学记录》(13)及 1983 年 M. 弗莱舍(M. Fleischer)等在《美国矿物学家》(68)报道。1984 年中国新矿物与矿物命名委员会郭宗山在《岩石矿物及测试》[3(2)]根据成分译为羟砷锌铅石(根词参见【羟钒锌铅石】条 704 页),也有的译作砷铅锌矿和黄砷铅锌矿。

【羟砷锌石】

英文名 Adamite

化学式 $Zn_2(AsO_4)(OH)$　　(IMA)

羟砷锌石柱状、粒状晶体，晶簇状集合体（纳米比亚、墨西哥、法国、西班牙）

羟砷锌石是一种含羟基的锌的砷酸盐矿物。属橄榄铜矿族。与副羟砷锌石为同质多象。斜方晶系。晶体呈细长板状、柱状、粒状；集合体呈放射状、折叠的圆花状和皮壳状。纯净者白色、无色，其他有淡黄色、蜜黄色、棕黄色、玫瑰红色、蓝色、浅绿色—绿色—亮绿色（含铜）、亮粉色、紫色（含钴），玻璃—半玻璃光泽、蜡状光泽、油脂光泽，透明—半透明；硬度3.5，完全解理，非常脆。1866年发现于智利科皮亚波省查纳西约（Chañarcillo）。1866年弗里德尔（Friedel）在《巴黎法国科学院会议周报》（62）报道。英文名称Adamite，由查尔斯·弗里德尔（Charles Friedel）以吉伯-约瑟夫·亚当（Gilbert-Joseph Adam，1795—1881）的姓氏命名，是他提供了第一块矿物标本。亚当是一个富有的矿物收藏家，在《矿业年鉴》记录描述了他收藏的矿物，后来在1869年出版了《矿物目录》。亚当也是块砷镍矿（Aerugite）、绿砷铁铜矿（Chenevixite）、磷菱铅矾（Corkite）、铜钨华（Cuprotungstite）、氯锰矿（Scacchite）和黄砷镍矿（Xanthiosite）的发现者。亚当收集的矿物被法国巴黎煤矿学院收购，他被法国地质通报董事会授予荣誉并获得法国政府颁授的法国荣誉军团司令勋章。1959年以前发现、描述并命名的"祖父级"矿物，IMA承认有效。中文名称根据成分译为羟砷锌石或水砷锌矿。

【羟砷锌铁石】

英文名 Wilhelmkleinite

化学式 $ZnFe^{3+}_2(AsO_4)_2(OH)_2$ (IMA)

羟砷锌铁石是一种含羟基的锌、铁的砷酸盐矿物。属天蓝石族。单斜晶系。晶体呈矛状锥形，长5mm，具穿插双晶。墨绿色，条痕呈绿色，半透明，金刚光泽；硬度4.5，具解理。1997年发现于纳米比亚奥希科托区楚梅布（Tsumeb）矿。英文名称Wilhelmkleinite，由威廉·克莱恩（Wilhelm Klein，1889—1939）的姓名命名，是他第一个系统收集了楚梅布矿山的矿物。IMA 1997-034批准。1998年J.施吕特尔（J. Schlüter）等在《矿物学新年鉴》（月刊）报道。2004年李锦平等在《岩石矿物学杂志》[23(1)]根据成分译为羟砷锌铁石。

【羟水钙钛铀石】

英文名 Holfertite

化学式 $(UO_2)_{1.75}Ca_{0.25}TiO_4 \cdot 3H_2O$ (IMA)

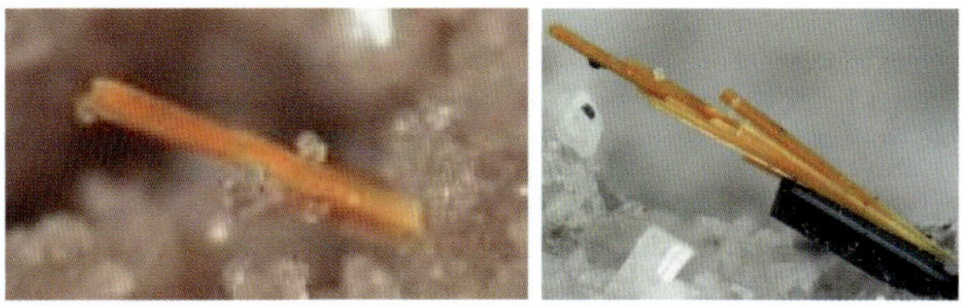

羟水钙钛铀石柱状晶体，晶簇状集合体（美国）

羟水钙钛铀石是一种含结晶水的铀酰、钙、钛的氧化物矿物。六方晶系。晶体为截面呈三边形的长柱状（其内部呈现六边形空心）；集合体呈晶簇状。浅黄色—橘黄色，条痕呈灰黄色，金刚光泽，透明—半透明；硬度4，完全解理，脆性，不规则状、贝壳状断口。最早见于1995年E. E.富尔德（E. E. Foord）等在《矿物学记录》（26）中记载的犹他州黄玉谷新U-Ti-Ca-HREE水合氧化物。2002年D. I.别拉科夫斯基（D. I. Belakovskiy）和L. A.保托夫（L. A. Pautov）在《国际矿物学协会第18届大会（爱丁堡）》（135）报道了发现于美国犹他州圣胡安县托马斯（Thomas）山脉瑟尔斯（Searles）峡谷的流纹岩孔洞和裂隙中的新钛酸水合的铀矿物。英文名称Holfertite，以约翰·W.霍尔富特（John W. Holfert）的姓氏命名，以表彰他为美国托马斯山脉矿物学和地质学做出的重大贡献。IMA 2003-009批准。2005年E.索科罗娃（E. Sokolova）等在《加拿大矿物学家》（43）和2006年《矿物学记录》（37）报道。2008年任玉峰等在中国《岩石矿物学杂志》[27(6)]根据成分译为羟水钙钛铀石。

【羟水磷钙铜石】

英文名 Calciopetersite

化学式 $CaCu_6(PO_4)_2(PO_3OH)(OH)_6 \cdot 3H_2O$ (IMA)

羟水磷钙铜石放射状、晶簇状集合体（捷克）

羟水磷钙铜石是一种含结晶水和羟基的钙、铜的氢磷酸-磷酸盐矿物。属砷铋铜矿族。六方晶系。晶体呈六方针状；集合体呈放射状、晶簇状。橄榄绿色，玻璃光泽，半透明—透明；硬度较低，但迄今未测定，无解理，脆性，参差状断口。2001年发现于捷克共和国摩拉维亚区奥洛莫乌茨市多马绍夫（Domašov）和比斯特日采（Bystřicí）村附近一个废弃采场。英文名称Calciopetersite，由化学成分冠词"Calcio（钙）"和与根词"Petersite=Petersite-(Y)（钇磷铜石或彼得斯石）"组合命名，意指它是富钙的钇磷铜石的类似矿物。IMA 2001-004批准。2005年J.塞科拉（J. Sejkora）等在《加拿大矿物学家》（43）报道。2008年任玉峰等在《岩石矿物学杂志》[27(6)]根据成分译为羟水磷钙铜石（根词参见【钇磷铜石】条1073页）。

【羟水磷铁石】

英文名 Santabarbaraite

化学式 $Fe^{3+}_3(PO_4)_2(OH)_3 \cdot 5H_2O$ (IMA)

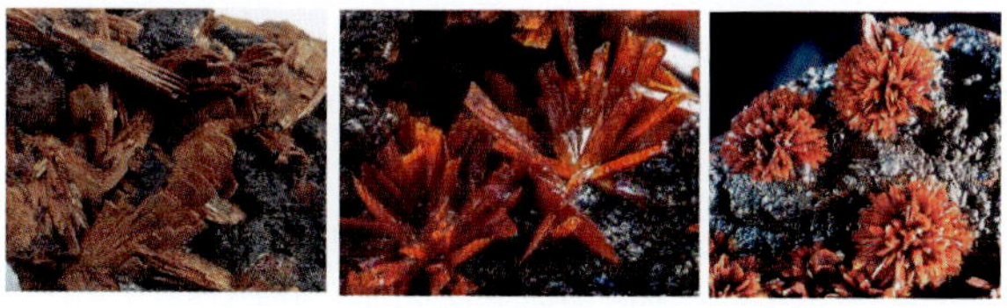

羟水磷铁石板状晶体，晶簇状、菊花状集合体（俄罗斯）

羟水磷铁石是一种含结晶水、羟基的铁的磷酸盐矿物。非晶态，呈蓝铁矿的假象，集合体呈显微结核状、葡萄状（意大利产），或以蓝铁矿假象呈团簇状（澳大利亚产）。橙色、橙棕色、黄棕色、褐色，透明—半透明，半玻璃光泽、蜡状光泽、树脂光泽、油脂光泽；沿原蓝铁矿{010}解理方向发育完全裂理，脆性。2000年发现于意大利阿雷佐省圣芭芭拉（Santa Barbara）褐煤采矿区。英文名称Santabarbaraite，由乔凡尼·普拉泰西（Giovanni Pratesi）、库尔齐奥·西普里亚尼（Curzio Cipriani）、加夫列莱·朱利（Gabriele Giuli）和威廉·D.布里奇（William D. Birch）以发现地意大利圣芭芭拉（Santa Barbara）采矿区命名。在4世纪时圣芭芭拉是矿工的守护神。IMA 2000-052批准。2003年G.普拉泰西

(G. Pratesi)等在《欧洲矿物学杂志》(15)报道。2008年章西焕等在中国《岩石矿物学杂志》[27(2)]根据成分译为羟水磷铁石。

【羟水氯镁石】

英文名 Nepskoeite

化学式 $Mg_4Cl(OH)_7 \cdot 6H_2O$　　(IMA)

羟水氯镁石纤维状晶体(俄罗斯)

羟水氯镁石是一种含结晶水的镁的氢氧-氯化物矿物。斜方晶系。晶体呈纤维状;集合体呈放射状、球状。略呈鲜黄色调,近于无色,半透明,玻璃光泽、珍珠光泽;硬度1.5～2。1996年发现于俄罗斯伊尔库茨克州下通古斯卡河流域的涅夫斯科耶(Nepskoye)盐矿床。英文名称Nepskoeite,以发现地俄罗斯的涅夫斯科耶(Nepskoye)盐矿床命名。IMA 1996-016批准。1998年在《俄罗斯矿物学会记事》[127(1)]报道。2003年李锦平等在《岩石矿物学杂志》[22(2)]根据成分译为羟水氯镁石。

【羟水铁矾】参见【褐铁矾】条313页

【羟水铜矿】参见【蓝水氯铜矿】条429页

【羟水铜铀矿】

英文名 Roubaultite

化学式 $Cu_2O_2(UO_2)_3(CO_3)_2(OH)_2 \cdot 4H_2O$　　(IMA)

羟水铜铀矿花束状集合体(刚果)和卢波勒像

羟水铜铀矿是一种含结晶水、羟基的铜氧的铀酰-碳酸盐矿物。三斜晶系。晶体呈板片状;集合体呈玫瑰花状、花束状。鲜艳的草绿色、苹果绿色、黄绿色、葱心绿色,油脂光泽;硬度3,完全解理。1970年发现于刚果(金)上加丹加省坎博韦镇欣科洛布韦(Shinkolobwe)矿。英文名称Roubaultite,以法国南希大学地质学家马塞尔·卢波勒(Marcel Roubault,1905—1974)教授的姓氏命名。他是法国南希国家地质学院的院长,也是法国铀研究的先驱。IMA 1970-030批准。1970年F.塞斯伯龙(F. Cesbron)和R.皮埃罗(R. Pierrot)等在《法国矿物学和晶体学会通报》(93)报道。中文名称根据成分译为羟水铜铀矿,也有的译作铜铀矿。

【羟钛钒矿】

英文名 Tivanite

化学式 $TiV^{3+}O_3(OH)$　　(IMA)

羟钛钒矿是一种钛、钒的氢氧-氧化物矿物。单斜晶系。晶体呈不规则的假六边形,微晶。黑色,半金属光泽,不透明;硬度5.5。1980年发现于澳大利亚西澳大利亚州孔索拉湖(Lake Consols)金矿。英文名称Tivanite,由化学成分"Titanium(钛)"和"Vanadium(钒)"组合命名。IMA 1980-035批准。1981年I. E.格雷(I. E. Grey)在《美国矿物学家》(66)报道。1983年中国新矿物与矿物命名委员会郭宗山等在《岩石矿物及测试》[2(1)]根据成分译为羟钛钒矿。

【羟钛矿】

英文名 Carmichaelite

化学式 $(Ti,Cr,Fe)(O,OH)_2$　　(IMA)

卡迈克尔像

羟钛矿是一种钛、铬、铁的氧-氢氧化物矿物。单斜晶系。晶体呈他形—半自形板状。黄褐色,半透明,金属光泽;硬度6,脆性。1996年发现于美国亚利桑那州阿帕奇市(美洲印第安部族集聚地)纳瓦霍印第安人保留地丁诺索(Dinnehotso)纪念碑山谷石榴石山脊超铁镁质火山通道。英文名称Carmichaelite,以美国加州大学伯克利分校的地质学教授伊恩·S. E.卡迈克尔(Ian S. E. Charmchael,1930—2011)的姓氏命名,以表彰他对矿物学和岩石学,特别是他对火山和地幔环境中铁钛氧化物的研究做出的众多贡献。IMA 1996-062批准。2000年L.王(L. Wang)在《美国矿物学家》(85)报道。2004年李锦平等在中国《岩石矿物学杂志》[23(1)]根据成分译为羟钛矿。

【羟钽矿】

英文名 Kimrobinsonite

化学式 $Ta(OH)_3(O,CO_3)$　　(IMA)

羟钽矿是一种含氧和碳酸根的钽的氢氧化物矿物。等轴晶系。晶体呈隐晶质。白色、柠檬黄色;硬度2.5。1983年发现于澳大利亚西澳大利亚州佛惹斯亭(Forrestania)红电气石伟晶岩。英文名称Kimrobinsonite,以澳大利亚珀斯的地质学家金·罗宾逊(Kim Robinson,1951—)的姓名命名,是他发现的该矿物。IMA 1983-023批准。1985年在《加拿大矿物学家》(23)报道。1986年中国新矿物与矿物命名委员会郭宗山等在《岩石矿物学杂志》[5(4)]根据成分译为羟钽矿。

【羟钽铝石】

英文名 Simpsonite

化学式 $Al_4Ta_3O_{13}(OH)$　　(IMA)

羟钽铝石板状晶体(巴西)和辛普森像

羟钽铝石是一种含羟基的铝、钽的氧化合物矿物。三方晶系。晶体呈板状、柱状。黄色、浅棕色或无色、灰色,金刚光泽,半透明;硬度7～7.5,脆性。1938年发现于澳大利亚西澳大利亚州黑德兰港郡瓦莱里尼亚(Wallareenya)的塔巴(Tabba)花岗伟晶岩。见于1938年鲍维利(Bowley)《西澳大利亚矿山部门报告》(93)。1940年在《美国矿物学家》(25)正式报道。英文名称Simpsonite,1938年由哈利·鲍维利(Harry Bowley)为纪念西澳大利亚州地质调查的政府矿物学家和化学家爱德华·悉尼·辛普森(Edward Sydney Simpson,1875—1939)而以他的姓氏命名。辛普森沙漠也是以他的姓氏命名的。1959年以前发现、描述并命名的"祖父级"矿物,IMA承认有效。中文名称根据成分译为羟钽铝石或钽铝石。

【羟碳钴镍石】

英文名 Comblainite

化学式 $Ni_4Co_2^{3+}(CO_3)(OH)_{12} \cdot 3H_2O$ (IMA)

羟碳钴镍石是一种含结晶水和羟基的镍、钴的碳酸盐矿物。属水滑石超族羟碳铝镁石族。三方晶系。集合体呈隐晶质皮壳状。绿色、黄绿色,半透明;硬度2。1978年发现于刚果(金)上加丹加省坎博韦区欣科洛布韦(Shinkolobwe)矿。英文名称Comblainite,由保罗·皮雷(Paul Piret)和米歇尔·德利安(Michelle Deliens)为纪念戈登·孔布兰(Gordon Comblain,1920—1996)而以他的姓氏命名。孔布兰是比利时人,他在担任比利时特尔菲伦中非皇家博物馆矿物学实验室的技师时发现了此矿物。IMA 1978-009批准。1980年P.皮雷(P. Piret)和M.德利安(M. Deliens)在《矿物学通报》(103)报道。中文名称根据成分译为羟碳钴镍石。

【羟碳镧矿】

英文名 Hydroxylbastnäsite-(La)

化学式 $(La,Nd)(CO_3)(OH,F)$ (弗莱舍,2014)

羟碳镧矿叠板状集合体(加拿大)

羟碳镧矿是一种含羟基和氟的镧、钕的碳酸盐矿物。属氟碳铈矿族。六方晶系。晶体呈板状;集合体呈叠板状。黄色,玻璃光泽、油脂光泽;硬度4。最初的报道来自希腊海拉斯·斯特雷亚区域弗蒂斯州洛克里斯的尼斯(Nissi)铝土矿;1983年Z.马克西莫维奇(Z. Maksimovic)等在《岩溶型铝土矿中钇、镧系元素矿物学研究》第一次正式描述记录于俄罗斯车里雅宾斯克州凯什蒂姆莫查林(Mochalin)。英文名称Hydroxylbastnäsite-(La),由成分冠词"Hydroxyl(羟基)"和根词"Bastnäsite(氟碳铈矿)",加占优势的稀土元素镧后缀-(La)组合命名,意指它是羟基和镧占优势氟碳铈矿的类似矿物。其中,根词以氟碳铈矿的发现地瑞典柏斯特耐斯(Bastnäs)矿山命名。IMA未命名,但可能有效。1986年F. C.霍桑(F. C. Hawthorne)等在《美国矿物学家》(71)报道。中文名称根据成分译为羟碳镧矿。

【羟碳镧石】

英文名 Kozoite-(La)

化学式 $La(CO_3)(OH)$ (IMA)

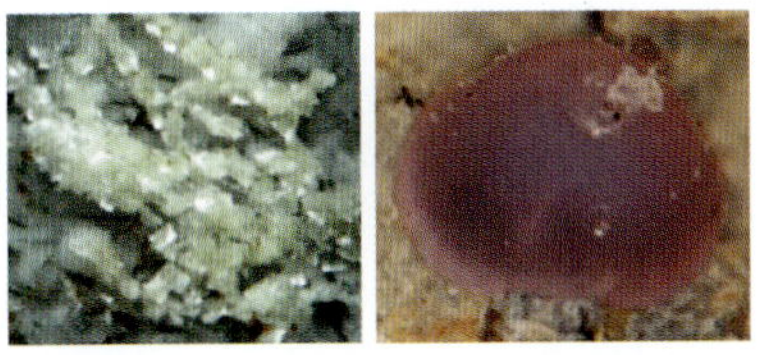

羟碳镧石粒状晶体,球状集合体(日本、纳米比亚)

羟碳镧石是一种含羟基的镧占优势的羟碳钕石的类似矿物。属碳锶铈矿族。斜方晶系。晶体呈粒状;集合体呈球状。淡粉紫色、黄色、白色,玻璃光泽,半透明。2002年发现于日本九州地区佐贺县唐津市肥前町(Hizen-cho)。英文名称Kozoite-(La),由"Kozoite(羟碳钕石)"加占优势的稀土元素镧后缀-(La)组合命名。IMA 2002-054批准。日文汉字名称弘三石(镧)。2003年宫胁律郎(R. Miyawaki)等在《矿物学和岩石学科学学报》[98(4)]报道。2008年中国地质科学院地质研究所任玉峰等在《岩石矿物学杂志》[27(2)]根据成分译为羟碳镧石。2010年杨主明在《岩石矿物学杂志》[29(1)]建议借用日文汉字名称弘三石(镧)(参见【羟碳钕石】条736页)。

【羟碳磷锆钠石】

英文名 Voggite

化学式 $Na_2Zr(PO_4)(CO_3)(OH) \cdot 2H_2O$ (IMA)

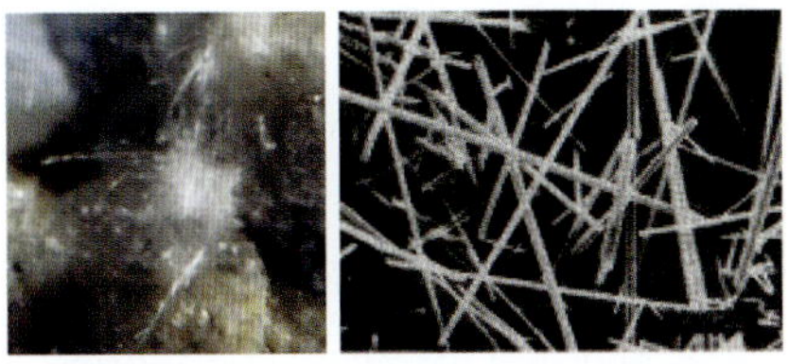

羟碳磷锆钠石纤维状晶体,缠结状集合体和电镜照片(加拿大)

羟碳磷锆钠石是一种含结晶水和羟基的钠、锆的碳酸-磷酸盐矿物。单斜晶系。晶体呈细长纤维状;集合体呈缠结状。无色、白色,玻璃光泽,透明;脆性。1988年发现于加拿大魁北克省蒙特利尔市佛朗哥(Francon)采石场。英文名称Voggite,1990年A. C.罗伯茨(A. C. Roberts)等以阿道夫·沃格(Adolf Vogg,1931—1995)先生的姓氏命名。沃格是加拿大魁北克蒙特利尔一位业余矿物收藏家,是他发现了该矿物的第一块标本。IMA 1988-037批准。1990年罗伯茨等在《加拿大矿物学家》(28)报道。1991年中国新矿物与矿物命名委员会郭宗山在《岩石矿物学杂志》[10(4)]根据成分译为羟碳磷锆钠石。2011年杨主明等在《岩石矿物学杂志》[30(4)]建议音译为沃格石。

【羟碳磷铝钙石】

英文名 Micheelsenite

化学式 $(Ca,Y)_3Al(PO_3OH)(CO_3)(OH)_6 \cdot 12H_2O$ (IMA)

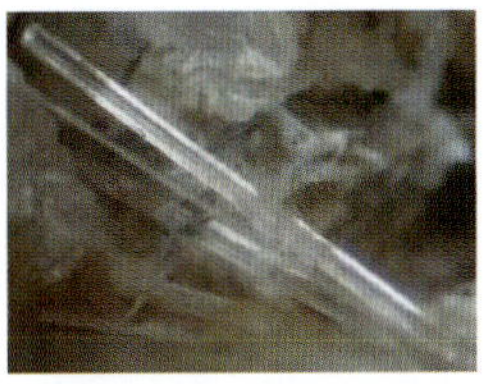

羟碳磷铝钙石细长柱状晶体(加拿大)

羟碳磷铝钙石是一种含结晶水和羟基的钙、钇、铝的碳酸-氢磷酸盐矿物。属钙矾石族。六方晶系。晶体呈纤维状、针状或细长柱状,其截面呈六边形,有些晶面具条纹,有双晶;集合体呈蓬松的球粒状或呈无定向性的扇状或晶簇状。白色—无色,玻璃光泽,透明—半透明;硬度3.5~4,脆性。1999年发现于加拿大魁北克省圣希莱(Saint-Hilaire)山混合肥料采石场,以及丹麦格陵兰岛库雅雷哥自治区纳萨尔苏普卡瓦(Narsaarsuup Qaava)区南纳(Nanna)或萨尔苏克(Narssarssuk)伟晶岩。IMA 1999-033批准。英文名称Micheelsenite,以米克尔森(Micheelsen)的名字命名。2001年A. M.麦克唐纳(A. M. McDonald)等在《矿物学新年鉴》(月刊)报道。2007年任玉峰在中国《岩石矿物学杂志》[26(3)]根据成分译为羟碳磷铝钙石。

【羟碳磷镁石】

英文名 Phosphoellenbergerite

化学式 $(Mg,\square)_2Mg_{12}(PO_4,PO_3OH)_6(PO_3OH,CO_3)_2(OH)_6$ (IMA)

羟碳磷镁石是一种含羟基的镁、空位的碳酸-氢磷酸-磷酸盐矿物。六方晶系。晶体呈他形柱状。蓝灰色、天青蓝色,条痕呈白色,玻璃光泽,半透明—透明;硬度6.5。1994年发现于意大利库内奥省(Cuneo Province)多拉玛伊拉(Dora Maira)地块。英文名称 Phosphoellenbergerite，由成分冠词“Phospho(磷酸盐)”和根词“Ellenbergerite(羟硅钛镁铝石)”组合命名。IMA 1994－006 批准。1998 年 G. 拉德(G. Raade)等在《矿物学与岩石学》(62)报道。2003 年李锦平等在《岩石矿物学杂志》[22(2)]根据成分译为羟碳磷镁石(根词参见【羟硅钛镁铝石】条 712 页)。

【羟碳铝矿】

英文名 Scarbroite

化学式 $Al_5(CO_3)(OH)_{13}\cdot 5H_2O$ (IMA)

羟碳铝矿是一种含结晶水、羟基的铝的碳酸盐矿物。六方(三斜)晶系。晶体呈显微假斜方六面体的菱形、板状、细粒状；集合体呈致密块状。白色；硬度 1～2，非常软。1829 年发现于英国英格兰北约克郡斯卡伯勒(Scarborough)南湾(South Bay)；同年，在 W. V. 弗农(W. V. Vernon)在《哲学杂志》(5)报道。英文名称 Scarbroite，以发现地英国的斯卡伯勒(Scarborough)命名。1959 年以前发现、描述并命名的“祖父级”矿物，IMA 承认有效。中文名称根据成分译为羟碳铝矿或水碳铝石。

【羟碳铝镁石】

英文名 Quintinite

化学式 $Mg_4Al_2(OH)_{12}(CO_3)\cdot 3H_2O$ (IMA)

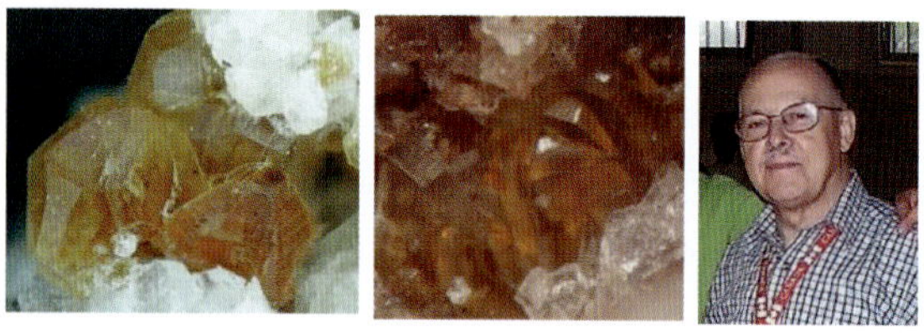

羟碳铝镁石 2H 型粒状(巴西)3T 型板状晶体(加拿大)和昆廷像

羟碳铝镁石是一种含结晶水的镁、铝的碳酸盐-氢氧化物盐矿物。属水滑石超族羟碳铝镁石族。六方晶系(－2H 型)或三方晶系(－3T 型)。晶体为－2H 型者呈粒状、偏三八面体和长柱状。无色、深橙红色、橙色、浅褐色，玻璃光泽，透明；硬度 2，完全解理，脆性。1992 年发现于巴西圣保罗州卡雅蒂市雅库皮兰加(Jacupiranga)矿。晶体为－3T 型者呈六方柱状或板状。黄色、无色、黄褐色，玻璃光泽，透明；硬度 2。发现于加拿大魁北克省蒙特利尔市圣希莱尔(Saint-Hilaire)混合肥料采石场。英文名称 Quintinuite，1997 年由乔治·Y. 曹(George Y. Chao)和罗伯特·A. 高尔特(Robert A. Gault)以加拿大安大略渥太华的昆廷·怀特(Quintin Wight，1935—)的名字命名。昆廷对加拿大安大略省圣希莱尔的矿物研究做出了重大贡献，并且是 *The Complete Book of Micromounting* (1993)的作者。Quintinite-2H 和 Quintinite-3T，分别以 IMA 1992－028 和 IMA 1992－029 批准。1997 年 G. Y. 曹(G. Y. Chao)和 R. A. 高尔特(R. A. Gault)在《加拿大矿物学家》(35)报道。但自 1998 年以来不再将多型体视为单独的物种。中文名称根据成分译为羟碳铝镁石。2003 年李锦平等在《矿物岩石学杂志》[22(2)]根据英文名称首音节音和成分译为奎水碳铝镁石。2011 年杨主明等在《矿物岩石学杂志》[30(4)]建议音译为昆汀石。

【羟碳锰镁石】

英文名 Desautelsite

化学式 $Mg_6Mn^{3+}_2(CO_3)(OH)_{16}\cdot 4H_2O$ (IMA)

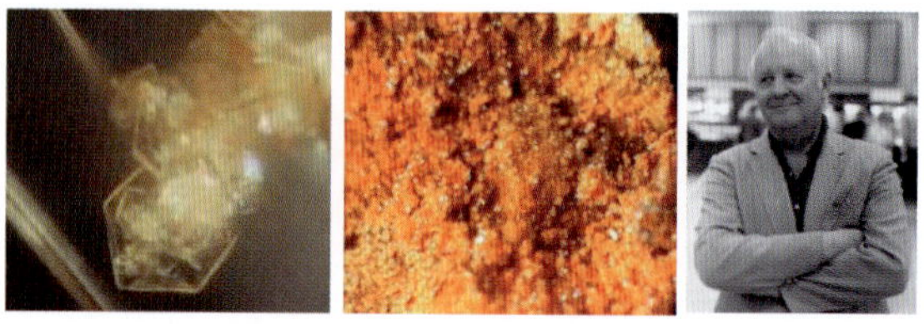

羟碳锰镁石六方片状晶体，土状集合体(美国)和德索泰尔像

羟碳锰镁石是一种含结晶水和羟基的镁、锰的碳酸盐矿物。属水滑石超族水滑石族。三方晶系。晶体呈小六方片状；集合体呈土状。淡黄色、橘黄色；硬度 2。1978 年发现于美国宾夕法尼亚州兰开斯特县与马里兰州的州界线铬铁矿区富尔顿(Fulton)镇雪松山(Cedar Hill)采石场。英文名称 Desautelsite，以 P. E. 德索泰尔(P. E. Desautels)的姓氏命名。他是史密森学会自然历史国家博物馆馆长和这个矿物的收集者。IMA 1978－016 批准。1979 年 P. J. 邓恩(P. J. Dunn)、D. R. 佩阿克(D. R. Peacor)和 T. D. 帕尔默(T. D. Palmer)在《美国矿物学家》(64)报道。中文名称根据成分译为羟碳锰镁石。

【羟碳镍石】

英文名 Otwayite

化学式 $Ni_2(CO_3)(OH)_2\cdot H_2O$ (IMA)

羟碳镍石球粒状、葡萄状集合体(澳大利亚)

羟碳镍石是一种含结晶水、羟基的镍的碳酸盐矿物。斜方晶系。晶体呈纤维状；集合体呈玫瑰花晶簇状、球粒状、葡萄状、皮壳状。绿色、亮绿色，丝绢光泽，半透明—不透明；硬度 4。1976 年发现于澳大利亚西澳大利亚州东皮尔巴拉地区纳拉金镇奥特威(Otway)镍矿。英文名称 Otwayite，1976 年埃内斯特·H. 尼克尔(Ernest H. Nickel)等以西澳大利亚州戈斯内尔斯(珀斯)的查尔斯·艾伯特·奥特威(Charles Albert Otway，1922—)先生的姓氏命名，他是一位探矿者和矿工，他负责矿产租赁并提供矿物样品。IMA 1976－028 批准。1977 年尼克尔等在《美国矿物学家》(62)报道。中文名称根据成分译为羟碳镍石。

【羟碳钕矿】

英文名 Hydroxylbastnäsite-(Nd)

化学式 $Nd(CO_3)(OH)$ (IMA)

羟碳钕矿是一种含羟基的钕的碳酸盐矿物。属氟碳铈矿族。六方晶系。白色，土状光泽；硬度 1～2。最初发现于希腊弗西奥蒂斯州的尼斯(Nissi)铝土矿和 1973 年又发现于黑山共和国尼科希奇扎克拉德(Zagrad)。英文名称 Hydroxylbastnäsite-(Nd)，由成分冠词“Hydroxyl(羟基)”和根词“Bastnäsite(氟碳铈矿)”，加占优势的稀土元素钕后缀-(Nd)组合命名，意指它是羟基和钕占优势氟碳铈矿的类似矿物。其中，根词由氟碳铈矿的发现地瑞典柏斯特耐斯(Bastnäs)矿山命名。IMA 1984－060 批准。1985 年 Z. 马克斯莫维奇(Z. Maksimović)等在《矿物学杂志》(49)报道。中文名称根据成分译为羟碳钕矿。

【羟碳钕石】

英文名 Kozoite-(Nd)

化学式 $Nd(CO_3)(OH)$ (IMA)

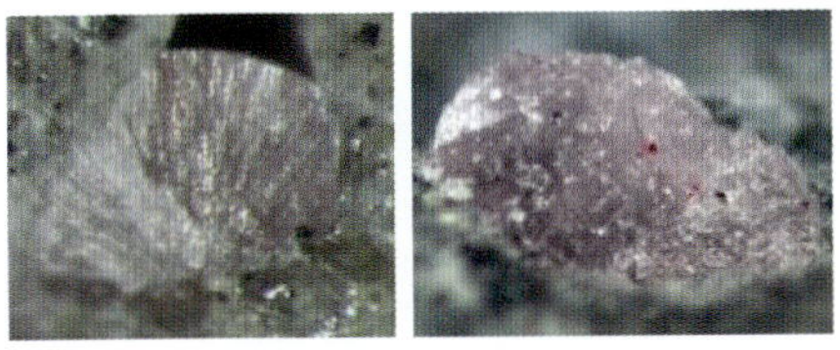

羟碳钕石扇状、球状集合体(日本)

羟碳钕石是一种含羟基的钕的碳酸盐矿物。属碳酸锶铈矿族。斜方晶系。晶体呈斜方双锥;集合体呈扇状、球状。带粉红色调的淡紫色—白色,玻璃光泽,透明。1998年发现于日本九州佐贺县唐津市肥前町(Hizen-cho)新木场(Niiko-ba)碱性橄榄玄武岩。英文名称 Kozoite-(Nd),由长岛弘三(Kozo Hanashima,1925—1985)的名字,加占优势的稀土元素钕后缀-(Nd)组合命名。他是一位化学家,在日本是研究稀土矿物化学的先驱。IMA 1998-063 批准。日文汉字名称弘三石。2000年宫胁律郎(R. Miyawaki)等在《美国矿物学家》(85)报道。2004年李锦平等在《岩石矿物学杂志》[23(1)]根据成分译为羟碳钕石。2010年杨主明在《岩石矿物学杂志》[29(1)]建议引用日文汉字名称弘三石。1986年中国新矿物与矿物命名委员会郭宗山等在《岩石矿物学杂志》[5(4)]曾将 Hydroxyl-bastnäesite-(Nd)译为羟碳钕石。

【羟碳铅矿】参见【水白铅矿[②]】条 813 页

【羟碳铈矿】

英文名 Hydroxylbastnäsite-(Ce)

化学式 $Ce(CO_3)(OH)$ (IMA)

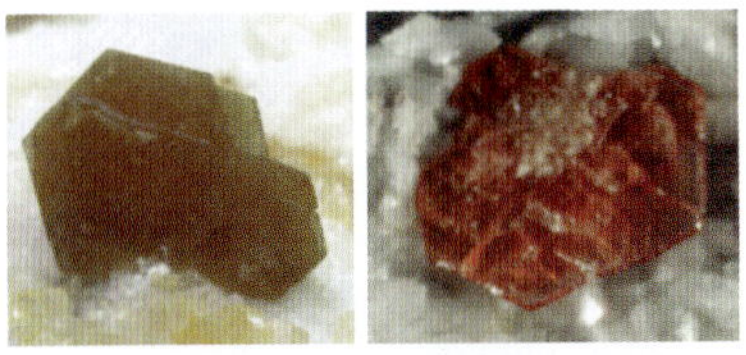

羟碳铈矿六方板状晶体(法国)

羟碳铈矿是一种含羟基的铈的碳酸盐矿物。属氟碳铈矿族。六方晶系。晶体呈六方板状。黄色、浅棕色,玻璃光泽、油脂光泽;硬度4。1964年发现于俄罗斯北部摩尔曼斯克州武里亚尔维(Vuoriyarvi)碱性超基性岩体和车里雅宾斯克州克什特姆(Kyshtym);同年,在《苏联科学院报告》(159)报道。英文名称 Hydroxylbastnäsite-(Ce),由成分冠词"Hydroxyl(羟基)"和根词"Bastnäsite(氟碳铈矿)",加占优势的稀土铈后缀-(Ce)组合命名,意指它是羟基占优势的氟碳铈矿的类似矿物。其中,根词以氟碳铈矿的发现地瑞典柏斯特耐斯(Bastnäs)矿山命名。IMA 1987s. p. 批准。2008年杨和雄(Yang Hexiong)等在《美国矿物学家》(93)报道。中文名称根据成分译为羟碳铈矿。

【羟碳铁镁锌矾】

英文名 Hauckite

化学式 $Fe^{3+}_3Mg_{24}Zn_{18}(SO_4)_4(CO_3)_2(OH)_{81}$ (IMA)

羟碳铁镁锌矾六方板状晶体(美国)和菲利普·豪克像

羟碳铁镁锌矾是一种含羟基的铁、镁、锌的碳酸-硫酸盐矿物。六方晶系。晶体呈六角形的平板状;集合体呈不完美的近于球形的花状。明亮的橙色、淡黄色,玻璃光泽、珍珠光泽,半透明;硬度2～3,完全解理,脆性。1979年发现于美国新泽西州苏塞克斯富兰克林矿区斯特林(Sterling,意译银)山斯特林矿。英文名称 Hauckite,由邓恩、佩阿克和史图曼以前美国新泽西州布卢姆菲尔德和现在的新泽西州富兰克林的居民理查德"迪克"·菲利普·豪克(Richard"Dick" Philip Hauck,1935—)的姓氏命名。他是新泽西奥格登斯堡斯特林山博物馆的创始人之一,是富兰克林-奥格登斯堡矿物学学会、地质学会和富兰克林矿物博物馆的一位创办人和前主席,他还是一个狂热的矿物、书籍和矿业纪念品,特别是涉及新泽西州富兰克林矿的收藏家。他收藏的采矿和矿物学书籍跻身世界上最广泛的私人图书馆。IMA 1979-012 批准。1980年,P. J. 邓恩(P. J. Dunn)、D. R. 佩阿克(D. R. Peacor)和 B. D. 史图曼(B. D. Sturman)在《美国矿物学家》(65)报道。中文名称根据成分译为羟碳铁镁锌矾。

【羟碳铜镍矿】参见【镍孔雀石】条 657 页

【羟碳铜锌石】

英文名 Zincrosasite

化学式 $(Zn,Cu)_2(CO_3)(OH)_2$ (IMA)

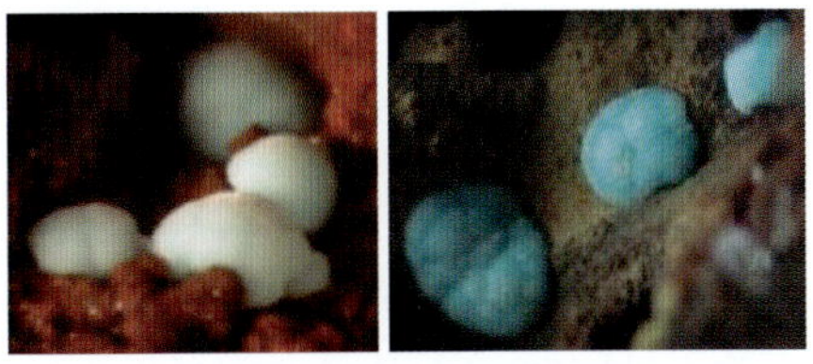

羟碳铜锌石纤维球粒状集合体(匈牙利)

羟碳铜锌石是一种含羟基的锌、铜的碳酸盐矿物。属锌孔雀石族。单斜晶系。晶体呈纤维状;集合体呈球粒状。白色、浅蓝色;硬度4.5。1959年发现于纳米比亚奥希科托地区楚梅布(Tsumeb)镇矿山;同年,施特龙茨(Strunz)在《矿物进展》(37)和《美国矿物学家》(44)报道。英文名称 Zincrosasite,由成分冠词"Zinc(锌)"和根词"Rosasite(锌孔雀石)"组合命名,意指是锌孔雀石的锌占优势类似矿物。1959年以前发现、描述并命名的"祖父级"矿物,IMA 承认有效;但 IMA 持怀疑态度。中文名称根据成分译为羟碳铜锌石(根词参见【斜方绿铜锌矿】条 1024 页)。

2015年费尔(Fehér)等将锌占主导地位的最终成员命名为 Paradsasvárite(羟碳锌矿*)。

Q

【羟碳锌石】参见【水锌矿】条 883 页

【羟碳锌铜矾】

英文名 Schulenbergite

化学式 $(Cu,Zn)_7(SO_4)_2(OH)_{10} \cdot 3H_2O$ (IMA)

羟碳锌铜矾板状晶体,玫瑰花状集合体(德国、法国)

羟碳锌铜矾是一种含结晶水和羟基的铜、锌的硫酸盐矿物。三方晶系。晶体呈六方薄板状、菱形；集合体常呈玫瑰花状。浅蓝色—蓝绿色，玻璃光泽、珍珠光泽、丝绢光泽，透明—半透明；硬度 2，完全解理。1982 年发现于德国下萨克森州哈尔茨山戈斯拉尔小镇博克斯韦(Bockswies)矿脉群的奥伯舒伦贝格(Oberschulenberg)附近的命运之轮(Glücksrad)矿。英文名称 Schulenbergite，以发现地德国舒伦贝格(Schulenberg)命名。IMA 1982－074 批准。1984 年 R. 冯·霍登贝格(R. von Hodenberg)等在《矿物学新年鉴》(月刊)和 1985 年《美国矿物学家》(70)报道。1985 年中国新矿物与矿物命名委员会郭宗山等在《岩石矿物及测试》[4(4)]根据成分译为羟碳锌铜矾，有的音译为舒伦贝格石。

【羟碳钇铀石】

英文名 Bijvoetite-(Y)

化学式 $Y_8(UO_2)_{16}O_8(CO_3)_{16}(OH)_8 \cdot 39H_2O$　(IMA)

羟碳钇铀石板条状晶体，放射状集合体(刚果)和贝弗特像

羟碳钇铀石是一种含结晶水、羟基、氧的钇的铀酰-碳酸盐矿物，其中钇可被钕、钐、钆、镝、铈、铕、铽、铒替代。斜方晶系。晶体呈显微板条状；集合体呈块状、放射状。硫黄色，玻璃光泽，透明—半透明；硬度 2，完全解理。1981 年发现于刚果(金)上加丹加省坎博韦镇欣科洛布韦(Shinkolobwe)矿。英文名称 Bijvoetite-(Y)，1982 年米歇尔·德利安(Michel Deliens)等以荷兰晶体学家约翰尼斯·马丁·贝弗特(Johannes Martin Bijvoet，1892—1980)教授的姓氏，加占优势的稀土元素钇后缀-(Y)组合命名。IMA 1981－035 批准。1982 年 M. 德利安(M. Deliens)等在《加拿大矿物学家》(20)和 1983 年《美国矿物学家》(68)报道。1984 年中国新矿物与矿物命名委员会郭宗山在《岩石矿物及测试》[3(2)]根据成分译为羟碳钇铀石。

【羟碳铀钙锌石】参见【水碳钙铀锌石】条 874 页

【羟碳铀石】

英文名 Oswaldpeetersite

化学式 $(UO_2)_2(CO_3)(OH)_2 \cdot 4H_2O$　(IMA)

羟碳铀石微柱状晶体，放射状集合体(美国)

羟碳铀石是一种含结晶水、羟基的铀酰-碳酸盐矿物。单斜晶系。晶体呈针状、微小的柱状，晶面条纹发育；集合体呈放射状。淡鲜黄色，条痕呈灰黄色，玻璃光泽，透明；硬度 2～3，脆性。2000 年发现于美国犹他州圣胡安县乔迈克(Jomac)铀矿。英文名称 Oswaldpeetersite，以比利时鲁汶大学莫里斯·奥斯瓦尔德·皮特斯(Maurice Oswald Peeters)的姓名命名。IMA 2000－034 批准。2001 年在《加拿大矿物学家》(39)报道。2007 年任玉峰在《岩石矿物学杂志》[26(3)]根据成分译为羟碳铀石；2006 年李锦平在《岩石矿物学杂志》[25(6)]根据英文首音节音和成分译为奥水碳铀矿。

【羟碳铀铈铜矿】

英文名 Astrocyanite-(Ce)

化学式 $Cu_2Ce_2(UO_2)(CO_3)_5(OH)_2 \cdot 1.5H_2O$　(IMA)

羟碳铀铈铜矿片状晶体，放射状、球粒状集合体(刚果)

羟碳铀铈铜矿是一种含结晶水和羟基的铜、铈的铀酰-碳酸盐矿物。六方晶系。晶体呈板状、片状；集合体呈放射状、球粒状、玫瑰花状。明亮的蓝色、蓝绿色，玻璃光泽、土状光泽，半透明—不透明；硬度 2～3，完全解理。1989 年发现于刚果(金)加丹加省科卢韦齐市开摩朵(Kamoto)铜-钴矿东露天采坑。英文名称 Astrocyanite-(Ce)，由希腊文“ά στρον=Astron(星)”和“κυαν ό ς=Kyanos(蓝色)”，即“天蓝之星”，加占优势的稀土元素铈后缀-(Ce)组合命名，意指它的蓝色和放射星状集合体习性。IMA 1989－032 批准。1990 年 M. 德利安(M. Deliens)等在《欧洲矿物学杂志》(2)报道。1991 年中国新矿物与矿物命名委员会郭宗山在《岩石矿物学杂志》[10(4)]根据成分译为羟碳铀铈铜矿。

【羟锑钠石】

英文名 Mopungite

化学式 $NaSb^{5+}(OH)_6$　(IMA)

羟锑钠石四方柱状晶体，水垢状集合体(意大利)

羟锑钠石是一种钠、锑的氢氧化物矿物。属羟锗铁矿族。四方晶系。晶体呈四方柱状，少见针状；集合体呈水垢状。无色、乳白色，玻璃光泽，透明—半透明；硬度 3。1982 年发现于美国内华达州丘吉尔县莫普格(Mopung)山绿色勘探区。英文名称 Mopungite，以第一次发现地内华达州莫普格(Mopung)山命名。IMA 1982－020 批准。1985 年 S. A. 威廉姆斯(S. A. Williams)在《矿物学记录》(16)和《美国矿物学家》(70)报道。1986 年中国新矿物与矿物命名委员会郭宗山等在《岩石矿物学杂志》[5(4)]根据成分译为羟锑钠石。

【羟锑砷锌铜矿】

英文名 Sabelliite

化学式 $Cu_2Zn(AsO_4)(OH)_3$　(IMA)

羟锑砷锌铜矿是一种含羟基的铜、锌的砷酸盐矿物。三方晶系。晶体板状和扁圆状；集合体呈晶簇状。翠绿色，条痕呈浅绿色，金刚光泽，透明；硬度 4.5，脆性。1994 年发现于意大利卡尔博尼亚-伊格莱西亚斯省多穆斯诺瓦斯村废弃的穆尔沃尼斯（Murvonis）萤石矿山。英文名称 Sabelliite，以凯撒·萨贝利（Cesare Sabelli，1934—）博士的姓氏命名。萨贝利曾在意大利撒丁岛研究含铜蚀变矿物，后重回意大利佛罗伦萨国家研究委员会（Consiglio Nazionale della Ricerche）任职。IMA 1994－013 批准。1995 年 F. 奥米（F. Olmi）等在《欧洲矿物学杂志》（7）报道。2003 年李锦平等在中国《岩石矿物学杂志》[22(3)]根据成分译为羟锑砷锌铜矿。

羟锑砷锌铜矿散粒状晶体（意大利）

【羟锑铁矿*】

英文名 Hydroxyferroroméite

化学式 $(Fe^{2+}_{1.5}\square_{0.5})Sb^{5+}_2O_6(OH)$　　(IMA)

羟锑铁矿*是一种含羟基的铁、空位、锑的氧化物矿物。属烧绿石超族锑钙石族。等轴晶系。集合体呈粉末状。黄色—黄棕色，玻璃光泽、土状光泽，半透明—不透明。2016 年发现于法国上比利牛斯省的科雷克利纳索斯（Correc llinassos）。英文名称 Hydroxyferroroméite，由成分冠词“Hydroxy（羟基）”“Ferro（铁）”和根词“Roméite（锑钙石）”组合命名，意指它是铁占优势的烧绿石超族锑钙石族的矿物，是铁的钛锑钙石（Hydroxycalcioroméite）的类似矿物（根词参见【锑钙石】条 937 页）。IMA 2016－006 批准。2016 年 S. J. 米尔斯（S. J. Mills）等在《CNMNC 通讯》（31）、《矿物学杂志》（80）和 2017 年《欧洲矿物学杂志》（29）报道。目前尚未见官方中文译名，编译者建议根据成分及与锑钙石的关系译为羟锑铁矿*。

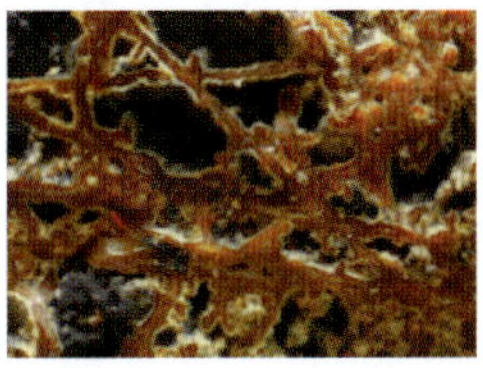
羟锑铁矿*粉末状集合体（法国）

【羟铁钒铅矿】参见【羟钒铁铅石】条 704 页

【羟铁矿】

英文名 Amakinite

化学式 $Fe(OH)_2$　　(IMA)

羟铁矿是一种铁的氢氧化物矿物。属水镁石族。三方晶系。晶体呈菱面体、不规则的粒状。浅黄绿色—无色，当暴露在空气中迅速变成棕色，半透明；硬度 3.5～4。1962 年发现于俄罗斯萨哈（雅库特）共和国尤达克纳亚（Udachnaya）岩管露天采场。1962 年 I. T. 科兹洛夫（I. T. Kozlov）和 P. P. 列索夫（P. P. Lershov）在《全苏矿物学会记事》（91）及《美国矿物学家》（47）报道。英文名称 Amakinite，以勘探雅库特马（Yakutian）金刚石矿床的阿马金（Amakin）探险队命名。IMA 1967s. p. 批准。中文名称根据成分译为羟铁矿。

【羟铁镁锑锌矿】

英文名 Rinmanite

化学式 $Mg_2Fe_4Zn_2Sb_2O_{14}(OH)_2$　　(IMA)

羟铁镁锑锌矿是一种镁、铁、锌、锑的氢氧-氧化物矿物。与黑钒铁矿结构相同。六方晶系。晶体呈自形晶柱状，常见穿插双晶。黑色，边缘半透明时显暗红色，条痕呈棕色，半金

羟铁镁锑锌矿柱状晶体穿插双晶（瑞典）和雷蒙像

属光泽、半金刚光泽，半透明；硬度 6～7，完全解理，脆性。2000 年发现于瑞典中南部达拉纳省赫德县加尔彭贝格诺朗（Garpenberg Norra）矿山。英文名称 Rinmanite，以瑞典化学家、矿物学家和瑞典铁矿和工业先驱斯文·雷蒙（Sven Rinman，1720—1792）的姓氏命名。他著有两本关于采矿工程的重要著作。IMA 2000－036 批准。2001 年 D. 霍尔特斯坦（D. Holtstam）等在《加拿大矿物学家》（39）报道。2007 年任玉峰在中国《岩石矿物学杂志》[26(3)]根据成分译为羟铁镁锑锌矿。

【羟铁钨钠石】

英文名 Pittongite

化学式 $(Na,H_2O)_{0.7}(W,Fe^{3+})(O,OH)_3$　　(IMA)

羟铁钨钠石是一种钠、结晶水、钨、铁的氢氧-氧化物矿物。六方晶系。晶体呈薄片状（0.3～0.5μm）、板状。乳黄色，条痕呈奶白色，珍珠光泽、土状光泽，薄片透明；硬度2～3。2005 年发现于澳大利亚维多利亚州皮通（Pittong）钨矿弃渣堆。英文名称 Pittongite，以发现地澳大利亚巴拉腊特附近的皮通（Pittong）命名。Pittong 来源于澳大利亚土著文“Father（父亲）”。IMA 2005－034a 批准。2006 年 I. E. 格雷（I. E. Grey）和 W. D. 伯奇（W. D. Birch）等在《固态化学杂志》（179）及 2007 年《加拿大矿物学家》（45）报道。2010 年尹淑苹等在中国《岩石矿物学杂志》[29(4)]根据成分译为羟铁钨钠石。

羟铁钨钠石片状晶体（澳大利亚）

【羟铁锡石】参见【铁锡石】条 957 页

【羟铁云母】

英文名 Annite

化学式 $KFe^{2+}_3(AlSi_3O_{10})(OH)_2$　　(IMA)

羟铁云母假六方板状、柱状晶体（美国、挪威）

羟铁云母是云母族矿物之一，是一种含羟基的钾、铁的铝硅酸盐矿物。单斜晶系。晶体呈假六方板状，具接触双晶；集合体呈叶片状。棕色、黑色，金刚光泽、玻璃光泽，半透明；硬度 2.5～3，极完全解理。1868 年发现于美国马萨诸塞州埃塞克斯县安角罗克波特（Cape Ann Rockport）。英文名称 Annite，最初于 1868 年由詹姆斯·德怀特·丹纳（James

Dwight Dana)在《系统矿物学》(第五版,纽约)命名为Ferrian mica[铁(高铁)云母];1925年亚历山大·N. 温切尔(Alexander N. Winchell)重新定义为Ferroan mica(铁(亚铁)云母)。后来两位作者都以发现地安角(Cape Ann)命名。1959年以前发现、描述并命名的"祖父级"矿物,IMA承认有效。IMA 1998s. p. 批准。1998年M. 里德(M. Rieder)等在《加拿大矿物学家》(36)报道。中文名称根据成分及族名译为羟铁云母。

【羟铜矾】

英文名 Antlerite

化学式 $Cu_3^{2+}(SO_4)(OH)_4$ (IMA)

羟铜矾锥柱晶体(智利)

羟铜矾是一种碱式铜的硫酸盐矿物。斜方晶系。晶体呈柱状、厚板状、粒状、针状、纤维状;集合体呈块状。淡绿色、鲜绿色—暗绿色,似水胆矾和绿铜矿,玻璃光泽,透明—半透明;硬度3.5,完全解理,脆性。1886年维斯巴赫(Weisbach)在《萨克森王国采矿和采石年鉴(论文集)》(*Jahrbuch für das Berg-und Hüttenwesen im Königreiche Sachsen, Abhandlungen*)(86)报道,称为Arnimite。1889年发现并描述于美国亚利桑那州莫哈维县安特勒(Antler)金矿。英文名称Antlerite,以美国亚利桑那州安特勒(Antler)矿命名。1889年W. F. 希勒布兰德(W. F. Hillebrand)在《矿物笔记》(6)和《美国地质调查局通报》(55)报道。1959年以前发现、描述并命名的"祖父级"矿物,IMA承认有效。IMA 1968s. p. 批准。中文名称根据成分译为羟铜矾;根据形态和成分译为块铜矾。

【羟铜铅矿】

英文名 Diaboleite

化学式 $CuPb_2Cl_2(OH)_4$ (IMA)

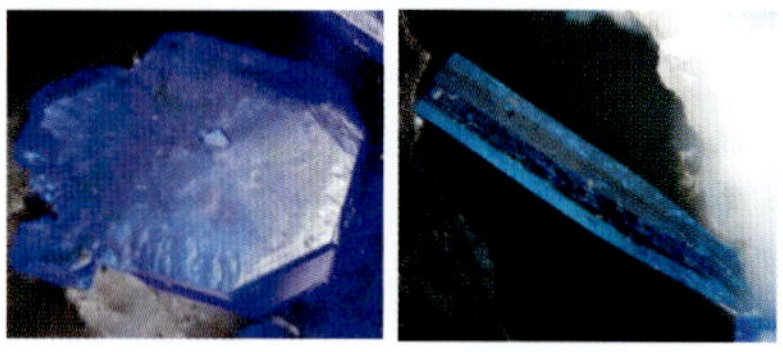

羟铜铅矿板状、柱状晶体(美国、希腊)

羟铜铅矿是一种含羟基的铜、铅的氯化物矿物。属钙钛矿超族非化学计量比钙钛矿族羟铜铅矿亚族。四方晶系。晶体呈自形方板状、薄板状、柱状、粒状,通常很小;集合体呈皮壳状、块状。深蓝色或明亮的天蓝色,金刚光泽,解理面上呈珍珠光泽,透明—半透明;硬度2.5,完全解理,脆性。1923年被L. J. 斯宾塞(L. J. Spencer)和E. D. 莫纳坦(E. D. Mountain)发现并描述于英国英格兰萨默塞特郡上皮特茨(Higher Pitts)矿;同年,在《矿物学杂志》(20)报道。英文名称Diaboleite,由希腊文"διά=Dia(不同)"和"Boleite(银铜氯铅矿)"组合命名,意指与银铜氯铅矿有"明显"的"不同"。1959年以前发现、描述并命名的"祖父级"矿物,IMA承认有效。IMA 2007s. p. 批准。中文名称根据成分译为羟铜铅矿或羟氯铜铅矿。

【羟钨锰矿】参见【硅钨锰矿】条295页

【羟硒铜铅矿】

英文名 Schmiederite

化学式 $Cu_2Pb_2(Se^{4+}O_3)(Se^{6+}O_4)(OH)_4$ (IMA)

羟硒铜铅矿丛状、羽毛状、放射状集合体(玻利维亚)

羟硒铜铅矿是一种含羟基的铅、铜的硒酸-亚硒酸盐矿物。属青铅矿-蓝铜铅矾(Chenite)族。单斜晶系。晶体呈纤维状;集合体呈放射状、丛状、羽毛状、球粒状、皮壳状。明亮的蓝色、蓝绿色、普鲁士蓝色,半金刚光泽、丝绢光泽,透明。1962年发现于阿根廷拉里奥哈省宾奇纳区域埃尔孔多尔(El Cóndor)矿。英文名称Schmiederite,以德国地理学家、阿根廷科尔多瓦国立大学矿物学和地质学博物馆馆长奥斯卡·施米德尔(Oscar Schmieder,1891—1980)的姓氏命名。被认为是1959年以前发现、描述并命名的"祖父级"矿物,IMA承认有效(实际上是1962年命名的)。1963年M. H. 赫伊(M. H. Hey)在伦敦《大英自然历史博物馆》(*British Museum*)(托管人下令印制的化学排列的矿物种类和品种索引第二版附录)(84)和1964年F. 切赫(Cech)等在《美国矿物学家》(49)报道。中文名称根据成分译为羟硒铜铅矿或硒铜铅矿。

【羟锡钙石】参见【羟钙锡石】条706页

【羟锡矿】

英文名 Hydroromarchite

化学式 $Sn_3^{2+}O_2(OH)_2$ (IMA)

羟锡矿锡器表面薄膜状集合体(斯洛文尼亚)

羟锡矿是一种锡氧的氢氧化物矿物。四方晶系。晶体呈薄壳状。白色,半透明。发现于加拿大安大略省温尼伯(Winnipeg)河边界瀑布水底锡小盘表面,同黑锡矿(Romarchite)一起交代锡器。它是1801—1821年之间一位旅客丢下的。1971年R. M. 奥尔甘(R. M. Organ)和J. A. 曼达林(J. A. Mandarino)在《加拿大矿物学家》(10)报道了两个新的锡矿物Romarchite和Hydroromarchite。英文名称Hydroromarchite,由"Hydrous(含水的)"和"Romarchite(黑锡矿)"组合命名,亦即含水的黑锡矿。IMA 1969-007批准。这种矿物显然是人为干预的产物,但它是1997年之前发现并命名的;《国际矿物学学会及矿物命名委员会关于矿物命名的程序和原则(1997)》生效后,人为干预的产物将不再接受为矿物。中文名称根据成分译为羟锡矿(参见【黑锡矿】条320页)。

【羟锡镁石】参见【羟镁锡石】条724页

【羟锡锰矿】

英文名 Wickmanite

化学式 $Mn^{2+}Sn^{4+}(OH)_6$　　(IMA)

羟锡锰矿八面体晶体(挪威、美国)

羟锡锰矿是一种锰、锡的氢氧化物矿物。属钙钛矿超族非化学计量比钙钛矿族羟镁锡矿亚族。与四方羟锡锰石为同质多象。等轴晶系。晶体呈八面体。浅褐色—浅绿色、蜜黄色,少数玫瑰色,玻璃光泽、树脂光泽,半透明;硬度 4~4.5,完全解理。1965 年发现于瑞典韦姆兰省菲利普斯塔德市朗班(Långban)。英文名称 Wickmanite,以瑞典矿物学家弗兰斯·埃里克·威克曼(Frans Erik Wickman,1915—2013)的姓氏命名。IMA 1965－024 批准。1967 年在《矿物学和地质学杂志》(4)和 1968 年《美国矿物学家》(53)报道。中文名称根据成分译为羟锡锰矿。

【羟锡铜石】

英文名 Mushistonite

化学式 $Cu^{2+}Sn^{4+}(OH)_6$　　(IMA)

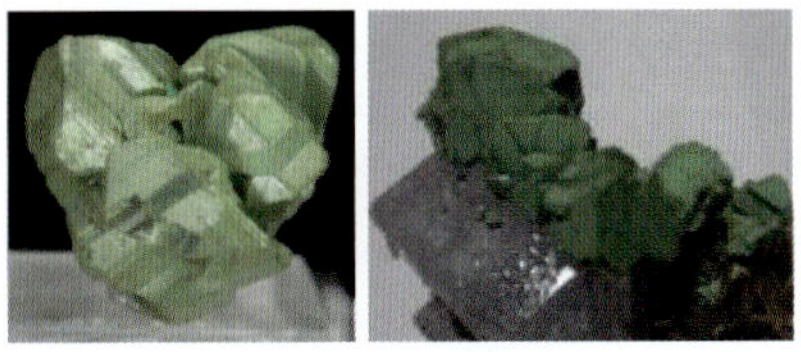

羟锡铜石绿色晶体(中国四川)

羟锡铜石是一种铜、锡的氢氧化物矿物。属钙钛矿超族非化学计量比钙钛矿族羟镁锡矿亚族。等轴晶系。绿色、黄绿色;硬度 4~4.5。1982 年发现于塔吉克斯坦窣利或粟特(Viloyati Sogd,汉文史籍又作粟弋、速利、孙邻、苏哩、修利等)泽拉夫尚山脉彭吉肯特卡兹诺克(Kaznok)山谷穆施斯顿(Mushiston)矿床。英文名称 Mushistonite,以发现地塔吉克斯坦的穆施斯顿(Mushiston)矿床命名。IMA 1982－068 批准。1984 年 N. K. 马舒科娃(N. K. Marshukova)等在《全苏矿物学会记事》[113(5)]和 1985 年 P. J. 邓恩(P. J. Dunn)等在《美国矿物学家》(70)报道。中文名称根据成分译为羟锡铜石。

2002 年左右中国地质学家在中国四川绵阳地区平武县岷山最高峰雪宝顶发现了一种从来没发现过的矿物晶体,这里是中国国宝大熊猫的故乡,以熊猫将矿物命名为“Pandanite”。后经研究“熊猫矿”即锌黄锡矿(Kesterite),只是世界其他地方以前从没发现过这么大的锌黄锡矿晶体,所以极为稀少。更为特别的是,锌黄锡矿通常是一种钢灰色的晶体,本身并不漂亮,而雪宝顶的锌黄锡矿,普遍被另一种更稀少的绿色矿物羟锡铜石(Mushistonite)所覆盖,大大改变其观赏性,也更具收藏价值,可以说是弥足珍奇。从这个角度来讲,我们称这种锌黄锡矿(Kesterite)被羟锡铜石(Mushistonite)所覆盖伴生的组合矿物为新发现的珍贵的“熊猫矿”(Pandanite),一点也不为过。当地的矿工和矿物标本经销商,目前仍使用“熊猫矿”这个名称(参见【锌黄锡矿】条 1042 页)。

【羟锡锌石】

英文名 Vismirnovite

化学式 $ZnSn(OH)_6$　　(IMA)

羟锡锌石八面体晶体,晶簇状集合体(中国)和斯米尔诺夫像

羟锡锌石是一种锌、锡的氢氧化物矿物。属钙钛矿超族非化学计量比钙钛矿族羟镁锡矿亚族。等轴晶系。晶体呈八面体;集合体呈晶簇状。浅黄色,玻璃光泽;硬度 4。1980 年发现于吉尔吉斯斯坦伊塞克湖州尼尔切克(Inylchek)范围特鲁多沃(Trudovoe)锡矿床和塔吉克斯坦粟特州泽拉夫尚河流域本吉肯特城卡兹诺克(Kaznok)谷穆施斯顿(Mushiston)矿床。英文名称 Vismirnovite,1980 年 N. K. 马尔舒科娃(N. K. Marshukova)等为纪念苏联莫斯科大学矿产资源研究所的弗拉迪米尔·伊万诺维奇·斯米尔诺夫(Vladimir Ivanovich Smirnov,1910—1988)院士而以他的姓名命名。他是中亚锡矿床的早期调查研究者。IMA 1980－029 批准。1981 年马尔舒科娃等在《全苏矿物学会记事》(110)和 1982 年 M. 弗莱舍(M. Fleischer)等在《美国矿物学家》(67)报道。中文名称根据成分译为羟锡锌石/羟锌锡石;根据颜色和成分译为黄锡锌石;根据英文名称首音节音和成分译为维羟锡锌石。

【羟斜硅镁石】

英文名 Hydroxylclinohumite

化学式 $Mg_9(SiO_4)_4(OH)_2$　　(IMA)

羟斜硅镁石粒状、柱状晶体(阿富汗)

羟斜硅镁石是一种含羟基的镁的硅酸盐矿物。属硅镁石族。单斜晶系。晶体呈带锥的椭圆形粒状、柱状。浅黄色—橙黄色—橘红色或几乎无色,条痕呈白色,玻璃光泽,透明,大颗粒晶粒为半透明;硬度 6.5,无解理,参差—贝壳状断口。1998 年发现于俄罗斯车里雅宾斯克州兹拉托乌斯特市库辛克(Kusinsk)铁-钛-钒矿床。英文名称 Hydroxylclinohumite,由化学成分冠词“Hydroxyl(羟基)”和对称“Clino(单斜晶系)”及根词“Humite(硅镁石)”的关系组合命名。根词 Humite 由英国宝石、矿物和艺术品鉴赏家和收藏家亚伯拉罕·休姆(Abraham Hume,1749—1838)的姓氏命名(参见【硅镁石】条 275 页)。IMA 1998－065 批准。1999 年 V. M. 格凯迈安特斯(V. M. Gekimyants)等在《俄罗斯矿物学会记事》[128(5)]报道。2003 年李锦平等在中国《岩石矿物学杂志》[22(1)]根据成分、结构及与硅镁石的关系译为羟斜硅镁石,也有的译为水斜硅镁石。

【羟锌镁矾】参见【羟锰镁锌矾】条 725 页

【羟锌锰矾】

英文名 Lawsonbauerite

化学式 $Mn_9^{2+}Zn_4(SO_4)_2(OH)_{22} \cdot 8H_2O$ (IMA)

羟锌锰矾板状晶体，晶簇状集合体（美国）和鲍尔像

羟锌锰矾是一种含结晶水和羟基的锰、锌的硫酸盐矿物。单斜晶系。晶体呈片状、板片状、纤维状。无色—白色，浅灰色的棕褐色，树脂光泽、油脂光泽，透明—半透明；硬度4.5，脆性。1979年发现于美国新泽西州苏塞克斯县富兰克林矿区斯特林(Sterling)矿。英文名称 Lawsonbauerite，由皮特·J. 邓恩(Pete J. Dunn)、唐纳德·拉尔夫·佩孔(Donald Ralph Peacor)和博日达尔·达尔科·斯特曼(Bozidar Darko Sturman)为纪念美国新泽西州锌有限公司实验室的化学家和富兰克林矿物专家劳森·亨利·鲍尔(Lawson Henry Bauer，1888—1954)而以他的姓名命名。他毕业于拉斐特学院，是美国矿物学学会的一位研究员。他担任过富兰克林教育委员会的成员和富兰克林卫生局的总裁。他与人合著有18篇矿物学论文，包括9种新物的描述：砷硼钙石(Cahnite)、钙硅铅锌矿(Calcium larsenite，更名为 Esperite)、铁砷硅锰矿(Ferroschallerite，更名为 Nelenite)、硅铅锌矿(Larsenite)、蓝锌锰矿(Loseyite)、锰热臭石(Manganpyrosmalite)、红砷硅锰矿(Mcgovernite)、镁锰锌矾(Mooreite)和硅锑锌锰矿(Yeatmanite)。IMA 1979－004 批准。1979年皮特·邓恩在《美国矿物学家》(64)报道。中文名称根据成分译为羟锌锰矾。

【羟氧钴矿】参见【羟钴矿】条707页

【羟氧镓石】

英文名 Tsumgallite

化学式 GaO(OH) (IMA)

羟氧镓石是一种含羟基的镓的氧化物矿物。属水铝石族。斜方晶系。晶体呈类似云母状小片状、薄板状；集合体呈不规则状。浅黄绿色—米黄色，半透明，珍珠光泽；硬度1～2，完全解理。2002年发现于纳米比亚奥希科托区楚梅布(Tsumeb)矿床；研究标本由矿山地质学家于20世纪60年代晚期收集。英文名称 Tsumgallite，由发现地“Tsumcor(楚梅布矿)”和“化学成分 Gallium(镓)”缩写组合命名。IMA 2002－011 批准。2003年J. 施吕特(J. Schluter)等在《矿物学新年鉴》(月刊)报道。2008年章西焕等在中国《岩石矿物学杂志》[27(2)]根据成分译为羟氧镓石。

【羟氧硫铅矿】

英文名 Sidpietersite

化学式 $Pb_4^{2+}(S_2O_3)O_2(OH)_2$ (IMA)

羟氧硫铅矿是一种含羟基、氧的铅的硫代硫酸盐矿物。三斜晶系。晶体呈叶片状；集合体呈无序状、放射状、土状、结核团块状。无色、奶油白色—不新鲜的白色，玻璃光泽、土状光泽，透明—不透明；硬度1～2。1998年发现于纳米比亚奥希科托区楚梅布(Tsumeb)矿。英文名称 Sidpietersite，以纳米比亚温得和克的西德尼·彼得斯(Sidney Pieters，1920—2003)的姓名缩写命名，以表彰他为纳米比亚矿物学做出的杰出贡献。IMA 1998－036 批准。1999年A. C. 罗伯茨(A. C. Roberts)等在《加拿大矿物学家》(37)报道。2003年李锦平等在中国《岩石矿物学杂志》[22(1)]根据成分译为羟氧硫铅矿。

【羟氧砷铜铁铋矿】

英文名 Medenbachite

化学式 $Bi_2Fe^{3+}Cu^{2+}(AsO_4)_2O(OH)_3$ (IMA)

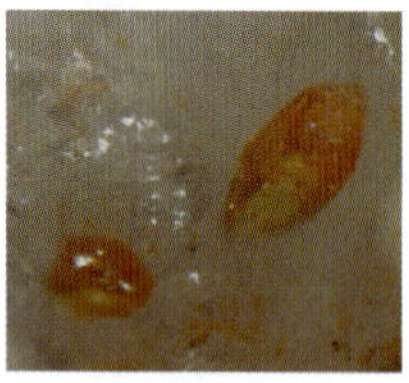

羟氧砷铜铁铋矿柱状晶体（德国）

羟氧砷铜铁铋矿是一种含羟基和氧的铋、铁、铜的砷酸盐矿物。三斜晶系。晶体呈柱状、扁平稍长的薄板条状；集合体常呈平行连生。黄色—褐黄色，条痕呈浅黄色，玻璃光泽、金刚光泽，透明(小颗粒)—半透明；硬度4.5，脆性，贝壳状断口。1993年发现于德国黑森州奥登瓦尔德县博尔斯坦(Borstein)。英文名称 Medenbachite，W. 克劳斯(W. Krause)等以德国波鸿鲁尔大学矿物学家奥拉夫·梅登巴赫(Olaf Medenbach，1949—)的姓氏命名。IMA 1993－048 批准。1996年克劳斯等在《美国矿物学家》(81)报道。2004年李锦平等在中国《岩石矿物学杂志》[23(1)]根据成分译为羟氧砷铜铁铋矿。

【羟铟石】

英文名 Dzhalindite

化学式 $In(OH)_3$ (IMA)

羟铟石是一种铟的氢氧化物矿物。属钙钛矿超族非化学计量比钙钛矿族羟镓石亚族。等轴晶系。晶体呈显微细粒状。黄褐色，半透明—近似不透明；硬度4～4.5。1963年发现并第一次描述于俄罗斯哈巴罗夫斯克边疆区的贾林达(Dzhalinda)锡矿床。1963年A. D. 亨金(A. D. Genkin)和I. V. 姆拉维娃(I. V. Muraveva)在《全苏矿物学会记事》[92(4)]及1964年《美国矿物学家》(49)报道。英文名称 Dzhalindite，以发现地俄罗斯的贾林达(Dzhalinda)锡矿床命名。经IMA 1967s. p. 批准。中文名称根据成分译为羟铟石或水铟石。

【羟鱼眼石】

英文名 Hydroxyapopyllite-(K)

化学式 $KCa_4(Si_8O_{20})(OH,F) \cdot 8H_2O$ (IMA)

羟鱼眼石柱状、假立方体晶体（美国）

羟鱼眼石是一种含结晶水、羟基、氟的钾、钙的硅酸盐矿物。属鱼眼石族。四方晶系。晶体呈柱状、假立方体；集合体呈晶簇状。无色、白色，玻璃光泽，透明；硬度4～5。1978年发现于美国北卡罗来纳州圆丘(Ore Knob)矿。英文名称 Hydroxyapopyllite-(K)，由“Hydroxy(羟基)”和“Apopyllite(鱼眼石)”，加占优势的阳离子钾后缀-(K)组合命名。其中，Apopyllite(鱼眼石)是1806年由雷内·贾斯特·阿羽伊(Rene Just Haüy)根据希腊文“$\dot{\alpha}\pi\dot{o}$＝Away＝Apo(剥落)”

和"φὐλλον=Leaf=Phyllos(叶片)"组合命名，意指在对它加热时会呈薄片状剥落。IMA 1978s. p. 批准。1978 年皮特·J. 邓恩(Pete J. Dunn)、罗兰·C. 劳斯(Roland C. Rouse)和朱莉·A. 诺伯格(Julie A. Norberg)在《美国矿物学家》(63)指出这是公认的化学成分变种。中文名称根据成分及与鱼眼石的关系译为羟鱼眼石。

【羟锗铅矾】

英文名 Itoite

化学式 $Pb_3GeO_2(SO_4)_2(OH)_2$ (IMA)

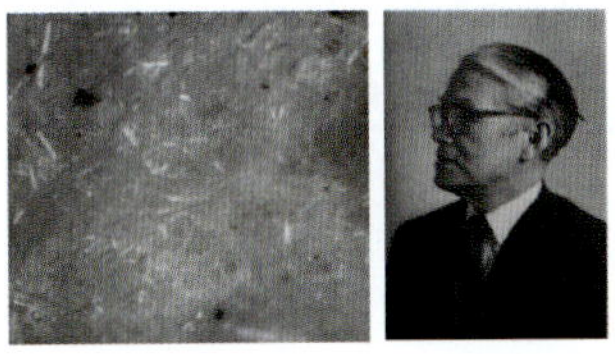

羟锗铅矾针状晶体，团状集合体（纳米比亚）和伊藤像

羟锗铅矾是一种含羟基的铅、锗氧的硫酸盐矿物。斜方晶系。晶体呈针状、细粒状。白色，玻璃光泽、丝绢光泽，透明；脆性。1957 年发现于纳米比亚奥希科托区楚梅布(Tsumeb)矿。英文名称 Itoite，1960 年克利福德·弗龙德尔(Clifford Frondel)和雨果·斯特伦茨(Hugo Strunz)在《矿物学新年鉴》(月刊)为纪念日本东京大学矿物学和结晶学教授伊藤(Tei-Ichi Ito，1898—1980)而以他的姓氏命名。他在 X 射线衍射领域取得了重大进展，并计算出了大量矿物的结构。1968 年他被授予罗布林勋章。IMA 1962s. p. 批准。中文名称根据成分译为羟锗铅矾，或译为伊藤石。

【羟锗铁矿】

英文名 Stottite

化学式 $Fe^{2+}Ge(OH)_6$ (IMA)

羟锗铁矿假八面体晶体（纳米比亚）和斯托特像

羟锗铁矿是一种铁、锗的氢氧化物矿物。属钙钛矿超族非化学计量比钙钛矿族羟锗铁矿亚族。四方晶系。晶体呈假八面体，双锥状。深褐色，油脂光泽；硬度 4.5，完全解理。1958 年发现于纳米比亚奥希科托区楚梅布(Tsumeb)矿；同年，H. 施特龙茨(H. Strunz)等在《矿物学新年鉴》(月刊)和 M. 弗莱舍(M. Fleischer)在《美国矿物学家》(43)报道。英文名称 Stottite，以西南非(纳米比亚)楚梅布(Tsumcorp)矿山主任(1953—1965)查尔斯·E. 斯托特(Charles E. Stott，1896—1978)的姓氏命名。1959 年以前发现、描述并命名的"祖父级"矿物，IMA 承认有效。中文名称根据成分译为羟锗铁矿，也译为水锗铁石。

【羟锗铁铝石】

英文名 Carboirite

化学式 $Fe^{2+}Al_2GeO_5(OH)_2$ (IMA)

羟锗铁铝石是一种含羟基的铁、铝的锗酸盐矿物。属硬绿泥石族。三斜晶系。绿色，玻璃光泽；硬度 6。1980 年发现于法国阿列日省卡尔波尔(Carboire)。英文名称 Carboirite，以发现地法国的卡尔波尔(Carboire)命名。IMA 1980-066 批准。1983 年 Z. 约翰(Z. Johan)等在奥地利《契尔马克氏矿物学和岩石学通报》(31)报道。1985 年中国新矿物与矿物命名委员会郭宗山等在《岩石矿物及测试》[4(4)]根据成分译为羟锗铁铝石。

乔 [qiáo]会意；从夭，从高省，高亦声。①中国姓。②[英]音，用于外国地名、人名。

【乔戈尔德斯坦矿*】参见【陨硫铬锰矿*】条 1098 页

【乔格波基石】

英文名 Georgbokiite

化学式 $Cu_5O_2(Se^{4+}O_3)_2Cl_2$ (IMA)

波基像

乔格波基石是一种含氯的铜氧的硒酸盐矿物。与副乔格波基石为同质多象。单斜晶系。晶体呈短柱状。褐色—暗褐色，玻璃光泽、金刚光泽；硬度 4，完全解理，弱脆性。1996 年发现于俄罗斯堪察加州托尔巴契克(Tolbachik)火山大裂隙喷溢火山口南部喷气口已固结的熔岩壳。英文名称 Georgbokiite，为纪念俄罗斯晶体化学家乔格·鲍里索维奇·波基(Georgiy Borisovich Bokii，1909—2000)教授而以他的姓名命名，以表彰他对晶体化学和矿物学做出的贡献。他是莫斯科国立大学地质系结晶学和结晶学化学系的第一任主任，还曾在苏联科学院矿床地质、岩相学、矿物学和地球化学研究所工作。IMA 1996-015 批准。1999 年 L. P. 维尔戛索娃(L. P. Vergasova)等在《俄罗斯科学院报告》[364(4)]报道。2003 年李锦平等在中国《岩石矿物学杂志》[22(1)]音译为乔格波基石。

【乔根森石】

英文名 Jørgensenite

化学式 $Na_2Sr_{14}Na_2Al_{12}F_{64}(OH)_4$ (IMA)

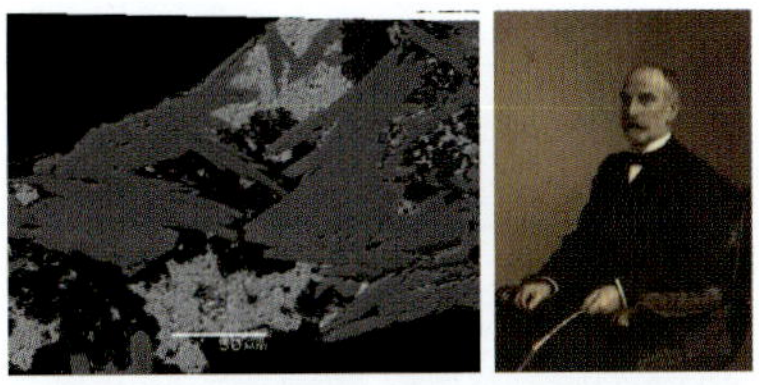

乔根森石板条晶体，束状集合体（格陵兰）和乔根森像

乔根森石是一种含羟基的钠、锶、铝的氟化物矿物。单斜晶系。晶体呈长柱状、板条状、粒状；集合体呈扇状、束状。白色、无色，玻璃光泽，透明—半透明；硬度 3.5～4，无解理，脆性，参差状断口。1995 年发现于丹麦格陵兰岛阿尔苏克峡湾伊维赫图特(Ivigtut)冰晶石矿床。英文名称 Jørgensenite，由威海姆·乔根森(Vilhelm Jørgensen，1844—1925)的姓氏命名。在 1870 年他是格陵兰岛伊维赫图特冰晶石工厂的创始人之一。IMA 1995-046 批准。1997 年 H. 波利(H. Pauly)等在《加拿大矿物学家》(35)报道。2003 年李锦平等在《岩石矿物学杂志》[22(2)]音译为乔根森石。

【乔克拉尔斯基石*】

英文名 Czochralskiite

化学式 $Na_4Ca_3Mg(PO_4)_4$ (IMA)

乔克拉尔斯基石*是一种钠、钙、镁的磷酸盐矿物。斜方晶系。晶体呈他形椭圆形粒状，粒径0.1～0.5mm；集合体呈似变形虫状。无色，玻璃光泽，透明；硬度4～5，脆性。2015年发现于波兰大波兰省波兹南市莫拉斯科（Morasko）陨石。英文名称Czochralskiite，为纪念波兰化学家、晶体学家和冶金学家简·乔克拉尔斯基（Jan Czochralski，1885—1953）而以他的姓氏命名。乔克拉尔斯基因发明单晶（如硅、金属、合成宝石）和半导体晶片直拉法工艺而闻名。IMA 2015-011批准。2015年L.卡尔沃夫斯基（L. Karwowski）等在《CNMNC通讯》（25）、《矿物学杂志》（79）和2016年《欧洲矿物学杂志》（28）报道。目前尚未见官方中文译名，编译者建议音译为乔克拉尔斯基石*。

乔克拉尔斯基像

【乔特诺石】

英文名 Tschörtnerite

化学式 $Ca_4(K,Ca,Sr,Ba)_3Cu_3Al_{12}Si_{12}O_{48}(OH)_8 \cdot 20H_2O$ （IMA）

乔特诺石是一种含沸石水的钙、钾、锶、钡、铜、铝的硅酸盐矿物，它是目前已知唯一的以铜为基本阳离子的天然沸石。属沸石族。等轴晶系。晶体呈六面体。浅蓝色，玻璃光泽，透明；硬度4.5。1995年发现于德国莱茵兰-普法尔茨州艾费尔高原贝尔伯格（Bellerberg）火山岩区卡斯帕（Caspar）采石场。英文名称Tschörtnerite，1998年H.埃芬贝格尔（H. Effenberger）等以德国科隆药剂师、矿物收集者和矿物发现者约亨·乔特诺（Jochen Tschörtner，1941—）的姓氏命名。IMA 1995-051批准。1998年埃芬贝格尔等在《美国矿物学家》（83）报道。王立本音译为乔特诺石［见王立本的《关于沸石类矿物命名法的建议（Ⅱ）》在《矿物岩石地球化学通报》（2001—2002）刊登］，也有的译为钙铜沸石。

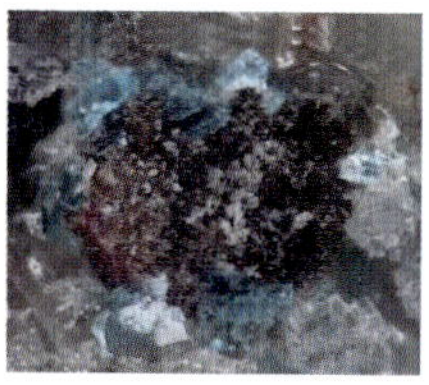

乔特诺石六面体晶体（德国）

【乔特石*】

英文名 Joteite

化学式 $Ca_2CuAl(AsO_4)[AsO_3(OH)]_2(OH)_2 \cdot 5H_2O$ （IMA）

乔特石*叶片状晶体，放射状、晶簇状、皮壳状集合体（智利）

乔特石*是一种含结晶水和羟基的钙、铜、铝的氢砷酸-砷酸盐矿物。三斜晶系。晶体呈叶片状；集合体呈放射状、晶簇状、皮壳状。天蓝色—蓝绿色，玻璃光泽，透明；硬度2～3，完全解理，脆性。2012年发现于智利阿塔卡马区科皮亚波市乔特（Jote）矿。英文名称Joteite，以发现地智利的乔特（Jote）矿命名，这个名字过去叫侯地（Hou-tei-ait）。IMA 2012-091批准。2013年A.R.坎普夫（A. R. Kampf）等在《矿物学杂志》［77（6）］报道。目前尚未见官方中文译名，编译者建议音译为乔特石*。

【乔万矿*】

英文名 Chovanite

化学式 $Pb_{15-2x}Sb_{14+2x}S_{36}O_x(x\sim0.2)$ （IMA）

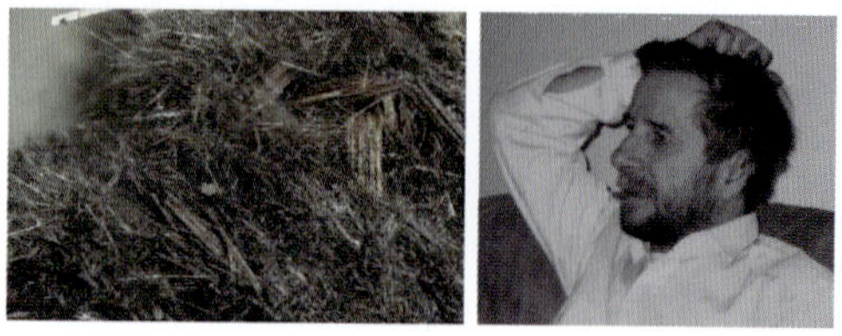

乔万矿*针状晶体，束状、杂乱状集合体（意大利）和乔万像

乔万矿*是一种含氧的铅、锑的硫化物矿物。单斜晶系。晶体呈针状、柱状；集合体呈束状、杂乱状。灰色、黑色，金属光泽，不透明；硬度3，完全解理，脆性。2009年发现于斯洛伐克日利纳市利普托夫斯基米库拉什（Liptovský Mikuláš）县杜布拉瓦（Dúbrava）。英文名称Chovanite，以斯洛伐克布拉迪斯拉发的夸美纽斯大学矿物学和岩石学系著名的矿物学家马丁·乔万（Martin Chovan，1946—）教授的姓氏命名。IMA 2009-055批准。2012年D.托帕（D. Topa）等在《欧洲矿物学杂志》（24）报道。目前尚未见官方中文译名，编译者建议音译为乔万矿*。

【乔异性石】

英文名 Georgbarsanovite

化学式 $Na_{12}(Mn,Sr,REE)_3Ca_6Fe_3^{2+}Zr_3NbSi_{25}O_{76}Cl_2 \cdot H_2O$ （IMA）

乔异性石是一种含结晶水和氯的钠、锰、锶、稀土、钙、铁、锆、铌等复杂成分的硅酸盐矿物。属异性石族。三方晶系。集合体呈细脉状。黄色、绿色，条痕呈白色，玻璃光泽，透明—半透明；硬度5，无解理，脆性，断口呈不平整状、贝壳状。2003年发现于俄罗斯北部摩尔曼斯克州希比内碱性岩块彼得雷柳斯（Petrelius）河谷上游的霞石伟晶岩。英文名称Georgbarsanovite，最初命名为Barsanovite，但遭到怀疑，重新验证后以乔治·帕夫洛维奇·巴尔萨诺夫（Georgiy Pavlovich Barsanov，1907—1991）的姓名命名。其中，“Barsanovite（变异性石）”。IMA 2003-013批准。2005年A.P.霍米亚科夫（A. P. Khomyakov）和R.K.拉斯特斯维塔耶娃（R. K. Rastsvetaeva）在《俄罗斯矿物学会记事》［134（6）］报道。2008年任玉峰等在中国《岩石矿物学杂志》［27（6）］根据英文名称首音节音及族名译为乔异性石。

巴尔萨诺夫像

【乔治罗宾逊石*】

英文名 Georgerobinsonite

化学式 $Pb_4(CrO_4)_2(OH)_2FCl$ （IMA）

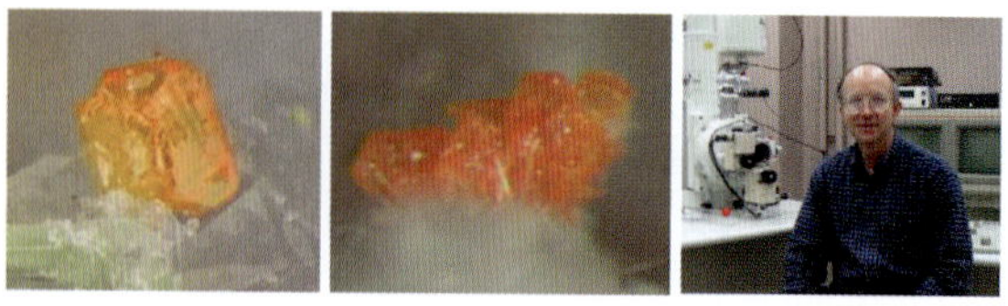

乔治罗宾逊石*柱状晶体，晶簇状集合体（美国）和罗宾逊像

乔治罗宾逊石*是一种含氯、氟、羟基的铅的铬酸盐矿物。斜方晶系。晶体呈柱状；集合体呈晶簇状。橙红色、橘黄色，玻璃光泽，透明。1944年或1945年丹·迈耶斯（Dan

Mayers)发现于美国亚利桑那州皮纳尔县马默斯圣安东尼(Mammoth-Saint Anthony)矿。迈耶斯将标本捐赠给了哈佛大学的矿物学系。海因里希·梅克斯纳教授于20世纪50年代与哈佛大学矿物学系矿物陈列馆馆长C.弗龙德尔(C. Frondel)教授交换了这个标本。维尔纳·H.帕尔于20世纪70年代初获得了它。最初认为是钼铅矿,后被确认为是新矿物。英文名称Georgerobinsonite,2009年马克·A.库珀(Mark A. Cooper)等为纪念密歇根理工大学矿物学教授和A. E.西曼矿物博物馆馆长(1996—2013)及作家乔治·威拉德·罗宾逊(George Willard Robinson,1946—)博士而以他的姓名命名。IMA 2009-068批准。2011年库珀等在《加拿大矿物学家》(49)报道。目前尚未见官方中文译名,编译者建议音译为乔治罗宾逊石*。

【乔治赵石】

英文名 Georgechaoite

化学式 $KNaZrSi_3O_9 \cdot 2H_2O$ (IMA)

乔治像

乔治赵石是一种含结晶水的钾、钠、锆的硅酸盐矿物。斜方晶系。晶体呈柱状,双晶发育;集合体呈晶簇状。无色、白色,玻璃光泽,半透明;硬度5。1984年发现于美国新墨西哥州奥特罗县科努达斯(Cornudas)山脉温德(Wind)山。英文名称Georgechaoite,为纪念渥太华卡尔顿大学矿物学教授(1963—1995)乔治·延吉·赵(曹国伟?)(George Yanji Chao,1930—)而以他的姓名命名。渥太华卡尔顿大学承认他在锆硅酸盐方面的研究工作。他多年主要研究圣希莱尔(Saint-Hilaire)山矿物学,在这个地方描述或参与描述的新物种超过30个。IMA 1984-024批准。1985年R. L.博格斯(R. L. Boggs)和S.格洪塞(S. Ghose)在《加拿大矿物学家》(23)报道。1985年中国新矿物与矿物命名委员会郭宗山等在《岩石矿物及测试》[4(4)]音译为乔治赵石。

切

[qiè]形声;从刀,七声。本义:用刀把物品分成若干部分。[英]音,用于外国地名、人名。

【切尔尼科夫石*】

英文名 Chernikovite

化学式 $(H_3O)(UO_2)(PO_4) \cdot 3H_2O$ (IMA)

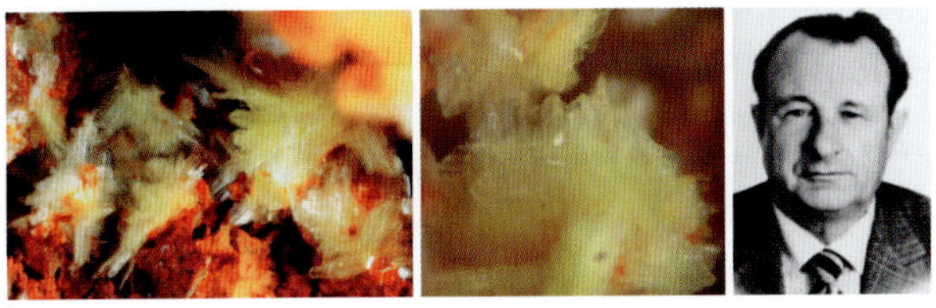

切尔尼科夫石*片状晶体,放射状、晶簇状集合体(意大利)和切尔尼科夫像

切尔尼科夫石*是一种含结晶水的卉离子的铀酰-磷酸盐矿物。属变钙铀云母族。四方晶系。晶体呈片状;集合体呈放射状、晶簇状。浅黄色、柠檬黄色,玻璃光泽,透明—半透明;硬度2~2.5,完全解理。1958年发现于塔吉克斯坦索格特州阿德拉斯曼地区卡拉卡特(Karakat)铀矿;同年,安德烈·安德里维奇·切尔尼科夫(Andrei Andreevich Chernikov)在《第二届联合国和平利用原子能国际会议》上报道了该铀矿物新数据,当时命名为Hydrogen Autunite(氢钙铀云母)。英文名称Chernikovite,1988年丹尼尔·阿滕西奥(Daniel Atencio)以俄罗斯矿物学、地球化学与稀有元素研究所的切尔尼科夫(1927—)的姓氏命名。IMA 1988s. p.批准。1988年丹尼尔·阿滕西奥(Daniel Atencio)在《矿物学记录》(19)报道。目前尚未见官方中文译名,编译者建议音译为切尔尼科夫石*。

【切尔尼希石】

英文名 Tschernichite

化学式 $CaAl_2Si_6O_{16} \cdot 8H_2O$ (IMA)

切尔尼希石锥柱状晶体、晶簇状集合体(捷克、美国)

切尔尼希石是一种含沸石水的钙、铝的硅酸盐矿物。属八面沸石超族沸石族。四方晶系。晶体呈带锥的柱状;集合体呈晶簇状。无色、乳白色,玻璃光泽,透明—半透明;硬度4.5,脆性。1989年发现于美国俄勒冈州哥伦比亚县内尔罗德(Neer Road)镇。英文名称Tschernichite,以美国地质学家、馆长以及发现第一批标本的沸石矿物专家鲁迪·沃伦·切尔尼希(Rudy Warren Tschernich,1945—2017)的姓氏命名。他写了一本《世界沸石》书。IMA 1989-037批准。1993年R. C.博格斯(R. C. Boggs)等在《美国矿物学家》(78)报道。1998年中国新矿物与矿物命名委员会黄蕴慧等在《岩石矿物学杂志》[17(2)]音译为切尔尼希石;王立本音译为彻内奇石[见《关于沸石类矿物命名法的建议》(《矿物岩石地球化学通报》,2001—2002)]。

【切格姆石*】

英文名 Chegemite

化学式 $Ca_7(SiO_4)_3(OH)_2$ (IMA)

切格姆石*是一种含羟基的钙的硅酸盐矿物。属硅镁石族切格姆石*系列族。斜方晶系。晶体呈粒状,粒径5mm;集合体呈团块状。粉红色、黄色—白色,玻璃光泽,透明;硬度5.5~6。2008年发现于俄罗斯卡巴尔迪诺-巴尔卡里亚共和国上切格姆(Chegem)火山岩区拉卡尔基(Lakargi)山1号捕虏体。英文名称Chegemite,以发现地俄罗斯的切格姆(Chegem)河命名,该矿物是在切格姆河上游的支流地区发现的。IMA 2008-038批准。2009年E. V.加鲁斯金(E. V. Galuskin)等在《欧洲矿物学杂志》(21)报道。目前尚未见官方中文译名,编译者建议音译为切格姆石*。

钦

[qīn]形声;从欠,金声。欠,打呵欠,张口舒气。本义:打呵欠的样子。[英]音,用于外国人名、地名。

【钦利钇石*】

英文名 Chinleite-(Y)

化学式 $NaY(SO_4)_2 \cdot H_2O$ (IMA)

钦利钇石*是一种含结晶水的钠、钇的硫酸盐矿物。三方晶系。晶体呈带锥的六方柱状,长仅0.3mm;集合体呈放射状、蝴蝶结状。无色,玻璃光泽,透明;硬度2.5~3,完全解理,脆性。2016年发现于美国犹他州圣胡安县蓝蜥蜴(Blue Lizard)矿。英文名称Chinleite-(Y),由根词"Chinleite

(钦利石)”和稀土元素钇后缀-(Y)组合命名。根词 Chinleite，以矿物发现地钦利(Chinle)晚三叠世地层命名。IMA 2016－017 批准。2016 年 A. R. 坎普夫(A. R. Kampf)等在《CNMNC 通讯》(32)、《矿物学杂志》(80)和 2017 年《矿物学杂志》(81)报道。目前尚未见官方中文译名，编译者建议音加成分译为钦利钇石*。

【钦一石】参见【巾碲铁石】条 384 页

青 [qīng]会意；从生，从丹。金文字形上面是个“生”字；下面是“丹”字，丹是井字之变。“青”本义：蓝色。①颜色：深绿色、浅蓝色、黑色。②用于中国地名、人名。③用于日本地名。

【青符山石】参见【铜符山石】条 961 页

【青海石】参见【水硅钛锶石】条 832 页

【青河石】

汉拼名 Qingheiite

化学式 $NaMnMgAl(PO_4)_3$ (IMA)

青河石他形粒状晶体
(中国新疆维吾尔自治区)

青河石是一种钠、锰、镁、铝的磷酸盐矿物。属于岛状无水、无附加阴离子的复杂磷酸盐中磷铝铁锰钠石(Wyllieite，魏黎石)族的一个新矿物。单斜晶系。晶体呈他形粒状、短柱状，偶有长板状。黄色、绿色、翡翠绿色或墨绿色、黄绿色、暗蓝绿色，半玻璃光泽、树脂光泽、油脂光泽，半透明；硬度 5.5，脆性。1977 年，中国新疆维吾尔自治区地质局虞廷高等发现于新疆维吾尔自治区伊犁哈萨克自治州阿勒泰地区青河县西北的白云母花岗伟晶岩，后经武汉地质学院北京研究生部彭志忠、马喆生等研究，以产地青河(Qinghe)县命名。IMA 1981－051 批准。1983 年虞廷高、马喆生、王文英、吴慕在中国《矿物学报》[3(3)]和《美国矿物学家》(69)报道。

【青河石-铁$^{2+}$】

汉拼名 Qingheiite-(Fe^{2+})

化学式 $Na_2Fe^{2+}MgAl(PO_4)_3$ (IMA)

青河石-铁$^{2+}$是一种钠、二价铁、镁、铝的磷酸盐矿物，是二价铁的青河石的类似矿物。属魏黎石族。单斜晶系。深绿色，树脂光泽，透明；硬度 4，完全解理，脆性。2009 年发现于巴西米纳斯吉拉斯州迪维诺波利斯市塞巴斯蒂安克里斯蒂诺(Sebastião Cristino)领地。汉拼名称 Qingheiite-(Fe^{2+})，由根词“Qingheiite(青河石)”和占优势的铁后缀-(Fe^{2+})组合命名。IMA 2009－076 批准。2010 年 F. 哈特尔特(F. Hatert)等在《欧洲矿物学杂志》(22)报道。中文名称根据成分及与青河石的关系译为青河石-铁$^{2+}$或铁青河石。

【青金石】

英文名 Lapis lazuli

化学式 $Na_6Ca_2(Al_6Si_6O_{24})(SO_4,S,S_2,S_3,Cl,OH)_2$

青金石菱形十二面体、立方体晶体(阿富汗)

青金石是一种成分复杂的附加阴离子很多的钠、钙的铝硅酸盐矿物。可能有少量的钾替代钠，附加阴离子以硫酸根占优势，还有硫、氯羟基。属方钠石族。等轴晶系，也可能有斜方晶系和单斜晶系。晶体呈粒状，见菱形十二面体、立方体；集合体呈致密块状。深蓝色、紫蓝色、天蓝色、绿蓝色、绿色等，如果含较多的方解石时呈条纹状白色，含黄铁矿时就在蓝色衬底上显现金黄色星点，且闪闪发光，玻璃光泽、蜡状光泽，半透明—不透明；硬度 5～5.5，脆性。近代见于 1869 年 H. 费舍尔(H. Fischer)在《矿物学新年鉴》的报道。1890 年发现于阿富汗巴达赫尚省蒙扬(Munjan)地区哈什和库兰佤邦科什卡山谷拉杜瓦迈达姆(Ladjuar Medam)天青石矿。

青金石是古老的玉石之一。早在 6 000 年前即被中亚南亚国家开发使用。它以其鲜艳的蓝色赢得东方各国人民的喜爱。在南亚次大陆的美赫尕尔(Mehrgarh)——最早的新石器时代墓葬中已发现青金石宝珠。古代美索不达米亚、亚述和巴比伦人都使用青金石作宝石。在公元前 3 300—3 100年古埃及第一王朝考古遗址发掘出青金石珠宝。公元前 17—前 18 世纪的已知最古老的美索不达米亚的《吉尔伽美什史诗》几次提到青金石。在公元前数千年的古埃及，青金石与黄金价值相当。在古印度、伊朗等国，青金石与绿松石、珊瑚均属名贵玉石品种。在古希腊、古罗马，佩戴青金石被视为是富有的标志。中世纪后，中亚国家的青金石开始出口到欧洲，在那里磨成粉，做成最好的和最昂贵的蓝色颜料。最重要的文艺复兴和巴洛克风格的艺术家，包括马萨乔、佩鲁基诺、提香和维米尔等都使用青金石染料绘制人物的服装，尤其是圣母玛利亚。

外国学者赫尔芝认为，中国在公元 2 世纪(东汉)已有青金石记载，章鸿钊《石雅》则认为中国三代之初已有之。我国利用青金石则始于秦汉时期，当时的名称有“兰赤”“金螭”“点黛”等；后来还有璆琳、琉璃、金精、瑾瑜、青黛等名称。佛教文献中称为吠努离或璧琉璃，属于佛教七宝之一。青金石因“其色如天”，又称“帝青色”，很受古代帝王青睐，多被用来制作皇帝的葬器，因其色青，可以达升天国之路。《拾遗记》卷五载：“昔始皇为家，……以琉璃杂宝为龟鱼。”据说秦始皇墓中有青金石。中国古代通常用青金石作为上天威严崇高的象征。直至明清，帝王皇家非常珍重青金石，尊青金石为“天石”，用于礼天之宝。《清会典图考》：“皇帝朝带，其饰天坛用青金石。”

一些中外学者都认为中国古代的“璆琳”“流璃”“硫璃”或“琉璃”，都是指的青金石。青金石的波斯文称“拉术哇尔”，阿拉伯文称“拉术尔”，印度文称“雷及哇尔”，章鸿钊氏认为均谐“琳”或“琉璃”音，即青金石中国古代那些名称都是音译。章鸿钊《石雅》云：“青金石色相如天，或复金屑散乱，光辉灿烂，若众星丽于天也。”古代青金石的品种：“青金”枣色深蓝和浓而不黑者；“金格浪”枣色深蓝和黄铁矿含量多于青金石矿物；“催生石”枣色浅蓝色和含白色方解石(一般不含黄铁矿)者，此名源于古人用青金石作催生药之说。

英文名称 Lapis lazuli(Lazurite)一说源于拉丁文，其中“Lapis”有“石头”的意思，而 Lazuli 为中古拉丁文“Lazulum”的所有格，此字源于阿拉伯文 Lāzaward，最早可追溯于波斯文中的لاژورد，Lāzhvard 为出产青金石之地名。英文的 Azure，法文的 Azur，西班牙文及葡萄牙文的 Azul 及意大利文的 Azzurro 都是同源词。而“Lapis lazuli”整个词语的意思就是“Lāzhvard的石头”，即青金石按产地命名(搜狗网百科)。到目前为止，中国尚未发现青金石的产地。古代著名产地在波斯和苏联。据记载，阿富汗和苏联贝加尔湖地区所产的青金石都曾输入过中国。在中国古墓中出土有青金石，其玉料来源不是阿富汗，就有可能是贝加尔湖的产物。另一种说法，Lapis lazuli 源于拉丁文，其中 Lapis 指宝石，而 lazuli 指蓝色的。这两个单词的词根，是阿拉伯文 Allazward，指宇宙、天空或蓝色，即蓝色的宝石之意(宝石学)。1636 年 A. 波尔图・德・博特(A. Boetus de Boodt)指出：据说源自拉丁文的“Lapis”和波斯文的“Lazhward”，意思是蓝色的。

【青铝闪石】

英文名 Crossite

化学式 $Na_2(Mg,Fe^{2+})_3(Fe^{3+},Al)_2(Si_8O_{22}OH)_2$

青铝闪石针状晶体，杂乱状、丛状集合体(奥地利)和克罗斯像

青铝闪石属闪石超族钠闪石族和蓝闪石族之间的过渡成员。晶体呈针状、柱状；集合体呈杂乱状、丛状。蓝色，玻璃光泽；硬度 6，完全解理。最初的描述来自美国加利福尼亚州阿拉米达县北伯克利(North Berkeley)镇。英文名称 Crossite，1894 年由查尔斯・帕拉奇(Charles Palache)以查尔斯・惠特曼・克罗斯(Charles Whitman Cross，1854—1949)的姓氏命名。他是美国地质调查局的岩石学家，被广泛认为是他那个时代最伟大的野外岩石学家，是火成岩分类的权威。1978 年伯纳德・E. 利克(Bernard E. Leake)在《美国矿物学家》(63)报道。1997 年被 IMA 废弃[见 J. A. 曼达里诺(J. A. Mandarino)等 1997 年《加拿大矿物学家》(35)]。中文名称根据颜色、成分及与闪石的关系译为青铝闪石或铝铁闪石或铁铝闪石。

【青钠闪石】参见【镁钠闪石】条 596 页

【青泥石】

英文名 Aerinite

化学式 $(Ca,Na)_6(Fe^{3+},Fe^{2+},Mg,Al)_4(Al,Mg)_6Si_{12}O_{36}(OH)_{12}(CO_3)\cdot 12H_2O$ (IMA)

青泥石隐晶质纤维状晶体，泥土状集合体(西班牙)

青泥石是一种含结晶水和羟基的钙、钠、铁、镁、铝的碳酸-铝镁硅酸盐矿物。六方晶系。晶体呈纤维状；集合体呈隐晶土状、致密块状。蓝色、蓝绿色，透明；硬度 3。1876 年发现于西班牙阿拉贡自治区埃斯托皮尼南德卡斯蒂略(Estopiñán del Castillo)镇卡塞拉斯德尔卡斯蒂略(Caserras del Castillo)。1876 年 A. 冯・拉索(A. von Lasaulx)在《矿物学新年鉴》(175)报道。英文名称 Aerinite，由希腊文“Eλίνos=Aerinos(天蓝色)”命名，意指其颜色。1959 年以前发现、描述并命名的“祖父级”矿物，IMA 承认有效。IMA 1988s. p. 批准。中文名称根据颜色和土状形态译为青泥石，也译作钙磷绿泥石或硅镁钙石。

【青铅矾】

英文名 Linarite

化学式 $CuPb(SO_4)(OH)_2$ (IMA)

青铅矾厚板状晶体，晶簇状集合体(意大利、西班牙)和利纳雷斯矿井(1908)

青铅矾是一种含羟基的铜、铅的硫酸盐矿物。单斜晶系。晶体呈薄—厚板状、柱状，常具双晶；集合体呈放射状、晶簇状或皮壳状。深天蓝色、深铜蓝色，半金刚光泽、玻璃光泽，透明—半透明；硬度 2.5，完全解理，脆性。最早见于 1809 年 J. 索尔比(J. Sowerby)在《英国矿物学》(第五卷，伦敦)称蓝色结晶碳酸铜。1822 年发现于西班牙安达卢西亚自治区哈恩市利纳雷斯(Linares)。1822 年布鲁克(Brooke)在伦敦《哲学年鉴》(4)称铜硫酸铅。英文名称 Linarite，1839 年由恩斯特・弗里德里希・格洛克(Ernst Friedrich Glocker)在《矿物学手册》(第二版，纽伦堡)以发现地利纳雷斯(Linares)命名。1959 年以前发现、描述并命名的“祖父级”矿物，IMA 承认有效。中文名称根据颜色和成分译为青铅矾或青铅矿。

【青石棉】

英文名 Crocidolite

化学式 $\square[Na_2][Z^{2+}_3Fe^{3+}_2]Si_8O_{22}(OH,F,Cl)_2$

青石棉纤维状晶体(南非)

青石棉属角闪石族钠闪石根名族，是钠闪石纤维状的变种(参见【钠闪石】条 641 页)。单斜晶系。晶体呈长柱状、针状、纤维状。青色或蓝青色、暗蓝色—黑色，玻璃光泽、丝绢光泽，透明—半透明；硬度 5～6，完全解理，脆性。英文名称 Crocidolite，由希腊文“Κρόκισναπ＝Krokis nap(纤维、绒毛)，意为像织衣物的 Woollen cloth(纤维)”加词尾“-lite”命名。1962 年 C. C. 阿狄森(C. C. Addison)等在《化学杂志》报道。中文名称根据颜色和形态译为青石棉或蓝石棉；根据晶习、成分及族名译为纤铁钠闪石。世界卫生组织在《鹿特丹公约》中确认它是一种致癌物质。

【青松矿】

汉拼名 Qingsongite

化学式 BN (IMA)

青松矿是一种超高压硼的氮化物天然矿物。自 1957 年第一次被合成，用于工业作为磨料(氮化硼)，它的天然矿物于 2009 年被发现。等轴晶系。矿物粒度十分细小，最大颗粒粒径仅为 1μm，多数粒度为纳米级。硬度 9～10。形成温度为 1 300℃，压力为 10～15GPa，即形成深度大于 300km。2009 年，中国地质科学院大陆构造与动力学国家重点实验室地幔研究中心在杨经绥研究员的带领下，与国际同行开展合作时，在中国西藏罗布莎蛇绿岩的铬铁矿中发现了该种新矿物，为了纪念中国地质科学院地质研究所研究员方青松(Fang Qingsong，1939—2010)于 1970 年末在西藏铬铁矿石中找到第一粒金刚石做出的杰出贡献，故新矿物以他的名字命名。IMA 2013－030 批准。2013 年 L. F. 拉丽莎·道波兹尼斯喀娅(L. F. Dobrzhinetskaya)等在《CNMNC 通讯》(16)、《矿物学杂志》(77)和 2014 年《美国矿物学家》(99)报道。国际超高压委员会主席拉丽莎·道波兹尼斯喀娅(Larissa Dobrzhinetskaya)教授在 2011 年出版的超高压研究 25 周年纪念专著的前言中曾指出，“新的发现提供了罗布莎铬铁矿超高压变质相的确凿证据，揭示了这些神秘矿物的成因”“开启了大陆物质和方辉橄榄岩型地幔岩混合物残片的新的研究领域”。在国内《中国科学报》(2013－09－02，第四版，综合)对此进行了报道。

【青透辉石】参见【透辉石】条 966 页

轻 [qīng]形声；从车，从圣。分量小，与“重(zhòng)”相对。

【轻硫砷银矿】

英文名 Trechmannite

化学式 $AgAsS_2$　(IMA)

轻硫砷银矿短柱状晶体(瑞士)和特列希曼像

轻硫砷银矿是一种银的砷-硫化物矿物。三方晶系。晶体呈短柱状。深朱红色，金刚光泽，透明—半透明；硬度 1.5～2，脆性，贝壳状断口。1904 年发现于瑞士林根巴赫(Lengenbach)采石场。英文名称 Trechmannite，以英国结晶学家查尔斯·奥托·特列希曼(Charles Otto Trechmann，1851—1917)的姓氏命名。1905 年在《矿物学杂志》(14)报道。1959 年以前发现、描述并命名的“祖父级”矿物，IMA 承认有效。中文名称根据密度和成分译为轻硫砷银矿(轻硫砷银矿密度 4.78g/cm²与硫砷银矿(淡红银矿)密度 5.57～5.64g/cm²相比较轻)；根据晶系和成分译为三方硫砷银矿。

氢 [qīng]形声；从气，从轻。一种最轻的气体元素。[英]Hydrogen。元素符号 H。原子序数 1。氢气(H_2)最早于 16 世纪初被人工合成。1766 年，英国化学家和物理学家 H. 卡文迪许(H. Cavendish，1731—1810)发现氢气。1787 年，拉瓦锡正式提出“氢”是一种元素，因它在燃烧时产生水，拉丁名称“Hydrogenium”“生成水的物质”之意。氢在自然界中分布很广，水便是氢的“仓库”——氢在水中的质量分数为 11%；泥土中约有 1.5%的氢；石油、天然气、煤炭、可燃冰、动植物体都含有氢。在矿物中可呈 H^+、$(OH)^-$、H_2O、$(H_3O)^+$、$(NH_4)^+$等形式存在。

【氢铵矾】

英文名 Letovicite

化学式 $(NH_4)_3H(SO_4)_2$　(IMA)

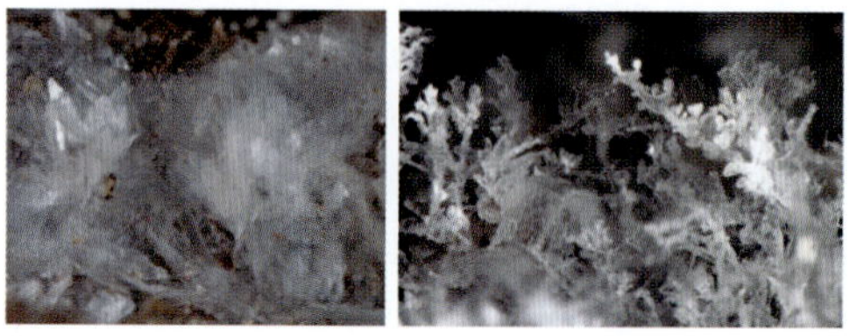

氢铵矾板状、骸晶状晶体(德国)

氢铵矾是一种罕见的铵的氢硫酸盐矿物。三斜晶系。晶体呈假六方板状，溶蚀状或骸晶状、粒状，常见片状双晶。无色、白色，透明；硬度 1～2，完全解理。最早见于 1857 年马里纳克(Marignac)在《矿山年鉴》(12)报道人工合成晶体。1932 年发现并描述于捷克共和国南摩拉维亚州布兰斯科区莱托维采(Letovice)镇维斯基(Vísky)村在燃烧的废弃煤堆。1932 年瑟卡尼纳(Sekanina)在莱比锡《结晶学、矿物学和岩石学杂志》(83)报道。英文名称 Letovicite，以首次发现地莱托维采(Letovice)镇命名。1959 年以前发现、描述并命名的“祖父级”矿物，IMA 承认有效。中文名称根据成分译为氢铵矾，也译作基性铵矾或酸性铵矾；根据二元酸根和成分译为重铵矾。

【氢氧锌矿】参见【四方羟锌石】条 899 页

丘 [qiū]会意；甲骨文字形，像地面上并立的两个小土峰。本义：自然形成的小土山。[英]音，用于外国人名、语言首音节音译。

【丘巴罗夫石*】

英文名 Chubarovite

化学式 $KZn_2(BO_3)Cl_2$　(IMA)

丘巴罗夫石*片状、板条状晶体(俄罗斯)

丘巴罗夫石*是一种含氯的钾、锌的硼酸盐矿物。三方晶系。晶体呈六方或三方片状、板条状，直径长 1.5mm，厚 0.5mm。无色，玻璃光泽，透明；硬度 2，完全解理。2014 年发现于俄罗斯堪察加州托尔巴契克(Tolbachik)火山主裂隙北破火山口第二火山渣锥喷气孔。英文名称 Chubarovite，以俄罗斯矿物学家和物理学家瓦列里·M. 丘巴罗夫(Valeriy M. Chubarov，1948—)的姓氏命名。IMA 2014－018 批准。2014 年 I. V. 佩科夫(I. V. Pekov)等在《CNMNC 通讯》(21)、《矿物学杂志》(78)和 2015 年《加拿大矿物学家》(53)报道。目前尚未见官方中文译名，编译者建议音译为丘巴罗夫石*。

【丘碲铅铜石】参见【等碲铅铜石】条 117 页

秋 [qiū]形声；繁体正字从禾从龟，龟亦声。[英]音，用于外国人名。

【秋本石】参见【阿基墨石】条 4 页

球 [qiú]形声；从玉，求声。本义：美玉。泛指圆形或接近圆形的立体物。用于描述矿物的集合体形态。

【球硅铍石】

英文名 Sphaerobertrandite

化学式 $Be_3(SiO_4)(OH)_2$　(IMA)

Q

球硅铍石球晶状集合体(挪威)

球硅铍石是一种含羟基的铍的硅酸盐矿物。单斜晶系。晶体呈扁平状、长柱状(挪威);集合体呈致密球粒状、皮壳状和球晶状(俄罗斯)。无色、白色、黄色、褐色、灰色、米黄色,玻璃光泽,透明—半透明;硬度 5,完全解理,脆性。1957 年发现于挪威西福尔郡维克镇特维达伦图芬(Tvedalen Tuften)采石场和俄罗斯北部摩尔曼斯克州森吉肖尔(Sengischorr)山。英文名称 Sphaerobertrandite,以典型球状(Spherulitic)的形态且具与羟硅铍石(Bertrandite)相似的化学成分命名。1957 年苏联杰出的化学家谢苗诺夫在《特鲁迪矿物学、地球化学、晶体化学稀有元素研究所文献》(*Trudy Instituta Mineralogii Geokhimii iKristallokhimii Redkikh Elementov*)(1)第一次描述了该矿物,但未被接受作为一个有效的物种。IMA 2003s. p. 批准。2003 年 I. V. 佩科夫(I. V. Pekov)等在《欧洲矿物学杂志》(15)报道。1959 年以前发现、描述并命名的"祖父级"矿物,IMA 承认有效。2008 年中国地质科学院地质研究所任玉峰等在《岩石矿物学杂志》[27(2)]根据典型的形态和成分译为球硅铍石或水硅铍石。

【球菱钴矿】参见【菱钴矿】条 489 页

【球泡铋矿】参见【泡铋矿】条 668 页

【球砷锰石】

英文名 Akrochordite

化学式 $Mn_5^{2+}(AsO_4)_2(OH)_4 \cdot 4H_2O$　　(IMA)

球砷锰石疣状集合体(瑞典)

球砷锰石是一种含结晶水和羟基的锰的砷酸盐矿物。单斜晶系。集合体呈疣状。淡褐色、淡深棕色、浅粉色,半玻璃光泽、树脂光泽,半透明;硬度 3.5,完全解理,脆性。1915 年发现于瑞典韦姆兰省菲利普斯塔德市朗班(Långban)。英文名称 Akrochordite,1922 年由古斯塔夫·弗林克(Gustav Flink)根据希腊文"ακρ ὀ χορδον= Akrochordon= Awart(疣或刺瘊)"命名,意指它的外貌呈球状。1922 年弗林克(Flink)在《斯德哥尔摩地质学会会刊》(44)报道。1959 年以前发现、描述并命名的"祖父级"矿物,IMA 承认有效。中文名称根据形态和成分译为球砷锰石。

【球碳镁石】

英文名 Dypingite

化学式 $Mg_5(CO_3)_4(OH)_2 \cdot 5H_2O$

球碳镁石是一种含结晶水、羟基的镁的碳酸盐矿物。属蛇纹石族。单斜晶系。晶体呈针状、片状;集合体呈肾状、葡萄状、圆球状,内部有针状、片状晶体呈放射状排列。白色、白灰色,珍珠光泽,半透明;脆性。1961 年发现于挪威巴斯克鲁德郡杜平达尔(Dypingdal)蛇纹石-菱镁矿矿床。英文名称 Dypingite,1970 年由贡纳·拉德(Gunnar Raade)以发现地挪威的迪平达尔(Dypingdal)矿命名。IMA 1970-011 批准。1970 年 G. 拉德(G. Raade)在《美国矿物学家》(55)报道。中文名称根据形态和成分译为球碳镁石;音译为杜平石。

球碳镁石圆球状集合体(意大利)

【球霰石】

英文名 Vaterite

化学式 $Ca(CO_3)$　　(IMA)

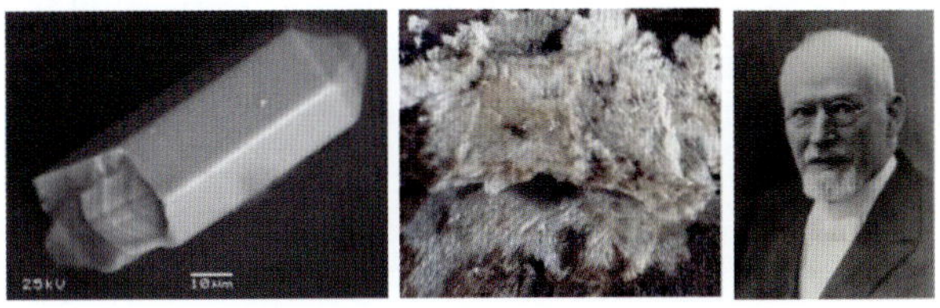

球霰石显微六方柱状、纤维状晶体(意大利、美国)和瓦泰尔像

球霰石是一种钙的碳酸盐矿物。与方解石(三方)和霰石(斜方)呈同质三象。六方晶系。晶体呈细纤维状,显微单晶呈六方柱状;集合体呈毛毡状、球状。无色,半玻璃光泽、蜡状光泽,透明—半透明;硬度 3,脆性。发现于英国。英文名称 Vaterite,以德国萨克森州塔兰特的矿物学和化学教授海因里希·瓦泰尔(Heinrich Vater,1859—1930)的姓氏命名。他是森林土壤科学、土地评估和森林施肥领域的先驱。1911 年 C. 德勒特(C. Doelter)在《矿物与化学手册》[4(1)]和《德国自然研究者和医生协会会刊》(*Verhandlungen der Gesellschaft Deutscher Naturforscher und Ärzte*)(82)刊载。1959 年以前发现、描述并命名的"祖父级"矿物,IMA 承认有效。IMA 1962s. p. 批准。中文名称根据形态和与霰石的关系译为球霰石;也译为球文石;或根据晶系和成分译为六方碳钙石/六方球方解石。六方碳钙石呈亚稳定态,一般只在极端气候条件下如北极或冷水湖底偶尔存在于生物体系中,如珍珠、结壳、胆结石、尿结石等。

【球星石】

英文名 Astrolite

化学式 $KAl_2(AlSi_3O_{10})(OH)_2$

球星石是白云母的一个球状变种。单斜晶系(?)。晶体呈片状、纤维状;集合体呈放射状、球粒状。黄绿色,玻璃光泽;硬度 3.5,极完全解理。最初描述来自德国萨克森州沃格特兰区赖兴巴赫市佩尔兹(Pelz)采石场。英文名称 Astrolite,一可能以奥斯屈莱(Astrol)命名;二可能由占星术(As-

球星石放射状、球粒状集合体(德国)

Q

trol)而来,因为这种球星石形态很像龟甲(参见【镁绿纤石】条 596 页)中的绿星石(Chlorastrolite)],古代用龟甲作为占卜工具,以观测天象来预卜人间事务。1972 年被 IMA 废弃。中文名称根据形态译为球星石。

巯 [qiú]这个字是中国早期化学家造的字,巯基就是-SH,由氢[qing]和硫[liu]构成,所以这个基团就取拼音 q 和 iu,读 qiú。巯为有机化合物中含硫和氢的基,亦称"巯基"或"氢硫基"。

【巯基贝斯特石*】

英文名 Sulfhydrylbystrite

化学式 $Na_5K_2Ca[Al_6Si_6O_{24}](S_5)^{2-}(SH)^-$ (IMA)

巯基贝斯特石*是一种含氢硫基(巯基)和对硫的钠、钾、钙的铝硅酸盐矿物,它是目前已知的独一无二的双含巯基(SH)和硫化阴离子$(S_5)^{2-}$的唯一矿物。属似长石族钙霞石族。三方晶系。黄色—橙色,玻璃光泽,半透明;硬度 4.5~5,完全解理,脆性。2015 年发现于俄罗斯伊尔库茨克州贝加尔湖区马洛-贝斯特林斯卡耶(Malo-Bystrinskoe)天青石矿床。英文名称 Sulfhydrylbystrite,由成分冠词"Sulfhydryl(巯基,SH)"和根词"Bbystrite(贝斯特石*)"组合命名,意指它是巯基的贝斯特石*的类似矿物。IMA 2015-010 批准。2015 年 A. N. 萨波日尼科夫(A. N. Sapozhnikov)等在《CNMNC 通讯》(25)、《矿物学杂志》(79)和 2017 年《矿物学杂志》(81)报道。目前尚未见官方中文译名,编译者建议根据成分及与贝斯特石*的关系译为巯基贝斯特石*(根词参见【贝斯特石*】条 51 页)。

曲 [qū]象形。①弯,与"直"相对。②用于中国地名。③[英]音,用于外国地名。

【曲加洛矿*】

英文名 Quijarroite

化学式 $Cu_6HgPb_2Bi_4Se_{12}$ (IMA)

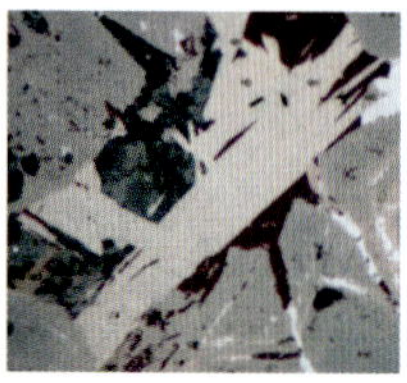

曲加洛矿*板条状晶体(玻利维亚)

曲加洛矿*是一种铜、汞、铅、铋的硒化物矿物。斜方晶系。晶体呈板条状、薄板状,长 150μm 和宽 20μm,偶见他形晶粒,黑色,金属光泽,不透明。2016 年发现于玻利维亚波多西安东尼奥-曲加洛(Quijarro)省厄尔德隆(El Dragón)矿。英文名称 Quijarroite,以发现地玻利维亚的安东尼奥-曲加洛(Antonio Quijarro)命名。IMA 2016-052 批准。2016 年 H. J. 福斯特(H. J. Förster)等在《CNMNC 通讯》(33)、《矿物学杂志》(80)和《矿物》[6(4)]报道。目前尚未见官方中文译名,编译者建议音译为曲加洛矿*。

【曲晶石】参见【锆石】条 242 页

【曲松矿】

汉拼名 Qusongite

化学式 WC (IMA)

曲松矿是一种钨的碳化物矿物。六方晶系。晶体呈不规则粒状或板片状。黑色、钢灰色,金属光泽,不透明;硬度 9.5,贝壳断口。1981 年中国地质科学院地质研究所的方青松、白文吉等在中国西藏自治区罗布莎蛇绿岩铬铁矿床调查研究时,因发现了蛇绿岩型金刚石,而引起关注。逐获得了国家自然科学基金资助,中国地质大学与中国地质科学院合作的基金课题组,在中国地质大学施倪承教授主持下,发现了多种形成于地球深部的新矿物种群。在 2006—2007 年,课题组成员白文吉、方青松、施倪承及李国武已先后分别向国际矿物学会新矿物、矿物命名及分类委员会提交了新矿物罗布莎矿($Fe_{0.83}Si_2$)、曲松矿(WC)、雅鲁矿$[(Cr,Fe,Ni)_9C_4]$及藏布矿($TiFeSi_2$)的申请,并以我国著名的河流雅鲁藏布江命名为雅鲁矿及藏布矿。曲松矿及罗布莎矿则是以我国科学家这次考察的西藏曲松(Qusong)县(因色布河、江扎河、贡布河贯穿全县境,3 条河藏文译音为"曲松",曲松县因此而得名)及罗布莎村(Luobusa)铬铁矿区命名。1986 年张建洪等在中国《矿物学报》(6,中英文文摘)报道。IMA 2007-034批准。2009 年在《美国矿物学家》(94)报道。这些新矿物的发现对研究地球深部物质及地球动力学具有重要意义。

泉 [quán]象形;甲骨文字形。像水从山崖泉穴中流出的样子。本义:泉水。有冷泉和温泉。

【泉石华】

英文名 Plombièrite

化学式 $Ca_4Si_6O_{16}(OH)_2(H_2O)_2\cdot(Ca\cdot5H_2O)$ (IMA)

泉石华渣状、球粒状集合体(法国、意大利)

泉石华是一种含水化钙和结晶水、羟基的钙的硅酸盐矿物。属托勃莫来石族。斜方(或单斜)晶系。晶体呈纤维状;集合体呈胶状、渣状、放射状、球粒状,在玄武岩晶洞中有的呈晶簇状。雪白色、粉色、红棕色,玻璃光泽,解理面上呈丝绢光泽;硬度 2.5。最早见于 1858 年 G. A. 多布雷(G. A. Daubrée)在《矿山年鉴》(13)报道。1953 年发现于法国格兰德伊斯特孚日山脉普隆比耶尔莱班(Plombières-les-Bains)温泉沉积物;同年,G. F. 克拉林布尔(G. F. Claringbull)在《美国矿物学家》(38)报道。英文名称 Plombièrite,以法国普隆比耶尔(Plombières)温泉命名。2005 年 E. 博纳科尔西(E. Bonaccorsi)等在《美国陶瓷协会杂志》(88)报道,认为 Plombièrite = Plombièrite-14Å = Tobermorite-14Å (1Å = 0.1nm)。2014 年 IMA 重新定义批准为 Tobermorite-14Å。IMA 2014s. p. 批准。中文名称根据成因及形态译为泉石华,也有的译为温泉滓石(参见【雪硅钙石】条 1053 页)。目前 Plombièrite 已知有-4O(斜方)和-2M(单斜)多型。

Q

Rr

热 ［rè］形声；本义：温度高，与“冷”相对。使热，加热。

【热臭石】

英文名 Pyrosmalite-(Fe)

化学式 $Fe_8^{2+}Si_6O_{15}(OH)_{10}$　　(IMA)

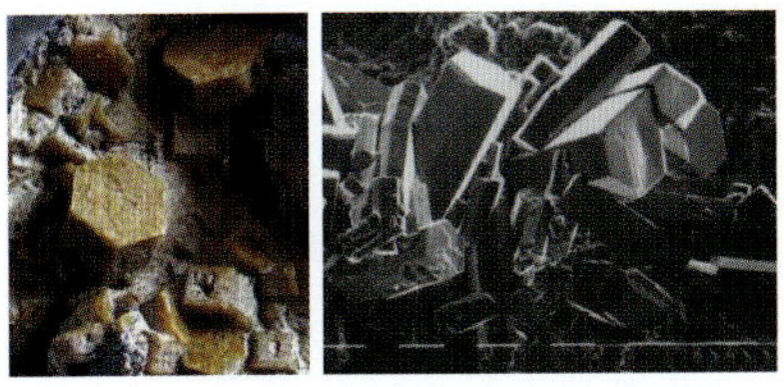

热臭石柱状晶体（瑞典）

热臭石是一种含羟基的铁的硅酸盐矿物。属热臭石族。为热臭石(铁)-热臭石(锰)系列的铁端元矿物。三方晶系。晶体呈柱状、六方厚板状、叶片状；集合体呈块状。无色、绿色、浅褐色，解理面上呈珍珠光泽；硬度 4～4.5，完全解理。发现于瑞典韦姆兰省菲利普斯塔德市诺德马克奥达尔矿田比约克(Bjelke)矿。英文名称 Pyrosmalite，1808 年由约翰·弗里德里希·路德维希·豪斯曼(Johann Friedrich Ludwig Hausmann)根据希腊文“πυρ＝Fire＝Pyro(火加热)”和“οσμη＝Smell(臭味)”命名，意指高温加热矿物时，会散发出强烈的臭味。后由 IMA 重新加铁后缀-(Fe)，命名为 Pyrosmalite-(Fe)。1959 年以前发现、描述并命名的“祖父级”矿物，IMA 承认有效。IMA 1987s. p. 批准。1986 年在《矿物学杂志》(50)和 1987 年《矿物学杂志》(51)报道。中文名称意译为热臭石或热臭石-铁/铁热臭石。

人 ［rén］象形；甲骨文字形，像侧面站立的人形。用于日本地名。

【人形石】

参见【磷钙铀矿】条 457 页

刃 ［rèn］指事；小篆字形，在刀上加一点，表示刀锋所在。本义：刀、剪、剑的锋利部分。比喻矿物的形态。

【刃沸石】

英文名 Cowlesite

化学式 $Ca(Al_2Si_3)O_{10}\cdot 5\sim6H_2O$　　(IMA)

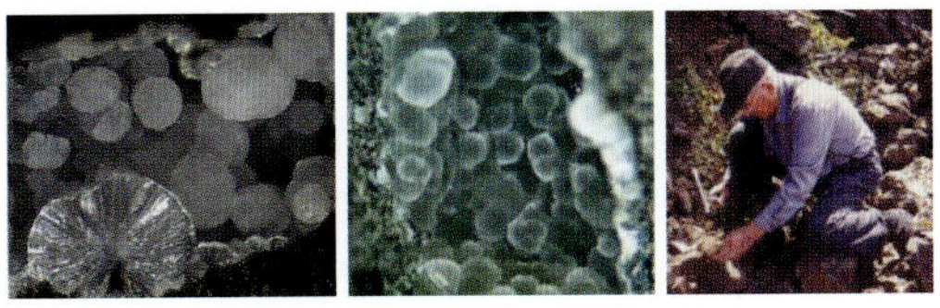

刃沸石放射状、圆球状集合体（美国）和考尔斯像

刃沸石是一种含沸石水的钙的铝硅酸盐矿物。属沸石族。斜方晶系。晶体呈薄而纤细的板条状；集合体呈放射状、圆球状。无色、白色、灰色、蓝灰色，珍珠光泽、玻璃光泽、油脂光泽，透明；硬度 5～5.5，完全解理，脆性。1975 年发现于美国亚利桑那州皮纳尔县苏必利尔矿区苏必利尔(Superior)村和俄勒冈州哥伦比亚县戈贝尔(Goble)镇等处，以及加拿大不列颠哥伦比亚省坎洛普矿区司蒙特(Monte)湖。英文名称 Cowlesite，为纪念美国矿物学家约翰·考尔斯(John Cowles，1907—1985)而以他的姓氏命名。IMA 1975－016 批准。1975 年 W. S. 维塞(W. S. Wise)和 R. W. 切尔尼希(R. W. Tschernich)在《美国矿物学家》(60)报道。中文名称根据形态和族名译为刃沸石。

日 ［rì］象形；甲骨文和小篆字形，像太阳形。轮廓像太阳的圆形，一横或一点表示太阳的光。本义：太阳。日光，太阳发出的光。①放射状描述矿物的形态。②用金黄色的太阳光比喻矿物的颜色。③用于日本地名。

【日光榴石】

英文名 Helvine

化学式 $Be_3Mn_4^{2+}(SiO_4)_3S$　　(IMA)

日光榴石四面体晶体（巴西、中国）和太阳神赫利俄斯

日光榴石是一种含硫的铍、锰的硅酸盐矿物。属石榴石族。日光榴石是自然界中一种富含铍(Be)的矿物，它与铍榴石(Danalite)和锌榴石(Genthelvite)可形成完全固溶体系列。等轴晶系。晶体呈四面体、八面体、四角三八面体、菱形十二面体或它们的聚形，具双晶；集合体呈致密块状。蜜黄色、褐黄色、褐色、淡红色、深红褐色—黑色，也有绿色，玻璃光泽、树脂光泽、油脂光泽，透明—不透明；硬度 6～6.5。在紫外线照射下常会发出深红色的荧光。透明色美者可作宝石。

1804 年发现于德国萨克森州厄尔士山脉布赖滕布伦村布鲁德洛伦茨矿和弗里德弗斯特(Friedefurst)矿，样品保存在德国矿业学院。最早见于 1804 年 F. 莫氏(F. Mohs)的报道。英文名称 Helvine(Helvite)，1817 年由维尔纳(Werner)命名，取自希腊文“Ἡλιος＝Helios”，是“太阳”的意思。见于 1817 年维尔纳(Werner)在 *Letztes Mineral-System* 和 J. C. 弗赖斯莱本(J. C. Freiesleben)在《地学著作》(*Geognostische Arbeiten*)(第六集)报道。一说 Helvine 是希腊神话中的太阳神，是泰坦神海泼里恩(Hyperion－亥帕瑞恩)与提亚(Theia)之子，月神塞勒涅(Selene)与曙光女神厄俄斯(Eos)之兄，太阳车神驭手，传说他每日乘着四匹火马所拉的太阳车在天空中驰骋，从东至西，晨出晚没，令光明普照世界。Helvine 的别名福波斯(Phoebus)有发光之意。也有文献说 Helvine 来自希腊文“χελβους＝Helvus(黄色，淡红色)”。总之，它们都指此种矿物的颜色犹如金黄色的太阳光芒一般。1959 年以前发现、描述并命名的“祖父级”矿物，IMA 承认有效。IMA 正式承认的名字是 Helvine，而不是“Helvite”，尽管如此，“Helvite”可能在文献中更常见。中文名称根据颜色和族名译为日光榴石。

【日立矿*】

英文名 Hitachiite

化学式 $Pb_5Bi_2Te_2S_6$　　(IMA)

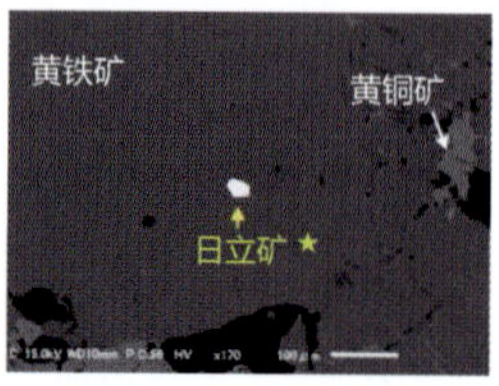

日立矿* 显微晶体(日本,电镜)

日立矿* 是一种铅、铋的碲-硫化物矿物。属辉碲铋矿族。三方晶系。银灰色,金属光泽,不透明;硬度 2.5～3。2018 年发现于日本茨城县北部的日立市(原多贺郡日立町)日立矿山形成于5.3亿年前的日本最古老的不动龙矿床;其实研究标本是冈山大学加濑克雄教授于 1971—1973 年间采集的。英文名称 Hitachiite,由模式产地日本日立矿山命名。日文汉字名称日立鉱。IMA 2018-027 批准。2018 年日本东北大学研究生院理学研究科栗林贵弘(T. Kuribayashi)副教授等在《CNMNC 通讯》(44)、《矿物学杂志》(82)和《欧洲矿物学杂志》(30)报道。目前尚未见官方中文译名,编译者建议借用日文汉字名称的简化汉字名称日立矿*。

【日内瓦石】

英文名 Genèvéite

化学式 $(Cu,Zn)_9(AsO_4)_2(OH)_{12}\cdot 2H_2O$

日内瓦石是一种含结晶水和羟基的铜、锌的砷酸盐矿物。六方晶系。蓝色、绿色,玻璃光泽。它可能与西锑砷铜锌矿(Theisite)相同。最初发现于奥地利蒂罗尔州。英文名称 Genèvéite,以瑞士的日内瓦(法文:Genève)命名。从来没有提交 IMA,但 1983 年 H. 萨尔普(H. Sarp)等《日内瓦科学文献》(36)公布了名称。1985 年中国新矿物与矿物命名委员会郭宗山等在《岩石矿物及测试》[4(4)]音译为日内瓦石。

【日叶石】

英文名 Heliophyllite

化学式 $Pb_6As_2O_7Cl_4$　　(IMA)

日叶石叶片状晶体,放射状、球粒状集合体(希腊、瑞典)

日叶石是一种含氯的铅的砷酸盐矿物。与氯砷铅矿(Ecdemite)为同质二象。斜方(假四方)晶系。晶体呈尖锥状,其倾斜面有横形纹,也见有叶片状;集合体呈球粒状、放射状。黄绿色,玻璃光泽、油脂光泽,半透明;硬度 2,完全解理。1888 年发现于瑞典韦姆兰省菲利普斯塔德市珀斯伯格矿区哈斯蒂根(Harstigen)及朗班(Långban)矿。1888 年弗林克在《斯德哥尔摩皇家科学院报告回顾》(*Öfversigt af Kongliga Vetenskaps-Akademiens Förhandlingar*)(45)报道。英文名称 Heliophyllite,根据希腊文“ἡλιος＝Sun(太阳)”和“φύλλον ἡλιος＝Leaf(叶子)”命名,意指矿物的颜色和片状习性。1959 年以前发现、描述并命名的“祖父级”矿物,IMA 承认有效;但 2019 年被 IMA 质疑。被视为 Ecdemite(氯砷铅矿)的同义词。中文名称意译为日叶石;根据斜方晶系和成分译为斜方氯砷铅矿;斜方晶系也称正交晶系,正亦直,也译作直氯砷铅矿。

绒 [róng]形声;从糸(mì),戎声。本义:鸟兽身上的柔软细小的毛。比喻矿物的形态。

【绒铜矾】

英文名 Cyanotrichite

化学式 $Cu_4Al_2(SO_4)(OH)_{12}(H_2O)_2$　　(IMA)

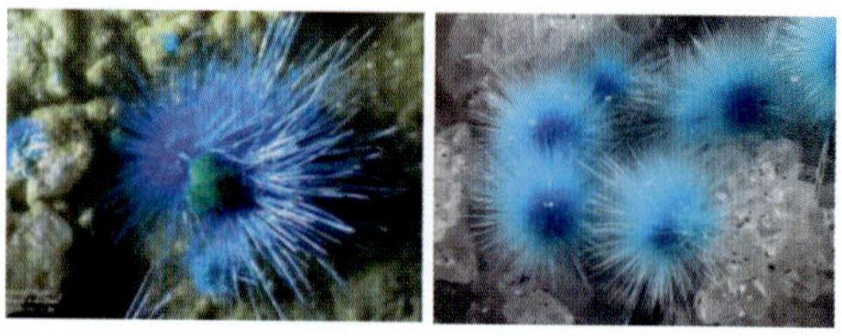

绒铜矾绒球状集合体(法国)

绒铜矾是一种含结晶水和羟基的铜、铝的硫酸盐矿物。斜方晶系。晶体呈针状、鹅绒状;集合体呈放射状、绒球状。天蓝色、蔚蓝色,丝绢光泽,透明;硬度 1～3。最早见于 1808 年维尔纳(Werner)报道,称 Kupfersammeterz 和 Kupfersamterz。1839 年发现于罗马尼亚西南部卡拉什-塞维林县巴纳特山脉摩尔多瓦努什萨斯卡(Moldova Nouă-Sasca)铜钼铁矿田摩尔多瓦努什(Moldova Nouă)矿。1839 年 E. F. 格洛克(E. F. Glocker)在《矿物学手册》(第二版,纽伦堡)命名为 Cyanotrichit。英文名称 Cyanotrichite,根据希腊文“κυανὀs＝Blue(蓝色)”和“θρὶξ＝Hair(头发)”命名,意指矿物的蓝色和绒状的晶习。1959 年以前发现、描述并命名的“祖父级”矿物,IMA 承认有效。IMA 1967s. p. 批准。中文名称根据矿物晶习和成分译为绒铜矾;根据颜色、晶习和成分译为蓝绒铜矿。

肉 [ròu]象形;甲骨文字形,小篆,像动物肉。“肉”本义:人或动物体内红色、柔软的组织。用肉色比喻矿物的颜色。

【肉桂石】参见【钙铝榴石】条 222 页

【肉色柱石】

英文名 Sarcolite

化学式 $Na_4Ca_{12}Al_8Si_{12}O_{46}(SiO_4,PO_4)(OH,H_2O)_4(CO_3,Cl)$　　(IMA)

肉色柱石柱状晶体(意大利)

肉色柱石是一种含氯、碳酸根、结晶水和羟基的钠、钙的磷酸-硅酸-铝硅酸盐矿物。四方晶系。晶体呈立方体、八面体、长柱状、粒状;集合体呈块状。淡红色、粉红色—白色或肉红色,玻璃光泽,透明—微透明;硬度 6,无解理,脆性。1807 年发现于意大利那不勒斯省外轮山-维苏威(Somma-Vesuvius)杂岩体;同年,在《自然历史博物馆年鉴》(*Annales du Muséum d'Histoire Naturelle*)(9)报道。英文名称 Sarcolite,根据希腊文“Σάρκα＝Sarka＝Flesh(肉)”命名,意指其肉红色。1959 年以前发现、描述并命名的“祖父级”矿物,IMA 承认有效。中文名称根据颜色和晶习译为肉色柱石或肉柱石。

如 [rú]会意;从女,从口。[英]音,用于外国地名。

【如硫铜矿】

英文名 Roxbyite

化学式 Cu_9S_5　　(IMA)

如硫铜矿是一种铜的硫化物矿物。属辉铜矿-蓝辉铜矿族。三斜晶系。暗蓝色，金属光泽，不透明；硬度 2.5～3。1986 年发现于澳大利亚南澳大利亚州斯图尔特大陆架如克斯比道恩(Roxby Down)奥林匹克坝矿。英文名称 Roxbyite，以发现地澳大利亚的如克斯比道恩(Roxby Down)命名。IMA 1986－010 批准。1988 年 W. G. 穆默(W. G. Mumme)等在《矿物学杂志》(52)和 1989 年《美国矿物学家》(74)报道。1989 年中国新矿物与矿物命名委员会郭宗山在《岩石矿物学杂志》[8(3)]根据英文首音节音和成分译为如硫铜矿，也有的译为五硫铜矿。

茹

[rú]会意；从女，从口。[英]音，用于外国地名。

【茹水砷钙石】

英文名 Rauenthalite

化学式 $Ca_3(AsO_4)_2 \cdot 10H_2O$　　(IMA)

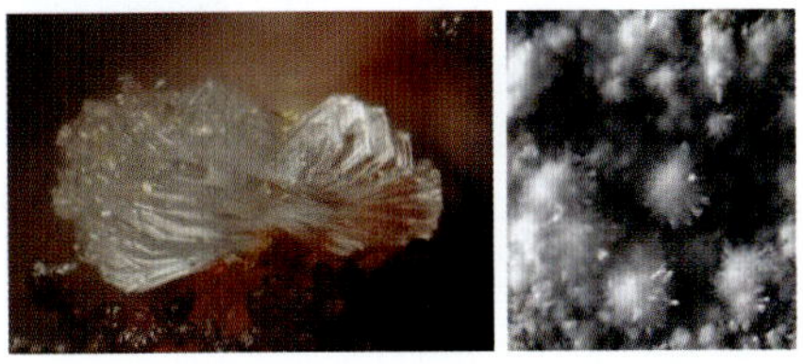

茹水砷钙石板状晶体，晶簇状、显微球粒状集合体(德国、法国)

茹水砷钙石是一种含结晶水的钙的砷酸盐矿物。三斜晶系。晶体呈细针状；集合体呈显微球粒状。无色、白色，半玻璃光泽、蜡状光泽，透明；硬度 2，脆性。1964 年发现于法国上莱茵省科尔马-劳恩塔尔(Colmar-Rauenthal)圣玛丽奥克斯矿山纽恩堡村圣雅各布矿脉加布戈特斯(Gabe Gottes)矿。英文名称 Rauenthalite，1964 年由罗兰·皮洛特(Roland Pierrot)根据最初发现地法国劳恩塔尔(Rauenthal)山谷命名。IMA 1964－007 批准。1964 年皮洛特(Pierrot)在《法国矿物学和结晶学会通报》(87)和 1965 年《美国矿物学家》(50，摘要)报道。中文名称根据英文名称首音节音和成分译为茹水砷钙石。

铷

[rú]形声；从金，如声。一种金属元素。[英]Rubidium。元素符号 Rb。原子序数 37。锂钾矿物锂云母是在 18 世纪 60 年代被发现的，而且它的性质很奇怪。当扔进燃烧的煤块时，它会吐泡沫，然后像玻璃一样变硬。分析显示它包含锂和钾，但它还藏着一个秘密。在 1861 年，海德堡大学罗伯特·本生(Robert Bunsen)和古斯塔夫·基尔霍夫(Gustav Kirchhoff)，在酸中溶解了这种矿石，并沉淀出钾，然后测试了残余物，展示出了 2 条从未见过的强烈的宝石红色原子光谱线，证实了它们真的包含一种新的元素，并用拉丁文"Ruidus(深红色)"命名为 Rubidium。纯净的铷金属样本在 1928 年生产出来。铷无单独工业矿物，常分散在云母、铁锂云母、铯榴石和盐矿层、矿泉之中。

【铷微斜长石】

英文名 Rubicline

化学式 $Rb(AlSi_3O_8)$　　(IMA)

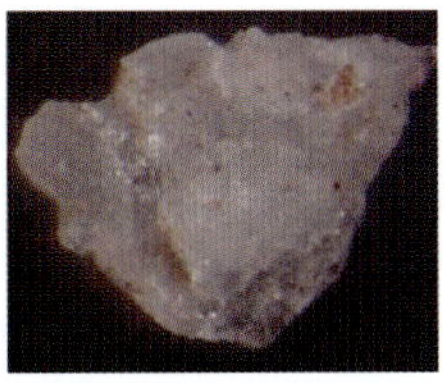

铷微斜长石块状集合体(俄罗斯)

铷微斜长石是一种铷的铝硅酸盐矿物。属长石族。三斜晶系。晶体呈粒状；集合体呈块状。无色，玻璃光泽，透明；硬度 6，完全解理，脆性。1996 年发现于意大利托斯卡纳区里窝那市厄尔巴岛坎波内莱厄尔巴村圣皮耶罗(San Piero)伟晶岩。英文名称 Rubicline，由成分冠词"Rubidium(铷)"和根词"Microcline(微斜长石)"缩写组合命名，意指它是铷的微斜长石的类似矿物。IMA 1996－058 批准。1998 年 D. K. 特尔斯特拉(D. K. Teerstra)等在《美国矿物学家》(83)报道。2004 年中国地质科学院矿产资源研究所李锦平等在《岩石矿物学杂志》[23(1)]根据成分及与微斜长石的关系译为铷微斜长石。

蠕

[rú]从虫，从需。"需"意为"柔软"。"虫"与"需"联合起来表示"软虫"。像蚯蚓、蛭那样的爬行动物。比喻矿物的形态。

【蠕绿泥石】参见【斜绿泥石】条 1033 页

乳

[rǔ]会意；从孚。甲骨文中像手抱婴儿哺乳状。①分泌奶的器官乳房；比喻矿物的形态。②乳房中分泌出来的白色、淡黄色奶汁；比喻矿物的颜色。

【乳埃洛石】参见【埃洛石－10Å】条 15 页

【乳砷铅铜矿】

英文名 Bayldonite

化学式 $Cu_3PbO(AsO_3OH)_2(OH)_2$　　(IMA)

乳砷铅铜矿柱状晶体，晶簇状、乳头状集合体(纳米比亚、法国)

乳砷铅铜矿是一种含羟基的铜、铅氧的氢砷酸盐矿物。单斜晶系。晶体呈细粒状或粉状、纤维状，少见柱状；集合体常呈乳头状。绿色、苹果绿色、黄绿色、深绿色—黑色，条痕呈金翅雀绿色、苹果绿色，树脂光泽、蜡状光泽、油脂光泽，透明—半透明；硬度 4.5，脆性。1865 年发现于英国英格兰康沃尔郡芒茨湾地区圣希拉里彭伯西克罗夫特(Penberthy Croft)矿。英文名称 Bayldonite，由亚瑟·赫伯特·丘奇(Arthur Herbert Church)以英国教堂医生约翰·贝尔顿(John Bayldon，1837—1872)的姓氏命名。贝尔顿曾获得爱丁堡大学和伦敦大学的学位。在 1850 年末，贝尔顿是爱丁堡皇家外科学院植物学讲师。在爱丁堡期间，他还发表了地质和植物学科的观察报告。人们普遍认为是贝尔顿最初发现这种新矿物标本，但他没有这么讲。1865 年教堂特别说明标本来自矿物经销商理查德·塔林(Richard Talling)先生，他曾为教会提供了大量的新矿物种。1865 年丘奇(Church)在《伦敦化学学会杂志》(18)报道。1959 年以前发现、描述并命名的"祖父级"矿物，IMA 承认有效。中文名称根据形态和成分译为乳砷铅铜矿或乳砷铅铜石，也译为乳砷铅矿。

【乳石英】参见【水晶】条 835 页

软

[ruǎn]形声；从车，欠声。本义：柔软。柔，与"硬"相对。1822 年德国矿物学家弗莱德奇·摩氏(1773—1839)提出用 10 种矿物做标准，衡量矿物的相对硬度，即摩氏硬度计：1. 滑石；2. 石膏；3. 方解石；4. 萤石；5. 磷

灰石;6.长石;7.石英;8.黄玉;9.刚玉;10.金刚石。后面的矿物硬度相对前面的硬度要高。

【软铋矿】

英文名 Sillénite

化学式 $Bi_{12}SiO_{20}$　(IMA)

斯林像

软铋矿是一种铋硅的氧化物矿物。等轴晶系。晶体呈立方体、细粒状。棕绿色、绿色、灰绿色、黄绿色或橄榄绿色,金刚光泽、蜡状光泽、土状光泽,透明—半透明;硬度1～2。1943年发现于墨西哥杜兰戈(Durango)市。1943年C.弗龙德尔(C. Frondel)在《美国矿物学家》(28)报道。英文名称Sillénite,以瑞典斯德哥尔摩的拉尔斯·贡纳尔·斯林(Lars Gunnar Sillén,1916—1960)的姓氏命名。他在铋氧化物研究方面开展了广泛的合作。1959年以前发现、描述并命名的"祖父级"矿物,IMA承认有效。中文名称根据硬度小和成分译为软铋矿。

【软铋铅钯矿】

英文名 Urvantsevite

化学式 $Pd(Bi,Pb)_2$　(IMA)

乌尔万采夫像

软铋铅钯矿是一种钯与铋、铅的互化物矿物。四方晶系。与Polyminerallic共生。灰白色,金属光泽,不透明;硬度2,完全解理。1976年发现于俄罗斯多尔干-涅涅茨自治区(泰梅尔半岛)诺利尔斯克市塔尔纳赫铜镍矿床玛贾克(Mayak)矿。英文名称Urvantsevite,以尼古拉·谢苗诺夫·乌尔万采夫(Nikolai Nikolaevich Urvantsev,1893—1985)的姓氏命名。他是苏联列宁格勒海洋地质研究所的地质学家和极地探险家。IMA 1976-025批准。1976年在《全苏矿物学会记事》(105)报道。中文名称根据硬度软和成分译为软铋铅钯矿,有的误译为六方铋铅钯矿。

【软碲铜矿】

英文名 Vulcanite

化学式 CuTe　(IMA)

软碲铜矿是一种铜的碲化物矿物。斜方晶系。青铜黄色,金属光泽,不透明;硬度1～2。发现于美国科罗拉多州冈尼森县瓦肯(Vulcan)矿区瓦肯(Vulcan)镇好希望(Good Hope)矿。英文名称Vulcanite,以"瓦肯(Vulcan)矿区所在地"命名,但不清楚是指位于矿区附近的瓦肯镇,还是指瓦肯矿区。1961年E. N.卡梅伦(E. N. Cameron)等在《美国矿物学家》(46)报道。IMA 1967s. p.批准。中文名称根据硬度小和成分译为软碲铜矿。

【软硅铜矿】

英文名 Bisbeeite

化学式 $(Cu,Mg)SiO_3 \cdot nH_2O$

软硅铜矿是一种含结晶水的铜、镁的硅酸盐矿物。斜方晶系。晶体呈极薄片状、薄板条状、纤维状。白色、淡蓝色;硬度小。最初发现于美国亚利桑那州科奇斯县(Mule)沃伦区比斯比(Bisbee)镇沙塔克(Shattuck)矿。英文名称Bisbeeite,以美国亚利桑那州科奇斯县比斯比(Bisbee)镇命名,且在这里首先发现并第一次描述了该矿物。1915年W. T.夏勒(W. T. Schaller)在美国《华盛顿科学院院报》(5)报道。1915年夏勒、1962年劳伦特(Laurent)和皮也罗(Pierrot)研究的材料类型均出于非洲。他们研究证实了这是一个不同的矿物种。1922年A. F.罗杰斯(A. F. Rogers)在《美国矿物学家》(7)报道了Bisbeeite的光学性质和形貌。1923年S. G.戈登(S. G. Gordon)《美国矿物学家》(8)认为Bisbeeite是绒铜矾(Cyanotrichite)。1967年M. C.奥斯特韦克-加斯图希(M. C. Oosterwyck-Gastuche)在《中部非洲皇家博物馆年鉴》(8)得出的结论是软硅铜矿是非洲纳米比亚加丹加省的矿物。1977年被CNMMN废弃。中文名称根据硬度小和成分译为软硅铜矿。

【软钾镁矾】

英文名 Picromerite

化学式 $K_2Mg(SO_4)_2 \cdot 6H_2O$　(IMA)

软钾镁矾短柱状晶体(德国)

软钾镁矾是一种含结晶水的钾、镁的硫酸盐矿物。单斜晶系。晶体呈短柱状;集合体呈块状、皮壳状。无色、白色、红色、黄色、浅灰色,玻璃光泽,透明;硬度2.5,完全解理。1855年发现于意大利那不勒斯省外轮山-维苏威(Somma-Vesuvius)杂岩体。英文名称Picromerite,由希腊文"Πικρό=Bitter(苦)"和"Μέρos=Part(分离)"命名,意指含镁和最初是从维苏威火山喷气孔水溶液分离结晶出来的混合盐。1855年斯卡奇(Scacchi)在《关于维苏威火山火灾的记忆》(*Mem. sullo Incendio Vesuvio*)报道。1959年以前发现、描述并命名的"祖父级"矿物,IMA承认有效。IMA 1982s. p.批准。中文名称根据硬度小和成分译为软钾镁矾。

【软钾镍矾*】

英文名 Nickelpicromerite

化学式 $K_2Ni(SO_4)_2 \cdot 6H_2O$　(IMA)

软钾镍矾*是一种含结晶水的钾、镍的硫酸盐矿物。属软钾镁矾族。单斜晶系。晶体呈短柱状或板状、他形粒状,粒径仅0.07～0.5mm;集合体呈晶簇状、皮壳状。浅绿蓝色,玻璃光泽,透明;硬度2～2.5,完全解理。2012年发现于俄罗斯车里雅宾斯克州克什特姆镇斯柳多鲁德尼克(Slyudorudnik)矿山。英文名称Nickelpicromerite,由成分冠词"Nickel(镍)"和根词"Picromerite(软钾镁矾)"组合命名,意指它是镍的软钾镁矾的类似矿物(根词参见【软钾镁矾】条754页)。IMA 2012-053批准。2013年E. V.别洛古布(E. V. Belogub)等在《CNMNC通讯》(15)、《矿物学杂志》(77)和2015年《矿物学和岩石学》(109)报道。目前尚未见官方中文译名,编译者根据成分及与软钾镁矾的关系译为软钾镍矾*。

【软锰矿】

英文名 Pyrolusite

化学式 MnO_2　(IMA)

软锰矿柱状(捷克)、针状(葡萄牙)、纤维状晶体,放射状集合体

软锰矿是锰的氧化物矿物。属金红石族。具有 α(四方)、β(四方)、γ(斜方)三种变体。晶体呈四方柱状、细柱状、棒状或针状、纤维状;集合体常呈块状、肾状、葡萄状或土状,有时具有放射状。有趣的是有些软锰矿还呈现出一种树枝状附着于岩石表面,人称假化石。钢灰色—黑色,条痕呈蓝黑色—黑色,半金属光泽,不透明;硬度 2~6.5,完全解理,脆性。与结晶形态有关。软的非常软,还不及人的指甲硬,如果用手摸,它会像煤一样染手。最早发现于捷克。英文名称 Pyrolusite,1827 年由“Pyro(火焰)”和“Lusi(光辉)”命名,即用吹管分析时锰的火焰放射出火一般的光辉,由此得名。另说由希腊文“Φωτι ά= Fire(火)”和“Ἠ ταν= Was(洗)”命名,意指它被用来漂洗玻璃中的棕色和绿色。1827 年 W. 海丁格尔(W. Haidinger)在《爱丁堡科学杂志》(9)及 1888 年丹纳(Dana)和彭菲尔德(Penfield)在《美国科学杂志》(35)报道。1959 年以前发现、描述并命名的“祖父级”矿物,IMA 承认有效。IMA 1982s. p. 批准。中文名称根据硬度小和成分译为软锰矿。

软锰矿的晶体较大且晶形发育完好者,颜色黝黑(Black)又称黝锰矿(Polianite, β-MnO_2)。变体构成斜方晶系的兰姆斯德矿(Ramsdellite)(拉锰矿、斜方软锰矿,γ-MnO_2)(参见【软锰矿】条 754 页)。

锰矿物的利用历史十分悠久,据文献记载,世界上利用锰矿物最早的国家有埃及、古罗马、印度和中国。中国利用锰矿物的历史可追溯到距今约 4 500~7 000 年前后新石器时代的仰韶文化,先民们利用赤铁矿和锰矿物粉末美化陶器,创造出丰富多彩的彩陶文化。可是锰元素的发现却比较晚,18 世纪软锰矿这种东西常被炼金术用来漂白玻璃。1740 年德国玻璃工艺家 J. H. 包德(J. H. Pott)指出软锰矿中所含的元素与已知的任何元素都不同。后来伯格门和舍勒都承认新元素锰的存在,但谁都没能分离出来。到 1774 年瑞典化学家和矿物学家 J. 甘恩(J. Gahn,1745—1818)在研究软锰矿时,从中分离出锰,并命名为 Manganese,其拉丁文 Magnes,意即“具磁性的”,元素符号 Mn 亦从之而来(《化学元素的发现》)。瑞典化学家 C. W. 舍勒(C. W. Scheele,1742—1786)在 1774 年研究软锰矿与浓盐酸混合加热时,产生了一种黄绿色、刺激性气味的气体。1810 年,英国化学家戴维确定为氯气(Cl_2),并将这种元素命名为 Chlorine,名称来自希腊文,有“绿色的”意思。我国早年译作“绿气”,后改为氯气。

【软硼钙石】参见【羟硅硼钙石】条 711 页

【软砷铜矿】

英文名 Trippkeite

化学式 $Cu^{2+}As^{3+}_2O_4$ (IMA)

软砷铜矿柱状晶体(法国)

软砷铜矿是一种铜的砷酸盐矿物。属软砷铜矿族。四方晶系。晶体呈短柱状;集合体呈裂开且弯曲的纤维似石棉状。亮蓝绿色、淡黄绿色,金刚光泽(有明亮的霓虹蓝珍珠内部反射)、蜡状光泽、油脂光泽、珍珠光泽,透明;硬度 4,完全解理。1880 年发现于智利阿塔卡马区科皮亚波(Copiapó)市。1880 年达穆尔(Damour)在《法国矿物学会通报》(3)和《普鲁士莱茵兰和威斯特伐伦协会自然历史博物馆报告》(37)报道。英文名称 Trippkeite,以保罗·特里皮克(Paul Trippke,1851—1880)博士的姓氏命名。他是德国布雷斯劳大学的波兰籍岩石学家并发现了该矿物。1959 年以前发现、描述并命名的“祖父级”矿物,IMA 承认有效。中文名称根据硬度软和成分译为软砷铜矿。

【软水铝石】参见【薄水铝矿】条 78 页

【软玉】

英文名 Nephrite

化学式 $Ca_2(Mg,Fe)_5Si_8O_{22}(OH)_2$

中国软玉三大名玉:和田玉、蓝田玉和岫岩玉

软玉即称闪石玉,是透闪石和阳起石一类矿物的纤维状、针状、放射状细小晶体交织在一起构成的隐晶质致密块状集合体。颜色丰富多彩,玻璃光泽、油脂光泽,透明—不透明;硬度 6~6.5。中国新疆和田、陕西蓝田、辽宁岫岩都是中国软玉的重要产地。新疆和田的软玉被人们称之为“和田玉”。和田古称于阗,又称于阗玉。陕西蓝田的软玉称蓝田玉。辽宁岫岩的软玉称岫岩玉。苏联化学家曾将软玉命名为“中国玉”。2003 年,新疆和田玉被定为“中国国玉”。软玉也称钺石,即用软玉制作的古代兵器之一种钺。

软玉按颜色可分为白玉、青玉、青白玉、碧玉、黄玉、黑玉、糖玉、花玉等。根据琢艺轩和田玉的介绍,白玉中最佳者白如羊脂,称羊脂玉。青玉呈灰白—青白色,又称青白玉。呈绿色或暗绿色,有时可见黑色斑点,称碧玉。淡黄色—蜜蜡黄色者称黄玉。当含杂质多而呈黑色时,即为墨玉。似糖红色者,人称其为“糖玉”。白色略带粉色者有人称之为“粉玉”。虎皮色的则称为“虎皮玉”等。

中国是世界上最早开发和利用软玉的国家,考古发现最早的玉器文化是距今将近 8 000 年的辽宁新石器时代查海文化。其次是分别距今 6 000 年和 5 000 年的长江流域新石器时代崧泽文化和良渚文化。尤其是良渚文化以大量精美的玉器为特色。到了夏、商、周三代,玉器更成为神圣之物。玉的开发和利用不仅对各个时期经济艺术的发展有着重要作用,也是中华民族灿烂文化的重要组成部分。中国的玉雕在世界上久负盛名,被称为“东方瑰宝”或“玉雕之国”。

英文名称 Nephrite,是 1789 年德国弗雷勒的 A. G. 魏勒首先采用的。Nephrite 一词,是由希腊文“Νεφροί = Nephros”来的,意指“肾”,即墨西哥土著人称玉为“腰痛石”。据说玉挂于腰间可治疗腰痛病。软玉与硬玉相比硬度较小而得名(参见【玉】条 1092 页和【硬玉】条 1085 页)。

锐 [ruì]形声;从金,兑声。本义:芒。①尖,与“钝”相对。通常指矿物的端部锥体大于 0°而小于 90°。②[英]首音节音译。

【锐水碳镍矿】

英文名 Reevesite

化学式 $Ni_6Fe^{3+}_2(CO_3)(OH)_{16}\cdot 4H_2O$ (IMA)

锐水碳镍矿是一种含结晶水和羟基的镍、铁的碳酸盐矿物。属水滑石超族水滑石族。三方晶系。晶体呈板状、细柱

R

锐水碳镍矿细柱状晶体(意大利)和里夫斯像

状、细粒状。鲜黄色、青黄色、金黄色(薄片),珍珠光泽,透明—半透明;硬度 2。1966 年发现于澳大利亚西澳大利亚州霍尔斯溪郡沃尔夫(Wolf)溪谷陨石坑。英文名称 Reevesite,1967 年 J. S. 怀特(J. S. White)等为纪念美国地质学家弗兰克·里夫斯(Frank Reeves,1886—1986)博士而以他的姓氏命名,是他发现了沃尔夫(Wolf)溪谷陨石。IMA 1966-025 批准。1967 年怀特等在《美国矿物学家》(52)报道。中文名称根据英文名称首音节音和成分译为锐水碳镍矿;根据成分译为水碳铁镍矿;根据成因、菱面体和成分译为陨菱铁镍矿。

【锐钛矿】

英文名 Anatase

化学式 TiO_2 (IMA)

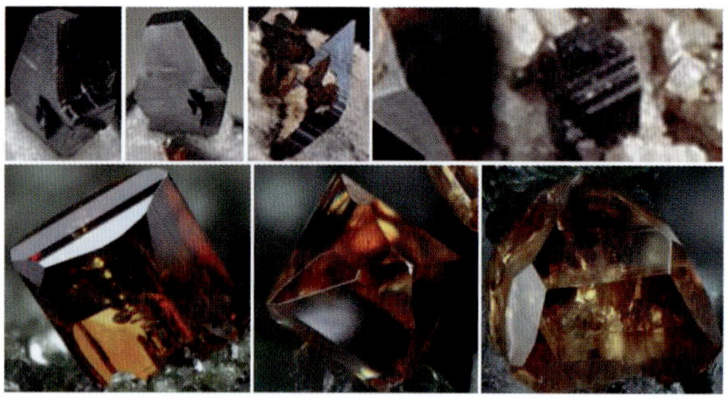

锐钛矿金字塔锐锥状晶体和“扩展”出其他形态的晶体(意大利)

锐钛矿是一种钛的氧化物矿物。与金红石、板钛矿、阿考寨石、里斯矿* 和 TiO_2 Ⅱ为同质多象变体。四方晶系。晶体常呈金字塔状锐锥复四方双锥(也有钝锥的似八面体)、柱状、板状、针状。褐色、黄色,带有红、黄的棕色,浅绿蓝色,深蓝色,浅紫色,灰黑色,黑色以及无色,金刚光泽或金属光泽,透明—不透明;硬度 5.5~6,完全解理,脆性。1801 年发现于法国奥弗涅-罗讷-阿尔卑斯伊泽尔省勒布尔德奥桑瓦桑堡镇圣克里斯托夫-瓦桑(Saint Christophe-en-Oisans);同年,阿羽伊在《矿物学论著》(*Traité de Minéralogie*)(第三卷,路易,巴黎)刊载。英文名称 Anatase,1801 年由法国矿物结晶学家阿羽伊长老(Rene Just Haüy)根据希腊文“ανάτασις=Anatasis=Extension(扩展)”命名,意指对锥状晶体不再是长度之间的关系,而是在许多正方矿物的基础上“扩展”出其他的形态。1959 年以前发现、描述并命名的“祖父级矿物”,IMA 承认有效。IMA 1962s. p. 批准。中文名称根据常见晶体形态(尖锥)和成分(钛)译为锐钛矿。同义词 Octahedrite,即八面体之意。复四方钝双锥晶体很像八面体,故旧译八面石,此名在矿物学中已废弃。八面石在陨石学中仍使用,铁陨石(英语:Iron meteorite),又称陨铁,是包含大量的铁-镍合金、锥纹石和镍纹石组成的陨石(参见【铁纹石】条 956 页)。

R

瑞 [ruì]形声;从玉,耑(zhuān)声。本义:玉制的符信,作凭证用。[英]音,用于外国地名。

【瑞铋矾】

英文名 Riomarinaite

化学式 $Bi(SO_4)(OH) \cdot H_2O$ (IMA)

瑞铋矾是一种含结晶水、羟基的铋的硫酸盐矿物。单斜晶系。晶体呈针状;集合体常呈空心海绵状、块状、皮壳状、葡萄状、放射状、球粒状。白色、米色、浅灰色,玻璃光泽,透明—半透明;硬度 2~3,脆性。2000 年发现于意大利托斯卡纳区里窝那市厄尔巴岛里奥马里纳(Rio Marina)铁矿山里奥矿法尔卡奇(Falcacci)采石场。英文名称 Riomarinaite,以发现地意大利里奥马里纳(Rio Marina)矿山命名。IMA 2000-004 批准。2005 年 P. 罗格内(P. Rögner)在德国《奥夫施劳斯》(*Aufschluss*)(56)报道。2008 年中国地质科学院地质研究所任玉峰等在《岩石矿物学杂志》[27(6)]根据英文名称首音节音和成分译为瑞铋矾。

【瑞皮德河矾】参见【四水碳钙矾】条 902 页

【瑞羟铜矾】

英文名 Redgillite

化学式 $Cu_6(SO_4)(OH)_{10} \cdot H_2O$ (IMA)

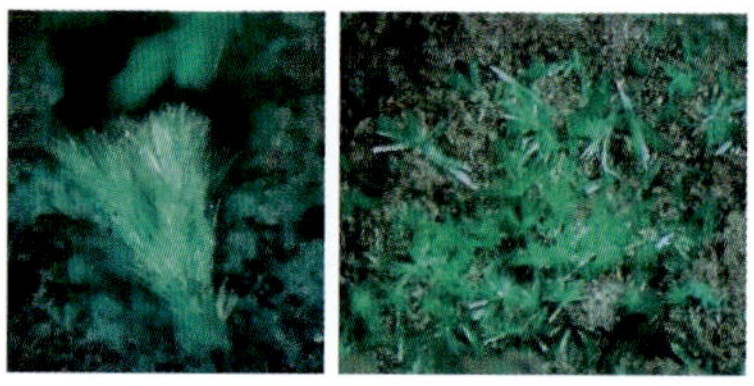

瑞羟铜矾叶片状晶体,束状、放射状集合体(英国)

瑞羟铜矾是一种含结晶水、羟基的铜的硫酸盐矿物。单斜晶系。晶体呈叶片状,两端呈楔形或锥形;集合体呈束状、放射状。浅绿色、青草绿色、翠绿色,玻璃光泽,透明—半透明;硬度 2,完全解理,脆性。2003 年发现于英国英格兰坎布里亚郡阿勒代尔卡尔德贝克拉夫顿吉尔(Roughton Gill)西尔弗吉尔(Silver Gill)雷德吉尔(Red Gill)铅-锌-铜矿脉。英文名称 Redgillite,以发现地英国雷德吉尔(Red Gill)矿命名。IMA 2004-016 批准。2005 年 J. J. 皮鲁奇(J. J. Pluth)等在《矿物学杂志》(69)报道。2008 年中国地质科学院地质研究所任玉峰等在《岩石矿物学杂志》[27(6)]根据英文名称首音节音和成分译为瑞羟铜矾。

【瑞碳钠镧石】参见【碳稀土钠石-镧】条 930 页

【瑞碳钠铈石】参见【碳稀土钠石-铈】条 930 页

若 [ruò]象形;甲骨文字形,像一个女人跪着,上面中间像头发,两边两只手在梳发。本义:顺从。用于外国人名。

【若林矿】参见【锑雌黄】条 936 页

【若氯碲铅矿】参见【硫碲铅矿】条 498 页

S

Ss

萨 [sà]形声。[英]音，用于外国人名、地名、国名、民族名。

【萨巴铀矿-钕】

英文名 Shabaite-(Nd)

化学式 $CaNd_2(UO_2)(CO_3)_4(OH)_2 \cdot 6H_2O$ (IMA)

萨巴铀矿-钕是一种含结晶水和羟基的钙、钕的铀酰-碳酸盐矿物。单斜晶系。晶体呈板状；集合体呈圆形、莲花状。浅黄绿色、浅黄色，珍珠光泽，半透明—不透明；硬度 2.5，完全解理。1988 年发现于刚果(金)卢阿拉巴省科卢韦齐矿区开摩托(Kamoto)东露天采场。英文名称 Shabaite-(Nd)，由发现地刚果(金)沙巴(Shaba)[即加丹加(Katanga)]省，加占优势的稀土元素钕后缀-(Nd)组合命名，该矿物在这里第一次被发现。IMA 1988－005 批准。1989 年 M. 德利安(M. Deliens)等在《欧洲矿物学杂志》(1)和 1990 年《美国矿物学家》(75)报道。1990 年中国新矿物与矿物命名委员会郭宗山在《岩石矿物学杂志》[9(3)]根据英文名称音和成分译为萨巴铀矿-钕，或译为沙巴铀矿；根据成分译为碳钙钕铀矿。

萨巴铀矿-钕板状晶体(刚果)

【萨比娜石*】参见【碳钛锆钠石】条 929 页

【萨德伯里矿】参见【六方锑钯矿】条 530 页

【萨哈石】

英文名 Sakhaite

化学式 $Ca_{48}Mg_{16}Al(SiO_3OH)_4(CO_3)_{16}(BO_3)_{28} \cdot (H_2O)_3(HCl)_3$ (IMA)

萨哈石是一种含氯化氢和结晶水的钙、镁的硼酸-碳酸-氢硅酸盐矿物。等轴晶系。晶体呈八面体、粒状；集合体呈块状。无色、灰色或灰白色，玻璃光泽、油脂光泽，透明—半透明；硬度 5。1965 年 I. 奥斯特洛夫斯卡雅(I. Ostrovskaya)等发现于俄罗斯萨哈(雅库特)共和国多哥多(Dogdo)河流域塔斯-哈亚克塔克(Tas-Khayakhtakh)范围的蒂托夫斯基(Titovskoe)硼矿床。英文名称 Sakhaite，以西伯利亚雅库茨克文"Sakh(萨哈)"(共和国)命名。IMA 1965－035 批准。1966 年奥斯特洛夫斯卡雅等在《美国矿物学家》(51)和《全苏矿物学会记事》[95(2)]报道。中文名称旧音译为刹哈石，现译萨哈石；根据英文名称首音节音和成分译为萨碳硼镁钙石；根据成分译为碳硼镁钙石。

【萨钾钙霞石】

英文名 Sacrofanite

化学式 $(Na_{61}K_{19}Ca_{32})_{\Sigma=112}(Si_{84}Al_{84}O_{336})(SO_4)_{26}Cl_2F_6 \cdot 2H_2O$ (IMA)

萨钾钙霞石是一种含结晶水、氟和氯的钠、钾、钙的硫酸-铝硅酸盐矿物。属似长石族钙霞石族。六方晶系。晶体呈板状。无色，玻璃光泽、珍珠光泽，透明；硬度 5.5～6，完全解理。1979 年发现于意大利罗马大都会萨克罗法诺(Sacrofano)破火山口的比亚切拉(Biachella)山谷。英文名称 Sacrofanite，以发现地意大利的萨克罗法诺(Sacrofano)命名。IMA 1979－058 批准。1980 年在《矿物学新年鉴：论文》(140)和 1981 年《美国矿物学家》(66)报道。中文名称根据英文首音节音和成分及族名译为萨钾钙霞石。

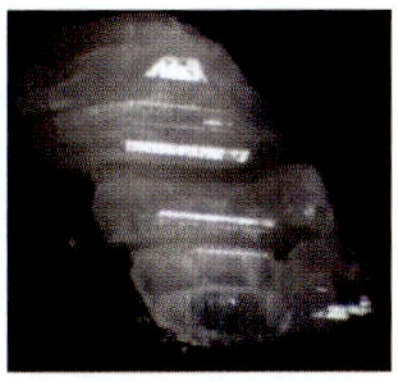

萨钾钙霞石板状晶体(意大利)

【萨利奥石】

英文名 Saliotite

化学式 $(Li,Na)Al_3(Si_3Al)O_{10}(OH)_5$ (IMA)

萨利奥石是一种含羟基的锂、钠、铝的铝硅酸盐矿物，其内部结构为锂绿泥石和钠云母 1∶1 有序间层排列。属蒙皂石族。单斜晶系。晶体呈细鳞片状；集合体呈花瓣状。无色—白色，珍珠光泽，透明—半透明；硬度 2～3，极完全解理。1990 年发现于西班牙安达卢西亚自治区阿尔梅里亚市塞拉阿拉米利亚镇塔伯纳斯(Tabernas)片岩露头。英文名称 Saliotite，以法国高等师范学院地质学实验室的教授皮埃尔·萨利奥(Pierre Saliot)的姓氏命名。IMA 1990－018 批准。1994 年 B. 戈夫(B. Goffé)等在《欧洲矿物学杂志》(6)报道。1999 年中国新矿物与矿物命名委员会黄蕴慧等在《岩石矿物学杂志》[18(1)]音译为萨利奥石。

【萨硫铋铅铜矿】

英文名 Salzburgite

化学式 $Cu_{1.6}Pb_{1.6}Bi_{6.4}S_{12}$ (IMA)

萨硫铋铅铜矿是一种铜、铅、铋的硫化物矿物。斜方晶系。晶体呈微小柱状、粒状，粒径 0.3mm。浅灰色，金属光泽，不透明；脆性。2000 年发现于奥地利萨尔茨堡(Salzburg)州上陶恩镇米特西尔(Mittersill)谷白钨矿矿床西矿田。英文名称 Salzburgite，以发现地奥地利的萨尔茨堡(Salzburg)州命名。IMA 2000－044 批准。2000 年 D. 托帕(D. Topa)等在《加拿大矿物学家》(38)和 2004 年《加拿大矿物学家》(43)报道。2008 年中国地质科学院地质研究所任玉峰等在《岩石矿物学杂志》[27(6)]根据英文名称首音节音和成分译为萨硫铋铅铜矿。

【萨硫碲铋铅矿】

英文名 Saddlebackite

化学式 $Pb_2Bi_2Te_2S_3$ (IMA)

萨硫碲铋铅矿是一种铅、铋的碲-硫化物矿物。属硫碲铋铅矿族。六方晶系。晶体呈薄片状；集合体呈层状。锡白色、灰色、黑色，金属光泽，不透明；硬度 2～2.5，完全解理。1994 年发现于澳大利亚西澳大利亚州珀斯市萨德尔巴克(Saddleback)山附近的博丁顿(Boddington)矿。英文名称 Saddlebackite，以发现地澳大利亚太古宙萨德尔巴克(Saddleback)山绿岩成矿带命名。IMA 1994－051 批准。1997 年 R. M. 克拉克(R. M. Clarke)在《澳大利亚矿物学杂志》(3)报道。2003 年中国地质科学院矿产资源研究所李锦平等在《岩石矿物学杂志》[22(2)]根据英文名称首音节音和成分译为萨硫碲铋铅矿。

【萨米石*】

英文名 Saamite

化学式 $Ba\square TiNbNa_3Ti(Si_2O_7)_2O_2(OH)_2(H_2O)_2$ (IMA)

萨米石*是一种含结晶水、羟基和氧的钡、空位、钛、铌、钠、钛的硅酸盐矿物。三斜晶系。晶体呈板状，粒径 2～10μm，厚 180μm。无色—浅棕色，玻璃光泽，透明；硬度 3，完全解理。2013 年发现于俄罗斯北部摩尔曼斯克州库基斯武姆科尔(Kukisvumchorr)山基洛夫斯基(Kirovskii)磷灰石矿。英文名称 Saamite，以居住在俄罗斯科拉半岛、挪威北部、瑞典和芬兰的土著萨米民族[Saami（古斯拉夫文 Саами)]人命名。IMA 2013－083 批准。2013 年 F. 卡马拉(F. Cámara)等在《CNMNC 通讯》(18)、《矿物学杂志》(77)和 2014 年《加拿大矿物学家》(52)报道。目前尚未见官方中文译名，编译者建议音译为萨米石*[注：不要与 1939 年伏尔科娃(Volkova)和梅伦蒂夫(Melentiev)命名的 Saamite(稀土锶磷灰石)$(Ca,Sr,REE)_5(PO_4)_3(F,O)$相混淆]。

萨米族旗帜

【萨默塞特石*】

英文名 Somersetite

化学式 $Pb_8O(OH)_4(CO_3)_5$　　(IMA)

萨默塞特石*板状晶体(英国)和萨默塞特郡旗

萨默塞特石*是一种含碳酸根的铅氧的氢氧化物矿物。六方晶系。晶体呈板状(厚 2mm)、粒状(粒径 5mm)。绿色、白色但带有绿色调，金刚光泽，透明；硬度 3，脆性。2017 年发现于英国英格兰萨默塞特(Somerset)郡门迪普克莱默的托尔·沃克斯(Torr Works)采石场。英文名称 Somersetite，以发现地英国的萨默塞特(Somerset)命名。IMA 2017－024 批准。2017 年 O. I. 斯德拉(O. I. Siidra)等在《CNMNC 通讯》(38)、《矿物学杂志》(81)和 2018《矿物学杂志》(82)报道。目前尚未见官方中文译名，编译者建议音译为萨默塞特石*。

【萨姆福勒石*】

英文名 Samfowlerite

化学式 $Ca_{14}Mn_3^{3+}Zn_2Be_2Be_6Si_{14}O_{52}(OH)_6$　　(IMA)

萨姆福勒石*是一种含羟基的钙、锰、锌、铍的硅酸盐矿物。单斜晶系。晶体呈细小的楔状(50μm)；集合体呈晶簇状(500μm)。无色、白色，玻璃光泽、树脂光泽，透明—半透明；硬度 2.5～3，脆性。1991 年发现于美国新泽西州苏塞克斯县富兰克林矿区富兰克林(Franklin)矿。英文名称 Samfowlerite，1994 年 R. C. 劳斯(R. C. Rouse)等为纪念塞缪尔·福勒(Samuel Fowler，1779—1844)博士而以他的姓名缩写组合命名。福勒先生是富兰克林采矿区历史上的杰出人物，他是医生、科学家、实业家、企业家以及美国国会议员(1833—1837)，他帮助和鼓励美国、欧洲和其他地方的矿物学家研究富兰克林的锌矿。IMA 1991－045 批准。1994 年劳斯等在《加拿大矿物学家》(32)报道。目前尚未见官方中文译名，编译者建议音译为萨姆福勒石*。

塞缪尔·福勒像

【萨齐基纳石】

英文名 Sazykinaite-(Y)

化学式 $Na_5YZrSi_6O_{18}\cdot 6H_2O$　　(IMA)

萨齐基纳石是一种含结晶水的钠、钇、锆的硅酸盐矿物。属三水钠锆石族。三方晶系。晶体呈菱面体；集合体呈晶簇状。淡绿色—黄色，玻璃光泽，透明—半透明；硬度 5，脆性，易碎。1992 年发现于俄罗斯北部摩尔曼斯克州科阿什瓦(Koashva)山伟晶岩矿露天采场。英文名称 Sazykinaite-(Y)，以俄罗斯矿物学家和艺术家卢德米拉·B. 萨齐基纳(Ludmila B. Sazykina，1934—)的姓氏，加占优势的稀土元素钇后缀-(Y)组合命名。IMA 1992－031 批准。1993 年在《俄罗斯矿物学会记事》[122(5)]报道。1998 年中国新矿物与矿物命名委员会黄蕴慧等在《岩石矿物学杂志》[17(2)]音译为萨齐基纳石。

萨齐基纳石菱面晶体(俄罗斯)

【萨砷氯铅石】参见【黄砷氯铅石】条 342 页

【萨碳硼镁钙石】参见【萨哈石】条 757 页

【萨特利石】参见【三方羟磷铁石】条 761 页

【萨雅克石】参见【硅铝磷钇钍矾】条 273 页

塞

[sài]会意兼形声；从土，塞(xià)声。[英]音，用于外国人名。

【塞尔尼矿】参见【铜镉黄锡矿】条 961 页

【塞加卡石*】

英文名 Čejkaite

化学式 $Na_4(UO_2)(CO_3)_3$　　(IMA)

塞加卡石*球粒状、结节状集合体(捷克)和塞加卡像

塞加卡石*是一种钠的铀酰-碳酸盐矿物。三斜晶系。晶体呈显微假六边形；集合体呈结节状、球粒状。浅黄色—灰棕色，玻璃光泽，不透明。1999 年发现于捷克共和国厄尔士山脉奥斯特罗夫镇亚希莫夫村斯沃诺斯特(Svornost)矿。英文名称Čejkaite，以捷克共和国布拉格国家博物馆前主任、捷克矿物学家吉里·塞加卡(Jiri Čejak，1929—)博士的姓氏命名。他从事铀矿物光谱的研究，对铀矿物的晶体化学做出了巨大贡献，他曾发表对该矿物合成物的热分解研究。IMA 1999－045 批准。2003 年 P. 翁德鲁什(P. Ondrus)等在《美国矿物学家》(88)报道。目前尚未见中文官方译名，编译者建议音译为塞加卡石*。

【塞罗莫琼矿*】

英文名 Cerromojonite

化学式 $CuPbBiSe_3$　　(IMA)

塞罗莫琼矿*是一种铜、铅、铋的硒化物矿物。属车轮矿族。斜方晶系。晶体呈微小粒状，小于30μm，或细长的薄片状，长200μm，宽40μm。黑色，金属光泽，不透明；脆性。2018年发现于玻利维亚波托西省埃尔德龙(El Dragon)矿。英文名称Cerromojonite，以距离发现地最近的最高山峰塞罗莫琼(Cerro Mojon)命名。IMA 2018－040批准。2018年H. J. 弗尔斯特(H. J. Förster)等在《CNMNC通讯》(44)、《矿物学杂志》(82)和《矿物》(8)报道。目前尚未见中文官方译名，编译者建议音译为塞罗莫琼矿*。

【塞尼石】

英文名 Segnitite

化学式 $PbFe_3^{3+}(AsO_4)(AsO_3OH)(OH)_6$　　(IMA)

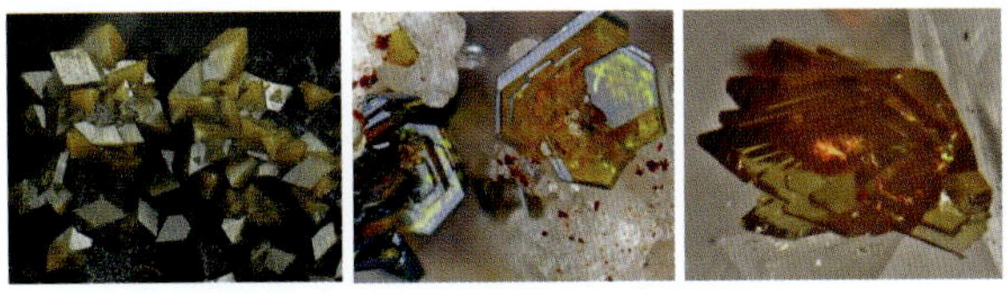

塞尼石菱面体、板状晶体，晶簇状集合体(德国、澳大利亚、法国)

塞尼石是一种含羟基的铅、铁的氢砷酸-砷酸盐矿物。三价铁被少量锑、铜和锌代替。属明矾石超族绿砷钡铁石族。三方晶系。晶体呈菱面体、假八面体、假立方体或扁平板状，很少见针状；集合体呈皮壳状、海绵状、球状、团花状、晶簇状。绿褐色—黄褐色，金刚光泽、玻璃光泽，透明—半透明；硬度4，完全解理，脆性。1991年发现于澳大利亚新南威尔士州扬科文纳县布罗肯山区南矿金托尔(Kintore)露天矿。英文名称Segnitite，以澳大利亚阿德莱德大学的矿物学家和宝石学家E. 拉尔夫・塞尼(E. Ralph Segnit，1923—1999)博士的姓氏命名，以表彰他对澳大利亚矿物学做出的贡献。IMA 1991－017批准。1992年W. D. 白芝(W. D. Birch)等在《美国矿物学家》(77)报道。1998年中国新矿物与矿物命名委员会黄蕴慧等在《岩石矿物学杂志》[17(1)]音译为塞尼石。

【塞铅铀矿】参见【水铅铀矿】条861页

【塞萨尔费雷拉石*】

英文名 Césarferreiraite

化学式 $Fe^{2+}Fe_2^{3+}(AsO_4)_2(OH)_2 \cdot 8H_2O$　　(IMA)

塞萨尔费雷拉石*是一种含结晶水和羟基的复铁的砷酸盐矿物。属劳埃石超族马格里布石*族。三斜晶系。晶体呈纤维状、片状，单晶长约10μm，厚度1～2μm。淡淡的黄绿色，玻璃光泽，透明—半透明；完全解理。2012年发现于巴西米纳斯吉拉斯州佩娜荷兰园(Conselheiro Pena)爱德华多(Eduardo)领地伟晶岩。英文名称Césarferreiraite，以欧鲁普雷图联邦大学宝石学实验室的矿物学家塞萨尔・门多萨・费雷拉(César Mendonça Ferreira，1942—)的姓名命名。IMA 2012－099批准。2013年R. 肖尔茨(R. Scholz)等在《CNMNC通讯》(16)、《矿物学杂志》(77)和2014年《美国矿物学家》(99)报道。目前尚未见中文官方译名，编译者建议音译为塞萨尔费雷拉石*。

塞萨尔费雷拉石*纤维状晶体(巴西)

【塞石英】

英文名 Seifertite

化学式 SiO_2　　(IMA)

塞石英是一种石英的高温高压相变体矿物。它与柯石英(Coesite)、方石英或白硅石(Cristobalite)、正方硅石(或热液石英)(Keatite)、石英、莫石英(Mogánite)、斯石英(或超石英或重硅石)(Stishovite)和鳞石英(Tridymite)为同质多象。斜方晶系。晶体呈显微板片状定向排列于石英玻璃中，或呈等粒状。第一次在1865年陨落于印度比哈尔邦格雅地区休格地(Shergotty)火星陨石中发现，此后在其他几个火星陨石中也有发现。可以形成在地球的地幔深度超过1 700km深处。英文名称Seifertite，以德国的弗里德里希・塞弗特(Friedrich Seifert，1941—)博士的姓氏命名。塞弗特博士是德国巴伐利亚州拜罗伊特大学高温高压研究所(Bayerisches Geoinstitut)的创始人。IMA 2004－010批准。2008年A. El. 龚若斯(A. El. Goresy)等在《欧洲矿物学杂志》(20)报道。2011年中国地质科学院地质研究所任玉峰等在《岩石矿物学杂志》[30(2)]根据英文首音节音和与石英的关系译为塞石英。

赛

[sài]形声；从贝，塞省声。①胜似。②[英]音，用于外国人名。

【赛黄晶】

英文名 Danburite

化学式 $CaB_2Si_2O_8$　　(IMA)

赛黄晶柱状晶体(缅甸、日本、意大利)

赛黄晶是一种钙、硼的硅酸盐矿物。斜方晶系。晶体常呈柱状，两顶端呈楔形，晶面具纵纹；集合体呈浸染状。浅黄色、褐色，偶见粉红色、无色，其中蜜黄色和酒黄色似托帕石(黄玉或黄晶)，玻璃光泽、油脂光泽，透明—半透明；硬度7～7.5，脆性。1839年发现于美国康涅狄格州费尔菲尔德县的丹伯里(Danbury)。1840年C. U. 谢泼德(C. U. Shepard)在《物理学和化学年鉴》(126)报道。英文名称Danburite，以首次发现地美国的丹伯里(Danbury)命名。1959年以前发现、描述并命名的"祖父级"矿物，IMA承认有效。赛黄晶因为它的成分及晶体形态、颜色与黄晶非常相似，但毕竟是略有区别的，虽不是黄玉而胜似黄玉，中文名称意译为赛黄晶。

【赛羟砷铜石】

英文名 Theoparacelsite

化学式 $Cu_3(OH)_2As_2O_7$　　(IMA)

赛羟砷铜石是一种水化铜的砷酸盐矿物。斜方晶系。晶体呈他形粒状、纤维状或长方体；集合体呈放射状、球状。灰黄绿色，玻璃光泽、金刚光泽，半透明；完全解理，脆性。1998年日内瓦大学结晶学实验室的拉多旺・塞尔尼(Radovan Cerny，1957—)博士与日内瓦自然历史博物馆矿物学部合作在法国滨海省阿尔卑斯纪尧姆镇达鲁伊斯(Daluis)罗瓦

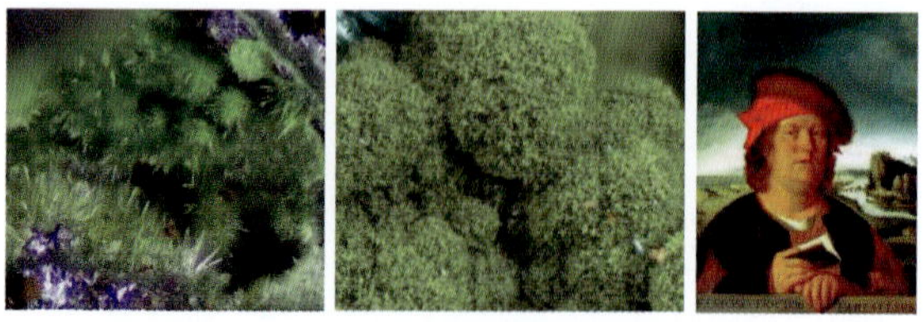
赛羟砷铜石纤维状晶体，放射状、球粒状集合体（法国）和帕拉塞尔斯像

(Roua)铜矿区发现的一种外形奇特而又有压电作用的新矿物。这一发现将在石英晶体的应用方面具有巨大的经济价值，尤其在钟表行业。英文名称 Theoparacelsite，以瑞士科学家帕拉塞尔斯(Paracelse)即菲利普斯·泰奥弗拉斯托斯·冯·豪恩海姆(Philippus Theophrastus van Hohenheim，1493—1541)的希腊文-罗马文的姓名组合命名。IMA 1998-012 批准。2001 年 H. 萨尔普(H. Sarp)、R. 塞尔尼(R. Cerny)在《日内瓦科学院学报》[54(1)]和 2002 年《美国矿物学家》(87)报道。2007 年任玉峰在《岩石矿物学杂志》[26(3)]根据英文帕拉塞尔斯(Paracelse)中的一个音节音和成分译为赛羟砷铜石。

三 [sān]①数目。②三水，即 3 个 H_2O 或 3 个羟基 $(OH)^-$。③三羟，即 3 个羟基 $(OH)^-$。④三方，矿物按对称分为 7 个晶系，三方晶系是其中之一。⑤三斜，矿物按对称分为 7 个晶系，三斜晶系是其中之一。⑥三型。⑦三角，晶体的习性。⑧用于日本地名、人名。

【三方钡解石】

英文名 Paralstonite

化学式 $BaCa(CO_3)_2$　(IMA)

三方钡解石柱状晶体，晶簇状集合体（英国）

三方钡解石是一种钡、钙的碳酸盐矿物。属三方锶解石-三方钡解石(Olekminskite-Paralstonite)系列。三方晶系。晶体呈微小的菱面体、金字塔状；集合体呈晶簇状、皮壳状。无色、白色—浅灰色，玻璃光泽，透明—半透明；硬度 4～4.5，脆性。1979 年发现于美国伊利诺伊州哈丁县与肯塔基州交界的萤石矿区密涅瓦(Minerva)1 号矿。英文名称 Paralstonite，根据希腊文"κοντά=Near=Par(近亲)"及与碳酸钙钡矿(Alstonite)的形态和化学关系命名；即多形关系。IMA 1979-015 批准。1979 年 A. C. 罗伯茨(A. C. Roberts)在《加拿大地质调查局论文》(79-1C)和《美国矿物学家》(64)报道。中文名称根据晶系、成分及与碳酸钙钡矿的关系译为三方钡解石。

【三方碲钯矿】参见【凯碲钯矿】条 399 页

【三方碲铋矿】参见【楚碲铋矿】条 94 页

【三方硫碲铋矿】参见【硫楚碲铋矿】条 497 页

【三方硫砷银矿】参见【轻硫砷银矿】条 748 页

【三方硫碳铅石】参见【硫碳酸铅矿】条 516 页

【三方硫锡矿】

英文名 Berndtite

化学式 SnS_2　(IMA)

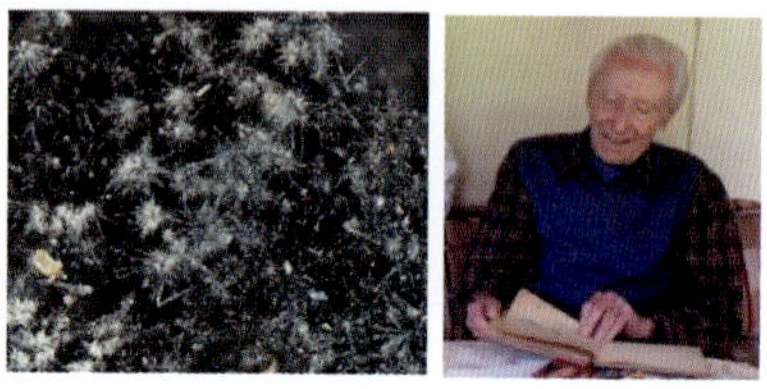
三方硫锡矿放射状集合体（德国）和贝尔特像

三方硫锡矿是一种锡的硫化物矿物。属碲镍矿族。三方(六方)晶系。晶体呈六方小板状；集合体呈放射状。黄色、褐色，树脂光泽，透明—半透明；硬度 1～2，完全解理。1964 年发现于玻利维亚波托西省波托西市塞罗德波托西(Cerro de Potosí)镇；同年，在《矿物学新年鉴》(月刊)报道。1965 年 G. H. 莫霍(G. H. Moh)和 F. 伯恩特(F. Berndt)在《美国矿物学家》(50)报道。1966 年在《矿物学进展》(42)报道。英文名称 Berndtite，以德国矿物学家弗里茨·贝尔特(Fritz Berndt，1916—)博士的姓氏命名。IMA 1968s. p. 批准。中文名称根据晶系和成分译为三方硫锡矿。目前已知 Berndtite 有-2T 和-4H 两个多型。

【三方氯铜矿】

英文名 Paratacamite

化学式 $Cu_3(Cu,Zn)Cl_2(OH)_6$　(IMA)

三方氯铜矿柱状、菱面体晶体，晶簇状集合体（英国，意大利）

三方氯铜矿是一种含羟基的铜、锌的氯化物矿物。属氯铜矿族。三方晶系。晶体呈细长柱状、菱面体，常见双晶；集合体呈晶簇状。绿色、墨绿色，玻璃光泽，半透明；硬度 3，完全解理。1906 年发现于智利安托法加斯塔大区塞拉戈达镇卡拉科雷斯(Caracoles)的杰内罗萨(Generosa)矿山和赫尔米尼亚(Herminia)矿。1906 年史密斯(Smith)在《矿物学杂志》(14)报道。英文名称 Paratacamite，由"Par(近亲、等同)"和与氯铜矿(Atacamite)的关系而命名。1959 年以前发现、描述并命名的"祖父级"矿物，IMA 承认有效。中文名称根据晶系和成分译为三方氯铜矿；根据它与氯铜矿(Atacamite)的"近亲"关系译为副氯铜矿。

【三方钠铌矿】

英文名 Pauloabibite

化学式 $NaNbO_3$　(IMA)

三方钠铌矿是一种钠、铌的氧化物矿物。与等轴钠铌矿、钠铌矿和斜方钠铌矿为同质多象。三方晶系。晶体呈板片状；集合体呈皮壳状。粉红褐色，金刚光泽，透明；完全解理。2012 年发现于巴西圣保罗州卡亚蒂的雅库皮兰加(Jacupiranga)矿。英文名称 Pauloabibite，以巴西矿业工程学院教授和磷酸盐处理开发商保罗·阿比布·安德利亚(Paulo Abib Andery，1922—1976)的姓名命名。IMA 2012-090 批准。2013年L. A. D. 梅内塞斯·菲尔霍(L. A. D. Menezes Filho)等在《CNMNC通讯》(16)、《矿物学杂志》(77)和2015年《美国矿物学家》(100)报道。中文名称根据对称性和成分译为三方钠铌矿。

【三方硼镁石】

英文名 Mcallisterite

化学式 $Mg_2[B_6O_7(OH)_6]_2 \cdot 9H_2O$　　(IMA)

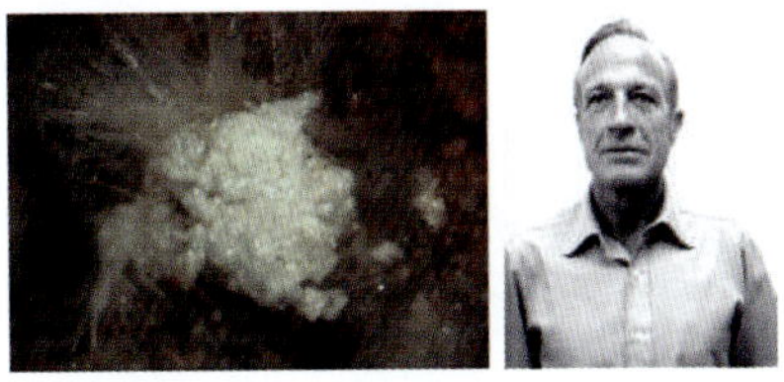

三方硼镁石针状晶体,放射状集合体(美国)和麦卡利斯特像

三方硼镁石是一种含结晶水的镁的氢硼酸盐矿物。三方晶系。晶体呈菱面体、片状、针状;集合体呈皮壳状、球状、盐华状。无色、白色,玻璃光泽,透明;硬度2.5,完全解理,脆性。1963年发现于美国加利福尼亚州因约(Inyo)县炉溪镇莫特(Mott)硼矿区。英文名称Mcallisterite,1963年,沃尔德马·舍勒(Waldemar Schaller)等为纪念詹姆斯·富兰克林·麦卡利斯特(James Franklin McAllister,1911—2000)而以他的姓氏命名。他是美国地质调查局的地质学家,是他首先描述了该矿物。IMA 1963-012批准。1965年舍勒等在《美国矿物学家》(50)报道。中文名称根据晶系和成分译为三方硼镁石或三方水硼镁石。

【三方硼砂】

英文名 Tincalconite

化学式 $Na_2B_4O_5(OH)_4 \cdot 3H_2O$　　(IMA)

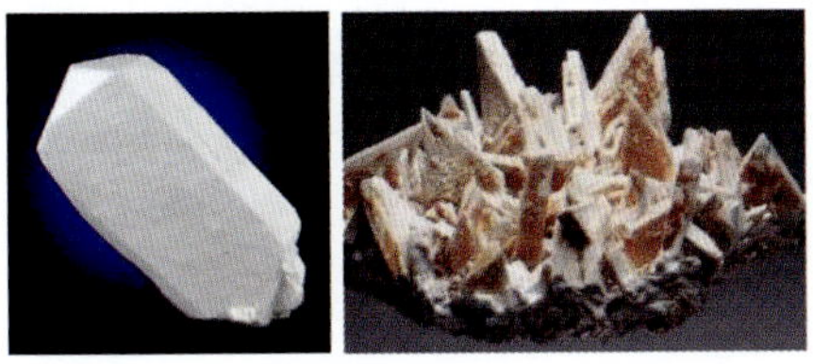

三方硼砂柱状、板状晶体,晶簇状集合体(美国)

三方硼砂是一种含结晶水、羟基的钠的硼酸盐矿物。三方晶系。晶体呈菱面体板状、柱状;集合体呈晶簇状。白色、无色,玻璃光泽,透明—半透明;硬度2。1878年发现于美国加利福尼亚州圣贝纳迪诺县瑟尔(Searles)湖死亡谷天然碱、硼矿床。后在美国内华达州、亚利桑那州,以及阿根廷、意大利、土耳其、乌克兰和中国西藏都有发现。最早见于1827年帕扬(Payen)在*Journal chim. méd*(3)报道,称Octahedral borax(八面体硼砂)。1878年C. U. 谢泼德(C. U. Shepard)在《法国矿物学会通报》(1)始称Tincalconite。英文名称Tincalconite,根据硼砂(Borax)的梵文"Tincal",加上希腊文"κουiα=Konis=Powder(粉末状)"命名,意指其成分和呈典型的粉末状。1959年以前发现、描述并命名的"祖父级"矿物,IMA承认有效。1934年夏勒(Schaller)在《矿物学杂志》(23)报道,称Mohavite(八面硼砂),是根据北美印第安人一分支莫哈维族(Mohav)命名的。中文名称根据晶系和成分译为三方硼砂;根据成分也译作五水硼砂;旧译八面硼砂。

【三方硼铁石】

参见【刚果石】条236页

【三方羟铬矿】

英文名 Grimaldiite

化学式 CrO(OH)　　(IMA)

三方羟铬矿是一种含羟基的铬的氧化物矿物。与羟铬矿(Bracewellite)和圭羟铬矿(Guyanaite)为同质多象。三方晶系。硬度3.5~4.5。1967年发现于圭亚那库尤尼-马扎鲁尼区卡马库萨镇梅鲁姆(Merume)河。英文名称Grimaldiite,由查尔斯·弥尔顿(Charles Milton)等为纪念美国地质调查局的前首席化学家弗兰克·萨维里奥·格里马尔迪(Frank Saverio Grimaldi,1915—1985)而以他的姓氏命名。IMA 1967-036批准。1976年在《美国地质调查局专业文献》(887)和《美国矿物学家》(62)报道。中文名称根据晶系和成分译为三方羟铬矿;根据英文名称首音节音和成分译为格羟铬矿。

【三方羟磷镁石】

英文名 Holtedahlite

化学式 $Mg_{12}(PO_3OH,CO_3)(PO_4)_5(OH,O)_6$　　(IMA)

弘特达赫像

三方羟磷镁石是一种含氧、羟基的镁的磷酸-碳酸-氢磷酸盐矿物。三方晶系。无色,玻璃光泽,透明;硬度4.5~5。1971年发现于挪威布斯克吕郡廷格尔施塔特杰恩(Tingelstadtjern)采石场。1975年拉阿德(Raade)和提斯兰德(Tysseland)在《岩石》(8)首次报道称与Althausite(羟磷镁石)密切相关的"一个身份不明的钙镁磷酸盐"。英文名称Holtedahlite,1979年拉阿德(Raade)和姆拉德克(Mladeck)在《岩石》(12)和《美国矿物学家》(65)正式描述,并以挪威奥斯陆大学地质学家奥拉夫·弘特达赫(Olaf Holtedahl,1885—1975)教授的姓氏命名。IMA 1976-054批准。中文名称根据晶系和成分译为三方羟磷镁石,也有的译为六方羟磷镁石;《英汉矿物种名称》(2017)根据英文名称首音节音和成分译为霍羟磷镁石。

【三方羟磷铁石】

英文名 Satterlyite

化学式 $(Fe^{2+},Mg,Fe^{3+})_{12}(PO_3OH)(PO_4)_5(OH,O)$　　(IMA)

三方羟磷铁石放射状集合体(加拿大)

三方羟磷铁石是一种含氧和羟基的铁、镁的磷酸盐-氢磷酸矿物。三方晶系。晶体呈柱状、板状;集合体呈放射状。浅棕色、淡黄色;硬度4.5~5。1976年发现于加拿大育空地区道森岭矿区大鱼(Big Fish)河矿。英文名称Satterlyite,以加拿大多伦多的安大略矿山部和安大略皇家博物馆的地质学家杰克·萨特利(Jack Satterly,1907—1993)博士的姓氏命名。IMA 1976-056批准。1978年J. A. 曼达里诺(J. A. Mandarino)等在《加拿大矿物学家》(16)报道。中文名称根据晶系和成分译为三方羟磷铁石;1993年黄蕴慧等在《岩石矿物学杂志》[12(1)]译为六水羟磷铁石;2011年杨主明等在《岩石矿物学杂志》[30(4)]建议音译为萨特利石。

S

【三方闪锌矿】

英文名 Mátraite

化学式 ZnS

三方闪锌矿是一种锌的硫化物矿物。与闪锌矿(Sphalerite,等轴)和纤锌矿(Wurtzite,α-ZnS,六方)为同质多象。三方晶系。晶体呈锥柱状。褐黄色,玻璃光泽,透明;硬度3.5~4。最初发现于匈牙利赫维什州马特劳(Mátra)山格约索罗斯(Gyöngyösoroszi)矿床。英文名称Mátraite,以发现地匈牙利的马特劳(Mátra)山命名。1958年S.科赫(S. Koch)在匈牙利塞格德大学《矿物学和岩石学报》(11)报道。IMA 2006-C废弃,因为它是闪锌矿或纤锌矿。中文名称根据晶系和与闪锌矿的关系译为三方闪锌矿;根据形态和成分译为锥锌矿,还有的译为丙硫锌矿。

三方闪锌矿锥柱状晶体(匈牙利)

【三方砷铝石】

英文名 Alarsite

化学式 $Al(AsO_4)$　　(IMA)

三方砷铝石是一种铝的砷酸盐矿物。三方晶系。晶体呈半自形粒状;集合体呈块状、皮壳状。无色,因杂质而略带黄、浅绿、棕、蓝等色调,玻璃光泽,半透明;硬度5~5.5,脆性。1993年发现于俄罗斯堪察加州托尔巴契克(Tolbachik)火山大裂隙喷发(主断裂)口。英文名称Alarsite,1994年塔季扬娜·费多罗夫娜·萨梅诺娃(Tatyana Fedorovna Semenova)等根据成分"Aluminium(铝)"和"Arsenic(砷)"组合命名。IMA 1993-003批准。1994年T.F.萨梅诺娃(T. F. Semenova)等在《俄罗斯科学院报告》[338(4)]报道。1999年中国新矿物与矿物命名委员会黄蕴慧等在《岩石矿物学杂志》[18(1)]根据对称和成分译为三方砷铝石。

【三方水硼镁石】参见【三方硼镁石】条761页

【三方锶解石】

英文名 Olekminskite

化学式 $Sr_2(CO_3)_2$　　(IMA)

三方锶解石是一种锶的碳酸盐矿物。属三方锶解石-三方贝解石系列。三方晶系。硬度3。1989年发现于俄罗斯萨哈共和国阿尔丹地盾恰拉河与托科河汇合处穆伦斯基(Murunskii)地块凯德罗维(Kedrovyi)碱性岩地块。英文名称Olekminskite,以发现地俄罗斯凯德罗维地块行政中心奥廖克明斯克(Olekminsk)命名。IMA 1989-047批准。1991年A.A.科内耶夫(A. A. Konyev)等在《全苏矿物学会记事》[120(3)]报道。《英汉矿物种名称》(2017)译为三方锶解石。

【三方碳钾钙石】

英文名 Bütschliite

化学式 $K_2Ca(CO_3)_2$　　(IMA)

三方碳钾钙石是一种钾、钙的碳酸盐矿物。与碳酸钾钙石为同质二象。三方晶系。晶体呈显微桶状;集合体呈似瓷壳状。白色、灰黄色、棕灰色、浅绿色,半透明;完全解理。1947年发现于美国亚利桑那州科科尼诺县大峡谷国家(Grand Canyon National)公园和爱达荷州邦纳县卡尼克苏(Kaniksu)国家森林的库林树木燃烧形成的木灰熔化物。1947年米尔顿(Milton)和阿克塞尔罗德(Axelrod)在《美国矿物学家》(32)报道。英文名称Bütschliite,由德国海德堡的约翰·亚当·奥托·比奇利(Johann Adam Otto Bütschli,1848—1920)的姓氏命名,是他合成了此化合物。1959年以前发现、描述并命名的"祖父级"矿物,IMA承认有效。《英汉矿物种名称》(2017)根据对称和成分译为三方碳钾钙石,有的根据成分译为碳钾钙石。

比奇利像

【三方硒铋矿】

英文名 Nevskite

化学式 Bi(Se,S)　　(IMA)

三方硒铋矿是一种铋的硒-硫化物矿物。三方晶系。硬度3。1983年发现于俄罗斯马加丹州科雷马河流域奥姆苏克昌山涅夫斯基(Nevskoe)钨锡矿床。英文名称Nevskite,以发现地俄罗斯的涅夫斯基(Nevsk)钨锡矿床命名。IMA 1983-026批准。1984年G.N.内切柳斯托夫(G. N. Nechelyustov)等在《全苏矿物学会记事》(113)和1985年P.J.邓恩(P. J. Dunn)等在《美国矿物学家》(70)报道。中文名称根据晶系和成分译为三方硒铋矿。

【三方硒镍矿】

英文名 Mäkinenite

化学式 NiSe　　(IMA)

三方硒镍矿是一种镍的硒化物矿物。与六方硒镍矿为同质多象。三方晶系。集合体呈块状。黄色、橙黄色,金属光泽,不透明;硬度2.5~3。1964年发现于芬兰北部库萨莫的基特卡(Kitka)河谷。英文名称Mäkinenite,1964年Y.沃雷莱宁(Y. Vuorelainen)等在《芬兰地质学会会议周报》(36)为纪念芬兰地质学家和政治家、奥托昆普公司前主席埃罗·马金恩(Eero Mäkinen,1886—1953)而以他的姓氏命名。IMA 1967s. p.批准。中文名称根据晶系和成分译为三方硒镍矿。

马金恩像

【三方霞石*】

英文名 Trinepheline

化学式 $NaAlSiO_4$　　(IMA)

三方霞石*是一种钠的铝硅酸盐矿物。属似长石族。与霞石为同质多象。六方晶系。晶体呈翡翠假象的骨骼状,也只有20mm,很少呈假柱状。白色—淡黄色,半玻璃光泽、油脂光泽,透明;硬度5~5.5,脆性。2012年发现于缅甸克钦邦莫宁县帕敢镇。英文名称Trinepheline,2012年克里斯蒂亚诺·法拉利斯(Cristiano Ferraris)等根据对称冠词"Tri(三方晶系)"和根词"Nepheline(霞石)"组合命名(根词参见【霞石】条1009页)。IMA 2012-024批准。2012年G.C.帕罗迪(G. C. Parodi)等在《CNMNC通讯》(14)、《矿物学杂志》(76)和2014年《欧洲矿物学杂志》(26)报道。目前尚未见官方中文译名,编译者建议根据对称及与霞石的关系译为三方霞石*。

【三方氧钒矿】

英文名 Karelianite

化学式 V_2O_3　　(IMA)

三方氧钒矿是一种钒的氧化物矿物。属赤铁矿族。三方晶系。晶体呈粒状。黑色,金属光泽,不透明;硬度8~9。1962年发现于芬兰北卡雷利亚(North Karelia)奥托昆普

(Outokumpu)铜-钴-锌-镍-银-金矿田奥托昆普铜-锌矿床；同年，在西德《结晶学杂志》(117)报道。英文名称Karelianite，以矿物发现地芬兰的卡雷利亚(Karelia)命名。1963年J. V. P. 龙(J. V. P. Long)等在《美国矿物学家》(48)报道。IMA 1967s. p. 批准。中文名称根据晶系和成分译为三方氧钒矿。

三方氧钒矿粒状晶体(芬兰)

【三角磷铀矿】

英文名 Triangulite

化学式 $Al_3(UO_2)_4(PO_4)_4(OH)_5 \cdot 5H_2O$ (IMA)

三角磷铀矿是一种含结晶水、羟基的铝的铀酰-磷酸盐矿物。属纤磷铝铀矿-三角磷铀矿族。三斜晶系。晶体呈三角状；集合体呈皮壳状。亮黄色。1981年发现于刚果(金)南基伍省姆文加地区卡博卡博(Kobokobo)伟晶岩。英文名称Triangulite，以晶体的三角形(Triangular)习性命名。IMA 1981-056批准。1982年在《法国矿物学和结晶学会通报》(105)报道。中国地质科学院根据晶体习性和成分译为三角磷铀矿或根据成分译为三铝磷铀矿，还有的译为磷铝铀矿Ⅴ；水磷铝铀矿或三角石。

【三锂云母】

英文名 Trilithionite

化学式 $KLi_{1.5}Al_{1.5}(Si_3Al)O_{10}F_2$ (IMA)

三锂云母属云母族，是多硅锂云母(Polylithionite)-三锂云母(Trilithionite)系列的端元矿物，是锂云母富锂的矿物。单斜晶系。晶体呈页片状、板状。粉红色、桃色、紫罗兰色、紫色，珍珠光泽、玻璃光泽，透明—半透明；硬度2.5～3，极完全解理。发现于瑞典。1998年在《矿物学杂志》(53)和《加拿大矿物学家》(36)报道。英文名称Trilithionite，由“Tri(三)”和“Lithionite(锂云母)”组合命名。IMA 1998s. p. 批准。中文名称意译为三锂云母；《英汉矿物种名称》(2017)根据英文名称前两个音节音和锂云母译为特里锂云母。

三锂云母板状晶体(美国)

【三笠石】

参见【无水铁矾】条992页

【三崎石*】

英文名 Misakiite

化学式 $Cu_3Mn(OH)_6Cl_2$ (IMA)

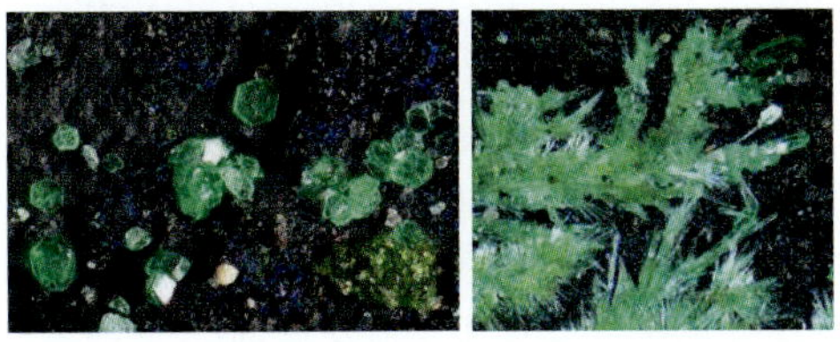

三崎石*六方板状晶体与树枝状伊予石*共生(日本)

三崎石*是一种含氯的铜、锰的氢氧化物矿物，是富锰的卡佩拉斯石*(Kapellasite)类似矿物。属氯铜矿族。三方晶系。晶体呈六方板状。翠绿色。2013年发现于日本最西端的爱媛县(古称伊予)佐田岬半岛伊方町大九(Ohku)矿，分布在含自然铜锰矿石的裂缝中，是海水与矿石反应的形成物，与叶片、针状、树枝状的伊予石*共生。英文名称Misakiite，以发现地日本的佐田岬半岛面对的海域-三崎(Misaki)滩命名。与三崎石*共生的也是同时发现的姊妹矿物伊予石*同样也是以佐田岬半岛面对的海域-伊予滩命名的。这两个新矿物的发现地因有很深的海，所以发现者以海的名字命名；并且，偶然发音中也有类似于“いよ＝Iyo(伊予)”和“みさき＝Misaki(美咲)”这样女性的人名，如果是这样的话，在爱媛称为麦当娜，如此两个新矿物如同姐妹一样，更深一层次在矿物界可称为姊妹麦当娜。IMA 2013-131批准。日文汉字名称三崎石。2014年浜根(西尾)大辅(D. Nishio-Hamane)等在《CNMNC通讯》(20)、《矿物学杂志》(78)和2017年《矿物学杂志》(81)报道。目前尚未见官方中文译名，编译者建议借用日文汉字名称三崎石*(参见【伊予石*】条1071页)。

【三千年矿*】

英文名 Michitoshiite-(Cu)

化学式 $Rh(Cu_{1-x}Ge_x)$ $0<x\leqslant0.5$ (IMA)

三千年矿*是一种铑、铜、锗的互化物矿物。等轴晶系。在砂铂矿中呈似米粒状“突起物”的物质，突起物的最表层较容易发现“三千年矿”，也有可能形成于突起物的内部。2019年发现于日本熊本县下益城郡美里町払川(即拂川)。英文名称Michitoshiite-(Cu)，由日本地球科学家、爱媛大学宫久三千年(Michitoshi Miyahisa，1928—1983)教授的名字，加占优势的阳离子铜后缀-(Cu)组合命名。由他提供的该矿物的X射线测定的化学成分式而获得采用。IMA 2019-029a批准。日文汉字名称三千年鉱。2019年浜根(西屋)大辅(D. Nishio-Hamane)等在《CNMNC通讯》(53)和《欧洲矿物学杂志》(32)报道。目前尚未见官方中文译名，编译者建议借用日文汉字名称三千年矿*。

三千年矿*粒状晶体(日本)

【三羟钒石】

英文名 Häggite

化学式 $V^{3+}V^{4+}O_2(OH)_3$ (IMA)

三羟钒石是一种含3个羟基的钒的氧化物矿物。单斜晶系。晶体呈针状、片状；集合体呈葡萄状。黑色，金属光泽，不透明。发现于美国怀俄明州克鲁克县卡莱尔(Carlile)。1958年H. T. 埃文斯(H. T. Evans)和M. E. 美诺思(M. E. Mrose)在《结晶学报》(11)及1960年《美国矿物学家》(45)报道。英文名称Häggite，以瑞典乌普萨拉大学化学家、结晶学家和普通及无机化学教授贡纳·黑格(Gunnar Hägg，1903—1986)的姓氏命名。中文名称根据成分译为三羟钒石；根据颜色、单斜晶系和成分译为黑斜钒矿。

三羟钒石葡萄状集合体(美国)

【β-三羟铝石】

参见【诺三水铝石】条662页

【三水胆矾】

英文名 Bonattite

化学式 $Cu(SO_4) \cdot 3H_2O$ (IMA)

三水胆矾是一种含3个结晶水的铜的硫酸盐矿物。单斜晶系。晶体呈细粒状；集合体呈皮壳状、块状。天蓝色、淡蓝色。1957 年发现于意大利里窝那省厄尔巴岛卡波利韦里村马塞约（Macei）采石场；同年，在意大利 *Rendiconti dell'Accademia Nazionale dei Lincei*（Ⅷ系列，22）报道。英文名称 Bonattite，以意大利比萨大学岩石学家斯特凡诺·A. 波那提（Stefano A. Bonatti，1902—1968）的姓氏命名。1958 年在《美国矿物学家》（43）报道。1959 年以前发现、描述并命名的“祖父级”矿物，IMA 承认有效。中文名称根据成分译为三水胆矾。

三水胆矾细粒状晶体，块状集合体（俄罗斯）

【三水钒矿】

英文名 Navajoite

化学式 $(V^{5+},Fe^{3+})_{10}O_{24}\cdot 12H_2O$ （IMA）

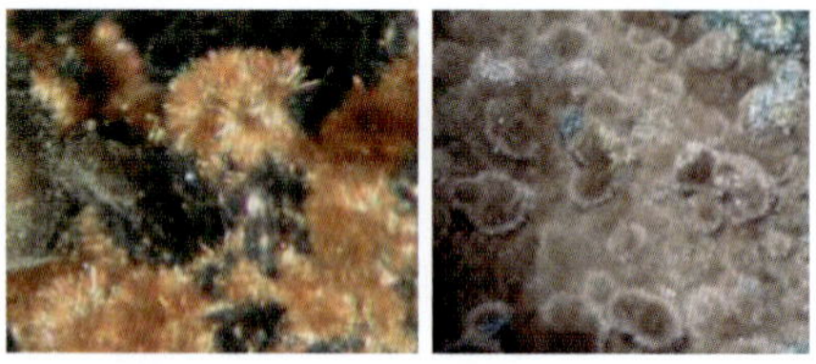

三水钒矿纤维状晶体，放射状集合体（美国）

三水钒矿是一种含结晶水的钒、铁的氧化物矿物。单斜晶系。晶体呈纤维状；集合体呈放射状、球状。深棕色，金刚光泽、丝绢光泽，半透明；硬度 1.5，可切性。1954 年发现于美国亚利桑那州阿帕切族县纳瓦霍（Navajo）镇印第安人保留地山谷 2 号矿。英文名称 Navajoite，以矿物的发现地美国的纳瓦霍印第安族（Navajo Indian Nation）命名。1955 年 A. D. 威克斯（A. D. Weeks）等在《美国矿物学家》（40）报道。1959 年以前发现、描述并命名的“祖父级”矿物，IMA 承认有效。中文名称根据成分译为三水钒矿。

【三水钙锆石】

英文名 Calciohilairite

化学式 $CaZrSi_3O_9\cdot 3H_2O$ （IMA）

三水钙锆石短柱状晶体（美国）

三水钙锆石是一种含 3 个结晶水的钙、锆的硅酸盐矿物。属三水钠锆石族。三方晶系。晶体呈短柱状。蓝白色或白色，玻璃光泽，半透明；硬度 4。1984 年发现于美国华盛顿州奥卡诺根县华盛顿（Washington）山口。英文名称 Calciohilairite，由成分冠词“Calcio（钙）”和根词“Hilairite（三水钠锆石）”组合命名。IMA 1984-023 批准。1988 年 R. C. 伯格斯（R. C. Boggs）在《美国矿物学家》（73）报道。1989 年中国新矿物与矿物命名委员会郭宗山在《岩石矿物学杂志》[8(3)]根据成分译为三水钙锆石。

【三水菱镁矿】

英文名 Nesquehonite

化学式 $Mg(CO_3)\cdot 3H_2O$ （IMA）

三水菱镁矿柱状晶体，放射状集合体（美国，希腊）

三水菱镁矿是一种含 3 个结晶水的镁的碳酸盐矿物。单斜晶系。晶体呈柱状、针状；集合体呈放射状、葡萄状、皮壳状。无色—白色，玻璃光泽、油脂光泽，透明—半透明；硬度 2.5，完全解理。1890 年发现于美国宾夕法尼亚州卡尔宾（Carbon）县兰斯福德湾内斯克霍宁（Nesquehoning）煤矿。1890 年根特（Genth）和潘菲尔德（Penfield）在《美国科学杂志》（39）和莱比锡《结晶学、矿物学和岩石学杂志》（17）报道。英文名称 Nesquehonite，以发现地美国的内斯克霍宁（Nesquehoning）命名。1959 年以前发现、描述并命名的“祖父级”矿物，IMA 承认有效。中文名称根据成分译为三水菱镁矿或三水碳镁石或碳氢镁石。

【三水铝石】

英文名 Gibbsite

化学式 $Al(OH)_3$ （IMA）

三水铝石柱状晶体、球粒状集合体（挪威、希腊）和吉布斯像

三水铝石是铝的氢氧化物矿物。与水铝石（Doyleite）、拜三水铝石（Bayerite）和 β-三羟铝石（Nordstrandite）为同质多象变体。是铝土矿的主要矿物成分之一。单斜晶系。晶体主要呈胶态非晶质或细粒晶质，一般极细小，呈假六方板柱状、纤维状、鳞片状；集合体呈放射状、皮壳状、钟乳状或鲕状、豆状、球粒状结核或呈细土块状。纯者白色、无色或因杂质呈浅灰色、浅绿色、浅红色、红黄色，玻璃光泽，解理面上呈珍珠光泽、土状光泽，透明—半透明；硬度 2.5～3，完全解理，脆性。1820 年杜威（Dewey）在《美国科学杂志》（2）报道，称为 Wavellite（银星石）。1822 年发现于美国马萨诸塞州里士满（Richmond）镇。1822 年约翰·托里（John Torrey）在《纽约曼哈顿物理学杂志》（1）报道。英文名称 Gibbsite，由约翰·托里为纪念乔治·吉布斯（George Gibbs，1777—1834）上校而以他的姓氏命名。吉布斯是一个富有的进口商人，又是一个地质学家和矿物学家、矿物收藏家，他帮助创办了早期矿物学和地质学学会，并写了几篇地质学、矿物学和农业科学论文。1810 年他在美国积累了最好的矿物收藏品，最后被耶鲁大学购买。1959 年以前发现、描述并命名的“祖父级”矿物，IMA 承认有效。IMA 1962s. p. 批准。中文名称意译为三水铝石。旧译三水铝矿或水铝氧石。

【三水钠锆石】

英文名 Hilairite

化学式 $Na_2ZrSi_3O_9\cdot 3H_2O$ （IMA）

三水钠锆石是一种含 3 个结晶水的钠、锆的硅酸盐矿物。属三水钠锆石族。三方晶系。晶体呈短柱状。暗棕色、白色、黄色、无色、肉红色、玫瑰红色，玻璃光泽，透明—半透明；硬度 4.5。1972 年发现于加拿大魁北克省圣希莱尔(Saint-Hilaire)山混合肥料采石场。英文名称 Hilairite，以发现地加拿大的希莱尔(Hilaire)山命名。IMA 1972-019 批准。1974 年 G. Y. 查奥(G. Y. Chao)等在《加拿大矿物学家》(12)报道。中文名称根据成分译为三水钠锆石或水硅钠锆石。

三水钠锆石短柱状晶体(加拿大)

【三水砷铝铜矿】

英文名 Goudeyite

化学式 $Cu_6Al(AsO_4)_3(OH)_6 \cdot 3H_2O$ (IMA)

三水砷铝铜矿是一种含 3 个结晶水和羟基的铜、铝的砷酸盐矿物。属砷铋铜矿族。六方晶系。晶体呈针状；集合体呈放射状、皮壳状、块状。蓝绿色、黄绿色；硬度 3～4，完全解理。1978 年发现于美国内华达州潘兴县安特洛普(Antelope)村马朱巴(Majuba)山矿。英文名称 Goudeyite，为纪念哈特菲尔德·古戴(Hatfield Goudey，1906—1985)而以他的姓氏命名。他是美国经济地质学家、矿物收藏家和矿物微观标本经销商，对美国加利福尼亚州圣马特奥市的矿物知识做出了贡献。IMA 1978-015 批准。1978 年 W. S. 怀斯(W. S. Wise)在《美国矿物学家》(63)报道。中文名称根据成分译为三水砷铝铜矿/三水砷铝铜石。

三水砷铝铜矿针状晶体，放射状集合体(美国)

【三水碳铝钡石】参见【多水碳铝钡石】条 139 页

【三铜钯矿】

英文名 Nielsenite

化学式 $PdCu_3$ (IMA)

三铜钯矿是一种钯与铜的金属互化物矿物。四方晶系。晶体呈他形液滴状、粒状。钢灰色，金属光泽，不透明。2004 年发现于丹麦格陵兰岛康克鲁斯瓦格杂岩体斯卡尔加德(Skaergaard)侵入体。英文名称 Nielsenite，以丹麦和格陵兰地质调查局的地质学家特勒尔斯·F. D. 尼尔森(Troels F. D. Nielsen，1950—)的姓氏命名。IMA 2004-046 批准。2008 年 A. M. 麦克唐纳(A. M. McDonald)等在《加拿大矿物学家》(46)报道。2011 年中国地质科学院地质研究所任玉峰等在《岩石矿物学杂志》[30(2)]根据成分译为三铜钯矿。

尼尔森像

【三斜钡解石】参见【阿碳钙钡矿】条 11 页

【三斜雌黄*】

英文名 Anorpiment

化学式 As_2S_3 (IMA)

三斜雌黄*球粒状、晶簇状集合体(秘鲁)

三斜雌黄*是一种砷的硫化物矿物。与雌黄为同质多象。三斜晶系。晶体呈板状、楔状；集合体呈球粒状、晶簇状。黄绿色，晶面上呈树脂光泽，解理面上呈珍珠光泽，透明；硬度 1.5，完全解理。2011 年发现于秘鲁万卡韦利卡大区卡斯特罗维雷纳省帕洛莫(Palomo)矿。英文名称 Anorpiment，由冠词“Anorthic＝Triclinic(三斜)”和根词“Orpiment(雌黄)”组合命名。IMA 2011-014 批准。2011 年 A. R. 坎普夫(A. R. Kampf)等在《矿物学杂志》(75)报道。目前尚未见官方中文译名，编译者建议根据对称及与雌黄的关系译为三斜雌黄*。

【三斜钒矾】

英文名 Anorthominasragrite

化学式 $(V^{4+}O)(SO_4) \cdot 5H_2O$ (IMA)

三斜钒矾是一种含结晶水的钒氧的硫酸盐矿物。属钒矾族。与钒矾、斜方钒矾为同质多象。三斜晶系。晶体呈针状；集合体呈皮壳状、放射状、球粒状。蓝绿色，玻璃光泽；硬度 1。2001 年发现于美国犹他州埃默里县圣拉斐尔镇。英文名称 Anorthominasragrite，由冠词“Anortho(三斜晶系)”和根词“Minasragrite(钒矾)”组合命名。IMA 2001-040 批准。2003 年 M. A. 库珀(M. A. Cooper)等在《加拿大矿物学家》(41)报道。2008 年中国地质科学院地质研究所任玉峰等在《岩石矿物学杂志》[27(2)]根据晶系及与钒矾的关系译为三斜钒矾。

三斜钒矾针状晶体，放射状集合体(美国)

【三斜钒铜矿】参见【马克比艾矿】条 576 页

【三斜光线石】

英文名 Gilmarite

化学式 $Cu_3^{2+}(AsO_4)(OH)_3$ (IMA)

三斜光线石球粒状、玫瑰花状集合体(智利、德国、美国)

三斜光线石是一种含羟基的铜的砷酸盐矿物。属光线石族。三斜晶系。晶体呈板状、柱状、纤维状；集合体呈球粒状、玫瑰花状。蓝绿色，玻璃光泽，透明；硬度 3，脆性。1996 年发现于法国普罗旺斯-阿尔卑斯省纪尧姆镇达吕斯的罗瓦(Roua)矿。英文名称 Gilmarite，以法国尼斯索菲亚-安提波利斯大学矿物学家吉尔伯特·玛丽(Gilbert Mari，1944—)的姓名命名，该矿物是在她收集的标本中发现的。IMA 1996-017 批准。1999 年 H. 萨尔普(H. Sarp)等在《欧洲矿物学杂志》(11)报道。2003 年中国地质科学院矿产资源研究所李锦平等在《岩石矿物学杂志》[22(1)]根据对称性及族名译为三斜光线石。

【三斜硅钠锆石】参见【副硅钠锆石】条 205 页

【三斜钾沸石】

英文名 Willhendersonite

化学式 $KCa(Si_3Al_3)O_{12} \cdot 5H_2O$ (IMA)

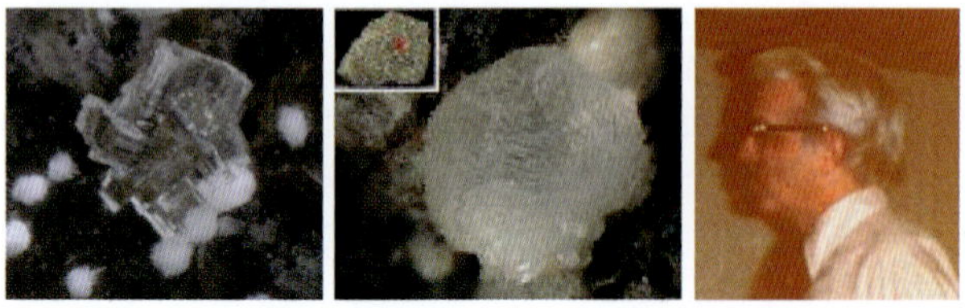

三斜钾沸石板状晶体，球状集合体（德国、意大利）和亨德森像

三斜钾沸石是一种含沸石水的钾、钙的铝硅酸盐矿物。属沸石族菱沸石-插晶菱沸石系列。三斜晶系。晶体呈菱形板状；集合体呈球状。无色、白色，玻璃光泽，透明；硬度 3，完全解理，非常脆。1981 年发现于意大利特尔尼省圣韦南佐区维斯皮（Vispi）采石场；同年，在《晶体学报》（A37）首次报道。英文名称 Willhendersonite，1984 年 D. R. 皮科尔（D. R. Peacor）等在《美国矿物学家》（69）为纪念美国氰胺（Cyanamid）公司的化学家威廉“比尔”· A. 亨德森（William“Bill” A. Henderson，1932—2014）而以他的姓名命名。亨德森是一位狂热的终身矿物收藏家和矿物记录专栏作家，是他发现了该矿物并提供样品研究。他于 1997 年当选为 Micromounters 名人堂的成员。IMA 1981－030 批准。中文名称根据晶系、成分和族名译为三斜钾沸石。1985 年中国新矿物与矿物命名委员会郭宗山等在《岩石矿物及测试》[4(4)]译为钾菱沸石。

【三斜蓝铁矿】

英文名 Metavivianite

化学式 $Fe^{2+}Fe_2^{3+}(PO_4)_2(OH)_2 \cdot 6H_2O$ （IMA）

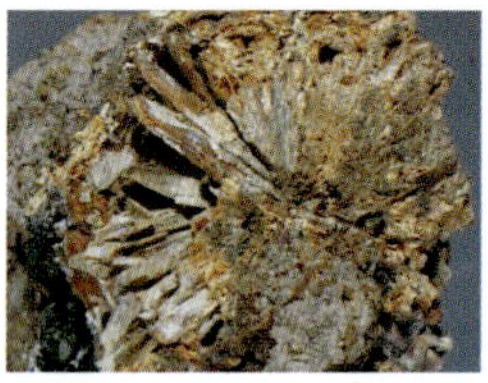

三斜蓝铁矿放射状集合体（美国）

三斜蓝铁矿是一种含结晶水、羟基的复铁的磷酸盐矿物。属蓝铁矿族。与水磷亚铁矿（Ferrostrunzite）为同质多象。三斜晶系。晶体呈板状、刃状，集合体常呈束状、放射状。深蓝色、蓝黑色、深绿色、墨绿色，半玻璃光泽、树脂光泽、油脂光泽，半透明；硬度 1.5～2，完全解理。1973 年发现于美国南达科他州彭宁顿县约翰逊（Johnson）伟晶岩。英文名称 Metavivianite，1974 年由 C. 里兹（C. Ritz）等根据与蓝铁矿（Vivianite）的结构关系，加前缀“Meta（变）”命名。IMA 1973－049 批准。1974 年里兹等在《美国矿物学家》（59）报道。中文名称根据晶系及与蓝铁矿的关系译为三斜蓝铁矿或变蓝铁矿。

【三斜磷钙石】

英文名 Monetite

化学式 $Ca(PO_3OH)$ （IMA）

三斜磷钙石是一种钙的氢磷酸盐矿物。三斜晶系。晶体呈菱面体；集合体常呈致密块状、皮壳状、钟乳状。白色、黄色或无色，半玻璃光泽、树脂光泽、蜡状光泽，半透明；硬度 3.5，中等解理，脆性。最早见于 1856 年查尔斯·奥普汉·谢泼德（Charles Upham Shepard）在《美国科学杂志》（22）报道，称 Glaubapatite（羟氟磷灰石）。1882 年发现于加勒比海波多黎各自治邦马亚圭斯自治市莫尼托（Moneto）岛（莫尼托岛、穆纳穆纳岛）。1882 年谢泼德（Shepard）在《美国科学杂志》（23）报道。英文名称 Monetite，由谢泼德（Shepard）以发现地两个岛中的一个叫莫尼托（Moneto）岛命名。1959 年以前发现、描述并命名的“祖父级”矿物，IMA 承认有效。中文名称根据晶系和成分译为三斜磷钙石。

【三斜磷钙铁矿】

英文名 Anapaite

化学式 $Ca_2Fe^{2+}(PO_4)_2 \cdot 4H_2O$ （IMA）

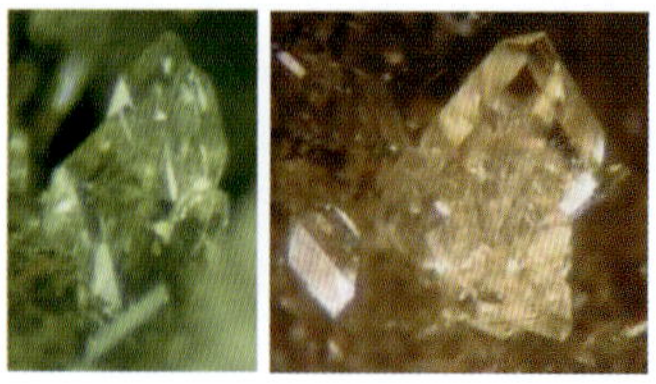

三斜磷钙铁矿板状、刃状晶体（西班牙）

三斜磷钙铁矿是一种含结晶水的钙、铁的磷酸盐矿物。三斜晶系。晶体呈板状、刃状、纤维状；集合体呈放射状。绿色、淡绿色—白色、无色，玻璃—半玻璃光泽、树脂光泽、蜡状光泽、油脂光泽，透明；硬度 3.5，完全解理。1902 年发现于俄罗斯克拉斯诺亚尔斯克边疆区泰梅尔（Tamanr）半岛阿纳帕（Anapa）哲勒兹尼角（Zheleznyi Rog）。英文名称 Anapaite，由亚瑟·萨克斯（Arthur Sachs）在 1902 年根据发现地俄罗斯泰梅尔半岛阿纳帕（Anapa）命名。1902 年波波夫（Popoff）在《莱比锡结晶学、矿物学和岩石学杂志》（37）和《普鲁士科学院会议报告》（18）报道。1959 年以前发现、描述并命名的“祖父级”矿物，IMA 承认有效。中文名称根据晶系和成分译为三斜磷钙铁矿。

【三斜磷铅铀矿】参见【斜磷铅铀矿】条 1032 页

【三斜磷锌矿】

英文名 Tarbuttite

化学式 $Zn_2(PO_4)(OH)$ （IMA）

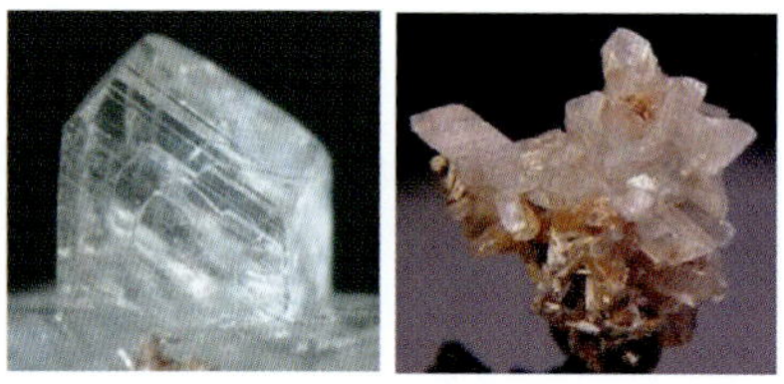

三斜磷锌矿厚板状晶体，晶簇状集合体（赞比亚）

三斜磷锌矿是一种含羟基的锌的磷酸盐矿物。三斜晶系。晶体呈短柱状、板状，晶面有条纹；集合体呈束状、皮壳状、晶簇状。白色、黄色、红色、绿色、棕色或无色，玻璃光泽、珍珠光泽，透明—半透明；硬度 3.5～4，完全解理。1907 年发现于赞比亚中央省卡布韦市（布罗肯山）卡布韦（Kabwe）矿。英文名称 Tarbuttite，1907 年斯宾塞（Spencer）在《华尔街日报》的《自然》（7）报道，为纪念珀西·考文垂·塔尔布特（Percy Coventry Tarbutt）而以他的姓氏命名。塔尔布特是布罗肯希尔勘探公司的主任，他收集了一些矿物标本。1959 年以前发现、描述并命名的“祖父级”矿物，IMA 承认有效。中文名称根据晶系和成分译为三斜磷锌矿。

【三斜卤辰砂】参见【溴氯硫汞矿】条 1052 页

【三斜锰辉石】

英文名 Pyroxmangite

化学式 $Mn^{2+}SiO_3$ （IMA）

三斜锰辉石是一种锰的硅酸盐矿物。属三斜铁辉石-三

三斜锰辉石柱状晶体(德国、巴西)

斜锰辉石系列。与蔷薇辉石呈同质二象变体。三斜晶系。晶体呈厚板状、柱状、粒状,具聚片状和简单双晶。粉色、红色,氧化后变成棕色、琥珀黄色、褐色、黑色,玻璃光泽、珍珠光泽,透明—半透明;硬度 5.5～6,完全解理。发现于美国南卡罗来纳州。1913 年由威廉·E. 福特(William E. Ford)和 W. M. 布拉德利(W. M. Bradley)在《美国科学杂志》(36)报道。英文名称 Pyroxmangite,他们根据希腊文“Πυροξινη= Pyroxene(辉石)”和“Μαγγ ά νιο= Manganese(锰)”组合命名。1959 年以前发现、描述并命名的“祖父级”矿物,IMA 承认有效。中文名称根据晶系和成分及族名译为三斜锰辉石或锰三斜辉石。

【三斜硼钙石】

英文名 Meyerhofferite

化学式 $CaB_3O_3(OH)_5 \cdot H_2O$ (IMA)

三斜硼钙石晶簇状集合体(美国)

三斜硼钙石是一种含结晶水和羟基的钙的硼酸盐矿物。属多水硼镁石族。三斜晶系。晶体呈板状、纤维状,常呈板硼钙石假象;集合体呈晶簇状。无色、白色,玻璃光泽、丝绢光泽,透明—半透明;硬度 2,完全解理。1914 年发现于美国加利福尼亚州因约县阿马戈萨黑山布兰科(Blanco)山矿。英文名称 Meyerhofferite,由德国化学家威廉·梅尔霍夫(Wilhelm Meyerhoffer,1864—1906)与其合作者 J. H. 范特霍夫(J. H. van't Hoff)组合命名,他们是盐类矿物的最初提供者并合成此化合物。1914 年 W. T. 夏勒(W. T. Schaller)在《华盛顿科学院杂志》(4)报道。1959 年以前发现、描述并命名的“祖父级”矿物,IMA 承认有效。中文名称根据晶系和成分译为三斜硼钙石。

【三斜硼钠钙石】

英文名 Ulexite

化学式 $NaCaB_5O_6(OH)_6 \cdot 5H_2O$ (IMA)

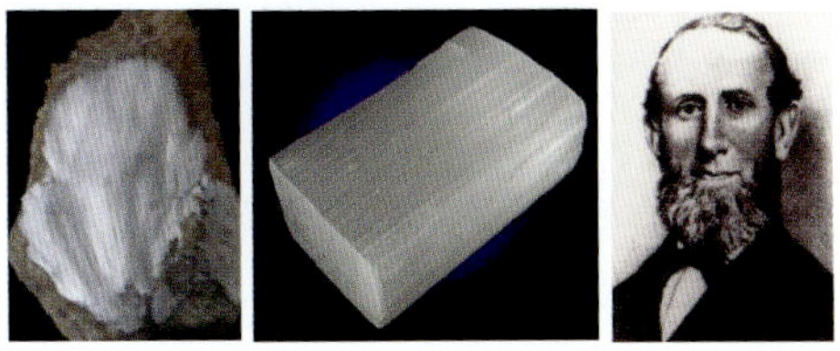

三斜硼钠钙石棉花状和平行纤维状的电视石(美国)和乌勒希像

三斜硼钠钙石是一种含结晶水和羟基的钠、钙的硼酸盐矿物。三斜晶系。晶体常呈纤维状、针状、叶片状,具聚片双晶;集合体常呈白色绢丝棉球状、纤维平行的块状和放射状,有的呈葡萄状、结核状、肾状或土块状。无色、白色、灰色,玻璃光泽,纤维状集合体者呈丝绢光泽,透明;硬度 2.5,完全解理,极脆,手捏即成粉末,有滑感。最早见于 1844 年海斯(Hayes)在《美国科学杂志》(46)报道。1849 年乔治·路德维希·乌勒希(George Ludwig Ulex,1811—1883)首次正确描述了发现于智利塔拉帕卡地区伊基克(Iquique)市的矿物;并在《化学和药物学年鉴》[70(1)]报道,始称硼钠方解石(Boronatro-calcite)。1850 年 J. D. 丹纳(J. D. Dana)在《系统矿物学》(第三版,纽约)刊载。英文名称 Ulexite,以德国化学家乔治·路德维希·乌勒希的姓氏命名,他第一次正确地分析了这种矿物。1959 年以前发现、描述并命名的“祖父级”矿物,IMA 承认有效。钠硼解石纤维状集合体是天然的光纤,具光纤效应。磨制而成的宝石又称为电视石,英文名称 Television stone,因其抛光面垂直于纤维方向,且两面抛光制成扁平形,此时透过宝石可见另一面透过来的其他物体的影像如魔术般地变幻,故名。此矿物的同义词很多,译名也很混乱。中文名称根据晶系和成分译为三斜硼钠钙石;根据成分和解理译为钠硼解石,也译作硼钠方解石;根据成分译为硼钠钙石;根据光纤效应译为电视石。

【三斜闪石】

英文名 Aenigmatite

化学式 $Na_4[Fe^{2+}_{10}Ti_2]O_4[Si_{12}O_{36}]$ (IMA)

三斜闪石柱状晶体(格陵兰、葡萄牙)

三斜闪石是一种含氧的钠、铁、钛的硅酸盐矿物。属假蓝宝石超族三斜闪石族。三斜晶系。晶体呈长柱状。棕色、黑色,玻璃光泽、油脂光泽,半透明—不透明;硬度 5.5～6,完全解理,脆性。1865 年发现于丹麦格陵兰岛库雅雷哥自治区伊犁马萨克(Ilimaussaq)侵入杂岩体康尔卢苏克(Kangerluarsuk)峡湾和图努力雅菲克(Tunulliarfik)海峡努雅卡斯克(Naujakasik);由奥古斯特·布赖特豪普特(August Breithaupt)首次描述,并在 *Berg-und Hüttenmännische Zeitung*(24)报道。英文名称 Aenigmatite,根据希腊文“α ἱ νιγμα= Aenigma= Ariddle(谜语)”命名,意指矿物的化学成分不确定。1964 年 M. 弗莱舍(M. Fleischer)在《美国矿物学家》(49)报道。1959 年以前发现、描述并命名的“祖父级”矿物,IMA 承认有效。IMA 1967s. p. 批准。中文名称根据晶系和族名译为三斜闪石,也有的译作钠铁非石。

【三斜砷钙石】

英文名 Weilite

化学式 $Ca(AsO_3OH)$ (IMA)

三斜砷钙石叶片状晶体(德国)

三斜砷钙石是一种钙的氢砷酸盐矿物。三斜晶系。晶体呈叶片状;集合体呈皮壳状。白色,蜡状光泽、油脂光泽(略带珍珠光泽),半透明;脆性。1963 年分别发现于法国上莱茵省圣玛丽矿山诺因贝克加布戈特斯(Gottes)矿和德国巴登-符腾堡州黑森林申肯采尔威蒂亨(Wittichen)以及德国萨克森州厄尔士山脉。英文名称 Weilite,以法国斯特拉斯堡大学矿物学教授雷内·韦尔(Rene Weil,1901—?)的姓氏命名。IMA 1963-006 批准。1963 年 P. 埃尔潘(P. Herpin)等在《法国矿物学和结晶学学会通报》(86)和 1964 年《美国矿物学家》(49)报道。中文名称根据晶系和成分译为三斜砷钙石。

【三斜砷钴钙石】参见【ß-砷钴钙石】条 780 页

【三斜砷铅铀矿】参见【砷铀铅矿】条 798 页

【三斜石】参见【硅铍钙锰石】条 281 页

【三斜水钒铁矿】

英文名 Schubnelite

化学式 $Fe^{3+}(V^{5+}O_4)\cdot H_2O$ (IMA)

三斜水钒铁矿柱状穿插双晶(加蓬)和舒贝尼尔像

三斜水钒铁矿是一种含结晶水的铁的钒酸盐矿物。三斜晶系。晶体呈柱状,常见穿插十字双晶。黑色、黄色或绿褐色,透明—近似不透明。1970 年发现于加蓬上奥果韦省弗朗斯维尔的摩纳纳(Mounana)矿。英文名称 Schubnelite,1970 年由法比安·P. 塞斯布龙(Fabien P. Cesbron)为纪念法国巴黎自然历史博物馆的馆长、法国矿物学家亨利·琼·舒贝尼尔(Henri Jean Schubnel,1935—)而以他的姓氏命名。他写了许多关于宝石和矿物的书。IMA 1970-015 批准。1970 年塞斯布龙在《法国矿物学和结晶学学会通报》(93)和 1972 年 M. 弗莱舍(M. Fleischer)在《美国矿物学家》(57)报道。中文名称根据晶系和成分译为三斜水钒铁矿。

【三斜水硼锶石】

英文名 Veatchite-A

化学式 $Sr_2B_{11}O_{16}(OH)_5\cdot H_2O$ (IMA)

三斜水硼锶石是一种含结晶水、羟基的锶的硼酸盐矿物。为 Veatchite 的多形变体。三斜晶系。无色、白色,珍珠光泽,半透明;硬度 2。1978 年发现于土耳其屈塔希亚省伊梅特(Emet)硼酸矿床基利克(Killik)矿山。英文名称 Veatchite-A,由“Veatchite(水硼锶石)”加后缀“-A,即 Anorthic(三斜的)”命名。IMA 1978-030 批准。1979 年 I. 康巴萨(I. Kumbasar)在《美国矿物学家》(64)报道。中文名称根据晶系和与水硼锶石的关系译为三斜水硼锶石(参见【水硼锶石】条 861 页)。

【三斜水砷锌矿】

英文名 Warikahnite

化学式 $Zn_3(AsO_4)_2\cdot 2H_2O$ (IMA)

三斜水砷锌矿柱状、针状晶体,放射状集合体(纳米比亚、希腊)

三斜水砷锌矿是一种含结晶水的锌的砷酸盐矿物。三斜晶系。晶体呈柱状、针状;集合体呈放射状。无色—淡黄色、蜜黄色、橙色,玻璃光泽、蜡状光泽,透明;硬度 2,完全解理,脆性。1978 年发现于纳米比亚奥希科托地区楚梅布(Tsumeb)矿。英文名称 Warikahnite,以沃尔特·理查德·卡恩(Walter Richard Kahn,1911—2009)的姓名命名。他是来自德国的矿物专业经销商和西南非的矿物收藏家,他给予资金支持研究罕见的次生矿物及其晶体结构。IMA 1978-038 批准。1979 年 P. 凯勒(P. Keller)等在《矿物学新年鉴》(月刊)和 1980 年《美国矿物学家》(65)报道。中文名称根据晶系和成分译为三斜水砷锌矿;根据英文名称首音节音和成分译为瓦水砷锌石。

【三斜铁辉石】

英文名 Pyroxferroite

化学式 $Fe^{2+}SiO_3$ (IMA)

三斜铁辉石柱状晶体(德国)

三斜铁辉石是一种铁的硅酸盐矿物。属辉石族。三斜铁辉石-三斜锰辉石系列。三斜晶系。晶体呈柱状、细粒状。淡黄色、橙黄色、黄色、浅棕色、黑褐色,玻璃光泽,半透明—不透明;硬度 4.5~5.5。与 Armalcolite(阿姆阿尔柯尔石)和 Tranquillityite(宁静石)一起被发现于 1969 年美国阿波罗 11 号采回的月球玄武岩中。1970 年 A. T. 安德森(A. T. Anderson)等在《地球化学和天体化学评论》[增刊 34(1)]和《美国矿物学家》(55)报道。英文名称 Pyroxferroite,由希腊文“πνροξίνη=Pyroxene(辉石)”和拉丁文“Ferrum(铁)”组合命名。IMA 1970-001 批准。中文名称根据晶系、成分和族名译为三斜铁辉石或铁三斜辉石,但因含有钙,也译作含钙三斜铁辉石(Calcian Pyroxferroite)。

【三型钾霞石】

英文名 Trikalsilite

化学式 $K_2NaAl_3(SiO_4)_3$ (IMA)

三型钾霞石是一种钾、钠、铝的硅酸盐矿物。属似长石族。与六方钾霞石为同质二象。六方晶系。无色、白色,玻璃光泽,半透明;硬度 6。1957 年发现于刚果(金)南基伍省尼拉贡戈地区尼拉贡戈火山卡布弗姆(Kabfumu)。英文名称 Trikalsilite,由希腊文“Τρι=Tria(三)”和“Kalsilite(六方钾霞石)”组合命名。三,因为其 a 轴的长度是六方钾霞石的 3 倍。1957 年 T. G. 萨哈马(T. G. Sahama)和 J. V. 史密斯(J. V. Smith)在《美国矿物学家》(42)报道。1959 年以前发现、描述并命名的“祖父级”矿物,IMA 承认有效。中文名称意译为三型钾霞石。

【三原矿】参见【硫铋铅铁铜矿】条 495 页

【三重钇石*】

英文名 Mieite-(Y)

化学式 $Y_4Ti(SiO_4)_2O[F,OH]_6$ (IMA)

三重钇石*是一种含羟基、氟和氧的钇、钛的硅酸盐矿物。斜方晶系。集合体呈块状,大约 1cm。浅琥珀黄色,金刚光泽,透明;硬度 6,脆性。2014 年发现于日本本州岛近畿地区三重(Mie)县菰野町汤之山温泉未命名伟晶岩。英文名称 Mieite-(Y),由根词"Mieite(三重石)",加占优势的稀土元素钇后缀-(Y)组合命名。IMA 2014-020 批准。日文名称イットリウム三重石。2015 年宫胁律郎(R. Miyawaki)等在《矿物学和岩石学科学杂志》[110(3)]报道。目前尚未见官方中文译名,编译者建议借用日文汉字名称三重钇石*。

日本三重县徽

【三唑胺钠铜石*】

英文名 Triazolite

化学式 $NaCu_2(N_3C_2H_2)_2(NH_3)_2Cl_3 \cdot 4H_2O$ (IMA)

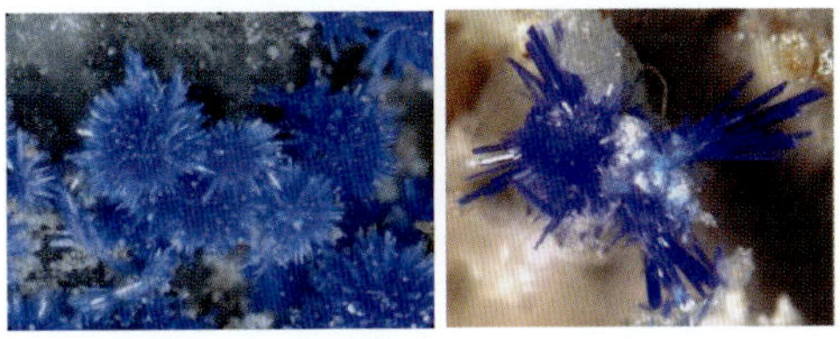

三唑胺钠铜石* 柱状晶体,放射状集合体(智利)

三唑胺钠铜石*是一种含结晶水的钠、铜的三唑胺氯化物矿物。它是第二个被发现的天然三唑酸盐矿物,是一种金属有机胺络合物,其中 1,2,4-三唑酸阴离子和氨分子是 Cu^{2+} 的配体。斜方晶系。晶体呈柱状,粒径 0.1mm×0.15mm×0.75mm;集合体呈放射状,直径 1.5mm。蓝色,玻璃光泽;硬度 2,脆性,易碎。2017 年发现于智利伊基克省查纳巴亚帕贝隆·德皮卡(Pabellón de Pica)山的一个鸟粪矿床。英文名称 Triazolite,由成分中的"1,2,4-triazolate(三唑酸阴离子)"命名。IMA 2017-025 批准。2017 年 N. V. 丘卡诺夫(N. V. Chukanov)等在《CNMNC 通讯》(38)、《矿物学杂志》(81)和 2018 年《矿物学杂志》(82)报道。目前尚未见官方中文译名,编译者根据成分译为三唑胺钠铜石*。

铯 [sè]一种金属元素。[英]Caesium 或 Cesium。旧译錸。元素符号 Cs。原子序数 55。1860 年古斯塔夫·基尔霍夫(Gustav Kirchhoff)和罗伯特·本生(Robert Bunsen)在对矿泉水的提取物进行光谱实验时发现铯,他们以拉丁文"Coesius"命名,意为天蓝色。其实早在 1846 年,德国弗赖贝格(Freiberg)工业大学冶金学教授普拉特勒曾经分析了鳞云母(又称红云母)矿石,就发现了硫酸铯的存在。然而他误将硫酸铯当成了硫酸钠和硫酸钾的混合物。铯从他手中溜走了。金属铯一直到 1882 年才由德国化学家塞特贝格电解氰化铯和氰化钡的混合物获得。自然界中铯盐存在于矿物中,也有少量氯化铯存在于光卤石。

【铯毒铁石】

英文名 Caesiumpharmacosiderite

化学式 $CsFe_4[(AsO_4)_3(OH)_4] \cdot 4H_2O$ (IMA)

铯毒铁矿立方体晶体(智利)

铯毒铁石是一种含结晶水的铯、铁的氢砷酸盐矿物,它是第一个被发现的铯的砷酸盐矿物。属毒铁矿族。等轴晶系。晶体呈立方体。绿色、褐色,玻璃光泽,透明—半透明。2013 年发现于阿根廷胡胡伊省苏斯克斯地区塔哥火山普纳(Puna)高原和智利科金博区埃尔基镇埃尔印第奥矿床坦博矿温迪(Wendy)露天采场。英文名称 Caesiumpharmacosiderite,由成分冠词"Caesium(铯)"和根词"Pharmacosiderite(毒铁石)"组合命名。IMA 2013-096 批准。2013 年 S. J. 米尔斯(S. J. Mills)等在《CNMNC 通讯》(18)和《矿物学杂志》(77)报道。中文名称根据成分及族名译为铯毒铁石(根词参见【毒铁矿】条 134 页)。

【铯沸石】

英文名 Pollucite

化学式 $Cs(Si_2Al)O_6 \cdot nH_2O$ (IMA)

铯沸石粒状晶体,晶簇状集合体(巴基斯坦、加拿大)

铯沸石是一种含沸石水的铯的铝硅酸盐矿物。属沸石族。等轴晶系。晶体呈立方体、四方偏方面体、粒状;集合体呈致密块状。无色、白色、灰色,或很少粉色和蓝色、紫色,玻璃—半玻璃光泽、油脂光泽、树脂光泽、蜡状光泽,透明—半透明;硬度 6.5~7,脆性。1846 年奥古斯特·布赖特豪普特(August Breithaupt)第一次描述于意大利利沃诺省西边海域的坎波内尔市厄尔巴岛坎波桑皮耶罗拉斯佩兰扎(La Speranza,意译希望)(皮萨尼的采石场);同年,在波根多夫《物理和化学年鉴》(69)报道。

1860 年德国 R. W. 本生和 G. R. 基尔霍夫从瑞典丢克海姆的矿泉水中,用光谱分析发现一种新的碱金属元素,其光谱线为蓝色,取名 Cesium(铯),符号 Cs。名称来自拉丁文 Caesius,古代人们用它指晴朗天空的蓝色。其实,在 1846 年,普拉特纳(Plattner)曾经分析过厄尔巴群岛所产的铯榴石,遗憾的是仅指出分析结果不足 100%,而没有发现铯元素。R. W. 本生等发现铯 4 年后(1864 年),F. 比萨尼(F. Pisani)又重新分析,才发现了矿物中的铯。

英文名称 Pollucite,来自希腊、罗马神话中的波卢克斯(北河三星,又叫"双子座 β 星(Pollux)"与北河二星"双子座 α 星"是同父异母的兄弟),希腊文"Πόλαζ=Pollux",意思是"拳术师"。科学家从透锂长石(Castorite)发现金属锂之后,又在铯榴石中发现了同族的铯,于是将铯榴石命名为 Pollucite,意指以北河二星"双子座 α 星"命名的透锂长石(Castorite)与铯榴石(Pollucite)像兄弟一样。1959 年以前发现、描述并命名的"祖父级"矿物,IMA 承认有效。IMA 1997s. p. 批准。1967 年在《美国矿物学家》(52)报道。中文名称根据特征成分和族名旧译为铯榴石,现译为铯沸石(参见【透锂长石】条 966 页)。

【铯空烧绿石*】

英文名 Cesiokenopyrochlore

化学式 $\square Nb_2(O,OH)_6Cs_{1-x}$ (IMA)

铯空烧绿石*是一种含铯的空位、铌的氢氧-氧化物矿物,它是已知的铯和铌作为必需元素的唯一矿物。属烧绿石超族烧绿石族。等轴晶系。2016 年发现于马达加斯加塔那那利佛省瓦卡南卡拉特拉区贝塔富镇安德伦博阿(Andrembesoa)村泰特桑西奥-奥巴托科利(Tetezantsio-Andoabatokely)伟晶岩矿田泰特桑西奥伟晶岩。英文名称 Cesiokenopyrochlore,由成分冠词“Cesio(铯)”“Keno(空位)”和根词“Pyrochlore(烧绿石)”组合命名。IMA 2016-104 批准。2017 年 A. A. 阿加哈诺夫(A. A. Agakhanov)等在《CNMNC 通讯》(36)、《矿物学杂志》(81)和《欧洲矿物学杂志》(29)报道。目前尚未见官方中文译名,编译者建议根据成分及与烧绿石的关系译为铯空烧绿石*。

【铯锂辉石】参见【锂辉石】条 443 页

【铯绿柱石】参见【绿柱石】条 551 页和【锂铯绿柱石】条 444 页

【铯锰星叶石】

英文名 Kupletskite-(Cs)

化学式 $Cs_2NaMn_7^{2+}Ti_2(Si_4O_{12})_2O_2(OH)_4F$ (IMA)

铯锰星叶石板状晶体(塔吉克斯坦)

铯锰星叶石是一种铯占优势的锰星叶石类似矿物。属星叶石超族锰星叶石族。三斜晶系。晶体呈弯曲板状,集合体呈玫瑰花状。金黄色、褐色、黑色,玻璃光泽,半透明—不透明;硬度 4,完全解理。1970 年发现于塔吉克斯坦天山山脉阿莱山达拉伊-皮奥兹(Dara-i-Pioz)冰川冰碛物。英文名称 Kupletskite-(Cs),根据占优势的成分“Caesium(铯)”和与“Kupletskite(锰星叶石)”的关系命名。IMA 1970-009 批准。1971 年在《苏联科学院报告》(197)和 2007 年 P. 贝利斯(P. Bayliss)在《矿物学杂志》(71)报道。中文名称根据占优势的成分及族名译为铯锰星叶石。

【铯锑钽石】参见【羟空细晶石】条 714 页

森

[sēn]本义:树木众多。[英]音,用于外国人名。

【森本榴石】参见【钙钛铁榴石】条 229 页

沙

[shā]会意;从水,从少。《说文》:“水少沙见。”金文字形,左边是水,右边“少”像沙粒形。本义:极细碎的石粒。[英]音,用于外国地名、人名。

【沙巴铀矿】参见【萨巴铀矿-铵】条 757 页

【沙比那石】参见【碳钛锆钠石】条 929 页

【沙德隆矿】参见【硫铁铅矿】条 520 页

【沙弗莱石】参见【钙铝榴石】条 222 页

【沙里金矿*】

英文名 Sharyginite

化学式 $Ca_3TiFe_2O_8$ (IMA)

沙里金矿*是一种钙、钛、铁的氧化物矿物。斜方晶系。晶体呈扁平状,长 100μm。深棕色,半金属光泽,不透明;硬度 5.5~6,完全解理,脆性。2017 年发现于德国莱茵兰-普法尔茨州埃特林根市卡斯帕(Caspar)采石场。英文名称 Sharyginite,以俄罗斯新西伯利亚索博列夫地质矿物学研究所的维克多·维克托罗维奇·沙里金(Victor Viktorovich Sharygin,1964—)的姓氏命名。他是一位矿物学家,是碱性和热变质岩方面的专家。他研究了埃费尔基岩捕虏体样品,并发表了一些有关该矿物的初步数据。IMA 2017-014 批准。2017 年 R. 尤罗斯泽克(R. Juroszek)等在《CNMNC 通讯》(37)、《矿物学杂志》(81)和 2018 年《矿物》(8)报道。目前尚未见官方中文译名,编译者建议音译为沙里金矿*。

【沙硫锑铊铅矿】

英文名 Chabournéite

化学式 $Tl_4Pb_2(Sb,As)_{20}S_{34}$ (IMA)

沙硫锑铊铅矿针状晶体,放射状集合体(瑞士)

沙硫锑铊铅矿是一种铊、铅的锑-砷-硫化物矿物。与脆硫砷铅矿族结构相关。三斜晶系。晶体呈针状、粒状;集合体呈放射状。黑色,条痕呈红色、棕色,油脂光泽、半金属光泽,不透明;硬度 3~3.5。1976 年发现于法国上阿尔卑斯省雅鲁矿床附近的查布尔纳欧(Chabournéou)冰川。英文名称 Chabournéite,以发现地法国的查布尔纳欧(Chabournéou)冰川命名。IMA 1976-042 批准。1981 年 Z. 约翰(Z. Johan)等在法国《矿物学通报》(104)和《美国矿物学家》(64)报道。1983 年中国新矿物与矿物命名委员会郭宗山等在《岩石矿物及测试》[2(1)]根据英文名称首音节音和成分译为沙硫锑铊铅矿;根据成分译为硫砷锑铅铊矿。

【沙水硅锰钠石】

英文名 Shafranovskite

化学式 $Na_3K_2(Mn,Fe,Na)_4[Si_9(O,OH)_{27}](OH)_2 \cdot nH_2O$ (IMA)

沙弗拉诺夫斯基像

沙水硅锰钠石是一种含结晶水和羟基的钠、钾、锰、铁的氢硅酸盐矿物。三方晶系。晶体呈粒状。深绿色、橄榄绿色,玻璃光泽,半透明;硬度 2~3,完全解理。1981 年发现于俄罗斯北部摩尔曼斯克州拉斯武姆霍尔(Rasvumchorr)山,以及洛沃泽罗地块卡纳苏特(Karnasurt)山尤比雷纳亚(Yubileinaya)伟晶岩。英文名称 Shafranovskite,以苏联矿物学和结晶学教授伊拉里翁·伊拉里奥诺维奇·沙弗拉诺夫斯基(Ilarion Ilarionovich Shafranovsky,1907—?)的姓氏命名。IMA 1981-048 批准。1983 年在《美国矿物学家》(68)报道。中文名称根据英文名称首音节音和成分译为沙水硅锰钠石;根据颜色和成分译为绿硅锰钠石。

砂

[shā]形声;从石,少声。同“沙”。本义:小石。用于日本人名。

【砂川闪石】

英文名 Sadanagaite

化学式 $NaCa_2(Mg_3Al_2)(Si_5Al_3)O_{22}(OH)_2$ (IMA)

砂川闪石是一种 A 位钠、C^{2+} 位镁、C^{3+} 位铝和 W 位羟基的闪石矿物。属角闪石超族 W 位羟基、氟、氯占优势的角闪石族钙角闪石亚族川闪石根名族。单斜晶系。黑色、深棕色，玻璃光泽；硬度 6。1980 年发现于日本本州岛中部岐阜县揖斐川町春日村春日矿。英文名称 Sadanagaite，由东京大学晶体学兼矿物学名誉教授定永两一（Ryoichi Sadanaga，1920—2002）的姓氏命名。他还兼任日本晶体学会和日本矿物学学会会长。IMA 1980－027 批准。日文汉字名称定永闪石。1985 年中国新矿物与矿物命名委员会郭宗山等在《岩石矿物及测试》[4(4)]根据人名的音译和族名译为沙川闪石。2010 年杨主明在《岩石矿物学杂志》[29(1)]建议采用日文汉字名称定永闪石。1984 年由岛崎（Shimazaki）等在《美国矿物学家》（69）报道 Sadanagaite，将其定义为钾、钠和镁、二价铁的富铝角闪石。1997 利克（Leake）等在《加拿大矿物学家》（35）的《角闪石命名法》对 Sadanagaite 原始定义钾、钠改为钠、钾；还应该指出，同年利克等的命名报告可能的错字，确定川闪石 $Fe^{3+}>Al$，这导致了一些作者使用术语 Aluminosadanagaite（铝砂川闪石）（见德罗夫等，2001）。2004 年在《欧洲矿物学杂志》（16）报道。在 2012 年霍桑（Hawthorne）等在《美国矿物学家》（97）《角闪石命名法》又重新定义了钠、镁和铝的川闪石族主要成员。因此，该矿物最初被描述为 Sadanagaite（川闪石和砂川闪石，1984），1997 年改成为 Potassic-sadanagaite（钾川闪石或钾砂川闪石）和 2012 年 Potassic-ferro-sadanagaite（钾铁川闪石或钾铁砂川闪石）。钠和二价铁占主导的矿物 1997 年被描述为 Sadanagaite（川闪石），2012 年被描述为 Ferro-sadanagaite（铁川闪石）。2003 年被巴诺（Banno）等描述为 Magnesiosadanagaite，2012 年的更名 Sadanagaite（川闪石）；即 Magnesiosadanagaite 被认为是 Sadanagaite 的同义词。IMA 2012s. p. 批准。2008 年任玉峰等在《岩石矿物学杂志》[27(3)]根据成分和族名译为钠钙镁闪石。现中文名称译名的镁砂川闪石（Magnesiosadanagaite）、钾镁砂川闪石（Potassic-magnesiosadanagaite）、钾砂川闪石（Potassicsadanagaite）和砂川闪石（Sadanagaite），其中"砂川"二字，错误地取自砂川（Sunagawa）教授（由于优先权原则仍保持原译名）。而名称的原意是以定永两一（Sadanaga）教授名字命名，修改后的名称为镁定永闪石、钾镁定永闪石、钾定永闪石和定永闪石。

山

[shān]象形；甲骨文和金文字形，像山峰并立的形状。本义：地面上由土石构成的隆起部分。用于日本地名。

【山口石】参见【锆石】条 242 页

杉

[shān]形声；从木，彡声。[英]音，用于外国人名。

【杉硅钠锰石】

英文名 Saneroite

化学式 $NaMn_5^{2+}[Si_5O_{14}(OH)](VO_3)(OH)$　　（IMA）

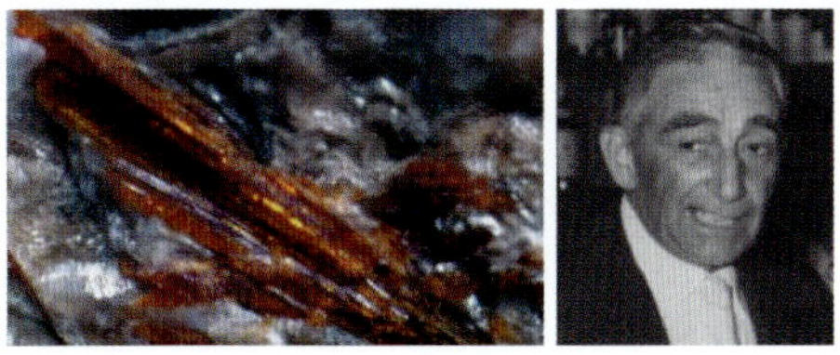

杉硅钠锰石板柱状晶体（意大利）和萨内罗像

杉硅钠锰石是一种含羟基的钠、锰的钒酸-氢硅酸盐矿物。三斜晶系。晶体呈板状、柱状。明亮的橙色，树脂光泽、油脂光泽，半透明；硬度 6～7，完全解理。1979 年发现于意大利热那亚省尼尔镇格拉夫利亚（Graveglia）山谷瓦尔格拉维利亚雷皮亚（Reppia Valgraveglia）矿（甘巴泰萨矿）。英文名称 Saneroite，以意大利热那亚大学矿物学教授爱德华多·萨内罗（Edoardo Sanero）的姓氏命名。IMA 1979－060 批准。1981 年 G. 卢凯蒂（G. Lucchetti）等在《矿物学新年鉴》（月刊）和《美国矿物学家》（66）报道。1983 年中国新矿物与矿物命名委员会郭宗山等在《岩石矿物及测试》[2(1)]根据英文名称首音节音和成分译为杉硅钠锰石。

【杉石】参见【钠锂大隅石】条 637 页

苫

[shān]形声；占声。本义：用茅草编成的覆盖物。用于日本地名。

【苫前矿*】

英文名 Tomamaeite

化学式 Cu_3Pt　　（IMA）

苫前矿*是一种铜和铂的互化物矿物。晶体呈粒状，粒径为 10μm 左右或更小；它并非是单独产出的矿物，而是作为铜铁铂矿和铜铁二铂矿中的夹杂物。2019 年发现于北海道苫前（Tomamae）郡苫前町留萌管内中部。英文名称 Tomamaeite，由发现地日本北海道苫前（Tomamae）町命名。"苫前（とままえ、Tomamae）"源于日本的原住民阿伊努民族语。阿伊努文中的"Toma·oma·i"是指"有蝦夷延胡索的地方"或"Enrum-oma-moy"是指"在海岬处的海湾"。例如，位于北海道苫前町的香川地区的金刀比罗神社和九重地区的九重神社附近都发现有群生延胡索。蝦夷是江户时代北海道旧称，延胡索是指"东北延胡索，即荷包牡丹科紫堇属多年生草本植物"。IMA 2019－129 批准。日文汉字名称苫前鉱。2019 年浜根（西屋）大辅（D. Nishio-Hamane）等在《矿物学和岩石学科学杂志》（114）报道。目前尚未见官方中文译名，编译者建议借用日文汉字名称的简化汉字名称苫前矿*。

钐

[shān]形声；从钅，彡声。一种金属元素。[英]Samarium。元素符号 Sm。原子序数 62。自莫桑德尔先后发现镧、铒和铽以后，各国化学家特别注意从已发现的稀土元素去分离新的元素。1878 年，法国光谱学家、化学家德拉丰坦就从莫桑德尔发现的称为 Didymium 的元素中发现了一种新元素，称为 Decipium。但 1879 年，法国另一位化学家 L. D. 布瓦博德朗利（L. D. Boisbauder）利用光谱分析，确定 Decipium 是一些未知和已知稀土元素的混合物，并从中分离出当时未知的一种新元素，命名为 Samarium。它得名于铌钇矿（Samarskite），因为该新元素是从铌钇矿中发现的。而铌钇矿的英文名称 Samarskite，则源自该矿物的发现者俄罗斯矿业工程师兵团的陆军上校参谋长采矿工程师瓦西里·叶夫格拉福维奇·萨马尔斯基-布哈维特（Vasilii Evgrafovichvon Samarskii-Bykhovets，1803—1870）的姓氏。钐主要存在于稀土矿物独居石等中。

【钐独居石】

英文名 Monazite-(Sm)

化学式 $Sm(PO_4)$　　（IMA）

钐独居石是一种钐的磷酸盐矿物。属独居石族。单斜晶系。晶体呈半自形板状、柱状。白色—黄色，玻璃光泽、油脂光泽，透明—半透明；硬度 5～5.5，完全解理，脆性。2001 年发现于加拿大马尼托巴省马尼托巴湖伯德河绿岩带安妮（Annie）领地 3 号伟晶岩。英文名称 Monazite-(Sm)，由根词

"Monazite(独居石)"和占优势的元素钐后缀-(Sm)组合命名。其中，根词"Monazite(独居石)"，1829年由J. F. A. 布赖特豪普特(J. F. A. Breithaupt)在《化学与物理杂志》(55)根据希腊文"μον ά ζει＝Monazem"或德文"Monazit(单独)"命名，意为无伴独居，指矿物以独立的晶体产出，也指其矿物在第一个已知产地(模式产地)的稀有性。IMA 2001－001批准。2002年M. 马萨(M. Masau)等在《加拿大矿物学家》(40)报道。2006年中国地质科学院矿产资源研究所李锦平在《岩石矿物学杂志》[25(6)]根据占优势的元素钐及族名译为钐独居石。

【钐磷铝铈矿】参见【磷铝钐石】条467页

闪 [shǎn]会意；从人，从门。本义：自门内偷看 。显现：闪光、闪烁、闪耀。

【闪铋矿】参见【硅铋矿】条261页

【闪川石】

英文名 Chesterite

化学式 $Mg_{17}Si_{20}O_{54}(OH)_6$ (IMA)

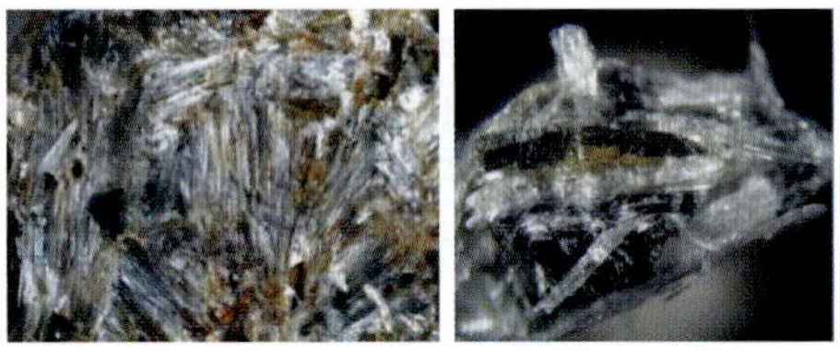

闪川石纤维状晶体，束状集合体(美国)

闪川石是一种含羟基的镁的硅酸盐矿物。斜方晶系。晶体呈柱状、纤维状；集合体呈束状、放射状。无色、粉色、棕色，丝绢光泽、珍珠光泽；硬度2～2.5，完全解理。1977年发现于美国佛蒙特州温莎县切斯特(Chester)镇卡尔顿(Carlton)村滑石矿。英文名称Chesterite，以发现地美国的切斯特(Chester)命名。IMA 1977－010批准。1978年D. R. 维布伦(D. R. Veblen)等在《美国矿物学家》(63)报道。中文名称根据光泽及三链结构译为闪川石。

【闪电管石】参见【焦石英】条381页

【闪镉矿】参见【硫镉矿】条500页

【闪锰矿】参见【布朗尼矿*】条79页

【闪锌矿】

英文名 Sphalerite

化学式 ZnS (IMA)

闪锌矿晶体(瑞士，意大利)

闪锌矿是一种锌的硫化物矿物。属闪锌矿族。与纤锌矿为同质多象。等轴晶系。晶体常呈四面体或立方体、菱形十二面体等，具双晶。由于含铁量的不同直接影响闪锌矿的颜色，铁增多时，由浅变深，从无色—淡黄色、棕褐色—黑色(铁闪锌矿)，也有罕见的绿色，这可能含有钴。金刚光泽、半金属光泽，透明—半透明；硬度3.5～4，完全解理。1847年安东(Anton)和哈里(Halle)在*Generum et Specierum Mineralium*，*Secundum Ordines Naturales Digestorum Synopsis*报道。模式产地未知。

锌是人类自远古时期就知道其化合物的元素之一。锌矿石和铜熔化制得合金——黄铜，早为古代人们所利用。但金属锌的获得比铜、铁、锡、铅要晚得多。世界上最早发现并使用锌的是中国，在10—11世纪中国是首先大规模生产锌的国家。明朝末年宋应星所著的《天工开物》有世界上最早的关于炼锌技术的记载。另外，我国化学史和分析化学研究的开拓者王链(1888—1966)在1956年分析了唐、宋、明、清等古钱后，发现宋朝的"绍圣钱"中含锌量高，提出中国用锌开始于明朝嘉庆年间的结论。锌的实际应用很可能比《天工开物》成书年代还要早很多。

究竟是谁首先发现、认识并使用闪锌矿，已难考证。在1546年最初德国格奥尔格·阿格里科拉(Georgius Acricola)叫"Blende(闪锌矿)"。在阿格里科拉和格洛克尔(Glocker)之前，有各种化学药剂的名字，包括"Zincum(锌)"。1847年由恩斯特·弗里德里希·格洛克尔(Ernst Friedrich Glocker)由希腊文"σφαλεροζ＝Sphaleros(危险的)"命名为Sphalerite，指其深色品种易误认为是方铅矿。古代德国的矿工叫"Zinc"，又叫"Blende"；指盲目(Blind)或欺骗(Deceiving)的意思，这是因为它经常和方铅矿共生，也很像方铅矿，但不产铅，容易令人受骗上当。1874年，法国化学家莱科格·德·布瓦菩德朗(Lecog de Boisbaudran，1838—1912)检查从法国阿哲尔山彼尔菲特矿区采集的闪锌矿中发现了一种新金属，命名为Gallium，意为"法国的"(汉译镓)，以纪念他的祖国法兰西。1959年以前发现、描述并命名的"祖父级"矿物，IMA承认有效。IMA 1980s. p. 批准。中文名称根据矿物的光泽(闪烁)和成分锌译为闪锌矿(参见【自然锌】条1136页、【菱锌矿】条493页、【异极矿】条1075页)。

【闪叶石】

英文名 Lamprophyllite

化学式 $(SrNa)Ti_2Na_3Ti(Si_2O_7)_2O_2(OH)_2$ (IMA)

闪叶石叶片状晶体，放射状集合体(俄罗斯)

闪叶石是一种含羟基和氧的锶、钠、钛的硅酸盐矿物。属氟钠钛锆石超族闪叶石族。单斜(或斜方)晶系。晶体呈假斜方板状、叶片状，具叶片状双晶；集合体呈放射状。古铜黄色、微黄褐色，玻璃光泽、珍珠光泽、半金属光泽，半透明；硬度2.5～4。1894年发现于俄罗斯北部摩尔曼斯克州洛沃泽罗(Lovezero)地块；同年，V. 哈克曼(V. Hackman)在《芬兰地质学会通报》[11(2)]报道。英文名称Lamprophyllite，由希腊文"Λ άμπεν＝Shining＝Lampro(光辉)"和"φ ύ λλον＝Leaf＝Phyll(叶)"组合命名，意指叶片状解理面上有闪亮光泽。1959年以前发现、描述并命名的"祖父级"矿物，IMA承认有效。IMA 2016s. p. 批准。中文名称意译为闪叶石。目前已知Lamprophyllite有-2M和-2O两个多型。

上 [shàng]指事;小篆字形。下面的"一"表示位置的界线,线上一短横表示在上面的意思。本义:高处;上面。用于日本地名、人名。

【上国石】参见【五水锰矾】条 993 页

【上田石】参见【铈锰帘石】条 809 页

烧 [shāo]形声;从火,尧声。指使东西着火,也指加热使物体起变化。

【烧绿石】

英文名 Pyrochlore

化学式 $A_2Nb_2(O,OH)_6Z$

$A=Na,Ca,Sn^{2+},Sr,Pb^{2+},Sb^{3+},Y,U^{4+},H_2O,□$

$Z=OH,F,O,H_2O,□$

烧绿石八面体晶体(德国、葡萄牙)

烧绿石是一种含空位、结晶水、氟、羟基和氧的钠、钙、锡、锶、铅、锑、铌及钇、铀等的复杂的氧化矿物。当铌主要被钽置换时,则成为细晶石。烧绿石族有铈烧绿石、钇烧绿石、水烧绿石、铀烧绿石、铈铀烧绿石、铀钽烧绿石、钇铀钽烧绿石、铀铅烧绿石、钡锶烧绿石以及铅烧绿石等。等轴晶系。晶体常呈八面体,有的呈歪晶或不规则粒状,具双晶。褐色、暗红色、暗棕色、浅红棕色、黄绿色、橙黄色、橙黄色,玻璃光泽、沥青光泽或油脂光泽,有的晶面为金刚光泽、松脂光泽,一般不透明,仅细小颗粒边缘为透明或半透明;硬度 5～6,脆性。1826 年首次发现并描述于挪威拉尔维克小镇的斯塔夫林(弗雷德里克斯夫)。1826 年 F. 维勒(F. Wöhler)在《物理和化学年鉴》(7)报道。英文名称 Pyrochlore,由希腊文"πῦρ=Pyro(火)"和"χλωρός=Chlore(绿)"组合命名;现为族名。此矿物有一个奇怪的特性,用经典的吹管分析火焰灼烧就会变成绿色,由此得名。1959 年以前发现、描述并命名的"祖父级"矿物,IMA 承认有效。中文名称意译为烧绿石或焦绿石;根据矿物的黄绿色旧译黄绿石。

【烧石膏】

英文名 Bassanite

化学式 $Ca(SO_4)\cdot0.5H_2O$　　(IMA)

烧石膏小板状晶体(德国)和巴萨尼像

烧石膏是一种含 0.5 个结晶水的钙的硫酸盐矿物。单斜(假六方)晶系。晶体呈针状、小板状,呈石膏之假象,或呈被膜分布于石膏表面,或平行排列的针状集合体。无色、白色,玻璃光泽,半透明—不透明;硬度 2。1910 年发现于意大利那不勒斯省维苏威(Vesuvius)火山。英文名称 Bassanite,1910 年费鲁乔·赞博尼尼(Ferruccio Zambonini)为纪念意大利那不勒斯大学古生物学教授弗朗西斯科·巴萨尼(Francesco Bassani,1853—1916)而以他的姓氏命名。1910 年赞博尼尼在《维苏威矿物学》刊载和《那不勒斯科学院物理和数学报告》(第二辑,14)报道。1959 年以前发现、描述并命名的"祖父级"矿物,IMA 承认有效。中文名称根据它可能是石膏在火山口加热脱水形成的译为烧石膏或熟石膏;根据含水量译为半水石膏。

少 [shǎo]形声;从小,丿声。数量小的,与"多"相对。意少量、少许。

【少银黄铁矿】

英文名 Argentopyrite

化学式 $AgFe_2S_3$　　(IMA)

少银黄铁矿短柱状、粒状晶体(德国)

少银黄铁矿是一种含银的铁的硫化物矿物。与硫铁银矿为同质二象。单斜晶系。晶体呈假六方短柱状、粒状。青铜色、古铜色,玷污铅灰色,金属光泽,不透明;硬度 3.5～4,脆性。1866 年发现于捷克共和国卡罗维发利州厄尔士山脉亚希莫夫(Jáchymov)镇亚希莫夫村。1866 年瓦尔特斯豪森(Waltershausen)在《哥廷根自然科学学会会刊》(*Ges. Wiss. Göttingen, Nachr.*)(9)报道。英文名称 Argentopyrite,由"Argento(银)"和"Pyrite(黄铁矿)"组合命名,意指含少量银的黄铁矿。1959 年以前发现、描述并命名的"祖父级"矿物,IMA 承认有效。中文名称根据成分译为少银黄铁矿或银黄铁矿;根据英文名称首音节音和成分译为阿硫铁银矿。

蛇 [shé]形声;从虫,它声。甲骨文字形,是象形字。①爬行动物,身体细长,体上有鳞,爬行时呈绕曲状。②皮上有斑纹,呈绿、青、黄、棕、黑、白、红等色。

【蛇纹石】

英文名 Serpentine

化学式 $Mg_6[Si_4O_{10}](OH)_8$

蛇纹石是一种含水的富镁层状硅酸盐矿物的总称,包括叶蛇纹石(Antigorite)、利蛇纹石(Lizardite)、纤蛇纹石(Chrysotite)等。斜方(或单斜或三斜)晶系。集合体常呈显微叶片状、显微鳞片状,或纤维致密块状。胶蛇纹石(Serpophite)呈凝胶肉冻状块体。纤维状者称蛇纹石石棉或温石棉。绿色—绿黄色、白色、棕色、黑色,油脂光泽、蜡状光泽、玻璃光泽,半透明—不透明;硬度 2.5～3.5,完全解理。英文名称 Serpentine,1564 年由德国历史学家、医师矿物学和矿山学的先驱者乔治·阿格里科拉(Georgius Agrigola),即格奥尔格·鲍尔(Georg Bauer)根据拉丁文"Serpens=Snake(蛇)"命名,意指矿物的形态呈蜿蜒绕曲状,斑驳的绿色外观与蛇皮有些相似之处。中文名称因其花纹或呈灰白色与红色网纹相间,或青绿色斑驳相间,像蛇皮一样,故译为蛇纹石。蛇纹石已知有 Clinochrysotile、Orthochrysotile 和 Parachrysotile 三个多型(参见相应条目)。

蛇纹石集合体可作为玉料。它是人类最早认识和利用的,也是我国历史最悠久、产量最大、产地最多、应用最广泛的玉石品种。在中国距今约 7 000 年的新石器文化遗址中出土了大量的蛇纹石玉器。我国著名的辽宁岫玉、广东的南方玉都是蛇纹石玉。美国宾夕法尼亚州的威廉玉(Williamsite)、新西兰的鲍温玉(Bowenite)、"朝鲜翡翠"之称的朝鲜玉,均由蛇纹石构成。

威廉玉(Williamsite)是美国矿物学家和地质学家刘易斯·怀特·威廉姆斯(Lewis White Williams)于1804年在美国宾夕法尼亚州切斯特县发现的。1848年,查尔斯·厄珀姆·谢泼德(Charles Upham Shepard)为纪念它的发现者威廉姆斯,而以其名命名。威廉姆斯曾于1857年在"骆驼探险队"与纳德·比尔(Ned Beale)中尉一起进行过探险活动。

威廉玉块状集合体(美国)

鲍温玉(Bowenite)于1800年初,由罗德岛的地质学家乔治·鲍温(George Bowen)发现在罗德岛的北部,颜色有淡黄色、淡绿色、黑暗绿色、灰色和蓝色。J. D. 丹纳(J. D. Dana)在1850年为纪念纳什维尔大学化学家和矿物学家乔治·托马斯·鲍温(George Thomas Bowen,1803—?)教授而以他的姓氏命名此玉。实际它是硬绿蛇纹石或硬叶蛇纹石。

鲍温玉块状集合体(美国)

舍 [shè]象形;从亼(jí)从屮(cǎo)从口(口)。舍是简易的居所,由亼(屋顶)、屮(大柱、横梁)、口(基石)组成,意为给人临时歇息之处。[英]音,用于外国人名。

【舍勒石】参见【白钨矿】条39页

砷 [shēn]一种非金属元素。[英]Arsenic,旧译砒。元素符号As。原子序数33。古希腊和古罗马人已经知道并用过砷,但并不是单质砷,而是一些含砷的硫化物。据史书记载,约在公元317年,中国的炼丹家葛洪用雄黄、松脂、硝石3种物质炼制得到砷。16世纪的明代李时珍在所著的《本草纲目》中有砷的记载,称砒。砒由古代动物貔貅而得,貔貅凶猛无比,砒剧毒如貔,从石即砒。在西方,德国罗马教修道会学者和炼金术士阿伯塔·马格努斯(Albertus Magnus,1193—1280)于1250年在所著的《矿物学》中首次对砷进行了记载,西方一般史家认为他是砷的发现者。17世纪西方炼金术士用蛇图腾代表砷,比喻砷的毒性如蛇毒。砷元素广泛存在于自然界,共有数百种的砷矿物已被发现。

【砷钯矿】

英文名 Arsenopalladinite

化学式 Pd_8As_3 (IMA)

砷钯矿是一种钯的砷化物矿物。三斜晶系。晶体呈他形圆形粒状,粒径1.8mm。淡黄色、银白色,金属光泽,不透明;硬度4,韧性。1955年发现于巴西米纳斯吉拉斯州伊塔比拉(Itabira)沉积砂矿;同年,在英国伦敦博物馆的《矿物种类和化学排列的品种索引》刊载。英文名称Arsenopalladinite,由化学成分"Arsenic(砷)"和"Palladium(钯)"组合命名。IMA 1973-002a批准。1974年M. 弗莱舍(M. Fleischer)在《美国矿物学家》(59)报道。中文名称根据成分译为砷钯矿。

【砷钯铑矿*】

英文名 Rhodarsenide

化学式 Rh_2As (IMA)

砷钯铑矿*是一种铑的砷化物矿物。斜方晶系。晶体为不规则粒状,呈其他矿物的包裹体。褐色,金属光泽,不透明;硬度4~5。1996年发现于塞尔维亚中部拉西纳省特尔斯泰尼克区韦卢奇(Veluće)附近的斯雷布尔尼卡(Srebrnica)河。英文名称Rhodarsenide,由成分"Rhodium(铑)"和"Arsenic(砷)"缩写组合命名。IMA 1996-030批准。1997年M. 塔尔金安(M. Tarkian)等在《欧洲矿物学杂志》(9)报道。2003年中国地质科学院矿产资源研究所李锦平等在《岩石矿物学杂志》[22(2)]根据成分$[(Rh,Pd)_2As]$译为砷铑钯矿。其实,2003年李锦平等在《岩石矿物学杂志》[22(1)]已将Palladodymite译为砷铑钯矿。编译者建议将Rhodarsenide改译为砷钯铑矿*。

【砷钯镍矿*】

英文名 Nipalarsite

化学式 $Ni_8Pd_3As_4$ (IMA)

砷钯镍矿*是一种镍和钯的砷化物矿物。等轴晶系。晶体呈他形粒状,粒径5~80μm。灰色,金属光泽,不透明;硬度4,脆性,易碎。2018年发现于俄罗斯摩尔曼斯克州蒙切冻土带(Monchetundra)矿床1819号钻孔。英文名称Nipalarsite,由化学成分"Nickel(镍)""Palladium(钯)"和"Arsenic(砷)"缩写组合命名。IMA 2018-075批准。2018年T. 格罗霍夫斯卡娅(T. Grokhovskaya)等在《CNMNC通讯》(46)、《矿物学杂志》(82)和《欧洲矿物学杂志》(30)及2019年《矿物学杂志》(83)报道。目前尚未见官方中文译名,编译者建议根据成分译为砷钯镍矿*。

【砷钡铝矾】

英文名 Weilerite

化学式 $BaAl_3(SO_4)(AsO_4)(OH)_6$ (IMA)

砷钡铝矾是一种含羟基的钡、铝的砷酸-硫酸盐矿物。属明矾石超族砷菱铅矾族。六方晶系。白色,玻璃光泽,透明—半透明;硬度5。1961年发现于德国巴登-符腾堡州弗赖堡市拉尔赖兴巴赫(Reichenbach)村韦勒(Weiler)迈克尔(Michael)矿;同年,在《巴登-符腾堡兰德萨姆特地质学年鉴》(4)报道。1961年IMA批准。1966年K. 瓦林塔(K. Walenta)在德国《契尔马克氏矿物学和岩石学通报》(11)报道。1987年重新定义并经IMA 1987s. p.批准。1987年K. M. 斯科特(K. M. Scott)在《美国矿物学家》(72)报道。英文名称Weilerite,以发现地德国的韦勒(Weiler)命名。中文名称根据成分译为砷钡铝矾。

【砷钡铀矿】

英文名 Heinrichite

化学式 $Ba(UO_2)_2(AsO_4)_2 \cdot 10H_2O$ (IMA)

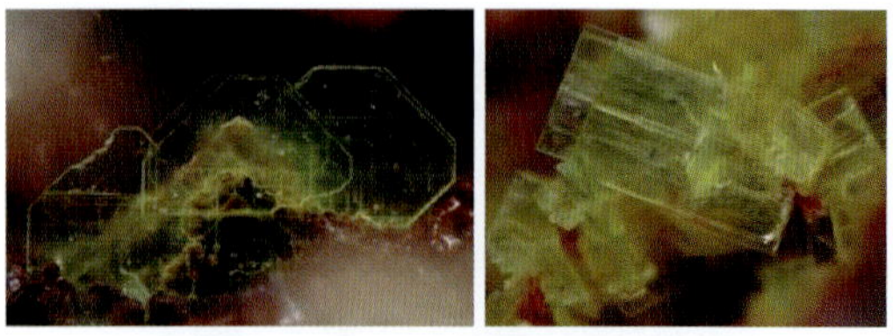
砷钡铀矿板状晶体,晶簇状集合体(德国)

砷钡铀矿是一种含结晶水的钡的铀酰-砷酸盐矿物。属钙铀云母族。四方晶系。晶体呈板状;集合体呈晶簇状、鳞片状。黄色—绿色,玻璃光泽、珍珠光泽,透明—半透明;硬度2.5,完全解理。1952年首先在德国巴登-符腾堡州弗赖堡市威蒂亨(Wittichen)铀矿床发现,1956年又在美国俄勒冈州莱克县白金(White King)矿山发现。1958年这两个国家的矿物工作者都公布了研究报告，但德国命名为 Sandbergerite（锌黝铜矿或锌铜矿），而美国命名为 Heinrichite。1958 年 E. B. 格罗斯（E. B. Gross）等在《美国矿物学家》(43)报道。英文名称 Heinrichite，以密歇根大学矿物学家爱伯哈德·威廉·海因里希（Eberhardt William Heinrich，1918—1991）的姓氏命名。1959 年又有人将其命名为 Arsenuranocircite。1959 年以前发现、描述并命名的“祖父级”矿物，IMA 承认有效。中文名称根据成分译为砷钡铀矿，也译作砷钡铀云母。

【砷铋矿】

英文名 Rooseveltite

化学式 $Bi(AsO_4)$ (IMA)

砷铋矿球粒状集合体（西班牙）和罗斯福像

砷铋矿是一种铋的砷酸盐矿物。属独居石族。与四方砷铋石为同质二象变体。单斜晶系。集合体呈薄皮壳状、葡萄状、球粒状。白色、浅灰色、浅绿色、黄色，金刚光泽，透明；硬度 4～4.5，很脆。1946 年发现于玻利维亚波托省查亚帕塔镇玛莎区域圣地亚基略（Santiaguillo）村；同年，在《国家工程师学院和奥鲁罗技术大学公报》(1)报道。英文名称 Rooseveltite，以美国第 32 任总统富兰克林·德拉诺·罗斯福（Franklin Delano Roosevelt，1882—1945）的姓氏命名。1947 年在《美国矿物学家》(32)报道。1959 年以前发现、描述并命名的“祖父级”矿物，IMA 承认有效。中文名称根据成分译为砷铋矿或砷铋石。

【砷铋铅铀矿】

英文名 Asselbornite

化学式 $Pb(UO_2)_4(BiO)_3(AsO_4)_2(OH)_7 \cdot 4H_2O$ (IMA)

砷铋铅铀矿立方体晶体（德国）和阿瑟伯恩像

砷铋铅铀矿是一种含结晶水和羟基的铅、铀酰、铋氧的砷酸盐矿物。等轴晶系。晶体呈粒状，见立方体、四面体。棕色、淡黄色，金刚光泽、油脂光泽，透明；硬度 3。1980 年发现于德国萨克森州厄尔士山脉施内贝格镇瓦尔普吉斯（Walpurgis）岩脉。英文名称 Asselbornite，1983 年由萨尔普、伯特兰德和杰费尔涅以埃里克·阿瑟伯恩（Eric Asselborn，1954—）的姓氏命名。他是法国第戎的外科医生和矿物的收集者，在收集矿物时首次发现该矿物。IMA 1980－087 批准。1983 年 H. 萨尔普（H. Sarp）、J. 特兰德（J. Bertrand）和 J. 杰费尔涅（J. Deferne）在《矿物学新年鉴》（月刊）及 1984 年《美国矿物学家》(69)报道。1985 年中国新矿物与矿物命名委员会郭宗山等在《岩石矿物及测试》[4(4)]根据成分译为砷铋铅铀矿。

【砷铋铜石】

英文名 Mixite

化学式 $Cu_6Bi(AsO_4)_3(OH)_6 \cdot 3H_2O$ (IMA)

砷铋铜石束状、球粒状、放射状集合体（德国、希腊、美国）

砷铋铜石是一种含结晶水和羟基的铜、铋的砷酸盐矿物。六方晶系。晶体呈针状、纤维状；集合体呈束状、球粒状、放射状。淡绿色、蓝绿色、翠绿色、白色—无色，玻璃光泽、丝绢光泽，透明—半透明；硬度 3～4。1875 年法兰兹（Frenzel）在维也纳《矿物学和岩石学通报》(42)报道，称 Chlorotile。1880 年发现于捷克共和国卡罗维发利州厄尔士山脉亚希莫夫（Jáchymov）矿；同年，施劳夫（Schrauf）在莱比锡《结晶学、矿物学和岩石学杂志》(4)报道。英文名称 Mixite，由阿尔布雷克特·施劳夫（Albrecht Schrauf）为纪念安东·米克萨（Anton Mixa，1838—1906）而以他的姓氏命名。米克萨是捷克共和国亚希莫夫的一个采矿工程师，是政府部门在奥匈帝国的政府管理官员，也是捷克共和国在亚希莫夫的皮布拉姆（Př ibram）矿业主管。1959 年以前发现、描述并命名的“祖父级”矿物，IMA 承认有效。中文名称根据成分译为砷铋铜石或砷铋铜矿。

【砷铋铀矿】参见【砷铀铋矿】条 798 页

【砷铂矿】

英文名 Sperrylite

化学式 $PtAs_2$ (IMA)

砷铂矿晶体（加拿大）和斯佩里像

砷铂矿是一种铂的砷化物矿物。属黄铁矿族。等轴晶系。晶体常呈立方体和八面体或它们的聚形。锡白色，金属光泽，不透明；硬度 6～7，脆性。1887 年发现于加拿大安大略省萨德伯里市丹尼森（Denison）镇朱砂（Vermilion）矿。1889 年 H. L. 威尔斯（H. L. Wells）在《美国科学杂志》(137)报道。英文名称 Sperrylite，以该矿物的发现者安大略省萨德伯里铜公司首席化学家弗朗西斯·路易斯·斯佩里（Francis Louis Sperry，1861—1906）的姓氏命名。1959 年以前发现、描述并命名的“祖父级”矿物，IMA 承认有效。1993 年黄蕴慧等在《岩石矿物学杂志》[12(1)]根据占优势元素译为砷铂矿；2011 年杨主明等在《岩石矿物学杂志》[30(4)]建议音译为斯珀瑞矿。

【砷车轮矿】

英文名 Seligmannite

化学式 $CuPbAsS_3$ (IMA)

砷车轮矿成对晶体（瑞士）和塞格利曼恩像

砷车轮矿是一种铜、铅的砷-硫化物矿物。属车轮矿族。斜方晶系。晶体呈柱状，常成对出现，晶面有条纹，有聚片双晶，灰色、黑灰色、黑色，金属光泽，不透明；硬度 3，脆性。1901 年发现于瑞士法尔德区林根巴赫（Lengenbach）采石场。英文名称 Seligmannite，由海因里希·阿道夫·鲍姆豪尔（Heinrich Adolf Baumhauer）在 1901 年《普鲁士皇家科学院会议报告》为纪念古斯塔夫·塞格利曼恩（Gustav Seligmann，1849—1920）而以他的姓氏命名。古斯塔夫·塞利格曼恩是矿物收藏家、结晶学家、矿物学的作者和银行家；他被波恩大学授予矿物学名誉博士学位。1959 年以前发现、描述并命名的"祖父级"矿物，IMA 承认有效。中文名称根据成分及与车轮矿的关系译为砷车轮矿；根据成分译为硫砷铅铜矿。

【砷碲锌铅石】

英文名 Dugganite

化学式 $Pb_3Zn_3(TeO_6)(AsO_4)_2$　　(IMA)

砷碲锌铅石是一种铅、锌的砷酸-碲酸盐矿物。属砷碲锌铅石族。三方晶系。晶体呈六方板状，可见菱面体；集合体呈皮壳状。白色、绿色，金刚光泽，透明；硬度 3。1978 年发现于美国亚利桑那州科奇斯县墓碑镇祖母绿（Emerald）矿山。英文名称 Dugganite，1978 年为纪念马约莉·达根（Marjorie Duggan，1927—2002）而以他的姓氏命名。达根是菲尔普斯道奇矿业公司的分析化学家，他第一个发现 Te^{6+} 在自然界的存在。IMA 1978－034 批准。1978 年 S. A. 威廉姆斯（S. A. Williams）在《美国矿物学家》(63)报道。中文名称根据成分译为砷碲锌铅石。

砷碲锌铅石六方板状晶体（西班牙）

【砷锇矿】

英文名 Omeiite

化学式 $OsAs_2$　　(IMA)

砷锇矿是一种锇的砷化物矿物。属斜方砷铁矿族。斜方晶系。硬度 7。最早见于 1968 年 H. 霍尔塞特（H. Holseth）和 A. 克耶克索斯（A. Kjekshus）在《斯堪的纳维亚化学学报》(22)报道了具有白铁矿（Marcasite）结构的化合物。1978 年发现于中国四川省甘孜自治州丹巴县境内杨柳平铜镍硫化物矿床。英文名称 Omeiite，由中国四川名山——峨眉山（Omei，标准的中国语音"Emei"或"Emeishan"）命名为峨眉矿；或根据占优势的成分命名为砷锇矿。IMA 1985－×××？批准。1978 年任迎新等在《地质学报》[52(2)(英文版)]和 1979 年《美国矿物学家》[(64)，摘要]报道。

中国峨眉山

【砷钒汞银石】

英文名 Tillmannsite

化学式 $HgAg_3(VO_4)$　　(IMA)

砷钒汞银石粒状晶体（法国）和蒂尔曼斯像

砷钒汞银石是一种汞、银的钒酸盐矿物。四方晶系。晶体呈假八面体；集合体呈晶簇状。红色、棕红色，金刚光泽，半透明；脆性。2001 年发现于法国纪尧姆市罗瓦（Roua）铜矿山。英文名称 Tillmannsite，以奥地利维也纳矿物学和结晶学研究所的所长（直到 2009 年）、著名的晶体学家埃克哈特·蒂尔曼斯（Ekkehart Tillmanns，1941—）教授的姓氏命名。IMA 2001－010 批准。2003 年 H. 萨尔普（H. Sarp）等在《欧洲矿物学杂志》(15)报道。2008 年中国地质科学院地质研究所任玉峰等在《岩石矿物学杂志》[27(2)]根据成分 $\{Ag_8Hg[(V,As)O_4]\}$ 译为砷钒汞银石。

【砷钒铅矿】

英文名 Arsenatian Vanadinite

化学式 $Pb_5[(V,As)O_4]_3Cl$

砷钒铅矿柱状晶体，晶簇状集合体（墨西哥）

砷钒铅矿是一种含氯的铅的砷-钒酸盐矿物。属磷氯铅矿族。六方晶系。晶体呈柱状，空心柱端部像指环；集合体呈晶簇状。最初的报道来自美国新墨西哥州塞拉县希尔斯伯勒镇希尔斯伯勒（Hillsboro）。英文名称 Arsenatian Vanadinite，由成分"Arsenatian（砷）"和"Vanadinite（钒铅矿）"组合命名。1885 年由根特（Genth）和沃姆拉思（vom Rath）在《美国哲学学会学报》(22)报道，称 Endlichite，以德国歌曲名恩德利希（Endlich）命名，意指瓦格纳创作的北欧神话中的《尼伯龙根的指环》，指砷钒铅矿晶体很像指环。中文名称根据成分译为砷钒铅矿。

【砷钙镁石】

英文名 Adelite

化学式 $CaMg(AsO_4)(OH)$　　(IMA)

砷钙镁石是一种含羟基的钙、镁的砷酸盐矿物。属砷钙镁石-钒铅锌矿族。斜方晶系。晶体呈柱状；集合体呈块状。无色、白色、灰色、蓝灰色、黄灰色、黄色、浅绿色、粉红黑色、黑色，玻璃光泽、油脂光泽、树脂光泽，透明—半透明；硬度 5，脆性。1884 年发现于瑞典韦姆兰省菲利普斯塔德市朗班（Långban）柏格斯邦宁（Bergsråds sänkning）矿，及诺德马克斯伯格的基特恩（Kitteln）矿。1891 年 H. 肖格伦（H. Sjögren）在《斯德哥尔摩地质学会会刊》(13)报道。英文名称 Adelite，1891 年由肖格伦根据希腊文"α δηλos＝Adelos"，即"Obscure（朦胧、模糊）"或"Indistinct（模糊不清）"命名，意指其缺乏透明度。1959 年以前发现、描述并命名的“祖父级”矿物，IMA 承认有效。中文名称根据成分译为砷钙镁石。

【砷钙锰石】

英文名 Grischunite

化学式 $NaCa_2Mn_5^{2+}Fe^{3+}(AsO_4)_6 \cdot 2H_2O$ (IMA)

砷钙锰石板状晶体（瑞士）

砷钙锰石是一种含结晶水的钠、钙、锰、铁的砷酸盐矿物。属磷钙复铁石族。斜方晶系。晶体呈板条状、他形粒状。深红棕色，玻璃光泽，半透明；硬度 5，完全解理。1981 年发现于瑞士格劳宾登（Graubunden 或 Grischun）州阿尔布拉区哈尔登施泰因镇法罗塔（Falotta）矿山。英文名称 Grischunite，以发现地瑞士的格劳宾登（Graubunden）州的格里森（Grischun）命名。IMA 1981－028 批准。1984 年 S. 格拉塞（S. Graeser）等在《瑞士矿物学和岩石学通报》(64) 和 1987 年 R. 比安奇（R. Bianchi）等在《美国矿物学家》(72) 报道。1985 年中国新矿物与矿物命名委员会郭宗山等在《岩石矿物及测试》[4(4)] 根据成分译为砷钙锰石。

【砷钙钠铜矿】

英文名 Lavendulan

化学式 $NaCaCu_5(AsO_4)_4Cl \cdot 5H_2O$ (IMA)

砷钙钠铜矿薄片状晶体，放射状（希腊）和皮壳状集合体（澳大利亚）

砷钙钠铜矿是一种含结晶水的钠、钙、铜的氯化-砷酸盐矿物。属砷钙钠铜矿族。与四方氯砷钠铜石为同质多象。斜方晶系。晶体呈薄板片状、纤维状；集合体呈皮壳状、葡萄状、放射状。青绿色、蓝色、绿蓝色、淡蓝色，玻璃光泽、蜡状光泽，半透明；硬度 2.5～3，完全解理。1837 年发现于捷克共和国卡罗维发利州厄尔士山脉亚希莫夫区亚希莫夫（Jáchymov）矿。1837(mindat.org)/1853(IMA) 年 A. 布赖特豪普特（A. Breithaupt）在《实用化学杂志》(10) 报道。英文名称 Lavendulan，原标本类型由薰衣草（lavender）的颜色命名。2006 年翁德鲁斯（Ondruš）等已确定原标本为混合物，与现在的 Lavendulan 无关。Lavendulan 并不表现出薰衣草的颜色。1959 年以前发现、描述并命名的“祖父级”矿物，IMA 承认有效。中文名称根据成分译为砷钙钠铜矿；杨光明教授译作氯砷钙钠铜矿；《英汉矿物种名称》(2017) 译作氯砷钠铜石。

【砷钙镍矿】

英文名 Nickelaustinite

化学式 $CaNi(AsO_4)(OH)$ (IMA)

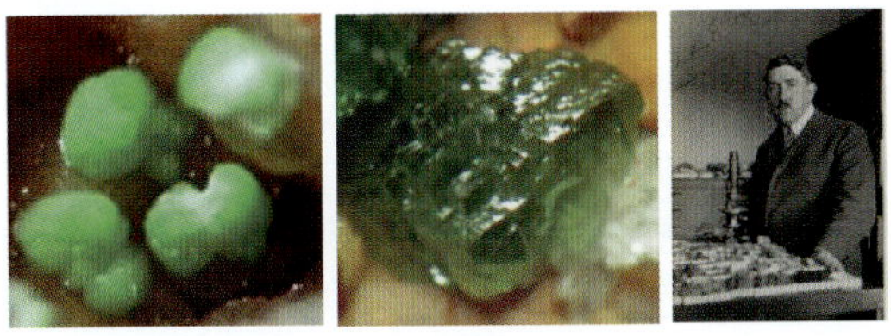

砷钙镍矿板状晶体，球粒状集合体（摩洛哥）和奥斯汀像

砷钙镍矿是一种含羟基的钙、镍的砷酸盐矿物。属砷钙镁石-钒铅锌矿族。斜方晶系。晶体呈板状、针状；集合体呈球粒状、放射状。草绿色、黄绿色，半玻璃光泽、树脂光泽、丝绢光泽，透明；硬度 4，完全解理，脆性。1985 年发现于摩洛哥苏斯－马塞－德拉大区瓦尔扎扎特市泰兹纳赫特（Tazenakht）博阿兹（Bou Azzer）矿区。英文名称 Nickelaustinite，1987 年费边・P. 赛斯布诺（Fabian P. Cesbron）等为纪念美国斯坦福大学矿物学家奥斯汀・弗林特・罗杰斯（Austin Flint Rogers，1877—1957），在奥斯汀（Austin）前加上“Nickel（镍）”前缀命名，意指成分中镍超过锌而占优势地位，并以此与“Austinite（砷钙锌石）”相区别。IMA 1985－002 批准。1987 年费边・赛斯布诺等在《加拿大矿物学家》(25) 报道。中文名称根据成分译为砷钙镍矿或砷镍钙石，也有的译为水砷镍钙石。

【砷钙硼石】

英文名 Teruggite

化学式 $Ca_4Mg[AsB_6O_{11}(OH)_6]_2 \cdot 14H_2O$ (IMA)

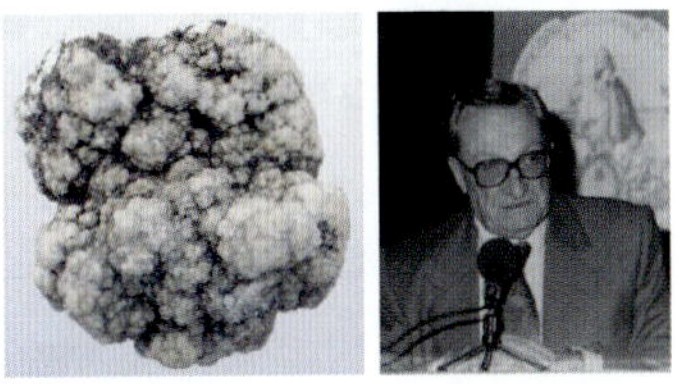

砷钙硼石结核状集合体（阿根廷）和泰鲁吉像

砷钙硼石是一种含结晶水的钙、镁的水合硼酸-砷酸盐矿物。单斜晶系。晶体呈针状；集合体呈卷心菜状、结核状。无色、白色，玻璃光泽，透明；硬度 2.5。1968 年发现于阿根廷胡胡伊省苏斯克斯区洛马布兰卡（Loma Blanca）硼矿床。英文名称 Teruggite，以阿根廷拉普拉塔国立大学地质学教授马里奥・E. 泰鲁吉（Mario E. Teruggi，1919—2002）的姓氏命名，以表彰他对阿根廷的沉积学和岩石学做出的重大贡献。IMA 1968－007 批准。1968 年在《美国矿物学家》(53) 报道。中文名称根据成分译为砷钙硼石，也译为砷硼镁钙石。

【砷钙石】

英文名 Haidingerite

化学式 $Ca(AsO_3OH) \cdot H_2O$ (IMA)

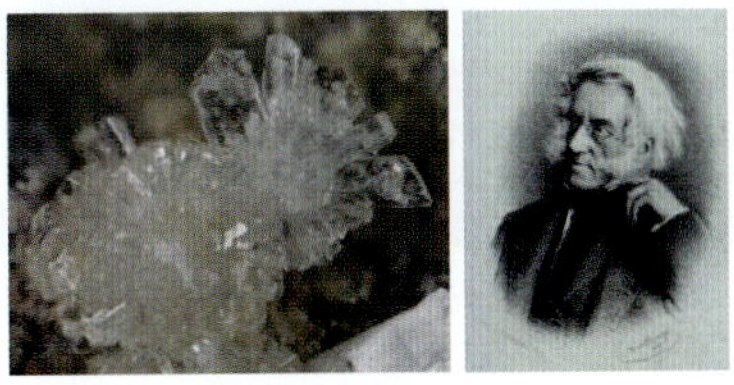

砷钙石板状晶体，放射状、晶簇状集合体（捷克）和海丁格尔像

砷钙石是一种含结晶水的钙的氢砷酸盐矿物。属红磷锰矿族。斜方晶系。晶体呈板状、短柱状、细粒状、纤维状，罕见双晶；集合体呈皮壳状、被膜状、葡萄状、毛茸茸的放射状。无色、白色，玻璃光泽、金刚光泽、油脂光泽、丝绢光泽，解理面上呈珍珠光泽，透明—半透明；硬度 1.5～2.5，极完全解理。1825 年海丁格尔（Haidinger）在《爱丁堡科学杂志》(3) 报道。1827 年发现于捷克共和国卡罗维发利州亚希莫夫（Jáchymov）区；同年，特纳（Turner）在《爱丁堡科学杂志》

(6)报道。英文名称 Haidingerite，由爱德华・特纳(Edward Turner)在 1827 年为纪念威廉・卡尔・冯・海丁格尔(Wilhelm Karl von Haidinger，1795—1871)而以他的姓氏命名。海丁格尔是弗里德里希・莫氏的学生及其著作的翻译者，他是奥地利埃尔博根(Elbogen)海丁格尔瓷艺厂的主任，后任维也纳矿山顾问和帝国地质研究所的主任，显然他是一位多产的研究员兼作家。1959 年以前发现、描述并命名的"祖父级"矿物，IMA 承认有效。中文名称根据成分译为砷钙石。

【砷钙铈石】参见【砷铈石】条 791 页

【砷钙铁矿】

英文名 Sewardite

化学式 $CaFe_2^{3+}(AsO_4)_2(OH)_2$　　(IMA)

砷钙铁矿半自形板状晶体(墨西哥)和西沃德像

砷钙铁矿是一种含羟基的钙、铁的砷酸盐矿物。属砷铅铁矿族。斜方晶系。晶体呈他形—半自形小板状；集合体呈致密团块状。暗红色—橙色，玻璃光泽，透明—半透明；硬度 3.5。1982 年发现于纳米比亚奥希科托区楚梅布(Tsumeb)矿。英文名称 Sewardite，以加拿大地球化学家、瑞士苏黎世(瑞士联邦理工学院)矿物学与岩石学研究所地球化学教授特里・麦斯威尔・西沃德(Terry Maxwell Seward，1940—)的姓氏命名。西沃德的研究重点在地球上和地壳上流体的化学性质，包括低温水系统、金属形态、与有毒废物处理有关的重金属的分散和海底热液系统。IMA 2001-054 批准。2002 年 A. C. 罗伯茨(A. C. Roberts)等在《加拿大矿物学家》(40)报道。2006 年中国地质科学院矿产资源研究所李锦平在《岩石矿物学杂志》[25(6)]根据成分译为砷钙铁矿。

【砷钙铜石】

英文名 Conichalcite

化学式 $CaCu(AsO_4)(OH)$　　(IMA)

砷钙铜石柱状晶体，球粒状集合体(德国、智利)

砷钙铜石是一种含羟基的钙、铜的砷酸盐矿物。属砷钙镁石-钒铅锌矿。斜方晶系。晶体呈短柱、针状、纤维状；集合体常呈皮壳状、葡萄状、肾状、球粒状、放射状。绿色、黄绿色、青黄色、亮绿色，半玻璃光泽、油脂光泽、土状光泽，半透明；硬度 4.5，脆性。1849 年发现于西班牙安达卢西亚自治区科尔多瓦市伊诺霍萨-德尔杜克(Hinojosa del Duque)镇唐博内特(Don Bonete)矿。英文名称 Conichalcite，1849 年由奥古斯特・布赖特豪普特(August Breithaupt)和卡尔・朱利叶斯・弗里切(Carl Julius Fritzsche)在莱比锡哈雷《物理学和化学年鉴》(77)报道，根据希腊文"κουια=Koni(粉)"和"χαλκos=Chalkos(铜)"组合命名，意指矿物的成分和外观。1959 年以前发现、描述并命名的"祖父级"矿物，IMA 承认有效。中文名称根据成分译为砷钙铜石或砷钙铜矿；根据颜色和成分译为绿水砷钙铜矿(Higginsite)。

【砷钙锌锰石】

英文名 Kraisslite

化学式 $Zn_3(Mn,Mg)_{25}(Fe^{3+},Al)(As^{3+}O_3)_2[(Si,As^{5+})O_4]_{10}(OH)_{16}$　　(IMA)

砷钙锌锰石片状晶体(美国)和克莱斯夫妇像

砷钙锌锰石是一种含羟基的锌、锰、镁、铁、铝的硅酸-砷酸盐矿物。属红砷锰矿族。六方晶系。晶体呈薄片状、透镜状。淡红褐色、深铜棕色，珍珠光泽；硬度 3～4，完全解理，脆性。1977 年发现于美国新泽西州苏塞克斯县富兰克林矿区奥格登斯堡斯特林山斯特林矿(Sterling 或意译为银山银矿)。英文名称 Kraisslite，以弗雷德里克・克莱斯(Frederick Kraissl，1899—1986)和爱丽丝・克莱斯(Alice Kraissl，1905—1986)夫妇的姓氏命名。弗雷德里克是美国新泽西哈肯萨克市北部的新泽西州富兰克林矿狂热的矿物收藏家、富兰克林-奥格登斯堡矿物学学会前官员和富兰克林矿物博物馆的慷慨的捐助者。弗雷德里克是克罗地亚一个移民的儿子，他获得了纽约哥伦比亚大学化学工程硕士学位，1922 年因为他的《宝石和矿物的颜色力学》论文而获得博士学位。他是一个专业生产玻璃的有实践经验的工程师。爱丽丝在 1925 年获得巴纳德学院工程学士学位，与她的丈夫弗雷德里克共同在一家族企业共事。她是一个狂热的微裱装工(Micro-mounter)。IMA 1977-003 批准。1978 年在《美国矿物学家》(63)报道。中文名称根据成分译为砷钙锌锰石；《英汉矿物种名称》(2017)译作砷硅锌锰石，也有的译作砷硅锌锰矿。

【砷钙锌石】

英文名 Austinite

化学式 $CaZn(AsO_4)(OH)$　　(IMA)

砷钙锌石叶片状晶体，晶簇状集合体(美国、希腊)

砷钙锌石是一种含羟基的钙、锌的砷酸盐矿物。斜方晶系。晶体呈长叶片状、刃片状、纤维状；集合体呈晶簇状、放射状、皮壳状和结节状。无色、淡黄色、白色或明亮的绿色，半金刚光泽、半玻璃光泽、油脂光泽、丝绢光泽，透明—半透明；硬度 4～4.5，脆性。1935 年发现于美国犹他州图埃勒县黄金山区黄金山矿。1935 年 L. W. 史泰博(L. W. Staples)在《美国矿物学家》(20)报道。英文名称 Austinite，由劳埃德・威廉姆斯・史泰博(Lloyd Williams Staples)为纪念美国斯坦福大学矿物学家奥斯汀·弗林特·罗杰斯(Austin Flint Rogers,1877—1957)而以他的名字命名。1959年以前发现、描述并命名的"祖父级"矿物,IMA承认有效。中文名称根据成分译为砷钙锌石或砷锌钙矿。

【砷钙铀矿】

英文名 Uranospinite

化学式 $Ca(UO_2)(AsO_4)_2 \cdot 10H_2O$ (IMA)

砷钙铀矿四方板状、板片状晶体(意大利)

砷钙铀矿是一种含结晶水的钙的铀酰-砷酸盐矿物。属钙铀云母族。四方晶系。晶体罕见,呈方形扁平薄板状;集合体多呈皮壳状。黄色、淡黄绿色,蜡状光泽,解理面上呈珍珠光泽,半透明;硬度2～3,极完全解理。1873年发现于德国萨克森州厄尔士山脉施内贝格镇瓦尔普吉斯弗拉谢(Walpurgis Flacher)矿脉。1873年魏斯巴赫(Weisbach)在《萨克森王国山地和丘陵地带年鉴:论文集》报道。英文名称Uranospinite,1873年由阿尔宾·魏斯巴赫(Albin Weisbach)根据成分"Uranium(铀)"和希腊文"σπινος=Spinos(金翅雀)"命名,意指其成分及黄绿色。1959年以前发现、描述并命名的"祖父级"矿物,IMA承认有效。中文名称根据成分译为砷钙铀矿或根据成分和族名译为砷钙铀云母/钙砷铀云母。

【砷铬铜铅石】

参见【羟砷铅铜矿】条729页

【砷汞钯矿】

英文名 Atheneite

化学式 $Pd_2(As_{0.75}Hg_{0.25})$ (IMA)

希腊女神雅典娜

砷汞钯矿是一种钯的汞-砷化物矿物。六方晶系。集合体呈皮壳状、结节状、乳头状。灰色,金属光泽,不透明;硬度5。1973年发现于巴西米纳斯吉拉斯州伊塔比拉(Itabira)镇。英文名称Atheneite,以希腊女神雅典娜[Αθηνα(希腊文)=Athena(英文)]命名,意指其成分Palladium(钯)。1803年,英国化学家武拉斯顿从铂矿中发现了一个新元素,称它为Palladium(钯),元素符号Pd。这一词来自当时发现的小行星Pallas,源自希腊神话中司智慧的女神帕拉斯(Pallas)。据考,雅典娜原名叫帕拉斯[πάλλαξ(希腊文)=Pallas(英文)],全称为帕拉斯·雅典娜(Παλλάs Ἀθήνη),意为雅典人(或雅典城)的神女帕拉斯(πάλλαξ)。IMA 1973-050批准。1974年A. M. 克拉克(A. M. Clark)在《矿物学杂志》(39)报道。中文名称根据成分译为砷汞钯矿。

【砷汞矿】

英文名 Chursinite

化学式 $Hg^{1+}Hg^{2+}(AsO_4)$ (IMA)

丘尔辛娜像

砷汞矿是一种汞的砷酸盐矿物。单斜晶系。晶体呈粒状,粒径0.2mm。硬度3～4。1982年发现于吉尔吉斯斯坦奥什州阿莱山脉费尔干纳山谷凯达坎(Khaidarkan)锑-汞矿床。英文名称Chursinite,为纪念俄罗斯戏剧和电影女演员柳德米拉·阿列克谢耶芙娜·丘尔辛娜(Lyudmila Alekseevna Chursina,1941—)而以她的姓氏命名。IMA 1982-047a批准。1984年V. I. 瓦西里耶夫(V. I. Vasil'ev)等在《全苏矿物学会记事》(113)和《美国矿物学家》(70)报道。中文名称根据成分译为砷汞矿。

【砷钴铋石】

英文名 Schneebergite

化学式 $BiCo_2(AsO_4)_2(OH) \cdot H_2O$ (IMA)

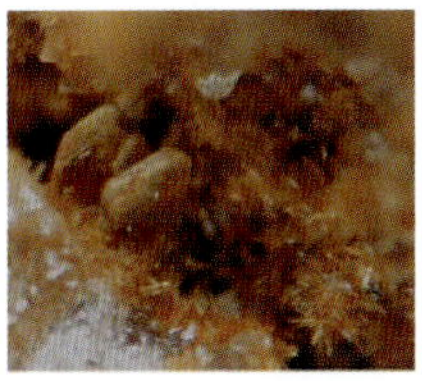

砷钴铋石板状、针状晶体,放射状集合体(德国)

砷钴铋石是一种含结晶水和羟基的铋、钴的砷酸盐矿物。属砷铁锌铅石族。单斜晶系。晶体呈板状、针状;集合体呈放射状。米白色—黄棕色、棕色,金刚光泽,透明;硬度4～4.5,脆性,贝壳状断口。1999年发现于德国萨克森州厄尔士山脉施内贝格(Schneeberg)镇洛特伯格(Roter Berg)矿区废石堆。英文名称Schneebergite,以发现地德国施内贝格(Schneeberg)命名。此名称在1880年被布热齐纳(Brezina)用来描述德国蒂罗尔蒙特利维矿山施内贝格(Schneeberg)矿的一个新的钙锑酸盐矿物(铁锑钙石),后来1932年由策德利茨(Zedlitz)证明它与锑钙石(Romeite)同形。到1999年远远超出了IMA的50年限制重命名规则,撤销的铁锑钙石又被选为来自德国的砷酸盐新矿物。IMA 1999-027批准。2002年W. 克劳斯(W. Krause)等在《欧洲矿物学杂志》(14)报道。2006年中国地质科学院矿产资源研究所李锦平在《岩石矿物学杂志》[25(6)]根据成分译为砷钴铋石。

【砷钴钙石】

英文名 Roselite

化学式 $Ca_2Co(AsO_4)_2 \cdot 2H_2O$ (IMA)

砷钴钙石柱状、厚板状晶体(摩洛哥)和罗塞像

砷钴钙石是一种含结晶水的钙、钴的砷酸盐矿物。属砷钴钙石族。与砷钴镁钙石(Wendwilsonite)形成类质同象系列。与三斜晶系的β-砷钴钙石(β-Roselite)为同质二象。单斜晶系。晶体呈短柱状或厚板状,连生双晶常见;集合体呈晶簇状、球状、钟乳状。暗红的玫瑰色、粉红色,条痕呈浅红色,玻璃—半玻璃光泽、树脂光泽,透明—半透明;硬度3.5,完全解理,脆性。1824年发现于德国萨克森州厄尔士山脉施内贝格镇纽斯塔德特尔(Neustadtel)拉波尔德(Rappold)矿山。1824年列维(Lévy)在伦敦《哲学年鉴》(8)报道。英文名称Roselite,由阿曼德·列维(Armand Levy)为纪念

德国矿物学家、柏林大学矿物学教授古斯塔夫·罗塞(Gustav Rose,1798—1873)而以他的姓氏命名。1959年以前发现、描述并命名的“祖父级”矿物,IMA承认有效。中文名称根据成分译为砷钴钙石;根据颜色和成分译为玫瑰砷酸钙石。

S

【ß-砷钴钙石】

英文名 Roselite-ß

化学式 $Ca_2Co(AsO_4)_2 \cdot 2H_2O$　(IMA)

ß-砷钴钙石短柱状晶体(摩洛哥)

ß-砷钴钙石是一种含结晶水的钙、钴的砷酸盐矿物。属磷钙锰石族。与单斜晶系的砷钴钙石(Roselite)为同质二象。三斜晶系。晶体呈短柱状。深红玫瑰色、深粉红色,玻璃光泽,半透明;硬度3.5~4,完全解理。1955年发现于德国萨克森州厄尔士山脉施内贝格(Schneeberg)镇。1955年C.弗龙德尔(C. Frondel)在《美国矿物学家》(40)报道。英文名称Roselite-ß,由阿曼德·列维(Armand Levy)为纪念德国矿物学家、柏林大学矿物学教授古斯塔夫·罗塞(Gustav Rose,1798—1873)而以他的姓氏命名。1959年以前发现、描述并命名的“祖父级”矿物,IMA承认有效。中文名称根据成分译为ß-砷钴钙石。

【砷钴矿】

英文名 Smaltite

化学式 $CoAs_{3-x}$

砷钴矿是一种钴的砷化物矿物。等轴晶系。晶体呈粒状、立方体、八面体或二者的聚形;集合体常呈致密块状。锡白色—钢灰色,有时带锖色,金属光泽,不透明;硬度5.5。1529年乔治·阿格里科拉(Georgius Agricola)介绍Cobaltum eineraceum(半胱氨酸钴)时指出,最早的名字,可能是指任何与方钴矿(Skutterudite)相似的材料。瓦勒留斯(Wallerius)有几个名称[Kobaltglants(钴)等]用于与Smaltite相似的矿物。由维尔纳(Werner)(见豪斯曼,1813)命名的Speiskobalt名字,也似乎同样适用于斜方砷钴矿(Safflorite)。英文名称Smaltite,1832年由F. S. 伯当(F. S. Beudant)命名,源于深蓝色(Smalt)。因为矿物含有钴,可以作为生产蓝色瓷器和玻璃的着色剂。1852年伯当又将名称修改为Smaltine。1925年刘易斯·S. 拉姆斯德尔(Lewis S. Ramsdell)又改回Smaltite。后来的研究表明它可能是一种混合物或被认为是方钴矿(Skutterudite)的同义词,而被废弃。中文名称根据占优势的成分译为砷钴矿或砷钴石。

【砷钴镁钙石】

英文名 Wendwilsonite

化学式 $Ca_2Mg(AsO_4)_2 \cdot 2H_2O$　(IMA)

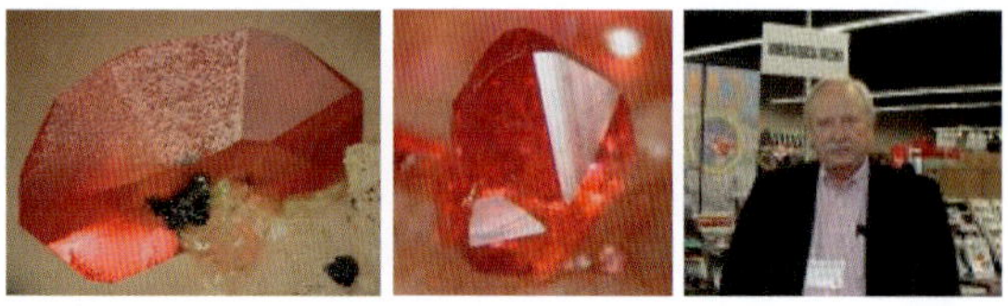

砷钴镁钙石柱状晶体(摩洛哥)和威尔逊像

砷钴镁钙石是一种含结晶水的钙、镁的砷酸盐矿物。与砷钴钙石(Roselite)形成类质同象系列。属砷钴钙石族。单斜晶系。晶体常呈短柱状;集合体呈晶簇状。颜色从浅粉红色—深粉红色,玻璃光泽,透明—半透明;硬度3~4。1985年发现于摩洛哥德拉-塔菲拉莱特地区的博阿兹(Bou Azzer)矿区和美国新泽西州苏塞克斯县富兰克林矿区斯特林(Sterling)矿山。英文名称Wendwilsonite,邓恩等为表彰知名的矿物学杂志《矿物学记录》的主编和出版商温德尔·E.威尔逊(Wendell E. Wilson)博士而以他的姓名命名。IMA 1985-047批准。1987年由皮特·J. 邓恩(Pete J. Dunn)、博兹达尔·达尔克·斯特曼(Bozidar Darko Sturman)和约瑟夫·A. 讷勒(Joseph A. Nelen)在《美国矿物学家》(72)报道。中文名称根据成分译为砷钴镁钙石。1988年中国新矿物与矿物命名委员会郭宗山等在《岩石矿物学杂志》[7(3)]根据成分译为水砷镁钙石。与Camgasite的译名重复。

【砷钴镍铁矿】

英文名 Westerveldite

化学式 FeAs　(IMA)

砷钴镍铁矿是一种铁的砷化物矿物。属砷钴矿族。斜方晶系。集合体呈块状。棕灰色、深灰色,金属光泽,不透明;硬度5.5~6。1971年发现于西班牙安达卢西亚自治区马拉加市拉加勒加(La Gallega)矿。英文名称Westerveldite,以荷兰阿姆斯特丹大学矿物学家和经济地质学家简·韦斯特维德(Jan Westerveld,1905—1962)的姓氏命名。IMA 1971-017批准。1972年在《美国矿物学家》(57)报道。中文名称根据成分译为砷钴镍铁矿

【砷钴锌钙石】

英文名 Cobaltaustinite

化学式 $CaCo(AsO_4)(OH)$　(IMA)

砷钴锌钙石柱板状晶体,放射状集合体(摩洛哥)

砷钴锌钙石是一种含羟基的钙、钴的砷酸盐矿物。属砷钙镁石-羟钒锌铅石族砷钙镁石亚族。斜方晶系。晶体呈柱状、板状;集合体呈放射状。暗绿色,半玻璃光泽、土状光泽,透明;硬度4.5,脆性。1987年发现于澳大利亚南澳大利亚州欧莱里省布尔库玛塔保护区穹岩(Dome Rock)铜矿。英文名称Cobaltaustinite,由占优势的成分冠词“Cobalt(钴)”加根词“Austinite(砷锌钙矿)”组合命名。根词由美国斯坦福大学矿物学家奥斯汀·弗林特·罗杰斯(Austin Flint Rogers,1877—1957)的名字命名。IMA 1987-042批准。1988年欧内斯特·H. 尼克尔(Ernest H. Nickel)和威廉·D. 伯奇(William D. Birch)在《澳大利亚矿物学家》(3)报道。中文名称根据成分译为砷钴锌钙石。

【砷硅铝锰石】

英文名 Ardennite-(As)

化学式 $Mn_4^{2+}Al_4(AlMg)(AsO_4)(SiO_4)_2(Si_3O_{10})(OH)_6$ (IMA)

砷硅铝锰石柱状晶体(比利时)

砷硅铝锰石是一种含羟基的锰、铝、镁的硅酸-砷酸盐矿物。斜方晶系。晶体呈柱状、纤维状;集合体呈放射状。黄色—棕色,玻璃光泽、半金刚光泽,透明—不透明;硬度6~7,

完全解理，脆性。1872 年发现于比利时卢森堡萨尔姆查图(Salmchateau)；同年，在《矿物学、地质学和古生物学新年鉴》报道。英文名称 Ardennite，以发现地比利时阿登(Ardennes)山脉地区命名。2007 年之前 IMA 重新定义这个名字仅用于 As 占优势的 Ardennite-(As)。1959 年以前发现、描述并命名的“祖父级”矿物，IMA 承认有效。IMA 2007s. p. 批准。2007 年 A. 巴雷西(A. Barresi)、P. 奥兰迪(P. Orlandi)和 M. 帕塞罗(M. Pasero)在《欧洲矿物学杂志》(19)报道历史上的 Ardennite 和钒占优势的新矿物 Ardennite-(V)(译为钒硅铝锰石)。中文名称根据成分译为砷硅铝锰石或锰硅铝矿。

【砷硅锰矿】

英文名 Schallerite

化学式 $Mn_{16}^{2+}As_3^{3+}Si_{12}O_{36}(OH)_{17}$ (IMA)

夏勒像

砷硅锰矿是一种含羟基的锰的硅酸-砷酸盐矿物。属热臭石族。六方晶系。晶体呈菱面体。褐色—淡褐色、浅棕色、红棕色，玻璃光泽、蜡状光泽、树脂光泽、油脂光泽，解理面上呈珍珠光泽，半透明；硬度 4.5～5，完全解理，脆性。1924 年发现于美国新泽西州苏塞克斯县富兰克林矿区富兰克林(Franklin)矿。1925 年在《美国矿物学家》(10)报道。英文名称 Schallerite，由罗伯特·伯恩斯·盖奇(Robert Burns Gage)、埃斯珀·西格纳斯·拉森(资深)[Esper Signus Larsen(Senior)]和海伦·E. 瓦萨尔(Helen E. Vassar)为纪念美国地质调查局的矿物学家和矿床专家沃尔德马·西奥多·夏勒(Waldemar Theodore Schaller，1882—1967)而以他的姓氏命名。1959 年以前发现、描述并命名的“祖父级”矿物，IMA 承认有效。中文名称根据成分译为砷硅锰矿。

【砷硅钠镁锰石】

英文名 Johninnesite

化学式 $Na_2Mn_9^{2+}Mg_7(AsO_4)_2(Si_6O_{17})_2(OH)_8$ (IMA)

砷硅钠镁锰石纤维状晶体，束状集合体(纳米比亚)

砷硅钠镁锰石是一种含羟基的钠、锰、镁的硅酸-砷酸盐矿物。属羟硅锰铁石-羟硅铁钠石族。三斜晶系。晶体呈纤维状；集合体呈放射状。红褐色；硬度 5～6。1985 年发现于纳米比亚奥乔宗蒂约巴地区赫鲁特方丹区孔巴特(Kombat)矿。英文名称 Johninnesite，为纪念西南非楚梅布矿业公司和西澳大利亚联邦科学和工业研究组织(CSIRO)的矿物学家约翰·因内斯(John Innes，？—1992)而以他的姓名命名，以表彰约翰·因内斯对西南非楚梅布和孔巴特矿山的矿物学做出的贡献；他还撰写了许多科学论文，包括一些命名新矿物的论文。IMA 1985－046 批准。1986 年 P. J. 邓恩(P. J. Dunn)在《矿物学杂志》(50)和 1988 年《美国矿物学家》(73)报道。1987 年中国新矿物与矿物命名委员会郭宗山等在《岩石矿物学杂志》[6(4)]根据成分译为砷硅钠镁锰石。

【砷华】

英文名 Arsenolite

化学式 As_2O_3 (IMA)

砷华八面体晶体(法国)

砷华是一种砷的氧化物矿物，俗称砒石。与白砷石为同质二象。等轴晶系。晶体呈八面体，有时有菱形十二面体；集合体常呈雪花状、土状、粉末状，或皮壳状、葡萄状、钟乳状。无色或白色，有时带蓝色、淡黄色或淡红等色调，玻璃光泽、丝绢光泽，透明；硬度 1.5，完全解理；有剧毒。三氧化二砷是一种剧毒药，天然产出的叫砷华。中文名称由成分(砷)和晶体形态(华)而得。华(華)古同“花”，花朵、枝叶状，象征矿物的形态如花。砷华俗称砒石，人工炼成的叫砒霜。砒由古代动物貔貅而得，貔貅凶猛无比，砒剧毒如貔，从石即砒。

关于砷的发现西方化学史学家一般都认为是 1250 年，德国罗马教修道会学者和炼金术士阿伯塔·马格努斯(Albertus Magnus，1193—1280)由雄黄与肥皂共热时得到砷。中国学者研究发现，实际上，中国古代炼丹家才是砷的最早发现者。据史书记载，约在公元 317 年，中国的炼丹家葛洪用雄黄、松脂、硝石 3 种物质炼制得到砷。砷的拉丁名称 Arsenicum 和元素符号 As，来自希腊文 Αρσενικό＝Arsenikos，原意是“强有力的”“男子气概”，表示砷化合物在医药中的作用。英文名称 Arsenolite，由砷化学元素名称 Arsenicum 而得。1854 年发现于德国下萨克森州哈尔茨山圣安德烈亚斯贝格(St Andreasberg)村。1854 年 J. D. 丹纳(J. D. Dana)在《系统矿物学》(第二卷，第四版，纽约)刊载。1923 年博佐思(Bozorth)在《美国化学学会杂志》(45)报道。1959 年以前发现、描述并命名的“祖父级”矿物，IMA 承认有效(参见【雄黄】条 1051 页、【自然砷】条 1133 页)。

【砷黄铁矿】参见【毒砂】条 133 页

【砷灰石】

英文名 Svabite

化学式 $Ca_5(AsO_4)_3F$ (IMA)

砷灰石短柱状晶体(瑞典)和斯瓦布像

砷灰石是一种含氟的钙的砷酸盐矿物。属磷灰石族。六方晶系。晶体呈短柱体、纤维状；集合体呈块状。纯净的无色，一般为黄白色—灰色或灰绿色等，玻璃光泽、油脂光泽、树脂光泽，透明—半透明；硬度 4～5，脆性。1891 年发现于瑞典韦姆兰省菲利普斯塔德市雅各布斯贝格(Jakobsberg)矿。1891 年亚尔马·肖格伦(斯特恩·安德斯)[Hjalmar Sjögren)(Sten Anders)]在《斯德哥尔摩地质学会会刊》(13)报道。英文名称 Svabite，由斯特恩·安德斯(Sten Anders)

即亚尔马·肖格伦为纪念瑞典化学家、矿物学家安东·冯·斯瓦布[Anton von Swab (Svab),1703—1768)]而以他的姓氏命名,以表彰斯瓦布对该矿物的发现做出的重要贡献。他与阿谢尔·朗斯达德(Axel Cronstedt)一起从菱锌矿,后来从闪锌矿中精炼锌,对发展锌的商业有极大的贡献,反过来又支持了瑞典的黄铜制造业;他在瑞典萨拉还发现了原生锑。1960年卡尔·冯·林内(Carl von Linne)在他的文章中引用威克斯(Weeks)撰写的安东·冯·斯瓦布(Anton von Swab)和格奥尔格·布兰德(Georg Brandt)的讣告文中评价说:"我们的科学界在一年里已经失去了两颗第一等级的恒星——布兰德和斯瓦布。王国矿山和矿产科学已经失去了支柱。这样的男人再也不会出现。据我所知,欧洲也没有像他们一样。……王国可以失去一个军队,但在一年之内就可以建立起另一个一样好的军队。王国可以失去一个舰队,在两年内就可以装备起另一个舰队,但在整个统治期间再也不能得到像布兰德和斯瓦布这样出色的科学家。"1959年以前发现、描述并命名的"祖父级"矿物,IMA承认有效。中文名称根据成分和与磷灰石的关系译为砷灰石。

【砷钾铀矿】

英文名 Nielsbohrite

化学式 $(K,U,\square)(UO_2)_3(AsO_4)(OH)_4 \cdot H_2O$ (IMA)

砷钾铀矿自形菱面体晶体(德国)和玻尔像

砷钾铀矿是一种含结晶水和羟基的钾、铀、空位的铀酰-砷酸盐矿物。斜方晶系。晶体呈自形菱面体。亮黄色,玻璃光泽、土状光泽,透明;硬度2,脆性。发现于德国巴登-符腾堡州弗赖堡市门茨施瓦德(Menzenschwand)的克伦克巴赫(Krunkelbach)谷铀矿床。英文名称 Nielsbohrite,以丹麦物理学家尼尔斯·亨利克·戴维·玻尔(Niels Henrik David Bohr,1885—1962)的姓名命名。他因在原子结构和量子力学方面的贡献而于1922年获得诺贝尔物理学奖。玻尔在哥本哈根研究所与许多顶级物理学家进行了指导和合作。他也是曼哈顿工作项目的物理学家团队成员。IMA 2002-045b批准。2009年K.瓦林塔(K. Walenta)等在《欧洲矿物学杂志》(21)报道。2015年艾钰洁、范光在《岩石矿物学杂志》[34(1)]根据成分译为砷钾铀矿。

【砷镧铝石】参见【阿砷镧铝石】条10页

【砷镧铜石】

英文名 Agardite-(La)

化学式 $LaCu_6(AsO_4)_3(OH)_6 \cdot 3H_2O$ (IMA)

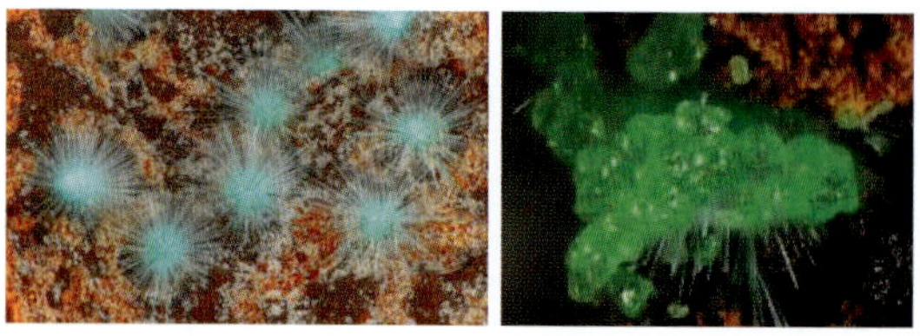

砷镧铜石放射状、球粒状集合体(希腊)

砷镧铜石是一种含结晶水和羟基的镧、铜的砷酸盐矿物。属砷铋铜石族。六方晶系。晶体呈柱状、针状、纤维状;集合体呈晶簇状、球粒状。草绿色、黄绿色、蓝绿色,很少近无色,半玻璃光泽、树脂光泽、蜡状光泽,透明—半透明;硬度3~4,脆性。1980年发现于德国巴登-符腾堡州卡尔斯鲁厄行政区弗罗伊登施塔特村多萝西娅(Dorothea)矿。英文名称 Agardite-(La),1983年由皮特尔·J.莫德尔斯基(Peter J. Modreski)根据镧(La)占优势及与 Agardite(砷钇铜石)系列矿物的关系命名。IMA 1980-092批准。1984年T.费尔(T. Fehr)等在《岩石》(9)和1985年P. J.邓恩(P. J. Dunn)等在《美国矿物学家》(70)报道。中文名称根据成分译为砷镧铜石(参见【砷钇铜石】条797页)。

【砷铑钯矿】参见【坡砷铑钯矿】条689页

【砷铑矿】

英文名 Cherepanovite

化学式 RhAs (IMA)

砷铑矿是一种铑的砷化物矿物。斜方晶系。晶体微细粒状,呈其他矿物的包裹体,单个颗粒高达20μm,或聚集体长达100μm。灰白色,金属光泽,不透明;硬度6,完全解理。1984年发现于俄罗斯楚科茨基(Chukotskii)自治区佩库内(Pekul'nei)流域佩库内河北部砂矿床。英文名称 Cherepanovite,以苏联圣彼得堡卡宾斯基全联盟地质研究所的地质学家和矿物学家V. A.切列帕诺夫(V. A. Cherepanov,1927—1983)的姓氏命名。IMA 1984-041批准。1985年N. S.鲁达什夫斯基(N. S. Rudashevsky)等在《全苏矿物学会记事》(114)和《美国矿物学家》(71)报道。1986年中国新矿物与矿物命名委员会郭宗山等在《岩石矿物学杂志》[5(4)]根据成分译为砷铑矿。

【砷钌矿】

英文名 Ruthenarsenite

化学式 (Ru,Ni)As (IMA)

砷钌矿是一种钌、镍的砷化物矿物。斜方晶系。浅棕色,金属光泽,不透明;硬度6~6.5。1974年发现于巴布亚新几内亚北部奥罗(Oro)省约马(Ioma)区瓦里亚(Waria)河。英文名称 Ruthenarsenite,由化学成分"Ruthenium(钌)"和"Arsenide(砷)"组合命名。IMA 1973-020批准。1974年在《加拿大矿物学家》(12)和1976年《美国矿物学家》(61)报道。中文名称根据占优势的成分译为砷钌矿。

【砷磷钡铝石】

英文名 Arsenogorceixite

化学式 $BaAl_3(AsO_4)(AsO_3OH)(OH)_6$ (IMA)

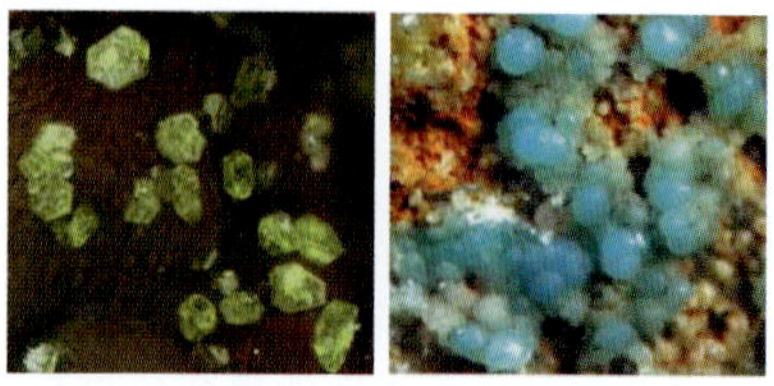

砷磷钡铝矿菱面体晶体,球粒状集合体(德国、法国)

砷磷钡铝石是一种含羟基的钡、铝的氢砷酸-砷酸盐矿物。属明矾石超族绿砷钡铁石族。三方晶系。晶体呈菱面体;集合体呈皮壳状、球粒状。白色、黄白色、黄色、青黄色、淡蓝色、无色,半玻璃光泽、树脂光泽、蜡状光泽、油脂光泽,透明—半透明;硬度 4,脆性。最早于 1981 年 K. 瓦林塔(K. Walenta)在《瑞士矿物学和岩石学通报》(61)报道。1989 年发现于德国巴登-符腾堡州弗赖堡市的克拉拉(Clara)矿。英文名称 Arsenogorceixite,根据成分冠词"Arseno(砷)"和根词"Gorceixite(磷钡铝石)"组合命名,意指它是砷酸根占优势的磷钡铝石的类似矿物。IMA 1989 - 055 批准。1993 年由库尔特・瓦林塔(Kurt Walenta)和皮特・J. 邓恩(Pete J. Dunn)在《Aufschluss》(44)报道。中文名称根据成分及与磷钡铝石的关系译为砷磷钡铝石/砷磷钡铝矿(根词参见【磷钡铝石】条 453 页);《英汉矿物种名称》(2017)译作砷铝钡石。

【砷磷铝铅铀矿】参见【卡米图加石】条 396 页

【砷硫锑镍矿】

英文名 Arsenotučekite

化学式 $Ni_{18}Sb_3AsS_{16}$　(IMA)

砷硫锑镍矿是一种镍、锑的砷-硫化物矿物。属硫镍铋锑矿族。四方晶系。晶体呈六面体、半自形晶粒状,粒径 5~100μm 不等。金属光泽,不透明;易碎。2019 年发现于希腊塞萨利拉里萨曾利(Tsangli)矿。英文名称 Arsenotučekite,由成分冠词"Arseno(砷)"和"根词"Tu čekite(硫锑镍矿)"组合命名。IMA 2019 - 135 批准。2020 年 L. 宾迪(L. Bindi)等在《CNMNC 通讯》(55)、《矿物学杂志》(84)和《欧洲矿物学杂志》(32)报道。中文名称根据成分译为砷硫锑镍矿。

【砷硫锑银铅矿*】

英文名 Arsenquatrandorite

化学式 $Ag_{17.6}Pb_{12.8}Sb_{38.1}As_{11.5}S_{96}$　(IMA)

砷硫锑银铅矿*是一种镍银、铅、锑的砷-硫-化物矿物。属硫铋铅矿同源系列族。单斜晶系。2012 年发现于伊朗西阿塞拜疆省萨尔达县拜里卡(Barika)矿。英文名称 Arsenquatrandorite,由成分冠词"Arsen(砷)"和根词"Quatrandorite(硫锑银铅矿)"组合命名。根词 Quatrandorite 由 Quat(四)和 Andorite＝AndoriteIV(硫锑银铅矿)(参见【硫锑银铅矿】条 520 页)组合命名。IMA 2012 - 087 批准。2013 年 D. 托帕(D. Topa)等在《CNMNC 通讯》(16)和《矿物学杂志》(77)报道。目前尚未见官方中文译名,编译者根据成分及与硫锑银铅矿的关系译为砷硫锑银铅矿*。

【砷铝矾】

英文名 Schlossmacherite

化学式 $(H_3O)Al_3(SO_4)_2(OH)_6$　(IMA)

砷铝矾是一种含羟基的卉离子、铝的硫酸盐矿物。属明矾石族。三方晶系。绿色(混合);硬度 3~4。1979 年发现于智利安托法加斯塔大区瓜纳科区艾玛路易莎(Emma Luisa)矿。英文名称 Schlossmacherite,以德国宝石学协会的名誉主席卡尔・施洛斯马赫(Karl Schlossmacher)的姓氏命名。IMA 1979 - 028 批准。1980 年 K. 施韦策(K. Schmetzer)在德国《矿物学新年鉴》(月刊)和《美国矿物学家》(65)报道。中文名称根据成分译为砷铝矾。

【砷铝镧石】参见【阿砷镧铝石】条 10 页

【砷铝锰矿】参见【水砷铍石】条 870 页

【砷铝石】

英文名 Mansfieldite

化学式 $Al(AsO_4)\cdot 2H_2O$　(IMA)

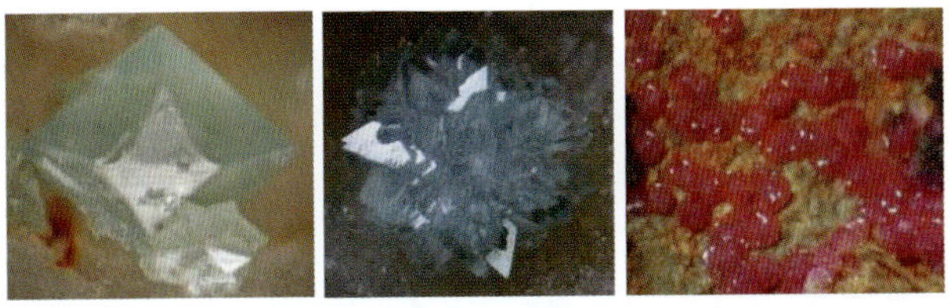

砷铝石假八面体晶体,放射状、球粒状集合体(智利、澳大利亚)

砷铝石是一种含结晶水的铝的砷酸盐矿物。属磷铝石族。斜方晶系。晶体呈假八面体、板状、柱状、纤维状;集合体呈多孔状、放射状、球粒状。白色—灰白色,因含有其他杂质也会呈现一些别样的颜色,透明;硬度 3.5~4,有解理。1948 年发现于美国俄勒冈州莱恩县布莱克峰矿区霍巴特(Hobart)孤峰;同年,V. T. 艾伦(V. T. Allen)、J. J. 费伊(J. J. Fahey)和 J. M. 阿克塞尔罗德(J. M. Axelrod)在《美国矿物学家》(33)报道。英文名称 Mansfieldite,以美国地质调查局地质学家乔治・R. 曼斯菲尔德(George R. Mansfield,1875—1947)的姓氏命名。1959 年以前发现、描述并命名的"祖父级"矿物,IMA 承认有效。中文名称根据成分译为砷铝石;音译为曼斯菲尔德石。

【砷铝铈石】参见【阿砷铈铝石】条 10 页

【砷铝锶石】

英文名 Arsenogoyazite

化学式 $SrAl_3(AsO_4)(AsO_3OH)(OH)_6$　(IMA)

砷铝锶石菱面体晶体,球粒状集合体(英国、德国)

砷铝锶石是一种含羟基的锶、铝的氢砷酸-砷酸盐矿物。属明矾石超族绿砷铁钡石族。三方晶系。晶体呈菱面体状;集合体呈皮壳状、球粒状。白色—无色,浅黄色、浅绿色、灰绿色,半玻璃光泽、树脂光泽、蜡状光泽、油脂光泽,透明—半透明;硬度 4,完全解理,脆性。1983 年发现于德国巴登-符腾堡州弗赖堡市克拉拉(Clara)矿山。英文名称 Arsenogoyazite,1987 年库尔特・瓦林塔(Kurt Walenta)等由成分冠词"Arsen(砷)"和根词"Goyazite(磷铝锶石)"组合命名,意指它是砷酸根的磷铝锶石的类似矿物(根词参见【磷铝锶石】条 467 页)。IMA 1983 - 043 批准。1984 年库尔特・瓦林塔等在《瑞士矿物学和岩石学通报》(64)报道。中文名称根据成分译为砷铝锶石/砷锶铝石。

【砷铝铜石】

英文名 Luetheite

化学式 $CuAl(AsO_4)(OH)_2$　(IMA)

砷铝铜石是一种含羟基的铜、铝的砷酸盐矿物。单斜晶系。晶体呈薄片状;集合体呈球粒状。蓝色、浅绿色,可能会变黑色,半透明;硬度 3,完全解理,脆性。1976 年发现于美国亚利桑那州圣克鲁斯县巴塔哥尼亚山脉哈尔肖矿区洪堡(Humboldt)矿。

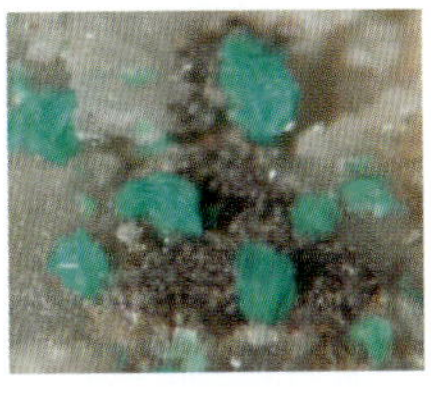

砷铝铜石片状晶体,球粒状集合体(美国)

英文名称 Luetheite，以美国亚利桑那州地质学家罗纳德·D. 鲁希(Ronald D. Luethe,1944—)的姓氏命名，他是该矿物的发现者。IMA 1976-011 批准。1977 年 S. A. 威廉姆斯(S. A. Williams)在《矿物学杂志》(41)和《美国矿物学家》(62)报道。中文名称根据成分译为砷铝铜石。

【砷氯铅矿】参见【菲氯砷铅矿】条 164 页

【砷马克巴尔迪矿*】

英文名 Arsenmarcobaldiite

化学式 $Pb_{12}(As_{3.2}Sb_{2.8})_{\Sigma 6}S_{21}$ (IMA)

砷马克巴尔迪矿*是一种铅的砷-锑-硫化物矿物。属约硫砷铅矿同源序列族。三斜晶系。晶体呈纤维状、他形粒状，粒径 0.5mm；集合体呈缠绕状。黑色，金属光泽，不透明。2016 年发现于意大利纳卢卡省滨海阿尔卑斯山脉维扎拉(Verzalla)。英文名称 Arsenmarcobaldiite，由成分冠词"Arsen(砷)"和根词"Marcobaldiite(马克巴尔迪矿*)"组合命名，意指它是砷的马克巴尔迪矿*的类似矿物。IMA 2016-045批准。2016 年 C. 比亚乔尼(C. Biagioni)等在《CNMNC 通讯》(33)、《矿物学杂志》(80)和 2019 年《欧洲矿物学杂志》(31)报道。目前尚未见官方中文译名，编译者建议根据成分及与马克巴尔迪矿*的关系译为砷马克巴尔迪矿*；杨光明教授建议根据对称性和成分译为三斜硫砷锑铅矿。

【砷梅达石*】

英文名 Arsenmedaite

化学式 $Mn^{2+}_6As^{5+}Si_5O_{18}(OH)$ (IMA)

砷梅达石*柱状晶体(意大利)

砷梅达石*是一种含羟基的锰的砷硅酸盐矿物。单斜晶系。晶体呈柱状，长度可达 200μm。橘红色，玻璃光泽。2016 年发现于意大利热那亚省格拉维格里亚山谷莫丽奈罗(Molinello)锰矿。英文名称 Arsenmedaite，由成分冠词"Arsen(砷)"和根词"Mediate(梅达石*)"组合命名，意指它是砷占优势的梅达石*的类似矿物。IMA 2016-099 批准。2017 年 C. 比亚乔尼(C. Biagioni)等在《CNMNC 通讯》(36)、《矿物学杂志》(81)和 2019 年《欧洲矿物学杂志》(31)报道。目前尚未见官方中文译名，编译者建议根据成分及与梅达石*的关系译为砷梅达石*。

【砷镁钙锰石】

英文名 Manganlotharmeyerite

化学式 $CaMn^{3+}_2(AsO_4)_2(OH)_2$ (IMA)

砷镁钙锰石板状晶体，晶簇状集合体(智利)

砷镁钙锰石是一种含羟基的钙、锰的砷酸盐矿物。属砷铁锌铅石族。单斜晶系。晶体呈板状；集合体呈晶簇状。棕红色—深橙红色，金刚光泽，透明—半透明；硬度 3，完全解理，脆性。2002 年发现于瑞士格劳宾登州斯塔勒(Starlera)谷锰矿。英文名称 Manganlotharmeyerite，由成分冠词"Mangan(锰)"和根词"Lotharmeyerite(羟砷锌锰钙石)"组合命名，意指它是锰占优势的羟砷锌锰钙石的类似矿物。IMA 2001-026 批准。2002 年 J. 布鲁格(J. Brugger)等在《加拿大矿物学家》(40)报道。2006 年中国地质科学院矿产资源研究所李锦平在《岩石矿物学杂志》[25(6)]根据成分及与羟砷锌锰钙石的关系译为砷镁钙锰石(根词参见【羟砷锌锰钙石】条 732 页)。

【砷镁钙钠石*】

英文名 Calciojohillerite

化学式 $NaCaMg_3(AsO_4)_3$ (IMA)

砷镁钙钠石*柱状晶体，晶簇状集合体(俄罗斯)

砷镁钙钠石*是一种钠、钙、镁的砷酸盐矿物。属磷锰钠石族。单斜晶系。晶体呈柱状；集合体呈晶簇状。2016 年发现于俄罗斯堪察加州托尔巴契克(Tolbachik)火山主裂隙北破火山口第二火山渣锥喷气孔。英文名称 Calciojohillerite，由成分冠词"Calcio(钙)"和根词"Johillerite(砷铜镁钠石)"组合命名，意指它是钙占优势的砷铜镁钠石的类似矿物。IMA 2016-068 批准。2016 年 I. V. 佩科夫(I. V. Pekov)等在《CNMNC 通讯》(34)和《矿物学杂志》(80)报道。目前尚未见官方中文译名，编译者建议根据成分及与砷铜镁钠石的关系译为砷镁钙钠石*。

【砷镁钙石】

英文名 Talmessite

化学式 $Ca_2Mg(AsO_4)_2 \cdot 2H_2O$ (IMA)

砷镁钙石板状晶体，晶簇状集合体(摩洛哥)

砷镁钙石是一种含结晶水的钙、镁的砷酸盐矿物。属磷钙锰石族。三斜晶系。晶体呈柱状、板状、纤维状；集合体呈晶簇状、块状、玉髓状、钟乳状、放射状。无色、白色、浅玫瑰红色、浅绿色，玻璃光泽，透明—半透明；硬度 4～5。1957 年曾在《美国矿物学家》(42)报道。1960 年发现于伊朗伊斯法罕省纳因(Nayin)县阿纳拉克区塔尔梅斯(Talmessi)矿。1960 年 P. 巴里安德(P. Bariand)和 P. 埃尔潘(P. Herpin)在《法国矿物学和结晶学会通报》(83)报道。英文名称 Talmessite，以发现地伊朗的塔尔梅斯(Talmessi)矿命名。IMA 1985s. p. 批准。中文名称根据成分译为砷镁钙石或砷酸镁钙石。

【砷镁锰石】

英文名 Manganohoörnesite

化学式 $Mn^{2+}_3(AsO_4)_2 \cdot 8H_2O$ (IMA)

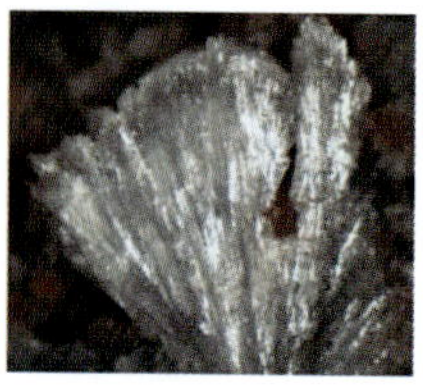

砷镁锰石针状晶体，扇状集合体(瑞典)

砷镁锰石是一种含结晶水的锰的砷酸盐矿物。属蓝铁矿族。单斜晶系。晶体呈针状，集合体呈扇状、放射状。白色—无色，丝绢光泽，透明；硬度 1，完全解理。1951 年发现于瑞典韦姆兰省菲利普斯塔德市朗班(Långban)；同年，在《矿物学和地质学档案》(1)记载。英文名称 Manganohoörnesite，1951

年由奥洛夫·加布里尔森(Olof Gabrielson)命名为 Manganese-hoörnesite,2008 年由伯克(Burke)更名为 Manganohoörnesite,它由成分冠词"Mangano(锰)"和根词"Hoörnesite(砷镁石)"组合命名,是指它是锰占优势的砷镁石的类似矿物。1959 年以前发现、描述并命名的"祖父级"矿物,IMA 承认有效。IMA 2007s. p. 批准。中文名称根据成分及与砷镁石的关系译为砷镁锰石。

【砷镁石】

英文名 Hörnesite

化学式 $Mg_3(AsO_4)_2 \cdot 8H_2O$　　(IMA)

砷镁石板状晶体,放射状集合体(摩洛哥、奥地利)和霍尔内斯像

砷镁石是一种含结晶水的镁的砷酸盐矿物。属蓝铁矿族。单斜晶系。晶体呈板状、柱状、叶片状;集合体呈放射状。白色,蜡状光泽、树脂光泽,解理面上呈珍珠光泽,透明;硬度 1,完全解理。1860 年发现于罗马尼亚卡拉塞文巴纳特山脉奥拉维塔-切克洛瓦(Oravița-Ciclova)铜-钼-钨矿田切克洛瓦(Ciclova)矿;同年,在维也纳《帝国地质学家年鉴(Jb. geol. Reichsanst.)》(11)报道。英文名称 Hörnesite,以奥地利维也纳皇家自然历史博物馆馆长莫里茨·霍尔内斯(Moritz Hörnes,1815—1868)的姓氏命名。又见于 1951 年 C. 帕拉奇(C. Palache)、H. 伯曼(H. Berman)和 C. 弗龙德尔(C. Frondel)《丹纳系统矿物学》(第二卷,第七版,纽约)。中文名称根据成分译为砷镁石。

【砷镁锌石】

英文名 Chudobaite

化学式 $Mg_5(AsO_4)_2(AsO_3OH)_2 \cdot 10H_2O$　　(IMA)

砷镁锌石球团状、花状集合体(智利、墨西哥)

砷镁锌石是一种含结晶水的镁的氢砷酸-砷酸盐矿物。属砷镍铜矾超族翁德鲁什石*族。三斜晶系。晶体呈针状;集合体呈皮壳状、钟乳状、球团状。无色、白色、浅玫瑰红色、浅绿色,玻璃光泽,透明;硬度 2.5～3,完全解理。1960 年发现于纳米比亚奥希科托区楚梅布(Tsumeb)矿。英文名称 Chudobaite,以德国一位矿物学家、岩石学家同时也是波恩莱茵谢弗里德里希威廉斯大学的校长卡尔·弗朗茨·丘道巴(Karl Franz Chudoba,1898—1976)的姓氏命名。1960 年 H. 施特伦茨(H. Strunz)在《矿物学新年鉴》(月刊)报道。IMA 1962s. p. 批准。中文名称根据成分译为砷镁锌石;音译为朱道巴石。

【砷锰钙矿】

英文名 Caryinite

化学式 $(Na,Pb)(Ca,Na)Ca,Mn_2^{2+}(AsO_4)_3$　　(IMA)

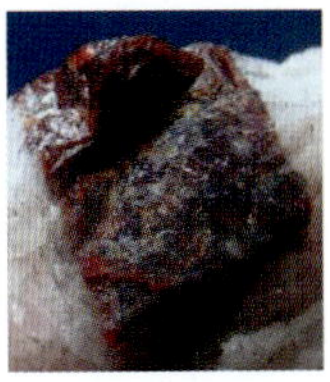

砷锰钙矿块状集合体(瑞典)

砷锰钙矿是一种钠、铅、钙、锰的砷酸盐矿物。属钠磷铁矿族。单斜晶系。晶体呈细粒状;集合体呈块状。棕色—黄棕色,树脂光泽、油脂光泽,透明—半透明;硬度 3.5～4,完全解理,脆性。1874 年发现于瑞典韦姆兰省菲利普斯塔德市朗班(Långban)村。1874 年伦德斯若姆(Lundström)在《斯德哥尔摩地质学会会刊》(2)报道,称为 Karyinit。英文名称 Caryinite,由伦德斯若姆根据希腊文"κορύινος,含义是 In error(错误的)",而不是从"καρύινος,意思是 Nut-brown(栗色,深棕色、桃红色)"命名为 Karyinit,意指其颜色。1892 年由爱德华·丹纳(Edward Dana)在《系统矿物学》(第六版,纽约)改变了最初的拼写为 Caryinite。1959 年以前发现、描述并命名的"祖父级"矿物,IMA 承认有效。IMA 1980s. p. 批准。中文名称根据成分译为砷锰钙矿或砷锰铅矿。

【砷锰钙石】

英文名 Brandtite

化学式 $Ca_2Mn^{2+}(AsO_4)_2 \cdot 2H_2O$　　(IMA)

砷锰钙石短柱状、纤维状晶体,放射状集合体(瑞典、德国)

砷锰钙石是一种含结晶水的钙、锰的砷酸盐矿物。属砷钴钙石族。与副砷锰钙石为同质多象。单斜晶系。晶体呈柱状、板状、纤维状;集合体常呈圆形或肾状、放射状。无色、白色、粉红色,玻璃光泽,透明—半透明;硬度 3.5,完全解理。1888 年发现于瑞典韦姆兰省菲利普斯塔德市彼得斯贝格区帕斯伯格(Pajsberg)村哈斯蒂格(Harstigen)矿山。1888 年诺登斯基奥尔德(Nordenskiold)在《斯德哥尔摩瑞典皇家科学院文献》(*Öfversigt af Kongliga Vetenskaps-Akademiens Förhandlingar*)(45)报道。英文名称 Brandtite,由阿道夫·埃里克·诺登斯基奥尔德(Adolph Erik Nordenskiöld)为纪念瑞典化学家格奥尔格·布兰德(Georg Brandt,1694—1768)而以他的姓氏命名,他是钴的发现者。1959 年以前发现、描述并命名的"祖父级"矿物,IMA 承认有效。中文名称根据成分译为砷锰钙石。

【砷锰矿】

英文名 Armangite

化学式 $Mn_{26}^{2+}[As_6^{3+}(OH)_4O_{14}][As_6^{3+}O_{18}]_2(CO_3)$
　　(IMA)

砷锰矿是一种含碳酸根的锰的砷酸-氢砷酸盐矿物。三方晶系。晶体呈短六方柱状,端部有锥,具聚片双晶。黑色、浅棕色,也有天蓝色,半金属光泽,不透明;硬度 4,完全解理。1920 年发现于瑞典韦姆兰省菲利普斯塔德市朗班(Långban)。1920 年爱明诺夫(Aminoff)和穆泽里乌斯(Mauzelius)在《斯德哥尔摩地质学会会刊》(42)报道。英文名称 Armangite,由化学成分"Arsenic(砷)"和"Manganese(锰)"组合命名。1959 年以前发现、描述并命名的"祖父级"

矿物，IMA 承认有效。中文名称根据成分译为砷锰矿。

【砷锰镁石】参见【镁砷锌锰矿】条 597 页

【砷锰铅矿】参见【斜楔石】条 1038 页

【砷钼铁钙矿-钙钙】

英文名 Betpakdalite-CaCa

化学式 $[Ca_2(H_2O)_{17}Ca(H_2O)_6][Mo_8^{6+}As_2^{5+}Fe_3^{3+}O_{36}(OH)]$ (IMA)

砷钼铁钙矿-钙钙信封状、假八面体晶体（纳米比亚）

砷钼铁钙矿-钙钙是一种水化钙的羟基铁-砷-钼酸盐矿物。属砷钼铁钙矿超族砷钼铁钙矿族。单斜晶系。晶体呈短柱状、信封状；集合体呈粉末状及细晶（粒径0.005～0.025mm）致密状。柠檬黄色、浅绿色，玻璃光泽、蜡状光泽；硬度 3。1961 年发现于哈萨克斯坦拉干达省别特帕克达拉（Betpakdala）荒原沙漠卡拉奥巴（Kara-Oba）钨矿床。1961 年 L. P. 埃尔米洛娃（L. P. Ermilova）和 V. M. 森德罗娃（V. M. Senderova）在《全苏矿物学会记事》（90）报道。英文名称 Betpakdalite，以发现地哈萨克斯坦的别特帕克达拉（Betpakdala）荒原沙漠命名。IMA 1967s. p. 批准。2010 年 IMA 10 - E重新定义，原名 Betpakdalite 改为 Betpakdalite-CaCa。中文名称根据成分译为砷钼铁钙矿（族名），即砷钼铁钙矿-钙钙（种名）；《英汉矿物种名称》（2017）译为砷钼铁钙石。

【砷钼铁钙矿-钙镁*】

英文名 Betpakdalite-CaMg

化学式 $[Ca_2(H_2O)_{17}Mg(H_2O)_6][Mo_8^{6+}As_2^{5+}Fe_3^{3+}O_{36}(OH)]$ (IMA)

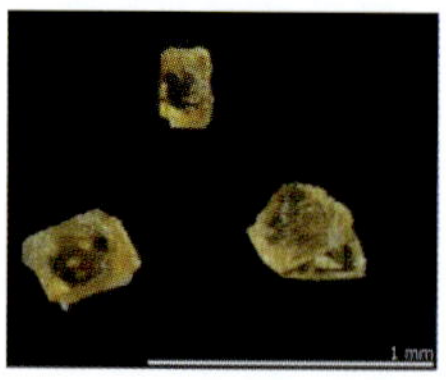

砷钼铁钙矿-钙镁* 晶体（纳米比亚）

砷钼铁钙矿-钙镁* 是一种水化钙、镁的羟基铁-砷-钼酸盐矿物。属砷钼铁钙矿超族砷钼铁钙矿族。单斜晶系。晶体呈板状（假八面体）。黄色，半金刚光泽、玻璃光泽，透明；硬度 3.5，完全解理，脆性。2011 年发现于纳米比亚奥希科托区楚梅布（Tsumeb）矿。英文名称 Betpakdalite-CaMg，根词以发现地哈萨克斯坦的别特帕克达拉（Betpakdala）荒原名，加占优势钙镁后缀 - CaMg 组合命名。第一次认识到它作为一个潜在的假设的砷钼钙铁矿族成员（IMA 10 - E）。IMA 2011 - 034 批准为有效物种。2012 年 A. R. 坎普夫（A. R. Kampf）和 S. J. 米尔斯（S. J. Mills）在《CNMNC 通讯》（10）、《矿物学杂志》（76）报道。目前尚未见官方中文译名，编译者根据成分及族名译为砷钼铁钙矿-钙镁*；《英汉矿物种名称》（2017）译为砷钼铁镁钙石。

【砷钼铁钙矿-钠钙】

英文名 Betpakdalite-NaCa

化学式 $[Na_2(H_2O)_{17}Ca(H_2O)_6][Mo_8^{6+}As_2^{5+}Fe_3^{3+}O_{34}(OH)_3]$ (IMA)

砷钼铁钙矿-钠钙是一种水化钠、钙的羟基铁-砷-钼酸盐矿物。属砷钼铁钙矿超族砷钼铁钙矿族。单斜晶系。晶体呈非常薄、扁平假六边形；集合体呈粉状、皮壳状。柠檬黄色，光泽暗淡。1971 年发现于哈萨克斯坦贾姆比地区莫因库姆楚伊犁山脉克孜勒赛（Kyzylsai）钼-铀矿床。英文名称 Betpakdalite-NaCa，根词由发现地哈萨克斯坦的别特帕克达拉（Betpakdala）荒原名，加占优势钠钙后缀 - NaCa 组合命名。1971 年史洛特索娃（Skvortsova）等首先描述并命名为 Sodium betpakdalite（钠砷钼钙铁矿）。IMA 1971 - 057 批准。1971 年史洛特索娃等在《全苏矿物学会记事》[100(5)]报道。2008 年伯克（Burke）更名为 Natrobetpakdalite。2010 年由（IMA 10 - E）重新定义为 Betpakdalite-NaCa。2012 年 A. R. 坎普夫（A. R. Kampf）等在《矿物学杂志》（76）报道。中文名称根据成分及族名译为砷钼铁钙矿-钠钙；《英汉矿物种名称》（2017）译为砷钼铁钠钙石。

【砷钼铁钙矿-钠钠*】

英文名 Betpakdalite-NaNa

化学式 $[Na_2(H_2O)_{16}Na(H_2O)_6][Mo_8^{6+}As_2^{5+}Fe_3^{3+}O_{33}(OH)_4]$ (IMA)

砷钼铁钙矿-钠钠* 是一种水化钠的羟基铁-砷-钼酸盐矿物。属砷钼铁钙矿超族砷钼铁钙矿族。与砷钼铜铁钾石-钠钠（Obradovicite-NaNa）为同质多象。单斜晶系。晶体呈细长扁平叶片状。黄色，半金刚光泽、玻璃光泽，透明；硬度 3，完全解理，脆性。2011 年发现于智利厄尔洛阿省丘基卡马塔区丘基卡马塔（Chuquicamata）矿。英文名称 Betpakdalite-NaNa，根词由发现地哈萨克斯坦的别特帕克达拉（Betpakdala）荒原名，加占优势钠钠后缀 - NaNa 组合命名。第一次认识到它作为一个潜在的假设的砷钼钙铁矿族成员（IMA 10 - E），IMA 2011 - 078 批准为有效物种。2011 年 A. R. 坎普夫（A. R. Kampf）和 S. J. 米尔斯（S. J. Mills）在《CNMNC 通讯》（11）、《矿物学杂志》（75）和 2012 年《矿物学杂志》（76）报道。目前尚未见官方中文译名，编译者根据成分及族名译为砷钼铁钙矿-钠钠*；《英汉矿物种名称》（2017）译为砷钼铁钠石。

【砷钼铁钙矿-铁铁*】

英文名 Betpakdalite-FeFe

化学式 $[Fe_2^{3+}(H_2O)_{15}(OH)_2Fe^{3+}(H_2O)_6][Mo_8As_2Fe_3^{3+}O_{37}]$ (IMA)

砷钼铁钙矿-铁铁* 是一种水合铁、铁的铁-砷-钼酸盐矿物。属砷钼铁钙矿超族砷钼铁钙矿族。单斜晶系。晶体呈假六方片状。黄色、黄褐色，玻璃光泽，透明。2017 年发现于澳大利亚维多利亚中部金矿郡莫里亚古（Moliagul）山。英文名称 Betpakdalite-FeFe，根词由发现地哈萨克斯坦的别特帕克达拉（Betpakdala）荒原名，加占优势铁铁后缀 - FeFe 组合命名。IMA 2017 - 011 批准。2017 年 S. J. 米尔斯（S. J. Mills）等在《CNMNC 通讯》（37）、《矿物学杂志》（81）和《欧洲矿物学杂志》（29）报道。目前尚未见官方中文译名，编译者根据成分及族名译为砷钼铁钙矿-铁铁*；《英汉矿物种名称》（2017）译为砷钼双铁石。

【砷钼铁钠钠石*】

英文名 Obradovicite-NaNa

化学式 $[Na_2(H_2O)_{16}Na(H_2O)_6][Mo_8As_2Fe_3^{3+}O_{33}(OH)_4]$ (IMA)

S

砷钼铁钠钠石*是一种水化钠的羟基铁-砷-钼酸盐矿物。属砷钼铁钙矿超族砷钼铁铜钾石族。与砷钼铁钙矿-钠钠为同质多象。斜方晶系。晶体呈短叶片状。黄绿色，半金刚光泽、玻璃光泽，透明；硬度 2，脆性。2011 年 A. R. 坎普夫(A. R. Kampf)等从美国洛杉矶自然历史博物馆藏品中发现于来自智利厄尔洛阿省丘基卡马塔区丘基卡马塔(Chuquicamata)矿的标本。英文名称 Obradovicite-NaNa，由根词"Obradovicite(砷钼铁铜钾石)"和成分钠钠后缀- NaNa 组合命名。其中，根词 Obradovicite，由马丁・T. 奥布拉多维奇(Martin T. Obradovic)的姓氏命名。第一次认识到它作为一个潜在的假设的砷钼铁钙矿族成员(IMA 10 - E)。IMA 2011 - 046 批准为有效物种。2011 年坎普夫等在《CNMNC 通讯》(10)和 2012 年《矿物学杂志》(76)报道。目前尚未见官方中文译名，编译者根据成分及与砷钼铜铁钾石的关系译为砷钼铁钠钠石*。

【砷钼铁铜钾石】

英文名 Obradovicite-KCu

化学式 $[K_2(H_2O)_{17}Cu(H_2O)_6][Mo_8As_2Fe^{3+}_3O_{34}(OH)_3]$ (IMA)

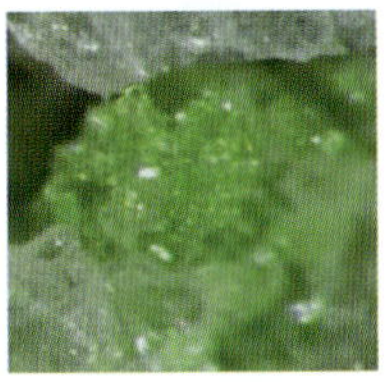

砷钼铁铜钾石粒状晶体(智利)

砷钼铁铜钾石是一种含水化钾、铜的羟基铁-砷-钼酸盐矿物。属砷钼铁钙矿超族砷钼铁铜钾石族。斜方晶系。晶体呈板状、粒状。浅绿色，半透明；硬度 2.5。1978 年发现于智利厄尔洛阿省丘基卡马塔区丘基卡马塔(Chuquicamata)矿。英文名称 Obradovicite，由马丁・T. 奥布拉多维奇(Martin T. Obradovic)的姓氏命名，是他从矿物集合体材料中发现了该矿物。IMA 1978 - 061 批准。1986 年 J. J. 芬尼(J. J. Finney)、S. A. 威廉姆斯(S. A. Williams)和 R. D. 汉密尔顿(R. D. Hamilton)在《矿物学杂志》(50)及 1987 年《美国矿物学家》(72)报道。原名 Obradovicite，2010 年重新定义(IMA 10 - E)为 Obradovicite-KCu。1987 年中国新矿物与矿物命名委员会郭宗山等在《岩石矿物学杂志》[6(4)]根据成分译为砷钼铁铜钾石。

【砷钼铁铜钠石*】

英文名 Obradovicite-NaCu

化学式 $[Na_2(H_2O)_{17}Cu(H_2O)_6][Mo_8As_2Fe^{3+}_3O_{34}(OH)_3]$ (IMA)

砷钼铁铜钠石*是一种水化钠、铜的羟基铁-砷-钼酸盐矿物。属砷钼铁钙矿超族砷钼铁铜钾石族。斜方晶系。晶体呈短叶片状、粒状。黄绿色，半金刚光泽、玻璃光泽，透明；硬度 2，脆性。2011 年发现于智利厄尔洛阿省丘基卡马塔区丘基卡马塔(Chuquicamata)矿。英文名称 Obradovicite-NaCu，由根词"Obradovicite(砷钼铁铜钾石)"加占优势的钠和铜后缀- NaCu 组合命名。其中，根词 Obradovicite，由马丁・T. 奥布拉多维奇(Martin T. Obradovic)的姓氏命名。第一次认识到它作为一个潜在的假设的砷钼铁钙矿族成员(IMA 10 - E)。IMA 2011 - 079 批准为有效物种。2011 年 A. R. 坎普夫(A. R. Kampf)等在《CNMNC 通讯》(11)、《矿物学杂志》(75)和 2012 年《矿物学杂志》(76)报道。目前尚未见官方中文译名，编译者根据成分及与砷钼铁铜钾石的关系译为砷钼铁铜钠石*。

【砷钠铜石】

英文名 Bradaczekite

化学式 $NaCu_4(AsO_4)_3$ (IMA)

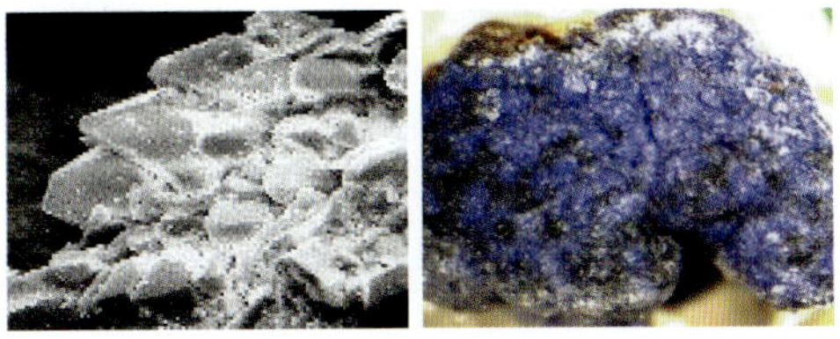

砷钠铜石板状晶体，皮壳状、球粒状集合体(俄罗斯)

砷钠铜石是一种钠、铜的砷酸盐矿物。属磷锰钠石超族磷锰钠石族。单斜晶系。晶体呈板状、圆盘状；集合体呈皮壳状、球粒状。暗蓝色、紫蓝色，金刚光泽，透明—半透明。2000 年发现于俄罗斯堪察加州托尔巴契克(Tolbachik)火山大主断裂北部破火山(1975—1976)口第二火山渣锥。英文名称 Bradaczekite，2001 年斯坦尼斯洛夫・K. 菲拉托夫(Stanislov K. Filatov)等以柏林自由大学结晶学家、企业家和 X 射线分析专家汉斯・布拉达策克(Hans Bradaczek，1930—2015)教授的姓氏命名。IMA 2000 - 002 批准。2001 年 S. V. 克里沃维彻夫(S. V. Krivovichev)等在《俄罗斯矿物学会记事》[130(5)]和 S. K. 菲拉托夫(S. K. Filatov)等在《加拿大矿物学家》(39)报道。2007 年中国地质科学院地质研究所任玉峰在《岩石矿物学杂志》[26(3)]根据成分译为砷钠铜石。

【砷镍钯矿】

英文名 Majakite

化学式 PdNiAs (IMA)

砷镍钯矿是一种钯、镍的砷化物矿物。六方晶系。晶体呈粒状。硬度 6。1974 年发现于俄罗斯泰梅尔自治区泰梅尔半岛普托拉纳高原诺里尔斯克市塔尔纳赫铜-镍矿床玛贾克(Mayak)矿。英文名称 Majakite，以发现地俄罗斯的玛贾克(Mayak)矿命名。IMA 1974 - 038 批准。1976 年在《全苏矿物学会记事》(105)和 1977 年《美国矿物学家》(62)报道。中文名称根据成分译为砷镍钯矿。

【砷镍铋石】

英文名 Nickelschneebergite

化学式 $BiNi_2(AsO_4)_2(OH) \cdot H_2O$ (IMA)

砷镍铋石显微针状晶体(德国)

砷镍铋石是一种含结晶水和羟基的铋、镍的砷酸盐矿物。属砷铁锌铅石族。单斜晶系。晶体呈显微板状、板条状、针状；集合体呈皮壳状、放射状。浅棕色—棕绿色，金刚—半金刚光泽，透明；硬度 4～4.5，完全解理，脆性。1999 年发现于德国萨克森州厄尔士山脉施内贝格镇洛特伯格(Roter Berg)矿区废石堆。英文名称 Nickelschneebergite，由成分冠词"Nickel(镍)"和根词"Schneebergite(铁锑钙石)"组合命名，意指它是镍占优势的铁锑钙石的类似矿物。IMA 1999 - 028 批准。2002 年 W. 克劳斯(W. Krause)等在《欧洲矿物学杂志》(14)报道。2006 年中国地质科学院矿产资源研究所李锦平在《岩石矿物学杂志》[25(6)]根据成分译为砷镍铋石。

【砷镍钴矿】
英文名 Langisite
化学式 CoAs (IMA)

砷镍钴矿是一种钴的砷化物矿物。属红砷镍矿族。六方晶系。晶体呈不规则的粒状和薄片状。粉红色，金属光泽，不透明；硬度 6～6.5。1968 年发现于加拿大安大略省蒂米斯卡明区兰吉斯(Langis)矿。英文名称 Langisite，以发现地加拿大的兰吉斯(Langis)矿命名。IMA 1968－023 批准。1969 年 W. 帕图克(W. Petruk)、D. C. 哈里斯(D. C. Harris)和 J. M. 斯图尔特(J. M. Stewart)在《加拿大矿物学家》(9)报道。1993 年黄蕴慧等在《岩石矿物学杂志》[12(1)]根据成分译为砷镍钴矿。2011 年杨主明等在《岩石矿物学杂志》[30(4)]建议音译为兰吉斯矿。

【砷镍矿】
英文名 Maucherite
化学式 $Ni_{11}As_8$ (IMA)

砷镍矿四方板状晶体，放射状集合体(德国)和毛赫尔像

砷镍矿是一种镍的砷化物矿物。四方晶系。晶体呈板状，有时呈双锥状或针状、板状；集合体呈放射状。锡白色—钢灰色，有时带浅灰色或虹彩锖色，不透明，金属光泽；硬度 5.5～6。1845 年奥古斯特・布赖特豪普特(August Breithaupt)在《物理学年鉴》(64)报道。1913 年发现于德国萨克森-安哈尔特州艾斯莱本(Eisleben)市；同年，在《矿物学、地质学和古生物学杂志》报道。英文名称 Maucherite，以德国慕尼黑一位矿物经销商、矿物学家威廉・毛赫尔(Wilhelm Maucher，1879—1930)的姓氏命名。1959 年以前发现、描述并命名的"祖父级"矿物，IMA 承认有效。

同义词 Chloanthite，布赖特豪普特根据希腊文"χλοανθης"命名，其中"χλο(绿色)和ἄνθοης(花)"，因为矿物经常用作绿色涂料。现在普遍认为它是一种混合物，已被 IMA 废弃。1892 年由埃尔温・沃勒(Elwyn Waller)和阿尔弗雷德・约瑟夫・摩斯(Alfred Joseph Moses)更名 Nickel-skutterudite(镍砷钴矿或镍方钴矿)。在 1959 年亚历山大・A. 戈多维科夫(Alexander A. Godovikov)重新定义。据报道，于 1987 年由迈克尔・弗莱舍(Michael Fleischer)提出砷不足的镍方钴矿(Arsenic-deficient nickel-skutterudite)。中文名称根据成分译为砷镍矿，也有人译为镍方钴矿，还译作复砷镍矿。

【砷镍石】
英文名 Xanthiosite
化学式 $Ni_3(AsO_4)_2$ (IMA)

砷镍石是一种镍的砷酸盐矿物。单斜晶系。集合体呈皮壳状。金黄色，蜡状光泽、土状光泽，半透明；硬度 4，脆性。1858 年发现于德国萨克森州厄尔士山脉约翰乔治城(Johanngeorgenstadt)；同年，C. 贝尔格曼(C. Bergemann)在《实用化学杂志》[1(75)]报道。英文名称 Xanthiosite，1869 年由吉尔伯特・约瑟夫・亚当(Gilbert Joseph Adam)在《矿山年鉴》(15)，由希腊文"ζανθό＝Xanthos＝Yellow(黄色)"，加"Thion(硫化)"组合命名。"硫"意指其硫磺的颜色。1959 年以前发现、描述并命名的"祖父级"矿物，IMA 承认有效。IMA 1965s. p. 批准。中文名称根据成分译为砷镍石；根据颜色和成分译为黄砷镍矿。

【砷镍铀矿】参见【镍砷铀矿】条 658 页

【砷钕铜石】
英文名 Agardite-(Nd)
化学式 $NdCu_6^{2+}(AsO_4)_3(OH)_6 \cdot 3H_2O$ (IMA)

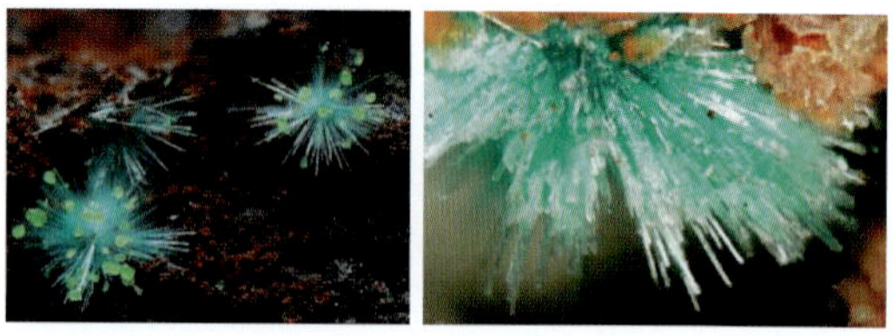

砷钕铜石放射状集合体(美国)

砷钕铜石是一种含结晶水和羟基的钕、铜的砷酸盐矿物。属砷铋铜石族。六方晶系。晶体呈柱状、针状、纤维状；集合体呈晶簇状、球粒状。草绿色、绿色、蓝绿色，玻璃光泽，透明—半透明；硬度 3～4，脆性。2004 年发现于希腊阿提卡区拉夫里翁(Lavrion)区卡马里扎(Kamariza)矿山希拉里翁(Hilarion)矿。英文名称 Agardite-(Nd)，由占优势的钕(Nd)及与 Agardite(砷钇铜石)系列矿物的关系组合命名。IMA 2010－056批准。2010 年 I. V. 佩科夫(I. V. Pekov)等在《CNMNC 通讯》(7)、《矿物学杂志》(75)和 2011 年《地球科学杂志》(56)报道。中文名称根据成分译为砷钕铜石(参见【砷钇铜石】条 797 页)。

【砷硼钙石】
英文名 Cahnite
化学式 $Ca_2B(AsO_4)(OH)_4$ (IMA)

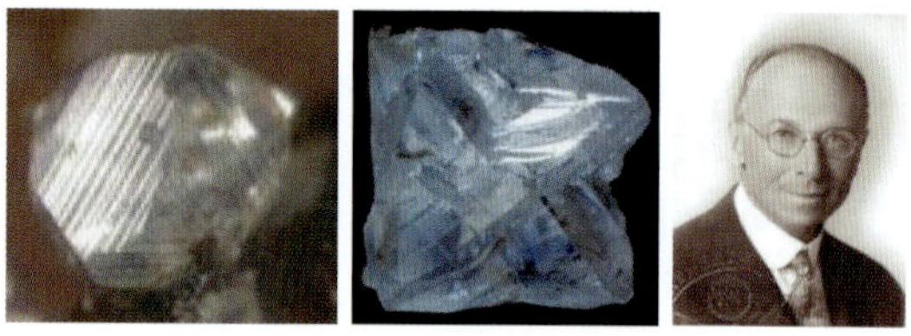

砷硼钙石假四面体晶体，十字双晶(美国)和卡恩像

砷硼钙石是一种含羟基的钙、硼的砷酸盐矿物。四方晶系。普遍呈假四面体，常见穿插双晶呈十字形。无色、白色、金黄色，玻璃—半玻璃光泽、树脂光泽，透明—半透明；硬度 3，完全解理，脆性。1921 年发现于美国新泽西州苏塞克斯县富兰克林矿区富兰克林(Franklin)矿。1927 年查尔斯・帕拉奇和劳森・亨利・鲍尔在《美国矿物学家》(12)报道。英文名称 Cahnite，1921 年以查尔斯・帕拉奇(Charles Palache)命名，但直到 1927 年才由查尔斯・帕拉奇和劳森・亨利・鲍尔(Lawson Henry Bauer)描述，并以美国科罗拉多州形貌结晶学家、矿物收藏家和矿物经销商拉扎德・卡恩(Lazard Cahn，1865—1940)先生的姓氏命名，是他首次确认了该矿物。1959 年以前发现、描述并命名的"祖父级"矿物，IMA 承认有效。中文名称根据成分译为砷硼钙石或水砷硼钙石。

【砷硼镁钙石】参见【砷钙硼石】条 777 页

【砷铍钙硅石】

英文名 Asbecasite

化学式 $Ca_3TiAs_6Be_2Si_2O_{20}$ (IMA)

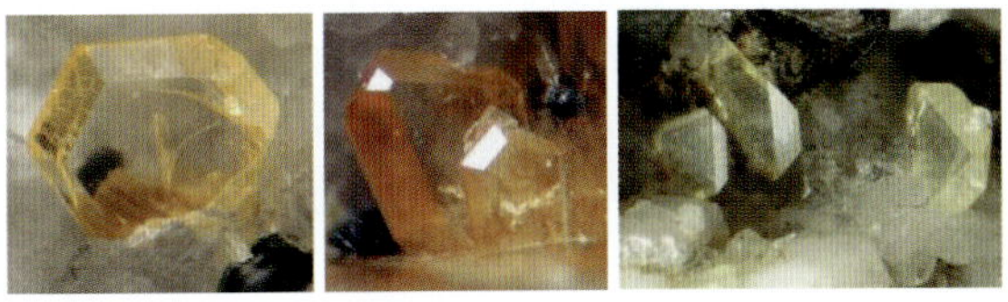

砷铍钙硅石板柱状、菱面体晶体(瑞士)

砷铍钙硅石是一种钙、钛的硅-铍-砷酸盐矿物。三方晶系。晶体呈菱面体、板柱状、纤维状;集合体呈放射状。柠檬黄色、橘黄色,玻璃—半玻璃光泽,透明;硬度 6.5~7,菱面体完全解理,脆性。1963 年发现于瑞士碧茵山谷瓦尼(Wanni)冰川-舍尔巴登(Scherbadung)区域。英文名称 Asbecasite,1966 年 S. 格雷泽尔(S. Graeser)根据化学成分的元素符号:As,Be,Ca,Si 组合命名。IMA 1965-037 批准。1966 年在《瑞士矿物学和岩石学通报》(46)报道。中文名称根据成分译为砷铍钙硅石。

【砷铅镓矾】

英文名 Gallobeudantite

化学式 $PbGa_3(AsO_4)(SO_4)(OH)_6$ (IMA)

砷铅镓矾菱面体晶体(纳米比亚)

砷铅镓矾是一种含羟基的铅、镓的硫酸-砷酸盐矿物。属明矾石超族砷菱铅矾族。三方晶系。晶体呈菱面体。浅黄色、浅绿色、奶油色、白色,玻璃光泽、金刚光泽;硬度 4,完全解理,脆性。1994 年发现于纳米比亚奥希科托区楚梅布(Tsumeb)矿。英文名称 Gallobeudantite,根据成分冠词“Gallium(镓)”和根词“Beudantite(砷菱铅矾)”组合命名,意指它是镓的砷菱铅矾的类似矿物。IMA 1994-021 批准。1996 年 J. L. 杨博尔(J. L. Jambor)等在《加拿大矿物学家》(34)报道。2003 年中国地质科学院矿产资源研究所李锦平等在《岩石矿物学杂志》[22(3)]根据成分译为砷铅镓矾。

【砷铅矿】

英文名 Mimetite

化学式 $Pb_5(AsO_4)_3Cl$ (IMA)

砷铅矿桶状、纺锤状、柱状晶体,晶簇状集合体(中国、英国、纳米比亚、澳大利亚)

砷铅矿是一种含氯的铅的砷酸盐矿物。属磷灰石族。六方(或单斜)晶系。晶体呈六方柱状、桶状、纺锤状,也有呈板状、双锥状、针状,柱面上有纵纹,锥面上有横纹;集合体呈葡萄状、肾状或晶簇状。纯净的砷铅矿无色透明,颜色为黄色、橙色、褐色、绿色,灰色等相对少见,半金刚光泽、松脂光泽,透明—半透明;硬度 3.5~4,脆性。最早见于 1748 年 J. G. 瓦勒留斯(J. G. Wallerius)在《斯德哥尔摩矿物学》刊载,称埃勒的铅砷矿物。1832 年发现于德国萨克森州厄尔士山脉弗伦德沙夫特(Freundschaft)矿。1835 年 F. S. 伯当(F. S. Beudant)在《矿物学基础教程》(第二卷,第二版)称 Mimetèse。1845 年海丁格尔(Haidinger)在《矿物学鉴定手册》称 Mimetit。英文名称 Mimetite,以希腊文“μΪμητής=Imitator(模仿者)”命名。它是指砷铅矿与磷氯铅矿很相似,于是人们认为砷铅矿模仿磷氯铅矿,这种相似绝不是巧合,而是因为砷铅矿[$Pb_5(AsO_4)_3Cl$]可与磷氯铅矿[$Pb_5(PO_4)_3Cl$]、钒铅矿[$Pb_5(VO_4)_3Cl$]构成完全固溶体系列。1959 年以前发现、描述并命名的“祖父级”矿物,IMA 承认有效。中文名称根据成分译为砷铅矿或砷铅石。目前已知 Mimetite 有多型-2M 和-M。砷铅矿中的 As 如果部分被 P 替代就成了磷砷铅矿(Campylite;Kampylite),其英文名称由希腊文“Καμπύλη=Kampylos=Bent(弯曲)”而来,指呈弯曲圆桶状晶体。

【砷铅铝矾】

英文名 Hidalgoite

化学式 $PbAl_3(SO_4)(AsO_4)(OH)_6$ (IMA)

砷铅铝矾细粒状晶体(英国)和伊达尔戈州徽

砷铅铝矾是一种含羟基的铅、铝的砷酸-硫酸盐矿物。属砷铅铁矾族。三方晶系。集合体呈多孔的瓷状、细粒状、球粒状。灰白色、浅灰色、浅黄色、浅绿色、淡黄绿色、翠绿色,土状光泽,半透明;硬度 4.5,脆性。1953 年发现于墨西哥伊达尔戈(Hidalgo)州锡马潘镇圣帕斯库尔(San Pascual)矿。英文名称 Hidalgoite,以发现地墨西哥的伊达尔戈(Hidalgo)州命名。1953 年 R. L. 史密斯(R. L. Smith)等在《美国矿物学家》(38)报道。1959 年以前发现、描述并命名的“祖父级”矿物,IMA 承认有效。IMA 1987s. p. 批准。中文名称根据成分译为砷铅铝矾或砷铝铅矾。

【砷铅铁矾】

英文名 Beudantite

化学式 $PbFe_3(AsO_4)(SO_4)(OH)_6$ (IMA)

砷铅铁矾菱面体、板状晶体(德国)和伯当像

砷铅铁矾是一种含羟基的铅、铁的硫酸-砷酸盐矿物。属明矾石超族砷铅铁矾族。三方晶系。晶体呈菱面体、假立方体、假立方八面体、假正八面体、板状,聚片双晶,很少呈针状。黑色、深绿色、棕色、暗黄色、红色、青黄色、棕色,树脂光泽、玻璃—半玻璃光泽、油脂光泽,透明—半透明;硬度 3.5~4.5,完全解理,脆性。1826 年发现于德国莱茵兰-普法尔茨州韦斯特堡镇比尔登巴赫(Bürdenbach)路易斯(Louise)矿。1826 年列维(Lévy)在伦敦《哲学年鉴》(11)报道。英文名称 Beudantite,1826 年由阿曼德·列维(Armand Levy)以法国矿物学家和地质学家弗朗索瓦·叙尔皮斯·伯当(François Sulpice Beudant,1787—1850)的姓氏命名。伯当是法国巴黎

大学的一位系统矿物学家，著有《基础矿物学教程》(巴黎，1830—1832)，在欧洲赢得声誉，他在书中引入许多新矿物名称取代旧的名字。1959 年以前发现、描述并命名的"祖父级"矿物，IMA 承认有效。IMA 1987s. p. 批准。中文名称根据成分译为砷铅铁矾；根据矿物晶体形态和成分译为砷菱铅矾。

【砷铅铁石】

英文名 Carminite

化学式 $PbFe^{3+}_2(AsO_4)_2(OH)_2$ (IMA)

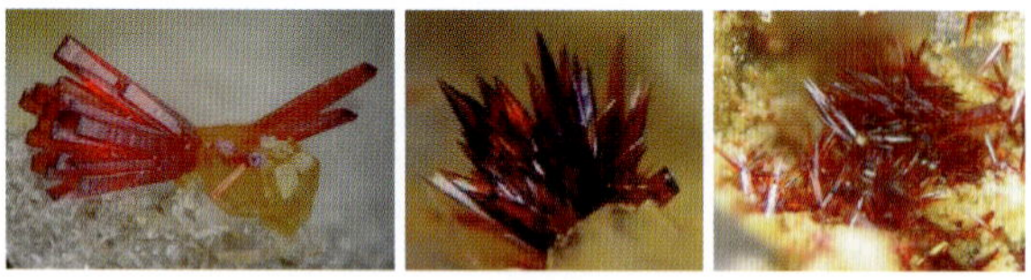

砷铅铁石晶簇状或放射状集合体(德国、法国)

砷铅铁石是一种含羟基的铅、铁的砷酸盐矿物。属砷铅铁石族。与水砷锌铅矿为同质多象。斜方晶系。晶体呈板条状、针状、纤维状；集合体呈晶簇状或球粒状。胭脂红色、赤褐红色、浅紫红色，玻璃光泽，解理面上呈珍珠光泽，半透明；硬度 3.5，完全解理，脆性。1850 年发现于德国莱茵兰-普法尔茨州韦斯特堡镇比尔登巴赫(Bürdenbach)路易斯(Louise)矿。1850 年桑德伯格尔(Sandberger)在莱比锡哈根多夫哈雷《物理学和化学年鉴》(80)报道。英文名称 Carminite，由"Carmine-red(胭脂红)"的颜色命名。1959 年以前发现、描述并命名的"祖父级"矿物，IMA 承认有效。中文名称根据成分译为砷铅铁石或砷铅铁矿。

【砷铅铜石】

英文名 Plumboagardite

化学式 $(Pb,REE,Ca)Cu_6(AsO_4)_3(OH)_6 \cdot 3H_2O$ (IMA)

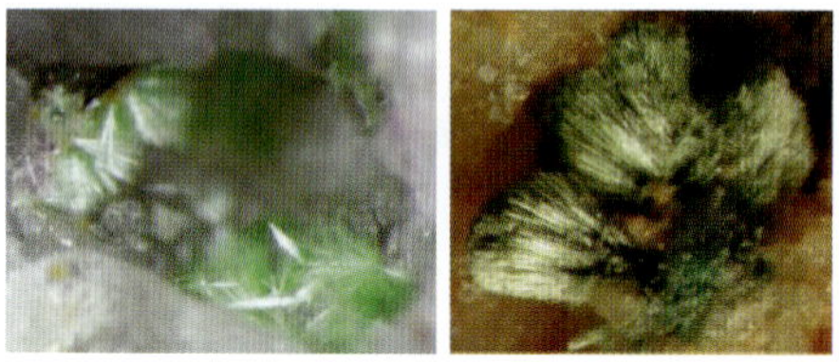

砷铅铜石放射状、束状集合体(德国、西班牙)

砷铅铜石是一种含结晶水和羟基的铅、稀土、钙、铜的砷酸盐矿物。属砷铋铜矿族。六方晶系。晶体呈纤维状、针状；集合体呈放射状、束状。草绿色，玻璃光泽，透明；硬度 3。2003 年发现于德国巴登-符腾堡州弗赖堡市拉赫艾腾南(Aitern South)矿一个废弃的矿山。英文名称 Plumboagardite，由成分冠词"Lead(拉丁文 Plumbum，铅)"和根词"Agardite(砷钇铜石)"组合命名，意指它是铅的砷钇铜石的类似矿物。IMA 2003-031a 批准。2005 年 K. 瓦林塔(K. Walenta)等在《矿物学新年鉴:论文》(181)报道。2008 年中国地质科学院地质研究所任玉峰等在《岩石矿物学杂志》[27(6)]根据成分译为砷铅铜石(根词参见【砷钇铜石】条 797 页)。

【砷氢镁钙石*】

英文名 Magnesiofluckite

化学式 $CaMg(AsO_3OH)_2(H_2O)_2$ (IMA)

砷氢镁钙石*是一种含结晶水的钙、镁的氢砷酸盐矿物。三斜晶系。晶体呈片状或拉长的片状，长 1mm；集合体呈紧密状。无色，玻璃光泽，透明；硬度 2.5，完全解理，脆性，易碎。2017 年发现于智利伊基克省托雷西利亚斯(Torrecillas)矿。英文名称 Magnesiofluckite，由成分冠词"Magnesio(镁)"和根词"Fluckite(砷氢锰钙石)"组合命名，意指它是镁的砷氢锰钙石的类似矿物。IMA 2017-103 批准。2018 年 A. R. 坎普夫(A. R. Kampf)等在《CNMNC 通讯》(42)、《矿物学杂志》(82)和《欧洲矿物学杂志》(30)及 2019 年《矿物学杂志》(83)报道。目前尚未见官方中文译名，编译者根据成分及与砷氢锰钙石的关系译为砷氢镁钙石*。

【砷氢镁石】

英文名 Rösslerite

化学式 $Mg(AsO_3OH) \cdot 7H_2O$ (IMA)

砷氢镁石短柱状、板状晶体(捷克)和罗斯勒像

砷氢镁石是一种含结晶水的镁的氢砷酸盐矿物。单斜晶系。完整晶体少见，呈短柱状(人工合成板状)；集合体呈细粒度的皮壳状、毛发状。无色，玻璃光泽，透明—半透明；硬度 2～3，脆性。1861 年发现于德国黑森州梅因金泽镇伊姆霍尔伯恩(Im Lochborn)铜矿；同年，在 *Jahresbericht der Wetterauischen Gesellschaft für die Gesammte Naturkunde zu Hanau* 报道。英文名称 Rösslerite(=Rößlerite)，1861 年由约翰·莱因哈德·百隆(Johann Reinhard Blum)以德国哈瑙的退休教授卡尔·罗斯勒(Karl Rössler，1788—1863)博士的姓氏命名。他是一位矿物学家、博物学家和制造商，他找到了该矿物的第一个样品。1959 年以前发现、描述并命名的"祖父级"矿物，IMA 承认有效。中文名称根据成分译为砷氢镁石，也译作基性砷镁石。

【砷氢锰钙石】

英文名 Fluckite

化学式 $CaMn^{2+}(AsO_3OH)_2 \cdot 2H_2O$ (IMA)

砷氢锰钙石晶簇状集合体(法国)和福禄克像

砷氢锰钙石是一种含结晶水的钙、锰的氢砷酸盐矿物。三斜晶系。晶体呈板状、柱状；集合体常呈皮壳状、球粒状、晶簇状。无色、淡粉色、淡玫瑰红色，半玻璃光泽、蜡状光泽，透明—半透明；硬度 3.5～4，完全解理，脆性。1978 年发现于法国上莱茵省加布戈特斯(Gabe Gottes)矿。英文名称 Fluckite，1980 年由休伯特·巴里(Hubert Bari)、法比安·塞斯布龙(Fabien Cesbron)、弗朗索瓦·佩尔曼雅(François Permingeat)和弗朗索瓦·皮亚尔(Francois Pillard)以斯特拉斯堡路易·巴斯德大学，后来的法国上阿尔萨斯大学的皮埃尔·福禄克(Pierre Fluck，1947—)的姓氏命名，是他发现

了该矿物的第一块标本。IMA 1978-054 批准。1980 年巴里等在《法国矿物学通报》(103)报道。中文名称根据成分译为砷氢锰钙石。

【砷热臭石】

英文名 Nelenite

化学式 $Mn_{16}^{2+}As_3^{3+}Si_{12}O_{36}(OH)_{17}$ (IMA)

奈林像

砷热臭石是一种含羟基的锰的砷酸-硅酸盐矿物。属热臭石族。单斜晶系。淡褐色—褐色,玻璃光泽、树脂光泽,透明—半透明;硬度 5,完全解理。1982 年发现于美国新泽西州苏塞克斯县富兰克林矿区特洛特(Trotter)矿。英文名称 Nelenite,1984 年皮特·J. 邓恩(Pete J. Dunn)等为纪念美国华盛顿史密森学会的化学家约瑟夫·A. 奈林(Joseph A. Nelen,1923—2005)而以他的姓氏命名,以表彰他对矿物化学做出的贡献,特别是他对富兰克林矿区锰的复杂砷硅酸盐的分析研究的贡献。IMA 1982-011 批准。1984 年邓恩等在《加拿大矿物学家》(22)和《矿物学杂志》(48)报道。1985 年中国新矿物与矿物命名委员会郭宗山等在《岩石矿物及测试》[4(4)]根据成分及族名译为砷热臭石。

【砷铈石】

英文名 Gasparite-(Ce)

化学式 $Ce(AsO_4)$ (IMA)

砷铈石是一种铈的砷化物矿物。属独居石族。单斜晶系。浅棕红色;硬度 5,贝壳状断口。1986 年发现于意大利韦巴诺-库西亚-奥索拉省阿尔卑斯山塞万通(Cervandone)山地区。英文名称 Gasparite-(Ce),以意大利克罗多的矿物收藏家乔瓦尼·加斯帕里(Giovanni Gaspari)姓氏,加占优势的铈后缀-(Ce)组合命名,是他首先发现了这种矿物。IMA 1986-031 批准。1987 年 St. 格雷泽尔(St. Graeser)等在《瑞士矿物学和岩石学通报》(67)报道。1988 年中国新矿物与矿物命名委员会郭宗山等在《岩石矿物学杂志》[7(3)]根据成分译为砷钙铈石;《英汉矿物种名称》(2017)根据成分译为砷铈石。

【砷铈铜石】

英文名 Agardite-(Ce)

化学式 $CeCu_6^{2+}(AsO_4)_3(OH)_6 \cdot 3H_2O$ (IMA)

砷铈铜石晶簇状、放射状集合体(德国)

砷铈铜石是一种含结晶水和羟基的铈、铜的砷酸盐矿物。属砷铋铜石族。六方晶系。晶体呈柱状、针状、纤维状;集合体呈晶簇状、放射状。亮绿色、黄绿色,半玻璃光泽、树脂光泽、丝绢光泽,透明—半透明;硬度 3~4,脆性。2003 年发现于德国巴登-符腾堡州弗赖堡市蓝卡赫(Rankach)山谷克拉拉(Clara)矿。英文名称 Agardite-(Ce),由占优势的铈(Ce)及与 Agardite(砷钇铜石)系列矿物的关系命名。IMA 2003-030 批准。2004 年瓦林塔(Walenta)等在《Aufschluss》(55)报道。2008 年中国地质科学院地质研究所任玉峰等在《岩石矿物学杂志》[27(3)]根据成分译为砷铈铜石(参见【砷钇铜石】条 797 页)。

【砷水锰矿】

英文名 Allactite

化学式 $Mn_7^{2+}(AsO_4)_2(OH)_8$ (IMA)

砷水锰矿柱状晶体(瑞典),花束状集合体(美国)

砷水锰矿是一种含羟基的锰的砷酸盐矿物。属砷水锰矿族。单斜晶系。晶体呈刀刃板状、细长柱状、楔状;集合体呈近似平行的或发散的玫瑰花束状。暗棕色、黑色、紫红色、棕红色、无色—白色,玻璃光泽,断口呈油脂光泽,半透明;硬度 4.5,完全解理,脆性。1884 年发现于瑞典韦姆兰省菲利普斯塔德市莫斯(Moss)矿;同年,肖格伦(Sjögren)在《斯德哥尔摩地质学会会刊》(7)报道。英文名称 Allactite,1884 年由斯滕斯·安德斯·雅尔玛·肖格伦(Stens Anders Hjalmar Sjogren)根据希腊文"αλλ ά κτειν=Allaktein(改变)"命名,意指其有多色现象。1959 年以前发现、描述并命名的"祖父级"矿物,IMA 承认有效。IMA 1980s. p. 批准。中文名称根据成分译为砷水锰矿;根据单斜晶系和成分译为斜羟砷锰石。

【砷锶铝矾】参见【羟菱砷铝锶石】条 720 页

【砷锶铝石】参见【砷铝锶石】条 783 页

【砷酸铋矿】参见【板羟砷铋石】条 45 页

【砷钛钒石】

英文名 Tomichite

化学式 $V_4^{3+}Ti_3^{4+}As^{3+}O_{13}(OH)$ (IMA)

砷钛钒石是一种含羟基的钒、钛的砷酸盐矿物。单斜晶系。晶体呈自形板状。黑色,金属光泽,不透明;硬度 6。1978 年发现于澳大利亚西澳大利亚州卡尔古利镇珀斯威蓝斯(Perseverance)金矿。英文名称 Tomichite,以西澳大利亚州首府珀斯咨询地质学家 S. A. 托米奇(S. A. Tomich,1914—?)的姓氏命名,是他提供了第一个鉴定标本。IMA 1978-074 批准。1979 年 E. H. 尼科尔(E. H. Nickel)、I. E. 格雷(I. E. Grey)在《矿物学杂志》(43)和 1980 年《美国矿物学家》(65)报道。中文名称根据成分译为砷钛钒石。

【砷钛钾石*】

英文名 Katiarsite

化学式 $KTiO(AsO_4)$ (IMA)

砷钛钾石*是一种钾、钛氧的砷酸盐矿物。斜方晶系。晶体呈长柱状、针状,典型的剑状,粒径 3μm×10μm×50μm,很少长达 0.15mm;集合体呈放射状、混沌状。无色,玻璃光泽,透明;硬度 3(合成),脆性。2014 年发现于俄罗斯堪察加州托尔巴契克(Tolbachik)火山主裂隙北破火山口第二火山渣锥喷气孔。英文名称 Katiarsite,由化学成分"Kalium(钾)""Titanyl(钛氧)"和"Arsenate(砷酸)"缩写组合命名。IMA 2014-025 批准。2014 年 I. V. 佩科夫(I. V. Pekov)等在《CNMNC 通讯》(21)、《矿物学杂志》(78)和 2016 年《矿物学杂志》(80)报道。目前尚未见官方中文译名,编译者根据成分译为砷钛钾石*。

【砷钛矿】

英文名 Hemloite

化学式 $(Ti,V^{3+},Fe^{3+},Al)_{12}As_2^{3+}O_{23}(OH)$ (IMA)

砷钛矿是一种含羟基的钛、钒、铁、铝的砷酸盐矿物。三斜晶系。晶体呈他形、半自形粒状,粒径 400μm×600μm。硬度 6.5。1986 年发现于加拿大安大略省桑德贝市勃姆比(Bomby)乡赫姆洛(Hemlo)金矿床威廉姆斯(Williams)矿。英文名称 Hemloite,以发现地加拿大安大略省马拉松(Marathon)以东 35km 的赫姆洛(Hemlo)金矿命名。IMA 1987-015 批准。1989 年 D. C. 哈里斯(D. C. Harris)等在《加拿大矿物学家》(27)和《加拿大地质调查、经济地质报告》(38)报道。1990 年中国新矿物与矿物命名委员会郭宗山在《岩石矿物学杂志》[9(3)]根据占优势元素译为砷钛矿;2011 年杨主明等在《岩石矿物学杂志》[30(4)]建议音译为赫姆洛矿。

【砷钛铁钙石】参见【钙铁砷矿】条 231 页

【砷钛铁矿】

英文名 Fetiasite

化学式 $(Fe^{2+},Fe^{3+},Ti^{4+})_3O_2As_2^{3+}O_5$ (IMA)

砷钛铁矿板状晶体(瑞士)

砷钛铁矿是一种复铁、钛氧的砷酸盐矿物。单斜晶系。晶体呈板状;集合体呈球状。棕色、黑色,半金属光泽,不透明;硬度 5,完全解理。1991 年发现于意大利皮德蒙特区韦巴诺-库西亚-奥索拉省阿尔卑斯塞万通(Cervandone)山区和瑞士瓦莱州碧茵谷戈尔布(Gorb)。英文名称 Fetiasite,由成分"Iron=Fe(铁)""Titanium=Ti(钛)"和"Arsenic=As(砷)"组合命名。IMA 1991-019 批准。1994 年 S. 格雷泽尔(S. Graeser)等在《美国矿物学家》(79)报道。中文名称根据成分译为砷钛铁矿。

【砷锑钯矿-Ⅰ】

英文名 Mertieite-I

化学式 $Pd_{5+x}(Sb,As)_{2-x}(x=0.1\sim0.2)$ (IMA)

摩尔特像

砷锑钯矿是一种钯的锑-砷化物矿物。六方晶系。黄铜黄色,金属光泽,不透明;硬度 5.5。1971 年发现于美国阿拉斯加州狐狸沟白金(Fox Gulch Platinum)砂矿。英文名称 Mertieite,以美国地质学家约翰·比弗·摩尔特(John Beaver Mertie,1888—1980)的姓氏命名。IMA 1971-016 批准。1973 年在《美国矿物学家》(58)报道。中文名称根据成分译为砷锑钯矿-Ⅰ。

【砷锑钯矿-Ⅱ】

英文名 Mertieite-Ⅱ

化学式 $Pd_8Sb_{2.5}As_{0.5}$ (IMA)

砷锑钯矿-Ⅱ是一种钯的锑-砷化物矿物。三方晶系。黄铜黄色,金属光泽,不透明;硬度 6。1973 年发现于美国阿拉斯加州狐狸沟白金(Fox Gulch Platinum)砂矿。英文名称 Mertieite,以美国地质学家约翰·比弗·摩尔特(John Beaver Mertie,1888—1980)的姓氏命名。因与 Mertieite-I(砷锑钯矿-Ⅰ)和 Isomertieite(等轴砷锑钯矿)相似而不同命名为 Mertieite-Ⅱ。1973 年在《美国矿物学家》(58)报道。中文名称根据成分译为砷锑钯矿-Ⅱ。《英汉矿物种名称》(2017)译为异砷锑钯矿。

【砷锑钙铜石】参见【氯砷铜矿】条 563 页

【砷锑钴矿】

英文名 Oenite

化学式 CoSbAs (IMA)

奥恩像

砷锑钴矿是一种钴、锑的砷化物矿物。属斜方砷铁矿族。斜方晶系。晶体呈他形显微粒状。银白色,金属光泽,不透明;硬度 5~5.5。脆性。1995 年发现于瑞典南曼兰省尼克平市图纳伯格(Tunaberg)铜-钴矿床。英文名称 Oenite,以荷兰阿姆斯特丹大学的岩石学、矿物学和矿床地质学教授伊格·索恩·奥恩(Ing Soen Oen,1928—1996)博士的姓氏命名。IMA 1995-007 批准。1998 年 R. T. M. 多布(R. T. M. Dobbe)等在《加拿大矿物学家》(36)报道。2003 年中国地质科学院矿产资源研究所李锦平等在《岩石矿物学杂志》[22(2)]根据成分译为砷锑钴矿。

【砷锑矿】

英文名 Stibarsen

化学式 SbAs (IMA)

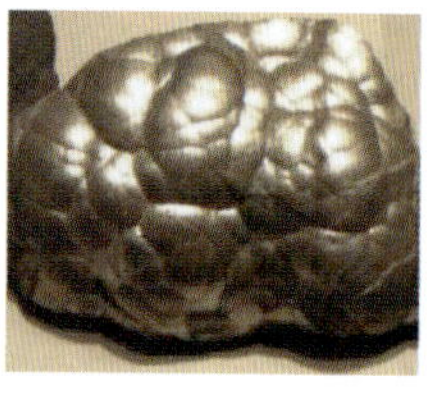
砷锑矿肾状、乳头状集合体(墨西哥)

砷锑矿是一种砷和锑的互化物矿物。属砷华族。三方晶系。晶体呈细粒状,且模糊不清;集合体常呈肾状、乳头状。白色、红灰色,金属光泽,不透明;硬度 3~4,完全解理。1935 年第一个被弗雷特布拉德(Wretblad)认出的标本,由布利登格鲁夫有限公司的奥拉弗·奥德曼(Olof Odman)博士发现于瑞典西博滕省谢莱夫特奥市瓦鲁特拉斯克(Varuträsk)LCT 伟晶岩。1937 年 P. 昆塞尔(P. Quensel)等在《斯德哥尔摩地质学会会刊》(59)和 1941 年 P. E. 弗雷特布拉德(P. E. Wretblad)在《斯德哥尔摩地质学会会刊》(63)报道。英文名称 Stibarsen,由化学成分拉丁文"Stibium(锑)"和"Arsenic(砷)"组合命名。1959 年以前发现、描述并命名的"祖父级"矿物,IMA 承认有效。IMA 1982s. p. 批准。中文名称根据成分译为砷锑矿。

【砷锑锰矿】

英文名 Manganostibite

化学式 $Mn_7^{2+}Sb^{5+}As^{5+}O_{12}$ (IMA)

砷锑锰矿是一种锰、锑的砷酸盐矿物。斜方晶系。晶体呈他形柱状、纤维状。深黑色,油脂光泽,不透明—半透明;硬度 4,完全解理。1884 年发现于瑞典韦姆兰省菲利普斯塔德市布拉特福什(Brattfors)矿。1884 年伊格尔斯特罗姆(Igelström)在《斯德哥尔摩地质学会会刊》(7)和《法国矿物学会通报》(7)报道。英文名称 Manganostibite,由化学成分"Manganese(锰)"和"Antimony(拉丁文 Stibium,锑)"组合命名。1959 年以前发现、描述并命名的"祖父级"矿物,IMA 承认有效。中文名称根据成分译为砷锑锰矿/锑砷锰矿。

【砷锑铁钙矿】

英文名 Stenhuggarite

化学式 $CaFe^{3+}Sb^{3+}As_2^{3+}O_7$ (IMA)

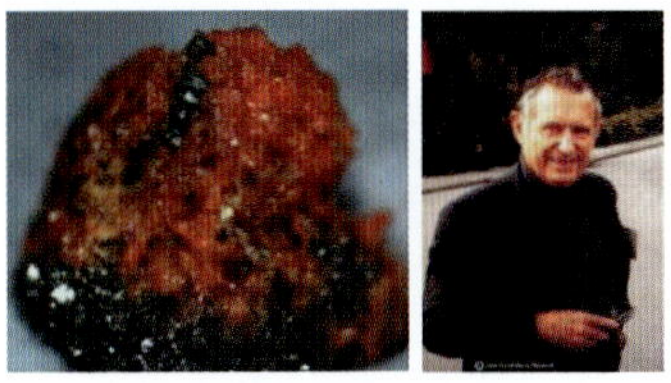

砷锑铁钙矿粒状晶体(瑞典)和梅森像

砷锑铁钙矿是一种钙、铁、锑的亚砷酸盐矿物。四方晶系。晶体呈粒状。橙色。1966 年发现于瑞典韦姆兰省菲利普斯塔德市朗班(Långban)。英文名称 Stenhuggarite,以瑞典语"Stenhuggar"命名,意思是"Stone mason(石头梅森)",即由新西兰裔美国地球化学家、矿物学家和陨石学家布莱恩·哈罗德·梅森(Brian Harold Mason,1917—2009)的姓氏命名。他毕业于新西兰坎特伯雷大学;他曾担任过纽约的美国自然历史博物馆的矿物馆长和华盛顿特区史密森学会的陨石馆长;他是系统收集陨石和研究月球岩石的倡导和支持者;他是伦纳德勋章和罗柏林奖章的获得者。磷镁钙钠石(Brianite)以他的名字命名(参见【磷镁钙钠石】条 469 页)。IMA 1966-037 批准。1970 年在《矿物和地质学报》(5)和 1971 年《美国矿物学家》(56)报道。中文名称根据成分译为砷锑铁钙矿。

【砷铁矾】

英文名 Sarmientite

化学式 $Fe_2^{3+}(AsO_4)(SO_4)(OH) \cdot 5H_2O$ (IMA)

砷铁矾结核状集合体(希腊)和萨米恩托像

砷铁矾是一种含结晶水、羟基的铁的硫酸-砷酸盐矿物。属水磷铝矾-磷铁矾族。单斜晶系。晶体呈扁平的显微柱状;集合体呈结核状、团块状。发青的淡黄色、黄橙色,金刚光泽或蜡状光泽,半透明。1941 年 V. 安杰莱利(V. Angelelli)和 S. G. 戈登(S. G. Gordon)在《费城国家自然科学研究院文档》(92)报道。1948 年发现于阿根廷圣胡安市卡林加斯塔地区阿尔卡帕罗萨(Alcaparrosa)山涧圣埃琳娜(Santa Elena)矿。英文名称 Sarmientite,以多明戈·法斯蒂诺·萨米恩托(Domingo Faustino Sarmiento,1811—1888)的姓氏命名。他是阿根廷教育家、作家和政治领袖(第八届总统)、科尔多瓦科学院的创始人。1959 年以前发现、描述并命名的"祖父级"矿物,IMA 承认有效。中文名称根据成分译为砷铁矾。

【砷铁钙石】参见【菱砷铁矿】条 492 页

【砷铁钴钙石】参见【羟砷钙钴矿】条 727 页

【砷铁铝石】

英文名 Liskeardite

化学式 $(Al,Fe)_{32}(AsO_4)_{18}(OH)_{42}(H_2O)_{22} \cdot 52H_2O$ (IMA)

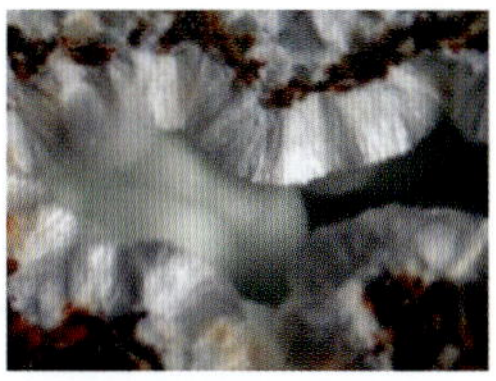

砷铁铝石皮壳状、球粒状集合体(英国)

砷铁铝石是一种含结晶水和羟基的铝、铁的砷酸盐矿物。单斜晶系。晶体呈纤维状;集合体呈皮壳状、球粒状。白色、微蓝色、微绿色、微褐色,丝绢光泽,半透明;硬度 4。1878 年发现于英国英格兰康沃尔郡利斯卡德区利斯卡德(Liskeard)村厄普顿马克(Marke)山谷矿。1878 年马斯基林(Maskelyne)在《自然杂志》(18)报道。英文名称 Liskeardite,以发现地英国英格兰康沃尔郡利斯卡德(Liskeard)村命名。1959 年以前发现、描述并命名的"祖父级"矿物,IMA 承认有效。中文名称根据成分译为砷铁铝石或砷铁铝矿。

【砷铁镁铝钙石】

英文名 Cabalzarite

化学式 $CaMg_2(AsO_4)_2 \cdot 2H_2O$ (IMA)

砷铁镁铝钙石柱状晶体,晶簇状集合体(瑞士)和卡巴扎尔像

砷铁镁铝钙石是一种含结晶水的钙、镁的砷酸盐矿物。属砷铁锌铅石族。单斜晶系。晶体呈板状、纤维状、针柱状;集合体呈放射状、平行状。浅褐色—橙红色或橙褐色,玻璃光泽,透明;硬度 5。1997 年发现于瑞士格劳宾登州蒂尼聪区法罗塔(Falotta)矿山。英文名称 Cabalzarite,2000 年 J. 布鲁格(J. Brugger)等以瑞士库尔业余矿物学家沃尔特·卡巴扎尔(Walter Cabalzar,1919—2007)的姓氏命名,以表彰他对格劳宾登州的矿物学做出的贡献。卡巴扎尔在他最喜欢的地方法罗塔矿发现了新矿物 Grischunite(砷钙锰石)和 Geigerite(水砷锰矿)。IMA 1997-012 批准。2000 年布鲁格等在《美国矿物学家》(85)报道。2004 年中国地质科学院矿产资源研究所李锦平等在《岩石矿物学杂志》[23(1)]根据成分译为砷铁镁铝钙石。

【砷铁镍矿】

英文名 Oregonite

化学式 $FeNi_2As_2$ (IMA)

俄勒冈州徽

砷铁镍矿是一种铁、镍的砷化物矿物。六方晶系。白色(显微镜下),金属光泽,不透明;硬度 5。1959 年发现于美国俄勒冈(Oregon)州约瑟芬(Josephine)县约瑟芬溪区约瑟芬溪砂矿。1959 年 V. P. 腊姆多尔(V. P. Ramdohr)和 M. 施密特(M. Schmitt)在《矿物学新年鉴》(月刊)报道。英文名称 Oregonite,以发现地美国的俄勒冈(Oregon)州命名。IMA 1962s. p. 批准。中文名称根据成分译为砷铁镍矿,也有的音译俄勒冈石。

【砷铁铅石】

英文名 Arsenbrackebuschite

化学式 $Pb_2(Fe^{3+},Zn)(AsO_4)_2(OH,H_2O)$ (IMA)

砷铁铅石楔形晶体(德国、墨西哥)

砷铁铅石是一种含结晶水和羟基的铅、铁、锌的砷酸盐矿物。属锰铁钒铅矿族。单斜晶系。晶体呈楔形,伸长板状。浅琥珀黄色—红棕色,半金刚光泽、半玻璃光泽、树脂光泽、蜡状光泽,透明—半透明;硬度 4.5,完全解理,脆性。1976 年发现于德国巴登-符腾堡州弗赖堡市兰卡赫(Rankach)山谷克拉拉(Clara)矿及纳米比亚奥希科托区楚梅布(Tsumeb)镇矿。英文名称 Arsenbrackebuschite,1976 年由沃尔夫冈·霍夫迈斯特(Wolfgang Hofmeister)和埃克哈特·蒂尔曼斯(Ekkehart Tillmanns)根据此矿物是"Brackebuschite(锰铁钒铅矿)"的砷酸(Arsen)类似物命名。IMA 1977-014 批准。1978 年在《矿物学新年鉴》(月刊)报道。中文名称根据成分译为砷铁铅石。

【砷铁铅锌石】

英文名 Jamesite

化学式 $Pb_2ZnFe^{3+}_2(Fe^{3+},Zn)_4(AsO_4)_4(OH)_8(OH,O)_2$ (IMA)

砷铁铅锌石针状晶体(纳米比亚)

砷铁铅锌石是一种含氧和羟基的铅、锌、铁的砷酸盐矿物。三斜晶系。晶体呈针状、纤维状。红棕色,半金刚光泽,半透明;硬度 3。1978 年发现于纳米比亚奥希科托区楚梅布(Tsumeb)矿。英文名称 Jamesite,以楚梅布矿采矿工程师克里斯托弗·詹姆斯(Christopher James)的姓氏命名。IMA 1978-079 批准。1981 年 P. 凯勒(P. Keller)、H. 赫斯(H. Hess)和 P. J. 邓恩(P. J. Dunn)在《地球化学》(40)及 M. 弗莱舍(M. Fleischer)等在《美国矿物学家》(66)报道。1983 年中国新矿物与矿物命名委员会郭宗山等在《岩石矿物及测试》[2(1)]根据成分译为砷铁铅锌石。

【砷铁石】

英文名 Symplesite

化学式 $Fe^{2+}_3(AsO_4)_2 \cdot 8H_2O$ (IMA)

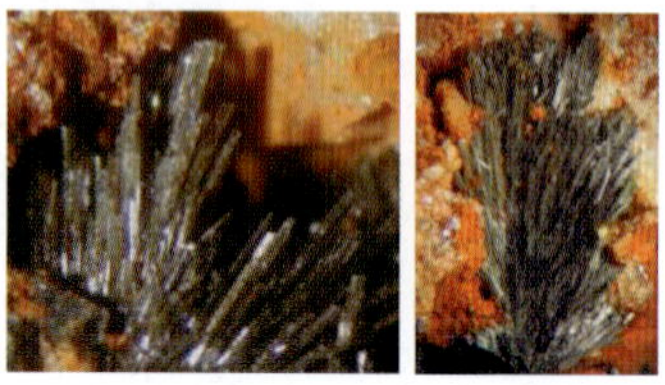

砷铁石粗纤维状晶体,放射状、束状集合体(德国)

砷铁石是一种含结晶水的铁的砷酸盐矿物。与准砷铁矿(Parasymplesite)为同质二象。属砷铁矿族。三斜晶系。晶体呈细长柱状、板状、粗纤维状;集合体呈束状、放射状、球状。亮绿色、绿黑色、亮蓝色、靛蓝色、褐色,半玻璃光泽、油脂光泽,解理面上呈珍珠光泽,透明;硬度 2.5,完全解理。1837 年发现于德国图林根州巴德-洛本斯坦市坦宁(Tannig);同年,布赖特豪普特(Breithaupt)在《实用化学杂志》(10)报道。英文名称 Symplesite,由约翰·弗里德里希·奥古斯特·布赖特豪普特(Johan Friedrich August Breithaupt)根据希腊文"συν=Syn(汇集、召集、聚集)"和"πλησιαζειν(近似)",意指它与其他矿物(菱铁矿、毒铁矿等)"共生"和"近似"的关系。1959 年以前发现、描述并命名的"祖父级"矿物,IMA 承认有效。中文名称根据成分译为砷铁石。

【砷铁钛矿】

英文名 Graeserite

化学式 $Fe^{3+}_4Ti_3As^{3+}O_{13}(OH)$ (IMA)

砷铁钛矿板状、针状晶体,束状集合体(瑞士)和格雷泽尔像

砷铁钛矿是一种含羟基的铁、钛的砷酸盐矿物。单斜晶系。晶体呈板状、针状;集合体呈放射状、束状 。黑色,金属光泽,不透明;硬度 5.5,脆性。1996 年发现于瑞士瓦莱州沃利斯镇阿尔卑斯山西部碧茵谷勒切尔蒂尼(Lercheltini)村戈尔布(Gorb)。英文名称 Graeserite,1998 年 M. S. 克勒泽明尼斯基(M. S. Krezemnicki)等以瑞士巴塞尔大学矿物学和岩石学研究所教授斯蒂芬·格雷泽尔(Stefan Graeser,1935—)博士的姓氏命名,以表彰他在瑞士碧茵谷地区对氧化物和砷的盐类矿物广泛研究做出了贡献。IMA 1996-010 批准。1998 年 M. S. 克勒泽明尼斯基(M. S. Krezemnicki)等在《加拿大矿物学家》(36)报道。2003 年中国地质科学院矿产资源研究所李锦平等在《岩石矿物学杂志》[22(2)]根据成分译为砷铁钛矿。

【砷铁铜石】参见【绿砷铁铜矿】条 548 页

【砷铁锌铅石】

英文名 Tsumcorite

化学式 $PbZn_2(AsO_4)_2 \cdot 2H_2O$ (IMA)

砷铁锌铅石楔形晶体,晶簇状、球粒状集合体(纳米比亚、墨西哥)

砷铁锌铅石是一种含结晶水的铅、锌的砷酸盐矿物。单斜晶系。晶体呈柱状或楔形;集合体呈放射状、球粒状、皮壳状或泥土和粉状。黄棕色、红棕色、橙色,条痕呈黄色,玻璃光泽,透明—半透明;硬度 4.5。最早见于 1961 年 K. 瓦林塔(K. Walenta)和 W. 维梅瑙尔(W. Wimmenauer)在《巴登-符腾堡州兰德桑(Landesamt)地质学杂志》(4)报道的德国黑林山区未命名的 Pb-Zn-砷酸盐。1969 年被格尔(Geier)、考茨(Kautz)和穆勒(Muller)发现于纳米比亚奥希科托区楚梅布(Tsumeb)矿。英文名称 Tsumcorite,以发现地纳米比亚楚梅布公司(Tsumeb Corporation)缩写组合命名。IMA 1969-047 批准。1971 年在《矿物学新年鉴》(月刊)和 1972 年《美国矿物学家》(57)报道。中文名称根据成分译为砷铁

锌铅石。

【砷铁铀矿】参见【黄砷铀铁矿】条 342 页

【砷铜矾】

英文名 Parnauite

化学式 $Cu_9(AsO_4)_2(SO_4)(OH)_{10} \cdot 7H_2O$　　(IMA)

砷铜矾似板条状晶体，领结状集合体(德国、美国)和帕尔纳夫夫妇像

砷铜矾是一种含结晶水、羟基的铜的硫酸-砷酸盐矿物。斜方晶系。晶体呈近似平行的似板条状、鳞片状、纤维状；集合体呈蝴蝶领结状、圆花状及致密皮壳状。浅蓝色、绿色、深绿色、蓝绿色、黄绿色，玻璃光泽、珍珠光泽，半透明；硬度 2。1978 年发现于美国内华达州潘兴县羚羊(Antelope)矿区马朱巴(Majuba)山矿。英文名称 Parnauite，以约翰·L. 帕尔纳夫(John L. Parnau，1906—1990)的姓氏命名，以表彰他对美国加利福尼亚州坎贝尔矿物收集及该矿物分类做出的贡献。IMA 1978-014 批准。1978 年 W. S. 怀斯(W. S. Wise)在《美国矿物学家》(63)报道。中文名称根据成分译为砷铜矾。

【砷铜钙石*】

英文名 Rruffite

化学式 $Ca_2Cu(AsO_4)_2 \cdot 2H_2O$　　(IMA)

砷铜钙石* 矛状、片状晶体，放射状、球状、花状集合体(智利)

砷铜钙石*是一种含结晶水的钙、铜的砷酸盐矿物。属砷钴钙石族。单斜晶系。晶体呈矛状、片状、粒状；集合体呈块状、放射状、球状、花状。蓝色、浅蓝色，玻璃光泽，透明；硬度 3，完全解理，脆性。2009 年杨和雄(Yang Hexiong)等发现于智利科皮亚波市玛丽亚卡特琳娜(Maria Catalina)矿山。英文名称 Rruffite，以 Rruff(项目)命名，Rruff 是“拉曼光谱矿物化学数据库”项目，被视作世界最顶尖的矿物数据库。IMA 2009-077 批准。2011 年杨和雄等在《加拿大矿物学家》(49)报道。目前尚未见官方中文译名，编译者建议根据成分译为砷铜钙石*。

【砷铜矿】

英文名 Domeykite

化学式 Cu_3As　　(IMA)

多梅科像

砷铜矿是一种铜的砷化物矿物。与砷铜矿-β 为同质多象。等轴晶系。独立的晶体未见；集合体主要呈肾状、葡萄状或块状。锡白色、钢灰色，表面具锖色，金属光泽，不透明；硬度 3～3.5，脆性。1845 年首次发现并描述于智利科金博区埃尔基山谷埃尔阿雷扬(El Arrayan)洛斯阿尔戈多纳斯(Los Algodones)矿山。英文名称 Domeykite，由威廉·海丁格尔(Wilhelm Haidinger)以波兰矿物学家伊格纳齐·多梅科(Ignacy Domeyko，1802—1889)的姓氏命名。1830 年法国弗伦联盟入侵波兰而逃到智利，先在智利科金博区拉塞雷纳矿业学院任矿物学教授，1838—1847 年在智利大学任教授，1867—1883 年在智利大学任校长。见于 1845 年布劳穆勒(Braumüller)和赛德尔(Seidel)《矿物学鉴定手册》和 1944 年 C. 帕拉奇(C. Palache)、H. 伯曼(H. Berman)和 C. 弗龙德尔(C. Frondel)《丹纳系统矿物学》(第一卷，第七版)。1959 年以前发现、描述并命名的“祖父级”矿物，IMA 承认有效。中文名称根据成分译为砷铜矿。砷铜矿(Domeykite)有-α、-β 和-γ 多型体，1949 年发现于伊朗；同年，V. I. 米切耶夫(V. I. Michejev)在《全苏矿物学会记事》(78)报道。

【砷铜镁钠石】

英文名 Johillerite

化学式 $NaCuMg_3(AsO_4)_3$　　(IMA)

砷铜镁钠石是一种钠、铜、镁的砷酸盐矿物。属磷锰钠石族。单斜晶系。紫色，半玻璃光泽，透明—半透明；硬度 3，完全解理，脆性。1980 年发现于纳米比亚奥希科托区的楚梅布(Tsumeb)矿山。英文名称 Johillerite，由 P. 凯勒(P. Keller)、H. 赫斯(H. Hess)和 P. 邓恩(P. Dunn)为纪念德国斯图加特大学矿物学家约翰尼斯-埃里克·希勒(Johannes-Erich Hiller，1911—1972)教授而以他的姓名命名。IMA 1980-014 批准。1982 年凯勒、赫斯和邓恩在《契尔马克氏矿物学和岩石学通报》(29；德文和英文文摘)、《美国矿物学家》(67；摘要)报道。1983 年中国新矿物与矿物命名委员会郭宗山等在《岩石矿物及测试》[2(1)]根据成分译为砷铜镁钠石。

【砷铜铅矿】

英文名 Duftite

化学式 $PbCu(AsO_4)(OH)$　　(IMA)

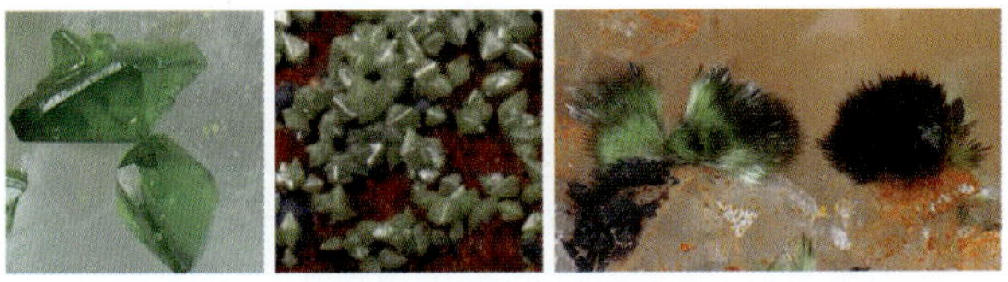

砷铜铅矿假八面体、纤维状晶体，放射状集合体(法国、德国)

砷铜铅矿是一种含羟基的铅、铜的砷酸盐矿物。属砷钙镁石-钒铅锌矿族。斜方晶系。晶体呈假八面体，晶面弯曲；集合体常呈葡萄状、放射状。橄榄绿色、灰绿色，晶面呈树脂光泽、蜡状光泽，断口呈玻璃光泽，透明—半透明；硬度 4.5，脆性。1920 年发现于纳米比亚奥希科托区楚梅布(Tsumeb)矿。1920 年普法尔(Pufahl)在斯图加特《矿物学、地质学和古生物学评论》(*Centralblatt für Mineralogie, Geologie und Paleontologie*)报道。英文名称 Duftite，1920 年由奥托·普法尔(Otto Pufahl)以古斯塔夫·伯恩哈德·达夫特(Gustav Bernhard Duft，1859—1924?)的姓氏命名。达夫特是楚梅布镇矿山第二任总经理(1906—?)，其实，他早在 1892 年就活跃在纳米比亚。1956 年吉尔曼(Guillemin)把 Duftite 区分为：“Duftite-α”和“Duftite-β”。1959 年以前发现、描述并命名的“祖父级”矿物，IMA 承认有效。中文名称根据成分译为

S

α-砷铜铅矿或 α-砷铜铅石及β-砷铜铅矿或 β-砷铜铅石。

【砷铜银矿】

英文名 Novákite

化学式 $(Cu,Ag)_{21}As_{10}$ (IMA)

砷铜银矿是一种铜、银的砷化物矿物。单斜(假四方)晶系。晶体呈粒状。青灰色、灰色,氧化面具锖色,金属光泽,不透明;硬度 3~3.5。1959 年发现于捷克共和国波希米亚地区赫拉德茨-克拉洛韦市克尔科诺塞(Krkonoše)山脉黑坑(Černý Důl)。英文名称 Novákite,以布拉格查尔斯大学矿物学教授伊日·诺瓦克(Jiří Novák,1902—1971)博士的姓氏命名。IMA 1967s. p. 批准。1961 年 Z. 约翰(Z. Johan)和 J. 哈克(J. Hak)在《美国矿物学家》(46)报道。中文名称根据成分译为砷铜银矿。

【砷硒铜矿】

英文名 Chaméanite

化学式 $(Cu,Fe)_4As(Se,S)_4$ (IMA)

砷硒铜矿是一种铜、铁的砷-硒-硫化物矿物。等轴晶系。晶体呈他形粒状。灰色,金属光泽,不透明;硬度 4.5。1980 年发现于法国奥弗涅-罗讷-阿尔卑斯大区的查曼(Chaméane)铀矿。英文名称 Chaméanite,以发现地法国的查曼(Chaméane)铀矿命名。IMA 1980-088 批准。1982 年 Z. 约翰(Z. Johan)、P. 皮克特(P. Picot)和 F. 鲁曼(F. Ruhlmann)在法国《契尔马克氏矿物学和岩石学通报》(29)、《美国矿物学家》(67)报道。1984 年中国新矿物与矿物命名委员会郭宗山在《岩石矿物及测试》[3(2)]根据成分译为砷硒铜矿。

【砷硒黝铜矿】

英文名 Giraudite-(Zn)

化学式 $Cu_6(Cu_4Zn_2)As_4Se_{13}$ (IMA)

砷硒黝铜矿是一种铜、锌的砷-硒化物矿物。属黝铜矿族。等轴晶系。晶体呈他形粒状。灰色、钢灰色,金属光泽,不透明;硬度 3.5~4。1980 年发现于法国奥弗涅-罗讷-阿尔卑斯大区多姆山省沙梅昂(Chaméane)铀矿床。英文名称 Giraudite,以法国奥尔良法国科学研究中心(BRGM-CNRS)电子探针实验室的罗杰·吉劳德(Roger Giraud,1936—)的姓氏命名。IMA 1980-089 批准$[Cu_6[Cu_4(Fe,Zn)_2]As_4Se_{13}]$。1982 年 Z. 约翰(Z. Johan)等在《契尔马克氏矿物学和岩石学通报》(29)报道。1984 年中国新矿物与矿物命名委员会郭宗山在《岩石矿物及测试》[3(2)]根据成分及族名译为砷硒黝铜矿。根据 IMA 18-K 的建议,此矿物被重新命名或重新定义为 Giraudite-(Zn)$[Cu_6(Cu_4Zn_2)As_4Se_{13}]$(IMA)]。IMA 2019s. p. 批准。

【砷锌钙石】

英文名 Zincroselite

化学式 $Ca_2Zn(AsO_4)_2 \cdot 2H_2O$ (IMA)

砷锌钙石柱状晶体(纳米比亚)

砷锌钙石是一种含结晶水的钙、锌的砷酸盐矿物。属砷钴钙石族。与羟砷锌钙石为同质多象。单斜晶系。晶体呈柱状。无色、白色,玻璃光泽,透明—半透明;硬度 3。1985 年发现于纳米比亚奥希科托区楚梅布(Tsumeb)矿。英文名称 Zincroselite,由成分冠词"Zinc(锌)"和根词"Roselite(砷钴钙石)"组合命名,意指它是锌占优势砷钴钙石的类似矿物。IMA 1985-055 批准。1986 年 P. 凯勒(P. Keller)等在《矿物学新年鉴》(月刊)和 1988 年《美国矿物学家》(73)报道。1987 年中国新矿物与矿物命名委员会郭宗山等在《岩石矿物学杂志》[6(4)]根据成分译为砷锌钙石。

【砷锌镉铜石】

英文名 Keyite

化学式 $Cu_3^{2+}Zn_4Cd_2(AsO_4)_6 \cdot 2H_2O$ (IMA)

砷锌镉铜石柱状、板状晶体(纳米比亚)和金伊像

砷锌镉铜石是一种含结晶水的铜、锌、镉的砷酸盐矿物。属磷锰钠石超族磷锰钠石族。单斜晶系。晶体呈柱状、板状;集合体呈晶簇状。天蓝色、浅蓝色,玻璃光泽,半透明;硬度 3.5~4,完全解理。1975 年发现于纳米比亚奥希科托区楚梅布(Tsumeb)矿山。英文名称 Keyite,以著名的美国矿产商查尔斯·洛克·金伊(Charles Locke Key,1935—)的姓氏命名,是他提供了第一块标本。IMA 1975-002 批准。1977 年 P. G. 恩布里(P. G. Embrey)等在《矿物学记录》(8)和 M. 弗莱舍(M. Fleischer)在《美国矿物学家》(62)报道。中文名称根据成分译为砷锌镉铜石。

【砷锌矿】

英文名 Reinerite

化学式 $Zn_3(AsO_3)_2$ (IMA)

砷锌矿是一种锌的砷酸盐矿物。斜方晶系。晶体呈柱状,柱面有纵条纹。天蓝色、黄绿色,玻璃光泽、金刚光泽,透明—半透明;硬度 5~5.5,中等解理。1958 年发现于纳米比亚奥希科托区楚梅布(Tsumeb)矿。1958 年 B. H. 盖尔(B. H. Geier)和 K. 韦伯(K. Weber)在《矿物学新年鉴》(月刊)报道。英文名称 Reinerite,以纳米比亚楚梅布公司的高级药剂师、化学家威利·赖纳(Willy Reiner,1895—1965)的姓氏命名,是他首先分析了该矿物。1959 年以前发现、描述并命名的"祖父级"矿物,IMA 承认有效。中文名称根据成分译为砷锌矿。

【砷锌铝石】

英文名 Gerdtremmelite

化学式 $ZnAl_2(AsO_4)(OH)_5$ (IMA)

砷锌铝石球状集合体(纳米比亚)

砷锌铝石是一种含羟基的锌、铝的砷酸盐矿物。三斜晶系。晶体呈板状;集合体呈球状。棕色、黄棕色、深棕色,金刚光泽,透明。1983 年发现于纳米比亚奥希科托区楚梅布(Tsumeb)矿。英文名称 Gerdtremmelite,由格尔德·特雷梅尔(Gerd Tremmel,1940—)博士的姓名命名。他是德国奥弗拉思-斯泰因布鲁克的矿物收藏家和西南非的矿物专家,他提供了该矿物标本。IMA 1983-049a 批准。1985 年在《矿物学新年鉴》(月刊)和 1986 年 K. 施韦策(K. Schmetzer)、O. 梅登巴赫(O. Medenbach)在《美国矿物学家》(71)报道。1986 年中国新矿物与矿物命名委员会郭宗

山等在《岩石矿物学杂志》[5(4)]根据占优势的化学成分译为砷锌铅石。

【砷锌铅矿】

英文名 Feinglosite

化学式 $Pb_2Zn(AsO_4)_2 \cdot H_2O$　　(IMA)

范格洛斯像

砷锌铅矿是一种含结晶水的铅、锌的砷酸盐矿物。可能有少量的铁取代锌。属锰铁钒铅矿超族。单斜晶系。晶体呈微细粒状；集合体呈球粒状。淡橄榄绿色，金刚光泽，透明；硬度 4～5。1995 年发现于纳米比亚奥希科托区楚梅布(Tsumeb)矿。英文名称 Feinglosite，以美国北卡罗来纳州达勒姆杜克大学医学中心的马克·N. 范格洛斯(Mark N. Feinglos，1948—)教授的姓氏命名，是他发现的该矿物。IMA 1995－013 批准。1997 年 A. M. 克拉克(A. M. Clark)等在《矿物学杂志》(61)报道。2003 年中国地质科学院矿产资源研究所李锦平等在《岩石矿物学杂志》[22(2)]根据成分译为砷锌铅矿。

【砷锌石*】

英文名 Arsenohopeite

化学式 $Zn_3(AsO_4)_2 \cdot 4H_2O$　　(IMA)

砷锌石*是一种含结晶水的锌的砷酸盐矿物。属磷锌矿族。斜方晶系。晶体呈粒状。无色、蓝色，玻璃光泽，半透明；硬度 3，完全解理，脆性。2010 年发现于纳米比亚奥希科托区楚梅布(Tsumeb)矿。英文名称 Arsenohopeite，由成分冠词"Arseno(砷)"和根词"Hopeite(磷锌矿)"组合命名，意指它是砷酸占优势的磷锌矿的类似矿物(根词参见【磷锌矿】条 485 页)。IMA 2010－069 批准。2011 年 F. 诺伊霍尔德(F. Neuhold)等在《CNMNC 通讯》(8)、《矿物学杂志》(75)和 2012 年《矿物学杂志》(76)报道。目前尚未见官方中文译名，编译者根据成分译为砷锌石*。

【砷锌铜矿】

英文名 Cuprian Austinite

化学式 Ca(Zn,Cu)(AsO_4)(OH)

砷锌铜矿刃片状晶体，放射状集合体(德国、希腊)

砷锌铜矿是一种含羟基的钙、锌、铜的砷酸盐矿物。属砷钙镁石-钒铅锌矿族。单斜(斜方)晶系。晶体呈刃片状；集合体呈放射状。草绿色；硬度 3。最初的报告来自纳米比亚奥特乔宗朱帕省古查布(Guchab)。英文名称 Cuprian Austinite，由"Cuprian(铜)"和"Austinite(砷钙锌石)"组合命名，意指是铜占优势的砷钙锌石的类似矿物。同义词 Barthite，以挪威奥斯陆大学的地质学教授托马斯·弗雷德里克·韦比·巴斯(Thomas Fredrik Weiby Barth，1899—1971)的姓氏命名。中文名称根据成分译为砷锌铜矿。

【砷铱矿】

英文名 Iridarsenite

化学式 $IrAs_2$　　(IMA)

砷铱矿是一种铱的砷化物矿物。单斜晶系。晶体呈细粒状，粒径 60μm。硬度 5～5.5。1973 年发现于巴布亚新几内亚北部奥罗(Oro)省约马区瓦里亚(Waria)河。英文名称 Iridarsenite，由化学成分"Iridium(铱)"和"Arsenic(砷)"组合命名。IMA 1973－021 批准。1974 年 D. C. 哈里斯(D. C. Harris)在《加拿大矿物学家》(12)报道。中文名称根据占优势的成分译为砷铱矿。

【砷钇矿】

英文名 Chernovite-(Y)

化学式 $Y(AsO_4)$　　(IMA)

砷钇矿短柱状晶体(意大利)和基诺夫像

砷钇矿是一种钇的砷酸盐矿物。属磷钇矿族。它与磷钇矿成固溶体系列。四方晶系。晶体呈粒状、短柱状、正方双锥状、板状。环带状由浅黄色到无色或乳白色，玻璃光泽；硬度 4～5，完全解理。过去认为 $YAsO_4$ 仅是人工合成的，20 世纪 60 年代在苏联、中国及瑞士陆续发现罕见的天然矿物。1967 年，首次发现于苏联秋明州特尔帕斯山尼亚塔-秀-玉(Nyarta-Syu-Yu)河流域。英文名称 Chernovite，由 B. A. 戈尔丁(B. A. Goldin)、N. P. 尤什金(N. P. Yushkin)和菲什曼(Fishman)为纪念苏联瑟克特夫卡尔地质研究所的地质学家、极地乌拉尔的探险家亚历山大·亚历山德罗维奇·基诺夫(Aleksandr Aleksandrovich Chernov，1877—1963)教授而以他的姓氏，加占优势的稀土元素钇后缀-(Y)组合命名。IMA 1967－027 批准。1967 年在《全苏矿物学会记事》(96)报道。中文名称根据成分译为砷钇矿或砷钇石。当铈占优势时，即 Chernovite-(Ce)，译为砷铈矿。

【砷钇铜石】

英文名 Agardite-(Y)

化学式 $YCu_6^{2+}(AsO_4)_3(OH)_6 \cdot 3H_2O$　　(IMA)

砷钇铜石放射球状集合体(希腊、意大利)和阿加德像

砷钇铜石是一种含结晶水和羟基的钇、铜的砷酸盐矿物。属砷铋铜石族。六方晶系。晶体呈针状、纤维状；集合体呈放射球状。翠绿色、蓝绿色、黄绿色，半玻璃光泽、树脂光泽、蜡状光泽，透明—半透明；硬度 3～4，脆性。1968 年发现于摩洛哥瓦尔扎扎特省杰贝尔·萨赫罗(Saghro)高山布斯科尔(Bou Skour)区布斯科尔矿。1969 年雅克·E. 迪特里希(Jacques E. Dietrich)、马塞尔·奥利亚克(Marcel Orliac)和弗朗索瓦·佩尔曼雅(François Permingeat)在法国《矿物和结晶学会通报》(92)报道。英文名称 Agardite-(Y)，以法国奥尔良地矿勘探局(BRGM)的地质学家朱尔斯·阿加德(Jules Agard，1916—2003)的姓氏，加占优势的稀土元素

钇后缀-(Y)组合命名。IMA 1968－021 批准。中文名称根据成分译为砷钇铜石和钇砷铜矿。

【砷铟石】

英文名 Yanomamite

化学式 $In(AsO_4)\cdot 2H_2O$ (IMA)

砷铟石是一种含结晶水的铟的砷酸盐矿物。属磷铝石族。斜方晶系。晶体呈双锥状，长仅 0.2mm；集合体常呈皮壳状。浅绿色—黄绿色，玻璃光泽，透明；硬度 3～4。1990 年发现于巴西戈亚斯州阿莱格里戈亚斯山曼加比拉(Mangabeira)矿床。英文名称 Yanomamite，以巴西亚马孙河流域的古老的土著部落亚诺玛米(Yanomani)民族命名。IMA 1990－052 批准。1994 年 N. F. 波特洛(N. F. Botelho)等在《欧洲矿物学杂志》(6)报道。中文名称根据成分译为砷铟石。

【砷铀铋矿】

英文名 Walpurgite

化学式 $Bi_4O_4(UO_2)(AsO_4)_2\cdot 2H_2O$ (IMA)

砷铀铋矿板状晶体，晶簇状集合体(德国)

砷铀铋矿是一种含结晶水的铋氧的铀酰-砷酸盐矿物。三斜晶系。晶体呈板状，具双晶；集合体呈晶簇状、束状。蜡黄色、稻草黄色，金刚光泽、油脂光泽，透明—半透明；硬度 3.5，完全解理。1871 年发现于德国萨克森州厄尔士山脉施内贝格镇纽斯塔德特尔(Neustadtel)韦瑟赫希(Weißer Hirsch)矿瓦尔普吉斯・弗拉谢(Walpurgis Flacher)矿脉；同年，A. 魏斯巴赫(A. Weisbach)在《矿物学、地质学和古生物学新杂志》报道。英文名称 Walpurgite，以发现地德国萨克森州施内贝格镇韦瑟赫希(Weißer Hirsch)矿瓦尔普吉斯(Walpurgis)矿脉命名。1959 年以前发现、描述并命名的“祖父级”矿物，IMA 承认有效。中文名称根据成分译为砷铀铋矿/砷铋铀矿。

【砷铀矿】

英文名 Trögerite

化学式 $(H_3O)(UO_2)(AsO_4)\cdot 3H_2O$ (IMA)

砷铀矿板状晶体，晶簇状集合体(德国)

砷铀矿是一种含结晶水的卉离子的铀酰-砷酸盐矿物。属钙铀云母族。四方晶系。晶体呈细小薄板条状、鳞片状；集合体呈晶簇状、皮壳状。柠檬黄色、褐黄色，微带绿色调，玻璃光泽、蜡状光泽，解理面上呈珍珠光泽，透明—半透明；硬度 2～3，极完全解理，脆性。1871 年发现于德国萨克森州施内贝格镇魏瑟尔赫希(Weißer Hirsch)矿和沃尔帕吉斯(Walpurgis)矿脉；同年，A. 威斯巴赫(A. Weisbach)在《矿物学、地质学和古生物学新年鉴》报道。英文名称 Trögerite，1871 年威斯巴赫以德国施内贝格矿业采矿队长、管理员 R. 特吕格(R. Tröeger，1838—1917)的姓氏命名，是他首先发现了该矿物标本。1951 年 C. 帕拉奇(C. Palache)、H. 伯曼(H. Berman)和 C. 弗龙德尔(C. Frondel)《丹纳系统矿物学》(第二卷，第七版，纽约)刊载。1959 年以前发现、描述并命名的“祖父级”矿物，IMA 承认有效。中文名称根据成分译为砷铀矿/砷铀云母；音译为特吕格石。

【砷铀铅矿】

英文名 Hallimondite

化学式 $Pb_2(UO_2)(AsO_4)_2\cdot nH_2O$ (IMA)

哈利莫德像

砷铀铅矿是一种含结晶水的铅的铀酰-砷酸盐矿物。三斜晶系。晶体呈板状。黄色、浅黄色，金属光泽；硬度 2.5～3。1961 年发现于德国赖兴巴赫市维勒迈克尔(Michael)矿。英文名称 Hallimondite，1961 年由库尔特・瓦林塔(Kurt Walenta)和沃尔夫哈德・维梅瑙尔(Wolfhard Wimmenauer)以英国伦敦矿物学家亚瑟・弗朗西斯・哈利莫德(Arthur Francis Hallimond，1890—1968)的姓氏命名。他的著作涉及次生铀矿产、碳钢冶金、耐火材料、带状铁矿石和其他研究。哈利莫德还是一个早期的岩石地磁学测试人员和地磁测量设备的创新者。此外他开发了确定折射率混合物液体，磁性矿物分离设备，使用极谱滤光片代替尼科耳棱镜，使反射光显微镜和偏光显微镜设计有重大突破。退休后，他写了重要的关于显微镜的书籍，并担任维氏显微镜公司、蔡斯-皮尔金顿研究实验室和哈维尔原子能研究机构咨询顾问。他命名了铁铀云母(Bassetite)和水磷铀矿(Uranospathite)。IMA 1965－008 批准。1965 年库尔特・瓦林塔(Kurt Walenta)在《美国矿物学家》(50)报道。中文名称根据成分译为砷铀铅矿；根据对称和成分译为斜砷铀铅矿。

【砷黝铜矿】

英文名 Tennantite

化学式 $Cu_6[Cu_4(Fe,Zn)_2]As_4S_{13}$ (IMA)

砷黝铜矿晶体(纳米比亚、瑞士)和坦南特像

砷黝铜矿是一种铜、铁、锌的砷-硫化物矿物。属黝铜矿族。等轴晶系。晶体呈四面体、立方体、十二面体，具双晶；集合体呈块状。铁黑色、铁灰色，金属光泽，不透明；硬度 3.5～4，脆性。1819 年发现于英国英格兰康沃尔郡；同年，在《文学、科学和艺术季刊》(7)报道。英文名称 Tennantite，1817 年以前被詹姆斯・索尔比(James Sowerby)称为“在十二面体晶体上的铜的灰色硫化物”。1819 年由威廉・菲利普斯(William Phillips)为纪念具有独立思想的英国化学家史密森・坦南特(Smithson Tennant 1761—1815)而更名以他的姓氏命名。坦南特建立了使用石灰石的特性降低土壤酸度的方法。他和当时他的化学助理威廉・海德・渥拉斯

顿(William Hyde Wollaston)分析了石墨和钻石,发现都是碳。他分析陨石发现了镍,以及在海水中发现碘。然而,坦南特的名声,基于他发现元素铱、锇。1959 年以前发现、描述并命名的"祖父级"矿物,IMA 承认有效。IMA 2019s. p. 批准。中文名称根据成分和族名译为砷黝铜矿(参见【黝铜矿】条 1090 页)。

自 2019 年建立砷黝铜矿族新的命名法[IMA 18-K 提案,见 2019 年《CNMNC 通讯》(49)和《矿物学杂志》(83)]以来,Tennantite-(Fe)[$Cu_6(Cu_4Fe_2)As_4S_{13}$]和 Tennantite-(Zn)[$Cu_6(Cu_4Zn_2)As_4S_{13}$]。Tennantite-(Zn),1855 年发现于瑞士瓦莱斯州林根巴赫(Lengenbach)采石场;同年,在《矿山年鉴》(5)报道。IMA 2019s. p. 批准。

深

[shēn]形声;从水,深声(shēn)。深,颜色浓,与"浅"或"淡"相对。

【深红银矿】

参见【浓红银矿】条 659 页

【深黄铀矿】

英文名 Becquerelite

化学式 $Ca(UO_2)_6O_4(OH)_6 \cdot 8H_2O$ (IMA)

深黄铀矿柱状晶体,束状集合体(刚果)及贝克勒尔像

深黄铀矿是一种含结晶水、羟基的钙的铀酰-氧化物矿物。斜方晶系。晶体呈柱状、假六方板状、针状、细粒状,晶面有竖纹,常可见聚片双晶或三连晶;集合体呈束状。金黄色、柠檬黄色、棕黄色—鲜黄色、琥珀黄色,条痕呈浅黄色,油脂光泽、玻璃光泽、金刚光泽;硬度 2~3,完全解理,脆性。1922 年发现于刚果(金)上加丹加省坎博韦区欣科洛布韦(Shinkolobwe)矿。1922 年 A. 舒尔普(A. Schoep)首次在《法国巴黎科学院通报》(174)报道。1923 年后他又在《比利时地质学会通报》(33)等刊物多次报道。英文名称 Becquerelite,为纪念法国物理学家安东尼·亨利·贝克勒尔(Antoine Henri Becquerel,1852—1908)而以他的姓氏命名。他在 1896 年发现了物质的放射性现象,1903 年他与玛丽·斯科奥多斯卡·居里和皮埃尔·居里一起获得诺贝尔物理学奖,放射性活度的国际单位 Bq 也以他的姓氏命名。1959 年以前发现、描述并命名的"祖父级"矿物,IMA 承认有效。中文名称根据矿物的颜色和成分译为深黄铀矿;杨光明教授译为黄钙铀矿。

什

[shén]会意;从人十,从十亦声。本义:"什"是集体的十。[英]音,用于外国地名。

【什卡图卡石】

英文名 Shkatulkalite

化学式 $Na_{10}MnTi_3Nb_3(Si_2O_7)_6(OH)_2F \cdot 12H_2O$ (IMA)

什卡图卡石是一种含结晶水、氟、羟基的钠、锰、钛、铌的硅酸盐矿物。属氟钠钛锆石超族硅铌钛矿族。单斜晶系。晶体呈矩形叶片状、板状,似云母状。薄板状者呈无色、银白色或浅粉色,厚板状者呈奶油白色或浅黄色,蜡状光泽、珍珠光泽,透明—半透明;硬度 3,完全解理,脆性。1993 年发现于俄罗斯北部摩尔曼斯克州什卡图卡(Shkatulka)伟晶岩。英文名称 Shkatulkalite,以发现地俄罗斯的什卡图卡(Shkatulka)伟晶岩命名。IMA 1993-058 批准。1996 年 Y. P. 米契科夫(Y. P. Menchikov)等在《俄罗斯矿物学会记事》[125(1)]报道。2003 年中国地质科学院矿产资源研究所李锦平等在《岩石矿物学杂志》[22(3)]音译为什卡图卡石。杨光明教授建议根据成分译为氟钠锰钛铌石。

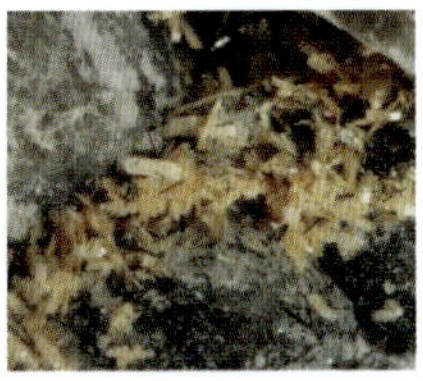

什卡图卡石板状、片状晶体(加拿大)

神

[shén]会意兼形声;从示,申音。"示"为启示智慧之意。"申"是天空中闪电形,古人以为闪电变化莫测,威力无穷,故称之为神。用于日本人名、地名。

【神保石】

参见【锰硼石】条 613 页

【神冈矿】

参见【钼铁矿】条 629 页

【神津闪石】

参见【铁锰钠闪石】条 951 页

【神南石*】

英文名 Kannanite

化学式 $Ca_4Al_4(MgAl)(VO_4)(SiO_4)_2(Si_3O_{10})(OH)_6$ (IMA)

神南石*是一种含羟基的钙、铝、镁的硅酸-钒酸盐矿物。属锰硅铝矿族。斜方晶系。晶体呈显微粒状,粒径 15μm;集合体常呈细脉状。黄色、黄棕色、橙色。2015 年发现于日本四国岛爱媛县神南(Kannan)山。英文名称 Kannanite,以发现地日本的神南(Kannan)山命名。IMA 2015-100 批准。2016 年浜根(西尾)大辅(D. Nishio-Hamane)等在《CNMNC 通讯》(30)、《矿物学杂志》(80)和 2018 年《矿物学和岩石学科学杂志》(113)报道。日文汉字名称神南石。目前尚未见官方中文译名,编译者建议借用日文汉字名称神南石*。

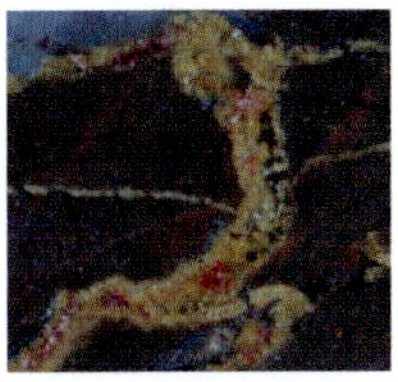

神南石*细脉状集合体(日本)

沈

[shěn]中国姓氏。

【沈庄矿】

汉拼名 Shenzhuangite

化学式 $NiFeS_2$ (IMA)

沈庄矿是一种镍、铁的硫化物矿物,是富镍的黄铜矿的类似矿物。属黄铜矿族。四方晶系。金属光泽,不透明。2017 年发现于中国湖北省随州县曾都区淅河随州 L6 型球粒陨石。汉拼名称 Shenzhuangite,以中国地质大学(武汉)沈上越(Shen Shangyue)教授和他的研究生庄小丽(Zhuang Xiaoli)的姓氏组合命名。他们首先在随州陨石中发现并描述了富含镍的黄铜矿矿物。[见 1993 年《地质地球化学》(2)中的《根据不透明矿物特征确定随州陨石为 L6 型球粒陨石》]。沈上越教授是矿物岩石材料专家,与他人合著有《矿物岩石材料工艺学》。IMA 2017-018 批准。2017 年 L. 宾迪(L. Bindi)等在《CNMNC 通讯》(38)、《矿物学杂志》(81)及 2018 年《欧洲矿物学杂志》(30)报道。中文名称命名为沈庄矿或沈庄铁矿。

沈上越等著《矿物岩石材料工艺学》

肾 [shèn]形声;《说文》从肉,臤声。人和某些高级动物分泌尿液的器官(俗称"腰子"):肾脏,形如蚕豆。用于比喻矿物的集合体形态。

【肾硅锰矿】

英文名 Caryopilite

化学式 $Mn_3^{2+}Si_2O_5(OH)_4$ (IMA)

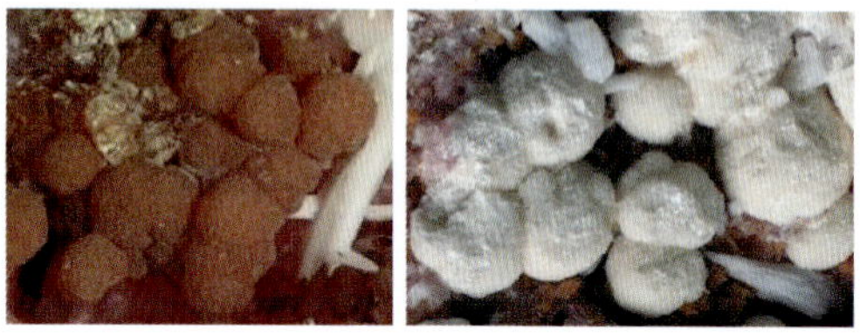

肾硅锰矿肾状集合体(意大利)

肾硅锰矿是一种含羟基的锰的硅酸盐矿物。属高岭石-蛇纹石族蛇纹石亚族。单斜晶系。晶体呈薄片状、纤维状;集合体常呈肾状、块状、席纹状。棕色、红棕色、棕褐色,蜡状光泽、玻璃光泽;硬度 3~3.5。1889 年发现于瑞典韦姆兰省菲利普斯塔德市哈斯蒂格(Harstigen)矿山。英文名称 Caryopilite,1889 年由阿克塞尔·汉堡(Axel Hamberg)根据希腊文"χ ά ρυον=Nut(坚果果仁)"命名,由于它褐色的颜色和"Habit(习性)""π ì λos=Felt(毛毡,感觉)",即其外观感觉就像肾脏一样。1889 年汉堡(Hamberg)在《斯德哥尔摩地质学会会刊》(11)报道。1959 年以前发现、描述并命名的"祖父级"矿物,IMA 承认有效。IMA 1967s. p. 批准。中文名称根据结晶习性和成分译为肾硅锰矿。

【肾状赤铁矿】参见【赤铁矿】条 91 页

生 [shēng]会意;甲骨文字形,上面是初生的草木,下面是地面或土壤。本义:草木从土里生长出来;滋长。用于日本地名。

【生野矿】参见【脆硫铋矿】条 98 页

圣 [shèng]繁体"聖"的简化字。形声;从耳,呈声。甲骨文字形。左边是耳朵,右边是口字。即善用耳,又会用口。本义:通达事理。用于外国地名。

【圣热纳罗矿*】

英文名 Sangenaroite

化学式 $Ag_8(Sb_{8-x}As_x)S_{16}(0<x<2)$ (IMA)

圣热纳罗矿*是一种银的锑-砷-硫化物矿物。单斜晶系。晶体呈粒状。黑色,金属光泽,不透明。2019 年发现于秘鲁卡斯特罗维雷纳省圣热纳罗(San Genaro)矿。英文名称 Sangenaroite,以发现地秘鲁的圣热纳罗(San Genaro)矿命名。IMA 2019-014 批准。2019 年 D. 托帕(D. Topa)等在《CNMNC 通讯》(50)、《矿物学杂志》(83)和《欧洲矿物学杂志》(31)报道。目前尚未见官方中文译名,编译者建议音译为圣热纳罗矿*。

师 [shī]会意;从帀,从𠂤。[英]音,用于外国人名。

【师铬绿纤石】

英文名 Shuiskite-(Cr)

化学式 $Ca_2CrCr_2[SiO_4][Si_2O_6(OH)](OH)_2O$ (IMA)

师铬绿纤石是一种含氧和羟基的钙、铬的氢硅酸-硅酸盐矿物。属绿纤石族。单斜晶系。晶体呈长棱柱状、针状,粒径 0.1mm×0.5mm×7mm;呈 0.5~1cm 厚的层状附着在裂隙壁上;集合体通常呈放射状。绿色—浅绿色和紫色或灰紫色,玻璃光泽,透明—半透明;硬度 6,完全解理。2019 年发现于俄罗斯彼尔姆州戈尔诺扎沃茨基(Gornozavodskii)区萨拉诺夫斯基(Saranovskii)矿床。英文名称 Shuiskite-(Cr),根词以俄罗斯岩石学家 V. P. 斯维斯克(V. P. Shuisk)的姓氏,加占优势的铬后缀-(Cr)组合命名。IMA 2019-117 批准。2020 年 I. 利科娃(I. Lykova)等在《CNMNC 通讯》(54)、《欧洲矿物学杂志》(32)和《矿物》(10)报道。中文名称根据英文名称首音节音和成分及族名译为师铬绿纤石。

师铬绿纤石纤维状晶体,束状集合体(俄罗斯)

【师镁绿纤石】

英文名 Shuiskite-(Mg)

化学式 $Ca_2MgCr_2(Si_2O_7)(SiO_4)(OH)_2 \cdot H_2O$ (IMA)

师镁绿纤石纤维状晶体,束状集合体(俄罗斯)和斯维斯克像

师镁绿纤石是一种含结晶水和羟基的钙、镁、铬的硅酸盐矿物。属绿纤石族。单斜晶系。晶体呈细柱状、纤维状;集合体呈束状。深棕色的紫罗兰色,玻璃光泽;硬度 6。1980 年发现于俄罗斯彼尔姆州戈尔诺扎沃茨基(Gornozavodskii)区域比塞斯科耶(Biserskoye)铬矿床。英文名称 Shuiskite-(Mg),以俄罗斯岩石学家 V. P. 斯维斯克(V. P. Shuisk)的姓氏,加占优势的镁后缀-(Mg)组合命名。IMA 1980-061 批准。1981 年 O. K. 伊万诺夫(O. K. Ivanov)等在《全苏矿物学会记事》(110)和 1982 年《美国矿物学家》(67)报道。中文名称根据英文名称首音节音和成分及族名译为师镁绿纤石。

施 [shī]形声;从㫃(yǎn),也声。[英]音,用于外国人名。

【施钒铅铁石】

英文名 Čechite

化学式 $PbFe^{2+}(VO_4)(OH)$ (IMA)

施钒铅铁石柱状晶体(捷克)和切赫像

施钒铅铁石是一种含羟基的铅、铁的钒酸盐矿物。属砷钙镁石-羟钒砷铅石族羟钒锌铅石亚族。斜方晶系。晶体呈柱状、圆形粒状。黑色、灰白色、淡黄色的色彩带蓝色调,不透明;硬度 4.5~5,脆性。1980 年发现于捷克共和国波希米亚中部普日布拉姆区瓦朗奇(Vrancice)亚力山大(Alexander)矿和波谢普尼(Pošepný)矿脉露头。英文名称Čechite,

为纪念捷克共和国布拉格查尔斯大学矿物学系主任弗兰提斯克·切赫(Frantisek Čech,1929—1995)而以他的姓氏命名。IMA 1980-068 批准。1981 年 Z. 姆拉泽克(Z. Mr'azek)和 Z. 塔博尔斯基(Z. T'abosk'y)在《矿物学新年鉴》(月刊)报道。1983 年中国新矿物与矿物命名委员会郭宗山等在《岩石矿物及测试》[2(1)]根据英文名称首音节音和成分译为施钒铅铁石,也有的译作塞钒铅铁石。

【施吕特钇石*】

英文名 Schlüterite-(Y)

化学式 $(Y,REE)_2AlSi_2O_7(OH)_2F$ (IMA)

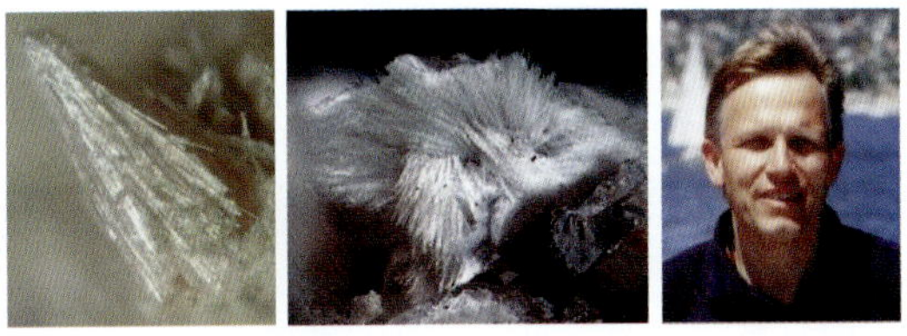

施吕特钇石*针状晶体,束状、放射状集合体(挪威)和施吕特像

施吕特钇石*是一种含氟和羟基的钇、稀土的铝硅酸盐矿物。单斜晶系。晶体呈针状、叶片状;集合体呈束状、放射状。浅粉色,玻璃光泽,透明;硬度 5.5~6,脆性。2012 年发现于挪威诺德兰县的斯特丁(Stetind)伟晶岩。英文名称 Schlüterite-(Y),根词以德国矿物学家和汉堡大学矿物博物馆馆长兼总监约亨·施吕特(Jochen Schlüter,1955—)博士的姓氏,加占优势的稀土元素钇后缀-(Y)组合命名。自 1988 年以来他描述并命名了 20 种新矿物,为新矿物和公共宣传工作做出了贡献。IMA 2012-015 批准。2012 年 M. A. 库珀(M. A. Cooper)等在《CNMNC 通讯》(13)、《矿物学杂志》(76)和 2013 年《矿物学杂志》(77)报道。目前尚未见官方中文译名,编译者建议音加成分译为施吕特钇石*;杨光明教授建议根据成分译为氟硅铝钇石。

【施密德石*】

英文名 Schmidite

化学式 $Zn(Fe^{3+}_{0.5}Mn^{2+}_{0.5})_2ZnFe^{3+}(PO_4)_3(OH)_3(H_2O)_8$ (IMA)

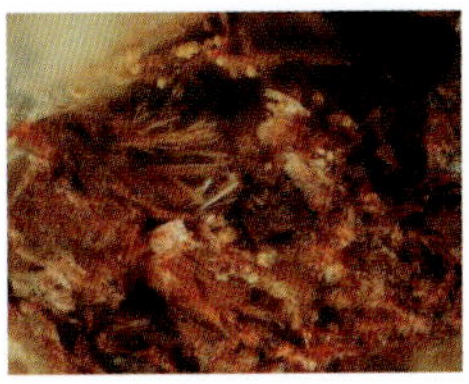

施密德石*板条状晶体,放射状集合体(德国)

施密德石*是一种含结晶水和羟基的锌、铁、锰的磷酸盐矿物。属磷铁锰锌石族。斜方晶系。晶体呈板条状;集合体呈放射状、不规则状。橙棕色、红色、铜红色;完全解理,脆性,易碎。2017 年发现于德国上普法尔茨州哈根多夫(Hagendorf)南伟晶岩。英文名称 Schmidite,为纪念德国采矿工程师和地质学家汉斯·施密德(Hans Schmid,1925—2013)而以他的姓氏命名。他在 1950—1955 年开采的哈根多夫伟晶岩中发现了一个非常大的磷酸锂矿点,生产了约1 600t的锂矿石。1955 年,他发表了一篇关于奥伯普法尔泽伟晶岩结构和构造的开创性论文。IMA 2017-012批准。2017 年 I. E. 格雷(I. E. Grey)等在《CNMNC 通讯》(37)、《矿物学杂志》(81)和 2019 年《矿物学杂志》[83(2)]报道。目前尚未见官方中文译名,编译者建议音译为施密德石*。

【施羟镍矿】

英文名 Theophrastite

化学式 $Ni(OH)_2$ (IMA)

泰奥夫拉斯图斯雕像

施羟镍矿是一种镍的氢氧化物矿物。属氢氧镁石族。三方晶系。晶体呈片状、纤维状;集合体呈葡萄状、皮壳状。翡翠绿色,丝绢光泽,半透明;硬度 3.5,完全解理。1980 年发现于希腊马其顿省佩拉县韦尔米翁(Vermion)山。英文名称 Theophrastite,以古希腊哲学家、作家、植物学家,亚里士多德的弟子泰奥弗拉斯图斯(Theophrastus,公元前 371—前 286)的名字命名。泰奥夫拉斯图斯("非凡的讲演")这个名字是亚里士多德赠送他的绰号,并以此名闻名,他的原名是蒂尔塔默斯(Tyrtamus)。在亚里士多德隐居后,泰奥夫拉斯图斯掌管了亚里士多德学园的工作,直到 35 年后他去世。泰奥夫拉斯图斯继承了亚里士多德派的生物学传统,主要集中研究植物世界,描述了 500 多种植物。一般都认为他是植物学的奠基人。他在约公元前 315 年撰写的 *Περιλιθων=On Stones*(关于石头)一书可能是第一本矿物学的书。IMA 1980-059 批准。1981 年 T. 马克珀尤洛斯(T. Marcopoulos)和 M. 伊科诺穆(M. Economou)在《美国矿物学家》(66)报道。1983 年中国新矿物与矿物命名委员会郭宗山等在《岩石矿物及测试》[2(1)]根据英文名称首音节音和成分译为施羟镍矿(编译者译为泰羟镍矿*)。

【施塔尔德尔矿】

参见【硫砷铜锌铊矿】条 512 页

【施特德石*】

英文名 Steedeite

化学式 $NaMn_2[Si_3BO_9](OH)_2$ (IMA)

施特德像

施特德石*是一种含羟基的钠、锰的硼硅酸盐矿物。属硅灰石族。是与针钠锰石-针钠钙石系列有关的矿物。三斜晶系。晶体呈针状,长 0.5mm;集合体呈放射状、束状。无色—淡粉红色、白色,半玻璃光泽、丝绢光泽,透明—半透明,脆性。2013 年发现于加拿大魁北克省圣希莱尔(Saint-Hilaire)山混合肥料采石场。英文名称 Steedeite,2013 年 M. M. 哈林(M. M. Haring)等以安东尼·霍斯福德·施特德(Anthony Hosford Steede)的姓氏命名。施特德是加拿大魁北克省圣希莱尔山的矿物收藏家和矿物专家。IMA 2010-049[Steedeite(单斜钠锆石),2011 年被废弃]和 IMA 2013-052 批准。2013 年哈林等在《CNMNC 通讯》(17)、《矿物学杂志》(77)和 2014 年《加拿大矿物学家》(52)报道。目前尚未见官方中文译名,编译者建议音译为施特德石*;杨光明教授建议译为硼硅钠锰石或硼硅针钠锰石。

【施特伦茨石】

英文名 Strunzite

化学式 $Mn^{2+}Fe^{3+}_2(PO_4)_2(OH)_2 \cdot 6H_2O$ (IMA)

施特伦茨石是一种含结晶水和羟基的锰、铁的磷酸盐矿物。属史特伦茨石族。与假劳埃石和斜磷锰矿为同质多象。三斜(假单斜)晶系。晶体呈针状、毛发状、薄刃状;集合体呈丛状、束状、毛毡状。白色、淡黄色、褐黄色,有杂质时呈红棕

施特伦茨石丛状、束状集合体(德国、美国)和施特伦茨像

色或黑色,玻璃—半玻璃光泽、蜡状光泽、丝绢光泽,透明—半透明;硬度 4,脆性。1957 年发现于德国上普法尔茨州哈根多夫(Hagendorf)南伟晶岩;同年,C. 弗龙德尔(C. Frondel)在《矿物学新年鉴》(月刊)报道。英文名称 Strunzite,1957 年由克利福德·弗龙德尔(Clifford Frondel)为纪念德国柏林科技大学矿物学教授卡尔·雨果·施特伦茨(Karl Hugo Strunz,1910—2006)而以他的姓氏命名。施特伦茨是一位系统矿物学家,在 1937 年发表了《硅酸盐矿物晶体结构分类》以及一个完整的矿物学分类,尤其是在 1941 年出版了第一个连续版本的《矿物学表》。施特伦茨的矿物分类是基于化学和晶体结构。他是国际矿物学协会的创始人之一。施特伦茨特别感兴趣的是花岗伟晶岩的磷酸盐矿物,他和克利福德·弗龙德尔执着地追求,试图获得足够的以施特伦茨博士命名的矿物。克利福德·弗龙德尔被矿产收集者提供的一个小针状矿物所吸引。起初非正式称为"弗龙德尔胡须",后才被正式命名为施特伦茨石。因为"弗龙德尔胡须"是集体发现的,而施特伦茨初步描述了标本各种各样的位置。施特伦茨也是一个活跃的新矿物物种的制图者,特别是从德国哈根多夫和纳米比亚收集到的标本。他命名了 Chudobaite(砷镁锌石)、Fleischerite(费水锗铅矾)、Hagendorfite(黑磷铁钠石)、Itoite(羟锗铅矾)、Laueite(劳埃石)、Liandradite(铌钽铀矿)、Petscheckite(铌铁铀矿)、Pseudolaueite(假劳埃石)、Stranskiite(蓝砷铜锌矿)和 5 个其他物种。1958 年 C. 弗龙德尔(C. Frondel)在《自然科学》(*Naturwissenschaften*)(45)和 M. 弗莱舍(M. Fleischer)在《美国矿物学家》(43)报道。1959 年以前发现、描述并命名的"祖父级"矿物,IMA 承认有效。中文名称音译为施特伦茨石;根据晶习和成分译为纤磷锰铁矿。

【施托尔珀矿*】

英文名 Stolperite

化学式 AlCu　　(IMA)

施托尔珀像

施托尔珀矿*是一种铝和铜的互化物矿物,它是全新的天然准晶体矿物。与铝铜矿(Cupalite)为同质多象。等轴晶系。晶体呈不规则粒状,呈镁橄榄石、尖晶石、玻璃的包裹体,粒径 0.5～3μm。夹杂物有克里亚奇科矿*(Khatyrkite),或伴随正二十面体矿*(Icosahedrite)和/或霍利斯特矿*(Hollisterite)(相)等。金属光泽,不透明。2016 年加州理工学院(Caltech)地质和行星科学研究部分析室马驰(Ma Chi)团队发现于俄罗斯堪察加州科里亚克自治区伊姆劳特瓦姆(Iomrautvaam)地块切特金瓦亚姆(Chetkinvaiam)构造混杂岩哈泰尔卡(Khatyrka)CV3 碳质球粒陨石。英文名称 Stolperite,2017 年马驰等以美国加州理工学院地质学教授和教务长爱德华·M. 施托尔珀(Edward M. Stolper)的姓氏命名。他是地球和其他行星火成岩的起源和演变专家,对岩石学和陨石学研究做出了贡献。IMA 2016－033 批准。2016 年马驰等在《CNMNC 通讯》(32)、《矿物学杂志》(80)和 2017 年《美国矿物学家》(102)报道。目前尚未见官方中文译名,编译者建议音译为施托尔珀矿*;根据成因及成分译为陨铜铝矿*。

【施威特曼石】参见【纤水绿矾】条 1014 页

十　[shí]指事。甲骨文象用一根树枝代表十;金文象是结绳记数,用一个结表示十。后来一点变成了一横。本义:九加一的和。十字:指交叉形状,用于描述矿物的双晶形态。

【十角矿*】参见【铁镍铝矿*】条 953 页

【十字沸石-钙】

英文名 Garronite-Ca

化学式 $Ca_3(Al_6Si_{10}O_{32})\cdot 14H_2O$　　(IMA)

十字沸石-钙十字双晶(意大利)

十字沸石-钙是一种含沸石水的钙的铝硅酸盐矿物。属沸石族十字沸石系列。四方晶系。晶体呈柱状,很少见四方双锥,通常呈十字双晶;集合体呈放射状。白色、无色,玻璃光泽、油脂光泽,透明—半透明;硬度 4～5。1960 年发现于英国北爱尔兰安特里姆郡加龙(Garron)高原格莱纳里夫(Glenariff)山谷。英文名称 Garronite-Ca,以发现地北爱尔兰的安特里姆郡加龙(Garron)高原命名,2015 年 IMA 加占优势的阳离子钙后缀-Ca 组合命名。1962 年 G. P. L. 沃克(G. P. L. Walker)在《矿物学杂志》(33)报道。IMA 1997s. p. 批准。中文名称根据晶体习性和族名译为十字沸石-钙/钙十字沸石。

【十字沸石-钠】

英文名 Garronite-Na

化学式 $Na_6(Al_6Si_{10}O_{32})\cdot 8.5H_2O$　　(IMA)

十字沸石-钠板状晶体(加拿大)

十字沸石-钠是一种含沸石水的钠的铝硅酸盐矿物。属沸石族十字沸石系列。单斜晶系。晶体呈板状,集合体呈晶簇状。无色、白色、淡黄色,玻璃光泽,透明—半透明;硬度 4,完全解理,脆性,易碎。2015 年发现于加拿大魁北克省蒙特利尔的圣希莱尔(Saint-Hilaire)山混合肥料采石场。英文名称 Garronite-Na,由根词"Garronite(十字沸石)"加钠后缀-Na 组合命名,意指它是钠占优势的十字沸石的类似矿物。根词以发现地北爱尔兰的安特里姆郡加龙(Garron)高原命名。IMA 2015－015 批准。2015 年 J. D. 格赖斯(J. D. Grice)等在《加拿大矿物学家》(54)报道。中文名称根据成分及与十字沸石的关系分译为十字沸石-钠/钠十字沸石。

【十字石】

英文名 Staurolite

化学式 $Fe^{2+}_2Al_9Si_4O_{23}(OH)$　　(IMA)

十字石是一种含羟基的铁和铝的硅酸盐矿物。属十字石族。单斜(假斜方)晶系。晶体通常粗大,呈短柱状、粒状,常见十字形或"×"形贯穿双晶,故得名十字石。棕红色、红褐色、淡黄褐色或黑色,玻璃光泽、树脂光泽,不纯净时暗淡无光或呈土状光泽,半透明—不透明;硬度 7～7.5,脆性。罕见的

十字石"十"字形(俄罗斯)或"×"形双晶(葡萄牙)

透明十字石可作宝石。1792 年发现,但模式产地不详;同年,在库切特(Cuchet)《矿物学手册》(巴黎)刊载。英文名称 Staurolite,由希腊文"Σταύροι=Stauros(十字架)"命名,意指十字形双晶。同义词 Cross Stone,来自希腊文"Κρos=Cross",意为"十字形"或"交错";"Stone"意为"石头、宝石"。1810 年 M. H. 克拉普罗特(M. H. Klaproth)在柏林罗特曼 *Untersuchung des Stauroliths Beitrage zur chemischen Kenntniss der Mineralkorper*(第五卷)刊载。1959 年以前发现、描述并命名的"祖父级"矿物,IMA 承认有效。著名产地为瑞士巴赛尔,几百年来那里的人们把十字石用作护身符。美国十字石的重要产地是弗吉尼亚州巴特里克县,在晶莹清澈的泉水附近发现的。这里有一个美丽的传说,很久以前,有一天,几个仙女正围着泉水跳舞,一个小精灵带来了一个令人悲伤的消息,救世主耶稣被钉死在十字架上,仙女们忍不住啼哭起来,眼泪滴在地上形成了十字石。

石 [shí]象形字;甲骨文字形,右像岩角,左像石块。构成地壳的矿物质,既用于词首,也用于词尾,一般指非金属矿物。用于日本人名。

【石膏】

英文名 Gypsum

化学式 $Ca(SO_4)\cdot 2H_2O$ (IMA)

石膏板状晶体、晶簇状和花状集合体

石膏是一种含两个结晶水的钙的硫酸盐矿物。二水石膏又称为生石膏。单斜晶系。晶体常呈板状、柱状,亦有粒状或纤维状,常见燕尾双晶;集合体呈花状,细粒块状者称之为雪花石膏(Alabaster);纤维状者称为纤维石膏(Fibrous);通常呈白色、无色,无色透明晶体者称为透石膏(Selenite),有时因含杂质而呈灰、浅黄、浅褐等色。玻璃光泽,解理面上呈珍珠光泽,纤维状集合体呈丝绢光泽,透明—不透明;硬度 2,完全解理。

石膏是人类发现、认识和使用最早的矿物之一。中国古籍,特别是医药学著作中多有记载。石膏之名最早出自秦汉时期的《神农本草经》。明代李时珍《本草纲目》指出"石膏有软硬二种:软石膏大块,……如压扁米糕形,有红白二色,……白者洁净,细文短密如束针,正如凝成白蜡状,松软易碎。硬石膏作块而生直理,起棱如马齿,坚白,击之则段段横解,光亮如云母"。中国古代称石膏为细石、细理石(《别录》)、寒水石(《纲目》)、白虎(《药品化义》)石羔等。《本草纲目》石膏"其文理细密,故名细理石,其性大寒如水,故名寒水石"。

石膏之名来自中国古代炼丹术士,膏是指很稠的糊状物,用来封丹炉。在西方,公元前 300—前 325 年第一个提到它的是泰奥弗拉斯托斯(Theophrastus),希腊文"γυφοζ=Gypsos(石膏)",即"用石膏处理"之意。英文名称 Gypsum,也可能源于希腊文"γ ύ φos=Chalk",有"粉笔"或"用白垩粉、灰泥涂抹"之意。1959 年以前发现、描述并命名的"祖父级"矿物,IMA 承认有效。

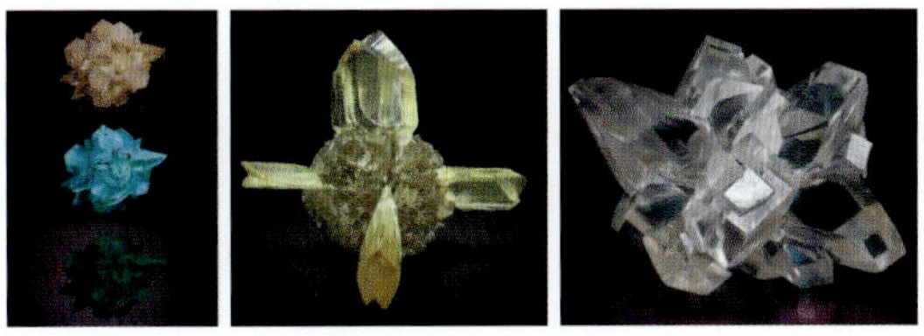

石膏晶簇状集合体(加拿大)

石膏在古英文中被称为"Spærstān",意"矛石",指其晶体呈"燕尾状",双晶像"矛"。透石膏的英文名称 Selinete,源于中世纪英文,它从拉丁文 Selenites 而来,又源自希腊文"σεληνη=Selēnitēs =Selēnē= The moon"和"Lithos",意"像月亮一样的石头"。从 15 世纪,古人相信某些透明晶体,随着月球变化,特别提及的是各种石膏发现都是透明的晶体。

雪花石膏中文名称源于它的雪白的颜色和晶莹剔透光亮像"雪花"。在古代世界,尤其是在古埃及和美索不达米亚非常广泛用于雕塑室内小型摆件;还专用在古埃及人的文化崇拜巴斯特女神(野猫或母狮)使用的太阳船上,以及数以千计的雪花石膏文物可追溯至晚公元前 4 000 年,也已经在泰尔布拉克(今叙利亚)发现。英文名称 Alabaster 的由来是晦涩难懂的。据考起源于中古英文,通过古法文 Alabastre,反过来源自拉丁文和希腊文"ἀ λ ά βαστρos(Alabastros)"或"ἀ λ ά βαστos(Alabastos)"。"雪花"这种矿物,在古埃及和《圣经》往往被称为东方的雪花,早期的例子来自远东地区,"东方雪花"小香水瓶或软膏花瓶称 Alabastra。这个名字可能源于古埃及文字 Alabaste,进一步指埃及女神巴斯特的船只,船名已建议作为矿物名称的可能来源之一。其二,希腊文的名字 Alabastrites,据说是来自埃及的阿拉巴斯特龙(Alabastron)镇,在那里发现并开采这种矿物。

【石榴石】

英文名 Garnet

化学式 $A_3B_2[SiO_4]_3$

石榴石也叫石榴子石,石榴石超族矿物的总称。它们是化学成分比较复杂的岛状硅酸盐矿物,通常用 $A_3B_2[SiO_4]_3$ 表示,其中 $A=Ca^{2+}$、Mg^{2+}、Fe^{2+}、Mn^{2+} 等二价阳离子,$B=Al^{3+}$、Fe^{3+}、Cr^{3+} 等三价阳离子。石榴石族矿物形成两个固溶体系列:即镁铝榴石-铁铝榴石-锰铝榴石系列及钙铝榴石-钙铁榴石-钙铬榴石系列,还有一些互相融合的亚种。等轴(或四方)晶系。晶体形态呈菱形十二面体、四角三八面体或二者的聚形,粒状;集合体呈块状。颜色多种多样,玻璃光泽、金刚光泽,透明—不透明;硬度 7~8。常见的石榴石为红色,中文名称形象地刻画了这个矿物外观特征,从形状到颜色都像石榴中的"籽"。相传,石榴树来自安息国,史称"安息榴",简称"息榴",并转音为"石榴"。安息国位于波斯地区,即今伊朗之古王国。西洋史上称为帕提亚(Parthia),今之达姆甘(Damghan)即其王都。于公元前 250 年左右,由阿尔萨克斯王(Arsakes)所建,故称此王朝为阿尔萨克斯王朝。安息为其音译,我国史书中多用此译名。石榴石的古称卡察都尼亚石(英文名称 Carchedonia)。

英文名称 Garnet，由拉丁文“Granatus”演变而来，“Grain”，即谷物，可能由“Punica granatum”(Pomegranate，即石榴)而来，它是一种有红色种子的植物，其形状、大小及颜色都与部分石榴石晶体类似，故名。1959 年以前发现、描述并命名的“祖父级”矿物，IMA 承认有效。国内有少数人音译为“加纳石”。

我国珠宝界，石榴石的工艺名“紫牙乌”。“牙乌(雅姑)”源自阿拉伯文 Yakut(宝石)，又因石榴石常呈紫红色，故名紫牙乌或子牙乌。中国在青铜时代就已经开始使用石榴石作为宝石或研磨料(Abrasive)的矿物。在西方，古埃及人亦会以石榴石美化他们的服饰。公元前 4 世纪古希腊已经有以石榴石装饰的手镯。在 1842 年法国奥布省普昂(Pouan)发现的宝藏(Treasure of Pouan)中，发现石榴石与一个 5 世纪日耳曼人战士的骸骨一同埋葬。在英国莱斯特郡发现了一个 5 世纪的黄金石榴石吊饰。在一个 6 世纪的法兰克人墓穴中，发现了一个以石榴石装饰的夹发针(Hairpin)。在 16 世纪，石榴石被认为可以保护心脏免受毒素及瘟疫影响。在文艺复兴至维多利亚时代由波希米亚出产的红榴石为当时石榴石主要来源，而在 19 世纪后期，以石榴石装饰的手镯及胸针(brooches)特别普遍。有一说法认为石榴石是古以色列人第一位大祭司(High priest)亚伦所佩带的彩色胸兜(Hoshen)的 12 颗宝石之一，代表犹大支派(Tribe of Judah)。希腊神话中，哈底斯在交还珀耳塞福涅时给她吃下石榴籽，令她必须在一定时间内回到冥界，因此石榴石代表了忠诚、真实及坚贞。另外亦有石榴石在《古兰经》中照亮了第四个天堂的说法。说明石榴石在古代的世界上已广泛被使用[参见【石榴石】具体种的相关条目(803 页)]。

【石棉】

英文名 Asbestos

石棉纤维状晶体(中国)

石棉不是一种独立矿物种，是相应蛇纹石或角闪石类矿物形态上的变种。石棉又称“石绵”，指具有高抗张强度、高挠性、耐化学和热侵蚀、电绝缘和具有可纺性的天然的纤维状硅酸盐类矿物的总称。有 2 类矿物：一类蛇纹石石棉(温石棉)或白石棉，因外观棉白因而得名；二类闪石类石棉，包括角闪石石棉、阳起石石棉、直闪石石棉、铁石棉(褐石棉)、透闪石石棉、蓝石棉(青石棉或紫石棉)、锂闪石石棉、纤铁蓝闪石石棉、镁钠铁闪石石棉、锰闪石石棉等。根据颜色有蓝石棉、黑石棉、白石棉、绿石棉等。石棉由纤维束组成，而纤维束又由长而细的能相互分离的纤维组成，可纺织成布。

中国周代已能用石棉纤维制作织物，因沾污后经火烧即洁白如新，故有“火浣布”或“火烷布”“不灰布”之称。古时中国还称石棉为“石麻”。《列子》书中就有记载：“火浣之布，浣之必投于火，布则火色垢则布色。出火而振之，皓然疑乎雪。”据古籍记载，火浣布最早在西汉时期由西域献来。《三国志》载：景初三年二月，西域重献火浣布，诏大将军、太尉临试以示百寮(《三国志·魏书·三少帝纪》)。13 世纪意大利的世界著名的旅行家马可·波罗曾说到一种“矿物质”，被鞑靼人用来制作防火服。

英文名称 Asbestos 来自古希腊文“ἄ σβεστος”，意思“不可战胜的”或“不能消灭的”。第一个描述的材料可能是在公元前 300 年左右的泰奥弗拉斯托斯。罗马自然历史博物学家老普林尼的手稿使用术语“Asbestinon(不能消灭的)”。石棉的使用在人类文化史中至少可以追溯到 4 500 年前，芬兰人利用直闪石石棉加强陶瓷盆和炊具。在古埃及使用石棉制作法老们的裹尸布。公元前 5 世纪，古希腊历史学家赫罗多托斯曾谈到用石棉来装盛焚烧尸体骨架的耐火容器。据说夏勒马澳拥有一块用石棉制成的白色台布。在法国，拿破仑皇帝曾对石棉很感兴趣，并鼓励在意大利进行实验。最古老的石棉矿是在克里特岛(希腊)、塞浦路斯、印度和埃及发现的。在 18 世纪，欧洲共记载了 20 个石棉矿，最大的位于德国的赖兴斯坦。1860 年以后工业采矿发展起来，在南非、北美和俄国都发现了大型石棉矿。中国有著名的石棉县石棉矿。

【石墨】

英文名 Graphite

化学式 C (IMA)

石墨是碳元素的单质矿物。它与金刚石、碳 60、碳纳米管、石墨烯、赵击石、蓝丝黛尔石等都是碳元素的单质，它们互为同素异形体。它们具有相同的“质”，但“形”或“性”却不同。石墨与金刚石有天壤之别，金刚石是目前自然界最硬的物质，而石墨却是最软的物质之一。石墨为三方(六方)晶系。晶体常呈板状、叶片状、鳞片状；集合体呈块状、土状、球状。颜色和条痕均为铁黑色、钢灰色，半金属光泽、土状光泽，不透明；硬度 1，是自然界最软的矿物，可染手，有滑感。人类在史前就知道木炭和烟炱这两种都是碳素。在中国古籍中石墨又称石涅、石黑、石螺、石黛、画眉石等。石涅是黑石脂的别名。《山海经·西山经》：“西南三百里曰女牀之山，其阳多赤铜，其阴多石涅。”明代杨慎《丹铅续录·石涅》：“石涅黑丹，即今之石黑也……上古书用漆书，中古用石黑，后世用烟墨。”明代李时珍《本草纲目·石三·黑石脂》〔释名〕引陶弘景曰：“一名石墨，一名石涅。”又石螺即石黛，即石墨。袁枚《随园诗话·卷一》引：“清，裘曰修诗：‘玉镜台前一笑时，石螺亲为画双眉。’”又画眉石即石墨。明代李时珍《本草纲目·石三·五色石脂》：“此乃石脂之黑者，亦可为墨，其性黏舌，与石炭不同，南人谓之画眉石。许氏《说文》云：‘黛，画眉石也。’”

石墨六方片状晶体(美国)

在西方，德国阿格里科拉(Agricola)和康拉德·格斯纳(Conrad Gesner)等最早记述。1739 年马格努斯·冯·布罗梅尔(Magnus von Bromell)命名为 Plumbago(石墨)，但与之前的阿格里科拉(Agricola)和康拉德·格斯纳(Conrad Gesner)等相比在意义上是不同的。1781 年被卡尔·威廉·舍勒(Carl Welhelm Scheele)称为 Molybdaena(辉钼矿)，他将辉钼矿和石墨混为一谈。1789 年德国化学家和矿物学家 A. G. 维尔纳(A. G. Werner)在《伯格曼尼斯杂志》(*Bergmannisches Journal*)(1)命名为 Graphite，此名源于希腊文“Εγγραφη=Graphein=Write(写)”，意为“用来写”。拉丁文为 Carbonium，意为“煤，木炭”。1959 年以前发现、描述并命名的“祖父级”矿物，IMA 承认有效。目前已知 Graphite 有 - 2H(六方晶系)和 - 3R(三方晶系)两个多型。

【石髓】

英文名 Chalcedony

化学式 SiO_2

石髓钟乳状、肾状、葡萄状集合体(斯洛伐克、美国)

石髓又名“玉髓”，它是石英隐晶质的变种。晶体呈纤维状；集合体常呈钟乳状、肾状、葡萄状等。无色、白色、灰色，其中可含有 Fe、Al、Ti、Mn、V 等多种色素离子，能呈现出五彩缤纷的多种颜色变种。蜡状光泽，半透明；硬度 6.5～7，脆性，贝壳状断口。中文名称的髓，形声字，从骨，随声。意为骨中的凝脂，以此比喻矿物的形态和颜色的特征。该矿物最初发现于土耳其马尔马拉地区伊斯坦布尔市的卡尔西登(Chalcedon)镇。英文名称 Chalcedony，1546 年由德国阿格里科拉以发现地土耳其的卡尔西登(Chalcedon)镇命名，现在叫卡德科伊(Kadıköy)。石髓(玉髓)有多种变种。

水玉髓(Moganite 或 Lutecite)具纤维状结构的玉髓，包括负延性玉髓(Chalcedonite 或 Chalcedony)和正延性玉髓(Quart zine)。前者 c 轴与纤维方向垂直，后者 c 轴与纤维方向平行。c 轴与纤维方向呈 30°左右交角者被称为 Lutecite(水玉髓)。最新研究表明，大多数“水玉髓”可能属新命名的 Moganite。Lutecite 被视为莫石英(Moganite)的同义词，因而水玉髓(Lutecite)一词应予以废弃。Moganite 为单斜晶系。灰色、灰白色，玻璃光泽，半透明；硬度 6.5～7。1984 年发现于西班牙拉斯帕尔马斯省大加纳利岛(Gran Canaria)莫根(Mogán)。英文名称 Moganite，以发现地西班牙加纳利岛莫根(Mogán)命名。1985 年在《美国矿物学家》(70)报道。IMA 1999 - 035 批准。中文名称音译为莫石英(参见【莫石英】条 625 页)。

绿玉髓(Chrysoprase)一词来自希腊文，意指“金绿色”。

光玉髓原称 Cornelia，但现在已不用了。Cornelia 由古老的拉丁文“Cornum”演化而来，意指“带角的浆果”或者“带角的樱桃”。最近的拼法盛行于 15 世纪，误认为原来是拉丁文“Carneolus”，据“Carnem”，意思是“闪光”。

红玉髓(Carnelian)也称 Sadoine 或麦加石，有时也被拼写为 Cornelian，名称源自 Carne，即拉丁文中的“血肉”，其名源于石髓的颜色。《圣经》记载的红玉髓称是一种“火之石”(《旧约》)。

鸡血石(Bloodstone 或 Heliotrope)，伴随有红色斑点的暗绿玉髓。Bloodstone——鸡血红色的玉石。Heliotrope 为希腊文，有表示“太阳”和“方向”的意思，古代希腊人将鸡血石磨成镜面状，用于观察日蚀及占卜术。

碧玉[Quartz var. Jasper(red)]为一种含氧化铁和黏土矿物等杂质较多的玉髓。按颜色命名可称红碧玉、绿碧玉等。

燧石(拉丁文 Silex，Silicis)细粒微晶组成的灰色—黑色隐晶质石英集合体，俗称火石。燧石坚硬，破碎后产生锋利的断口，最早为石器时代的原始人所青睐，绝大部分石器都是用燧石打击制造的，燧石和铁器击打会产生火花，所以也被古代人用作取火工具，所以燧石也叫作火石。关于中国火祖燧人氏取火有两种说法：一说是燧石取火，一说是燧木取火。燧石取火说可能更可靠，《韩非子·五蠹》载：“民食果蓏蚌蛤，腥臊恶臭而伤害腹胃，民多疾病。有圣人作，钻燧取火，以化腥臊，而民悦之，使王天下，号之曰燧人氏。”燧人钻燧取火，毫无疑问。中国先民首先认识并利用看来不起眼的燧石，开启了人类用火的文明时代。

燧人氏击石取火

化学元素硅是从燧石中发现的。1787 年，拉瓦锡首次发现硅存在于岩石中。1800 年，戴维将其错认为是一种化合物。1811 年约瑟夫·路易·盖-吕萨克(Joseph Louis Gay-Lussac)和泰纳尔(Thenard)制得不纯的无定形硅。1823—1824 年，瑞典化学家 J. J. 贝采利乌斯(J. J. Berzelius)制得纯无定形硅，并命名为 Silicon(硅)，从而获得了发现硅的荣誉。1854 年戴维制得结晶硅。燧石英文名称 Chert，来自拉丁文 Silex 和 Silicis，意为“坚硬的石头”，即燧石(火石)。此外，还有一种具晶腺结构的特殊品种——玛瑙(参见【玛瑙】条 580 页)。

【石盐】

英文名 Halite

化学式 NaCl　　(IMA)

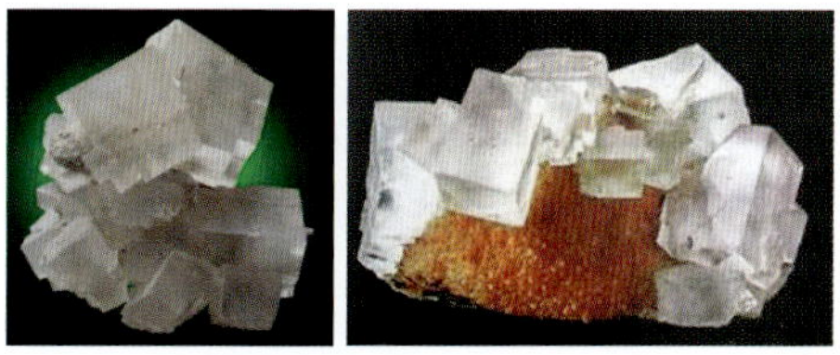

石盐立方体晶体，晶簇状集合体(波兰、中国)

石盐是一种钠的氯化物矿物。属石盐族。等轴晶系。晶体常呈立方体，少见八面体、粒状，在晶面上常有阶梯状凹陷或呈骸晶状，具双晶；集合体呈块状、钟乳状、结壳状或盐华状，也有呈晶簇状或毛细管状。纯净的石盐无色或白色，含杂质时则可染成灰、黄、橙黄、红、蓝、紫、黑等颜色，玻璃或油脂光泽，透明—半透明；硬度 2.5，完全解理，脆性；易溶于水，味咸。

石盐首先是从海水、湖水、泉水以及植物的液汁中取得，然后又从地下卤水取得，最后发现岩盐。人不可一日无盐。因此可以推断人类取得火后，开始食用熟食时就是发现、认识、食用石盐的开端，从此菜肴就有了甘美的味道。据文字记载，中国在距今 6 000 年以前已利用海水制盐，4 000 多年前已生产湖盐，2 000 多年前已凿井汲取地下天然卤水制盐。是谁最先发明、采用海水制盐的呢？中国繁体汉字“鹽”给出了答案。许慎《说文解字》卷十二盐部：盐“咸也。从卤，监声。古者，宿沙初作煑海盐”。清代段玉裁《说文解字注》：盐“卤也。天生曰卤。人生曰盐”。现在推断中国人大约在神农氏(炎帝)与黄帝之间的时期开始煮盐。传说炎帝时有个叫宿沙的诸侯，发明作煑海盐的方法。黄帝命仓颉造字，就造出了个“鹽”，由“臣”“人”“卤”和“皿”4 个部分组成。“臣”代表炎帝的大臣宿沙氏；“人”和“卤”代表盐是由人在监视卤水煎盐；“皿”则说明煮盐所使用的器具。现在都公认山东宿沙氏为华夏制盐之鼻祖。在商代的甲骨文和金文中找不到“鹽”字，只有“鹵”字。金文字形像盐罐(或盐池)中有盐形。英国人李约瑟著《中国科学技术史》第五卷对“鹵”字有一种解释,认为"那是一种自然蒸发咸水的盐池的'鸟瞰图',上部为引水渠道,下部为盐池,池内有田埂,田内有结晶的粒状石盐"。我国的汉字起源于象形文字,甲骨文、金文中的"鹵"字则是引卤至盐池的象形素描。由此看来,"卤"和"盐"最早的时候指的是同一种物质。从自然形成的"卤"到人力加工的"盐",反映了盐的开发生产的过程。语言早于文字。殷商甲骨文、金文中的"卤"字,说明最迟在商代就已存在了。盐字分为 3 个部分:下部象征制盐的工具;上部左边表示王权之下的官僚,上部右边则是制盐的卤水。这个字具有甲骨文的特征,且形象地表现了中国古代政权对盐的垄断。

盐是何物?古代中国人并不知晓。17—19 世纪,西方科学家逐步揭开了它的秘密。1658 年,德国化学家约翰·鲁道夫·格劳拜尔(Johann Rudolf Glauber)从石盐中得到一种窒息性的气体,命名为"盐精(Spirit of salt)"。因石盐是从海水中制得的,又叫它"海酸"。1774 年,瑞典化学家舍勒从海酸中制得一种气味难闻的绿色气体,遗憾的是并没有意识到自己发现了一种新元素。直到 1810 年戴维首先认识到它是一种新元素,并命名为 Chlorine,汉译即氯。此词源自希腊文"Χλωριοΰχα=Chloros",意为绿色(钠的发现见【苏打石】条 903 页)。

英文名称 Halite,1847 年安东(Anton)和哈雷(Halle)在 *Generum et Specierum Mineralium*,*Secundum Ordines Naturales Digestorum Synopsis* 报道,由希腊文"Θ ά λασσα=Sea(海洋)";演变成拉丁文"Sal(盐)",意从海水中取得的盐。后来发现岩石中的盐称"Halites(岩盐)",由 J. D. 丹纳修改为"Halite(石盐)"。1959 年以前发现、描述并命名的"祖父级"矿物,IMA 承认有效。

【石英】

英文名 Quartz

化学式 SiO_2 (IMA)

石英双锥柱状晶体,晶簇状集合体(意大利、中国、墨西哥)

石英是一种硅的氧化物矿物。它是地球上分布非常广泛的矿物。与柯石英(Coesite)、方石英或白硅石(Cristobalite)、正方硅石(或热液石英)(Keatite)、莫石英(Mogánite)、塞石英(Seifertite)、斯石英(或超石英,或重硅石)(Stishovite)和鳞石英(Tridymite)为同质多象。石英包括三方晶系低温石英(α-SiO_2)和六方晶系的高温 β-石英(β-SiO_2)。晶体呈带锥的柱状、不规则粒状;集合体常呈块状或晶簇状。颜色多种多样,常为乳白色、无色、灰色、紫色、绿色、黄色、红色等,玻璃光泽、油脂光泽;硬度 7,无解理,脆性,贝壳断口。石英的耀眼光泽早就引起先民们的注意,也因最惹人瞩目的强光泽,英英光辉,闪烁夺目,英古同"瑛",似玉的美石也,得名石英。

自从史前时代以来,石英已经被认识和赞赏。最古老的名字是由希腊哲学家和科学家亚里士多德的学生泰奥弗拉斯托斯(Theophrastus,公元前 370—前 287 年)在公元前 300—前 325 年记录的克里斯塔洛斯"Κρ ύ σταλλos 或 Kristallos",表示冰冷的基本词语 κρ ύ οσ(或凝固),表明古代认为它是永久固化的冰。英文名称 Quartz,最早见于 1505 年不知名的印刷出版物开始使用"Querz"一词,它可能源于德国弗赖贝格的一名医生乌尔里希·鲁莱恩·冯·卡尔伯(Ulrich Rülein von Kalbe)(又名鲁莱恩·冯·卡尔夫,1527)。1530 年阿格拉科拉(Agricola)拼写为"Quarzum"及"Querze",他也提到"Crystallum、Silicum、Silex 和 Silice"。1941 年汤姆凯夫(Tomkeieff)提出"Quartz"一词源于:"撒克逊矿工称大矿脉(Gänge)和小横脉或交错矿脉(Querklüfte),撒克逊矿工称"Querkluftertz",这样一个沉长笨拙的词先被缩写为"Querertz",再缩写为"Quertz 或 Quarz",最终成为德文"Quarzum"及英文和拉丁文中的"Quartz"。早些时候中文音译为"科子",意指当石英风化后,破碎成细小的砂粒之意。另一说"石英"一词,来源于中古德文"Twarc",这很可能起源于斯拉夫语系捷克的"Tvrdy(硬)"、波兰"Twardy(硬)"或克罗地亚"Tvrd(硬)"。还有一说"石英"一词,来自德国对斯拉夫裔捷克矿工称之为"K ř emen"的音译。石英的爱尔兰词"Grian cloch",意思是"太阳的石头"。1959 年以前发现、描述并命名的"祖父级"矿物,IMA 承认有效。IMA 1967s. p. 批准。石英有很多变种。如石英的隐晶质变种石髓,结晶完好透明的水晶等(参见【石髓】条 805 页和【水晶】条 835 页)。

【石原矿*】

英文名 Ishiharaite

化学式 (Cu,Ga,Fe,In,Zn)S (IMA)

石原矿*是一种铜、镓、铁、铟、锌的硫化物矿物。属闪锌矿族。等轴晶系。晶体呈半自形、等轴粒状,粒径 20~50μm。深灰色,金属光泽,不透明。2013 年发现于阿根廷卡塔马卡省卡皮里塔斯矿区。英文名称 Ishiharaite,以日本筑波大学先进工业科学和技术(AIST)研究所名誉顾问石原舜三(Shunso Ishihara,1934—)博士的姓氏命名。他是日本地球科学学家、1985 年任日本基岩地质调查大臣、1989 年任地质调查局局长、1991 年任工商大臣、1992—1994 年任日本地质学会会长。他首先确定了磁铁矿和钛铁矿系列的花岗质岩石,并将花岗岩岩浆的氧化程度与矿化成矿关系联系起来。IMA 2013-119 批准。日文汉字名称石原鉱。2014 年 M. F. 马尔克斯-扎瓦里阿(M. F. Márquez-Zavaliá)等在《CNMNC 通讯》(19)和《矿物学杂志》(78)及《加拿大矿物学家》(52)报道。目前尚未见官方中文译名,编译者建议借用日文汉字名称的简化汉字名称石原矿*;杨光明教授建议根据晶系和成分译为等轴硫铜矿。

史

[shǐ]会意。[英]音,用于外国人名。

【史碲银矿】

英文名 Stützite

化学式 $Ag_{5-x}Te_3$(x=0.24~0.36) (IMA)

史碲银矿粒状晶体(日本)和史图兹像

史碲银矿是一种银的碲化物矿物。六方晶系。晶体呈粒状。深铅灰色、古铜棕色至彩虹(玷污),金属光泽,不透明;硬度 3.5。最早见于 1944 年 C. 帕拉奇(C. Palache)、H. 伯曼(H. Berman)和 C. 弗龙德尔(C. Frondel)《丹纳系统矿物学》(第一卷,第七版,纽约)刊载。1951 年发现于罗马尼亚胡内多阿拉县萨卡拉姆贝(Săcărâmb);同年,R. M. 汤普森(R. M. Thompson)等在《美国矿物学家》(36)报道。英文名称 Stützite,由奥地利矿物学家安德烈亚斯·泽维尔·史图兹(Andreas Xavier Stütz,1747—1806)的姓氏命名。1959 年以前发现、描述并命名的"祖父级"矿物,IMA 承认有效。IMA 1964s. p. 批准。中文名称根据英文名称首音节音和成分译为史碲银矿;根据晶系和成分译为六方碲银矿。

【史托夫勒尔石*】

英文名 Stöfflerite

化学式 $CaAl_2Si_2O_8$　　(IMA)

史托夫勒尔像

史托夫勒尔石*是一种钙、铝的硅酸盐矿物。属长石族。与钙长石(三方晶系)、德米斯坦伯格石*(Dmisteinbergite,六方晶系)和斯维约它石(直钙长石)(Svyatoslavite,斜方晶系)为同质多象。四方晶系。2017 年发现于摩洛哥火星陨石 NWA856,发现的确切位置是未知的,陨石被称为德杰尔伊本"Djel Ibone"。英文名称 Stöfflerite,为纪念德国陨石专家和柏林自然历史博物馆前任馆长迪特尔·史托夫勒尔(Dieter Stöffler)而以他的姓氏命名。IMA 2017 - 062 批准。2017 年马驰(Ma Chi)等在《CNMNC 通讯》(39)、《矿物学杂志》(81)和《欧洲矿物学杂志》(29)报道。目前尚未见官方中文译名,编译者建议音译为史托夫勒尔石*;杨光明教授建议根据对称性、成分及族名译为四方钙长石。

始 [shǐ]形声;从女,台声。本义:开头,开始。与"终"相对。

【始铝钙石】

英文名 Krotite

化学式 $CaAl_2O_4$　　(IMA)

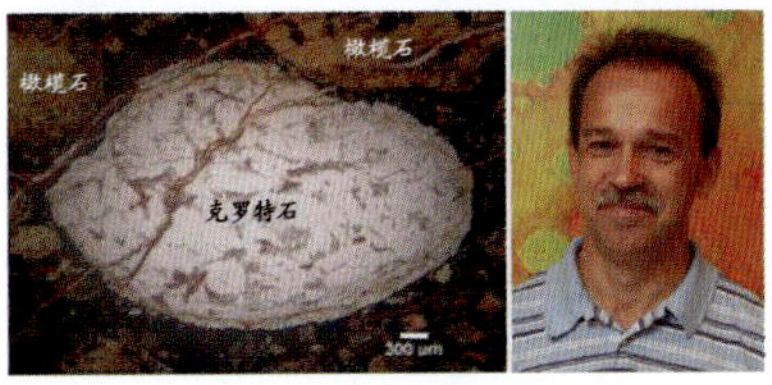

"蛋状"始铝钙石集合体和克罗特像

始铝钙石是一种低压的钙、铝的氧化物矿物。与高压的德米特里伊万诺夫石*(Dmitryivanovite)为同质二象。单斜晶系。集合体呈蛋状。无色,玻璃光泽,透明;硬度 6.5,脆性。始铝钙石被认为是太阳系中形成时间最为久远的几种矿物之一,也是早期行星的形成材料,其源头可追溯到大约 46 亿年前的地球以及其他行星形成之前的太阳星云时期。2010 年发现于摩洛哥埃拉希迪亚省伊尔富德里萨尼 NWA1934CV3 碳质球粒陨石。其发现过程颇有传奇色彩:美国纽约大学的哈罗德·C. 康诺利(Harold C. Connolly)博士和其在美国自然历史博物馆的学生 A. 斯威尼·史密斯(A. Sweeney Smith)在研究过程中认识到一块非常特别且富含钙、铝的矿物,还可承受相当高的温度,这种温度环境与还处于星云时期的太阳系非常相似。样品被送往加州理工学院做进一步的纳米矿物学检查,马驰(Ma Chi)博士又将其送到洛杉矶国家历史博物馆,该馆的矿物科学方面负责人坎普夫(Kampf)博士对这个被称为"有裂纹的鸡蛋"的矿物质进行 X 射线衍射探测后发现,该矿物质的主要成分是一种低压态钙、铝氧化物($CaAl_2O_4$)。这种形态的氧化物此前从来没有在自然界中被发现过,该矿物的原子排列模型与一种人造耐火混凝土有些类似。英文名称 Krotite,以美国夏威夷火奴鲁鲁夏威夷大学的地质学家、宇宙化学家亚历山大·N. 克罗特(Alexander N. Krot,1959—)研究员的姓氏命名。他在太阳系早期形成的研究方面颇有建树,并做出了重大的贡献。IMA 2010 - 038 批准。2010 年马驰等在《矿物学杂志》(74)和 2011 年《美国矿物学家》(96)报道。中文名称根据此矿物形成于太阳系早期(始)和成分译为始铝钙石;音译为克罗特石。

铈 [shì]形声;从金,市声。一种稀土元素,属周期系第Ⅲ族副族镧系。[英]Cerium。元素符号 Ce。原子序数 58。1752 年瑞典化学家克龙斯泰德发现了一种新的矿石。西班牙矿物学家唐·福斯图·德埃尔乌耶分析后认为它是钙和铁的硅酸盐。1803 年德国化学家克拉普罗特分析了该矿石,确定有一种新的金属氧化物存在,称它为 Ochra(赭色土),矿石称为赭色矿(Ochroite),因为它在受灼烧时出现赭色;同时,瑞典化学家 J. J. 贝采利乌斯(J. J. Berzelius,1779—1848)和瑞典矿物学家 W. 希辛格尔(W. Hisinger,1766—1852)也分析发现了同一新元素氧化物,它不同于钇土。钇土溶于碳酸铵溶液,在煤气灯焰上灼烧时呈现红色,而这种土不溶于碳酸铵溶液,在煤气灯焰上灼烧没有呈现特征焰色。于是称它为 Ceria(铈土),元素命名为 Cerium(铈),矿石称为铈硅石(Cerite),以纪念当时发现的一颗矮行星谷神星(Ceres)。铈在地壳中的含量约 0.004 6%,是稀土元素中丰度最高的。主要存在独居石和氟碳铈矿中,也存在于铀、钍、钚的裂变产物中。

【铈鲍利雅科夫矿】

英文名 Polyakovite-(Ce)

化学式 $(Ce,Ca)_4MgCr_2(Ti,Nb)_2Si_4O_{22}$　　(IMA)

铈鲍利雅科夫矿他形等粒状晶体(俄罗斯)和鲍利雅科夫像

铈鲍利雅科夫矿是一种铈、钙、镁、铬、钛、铌的硅酸盐矿物。属硅钛铈矿族硅钛铈矿亚族。单斜晶系。晶体呈自形—他形等粒状。黑色,玻璃光泽,不透明,碎屑半透明;硬度 5.5~6,脆性。1998 年发现于俄罗斯车里雅宾斯克州伊尔门自然保护区米亚斯(Miass)97 号矿坑。英文名称 Polyakovite-(Ce),以俄罗斯矿物学家弗拉季斯拉夫·O. 鲍利雅科夫(Vladislav O. Polyakoy,1950—1993)的姓氏,加占优势的稀土元素铈后缀-(Ce)组合命名。IMA 1998 - 029 批准。2001 年 V. A. 波波夫(V. A. Popov)等在《加拿大矿物学家》(39)报道。2007 年中国地质科学院地质研究所任玉峰在

《岩石矿物学杂志》[26(3)]根据成分及与鲍利雅科夫矿的关系译为铈鲍利雅科夫矿。

【铈独居石】

英文名 Monazite-(Ce)

化学式 $Ce(PO_4)$　　(IMA)

铈独居石柱状晶体(瑞士、奥地利)

铈独居石是一种铈的磷酸盐矿物。属独居石族。单斜晶系。晶体通常小,但可能有时大而粗,常呈扁平板状、柱状、楔形,晶面有条纹,双晶常见,有时呈十字形。红棕色—棕色、带棕色色调的绿色、黄棕色,很少近白色、黄色,半金刚光泽、玻璃—半玻璃光泽、树脂光泽、蜡状光泽、油脂光泽,透明—半透明;硬度 5～5.5,完全解理,脆性。1823 年列维(Lévy)在《伦敦哲学年鉴》(5)报道,称 Turnerite(独居石)。1829 年发现于俄罗斯车里雅宾斯克州伊尔门(Ilmen)自然保护区。1829 年布赖特豪普特(Breithaupt)在纽伦堡《化学和物理学杂志》(55)报道。英文名称 Monazite-(Ce),1829 年由约翰·弗里德里希·奥古斯特·布赖特豪普特(Johann Friedrich August Breithaupt)根据希腊文"μου ά ζω=Solitary(孤独)",加占优势的稀土铈后缀-Ce 组合命名。1959 年以前发现、描述并命名的"祖父级"矿物,IMA 承认有效。IMA 1987s. p. 批准。中文名称根据占优势的成分铈和族名译为铈独居石(参见【独居石】条 134 页)。

【铈多锰绿泥石】

英文名 Manganiandrosite-(Ce)

化学式 $MnCe(Mn^{3+}AlMn^{2+})[Si_2O_7][SiO_4]O(OH)$　　(IMA)

铈多锰绿泥石是一种含羟基和氧的锰、铈、铝的硅酸盐矿物。属绿帘石超族褐帘石族。单斜晶系。晶体呈拉长的粒状。深褐色,半金刚—金刚光泽、玻璃光泽,半透明;脆性。2002 年发现于意大利西阿尔卑斯山脉普拉博纳兹(Prabornaz)锰矿床。英文名称 Manganiandrosite-(Ce),由成分冠词"Mangani(锰)"、根词"Androsite(安德罗斯石或镧锰帘石)",加占优势的稀土元素铈后缀-(Ce)组合命名,意指它是铈占优势"Androsite-La(镧锰帘石)"的类似矿物。其中,根词"Androsite(安德罗斯石或镧锰帘石)",以希腊安德罗斯(Andros)岛命名。IMA 2002－049 批准。2006 年 B. 岑凯-托克(B. Cenki-Tok)等在《欧洲矿物学杂志》(18)报道。2009 年中国地质科学院地质研究所尹淑苹等在《岩石矿物学杂志》[28(4)]根据成分译为铈多锰绿泥石(编译者建议译为铈多锰褐帘石*)。

【铈钒锰绿泥石】

英文名 Vanadoandrosite-(Ce)

化学式 $MnCe(V^{3+}AlMn^{2+})[Si_2O_7][SiO_4]O(OH)$
(IMA)

铈钒锰绿泥石是一种含羟基和氧的锰、铈、钒、铝的硅酸盐矿物。属绿帘石超族褐帘石族。单斜晶系。晶体呈短柱状;集合体呈放射状。深褐色—黑色,玻璃光泽、金刚光泽,半透明。2004 年发现于法国上比利牛斯山脉库斯图(Coustou)矿。英文名称 Vanadoandrosite-(Ce),由成分冠词"Vanado(钒)"、根词"Androsite(安德罗斯石或镧锰帘石)",加占优势的稀土元素铈后缀-(Ce)组合命名,意指它是铈占优势"Androsite-La(镧锰帘石)"的类似矿物。其中,根词"Androsite(安德罗斯石或镧锰帘石)",以希腊安德罗斯(Andros)岛命名。IMA 2004－015 批准。2006 年 B. 岑凯-托克(B. Cenki-Tok)等在《欧洲矿物学杂志》(18)报道。2009 年中国地质科学院地质研究所尹淑苹等在《岩石矿物学杂志》[28(4)]根据成分译为铈钒锰绿泥石(编译者建议译为铈钒锰褐帘石*)。

【铈钙钛矿】

英文名 Knopite

化学式 $(Ca,Ce,Na)(Ti,Fe)O_3$

铈钙钛矿假八面体及聚形晶体(俄罗斯)

铈钙钛矿是一种钙、铈、钠、钛、铁的氧化物矿物。属钙钛矿族。斜方晶系。晶体呈假立方体、八面体及聚形。黑色,金刚光泽、半金属光泽;硬度 5.5～6。最初的描述来自瑞典梅代尔帕德(Medelpad)区朗格斯霍尔曼(Långörsholmen)。1894 年 P. J. 霍姆奎斯特(P. J. Holmquist)在《斯德哥尔摩地质学会会刊》(16)报道。英文名称 Knopite,由 A. 克诺普(A. Knop,1828—1893)的姓氏命名。他是德国矿物学家,发现了各种含铌的钙钛矿[如,Dysanalyte(钛铌铁钙石)]。1959 年以前发现、描述并命名的"祖父级"矿物,IMA 承认有效。中文名称根据占优势的铈和族名译为铈钙钛矿。

【铈硅磷灰石】

英文名 Britholite-(Ce)

化学式 $(Ce,Ca)_5(SiO_4)_3(OH)$　　(IMA)

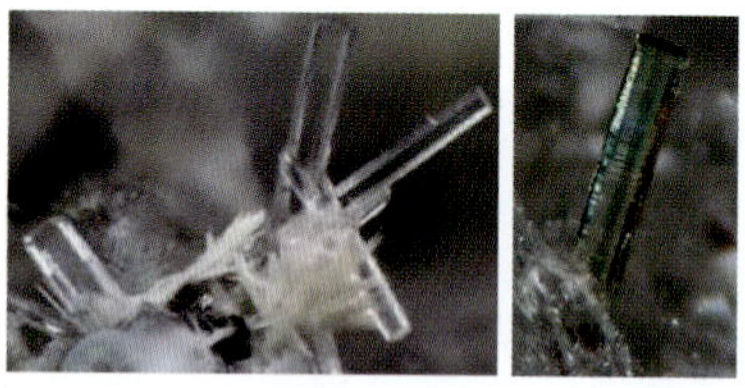

铈硅磷灰石柱状晶体(德国、意大利)

铈硅磷灰石是一种含羟基的铈、钙的硅酸盐矿物。属磷灰石超族铈硅磷灰石族。六方晶系。晶体呈柱状。灰色、深黄色、黄褐色,金刚光泽、玻璃光泽,透明—半透明;硬度 5～5.5。1897 年首次被古斯塔夫·弗林克(Gustav Flink)发现于格陵兰库雅雷哥自治区图努里亚菲克(Tunulliarfik)峡湾诺亚加西克(Naujakasik)。当时暂命名为"Cappelenite(硼硅钡钇矿相似矿物)"。英文名称 Britholite,1901 年温特(Winther)在丹麦《格陵兰学报》(24)描述并根据希腊文"Μπρίzos=Brithos(重量)"命名,意指高密度的矿物。根据莱文森规则加占优势的稀土元素铈后缀-(Ce)1987 年更名为 Britholite-(Ce)。1959 年以前发现、描述并命名的"祖父级"矿物,IMA 承认有效。IMA 1987s. p 批准。中文名称根据成分和与磷灰石的关系译为铈硅磷灰石或铈磷灰石，有的译为硒磷灰石，还有的译为钙硅铈镧矿或方钙铈镧矿等。

【铈硅石】

英文名 Cerite-(Ce)

化学式 $(Ce,La,Ca)_9(Mg,Fe^{3+})(SiO_4)_3(SiO_3OH)_4(OH)_3$ (IMA)

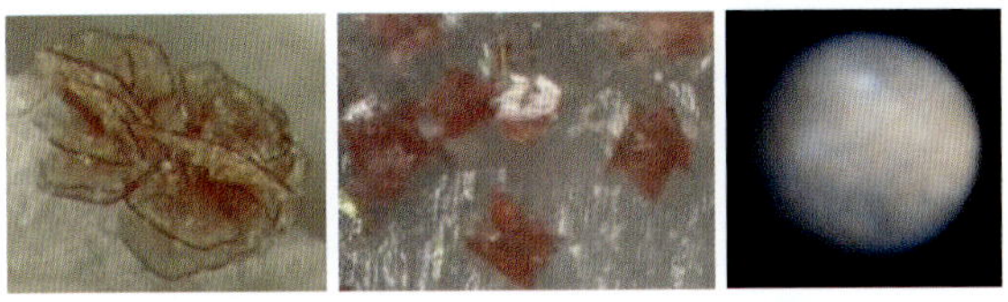

铈硅石片状、粒状晶体（加拿大、意大利）及谷神星

铈硅石是一种化学成分十分复杂的含羟基的铈、镧、钙、镁、铁的氢硅酸-硅酸盐矿物。三方晶系。晶体呈短柱状、片状、粒状，完整的晶体很少见；集合体多呈块状。颜色呈丁香紫色、红色、红褐色和灰色，金刚光泽、树脂光泽，透明—半透明；硬度 5～5.5。1751 年瑞典化学家 A. F. 克龙斯泰德(A. F. Cronstedt)在瑞典韦斯特曼省里达尔许坦(Riddarhyttan)村瓦斯特拉斯(Bastnas)矿山圣格兰斯矿发现了一种红色重石，当时命名为“Tungsten(钨)”[见 1751 年的 *K. Vetenskaps Akademiens Handlingar*(12)]。西班牙矿物学家唐·福斯图·德埃尔乌耶分析后认为它是钙和铁的硅酸盐矿物。1803 年德国化学家 M. H. 克拉普罗特(M. H. Klaproth)和瑞典化学家 J. J. 贝采利乌斯(J. J. Berzelius,1779—1848)及 W. 希辛格尔(W. Hisinger,1766—1852)同时分别从一矿石中发现了一种新的物质——铈土(Ceria)。他们研究的矿石采自希辛格尔氏所拥有的瑞典维斯特曼省柏斯耐斯铁矿山，该矿石密度极大，称“柏斯耐斯重石”。克拉普罗特称新土为 Ochra(赭色土)，矿石称为赭色矿(Ochroite)，因为它在受灼烧时出现赭色；同时，瑞典化学家贝采利乌斯和瑞典矿物学家希辛格尔也分析发现了同一新元素氧化物，它不同于钇土。于是称它为 Ceria(铈土)，元素命名为 Cerium(铈)，元素符号 Ce。英文名称 Cerite，为纪念意大利天文学家杰赛普·皮亚兹(Guiseppe Piazzi)1801 年发现的一颗矮行星谷神星(Ceres)而得名。1804 年在《化学杂志新总刊》(*Neues Allgemeines Journal der Chemie*)(2)报道。1959 年以前发现、描述并命名的“祖父级”矿物，IMA 承认有效。IMA 1987s. p. 批准。中文名称根据成分译为铈硅石/硅铈石。2001 年发现镧占优势的物种后，Cerite 分为 Cerite-(Ce)、和 Cerite-(La)两个矿物种。

谷神星(Ceres)名称源自刻瑞斯(英文、拉丁文：Ceres)，是掌管植物生长、收获和慈爱的罗马神。Ochroium 和 Cerium 是同一元素，后者被采用。直到 1875 年希尔布郎德利用电解熔融的铈的氧化物，获得金属铈。从而人类发现了两个稀土元素钇和铈，它们的发现打开了发现稀土元素的第一道大门。稀土是历史遗留的名称，从 18 世纪末叶开始稀土元素被陆续发现出来。当时人们习惯于把不溶于水的固体氧化物称作土，例如把氧化铝叫作陶土，氧化镁叫作苦土。稀土是以氧化物状态分离出来的，很稀少，因而得名稀土。在钇和铈发现之后其他稀土元素被陆续发现出来。稀土元素是指元素周期表中原子序数为 57 到 71 的 15 种镧系元素，以及与镧系元素化学性质相似的钪(Sc)和钇(Y)共 17 种元素。稀土(Rare earth)有“工业维生素”的美称。现如今已成为极其重要的战略资源。

【铈褐帘石】参见【褐帘石-铈】条 309 页

【铈红帘石】

英文名 Piergorite-(Ce)

化学式 $Ca_8Ce_2AlLiSi_6B_8O_{36}(OH)_2$ (IMA)

铈红帘石是一种含羟基的钙、铈、铝、锂的硼硅酸盐矿物。属绿帘石族斜黝帘石亚族。单斜晶系。无色—淡黄色，玻璃光泽，半透明；完全解理，脆性。2005 年发现于意大利维特博省维特拉拉市特雷克罗齐(Tre Croci)。英文名称 Piergorite-(Ce)，由意大利两位著名而热心的矿物收藏家、IMA(意大利微矿物协会)的成员吉安卡洛·皮耶里尼(Giancarlo Pierini，1929—)和彼得罗·戈里尼(Pietro Gorini，1939—)的姓氏“Pier”ini 和“Gor”ini 的缩写，加占优势稀土元素铈后缀-(Ce)组合命名。IMA 2005-008 批准。2006 年 M. 博约基(M. Boiocchi)等在《美国矿物学家》(91)报道。中文名称根据占优势稀土元素铈及与红帘石的关系译为铈红帘石。

【铈磷铜石】

英文名 Petersite-(Ce)

化学式 $Cu_6Ce(PO_4)_3(OH)_6 \cdot 3H_2O$ (IMA)

铈磷铜石是一种含结晶水和羟基的铜、铈的磷酸盐矿物。属砷铋铜矿族。六方晶系。晶体呈针状，长 50μm；集合体呈放射状、晶簇状。黄绿色，玻璃光泽，半透明；硬度 3.5，脆性，易碎。2014 年发现于美国亚利桑那州亚瓦派县布莱克山(桂山范围)樱桃溪(Cherry Creek)矿区。英文名称 Petersite-(Ce)，根词由新泽西州帕特森博物馆矿物馆长托马斯·A. 彼得斯[Thomas A. Peters (1947—)和纽约美国自然历史博物馆矿物馆长约瑟夫·彼得斯(Joseph Peters，1951—)]兄弟姓氏，加占优势的稀土元素铈后缀-(Ce)组合命名，以表彰他们对新泽西州矿物学和他们的馆长工作的贡献。IMA 2014-002 批准。2014 年 S. M. 莫里森(S. M. Morrison)等在《CNMNC 通讯》(20)、《矿物学杂志》(78)和 2016 年《加拿大矿物学家》(54)报道。中文名称根据成分译为铈磷铜石；编译者建议音加成分译为彼得斯铈石*。

【铈磷稀土矿】参见【磷稀土矿-铈】条 484 页

【铈锰帘石】

英文名 Uedaite-(Ce)

化学式 $Mn^{2+}Ce(Al_2Fe^{2+})[Si_2O_7][SiO_4]O(OH)$ (IMA)

铈锰帘石是一种锰、铈占优势的绿帘石超族褐帘石族矿物之一。单斜晶系。晶体呈柱状，长 1mm。黑色—深棕色，玻璃光泽、油脂光泽，半透明—不透明；硬度 5～6，脆性。2006 年发现于日本香川县濑户内海小豆岛丸德(Marutoku)采石场。英文名称 Uedaite-(Ce)，以日本京都大学的晶体学教授上田健夫(Tateo Ueda，1912—2000)的姓氏，加占优势的稀土元素铈后缀-(Ce)组合命名。他第一个解决了褐帘石的晶体结构；日文汉字名称上田石。IMA 2006-022 批准。2006 年宫胁律郎(R. Miyawaki)在《科比 IMA 会员大会海报》(31-9)和 2007 年 D. G. W. 史密斯(D. G. W. Smith)等在《加拿大矿物学家》(45)及 2008 年宫胁律郎(R. Miyawaki)等在《欧洲矿物学杂志》(20)报道。中文名称根据成分和族名译为铈锰帘石。2010 年杨主明在《岩石矿物学杂志》

[29(1)]建议采用日文汉字名称上田石。

【铈铌钙钛矿】

英文名 Loparite-(Ce)

化学式 $(Na,Ce,Sr)(Ce,Th)(Ti,Nb)_2O_6$ (IMA)

铈铌钙钛矿尖晶石律穿插双晶(俄罗斯)

铈铌钙钛矿是一种钠、铈、锶、钍、钛、铌的复杂氧化物矿物。属钙钛矿超族化学计量比钙钛矿族钙钛矿亚族。斜方(?)(假等轴)晶系。晶体呈立方体、八面体，粒径 2cm，具尖晶石律穿插双晶。深灰色、黑色，金属光泽，不透明；硬度 5.5，脆性。1890 年 W. 拉姆齐(W. Ramsay)发现于俄罗斯北部摩尔曼斯克州马利曼尼帕克(Maly Mannepakhk)山。1922 年费尔斯曼(Fersmann)在《苏联科学院报告》(59)和 1923 年《北方科学和经济考察报告》(16)报道。英文名称 Loparite-(Ce)，由俄罗斯科拉(Kola)半岛的土著居民萨米人或拉普兰人(Lapp)洛帕尔(Lopar)的称呼，加占优势的稀土铈后缀-(Ce)组合命名。1959 年以前发现、描述并命名的"祖父级"矿物，IMA 承认有效。IMA 1987s. p. 批准。中文名称根据成分及族名译为铈铌钙钛矿；杨光明教授建议译为铈铌钠钛矿。

【铈硼硅石】参见【菱硼硅铈矿】条 492 页

【铈片榍石】

英文名 Hainite-(Y)

化学式 $(Ca_3Y)Na(NaCa)Ti(Si_2O_7)_2(OF)F_2$ (IMA)

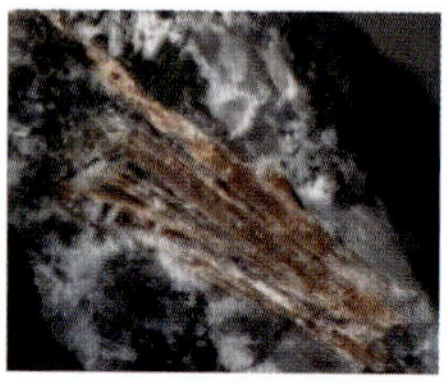

铈片榍石片状晶体，束状集合体(巴西)

铈片榍石是一种含氟和氧的钠、钇、钙、钛的硅酸盐矿物。属氟钠锆石超族层硅铈钛矿族。三斜晶系。晶体呈柱状、针状、片状；集合体呈束状。酒黄色、蜜黄色—无色，金刚光泽、玻璃光泽，半透明；硬度 5，完全解理。1893 年发现于捷克共和国波希米亚利贝雷茨地区伊泽拉山脉霍厄海恩(Hohe Hain)山脉。1893 年 J. 布鲁姆里奇(J. Blumrich)在《结晶学、矿物学和岩石学杂志》[13(6)]和《契尔马克氏矿物学和岩石学通报》(13)报道。英文名称 Hainite，以发现地捷克的海恩(Hain)山脉命名，2016 年(IMA 16 - A)加占优势的稀土元素钇后缀-(Y)组合命名为 Hainite-(Y)。1959 年以前发现、描述并命名的"祖父级"矿物，IMA 承认有效。但此矿物长期被视为可疑物种，说与锆针钠钙石(或橙针钠钙石)相关，2003 年克里斯琴森(Christiansen)等在《加拿大矿物学家》(41)指出是一个独立的物种。2005 年盖斯特(Giester)测定了它的晶体结构。IMA 2016s. p. 批准。中文名称前人根据成分、形态译为铈片榍石；编译者建议译为钇片榍石*。

【铈烧绿石】

英文名 Ceriopyrochlore-(Ce)

化学式 $(Ce,Ca,Y)_2(Nb,Ta)_2O_6(OH,F)$

铈烧绿石是一种含羟基和氟的铈、钙、钇、铌、钽的氧化物矿物。属烧绿石族。等轴晶系。晶体呈立方体、八面体。淡暗棕色、黑色、黄褐色，树脂光泽，透明—不透明；硬度 5～5.5，脆性。1907 年发现于美国威斯康星州马拉松县沃索(Wausau)侵入杂岩体。1907 年魏德曼(Weidman)和伦赫(Lenher)在《美国科学杂志》(23)报道，并以马利钠克(Marignac)的姓氏命名为 Marignacite。1977 年 D. D. 贺加斯(D. D. Hogarth)在《美国矿物学家》(62)报道，并根据成分"Cerium(铈)"和"Pyrochlore(烧绿石)"组合命名为 Ceriopyrochlore-(Ce)。2010 年被 IMA 废弃。中文名称根据占优势的成分铈和族名译为铈烧绿石(参见【烧绿石】条 773 页)。

【铈砷硅石】

英文名 Cervandonite-(Ce)

化学式 $(Ce,Nd,La)(Fe^{3+},Ti,Fe^{2+},Al)_3O_2(Si_2O_7)_{1-x+y}(AsO_3)_{1+x-y}(OH)_{3x-3y}$ (IMA)

铈砷硅石片状晶体，花状集合体(瑞士)

铈砷硅石是一种含羟基的铈、钕、镧的铁、钛、铝氧的砷酸-硅酸盐矿物。三方晶系。晶体呈板片状；集合体呈花状。黑色，金刚光泽，半透明—不透明；硬度 5，脆性。1986 年发现于意大利韦尔巴诺-库西亚-奥索拉省柯尔万多那(Cervandone)峰。英文名称 Cervandonite-(Ce)，由发现地意大利和瑞士边境的阿尔卑斯山脉中部巽凡通(Cervandon)山峰和占优势的稀土元素铈后缀-(Ce)组合命名。IMA 1986 - 044 批准。1988 年比勒·安布鲁斯特(Buhler Armbruster)等在瑞士《矿物学和岩石学通报》(68)报道。1989 年中国新矿物与矿物命名委员会郭宗山在《岩石矿物学杂志》[8(3)]根据成分译为铈砷硅石；杨光明教授建议译为复铁铈砷硅石。

【铈钛石】

英文名 Lucasite-(Ce)

化学式 $CeTi_2O_5(OH)$ (IMA)

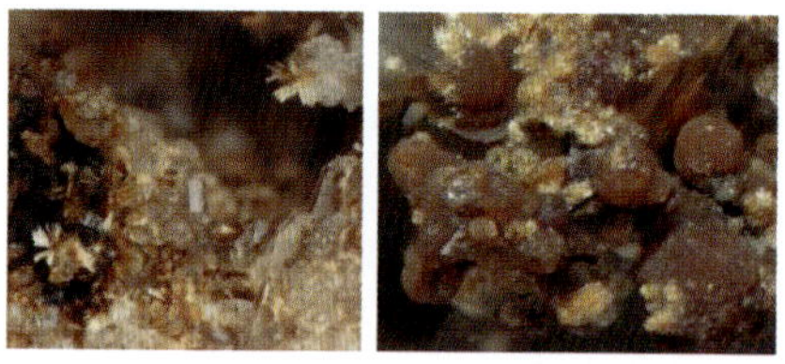

铈钛石放射状、球粒状集合体(俄罗斯)

铈钛石是一种铈、钛的氢氧-氧化物矿物。单斜晶系。晶体呈半自形板状；集合体呈放射状、球粒状。褐色、棕色、灰色，树脂光泽，半透明；硬度 6～6.5，完全解理，脆性。1986 年发现于澳大利亚西澳大利亚州温德姆东金伯利郡阿盖尔钻石(Argyle Diamond)矿钾镁煌斑岩。英文名称 Lucasite-(Ce)，1987 年 E. H. 尼克尔(E. H. Nickel)等为纪念澳大利亚地质学家与 CRA 勘探有限公司的汉斯·卢卡斯(Hans Lucas)先生而以他的姓氏，加占优势的稀土元素铈后缀-(Ce)组合命名，是他第一个在钾镁煌斑岩中发现了该矿物。IMA 1986 - 020 批准。1987 年尼克尔等在《美国矿物学家》(72)报道。1988 年中国新矿物与矿物命名委员会郭宗山等在《岩石矿物学杂志》[7(3)]根据占优势的成分译为铈钛石。

【铈钛铁矿】参见【钛铁矿】条 913 页

【铈铁赤坂石*】

英文名 Ferriakasakaite-(Ce)

化学式 $CaCeFe^{3+}AlMn^{2+}(Si_2O_7)(SiO_4)O(OH)$ (IMA)

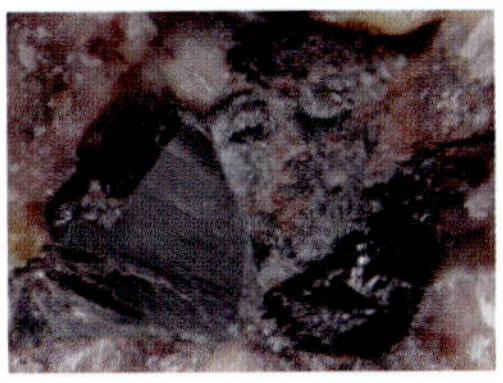

铈铁赤坂石*不规则柱状晶体(瑞典)

铈铁赤坂石*是一种含羟基和氧的钙、铈、三价铁、铝、锰的硅酸盐矿物。属绿帘石超族褐帘石族。单斜晶系。晶体呈不规则柱状。深棕色,半透明;硬度5~5.5,脆性。2018年发现于意大利库内奥省贝马尼格利亚(Maniglia)山矿山。英文名称Ferriakasakaite-(Ce),由成分冠词"Ferri(三价铁)"和根词"Akasakaite(赤坂石)"加占优势的稀土元素铈后缀-(Ce)组合命名。其中,根词Akasakaite以日本岛内大学教授赤坂正彦(Masahide Akasaka,1950—)的姓氏命名。IMA 2018-087批准。2018年C.比亚乔尼(C. Biagioni)等在《CNMNC通讯》(46)、《矿物学杂志》(82)和2019年《矿物》(9)报道。目前尚未见官方中文译名,编译者建议根据成分及与根名的关系译为铈铁赤坂石*。

【铈钨华】

英文名 Yttrotungstite-(Ce)

化学式 $CeW_2O_6(OH)_3$ (IMA)

铈钨华板状晶体(乌干达)

铈钨华是一种含羟基的铈的钨酸盐矿物。单斜晶系。晶体呈刃片状、板状,具双晶;集合体呈皮壳状、平行状、放射状。橘黄色;硬度1,完全解理。1970年发现于马来西亚霹雳州金塔区克拉马特普洛伊(Kramat Pulai)矿和乌干达西部地区基杰奇区基鲁瓦(Kirwa)矿山。英文名称Yttrotungstite-(Ce),由成分冠词"Yttrium(钇)"和根词"Tungsten(钨华)",加后缀铈-(Ce)组合命名,意指它是铈占优势的钇钨华的类似矿物。IMA 1970-008批准。1970年T. G.萨哈马(T. G. Sahama)等在《芬兰地质学会通报》(42)报道。同义词Cerotungstite-(Ce),由占优势的"Cero(铈)"和"Tungstite(钨华)"组合命名。中文名称意译为铈钨华,也有的译为铈钨矿(参见【钨华】条989页)。

【铈兴安石】参见【兴安石-铈】条1050页

【铈易解石】参见【易解石】条1077页

手

[shǒu]用于日本地名。

【手稻石】参见【铜碲石】条960页

舒

[shū]会意兼形声;从舍,从予,予亦声。本义:伸展,舒展。[英]音,用于外国人名。

【舒拉米特石*】

英文名 Shulamitite

化学式 $Ca_3TiFe^{3+}AlO_8$ (IMA)

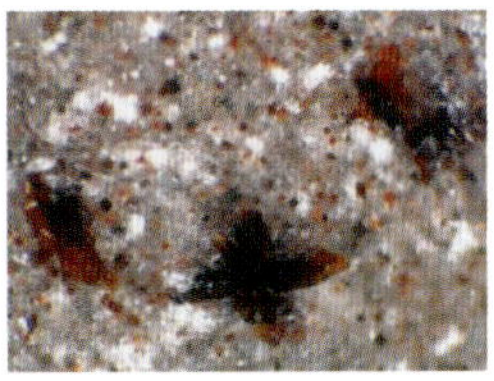

舒拉米特石*柱状、板状晶体,放射星状集合体(以色列)

舒拉米特石*是一种钙、钛、铁、铝的氧化物矿物。属钙钛矿超族非化学计量的钙钛矿族钙铁矿亚族。斜方晶系。晶体呈自形或半自形柱状、小板状,常见双晶;集合体呈放射星状。红棕色,金刚光泽、半金属光泽;硬度6~7,完全解理。2011年发现于以色列内盖夫沙漠哈特鲁里姆(Hatrurim)盆地。英文名称Shulamitite,为纪念以色列地质调查局退休成员舒拉米特·格罗斯(Shulamit Gross,1923—2012)博士而以他的名字命名。Shulamit=Shulem是希伯来文圣经《歌曲之歌》中赋予女性主角的名称。在英王钦定本和其他圣经中,它是所罗门之歌或《颂歌》。

IMA 2011-016批准。2011年V. V.萨里金(V. V. Sharygin)等在《CNMNC通讯》(10)和2013年《欧洲矿物学杂志》(25)报道。目前尚未见官方中文译名,编译者建议音译为舒拉米特石*;杨光明教授建议根据成分译为钙钛铝铁石或钛钙铝铁石。

【舒勒石*】

英文名 Schüllerite

化学式 $Ba_2Ti_2Na_2Mg_2(Si_2O_7)_2O_2F_2$ (IMA)

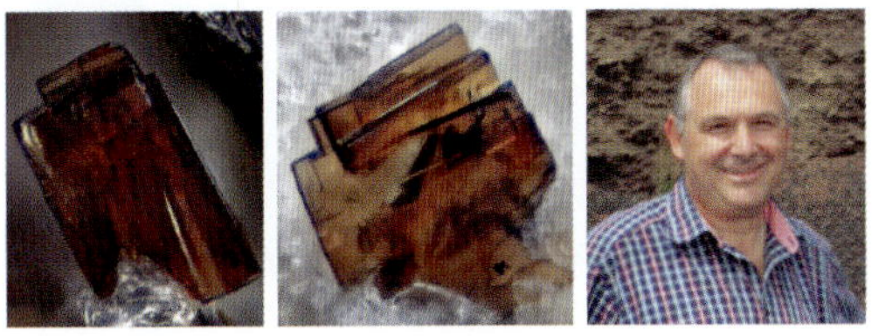

舒勒石*板状晶体,叠板晶簇状集合体(德国)和舒勒像

舒勒石*是一种含氟和氧的钡、钛、钠、镁的硅酸盐矿物。属氟钠钛锆石超族水硅钛钠石族。三斜晶系。晶体呈板状、片状;集合体呈叠板晶簇状。棕色,玻璃光泽,半透明;硬度3~4,完全解理,脆性。2010年发现于德国莱茵兰-普法尔茨州的洛利(Löhley)。英文名称Schüllerite,以德国业余矿物学家兼收藏家威利·舒勒(Willi Schüller,1953—)的姓氏命名。他是艾费尔高原矿物学专家,也是该地区许多矿物出版物的作者。IMA 2010-035批准。2010年N. V.丘卡诺夫(N. V. Chukanov)等在《矿物学杂志》(74)和2011年《俄罗斯矿物学会记事》[140(1)]报道。目前尚未见官方中文译名,编译者建议音译为舒勒石*;杨光明教授建议根据成分译为氟镁钡钛钠石。

【舒伦贝格石】参见【羟碳锌铜矾】条737页

【舒姆韦铀矾*】

英文名 Shumwayite

化学式 $[(UO_2)(SO_4)(H_2O)_2]_2 \cdot H_2O$ (IMA)

舒姆韦铀矾*柱状晶体,无序状集合体(美国)

舒姆韦铀矾*是一种含结晶水的铀酰-硫酸盐矿物。单斜晶系。晶体呈柱状,长0.3mm左右;集合体呈无序状。浅绿黄色,玻璃光泽,透明;硬度2,完全解理,脆性。2015年发现于美国犹他州圣胡安县让路-辛普劳(Giveway-Simplot)矿和绿蜥蜴(Green Lizard)矿。英文名称Shumwayite,以舒姆韦(Shumway)家族命名。舒姆韦家族的成员与科罗拉多高原的许多铀矿的发现和开采有关,包括绿蜥蜴矿在内的铀矿。科罗拉多高原上的数百个铀矿床的发现和采矿是舒姆韦家庭成员的责任。阿拉·E.舒姆韦(Arah E. Shumway,1891—1968)在20世纪20年代期间对红峡谷进行了勘探,并且第一个获得采矿权和国家采矿权。丹·舒姆

韦(Dan Shumway,1946—)是绿蜥蜴矿的首批认可者之一,其中硫铁矿首次得到认可。加里·L.舒姆韦(Gary L. Shumway,1938—)博士是加利福尼亚大学历史名誉教授,因其在铀矿开采和勘探方面的研究和出版而闻名。IMA 2015-058 批准。2015 年 A. R. 坎普夫(A. R. Kampf)等在《CNMNC 通讯》(27)、《矿物学杂志》(79)和 2017 年《矿物学杂志》(81)报道。目前尚未见官方中文译名,编译者建议根据音和成分译为舒姆韦铀矾*。

【舒瓦洛夫石*】

英文名 Shuvalovite

化学式 $K_2(Ca_2Na)(SO_4)_3F$ (IMA)

舒瓦洛夫像

舒瓦洛夫石*是一种含氟的钾、钙、钠的硫酸盐矿物。斜方晶系。晶体呈粗片状,或压扁矩形、八角形,或不规则状,粒径 0.05mm×0.7mm×0.9mm;集合体常呈皮壳状。无色,玻璃光泽,透明;硬度 3,脆性。2014 年发现于俄罗斯堪察加州托尔巴契克(Tolbachik)火山主裂隙北破火山口第二熔渣锥喷气孔。英文名称 Shuvalovite,为纪念俄罗斯贵族和政治家伊凡·伊凡诺维奇·舒瓦洛夫(Ivan Ivanovich Shuvalov,1727—1797)而以他的姓氏命名。他是一位科学、艺术和文学的热心赞助者,并是 1755 年莫斯科大学的创始人之一。IMA 2014-057 批准。2014 年 I. V. 佩科夫(I. V. Pekov)等在《CNMNC 通讯》(22)、《矿物学杂志》(78)和 2016 年《欧洲矿物学杂志》(28)报道。目前尚未见官方中文译名,编译者建议音译为舒瓦洛夫石*;杨光明教授建议根据成分译为氟钙钾矾。

曙 [shǔ]形声;从日,署声。本义:天刚亮时。曙光:破晓时的阳光,呈粉红色、橘红色。比喻矿物的颜色。

【曙光石】参见【磷铝锰矿】条 466 页

束 [shù]会意;从口(wéi)木。在木上加圈,像用绳索把木柴捆起来。本义:捆绑。用于描述呈捆扎状矿物集合体。

【束沸石】参见【辉沸石-钙】条 348 页

【束磷钙铀矿】

英文名 Phurcalite

化学式 $Ca_2(UO_2)_3O_2(PO_4)_2 \cdot 7H_2O$ (IMA)

束磷钙铀矿放射状集合体(美国)

束磷钙铀矿是一种含结晶水的钙、铀酰氧的磷酸盐矿物。斜方晶系。晶体呈板状、针状;集合体呈皮壳状、束状、放射状。黄色,金刚光泽、玻璃光泽,透明—半透明;硬度 3,完全解理,脆性。1977 年发现于德国萨克森州佐布(Zobes)卑尔根区卑尔根铀矿床斯特劳伯(Streuberg)采石场。英文名称 Phurcalite,由成分"Phosphorus(磷酸)""Uranium(铀)"和"Calcium(钙)"缩写组合命名。IMA 1977-040 批准。1978 年 M. 德利安(M. Deliens)、P. 皮雷(P. Piret)在法国和英国《矿物学通报》(101)及 M. 弗莱舍(M. Fleischer)在《美国矿物学家》(63)报道。中文名称根据束状形态和成分译为束磷钙铀矿。

双 [shuāng]会意;从雠,从又,持之。雠(chóu),两只鸟。又,手。本义:一对、两个。一对,与"单"相对。①用于中国地名、人名。②双晶。③双水,两个结晶水。

【双峰矿】

汉拼名 Shuangfengite

化学式 $IrTe_2$ (IMA)

双峰矿是一种铱碲化物矿物。属碲镍矿族。三方晶系。晶体呈自形板状;集合体呈块状、细脉状。钢灰色、黑色,金属光泽,不透明;硬度 3,极完全解理,脆性。1985 年发现于中国河北省承德地区兴隆县双峰村附近的滦河铂砂矿。汉拼名称 Shuangfengite,以发现地中国双峰(Shuangfeng)村命名。IMA 1993-018 批准。1994 年於祖相(Yu Zuxiang)在《矿物学报》[14(4)](中国英文版摘要)报道。

【双晶石】

英文名 Eudidymite

化学式 $Na_2Be_2Si_6O_{15} \cdot H_2O$ (IMA)

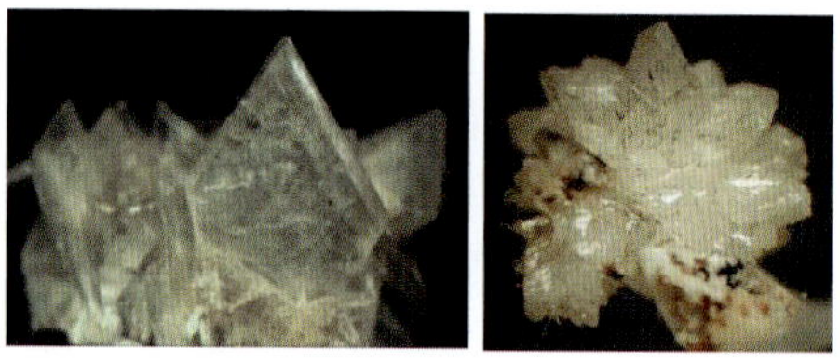

双晶石板状双晶(挪威、加拿大)

双晶石是一种含结晶水的钠、铍的硅酸盐矿物。与板晶石为同质多象。单斜晶系。晶体呈板状、片状、柱状,常呈平行连生双晶;集合体呈球状、细粒状。无色、白色、紫天蓝色、灰蓝色,玻璃光泽,解理面上呈珍珠光泽,透明;硬度 6,完全解理。1887 年发现于挪威西福尔郡的兰格森德斯乔登(Langesundsfjorden)里尔阿罗亚(Lille Arøya)岛。1887 年 W. C. 布拉格(W. C. Brøgger)在《纽约时报科学杂志》(*Nyt Magazin for Naturvidenskaberne*)(31)报道。英文名称 Eudidymite,由希腊文"Λοιπόν = Well(好)"和"Δίδυμα = Twinned(成双成对的)"命名,意指该矿物常呈连生双晶产出。1959 年以前发现、描述并命名的"祖父级"矿物,IMA 承认有效。中文名称根据常见的双晶习性译为双晶石。

【双水碳镁石】

英文名 Barringtonite

化学式 $MgCO_3 \cdot 2H_2O$

双水碳镁石是一种含两个结晶水的镁的碳酸盐矿物。三斜晶系。晶体呈纤维状、针状;集合体呈放射状。无色、白色,半透明;完全解理。最初的报告来自澳大利亚新南威尔士州的巴林顿·托普斯(Barrington Tops)森菲尔(Semphill)溪彩虹瀑布(Rainbow Falls)。英文名称 Barringtonite,以发现地澳大利亚的巴林顿·托普斯(Barrington Tops)命名。未经 IMA 批准,但可能有效。1965 年 B. 纳沙尔(B. Nashar)在《美国矿物学家》(50)和《矿物学杂志》(34)报道。中文名称根据成分译为双水碳镁石或二菱镁矿。

【双徐榴石】

汉拼名 Xuite

化学式 $Ca_3Fe_2[(Al,Fe)O_3(OH)]_3$ (IMA)

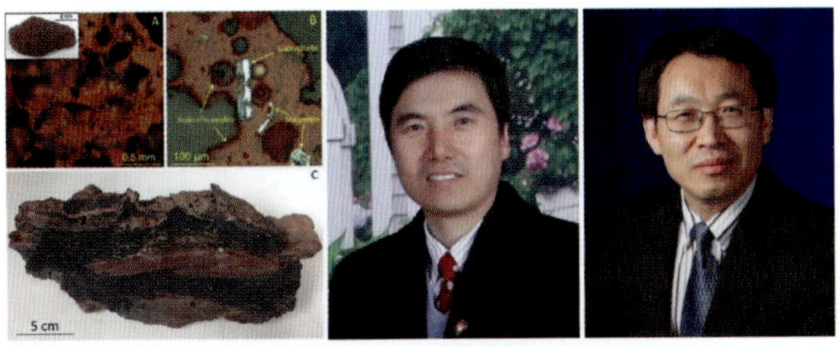

双徐榴石粒状晶体与徐惠芳和徐洪武像

双徐榴石是一种钙、铁的氢铁铝酸盐矿物。属石榴石超族。等轴晶系。粒状晶体，粒径 200～800nm。2020 年由美国宇航局约翰逊航天中心的李承烈(Seungyeol Lee)博士与美国华盛顿州立大学的郭啸风教授发现于美国爱达荷州雷克斯堡地区的梅南(Menan)火山杂岩体。汉拼名称 Xuite，根据两位华人科学家姓氏汉拼名称首音节音及与石榴石超族的关系命名为双徐榴石。IMA 2018－135a 批准。两位华人科学家是美国威斯康星大学麦迪逊分校徐惠芳教授(Prof. Huifang Xu，1964—)和美国洛斯阿拉莫斯国家实验室徐洪武博士(Dr. Hongwu Xu)，他们之前运用高分辨率透射电镜技术共同发现并命名了罗氏铁矿(Luogufengite)和瓦利钙铁石(即瓦利石*)(Valleyite)两种磁性纳米新矿物。本次将该新矿物命名为双徐榴石，以表彰他们在矿物学领域做出的杰出贡献。他们具有共同的研究领域、完美的合作经历，颇为有趣的是，以一种矿物同时向两位杰出的同姓华人矿物学家致敬，这在与国人相关的新矿物发现与命名工作中尚属首次，真可谓是矿物学界一段绝美佳话。2021 年李承烈(Seungyeol Lee)和郭啸风(Xiaofeng Guo)在《CNMNC 通讯》(59)、《欧洲矿物学杂志》(33)报道。

霜 [shuāng]形声；从雨，相声。在气温降到摄氏零度以下时，近地面空气中水汽的白色冰晶。比喻像霜的东西，或比喻白色。既用于词首，也用于词尾。

【霜晶石】

英文名 Pachnolite

化学式 $NaCaAlF_6 \cdot H_2O$ (IMA)

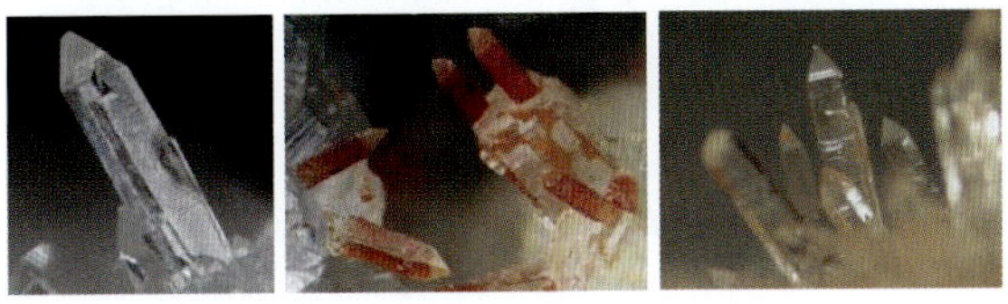

霜晶石带锥的柱状晶体，晶簇状集合体(丹麦)

霜晶石是一种含结晶水的钠、钙、铝的氟化物矿物。属方霜晶石族。与方霜晶石为同质多象。单斜晶系。晶体呈带锥的柱状，晶面有横纹，具双晶；集合体呈晶簇状。白色、无色、浅橘红色，玻璃光泽，透明—半透明；硬度 3，脆性。1863 年发现于格陵兰岛努克[格陵兰文：Nuuk，意为海岬，是格陵兰的一座港口城市，格陵兰首府，兼努克地方行政区，英语：Sermersooq(瑟摩苏哥)]阿尔苏克峡湾伊维图特镇伊维赫图特(Ivigtut)冰晶石矿床。1863 年克诺普(Knop)在莱比锡哈雷《物理学年鉴》(127)报道。英文名称 Pachnolite，来源于希腊文"πάχνη＝Frost(霜)"和"λίθos＝Stone(石头)"，意指其外观颜色白如霜。1959 年以前发现、描述并命名的"祖父级"矿物，IMA 承认有效。中文名称意译为霜晶石。

水 [shuǐ]象形；甲骨文字形，中间像水脉，两旁似流水。本义：以雨的形式从云端降下的液体。①水(H_2O)是由氢、氧两种元素组成的无机物。水是地球上最常见的物质之一，也是矿物的重要组成部分。人类很早就开始对水产生了认识，东西方古代朴素的物质观中都把水视为一种基本的组成元素，水是中国古代五行之一；西方古代的四元素说中也有水。按水在矿物中的存在形式和它在晶体结构中的作用，可将水分为吸附水、结晶水、结构水 3 种基本类型。此外，还有 2 种过渡类型，即沸石水和层间水。[英]Water。②水在常温常压下为无色透明液体；通常用"水"比喻某些晶体的颜色及透明度。

【水铵长石】

英文名 Buddingtonite

化学式 $(NH_4)(AlSi_3)O_8$ (IMA)

布丁顿像

水铵长石是一种铵的铝硅酸盐矿物。属长石族。单斜晶系。晶体常呈细粒状。无色、浅灰绿色，半玻璃光泽、土状光泽，透明；硬度 5.5，完全解理，脆性。1963 年发现于美国加利福尼亚州莱克(Lake)县克利尔湖(Clear Lake)北部的间歇泉地热区硫(Sulphur Bank)矿床。它是首次在自然界中发现的铵的铝硅酸盐矿物。英文名称 Buddingtonite，1964 年由 C. 理查德(C. Richard)等为纪念阿瑟·弗朗西斯·布丁顿(Arthur Francis Buddington，1890—1980)而以他的姓氏命名。布丁顿是美国矿物学家和岩石学家，他首先在华盛顿卡内基地球物理实验室，后来成为新泽西州普林斯顿大学的教授。1959 年以前发现、描述并命名的"祖父级"矿物，IMA 承认有效。IMA 1963－001 批准。1964 年 R. C. 埃尔德(R. C. Erd)等在《美国矿物学家》(49)报道为含沸石水的铵长石。中文名称根据原成分式译为水铵长石/根据现成分式译为铵长石，也有的音译为布顿石。

【水白铅矿①】

英文名 Hydrocerussite

化学式 $Pb_3(CO_3)_2(OH)_2$ (IMA)

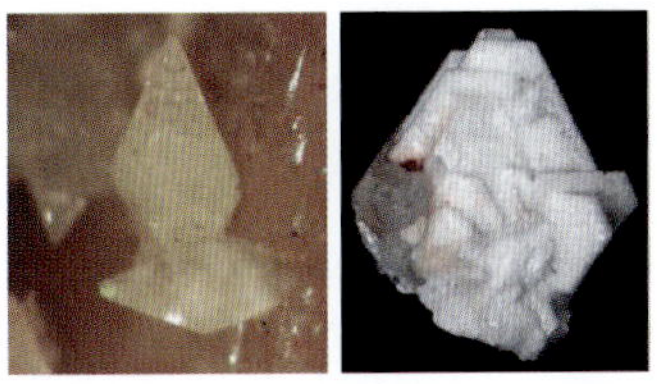

水白铅矿①尖锥状、六方板状晶体(美国、英国)

水白铅矿①是一种含羟基的铅的碳酸盐矿物。三方晶系。晶体呈尖锥状、板状、六方片状。无色、白色、灰绿色，金刚光泽，解理面上呈珍珠光泽，透明—半透明；硬度 3.5，完全解理，脆性。1877 年发现于瑞典韦姆兰省菲利普塔德市朗班(Långban)。1877 年诺登斯科德(Nordenskild)在《斯德哥尔摩地质学会会刊》(3)报道。英文名称 Hydrocerussite，由成分冠词"Hydro(水)"和根词"Cerussite(白铅矿)"组合命名，意指它是水合碳酸铅，类似于白铅矿。1959 年以前发现、描述并命名的"祖父级"矿物，IMA 承认有效。中文名称根据成分及与白铅矿的关系译为水白铅矿①；杨光明教授建议根据晶习译为片水白铅矿。

【水白铅矿②】

英文名 Plumbonacrite

化学式 $Pb_5(CO_3)_3O(OH)_2$ (IMA)

水白铅矿②是一种含羟基、氧的铅的碳酸盐矿物。三方晶系。晶体呈薄六边形板状；集合体呈放射状、球粒状。白色，珍珠光泽；硬度 3.5。1889 年发现于英国英格兰萨默塞特郡托尔沃克斯(Torr Works)采石场和苏格兰邓弗里斯-加洛韦的旺洛克黑德(Wanlockhead)；同年，在《矿物学杂志》(8)报道。1981 年 D. F. 哈克(D. F. Haacke)等在 *J. Inorg. Nucl. Chem.* (43)报道，指出 Plumbonacrite 属稳定矿物。英文名称 Plumbonacrite，由成分"Plumbo(铅丹)"和"Pearlylustre=Nacre(珍珠光泽)"组合命名。以前 IMA 没有批准作为"祖父级"矿物。IMA 于 2012 年 6 月重新定义并重新确认了新定义的模式类型地点，见《CNMNC 通讯》(14)和《矿物学杂志》(76)。虽然 Plumbonacrite 和 Hydrocerussite 密切相关，但成分是不相同的。中文名称根据成分译为水白铅矿②；杨光明教授建议译为羟碳铅矿或粒水白铅矿，以与 Hydrocerussite 译名水白铅矿①相区分。

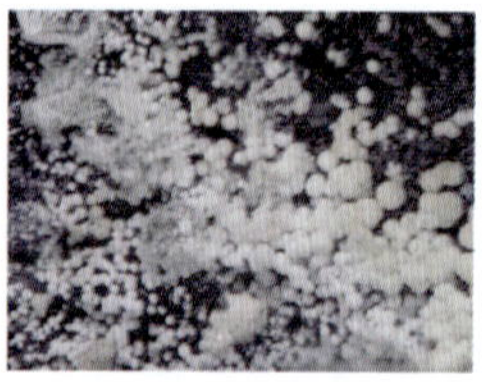

水白铅矿②板状晶体，放射状、球粒状集合体(德国)

【水白云母】

英文名 Illite

化学式 $K_{0.65}Al_{2.0}\square Al_{0.65}Si_{3.35}O_{10}(OH)_2$ (弗莱舍，2014)

水白云母是水云母(Hydromica)族(也称伊利石族)矿物之一。其化学成分中的钾含量较云母低而水含量则较之为高，是云母族矿物向蒙脱石族矿物转变的过渡产物，其成分不定。单斜晶系。晶体常呈鳞片状、片状。银白色，但常因杂质而染成黄、绿、褐等色，蜡状光泽、油脂光泽、珍珠光泽、土状光泽，半透明；硬度 1～2，完全解理，弹性较云母差，有滑感。它是组成黏土的主要矿物成分之一。1937 年由 R. E. 格里姆(R. E. Grim)、R. H. 布雷(R. H. Bray)和 W. F. 布拉德利(W. F. Bradley)发现于美国伊利诺伊州(Illinois)卡尔霍恩县基列马科基塔(Maquoketa)页岩；同年，格里姆等在《美国矿物学家》(22)报道。英文名称 Illite，以模式产地美国伊利诺伊(Illinois)州命名。IMA 云母组委员会批准的作为云母族二八面体一个系列的名字。目前已知 Illite 有-1M、-1Md和-2M 多型。

中文名称音译为伊利石或伊来石。同义词 Hydromuscovite，意译为水白云母；根据成分译为水硅铝钾石(参见【白云母】条 40 页)。

【水斑铀矿】

英文名 Ianthinite

化学式 $U_2^{4+}(UO_2)_4O_6(OH)_4 \cdot 9H_2O$ (IMA)

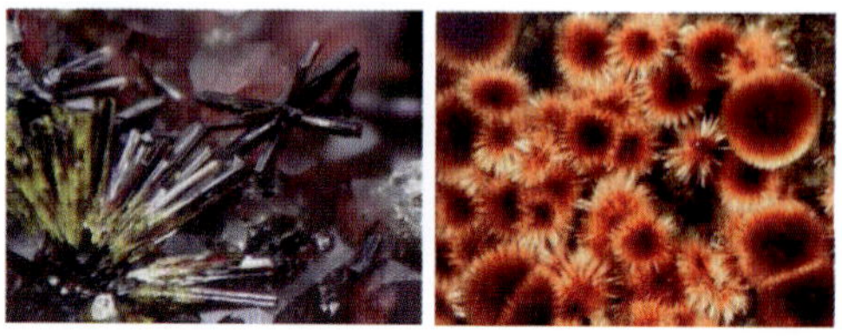

水斑铀矿柱状晶体，放射状(德国)或葵花状集合体

水斑铀矿是一种含结晶水和羟基的铀的铀酰-氧化物矿物。斜方晶系。晶体呈柱状、小矩形板状或厚板状、针状、薄片状；集合体呈放射状、葵花状。墨紫色(不稳定环境变黄)，半金属光泽，透明(变黄为不透明)；硬度 2～3，完全解理。1926 年发现于刚果(金)上加丹加省坎博韦区欣科洛布韦(Shinkolobwe)矿；同年，修普(Schoep)在《荷兰-印度自然科学杂志》(*Natuurwetenschappelijk Tijdschrift voor Nederlandsch-Indie*)(7)报道。英文名称 Ianthinite，根据希腊文"ιά νθινοs=Ianthinos(紫色)"命名。1959 年以前发现、描述并命名的"祖父级"矿物，IMA 承认有效。中文名称根据成分和不均匀的颜色译为水斑铀矿，也译作水铀矿。

【水板铅铀矿】

英文名 Richetite

化学式 $(Fe^{3+},Mg)_xPb_{8.6}^{2+}(UO_2)_{36}O_{36}(OH)_{24} \cdot 41H_2O$ (IMA)

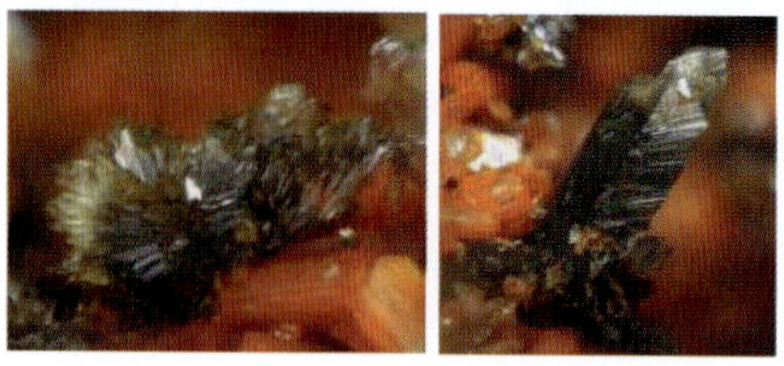

水板铅铀矿板片状晶体，晶簇状集合体(刚果)

水板铅铀矿是一种含结晶水和羟基的铁、镁、铅的铀酰-氧化物矿物。三斜晶系。晶体呈六方板状、板片状；集合体呈晶簇状。咖啡棕色、黑色，金刚光泽，半透明；硬度 3.5，完全解理。1947 年发现于刚果(金)上加丹加省坎博韦区欣科洛布韦(Shinkolobwe)矿。1948 年 J. F. 瓦埃斯(J. F. Vaes)在《比利时地质学会年鉴》(70)和《美国矿物学家》(33)报道。英文名称 Richetite，以上加丹加矿业采矿联盟公司的首席地质学家比利时人埃米尔·里切尔(Emile Richer，1884—1938)的姓氏命名。1959 年以前发现、描述并命名的"祖父级"矿物，IMA 承认有效。中文名称根据成分和晶体习性译为水板铅铀矿；根据颜色和成分译为黑铅铀矿；杨光明教授建议根据成分译为水铁铅铀矿。

【水钡锶烧绿石】参见【钡烧绿石】条 56 页

【水钡铀矿】参见【钡铀矿】条 58 页

【水钡铀云母】参见【钡磷铀矿】条 55 页

【水草酸钙石】

英文名 Whewellite

化学式 $Ca(C_2O_4) \cdot H_2O$ (IMA)

水草酸钙石心状、短柱燕尾双晶晶体和惠威尔像

水草酸钙石是一种含结晶水的钙的草酸盐矿物。单斜晶系。晶体呈等径状、短柱状、心状，常呈扭曲的不规则状，具燕尾状或心状双晶。白色、黄色、棕色、无色，玻璃光泽、油脂光泽，解理面上呈珍珠光泽，透明—半透明；硬度 2.5～3，完全解理，脆性。发现地是不确定的，最可能的地方是罗马尼亚卡夫尼克[据 2004 年 G. 帕普(G. Papp)在匈牙利自然历史博物馆出版的《自然研究》(*Studia Naturalia*)(15)指出：发现于喀尔巴阡山脉地区的历史矿物、岩石和化石树脂]。1840 年 H. T. 布鲁克(H. T. Brooke)在伦敦、爱丁堡、都柏林出版的《哲学杂志和科学期刊》(16)报道：天然草酸钙结晶的研究。1852 年在《矿物学概论》(伦敦，朗曼斯)刊载。英文名称 Whewellite，以

英国博物学家、科学家和道德哲学教授威廉·惠威尔(William Whewell,1794—1866)的姓氏命名。他是晶体索引系统的发明者,创造了“科学家”“物理学家”等词。1959 年以前发现、描述并命名的“祖父级”矿物,IMA 承认有效。IMA 1967s. p. 批准。中文名称根据成分译为水草酸钙石。

【水橙钒钙石*】

英文名 Hydropascoite

化学式 $Ca_3(V_{10}O_{28})\cdot 24H_2O$ (IMA)

水橙钒钙石*是一种含结晶水的钙的钒酸盐矿物。三斜晶系。晶体呈叶片状,长可达 2mm。暗黄绿色,玻璃光泽,透明;硬度约 1.5,完全解理,脆性。2016 年发现于美国科罗拉多州梅萨县盖特韦区帕克拉特(Packrat)矿。英文名称 Hydropascoite,由成分冠词“Hydro(水)”和根词“Pascoite(橙钒钙石)”组合命名,意指它是橙钒钙石的高水类似矿物。IMA 2016-032 批准。2016 年 A. R. 坎普夫(A. R. Kampf)等在《CNMNC 通讯》(32)、《矿物学杂志》(80)和 2017 年《加拿大矿物学家》[55(2)]报道。目前尚未见官方中文译名,编译者建议根据成分及与橙钒钙石的关系译为水橙钒钙石*;杨光明教授建议根据对称和成分译为三斜橙钒钙石。

【水胆矾】参见【羟胆矾】条 702 页

【水氮碱镁矾】

英文名 Humberstonite

化学式 $K_3Na_7Mg_2(SO_4)_6(NO_3)_2\cdot 6H_2O$ (IMA)

水氮碱镁矾细粒状晶体,土块状集合体(智利)和亨伯斯通像

水氮碱镁矾是一种含结晶水的钾、钠、镁的硝酸-硫酸矿物。属橙钒钙石族。三方晶系。晶体呈六方小板状、细粒状;集合体常呈土块状。无色、白色、灰白色,玻璃光泽、土状光泽,透明—半透明;硬度 2.5~3,完全解理,脆性。1967 年发现于智利安托法加斯塔大区圣卡塔利娜岛奥菲西纳阿勒曼尼亚(Oficina Alemania)硝石矿床;同年,G. E. 埃里克森(G. E. Ericksen)等在《美国地质学会年会摘要》报道。英文名称 Humberstonite,以智利化学家詹姆斯·托马斯·亨伯斯通(James Thomas Humberstone,1850—1939)的姓氏命名。亨伯斯通发明了制取碳酸钠的多步系统方法;他创办了秘鲁硝酸盐公司,在塔拉帕卡开采硝石;以他的姓氏命名的智利亨伯斯通镇在 2005 年成为联合国教科文组织世界遗产的一部分。IMA 1967-015 批准。1970 年 M. E. 莫罗斯(M. E. Mrose)在《美国矿物学家》(55)报道。中文名称根据成分译为水氮碱镁矾或水硝碱镁矾或杂硝矾。1987 年新疆维吾尔自治区地质矿产局测试中心薛秀娣首次在中国鉴定出产于吐鲁番乌宗布拉克干旱盐湖中的第四纪全新世化学沉积层中的水氮碱镁矾。

【水碲镁铜石】

英文名 Leisingite

化学式 $Cu_2MgTe^{6+}O_6\cdot 6H_2O$ (IMA)

水碲镁铜石是一种含结晶水的铜、镁的碲酸盐矿物。三方晶系。晶体呈自形—半自形六方薄板状、页片状、片状;集合体呈晶簇状。淡黄色—浅黄橙色,玻璃光泽、丝绢光泽,透明—半透明;硬度 3~4,完全解理,脆性至略具柔性。1995 年发现于美国犹他州贾布县东廷蒂克山脉廷蒂克区百年纪念尤里卡(Centennial Eureka)矿。英文名称 Leisingite,1996 年 A. C. 罗伯茨(A. C. Roberts)等以美国内华达州雷诺的地质学家和矿物收藏家约瑟夫·F. 莱辛(Joseph F. Leising,1949—)的姓氏命名,是他帮助收集到了第一块标本。IMA 1995-011 批准。1996 年罗伯茨等在《矿物学杂志》(60)报道。2003 年中国地质科学院矿产资源研究所李锦平等在《岩石矿物学杂志》[22(3)]根据成分译为水碲镁铜石。

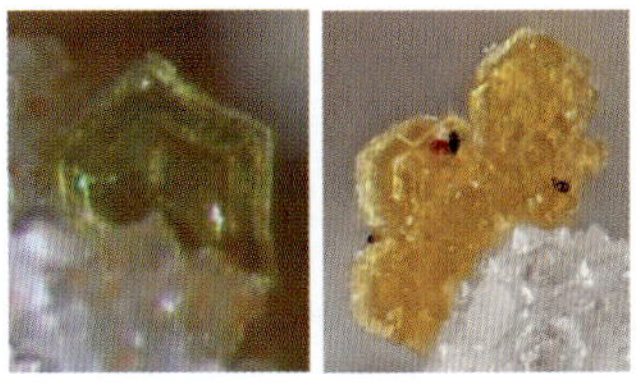

水碲镁铜石六方薄板状、片状晶体,晶簇状集合体(美国)

【水碲镍镁石】参见【凯斯通石*】条 400 页

【水碲氢铅石】

英文名 Oboyerite

化学式 $H_6Pb_6(Te^{4+}O_3)_3(Te^{6+}O_6)_2\cdot 2H_2O$ (IMA)

水碲氢铅石球粒状集合体(美国)和奥利弗·波伊尔像

水碲氢铅石是一种含结晶水的氢、铅的碲酸盐矿物。三斜晶系。晶体呈针状、纤维状;集合体呈小球粒状。奶油白色,半透明;硬度 1.5。1979 年发现于美国亚利桑那州科奇斯县墓碑(Tombston)山墓碑矿区大中央矿集团大中央(Grand Central)矿。英文名称 Oboyerite,以中央矿集团的原始股份持有者、勘探者奥利弗·波伊尔(Oliver Boyer)的姓名缩写命名。IMA 1979-009 批准。1979 年 S. A. 威廉姆斯(S. A. Williams)在《矿物学杂志》(43)和 1980 年 M. 弗莱舍(M. Fleischer)等在《美国矿物学家》(65)报道。2019 年 CNMNC-IMA 19-D 提出质疑,它可能是混合物。中文名称根据成分译为水碲氢铅石。

【水碲铁矿】

英文名 Mackayite

化学式 $Fe^{3+}Te^{4+}_2O_5(OH)$ (IMA)

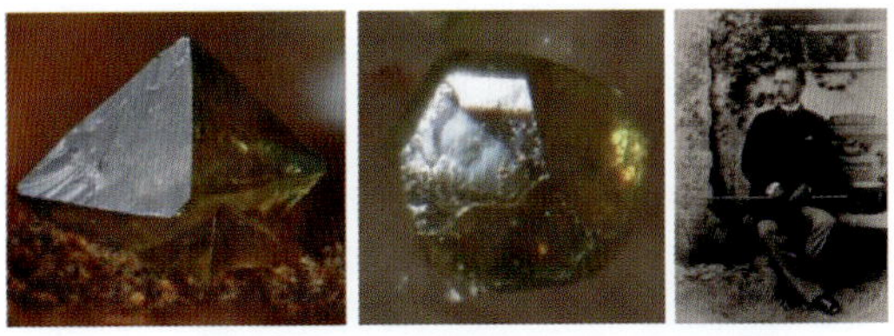

水碲铁矿双锥状、十二面体晶体(墨西哥)和麦凯像

水碲铁矿是一种含羟基的铁的亚碲酸盐矿物。四方晶系。晶体呈双锥状、短柱状、假立方体、假菱形十二面体;橄榄绿色、褐绿色、绿黑色,玻璃光泽,透明;硬度 4.5,脆性。1944 年发现于美国内华达州埃斯梅拉达县戈尔德菲尔德矿区莫霍克(Mohawk)矿。1944 年 C. 弗龙德尔(C. Frondel)和 F. H. 波夫(F. H. Pough)在《美国矿物学家》(29)报道。英文名称 Mackayite,由约翰·威廉·麦凯(John William Mackay,1831—1902)的姓氏命名。他是美籍爱尔兰金融家和康斯托克矿运营商,他为内华达州内华达大学矿山学校捐款,也因此矿山学校荣幸命名为麦凯煤矿学院。1959 年以前发现、描述并命名的“祖父级”矿物,IMA 承认有效。中文名称根据成分译为水碲铁矿。

【水碲铁石*】

英文名 Telluromandarinoite

化学式 $Fe_2^{3+}(Te^{4+}O_3)_3 \cdot 6H_2O$　　(IMA)

水碲铁石*板状晶体(智利)和曼达里诺像

水碲铁石*是一种含结晶水的铁的碲酸盐矿物。单斜晶系。晶体呈板状。浅绿色,玻璃光泽,半透明;脆性。2011 年发现于智利埃尔基省埃尔印第奥坦博矿温迪(Wendy)露天矿坑。英文名称 Telluromandarinoite,由成分冠词"Tellurium(碲)"和根词"Mandarinoite(水硒铁石)"组合命名,意指它是碲的水硒铁石的类似矿物(根词参见【水硒铁石】条 882 页)。IMA 2011－013 批准。2011 年 M. E. 巴克(M. E. Back)等在《CNMNC 通讯》(10)、《矿物学杂志》(75)和 2017 年《加拿大矿物学家》(55)报道。目前尚未见官方中文译名,编译者根据成分及与水硒铁石的关系译为水碲铁石*。

【水碲铜石】

英文名 Graemite

化学式 $Cu(TeO_3) \cdot H_2O$　　(IMA)

水碲铜石柱状晶体(美国)和格雷姆像

水碲铜石是一种含结晶水的铜的亚碲酸盐矿物。斜方晶系。晶体呈柱状,晶面有条纹,发散刃状。绿色、蓝绿色,玻璃光泽,半透明—透明;硬度 3～3.5,完全解理,脆性。1974 年发现于美国亚利桑那州科奇斯县穆莱(Mule)山沃伦区比斯比的科尔(Cole)矿。英文名称 Graemite,以美国地质学家、矿物收藏家理查德·格雷姆三世(Richard Graeme Ⅲ,1941—)的姓氏命名,是他发现了该矿物的第一块标本。他六岁时开始收集比斯比矿物,他曾是铜皇后分公司的常驻地质学家。IMA 1974－022 批准。1975 年 S. A. 威廉姆斯(S. A. Williams)和 P. 马特尔(P. Matter Ⅲ)在《矿物学记录》(6)及 M. 弗莱舍(M. Fleischer)等在《美国矿物学家》(60)报道。中文名称根据成分译为水碲铜石。

【水碲锌矿】

英文名 Zemannite

化学式 $Mg_{0.5}ZnFe^{3+}(Te^{4+}O_3)_3 \cdot nH_2O(3 \leqslant n \leqslant 4.5)$　　(IMA)

水碲锌矿六方双锥柱状晶体,晶簇状集合体(墨西哥)和策曼像

水碲锌矿是一种含结晶水的镁、锌、铁的碲酸盐矿物。属水碲锌矿族。六方晶系。晶体呈带锥的六方柱状、六方厚板状。浅—深褐色,金刚光泽,透明。1961 年发现于墨西哥索诺拉州蒙特祖马(Moctezuma)矿;同年,J. A. 曼陀罗(J. A. Mandarino)等在《科学》(133)报道。英文名称 Zemannite,由奥地利维也纳大学矿物学教授约瑟夫·策曼(Josef Zemann,1923—?)的姓氏命名,以此表彰他在结晶学、晶体化学、光性矿物学和光谱学等领域的突出贡献。由于其化学成分的不确定性,国际矿物学协会(IMA)未予批准。1967 年由埃克哈特·马察特(Eckhart Matzat)解决了矿物结构并指出晶体化学式$(Na,H)_2(Zn,Fe)^{3+}(Mn,Mg)_2[TeO_3]_3 \cdot nH_2O$,其后修改为 $Mg(ZnFe)_2(TeO_3)_6 \cdot 9H_2O$。IMA 1968－009 批准。1969 年在《加拿大矿物学家》(10)报道。中文根据成分译为水碲锌矿。

【水碘钙石】

英文名 Brüggenite

化学式 $Ca(IO_3)_2 \cdot H_2O$　　(IMA)

水碘钙石粒状晶体,块状集合体(智利)

水碘钙石是一种含结晶水的钙的碘酸盐矿物。单斜晶系。晶体呈短柱状、粒状;集合体呈块状。无色—亮黄色,玻璃光泽,透明,半透明;硬度 3.5,脆性。1970 年发现于智利安托法加斯塔大区塔尔塔尔港潘帕德尔皮克三世(Pampa del Pique Ⅲ)。英文名称 Brüggenite,1970 年由玛丽·E. 梅罗斯(Mary E. Mrose)等为纪念智利地质学家约翰内斯·布里奇斯·梅斯托夫(Johannes Brüggen Messtorff,1887—1953)而以他的名字命名。他以其广泛流传的《智利地质学基础》而闻名。IMA 1970－040 批准。1971 年梅罗斯等在《美国地质学会年会摘要》和 1974 年《美国地质调查局研究杂志》(2)报道。中文名称根据成分译为水碘钙石。

【水碘铜矿】

英文名 Bellingerite

化学式 $Cu_3(IO_3)_6 \cdot 2H_2O$　　(IMA)

水碘铜矿柱状晶体,晶簇状集合体(智利)和贝林格像

水碘铜矿是一种含结晶水的铜的碘酸盐矿物。三斜晶系。晶体呈板状、柱状;集合体呈晶簇状。蓝绿色、淡亮绿色;硬度 4,脆性。1940 年发现于智利埃勒洛阿省(El Loa)卡拉马市丘基卡马塔(Chuquicamata)铜矿。1940 年哈里·伯曼(Harry Berman)等在《美国矿物学家》(25)报道。英文名称 Bellingerite,1940 年由哈里·伯曼(Harry Berman)和凯莱布·沃罗·乌尔夫(Caleb Wroe Wolfe)为纪念智利冶金学家赫尔曼·卡尔·贝林格(Herman Carl Bellinger,1867—1941)而以他的姓氏命名,是他提供了该矿物的第一块标本。1941 年贝林格因创新的采矿方法而获得了采矿工程师学会颁发的威廉·劳伦斯·桑德斯(William Lawrence Saunders)金牌。1959 年以前发现、描述并命名的"祖父级"矿物,IMA 承认有效。中文名称根据成分译为水碘铜矿。

【水短柱石】

英文名 Penkvilksite

化学式 $Na_2TiSi_4O_{11} \cdot 2H_2O$　　(IMA)

水短柱石是一种含结晶水的钠、钛的硅酸盐矿物。单斜(或斜方)晶系。晶体呈板条状;集合体呈肿瘤状、致密块状、瓷状。白色、浅灰色、褐色或绿色,表面无光泽,新鲜断口呈珍珠光泽或丝绢光泽,透明—半透明;硬度 5,完全解理。

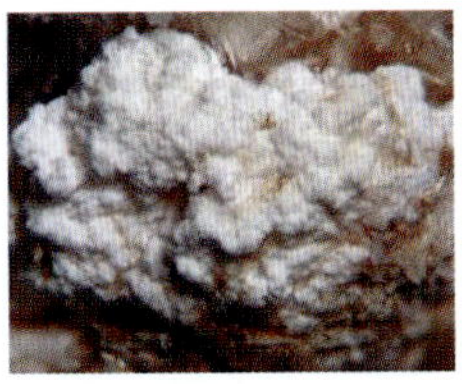
水短柱石肿瘤状集合体(俄罗斯)

1973 年发现于俄罗斯北部摩尔曼斯克州卡纳苏特(Karnasurt)山尤毕雷纳亚(Yubileinaya)伟晶岩。英文名称 Penkvilksite,根据拉普兰文的"Penk = Curly(卷曲)"和"Vilkis = White(白色)"组合命名,意指其典型白色瘤状卷曲的外观。IMA 1973 - 016 批准。1974 年 I. V. 布森(I. V. Bussen)等在《苏联科学院报告》(217)和 1975 年 M. 弗莱舍(M. Fleischer)在《美国矿物学家》(60)报道。中文名称根据成分及与短柱石的关系译为水短柱石。目前 Penkvilksite 已知有 - 1M 和 - 2O 两个多型。

【水钒钡石】

英文名 Gamagarite

化学式 $Ba_2Fe^{3+}(VO_4)_2(OH)$　　(IMA)

水钒钡石柱状晶体(意大利)

水钒钡石是一种含羟基的钡、铁的钒酸盐矿物。属锰铁钒铅矿超族。单斜晶系。晶体呈针状、扁平柱状、他形粒状。暗褐色,几乎黑色,金刚光泽,薄片透明;硬度 4.5～5。1943 年发现于南非北开普省波斯特马斯堡锰矿区格洛斯特农场加马加腊(Gamagara)岭。1943 年 J. E. 德・维利尔斯(J. E. de Villiers)在《美国矿物学家》(28)报道。英文名称 Gamagarite,以发现地南非加马加腊(Gamagara)岭命名。1959 年以前发现、描述并命名的"祖父级"矿物,IMA 承认有效。中文名称根据成分译为水钒钡石。

【水钒钙石】

英文名 Rossite

化学式 $Ca(VO_3)_2 \cdot 4H_2O$　　(IMA)

水钒钙石柱状晶体(美国)和罗斯像

水钒钙石是一种含结晶水的钙的钒酸盐矿物。三斜晶系。晶体(合成)常呈板状、板条状、针状,晶体(天然)呈柱状、玻璃状;集合体呈块体。各种色调的淡黄色,玻璃光泽、微弱珍珠光泽,透明;硬度 2～3,完全解理,脆性。1926 年发现于美国科罗拉多州圣米格尔县。1927 年 W. F. 福杉格(W. F. Foshag)等在《美国国家博物馆会报》(72)和《美国矿物学家》(13)报道。英文名称 Rossite,以美国地质学家和矿物学家克拉伦斯・塞缪尔・罗斯(Clarence Samuel Ross,1880—1975)博士的姓氏命名。1959 年以前发现、描述并命名的"祖父级"矿物,IMA 承认有效。中文名称根据成分译为水钒钙石。

【水钒钾石】

英文名 Straczekite

化学式 $(Ca,K,Ba)(V^{5+},V^{4+})_8O_{20} \cdot 3H_2O$　　(IMA)

水钒钾石片状、纤维状晶体(美国)

水钒钾石是一种含结晶水的钙、钾、钡的钒酸盐矿物。属水钒钾石族。单斜晶系。晶体呈显微片状、纤维状。墨绿色,油脂光泽;硬度 1～2,完全解理。1983 年发现于美国阿肯色州加兰县威尔逊(Wilson)北坑。英文名称 Straczekite,以联合碳化物公司首席地质学家约翰・A. 斯特拉泽克(John A. Straczek,1914—2003)的姓氏命名。IMA 1983 - 028 批准。1984 年 Jr. 埃文斯(Jr. Evans)等在《矿物学杂志》(48)和 1985 年《美国矿物学家》(70)报道。中文名称根据成分译为水钒钾石。1985 年中国新矿物与矿物命名委员会郭宗山等在《岩石矿物及测试》[4(4)]音译为斯特拉基石。

【水钒铝矿】

英文名 Steigerite

化学式 $Al(VO_4) \cdot 3H_2O$　　(IMA)

水钒铝矿球粒状集合体(美国)和斯泰格尔像

水钒铝矿是一种含结晶水的铝的钒酸盐矿物。单斜晶系。晶体呈纤维状、板状;集合体呈隐晶质粉末状、薄壳状、球粒状。浅黄色、青黄色、橄榄绿色,蜡状光泽,半透明;硬度 2.5～3,完全解理,脆性。1935 年发现于美国科罗拉多州圣米格尔县石膏谷区沙利文(Sullivan)领地;同年,亨德森(Henderson)在《美国矿物学家》(20)报道。英文名称 Steigerite,以美国地质调查局首席化学家乔治・斯泰格尔(George Steiger,1869—1944)博士的姓氏命名。1959 年以前发现、描述并命名的"祖父级"矿物,IMA 承认有效。中文名称根据成分译为水钒铝矿。

【水钒铝石】参见【羟铝钒石】条 721 页

【水钒镁矿】

英文名 Hummerite

化学式 $KMg(V^{5+}O_{14}) \cdot 8H_2O$　　(IMA)

水钒镁矿是一种含结晶水的钾、镁的钒酸盐矿物。属橙钒钙石族。三斜晶系。晶体呈板状;集合体呈细脉状和皮壳状。鲜橙色、黄色,半透明。1951 年发现于美国科罗拉多州蒙特罗斯县尤拉文矿区帕拉多西(Paradox)山谷乔丹迪矿山悍马(Hummer)矿。1951 年 A. D. 威克斯(A. D. Weeks)等在《美国矿物学家》(36)报道。英文名称 Hummerite,以发现地美国悍马(Hummer)矿命名。1959 年以前发现、描述并命名的"祖父级"矿物,IMA 承认有效。中文名称根据成分译为水钒镁矿。

【水钒镁钠石】

英文名 Huemulite

化学式 $Na_4MgV^{5+}_{10}O_{28} \cdot 24H_2O$　　(IMA)

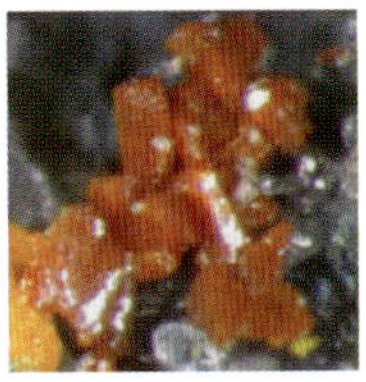
水钒镁钠石柱状、细粒状晶体(美国)

水钒镁钠石是一种含结晶水的钠、镁的钒酸盐矿物。属橙钒钙石族。三斜晶系。晶体呈柱状、纤维状、细粒状,合成晶体呈假六方板状;集合体呈皮壳状、葡萄状。黄橙色、橙色,金刚—半金刚光泽、玻璃—半玻璃光泽,天然细粒者光泽暗淡,透明—半透明;硬度 2.5～3,完全解理,脆性。1965 年发现于阿根廷门多萨省马拉圭河流域胡姆(Huemul)矿。英文名称 Huemulite,1965 年由 C. E. 盖尔略(C. E. Gordillo)、E. 利纳雷斯(E. Linares)、R. O. 杜比斯(R. O. Toubes)和霍勒斯·温切尔(Horace Winchell)根据产地阿根廷门多萨省胡姆(Huemul)矿命名。IMA 1965-012 批准。1966 年盖尔略等在《美国矿物学家》(51)报道。中文名称根据成分译为水钒镁钠石或水钠镁钒石。

【水钒锰铅矿】参见【锰铁钒铅矿】条 614 页

【水钒锰石】

英文名 Ansermetite

化学式 $Mn^{2+}V_2^{5+}O_6 \cdot 4H_2O$ (IMA)

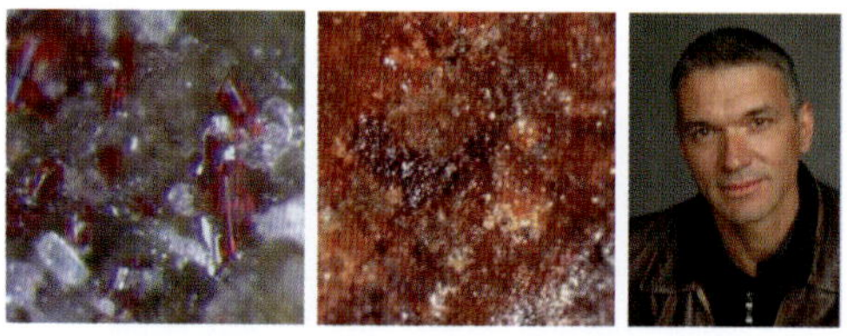

水钒锰石楔形晶体,皮壳状集合体(美国、瑞士)和安塞美像

水钒锰石是一种含结晶水的锰的钒酸盐矿物。单斜晶系。晶体呈楔形片状、鳞片状、柱状、粒状;集合体呈皮壳状。胭脂红色、枣红色、酒红色,金刚光泽,透明;硬度 3,完全解理,脆性。2002 年发现于瑞士格劳宾登州奥斯塞尔费雷拉(Ausserferrera)的菲涅尔(Fianel)矿。英文名称 Ansermetite,以瑞士矿物收藏家和摄影师斯特凡·安塞美(Stefan Ansermet,1964—)的姓氏命名。他是瑞士洛桑地质国家博物馆的矿物学家、副研究员,还是瑞士瓦利斯锡安自然历史博物馆的矿物学家,偶尔也是采矿勘探探矿者,著有 *Le Mont Chemin-Mines et Minéraux du Valais* 一书。IMA 2002-017 批准。2003 年 J. 布鲁格(J. Brugger)等在《加拿大矿物学家》(41)报道。2008 年中国地质科学院地质研究所任玉峰等在《岩石矿物学杂志》[27(2)]根据成分译为水钒锰石。

【水钒钠钙石】

英文名 Grantsite

化学式 $(Na,Ca)_{2+x}(V^{5+},V^{4+})_6O_{16} \cdot 4H_2O$ (IMA)

水钒钠钙石是一种含结晶水的钠、钙的钒酸盐矿物。属针钒钙石族。单斜晶系。晶体呈刃状、片状、显微纤维状;集合体呈皮壳状、葡萄状。深橄榄绿色、青黑色、绿色,丝绢光泽或珍珠光泽,半透明;硬度 1~2。1961 年发现于美国新墨西哥州锡沃拉县格兰次(Grants)小镇东北部 F33 号矿和美国犹他州格兰德县汤普森矿区帕科(Parco)23 号矿。英文名称 Grantsite,以美国新墨西哥州的格兰茨(Grants)镇命名,在那里第一次发现了该矿物。1964 年 A. D. 威克斯(A. D. Weeks)和 M. L. 林德伯格(M. L. Lindberg)等在《美国矿物学家》(49)报道。IMA 1967s. p. 批准。中文名称根据成分译为水钒钠钙石;音译为格兰茨石。

【水钒钠石】

英文名 Barnesite

化学式 $Na_2V_6^{5+}O_{16} \cdot 3H_2O$ (IMA)

水钒钠石是一种含结晶水的钠的钒酸盐矿物。属针钒钙石族。单斜晶系。晶体呈细小板状、刃状、针状;集合体呈肾状、葡萄状、球粒状。深红色,氧化为褐红色,金刚光泽,半透明;硬度 3,完全解理,脆性。1963 年发现于美国犹他州格兰德(Grand)县。1963 年 A. D. 威克斯(A. D. Weeks)等在《美国矿物学家》(48)报道。英文名称 Barnesite,以威廉·霍华德·巴恩斯(William Howard Barnes,1903—1980)的姓氏命名。他是蒙特利尔麦吉尔大学(1924—1946)的加拿大物理学家和结晶学家、加拿大国家研究委员会物理部 X 射线衍射室主任(1947—1968),他在钒矿物的晶体化学和晶体结构知识方面做出了贡献。IMA 1967s. p. 批准。中文名称根据成分译为水钒钠石;根据针状晶体和成分也译作针钒钠石。

水钒钠石放射状、小球粒状集合体(美国)

【水钒铅铀矿】

英文名 Curienite

化学式 $Pb(UO_2)_2(VO_4)_2 \cdot 5H_2O$ (IMA)

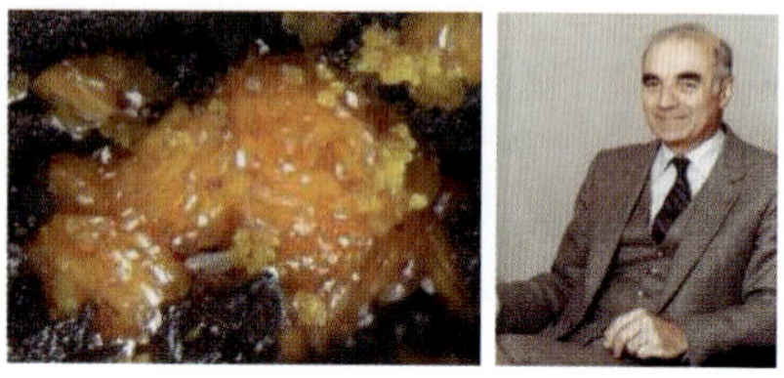

水钒铅铀矿板状晶体(加蓬)和居里安像

水钒铅铀矿是一种含结晶水的铅的铀酰-钒酸盐矿物。属钒钡铀矿族。与钒钡铀矿成系列。斜方晶系。晶体呈极细小状,人工合成的晶体呈六方板状;集合体多呈粉末状。黄色、姜黄色、橘黄色,金刚光泽,半透明;硬度 3。1967 年发现于加蓬上奥果韦省弗朗斯维尔市穆纳纳(Mounana)矿。英文名称 Curienite,以法国物理学家、矿物学家休伯特·居里安(Hubert Curien,1924—2005)的姓氏命名。居里安是法国巴黎皮埃尔和玛丽·居里大学(Sorbonne)矿物学和晶体学实验室的教授,他是欧洲科学界担任欧洲理事会主席和欧洲空间局(欧空局)第一任主席的关键人物,他被称为阿丽亚娜火箭计划之父。IMA 1967-049 批准。1968 年在《法国矿物学和结晶学会通报》(91)和 1969 年《美国矿物学家》(54)报道。中文名称根据成分译为水钒铅铀矿或钒铅铀矿。

【水钒锶钙石】

英文名 Delrioite

化学式 $Sr(VO_3)_2 \cdot 4H_2O$ (IMA)

德尔里奥像

水钒锶钙石是一种含结晶水的锶的钒酸盐矿物。单斜晶系。晶体呈纤维状、针状,常见双晶;集合体常呈盐华状、球粒状、放射状。浅黄绿色,玻璃光泽或珍珠光泽,半透明;硬度 2~2.5。1959 年发现于美国科罗拉多州蒙特罗斯县尤拉文区帕拉多西(Paradox)山谷乔·丹迪(Jo Dandy)矿。英文名称 Delrioite,1959 年由玛丽·E. 汤普森(Mary E. Thompson)和亚历山大·M. 舍伍德(Alexander M. Sherwood)为纪念墨西哥矿物学家安德烈斯·曼努埃尔·德尔里奥·费尔南德斯(Andrés Manuel del Río Fernández,1764—1849)而以他的名字命名。1801 年德尔里奥宣布发现了一种新元素 Erythronium(希腊文 Ερυθρό=拉丁文 Erythros,意为红,因其盐遇热变红),但其后又撤回了这一提议,因为样品寄送到亚历山大·冯·洪堡德(Alexander von Humboldt)被错误地认为是希波吕忒·维克多·科莱-德科提尔(Hippolyte Victor Collet-Descotils)的铬(Chromium)。当在 1831 年瑞典化学家 N. G. 塞夫斯唐姆(N. G. Selfström)宣布发现钒(Vanadium)时,结果发现德尔里奥发现的元素是准确的,由此使他失去了优先权。IMA 1962s. p. 批准。在《美国矿物学家》(44)报道。中文名称根据成分译为水钒锶钙石或水钒锶钙矿。

[注:原译名根据的成分式 $CaSr(V_2O_6)(OH)_2\cdot 3H_2O$;根据 IMA 成分式 $Sr(VO_3)_2\cdot 4H_2O$,应译为水钒锶石]

【水钒铁矿】

英文名 Fervanite

化学式 $Fe^{3+}_4V^{5+}_4O_{16}\cdot 5H_2O$ (IMA)

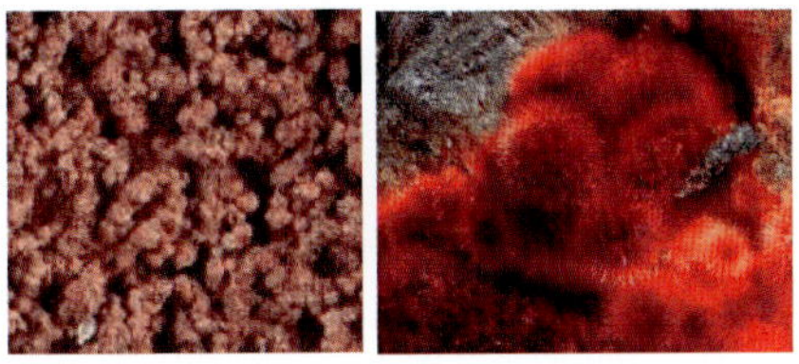

水钒铁矿放射状集合体(美国)

水钒铁矿是一种含结晶水的铁的钒酸盐矿物。单斜晶系。晶体呈纤维状;集合体呈放射状。金褐色、金黄色、黄色、浅绿色,金属光泽,透明。1931 年发现于美国科罗拉多州圣米格尔县石膏谷矿区和美国犹他州格兰德(Grand)县。1931 年 F. L. 海斯(F. L. Hess)和 E. P. 亨德森(E. P. Henderson)在《美国矿物学家》(16)报道。英文名称 Fervanite,由成分拉丁文"Ferrum(铁)"和"Vanadium(钒)"缩写组合命名。1959 年以前发现、描述并命名的"祖父级"矿物,IMA 承认有效。中文名称根据成分译为水钒铁矿。

【水钒铜矿】

英文名 Volborthite

化学式 $Cu_3V_2O_7(OH)_2\cdot 2H_2O$ (IMA)

水钒铜矿片状晶体,花状集合体(美国、德国)

水钒铜矿是一种含结晶水、羟基的铜的钒酸盐矿物。单斜晶系。晶体呈小板状或假六方鳞片状,也呈纤维状和针状;集合体呈海绵状、花缨状、网状。暗橄榄绿色—绿色和浅黄绿色、鲜黄色、浅黄褐色、亮褐色和浅褐黑色,玻璃光泽、蜡状光泽、油脂光泽,解理面上呈珍珠光泽,半透明;硬度 3~3.5,完全解理。1837 年发现于俄罗斯彼尔姆州尤戈夫斯基(Yugovskii)索夫罗诺夫斯基(Sofronovskii)铜矿山。1838 年海斯(Hess)在《圣彼得堡科学院科学通报》(4)和莱比锡《实用化学杂志》(14)报道。英文名称 Volborthite,以俄国古生物学家亚历山大·冯·沃尔博希(Alexander von Volborth,1800—1876)的姓氏命名,是他首先指出该矿物,至少有十几种古生物以他的名字命名。1959 年以前发现、描述并命名的"祖父级"矿物,IMA 承认有效。IMA 1968s. p. 批准。中文名称根据成分译为水钒铜矿。

【水钒铜铀矿】

英文名 Sengierite

化学式 $Cu_2(UO_2)_2(VO_4)_2(OH)_2\cdot 6H_2O$ (IMA)

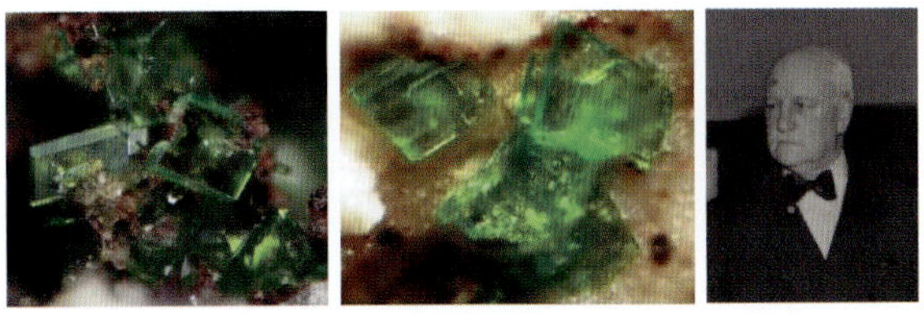

水钒铜铀矿板片状晶体(刚果)和森吉尔像

水钒铜铀矿是一种含结晶水、羟基的铜的铀酰-钒酸盐矿物。属钒钾铀矿族。单斜晶系。晶体呈板片状。橄榄绿色、黄绿色,金刚光泽、玻璃光泽,透明;硬度 2.5,完全解理,脆性。1949 年发现于刚果(金)上加丹加省卢斯维希(Luiswishi)铜矿。1949 年瓦埃斯(Vaes)和科尔(Kerr)在《美国矿物学家》(34)报道。英文名称 Sengierite,以刚果(金)上加丹加省联合矿业公司协会的主任埃德加德·森吉尔(Edgard Sengier,1879—1963)的姓氏命名。他为曼哈顿项目提供了加丹加的铀矿石。1959 年以前发现、描述并命名的"祖父级"矿物,IMA 承认有效。IMA 2007s. p. 批准。中文名称根据成分译为水钒铜铀矿/水钒铀铜矿,也译作钒铜铀矿。

【水钒锌石】

英文名 Martyite

化学式 $Zn_3V_2O_7(OH)_2\cdot 2H_2O$ (IMA)

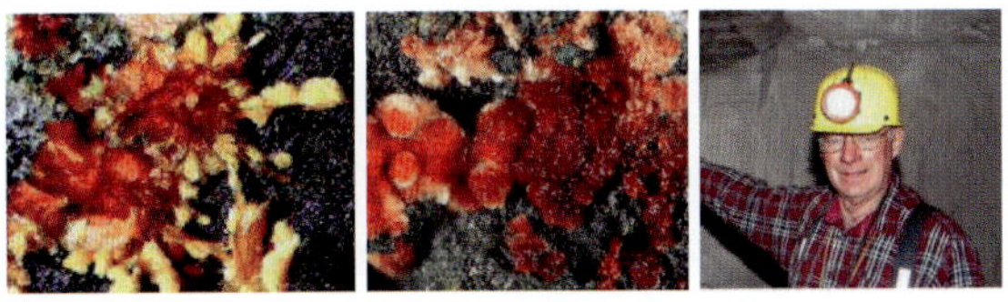

水钒锌石玫瑰花状、球粒状集合体(美国)和马蒂像

水钒锌石是一种含结晶水、羟基的锌的钒酸盐矿物。属水钒铜矿族。三方晶系。晶体呈板状、薄片状;集合体呈晶簇状、玫瑰花状、球粒状。红色—橙色、浅黄色—橙色,金刚光泽,透明;硬度 3,完全解理。2007 年发现于美国犹他州圣胡安郡。英文名称 Martyite,以美国医学专家和矿物收藏家、犹他州盐湖城的发现者乔·马蒂(Joe Marty,1945—)的姓氏命名。他在同一地区发现了另外 3 种新矿物,为矿物学做出了贡献。IMA 2007 - 026 批准。2008 年 A. R. 坎普夫(A. R. Kampf)等在《加拿大矿物学家》(46)报道。2011 年中国地质科学院地质研究所任玉峰等在《岩石矿物学杂志》[30(2)]根据成分译为水钒锌石。

【水方硼石】

英文名 Hydroboracite

化学式 $CaMg[B_3O_4(OH)_3]_2\cdot 3H_2O$ (IMA)

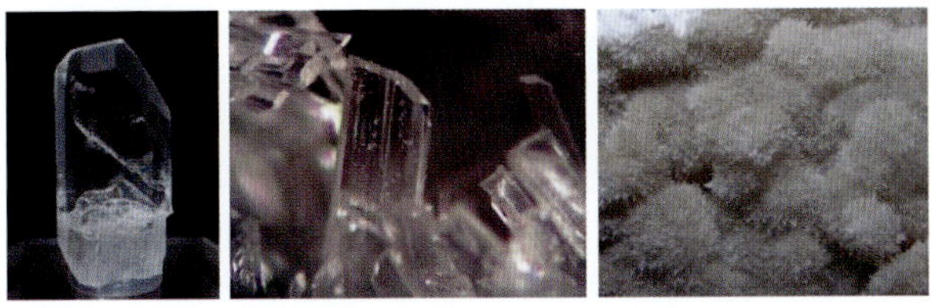

水方硼石柱状晶体,放射状集合体(德国、美国、伊朗)

S

水方硼石是一种含结晶水的钙、镁的水合硼酸盐矿物。单斜晶系。晶体呈板状、柱状、纤维状、细圆粒状;集合体呈晶簇状、放射状、不规则鲕粒状。无色、白色,玻璃光泽,纤维状者呈丝绢光泽,透明;硬度2,完全解理。1834年发现于哈萨克斯坦阿特劳省英德尔(Inder)硼矿床和盐丘;同年,赫斯(Hess)在莱比锡哈雷《物理学和化学年鉴》(31)报道。英文名称 Hydroboracite,由成分“Hydrated(水合)”和“Borate(硼酸)”组合命名。1959年以前发现、描述并命名的“祖父级”矿物,IMA 承认有效。中文名称根据成分及与方硼石的关系译为水方硼石(参见【方硼石】条157页)。

【水氟钙铝矾*】

英文名 Chukhrovite-(Ca)

化学式 $Ca_3Ca_{1.5}Al_2(SO_4)F_{13} \cdot 12H_2O$ (IMA)

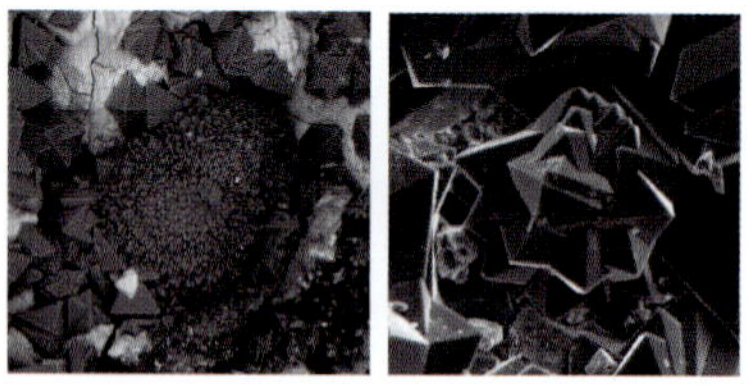

水氟钙铝矾* 四面体、八面体晶体,铁十字双晶(意大利)

水氟钙铝矾*是一种含结晶水和氟的钙、铝的硫酸盐矿物。属水氟钙钇矾族。等轴晶系。晶体呈四面体、尖八面体,常见铁十字双晶。无色、白色,玻璃光泽,透明—半透明;硬度3.5,脆性。2010年发现于意大利瓦雷泽省切雷西奥山谷瓦尔卡瓦利扎(Val Cavallizza)矿。英文名称 Chukhrovite-(Ca),1978年由库尔特·瓦林塔(Kurt Walenta)为纪念苏联矿物学家和地球化学家费多尔·瓦斯列维奇·丘赫罗夫(Fedor Vassil'evich Chukhrov,1908—1988)而以他的姓氏,加占优势的钙后缀-(Ca)组合命名。IMA 2010-081批准。2011年维尼奥拉等在《CNMNC 通讯》(8)、《矿物学杂志》(75)和2012年《欧洲矿物学杂志》(24)报道。目前尚未见官方中文译名,编译者根据成分译为水氟钙铝矾*。

【水氟钙钕矾】

英文名 Chukhrovite-(Nd)

化学式 $Ca_3NdAl_2(SO_4)F_{13} \cdot 12H_2O$ (IMA)

水氟钙钕矾是一种含结晶水和氟的钙、钕、铝的硫酸盐矿物。属水氟钙钇矾族。等轴晶系。晶体呈立方体、八面体。无色—白色,玻璃光泽,透明—半透明;硬度3.5~4,脆性。2004年发现于哈萨克斯坦卡拉干达省卡拉-奥巴(Kara-Oba)钨矿床。英文名称 Chukhrovite-(Nd),1978年,由库尔特·瓦林塔(Kurt Walenta)为纪念苏联矿物学家和地球化学家费多尔·瓦斯列维奇·丘赫罗夫(Fedor Vassil'evich Chukhrov,1908—1988)而以他的姓氏,加占优势的稀土元素钕后缀-(Nd)组合命名。IMA 2004-023批准。2005年L. A. 保托夫(L. A. Pautov)等在《矿物新数据》(40)报道。中文名称根据成分译为水氟钙钕矾。

【水氟钙铈矾】

英文名 Chukhrovite-(Ce)

化学式 $Ca_3CeAl_2(SO_4)F_{13} \cdot 12H_2O$ (IMA)

水氟钙铈矾是一种含结晶水和氟的钙、铈、铝的硫酸盐矿物。属水氟钙钇矾族。等轴晶系。晶体呈立方体、八面体。白色;硬度3。1960年发现于俄罗斯远东滨海边疆区沃

水氟钙铈矾八面体晶体(意大利)

兹涅先斯基区雅罗斯拉夫斯科耶(Yaroslavskoye)锡矿床。1960年L. P. 埃尔米洛娃(L. P. Ermilova)等在《全苏矿物学会记事》(89)报道。英文名称 Chukhrovite-(Ce),1978年由库尔特·瓦林塔(Kurt Walenta)为纪念苏联矿物学家和地球化学家费多尔·瓦斯列维奇·丘赫罗夫(Fedor Vassil'evich Chukhrov,1908—1988)而以他的姓氏,加占优势的稀土元素铈后缀-(Ce)组合命名。IMA 1987s. p. 批准。中文名称根据成分译为水氟钙铈矾。

【水氟钙钇矾】

英文名 Chukhrovite-(Y)

化学式 $Ca_3YAl_2(SO_4)F_{13} \cdot 12H_2O$ (IMA)

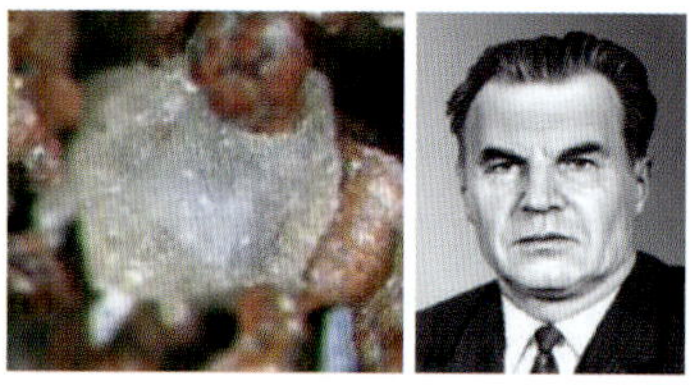

水氟钙钇矾八面体晶体(哈萨克斯坦)与丘赫罗夫像

水氟钙钇矾是一种含结晶水和氟的钙、钇、铈、铝的硫酸盐矿物。属水氟钙钇矾族。等轴晶系。晶体呈立方体、八面体。无色、白色带紫色调;硬度3。1960年发现于哈萨克斯坦卡拉干达省别特帕克达拉沙漠卡拉-奥巴(Kara-Oba)钨矿床。1960年L. P. 埃尔米洛娃(L. P. Ermilova)等在《全苏矿物学会记事》(89)和《美国矿物学家》(45)报道。英文名称 Chukhrovite-(Y),1960年由L. P. 埃尔米洛娃(L. P. Ermilova)等为纪念苏联矿物学家和地球化学家费多尔·瓦斯列维奇·丘赫罗夫(Fedor Vassil'evich Chukhrov,1908—1988)而以他的姓氏,加占优势的稀土元素钇后缀-(Y)组合命名。IMA 1987s. p. 批准。中文名称根据成分译为水氟钙钇矾。

【水氟硅钙石】参见【氟硅钙石】条175页

【水氟磷铝钙石】

英文名 Morinite

化学式 $NaCa_2Al_2(PO_4)_2(OH)F_4 \cdot 2H_2O$ (IMA)

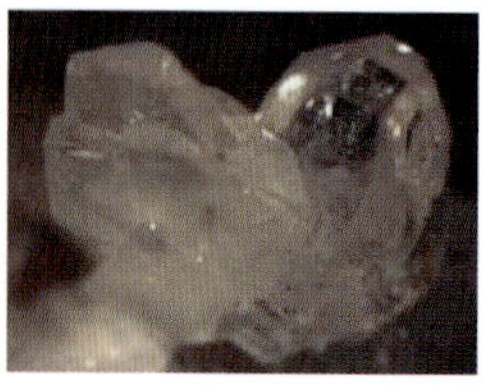

水氟磷铝钙石柱状晶体(澳大利亚)

水氟磷铝钙石是一种含结晶水、氟、羟基的钠、钙、铝的磷酸盐矿物。单斜晶系。晶体呈柱状、板状、页片状、纤维状或粗粒状,晶面有条纹;集合体呈放射状。无色、白色、浅红色、玫瑰红色,玻璃光泽、珍珠光泽,半透明;硬度4~4.5,完全解理。1891年发现于法国克勒兹省蒙蒂布拉斯(Montebras)矿。1891年拉克鲁瓦(Lacroix)在《法国矿物学会通报》(14)报道。英文名称 Morinite,以法国蒙蒂布拉斯矿主任E. A. 莫里诺(E. A. Morineau)先生的姓氏命名。IMA 1967s. p. 批准。中文名称根据成分译为水氟磷铝钙

石；根据颜色和成分译为红磷钠矿；根据柱状晶习和成分译为柱晶磷矿。

【水氟磷铝石】

英文名 Mitryaevaite

化学式 $Al_5(PO_4)_2[(P,S)O_3(OH,O)]_2F_2(OH)_2 \cdot 14.5H_2O$ (IMA)

水氟磷铝石是一种含结晶水、羟基、氟的铝的氢氧硫酸-磷酸盐矿物。三斜晶系。晶体呈显微柱状；集合体呈皮壳状、脉状、球粒结核状、球茎状。无色、白色，玻璃光泽；完全解理。1991 年发现于哈萨克斯坦卡拉套山和江布尔州贾巴里(Djabagly)山脉。英文名称 Mitryaevaite，以农娜·米哈伊洛芙娜·米特雅埃娃(Nonna Mikhailovna Mitryaeva，1920—?)博士的姓氏命名，以表示对她为哈萨克斯坦矿物学做出贡献的认可。IMA 1991－035 批准。1997 年 E. A. 安基诺维奇(E. A. Ankinovich)等在《加拿大矿物学家》(35)和 1999 年《美国矿物学家》(84)报道。2003 年中国地质科学院矿产资源研究所李锦平等在《岩石矿物学杂志》[22(2)]根据成分译为水氟磷铝石。

【水氟铝钙矿】

英文名 Yaroslavite

化学式 $Ca_3Al_2F_{10}(OH)_2 \cdot H_2O$ (IMA)

水氟铝钙矿是一种含结晶水和羟基的钙、铝的氟化物矿物。斜方晶系。晶体呈纤维状；集合体呈放射状、球粒状。白色，玻璃光泽，半透明；硬度 4～4.5。1966 年发现于俄罗斯普里莫尔斯基边疆区雅罗斯拉夫斯克(Yaroslavskoye)锡矿。英文名称 Yaroslavite，以发现地俄罗斯的雅罗斯拉夫斯克(Yaroslavskoye)锡矿命名。IMA 1968s. p. 批准。1966 年 M. I. 诺维科娃(M. I. Novikova)等在《全苏矿物学会记事》[95(1)]和《美国矿物学家》(51)报道。中文名称根据成分译为水氟铝钙矿或水铝钙氟石。

【水氟铝钙石】

英文名 Carlhintzeite

化学式 $Ca_2AlF_7 \cdot H_2O$ (IMA)

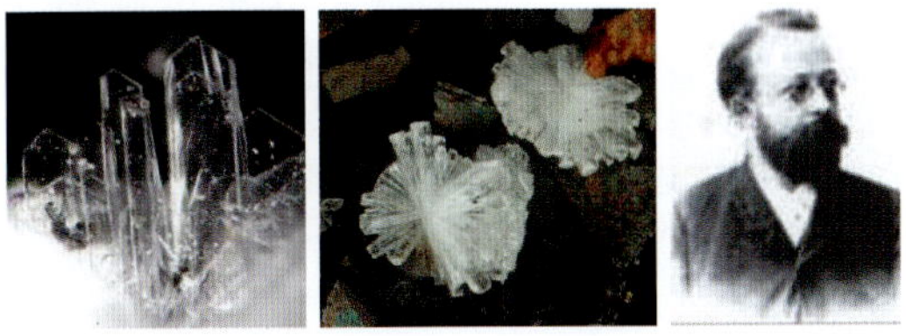

水氟铝钙石晶簇状、花饰状集合体(德国)和欣策像

水氟铝钙石是一种含结晶水的钙、铝的氟化物矿物。三斜(假单斜)晶系。晶体呈刃状、细长扁平板状，具双晶；集合体呈晶簇状、花饰状。无色，半玻璃光泽，透明；脆性。1978 年发现于德国巴伐利亚州哈根多夫(Hagendorf)南伟晶岩。英文名称 Carlhintzeite，1979 年由皮特·J. 邓恩(Pete J. Dunn)、唐纳德·R. 皮科尔(Donald R. Peacor)和 B. 达尔科·斯特曼(B. Darko Sturman)为纪念卡尔·阿道夫·费迪南德·欣策(Carl Adolf Ferdinand Hintze，1851—1916)博士而以他的姓名命名。欣策是德国布雷斯劳大学矿物研究所的矿物学教授和主任。欣策被公认的研究成果是他系统编译的著名的《矿物学手册》，尤其是矿物产地全面的列表。IMA 1978－031 批准。1979 年邓恩等在《加拿大矿物学家》(17)和 1980 年《美国矿物学家》(65)报道。中文名称根据成分译为水氟铝钙石。

【水氟铝镁矾】

英文名 Wilcoxite

化学式 $MgAl(SO_4)_2F \cdot 17H_2O$ (IMA)

水氟铝镁矾是一种含结晶水和氟的镁、铝的硫酸盐矿物。属水氯铝铜矾族。三斜晶系。晶体呈自形—近圆形；集合体呈海绵状、皮壳状、花状、晶簇状、钟乳状。无色、白色，玻璃光泽、油脂光泽，透明—半透明；硬度 1～2。1979 年发现于美国新墨西哥州卡特伦县威尔考克斯(Wilcox)区隆派恩(Lone Pine)矿山。英文名称 Wilcoxite，以威廉·威尔考克斯(William Wilcox，? —1880)的姓氏命名，他是 1879 年美国新墨西哥威尔考克斯矿区的发现者。IMA 1979－070 批准。1983 年 S. A. 威廉姆斯(S. A. Williams)等在《矿物学杂志》(47)和 1984 年 P. J. 邓恩(P. J. Dunn)等在《美国矿物学家》(69)报道。1985 年中国新矿物与矿物命名委员会郭宗山等在《岩石矿物及测试》[4(4)]根据成分译为水氟铝镁矾。

【水氟铝锶石】

英文名 Tikhonenkovite

化学式 $SrAlF_4(OH) \cdot H_2O$ (IMA)

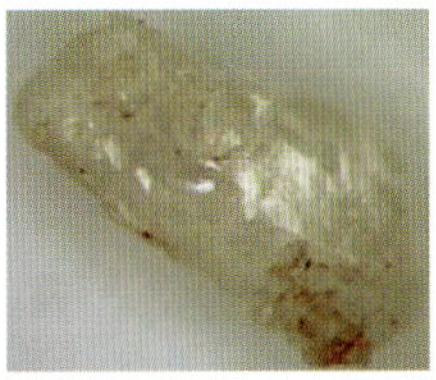

水氟铝锶石柱状晶体(俄罗斯)

水氟铝锶石是一种含结晶水和羟基的锶、铝的氟化物矿物。与氟羟锶铝石(Acuminite)为同质多象。单斜晶系。晶体呈细小的柱状；集合体呈扁豆状、放射状或晶簇状。无色—淡玫瑰色，玻璃光泽，透明；硬度 3.5，完全解理。1964 年发现于俄罗斯图瓦共和国唐努乌拉山脉卡拉苏(Karasug)稀土-锶-钡-铁-萤石矿床。英文名称 Tikhonenkovite，以苏联地质学家伊戈尔·彼得罗维奇·吉洪年科夫(Igor Petrovich Tikhonenkov，1927—1961)的姓氏命名。他是苏联莫斯科稀有元素矿物学和地球化学研究所专门从事碱性岩和矿物研究的学者。IMA 1967s. p. 批准。1964 年 A. P. 霍米亚科夫(A. P. Khomyakov)等在《苏联科学院报告》(156)和《美国矿物学家》(49)报道。中文名称根据成分译为水氟铝锶石或水铝氟锶矿。

【水氟镁铁矾】

英文名 Svyazhinite

化学式 $MgAl(SO_4)_2F \cdot 14H_2O$ (IMA)

水氟镁铁矾是一种含结晶水和氟的镁、铝的硫酸盐矿物。属水氯铝铜矾族。三斜晶系。无色(晶体)、淡黄的粉红色，玻璃光泽；硬度 2～3。1983 年发现于俄罗斯车里雅宾斯克州伊尔门自然保护区米阿斯市乔尔纳亚列奇卡(Chernaya Rechka)。英文名称 Svyazhinite，以苏联矿物学家尼古拉·瓦西里耶维奇·斯维亚泽恩(Nikolai Vasilevich Svyazhin，1927—1967)的姓氏命名。IMA 1983－045 批准。1984 年在《全苏矿物学记事》(113)和 1985 年《美国矿物学家》(70)报道。中文名称根据成分译为水氟镁铁矾。

【水氟硼石】参见【硼铝钙石】条 675 页

【水氟铅铝石】

英文名 Aravaipaite

化学式 $Pb_3AlF_9 \cdot H_2O$ (IMA)

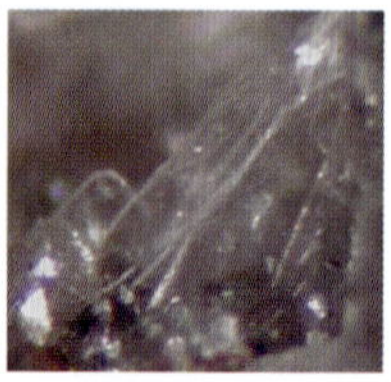

水氟铅铝石板状晶体（美国）

水氟铅铝石是一种含结晶水的铅、铝的氟化物矿物。三斜晶系。晶体呈板状。无色，玻璃光泽、珍珠光泽，透明；硬度2，极完全解理，解理片具弹性。1988年发现于美国亚利桑那州格雷厄姆县阿莱伐帕（Aravaipa）区圣特蕾莎山脉。英文名称 Aravaipaite，以发现地美国的阿莱伐帕（Aravaipa）命名。IMA 1988-021 批准。1989年A. R. 坎普夫（A. R. Kampf）等在《美国矿物学家》（74）报道。1990年中国新矿物与矿物命名委员会郭宗山在《岩石矿物学杂志》[9(3)]根据成分译为水氟铅铝石/水氟铅铝矿。

【水氟碳钙钍矿】参见【钍氟碳铈矿】条970页

【水氟碳钠钙石】

英文名 Sheldrickite

化学式 $NaCa_3(CO_3)_2F_3 \cdot H_2O$　(IMA)

谢德里克像

水氟碳钠钙石是一种含结晶水和氟的钠、钙的碳酸盐矿物。三方晶系。晶体呈片状；集合体呈块状。无色、白色，玻璃光泽，透明—半透明；硬度3，脆性。1996年发现于加拿大魁北克省圣希莱尔（Saint-Hilaire）山混合肥料采石场。英文名称 Sheldrickite，以德国哥廷根大学的结晶学教授乔治·M. 谢德里克（George M. Sheldrick，1942—）的姓氏命名。谢德里克是将计算机程序广泛用于晶体结构分析的创造者。IMA 1996-019 批准。1997年J. D. 格赖斯（J. D. Grice）等在《加拿大矿物学家》（35）报道。2003年中国地质科学院矿产资源研究所李锦平等在《岩石矿物学杂志》[22(2)]根据成分译为水氟碳钠钙石。2011年杨主明等在《岩石矿物学杂志》[30(4)]建议音译为谢德里克石。

【水复钒矿】

英文名 Corvusite

化学式 $(Na,Ca,K)_{1-x}(V^{5+},V^{4+},Fe^{2+})_8O_{20} \cdot 4H_2O$　(IMA)

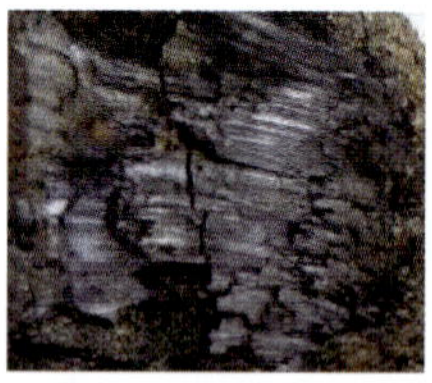

水复钒矿薄片状晶体（美国）

水复钒矿是一种含结晶水的钠、钙、钾的铁钒酸盐矿物。属水钒钾石族。单斜晶系。晶体呈细微的不规则薄片状；集合体呈块状。深蓝色、棕色，不透明；硬度2.5～3，贝壳状断口。1933年发现于美国科罗拉多州圣米格尔县石膏谷矿区和犹他州格兰德（Grand）县拉萨尔山脉北部拉萨尔山区杰克（Jack）领地。1933年亨德森（Henderson）和赫斯（Hess）在《美国矿物学家》（18）报道。英文名称 Corvusite，由“Corvus（乌鸦座），即 Raven（乌鸦，乌亮）”命名，意指其颜色。1959年以前发现、描述并命名的“祖父级”矿物，IMA 承认有效。中文根据成分中的水及有四价和五价钒译为水复钒矿。

【水钙钒矿】

英文名 Hendersonite

化学式 $Ca_{1.3}(V^{5+},V^{4+})_6O_{16} \cdot 6H_2O$　(IMA)

水钙钒矿是一种含结晶水的钙的钒酸盐矿物。属针钒钙石族。斜方晶系。晶体呈六边形板状、显微纤维状或叶片状。浅墨绿色—黑色，在空气中变褐色，半金刚光泽或珍珠光泽；硬度2.5，完全解理。1962年发现于美国科罗拉多州蒙特罗斯县尤拉文区帕拉多西（Paradox）谷和美国新墨西哥州圣胡安县希普罗克区东端矿山纳尔逊（Nelson）矿点钒-铀矿床的砂岩。英文名称 Hendersonite，为纪念爱德华·波特·亨德森（Edward Porter Henderson，1898—1992）博士而以他的姓氏命名。亨德森是美国华盛顿特区史密森学会陨石博物馆原馆长，他对铀-钒矿床的矿物学研究做出了贡献。1962年M. L. 林德伯格（M. L. Lindberg）等在《美国矿物学家》（47）报道。IMA 1967s. p. 批准。中文名称根据成分译为水钙钒矿；根据四价钒和五价钒及与钒钙石的关系译为水复钒钙石。

亨德森像

【水钙钒铀矿】

英文名 Rauvite

化学式 $Ca(UO_2)_2V_{10}O_{28} \cdot 16H_2O$　(IMA)

水钙钒铀矿是一种含结晶水的钙的铀酰-钒酸盐矿物。微晶质，集合体呈致密块状、被膜状、皮壳状、葡萄状。紫黑色—蓝黑色、浅橘黄色、棕红色、褐色，金刚光泽、蜡状光泽，半透明；软，脆，可切。1922年发现于美国犹他州埃默里县圣拉斐尔矿区平顶（Flat Top）山和坦普尔（Temple）山。1922年F. L. 赫斯（F. L. Hess）在《工程和矿业期刊》（114）报道。英文名称 Rauvite，由弗兰克·L. 赫斯（Frank L. Hess）根据推测化学成分的元素符号“Radium（镭）、Uranium（铀）和 Vanadium（钒）”组合命名。1959年以前发现、描述并命名的“祖父级”矿物，IMA 承认有效，但 IMA 持怀疑态度。中文名称根据成分译为水钙钒铀矿；根据颜色和成分译为红钒钙铀矿。

【水钙沸石-钡】

英文名 Gismondine-(Ba)

化学式 $Ba_2Al_4Si_4O_{16} \cdot 4\sim6H_2O$

水钙沸石-钡是一种含沸石水的钡的铝硅酸盐矿物。属沸石族水钙沸石系列。单斜晶系。2001年R. S. W. 布雷思韦特（R. S. W. Braithwaite）等在《罗素学会杂志》（7）报道。英文名称 Gismondine-(Ba)，根词由意大利矿物学家卡罗·朱塞佩·吉斯蒙迪（Carlo Giuseppe Gismondi，1762—1824）的姓氏，加占优势的钡后缀-(Ba)组合命名，意指它是钡的水钙沸石-钙的类似矿物。由于它被发现在人工渣材料中未被 IMA 批准作为有效的矿物种，但它可能是有效的。中文名称根据成分及族名译为水钙沸石-钡。

【水钙沸石-钙】

英文名 Gismondine-(Ca)

化学式 $Ca_2(Si_4Al_4)O_{16} \cdot 8H_2O$　(IMA)

水钙沸石-钙假正方锥状晶体，晶簇状集合体（德国、意大利）

水钙沸石-钙是一种含沸石水的钙的铝硅酸盐矿物。属沸石族水钙沸石系列。单斜（假斜方）晶系。晶体呈假正方双锥，具双晶。无色、白色、灰色、非常淡的粉色；硬度4.4～5，完全解理。1817 年发现于意大利罗马省卡波迪博韦(Capo di Bove)；同年，K. C. 冯 · 莱昂哈特(K. C. von Leonhard)在《全矿物学袖珍本》(*Taschenbuch für die gesammte Mineralogie*)(11)报道。英文名称 Gismondine，以意大利矿物学家卡罗 · 朱塞佩 · 吉斯蒙迪(Carlo Giuseppe Gismondi，1762—1824)的姓氏命名。他曾发现"Zeagonite"，实际是水钙沸石(Gismondine)、钙十字沸石(Phillipsite)的混合物。1959 年以前发现、描述并命名的"祖父级"矿物，IMA 承认有效。IMA 1997s. p. 批准。中文名称根据成分及与沸石的关系译为水钙沸石-钙；曾误译为斜方钙沸石。

2006 年 IMA-CNMNC 沸石小组委员会批准的名称只是 Gismondine(水钙沸石)，近两个世纪以来发现和研究的 Gismondine 都是钙占优势的矿物种。2001 年 R. S. W. 布雷思韦特(R. S. W. Braithwaite)等报道了在炉渣中发现的一种以钡为主的 Gismondine，尽管 IMA 未批准，但认为可能是有效的，根据沸石小组委员会的建议将 Gismondine 定义为沸石族的系列名称；于是有 Gismondine-(Ba)(自然界还未找到)和 Gismondine-(Ca)矿物种。

【水钙硅石】参见【羟硅钙石】条 708 页

【水钙铝榴石】参见【水榴石】条 849 页

【水钙铝石】参见【水铝钙石】条 849 页

【水钙芒硝】

英文名 Hydroglauberite

化学式 $Na_{10}Ca_3(SO_4)_8 \cdot 6H_2O$ (IMA)

水钙芒硝板状晶体，放射状集合体(美国)

水钙芒硝是一种含结晶水的钠、钙的硫酸盐矿物。单斜(或斜方)晶系。晶体呈细长板状、针状、纤维状；集合体呈毛毡状、团粒状、放射状。无色、白色，玻璃光泽、丝绢光泽；具咸味、苦味。1963 年发现于乌兹别克斯坦卡拉卡尔帕克自治共和国阿姆河下游的库什卡纳托(Kushkanatau)盐类沉积层。英文名称 Hydroglauberite，由苏联斯柳萨列娃根据"Hydro(水)"和"Glauberite(钙芒硝)"组合命名。IMA 1968－026 批准。1969 年柳萨列娃在《全苏矿物学会记事》[98(1)]和 1970 年 M. 弗莱舍(M. Fleischer)在《美国矿物学家》(55)报道。中文名称根据成分水及与钙芒硝的关系译为水钙芒硝(参见【钙芒硝】条 223 页)。1964 年中国科学院青海盐湖研究所董继和、李秉孝等在中国青海某盐湖湖底淤泥中发现细针状水钙芒硝。

【水钙镁铀矿】

英文名 Swartzite

化学式 $CaMg(UO_2)(CO_3)_3 \cdot 12H_2O$ (IMA)

水钙镁铀矿是一种含结晶水的钙、镁的铀酰-碳酸盐矿物。单斜晶系。晶体呈柱状；集合体呈皮壳状。亮绿色，黄白色(脱水)。1948 年发现于美国亚利桑那州亚瓦派县尤里卡矿区巴格达博扎思(Bozarth)平顶山山坡(Hillside)矿[见于《美国矿物学会文件摘要(1948)》]。英文名称 Swartzite，以美国马里兰州巴尔的摩市约翰霍普金斯大学地质学教授查尔斯 · 凯哈特 · 施瓦茨(Charles Kephart Swartz，1861—1949)的姓氏命名。1951 年阿克塞尔罗德(Axelrod)等在《美国矿物学家》(36)报道。1959 年以前发现、描述并命名的"祖父级"矿物，IMA 承认有效。中文名称根据成分译为水钙镁铀矿，也译为水菱钙镁铀矿或水碳钙镁铀矿或碳钙镁铀矿。

【水钙锰榴石】

英文名 Henritermierite

化学式 $Ca_3Mn_2^{3+}(SiO_4)_2(OH)_4$ (IMA)

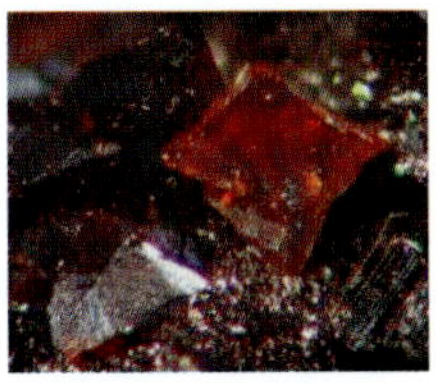
水钙锰榴石粒状晶体(南非)

水钙锰榴石是一种含羟基的钙、锰的硅酸盐矿物。属石榴石超族水钙锰榴石族。四方水钙榴石(Holtstamite)含锰的类似矿物。四方晶系。晶体呈假八面体、短柱状、粒状，常见双晶。丁香色—棕色、杏黄色—褐色，玻璃光泽，半透明。1968 年发现于摩洛哥瓦尔扎扎特省塔什加尔(Tachgagalt)矿。英文名称 Henritermierite，以法国地质学家亨利 · 弗朗索瓦 · 埃米尔 · 泰尔米耶(Henri François Émile Termier，1897—1989)的姓名命名。IMA 1968－029 批准。1969 年在《法国矿物学和结晶学会通报》(92)和《美国矿物学家》(54)报道。中文名称根据成分及与水钙榴石的关系译为水钙锰榴石。

【水钙钼铀矿】

英文名 Calcurmolite

化学式 $(Ca_{1-x}Na_x)_2(UO_2)_3(MoO_4)_2(OH)_{6-x} \cdot nH_2O$ (IMA)

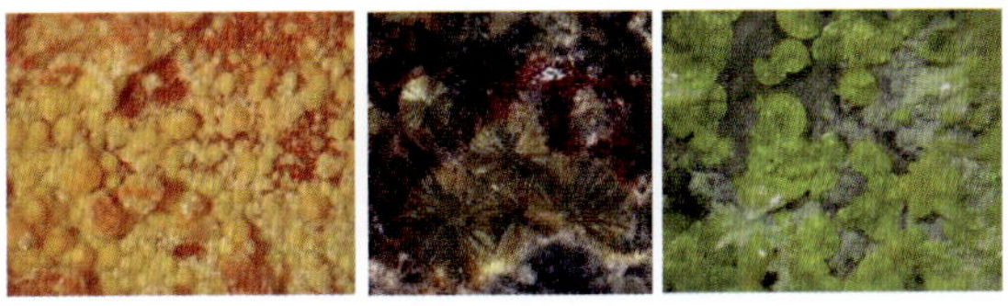
水钙钼铀矿纤维状晶体，放射状、球粒状集合体(法国)

水钙钼铀矿是一种含结晶水和羟基的钙、钠的铀酰-钼酸盐矿物。单斜晶系。晶体呈柱状、鳞片状、纤维状；集合体呈放射状、球粒状。柠檬黄色、橙黄色、蜜黄色，玻璃光泽、珍珠光泽。最早见于 1958 年《日内瓦第二届联合国和平利用原子能国际会议记录》(3)报道。1962 年发现于亚美尼亚休尼克省卡番区卡贾兰(Kajaran)铀-钼矿床。英文名称 Calcurmolite，由化学组成"Calcium(钙)、Uranium(铀)和 Molybdenum(钼)"缩写组合命名。IMA 1988－×××？批准。中文名称根据成分译为水钙钼铀矿或译为钼钙铀矿。

【水钙硝石】

英文名 Nitrocalcite

化学式 $Ca(NO_3)_2 \cdot 4H_2O$ (IMA)

水钙硝石是一种含结晶水的钙的硝酸盐矿物。单斜晶系。晶体(人工合成)呈长柱状、针状；集合体呈薄层状、束状、晶簇状。白色、灰色，丝绢光泽，透明；硬度 1～2；溶于水。最早见于 1783 年 R. 德 · 莱尔(R. de Lisle)在巴黎 *Cristallographie, ou description des formes propres à tous les corps du regne minéral*. (第四卷)报道。1832 年 F. S. 伯当(F. S. Beudant)在《矿物学纲要》(第二卷，第二版)也曾提到。1835 年发现于美国田纳西州马里恩县尼卡杰克(Nicajack)洞穴。1835 年豪伊(Howe)和赫里克(Herrick)及诺伊斯(Noyes)在《论矿物学》(第一卷，第一版，纽黑文)刊载。英文名称 Nitrocalcite，由化学组成“Calcium（钙）”和“Nitrate（硝酸盐）”组合命名。1959 年以前发现、描述并命名的“祖父级”矿物，IMA 承认有效。中文名称根据成分及与硝石的关系译为水钙硝石或钙硝石。

【水钙铀矿】

英文名 Calciouranoite

化学式 $(Ca,Ba,Pb,K,Na)U_2O_7 \cdot 5H_2O$ (IMA)

水钙铀矿是一种含结晶水的钙、钡、铅、钾、钠的铀氧化物矿物。非晶质，棕色、橙色；硬度 4。1973 年发现于俄罗斯赤塔州斯特里特索夫斯基（Streltsovskoe）钼-铀矿区欧卡亚布斯科（Oktyabŕskoe）钼-铀矿床。英文名称 Calciouranoite，由化学成分“Calcium（钙）”和“Uranium（铀）”组合命名。IMA 1973-004 批准。1974 年 V. P. 罗高娃（V. P. Rogova）等在《全苏矿物学记事》（103）和 1975 年 M. 弗莱舍（M. Fleischer）等在《美国矿物学家》（60）报道。中文名称根据成分译为水钙铀矿或钙铀矿。

【水锆石】参见【锆石】条 242 页

【水铬碘镁钙钠石】

英文名 George-ericksenite

化学式 $Na_6CaMg(IO_3)_6(CrO_4)_2 \cdot 12H_2O$ (IMA)

水铬碘镁钙钠石是一种含结晶水的钠、钙、镁的铬酸-碘酸盐矿物。单斜晶系。晶体呈扁平长柱状、针状；集合体呈结核状。鲜柠檬色、淡黄色，玻璃光泽，透明—半透明；硬度 3～4，脆性。1996 年发现于智利安托法加斯塔大区奥菲西纳·查卡布科（Oficina Chacabuco）硝酸盐矿床。英文名称 George-ericksenite，以美国地质调查局地质学家乔治·E. 埃里克森（George E. Ericksen，1920—1996）的姓名命名。他研究了智利的硝酸盐矿床。IMA 1996-049 批准。1998 年 M. A. 库珀（M. A. Cooper）等在《美国矿物学家》（83）报道。2004 年李锦平等在《岩石矿物学杂志》[23(1)]根据成分译为水铬碘镁钙钠石。

【水铬铅矿】

英文名 Iranite

化学式 $CuPb_{10}(CrO_4)_6(SiO_4)_2(OH)_2$ (IMA)

水铬铅矿板柱状晶体，晶簇状集合体（伊朗）

水铬铅矿是一种含羟基的铜、铅的硅酸-铬酸盐矿物。属水铬铅矿族。三斜晶系。晶体呈板柱状。橙黄色，玻璃光泽，半透明；硬度 2.5～3。1963 年发现于伊朗（Iran）伊斯法罕省塞巴兹（Sebarz）矿；同年 P. 巴里安（P. Bariand）在《法国矿物学和结晶学会通报》（86）报道。英文名称 Iranite，以发现国伊朗（Iran）命名。IMA 1980s. p. 批准。中文名称根据成分译为水铬铅矿；音译为伊朗矿；杨光明教授建议译为羟铬铜铅矿。

【水铬铁矾】

英文名 Redingtonite

化学式 $Fe^{2+}Cr_2(SO_4)_4 \cdot 22H_2O$ (IMA)

水铬铁矾是一种含结晶水的铁、铬的硫酸盐矿物。属铁明矾族。单斜晶系。晶体呈平行纤维状；集合体呈块状。白色、粉色、紫色，丝绢光泽；硬度 2。1888 年发现于美国加利福尼亚州纳帕县雷丁顿（Redington）汞矿。1888 年贝克尔（Becker）在《美国地质勘探局专报》（*USGS Monograph*）（13）报道。英文名称 Redingtonite，以发现地美国的雷丁顿（Redington）汞矿命名。1959 年以前发现、描述并命名的“祖父级”矿物，IMA 承认有效，但 IMA 持怀疑态度。中文名称根据成分译为水铬铁矾，也译作铁铬矾，或水铬镁矾。

【水钴矾】

英文名 Cobaltkieserite

化学式 $Co(SO_4) \cdot H_2O$ (IMA)

水钴矾是一种含一个结晶水的钴的硫酸盐矿物。属水镁矾族。单斜晶系。晶体呈自形厚板状、双锥状；集合体呈粉末状、土状。粉红色、紫红色，土状光泽；硬度 2～3。2002 年发现于瑞典西曼兰省巴斯特（Bastnäs）矿。英文名称 Cobaltkieserite，由成分冠词“Cobalt（钴）”和根词“Kieserite（水镁矾）”组合命名，意指它是钴的水镁矾的类似矿物。IMA 2002-004 批准。2002 年 D. 霍尔特斯坦（D. Holtstam）在《斯德哥尔摩地质学会会刊》（124）报道。2006 年中国地质科学院矿产资源研究所李锦平在《岩石矿物学杂志》[25(6)]根据成分译为水钴矾。

【水钴矿】参见【羟钴矿】条 707 页

【水钴锰矾】参见【四水钴矾】条 901 页

【水钴铀矾】

英文名 Cobaltzippeite

化学式 $Co(UO_2)_2(SO_4)O_2 \cdot 3.5H_2O$ (IMA)

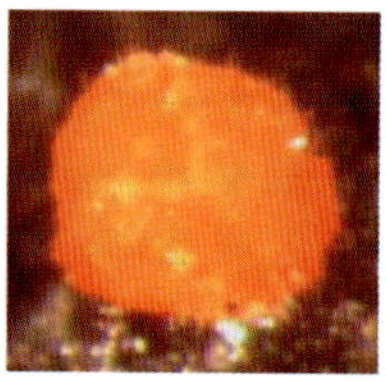

水钴铀矾球粒状集合体（美国）

水钴铀矾是一种含结晶水、氧的钴的铀酰-硫酸盐矿物。属水铀矾族。斜方晶系。集合体呈土状、皮壳状、球粒状。橘黄色、橙红色；硬度 2。1971 年发现于美国犹他州圣胡安县哈皮杰克（Happy Jack）铜矿。英文名称 Cobaltzippeite，由占优势的成分冠词“Cobalt（钴）”及根词“Zippeite（水铀矾）”组合命名。IMA 1971-006 批准。1976 年在《加拿大矿物学家》（14）报道。中文名称根据成分译为水钴铀矾（根词参见【水铀矾】条 884 页）。

【水硅钡矿】

英文名 Krauskopfite

化学式 $BaSi_2O_5 \cdot 3H_2O$ (IMA)

克劳斯科普夫像

水硅钡矿是一种含结晶水的钡的硅酸盐矿物。单斜晶系。晶体呈短柱状、粒状；集合体呈块状。无色、白色，半玻璃光泽，解理面上呈珍珠光泽，透明—半透明；硬度 4，完全解理。1964 年发现于美国加利福尼亚州弗雷斯诺县湍流溪（Rush Creek）矿床。英文名称 Krauskopfite，以美国加州斯坦福大学地球化学教授康拉德·贝茨·克劳斯科普夫（Konrad Bates Krauskopf，1910—2003）的姓氏命名。IMA 1964-008 批准。1965 年 J. T. 阿尔福什（J. T. Alfors）等在《美国矿物学家》（50）报道。中文名称根据成分译为水硅钡矿。

【水硅钡锰石】参见【弗水钡硅石】条 172 页

【水硅钡石】

英文名 Bigcreekite

化学式 $BaSi_2O_5 \cdot 4H_2O$ (IMA)

水硅钡石半自形板状晶体(美国)

水硅钡石是一种含结晶水的钡的硅酸盐矿物。斜方晶系。晶体呈半自形板状。无色、白色,玻璃光泽、珍珠光泽,透明;硬度 2～3,完全解理,脆性。1999 年发现于美国加利福尼亚州弗雷斯诺县大溪(Big Creek)区湍流溪矿床。英文名称 Bigcreekite,以发现地美国大溪(Big Creek)命名。IMA 1999-015 批准。2001 年 L. C. 巴夏诺(L. C. Basciano)等在《加拿大矿物学家》(39)报道。2007 年中国地质科学院地质研究所任玉峰在《岩石矿物学杂志》[26(3)]根据成分译为水硅钡石。

【水硅钒钙石】

英文名 Cavansite

化学式 $Ca(V^{4+}O)(Si_4O_{10}) \cdot 4H_2O$ (IMA)

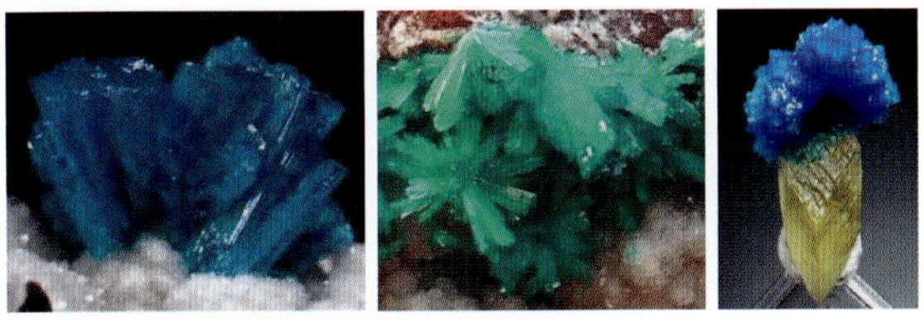
水硅钒钙石晶簇状、放射状、球粒状集合体(印度)

水硅钒钙石是一种含结晶水的钙、钒氧的硅酸盐矿物。斜方晶系。晶体呈柱状、针状;集合体常呈晶簇状、放射状、球粒状、玫瑰花状。非常漂亮的蓝色、绿色,玻璃光泽、珍珠光泽,透明—半透明;硬度 3～4,完全解理,脆性。1967 年发现于美国俄勒冈州马卢尔县湖奥怀希大坝(Owyhee Dam)。英文名称 Cavansite,由化学成分"Calcium(钙)、Vanadium(钒)和 Silicon(硅)"的元素字头组合命名。IMA 1967-019 批准。1973 年 L. W. 史泰博(L. W. Staples)等在《美国矿物学家》(58)报道。中文名称根据成分译为水硅钒钙石。2009 年石田(Ishida)等研究表明:水硅钒钙石(Cavansite)是一种低温相,与高温五角石(Pentagonite)为同质二象(参见【五角石】条 992 页)。

【水硅钒锌镍矿】参见【硅钒锌铝石】条 262 页

【水硅钙锆石】

英文名 Armstrongite

化学式 $CaZr(Si_6O_{15}) \cdot 2H_2O$ (IMA)

阿姆斯特朗像

水硅钙锆石是一种含结晶水的钙、锆的硅酸盐矿物。单斜晶系。晶体呈板柱状,具聚片双晶。浅棕色—褐黑色,玻璃光泽,半透明;硬度 4.5,非常脆,完全解理。1972 年发现于蒙古国戈壁沙漠博克达汗地块多罗日内(Dorozhnyi)伟晶岩。英文名称 Armstrongite,为纪念美国宇航员、试飞员、海军飞行员以及俄亥俄州辛辛那提大学航空航天工程大学教授尼尔·奥尔登·阿姆斯特朗(Neil Alden Armstrong,1930—2012)而以他的姓氏命名。他在美国国家航空航天局服役时,于 1969 年 7 月 21 日乘"阿波罗-11"号第一个踏上月球并留下了脚印。IMA 1972-018 批准。1973 年 N. V. 弗拉德金(N. V. Vladykin)等在《苏联科学院报告》(209)和 1974 年 M. 弗莱舍(M. Fleischer)在《美国矿物学家》(59)报道。中文名称根据成分译为水硅钙锆石;根据英文名称首音节音和成分译为阿钙锆石。

【水硅钙镁铀矿】

英文名 Ursilite

化学式 $Mg_4(UO_2)_4(Si_2O_5)_{5.5}(OH)_5 \cdot 13H_2O$ (弗莱舍,2018)

水硅钙镁铀矿是一种含结晶水和羟基的镁的铀酰-硅酸盐矿物。斜方晶系。晶体呈针状。淡黄色、稻草黄色,玻璃光泽、丝绢光泽;硬度 2～3。发现于塔吉克斯坦粟特(Sogd)州苦盏市(以前的列宁纳巴德)克孜尔特尤贝赛(Kyzyltyube-Sai)奥克雅布尔斯科耶(Oktyabrskoye)村铀矿床。1957 年在 *Atomnaya Energiya Voprosy Geologii Urana* 报道。英文名称 Ursilite,根据化学成分"Uranium(铀)"和"Silicon(硅)"组合命名。1977 年在《全苏矿物学会记事》(106)报道。1959 年以前发现、描述并命名的"祖父级"矿物,IMA 承认有效。2018 年被 IMA 废弃。中文名称根据成分译为水硅钙镁铀矿。

【水硅钙锰石】

英文名 Kittatinnyite

化学式 $Ca_2Mn^{2+}Mn_2^{3+}(SiO_4)_2(OH)_4 \cdot 9H_2O$ (IMA)

水硅钙锰石是一种含结晶水和羟基的钙、锰的硅酸盐矿物。属水硅钙锰石族。六方晶系。晶体呈薄片扭曲状;集合体呈近似平行状。明亮的金黄色,玻璃光泽,半透明—不透明;硬度 4,完全解理,脆性。1982 年发现于美国新泽西州苏塞克斯县富兰克林矿区泰勒(Taylor)矿。英文名称 Kittatinnyite,1983 年由皮特·J. 邓恩(Pete J. Dunn)和唐纳德·R. 皮科尔(Donald R. Peacor)根据阿冈昆(Algonquin)印第安文"Kittatinny"词命名,意味着"没完没了的山",意指美国新泽西富兰克林周围的地形地貌。IMA 1982-083 批准。1983 年邓恩和皮科尔在《美国矿物学家》(68)报道。1985 年中国新矿物与矿物命名委员会郭宗山等在《岩石矿物及测试》[4(4)]根据成分译为水硅钙锰石。

【水硅钙钠石】

英文名 Reyerite

化学式 $Na_2Ca_{14}Al_2Si_{22}O_{58}(OH)_8 \cdot 6H_2O$ (IMA)

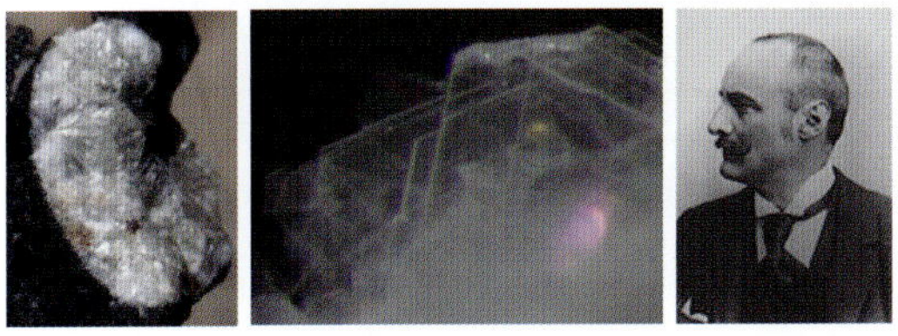
水硅钙钠石片状、纤维状晶体,放射状集合体(英国)和雷伊像

水硅钙钠石是一种含结晶水和羟基的钠、钙的铝硅酸盐矿物。属水硅钙钠石族。三方晶系。晶体呈针状、片状;集合体呈放射状、晶簇状。无色、白色、浅绿色,玻璃光泽、珍珠光泽,透明—半透明;硬度 3～4,脆性。1906 年发现于丹麦格陵兰岛卡苏伊特苏普区努苏阿克半岛尼亚科纳特(Niaqornat);同年,F. 柯尔努(F. Cornu)等在《契尔马克氏矿物学和岩石学通报》(25)报道。英文名称 Reyerite,以奥地利维也纳地质学家爱德华·雷伊(Edouard Reyer,1849—1914)的姓氏

命名。1959 年以前发现、描述并命名的“祖父级”矿物，IMA 承认有效。中文名称根据成分译为水硅钙钠石；根据成分、颜色及与沸石的关系译为铝白钙沸石。

【水硅钙石】

英文名 Okenite

化学式 $Ca_{10}Si_{18}O_{46}\cdot 18H_2O$ （IMA）

水硅钙石球粒状集合体（意大利）和奥肯像

水硅钙石是一种含结晶水的钙的硅酸盐矿物。三斜晶系。晶体呈刃片板条状、针状、纤维状，具双晶；集合体呈放射状、球粒状、棉花球状。无色或白色，带蓝色或黄色色调，条痕呈白色，树脂光泽、珍珠光泽，透明—半透明，晶体大多透明；硬度 5.5，完全解理，解理片具弹性。1828 年首次描述于格陵兰岛卡苏伊特苏普区库特利赫沙特（Qutdligssat）岛。1828 年 F. 冯 · 科贝尔（F. von Kobell）在《自然科学杂志》（*Archiv für die Gesammte Naturlehre*）（14）报道。英文名称 Okenite，以德国慕尼黑自然史学家、博物学家、生物学家洛伦兹 · 奥肯（Lorenz Oken，1779—1851）的姓氏命名。最初的名称是 Ockenite，后来缩短为 Okenite。奥肯是德国慕尼黑大学的教授，后来的瑞士苏黎世大学教授。1802 年他提出了一个新的动物分类，证明了系统进化的路径。1805 年，奥肯是第一个认识到生物细胞结构重要性的人：“所有生物都起源于细胞，并由细胞组成。”1959 年以前发现、描述并命名的“祖父级”矿物，IMA 承认有效。中文名称根据成分译为水硅钙石；根据形态和成分译为纤水硅钙石；根据首音节音和成分译为奥硅钙石。

【水硅钙铜矿】

英文名 Cuprorivaite

化学式 $CaCuSi_4O_{10}$ （IMA）

水硅钙铜矿板状、柱状晶体（德国、美国）

水硅钙铜矿是一种含少量水的钙、铜的硅酸盐矿物。属硅铁钡矿族。四方晶系。晶体呈板状、柱状。天蓝色，玻璃光泽，透明；硬度 5，完全解理，脆性。1938 年发现于意大利那不勒斯省外轮山-维苏威（Vesuvius）火山杂岩体；同年，C. 明古兹（C. Minguzzi）在罗马《矿物学周刊》（*Periodico di Mineralogia*）（9）报道。1962 年 F. 马兹（F. Mazzi）等在《美国矿物学家》（47）报道。英文名称 Cuprorivaite，由埃及蓝（Egyptian blue）而来。也称为钙硅酸铜（Calcium copper silicate 或 Cuprorivaite）。埃及蓝是一种由二氧化硅、石灰、铜和碱合成的蓝色色素的混合物，已经记录在古埃及第四王朝以来的古王国（公元前 2 600～前 2 480 年），一直持续使用到古希腊罗马时期（公元前 332—前 395 年）。1809 年在英语中第一个记录使用“埃及蓝”这个颜色名称。它的颜色与天然矿物 Cuprorivaite 完全相同。故一般认为 Egyptian blue＝Cuprorivaite。后者由“Cupro（铜）”及与假定的“Rivaite（针状硅灰石）”组合命名，意指它与“埃及蓝”的成分和颜色相似。IMA 1962s. p. 批准。中文名称根据成分译为水硅钙铜矿或硅铜钙石；也译为埃及蓝。

【水硅钙铜石】

英文名 Stringhamite

化学式 $CaCu(SiO_4)\cdot H_2O$ （IMA）

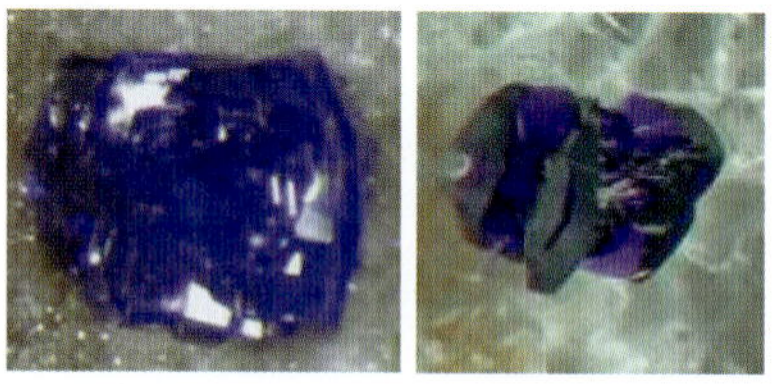

水硅钙铜石板状晶体（美国）

水硅钙铜石是一种含结晶水的钙、铜的硅酸盐矿物。单斜晶系。晶体呈厚板状。天蓝色、紫色，玻璃光泽，透明—半透明。1974 年发现于美国犹他州比弗（Beaver）县巴瓦娜（Bawana）矿。英文名称 Stringhamite，以美国犹他大学矿物学系主任布朗森 · 费林 · 斯特林汉姆（Bronson Ferrin Stringham，1907—1968）的姓氏命名。IMA 1974-007 批准。1976 年 J. R. 欣德曼（J. R. Hindman）在《美国矿物学家》（61）报道。中文名称根据成分译为水硅钙铜石。

【水硅钙铀矿】

英文名 Haiweeite

化学式 $Ca(UO_2)_2(Si_5O_{12})(OH)_2\cdot 6H_2O$ （IMA）

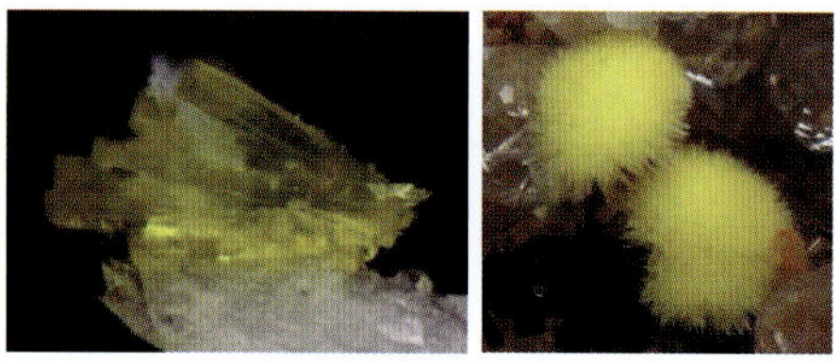

水硅钙铀矿纤维状晶体，束状、放射球粒状集合体（奥地利、巴西）

水硅钙铀矿是一种含结晶水、羟基的钙的铀酰-硅酸盐矿物。属多硅钾铀矿族。斜方晶系。晶体呈纤维状、鳞片状；集合体呈束状、放射球粒状。淡黄色、青黄色，珍珠光泽，透明；硬度 3.5，完全解理。1959 年发现于美国加利福尼亚州因约（Inyo）县科索（Coso）山海威（Haiwee）水库无名铀矿；同年，T. C. 麦克伯尼（T. C. McBurney）和 J. 默多克（J. Murdoch）在《美国矿物学家》（44）报道。英文名称 Haiweeite，麦克伯尼等以美国的海威（Haiwee）水库命名。IMA 1962s. p. 批准。中文名称根据成分译为水硅钙铀矿，也译作多硅钙铀矿。

【水硅锆钾石】

英文名 Umbite

化学式 $K_2ZrSi_3O_9\cdot H_2O$ （IMA）

水硅锆钾石是一种含结晶水的钾、锆的硅酸盐矿物。属水硅锆钾石族。斜方晶系。晶体呈板状。无色、淡黄色，玻璃光泽，透明—半透明；硬度 4.5，完全解理。1982 年发现于俄罗斯北部摩尔曼斯克州武尼米奥克（Vuonnemiok）河

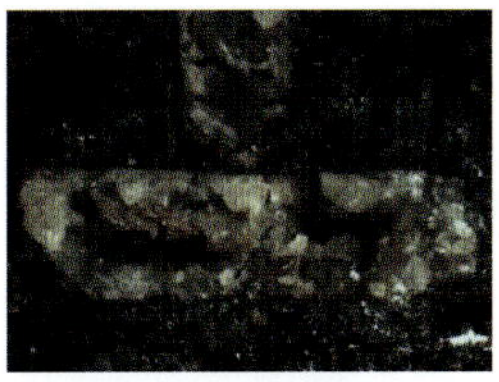

水硅锆钾石板状晶体(俄罗斯)

谷。英文名称 Umbite,以距发现地以东 20km 的俄罗斯乌姆博泽罗(Umbozero)湖命名。IMA 1982-006 批准。1983 年 A. P. 霍米亚科夫(A. P. Khomyakov)等在《全苏矿物学会记事》(112)和 1984 年《美国矿物学家》(69)报道。1985 年中国新矿物与矿物命名委员会郭宗山等在《岩石矿物及测试》[4(4)]根据成分译为水硅锆钾石。

【水硅锆钠钙石】

英文名 Loudounite

化学式 $NaCa_5Zr_4Si_{16}O_{40}(OH)_{11} \cdot 8H_2O$ (IMA)

水硅锆钠钙石是一种含结晶水和羟基的钠、钙、锆的硅酸盐矿物。单斜晶系。晶体呈纤维状;集合体呈放射状、球粒状。亮绿色、白色,透明;硬度 5。1982 年发现于美国弗吉尼亚州劳登(Loudoun)县利斯堡新鹅溪(New Goose Creek)采石场。英文名称 Loudounite,1982 年邓恩等以发现地美国的劳登(Loudoun)县命名。IMA 1982-013 批准。1983 年 P. J. 邓恩(P. J. Dunn)和 D. 纽伯里(D. Newbury)在《美国矿物学家》(68)、《加拿大矿物学家》(21)报道。1985 年中国新矿物与矿物命名委员会郭宗山等在《岩石矿物及测试》[4(4)]根据成分译为水硅锆钠钙石。

【水硅锆钠石】

英文名 Natrolemoynite

化学式 $Na_4Zr_2Si_{10}O_{26} \cdot 9H_2O$ (IMA)

水硅锆钠石针柱状晶体,束状、放射状集合体(加拿大)

水硅锆钠石是一种含结晶水的钠、锆的硅酸盐矿物。属水钠钙锆石族。单斜晶系。晶体呈刀刃状、柱状、针状;集合体呈放射状、扇状、球状。无色、白色,玻璃光泽、半金刚光泽,透明—半透明;硬度 3,完全解理,脆性。1996 年发现于加拿大魁北克省圣希莱尔(Saint-Hilaire)山混合肥料采石场。英文名称 Natrolemoynite,由成分冠词"Natro(钠)"和根词"Lemoynite(水钠钙锆石)"组合命名,意指它是钠占优势的水钠钙锆石的类似矿物。IMA 1996-063 批准。2001 年 A. M. 麦克唐纳德(A. M. Mcdonald)等在《加拿大矿物学家》(39)报道。2007 年中国地质科学院地质研究所任玉峰在《岩石矿物学杂志》[26(3)]根据成分译为水硅锆钠石。

【水硅铬石】

英文名 Rilandite

化学式 $Cr_6SiO_{11} \cdot 5H_2O(?)$ (IMA)

水硅铬石是一种含结晶水的铬的硅酸盐矿物。晶体呈半自形板状;集合体呈致密块状。黑棕色、黑色,新鲜表面光泽灿烂,半透明(?);硬度 2~3,脆性,贝壳状断口。1933 年发现于美国科罗拉多州里约布兰科县里兰(Riland)铀矿。1933 年 E. P. 亨德森(E. P. Henderson)和 F. L. 赫斯(F. L. Hess)在《美国矿物学家》(18)报道。英文名称 Rilandite,以美国科罗拉多州米克尔的报纸出版商詹姆斯·L. 里兰(James L. Riland)的姓氏命名。他是采矿老板并发现了该矿物。1959 年以前发现、描述并命名的"祖父级"矿物,IMA 承认有效;但 IMA 持怀疑态度。中文名称根据成分译为水硅铬石。

【水硅钾铝石】参见【蒙沸石】条 602 页

【水硅钾铀矿】

英文名 Weeksite

化学式 $(K)_2(UO_2)_2(Si_5O_{13}) \cdot 4H_2O$ (IMA)

水硅钾铀矿纤维状晶体,放射状、球粒状集合体(美国)和威克斯像

水硅钾铀矿是一种含结晶水的钾的铀酰-硅酸盐矿物。单斜晶系。晶体呈长刃片状、针状、纤维状;集合体呈放射状、球粒状。黄色,蜡状光泽、丝绢光泽,透明—半透明;硬度 1~2,完全解理。1960 年第一次发现并描述于美国犹他州胡安县黄玉(Topaz)山。英文名称 Weeksite,由奥特布里奇等为纪念美国地质调查局矿物学家和美国费城坦普尔大学矿物学教授爱丽丝·玛丽·道斯·威克斯(Alice Mary Dowse Weeks,1909—1988)博士而以她的姓氏命名。IMA 1962s. p. 批准。1960 年 W. F. 奥特布里奇(W. F. Outerbridge)等在《美国矿物学家》(45)和《苏联科学院报告》[282(5)]报道。中文名称根据成分译为水硅钾铀矿,也译作多硅钾铀矿。

【水硅碱钙镁石】参见【蜡蛇纹石】条 424 页

【水硅碱硫石】参见【皮蒂哥利奥石】条 681 页

【水硅碱钛矿-镁】

英文名 Labuntsovite-Mg

化学式 $Na_4K_4Mg_2Ti_8O_4(Si_4O_{12})_4(OH)_4 \cdot (10\sim12)H_2O$ (IMA)

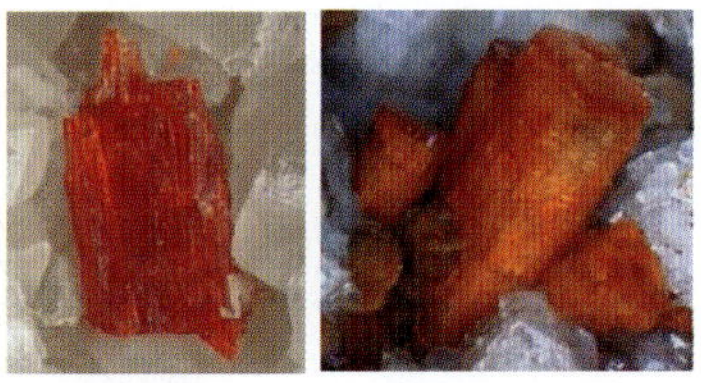

水硅碱钛矿-镁板状、柱状晶体(俄罗斯)

水硅碱钛矿-镁是一种含结晶水和羟基的钠、钾、镁、钛氧的硅酸盐矿物。属水硅碱钛矿超族水硅碱钛矿族。单斜晶系。晶体呈板状,长柱状,也有粒状;集合体呈晶簇状。棕黄色或玫瑰色,油脂光泽,透明—半透明;硬度 6,完全解理。1998 年发现于俄罗斯北部摩尔曼斯克州科夫多尔哲勒兹尼(Kovdor Zheleznyi)铁矿。英文名称 Labuntsovite-Mg,根词以俄罗斯矿物学家亚历山大·尼古拉耶维奇·拉崩佐夫(Aleksander Nikolaevich Labuntsov)和叶卡捷琳娜·厄缇卡耶娃·拉崩佐夫-孔斯特伊列娃(Ekaterina Eutiikkieva Labuntsov-Kostyleva)的姓氏,加占优势的镁后缀-Mg 组合命名。IMA 1998-050a 批准。2001 年 A. P. 霍米亚科夫(A.

P. Khomyakov)等在《俄罗斯矿物学会记事》(130)和 2002 年 N. V. 丘卡诺夫(N. V. Chukanov)等在《欧洲矿物学杂志》(14)报道。中文名称根据成分译为水硅碱钛矿-镁;音译为拉崩佐夫石-镁。

【水硅碱钛矿-锰】

英文名 Labuntsovite-Mn

化学式 $Na_4K_4Mn_2^{2+}Ti_8O_4(Si_4O_{12})_4(OH)_4 \cdot 10\sim12H_2O$ (IMA)

水硅碱钛矿-锰柱状晶体,晶簇状集合体(加拿大)和拉崩佐夫像

水硅碱钛矿-锰是一种含结晶水和羟基的钠、钾、锰、钛氧的硅酸盐矿物。属水硅碱钛矿超族水硅碱钛矿族。单斜晶系。晶体呈板状、长柱状,也有粒状;集合体呈晶簇状。棕黄色或玫瑰色,油脂光泽,透明—半透明;硬度 6,完全解理。1955 年发现于俄罗斯北部摩尔曼斯克州希比内(Khibiny)地块和洛沃泽罗斯基(Lovozersky)地块等碱性伟晶岩。英文名称 Labuntsovite-Mn,由苏联矿物学家亚历山大·尼古拉耶维奇·拉崩佐夫(Aleksander Nikolaevich Labuntsov)和叶卡捷琳娜·厄缇卡耶娃·拉崩佐夫-孔斯特伊列娃(Ekaterina Eutiikkieva Labuntsov-Kostyleva)的姓氏,加占优势的锰后缀- Mn 组合命名。1955 年 E. I. 谢苗诺夫(E. I. Semenov)、T. A. 布洛娃(T. A. Burova)在《苏联科学院报告》(101)和 1956 年《美国矿物学家》(41)报道。1959 年以前发现、描述并命名的"祖父级"矿物,IMA 承认有效。IMA 2000s. p. 批准。中文名称根据成分译为水硅碱钛矿-锰;音译为拉崩佐夫石-锰。

【水硅碱钛矿-铁】

英文名 Labuntsovite-Fe

化学式 $Na_4K_4Fe_2^{2+}Ti_8O_4(Si_4O_{12})_4(OH)_4 \cdot 10\sim12H_2O$ (IMA)

水硅碱钛矿-铁扇状、晶簇状集合体(俄罗斯)

水硅碱钛矿-铁是一种含结晶水和羟基的钠、钾、铁、钛氧的硅酸盐矿物。属水硅碱钛矿超族水硅碱钛矿族。单斜晶系。晶体呈板状,长柱状;集合体呈扇状、晶簇状。棕黄色或玫瑰色,油脂光泽,透明—半透明;硬度 6,完全解理。1998 年发现于俄罗斯北部摩尔曼斯克州基洛夫斯基(Kirovskii)磷灰石矿。英文名称 Labuntsovite-Fe,根词由苏联矿物学家亚历山大·尼古拉耶维奇·拉崩佐夫(Aleksander Nikolaevich Labuntsov)和叶卡捷琳娜·厄缇卡耶娃·拉崩佐夫-孔斯特伊列娃(Ekaterina Eutiikkieva Labuntsov-Kostyleva)的姓氏,加占优势的铁后缀- Fe 组合命名。IMA 1998 - 051a 批准。2001 年 A. P. 霍米亚科夫(A. P. Khomyakov)等在《俄罗斯矿物学会记事》(130)和 2002 年 N. V. 丘卡诺夫(N. V. Chukanov)等在《欧洲矿物学杂志》(14)报道。中文名称根据成分译为水硅碱钛矿-铁;音译为拉崩佐夫石-铁。

【水硅铝钙石】

英文名 Roggianite

化学式 $Ca_2BeAl_2Si_4O_{13}(OH)_2 \cdot nH_2O(n<2.5)$ (IMA)

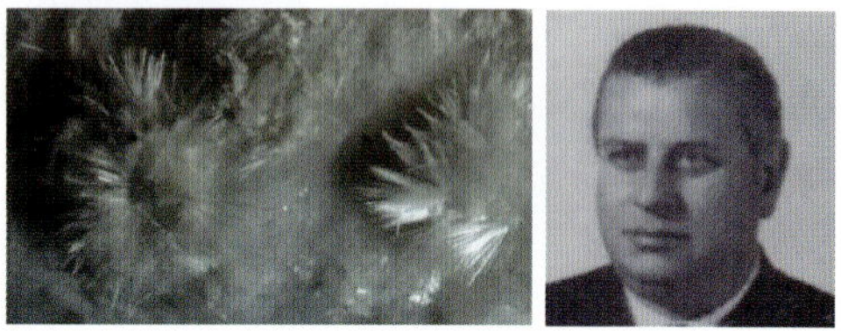

水硅铝钙石纤维状晶体,放射状集合体(意大利)和罗格安像

水硅铝钙石是一种含沸石水和羟基的钙、铍的铝硅酸盐矿物。属沸石族。四方晶系。晶体呈纤维状;集合体呈放射状、球粒状。白色、浅黄色,透明;完全解理。1968 年发现于意大利韦尔巴诺-库西亚-奥索拉省维格卓山谷德罗尼奥(Druogno)的奥切斯科(Orcesco)阿尔卑罗索(Alpe Rosso)。英文名称 Roggianite,由意大利科学教师奥尔多·G. 罗格安(Aldo G. Roggiani,1914—1986)的姓氏命名,是他发现了该矿物的第一块标本。他写了许多关于奥索拉地区矿物学的论文。IMA 1968 - 015 批准。1969 年 E. 帕萨利亚(E. Passaglia)在《黏土矿物》(8)报道。中文名称根据成分译为水硅铝钙石;杨光明教授建议译为水硅铝铍钙石。

【水硅铝钾石】

英文名 Lithosite

化学式 $K_3Al_2Si_4O_{12}(OH)$ (IMA)

水硅铝钾石是一种含羟基的钾的铝硅酸盐矿物。属沸石族。单斜(假斜方)晶系。晶体呈不规则圆粒状。无色,玻璃光泽,透明;硬度 5.5。1982 年发现于俄罗斯北部摩尔曼斯克州武尼米奥克(Vuonnemiok)河谷。英文名称 Lithosite,以希腊文"Λίθοs = Lithos 和 Π έ ιρα = Stone(石头)"命名,它是由地球的地壳最丰富的化学元素组成的矿物。IMA 1982 - 049 批准。1983 年 A. P. 霍米亚科夫(A. P. Khomyakov)等在《全苏矿物学会记事》(112)和 1984 年《美国矿物学家》(69)报道。1985 年中国新矿物与矿物命名委员会郭宗山等在《岩石矿物及测试》[4(4)]根据成分译为水硅铝钾石;杨光明教授建议译为羟硅铝钾石。

【水硅铝锰石】参见【羟硅铝锰石】条 709 页
【水硅铝钛镧矿】参见【水硅钛铈矿】条 832 页
【水硅铝铜钙石】参见【羟铝铜钙石】条 722 页
【水硅锰钡钛石】参见【斯特拉霍夫石*】条 890 页

【水硅锰钙铍石】

英文名 Chiavennite

化学式 $CaMn^{2+}(BeOH)_2Si_5O_{13} \cdot 2H_2O$ (IMA)

水硅锰钙铍石片状晶体,球状集合体(意大利、挪威)和玫瑰花状与针状霓石

水硅锰钙铍石是一种含结晶水的钙、锰、氢氧化铍的硅酸盐矿物。属沸石族。斜方晶系。晶体呈片状;集合体呈球状、玫瑰花状。橙黄色、橙红色,玻璃光泽,透明—半透明;硬

度 3。1981 年发现于意大利第松德里奥省基亚文纳(Chiavenna)山谷天诺(Tanno)村和挪威泰勒马克郡布拉夫杰尔(Blåfjell)。英文名称 Chiavennite,以发现地意大利的基亚文纳(Chiavenna)命名。IMA 1981－038 批准。1983 年 G. 拉阿德(G. Raade)等在《美国矿物学家》(68)报道。1985 年中国新矿物与矿物命名委员会郭宗山等在《岩石矿物及测试》[4(4)]根据成分译为水硅锰钙铍石;也译为钙铍石。此矿物与 IMA 2012－039[Ferrochiavennite(水硅铁钙铍石)]和 IMA 1990－027[Tvedalite(特韦达尔石)]密切相关(参见【水硅铁钙铍石】条 832 页和【特韦达尔石】条 935 页)。

【水硅锰钙石】

英文名 Ruizite

化学式 $Ca_2Mn^{3+}_2Si_4O_{11}(OH)_4 \cdot 2H_2O$　(IMA)

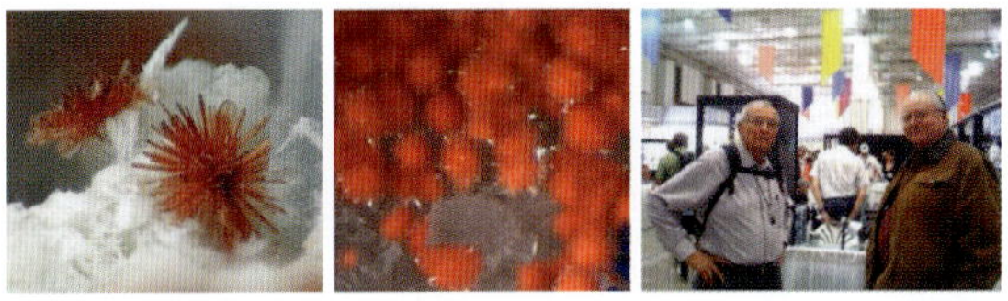

水硅锰钙石柱状晶体,晶簇状、球粒状集合体(美国)与鲁伊斯和汤姆森像

水硅锰钙石是一种含结晶水和羟基的钙、锰的硅酸盐矿物。属水硅锰钙石族。单斜晶系。晶体呈针状、自形的柱状,常见双晶;集合体呈放射状、球粒状。橘色、红褐色,条痕呈杏黄色,半透明;硬度 5。1977 年发现于美国亚利桑那州吉拉县滴水泉(Dripping Spring)山脉班纳区圣诞节(Christmas)矿。1977 年 S. A. 威廉姆斯(S. A. Williams)和 M. 杜根(M. Duggan)在《矿物学杂志》(41)报道。英文名称 Ruizite,由美国亚利桑那州马姆莫斯(Mammoth)的药剂师、治安官员、矿物学家和矿物收藏家、亚利桑那州矿物学会终身会员乔·安纳·鲁伊斯(Joe Ana Ruiz,1924—2017)先生的姓氏命名,他是该矿物的发现者。IMA 1977－007 批准。1978 年在《美国矿物学家》(63)报道。中文名称根据成分译为水硅锰钙石。

【水硅锰石】参见【淡硅锰石】条 109 页

【水硅锰锶石*】

英文名 Strontioruizite

化学式 $Sr_2Mn^{3+}_2Si_4O_{11}(OH)_4 \cdot 2H_2O$　(IMA)

水硅锰锶石* 柱状晶体,放射状集合体(南非)

水硅锰锶石*是一种含结晶水和羟基的锶、锰的硅酸盐矿物。属水硅锰钙石族。单斜晶系。晶体呈柱状;集合体呈放射状。褐色。2017 年发现于南非北开普省卡拉哈里锰矿田北奇瓦宁(N'Chwaning)Ⅲ矿。英文名称 Strontioruizite,由成分冠词"Strontio(锶)"和根词"Ruizite(水硅锰钙石)"组合命名,意指它是锶的水硅锰钙石的类似矿物。IMA 2017－045 批准。2017 年杨和雄(Yang Hexiong)等在《CNMNC 通讯》(39)、《矿物学杂志》(81)和《欧洲矿物学杂志》(29)报道。目前尚未见官方中文译名,编译者建议根据成分及与水硅锰钙石的关系译为水硅锰锶石*。

【水硅钠锰石】

英文名 Raite

化学式 $Na_3Mn^{2+}_3Ti_{0.25}(Si_8O_{20})(OH)_2 \cdot 10H_2O$　(IMA)

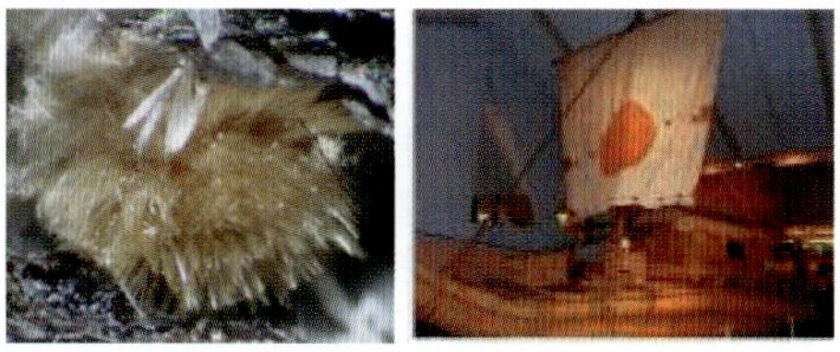

水硅钠锰石针状晶体,放射状、球粒状集合体(俄罗斯)和 Ra Ⅱ船(日)

水硅钠锰石是一种含结晶水和羟基的钠、锰、钛的硅酸盐矿物。单斜晶系。晶体呈针状;集合体呈放射状、球粒状。淡棕色、金黄色、红棕色、棕褐色、玫瑰色、薰衣草色、青铜色,玻璃光泽、丝绢光泽,透明;硬度 3,完全解理,脆性。1973 年发现于俄罗斯北部摩尔曼斯克州卡纳苏特(Karnasurt)山尤毕雷纳亚(Yubileinaya)伟晶岩。英文名称 Raite,以国际科学家小组在 1969—1970 年间科考航行使用的纸莎草(像芦苇一样的水生植物)船 Ra 命名。IMA 1972－010 批准。1973 年 A. N. 梅尔科夫(A. N. Merkov)等在《全苏矿物学会记事》[102(1)]和《美国矿物学家》(58)报道。中文名称根据成分译为水硅钠锰石。

【水硅钠铌石】参见【硅铌钛矿】条 279 页

【水硅钠石】

英文名 Kanemite

化学式 $HNaSi_2O_5 \cdot 3H_2O$　(IMA)

水硅钠石厚板状晶体,放射状集合体(纳米比亚)

水硅钠石是一种含结晶水的氢、钠的硅酸盐矿物。斜方晶系。晶体呈板状;集合体呈放射状、球粒状。无色、白色,浅棕色可能由于杂质所致,半玻璃光泽、树脂光泽、蜡状光泽、油脂光泽,透明;硬度 4,完全解理,脆性。1971 年发现于乍得加涅姆(Kanem)区安达礁(Andajia)。英文名称 Kanemite,由吉尔伯特·马廖内(Gilbert Maglione)和 Z. 约翰(Z. Johan)在 1972 年以发现地乍得的加涅姆(Kanem)区命名。IMA 1971－050 批准。1972 年在《法国矿物学和结晶学会通报》(95)和 1974 年《美国矿物学家》(59)报道。中文名称根据成分译为水硅钠石;顾雄飞译为水基性硅钠石(见《国外新矿物》)。

【水硅铌钛钡石】

英文名 Paratsepinite-Ba

化学式 $(Ba,Na,K)_{2-x}(Ti,Nb)_2(Si_4O_{12})(OH,O)_2 \cdot 4H_2O$　(IMA)

水硅铌钛钡石长柱状晶体(俄罗斯)

水硅铌钛钡石是一种含结晶、氧和羟基的钡、钠、钾、钛、铌的硅酸盐矿物。属硅钛钾钡矿超族水硅铌钛钠石(Paratsepinite)族。单斜晶系。晶体呈长柱状。浅褐色,玻璃光泽,透明;硬度 5,脆性。2002 年发现于俄罗斯北部摩尔曼斯克州勒普赫-内尔姆(Lepkhe-Nel'm)山碱性伟晶岩。英文名称 Paratsepinite-Ba,由拉丁文

"Para(近、副)"和根词"Tsepinite(水硅铌钛钠石)",加占优势的钡后缀-Ba组合命名,意指它是富钡的水硅铌钛钠石的类似矿物。其中,根词Tsepinite,以俄罗斯科学院矿床地质学、岩石学、矿物学和地球化学研究所的物理学家、X射线光谱学专家和矿物电子探针分析专家阿纳托利·伊万诺维奇·特塞宾(Anatoliy Ivanovich Tsepin,1946—)的姓氏命名。他在20世纪70年代发起了对硅钛钾钡矿(Labuntsovite)族矿物的电子-微探针调查研究。IMA 2002-006批准。2003年N. V.丘卡诺夫(N. V. Chukanov)等在《俄罗斯矿物学会记事》[132(1)]和2004年J. L.杨博尔(J. L. Jambor)在《美国矿物学家》(89)报道。2008年中国地质科学院地质研究所任玉峰等在《岩石矿物学杂志》[27(2)]根据成分译为水硅铌钛钡石。

【水硅铌钛钙石】

英文名 Tsepinite-Ca

化学式 $(Ca,K,Na)_{2-x}(Ti,Nb)_2(Si_4O_{12})(OH,O)_2 \cdot 4H_2O$ (IMA)

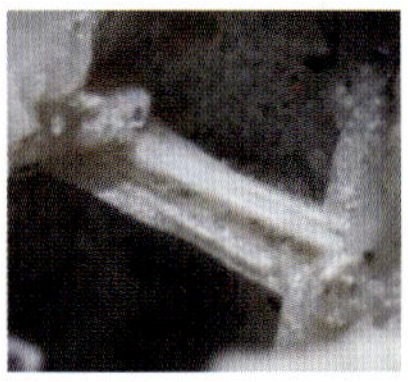

水硅铌钛钙石柱状晶体(俄罗斯)

水硅铌钛钙石是一种含结晶水、氧和羟基的钙、钾、钠、钛、铌的硅酸盐矿物。属硅钛钾钡矿超族武奥里亚石族。单斜晶系。晶体呈柱状、针状;集合体常呈空心状、杂乱状、束状、晶簇状。白色、无色、浅棕色,玻璃光泽,透明;硬度5,脆性。2002年发现于俄罗斯北部摩尔曼斯克州尤克斯波(Yukspor)山哈克曼(Hackman)谷褐硅铈石矿。英文名称Tsepinite-Ca,由根词"Tsepinite"加占优势的成分钙后缀-Ca组合命名。其中,根词Tsepinite,以俄罗斯科学院矿床地质学、岩石学、矿物学和地球化学研究所的物理学家、X射线光谱学专家和矿物电子探针分析专家阿纳托利·伊万诺维奇·特塞宾(Anatoliy Ivanovich Tsepin,1946—)的姓氏命名。他在20世纪70年代发起了对硅钛钾钡矿(Labuntsovite)族矿物的电子-微探针调查研究。IMA 2002-020批准。2003年I. V.佩科夫(I. V. Pekov)等在《矿物学新年鉴》(月刊)报道。2008年中国地质科学院地质研究所任玉峰等在《岩石矿物学杂志》[27(2)]根据成分译为水硅铌钛钙石。

【水硅铌钛钾石】

英文名 Tsepinite-K

化学式 $(K,Ba,Na)_2(Ti,Nb)_2(Si_4O_{12})(OH,O)_2 \cdot 3H_2O$ (IMA)

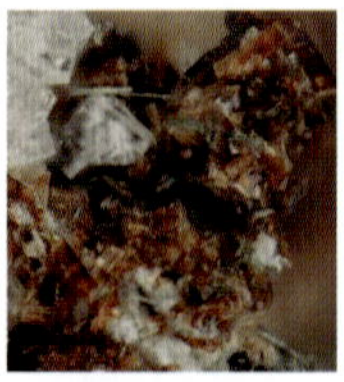

水硅铌钛钾石柱状晶体(俄罗斯)

水硅铌钛钾石是一种含结晶水、氧和羟基的钾、钡、钠、钛、铌的硅酸盐矿物。属硅钛钾钡矿超族武奥里亚石族。单斜晶系。晶体呈短柱状。无色、白色、浅棕色,玻璃光泽,透明;硬度5,脆性。2002年发现于俄罗斯北部摩尔曼斯克州卡纳苏特(Karnasurt)山。英文名称Tsepinite-K,由根词"Tsepinite"加占优势的成分钾后缀-K组合命名。其中,根词Tsepinite,以俄罗斯科学院矿床地质学、岩石学、矿物学和地球化学研究所的物理学家、X射线光谱学专家和矿物电子探针分析专家阿纳托利·伊万诺维奇·特塞宾(Anatoliy Ivanovich Tsepin,1946—)的姓氏命名。IMA 2002-005批准。2003年K. A.罗森保(K. A. Rosenberg)等在《俄罗斯科学院报告》(383)和《俄罗斯矿物学会记事》[132(1)]报道。2008年中国地质科学院地质研究所任玉峰等在《岩石矿物学杂志》[27(2)]根据成分译为水硅铌钛钾石。

【水硅铌钛钠石①】

英文名 Tsepinite-Na

化学式 $(Na,H_3O,K,Sr,Ba,\square)_2(Ti,Nb)_2(Si_4O_{12})(OH,O)_2 \cdot 3H_2O$ (IMA)

水硅铌钛钠石①柱状晶体(加拿大、纳米比亚)

水硅铌钛钠石①是一种含结晶水、氧和羟基的钠、卉离子、钾、锶、钡、空位、钛、铌的硅酸盐矿物。属硅钛钾钡矿超族武奥里亚石族。单斜晶系。晶体呈柱状;集合体呈放射状、晶簇状。白色、无色、浅棕色,玻璃光泽,透明—半透明;硬度5,脆性。2000年发现于俄罗斯北部摩尔曼斯克州希宾帕赫克肖尔(Khibinpakhkchorr)山和洛沃泽罗地块赛多泽罗(Seidozero)湖勒普赫-内尔姆(Lepkhe-Nelm)山。英文名称Tsepinite-Na,由根词"Tsepinite"加占优势的成分钠后缀-Na组合命名。其中,根词Tsepinite,以俄罗斯科学院矿床地质学、岩石学、矿物学和地球化学研究所的物理学家、X射线光谱学专家和矿物电子探针分析专家阿纳托利·伊万诺维奇·特塞宾(Anatoliy Ivanovich Tsepin,1946—)的姓氏命名。IMA 2000-046批准。2001年在《俄罗斯矿物学会记事》[130(3)]报道。中文名称根据成分译为水硅铌钛钠石①。

【水硅铌钛钠石②】

英文名 Paratsepinite-Na

化学式 $(Na,Sr,K,Ca)_2(Ti,Nb)_2(Si_4O_{12})(O,OH)_2 \cdot 4H_2O$ (IMA)

水硅铌钛钠石②是一种含结晶水、羟基和氧的钠、锶、钾、钙、钛、铌的硅酸盐矿物。属硅钛钾钡矿超族水硅铌钛钠石(Paratsepinite)族。单斜晶系。无色,玻璃光泽,透明。2003年发现于俄罗斯摩尔曼斯克州希宾帕赫克肖尔(Khibinpakhkchorr)山。英文名称Paratsepinite-Na,由拉丁文"Para(近、副)"和根词"Tsepinite(水硅铌钛钠石)",加占优势的钠后缀-Na组合命名,意指它是富钠的水硅铌钛钠石的类似矿物。其中,根词Tsepinite,以俄罗斯科学院矿床地质学、岩石学、矿物学和地球化学研究所的物理学家、X射线光谱学专家和矿物电子探针分析专家阿纳托利·伊万诺维奇·特塞宾(Anatoliy Ivanovich Tsepin,1946—)的姓氏命名。他在20世纪70年代发起了对硅钛钾钡矿(Labuntsovite)族矿物的电子-微探针调查研究。IMA 2003-008批准。2004年N. I.奥尔加诺娃(N. I. Organova)等在《结晶学报告》[49(6)]报道。中文名称根据成分译为水硅铌钛钠石②。

【水硅铌钛锶石】

英文名 Tsepinite-Sr

化学式 $(Sr,Ba,K)(Ti,Nb)_2(Si_4O_{12})(OH,O)_2 \cdot 3H_2O$ (IMA)

水硅铌钛锶石是一种含结晶水、氧和羟基的锶、钡、钾、钛、铌的硅酸盐矿物。属硅钛钾钡矿超族武奥里亚石族。单斜晶系。晶体呈粗柱状。无色、白色，玻璃光泽，透明—半透明；硬度 5，脆性。2004 年发现于俄罗斯北部摩尔曼斯克州伊夫斯洛乔尔(Eveslogchorr)山星叶石溪伟晶岩。英文名称 Tsepinite-Sr，由根词“Tsepinite”加占优势的成分锶后缀-Sr 组合命名。其中，根词 Tsepinite，以俄罗斯科学院矿床地质学、岩石学、矿物学和地球化学研究所的物理学家、X 射线光谱学专家和矿物电子探针分析专家阿纳托利·伊万诺维奇·特塞宾(Anatoliy Ivanovich Tsepin，1946—)的姓氏命名。IMA 2004-008 批准。2005 年 I. V. 佩科夫(I. V. Pekov)等在《矿物新数据》(第四十卷)报道。中文名称根据成分译为水硅铌钛锶石。

【水硅铌钛锌钡石】

英文名 Lepkhenelmite-Zn

化学式 $Ba_2Zn(Ti,Nb)_4(Si_4O_{12})_2(O,OH)_4 \cdot 7H_2O$ (IMA)

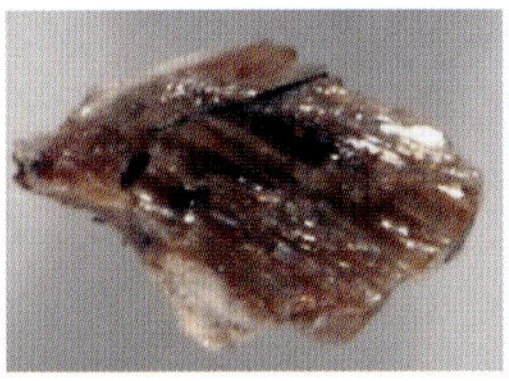

水硅铌钛锌钡石束状、晶簇状集合体(俄罗斯)

水硅铌钛锌钡石是一种含结晶水、羟基和氧的钡、锌、钛、铌的硅酸盐矿物。属硅钛钾钡矿超族碱硅锰钛石族。单斜晶系。晶体呈扁平柱状；集合体呈束状、晶簇状。浅褐色，玻璃光泽，透明—半透明；硬度 5，脆性。2003 年发现于俄罗斯北部摩尔曼斯克州勒普赫-涅尔姆(Lepkhe-Nelm)山 45 号伟晶岩。英文名称 Lepkhenelmite-Zn，以发现地俄罗斯勒普赫-涅尔姆(Lepkhe-Nelm)山，加占优势的元素锌后缀-Zn 组合命名。IMA 2003-003 批准。2004 年 I. V. 佩科夫(I. V. Pekov)等在《俄罗斯矿物学会记事》[133(1)]报道。2008 年中国地质科学院地质研究所任玉峰等在《岩石矿物学杂志》[27(3)]根据成分译为水硅铌钛锌钡石。

【水硅硼钙石】

英文名 Oyelite

化学式 $Ca_5BSi_4O_{13}(OH)_3 \cdot 4H_2O$ (IMA)

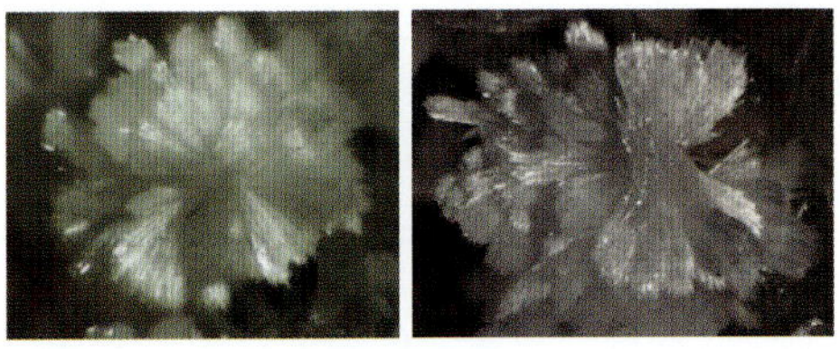

水硅硼钙石针状晶体，放射状集合体(南非)

水硅硼钙石是一种含结晶水、羟基的钙的硼硅酸盐矿物。斜方晶系。晶体呈针状；集合体呈放射状。白色，玻璃光泽，透明；硬度 5。1984 年发现于日本本州岛中国地方冈山县高粱市备中町(Bicchu-cho)布贺(Fuka)矿山。英文名称 Oyelite，以冈山大学矿物学教授大江二郎(Jiro Oye，1900—1968)博士的姓氏命名。日文汉字名称大江石。IMA 1980-103 批准。1984 年草地功(I. Kusachi)、逸见千代子(C. Henmi)和逸见吉之助(K. Henmi)在《日本矿物岩石矿床学会志》(*J. Japan Assoc. Min. Pet. Econ. Geol.*)(79)报道。中国地质科学院根据成分译为水硅硼钙石。2010 年杨主明在《岩石矿物学杂志》[29(1)]建议采用日文汉字名称大江石。1956 年海勒和泰勒曾报道和描述为 Tobermorite-10Å (1Å=0.1nm)(参见【雪硅钙石】条 1053 页)。

【水硅硼钠石】

英文名 Searlesite

化学式 $NaBSi_2O_5(OH)_2$ (IMA)

水硅硼钠石柱状晶体(美国)和瑟尔像

水硅硼钠石是一种含羟基的钠的硼硅酸盐矿物。单斜晶系。晶体呈柱状、针状，端部呈燕尾状；集合体常呈放射状、球状。无色、白色、浅棕色，玻璃光泽，解理面上呈珍珠光泽，透明；硬度 3.5，完全解理，脆性。1914 年发现于美国加利福尼亚州圣贝纳迪诺县瑟尔(Searles)湖。1914 年 E. S. 拉森(E. S. Larsen)和 W. B. 希克斯(W. B. Hicks)在《美国科学杂志》[4(38)]报道。英文名称 Searlesite，以约翰·W. 瑟尔(John W. Searles，1828—1897)的姓氏命名。他是美国加利福尼亚州瑟尔湖的发现者和开拓者。他在钻探深油井时发现了此矿物。1959 年以前发现、描述并命名的“祖父级”矿物，IMA 承认有效。中文名称根据成分译为水硅硼钠石/羟硅硼钠石。

【水硅铍石】

英文名 Beryllite

化学式 $Be_3(SiO_4)(OH)_2 \cdot H_2O$ (IMA)

水硅铍石是一种含结晶水、羟基的铍的硅酸盐矿物。斜方(或单斜)晶系。晶体呈细小粒状、泉华状、纤维状；集合体呈皮壳状。白色，丝绢光泽；硬度 1。1954 年发现于俄罗斯北部摩尔曼斯克州卡纳苏特(Karnasurt)山钠沸石-钠长石脉。英文名称 Beryllite，以化学成分“Beryllium(铍)”命名。1954 年在《苏联科学院报告》(99)和 1955 年《美国矿物学家》(40)报道。1959 年以前发现、描述并命名的“祖父级”矿物，IMA 承认有效。中文名称根据成分译为水硅铍石。

【水硅钛钡钠石】

英文名 Bykovaite

化学式 $(Ba,Na,K)_2(Na,Ti,Mn)_4(Ti,Nb)_2O_2Si_4O_{14}(H_2O,F,OH)_2 \cdot 3.5H_2O$ (IMA)

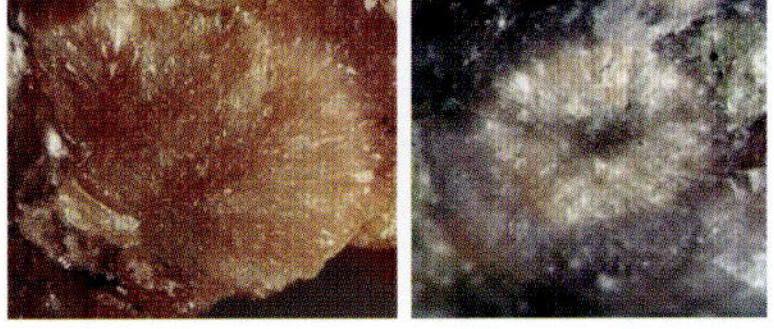

水硅钛钡钠石纤维状晶体，放射状、球粒状集合体(俄罗斯)

水硅钛钡钠石是一种含结晶水、羟基和氟的钡、钠、钾、钛、锰、铌氧的硅酸盐矿物。单斜晶系。晶体呈纤维状、针状；集合体呈放射状、球粒状。乳白色，有时带浅粉红色或黄色色调，丝绢光泽，透明—半透明；硬度 3，完全解理，脆性。2003 年发现于俄罗斯北部摩尔曼斯克州阿卢艾夫(Alluaiv)

山什卡图尔卡(Shkatulka)伟晶岩。英文名称 Bykovaite,以俄罗斯矿物学家和分析化学家亚历山德拉·瓦谢里耶夫娜·贝科娃(Alexandra Vasilyevna Bykova,1917—2001)的姓氏命名。她首先预测了磷硅铌钠钡石的天然水合物的存在,即由磷硅铌钠钡石经水化处理可以转化成为水硅钛钡钠石。IMA 2003-044 批准。2005 年 A. P. 霍米亚科夫(A. P. Khomyakov)等在《俄罗斯矿物学学会学报》[134(5)]报道。2008 年中国地质科学院地质研究所任玉峰等在《岩石矿物学杂志》[27(6)]根据成分译为水硅钛钡钠石。

【水硅钛锰钠石】

英文名 Tisinalite

化学式 $Na_3Mn^{2+}TiSi_6O_{15}(OH)_3$ (IMA)

水硅钛锰钠石板柱状晶体(俄罗斯)

水硅钛锰钠石是一种含羟基的钠、锰的钛硅酸盐矿物。属基性异性石族。三方晶系。晶体呈粗糙的粒状、板柱状。黄橙色,玻璃光泽,透明—半透明;硬度 5。1979 年发现于俄罗斯北部摩尔曼斯克州科阿什瓦(Koashva)山露天采场。英文名称 Tisinalite,由化学成分"Titanium(Ti,钛)、Silicon(Si,硅)和 Sodium(Na,钠)"组合命名。IMA 1979-052 批准。1980 年 Y. L. 凯帕斯汀(Y. L. Kapustin)在《全苏矿物学会记事》(109)和 1981 年《美国矿物学家》(66)报道。中文名称根据成分译为水硅钛锰钠石。

【水硅钛钠石】

英文名 Murmanite

化学式 $Na_2Ti_2Na_2Ti_2(Si_2O_7)_2O_4(H_2O)_4$ (IMA)

水硅钠钛石板状晶体(俄罗斯)

水硅钛钠石是一种含结晶水和氧的钠、钛的硅酸盐矿物。属氟钠钛锆石超族水硅钛钠石族。三斜晶系。晶体呈板状、片状。淡紫色、粉色,改变为银白的黄色、棕色—黑色,油脂光泽、珍珠光泽,不透明;硬度 2.5～3,完全解理。1930 年发现于俄罗斯北部摩尔曼斯克州钦格卢苏艾(Chinglusuai)河谷和拉斯拉克(Raslak)冰斗。英文名称 Murmanite,1930 年 N. 古特科娃(N. Gutkova)根据发现地的所在州摩尔曼(Murman)命名。1930 年古特科娃在《苏联科学院报告》(A27/52)报道。1959 年以前发现、描述并命名的"祖父级"矿物,IMA 承认有效。IMA 2016s. p. 批准。中文名称根据成分译为水硅钛钠石,也译作硅钛钠石。

【水硅钛铈矿】

英文名 Karnasurtite-(Ce)

化学式 $CeTiAlSi_2O_7(OH)_4 \cdot 3H_2O$ (IMA)

水硅钛铈矿是一种含结晶水和羟基的铈、钛、铝的硅酸盐矿物。六方晶系(?)。晶体呈粒状、板片状、板状。蜜黄色、亮黄色,油脂光泽;硬度 2,完全解理,脆性。1959 年发现于俄罗斯北部摩尔曼斯克州卡尔纳苏特(Karnasurt)山紫方钠石伟晶岩;同年,M. V. 库兹曼科(M. V. Kuzmenko)等在《苏联科学院特鲁迪矿物学、地球化学、晶体化学和稀有元素研究所报告》(2)报道。英文名称 Karnasurtite-(Ce),原名 Kozhanovite,但没有描述,后以发现地俄罗斯的卡纳苏特(Karnasurt)山,1987 年加占优势的稀土元素铈后缀-(Ce)组合命名。IMA 1987s. p. 批准。中文名称根据成分译为水硅钛铈矿。

【水硅钛锶石】

英文名 Ohmilite

化学式 $Sr_3(Ti,Fe^{3+})(Si_2O_6)_2(O,OH) \cdot 2H_2O$ (IMA)

水硅钛锶石是一种含结晶水、羟基和氧的锶、钛、铁的硅酸盐矿物。单斜晶系。晶体呈纤维状;集合体呈放射状、球粒状。淡粉色、浅棕色,玻璃光泽,半透明;硬度 3.5,完全解理。1973 年发现于日本本州岛中部新潟县糸的青海(Ohmi)。1973 年小松正幸(M. Komatsu)等在日本《矿物学杂志》(7)报道。英文名称 Ohmilite,以发现地日本青海地区青海(Ohmi)命名。IMA 1974-031 批准。日文汉字名称青海石。1983 年小松(M. Komatsu)等在《美国矿物学家》(68)报道。1985 年中国新矿物与矿物命名委员会郭宗山等在《岩石矿物及测试》[4(4)]根据成分译为水硅钛锶石。2010 年杨主明在《岩石矿物学杂志》[29(1)]建议采用日文汉字名称青海石。

【水硅铁钙铍石】

英文名 Ferrochiavennite

化学式 $Ca_{1-2}Fe[(Si,Al,Be)_5Be_2O_{13}(OH)_2] \cdot 2H_2O$ (IMA)

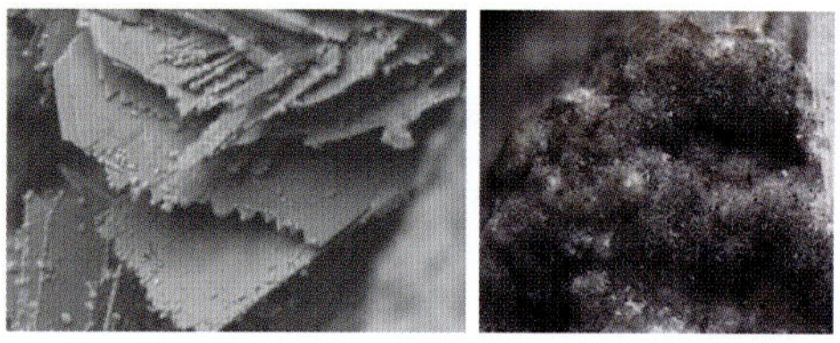

水硅铁钙铍石板状晶体,晶簇状、球粒状集合体(挪威)

水硅铁钙铍石是一种含沸石水的钙、铁的氢氧铍铝硅酸盐矿物。属沸石族。单斜晶系。晶体呈板片状、矛状;集合体呈晶簇状、球粒状。米黄色、浅黄、浅绿色,玻璃光泽,半透明;硬度 3。2012 年发现于挪威泰勒马克郡兰根根(Langangen)布拉弗杰尔(Blåfjell)和西福尔郡拉尔维克市托夫顿(Tuften)的 A/S 型花岗岩采石场。英文名称 Ferrochiavennite,由成分冠词"Ferro(铁)"和根词"Chiavennite(水硅锰钙铍石)"组合命名,意指它是铁占优势水硅锰钙铍石的类似矿物。IMA 2012-039 批准。2013 年 J. 格莱斯(J. Grice)等在《CNMNC 通讯》(15)、《矿物学杂志》(77)和《加拿大矿物学家》(51)报道。中文名称根据成分译为水硅铁钙铍石。

【水硅铁镁石】参见【羟硅铁锰石】条 713 页

【水硅铁石】参见【硅铁石】条 292 页

【水硅铜钙石】

英文名 Kinoite

化学式 $Ca_2Cu_2Si_3O_{10} \cdot 2H_2O$ (IMA)

水硅铜钙石是一种含结晶水的钙、铜的硅酸盐矿物。单斜晶系。晶体呈板状,晶面有条纹;集合体呈花饰状。深蓝色,玻璃光泽,透明—半透明;硬度 2.5,完全解理。1969 年

水硅铜钙石板状晶体，花状集合体（美国）和吉纳像

发现于美国亚利桑那州比马县北圣丽塔山脉东侧。英文名称 Kinoite，以意大利耶稣会传教士尤西比奥·弗朗西斯科·吉纳（Eusebio Francisco Kino，1645—1711）的姓氏命名。1691 年，吉纳神父到亚利桑那州探险共 40 次，第一次的时候，他帮助皮马印第安人使他们的农业多样化，并帮助他们与阿帕奇人进行持续的战争，同时反对印第安人在墨西哥北部银矿的奴役。IMA 1969－037 批准。1970 年 J. W. 安东尼（J. W. Anthony）和 R. B. 劳顿（R. B. Laughton）在《美国矿物学家》（55）报道。中文名称根据成分译为水硅铜钙石。

【水硅铜石】

英文名 Gilalite

化学式 $Cu_5Si_6O_{17}\cdot 7H_2O$ （IMA）

水硅铜石纤维状晶体，放射状、球粒状集合体（美国）

水硅铜石是一种含结晶水的铜的硅酸盐矿物。单斜晶系。晶体呈针状、纤维状；集合体呈放射状、球粒状。绿色、蓝绿色，非金属光泽，透明—半透明；硬度 2。1979 年发现于美国亚利桑那州吉拉（Gila）县滴泉（Dripping Spring）山脉邦纳矿区圣诞（Christmas）矿。英文名称 Gilalite，以发现地美国的吉拉（Gila）县命名。IMA 1979－021 批准。1980 年 F. P. 赛斯布诺（F. P. Cesbron）和 S. A. 威廉姆斯（S. A. Williams）在《矿物学杂志》（43）及《美国矿物学家》（65）（摘要）报道。中文名称根据成分译为水硅铜石。

【水硅锡矿】

英文名 Arandisite

化学式 $3SnSiO_4\cdot 2SnO_2\cdot 4H_2O$

水硅锡矿是一种含结晶水的锡的氧化物-锡的硅酸盐矿物。等轴晶系（?）。晶体呈胶状或隐晶质，或呈纤维状；集合体呈块状。具有鲜艳的苹果绿色、浅绿色、褐色、黄绿色，蜡状光泽、松脂光泽，半透明；硬度 5。1929 年发现于纳米比亚埃龙戈地区阿伦蒂斯（Arandis）锡矿区。英文名称 Arandisite，以发现地纳米比亚阿伦蒂斯（Arandis）锡矿命名。1929 年 T. W. 热韦尔（T. W. Gevers）在《南非地质学会会刊》（32）报道。中文名称根据成分译为水硅锡矿。据说可能是硅酸锡，或者是硅和氧化锡的混合物，需要进一步研究。

【水硅锌钙钾石】

英文名 Minehillite

化学式 $(K,Na)_2Ca_{28}Zn_5Al_4Si_{40}O_{112}(OH)_{16}$ （IMA）

水硅锌钙钾石是一种含羟基的钾、钠、钙、锌、铝的硅酸盐矿物。属水硅钙钠石族。三方晶系。无色、白色，珍珠光泽；硬度 4。1983 年发现于美国新泽西州苏塞克斯县富兰克林矿区富兰克林（Franklin）矿。英文名称 Minehillite，1984 年由皮特·J. 邓恩（Pete J. Dunn）等根据发现地美国的迈恩希尔（Mine Hill）矿山命名，富兰克林矿区的大多数锌和铁矿山均在此地。IMA 1983－001 批准。1984 年在《美国矿物学家》（69）报道。1985 年中国新矿物与矿物命名委员会郭宗山等在《岩石矿物及测试》[4(4)]根据成分译为水硅锌钙钾石。

【水硅锌钙石】

英文名 Junitoite

化学式 $CaZn_2Si_2O_7\cdot H_2O$ （IMA）

水硅锌钙石板状晶体（美国）和伊藤顺像

水硅锌钙石是一种含结晶水的钙、锌的硅酸盐矿物。斜方晶系。晶体呈假六方板状，相邻的可能会出现“人”字形图案。无色，有时变为乳白色、淡薰衣草色，金刚光泽、玻璃—半玻璃光泽，透明—半透明；硬度 4.5，极完全解理，非常脆。1975 年发现于美国亚利桑那州吉拉县滴水泉（Dripping Spring）山脉巴那尔区圣诞（Christmas）矿。英文名称 Junitoite，由西德尼·阿瑟·威廉姆斯（Sidney Arthur Williams）在 1976 年为纪念日裔美国芝加哥大学和哈佛大学矿物学家、结晶学家和无机化学家伊藤顺（Jun Ito，1926—1978）而以他的姓名命名。IMA 1975－042 批准。1976 年 S. A. 威廉姆斯（S. A. Williams）在《美国矿物学家》（61）报道。中文名称根据成分译为水硅锌钙石。

【水硅铀矿】参见【铀石】条 1089 页

【水合氢毒铝石*】

英文名 Hydroniumpharmacoalumite

化学式 $(H_3O)Al_4(AsO_4)_3(OH)_4\cdot 4.5H_2O$ （IMA）

水合氢毒铝石*是一种含结晶水和羟基的卉离子、铝的砷酸盐矿物。属毒铁矿超族毒铝石族。等轴晶系。晶体呈立方体，粒径 0.1mm。无色—白色，金刚光泽、玻璃光泽，透明；硬度 2.5，脆性。2012 年发现于西班牙安达卢西亚自治区罗达尔基拉（Rodalquilar）玛丽亚约瑟法（María Josefa）矿。英文名称 Hydroniumpharmacoalumite，由成分冠词“Hydronium（卉离子或水合氢离子）”和根词“Pharmacoalumite（毒铝石）”组合命名。IMA 2012－050 批准。2013 年 R. 霍赫莱特纳（R. Hochleitner）等在《CNMNC 通讯》（16）、《矿物学杂志》（77）和 2015 年《矿物学与地球化学杂志》（192）报道。目前尚未见官方中文译名，编译者建议根据成分及与毒铝石的关系译为水合氢毒铝石*。

【水合氢毒铁石*】

英文名 Hydroniumpharmacosiderite

化学式 $(H_3O)Fe^{3+}_4(AsO_4)_3(OH)_4\cdot 4H_2O$ （IMA）

水合氢毒铁石*是一种含结晶水和羟基的卉离子、铁的砷酸盐矿物。属毒铁矿族。等轴晶系。晶体呈粒状、拉长的立方体，粒径 0.17mm。黄绿色，玻璃光泽，透明；硬度 2～3，脆性。2010 年发现于英国英格兰康沃尔郡。英文名称 Hydroniumpharmacosiderite，由成分冠词“Hydronium（卉离子或水合氢离子）”和根词“Pharmacosiderite（毒铁石）”组合命名。IMA 2010－014 批准。2010 年 S. J. 米尔斯（S. J. Mills）等在《矿物学杂志》[74(5)]报道。目前尚未见官方中文译名，编译者建议根据成分及与毒铁石的关系译为水合氢毒铁石*。

【水合氢黄铁矾】

英文名 Hydroniumjarosite

化学式 $(H_3O)Fe_3^{3+}(SO_4)_2(OH)_6$ （IMA）

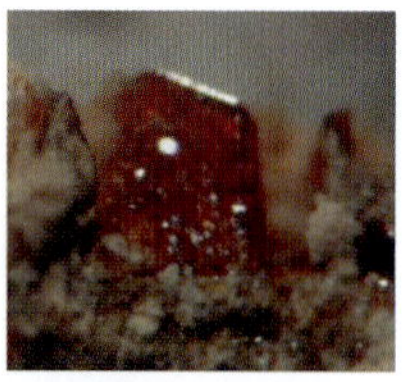

水合氢黄铁矾板状晶体（美国）

水合氢黄铁矾是一种含羟基的卉离子、铁的硫酸盐矿物。属明矾石超族明矾石族。三方晶系。晶体呈微小的假立方体、板状、纤维状、粒状；集合体呈结节状、块状、皮壳状、干粉状或土状。琥珀黄色—深棕色，半金刚光泽、玻璃光泽、树脂光泽，半透明；硬度 4～4.5，完全解理，脆性。1960 年发现于波兰下西里西亚省多列士（Thorez）矿和鲁德基斯塔西奇（Staszic）矿；同年，在《波兰科学院通报：地质和地理科学系列》(8)报道。英文名称 Hydroniumjarosite，由成分冠词“Hydronium（卉离子或水合氢离子）”和根词“Jarosie（黄钾铁矾）”组合命名，意指它是水合氢离子占优势的黄钾铁矾类似矿物。IMA 1987s. p. 批准。2008 年 W. G. 比森（W. G. Bisson）等在《物理学杂志》(20)报道。中文名称根据成分及与黄钾铁矾的关系译为水合氢黄铁矾，有的译为草黄氢铁矾，还有的译作卉离子黄钾铁矾。

【水黑云母】

英文名 Hydrobiotite

化学式 $K(Mg,Fe^{2+})_6(Si,Al)_8O_{20}(OH)_4 \cdot nH_2O$ （IMA）

水黑云母片状晶体（墨西哥）

水黑云母是一种黑云母和蛭石 1∶1 的规则混层矿物。属蒙皂石族。单斜晶系。晶体呈六方板状、片状、鳞片状。黑色、浅黄色、金黄色、黄褐色、粉红色，玻璃光泽、珍珠光泽，半透明；硬度 2.5～3，极完全解理，脆性。1882 年在《结晶学和矿物学杂志》(6)报道。又见于 1892 年 E. S. 丹纳（E. S. Dana）在《系统矿物学》（第六版）。1934 年首先由美国的 J. W. 格鲁纳提出间层矿物或混层矿物的概念。1983 年根据布林德利建议国际黏土委员会重新定义了 Hydrobiotite 名称，即由“Hydro（水）”和“Biotite（黑云母）”组合命名。IMA 1983s. p. 批准。1986 年 G. W. 布林德利（G. W. Brindley）等在《美国矿物学家》(68)报道。中文名称意译为水黑云母，意指水化的黑云母或蛭石化的黑云母（参见【黑云母】条 321 页）。

【水红砷锌石】参见【水砷锌石】条 872 页

【水滑石】

英文名 Hydrotalcite

化学式 $Mg_6Al_2CO_3(OH)_{16}(H_2O)_4$ （IMA）

水滑石是一种含结晶水和羟基的镁、铝的碳酸盐矿物。属水滑石超族水滑石族。三方（或六方）晶系。晶体呈叶片状、页片状、纤维状；集合体呈块状，具扭曲构造。白色、褐色，珍珠光泽、蜡状光泽，透明；硬度 2，极完全解理；有滑感。首先由 K. J. A. 特奥多尔·舍雷尔（K. J. A. Theodor Scheerer，1813—1875）教授发现于挪威布斯克吕郡迪平达尔（Dypingdal）蛇纹石-菱镁矿矿床。英文名称 Hydrotalcite，1842 年卡尔·克里斯坦·霍赫施泰特（Carl Christian Hochstetter）在《实用化学杂志》(27)根据成分冠词“Hydro（水）”和根词“Talc（滑石）”组合命名，意指其高含水量和滑石有相似之处。1920 年福杉格（Foshag）在《美国国家博物馆会议记录》(58)和 1941 年 C. 弗龙德尔（C. Frondel）在《美国矿物学家》(26)报道。1959 年以前发现、描述并命名的“祖父级”矿物，IMA 承认有效。IMA 2016s. p. 批准。中文名称根据有较多的水及与滑石相似关系译为水滑石，或译作菱水碳铝镁石。目前已知 Hydrotalcite 有-2H（六方晶系）和-3R（三方晶系）多型。

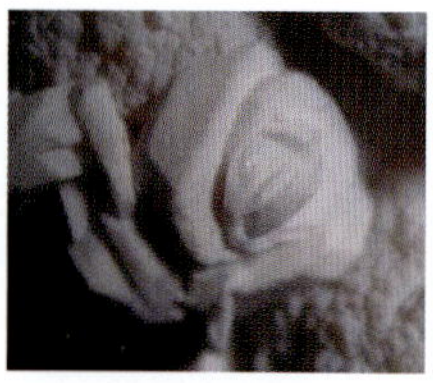

水滑石扭曲叶片状晶体（俄罗斯）

【水黄长石】

英文名 Juanite

化学式 $Ca_{10}(Mg,Fe^{2+})_4(Si,Al)_{13}(O,OH)_{39} \cdot 4H_2O$(?) （IMA）

水黄长石是一种含结晶水的钙、镁、铁的铝硅酸盐矿物，是黄长石蚀变产物。斜方晶系(?)。晶体呈纤维状。白色；硬度 5.5。1932 年发现于美国科罗拉多州甘迅尼县怀特厄斯（White Earth）矿区铁山碳酸盐杂岩体。英文名称 Juanite，由胡安（Juan）命名(?)。1932 年在《美国矿物学家》(17)报道。1959 年以前发现、描述并命名的“祖父级”矿物，IMA 承认有效；但 IMA 持怀疑态度。中文名称根据成分水及与黄长石的关系译为水黄长石。

【水钾钙铀矿】参见【黄钾钙铀矿】条 339 页

【水钾铁矾】

英文名 Mereiterite

化学式 $K_2Fe^{2+}(SO_4)_2 \cdot 4H_2O$ （IMA）

水钾铁矾半自形板状晶体（希腊）和梅雷特像

水钾铁矾是一种含结晶水的钾、铁的硫酸盐矿物。属钾镁矾族。单斜晶系。晶体呈半自形板状；集合体呈晶簇状。浅黄色，玻璃光泽、油脂光泽，透明；硬度 2.5～3，脆性。1993 年发现于希腊阿提克州拉夫里翁区伊拉里翁（Hilarion）矿。英文名称 Mereiterite，以奥地利维也纳技术大学的教授库尔特·梅雷特（Kurt Mereiter，1945—）博士的姓氏命名，以表彰他对各种铁硫酸盐矿物晶体化学研究做出的贡献。IMA 1993－045 批准。1995 年 G. 盖斯特（G. Giester）等在《欧洲矿物学杂志》(7)报道。2003 年中国地质科学院矿产资源研究所李锦平等在《岩石矿物学杂志》[22(3)]根据成分译为水钾铁矾。

【水钾铜矾*】

英文名 Kaliochalcite

化学式 $KCu_2(SO_4)_2[(OH)(H_2O)]$ (IMA)

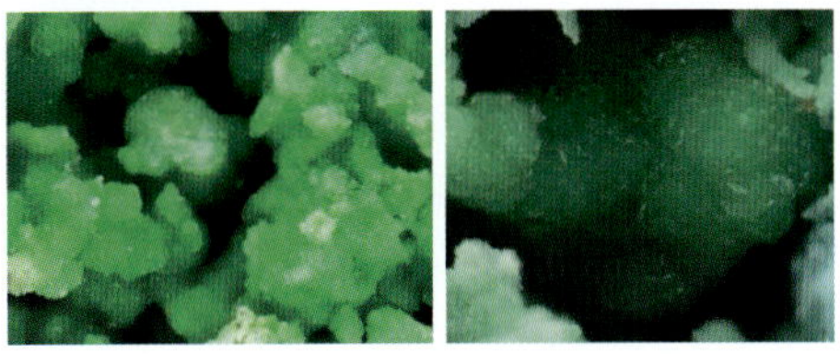

水钾铜矾* 团状、瘤状集合体(俄罗斯)

水钾铜矾*是一种含结晶水和羟基的钾、铜的硫酸盐矿物。属砷铁锌铅石族。单斜晶系。晶体呈假菱形、细粒状;集合体呈皮壳状、团状、瘤状。浅绿色,明亮的草绿色或几乎无色,玻璃光泽,透明—半透明;硬度 4,脆性。2013 年发现于俄罗斯堪察加州托尔巴契克(Tolbachik)火山主裂隙北破火山口第二火山渣锥喷气孔。英文名称 Kaliochalcite,由化学成分"Kalio(钾)"和"Chalk(铜)"加词尾-ite 组合命名,它是"Ppotassium=Kalio(钾)"的"Natrochalcite(钠铜矾)"的类似矿物。IMA 2013-037 批准。2013 年 I. V. 佩科夫(I. V. Pekov)等在《CNMNC 通讯》(17)、《矿物学杂志》(77)和 2014 年《欧洲矿物学杂志》(26)报道。目前尚未见官方中文译名,编译者建议根据成分译为水钾铜矾*(注:根据与钠铜矾的关系应译为钾铜矾,但此译名与 Piypite 译名重复);杨光明教授建议译为羟钾铜矾。

【水钾铀矾】参见【水铀矾】条 884 页

【水碱】

英文名 Thermonatrite

化学式 $Na_2(CO_3) \cdot H_2O$ (IMA)

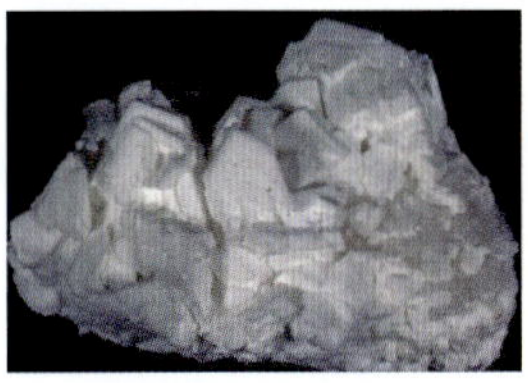

水碱板状晶体(美国)

水碱是一种含结晶水的钠的碳酸盐矿物。斜方晶系。晶体(合成)呈薄板状、板状;集合体呈皮壳状、粉末状。无色、白色、灰色、黄色等。玻璃光泽,透明;硬度 1~2,可切;有咸味,溶于水。最早见于 1747 年 J. G. 瓦勒留斯(J. G. Wallerius)在斯德哥尔摩《矿物学或矿物界》(*Mineralogia, eller Mineralriket.*)报道,称为泡碱、苏打。1845 年发现于俄罗斯;同年,布劳穆勒(Braumüller)和赛德尔(Seidel)在维也纳《矿物鉴定手册》刊载。1847 年 J. F. L. 豪斯曼(J. F. L. Hausmann)在《矿物学手册》(第三卷,哥廷根;第二卷,第二版)命名为 Thermonitrit。英文名称 Thermonatrite,由希腊文"θερμὸs=Thermos(热水瓶)"("Thermos"来自德国品牌"膳魔师"保温瓶商标),即由"Heat(热)"和"Natron(天然碳酸钠)"命名,意指矿物起源于热干燥地质环境。这种水溶性矿物主要被发现在干旱气候蒸发岩表面或在火山喷气口。1959 年以前发现、描述并命名的"祖父级"矿物,IMA 承认有效。中文名称根据成分译为水碱。

【水碱黄铜矿】

英文名 Orickite

化学式 $CuFeS_2 \cdot nH_2O$ (IMA)

水碱黄铜矿是一种含结晶水的铜、铁的硫化物矿物(含少量钾和钠)。六方晶系。铜黄色,条痕呈黑色,金属光泽;硬度 3.5。1978 年发现于美国加利福尼亚州洪堡县奥里克(Orick)以西的凯奥特(Coyote)山峰(狼峰火山通道)。英文名称 Orickite,以发现地美国的奥里克(Orick)镇命名。IMA 1978-059 批准。1981 年 R. C. 厄尔德(R. C. Erd)、G. K. 卡扎曼斯克(G. K. Czamanske)在《美国矿物学家》(66)和 1983 年《美国矿物学家》(68)报道。1985 年中国新矿物与矿物命名委员会郭宗山等在《岩石矿物及测试》[4(4)]根据成分译为水碱黄铜矿或水黄铜矿。

【水碱氯铝硼石】

英文名 Satimolite

化学式 $KNa_2(Al_5Mg_2)[B_{12}O_{18}(OH)_{12}](OH)_6Cl_4 \cdot 4H_2O$ (IMA)

水碱氯铝硼石显微细粒状晶体(哈萨克斯坦)

水碱氯铝硼石是一种含结晶水、氯和羟基的钾、钠、铝、镁的氢硼酸盐矿物。斜方晶系。晶体呈菱形片状,显微细粒状;集合体呈块状。白色;硬度 1~2。1967 年发现于哈萨克斯坦西部地区萨蒂莫拉(Satimola)盐丘硼酸盐矿床。英文名称 Satimolite,以发现地哈萨克斯坦的萨蒂莫拉(Satimola)盐丘命名。IMA 1967-023 批准。1969 年 V. M. 博恰罗夫(V. M. Bocharov)等在《苏联科学院特鲁迪矿物化学博物馆》(*Trudy Mineralogicheskogo Muzeya Akademiya Nauk SSSR*)(19)和 1970 年 M. 弗莱舍(M. Fleischer)在《美国矿物学家》(55)报道。中文名称根据成分译为水碱氯铝硼石或水氯硼碱铝石。

【水晶】

英文名 Rock crystal

化学式 $\alpha\text{-}SiO_2$

水晶、紫晶、黄晶、墨晶晶簇状集合体

无色透明的石英称水晶。中国古称很多,诸如水玉、水精、水碧、玉瑛等。水玉意谓似水透明之玉,"其莹如水,其坚如玉"也。此名最早频繁出现于《山海经》:"堂庭之山……多水玉""洛水,其中多水玉"等。水精一名,最初见于佛书,由印度传入。《广雅》释:"水之精灵也";李时珍《本草纲目》:"莹洁晶光,如水之精英"。又有说是"千年之冰所化"。水晶一词,出自明代宋应星《天工开物》。

英文名称 Rock crystal,无独有偶,在西方的古希腊人首先从雪山上找到"洁白如冰"的东西[Krystallos,这个词来自希腊文"κρύσταλλοs,即 Ice(冰)"],用火烤而不化,他们相信是"水结成的精灵",简称水精,后演变成水晶,即"Rock(石头)(岩石)"和"Crystal(晶体)"组合命名。罗马博物学者老普林尼认为石英是永久冻结的水冰。他支持这个想法,说石英在阿尔卑斯山冰川附近发现，而不是火成岩脉，大型石英晶体制成的球体能冷却手。这种想法一直持续到至少17世纪。

水晶又被称作水碧：《山海经》"日耿山，……多水碧"。

水晶又有人称它玉瑛，《符瑞图》载"美石似玉，水精谓之玉瑛也"。

乳石英(Milky quartz)，由于晶体内含细小分散状的气泡或液滴等包裹体，呈显著的乳白色(Milky)或奶油色者称乳石英。

蔷薇石英(Rose quartz)，由于它含有细针状金红石、粉末状的赤铁矿等包裹体，而呈现出漂亮的粉红色、玫瑰色(Rose)而得名。也称玫瑰水晶、芙蓉石。传说当年李隆基送给杨玉环的爱情信物是蔷薇石英，由于它的纹理结构像荷花，所以人们用杨玉环的小名芙蓉来命名，称"芙蓉玉"。

黄水晶(Citrine，Yellow creastly)，由于它含有铬、锰、铁等色素离子，而造成从浅黄色、黄色、橙黄色到金黄色或柠檬黄色，因而得名黄水晶；英文名称 Citrine 由法文 Citron 演变而来，意指"柠檬"(Lemon)。

紫水晶(Amethyst)，由于含铁、锰等色素而形成漂亮的紫色，如淡紫色、紫红色、深紫色、蓝紫色等，由此得名。关于紫水晶的英文名称 Amethyst，由阿梅希斯特(Amethyst)而得。这里有一个迷人且带忧伤的传说：相传酒神因与月亮女神黛安娜发生争执而满心愤怒，派凶狠的老虎前去报复，却意外遇上去参见黛安娜的少女阿梅希斯特(Amethyst)，黛安娜为避免少女死于虎爪，将她变成洁净无瑕的水晶雕像。见到少女化作的雕像，酒神深悔自己的行为，忏悔的泪水滴落在水晶雕像上，顿时将它染成了紫色。

烟晶、茶晶(Smoky quartz，Cairngorm)，又称烟水晶或茶水晶。是一类颜色为烟灰色、烟黄色、黄褐色、褐色的水晶。根据研究，它们的颜色是因含有极微量放射性元素(镭、钍)所引起的。烟水晶的首次发现地在苏格兰，故以凯恩戈姆山脉(Cairngorm)命名。烟晶的颜色浓烈到近似黑色的又被称为墨晶(Black quartz)。

【水空罗尔斯顿石*】参见【氟钠镁铝石】条186页

【水空烧绿石*】

英文名 Hydrokenopyrochlore

化学式 $(\square,Sb^{3+},Na)_2Nb_2O_6 \cdot H_2O$ (IMA)

水空烧绿石*晶体(马达加斯加)

水空烧绿石*是一种含结晶水的空位、锑、钠、铌的氧化物矿物。属烧绿石超族烧绿石族。等轴晶系。2017年发现于马达加斯加塔那那利佛市瓦卡南卡拉特拉区安坦德罗孔比(Antandrokomby)伟晶岩。英文名称 Hydrokenopyrochlore，由成分冠词"Hydro(水)""Keno(空位)"和根词"Pyrochlore(烧绿石)"组合命名。IMA 2017-005批准。2017年C.比亚乔尼(C. Biagioni)等在《CNMNC通讯》(37)、《矿物学杂志》(81)和2018年《欧洲矿物学杂志》(30)报道。目前尚未见官方中文译名，编译者建议根据成分及与烧绿石的关系译为水空烧绿石*。

【水空钨石*】参见【水钨石】条881页

【水空细晶石】

英文名 Hydrokenomicrolite

化学式 $(\square,H_2O)_2Ta_2(O,OH)_6(H_2O)$ (IMA)

水空细晶石八面体晶体(巴西)

水空细晶石是一种含结晶水的空位、水的钽的氢氧-氧化物矿物。属烧绿石超族细晶石族。等轴晶系。晶体呈自形八面体。粉红褐色，金刚光泽、树脂光泽，半透明；硬度5。2011年发现于巴西米纳斯吉拉斯州沃尔塔格兰德(Volta Grande)矿。英文名称 Hydrokenomicrolite，由成分冠词"Hydro(水)""Keno(空位)"和根词"Microlite(细晶石)"组合命名。IMA 2011-103批准。2012年M. B. 安德雷德(M. B. Andrade)等在《CNMNC通讯》(13)、《矿物学杂志》(76)和2013年《美国矿物学家》(98)报道。中文名称根据成分、空位及族名译为水空细晶石。目前已知 Hydrokenomicrolite 有-3C$[(\square,H_2O)_2Ta_2(O,OH)_6(H_2O)$，等轴晶系]和-3R$\{\square_2Ta_2[O,(OH)]_6(H_2O)$，三方晶系}多型。

【水蓝铜矾】

英文名 Posnjakite

化学式 $Cu_4(SO_4)(OH)_6 \cdot H_2O$ (IMA)

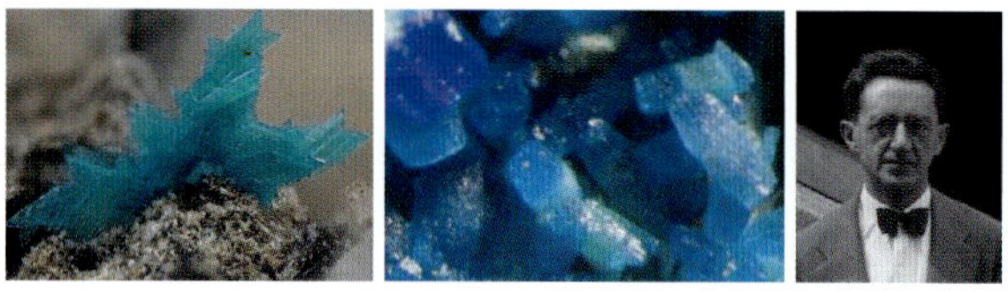

水蓝铜矾板状、粒状晶体(德国、美国)和珀森贾克像

水蓝铜矾是一种含一个结晶水、羟基的铜的硫酸盐矿物。属蓝铜矾族。单斜晶系。晶体呈板状、柱状、细粒状。青蓝色—暗蓝色，玻璃光泽，透明；硬度2～3。1967年发现于哈萨克斯坦卡拉干达州努拉-塔尔德(Nura-Taldy)钨矿床。英文名称 Posnjakite，以尤金·沃尔德马·珀森贾克(Eugene Waldemar Posnjak，1888—1949)的姓氏命名。他是美国地球物理实验室的地球化学家，他调查研究了 $CuO-SO_3-H_2O$ 系统。IMA 1967-001批准。1967年A. I. 科姆科夫(A. I. Komkov)等在《全苏矿物学会记事》(96)和M. 弗莱舍(M. Fleischer)在《美国矿物学家》(52)报道。中文名称根据成分和颜色译为水蓝铜矾或一水蓝铜矾。

【水粒硅镁石】

英文名 Hydroxylchondrodite

化学式 $Mg_5(SiO_4)_2(OH)_2$ (IMA)

水粒硅镁石是一种含羟基的镁的硅酸盐矿物。属硅镁石族硅镁石系列族。单斜晶系。晶体呈粗糙的片状或透镜状。红棕色，玻璃光泽，半透明；硬度6，易碎。2010年发现于俄罗斯车里雅宾斯克州佩罗夫斯基(Perovskitovaya)矿。英文名称 Hydroxylchondrodite，由成分冠词"Hydroxyl(羟基)"和根词"Chondrodite(粒硅镁石)"组合命名。IMA 2010-019批准。2010年I. V. 佩科夫(I. V. Pekov)等在《矿物学杂志》(74)和2011年《地球科学文献》(436)报道。中文名称根据成分及与粒硅镁石的关系译为水粒硅镁石。

【水粒铁矾】参见【粒铁矾】条450页

【水磷铵镁石】

英文名 Hannayite

化学式 $(NH_4)_2Mg_3(PO_3OH)_4 \cdot 8H_2O$ (IMA)

水磷铵镁石是一种含结晶水的铵、镁的氢磷酸盐矿物。

水磷铵镁石板条状晶体(澳大利亚)和汉内像

三斜晶系。晶体呈小而纤细的板条状,有平行条纹;集合体呈金属丝状、放射状。淡黄色,透明—半透明;硬度 2~3,完全解理。1878 年发现于澳大利亚维多利亚州斯基普顿(Skipton)洞穴鸟粪的外壳。1878 年乌尔里克(Ulrich)和范·拉特(vom Rath)在波恩《下莱茵自然与医学学会报告》(*Berichte Niederrheinische Gesellschaft für Natur und Heilkunde*)(35)和 1879 年在波恩《普鲁士莱茵兰和威斯特伐利亚自然历史学会报告》(*Verhandlungen des naturhistorischen Vereins der preussischen Rheinlandeund Westfalens*)(36)报道。英文名称 Hannayite,以英国曼彻斯特大学英国苏格兰化学家杰姆斯·巴兰坦·汉内(James Ballantyne Hannay,1855—1931)的姓氏命名。他最出名的是他声称在 1880 创造出人造钻石。1959 年以前发现、描述并命名的"祖父级"矿物,IMA 承认有效。中文名称根据成分译为水磷铵镁石。

【水磷铋铁矿】参见【波尔克石】条 73 页

【水磷钒钡石】

英文名 Springcreekite

化学式 $BaV^{3+}_3(PO_4)(PO_3OH)(OH)_6$ (IMA)

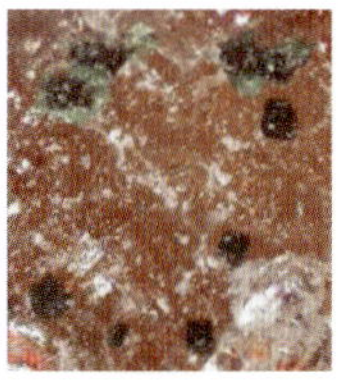

水磷钒钡石假立方体晶体(澳大利亚)

水磷钒钡石是一种含羟基的钡、钒的氢磷酸-磷酸盐矿物。属明矾石超族水磷铝铅矿族。三方晶系。晶体呈菱面体、假立方体。沥青黑色,半金属光泽、金刚光泽,不透明;硬度 4~5,脆性。1998 年发现于澳大利亚南澳大利亚州斯普林克里克(Spring Creek)矿。英文名称 Springcreekite,以发现地澳大利亚的斯普林克里克(Spring Creek)矿命名。IMA 1998-048 批准。1999 年 U. 科利奇(U. Kolitsch)等在《矿物学新年鉴》(月刊)报道。2003 年中国地质科学院矿产资源研究所李锦平等在《岩石矿物学杂志》[22(1)]根据成分译为水磷钒钡石。

【水磷钒铝石】

英文名 Schoderite

化学式 $Al_2(PO_4)(VO_4)\cdot 8H_2O$ (IMA)

水磷钒铝石是一种含结晶水的铝的钒酸-磷酸盐矿物。单斜晶系。晶体呈鳞片状、小板状;集合体常呈显晶质皮壳状。明亮的黄橙色;硬度 2~2.5。在空气中不稳定,失水变为变水磷钒铝石。1960 年发现于美国内华达州尤里卡县。英文名称 Schoderite,以联合碳化物核公司研究化学家威廉·保罗·施罗德(William Paul Schoder,1900—1977)的姓氏命名,以表彰他在钒冶金方面做出的杰出贡献。IMA 1962s. p. 批准。1962 年 D. M. 豪森(D. M. Hausen)在《美国矿物学家》(47)报道。中文名称根据成分译为水磷钒铝石。

【水磷钒铁矿】

英文名 Rusakovite

化学式 $(Fe,Al)_5(VO_4)_2(OH)_9\cdot 3H_2O$ (IMA)

卢萨科夫像

水磷钒铁矿是一种含结晶水和羟基的铁、铝的钒酸盐矿物;钒酸根可部分的被磷酸根替代。晶体呈粒状;集合体呈海绵状、致密块状。黄橙色—红黄色;硬度 1.5~2。1960 年发现于哈萨克斯坦卡拉套区域巴拉索斯卡德克(Balasauskandyk)钒矿床。英文名称 Rusakovite,以哈萨克斯坦地质学家、矿床地质学专家米哈伊尔·彼得罗维奇·卢萨科夫(Mikhail Petrovich Rusakov,1892—1963)的姓氏命名。IMA 1962s. p. 批准。1960 年 E. A. 安基诺维奇(E. A. Ankinovich)在《全苏矿物学会记事》(89)和《美国矿物学家》(45)报道。中文名称根据成分译为水磷钒铁矿。

【水磷复铁石】

英文名 Giniite

化学式 $Fe^{2+}Fe^{3+}_4(PO_4)_4(OH)_2\cdot 2H_2O$ (IMA)

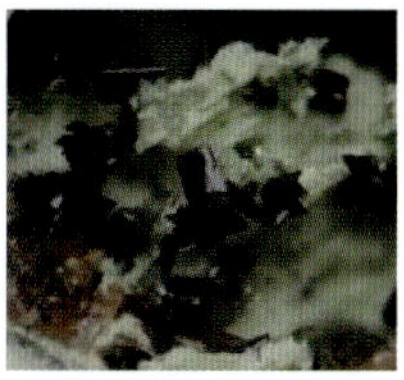

水磷复铁石小楔形晶体(纳米比亚)

水磷复铁石是一种含结晶水和羟基的二价铁和三价铁的磷酸盐矿物。单斜晶系。晶体呈小楔形。黑色、绿黑色、褐黑色,金刚—半金刚光泽、玻璃光泽,半透明;硬度 3~4,脆性。1977 年发现于纳米比亚埃龙戈区圣安达玛普(Sandamap)北农场伟晶岩。英文名称 Giniite,由保罗·凯勒(Paul Keller)在 1980 年以他的妻子阿德尔海·基尼·凯勒(Adelheid Gini Keller,1940—)的名字命名。IMA 1977-017 批准。1980 年保罗·凯勒在《矿物学新年鉴》(月刊)和《美国矿物学家》(65)报道。中文名称根据成分译为水磷复铁石。

【水磷钙钾石】

英文名 Englishite

化学式 $K_3Na_2Ca_{10}Al_{15}(OH)_7(PO_4)_{21}\cdot 26H_2O$ (IMA)

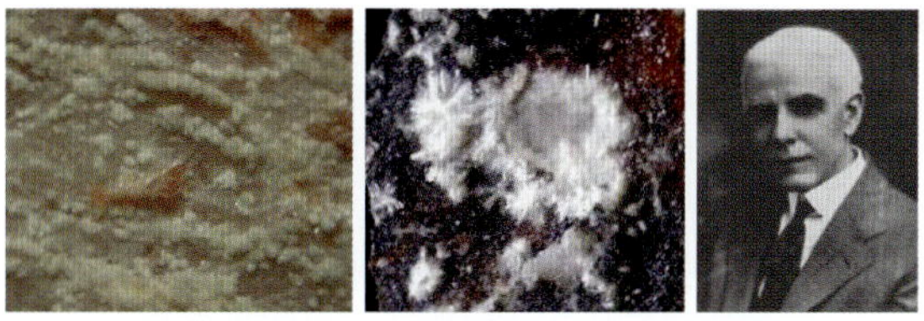

水磷钙钾石珍珠状、放射状集合体(美国)和英格利斯像

水磷钙钾石是一种含结晶水和羟基的钾、钠、钙、铝的磷酸盐矿物。单斜晶系。晶体呈层状和近似平行的板状;集合体呈皮壳状、珍珠状、放射状。无色—白色、灰绿色,玻璃光泽、珍珠光泽,透明;硬度 3,极完全解理。1930 年发现于美国犹他州犹他县奥克尔(Oquirrh)山脉费尔菲尔德(Fairfield)黏土峡谷;同年,E. S. 拉森(E. S. Larsen)等在《美国矿物学家》(15)报道。英文名称 Englishite,以美国纽约的美国矿物收藏家和经销商乔治·莱奇沃思·英格利斯(George Letchworth English,1864—1944)的姓氏命名。对他收集的磷酸盐结核进行了研究,发现了包括此矿物在内的几种矿物。1959 年以前发现、描述并命名的"祖父级"矿物,IMA 承认有效。中文名称根据成分译为水磷钙钾石/水磷铝钙钾石。

【水磷钙锂铍石】

英文名 Pahasapaite

化学式 $Li_8(Ca,Li,K)_{10}Be_{24}(PO_4)_{24}\cdot 38H_2O$ (IMA)

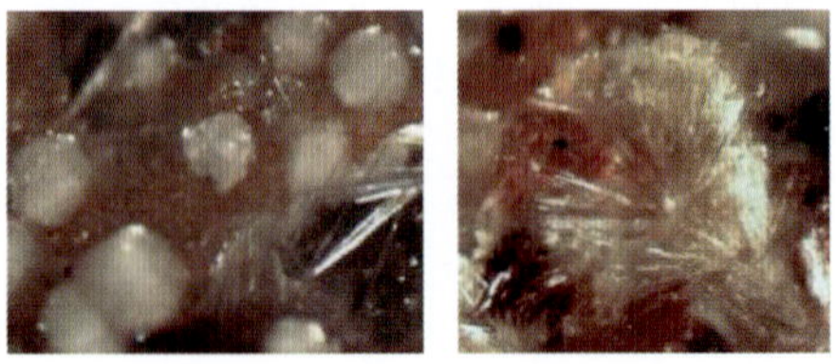

水磷钙锂铍石畸形的十二面体晶体，放射状集合体（美国）

水磷钙锂铍石是一种含沸石水的锂、钙、钾、铍的磷酸盐矿物。它是第一个天然的含铍和磷的纤维状沸石矿物。属沸石族。等轴晶系。晶体常呈畸形的菱形十二面体、纤维状；集合体呈放射状。无色、淡粉色、黄色，玻璃光泽，透明；硬度 4.5。1983 年发现于美国南达科他州卡斯特县卡斯特区福迈尔山顶峰（Tip Top）矿。英文名称 Pahasapaite，以美国南达科他州苏族印第安人对黑山（Black Hills）的称呼帕哈萨帕"Pahasapa"命名。IMA 1983－060b 批准。1987 年在《矿物学新年鉴》（月刊）和 1989 年 R. C. 洛兹（R. C. Rouse）等在《美国矿物学家》（74）报道。1988 中国新矿物与矿物命名委员会郭宗山等在《岩石矿物学杂志》[7(3)]根据成分译为水磷钙锂铍石。

【水磷钙锰矿】参见【胶磷钙锰矿】条 380 页

【水磷钙钠铜石】

英文名 Wooldridgeite

化学式 $Na_2CaCu_2^{2+}(P_2O_7)_2 \cdot 10H_2O$　　(IMA)

水磷钙钠铜石斜方双锥连生状集合体（英国）

水磷钙钠铜石是一种含结晶水的钠、钙、铜的磷酸盐矿物。斜方晶系。晶体呈斜方双锥；集合体呈连生状。蓝绿色，玻璃光泽，透明；硬度 2～3，脆性。1997 年发现于英国英格兰沃里克郡贾金斯（Judkins）采石场。英文名称 Wooldridgeite，以英国伍斯特郡芬希尔希思热心的矿物学家、显微薄片（Micromounter）商和宝石学家詹姆斯·伍尔德里奇（James Wooldridge，1923—1995）的姓氏名字命名，是他发现的该矿物。IMA 1997－037 批准。1999 年 M. A. 库伯（M. A. Cooper）等在《加拿大矿物学家》（37）和 F. C. 霍桑（F. C. Hawthorne）等在《矿物学杂志》（63）报道。2003 年中国地质科学院矿产资源研究所李锦平等在《岩石矿物学杂志》[22(1)]根据成分译为水磷钙钠铜石，有的音译为伍尔德里奇石。

【水磷钙铍石】

英文名 Uralolite

化学式 $Ca_2Be_4(PO_4)_3(OH)_3 \cdot 5H_2O$　　(IMA)

水磷钙铍石皮壳状、放射状、球粒状集合体（奥地利）

水磷钙铍石是一种含结晶水和羟基的钙、铍的磷酸盐矿物。单斜晶系。晶体呈刃状、纤维状、针状；集合体呈皮壳状、放射状、球粒状。无色、白色、黄色、褐色，针状者呈玻璃光泽，纤维状者呈丝绢光泽，透明—半透明；硬度 2.5，脆性。1964 年发现于俄罗斯车里雅宾斯克州波夫斯卡（Boevskoe）铍矿床。英文名称 Uralolite，以发现地俄罗斯的乌拉尔（Ural）山脉命名。1964 年在《全苏矿物学会记事》[93(2)]和《美国矿物学家》（49）报道。1959 年以前发现、描述并命名的"祖父级"矿物，IMA 承认有效。中文名称根据成分译为水磷钙铍石。

【水磷钙石】

英文名 Isoclasite

化学式 $Ca_2(PO_4)(OH) \cdot 2H_2O$　　(IMA)

水磷钙石是一种含结晶水、羟基的钙的磷酸盐矿物。单斜晶系。晶体呈针状，长 4cm；集合体呈棉花状。无色—雪白色，玻璃光泽、珍珠光泽，透明；硬度 1～1.5。1870 年发现于捷克共和国卡罗维发利州厄尔士山脉亚希莫夫（Jáchymov）矿。1870 年 F. 桑迪伯杰（F. Sandberger）在《实用化学杂志》（新 2）报道，称 Isoklas。英文名称 Isoclasite，由希腊文"Iσόlηα κατάγματοs＝Equal fracture（相等的解理）"命名，意指其"Cleavage（解理）"和"Iso（相等）"。1959 年以前发现、描述并命名的"祖父级"矿物，IMA 承认有效；但 IMA 持怀疑态度。中文名称根据成分译为水磷钙石。

【水磷钙铁石】参见【钙磷铁矿】条 222 页

【水磷钙钍石】

英文名 Brockite

化学式 $(Ca,Th,Ce)(PO_4) \cdot H_2O$　　(IMA)

水磷钙钍石是一种含结晶水的钙、钍、铈的磷酸盐矿物。属磷镧镨矿（磷稀土矿）族。六方晶系。晶体呈短而粗的六方柱状、细粒状；集合体常呈土状。暗红色、红褐色—黄色，半玻璃光泽、树脂光泽、蜡状光泽、土状光泽，透明—不透明；硬度 3～4，脆性。1962 年发现于美国科罗拉多州卡斯特县巴西克（Bassick）矿区。1962 年由弗朗西斯·G. 费舍尔（Frances G. Fisher）和罗伯特·梅罗维茨（Robert Meyrowitz）在《美国矿物学家》（47）报道。英文名称 Brockite，以美国地质调查局莫里斯·R. 布洛克（Maurice R. Brock）的姓氏命名，是他提供了第一块标本。IMA 1967s. p. 批准。中文名称根据成分译为水磷钙钍石或水磷钙钍矿；音译为布洛克石。

【水磷钙铀矿】

英文名 Tristramite

化学式 $(Ca,U^{4+},Fe^{3+})(PO_4,SO_4) \cdot 2H_2O$　　(IMA)

亚瑟王崔斯特瑞姆爵士

水磷钙铀矿是一种含结晶水的钙、铀、铁的硫酸-磷酸盐矿物。属磷镧镨矿（磷稀土矿）族。六方晶系。晶体呈针状、纤维状、粗—细粒状；集合体呈放射状或交叉脉状。淡黄色、黄绿色，玻璃光泽，半透明；硬度 3～4。1982 年发现于英国英格兰康沃尔郡芒茨湾地区瑞西（Rinsey）特里瓦弗斯克利夫（Trewavas Cliff）矿。英文名称 Tristramite，以特里斯特拉姆或崔斯特瑞姆（Tristram）的名字命名。他是发现地区的中世纪的传奇人物亚瑟王（Arthurian），也可能是当地的居民。IMA 1982－037 批准。1983 年 D. 阿特金(D. Atkin)等在《矿物学杂志》(47)和 1984 年《美国矿物学家》(69)报道。1985 年中国新矿物与矿物命名委员会郭宗山等在《岩石矿物及测试》[4(4)]根据成分译为水磷钙铀矿。

【水磷钴石】

英文名 Pakhomovskyite

化学式 $Co_3(PO_4)_2 \cdot 8H_2O$　(IMA)

水磷钴石板片状晶体，花状集合体(俄罗斯)

水磷钴石是一种含结晶水的钴的磷酸盐矿物。属蓝铁矿族。单斜晶系。晶体呈板片状；集合体呈球粒状、玫瑰花状。亮粉红色，解理面上呈珍珠光泽，透明—半透明；硬度 2，完全解理。2004 年发现于俄罗斯北部摩尔曼斯克州科夫多尔(Kovdor)地块。英文名称 Pakhomovskyite，以俄罗斯科学院阿帕季特科拉科学中心地质研究所的雅克夫·A. 帕霍莫夫斯基(Yakov A. Pakhomovsky，1948—)的姓氏命名，以表彰他对科拉半岛碱性岩体矿物学研究做出的重要贡献。IMA 2004－021 批准。2006 年 V. N. 亚科温丘克(V. N. Yakovenchuk)等在《加拿大矿物学家》(44)报道。2009 年中国地质科学院地质研究所尹淑苹等在《岩石矿物学杂志》[28(4)]根据成分译为水磷钴石。

【水磷硅铍钪石】参见【水磷钪石】条 839 页

【水磷红锰矿】

英文名 Metaswitzerite

化学式 $Mn_3^{2+}(PO_4)_2 \cdot 4H_2O$　(IMA)

水磷红锰矿板状、纤维状晶体，束状、放射状集合体(德国)

水磷红锰矿是一种含结晶水的锰的磷酸盐矿物。属板磷铁矿族。单斜晶系。晶体呈板片状、纤维状；集合体呈束状、放射状。浅金棕色、白粉红色、白色，半金刚光泽、玻璃光泽、树脂光泽、珍珠光泽，透明—半透明；硬度 2.5，完全解理。1967 年发现于美国北卡罗来纳州克利夫兰县金斯山区富特(Foote)矿。英文名称 Metaswitzerite，该矿物最初于 1967 年由约翰·S. 怀特(John S. White)等在《美国矿物学家》(52)描述为斯威策矿/水磷铁锰石(Switzerite)；1986 年怀特等在《美国矿物学家》(71)又重新定义为 Metaswitzerite，它由希腊文“M έτα＝Meta(变)”和根词“Switzerite(水磷铁锰石)”组合命名，意指它是水磷铁锰石脱水或低程度水化的产物。IMA 1981－027a 批准。中文名称根据成分及颜色译为水磷红锰矿/变水磷铁锰石(根词参见【水磷铁锰石】条 845 页)。

【水磷钪钙镁石】

英文名 Juonniite

化学式 $CaMgSc(PO_4)_2(OH) \cdot 4H_2O$　(IMA)

水磷钪钙镁石是一种含结晶水和羟基的钙、镁、钪的磷酸盐矿物。斜方晶系。晶体呈片状；集合体呈放射状、球粒状。灰色、浅黄色、鲜橙色、黄棕色，玻璃光泽，半透明；硬度 4～4.5。1996 年发现于俄罗斯北部摩尔曼斯克州科夫多尔哲勒兹尼(Kovdor Zheleznyi)铁矿。英文名称 Juonniite，以

水磷钪钙镁石球粒状集合体(俄罗斯)

发现地俄罗斯的约纳(Yona)河的芬兰语约尼(Juonni)命名。IMA 1996－060 批准。1997 年 R. P. 里费罗维奇(R. P. Liferovich)等在《俄罗斯矿物学会记事》[126(4)]报道。2003 年中国地质科学院矿产资源研究所李锦平等在《岩石矿物学杂志》[22(2)]根据成分译为水磷钪钙镁石。

【水磷钪石】

英文名 Kolbeckite

化学式 $Sc(PO_4) \cdot 2H_2O$　(IMA)

水磷钪石球粒状、花状集合体(奥地利、意大利)和科尔贝克像

水磷钪石是一种含结晶水的钪的磷酸盐矿物。属准磷铝石(Metavariscite)族。单斜晶系。晶体一般呈短柱状、板状，具双晶；集合体呈球粒状、花状。无色、淡黄色，有杂质时呈青蓝色、灰色、苹果绿色，玻璃光泽、珍珠光泽，透明；硬度 3～5，完全解理，脆性。1879 年施劳夫(Schrauf)在莱比锡《结晶学、矿物学和岩石学杂志》(3)报道，误称 Eggonite(水磷铝石)。1926 年发现于德国萨克森州厄尔士山脉萨德多夫(Sadisdorf)；同年，在萨克森《贝格和赫滕维森年鉴》(*Jahrbuch für das Berg-und Hüttenwesen*)(100)报道。1929 年克伦纳(Krenner)在斯图加特《矿物学、地质学和古生物学总览》(27)报道，称 Sterrettite(水磷铝石?)。英文名称 Kolbeckite，以德国弗赖贝格矿业学院的矿物学家弗里德里希·路德维格·威廉·科尔贝克(Friedrich Ludwig Wilhelm Kolbeck，1860—1943)博士的姓氏命名。此名见于 1951 年 C. 帕拉奇(C. Palache)、H. 伯曼(H. Berman)和 C. 弗龙德尔(C. Frondel)《丹纳系统矿物学》(第二卷，第七版，纽约)。1959 年以前发现、描述并命名的“祖父级”矿物，IMA 承认有效。IMA 1987s. p. 批准。中文名称根据成分译为水磷钪石，也译为水磷硅铍钪石或磷硅铍钪石。

【水磷铝矾】

英文名 Sanjuanite

化学式 $Al_2(PO_4)(SO_4)(OH) \cdot 9H_2O$　(IMA)

水磷铝矾是一种含结晶水、羟基的铝的硫酸-磷酸盐矿物。属水磷铝矾-磷铁矾族。单斜晶系。晶体呈板条状、纤维状；集合体呈束状、块状。白色，丝绢光泽；硬度 3。1966

年发现于阿根廷圣胡安（San Juan）省塞拉奇卡德佐达（Sierra Chica de Zonda）山脉。英文名称 Sanjuanite，以发现地阿根廷的圣胡安（San Juan）命名。IMA 1966－043 批准。1968 年 M. E. J. 阿伯莱多（M. E. J. de Abeledo）等在《美国矿物学家》（53）报道。中文名称根据成分译为水磷铝矾。

水磷铝矾块状集合体（阿根廷）

【水磷铝钙钾石】参见【水磷钙钾石】条 837 页

【水磷铝钙镁石】参见【水磷铝钙石】条 840 页

【水磷铝钙石】

英文名 Overite

化学式 $CaMgAl(PO_4)_2(OH) \cdot 4H_2O$ （IMA）

水磷铝钙石扁平柱状、板状晶体，晶簇状集合体（美国）和奥维尔像

水磷铝钙石是一种含结晶水和羟基的钙、镁、铝的磷酸盐矿物。斜方晶系。晶体呈扁平柱状、板条状；集合体呈近于平行生长的晶簇状。浅苹果绿色—无色，玻璃光泽，透明—半透明；硬度 3.5～4，完全解理。1938 年发现于美国犹他州犹他县奥克尔（Oquirrh）山脉费尔菲尔德（Fairfield）黏土峡谷磷铝石结核的空洞。英文名称 Overite，以埃德温·J. 奥维尔（Edwin J. Over，1903—1963）先生的姓氏命名。奥维尔是美国科罗拉多州斯普林斯矿物收藏家，他曾与阿瑟·蒙哥马利（Arthur Montgomery）在费尔菲尔德地区工作时发现了第一个矿物标本。1940 年 E. S. 拉森（E. S. Larsen）在《美国矿物学家》（25）报道。1959 年以前发现、描述并命名的"祖父级"矿物，IMA 承认有效。中文名称根据成分译为水磷铝钙石，也有的译作水磷铝钙镁石。

【水磷铝钾石】

英文名 Minyulite

化学式 $KAl_2(PO_4)_2F \cdot 4H_2O$ （IMA）

水磷铝钾石束状或放射状集合体（澳大利亚、美国）

水磷铝钾石是一种含结晶水和氟的钾、铝的磷酸盐矿物。斜方晶系。晶体呈柱状、针状；集合体呈近于平行的束状或放射状、晶簇状。无色、白色，玻璃光泽、丝绢光泽，透明；硬度 3.5。1933 年发现于澳大利亚西澳大利亚州丹达勒根郡敏尤洛（Minyulo）泉。1933 年辛普森（Simpson）和勒·梅热勒（Le Mesurier）在《西澳大利亚皇家学会杂志》（19）和《美国矿物学家》（18）报道。英文名称 Minyulite，以发现地澳大利亚敏尤洛（Minyulo）泉命名。1959 年以前发现、描述并命名的"祖父级"矿物，IMA 承认有效。中文名称根据成分译为水磷铝钾石。

【水磷铝碱石】

英文名 Millisite

化学式 $NaCaAl_6(PO_4)_4(OH)_9 \cdot 3H_2O$ （IMA）

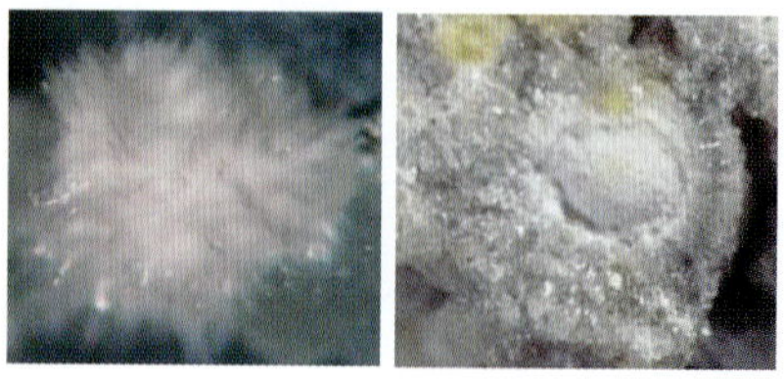
水磷铝碱石球粒状集合体（美国）

水磷铝碱石是一种含结晶水和羟基的钠、钙、铝的磷酸盐矿物。属水磷铝钠石族。四方晶系。晶体呈纤维状；集合体呈皮壳状、球粒状。白色、浅灰色，玻璃光泽，透明—半透明；硬度 5.5。1930 年发现于美国犹他州犹他县奥克尔（Oquirrh）山脉费尔菲尔德（Fairfield）黏土峡谷。1930 年 E. S. 拉森（E. S. Larsen）和香农（Shannon）在《美国矿物学家》（15）报道。英文名称 Millisite，1942 年由埃斯珀·西格纽斯·拉森三世（Esper Signius Larsen Ⅲ）为了纪念犹他州利希的 F. T. 米尔斯（F. T. Millis）而以他的姓氏命名，是他收集到第一块标本。1942 年拉森在《美国矿物学家》（27）报道。1959 年以前发现、描述并命名的"祖父级"矿物，IMA 承认有效。中文名称根据成分译为水磷铝碱石或译为磷铝钙钠石。

【水磷铝镁锰石】参见【鲁诺克石*】条 538 页

【水磷铝镁石】参见【水丝磷铁石】条 873 页

【水磷铝锰石】

英文名 Sinkankasite

化学式 $Mn^{2+}Al(PO_3OH)_2(OH) \cdot 6H_2O$ （IMA）

水磷铝锰石细柱状晶体，晶簇状集合体（美国）和森坎卡斯夫妇像

水磷铝锰石是一种含结晶水和羟基的锰、铝的氢磷酸盐矿物。三斜晶系。晶体呈细柱状、纤维状；集合体呈晶簇状。无色，玻璃光泽，透明；硬度 4。1982 年发现于美国南达科他州彭宁顿县启斯东（Keystone）地区巴克-弗格森（Barker-Ferguson）矿山。1984 年由唐纳德·R. 皮科尔（Donald R. Peacor）和皮特·J. 邓恩（Pete J. Dunn）等在《美国矿物学家》（69）报道。英文名称 Sinkankasite，为纪念约翰·森坎卡斯（John Sinkankas，1915—2002）而以他的姓氏命名。他是宝石雕刻的创新者、《矿物学和宝石学》一书的作者、优秀的地球科学图书经销商、矿物艺术家、矿物收藏家。IMA 1982－078 批准。1985 年中国新矿物与矿物命名委员会郭宗山等在《岩石矿物及测试》［4（4）］根据成分译为水磷铝锰石。

【水磷铝钠石】

英文名 Wardite

化学式 $NaAl_3(PO_4)_2(OH)_4 \cdot 2H_2O$ （IMA）

水磷铝钠石假四面体、八面体晶体(加拿大)和沃德像

水磷铝钠石是一种含结晶水和羟基的钠、铝的磷酸盐矿物。属水磷铝钠石族。四方晶系。晶体呈四方偏方面体或假八面体、纤维状;集合体呈皮壳状、球粒状。无色、白色、淡蓝绿色、黄绿色、淡黄色、棕色,玻璃光泽,透明—不透明;硬度 4.5～5,完全解理。1896 年发现于美国犹他州犹他县奥克尔(Oquirrh)山脉费尔菲尔德黏土峡谷。英文名称 Wardite,以亨利·奥古斯都·沃德(Henry Augustus Ward,1834—1906)的姓氏命名。他于 1896 年首次发现并描述了该矿物。沃德是美国纽约罗切斯特大学自然科学教授,也是一个矿物收藏家和经销商,他还是罗切斯特市从事自然历史物品交易的沃德自然科学交易所的创始人。1896 年戴维森(Davison)在《美国科学杂志》(152)报道。1959 年以前发现、描述并命名的"祖父级"矿物,IMA 承认有效。中文名称根据成分译为水磷铝钠石。

【水磷铝铅矿】

英文名 Plumbogummite

化学式 $PbAl_3(PO_4)(PO_3OH)(OH)_6$ (IMA)

水磷铝铅矿葡萄状(中国)、放射状集合体(德国)

水磷铝铅矿是一种含羟基的铅、铝的氢磷酸-磷酸盐矿物。属明矾石超族水磷铝铅矿。三方晶系。晶体呈罕见的六方片状、纤维状;集合体常呈皮壳状、葡萄状、肾状、钟乳状、乳滴状或球粒状、放射状。浅蓝色、灰白色、黄灰色、黄色、黄褐色、红棕色、绿色、蓝色、暗蓝灰色,树脂光泽、沥青光泽,半透明;硬度 4～5,脆性。最早见于 1779 年德·莱尔(de Lisle)在 *Demeste Lettres Min.*(2)报道,称填充胭脂的钟乳石和小球。1819 年发现于法国菲尼斯泰尔省埃尔瓜特(Huelgoat)镇。英文名称 Plumbogummite,1819 年由弗朗索瓦·皮埃尔·尼古拉·吉莱·德·拉蒙特(Francois Pierre Nicolas Gillet de Laumont)根据拉丁文"Plumbum(铅)"和"Gummi=Gum(树胶、口香糖)"组合命名,意指其主要成分铅和外观像树胶或口香糖。1819 年 J. J. 贝采里乌斯(J. J. Berzelius)从瑞士翻译而来的《新的系统矿物学》(巴黎)刊载。1959 年以前发现、描述并命名的"祖父级"矿物,IMA 承认有效。IMA 1999s. p. 批准。中文名称根据成分译为水磷铝铅矿。

【水磷铝石】

英文名 Senegalite

化学式 $Al_2(PO_4)(OH)_3 \cdot H_2O$ (IMA)

水磷铝石是一种含结晶水、羟基的铝的磷酸盐矿物。斜方晶系。晶体呈板柱状;集合体呈晶簇状、皮壳状。无色—

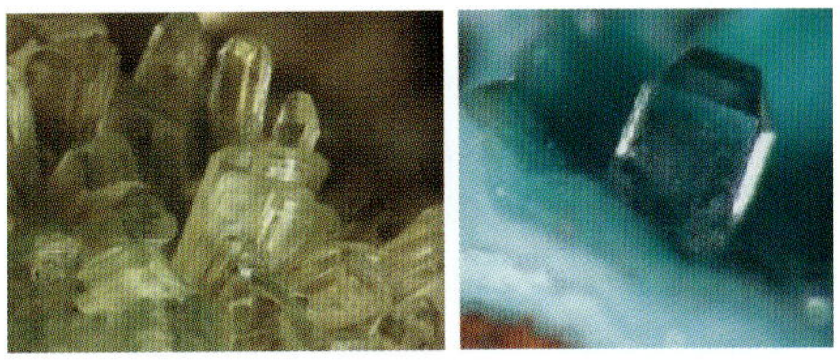

水磷铝石柱状晶体,晶簇状、皮壳状集合体(塞内加尔)

淡黄色、绿色,玻璃光泽,透明;硬度 5.5。1975 年发现于塞内加尔(Senegal)坦巴昆达地区库鲁迪亚卡(Kouroudiako)铁矿床。英文名称 Senegalite,1976 年由约翰·日德内克(Zdenek Johan)以发现地塞内加尔(Senegal)命名。IMA 1975-004 批准。1976 年约翰·日德内克在《岩石》(9)和 1977 年《美国矿物学家》(62)报道。中文名称根据成分译为水磷铝石。

【水磷铝铜石】

英文名 Zapatalite

化学式 $Cu_3Al_4(PO_4)_3(OH)_9 \cdot 4H_2O$ (IMA)

水磷铝铜石皮壳状、葡萄状集合体(墨西哥)和萨帕塔像

水磷铝铜石是一种含结晶水和羟基的铜、铝的磷酸盐矿物。四方晶系。晶体少见;集合体常呈块状、皮壳状、葡萄状。浅蓝色、绿松石蓝色,半透明;硬度 1.5,完全解理。1971 年发现于墨西哥索诺拉州塞罗森田(Cerro Morita)未名矿床。英文名称 Zapatalite,以墨西哥农民革命英雄埃米利亚诺·萨帕塔(Emiliano Zapata,1879—1919)的姓氏命名。他是墨西哥佃农组织和带领农民进行革命斗争的领袖。IMA 1971-023 批准。1972 年 S. A. 威廉姆斯(S. A. Williams)在《矿物学杂志》(38)和《美国矿物学家》(57)报道。中文名称根据成分译为水磷铝铜石或水磷铝铜矿;根据英文名称首音节音和成分译为扎铝磷铜矿。

【水磷铝铀云母】参见【莫磷铝铀矿】条 624 页

【水磷镁石】参见【镁磷石】条 594 页

【水磷镁铁石】

英文名 Ushkovite

化学式 $MgFe^{3+}_2(PO_4)_2(OH)_2 \cdot 8H_2O$ (IMA)

水磷镁铁石双晶晶体,晶簇状集合体(巴西)

水磷镁铁石是一种含结晶水和羟基的镁、铁的磷酸盐矿物。属黄磷锰铁矿族。三斜晶系。晶体常呈简单而短的刃状,平行连生双晶;集合体呈晶簇状。淡黄色、橙黄色、橙色、橙棕色,玻璃—半玻璃光泽、油脂光泽、珍珠光泽,透明—半透明;硬度 3.5,完全解理,脆性。1982 年发现于俄罗斯车里

雅宾斯克州伊尔门自然保护区波修瓦塔库(Bolshoi Tatkul)湖 232 号矿坑。英文名称 Ushkovite,1983 年 B. V. 切斯诺可夫(B. V. Chesnokov)等为纪念研究苏联伊尔门国家森林的博物学家谢尔盖·利沃维奇·乌什科夫(Sergei Lvovich Ushkov,1880—1951)而以他的姓氏命名。IMA 1982-014 批准。1983 年切斯诺可夫等在《全苏矿物学记事》(112)和 1984 年《美国矿物学家》(69)报道。1985 年中国新矿物与矿物命名委员会郭宗山等在《岩石矿物及测试》[4(4)]根据成分译为水磷镁铁石。

【水磷镁铜石】

英文名 Nissonite

化学式 $Cu_2Mg_2(PO_4)_2(OH)_2 \cdot 5H_2O$　(IMA)

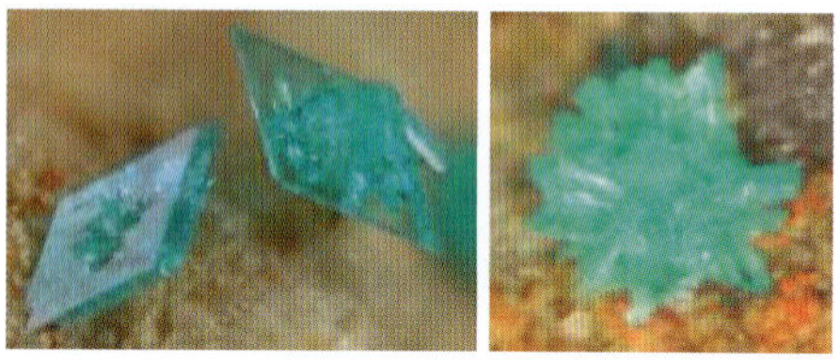

水磷镁铜石菱形板状晶体,花状集合体(美国)

水磷镁铜石是一种含结晶水和羟基的铜、镁的磷酸盐矿物。单斜晶系。晶体呈菱形板状;集合体呈皮壳状、花状。蓝绿色、深蓝色、绿色,玻璃光泽,半透明;硬度 2.5,完全解理。1966 年发现于美国加利福尼亚州圣贝尼托县利亚纳达(Llanada)铜矿。英文名称 Nissonite,以美国加利福尼亚州佩塔卢马的矿物学家、矿物收藏家和经销商威廉·H. 尼桑(William H. Nisson,1912—1965)的姓氏命名,是他首先首先发现了该矿物。IMA 1966-026 批准。1966 年 M. E. 摩斯(M. E. Mrose)等在《美国地质学会会议文摘》和《美国矿物学家》(52)报道。中文名称根据成分译为水磷镁铜石。

【水磷锰铵石】

英文名 Niahite

化学式 $(NH_4)Mn^{2+}(PO_4) \cdot H_2O$　(IMA)

水磷锰铵石是一种含结晶水的铵、锰的磷酸盐矿物。斜方晶系。晶体少见;集合体常呈放射状和近似平行状。浅橙色,半透明。1977 年发现于马来西亚婆罗洲岛尼亚(Niah)大岩洞。1983 年彼得·约翰·布里奇(Peter John Bridge)、布鲁斯·威廉·罗宾逊(Bruce William Robinson)在《矿物学杂志》(47)和 1984 年《美国矿物学家》(69)报道。英文名称 Niahite,以矿物发现地马来西亚的尼亚(Niah)大岩洞命名。IMA 1977-022 批准。1985 年中国新矿物与矿物命名委员会郭宗山等在《岩石矿物及测试》[4(4)]根据成分译为水磷锰铵石或磷镁铵锰矿。

【水磷锰矿】

英文名 Serrabrancaite

化学式 $Mn(PO_4) \cdot H_2O$　(IMA)

水磷锰矿短柱状晶体,晶簇状集合体(巴西)

水磷锰矿是一种含结晶水的锰的磷酸盐矿物。属水镁矾族。单斜晶系。晶体呈短柱状、假八面体、粒状;集合体呈晶簇状。深褐色,带绿色调的黑色,金刚—半金刚光泽、玻璃光泽,透明—半透明;硬度 3.5,脆性。1998 年发现于巴西帕拉伊巴州博尔博雷马矿区塞拉布兰卡(Serra Branca)伟晶岩。英文名称 Serrabrancaite,2000 年由托马斯·维茨克(Thomas Witzke)等以发现地巴西的塞拉布兰卡(Serra Branca)伟晶岩命名。IMA 1998-006 批准。2000 年托马斯·维茨克(Thomas Witzke)等在《美国矿物学家》(85)和《无机化学》(26)报道。2004 年李锦平等在《岩石矿物学杂志》[23(1)]根据成分译为水磷锰矿。

【水磷锰钠石】

英文名 Kanonerovite

化学式 $Na_3MnP_3O_{10} \cdot 12H_2O$　(IMA)

水磷锰钠石是一种含结晶水的钠、锰的磷酸盐矿物。单斜晶系。晶体呈板状、板柱状;集合体呈放射状、薄片状、棉状。无色,玻璃光泽,透明;硬度 2.5～3,脆性。1997 年发现于俄罗斯斯维尔德洛夫斯克州尤扎科沃(Yuzhakovo)村卡泽尼特萨(Kazennitsa)矿脉。英文名称 Kanonerovite,以下塔吉尔矿业工业博物馆的矿业历史学家亚历山大·阿纳托利耶维奇·卡诺涅罗夫(Aleksandr Anatolevich Kanonerov,1955—2003)的姓氏命名,是他发现的该矿物。IMA 1997-016 批准。2002 年 V. I. 波波娃(V. I. Popova)等在《矿物学新年鉴》(月刊)报道。2006 年中国地质科学院矿产资源研究所李锦平在《岩石矿物学杂志》[25(6)]根据成分译为水磷锰钠石。

【水磷锰铍石】

英文名 Greifensteinite

化学式 $Ca_2Be_4Fe^{2+}_5(PO_4)_6(OH)_4 \cdot 6H_2O$　(IMA)

水磷锰铍石平行片状、纤维状晶体,放射状集合体(美国、巴西)

水磷锰铍石是一种含结晶水和羟基的钙、铍、铁的磷酸盐矿物。属碱磷钙锰铁矿族。单斜晶系。晶体呈柱状、板状、片状、纤维状;集合体呈平行排列状、放射状。深橄榄绿色、黄绿色、浅棕色,玻璃光泽,透明—半透明;硬度 4.5,脆性。2001 年发现于德国萨克森州厄尔士山脉格莱芬斯泰因(Greifenstein)伟晶岩。英文名称 Greifensteinite,以发现地德国格莱芬斯泰因(Greifenstein)伟晶岩命名。IMA 2001-044 批准。2002 年 N. V. 丘卡诺夫(N. V. Chukanov)等在《俄罗斯矿物学会记事》[131(4)]报道。2006 年中国地质科学院矿产资源研究所李锦平在《岩石矿物学杂志》[25(6)]根据成分译为水磷锰铍石。

【水磷锰石】参见【磷锰矿】条 470 页

【水磷锰铁钛石】

英文名 Benyacarite

化学式 $KTiMn^{2+}_2Fe^{3+}_2(PO_4)_4OF \cdot 15H_2O$　(IMA)

水磷锰铁钛石是一种含结晶水、氟和氧的钾、钛、锰、铁的磷酸盐矿物。斜方晶系。晶体呈自形板状、近等轴状。带

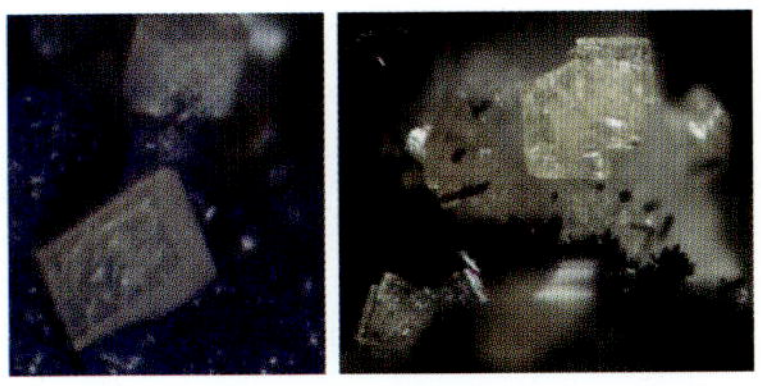

水磷锰铁钛石自形板状、近等轴状晶体（阿根廷、德国）

绿的淡黄色—浅棕色、无色，玻璃光泽，透明—半透明；硬度2.5～3，完全解理，脆性。1993年发现于阿根廷科尔多瓦省埃尔克里奥（El Criollo）矿。英文名称 Benyacarite，1995年弗朗西斯科·德马丁（Francesco Demartin）等以阿根廷布宜诺斯艾利斯国家能源公司的玛丽亚·安杰莉卡·R.德·本雅卡尔（Maria Angelica R. de Benyacar，1928—）的姓氏命名，以表彰她对矿物学研究做出的贡献。IMA 1995-002批准。1997年弗朗西斯科·德马丁（Francesco Demartin）等在《加拿大矿物学家》(35)报道。2003年中国地质科学院矿产资源研究所李锦平等在《岩石矿物学杂志》[22(2)]根据成分译为水磷锰铁钛石。

【水磷钠镁石】

英文名 Bakhchisaraitsevite

化学式 $Na_2Mg_5(PO_4)_4 \cdot 7H_2O$ (IMA)

水磷钠镁石叠板状、放射状集合体（俄罗斯）

水磷钠镁石是一种含结晶水的钠、镁的磷酸盐矿物。单斜晶系。晶体呈板状、叶片状；集合体呈叠板状、扇状、放射状。无色、浅黄色或略带绿色，玻璃光泽，透明；硬度2～2.5，完全解理，脆性。1999年发现于俄罗斯北部摩尔曼斯克州科夫多尔哲勒兹尼（Kovdor Zheleznyi）铁矿。英文名称 Bakhchisaraitsevite，以俄罗斯科学院科拉科学中心地质研究所的晶体学家亚历山大·尤里耶维奇·巴赫奇萨赖采夫（Alexander Yuryevich Bakhchisaraitsev，1947—1998）的姓氏命名。IMA 1999-005批准。2000年R.P.李费罗维奇（R. P. Liferovich）在《矿物学新年鉴》(月刊)报道。2003年中国地质科学院矿产资源研究所李锦平等在《岩石矿物学杂志》[22(1)]根据成分译为水磷钠镁石。

【水磷钠石】参见【钠磷石】条639页

【水磷钠锶石】

英文名 Nastrophite

化学式 $NaSr(PO_4) \cdot 9H_2O$ (IMA)

水磷钠锶石是一种含结晶水的钠、锶的磷酸盐矿物。等轴晶系。晶体呈四面体、立方体，粒径一般0.2～0.5mm，最大2～3mm，少有1cm。无色，玻璃光泽，透明—半透明；硬度2，脆性。1980年发现于俄罗斯北部摩尔曼斯克州阿鲁艾夫（Alluaiv）山和卡纳苏特（Karnasurt）山。英文名称 Nastrophite，由基本化学成分"Natrium(钠)""Strontium(锶)"和"Phosphate(磷酸盐)"缩写组合命名。IMA 1980-051批准。1981年A.P.霍米亚科夫（A. P. Khomyakov）等在《全苏矿物学会记事》(110)和1982年《美国矿物学家》(67)报道。中文名称根据成分译为水磷钠锶石。

【水磷钠铁矿】

英文名 Cyrilovite

化学式 $NaFe^{3+}_3(PO_4)_2(OH)_4 \cdot 2H_2O$ (IMA)

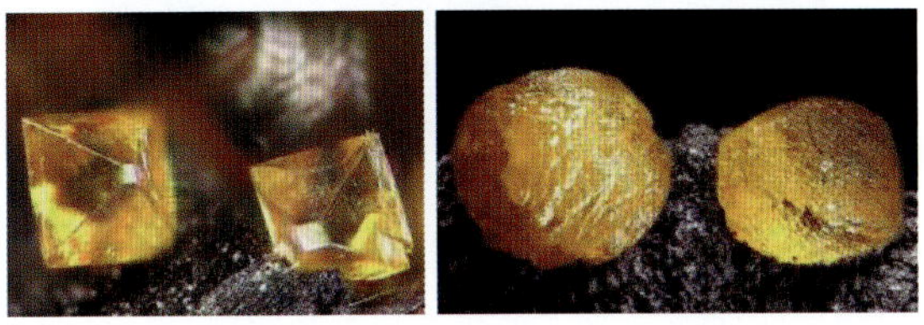

水磷钠铁矿假八面体晶体，球粒状集合体（德国、英国）

水磷钠铁矿是一种含结晶水和羟基的钠、铁的磷酸盐矿物。属水磷铝钠石（Wardite）族。四方晶系。晶体呈厚板状、假八面体；集合体呈皮壳状、放射状、葡萄状、球粒状。蜜黄色、明亮的黄色、橙色、棕黄、棕色，玻璃光泽，半透明；硬度4，贝壳状断口。1953年发现于捷克共和国摩拉维亚州怀索西纳地区苏尔洛夫（Cyrilov）磷酸伟晶岩。英文名称 Cyrilovite，以发现地捷克的苏尔洛夫（Cyrilov）伟晶岩命名。1953年在《莫拉沃-西里西亚自然科学院学报》(*Acta Academiae ScientiarumNaturaliuim Moravo-Silesiacae*)(25)和1957年M.L.林德伯格（M. L. Lindberg）在《美国矿物学家》(42)报道。1959年以前发现、描述并命名的"祖父级"矿物，IMA承认有效。中文名称根据成分译为水磷钠铁矿/水磷铁钠石；根据英文名称首音节音和成分译为苏水磷铁石；根据颜色或成分译为褐磷铁矿。

【水磷镍石】

英文名 Arupite

化学式 $Ni_3(PO_4)_2 \cdot 8H_2O$ (IMA)

水磷镍石是一种含结晶水的镍的磷酸盐矿物。属蓝铁矿族。单斜晶系。晶体呈短柱状，长5μm。蓝色、淡蓝色，土状光泽，半透明；硬度1.5～2。1988年发现于巴西圣卡塔琳娜（Santa Catharina）州陨石。英文名称 Arupite，由瓦格纳·费边·布赫瓦尔德（Vagn Fabius Buchwald）为纪念丹麦哥本哈根丹麦腐蚀（Corrosion）中心主任汉斯·亨宁·阿勒普（Hans Henning Arup，1928—2012）的姓氏命名。IMA 1988-008批准。1990年在《矿物学新年鉴》(月刊)报道。1991年中国新矿物与矿物命名委员会郭宗山在《岩石矿物学杂志》[10(4)]根据成分译为水磷镍石。

【水磷钕矿】

英文名 Churchite-(Nd)

化学式 $Nd(PO_4) \cdot 2H_2O$

水磷钕矿是一种含结晶水的钕的磷酸盐矿物。淡黄的白色，玻璃光泽，透明；硬度3～3.5。英文名称 Churchite-(Nd)，以英国化学家阿瑟·赫伯特·丘奇（Arthur Hubert Church，1834—1915）的姓氏，加占优势的稀土元素钕-(Nd)后缀组合命名。他首先描述和分析了 Churchite 矿物。1983年P.K.波德波利娜（P. K. Podporina）等在《苏联科学院报告》(268)报道，来自哈萨克斯坦的 Nd-churchites。但没有可靠的定量化学分析资料。2015年被IMA废弃。中文名称根据占优势的成分钕译为水磷钕矿。

【水磷铍钙石】参见【水磷铍隅石】条844页

【水磷铍镁石】

英文名 Zanazziite

化学式 $Ca_2Be_4Mg_5(PO_4)_6(OH)_4 \cdot 6H_2O$　　(IMA)

水磷铍镁石柱状晶体，晶簇状、球粒状集合体(巴西)

水磷铍镁石是一种含结晶水和羟基的钙、铍、镁的磷酸盐矿物。属钙磷铁锰矿族。单斜晶系。晶体呈假六方桶状、刃状、柱状；集合体呈花状晶簇状。浅—深橄榄绿色，玻璃光泽、珍珠光泽，透明—半透明；硬度5，完全解理，脆性。1986年发现于巴西米纳斯吉拉斯州热基蒂尼奥尼亚山谷伊尔哈(Ilha)领地。英文名称Zanazziite，1990年由彼得·B.列温斯(Peter B. Leavens)、约翰·S.维特(John S. White)和约翰·A.涅林(John A. Nelen)以意大利鲁贾大学晶体学和矿物学家皮尔·弗朗西斯科·扎纳兹(Pier Francesco Zanazzi，1939—)教授的姓氏命名。IMA 1986-054批准。1990年在《矿物学记录》(21)和1997年《新矿物，1990—1994》刊载。中文名称根据成分译为水磷铍镁石。1993年中国新矿物与矿物命名委员会黄蕴慧等在《岩石矿物学杂志》[12(1)]音译为扎纳齐石。

【水磷铍锰石】参见【钙磷铍锰矿】条221页

【水磷铍石】

英文名 Moraesite

化学式 $Be_2(PO_4)(OH) \cdot 4H_2O$　　(IMA)

水磷铍石毛发束状、球粒状集合体(巴西)和莫赖斯像

水磷铍石是一种含结晶水、羟基的铍的磷酸盐矿物。单斜晶系。晶体呈柱状、针状、纤维状或毛发状；集合体呈球粒状。白色，丝绢光泽，透明；硬度3，完全解理。1953年发现于巴西米纳斯吉拉斯州多切山谷伽利列亚(Galileia)萨普卡亚北部萨普卡亚(Sapucaia)矿。1953年玛丽·路易丝·林德伯格(史密斯)在《美国矿物学家》(38)报道。英文名称Moraesite，1953年玛丽·路易丝·林德伯格(史密斯)[Marie Louise Lindberg(Smith)]等为纪念巴西矿物学家兼地质学家卢西亚诺·雅克·德·莫赖斯(Luciano Jacques de Moraes，1896—1968)博士而以他的姓氏命名。1959年以前发现、描述并命名的"祖父级"矿物，IMA承认有效。中文名称根据成分译为水磷铍石；根据晶习和成分译为纤水磷铍石。

【水磷铍隅石】

英文名 Fransoletite

化学式 $Ca_3Be_2(PO_4)_2(PO_3OH)_2 \cdot 4H_2O$　　(IMA)

水磷铍隅石是一种含结晶水的钙、铍的氢磷酸-磷酸盐矿物。属大隅石族。单斜晶系。晶体呈柱状、板状、纤维状；

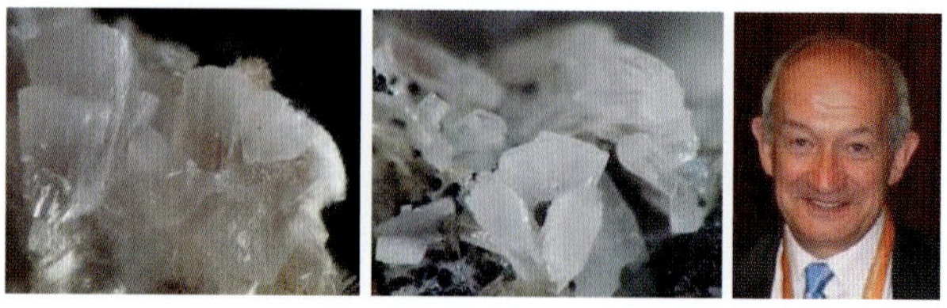

水磷铍隅石板状晶体，束状集合体(美国)和弗朗索雷像

集合体呈束状、扇状。白色、浅粉色，玻璃光泽、丝绢光泽，透明—半透明；硬度3。1982年发现于美国南达科他州库斯特县福迈尔峰顶(Tip Top)矿。英文名称Fransoletite，以比利时列日大学的矿物学和晶体学家安德烈-马蒂厄·弗朗索雷(Andre-Mathieu Fransolet，1947—)教授的姓氏命名。他是一位磷酸盐专家。IMA 1982-096批准。1983年P. J. 邓恩(P. J. Dunn)等在《矿物学通报》(106)和1985年《美国矿物学家》(70)报道。1985年中国新矿物与矿物命名委员会郭宗山等在《岩石矿物及测试》[4(4)]根据成分及与大隅石的关系译为水磷铍隅石，也译为水磷铍钙石。

【水磷铅钍石】

英文名 Grayite

化学式 $(Th,Pb,Ca)(PO_4) \cdot H_2O$　　(IMA)

水磷铅钍石是一种含结晶水的钍、铅、钙的磷酸盐矿物。属磷镧镨矿族。六方晶系。晶体呈金字塔形锥状；集合体呈粉末状。淡黄色、黄色、黄灰色、红棕色，蜡状光泽、树脂光泽，半透明；硬度3～4。1956年发现于津巴布韦马绍兰省穆托科区好日子(Gooddays)矿。英文名称Grayite，以英国采矿工程师、肯尼科特铜矿公司的首席地质学家、联合王国原子能机构荣誉顾问安东·格雷(Anton Gray)的姓氏命名。1957年S. H. U. 鲍威(S. H. U. Bowie)在《大不列颠地质调查进展综述》(67)介绍。1962年在《美国矿物学家》(47)进行了讨论。1959年以前发现、描述并命名的"祖父级"矿物，IMA承认有效。中文名称根据成分译为水磷铅钍石，也译作磷钍矿。

【水磷氢钠石】

英文名 Dorfmanite

化学式 $Na_2(PO_3OH) \cdot 2H_2O$　　(IMA)

水磷氢钠石是一种含结晶水的钠的氢磷酸盐矿物。斜方晶系。白色；硬度1～1.5。1979年发现于俄罗斯北部摩尔曼斯克州科阿什瓦(Koashva)山科阿什瓦露天采场和尤克斯波(Yukspor)山一个平硐。英文名称Dorfmanite，1980年Y. L. 卡普斯汀(Y. L. Kapustin)等以俄罗斯矿物学家M. D. 多尔夫曼(M. D. Dorfman，1908—?)的姓氏命名。他是希比内地块矿物的调查员，并于1963年首次报道了磷酸钠。IMA 1979-053批准。1980年卡普斯汀等在《全苏矿物学会记事》(109)和1981年M. 弗莱舍(M. Fleischer)等在《美国矿物学家》(66)报道。中文名称根据成分译为水磷氢钠石。

【水磷铈矿-镧】参见【镧磷稀土矿】条434页

【水磷铈矿-钕】参见【钕磷稀土矿】条661页

【水磷铈矿-铈】参见【磷稀土矿-铈】条484页

【水磷锶铁石】

英文名 Benauite

化学式 $SrFe^{3+}_3(PO_4)(PO_3OH)(OH)_6$　　(IMA)

水磷锶铁石是一种含羟基的锶、铁的氢磷酸-磷酸盐矿物，可能包含一些硫替换磷。属明矾石超族水磷铝铅矿族。三方晶系。晶体呈六方板片状、鳞片状；集合体呈放射状、球粒状。黄色—棕色，玻璃光泽、树脂光泽，透明—半透明；硬度 3～3.5，完全解理。1995 年发现于德国巴登-符腾堡州兰卡奇（Rankach）河谷贝纳乌（Benauer）山脉克拉拉（Clara）矿山。英文名称 Benauite，以发现地德国的贝纳乌（Benauer）山脉命名。IMA 1995-001 批准。1996 年 K. 瓦林塔（K. Walenta）等在《地球化学》(56)报道。2003 年中国地质科学院矿产资源研究所李锦平等在《岩石矿物学杂志》[22(3)]根据成分译为水磷锶铁石。

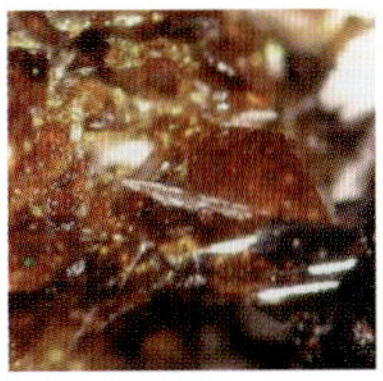

水磷锶铁石六方板片状晶体（德国）

【水磷铁钙镁石】

英文名 Segelerite

化学式 $CaMgFe^{3+}(PO_4)_2(OH)\cdot 4H_2O$ (IMA)

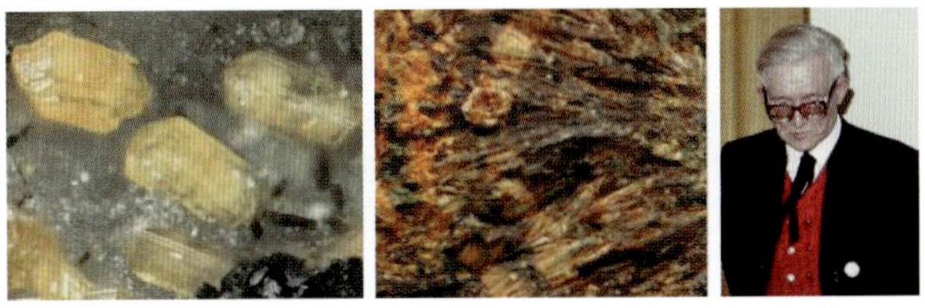

水磷铁钙镁石柱状、纤维状晶体（美国）和席格像

水磷铁钙镁石是一种含结晶水和羟基的钙、镁、铁的磷酸盐矿物。属水磷铝钙石族。斜方晶系。晶体呈有柱状、纤维状，柱面有条纹，集合体呈放射状、束状。绿色、黄绿色、无色、淡黄色，玻璃光泽，透明—半透明；硬度 4，完全解理。1973 年发现于美国南达科他州卡斯特县福迈尔山峰顶（Tip Top）矿。英文名称 Segelerite，以美国工程师和业余矿物学家科特·G. 席格（Curt G. Segeler，1901—1989）的姓氏命名。他专门从事磷酸盐矿物研究。IMA 1973-023 批准。1974 年 P. B. 摩尔（P. B. Moore）在《美国矿物学家》(59)报道。中文名称根据成分译为水磷铁钙镁石。

【水磷铁钙锰石】

英文名 Wilhelmvierlingite

化学式 $CaMnFe^{3+}(PO_4)_2(OH)\cdot 2H_2O$ (IMA)

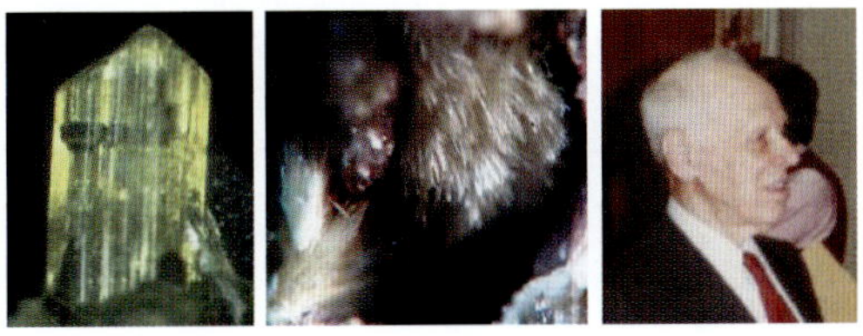

水磷铁钙锰石柱状、纤维状晶体，束状集合体（德国）和威廉·维尔林像

水磷铁钙锰石是一种含结晶水和羟基的钙、锰、铁的磷酸盐矿物。属水磷铝钙石族。斜方晶系。晶体呈柱状、纤维状；集合体呈束状。黄色—浅黄棕色，玻璃光泽，透明—半透明；硬度 4，完全解理。1982 年发现于德国巴伐利亚州上普法尔茨行政区哈根多夫（Hagendorf）南伟晶岩。英文名称 Wilhelmvierlingite，以德国巴伐利亚魏登的威廉·维尔林（Wilhelm Vierling，1901—1995）的姓名命名。他是一位长期从事哈根多夫矿物研究的学者。IMA 1982-025 批准。1983 年 A. 穆克（A. Mücke）在 *Der Aufschluss*(34)和 1984 年 P. J. 邓恩（P. J. Dunn）等在《美国矿物学家》(69)报道。1985 年中国新矿物与矿物命名委员会郭宗山等在《岩石矿物及测试》[4(4)]根据成分译为水磷铁钙锰石。

【水磷铁钙石】参见【次磷钙铁矿】条 96 页

【水磷铁镁石】

英文名 Garyansellite

化学式 $Mg_2Fe^{3+}(PO_4)_2(OH)\cdot 2H_2O$ (IMA)

水磷铁镁石是一种含结晶水和羟基的镁、铁的磷酸盐矿物。属水磷铁石族。斜方晶系。晶体呈罕见的柱状，通常呈板块状。棕丁香色，解理面上呈青铜色，玻璃光泽，半透明；硬度 4，完全解理。发现于加拿大育空地区道森矿区。英文名称 Garyansellite，以加拿大地质调查局矿物学家、国家矿物收藏副馆长（1972—1997）哈罗德·加里·安塞尔（Harold Gary Ansell，1943—）的姓名命名。IMA 1981-019 批准。1984 年 B. D. 斯特曼（B. D. Sturman）和 P. J. 邓恩（P. J. Dunn）在《美国矿物学家》(69)报道。1985 年中国新矿物与矿物命名委员会郭宗山等在《岩石矿物及测试》[4(4)]根据成分译为水磷铁镁石；2011 年杨主明等在《岩石矿物学杂志》[30(4)]建议音译为盖里安塞石。

加里·安塞尔像

【水磷铁锰石】

英文名 Switzerite

化学式 $Mn_3^{2+}(PO_4)_2\cdot 7H_2O$ (IMA)

水磷铁锰石是一种含结晶水的锰的磷酸盐矿物。属板磷铁矿族。单斜晶系。晶体呈板状、刃状、云母片状。浅粉色、红棕色，金刚光泽、珍珠光泽，透明—半透明；硬度 2.5，完全解理。1966 年发现于美国北卡罗来纳州克利夫兰县国王（Kings）山区富特（Foote）矿。英文名称 Switzerite，以乔治·雪莉·斯威策（George Shirly Switzer，1915—2008）的姓氏命名。他是美国国家博物馆（史密森学会）的矿物馆馆长。IMA 1966-042 批准。1967 年 P. B. 莱文（P. B. Leavens）等在《美国矿物学家》(52)报道。中文名称根据成分译为水磷铁锰石，也有的音译为斯威策矿。旧译瑞士石（是错误的）。

【水磷铁钠石】参见【水磷钠铁矿】条 843 页

【水磷铁铅石】

英文名 Drugmanite

化学式 $Pb_2Fe^{3+}(PO_4)(PO_3OH)(OH)_2$ (IMA)

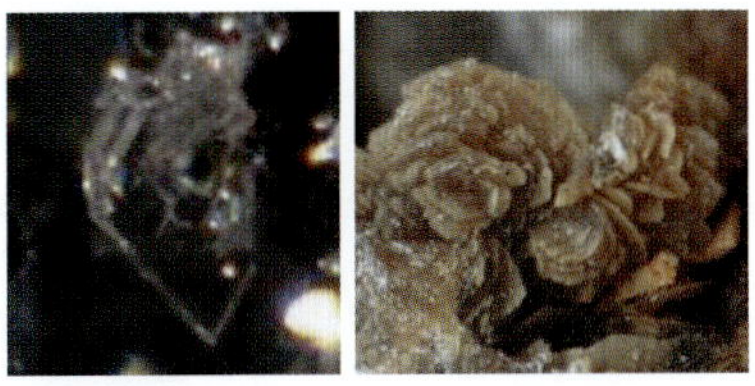

水磷铁铅石菱形板状晶体，花状集合体（德国）

水磷铁铅石是一种含羟基的铅、铁的氢磷酸-磷酸盐矿物。属硅铍钇矿超族磷铍钙石族水磷铁铅石亚族。单斜晶系。晶体呈菱形板状；集合体呈花状。无色、淡黄色，金刚光泽，透明；硬度 5～6。1978 年发现于比利时列日省维塞市里舍勒（Richelle）。英文名称 Drugmanite，以比利时矿物学家、对双晶有特殊兴趣的矿物收藏家 J. 德鲁格曼（J. Drugman，

S

1875—1950)的姓氏命名。IMA 1978－081 批准。1979 年万·塔塞尔(Van Tassel)等在《矿物学杂志》(43)报道。中文名称根据成分译为水磷铁铅石。

【水磷铁石】

英文名 Phosphoferrite

化学式 $Fe_3^{2+}(PO_4)_2 \cdot 3H_2O$　　(IMA)

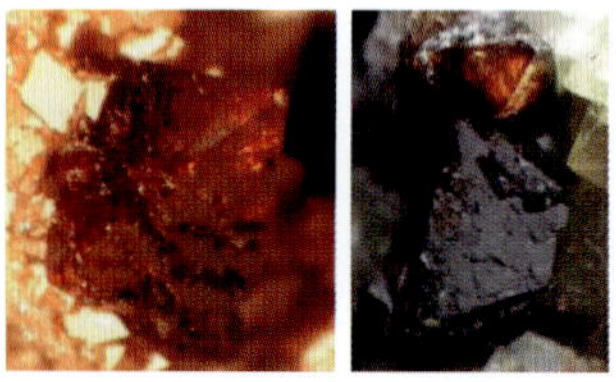

水磷铁石假八面体、板状晶体(德国、美国)

水磷铁石是一种含结晶水的铁的磷酸盐矿物。属水磷铁石族。斜方晶系。晶体呈假八面体、板状,常呈大颗粒、粗纤维状。无色、淡绿色、红棕色,玻璃光泽、树脂光泽,透明—半透明;硬度 4～4.5,脆性。1920 年发现于德国巴伐利亚州茨维瑟尔山赫内科贝尔(Huhnerkobel)矿和上普法尔茨行政区哈根多夫(Hagendorf)北伟晶岩。1920 年劳布曼(Laubmann)和施泰因梅茨(Steinmetz)在《结晶学、矿物学和岩石学杂志》(55)报道。英文名称 Phosphoferrite,由化学成分"Phosphorus(磷酸)"和拉丁文"Ferrum(二价铁)"组合命名。IMA 1980s. p 批准。中文名称根据成分译为水磷铁石。

【水磷铁锶矿】参见【磷铝锶石】条 467 页

【水磷铁铀矿】参见【硫磷铝铁铀矿】条 504 页

【水磷铜钙铀矿】参见【乌尔里奇铀矿*】条 988 页

【水磷钍铀矿】

英文名 Kivuite

化学式 $Th(UO_2)_4(PO_3OH)_2(OH)_8 \cdot 7H_2O$

水磷钍铀矿是一种含结晶水和羟基的钍的铀酰-氢磷酸盐矿物。斜方晶系。晶体呈鳞片状或片状;集合体呈皮壳状、土状。黄色。最初于 1958 年发现于刚果(金)南基伍(Kivu)省科博科博伟晶岩。1958 年 L. 范·万贝克(L. van Wambeke)在《比利时地质学会通报》(67)报道。英文名称 Kivuite,以发现地刚果(金)基伍(Kivu)省命名。1959 年在《美国矿物学家》(44)摘要报道并讨论。1962 年被 IMA 废弃。因 Kivuite 是纤磷钙铝石或磷钍铝石及磷铀矿混合物。中文名称根据原成分译为水磷钍铀矿。

【水磷锌铍钙石】

英文名 Ehrleite

化学式 $Ca_2ZnBe(PO_4)_2(PO_3OH) \cdot 4H_2O$　　(IMA)

埃尔勒像

水磷锌铍钙石是一种含结晶水的钙、锌、铍的氢磷酸-磷酸盐矿物。三斜晶系。晶体呈厚板状,常具双晶。无色、白色,玻璃光泽,透明;硬度 3.5,脆性,贝壳状断口。1983 年发现于美国南达科他州卡斯特县福迈尔峰顶(Tip Top)伟晶岩矿。英文名称 Ehrleite,以蒙大拿迈尔斯城的霍华德·埃尔勒(Howard Ehrle)的姓氏命名,他是该矿物的发现者。IMA 1983－039 批准。1985 年 G. W. 罗宾逊(G. W. Robinson)等在《加拿大矿物学家》(23)和 1986 年 F. C. 霍桑(F. C. Hawthorne)在《美国矿物学家》(71)报道。1986 年中国新矿物与矿物命名委员会郭宗山等在《岩石矿物学杂志》[5(4)]根据成分译为水磷锌铍钙石。

【水磷钇矿】

英文名 Churchite-(Y)

化学式 $Y(PO_4) \cdot 2H_2O$　　(IMA)

水磷钇矿纤维状晶体,放射状、球粒状集合体(美国、法国)和丘奇像

水磷钇矿是一种含结晶水的钇的磷酸盐矿物。属石膏超族。单斜晶系。晶体呈针状、长板条状、纤维状;集合体呈放射状、球粒状、玫瑰花状。无色、白色、灰色、黄色,玻璃—半玻璃光泽、油脂光泽、丝绢光泽,解理面上呈珍珠光泽,透明;硬度 3,完全解理,脆性。1865 年发现于德国巴伐利亚州尼茨巴克(Nitzlbuch)马费伊(Maffei)矿。英文名称 Churchite-(Y),由查尔斯·H. 格雷维尔·威廉姆斯(Charles H. Greville Williams)在 1865 年为纪念阿瑟·赫伯特·丘奇(Arthur Herbert Church,1834—1915)而以他的姓氏命名。丘奇是用吸收光谱研究鉴定宝石的第一人;他是一位药剂师和矿物学家;他写了 5 本书,是一位在涂料化学、瓷器、农业化学和有机化学各种领域的权威;他命名了几个矿物种。1865 年在伦敦《化学新闻和物理科学杂志》(12)报道。1959 年以前发现、描述并命名的"祖父级"矿物,IMA 承认有效。IMA 1987s. p. 批准。中文名称根据成分译为水磷钇矿;根据结晶习性和成分译为针磷钇铒矿。

关于水磷钇矿(Churchite)的命名经历了 100 多年,1865 年来自康沃尔郡的原始化学分析指出,Ce_2O_3 51.87%并混有钕和镨。不幸的是,矿物真正的化学成分主要是钇占优势,还有少量镧、钕和铒。同义词 Weinschenkite,是 1923 年海因里希·劳布曼(Heinrich Laubmann)根据巴伐利亚的标本以魏因申克(Weinschenk)的名字命名的。1951 年丹纳在《系统矿物学》(第二卷,第七版,纽约)作为两个条目列出:"Weinschenkite(针磷钇铒矿)"和"Churchite(水磷铈矿)",前者被认为钇占优势,后者被认为铈占优势。1953 年克拉林布尔(Claringbull)重新审视 Churchite,发现是钇占优势并含有铈。1966 年莱文森(Levinson)命名法则颁布后,1987 年迈克尔·弗莱舍(Michael Fleischer)定义为 Churchite-(Y)。

【水磷铀矿】

英文名 Uranospathite

化学式 $(Al,\square)(UO_2)_2F(PO_4)_2 \cdot 20H_2O$　　(IMA)

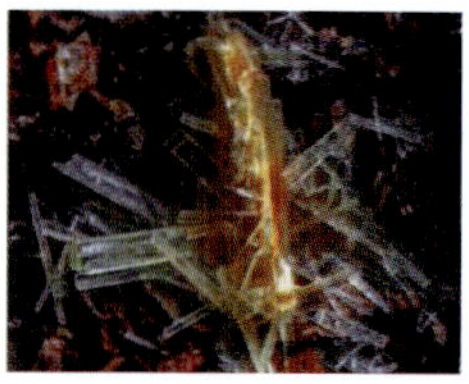

水磷铀矿板条状晶体(西班牙)

水磷铀矿是一种含结晶水和氟的铝、空位的铀酰-磷酸盐矿物。属钙铀云母族。斜方晶系。晶体呈板条状,具穿插双晶;集合体呈扇状。黄色、浅绿色、无色,透明—半透明;硬度 2～3。完全解理。1915 年发现于英国英格兰康沃尔郡坎伯恩-雷德鲁斯-圣天区巴塞特矿山巴塞特(Basset)山丘。1915 年

哈利莫德(Hallimond)在《矿物学杂志》(17)报道。英文名称 Uranospathite,由成分“Uranium(铀)”,加希腊文“σπ ἀ θη=Spathe(佛焰苞片亦即剑状或叶片状)”组合命名,意指其成分和结晶习性。1959 年以前发现、描述并命名的“祖父级”矿物,IMA 承认有效。中文名称根据成分译为水磷铀矿;杨光明教授建议译为水铝铀云母。

【水磷铀锰矿】

英文名 Lehnerite

化学式 $Mn^{2+}(UO_2)_2(PO_4)_2 \cdot 8H_2O$ (IMA)

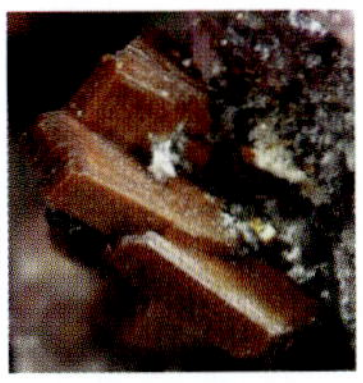

水磷铀锰矿平行排列状集合体(德国)

水磷铀锰矿是一种含结晶水的锰的铀酰-磷酸盐矿物。属变钙铀云母族。单斜(假四方)晶系。晶体呈板状;集合体呈平行排列状。青铜黄色、蜂蜜黄色、赭黄色,玻璃光泽、珍珠光泽、树脂光泽,透明—半透明;硬度 2~3,完全解理。1986 年发现于德国巴伐利亚州哈根多夫(Hagendorf)南伟晶岩。英文名称 Lehnerite,以德国巴伐利亚普莱施泰因矿物收藏家 F. 莱纳(F. Lehner,1868—1943)先生的姓氏命名。他是哈根多夫南伟晶岩矿物的第一批矿物收藏家之一。IMA 1986-032 批准。1988 年 A. 穆克(A. Mucke)在 *Aufschluss*(39)和 1990 年 J. L. 杨博尔(J. L. Jambor)在《美国矿物学家》(75)报道。1991 年中国新矿物与矿物命名委员会郭宗山在《岩石矿物学杂志》[10(4)]根据成分译为水磷铀锰矿。

【水磷铀铅矿】

英文名 Przhevalskite

化学式 $Pb(UO_2)_2(PO_4)_2 \cdot 4H_2O$ (IMA)

普尔热瓦尔斯基像

水磷铀铅矿是一种含结晶水的铅的铀酰-磷酸盐矿物。斜方晶系。晶体呈小板状、叶片状、鳞片状。淡黄色、浅绿色,金刚光泽、玻璃光泽、珍珠光泽,半透明;硬度 2~3,完全解理。1946 年发现于塔吉克斯坦索格特州阿德拉斯曼采矿场卡拉马扎尔(Dzherkamar)铀矿。英文名称 Przhevalskite,为纪念苏联地理学家、博物学家和中亚探险家尼古拉·米哈伊洛维奇·普尔热瓦尔斯基(Nikolai Mikhailovich Przhevalskii,1839—1888)而以他的姓氏命名。1959 年以前发现、描述并命名的“祖父级”矿物,IMA 承认有效;但 IMA 持怀疑态度。1956 年 M. 弗莱舍(M. Fleischer)在《美国矿物学家》(41)报道。1957 年 M. V. 索伯列娃(M. V. Soboleva)和 I. A. 普多夫基娜(I. A. Pudovkina)刊于苏联《铀矿物质手册》。中文名称根据成分译为水磷铀铅矿/变水磷铀铅矿/铅铀云母。

【水菱镁矿】

英文名 Hydromagnesite

化学式 $Mg_5(CO_3)_4(OH)_2 \cdot 4H_2O$ (IMA)

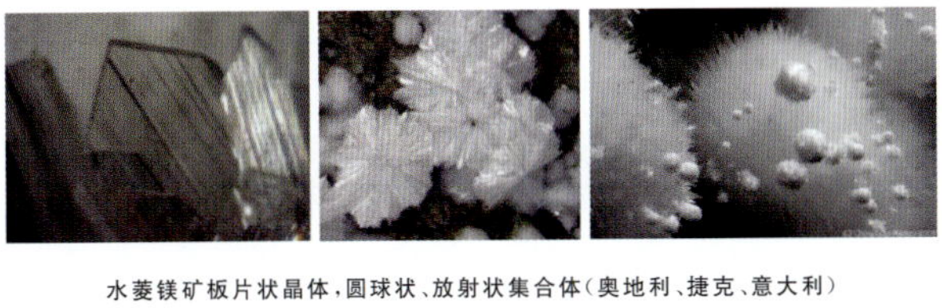

水菱镁矿板片状晶体,圆球状、放射状集合体(奥地利、捷克、意大利)

水菱镁矿是一种含结晶水、羟基的镁的碳酸盐矿物。属水碳镁石族。单斜晶系。晶体呈针状、刃片状,具聚片双晶;集合体呈晶簇状、丛状、皮壳状、圆球状、块状、白垩状、粗粉状。无色、白色,玻璃光泽、丝绢光泽、珍珠光泽、土状光泽,透明—半透明;硬度 3.5,完全解理,脆性。1827 年发现于美国新泽西州哈德逊县霍博肯(Hoboken)城堡。1928 年,汉斯·沃曲梅斯特(Hans Wachmeister)在斯德哥尔摩《瑞典皇家科学院文献》(18)报道。英文名称 Hydromagnesite,由成分“Hydrated(水合)”和“Magnesium(镁)”组合命名,意指是一种水合碳酸镁矿物。1959 年以前发现、描述并命名的“祖父级”矿物,IMA 承认有效。中文名称根据菱面体解理和成分译为水菱镁矿或水菱镁石或水碳镁石。

【水菱钇矿】

英文名 Tengerite-(Y)

化学式 $Y_2(CO_3)_3 \cdot 2\sim3H_2O$ (IMA)

水菱钇矿放射状集合体(澳大利亚)

水菱钇矿是一种含结晶水的钇的碳酸盐矿物。属水菱钇矿族。斜方晶系。晶体呈纤维状;集合体呈土状、粉末状、放射状。红褐色、白色,油脂光泽,半透明;硬度 6.5~7,脆性。1838 年发现于瑞典瓦克斯霍尔姆镇伊特比(Ytterby)村。最早于 1838 年由阿道夫·费迪南德·思文凯(Adolf Ferdinand Svanberg)和 C. 滕格(C. Tenger)在 *Arsberatt*(16)报道,称为 Kolsyrad Ytterjord。英文名称 Tengerite,最初于 1868 年由 J. D. 丹纳(J. D. Dana)和 G. J. 布鲁斯(G. J. Brush)在《丹纳系统矿物学》(第五版,纽约)以瑞典化学家 C. 滕格(C. Tenger)的姓氏命名。水菱钇矿(Tengerite)不是很好的描述,随后被描述为新的独立物种 Lokkaite-(Y)和 Kimuraite-(Y)。宫胁律郎(R. Miyawaki)等在 1993 年重新定义为 Tengerite-(Y)。1959 年以前发现、描述并命名的“祖父级”矿物,IMA 承认有效。IMA 1993s. p. 批准。中文名称根据菱面体解理和成分译为水菱钇矿,或根据成分译为水碳钇矿/水碳钙钇石[《英汉矿物种名称》(2017)]/藤水碳钙钇石(国家岩矿化石标本资源共享平台)。

【水硫碲铅石】

英文名 Schieffelinite

化学式 $Pb_{10}Te_6^{6+}O_{20}(OH)_{14}(SO_4) \cdot (H_2O)_5$ (IMA)

水硫碲铅石板状晶体(美国)和希费林像

水硫碲铅石是一种含结晶水、羟基的铅的硫酸-碲酸盐矿物。斜方晶系。晶体呈板状或鳞片状。无色、乳白色,金刚光泽,透明—半透明;硬度 2,完全解理。1979 年发现于美国亚利桑那州科奇斯县墓碑(Tombston)山乔(Joe)矿。英文名称 Schieffelinite,以发现墓碑矿业区的勘探者埃德·希费林(Ed Schieffelin,1847—1897)的姓氏命名。IMA 1979-043 批准。1980 年 S. A. 威廉姆斯(S. A. Williams)在《矿物学杂志》(43)和 1981 年《美国矿物学家》(66)报道。中文名称根据成分译为水硫碲铅石。

S

【水硫铝钙石】

英文名 Kuzelite

化学式 $Ca_4Al_2(OH)_{12}(SO_4)\cdot 6H_2O$ (IMA)

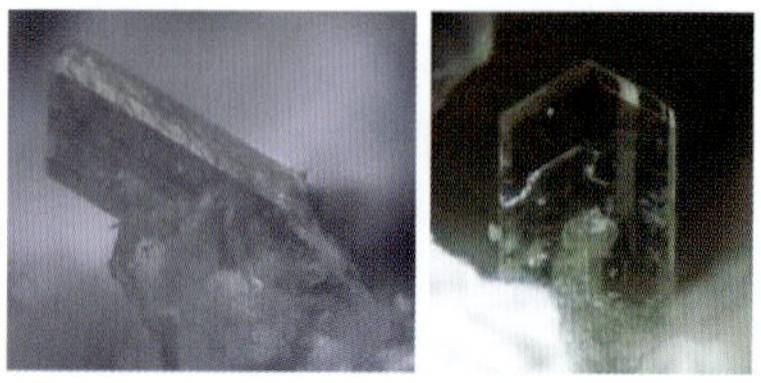

水硫铝钙石板状晶体（德国）

水硫铝钙石是一种含结晶水和硫酸根的钙、铝的氢氧化物矿物。属水滑石超族水铝钙石族。三方晶系。晶体呈六方板状。无色、白色，玻璃光泽，透明；硬度 1.5～2，完全解理。1996 年发现于德国巴伐利亚州泽尔伯格（Zeilberg）采石场。英文名称 Kuzelite，以德国埃朗根大学汉斯·尤尔根·库泽尔（Hans Jürgen Kuzel，1932—1997）教授的姓氏命名，是他首先合成了此化合物。IMA 1996－053 批准。1997 年 H. 珀尔曼（H. Pöllmann）等在《矿物学新年鉴》（月刊）和 1998 年《美国矿物学家》（83）报道。2003 年中国地质科学院矿产资源研究所李锦平等在《岩石矿物学杂志》[22(2)]根据成分译为水硫铝钙石。

【水硫钠铬矿】

英文名 Schöllhornite

化学式 $Na_{0.3}CrS_2\cdot H_2O$ (IMA)

水硫钠铬矿是一种含结晶水的钠、铬的硫化物矿物。三方晶系。晶体呈显微晶粒状。灰色，金属光泽，不透明；硬度 1.5～2，完全解理。1984 年发现于美国堪萨斯州诺顿县诺顿（Norton）陨石。英文名称 Schöllhornite，以德国明斯特大学无机化学研究所的罗伯特·薛尔霍恩（Robert Schöllhorn）教授的姓氏命名。IMA 1984－043 批准。1984 年冈田（A. Okada）等在《陨石学》（19）和 1985 年《美国矿物学家》（70）报道。中文名称根据成分译为水硫钠铬矿；1986 年中国新矿物与矿物命名委员会郭宗山等在《岩石矿物学杂志》[5(4)]根据成因和成分译为陨水硫钠铬矿。

【水硫砷铁石】

英文名 Zýkaite

化学式 $Fe_4^{3+}(AsO_4)_3(SO_4)(OH)\cdot 15H_2O$ (IMA)

水硫砷铁石球状集合体（德国）和泽卡像

水硫砷铁石是一种含结晶水、羟基的铁的硫酸-砷酸盐矿物。属水磷铝矾-磷硫铁矿族。斜方晶系。晶体细小；集合体呈球状。灰白色、淡黄色、浅绿色，半透明；硬度 2。1976 年发现于捷克共和国波希米亚地区中部库特纳霍拉区萨法里（Šafary）矿山。英文名称 Zýkaite，以瓦茨拉夫·泽卡（Václav Zýka，1926—1990）博士的姓氏命名。他是捷克共和国库特纳赫拉原材料研究所的地球化学家。IMA 1976－039 批准。1978 年 F. 切赫（F. Cech）等在《矿物学新年鉴》（月刊）和 M. 弗莱舍（M. Fleischer）在《美国矿物学家》（63）报道。中文名称根据成分译为水硫砷铁石；根据晶习（细小）和成分译为小硫砷铁石。

【水硫碳钙镁石】

英文名 Tatarskite

化学式 $Ca_6Mg_2(SO_4)_2(CO_3)_2(OH)_4Cl_4\cdot 7H_2O$ (IMA)

塔尔斯基像

水硫碳钙镁石是一种含结晶水、氯、羟基的钙、镁的碳酸-硫酸盐矿物。斜方晶系。晶体呈粗粒状；集合体呈块状。无色，玻璃光泽、珍珠光泽，透明；硬度 2.5。1963 年发现于哈萨克斯坦阿克托别省阿克塞山谷切尔卡尔（Chelkar）盐丘。英文名称 Tatarskite，以苏联列宁格勒州立大学矿物学家维塔利·鲍里索维奇·塔尔斯基（Vitaly Borisovich Tatarski，1907—1993）教授的姓氏命名。他主要研究沉积岩，是晶体光学专家。1963 年 V. V. 洛巴诺娃（V. V. Lobanova）在《全苏矿物学会记事》[92(6)]和 1964 年 M. 弗莱舍（M. Fleischer）在《美国矿物学家》（49）报道。IMA 1967s. p. 批准。中文名称根据成分译为水硫碳钙镁石。

【水硫铁钠石】

英文名 Erdite

化学式 $NaFeS_2\cdot 2H_2O$ (IMA)

厄尔德（左）、富德 和奥伊勒像

水硫铁钠石是一种含结晶水的钠、铁的硫化物矿物。单斜晶系。晶体呈显微纤维状、细刃片状、细粒状。铜红色、青铜色或黑色，金属光泽，不透明；硬度 2，完全解理。1977 年发现于美国加利福尼亚州洪堡县奥里克（Orick）以西的凯奥特（Coyote）山峰（狼峰火山通道）。英文名称 Erdite，以美国地质调查局矿物学家理查德·C. 厄尔德（Richard C. Erd，1924—）的姓氏命名，是他于 1956 年首先合成了此化合物。IMA 1977－048 批准。1980 年 G. K. 卡扎曼斯克（G. K. Czamanske）等在《美国矿物学家》（65）报道。中文名称根据成分译为水硫铁钠石。

【水硫硝镍铝石】

英文名 Hydrombobomkulite

化学式 $(Ni,Cu)Al_4(NO_3)_2(SO_4)(OH)_{12}\cdot 14H_2O$ (IMA)

水硫硝镍铝石粉末状、结节状集合体（南非）

水硫硝镍铝石是一种含结晶水和羟基的镍、铜、铝的硫酸-硝酸盐矿物。属铜明矾族。单斜晶系。晶体呈微小六方板状；集合体常呈粉末状、结节状和微晶皮壳状。蓝色，半透明；硬度很软，完全解理，脆性；容易脱水变为硫硝镍铝石。1979 年发现于南非普马兰加省艾兰泽尼区姆波波姆库鲁（Mbobo Mkulu）洞穴。英文名称 Hydrombobomkulite，由成分冠词"Hydro（水）"和根词"Mbobomkulite（硫硝镍铝石）"组合命名。IMA 1979－079a 批准。1980 年 J. E. J. 马丁尼（J. E. J. Martini）在《南非地质调查年鉴》[14(2)]和 1982 年《美国矿物学家》（67）报道。中文名称根据成分及与硫硝镍铝石的关系译为水硫硝镍铝石(根词参见【硫硝镍铝石】条 525 页)。

【水硫铀矿】

英文名 Běhounekite

化学式 $U(SO_4)_2(H_2O)_4$　　(IMA)

水硫铀矿短柱状晶体(捷克)和贝洪尼克像

水硫铀矿是一种含结晶水的铀的硫酸盐矿物，它是唯一天然四价铀的硫酸盐矿物。斜方晶系。晶体呈短柱状、长方板状。绿色，强玻璃光泽，透明—半透明；硬度 2，完全解理，脆性。2010 年发现于捷克共和国卡罗维发利州厄尔士山脉亚希莫夫矿区斯夫莫斯坦(Svornost)矿。英文名称 Běhounekite，为纪念捷克核物理学家、探险家和作家弗兰蒂泽克·贝洪尼克(František Běhounek，1898—1973)教授而以他的姓氏命名。小行星 3278 也是以他的姓氏命名的。IMA 2010－046 批准。2010 年 J. 普拉斯(J. Plášil)等在《CNMNC 通讯》(7)和《矿物学杂志》(75)报道。2015 年艾钰洁、范光在《岩石矿物学杂志》[34(1)]根据成分译为水硫铀矿。

【水榴石】

英文名 Hibschite

化学式 $Ca_3Al_2(SiO_4)_{3-x}(OH)_{4x}(x=0.2\sim1.5)$

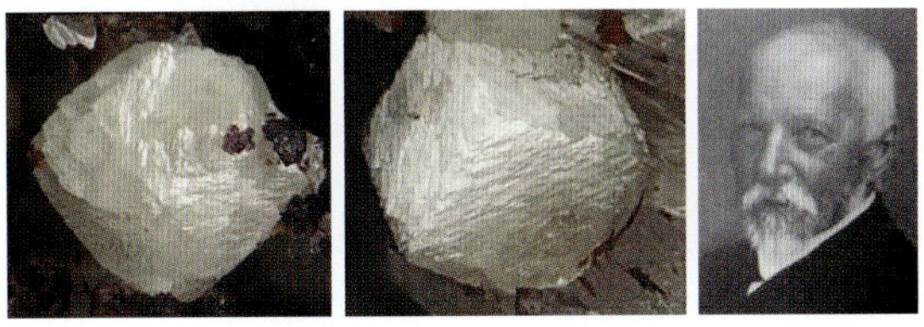

水榴石菱形十二面体晶体(加拿大)和赫希像

水榴石是一种含羟基的钙、铝的硅酸盐矿物。等轴晶系。晶体呈八面体、菱形十二面体，表面粗糙，粒状。无色、淡黄色、灰色、绿色、蓝绿色、烟灰色—黑色(可能是与黑榴石颜色分带)，玻璃—半玻璃光泽，透明；硬度 6～6.5，脆性。1905 年发现于捷克共和国波希米亚地区玛丽安斯卡斯卡拉(Mariánská Skála)。英文名称 Hibschite，1905 年由菲利克斯·柯尔尼(Felix Cornu)以捷克波希米亚杰钦(德辛)农业经济科学院地质学家约瑟夫·伊曼纽尔·赫希(Josef Emanuel Hibsch，1852—1940)的姓氏命名。1983 年在《矿物学新年鉴》(月刊)、1984 年《矿物学通报》(107)和 1989 年《欧洲矿物学杂志》(1)报道。1959 年以前发现、描述并命名的"祖父级"矿物，IMA 承认有效。最初被认为是一个独立的矿物种，最终被确认是加藤石(Katoite)成员。中文名称根据成分及族名译为水榴石或水钙铝榴石；根据形态和成分译为八面硅钙铝石。

【水铝氟石】参见【氟铝钙石】条 181 页

【水铝氟锶矿】参见【水氟铝锶石】条 821 页

【水铝钙氟石】参见【水氟铝钙矿】条 821 页

【水铝钙石】

英文名 Hydrocalumite

化学式 $Ca_4Al_2(OH)_{12}(Cl,CO_3,OH)_2\cdot4H_2O$　　(IMA)

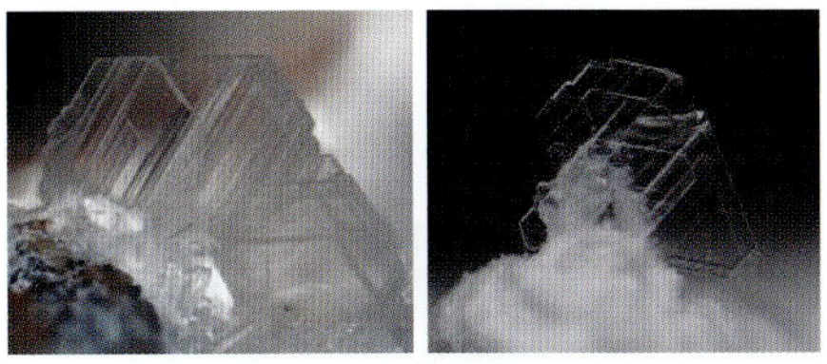

水铝钙石片状晶体(德国)

水铝钙石是一种含结晶水、羟基、碳酸根和氯的钙、铝的氢氧化物矿物，又称"弗里德尔盐(Friedel's Salt)"。属菱水碳铝镁石超族水铝钙石族。单斜晶系。晶体呈假六方片状；集合体呈块状。无色、白色、淡绿色，玻璃光泽，解理面上呈珍珠光泽；硬度 3，完全解理。1934 年发现于英国北爱尔兰安特里姆郡斯加特(Scawt)山丘。1934 年 C. E. 提莉(C. E. Tilley)等在《矿物学杂志》(23)和 1935 年《美国矿物学家》(20)报道。英文名称 Hydrocalumite，由成分"Hydro(水)""Calcium(钙)"和"Aluminium(铝)"组合命名。1959 年以前发现、描述并命名的"祖父级"矿物，IMA 承认有效。中文名称根据成分译为水铝钙石和水钙铝石或铝水钙石。

【水铝黄长石】

英文名 Strätlingite

化学式 $Ca_2Al(Si,Al)_2O_2(OH)_{10}\cdot2.25H_2O$　　(IMA)

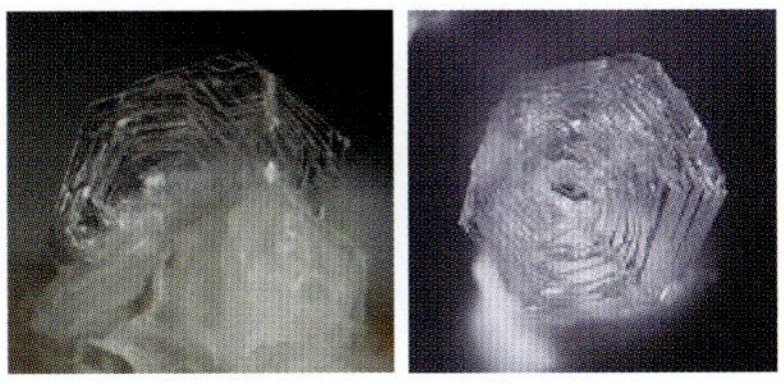

水铝黄长石六方板状晶体(德国)

水铝黄长石是一种含结晶水的钙、铝的铝硅酸盐矿物。三方晶系。晶体呈六方板状。无色、浅绿色；硬度 3～4，完全解理。1975 年发现于德国莱茵兰-普法尔茨州费尔德(Feld)熔岩流。英文名称 Strätlingite，以 W. 施特雷特林(W. Strätling)的姓氏命名，是他在 1938 年合成了此化合物。IMA 1975－031 批准。1976 年 G. 亨切尔(G. Hentschel)和 H. J. 库泽尔(H. J. Kuzel)在德国《矿物学新年鉴》(月刊)报道。中文名称根据成分及与黄长石的关系译为水铝黄长石。

【水铝镍石】

英文名 Takovite

化学式 $Ni_6Al_2(CO_3)(OH)_{16}\cdot4H_2O$　　(IMA)

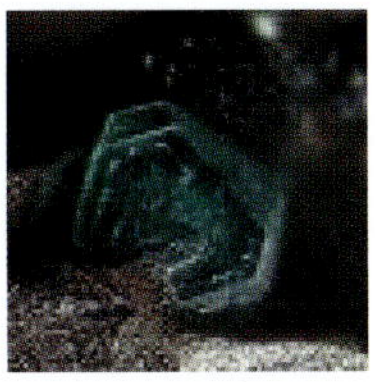

水铝镍石片状晶体(摩洛哥)

水铝镍石是一种含结晶水和羟基的镍、铝的碳酸盐矿物。属水滑石超族水滑石族。三方晶系。晶体呈微片状；集合体呈球粒状、粉末状。微黄绿色、蓝绿色，半透明；硬度 2。1955 年发现于塞尔维亚莫拉维亚区塔空沃(Takovo)。1957 年 Z. 马克西莫维奇(Z. Maksimovic)在《塞尔维亚地质学会年会记录》和 1970 年《全苏矿物学会记事》(99)报道。英文名称 Takovite，以发现地塞尔维亚的塔孔沃(Takovo)命名。1959 年以前发现、描述并命名的

“祖父级”矿物，IMA 承认有效。IMA 1977s. p. 批准。中文名称根据成分译为水铝镍石。

【水铝氧石】参见【三水铝石】条 764 页

【水铝英石】

英文名 Allophane

化学式 $Al_2O_3(SiO_2)_{1.3-2.0}\cdot 2.5\sim 3H_2O$　　(IMA)

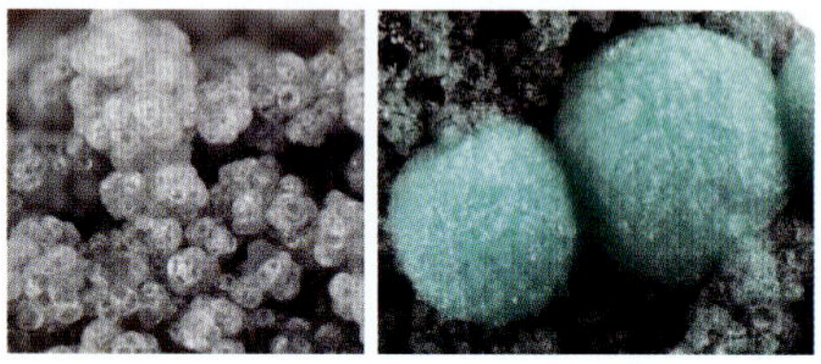

水铝英石球粒状集合体（法国、美国）

水铝英石是一种含结晶水的铝氧的硅酸盐非晶质胶体状准黏土矿物。属高岭石-蛇纹石族。集合体常呈皮壳状、葡萄状、钟乳状、空心球状。无色、白色、绿色、淡蓝色、天蓝色、黄色—棕色皆有，玻璃光泽、蜡状光泽、松脂光泽，透明—半透明；硬度 3，脆性。1816 年发现于德国图林根州格雷芬塔尔(Gräfenthal)。1816 年 J. F. L. 豪斯曼(J. F. L. Hausmann)和 F. 施特罗迈尔(F. Stromeyer)在《神学广告》(*Göttingische Gelehrte Anzeigen*)(2)报道。英文名称 Allophane，由希腊文“ἀλλos＝Allos(其他的或不同的)”和“φαίνεσθαι＝Phaenesthai(出现)”组合命名，意指它在吹管火焰分析过程中的变化是不同的。1959 年以前发现、描述并命名的“祖父级”矿物，IMA 承认有效。中文名称根据成分译为水铝英石，也有的译为丝状铝英石。旧译铝英石。

【水铝铀云母】参见【水磷铀矿】条 846 页

【水绿矾】

英文名 Melanterite

化学式 $Fe(SO_4)\cdot 7H_2O$　　(IMA)

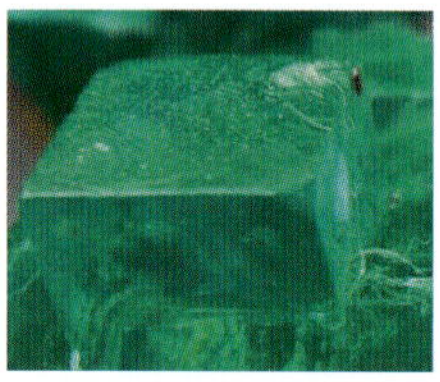

水绿矾假立方体晶体（葡萄牙）

水绿矾是一种含结晶水的铁的硫酸盐矿物。单斜晶系。晶体呈纤维状、柱状，很少呈假八面体、立方体或厚板状；集合体呈或钟乳状、结壳状和毛细管放射状、花状。绿色、浅绿色、蓝绿色、无色，暴露于空气中呈黄白色，玻璃光泽，透明—不透明；硬度 2，完全解理，脆性。中国是发现、认识、命名和利用水绿矾最早的国家之一。水绿矾出自宋代(?)《日华子诸家本草》。《唐本草》：“绛矾，本来绿色，新出窟未见风者，正如瑠璃。陶及今人谓之石胆，烧之赤色，故名绛矾矣。”《本草图经》：“绿矾形似朴消而绿色，取此一物置于铁板上，聚炭，封之囊袋，吹令火炽，其矾即沸，流出，色赤如融金汁者是真也。又有皂荚矾亦入药，或云绿矾也。”《本草纲目》：“绿矾，可以染皂色，故谓之皂矾。又有黑矾，亦名皂矾……。煅赤者欲名矾红。”“绿矾，晋地河内、西安沙州皆出之。状如焰消，其中拣出深青莹净者，即为青矾，煅过变赤，则为绛矾。”

在西方，中世纪初人们将“玻璃状的透明矿物”称为“Vitriol(矾)”，后来许多硫酸盐都获得了“矾”这个名称。据《科技名词探源》矾条：“第一个这样取名的矿物(大约是在公元 600 年)就是硫酸铁。它当时被称作‘Vitriol of Mars’，这里的‘Mars’是罗马神话中的战争之神，炼金术士用它来称呼铁，因此 Vitriol of Mars 就是铁的矾……，晶体呈绿色，故称绿矾。”1832 年 F. S. 伯当(F. S. Beudant)在《矿物学基础研究》(*Traîlé élémentaire de Minéralogie*)(第二卷，第二版)称 Mélantérie，由希腊的黑色金属“Μεταλλικό＝Metallic”染料命名。1850 年布鲁穆勒(Braumüller)和塞德尔(Seidel)在维也纳《矿物鉴定手册》(第二版)称 Melanterit。英文名称 Melanterite，由希腊文“μελαντηρία＝Copperas(绿矾)”而来，意思是硫酸亚铁。1959 年以前发现、描述并命名的“祖父级”矿物，IMA 承认有效。中文名称根据成分和颜色译为水绿矾。

【水绿皂石】

英文名 Ferroan Saponite

化学式 $Ca_{0.25}(Mg,Fe)_3[(Si,Al)_4O_{10}](OH)_2\cdot nH_2O$

水绿皂石是皂石的富铁变种。属绿泥石族。单斜晶系。晶体呈片状。深绿色、黑绿色，玻璃光泽，半透明—不透明；硬度 1，极完全解理。最初的报道来自美国加利福尼亚州洛杉矶县圣塔莫尼卡(Santa Monica)山脉。1917 年 E. S. 拉尔森(E. S. Larsen)和 G. 斯泰格尔(G. Steiger)在《华盛顿科学院杂志》(7)报道。英文名称 Ferroan Saponite，由“Ferroan(含低铁的)”和“Saponite(皂石)”组合命名。中文名称根据成分、颜色及与皂石的关系译为水绿皂石(参见【皂石】条 1103 页)；根据颜色、成分及与金云母的关系译为绿水金云母。

【水氯草酸钙石】

英文名 Novgorodovaite

化学式 $Ca_2(C_2O_4)Cl_2\cdot 2H_2O$　　(IMA)

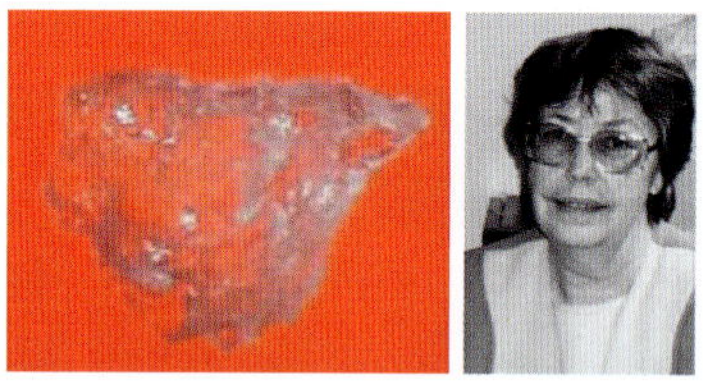

水氯草酸钙石块状集合体（哈萨克斯坦）和诺夫龚拉多娃像

水氯草酸钙石是一种含结晶水、氯的钙的草酸盐矿物。单斜晶系。集合体呈块状。无色，玻璃光泽，透明；硬度 2.5，完全解理。2000 年发现于哈萨克斯坦阿克托贝州阿克套山谷切尔卡尔(Celkar)盐丘。英文名称 Novgorodovaite，以俄罗斯矿物学家、黄金矿物专家、费尔斯曼博物馆馆长(1996—2010)玛格丽塔·伊万诺夫娜·诺夫龚拉多娃(Margarita Ivanovna Novgorodova，1938—)的姓氏命名。IMA 2000-039 批准。2001 年 N. V. 丘卡诺夫(N. V. Chukanov)等在《俄罗斯矿物学会记事》[130(4)]报道。2007 年中国地质科学院地质研究所任玉峰在《岩石矿物学杂志》[26(3)]根据成分译为水氯草酸钙石。

【水氯碲铜石】

英文名 Tlalocite

化学式 $Cu_{10}Zn_6(Te^{4+}O_3)(Te^{6+}O_4)_2Cl(OH)_{25}\cdot 27H_2O$　　(IMA)

水氯碲铜石是一种含结晶水、氯和羟基的铜、锌的碲酸盐矿物。斜方晶系。晶体呈柔软的片状、丝状；集合体呈皮壳状、球粒状。蓝色，半透明；硬度 1；黏而可切。1974 年发现于墨西哥索诺拉州巴姆伯利塔(Bambollita)矿。英文名称 Tlalocite，以托尔铁克人(Toltec)和阿兹特克人的雨神

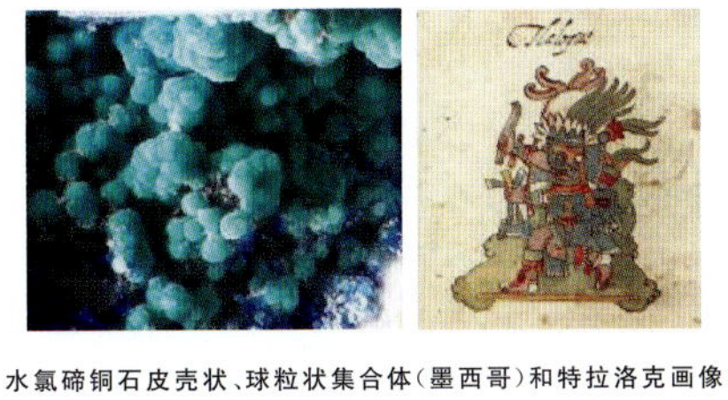

水氯碲铜石皮壳状、球粒状集合体(墨西哥)和特拉洛克画像

(Aztec god of rain)特拉洛克(Tlaloc)命名,意指该矿物含水量高。美洲三大古文明之一的特拉洛克是阿兹特克神话中众神万神殿的成员之一。作为雨的至高无上的神,特拉洛克也是地球上肥沃和水的神,被广泛崇拜为一个仁慈的给予生命和生计的神。IMA 1974-047 批准。1975 年 S. A. 威廉姆斯(S. A. Williams)在《矿物学杂志》(40)和 1976 年《美国矿物学家》(61)报道。中文名称根据成分译为水氯碲铜石。

【水氯钙石】

英文名 Sinjarite

化学式 $CaCl_2 \cdot 2H_2O$ (IMA)

水氯钙石是一种含结晶水的钙的氯化物矿物。四方晶系。晶体呈细长的柱状。淡粉色,玻璃光泽、树脂光泽;硬度 1.5,完全解理。1979 年发现于伊拉克尼尼微省摩苏尔市辛加尔(Sinjar)干河谷。英文名称 Sinjarite,以发现地伊拉克的辛加尔(Sinjar)干河谷命名。IMA 1979-041 批准。1980 年 Z. A. 阿尔朱伯里(Z. A. Aljubouri)等在《美国矿物学家》(43)报道。中文名称根据成分译为水氯钙石。

【水氯硫钠锌石】

英文名 Gordaite

化学式 $NaZn_4(SO_4)(OH)_6Cl \cdot 6H_2O$ (IMA)

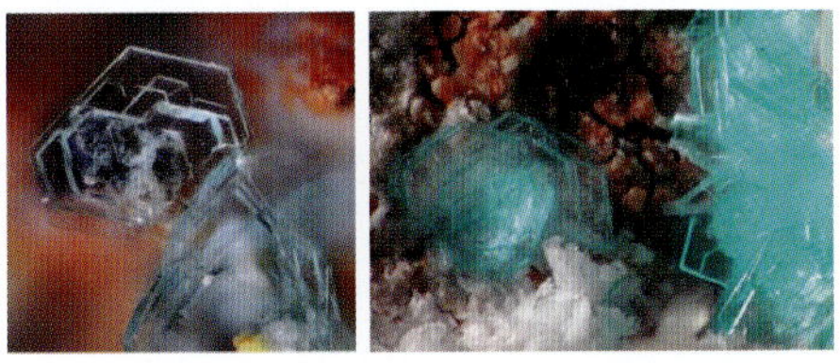
水氯硫钠锌石板状晶体,晶簇状集合体(希腊)

水氯硫钠锌石是一种含结晶水、氯和羟基的钠、锌的硫酸盐矿物。属水氯硫钠锌石族。三方晶系。晶体呈自形六方片状、板状;集合体呈晶簇状。无色、白色、浅绿色、浅蓝色,玻璃光泽、珍珠光泽,透明—半透明;硬度 2.5,完全解理。1996 年发现于智利安托法加斯塔大区谢拉戈达(Sierra Gorda)区圣弗朗西斯科(San Francisco)矿。英文名称 Gordaite,以发现地智利的谢拉戈达(Sierra Gorda)区命名。IMA 1996-006 批准。1997 年 J. 施吕特(J. Schlüter)等在《矿物学新年鉴》(月刊)报道。2003 年中国地质科学院矿产资源研究所李锦平等在《岩石矿物学杂志》[22(2)]根据成分译为水氯硫钠锌石。

【水氯铝镁矾】参见【水镁铝铜矾】条 855 页

【水氯铝铜矾】

英文名 Aubertite

化学式 $Cu^{2+}Al(SO_4)_2Cl \cdot 14H_2O$ (IMA)

水氯铝铜矾是一种含结晶水和氯的铜、铝的硫酸盐矿物。属水氯铝铜矾族。三斜晶系。晶体呈柱状。天蓝色—蓝色,玻璃光泽,透明;硬度 2~3。1961 年发现于智利埃尔洛阿省卡拉马丘基卡马塔区托岐铜矿床奎特纳乌(Quetenaue)矿前景区。英文名称 Aubertite,以法国地球物理研究所副主任、地球物理学家 J. 奥贝尔(J. Aubert,1929—)的姓氏命名,是他于 1961 年收集到该矿物的第一块标本。IMA 1978-051 批准。1979 年 F. 塞斯布龙(F. Cesbron)等在法国《矿物学通报》(102)和 1980 年 M. 弗莱舍(M. Fleischer)等在《美国矿物学家》(65)报道。中文名称根据成分译为水氯铝铜矾。

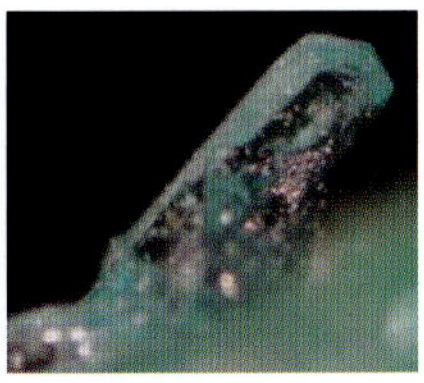
水氯铝铜矾柱状晶体(智利)

【水氯镁石】

英文名 Bischofite

化学式 $MgCl_2 \cdot 6H_2O$ (IMA)

水氯镁石是一种含结晶水的镁的氯化物矿物。单斜晶系。晶体呈短柱状、板状、鳞片状、粒状、纤维状等。无色、白色,玻璃光泽,透明—半透明;硬度 1~2,具有可塑性,极易扭曲变形;味辣而苦,吸湿性很强,极易潮解。1877 年发现于德国萨克森-安哈尔特州施塔斯富特钾盐矿床利奥波德威尔(Leopoldshall)。1877 年 C. 克西里乌斯(C. Ochsenius)在莱比锡《结晶学、矿物学和岩石学杂志》(1)报道。英文名称 Bischofite,以德国地质学家和矿物化学家、波恩大学化学教授卡尔·古斯塔夫·比朔夫(Karl Gustav Bischof,1792—1870)和德国施塔斯富特盐场主任 F. 比朔夫(F. Bischof)两人的姓氏命名。1959 年以前发现、描述并命名的"祖父级"矿物,IMA 承认有效。中文名称根据成分译为水氯镁石。

【水氯镍石】

英文名 Nickelbischofite

化学式 $NiCl_2 \cdot 6H_2O$ (IMA)

水氯镍石是一种含结晶水的镍的氯化物矿物。单斜晶系。绿色、翠绿色,玻璃光泽,透明;硬度 1.5,完全解理。最早见于 1975 年 J. L. 杨博尔(J. L. Jambor)在《加拿大地质调查所论文》(75-1A)报道。1978 年发现于加拿大魁北克省阿比蒂彼-特米斯卡明的杜蒙特(Dumont)侵入岩体。英文名称 Nickelbischofite,由成分冠词"Nickel(镍)"和根词"Bischofite(水氯镁石)"组合命名,意指它是镍的水氯镁石的类似矿物。IMA 1978-056 批准。1979 年杨博尔等在《加拿大矿物学家》(17)报道。中文名称根据成分译为水氯镍石。

【水氯硼钙镁石】

英文名 Chelkarite

化学式 $CaMgB_2O_4Cl_2 \cdot 7H_2O$(?) (IMA)

水氯硼钙镁石是一种含结晶水和氯的钙、镁的硼酸盐矿物。斜方晶系。晶体呈扁长柱状、细针状,长达 15mm。无色;完全解理。1968 年发现于哈萨克斯坦阿克托别省切尔卡尔(Chelkar)盐丘。英文名称 Chelkarite,以发现地哈萨克斯坦的切尔卡尔(Chelkar)盐丘命名。1969 年 N. P. 阿夫罗娃(N. P. Avrova)在《哈萨克斯坦固体矿产矿床地质与勘查》和 1971 年 M. 弗莱舍(M. Fleischer)在《美国矿物学家》(56)报道。1959 年以前发现、描述并命名的"祖父级"矿物,IMA 承认有效。中文名称根据成分译为水氯硼钙镁石。

【水氯硼钙石】

英文名 Hilgardite

化学式 $Ca_2B_5O_9Cl \cdot H_2O$ (IMA)

水氯硼钙石是一种含结晶水、氯的钙的硼酸盐矿物。属

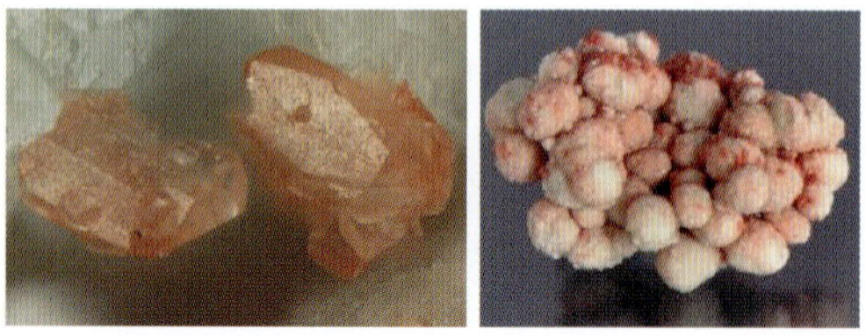

水氯硼钙石板状晶体，球粒状集合体(英国)

水氯硼钙石族。三斜(单斜)晶系。晶体呈扭曲的三角板状，具左、右形；集合体呈球粒状。无色、淡粉色、红棕色，玻璃光泽，透明—半透明；硬度5，完全解理。最初描述来自美国路易斯安那州乔克托(Choctaw)盐丘。1937年赫尔伯特(Hurlbut)等在《美国矿物学家》(22)报道。英文名称Hilgardite，以德裔美国地质学家尤金·沃尔德马·希尔加德(Eugene Woldemar Hilgard，1833—1916)的姓氏命名。他第一个描述了美国路易斯安那州盐丘矿床，他还被认为是美国现代土壤科学之父。中文名称根据成分译为水氯硼钙石；也有的译为氯羟硼钙石。多型有Hilgardite-1Tc[锶水氯硼钙石，1959年O.布赖奇(O. Braitsch)在《矿物学和岩石学通报》(6)报道]、Hilgardite-3Tc(副水氯硼钙石，三斜晶系)、Hilgardite-4M[单斜晶系。1985年S.高斯(S. Ghose)在《美国矿物学家》(70)报道]。

【水氯硼碱铝石】参见【水碱氯铝硼石】条835页

【水氯硼镁石】

英文名 Shabynite

化学式 $Mg_5(BO_3)(OH)_5Cl_2 \cdot 4H_2O$ (IMA)

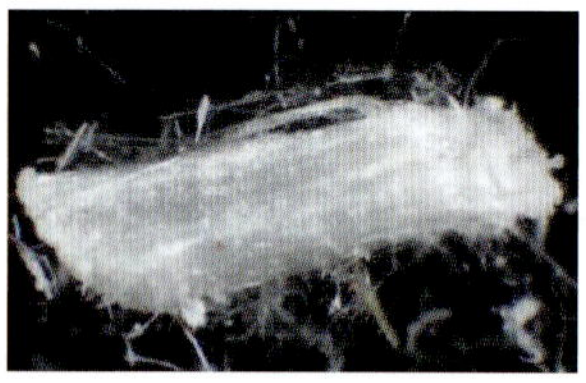

水氯硼镁石纤维状晶体(俄罗斯)

水氯硼镁石是一种含结晶水、氯、羟基的镁的硼酸盐矿物。单斜晶系。晶体呈纤维状。雪白色，丝绢光泽。1979年发现于俄罗斯伊尔库茨克州科尔舒诺沃斯克(Korshunovskoye)铁矿。英文名称Shabynite，以里奥尼德·伊万诺维奇·萨巴因(Leonid Ivanovich Shabynin，1909—)的姓氏命名。他是一位从事矽卡岩矿床研究的地质学家，对硅铍石进行了研究。IMA 1979-075批准。1980年在《全苏矿物学会记事》(109)和1981年《美国矿物学家》(66)报道。中文名称根据成分译为水氯硼镁石。

【水氯铅石】

英文名 Fiedlerite

化学式 $Pb_3Cl_4F(OH) \cdot H_2O$ (IMA)

水氯铅石板状晶体，晶簇状集合体(奥地利、希腊)

水氯铅石是一种含结晶水和羟基的铅的氟-氯化物矿物。单斜(三斜)晶系。晶体呈板状，常见双晶；集合体呈晶簇状。无色、白色，金刚光泽，透明；硬度3，完全解理。1887年发现于希腊阿提基县拉夫林(Lavrion)区。1887年范·拉特(vom Rath)在《波恩自然和医学学会下莱茵河会议报告》(102)报道。英文名称Fiedlerite，以K. G.菲德勒(K. G. Fiedler，1791—1853)的姓氏命名。他是撒克逊矿山专员和1835年劳里厄姆地区远征探险考察队的领队。1959年以前发现、描述并命名的"祖父级"矿物，IMA承认有效。IMA 1994s. p.批准。中文名称根据成分译为水氯铅石。目前已知Fiedlerite有-1A(三斜晶系)和-2M(单斜晶系)多型。

【水氯羟锌石】

英文名 Simonkolleite

化学式 $Zn_5(OH)_8Cl_2 \cdot H_2O$ (IMA)

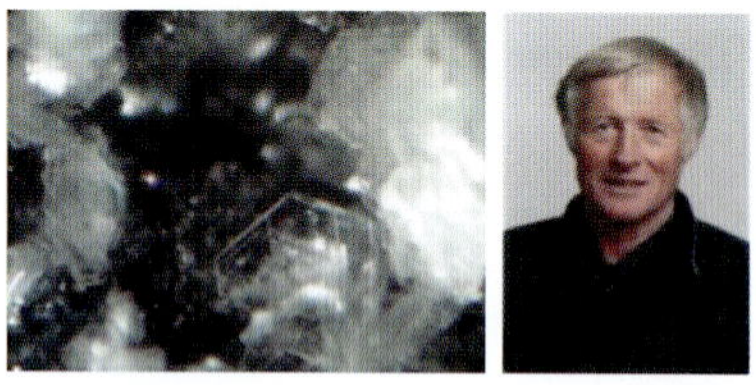

水氯羟锌石六方板状晶体(德国)和西蒙像

水氯羟锌石是一种含结晶水、氯的锌的氢氧化物矿物。三方晶系。晶体呈六方板状。无色，玻璃—半玻璃光泽，透明—半透明；硬度1.5，完全解理，脆性。1983年发现于德国黑森州里谢尔斯多夫区里谢尔斯多夫(Richelsdorf)冶炼厂锌矿渣转储站。英文名称Simonkolleite，1985年由卡尔·史密策(Karl Schmetzer)、冈瑟·施诺尔-科勒(Günther Schnorrer-Köhler)和奥拉夫·威登巴赫(Olaf Medenbach)以维尔纳·西蒙(Werner Simon，1939—)和库尔特·柯尔(Kurt Kolle，1949—)两人的名字组合命名。他们在米歇尔斯多夫(Michelsdorf)附近调查提交样品时发现了此矿物。IMA 1983-019批准。1985年K.史密策(K. Schmetzer)等在德国《矿物学新年鉴》(月刊)报道。1985年中国新矿物与矿物命名委员会郭宗山等在《岩石矿物及测试》[4(4)]根据成分译为水氯羟锌石。

【水氯砷钠铅铜石】

英文名 Zdeněkite

化学式 $NaPbCu_5(AsO_4)_4Cl \cdot 5H_2O$ (IMA)

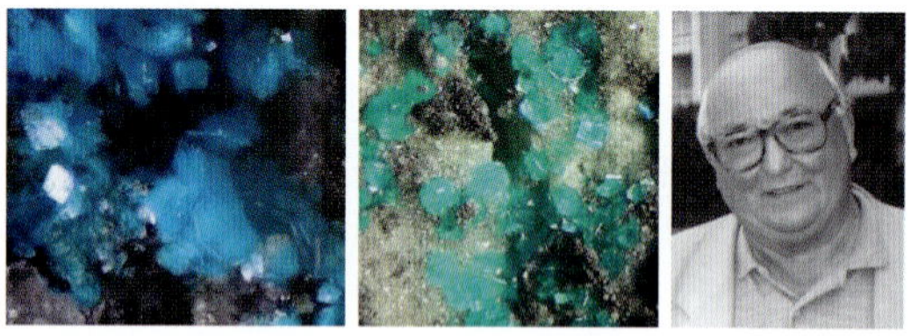

水氯砷钠铅铜石片状晶体，花状集合体(法国)和日德内克像

水氯砷钠铅铜石是一种含结晶水和氯的钠、铅、铜的砷酸盐矿物。属铜钴华族。四方晶系。晶体呈薄板状、片状；集合体呈皮壳状、球粒状、花状。绿松石蓝绿色、深蓝色，玻璃光泽，半透明；硬度1.5～2，完全解理，易碎。1992年发现于法国普罗旺斯-阿尔卑斯-蓝色海岸大区查普加龙河(Cap Garonne)矿帽。英文名称Zdeněkite，1995年P. J.基亚佩罗(P. J. Chiappero)等以法国奥尔良地质和矿物科学研究事务局局长、国际矿物协会副会长(1996—1998)和矿物学家日德内克·约翰(Zdeněk Johan，1935—2016)博士的名字命名。而铀铜矾(Johannite)是以他的家喻户晓的姓氏命名。IMA 1992-037批准。1995年基亚佩罗等在《欧洲矿物学杂志》

(7)报道。2003 年中国地质科学院矿产资源研究所李锦平等在《岩石矿物学杂志》[22(3)]根据成分译为水氯砷钠铅铜石。

【水氯砷钠铜石】

英文名 Mahnertite

化学式 $(Na,Ca,K)Cu_3(AsO_4)_2Cl \cdot 5H_2O$　(IMA)

水氯砷钠铜石板状晶体，放射球状集合体(法国)和马赫特像

水氯砷钠铜石是一种含结晶水和氯的钠、钙、钾、铜的砷酸盐矿物。四方晶系。晶体呈正方形薄板状；集合体呈放射球状。蓝色、翠绿色，玻璃光泽，半透明；硬度 2～3，完全解理。1994 年发现于法国普罗旺斯市阿尔卑斯-蓝色海岸大区查普加龙河(Cap Garonne)矿帽。英文名称 Mahnertite，以瑞士日内瓦自然历史博物馆馆长、动物学家沃尔克·马赫特(Volker Mahnert，1943—2018)的姓氏命名。IMA 1994-035 批准。1996 年 H. 萨尔普(H. Sarp)在《日内瓦科学文献》[49(2)]报道。2003 年中国地质科学院矿产资源研究所李锦平等在《岩石矿物学杂志》[22(3)]根据成分译为水氯砷钠铜石。

【水氯碳镁石】

英文名 Chlorartinite

化学式 $Mg_2(CO_3)Cl(OH) \cdot 2.5H_2O$　(IMA)

水氯碳镁石细粒状晶体，块状集合体(俄罗斯)

水氯碳镁石是一种含结晶水、羟基、氯的镁的碳酸盐矿物。三方晶系。晶体呈圆粒状、细粒状；集合体呈块状。白色，半透明；溶于水。1996 年发现于俄罗斯堪察加州托尔巴契克(Tolbachik)火山大裂隙北部喷溢口(1975—1976)。英文名称 Chlorartinite，由成分冠词“Chloride(氯化物)”和根词“Artinite(水纤菱镁矿)”组合命名，根词以意大利矿物学家 E. 雅天尼(E. Artini，1866—1928)的姓氏命名，意指它是氯化的水纤菱镁矿的类似矿物。IMA 1996-005 批准。1998 年 L. P. 维尔戛索娃(L. P. Vergasova)等在《俄罗斯矿物学会记事》[127(2)]报道。2003 年中国地质科学院矿产资源研究所李锦平等在《岩石矿物学杂志》[22(2)]根据成分译为水氯碳镁石。

【水氯铁镁石】

英文名 Iowaite

化学式 $Mg_6Fe^{3+}_2(OH)_{16}Cl_2 \cdot 4H_2O$　(IMA)

水氯镁铁石板状晶体(南非)和爱荷华州徽

水氯铁镁石是一种含结晶水和氯的镁、铁的氢氧化物矿物。属水滑石超族水滑石族。三方晶系。晶体呈六方板状。蓝色、绿色，氧化变淡绿色、白绿色带锈红色，油脂光泽，透明—半透明；硬度 1.5，完全解理。1967 年发现于美国爱荷华(Iowa)州苏族县马特洛克(Matlock)镇岩芯。英文名称 Iowaite，以发现地美国的爱荷华(Iowa)州命名。IMA 1967-002 批准。1967 年 D. W. 科尔士(D. W. Kohls)等在《美国矿物学家》(52)报道。中文名称根据成分译为水氯铁镁石。

【水氯铜矿】

英文名 Eriochalcite

化学式 $CuCl_2 \cdot 2H_2O$　(IMA)

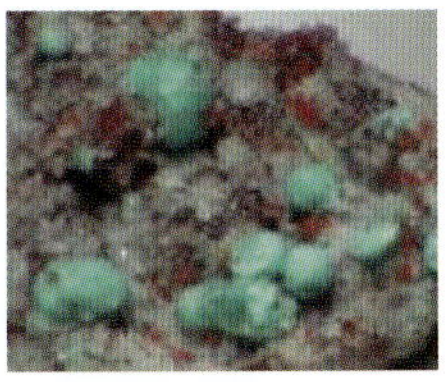

水氯铜矿球粒状集合体(俄罗斯)

水氯铜矿是一种含结晶水的铜的氯化物矿物。斜方晶系。晶体呈短柱状、毛发状；集合体呈似羊毛状、球粒状、花朵状。浅绿蓝色—浅蓝绿色，有时带浅黄色调，玻璃光泽，透明；硬度 2.5，完全解理。1870 年发现于意大利那不勒斯省外轮山-维苏威杂岩体维苏威(Vesuvius)火山气孔升华物。1884 年斯卡奇(Scacchi)在《那不勒斯皇家科学院物理和数学科学文献》(9)报道。英文名称 Eriochalcite，由希腊文“ἐριου=Wool(羊毛)”和“χαλκὁ=Copper(铜)”组合命名，意指含铜矿物集合体的形态。1959 年以前发现、描述并命名的“祖父级”矿物，IMA 承认有效。中文名称根据成分译为水氯铜矿。

【水氯铜铅矿】

英文名 Pseudoboleite

化学式 $Pb_{31}Cu_{24}Cl_{62}(OH)_{48}$　(IMA)

水氯铜铅矿假立方体、板状晶体(墨西哥)

水氯铜铅矿是一种含羟基的铅、铜的氯化物矿物。四方晶系。晶体很少呈假立方厚板状，常见相互平行地外延生长在银铜氯铅矿上。靛蓝色、蓝色、蓝绿色，玻璃光泽，解理面上呈珍珠光泽，半透明；硬度 2.5，完全解理。1895 年发现于墨西哥南下加利福尼亚州(公元前苏尔)穆勒格自治市圣罗萨莉娅(Santa Rosalía)博莱奥(Boleo)区。1895 年拉克鲁瓦(Lacroix)在巴黎《自然历史博物馆通报》(1)报道。英文名称 Pseudoboleite，根据希腊文“φευδή s=False=Pseudo(假)”和根词“Boleite(银铜氯铅矿)”组合命名，意指它与银铜氯铅矿密切相关，而又不是银铜氯铅矿。1959 年以前发现、描述并命名的“祖父级”矿物，IMA 承认有效。IMA 2007s. p. 批准。中文名称根据成分译为水氯铜铅矿/水铜氯铅矿；意译为假氯铜银铅矿(根词参见【氯铜银铅矿】条 566 页)。

【水氯铜石】

英文名 Anthonyite

化学式 $Cu(OH)_2 \cdot 3H_2O$　(IMA)

水氯铜石是一种含结晶水的铜的氢氧化物矿物。单斜晶系。晶体呈柱状，通常弯曲；集合体呈皮壳状。蓝色、灰白

安东尼像

色、紫色，半透明；硬度 2，完全解理。1963 年发现于美国密歇根州霍顿县百年纪念(Centennial)矿。1963 年 S. A. 威廉姆斯(S. A. Williams)在《美国矿物学家》(48)报道。英文名称 Anthonyite，以美国亚利桑那州图森大学矿物学教授约翰·威廉姆斯·安东尼(John Williams Anthony，1920—1992)的姓氏命名。他是《矿物学手册》的合著者，《亚利桑那州矿物学》的作者。IMA 1967s. p. 批准。中文名称根据原成分 $Cu(OH,Cl)_2 \cdot 3H_2O$ 译为水氯铜石。根据 IMA 成分式，编译者建议译为水羟铜石*。

【水氯亚硒铅石】

英文名 Orlandiite

化学式 $Pb_3Cl_4(Se^{4+}O_3) \cdot H_2O$ (IMA)

水氯亚硒铅石针状、小板状晶体(意大利)

水氯亚硒铅石是一种含结晶水的铅的亚硒酸-氯化物矿物。三斜晶系。晶体呈细长板状，常见双晶。无色—白色，玻璃光泽、丝绢光泽；完全解理，脆性。1999 年发现于意大利撒丁岛卡利亚里自治区巴库洛奇(Baccu Locci)矿山。英文名称 Orlandiite，1999 年 I. 卡姆波斯特里尼(I. Campostrini)等以意大利比萨大学矿物学家保罗·奥兰迪(Paolo Orlandi，1946—)的姓氏命名。他描述了几种新矿物。IMA 1998-038 批准。1999 年卡姆波斯特里尼等在《加拿大矿物学家》(37)和 2000 年《美国矿物学家》(85)报道。2004 年李锦平等在《岩石矿物学杂志》[23(1)]根据成分译为水氯亚硒铅石。

【水氯氧硫铅矿】

英文名 Symesite

化学式 $Pb_{10}(SO_4)O_7Cl_4 \cdot H_2O$ (IMA)

赛姆思像与著作

水氯氧硫铅矿是一种含结晶水、氯、氧的铅的硫酸盐矿物。属氯锑铅矿族。三斜晶系。集合体多呈晶质包块(与白氯铅矿连生)。粉红色，金刚光泽、玻璃光泽，半透明；硬度 4，完全解理。1998 年发现于英国英格兰萨默塞特郡托尔沃克斯(Torr Works)锰-铁-铜矿床采场。英文名称 Symesite，以英国伦敦自然历史博物馆矿物学部的罗伯特·赛姆思(Robert Symes，1937—2016)的姓氏命名。他著有《北英格兰矿物》一书。IMA 1998-035 批准。2000 年 M. D. 韦尔奇(M. D. Welch)等在《美国矿物学家》(85)报道。2004 年李锦平等在《岩石矿物学杂志》[23(1)]根据成分译为水氯氧硫铅矿。

【水镁矾】

英文名 Kieserite

化学式 $Mg(SO_4) \cdot H_2O$ (IMA)

水镁矾是含一个结晶水的镁的硫酸盐矿物。属水镁矾族。与水铁矾成完全类质同象系列。单斜晶系。晶体罕见，

水镁矾致密块状集合体(德国)和基泽像

常呈粒状，聚片双晶常见；集合体呈致密块状。无色、灰色或浅黄色，玻璃光泽，半透明；硬度 3.5，完全解理，脆性。1859 年 G. A. 肯戈特(G. A. Kenngott)在莱比锡《矿物学研究成果综述》(*Ubersichte der Resultate mineralogischer Forschungen*)(23)报道，称 Martinsite。1860 年 E. 雷查特(E. Reichardt)在德国《新利奥波第那学报》(*Nova Acta Leopoldina*)(27)报道。1861 年发现于德国萨克森-安哈尔特州施塔斯富特(Stassfurt)钾碱矿床。英文名称 Kieserite，以德国医生、耶拿学院前院长乔治·冯·迪特里希·基泽(Georg von Dietrich Kieser，1779—1862)教授的姓氏命名。同义词 Wathlingenite(Wathlingite)，以德国西南部巴登-符腾堡州魏布林根(Waiblingen)市命名。1959 年以前发现、描述并命名的"祖父级"矿物，承认有效。IMA 1967s. p. 批准。中文名称根据成分译为水镁矾或硫镁矾或镁硬石膏。

【水镁钒石】

英文名 Dickthomssenite

化学式 $MgV_2O_6 \cdot 7H_2O$ (IMA)

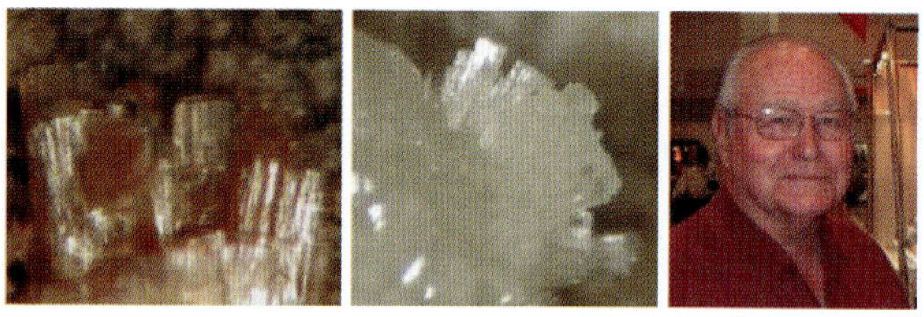

水镁钒石板状晶体，晶簇状集合体(美国)和汤姆森像

水镁钒石是一种含结晶水的镁的钒酸盐矿物。单斜晶系。晶体呈板状、针状、柱状；集合体呈平行排列状、放射状、晶簇状。淡金棕色、白色，玻璃光泽，半透明；硬度 2.5，完全解理，脆性。2000 年发现于美国犹他州圣胡安县拉萨尔的费勒夫里-皮格梅(Firefly-Pigmay)矿山。英文名称 Dickthomssenite，以美国地质学家、经济地质学家和微观矿物标本的收藏家理查德(迪克)·怀特·W. 汤姆森[Richard (Dick) W. Thomssen，1933—]的姓名命名。IMA 2000-047 批准。2001 年 J. M. 休斯(J. M. Hughes)等在《加拿大矿物学家》(39)报道。2007 年中国地质科学院地质研究所任玉峰在《岩石矿物学杂志》[26(3)]根据成分译为水镁钒石。

【水镁铬石】

英文名 Stichtite-2H

化学式 $Mg_6(Cr,Al)_2(CO_3)(OH)_{16} \cdot 4H_2O$

水镁铬石是一种含结晶水和羟基的镁、铬、铝的碳酸盐矿物。属水滑石超族水滑石族。三方晶系。晶体呈纤维状、鳞片状、板状；集合体呈块状、细脉状。淡紫色、玫瑰色—粉红色，蜡状光泽、珍珠光泽，透明；硬度 1.5～2，完全解理。1933 年发现并描述于南非德兰士瓦州巴伯顿(Barberton)地区卡普塞霍普(Kaapse Hoop)石棉矿；同年，狄克逊(Dixon)等在《矿物学杂志》(23)报道。英文原名称 Barbertonite，以发现地南非的

巴伯顿(Barberton)命名。后来发现它是 Stichtite-2H 多型。原名废弃,更名为 Stichtite-2H[见 2011 年米尔斯(Mills)等《美国矿物学家》[96(1)]和 2012 年在《矿物学杂志》(76)]。中文名称根据成分译为水镁铬石/水镁铬矿。

【水镁铝铜矾】

英文名 Magnesioaubertite

化学式 $MgAl(SO_4)_2Cl \cdot 14H_2O$　　(IMA)

水镁铝铜矾片状晶体,晶簇状集合体(意大利)

水镁铝铜矾是一种含结晶水和氯的镁、铝的硫酸盐矿物。属水氯铝铜矾族。三斜晶系。晶体呈片状;集合体呈放射状、晶簇状、皮壳状。淡蓝色、天蓝色,玻璃光泽,透明;硬度 2～3。1982 年发现于意大利墨西拿省弗卡诺火山岛法拉吉恩·兰尼(Faraglione Ranni)。英文名称 Magnesioaubertite,由成分冠词"Magnesio(镁)"和根词"Aubertite(水氯铝铜矾)"组合命名,意指它是镁占优势的水氯铝铜矾的类似矿物。IMA 1982－015 批准。1988 年 G. 吉哈德(G. Gebhard)等在 *Aufschluss*(39)报道。中文名称根据成分及与水氯铝铜矾的关系译为水镁铝铜矾或水氯铝镁矾(根词参见【水氯铝铜矾】条 851 页)。

【水镁石】

英文名 Brucite

化学式 $Mg(OH)_2$　　(IMA)

水镁石片状、柱状晶体(美国、意大利)和布鲁斯像

水镁石是一种镁的氢氧化物矿物。属水镁石族。三方晶系。晶体呈厚板状、柱状,有时呈纤维状,称为纤水镁石(Nemalite)或水镁石石棉;水镁石还常形成方镁石的假象。白色、绿色、灰色、蓝色、蜜黄色、棕红色、深棕色,蜡状光泽、玻璃光泽,解理面上呈珍珠光泽,透明—半透明;硬度 2.5～3,完全解理。常有 Fe、Mn、Zn、Ni 等杂质以类质同象存在,形成铁水镁石(FeO≥10%)、锰水镁石(MnO≥18%)、锌水镁石(ZnO≥4%)、锰锌水镁石(MnO 18.11%,ZnO 3.67%)、镍水镁石(NiO≥4%)等变种。1814 年布鲁斯(Bruce)在《美国矿物学家》(1)首次报道,称天然氧化镁(Native Magnesia)。1818 年发现于美国新泽西州哈德逊县霍博肯城堡(Hoboken);皮尔斯(Pierce)在《美国科学杂志》(1)报道,称 Amianthus(石绒、石棉、石麻)。1821 年纳托尔(Nuttall)在《美国科学杂志》(4)报道,称 Nemalite[由希腊文"νήμα＝Thread(线状)"命名,译作纤水镁石]。英文名称 Brucite,1824 年由弗朗索瓦·叙尔皮斯·伯当(Francois Sulpice Beudant)为纪念阿奇博尔德·布鲁斯(Archibald Bruce,1777—1818)而以他的姓氏命名。布鲁斯是美国医生、早期的美国矿物学家、《美国矿物学家》杂志的编辑,首先描述了该矿物。1959 年以前发现、描述并命名的"祖父级"矿物,IMA 承认有效。中文名称根据成分译为水镁石或氢氧镁石或羟镁石。

【水镁铁石】参见【碳镁铁矿－2H】条 923 页

【水镁硝石】参见【镁硝石】条 600 页

【水镁铀矾】参见【镁水钾铀矾】条 598 页

【水锰矾】参见【七水锰矾】条 694 页

【水锰辉石】

英文名 Neotocite

化学式 $(Mn,Fe)SiO_3 \cdot H_2O(?)$　　(IMA)

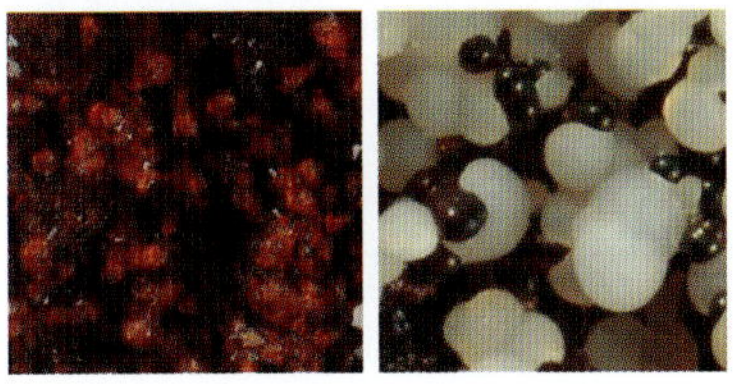

水锰辉石球粒状集合体(意大利)

水锰辉石是一种含结晶水的锰、铁的硅酸盐矿物。属硅铁石-水锰辉石系列。非晶质或单斜晶系。晶体呈粒状;集合体呈葡萄状、玻璃头状。褐色—黑色,粉末呈褐色,暗橄榄绿色,有时为轻微的半金属光泽、松脂光泽;硬度 3～4。1848 年发现于瑞典格德堡县霍佛斯托萨克(Torsaker)埃里克尔斯(Erik Ers)矿。1849 年格伦达尔(Gröndahl)和赫尔辛福斯(Helsingfors)在《关于原子化学矿物系统》(*Über das Atomistisch-Chemische Mineral System.*)刊载。英文名称 Neotocite,1848 年由尼尔斯·阿道夫·埃里克·诺登舍尔德(Nils Adolf Erik Nordenskiöld)根据希腊文"νεοτοκος"命名,意指最近的起源的含义,因为它是一个蚀变的产物。1959 年以前发现、描述并命名的"祖父级"矿物,IMA 承认有效。中文名称根据成分译为水锰辉石,也译作胶硅锰矿。

【水锰矿】

英文名 Manganite

化学式 $Mn^{3+}O(OH)$　　(IMA)

水锰矿板状、柱状晶体(南非、德国)

水锰矿为四价锰矿物(软锰矿)和二价锰矿物(菱锰矿)之间的过渡产物。与锰榍石和六方水锰矿为同质多象。单斜(假斜方)晶系。晶体呈柱状、板状、粒状、粗纤维状、叶片状,柱面具纵纹,具双晶;在某些矿脉的晶洞中集合体常呈晶簇状产出,在沉积锰矿床中多呈隐晶块体,或呈鲕状、钟乳状等。黑色、钢灰色—铁黑色,半金属光泽,不透明;硬度 4,完全解理,脆性。1826 年发现于德国图林根州诺德豪森哈尔茨山脉伊尔费尔德(Ilfeld)锰矿床。1826 年海丁格尔在《爱丁堡科学杂志》(4)报道。该矿物早在 1772 年被描述,但英文名称 Manganite,首次在 1826 年被威廉·卡尔·冯·海丁格尔(Wilhelm Karl von Haidinger)应用于出版物中,以其成分 Manganese(锰)命名,是指一种含锰的矿物。1959 年以前发现、描述并命名的"祖父级"矿物,IMA 承认有效。中文名称根据成分译为水锰矿或水锰石。

【水锰绿铁矿】

英文名 Kryzhanovskite

化学式 $(Fe^{3+},Mn^{2+})_3(PO_4)_2(OH,H_2O)_3$ (IMA)

水锰绿铁矿柱状晶体(德国)和克雷扎诺夫斯基像

水锰绿铁矿是一种含结晶水和羟基的铁、锰的磷酸盐矿物。属铁磷锰矿族。斜方晶系。晶体常呈假八面体、柱状、板状、细粒状。深红褐色、黑棕色、绿褐色,解理面上呈古铜色,玻璃光泽,半透明;硬度 3.5～4,完全解理。1950 年发现于哈萨克斯坦的阿克-克岑(Ak-Kezen)伟晶岩。1950 年 A. I. 金兹堡(A. I. Ginzburg)在《苏联科学院报告》(72)和 1951 年《美国矿物学家》(36)报道。英文名称 Kryzhanovskite,为纪念苏联矿物学家弗拉基米尔·伊里奇·克雷扎诺夫斯基(Vladimir Ilich Kryzhanovskii,1881—1947)而以他的姓氏命名。他是苏联莫斯科科学院 A. E. 费尔斯曼(A. E. Fersman)矿物博物馆馆长。1959 年以前发现、描述并命名的"祖父级"矿物,IMA 承认有效。中文名称根据成分和颜色译为水锰绿铁矿。

【水锰镍矿】参见【钴土】条 257 页

【水钼矿】

英文名 Sidwillite

化学式 $MoO_3 \cdot 2H_2O$ (IMA)

水钼矿球粒状集合体(美国)和威廉姆斯像

水钼矿是一种含结晶水的钼的氧化物矿物。单斜晶系。集合体呈球粒状。亮黄色、黄绿色、绿黑色,金刚光泽、蜡状光泽;硬度 2.5。1983 年发现于美国科罗拉多州圣胡安县科莫(Como)湖。英文名称 Sidwillite,由费边·赛斯布诺(Fabian Cesbron)和达莉亚·根德拉乌(Daria Ginderow)为纪念美国亚利桑那州矿物学家西德尼·阿瑟·威廉姆斯(Sidney Arthur Williams,1933—2006)而以他的姓名组合命名。西德尼·威廉姆斯(Sid Williams)在系统矿物学和系统化语言方面有着深厚的兴趣。他使用母语命名的矿物名是无与伦比的。IMA 1983－089 批准。1985 年 F. 塞斯布龙(F. Cesbron)等在《法国矿物学和结晶学学会通报》(108)报道和 1986 年 J. D. 格赖斯(J. D. Grice)在《美国矿物学家》(71)报道。1986 年中国新矿物与矿物命名委员会郭宗山等在《岩石矿物学杂志》[5(4)]根据成分译为水钼矿;根据颜色和成分译为黄钼矿。

【水钼铀矿】参见【黄钼铀矿】条 341 页

【水钠钙矾石】

英文名 Omongwaite

化学式 $Na_2Ca_5(SO_4)_6 \cdot 3H_2O$ (IMA)

水钠钙矾石是一种含结晶水的钠、钙的硫酸盐矿物。单斜晶系。晶体呈假六方楔状、片状,呈包裹体存在于石膏内;集合体呈带状、扇状或随机分布状,或呈平行状定向排列,或方向稍有变化。无色透明。2003 年发现于纳米比亚奥马赫科地区戈巴比斯城镇喀拉哈里沙漠奥蒙瓦(Omongwa)盐池中的石膏中呈微小包裹体,类似于烧石膏。英文名称 Omongwaite,以发现地纳米比亚的奥蒙瓦(Omongwa)盐池命名。IMA 2003－054b批准。2008 年 F. 梅斯(F. Mees)等在《矿物学杂志》(72)报道。2011 年中国地质科学院地质研究所任玉峰等在《岩石矿物学杂志》[30(2)]根据成分译为水钠钙矾石。

【水钠钙锆石】参见【水钠锆石】条 856 页

【水钠锆石】

英文名 Lemoynite

化学式 $Na_2CaZr_2Si_{10}O_{26} \cdot 5 \sim 6H_2O$ (IMA)

水钠锆石柱状晶体,扇状、球粒状集合体(加拿大)和勒莫因像

水钠锆石是一种含结晶水的钠、钙、锆的硅酸盐矿物。属水钠钙石族。单斜晶系。晶体呈柱状;集合体呈放射状、球粒状。白色、淡黄色、浅蓝色;硬度 4,完全解理。1969 年发现于加拿大魁北克省圣希莱尔(Saint-Hilair)山混合肥料采石场。英文名称 Lemoynite,以查尔斯·勒莫因(Charles Lemoyne,1625—1685)的姓氏命名。勒莫因是朗格维尔(Longuevil)的名门望族主,他和他的 4 个儿子,在法国、加拿大历史上是众所周知的知名人士;他的儿子皮埃尔曾任路易斯安那州州长,让巴普蒂斯特是新奥尔良的创始人。IMA 1968－013 批准。1969 年 T. G. 佩罗(T. G. Perraul)等在《加拿大矿物学家》(9)报道。中文名称根据成分译为水钠锆石或水钠钙锆石。

【水钠硅石】

英文名 Kenyaite

化学式 $Na_2Si_{22}O_{41}(OH)_8 \cdot 6H_2O$ (IMA)

水钠硅石是一种含结晶水、羟基的钠的硅酸盐矿物。单斜晶系。集合体呈结核状。白色。1967 年发现于肯尼亚裂谷省南部裂谷卡加多县马加迪湖(Lake Magadi)。英文名称 Kenyaite,以发现地肯尼亚(Kenya)国名命名。IMA 1967－018 批准。1967 年 H. P. 尤格斯特(H. P. Eugster)在《科学》(157)和 1968 年 M. 弗莱舍(M. Fleischer)在《美国矿物学家》(53)报道。中文名称根据成分译为水钠硅石/水硅钠石或水羟硅钠石。

【水钠镁矾】

英文名 Uklonskovite

化学式 $NaMg(SO_4)F \cdot 2H_2O$ (IMA)

水钠镁矾球粒状、放射状集合体(智利)和乌克隆斯克夫像

水钠镁矾是一种含结晶水和氟的钠、镁的硫酸盐矿物。单斜晶系。晶体呈柱状、板状、针状；集合体呈球粒状、放射状。无色，玻璃光泽，透明；硬度 3～4，完全解理。1963 年由 M. N. 斯留萨列娃(M. N. Slyusareva)发现于乌兹别克斯坦卡拉卡尔帕克自治共和国阿姆河下游的库什卡纳托(Kushkanatau)盐类沉积层。1964 年斯留萨列娃在《苏联科学院报告》(158)和 1965 年 M. 弗莱舍(M. Fleischer)在《美国矿物学家》(50)报道。英文名称 Uklonskovite，以乌兹别克斯坦科学院矿物学家、地球化学家亚历山大・谢尔盖耶维奇・乌克隆斯克夫(Alexandr Sergeievich Uklonskii，1888—1972)的姓氏命名。IMA 2016s. p. 批准。中文名称根据成分译为水钠镁矾/羟钠镁矾或水氟钠镁矾。

【水钠锰矿】

英文名 Birnessite

化学式 $(Na,Ca,K)_{0.6}(Mn^{4+},Mn^{3+})_2O_4 \cdot 1.5H_2O$ (IMA)

水钠锰矿球状、钟乳状、蜂窝状集合体(日本、美国、加拿大)

水钠锰矿是一种含结晶水的钠、钙、钾、锰的氧化物矿物。属水钠锰矿族。单斜晶系。晶体呈细小板状；集合体呈土状、球状、结核状、皮壳状、钟乳状、蜂窝状。黑色、深棕色，半玻璃光泽、树脂光泽、蜡状光泽、亚金属光泽，不透明；硬度 1.5，脆性。1956 年发现于英国苏格兰阿伯丁郡彼涅斯(Birness)；同年 L. H. P. 琼斯(L. H. P. Jones)和安吉拉・爱丽丝・米尔恩(Angela Alice Milne)在《矿物学杂志》(31)报道。英文名称 Birnessite，由琼斯和米尔恩根据发现地英国苏格兰彼涅斯(Birness)命名。1959 年以前发现、描述并命名的"祖父级"矿物，IMA 承认有效。之前(1944 年)被麦克默迪(McMurdie)在《电化学学会议事录》(86)称为"Manganous manganite(锰水锰矿，四氧化三锰)"。中文名称根据成分译为水钠锰矿；也译作钠水锰矿。澳大利亚莫纳什大学(Monash University)的科学家领导的一个国际研究小组发现利用层状钠水锰矿(Birnessite)作催化剂，通过阳光可将水裂解成氢气和氧气。

【水钠铀矾】

英文名 Natrozippeite

化学式 $Na_5(UO_2)_8(SO_4)_4O_5(OH)_3 \cdot 12H_2O$ (IMA)

水钠铀矾是一种含结晶水、羟基、氧的钠的铀酰-硫酸盐矿物。属水铀矾族。斜方晶系。晶体呈长斜方形的略长的板状、面包片状，非常细粒状；集合体呈花瓣状、纺锤状、蠕虫状、十字形纤维脉状、土块状，外壳呈疣状。黄色、淡黄色、橘黄色、绿黄色，土状光泽，半透明；硬度 5～5.5，极完全解理。1971 年发现于美国犹他州圣胡安县白色峡谷哈皮杰克(Happy Jack)铜矿。英文名称 Natrozippeite(Sodium-zippeite)，由占优势的成分"Sodium 或 Natro(钠)"和与"Zippeite(水铀矾)"关系组合命名。IMA 1971-004 批准。1976 年 C. 弗龙德尔(C. Frondel)等在《加拿大矿物学家》(14)报道。中文名称根据成分及与水铀矾的关系译为水钠铀矾(参见【水铀矾】条 884 页)。

水钠铀矾疣状集合体(捷克)

【水钠铀矿】

英文名 Clarkeite

化学式 $Na(UO_2)O(OH) \cdot nH_2O$ (IMA)

克拉克像

水钠铀矿是一种含结晶水、羟基、氧的钠的铀酰化物矿物。三方晶系。集合体呈致密块状。暗红褐色、暗褐色，树脂光泽、油脂光泽、蜡状光泽，半透明；硬度 4～4.5。1931 年发现于美国北卡罗来纳州米切尔县德鹿公园(Deer Park)2 号矿。1931 年罗斯(Ross)等在《美国矿物学家》(16)报道。英文名称 Clarkeite，由克拉伦斯・S. 罗斯(Clarence S. Ross)等为纪念美国矿物化学家、美国地质调查局的前首席化学家弗兰克・威格尔斯沃思・克拉克(Frank Wigglesworth Clarke，1847—1931)而以他的姓氏命名。克拉克对地壳的组成进行了研究，以他的名字命名的克拉克值是研究地壳组成的度量单位，它表示各种元素在地壳中的平均含量。1959 年以前发现、描述并命名的"祖父级"矿物，IMA 承认有效。中文名称根据成分译为水钠铀矿。

【水钠云母】参见【钠伊利石】条 644 页

【水铌钙石】

英文名 Hochelagaite

化学式 $CaNb_4O_{11} \cdot 8H_2O$ (IMA)

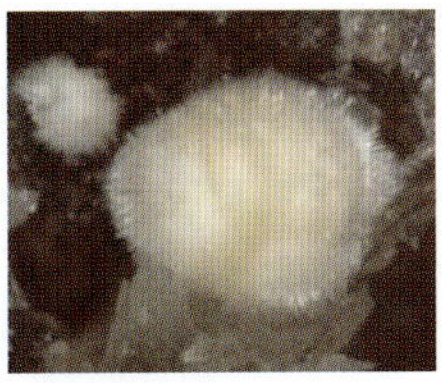

水铌钙石球粒状集合体(加拿大)

水铌钙石是一种含结晶水的钙、铌的氧化物矿物。属水铌钠石族。单斜晶系。晶体呈柱状、纤维状、针状；集合体呈球粒状。无色、白色，玻璃光泽、丝绢光泽，透明—半透明；硬度 4。1983 年发现于加拿大魁北克省圣希莱尔(Saint-Hilaire)混合肥料采石场和蒙特利尔的弗朗孔(Francon)采石场。英文名称 Hochelagaite，以第一批欧洲人首先到达的土著居民阿尔冈印第安称为奥雪来嘉或霍奇拉格(Hochelaga)的地方，即现在的蒙特利尔市命名。IMA 1983-088 批准。1986 年 J. L. 杨博尔(J. L. Jambor)等在《加拿大矿物学家》(24)报道。1987 年中国新矿物与矿物命名委员会郭宗山等在《岩石矿物学杂志》[6(4)]根据成分译为水铌钙石，也有的译作水铌锶钙石。

【水铌镁石】

英文名 Ternovite

化学式 $MgNb_4O_{11} \cdot 8\sim12H_2O$ (IMA)

水铌镁石是一种含结晶水的镁、铌的氧化物矿物。属水铌钠石族。单斜晶系。晶体呈纤维状；集合体呈扇状、放射状。白色，丝绢光泽，半透明；硬度3。1992年发现于俄罗斯北部摩尔曼斯克州武里亚尔维(Vuoriyarvi)碱性超基性岩地块。英文名称Ternovite，以俄罗斯经济地质学家弗拉基米尔·伊万诺维奇·特日诺夫(Vladimir Ivanovich Ternovoi，1928—1980)的姓氏命名。他是研究科夫多尔金云母矿床的先驱。IMA 1992-044批准。1997年在《俄罗斯矿物学会记事》[127(3)]和《矿物学记录》(29)报道。1997年V. V. 苏博京(V. V. Subbotin)等在《矿物学新年鉴》(月刊)报道。2003年中国地质科学院矿产资源研究所李锦平等在《岩石矿物学杂志》[22(2)]根据成分译为水铌镁石。

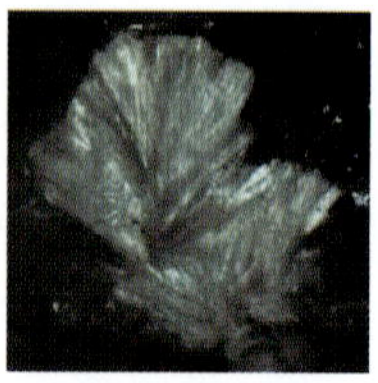
水铌镁石纤维状晶体，扇状集合体(俄罗斯)

【水铌锰矿】

英文名 Gerasimovskite

化学式 $Mn^{2+}(Ti,Nb)_5O_{12}\cdot 9H_2O(?)$　(IMA)

水铌锰矿是一种含结晶水的锰、钛、铌的氧化物矿物。与钙钛锆石和铌钛锰石成系列。非晶质。等轴(或斜方)晶系(?)。晶体呈片状。棕灰色、浅灰色，珍珠光泽，半透明—不透明；硬度2，完全解理。1957年发现于俄罗斯北部摩尔曼斯克州马雷普卡鲁亚夫(Malyi Punkaruaiv)山；同年，在《苏联科学院特鲁迪矿物学、地球化学、晶体化学和微量元素研究所文献》(1)和1958年M. 弗莱舍(M. Fleischer)在《美国矿物学家》(43)报道。英文名称Gerasimovskite，1957年由叶夫根尼·伊凡诺维奇·谢苗诺夫(Evgeny Ivanovich Semenov)为纪念瓦西里·伊万诺维奇·格拉西莫夫斯基(Vasilii Ivanovich Gerasimovsky，1907—1979)而以他的姓氏命名。1934年他与O. A. 沃罗比约娃(O. A. Vorobyova)在科拉半岛发现铈铌钙钛矿(Loparite)的工业矿床。1959年以前发现、描述并命名的"祖父级"矿物，IMA承认有效。中文名称根据成分译为水铌锰矿，或译为钛铌锰石。

格拉西莫夫斯基像

【水铌钠石】

英文名 Franconite

化学式 $NaNb_2O_5(OH)\cdot 3H_2O$　(IMA)

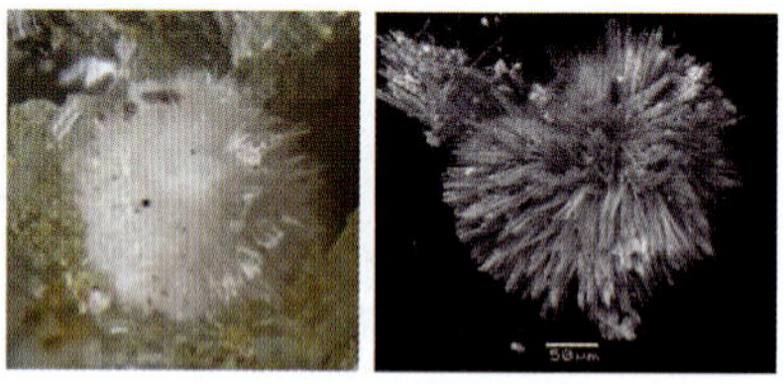
水铌钠石球粒状集合体(加拿大)

水铌钠石是一种含结晶水和羟基的钠、铌的氧化物矿物。属水铌钠石族。单斜晶系。晶体呈柱状、针状、纤维状；集合体呈皮壳状、球粒状。无色、白色，玻璃光泽、丝绢光泽，透明—半透明；硬度4。1984年发现于加拿大魁北克省蒙特利尔的弗朗孔(Francon)采石场。英文名称Franconite，以发现地加拿大弗朗孔(Francon)采石场命名。IMA 1981-006a批准。1984年J. L. 杨博尔(J. L. Jambor)等在《加拿大矿物学家》(22)报道。1985年中国新矿物与矿物命名委员会郭宗山等在《岩石矿物及测试》[4(4)]根据成分译为水铌钠石。

【水镍钴矾】

英文名 Moorhouseite

化学式 $CoSO_4\cdot 6H_2O$　(IMA)

水镍钴矾细粒状晶体(德国)与穆尔豪斯像

水镍钴矾是一种含结晶水的钴的硫酸盐矿物。属六水泻盐族。单斜晶系。晶体柱状、细粒状；集合体呈粉末状。粉红色，玻璃光泽，透明；硬度2.5。1962年发现于加拿大新斯科舍省翰斯县沃尔顿(Walton)重晶石矿。1962年A. 扎尔金(A. Zalkin)等在《晶体学报》(15)报道。英文名称Moorhouseite，以加拿大多伦多大学地质学教授沃尔特·威尔逊·穆尔豪斯(Walter Wilson Moorhouse，1913—1969)的姓氏命名。他是前寒武纪地质学的专家，也是一位杰出的岩石学家，著有《岩石薄片研究》。IMA 1963-008批准。1965年J. L. 杨博尔(J. L. Jambor)和R. W. 波义耳(R. W. Boyle)在《加拿大矿物学家》(8)及《美国矿物学家》(50)报道。中文名称根据成分译为水镍钴矾；编译者根据IMA成分式译为水钴矾*。

【水镍铀矾】

英文名 Nickelzippeite

化学式 $Ni_2(UO_2)_6(SO_4)_3(OH)_{10}\cdot 16H_2O$　(IMA)

水镍铀矾是一种含结晶水、羟基的镍的铀酰-硫酸盐矿物。属水铀矾族。斜方晶系。硬度5～5.5。1971年发现于捷克共和国卡罗维发利州厄尔士山脉亚希莫夫(Jáchymov)。英文名称Nickelzippeite，由占优势的成分"Nickel(镍)"及与"Zippeite(水铀矾)"的关系组合命名。IMA 1971-005批准。1976年C. 弗龙德尔(C. Frondel)等在《加拿大矿物学家》(14)报道。中文名称根据成分译为水镍铀矾(参见【水铀矾】条884页)。

【水柠檬钙石】

英文名 Earlandite

化学式 $Ca_3(C_6H_5O_7)_2\cdot 4H_2O$　(IMA)

水柠檬钙石是一种含结晶水的钙的柠檬酸盐矿物。单斜晶系。晶体呈细粒状；集合体呈疣状、结核状。白色、淡黄色，透明—半透明。1936年发现于南极洲威德尔(Weddell)海2 580m深的海底松散沉积物。英文名称Earlandite，以英国的海洋学家和有孔虫专家亚瑟·埃尔兰德(Arthur Earland，1866—1958)的姓氏命名。他研究了南极洲斯威达船返回的威德尔海附近的沉积物，并鉴定出这种新矿物。1936年F. A. 班内斯特(F. A. Bannister)等在《发现报告》(13)和1937年W. F. 福杉格(W. F. Foshag)等在《美国矿物学家》(22)报道。1959年以前发现、描述并命名的"祖父级"矿物，IMA承认有效。中文名称根据成分译为水柠檬钙石。

埃尔兰德像

【水硼铵石】

英文名 Ammonioborite

化学式 $(NH_4)_3B_{15}O_{20}(OH)_8 \cdot 4H_2O$ (IMA)

水硼铵石是一种含结晶水、羟基的铵的硼酸盐矿物。与硼铵石为同质多象。单斜晶系。晶体呈细小板状、细粒状；集合体常呈致密块状。白色、无色，半透明；软。1931 年发现于意大利托斯卡纳比萨省拉德莱罗(Larderello)。1931 年夏勒(Schaller)在《美国矿物学家》(16)报道。英文名称 Ammonioborite，由成分“Ammonium(铵)”和“Borate(硼酸)”组合命名。1959 年以前发现、描述并命名的“祖父级”矿物，IMA 承认有效。中文名称根据成分译为水硼铵石。

【水硼钙镁石】

英文名 Inderborite

化学式 $CaMg[B_3O_3(OH)_5]_2 \cdot 6H_2O$ (IMA)

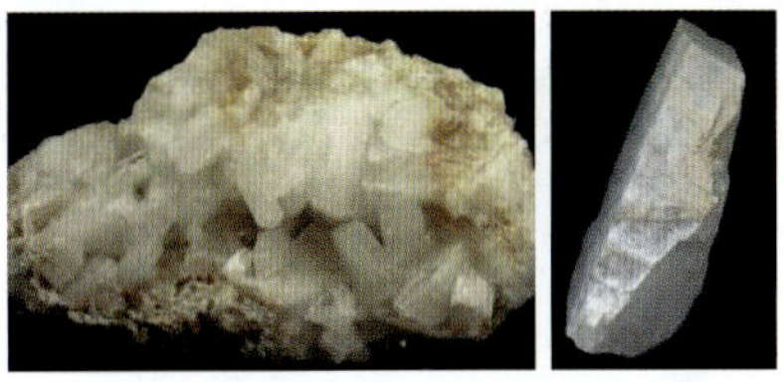

水硼钙镁石柱状晶体，晶簇状集合体(哈萨克斯坦)

水硼钙镁石是一种含结晶水的钙、镁的氢硼酸盐矿物。属多水硼镁石族。单斜晶系。晶体呈粗大柱状、粗粒状；集合体呈晶簇状。无色—白色，玻璃光泽，透明；硬度 3.5，完全解理。1940 年发现于哈萨克斯坦阿特劳州英德尔(Inder)硼矿床和盐丘。1941 年戈尔什霍夫(Gorshov)在《苏联科学院报告》(33)报道。英文名称 Inderborite，以发现地哈萨克斯坦“英德尔(Inder)”湖和成分“Borate(硼酸)”组合命名。1959 年以前发现、描述并命名的“祖父级”矿物，IMA 承认有效。中文名称根据成分译为水硼钙镁石或多水硼镁钙石，也有的译为变水方硼石。

【水硼钙石】

英文名 Ginorite

化学式 $Ca_2B_{14}O_{20}(OH)_6 \cdot 5H_2O$ (IMA)

水硼钙石块状集合体(美国)

水硼钙石是一种含结晶水和羟基的钙的硼酸盐矿物。单斜晶系。晶体呈板状；集合体呈致密块状。无色、白色，玻璃光泽，透明—半透明；硬度 3.5，完全解理。1934 年发现于意大利托斯卡纳比萨省萨索皮萨诺(Sasso Pisano)。1934 年达希亚尔迪(D'Achiardi)在《罗马矿物学期刊》(Periodico de Mineralogia-Roma)(5)和 1935 年《美国矿物学家》(20)报道。英文名称 Ginorite，以意大利佛罗伦萨皮耶罗·基诺里·康迪(Piero Ginori Conti)的名字命名。他是托斯卡纳硼砂工业的领导者，对发展硼砂工业做出了贡献。1959 年以前发现、描述并命名的“祖父级”矿物，IMA 承认有效。中文名称根据成分译为水硼钙石，也译作基性硼钙石。

【水硼钙锶石】

英文名 Kurgantaite

化学式 $CaSrB_5O_9Cl \cdot H_2O$ (IMA)

水硼钙锶石是一种含结晶水和氯的钙、锶的硼酸盐矿

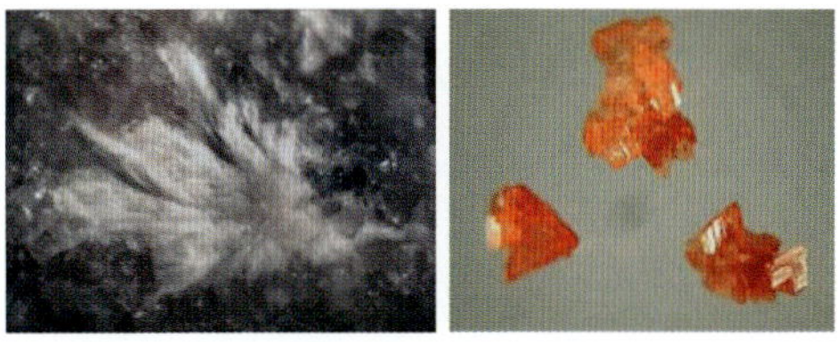

水硼钙锶石三角板状晶体，放射状集合体(俄罗斯、加拿大)

物。属水氯硼钙石族。三斜晶系。晶体呈粗糙的柱状、纤维状、锥状、三角板状、粒状；集合体呈瘤状、块状、放射状。无色、白色，玻璃光泽，透明—半透明；硬度 6～6.5，中等解理，脆性。1952 年发现于哈萨克斯坦阿特劳省阿特劳因德尔硼矿床和盐丘库尔干山顶(Kargan-tau)。1952 年 Ya. Ya. 雅尔泽姆斯基(Ya. Ya. Yarzhemsky)在苏联 *Mineral. Sbornik, Lvov Geol*(6)报道，描述为一个新矿物。英文名称 Kurgantaite，以发现地哈萨克斯坦的库尔干山(Kargan-tau)命名。1982 年被认为是蒂羟硼钙石(Tyretskite)含锶的变种而被废弃。IMA 2000 重新检验并以 IMA 2000s. p. 批准。2001 年 I. V. 佩科夫(I. V. Pekov)等在《俄罗斯矿物学会记事》[130(3)]报道。中文名称根据成分译为水硼钙锶石；2007 年中国地质科学院地质研究所任玉峰在《岩石矿物学杂志》[26(3)]译作氯硼锶钙石。

【水硼硅锶钠锆石】

英文名 Bobtraillite

化学式 $(Na,Ca)_{13}Sr_{11}(Zr,Y,Nb)_{14}Si_{42}B_6O_{132}(OH)_{12} \cdot 12H_2O$ (IMA)

特雷尔像

水硼硅锶钠锆石是一种含结晶水和羟基的钠、钙、锶、锆、钇、铌等的铍硅酸盐矿物。三方晶系。晶体一般呈柱状；集合体呈圆花状、块状。灰色、棕色，玻璃光泽，透明；硬度 5.5，脆性。2001 年发现于加拿大魁北克省圣希莱尔(Saint-Hilaire)混合肥料采石场。英文名称 Bobtraillite，以加拿大地质调查局矿物学家和矿物学部前主任(1953—1980)罗伯特“鲍伯”·詹姆斯·特雷尔(Robert “Bob” James Traill，1921—2011)的姓名命名。IMA 2001-041 批准。2005 年 A. M. 麦克唐纳(A. M. McDonald)和 G. Y. 曹(G. Y. Chao)在《加拿大矿物学家》(43)报道。2008 年任玉峰等在《岩石矿物学杂志》[27(6)]根据成分译为水硼硅锶钠锆石。2011 年杨主明等在《岩石矿物学杂志》[30(4)]建议音译为鲍伯特雷石。

【水硼钾石】

英文名 Santite

化学式 $KB_5O_6(OH)_4 \cdot 2H_2O$ (IMA)

水硼钾石他形粒状晶体(美国)

水硼钾石是一种含结晶水、羟基的钾的硼酸盐矿物。属多水硼钠石族。斜方晶系。晶体呈他形粒状；集合体常呈皮壳状、钟乳状、花饰状。无色，玻璃光泽，透明。1969 年发现于意大利托斯卡纳比萨省拉德莱罗(Larderello)。英文名称 Santite，以意大利比萨大学化学家、自然历史博物馆的主任乔治·桑蒂(Georgi Santi，1746—1823)的姓氏命名。IMA 1969-044 批准。1970 年 S. 梅利诺(S. Merlino)、F. 萨拓礼(F. Sartori)在《矿物学和岩

石学杂志》(27)和 1971 年《美国矿物学家》(56)报道。中文名称根据成分译为水硼钾石，也有的译作四水钾硼石。

【水硼铝钙矾】

英文名 Charlesite

化学式 $Ca_6Al_2(SO_4)_2B(OH)_4(OH,O)_{12}\cdot 26H_2O$ (IMA)

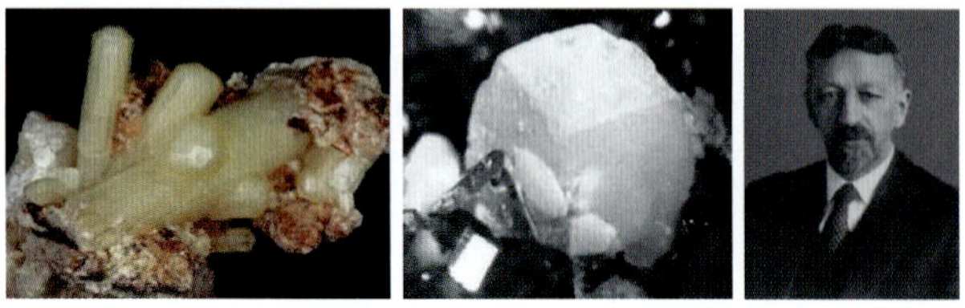

水硼铝钙矾柱状晶体(美国、南非)和查尔斯像

水硼铝钙矾是一种含结晶水、羟基和氧的钙、铝的氢硼酸-硫酸盐矿物。属钙矾石族。六方晶系。晶体厚板状、柱状。无色、白色、淡黄色，很少粉红色，半玻璃光泽、蜡状光泽，透明—半透明；硬度 2.5，完全解理，脆性。1981 年发现于美国新泽西州苏塞克斯县富兰克林(Franklin)矿。英文名称 Charlesite，1983 年皮特·J. 邓恩(Pete J. Dunn)、唐纳德·R. 佩科尔(Donald R. Peacor)、佩特尔·B. 列文斯(Peter B. Leavens)和杰克·利奇·鲍姆(Jack Leach Baum)为纪念查尔斯·帕拉奇(Charles Palache，1869—1954)而以他的名字命名。他是一位系统矿物学家、富兰克林矿区矿物专家和美国哈佛大学矿物学教授。IMA 1981－043 批准。1983 年邓恩等在《美国矿物学家》(68)报道。1985 年中国新矿物与矿物命名委员会郭宗山等在《岩石矿物及测试》[4(4)]根据成分译为水硼铝钙矾。

【水硼镁石】

英文名 Admontite

化学式 $MgB_6O_{10}\cdot 7H_2O$ (IMA)

水硼镁石是一种含结晶水的镁的硼酸盐矿物。单斜晶系。晶体呈细长扁平状或被溶蚀状。无色，玻璃光泽，透明—半透明；硬度 2～3，贝壳状断口。1976 年 A. 达利·尼格罗(A. Dal Negro)等在《晶体结构通信》(5)报道人工合成物的晶体结构。1978 年发现于奥地利施蒂利亚州阿尔卑斯山阿德蒙特(Admont)附近的席尔德莫尔(Schildmauer)。英文名称 Admontite，以发现地奥地利的阿德蒙特(Admont)命名。IMA 1978－012 批准。1979 年 K. 瓦林塔(K. Walenta)在《契尔马克氏矿物学和岩石学通报》(26)和 1980 年 A. 帕布斯特(A. Pabst)在《美国矿物学家》(65)报道。中文名称根据成分译为水硼镁石；根据英文名称音和成分译为阿特芒硼镁石(编译者译为阿德蒙特硼镁石*)。

【水硼锰石】参见【羟硼锰石】条 726 页

【水硼钠钙石】

英文名 Studenitsite

化学式 $NaCa_2B_9O_{14}(OH)_4\cdot 2H_2O$ (IMA)

水硼钠钙石是一种含结晶水和羟基的钠、钙的硼酸盐矿物。单斜晶系。晶体呈长楔形；集合体呈紧密连生状。无色—浅灰色或淡黄色，玻璃光泽，透明—半透明；硬度 5.5～6，脆性，易碎。1994 年发现于塞尔维亚拉斯卡地区贾兰多(Jarandol)火山沉积盆地佩斯卡尼亚(Peskanya)矿床。英文名称 Studenitsite，根据在塞尔维亚发现地附近的斯图德尼察

水硼钠钙石长楔形晶体(塞尔维亚)和斯图德尼察修道院

(Studenica)修道院命名。IMA 1994－026 批准。1995 年 S. V. 马林科(S. V. Malinko)等在《俄罗斯矿物学会记事》[124(3)]和 1996 年《美国矿物学家》(81)报道。2003 年中国地质科学院矿产资源研究所李锦平等在《岩石矿物学杂志》[22(3)]根据成分译为水硼钠钙石。

【水硼钠镁石】

英文名 Rivadavite

化学式 $Na_6Mg[B_6O_7(OH)_6]_4\cdot 10H_2O$ (IMA)

水硼钠镁石结核状集合体(阿根廷)和里瓦达维亚像

水硼钠镁石是一种含结晶水的钠、镁的氢硼酸盐矿物。单斜晶系。晶体呈细针状、板状；集合体呈块状、结核状。无色、白色，玻璃光泽、丝绢光泽，透明；硬度 3.5，完全解理，脆性。1966 年发现于阿根廷萨尔塔省宏比利穆托盐沼廷卡拉玉(Tincalayu)矿床。英文名称 Rivadavite，为纪念阿根廷第一个总统制政府总统(1826 年 2 月 8 日—1827 年 7 月 7 日)伯纳迪诺·里瓦达维亚(Bernardino Rivadavia，1780—1845)而以他的姓氏命名。IMA 1966－010 批准。1967 年在《美国矿物学家》(52)报道。中文名称根据成分译为水硼钠镁石。

【水硼钠石】参见【多水硼钠石】条 138 页

【水硼铍石】

英文名 Berborite

化学式 $Be_2(BO_3)(OH)\cdot H_2O$ (IMA)

水硼铍石(2H)锥状晶体，晶簇状、钟乳状集合体(挪威)

水硼铍石是一种含结晶水、羟基的铍的硼酸盐矿物。三方(或六方)晶系。晶体呈锥状、菱面体、片状、粒状；集合体呈晶簇状、钟乳状。无色、白色，玻璃光泽，透明；硬度 3，完全解理。1967 年发现于俄罗斯北部卡累利阿共和国拉多加湖区鲁皮考(Lupikko)矿。英文名称 Berborite，由化学成分“Be(铍)”和“Bor(硼酸)”组合命名。IMA 1967－004 批准。1967 年在《苏联科学院报告》(174)报道。中文名称根据成分译为水硼铍石；也译作铍硼石。现已发现有 Berborite-1T(三方晶系)、Berborite-2H(六方晶系。白色。发现于挪威。1990 年朱塞佩蒂(Giuseppetti)等在《矿物学新年鉴：论文》

[162(1)]报道)和 Berborite-2T(三方晶系)三个多型。

【水硼锶石】

英文名 Veatchite

化学式 $Sr_2B_{11}O_{16}(OH)_5 \cdot H_2O$ (IMA)

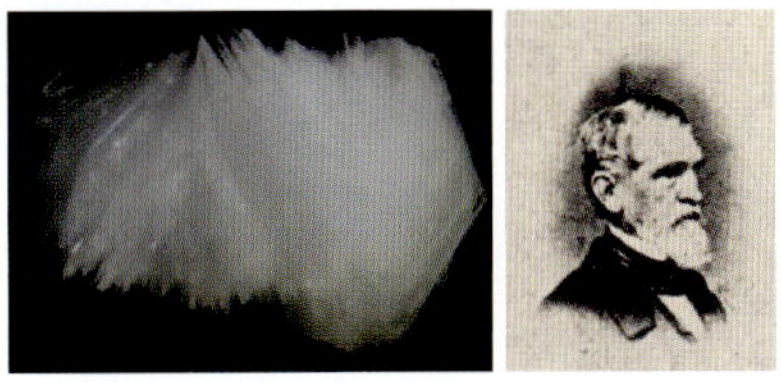

水硼锶石板状、纤维状晶体(美国)和维奇像

水硼锶石是一种含结晶水、羟基的锶的硼酸盐矿物。单斜(或三斜)晶系。晶体呈柱状、板状、纤维状。无色、白色,玻璃光泽,解理面上呈珍珠光泽,纤维状者呈丝绢光泽,透明—半透明;硬度 2,完全解理。1938 年发现于美国加利福尼亚州洛杉矶县朗格(Lang)矿。1938 年乔治·S. 斯维泽(George S. Switzer)在《美国矿物学家》(23)报道。英文名称 Veatchite,以美国医生、测量员和地质学家约翰·A. 维奇(John A. Veatch,1808—1870)的姓氏命名。在 1856 年,他是在加利福尼亚州矿泉水中检测到硼的第一人。1959 年以前发现、描述并命名的"祖父级"矿物,IMA 承认有效。中文名称根据成分译为水硼锶石。2012 年格赖斯(Grice)和普林(Pring)描述了水硼锶石的 3 个多型[-1A(三斜)、-1M(单斜)和-2M]。

【水硼铁镁石】参见【齐硼铁镁矿】条 695 页

【水片硅碱钙石】

英文名 Hydrodelhayelite

化学式 $KCa_2(Si_7Al)O_{17}(OH)_2 \cdot 6H_2O$ (IMA)

水片硅碱钙石是一种含结晶水和羟基的钾、钙的铝硅酸盐矿物。斜方晶系。硬度 4。1979 年发现于俄罗斯北部摩尔曼斯克州阿帕蒂托夫伊齐克(Apatitovyi Tsirk)。英文名称 Hydrodelhayelite,由成分冠词"Hydro(水)"和根词"Delhayelite(片硅碱钙石)"组合命名。IMA 1979－023 批准。1979 年在《苏联矿物新资料》(28)和《美国矿物学家》(72)报道。中文名称根据成分及与片硅碱钙石的关系译为水片硅碱钙石(根词参见【片硅碱钙石】条 686 页)。

【水铅钒铬矿】参见【卡瑟达纳矿*】条 398 页

【水铅铀矿】

英文名 Sayrite

化学式 $Pb_2(UO_2)_5O_6(OH)_2 \cdot 4H_2O$ (IMA)

水铅铀矿柱状晶体(刚果)和塞尔像

水铅铀矿是一种含结晶水、羟基的铅的铀酰-氧化物矿物。单斜晶系。晶体呈小柱状。橙黄色—橙红色。1982 年发现于刚果(金)上加丹加省坎博韦区欣科洛布韦(Shinkolobwe)矿。英文名称 Sayrite,以美国 IBM 公司(国际商业机器公司或万国商业机器公司)的结晶学家大卫·塞尔(David Sayre,1924—)的姓氏命名。IMA 1982－050 批准。1983 年 P. 皮雷(P. Piret)等在《法国矿物学和结晶学会通报》(106)和 1984 年《美国矿物学家》(69)报道。1985 年中国新矿物与矿物命名委员会郭宗山等在《岩石矿物及测试》[4(4)]根据成分译为水铅铀矿;1984 年陈璋如在《世界核地质科学》(4)根据英文名称首音节音和成分译为塞铅铀矿。

【水羟碲铁石】参见【片铁碲矿】条 687 页

【水羟铬铋矿】

英文名 Dukeite

化学式 $Bi_{24}^{3+}Cr_8^{6+}O_{57}(OH)_6 \cdot 3H_2O$ (IMA)

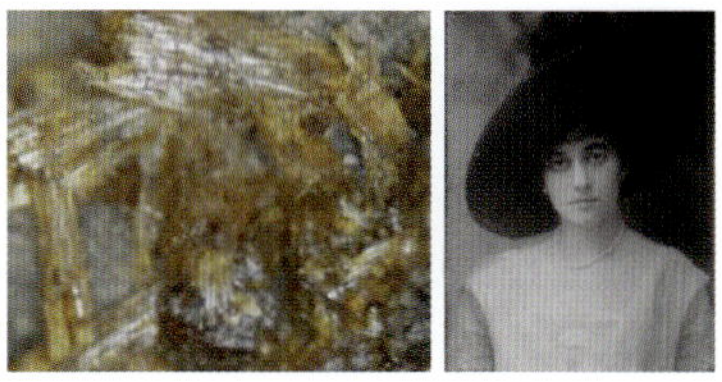

水羟铬铋矿针状晶体,束状集合体(巴西)和杜克像

水羟铬铋矿是一种含结晶水的铋、铬的氢氧-氧化物矿物。三方晶系。晶体呈自形—半自形针状;集合体呈束状。黄色、黄褐色,树脂光泽,透明—半透明;硬度 3～4,脆性。1999 年发现于巴西米纳斯吉拉斯州布雷贾巴(Brejauba)波塞(Posse)矿。英文名称 Dukeite,以北卡罗来纳杜克(Duke)大学和杜克(Duke)家族的玛丽·杜克·比德尔的名字命名。矿物原型标本被发现于杜克大学的收藏品,并为杜克家族所拥有。矿物的发现者还注意到,这个名字承认玛丽·杜克·比德尔公爵基金会支持矿物研究直接导致了矿物的最初发现。IMA 1999－021 批准。2000 年 P. C. 伯恩斯(P. C. Burns)等在《美国矿物学家》(85)报道。2004 年李锦平等在《岩石矿物学杂志》[23(1)]根据成分译为水羟铬铋矿。

【水羟硅铝钙石】

英文名 Vertumnite

化学式 $Ca_4Al_4Si_4O_6(OH)_{24} \cdot 3H_2O$ (IMA)

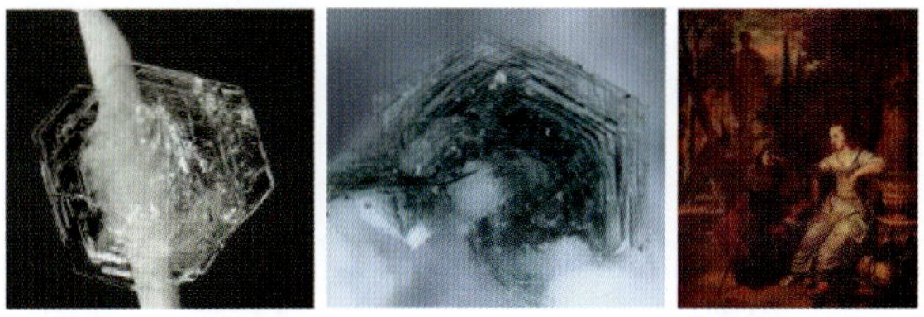

水羟硅铝钙石假六方片状晶体(德国)和维特姆诺斯像

水羟硅铝钙石是一种含结晶水和羟基的钙、铝的硅酸盐矿物。单斜(假六方)晶系。晶体常呈由接触双晶形成的扁平的假六方片状。无色、浅绿色,玻璃光泽,透明;硬度 5,非常脆。1975 年发现于意大利维泰博市坎波莫托(Campomorto)采石场。英文名称 Vertumnite,以最近被罗马人采用的维特姆诺斯(Vertumnus)的名字命名。维特姆诺斯是伊特鲁里亚(Etruscan)女神,她是果实走向成熟发展的保护者。IMA 1975－043 批准。1977 年 E. 帕萨利亚(E. Passaglia)、E. 加利(E. Galli)在奥地利《契尔马克氏矿物学和岩石学通报》(24)和《美国矿物学家》(62)报道。中文名称根据成分译为水羟硅铝钙石。

【水羟硅锰石】

英文名 Nchwaningite

化学式 $Mn_2SiO_3(OH)_2 \cdot H_2O$ (IMA)

水羟硅锰石针状晶体，球粒状集合体（南非）

水羟硅锰石是一种含结晶水、羟基的锰的硅酸盐矿物。斜方晶系。晶体呈扁平针状；集合体呈放射状、球粒状。浅棕色，玻璃光泽，透明；硬度 5.5，完全解理。1994 年发现于南非北开普省喀拉哈里锰矿田库鲁曼北查宁（N'Chwaning）矿山Ⅱ矿。英文名称 Nchwaningite，以发现地南非北查宁（N'Chwaning）矿山命名。IMA 1994 - 002 批准。1995 年在《美国矿物学家》(80)和《矿物学记录》(27)报道。2004 年李锦平等在《岩石矿物学杂志》[23(1)]根据成分译为水羟硅锰石。

【水羟硅钠石】参见【水钠硅石】条 856 页

【水羟磷铝矾】

英文名 Hotsonite

化学式 $Al_5(SO_4)(PO_4)(OH)_{10} \cdot 8H_2O$ (IMA)

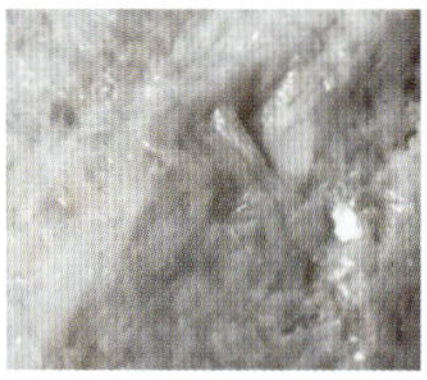

水羟磷铝矾块状集合体（南非）

水羟磷铝矾是一种含结晶水、羟基的铝的磷酸-硫酸盐矿物。三斜晶系。晶体呈针状、条状；集合体呈粉末状、块状。白色，丝绢光泽，半透明；硬度 2.5。1983 年发现于南非北开普省布须曼地区柯纳比农场霍特森（Hotson）矿。英文名称 Hotsonite，以发现地南非的霍特森（Hotson）矿命名。IMA 1983 - 033 批准。1984 年 G. J. 伯克（G. J. Burkes）等在《美国矿物学家》(69)报道。1985 年中国新矿物与矿物命名委员会郭宗山等在《岩石矿物及测试》[4(4)]根据成分译为水羟磷铝矾。水羟磷铝矾有 Hotsonite-Ⅷ和 Hotsonite-Ⅵ。

【水羟磷铝钙石】

英文名 Gatumbaite

化学式 $CaAl_2(PO_4)_2(OH)_2 \cdot H_2O$ (IMA)

水羟磷铝钙石是一种含结晶水和羟基的钙、铝的磷酸盐矿物。单斜晶系。晶体呈他形刃状、纤维状；集合体呈放射状、捆状和圆花状。白色，珍珠光泽，半透明；硬度 4～5，脆性。1976 年发现于卢旺达西部省份加通巴（Gatumba）区布兰加（Buranga）伟晶岩。英文名称 Gatumbaite，由发现地卢旺达的加通巴（Gatumba）命名。IMA 1976 - 019 批准。1977 年 O. 冯·克诺林（O. von Knorring）、A. M. 弗朗索莱特（A. M. Fransolet）在《矿物学新年鉴》（月刊）和在《美国矿物学家》(63)报道。中文名称根据成分译为水羟磷铝钙石。

【水羟磷铝石】

英文名 Vashegyite

化学式 $Al_{11}(PO_4)_9(OH)_6 \cdot 38H_2O$ (IMA)

水羟磷铝石菱形状晶体，放射状、半球状集合体（德国、捷克）

水羟磷铝石是一种含结晶水、羟基的铝的磷酸盐矿物。斜方晶系。晶体呈显微扁平的菱形状、纤维状；集合体呈放射状、半球状、多孔状、非晶质隐晶质致密块状。白色、亮绿色、浅黄色、浅棕色，蜡状光泽，半透明—不透明；硬度 2～3，完全解理。1909 年发现于斯洛伐克萨克热乌卡（Sirk Revuca）县伊莱兹尼克（Železník）沃什海吉（Vashegy）；同年，齐曼尼（Zimányi）在《数学与自然科学通报》（*Mathematikai és Természet-tudományi Értesítö*）(27)和莱比锡《结晶学、矿物学和岩石学杂志》(47)报道。英文名称 Vashegyite，以发现地斯洛伐克沃什海吉（Vashegy）命名。在 1956 年苏联入侵布达佩斯时标本被毁，原始标本(1910)目前存于英国伦敦自然历史博物馆。1959 年以前发现、描述并命名的“祖父级”矿物，IMA 承认有效。中文名称根据成分译为水羟磷铝石；根据晶习和成分译为纤磷铝石。

【水羟磷铝锌石】

英文名 Kleemanite

化学式 $ZnAl_2(PO_4)_2(OH)_2 \cdot 3H_2O$ (IMA)

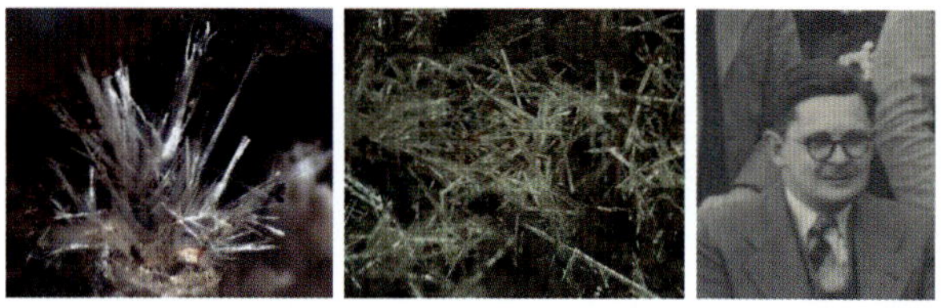

水羟磷铝锌石毛发状晶体，丛状、毡状集合体（澳大利亚）和卡里曼像

水羟磷铝锌石是一种含结晶水和羟基的锌、铝的磷酸盐矿物。单斜晶系。晶体呈细粒状、毛发状；集合体呈毛毡状、皮壳状或细脉状。无色，集合体呈青黄色；硬度低。1977 年发现于澳大利亚南澳大利亚州艾尔半岛中部。英文名称 Kleemanite，以澳大利亚岩石学家阿尔弗雷德·威廉·卡里曼（Alfred William Kleeman，1913—1982）的姓氏命名。IMA 1978 - 043 批准。1979 年 E. S. 皮尔金顿（E. S. Pilkington）等在《矿物学杂志》(43)和 M. 弗莱舍（M. Fleischer）等在《美国矿物学家》(64)报道。中文名称根据成分译为水羟磷铝锌石。

【水羟磷镁铝石】参见【阿磷镁铝石】条 7 页

【水羟磷锰铁钾石】

英文名 Paulkerrite

化学式 $KMg_2TiFe_2^{3+}(PO_4)_4(OH)_3 \cdot 15H_2O$ (IMA)

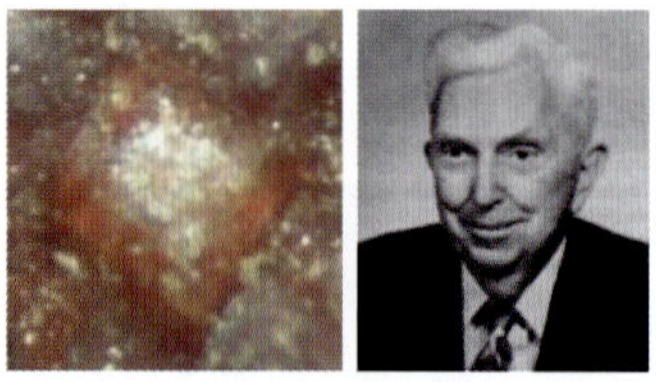

水羟磷锰铁钾石板状晶体（美国）和保罗·弗朗西斯·克尔像

水羟磷锰铁钾石是一种含结晶水和羟基的钾、镁、钛、铁的磷酸盐矿物。斜方晶系。晶体呈近于等径的菱形板状。无色、淡黄褐色，玻璃—半玻璃光泽，透明；硬度 3，完全解理，脆性。1983 年发现于美国亚利桑那州亚瓦派县尤里卡区巴格达迪（Bagdad）矿区 7 - U - 7 牧场。1984 年唐纳德·皮科（Donald Peacor）、皮特·邓恩（Pete Dunn）和威廉·西蒙斯（William Simmons）在《矿物学记录》(15)报道。英文名

称 Paulkerrite，为纪念美国纽约哥伦比亚大学矿物学教授保罗·弗朗西斯·克尔（Paul Francis Kerr，1897—1981）而以他的姓名命名。IMA 1983-014 批准。1985 年在《美国矿物学家》（70）报道。中文名称根据成分译为水羟磷锰铁钾石。

【水羟磷钠锰石】

英文名 Ercitite

化学式 $NaMn^{3+}(PO_4)(OH)\cdot 2H_2O$　（IMA）

水羟磷钠锰石是一种含结晶水和羟基的钠、锰的磷酸盐矿物。单斜晶系。晶体呈板条状；集合体呈扇状、树枝状。浅褐色、深褐色—黑色，玻璃光泽；硬度 3～4，完全解理，脆性。1999 年发现于加拿大马尼托巴省伯尼克（Bernic）湖坦科（Tanco）矿。英文名称 Ercitite，以加拿大矿物学家和结晶学家 T. 斯科特·厄西特（T. Scott Ercit，1957—）的姓氏命名。IMA 1999-036 批准。2000 年 A. M. 弗朗索莱特（A. M. Fransolet）等在《加拿大矿物学家》（38）报道。2003 年中国地质科学院矿产资源研究所李锦平等在《岩石矿物学杂志》［22（1）］根据成分译为水羟磷钠锰石。2011 年杨主明等在《岩石矿物学杂志》［30（4）］建议音译为欧西石。

【水羟磷铀矿】参见【弗磷铀矿】条 171 页

【水羟硫砷铜石】

英文名 Leogangite

化学式 $Cu_{10}(AsO_4)_4(SO_4)(OH)_6\cdot 8H_2O$　（IMA）

水羟硫砷铜石薄片状晶体，放射状、束状集合体（奥地利）

水羟硫砷铜石是一种含结晶水、羟基的铜的硫酸-砷酸盐矿物。单斜晶系。晶体呈薄片状、扁平板状；集合体呈放射状、束状。蓝色、绿色，玻璃光泽，透明；完全解理，脆性。1998 年发现于奥地利萨尔茨堡州莱奥冈（Leogang）的史瓦兹莱奥格拉本（Schwarzleograben）阿尔普（Alp）菱镁矿和丹尼尔（Daniel）平硐；同年，C. L. 冷埃尔（C. L. Lengauer）等在《奥地利矿物协会通讯》（143）报道。英文名称 Leogangite，以发现地奥地利的莱奥冈（Leogang）命名。IMA 1998-032 批准。2004 年 C. L. 冷埃尔（C. L. Lengauer）等在《矿物学和岩石学》（81）报道。2008 年中国地质科学院地质研究所任玉峰等在《岩石矿物学杂志》［27（3）］中根据成分译为水羟硫砷铜石。

【水羟铝矾】

英文名 Zaherite

化学式 $Al_{12}(SO_4)_5(OH)_{26}\cdot 20H_2O$　（IMA）

水羟铝矾是一种含结晶水、羟基的铝的硫酸盐矿物。三斜晶系。晶体呈细粒状；集合体呈块状。白色、蓝绿色，珍珠光泽，半透明；硬度 3.5。1977 年发现于巴基斯坦旁遮普省盐矿。英文名称 Zaherite，1977 年由 A. P. 罗察拉（A. P. Ruotsala）和 L. L. 巴布科克（L. L. Babcock）以孟加拉国地质调查局地质学家穆罕默德·阿布杜兹·查希尔（Mohammed Abduz Zaher，1935—）的姓氏命名。IMA 1977-002 批准。1977 年在《美国矿物学家》（62）报道。中文名称根据成分译为水羟铝矾。

【水羟铝矾石】

英文名 Hydrobasaluminite

化学式 $Al_4(SO_4)(OH)_{10}\cdot 15H_2O$　（IMA）

水羟铝矾石是一种含结晶水、羟基的铝的硫酸盐矿物。单斜晶系。集合体呈土状。白色；柔软。1948 年发现于英国英格兰北安普敦郡老洛奇（Old Lodge）坑。1948 年班尼斯特（Bannister）、霍林沃思（Hollingworth）在《自然》（162）和《美国矿物学家》（33）报道。英文名称 Hydrobasaluminite，由成分冠词"Hydro（水）"和根词"Basaluminite（羟矾石）"组合命名，意指它是水化的羟矾石的类似矿物。1959 年以前发现、描述并命名的"祖父级"矿物，IMA 承认有效。中文名称根据成分译为水羟铝矾石。

【水羟氯铜矿】

英文名 Claringbullite

化学式 $Cu_4^{2+}FCL(OH)_6$　（IMA）

水羟氯铜矿片状晶体，束状、放射状集合体（美国）和克拉林布尔像

水羟氯铜矿是一种含羟基的铜的氯-氟化物矿物。最初认为是 $Cu_4(OH)_7Cl\cdot nH_2O$。六方晶系。晶体呈板状、针状、纤维状；集合体呈束状、放射状、球粒状。绿色、浅蓝色，玻璃光泽、珍珠光泽，透明—半透明；硬度小，完全解理。1976 年发现于刚果（金）上加丹加省坎博韦区梅塞萨（M'sesa）矿和赞比亚铜矿带省钦戈拉市恩昌加（Nchanga）矿。英文名称 Claringbullite，以戈登·弗兰克·克拉林布尔（Gordon Frank Claringbull，1911—1990）的姓氏命名。他是英国自然历史博物馆的矿物学前管理者和主任，他帮助描述了 6 种矿物。IMA 1976-029 批准。1977 年 E. E. 费耶尔（E. E. Fejer）等在《矿物学杂志》（41）和 1978 年 M. 弗莱舍（M. Fleischer）等在《美国矿物学家》（63）报道。中文名称根据成分译为水羟氯铜矿。

【水羟镁锑石】

英文名 Brandholzite

化学式 $MgSb_2(OH)_{12}\cdot 6H_2O$　（IMA）

水羟镁锑石六方板状、长板状晶体（斯洛伐克）

水羟镁锑石是一种含结晶水的镁、锑的氢氧化物矿物。属水羟镍锑石族。三方晶系。晶体呈六方板状、长板状，具双晶；集合体呈玫瑰花状。无色，玻璃光泽，透明；硬度 2～3，脆性。1998 年发现于德国巴伐利亚州施密顿（Schmidten）前景区。英文名称 Brandholzite，以发现地德国的布兰德霍尔兹（Brandholz）市命名。IMA 1998-017 批准。2000 年

A. 弗里德里希(A. Friedrich)等在《美国矿物学家》(85)报道。2004 年李锦平等在《岩石矿物学杂志》[23(1)]根据成分译为水羟镁锑石。

【水羟锰矿】

英文名 Vernadite

化学式 $(Mn,Fe,Ca,Na)(O,OH)_2 \cdot nH_2O$ (IMA)

水羟锰矿针状晶体(希腊)、树枝状(印模)集合体(蒙古国)和维尔纳斯基像

水羟锰矿是一种含结晶水的锰、铁、钙、钠的氢氧-氧化物矿物。六方晶系。晶体呈针状;集合体呈树枝状(印模)。黑色,树脂光泽;硬度 2。1937 年在《全苏矿物学会记事》[66(4)]报道。1944 年发现于俄罗斯巴什共和国库西莫夫斯科耶(Kusimovskoye)锰矿床;同年,A. G. 别捷赫京(A. G. Betekhtin)在《苏联科学院报告:塞里亚地质学家》(4)报道。英文名称 Vernadite,以苏联莫斯科大学地球化学教授弗拉基米尔·伊万诺维奇·维尔纳斯基(Vladimir Ivanovich Vernadskii,1863—1945)的姓氏命名,他是乌克兰科学院创始人。1959 年以前发现、描述并命名的"祖父级"矿物,IMA 承认有效,但 IMA 持怀疑态度。中文名称根据成分译为水羟锰矿,也译作复水锰矿;或译作偏锰酸矿。

【水羟镍石】

英文名 Jamborite

化学式 $(Ni^{2+}_{1-x},Co^{3+}_x)(OH)_{2-x}(SO_4)_x \cdot nH_2O[x \leqslant 1/3;$ $n \leqslant (1-x)]$ (IMA)

水羟镍石丛状、禾状集合体(意大利)和杨博尔像

水羟镍石是一种含结晶水的水合镍、钴的硫酸盐矿物。属水滑石超族。六方晶系。晶体呈细柱状、叶片状、纤维状;集合体呈丛状。浅绿色、黄绿色,半透明。1971 年发现于意大利博洛尼亚省加焦蒙塔诺(Gaggio Montano)凯蒂·拉德里(Ca'dei Ladri)等处。英文名称 Jamborite,1973 年由德国诺里斯·莫兰迪(Noris Morandi)和乔治·达利奥(Giorgio Dalrio)为纪念约翰·莱斯利·杨博尔(John Leslie Jambor,1936—1936)而以他的姓氏命名。杨博尔是加拿大地质调查局的地质矿物学家(1960—1993)、加拿大安大略省滑铁卢大学矿物学教授(1994—2000)和《加拿大矿物学家》杂志的主编(1975—1977)。杨博尔是加拿大最多产的地质调查人员之一,他描述或参与描述了 31 个新矿物种。IMA 1971-037 批准。1973 年 N. 莫兰迪(N. Morandi)和 G. 达利奥(G. Dalrio)在《美国矿物学家》(58)报道。中文名称根据成分译为水羟镍石。Jamborite 曾被确认为是一种有问题的矿物,需要进一步调查研究,随后在 2014 年被重新定义作为一个有效的矿物种(IMA 14-E 提案),IMA 2014s. p. 批准[参见 2014 年《CNMNC 通讯》(21)和《矿物学杂志》(78)]。

【水羟镍锑石】参见【博蒂诺石】条 76 页

【水羟硼钙石】参见【六水硼钙石】条 532 页

【水羟砷铋铜石】

英文名 Juanitaite

化学式 $(Cu,Ca,Fe)_{10}Bi(AsO_4)_4(OH)_{11} \cdot 2H_2O$ (IMA)

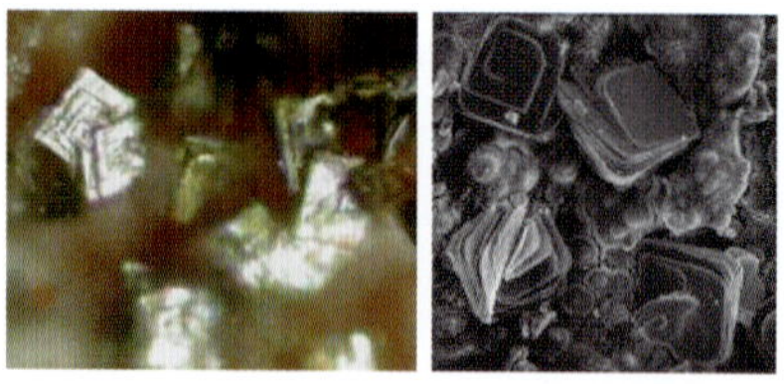

水羟砷铋铜石正方形板状晶体,平行排列状集合体(美国)

水羟砷铋铜石是一种含结晶水和羟基的铜、钙、铁、铋的砷酸盐矿物。四方晶系。晶体呈正方形板状;集合体呈近平行的束状、玫瑰花状。橄榄绿色、黄绿色,松脂光泽,半透明;硬度 1,完全解理。1999 年发现于美国犹他州图埃勒县迪普克拉克山脉韦斯顿犹他(Western Utah)矿。英文名称 Juanitaite,以发现此矿物的业余矿物收藏家胡安妮塔·柯蒂斯(Juanita Curtis,1917—2006)的名字命名。IMA 1999-022 批准。2000 年 A. R. 坎普夫(A. R. Kampf)在《矿物学记录》(31)报道。2003 年中国地质科学院矿产资源研究所李锦平等在《岩石矿物学杂志》[22(1)]根据成分译为水羟砷铋铜石。

【水羟砷碲铜铁石】

英文名 Juabite

化学式 $CaCu_{10}(Te^{4+}O_3)_4(AsO_4)_4(OH)_2 \cdot 4H_2O$ (IMA)

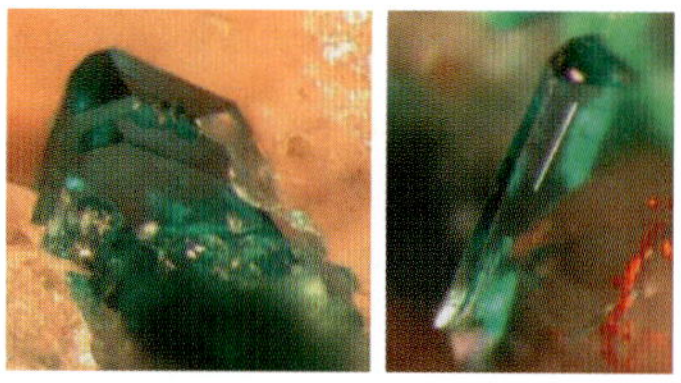

水羟砷碲铜铁石板状、柱状晶体(美国)

水羟砷碲铜铁石是一种含结晶水和羟基的钙、铜的砷酸-碲酸盐矿物。三斜晶系。晶体呈板状、柱状;集合体呈晶簇状。祖母绿色、淡绿色,玻璃光泽、金刚光泽,透明—半透明;硬度 3～4,完全解理,脆性。1996 年发现于美国犹他州贾布(Juab)县东廷蒂克山脉。英文名称 Juabite,以发现地美国的贾布(Juab)县命名。IMA 1996-001 批准。1997 年 A. C. 罗伯茨(A. C. Roberts)等在《矿物学杂志》(61)报道。2003 年中国地质科学院矿产资源研究所李锦平等在《岩石矿物学杂志》[22(2)]根据成分译为水羟砷碲铜铁石。

【水羟砷钙铁石】参见【水砷钙锰石-铁】条 866 页

【水羟砷铝石】

英文名 Bulachite

化学式 $Al_2(AsO_4)(OH)_3 \cdot 3H_2O$ (IMA)

水羟砷铝石是一种含结晶水、羟基的铝的砷酸盐矿物。斜方晶系。晶体呈针状、纤维状;集合体呈棉花团状、放射状。白色,玻璃光泽、丝绢光泽,透明;硬度 2。1982 年发现

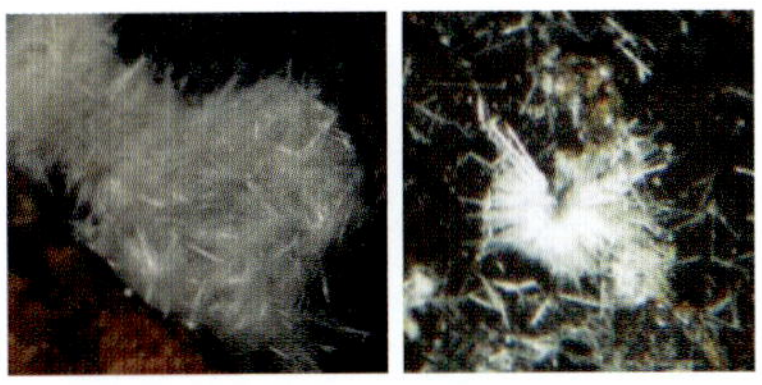

水羟砷铝石棉花团状、放射状集合体(意大利)

于德国巴登-符腾堡州新布拉赫(Neubulach)。英文名称Bulachite,以发现地德国新布拉赫(Neubulach)命名。IMA 1982-081批准。1983年K.瓦林塔(K. Walenta)在*Aufschluss*(34)和《美国矿物学家》(70)报道。1985年中国新矿物与矿物命名委员会郭宗山等在《岩石矿物及测试》[4(4)]根据成分译为水羟砷铝石。

【水羟砷锌石】参见【羟砷锌矿】条732页

【水羟碳钙铝石】

英文名 Kochsándorite

化学式 $CaAl_2(CO_3)_2(OH)_4 \cdot H_2O$ (IMA)

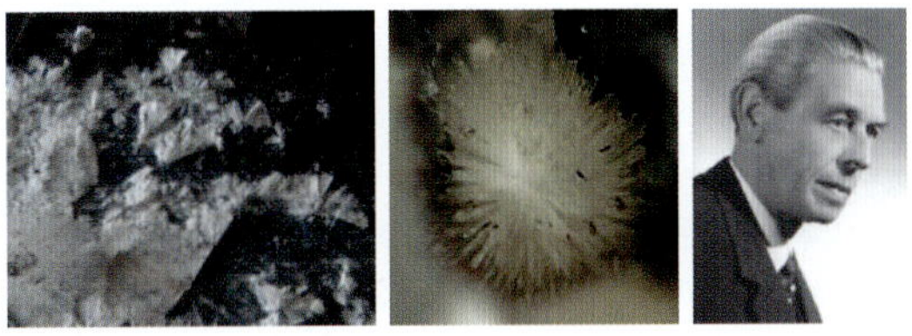

水羟碳钙铝石片状晶体,放射状、球状集合体(匈牙利)和科赫·桑德尔像

水羟碳钙铝石是一种含结晶水和羟基的钙、铝的碳酸盐矿物。属水碳铝钡石族。斜方晶系。晶体呈针状、叶片状;集合体呈放射状、球状。无色、白色,玻璃光泽、丝绢光泽,透明;硬度2~2.5,脆性。2004年发现于匈牙利费耶尔州玛尼(Mány)褐煤矿床。英文名称Kochsándorite,以匈牙利赛格德约瑟夫阿提拉大学的矿物学、岩石学和地球化学系科赫·桑德尔(Koch Sándor,1896—1983)教授的姓名命名。他撰写出版了《匈牙利矿物史》和《匈牙利矿物》。IMA 2004-037批准。2007年I. E. 萨耀(I. E. Sajó)等在《加拿大矿物学家》(45)报道。2010年中国地质科学院地质研究所尹淑苹等在《岩石矿物学杂志》[29(4)]根据成分译为水羟碳钙铝石。

【水羟碳磷锌钙石】

英文名 Skorpionite

化学式 $Ca_3Zn_2(PO_4)_2(CO_3)(OH)_2 \cdot H_2O$ (IMA)

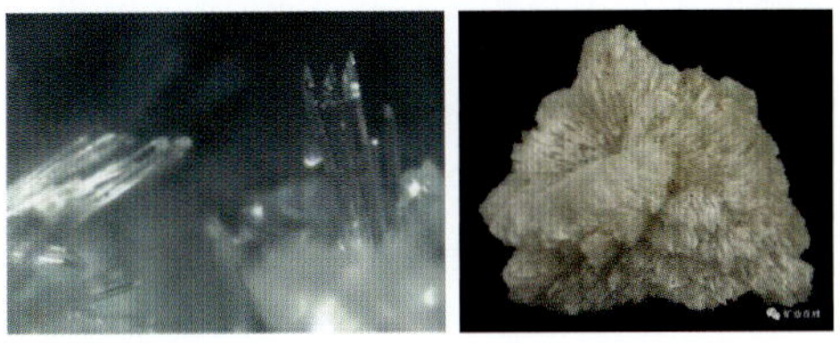

水羟碳磷锌钙石针状晶体,晶簇状、放射状集合体(纳米比亚)

水羟碳磷锌钙石是一种含结晶水和羟基的钙、锌的碳酸-磷酸盐矿物。单斜晶系。晶体呈针状、刃片状、剑状;集合体呈放射状、杂乱晶簇状。无色、白色,玻璃光泽,透明;硬度3.5,脆性。2005年发现于纳米比亚卡拉斯省吕德里茨区斯科皮恩(Skorpion)锌矿。英文名称Skorpionite,以发现地纳米比亚的斯科皮恩(Skorpion)锌矿命名。IMA 2005-010批准。2008年W.克劳斯(W. Krause)等在《欧洲矿物学杂志》(20)报道。2011年中国地质科学院地质研究所任玉峰等在《岩石矿物学杂志》[30(2)]根据成分译为水羟碳磷锌钙石。

【水羟碳铝石】

英文名 Hydroscarbroite

化学式 $Al_{14}(CO_3)_3(OH)_{36} \cdot nH_2O$ (IMA)

水羟碳铝石是一种含结晶水、羟基的铝的碳酸盐矿物。三斜晶系。集合体呈致密块状,与羟碳铝矿相似。白色,半透明;易碎。1960年发现于英国英格兰北约克郡斯卡伯勒(Scarborough)镇的南湾(South Bay)。英文名称Hydroscarbroite,由成分冠词"Hydro(水)"和根词"Scarbroite(羟碳铝矿)"组合命名,意指它是含水量多的羟碳铝矿的类似矿物;其中,根词由英国的斯卡伯勒(Scarborough)镇命名。1959年以前发现、描述并命名的"祖父级"矿物,IMA承认有效,但IMA持怀疑态度。1960年W. J. 杜芬(W. J. Duffin)等在《矿物学杂志》(32)和《美国矿物学家》(45)报道。中文名称根据成分译为水羟碳铝石,也译作多水碳铝石。

【水羟碳锶铝石】

英文名 Montroyalite

化学式 $Sr_4Al_8(CO_3)_3(OH)_{26} \cdot 10H_2O$ (IMA)

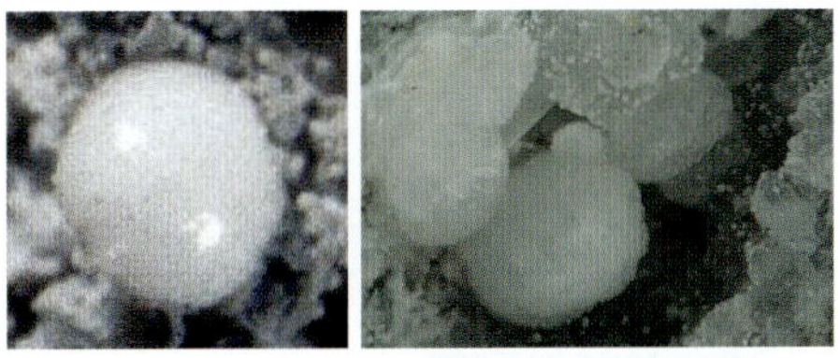

水羟碳锶铝石纤维状晶体,放射状、球状集合体(加拿大)

水羟碳锶铝石是一种含结晶水和羟基的锶、铝的碳酸盐矿物。三斜晶系。晶体呈纤维状;集合体呈放射状、晶簇状、球状、半球状。白色,蜡状光泽,半透明;硬度3.5,脆性。1985年发现于加拿大魁北克省蒙特利尔市佛朗哥(Francon)采石场。英文名称Montroyalite,1986年A. C. 罗伯茨(A. C. Roberts)等以加拿大的蒙特罗亚尔(Mont Royal)山命名,它是蒙特里根(Monteregian)山丘之一,也是蒙特利尔(Montreal)的一个著名的地标,蒙特利尔市也是以山丘命名的。IMA 1985-001批准。1986年A. C. 罗伯茨(A. C. Roberts)等在《加拿大矿物家》(24)报道。1987年中国新矿物与矿物命名委员会郭宗山等在《岩石矿物学杂志》[6(4)]根据成分译为水羟碳锶铝石。

【水羟碳铜石】

英文名 Georgeite

化学式 $Cu_2(CO_3)(OH)_2$ (IMA)

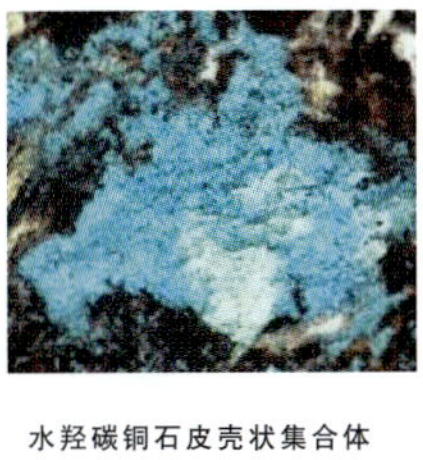

水羟碳铜石皮壳状集合体(澳大利亚)

水羟碳铜石是一种含羟基的铜的碳酸盐矿物。非晶质;集合体呈粉状、皮壳状。天蓝色、淡蓝色、蔚蓝色,玻璃光泽、土状光泽,透明—半透明;硬度1~2,脆性。1979年发现于澳大利亚西澳大利亚州孟席斯郡梅安吉纳(Menangina)站卡尔博伊德(Carr Boyd)镍矿。英文名称Georgeite,以西澳大利亚州珀斯政府化学实验室矿产部主任乔治·赫伯特·佩恩(George Herbert Payne,1912—1989)的名字命名。IMA 1977-004批准。1979年P. J. 布里奇(P. J. Bridge)等在《矿物

学杂志》(43)和 M. 弗莱舍(M. Fleischer)在《美国矿物学家》(64)报道。中文名称根据成分译为水羟碳铜石。

【水羟硒钙铀矿】

英文名 Piretite

化学式 $Ca(UO_2)_3(Se^{4+}O_3)_2(OH)_4 \cdot 4H_2O$ (IMA)

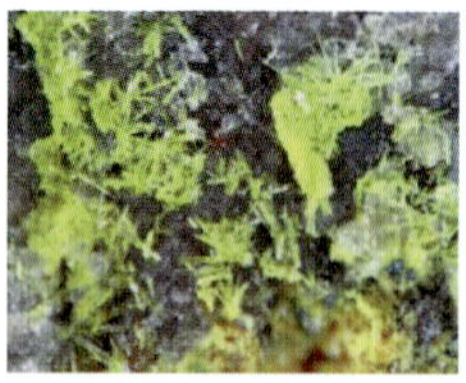

水羟硒钙铀矿针状、板条状晶体(捷克)

水羟硒钙铀矿是一种含结晶水、羟基的钙的铀酰-硒酸盐矿物。斜方晶系。晶体呈针状、板状、柱状;集合体呈皮壳状、晶簇状。柠檬黄色,珍珠光泽,透明—半透明;硬度 2.5,完全解理,脆性。1996 年发现于刚果(金)上加丹加省坎博韦区欣科洛布韦(Shinkolobwe)铀矿山。英文名称 Piretite,以比利时新鲁汶大学晶体学教授保罗·皮雷(Paul Piret,1932—1999)博士的姓氏命名。他与米歇尔·德林(Michel Deliens)合作描述了近 30 种新矿物。IMA 1996-002 批准。1996 年 R. 沃希滕(R. Vochten)等在《加拿大矿物学家》(34)报道。2003 年中国地质科学院矿产资源研究所李锦平等在《岩石矿物学杂志》[22(3)]根据成分译为水羟硒钙铀矿。

【水羟锌镁锰矿】参见【辛安丘乐石】条 1040 页

【水烧绿石】

英文名 Hydropyrochlore

化学式 $(H_2O,\square)_2Nb_2(O,OH)_6H_2O$ (IMA)

水烧绿石八面体晶体(刚果)

水烧绿石是一种含结晶水的水、空位、铌的氢氧-氧化物矿物。属烧绿石族。等轴晶系。晶体常呈八面体,粒径3~5mm。褐黑色、黄灰色、褐色、浅绿色,玻璃光泽、树脂光泽,半透明;硬度 4~4.5,脆性。1965 年发现于刚果(金)北基伍省鲁丘鲁地区比托吕舍(Lueshe)矿。英文名称 Hydropyrochlore,由“Hydro(水)”和“Pyrochlore(烧绿石)”组合命名。1977 年 D. D. 贺加斯(D. D. Hogarth)在《美国矿物学家》(62)报道称 Kalipyrochlore,以“Kalium(钾)”和“Pyrochlore(烧绿石)”组合命名钾烧绿石。1978 年 L. 范·万贝克(L. van Wambeke)在《美国矿物学家》(63)报道。2010 年被 IMA 特殊程序重新定义为 Hydropyrochlore(水烧绿石)。IMA 2010s. p. 批准。中文名称意译为水烧绿石。

【水砷钙锰石】

英文名 Wallkilldellite

化学式 $Ca_2Mn_3^{2+}(AsO_4)_2(OH)_4 \cdot 9H_2O$ (IMA)

水砷钙锰石是一种含结晶水和羟基的钙、锰的砷酸盐矿物。六方晶系。晶体呈小板状;集合体呈放射状。深红色—接近黑色,条纹淡橙色,玻璃光泽、树脂光泽,半透明;硬度 3。1982 年发现于美国新泽西州苏塞克斯县富兰克林矿区瓦尔基尔戴尔(Wallkill Dell)河谷斯特林(Sterling)山斯特林矿(或译银山、银矿)。英文名称 Wallkilldellite,1983 年由皮特·J. 邓恩(Pete J. Dunn)和唐纳德·拉尔夫·皮科尔(Donald Ralph Peacor)以发现地美国的瓦尔基尔戴尔(Wallkill Dell)河谷命名。IMA 1982-084 批准。1983 年在《美国矿物学家》(68)报道。1985 年中国新矿物与矿物命名委员会郭宗山等在《岩石矿物及测试》[4(4)]根据成分译为水砷钙锰石。

【水砷钙锰石-铁】

英文名 Wallkilldellite-(Fe)

化学式 $Ca_2Fe_3^{2+}(AsO_4)_2(OH)_4 \cdot 9H_2O$ (IMA)

水砷钙锰石-铁放射状、球粒状集合体(法国)

水砷钙锰石-铁是一种水砷钙锰石的铁的类似矿物。六方晶系。晶体呈薄板状;集合体呈放射状、球粒状。棕色、褐黄色,条痕呈浅棕色,玻璃光泽、树脂光泽;硬度 2~3。1997 年发现于法国滨海阿尔卑斯省罗瓦(Roua)矿山。英文名称 Wallkilldellite-(Fe),由皮特·J. 邓恩(Pete J. Dunn)和唐纳德·拉尔夫·皮科尔(Donald Ralph Peacor)在 1983 年以发现地美国的瓦尔基尔戴尔(Wallkill Dell)河谷,加占优势的铁后缀-(Fe)组合命名。IMA 1997-032 批准。1999 年 H. 萨尔普(H. Sarp)等在《里维埃拉科学》(*Riviéra Scientifique*)(5-12)和 2001 年 J. L. 杨博尔(J. L. Jambor)等在《美国矿物学家》(86)报道。中文名称根据成分译为水砷钙锰石-铁,也译作水羟砷钙铁石。

【水砷钙石】

英文名 Sainfeldite

化学式 $Ca_5(AsO_4)_2(AsO_3OH)_2 \cdot 4H_2O$ (IMA)

水砷钙石放射状、领结状集合体(德国、摩洛哥)

水砷钙石是一种含结晶水的钙的氢砷酸-砷酸盐矿物。属红磷锰矿族。单斜晶系。晶体呈刀刃状、柱状;集合体呈放射状、圆花状。无色、粉红色、紫色,半玻璃光泽、树脂光泽、蜡状光泽,透明—半透明;硬度 4,脆性。1963 年发现于法国上莱茵省圣玛丽奥矿场(Ste Marie-aux-Mines)加布格特斯(Gabe Gottes)矿。英文名称 Sainfeldite,由罗兰·皮罗特(Roland Pierrot)于 1964 年为纪念法国巴黎埃科勒矿山矿物博物馆的矿物学家保罗·塞福德(Paul Sainfeld,1916—1998)而以他的姓氏命名,是他发现的该矿物。IMA 1963-018 批准。1964 年 R. 皮罗特(R. Pierrot)在《法国矿物学和结晶学学会通报》(87)和 1965 年《美国矿物学家》(50)报道。中文名称根据成分译为水砷钙石。

【水砷钙铁石】

英文名 Yukonite

化学式 $Ca_2Fe_3^{3+}(AsO_4)_3(OH)_4 \cdot 4H_2O$ (IMA)

水砷钙铁石是一种含结晶水和羟基的钙、铁的砷酸盐矿物。斜方晶系。晶体呈板状、纤维状;集合体呈放射状、球粒状。红棕色、深棕色、近黑色、深紫色,树脂光泽、蜡状光泽,透明—不透明；硬度 2～3，脆性。1913 年发现于加拿大育空（Yukon）地区怀特霍斯矿区多尔顿（Daulton）矿。英文名称 Yukonite，以发现地加拿大的育空（Yukon）地区命名。1913 年 J. B. 蒂勒尔（J. B. Tyrrell）等在《加拿大皇家学会会刊》（Ⅲ系列，7）报道。1959 年以前发现、描述并命名的“祖父级”矿物，IMA 承认有效。中文名称根据成分译为水砷钙铁石；杨主明 2011 年在《岩石矿物学杂志》[30(4)]建议音译为育空石。

水砷钙铁石球粒状集合体（德国）

【水砷钙铜石】

英文名 Shubnikovite

化学式 $Ca_2Cu_8(AsO_4)_6Cl(OH)\cdot 7H_2O(?)$ （IMA）

水砷钙铜石是一种含结晶水、羟基和氯的钙、铜的砷酸盐矿物。单斜晶系。晶体呈条状或板状。淡蓝色、鲜艳的天蓝色；硬度 2～4，完全解理。1953 年发现于俄罗斯图瓦共和国霍武-阿克瑟（Khovu-aksy）镍-钴矿床。英文名称 Shubnikovite，以苏联科学院晶体研究所的主任阿列克谢·瓦西里耶维奇·舒布尼科夫（Aleksei Vasilievich Shubnikov，1887—1970）的姓氏命名。1953 年 Ye. 纳费多夫（Ye. Nefedov）在《全苏矿物学会记事》（82）报道。1959 年以前发现、描述并命名的“祖父级”矿物，IMA 承认有效；但被 IMA 列入高度可疑矿物。中文名称根据成分译为水砷钙铜石；或根据颜色和成分译为蓝砷钙铜矿。2007 年杰拉尔德·盖斯特（Gerald Giester）等在《欧洲矿物学杂志》（19）指出：它可能是铜钴华（氯砷钠铜石）族成员之一。中文名称《英汉矿物种名称》（2017）译为水砷钙铜石，也有的译作钙铜砷矿。

【水砷钴铅石】

英文名 Rappoldite

化学式 $PbCo_2(AsO_4)_2\cdot 2H_2O$ （IMA）

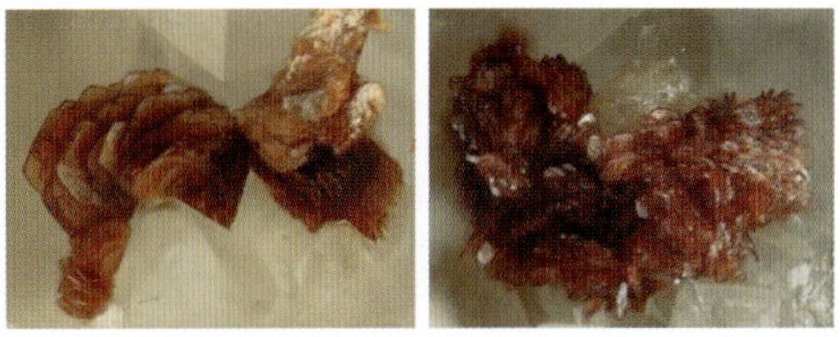

水砷钴铅石板状晶体，玫瑰花状集合体（德国）

水砷钴铅石是一种含结晶水的铅、钴的砷酸盐矿物。属砷铁锌铅石族。三斜晶系。晶体呈柱状、板状；集合体呈玫瑰花状。红色—红褐色，玻璃光泽，透明—半透明；硬度4.5，脆性。1998 年发现于德国萨克森州厄尔士山脉拉波尔德（Rappold）矿区废石堆。英文名称 Rappoldite，以发现地德国的拉波尔德（Rappold）矿区命名。IMA 1998－015 批准。2000 年 H. 埃芬贝格尔（H. Effenberger）等在《矿物学杂志》（64）报道。2003 中国地质科学院矿产资源研究所李锦平等在《岩石矿物学杂志》[22(1)]根据成分译为水砷钴铅石。

【水砷钴石】

英文名 Cobaltkoritnigite

化学式 $Co(AsO_3OH)\cdot H_2O$ （IMA）

水砷钴石是一种含结晶水的钴的氢砷酸盐矿物。属科水砷锌石族。三斜晶系。晶体呈针状；集合体呈球粒状。淡紫色、紫色、浅红色、玫瑰色—紫玫瑰色，半玻璃光泽、油脂光泽、丝绢光泽，透明—半透明；硬度 2～3，完全解理，脆性。1980 年发现于德国萨克森州厄尔士山脉施瓦岑贝格（Schwarzenberg）矿区。英文名称 Cobaltkoritnigite，由成分冠词“Cobalt（钴）”和根词“Koritnigite（科水砷锌石）”组合命名；意指它是钴占优势的科水砷锌石的类似矿物。IMA 1980－013 批准。1981 年 K. 施梅特策（K. Schmetzer）、W. 霍恩（W. Horn）、O. 梅登巴赫（O. Medenbach）在《矿物学新年鉴》（月刊）和 M. 弗莱舍（M. Fleischer）等在《美国矿物学家》（67）报道。1983 年中国新矿物与矿物命名委员会郭宗山等在《岩石矿物及测试》[2(1)]根据成分译为水砷钴石（根词参见【科水砷锌石】条 408 页）。

水砷钴石针状晶体，球粒状集合体（德国）

【水砷钴铁石】

英文名 Smolyaninovite

化学式 $Co_3Fe_2^{3+}(AsO_4)_4\cdot 11H_2O$ （IMA）

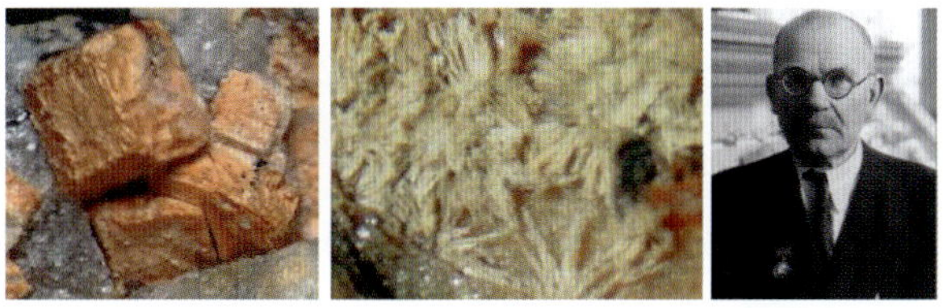

水砷钴铁石假立方体、叶片状晶体，放射状集合体（澳大利亚）和斯摩尔雅尼诺夫像

水砷钴铁石是一种含结晶水的钴、铁的砷酸盐矿物。属水砷钴铁石族。斜方晶系。晶体假立方体、叶片状；集合体放射状。浅黄色、砖红色，丝绢光泽，半透明；硬度 2。1956 年发现于俄罗斯图瓦共和国霍武-阿克瑟（Khovu-aksy）镍-钴矿床。1956 年 L. K. 雅克弘托娃（L. K. Yakhontova）在《苏联科学院报告》[109(4)]和 1957 年《美国矿物学家》（42）报道。英文名称 Smolyaninovite，以苏联莫斯科大学矿物学家尼古拉·A. 斯摩尔雅尼诺夫（Nikolai A. Smol'yaninov，1885—1957）的姓氏命名。1959 年以前发现、描述并命名的“祖父级”矿物，IMA 承认有效。也拼写为 Smolianinovite，根据最新的 IMA 拼写列表，Smolyaninovite 是正确的。中文名称根据成分译为水砷钴铁石。

【水砷钾钙铜石】

英文名 Calcioandyrobertsite

化学式 $KCaCu_5(AsO_4)_4[As(OH)_2O_2]\cdot 2H_2O$ （IMA）

水砷钾钙铜石他形板状晶体（纳米比亚）和罗伯茨像

水砷钾钙铜石是一种含结晶水的钾、钙、铜的氢砷酸-砷酸盐矿物。结构上与氯砷钠铜石或砷钙钠铜矿（Lavendulan）族相关。单斜（斜方）晶系。晶体呈他形板状；集合体呈放射状、细脉状。铁蓝色，玻璃光泽；硬度 3～4，完全解理，脆性。1997 年发现于纳米比亚奥希科托区楚梅布（Tsumeb）矿。英文名称 Calcioandyrobertsite，由成分冠词“Calcio

(钙)”和根词“Andyrobertsite(安迪罗伯特石或水砷钾镉铜石)”组合命名，意指它是钙的安迪罗伯特石类似矿物。其中，根词以加拿大地质调查局矿物学家安德鲁·C.罗伯茨(Andrew C. Roberts，1950—)的姓名命名。IMA 1997-023 批准。1999 年 M. A. 库珀(M. A. Cooper)等在《矿物学记录》(30)报道。2003 年中国地质科学院矿产资源研究所李锦平等在《岩石矿物学杂志》[22(1)]根据成分译为水砷钾钙铜石。目前已知有-1M 型和-2O 型两个多型。-1M 型原批准 IMA 1997-022(单斜晶系)；-2O 型原批准 IMA 2000-011[斜方晶系。发现于楚梅布矿。2004 年 H. 萨尔普(H. Sarp)等在《欧洲矿物学杂志》(16)报道]。

【水砷钾镉铜石】参见【安迪罗伯特石】条 20 页

【水砷钾铀矿】

英文名 Abernathyite

化学式 $K(UO_2)(AsO_4)\cdot 3H_2O$　　(IMA)

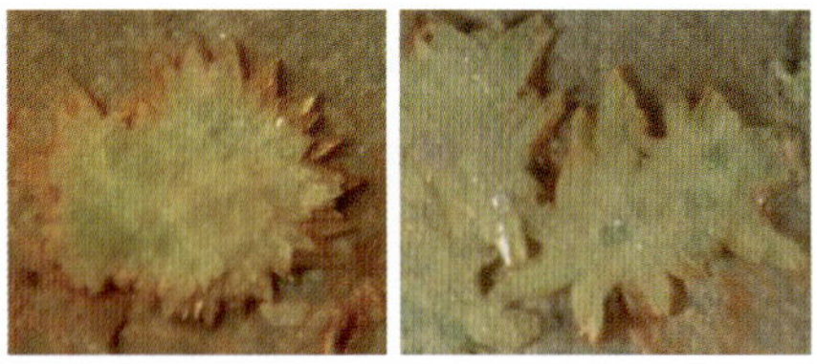

水砷钾铀矿片状晶体，放射状集合体(法国)

水砷钾铀矿是一种含结晶水的钾的铀酰-砷酸盐矿物。属变铜铀云母族。四方晶系。晶体呈板状、片状、针状；集合体呈皮壳状、放射状。黄色，玻璃—半玻璃光泽、树脂光泽、蜡状光泽、油脂光泽、丝绢光泽，透明；硬度 2～3，完全解理，脆性。1956 年发现于美国犹他州埃默里县富姆罗(Fuemrol)2 号矿。英文名称 Abernathyite，由 M. E. 汤普森(M. E. Thompson)、B. 英格拉姆(B. Ingram)和 E. B. 格罗斯(E. B. Gross)以杰西·埃弗雷特·阿伯纳西(Jesse Evrett Abernathy，1913—1963)的姓氏命名。阿伯纳西是一位矿物学家和宝石经销商，在 1953 年首先发现该矿物，他认为可能有重大矿物学意义，将标本送到科罗拉多美国原子能委员会的矿物学家 E. B. 格罗斯(E. B. Gross)之手，他研究了矿物的光学性质，与任何已知的物种都不同，又将标本送到华盛顿特区美国地质调查局，矿物学家汤普森等在 1956 年确定为新矿物，并在《美国矿物学家》(41)报道。1959 年以前发现、描述并命名的“祖父级”矿物，IMA 承认有效。中文名称根据成分译为水砷钾铀矿。

【水砷铝铜矿】

英文名 Liroconite

化学式 $Cu_2Al(AsO_4)(OH)_4\cdot 4H_2O$　　(IMA)

水砷铝铜矿扁平八面体状晶体，透镜状集合体(英国)

水砷铝铜矿是一种含结晶水和羟基的铜、铝的砷酸盐矿物。单斜晶系。晶体呈透镜状、扁平的八面体状，晶面条纹并行交叉到边缘；集合体常呈块状。天蓝色、铜绿色，条痕呈苍白的浅蓝色、浅绿色，玻璃光泽、树脂光泽，透明—半透明；硬度 2～2.5。发现于英国英格兰康沃尔郡戈兰德(Gorland)山丘。最早见于 1801 年波农(Bournon)在 *Phil. Trans.* (174)报道，称八面体铜亚砷酸盐。英文名称 Liroconite，1825 年威廉·卡尔·冯·海丁格尔(Wilhelm Karl von Haidinger)根据希腊文“λειρὸs＝Pale(苍白的、浅色的)”和“κουία＝Powder(粉末)”组合命名，意指其条痕的颜色。1825 年阿奇博尔德·康斯特布尔(Archibald Constable)在《矿物学论著》(第一卷，爱丁堡)刊载。1959 年以前发现、描述并命名的“祖父级”矿物，IMA 承认有效。中文名称根据成分译为水砷铝铜矿；根据形态和成分译为豆铜矿。

【水砷铝铀石】

英文名 Chistyakovaite

化学式 $Al(UO_2)_2(AsO_4)_2F\cdot 6.5H_2O$　　(IMA)

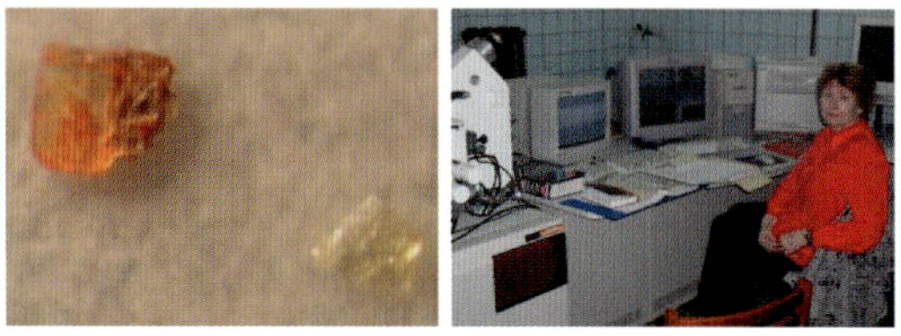

水砷铝铀石扁平不规则状晶体(哈萨克斯坦)和奇斯佳科娃像

水砷铝铀石是一种含结晶水、氟的铝的铀酰-砷酸盐矿物。单斜晶系。晶体呈扁平不规则片状。黄色、橘黄色；硬度 2.5，完全解理，脆性。1950 年发现于哈萨克斯坦阿拉木图省博塔-布鲁姆(Bota-Burum)铀矿床。英文名称 Chistyakovaite，以俄罗斯矿产资源研究所(VIMS)高级助理、X 射线光谱分析领域的专家 N. I. 奇斯佳科娃(N. I. Chistyakova，1945—)的姓氏命名。IMA 2005-003 批准。2006 年 N. V. 丘卡诺夫(N. V. Chukanov)等在《俄罗斯科学院报告》(406)和《俄罗斯科学院学报/地球科学部》(407)报道。2009 年中国地质科学院地质研究所尹淑苹等在《岩石矿物学杂志》[28(4)]根据成分译为水砷铝铀石/水砷铝铀矿(艾钰洁等，2015)。

【水砷镁钙石】

英文名 Camgasite

化学式 $CaMg(AsO_4)(OH)\cdot 5H_2O$　　(IMA)

水砷镁钙石是一种含结晶水和羟基的钙、镁的砷酸盐矿物。单斜晶系。晶体呈自形—他形柱状；集合体呈放射状、皮壳状。无色，玻璃光泽，透明—半透明；硬度 2，完全解理。1988 年发现于德国巴登-符腾堡州黑林山伯格费尔森(Burgfelsen)附近的约翰(Johann)矿。英文名称 Camgasite，由化学成分的元素符号“Ca(钙)”“Mg(镁)”和“As(砷)”组合命名。IMA 1988-031 批准。1989 年 K. 瓦林塔(K. Walenta)等在 *Aufschluss*(40)和 1991 年《美国矿物学家》(76)报道。1993 年中国新矿物与矿物命名委员会黄蕴慧等在《岩石矿物学杂志》[12(1)]根据成分译为水砷镁钙石。

【水砷镁钠高铁石】

英文名 Yazganite

化学式 $NaMgFe^{3+}_2(AsO_4)_3\cdot H_2O$　　(IMA)

水砷镁钠高铁石是一种含结晶水的钠、镁、三价铁的砷酸盐矿物。属磷锰钠石(绿磷铁矿、钠磷锰矿)族。单斜晶系。晶体呈自形扁平细长柱状；集合体呈团块状、晶簇状。

褐色、褐黑色，金刚光泽、金属光泽，半透明；硬度 5，脆性。2003 年发现于土耳其开塞利省库尔特佩(Kültepe)希萨克(Hisarcık)古锡矿。英文名称 Yazganite，以土耳其矿物学家埃夫伦·亚兹甘(Evren Yazgan，1943—)博士的姓氏命名，是他收集到含有该矿物的样品。IMA 2003 - 033 批准。2005 年 H. 萨尔普(H. Sarp)等在《欧洲矿物学杂志》[17(2)]报道。2008 中国地质科学院地质研究所任玉峰等在《岩石矿物学杂志》[27(6)]根据成分译为水砷镁钠高铁石。

【水砷镁石】

英文名 Brassite

化学式 $Mg(AsO_3OH) \cdot 4H_2O$　　(IMA)

水砷镁石柱状晶体，晶簇状集合体(捷克)

水砷镁石是一种含结晶水的镁的氢砷酸盐矿物。斜方晶系。晶体呈柱状；集合体呈晶簇状、隐晶质和细晶质皮壳状。白色，蜡质光泽、丝绢光泽、土状光泽，半透明；软，完全解理，脆性。1973 年发现于捷克共和国卡罗维发利州厄尔士山脉亚希莫夫(Jáchymov)矿区。1973 年弗朗索瓦·丰坦(François Fontan)、马塞尔·奥利亚克(Marcel Orliac)、弗朗索瓦·佩尔曼雅(François Permingeat)等在《法国矿物学和结晶学会通报》(96)报道。英文名称 Brassite，以法国巴黎大学的法国化学家瑞尚·布拉塞(Réjane Brasse)的姓氏命名，显然是瑞尚·斯塔尔(Réjane Stahl)的娘家姓，她首先合成了该化合物。IMA 1973 - 047 批准。1975 年在《美国矿物学家》(60)报道。中文名称根据成分译为水砷镁石。

【水砷镁铀矿-Ⅰ】

英文名 Nová Čekite-I

化学式 $Mg(UO_2)_2(AsO_4)_2 \cdot 12H_2O$　　(IMA)

水砷镁铀矿-Ⅰ叠板状集合体(德国、巴西)和诺瓦切克像

水砷镁铀矿-Ⅰ是一种含 12 个结晶水的镁的铀酰-砷酸盐矿物。属钙铀云母族。三斜晶系。晶体呈假四方板状；集合体呈叠板状、鳞片状、细脉状、皮壳状、球状。稻草黄色、柠檬黄色、黄色，条痕呈淡黄色，玻璃光泽、蜡状光泽，半透明；硬度 2～2.5，完全解理，脆性。发现于德国萨克森州瓦尔普吉斯弗莱彻(Walpurgis Flacher)矿脉。英文名称 Nová Čekite，以捷克矿物学家拉迪姆·诺瓦切克(Radim NováČek，1905—1942)博士的姓氏命名，以表彰他对铀矿物学的研究做出的很大贡献。1964 年瓦兰特(Walent)指出：有两种不同的水化物种 Nová Čekite-I 和 Nová Čekite-Ⅱ：其中 Nová Čekite-I＝Nová Čekite，有 12 个水分子，三斜晶系；Nová Čekite-Ⅱ有 10 个水分子，单斜晶系。它们都是 1959 年以前发现、描述并命名的"祖父级"的矿物。Nová Čekite-I 在非常不稳定的环境条件下，迅速脱水变为 Nová Čekite-Ⅱ，再进一步脱水变为 Metanovacekite(变水砷镁铀矿)，4～8 个水分子，四方晶系。大多数的"Nová Čekite"标本似乎是 Nová Čekite-Ⅱ或 Metanovacekite 集合体。1951 年 M. 弗莱舍(M. Fleischer)在《美国矿物学家》(36)报道。IMA 2007s. p. 批准。中文名称根据成分译为水砷镁铀矿，也有的译为镁砷铀云母。

【水砷镁铀矿-Ⅱ】

英文名 Nová Čekite-Ⅱ

化学式 $Mg(UO_2)_2(AsO_4)_2 \cdot 10H_2O$　　(IMA)

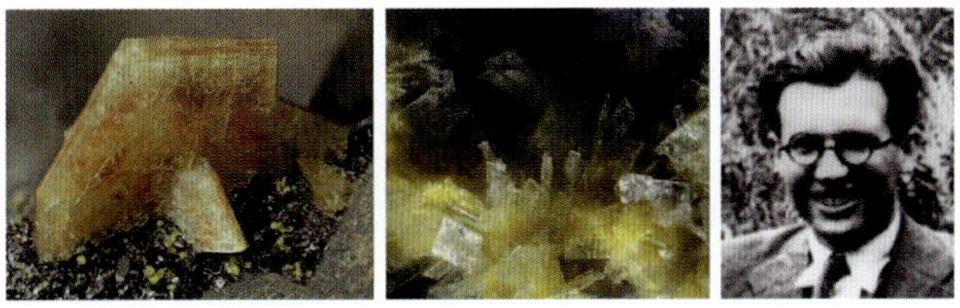

水砷镁铀矿-Ⅱ板状晶体，晶簇状集合体(意大利)和诺瓦切克像

水砷镁铀矿-Ⅱ是一种含 10 个结晶水的镁的铀酰-砷酸盐矿物。单斜晶系。晶体呈板片状；集合体呈晶簇状。浅黄色、黄色，树脂光泽、蜡状光泽，半透明；硬度 2～2.5，极完全解理。英文名称 Nová Čekite-Ⅱ，1951 年克里福德·弗龙德尔(Clifford Frondel)为纪念捷克共和国布拉格查尔斯大学的捷克矿物学家、化学分析家拉迪姆·诺瓦切克(Radim Nová Ček)博士的名字命名，后面的罗马数字表示水合或水化的阶段。1959 年以前发现、描述并命名的"祖父级"的矿物，IMA 承认有效。IMA 2007s. p. 批准。1961 年 K. 瓦林塔(K. Walenta)等在德国《巴登-符腾堡地质科学杂志》和 1964 年《切尔马克氏矿物学和岩石学通报》(9)报道。中文名称根据成分译为水砷镁铀矿-Ⅱ。

【水砷锰矿】

英文名 Geigerite

化学式 $Mn_5^{2+}(AsO_4)_2(AsO_3OH)_2 \cdot 10H_2O$　　(IMA)

水砷锰矿纤维晶体，束状、扇状集合体(意大利)和盖格像

水砷锰矿是一种含结晶水的锰的氢砷酸-砷酸盐矿物。属水砷氢铜石超族水砷氢钙铜矿(Ondrušite)族。三斜晶系。晶体呈纤维状；集合体呈束状、扇状。浅玫瑰红色、无色，玻璃光泽、珍珠光泽，透明—半透明；硬度 3，完全解理，极脆。1985 年发现于瑞士格劳宾登州阿尔布拉河谷法洛塔(Falotta)矿。英文名称 Geigerite，以瑞士机械工业的矿物学家和冶金学家托马斯·盖格(Thomas Geiger，1920—1990)博士的姓氏命名。他致力于法洛塔锰矿的研究。IMA 1985 - 028 批准。1989 年 S. 格雷泽尔(S. Graeser)等在《美国矿物学家》(74)报道。1990 年中国新矿物与矿物命名委员会郭宗山在《岩石矿物学杂志》[9(3)]根据成分译

S

为水砷锰矿。

【水砷锰铅石】

英文名 Rouseite

化学式 $Pb_2Mn^{2+}(AsO_3)_2 \cdot 2H_2O$　（IMA）

水砷锰铅石是一种含结晶水的铅、锰的砷酸盐矿物。三斜晶系。晶体呈显微粒状。黄色、橙色，玻璃光泽、金刚光泽，透明—半透明；硬度 3，完全解理，脆性。1984 年发现于瑞典韦姆兰省菲利普斯塔德市朗班(Långban)。英文名称 Rouseite，以美国密歇根大学的教授罗兰·劳斯(Roland Rouse，1943—)博士的姓氏命名。他与他人合作描述了大约 25 个新矿物。IMA 1984－071 批准。1986 年 P. J. 邓恩(P. J. Dunn)在《美国矿物学家》(71)报道。1987 年中国新矿物与矿物命名委员会郭宗山等在《岩石矿物学杂志》[6(4)]根据成分译为水砷锰铅石。

【水砷锰石】

英文名 Synadelphite

化学式 $Mn_9^{2+}(AsO_4)_2(AsO_3)(OH)_9 \cdot 2H_2O$　（IMA）

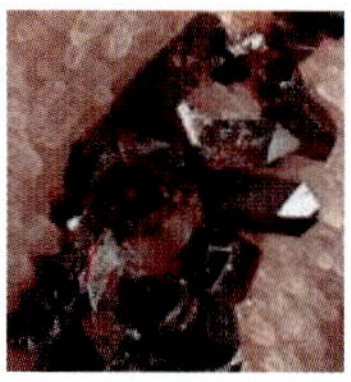
水砷锰石短柱状晶体（瑞典）

水砷锰石是一种含结晶水、羟基的锰的亚砷酸－砷酸盐矿物。属红砷锰矿族。斜方晶系。晶体呈短柱状、板状；集合体呈块状、肾状、皮壳状。无色（晶体中心）、褐色、褐红色（含铅）—黑色（外壳），玻璃光泽、金刚光泽、半金属光泽，透明—不透明；硬度 4.5，完全解理，脆性。1884 年发现于瑞典韦姆兰省菲利普斯塔德市莫斯(Moss)矿。1884 年伊格尔斯特罗姆(Igelström)在 *Ak. Stockholm，Öfv.* (41)和肖格伦(Sjögren)在《斯德哥尔摩地质学会会刊》(7)报道。英文名称 Synadelphite，由斯特恩·安德斯·赫亚尔马·肖格伦(Stens Anders Hjalmar Sjögren)根据希腊文“σὑν＝Syn 或 With（和、一致）”加“ἀδελφος＝Adelphos 或 Brother（兄弟）”组合命名，意指其与砷水锰矿和红砷锰矿及其他几个化学成分相似的矿物一致。1959 年以前发现、描述并命名的“祖父级”矿物，IMA 承认有效。同义词 Allodelphite，由“Allo（同质多象的）”和“Adelphos（兄弟）”组合命名。中文名称根据成分译为水砷锰石；根据英文首音节音和成分译为辛水砷锰石或辛羟砷锰石。

【水砷硼钙石】参见【砷硼钙石】条 788 页

【水砷铍石】

英文名 Bearsite

化学式 $Be_2(AsO_4)(OH) \cdot 4H_2O$　（IMA）

水砷铍石纤维状晶体，放射状集合体（巴西）

水砷铍石是一种含结晶水、羟基的铍的砷酸盐矿物。单斜晶系。晶体呈柱状、纤维状；集合体呈被膜状、放射状。白色，丝绢光泽。1962 年发现于哈萨克斯坦阿拉木图州博塔－布鲁姆(Bota-Burum)铀矿床。1962 年 E. V. 科普尼诺娃(E. V. Kopcnnnova)和 G. A. 斯隆恩科(G. A. Srooncnko)在《全苏矿物学会记事》(91)报道。英文名称 Bearsite，由化学成分“Be（铍）”和“Ars（砷）”组合命名。IMA 1967s. p. 批准。中文名称根据成分译为水砷铍石。

【水砷铅铀矿】参见【羟砷铅铀矿】条 730 页

【水砷氢锰石】

英文名 Villyaellenite

化学式 $(Mn,Ca)Mn_2Ca_2(AsO_3OH)_2(AsO_4)_2 \cdot 4H_2O$
（IMA）

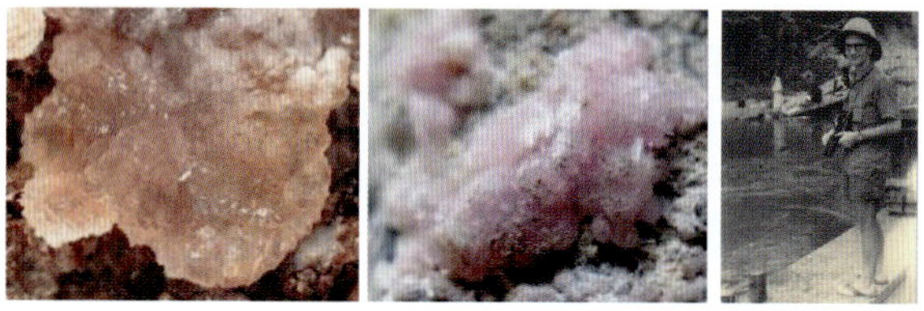
水砷氢锰石圆花状集合体（罗马尼亚、法国）和维利·艾伦像

水砷氢锰石是一种含结晶水的锰、钙的砷酸－氢砷酸盐矿物。属红磷锰矿族。单斜晶系。晶体呈细长柱状、板片状；集合体呈圆花状。无色、橙色、亮粉红色，半玻璃光泽、树脂光泽，透明—半透明；硬度 4，完全解理，脆性。1983 年发现于法国上莱茵省圣玛丽欧(Ste Marie-aux)矿山。英文名称 Villyaellenite，1984 年 H. 萨尔普(H. Sarp)以日内瓦(瑞士)自然历史博物馆主任维利·艾伦(Villy Aellen，1926—2000)的姓名命名。IMA 1983－008a 批准。1984 年萨尔普在《瑞士矿物学和岩石学通报》(64)报道。1986 年中国新矿物与矿物命名委员会郭宗山等在《岩石矿物学杂志》[5(4)]根据成分译为水砷氢锰石。

【水砷氢铁石】

英文名 Kaatialaite

化学式 $Fe^{3+}(H_2AsO_4)_3 \cdot 5H_2O$　（IMA）

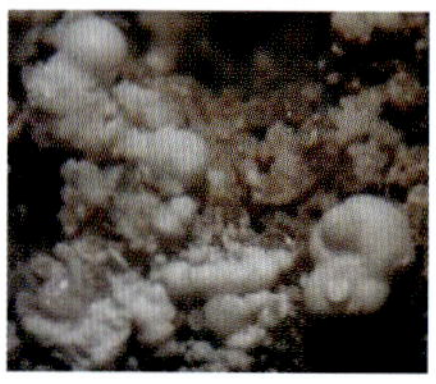
水砷氢铁石皮壳状、球粒状集合体（德国）

水砷氢铁石是一种含结晶水的铁的氢砷酸盐矿物。单斜晶系。晶体呈针状；集合体呈皮壳状、球粒状、粉末状。浅灰色、浅黄色、白色、淡蓝色、蓝绿色，玻璃光泽、土状光泽，透明—半透明。1982 年发现于芬兰中西部库奥尔塔内小镇卡缇阿拉(Kaatiala)伟晶岩。英文名称 Kaatialaite，1984 年由拉德等以发现地芬兰的卡缇阿拉(Kaatiala)命名。IMA 1982－021 批准。1984 年 G. 拉德(G. Raade)等在《美国矿物学家》(69)报道。1985 年中国新矿物与矿物命名委员会郭宗山等在《岩石矿物及测试》[4(4)]根据成分译为水砷氢铁石。

【水砷氢铜石】

英文名 Lindackerite

化学式 $Cu_5(AsO_4)_2(AsO_3OH)_2 \cdot 9H_2O$　（IMA）

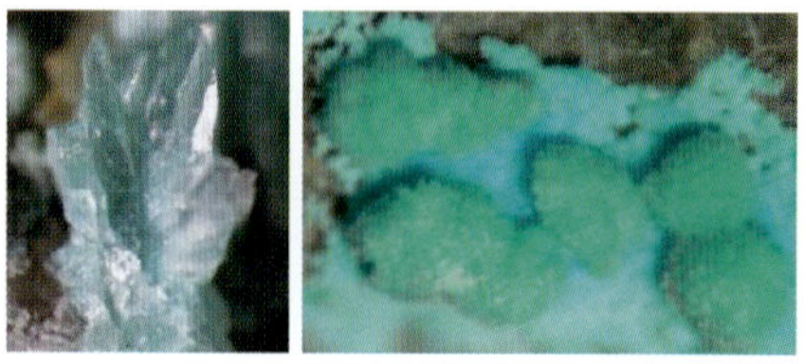
水砷氢铜石板状晶体，晶簇状、皮壳状、球粒状集合体（捷克）

水砷氢铜石是一种含结晶水的铜的氢砷酸－砷酸盐矿物。属水砷氢铜石超族水砷氢铜石族。单斜晶系。晶体呈小板条状、纤维状；集合体呈玫瑰花状或皮壳状、球粒状。苹果绿色，玻璃光泽，透明；硬度 2～2.5，完全解理。1853 年发

现于捷克共和国卡罗维发利州厄尔士山脉伊莱亚斯(Elias)矿。1853 年福格尔(Vogl)在《皇家地质博物馆年鉴》(*Jahrbuch der Kaiserlich Königlichen Geologischen Reichsanstalt*)(4)报道。英文名称 Lindackerite，以奥地利药剂师、化学家约瑟夫·林达斯克尔(Joseph Lindacker)的姓氏命名，他首先分析了该矿物。1959 年以前发现、描述并命名的“祖父级”矿物，IMA 承认有效。IMA 1995s. p. 批准。中文名称根据成分译为水砷氢铜石，也有的译为水砷铜矿。

【水砷铁钴石】

英文名 Cobaltarthurite

化学式 $CoFe_2^{3+}(AsO_4)_2(OH)_2 \cdot 4H_2O$　(IMA)

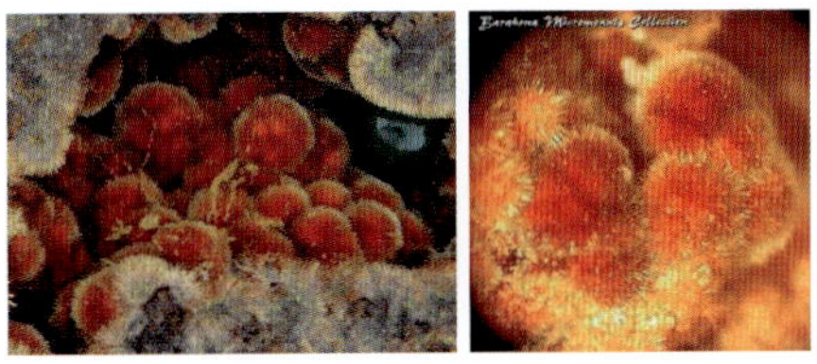

水砷铁钴石放射状、球粒状集合体(西班牙)

水砷铁钴石是一种含结晶水和羟基的钴、铁的砷酸盐矿物。属水砷铁铜石族。单斜晶系。晶体呈纤维状；集合体呈放射状、球粒状。稻草黄色—深褐色，玻璃光泽、丝绢光泽，透明—半透明；硬度 3.5～4，脆性。2001 年发现于西班牙穆尔西亚省多洛雷斯(Dolores)矿。英文名称 Cobaltarthurite，由成分冠词“Cobalt(钴)”和根词“Arthurite(水砷铁铜石)”组合命名，意指它是钴占优势的水砷铁铜石的类似矿物。IMA 2001-052 批准。2002 年 J. L. 杨博尔(J. L. Jambor)等在《加拿大矿物学家》(40)报道。2006 年中国地质科学院矿产资源研究所李锦平在《岩石矿物学杂志》[25(6)]根据成分译为水砷铁钴石。

【水砷铁石】

英文名 Kaňkite

化学式 $Fe^{3+}(AsO_4) \cdot 3.5H_2O$　(IMA)

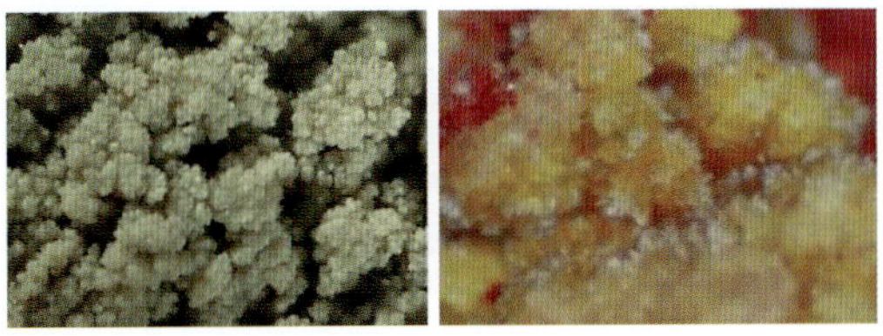

水砷铁石皮壳状、葡萄状集合体(捷克、希腊)

水砷铁石是一种含结晶水的铁的砷酸盐矿物。单斜晶系。晶体呈纤维状、板状、矛状；集合体呈皮壳状、钟乳状、葡萄状、球粒状。黄绿色、青黄色，玻璃光泽，半透明；硬度 2～3。1975 年发现于捷克共和国波希米亚中部的卡恩克(Kaňk)一个古老(1200—1400 年)的矿石转储站。英文名称 Kaňkite，以发现地捷克的卡恩克(Kaňk)命名。IMA 1975-005 批准。1976 年 F. 切赫(F. Cech)等在《矿物学新年鉴》(月刊)和 1977 年 M. 弗莱舍(M. Fleischer)等在《美国矿物学家》(62)报道。中文名称根据成分译为水砷铁石。

【水砷铁铜石】

英文名 Arthurite

化学式 $CuFe_2^{3+}(AsO_4)_2(OH)_2 \cdot 4H_2O$　(IMA)

水砷铁铜石球粒状、脉状集合体(美国)及金斯伯里和罗素像

水砷铁铜石是一种含结晶水和羟基的铜、铁的砷酸盐矿物。属水砷铁铜石族。单斜晶系。晶体呈针状、细柱状；集合体呈隐晶质皮壳状、球粒状、放射状。苹果绿色、翠绿色、淡橄榄绿色，玻璃光泽、珍珠光泽，透明；硬度 3～4。1964 年发现于英国英格兰康沃尔郡卡林顿区。英文名称 Arthurite，1964 年由理查德·J. 戴维斯(Richard J. Davis)和马克斯·哈钦森·赫伊(Max Hutchinson Hey)为纪念英国矿物收藏家阿瑟·爱德华·伊恩·蒙塔古·罗素(Arthur Edward Ian Montague Russell，1878—1964)爵士和英国矿物学家和收藏家阿瑟·威廉·杰拉尔德·金斯伯里(Arthur William Gerald Kingsbury，1906—1968)先生而以他们的名字(Arthur)命名。罗素或许是 20 世纪最伟大的英国矿物收藏家，他指导了大英博物馆(现在自然历史博物馆)藏品的收集和收藏工作。以罗素的名字命名的罗素学会是一个业余和专业的矿物学家组织，致力于英国形貌矿物学的研究。实际上，早在 1954 年罗素第一个记录了来自欣斯顿(Hingston)的样本。罗素 1964 年去世为止共收藏了 12 000 件矿物标本，立下遗嘱捐赠给大英博物馆。金斯伯里是罗素的朋友，是一个不知疲倦的收藏家和多产的矿物学文章的作家。他在 1927 年开始收集矿物，战争结束后，他接受了牛津大学博物馆矿物学研究助理一职，补充说明了产于英国的 50 种矿物。IMA 1964-002 批准。1964 年 R. J. 戴维斯(R. J. Davis)、M. H. 赫伊(M. H. Hey)在《矿物学杂志》(33)和《美国矿物学家》(50)报道。中文名称根据成分译为水砷铁铜石或水铜砷铁矿；音译为阿瑟矿。

【水砷铁锌石】参见【蓝水砷锌矿】条 430 页

【水砷铜矿】参见【水砷氢铜石】条 870 页

【水砷铜铅石】

英文名 Thometzekite

化学式 $PbCu_2^{2+}(AsO_4)_2 \cdot 2H_2O$　(IMA)

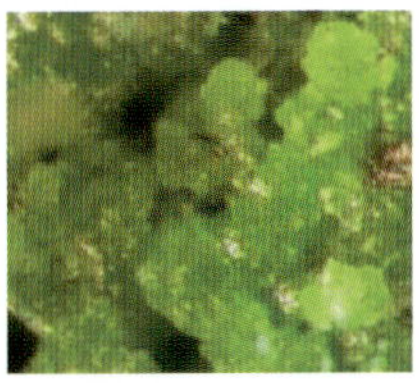

水砷铜铅石皮壳状、球粒状集合体(纳米比亚)

水砷铜铅石是一种含结晶水的铅、铜的砷酸盐矿物。属砷铁锌铅石族。三斜晶系。晶体呈薄板状、楔形；集合体呈皮壳状、球粒状。绿色、带蓝绿的橄榄绿色，蜡状光泽、土状光泽，半透明；硬度 4.5。1982 年发现于纳米比亚奥希科托地区楚梅布(Tsumeb)矿。英文名称 Thometzekite，为纪念纳米比亚楚梅布矿山 1912—1922 年间的矿业经理 W. 唐姆特泽克(W. Thometzek)而以他的姓氏命名。IMA 1982-103 批准。1985 年 K. 史密策(K. Schmetzer)等在《矿物学新年鉴》(月刊)报道。1986 年中国新矿物与矿物命名委员会郭宗山等在《岩石矿物学杂志》[5(4)]根据成分译为水砷铜铅石。

【水砷铜石[①]】

英文名 Strashimirite

化学式 $Cu_4(AsO_4)_2(OH)_2 \cdot 2.5H_2O$　(IMA)

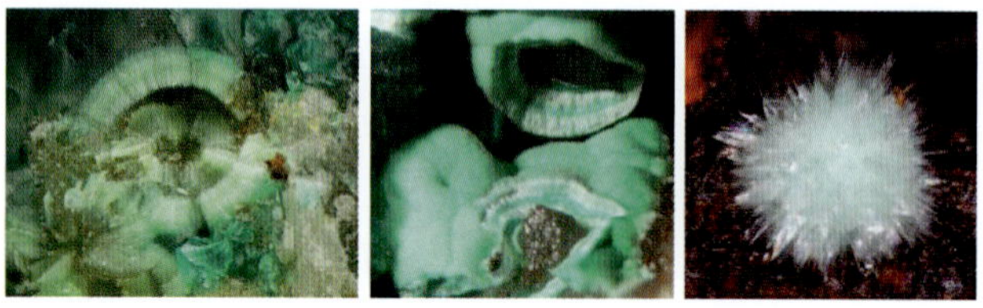

水砷铜石①球粒状、皮壳状、放射状集合体(德国、奥地利、美国)

水砷铜石①是一种含结晶水、羟基的铜的砷酸盐矿物。单斜晶系。晶体呈纤维状、鳞片状;集合体呈皮壳状、球粒状、放射状。白色、浅绿色、黄绿色,油脂光泽、珍珠光泽;硬度 2.5~3。1967 年发现于保加利亚索非亚大区扎帕奇萨(Zapachitsa)铜矿床。英文名称 Strashimirite,以保加利亚岩相学家斯特拉希米尔·季米特洛夫(Strashimir Dimitrov,1892—1960)的名字命名。他曾任保加利亚科学院矿物学和岩相学系主任兼地质、地理和化学科学系秘书。IMA 1967 - 025 批准。1968 年 J. 明切娃-斯蒂芬诺娃(J. Mincheva-Stefanova)在《全苏矿物学会记事》(97)和 1969 年 M. 弗莱舍(M. Fleischer)在《美国矿物学家》(54)报道。中文名称根据成分译为水砷铜石①。

【水砷铜石②】

英文名 Geminite

化学式 $Cu^{2+}(AsO_3OH)\cdot H_2O$ (IMA)

水砷铜石②板状平行双晶晶体,放射状集合体(捷克)

水砷铜石②是一种含结晶水的铜的氢砷酸盐矿物。三斜晶系。晶体呈板状,常见平行双晶;集合体呈放射状。浅绿色—海绿色,玻璃光泽,透明;硬度 3~3.5。1988 年发现于法国普罗旺斯-阿尔卑斯-蓝色海岸大区查普加龙河(Cap Garonne)矿。英文名称 Geminite,1990 年 H. 萨尔普(H. Sarp)等根据拉丁文"Gemini(双子)",意指它常见双晶。IMA 1988 - 045 批准。1990 年萨尔普等在《瑞士矿物学和岩石学通报》(70)报道。1991 年中国新矿物与矿物命名委员会郭宗山在《岩石矿物学杂志》[10(4)]根据成分译为水砷铜石②;译名与 Strashimirite(水砷铜石)重复,编译者建议改译为格水砷铜石*。

【水砷铜锌铅石】

英文名 Zincgartrellite

化学式 $PbZn_2(AsO_4)_2(H_2O,OH)_2$ (IMA)

水砷铜锌铅石钟乳状集合体(纳米比亚)

水砷铜锌铅石是一种含羟基和结晶水的铅、锌的砷酸盐矿物。属砷铁锌铅石族。三斜晶系。晶体呈板状;集合体呈玫瑰花状、皮壳状、钟乳状。绿黄色,玻璃光泽,透明—半透明;硬度 4.5,脆性。1998 年发现于纳米比亚奥希科托区楚梅布(Tsumeb)矿。英文名称 Zincgartrellite,由成分冠词"Zinc(锌)"和根词"Gartrellite(葛特里石或加特雷尔石)"组合命名,意指它是锌占优势的葛特里石的类似矿物。IMA 1998 - 014 批准。2000 年 H. 埃芬贝格尔(H. Effenberger)等在《矿物学杂志》(64)和 1998 年《欧洲矿物学杂志》(10)报道。2003 年中国地质科学院矿产资源研究所李锦平等在《岩石矿物学杂志》[22(1)]根据成分译为水砷铜锌铅石(根词参见【葛特里石】条 248 页)。

【水砷锌钙石】参见【羟砷锌钙石】条 732 页

【水砷锌矿】参见【羟砷锌石】条 732 页

【水砷锌铅石】

英文名 Helmutwinklerite

化学式 $PbZn_2(AsO_4)_2\cdot 2H_2O$ (IMA)

温克勒像

水砷锌铅石是一种含结晶水的铅、锌的砷酸盐矿物。属砷铁锌铅石族。三斜晶系。晶体呈板状。无色、天蓝色、海绿色,玻璃光泽、树脂光泽,透明—半透明;硬度 4.5。1979 年发现于纳米比亚奥希科托区楚梅布(Tsumeb)矿。英文名称 Helmutwinklerite,以德国哥廷根大学晶体学家和实验岩石学家荣誉教授赫尔穆特·G. F. 温克勒(Helmut G. F. Winkler,1915—1980)的姓名命名,以表彰他为岩石学、矿物学和晶体学做出的贡献。他曾在不同时期担任哥廷根大学结晶学研究所所长和菲利普马尔堡大学矿物学研究所所长。他写了一本著名的《变质岩的岩石成因》书,并获得许多荣誉。IMA 1979 - 010 批准。1980 年 P. 叙斯(P. Süsse)等在《矿物学新年鉴》(月刊)和 1980 年《美国矿物学家》(65)报道。中文名称根据成分译为水砷锌铅石。

【水砷锌石】

英文名 Köttigite

化学式 $Zn_3(AsO_4)_2\cdot 8H_2O$ (IMA)

水砷锌石板状晶体,丛束状、放射状集合体(墨西哥、德国)

水砷锌石是一种含结晶水的锌的砷酸盐矿物。属蓝铁矿族。与变水红砷锌石为同质多象。单斜晶系。晶体呈柱状、板状、粗纤维状、板状;集合体呈束状、放射状。颜色应该是无色的,但经常是胭脂红色、橙色、棕色、紫色,树脂光泽、蜡状光泽、丝绢光泽,半透明;硬度 2.5~3,完全解理。1849 年发现于德国萨克森州厄尔士山脉施内贝格区纽斯塔德特尔(Neustadtel)丹尼尔(Daniel)矿。1849 年库特格(Köttig)在莱比锡《实用化学杂志》(48)报道,称 Zinkarseniat。英文名称 Köttigite,1850 年詹姆斯·德怀特·丹纳(James Dwight Dana)在《系统矿物学》(第三版,纽约)为纪念萨克森施内贝格的德国化学家奥托·弗里德里希·库特格(Otto Friedrich Köttig,1824—1892)而以他的姓氏命名,是他第一个对该矿物进行了化学分析。1959 年以前发现、描述并命名的"祖父级"矿物,IMA 承认有效。中文名称根据成分译为水砷锌石/水红砷锌石。

【水砷锌铁石】

英文名 Fahleite

化学式 $CaZn_5Fe_2^{3+}(AsO_4)_6 \cdot 14H_2O$　　(IMA)

法勒像

水砷锌铁石是一种含结晶水的钙、锌、铁的砷酸盐矿物。属水砷钴铁石族。斜方晶系。晶体呈弯曲和扭曲纤维状；集合体呈束状、皮壳状、球粒状。黄色、灰色、明亮的绿色，丝绢光泽、珍珠光泽；硬度2。1982年发现于纳米比亚奥希科托区楚梅布(Tsumeb)矿。英文名称Fahleite，为纪念德国慕尼黑的西南非的矿产商罗尔夫·法勒(Rolfe Fahle，1943—)而以他的姓氏命名，是他提供了该矿物的标本。IMA 1982-061批准。1988年O.梅登巴赫(O. Medenbach)等在《矿物学新年鉴》(月刊)和1989年J. L.杨博尔(J. L. Jambor)等在《美国矿物学家》(74)报道。1989年中国新矿物与矿物命名委员会郭宗山在《岩石矿物学杂志》[8(3)]根据成分译为水砷锌铁石。

【水砷铟石】参见【砷铟石】条798页

【水砷铀矿】

英文名 Arsenuranylite

化学式 $Ca(UO_2)_4(AsO_4)_2(OH)_4 \cdot 6H_2O$　　(IMA)

水砷铀矿是一种含结晶水、羟基的钙的铀酰-砷酸盐矿物。斜方晶系。晶体呈微小板状、细薄鳞片状；集合体呈地衣状。黄带橙色，解理面上呈珍珠光泽；硬度2～3，完全解理。1958年发现于乌兹别克斯坦纳曼干州切尔卡萨尔(Cherkasar)铀矿床。1958年L. N.别洛娃(L. N. Belova)在《全苏矿物学会记事》(87)报道。英文名称Arsenuranylite，由化学成分"Arsenic(砷)""Uranium(铀)"和可能与"Phosphuranylite(磷铀矿)"的关系命名。1959年以前发现、描述并命名的"祖父级"矿物，IMA承认有效。中文名称根据成分译为水砷铀矿。

【水砷铀云母】

英文名 Arsenuranospathite

化学式 $Al(UO_2)_2(AsO_4)_2F \cdot 20H_2O$　　(IMA)

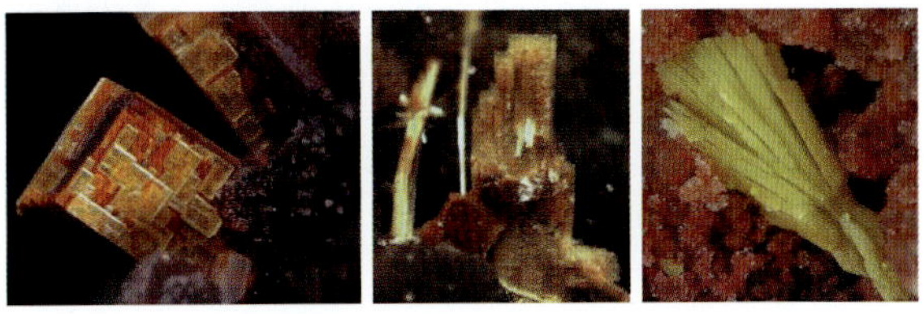

水砷铀云母板状、板条晶体，束状集合体(德国)

水砷铀云母是一种含结晶水、氟的铝的铀酰-砷酸盐矿物。斜方晶系。晶体呈板状、板条状；集合体呈晶簇状、束状。白色、淡黄色，玻璃光泽，透明—半透明；硬度2，完全解理。发现于德国巴登-符腾堡州黑林山波克勒斯巴赫(Böckelsbach)谷索菲亚(Sophia)矿山。英文名称Arsenuranospathite，由成分冠词"Arsenate(砷酸)"和根词"Uranospathite(水磷铀矿)"组合命名，意指它是水磷铀矿的砷酸盐类似矿物。1978年K.瓦林塔(K. Walenta)在《矿物学杂志》(42)和《美国矿物学家》(64)报道。1959年以前发现、描述并命名的"祖父级"矿物，IMA承认有效。IMA 1982s. p.批准。中文名称根据成分译为水砷铀云母/铝砷铀云母(根词参见【水磷铀矿】条846页)。

【水石盐】参见【冰石盐】条73页

【水石英】

英文名 Silhydrite

化学式 $Si_3O_6 \cdot H_2O$　　(IMA)

水石英微晶晶体，块状集合体(美国)

水石英是一种含水的硅的氧化物矿物。斜方晶系。晶体呈微晶状；集合体呈块状。白色，透明；硬度1。1970年发现于美国加利福尼亚州三一(Trinity)县克拉马斯山脉三一山脉哈里斯(Halls)峡谷区特里尼泰(Trinite)矿山。英文名称Silhydrite，由成分"Silicon(硅)"和"Water＝Hydr(水)"组合命名。IMA 1970-044批准。1972年A. J.古德(A. J. Gude)和R. A.谢泼德(R. A. Sheppard)在《美国矿物学家》(57)报道。中文名称根据成分译为水石英或水硅石。

【水丝磷铁石】

英文名 Souzalite

化学式 $Mg_3Al_4(PO_4)_4(OH)_6 \cdot 2H_2O$　　(IMA)

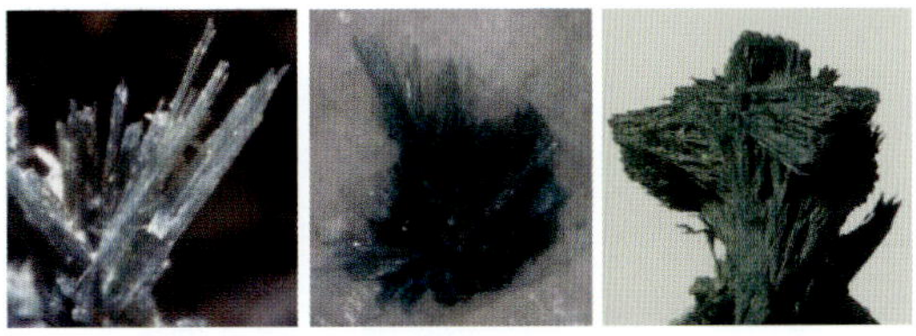

水丝磷铁石粗纤维状晶体，放射状集合体(巴西)

水丝磷铁石是一种含结晶水和羟基的镁、铝的磷酸盐矿物。三斜晶系。晶体呈丝状、粗纤维状，具聚片双晶；集合体呈放射状、束状。蓝色、黑绿色，丝绢光泽，半透明；硬度5.5～6，完全解理。1947年发现于巴西米纳斯吉拉斯州林诺波利斯(Linopolis)科雷戈·弗里奥(Córrego Frio)矿山伟晶岩；1948年在《美国矿物学家》(33)刊载。英文名称Souzalite，以巴西国家矿产品主任安东尼奥·何塞·阿尔维斯·德·索萨(Antonio José Alves de Souza，1896—1961)的姓氏命名。1949年W. T.佩科拉(W. T. Pecora)和J. J.费伊(J. J. Fahey)在《美国矿物学家》(34)报道。1959年以前发现、描述并命名的"祖父级"矿物，IMA承认有效。中文名称根据成分和结晶习性译为水丝磷铁石；根据成分、结晶习性和颜色译为水丝绿铁石，水磷铝镁石。

【水丝铀矿】

英文名 Studtite

化学式 $(UO_2)(O_2)(H_2O)_2 \cdot 2H_2O$　　(IMA)

水丝铀矿纤维状晶体，束状、放射状集合体(德国、刚果)

水丝铀矿是一种含结晶水的铀酰-氧化物矿物。单斜晶系。晶体呈纤维状；集合体呈放射状。淡黄色、黄色，蜡状光泽，透明—半透明。1947年瓦埃斯(Vaes)发现于刚果(金)

上加丹加省坎博韦区欣科洛布韦(Shinkolobwe)矿;同年,瓦埃斯在布鲁塞尔《比利时地质、古生物和水文学会通报》(70)报道,将其作为铀的碳酸盐矿物描述。英文名称 Studtite,以德国勘探者和地质学家弗朗兹·爱德华·斯图特(Franz Edward Studt,1873—1953)的姓氏命名。他绘制了一幅重要的加丹加地质图,于 1913 年出版。1959 年以前发现、描述并命名的"祖父级"矿物,IMA 承认有效。中文名称根据结晶习性和成分译为水丝铀矿;或根据结晶习性、颜色和成分译为丝黄铀矿。

1959 年,瓦林塔(Walenta)又在德国黑森林地区门增斯旺德(Menzenschwand)铀矿床中发现此矿物,经过研究,1974 年发表文章,表明水丝铀矿不是铀的碳酸盐矿物,而是一种含水的铀的氧化物矿物。1976 年,王志雄等在中国湖南南部一热液铀矿床中再次发现水丝铀矿,这是世界上第三次发现。

【水钛铁矿】参见【克勒贝尔石*】条 411 页

【水碳镝钇石】参见【水碳钇石】条 878 页

【水碳钙镁铀矿】参见【针钙镁铀矿】条 1107 页

【水碳钙钇石】

英文名 Kimuraite-(Y)

化学式 $CaY_2(CO_3)_4 \cdot 6H_2O$ (IMA)

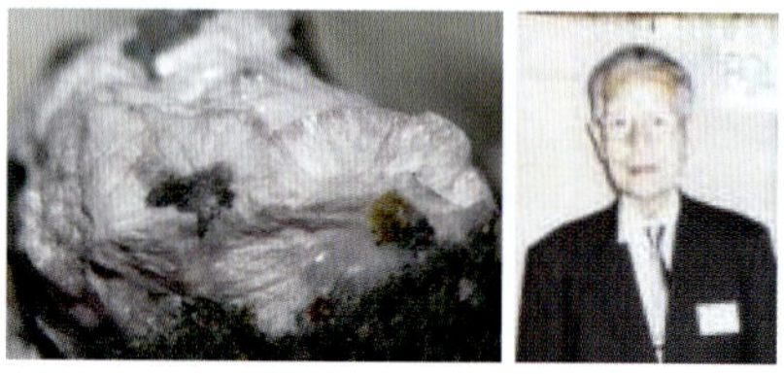

水碳钙钇石鳞片状、板状晶体,球粒状集合体和木村像

水碳钙钇石是一种含结晶水的钙、钇的碳酸盐矿物。属水菱钇矿族。斜方晶系。晶体呈鳞片状、板状;集合体呈球粒状。淡紫色、浅粉色、白色,玻璃光泽、丝绢光泽,半透明;硬度 2.5,完全解理。1984 年日本筑波大学的长岛弘三(K. Nagashima)等发现于日本九州地区佐贺县唐津市肥前町(Hizen-cho)的切木(Kirigo)玄武岩。英文名称 Kimuraite-(Y),以东京大学木村贤次郎(Kenjiro Kimura,1896—1988)教授的姓氏,加占优势的稀土元素钇后缀-(Y)组合命名,以表彰木村对无机化学分析,特别是对稀土元素分析做出的贡献。日文汉字名称木村石。IMA 1984-073 批准。1986 年日本筑波大学的长岛弘三在《美国矿物学家》(71)报道。1987 年中国新矿物与矿物命名委员会郭宗山等在《岩石矿物学杂志》[6(4)]根据成分译为水碳钙钇石。2010 年杨主明在《岩石矿物学杂志》[29(1)]建议借用日文汉字名称木村石。《英汉矿物种名称》(2017)根据英文名称首音节音和成分译为克水碳钙钇石。

【水碳钙铀矿】参见【黑碳钙铀矿】条 319 页

【水碳钙铀锌石】

英文名 Znucalite

化学式 $CaZn_{11}(UO_2)(CO_3)_3(OH)_{20} \cdot 4H_2O$ (IMA)

水碳钙铀锌石是一种含结晶水和羟基的钙、锌的铀酰-碳酸盐矿物。三斜晶系。晶体呈薄片状;集合体呈皮壳状、钟乳状、晶簇状。白色—浅黄色、灰黄色,丝绢光泽,半透明;完全解理。1989 年发现于捷克共和国波希米亚中部布日佐夫山矿区黑坑矿床莱尔(Lill)矿。英文名称 Znucalite,1990 年皮特·翁德鲁斯(Petr Ondruš)等根据化学成分"Zinc(Zn,锌)""Uranium(U,铀)"和"Calcium(Ca,钙)"组合命名。IMA 1989-033 批准。1990 年皮特·翁德鲁斯等在《矿物学新年鉴》(月刊)和 1991 年《美国矿物学家》(76)报道。1993 年黄蕴慧等在《岩石矿物学杂志》[12(1)]根据成分译为水碳钙铀锌石。1991 年中国新矿物与矿物命名委员会郭宗山在《岩石矿物学杂志》[10(4)]曾根据成分译为羟碳钙铀锌石。

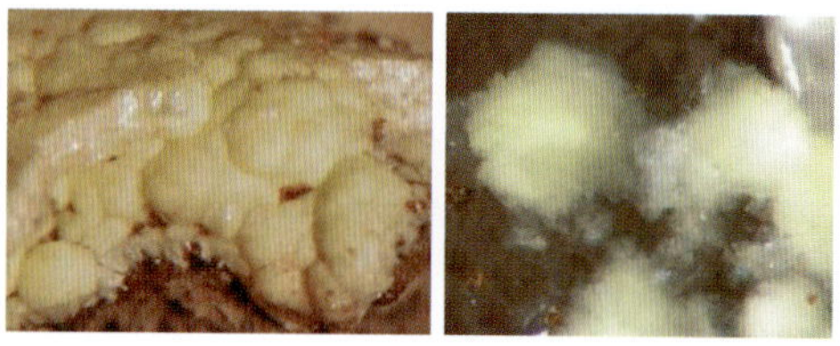

水碳钙铀锌石皮壳状、钟乳状、晶簇状集合体(德国、捷克)

【水碳锆锶石】

英文名 Weloganite

化学式 $Na_2Sr_3Zr(CO_3)_6 \cdot 3H_2O$ (IMA)

水碳锆锶石假六方柱状晶体(加拿大)和威廉·爱德蒙·洛根像

水碳锆锶石是一种含结晶水的钠、锶、锆的碳酸盐矿物。属碳钇锶石族。三斜(假三方)晶系。晶体端部有的带锥状,有的平坦柱面上发育浓密的沟槽,晶体上下粗细悬殊,横切面有白—黄色调的不同颜色的环带,具双晶形成假六方柱状;集合体呈晶簇状、块状。白色、柠檬黄色—琥珀黄色,玻璃光泽,透明—半透明;硬度 3.5,完全解理。1967 年首次发现于加拿大魁北克省蒙特利尔区弗朗孔(Francon)采石场。英文名称 Weloganite,以加拿大地质学家威廉·爱德蒙·洛根(William Edmond Logan,1798—1875)爵士的姓名缩写组合命名。他是加拿大地质调查所的第一任主任(1842—1870)。IMA 1967-042 批准。1968 年 A. P. 萨拜娜(A. P. Sabina)等在《加拿大矿物学家》(9)报道。中文名称根据成分译为水碳锆锶石{1993 年黄蕴慧等《矿物岩石杂志》[12(1)]}。2011 年杨主明等在《矿物岩石杂志》[30(4)]建议音译为维洛根石。

【水碳铬铅石】参见【皮水碳铬铅石】条 683 页

【水碳汞矿】

英文名 Peterbaylissite

化学式 $Hg_3(CO_3)(OH) \cdot 2H_2O$ (IMA)

水碳汞矿是一种含结晶水、羟基的汞的碳酸盐矿物。斜方晶系。晶体呈自形—半自形长楔状、板状、片状。黑色—深红褐色,半金属光泽、金刚光泽,不透明;硬度 4~5,脆性。1993 年发现于美国加利福尼亚州圣贝尼托县。英文名称 Peterbaylissite,以加拿大阿尔伯塔卡尔加里大学地质学和地球物理学系的矿物学名誉教授彼特·贝利斯(Peter Bayliss,1936—)博士的姓名命名。IMA 1993-041 批准。1995 年

A. C. 罗伯特(A. C. Robert)等在《加拿大矿物学家》(33)报道。2003 年中国地质科学院矿产资源研究所李锦平等在《岩石矿物学杂志》[22(3)]根据成分译为水碳汞矿。

【水碳镧铈石】

英文名 Calkinsite-(Ce)

化学式 $Ce_2(CO_3)_3 \cdot 4H_2O$ (IMA)

水碳镧铈石板状晶体(美国)和卡尔金斯像

水碳镧铈石是一种含结晶水的铈的碳酸盐矿物。斜方晶系。晶体呈板状。淡黄色;硬度 2.5,完全解理。1953 年发现于美国蒙大拿州希尔县贝尔帕(Bearpaw)山脉桑迪(Sandy)大溪蛭石前景勘探区;同年,W. T. 佩科拉(W. T. Pecora)等在《美国矿物学家》(38)报道。英文名称 Calkinsite-(Ce),为纪念美国地质调查局的地质学家弗兰克·卡斯卡特·卡尔金斯(Frank Cathcart Calkins,1878—1974)而以他的姓氏,加占优势的稀土元素铈后缀-(Ce)组合命名。1959 年以前发现、描述并命名的"祖父级"矿物,IMA 承认有效。IMA 1987s. p. 批准。中文名称根据成分译为水碳镧铈石或镧铈石。

【水碳磷碱镁石】参见【吉尔瓦斯石】条 360 页

【水碳铝钡石】

英文名 Dresserite

化学式 $Ba_2Al_4(CO_3)_4(OH)_8 \cdot 3H_2O$ (IMA)

水碳铝钡石针状晶体,放射状、球粒状集合体和德莱赛尔像

水碳铝钡石是一种含结晶水和羟基的钡、铝的碳酸盐矿物。属水碳铝钡石族。斜方晶系。晶体呈扁平刃片状、针状;集合体呈放射状、球粒状—半球粒状。白色,玻璃光泽、丝绢光泽,透明;硬度 2.5~3。1968 年发现于加拿大魁北克省蒙特利尔区弗朗孔(Francon)采石场。英文名称 Dresserite,以为蒙特利根山做出贡献的加拿大地质学家约翰·亚历山大·德莱赛尔(John Alexander Dresser,1866—1954)的姓氏命名。IMA 1968 - 027 批准。1969 年 J. L. 杨博尔(J. L. Jambor)等在《加拿大矿物学家》(10)报道。1993 年黄蕴慧等在《岩石矿物学杂志》[12(1)]根据成分译为水碳铝钡石。2011 年杨主明等在《岩石矿物学杂志》[30(4)]建议音译为德莱赛尔石。

【水碳铝钙石】

英文名 Alumohydrocalcite

化学式 $CaAl_2(CO_3)_2(OH)_4 \cdot 4H_2O$ (IMA)

水碳铝钙石是一种含结晶水和羟基的钙、铝的碳酸盐矿物。属水碳铝钡石族。三斜晶系。晶体呈纤维状、针状、片

水碳铝钙石针状晶体,放射状、球粒状集合体(德国)

状;集合体常呈放射状、球粒状和白垩粉状。白垩白色—淡蓝色、淡黄色、奶油白色、灰色、淡玫瑰色或褐色、粉红色、暗紫红色,透明—不透明;硬度 2.5,完全解理,脆性。1926 年发现于俄罗斯哈卡斯共和国索尔斯克(Sorsk)波特基纳(Potekhina)村。英文名称 Alumohydrocalcite,由化学成分冠词"Aluminium(铝)、Hydrated(水)"和根词"Calcite(碳酸钙或方解石)"组合命名。1926 年比利比涅(Bilibine)在《全苏矿物学会记事》(55)和 1928 年 W. F. 福杉格(W. F. Foshag)在《美国矿物学》(13)报道。1959 年以前发现、描述并命名的"祖父级"矿物,IMA 承认有效。IMA 1980s. p. 批准。中文名称根据成分译为水碳铝钙石,也有的译作碳铝钙石、铝水钙石或铝水方解石。

【水碳铝镁石】

英文名 Hydrotalcite-2H

化学式 $Mg_6Al_2(CO_3)(OH)_{16} \cdot (H_2O)_4$

水碳铝镁石双锥状晶体(巴西)

水碳铝镁石是一种含结晶水和羟基的镁、铝的碳酸盐矿物。属水滑石超族水滑石族。六方晶系。晶体呈柱状、锥状。黄色、白色、灰色或淡蓝色、棕白色,蜡状光泽、珍珠光泽,透明;硬度 2,完全解理。发现于美国纽约州奥兰治市沃里克镇阿米蒂(Amity)。英文名称 Hydrotalcite-2H,原名 Manasseite,1940 年克利福德·弗龙德尔(Clifford Frondel)为纪念意大利佛罗伦萨大学矿物学教授埃内斯托·玛拿西(Ernesto Manasse,1875—1922)而以他的姓氏命名[见 1941 年弗龙德尔《美国矿物学家》(26)]。后来发现它是水滑石的一个 2H 多型。2012 年更名为 Hydrotalcite-2H(水滑石-2H)[见 2012 年 S. J. 米尔斯(S. J. Mills)等《矿物学杂志》(76)的水滑石超族系统命名法]。中文名称根据成分译为水碳铝镁石(参见【水滑石】条 834 页)。

【水碳铝锰石】

英文名 Charmarite

化学式 $Mn_4Al_2(OH)_{12}(CO_3) \cdot 3H_2O$ (IMA)

水碳铝锰石六方板状、塔柱状(2H)、板条状(3T)晶体(加拿大)

水碳铝锰石是一种含结晶水、碳酸根的锰、铝的氢氧化物矿物。属水滑石超族羟碳铝镁石族。三方(六方)晶系。晶体呈六方板状,叠层呈塔柱状、钉子状。黄色、黄褐色、橙褐色、淡蓝色、无色,玻璃光泽,透明;硬度 2,完全解理,脆

性。1997 年发现于加拿大魁北克省圣希莱尔(Saint-Hilaire)混合肥料采石场。英文名称 Charmarite，1997 年由乔治·Y. 曹(George Y. Chao)和罗伯特·A. 高尔特(Robert A. Gault)，以查尔斯(Charles，1917—2003)和玛塞尔(Marcelle，1918—2003)夫妇二人的名字缩写组合命名。他们是美国康涅狄格州吉尔福德矿物学家，对圣希莱尔的科学知识做出了广泛的贡献，还发现了该矿物。1997 年曹和高尔特在《加拿大矿物学家》(35)报道有两个多型：Charmarite-2H(六方，IMA 1992-026 批准)和 Charmarite-3T(三方，IMA 1992-027 批准)。2003 年李锦平等在《岩石矿物学杂志》[22(2)]根据成分译为水碳铝锰石。2011 年杨主明等在《岩石矿物学杂志》[30(4)]建议音译为查玛石。

【水碳铝铅石】

参见【白铅铝矿】条 38 页

【水碳铝锶石】

英文名 Strontiodresserite

化学式 $SrAl_2(CO_3)_2(OH)_4 \cdot H_2O$ (IMA)

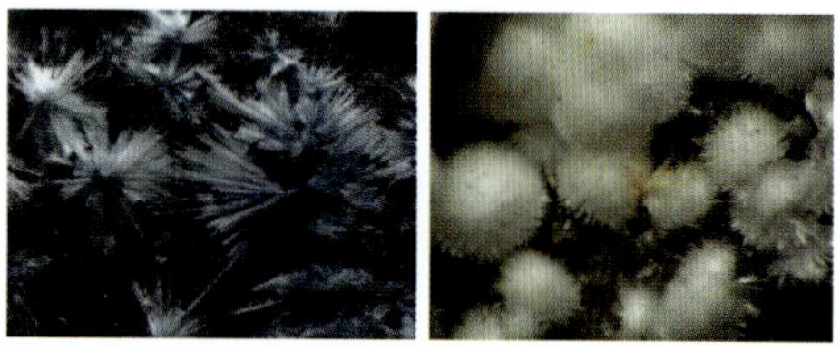

水碳铝锶石放射状(奥地利)球粒状(法国)集合体

水碳铝锶石是一种含结晶水和羟基的锶、铝的碳酸盐矿物。属水碳铝钡石族。斜方晶系。晶体呈针状、纤维状；集合体呈放射状、球粒状。白色，玻璃光泽、丝绢光泽，透明；硬度 2～3。1977 年发现于加拿大魁北克省蒙特利尔区弗朗孔(Francon)采石场。1977 年由约翰·莱斯利·杨博尔(John Leslie Jambor)、安·菲利斯·希碧娜·斯滕森(Ann Phyllis Sabina Stenson)、安德鲁·C. 罗伯茨(Andrew C. Roberts)和博日达尔·达尔科·斯特曼(Bozidar Darko Sturman)在《加拿大矿物学家》(15)报道。英文名称 Strontiodresserite，由成分冠词"Strontium(锶)"和根词"Dresserite(水碳铝钡石)"组合命名，意指它是水碳铝钡石含锶的类似矿物。IMA 1977-005 批准。中国地质科学院根据成分译为水碳铝锶石。2011 年杨主明等在《岩石矿物学杂志》[30(4)]建议以成分和音译为锶德莱塞尔石(根词参见【水碳铝钡石】条 875 页)。

【水碳铝铁石】

英文名 Caresite

化学式 $Fe_4^{2+}Al_2(OH)_{12}(CO_3) \cdot 3H_2O$ (IMA)

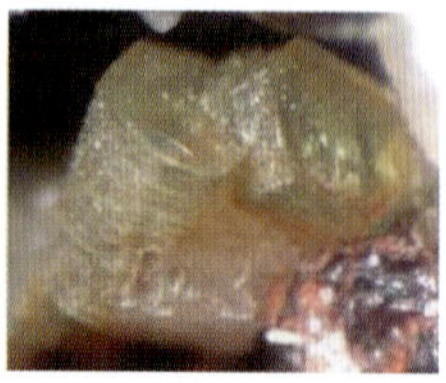

水碳铝铁石六方柱状晶体(加拿大)

水碳铝铁石是一种含结晶水和碳酸根的铁、铝的氢氧化物矿物。属水滑石超族羟碳铝镁石族。三方晶系。晶体呈六方板状、柱状；集合体呈不规则状。浅黄色、橙黄色，玻璃光泽，透明；硬度 2，完全解理，脆性。1992 年发现于加拿大魁北克省圣希莱尔(Saint-Hilaire)混合肥料采石场和蒙特利尔蒙特皇家公司福赛斯(Forsyth's)采石场。英文名称 Caresite，以美国马萨诸塞州萨德伯里的史蒂夫·卡雷斯(Steve Cares，1909—2006)和珍妮特·卡雷斯(Janet Cares，1921—2011)两人的姓氏命名，是他们发现的此矿物。IMA 1992-030 批准。1997 年 G. Y. 曹(G. Y. Chao)和 R. A. 高尔特(R. A. Gault)在《加拿大矿物学家》(35)报道。2003 年李锦平等在《岩石矿物学杂志》[22(2)]根据成分译为水碳铝铁石。2011 年杨主明等在《岩石矿物学杂志》[30(4)]建议音译为卡尔斯石。

【水碳氯铅矿】

参见【氯碳铅石】条 564 页

【水碳镁钙石】

英文名 Sergeevite

化学式 $Ca_2Mg_{11}(CO_3)_9(HCO_3)_4(OH)_4 \cdot 6H_2O$ (IMA)

水碳镁钙石是一种含结晶水和羟基的钙、镁的氢碳酸-碳酸盐矿物。三方晶系。晶体呈菱形状，粒径 0.5μm；集合体呈球状结核和不规则细脉状。白色，光泽暗淡；硬度 3.5。1979 年发现于俄罗斯卡巴尔达-巴尔卡里亚(Kabardino-Balkaria)自治共和国巴克桑山谷特尔内奥兹钼-钨矿床马里·木库兰(Malyi Mukulan)锡矿。英文名称 Sergeevite，以俄罗斯莫斯科大学地质学教授叶甫盖尼·米哈伊洛维奇·谢尔盖耶夫(Evgeneii Mikhailovich Sergeev，1924—1997)的姓氏命名。IMA 1979-038 批准。1980 年 L. K. 亚孔托娃(L. K. Yakhontova)等在《全苏矿物学会记事》[109(2)]和 1981 年 L. J. 卡布里(L. J. Cabri)等在《美国矿物学家》(66)报道。中文名称根据成分译为水碳镁钙石。

【水碳镁钾石】

英文名 Baylissite

化学式 $K_2Mg(CO_3)_2 \cdot 4H_2O$ (IMA)

贝利斯像

水碳镁钾石是一种含结晶水的钾、镁的碳酸盐矿物。单斜晶系。晶体呈细粒状；集合体呈皮壳状。无色，透明；硬度 2～3。1975 年发现于瑞士伯尔尼市哈斯利山谷格里姆瑟尔区域。英文名称 Baylissite，为纪念西澳大利亚大学化学教授诺埃尔·斯坦利·贝利斯(Noel Stanley Bayliss，1906—1996)爵士而以他的姓氏命名，是他首先描述了合成化合物的特征。IMA 1975-024 批准。1976 年 K. 瓦林塔(K. Walenta)在《瑞士矿物学和岩石学通报》(56)报道。中文名称根据成分译为水碳镁钾石。

【水碳镁矿】

参见【双水碳镁石】条 812 页

【水碳镁铝石】

英文名 Indigirite

化学式 $Mg_2Al_2(CO_3)_4(OH)_2 \cdot 15H_2O$ (IMA)

水碳镁铝石是一种含结晶水和羟基的镁、铝的碳酸盐矿物。单斜晶系。晶体呈针状、板状、纤维状；集合体呈花束状、放射状。雪白色，玻璃光泽、丝绢光泽，透明；硬度 2。1971 年发现于俄罗斯萨哈共和国印迪吉尔卡(Indigirka)河流域萨雷拉赫(Sarylakh)金-锑矿床。英文名称 Indigirite，以发现地俄罗斯萨哈共和国的印迪吉尔卡(Indigirka)河命名。IMA 1971-012 批准。1971 年 L. N. 印多列夫(L. N. Indolev)等在《全苏矿物学会记事》(100)和 1972 年 M. 弗莱舍(M. Fleischer)在《美国矿物学家》(57)报道。中文名称根据成分译为水碳镁铝石。

【水碳镁石】参见【水菱镁矿】条 847 页

【水碳钠钙铀矿】

英文名 Andersonite

化学式 $Na_2Ca(UO_2)(CO_3)_3 \cdot 5\sim6H_2O$ (IMA)

水碳钠钙铀矿粒状晶体(德国)和安德森像

水碳钠钙铀矿是一种含结晶水的钠、钙的铀酰-碳酸盐矿物。三方晶系。晶体呈菱面体、假立方体,粒状;集合体常呈皮壳状。明亮的绿色、黄绿色,玻璃光泽,透明—半透明;硬度 2.5。发现于美国亚利桑那州亚瓦派县尤里卡区巴格达波扎特梅萨(Bozarth Mesa);1951 年阿克塞尔罗德(Axelrod)等在《美国矿物学家》(36)报道。英文名称 Andersonite,以美国地质调查局的地质学家查尔斯·A. 安德森(Charles A. Anderson,1902—1990)的姓氏命名,是他收集的第一块样本。1959 年以前发现、描述并命名的"祖父级"矿物,IMA 承认有效。中文名称根据成分译为水碳钠钙铀矿,也有的译为碳钠钙铀矿。

【水碳钠钇石】

英文名 Adamsite-(Y)

化学式 $NaY(CO_3)_2 \cdot 6H_2O$ (IMA)

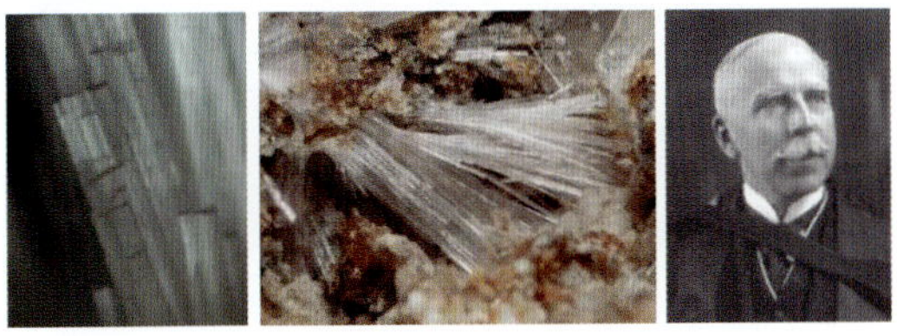

水碳钠钇石细柱状、纤维状晶体,束状集合体(加拿大)和亚当斯像

水碳钠钇石是一种含结晶水的钠、钇的碳酸盐矿物。三斜晶系。晶体呈针状、纤维状、细长柱状,双晶常见;集合体呈网状、放射状、束状、球粒状。无色、白色、淡粉色或淡紫色,玻璃光泽、珍珠光泽,透明—半透明;硬度 3,完全解理,脆性。1999 年发现于加拿大魁北克省圣希莱尔(Saint-Hilaire)混合肥料采石场。英文名称 Adamsite-(Y),为纪念加拿大蒙特利尔麦吉尔大学的地质学教授弗兰克·道森·亚当斯(Frank Dawson Adams,1859—1942)而以他的姓氏,加占优势的稀土元素钇后缀-(Y)组合命名。亚当斯是研究加拿大蒙泰雷吉(Monteregian)山圣希莱尔的地质学家和岩石学家之一。IMA 1999-020 批准。2000 年 J. D. 格瑞斯(J. D. Grice)等在《加拿大矿物学家》(38)和 2001 年《美国矿物学家》(86)报道。2003 年李锦平等在《岩石矿物学杂志》[22(1)]根据成分译为水碳钠钇石。2011 年杨主明等在《岩石矿物学杂志》[30(4)]建议音加成分译为亚当斯钇石。

【水碳镍汞石】参见【斯族曼斯石】条 893 页

【水碳镍矿】

英文名 Hellyerite

化学式 $Ni(CO_3) \cdot 6H_2O$ (IMA)

水碳镍矿板片状晶体(澳大利亚)

水碳镍矿是一种含结晶水的镍的碳酸盐矿物。单斜晶系。晶体呈板片状,具聚片双晶;集合体呈薄皮壳状。天蓝色、绿色,玻璃光泽,半透明;硬度 2.5,完全解理。1958 年发现于澳大利亚塔斯马尼亚州希兹伍德(Heazlewood)区洛德布拉西(Lord Brassey)矿。1959 年 K. L. 威廉姆斯(K. L. Williams)等在《美国矿物学家》(44)报道。英文名称 Hellyerite,为纪念亨利·赫利尔(Henry Hellyer,1791—1832)而以他的姓氏命名。赫利尔是范迪门土地公司测量局长和西北塔斯马尼亚的探险家。IMA 1962s. p. 批准。中文名称根据成分译为水碳镍矿。

【水碳硼钙镁石】参见【水碳硼石】条 877 页

【水碳硼石】

英文名 Carboborite

化学式 $Ca_2Mg[B(OH)_4]_2(CO_3)_2 \cdot 4H_2O$ (IMA)

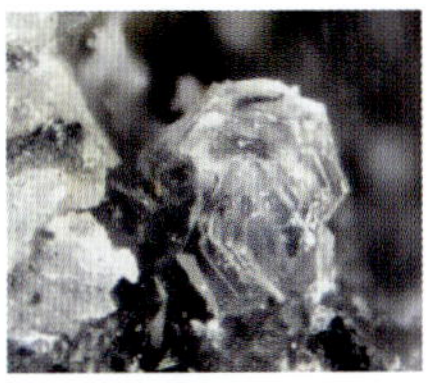

水碳硼石板状晶体(俄罗斯)

水碳硼石是一种含结晶水的钙、镁的碳酸-氢硼酸盐矿物。单斜晶系。晶体呈尖锥状菱面体或板状、短柱状。无色,有杂质呈浅褐色,玻璃光泽,透明;硬度 2,完全解理。1963 年中国学者谢先德等在中国青海海西自治州柴达木盐湖湖滨工作时,发现一种透明无色—浅褐色具完好尖菱面体状的矿物。加冷的稀盐酸溶解时,矿物剧烈发泡,并结晶出大量六方片状的硼酸晶体。经过矿物学、化学和 X 射线的研究,确定该矿物和文献上所有已知的硼酸盐和碳酸盐矿物不同,确认是一种新矿物,并以化学成分的基本阴离子碳酸根(Carbonate)和硼酸根(Borate)命名为水碳硼石;也称水碳硼钙镁石。IMA 1967s. p. 批准。1964 年谢先德等在《中国科学》(*Scientia Sinica*)[13(5)]、《地质科学》(1)和 1965 年《美国矿物学家》(50)(摘要)报道。

【水碳砷锰钙石】

英文名 Sailaufite

化学式 $(Ca,Na,\square)_2Mn_3^{3+}O_2(AsO_4)_2(CO_3) \cdot 3H_2O$ (IMA)

水碳砷锰钙石是一种含结晶水的钙、钠、空位、锰氧的碳酸-砷酸盐矿物。属钙砷铁矿(菱砷铁矿)族。单斜晶系。晶体呈交生板状;集合体呈乳头状、晶簇状。深红褐色—黑色,玻璃光泽,半透明;硬度 3.5,完全解理,脆性。2000 年发现于德国巴伐利亚州西北部赛劳夫(Sailauf)弗克斯(Fuchs)采石场。英文名称 Sailaufite,以发现地德国的赛劳夫(Sailauf)

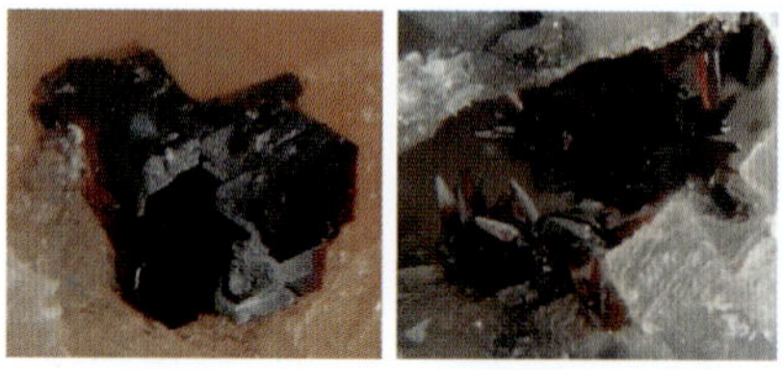

水碳砷锰钙石交生的板状晶体，乳头状、晶簇状集合体(德国)

命名。IMA 2000－005 批准。2003 年 M. 维特纳(M. Wildner)等在《欧洲矿物学杂志》(15)报道。2008 年中国地质科学院地质研究所任玉峰等在《岩石矿物学杂志》[27(2)]根据成分译为水碳砷锰钙石。

【水碳铁镍矿】参见【锐水碳镍矿】条 755 页

【水碳铜矾】

英文名 Nakauriite

化学式 $Cu_8(SO_4)_4(CO_3)(OH)_6 \cdot 48H_2O$ (IMA)

水碳铜矾纤维状晶体，发散状集合体(意大利)

水碳铜矾是一种含结晶水和羟基的铜的碳酸-硫酸盐矿物。斜方晶系。晶体呈纤维状；集合体呈放射状。天蓝色，半透明。1976 年发现于日本本州岛中部爱知县新城中宇利(Nakauri)矿山。英文名称 Nakauriite，以发现地日本中宇利(Nakauri)矿山命名。1976 年铃木(J. Suzuki)、伊藤(M. Ito)和杉浦(T. Sugiura)在《日本矿物、岩石和矿床学会志》(*Journal of the Japanese Association of Mineralogists, Petrologists, and Economic Geologists*)[71(7)]报道。IMA 1976－016 批准。1977 年 M. 弗莱舍(M. Fleischer)等在《美国矿物学家》(62)报道。日文汉字名称中宇利石。中国地质科学院根据成分译为水碳铜矾；2010 年杨主明等在《岩石矿物学杂志》[29(1)]建议借用日文汉字名称中宇利石。

【水碳铜镁石】

英文名 Callaghanite

化学式 $Cu_2Mg_2(CO_3)(OH)_6 \cdot 2H_2O$ (IMA)

水碳铜镁石双锥晶体(美国)和卡拉汉像

水碳铜镁石是一种含结晶水和羟基的铜、镁的碳酸盐矿物。单斜晶系。晶体呈假四方双锥状、粒状，晶面有条纹；集合体呈皮壳状、晶簇状。天蓝色，玻璃光泽，半透明；硬度 3～3.5，完全解理。1954 年发现于美国内华达州奈伊(Nye)县伊甸乐园(Paradise)塞拉(Sierra)菱镁矿矿区。英文名称 Callaghanite，以美国新墨西哥州矿山局局长尤金·卡拉汉(Eugene Callaghan，1904—1990)博士的姓氏命名。1954 年 C. W. 贝克(C. W. Beck)等在《美国矿物学家》(39)报道。1959 年以前发现、描述并命名的“祖父级”矿物，IMA 承认有效。中文名称根据成分译为水碳铜镁石。

【水碳钇石】

英文名 Lokkaite-(Y)

化学式 $CaY_4(CO_3)_7 \cdot 9H_2O$ (IMA)

水碳钇石纤维状晶体，放射状、球粒状集合体(挪威)和洛卡像

水碳钇石是一种含结晶水的钙、钇的碳酸盐矿物。属水菱钇矿族。斜方晶系。晶体呈纤维状、针状；集合体呈放射状、球粒状。雪白色。1969 年发现于芬兰中西部康阿斯阿拉镇平顶山(Pyörönmaa)伟晶岩。英文名称 Lokkaite-(Y)，根词由芬兰矿物学家、赫尔辛基芬兰地质调查局首席化学家劳里·洛卡(Lauri Lokka，1885—1966)的姓氏，加占优势的稀土元素钇后缀-(Y)组合命名。IMA 1969－045 批准。1971 年 V. 佩尔图宁(V. Perttunen)在《芬兰地质学会通报》(43)和 M. 弗莱舍(M. Fleischer)在《美国矿物学家》(56)报道。中文名称根据成分译为水碳钇石，也有的译为水碳镝钇石。

【水碳钇铀石】

英文名 Kamotoite-(Y)

化学式 $Y_2O_4(UO_2)_4(CO_3)_3 \cdot 14H_2O$ (IMA)

水碳钇铀石叶片状晶体，放射状、菊花状集合体(刚果)

水碳钇铀石是一种含结晶水的钇氧的铀酰-碳酸盐矿物。单斜晶系。晶体呈叶片状；集合体呈皮壳状、放射状、菊花状。黄色、亮黄色，玻璃光泽，透明—半透明；完全解理。1985 年发现于刚果(金)卢阿拉巴省科卢韦齐矿区卡摩托(Kamoto)镇东露天采坑。英文名称 Kamotoite-(Y)，由 M. 德利安(M. Deliens)等根据发现地刚果的卡摩托(Kamoto)镇命名。IMA 1985－051 批准。1986 年 M. 德利安(M. Deliens)等在《法国矿物学和结晶学会通报》(109)报道。1987 年中国新矿物与矿物命名委员会郭宗山等在《岩石矿物学杂志》[6(4)]根据成分译为水碳钇铀石。

【水碳铀矿】

英文名 Sharpite

化学式 $Ca(UO_2)_6(CO_3)_5(OH)_4 \cdot 6H_2O$ (IMA)

水碳铀矿是一种含结晶水、羟基的钙的铀酰-碳酸盐矿物。斜方晶系。晶体呈纤维状或细小鳞片状；集合体呈放射状、皮壳状。淡黄绿色；硬度 2.5，脆性。1938 年发现于刚果(金)上加丹加省坎博韦区欣科洛布韦(Shinkolobwe)铀矿床。1938 年 M. J. 梅隆(M. J. Mélon)在《比利时皇家殖民地

水碳铀矿纤维状晶体，放射状集合体（刚果）

研究所会议通报》(9)和1939年W. F. 福杉格（W. F. Foshag）在《美国矿物学家》(24)报道。英文名称Sharpite，以马约尔·罗伯特·里奇·夏普（Major Robert Rich Sharp，1881—1960）的姓氏命名。在1915年他发现了扎伊尔欣科洛布韦铀矿矿床。1959年以前发现、描述并命名的"祖父级"矿物，IMA承认有效。中文名称根据成分译为水碳铀矿或七水碳铀矿；根据菱面体解理和成分译为水菱铀矿。

【水锑铝铜石】

英文名 Cualstibite

化学式 $Cu_2Al(OH)_6[Sb(OH)_6]$ (IMA)

水锑铝铜石-1M刃片状晶体，花饰状集合体（意大利）

水锑铝铜石是一种极其罕见的铜、铝、锑的氢氧化物矿物。属水滑石超族水锑铝铜石族。三方（单斜）晶系。晶体呈刃片状；集合体呈花饰状。浅蓝色、绿色、无色，玻璃光泽，透明—半透明；硬度2。1980年发现于德国巴登-符腾堡州弗赖堡市兰卡赫（Rankach）山谷克拉拉（Clara）矿。英文原名称Cyanophyllite，由希腊文"κυανόσ=Cyano=Blue（蓝色、青紫）"和"φύλλον=Phyll=Leaf或Blatt（叶、板）"命名，意指其颜色和晶习。1981年K. 瓦林塔（K. Walenta）在德国《地球化学》(40)和《美国矿物学家》(66)报道。1983年中国新矿物与矿物命名委员会郭宗山等在《岩石矿物及测试》[2(1)]根据颜色和成分译为紫铜铝锑矿。2012年米尔斯（Mills）等认为Cyanophillite是Cualstibite的多型体Cualstibite-1M（单斜晶系。IMA 1980-065批准）。2012年Cyanophillite（IMA 12-B）被废弃。英文名称Cualstibite，由化学成分"Cu（铜）、Al（铝）和Sb（锑）"组合命名。IMA 1983-068批准。1984年瓦林塔在德国《地球化学》(43)和《美国矿物学家》(70)报道。1985年中国新矿物与矿物命名委员会郭宗山等在《岩石矿物及测试》[4(4)]根据成分又译为水锑铝铜石。

Cualstibite另一个多型体：Cualstibite-1T（三方）。

水锑铝铜石-1T柱状、片状晶体，放射状集合体（德国）

【水锑铝锌石】

英文名 Zincalstibite

化学式 $Zn_2Al(OH)_6[Sb(OH)_6]$ (IMA)

水锑铝锌石针柱状晶体（意大利）

水锑铝锌石是一种含锌、铝、锑的氢氧化物矿物。属水滑石超族水锑铝铜石族。三方晶系。晶体呈针柱状；集合体呈球粒状。无色，玻璃光泽，透明。1998年发现于意大利马萨-卡拉拉省滨海阿尔卑斯山脉范蒂斯克里蒂（Fantiscritti）采石场。英文名称Zincalstibite，由化学成分"Zinc（锌）""Aluminium（铝）"和"Antimony（锑，拉丁文Stibium）"组合命名，是锌的水锑铝铜石的类似矿物。IMA 1998-033批准。2007年E. 博纳科尔西（E. Bonaccorsi）等在《美国矿物学家》(92)报道。中文名称根据成分及与水锑铝铜石的关系译为水锑铝锌石。目前已知有Zincalstibite-1T和Zincalstibite-9R多型。

【水锑铅矿】

英文名 Bindheimite

化学式 $Pb_2Sb_2^{5+}O_7$ (IMA)

水锑铅矿球粒状集合体（德国）

水锑铅矿是一种铅、锑的氧化物矿物。等轴晶系。集合体呈隐晶质致密至土状、皮壳状、球粒状，常呈原生铅、锑矿物的假象。黄色、褐色、绿色、灰色，松脂光泽、土状光泽，透明—不透明；硬度4～4.5。最早见于1792年宾德海姆（Bindheim）在柏林《自然研究者协会的文献》(10)报道。1800年发现于俄罗斯赤塔州尼布楚（Nerchinsk）银-铅-锌矿床。1800年D. L. G. 卡斯滕（D. L. G. Karsten）在《矿物学表》（第一版，柏林）称Bleinier。英文名称Bindheimite，以德国化学家约翰·雅各布·宾德海姆（Johann Jacob Bindheim，1750—1825）的姓氏命名，是他首次对此矿物进行了化学分析。1868年J. D. 丹纳（J. D. Dana）在《系统矿物学》（第五版，纽约）刊载。1959年以前发现、描述并命名的"祖父级"矿物，由于描述不充分，虽然IMA没有正式废弃此名称，但怀疑它也许是Oxyplumboromeite（氧锑铅矿）全部或部分。IMA 2013s. p. 批准。中文名称前人根据成分译为水锑铅矿；编译者建议根据IMA成分式译为氧锑铅矿*。

【水锑铜矿】

英文名 Partzite

化学式 $Cu_2Sb_2(O,OH,H_2O)_7$(?)

水锑铜矿是一种铜、锑的水-氢氧-氧化物矿物。等轴晶系。集合体常呈块状。橄榄绿色、黄绿色、墨绿色，外表常锈成黑色，半透明；硬度3～4。发现于美国加利福尼亚州莫诺县布林德施普林（Blind Spring）区的几个矿山。见于1944年C. 帕拉奇（C. Palache）、H. 伯曼（H. Berman）和C. 弗龙德尔（C. Frondel）《丹纳系统矿物学》（第一卷，第七版，纽约）。英文名称Partzite，以奥古斯特·F. W. 帕兹（August F. W. Partz）的姓氏命名，是他第一次认识到它可作为银矿石的矿物。2009年IMA认为是1959年之前发现、描述并命名的"祖父级"矿物；2010年阿滕西奥（Atencio）等建议废弃；2016年被IMA 16-B废弃。中文名称根据成分译为水锑铜矿。

【水锑银矿】

英文名 Stetefeldtite

化学式 $Ag_2Sb_2(O,OH)_7$　　(IMA)

水锑银矿是一种银、锑的氢氧-氧化物矿物。属烧绿石超族氧钙锑矿族。等轴晶系。集合体呈致密块体。棕色、黑色、绿色、黄色，土状光泽；硬度 3.5～4.5。首次发现并描述于美国内华达州奈县托基马(Toquima)范围内的贝尔蒙特(Belmont)矿区。英文名称 Stetefeldtite，以德裔美国采矿工程师和冶金家卡尔·奥古斯特·斯特费尔德特(Karl August Stetefeldt，1838—1896)的姓氏命名。1867 年引自古老的里奥特(Riotte) *Berg-und Hüttenmännische Zeitung*(26)和 1953 年马森(Mason)等的《矿物学杂志》(30)。由于资料不全，需要检查化学成分和晶体结构。1959 年以前发现、描述并命名的"祖父级"矿物，IMA 承认有效；但持怀疑态度。IMA 2013s. p. 批准。中文名称根据成分译为水锑银矿。

【水铁矾】

英文名 Szomolnokite

化学式 $Fe(SO_4)\cdot H_2O$　　(IMA)

水铁矾是一种含一个结晶水的亚铁的硫酸盐矿物。属水镁矾族。单斜晶系。晶体呈锥状、板状、针状、细粒状，双晶常见；集合体呈皮壳状、球粒状、钟乳状。蜜黄褐色、硫磺色、红褐色、蓝色、无色等，玻璃光泽、树脂光泽、油脂光泽，半透明；硬度 2.5～3.5，脆性。1877 年发现于斯洛伐克科西策地区盖尔尼察县斯佐莫尔尼克(Szomolnok)。英文名称 Szomolnokite，1877 年由约瑟夫·克伦纳(Joseph Krenner)根据发现地斯洛伐克(原匈牙利)的斯佐莫尔诺克(Szomolnok)命名。1891 年克伦纳(Krenner)在布达佩斯《匈牙利科学院通报》(*MagyarTudomanyos Akademia Értesít ő je*)(2)报道。1959 年以前发现、描述并命名的"祖父级"矿物，IMA 承认有效。中文名称根据成分译为水铁矾。

【水铁矿】

英文名 Ferrihydrite

化学式 $Fe^{3+}_{10}O_{14}(OH)_2$　　(IMA)

水铁矿是一种含羟基的铁的氧化物矿物。三方晶系。晶体呈细粒状、显微针状。暗褐色、黄色。1971 年发现于哈萨克斯坦阿尔泰山脉贝洛索夫斯基(Belousovskii)矿山和里德尔-索科诺(Ridder-Sokolnoe)矿。英文名称 Ferrihydrite，由化学成分"Hydrated(水合)"和"Ferric iron oxide(三价氧化铁)"命名。IMA 1971-015 批准。1973 年 F. V. 丘赫罗夫(F. V. Chukhrov)等在《苏联科学院报告》(4)和 1975 年 M. 弗莱舍(M. Fleischer)等在《美国矿物学家》(60)报道。中文名称根据成分译为水铁矿或根据对称和成分译为六方针铁矿。

【水铁镁石】

英文名 Muskoxite

化学式 $Mg_7Fe^{3+}_4(OH)_{26}\cdot H_2O(?)$　　(IMA)

水铁镁石是一种含结晶水的镁、铁的氢氧化物矿物。属水滑石超族。三方晶系。晶体呈薄的六方片状、细粒状；集合体呈粉末状。暗红褐色，玻璃光泽，半透明；硬度 3，完全解理，脆性。1969 年发现于加拿大努勒维特地区科珀曼河流域穆斯科克斯(Muskox)杂岩体。英文名称 Muskoxite，以发现地加拿大的穆斯科克斯(Muskox)命名。IMA 1967-043 批准。1969 年 J. L. 杨博尔(J. L. Jambor)在《美国矿物学家》(54)报道。中文名称根据成分译为水铁镁石；2011 年杨主明等在《岩石矿物学杂志》[30(4)]建议音译为默斯考克斯石。2012 年 S. J. 米尔斯(S. J. Mills)等在《矿物学杂志》(76)命名为水滑石超族的天然层状双氢氧化物矿物。IMA 对"Muskoxite"提出质疑，认为它可能代表多个物种，需要进一步调查研究。

【水铁镍矾】

英文名 Hydrohonessite

化学式 $(Ni_{1-x}Fe^{3+}_x)(SO_4)_{x/2}(OH)_2\cdot nH_2O(x<0.5,$
$n>3x/2)$　　(IMA)

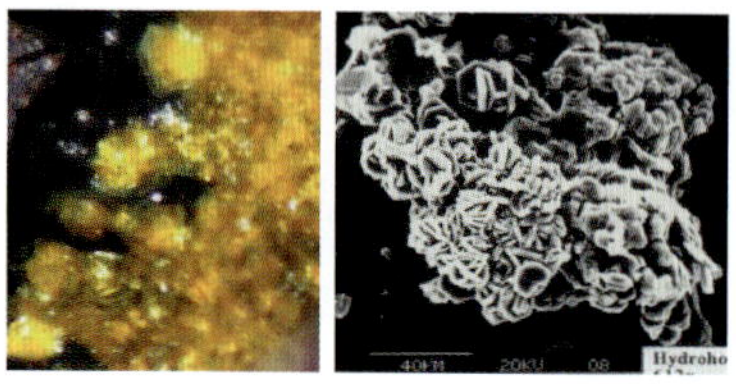

水铁镍矾六方片状晶体，花状集合体(澳大利亚、美国)

水铁镍矾是一种含结晶水和羟基的镍、铁的硫酸盐矿物。属水滑石超族锌铜铝矾族。六方晶系。晶体呈显微六方片状；集合体呈花状、土状、皮壳状。黄色。1980 年发现于澳大利亚西澳大利亚州库尔加迪郡坎博尔达镍矿床奥特肖特(Otter Shoot)镍矿。英文名称 Hydrohonessite，由成分冠词"Hydro(水)"和根词"Honessite(铁镍矾)"的组合命名。IMA 1980-037a 批准。1981 年在《矿物学杂志》(44)和《美国矿物学家》(67)报道。1983 年中国新矿物与矿物命名委员会郭宗山等在《岩石矿物及测试》[2(1)]根据成分译为水铁镍矾(根词参见【铁镍矾】条 952 页)。

【水铜铝矾】

英文名 Woodwardite

化学式 $(Cu_{1-x}Al_x)(SO_4)_{x/2}(OH)_2\cdot nH_2O(x<0.5,$
$n<3x/2)$　　(IMA)

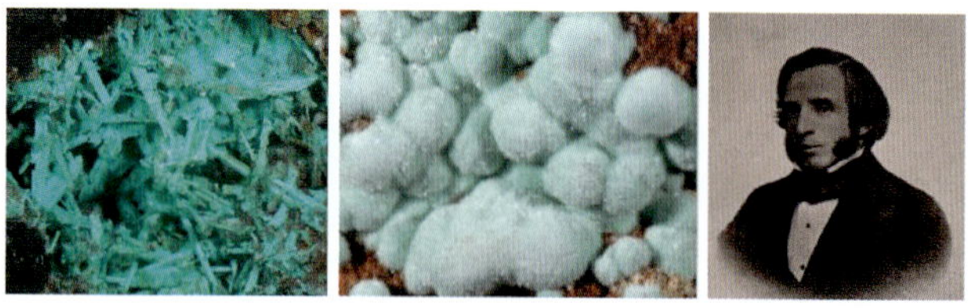

水铜铝矾小板状、纤维状晶体，球粒状集合体(美国)和伍德沃德像

水铜铝矾是一种含结晶水和羟基的铜、铝的硫酸盐矿物。属水滑石超族水铜铝矾族。三方晶系。晶体呈细纤维状、小板状；集合体呈皮壳状、葡萄状、球粒状、放射状。蓝绿色、绿色，半透明—不透明；硬度 2。1866 年发现于英国英格兰康沃尔(Cornwall)郡。1866 年 A. H. 丘奇(A. H. Church)在伦敦《化学学会杂志》(19)和《化学新闻和工业科学杂志》(13)报道。英文名称 Woodwardite，以英国博物学家和地质学家塞缪尔·皮克沃兹·伍德沃德(Samuel Pickworth

Woodward,1821—1865)的姓氏命名。1959 年以前发现、描述并命名的“祖父级”矿物,IMA 承认有效。中文名称根据成分译为水铜铝矾。

【水铜氯铅矿】参见【水氯铜铅矿】条 853 页

【水铜砷铁矿】参见【水砷铁铜石】条 871 页

【水突硅钠锆石*】

英文名 Hydroterskite

化学式 $Na_2ZrSi_6O_{12}(OH)_6$　(IMA)

水突硅钠锆石*是一种罕见的含羟基的钠、锆的硅酸盐矿物。斜方晶系。晶体呈短柱状,宽度 3mm。浅灰色,玻璃光泽,半透明;完全解理,脆性。2015 年发现于加拿大魁北克省拉杰默雷(Lajemmerais)圣阿玛贝尔(Saint-Amable)岩床和德米克斯·瓦伦内斯(Demix-Varennes)采石场。英文名称 Hydroterskite,由成分冠词“Hydro(水)”和根词“Terskite(突硅钠锆石)”组合命名。IMA 2015-042 批准。2015 年 J. D. 格赖斯(J. D. Grice)等在《加拿大矿物学家》(53)报道。目前尚未见官方中文译名,编译者建议根据成分及与突硅钠锆石的关系译为水突硅钠锆石*,或译为羟突硅钠锆石*(根词参见【突硅钠锆石】条 968 页)。

【水钍石】参见【钍脂铅铀矿】条 971 页

【水钨华】

英文名 Hydrotungstite

化学式 $WO_2(OH)_2 \cdot H_2O$　(IMA)

水钨华板状晶体,晶簇状集合体(斯洛伐克、秘鲁)

水钨华是一种含结晶水和羟基的钨的氧化物矿物。单斜晶系。晶体呈板状、柱状、片状,具聚片双晶;集合体呈晶簇状、土状、皮壳状、华状。绿色、绿黄色,暴露空气呈黄色,玻璃光泽,半透明;硬度 2。1940 年发现于玻利维亚欧鲁罗地区圣安东尼奥卡拉卡拉尼(San Antonio de Calacalani)矿。英文名称 Hydrotungstite,由“Hydro(水)”和“Tungstite(钨华)”组合命名。1944 年 P. F. 克尔(P. F. Kerr)和 F. 杨(F. Young)在《美国矿物学家》(29)报道。1959 年以前发现、描述并命名的“祖父级”矿物,IMA 承认有效。中文名称根据成分和集合体形态译为水钨华。

【水钨铝矿】

英文名 Anthoinite

化学式 $AlWO_3(OH)_3$　(IMA)

水钨铝矿是一种含羟基的铝的钨酸盐矿物。三斜晶系。晶体呈扁平板状或呈白钨矿晶体的假象;集合体常呈粉状或白垩状。白色,无光泽,半透明;硬度 1,完全解理。1947 年发现于刚果(金)马尼埃马省迈索博(Misobo)山矿。1947 年瓦拉莫夫(Varlamoff)在比利时列日《比利时地质学会年鉴》(70)报道。英文名称 Anthoinite,以比利时采矿工程师雷蒙德·安托万(Raymond Anthoine,1884—1971)的姓氏命名。他编写有《冲积矿床的勘探》一书。1959 年以前发现、描述并命名的“祖父级”矿物,IMA 承认有效。中文名称根据成分译为水钨铝矿。

【水钨石】

英文名 Hydrokenoelsmoreite

化学式 $\square_2W_2O_6(H_2O)$　(IMA)

水钨石八面体晶体(德国)

水钨石是一种含结晶水的空位的钨酸盐矿物。属烧绿石超族水钨石族。等轴(或三方)晶系。自然的晶体呈球粒状、粉末状,人工合成的晶体呈八面体。无色、白色、黄色,金刚光泽,透明—半透明;硬度 3,脆性。2010 年发现于澳大利亚新威尔士州新英格兰地区埃尔斯莫尔(Elsmore)锡矿脉。在马来西亚霹雳州金塔区克拉马特黄金矿山和美国华盛顿州史蒂文斯县亚当斯山锗矿(洛神矿)也有发现。英文原名称 Elsmoreite,以发现地澳大利亚的埃尔斯莫尔(Elsmore)矿命名[见 2005 年 P. A. 威廉姆斯(P. A. Williams)《加拿大矿物学家》(43)]。IMA 2003-059 批准。也曾被称为 Ferritungstite(高铁钨华)。2008 年中国地质科学院地质研究所任玉峰等在《岩石矿物学杂志》[27(6)]根据成分译为水钨石。后更名为 Hydrokenoelsmoreite,由“Hydro(水)”“Keno(空位)”和“Elsmoreite(水钨石)”组合命名。IMA 2010s. p. 批准。2016 年 S. J. 米尔斯(S. J. Mills)等在《矿物学杂志》(80)报道:Hydrokenoelsmoreite-3C(等轴晶系)和 Hydrokenoelsmoreite-6R(三方晶系)多型[$(\square,Na,H_2O)_2(W,Fe^{3+},Al)(O,OH)_6 \cdot H_2O$]。编译者根据新定义译为水空钨石*。

【水钨铁铝矿】

英文名 Mpororoite

化学式 $Al_2O(WO_4)_2 \cdot 6H_2O$　(IMA)

水钨铁铝矿是一种含结晶水的铝氧的钨酸盐矿物。单斜(三斜)晶系。晶体呈片状、粒状;集合体呈粉末状。黄绿色,半透明。1970 年发现于乌干达基斯罗地区姆波罗罗(Mpororo)钨矿床。英文名称 Mpororoite,1972 年 O. 冯·克诺林(O. von Knorring)等以发现地乌干达姆波罗罗(Mpororo)钨矿床命名。IMA 1970-037 批准。1972 年克诺林在《芬兰地质学会通报》(44)和 1973 年 M. 弗莱舍(M. Fleischer)在《美国矿物学家》(58)报道。中文名称根据成分译为水钨铁铝矿,或水铝钨矿。

【水硒钴石】

英文名 Cobaltomenite

化学式 $Co(Se^{4+}O_3) \cdot 2H_2O$　(IMA)

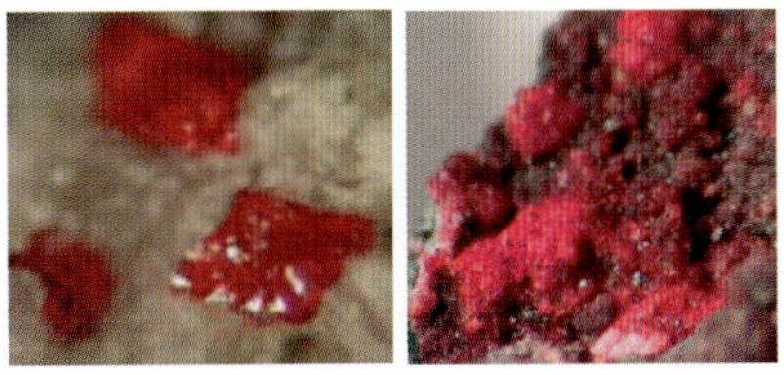

水硒钴石粒状、菱面体晶体,球粒状集合体(美国)

水硒钴石是一种含结晶水的钴的硒酸盐矿物。属水硒钴石族。单斜晶系。晶体呈粒状、菱面体;集合体常呈球状或皮壳状。深红色、粉红色，玻璃光泽，透明—半透明；硬度2～2.5。1882年发现于阿根廷门多萨省卢汉区域塞罗卡塞塔(Cerro de Cacheuta)山。1882年伯特兰德(Bertrand)在《法国矿物学会通报》(5)报道。英文名称Cobaltomenite，由成分“Cobal(钴)”和希腊文“Σελήνη＝Moon[月亮，Selene(硒)]”组合命名。1959年以前发现、描述并命名的“祖父级”矿物，IMA承认有效。IMA 2007s. p.批准。中文名称根据成分译为水硒钴石。

【水硒镍石】

英文名 Ahlfeldite

化学式 $Ni(SeO_3)\cdot 2H_2O$　(IMA)

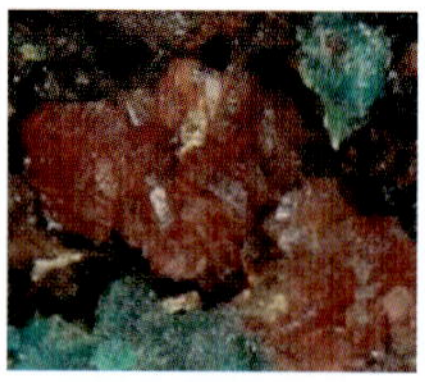

水硒镍石球粒状集合体（玻利维亚）

水硒镍石是一种含结晶水的镍的硒酸盐矿物。属水硒钴石族。单斜晶系。晶体罕见，呈细长扁平状；集合体常呈皮壳状、球粒状。苹果绿色、棕色、粉色、淡黄色，粉红色与钴含量有关，玻璃光泽，透明；硬度2～2.5，中等解理，脆性。1935年发现于玻利维亚波托西省帕卡贾克峡谷维珍德苏鲁米(Virgen de Surumi)矿。1935年赫岑伯格(Herzenberg)在《矿物文摘》(6)报道。英文名称Ahlfeldite，以德国裔玻利维亚采矿工程师和地质学家弗里德里希·阿尔费尔德(Friedrich Ahlfeld，1892—1982)的姓氏命名。1959年以前发现、描述并命名的“祖父级”矿物，IMA承认有效。中文名称根据成分译为水硒镍石，也译作复硒镍矿。

【水硒铁石】

英文名 Mandarinoite

化学式 $Fe_2^{3+}(Se^{4+}O_3)_3\cdot 6H_2O$　(IMA)

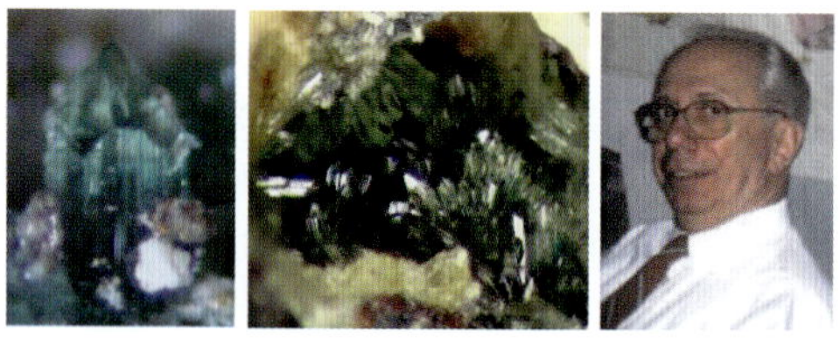

水硒铁石剑刃状晶体，放射状集合体（美国、玻利维亚）和曼达里诺像

水硒铁石是一种含结晶水的铁的硒酸盐矿物。属水硒钴石族。单斜晶系。晶体呈刀剑状，常见接触双晶；集合体呈放射状。淡黄色、绿色，玻璃光泽、油脂光泽，透明；硬度2.5。1977年发现于玻利维亚波托西省帕卡贾克峡谷维珍德苏鲁米(Virgen de Surumi)矿。英文名称Mandarinoite，为纪念美国裔加拿大矿物学家约瑟夫·安东尼·曼达里诺(Joseph Anthony Mandarino，1929—2007)而以他的姓氏命名。曼达里诺是安大略省多伦多皇家安大略博物馆矿物学前馆长，他作为IMA-CNMMN主席对矿物学做出过许多杰出的贡献，尤其是他提出的格拉斯顿-代尔规则，大大促进了关于矿物分类学系统的规范化。IMA 1977-049批准。1978年P. J.邓恩(P. J. Dunn)等在《加拿大矿物学家》(16)报道。中文名称根据成分译为水硒铁石。

【水硒铀钠石】

英文名 Larisaite

化学式 $Na(H_3O)(UO_2)_3(Se^{4+}O_3)_2O_2\cdot 4H_2O$　(IMA)

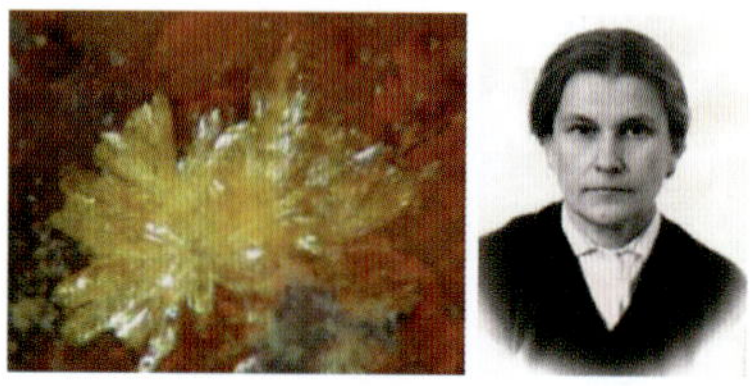

水硒铀钠石片状晶体，放射状集合体（美国）和拉丽莎像

水硒铀钠石是一种含结晶水和氧的钠、卉离子的铀酰-硒酸盐矿物。单斜晶系。晶体呈片状；集合体呈放射状。淡黄色，玻璃光泽、珍珠光泽，透明—半透明；硬度1，完全解理。2002年发现于美国犹他州圣胡安县布兰丁的勒皮特(Repete)矿。英文名称Larisaite，以俄罗斯矿物学家和晶体学家拉丽莎·尼古拉耶芙娜·拜洛娃(Larisa Nikolaevna Belova，1923—1998)的名字命名，以表彰她对铀矿物的研究做出的重大贡献。IMA 2002-061批准。2004年N. V.丘卡诺夫(N. V. Chukanov)等在《欧洲矿物学杂志》(16)报道。2008年中国地质科学院地质研究所任玉峰等在《岩石矿物学杂志》[27(3)]根据成分译为水硒铀钠石。

【水锡镁石】参见【羟镁锡石】条724页

【水锡锰铁矿】参见【津羟锡铁矿】条387页

【水锡石】

英文名 Varlamoffite

化学式 $(Sn,Fe)(O,OH)_2$　(IMA)

水锡石是一种锡、铁的氢氧-氧化物矿物。四方晶系。黄色，蜡状光泽、土状光泽；硬度6～6.5。最初不恰当的描述来自玻利维亚波托西省里科山丘，被罗伯托·赫岑伯格(Roberto Herzenberg)博士视为“Souxite(偏水锡石)”。1947年发现于刚果(金)马尼埃马省卡利玛(Kalima)；同年，H. J. F.巴特根巴赫(H. J. F. Buttgenbach)在巴黎《比利时和比属刚果的矿物》和1949年M.弗莱舍(M. Fleischer)在《美国矿物学家》(34)报道。英文名称Varlamoffite，以俄罗斯的N.瓦拉莫夫(N. Varlamoff，1910—1976)的姓氏命名。他于1951年成为比利时公民，在刚果(金)从事锡和钨的勘探工作，后来为联合国工作。1959年以前发现、描述并命名的“祖父级”矿物，IMA承认有效，但持怀疑态度。中文名称根据成分译为水锡石。

【水纤菱镁矿】

英文名 Artinite

化学式 $Mg_2(CO_3)(OH)_2\cdot 3H_2O$　(IMA)

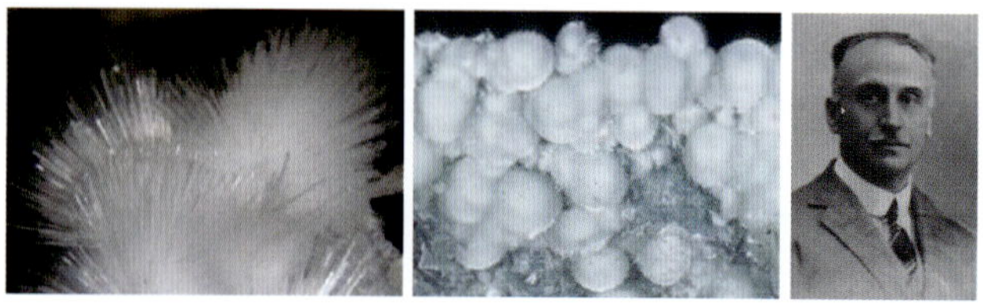

水纤菱镁矿纤维状晶体，球粒状、放射状集合体（美国）和雅天尼像

水纤菱镁矿是一种三水碱式镁的碳酸盐矿物。单斜晶系。晶体呈针状、丝状、纤维状；集合体呈皮壳状、块状、细枝状、球粒状、葡萄状、纤维放射状。白色，透明，玻璃光泽，纤维状集合体者呈丝绢光泽；硬度2.5，完全解理，脆性。1902年发现于意大利松德里奥省瓦尔泰利纳地区弗朗西亚(Franscia)矿；同年，布鲁纳特利(Brugnatelli)在《伦巴多科学

和文学研究所报告》(*Rendiconti del Regio Istituto Lombardo di Scienze e Lettere*)(Ⅱ系列,35)报道。英文名称 Artinite,1902 年由 S. C. 路易吉·布鲁格纳泰利(S. C. Luigi Brugnatelli)以意大利米兰大学矿物学教授埃托雷·雅天尼(Ettore Artini,1866—1928)的姓氏命名。1959 年以前发现、描述并命名的"祖父级"矿物,IMA 承认有效。中文名称根据成分、晶习及与菱镁矿的关系译为水纤菱镁矿/纤维菱镁矿/纤水碳镁石。

【水硝碱镁矾】参见【水氮碱镁矾】条 815 页

【水斜硅镁石】参见【羟斜硅镁石】条 741 页

【水锌矾】

英文名 Gunningite

化学式 $Zn(SO_4) \cdot H_2O$　　(IMA)

水锌矾是一种含结晶水的锌的硫酸盐矿物。属水镁矾族。单斜晶系。集合体呈隐晶质薄膜状、霜状。白色、无色,玻璃光泽,半透明;硬度 2.5。1962 年发现于加拿大育空地区梅奥矿区赫克托耳-卡柳梅特(Hector-Calumet)矿和康斯托克-基诺(Comstock-Keno)矿。英文名称 Gunningite,以加拿大地质调查局亨利·塞西尔·冈宁(Henry Cecil Gunning,1901—1991)博士的姓氏命名。IMA 1962s. p. 批准。1962 年 J. L. 杨博尔(J. L. Jambor)和 R. W. 波义耳(R. W. Boyle)在《加拿大矿物学家》(7)报道。1993 年黄蕴慧等在《岩石矿物学杂志》[12(1)]根据成分译为水锌矾;2011 年杨主明等在《岩石矿物学杂志》[30(4)]建议音译加矿物类译为冈宁矾。

【水锌矿】

英文名 Hydrozincite

化学式 $Zn_5(CO_3)_2(OH)_6$　　(IMA)

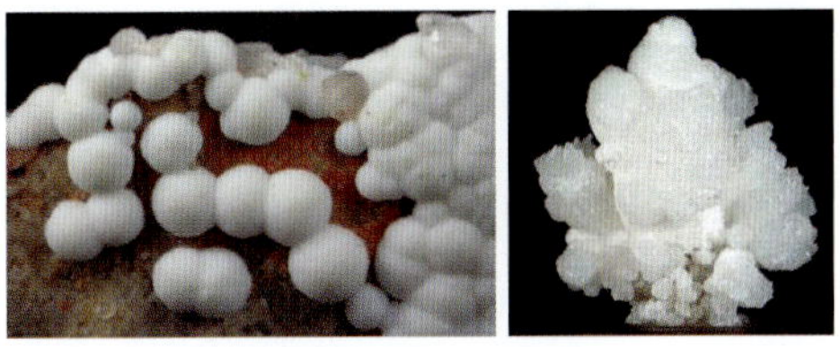

水锌矿葡萄状、华状集合体(法国、英国)

水锌矿又称锌华,是一种锌的碱式碳酸盐矿物。单斜晶系。晶体呈细条片状、扁长板状,但少见;集合体常呈块状、土状、皮壳状、肾状、葡萄状、钟乳状,具细纤维同心带状构造。白色—浅黄色或浅棕色,也可呈黄色、粉红色或棕色,珍珠光泽、丝绢光泽,有时呈土状光泽,透明—半透明;硬度 4,完全解理,非常脆。最早见于 1803 年史密森在《伦敦皇家学会哲学汇刊》(12)报道,称炉甘石(Calamine)。1853 年,由古斯塔夫·阿道夫·克恩格特(Gustav Adolph Kenngott)在维也纳《莫氏系统矿物学》第一次描述了一个发现在奥地利卡林西亚省盖尔塔尔阿尔卑斯山脉和卡尔尼克阿尔卑斯山脉巴特布莱贝格(Bad Bleiberg)的矿物,并命名为 Hydrozinkit。英文名称 Hydrozincite,以化学成分"Hydration(水化)"和"Zinc(锌)"组合命名。1959 年以前发现、描述并命名的"祖父级"矿物,IMA 承认有效。中文名称根据成分译为水锌矿,又因是闪锌矿等的次生矿物,附着在其表面呈"华"状,故也译为锌华。中国古代"华"通"花","华"的繁体"華",会意,从艸,从亏。上面是"垂"字,像花叶下垂形,本义即花。比喻矿物集合体的结晶形态像花。

【水锌铝矾】

英文名 Zincowoodwardite

化学式 $Zn_{1-x}Al_x(SO_4)_{x/2}(OH)_2 \cdot nH_2O(x<0.5, n<3x/2)$
　　(IMA)

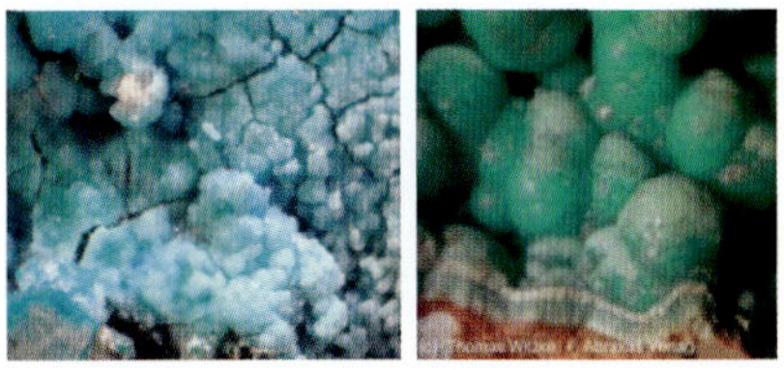

水锌铝矾皮壳状、球粒状、肾状集合体(斯洛伐克、希腊)

水锌铝矾是一种含结晶水和羟基的锌、铝的硫酸盐矿物。属水滑石超族水铜铝矾族。三方晶系。晶体呈六方板状、纤维状;集合体呈皮壳状、肾状、球粒状。淡蓝色、青白色,蜡状光泽,半透明;硬度 1。1998 年发现于希腊阿提卡省拉沃林矿区克里斯蒂娜(Christiana)矿和赫莱瑞恩(Hilarion)矿。英文名称 Zincowoodwardite,由成分冠词"Zinc(锌)"和根词"Woodwardite(水铜铝矾)"组合命名。IMA 1998-026 批准。2000 年 T. 维茨克(T. Witzke)等在《矿物学新年鉴》(月刊)报道。2003 年中国地质科学院矿产资源研究所李锦平等在《岩石矿物学杂志》[22(1)]根据成分译为水锌铝矾。目前已知 Zincowoodwardite 有-1T 和-3R 多型。

【水锌锰矿】

英文名 Hydrohetaerolite

化学式 $HZnMn^{3+}_{1.7}O_4$　　(弗莱舍,2014)

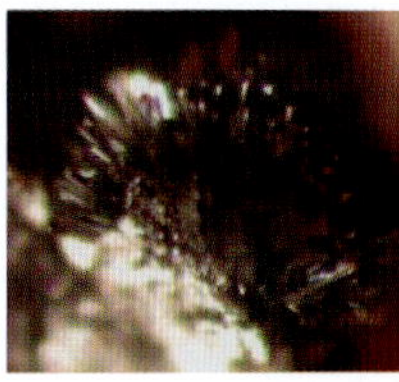

水锌锰矿针柱状晶体,放射状集合体(美国)

水锌锰矿是一种氢、锌、锰的氧化物矿物。属锌黑锰矿族。四方晶系。晶体呈针柱状、纤维状;集合体呈皮壳状、葡萄状、放射状。深棕色、褐色、黑色,半金属光泽,不透明;硬度 5～6,完全解理。最初在 1913 年由威廉·E. 福特(William E. Ford)和 W. M. 布拉德利(W. M. Bradley)在《美国科学杂志》(35)描述为锌锰矿。1928 年发现于美国科罗拉多州湖县莱德维尔区沃尔夫顿(Wolftone)矿和美国新泽西州苏塞克斯县富兰克林矿区帕塞伊克(Passaic)矿坑。英文名称 Hydrohetaerolite,1928 年查尔斯·帕拉奇(Charles Palache)在《美国矿物学家》(13)报道,根据成分冠词"Hydro(水)"及与根词"Hetaerolite(锌锰矿)"的关系组合命名。1959 年以前发现、描述并命名的"祖父级"矿物,IMA 承认有效。中文名称根据成分译为水锌锰矿。

【水锌铀矾】

英文名 Zinczippeite

化学式 $Zn(UO_2)_2(SO_4)O_2 \cdot 3.5H_2O$　　(IMA)

水锌铀矾是一种含结晶水、氧的锌的铀酰-硫酸盐矿物。属水钾铀矾族。斜方晶系。晶体呈细粒状;集合体呈皮壳状、土状。黄色、橙色、红棕色;硬度 2。1971 年发现于美国亚利桑那州亚瓦派县尤里卡区。英文名称 Zinczippeite,由占优势的成分冠词"Zinc(锌)"及与根词"Zippeite(水铀矾)"的关系组合命名。IMA 1971-008 批准。1976 年在《加拿大矿物学家》(14)报道。中文名称根据成分译为水锌铀矾(参见【水铀矾】条 884 页)。

【水星叶石】

英文名 Hydroastrophyllite

化学式 $(H_3O,K,Ca)_3(Fe,Mn)_{5-65}Ti_2Si_8(O,OH)_{31}$

水星叶石叶片状晶体,放射状集合体(俄罗斯)

水星叶石是一种含水的星叶石。属星叶石族。三斜晶系。晶体呈板状、叶片状,完整晶体少见;集合体多呈放射状、块状。棕黄色、褐色;硬度3～3.5,具两组完全解理,脆性。英文名称 Hydroastrophyllite,由成分冠词"Hydro(水)"和根词"Astrophyllite(星叶石)"组合命名。1974 年中国学者在中国四川发现的新矿物。未经 IMA 批准发布,但可能有效。1974 年湖北地质学院 X 射线实验室在中国《地质科学(英文版)》(1)和《美国矿物学家》(60)报道(根词参见【星叶石】条 1051 页)。

【水氧硫锑钾石】

英文名 Cetineite

化学式 $NaK_5Sb_{14}S_6O_{18}(H_2O)_6$　　(IMA)

水氧硫锑钾石针状晶体,放射状、球粒状、丛状集合体(意大利)

水氧硫锑钾石是一种含结晶水的钠、钾的硫-锑氧化物矿物。六方晶系。晶体呈针状;集合体呈放射状、球粒状、丛状。橙红色、橘黄色,树脂光泽,透明—半透明;硬度 3.5,完全解理。1986 年发现于意大利锡耶纳省赛琳·迪·科托尼亚诺(Cetine di Cotorniano)矿。英文名称 Cetineite,以发现地意大利的赛琳(Cetine)矿命名。IMA 1986－019 批准。1987 年 C.萨贝利(C. Sabelli)在《矿物学新年鉴》(月刊)和1988 年《美国矿物学家》(73)报道。1988 年中国新矿物与矿物命名委员会郭宗山等在《岩石矿物学杂志》[7(3)]根据成分译为水氧硫锑钾石或水钠钾锑矿。

【水氧钨矿】

英文名 Meymacite

化学式 $WO_3 \cdot 2H_2O$　　(IMA)

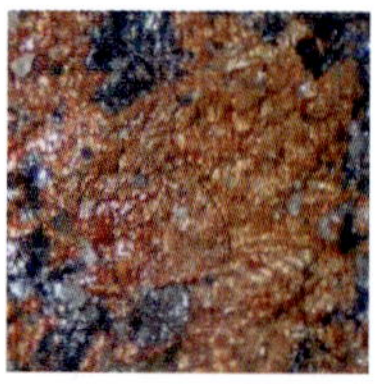
水氧钨矿皮壳状集合体(意大利)

水氧钨矿是一种含结晶水的钨的氧化物矿物。非晶质。集合体呈皮壳状。黄色。最早 1874 年发现于法国科雷兹省梅马克(Meymac)镇;同年,A.卡诺(A. Carnot)在法国《巴黎科学院会议周报》(79)报道。其后,见于 1944 年 C.帕拉奇(C. Palache)、H.伯曼(H. Berman)和 C.弗龙德尔(C. Frondel)《丹纳系统矿物学》(第一卷,第七版,纽约)。1961 年又发现于刚果(金)南基伍省姆温加尼宗比(Nzombe)。英文名称 Meymacite,由原发现地法国科雷兹省梅马克(Meymac)镇命名。1959 年以前发现、描述并命名的"祖父级"矿物,IMA 承认有效。IMA 1965s. p. 批准。中文名称根据成分译为水氧钨矿;有人译为水钨华。

【水铀矾】

英文名 Zippeite

化学式 $K_2[(UO_2)_4(SO_4)_2O_2(OH)_2](H_2O)_4$　　(IMA)

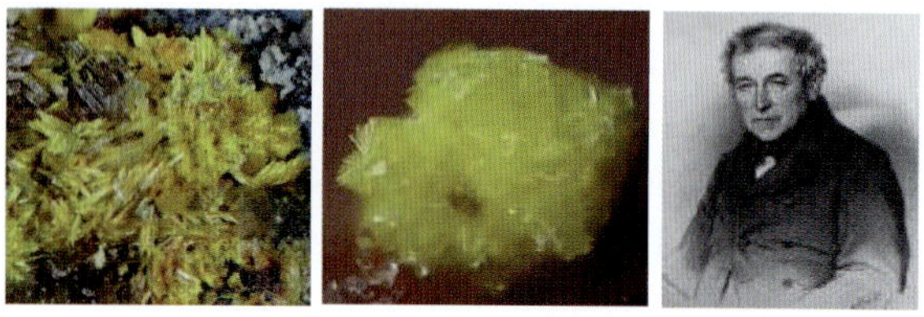
水铀矾针状晶体(捷克)和兹普像

水铀矾是一种含结晶水、羟基和氧的钾的铀酰-硫酸盐矿物。属水铀矾族。单斜晶系。晶体呈细长片状、纺锤状、板条状和针状;集合体呈土状、皮壳状、花瓣状、鲕状、肾状。金黄色、淡黄色、橙黄色,土状光泽、丝绢光泽,半透明;硬度2,完全解理。1845 年发现于捷克共和国卡罗维发利州厄尔士山脉伊莱亚斯(Elias)矿;同年,布劳穆勒(Braumüller)和塞德尔(Seidel)在维也纳《矿物学鉴定手册》刊载。英文名称 Zippeite,1845 年由威廉·海丁格尔(William Haidinger)为纪念奥地利矿物学家弗兰提谢克·克萨韦尔·马克西米利安·兹普(František Xaver Maximilian Zippe,1791—1863)而以他的姓氏命名。1959 年以前发现、描述并命名的"祖父级"矿物,IMA 承认有效。IMA 1971－029a 批准。中文名称根据成分译为水铀矾或水钾铀矾;也译为铀华或铀花。

【水铀矿】参见【水斑铀矿】条 814 页

【水铀磷镁石】参见【镁磷铀云母】条 594 页

【水铀砷镁石】参见【西尔石】条 995 页

【水铀铜矿】参见【绿铀矿】条 551 页

【水玉髓】参见【石髓】条 805 页

【水锗钙矾】

英文名 Schaurteite

化学式 $Ca_3Ge(SO_4)_2(OH)_6 \cdot 3H_2O$　　(IMA)

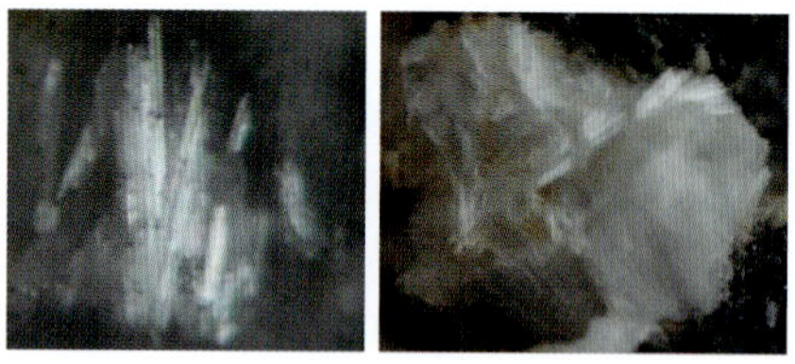
水锗钙矾纤维状晶体(纳米比亚)

水锗钙矾是一种含结晶水和羟基的钙、锗的硫酸盐矿物。属费水锗铅矾族。六方晶系。晶体呈针状、纤维状;集合体束状、放射状。白色,丝绢光泽;硬度 2.5。1965 年发现于纳米比亚奥希科托区楚梅布(Tsumeb)矿。1967 年 H.施特伦茨(H. Strunz)和 C.坦尼森(C. Tennyson)在《维尔纳·T.绍尔特纪念文集》(*Festschrift Dr. Werner Schaurte*)和 M.弗莱舍(M. Fleischer)在《美国矿物学家》(52)报道。英文名称 Schaurteite,以德国化学家维尔纳·T.绍尔特(Werner T. Schaurte,1893—1978)的姓氏命名。IMA 1988s. p. 批准。中文名称根据成分译为水锗钙矾。

【水锗铅矾】参见【费水锗铅矾】条 167 页

【水针硅钙石】

英文名 Mountainite

化学式 $KNa_2Ca_2[Si_8O_{19}(OH)]\cdot 6H_2O$ (IMA)

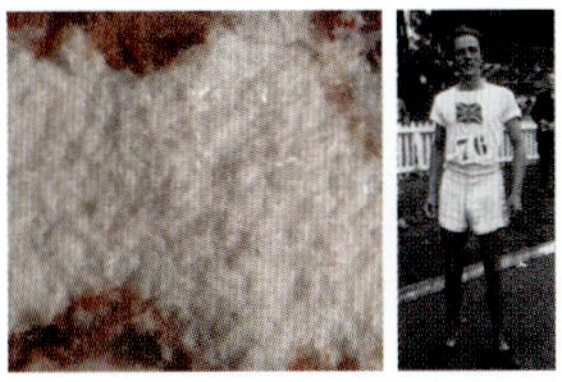

水针硅钙石小针状晶体，块状集合体（俄罗斯）和芒廷像

水针硅钙石是一种含沸石水的钾、钠、钙的氢硅酸盐矿物。与沸石成分相似，但无铝。单斜晶系。晶体呈小针状；集合体呈块状。白色；硬度 3。1957 年发现于南非自由邦省伯尔特方丹（Bultfontein）矿。英文名称 Mountainite，以南非格雷厄姆斯敦罗兹大学的埃德加·唐纳德·芒廷（Edgar Donald Mountain）的姓氏命名，是他提供了第一批供研究的标本。1957 年 J. A. 加德（J. A. Gard）等在《矿物学杂志》（31）和 1958 年 M. 弗莱舍（M. Fleischer）在《美国矿物学家》（43）报道。1959 年以前发现、描述并命名的"祖父级"矿物，IMA 承认有效。中文名称根据成分或晶习译为水针硅钙石或水针硅钙沸石，也译作无铝沸石。

【水蛭石】参见【蛭石】条 1115 页

丝 [sī]会意；从二糸。糸（mì），细丝。本义：蚕丝。①泛指纤细如丝的东西。②指丝绢光泽。③用于日本地名。

【丝光沸石】

英文名 Mordenite

化学式 $(Na_2,Ca,K_2)_4(Al_8Si_{40})O_{96}\cdot 28H_2O$ (IMA)

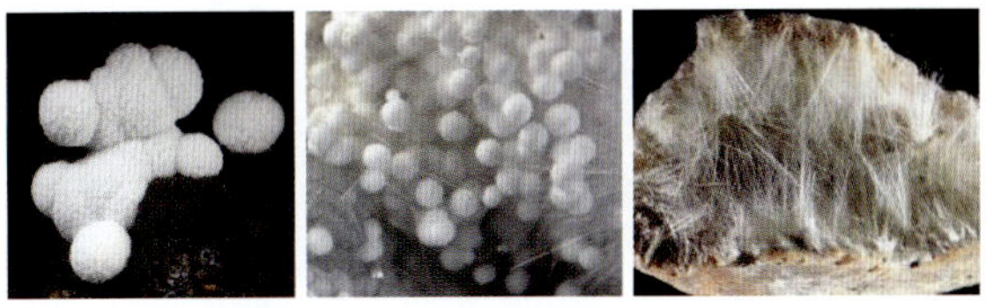

丝光沸石球粒状、丝棉状集合体（美国、冰岛）

丝光沸石是一种含沸石水的钠、钙、钾的铝硅酸盐矿物。属沸石族。斜方晶系。晶体呈针状、纤维状、毛发状；集合体呈丝棉状、放射状、球粒状、花束状、块状。无色、白色、浅黄色或玫瑰红色，玻璃光泽或丝绢光泽；硬度 3～5，完全解理。英文名称 Mordenite，1864 年亨利·豪维（Henry How）发现于加拿大新斯科舍省君主（Kings）县莫登（Morden），他第一次描述并以产地莫登（Morden）命名。1864 年 H. 豪维（H. How）在《伦敦化学学会杂志》（17）报道。1959 年以前发现、描述并命名的"祖父级"矿物，IMA 承认有效。IMA 1997s. p. 批准。中国地质科学院根据丝绢光泽和族名译为丝光沸石或发光沸石或光沸石。2011 年杨主明等在《岩石矿物学杂志》[30(4)]建议音加族名译为摩登沸石。

【丝硅镁石】

英文名 Loughlinite

化学式 $Na_2Mg_3Si_6O_{16}\cdot 8H_2O$ (IMA)

丝硅镁石是一种含结晶水的钠、镁的硅酸盐矿物。属海泡石族。斜方晶系。晶体呈纤维状；集合体呈细脉状、平行纤维丝状。珍珠白色，珍珠光泽、丝绢光泽，半透明；硬度 1。1960 年发现于美国怀俄明州斯威特沃特县韦斯特瓦科（Westvaco）矿山；同年，J. J. 费伊（J. J. Fahey）等在《美国矿物学家》（45）报道。英文名称 Loughlinite，为纪念美国地质调

丝硅镁石纤维丝状集合体（美国）和洛克林像

查局前首席地质学家杰拉尔德·弗朗西斯·洛克林（Gerald Francis Loughlin，1880—1946）博士而以他的姓氏命名。1959 年以前发现、描述并命名的"祖父级"矿物，IMA 承认有效。IMA 1967s. p. 批准。中文名称根据结晶习性和成分译为丝硅镁石，也译作纤钠海泡石。

【丝黄铀矿】参见【水丝铀矿】条 873 页

【丝铝矾】

英文名 Paraluminite

化学式 $2Al_2O_3\cdot SO_3\cdot 15H_2O(?)$

丝铝矾是一种含结晶水的铝氧的亚硫酸盐矿物。属矾石族。单斜晶系。晶体呈纤维状、针状；集合体呈块状、结核状、淤泥状、粉状。白色—浅黄色；硬度软。发现于德国图林根州萨尔费尔德-鲁多尔施塔特县格吕克（Glück）矿。1832 年 A. 布赖特豪普特（A. Breithaupt）报道称 Pissophan。1868 年 J. D. 丹纳（J. D. Dana）在《系统矿物学》（第五版，纽约）称 Pissophanite。英文名称 Paraluminite，由冠词"Par（等同）"和根词"Aluminite（矾石）"组合命名，意指与矾石等同。中文名称根据结晶习性和与矾石的关系译为丝铝矾；它比矾石含水多，也译为富水矾石（根词参见【矾石】条 145 页）。

【丝砷铜矿】

英文名 Tyrolite

化学式 $Ca_2Cu_9(AsO_4)_4(CO_3)(OH)_8\cdot 11H_2O$ (IMA)

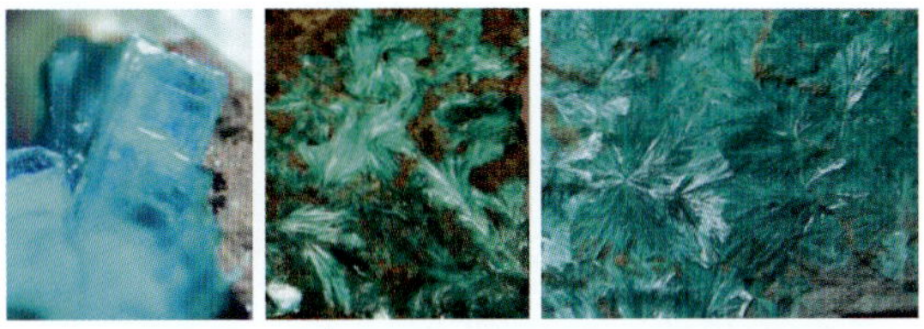

丝砷铜矿板状晶体，羽状、放射状集合体（美国、斯洛伐克）

丝砷铜矿是一种含结晶水和羟基的钙、铜的碳酸-砷酸盐矿物。单斜晶系。晶体呈由双晶组成的假六方板状、纤维状、片状；集合体呈放射状、羽状。铜绿色—蓝绿色，玻璃光泽、珍珠光泽，纤维状集合体者呈丝绢光泽；硬度 1.5～2。最早于 1816 年 C. A. S. 霍夫曼（C. A. S. Hoffmann）在《矿物学手册》[第三卷和 3B(3)]称 Kupferschaum（铜泡石或羟砷钙铜矿）。1845 年发现于奥地利北蒂罗尔州（Tyrol）法尔肯施泰因（Falkenstein）；同年，布劳姆勒（Braumüller）和赛德尔（Seidel）刊于《矿物鉴定手册》（维也纳）。英文名称 Tyrolite，以发现地奥地利的蒂罗尔（Tyrol）命名。1959 年以前发现、描述并命名的"祖父级"矿物，IMA 承认有效。同义词 Trichalcite，1858 年赫尔曼（Hermann）在莱比锡《实用化学杂志》（73）报道；根据希腊文"τρìs=Three（三）"和"χαλκὸs=Copper（铜）"组合命名，意指矿物成分包含 3 个铜原子。2006 年克里沃切夫（Krivovichev）等研究在《美国矿物学家》（91）指出有 2 个多型：Tyrolite-1M（原地类型 Tyrolite，单斜）

和 Tyrolite-2M(未经 IMA 批准发布,单斜)。中文名称根据结晶习性和成分译为丝砷铜矿;也译为铜泡石。

丝砷铜矿这一矿物在矿物学界一直是含混不清的。由于对起初命名的矿物缺少全面可靠的资料,应用这一名词时十分混乱。如 1921 年拉尔生曾根据光性定出一矿物为“丝砷铜矿”,后来证实为蓝铜矾(Laniget);1940 年沃尔夫定的一种“丝砷铜矿”后经 X 光分析认为是铜泡石(现在看来很可能是单斜铜泡石);1956 年吉尔按外形特点所定的德国的“丝砷铜矿”,根据 X 光、光性及化学定性分析证明实为铜泡石。因此,长期以来矿物学界认为“丝砷铜矿”为“铜泡石”的同义词。但在 1972 年雅赫托娃等找到一种认为是真正的“丝砷铜矿”的矿物,对其进行了全面的研究,粉晶数据与铜泡石完全不同。还应该指出的是雅赫托娃等所谓的“丝砷铜矿”的粉晶资料与在保加利亚发现的新矿物“水砷铜矿”完全一样,很可能实际上是同一种矿物。因此,丝砷铜矿一直是含混不清的矿物名词,中国学者彭志忠教授等认为今后在鉴定铜泡石类矿物时,不必受“丝砷铜矿”的困扰,而把它看成是一种尚无确定含义的矿物或者是与铜泡石类毫无关系的矿物(参见【斜铜泡石】条 1037 页和【富铜泡石】条 216 页)。

【丝锑铅矿】参见【绿锑铅矿】条 549 页

【丝锌铝石】参见【硅锌铝石】条 296 页

【丝鱼川石】参见【羟硅铝锶石】条 709 页

【丝状铝英石】参见【水铝英石】条 850 页

斯

[sī]形声;从斤,其声。[英]音,用于外国人名、地名、国名、山名、单位名或其他。

【斯铵铁矾】

英文名 Sabieite

化学式 $(NH_4)Fe^{3+}(SO_4)_2$ (IMA)

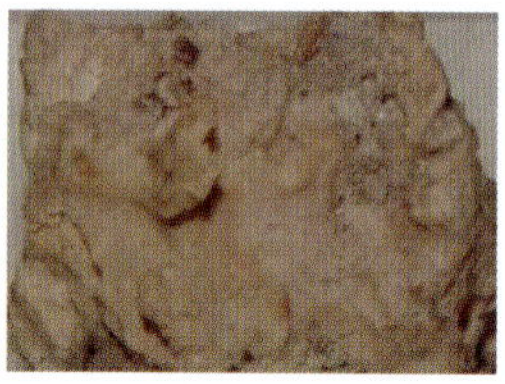

斯铵铁矾皮壳状集合体(德国)

斯铵铁矾是一种铵、铁的硫酸盐矿物,是劳铵铁矾(Lonecreekite)脱水的产物。与 Terriconite 为同质多象。三方晶系。晶体呈六方小薄板片状;集合体呈粉末状、皮壳状。白色、土黄色,土状光泽,半透明;硬度 2。1982 年发现于南非普马兰加省艾兰泽尼区萨比(Sabie)附近的孤独溪瀑布的洞穴。英文名称 Sabieite,以发现地南非的萨比(Sabie)命名。IMA 1982-088 批准。1984 年 J. E. J. 马天尼(J. E. J. Martini)在《南非地质调查年鉴》(17)和 1986 年《美国矿物学家》(71)报道。中文名称根据英文首音节音和成分译为斯铵铁矾,也译作无水铵铁矾;根据形态和成分译为断铵铁矾。已知有 Sabieite-1T、Sabieite-2H 和 Sabieite-3R 三个多型。

【斯巴奇石*】

英文名 Sbacchiite

化学式 Ca_2AlF_7 (IMA)

斯巴奇石*是一种钙、铝的氟化物矿物。斜方晶系。晶体呈细长针柱状,长约 60μm。无色,玻璃光泽,透明—半透明;脆性,易碎。2017 年发现于意大利那不勒斯省外轮山-维苏威火山群杂岩体奥塔维亚诺东火山口边缘的 1944 年维苏威火山喷气孔 B5。英文名称 Sbacchiite,以生物学家和矿物收藏家马西莫·斯巴奇(Massimo Sbacchi,1958—)的姓氏命名。因为他长期研究喷气式矿物。IMA 2017-097 批准。I. 坎波斯特里尼(I. Campostrini)等 2018 年在《CNMNC 通讯》(41)和《欧洲矿物学杂志》(30)及 2019 年在《欧洲矿物学杂志》(31)报道。目前尚未见官方中文译名,编译者建议音译为斯巴奇石*。

斯巴奇石*细长针柱状晶体(意大利)

【斯滨塞尔矿】参见【斜磷锌矿】条 1032 页

【斯担硅石】参见【菱黑稀土矿】条 490 页

【斯旦磷钙镁矿】参见【磷镁钙矿】条 469 页

【斯蒂文石】参见【富镁皂石】条 215 页

【斯蒂西石】参见【斯硅钾钍钙石】条 886 页

【斯硅钾钍钙石】

英文名 Steacyite

化学式 $K_{0.3}(Na,Ca)_2ThSi_8O_{20}$ (IMA)

斯硅钾钍钙石四方柱状晶体,晶簇状集合体(加拿大)和斯泰西像

斯硅钾钍钙石是一种钾、钠、钙、钍的硅酸盐矿物。属斯硅钾钍钙石族。四方晶系。晶体呈四方柱状。灰色、暗棕色、绿色、米色,玻璃光泽、油脂光泽,透明—不透明;硬度 5。1981 年发现于加拿大魁北克省圣希莱尔(Saint-Hilaire)山混合肥料采石场。英文名称 Steacyite,1982 年由拉索·佩罗(Guy Perrault)和简·T. 希曼斯基(Jan T. Szymański)为纪念加拿大地质调查所国家矿物资源收藏前馆长、矿物学家哈罗德·罗伯特·斯泰西(Harold Robert Steacy,1923—2012)而以他的姓氏命名,以表彰他对加拿大矿物学做出的贡献。IMA 1981s. p. 批准。1982 年 G. 佩罗(G. Perrault)和 J. T. 斯族曼斯(J. T. Szymanski)在《加拿大矿物学家》(20)报道。1984 年中国新矿物与矿物命名委员会郭宗山在《岩石矿物及测试》[3(2)]根据英文名称首音节音和成分译为斯硅钾钍钙石。2011 年杨主明等在《岩石矿物学杂志》[30(4)]建议音译为斯蒂西石。

【斯基潘矿】参见【碲硒铋矿】条 127 页

【斯坎尼矿】

英文名 Scainiite

化学式 $Pb_{14}Sb_{30}S_{54}O_5$ (IMA)

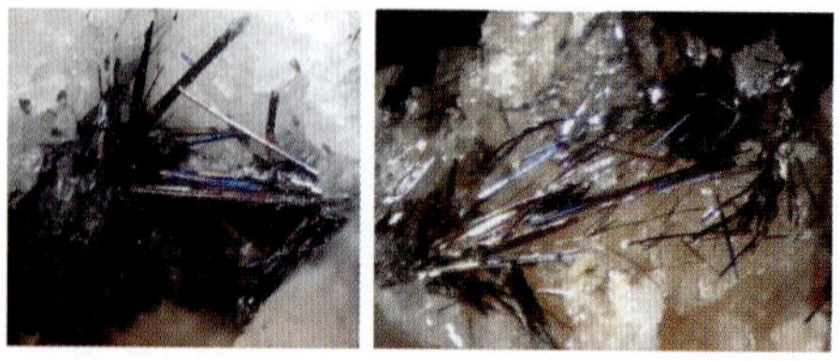

斯坎尼矿针状晶体,束状集合体(意大利)

斯坎尼矿是一种铅、锑的氧硫化物矿物。单斜晶系。晶体呈针状;集合体呈束状。黑色,蓝色和暗红色的锖色,金属

光泽，不透明；脆性。1996 年发现于意大利卢卡省阿普安阿尔卑斯山布贾德拉韦纳(Buca della Vena)古山。英文名称 Scainiite，以意大利工程师和系统矿物学熟练的系统调查员杰赛普·斯坎尼(Giuseppe Scaini，1906—1988)博士的姓氏命名。IMA 1996-014 批准。1999 年 P. 奥兰迪(P. Orlandi)等在《欧洲矿物学杂志》(11)报道。2003 年中国地质科学院矿产资源研究所李锦平等在《岩石矿物学杂志》[22(1)]音译为斯坎尼矿。

【斯科特石*】

英文名 Scottyite

化学式 $BaCu_2Si_2O_7$ (IMA)

斯科特石*是一种钡、铜的硅酸盐矿物。斜方晶系。晶体呈粒状，粒径 0.4mm×0.3mm×0.3mm；集合体呈块状。深蓝色，玻璃光泽，透明；硬度 4～5，完全解理，脆性。2012 年发现于南非北开普省卡拉哈里锰矿田韦塞尔(Wessels)矿。英文名称 Scottyite，2012 年杨和雄等以苹果公司首席执行官迈克尔·斯科特(Michael Scott，1945—)的姓氏命名。他是国际开源拉曼光谱数据库(RRUFF)项目的重要发起人。IMA 2012-027 批准。2012 年杨和雄(Yang Hexiong)等在《CNMNC 通讯》(14)、《矿物学杂志》(76)和 2013 年《美国矿物学家》(98)报道。目前尚未见官方中文译名，编译者建议音译为斯科特石*。

【斯块黑铅矿】

英文名 Scrutinyite

化学式 PbO_2 (IMA)

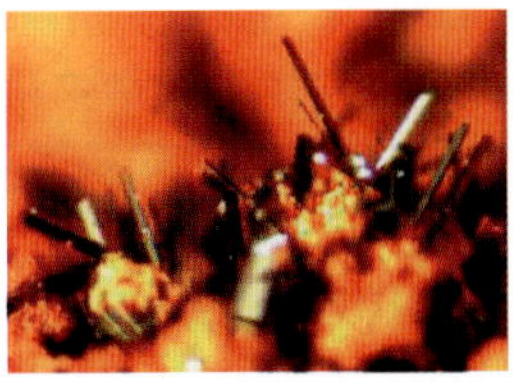

斯块黑铅矿针状晶体(希腊)

斯块黑铅矿是一种铅的氧化物 α-相矿物。与块黑铅矿(Plattnerite，β-PbO_2)为同质二象。斜方晶系。晶体呈针状、细柱状、板状。红棕色、褐黑色，半金属光泽，透明—半透明；完全解理，脆性。1984 年发现于美国新墨西哥州索科罗县汉森堡(Hansonburg)区布兰查德(Blanchard)矿。英文名称 Scrutinyite，以"Scrutiny(审查)"一词命名。这个名称意指对矿物进行所需的初步鉴定，由于矿物细小，在进行 X 射线衍射分析时受到块黑铅矿的干扰，经过不寻常的努力才确定它是一独立的矿物种，导致它的名字来源于"审查"这个词。IMA 1984-061 批准。1988 年 J. E. 塔格特(J. E. Taggart)等在《加拿大矿物学家》(26)和 1990 年《美国矿物学家》(75)报道。1990 年中国新矿物与矿物命名委员会郭宗山在《岩石矿物学杂志》[9(3)]根据英文名称首音节音和与块黑铅矿的关系译为斯块黑铅矿(参见【块黑铅矿】条 417 页)。

【斯来基石】

英文名 Sverigeite

化学式 $NaBe_2Mn_2^{2+}SnSi_3O_{12}(OH)$ (IMA)

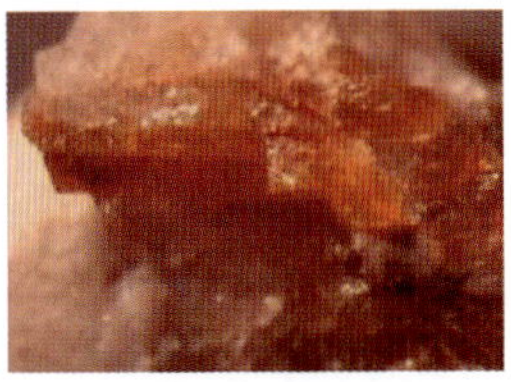

斯来基石不规则状集合体(瑞典)

斯来基石是一种含羟基的钠、铍、锰、锡的硅酸盐矿物。斜方晶系。晶体呈细长的复合体；集合体呈不规则的扁平状。黄色、淡黄色、黄色，玻璃光泽，半透明；硬度 6.5，完全解理。1983 年发现于瑞典韦姆兰省菲利普斯塔德市朗班(Långban)。英文名称 Sverigeite，以发现地瑞典(Sweden)国家的原名斯来基(Sverige)命名。IMA 1983-066 批准。1984 年在《斯德哥尔摩地质学会会刊》(106)和 1985 年《美国矿物学家》(70)报道。中文名称音译为斯来基石。

【斯里兰卡石】

英文名 Srilankite

化学式 Ti_2ZrO_6 (IMA)

斯里兰卡石是一种钛、锆的氧化物矿物。属铌钇矿族。斜方晶系。晶体呈板状，具成双成对的互相渗透和联系的双晶。黑色、黑棕色，树脂光泽、半金刚光泽、半金属光泽，透明—半透明；硬度 6.5，脆性。1982 年发现于斯里兰卡(Sri Lanka)萨伯勒格穆沃省拉特纳普勒(宝石城)区拉克沃纳(Rakwana)。英文名称 Srilankite，以发现地斯里兰卡(Sri Lanka)国家命名。IMA 1982-056 批准。1983 年亚历山大·维尔戛利斯(Alexander Willgallis)等在《矿物学新年鉴》(月刊)、《结晶学学报》(164)和 1984 年 P. J. 邓恩(P. J. Dunn)在《美国矿物学家》(69)报道。1985 年中国新矿物与矿物命名委员会郭宗山等在《岩石矿物及测试》[4(4)]音译为斯里兰卡石。

【斯硫锑铅矿】

英文名 Sterryite

化学式 $Cu(Ag,Cu)_3Pb_{19}(Sb,As)_{22}(As)_2S_{56}$ (IMA)

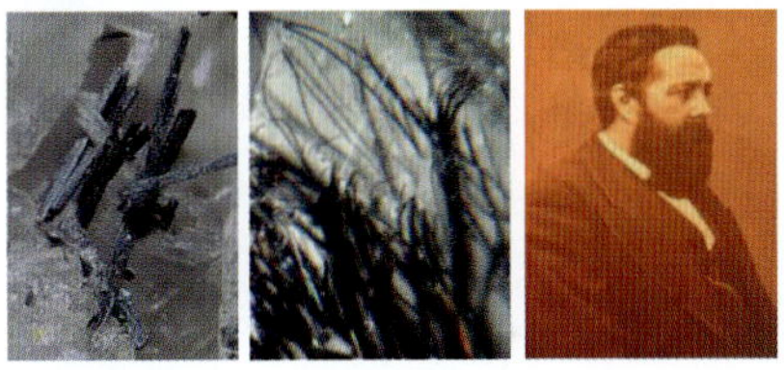

斯硫锑铅矿棒状、针状、发状晶体，丛状集合体(意大利)和斯特里像

斯硫锑铅矿是一种铜、银、铅的锑-砷-硫化物矿物。斜方晶系。晶体呈棒状、针状、发状；集合体呈丛状。黑色，金属—半金属光泽，不透明；硬度 3.5，完全解理，脆性。1966 年发现于加拿大安大略省黑斯廷斯县亨廷顿镇泰勒(Taylor)矿坑。英文名称 Sterryite，为纪念加拿大化学家和矿物学先驱托马斯·斯特里·亨特(Thomas Sterry Hunt，1826—1892)而以他的名字命名。亨特是加拿大第一个化学家，后来在加拿大地质调查所工作成为矿物学家，1863 年他是《加拿大地质学》的合著者。IMA 1966-020 批准。1967 年 J. L. 杨博尔(J. L. Jambor)在《加拿大矿物学家》(9)报道。中国地质科学院根据英文名称首音节音和成分译为斯硫锑铅矿。2011 年杨主明等在《岩石矿物学杂志》[30(4)]建议音译为斯特里矿。

【斯硫铜矿】

英文名 Spionkopite

化学式 $Cu_{39}S_{28}$ (IMA)

斯硫铜矿是一种铜的硫化物矿物。三方晶系。蓝色，金属光泽，不透明；硬度 2.5～3。1978 年发现于加拿大阿尔伯塔省斯皮恩山(Spion kop)。英文名称 Spionkopite，以发现地加拿大的斯皮恩山(Spion Kop)命名。IMA 1978-023 批准。1980 年在《加拿大矿物学家》(18)和 1981 年在《美国矿物学家》(66)报道。中国地质科学院根据英文首音节音和成分译为斯硫铜矿或高硫铜矿。2011 年杨主明等在《岩石矿物学杂志》[30(4)]建议音译为斯皮温山矿。

【斯马密石*】

英文名 Smamite

化学式 $Ca_2Sb(OH)_4[H(AsO_4)_2]\cdot 6H_2O$ (IMA)

斯马密石*透镜状晶体(法国)

斯马密石*是一种含结晶水的钙、氢氧化锑的氢砷酸盐矿物。三斜晶系。晶体呈透镜状;集合体 0.5mm。无色—白色,玻璃光泽,透明;硬度 3.5,脆性,易碎。2019 年发现于法国上莱茵省圣玛丽奥克斯矿区圣雅各布(Sankt Jakob)矿脉吉夫格鲁比(Giftgrube)矿。英文名称 Smamite,由发现地法国圣玛丽奥克斯矿区(Ste Marie aux Mines)的缩写命名。IMA 2019-001 批准。2019 年 J. 帕希尔(J. Plášil)等在《CNMNC 通讯》(49)、《矿物学杂志》(83)和《欧洲矿物学杂志》(31)及 2020 年《美国矿物学家》[105(4)]报道。目前尚未见官方中文译名,编译者建议音译为斯马密石*。

【斯皮里多诺夫矿*】

英文名 Spiridonovite

化学式 $(Cu_{1-x}Ag_x)_2Te(x\approx 0.4)$ (IMA)

斯皮里多诺夫像

斯皮里多诺夫矿*是一种铜、银的碲化物矿物。三方晶系。晶体呈半自形—他形粒状,粒径最大可达 65μm。黑色,金属光泽,不透明;硬度 3,脆性,易碎。2018 年发现于美国科罗拉多州冈尼森县瓦肯(或火神)(Vulcan)矿区好希望(Good Hope)矿。英文名称 Spiridonovite,以俄罗斯莫斯科国立大学矿物学系教授恩斯特·马克索维奇·斯皮里多诺夫(Ernst Maksovich Spiridonov,1938—)的姓氏命名。斯皮里多诺夫教授研究了许多金矿床,发现了 20 种新矿物,其中大部分是矿石矿物。IMA 2018-136 批准。2019 年M. 莫拉纳(M. Morana)等在《CNMNC 通讯》(48)和《矿物学杂志》(83)及《矿物》(9)报道。目前尚未见官方中文译名,编译者建议音译为斯皮里多诺夫矿*。

【斯珀瑞矿】参见【砷铂矿】条 775 页

【斯普林矿*】

英文名 Spryite

化学式 $Ag_8(As^{3+}_{0.5}As^{5+}_{0.5})S_6$ (IMA)

斯普林像

斯普林矿*是一种银的砷-硫化物矿物。属硫银锗矿族。斜方晶系。黑色,金属光泽,不透明;硬度 2.5~3。2015 年发现于秘鲁奥永省乌丘查夸(Uchucchacua)矿。英文名称 Spryite,以美国爱荷华州立大学地质和大气科学系教授保罗·斯普林(Paul Spry,1955—)的姓氏命名。斯普林是金属矿床专家,特别是贵金属矿床专家。IMA 2015-116 批准。2016 年 L. 宾迪(L. Bindi)等在《CNMNC 通讯》(30)、《矿物学杂志》(80)和 2017 年《矿物物理和化学》(44)报道。目前尚未见官方中文译名,编译者建议音译为斯普林矿*。

【斯羟铜矿】

英文名 Spertiniite

化学式 $Cu(OH)_2$ (IMA)

斯佩尔蒂尼像

斯羟铜矿是一种铜的氢氧化物矿物。斜方晶系。晶体呈扁平板状;集合体呈放射状、葡萄状。浅蓝色、蓝绿色,玻璃光泽,透明;硬度软,脆性。1980 年发现于加拿大魁北克省艾斯提瑞(Les Sources)杰弗里(Jeffrey)矿(约翰-曼维尔矿)。英文名称 Spertiniite,以加拿大魁北克省里士满县杰弗里矿的首席地质学家弗朗西斯科·斯佩尔蒂尼(Francesco Spertini,1937—)的姓氏命名,他提供的第一块标本。IMA 1980-033 批准。1981 年 J. D. 格赖斯(J. D. Grice)和 E. 加斯帕里尼(E. Gasparrini)在《加拿大矿物学家》(19)报道。1983 年中国新矿物与矿物命名委员会郭宗山等在《岩石矿物及测试》[2(1)]根据英文首音节音和成分译为斯羟铜矿。2011 年杨主明等在《岩石矿物学杂志》[30(4)]建议音译为斯珀蒂尼矿。

【斯砷锰石】

英文名 Sterlinghillite

化学式 $Mn^{2+}_3(AsO_4)_2\cdot 3H_2O$ (IMA)

斯砷锰石是一种含结晶水的锰的砷酸盐矿物。属板磷铁矿族。单斜晶系。晶体呈针状;集合体呈堆积状、葡萄状,显示放射状纤维纹理。常呈白色,也有浅粉红白色,很淡的粉色,蜡状光泽、油脂光泽、丝绢光泽,透明—半透明;硬度 3,脆性。1980 年发现于美国新泽西州苏塞克斯县富兰克林矿区斯特林山(Sterling Hill)斯特林矿。英文名称 Sterlinghillite,1981 年由皮特·J. 邓恩(Pete J. Dunn)以发现地美国的斯特林(Sterling)山命名。IMA 1980-007 批准。1981 年邓恩在《美国矿物学家》(66)报道。1983 年中国新矿物与矿物命名委员会郭宗山等在《岩石矿物及测试》[2(1)]根据英文首音节音和成分译为斯砷锰石。

【斯砷铀矿】

英文名 Štěpite

化学式 $U(AsO_3OH)_2\cdot 4H_2O$ (IMA)

斯砷铀矿薄板状晶体,球粒状集合体(捷克)和斯特普像

斯砷铀矿是一种含结晶水的铀的氢砷酸盐矿物。四方晶系。晶体呈薄板状;集合体呈放射状、球粒状。翠绿色、暗绿色,玻璃光泽,半透明;硬度 2,完全解理,脆性。2012 年发现于捷克共和国卡罗维发利州厄尔士山脉格什耶贝(Geschieber)矿脉。英文名称 Štěpite,为纪念捷克矿物学家约瑟夫·斯特普(Josef Štěp,1863—1926)、贝尔梅斯特(Bergmeister),以及后来在亚希莫夫工作的所有国家矿山的主管而以他的姓氏命名。他与 F. 贝克(F. Beck)一起于 1904 年发表了关于在亚希莫夫发现铀矿的研究。IMA 2012-006 批准。2012 年 J. 普拉希尔(J. Plášil)等在《矿物学杂志》(76)和 2013 年《矿物学杂志》(77)报道。2015 年艾钰洁、范光在《岩石矿物学杂志》[34(1)]根据英文名称首音节音和成分译为斯砷铀矿。

【斯石英】

英文名 Stishovite

化学式 SiO_2　(IMA)

斯石英正方柱状双锥和细粒状晶体(美国)

斯石英是石英的一种超硬、超重、更致密的高压相多形变体。属金红石族。SiO_2 在高温高压下有多种多形,比较常见和具有较大地质意义的有 α-石英、β-石英、柯石英、斯石英和后斯石英相。四方晶系。晶体(天然)呈极细的颗粒状、正方柱状双锥;晶体(人工合成)呈针状、长片状、纤维状。无色,玻璃光泽,透明—半透明;硬度 7.5～8 或许达 9～9.5。斯石英首先以俄罗斯莫斯科科学院结晶学研究所高压物理学家、结晶学家谢尔盖·M.斯提肖夫(Sergey M. Stishov)于 1961 年人工合成。英文名称 Stishovite 也因斯提肖夫(Stishov,1937—)而得名。1961 年 S. M. 斯提肖夫(S. M. Stishov)和 S. V. 波波娃(S. V. Popova)在《地球化学》(10)报道。天然的斯石英由美籍华裔地质学家爱德华 C. T. 赵(Edward C. T. Chao,汉名赵景德)于 1962 年在美国亚利桑那州科科尼诺县温斯洛巴林格(Barringer)火山口陨石撞击坑中发现。1962 年赵景德等在《地球物理学研究杂志》(67)和 M. 弗莱舍(M. Fleischer)在《美国矿物学家》(47)报道。IMA 1967s. p. 批准。中文名称根据英文名称首音节音加基本名称译为斯石英;根据形成于超高压和超比重译为超石英、重硅石。

【斯水氧钒矾】

英文名 Stanleyite

化学式 $V^{4+}O(SO_4)\cdot 6H_2O$　(IMA)

斯坦利像

斯水氧钒矾是一种含结晶水的钒氧硫酸盐矿物。斜方晶系。晶体呈小板状。浅蓝色、蓝绿色,透明;硬度 1～1.5。1980 年发现于秘鲁帕斯科省华伊拉伊(Huayllay)区拉格拉(Ragra)矿。英文名称 Stanleyite,以亨利·莫顿·斯坦利(Henry Morton Stanley,1841—1904)先生的姓氏命名。他是美籍威尔士裔记者,在《纽约先驱报》供职时,1871 年在非洲发现戴维·利文斯通(David Livingstone,1813—1873,英国探险家、传教士,维多利亚瀑布和马拉维湖的发现者,非洲探险的最伟大人物之一,后期他不仅影响到整个英国,同时也是改变世界的六大探险家之一)。IMA 1980-042 批准。1982 年 A. 利文斯通(A. Livingstone)在《矿物学杂志》(45)和 1983 年《美国矿物学家》(68)报道。中文名称根据英文名称首音节音和成分译为斯水氧钒矾。

【斯塔罗克斯克矿*】

英文名 Staročeskéite

化学式 $Ag_{0.70}Pb_{1.60}(Bi_{1.35}Sb_{1.35})_{\Sigma 2.70}S_6$　(IMA)

斯塔罗克斯克矿*是一种银、铅、铋、锑的硫化物矿物。属硫铋铅矿同源系列族。斜方晶系。晶体呈板条状。钢灰色,金属光泽。2016 年发现于捷克共和国波希米亚中央地区斯塔罗克斯克(Staročeské)矿山。英文名称 Staročeskéite,以发现地捷克的斯塔罗克斯克(Staro české)矿山命名。IMA 2016-101批准。2017 年 R. 帕饶特(R. Pažout)等在《CNMNC 通讯》(36)、《矿物学杂志》(81)和 2018 年《矿物学杂志》(82)报道。目前尚未见官方中文译名,编译者建议音译为斯塔罗克斯克矿*

【斯塔罗娃石*】

英文名 Starovaite

化学式 $KCu_5O(VO_4)_3$　(IMA)

斯塔罗娃石*柱状晶体(俄罗斯)

斯塔罗娃石*是一种钾、铜氧的钒酸盐矿物。三斜晶系。晶体呈柱状,粒径 3μm×6μm×20μm;集合体呈放射状、皮壳状。金棕色—红棕色,半金属光泽,不透明;硬度 3.5～4,脆性。2011 年发现于俄罗斯堪察加州托尔巴契克(Tolbachik)火山主裂隙北破火山口第二火山渣锥。英文名称 Starovaite,以俄罗斯晶体学家、晶体化学家和圣彼得堡州立大学化学系副教授及单晶 X 射线衍射分析专家加林娜·列昂尼多夫娜·斯塔罗娃(Galina Leonidovna Starova,1946—)的姓氏命名,以表彰她对托尔巴契克火山喷气孔矿物的晶体化学研究做出的贡献。IMA 2011-085 批准。2012 年 I. V. 佩科夫(I. V. Pekov)等在《CNMNC 通讯》(12)、《矿物学杂志》(76)和 2013 年《欧洲矿物学杂志》(25)报道。目前尚未见官方中文译名,编译者建议音译为斯塔罗娃石*。

【斯坦哈德矿*】

英文名 Steinhardtite

化学式 Al　(IMA)

斯坦哈德像

斯坦哈德矿*是一种铝的天然的准晶矿物。属铁族。与自然铝(Aluminium)为同质多象(镍和铁是必要的)。等轴晶系。晶体具有 10 次对称的棱柱体,近于 10μm 大小的颗粒。2014 年美国普林斯顿大学保罗·斯坦哈德(Paul Steinhardt)博士发现于俄罗斯科里亚克自治区伊姆劳特瓦姆(Iomrautvaam)地块切特金瓦亚姆(Chetkinvaiam)构造混杂岩体哈特尔卡河利斯特维尼托夫伊(Listvenitovyi)溪流哈特尔卡(Khatyrka)CV3 碳质球粒陨石(大约在 1.5 万年前坠落的 45 亿年的星体陨石)。这是保罗·斯坦哈德(Paul Steinhardt)博士继发现正二十面体矿*(Icosahedrite)结构的铝铜铁合金准晶体之后发现的又一个天然准晶矿物。英文名称 Steinhardtite,为纪念普林斯顿大学物理系教授保罗·斯坦哈德(Paul Steinhardt,1952—)博士而以他的姓氏命名。他以非凡的热情奉献给哈特尔卡陨石的矿物学研究工作;他的著作涵盖了粒子物理学、天体物理学、宇宙学和凝聚态物理学的许多问题;他与人合作撰写了第一个自然准晶——正二十面体矿*的描述。IMA 2014-036 批准。2014 年 L. 宾迪(L. Bindi)等在《CNMNC 通讯》(21)、《矿物学杂志》(78)和《美国矿物学家》(99)报道。目前尚未见官方中文译名,编译者建议音译为斯坦哈德矿*,或根据成因和成分译为陨铁镍铝矿*。

【斯坦尼克树脂】参见【氧磷锰铁矿】条 1061 页

【斯碳汞石】参见【斯族曼斯石】条 893 页

【斯碳锌锰矿】

英文名 Sclarite

化学式 $Zn_7(CO_3)_2(OH)_{10}$ (IMA)

斯克拉尔像

斯碳锌锰矿是一种含羟基的锌的碳酸盐矿物。单斜晶系。晶体呈微小的纤细伸长叶片状；集合体呈球粒状、晶簇状。无色、浅灰色，树脂光泽、蜡状光泽、油脂光泽，透明—半透明；硬度 3～4，脆性。1988 年发现于美国新泽西州苏塞克斯县富兰克林(Franklin)矿。英文名称 Sclarite，1989 年 J. D. 格赖斯(J. D. Grice)等为纪念美国宾夕法尼亚州伯利恒利哈伊大学的地质学系教授查尔斯·伯特伦·斯克拉尔(Charles Bertram Sclar，1925—2001)博士而以他的姓氏命名。斯克拉尔博士是高压变质岩石学专家，是研究阿波罗登月计划收集的月球岩石标本的首席科学家，是富兰克林-奥格登堡矿床的研究员。IMA 1988－026 批准。1989 年格赖斯等在《美国矿物学家》(74)报道。1990 年中国新矿物与矿物命名委员会郭宗山在《岩石矿物学杂志》[9(3)]根据英文名称首音节音和成分译为斯碳锌锰矿。

【斯特凡韦斯矿*】

英文名 Stefanweissite

化学式 $(Ca,REE)_2Zr_2(Nb,Ti)(Ti,Nb)_2Fe^{2+}O_{14}$ (IMA)

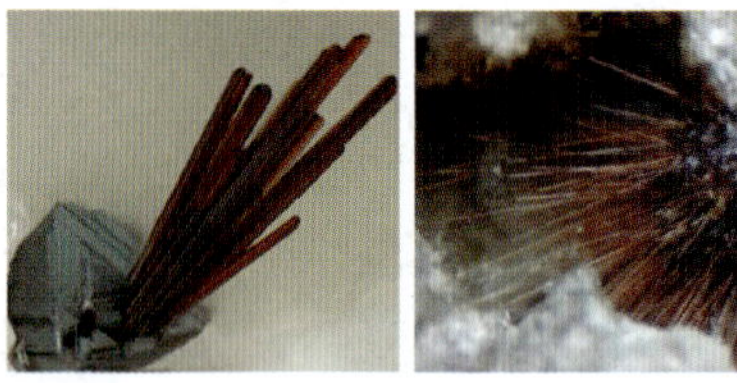

斯特凡韦斯矿*柱状、针状晶体，放射集合体(德国)

斯特凡韦斯矿*是一种钙、稀土、锆、铌、钛、铁的氧化物矿物。斜方晶系。晶体呈长柱状和针状，粒径 0.03mm×0.07mm×1.0mm，高达 2mm，厚 0.02mm；集合体通常呈放射状。棕色、红棕色，金刚光泽，半透明。2018 年发现于德国莱茵兰-普法尔茨州科布伦茨市德伦(Dellen)采石场。英文名称 Stefanweissite，以德国地质学家、矿物学家和岩石学家斯特凡·韦斯(Stefan Weiss，1955—)的姓名命名。他自 1993 年 5 月起担任《拉皮斯》杂志的编辑。从 1979 年到 2017 年，他发表了 180 多篇文章，还撰写了几本书。IMA 2018－020 批准。2018 年 N. V. 丘卡诺夫(N. V. Chukanov)等在《CNMNC 通讯》(44)、《矿物学杂志》(82)和 2019 年《矿物学杂志》[83(4)]报道。目前尚未见官方中文译名，编译者建议音译为斯特凡韦斯矿*。

【斯特吉奥石*】

英文名 Stergiouite

化学式 $CaZn_2(AsO_4)_2 \cdot 4H_2O$

斯特吉奥石*是一种含结晶水的钙、锌的砷酸盐矿物。单斜晶系。晶体呈片状，集合体呈晶簇状。白色—无色，珍珠光泽；硬度 3，脆性，易碎。2018 年发现于希腊东阿提卡州拉夫里翁矿区普拉卡(Plaka)矿。英文名称 Stergiouite，以瓦西里斯·斯特吉奥(Vasilis Stergiou，1958—)的姓氏命名，以

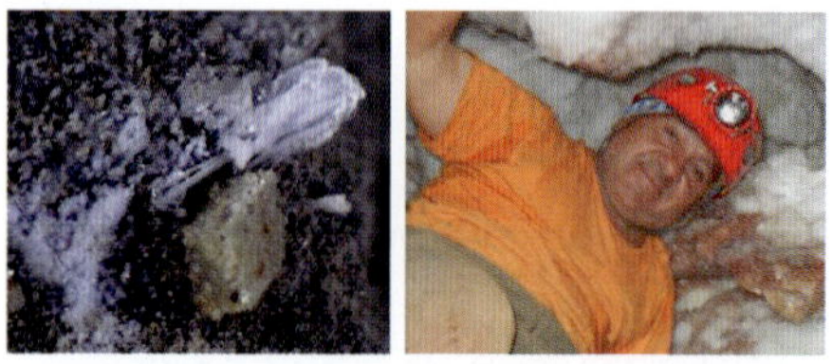

斯特吉奥石*片状晶体，晶簇状集合体(希腊)和斯特吉奥像

表彰他对拉夫里翁矿床矿物学的贡献。IMA 2018－051a 批准。2018 年 B. 里克(B. Rieck)等在《CNMNC 通讯》(47)、《欧洲矿物学杂志》(31)和 2020 年《矿物学和岩石学》(114)报道。目前尚未见官方中文名称译名，编译者建议音译为斯特吉奥石*。

【斯特拉赫石*】

英文名 Stracherite

化学式 $BaCa_6(SiO_4)_2[(PO_4)(CO_3)]_2F$ (IMA)

斯特拉赫像

斯特拉赫石*是一种含氟的钡、钙的碳酸-磷酸-硅酸盐矿物。属北极石超族扎多夫石*族。矿物具有独特元素组成的令人惊讶的结构，它是第一个被称为纳比穆萨石*族(最初归此族)的非常稀有的含碳酸根的成员。三方晶系。晶体呈波状，粒径 0.5mm。无色，玻璃光泽，透明；硬度 5，中等解理，脆性。2016 年波兰卡托维兹西里西亚大学的 E. V. 加鲁斯金(E. V. Galuskin)及其同事发现于以色列内盖夫沙漠哈特鲁里姆盆地形成物。英文名称 Stracherite，以美国东佐治亚州立学院的格伦·斯特拉赫(Glenn Stracher)博士的姓氏命名，他是世界著名的有关地质与化石能源矿产等燃料火灾方面的专家。IMA 2016－098 批准。2017 年加鲁斯金等在《CNMNC 通讯》(36)、《矿物学杂志》(81)和 2018 年《美国矿物学家》(103)报道。目前尚未见官方中文名称译名，编译者建议音译为斯特拉赫石*。

【斯特拉霍夫石*】

英文名 Strakhovite

化学式 $NaBa_3(Mn^{2+},Mn^{3+})_4[Si_4O_{10}(OH)_2][Si_2O_7]O_2 \cdot (F,OH) \cdot H_2O$ (IMA)

斯特拉霍夫像

斯特拉霍夫石*是一种含结晶水、羟基、氟和氧的钠、钡、锰的硅酸-氢硅酸盐矿物。斜方晶系。晶体呈细粒状。黑色、绿色、深橄榄绿色，玻璃光泽、油脂光泽，半透明；硬度 5～6，脆性。1993 年发现于俄罗斯哈巴罗夫斯克边疆区伊尔-尼米(Ir-Nimi)锰矿床扎沃迪(Dzhavodi)区和扎布拉什尼(Zaoblachnyi)区。英文名称 Strakhovite，以俄罗斯岩石学家、地质学家和地球化学家 N. M. 斯特拉霍夫(N. M. Strakhov，1900—1978)的姓氏命名，以表彰他在沉积矿床和矿床研究方面做出的贡献，他被认为是现代岩性学的奠基人之一。IMA 1993－005 批准。1994 年 V. V. 加里宁(V. V. Kalinin)等在《俄罗斯矿物学会记事》[123(4)]报道。目前尚未见官方中文译名，编译者建议音译为斯特拉霍夫石*；《英汉矿物种名称》(2017)根据成分译为水硅锰钡钛石。

【斯特拉基石】参见【水钒钾石】条 817 页

【斯特拉斯曼铀矿*】

英文名 Straßmannite

化学式 $Al(UO_2)(SO_4)_2F \cdot 16H_2O$　(IMA)

斯特拉斯曼铀矿* 不规则状集合体和电镜片状晶体(美国)

斯特拉斯曼铀矿*是一种结晶水、氟的铝的铀酰-硫酸盐矿物。单斜晶系。晶体呈等径状;集合体呈不规则状,0.2~0.5mm。浅黄色—绿色;硬度1.5,完全解理,脆性。2017年发现于美国犹他州圣胡安市绿蜥蜴(Green Lizard)矿和马基(Markey)矿。英文名称Straßmannite,以化学家弗里德里希·威廉"弗里茨(Fritz)"斯特拉·斯曼(Friedrich Wilhelm (Fritz) Straβmann,1902—1980)姓氏命名。1938年他与奥托·哈恩(Otto Hahn)和丽斯·梅特纳(Lise Meitner)合作发现(铀)核裂变,并因此获得1944年诺贝尔化学奖。他曾任马克斯普朗克化学研究所所长,后来创立了核化学研究所。1989年,国际天文学联合会为他命名了一颗小行星—19136斯特拉斯曼。IMA 2017-086批准。2018年A. R. 坎普夫(A. R. Kampf)等在《CNMNC通讯》(41)、《欧洲矿物学杂志》(30)和2019年《矿物学杂志》[83(3))报道。目前尚未见官方中文译名,编译者建议音加成分译为斯特拉斯曼铀矿*。

【斯特里矿】参见【斯硫锑铅矿】条887页

【斯特奴矿】

英文名 Stenonite

化学式 $Sr_2Al(CO_3)F_5$　(IMA)

斯特奴矿粒状晶体(丹麦)和斯泰诺像

斯特奴矿是一种含氟的锶、铝的碳酸盐矿物。单斜晶系。晶体呈细粒状;集合体呈块状。无色、白色,玻璃光泽,透明—半透明;硬度3.5,完全解理。1962年发现于丹麦西南格陵兰岛腓特烈斯霍布区伊维赫图特(Ivigtut)冰晶石矿床。1962年H.波利(H. Pauly)在《格陵兰岛通讯》[169(9)]和1963年在《美国矿物学家》(48)报道。英文名称Stenonite,以丹麦科学家、解剖学和地质学的先驱,晚年成为天主教牧师的尼古劳斯·斯泰诺(尼尔斯·斯廷森)[Nicolaus Steno (Niels Steensen),1638—1686]的姓氏命名。他是面角守恒定律的发现者。他于1669年提出:同种物质晶体之间对应晶面间的夹角是恒等的。这一定律的意义在于它从千变万化的歪晶中揭示出了晶体在外形上所固有的规律性,从而奠定了几何结晶学的基础。他也是现代地层学和现代地质学的创始人之一。IMA 1967s. p.批准。中文名称音译为斯特奴矿/斯台诺矿;根据成分译为碳氟铝锶石/氟碳铝锶石。

【斯图尔特石】

英文名 Stewartite

化学式 $Mn^{2+}Fe_2^{3+}(PO_4)_2(OH)_2 \cdot 8H_2O$　(IMA)

斯图尔特石刃片状晶体,花状集合体(德国、美国)

斯图尔特石是一种含结晶水和羟基的锰、铁的磷酸盐矿物。三斜晶系。晶体呈细小的纤维状、刃片状;集合体呈纤维丛状、刃片花状、双晶"鱼尾"状。黄色—褐黄色,半玻璃光泽、树脂光泽、丝绢光泽,透明—半透明;非常脆。1912年发现于美国加利福尼亚州圣地亚哥县帕拉区斯图尔特(Stewart)矿。英文名称Stewartite,1912年夏勒(Schaller)等以发现地美国斯图尔特(Stewart)矿命名。1912年夏勒(Schaller)在《华盛顿科学院学报》(2)报道。1959年以前发现、描述并命名的"祖父级"矿物,IMA承认有效。中文名称音译为斯图尔特石;根据三斜晶系和成分也译作斜磷锰矿。

【斯托潘尼石】

英文名 Stoppaniite

化学式 $Fe_2^{3+}Be_3Si_6O_{18} \cdot H_2O$　(IMA)

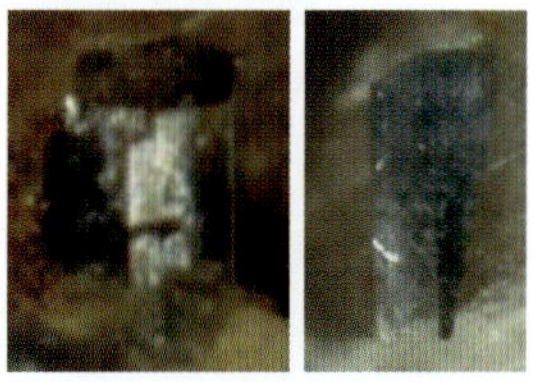

斯托潘尼石自形柱状晶体(意大利)

斯托潘尼石是一种含结晶水的铁、铍的硅酸盐矿物。属绿柱石族。六方晶系。晶体呈六方柱状。浅蓝色,玻璃光泽,透明;硬度7.5。1996年发现于意大利维泰博省卡普拉尼卡(Capranica)火山碎屑岩。英文名称Stoppaniite,以意大利罗马的律师、矿物收藏家和1982年所著的《拉齐奥矿物》一书的合著者弗朗西斯·萨维里奥·斯托潘尼(Francesco Saverio Stoppani,1947—)的姓氏命名。IMA 1996-008批准。1998年G.费拉里斯(G. Ferraris)等在《欧洲矿物学杂志》(10)和2000年G.德拉·文图拉(G. Della Ventura)在《欧洲矿物学杂志》(12)报道。2003年中国地质科学院矿产资源研究所李锦平等在《岩石矿物学杂志》[22(1)]音译为斯托潘尼石。

【斯瓦卡石*】

英文名 Siwaqaite

化学式 $Ca_6Al_2(CrO_4)_3(OH)_{12} \cdot 26H_2O$　(IMA)

斯瓦卡石* 六方柱状晶体(约旦)

斯瓦卡石*是一种含结晶水和羟基的钙、铝的铬酸盐矿物。属钙矾石族。三方晶系。晶体呈六方柱状,长250μm。金丝雀黄色,玻璃光泽,半透明;完全解理。2018年发现于约旦安曼省跨约旦高原达巴-斯瓦卡(Daba-Siwaqa)杂岩体北斯瓦卡杂岩体。英文名称Siwaqaite,以发现地约旦的斯瓦卡(Siwaqa)杂岩体命名。IMA 2018-150批准。2019年R.尤罗斯泽克(R. Juroszek)等在《CNMNC通讯》(48)、《矿物学杂志》(83)和2020年《美国矿物学家》[105(3)]报道。目前尚未见官方中文译名，编译者建议音译为斯瓦卡石*。

【斯瓦克诺石】

英文名 Swaknoite

化学式 $(NH_4)_2Ca(PO_3OH)_2 \cdot H_2O$ (IMA)

斯瓦克诺石是一种含结晶水的铵、钙的氢磷酸盐矿物。斜方晶系。晶体呈针状；集合体常呈花环状。白色，玻璃光泽，透明—半透明；硬度 1.5～2，脆性。1991 年发现于纳米比亚霍马斯区阿纳姆(Arnhem)洞穴。英文名称 Swaknoite，以在纳米比亚的洞穴学协会[西南非洲喀斯特纳沃斯组织(Suid West Afrika Karst Navorsing Organisatsie)]的缩写斯瓦克诺(SWAKNO)命名。这个洞穴学协会的成员注意到阿纳姆洞穴中存在各种各样的矿物。IMA 1991－021 批准。1992 年 J. E. J. 马蒂尼(J. E. J. Martini)等在《南部非洲洞穴学协会通报》(32)报道。中国地质科学院音译为斯瓦克诺石。

【斯万氮石】

英文名 Sveite

化学式 $KAl_7(NO_3)_4(OH)_{16}Cl_2 \cdot 8H_2O$ (IMA)

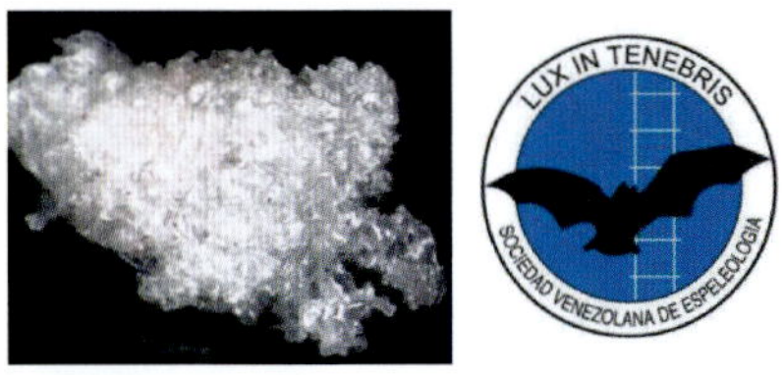

斯万氮石片状晶体，块状集合体(委内瑞拉)和委内瑞拉洞穴学会徽

斯万氮石是一种含结晶水、氯和羟基的钾、铝的硝酸盐矿物。单斜晶系。晶体呈片状；集合体呈块状。白色，玻璃光泽，透明。1980 年发现于委内瑞拉亚马逊奥塔纳(Autana)山脉(奥塔纳洞穴)。英文名称 Sveite，以斯万(SVE)命名。SVE 是委内瑞拉皇家洞穴协会(Sociedad Venezolana de Espeleogia)的缩写，其成员收集的该矿物原始标本。IMA 1980－005 批准。1980 年在《委内瑞拉皇家洞穴协会志》(*Bol. Soc. Venezolano Espeleologia*)(21)和 1982 年 J. E. J. 马天尼(J. E. J. Martini)在《南非地质学会会刊》(83)报道。中文名称根据英文名称音和矿物成分主要阴离子基成分氮译为斯万氮石。

【斯威策矿】参见【水磷铁锰石】条 845 页

【斯韦恩伯奇石*】

英文名 Sveinbergeite

化学式 $(H_2O)_2[Ca(H_2O)](Fe^{2+}_6Fe^{3+})Ti_2(Si_4O_{12})_2O_2(OH)_4[(OH)(H_2O)]$ (IMA)

斯韦恩伯奇石*板条状晶体(挪威)和伯奇像

斯韦恩伯奇石*是一种含结晶水、羟基、氧的水化钙的铁、钛的硅酸盐矿物。属星叶石超族德维托石*族。三斜晶系。晶体呈板条状；集合体呈花环状、放射状和球状。深绿色，玻璃光泽、珍珠光泽；硬度 3，完全解理。2010 年发现于挪威西福尔郡桑纳菲尤尔自治区维斯特罗亚(Vesteroya)布尔(Buer)。英文名称 Sveinbergeite，以斯韦恩·阿恩·伯奇(Svein Arne Berge，1949—)的姓名命名。他是一位著名的挪威业余矿物学家和收藏家，对拉尔维克碱性伟晶岩矿物学研究做出了重大贡献，1987 年他找到了该矿物的第一块标本。IMA 2010－027 批准。2011 年 A. P. 霍米亚科夫(A. P. Khomyakov)等在《矿物学杂志》[75(5)]报道。目前尚未见官方中文译名，编译者建议音译为斯韦恩伯奇石*。

【斯维约它石】

英文名 Svyatoslavite

化学式 $Ca(Al_2Si_2O_8)$ (IMA)

斯维约它石是一种钙的铝硅酸盐矿物。属长石族。与钙长石、斯托夫勒尔石*和德米斯坦伯格石*为同质多象。斜方晶系。晶体呈柱状。无色，玻璃光泽，半透明；硬度 6，脆性。1988 年发现于俄罗斯车里雅宾斯克州煤盆地科佩伊斯克(Kopeisk)45 号煤矿。英文名称 Svyatoslavite，以俄罗斯叶卡捷琳堡(斯维尔德洛夫斯克)科学院乌拉尔科学中心主任、地质学家斯维亚托斯拉夫·诺斯特罗维奇·伊万诺夫(Svyatoslav Nostorovich Ivanov，1911—?)的名字命名。IMA 1988－012 批准。1989 年 B. V. 切斯诺可夫(B. V. Chesnokov)等在《全苏矿物学会记事》[118(2)]和 1991 年《美国矿物学家》(76)报道。1991 年中国新矿物与矿物命名委员会郭宗山在《岩石矿物学杂志》[10(4)]音译为斯维约它石，也有的根据斜方(正交)晶系和成分译为直钙长石。

【斯文耶克石*】

英文名 Švenekite

化学式 $Ca[AsO_2(OH)_2]_2$ (IMA)

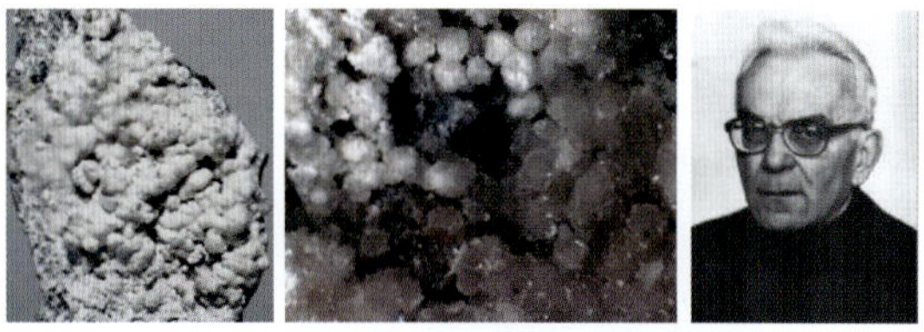

斯文耶克石*皮壳状、葡萄状集合体(捷克)和斯文耶克像

斯文耶克石*是一种钙的氢砷酸盐矿物。三斜晶系。晶体呈叶片状；集合体呈皮壳状、放射状、玫瑰花状、葡萄状。无色、白色，玻璃光泽、土状光泽，透明—半透明；硬度 2，完全解理，脆性。1999 年发现于捷克共和国卡罗维发利州厄尔士山脉斯沃诺斯特(Svornost)矿格斯基伯(Geschieber)矿脉。英文名称 Švenekite，为纪念捷克共和国布拉格国家博物馆的矿物收藏馆前馆长雅罗斯拉夫·斯文耶克(Jaroslav Švenek，1927—1994)而以他的姓氏命名。IMA 1999－007 批准。2003 年 P. 翁德鲁谢(P. Ondruš)等在布拉格《捷克地质学会学报》[48(3－4)]和 2013 年《矿物学杂志》(77)报道。目前尚未见官方中文译名，编译者建议音译为斯文耶克石*。

【斯沃诺斯特铀矿*】

英文名 Svornostite

化学式 $K_2Mg[(UO_2)(SO_4)_2]_2 \cdot 8H_2O$ (IMA)

斯沃诺斯特铀矿*是一种含结晶水的钾、镁的铀酰-硫酸盐矿物。斜方晶系。晶体呈扁平柱状；集合体常呈皮壳状。浅黄色，强玻璃光泽，透明—半透明；硬度 2，完全解理，脆性。2014 年发现于捷克共和国卡罗维发利州厄尔士山脉斯沃诺斯特(Svornost)矿格斯基伯(Geschieber)矿脉。英文名称 Svornostite，以发现地捷克的斯沃诺斯特(Svornost)矿山命名。IMA 2014－078 批准。2015 年 J. 普拉希尔(J. Plašil)等在《CNMNC 通讯》(23)和《矿物学杂志》(79)报道。目前尚未见官方中文译名，编译者建议音加成分译为斯沃诺斯特铀矿*。

斯沃诺斯特矿山

【斯铀硅矿】

英文名 Swamboite-(Nd)

化学式 $Nd_{0.333}[(UO_2)(SiO_3OH)](H_2O)_{\sim 2.5}$　(IMA)

斯铀硅矿针状晶体，草丛状、球粒状集合体(刚果)

斯铀硅矿是一种含结晶水的钕的铀酰-氢硅酸盐矿物。单斜晶系。晶体呈针状；集合体呈草丛状、球粒状。淡黄色；硬度 2.5。1981 年发现于刚果(金)上加丹加省坎博韦区斯瓦姆博(Swambo)山斯瓦姆博矿。英文名称 Swamboite，以发现地刚果(金)的斯瓦姆博(Swambo)山(斯瓦姆博矿)命名。IMA 1981－008 批准。1981 年在《加拿大矿物学家》(19)和 1983 年《美国矿物学家》(68)报道。1983 年中国新矿物与矿物命名委员会郭宗山等在《岩石矿物及测试》[2(1)]根据英文名称首音节音和成分译为斯铀硅矿或斯硅铀矿。IMA 17－A 将最初的成分 $U_{0.333}H_2(UO_2SiO_4)_2 \cdot 10H_2O$ 改为 $Nd_{0.333}[(UO_2)(SiO_3OH)](H_2O)_{\sim 2.5}$，名称更为 Swamboite-Nd。IMA 2017s. p. 批准。2017 年 J. 普拉希尔(J. Plášil)等在《CNMNC 通讯》(36)、《矿物学杂志》(81)和《结晶学杂志》(233)报道。更名后编译者建议译为斯铀硅矿-钕*。

【斯皂石】参见【富镁皂石】条 215 页

【斯泽克拉里石*】

英文名 Szklaryite

化学式 $\square Al_6BAs^{3+}_3O_{15}$　(IMA)

斯泽克拉里石*是一种空位、铝的硼-砷酸盐矿物。属蓝线石超族斯泽克拉里石*族。斜方晶系。晶体呈补丁状，在砷和锑蓝线石中约为 2μm，在石英中为 15μm。2012 年发现于波兰下西里西亚省扎布科维奇(Ząbkowice)区斯泽克拉里(Szklary)村斯泽克拉纳矿(斯泽克拉里伟晶岩)。英文名称 Szklaryite，以发现地波兰的斯泽克拉里(Szklary)村伟晶岩命名。IMA 2012－070 批准。2013 年 A. 皮耶泽卡(A. Pieczka)等在《CNMNC 通讯》(15)和《矿物学杂志》(77)报道。目前尚未见官方中文译名，编译者建议音译为斯泽克拉里石*。

【斯族曼斯石】

英文名 Szymańskiite

化学式 $Hg_{16}Ni_6(CO_3)_{12}(OH)_{12}(H_3O)_8 \cdot 3H_2O$　(IMA)

斯族曼斯石是一种含结晶水、弃离子和羟基的汞、镍的碳酸盐矿物。六方晶系。晶体呈自形—半自形柱状、针状；集合体呈放射状、晶簇状。蓝灰色—蓝绿色，变至黑色，玻璃光泽，透明。1989 年发现于美国加利福尼亚州克利尔(Clear)溪附近的汞矿。英文名称 Szymańskiite，以加拿大矿物和能源技术(CANMET)中心的 X 光晶体学家简·托马兹·斯族曼斯(Jan Tomasz Szymański，1938—)博士的姓氏命名。他解决了矿物的晶体结构。IMA 1989－045 批准。1990 年 A. C. 罗伯茨(A. C. Roberts)等在《加拿大矿物学家》(28)报道。1991 年中国新矿物与矿物命名委员会郭宗山在《岩石矿物学杂志》[10(4)]音译为斯族曼斯石，也有的根据英文名称首音节音和成分译为斯碳汞石。1993 年中国新矿物与矿物命名委员会黄蕴慧等在《岩石矿物学杂志》[12(1)]音译为契曼斯基石。

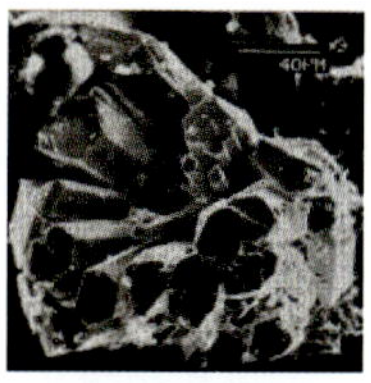

斯族曼斯石柱状晶体，放射状、晶簇状集合体(美国，电镜)

锶 [sī]形声；从钅，思声。一种碱土金属元素。[英]Strontium。元素符号 Sr。原子序数 38。大约在 1787 年间，在欧洲一些展览会上展出从英国苏格兰斯特朗廷(Strontian)的铅矿中采得的一种矿石。一些化学家认为它是一种萤石。1790 年英国医生克劳福德分析研究了它，他认为其中可能存在一种新土(氧化物)。此后不久，大约在 1791—1792 年间，英国化学家、医生荷普再次研究并明确它是碳酸盐，但与碳酸钡不同，肯定其中含有一种新土，以产地斯特朗廷(Strontian)命名为 Strontia(锶土)。戴维在 1808 年利用电解法从碳酸锶中分离出金属锶，命名为 Strontium。锶是碱土金属中丰度最小的元素。在自然界以化合态存在，最重要的矿物是天青石和菱锶矿，也广泛存在于地下水(矿泉水)中。

【锶白磷钙石】参见【白磷锶石】条 35 页

【锶长石】

英文名 Slawsonite

化学式 $Sr(Al_2Si_2O_8)$　(IMA)

锶长石块状集合体(日本)和斯劳森像

锶长石是一种含锶的长石。属长石族。单斜晶系。集合体呈块状。无色、灰色，玻璃光泽，透明；硬度 5.5～6.5。1967 年发现于美国俄勒冈州瓦洛厄县马丁·布里奇(Martin Bridge)。英文名称 Slawsonite，1977 年由丹纳·T. 格里芬(Dana T. Griffin)、保罗·H. 里贝(Paul H. Ribbe)和杰拉尔德·V. 吉布斯(Gerald V. Gibbs)为纪念美国安阿伯市的密歇根大学安娜堡分校矿物学教授切斯特"切特"·贝克·斯劳森(Chester"Chet"Baker Slawson，1898—1964)而以他的姓氏命名。IMA 1967－026 批准。1977 年在《美国矿物学家》(62)报道。中文名称根据成分和族名译为锶长石。

【锶德莱塞尔石】参见【水碳铝锶石】条 876 页

【锶毒铁石*】

英文名 Strontiopharmacosiderite

化学式 $Sr_{0.5}Fe_4[(AsO_4)_3(OH)_4] \cdot 4H_2O$　(IMA)

锶毒铁石*是一种含结晶水的锶、铁的氢砷酸盐矿物。属毒铁石超族毒铁石族。四方晶系。2013 年发现于瑞士瓦莱州拉帕特里亚雷（La Plâtrière）石膏采石场。英文名称 Strontiopharmacosiderite，由成分冠词“Stronti（锶）”和根词“Pharmacosiderite（毒铁石）”组合命名。安瑟米特（S. Ansermet）等作为新矿物出版，但在 2011 年未获 IMA 批准。IMA 2013－101 批准。2014 年 S. J. 米尔斯（S. J. Mills）等在《CNMNC 通讯》（19）和《矿物学杂志》（78）报道。目前尚未见官方中文译名，编译者建议根据成分及与毒铁石的关系译为锶毒铁石*。

【锶沸石】

英文名 Brewsterite-Sr

化学式 $Sr(Al_2Si_6)O_{16} \cdot 5H_2O$　　(IMA)

锶沸石柱状晶体，晶簇状集合体（英国、加拿大）和布儒斯特像

锶沸石是一种含沸石水的锶的铝硅酸盐矿物。属沸石族锶沸石系列。单斜晶系。晶体呈柱状；集合体呈晶簇状。白色、黄白、灰色，玻璃光泽，透明—半透明；硬度 5，完全解理。1822 年发现并描述于英国苏格兰阿盖尔郡斯特朗申（Strontian）。英文名称 Brewsterite，以苏格兰物理学家大卫·布儒斯特（David Brewster，1781—1868）的姓氏命名。他研究了矿物的光学性质和元素锶。1822 年 H. J. 布鲁克（H. J. Brooke）在《爱丁堡哲学杂志》（6）报道。1959 年以前发现、描述并命名的“祖父级”矿物；IMA 承认有效。IMA 1997s. p. 批准。1997 年之前，锶沸石被认为是一种矿物种，但在 1997 年重新分类国际矿物学协会把它改为系列名称，矿物种有 Brewsterite-Sr（＝Brewsterite）和 Brewsterite-Ba；其中 Brewsterite-Sr 更常见。中文名称根据成分及族名译为锶沸石。

【锶沸石-钡】

英文名 Brewsterite-Ba

化学式 $Ba(Al_2Si_6)O_{16} \cdot 5H_2O$　　(IMA)

锶沸石-钡柱状晶体，板状集合体（法国、美国）

锶沸石-钡是一种含沸石水的钡的铝硅酸盐矿物。单斜晶系。晶体呈柱状、板状；集合体呈晶簇状。白色、无色、浅粉红色，玻璃光泽，透明；硬度 5。1993 年发现于意大利拉斯佩齐亚省切尔基亚拉（Cerchiara）矿和美国纽约州刘易斯县古弗尼尔（Gouverneur）滑石公司 4 号采石场。英文名称 Brewsterite-Ba，根词 Brewsterite 以苏格兰物理学家大卫·布儒斯特（David Brewster，1781—1868）的姓氏，加占优势的阳离子钡后缀-Ba 组合命名，意指它是钡占优势的锶沸石的类似矿物。IMA 1997s. p. 批准。1993 年 G. W. 罗宾逊（G. W. Robinson）等在《加拿大矿物学家》（31）和 R. 卡贝拉（R. Cabella）等在《欧洲矿物学杂志》（5）报道。中文名称根据成分及与锶沸石的关系译为锶沸石-钡/钡锶沸石。

【锶杆沸石】

英文名 Thomsonite-Sr

化学式 $NaSr_2(Al_5Si_5)O_{20} \cdot 6\sim7H_2O$　　(IMA)

锶杆沸石纤维状晶体，放射状集合体（俄罗斯）和汤姆森像

锶杆沸石是一种富含锶的杆沸石。属沸石族杆沸石系列。斜方晶系。晶体呈柱状、纤维状；集合体呈放射状。无色、玫瑰色，玻璃光泽，透明；硬度 5，完全解理。2000 年发现于俄罗斯北部摩尔曼斯克州拉斯武姆霍尔（Rasvumchorr）山。英文名称 Thomsonite-Sr，由根词“Thomsonite（杆沸石）”和“占优势的 Strontian（锶）”后缀-Sr 组合命名。IMA 2000－025 批准。2001 年 I. V. 佩科夫（I. V. Pekov）等在俄罗斯《俄罗斯矿物学会记事》[130(4)]和 J. L. 杨博尔（J. L. Jambor）等在《美国矿物学家》（86）报道。2007 年中国地质科学院地质研究所任玉峰在《岩石矿物学杂志》[26(3)]根据成分及与杆沸石的关系译为锶杆沸石（根词参见【杆沸石】条 234 页）。

【锶硅钠钡钛石】

英文名 Strontiojoaquinite

化学式 $(Na,Fe)_2Ba_2Sr_2Ti_2(SiO_3)_8(O,OH)_2 \cdot H_2O$　(IMA)

锶硅钠钡钛石柱状晶体，晶簇状集合体（美国）

锶硅钠钡钛石是一种含结晶水、羟基和氧的钠、铁、钡、锶、钛的硅酸盐矿物。属硅钠钡钛石族。单斜晶系。晶体呈柱状；集合体呈晶簇状。绿色、黄绿色、黄棕色，玻璃光泽，透明；硬度 5.5，完全解理。1979 年发现于美国加利福尼亚州圣贝尼托县皮卡乔（Picacho）峰 1 号矿。英文名称 Strontiojoaquinite，由成分冠词“Strontio（锶）”和根词“Joaquinite（硅钠钡钛石）”组合命名，意指它是含锶的硅钠钡钛石族成员。IMA 1979－080 批准。1982 年在《美国矿物学家》（67）报道。中文名称根据成分及与硅钠钡钛石的关系译为锶硅钠钡钛石。目前已发现它有 3 个多型：-1M、-2O 和-4O（根词参见【硅钠钡钛石】条 277 页）。

【锶硅钛铈铁矿】

英文名 Strontiochevkinite

化学式 $(Sr,Ce,La)_4Fe^{2+}(Ti,Zr)_4O_8(Si_2O_7)_2$　　(IMA)

锶硅钛铈铁矿是一种含氧的锶、铈、镧、铁、钛、锆的硅酸盐矿物。属硅钛铈矿（Chevkinite）族。单斜晶系。黑色，半金属光泽，不透明；硬度 5～6。1983 年发现于巴拉圭阿曼贝省塞罗萨兰比(Cerro Sarambi)。英文名称 Strontiochevkinite，由占主导地位的成分冠词“Strontium(锶)”和根词“Chevkinite(硅钛铈矿)”组合命名。其中根词，1983 年由斯蒂芬·E. 哈格蒂(Stephen E. Haggerty)和安东尼·N. 马里亚诺(Anthony N. Marian)为纪念康斯坦丁·弗拉基米罗维奇·切夫金(Konstantin Vladimirovich Chevkin)而以他的姓氏命名。IMA 1983－009 批准。1983 年在《矿物学和岩石学杂志》(84)和 1984 年《美国矿物学家》(69)报道。但此矿物有争议，2002 年宫胁律郎(R. Miyawaki)等认为它可能是富铁的硅锆钛锶矿(Rengeite)。1985 年中国新矿物与矿物命名委员会郭宗山等在《岩石矿物及测试》[4(4)]根据成分及与硅钛铈矿的关系译为锶硅钛铈铁矿(根词参见【硅钛铈铁矿】条 290 页)。

【锶红帘石】

英文名 Piemontite-(Sr)

化学式 $CaSr(Al_2Mn^{3+})[Si_2O_7][SiO_4]O(OH)$　(IMA)

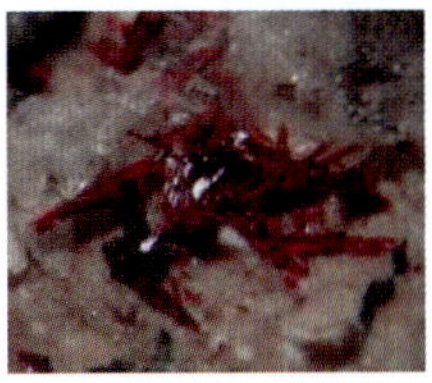

锶红帘石柱状晶体(意大利)

锶红帘石是一种含羟基和氧的钙、锶、铝、锰的硅酸盐矿物。属绿帘石超族绿帘石族。单斜晶系。晶体呈柱状。深红色，玻璃光泽，透明；硬度 6。1989 年发现于意大利热那亚省格拉夫利亚(Graveglia)山谷卡萨尼亚(Cassagna)矿和莫丽奈罗(Molinello)矿。英文原名称 Strontiopiemonte，1990 年 P. 博纳齐(P. Bonazzi)等由成分冠词“Strontio(锶)”和根词 Piemonte(红帘石)”组合命名；2006 年 CNMMN 改名为 Piemonte-(Sr)，由根词“Piemonte(红帘石)”加占优势的锶后缀-(Sr)组合命名。IMA 1989－031 批准。1990 年 P. 博纳齐(P. Bonazzi)等在《欧洲矿物学杂志》(2)报道。1991 年中国新矿物与矿物命名委员会郭宗山在《岩石矿物学杂志》[10(4)]译为锶红帘石或译红帘石-锶(根词参见【红帘石】条 325 页)。

【锶镧磷灰石】

英文名 Belovite-(La)

化学式 $NaLaSr_3(PO_4)_3F$　(IMA)

锶镧磷灰石六方柱状晶体(俄罗斯)和别洛夫像

锶镧磷灰石是一种含氟的钠、镧、锶的磷酸盐矿物。属磷灰石超族锶镧磷灰石族。三方晶系。晶体呈针状、六方柱状、粒状。青黄色、亮黄色，玻璃光泽，透明；硬度 5，非常脆。1995 年发现于俄罗斯北部摩尔曼斯克州伊夫斯洛乔尔(Eveslogchorr)山和基洛夫斯基(Kirovskii)磷灰石矿。英文名称 Belovite-(La)，根词为纪念苏联莫斯科罗蒙诺索夫国立大学结晶学和结晶化学系的前负责人尼古拉·瓦西里耶维奇·别洛夫(Nikolai Vasilevich Belov，1891—1982)而以他的姓氏，加占优势的稀土元素镧后缀-(La)组合命名。IMA 1995－023 批准。1996 年 I. V. 佩科夫(I. V. Pekov)等在《俄罗斯矿物学会记事》[125(3)]和 1997 年 J. L. 杨博尔(J. L. Jambor)等在《美国矿物学家》(82)报道。2003 年中国地质科学院矿产资源研究所李锦平等在《岩石矿物学杂志》[22(3)]根据成分及族名译为锶镧磷灰石。

【锶磷灰石】

英文名 Fluorstrophite

化学式 $SrCaSr_3(PO_4)_3F$　(IMA)

锶磷灰石是一种含氟的锶、钙的磷酸盐矿物。属磷灰石超族锶铈磷灰石族。六方晶系。晶体呈柱状、锥柱状、厚板状、粗粒状；集合体呈块状。绿色—黄绿色、无色，玻璃光泽、油脂光泽，透明—半透明；硬度 5。1962 年发现于俄罗斯萨哈共和国阿尔丹地盾伊纳格利(Inagli)地块伊纳格利铬透辉石矿床。1962 年在《苏联科学院报告》[142(2)]和《美国矿物学家》(47)报道。俄罗斯耶菲莫夫(Efimov)等根据成分冠词“Strontium(锶)”和根词“Apatite(磷灰石)”组合命名为 Strontium-apatite。2008 年伯克(Burke)命名为 Apatite-(SrOH)。英文名称 Fluorstrophite，2010 年帕塞罗等(Pasero)在《欧洲矿物学杂志》(22)以化学成分“Fluorine(氟)”“Strontium(锶)”和“Phosphorus(磷酸盐)”缩写组合命名。IMA 2010s. p. 批准。日文名称ストロンチウム燐灰石。中文名称根据成分译为锶磷灰石。

【锶菱沸石】参见【菱沸石-锶】条 489 页

【锶绿帘石】

英文名 Epidote-(Sr)

化学式 $CaSr(Al_2Fe^{3+})[Si_2O_7][SiO_4]O(OH)$　(IMA)

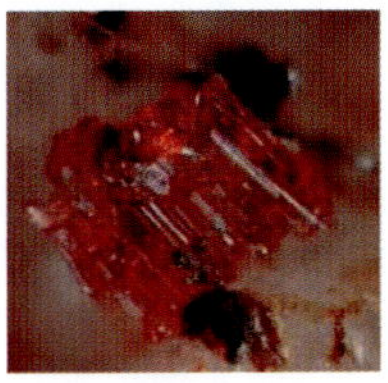

锶绿帘石柱状晶体(英国)

锶绿帘石是一种富锶的绿帘石矿物。属绿帘石族斜黝帘石亚族。单斜晶系。晶体呈柱状，长 1cm。红褐色，玻璃光泽，半透明；完全解理。2006 年爱媛大学矿物学家皆川铁雄(Tetsuo Minakawa)发现于日本四国岛高知县香美市穴内(Ananai)矿。2008 年由皆川铁雄(T. Minakawa)等根据根词“Epidote(绿帘石)”加占优势的锶后缀-(Sr)组合命名。IMA 2006－055 批准。日文名称ストロンチウム緑簾石。2008 年皆川铁雄等在日本《矿物学和岩石学科学杂志》(103)报道。中文名称根据成分及族名译为锶绿帘石。

【锶钠长石】参见【钠锶长石】条 642 页

【锶片沸石】参见【片沸石-锶】条 686 页

【锶砷磷灰石】

英文名 Johnbaumite-M

化学式 $Ca_5(AsO_4)_3OH$

锶砷磷灰石是一种含羟基的钙的砷酸盐矿物。属磷灰石族。单斜晶系。晶体柱状、针状、粒状；集合体呈放射状。白色—浅粉色，油脂光泽，半透明；硬度 5。1910 年发现于印度中央邦贾巴尔普尔区钦德瓦拉县锡达布尔(Sitapur)。1911 年史密斯(Smith)和普赖尔(Prior)在《矿物学杂志》(16)报道。原英文名称 Fermorite，以印度地质调查所前董事刘易斯·利·弗莫尔(Lewis Leigh Fermor，1880—1954)博士的姓氏命名。当时认为$(PO_4)1.60>(AsO_4)1.24$，视为磷酸盐矿物译为锶磷灰石。2010 年 M. 帕赛罗(M. Pasero)等在《欧洲矿物学杂志》(22)发表文章指出，现代探针微区分析类型的材料，认为$(AsO_4)1.48>(PO_4)1.45$，因此这种矿物现在定义为一个砷酸盐矿物，被重新归类为单斜多型变形的 Johnbaumite-M[$Ca_5(AsO_4)_3OH$，羟砷钙石]，不再被视为不同的矿物种类。英文名称 Fermorite，2010 年被 IMA 废弃，由 Johnbaumite-M 取代；但 IMA 持怀疑态度。中文名称仍按成分译为锶砷磷灰石（参见【羟砷钙石】条 728 页）。

【锶铈磷灰石】

英文名 Belovite-(Ce)

化学式 $NaCeSr_3(PO_4)_3F$　　(IMA)

锶铈磷灰石柱状晶体（俄罗斯）

锶铈磷灰石是一种含氟的钠、铈、锶的磷酸盐矿物。属磷灰石超族锶镧磷灰石族。三方晶系。晶体呈柱状、针状、粒状；集合体呈放射状、捆状。蜜黄色、青黄色，半玻璃光泽、树脂光泽、油脂光泽，透明—半透明；硬度 5，中等解理，脆性。1954 年发现于俄罗斯北部摩尔曼斯克州马雷普卡鲁亚夫（Malyi Punkaruaiv）山。1954 年 L. S. 鲍罗丁（L. S. Borodin）和 M. E. 卡扎科娃（M. E. Kazakova）在《苏联科学院报告》(96)和 1955 年《美国矿物学家》(40)报道。英文名称 Belovite-(Ce)，由鲍罗丁和卡扎科娃为纪念苏联莫斯科罗蒙诺索夫国立大学结晶学和结晶化学系的前负责人尼古拉·瓦西里耶维奇·别洛夫（Nikolai Vasilevich Belov，1891—1982）而以他的姓氏，加占优势的稀土元素铈后缀-(Ce)组合命名。1959 年以前发现、描述并命名的"祖父级"矿物，IMA 承认有效。中文名称根据成分及族名译为锶铈磷灰石。

【锶水氯硼钙石】参见【水氯硼钙石】条 851 页

【锶水硼钙石】

英文名 Strontioginorite

化学式 $CaSrB_{14}O_{20}(OH)_6 \cdot 5H_2O$　　(IMA)

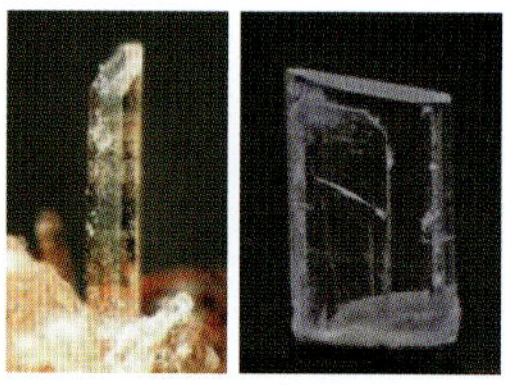

锶水硼钙石板状、厚板状晶体
（加拿大、德国）

锶水硼钙石是一种含结晶水和羟基的钙、锶的硼酸盐矿物。属水硼钙石族。单斜晶系。晶体呈板状、厚板状；集合体呈块状。无色、白色，丝绢光泽，透明；硬度 2～3，完全解理。1959 年发现于德国下萨克森州哥廷根市附近的克尼格尔-兴登堡（Königshall-Hindenburg）矿山。1959 年 O. 布赖奇（O. Braitsch）在《矿物学和岩石学论文集》(6)和《美国矿物学家》(45)报道。英文名称 Strontioginorite，由占优势的化学成分冠词"Strontium（锶）"和根词"Ginorite（水硼钙石）"组合命名。1959 年以前发现、描述并命名的"祖父级"矿物，IMA 承认有效。中文名称根据成分及与水硼钙石的关系译为锶水硼钙石，也译作基性硼钙锶石（根词参见【水硼钙石】条 859 页）。

【锶铁钛矿】

英文名 Crichtonite

化学式 $Sr(Mn,Y,U)Fe_2(Ti,Fe,Cr,V)_{18}(O,OH)_{38}$
(IMA)

锶铁钛矿是一种锶、锰、钇、铀、铁、钛、铬、钒的氢氧-氧化物矿物。属锶铁钛矿-铅铁钛矿系列成员。三方晶系。晶体呈短柱状、菱面体，具膝状双晶。黑色；硬度 5～6。1788 年 J. L. 德·波尔农（J. L. de Bournon）伯爵发现于法国阿尔卑斯大区圣克里斯托夫（Christophe）。英文名称 Crichtonite，为纪念法国医生和矿物收集者亚力山大·A. 克莱顿（Alexander A. Crichton，1763—1856）爵士而以他的姓氏命名。1813 年根据波尔农提供的标本他命名为 Cravitite（钙钛矿）。见于 1813 年波尔农的《矿物学》。1814 年波尔农在《月评》(73)报道。1959 年以前发现、描述并命名的"祖父级"矿物，IMA 承认有效。IMA 1980s. p. 批准。中文名称根据成分译为锶铁钛矿。外表看上去类似于钛铁矿也译作尖钛铁矿。

锶铁钛矿膝状双晶（瑞士）和克莱顿像

【锶斜方硅钠钡钛石】参见【奴奈川石*】条 660 页

【锶斜沸石】参见【菱沸石-锶】条 489 页

【锶斜黝帘石】

英文名 Niigataite

化学式 $CaSrAl_3[Si_2O_7][SiO_4]O(OH)$　　(IMA)

锶斜黝帘石是一种含羟基和氧的钙、锶、铝的硅酸盐矿物。属绿帘石超族绿帘石族。单斜晶系。晶体呈半自形柱状、粒状。浅灰色、黄绿色，玻璃光泽，半透明；硬度 5～5.5，完全解理，脆性。2001 年发现于日本本州岛中部地区新潟（Niigata）县系鱼川市青海宫花（Miyabana）海滩。英文名称 Niigataite，以发现地日本的新潟（Niigata）县命名。日文汉字名称新潟石。IMA 2001－055 批准。2003 年宫岛宏（H. Miyajima）等在《矿物学与岩石学科学杂志》(98)和 2004 年《美国矿物学家》(89)报道。同义词 Clinozoisite-(Sr)，由根词"Clinozoisite（斜黝帘石）"和占优势的锶后缀-(Sr)组合命名。2008 年中国地质科学院地质研究所任玉峰等在《岩石矿物学杂志》[27(2)]根据成分及与斜黝帘石的关系译为锶斜黝帘石。2010 年杨主明在《岩石矿物学杂志》[29(1)]建议借用日文汉字名称新潟石（参见【斜黝帘石】条 1038 页）。

【锶异性石】

英文名 Khomyakovite

化学式 $Na_{12}Sr_3Ca_6Fe_3Zr_3W(Si_{25}O_{73})(O,OH,H_2O)_3$
$(Cl,OH)_2$　　(IMA)

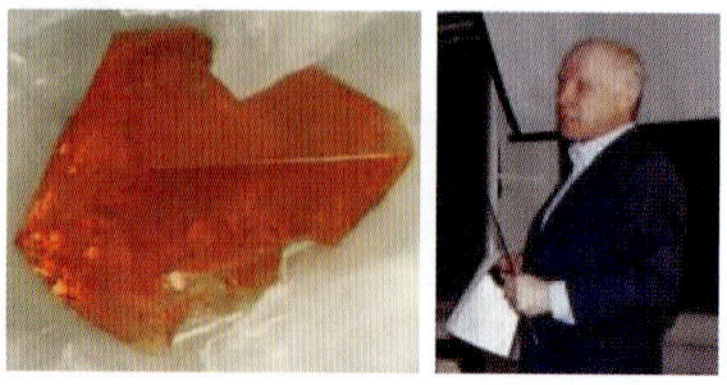

锶异性石假八面体晶体（加拿大）和霍米亚科夫像

锶异性石是异性石族富含锶的矿物。三方晶系。晶体呈柱状、粒状、假八面体。橘色、橙红色，玻璃光泽，透明—半透明；硬度 5～6，脆性。1998 年发现于加拿大魁北克省圣希莱尔（Saint-Hilaire）混合肥料采石场。英文名称 Khomyakovite，由 O. 约翰逊（O. Johnsen）和罗伯特·A. 高尔特（Robert A. Gault）等为纪念俄罗斯莫斯科稀土矿物学、地球化学和晶体化学研究所的亚历山大·彼得罗维奇·霍米亚科夫(Alexander Petrovich Khomyakov,1933—2012)而以他的姓氏命名,以表彰他在碱性岩矿物学和地球化学方面做出了广泛的贡献。他命名了 101 种矿物并描述 80 种矿物。IMA 1998－042 批准。1999 年约翰逊等在《加拿大矿物学家》(37)和《美国矿物学家》(85)报道。2003 年李锦平等在《岩石矿物学杂志》[22(1)]根据成分和族名译为锶异性石。2011 年杨主明等在《岩石矿物学杂志》[30(4)]建议音译为库姆雅克夫石。

【锶钇铁钛矿】

英文名 Dessauite-(Y)

化学式 $Sr(Y,U,Mn)Fe_2(Ti,Fe,Cr,V)_{18}(O,OH)_{38}$ (IMA)

锶钇铁钛矿菱形六面体板状晶体(法国)和德绍像

锶钇铁钛矿是一种锶、钇、铀、锰、铁、钛、铬、钒的氢氧-氧化物矿物。属尖钛铁矿族。三方晶系。晶体呈扁平的菱形六面体板状。黑色,金属光泽,不透明;硬度 6.5～7,脆性。1994 年发现于意大利卢卡省滨海阿尔卑斯山脉布察德拉韦纳(Buca della Vena)矿。英文名称 Dessauite-(Y),以意大利比萨大学的矿物学教授伽伯·德绍(Gabor Dessau,1907—1983)的姓氏,加占优势的稀土元素钇后缀-(Y)组合命名。IMA 1994－057 批准。1997 年 P. 奥兰迪(P. Orlandi)等在《美国矿物学家》(82)和《矿物学记录》(29)报道。2004 年李锦平等在《岩石矿物学杂志》[23(1)]根据成分译为锶钇铁钛矿。

四 [sì]数目字。①四方指四方晶系,又称正方晶系,是晶体的 7 个晶系之一。②四水指 4 个结晶水。③四配指矿物晶体中阳离子具 4 次配位四面体结构。

【四层结构石-铵*】

英文名 Cuatrocapaite-(NH_4)

化学式 $(NH_4)_3(NaMg\square)(As_2O_3)_6Cl_6 \cdot 16H_2O$ (IMA)

四层结构石-铵*片状、纤维状晶体(智利)

四层结构石-铵*是一种含结晶水和氯的铵、钠、镁、空位的亚砷酸盐矿物。三方晶系。晶体呈六角形片状,直径约 0.3mm;集合体呈蠕形堆叠,还有纤维状填充物和白色粉末状表面涂层。无色—白色,玻璃光泽、珍珠光泽、丝绢光泽(脉状),无光泽(粉状),透明;硬度 2.5,柔韧性,完全解理。2018 年发现于智利塔拉帕卡大区伊基克市萨拉尔格兰德的托雷西利亚斯(Torrecillas)矿。英文名称 Cuatrocapaite-(NH_4),这个名字是指结构(capa),它由 4 种不同类型的层(西班牙文为 cuatro)组成:(1)[(NH_4),K],(2)[(Na,Mg,□)$_3$(H_2O)$_{16}$],(3)[As_2O_3]和(4)[Cl_6],加占优势的主要阳离子铵后缀-(NH_4)组合命名。IMA 2018－083 批准。2018 年 A. R. 坎普夫(A. R. Kampf)等在《CNMNC 通讯》(46)、《矿物学杂志》(82)和 2019 年《矿物学杂志》(83)报道。目前尚未见官方中文译名,编译者建议意加成分译为四层结构石-铵*。

【四层结构石-钾*】

英文名 Cuatrocapaite-(K)

化学式 $K_3(NaMg\square)(As_2O_3)_6Cl_6 \cdot 16H_2O$ (IMA)

四层结构石-钾*是一种含结晶水和氯的钾、钠、镁、空位的亚砷酸盐矿物。三方晶系。晶体呈六角形片状,直径约 0.3mm;集合体呈蠕形叠锥状。无色—白色,玻璃光泽,透明;硬度 2.5,柔韧性,完全解理。2018 年发现于智利塔拉帕卡大区伊基克市萨拉尔格兰德的托雷西利亚斯(Torrecillas)矿。英文名称 Cuatrocapaite-(K),这个名字是指结构(capa),它由 4 种不同类型的层(西班牙文为 cuatro)组成:(1)[K,(NH_4)],(2)[(Na,Mg,□)$_3$(H_2O)$_{16}$],(3)[As_2O_3]和(4)[Cl_6],加占优势的主要阳离子钾后缀-(K)组合命名。IMA 2018－084 批准。2018 年 A. R. 坎普夫(A. R. Kampf)等在《CNMNC 通讯》(46)、《矿物学杂志》(82)和 2019 年《矿物学杂志》(83)报道。目前尚未见官方中文译名,编译者建议意加成分译为四层结构石-钾*。

【四方铋华】

英文名 Sphaerobismoite

化学式 Bi_2O_3 (IMA)

四方铋华球状集合体(匈牙利)

四方铋华是一种铋的氧化物矿物。与铋华(Bismite)为同质多象。四方晶系。晶体呈四方板状,20μm;集合体呈球状。绿色、浅黄色、灰白色,半金刚光泽,透明—半透明;硬度 4,脆性。1979 年发现于德国巴登-符腾堡州新布拉赫(Neubulach)和弗赖堡市施密德斯托伦(Schmiedestollen)转储站;同年,K. 瓦林塔(K. Walenta)在德国 *Aufschluss*(30)报道。英文名称 Sphaerobismoite,由冠词"Sphaero(球晶)"和根词"Bismoite(铋华)"组合命名。IMA 1993－009 批准。1995 年 K. 瓦林塔(K. Walenta)在德国 *Aufschluss*(46)报道。2003 年中国地质科学院矿产资源研究所李锦平等在《岩石矿物学杂志》[22(3)]根据对称及与铋华的关系译为四方铋华。

【四方复铁天蓝石】

英文名 Lipscombite

化学式 $Fe^{2+}Fe^{3+}_2(PO_4)_2(OH)_2$ (IMA)

四方复铁天蓝石柱状、板状晶体(德国)和利普斯科姆像

四方复铁天蓝石是一种含羟基的二价铁和三价铁的磷酸盐矿物。四方晶系。晶体呈针状、柱状、板状、楔形;集合体呈放射状。绿灰色、橄榄绿色、黑色,玻璃光泽,半透明—不透明。1953 年美国明尼苏达大学矿物学家约翰·W. 古纳(John W. Gruner)首先发现于巴西米纳斯吉拉斯州多塞(Doce)山谷的加利略亚(Galiléia)北萨普卡亚(Sapucaia)矿;同年,M. A. 盖特(M. A. Gheith)在《美国矿物学家》(38)报

道。英文名称 Lipscombite，为纪念美国明尼苏达大学无机和有机化学家、矿物学家、诺贝尔奖得主威廉·纳恩·利普斯科姆(William Nunn Lipscomb，1909—2011)而以他的姓氏命名。他首先确定了该合成化合物的晶体结构。1959 年以前发现、描述并命名的“祖父级”矿物，IMA 承认有效。1962 年 M. L. 林德伯格(M. L. Lindberg)在《美国矿物学家》(47)报道。中文名称根据晶系、成分及与天蓝石的关系译为四方复铁天蓝石。

【四方硫砷铜矿】

英文名 Luzonite

化学式 Cu_3AsS_4　　(IMA)

四方硫砷铜矿粒状、柱状晶体(奥地利、中国台湾)

四方硫砷铜矿是一种铜的砷-硫化物矿物。属黝锡矿族。与硫砷铜矿为同质多象。四方晶系。晶体呈柱状、假八面体、粒状；集合体呈块状。深红棕色，金属光泽，不透明；硬度 3.5，完全解理，脆性。1874 年发现于菲律宾吕宋岛本格特省曼卡扬矿区勒班陀(Lepanto)矿。英文名称 Luzonite，1874 年以发现地菲律宾吕宋(Luzon)岛命名。1874 年韦史巴赫(Weisbach)在《矿物学通报》报道。1959 年以前发现、描述并命名的“祖父级”矿物，IMA 承认有效。中文名称根据晶系和成分译为四方硫砷铜矿；根据集合体形态和成分译为块状硫砷铜矿；根据音和成分译为吕宋铜矿或吕宋矿。

【四方硫铁矿】

英文名 Mackinawite

化学式 $(Fe,Ni)_{1+x}S(x=0\sim0.07)$　　(IMA)

四方硫铁矿羽毛状集合体(芬兰)

四方硫铁矿是一种铁、镍的硫化物矿物。四方晶系。晶体呈薄板状；集合体呈羽毛状。青铜色、白灰色，金属光泽，不透明；硬度 2.5，完全解理。1962 年发现于美国华盛顿州斯诺霍米什县基督山区基督山麦基诺(Mackinaw)矿(韦登溪矿)。1963 年科沃(Kouvo)等在《美国矿物学家》(48)和 1964 年《美国地质学会专业论文》(475-D)报道。英文名称 Mackinawite，以发现地美国的麦基诺(Mackinaw)矿命名。IMA 1967s. p. 批准。中文名称根据晶系和成分译为四方硫铁矿或四方硫铁镍矿；前人音译为马基诺矿。

【四方氯砷钠铜石】

英文名 Lemanskiite

化学式 $NaCaCu_5(AsO_4)_4Cl \cdot 3H_2O$　　(IMA)

四方氯砷钠铜石是一种含结晶水和氯的钠、钙、铜的砷酸盐矿物。与氯砷钠铜石(砷钙钠铜矿)为同质多象。四方晶系。晶体呈针状、四方薄板状；集合体呈放射状、玫瑰花状。深灰蓝色、天蓝色，玻璃光泽，半透明；硬度 2.5，完全解理，脆性。1999 年发现于智利安托法加斯塔大区圣卡塔利娜岛瓜纳科(Guanaco)矿废石堆。英文名称 Lemanskiite，以美国新泽西州的矿物收藏家和富兰克林奥登伯格矿物学学会前主席、董事会成员和富兰克林矿产博物馆前副馆长和专业研究员切斯特·S. 莱曼斯基[Chester(Chet)S. Lemanski，1947—]的姓氏命名。IMA 1999-037 批准。2006 年 P. 翁德鲁谢(P. Ondruš)等在《加拿大矿物学家》(44)报道。2009 中国地质科学院地质研究所尹淑苹等在《岩石矿物学杂志》[28(4)]根据对称和成分译为四方氯砷钠铜石。

四方氯砷钠铜石板状、针状晶体，放射状集合体(智利)莱曼斯基像

【四方锰铁矿】

英文名 Iwakiite

化学式 $Mn^{2+}(Fe^{3+}Mn^{3+})_2O_4$　　(弗莱舍，2014)

四方锰铁矿细粒状晶体(日本)

四方锰铁矿是一种锰、铁的氧化物矿物。属黑锰矿族。四方晶系。晶体呈细粒状。绿黑色；硬度 6～6.5。日本国立科学博物馆的矿物学家松原聪(Satoshi Matsubara)等发现于日本本州岛东北地区福岛县磐城(Iwaki)市御齐所(Gozaisho)矿山。英文名称 Iwakiite，以发现地日本的磐城(Iwaki)市命名。日文汉字名称磐城鉱。IMA 1974-049 批准。1979 年松原聪等在《矿物学杂志》(9)和《美国矿物学家》(65)报道。中国地质科学院根据晶系和成分译为四方锰铁矿。2010 年杨主明在《岩石矿物学杂志》[29(1)]建议借用日文汉字名称磐城鉱的简化汉字名称磐城矿。2018 年 F. 博西(F. Bosi)等更名为 Jacobsite-Q，即它是 Jacobsite(锰铁矿)的多形体。2019 年博西等在《欧洲矿物学杂志》(31)将此矿物归入《尖晶石超群的命名和分类》。

【四方钠沸石】

英文名 Tetranatrolite

化学式 $Na_2Al_2Si_3O_{10} \cdot 2H_2O$

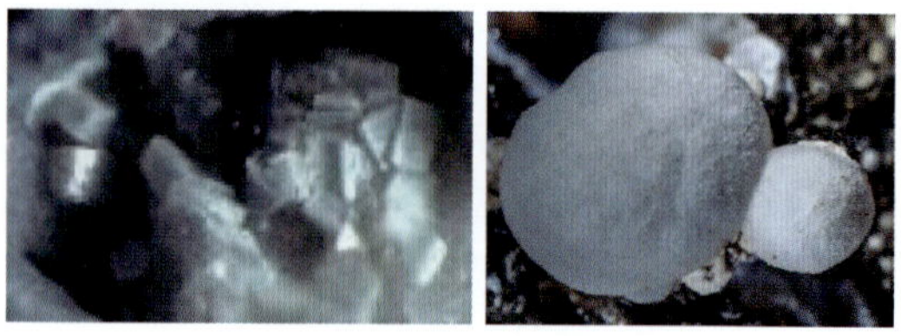

四方钠沸石柱状晶体，球状集合体(美国、意大利)

四方钠沸石是一种含沸石水的钠的铝硅酸盐矿物，它可能是副钠沸石的脱水产物。属沸石族钠沸石亚族。四方晶系。晶体呈柱状；集合体呈球状。白色、淡粉色，玻璃光泽，半透明—不透明；硬度 5。最初的报道来自加拿大魁北克省圣希莱尔(Saint-Hilaire)混合肥料采石场。1980 年 T. T. 陈(T. T. Chen)和 G. Y. 曹(G. Y. Chao)在《加拿大矿物学家》(18)报道。英文名称 Tetranatrolite，由对称冠词“Tetra(四方晶系)”和根词“Natrolite(钠沸石)”组合命名。中文名称

根据晶系及与钠沸石的关系译为四方钠沸石。IMA 持怀疑态度。1999 年被 IMA 废弃，是因为没有真正的原地标本或任何确认 Tetranatrolite 本身的资料。从 1999 年到 2007 年不少研究者指出它的成分和结构与纤沸石之间的关系仍有争议（根词参见【钠沸石】条 635 页）。

【四方镍纹石】

英文名 Tetrataenite

化学式 FeNi　　(IMA)

四方镍纹石是一种铁和镍的互化物矿物。属铁镍族。四方晶系。晶体呈粒状，粒径 10～50μm；集合体常呈块状、葡萄状。钢灰色—黑色，金属光泽，不透明；硬度 4～5；强磁性。最早见于 1966 年 A. R. 拉姆斯登（A. R. Ramsden）和 E. N. 卡梅伦（E. N. Cameron）在《美国矿物学家》(51)报道 Kamacite（铁纹石）和 Taenite（镍纹石）。1979 年发现于美国爱荷华州埃米特县埃斯特维尔（Estherville）陨石。英文名称 Tetrataenite，由"Tetragonal（四方晶系）"和"Taenite（镍纹石）"组合命名，意指其成分与镍纹石相似。IMA 1979－076 批准。1980 年 R. S. 克拉克（R. S. Clarke）等在《美国矿物学家》(65)报道。中文名称根据晶系及与镍纹石的关系译为四方镍纹石。它是铁陨石中常见的矿物，但在地球岩石中非常罕见。

【四方羟锡锰石】

英文名 Tetrawickmanite

化学式 $Mn^{2+}Sn^{4+}(OH)_6$　　(IMA)

四方羟锡锰石四方双锥状、四方柱状晶体（美国、瑞典）

四方羟锡锰石是一种锰、锡的氢氧化物矿物。属钙钛矿超族非化学计量比钙钛矿族羟锗铁矿亚族。与羟锡锰石为同质多象。四方晶系。晶体呈四方柱状、四方双锥状。蜜黄色—棕黄色，蜡状光泽，透明—半透明；硬度 3.5～4.5。1971 年发现于美国北卡罗来纳州克利夫兰县国王（Kings）山区富特（Foote）矿。英文名称 Tetrawickmanite，由对称冠词"Tetra（四方晶系）"和根词"Wickmanite（羟锡锰矿）"组合命名，意指它是羟锡锰矿的四方晶系之二形体。IMA 1971－018 批准。1973 年 J. S. 怀特（J. S. White）等在《矿物学记录》(4)和《美国矿物学家》(58)报道。中文根据晶系及与羟锡锰矿的关系译为四方羟锡锰石。

【四方羟锌石】

英文名 Sweetite

化学式 $Zn(OH)_2$　　(IMA)

四方羟锌石正方双锥晶体（英国）

四方羟锌石是一种锌的氢氧化物矿物。与阿羟锌石和正羟锌石为同质多象。四方晶系。晶体呈正方双锥。无色、白色，玻璃光泽，透明—半透明；硬度 3。1983 年发现于英国英格兰德比郡阿肖弗（Ashover）米尔敦（Milltown）采石场。英文名称 Sweetite，以大英博物馆矿物馆长杰西·梅·斯维特（Jessie May Sweet，1901—1979）的姓氏命名。IMA 1983－011 批准。1984 年 A. M. 克拉克（A. M. Clark）在《矿物学杂志》(48)和 1985 年《美国矿物学家》(70)报道。1985 年中国新矿物与矿物命名委员会郭宗山等在《岩石矿物及测试》[4(4)]根据晶系和成分译为四方羟锌石，也有的译作氢氧锌矿。

【四方砷铋石】

英文名 Tetrarooseveltite

化学式 $Bi(AsO_4)$　　(IMA)

四方砷铋石是一种铋的砷酸盐矿物。属砷铋石族。与砷铋石为同质多象。四方晶系。晶体呈粒状；集合体呈晶簇状、粉末状。白色—黄白色，土状光泽，半透明—不透明；硬度 2.5。1993 年发现于捷克共和国波希米亚地区摩尔达瓦（Moldava）铋-银-砷-钴-镍矿床约瑟夫矿。英文名称 Tetrarooseveltite，由对称冠词"Tetra（四方晶系）"和根词"Rooseveltite（砷铋石）"组合命名。IMA 1993－006 批准。1994 年 J. 塞科拉（J. Sejkora）等在《矿物学新年鉴》（月刊）报道。1999 年中国新矿物与矿物命名委员会黄蕴慧等在《岩石矿物学杂志》[18(1)]根据对称和与砷铋石的关系译为四方砷铋石（根词参见【砷铋矿】条 775 页）。

【四方砷镍矿*】

英文名 Niasite

化学式 $Ni^{2+}_{4.5}(AsO_4)_3$　　(IMA)

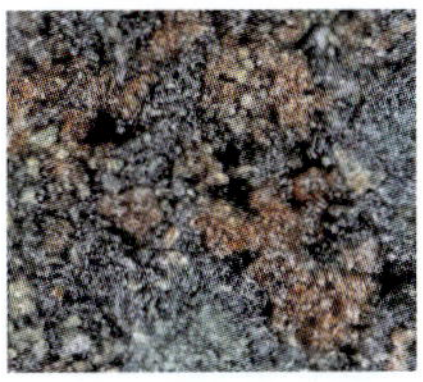

四方砷镍矿* 圆粒状集合体（德国）

四方砷镍矿* 是一种镍的砷酸盐矿物。四方晶系。与约翰格奥尔根施塔特矿* 为同质二象。晶体呈不规则圆粒状或短棱柱状；集合体呈糖粒状。紫红色—红橙色，条纹淡粉色，树脂光泽、亚金刚光泽状、透明；硬度 4，脆性，无解理，贝壳状断口。2019 年发现于德国萨克森州约翰格奥尔根施塔特（Johann Georgenstadt）矿区[标本是 1981 年由美国矿产商大卫·纽因（David New）从德国一家矿产商店获得的，但没有标签。1988 年，已故的马克·N. 范洛斯（Mark N. Feinglos）认为该标本中含有不寻常的矿物，后来从中发现了包括本矿物和约翰格奥尔根施塔特矿* 在内的两种新矿物]。英文名称 Niasite，由成分镍（Ni）和砷（As）组合命名。IMA 2019-105 批准。2020 年 A. R. 坎普夫（A. R. Kampf）等在《CNMNC 通讯》(54)和《欧洲矿物学杂志》(32)报道。目前尚未见官方中文译名，编译者建议根据对称和成分译为四方砷镍矿*。

【四方水钙榴石】

英文名 Holtstamite

化学式 $Ca_3Al_2(SiO_4)_2(OH)_4$　　(IMA)

四方水钙榴石粒状晶体（摩洛哥）和霍尔特斯坦像

四方水钙榴石是一种含羟基的钙、铝的硅酸盐矿物。属石榴石超族四方水钙榴石族。四方晶系。晶体呈圆粒状、假八面体，呈符山石的包裹体。浅棕黄色，玻璃光泽，透明；硬度 6，脆性。2003 年发现于南非北开普省卡拉哈里锰矿田韦塞尔斯(Wessels)矿山。英文名称 Holtstamite，以丹·霍尔特斯坦(Dan Holtstam，1963—)的姓氏命名，以表彰他对瑞典矿物学，特别是对朗班锰矿床研究做出的贡献。IMA 2003-047 批准。2005 年 U. 哈林伊乌斯(U. Halenius)等在《欧洲矿物学杂志》[17(2)]报道。2008 年中国地质科学院地质研究所任玉峰等在《岩石矿物学杂志》[27(6)]根据对称、成分及族名译为四方水钙榴石。

【四方锑钯矿】

英文名 Ungavaite

化学式 Pd_4Sb_3　　(IMA)

四方锑钯矿是一种钯与锑的互化物，是一种钯占优势的四方锑铂矿的类似矿物。四方晶系。晶体呈粒状。暗灰色，金属光泽，不透明。2004 年发现于加拿大魁北克省北部尤加瓦(Ugava)地区梅萨麦克斯(Mesamax)西北部的铜-镍-铂矿床。英文名称 Ungavaite，以发现地加拿大魁北克省北部的尤加瓦(Ugava)地区命名。IMA 2004-020 批准。2005 年 A. M. 麦克唐纳(A. M. McDonald)等在《加拿大矿物学家》(43)报道。2008 年任玉峰等在《岩石矿物学杂志》[27(6)]根据晶系和成分译为四方锑钯矿。2011 年杨主明等在《岩石矿物学杂志》[30(4)]建议音译为尤加瓦矿。

【四方锑铂矿】

英文名 Genkinite

化学式 Pt_4Sb_3　　(IMA)

亨金像

四方锑铂矿是一种铂与锑的互化物矿物。四方晶系。晶体呈不规则粒状。浅棕色或黄棕色，不透明；硬度 5.5～6。1976 年发现于南非姆普马兰加省灌木丛生地区杂岩体拉登堡翁弗瓦赫特(Onverwacht)矿。英文名称 Genkinite，由路易斯·J. 卡布里(Louis J. Cabri)等为纪念俄罗斯科学院矿床地质、岩相学、矿物学和地球化学地质研究所矿物学家阿勒科山德·德米特里耶维奇·亨金(Aleksandr Dmitrievich Genkin，1919—2010)而以他的姓氏命名。亨金是铂族矿物矿石矿物学和地质学的专家，是寻找硫化物和硫化砷中痕量贵金属的先进技术的先驱。他帮助描述了 20 种矿物，并且是《矿床地质学杂志》的创始人。IMA 1976-051 批准。1977 年 L. J. 卡布里(L. J. Cabri)等在《加拿大矿物学家》(15)和 1979 年 M. 弗莱舍(M. Fleischer)等在《美国矿物学家》(64)报道。中文名称根据晶系和成分译为四方锑铂矿。

【四方铜金矿】

英文名 Tetra-auricupride

化学式 CuAu　　(IMA)

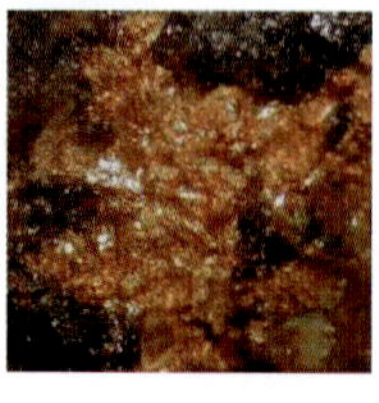

金铜矿他形粒状晶体(俄罗斯)

四方铜金矿是一种金和铜的互化物矿物。四方晶系。集合体呈他形微粒状。金黄色、粉红色、橙红色，金属光泽，不透明；硬度 4.5。1982 年发现于中国新疆维吾尔自治区昌吉自治州玛纳西县萨达拉(Sardala)含铂基性岩、超基性岩体。英文名称 Tetra-auricupride，由"Tetra(四方晶系)"和"Auricupride(金铜矿)"组合命名，意指是四方晶系的斜方金铜矿的类似矿物。IMA 1982-005 批准。1982 年陈克樵、彭志忠等在中国《地质科学》(1)和 1983 年《美国矿物学家》(68)报道。中文名称根据晶系和成分命名为四方铜金矿；根据成分命名为金铜矿。

【四方纤铁矿】

英文名 Akaganeite

化学式 $(Fe^{3+},Ni^{2+})_8(OH,O)_{16}Cl_{1.25}\cdot nH_2O$　　(IMA)

四方纤铁矿放射状集合体(德国)

四方纤铁矿是一种含结晶水和氯的铁、镍的氧-氢氧化物矿物。单斜(假四方)晶系。晶体呈针状、纤维状；集合体呈土状、放射状。黄棕色、生锈的棕色，土状光泽，透明—不透明。1962 年发现于日本本州岛东北地区岩手县奥州市江刺赤金(Akagane)矿山。英文名称 Akaganeite，以发现地日本的赤金(Akagane)矿山命名。日文汉字名称赤金鉱。IMA 1962-004 批准。1962 年 A. L. 麦凯(A. L. Mackay)在《矿物学杂志》(33)和 1963 年 M. 弗莱舍(M. Fleischer)在《美国矿物学家》(48)报道。中国地质科学院根据晶系和成分译为四方纤铁矿或正方针铁矿，有的也译作 β-羟铁矿。2010 年杨主明在《岩石矿物学杂志》[29(1)]建议借用日文汉字名称的简化汉字名称赤金矿。

【四硫汞铜矿】

英文名 Bayannkhanite

化学式 Cu_6HgS_4

四硫汞铜矿是一种铜、汞的四硫化物矿物。六方晶系。浅棕色、蓝灰色、黑色，金属光泽，不透明；硬度 3～3.5。1984 年最初的报道来自蒙古国肯特省伊德尔梅根巴彦汗乌拉(Idermeg Bayankhaan Uul)；同年，V. I. 瓦西列夫(V. I. Vasil'ev)在《苏联科学院地质研究所著作集》(587)报道。英文名称 Bayannkhanite，以发现地蒙古国的巴彦汗(Bayankhan)命名。2006 年被 IMA 废弃。中文名称根据成分译为四硫汞铜矿。

【四配铁金云母】

英文名 Tetraferriphlogopite

化学式 $KMg_3(Si_3Fe^{3+})O_{10}(OH)_2$　　(IMA)

四配铁金云母假六方片状、六方柱状晶体(俄罗斯)

四配铁金云母是一种含羟基的钾、镁的铁硅酸盐矿物。属云母族。单斜晶系。晶体呈片状、假六方片状、柱状。黑色，完全解理。发现于俄罗斯北部摩尔曼斯克州科夫多尔哲勒兹尼(Kovdor Zheleznyi)铁矿。1977 年在《苏联物理学结晶学》(22)报道。英文名称 Tetraferriphlogopite，由“Tetra(四面体)”“Ferri(铁)”和“Phlogopite(金云母)”组合命名，意指晶体结构中具铁-硅氧四面体的金云母。1959 年以前发现、描述并命名的“祖父级”矿物，IMA 承认有效。IMA 1998s. p. 批准。2008 年 CNMNC 重新命名[《矿物学记录》(39)]。中文名称根据结构、成分及与金云母的关系译为四配铁金云母(参见【金云母】条 387 页)。

【四水白铁矾】

英文名 Rozenite

化学式 $Fe^{2+}(SO_4)\cdot 4H_2O$　(IMA)

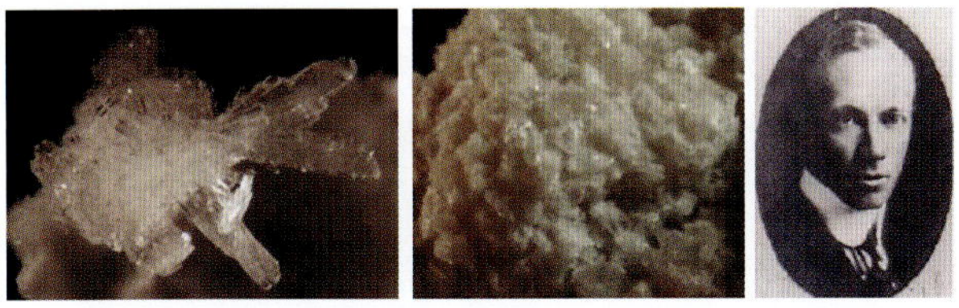

四水白铁矾板状、柱状晶体，晶簇状集合体(法国、德国)和罗真像

四水白铁矾是一种含 4 个结晶水的铁的硫酸盐矿物。单斜晶系。晶体呈细小板柱状；集合体呈隐晶质粉末状、结核状、被膜状、块状。无色、白色、浅绿色，玻璃光泽，半透明—不透明；硬度变化大，从 1～1.5 至 2～3。1960 年发现并第一次描述于波兰小波兰省塔特拉山脉西部奥纳克(Ornak)山废坑道。1960 年在《波兰科学院通报：地质学和地理学科学系列》(8)报道。英文名称 Rozenite，以波兰采矿和冶金学院的矿物学家、岩相学家齐格蒙特·罗真(Zygmunt Rozen，1874—1936)的姓氏命名。IMA 1963s. p. 批准。1963 年 J. L. 杨博尔(J. L. Jambor)、R. J. 特雷(R. J. Traill)在《加拿大矿物学家》(7)和 1964 年《美国矿物学家》(49)报道。中文名称根据成分译为四水白铁矾。

【四水钴矾】

英文名 Aplowite

化学式 $Co(SO_4)\cdot 4H_2O$　(IMA)

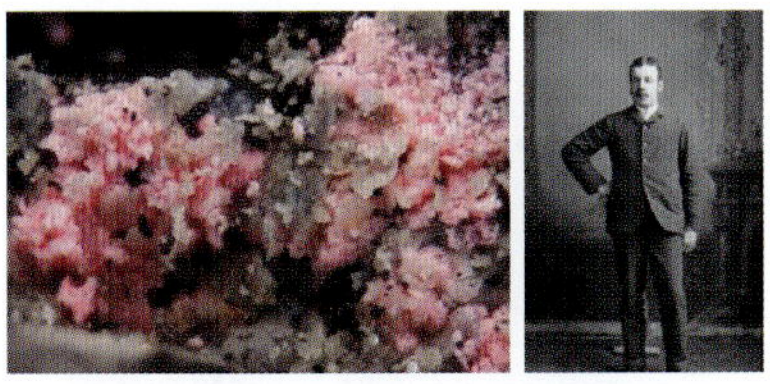

四水钴矾粒状晶体(挪威)和洛维像

四水钴矾是一种含结晶水的钴的硫酸盐矿物。属四水白铁矾族。单斜晶系。晶体呈粒状。亮粉色，玻璃光泽；硬度 3。1963 年发现于加拿大新斯科舍省翰斯县沃尔顿(Walton)重晶石矿(磁铁湾公司钡矿)。英文名称 Aplowite，以加拿大的地质学家和加拿大地质调查所的前局长阿尔伯特·彼得·洛维(Albert Peter Low，1861—1942)的姓名缩写命名。IMA 1963-009 批准。1965 年 J. L. 杨博尔(J. L. Jambor)和 R. W. 波伊尔(R. W. Boyle)在《加拿大矿物学家》(8)报道。1993 年黄蕴慧等在《岩石矿物学杂志》[12(1)]根据成分译为四水钴矾；2011 年杨主明等在《岩石矿物学杂志》[30(4)]建议音译为阿彼洛石，还有的译为水钴锰矾。

【四水钾硼石】参见【水硼钾石】条 859 页

【四水锰矾】

英文名 Ilesite

化学式 $Mn^{2+}(SO_4)\cdot 4H_2O$　(IMA)

四水锰矾纤维状晶体，皮壳状、瘤状集合体(捷克)

四水锰矾是一种含 4 个结晶水的锰的硫酸盐矿物。属四水白铁矾族。单斜晶系。晶体呈柱状、纤维状；集合体呈皮壳状、瘤状、松散状。绿色，脱水变成白色、土黄色等，透明；硬度 2～3。1881 年发现于美国科罗拉多州帕克县。英文名称 Ilesite，以美国科罗拉多州丹佛冶金家莫尔文·威尔斯·艾尔斯(Malvern Wells Iles，1852—1890)先生的姓氏命名，是他首先发现并描述了此矿物。1881 年艾尔斯(Iles)在《美国化学杂志》(3)报道。1959 年以前发现、描述并命名的“祖父级”矿物，IMA 承认有效。中文名称根据成分译为四水锰矾；根据集合体和成分译为集晶锰矾。

【四水硼钙石】

英文名 Nobleite

化学式 $CaB_6O_9(OH)_2\cdot 3H_2O$　(IMA)

四水硼钙石板状、粒状晶体，晶簇状集合体(美国)和诺布尔像

四水硼钙石是一种含 4 个结晶水的钙的硼酸盐矿物。单斜晶系。晶体呈板状、粒状；集合体呈块状、晶簇状。无色，玻璃光泽，解理面上呈珍珠光泽，透明；硬度 3，完全解理。1961 年发现于美国加利福尼亚州因约县瑞安(Ryan)地区硼酸死亡谷矿床。英文名称 Nobleite，以美国地质勘探局的地质学家列维·法特金格·诺布尔(Levi Fatzinger Noble，1882—1965)的姓氏命名，以纪念他对美国死亡谷地区地质学研究做出的贡献。IMA 1967s. p. 批准。1961 年 R. C. 厄尔德(R. C. Erd)等在《美国矿物学家》(46)报道。中文名称根据成分译为四水硼钙石；根据英文首音节音和成分译为诺硼钙石。

【四水硼钠石】

英文名 Ameghinite

化学式 $NaB_3O_3(OH)_4$　(IMA)

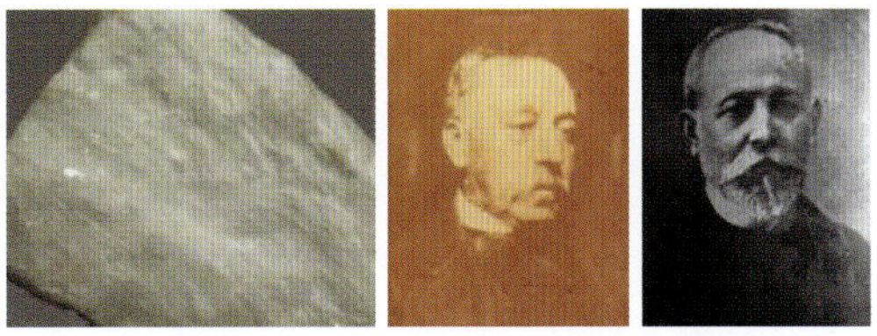

四水硼钠石块状集合体(阿根廷)和阿梅吉诺兄弟像

四水硼钠石是一种含 4 个羟基水的钠的硼酸盐矿物。

单斜晶系。集合体呈块状、小结核状。无色，玻璃光泽，透明；硬度 2.5，完全解理，脆性。1966 年发现于阿根廷萨尔塔省德尔·霍姆布雷·穆尔托(Del Hombre Muerto)廷卡拉尤(Tincalayu)矿山。英文名称 Ameghinite，以阿根廷的地质学家卡洛斯·阿梅吉诺(Carlos Ameghino，1865—1936)和弗洛伦蒂诺·阿梅吉诺(Florentino Ameghino，1854—1911)同胞兄弟的姓氏命名。弗洛伦蒂诺·阿梅吉诺是阿根廷博物学家、古生物学家、人类学家和动物学家，他同他的两个兄弟卡洛斯·阿梅吉诺和胡安-弗洛伦蒂诺·阿梅吉诺是南美古生物学最重要的奠基人。IMA 1966－034 批准。1967 年 L. F. 阿里斯塔里安(L. F. Aristarain)在《美国矿物学家》(52)报道。中文名称根据成分译为四水硼钠石；根据英文名称首音节音和成分译为阿硼钠石。

【四水硼砂】

英文名 Kernite

化学式 $Na_2B_4O_6(OH)_2 \cdot 3H_2O$　　(IMA)

四水硼砂短柱状、纤维状晶体(美国)

四水硼砂是一种含 4 个结构水的钠的硼酸盐矿物。单斜晶系。晶体呈近于等径的短柱状，常呈稍长并有条纹或不规则状，或由于双晶有时呈楔形或浑圆状；集合体呈块状、纤维状。无色—白色，玻璃光泽、丝绢光泽，透明；硬度 2.5，完全解理。1927 年发现于美国加利福尼亚州克恩(Kern)县克莱默区硼酸盐矿床；同年，W. T. 夏勒(W. T. Schaller)在《美国矿物学家》(12)报道。英文名称 Kernite，以首次发现地美国加利福尼亚州的克恩(Kern)县命名。1959 年以前发现、描述并命名的"祖父级"矿物，IMA 承认有效。同义词 Rasorite，1927 年以太平洋海岸硼砂公司一名工程师 C. M. 雷泽(C. M. Rasor)的姓氏命名[帕尔默(Palmer)在《工程与采矿杂志》(123)报道]。中文名称根据成分译为四水硼砂或四水硼矿；因比硼砂含水少也译作贫水硼砂，还有的因双晶具假斜方对称也译作斜方硼砂。

【四水硼锶石】

英文名 Tunellite

化学式 $SrB_6O_9(OH)_2 \cdot 3H_2O$　　(IMA)

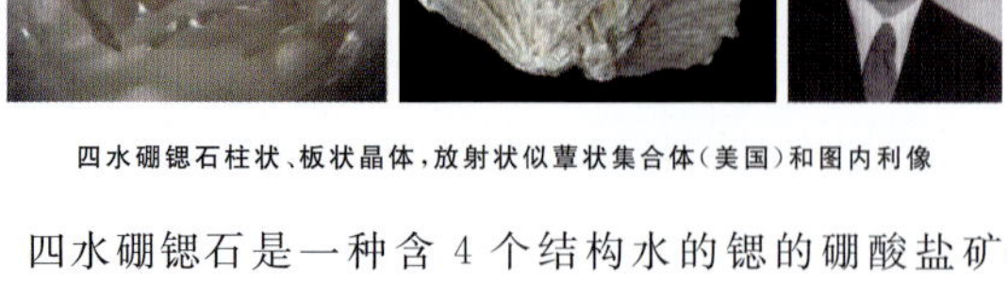

四水硼锶石柱状、板状晶体，放射状似蕈状集合体(美国)和图内利像

四水硼锶石是一种含 4 个结构水的锶的硼酸盐矿物。单斜晶系。晶体呈柱状、板状；集合体呈放射状、外形似蕈状或细粒结节状。无色、浅灰白色，半玻璃光泽，解理面上呈珍珠光泽，透明；硬度 2.5，完全解理。1961 年发现于美国加利福尼亚州科恩县克莱默(Kramer)硼酸矿床。英文名称 Tunellite，以美国加州大学化学、地质学教授，美国矿物学学会主席(1950)乔治·杰拉德·图内利(George Gerard Tunell，1900—1996)博士的姓氏命名。1973 年他获得罗布林勋章；他在 X 射线晶体学、物理化学和矿物热力学分析方面取得了重大进展，特别是金属矿。IMA 1967s. p. 批准。1961 年 R. C. 厄尔德(R. C. Erd)等在《美国地质会学专业论文》(424－C)和 1962 年 M. 弗莱舍(M. Fleischer)在《美国矿物学家》(47)报道。中文名称根据成分译为四水硼锶石或四水锶硼石；根据英文名称首音节音和成分译为图硼锶石。

【四水碳钙矾】

英文名 Rapidcreekite

化学式 $Ca_2(SO_4)(CO_3) \cdot 4H_2O$　　(IMA)

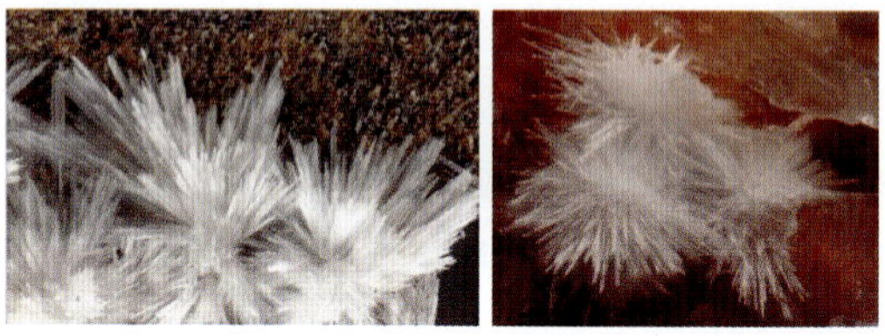

四水碳钙矾针状晶体，放射状集合体(德国、加拿大)

四水碳钙矾是一种含 4 个结晶水的钙的碳酸-硫酸盐矿物。斜方晶系。晶体呈细长、扁平针状；集合体呈皮壳状、放射状。无色、白色，玻璃光泽，透明；硬度 2，完全解理，脆性。1983 年发现于加拿大育空地区道森矿区拉皮德溪(Rapid Creek)流域。英文名称 Rapidcreekite，以发现地加拿大的拉皮德溪(Rapid Creek)命名。IMA 1984－035 批准。1986 年 A. C. 罗伯茨(A. C. Roberts)等描述并在《加拿大矿物学家》(24)报道。1986 年中国新矿物与矿物命名委员会郭宗山等在《岩石矿物学杂志》[5(4)]根据成分译为四水碳钙矾。2011 年杨主明等在《岩石矿物学杂志》[30(4)]建议音译为瑞皮德河矾。

【四水铜铁矾】

英文名 Guildite

化学式 $CuFe^{3+}(SO_4)_2(OH) \cdot 4H_2O$　　(IMA)

四水铜铁矾短柱状、假立方晶体(美国)和吉尔德像

四水铜铁矾是一种含 4 个结晶水和羟基的铜、铁的硫酸盐矿物。单斜晶系。晶体呈短柱状、厚板状、假立方体，粒径达 5cm。棕色、黄色，玻璃光泽，半透明，硬度 2.5，完全解理，脆性。1928 年发现于美国亚利桑那州亚瓦派县佛得区联合佛得(United Verde)矿；同年，劳伦(Lausen)在《美国矿物学家》(13)报道。英文名称 Guildite，以由美国亚利桑那州图森市亚利桑那大学的地质学家、矿物学家和经济学家弗兰克·纳尔逊·吉尔德(Frank Nelson Guild，1870—1939)的姓氏命名。他是光性矿物学和银矿物共生方面的专家。1959 年以前发现、描述并命名的"祖父级"矿物，IMA 承认有效。中文名称根据成分译为四水铜铁矾；也译作多水铜铁矾。它是一个在人为条件下(矿井火灾)形成的矿物，按目前的国际规

则不会被批准作为矿物种。

【四水泻盐】

英文名 Starkeyite

化学式 $Mg(SO_4)\cdot 4H_2O$ (IMA)

四水泻盐皮壳状集合体（意大利）

四水泻盐是一种含 4 个结晶水的镁的硫酸盐矿物。属四水白铁矾族。单斜晶系。晶体呈粒状、纤维状、柱状；集合体呈粉状、块状、皮壳状。白色—淡黄色或淡绿白色，土状光泽，透明—不透明；硬度 2～3，脆性。1956 年发现于美国密苏里州麦迪逊县斯达克（Starkey）矿；同年，在《美国矿物学家》（41）报道。英文名称 Starkeyite，1956 年由奥利弗 · 鲁道夫 · 格劳（Oliver Rudolph Grawe）以发现地美国的斯达克（Starkey）矿命名。1959 年以前发现、描述并命名的“祖父级”矿物，IMA 承认有效。IMA 1970－014a 批准。1975 年 G. 肯尼斯 · 斯奈辛格（G. Kenneth Snetsinger）在《矿物学记录》（6）报道。中文名称根据成分、功能或成因译为四水泻盐或四水泻利盐，也译作四水镁矾。中国自古把硫酸镁盐用作泻药，泻内热而自利也，属于盐类，或因形成于泻（潟）湖，故名泻利盐。

【四水锌矾】

英文名 Boyleite

化学式 $Zn(SO_4)\cdot 4H_2O$ (IMA)

四水锌矾纤维状晶体，梳状集合体（意大利）

四水锌矾是一种含 4 个结晶水的锌的硫酸盐矿物。属四水白铁矾族。单斜晶系。晶体呈纤维状；集合体呈土状、皮壳状、梳状。白色，玻璃光泽、丝绢光泽，透明；硬度 2。1977 年发现于德国巴登-符腾堡州弗赖堡市克拉普巴赫（Kropbach）波利普（Porphyry）采石场。英文名称 Boyleite，以加拿大地球化学家罗伯特 · 威廉 · 博伊尔（Robert William Boyle，1920—2003）博士的姓氏命名。IMA 1977－026 批准。1978 年 K. 瓦林塔（K. Walenta）在《地球化学》（*Chem. Erde.*）（37）和 1979 年《美国矿物学家》（64）报道。中文名称根据成分译为四水锌矾。

似

［sì］形声；从亻，以声。表示跟某种事物或情况相类似。

【似长石】

英文名 Feldspathoid

似长石是钾、钠或钙的架状结构铝硅酸盐矿物的总称。化学组成与长石相似，故名似长石，也称副长石。包括霞石、白榴石、方柱石、钙霞石和方钠石等，其中以霞石和白榴石最为重要，是碱性岩石的主要造岩矿物（参见相关条目）。

【似黄锡矿】

英文名 Stannoidite

化学式 $Cu_8(Fe,Zn)_3Sn_2S_{12}$ (IMA)

似黄锡矿是一种铜、铁、锌、锡的硫化物矿物。属黄锡矿族。斜方晶系。晶体呈粒状；集合体呈块状。铜棕色，金属光泽，不透明；硬度 4。1968 年发现于日本本州岛中国地方冈山县美作市宫原金生（Konjo）矿。英文名称 Stannoidite，由“Stannite（黄锡矿）”加希腊文“Eiδη＝Eides”或拉丁文“Oida（一样）”组合命名，意指与黄锡矿相类似的矿物。IMA 1968－004a批准。日文汉字名称褐錫鉱。1969 年在东京《国家自然科学博物馆通报》（12）和 1969 年《美国矿物学家》（54）报道。中文名称意译为似黄锡矿，或借用日文汉字名称褐锡矿。

褐锡矿散粒状晶体，块状集合体（法国）

【似辉石】

英文名 Pyroxenoid

化学式与辉石相似，但不具有辉石结构的其他单链结构硅酸盐矿物的总称。它们与辉石的根本差别在于硅氧单链不是每隔两个硅氧四面体即重复一次，而是 3 个（如硅灰石 $Ca_3[Si_3O_9]$）、5 个（如蔷薇辉石 $Mn_5[Si_5O_{15}]$）、7 个（如三斜铁辉石 $Fe_7[Si_7O_{21}]$）等重复一次，并因而都属于三斜晶系。有些似辉石矿物分别与某些辉石（如铁辉石、钙铁辉石等）构成同质多象关系（参见相关条目）。

【似晶石】参见【硅铍石】条 282 页

【似钠闪石】参见【蓝透闪石】条 431 页

【似十角矿*】

英文名 Proxidecagonite

化学式 $Al_{34}Ni_9Fe_2$ (IMA)

似十角矿*是一种铝、镍和铁的合金准晶矿物。斜方晶系。晶体呈他形粒状，粒径 20μm。灰色、黑色，金属光泽。2018 年发现于俄罗斯堪察加州科里亚克自治区卡蒂尔卡（Khatyrka）陨石。英文名称 Proxidecagonite，源于与“十角矿*的周期近似”；即冠词拉丁文“Proxĭmus（近似）”和准晶矿物“Decagonite（十角矿*）”组合命名。IMA 2018－038 批准。2018 年 L. 宾迪（L. Bindi）等在《CNMNC 通讯》（44）、《矿物学杂志》（82）和《科学报告》（8）报道。目前尚未见官方中文译名，编译者建议根据意及与十角矿的关系译为似十角矿*。

松

［sōng］本义为松科植物的总称。用于日本人名。

【松原石】参见【硅锶钛石】条 286 页

苏

［sū］形声；繁体“蘇”，从艸，穌（sū）声，与植物有关。①本义：植物名，即紫苏。②［英］音，用于外国人名、地名及其他。

【苏铵铁矾】

英文名 Lonecreekite

化学式 $(NH_4)Fe^{3+}(SO_4)_2\cdot 12H_2O$ (IMA)

苏铵铁矾是一种含结晶水的铵、铁的硫酸盐矿物。等轴晶系。硬度 2～3。1982 年发现于南非普马兰加省艾兰泽尼区。英文名称 Lonecreekite，以发现地南非的孤独溪（Lone Creek）瀑布命名。IMA 1982－063 批准。1983 年 J. E. J. 马天尼（J. E. J. Martini）在《南非地质调查年鉴》（17）和 1986 年《美国矿物学家》（71）报道。中文名称根据成分译为铁铵矾或铵铁矾，因发现于南非（South Africa），南（South）的首音节音译苏，故译为苏铵铁矾；根据英文名称 Lonecreekite 的首音节音和成分译为劳铵铁矾。

【苏打石】

英文名 Nahcolite

化学式 $NaH(CO_3)$ (IMA)

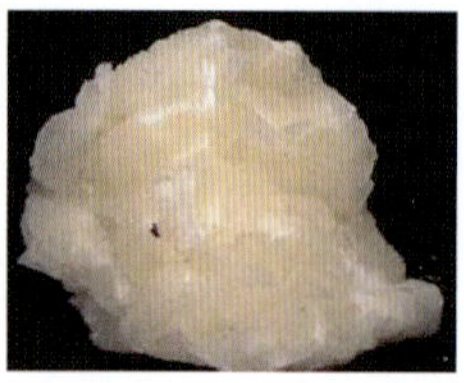
苏打石块状集合体(美国)

苏打石是一种钠的氢碳酸盐矿物。单斜晶系。晶体呈柱状,常呈粒状,常见燕尾双晶;集合体呈多孔状、易碎的块状、华状。无色、白色、淡灰色,玻璃光泽、树脂光泽,透明;硬度 2.5,完全解理,脆性。最早见于 1845 年普莱费尔(Playfair)和焦耳(Joule)在 *Mem. Chem. Soc.*(2)报道。1928 年发现于意大利那不勒斯省外轮山-维苏威杂岩体维苏威(Vesuvius)火山;同年,班尼斯特(Bannister)在《矿物学杂志》(22)和 1929 年在《那不勒斯皇家科学院物理和数学学报》(Ⅲ系列,3)报道。英文名称 Nahcolite,根据化学成分"Sodium(Na,钠)""Hydrogen(H,氢)"和"Carbonate(CO,碳酸)"组合命名。1959 年以前发现、描述并命名的"祖父级"矿物,IMA 承认有效。中文名称根据钠的拉丁文"Sodium"音译为苏打石,又称为小苏打。人类自古就已认识和利用小苏打。

【苏尔赫比石】参见【钡钙钛云母】条 54 页

【苏格兰石】

英文名 Scotlandite

化学式 $Pb(S^{4+}O_3)$　　(IMA)

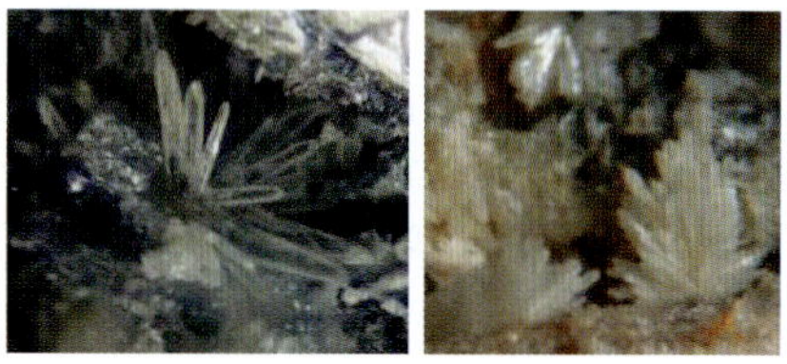
苏格兰石柱状晶体,放射状、塔松状集合体(英国)

苏格兰石是一种铅的亚硫酸盐矿物。单斜晶系。晶体呈细长针状、柱状、拉长的凿子状、刃状;集合体呈放射状、塔松状。淡黄色、灰白色、无色、白色,金刚光泽、珍珠光泽,透明;硬度 2,完全解理。1982 年发现于英国苏格兰南拉纳克郡苏珊娜(Susanna)矿。英文名称 Scotlandite,以发现地英国的苏格兰(Scotland)命名。IMA 1982-001 批准。1983 年 H. D. 鲁兹(H. D. Lutz)等在《自然历史期刊》(38b)和 1984 年 W. H. 帕尔(W. H. Paar)等在《矿物学杂志》(48)报道。1985 年中国新矿物与矿物命名委员会郭宗山等在《岩石矿物及测试》[4(4)]音译为苏格兰石。

【苏硅钒钡石】

英文名 Suzukiite

化学式 $BaV^{4+}Si_2O_7$　　(IMA)

铃木醇像

苏硅钒钡石是一种钡、钒的硅酸盐矿物。属硅钒锶石(原田石)族。与 Bavsiite(硅钒钡石*)为同质多象。斜方晶系。晶体呈片状。明亮的绿色,玻璃光泽,透明;硬度 4~4.5。1978 年发现于日本本州岛关东地区群马县桐生(Kiryuu)市茂仓泽(Mogurazawa)矿。英文名称 Suzukiite,以日本札幌北海道大学矿物学和岩石学教授铃木醇(Jan Suzuki,1896—1970)的姓氏命名。IMA 1978-005 批准。日文汉字名称鈴木石。1982 年松原(S. Matsubara)等在《日本矿物学杂志》(11)和 1983 年 M. 弗莱舍(M. Fleischer)等在《美国矿物学家》(68)报道。1984 年中国新矿物与矿物命名委员会郭宗山在《岩石矿物及测试》[3(2)]根据英文首音节音和成分译为苏硅钒钡石。2010 年杨主明在《岩石矿物学杂志》[29(1)]建议借用日文汉字名称的简化汉字名称铃木石。

【苏硅镁铝石】参见【硅镁铝石】条 274 页

【苏纪石】参见【钠锂大隅石】条 637 页

【苏硫镍铁铜矿】

英文名 Sugakiite

化学式 $Cu(Fe,Ni)_8S_8$　　(IMA)

苣木浅彦像

苏硫镍铁铜矿是一种铜、铁、镍的硫化物矿物。属镍黄铁矿族。四方晶系。晶体呈他形—半自形粒状。红黄色、褐灰色,金属光泽,不透明;硬度 2~3。1998 年发现于日本北海道日高县样似郡样似町幌满(Horoman)橄榄岩体幌满(Horoman)矿山。1998 年北风岚(Arashi Kitakaze)在《日本矿物学家、岩石学家和经济地质学家协会杂志》(93)报道。英文名称 Sugakiite,由日本仙台东北大学名誉教授苣木浅彦(Asahiko Sugaki,1923—2010)博士的姓氏命名。他是一位矿床地质、特别是在硫化物相平衡的实验研究方面的专家。IMA 2005-033批准。日文汉字名称苣木鉱。2006 年北风岚在科比(Kobe)《IMA 的会员大会海报》(31-3)和 2008 年《加拿大矿物学家》(46)报道。2011 年中国地质科学院地质研究所任玉峰等在《岩石矿物学杂志》[30(2)]根据英文名称首音节音和成分译为苏硫镍铁铜矿。2010 年杨主明在《岩石矿物学杂志》[29(1)]建议采用日文汉字名称的简化汉字名称苣木矿。

【苏硫锡铅矿】参见【硫锡铅矿】条 525 页

【苏塞纳尔基石*】

英文名 Suseinargiuite

化学式 $(Na_{0.5}Bi_{0.5})(MoO_4)$　　(IMA)

苏塞纳尔基石*是一种钠、铋的钼酸盐矿物。四方晶系。晶体呈非常小的针状,粒度为微米级;集合体呈半球状。无色,金刚光泽、珍珠光泽;脆性。2014 年发现于意大利撒丁岛卡利亚里市苏塞纳尔基(Su Seinargiu)。英文名称 Suseinargiuite,以发现地意大利的苏塞纳尔基(Su Seinargiu)命名。IMA 2014-089 批准。2015 年 P. 奥兰迪(P. Orlandi)等在《CNMNC 通讯》(24)、《矿物学杂志》(79)和《欧洲矿物学杂志》(27)报道。目前尚未见官方中文译名,编译者建议音译为苏塞纳尔基石*。

【苏钽铝钾石】

英文名 Sosedkoite

化学式 $K_5Al_2Ta_{22}O_{60}$　　(IMA)

苏谢德科像

苏钽铝钾石是一种钾、铝、钽的氧化物矿物。斜方晶系。晶体呈细长针状。无色,金刚光泽,透明;硬度 6。1981 年发现于俄罗斯北部摩尔曼斯克州瓦辛麦尔克(Vasin-Mylk)山。英文名称 Sosedkoite,以苏联科学院莫斯科地质科学研究所的矿物学家亚历山大·彼得洛维奇·苏谢德科(Aleksandr Federovich Sosedko,1901—1957)的姓氏命名。他是花岗伟晶岩研究专家。IMA 1981-014 批准。1982 年 A. V. 沃洛申(A. V. Voloshin)在《苏联科学院报告》(264)和 1983 年 M. 弗莱舍(M. Fleischer)等在《美国矿物学家》(68)报道。中文名称根据英文首音节音和成分译为苏钽铝钾石;根据成分译为钽铌铝钠矿。

遂 [suì]形声;从辶,㒸声。本义:顺,如意。用于外国地名。

【遂安石】

英文名 Suanite

化学式 $Mg_2B_2O_5$　　(IMA)

遂安石是一种镁的硼酸盐矿物。单斜晶系。晶体呈柱状、纤维状;集合体呈放射状。白色—浅灰色,丝绢光泽、珍珠光泽,半透明;硬度 5.5。1953 年日本东京大学科学家渡边武男第一次研究描述了朝鲜黄海北道省遂安(Suan)延山郡笏洞(Hol Kol)矿的标本。此标本是在 1939 年获得的,并进行了显微镜研究,1943 年进行了化学分析。英文名称 Suanite,以产地朝鲜遂安(Suan)命名。1953 年在日本《矿物学杂志》(1)和 1954 年在《美国矿物学家》(39)报道。1959 年以前发现、描述并命名的"祖父级"矿物,IMA 承认有效。IMA 1967s. p. 批准。这种矿物在自然界产出较少,但早在作为自然矿物的遂安石被发现之前,国外有不少人进行了实验研究,已经合成出片状和棱柱状的硼酸镁晶须又名焦硼酸镁晶须。中文名称音译为遂安石,以前也有人错译为逐安石;根据英文首音节音和成分译为遂硼镁石。

燧 [suì]形声;从火,遂声。古代取火的器具燧石。燧人氏(中国传说中人工取火的发明者)。

【燧石】

参见【石髓】条 805 页

索 [suǒ]会意;意为用绳子把木头束起。本义:绳子。①用于中国地名。②[英]音,用于外国人名、地名。

【索比矿】

参见【索硫锑铅矿】条 905 页

【索恩石*】

英文名 Thorneite

化学式 $Pb_6(Te_2O_{10})(CO_3)Cl_2(H_2O)$　　(IMA)

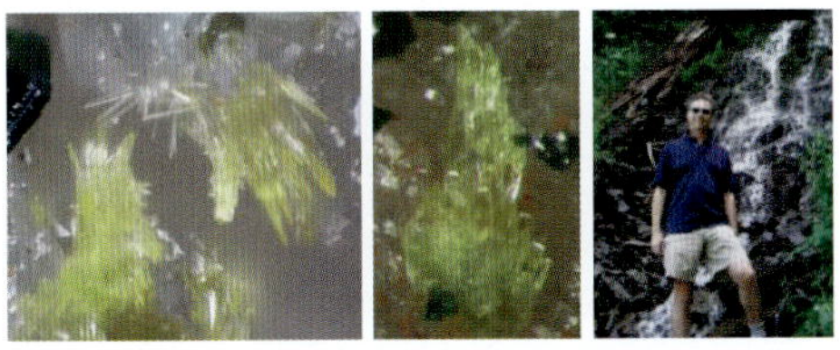

索恩石*细柱状晶体,晶簇状集合体(美国)和索恩像

索恩石*是一种含结晶水、氯的铅的碳酸-碲酸盐矿物。单斜晶系。晶体呈细柱状;集合体呈晶簇状。新鲜者呈明亮的柠檬黄色,暴露转为黄橙色,玻璃光泽,透明。2009 年发现于美国加利福尼亚州圣贝纳迪诺县银湖区索达山脉奥托(Otto)山。英文名称 Thorneite,以美国犹他州邦蒂富尔的美国药剂师(药店化学家)、微型矿物收藏家布伦特·索恩(Brent Thorne)先生的姓氏命名,是他收集到该矿物的标本。IMA 2009-023 批准。2010 年 A. R. 坎普夫(A. R. Kampf)等在《美国矿物学家》[95(10)]报道。目前尚未见官方中文译名,编译者建议音译为索恩石*。

【索尔顿湖石*】

英文名 Saltonseaite

化学式 $K_3NaMnCl_6$　　(IMA)

索尔顿湖石*菱面体集合体(美国)和索尔顿湖盐场

索尔顿湖石*是一种钾、钠、锰的氯化物矿物。属钾铁盐族。三方晶系。晶体呈菱面体和叶片状,粒径 10cm 左右;集合体呈平行生长的菱面体。无色,淡橙色(有磁铁矿包裹体),玻璃光泽、油脂光泽,透明;硬度 2.5,完全解理,脆性;有涩味,易潮解。2011 年发现于美国加利福尼亚州因佩里亚尔县索尔顿湖(Salton Sea)。英文名称 Saltonseaite,以发现地美国的索尔顿湖(Salton Sea)命名。IMA 2011-104 批准。2012 年 A. R. 坎普夫(A. R. Kampf)等在《CNMNC 通讯》(13)、《矿物学杂志》(76)和 2013 年《美国矿物学家》(98)报道。目前尚未见官方中文译名,编译者建议音译为索尔顿湖石*。

【索格底安石】

参见【锆锂大隅石】条 242 页

【索科洛娃云母】

英文名 Sokolovaite

化学式 $CsLi_2AlSi_4O_{10}F_2$　　(IMA)

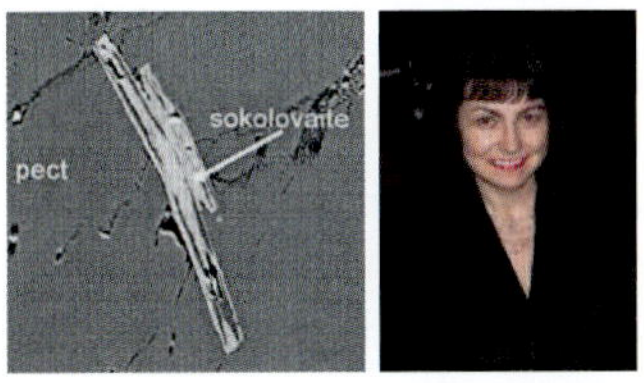

索科洛娃云母板片状晶体(塔吉克斯坦)和索科洛娃像

索科洛娃云母是锂云母族铯的矿物,是一个独立的铯矿物种。属云母族三八面体云母族。单斜晶系。晶体呈板片状。浅绿色,玻璃光泽,透明。该矿物最初发现于塔吉克斯坦天山山脉达拉伊-皮奥兹(Dara-i-Pioz)冰川冰碛物。英文名称 Sokolovaite,为了表彰耶莲娜·瓦德莫夫娜·索科洛娃(Elena Vadimovna Sokolova,1953—)在矿物学和晶体学领域做出的突出贡献而以她的姓氏命名。索科洛娃是俄罗斯裔加拿大结晶学家,加拿大温尼伯曼尼托巴大学矿物学和结晶学教授,是一位研究碱性岩中的硅酸盐矿物晶体结构和晶体化学的专家。IMA 2004-012 批准。2006 年 L. 保托夫(L. Pautov)等在《矿物新资料》(41)报道。中文名称根据英文音加族名译为索科洛娃云母。

【索硫锑铅矿】

英文名 Sorbyite

化学式 $Pb_9Cu(Sb,As)_{11}S_{26}$　　(IMA)

索尔比像

索硫锑铅矿是一种铅、铜的锑-砷-硫化物矿物。属麦硫锑铅矿族。单斜晶系。晶体呈粒状、薄板状。铅灰色,金属光泽,不透明;硬度 3.5~4,完全解理。1966 年发现于加拿大安大略省黑斯廷斯县亨廷顿镇泰勒(Taylor)矿坑。英文名称 Sorbyite,以英国化学家和地质学家亨利·克利夫顿·索尔比(Henry

Clifton Sorby，1826—1908)的姓氏命名。他是英国谢菲尔德(Sheffield)的化学家和地质学家，独立研究科学家，物理学应用于解释地质现象的先驱；他在制作岩石薄片以研究其矿物成分、结构等方面的创新，被公认为微观岩石学的奠基人。IMA 1966-032 批准。1967 年 J. L. 杨博尔(J. L. Jambor)在《加拿大矿物学家》(9)报道。中国地质科学院根据英文首音节音和成分译为索硫锑铅矿。2011 年杨主明等在《岩石矿物学杂志》[30(4)]建议音译为索比矿。

【索伦石】

英文名 Suolunite

化学式 $Ca_2Si_2O_5(OH)_2 \cdot H_2O$ (IMA)

索伦石是一种含结晶水、羟基的钙的硅酸盐矿物。斜方晶系。晶体呈细粒状；集合体呈细脉状、瘤状。雪白色、蓝色、无色、粉红色，玻璃光泽、蜡状光泽、油脂光泽，半透明；硬度 3.5。1961 年夏，中国地质科学院地质学家黄蕴慧女士在内蒙古自治区白云鄂博某超基性岩体 100 余米深处的岩芯中，发现了一种纯白色细粒状矿物，呈细脉穿入斜辉橄榄岩内的辉绿岩脉中。经过对其各种性质的鉴定与研究，确认是一种新矿物，并依据产地中国内蒙古自治区兴安盟科尔沁右前旗索伦镇(Suolun)命名为索伦石。IMA 1968s. p. 批准。1965 年黄蕴慧在中国《地质论评》[23(1)]和 1967 年《美国矿物学家》(52)报道。

索伦石细粒瘤状集合体
(加拿大)

Tt

铊 [tā]形声;从钅、它声。铊是一种剧毒金属元素。[英]Thallium。元素符号 Tl。原子序数 81。1861 年英国化学家、物理学家威廉姆·克鲁克斯(William Crookes)和克洛德-奥古斯特·拉米(Claude - Auguste Lamy)利用火焰光谱法,分别独自发现了铊元素。英文名称 Thallium,源自希腊文"θαλλόs=Thallqs",意为"嫩绿芽",因它在光谱中的亮黄谱线带有新绿色彩而得名。铊在地壳中的含量约为十万分之三,以低浓度分布在长石、云母、沸石和铁、铜的硫化物矿中,其后陆续发现了一些独立的铊矿物。

【铊毒铁石*】

英文名 Thalliumpharmacosiderite

化学式 $TlFe_4[(AsO_4)_3(OH)_4]\cdot 4H_2O$ (IMA)

铊毒铁石*立方体晶体(北马其顿)

铊毒铁石*是一种含结晶水的铊、铁的氢砷酸盐矿物。属毒铁石超族毒铁石族。等轴晶系。晶体呈立方体。2013 年发现于北马其顿共和国卡瓦达尔齐市。英文名称 Thalliumpharmacosiderite,由成分冠词"Thallium(铊)"和根词"Pharmacosiderite(毒铁石)"组合命名。IMA 2013 - 124 批准。2014 年 M. S. 拉姆齐(M. S. Rumsey)等在《CNMNC 通讯》(20)和《矿物学杂志》(78)报道。目前尚未见官方中文译名,编译者根据成分及与毒铁石的关系译为铊毒铁石*。

【铊明矾】

汉拼名 Lanmuchangite

化学式 $TlAl(SO_4)_2\cdot 12H_2O$ (IMA)

铊明矾八面体晶体(北马其顿、中国)

铊明矾是一种含结晶水的铊、铝的硫酸盐矿物。属明矾族。等轴晶系。晶体呈八面体、他形粒状,半自形—自形圆柱状;集合体多呈致密块状,偶见平行柱状。白色—淡黄色,玻璃光泽,透明;硬度 3~3.5,脆性;易溶于水。从 20 世纪 80 年代中后期开始,贵州工业大学陈代演教授在贵州黔西南布依族和苗族自治州兴仁县滥木厂(Lanmuchang)铊-汞矿床中发现了主要由红铊矿组成的独立富铊矿体。1995 年他在贵州兴仁县滥木厂铊-汞矿床富铊矿体氧化带中发现了一种铊的硫酸盐新矿物,其后与中国科学院广州地球化学研究所的科学家正式立项研究新铊矿物。由于矿物与人工合成的 $TlAl[SO_4]_2\cdot 12H_2O$ 极为相似,且与明矾族的钾明矾、钠明矾、铵明矾等晶系和空间群相同,晶胞参数很接近,根据一价阳离子为 Tl^+ 的特点,中文名称命名为铊明矾。汉拼名称 Lanmuchangite,以发现地中国贵州滥木厂(Lanmuchang)命名。IMA 2001 - 018 批准。2001 年陈代演、王冠鑫、邹振西和陈郁明在中国《矿物学报》[21(3)]及 2002 年《美国矿物学家》(87)报道。

我国自 20 世纪 80 年代中后期开始研究铊矿物以来,相继发现了红铊矿、褐铊矿等多种铊矿物,但都不是新矿物。新矿物铊明矾的发现与研究,从而使我国铊新矿物的发现与研究实现了零的突破,具有重要的经济价值和矿物学理论意义。表明中国在铊矿物的研究方面已跻身于国际领先水平。

【铊铁矾】

参见【铁钾铊矾】条 947 页

【铊盐】

英文名 Lafossaite

化学式 TlCl (IMA)

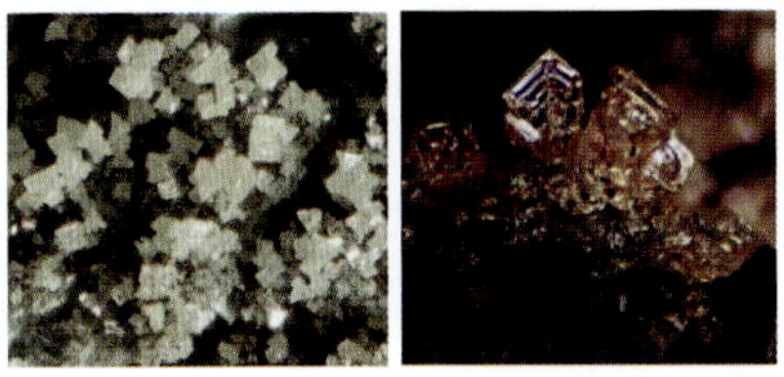

铊盐立方体、八面体、粒状晶体,晶簇状集合体(意大利)

铊盐是一种铊的氯化物矿物。它是娜塔莉亚马利克石*的同质多象。等轴晶系。晶体呈半自形—自形粒状,立方体、八面体,及它们的聚形晶体;集合体呈晶簇状。灰褐色,树脂光泽、油脂光泽,透明—半透明;硬度 3~4。2003 年发现于意大利墨西拿省利帕里群岛拉佛萨(La Fossa)坑火山喷气孔。英文名称 Lafossaite,以发现地意大利的拉佛萨(La Fossa)坑命名。IMA 2003 - 032 批准。2006 年 A. C. 罗伯茨(A. C. Roberts)等在《矿物学记录》(37)报道。2009 年中国地质科学院地质研究所尹淑苹等《岩石矿物学杂》[28(4)]根据成分译为铊盐。

塔 [tǎ]形声;左形右声。[英]音,用于外国人名、地名、国名。

【塔尔巴哈台石*】

英文名 Tarbagataite

化学式 $(K\square)CaFe_7^{2+}Ti_2(Si_4O_{12})_2O_2(OH)_5$ (IMA)

塔尔巴哈台石*薄页片状晶体(哈萨克斯坦)

塔尔巴哈台石*是一种含羟基和氧的钾、空位、钙、铁、钛的硅酸盐矿物。属星叶石超族星叶石族。三斜晶系。晶体呈薄片状、薄页片状;与星叶石互层共生。棕色—浅金棕色,玻璃光泽、珍珠光泽,透明—不透明;硬度 3,完全解理。2010 年发现于哈萨克斯坦东部塔尔巴哈台(Tarbagatai)山脉韦克尼埃斯佩(Verkhnee Espe)地块。英文名称 Tarbagataite,以发现地哈萨克斯坦的塔尔巴哈台(Tarbagatai)山脉命名。IMA 2010 - 048 批准。2010 年 A. V. 斯捷潘诺夫(A. V. Stepanov)等在《CNMNC 通讯》(7)、《矿物学杂志》(75)和 2012 年《加拿大矿物学家》(50)报道。目前尚未见官方中文译名,编译者建议音译为塔尔巴哈台石*。

【塔尔哈默矿*】

英文名 Thalhammerite

化学式 $Pd_9Ag_2Bi_2S_4$ (IMA)

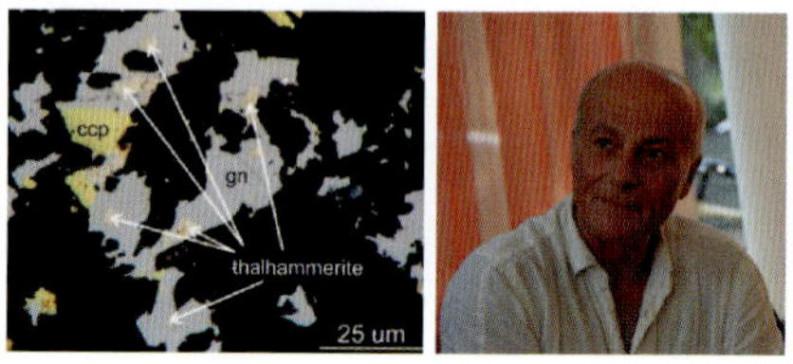

塔尔哈默矿*包裹体(俄罗斯,光片)和塔尔哈默像

塔尔哈默矿*是一种钯、银、铋的硫化物矿物。四方晶系。晶体呈微小粒状包裹体,从几微米到 40～50μm。浅黄色—黄褐色,金属光泽,不透明;脆性。2017 年发现于俄罗斯克拉斯诺亚尔斯克边疆区诺里尔斯克市普托兰纳高原塔纳克(Talnakh)铜镍矿床科姆索莫斯基(Komsomol'skii)矿。英文名称 Thalhammerite,以奥地利莱奥本大学矿物学和岩石学教授奥斯卡·A. R. 塔尔哈默(Oskar A. R. Thalhammer)的姓氏命名。IMA 2017－111 批准。2018 年 A. 维马扎洛娃(A. Vymazalová)等在《CNMNC 通讯》(42)、《矿物学杂志》(82)和《矿物》(8)报道。目前尚未见官方中文译名,编译者建议音译为塔尔哈默矿*。

【塔菲石】

英文名 Magnesiotaaffeite-2N'2S

化学式 $Mg_3BeAl_8O_{16}$ (IMA)

塔菲石六方桶状、板状晶体(斯里兰卡、瑞典)

塔菲石是一种镁、铍、铝的氧化物矿物。属黑铝镁铁矿超族塔菲石族。六方晶系。晶体常呈六方双锥状或六方桶状、板状,有时可见粒状。颜色有无色、深灰色、浅橄榄绿色、蓝色、紫色、紫红色、粉红色、红色、深褐色等,玻璃光泽,透明—半透明;硬度 8～8.5。该矿物是一种非常罕见的宝石矿物。最初模式产地是斯里兰卡萨伯勒格穆沃省拉特纳普勒区(宝石城)拉特纳普勒尼瑞拉(Niriella)村。据说,世界上最大的塔菲石只有 10 余克拉;藏于中国石家庄经济学院(现为河北地质大学)地球科学博物馆的塔菲石重 1.32 克拉,位居世界第二。英文名称 Magnesiotaaffeite-2N'2S 由成分冠词"Magnesio(镁)"和根词"Taaffeite(塔菲石)",加多型后缀-2N'2S 组合命名。其中,根词 Taaffeite,来源于一个叫塔菲(Taaffe)的人的姓氏。1945 年 11 月爱尔兰都柏林的宝石学家理查德·爱德瓦尔德·塔菲(Richard Edward Taaffe,1898—1967)伯爵从珠宝商那里买了许多宝石;在当作尖晶石买来的一颗浅紫色宝石中发现微弱的双影现象,后送至伦敦商会宝石实验室鉴定,1951 年首先由伦敦商会 B. W. 安德生(B. W. Anderson)用化学和 X 射线分析确认矿物的主要成分为铍、镁、铝,鉴定为一种新的宝石矿物,并以此矿物拥有者塔菲(Taaffe)的姓氏命名[见 1951 年《矿物学杂志》(29)]。中文名称音译为塔菲石;根据成分译为铍镁晶石/镁铍晶石。1959 年以前发现、描述并命名的"祖父级"矿物,IMA 承认有效。IMA 2001s. p. 批准。2002 年 IMA 批准更名为 Magnesiotaaffeite-2N'2S;译为镁塔菲石-2N'2S。北京地质学院教授、中国著名的结晶矿物学家彭志忠测定出塔菲石的八层最紧密堆积结构发表有《塔菲石的晶体结构》,解决了世界结晶学界争议的问题。目前已知 Magnesiotaaffeite 有-2N'2S、-2N'2S2 和-6N'3S 多型。

【塔硅锰铁钠石】

英文名 Taneyamalite

化学式 $(Na,Ca)Mn^{2+}_{12}(Si,Al)_{12}(O,OH)_{44}$ (IMA)

塔硅锰铁钠石纤维状晶体,束状、细脉状集合体(日本)

塔硅锰铁钠石是一种钠、钙、锰的氢铝硅酸盐矿物。属羟硅锰铁石-羟硅铁钠石族。三斜晶系。晶体呈纤维状;集合体呈束状、细脉状。微绿色、灰白色、黄色,玻璃光泽,半透明;硬度 5～6,完全解理。1968 年发现于日本本州岛关东地区埼玉县饭能(Hannou)市岩井泽(Iwaizawa)矿山和日本九州地区熊本县八代市东阳町种山(Taneyama)矿山;同年,在《日本地质学会杂志》(74)报道。英文名称 Taneyamalite,以发现地日本的种山(Taneyama)矿山命名。日文汉字名称種山石。IMA 1977－042 批准。1981 年松原(S. Matsubara)在《矿物学杂志》(44)和《美国矿物学家》(66)报道。1983 年中国新矿物与矿物命名委员会郭宗山等在《岩石矿物及测试》[2(1)]根据英文首音节音和成分译为塔硅锰铁钠石。2010 年杨主明在《岩石矿物学杂志》[29(1)]建议采用日文汉字名称的简化汉字名称种山石。

【塔吉克矿-铈】

英文名 Tadzhikite-(Ce)

化学式 $Ca_4Ce_2Ti\square(B_4Si_4O_{22})(OH)_2$ (IMA)

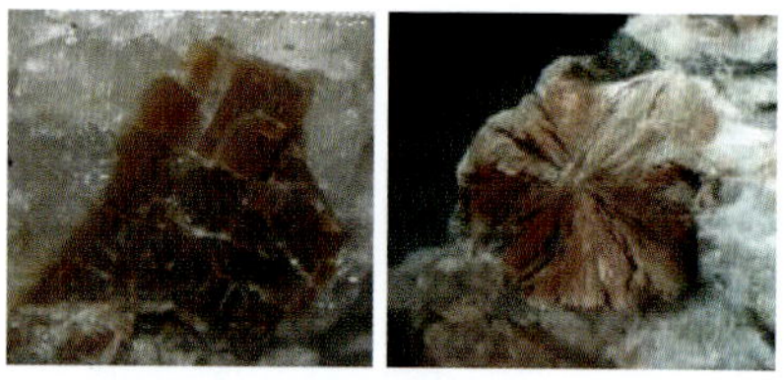

塔吉克矿-铈板状晶体,放射状集合体(塔吉克斯坦)

塔吉克矿-铈是一种含羟基的钙、铈、钛、空位的硼硅酸盐矿物。属钙铒钇石族。单斜晶系。晶体呈弯曲的板状,聚片状双晶;集合体呈放射状。棕色、灰色,玻璃光泽;硬度 6。1969 年发现于塔吉克斯坦天山山脉达拉伊-皮奥兹(Dara-i-Pioz)冰川冰碛物。1970 年叶菲莫夫(Efimov)等在《苏联科学院报告》(195)报道。英文名称 Tadzhikite-(Ce),1970 年叶菲莫夫(Efimov)等根词由发现地塔吉克斯坦(Tajikistan)[见 1971 年《美国矿物学家》(56)],2002 年 R. 奥贝蒂(R. Oberti)等加占优势的稀土元素铈后缀-(Ce)组合命名[见 2002 年《美国矿物学家》(87)]。IMA 1969－042 批准。中文名称根据音加占优势的稀土元素译为塔吉克矿-铈。

【塔玛水硅锰钙石】

英文名 Tamaite

化学式 $(Ca,K,Na)_xMn_6(Si,Al)_{10}O_{24}(OH)_4 \cdot nH_2O$

$(x=1\sim2;n=7\sim11)$ (IMA)

塔玛水硅锰钙石是一种含结晶水和羟基的钙、钾、钠、锰的铝硅酸盐矿物。属辉叶矿族。单斜晶系。晶体呈板状、片状。无色—淡黄棕色，玻璃光泽、珍珠光泽，透明；硬度4，完全解理。1999年发现于日本本州岛关东地区东京都西多摩郡奥多摩(Okutama-cho)町白丸(Shiromaru)矿。英文名称Tamaite，以发现地日本东京都多摩(Tama)区命名。日文汉字名称多摩石。IMA 1999-011批准。2000年松原(S. Matsubara)等在《矿物学和岩石学科学杂志》(95)和2001年《美国矿物学家》(86)报道。2003年李锦平等在《岩石矿物学杂志》[22(1)]根据英文音和成分译为塔玛水硅锰钙石。2010年杨主明在《岩石矿物学杂志》[29(1)]建议采用日文汉字名称多摩石。

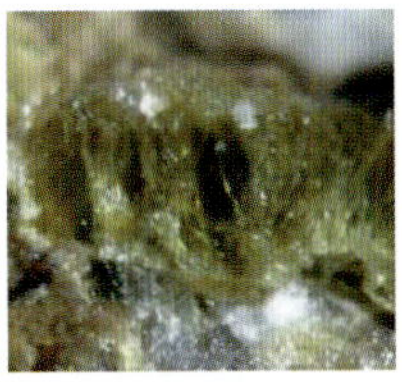

塔玛水硅锰钙石板状、片状晶体(意大利)

【塔锰矿】

英文名 Takanelite

化学式 $(Mn^{2+},Ca)_{2x}(Mn^{4+})_{1-x}O_2 \cdot 0.7H_2O$ (IMA)

塔锰矿是一种含结晶水的锰、钙的氧化物矿物。属水钠锰矿族。六方晶系。集合体呈胶体、带状、结节状、树枝状、皮壳状。灰色、黑色、棕灰色，不透明；硬度2.5～3，脆性。1970年发现于日本四国岛爱媛县西予市野村(Nomura)矿。英文名称Takanelite，以日本仙台东北大学矿物学教授高根胜利(Katsutoshi Takane，1899—1945)博士的姓氏命名。IMA 1970-034批准。日文汉字名称高根鉱。1971年南部松夫(M. Nambu)和谷田胜俊(K. Tanida)在《日本矿物学家、岩石学家和经济地质学家协会杂志》(65)及《美国矿物学家》(56)报道。中国地质科学院根据英文首音节音及成分译为塔锰矿。2010年杨主明在《岩石矿物学杂志》[29(1)]建议采用日文汉字名称的简化汉字名称高根矿。

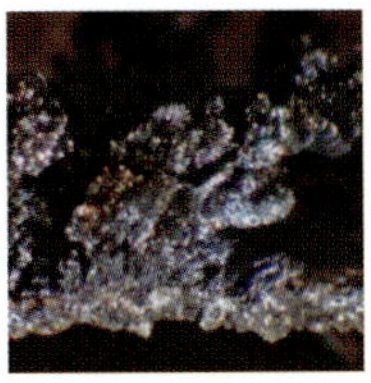

塔锰矿树枝状集合体(澳大利亚)

【塔钠明矾】参见【斜钠明矾】条1034页

【塔硼钙石】参见【硼钙石】条673页

【塔硼锰镁矿】参见【硼锰镁矿】条678页

【塔皮亚石*】

英文名 Tapiaite

化学式 $Ca_5Al_2(AsO_4)_4(OH)_4 \cdot 12H_2O$ (IMA)

塔皮亚石*是一种含结晶水和羟基的钙、铝的砷酸盐矿物。单斜晶系。晶体呈扁平叶片状，长0.5mm；集合体常呈平行束状和放射状。无色，玻璃光泽，透明；硬度2～3，完全解理，脆性。2014年发现于智利科皮亚波省蒂埃拉阿马拉(Tierra Amarilla)潘帕拉尔加区乔特(Jote)矿。英文名称Tapiaite，以智利著名的矿物收藏家恩里克·塔皮亚(Enrique Tapia，1955—2008)的姓氏命名。塔皮亚在智利北部和阿塔卡马沙漠推动了矿物的采集，是首批和最有影响力的个人之一。IMA 2014-024批准。2014年A. R. 坎普夫(A. R. Kampf)等在《CNMNC通讯》(21)、《矿物学杂志》(78)和2015年《矿物学杂志》[79(2)]报道。目前尚未见官方中文译名，编译者建议音译为塔皮亚石*。

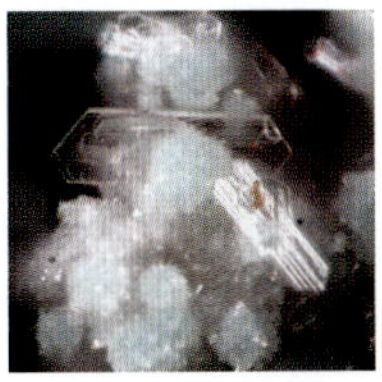

塔皮亚石*片状晶体(智利)

【塔斯赫尔加石*】

英文名 Tashelgite

化学式 $CaMgFe^{2+}Al_9O_{16}(OH)$ (IMA)

塔斯赫尔加石*是一种含羟基的钙、镁、铁、铝的氧化物矿物。单斜(或假斜方)晶系。晶体呈扁平长柱状、针状、纤维状，具聚片双晶。蓝绿色，纤维状者偶见白色，玻璃光泽，透明—半透明；硬度7.5，脆性。2010年发现于俄罗斯科麦罗沃州塔斯赫尔加(Tashelga)河塔舍尔金斯科耶(Tashelginskoye)铁钴矿床。英文名称Tashelgite，以发现地俄罗斯的塔斯赫尔加(Tashelga)河命名。IMA 2010-017批准。2010年S. A. 阿纳尼耶夫(S. A. Ananyev)等在《矿物学杂志》(74)和2011《俄罗斯科学院报告》[140(1)]报道。目前尚未见官方中文译名，编译者建议音译为塔斯赫尔加石*。

塔斯赫尔加石*柱状晶体(俄罗斯)

【塔塔里诺夫石*】

英文名 Tatarinovite

化学式 $Ca_3Al(SO_4)[B(OH)_4](OH)_6 \cdot 12H_2O$ (IMA)

塔塔里诺夫石*是一种含结晶水和羟基的钙、铝的氢硼酸-硫酸盐矿物。属钙矾族。六方晶系。晶体呈菱形双锥，可达1～5mm；晶体呈粒状；集合体呈晶簇状。无色，玻璃光泽，透明；硬度3。2015年发现于俄罗斯斯维尔德洛夫斯克州阿斯别斯特市(石棉矿)巴扎诺夫斯基(Bazhenovskoe)矿床南露天矿西壁。英文名称Tatarinovite，为纪念苏联地质学家、岩石学家帕维尔·米哈伊罗维奇·塔塔里诺夫(Pavel Mikhailovich Tatarinov，1895—1976)而以他的姓氏命名。他在研究温石棉矿床方面是一位著名的专家。IMA 2015-055批准。2015年N. V. 丘卡诺夫(N. V. Chukanov)等在《CNMNC通讯》(27)、《矿物学杂志》(79)和2016年丘卡诺夫在《矿床地质》(68)及《俄罗斯科学院报告》[145(1)]报道。目前尚未见官方中文译名，编译者建议音译为塔塔里诺夫石*。

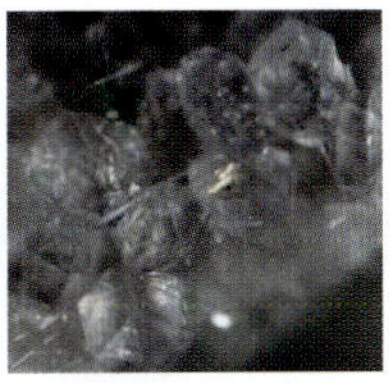

塔塔里诺夫石*粒状晶体，晶簇状集合体(俄罗斯)

【塔瓦尼亚斯科石*】

英文名 Tavagnascoite

化学式 $Bi_4O_4(SO_4)(OH)_2$ (IMA)

塔瓦尼亚斯科石*是一种含羟基的铋氧的硫酸盐矿物。属基锑矾族。斜方晶系。晶体呈叶片状，长40μm；集合体呈晶簇状。无色，丝绢光泽，透明—半透明。2014年发现于意大利都灵省维科卡纳韦塞镇塔瓦尼亚斯科(Tavagnasco)矿山埃斯佩朗斯(Espérance)隧道。英文名称Tavagnascoite，以发现地意大利的塔瓦尼亚斯科(Tavagnasco)矿山命名。IMA 2014-099批准。2015年L. 宾迪(L. Bindi)等在《CNMNC通讯》(24)、《矿物学杂志》(79)和2016年《矿物学杂志》(80)报道。目前尚未见官方中文译名，编译者建议音译为塔瓦尼亚斯科石*。

塔瓦尼亚斯科石*叶片状晶体，晶簇状集合体(意大利)

T

【塔雅锶锰石】

英文名 Taniajacoite

化学式 $SrCaMn_2^{3+}Si_4O_{11}(OH)_4 \cdot 2H_2O$ (IMA)

塔尼娅和雅克夫妇像

塔雅锶锰石是一种含结晶水和羟基的锶、钙、锰的硅酸盐矿物。属水硅锰钙石族。三斜晶系。晶体呈针状;集合体呈放射状。棕色。2014年塔尼娅(Tania)等发现于南非北开普省卡拉哈里锰矿床库鲁曼北奇瓦宁(N'Chwaning Ⅲ)Ⅲ矿。英文名称 Taniajacoite,以矿物发现者塔尼娅(Tania)和雅克·扬斯·范·尼恩海森(Jaco Janse van Nieuwenhuizen)夫妇二人的名字组合命名。IMA 2014－107 批准。2015年杨和雄(Yang Hexiong)等在《CNMNC 通讯》(25)和《矿物学杂志》(79)报道。中南大学谷湘平等根据英文名称前两个音节音和成分译为塔雅锶锰石。

【塔异性石】

英文名 Taseqite

化学式 $Na_{12}Sr_3Ca_6Fe_3Zr_3NbSi_{25}O_{73}(O,OH,H_2O)_3Cl_2$ (IMA)

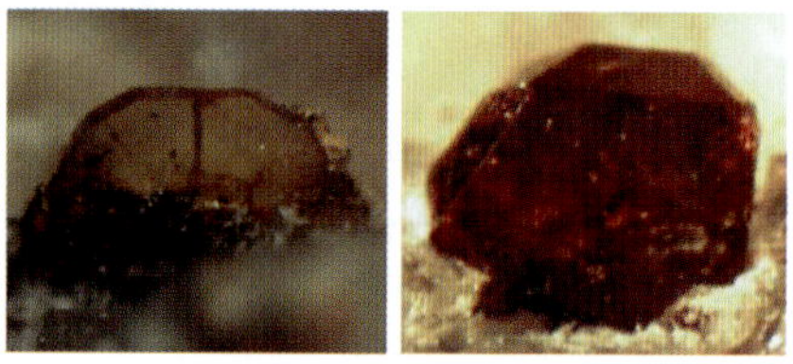

塔异性石板状晶体(格陵兰)

塔异性石是一种含氯、结晶水、羟基和氧的钠、锶、钙、铁、锆、铌的硅酸盐矿物。属异性石族。三方晶系。晶体呈薄板状、六方或三方柱状、锥状;集合体呈束状。带淡紫色—黄色的褐色、柠檬黄色,玻璃光泽,透明;硬度5.5,完全解理,脆性。2002年发现于丹麦格陵兰岛南部库雅雷哥自治区伊犁马萨克碱性杂岩体塔塞克(Taseq)斜坡钠长岩脉。英文名称 Taseqite,以发现地丹麦格陵兰的塔塞克(Taseq)命名。IMA 2002－055 批准。2004年 O. V. 皮特森(O. V. Petersen)等在《矿物学新年鉴》(月刊)报道。2008年中国地质科学院地质研究所任玉峰等在《岩石矿物学杂志》[27(3)]根据英文名称首音节音和族名译为塔异性石。

【塔佐利石*】

英文名 Tazzoliite

化学式 $Ba_2CaSr_{0.5}Na_{0.5}Ti_2Nb_3SiO_{17}[PO_2(OH)_2]_{0.5}$ (IMA)

塔佐利石* 板状晶体,扇状、晶簇状集合体(意大利)和塔佐利像

塔佐利石*是一种含羟基的钡、钙、锶、钠、钛、铌的氢磷酸-硅酸盐矿物。斜方晶系。晶体呈板状;集合体呈扇状、晶簇状。浅橙色,珍珠光泽,透明;硬度6,完全解理,脆性。2011年发现于意大利帕多瓦省巴斯(Basse)山。英文名称 Tazzoliite,以意大利化学家、矿物学家、晶体学家、帕维亚大学和墨西拿大学教授维托利奥·塔佐利(Vittorio Tazzoli,1938—)的姓氏命名,以表彰他在辉石研究领域做出的重大贡献。IMA 2011－018 批准。F. 卡马拉(F. Cámara)等2011年在《CNMNC 通讯》(10)和2012年在《矿物学杂志》[76(4)]报道。目前尚未见官方中文译名,编译者建议音译为塔佐利石*。

太 [tài]太,大也。太平,社会安定。用于中国地名。

【太平石】

汉拼名 Taipingite-(Ce)

化学式 $(Ce_7^{3+}Ca_2)_{\Sigma 9}Mg(SiO_4)_3[SiO_3(OH)]_4F_3$ (IMA)

太平石是一种含氟的铈、钙、镁的氢硅酸-硅酸盐矿物。属铈硅石族。三方晶系。粒径一般为100μm×200μm。浅红色—红棕色。2018年中国自然资源部中国地质调查局天津地质调查中心的青年矿物学家曲凯和王艳娟夫妇等研究团队发现于河南省南阳市西峡县太平镇稀土矿床。在硅铈石族矿物里,太平石是第四个被发现的自然矿物,其他3个矿物分别为硅铈石、硅镧石和铝硅铈石。国家自然资源部中国地质调查局天津地质调查中心曲凯研究团队领衔,核工业北京地质研究院范光和中国地质大学(北京)李国武研究团队共同参与了新矿物的发现与研究工作。中文名称由模式产地南阳市西峡县太平(Taiping)镇命名为太平石,汉拼名称加占优势的稀土元素铈后缀为 Taipingite-(Ce)。IMA 2018－123a 批准。2019年曲凯(Qu kai)等在《CNMNC 通讯》(50)、《矿物学杂志》(83)和《欧洲矿物学杂志》(31)报道。

钛 [tài]形声;从钅,太声。钛是一种金属元素。[英]Titanium。元素符号 Ti。原子序数22。1791年由W. 格雷戈尔(W. Gregor)在英国康沃尔郡的钛铁砂中发现,并由 M. H. 克拉普罗特(M. H. Klaproth)用希腊神话的泰坦为其命名。直到1910年,工作于美国通用电气公司的 M. A. 亨特(M. A. Hunter)才制造出纯净的钛金属。在地壳中钛含千分之六,排行第十:氧、硅、铝、铁、钙、钠、钾、镁、氢、钛;在金属中仅次于铁、铝、镁,居第四。因此,地壳中钛矿物十分丰富,主要矿物有钛铁矿及金红石等。

【钛钡铬石】参见【钡蒙山矿】条55页

【钛磁铁矿】参见【磁铁矿】条95页

【钛碲矿】

英文名 Winstanleyite

化学式 $TiTe_3^{4+}O_8$ (IMA)

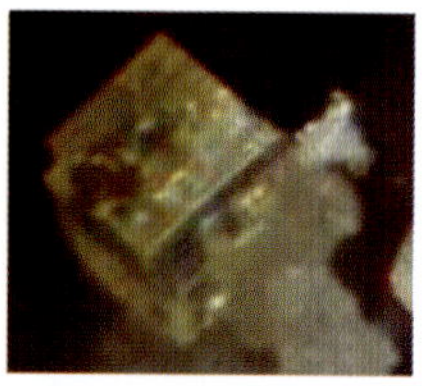

钛碲矿立方体晶体(美国)

钛碲矿是一种钛的碲酸盐矿物。等轴晶系。晶体呈八面体、立方体。黄色、棕色、米色,金刚光泽、油脂光泽,半透明;硬度4,脆性。1979年发现于美国亚利桑那州科奇斯县墓碑山大中央(Grand Central)矿山。英文名称 Winstanleyite,以美国亚利桑那州道格拉斯的矿物学家贝蒂·乔·温斯坦利·威廉姆斯(Betty Jo Winstanley Williams)的名字命名,是他收集的第一块矿物标本。IMA 1979－001 批准。1979年 S. A. 威廉姆斯(S. A. Williams)在《矿物学杂志》(43)和1980年《美国矿物

学家》(65)报道。中文名称根据成分译为钛碲矿。

【钛钒矿】

英文名 Berdesinskiite

化学式 $V_2^{3+}TiO_5$ (IMA)

钛钒矿是一种钒、钛的氧化物矿物。单斜晶系。晶体呈他形粒状,达 70μm。黑色,金属光泽,不透明;硬度 6~6.5。1980 年发现于肯尼亚夸莱区拉萨姆巴(Lasamba)山。英文名称 Berdesinskiite,以德国海德堡大学结晶学家沃尔德马·贝德辛斯基(Waldemar Berdesinski,1911—1990)教授的姓氏命名。IMA 1980-036 批准。1982 年在《美国矿物学家》(67)和 1983 年 H. J. 伯恩哈特(H. J. Bernhardt)等在《矿物学新年鉴》(月刊)报道。1985 年中国新矿物与矿物命名委员会郭宗山等在《岩石矿物及测试》[4(4)]根据成分译为钛钒矿。

【钛锆钍矿】

英文名 Zirkelite

化学式 $(Ti,Ca,Zr)O_{2-x}$ (IMA)

齐克尔像

钛锆钍矿是一种钛、钙、锆的氧化物矿物。等轴晶系(原定义为单斜晶系,1989 年重新定义为等轴晶系)。晶体呈扁平的正八面体,粒状,常见聚片双晶及复杂的四晶连生双晶;集合体呈块状。黑色、褐色、黄色,金刚光泽、玻璃光泽、油脂光泽、半金属光泽,不透明;硬度 5.5,脆性。1895 年发现于巴西圣保罗州卡雅蒂市雅库皮兰加(Jacupiranga)矿。1895 年胡萨克(Hussak)和普赖尔(Prior)在《矿物学杂志》(11)报道。英文名称 Zirkelite,以德国伦贝格大学,后来莱比锡大学的矿物学家、岩相学家费迪南德·齐克尔(Ferdinand Zirkel,1838—1912)教授的姓氏命名。他是从事岩石微观研究的先驱。1959 年以前发现、描述并命名的"祖父级"矿物,IMA 承认有效。IMA 1989s. p. 批准。中文名称根据成分译为钛锆钍矿。

【钛锆钍石】

英文名 Zirconolite

化学式 $(Ca,Y)Zr(Ti,Mg,Al)_2O_7$ (IMA)

钛锆钍石六方柱状晶体(意大利、挪威)

钛锆钍石是一种钙、钇、锆、钛、镁、铝的氧化物矿物,含有一些钍。斜方(或三方、单斜)晶系。晶体呈柱状。黑色、棕色、红色,树脂光泽、半金属光泽,透明—不透明;硬度 5.5。最早发现于挪威,见 1824 年《瑞典皇家科学院文档》。1981 年 B. M. 加泰胡斯(B. M. Gatehouse)等在《晶体学报》(B37)讨论了 Zirconolite 晶体结构问题。发现于俄罗斯北部摩尔曼斯克州阿夫里坎达(Afrikanda)地块。1983 年 F. 马齐(F. Mazzi)和 R. 蒙诺(R. Munno)在《美国矿物学家》(68)报道。英文名称 Zirconolite,1989 年由马齐等在《矿物学杂志》(53)根据成分"Zirconium(锆)"命名。1959 年以前发现、描述并命名的"祖父级"矿物,IMA 承认有效。IMA 1989s. p. 批准。中文名称根据成分译为钛锆钍石和钙钛锆石/钛锆钙石。Zirconolite 有 3 个多型:Zirconolite-2M(单斜)、Zirconolite-3O(斜方)和 Zirconolite-3T(三方)。

【钛硅镧矿】参见【珀硅钛镧铁矿*】条 690 页

【钛硅镁钙石】参见【镁钙三斜闪石】条 589 页

【钛硅铈矿】参见【珀硅钛铈铁矿】条 690 页

【钛辉石】

英文名 Grossmanite

化学式 $Ca(Ti^{3+},Mg,Ti^{4+})AlSiO_6$ (IMA)

格罗斯曼像

钛辉石是一种钙、钛、镁的铝硅酸盐矿物。属辉石族单斜辉石亚族富钛的透辉石。单斜晶系。晶体呈粒状,粒径为 1~7μm,常见于蓬松和紧凑类型的富钙铝的球粒陨石夹杂物中,可能形成在残余熔体的间隙。浅灰色,透明。2008 年发现于墨西哥奇瓦瓦州阿连德(Allende)CV3 碳质球粒陨石。英文名称 Grossmanite,以美国芝加哥大学宇宙化学、天体化学家劳伦斯·格罗斯曼(Lawrence Grossman,1946—)教授的姓氏命名,以表彰他对陨石研究做出的重大贡献。IMA 2008-042a 批准。2009 年马驰(Ma Chi)等在《美国矿物学家》(94)报道。中文名称根据成分和族名译为钛辉石;此译名与 Titanian Augite(Titanaugite)译名重复;编译者建议音译为格罗斯曼石*,或根据英文名称首音节音和成分及族名译为格钛辉石*或陨钛辉石*。

【钛钾钙硅石】参见【硅钛钙钾石】条 287 页

【钛钾铬石】参见【蒙山矿】条 603 页

【钛锂大隅石】

英文名 Berezanskite

化学式 $KTi_2Li_3Si_{12}O_{30}$ (IMA)

钛锂大隅石是一种钾、钛、锂的硅酸盐矿物。属大隅石族。六方晶系。晶体呈板状;集合体呈脉状。白色,玻璃光泽、珍珠光泽,透明;硬度 2.5~3,完全解理,脆性。1996 年发现于塔吉克斯坦帕米尔山脉达拉伊-皮奥兹(Dara-i-Pioz)冰川冰碛物中的碱性伟晶岩。英文名称 Berezanskite,以阿纳托利·弗拉基米罗维奇·贝勒赞斯基(Anatolyi Vladimirovich Berezanskii,1948—)的姓氏命名。他在塔吉克斯坦绘制了土耳其斯坦-阿拉伊偏远地区的地质图。IMA 1996-041 批准。1997 年 L. A. 保托夫(L. A. Pautov)等在《俄罗斯矿物学会记事》[126(4)]报道。2003 年中国地质科学院矿产资源研究所李锦平等在《岩石矿物学杂志》[22(2)]根据成分及族名译为钛锂大隅石。

【钛榴石】

英文名 Schorlomite

化学式 $Ca_3Ti_2(SiFe_2^{3+})O_{12}$ (IMA)

钛榴石是石榴石超族钙铁榴石的富钛(5%~20%)矿物。属钛榴石族。等轴晶系。晶体呈菱形十二面体、偏方三八面体;集合体呈块状。黑色、褐黑色,半金属光泽、金刚光泽,透明—半透明;硬度 7~7.5。1846 年发现于美国阿肯色州温泉磁铁湾(Magnet Cove);同年,在《美国科学杂志》(52)

钛榴石十二面体晶体(摩洛哥)及集合体(德国)

报道。英文名称 Schorlomite,由与“Schorl(黑电气石)”视觉上有相似之处而得名。1968 年 R. A. 豪伊(R. A. Howie)等在《矿物学杂志》(36)报道。1959 年以前发现、描述并命名的“祖父级”矿物,IMA 承认有效。同义词 Titangarnet,由成分冠词“Titan(钛)”和根词“Garnet(石榴石)”组合命名。中文名称根据成分和族名译为钛榴石。

【钛镁钠闪石】

英文名 Obertiite

化学式 $Na(Na_2)(Mg_3AlTi)(Si_8O_{22})O_2$

钛镁钠闪石长针柱状晶体(德国)和奥贝蒂像

钛镁钠闪石是一种含氧的钠、镁、铝、钛的硅酸盐矿物。属 C^{2+} 位镁、C^{3+} 位铝和 W 位氧的角闪石族。单斜晶系。晶体呈长叶片状、针柱状;集合体呈发散状。淡粉色,玻璃光泽,透明;硬度 5,完全解理,脆性。英文名称 Obertiite,原名以意大利帕维亚大学教授罗伯塔·奥贝蒂(Roberta Oberti)的姓氏命名,以表彰她对角闪石的晶体化学做出的贡献。IMA 1998-046 批准。2004 年中国地质科学院矿产资源研究所李锦平等在《岩石矿物学杂志》[23(1)]根据成分译为钛镁钠闪石。音译为奥贝蒂石。后发现 C^{3+} 位铝或被三价铁或被三价锰代替,而有 Ferri-obertiite 和 Mangani-obertiite 矿物种。原名称 Obertiite 不再是矿物种名称,而更为根名族。

2000 年 F. C. 霍桑(F. C. Hawthorne)等在《美国矿物学家》(85)报道:C^{3+} 位铝被三价铁代替的矿物种。属角闪石超族 W 位氧占优势的角闪石族奥贝蒂石根名族。标本来自德国莱茵兰-普法尔茨州罗森伯格(Rothenberg)。在 2012 年该矿物被重新命名为 Ferri-obertiite[$Na(Na_2)(Mg_3Fe^{3+}Ti)Si_8O_{22}O_2$]。见 2012 年 F. C. 霍桑(F. C. Hawthorne)等《美国矿物学家》(97)的《角闪石超族命名法》。它由成分冠词“Ferri(三价铁)”和根词“Obertiite(奥贝蒂石)”组合命名。IMA 2015-079 批准。2017 年奥贝蒂在《矿物学杂志》(81)报道。中文名称译为铁奥贝蒂石。

2014 年重新调查 IMA 1998-046 批准的来自德国莱茵兰-普法尔茨州卡斯帕(Caspar)采石场的标本材料,表明 $Mn^{3+}>Fe^{3+}$,因此矿物又更名为 Mangani-obertiite[$Na(Na_2)(Mg_3Mn^{3+}Ti)Si_8O_{22}O_2$]。IMA 2012s. p. 批准。2015 年 R. 奥贝蒂(R. Oberti)等在《CNMNC 通讯》(28)和《矿物学杂志》(79)报道。中文名称译为锰奥贝蒂石。

【钛铌锰石】参见【水铌锰矿】条 858 页

【钛硼镁铁矿】参见【硼镁铁钛矿】条 677 页

【钛闪石】

英文名 Kaersutite

化学式 $NaCa_2(Mg_3AlTi^{4+})(Si_6Al_2)O_{22}O_2$　　(IMA)

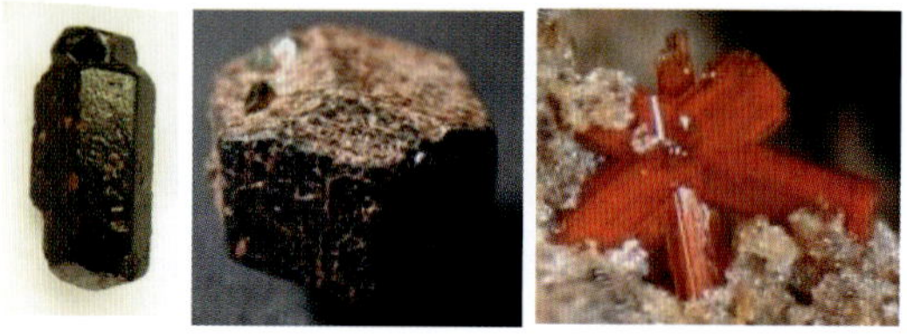

钛闪石柱状晶体及穿插双晶(捷克、德国)

钛闪石是一种 A 位钠、C^{2+} 位镁和 C^{3+} 位铝的富含钛的角闪石矿物。属角闪石超群 W 位氧优势角闪石族钛角闪石根名族。单斜晶系。晶体呈柱状,具聚片双晶和穿插双晶。黑色、深棕色、褐色、红褐色,玻璃光泽,半透明;硬度 5~6,完全解理。1884 年首次发现并描述于丹麦格陵兰岛北部卡阿苏特镇(Qaarsut)的奥斯特费尔德(Østerfjeld)。1893 年在《格陵兰岛通讯》(7)报道。英文名称 Kaersutite,以发现地丹麦的卡阿苏特(Qaarsut)镇的旧称凯赫苏特(Kaersut)镇命名。IMA 2012s. p. 批准。中文名称根据成分和族名译为钛闪石或羟钛角闪石或氧钛角闪石。

【钛铈钙矿】

英文名 Loveringite

化学式 $(Ca,Ce,La)(Zr,Fe)(Mg,Fe)_2$
　　$(Ti,Fe,Cr,Al)_{18}O_{38}$　　(IMA)

钛铈钙矿菱面体、针状晶体,束状集合体(奥地利、挪威)和洛夫林像

钛铈钙矿是一种以钙、铈、镧、锆、铁、镁、钛、铬、铝的复杂氧化物矿物。属尖钛铁矿族。三方晶系。晶体呈针状、菱面体;集合体呈束状。黑色,金属—半金属光泽,不透明;硬度 5~7。1921 年发现于澳大利亚西澳大利亚州邓达斯区吉姆伯兰(Jimberlana)侵入岩体;同年,在《美国矿物学家》(6)报道。英文名称 Loveringite,以澳大利亚地球化学家和墨尔本大学约翰·弗朗西斯·洛夫林(John Francis Lovering,1930—)教授的姓氏命名。他的主要成就是在地球化学中的裂变轨迹研究方法得到承认。IMA 1977-023 批准。1978 年 B. M. 盖特豪斯(B. M. Gatehouse)等在《美国矿物学家》(63)报道。中文名称根据成分译为钛铈钙矿,也译作钙蒙山矿。

【钛锑钙石】

英文名 Hydroxycalcioroméite

化学式 $(Ca,Sb^{3+})_2(Sb^{5+},Ti)_2O_6(OH)$　　(IMA)

钛锑钙石是一种含羟基的钙、锑、钛的氧化物矿物。属烧绿石超族锑钙石族。等轴晶系。晶体呈八面体,粒径为 1mm;集合体呈土状。琥珀色、黄色、金黄色、黄棕色,亚玻璃光泽、树脂光泽、土状光泽,透明—半透明;硬度 5.5,完全解理,脆性。1895 年发现于巴西米纳斯吉拉斯州欧鲁普雷图古镇特里普伊(Tripuí)。英文名称 Hydroxycalcioroméite,最初的名称

Lewisite,1895 年尤金·胡萨克(Eugen Hussak)等在《矿物学杂志》(11)为纪念英国剑桥大学矿物学系形态晶体学家威廉·詹姆斯·路易斯(William James Lewis,1847—1926)教授而以他的姓氏命名。2006 年布克(Burke)在《加拿大矿物学家》[44(6)]更名为含钛的锑钙石(Ti-bearing roméite)。2010 年阿滕西奥(Atencio)等在《加拿大矿物学家》(48)修订烧绿石超族命名法,由系统性名称取代俗名。Lewisite(类型标本)被重新分类命名为 Hydroxycalcioroméite,由成分冠词"Hydroxy(羟基)""Calico(钙)"和根词"Roméite(锑钙石)"组合命名。IMA 2010s. p. 批准。中文名称根据成分译为钛锑钙石/钛锑钙矿/钛锑铁钙石(根词参见【锑钙石】条 937 页)。

【钛锑线石*】

英文名 Titanoholtite

化学式 $(Ti_{0.75}\square_{0.25})Al_6BSi_3O_{18}$ (IMA)

钛锑线石*是一种钛、空位、铝的硼硅酸盐矿物。属蓝线石超族锑线石族。斜方晶系。晶体呈补丁状(10μm)或斑纹状(5μm),位于铌锑线石的核心或沿铌锑线石核心与铌锑线石边缘之间的边界分布。2012 年发现于波兰下西里西亚省扎布科维奇(Ząbkowice)区斯泽克拉纳(Szklana)矿(斯泽克拉里伟晶岩)。英文名称 Titanoholtite,由成分冠词"Titano(钛)"和根词"Holtite(锑线石)"组合命名,它是钛的锑线石的类似矿物(根词参见【锑线石】条 940 页)。IMA 2012-069 批准。2013 年 A. 皮耶泽卡(A. Pieczka)等在《CNMNC 通讯》(15)和《矿物学杂志》(77)报道。目前尚未见官方中文译名,编译者根据成分及与锑线石的关系译为钛锑线石*。

【钛铁磁铁矿】参见【磁铁矿】条 95 页

【钛铁金红石】

英文名 Ilmenorutile

化学式 $Fe_x(Nb,Ta)_{2x}\cdot 4Ti_{1-x}O_2$

钛铁金红石柱状、板状晶体(挪威、德国)

钛铁金红石是一种铁、铌、钽、钛的氧化物矿物。四方晶系。晶体呈柱状、板状、针状,具双晶;集合体呈块状。褐色、褐黑色、黑色,金刚光泽、油脂光泽,半透明—不透明;硬度 6~6.5,完全解理。1854 年最初的报道来自俄罗斯车里雅宾斯克州伊尔门(Ilmen)山脉维什内维(Vishnevye)山布尔迪姆(Buldym)湖塞里扬基诺(Selyankino)村 140 号岩脉 59 号矿坑。英文名称 Ilmenorutile,由发现地俄罗斯的"伊尔门(Ilmen)山脉"和"Rutile(金红石)"组合命名。1964 年在《矿物学新年鉴:论文》(101)报道。中文名称根据成分及与金红石的关系译为钛铁金红石或铌铁金红石;根据颜色及与金红石的关系译为黑金红石。

【钛铁晶石】

英文名 Ulvöspinel

化学式 $Fe^{2+}_2TiO_4$ (IMA)

钛铁晶石是一种铁、钛的氧化物矿物。属尖晶石超族氧尖晶石族钛铁晶石亚族。等轴晶系。与磁铁矿形成高温固溶体,温度下降导致固溶体分离,在磁铁矿中形成沿八面体方向分布的片状微晶。棕色—黑色,有时稍具红色调,玻璃光泽、金属光泽,透明—不透明;硬度 5.5~6。1946 年发现于瑞典翁厄曼兰地区乌尔维奥(Ulvo)群岛格兰德汉姆(Grundhamn)辉绿岩侵入体,这里自 17 世纪以来一直是一个铁、钛和钒矿区钛磁铁矿矿床。1946 年 F. 莫根森(F. Mogensen)在《斯德哥尔摩地质协会会刊》(68)第一次描述。英文名称 Ulvöspinel,由发现地瑞典的乌尔维奥(Ulvö)群岛和"Spinel(尖晶石)"组合命名。1959 年以前发现、描述并命名的"祖父级"矿物,IMA 承认有效。中文名称根据成分和族名译为钛铁晶石或钛铁尖晶石。

【钛铁矿】

英文名 Ilmenite

化学式 $Fe^{2+}Ti^{4+}O_3$ (IMA)

钛铁矿六方板状、菱面体晶体(意大利)和粒状晶体(挪威)

钛铁矿是一种铁、钛的氧化物矿物。属钛铁矿族。与王氏钛铁矿为同质多象。三方晶系。晶体少见,常呈不规则粒状、鳞片状、板状或片状,菱面体。铁黑色或钢灰色,金属—半金属光泽,不透明;硬度 5~6,脆性;具弱磁性。早在 1791 年,英国科学家威廉·格雷戈尔(William Gregor)在英国康沃尔郡密那汉(Menachan)郊区找到一种矿石——黑色磁性砂,通过研究他认为矿石中有一种新的化学元素,并以发现地密那汉(Menachan)命名矿物为 Menachanite(即钛铁矿),遗憾的是此名称被人们遗忘掉了。过了 4 年,德国化学家马丁·亨利·克拉普罗特(Martin Heinrich Klaproth)从匈牙利布伊尼克的一种红色矿物(金红石)中,也发现了这种新元素,他用希腊神话中"泰坦"来命名新元素为Titanium(钛)。

英文名称 Ilmenite,1827 年由阿道夫·特奥多尔·库普费尔(Adolph Theodor Kupffer)根据最初的发现地俄罗斯车里雅宾斯克州的伊尔门(Ilmen)山脉伊尔门自然保护区命名。1827 年库普费尔在《普通自然教学档案》(*Archiv für die Gesammte Naturlehre*)(10)报道。又见于 1944 年 C. 帕拉奇(C. Palache)、H. 伯曼(H. Berman)和 C. 弗龙德尔(C. Frondel)《丹纳系统矿物学》(第一卷,第七版,纽约)。1959 年以前发现、描述并命名的"祖父级"矿物,IMA 承认有效。中文名称根据成分译为钛铁矿。

【钛钍矿】

英文名 Thorutite

化学式 $(Th,U,Ca)Ti_2(O,OH)_6$ (IMA)

钛钍矿是一种钍、铀、钙、钛的氢氧-氧化物矿物。单斜晶系。晶体呈柱状。黑色,树脂光泽,半透明;硬度 4.5~5.5。1947 年发现于吉尔吉斯斯坦奥什州索赫山谷扎尔达克(Zardalek)碱性岩地块谢韦尔内(Severnyi)区。1958 年 Ya. D. 哥德曼(Ya. D. Gotman)、I. A. 克哈帕夫(I. A. Khapaev)在《全苏矿物学会记事》[87(2)]和《美国矿物学家》(43)报道。英文名称 Thorutite，哥德曼和克哈帕夫根据化学成分“Thorium（Thor，钍）”“Uranium（U，铀）”和“Titanium（Ti，钛）”组合命名。1959 年以前发现、描述并命名的“祖父级”矿物，IMA 承认有效。中文名称根据成分译为钛钍矿或钍钛矿；根据与金红石的关系译为钍金红石（Smirnovite）。

钛钍矿黑色柱状晶体（美国）

【钛稀金矿】

英文名 Kobeite-（Y）

化学式（Y，U）(Ti，Nb)$_2$(O，OH)$_6$（?）　（IMA）

钛稀金矿是一种钇、铀、钛、铌的氢氧-氧化物矿物。属黑稀金矿族。三方晶系。晶体呈针状、柱状；集合体呈束状。黑色；硬度 5.5。1950 年发现于日本本州岛近畿地区京都府京丹后市大宫町（Ohmiya）神户（Kobe）白石山；同年，J. 田久保（J. Takubo）等在日本《地质学报》（56）报道。1951 年弗莱舍在《美国矿物学家》（36）和 1961 年益富（K. Masutomi）等在日本《矿物学杂志》（3）报道。英文名称 Kobeite-（Y），由发现地日本神户（Kobe）加占优势的稀土元素钇后缀-（Y）组合命名。日文汉字名称河辺石。1959 年以前发现、描述并命名的“祖父级”矿物，IMA 承认有效。IMA 1987s. p. 批准。中国地质科学院根据成分译为钛稀金矿。2010 年杨主明在《岩石矿物学杂志》[29（1）]建议采用日文汉字名称的简化汉字名称河边矿。

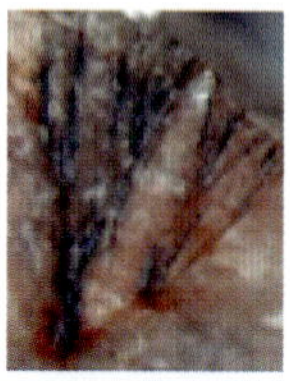

钛稀金矿束状集合体（日本）

【钛锡锰钽矿】

英文名 Titanowodginite

化学式 $Mn^{2+}TiTa_2O_8$　（IMA）

钛锡锰钽矿是一种锰、钛、钽的氧化物矿物。属锡锰钽矿族。单斜晶系。晶体呈柱状、粒状。深棕色—黑色，玻璃光泽，透明—半透明；硬度 5.5，脆性。1984 年发现于加拿大贝尔尼克湖坦科（Tanco）伟晶岩矿。英文名称 Titanowodginite，由成分冠词“Titanium（钛）”和根词“Wodginite（锡锰钽矿）”组合命名。IMA 1984－008 批准。1992 年 T. S. 厄尔茨特（T. S. Ercit）等在《加拿大矿物学家》（30）报道。中文名称根据成分及与锡锰钽矿的关系译为钛锡锰钽矿或钛锰钽矿（根词参见【锡锰钽矿】条 1007 页）。

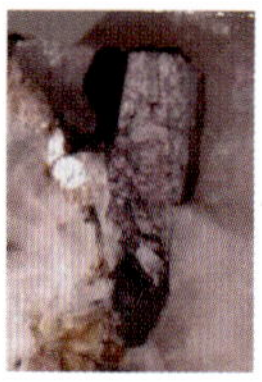

钛锡锰钽矿柱状晶体（加拿大）

【钛锡锑铁矿】参见【锑铁矿】条 939 页

【钛纤硅钡铁石】参见【氯硼铁钡石】条 559 页

【钛锌钠矿-钇】

英文名 Murataite-（Y）

化学式 (Y，Na)$_6$Zn(Zn，Fe^{3+})$_4$(Ti，Nb，Na)$_{12}$O$_{29}$(O，F，OH)$_{10}$F$_4$　（IMA）

钛锌钠矿-钇是一种含氟、羟基和氧的钇、钠、锌、铁、钛、铌等的复杂氧化物矿物。等轴晶系。晶体呈八面体。黑色，半金属光泽；硬度 6～6.5。1972 年发现于美国科罗拉多州埃尔帕索县夏安族区圣彼得斯（St Peters）圆形的火山口；同年，在《美国矿物学家》（59）报道。英文名称 Murataite-（Y），由约翰·W. 亚当斯（John W. Adams）等在 1974 年为纪念美国地质调查局门洛帕克的地球化学家基古马·杰克·穆拉塔（Kiguma Jack Murata，1909—2001）而以他的姓氏，加占优势的稀土元素钇后缀-（Y）组合命名。IMA 1972－007 批准。中文名称根据成分译为钛锌钠矿-钇，也有的译作氟钛锌钠矿。

【钛钇矿】

英文名 Aeschynite-（Y）

化学式（Y，Ln，Ca，Th）(Ti，Nb)$_2$(O，OH)$_6$　（IMA）

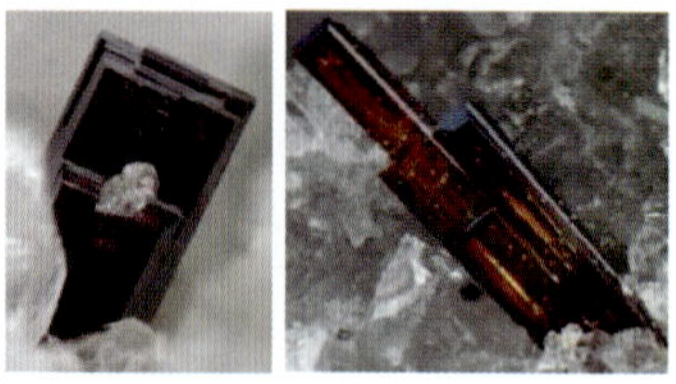

钛钇矿板状晶体（瑞典，奥地利）

钛钇矿是一种钇、镧系元素、钙、钍、钛、铌等的复杂氢氧-氧化物矿物。属易解石族。斜方晶系。蜕晶质。晶体一般呈板状、粒状，少为柱状；集合体呈块状。淡黄色、黄橙色、浅青黄色、棕黑色、黑色，金刚光泽、树脂光泽、蜡状光泽、珍珠光泽、半金属光泽，透明—半透明；硬度 5～6.5，完全解理，脆性。1879 年发现于挪威西阿格德尔郡弗莱克菲尤尔地区海德拉（Hidra）乌斯塔德（Urstad）长石矿山。1879 年 W. C. 布罗格（W. C. Brøgger）在《结晶学和矿物学杂志》（3）和 1906 年《基督教科学会出版的信札》（*Skrifter udgivne af Videnskabs-Selskabet i Christiania*）（6）报道。英文名称 Aeschynite-（Y），由根词“Aeschynite（易解石）”加占主导地位的稀土元素钇后缀“-（Y）”组合命名，意指它是“Aeschynite-（Ce）（易解石）”的钇（Y）的类似矿物。IMA 1987s. p. 批准。中文名称根据成分译为钛钇矿或钇易解石（根词参见【易解石】条 1077 页）。

【钛钇钍矿】

英文名 Yttrocrasite-（Y）

化学式（Y，Th，Ca，U）(Ti，Fe)$_2$(O，OH)$_6$　（IMA）

钛钇钍矿是一种以钇、钍、钙、铀、钛、铁的复杂的氢氧-氧化物矿物。属黑稀金矿族。蜕晶质，之前可能是斜方晶系。黑色，边缘为淡黄的琥珀色，亮沥青光泽、树脂光泽；硬度 5.5～6。1906 年发现于美国得克萨斯州伯内特（Burnet）地区未命名的伟晶岩。1906 年 W. E. 希登（W. E. Hidden）和 C. H. 沃伦（C. H. Warren）在《美国科学杂志》[4（22）]报道。英文名称 Yttrocrasite-（Y），由占主要地位的稀土元素“Yttrium（钇）”和希腊文“Μεiγμα＝Krasis＝Crasi＝Mixture（混合）”组合命名，意指除占优势的稀土钇外还有许多其他元素。IMA 持怀疑态度。IMA 1987s. p. 批准。中文名称根据主要成分译为钛钇钍矿。

【钛铀矿】

英文名 Brannerite

化学式 UTi_2O_6　（IMA）

钛铀矿是一种主要为铀和钛的复杂氧化物矿物。与斜方钛铀矿为同质二象。单斜晶系。晶体呈柱状（长达 30cm）、针状，蜕晶质；集合体常呈圆形粒、鹅卵石和不规则粒状。黑色、褐橄榄绿色，蚀变后变成黄色，玻璃光泽、金刚光泽、树脂光泽、土状光泽，不透明；硬度 5～6，硬度不稳定，

钛铀矿柱状晶体(瑞士)和布兰纳像

脆性;具放射性。1920 年发现于美国爱达荷州卡斯特县凯利(Kelley)峡谷。1920 年赫斯(Hess)和威尔斯(Wells)在《富兰克林学院学报》(189)报道。英文名称 Brannerite,以美国地质学家约翰·卡斯珀·布兰纳(John Casper Branner,1850—1922)博士的姓氏命名。他是美国加州斯坦福大学以前的地质学教授和校长。1959 年以前发现、描述并命名的"祖父级"矿物,IMA 承认有效。IMA 1967s. p. 批准。中文名称根据成分译为钛铀矿。

【钛云母】参见【奥丁诺石】条 26 页

泰

[tài]原为形声。[英]音,用于外国地名、人名。

【泰里斯马格南石】

英文名 Thérèsemagnanite

化学式 $NaCo_4(SO_4)(OH)_6Cl \cdot 6H_2O$　　(IMA)

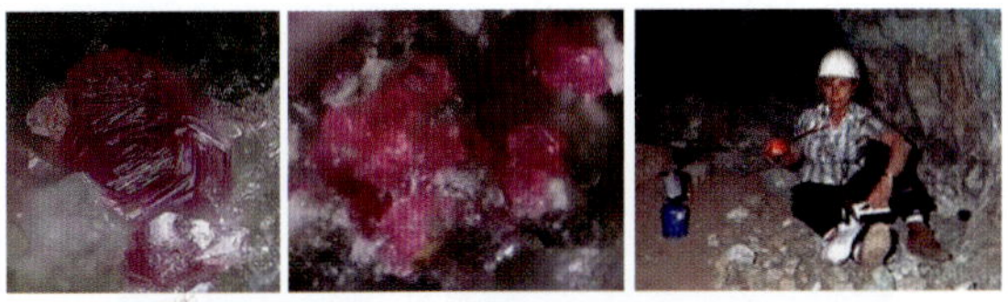

泰里斯马格南石片状晶体,球粒状集合体(法国)和泰里斯·马格南像

泰里斯马格南石是一种含结晶水、氯和羟基的钠、钴的硫酸盐矿物。属针钠铁矾族。六方晶系。晶体呈薄片状、板状;集合体呈放射状、球粒状。淡粉色、粉紫色,珍珠光泽,透明;硬度 1.5～2,极完全解理。1991 年发现于法国普罗旺斯-阿尔卑斯-蓝色海岸大区瓦尔河谷卡普加伦(Cap Garonne)矿。英文名称 Thérèsemagnanite,以法国土伦的玛丽·泰里斯·马格南(Marie-Thérèse Magnan)的姓名命名,以表彰她对法国瓦尔河谷卡普加伦(Cap Garonne)矿做出的贡献。IMA 1991－026 批准。1993 年 H. 萨尔普(H. Sarp)在 *Archs. Sci. Genève*[46(1)]报道。1998 年中国新矿物与矿物命名委员会黄蕴慧等在《岩石矿物学杂志》[17(2)]音译为泰里斯马格南石。

【泰马加密矿】参见【碲汞钯矿】条 123 页

【泰硒汞钯矿】

英文名 Tischendorfite

化学式 $Pd_8Hg_3Se_9$　　(IMA)

泰硒汞钯矿是一种钯、汞的硒化物矿物。斜方晶系。晶体呈他形、半自形。银灰色,金属光泽,不透明;硬度 5,脆性。2001 年发现于德国萨克森-安哈尔特州哈茨山脉蒂尔科罗德(Tilkerode)的埃斯卡伯恩(Eskaborn)平硐。英文名称 Tischendorfite,以硒矿床专家 G. 蒂申多夫(G. Tischendorf,1927—2007)的姓氏命名。1958 年他将该矿物描述为未知矿物。IMA 2001－061 批准。2002 年 C. J. 斯坦利(C. J. Stanley)等在《加拿大矿物学家》(40)报道。2006 年中国地质科学院矿产资源研究所李锦平在《岩石矿物学杂志》[25(6)]根据英文名称首音节音和成分译为泰硒汞钯矿。

酞

[tài]形声;从酉,太声。酞是有机化合物的一类;是由一个分子的邻苯二酸酐与两个分子的酚经缩合作用而生成的产物,如酚酞就属于酞类。

【酞酰亚胺石】参见【铵基苯石】条 23 页

弹

[tán]形声;从弓,单声。本义:用弹弓发射弹丸。弹性:物体受外力作用发生形变、除去作用力能恢复原来形状的性质。

【弹性绿泥石】参见【克铁蛇纹石】条 413 页

坦

[tǎn]形声;左形右声。[英]音,用于外国地名、国名、人名。

【坦博石*】

英文名 Tamboite

化学式 $Fe^{3+}_3(OH)(H_2O)_2(SO_4)(Te^{4+}O_3)_3[Te^{4+}O(OH)_2](H_2O)_3$　　(IMA)

坦博石*是一种含 3 个结晶水的水合铁的氢碲酸-碲酸-硫酸盐矿物。单斜晶系。2016 年发现于智利埃尔基山谷埃尔印第奥矿床坦博(Tambo)矿温迪(Wendy)露天坑。英文名称 Tamboite,以发现地智利的坦博(Tambo)矿命名。IMA 2016－059 批准。2016 年 M. A. 库珀(M. A. Cooper)等在《CNMNC 通讯》(33)和《矿物学杂志》(80)报道。目前尚未见官方中文译名,编译者建议音译为坦博石*。

【坦卡铈石*】

英文名 Tancaite-(Ce)

化学式 $FeCe(MoO_4)_3 \cdot 3H_2O$　　(IMA)

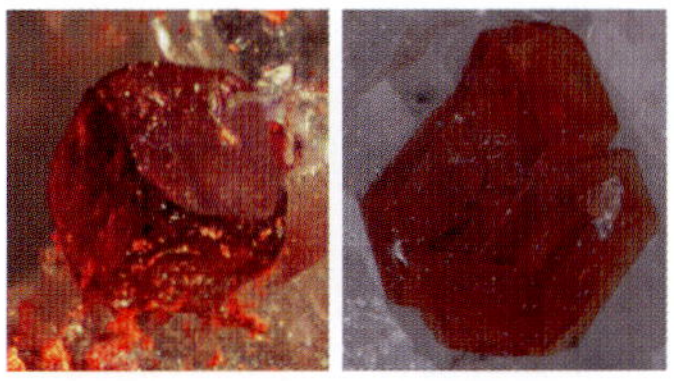

坦卡铈石*假立方体、柱状晶体(意大利)

坦卡铈石*是一种含结晶水的铁、铈的钼酸盐矿物。等轴晶系。晶体呈柱状、假立方体。红色,玻璃光泽,透明。2009 年发现于意大利卡利亚里市的塔蓬苏塞纳珠(Punta de Su Seinargiu)。英文名称 Tancaite-(Ce),根词以矿物收藏家杰塞普·坦卡(Giuseppe Tanca)的姓氏,加占优势的稀土元素铈后缀-(Ce)组合命名。IMA 2009－097 批准。2010 年奥兰迪等在匈牙利布达佩斯《IMA 第 20 届大会光盘摘要》和 P. 奥兰迪(P. Orlandi)等在《矿物学杂志》(74)报道。目前尚未见官方中文译名,编译者建议音加成分译为坦卡铈石*。

【坦科矿】参见【羟磷铝锂钠石】条 717 页

【坦桑石】

英文名 Tanzanite

化学式 $Ca_2Al_3[Si_2O_7][SiO_4]O(OH)$

坦桑石柱状晶体(坦桑尼亚)及饰件

T

坦桑石是一种含羟基和氧的钙、铝的硅酸盐矿物，黝帘石变种之一，有少量的 Cr、Sr 的类质同象替代。属绿帘石族。斜方晶系。晶体呈柱状，晶面上有条纹，常具双晶。紫色、蓝色，玻璃光泽、珍珠光泽，透明—半透明；硬度 6.5～7，中等解理。坦桑石是一种极其罕见的宝石，它的原色呈红褐色，经过人工加热处理后呈现出美丽的蓝色与紫罗兰色，以三色性著称，可交替出现宝石蓝色、紫色和红色。1967 年发现于坦桑尼亚北部曼雅拉区美蕾兰妮(Merelani)山，目前仅有这里出产。关于它的发现、研究与命名有种种说法。一种是来自古代的神话传说，当天空打雷闪电击打到美蕾兰妮(Merelani)山附近的草原而燃烧起来，事后马赛(Masai)放牧人与他的家畜回到出事地点，发现那里出现一种神秘而迷人的“蓝色宝石”。另一种说法，1960 年葡萄牙地质学家曼努埃尔·德·索查(Manuel De Souza)是一位居住在阿鲁莎的马赛裁缝兼淘金者，他在美蕾兰妮(Merelani)山附近的一个山脊上发现了一种鲜蓝色和蓝紫色的矿物晶体透明碎片。当时他以为是橄榄石，但马上就意识到它不是橄榄石，于是，他就称其为蓝线石。不久，他将新发现的矿物送给约翰·索尔(John Saul)鉴定。约翰是一位居住在内罗毕的从事咨询的地质学者，也是一位宝石经销商。他排除了它是蓝线石和堇青石的可能性。约翰又将样本送给了他的父亲海曼·索尔(Hyman Saul)，海曼是纽约五大街萨克斯珠宝店公司的副总裁。海曼先生遂将样品送到了街对面的美国宝石协会，专家将其鉴定为一种黝帘石类的新宝石。后来，哈佛大学、大英博物馆和海德尔堡的地质学家们相继确认为黝帘石类的新宝石。但最先正确鉴别这种新宝石的人却是一位在坦桑尼亚多多马政府机构工作的地质学者伊恩·麦克劳德(Ian McCloud)。还有一种说法，由苏格兰宝石学家坎布尔·布里第一个鉴定并命名为矿物学名称蓝色黝帘石(Blue zoisite)。1969 年，纽约的蒂芙尼(Tiffany)宝石公司认为其名不雅，碍其畅销；为纪念当时新成立的坦桑尼亚联合共和国，就以出产国的名字来命名这种宝石为“Tanzanite”。中文名称音译为坦桑石。也是因为这种宝石就像坦桑尼亚的黄昏天空一样，颜色深蓝带紫色，又名坦桑蓝，还有的叫丹泉石或月泉石，更确切一些应叫坦桑黝帘石。自从电影《泰坦尼克号》中展示了女主人那颗巨大的“海洋之心——蓝宝石(坦桑蓝)”之后，使其更增加了惊心动魄爱情的神秘感和诱惑性，一时间坦桑石在欧洲市场乃至全球市场备受青睐和走俏。

钽

[tǎn]形声；从钅，旦声。一种金属元素。[英]Tantalum。元素符号 Ta。原子序数 73。1802 年，瑞典化学家安德斯·古斯塔夫·埃克贝格(Anders Gustaf Ekeberg，1767—1813)在芬兰基米托(Kimito)地方出产的矿石中，发现了一种新金属。它与铌不易分开，故命名为“Tantalum”，意思是“使人烦恼”，取自希腊神话中的坦塔洛斯的名字。1814 年，当时化学界的化学权威瑞典化学家 J. J. 柏齐力阿斯(J. J. Berzelius)确认它是一种新元素，并赞成命名为“Tantalum”。坦塔洛斯是古希腊神话中吕底亚的国王，主神宙斯之子，因泄密，触犯了众神，被罚地狱受刑，立于水中，水及颌际，但当口渴想喝水时，水即退落，腹饥想摘头上的果子吃时，树枝即上升，无法解其饥渴。柏氏解释说：作为这种新金属，耐酸性极不寻常，甚至能耐王水。比喻坦塔洛斯虽身在水中，但不能吸收水分。1864 年，克利斯蒂安·威廉·布隆斯特兰(Christian Wilhelm Blomstrand)和路易·约瑟夫·特罗斯特(Louis Joseph Troost)明确证明了钽和铌是两种不同的化学元素。维尔纳·冯·博尔顿(Werner von Bolton)在 1903 年首次制成纯钽金属。在地壳中的含量为 0.000 2%，常与铌共存。

【钽贝塔石】参见【铌钛铀矿】条 651 页

【钽铋矿】

英文名 Bismutotantalite

化学式 $BiTaO_4$ (IMA)

钽铋矿短柱状晶体(乌干达)

钽铋矿是一种铋、钽的氧化物矿物。属白安矿族。斜方晶系。晶体呈短柱状；集合体常呈不规则或畸形，砂矿中呈流水磨圆的卵石状。浅棕色—沥青黑色，金刚光泽、半金属光泽，不透明；硬度 5～5.5，完全解理。1929 年发现于乌干达共和国瓦基索区布斯洛(Busiiro)甘巴(Gamba)山。英文名称 Bismutotantalite，由成分冠词“Bismuth(铋)”和根词“Tantalite(钽铁矿)”组合命名，意指成分中含铋及与钽铁矿的关系。1929 年韦兰(Wayland)和斯宾塞(Spencer)在《矿物学杂志》(22)和《美国矿物学家》(14)报道。1959 年以前发现、描述并命名的“祖父级”矿物，IMA 承认有效。中文名称根据成分译为钽铋矿。同义词 Ugandite，以发现地乌干达国命名，音译为乌干达矿。

【钽钙矿】

英文名 Rynersonite

化学式 $CaTa_2O_6$ (IMA)

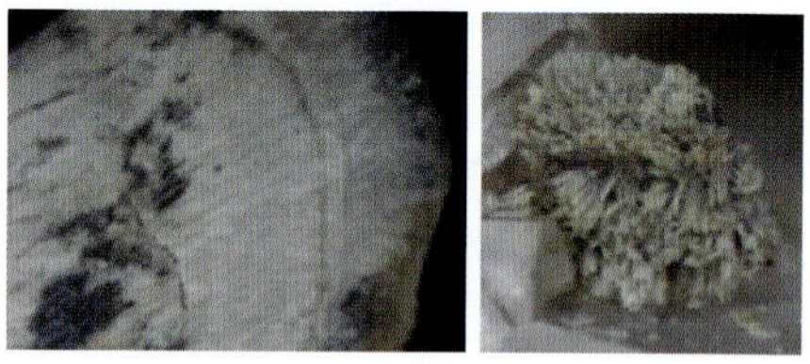

钽钙矿放射状集合体(美国、挪威)

钽钙矿是一种钙、钽的氧化物矿物。属易解石族。斜方晶系。晶体呈薄板状、针状、纤维状；集合体呈放射状。米黄色—白色、粉色、红色、红褐色，蜡状光泽，透明；硬度 4.5。1974 年发现于美国加利福尼亚州圣地亚哥县梅萨格兰德(Mesa Grande)区宝石山圣地亚哥(San Diego)矿。英文名称 Rynersonite，以圣地亚哥矿的老板尤金·B. 赖尔森(Eugene B. Rynerson，1910—)、他的弟弟 F. 比尔·赖尔森(F. Buel Rynerson，1905—)和父亲弗雷德·J. 赖尔森(Fred J. Rynerson，1882—1960)的姓氏命名。IMA 1974－058 批准。1978 年 E. E. 富尔德(E. E. Foord)和 M. E. 姆罗塞(M. E. Mrose)在《美国矿物学家》(63)报道。中文名称根据成分译为钽钙矿。

【钽锆钇矿】参见【钇锆钽矿】条 1072 页

【钽黑稀金矿】

英文名 Tanteuxenite-(Y)

化学式 $Y(Ta,Nb,Ti)_2(O,OH)_6$ (IMA)

钽黑稀金矿是一种钇、钽、铌、钛的复杂氢氧-氧化矿物。属黑稀金矿族。斜方晶系。蜕晶质。晶体呈扁平片状，粒径可达 5cm。褐黑色，树脂光泽、金刚光泽，半透明；硬度 5～6。1928 年发现于澳大利亚西澳大利亚州皮尔巴拉地区库格尔贡(Cooglegong)伟晶岩。1928 年辛普森(Simpson)在《西澳大利亚皇家学会学报》(14)报道。英文名称 Tanteuxenite-(Y),由化学成分“Tantalum(钽)”和稀土元素钇占优势的“Euxenite-(Y)”组合命名,亦即钽占优势的黑稀金矿-钇的类似矿物。1959 年以前发现、描述并命名的“祖父级”矿物,IMA 承认有效。IMA 1987s. p. 批准。中文名称根据成分及与黑稀金矿的关系译为钽黑稀金矿。

【钽铝石】参见【羟钽铝石】条 734 页

【钽镁矿】参见【镁铌钽矿】条 597 页

【钽锰矿】

英文名 Tantalite-(Mn)

化学式 $Mn^{2+}Ta_2O_6$ (IMA)

钽锰矿厚板状、短柱状晶体(巴西、美国)

钽锰矿是一种锰、钽的氧化物矿物。属铌铁矿族。斜方晶系。晶体呈厚板状、短柱状,双晶形成假六方形。粉红色、近无色、红棕色—黑色,玻璃光泽、半金属光泽,半透明—不透明;硬度 6,完全解理,脆性。1877 年发现于瑞典乌托(Utö)矿山;同年,在《斯德哥尔摩地质学会会刊》(3)报道,1887 年阿尔兹鲁尼(Arzruni)在俄国 *Ges. Min.* ,*Vh.* (23)报道。英文名称 Tantalite-(Mn),由根词希腊神话人物“Tantalus(坦塔罗斯)”加成分锰后缀-Mn 组合命名,意指矿物很难溶解。1959 年以前发现、描述并命名的“祖父级”矿物,IMA 承认有效。IMA 2007s. p. 批准。中文名称根据成分译为钽锰矿或锰钽铁矿。

【钽铯铅矿】

英文名 Cesplumtantite

化学式 $Cs_2Pb_3Ta_8O_{24}$ (IMA)

钽铯铅矿是一种铯、铅、钽的氧化物矿物。四方晶系。无色,金刚光泽,透明;硬度 7。1985 年发现于刚果(金)坦噶尼喀省马诺诺-基托洛(Manono-Kitotolo)伟晶岩矿。英文名称 Cesplumtantite,由化学成分“Cesium(铯)”拉丁文“Plumbum(铅)”和“Tantalum(钽)”组合命名。IMA 1985-040 批准。1986 年 A. V. 沃洛申等(A. V. Voloshin)在《矿物学研究》[8(5)]和 1989 年 J. L. 杨博尔(J. L. Jambor)等在《美国矿物学家》(74)报道。1987 年中国新矿物与矿物命名委员会郭宗山等在《岩石矿物学杂志》[6(4)]根据成分译为钽铯铅矿。

【钽烧绿石】参见【烧绿石】条 773 页

【钽石】

英文名 Tantite

化学式 Ta_2O_5 (IMA)

钽石是一种钽的氧化物矿物。三斜晶系。集合体呈微晶细脉状和透镜状。无色,金刚光泽,透明;硬度 7。1982 年发现于俄罗斯北部摩尔曼斯克州沃伦(Voron)苔原瓦辛-麦尔克(Vasin-Mylk)山脉。英文名称 Tantite,由化学成分“Tantalum(钽)”命名。IMA 1982-066 批准。1983 年 A. V. 沃洛申(A. V. Voloshin)等在基辅《矿物学杂志》[5(3)]和 1984 年《美国矿物学家》(69)报道。1985 年中国新矿物与矿物命名委员会郭宗山等在《岩石矿物及测试》[4(4)]根据成分译为钽石。

【钽碳矿】

英文名 Tantalcarbide

化学式 TaC (IMA)

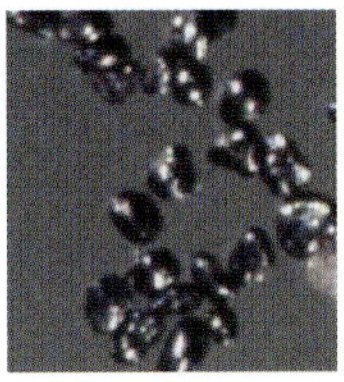

钽碳矿圆粒状晶体(俄罗斯)

钽碳矿是一种钽的碳化合物矿物。等轴晶系。晶体呈圆粒状。青铜色,金属光泽,不透明;硬度 6~7。1909 年发现于俄罗斯斯维尔德洛夫斯克州下塔吉尔市巴兰钦斯基(Baranchinsky)地块阿克泰(Aktai)河阿夫罗林斯基(Avrorinskii)砂矿。英文名称 Tantalcarbide,1966 年雨果·施特龙茨(Hugo Strunz)根据化学成分“Tantalum(钽)”和“Carbon(碳)”组合命名。最初 1909 年保罗·沃尔特(Paul Walther)认为它是自然钽(Native tantalum)。1926 年维克多·戈尔德施密特(Victor Goldschmidt)更名为碳化钽(Tantalum carbide)。1962 年被克利福德·弗龙德尔(Clifford Frondel)验证了该化合物。1959 年以前发现、描述并命名的“祖父级”矿物,IMA 承认有效。1997 年 M. I. 诺夫哥罗德娃(M. I. Novgorodova)等在《俄罗斯矿物学会记事》[126(1)]和 1996 年《美国矿物学家》(81)报道。中文名称根据成分译为钽碳矿/碳钽矿。

【钽锑矿】

英文名 Stibiotantalite

化学式 $Sb^{3+}TaO_4$ (IMA)

钽锑矿板状晶体(美国)

钽锑矿是一种锑、钽的氧化物矿物。属黄锑矿族。斜方晶系。晶体呈柱状或板状,具聚片双晶;集合体呈块状。无色、淡黄褐色、黄色、黄绿色或微红褐色—暗褐色,树脂光泽、金刚光泽,透明—不透明。可作宝石,以高色散和罕见而珍贵。1892 年发现于澳大利亚西澳大利亚州桥镇-绿林郡格林布希斯(Greenbushes)矿山锡砂矿。1892 年格莱德(Goyder)在伦敦学会《化学学报》(9)和 1893 年《澳大利亚皇家学会会刊》(17)、《化学学报文集》(53)报道。英文名称 Stibiotantalite,由希腊文“αντιμόνιο=Stibi(锑)”和与“Tantalite(钽铁矿)”的相似性命名。1959 年以前发现、描述并命名的“祖父级”矿物,IMA 承认有效。中文名称根据成分译为钽锑矿。中华民国杜其堡所编的《地质矿物学大词典》译作链锑钽矿。链是锡的旧译。

【钽铁矿】

英文名 Tantalite-(Fe)

化学式 $Fe^{2+}Ta_2O_6$ (IMA)

钽铁矿是一种铁、钽的氧化物矿物。属铌铁矿族。铌铁矿与钽铁矿之间呈完全类质同象,非洲口语对铌铁矿-钽铁矿称为 Coltan,是对这种复合矿物的总称呼。斜方晶系。晶

钽铁矿厚板状、柱状晶体(巴西、莫桑比克)

体呈巨大的厚板状、柱状,晶面上有条纹,双晶常见。铁黑色,半金属—金属光泽、半金刚光泽、油脂光泽,不透明;硬度6～6.5,完全解理,脆性,密度大;有弱磁性。最早见于1802年埃克伯格(Ekeberg)在 *Ak. Sockholm, Handl.*(23)报道。1802年瑞典化学家安德斯·古斯塔夫·埃克伯格(Anders Gustaf Ekeberg,1767—1813)在芬兰基米托(Kimito)地方出产的钽铁矿中,发现了一种新金属钽(Tantalum,旧译鉭,符号 Ta)。1836年发现于美国南达科他州劳伦斯县廷顿(Tinton)伟晶岩区上熊(Upper Bear)峡谷。英文名称 Tantalite-(Fe)或 Ferrotantalite,由成分冠词"Ferrous iron(二价铁)"和希腊神话人物"Tantalus(坦塔罗斯)"组合命名,意指它是含二价铁的难以溶解的矿物。原始材料铁大于锰叫"Tantalite(钽铁矿)"。1936年汤普森(Thompson)在《普通科学记录》(*Rec. Gen. Sc.*)(4)报道。1959年以前发现、描述并命名的"祖父级"矿物,IMA 承认有效。IMA 2007s. p. 批准。后续系列的名称改为公认的由根词加占优势的成分命名为 Tantalite-(Fe)。中文名称根据成分将前者译为钽铁矿;后者译为钽铁矿-铁。

【钽锡矿】

英文名 Thoreaulite

化学式 $Sn^{2+}Ta_2O_6$　(IMA)

钽锡矿片状晶体和雅克·梭罗像

钽锡矿是一种锡、钽的氧化物矿物。属钽铌锡石族。单斜晶系。晶体柱状,双晶呈片状。棕色、黄色,金刚光泽、树脂光泽;硬度5.5～6,完全解理。1933年发现于刚果(金)坦噶尼喀省马诺诺-基托洛(Manono - Kitotolo)伟晶岩矿。1933年亨利·布特格巴赫(Henri Buttgenbach)在《比利时地质学会年鉴》(56)和1934年《美国矿物学家》(19)报道。英文名称 Thoreaulite,由亨利·布特格巴赫为纪念比利时天主教鲁汶大学(UCL)矿物学教授雅克·梭罗(Jacques Thoreau,1886—1973)而以他的姓氏命名。1959年以前发现、描述并命名的"祖父级"矿物,IMA 承认有效。中文名称根据成分译为钽锡矿和钽锡石。

【钽易解石】

英文名 Tantalaeschynite-(Y)

化学式 $Y(Ta,Ti,Nb)_2O_6$　(IMA)

钽易解石是一种钇、钽、钛、铌的复杂氧化物矿物。斜方晶系。蜕晶质,原生矿物晶体呈柱状。褐色、暗褐色、红褐色、黄褐色、棕黑色、黑色,玻璃光泽、油脂光泽、树脂光泽,透明—半透明;硬度5.5～6,脆性,贝壳断口;强放射性。1969年发现于巴西帕拉伊巴州圣荷西多萨布格(São José do Sabugi)拉普萨(Raposa)伟晶岩。1974年 M. S. 阿杜苏密里(M. S. Adusumilli)在《矿物学杂志》(39)和《美国矿物学家》(59)报道。英文名称 Tantalaeschynite-(Y),由成分冠词"Tantalum(钽)"和根词"Aeschynite(易解石)",加占优势的稀土元素钇后缀-(Y)组合命名,亦即它是钽占优势的 Aeschynite-(Y)的类似矿物。IMA 1969-043 批准。中文名称根据成分钽及与易解石-钇的关系译为钽易解石/钽钇易解石。

钽易解石柱状晶体(巴西)

碳 [tàn]形声;从石,炭声。是一种非金属元素。[英]Carbon。元素符号 C。原子序数6。史前人类就已经知道木炭和烟炱两种碳素。普林尼时代已会烧制木炭。大约在公元前2 500年中国已熟知钻石。金刚石在《圣经·旧约》和古印度的经书屡次提到。1704年牛顿指出金刚石是由碳组成的。1772年,安东尼·拉瓦锡证明钻石是碳的一种存在形式。1779年,卡尔·威廉·舍勒证明石墨也是碳的一种存在形式。1789年,拉瓦锡在他的教科书中将碳列在元素表中。英文名称 Carbon,来自拉丁文的 Carbonium 或来源于法文中的 Charbon,意为"煤,木炭"。碳在地壳中的含量约0.027%。在自然界中以矿物(或矿物资源)形式存在的有单质(如金刚石和石墨等)、无机和有机化合物(如煤、石油、天然气、可燃冰、沥青、蜡、石灰石和其他碳酸盐等)。

【碳铵石】

英文名 Teschemacherite

化学式 $(NH_4)H(CO_3)$　(IMA)

碳铵石是一种铵的氢碳酸盐矿物。斜方晶系。晶体(合成)呈短柱状;集合体(天然)呈致密块状。无色、白色、淡黄色,透明;硬度1.5,完全解理,脆性。最早见于1839年罗斯(Rose)在莱比锡《哈雷物理学年鉴》(46)报道。1868年发现于南非西开普省西海岸地区沙尔丹哈(Saldanha)湾鸟粪沉积物。英文名称 Teschemacherite,以英国化学家弗雷德里克·爱德华·特舍马赫(Frederick Edward Teschemacher,1791—1863)的姓氏命名,是他首次描述了该矿物。1868年 J. D. 丹纳(J. D. Dana)在《系统矿物学》(第五版,纽约)刊载。1959年以前发现、描述并命名的"祖父级"矿物,IMA 承认有效。中文名称根据成分译为碳铵石。

特舍马赫像

【碳贝斯特石*】

英文名 Carbobystrite

化学式 $Na_8(Al_6Si_6O_{24})(CO_3)\cdot 4H_2O$　(IMA)

碳贝斯特石*是一种含结晶水的钠的碳酸-铝硅酸盐矿物。属似长石族钙霞石族。三方晶系。集合体呈块状。无色,玻璃光泽,透明;硬度6,脆性。2009年发现于俄罗斯北部摩尔曼斯克州科阿什瓦(Koashva)山露天采坑。英文名称 Carbobystrite,由成分冠词"Carbo(碳)"和根词"Bystrite

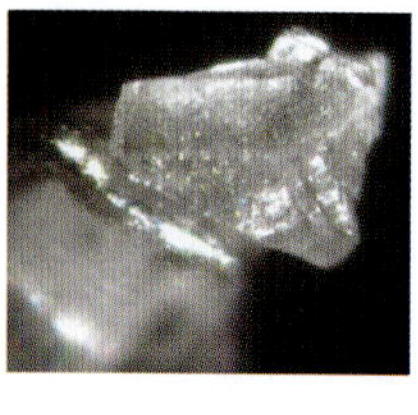

碳贝斯特石*块状集合体(俄罗斯)

（贝斯特石*）”组合命名，意指它是含碳酸根的贝斯特石*的类似矿物（根词参见【贝斯特石*】条 51 页）。IMA 2009－028 批准。2010 年 A. P. 霍米亚科夫（A. P. Khomyakov）等在《加拿大矿物学家》[48(2)]报道。目前尚未见官方中文译名，编译者根据成分及与贝斯特石*的关系建议译为碳贝斯特石*。

【碳钡矿】参见【毒重石】条 134 页

【碳钡钠石】

英文名 Khanneshite

化学式 $(Na,Ca)_3(Ba,Sr,Ce,Ca)_3(CO_3)_5$　　(IMA)

碳钡钠石是一种钠、钙、钡、锶、铈的碳酸盐矿物。属黄碳锶钠石族。六方晶系。淡黄色，几乎无色，玻璃光泽，透明；硬度 3～4，脆性。1981 年发现于阿富汗赫尔曼德省克汗内欣（Khanneshin）杂岩体中央矿床。英文名称 Khanneshite，以发现地阿富汗的克汗内欣（Khanneshin）矿床命名。IMA 1981－025 批准。1982 年 G. K. 叶廖缅科（G. K. Yeremenko）和 V. A. 别尔科（V. A. Belko）在《全苏矿物学会记事》(111)及 1983 年《美国矿物学家》(68)报道。中文名称根据成分译为碳钡钠石。

【碳铋钙石】

英文名 Beyerite

化学式 $CaBi_2O_2(CO_3)_2$　　(IMA)

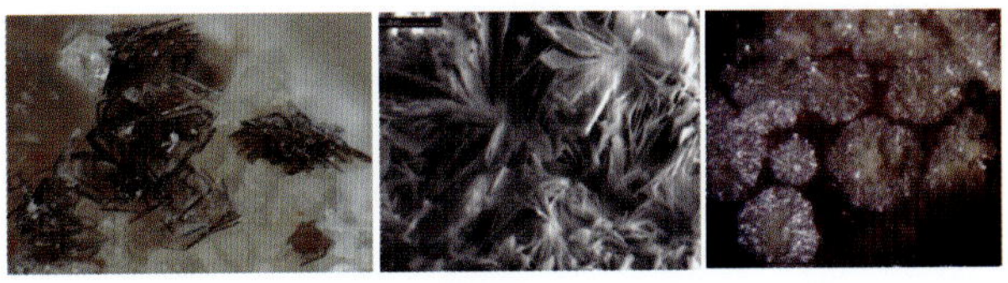

碳铋钙石片状、纤维状晶体，放射状、球粒状集合体（德国、捷克）

碳铋钙石是一种罕见的钙、铋氧的碳酸盐矿物。四方晶系。晶体呈矩形扁板状、纤维状；集合体呈放射状、球粒状、致密块状。白色、亮黄色或灰绿色、灰色，金刚光泽、玻璃光泽，透明—半透明；硬度 2～3，脆性。1921 年发现于德国下萨克森州厄尔士山脉的施内贝格（Schneeberg）区；同年，E. S. 拉尔森（E. S. Larsen）在《美国地质调查局通报》(679)报道。1943 年 C. 弗龙德尔（C. Frondel）在《美国矿物学家》(28)确认为有效矿物种。英文名称 Beyerite，以德国萨克森州施滕贝格矿区采矿工程师阿道夫·拜耳（Adolph Beyer，1743—1805）的姓氏命名。他第一次在自然界认出了碳酸铋和泡铋矿。1959 年以前发现、描述并命名的“祖父级”矿物，IMA 承认有效。中文名称根据成分译为碳铋钙石/碳钙铋石。

【碳碲钙石】

英文名 Mroseite

化学式 $CaTe^{4+}O_2(CO_3)$　　(IMA)

曼罗瑟像

碳碲钙石是一种含钙、碲氧的碳酸盐矿物。斜方晶系。晶体呈小而细长状；集合体常呈放射状、块状。无色—白色，金刚光泽，半透明；硬度 4。1974 年发现于墨西哥索诺拉州蒙特苏马（Moctezuma）金-碲矿（班布拉矿）。英文名称 Mroseite，以美国地质调查局的矿物学家玛丽·艾玛·曼罗瑟（Mary Emma Mrose，1910—2003）的姓氏命名。IMA 1974－032 批准。1975 年 R. 费希尔（R. Fischer）等在《加拿大矿物学家》(13)和弗莱舍等在《美国矿物学家》(60)报道。中文名称根据成分译为碳碲钙石。

【碳氟磷灰石】

英文名 Carbonate-fluorapatite

化学式 $Ca_5(PO_4,CO_3)_3F$

碳氟磷灰石是一种含氟的钙的碳酸-磷酸盐矿物。六方晶系。晶体呈柱状；集合体呈块状、土状、疏松粉状。无色或白色，玻璃光泽、树脂光泽，透明—半透明；硬度 5。发现于英国英格兰德文郡塔维斯托克区佛朗哥（Franco）山丘。英文名称 Carbonate fluorapatite，由成分冠词“Carbonate（碳酸盐）”“Fluorine（氟）”和根词“Apatite（磷灰石）”组合命名。中文名称根据成分译为碳氟磷灰石（参见【磷灰石】条 460 页和【氟磷灰石】条 179 页）。

【碳氟铝锶石】参见【斯特奴矿】条 891 页

【碳钙镁石】参见【韩泰石】条 304 页

【碳钙镁铀矿】参见【水钙镁铀矿】条 823 页

【碳钙钠石】

英文名 Zemkorite

化学式 $Na_2Ca(CO_3)_2$　　(IMA)

碳钙钠石是一种钠、钙的碳酸盐矿物。六方晶系。无色，珍珠光泽，透明；硬度 2，脆性。1985 年发现于俄罗斯萨哈共和国乌达什纳亚-伏斯托奇纳亚（Udachnaya-Vostochnaya）岩管。英文名称 Zemkorite，以俄罗斯新西伯利亚科学院西伯利亚分部地壳研究所（Institute of Earth's Crust，Academy of Science，Siberian Branch，Novosibirsk.）的俄文缩写“Zemnoy Kory”命名。IMA 1985－041 批准。1988 年 N. K. 叶戈罗夫（N. K. Yegorov）等在《苏联科学院报告》(301)和 1990 年《美国矿物学家》(75)报道。1991 年中国新矿物与矿物命名委员会郭宗山在《岩石矿物学杂志》[10(4)]根据成分译为碳钙钠石。

【碳钙钕矿】

英文名 Calcioancylite-(Nd)

化学式 $Nd_{2.8}Ca_{1.2}(CO_3)_4(OH)_3 \cdot H_2O$　　(IMA)

碳钙钕矿球状集合体（意大利）

碳钙钕矿是一种含结晶水和羟基的钕、钙的碳酸盐矿物。属碳锶铈矿族。单斜晶系。晶体呈双锥状；集合体呈球状。粉红色，玻璃光泽，透明；硬度 4～4.5，脆性。1989 年发现于意大利韦巴诺-库西亚-奥索拉省奥尔特费（Oltrefiume）卡莫西奥（Camoscio）山苏拉（Seula）矿。英文名称 Calcioancylite-(Nd)，由成分冠词“Calcium（钙）”加根词“Ancylite（碳锶铈矿）”，再加占优势的稀土元素钕后缀-(Nd)组合命名；其中，根词“Ancylite（碳锶铈矿）”由希腊文“αγκυλ ὀ s＝Ankylos（弯曲、扭曲）”，意指其通常呈圆形和扭曲的晶体形状。IMA 1989－008 批准。1990 年 P. 奥兰迪（P. Orlandi）等在《欧洲矿物学杂志》(2)报道。1991 年中国新矿物与矿物命名委员会郭宗山在《岩石矿物学杂志》[10(4)]根据成分译为碳钙钕矿；1993 年黄蕴慧等译为碳钙钕石。

【碳钙钕铀矿】参见【萨巴铀矿-钕】条 757 页

【碳钙铈石】

英文名 Calcioancylite-(Ce)

化学式 $(Ce,Ca,Sr)(CO_3)(OH,H_2O)$　　(IMA)

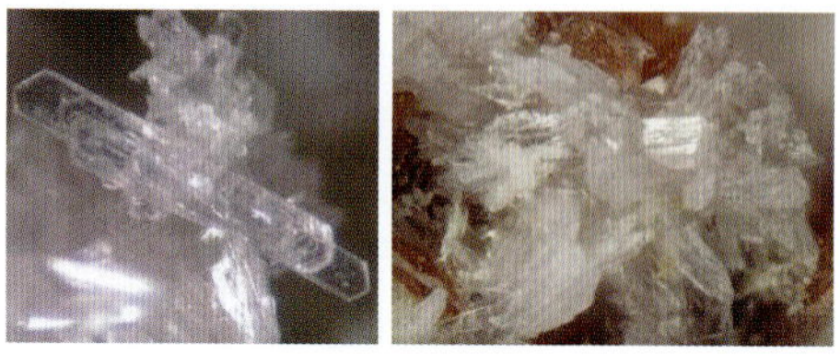

碳钙铈石板状晶体(加拿大)

碳钙铈石是一种含结晶水和羟基的铈、钙、锶的碳酸盐矿物。属碳锶铈矿族。单斜晶系。晶体呈假八面体、板状。无色、白色、粉红色，玻璃光泽、油脂光泽，透明—半透明；硬度 4～4.5，脆性。模式产地不确切，也许是俄罗斯西部或是芬兰西部。1922 年在《苏联兰杜斯科学院报告》(*Comptes Rendus de l'Academie des Sciences de Russie*)报道。又见于 1951 年 C. 帕拉奇(C. Palache)、H. 伯曼(H. Berman)和 C. 弗龙德尔(C. Frondel)《丹纳系统矿物学》(第二卷，第七版，纽约)。英文名称 Calcioancylite-(Ce)，由成分冠词“Calcium(钙)”加根词“Ancylite(碳锶铈矿)”再加占优势的稀土元素铈后缀-(Ce)组合命名；其中，根词“Ancylite(碳锶铈矿)”由希腊文“αγκυλὀs＝Ankylos(弯曲、扭曲)”，意指其晶体常呈圆形和扭曲形状。1959 年以前发现、描述并命名的“祖父级”矿物，IMA 承认有效。IMA 1987s. p. 批准。中文名称根据成分译为碳钙铈石/碳钙铈矿或钙碳锶铈矿。

【碳钙铀矿】

英文名 Zellerite

化学式 $Ca(UO_2)(CO_3)_2 \cdot 5H_2O$　　(IMA)

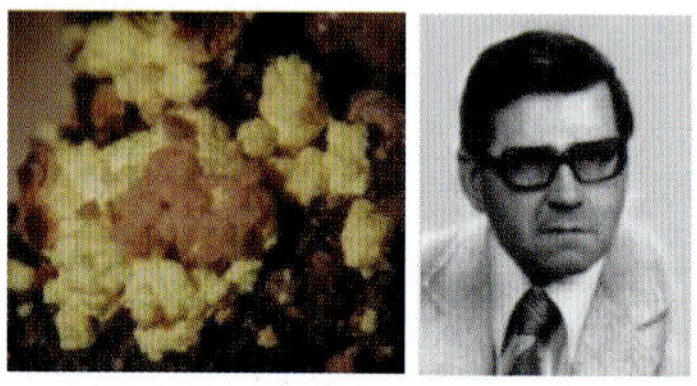

碳钙铀矿皮壳状集合体(捷克)和泽勒像

碳钙铀矿是一种含结晶水的钙的铀酰-碳酸盐矿物。斜方晶系。晶体呈纤维状和毛发状；集合体呈土状、皮壳状。淡黄色、柠檬黄色，半透明；硬度 2。1963 年发现于美国怀俄明州弗里蒙特县好运麦克(Lucky Mac)矿。英文名称 Zellerite，以美国地质调查局的地质学家霍华德·D. 泽勒(Howard D. Zeller，1922—2009)的姓氏命名，是他发现的该矿物。IMA 1965-031 批准。1966 年 R. G. 科尔曼(R. G. Coleman)等在《美国矿物学家》(51)报道。1985 年中国新矿物与矿物命名委员会郭宗山等在《岩石矿物及测试》[4(4)]根据成分译为碳钙铀矿，也有的根据菱面体解理和成分译作菱钙铀矿，还有的译作针铀钙矿。

【碳铬镁矿】

英文名 Stichtite

化学式 $Mg_6Cr_2(CO_3)(OH)_{16} \cdot 4H_2O$　　(IMA)

碳铬镁矿是一种鲜为人知的含结晶水和羟基的镁、铬的

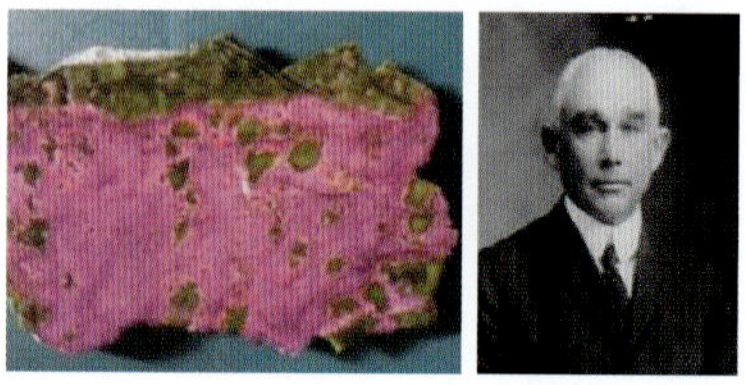

碳铬镁矿块状集合体(澳大利亚)和施蒂希特像

碳酸盐矿物。属水滑石超族水滑石族。三方(或六方)晶系。晶体呈板状、片状、纤维状、鳞片状；集合体常呈块状。淡紫色和玫瑰粉色，蜡状光泽、油脂光泽、珍珠光泽，透明—半透明；硬度 1.5～2，完全解理。1910 年发现于澳大利亚塔斯马尼亚州邓达斯(Dundas)矿区碳铬镁矿矿山；同年，佩特里(Petterd)在《塔斯马尼亚矿物目录》(3)报道。英文名称 Stichtite，以塔斯马尼亚的采矿工程师罗伯特·卡尔·施蒂希特(Robert Carl Sticht，1856—1922)的姓氏命名。他曾任昆士敦莱尔山采矿和铁路公司(塔斯马尼亚州)总经理，他首先发现了此矿物。1959 年以前发现、描述并命名的“祖父级”矿物，IMA 承认有效。中文名称根据成分译为碳铬镁矿或菱水碳铬镁石；也有人根据成分和鳞片状晶体译为铬鳞镁矿。目前已知 Stichtite 有-2H(六方晶系)和-3R(三方晶系)多型。

【碳硅钙石】参见【片柱钙石】条 688 页

【碳硅钙钇石】

英文名 Caysichite-(Y)

化学式 $(Ca,Yb,Er)_4Y_4(Si_8O_{20})(CO_3)_6(OH) \cdot 7H_2O$　(IMA)

碳硅钙钇石柱状、纤维状晶体，放射状集合体(意大利、加拿大)

碳硅钙钇石是一种含结晶水和羟基的钙、镱、铒、钇的碳酸-硅酸盐矿物。斜方晶系。晶体呈柱状、纤维状；集合体呈放射状。白色；硬度 4。1973 年发现于加拿大魁北克省渥太华市埃文斯卢(Evans Lou)矿山。1939—1952 年开采埃文斯卢伟晶花岗岩时认为它是长石。英文名称 Caysichite-(Y)，由化学成分“Ca(钙)”“Y(钇)”“Si(硅)”和“Ch(Charbonate，碳酸盐)”缩写组合命名。IMA 1973-044 批准。1974 年 D. D. 贺加斯(D. D. Hogarth)等在《加拿大矿物学家》(12)报道。中文名称根据成分译为碳硅钙钇石。

【碳硅碱钙石】

英文名 Carletonite

化学式 $KNa_4Ca_4Si_8O_{18}(CO_3)_4(OH) \cdot H_2O$　　(IMA)

碳硅碱钙石柱状晶体和卡尔顿大学校徽

碳硅碱钙石是一种含结晶水和羟基的钾、钠、钙的碳酸-硅酸盐矿物。四方晶系。晶体呈柱状。无色、淡蓝色、深蓝色、粉红色等(具环带),玻璃光泽,透明—半透明;硬度 4～4.5,贝壳状断口。1969 年发现于加拿大魁北克省蒙特雷吉(Monteregie)的圣希莱尔(Saint-Hilaire)山混合肥料采石场。英文名称 Carletonite,以加拿大渥太华卡尔顿(Carleton)大学的名字命名,该矿物第一次在这里由 G. Y. 赵(G. Y. Chao)博士于 1963—1995 年期间对 MSH 矿物进行调查研究时发现的。IMA 1969 - 016 批准。1971 年赵在《美国矿物学家》(56)报道。中文名称根据成分译为碳硅碱钙石或碱硅钙石。

【碳硅铝铅石】

英文名 Surite

化学式 $(Pb,Ca)_3Al_2(Si,Al)_4O_{10}(CO_3)_2(OH)_3 \cdot 0.3H_2O$ (IMA)

碳硅铝铅石板条状晶体(美国)

碳硅铝铅石是一种含结晶水和羟基的铅、钙、铝的碳酸-铝硅酸盐矿物。单斜晶系。晶体呈板条状;形状像小而薄的石膏板条,板面呈菱形、矩形。白色、浅绿色,玻璃光泽,透明;硬度 2～3,完全解理。1977 年发现于阿根廷里奥内格罗省克鲁兹德尔苏尔(Cruz del Sur)矿。英文名称 Surite,以发现地阿根廷的苏尔(Sur)矿命名。IMA 1977 - 037 批准。1978 年在《美国矿物学家》(63)报道。中文名称根据成分译为碳硅铝铅石。

【碳硅石】参见【莫桑石】条 624 页

【碳硅钛铈钠石-钕】参见【硅钛铌钕矿】条 289 页

【碳硅钛铈钠石-铈】参见【硅钛铌铈矿】条 289 页

【碳硅铁铈石】

英文名 Biraite-(Ce)

化学式 $Ce_2Fe^{2+}(Si_2O_7)(CO_3)$ (IMA)

碳硅铁铈石是一种铈、铁的碳酸-硅酸盐矿物。单斜晶系。晶体呈不规则粒状,有时晶体完好或成连晶。褐色,条痕呈浅灰色,玻璃光泽,半透明;硬度 5,脆性。2003 年发现于俄罗斯伊尔库茨克州比拉亚(Biraya)和布亚(Bya)河交汇处(恰拉盆地)乌斯季-比拉亚(Ust′-Biraya)铁稀土矿。英文名称 Biraite-(Ce),由发现地俄罗斯布里亚特共和国比拉亚(Biraya)矿,加占优势的稀土元素铈后缀-(Ce)组合命名。IMA 2003 - 037 批准。2005 年 A. 科涅夫(A. Konev)等在《欧洲矿物学杂志》[17(5)]报道。2008 年中国地质科学院地质研究所任玉峰等在《岩石矿物学杂志》[27(6)]根据成分译为碳硅铁铈石。

【碳硅钇钙石】

英文名 Kainosite-(Y)

化学式 $Ca_2Y_2(SiO_3)_4(CO_3) \cdot H_2O$ (IMA)

碳硅钇钙石是一种含结晶水的钙、钇的碳酸-硅酸盐矿物。斜方晶系。晶体呈斜方双锥状、柱状。栗棕色、淡黄色、无色、绿黄色、黄色或淡黄棕色、玫瑰色、黑色,树脂光泽,透明—半透明;硬度 5～6,完全解理,脆性。1885 年发现于挪威西阿格德尔郡弗莱克菲尤尔镇伊格莱顿(Igletjødn)长石采石场。1886 年阿道夫·埃里克·诺登舍尔德(Adolf Erik Nordenskiöld,1831—1901)在《斯德哥尔摩地质学会会刊》

碳硅钇钙石双锥状、柱状晶体(奥地利、西班牙)

(8)报道。英文名称 Kainosite-(Y),以诺登舍尔德根据希腊文"καινos＝Kainos(少见、稀有)"命名,意指其不同寻常的稀土化学成分钇,特别是铒。1959 年以前发现、描述并命名的"祖父级"矿物,IMA 承认有效。IMA 1987s. p. 批准。中文名称根据成分译为碳硅钇钙石,也译作钙钇铒矿。

【碳钾钙石】

英文名 Fairchildite

化学式 $K_2Ca(CO_3)_2$ (IMA)

费尔柴尔德像

碳钾钙石是一种钾、钙的碳酸盐矿物。六方晶系。晶体呈显微六方板状;集合体呈致密块状。无色、蓝灰色、浅灰色,透明;硬度 2.5,完全解理。1946 年发现于美国亚利桑那州科科尼诺县大峡谷国家公园和爱达荷州邦纳县卡尼克苏(Kaniksu)国家森林的库林的铁杉、冷杉等燃烧形成的熔化物。1947 年米尔顿(Milton)和阿克塞尔罗德(Axelrod)在《美国矿物学家》(32)报道。英文名称 Fairchildite,以美国地质调查局的分析化学家约翰·G. 费尔柴尔德(John G. Fairchild,1882—1965)的姓氏命名。1959 年以前发现、描述并命名的"祖父级"矿物,IMA 承认有效。中文名称根据成分译为碳钾钙石②或碳酸钾钙石。编译者建议根据对称和成分译为六方碳钾钙石;根据英文名称首音节音和成分译为费碳钾钙石。

【碳钾钙铀矿】

英文名 Línekite

化学式 $K_2Ca_3[(UO_2)(CO_3)_3]_2 \cdot 8H_2O$ (IMA)

碳钾钙铀矿板状晶体,叠板状集合体(捷克)和利内克像

碳钾钙铀矿是一种含结晶水的钾、钙的铀酰-碳酸盐矿物。斜方晶系。晶体呈假四方板状;集合体呈叠板状。浅黄色、浅绿色、黄绿色,玻璃光泽,透明。2012 年发现于捷克共和国卡罗维发利州厄尔士山脉斯沃诺斯特(Svornost)矿格斯基伯(Geschieber)矿脉。英文名称 Línekite,以捷克物理学家、晶体学家艾伦·利内克(Allan Línek,1925—1984)博士的姓氏命名,以表彰他对结构科学做出的重大贡献。IMA 2012 - 066 批准。2013 年 J. 普拉希尔(J. Plášil)等在《CNMNC 通讯》(15)、《矿物学杂志》(77)和 2017 年《地球科学杂志》(62)报道。2015 年艾钰洁、范光在《岩石矿物学杂志》[34(1)]根据成分译为碳钾钙铀矿。

【碳钾钠矾】参见【碳酸芒硝】条 929 页

【碳钾铀矿】

英文名 Grimselite

化学式 $K_3Na(UO_2)(CO_3)_3 \cdot H_2O$　　(IMA)

碳钾铀矿柱状晶体，放射状集合体（捷克）

碳钾铀矿是一种含结晶水的钾、钠的铀酰-碳酸盐矿物。六方晶系。晶体呈带锥的六方柱状、板状、粒状；集合体呈放射状、皮壳状。黄色，透明—半透明；硬度 2～3，脆性，贝壳状断口。1971 年发现于瑞士伯尔尼省哈斯利山谷格林姆塞(Grimsel)区域格斯滕内格-索马里赫(Gerstenegg - Sommerloch)的一个电缆坑道。英文名称 Grimselite，以发现地瑞士格林姆塞(Grimsel)区命名。IMA 1971 - 040 批准。1972 年在《瑞士矿物学和岩石学通报》(52)和 1973 年《美国矿物学家》(58)报道。中文名称根据成分译为碳钾铀矿或碳铀钾石；根据菱面体解理和成分译作菱钾铀矿。

【碳镧石】

英文名 Lanthanite-(La)

化学式 $La_2(CO_3)_3 \cdot 8H_2O$　　(IMA)

碳镧石板片状晶体（巴西）

碳镧石是一种含结晶水的镧的碳酸盐矿物。斜方晶系。晶体呈鳞片状或板状、细粒状；集合体常呈土状。无色、淡黄色、黄白色、白色或粉红色，玻璃光泽、珍珠光泽、土状光泽，透明；硬度 3，完全解理。最初发现于瑞典南部的矿业城巴斯特纳(Bastnäs)矿山。最早见于 1824 年伯齐利厄斯(Berzelius)在《斯德哥尔摩瑞典科学院文献》(134)报道，称为 Kohlensaures Cereroxydul。1837 年 J. D. 丹纳(J. D. Dana)在《系统矿物学》(第一版，纽黑文)中称铈碳酸盐。1845 年 Wm. 海丁格尔(Wm. Haidinger)在维也纳《矿物学鉴定手册》称 Lanthanit(镧石)。镧石根据占主导地位的稀土元素有 3 个独立的矿物：Lanthanite-(La)、Lanthanite-(Ce)和 Lanthanite-(Nd)。英文名称 Lanthanite-(La)，由成分"Lanthanide(镧)"和占主导地位的镧系元素镧-(La)组合命名。根词 Lanthanite，来自镧的化学元素名称 Lanthanum，它又来自希腊文 Λαγθανό = Lanthanō，意为"躲开人们的注意""隐藏起来"，因为要将镧从铈土中分离出来非常困难。1959 年以前发现、描述并命名的"祖父级"矿物，IMA 承认有效。IMA 1987s. p. 批准。中文名称根据成分译为碳镧石或镧石。

【碳磷钙镁石】

英文名 Heneuite

化学式 $CaMg_5(PO_4)_3(CO_3)(OH)$　　(IMA)

碳磷钙镁石是一种含羟基的钙、镁的碳酸-磷酸盐矿物。三斜晶系。集合体呈结节状、块状。蓝紫色或浅蓝绿色，玻璃光泽，透明—半透明；硬度 5.5，完全解理，脆性。1982 年发现于挪威布斯克吕郡廷格尔施塔特杰恩(Tingelstadtjern)蛇纹石-菱镁矿采石场。英文名称 Heneuite，为纪念挪威奥斯陆大学矿物学-地质学博物馆的亨利奇·诺伊曼教授(Henrich Neumann，1914—1983)而以他的姓名缩写命名。IMA 1983 - 057 批准。1986 年 G. 拉德(G. Raade)等在《矿物学新年鉴》(月刊)和 1988 年 J. L. 杨博尔(J. L. Jambor)等在《美国矿物学家》(73)报道。1987 年中国新矿物与矿物命名委员会郭宗山等在《岩石矿物学杂志》[6(4)]根据成分译为碳磷钙镁石。

亨利奇像

【碳磷灰石】

英文名 Dahllite

化学式 $Ca_{10}(PO_4)_6CO_3 \cdot H_2O$

碳磷灰石是一种含结晶水的钙的碳酸-磷酸盐矿物。属磷灰石族。六方晶系。晶体呈柱状、厚板状、纤维状、鳞片状、粒状，具双晶；集合体呈块状、球粒状、肾状、皮壳状。黄色—黄白色，玻璃光泽、树脂光泽；硬度 5。第一次发现并描述于挪威泰勒马克郡欧德格尔登(Ødegården)矿山。1888 年 W. C. 布罗格(W. C. Brögger)和 H. 巴克斯特伦(H. Bäckström)在斯德哥尔摩《瑞典皇家科学院学报》(*Ofversigt af Kongliga Vetenskaps-Akademiens Forhandlingar*)(7)报道。英文名称 Dahllite，1888 年由布罗格和巴克斯特伦为纪念挪威地质学家和矿物学家特勒夫·达尔(Tellef Dahll，1825—1893)和约翰·马丁·达尔(Johan Martin Dahll，1830—1877)兄弟二人而以他们的姓氏命名。同义词 Carbonate-rich Hydroxylapatite(富碳酸的羟基磷灰石)。中文名称根据成分及与磷灰石的关系译为碳磷灰石。

【碳磷铝钡石】

英文名 Krasnovite

化学式 $Ba(Al,Mg)(PO_4,CO_3)(OH)_2 \cdot H_2O$　　(IMA)

碳磷铝钡石纤维状晶体，放射状、球粒状集合体（玻利维亚）

碳磷铝钡石是一种含结晶水和羟基的钡、铝、镁的碳酸-磷酸盐矿物。斜方晶系。晶体呈纤维状；集合体呈球粒状。淡蓝色，丝绢光泽，半透明；硬度 2，完全解理。1991 年发现于俄罗斯北部摩尔曼斯克州科夫多尔哲勒兹尼(Kovdor Zheleznyi)矿。英文名称 Krasnovite，以圣彼得堡大学的矿物学家 N. I. 克拉斯诺娃(N. I. Krasnova，1941—)的姓氏命名。IMA 1991 - 020 批准。1996 年 S. N. 布里特温(S. N. Britvin)等在《俄罗斯矿物学会记事》[125(3)]报道。2003 年中国地质科学院矿产资源研究所李锦平等在《岩石矿物学杂志》[22(3)]根据成分译为碳磷铝钡石。

【碳磷锰钠石】

英文名 Sidorenkite

化学式 $Na_3Mn(PO_4)(CO_3)$　　(IMA)

碳磷锰钠石是一种钠、锰的碳酸-磷酸盐矿物。属磷钠镁石族。单斜(假斜方)晶系。晶体呈长柱状、火柴盒状、不规则粒状。无色、淡粉色，地表呈棕色、红棕色、黄色，玻璃光泽，解理面上呈珍珠光泽，透明；硬度 2，完全解理，脆性。

碳磷锰钠石柱状晶体(俄罗斯)和希多伦科像

1978 年发现于俄罗斯北部摩尔曼斯克州阿鲁艾夫(Alluaiv)山。英文名称 Sidorenkite,以苏联地质学家、俄罗斯科学院的分部科拉科学中心的创始人亚历山大·瓦西里耶维奇·希多伦科(Alexander Vasilevich Sidorenko,1917—1982)的姓氏命名。IMA 1978-013 批准。1979 年 A. P. 霍米亚科夫(A. P. Khomyakov)在《全苏矿物学会记事》(108)和《美国矿物学家》(64)报道。中文名称根据成分译为碳磷锰钠石。

【碳磷锶钠石】

英文名 Crawfordite

化学式 $Na_3Sr(PO_4)(CO_3)$　　(IMA)

碳磷锶钠石是一种钠、锶的碳酸-磷酸盐矿物。单斜晶系。晶体呈不规则粒状;集合体呈块状。无色,玻璃光泽,透明—半透明;硬度 3。1993 年发现于俄罗斯北部摩尔曼斯克州科阿什瓦(Koashva)山伟晶岩体。英文名称 Crawfordite,1994 年 A. P. 霍米亚科夫(A. P. Khomyakov)等为纪念英国伦敦皇家军事学院的化学教授,伦敦托马斯医院的一名医务人员阿黛尔·克劳福德(Adair Crawford,1748—1795)爵士而以他的姓氏命名。他对量热法和比热法研究做出了许多贡献。他是元素锶的共同发现者。IMA 1993-030 批准。1994 年霍米亚科夫等在《俄罗斯矿物学会记事》[123(3)]报道。1999 年中国新矿物与矿物命名委员会黄蕴慧等在《岩石矿物学杂志》[18(1)]根据成分译为碳磷锶钠石。

【碳铝钙石】参见【水碳铝钙石】条 875 页

【碳铝铅矿】参见【白铅铝矿】条 38 页

【碳氯溴碘汞石】

英文名 Vasilyevite

化学式 $(Hg_2)^{2+}_{10}O_6I_3Br_2Cl(CO_3)$　　(IMA)

碳氯溴碘汞石是一种含碳酸根汞氧的氯-溴-碘化物矿物。三斜晶系。晶体呈隐晶质,显微他形粒状。银灰色、黑色或红黑色,金刚光泽、金属光泽,半透明—不透明;硬度 3,脆性。2003 年发现于美国加利福尼亚州圣贝尼托县代阿布洛岭山羊(Goat)山清水溪老汞矿山。英文名称 Vasilyevite,以俄罗斯科学院新西伯利亚分院地质研究所的弗拉基米尔·伊万诺维奇·瓦西里耶夫(Vladimir Ivanovich Vasilyev,1929—)的姓氏命名。他发现了 9 个汞矿物。IMA 2003-016 批准。2003 年 A. C. 罗伯茨(A. C. Roberts)等在《加拿大矿物学家》(41)报道。2008 年中国地质科学院地质研究所任玉峰等在《岩石矿物学杂志》[27(2)]根据成分译为碳氯溴碘汞石。

【碳氯钇铜矾】

英文名 Decrespignyite-(Y)

化学式 $Y_4Cu(CO_3)_4Cl(OH)_5 \cdot 2H_2O$　　(IMA)

碳氯钇铜矾是一种含结晶水、羟基、氯的钇、铜的碳酸盐矿物。单斜晶系。晶体呈假六方板状;集合体呈皮壳状、球状、弯曲板状、花状。浅蓝色、亮蓝色,玻璃光泽、珍珠光泽,透明;硬度 4。1998 年由澳大利亚南澳大利亚州博物馆首席

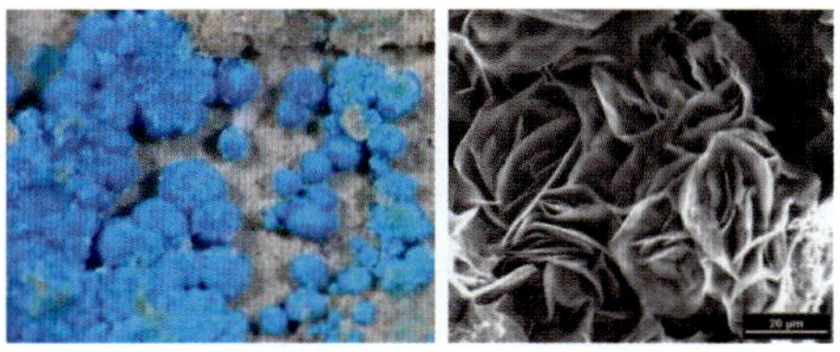

碳氯钇铜矾皮壳状、球状、花状集合体(澳大利亚)

科学家和矿物科学主管艾伦·普林(Allan Pring,1984—2015)博士根据南澳大利亚州著名矿物收藏家和矿物学家约翰·托马(John Toma)先生注意到的一个未知的矿物样本,该矿物发现于澳大利亚南澳大利亚州欧莱瑞地区的帕拉图(Paratoo)铜矿。英文名称 Decrespignyite-(Y),由南澳大利亚州阿雷德雷大学校长罗伯特·詹姆士·钱皮恩·德·克雷皮尼(Robert James Champion de Crespigny,1950—)的姓氏,加占优势的稀土元素钇后缀-(Y)组合命名,以表彰他对澳大利亚教育事业做出的贡献。IMA 2001-027 批准。2002 年 K. 沃尔沃克(K. Wallwork)等在《矿物学杂志》(66)报道。2006 年中国地质科学院矿产资源研究所李锦平在《岩石矿物学杂志》[25(6)]根据成分译为碳氯钇铜矾(编译者注:成分中并没有硫酸根,译名不准确,建议译为碳氯钇铜矿*/石*)。

【碳镁铁矿-2H】

英文名 Pyroaurite-2H

化学式 $Mg_6Fe^{3+}_2(CO_3)(OH)_{16} \cdot 4H_2O$　　(IMA)

碳镁铁矿-2H 板状、纤维状晶体和肖格伦像

碳镁铁矿-2H 是一种含结晶水和羟基的镁、铁的碳酸盐矿物。属六方晶系。晶体呈六方薄板状、纤维状;集合体呈放射状。白色、黄绿色、棕绿色、黄白色、淡褐色,玻璃光泽、蜡状光泽、珍珠光泽,透明;硬度 2.5,完全解理。1940 发现于瑞典韦姆兰省菲利普斯塔德市朗班(Långban)。1941 年 C. 弗龙德尔(C. Frondel)在《美国矿物学家》(26)报道。原名 Sjögrenite,由克利福德·弗龙德尔(Clifford Frondel)于 1940 年为纪念瑞典斯德哥尔摩大学、乌普萨拉大学矿物学和地质学教授斯滕斯·安德斯·哈尔马·肖格伦(Stens Anders Hjalmar Sjögren,1856—1922)而以他的姓氏命名。1959 年以前发现、描述并命名的"祖父级"矿物。2012 年美国的 S. J. 米尔斯(S. J. Mills)等对水滑石(Hydrotalcite)超群重新定义。将 Sjögrenite 定义为 Pyroaurite-2H。中文名称根据成分和结构译为碳镁铁矿-2H,也有的译作鳞镁铁矿;还译作菱水碳铁镁石。

【碳镁铁矿-3R】

英文名 Pyroaurite-3R

化学式 $Mg_6Fe^{3+}_2(CO_3)(OH)_{16} \cdot 4H_2O$　　(IMA)

碳镁铁矿-3R 是一种含结晶水和羟基的镁、铁的碳酸盐矿物。三方晶系。晶体呈板状、厚板状;集合体呈玫瑰花状。黄色—淡棕色、白色、灰色、银白色、绿色或无色,玻璃光泽、

碳镁铁矿板状晶体，玫瑰花状集合体（瑞典、美国）

蜡状光泽、珍珠光泽，透明；硬度 2.5，完全解理。1865 年发现于瑞典韦姆兰省菲利普斯塔德市朗班（Långban）。1865 年伊格尔斯特罗姆（Igelström）在斯德哥尔摩《瑞典皇家科学院学报》（*Öfversigt af Svenska Vetenskaps Akademien Forhandlingar*）（22）报道。英文名称 Pyroaurite-3R，在 1865 年拉斯·约翰·伊格尔斯特罗姆（Lars Johan Igelstrom）根据希腊文"πυρ-ος＝Pyro＝Fire（火）"和拉丁文"Aurum＝Gold（黄金）"组合命名，意指在相对较低的温度下加热矿物形成金黄色的颜色。1959 年以前发现、描述并命名的"祖父级"矿物，IMA 承认有效。中文名称根据成分和结构译为碳镁铁矿-3R，或根据形态和成分译为鳞镁铁矿（Igelstromite，以拉斯·约翰·伊格尔斯特罗姆（Lars Johan Igelstrom）的姓氏命名）。2012 年美国的 S. J. 米尔斯（S. J. Mills）等对水滑石（Hydrotalcite）超群重新定义。将 Pyroaurite 和 Sjögrenite 分别定义为 Pyroaurite-3R 和 Pyroaurite-2H。

【碳镁铀矿】

英文名 Bayleyite

化学式 $Mg_2(UO_2)(CO_3)_3 \cdot 18H_2O$ （IMA）

碳镁铀矿束状、皮壳状集合体（美国）

碳镁铀矿是一种含结晶水的镁的铀酰-碳酸盐矿物。单斜晶系。晶体呈针柱状、短柱状；集合体呈束状、树枝状、皮壳状。黄色，脱水呈浅黄色，玻璃光泽，透明；硬度 1～2，脆性。1948 年发现于美国亚利桑那州亚瓦派县尤里卡区巴格达博扎思（Bozarth）平顶山山坡矿。1951 年阿克塞尔罗德（Axelrod）等在《美国矿物学家》（36）报道。英文名称 Bayleyite，以美国地质调查局、伊利诺伊州大学的矿物学家和地质学家威廉·S. 贝利（William S. Bayley，1861—1943）的姓氏命名。他首次描述了发现于博扎思（Bozarth）山坡上的矿物。1959 年以前发现、描述并命名的"祖父级"矿物，IMA 承认有效。中文名称根据成分译为碳镁铀矿；根据菱面体解理和成分译作菱镁铀矿。

【碳钠矾】

英文名 Burkeite

化学式 $Na_4(SO_4)(CO_3)$ （IMA）

碳钠矾是一种钠的碳酸-硫酸盐矿物。斜方晶系。晶体板状、粒状，具穿插双晶；集合体呈圆滑的瘤状结核体。白色—浅黄色或灰色，玻璃光泽、油脂光泽，透明；硬度 3.5，脆性。1921 年伯克（Burke）发现于美国加利福尼亚州圣贝纳迪诺县瑟尔湖（Searles Lake）盐类沉积黏土层；同年，伯克在

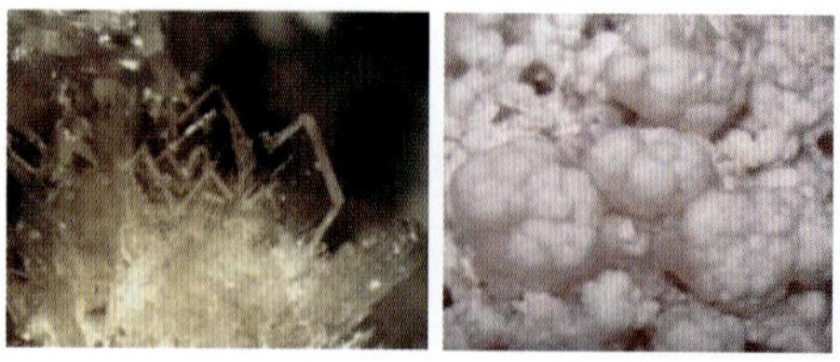

碳钠矾板状晶体，结核状集合体（美国、埃及）

华盛顿《工业与工程化学杂志》（13）报道。英文名称 Burkeite，1935 年由威廉·弗雷德里克·福杉格（William Frederick Foshag）为纪念美国钾肥和化学公司的化学工程师和研究部主任威廉·埃德蒙·伯克（William Edmund Burke，1880—1960）而以他的姓氏命名。在他职业生涯的早期，他是夏威夷糖种植者协会的一位药剂师，于 1921 年在自然界发现了这种合成盐。1935 年 W. F. 福杉格（W. F. Foshag）在《美国矿物学家》（20）报道。1959 年以前发现、描述并命名的"祖父级"矿物，IMA 承认有效。中文名称根据成分译为碳钠矾。

【碳钠钙铝石】

英文名 Tunisite

化学式 $NaCa_2Al_4(CO_3)_4(OH)_8Cl$ （IMA）

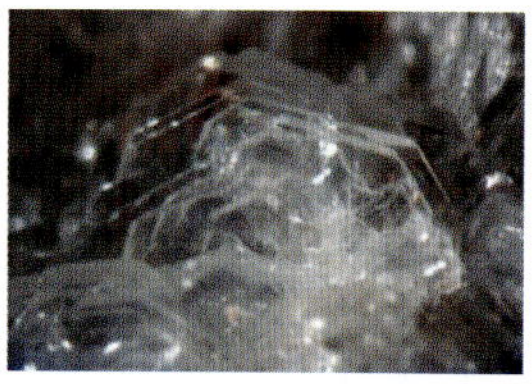

碳钠钙铝石平行的书页状集合体（法国）

碳钠钙铝石是一种含氯和羟基的钠、钙、铝的碳酸盐矿物。四方晶系。晶体呈板状、片状、粒状；集合体呈近于平行的书页状或杂乱状、被膜状。无色—白色，半透明；硬度 4.5，完全解理。1967 年发现于突尼斯卡夫省萨基特·西迪·优素福（Sakiet Sidi Youssef）村西迪·优素福铅-锌矿。英文名称 Tunisite，以发现地突尼斯（Tunisia）国命名。IMA 1967-038 批准。1969 年 Z. 约翰（Z. Johan）等在《美国矿物学家》（54）报道。中文名称根据成分译为碳钠钙铝石；音译为突尼斯石。

【碳钠钙石】

英文名 Shortite

化学式 $Na_2Ca_2(CO_3)_3$ （IMA）

碳钠钙石楔形、短柱状晶体（美国、加拿大）和舒尔特像

碳钠钙石是一种钠、钙的碳酸盐矿物。斜方晶系。晶体呈楔形、板状或短柱状，晶面有条纹。无色、淡黄色、浅绿色，玻璃光泽，透明；硬度 3，完全解理。1939 年发现于美国怀俄明州斯威特沃特县绿河盆地小约翰·哈伊（Jr. John Hay）1 号井；同年，J. J. 法赫（J. J. Fahey）在《美国矿物学家》（24）报道。英文名称 Shortite，以美国图森亚利桑那大学的矿物学教授麦克斯韦·内勒·舒尔特（Maxwell Naylor Short，1889—1952）博士的姓氏命名。他曾任美国矿物学学会主席；在不同时期，他是哈佛大学的教授，曾为美国地质调查局工作。1959 年以前发现、描述并命名的"祖父级"矿物，IMA 承认有效。中文名称根据成分译为碳钠钙石。

【碳钠钙铀矿】参见【水碳钠钙铀矿】条 877 页

【碳钠铝石】

英文名 Dawsonite

化学式 $NaAl(CO_3)(OH)_2$　　(IMA)

碳钠铝石柱状、针状晶体，放射状、球粒状集合体(加拿大、意大利)

碳钠铝石是一种含羟基的钠和铝的碳酸盐矿物。斜方晶系。晶体呈柱状、针状、刃片状、细针毛状；集合体呈花束状、放射状、球粒状。无色—白色、浅黄色，很少呈粉红色，玻璃光泽、丝绢光泽，透明；硬度 3，完全解理。1874 年哈林顿(Harrington)发现于加拿大魁北克省蒙特利尔市皇家山麦吉尔大学校园出露的粗面岩脉。1874 年 B. J. 哈林顿(B. J. Harrington)在《加拿大博物学家和科学季刊杂志》(7)报道。英文名称 Dawsonite，以加拿大麦吉尔大学的校长和地质学家、矿物学家约翰·威廉·道森(John William Dawson，1820—1899)的姓氏命名。1959 年以前发现、描述并命名的“祖父级”矿物，IMA 承认有效。中国地质科学院根据成分译为碳钠铝石；最初根据结晶习性和成分译为片钠铝石或丝钠铝石。2011 年杨主明等在《岩石矿物学杂志》[30(4)]建议音译为道森石。2006 年孙彦达等在中国海拉尔盆地发现单斜晶系碳钠铝石。

【碳钠镁石】

英文名 Eitelite

化学式 $Na_2Mg(CO_3)_2$　　(IMA)

碳钠镁石柱状晶体(美国)和艾特尔像

碳钠镁石是一种钠、镁的碳酸盐矿物。三方晶系。晶体呈柱状、菱面体。无色、白色、橘黄色，玻璃光泽，透明；硬度 3.5，完全解理。1955 年发现于美国犹他州卡特石油公司鲍尔森(Poulson)1 号井；同年，C. 弥尔顿(C. Milton)等在《美国矿物学家》(40)报道。英文名称 Eitelite，以俄亥俄州的托莱多大学硅酸盐研究所主任威廉·艾特尔(Wilhelm Eitel)的姓氏命名。他于 1929 年首先合成了此化合物。1959 年以前发现、描述并命名的“祖父级”矿物，IMA 承认有效。中文名称根据成分译为碳钠镁石。

【碳钠镍石】

英文名 Kambaldaite

化学式 $NaNi_4(CO_3)_3(OH)_3 \cdot 3H_2O$　　(IMA)

碳钠镍石是一种含结晶水和羟基的钠、镍的碳酸盐矿物。六方晶系。晶体呈针状、柱状；集合体呈球粒状。浅绿色、翠绿色，玻璃光泽、丝绢光泽，透明—半透明；硬度 3。1982 年发现于澳大利亚西澳大利亚州库尔加迪镇坎博尔达

碳钠镍石针状、柱状晶体，球粒状集合体(澳大利亚)

(Kambalda)镍矿山胡安杂岩体奥特肖特(Otter Shoot)镍矿。英文名称 Kambaldaite，以发现地澳大利亚的坎博尔达(Kambalda)镍矿山命名。IMA 1982-098 批准。1985 年 E. H. 尼克尔(E. H. Nickel)等在《美国矿物学家》(70)报道。1986 年中国新矿物与矿物命名委员会郭宗山等在《岩石矿物学杂志》[5(4)]根据成分译为碳钠镍石。

【碳铌矿】参见【碳铌钽矿】条 925 页

【碳铌钽矿】

英文名 Niobocarbide

化学式 NbC　　(IMA)

碳铌钽矿是一种铌的碳化物矿物，含部分的钽。等轴晶系。晶体呈八面体、立方-八面体、圆粒状，粒径 0.2mm，呈其他矿物的包裹体。青铜色—草黄色、粉白色，亮金属光泽，不透明；硬度 8，脆性。1995 年发现于俄罗斯斯维尔德洛夫斯克州下塔吉尔市巴兰钦斯基(Baranchinsky)地块阿克塔伊河阿夫罗林斯基(Avrorinskii)砂矿。英文名称 Niobocarbide，由成分“Niobium(铌)”和“Carbon(碳)，即 Carbide(碳化物)”组合命名。IMA 1995-035 批准。1997 年 M. I. 诺夫戈罗多娃(M. I. Novgorodova)等在《俄罗斯矿物学会记事》[126(1)]报道。2003 年中国地质科学院矿产资源研究所李锦平等在《岩石矿物学杂志》[22(2)]根据成分译为碳铌钽矿/碳铌矿。

【碳铌异性石】

英文名 Carbokentbrooksite

化学式 $(Na,\square)_{12}(Na,Ce)_3Ca_6Mn_3Zr_3NbSi_{25}O_{73}(OH)_3(CO_3) \cdot H_2O$　　(IMA)

碳铌异性石是一种含结晶水、碳酸根和羟基的钠、空位、铈、钙、锰、锆、铌的硅酸盐矿物。属异性石族。三方晶系。晶体呈菱面体；集合体呈带状。黄色、橙黄色，玻璃光泽，透明；硬度 5，脆性。2002 年发现于塔吉克斯坦北部天山山脉达拉伊-皮奥兹(Dara-i-Pioz)冰川冰碛物碱性伟晶岩。英文名称 Carbokentbrooksite，由成分冠词“Carbonate(碳酸)”和根词“Kentbrooksite(肯异性石)”组合命名，意指它是含碳酸根的肯异性石类似矿物。IMA 2002-056 批准。2003 年 A. P. 霍米亚科夫(A. P. Khomyakov)等在《俄罗斯矿物学会记事》[132(5)]报道。2008 年中国地质科学院地质研究所任玉峰等在《岩石矿物学杂志》[27(2)]根据成分及与肯异性石的关系译为碳铌异性石(根词参见【肯异性石】条 413 页)。

【碳钕石】

英文名 Lanthanite-(Nd)

化学式 $Nd_2(CO_3)_3 \cdot 8H_2O$　　(IMA)

碳钕石是一种含结晶水的钕的碳酸盐矿物。斜方晶系。晶体呈板状、柱状。淡紫色、浅粉色；硬度 2.5～3，完全解理。1979 年发现于巴西巴拉那河库里提巴(Curitiba)。最早见于 1824 年伯齐利厄斯(Berzelius)在《斯德哥尔摩瑞典科

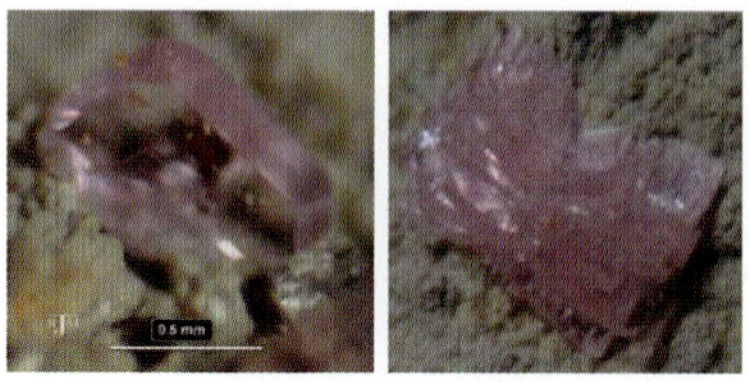

碳钕石板状晶体（新西兰）

学院文献》(134)报道，称为 Kohlensaures Cereroxydul。1837年 J. D. 丹纳(J. D. Dana)在《系统矿物学》(第一版，纽黑文)中称铈碳酸盐。1845 年 Wm. 海丁格尔(Wm. Haidinger)在维也纳《矿物学鉴定手册》称 Lanthanit(镧石)。镧石根据占主导地位的稀土元素有 3 个独立的矿物：Lanthanite-(La)、Lanthanite-(Ce)和 Lanthanite-(Nd)。英文名称 Lanthanite-(Nd)，由成分“Lanthanide(镧)”和占主导地位的镧系元素钕-(Nd)组合命名。IMA 1979－074 批准。1980 年在《加拿大地质调查局》(1C)报道。中文名称根据成分译为碳钕石。

【碳钕铜铅石】参见【铜铅霰石-钕】条 962 页

【碳硼钙镁石】参见【萨哈石】条 757 页

【碳硼硅镁钙石】参见【硼硅镁钙石】条 674 页

【碳硼镁钙石】

英文名 Borcarite

化学式 $Ca_4MgB_4O_6(CO_3)_2(OH)_6$　　(IMA)

碳硼镁钙石板状晶体，晶簇状集合体（中国内蒙古）

碳硼镁钙石是一种含羟基的钙、镁的碳酸-硼酸盐矿物。单斜晶系。晶体呈板状、显微粒状；集合体呈块状，碎片呈锯齿状、针刺状。绿蓝色—绿色，有时呈无色，玻璃光泽、油脂光泽，透明—半透明；硬度 4，完全解理。1965 年发现于俄罗斯萨哈(雅库特)共和国多格多(Dogdo)流域塔斯哈亚克塔克(Tas-Khayakhtakh)范围蒂托夫斯基(Titovskoe)硼矿床伊兹维斯科维(Izvestkovyi)小溪斯尼日内(Snezhnoe)硼次生矿物；同年，在《全苏矿物学会记事》(94)和《美国矿物学家》(50)报道。英文名称 Borcarite，由化学成分“Borate(硼酸盐)”和“Carbonate(碳酸盐)”缩写组合命名。IMA 1968s. p. 批准。中文名称根据成分译为碳硼镁钙石或硼灰石。

【碳硼锰钙石】

英文名 Gaudefroyite

化学式 $Ca_4Mn_3^{3+}(BO_3)_3(CO_3)O_3$　　(IMA)

碳硼锰钙石柱状晶体，晶簇状集合体和戈德弗鲁瓦像

碳硼锰钙石是一种含氧的钙、锰的碳酸-硼酸盐矿物。六方晶系。晶体呈带锥柱状、针状；集合体呈晶簇状。黑色，玻璃光泽，不透明；硬度 6，脆性。1964 年发现于摩洛哥瓦尔扎扎特镇塔城戛戛尔特(Tachgagalt)矿。1964 年乔治·贾欧拉斯卡亚(Georges Jouravsky)和弗朗索瓦·佩尔曼雅(François Permingeat)在《法国矿物学和结晶学会通报》(87)报道。英文名称 Gaudefroyite，为纪念在摩洛哥工作的法国牧师和矿物学家克利斯朵夫·戈德弗鲁瓦(Christophe Gaudefroy，1878—1971)而以他的姓氏命名。IMA 1964－006 批准。1965 年在《美国矿物学家》(50)报道。中文名称根据成分译为碳硼锰钙石；根据结晶习性和成分译作针钙锰硼石。

【碳硼铜钙石】

英文名 Numanoite

化学式 $Ca_4CuB_4O_6(OH)_6(CO_3)_2$　　(IMA)

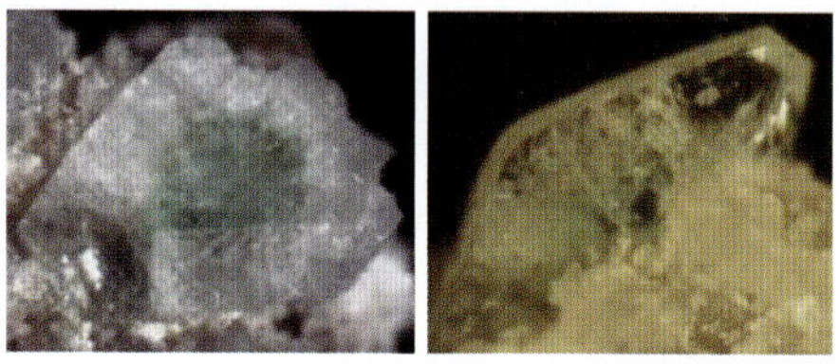

碳硼铜钙石板状晶体（日本）

碳硼铜钙石是一种钙、铜的碳酸-氢硼酸盐矿物。单斜晶系。晶体呈板状。蓝绿色、几乎无色。玻璃光泽，半透明；硬度 4.5，完全解理。2005 年发现于日本本州岛中国地方冈山县高梁市备中町布贺(Fuka)矿。英文名称 Numanoite，以日本冈山大学沼野忠之(Tadayuki Numano，1931—2001)博士的姓氏命名。IMA 2005－050 批准。日文汉字名称沼野石。2005 年大西政之(M. Ohnishi)在《日本矿物学会会议摘要》和 2007 年大西政之等在《加拿大矿物学家》[45(2)]报道。2010 年中国地质科学院地质研究所尹淑苹等在《岩石矿物学杂志》[29(4)]根据成分译为碳硼铜钙石。2010 年杨主明在《岩石矿物学杂志》[29(1)]采用日文汉字名称沼野石。

【碳硼钇石】

英文名 Moydite-(Y)

化学式 $YB(OH)_4(CO_3)$　　(IMA)

莫伊德像

碳硼钇石是一种钇的碳酸-氢硼酸盐矿物。斜方晶系。晶体呈刃片状。黄色、无色，玻璃—半玻璃光泽，透明；硬度 1～2，完全解理，脆性。1985 年发现于加拿大魁北克省渥太华市伊万斯-卢(Evans-Lou)矿山。英文名称 Moydite-(Y)，1986 年由乔尔·D. 格赖斯(Joel D. Grice)等为纪念加拿大国家博物馆矿物学馆长路易斯·莫伊德(Luis Moyd，1916—2006)而以他的姓氏，加占优势的稀土元素钇后缀-(Y)组合命名。IMA 1985－025 批准。1986 年格赖斯等在《加拿大矿物学家》(24)报道。1989 年中国新矿物与矿物命名委员会郭宗山在《岩石矿物学杂志》[8(3)]根据成分译为碳硼钇石。

【碳铅钕石】

英文名 Gysinite-(Nd)

化学式 $PbNd(CO_3)_2(OH)\cdot H_2O$　　(IMA)

碳铅钕石是一种含结晶水和羟基的铅、钕的碳酸盐矿

碳铅钕石假八面体、圆粒状晶体（意大利）

物。属碳锶铈矿族。斜方晶系。晶体呈假八面体、圆粒状。浅粉色、红粉色，玻璃光泽、油脂光泽，透明；硬度 4～4.5，脆性。1981 年发现于刚果（金）科卢韦齐市卡索比（Kasompi）山矿。英文名称 Gysinite-（Nd），由根词“Gysinite（碳锶铈矿）”加占优势的稀土元素钕后缀-（Nd）组合命名，意指它是钕的碳锶铈矿的类似矿物。根词 Gysinite（碳锶铈矿），以瑞士日内瓦大学矿物学教授马塞尔·吉森（Marcel Gysin，1891—1974）的姓氏命名。他曾在矿物发现地扎伊尔沙巴省工作多年。IMA 1981－046 批准。1985 年 H. 萨尔普（H. Sarp）等在《美国矿物学家》(70)报道。1986 年中国新矿物与矿物命名委员会郭宗山等在《岩石矿物学杂志》[5(4)]根据成分译为碳铅钕石（根词参见【碳锶铈矿】条 929 页）。

【碳铅铀矿】

英文名 Widenmannite

化学式 $Pb_2(OH)_2[(UO_2)(CO_3)_2]$　　(IMA)

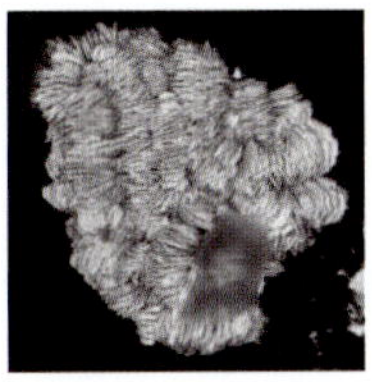

碳铅铀矿毛发状、缠结状集合体（捷克）

碳铅铀矿是一种水化铅的铀酰-碳酸盐矿物。斜方晶系。晶体呈板条状；集合体呈毛发状、草丛状、缠结状。黄色、浅青黄色、无色，丝绢光泽、珍珠光泽，透明—半透明；硬度 2，完全解理。1961 年发现于德国巴登-符腾堡州弗赖堡市迈克尔（Michael）矿。1962 年在《美国矿物学家》(47)报道。英文名称 Widenmannite，以德国符腾堡州矿务局矿业官员约翰·弗里德里希·威廉·威德曼（Johann Friedrich Wilhelm Widenmann，1764—1798）的姓氏命名。在 1793 年，他首次报道了发现于黑林山的铀云母。IMA 1974－008 批准。1976 年 K. 瓦林塔（K. Walenta）在《瑞士矿物学和岩石学通报》(56)报道。中文名称根据成分译为碳铅铀矿。

【碳羟磷灰石】参见【磷灰石】条 460 页和【羟磷灰石】条 715 页

【碳氢镁石】参见【三水菱镁矿】条 764 页

【碳氢钠石】

英文名 Wegscheiderite

化学式 $Na_5H_3(CO_3)_4$　　(IMA)

碳氢钠石纤维状晶体（美国）和鲁道夫像

碳氢钠石是一种钠、氢的碳酸盐矿物。三斜晶系。晶体呈纤维状、针状、刃板状。无色，玻璃光泽，半透明；硬度 2.5～3，完全解理。1961 年发现于美国怀俄明州斯威特和维格切得像沃特县绿河盆地帕金斯（Perkins）1 号井。1963 年在《美国矿物学家》(48)报道。英文名称 Wegscheiderite，以奥地利化学家鲁道夫·维格切得（Rudolf Wegscheider，1859—1935）的姓氏命名。他在 1913 年第一个合成此化合物。IMA 1967s. p. 批准。中文名称根据成分译为碳氢钠石。在我国，杨清堂于 1982 年在河南省桐柏泌阳凹陷安棚碱矿首次发现。

【碳绒铜矿】

英文名 Carbonatecyanotrichite

化学式 $Cu_4Al_2(CO_3)(OH)_{12} \cdot 2H_2O$　　(IMA)

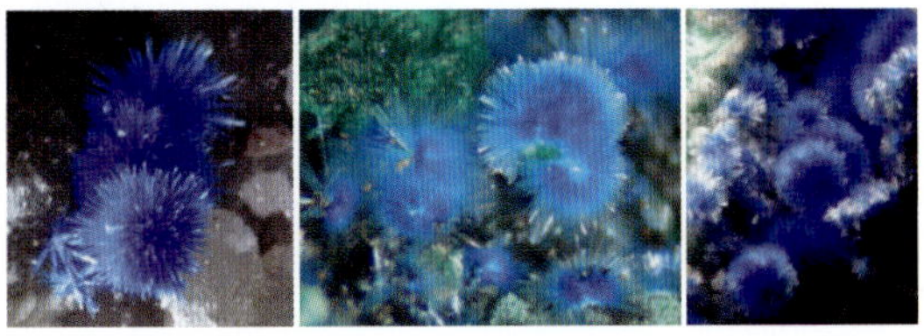

碳绒铜矿纤维状晶体，放射状、球状集合体（中国、美国、法国）

碳绒铜矿是一种含结晶水和羟基的铜、铝的碳酸盐矿物，为绒铜矾的碳酸盐的类似矿物。属绒铜矾族。斜方晶系。晶体呈纤维状；集合体呈放射状、束状。浅蓝色、铜蓝色—青色，集合体呈丝绢光泽；硬度 2。1963 年发现于哈萨克斯坦南部的巴拉索斯坎德约克（Balasauskandyk）钒矿床。1963 年 E. A. 安吉诺维奇（E. A. Ankinovich）等在《全苏矿物学会记事》(92)报道。英文名称 Carbonatecyanotrichite，由成分冠词“Carbonate（碳酸盐）”和根词“Cyanotrichite（绒铜矿）”组合命名。IMA 1967s. p. 批准。中文名称根据成分及与绒铜矿的关系译为碳绒铜矿（参见【绒铜矾】条 752 页）。

【碳铈钙钡石】

英文名 Ewaldite

化学式 $Ba(Na,Ca,Y,Ce,K)(CO_3)_2 \cdot 2.6H_2O$　　(IMA)

碳铈钙钡石锥状、柱状晶体，晶簇状集合体（加拿大）和埃瓦尔德像

碳铈钙钡石是一种含结晶水的钡、钠、钙、钇、铈、钾的碳酸盐矿物。属碳钇锶石族。六方晶系。晶体呈柱状、锥状；集合体呈晶簇状。蓝绿色、淡灰绿色、黄褐色，玻璃光泽，半透明。1969 年发现于美国怀俄明州斯威特沃特县绿河盆地沉积物。1971 年 G. 多奈（G. Donnay）和 J. D. H. 多奈（J. D. H. Donnay）在《契尔马克氏矿物学和岩石学通报》(15)和弗莱舍在《美国矿物学家》(56)报道。英文名称 Ewaldite，以德国物理学家和结晶学家保罗·彼得·埃瓦尔德（Paul Peter Ewald，1888—1985）教授的姓氏命名。他是 X 射线衍射领域的先驱，创办了美国纽约布鲁克林纽约理工学院《结晶学杂志》和《结晶学报》两种期刊。IMA 1969－013 批准。中文名称根据成分译为碳铈钙钡石；根据英文前两个音节音和成分译作埃瓦碳钡石。

【碳铈镁石】

英文名 Sahamalite-(Ce)

化学式 $Ce_2Mg(CO_3)_4$　　(IMA)

萨哈马像

碳铈镁石是一种铈、镁的碳酸盐矿物。单斜晶系。晶体呈自形的柱状、板状；集合体呈近于平行的放射状。无色。1953 年发现于美国加利福尼亚州圣贝纳迪诺县克拉克山脉芒廷帕斯(Mountain Pass)矿(氟碳铈矿矿床)；同年，H. W. 杰斐(H. W. Jaffe)等在《美国矿物学家》(38)报道。英文名称 Sahamalite-(Ce)，由芬兰赫尔辛基大学地球化学和矿物学教授托尔·乔治·萨哈马(Thure Georg Sahama)的姓氏，加占优势的稀土元素铈后缀-(Ce)组合命名。因萨哈马对理解喷发岩和矿物中稀土的关联性和丰度做出了重大贡献，还帮助描述了近 20 种新的矿物种，他是多个国家的矿物学协会的荣誉会员。1959 年以前发现、描述并命名的“祖父级”矿物，IMA 承认有效。IMA 1987s. p. 批准。中文名称根据成分译为碳铈镁石；根据单斜晶系和成分译作斜铁镁铈石或斜铁镁铈矿。

【碳铈钠石】

英文名 Carbocernaite

化学式 $(Sr,Ce,La)(Ca,Na)(CO_3)_2$ (IMA)

碳铈钠石柱状晶体，晶簇状集合体(俄罗斯)

碳铈钠石是一种锶、铈、镧、钙、钠的碳酸盐矿物。斜方晶系。晶体呈柱状、板状、粒状；集合体呈晶簇状。无色、白色、淡黄色、玫瑰色、黑色，油脂光泽、玻璃光泽，透明—半透明；硬度 3，完全解理。1961 年发现于俄罗斯北部摩尔曼斯克州武里亚尔维(Vuoriyarvi)碱性超基性岩地块。1961 年 A. G. 布拉克(A. G. Bulakh)等在《全苏矿物学会记事》(90)和《美国矿物学家》(46)报道。英文名称 Carbocernaite，1961 年由布拉克等根据化学成分“Carbonate(碳酸盐)”“Cerium(铈)”和“Sodium(拉丁文 Natrium，钠)”组合命名。IMA 1967s. p. 批准。中文名称根据成分译为碳铈钠石。1979 年钱定福在中国山东某地发现了此矿物。

【碳铈石】

英文名 Lanthanite-(Ce)

化学式 $Ce_2(CO_3)_3 \cdot 8H_2O$ (IMA)

碳铈石板状晶体，花饰状集合体(加拿大)

碳铈石是一种含结晶水的铈的碳酸盐矿物。斜方晶系。晶体呈板状、细粒状，具双晶；集合体呈花饰状、土状。黄白色、粉红色、无色；硬度 2.5，完全解理。1983 年发现于英国威尔士格温内思郡斯诺登山峰不列颠尼亚(Britannia)矿(斯诺登峰矿)。最早见于 1824 年伯齐利厄斯(Berzelius)在《斯德哥尔摩瑞典科学院文献》(134)报道，称为 Kohlensaures Cereroxydul。1837 年 J. D. 丹纳(J. D. Dana)在《系统矿物学》(第一版，纽约)中称铈碳酸盐。1845 年 Wm. 海丁格尔(Wm. Haidinger)在维也纳《矿物学鉴定手册》称 Lanthanit(镧石)。镧石根据占主导地位的稀土元素有 3 个独立的矿物：Lanthanite-(La)、Lanthanite-(Ce)和 Lanthanite-(Nd)。英文名称 Lanthanite-(Ce)，由成分“Lanthanide(镧)”和占主导地位的镧系元素铈-(Ce)组合命名。IMA 1983-055 批准。1985 年在《美国矿物学家》(70)报道。1986 年中国新矿物与矿物命名委员会郭宗山等在《岩石矿物学杂志》[5(4)]根据成分译为碳铈石。

【碳铈异性石】

英文名 Zirsilite-(Ce)

化学式 $(Na,\square)_{12}(Ce,Na)_3Ca_6Mn_3Zr_3NbSi_{25}O_{73}(OH)_3(CO_3) \cdot H_2O$ (IMA)

碳铈异性石是一种含结晶水、羟基、碳酸根的钠、空位、铈、钙、锰、锆、铌的硅酸盐矿物。属异性石族。三方晶系。晶体呈菱面体；集合体呈环带状(核心部分为碳铌异性石，边缘部分为碳铈异性石)。白色、黄色、橙色、奶油白色，油脂光泽、玻璃光泽，透明；硬度 5，脆性。2002 年发现于塔吉克斯坦北部天山山脉达拉伊-皮奥兹(Dara-i-Pioz)冰川冰碛物。英文名称 Zirsilite-(Ce)，以化学成分“Zirconium(Zr，锆)”“Silicon(Si，硅)”和后缀“Cerium(Ce，铈)”组合命名。IMA 2002-057 批准。2003 年 A. P. 霍米亚科夫(A. P. Khomyakov)等在《俄罗斯矿物学会记事》[132(5)]报道。2008 年中国地质科学院地质研究所任玉峰等在《岩石矿物学杂志》[27(2)]根据成分译为碳铈异性石。

【碳锶钙钠石】

英文名 Calcioburbankite

化学式 $Na_3(Ca,Ce,Sr,La)_3(CO_3)_5$ (IMA)

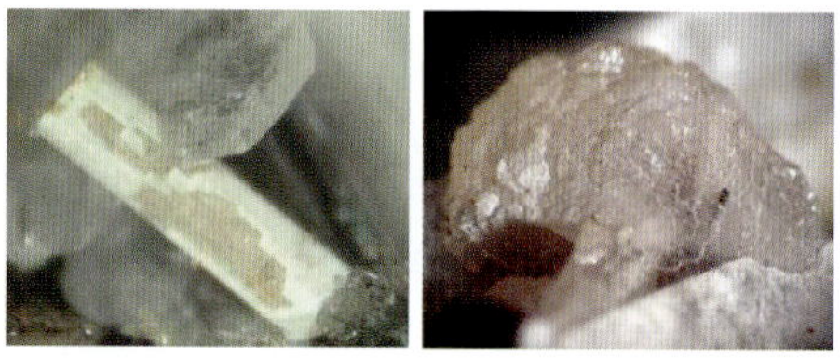
碳锶钙钠石自形—半自形柱状晶体(加拿大)

碳锶钙钠石是一种钠、钙、铈、锶、镧的碳酸盐矿物。属黄碳锶钠石族。六方晶系。晶体呈自形—半自形柱状。丝白色、浅粉红色—深橙色，玻璃光泽、丝绢光泽，半透明；硬度 3～4，完全解理，脆性。1993 年发现于加拿大魁北克省圣希莱尔(Saint-Hilaire)山混合肥料采石场。英文名称 Calcioburbankite，由成分冠词“Calcium(钙)”和根词“Burbankite(黄碳锶钠石)”组合命名，意指它是一种富钙的黄碳锶钠石的类似矿物。IMA 1993-001 批准。1995 年 J. 万·维尔图伊岑(J. Van Velthuizen)等在《加拿大矿物学家》(33)报道。2003 年中国地质科学院矿产资源研究所李锦平等在《岩石矿物学杂志》[22(3)]根据成分译为碳锶钙钠石。

【碳锶矿】参见【菱锶矿】条 492 页

【碳锶镧矿】

英文名 Ancylite-(La)

化学式 $LaSr(CO_3)_2(OH) \cdot H_2O$ (IMA)

碳锶镧矿是一种含结晶水和羟基的镧、锶的碳酸盐矿物。属碳锶铈矿族。斜方晶系。晶体呈双锥状、板状或短柱状，晶面通常弯曲；集合体呈晶簇状、骨骼状或树枝状。无色、浅黄灰色、黄棕色、黄色，玻璃光泽，半透明；硬度 4～4.5，脆性。1995 年发现于俄罗斯北部摩尔曼斯克州库基斯武姆科尔(Kukisvumchorr)山马尔琴科(Marchenko)峰。英文名称 Ancylite-(La)，根词由希腊文“αγκυλὸs = Ankylos(弯曲、扭曲)”，意指其晶体常呈圆形和扭曲的形状，加占主导地位的稀土元素镧后缀-(La)组合命名，意指它是镧的碳锶铈矿的类似矿物。IMA 1995－053 批准。1997 年 V. N. 雅克温楚克(V. N. Yakovenchuk)等在《俄罗斯矿物学会记事》[126(1)]报道。2003 年中国地质科学院矿产资源研究所李锦平等在《岩石矿物学杂志》[22(2)]根据成分译为碳锶镧矿。

【碳锶铈矿】

英文名 Ancylite-(Ce)

化学式 $CeSr(CO_3)_2(OH) \cdot H_2O$　(IMA)

碳锶铈矿假八面体、柱状晶体，花状集合体(加拿大)

碳锶铈矿是一种含结晶水和羟基的铈、锶的碳酸盐矿物。属碳锶铈矿族。斜方晶系。晶体呈假六方双锥、假八面体、柱状，常呈扭曲状；集合体呈皮壳状、放射状、花状。鲜黄色、橙黄色、黄褐色、灰色、黑色，玻璃光泽，断口油脂光泽，半透明；硬度 4～4.5，脆性。1897 年发现于丹麦格陵兰岛库雅雷哥自治区纳萨尔苏克(Narsaarsuk)高原伟晶岩。1901 年 G. 弗林克(G. Flink)在《格陵兰岛通讯》(24)报道。英文名称 Ancylite-(Ce)，由希腊文"αγκυλὀs＝Ankylos(弯曲、扭曲)"，意指其晶体常呈圆形和扭曲的形状，加占主导地位的稀土元素铈后缀-(Ce)组合命名。1959 年以前发现、描述并命名的"祖父级"矿物，IMA 承认有效。IMA 1987s. p. 批准。中文名称根据成分译为碳锶铈矿。

【碳酸芒硝】

英文名 Hanksite

化学式 $KNa_{22}(SO_4)_9(CO_3)_2Cl$　(IMA)

碳酸芒硝带插晶的六方短柱状晶体(美国)和汉克斯像

碳酸芒硝是一种含氯的钾、钠的碳酸-硫酸盐矿物。六方晶系。晶体呈六方短柱状、板状，常有穿插双晶。无色、灰色、黄色、灰绿色或几乎黑色，玻璃光泽，透明—半透明；硬度 3～3.5，完全解理，脆性。1885 年发现于美国加利福尼亚州圣贝纳迪诺县瑟尔斯湖(Searles Lake)。1885 年丹纳(Dana)和彭菲尔德(Penfield)在《美国科学杂志》(130)报道。英文名称 Hanksite，以亨利·加伯·汉克斯(Henry Garber Hanks，1826—1907)的姓氏命名。他是美国加利福尼亚州为国家服务的第一位矿物学家。1959 年以前发现、描述并命名的"祖父级"矿物，IMA 承认有效。中文名称根据成分译为碳酸芒硝，也有的译作碳钾钠矾。

【碳钛锆钠石】

英文名 Sabinaite

化学式 $Na_4TiZr_2O_4(CO_3)_4$　(IMA)

碳钛锆钠石是一种钠、钛、锆氧的碳酸盐矿物。单斜晶系。晶体呈假六方板片状；集合体常呈块状、白垩状、粉末

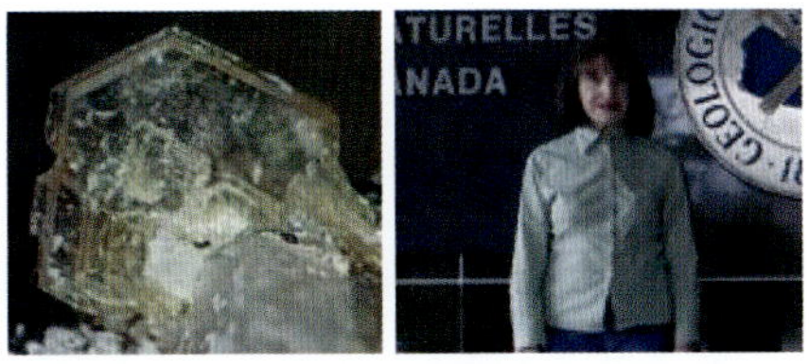

碳钛锆钠石板片状晶体(加拿大)和萨比娜像

状、皮壳状。无色—白色，玻璃光泽、丝绢光泽，透明；完全解理。1980 年发现于加拿大魁北克省蒙特利尔市弗朗孔(Francon)采石场。英文名称 Sabinaite，以加拿大地质调查局的矿物学家和《加拿大发现的矿产资源》一书的著名作家安·菲利斯·萨比娜·斯滕森(Ann Phyllis Sabina Stenson，1930—2015)的名字命名，他首先收集到该矿物并将其收录在她的书中。IMA 1978－071 批准。1980 年 J. L. 杨博尔(J. L. Jambor)等在《加拿大矿物学家》(18/19)报道。中国地质科学院根据成分译为碳钛锆钠石。2011 年杨主明等在《岩石矿物学杂志》[30(4)]建议音译为沙比那石(编译者建议译为萨比娜石*)。

【碳钛矿】

英文名 Khamrabaevite

化学式 TiC　(IMA)

克哈姆拉巴耶娃像

碳钛矿是一种钛的碳化物矿物。等轴晶系。晶体呈骨架立方体，粒径 0.1～0.3mm。深黑灰色，金属光泽，不透明；硬度 9～9.5。最早见于 1961 年 A. L. 鲍曼(A. L. Bowman)在《物理化学杂志》(65)报道。1983 年发现于乌兹别克斯坦塔什干州安格伦地区阿拉伊尔-塔什(Ir-Tash)河盆地。英文名称 Khamrabaevite，以乌兹别克斯坦塔什干地质与地球物理学研究所所长易卜拉欣·克哈姆拉巴耶维奇·克哈姆拉巴耶娃(Ibragim Khamrabaevich Khamrabaeva，1920—2002)的姓氏命名。IMA 1983－059 批准。1984 年 M. I. 诺夫戛洛多娃(M. I. Novgorodova)等在《全苏矿物学会记事》[113(6)]和 1985 年 P. J. 邓恩(P. J. Dunn)等在《美国矿物学家》(70)报道。中文名称根据成分分译为碳钛矿。

【碳钽矿】参见【钽碳矿】条 917 页

【碳铁铬矿】

英文名 Isovite

化学式 $(Cr,Fe)_{23}C_6$　(IMA)

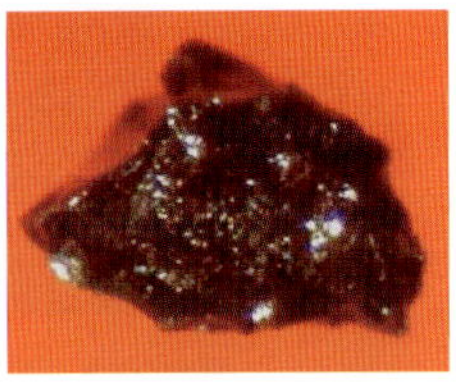

碳铁铬矿带棱角的粒状晶体(俄罗斯)

碳铁铬矿是一种铬、铁的碳化物矿物。等轴晶系。晶体呈等轴粒状或带棱角的粒状。钢灰色，金属光泽，不透明；硬度 8，脆性；具铁磁性。1996 年发现于俄罗斯斯维尔德洛夫斯克州伊索夫斯基(Isovsky)区伊斯(Is)河砂矿。英文名称 Isovite，以发现地俄罗斯的伊索夫斯基(Isovsky)区命名。IMA 1996－039 批准。1998 年 M. E. 格涅拉洛夫(M. E. Generalov)等在《俄罗斯矿物学会记事》[127(5)]报道。2003 年中国地质科学院矿产资源研究所李锦平等在《岩石矿物学杂志》[22(2)]根据成分译为碳铁铬矿。

【碳铁矿】

英文名 Haxonite

化学式 $(Fe,Ni)_{23}C_6$　　(IMA)

哈兴像

碳铁矿是一种铁、镍的碳化物矿物。等轴晶系。晶体呈尖板；集合体呈不规则的补丁状。亮白色，不透明；硬度 5.5～6。1971 年发现于墨西哥吉基皮尔科(Jiquipilco=Xiquipilco)托卢卡(Toluca)陨石；美国亚利桑那州科科尼诺县温斯洛陨石坑、附近坎宁迪亚布洛(Canyon Diablo)铁陨石和碳质球粒陨石。1971 年 E. R. D. 斯科特(E. R. D. Scott)在《自然》(229)报道。英文名称 Haxonite，以英格兰曼彻斯特大学的冶金家、陨石矿物专家霍华德·J. 哈兴(Howard J. Axon，1924—1992)的姓名命名。IMA 1971-001 批准。1974 年弗莱舍在《美国矿物学家》(59)报道。中文名称根据成分译为碳铁矿；或根据英文首音节音和成分译为哈镍碳铁矿。

【碳铁钠矾】

英文名 Ferrotychite

化学式 $Na_6Fe_2^{2+}(CO_3)_4(SO_4)$　　(IMA)

碳铁钠矾是一种钠、铁的硫酸-碳酸盐矿物。属氯碳酸钠镁石族。等轴晶系。晶体呈粒状。无色、亮黄色、地表变金黄色，玻璃光泽，半透明；硬度 4。1979 年发现于俄罗斯北部摩尔曼斯克州奥莱尼(Olenii)溪谷；同年，Y. A. 马利诺夫斯基(Y. A. Malinovskii)等在《苏联科学院报告》(249)报道。英文名称 Ferrotychite，由成分冠词“Ferro[拉丁文 Ferrum=Iron(铁)]”和根词“Tychite(杂芒硝)”组合命名。Tychite(杂芒硝)来自希腊文“τυχή=Tyche(命运女神)”，意指运气或机会，因为它是被潘菲尔德仔细检查的大约 5 000 个氯碳酸钠镁石晶体的最后 10 个晶体中的第一个，也是唯一一个杰米逊的杂芒硝(Tychite)。Ferrotychite 是杂芒硝(Tychite)系列的富含二价铁的类似矿物。IMA 1980-050 批准。1981 年 A. P. 霍米亚科夫(A. P. Khomyakov)等在《全苏矿物学会记事》(110)和 1982 年弗莱舍等在《美国矿物学家》(67)报道。1983 年中国新矿物与矿物命名委员会郭宗山等在《岩石矿物及测试》[2(1)]根据成分译为碳铁钠矾或硫碳铁钠石，也有的译为铁杂芒硝(参见【杂芒硝】条 1102 页)。

【碳铜钙铀矿】

英文名 Voglite

化学式 $Ca_2Cu(UO_2)(CO_3)_4 \cdot 6H_2O$　　(IMA)

碳铜钙铀矿叶片状、片状晶体，皮壳状集合体(德国、捷克)

碳铜钙铀矿是一种含结晶水的钙、铜的铀酰-碳酸盐矿物。单斜晶系。晶体呈粒状或菱形鳞片状、叶片状；集合体呈皮壳状。翠绿色、草绿色，玻璃光泽；软。1853 年发现于捷克共和国卡罗维发利州厄尔士山脉伊莱亚斯(Elias)铀矿。1853 年福格尔(Vogl)在维也纳《皇家地质学会年鉴》(*Jahrbuch der Kaiserlich-Königlichen Geologischen Reichsanstalt*)(4)报道。英文名称 Voglite，以奥地利矿业官员约瑟夫·弗洛里安·福格尔(Josef Florian Vogl，1818—1896)的姓氏命名。1959 年以前发现、描述并命名的“祖父级”矿物，IMA 承认有效。中文名称根据成分译为碳铜钙铀矿，有的也译作铜菱铀矿。

【碳铜氯铅矾】

英文名 Wherryite

化学式 $Pb_7Cu_2(SO_4)_4(SiO_4)_2(OH)_2$　　(IMA)

碳铜氯铅矾柱状晶体(美国)和惠里像

碳铜氯铅矾是一种含羟基的铅、铜的硅酸-硫酸盐矿物。单斜晶系。晶体呈柱状。亮绿色、黄色或明亮的黄绿色，玻璃光泽，透明。1950 年发现于美国亚利桑那州皮纳尔县马默斯区马默斯-圣安东尼(Mammoth-Saint Anthony)矿。1950 年 J. J. 费伊(J. J. Fahey)等在《美国矿物学家》(35)报道。英文名称 Wherryite，费伊等为纪念美国矿物学协会主席(1923)、矿物学家和植物生态学家埃德加·西奥多·惠里(Edgar Theodore Wherry，1885—1982)而以他的姓氏命名。1959 年以前发现、描述并命名的“祖父级”矿物，IMA 承认有效。中文名称根据成分译为碳铜氯铅矾，也有的译作碳硫酸氯铅矿或氯碳铜铅矾[碳铜氯铅矾译名出自《透明矿物显微镜鉴定表》化学成分 $Pb_4Cu(CO_3)_4(SO_4)_2(OH,Cl)_2O(?)$]。

【碳稀土钠石-镧】

英文名 Rémondite-(La)

化学式 $Na_3(La,Ca,Na)_3(CO_3)_5$　　(IMA)

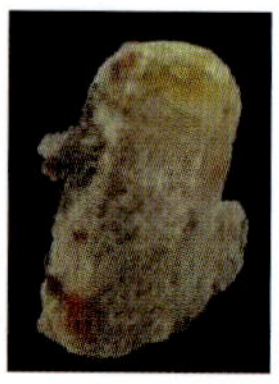

碳稀土钠石-镧柱状晶体(加拿大)

碳稀土钠石-镧是一种钠、镧、钙的碳酸盐矿物。属黄碳锶钠石族。单斜晶系。晶体呈柱状。明亮的黄色、橙色，玻璃光泽，透明；硬度 3。1999 年发现于俄罗斯北部摩尔曼斯克州科阿什瓦(Koashva)山科阿什瓦露天采场。英文名称 Rémondite-(La)，由与“Rémondite-(Ce)”的关系和占优势的镧后缀-(La)组合命名。IMA 1999-006 批准。2000 年 I. V. 佩科夫(I. V. Pekov)等在《俄罗斯矿物学会记事》[129(1)]报道。中文名称根据成分译为碳稀土钠石-镧(参见【碳稀土钠石-铈】条 930 页)。

【碳稀土钠石-铈】

英文名 Rémondite-(Ce)

化学式 $Na_3(Ce,Ca,Na)_3(CO_3)_5$　　(IMA)

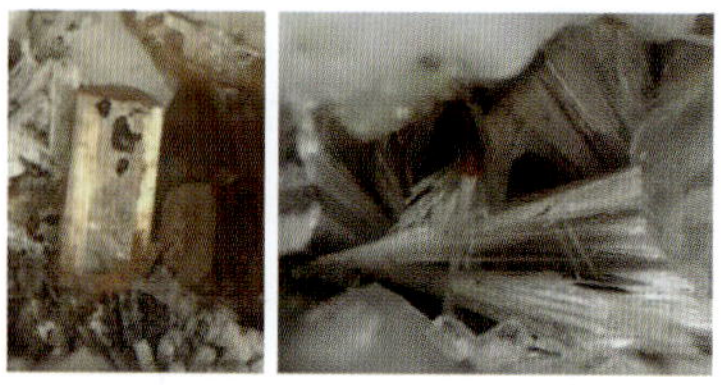

碳稀土钠石-铈柱状、纤维状晶体，束状集合体(加拿大)

碳稀土钠石-铈是一种钠、铈、钙的碳酸盐矿物。属黄碳锶钠石族。单斜(假六方)晶系。晶体呈柱状、纤维状；集合体呈束状。白色、棕色、橙红色，玻璃光泽，透明—半透明；硬度 3～3.5。1987 年发现于喀麦隆南部克里比市埃本贾(Ebounja)。英文名称 Rémondite-(Ce)，由法国奥尔良生物、地质和采矿局的物理学家古伊·雷蒙德(Guy Rémond，1935—)博士的姓氏，加占优势的稀土元素铈后缀-(Ce)组合命名。雷蒙德的工作是研究矿物的物理性质。IMA 1987-035 批准。1988 年 F. 塞斯布龙(F. Cesbron)等在法国《巴黎科学院报告》(Ⅱ系列)和 1990 年《美国矿物学家》(75)报道。1991 年中国新矿物与矿物命名委员会郭宗山在《岩石矿物学杂志》[10(4)]根据成分译为碳稀土钠石-铈。

【碳锌钙石】

英文名 Minrecordite

化学式 $CaZn(CO_3)_2$ (IMA)

碳锌钙石镶嵌状菱形晶体(纳米比亚)和《矿物学记录》杂志徽

碳锌钙石是一种钙、锌的碳酸盐矿物。属白云石族。三方晶系。晶体呈马赛克(镶嵌)菱形状，常形成马鞍状、强烈扭曲状。白色、无色，珍珠光泽，半透明；硬度 3.5～4，完全解理。1980 年发现于纳米比亚奥希科托区楚梅布(Tsumeb)矿山。英文名称 Minrecordite，由“Mineralogical(矿物学)”和“Record(记录)”缩写组合命名。*Mineralogical Record* 杂志于 1970 年由约翰·怀特(John White)创办，它是一本权威性的英文杂志，为矿物收藏家详细介绍了世界各地的精细矿物和收藏品，以及矿物收藏的历史。用《矿物学记录》命名此矿物是因她是“一个有价值的杂志，既促进更好地了解楚梅布矿物又有益于专业和业余矿物学家之间的交流互动”。IMA 1980-096 批准。1982 年 C. G. 加拉韦利(C. G. Garavelli)等在《矿物学记录》(13)和 1983 年弗莱舍等在《美国矿物学家》(68)报道。1984 年中国新矿物与矿物命名委员会郭宗山在《岩石矿物及测试》[3(2)]根据成分译为碳锌钙石。

【碳锌锰矿】参见【蓝锌锰矿】条 432 页

【碳氧钙石】

英文名 Caoxite

化学式 $Ca(C_2O_4)\cdot 3H_2O$ (IMA)

碳氧钙石是一种含 3 个结晶水的钙的草酸盐矿物。三斜晶系。晶体呈短板状；集合体呈放射状、球粒状。白色、无色，玻璃光泽，透明；硬度 2～2.5，完全解理，脆性。1996 年发现于意大利拉斯佩齐亚省切尔基亚拉(Cerchiara)矿。英文名称 Caoxite，由“Centennial Anniversary of X-rays(X 射线发现百年纪念)”的首字母缩写，也是“Calcium Oxalate(草酸钙)”的首字母缩写命名。IMA 1996-012 批准。1997 年 R. 巴苏(R. Basso)等在《矿物学新年鉴》(月刊)和 1998 年 J. L. 杨博尔(J. L. Jambor)等《美国矿物学家》(83)报道。2003 年李锦平等在《岩石矿物学杂志》[22(2)]根据成分译为碳氧钙石。

【碳氧铅石】参见【香农矿】条 1016 页

【碳钇钡石-钕】

英文名 Mckelveyite-(Nd)

化学式 $(Ba,Sr)(Nd,Ce,La)(CO_3)_2\cdot 4\sim 10H_2O$

碳钇钡石-钕是一种含结晶水的钡、锶、钕、铈、镧的碳酸盐矿物。三斜晶系。绿黄色、棕色，透明—不透明；硬度 3～3.5。1993 年在《美国矿物学家》(78)报道。英文名称 Mckelveyite-(Nd)，由美国地质调查局前主任文森特·埃利斯·麦凯维(Vincent Ellis McKelvey，1916—1985)的姓氏和占优势的稀土元素钕后缀-(Nd)组合命名。由于化学成分式与名称不相符，IMA 未批准。中文名称根据成分及与碳钇钡石的关系译为碳钇钡石-钕，也译作碳钡铀稀土矿-钕。

【碳钇钡石-钇】

英文名 Mckelveyite-(Y)

化学式 $NaBa_3(Ca,U)Y(CO_3)_6\cdot 3H_2O$ (IMA)

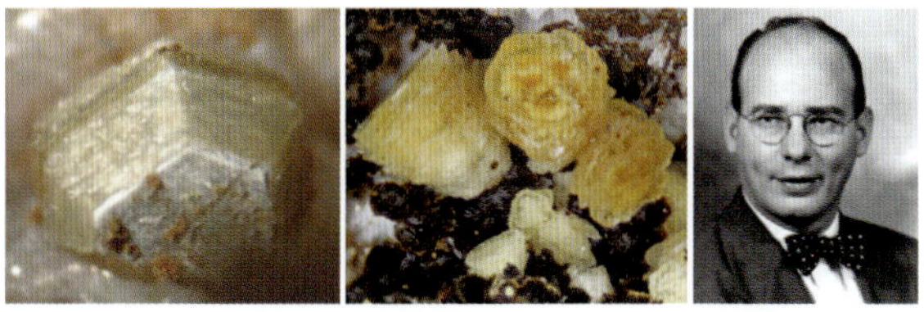

碳钇钡石-钇钝锥状、板状晶体，花状集合体(加拿大)和麦凯维像

碳钇钡石-钇是一种含结晶水的钠、钡、钙、铀、钇的碳酸盐矿物。属碳钇锶石族。三斜(假三方、单斜)晶系。晶体呈板状、钝锥状；集合体呈花状。柠檬黄色、绿灰色、红棕色，包含有机质时可能是黑色，玻璃光泽、油脂光泽，透明—不透明；硬度 3.5～4。1964 年第一次发现并描述于美国怀俄明州斯威特沃特市绿河盆地的沉积物。英文名称 Mckelveyite-(Y)，由美国地质调查局前主任文森特·埃利斯·麦凯维(Vincent Ellis McKelvey，1916—1985)的姓氏，加占优势的稀土元素钇后缀-(Y)组合命名。IMA 1964-025 批准。1965 年在《美国矿物学家》(50)报道。中文名称根据成分及与碳钇钡石的关系译为碳钇钡石-钇，也译作碳钡铀稀土矿-钇。

【碳钇钙石】参见【卡姆费奇石】条 396 页

【碳钇锶石】

英文名 Donnayite-(Y)

化学式 $NaSr_3CaY(CO_3)_6\cdot 3H_2O$ (IMA)

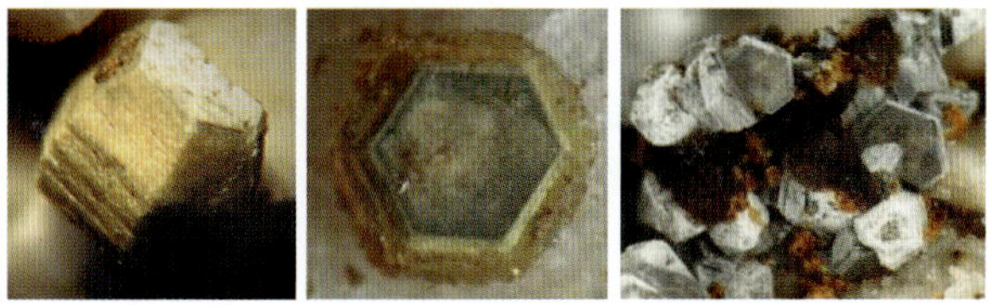

碳钇锶石柱状、板状晶体(加拿大)

碳钇锶石是一种含结晶水的钠、锶、钙、钇的碳酸盐矿物。属碳钇锶石族。三斜(假三方)晶系。晶体呈六方柱状、板状，常见双晶。淡黄色—黄色，也有无色、白色、灰色，很少红棕色，玻璃光泽，透明—半透明；硬度 3。1973 年发现于加拿大魁北克省蒙特雷吉市圣希莱尔(Saint-Hilaire)山混合肥料采石场，当时错误地认为是“Brockite(磷钙钍石)”；最后，

在1978年收集到足够的数据，确定是一个新矿物。英文名称Donnayite-(Y)，1978年由J.贝克(J. Baker)等为纪念约瑟夫·德西雷·休伯特·多奈(Joseph Desire Hubert Donnay，1902—1994)和他的妻子加布里埃尔·多奈(Gabrielle Donnay，1920—1987)而以夫妇二人的姓氏，加占优势的稀土元素钇后缀-(Y)组合命名。多奈是一位多才多艺的著名晶体学者和约翰霍普金斯大学教授。他担任过美国矿物学协会主席，著有148篇论文、36部书(或书中章节)、38篇评论和一些非科学论文。1971年获得美国矿物学协会授予的最高荣誉罗布林奖，以表彰他对光性矿物学和晶体结构所做出的重要贡献。他的妻子加布里埃尔·多奈博士是蒙特利尔麦吉尔大学的结晶学教授，后来成为多奈的研究助理，也是一位著名的结晶矿物学家，她以解决电气石的复杂结构而闻名，后来又解决了许多其他结构。IMA 1978－007批准。1978年G. Y.曹(G. Y. Chao)、P. R.梅因沃林(P. R. Mainwaring)和J.贝克(J. Baker)在《加拿大矿物学家》(16)报道。中文名称根据成分译为碳钇锶石。目前已知有Donnayite-(Y)-1A和Donnayite-(Y)-3R多型。

【碳铀钙石】参见【铀钙石】条1088页

【碳铀钾石】参见【碳钾铀矿】条922页

【碳铀矿】

英文名 Joliotite

化学式 $(UO_2)CO_3 \cdot 2H_2O$ (IMA)

碳铀矿粉末状集合体(德国)和约里奥-居里夫妇像

碳铀矿是一种含结晶水的铀酰-碳酸盐矿物。斜方晶系。晶体呈鳞片状；集合体呈球形、圆形、粉末状。柠檬黄色，半透明；硬度1.5～2。1974年发现于德国巴登符腾堡州弗赖堡市瓦尔茨胡特县克伦克尔巴赫(Krunkelbach)河谷铀矿床。英文名称Joliotite，由K.瓦林塔(K. Walenta)为纪念法国物理学家弗雷德里克·约里奥-居里(Frédéric Joliot-Curie，1900—1958)和伊雷娜·约里奥-居里(Irène Joliot-Curie，1897—1956)而以其夫妇的姓氏命名。约里奥-居里夫妇一生成就非凡，二人证明了裂变产生的中子能够引起链式反应。核裂变和链式反应的发现，是实际利用原子能的依据，它为人类开发新的能源开辟了广阔的前景。他们对科学研究的献身精神、执著的追求、精湛的实验技术，堪称实验物理学家的典范，而且多次为别人获得诺贝尔奖做铺路石，对后人也颇有教育意义。他们在1935年因发现人工或诱发放射性而联合获得诺贝尔化学奖。在第二次世界大战期间，约里奥-居里夫妇与纳粹进行了坚决的斗争，是著名的反法西斯战士。IMA 1974－014批准。1976年K.瓦林塔(K. Walenta)在《瑞士矿物学和岩石学通报》(56)报道。中文名称根据成分译为碳铀矿。

汤 [tāng]从水，从昜。①用于中国地名。②[英]音，用于外国人名、地名。

【汤丹石】参见【富铜泡石】条216页

【汤恩德石*】

英文名 Townendite

化学式 $Na_8ZrSi_6O_{18}$ (IMA)

汤恩德石*是一种钠、锆的硅酸盐矿物。属基性异性石族硅锆钙钠石-基性异性石亚族。三方晶系。晶体呈他形—半自形粒状，粒径10～50μm，最大100μm。无色，玻璃光泽，透明；硬度5～6。2009年发现于丹麦格陵兰岛库雅雷哥自治区伊犁马萨克杂岩体库安纳尔苏伊(Kuannersuit)高原克瓦内菲尔德(Kvanefjeld)铀矿床。英文名称Townendite，以西澳大利亚州咨询矿物学家罗杰·汤恩德(Roger Townend，1938—)的姓氏命名，以表彰他对格陵兰岛南部，特别是对伊犁马萨克杂岩体的矿物学做出的贡献。IMA 2009－066批准。2010年I. E.格雷(I. E. Grey)等在《美国矿物学家》(95)报道。目前尚未见官方中文译名，编译者建议音译为汤恩德石*。

【汤硅钇石】

英文名 Tombarthite-(Y)

化学式 $(Y,REE,Ca,Fe^{2+})_4(Si,H_4)(O,OH)_4$(?)
(弗莱舍，2014)

汤硅钇石无定形块状集合体(挪威)和巴斯像

汤硅钇石是一种钇、稀土、钙、铁的氢硅酸盐矿物。单斜晶系。集合体呈无定形块状。棕色、黑色，不透明；硬度5～6，贝壳状断口。1967年发现于挪威的赫格特韦(Høgetveit)长石采石场。英文名称Tombarthite-(Y)，以挪威奥斯陆大学地质学教授托马斯·弗雷德里克·韦比·巴斯(Thomas Fredrik Weiby Barth，1899—1971)的姓名命名。IMA 1967－031批准。2016年被质疑。1968年H.诺伊曼(H. Neumann)和B.尼尔森(B. Nilssen)在《岩石》(1)及1969年《美国矿物学家》(54)报道。中文名称根据英文首音节音和成分译为汤硅钇石。2018年、2019年检查原始材料认为是混合物。

【汤河原沸石】

英文名 Yugawaralite

化学式 $Ca(Si_6Al_2)O_{16} \cdot 4H_2O$ (IMA)

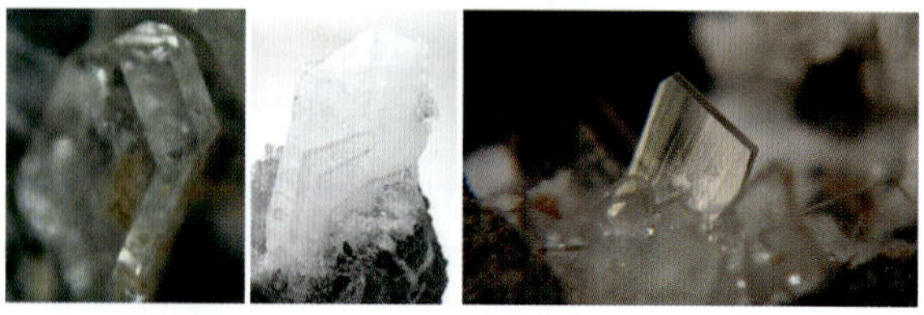

汤河原沸石板柱状晶体，晶簇状集合体(美国、印度、留尼汪岛)

汤河原沸石是一种含沸石水的钙的铝硅酸盐矿物。属沸石族浊沸石亚族。单斜晶系。晶体呈板状；集合体呈晶簇状。无色、白色、粉红色，玻璃光泽、珍珠光泽，透明；硬度4.5～5，很脆。1952年发现于日本本州岛关东地区神奈川县足柄下郡汤河原町(Yugawaral)汤河原町温泉。英文名称Yugawaralite，由发现地日本的汤河原町(Yugawaral)命名。

日文汉字名称湯河原沸石。1952 年在《横滨国立大学科学报告》(Ⅱ系列,1)和 1953 年弗莱舍在《美国矿物学家》(38)报道。1959 年以前发现、描述并命名的"祖父级"矿物,IMA 承认有效。IMA 1997s. p. 批准。1987 年汪正然借用日文汉字名称的简化汉字名称汤河原沸石,有的译作汤河原石,也有的译作条沸石。

【汤霜晶石】参见【方霜晶石】条 159 页

唐 [táng]形声;小篆作字形。从口,庚声。本义:大话。[英]音,用于外国人名。

【唐威廉斯石*】

英文名 Donwilhelmsite

化学式 $CaAl_4Si_2O_{11}$ (IMA)

唐威廉斯石*是一种钙、铝的硅酸盐矿物。六方晶系。2018 年发现于摩洛哥布伊杜尔省乌德阿维蒂斯(Oued Awlitis)001 号月球陨石。英文名称 Donwilhelmsite,以唐·威廉斯(Don Wilhelms,1930—)的姓名命名。他是美国地质调查局(USGS)的地质学家,为地球月球的地质测绘和阿波罗宇航员的地质训练做出了重大贡献。他撰写了《月球地质史》和《致岩石月球:地质学家的月球探索史》两部著作。IMA 2018-113 批准。2019 年 J. 弗里茨(J. Fritz)等在《CNMNC 通讯》(47)、《矿物学杂志》(83)和《欧洲矿物学杂志》(31)报道。目前尚未见官方中文译名,编译者建议音译为唐威廉斯石*。

桃 [táo]形声;从木,兆声。桃是一种乔木,花和果实多呈粉红色。①以颜色比喻矿物。②用于日本人名。

【桃井石榴石*】参见【锰钒榴石】条 604 页

【桃针钠石】

英文名 Serandite

化学式 $NaMn^{2+}_2Si_3O_8(OH)$ (IMA)

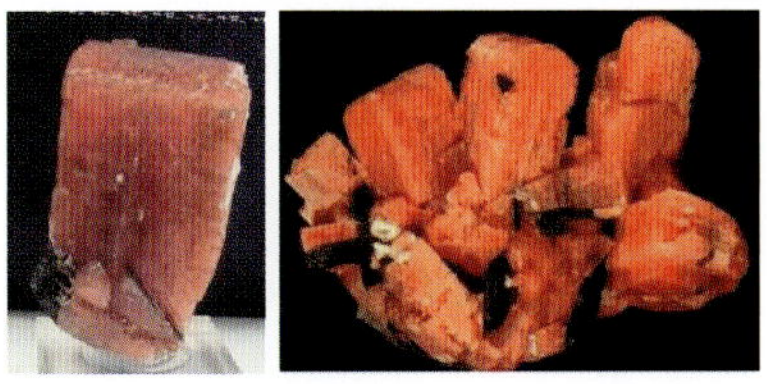

桃针钠石柱状晶体,晶簇状集合体(加拿大)

桃针钠石是一种含羟基的钠、锰的硅酸盐矿物,是针钠钙石的富锰类似矿物。属硅灰石族。三斜晶系。晶体呈柱状或针状;集合体呈晶簇状。玫瑰红色、粉红色、肉红色、橙红色、深橙色、棕色、无色,玻璃—半玻璃光泽、油脂光泽,纤维状集合体者呈丝绢光泽,透明—不透明;硬度 4.5~5.5,完全解理,脆性。它是一种罕见而珍贵的宝石矿物。1931 年发现于几内亚洛斯群岛(洛斯岛屿)罗马(Rouma)岛;同年,A. 拉克鲁瓦(A. Lacroix)在法国《巴黎科学院报告》(192)和《美国矿物学家》(16)报道。英文名称 Serandite,由安东尼·弗朗索瓦·阿尔弗雷德·拉克鲁瓦(Antoine François Alfred Lacroix)以洛斯群岛罗马(Rouma)岛上的灯塔看守人 J. M. 塞兰德(J. M. Serand)的姓氏命名。他在岛上协助收集矿物,恰巧其中有一种玫瑰红色的矿物。1959 年以前发现、描述并命名的"祖父级"矿物,IMA 承认有效。中文名称根据颜色、结晶习性和成分译为桃针钠石;根据结晶习性和成分译作针钠锰石。

特 [tè]形声;从牛,寺声。[英]音,用于外国人名、地名。

【特夫尔迪石*】

英文名 Tvrdýite

化学式 $Fe^{2+}Fe^{3+}_2Al_3(PO_4)_4(OH)_5(H_2O)_4 \cdot 2H_2O$ (IMA)

特夫尔迪石*纤维状晶体,放射状集合体(德国)和特夫尔迪像

特夫尔迪石*是一种含结晶水和羟基的二价铁、三价铁、铝的磷酸盐矿物。属簇磷铁矿族。单斜晶系。晶体呈针状、纤维状,直径 0.5~5μm,长可达 300μm;集合体呈放射状,长 3mm。银白色、橄榄灰绿色,珍珠光泽;硬度 3~4,完全解理,很脆,但纤维状者有一定的弹性。2014 年发现于捷克共和国卡罗维发利州胡贝尔(Huber)。英文名称 Tvrdýite,以捷克共和国利贝雷茨的雅罗米尔·特夫尔迪(Jaromír Tvrdý,1959—)的姓氏命名,以表彰他对经济地质学和矿物学做出的贡献。IMA 2014-082 批准。2015 年 J. 塞科拉(J. Sejkora)等在《CNMNC 通讯》(23)、《矿物学杂志》(79)和 2016 年《矿物学杂志》(80)报道。目前尚未见官方中文译名,编译者建议音译为特夫尔迪石*。

【特拉沸石】

英文名 Terranovaite

化学式 $NaCaAl_3Si_{17}O_{40} \cdot \approx 8H_2O$ (IMA)

特拉沸石板状晶体(南极洲)和意大利特拉诺瓦南极站

特拉沸石是一种含沸石水的钠、钙的铝硅酸盐矿物。属沸石族。斜方晶系。晶体呈板状、柱状;集合体呈放射状、球粒状。无色、蓝白色,玻璃光泽,透明;完全解理,脆性。1995 年发现于南极洲北维多利亚地区亚当森(Adamson)山西南峰顶。英文名称 Terranovaite,以发现地南极洲的特拉诺瓦(Terranova)湾意大利南极站命名。IMA 1995-026 批准。1997 年 E. 加利(E. Galli)等在《美国矿物学家》(82)报道。2004 年中国地质科学院矿产资源研究所李锦平等在《岩石矿物学杂志》[23(1)]根据英文名称前两音节音和族名译为特拉沸石,也有的音译为特兰诺瓦石。

【特拉西娅石*】

英文名 Therasiaite

化学式 $(NH_4)_3KNa_2Fe^{2+}Fe^{3+}(SO_4)_3Cl_5$ (IMA)

特拉西娅石*是一种含氯的铵、钾、钠、二价铁、三价铁的硫酸盐矿物。单斜晶系。晶体呈粒状、短柱状,粒径 0.1mm。褐色—深褐色,玻璃光泽,半透明;硬度 1.5~2。2013 年发现于意

特拉西娅石 * 粒状、柱状晶体（意大利）

大利墨西拿省伊奥利亚群岛利帕里镇弗卡诺（Vulcano）火山岛火山坑。英文名称 Therasiaite，以发现地弗卡诺岛古名之一的特拉西娅（Therasia）命名，希腊文“θηρασια＝Warm earth（意为温暖的大地）”。IMA 2013－050 批准。2013 年 F. 德马丁（F. Demartin）等在《CNMNC 通讯》（17）、《矿物学杂志》（77）和 2014 年《矿物学杂志》（78）报道。目前尚未见官方中文译名，编译者建议音译为特拉西娅石 * 。

【特兰诺瓦石】参见【特拉沸石】条 933 页

【特朗巴斯石】

英文名 Trembathite

化学式 $Mg_3B_7O_{13}Cl$　　（IMA）

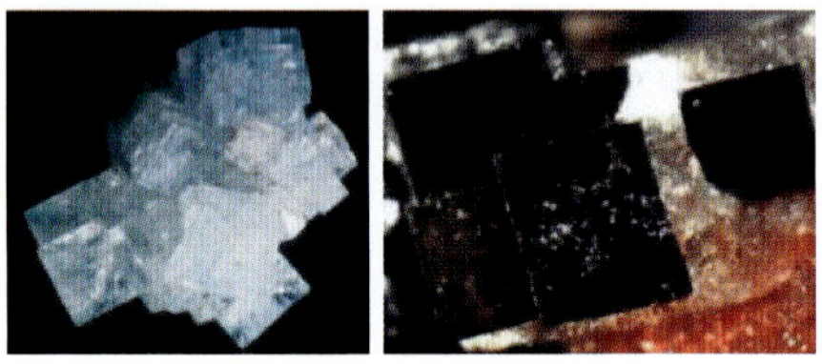

特朗巴斯石假立方体、菱面体晶体（加拿大、英国）

特朗巴斯石是一种含氯的镁的硼酸盐矿物。属方硼石族。与方硼石为同质二象。三方晶系。晶体呈假立方体、菱面体，具聚片双晶；集合体呈晶簇状。无色、淡蓝色、粉红色，玻璃光泽，透明；硬度 6～8。1991 年发现于加拿大新不伦瑞克省国王（Kings）县克罗芙（Clover）山矿床。英文名称 Trembathite，以加拿大弗雷德里顿新布伦瑞克大学矿物学教授洛厄尔·T. 特朗巴斯（Lowell T. Trembath，1936—1994）的姓氏命名，以表彰他对矿物学研究和教学做出的奉献。IMA 1991－018 批准。1992 年 P. C. 彭斯（P. C. Burns）等在《加拿大矿物学家》（30）报道。1998 年中国新矿物与矿物命名委员会黄蕴慧等在《岩石矿物学杂志》[17(1)]音译为特朗巴斯石。

【特里华莱士矿 * 】

英文名 Terrywallaceite

化学式 $AgPb(Sb,Bi)_3S_6$　　（IMA）

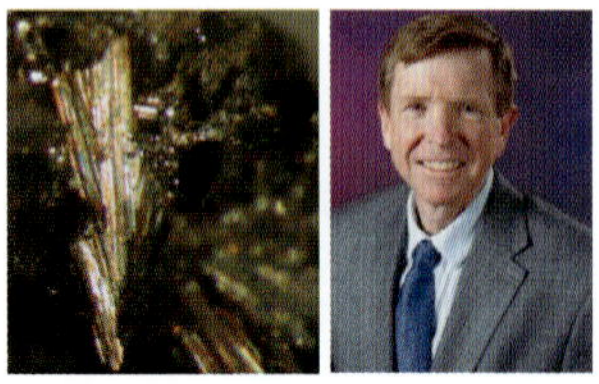

特里华莱士矿 * 板条状晶体（秘鲁）和华莱士像

特里华莱士矿 * 是一种银、铅、锑、铋的硫化物矿物。属硫铋铅矿系列族。单斜晶系。晶体呈板条状，长 0.5mm。金属光泽，不透明；硬度 4，完全解理，脆性。2011 年发现于秘鲁万卡维利卡大区赫米尼亚（Herminia）矿。英文名称 Terrywallaceite，以小特里·C. 华莱士（Terry C. Wallace Jr.，1956—）的姓名命名。他曾任亚利桑那大学专门研究银矿物的地球科学和矿物博物馆馆长，已有 20 多年的历史。华莱士于 2003 年加入洛斯阿拉莫斯国家实验室（LANL），现在是 LANL 科学、技术、工程和教育活动的首席副主任。IMA 2011－017 批准。2011 年杨和雄（Yang Hexiong）等在《CNMNC 通讯》（10）和 2013 年《美国矿物学家》[98(7)]报道。目前尚未见官方中文译名，编译者建议音译为特里华莱士矿 * 。

【特里锂云母】参见【三锂云母】条 763 页

【特硫铋铅银矿】

英文名 Treasurite

化学式 $Ag_7Pb_6Bi_{15}S_{30}$　　（IMA）

特硫铋铅银矿是一种银、铅、铋的硫化物矿物。属辉锑银铅矿-硫铋铅矿族。单斜晶系。晶体呈粒状。黑色，金属光泽，不透明。1976 年发现于美国科罗拉多州日内瓦（Geneva）地区宝藏（Treasure）库矿。英文名称 Treasurite，以发现地美国的宝藏（Treasure）库矿命名。IMA 1976－008 批准。1977 年 E. 马克维奇（E. Makovicky）等在《矿物学新年鉴：论文》（131）和 S. 卡鲁普-摩勒（S. Karup－Moller）在《丹麦地质学会通报》（26）报道。中文名称根据英文名称首音节音和成分译为特硫铋铅银矿。

【特硫锑铅矿】

英文名 Twinnite

化学式 $Pb(Sb_{0.63}As_{0.67})_2S_4$　　（IMA）

汤普森（特威）像

特硫锑铅矿是一种铅的锑-砷-硫化物矿物。属脆硫砷铅矿族。三斜（或假斜方）晶系。晶体呈粒状，多数具聚片双晶。黑色，金属光泽，不透明；硬度 3.5，完全解理，脆性。1966 年发现于加拿大安大略省黑斯廷斯县泰勒（Taylor）矿坑。英文名称 Twinnite，为纪念加拿大温哥华英属哥伦比亚大学矿物学教授罗伯特·米切尔·汤普森（Robert Mitchell Thompson，1918—1967）而以他的名字命名。汤普森的意思是“托马斯的儿子”；后者是亚拉姆文的“Twin（双胞胎）”，这个更合适的名字是指矿物中的聚片双晶（Twinning）。IMA 1966－017 批准。1967 年 J. L. 杨博尔（J. L. Jambor）在《加拿大矿物学家》（9）报道。中国地质科学院根据英文名称首音节音和成分译为特硫锑铅矿；2011 年杨主明等在《岩石矿物学杂志》[30(4)]建议音译为特威矿。

【特吕格石】参见【砷铀矿】条 798 页

【特氯氧汞矿】

英文名 Terlinguacreekite

化学式 $Hg_3^{2+}O_2Cl_2$　　（IMA）

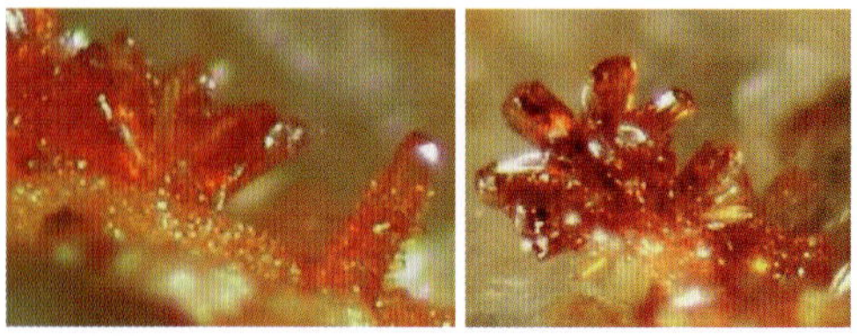

特氯氧汞矿柱状晶体，皮壳状、晶簇状集合体（美国）

特氯氧汞矿是一种汞的氧-氯化物矿物。斜方晶系。晶体呈柱状、针状，隐晶质；集合体呈晶簇状、皮壳状。深橘色—微红色，玻璃光泽、树脂光泽，透明—半透明；硬度 2～3，脆性。2004 年发现于美国得克萨斯州特灵瓜（Terlingua）矿区佩里（Perry）坑。英文名称 Terlinguacreekite，2005 年 A. C. 罗伯茨（A. C. Roberts）等以发现地美国特灵瓜溪（Terlinguacreek）命名。IMA 2004－018 批准。2005 年罗伯茨等在《加拿大矿物学家》(43)报道。2008年中国地质科学院地质研究所任玉峰等在《岩石矿物学杂志》[27(6)]根据英文名称首音节音和成分译为特氯氧汞矿。

【特水硅钙石】

英文名 Trabzonite

化学式 $Ca_4[Si_3O_9(OH)](OH)$　(IMA)

特水硅钙石是一种含羟基的钙的氢硅酸盐矿物。与傅硅钙石为同质多象。单斜晶系。晶体呈他形—半自形粒状。无色,玻璃光泽,透明。1983年发现于土耳其黑海地区里泽省特拉布宗(Trabzon)的葛尼丝-伊基兹德雷(Güneyce - Ikizdere)。英文名称 Trabzonite,以发现地土耳其的特拉布宗(Trabzon)命名。IMA 1983-071a 批准。1986年 H. 萨尔普(H. Sarp)等在《瑞士矿物学和岩石学通报》(66)报道。1988年中国新矿物与矿物命名委员会郭宗山等在《岩石矿物学杂志》[7(3)]根据英文名称首音节音和成分译为特水硅钙石。

【特威迪尔石】

英文名 Tweddillite

化学式 $CaSr(Mn_2^{3+}Al)[Si_2O_7][SiO_4]O(OH)$　(IMA)

特威迪尔石板状晶体,平行排列状集合体(南非)和特威迪尔像

特威迪尔石是一种含羟基和氧的钙、锶、锰、铝的硅酸盐矿物。属绿帘石超族绿帘石族。单斜晶系。晶体呈板状、叶片状;集合体呈平行排列和放射状。深红色,玻璃光泽,透明;硬度6～7,完全解理,脆性。2001年发现于南非北开普省卡拉哈里锰矿场霍塔泽尔地区韦塞尔斯(Wessels)矿。英文名称 Tweddillite,2002年 T. 安布鲁斯特(T. Armbruster)等为纪念南非地质调查局比勒陀利亚地质博物馆的首任馆长塞缪尔·米尔本·特威迪尔(Samuel Milbourn Tweddill,1852—1917)而以他的姓氏命名。IMA 2001-014 批准。2002年安布鲁斯特等在《矿物学杂志》(66)报道。2006年 CNMMN 绿帘石小组将其更名为 Manganipiemontite-(Sr),在2015年又恢复为 Tweddillite。2006年中国地质科学院矿产资源研究所李锦平在《岩石矿物学杂志》[25(6)]音译为特威迪尔石。

【特威矿】参见**【特硫锑铅矿】**条 934 页

【特韦达尔石】

英文名 Tvedalite

化学式 $Ca_4Be_3Si_6O_{17}(OH)_4 \cdot 3H_2O$　(IMA)

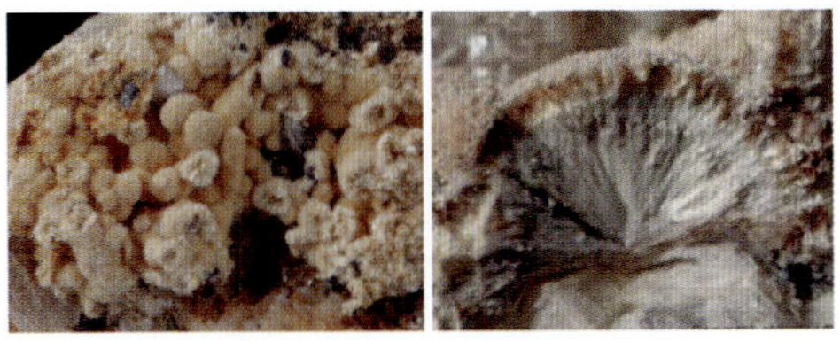

特韦达尔石放射状、球粒状集合体(挪威)

特韦达尔石是一种含沸石水和羟基的钙、铍的硅酸盐矿物。属沸石族。斜方晶系。晶体呈小板状;集合体呈放射状、球粒状、杂草丛生状。奶油白色、浅米色,玻璃光泽,半透明;硬度3.5～4.5,完全解理。1990年发现于挪威西福尔郡拉尔维克市特韦达尔(Tvedalen)区域维夫贾(Vevja)采石场。英文名称 Tvedalite,以发现地挪威的特韦达尔(Tvedalen)命名。IMA 1990-027 批准。1992年 A. O. 拉森(A. O. Larsen)在《美国矿物学家》(77)报道。1998年中国新矿物与矿物命名委员会黄蕴慧等在《岩石矿物学杂志》[17(1)]音译为特韦达尔石。

铽 [tè]从金,忒声。一种稀土金属元素,属镧系元素。[英]Terbium。元素符号 Tb。原子序数65。1843年,瑞典的 K. G. 莫桑德尔(K. G. Mosander)通过对钇土的研究,当初命名为氧化铒。1877年才正式命名为 Terbium(铽)。1905年第一次由 G. 乌贝因(G. Urbain)提纯制出。英文名称 Terbium 得名于瑞典村庄伊特比(Ytterby)。与其他稀土元素共存于独居石、磷钇矿和黑稀金矿等矿物中。

腾 [téng]形声;左形右声。用于中国地名腾冲。

【腾冲铀矿】

汉拼名 Tengchongite

化学式 $Ca(UO_2)_6(MoO_4)_2O_5 \cdot 12H_2O$　(IMA)

腾冲铀矿是一种含结晶水的钙的铀酰-钼酸盐矿物,它是少见的表生铀矿物。斜方晶系。晶体呈片状、薄板状、板状。黄色,玻璃光泽,透明—半透明;硬度2～2.5,完全解理。1984年核工业地勘局209大队闵光裕、核工业北京地质研究院陈璋如等在我国云南省保山地区腾冲(Tengchong)县附近铜壁关(Tongbiguan)村的一个铀矿点首次发现的一种新矿物,并以产地和成分命名为腾冲铀矿(Tengchongite)。IMA 1984-031 批准。1985年陈璋如等在《科学通报》(13)、1986年《科学通报》(31)和1988年《美国矿物学家》(73)报道。

锑 [tī]形声;从钅,弟声。一种有毒的金属元素。[英]Antimony;[拉丁文]Stibium。元素符号 Sb。原子序数51。早在公元前3 100年的埃及前王朝时代,三硫化二锑就用作化妆用的眼影粉。在迦勒底的泰洛赫(今伊拉克),曾发现一块可追溯到公元前3 000年的锑制史前花瓶碎片;而在埃及发现了公元前2 500年至前2 200年间的镀锑的铜器。一般认为,纯锑是由贾比尔·伊本·哈扬(Jābir Ibn Hayyān)于8世纪时最早制得的,但争议不断。欧洲人万诺乔·比林古乔于1540年最早在《火焰学》(*De la pirotechnia*)中描述了提炼锑的方法,这早于1556年阿格里科拉的名著《论金属》(*De re Metallica*)。1604年,德国出版了 *Currus Triumphalis Antimonii*(直译为《凯旋战车锑》)的书,其中介绍了金属锑的制备。书的作者是佐罕·邵尔德(Johann Tholde,约1565—1624),他声言他的著作大部分译自15世纪(1450)笔名叫巴西利厄斯·华伦提努的圣本笃修会的炼金术士的拉丁文,因此,一般化学史著作将锑的发现荣誉归功于德国邵尔德氏。英文名称 Antimony,源于词头"Anti(不,反对)"和词尾"Monk(僧侣)"变化而来的,传说辉锑矿可以治疗僧侣的常见病癞病,但是很多僧侣服用后病情反而恶化,故被认为是僧侣的克星。拉丁文名称 Stibium,源于"Stibnite"(辉锑矿)。锑在地壳中的丰度估计为$(0.2 \sim 0.5) \times 10^{-5}$,尽管这种元素并不丰富,但它依然在超过100

种矿物中存在。自然界中除一些锑单质外,但多数锑依然存在于它最主要的辉锑矿(Sb_2S_3)中。

【锑钯矿】

英文名 Stibiopalladinite

化学式 Pd_5Sb_2 (IMA)

锑钯矿粒状晶体(哥伦比亚)

锑钯矿是一种钯的锑化物矿物。属砷铂矿族。六方晶系。晶体呈柱状、粒状。银色、白色—灰色,条痕呈黑色,金属光泽,不透明;硬度 4~5。1927 年发现于南非林波波省瓦特贝格区的特威方廷(Tweefontein)农场。1929 年奥利弗(Oliver)和博伊德(Boyd)在《南非的铂矿床和矿山》(爱丁堡)报道。又见于 1944 年 C. 帕拉奇(C. Palache)、H. 伯曼(H. Berman)和 C. 弗龙德尔(C. Frondel)《丹纳系统矿物学》(第一卷,第七版,纽约)。英文名称 Stibiopalladinite,由化学成分"Antimony(希腊文 αντιμόνιο=Stibi,锑)"和"Palladium(钯)"组合命名。1959 年以前发现、描述并命名的"祖父级"矿物,IMA 承认有效。IMA 1980s. p. 批准。中文名称根据成分译为锑钯矿。

【锑贝塔石】

英文名 Stibiobetafite

化学式 $(Sb^{3+},Ca)_2(Ti,Nb,Ta)_2(O,OH)_7$

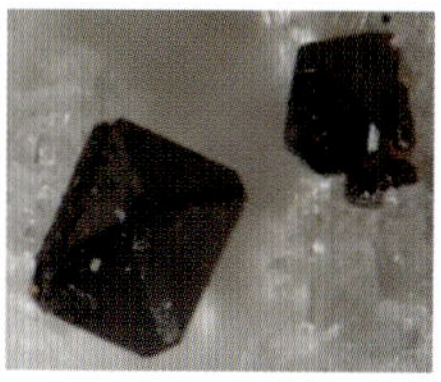

锑贝塔石八面体晶体(德国)

锑贝塔石是含锑的贝塔石变种。属烧绿石超族烧绿石族。等轴晶系。晶体呈八面体、他形粒状;集合体呈晶簇状。深棕色、黑褐色,玻璃光泽、油脂光泽,半透明—不透明;硬度 5,脆性。1978 年发现于捷克共和国维索基纳州弗兹娜(Věžná)伟晶岩矿。英文名称 Stibiobetafite,由化学成分冠词"Antimony(锑,希腊文 αντιμόνιο=Stibi)"和根词"Betafite(贝塔石)"组合命名,意为含 Sb^{3+} 的烧绿石的类似矿物(1978 年定义)。IMA 1978-052批准。1979 年 P. 塞尔尼(P. č ern ý)等在《加拿大矿物学家》(17)报道。中文名称根据成分及与贝塔石关系译为锑贝塔石。1998 年 A. G. 廷德尔(A. G. Tindle)等在《加拿大矿物学家》(36)报道指出:Stibiobetafite 分析数据是错误的,实际上它与烧绿石密切相关。2010 年被 IMA 废弃。2010 年根据烧绿石超族的新命名法,由 IMA 更名为 Oxycalciopyrochlore,IMA 2010s. p. 批准。中文名称译为氧钙烧绿石。

【锑铂矿】

英文名 Geversite

化学式 $PtSb_2$ (IMA)

格弗斯像

锑铂矿是一种铂的锑化物矿物。属黄铁矿族。等轴晶系。晶体呈微小的颗粒状。亮灰色,金属光泽,不透明;硬度 4.5~5。1961 年发现于南非林波波省伯格斯堡镇锡克胡克兰(Sekhukhuneland)的德里克普(Driekop)超镁铁的铂族元素矿床。英文名称 Geversite,以南非的特拉格特·威廉·格弗斯(Traugott Wilhelm Gevers,1900—1991)教授的姓氏命名。他曾是在纳米比亚为南非地质调查工作的地质学家,后来成为威特沃特斯兰大学的教授。IMA 1967s. p. 批准。1961 年 E. F. 斯顿夫(E. F. Stumpfl)等在《矿物学杂志》(32)和弗莱舍在《美国矿物学家》(46)报道。中文根据成分译为锑铂矿。

【锑雌黄】

英文名 Wakabayashilite

化学式 $(As,Sb)_6As_4S_{14}$ (IMA)

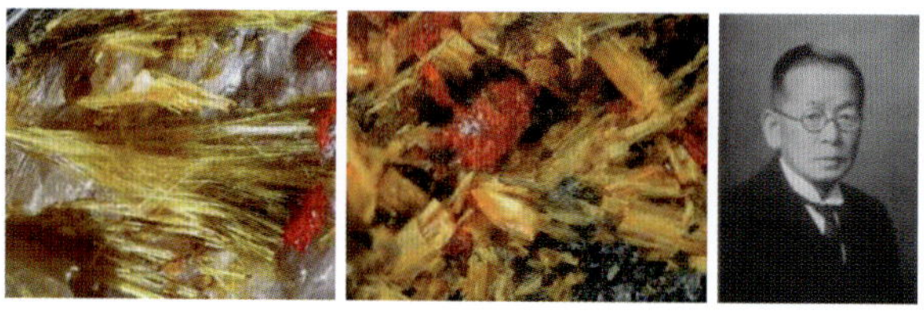

锑雌黄纤维状晶体,束状、扇状集合体(美国、法国)和若林像

锑雌黄是一种锑的砷-硫盐矿物。属辉锑矿族。斜方晶系。晶体呈针柱状、纤维状;集合体呈束状、扇状、放射状。金黄色、柠檬黄色、橙黄色,丝绢光泽,半透明;硬度 1.5,完全解理。1920 年首次发现于美国内华达州,但误认为是针状、头发状的三硫化二砷(雌黄)。1969 年发现于日本本州岛关东地区群马县安中市松井田町西野牧(Nishinomaki)矿山并科学地确定为是一种新矿物。英文名称 Wakabayashilite,以日本三菱矿业公司的矿物学家若林弥一郎(Yaichiro Wakabayashi,1874—1943)的姓氏命名。此矿物发现于他的收藏品中。日文汉字名称若林鉱。IMA 1969-024 批准。1970 年 A. 加藤(A. Kato)等在日本《日本地质调查局日本矿产介绍》(39)和 1972 年弗莱舍在《美国矿物学家》(57)报道。中国地质科学院根据成分译为锑雌黄;2010 年杨主明在《岩石矿物学杂志》[29(1)]建议借用日文汉字名称的简化汉字名称若林矿。

【锑钙矾】

英文名 Peretaite

化学式 $CaSb^{3+}_4O_4(SO_4)_2(OH)_2 \cdot 2H_2O$ (IMA)

锑钙矾柱状、板条状晶体,晶簇状集合体(意大利)

锑钙矾是一种含结晶水、羟基的钙的硫酸-锑酸盐矿物。单斜晶系。晶体呈长柱状、板条状,常见双晶;集合体呈放射状、晶簇状、葡萄状、块状。无色,粉色—红色的锑华水垢,玻璃光泽,透明;硬度 3.5~4,完全解理。1979 年发现于意大利格罗赛托省帕累托(Pereta)矿。英文名称 Peretaite,以发现地意大利帕累托(Pereta)矿命名。IMA 1979-068 批准。1980 年 N. 西普里亚尼(N. Cipriani)等在《美国矿物学家》(65)报道。中文名称根据成分译为锑钙矾。

【锑钙镁非石】

英文名 Welshite

化学式 $Ca_4[Mg_9Sb^{5+}_3]O_4[Si_6Be_3AlFe^{3+}_2O_{36}]$ (IMA)

锑钙镁非石是一种钙的镁锑氧的铍-铝-铁-硅酸盐矿物。属假蓝宝石超族褐斜闪石(镁钙三斜闪石)族。三斜晶系。晶体呈柱状、板状,常见双晶。棕色、红黑色、橙棕色或深棕褐色,半金刚光泽、树脂光泽,半透明—不透明;硬度 6,

T

脆性。1970 年发现于瑞典韦姆兰省菲利普斯塔德市朗班(Långban)。1970 年保罗(保卢斯)·布莱恩·摩尔[Paul (Paulus) Brian Moore]正式描述,并在《矿物学记录》(1)报道。英文名称 Welshite,摩尔为纪念他的导师威尔弗雷德"比尔"·莱因哈特·威尔士(Wilfred "Bill" Reinhardt Welsh,1915—2002)而以他的姓氏命名。威尔士是美国新泽西州上马鞍河的矿物学家、富兰克林矿物博物馆前主席及这个机构的矿物和化石标本的一个重要的捐助者。保罗·摩尔博士是威尔士的学生,威尔士是一位非凡的导师,其神韵激发了保罗成为一名著名的矿物学家。IMA 1973-019 批准。1978 年摩尔在《矿物学杂志》(42)和 1979 年《美国矿物学家》(64)报道。中文名称根据成分及钠铁非石族名译为锑钙镁非石(参见【三斜闪石】条 767 页)。

威尔士像

【锑钙石】

英文名 Roméine

化学式 $(Ca,Fe,Mn,Na)_2(Sb,Ti)_2O_6(O,OH,F)$

化学式通式 $A_2(Sb^{5+})_2O_6Z$

锑钙石八面体晶体(意大利)和罗马塑像

锑钙石是一种含羟基、氟、氧的钙、铁、锰、钠、锑、钛的氧化物矿物。属烧绿石超族。等轴晶系。晶体呈八面体,具聚片双晶;集合体呈块状。淡黄色、黄色、红棕色、深棕色、红色,金刚光泽、玻璃光泽、油脂光泽;硬度 5.5~6.5。1841 年发现于意大利奥斯塔山谷圣马塞尔区帕拉博纳兹(Prabornaz)矿和德国巴登-符腾堡州纽布拉赫(Neubulach)。1841 年奥古斯汀·亚历克西斯·达摩(Augustin Alexis Damour)在《矿山年鉴》(20)报道。英文名称 Roméite,由达摩于 1841 年为纪念法国"结晶学之父"让-巴蒂斯特·L. 罗马·德莱尔(Jean-Baptiste L. Romé de l'Isle,1736—1790)而以他的名字命名。他是法国军队中的一名军官,他发展了晶体科学,同时他也是一位富有的收藏家。2010 年被 IMA 批准为族名。中文名称根据成分译为锑钙石。

【锑汞矿】

英文名 Shakhovite

化学式 $Hg_4^{1+}Sb^{5+}O_3(OH)_3$ (IMA)

锑汞矿板状晶体(美国)和沙科夫像

锑汞矿是一种含羟基的汞的锑酸盐矿物。单斜晶系。晶体呈板条状。绿色(新鲜)、灰色(风化),条痕呈黄色,金刚光泽。1980 年发现于吉尔吉斯斯坦奥什州费尔干纳山谷凯达坎(Khaidarkan)锑-汞矿床和俄罗斯布里亚特共和国克莉安(Kelyana)汞矿床。英文名称 Shakhovite,以苏联科学院地球化学部门的主任费利克斯·尼古拉耶维奇·沙科夫(Feliks Nikolaevich Shakhov,1894—1971)的姓氏命名。他是地质学家、矿床专家。IMA 1980-069 批准。1980 年 V. I. 瓦西里夫(V. I. Vasil'ev)等在《地质学与地球物理学》和 1981 年弗莱舍在《美国矿物学家》(66)报道。中文名称根据成分译为锑汞矿。

【锑钴矿】

英文名 Kieftite

化学式 $CoSb_3$ (IMA)

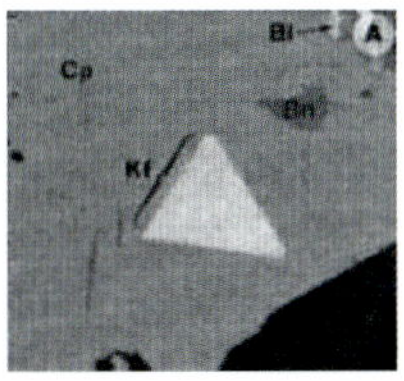

锑钴矿自形四面体晶体(瑞典)

锑钴矿是一种钴的锑化物矿物。属钙钛矿超族非化学计量比钙钛矿族方钴矿亚族。等轴晶系。晶体呈自形—半自形四面体。锡白色,金属光泽,不透明;硬度 5~5.5,脆性。1991 年发现于瑞典南曼兰省尼雪平市图纳贝格(Tunaberg)铜钴矿床。英文名称 Kieftite,1994 年 R. T. M. 多布(R. T. M. Dobbe)等为纪念荷兰地质学家和矿物学家科内利斯(凯斯)·基夫特[Cornelis (Kees) Kieft,1924—1995]而以他的姓氏命名,以表彰他为矿物学做出的贡献。IMA 1991-052 批准。1994 年多布等在《加拿大矿物学家》(32)报道。中文名称根据成分译为锑钴矿。

【锑华】

英文名 Valentinite

化学式 Sb_2O_3 (IMA)

锑华柱状、板状晶体,晶簇状、球粒状集合体(阿尔及利亚、希腊、中国)和瓦伦廷像

锑华是一种锑的氧化物矿物。斜方晶系。晶体呈柱状、板状,晶面具纵条纹;集合体呈扇形、星状、花状、晶簇状。无色、白色、浅灰色、淡黄色,金刚光泽、珍珠光泽,透明;硬度 2.5~3,极完全解理,脆性。1845 年发现于法国阿尔卑斯大区阿勒莫纳特(Allemont)莱斯查兰克斯(Les Chalanches)矿。1845 年海丁格尔(Haidinger)在《矿物学鉴定手册》(维也纳版)刊载。英文名称 Valentinite,以德国化学家和炼金术士巴西利厄斯·瓦伦廷(Basilius Valentinus,1394—?)的姓氏命名。瓦伦廷可能是德国爱尔福特本笃会修道院的修士,15 世纪炼金术士,西方首推他是锑的发现人。1959 年以前发现、描述并命名的"祖父级"矿物,IMA 承认有效。IMA 1980s. p. 批准。中文名称根据其成分锑和习见的形态译为锑华。繁体"華"字,上面是"垂"字,像花叶下垂形。古代"華"通"花",锑华通常生长在辉锑矿等的表面上,比喻矿物的形态像"花朵、枝叶"一样。根据颜色和成分也译作白锑矿。人工三氧化二锑是一种白色微细结晶粉末,俗名"锑白"。早在公元前 3 100 年的埃及前王朝时代,就用作化妆的眼影粉(参见【自然锑】条 1133 页和【辉锑矿】条 351 页)。

【锑硫镍矿】

英文名 Ullmannite

化学式 NiSbS　(IMA)

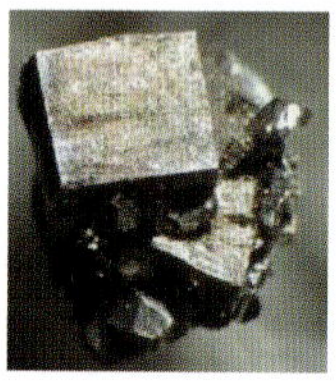

锑硫镍矿立方体晶体，晶簇状集合体（意大利）

锑硫镍矿是一种镍的锑-硫化物矿物。属辉钴矿族。等轴晶系。晶体呈立方体，粒状。锡白色、铁灰色，金属光泽，不透明；硬度 5～5.5，完全解理，脆性。1843 年发现于德国北莱茵-威斯特法伦州斯托奇（Storch）和舍恩贝格（Schöneberg）矿；同年，在《晶体学系统的基本特征》（*Grundzüge eines Systems derKrystallologie*）和 1891 年迈耶斯（Miers）在《矿物学杂志》（9）报道。英文名称 Ullmannite，以德国矿物学家和化学家约翰·克里斯托弗·乌尔曼（Johann Christoph Ullmann，1771—1821）的姓氏命名。1959 年以前发现、描述并命名的“祖父级”矿物，IMA 承认有效。中文名称根据成分译为锑硫镍矿；根据金属光泽和成分译作辉锑镍矿。

【锑硫砷铜银矿】

英文名 Polybasite-Tac

化学式 $[Ag_9CuS_4][(Ag,Cu)_6(Sb,As)_2S_7]$　(IMA)

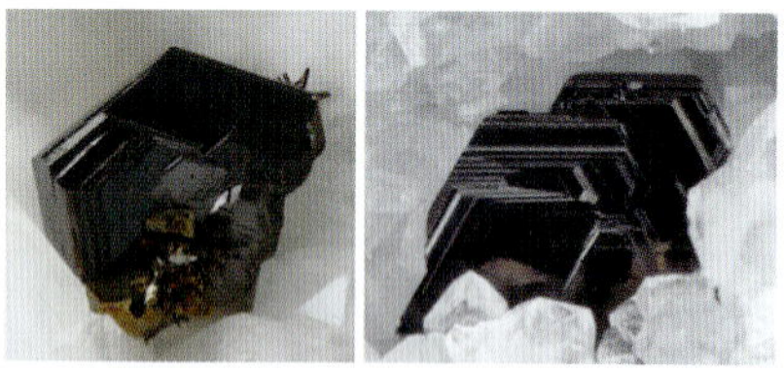

硫砷铜银矿六方板状晶体和晶簇状集合体（德国）

锑硫砷铜银矿是一种银、铜的锑-砷-硫化物矿物。属硫砷铜银矿-硫锑铜银矿族或系列。三方晶系。晶体呈六方板状，具双晶；集合体呈玫瑰花状。黑色，半金属光泽，不透明；硬度 3。最初发现于墨西哥索诺拉（Sonora）某矿床。1829 年在《物理和化学年鉴》（15）报道。英文原名称 Antimonpearceite，由化学成分冠词“Antimon（锑）”和根词“Pearceite（硫砷铜银矿）”组合命名。2006 年由宾迪（Bindi）等在《晶体学报》（B62）更名为 Polybasite-Tac，即 Antimonpearceite 是 Polybasite（硫锑铜银矿）的 Tac 多型体的同义词。IMA 2006s.p. 批准。中文名称根据成分译为锑硫砷铜银矿（参见【硫锑铜银矿】条 519 页）。

【锑硫锡砷铜矿】

英文名 Stibiocolusite

化学式 $Cu_{13}V(Sb,Sn,As)_3S_{16}$　(IMA)

锑硫锡砷铜矿是一种铜、钒、锑、锡、砷的硫化物矿物。属锗石族。等轴晶系。深灰色、青铜色，金属光泽，不透明；硬度 4～4.5。1991 年发现于保加利亚索菲亚州切洛佩奇（Chelopech）金-铜矿山和乌兹别克斯坦塔什干州凯拉哈奇（Kairagach）金矿床。英文名称 Stibiocolusite，由成分冠词希腊文“Στίμπι＝Stibi（锑）”和根词“Colusite（硫钒锡铜矿）”组合命名，意指它是锑的硫钒锡铜矿的类似矿物。IMA 1991-043 批准。1992 年 E. M. 斯皮里多诺夫（E. M. Spiridonov）等在《俄罗斯科学院报告》[324(2)]报道。1998 年中国新矿物与矿物命名委员会黄蕴慧等在《岩石矿物学杂志》[17(1)]根据成分译为锑硫锡砷铜矿。

【锑镁矿】

英文名 Byströmite

化学式 $MgSb_2^{5+}O_6$　(IMA)

锑镁矿是一种镁、锑的氧化物矿物。属锑镁矿族。四方晶系。晶体呈极细粒状；集合体呈块状。蓝灰色，土状光泽，半透明；硬度 7。1952 年发现于墨西哥索诺拉州卡博卡市安提奥尼奥（Antimonio）福尔图纳（Fortuna）锑矿。1952 年 B. 梅森（B. Mason）等在《美国矿物学家》（37）报道。英文名称 Byströmite，以瑞典晶体化学家安德斯·比斯特龙（Anders Byström，1916—1956）的姓氏命名。1959 年以前发现、描述并命名的“祖父级”矿物，IMA 承认有效。中文名称根据成分译为锑镁矿。

【锑镁锰矿】

英文名 Tegengrenite

化学式 $(Mn_{0.5}^{3+}Sb_{0.5}^{5+})Mg_2O_4$　(IMA)

锑镁锰矿粒状晶体（瑞典）和特根格伦像

锑镁锰矿是一种锰、锑、镁的氧化物矿物。属尖晶石超族氧尖晶石族钛铁尖晶石亚族。三方晶系。晶体呈粒状、自形—半自形假八面体，具扇状双晶。深红色、鲜红色，半金刚光泽，半透明；脆性。1999 年发现于瑞典韦姆兰省菲利普斯塔德市雅各布斯堡（Jakobsberg）铁-锰矿床。英文名称 Tegengrenite，以芬兰裔瑞典著名经济地质学家费利克斯·特根格伦（Felix Tegengren，1884—1980）的姓氏命名。他是瑞典和中国的地质学家和矿床专家。IMA 1999-002 批准。2000 年在《美国矿物学家》（85）报道。2004 年中国地质科学院矿产资源研究所李锦平等在《岩石矿物学杂志》[23(1)]根据成分译为锑镁锰矿。

【锑钠铍矿】

英文名 Swedenborgite

化学式 $NaBe_4Sb^{5+}O_7$　(IMA)

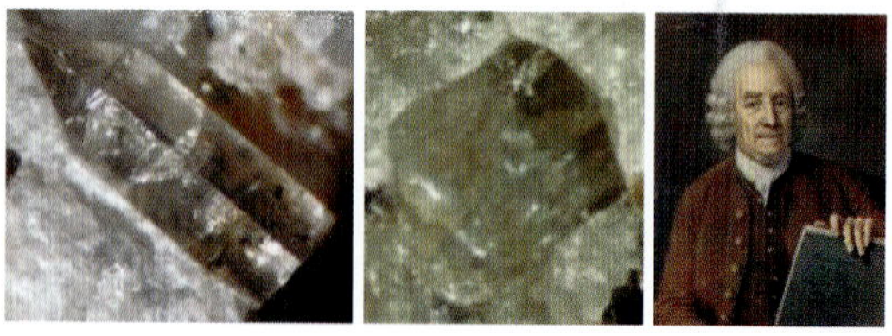

锑钠铍矿短柱状晶体（瑞典）和史威登堡像

锑钠铍矿是一种钠、铍的锑酸盐矿物。六方晶系。晶体呈短柱状，端部带钝锥。黄色、淡酒黄色—蜜黄色、铜黄色、无色、白色，玻璃光泽，透明；硬度 8，完全解理。1924 年发现于瑞典韦姆兰省菲利普斯塔德市朗班（Långban）。1924 年阿米诺夫（Aminoff）在莱比锡《结晶学、矿物学和岩石学杂志》（60）报道。英文名称 Swedenborgite，为纪念瑞典科学家、哲学家、神秘主义者和宗教神学作家伊曼纽·史威登堡（Emanuel Swedenborg，1688—1772）而以他的姓氏命名。史威登堡著有厚达八大册数千页的《灵界记闻》传世名著，被誉为“西欧历史上最伟大、最不可思议的人物”。1959 年以前发现、描述并命名的“祖父级”矿物，IMA 承认有效。中文名称根据成分译为锑钠铍矿。

【锑钠石】

英文名 Brizziite

化学式 $NaSbO_3$ (IMA)

锑钠石是一种钠、锑的氧化物矿物。三方晶系。晶体呈六方片状、扁平薄板状；集合体呈致密块状、皮壳状。无色、浅粉红色或黄色，珍珠光泽，透明；硬度 2.5，完全解理。1993 年发现于意大利托斯卡纳区锡耶纳省的科托尼亚诺(Cotorniano)锑矿。英文名称 Brizziite，以矿物收藏家詹卡洛·布里齐(Giancarlo Brizzi，1936—1992)博士的姓氏命名，是他发现的第一块该矿物的标本。IMA 1993－044 批准。1994 年 F. 欧尔米(F. Olmi)等在《欧洲矿物学杂志》(6)和 1995 年《美国矿物学家》(80)报道。1999 年中国新矿物与矿物命名委员会黄蕴慧等在《岩石矿物学杂志》[18(1)]根据成分译为锑钠石。

【锑镍铜矿】

英文名 Zlatogorite

化学式 $CuNiSb_2$ (IMA)

锑镍铜矿是一种铜、镍的锑化物矿物。属红砷镍矿族。三方晶系。晶体呈细长柱状；集合体呈放射状、球状或近圆状。银白色、钢灰色，金属光泽，不透明；硬度 4.5。1994 年发现于俄罗斯车里雅宾斯克州卡拉巴什市附近的泽拉托亚戈拉(Zlatoya Gora)金矿床。英文名称 Zlatogorite，以发现地俄罗斯的泽拉托亚戈拉(Zlatoya Gora)矿床命名。IMA 1994－014 批准。1994 年在《俄罗斯科学院报告》[335(6)]、1995 年《莫斯科地质大学学报》(50)和 1996 年《美国矿物学家》(81)报道。2003 年中国地质科学院矿产资源研究所李锦平等在《岩石矿物学杂志》[22(3)]根据成分译为锑镍铜矿。

【锑铅金矿】参见【安云矿】条 22 页

【锑铅石】

英文名 Rosiaite

化学式 $PbSb_2O_6$ (IMA)

锑铅石六方板状晶体，晶簇状集合体(意大利)

锑铅石是一种铅、锑的氧化物矿物。三方晶系。晶体呈六方薄板状；集合体呈晶簇状。无色—淡黄色，松脂光泽，透明；硬度 5.5，完全解理，脆性。1995 年发现于意大利格罗塞托省罗西亚(Rosia)村。英文名称 Rosiaite，以发现地意大利的罗西亚(Rosia)村命名。IMA 1995－021 批准。1996 年 R. 巴索(R. Basso)等在《欧洲矿物学杂志》(8)报道。2003 年中国地质科学院矿产资源研究所李锦平等在《岩石矿物学杂志》[22(3)]根据成分译为锑铅石。

【锑铅银矿】参见【硫锑银铅矿】条 520 页

【锑砷锰矿】参见【砷锑锰矿】条 792 页

【锑铊铜矿】

英文名 Cuprostibite

化学式 $Cu_2(Sb,Tl)$ (IMA)

锑铊铜矿板状晶体(英国)

锑铊铜矿是一种铜的锑-铊化物矿物。四方晶系。晶体呈板状、细粒状。青灰色，新鲜断口呈蓝紫色—玫瑰红色，金属光泽，不透明；硬度 4，完全解理。1969 年发现于丹麦格陵兰岛库雅雷哥自治区伊犁马萨克杂岩体塔塞克(Taseq)区域纳卡拉克(Nakkaalaaq)。1969 年 H. 索伦森(H. Sørensen)等在《全苏矿物学会记事》(98)。英文名称 Cuprostibite，1969 年由 C. 索伦森(C. Sørensen)等根据化学成分的拉丁文“Cupro(铜)”和“Stibium(锑)”组合命名。1959 年以前发现、描述并命名的“祖父级”矿物，IMA 承认有效。中文名称根据成分译为锑铊铜矿。

【锑铁矿】

英文名 Tripuhyite

化学式 $Fe^{3+}Sb^{5+}O_4$ (IMA)

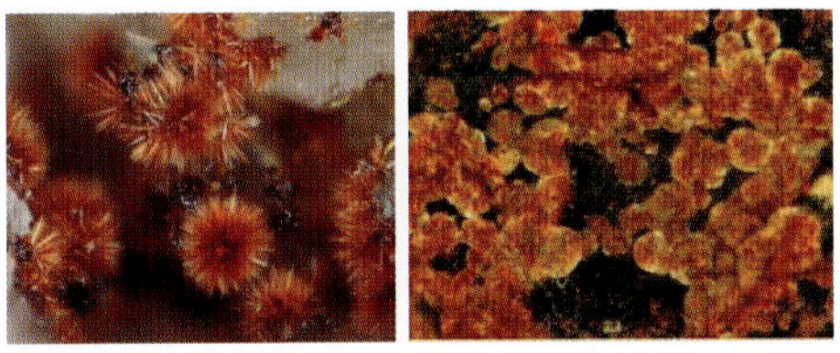

锑铁矿放射状、球粒状集合体(德国)

锑铁矿是一种铁、锑的氧化物矿物。属金红石族。四方晶系。晶体呈微晶纤维状；集合体呈皮壳状、球粒状。柠檬色、淡黄色、黄棕色、褐黑色，蜡状光泽、土状光泽，半透明；硬度 6～7。1897 年发现于巴西米纳斯吉拉斯州特里普希(Tripui＝Tripuhy)。1897 年胡萨克(Hussak)和普赖尔(Prior)在《矿物学杂志》(11)报道。英文名称 Tripuhyite，以发现地巴西特里普希 Tripui(Tripuhy)命名。1959 年以前发现、描述并命名的“祖父级”矿物，IMA 承认有效。IMA 2002 s. p. 批准。中文名称根据成分译为锑铁矿；根据颜色和成分译为黄锑铁矿。

【锑铁钛矿】

英文名 Derbylite

化学式 $Fe_4^{3+}Ti_3^{4+}Sb^{3+}O_{13}(OH)$ (IMA)

锑铁钛矿柱状晶体，十字双晶(意大利)和德比像

锑铁钛矿是一种铁、钛、锑的氢氧-氧化物矿物。单斜晶系。晶体呈柱状、粒状，常见十字双晶，三连晶少见。漆黑色、深棕色，半金刚光泽、树脂光泽、金属光泽，不透明—半透明；硬度 5，非常脆。1895 年发现于巴西米纳斯吉拉斯州乌特里普[Tripuí(Tripuhy)]。1897 年 E. 萨克(E. Hussak)和 G. T. 普赖尔(G. T. Prior)在《矿物学杂志》(11)报道。英文名称 Derbylite，以美国地质学家、巴西地质调查局前局长奥维尔·阿德

尔伯特·德比(Orville Adelbert Derby,1851—1915)的姓氏命名。1959年以前发现、描述并命名的“祖父级”矿物,IMA承认有效。中文名称根据成分译为锑铁钛矿。

【锑铜矿】

英文名 Horsfordite

化学式 Cu_5Sb

霍斯福德像

锑铜矿是一种铜的锑化物矿物。集合体呈块状。银白色,强金属光泽,不透明;硬度4~5。最初的报道来自希腊爱琴海群岛莱斯博斯岛米蒂利尼(Mytilene)岛。1888年A.莱斯特(A. Laist)和T. H.诺顿(T. H. Norton)在《美国化学杂志》(10)报道。英文名称Horsfordite,以哈佛大学拉姆福德的化学教授E. N.霍斯福德(E. N. Horsford,1818—1893)的姓氏命名。霍斯福德改进了发酵粉,他将其命名为朗姆福德发酵粉,因此,发了大财;他是女性教育的强有力的经济捐助者。因它是冶炼厂的人工产品,2006年被IMA废弃。中文名称根据成分译为锑铜矿。

【锑锡矿】

英文名 Stistaite

化学式 SnSb (IMA)

锑锡矿是一种锡的锑化物矿物。三方(或等轴)晶系。晶体呈立方体。浅灰色,金属光泽,不透明;硬度3。1969年发现于乌兹别克斯坦埃尔基亚迪(Elkiaidai)河沉积砂岩。英文名称Stistaite,由化学成分拉丁文“Stibium(锑)”和拉丁文“Stannum(锡)”缩写组合命名。IMA 1969-039批准。1970年在《全苏矿物学会记事》(99)和1971年《美国矿物学家》(56)报道。中文名称根据成分译为锑锡矿。

T

【锑锡铜矿】

英文名 Sorosite

化学式 $Cu_{1+x}(Sn,Sb)$ (IMA)

锑锡铜矿六方柱状晶体(瑞士)和索罗斯像

锑锡铜矿是一种铜的锑-锡化物矿物。六方晶系。晶体呈自形六方柱状或半自形、他形,在自然锡中呈包裹体出现,粒径310μm。带粉色色调的锡白色,金属光泽,不透明;硬度5~5.5,脆性。1994年发现于俄罗斯楚科奇自治区科累马河地区阿鲁钦斯基(Aluchinskii)地块拜姆卡(Baimka)金铂族矿物砂矿。英文名称Sorosite,以著名的美国金融家乔治·索罗斯(George Soros,1930—)的姓氏命名,以表彰他对科学研究的重要支持。IMA 1994-047批准。1998年在《美国矿物学家》(83)报道。2004年中国地质科学院矿产资源研究所李锦平等在《岩石矿物学杂志》[23(1)]根据成分译为锑锡铜矿;根据晶系和成分译为六方锑锡铜矿。

【锑线石】

英文名 Holtite

化学式 $(Ta_{0.6}\square_{0.4})Al_6BSi_3O_{18}$ (IMA)

锑线石纤维状晶体,放射状集合体(俄罗斯)和霍尔特像

锑线石是一种钽、空位、铝的硼硅酸盐矿物。属蓝线石超族锑线石族。斜方晶系。晶体呈纤维状;集合体呈束状、放射状。浅黄色、奶油白色—浅黄色、橄榄绿色—浅黄色、黑色、黄褐色,玻璃光泽、树脂光泽,半透明;硬度8.5,完全解理。1969年发现于澳大利亚西澳大利亚州布里奇顿-格林布希斯郡格林布希斯锡矿田格林布希斯(Greenbushes)砂矿。英文名称Holtite,以澳大利亚前首相哈罗德·爱德华·霍尔特(Harold Edward Holt,1908—1967)的姓氏命名。IMA 1969-029批准。1971年M. W.普雷斯(M. W. Pryce)在《矿物学杂志》(38)和1972年《美国矿物学家》(57)报道。中文名称根据晶习和最初假定成分[$Al_6(Al,Ta)(SiO_4,SbO_4,AsO_4)_3(BO_3)O_3$]译为锑线石。它有两个多型:Holtite-Ⅰ和Holtite-Ⅱ。

【锑银矿】

英文名 Dyscrasite

化学式 $Ag_{3+x}Sb_{1-x}(x\approx0.2)$ (IMA)

锑银矿柱状晶体,金字塔形晶簇状集合体(捷克)

锑银矿是一种银的锑化物矿物。斜方晶系。晶体呈圆柱形、柱状、薄片状,具假六边形和“V”字形双晶;集合体呈金字塔形晶簇状。银白色—铅灰色,金属光泽,不透明;硬度3.5~4,完全解理。1797年发现于德国巴登-符腾堡州弗赖堡市文策尔(Wenzel)矿山。M. H.克拉普罗特(M. H. Klaproth)1797年在罗特曼柏林《化学知识对矿物学的贡献》(*Beiträge zur chemischen Kenntniss der Mineralkörper*)(第二卷)和1832年在巴黎《矿物学表》刊载。英文名称Dyscrasite,来自希腊文“δυσκρ ά σις”,意为糟糕的或低劣的合金。1959年以前发现、描述并命名的“祖父级”矿物,IMA承认有效。中文名称按成分译为锑银矿;根据锑的英文名称Antimony首音节音和成分银译为安银矿。

【锑赭石】参见【白安矿】条34页

提

[tí]形声;从手,是声。本义:悬持;悬空拎着物品。[英]音,用于外国地名。

【提尔克洛德矿*】

英文名 Tilkerodeite

化学式 Pd_2HgSe_3 (IMA)

提尔克洛德矿*是一种钯、汞的硒化物矿物。三方晶系。集合体呈钛铁矿中的自形包裹体或白云石-铁白云石基质中的极细粒层状(3μm)。黑色或灰色,金属光泽,不透明;硬度3,完全解理,脆性。2019年发现于德国萨克森-安哈尔特州提尔克洛德(Tilkerode)矿区埃斯卡伯恩探洞。英文名称 Tilkerodeite,以发现地德国的提尔克洛德(Tilkerode)矿区命名,这里是该国最重要的含硒化合物赋存地。IMA 2019-111 批准。2020 年马驰(Ma Chi)等在《CNMNC 通讯》(54)、《欧洲矿物学杂志》(32)和《晶体》(10)报道。目前尚未见官方中文译名,编译者建议音译为提尔克洛德矿*。

天 [tiān]会意;狭义指与地相对的天。①天河:指南美洲最大的河流亚马孙河。②天蓝:即淡蓝色,也称湛蓝色,介于蓝色和深蓝色之间,因类似晴朗的天空的颜色而得名。③天青:指深黑而微红的颜色。④天然:指自然生成的。⑤天山:指中国新疆到塔吉克斯坦的天山山脉。

【天河石】

英文名 Amazonite

化学式 $(K,Na)[AlSi_3O_8]$

天河石板柱状晶体,晶簇状集合体(美国)

天河石属长石族微斜长石亚族的含铷和铯的亮绿色到亮蓝绿色的变种。三斜(假单斜)晶系。晶体多呈板状、柱状;集合体呈块状、晶簇状。亮绿色—亮蓝绿色,还有蓝色和蓝绿色、翠绿色,与翡翠颜色相似,玻璃光泽,解理面上微具珍珠光泽,由于格子结构而具"闪光",半透明—微透明;硬度 6,完全解理。宝石级天河石稀少罕见,因而十分珍贵。天河石美丽的颜色引人注目,它的染色原因又令人遐思不止。崔云昊所著的《天河石颜色之谜》[见 1985 年的《地球》(1)]对其进行了有益的研究,指出:自最初提出天河石染色理论,至今几乎已有 200 年的历史,其间先后提出五六种假说,如有机质染色说、铜染色说、铷和铯染色说、铅染色说、二价铁说、三斜度说等,迄今仍然还是一个未解之谜。我国利用天河石的历史悠久,1984 年在宝鸡地区发掘出土的西周文物中,就有距今 3 000 年前的直径 3cm、形状不规则的天河石装饰品。在西方,此矿物首先发现于巴西亚马孙河西岸,但怀疑它并非原产地,后在俄罗斯和美国等地发现了原生矿。英文名称 Amazonite,1847 年由约翰·弗里德里希·奥古斯特·布赖特豪普特以南美洲最大河流亚马逊(Amazon)河命名。中文天河石之名,来自日文汉字名称。中文名称根据颜色和族名也译作绿长石。音译为亚马逊石(参见【微斜长石】条 978 页)。

【天蓝石】

英文名 Lazulite

化学式 $MgAl_2(PO_4)_2(OH)_2$ (IMA)

天蓝石短柱状、锥状晶体(加拿大、美国)

天蓝石是一种含羟基的镁、铝的磷酸盐矿物。属天蓝石族。单斜晶系。晶体呈双锥短柱状、板状、尖锥状和粒状,常见双晶;集合体呈晶簇状、致密块状。铜蓝色、深蓝色、蓝绿色、紫蓝色、蓝白色、天蓝色,树脂光泽、玻璃—半玻璃光泽、油脂光泽,透明—半透明;硬度 5.5~6,完全解理,脆性。1791 年维德曼(Widenmann)在 *Bergmaennusches* 杂志,弗赖堡 *Neues Bergmannische* 杂志报道,称 Himmelblau Fossil von Steiermark(天蓝色的矿石)。1795 年第一次描述于奥地利施蒂里亚州弗雷尼茨格拉本(Freßnitzgraben)矿床。英文名称 Lazulite,1795 年马滕·H. 克拉普罗特(Marten H. Klaproth)在《化学知识对矿物学的贡献》(*Beitr. Chem. Kenntn. Min.*)(第一卷)根据德文"Lazurstein(蓝色石头)"或阿拉伯文"Azul"演变为拉丁文"Lazulius"命名,含义为"天国、天空",原意为"天堂",指该矿物的颜色如天空的蓝色一般。1959 年以前发现、描述并命名的"祖父级"矿物,IMA 承认有效。IMA 1967s. p. 批准。中文名称根据颜色译为天蓝石。

【天青石】

英文名 Celestine

化学式 $Sr(SO_4)$ (IMA)

天青石柱状晶体,晶簇状和放射状集合体(马达加斯加、波兰)

天青石是锶的硫酸盐矿物。属重晶石族。与重晶石成完全类质同象系列,富含钡的称为钡天青石;锶或钡可被钙替代,形成钙天青石(Calciciocelestite)。斜方晶系。晶体呈柱状或板状和片状、细粒状、纤维状,具燕尾双晶;集合体呈钟乳状、结核状、放射状、晶簇状。淡蓝色、白色、红色、绿色、黄绿色、黄色、橙色、灰色或无色。纯净的天青石晶体呈浅蓝色或天蓝色、深黑而微红的颜色,故称天青石,有时为无色透明,当有杂质混入时呈黑色。玻璃光泽,解理面上呈珍珠光泽有晕彩,透明—半透明;硬度 3~3.5,完全解理,脆性。1791 年,发现于美国宾夕法尼亚州布莱尔县贝尔伍德(Bellwood)的贝尔氏磨坊(Bell's Mill)。1791 年舒茨(Schüt)在莱比锡 *Beschr. Nordamer. Foss.* (12)和 1792 年路易斯·N. 沃奎林(Louis N. Vauquelin)在巴黎《物理、化学、自然与艺术史杂志》(46)报道。英文名称 Celestine,于 1799 年由亚伯拉罕·戈特利布·维尔纳(Abraham Gottlieb Werner)根据希腊文"Επαφés=Cœlestis(天空)"命名,意指矿物原始标本的微弱的天蓝色。1959 年以前发现、描述并命名的"祖父级"矿物,IMA 承认有效。IMA 1967s. p. 批准。中文名称根据颜色译为天青石;音译为塞莱斯廷石。

【天然碱】

英文名 Trona

化学式 $Na_3(HCO_3)(CO_3) \cdot 2H_2O$ (IMA)

天然碱是一种蒸发盐矿物,为含结晶水的钠的碳酸-氢碳酸盐矿物。单斜晶系。晶体呈纤维状或柱状,柱面有条纹;集合体呈土状、皮壳状、霜状、块状。灰色或黄白色或无色,玻璃光泽;硬度 2.5~3,完全解理;有碱味。通常所说的天然碱,是指主要化学成分为碳酸钠和碳酸氢钠的一类矿物。倍半碳酸钠是常见的典型天然碱矿物，故有时专称它为天然碱，又叫碱石。我们知道，碳酸钠和碳酸氢钠都是无机盐，只因溶于水产生氢氧根离子 OH^- 显强碱性，才称为碱。碳酸钠（苏打）在史前时代已被人类认识。据考证，中国至迟在东汉就有了天然碱的记载；宋代有了天然碱开采加工业；元代天然碱加工手工作坊成了国家的课税对象；明代有了完整的制碱工艺……

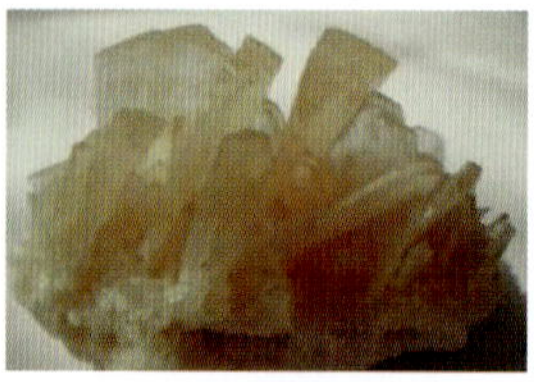
天然碱柱状晶体，晶簇状集合体（美国）

在国外，首先发现于北非利比亚。1702 年德国化学家和名医乔治·恩斯特·斯塔尔（Georg Ernst Stahl，1659—1734）把碱分成两类：天然碱（碳酸钠）和木灰（碳酸钾）。1747 年瑞典 J. G. 瓦勒留斯（J. G. Wallerius）在斯德哥尔摩《矿物学或矿物学界》（*Mineralogia，eller Mineralriket*）（174）报道了东方不纯陆碱土（Alkali orientale impurum terrestre）。1773 年巴奇（Bagge）在《瑞典科学学术文献》（35）报道。1807 年英国化学家和矿物学家戴维（Humphry Davy，1778—1829）从苏打中获取了小球体的钠金属，并根据苏打（Soda）命名新元素为 Sodium，汉译钠。天然碱英文名称 Trona，是瑞典的一个术语，最终从阿拉伯文“Natrum”而来，指天然的本地盐。1959 年以前发现、描述并命名的“祖父级”矿物，IMA 承认有效。中文名称根据成因和成分译为天然碱。

【天然硼酸】

英文名 Sassolite

化学式 $B(OH)_3$　　(IMA)

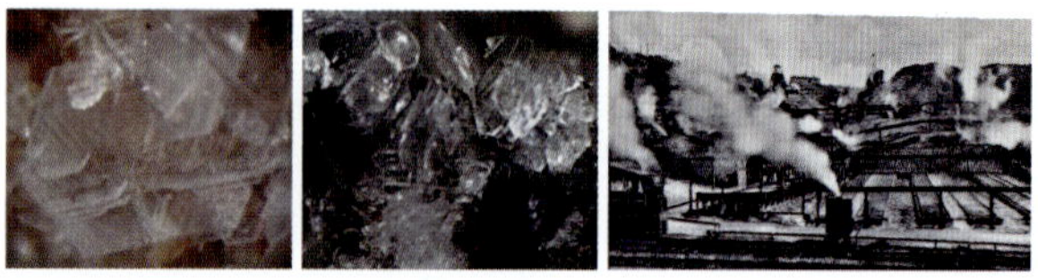
天然硼酸假六方板状晶体，晶簇状集合体（意大利、德国）和 1920 年萨索采场

天然硼酸是一种硼酸矿物。三斜晶系。晶体呈假六方板状、针状、鳞片状；集合体呈晶簇状、钟乳状、皮壳状。白色、灰色、无色、黄色或棕色，珍珠光泽，透明；硬度 1，极完全解理。1778 年 U. F. 霍弗（U. F. Hofer）在佛罗伦萨《关于托斯卡纳自然镇静盐和由其组成的硼砂之记忆》（*Memorie sopra il sale sedativo naturale di Toscana e del borace che da quello si compone*）报道。1800 年发现于意大利托斯卡纳比萨省卡斯德尔诺瓦尔迪河萨索皮萨诺（Sasso Pisano）。1808 年 H. A. 罗特曼（H. A. Rottmann）在柏林《最新矿物表，并附有解释性说明》（*Mineralogische Tabellen mit Rücksichtauf die neuesten Entdeckungenausgearbeitet und mit erläuternden Anmerkungen versehen*）刊载。英文名称 Sassolite，以发现地意大利的萨索（Sasso）命名。1959 年以前发现、描述并命名的“祖父级”矿物，IMA 承认有效。中文名称根据成因和成分译为天然硼酸。

【天山石】

英文名 Tienshanite

化学式 $K(Na,K,\square)_9Ca_2Ba_6Mn^{2+}_6Ti_6B_{12}Si_{36}O_{114}(O,OH,F)_{11}$　　(IMA)

天山石是一种含氟、羟基和氧的钾、钠、空位、钙、钡、锰、钛的硼硅酸盐矿物。六方晶系。晶体呈微晶状。橄榄绿色、淡黄绿色、淡草绿色，玻璃光泽，透明—半透明；硬度 6～6.5，脆性。1967 年发现于塔吉克斯坦天山（Tien Shan）山脉达拉伊-皮奥兹（Dara-i-Pioz）冰川冰碛物。英文名称 Tienshanite，以发现地塔吉克斯坦的天山（Tien Shan）山脉命名。IMA 1967－028 批准。1967 年 V. D. 杜斯马托福（V. D. Dusmatov）等在《苏联科学院报告》》[177(3)]和 1968 年 J. A. 曼达里诺（J. A. Mandarino）等在《美国矿物学家》(53)报道。中文名称音译为天山石。

田

[tián]象形；小篆认为像阡陌纵横或沟浍四通的一块块农田。本义：田地、种田。用于日本地名。

【田野烟石】

英文名 Tanohataite

化学式 $LiMn_2Si_3O_8(OH)$　　(IMA)

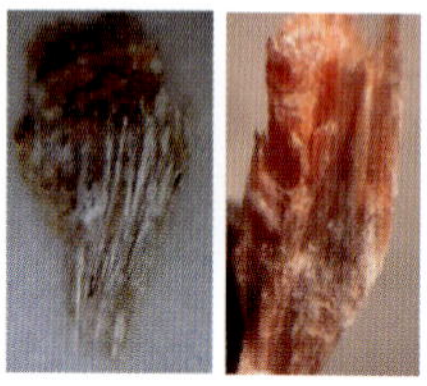
田野畑石纤维状晶体，束状集合体（日本）

田野畑石是一种含羟基的锂、锰的硅酸盐矿物。属硅灰石族。三斜晶系。晶体呈纤维状；集合体呈束状。粉白色，玻璃光泽、丝绢光泽，透明；硬度 5～5.5，完全解理。2007 年由日本东北大学矿物学教授长濑敏朗（Toshiro Nagase）发现于日本本州岛东北地区岩手县下闭伊郡田野畑（Tanohata）区田野畑（Tanohata）矿。英文名称 Tanohataite，以发现地日本的田野畑（Tanohata）矿命名。IMA 2007－019 批准。日文汉字名称田野畑石。2012 年长濑敏朗（Toshiro Nagase）等在日本《矿物学和岩石学科学杂志》(107)报道。目前尚未见官方中文译名。2010 年杨主明在《岩石矿物学杂志》[29(1)]建议借用日文汉字名称田野畑石。

砷

[tián]形声；从石，田声。一种具有非常强的放射性的化学元素。[英]Tennessine。元素符号 Ts。原子序数 117。属于卤素，拥有类金属属性，与砹相似。其实早在 1989 年左右，俄罗斯杜布纳联合核研究所的尤里·奥加涅相（Yuri Oganessian）与美国劳伦斯利弗莫尔国家实验室的罗恩洛希德和肯穆迪就已经开始合作研究超重元素了。2010 年在俄罗斯首都莫斯科郊外的杜布纳联合核研究所成功合成，2012 年再次合成。俄美国际团队于 2014 年 5 月 2 日宣布，他们利用新实验成功证实了 117 号元素的存在。国际纯粹与应用化学联合会（IUPAC）宣布以美国“田纳西州”命名为 Tennessine。2017 年 5 月 9 日中国科学院、国家语言文字工作委员会、全国科学技术名词审定委员会发布中文译为砷。

条

[tiáo]形声；从木，攸（yōu）声。本义：小枝。泛指条形的东西。条纹：长条形花纹。

【条沸石】参见【汤河原沸石】条 932 页

【条纹长石】

英文名 Perthite

化学式 $KAlSi_3O_8-NaAlSi_3O_8$

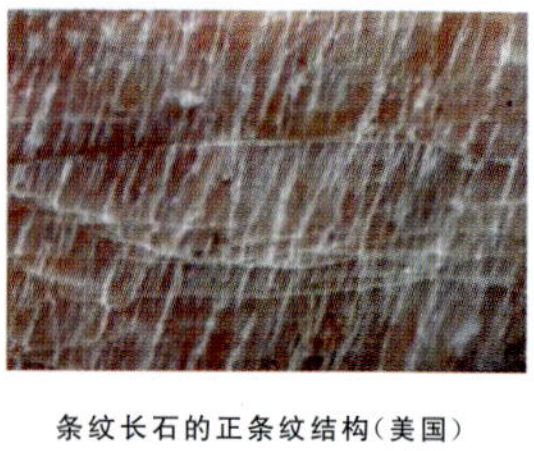
条纹长石的正条纹结构（美国）

条纹长石顾名思义，具条纹结构的长石叫条纹长石，属于碱性长石的一种。钾长石（正长石或微斜长石）与钠长石有规律地交生称为条纹结构。条纹结构成因主要有如下两

种：一种成因是固溶体分离形成的。在高温下钾长石和钠长石可以形成完全的类质同象固溶体。当温度下降时，这种固溶体就变得不稳定，成为不完全的固溶体。一部分钠长石从高温下形成的固溶体析出成为单独的矿物相，从而形成以钾长石为主与少量的钠长石的条纹规则交生体，即条纹长石，此种结构称为正条纹结构。当此两种长石含量相反，即以钠长石为主，钾长石较少时则称为反条纹长石，此种结构称为反条纹结构。另一种成因是岩浆期后钠质交代钾长石形成的。晶体呈板状，集合体不规则块状。肉红色，透明—半透明；硬度6.5。条纹长石首先发现于加拿大安大略省珀斯(Perth)镇。英文名称 Perthite，以发现地加拿大的珀斯(Perth)命名。1971年S. W. 巴钦斯基(S. W. Bachinski)和G. 米勒(G. Müller)在《岩石学杂志》(12)报道。

铁 [tiě]形声；从金，㦸(zhì)声，意黑金。是一种金属元素。[英]Iron。[拉]Ferrum。元素符号Fe。原子序数26。铁是人类在史前发现的7种金属之一，发现和利用比金、银和铜要迟。铁制物件发现于公元前3 500年的埃及，它们包含7.5%的镍，表明来自流星，埃及人叫它"天石"。约在公元前1500年，古代小亚细亚半岛(今土耳其)的赫梯人，是第一个从铁矿石中熔炼出铁的，从此铁器时代开始了。在中国，1978年，在北京平谷县发掘一座商代陵墓，出土一件古代铁刃铜钺，说明我国劳动人民早在3 300多年前就认识和利用铁了。战国时期到东汉初年，中国铁器的使用开始普遍起来，进入铁器时代。中世纪的炼金术士把古代先民发现的7种金属与天上的7颗行星联系起来，铁与火星相对应。古希腊人把火星叫战神阿瑞斯(Αρηδ)，古罗马神话叫战神玛尔斯(Mars)，而战争总要使用铁制的武器。铁是地球上分布最广的金属之一，约占地壳质量的5.101 2%，居元素分布序列中的第四位，仅次于氧、硅和铝；因此铁矿物和含铁矿物非常丰富。

【铁白云石】

英文名 Ankerite

化学式 $Ca(Fe^{2+},Mg)(CO_3)_2$ (IMA)

铁白云石马鞍状、晶簇状集合体(美国)和安克尔像

铁白云石属白云石族，是白云石(Dolomite)的镁被铁置换形成铁的一个端元，是一种钙、铁和镁的碳酸盐矿物。三方晶系。晶体呈菱面体，弯曲的马鞍状、柱状、板状、粗粒状、细粒状；集合体呈块状和晶簇状。通常呈浅黄色、黄棕褐色，还可呈无色、白色、灰色和绿色等，玻璃光泽、珍珠光泽，半透明；硬度3.5～4，完全解理，脆性。1825年发现于奥地利东南部施蒂里亚州艾森埃尔茨的施蒂里亚·欧茨伯格(Styrian Erzberg)铁矿。英文名称 Ankerite，由德国W. 冯·海丁格尔(W. von Haidinger)为纪念奥地利施蒂里亚的矿物学家马提亚·约瑟夫·安克尔(Matthias Joseph Anker，1771—1843)而以他的姓氏命名。1825年由阿奇博尔德和康斯塔布尔(Archibald and Constable)翻译并在爱丁堡出版的《矿物学论著》(第一卷)刊载，1926年罗克扎(Rocza)在《矿物文摘》(229)报道。1959年以前发现、描述并命名的"祖父级"矿物，IMA承认有效。中文名称根据成分和族名译为铁白云石。

【铁板钛矿】参见【假板钛矿】条373页

【铁钡镁脆云母】参见【钡铁脆云母】条57页

【铁钡闪叶石】

英文名 Ferroericssonite

化学式 $BaFe^{2+}_2Fe^{3+}(Si_2O_7)O(OH)$ (IMA)

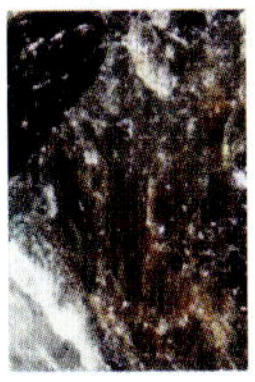

铁钡闪叶石叶片状晶体(美国)

铁钡闪叶石是一种含羟基和氧的钡、铁的硅酸盐矿物。属氟钠钛锆石超族闪叶石族。单斜晶系。晶体呈叶片状。深红色、棕色，玻璃光泽，透明；硬度4.5，脆性。2010年发现于美国加利福尼亚州弗雷斯诺市拉什溪(Rush Creek)矿床。英文名称 Ferroericssonite，由成分冠词"Ferro(二价铁)"和根词"Ericssonite(锰钡闪叶石)"组合命名，意指它是二价铁的钡锰闪叶石的类似矿物。IMA 2010-025批准。2010年A. R. 坎普夫(A. R. Kampf)等在《矿物学杂志》(74)及2011年《加拿大矿物学家》(49)报道。中文名称根据成分及与锰钡闪叶石的关系译为铁钡闪叶石(根词参见【钡锰闪叶石】条55页)。

【铁铋矿】参见【羟硅铋铁石】条708页

【铁铂矿】

英文名 Tetraferroplatinum

化学式 PtFe (IMA)

铁铂矿是一种铂和铁的互化物矿物。四方晶系。晶体呈微小粒状，通常嵌入铂-铁合金。灰色、银白色，金属光泽，不透明；硬度4～5。1974年发现于加拿大不列颠哥伦比亚省西密卡米恩谷塔拉明(Tulameen)河砂矿。英文名称 Tetraferroplatinum，有对称"Tetragonal(四方晶系)"及其成分拉丁文"Ferrum(铁)"和"Platinum(铂)"组合命名。IMA 1974-012b批准。1975年L. J. 卡布里(L. J. Cabri)等在《加拿大矿物学家》(13)和1976年《美国矿物学家》(61)报道。中文名称根据成分译为铁铂矿。

【铁丹斯石】

英文名 D'Ansite-(Fe)

化学式 $Na_{21}Fe(SO_4)_{10}Cl_3$ (IMA)

铁丹斯石是一种含氯的钠、铁的硫酸盐矿物，二价铁占优势的丹斯石。属丹斯石族。等轴晶系。晶体呈粒状。无色、白色，玻璃光泽，半透明；脆性。2011年发现于意大利墨西拿省利帕里火山岛拉福萨(La Fossa)火山口喷气孔。英文名称 D'Ansite-(Fe)，由根词"D'ansite(丹斯石，盐镁芒硝)"加占优势成分铁后缀-(Fe)组合命名。其中，根词"D'ansite"以德国柏林卡利科学研究院让·丹斯(Jean D'Ans)的姓氏命名。IMA 2011-065批准。2012年I. 坎波斯特里尼(I. Campostrini)等在《矿物学杂志》(76)报道。中文名称根据成分及与丹斯石的关系译为铁丹斯石(参见【丹斯石】条105页)。

【铁碲矿】

英文名 Walfordite

化学式 $(Fe^{3+},Te^{6+},Ti^{4+},Mg)Te^{4+}_3O_8$ (IMA)

T

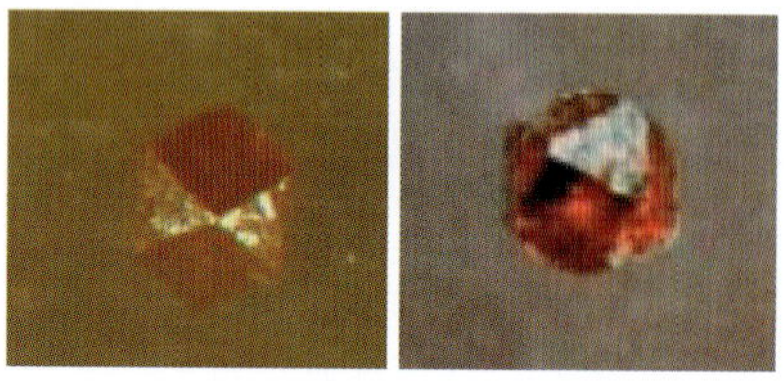

铁碲矿聚形晶体（智利）

铁碲矿是一种铁、碲、钛、镁的碲酸盐矿物。等轴晶系。晶体多呈立方体，也有八面体及它们的聚形。橙色，金刚光泽，不透明；脆性。1996 年发现于智利利科埃尔基山谷埃尔印第奥矿床坦博矿温迪（Wendy）露天采坑。英文名称 Walfordite，1996 年马尔科姆·E. 巴克（Malcolm E. Back）等以加拿大安大略省多伦多拉美矿业有限公司副总裁兼首席地质学家菲利普·沃尔福德（Phillip Walford，1945—）的姓氏命名。当时矿业公司持有发现地点的采矿权，他收集了第一批样本。IMA 1996－003 批准。1999 年 M. E. 巴克（M. E. Back）等在《加拿大矿物学家》（37）报道。2003 年中国地质科学院矿产资源研究所李锦平等在《岩石矿物学杂志》[22（1）]根据成分译为铁碲矿。

【铁冻蓝闪石】

英文名 Ferro-barroisite

化学式 □（CaNa）（$Fe_3^{2+}AlFe^{2+}$）（Si_7Al）O_{22}（OH）$_2$ （弗莱舍，2014）

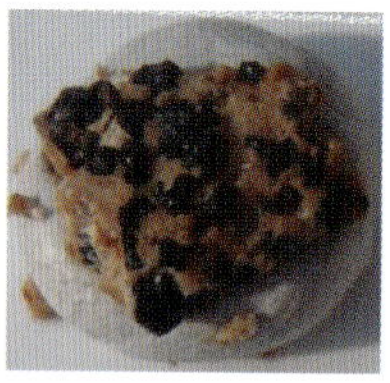

铁冻蓝闪石粒状晶体（美国）

铁冻蓝闪石是一种 C^{2+} 位铁、C^{3+} 位铝和 W 位羟基的闪石矿物。属角闪石超族 W 位羟基、氟、氯占优势的角闪石族钠钙角闪石亚族冻蓝闪石根名族。单斜晶系。晶体呈粒状。蓝绿色、绿色，玻璃光泽，透明；硬度 5～6，完全解理，脆性。1922 年由穆尔戈奇（Murgoci）首先命名。1998 年 J. A. 曼德里诺（J. A. Mandarino）在《矿物学记录》（29）报道。未经 IMA 批准，但可能有效。英文名称 Ferro-barroisite，由成分冠词“Ferro（二价铁）”和根词“Barroisite（冻蓝闪石）”组合命名。2006 年 F. C. 霍桑（F. C. Hawthorne）和 R. 奥贝蒂（R. Oberti）在《加拿大矿物学家》（44）的《关于角闪石的分类》及 2012 年 F. C. 霍桑（F. C. Hawthorne）等在《美国矿物学家》（97）的《角闪石超族的命名》报道。中文名称根据成分及与冻蓝闪石的关系译为铁冻蓝闪石（根词参见【冻蓝闪石】条 133 页）。

【铁矾】

英文名 Siderotil

化学式 $Fe(SO_4)\cdot 5H_2O$ （IMA）

铁矾纤维状晶体，结壳状集合体（美国）

铁矾是一种含 5 个结晶水的铁的硫酸盐矿物。属胆矾族。三斜晶系。晶体呈纤维状、针状；集合体呈粉状、结壳状、束状、放射状。黄色、白色、浅绿色，玻璃光泽、丝绢光泽，透明—半透明；硬度 2.5。1856 年马里纳克（Marignac）在《矿山年鉴》（9）报道了人造盐。1891 年发现于斯洛文尼亚伊德里亚（Idria）矿。1891 年 A. 施劳夫（A. Schrauf）在维也纳《帝国地质年鉴》（41）报道，始称 Siderotyl。英文名称 Siderotil，由希腊文“Σιντέρος＝Sideros 和 Σίδηρος＝Iron（铁）”加上“Tilos（纤维）”组合命名，意指其成分和晶习。1959 年以前发现、描述并命名的“祖父级”矿物，IMA 承认有效。IMA 1963 s. p. 批准。中文名称根据成分译为铁矾。

【铁钒矿】

英文名 Nolanite

化学式 $V_8^{3+}Fe_2^{3+}O_{14}(OH)_2$ （IMA）

诺兰像

铁钒矿是一种钒、铁的氢氧-氧化物矿物。属水钒钙石族。六方晶系。晶体呈自形六方柱状、竹叶状；集合体呈放射状、晶簇状。黑色、深灰色、暗灰色，半金属光泽，不透明，薄碎片略透明；硬度 5～5.5。1952 年由 W. H. 巴恩斯（W. H. Barnes）等据 X 光粉晶衍射分析首次发现。1955 年又发现于加拿大萨斯喀彻温省比弗洛奇地区埃尔多拉多（Eldorado）开采场和炼油有限公司的矿山、阿萨巴斯卡湖康沃尔湾尼科尔森（Nicholson）矿山和埃斯（Ace）矿。1957 年 S. C. 鲁滨逊（S. C. Robinson）等在《美国矿物学家》（42）报道。英文名称 Nolanite，以美国地质调查局前主任、地质学家托马斯·B. 诺兰（Thomas B. Nolan，1901—1992）的姓氏命名。1959 年以前发现、描述并命名的“祖父级”矿物，IMA 承认有效。中国地质科学院根据成分译为铁钒矿；根据颜色和成分也译作黑钒铁矿；2011 年杨主明等在《岩石矿物学杂志》[30（4）]建议音译为诺兰矿。

【铁方钴矿】

英文名 Ferroskutterudite

化学式 $FeAs_3$ （IMA）

铁方钴矿是一种铁的砷化物矿物，铁可被钴部分地替代。属钙钛矿超族非化学计量的钙钛矿族方钴矿亚族。等轴晶系。晶体呈半自形粒状。锡白色，金属光泽，不透明。2006 年发现于俄罗斯泰米尔半岛普托拉纳高原科姆索莫斯基（Komsomol'skii）矿。英文名称 Ferroskutterudite，2007 年厄恩斯特·M. 斯皮里多诺夫（Ernst M. Spiridonov）等以成分冠词“Ferro（二价铁）”和根词“Skutterudite（方钴矿）”组合命名，意指它是富铁的方钴矿的类似矿物。IMA 2006－032 批准。2007 年 E. M. 斯皮里多诺夫（E. M. Spiridonov）等在《俄罗斯科学院报告：地球科学》（417）报道。2010 年中国地质科学院地质研究所尹淑苹等在《岩石矿物学杂志》[29（4）]根据成分及与方钴矿的关系译为铁方钴矿（根词参见【方钴矿】条 154 页）。

【铁方硼石】

英文名 Ericaite

化学式 $Fe_3^{2+}B_7O_{13}Cl$ （IMA）

铁方硼石假立方体晶体（德国）和石南科红花

铁方硼石是一种含氯的铁的硼酸盐矿物。属方硼石族。与刚果石为同质二象。斜方晶系。晶体呈假立方体。浅绿色、红色、褐紫色、褐黑色，玻璃光泽，透明—不透明；硬度

7～7.5。1950 年发现于德国下萨克森州策勒市里德尔(Riedel)钾肥厂。1950 年在 *Aufschluss*(1)和 1956 年《美国矿物学家》(41)报道。英文名称 Ericaite，以石南科灌木(Erica)命名，它的花具典型的红色，比喻矿物的颜色。1959 年以前发现、描述并命名的"祖父级"矿物，IMA 承认有效。中文名称根据成分和族名译为铁方硼石；含有锰时译作铁锰方硼石。

【铁氟红钠闪石*】

英文名 Ferri-fluoro-katophorite

化学式 $Na(NaCa)(Mg_4Fe^{3+})(Si_7Al)O_{22}F_2$　　(IMA)

铁氟红钠闪石* 板柱状晶体，晶簇状集合体(加拿大)

铁氟红钠闪石*是一种 A 位钠、C^{2+} 位镁、C^{3+} 位铁和 W 位氟占优势的角闪石矿物。属角闪石超族 W 位羟基、氟、氯主导的角闪石族钠钙闪石亚族红钠闪石根名族。单斜晶系。晶体呈柱状、板状；集合体呈晶簇状。黑色、铁锈色，玻璃光泽，不透明；硬度 6～6.5，完全解理。2015 年发现于加拿大安大略省哈利伯顿地区贝尔(Bear)湖矿区。英文名称 Ferri-fluoro-katophorite，由成分冠词"Ferri(三价铁)""Fluoro(氟)"和根词"Katophorite(红钠闪石)"组合命名。IMA 2015-096 批准。2016 年 R. 奥贝蒂(R. Oberti)等在《CNMNC 通讯》(29)、《矿物学杂志》(80)和 2019 年《矿物学杂志》(83)报道。目前尚未见官方中文译名，编译者建议根据成分及与红钠闪石的关系译为铁氟红钠闪石*。

【铁斧石】参见【斧石】条 200 页

【铁钙韭石】

英文名 Kuratite

化学式 $Ca_2(Fe^{2+}_5Ti)O_2[Si_4Al_2O_{18}]$　　(IMA)

铁钙韭石电镜照片和库拉特像

铁钙韭石是一种铁占优势的镁钙三斜闪石的类似矿物。属假蓝宝石超族钠铁非石族。三斜晶系。晶体呈他形—自形粒状，粒径小于 20μm，平均直径只有约 0.01mm。由中国台湾东华大学黄士龙教授、中山大学沈博彦教授等与阿根廷 M. E. 瓦雷拉(M. E. Varela)博士和 Y. 伊祖卡(Y. Iizuka)博士研究团队，用透射电子显微镜与电子微探分析在阿根廷布宜诺斯艾利斯科罗内尔苏亚雷斯发现于多比内(D'Orbigny)钛辉无球粒陨石里的 3 种新矿物之一。英文名称 Kuratite，由研究团队以世界著名的陨石收藏研究员和长期在奥地利维也纳自然历史博物馆担任矿物岩石学系主任的格罗・库拉特(Gero Kurat，1938—2009)博士的姓氏命名。库拉特最初于 2004 年在《地球化学与宇宙化学学报》(68)将矿物描述为未命名的矿物相。IMA 2013-109 批准。2014 年黄士龙等在《CNMNC 通讯》(19)、《矿物学杂志》(78)和 2016 年《矿物学杂志》(80)报道。发现此矿物的陨石于 1979 年由农民春耕玉米田时发现的，它可能源于一约 100km 直径且具金属核的小行星，这个小行星形成于太阳系初期，年纪较碳质球粒陨石(Ccarbonaceous chondrite)中最早形成的富钙铝包裹体年轻约 2Ma。它的发现透露了宇宙钙磷硅酸盐物质的形成与分布以及太阳系演化初期的相变情况，也如同碳、铁、石质陨石，影响了地球甚至宇宙的生命形式。中国台湾研究员黄士龙等根据成分和与镁钙韭石的关系译为铁钙韭石。

【铁钙铝榴石】参见【钙铝榴石】条 222 页

【铁钙镁闪石】

英文名 Ferro-tschermakite

化学式 $\square Ca_2(Fe^{2+}_3Al_2)(Si_6Al_2)O_{22}(OH)_2$　　(IMA)

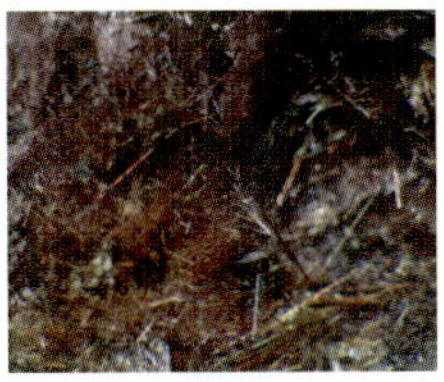

铁钙镁闪石针状晶体，杂乱状集合体(澳大利亚)

铁钙镁闪石是一种 C 位二价铁、三价铝和 W 位羟基主导的闪石矿物。属角闪石超族 W 位羟基、氟、氯主导的角闪石族钙角闪石亚族钙镁闪石根名族。单斜晶系。晶体呈柱状、针状；集合体呈杂乱状。中绿色—暗绿色—绿黑色—黑色，也有褐绿色，玻璃光泽，透明—半透明；硬度 5～6，完全解理，脆性。1973 年年发现于法国布列塔尼大区佩尔罗-吉雷克(Perros-Guirec)花岗岩采石场；同年，F. C. 霍桑(F. C. Hawthorne)等在《矿物学杂志》(39)命名为 Ferrotschermakite。英文名称 Ferro-tschermakite，由成分冠词"Ferro(二价铁)"和根词"Tschermakite(钙镁闪石)"组合命名(根词参见【钙镁闪石】条 224 页)。IMA 2016-116 批准。2017 年 R. 奥贝蒂(R. Oberti)等在《CNMNC 通讯》(37)、《矿物学杂志》(81)和 2018 年《欧洲矿物学杂志》(30)报道。中文名称根据成分及与钙镁闪石的关系译为铁钙镁闪石/铁钙闪石。

【铁钙闪石】参见【铁镁钙闪石】条 950 页

【铁橄榄石】

英文名 Fayalite

化学式 $Fe^{2+}_2(SiO_4)$　　(IMA)

铁橄榄石柱状或厚板状晶体(德国、美国)

铁橄榄石是铁橄榄石与镁橄榄石完全类质同象系列的富铁成员。属橄榄石族。与林伍德石和瓦兹利石为同质多象。斜方晶系。晶体呈柱状或厚板状，具双晶；集合体一般呈不规则他形晶粒状。青黄色、黄色、棕色，颜色随成分中 Fe^{2+} 含量的增高颜色加深而呈深黄色—墨绿色或者黑色，玻璃光泽，断口呈油脂光泽，透明—半透明；硬度 6.5～7.0。1840 年发现于葡萄牙的亚速尔群岛自治区法亚尔(Fayal)岛。1840 年 C. G. 格梅林(C. G. Gmelin)在《化学和物理学年鉴》[127(2/51)]报道。英文名称 Fayalite，由克里斯蒂安·戈特利布·格梅林(Christian Gottlibb Gmelin)以葡萄牙亚述尔群岛中的法亚尔(Fayal)岛的名字命名。1959 年以前发现、描述并命名的“祖父级”矿物，IMA 承认有效。中文名称根据成分和族名译为铁橄榄石。

【铁铬矾】参见【水铬铁矾】条 824 页

【铁铬尖晶石】参见【镁铬矿】条 590 页

【铁钴矿】

英文名 Wairauite

化学式 CoFe　(IMA)

铁钴矿是一种钴和铁的互化物矿物。等轴晶系。晶体呈细小粒状(<2μm)。稍带蓝色的灰色，金属光泽，不透明；硬度 5。1964 年发现于新西兰南岛维拉(Wairau)山谷红山(Red Hills)。英文名称 Wairauite，以发现地新西兰的维拉(Wairau)山谷命名。IMA 1964－015 批准。1964 年 G. A. 查尔斯(G. A. Challis)在《矿物学杂志》(33)和 1965 年弗莱舍在《美国矿物学家》(50)报道。中文名称根据成分译为铁钴矿。

【铁硅灰石】

英文名 Ferrobustamite

化学式 $CaFe^{2+}Si_2O_6$　(IMA)

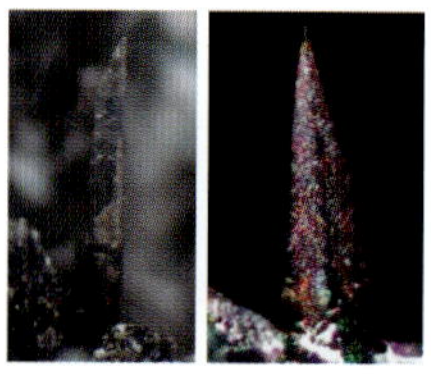

铁硅灰石板状晶体(德国)

铁硅灰石是一种钙、铁的硅酸盐矿物。属硅灰石族。三斜晶系。晶体呈板状、片状。黑灰色；硬度 6。1937 年发现于英国苏格兰西北高原斯凯岛卡马斯玛琅(Camas Malag)；同年，在《矿物学杂志》(24)报道。英文名称 Ferrobustamite，由成分冠词“Ferro(二价铁)”和“Bustamite(钙蔷薇辉石或锰硅灰石)”组合命名，意指含铁的钙蔷薇辉石或锰硅灰石的类似矿物。同义词 Ferrowollastonite，由成分冠词“Ferro(铁)”和根词“Wollastonite(硅灰石)”组合命名，意指含铁的硅灰石。1959 年以前发现、描述并命名的“祖父级”矿物，IMA 承认有效。中文名称根据成分和族名译为铁硅灰石(参见【硅灰石】条 267 页和【锰硅灰石】条 606 页)。

【铁海泡石】

英文名 Ferrisepiolite

化学式 $(Fe^{3+},Fe^{2+},Mg)_4[(Si,Fe^{3+})_6O_{15}](O,OH)_2\cdot6H_2O$　(IMA)

铁海泡石是一种三价铁占优势的海泡石类似矿物。属海泡石族。斜方晶系。晶体呈纤维状；集合体呈土状。棕色—红棕色。发现于中国青海省海南自治州兴海县赛什塘铜矽卡岩多金属矿。中文名称根据成分及族名命名为铁海泡石。英文名称 Ferrisepiolite，由化学成分冠词“Ferri(三价铁)”的主要阳离子及其与根词“Sepiolite(海泡石)”的关系命名。2010 年中南大学地球科学与信息物理学院谷湘平、吴湘滨等及中国科学院广州地球化学研究所谢先德教授联合申报“新矿物——铁海泡石(Ferrisepiolite)”，经国际矿物学会新矿物及矿物命名矿物分类委员会(IMA-CNMNC)IMA 2010－061 批准。2010 年谷湘平等在《CNMNC 通讯》(7)、《矿物学杂志》(75)和 2013 年《欧洲矿物学杂志》(25)报道。该矿物的发现丰富了矿物学的内容，具有重要的地球化学研究意义，为内生金属矿床的成因研究及海泡石的工业应用开辟了新的方向(根词参见【海泡石】条 303 页)。

【铁黑云母】参见【黑云母】条 321 页

【铁红磷锰矿】参见【红磷锰矿】条 325 页

【铁红闪石】

英文名 Ferri-katophorite

化学式 $Na(NaCa)(Mg_4Fe^{3+})(Si_7Al)O_{22}(OH)_2$　(IMA)

铁红闪石板状晶体(俄罗斯、德国)

铁红闪石是一种 A 位钠、C^{2+} 位镁、C^{3+} 位铁和 W 位羟基的闪石矿物。属角闪石超族 W 位羟基、氟、氯占优势的角闪石族钠钙角闪石亚族红钠闪石根名族。单斜晶系。晶体呈板状。模式产地为俄罗斯。1978 年 B. E. 利克(B. E. Leake)在《美国矿物学家》(63)的《角闪石的命名法》和 1997 年 J. A. 曼达里诺(J. A. Mandarino)等在《加拿大矿物学家》(35)的《角闪石的术语：国际矿物角闪石协会委员会新矿物和矿物名称小组委员会的报告》命名为 Magnesio-ferrikatophorite(镁铁红钠闪石)。2003 年在《结晶学报告》(48)报道。2012 年 F. C. 霍桑(F. C. Hawthorne)等在《美国矿物学家》(97)的《角闪石超族的命名》重新定义命名为 Ferri-katophorite。IMA 2012s. p. 批准。中文名称根据成分及与红钠闪石的关系译为铁红闪石，或高铁红闪石或镁铁红钠闪石(参见【红钠闪石】条 327 页)。

【铁滑石】

英文名 Minnesotaite

化学式 $Fe_3^{2+}Si_4O_{10}(OH)_2$　(IMA)

铁滑石是叶蜡石-滑石族矿物之一，是一种含羟基的铁的硅酸盐矿物。三斜晶系。晶体呈显微板状或针状、细粒状；集合体常呈土状。橄榄绿色、灰绿色，树脂光泽、蜡状光泽、油脂光泽，半透明；硬度 1.5～2，极完全解理，脆性。1944 年发现于美国明尼苏达(Minnesota)州和圣路易斯市梅萨比(Mesabi)岭铁矿区。1944 年 J. W. 古纳(J. W. Gruner)在《美国矿物学家》(29)报道。英文名称 Minnesotaite，以发现地美国的明尼苏达(Minnesota)州命名。1959 年以前发现、描述并命名的“祖父级”矿物，IMA 承认有效。中文名称根据成分和族名译为铁滑石。

【铁辉石】

英文名 Ferrosilite

化学式 $Fe_2^{2+}Si_2O_6$　(IMA)

铁辉石带尖锥长柱状晶体(澳大利亚)

铁辉石是辉石族斜方辉石亚族矿物之一，是一种铁的硅酸盐矿物。与斜铁辉石为同质二象。斜方晶系。晶体常呈细长的柱状，罕见的刃状、短柱状，常具双晶。浅褐色、褐色、紫褐色、绿色、黑色，玻璃—半玻璃光泽、油脂光泽，透明—半透明；硬度 5～6，完全解理。模式产地不详。英文名称 Ferrosilite，最初于 1903 年是亨利·史蒂文斯·华盛顿(Henry Stevens Washington,1867—1934)假设的一个由成分"Ferro(二价铁)"和"Si(硅)"组合命名。1935 年由诺曼·L. 鲍文(Norman L. Bowen)第一次使用于天然矿物{见《美国科学杂志》[5(30)]}。1959 年以前发现、描述并命名的"祖父级"矿物,IMA 承认有效。IMA 1988s. p. 批准。中文名称根据成分及族名译为铁辉石;也译作低铁透辉石。同义词 Orthoferrosilite,根据斜方晶系及族名也译作斜方铁辉石或正铁辉石。

【铁钾铊矾】

英文名 Dorallcharite

化学式 $TlFe_3^{3+}(SO_4)_2(OH)_6$　　(IMA)

铁钾铊矾皮壳状、球粒状集合体(北马其顿)

铁钾铊矾是一种含羟基的铊、铁的硫酸盐矿物。属明矾石超族明矾石族。三方晶系。集合体呈土状、皮壳状、球粒状。金黄色,土状光泽;硬度 3～4,完全解理。1992 年发现于北马其顿共和国阿尔察(Allchar)矿。英文名称 Dorallcharite,1994 年 T. 巴利奇-祖尼奇(T. Balic-Žunic)等根据颜色冠词法文"Doré(金黄色)"和发现地马其顿的阿尔察(Allchar)组合命名。IMA 1992-041 批准。1994 年巴利奇-祖尼奇等在《欧洲矿物学杂志》(6)报道。中文名称根据成分译为铁钾铊矾/铊铁矾。

【铁钾铜矾】

英文名 Klyuchevskite

化学式 $K_3Cu_3Fe^{3+}O_2(SO_4)_4$　　(IMA)

铁钾铜矾针状晶体,束状、放射状集合体(俄罗斯)

铁钾铜矾是一种含氧的钾、铜、铁的硫酸盐矿物。单斜晶系。晶体呈针状、柱状;集合体呈束状、放射状。绿色,玻璃光泽,透明;硬度 3.5。1987 年发现于俄罗斯堪察加州托尔巴契克(Tolbachik)火山大裂缝喷发物。英文名称 Klyuchevskite,由发现地俄罗斯堪察加州克柳切夫斯克(Klyuchevsk)火山命名。IMA 1987-027 批准。1989 年 L. P. 韦尔加索娃(L. P. Vergasova)在《全苏矿物学会记事》[118(1)]和 1990 年 J. L. 杨博尔(J. L. Jambor)等在《美国矿物学家》(75)报道。1991 年中国新矿物与矿物命名委员会郭宗山在《岩石矿物学杂志》[10(4)]根据成分译为铁钾铜矾。

【铁尖晶石】

英文名 Hercynite

化学式 $Fe^{2+}Al_2O_4$　　(IMA)

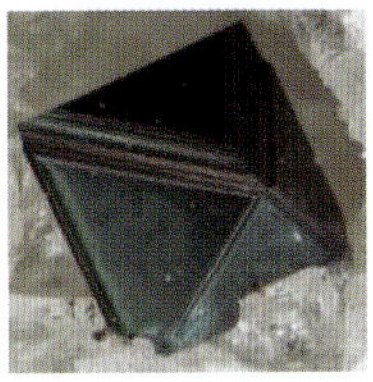

铁尖晶石自形八面体晶体(德国)

铁尖晶石是尖晶石成分中的镁全部被铁替代,成为铁尖晶石。属尖晶石超族氧尖晶石族尖晶石亚族。等轴晶系。晶体常呈完好的八面体和菱形十二面体及聚形,粒状,具尖晶石律双晶;集合体呈块状。黄色、棕色、黑蓝色、暗绿色—黑色,玻璃光泽,半透明—不透明;硬度 7.5,脆性。1839 年由弗兰提谢克·克萨韦尔·马克西米兰·芝佩(František Xaver Maximilian Zippe)首次发现于捷克共和国中西部普尔岑小镇波努诺维奇(Poběžovice);同年,戈特利布·哈斯(Gottlieb Haase)在布拉格《波希米亚国土博物馆协会文献》刊载。英文名称 Hercynite,源于波希米亚森林(Bohemian Forest)的拉丁文名西尔瓦·海西尼亚(Silva Hercynia)命名。又见于 1944 年 C. 帕拉奇(C. Palache)、H. 伯曼(H. Berman)和 C. 弗龙德尔(C. Frondel)《丹纳系统矿物学》(第一卷,第七版,纽约)。1959 年以前发现、描述并命名的"祖父级"矿物,IMA 承认有效。中文名称根据成分和族名译为铁尖晶石。

【铁角闪石】

英文名 Ferro-hornblende

化学式 $\square Ca_2(Fe_4^{2+}Al)(Si_7Al)O_{22}(OH)_2$　　(IMA)

铁角闪石针柱状、柱状晶体(英国、意大利)

铁角闪石是一种含羟基的空位、钙、铁、铝的铝硅酸盐闪石矿物。属角闪石超族 W 位羟基、氟、氯占优势角闪石族钙角闪石亚族角闪石根名族。单斜晶系。晶体呈柱状、针柱状。深绿黑色、红褐色,很少呈浅绿色,玻璃光泽,半透明;硬度 5～6,完全解理。模式产地不详。1930 年 V. E. 巴尼斯(V. E. Barnes)在《美国矿物学家》(15)报道。英文名称 Ferro-hornblende,由成分冠词"Ferro(二价铁)"和根词"Hornblende(角闪石)"组合命名。IMA 2012s. p. 批准。中文名称根据占优势的铁阳离子(Fe^{2+})成分及与角闪石的关系译为铁角闪石(参见【角闪石】条 382 页)。

【铁堇青石】

英文名 Sekaninaite

化学式 $Fe_2^{2+}Al_4Si_5O_{18}$　　(IMA)

铁堇青石柱状晶体(巴基斯坦)和瑟卡尼纳像

铁堇青石是一种铁、铝的硅酸盐矿物。与铁印度石(Ferroindialite)为同质二象。斜方晶系。晶体呈柱状。灰蓝色—蓝紫色,玻璃光泽,透明—半透明;硬度 7.5。1967 年发现于捷克共和国摩拉维亚的维索茨那(Vysocina)地区扎德阿尔(Žďár)和萨扎沃(Sázavou)的 4 号伟晶岩脉。英文名称 Sekaninaite,以捷克矿物学家约瑟夫·瑟卡尼纳(Josef Sekanina,1901—1986)的姓氏命名。IMA 1967-047 批准。1975 年 J. 斯坦尼克(J. Stanek)在《普尔基尼亚大学自然科学学院文集:地质学》(*Scripta Facultatis Scientarium Naturalium Universitatis Purkynianae Brunensis*)[1(5)]和 1977 年弗莱舍等在《美国矿物学家》(62)报道。中文名称根据成分及与堇青石的关系译为铁堇青石。

【铁韭闪石】

英文名 Ferro-pargasite

化学式 $NaCa_2(Fe_4^{2+}Al)(Si_6Al_2)O_{22}(OH)_2$　　(IMA)

T

铁韭闪石纤维状晶体，束状集合体（西班牙）

铁韭闪石是一种 A 位钠、C 位铁和铝、W 位羟基的闪石矿物。属角闪石超族 W 位羟基、氟、氯占优势的角闪石族钙角闪石亚族韭闪石根名族。单斜晶系。晶体呈纤维状；集合体呈束状、放射状。绿褐色、深绿色、绿黑色，玻璃光泽，半透明；硬度 5～6，完全解理。模式产地英国。1961 年在《美国矿物学家》(46)报道。英文名称 Ferro-pargasite，由成分冠词“Ferro(二价铁)”和根词“Pargasite(韭闪石)”组合命名。2006 年 F. C. 霍桑(F. C. Hawthorne)和 R. 奥贝蒂(R. Oberti)在《加拿大矿物学家》(44)的《关于角闪石的分类》及 2012 年《美国矿物学家》(97)的《角闪石超族的命名》的报道。IMA 2012s. p. 批准。中文名称根据成分及与韭闪石的关系译为铁韭闪石(参见【韭闪石】条 390 页)。

【铁孔雀石】

英文名 Chukanovite

化学式 $Fe^{2+}_2(CO_3)(OH)_2$ (IMA)

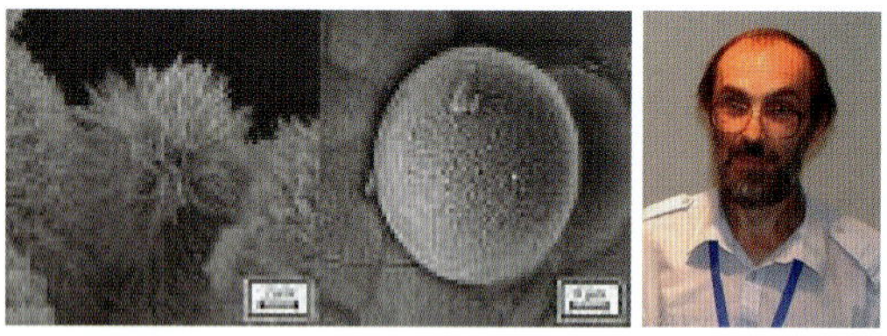

铁孔雀石纤维状晶体，放射状、球粒状集合体（俄罗斯）和丘卡诺夫像

铁孔雀石是一种含羟基的铁的碳酸盐矿物。属锌孔雀石族。单斜晶系。晶体呈针状、纤维状；集合体呈多孔皮壳状、球粒状、葡萄状。新鲜的淡绿色或无色，氧化后为带绿的褐色和棕色，玻璃光泽，透明；硬度 3.5～4，完全解理，脆性。2005 年发现于俄罗斯西北梁赞州卡西莫夫市德罗尼诺(Dronino)村镍铁质陨石。英文名称 Chukanovite，以俄罗斯物理学家、矿物学家和红外光谱专家尼基塔·V. 丘卡诺夫(Nikita V. Chukanov，1953—)的姓氏命名。IMA 2005-039 批准。2007 年 I. V. 佩科夫(I. V. Pekov)等在《欧洲矿物学杂志》(19)报道。2010 年中国地质科学院地质研究所尹淑苹等在《岩石矿物学杂志》[29(4)]根据成分及与孔雀石的关系译为铁孔雀石。

【铁蓝闪石】

英文名 Ferro-glaucophane

化学式 □$Na_2(Fe^{2+}_3Al_2)Si_8O_{22}(OH)_2$ (IMA)

铁蓝闪石束状、放射状集合体（意大利）

铁蓝闪石是一种含羟基的空位、钠、铁、铝的硅酸盐闪石矿物。属角闪石超族 W 位羟基、氟、氯占优势的角闪石族钠闪石亚族蓝闪石根名族。单斜晶系。晶体呈纤维状；集合体呈束状、放射状。灰色—淡紫蓝色，玻璃光泽；硬度 5～6。1957 年发现于意大利奥斯塔山谷卡恩普德普拉兹的赫林(Herin)矿；同年，在《东京大学科学院学报》[2(11)]报道。英文名称 Ferro-glaucophane，由成分冠词“Ferro(二价铁)”和根词“Glaucophane(蓝闪石)”组合命名。1959 年以前发现、描述并命名的“祖父级”矿物，IMA 承认有效。IMA 2012s. p. 批准。2006 年 F. C. 霍桑(F. C. Hawthorne)和 R. 奥贝蒂(R. Oberti)在《加拿大矿物学家》(44)的《关于角闪石的分类》及 2012 年霍桑等在《美国矿物学家》(97)的《角闪石超族的命名法》的报道。中文名称根据成分及与蓝闪石的关系译为铁蓝闪石(参见【蓝闪石】条 429 页)。

【铁蓝透闪石】

英文名 Ferro-winchite

化学式 □(CaNa)[$Te^{2+}_4(Al,Fe^{3+})$](Si_8O_{22})$(OH)_2$ (弗莱舍，2014)

铁蓝透闪石束状、星状集合体（利比里亚）

铁蓝透闪石是一种 C^{2+} 位铁、C^{3+} 位铝和 W 位羟基闪石矿物。属角闪石超族 W 位羟基、氟、氯占优势的角闪石族钠钙角闪石亚族蓝透闪石根名族。单斜晶系。晶体呈细柱状、纤维状；集合体呈束状、星状。钴蓝色—紫蓝色，玻璃光泽；硬度 5.5。模式产地不详。1998 年 J. A. 曼德里诺(J. A. Mandarino)在《矿物学记录》(29)报道。英文名称 Ferro-winchite，由成分冠词“Ferro(二价铁)”和根词“Winchite(蓝透闪石)”组合命名。未经 IMA 批准，但可能有效。2006 年 F. C. 霍桑(F. C. Hawthorne)和 R. 奥贝蒂(R. Oberti)在《加拿大矿物学家》(44)的《关于角闪石的分类》及 2012 年霍桑等在《美国矿物学家》(97)的《角闪石超群命名法》的报道。中文名称根据成分及与蓝透闪石的关系译为铁蓝透闪石(根词参见【蓝透闪石】条 431 页)。

【铁劳埃石】

英文名 Ferrolaueite

化学式 $Fe^{2+}Fe^{3+}_2(PO_4)_2(OH)_2 \cdot 8H_2O$ (IMA)

铁劳埃石板状晶体（美国）和劳埃像

铁劳埃石是一种含结晶水和羟基的二价铁、三价铁的磷酸盐矿物。属劳埃石超族劳埃石族。三斜晶系。晶体呈板状；集合体呈束状。浅棕色—橘棕色，半玻璃光泽、树脂光泽，半透明；硬度 3。1987 年发现于美国新泽西州蒙莫斯县弗里霍尔德的阿内敦(Arneytown)小溪区。英文名称 Ferrolaueite，2012 年柯蒂·乔治·塞格尔(Curt George Segeler)等以成分冠词“Ferro(二价铁)”和根词“Laueite(劳埃石)”组合命名，意指它是二价铁占优势的劳埃石的类似矿物。其中根词 Laueite，1954 年 H. 施特伦茨(H. Strunz)以德国物理学家马克斯·费利克斯·西奥多·冯·劳埃(Max Felix Theodor von Laue，1879—1960)的姓氏命名。劳埃是威廉二世学院(现在的德国马克斯普朗克研究所)和德国哥廷根大学物理学教授，他于 1912 年发现了晶体的 X 射线衍射现象，证实了先前物理学家的预测，并因此获得诺贝尔物理学奖。

IMA 1987－046a 批准。2012 年柯蒂·乔治·塞格尔(Curt George Segeler)等在《澳大利亚矿物学杂志》[16(2)]报道。中文名称根据成分及与劳埃石的关系译为铁劳埃石(根词参见【劳埃石】条 436 页)。

【铁锂闪石】

英文名 Ferro-holmquistite

化学式 □$Li_2(Fe^{2+}_3Al_2)Si_8O_{22}(OH)_2$ (IMA)

铁锂闪石是一种含羟基的空位、锂、铁、铝的硅酸盐闪石矿物。属角闪石超族 W 位羟基、氟、氯占优势的角闪石族锂闪石亚族锂蓝闪石根名族。斜方晶系。黑色、深紫色、浅天蓝色,玻璃光泽,半透明;硬度 5～6,完全解理。2005 年发现于澳大利亚西澳大利亚州布里奇敦格林布什镇格林布什(Greenbushes)伟晶岩。英文名称 Ferro-holmquistite,由成分冠词“Ferro(二价铁)”和根词“Holmquistite(锂蓝闪石)”组合命名,意指它是铁的锂蓝闪石的类似矿物。2005 年 F. 卡马拉(F. Camara)等在《美国矿物学家》(90)报道。IMA 2012s. p. 批准。中文名称根据成分及与锂蓝闪石的关系译为铁锂闪石。

【铁锂云母】

英文名 Zinnwaldite

化学式 $KFe^{2+}_2Al(Al_2Si_2O_{10})(OH)_2$～$KLi_2Al(Si_4O_{10})(F,OH)_2$

铁锂云母是云母族矿物之一。单斜晶系。晶体呈假六方板状、鳞片状、片状;集合体常呈玫瑰花瓣状。灰褐色、黄棕色、淡紫色或粉红色、银灰色、灰绿色,几乎黑色,玻璃光泽、珍珠光泽、丝绢光泽,透明—半透明;硬度2.5～4,完全解理。1845 年 W. 海丁格尔(W. Haidinger)在维也纳《矿物学鉴定手册》刊载。

铁锂云母假六方板状晶体,玫瑰花瓣状集合体(捷克)

英文名称 Zinnwaldite,来自该矿物的首次发现地德国与捷克共和国之间位于捷克波希米亚一侧的锡林尔德(Zinnwald)矿区。IMA 持怀疑态度。中文名称根据成分及族名译为铁锂云母。Zinnwaldite 有－1M、－2M 和－3T 多型。

【铁磷锂矿】参见【磷铁锂矿】条 479 页

【铁磷铝石】参见【磷铝石】条 467 页

【铁菱镁矿】

英文名 Breunnerite

化学式 $(Mg,Fe)CO_3$

铁菱镁矿菱面体、板状晶体(意大利、澳大利亚)

铁菱镁矿是一种镁、铁的碳酸盐矿物。三方晶系。晶体呈菱面体。无色、白色、灰白色、黄色、褐色,硬度 3.5～4.5,完全解理。最初的报告来自奥地利北蒂罗尔州赞瑟(Zamser)浅滩(祖阿曼谷)和泽姆格兰德(Zemmgrund)格罗尔-格雷纳(Großer-Greiner)山脉。1825 年海丁格尔(Haidinger)在爱丁堡《矿物学论文集》[3(1)]报道[F. 摩斯(F. Mohs)翻译时有相当大的增加]。英文名称 Breunnerite,海丁格尔(Haidinger)为纪念奥地利内阁部长(国家高级官员)、矿物和化石收藏家奥古斯特·布伦纳(August Breunner,1796—1877)伯爵而以他的姓氏命名。中文名称根据成分译为铁菱镁矿。

【铁菱锰矿】参见【菱锰矿】条 491 页

【铁硫砷钴矿】参见【钴硫砷铁矿】条 256 页

【铁六水泻盐】参见【六水绿矾】条 532 页

【铁铝榴石】

英文名 Almandine

化学式 $Fe^{2+}_3Al_2(SiO_4)_3$ (IMA)

铁铝榴石晶体(中国、美国)

铁铝榴石是一种铁、铝的硅酸盐矿物。属石榴石族。是镁铝榴石-铁铝榴石-锰铝榴石系列的矿物,它是一种最常见的石榴石。等轴晶系。晶体常呈四角三八面体、立方体、八面体、菱形十二面体及其聚形。颜色一般为褐红色、深红色、红橙色或浅紫色、略带紫红色,通常以黑色为基调,黄色罕见(中国黑龙江),玻璃光泽、树脂光泽,透明—半透明;硬度 6.5～7.5,脆性。英文名称 Almandine,来自拉丁文 Alabandine。古罗马哲学家普林尼认为首先在小亚细亚的(今土耳其爱琴海地区艾登)阿拉班达(Alabanda)的卡里亚(Caria)小镇发现石榴石,并在这里切割和加工石榴石。Almandine 由 Alabanda 的讹用而得名。1546 年由乔治·阿格里科拉“格奥尔格·鲍尔”(Georgius Agricola“Georg Bauer”)命名。美国宝石界习惯用 Almandite 名字,而美国矿物学家常用 Almandine 一词称呼铁铝榴石。1959 年以前发现、描述并命名的“祖父级”矿物,IMA 承认有效。宝石界将深红色石榴石,称为贵榴石。在斯里兰卡它有时被称为锡兰红宝石。紫罗兰色的通常被称为沙廉(Syriam)石榴石,名字取自缅甸南部港市沙廉(或译锡里安)(现在缅甸的一部分)。发现于澳大利亚北澳大利亚州的红宝石被称为澳大利亚红宝石。中文名称根据成分和族名译为铁铝榴石。

【铁铝绿鳞石】

英文名 Ferroaluminoceladonite

化学式 $KFe^{2+}AlSi_4O_{10}(OH)_2$ (IMA)

铁铝绿鳞石是一种含羟基的钾、铁、铝的硅酸盐矿物。属云母族正八面体云母族绿鳞石族。单斜晶系。晶体呈显微鳞片状;集合体呈土状、皮壳状。青瓷绿色、中绿色,蜡状光泽、土状光泽,半透明;硬度 2～2.5,完全解理。1995 年发现于新西兰南岛区霍

铁铝绿鳞石土状、皮壳状集合体(澳大利亚)

科努伊(Hokonui)山。英文名称 Ferroaluminoceladonite，1997 年由李葛静(Li Gejing)等根据成分冠词“Ferro(二价铁)”和“Alumino(铝)”以及根词“Celadonite(绿鳞石；法文“青瓷”=海绿色)”组合命名。IMA 1995－019 批准。1997 年李葛静等在《美国矿物学家》(82)报道。2004 年中国地质科学院矿产资源研究所李锦平等在《岩石矿物学杂志》[23(1)]根据成分及与绿鳞石的关系译为铁铝绿鳞石(根词参见【绿鳞石】条 545 页)。

【铁铝钠闪石】

英文名 Ferro-eckermannite

化学式 $NaNa_2(Fe^{2+}_4Al)Si_8O_{22}(OH)_2$

铁铝钠闪石是一种 A 位钠、C^{2+} 位铁、C^{3+} 位铝和 W 位羟基的闪石矿物。属角闪石超 W 位羟基、氟、氯占优势的角闪石族钠角闪石亚族铝钠闪石根名族。单斜晶系。晶体呈柱状。黑绿色，玻璃光泽，半透明；硬度 5～6，完全解理。模式产地不详。英文名称 Ferro-eckermannite，由成分冠词“Ferro(二价铁)”和根词“Eckermannite(铝钠闪石或氟镁钠闪石)的关系命名。1964 年 R. 菲利普斯(R. Phillips)在《矿物学杂志》(33)报道。2006 年由 F. C. 霍桑(F. C. Hawthorne)和 R. 奥贝蒂(R. Oberti)在《加拿大矿物学家》(44)的《关于角闪石的分类》及 2012 年霍桑等在《美国矿物学家》(97)的《角闪石超群命名法》报道。未经 IMA 批准，但可能有效。中文名称根据成分及与铝钠闪石的关系译为铁铝钠闪石(根词参见【氟镁钠闪石】条 184 页)。

【铁铝闪石】参见【青铝闪石】条 747 页

【铁铝蛇纹石】

英文名 Berthierine

化学式 $(Fe^{2+},Fe^{3+},Al)_3(Si,Al)_2O_5(OH)_4$ (IMA)

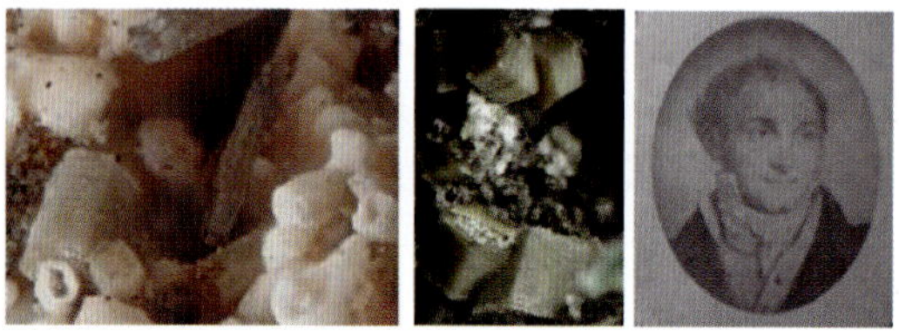

铁铝蛇纹石假六方柱状晶体(加拿大)和贝尔蒂埃像

铁铝蛇纹石是一种含羟基的铁、铝的铝硅酸盐矿物。属高岭石-蛇纹石族蛇纹石亚族。单斜晶系。晶体呈鳞片状、假六方柱状。深橄榄绿色、黄绿色，珍珠光泽，透明；硬度 2.5。1832 年发现于法国洛林地区摩泽尔河哈扬格(Hayange)；同年，F. S. 伯当(F. S. Beudant)在巴黎《矿物学概论》(第二版)刊载。英文名称 Berthierine，以法国化学家和矿物学家皮埃尔·贝尔蒂埃(Pierre Berthier，1782—1861)的姓氏命名。贝尔蒂埃是法国矿业学院的化学家和矿物学家，在他的职业生涯中，他还是煤矿的矿山监察；他命名的矿物包括鲕绿泥石、锌铁尖晶石、埃洛石、绿脱石；他是著名的铝土矿专家，对铝土矿的研究有很好的见解；他是一位以一人之名被命名为两种矿物的学者[以他的姓氏命名的另一个矿物是 1827 年发现并命名的 Berthierite(辉铁锑矿)]。1951 年 G. W. 布林德利(G. W. Brindley)等在《矿物学杂志》(29)报道。1959 年以前发现、描述并命名的“祖父级”矿物，IMA 承认有效。中文名称根据成分及族名译为铁铝蛇纹石，有的译作磁绿泥石。目前已知 Berthierine 有-1M 和-1H 两个多型。

【铁铝直闪石】

英文名 Ferro-gedrite

化学式 $\square Fe^{2+}_2(Fe^{2+}_3Al_2)(Si_6Al_2)O_{22}(OH)_2$ (IMA)

铁铝直闪石是一种含羟基的空位、铁、铝的铝硅酸盐矿物。属角闪石超族 W 位羟基、氟、氯占优势的角闪石族镁铁锰角闪石亚族铝直闪石根名族。斜方晶系。晶体呈纤维状、棒状、柱状；集合体呈块状、束状、放射状。绿灰色—黑色，玻璃光泽，半透明；硬度 5.5～6。1939 年发现于法国；同年，在《地质学杂志》(76)报道。英文名称 Ferro-gedrite，由化学成分冠词“Ferro(二价铁)”和根词“Gedrite(铝直闪石)”组合命名。1998 年 J. A. 曼德里诺(J. A. Mandarino)在《矿物学记录》(29)报道。2006 年 F. C. 霍桑(F. C. Hawthorne)和 R. 奥贝蒂(R. Oberti)在《加拿大矿物学家》(44)的《关于角闪石的分类》报道。IMA 2012s. p. 批准。中文名称根据成分及与铝直闪石的关系译为铁铝直闪石(根词参见【铝直闪石】条 542 页)。

【铁绿闪石】

英文名 Ferro-taramite

化学式 $Na(NaCa)(Fe^{2+}_3Al_2)(Si_6Al_2)O_{22}(OH)_2$ (IMA)

铁绿闪石是一种 A 位钠、C^{2+} 位二价铁、C^{3+} 位铝和 W 位羟基占优势的闪石矿物。属角闪石超族 W 位羟基、氟、氯主导的角闪石族钠钙闪石亚族绿闪石根名族。单斜晶系。晶体呈显微晶粒状。绿色，玻璃光泽，透明；脆性。2006 年发现于挪威西海岸莫尔-鲁姆斯代尔县的利塞特(Liset)蓝晶石榴辉岩退变榴辉岩豆荚。英文名称 Ferro-taramite，根据 IMA 角闪石命名法[见 2004 年伯克和利克《加拿大矿物学家》(42)]由成分冠词“Ferro(二价铁)”加根词“Taramite(绿闪石)”组合命名。其中根词“Taramite(绿闪石)”以发现地乌克兰马里乌波尔的瓦利-塔拉马(Wali－tarama)命名。2007 年 R. 奥贝蒂(R. Oberti)等在《美国矿物学家》(92)报道。这种矿物，最初命名为 Aluminotaramite；2012 年角闪石超族命名法重新定义绿闪石族，有效名称是铁绿闪石(Ferro－taramite)。IMA 2012s. p. 批准。中文名称根据成分及与绿闪石的关系译为铁绿闪石。

【铁绿松石】参见【磷铜铁矿】条 484 页

【铁茂】参见【铁明矾】条 951 页

【铁玫瑰】参见【赤铁矿】条 91 页

【铁镁钙闪石】

英文名 Ferri-tschermakite

化学式 $\square Ca_2(Mg_3Fe^{3+}_2)(Si_6Al_2)O_{22}(OH)_2$ (弗莱舍,2014)

铁镁钙闪石是一种含羟基的空位、钙、镁、高铁的铝硅酸盐闪石矿物。属角闪石超族 W 位羟基、氟、氯主导的角闪石族钙角闪石亚族钙镁闪石根名族。单斜晶系。晶体呈柱状。硬度 5～6，完全解理。英文名称 Ferri-tschermakite，由成分冠词“Ferri(三价铁)”和根词“Tschermakite(镁钙闪石)”组合命名。未经 IMA 批准，但可能有效。2006 年 F. C. 霍桑(F. C. Hawthorne)和 R. 奥贝蒂(R. Oberti)在《加拿大矿物学家》(44)的《关于角闪石的分类》及 2012 年霍桑等在《美国矿物学家》(97)的《角闪石超群命名法》报道。中文名称根据成分及与镁钙闪石的关系译为铁镁钙闪石(根词参见【钙镁闪石】条 224 页)。

【铁镁氯铝石】参见【氯铁铝石】条 564 页

【铁锰方硼石】参见【铁方硼石】条 944 页

【铁锰榴石】参见【锰铁榴石】条 615 页

【铁锰绿铁矿】参见【绿铁矿】条 549 页

【铁锰钠闪石】

英文名 Mangano-ferri-eckermannite

化学式 $NaNa_2(Mn_4^{2+}Fe^{3+})Si_8O_{22}(OH)_2$　(IMA)

神津俶祐像

铁锰钠闪石是一种 A 位钠、C^{2+} 位锰、C^{3+} 位铁和 W 位羟基占优势的闪石矿物。属角闪石超族 W 位羟基、氟、氯占优势的角闪石族钠质闪石亚族氟镁钠闪石根名族。单斜晶系。红黑色—黑色，玻璃光泽；硬度 5，完全解理。1968 年发现于日本本州岛东北岩手县田野畑町田野畑(Tanohata)村矿山。1968 年南部松夫(M. Nambu)等相继在《日本矿物学会杂志》(9)和 1969 年在《日本矿物学家、岩石学家和经济地质学家协会杂志》(61，62)和 1970 年弗莱舍在《美国矿物学家》(55)报道。英文原名称 Kôzulite，由日本东北大学矿物(特别是造岩矿物)学者神津俶祐(Shukusuke Kôzu，1880—1955)的姓氏命名。南部松夫等最初出版物没有合适的细化结构，直到 2010 年巴克利(Barkley)等才提供。Kôzulite 名称包括在 1978 年和 1997 年闪石命名法中。2012 年 Kôzulite 被 IMA 废弃，改为以 Eckermannite 为词根的 Mangano-ferri-eckermannite 名称；即由成分冠词“Mangano(锰)”“Ferri(三价铁)”和根词“Eckermannite(氟镁钠闪石)”组合命名。IMA 2012s. p. 批准。中国地质科学院根据成分译为铁锰钠闪石；2010 年杨主明在《岩石矿物学杂志》[29(1)]建议借用日文汉字名称神津闪石。

【铁锰铅矿*】

英文名 Ferricoronadite

化学式 $Pb(Mn_6^{4+}Fe_2^{3+})O_{16}$　(IMA)

铁锰铅矿*是一种铅、锰、铁的氧化物矿物。属碱硬锰矿超族铅硬锰矿族。四方晶系。晶体呈粒状；集合体呈细脉状，厚达 8mm。黑色，金属—半金属光泽，不透明；完全解理，脆性。2015 年发现于北马其顿共和国内齐洛沃(Nežilovo)村巴布纳(Babuna)河谷混合系列变质杂岩。英文名称 Ferricoronadite，由成分冠词“Ferri(三价铁)”和根词“Coronadite(锰铅矿/铅硬锰矿)”组合命名，意指它是铁的锰铅矿的类似矿物。IMA 2015-093 批准。2016 年 N. V. 丘卡诺夫(N. V. Chukanov)等在《CNMNC 通讯》(29)、《矿物学杂志》(80)和《矿物物理与化学》(43)报道。目前尚未见官方中文译名，编译者建议根据成分及与锰铅矿的关系译为铁锰铅矿*。

【铁明矾】

英文名 Halotrichite

化学式 $Fe^{2+}Al_2(SO_4)_4 \cdot 22H_2O$　(IMA)

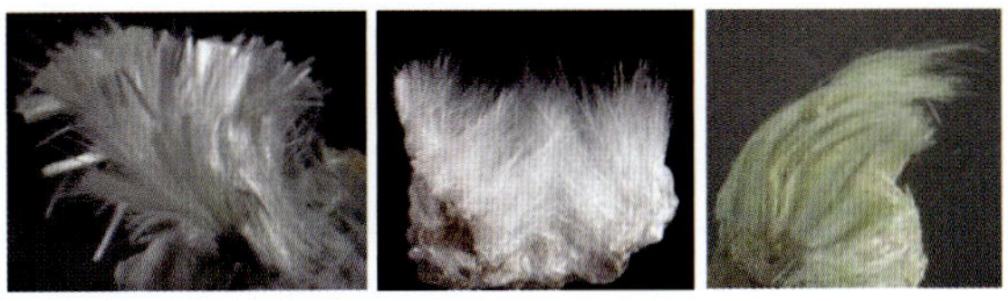

铁明矾毛发状晶体，石棉状集合体(西班牙、意大利、美国)

铁明矾是一种含结晶水的铁、铝的硫酸盐矿物。属铁明矾族。单斜晶系。晶体呈针状、毛发状，大晶体可能是空心或含有气液包裹体；集合体呈束状、放射状、毛毡状、球粒状、皮壳状、开花状、石棉状。无色、白色、黄色、绿色，玻璃光泽、丝绢光泽，透明—半透明；硬度 1.5；有涩味。模式产地不详。

1802 年克拉普罗特(Klaproth)在德国海德堡《结晶学和矿物学论文集》(3)报道，称 Federalaun vom Freyenwalde。1939 年恩斯特·弗里德里希·格洛克(Ernst Friedrich Glocker)在《矿物学手册》(第二版，纽伦堡)始称 Halotrichit。英文名称 Halotrichite，根据希腊文“αλζ＝Salt(盐)”和“τρικοζ＝Hair(头发)”组合命名，它的拉丁文形式是“Halotrichum”，进而又来自更古老的德国名字“Haarsalz(头发盐)”。1959 年以前发现、描述并命名的“祖父级”矿物，IMA 承认有效。茂金属名称中的“茂”来自有机化合物“环戊二烯”中的“戊”字，上加草字头表示配体为具有芳香性的环戊二烯基负离子。尽管 IUPAC 对茂金属的定义较为严格，但在习惯命名中并非那么严格，如二茂铁也被归为茂金属及其衍生物一类，故中文名称根据成分译为铁明矾/铁铝矾；也译作铁茂。

【铁墨铜矿*】

英文名 Ferrovalleriite

化学式 $2[(Fe,Cu)S] \cdot 1.53[(Fe,Al,Mg)(OH)_2]$　(IMA)

铁墨铜矿*是一种含铁、铝、镁的氢氧化物层片的铁、铜的硫化物矿物。属墨铜矿族。六方晶系。晶体呈六方片状或片状，长 2mm，厚 0.3mm；集合体呈微弯曲状和发散状。黑古铜色，金属光泽，不透明；硬度 1，极完全解理。2011 年发现于俄罗斯泰梅尔半岛普托拉纳高原诺里尔斯市克塔尔纳赫(Talnakh)铜镍矿床十月(Oktyabrsky)镇铜镍矿。英文名称 Ferrovalleriite，由成分冠词“Ferro(二价铁)”和根词“Valleriite(墨铜矿)”组合命名，意指它是二价铁占优势的墨铜矿的类似矿物。IMA 2011-068 批准。2011 年 I. V. 佩科夫(I. V. Pekov)等在《CNMNC 通讯》(11)、《矿物学杂志》(75)和 2012 年《俄罗斯矿物学会记事》[141(6)]报道。目前尚未见官方中文译名，编译者根据成分及与墨铜矿的关系译为铁墨铜矿*(根词参见【墨铜矿】条 626 页)。

【铁钼华】

英文名 Ferrimolybdite

化学式 $Fe_2^{3+}(Mo^{6+}O_4)_3 \cdot 7H_2O$　(IMA)

铁钼华纤维状晶体，束状集合体

铁钼华是一种含结晶水的铁的钼酸盐矿物。斜方晶系。晶体呈纤维状、扁针状、薄片状；集合体呈皮壳状、束状、放射状、土状、粉末状及覆盖在其他岩石上的被膜状。黄色、淡黄色或硫黄色、青黄色，金刚光泽，纤维状者呈丝绢光泽，土状光泽，透明—半透明；硬度 1～2，完全解理。1913 年发现于俄罗斯哈卡斯共和国卡里什(Karysh)河流域伊克图(Iktul)湖亚历克谢夫基(Alekseevskii)矿。1913 年 P. P. 皮利彭科(P. P. Pilipenko)在俄国莫斯科出版的《乌兹达省米南斯科戈亚历克谢夫基矿的矿物学》报道。英文名称 Ferrimolybdite，由皮利彭科根据矿物的成分“Ferri(三价铁)”和“Molybdenum(钼)”重新命名，但他并没有考虑到 1907 年沃尔德·T. 夏勒(Waldemar T. Schaller)以水合三氧化钼作为矿物成分的钼华[见《美国科学杂志》(173)]。1959 年以前发现、描述并命名的“祖父级”矿物，IMA 承认有效。

中文名称根据成分译为铁钼华或高铁钼华或水钼铁矿（参见【钼华】条 628 页）。

【铁钠钾硅石】

英文名 Fenaksite

化学式 $KNaFe^{2+}Si_4O_{10}$ （IMA）

铁钠钾硅石是一种钾、钠、铁的硅酸盐矿物。属硅碱铜矿族。三斜晶系。晶体呈他形粒状。浅玫瑰色，解理面上呈珍珠光泽，透明—半透明；硬度 5～5.5。1959 年发现于俄罗斯北部摩尔曼斯克州尤克斯波（Yukspor）山平硐。1959 年 M. D. 多尔夫曼（M. D. Dorfman）等在《苏联科学院博物馆：特鲁迪矿物学》(9)报道。英文名称 Fenaksite，由化学元素符号“Fe，Na，K，Si”组合命名。IMA 1962s. p. 批准。中文名称根据化学成分译为铁钠钾硅石；或译作硅铁钠钾石。

【铁钠透闪石】

英文名 Ferro-richterite

化学式 $Na(NaCa)Fe^{2+}_5Si_8O_{22}(OH)_2$ （IMA）

铁钠透闪石是一种 A 位钠、C 位二价铁和 W 位羟基的闪石矿物。属角闪石超族 W 位羟基、氟、氯占优势的角闪石族钠钙质闪石亚族钠透闪石根名族。单斜晶系。晶体呈纤维状、柱状。红棕色—棕红色、玫瑰色、黄色、褐色，也有呈淡绿色，玻璃光泽；硬度 5～6。模式产地不详。1946 年在《瑞典地质调查局文献》(40)记载。英文名称 Ferro-richterite，由成分冠词“Ferro(二价铁)”和根词“Richterite(钠透闪石)”组合命名。2006 年由 F. C. 霍桑（F. C. Hawthorne）和 R. 奥贝蒂（R. Oberti）在《加拿大矿物学家》(44)的《关于角闪石的分类》及 2012 年霍桑等在《美国矿物学家》(97)的《角闪石超族命名法》报道。1959 年以前发现、描述并命名的“祖父级”矿物，IMA 承认有效。IMA 2012s. p. 批准。中文名称根据成分及与钠透闪石的关系译为铁钠透闪石（根词参见【碱镁闪石】条 377 页）。

【铁尼日利亚石-6N6S】

英文名 Ferronigerite-6N6S

化学式 $(Al,Fe,Zn)_3(Al,Sn,Fe)_8O_{15}(OH)$ （IMA）

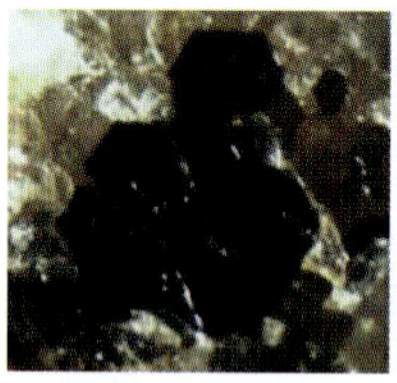

铁尼日利亚石-6N6S 六方板状晶体（芬兰）

铁尼日利亚石-6N6S 是一种铝、铁、锌、锡的复杂氢氧-氧化物矿物。属黑铝镁铁矿超族尼日利亚石族。三方晶系。晶体呈六方板状。棕色、黑色，金刚光泽，半透明。发现于芬兰西南部基米托岛罗森达尔（Rosendal）伟晶岩。1977 年在《芬兰地质学会通报》(49)报道。英文名称 Ferronigerite-6N6S，由成分冠词“Ferro(二价铁)”和根词“Nigerite(尼日利亚石)”加多型-6N6S 后缀组合命名。1959 年以前发现、描述并命名的“祖父级”矿物，IMA 承认有效。IMA 2001s. p. 批准。2002 年 T. 安布鲁斯特（T. Armbruster）在《欧洲矿物学杂志》(14)报道。中文名称根据成分和族名译为铁尼日利亚石-6N6S(根词参见【尼日利亚石】条 649 页)。

【铁铌矿】参见【铌铁矿】条 652 页

【铁铌异性石】

英文名 Ferrokentbrooksite

化学式 $Na_{15}Ca_6Fe^{2+}_3Zr_3Nb(Si_{25}O_{73})(O,OH,H_2O)_3(F,Cl)_2$ （IMA）

铁铌异性石假八面体晶体（加拿大）

铁铌异性石是一种含氯、氟、结晶水、羟基和氧的钠、钙、铁、锆、铌的硅酸盐矿物。属异性石族。三方晶系。晶体呈假八面体，粒状。红色、红褐色，玻璃光泽，透明；硬度 5～6，脆性。1999 年发现于加拿大魁北克省圣希莱尔（Saint-Hilaire）山混合肥料采石场伟晶岩。英文名称 Ferrokentbrooksite，由成分冠词“Ferro(二价铁)”和根词“Kentbrooksite(肯异性石)”组合命名，意指它是富铁的肯异性石的类似矿物。IMA 1999-046批准。2003 年 O. 约翰逊（O. Johnsen）等在《加拿大矿物学家》(41)报道。2008 年中国地质科学院地质研究所任玉峰等在《岩石矿物学杂志》[27(2)]根据成分及与肯异性石的关系译为铁铌异性石（根词参见【肯异性石】条 413 页）。

【铁镍铂矿】

英文名 Ferronickelplatinum

化学式 Pt_2FeNi （IMA）

铁镍铂矿是一种铂、铁和镍的互化物矿物。四方晶系。晶体呈细粒状。银白色，金属光泽，不透明；硬度 5，韧性。1982 年发现于俄罗斯楚科奇自治区佩库内伊（Pekulnei）范围佩库内伊河北部砂矿床。英文名称 Ferronickelplatinum，由化学成分“Ferro(二价铁)”“Nickel(镍)”和“Platinum(铂)”组合命名。IMA 1982-071 批准。1983 年莫恰洛夫（Mochalov）等在《全苏矿物学会记事》(112)和《美国矿物学家》(69)报道。1985 年中国新矿物与矿物命名委员会郭宗山等在《岩石矿物及测试》[4(4)]根据成分译为铁镍铂矿；根据晶系和成分译作正方镍铂矿。

【铁镍矾】

英文名 Honessite

化学式 $(Ni_{1-x}Fe^{3+}_x)(SO_4)_{x/2}(OH)_2 \cdot nH_2O$

$(x<0.5, n<3x/2)$ （IMA）

铁镍矾草丛状、絮状集合体（美国）和霍尼斯像

铁镍矾是一种含结晶水和羟基的镍、铁的硫酸盐矿物。属水滑石超族水铜铝矾族。三方晶系。晶体呈“模糊”的纤维状、细丝状；集合体呈草丛状、絮状、细粒粉末状被膜。黄色、绿色或棕色，半透明；硬度 1～1.5。1956 年发现于美国威斯康星州艾奥瓦县密西西比河谷矿区林登（Linden）。1959 年 A. V. 海尔（A. V. Heyl）等在《美国矿物学家》(44)报道。英文名称 Honessite，以美国宾夕法尼亚州立斯泰特大学美国矿物学家亚瑟·法拉奥·霍尼斯（Arthur Pharoah Honess，1887—1942）荣誉教授的姓氏命名。IMA 1962s. p. 批准。中文名称根据成分译为铁镍矾或镍铁矾。

【铁镍矿】

英文名 Awaruite

化学式 Ni_3Fe (IMA)

铁镍矿浑圆卵石状集合体(美国)

铁镍矿是一种镍和铁的互化物矿物。等轴晶系。晶体呈粒状、片状;集合体呈块状、浑圆卵石状。银白色—浅灰白色,金属光泽,不透明;硬度5。1885年发现于新西兰南岛西海岸区西兰(Westland)峡谷河砂矿。1885年W.斯基(W. Skey)在《新西兰研究所议事录和公报》(18)报道。英文名称Awaruite,以新西兰阿瓦鲁阿(Awarua)湾命名。1959年以前发现、描述并命名的"祖父级"矿物,IMA承认有效。中文名称根据成分译为铁镍矿。

【铁镍铝矿*】

英文名 Decagonite

化学式 $Al_{71}Ni_{24}Fe_5$ (IMA)

铁镍铝矿*是一种铝、镍、铁的天然合金矿物,它是一个自然的准晶相已知的合成的类似矿物,是继正二十面体矿*(Icosahedrite)之后发现的第二个准晶矿物。二十面体(Icosahedral)对称。矿物呈60μm大小的片段,不可能给出这种矿物的三维晶胞值。灰色—黑色,金属光泽,不透明。2015年发现于俄罗斯科里亚克自治区科里亚克高地伊姆劳特瓦姆(Iomrautvaam)地块切特金瓦亚姆(Chetkinvaiam)构造混杂岩体哈特尔卡河哈特尔卡(Khatyrka)CV3碳质球粒陨石。英文名称Decagonite,以矿物晶体结构"Decagon(十角形)"对称命名。IMA 2015-017批准。2015年L.宾迪(L. Bindi)等在《CNMNC通讯》(25)、《矿物学杂志》(79)和《美国矿物学家》(100)报道。目前尚未见官方中文译名,编译者建议根据成分译为铁镍铝矿*,或根据晶体结构的对称译为十角矿*。

【铁佩尔博耶铈石*】

英文名 Ferriperbøeite-(Ce)

化学式 $(CaCe_3)(Fe^{3+}Al_2Fe^{2+})(Si_2O_7)(SiO_4)_3O(OH)_2$ (IMA)

铁佩尔博耶铈石*是一种含羟基和氧的钙、铈、铁、铝的硅酸盐矿物。属加泰尔铈石*(Gatelite)超族。单斜晶系。晶体呈不规则状、短柱状,高达500μm。棕黑色。2017年发现于瑞典韦斯特曼省欣斯卡特贝里地区。英文名称Ferriperbøeite-(Ce),由成分冠词"Ferri(三价铁)"和根词"Perbøeite(佩尔博耶石)"加占优势的稀土元素铈后缀-(Ce)"组合命名。其中,根词以挪威特罗姆瑟大学的矿物学家佩尔·博耶(Per Bøe)的姓名命名。IMA 2017-037批准。2017年L.宾迪(L. Bindi)等在《CNMNC通讯》(38)、《矿物学杂志》(81)和2018年《欧洲矿物学杂志》(30)报道。目前尚未见官方中文译名,编译者建议根据成分和音译为铁佩尔博耶铈石*。

【铁铅砷石】参见【卢砷铁铅石】条534页

【铁浅闪石】

英文名 Ferro-edenite

化学式 $NaCa_2Fe^{2+}_5(Si_7Al)O_{22}(OH)_2$ (IMA)

铁浅闪石针状晶体(挪威)

铁浅闪石是一种A位钠、C位二价铁和W位羟基的闪石矿物。属角闪石超族W位羟基、氟、氯占优势的角闪石族钙角闪石亚族浅闪石根名族。单斜晶系。晶体呈针状。黑色、深绿色,玻璃光泽;硬度5～6,完全解理。1946年发现于加拿大魁北克省穆顿(Moutons)湾黑花岗岩杂岩体;同年,在《瑞典地质调查局文献》(40)报道。英文名称Ferro-edenite,由成分冠词"Ferro(二价铁)"和"Edenite(浅闪石)"组合命名。1983年A. E.拉隆德(A. E. Lalonde)等在《加拿大矿物学家》(21)报道。1959年以前发现、描述并命名的"祖父级"矿物,IMA承认有效。IMA 2012s. p.批准。中文名称根据成分及与浅闪石的关系译为铁浅闪石(参见【浅闪石】条701页)。

【铁蔷薇辉石】

英文名 Ferrorhodonite

化学式 $CaMn_3Fe(Si_5O_{15})$ (IMA)

铁蔷薇辉石短柱状、厚板状晶体(德国)

铁蔷薇辉石是一种钙、锰、铁的硅酸盐矿物。属蔷薇辉石族。三斜晶系。晶体呈短柱状、厚板状。棕红色、粉棕色,玻璃光泽,透明—半透明;硬度6,完全解理,脆性。2016年发现于澳大利亚新南威尔士州扬科文纳(Yancowinna)县布罗肯(Broken)山丘。英文名称Ferrorhodonite,由成分冠词"Ferro(二价铁)"和根词"Rhodonite(蔷薇辉石)"组合命名(根词参见【蔷薇辉石】条701页)。IMA 2016-016批准。2016年N. V.丘卡诺夫(N. V. Chukanov)等在《CNMNC通讯》(32)、《矿物学杂志》(80)和2017年《矿物物理化学》(44)报道。中文名称根据成分及与蔷薇辉石的关系译为铁蔷薇辉石。

【铁羟镁硫铁矿*】

英文名 Ferrotochilinite

化学式 $[FeS]\cdot\approx0.85[Fe^{2+}(OH)_2]$ (IMA)

铁羟镁硫铁矿*是一种含铁氢氧化物层片的铁的硫化物矿物。属墨铜矿族。单斜晶系。晶体呈扁平柱状、细长层状;集合体呈扇形的、玫瑰花状或混沌无序状。古铜色,随着时间的推移,它会变暗到几乎黑色,有蓝紫色或金黄色的锖色,半金属光泽,不透明;硬度1,完全解理。2010年发现于俄罗斯泰梅尔半岛普托拉纳高原诺里尔斯克塔尔纳赫铜镍矿床十月(Oktyabrsky)镇铜镍矿床。英文名称Ferrotochilinite,由成分冠词"Ferro(二价铁)"和根词"Tochilinite(羟镁硫铁矿)"组合命名,意指它是二价铁占优势羟镁硫铁矿的类似矿物。IMA 2010-080批准。2011年I. V.佩科夫(I. V. Pekov)等在《CNMNC通讯》(8)、《矿物学杂志》(75)和2012

年《俄罗斯矿物学会记事》[141(4)]报道。目前尚未见官方中文译名，编译者建议根据成分及与羟镁硫铁矿的关系译为铁羟镁硫铁矿*。

【铁蠕绿泥石】

英文名 Aphrosiderite

化学式 $(Fe,Mg,Al)_6(Si,Al)_4O_{10}(OH)_8$

铁蠕绿泥石是一种含羟基的铁、镁、铝的铝硅酸盐矿物。单斜(假六方)晶系。晶体呈假菱形十二面体、纤维状、页片状、细鳞片状、六边形；集合体呈块状。绿色、白色、黄色、粉红色、红色、褐色；硬度2～3，极完全解理。最初的报告来自德国黑森州韦次拉尔市魏尔堡县盖勒根海特(Gelegenheit)矿。英文名称 Aphrosiderite，可能源自古希腊神话中爱与美之女神阿芙罗狄忒(希腊文 Aψροδιτη；拉丁文 Aphrodite)，传说她出生于海浪泡沫中，以此比喻矿物之颜色。同义词 Ripidolite，由希腊文"ριπιδοζ"命名，意思"粉丝"，指矿物的结晶习性。最初的报道来自俄罗斯车里雅宾斯克州伊尔门山脉阿赫马托夫斯卡娅(Akhmatovskaya)山阿马托夫斯克(Achmatovsk)矿。一个富含铁的绿泥石相当于鲕绿泥石，未经 IMA 批准的绿泥石。中文名称根据成分译为铁蠕绿泥石或铁华绿泥石；根据英文名称首音节音和成分及与绿泥石的关系译为阿铁绿泥石。

铁蠕绿泥石假菱形十二面体(美国)

【铁三铂矿】参见【等轴铁铂矿】条 119 页

【铁三铬矿】

英文名 Ferchromide

化学式 $Cr_{1.5}Fe_{0.2}$ (IMA)

铁三铬矿是一种铬与铁的互化物矿物。等轴晶系。晶体呈细小粒状。浅灰色，金属光泽，不透明；硬度6.5。1984年发现于俄罗斯奥伦堡州库马克(Kumak)矿田叶菲姆(Efim)矿段。英文名称 Ferchromide，由化学成分"Fer(铁)"和"Chro(铬)"组合命名。IMA 1984-022 批准。1986年在《全苏矿物学会记事》(115)和《美国矿物学家》(73)报道。1987年中国新矿物与矿物命名委员会郭宗山等在《岩石矿物学杂志》[6(4)]根据成分译为铁三铬矿；根据晶系和成分译作方铁铬矿。

【铁三斜辉石】参见【三斜铁辉石】条 768 页

【铁闪石】

英文名 Grunerite

化学式 $\square Fe^{2+}_2Fe^{2+}_5Si_8O_{22}(OH)_2$ (IMA)

铁闪石纤维状晶体，放射状、束状集合体(加拿大、南非)和古纳像

铁闪石是一种含羟基的空位、铁的硅酸盐矿物。属角闪石超族W位羟基、氟、氯占优势的角闪石族镁铁锰角闪石亚族。单斜晶系。晶体呈柱状、页片状、纤维状，常见聚片双晶；集合体呈放射状、束状。黑色、暗绿褐色，玻璃光泽，纤维状者具丝绢光泽，透明—半透明；硬度5～6，完全解理。1853年发现于法国普罗旺斯-阿尔卑斯-蓝色海岸大区瓦尔省科洛布里耶尔(Collobrières)镇沙尔文古德(Sarvengude)峡谷。1853年在维也纳《莫氏矿物系统》刊载。英文名称 Grunerite，1853年由古斯塔夫·阿道夫·肯贡特(Gustav Adolph Kenngott)为纪念法国巴黎圣艾蒂安矿业学院的化学教授、后来的普瓦捷矿业部门的首席采矿工程师和主任路易斯·伊曼纽尔·古纳(Louis Emmanuel Gruner，1809—1883)而以他的姓氏命名。古纳第一个对该矿物进行了化学分析。1959年以前发现、描述并命名的"祖父级"矿物，IMA 承认有效。IMA 2012s. p. 批准。中文名称根据成分译为铁闪石/绿铁闪石。

【铁蛇纹石】

英文名 Greenalite

化学式 $(Fe^{2+},Fe^{3+})_{2-3}Si_2O_5(OH)_4$ (IMA)

铁蛇纹石是一种含羟基的复铁的硅酸盐矿物。属高岭石-蛇纹石族。单斜晶系。晶体呈隐晶、微晶，集合体呈鲕粒状、皮壳状。绿色、黄绿色、褐色，土状光泽，半透明；硬度2.5。1903年发现于美国明尼苏达州圣路易斯县梅萨比岭铁矿区比瓦比克(Biwabik)；同年，C. K. 莱思(C. K. Leith)在《美国地质调查局文集》(43)报道。英文名称 Greenalite，根据其绿色(Green)命名。1909年 E. S. 丹纳(E. S. Dana)和 W. E. 福特(W. E. Ford)在《丹纳系统矿物学》(第六版，第二卷)刊载。1959年以前发现描述并命名的"祖父级"矿物，IMA 承认有效。中文名称根据成分和族名译为铁蛇纹石。

铁蛇纹石隐晶皮壳状、鲕粒状集合体(西班牙)

【铁砷矿】

英文名 Schneiderhöhnite

化学式 $Fe^{2+}Fe^{3+}_3As^{3+}_5O_{13}$ (IMA)

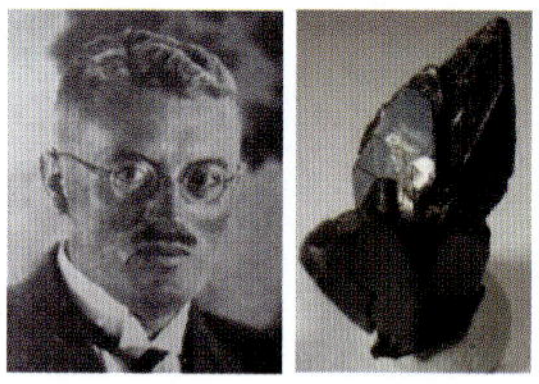

铁砷矿锥状晶体和施耐德霍恩像

铁砷矿是一种铁的砷酸盐矿物。三斜晶系。晶体呈薄片状、锥状；集合体呈晶簇状。黑色、黑棕色，树脂光泽、半金刚光泽、半金属光泽，半透明；硬度3，完全解理，脆性。1973年发现于纳米比亚奥希科托区楚梅布矿山楚梅布(Tsumeb)矿。英文名称 Schneiderhöhnite，以德国布赖斯高弗赖堡大学矿物学教授汉斯·施耐德霍恩(Hans Schneiderhöhn，1887—1962)的姓氏命名。他是德国的花岗伟晶岩研究专家。IMA 1973-046 批准。1973年 J. 奥特曼(J. Ottemann)等在《矿物学新年鉴》(月刊)和1974年《美国矿物学家》(59)报道。中文名称根据成分译为铁砷矿。

【铁砷石】

英文名 Karibibite

化学式 $Fe^{3+}_3(As^{3+}O_2)_4(As^{3+}_2O_5)(OH)$ (IMA)

铁砷石是一种含羟基的铁的砷酸盐矿物。斜方晶系。晶

铁砷石针状、纤维状晶体，放射状、球状集合体（摩洛哥）

体呈纤维状、针状；集合体呈放射状、球状。褐黄色，金刚光泽，半透明；很软，有解理。1973 年发现于纳米比亚埃龙戈区卡里比布(Karibib)。英文名称 Karibibite，以发现地纳米比亚的卡里比布(Karibib)命名。IMA 1973－007 批准。1973 年 O. 冯·克诺林(O. von Knorring)等在《岩石》(6)和 1974 年《美国矿物学家》(59)报道。中文名称根据成分译为铁砷石。

【铁砷铀云母】参见【黄砷铀铁矿】条 342 页

【铁施塔尔德尔矿*】

英文名 Ferrostalderite

化学式 $CuFe_2TlAs_2S_6$　　(IMA)

铁施塔尔德尔矿* 粒状、柱状晶体（瑞士）

铁施塔尔德尔矿* 是一种铜、铁、铊的砷-硫化物矿物。属硫砷汞铊矿族。四方晶系。晶体呈粒状、柱状，高 50μm。黑色，金属光泽，不透明。2014 年发现于瑞士瓦莱州林根巴赫(Lengenbach)采石场。英文名称 Ferrostalderite，由成分冠词“Ferro(二价铁)”和根词“Stalderite(施塔尔德尔矿)”组合命名，意指它是铁的施塔尔德尔矿的类似矿物。IMA 2014－090 批准。2015 年 L. 宾迪(L. Bindi)等在《CNMNC 通讯》(24)、《矿物学杂志》(79)和 2016 年《矿物学杂志》(80)报道。目前尚未见官方中文译名，编译者根据成分及与施塔尔德尔矿的关系译为铁施塔尔德尔矿*；根据成分译为硫砷铜铁铊矿*(根词参见【硫砷铜锌铊矿】条 512 页)。

【铁施特伦茨石】

英文名 Ferrostrunzite

化学式 $Fe^{2+}Fe^{3+}_2(PO_4)_2(OH)_2 \cdot 6H_2O$　　(IMA)

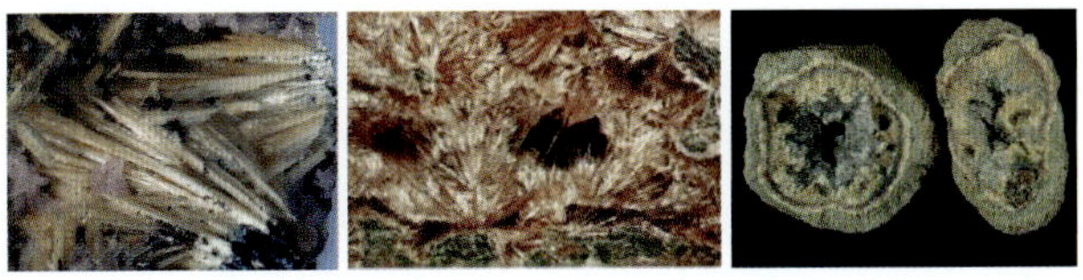

铁施特伦茨石针状晶体，束状、放射状、核状集合体（美国）

铁施特伦茨石是一种含结晶水和羟基的二价铁、三价铁的磷酸盐矿物。属施特伦茨石族。与变蓝铁矿为同质多象。三斜晶系。晶体呈针状；集合体呈核状、放射状、束状、树枝状。乳黄色、淡黄色、浅棕色—棕色、无色，半玻璃光泽、树脂光泽、蜡状光泽、油脂光泽、丝绢光泽，透明—半透明；硬度 4，完全解理，脆性。1983 年发现于美国新泽西州格洛斯特县拉孔(Raccoon)溪。英文名称 Ferrostrunzite，1983 年皮特·J. 邓恩(Pete J. Dunn)等根据成分冠词“Ferro(二价铁)”和根词“Strunzite(施特伦茨石)”组合命名。IMA 1983－003 批准。1983 年邓恩等在《矿物学新年鉴》(月刊)和 1984 年《美国矿物学家》(69)报道。1985 年中国新矿物与矿物命名委员会郭宗山等在《岩石矿物及测试》[4(4)]根据成分及与施特伦茨石的关系译为铁施特伦茨石(根词参见【施特伦茨石】条 801 页)，有的也译作纤磷复铁石。

【铁塔菲石－2N'2S】

英文名 Ferrotaaffeite-2N'2S

化学式 $(Fe,Mg,Zn)_3Al_8BeO_{16}$　　(IMA)

铁塔菲石－2N'2S 是一种富铁的塔菲石矿物。属黑铝镁铁矿超族塔菲石族。六方晶系。晶体呈片状，粒径 100μm。深绿色—深灰色，玻璃光泽，透明；硬度 8.5～9，中等解理，脆性，易碎。2011 年杨主明等发现于中国湖南省郴州市临武县香花岭锡多金属矿田矽卡岩。英文名称 Ferrotaaffeite-2N'2S，由成分冠词“Ferro(二价铁)”加根词“Taaffeite(塔菲石)”再加多型后缀“－2N'2S”组合命名。IMA 2011－025 批准。2011 年杨主明等在《CNMNC 通讯》(10)、《矿物学杂志》[75(5)]和 2012 年《加拿大矿物学家》[50(1)]报道。中文名称根据成分和族名及多型命名为铁塔菲石－2N'2S(参见【镁塔菲石－2N'2S】条 598 页)。

【铁塔菲石－6N'3S】

英文名 Ferrotaaffeite-6N'3S

化学式 $BeFe^{2+}_2Al_6O_{12}$　　(IMA)

铁塔菲石－6N'3S 是一种铍、铁、铝的氧化物矿物。属黑铝镁铁矿超族塔菲石(铍镁晶石)族。三方晶系。晶体呈小六角形板状。带灰色调的淡绿色，玻璃光泽；硬度 8～8.5，非常脆。1981 年发现于芬兰西南部基米托(Kimito)岛罗森达尔(Rosendal)伟晶岩。英文原名称 Pehrmanite，1981 年 E. A. J. 伯克(E. A. J. Burke)和 W. J. 卢斯坦霍沃(W. J. Lustenhouwer)在《加拿大矿物学家》(19)为纪念芬兰矿物学家贡纳·佩曼(Gunnar Pehrma，1895—1980)而以他的姓氏命名。1981 年伯克等在《加拿大矿物学家》(19)和《欧洲矿物学杂志》(14)报道。IMA 2001－A 更名为 Ferrotaaffeite-6N'3S[由成分冠词“Ferro(二价铁)”和根词“Taaffeite(塔菲石)”，再加多型后缀－6N'3S]。IMA 2001s. p. 批准。1983 年中国新矿物与矿物命名委员会郭宗山等在《岩石矿物及测试》[2(1)]根据成分及与塔菲石的关系译为铁塔菲石；更名后译为铁塔菲石－6N'3S(根词参见【塔菲石】条 908 页)；根据英文原名称音译为佩曼石。

【铁塔石】

英文名 Tiettaite

化学式 $Na_{17}Fe^{3+}TiSi_{16}O_{29}(OH)_{30} \cdot 2H_2O$　　(IMA)

铁塔石是一种含结晶水和羟基的钠、铁、钛的硅酸盐矿物。斜方晶系。晶体呈针状、发丝状；集合体呈圆球形。无色、灰白色，暴露空气中变暗深灰色，玻璃光泽、丝绢光泽，透明；硬度 3，极完全解理，易碎。1991 年发现于俄罗斯北部摩尔曼斯克州科阿什瓦(Koashva)山和拉斯武姆科尔(Rasvumchorr)丘山。英文名称 Tiettaite，以拉普兰文“Tietta(科学或知识)”命名；铁塔(Tietta)也是苏联科学院在希比内的第一个科学站的名字。IMA 1991－013 批准。1993 年霍米亚科夫等在《俄罗斯矿物学会记事》[122(1)]报道。1998 年中国新矿物与矿物命名委员会黄蕴慧等在《岩石矿物学杂志》[17(2)]音译为铁塔石。

【铁钛镁尖晶石】

英文名 Qandilite

化学式 $(Mg,Fe^{3+})_2(Ti,Fe^{3+},Al)O_4$　　(IMA)

铁钛镁尖晶石是一种镁、铁、钛、铝的氧化物矿物。属尖晶石超族氧尖晶石族铁钛尖晶石亚族。等轴晶系。晶体呈八面体。黑色，金属光泽，不透明；硬度 7，完全解理，脆性。1980 年发现于伊拉克东北部的苏莱曼尼亚省卡拉-迪萨（Qala-Dizeh）地区英雄（Hero）镇附近的杜佩泽（Dupezeh）山。英文名称 Qandilite，以发现地伊拉克的卡拉-迪萨（Qala-Dizeh）地区的缩写命名。IMA 1980－046 批准。1985 年 H. M. 阿尔-爱马仕（H. M. Al-Hermezi）在《矿物学杂志》(49)和 1988 年杨博尔等在《美国矿物学家》(73)报道。1986 年中国新矿物与矿物命名委员会郭宗山等在《岩石矿物学杂志》[5(4)]根据成分及与尖晶石的关系译为铁钛镁尖晶石。

【铁钛闪石】

英文名 Ferro-kaersutite

化学式 $NaCa_2(Fe_3^{2+}TiAl)(Si_6Al_2)O_{22}O_2$　（弗莱舍，2014）

铁钛闪石是一种 A 位钠、C^{2+} 位铁、C^{3+} 位铝和 W 位氧的闪石矿物。属角闪石超族 W 位氧占优势的角闪石族钛闪石根名族。单斜晶系。黑棕色、黑色，玻璃光泽；硬度 5～6，完全解理。英文名称 Ferro-kaersutite，由成分冠词“Ferro（二价铁）”和根词“Kaersutite（钛闪石）”组合命名。未经 IMA 批准发布，但可能有效。1995 年 R. K. 波普（R. K. Popp）等在《美国矿物学家》(80)报道。中文名称根据成分及与钛闪石的关系译为铁钛闪石（参见【钛闪石】条 912 页）。

【铁钛钽矿】

英文名 Ferrotitanowodginite

化学式 $Fe^{2+}TiTa_2O_8$　（IMA）

铁钛钽矿是一种铁、钛、钽的氧化物矿物。属锡锰钽矿族。单斜晶系。晶体呈他形粒状。深褐色、黑色，半金属光泽，不透明；硬度 5.5，脆性。1998 年发现于阿根廷圣路易斯省查卡布科县拉维基塔（La Viquita）花岗伟晶岩。英文名称 Ferrotitanowodginite，由成分冠词“Ferro（二价铁）”和“Titano（钛）”及根词“Wodginite（锡锰钽矿）”组合命名。IMA 1998－028 批准。1999 年 M. A. 格里斯基（M. A. Galliski）在《美国矿物学家》(84)报道。2004 年中国地质科学院矿产资源研究所李锦平等在《岩石矿物学杂志》[23(1)]根据成分译为铁钛钽矿（根词参见【锡锰钽矿】条 1007 页）。

【铁天蓝石】

英文名 Scorzalite

化学式 $Fe^{2+}Al_2(PO_4)_2(OH)_2$　（IMA）

铁天蓝石锥柱状晶体（美国）

铁天蓝石是一种含羟基的铁、铝的磷酸盐矿物。属天蓝石族。单斜晶系。晶体呈带双锥的柱状。深蓝色、绿蓝色、蓝绿色，玻璃光泽、树脂光泽、油脂光泽，透明、半透明；硬度 6，脆性，完全解理。1949 年发现于巴西米纳斯吉拉斯州科雷戈弗里奥（Córrego Frio）矿；同年，W. T. 佩科拉（W. T. Pecora）在《美国矿物学家》(34)报道。英文名称 Scorzalite，1949 年威廉·托马斯·佩科拉（William Thomas Pecora）等为纪念巴西矿物学家埃瓦里斯托·彭纳·斯科扎（Evaristo Penna Scorza，1899—1969）而以他的姓氏命名。斯科扎是一位野外地质学家，他在职业生涯后期成为管理者；尽管他的许多研究论文都是矿物学的，但他仍发表了一系列广泛的地质主题的文章。1959 年以前发现、描述并命名的“祖父级”矿物，IMA 承认有效。中文名称根据成分及族名译为铁天蓝石/多铁天蓝石。

【铁铜蓝】

英文名 Idaite

化学式 Cu_3FeS_4　（IMA）

铁铜蓝是一种铜、铁的硫化物矿物。属黄锡矿族。六方晶系。晶体呈粒状并分布于黄铜矿和斑铜矿边缘。铜红色、铜金黄色—棕色、斑铜色，金属光泽，不透明；硬度 2.5～3.5。1958 年发现于纳米比亚埃龙戈区沃尔维斯湾（Walvis-baai）地区伊达（Ida）矿；同年，G. 弗伦泽尔（G. Frenzel）在德国《矿物学新年鉴》（月刊）和《美国矿物学家》(43)报道。英文名称 Idaite，以发现地纳米比亚的伊达（Ida）矿命名。1959 年以前发现、描述并命名的“祖父级”矿物，IMA 承认有效。中文名称根据成分译为铁铜蓝；音译为伊达矿。

【铁纹石】

英文名 Kamacite

化学式 α-(Fe,Ni)

铁纹石的魏德曼花纹

铁纹石是一种铁和镍的互化物矿物。等轴晶系。铁黑色、钢灰色，金属光泽，不透明；硬度 4。它是八面体陨铁和六面体陨铁类型的主要成分。英文名称 Kamacite，1861 年由希腊文“καμακ＝Kamak 或 κάμαξ＝Kamaks”命名，意指矿物的形态呈“锥、矛、箭”或“条板”状。在八面体陨铁中，它会与镍纹石交织形成魏德曼花纹，二者紧密地混合在一起形成合纹石，很难以目视区分出来；在六面体陨铁中，则经常会形成微细、平行的诺伊曼线，这是一种变形的结构，是相邻的铁纹石板条在撞击中产生冲击波的证据。1975 年布赫瓦尔德（Buch-wald）在《铁陨石手册》（Ⅰ～Ⅲ）及《地球化学与宇宙化学学报》(29)报道。魏德曼花纹也叫汤姆森结构，在 1804 年 G. 汤姆森（G. Thomson）用硝酸清洗样品后偶然发现了这些结构的几何图案。据说他在法国杂志报道了他的观察，由于在他做陨石研究的时候，爆发了拿破仑战争，英国科学家从来没有见过他的作品。直到 1808 年，阿洛伊斯·冯·贝克·魏德曼司特顿（Alois von Beckh Widmanstätten）在加热铁陨石时，他同样注意到铁纹石和镍纹石构成的几何图案，被他的很多同事称为魏德曼司特顿花纹。中文名称根据成分和结构译为铁纹石；根据花纹的形态译为锥纹石（参见【镍纹石】条 658 页）。八面石在陨石学中仍使用铁陨石（英语：I-ron meteorite），又称陨铁，是包含大量的铁-镍合金、锥纹石和镍纹石组成的陨石。它可能是人类最早发现铁和利用铁的来源（参见【自然铁】条 1134 页）。考古学家在古埃及格泽赫（Gerzeh）坟墓中，发掘出了可以追溯到大约公元前3 300 年的陨铁，用它制作饰品，这是埃及已知最古老的铁制人工产品。最普通的铁陨石称八面石，沿八面体方向分布有魏德曼花纹（Widmanstätten pattern）而得名。

【铁沃罗特索夫矿*】

英文名 Ferrovorontsovite

化学式 $(Fe_5Cu)TlAs_4S_{12}$　（IMA）

铁沃罗特索夫矿*是一种铁、铜、铊的砷-硫化物矿物。属硫砷铊汞矿族。等轴晶系。晶体呈他形粒状，粒径 0.2mm。黑色，金属光泽，不透明；硬度 3.5，脆性。2017 年发现于俄罗斯斯维尔德洛夫斯克州克拉斯诺图林斯克矿沃罗特索夫(Vorontsovskoe)矿床。英文名称 Ferrovorontsovite,由成分冠词"Ferro(二价铁)"和根词"Vorontsovite(沃罗特索夫矿*)"组合命名,意指它是富铁的沃罗特索夫矿*的类似矿物。IMA 2017-007 批准。2017 年 A. V. 卡萨特金(A. V. Kasatkin)等在《CNMNC 通讯》(37)、《矿物学杂志》(81)和 2018 年《矿物》[8(5)]报道。目前尚未见官方中文译名,编译者建议根据成分及与沃罗特索夫矿*的关系译为铁沃罗特索夫矿*(根词参见【沃罗特索夫矿*】条 986 页)。

【铁钨华】参见【高铁钨华】条 241 页

【铁锡锰钽矿】

英文名 Ferrowodginite

化学式 $Fe^{2+}Sn^{4+}Ta_2O_8$ (IMA)

铁锡锰钽矿短柱状晶体,晶簇状集合体(美国)

铁锡锰钽矿是一种铁、锡、钽的氧化物矿物。属锡锰钽矿族。单斜晶系。晶体呈短柱状、粒状;集合体呈晶簇状。深褐色—黑色,玻璃光泽,透明—半透明;硬度 5.5。1984 年发现于芬兰南部塔梅拉市苏库拉(Sukula)伟晶岩。英文名称 Ferrowodginite,由成分冠词"Ferro(二价铁)"和根词"Wodginite(锡锰钽矿)"组合命名,意指它是铁占优势的锡锰钽矿类似矿物。IMA 1984-006 批准。1992 年 T. S. 厄尔茨(T. S. Ercit)等在《加拿大矿物学家》(30)报道。1998 年中国新矿物与矿物命名委员会黄蕴慧等在《岩石矿物学杂志》[17(1)]根据成分和与锡锰钽矿的关系译为铁锡锰钽矿。

【铁锡石】

英文名 Natanite

化学式 $Fe^{2+}Sn^{4+}(OH)_6$ (IMA)

铁锡石八面体晶体(墨西哥)和纳坦像

铁锡石是一种铁的水化锡的矿物。属钙钛矿超族非化学计量比钙钛矿族水锡镁石亚族。与水锡锰铁矿为同质多象。等轴晶系。晶体呈八面体;集合体呈不规则块状。绿褐色,玻璃光泽,透明—半透明;硬度 5。1980 年发现于吉尔吉斯斯坦伊塞克湖州尼尔切克(Inylchek)范围特鲁多沃(Trudovoe)锡矿和塔吉克斯坦粟特州泽拉夫尚河流域本吉肯特城卡兹诺克(Kaznok)谷穆希斯顿(Mushiston)矿床。英文名称 Natanite,以苏联莫斯科矿产资源联盟研究所的矿物学家和地质学家纳坦·伊里奇·金兹伯格(Natan Ilich Ginzburg,1917—1984)的名字命名。他是从事氧化锡矿床的研究者。IMA 1980-028 批准。1981 年 N. K. 马尔舒科娃(N. K. Marshukova)等在《全苏矿物学会记事》(110)报道。中文名称根据成分译为铁锡石或羟铁锡石。

【铁纤锰柱石】

英文名 Ferrocarpholite

化学式 $Fe^{2+}Al_2Si_2O_6(OH)_4$ (IMA)

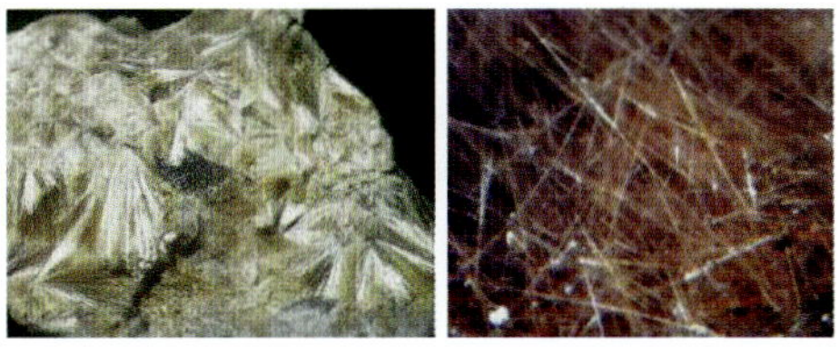

铁纤锰柱石纤维状晶体,放射状、杂乱状集合体(捷克、巴西)

铁纤锰柱石是一种含羟基的铁、铝的硅酸盐矿物。属纤锰柱石族。纤锰柱石-纤铁柱石系列和纤铁柱石-纤镁柱石系列的成员。斜方晶系。晶体呈针柱状、纤维状;集合体呈放射状、杂乱状。灰绿色、暗绿色,丝绢光泽,半透明;硬度 5.5,完全解理。1929 年发现于印度尼西亚苏拉威西岛(西里伯斯岛)沙登卡拉省相接省(东南苏拉威西省)的佩莱罗(Peleroe)、塔蒙德延吉(Tamondjengi)和托马塔(Tomata)。1947 年威廉·保罗·德·罗孚(Willem Paul de Roever)在《H. A. 布劳沃(H. A. Brouwer)领导的西里伯斯岛东部中心岛的火成岩和变质岩原岩进行的地质探险》一书刊载。英文名称 Ferrocarpholite,由罗孚于 1951 年在《美国矿物学家》(36)根据成分冠词"Ferro(二价铁)"和根词"Carpholite(纤锰柱石或纤锰闪石)"组合命名。1959 年以前发现、描述并命名的"祖父级"矿物,IMA 承认有效。中文名称根据成分及与纤锰柱石的关系译为铁纤锰柱石或铁纤锰闪石,也译作纤铁柱石。

【铁纤锌矿】参见【布塞克矿*】条 80 页

【铁盐】

英文名 Molysite

化学式 $FeCl_3$ (IMA)

铁盐是一种铁的氯化物矿物。六方晶系。晶体呈板状;集合体呈块状或呈被膜状附着在火山熔岩上。黄色、棕红色、紫红色;硬度软,完全解理;易潮解。1819 年豪斯曼(Hausmann)称艾森氯化物(Eisenchlorid)。1868 年发现于意大利那不勒斯省外轮山-维苏威火山杂岩体维苏威(Vesuvius)火山。英文名称 Molysite,由希腊文"μόλυσις=Molys=Stain(污染、污点)"命名,意指它污染了发现它的火山熔岩。1868 年 J. D. 丹纳(J. D. Dana)在《系统矿物学》(第五版,纽约)刊载。1959 年以前发现、描述并命名的"祖父级"矿物,IMA 承认有效。中文名称根据成分译为铁盐。

【铁阳起石】

英文名 Ferro-actinolite

化学式 $\square Ca_2(Mg_{2.5-0.0}Fe^{2+}_{2.5-5.0})Si_8O_{22}(OH)_2$ (IMA)

铁阳起石柱状晶体,毡状集合体(葡萄牙、巴基斯坦)

铁阳起石是一种含羟基的空位、钙、镁、铁的硅酸盐闪石矿物。属角闪石超族 W 位羟基、氟、氯占优势的角闪石族钙闪石亚族。透闪石-阳起石系列含铁类似矿物。单斜晶系。晶体呈柱状、针状、纤维状；集合体呈放射状、毡状、束状。墨绿色、深绿色，玻璃光泽，半透明；硬度 5～6，完全解理。模式产地不详。1946 年在《瑞典地质调查局文献》(40)报道。英文名称 Ferro-actinolite，1946 年由尼尔斯·森迪厄斯(Nils Sundius)根据成分冠词“Ferro(二价铁)”和根词“Actinolite(阳起石)”组合命名。1998 年 J. A. 曼德里诺(J. A. Mandarino)在《矿物学记录》(29)、2006 年 F. C. 霍桑(F. C. Hawthorne)和 R. 奥贝蒂(R. Oberti)在《加拿大矿物学家》[44(1)]《关于角闪石的分类》报道。1959 年以前发现、描述并命名的“祖父级”矿物，IMA 承认有效。IMA 2012s. p. 批准。中文名称根据占优势的成分铁(Fe^{2+})及与阳起石的关系译为铁阳起石(根词参见【阳起石】条 1058 页)。

【铁叶蜡石】

英文名 Ferripyrophyllite

化学式 $Fe^{3+}Si_2O_5(OH)$ (IMA)

铁叶蜡石是一种含三价铁的叶蜡石的类似矿物。属叶蜡石-滑石族。单斜晶系。集合体呈鳞片状、土状、块状。褐黄色，珍珠光泽，透明—半透明；硬度 1.5～2，完全解理。1978 年发现于德国萨克森州厄尔士山脉斯特拉森(Straßen)矿山竖井。英文名称 Ferripyrophyllite，由成分冠词“Ferri(三价铁)”和根词“Pyrophyllite(叶蜡石)”组合命名。IMA 1978-062 批准。1978 年 F. V. 丘卡诺夫(F. V. Chukhrov)等在《牛津国际黏土会议录》和 1979 年《地球化学》(38)、《苏联科学院通报》(2)报道。中文名称根据成分及与叶蜡石的关系译为铁叶蜡石。

【铁叶绿泥石】

英文名 Delessite

化学式 $(Mg,Fe,Fe,Al)(Si,Al)_4O_{10}(O,OH)_8$

德莱斯像

铁叶绿泥石是一种含氧和羟基的镁、铁、铝的铝硅酸盐矿物。属绿泥石族。富含铁的斜绿泥石。单斜晶系。集合体呈球粒状。橄榄绿色等；硬度 2，极完全解理。英文名称 Delessite，1850 年卡尔·弗里德里希·瑙曼(KarlFriedrich Naumann)为纪念巴黎索邦大学和后来的高等矿业学院矿物学家和地质学家阿喀琉斯-约瑟夫·德莱斯(Achille-Joseph Delesse，1817—1881)而以他的姓氏命名。中文名称根据成分及与叶绿泥石的关系译为铁叶绿泥石。

【铁叶云母】

英文名 Siderophyllite

化学式 $KFe_2^{2+}Al(Si_2Al_2)O_{10}(OH)_2$ (IMA)

铁叶云母片状晶体(葡萄牙)

铁叶云母是一种含羟基的钾、铁、铝的铝硅酸盐矿物。属云母族黑云母族。单斜晶系。晶体呈叶片状、片状。绿灰色、深绿色、棕色、黑色，玻璃光泽，透明—半透明；硬度 2.5～3，极完全解理。1880 年发现于美国科罗拉多州厄尔巴索县派克斯(Pikes)峰；同年，在《费城自然科学院学报》(32)报道。英文名称 Siderophyllite，根据希腊文“σιδηρos＝Sideros(铁)”加“φύλλον＝Phyllos(叶)”组合命名，意指其成分和完美的底面解理。1973 年在《岩石学杂志》(14)和 1983 年《矿物学记录》(14)报道。1959 年以前发现、描述并命名的“祖父级”矿物，IMA 承认有效。IMA 1998s. p. 批准。中文名称根据成分、结晶习性和族名译为铁叶云母。

【铁印度石】

英文名 Ferroindialite

化学式 $(Fe^{2+},Mg)_2Al_4Si_5O_{18}$ (IMA)

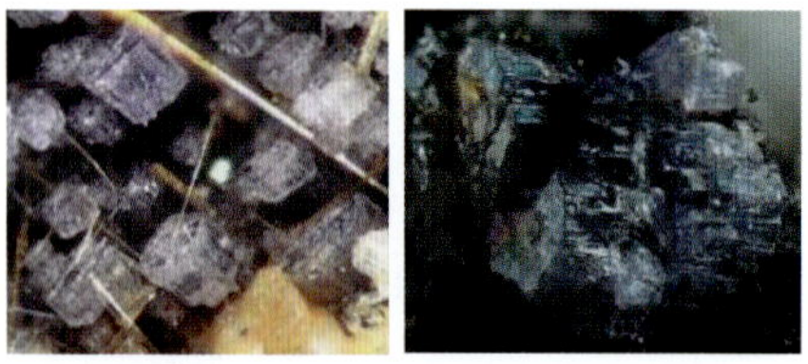

铁印度石短柱状或厚板状晶体(德国)

铁印度石是一种铁、镁、铝的铝硅酸盐矿物。与铁堇青石(Sekaninaite)为同质二象。六方晶系。晶体呈六方短柱状或厚板状。带褐色—紫罗兰色—灰色的紫蓝色；硬度 7，脆性。1982 年首次由日本的北村雅夫(M. Kitamura)和广井美邦(Y. Hiroi)在《矿物学和岩石学》(80)报道了来自日本富山县的发现。后发现于德国莱茵兰-普法尔茨州艾费尔高原埃特林根的贝尔伯格(Bellerberg)火山卡斯帕(Caspar)采石场。英文名称 Ferroindialite，由化学成分冠词“Ferro(二价铁)”和根词“Indialite(印度石)”组合命名。IMA 2013-016 批准。2013 年 N. V. 丘卡诺夫(N. V. Chukanov)等在《CNMNC 通讯》(16)、《矿物学杂志》(77)和 2014 年《俄罗斯矿物学会记事》[143(1)]报道。中文名称根据成分及与印度石的关系译为铁印度石，也有的译作铁六方堇青石。

【铁铀云母】

英文名 Bassetite

化学式 $Fe^{2+}(UO_2)_2(PO_4)_2(H_2O)_{10}$ (IMA)

铁铀云母板状、片状晶体，晶簇状集合体(德国、英国)

铁铀云母是一种含结晶水的铁的铀酰-磷酸盐矿物。属钙铀云母族。单斜晶系。晶体呈方形和矩形薄板状、片状，具聚片双晶；集合体呈晶簇状。橄榄绿色、青铜黄色、黄色，透明，半玻璃光泽、蜡状光泽；硬度 2.5，完全解理，脆性。1915 年发现于英国英格兰康沃尔郡伊洛根(Illogan)巴塞特(Basset)矿；同年，哈利蒙德(Hallimond)在《矿物学杂志》(17)报道。英文名称 Bassetite，由阿瑟·弗朗西斯·哈利蒙德首次描述发现于英国巴塞特(Basset)山丘的矿物，并以产地巴塞特(Basset)矿山命名。1959 年以前发现、描述并命名的“祖父级”矿物，IMA 承认有效。中文名称根据成分和与钙铀云母的关系译为铁铀云母。

【铁云母】参见【羟铁云母】条 739 页

【铁杂芒硝】参见【碳铁钠矾】条 930 页

【铁皂石】

英文名 Ferrosaponite

化学式 $Ca_{0.3}(Fe^{2+},Mg,Fe^{3+})_3(Si,Al)_4O_{10}(OH)_2 \cdot 4H_2O$ (IMA)

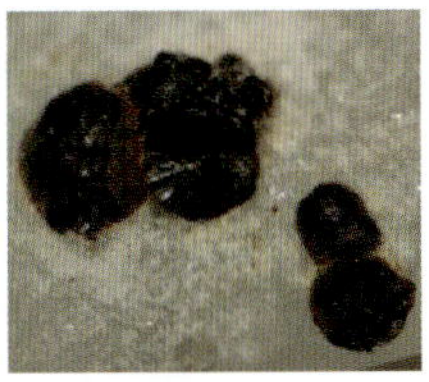

铁皂石球粒状集合体(俄罗斯)

铁皂石是一种含结晶水和羟基的钙、镁、铁的铝硅酸盐矿物。属蒙皂石族。单斜晶系。晶体呈柱状;集合体呈放射状、球粒状。深绿色,氧化变为褐绿色,玻璃光泽,半透明;硬度2,完全解理。2002年发现于俄罗斯克拉斯诺亚尔斯克边疆区通古斯河流域列沃贝列日诺(Levoberezhnoe)冰洲石矿床。英文名称Ferrosaponite,由成分冠词"Ferro(二价铁)"和根词"Saponite(皂石)"组合命名,意指它是二价铁占优势的皂石类似矿物。IMA 2002-028批准。2003年N. V. 丘卡诺夫(N. V. Chukanov)等在《俄罗斯矿物学会记事》[132(2)]报道。2008年中国地质科学院地质研究所任玉峰等在《岩石矿物学杂志》[27(2)]根据成分及族名译为铁皂石(参见【皂石】条1103页)。

【铁直闪石】

英文名 Ferro-anthophyllite

化学式 $\square Fe^{2+}_2Fe^{2+}_5Si_8O_{22}(OH)_2$ (IMA)

铁直闪石是一种含羟基的空位、铁的硅酸盐矿物。属角闪石超族W位羟基、氟、氯占优势的角闪石族镁铁锰角闪石亚族直闪石根名族。与铁闪石和原铁直闪石为同质多象。斜方晶系。晶体呈纤维状、棒状、柱状;集合体呈块状、放射状。棕丁香色、暗棕色、灰色、白色、浅绿色,玻璃光泽,半透明;硬度5.5～6。1921年发现于美国爱达荷州肖肖尼县科达伦地区塔马拉克(Tamarack)和库斯特(Custer)矿;同年,在《美国国家博物馆学报》(59)报道。英文名称Ferro-anthophyllite,由化学成分冠词"Ferro(二价铁)"和根词"Anthophyllite(直闪石)"组合命名。1998年J. A. 曼德里诺(J. A. Mandarino)在《矿物学记录》(29)、2006年F. C. 霍桑(F. C. Hawthorne)和R. 奥贝蒂(R. Oberti)在《加拿大矿物学家》(44)的《关于角闪石的分类》报道。1959年以前发现、描述并命名的"祖父级"矿物,IMA承认有效。IMA 2012s. p. 批准。中文名称根据成分及与直闪石的关系译为铁直闪石(根词参见【直闪石】条1115页)。

廷

[tíng]形声;从廴,壬(tǐng)声。[英]音,用于外国地名。

【廷斧石】

英文名 Tinzenite

化学式 $Ca_2Mn^{2+}_4Al_4[B_2Si_8O_{30}](OH)_2$ (IMA)

廷斧石叶片状晶体,放射状集合体(意大利)

廷斧石是一种含羟基的钙、锰、铝的硼硅酸盐矿物。属斧石族。三斜晶系。晶体呈柱状、片状;集合体呈放射状、块状。淡黄色、橙色、红色,玻璃光泽,透明—半透明;硬度6.5～7,完全解理,脆性。美丽者可作宝石。1923年发现于瑞士格劳宾登州上哈尔布施泰因河谷廷泽(Tinzen)附近的帕塞滕斯(Parsettens)高山;同年,J. 雅各布(J. Jakob)在《瑞士矿物学和岩石通报》(3)和1928年《美国矿物学家》(13)报道。英文名称Tinzenite,以发现地瑞士的廷泽(Tinzen)命名。IMA 2016s. p. 批准。中文名称根据英文名称首音节音及族名译为廷斧石。

【廷磷钾铝石】参见【羟磷锂铍石】条716页

通

[tōng]形声;从辵(chuò),甬(yǒng)声。[英]音,用于外国人名、地名。通古斯:一词起源于俄罗斯境内雅库特人对埃文基族(即鄂温克族)的称呼,后来为西方学者所用。满-通古斯语族中的通古斯语支和今天俄罗斯境内的通古斯卡河流域是重名。这里指后者。

【通迪矿*】

英文名 Tondiite

化学式 $Cu_3MgCl_2(OH)_6$ (IMA)

通迪矿*柱状、粒状晶体,晶簇状集合体(意大利)和通迪像

通迪矿*是一种含羟基的铜、镁的氯化物矿物。属氯铜矿族。三方晶系。晶体呈柱状、粒状;在火山岩中集合体呈毫米大小的小泡晶簇状。翠绿色—亮绿色,玻璃光泽,透明;硬度3～3.5。2013年发现于智利阿里卡省圣多明哥(Santo Domingo)矿和意大利那不勒斯省维苏威(Vesuvius)火山。英文名称Tondiite,为纪念意大利著名的矿物学家马泰奥·通迪(Matteo Tondi,1762—1835)而以他的姓氏命名。通迪与R. J. 阿羽伊(R. J. Hauy)合作撰写了经典的《矿物学教科书》(*Traite de Mineralogie*)。IMA 2013-077批准。2013年M. 罗斯(M. Rossi)等在《CNMNC通讯》(18)、《矿物学杂志》(77)和2014年T. 马尔切雷克(T. Malcherek)等在《矿物学杂志》(78)报道。目前尚未见官方中文译名,编译者建议音译为通迪矿*。

【通古斯石】

英文名 Tungusite

化学式 $Ca_{14}Fe^{2+}_9Si_{24}O_{60}(OH)_{22}$ (IMA)

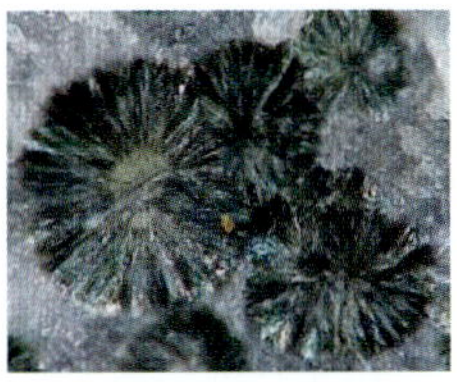

通古斯石小薄片状、纤维状晶体,放射状集合体(俄罗斯)

通古斯石是一种含羟基的钙、铁的硅酸盐矿物。属白钙沸石族。三斜晶系。晶体呈纤维状、小薄片状,片长15mm;集合体呈放射状,放射状球粒达8cm。黄绿色、草绿色、灰色,珍珠光泽,透明;硬度2,脆性。1966年发现于俄罗斯克拉斯诺亚尔斯克地区埃文基自治区通古斯(Tungus)河盆地(下通古斯河)右岸图拉(Tura)。英文名称Tungusite,以发现地俄罗斯通古斯(Tungus)河命名。IMA 1966-029批准。1966年V. I. 库德雅索娃(V. I. Kudryashova)在《苏联科学院报告》(171)和1967年《美国矿物学家》(52)报道。中文名称音译为通古斯石;根据成分译为硅钙

铁石。

【通克石】

英文名 Tounkite

化学式 $(Na,Ca,K)_8(Si_6Al_6)O_{24}(SO_4)_2Cl \cdot 0.5H_2O$ (IMA)

通克石是一种含结晶水和氯的钠、钙、钾的硫酸-铝硅酸盐矿物。属似长石族钙霞石族。六方晶系。晶体呈柱状。绿色—黄绿色，带黄色或灰色的绿色或蓝色，玻璃光泽；硬度5～5.5，完全解理。1990年发现于俄罗斯伊尔库茨克州贝加尔湖地区斯柳江卡市贝斯特拉亚河流域马洛·比斯特林斯科伊(Malo-Bystrinskoe)和通克(Tounka)河谷青金石矿床。英文名称 Tounkite，以发现地俄罗斯的通克(Tounka)河谷命名。IMA 1990-009批准。1992年V. G. 伊万诺夫(V. G. Ivanov)在《俄罗斯矿物学会记事》[121(2)]报道。中国地质科学院音译为通克石。

桐 [tóng]形声；从木，同声。桐柏：地名，中国河南省南阳市桐柏山北麓桐柏县。

【桐柏矿】

汉拼名 Tongbaite

化学式 Cr_3C_2 (IMA)

桐柏矿是一种铬的碳化物矿物。斜方晶系。晶体呈假六方柱状。暗黄铜色，新鲜面呈浅黄白色，条痕呈灰黑色，强金属光泽，不透明；硬度8.5，脆性。1982年发现于中国河南省南阳市桐柏山北麓桐柏县柳庄金云辉石橄榄岩和角砾状金云橄榄二辉岩。中文矿物名称以发现地中国桐柏(Tongbai)县命名。IMA 1982-003批准。1983年陈克樵和田培学等在《自然杂志》(6)、《矿物学报》[3(4)]及1985年《美国矿物学家》(70)报道。发现当初因实验条件所限仅进行了晶体学参数测定而未进行晶体结构测定。21世纪初，在西藏自治区罗布莎蛇绿岩块铬铁矿矿床中又一次发现该矿物，并获得了适宜进行X射线单晶衍射分析的单晶颗粒。2004年中国地质大学(北京)和中国地质科学院地质研究所的科学家代明泉、施倪承、马喆生、熊明、白文吉、方青松、颜秉刚、杨经绥等，对该矿物进行了晶体结构的精确测定，确定该矿物属斜方晶系(2004年代明泉等在《矿物学报》[24(1)]报道)。

铜 [tóng]形声；从金，同声。一种金属化学元素。[英]Copper。[拉丁]Cuprum。元素符号Cu。原子序数29。铜是人类在史前发现的7种金属之一。一般认为人类知道的第一种金属是金，其次就是铜。中国使用铜的历史年代久远。大约在六七千年以前中国人的祖先就发现并开始使用铜。1973年陕西临潼姜寨遗址曾出土一件半圆形残铜片，经鉴定为黄铜。1975年甘肃东乡林家马家窑文化遗址(约公元前3 000年)出土一件青铜刀，这是目前在中国发现的最早的青铜器，证明中国进入青铜时代，包括夏、商、西周、春秋及战国早期，延续时间1 600余年。相对西亚、南亚及北非于距今约6 500年前先后进入青铜时代而言，中国青铜时代来得较晚。铜的使用对早期人类文明的进步影响深远。西方传说，古代地中海的塞浦路斯(Cyprus)岛是出产铜的地方，因而由此得到拉丁文名称 Cuprum 和它的化学符号Cu，铜的英文名称 Copper 也源于此。中世纪的炼金术士把古代先民发现的7种金属与天上的7颗行星联系起来，铜与金星相对应。铜在地壳中的含量约为0.01%。自然界中除少数自然铜外，多数以化合物矿物存在。

【铜碲石】

英文名 Teineite

化学式 $Cu^{2+}(Te^{4+}O_3) \cdot 2H_2O$ (IMA)

铜碲石板柱状晶体，晶簇状、放射状集合体(美国、日本)

铜碲石是一种含结晶水的铜的碲酸盐矿物。与米尔斯石*为同质多象。斜方晶系。晶体呈柱状、板状；集合体呈皮壳状、晶簇状、放射状。天蓝色、钴蓝色、蓝灰色，半透明；硬度2.5，完全解理，脆性。1939年发现于日本北海道札幌市手稻(Teine)矿。1939年吉村(T. Yosimura)在《北海道大学理学院学报：系列4地质学和矿物学》(4)报道。英文名称 Teineite，以发现地日本北海道手稻(Teine)矿命名。1959年以前发现、描述并命名的"祖父级"矿物，IMA承认有效。中国地质科学院根据成分译为铜碲石。2010年杨主明在《岩石矿物学杂志》[29(1)]建议借用日文汉字名称手稻石的简化汉字名称手稻石。

【铜靛矾】

英文名 Chalcocyanite

化学式 $Cu(SO_4)$ (IMA)

铜靛矾是一种铜的硫酸盐矿物。斜方晶系。晶体常呈板状和稍微细长的板状；集合体呈皮壳状、华状。无色、浅绿色、褐色、黄色、天蓝色，透明—半透明；硬度3.5，易溶于水，吸湿改变成蓝矾。1868年发现于意大利那不勒斯省维苏威(Vesuvius)火山附近的升华物，1880年和1895年升华物中亦见此矿物。1873年斯卡奇(Scacchi)在《那不勒斯皇家物理和数学科学院学报》(5)报道。英文名称 Chalcocyanite，由希腊文"Χαλκός = Copper = Chalco(铜)"和"Azure - blue = Cyan(天蓝色、靛色)"命名，意指其成分和在潮湿空气中变蓝的特性。1959年以前发现、描述并命名的"祖父级"矿物，IMA承认有效。中文名称根据成分和颜色译为铜靛矾或铜靛石；根据颜色和透明度译作水蓝晶石。

【铜矾石】

英文名 Chalcoalumite

化学式 $CuAl_4(SO_4)(OH)_{12} \cdot 3H_2O$ (IMA)

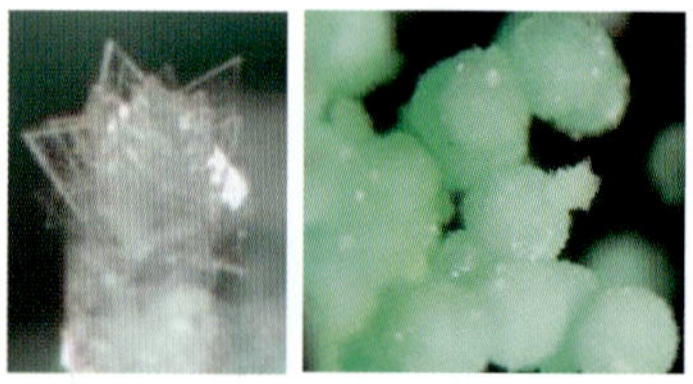

铜矾石板片状晶体，花状、球粒状集合体(美国)

铜矾石是一种含结晶水和羟基的铜、铝的硫酸盐矿物。属铜矾石族。单斜晶系。晶体呈片状、板条状，具燕尾双晶；集合体呈多孔皮壳状、葡萄状、球粒状、放射状、纤维杂乱状。天蓝色、绿松石绿色、淡蓝色、蓝灰色，玻璃光泽，透明—半透明；硬度2.5，完全解理。1925年发现于美国亚利桑那州科奇斯县霍尔布鲁克(Holbrook)铜矿山；同年，E. S. 拉森(E.

S. Larsen)和瓦萨(H. E. Vassar)在《美国矿物学家》(10)报道。英文名称 Chalcoalumite,由化学成分希腊文“Χαλκός=Copper=Chalc(铜)”和“拉丁文 Aluminum(铝)”组合命名。1959 年以前发现、描述并命名的“祖父级”矿物,IMA 承认有效。中文名称根据成分译为铜矾石或铜明矾。

【铜钒铅锌矿】参见【羟钒铜铅石】条 704 页

【铜符山石】

英文名 Cyprine

化学式 $Ca_{19}Cu^{2+}(Al,Mg)_{12}Si_{18}O_{69}(OH)_9$　　(IMA)

铜符山石蓝色短柱状晶体(挪威)

铜符山石通常是一种淡蓝色的含铜的符山石。属符山石族。四方晶系。晶体呈短柱状,高达 1cm。蓝色,偶尔呈薰衣草色,很少呈绿色,低铜则呈蓝色或淡紫色,而铜增加则呈绿色,玻璃—半玻璃光泽,透明—半透明;硬度 6.5。1820 年发现于挪威泰勒马克郡奥夫斯特博(Ovstebo)。乔恩·雅克布·贝采里乌斯(Jöns Jakob Berzelius)在《浅谈吹管化学分析在矿物学中的应用》(*Om blåsrörets Användande i Kemien och Mineralogien*)报道。英文名称 Cyprine,由贝采里乌斯推出的挪威索兰德克利潘蓝色符山石;用吹管分析检测到铜的含量,根据拉丁文“Copper”的变体“Cuprum”命名,意指其含铜。2015 年又在南非北开普省卡拉哈里锰矿田霍塔泽尔韦塞尔(Wessels)矿发现铜符山石新矿物。IMA 2015-044 批准将旧名用于新矿物。2015 年 T. L. 帕尼科洛夫斯基(T. L. Panikorovskii)等在《CNMNC 通讯》(27)、《矿物学杂志》(79)和 2017 年《欧洲矿物学杂志》(29)报道。中文名称根据成分及与符山石的关系译为铜符山石;根据颜色及与符山石的关系译为青符山石(参见【符山石】条 198 页)。

【铜镉黄锡矿】

英文名 Černýite

化学式 Cu_2CdSnS_4　　(IMA)

塞尔尼像

铜镉黄锡矿是一种铜、镉、锡的硫化物矿物。属黝锡矿族。四方晶系。晶体呈他形显微粒状,被包裹于其他矿物中;集合体呈乳滴状或微细长条状。钢灰色,金属光泽,不透明;硬度 4。1976 年首次发现于加拿大曼尼托巴省邦特地区坦科(Tanco)矿和美国南达科他州的雨果(Hugo)矿。英文名称Černýite,以加拿大温尼伯马尼托巴大学的捷克籍加拿大矿物学家和伟晶岩专家佩特尔·塞尔尼(Petr Černý,1934—2018)博士的姓氏命名,是他发现的该矿物。IMA 1976-057 批准。1978 年 S. A. 基森(S. A. Kissin)等在《加拿大矿物学家》(16)报道。1988 年中国科学院地球化学研究所李锡林在《矿物岩石地球化学通报》[7(2)]报道,在中国广西大厂矿田首次发现铜镉黄锡矿,并根据成分译为铜镉黄锡矿;2011 年杨主明等在《岩石矿物学杂志》[30(4)]建议音译为塞尔尼矿。

【铜铬矿】

英文名 Mcconnellite

化学式 $Cu^{1+}CrO_2$　　(IMA)

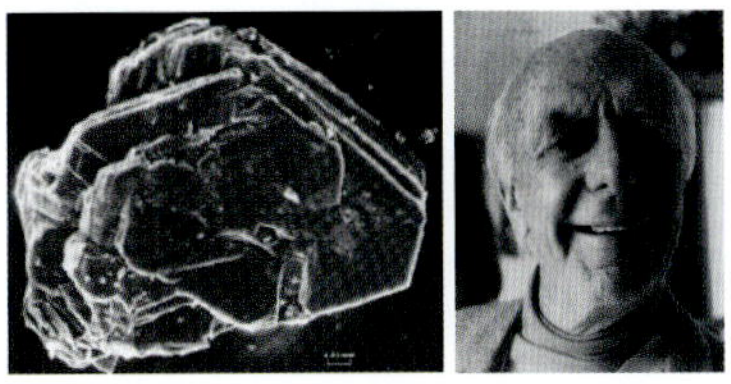

铜铬矿六方板状晶体(圭亚那)和麦康奈尔像

铜铬矿是一种铜、铬的氧化物矿物。属铜铁矿族。三方晶系。晶体呈六方板状。硬度 5.5。最早见于 1955 年 W. 丹豪泽(W. Dannhauser)在《美国化学学会杂志》(77)报道。1967 年发现于圭亚那马扎鲁尼区梅鲁梅(Merume)河。英文名称 Mcconnellite,1967 年由查尔斯·弥尔顿(Charles Milton)等为纪念英国圭亚那地质调查局前主任理查德·布拉德福德·麦康奈尔(Richard Bradford McConnell,1903—1986)博士而以他的姓氏命名。IMA 1967-037 批准。1967 年在《美国地质学会年度会议目录》刊载。1976 年弥尔顿等在《美国地质调查局专业论文集》(887)和 1977 年弗莱舍在《美国矿物学家》(62)报道。中文名称根据成分译为铜铬矿。

【铜红铊铅矿】

英文名 Wallisite

化学式 $CuPbTlAs_2S_5$　　(IMA)

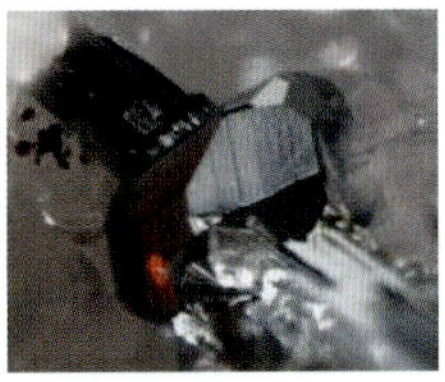

铜红铊铅矿柱状晶体(瑞士)

铜红铊铅矿是一种铜、铅、铊的砷-硫化物矿物。与细硫砷铅矿(Hatchite)同构,形成系列。三斜晶系。晶体呈柱状、复杂的粒状。铅灰色,金属光泽,不透明。1965 年发现于瑞士沃利斯(Wallis)林根巴赫(Lengenbach)采石场;同年,在《赫尔维蒂亚地质学杂志(Eclogae Geologicae Helvetiae)》(58)报道。英文名称 Wallisite,以发现地瑞士的沃利斯(Wallis)命名。IMA 1971s. p. 批准。1966 年弗莱舍在《美国矿物学家》(51)报道。中文名称根据成分译为铜红铊铅矿。

【铜蓝】

英文名 Covellite

化学式 CuS　　(IMA)

铜蓝六方板状、薄片状晶体,花状集合体(德国、中国)

铜蓝是铜的硫化物矿物。六方晶系。晶体呈六方板状、细薄片状,晶面有水平条纹,良好的晶体极为罕见;集合体常呈被膜状或烟灰状。靛蓝色、浅蓝色、深蓝色或黑色,经常有紫色、深红色、铜黄色的彩虹色,半金属光泽、松脂光泽,不透明;硬度 1.5~2,完全解理。1815 年发现于意大利那不勒斯省维苏威(Vesuvius)火山。1815 年弗赖斯莱本(Freiesleben)称 Blaues Kupferglas(蓝铜玻璃)。1817 年布赖特豪普特(Breithaupt)在 *Hoffmann*:4b 称 Kupferindig(铜)。1827

T

年 N. 科韦利(N. Covelli)在《物理学和化学年鉴》(86)报道称 Doppelt-Schwefelkupfer(双硫铜)。英文名称 Covellite,1832 年由弗朗索瓦·叙尔皮斯·伯当(Francois Sulpice Beudant)为纪念意大利矿物学家、首先在维苏威火山发现该矿物的尼科洛·科韦利(Niccolo Covelli,1790—1829)而以他的姓氏命名。1832 年威尔第(Verdière)在巴黎《矿物学概论》(第二版)刊载。1959 年以前发现、描述并命名的"祖父级"矿物,IMA 承认有效。中文名称根据成分和颜色译为铜蓝、铜靛或靛铜矿。

【铜菱铀矿】参见【碳铜钙铀矿】条 930 页

【铜绿】参见【孔雀石】条 414 页

【铜绿矾】

英文名 Pisanite

化学式 $(Fe,Cu)SO_4 \cdot 7H_2O$

铜绿矾短柱状、板状晶体,晶簇状集合体(西班牙、英国)和皮萨尼像

铜绿矾是一种含结晶水的铁、铜的硫酸盐矿物。单斜晶系。晶体呈短柱状、厚板状、假菱面体状;集合体呈晶簇状、皮壳状。蓝绿色、绿色,玻璃光泽,透明;硬度 2～3,完全解理。1856 年 G. A. 肯贡特(G. A. Kenngott)在莱比锡《1856—1857 年矿物学研究成果综述》(10)报道。英文名称 Pisanite,由阿尔弗雷德·肯贡特(Alfred Kenngott)以法国矿物化学家和矿物经销商费力克斯·皮萨尼(Felix Pisani,1831—1920)的姓氏命名。中文名称根据成分和颜色译为铜绿矾(参见【水绿矾】条 850 页)。

【铜氯矾】参见【羟硫氯铜石】条 721 页

【铜镁铁矾】

英文名 Cuprokirovite

化学式 $(Fe,Mg,Cu)SO_4 \cdot 7H_2O$

铜镁铁矾是一种含结晶水的铁、镁、铜的硫酸盐矿物。单斜晶系。晶体呈柱状。浅蓝色,玻璃光泽;硬度 2,完全解理。1939 年 G. N. 维尔图施科夫(G. N. Vertushkov)在《苏联科学院通报:地质类》(1)报道。英文名称 Cuprokirovite,由维尔图施科夫根据化学成分冠词"Cupro(铜)"和根词"Kirovite(镁水绿矾)"组合命名。中文名称根据成分译为铜镁铁矾(根词参见【镁水绿矾】条 598 页)。

【铜泡石】参见【丝砷铜矿】条 885 页

【铜铅矾】

英文名 Elyite

化学式 $CuPb_4(SO_4)O_2(OH)_4 \cdot H_2O$ (IMA)

铜铅矾纤维状晶体,束状、杂乱状集合体(英国、德国)

铜铅矾是一种含结晶水、羟基和氧的铜、铅的硫酸盐矿物。单斜晶系。晶体呈柱状、纤维状、针状,具双晶;集合体呈束状、放射状、杂乱状。紫色,丝绢光泽,透明;硬度 2,完全解理。1971 年发现于美国内华达州白松县卡罗琳(Caroline)隧道。英文名称 Elyite,为纪念内华达州东部早期开采历史的重要人物约翰·伊利(John Ely)而以他的姓氏命名。IMA 1971－043 批准。1972 年 S. A. 威廉姆斯(S. A. Williams)在《美国矿物学家》(57)报道。中文名称根据成分译为铜铅矾。

【铜铅铁矾】

英文名 Beaverite-(Cu)

化学式 $Pb(Fe^{3+}_2Cu)(SO_4)_2(OH)_6$ (IMA)

铜铅铁矾显微板状晶体,球粒状和土状集合体(奥地利、英国、德国)

铜铅铁矾是一种含羟基的铅、铁、铜的硫酸盐矿物。属明矾石族。三方晶系。晶体呈显微六方板状、菱面体;集合体呈松散土状、球粒状、放射状。绿黄色,土状光泽;硬度 3.5～4.5。1911 年发现于美国犹他州比弗(Beaver)县旧金山弗里斯科矿区霍恩(Horn)银矿。1911 年 B. S. 巴特勒(B. S. Butler)和 W. T. 夏勒(W. T. Schaller)在《华盛顿科学学院学报》(1)和《美国科学杂志》(32)报道。英文名称 Beaverite,以发现地美国犹他州比弗(Beaver)县命名。1959 年以前发现、描述并命名的"祖父级"矿物,IMA 承认有效。IMA 1987s. p. 批准。2009 年佐藤(E. Sato)等在《矿物学新年鉴:论文》(185)报道。2010 年 P. 巴利斯(P. Bayliss)等加占优势的铜后缀-(Cu)更名为 Beaverite-(Cu)。中文名称根据成分译为铜铅铁矾。

【铜铅霰石-钕】

英文名 Schuilingite-(Nd)

化学式 $CuPbNd(CO_3)_3(OH) \cdot 1.5H_2O$ (IMA)

铜铅霰石-钕柱状或矛状晶体,皮壳状集合体(刚果)

铜铅霰石-钕是一种含结晶水和羟基的铜、铅、钕的碳酸盐矿物。斜方晶系。晶体呈柱状、针状或矛状,常见假六方对称的三连晶;集合体多呈皮壳状、鲕状、豆状、球粒状等。天蓝色—蓝绿色,金刚光泽,透明;硬度 3～4。1947 年发现于刚果(金)卢阿拉巴省科卢韦齐市卡索比(Kasompi)矿;同年,瓦埃斯(Vaes)在列日《比利时地质学会通报》(90)报道。英文名称 Schuilingite-(Nd),根词以地质学家 H. J. 舒伊林(H. J. Schuiling,1892—1966)的姓氏命名。他是刚果(金)上加丹加联合矿业公司的首席地质学家。2007 年 P. L. 莱弗里特(P. L. Leverett)和 P. A. 威廉姆斯(P. A. Williams)在《澳大利亚矿物学杂志》[13(2)]加占优势的稀土元素钕后缀更名为 Schuilingite－(Nd)。1959 年以前发现、描述并命名的"祖父级"矿物,IMA 承认有效。IMA 1987s. p. 批准。中文名称根据成分译为铜铅霰石－钕;《英汉矿物种名称》(2017)译为碳钕铜铅石。

【铜铅铀硒矿】

英文名 Demesmaekerite

化学式 $Pb_2Cu_5(UO_2)_2(Se^{4+}O_3)_6(OH)_6 \cdot 2H_2O$ (IMA)

铜铅铀硒矿板状晶体，晶簇状集合体(刚果)

铜铅铀硒矿是一种含结晶水和羟基的铅、铜的铀酰-亚硒酸盐矿物。三斜晶系。晶体呈板状；集合体呈晶簇状。绿色、褐绿色，失水后褐色，金刚光泽，半透明；硬度 3～4。1965 年发现于刚果(金)卢阿拉巴省科卢韦齐市的穆索诺伊(Musonoi)矿。英文名称 Demesmaekerite，以比利时的地质学家加斯顿·德梅斯梅克(Gaston Demesmaeker，1911—?)的姓氏命名。IMA 1965-019 批准。1965 年在《法国矿物学和结晶学会通报》(88)和《美国矿物学家》(51)报道。中文名称根据成分译为铜铅铀硒矿，也译作硒铜铅铀矿。

【铜砷铀云母】参见【翠砷铜铀矿】条 101 页

【铜水绿矾】参见【七水胆矾】条 694 页

【铜锑钙石】

英文名 Cuproroméite

化学式 $Cu_2Sb_2(O,OH)_7$

铜锑钙石是一种铜、锑的氢氧-氧化物矿物。属烧绿石超族锑钙石族。等轴晶系。橄榄绿色、黄绿色、墨绿色、黑色，半透明；硬度 3～4。1867 年发现于美国加利福尼亚州莫诺县本顿(Benton)盲春(Blind Spring)山。英文名称 Cuproroméite，由成分冠词“Cupro(铜)”和根词“Roméite(锑钙石)”组合命名，意指它是铜占优势锑钙石的类似矿物。1867 年首次被阿伦茨(Arents)在《美国科学杂志》(43)描述。最初以矿物的发现者、矿物学家奥古斯特·F. W. 帕兹(August F. W. Partz)的姓氏命名为 Partzite，他认为它是银矿石。1959 年以前发现、描述并命名的“祖父级”矿物，IMA 承认有效，但持怀疑态度。该类型的材料分析表明它是由几个阶段组成的混合物，IMA 2016-16-B 废弃[见 2016 年 S. J. 米尔斯(S. J. Mills)等在《欧洲矿物学杂志》(28)报道]。中文名称根据成分及与锑钙石的关系译为铜锑钙石(根词参见【锑钙石】条 937 页)。

【铜铁铂矿】

英文名 Tulameenite

化学式 Pt_2CuFe (IMA)

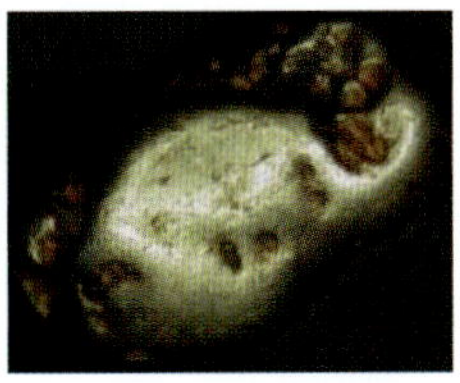

铜铁铂矿不规则的浑圆形粒状晶体(澳大利亚)

铜铁铂矿是一种铂、铜、铁的互化物矿物。四方晶系。晶体呈不规则的浑圆形粒状，通常是与铂-铁合金相关的复杂的夹杂物。亮白色，金属光泽，不透明；硬度 5。1972 年发现于加拿大不列颠哥伦比亚省史米卡明(Similkameen)河冲积砂矿床和图拉明(Tulameen)河冲积砂矿床。英文名称 Tulameenite，以发现地加拿大的图拉明(Tulameen)河和史米卡明(Similkameen)河命名。IMA 1972-016 批准。1973 年 L. J. 卡布里(L. J. Cabri)等在《加拿大矿物学家》(12)报道。中国地质科学院根据成分译为铜铁铂矿，也有的译作铜铁二铂矿；2011 年杨主明等在《岩石矿物学杂志》[30(4)]建议音译为图拉明矿。

【铜铁矾】

英文名 Ransomite

化学式 $CuFe^{3+}_2(SO_4)_4 \cdot 6H_2O$ (IMA)

铜铁矾纤维状晶体，皮壳状、束状集合体(美国)和兰塞姆像

铜铁矾是一种含结晶水的铜、铁的硫酸盐矿物。单斜晶系。晶体呈细柱状、细粒状、纤维状；集合体呈粉状、皮壳状和放射状、束状。明亮的天蓝色、蓝灰色，玻璃光泽，解理面上呈珍珠光泽，透明；硬度 2.5，完全解理。1928 年发现于美国亚利桑那州亚瓦派县；同年，劳森(Lausen)在《美国矿物学家》(13)报道。英文名称 Ransomite，由卡尔·B. 劳森(Carl B. Lausen)于 1928 年为纪念美国采矿地质学教授弗雷德里克·莱斯利·兰塞姆(Frederick Leslie Ransome，1868—1935)而以他的姓氏命名。1959 年以前发现、描述并命名的“祖父级”矿物，IMA 承认有效。中文名称根据成分译为铜铁矾。

【铜铁尖晶石】

英文名 Cuprospinel

化学式 $Cu^{2+}Fe^{3+}_2O_4$ (IMA)

铜铁尖晶石是一种铜、铁的氧化物矿物。属尖晶石超族氧尖晶石族尖晶石亚族。等轴晶系。晶体呈不规则粒状。黑色—灰色，金属光泽，不透明；硬度 6.5。1971 年由澳大利亚能源、矿山和资源部矿物学家欧内斯特·亨利·尼克尔(Ernest Henry Nickel)发现于加拿大纽芬兰和拉布拉多(纽芬兰)省贝维特(Baie Verte)半岛康索里德·拉姆贝尔(Consolidated Rambler)矿。英文名称 Cuprospinel，由成分冠词“Cupro(铜)”和根词“Spinel(尖晶石)”组合命名。IMA 1971-020 批准。1973 年 E. H. 尼克尔(E. H. Nickel)在《加拿大矿物学家》(11)报道。中文名称根据成分和族名译为铜铁尖晶石。

【铜钨华】

英文名 Cuprotungstite

化学式 $Cu^{2+}_3(WO_4)_2(OH)_2$ (IMA)

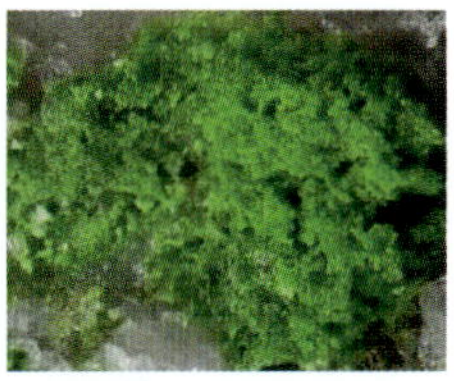

铜钨华皮壳状集合体(德国)

铜钨华是一种含羟基的铜的钨酸盐矿物。四方晶系。晶体呈小双锥体，显微隐晶；集合体呈葡萄小球状、皮壳状、细脉状、致密块状。鲜绿色、棕色、橄榄绿色、韭绿色、翠绿色、淡黄绿色、青黄色，玻璃光泽、蜡状光泽、土状光泽，半透明；硬度 4～5。1866 年惠特尼(Whitney)在《美国加州科学院会议记录》(3)报道称 Cuproscheelite(铜白钨矿)。1869 年发现于墨西哥南下加利福尼亚州(公元前苏尔)拉巴斯(La Paz)市；同

年，M. 亚当(M. Adam)在巴黎《矿物学表》刊载。英文名称 Cuprotungstite，由化学组成“Copper=拉丁文 Cuprum(铜)”和“Tungste(钨)”组合命名。1959 年以前发现、描述并命名的“祖父级”矿物，IMA 承认有效。中文名称根据成分和形态译为铜钨华，也译作铜白钨矿。

【铜硒铀矿】参见【七水硒铜铀矿】条 694 页

【铜锡钯矿】

英文名 Cabriite

化学式 Pd_2CuSn　(IMA)

铜锡钯矿粒状晶体(俄罗斯)

铜锡钯矿是一种钯、铜、锡的互化物矿物。斜方晶系。晶体呈粒状，粒径 200μm，具聚片双晶。白色、粉红色，带有轻微的紫罗兰色，金属光泽，不透明；硬度 4。1981 年发现于俄罗斯泰梅尔半岛普托拉纳高原诺里尔斯克的塔尔纳赫铜镍矿床十月(Oktyabrsky)镇铜镍矿。英文名称 Cabriite，以加拿大矿物学家路易斯·吉安·卡布里(Louis Jean Cabri，1934—)的姓氏命名。卡布里曾在渥太华加拿大矿产与能源技术中心(CANMET)工作，他是世界著名的铂族矿物研究专家，对这一群体的矿物学和地球化学做出了许多的贡献。卡布里描述了来自世界各地的许多新的铂族金属矿物种，是《加拿大矿物学家》杂志的编辑(1975—1982)。IMA 1981-057 批准。1983 年 T. L. 埃斯特格涅娃(T. L. Estigneeva)在《加拿大矿物学家》(21)报道。中文名称根据成分译为铜锡钯矿。

【铜锡铂矿】

英文名 Tatyanaite

化学式 $(Pt,Pd)_9Cu_3Sn_4$　(IMA)

铜锡铂矿是一种铂、钯和铜、锡的互化物矿物。斜方晶系。粉红色，金属光泽，不透明；硬度 3.5～4。1995 年发现于俄罗斯泰梅尔半岛普托拉纳高原诺里尔斯克塔尔纳赫铜镍矿床十月(Oktyabrsky)镇铜镍矿。英文名称 Tatyanaite，以俄罗斯科学院莫斯科矿床学、岩石学、矿物学和地球化学地质研究所的塔季扬娜·利沃夫娜·埃斯廷涅娃(Tatyana Lvovna Evstigneeva，1945—)的名字命名，以表彰她对诺里尔斯克杂岩体铂族矿物和其他矿石矿物研究所做出的贡献。IMA 1995-049 批准。2000 年 A. Y. 巴尔可夫(A. Y. Barkov)等在《欧洲矿物学杂志》(12)和《加拿大矿物学家》(38)报道。2003 年中国地质科学院矿产资源研究所李锦平等在《岩石矿物学杂志》[22(1)]根据成分译为铜锡铂矿。

【铜硝石】

英文名 Gerhardtite

化学式 $Cu_2(NO_3)(OH)_3$　(IMA)

铜硝石呈厚板状晶体和格哈特像

铜硝石是一种含羟基的铜的硝酸盐矿物。与单斜铜硝石(Rouaite)为同质二象。斜方晶系。晶体呈厚板状，在锥体上有明显的条纹。翠绿色、蓝绿色、暗绿色，玻璃光泽，透明；硬度 2，完全解理。1885 年发现于美国亚利桑那州亚瓦派县；同年，威尔斯(Wells)等在《美国科学杂志》(130)报道。英文名称 Gerhardtite，1885 年霍勒斯·L. 威尔斯(Horace L. Wells)和塞缪尔·刘易斯·潘菲尔德(Samuel Lewis Penfield)为纪念查尔斯·弗雷德里克·格哈特(Charles Frédéric Gerhardt，1816—1856)而以他的姓氏命名。格哈特除了第一次制备出此矿物的人工化合物外，还有许多其他成就。格哈特曾在贾斯特斯·冯·李比希(Justus von Liebig)和让·巴普蒂斯特·杜马斯(Jean Baptiste Dumas)门下研究有机化学。格哈特也曾与奥古斯特·卡乌尔(Auguste Cahours)和米歇尔·尤金·谢弗勒(Michel Eugène Chevreul)在巴黎一起工作。在化学式符号有争议的时期，格哈特提出了一些重要的更改意见。经过几次实验室作业和个人的努力，他翻译出一部科学著作(主要是李比希的作品)，格哈特成为法国蒙彼利埃大学教授(1844—1851)。1854 年他又成为斯特拉斯堡巴黎综合理工学院的化学教授。格哈特写了一部重要的书《有机化学概论》(第四卷)，但他没有等到成书出版就死于实验意外中毒。1959 年以前发现、描述并命名的“祖父级”矿物，IMA 承认有效。中文名称根据成分译为铜硝石。

【铜锌矿】

汉拼名 Tongxinite

化学式 Cu_2Zn

铜锌矿是一种铜与锌的合金矿物。属丹巴矿族。等轴晶系。晶体呈不规则粒状。新鲜面呈金黄色，在空气中则显锖色，强金属光泽，不透明；硬度 3.5～4。1981 年帅德权在中国西藏自治区玉龙斑岩铜矿床中发现铜锌系列的一个未知矿物，时隔 14 年之后，在研究四川省若尔盖巴西金矿床的物质成分时又发现了与该矿物成分一样的天然矿物，从而证明了确实是一种天然的铜锌系列矿物之一种。汉拼名称 Tongxinite，由化学成分的汉语拼音“Tong=Copper(铜)”和“Xin=Zinc(锌)”组合命名。未经 IMA 批准发布，但可能有效。1998 年帅德权等在《矿物学报》[18(4)]报道。

【铜盐】

英文名 Nantokite

化学式 CuCl　(IMA)

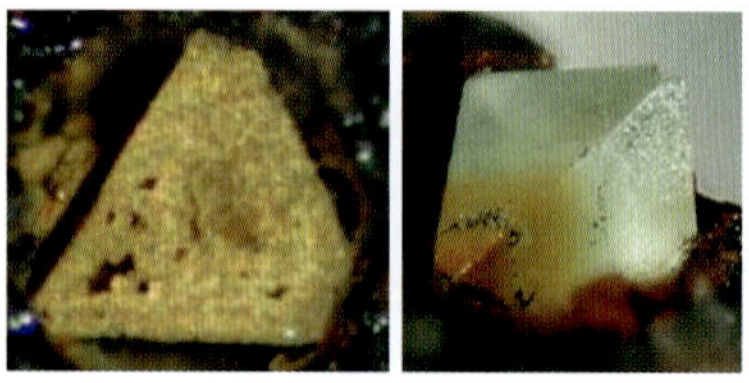

铜盐四面体晶体(意大利)

铜盐是一种铜的氯化物矿物。属氯银矿(角银矿)族。等轴晶系。晶体呈四面体，粒状；集合体呈块状。无色、白色—灰色、绿色，金刚光泽，透明；硬度 2～2.5，完全解理。1868 年发现于智利科皮亚波省南托卡(Nantoko)卡门巴乔(Carmen Bajo)矿。1868 年布赖特豪普特(Breithaupt)在《山区和牧区报》(*Berg-und Hüttenmännische Zeitung*)(27)报道。英文名称 Nantokite，以发现地智利南托卡(Nantoko)命名。1959 年以前发现、描述并命名的“祖父级”矿物，IMA 承认有效。中文名称根据成分译为铜盐。

【铜叶绿矾】

英文名 Cuprocopiapite

化学式 $Cu^{2+}Fe_4^{3+}(SO_4)_6(OH)_2 \cdot 20H_2O$　　(IMA)

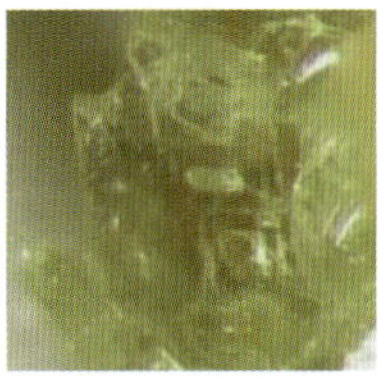

铜叶绿矾柱状晶体(智利)

铜叶绿矾是一种含结晶水和羟基的铜、铁的硫酸盐矿物。属叶绿矾族。三斜晶系。晶体呈短柱状、板状、细粒状;集合体呈块状。黄橙色、黄绿色,珍珠光泽,半透明;硬度 2.5~3,完全解理。1938 年发现于智利埃尔洛阿省奇卡马塔(Chuquicamata)矿;同年,班迪(Bandy)在《美国矿物学家》(23)报道。英文名称 Cuprocopiapite,由成分冠词"Cupro(铜)"和根词"Copiapite(叶绿矾)"组合命名。1959 年以前发现、描述并命名的"祖父级"矿物,IMA 承认有效。中文名称根据成分及族名译为铜叶绿矾。

【铜银铅铋矿】参见【本硫铋银矿】条 59 页

【铜铀矾】

英文名 Johannite

化学式 $Cu(UO_2)_2(SO_4)_2(OH)_2 \cdot 8H_2O$　　(IMA)

铜铀矾板条状晶体,晶簇状、球粒状集合体(美国、捷克)和约翰像

铜铀矾是一种含结晶水和羟基的铜的铀酰-硫酸盐矿物。三斜晶系。晶体呈柱状和厚板状、鳞片状、板条状、纤维状,具简单、聚片双晶;集合体呈晶簇状、小球状、皮壳状。黑翠绿色、深绿色、草绿色、苹果绿色、黄绿色,玻璃光泽,透明—半透明;硬度 2~2.5,完全解理。1830 年发现于捷克共和国卡罗维发利州厄尔士山脉伊莱亚斯(Elias)矿;同年,海丁格尔(Haidinger)在《爱丁堡科学杂志》(3)报道。英文名称 Johannite,由海丁格尔为纪念奥地利格拉茨施蒂里亚兰德斯博物馆创始人约翰·巴普蒂斯特·约瑟夫·费边·塞巴斯蒂安(Johann Baptist Josef Fabian Sebastian,1782—1859)而以他的名字命名。1821 年约翰(John)首先在 *Chem. Unters.* (5)报道称 Uranvitriol(铀铜矾)。1959 年以前发现、描述并命名的"祖父级"矿物,IMA 承认有效。中文名称根据成分译为铜铀矾/铀铜矾。

【铜铀矿】参见【羟水铜铀矿】条 734 页

【铜铀云母】

英文名 Torbernite

化学式 $Cu(UO_2)_2(PO_4)_2 \cdot 12H_2O$　　(IMA)

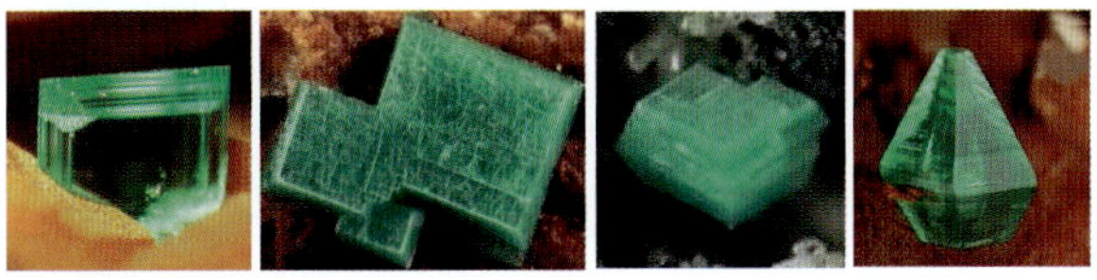

铜铀云母四方薄—厚板状、锥状晶体(葡萄牙、德国)

铜铀云母是一种含结晶水的铜的铀酰-磷酸盐矿物。属钙铀云母族。四方晶系。晶体呈薄—厚板状、短柱状、叶片状、鳞片状、横断面四边形或八边形,很少有锥体;集合体常呈被膜状。颜色鲜艳,翠绿色、草绿色、韭葱绿色、金翅雀绿色、苹果绿色、祖母绿色、姜黄色,半金刚光泽、玻璃光泽、蜡状光泽,解理面上呈珍珠光泽,透明—半透明;硬度 2~2.5,极完全解理,脆性。1772 年发现于德国萨克森州厄尔士山脉约翰乔治城含铜铀矿区;同年,伊格纳兹·艾德勒·冯·博恩(Ignatz Edler von Born)在沃尔夫冈格勒布拉格 *Index Fossilium, quae collegit, et in Classes ac Ordines disposuit Ignatius Eques a Born* (*Lithophylacium Bornianum*)称翠绿色晶体(viridis cryst)。英文名称 Torbernite,1793 年亚伯拉罕·戈特洛布·维尔纳(Abraham Gottlob Werner)为纪念瑞典乌普萨拉大学化学和物理学教授托尔贝恩·奥洛夫·伯格曼(Torbern Olof Bergmann,1735—1784)而以他的名字命名[见哈德(Haude)和斯佩纳(Spener)在柏林《关于维尔纳先生在矿物学研究方面的进展》]。伯格曼是乌普萨拉大学的约翰·戈特沙尔克·瓦勒留斯(Johan Gottschalk Wallerius)的继承者,是 18 世纪一位最重要的化学家和矿物学家。他发表了矿物学分类、矿物世界,并研究了镍和铋。他还研究并发表了定量化学分析和元素的化学亲和力,后者导出了更复杂的理论。伯格曼被誉为皇家瓦萨号骑士,月球伯格曼陨石坑就是以他的姓氏命名的。他培养出一批著名的学生,包括卡尔·威廉·舍勒(Karl Wilhelm Scheele,瑞典化学家)、胡安·乔斯·迪尔赫亚(Juan Jose de Elhuyar,1755—1833,西班牙矿物学家,钨的发现者之一)和约翰·加多林(Johan Gadolin,芬兰化学家,钇的发现者)。1959 年以前发现、描述并命名的"祖父级"矿物,IMA 承认有效。IMA 1980s. p. 批准。中文名称根据成分及与钙铀云母的关系译为铜铀云母。居里夫人检验到铜铀云母有很强的放射性,她又根据天然铜铀云母的组成,自己合成了铜铀云母,发现天然铜铀云母的放射性是人工合成的 4.5 倍,由此得到启发,为在铀矿中寻找比铀和钍的放射性强得多的新元素钋和镭洞开了一扇大门。

童 [tóng]形声;从立,重声。本义:儿童、小孩。用于外国人名。

【童颜石】参见【磷铝铁石】条 468 页

透 [tòu]形声;从辵,秀声。通过,穿通;透明,特指矿物能被光线通过的现象。

【透长石】

英文名 Sanidine

化学式 $K(AlSi_3O_8)$　　(IMA)

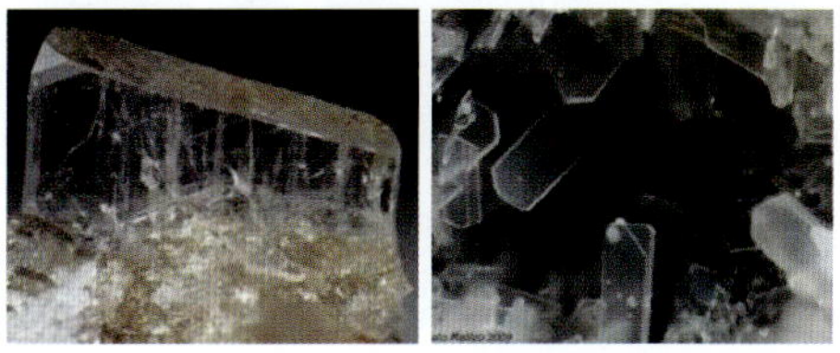

透长石板状晶体(意大利、德国)

透长石是长石族钾长石亚族矿物的一种高温成因的钾长石。与库克塔切夫石(科长石)、微斜长石、正长石为同质多象。单斜晶系。晶体呈板状;集合体呈晶簇状。无色、白色、灰色、黄白色,或红白色,玻璃光泽,透明—半透明;硬度 6,完全解理。1808 年发现于德国北莱茵-威斯特法伦州德拉钦费尔斯(Drachenfels);同年,赫尔曼(Hermann)在法兰

克福(Frankfurt)《关于尼德莱因山脉的矿物研究》和 1810 年 M. H. 克拉普罗特(M. H. Klaproth)在罗特曼柏林《化学知识对矿物学的贡献》(*Beiträge zur chemischen Kenntniss der Mineralkörper*)(第五集)报道。英文名称 Sanidine,来自希腊文"Ζανίs=Sanis=Little plate(小板)"和希腊文"Γναναδούμε=Idos=To see(看到)",亦即透明的小板状晶体。1959 年以前发现、描述并命名的"祖父级"矿物,IMA 承认有效。中文名称根据透明度和族名译为透长石(参见【正长石】条 1112 页)。

【透钙磷石】

英文名 Brushite

化学式 $Ca(PO_3OH)\cdot 2H_2O$　　(IMA)

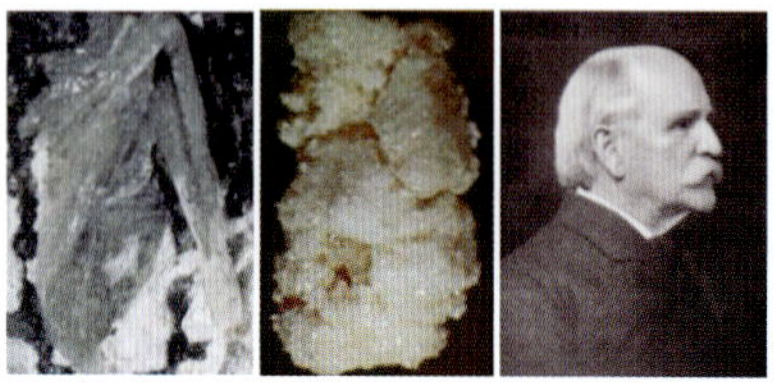

透钙磷石叶片状晶体,团块瘤状集合体(澳大利亚)和布鲁斯像

透钙磷石是一种含结晶水的钙的氢磷酸盐矿物。属石膏超族。单斜晶系。晶体呈柱状、针状、板状、叶片状;集合体呈土状、粉末状、团块瘤状。无色、白色、浅黄色,玻璃光泽、土状光泽,解理面上呈珍珠光泽,透明—半透明;硬度 2.5,完全解理,脆性。1856 年谢泼德(Shepard)在《美国科学杂志》(22)报道称 Epiglaubite(透磷镁钙石)。1864 年发现于委内瑞拉新埃斯帕塔州阿维斯(Aves)鸟岛的鸟粪磷酸盐、古代骨骼和洞穴沉积物。1865 年朱利恩(Julien)在《美国科学杂志》(40)报道称 Metabrushite(脂磷钙石)。英文名称 Brushite,1865 年由吉迪恩·E. 摩尔(Gideon E. Moore)在《美国科学与艺术杂志》(39)为纪念美国矿物学家、耶鲁大学教授乔治·贾维斯·布鲁斯(George Jarvis Brush,1831—1912)而以他的姓氏命名。1959 年以前发现、描述并命名的"祖父级"矿物,IMA 承认有效。中文名称根据透明度和成分译为透钙磷石,也译作透磷钙石。

【透辉石】

英文名 Diopside

化学式 $CaMgSi_2O_6$　　(IMA)

透辉石长柱体晶体(阿富汗、意大利、巴基斯坦)

透辉石是辉石族单斜辉石亚族的成员,属钙和镁的链状硅酸盐矿物。单斜晶系。晶体呈长柱体、粒状,具双晶。颜色主要为蓝绿色—黄绿色、褐色、黄色、紫色、无色—白色、灰色,玻璃光泽,透明—不透明;硬度 5.5~6.5,完全解理,脆性。透明美丽的透辉石也被视为宝石。1800 年在《化学杂志》(4)报道。英文名称 Diopside,1806 年由法国矿物学家雷内·贾斯特·阿羽伊(Rene Just Haüy)命名,名称来自希腊文"διζ=Dis(双重)"和"ψτζ=Opsis(外观或影像)",因为它的柱状晶体可呈现出双折射重影效应。1959 年以前发现、描述并命名的"祖父级"矿物,IMA 承认有效。IMA 1988 s. p. 批准。中文名称根据透明度和族名译为透辉石。透辉石又被戏称为"哭泣石",因为晶体医疗学者认为透辉石具有催人泪下的功能,从而达到治疗精神创伤的效果。

透辉石的颜色变种有很多。白透辉石是指白色—灰白色半透明变种;英文名称 Malacolite,来自希腊文 μαλακόs,意为"柔软",因为它比伴生的长石软。绿透辉石是指无色—微绿色或微黄浅绿色的变种;英文名称 Alalite,来自意大利彼德蒙特(Piedmont)的阿拉(Alal)山谷,音译为"阿拉石"。此外,由于其晶体常呈纤长状,故又译作"绿纤透辉石"。青透辉石也称堇青辉石或紫青辉石;英文名称 Violan(错拼 Violane),1838 年奥古斯特·布赖特豪普特(August Breithaupt)根据颜色"Viola",即紫色命名;此矿物指来自意大利奥斯塔谷圣马塞尔普拉博纳兹(Prabornaz)矿的一种半透明—不透明的暗紫蓝色或鲜蓝色—紫色的透辉石变种。异剥辉石或异剥石(Diallage)是透辉石和普通辉石的一个亚种,具有极发育的(001)裂理,褐色,金属般的光泽。

【透锂长石】

英文名 Petalite

化学式 $LiAlSi_4O_{10}$　　(IMA)

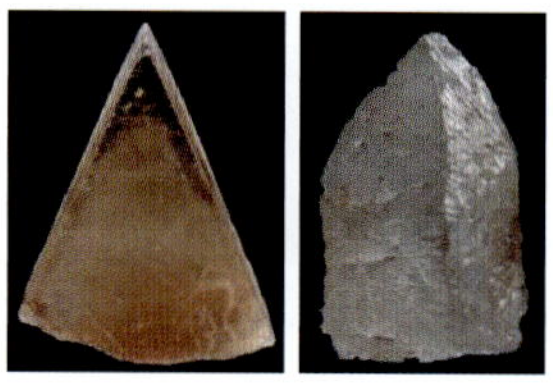

透锂长石板状、柱状晶体(缅甸、意大利)

透锂长石是一种锂的铝硅酸盐矿物。属长石族。单斜晶系。晶体呈柱状、板状,具页片双晶;集合体常呈块状。白色、无色、灰色或黄色,偶见粉红色或绿色,透明—半透明,玻璃光泽,解理面上呈珍珠光泽;硬度 6~6.5,完全解理,脆性。1790—1800 年瑞典科学家乔斯·德·安德拉达(Jose de Andrada)在瑞典斯德哥尔摩市乌托岛或攸桃岛(Uto)的矿洞中采得一种矿物,他将该矿物命名为 Petalite,由希腊文"Πεταλόνη=Petalon(金叶片)",即"叶石",因为此矿物具有聚片双晶和完全解理,可劈裂成叶片状。1800 年在《化学杂志》(4)报道。1817 年,瑞典青年化学家约翰·阿尔费特孙(Johann Arfvedson,1792—1841)从中发现了一种新碱质(Lithia),他的老师瑞典著名化学家贝齐里乌斯将其命名为 Lithium,元素符号 Li。希腊文 Λξθνοι=Lithios,即"石头"(参见《化学元素发现史》)。同义词 Castorite,来自希腊、罗马神话中的双子星座 α 星 Castor,即北河二星名叫卡斯托尔,是个"马术师",他与双子星座 β 星,即北河三星 Pollux,名叫波卢克斯,是个"拳术师",是同父异母的兄弟。科学家从透锂长石(Castorite)发现金属锂之后,又在与其共生的铯榴石中发现了同族的铯,于是将铯榴石命名为 Pollucite,象征以北河二星"双子座 α 星命名的透锂长石(Castorite)与铯榴石(Pollucite)像兄弟一样。1892 年 E. S. 丹纳(E. S. Dana)在《系统矿物学》(第六版,纽约)刊载。1959 年以前发现、描述并命名的"祖父级"矿物,IMA 承认有效。中文名称根据透明度、化学成分(锂)和族名(长石)三名法复合而译作透锂长石(参见【铯沸石】条 769 页)。

【透绿帘石】参见【绿帘石】条 544 页

【透绿泥石】

英文名 Sheridanite

化学式 $(Mg,Al,Fe)_6(Si,Al)_4O_{10}(OH)_8$

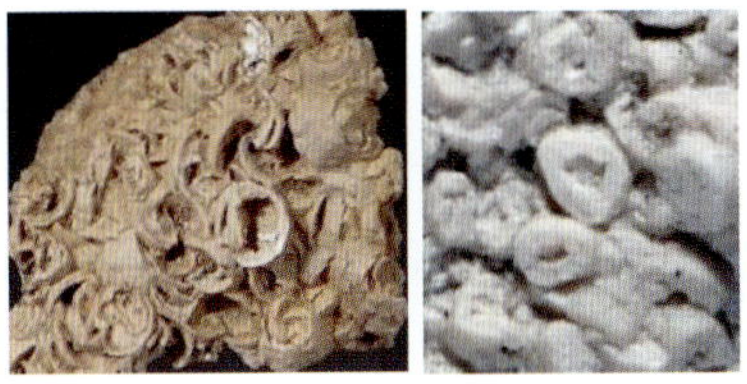

透绿泥石板状晶体，玫瑰花状集合体(美国)

透绿泥石是一种含羟基的镁、铝、铁的铝硅酸盐矿物。属斜绿泥石族。单斜(假六方)晶系。晶体呈板状；集合体常呈玫瑰花状、葡萄状、球粒状。无色、白色，玻璃光泽、珍珠光泽，透明—半透明；硬度 2.5～3，完全解理。最初的报告来自美国怀俄明州谢里丹(Sheridan)县。英文名称 Sheridanite，以美国怀俄明州谢里丹(Sheridan)县命名[见 1954 年《矿物学杂志》(30)]。同义词 Colerainite，以发现地加拿大的圣约瑟夫-德-科尔雷恩(Colerain)命名。中文名称根据透明度和族名译为透绿泥石，也译作无色绿泥石。

【透绿柱石】

英文名 Goshenite

化学式 $Be_3Al_2(SiO_3)_6$

透绿柱石柱状晶体，晶簇状集合体(巴基斯坦、纳米比亚)

透绿柱石是无色透明的绿柱石变种，是一种铍、铝的硅酸盐矿物。六方晶系。晶体一般呈六方长柱状、粒状、棒状、晶面有纵纹；集合体常呈放射状、块状。无色、白色、浅黄色，玻璃光泽，透明—半透明；硬度 6.5～8，脆性。英文名称 Goshenite，源自它第一次被发现的地方——美国马萨诸塞州汉普郡的戈申(Goshen)巴鲁农场。中文名称根据颜色和族名译为透绿柱石，也译作无色绿宝石或纯绿宝石；音译为戈申石(参见【绿柱石】条 551 页)。

【透闪石】

英文名 Tremolite

化学式 $\square Ca_2(Mg_{5.0-4.5}Fe^{2+}_{0.0-0.5})Si_8O_{22}(OH)_2$ (IMA)

透闪石长柱状晶体，放射状集合体(坦桑尼亚、加拿大、瑞士)

透闪石是一种含羟基的空位、钙和镁的硅酸盐矿物。属角闪石超族 W 位羟基、氟、氯占优势的角闪石族钙角闪石亚族。单斜晶系。晶体呈细长柱状、针状、纤维状，常具双晶；集合体常呈放射状、致密块状。颜色呈无色、白色—浅灰色，粉红色、浅绿色、褐色、淡紫色等，玻璃光泽、丝绢光泽，透明—半透明；硬度 5～6，完全解理，脆性。1789 年，约翰·乔治·阿尔布雷克特·弘普弗讷(Johann Georg Albrecht Höpfner)第一次描述了发现于瑞士中央圣哥达地块提契诺(Ticino)州阿尔卑斯山皮乌莫尼亚(Piumogna)山谷坎坡伦戈(Campolungo)的透闪石，据说是从他的经销商获得的标本，后来调查表明首次亮相的透闪石产于特若莫拉(Tremola)山谷。1782 年来之罗马尼亚特兰斯洛瓦尼亚(Transsylvania)的这种矿物被约翰·埃伦赖希·冯·菲希特尔(Johann Ehrenreich von Fichtel)称为 Saulenspath(索伦斯帕斯)和 Sternspath(斯特恩斯通)(罗斯，2006)。1789 年弘普弗讷(Höpfner)在《自然历史杂志》(4)报道。英文名称 Tremolite，以发现地瑞士的特若莫拉(Tremola)山谷命名。1959 年以前发现、描述并命名的"祖父级"矿物，IMA 承认有效。IMA 2012s. p. 批准。

在中国，致密隐晶质的透闪石称软玉。1863 年，法国地质矿物学家德莫尔，根据中国传到欧洲的清代乾隆朝玉器，进行物理化学测试，结果表明，中国人常使用的玉大体可分为两种，即角闪石类玉和辉石类玉。角闪石类称软玉(或称闪玉)，其中主要矿物为透闪石。透闪石玉中国主要有新疆和田玉、辽宁岫岩玉和陕西蓝田玉。按颜色可分为白色的羊脂玉；白色带有绿色的青白玉；淡青色—深青色的青玉；淡黄色—深黄色，有栗黄、秋葵黄、黄花黄、鸡蛋黄、虎皮等色的黄玉；墨色—黑色，抛光后油黑发亮的墨玉；以及绿色、深绿色、暗绿色的碧玉等(参见【玉】条 1092 页和【软玉】条 755 页)。

【透砷铅矿】

英文名 Schultenite

化学式 $Pb(AsO_3OH)$ (IMA)

透砷铅矿柱状、小板条状晶体，杂乱状集合体(奥地利、纳米比亚)和舒尔腾像

透砷铅矿是一种铅的氢砷酸盐矿物。单斜晶系。晶体呈薄板片状、长斜方形，似石膏状，具鱼尾状双晶。无色，玻璃光泽、半金刚光泽，透明；硬度 2.5，完全解理，脆性。最早见于 1904 年德·舒尔腾(De Schulten)在《法国矿物学会通报》(27)报道。1926 年发现于纳米比亚奥希科托地区楚梅布(Tsumeb)矿；同年，L. J. 斯宾塞(L. J. Spencer)等在《矿物学杂志》(21)报道。英文名称 Schultenite，以芬兰赫尔辛基和法国巴黎化学教授奥古斯特·本杰明·德·舒尔腾(August Benjamin de Schulten，1856—1912)的姓氏命名。早些时候他合成了此化合物。1959 年以前发现、描述并命名的"祖父级"矿物，IMA 承认有效。中文名称根据透明性和化学成分译为透砷铅矿或透砷铅石。

【透石膏】参见【石膏】条 803 页

【透视石】

英文名 Dioptase

化学式 $CuSiO_3 \cdot H_2O$ (IMA)

透视石短柱状、菱面体晶体(纳米比亚)

透视石是一种含结晶水的铜的硅酸盐矿物。它是比较罕见的有色宝石矿物，在我国很少见到报道。三方晶系。晶体呈短柱状、菱面体；集合体呈块状、晶簇状。绿色、蓝绿色、绿宝石绿色，玻璃光泽，透明—半透明；硬度 5，完全解理。透视石首先是在约旦阿曼艾因·加扎尔(Ain Ghazal)遗址公园中的石灰和石膏雕像的眼睛边缘上发现的，这些雕像可以追溯到公元前 7 250 年。艾因·加扎尔遗址距今已有大约 9 500～8 000 年，属前陶器(Pre-pottery Neolithic B)时代的新石器时代，被哈扎尔称为闻名于世的《弥迦书》(公元前 8 世纪的书)。到 18 世纪晚期，1797 年在哈萨克斯坦卡拉干达(Karagandy)省吉尔吉斯人草原(亚细亚草原)阿尔金-泰伯(Altyn-Tyube)铜矿区，矿工们认为发现了他们梦寐以求的祖母绿矿床。他们发现石灰岩中的石英脉中挤满了成千上万的像奇妙的蛀牙一样的有光泽的翠绿透明晶体。晶体被送往俄国首都莫斯科进行检测，然而该矿物的硬度(5)低于翡翠的硬度(8)，二者很容易区分开来。1797 年，著名的法国矿物学家雷内·阿羽伊(Rene Hauy)长老在《矿山杂志》(5)确定在神秘的阿尔金-泰伯铜矿区发现的翠绿透明晶体是一种新矿物，并命名为 Dioptase。英文名称 Dioptase，源自希腊文"αυτός = Dia(通过)""κόπτομαϊ = Optima(最佳)"的"όραση = Vision(视力)"，即指完整的矿物晶体是通透的。1959 年以前发现、描述并命名的"祖父级"矿物，IMA 承认有效。中文名称根据矿物色浅、透明而译为透视石。在中华民国时期的《地质矿物学大辞典》中，杜其堡译为翠铜矿(Emerald Green Copper)，还有人译作绿铜矿(Green-Copper)，这两个名称都是以颜色和成分译得的。

突

[tū]会意；从穴，从犬。[英]音，用于外国地名、国名。突尼斯(Tunisia)：全称突尼斯共和国，位于非洲大陆最北端。突厥斯坦(Turkestan)意为"突厥人的地域"，包括中亚锡尔河以北及毗连的东部地区。

【突硅钠锆石】

英文名 Terskite

化学式 $Na_4ZrSi_6O_{16} \cdot 2H_2O$ (IMA)

突硅钠锆石假四方板状晶体(加拿大)

突硅钠锆石是一种含结晶水的钠、锆的硅酸盐矿物。斜方(假四方)晶系。晶体呈假四方板状。白色，淡紫色—紫罗兰色，玻璃光泽，半透明；硬度 5。1982 年发现于俄罗斯北部摩尔曼斯克州阿鲁艾夫(Alluaiv)山和卡纳苏特(Karnasurt)山尤比莱纳亚(Yubileinaya)伟晶岩。英文名称 Terskite，以发现地科拉半岛东南部白海海岸附近的突尔斯基(Tersk)的名字命名。突尔斯基(Tersk)是科拉半岛的一个古老的名称。IMA 1982－039 批准。1983 年 A. P. 霍米亚科夫(A. P. Khomyakov)等在《国际地质评论》(25)、《全苏矿物学会记事》(112)和 1984 年《美国矿物学家》(69)报道。中文名称根据英文名称首音节音和成分译为突硅钠锆石。1985 年中国新矿物与矿物命名委员会郭宗山等在《岩石矿物及测试》[4(4)]根据成分译为水硅锆钠石；与 Natrolemoynite 译名重复。

【突厥斯坦石】

英文名 Turkestanite

化学式 $(K,\square)(Ca,Na)_2ThSi_8O_{20} \cdot nH_2O$ (IMA)

突厥斯坦石柱状晶体(吉尔吉斯斯坦、塔吉克斯坦、加拿大)

突厥斯坦石是一种含结晶水的钾、空位、钙、钠、钍的硅酸盐矿物。属硅钾钙钍石族。四方晶系。晶体呈四方柱状。棕色、苹果绿色、深灰色，玻璃光泽，透明—不透明；硬度5.5～6。1996 年发现于吉尔吉斯斯坦奥什州霍扎赫坎(Khodzhaachkan)河上游哲里苏(Dzhelisu)地块和塔吉克斯坦的附属区达拉伊-皮奥兹(Dara-i-Pioz)地块。英文名称 Turkestanite，以发现地塔吉克斯坦天山山脉土耳其斯坦岭(Turkestan)命名。IMA 1996－036 批准。1997 年 L. A. 保托夫(L. A. Pautov)等在《俄罗斯矿物学会记事》[126(6)]和 J. L. 杨博尔(J. L. Jambor)等在《美国矿物学家》(83)报道。2003 年中国地质科学院矿产资源研究所李锦平等在《岩石矿物学杂志》[22(2)]音译为突厥斯坦石，有的译为土耳其石。

【突尼斯石】参见【碳钠钙铝石】条 924 页

图

[tú]会意；从口，从啚。[英]音，用于外国人名、地名。

【图埃勒石】

英文名 Tooeleite

化学式 $Fe^{3+}_6(AsO_3)_4(SO_4)(OH)_4 \cdot 4H_2O$ (IMA)

图埃勒石板状、叶片状晶体，放射状集合体(西班牙、美国)

图埃勒石是一种含结晶水、羟基的铁的硫酸-砷酸盐矿物。单斜晶系。晶体呈叶片状、柱状；集合体呈放射状、晶簇状、皮壳状。黄色、橙色—褐色，油脂光泽，透明；硬度 3，完全解理。1990 年发现于美国犹他州图埃勒(Tooele)县迪普克拉克山脉金山矿区。英文名称 Tooeleite，以发现地美国的图埃勒(Tooele)县命名。IMA 1990－010 批准。1992 年 F. 塞斯勃隆(F. Cesbron)等在《矿物学杂志》(56)报道。1993 年中国新矿物与矿物命名委员会黄蕴慧等在《岩石矿物学杂志》[12(1)]音译为图埃勒石，也有的根据英文名称首音节音和成分译为图水羟砷铁矾。

【图加里诺夫矿】参见【氧钼矿】条 1062 页

【图拉明矿】参见【铜铁铂矿】条 963 页

【图勒石*】

英文名 Tululite

化学式 $Ca_{14}(Fe^{3+},Al)(Al,Zn,Fe^{3+},Si,P,Mn,Mg)_{15}O_{36}$ (IMA)

图勒石*是一种钙、铁、铝、锌、硅、磷、锰、镁的氧化物矿物。等轴晶系。晶体呈不规则粒状，粒径 20～100μm。黄绿色，玻璃光泽，透明；硬度 6.5，脆性。2014 年发现于约旦哈希姆王国安曼省图勒哈曼(Tulul Al Hammam)(阿拉伯文鸽子山之意)。英文名称 Tululite，以发现地约旦的图勒(Tulul)命名。IMA 2014-065 批准。2015 年 H. N. 库利(H. N. Khoury)等在《CNMNC 通讯》(23)、《矿物学杂志》(79)和 2016 年《矿物学和岩石学》(110)报道。目前尚未见官方中文译名，编译者建议音译为图勒石*。

【图利奥克石】参见【托里克石】条 971 页

【图硼锶石】参见【四水硼锶石】条 902 页

【图兹拉石】

英文名 Tuzlaite

化学式 $NaCaB_5O_8(OH)_2 \cdot 3H_2O$ (IMA)

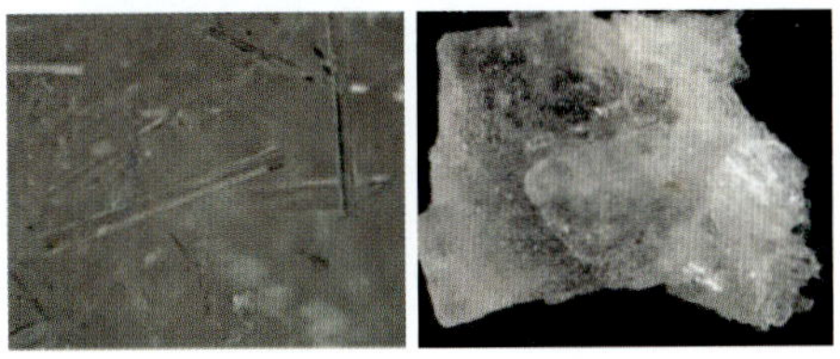

图兹拉石细柱状晶体，块状集合体(德国、波黑)

图兹拉石是一种含结晶水和羟基的钠、钙的硼酸盐矿物。单斜晶系。晶体呈针状、纤维状、长柱状；集合体呈放射状、杂乱状、块状。无色、白色，丝绢光泽、珍珠光泽，透明；硬度 2～3，极完全解理。1993 年发现于波斯尼亚-黑塞哥维那(简称：波黑)东北部图兹拉(Tuzla)州图兹拉盐矿床。英文名称 Tuzlaite，以发现地波黑的图兹拉(Tuzla)命名。IMA 1993-022 批准。1994 年 V. 贝尔曼克(V. Bermanec)等在《美国矿物学家》(79)报道。1999 年中国新矿物与矿物命名委员会黄蕴慧等在《岩石矿物学杂志》[18(1)]音译为图兹拉石。

涂 [tú]形声；从水，余声。本义：涂水。中国姓。

【涂氏磷钙石】

汉拼名 Tuite

化学式 $Ca_3(PO_4)_2$ (IMA)

《中国层控矿床地球化学》和涂光炽像

涂氏磷钙石是一种钙的磷酸盐矿物。属白磷钙石族。与陨磷钙钠石为同质多象。三方晶系。晶体呈不规则片状、粒状，粒内裂隙发育，边缘圆滑；集合体呈晶簇状。无色、白色、黄灰色，玻璃光泽，透明。1986 年 4 月 15 日，中国湖北省随州南部浙河镇落下一颗陨石，国际矿物协会前主席、苏联科学院院士、中国广州地球化学研究所著名地球化学家谢先德研究员在对陨石冲击熔脉研究时，发现了一种无水磷酸钙成分的新矿物，并以中国矿物岩石地球化学学会创建人和首任会长涂光炽院士的姓氏和矿物的主要成分命名为“涂氏磷钙石”，以表彰他对地球化学研究的巨大贡献和在中国陨石研究方面的开拓性工作。IMA 2001-070 批准。2003 年谢先德等在《欧洲矿物学杂志》(15)和《美国矿物学家》(89)报道。涂光炽(1920—2007)是中国著名地质学家、矿床学家、地球化学家，中国地球化学研究的奠基人。早期参加祁连山综合地质考察和撰写《祁连山地质志》。他编撰的《中国层控矿床地球化学》在我国矿床学和地球化学史上是一部里程碑式巨著，代表作还有《华南花岗岩类地球化学》。

土 [tǔ]象形；甲骨文字形，上像土块，下像地面。本义：泥土，土壤。①指矿物呈非晶质或土状集合体形态。②[英]音，用于外国地名、国名。国名：土耳其国(土耳其文：Türkiye，英文：Turkey)是一个横跨欧亚两洲的国家。地名：土耳其斯坦指某些外国人沿用的对里海以东广大中亚地区的称呼，也叫突厥斯坦。

【土耳其石】参见【突厥斯坦石】条 968 页

【土耳其玉】参见【绿松石】条 549 页

【土氟磷铁矿】

英文名 Richellite

化学式 $CaFe_2^{3+}(PO_4)_2(OH,F)_2$ (IMA)

土氟磷铁矿是一种含羟基和氟的钙、铁的磷酸盐矿物。非晶质(加热到 500℃为四方晶系)。晶体呈纤维状；集合体呈土状、放射状、球粒状、层状或致密块状。黄色—黄褐色、红棕色，半玻璃光泽、油脂光泽，半透明；硬度 2～3。1883 年发现于比利时列日省里舍勒(Richelle)；同年，切萨罗(Cesàro)和德普雷(Desprets)在《比利时列日地质学会回忆录编年史》(10)报道。英文名称 Richellite，以发现地比利时列日省的里舍勒(Richelle)命名。1959 年以前发现、描述并命名的“祖父级”矿物，IMA 承认有效，但 IMA 持怀疑态度。中文名称根据形态和成分译为土氟磷铁矿。

【土硅铜矿】参见【硅孔雀石】条 270 页

【土绿磷铝石】

英文名 Planerite

化学式 $Al_6(PO_4)_2(PO_3OH)_2(OH)_8 \cdot 4H_2O$ (IMA)

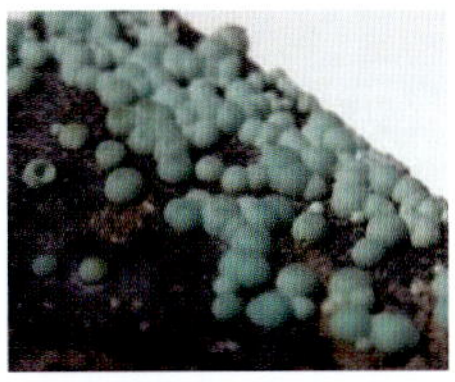

土绿磷铝石球粒状集合体(美国)

土绿磷铝石是一种含结晶水和羟基的铝的氢磷酸-磷酸盐矿物。属绿松石族。三斜晶系。非晶质或半晶质，集合体呈葡萄状、球粒状、皮壳状。浅绿色、浅蓝色、白色，玻璃—半玻璃光泽、蜡状光泽，透明—半透明；硬度 2.5～5，脆性。1862 年发现于俄国斯维尔德洛夫斯克州韦尔克尼亚·希塞特(Verkhnyaya Sysert)切尔诺夫斯卡亚(Chernovskaya)山。1862 年赫尔曼在《俄国自然学会通报》[35(2)]报道。英文名称 Planerite，1862 年由汉斯·鲁道夫·赫尔曼(Hans Rudoph Hermann)为纪念俄国的矿物学家迪米特里·伊万诺维奇·皮拉纳(Dimitrii Ivanovich Planer，1821—1882)而以他的姓氏命名，是他发现的该矿物。IMA 1998s. p. 批准。中文名称根据形态、颜色和成分译为土绿磷铝石。

【土砷铁矾】

英文名 Pitticite

化学式 $[Fe,AsO_4,SO_4,H_2O](?)$ (IMA)

土砷铁矾是一种含结晶水的铁的硫酸-砷酸盐矿物，化学成分似乎是可变的。非晶质。集合体呈块状、肾状、葡萄状、钟乳状、蛋白状、皮壳状、土状。褐色、红褐色、浅黄色、白色等，玻璃光泽，有时油脂光泽，透明—不透明；硬度2～3，非常脆。1808年发现于德国萨克森州格罗斯希马格罗·沃格茨贝格(Großvoigtsberg)的克赖斯特贝谢隆(Christbescherung)矿。最早见于1808年D. L. G. 卡斯滕(D. L. G. Karsten)和H. M. 克拉普罗特(H. M. Klaproth)在《自然史Ⅲ》(*Naturkunde* Ⅲ)的报道。1813年范登霍克(Vandenhoek)和鲁普雷希特(Ruprecht)等在《矿物学手册》(第一卷)刊载。英文名称Pitticite，由希腊文"πίττᾰ=Pitta(希腊和中东地区的皮塔饼)=Pitch(沥青)；树脂"命名，意指材料的黏性的外观形貌。1959年以前发现、描述并命名的"祖父级"矿物，IMA承认有效，但IMA持怀疑态度。中文名称根据形态和成分译为土砷铁矾。

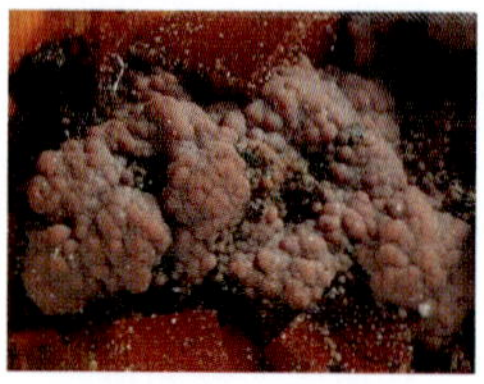
土砷铁矾葡萄状集合体(德国)

钍 [tǔ]形声；从钅，土声。钍是一种放射性元素。[英]Thorium。元素符号Th。原子序数90。1815年，贝采里乌斯从瑞典法龙(Fahlum)的一种矿石中发现的一种新金属氧化物与锆的氧化物很相似。他用古代北欧雷神(Thor)命名为Thorine(拉丁文Thorium)。由于贝采里乌斯是当时化学界的权威，所以化学家们都承认了它。可是，在10年之后贝采里乌斯发表文章说，那个称为Thorine的新金属不是新的，含它的矿石只是钇的磷酸盐，他自己撤销了对钍的发现。到1828年，贝采里乌斯分析了另一种挪威南部洛沃岛的矿石，发现其中有一种当时未知的元素，仍用Thorine命名它。现已知这种矿石的主要成分是硅酸钍$ThSiO_4$。因此钍是先被命名后被发现的。钍以化合物的形式存在于矿物内，例如独居石和钍石等。

【钍氟碳铈矿】

英文名 Thorbastnäsite

化学式 $ThCa(CO_3)_2F_2 \cdot 3H_2O$ (IMA)

钍氟碳铈矿是一种含结晶水和氟的钍、钙的碳酸盐矿物，是氟碳铈矿的含钍类似矿物。六方晶系。晶体呈板状；集合体呈放射状、球状、隐晶块状。褐色。1965年发现于俄罗斯图瓦共和国比基霍尔(Pichikhol')碱性岩地块。1965年A. S. 帕弗林卡(A. S. Pavlenko)等在《全苏矿物学会记事》[94(1)]报道。英文名称Thor-bastnäsite，由成分冠词"Thor(钍)"和根词"Bastnäsite(氟碳铈矿)"组合命名。IMA 1968s. p. 批准。中文名称根据成分及与氟碳铈矿的关系译为钍氟碳铈矿；中国地质科学院译作水氟碳钙钍矿。

钍氟碳铈矿板条状晶体，放射状集合体(加拿大)

【钍金红石】参见**【钛钍矿】**条913页

【钍菱黑稀土矿】

英文名 Thorosteenstrupine

化学式 $(Ca,Th,Mn)_3Si_4O_{11}F \cdot 6H_2O$ (IMA)

钍菱黑稀土矿是一种含结晶水和氟的钙、钍、锰的硅酸盐矿物。属菱黑稀土矿族。蜕晶质。晶体呈细板状。深褐色—黑色，油脂光泽、玻璃光泽，半透明；硬度4，很脆。1962年发现于俄罗斯哈巴罗夫斯克边疆区上布列亚斯基区维克尼梅尔金(Verkhnii Mel'gin)河图劳纳范围切昆达镇切尔吉伦(Chergilen)稀土矿区；同年，库普里亚诺娃二世(Kupriyanova Ⅱ)等在《全苏矿物学会记事》(91)和1963年《美国矿物学家》(4)报道。英文名称Thorosteenstrupine，由化学成分冠词"Thorium(钍)"和根词"Steenstrupine(菱黑稀土矿)"组合命名，意指它是含钍的菱黑稀土矿的类似矿物。IMA 1967s. p. 批准。中文名称根据成分及与菱黑稀土矿关系译为钍菱黑稀土矿，也译作胶硅钍钙石。

【钍石】

英文名 Thorite

化学式 $Th(SiO_4)$ (IMA)

钍石四方双锥状、短柱状晶体(加拿大、美国)

钍石是一种钍的岛状硅酸盐矿物。属锆石族。与硅钍石为同质二象。四方晶系。晶体呈四方双锥状或短柱状、细粒状，具双晶；集合体呈致密块状。黑色、褐色、猪肝色、黄绿色、黄色、橘黄色、橙色，玻璃光泽、树脂光泽，断口上呈油脂光泽，半透明—不透明；硬度4.5～5，非晶质化的钍石硬度、密度等都有减小；具强放射性。1828年发现于挪威泰勒马克郡波什格伦市兰格森德斯乔登(Langesundsfjorden)洛沃(Løvøya)岛。1829年J. J. 贝采里乌斯(J. J. Berzelius)在《物理学和化学年鉴》(9)和《瑞典皇家科学院学报》报道。1815年，贝采里乌斯分析瑞典法龙(Fahlum)出产的一种矿石时，发现一种新金属氧化物与锆的氧化物很相似。他用古代北欧雷神(Thor)命名这一新金属为Throine(钍)，拉丁名称Thorium。由于贝采里乌斯是当时化学界的权威，所以化学家们都承认了它。可是，贝采里乌斯在10年后又撤销了对钍的发现，因为那个称为Thorine的不是新金属，只是含钇的磷酸盐。到1828年，贝采里乌斯分析了另一种挪威南部洛沃岛上所产的矿石，发现其中有一种当时未知的元素，仍用Thorine命名。因此钍是先被命名后被发现的元素。现已明确，这种矿石的主要成分是硅酸钍$ThSiO_4$。英文名称Thorite，1829年由乔恩·雅各布·贝采里乌斯(Jöns Jakob Berzelius)根据他在矿物中发现的新元素钍(Thorine)命名。1959年以前发现、描述并命名的"祖父级"矿物，IMA承认有效。中文名称根据成分译为钍石。同义词Orangite，由"Orang(橙子)"命名，因其颜色呈橙黄色，有人又译作橙黄石。

【钍铈磷灰石】参见**【凤凰石】**条169页

【钍钛矿】参见**【钛钍矿】**条913页

【钍钇易解石】

英文名 Blomstrandine

化学式 $(Y,Ln,Ca,Th)(Ti,Nb)_2(O,OH)_6$

钍钇易解石是易解石的含钍、钇的变种。蜕晶质(斜方晶系)。暗褐色、黑色、红褐色、褐黄色，玻璃光泽、油脂光泽、半金属光泽；硬度5.5。1879年发现于挪威威斯特-阿格德县和南部的其他6个地方。W. Ch. 布拉格(W. Ch. Brøgger)于1879年在《结晶学和矿物学杂志》(3)发表了晶体描述材料,但没有化学分析资料。1906 年由沃尔德·克里斯托弗·布拉格(Waldemar Christofer Brøgger)在 *Videnskapsselskapets Skrifter. I. Mat - Naturv. Klasse*(6)为纪念瑞典隆德大学的化学教授克里斯蒂安·威廉·布洛姆斯特兰德(Christian Wilhelm Blomstrand,1826—1897)而以他的姓氏命名。他对该矿物做了化学分析。根据 1966 年莱文森规则,后由 IMA 更名为 Aeschynite-(Y)(钇易解石)。Blomstrandine 被视作 Aeschynite-(Y)的同义词。中文名称根据成分及与易解石的关系译为钍钇易解石(根词参见【钛钇矿】条 914 页)。

【钍铀矿】参见【晶质铀矿】条 389 页

【钍脂铅铀矿】

英文名 Thorogummite

化学式 $(Th)(SiO_4)_{1-x}(OH)_{4x}$

钍脂铅铀矿是一种含羟基的钍的硅酸盐矿物,钍被部分铀、铅替代的水化钍石的变种。四方晶系。晶体呈带短锥的方柱状(钍石假象);集合体常呈无定形状态的土状、结核状、致密块状。黄色、淡玫瑰黄色、褐色—黑色、樱桃红色,土状光泽、弱玻璃光泽、油脂光泽,不透明;硬度变化大,1~2(土状)或 4~5.5(晶体)。1889 年发现于美国得克萨斯州草原县布拉夫顿巴林杰(Baringer)山;同年,在《美国科学杂志》(138)报道。英文名称 Thorogummite,由成分冠词"Thoro(钍)"和根词"Gummite(脂铅铀矿)"组合命名。2014 年波拉·C.皮洛宁(Paula C. Piilonen)等在《加拿大矿物学家》(52)报道,对它作为一个矿物种持怀疑态度(IMA 14 - B)。中文名称根据成分及与脂铅铀矿的关系译为钍脂铅铀矿或脂铅钍铀矿(参见【脂铅铀矿】条 1114 页)。同义词 Hydrothorite,中文名称译作水钍石。

托

[tuō]形声;从手,从乇(tuō)声。[英]音,用于人名、地名、河名。

【托铵云母】

英文名 Tobelite

化学式 $(NH_4)Al_2(Si_3Al)O_{10}(OH)_2$　(IMA)

托铵云母是一种含羟基的铵、铝的铝硅酸盐矿物。属云母族。单斜晶系。集合体呈隐晶质土状、块状。白色、黄绿色,土状光泽,半透明;硬度 2。1981 年发现于日本本州岛中国地方广岛县贺茂郡丰蜡(Horou)矿床和日本四国岛爱媛县伊予市砥部町(Tobe-cho)扇谷(Ohgidani)黏土矿床。英文名称 Tobelite,以发现地日本的砥部町(Tobe-cho)命名。日文汉字名称砥部云母和砥部石。IMA 1981 - 021 批准。1982 年东正治(Shojl Higashi)在日本《矿物学杂志》(11)和 1983 年 P. J. 邓恩(P. J. Dunn)等在《美国矿物学家》(68)报道。1984 年中国新矿物与矿物命名委员会郭宗山在《岩石矿物及测试》[3(2)]根据英文名称首音节音、成分和族名译为托铵云母。2010 年杨主明在《岩石矿物学杂志》[29(1)]建议采用日文汉字名称砥部云母,还有的译作铵云母或铵伊利石。目前已知有两个多型 Tobelite-1M 和 Tobelite-2M2。

【托钡硅石】参见【硅钛铁钡石】条 290 页

【托勃莫来石】参见【雪硅钙石】条 1053 页

【托恩罗斯矿*】

英文名 Törnroosite

化学式 $Pd_{11}As_2Te_2$　(IMA)

托恩罗斯矿*是一种钯的砷-碲化合物矿物。等轴晶系。黑色,金属光泽,不透明;硬度 5。2010 年发现于芬兰拉普兰地区伊纳里湖莱门河支流米西约基(Miessijoki)河。英文名称 Törnroosite,以芬兰赫尔辛基大学的朗纳·托恩罗斯(Ragnar Törnroos,1943—)教授的姓氏命名。IMA 2010 - 043 批准。2011 年卡尔·K.科约(Kari K. Kojonen)等在《加拿大矿物学家》[49(6)]报道。目前尚未见官方中文译名,编译者建议音译为托恩罗斯矿*。

【托雷西拉斯石*】

英文名 Torrecillasite

化学式 $Na(As,Sb)_4^{3+}O_6Cl$　(IMA)

托雷西拉斯石*细柱状、针状晶体,放射状集合体(智利)

托雷西拉斯石*是一种含氯的钠的锑砷酸盐矿物。斜方晶系。晶体呈细长柱状、针状、纤维状,具有菱形断面;集合体呈放射状、泡泡球状。无色,金刚光泽,透明;硬度 2.5,脆性。2013 年发现于智利伊基克省萨拉尔格兰德的托雷西拉斯(Torrecillas)矿。英文名称 Torrecillasite,以发现地智利的托雷西拉斯(Torrecillas)矿命名。IMA 2013 - 112 批准。2014 年 A. R. 坎普夫(A. R. Kampf)等在《CNMNC 通讯》(19)和《矿物学杂志》(78)报道。目前尚未见官方中文译名,编译者建议音译为托雷西拉斯石*。

【托里克石】

英文名 Tuliokite

化学式 $Na_6BaTh(CO_3)_6 \cdot 6H_2O$　(IMA)

托里克石柱状晶体(俄罗斯)

托里克石是一种含结晶水的钠、钡、钍的碳酸盐矿物。三方晶系。晶体呈柱状、菱面体状。无色、白色、浅棕色、浅灰色,玻璃光泽,透明—半透明;硬度 3~4,脆性。1988 年发现于俄罗斯北部摩尔曼斯克州托里克(Tuliok)河库基斯武姆科尔(Kukisvumchorr)山基洛夫斯基(Kirovskii)磷灰石矿。英文名称 Tuliokite,以发现地俄罗斯的托里克(Tuliok)河命名。IMA 1988 - 041 批准。1990 年在基辅《矿物学杂志》[12(3)]报道。1991 年中国新矿物与矿物命名委员会郭宗山在《岩石矿物学杂志》[10(4)]音译为托里克石。1993 年中国新矿物与矿物命名委员会黄蕴慧等在《岩石矿物学杂志》[12(1)]音译为图利奥克石;中国地质科学院信息中心译为徒里克石。

【托硫锑铱矿】

英文名 Tolovkite

化学式 IrSbS　(IMA)

托硫锑铱矿是一种铱、锑的硫化物矿物。属辉钴矿族。等轴晶系。晶体呈粒状。稍带蓝色的灰色,金属光泽,不透明;硬度 7.5。1980 年发现于俄罗斯堪察加州科里亚克区乌斯特-贝尔斯基(Ust'- Bel'skii)超基性岩地块托洛夫卡(Tolovka)河砂矿。英文名称 Tolovkite,以发现地俄罗斯的托洛夫卡(Tolovka)河命名。IMA 1980 - 055 批准。1981 年 L. V. 拉金(L. V. Razin)等在《全苏矿物学会记事》[110(4)]和 1982 年弗莱舍等在《美国矿物学家》(67)报道。中文名称根据英文名称首音节音和成分译为托硫锑铱矿,也译作硫锑铱矿。

【托氯铜石】

英文名 Tolbachite

化学式 $CuCl_2$ (IMA)

托氯铜石板状晶体，塔状集合体(俄罗斯)和托尔巴契克火山

托氯铜石是一种铜的氯化物矿物。属陨氯铁族。单斜晶系。晶体呈板状、细长纤维状;集合体呈苔藓状、塔状包壳附着在玄武岩上。棕色—金黄色,珍珠光泽,半透明。1982年发现于俄罗斯堪察加州托尔巴契克(Tolbachik)火山大裂缝北部破火山口第一个火山渣锥。英文名称 Tolbachite,以发现地俄罗斯堪察加州托尔巴契克火山附近大裂缝托尔巴契克(Tolbachik)喷发口命名。IMA 1982-067 批准。1983年 L. P. 贝尔戛索娃(L. P. Bergasova)和 S. K. 菲拉托夫(S. K. Filatov)在《苏联科学院报告》(270)及 1984 年 P. J. 邓恩(P. J. Dunn)等在《美国矿物学家》(69)报道。1985 年中国新矿物与矿物命名委员会郭宗山等在《岩石矿物及测试》[4(4)]根据英文名称首音节音和成分译为托氯铜石。

【托普索石*】

英文名 Topsøeite

化学式 $FeF_3(H_2O)_3$ (IMA)

托普索石*是一种含结晶水的铁的氟化物矿物。四方晶系。集合体呈皮壳状。白色、黄色。1991 年丹麦哥本哈根大学实验室的地质学家斯温·彼得·雅各布森(Sveinn Peter Jakobsson)发现于冰岛南部区赫克拉(Hekla)火山,25年后哥本哈根大学地球科学和自然资源部负责人、矿物学和结晶学副教授 T. 贝里康·祖尼康(T. Balić-Žunic)证明它是一种以前未知的新矿物。英文名称 Topsøeite,以丹麦托普索(Topsøe)家族的姓氏命名,包括化学家兼晶体学家哈尔多尔·弗雷德里克·阿克塞尔·托普索(Haldor Frederik Axel Topsøe, 1842—1935)和他的儿子——一位哈尔多尔·托普索(HaldorTopsøe)催化公司的创始人、工程师哈尔多尔·托普索(Haldor Topsøe, 1913—2013)及他的孙子亨里克·托普索(Henrik Topsøe, 1944—)的姓氏命名。IMA 2016-113 批准。2017 年祖尼康等在《CNMNC 通讯》(36)、《矿物学杂志》(81)和 2018 年《欧洲矿物学杂志》(30)报道。目前尚未见官方中文译名,编译者建议音译为托普索石*。

托普索像

【托图尔石*】

英文名 Toturite

化学式 $Ca_3Sn_2(SiFe^{3+}_2)O_{12}$ (IMA)

托图尔石*是一种钙、锡的铁硅酸盐矿物,是锡的凯里马西石*的类似矿物。属石榴石结构超族钛榴石族。等轴晶系。2009 年发现于俄罗斯卡巴迪诺-巴尔卡里亚共和国巴克桑(Baksan)谷上切格姆火山喷发口拉卡吉(Lakargi)山 3 号捕虏体。英文名称 Toturite,以穿过埃尔特尤比乌(El-tyubyu)村附近的托图尔(Totur)河命名,托图尔(Totur)也是巴尔卡里安共和国的一个神的名字。IMA 2009-033 批准。2010 年叶夫根尼·V. 加鲁斯金(Evgeny V. Galuskin)等在《美国矿物学家》[95(8-9)]报道。目前尚未见官方中文译名,编译者建议音译为托图尔石*。

T

W w

瓦 [wǎ]象形；像屋瓦俯仰相承的样子。“瓦”是汉字的一个部首。本义：已烧土器的总称。[英]音。①用于外国人名、地名。②美国新泽西州富兰克林的早期原始居民(Lenni Lenape)印第安人的语言与巴西罗赖马州和亚马逊地区的印第安人使用的语言。

【瓦钙镁硼石】

英文名 Wardsmithite

化学式 $Ca_5Mg(B_4O_7)_6 \cdot 30H_2O$　　(IMA)

史密斯像

瓦钙镁硼石是一种含结晶水的钙、镁的硼酸盐矿物。单斜(假六方)晶系。晶体呈显微六方板状；集合体常呈皮壳状、结核状。无色、白色，透明；硬度2.5。1967年发现于美国加利福尼亚州伊克恩县瑞安(Ryan)硼酸盐矿床。英文名称Wardsmithite，以美国地质调查局的地质学家瓦德·克伦威尔·史密斯(Ward Cromwell Smith，1906—1998)的姓名命名。IMA 1967-030批准。1970年R.C.厄尔德(R.C.Erd)等在《美国矿物学家》(55)报道。中文名称根据英文名称首音节音和成分译为瓦钙镁硼石或瓦硼镁钙石。

【瓦硅钙钡石】

英文名 Walstromite

化学式 $BaCa_2Si_3O_9$　　(IMA)

瓦硅钙钡石是一种钡、钙的硅酸盐矿物。三斜晶系。晶体呈柱状、粒状。无色—白色，半玻璃光泽，解理面上呈珍珠光泽，透明—半透明；硬度3～3.5，完全解理。1964年发现于美国加利福尼亚州弗雷斯诺市拉什(Rush)河矿床。英文名称Walstromite，以美国原先的加利福尼亚州弗雷斯诺市(现在的新墨西哥州银城)地质学家和矿物收藏家罗伯特“鲍勃”·E.瓦尔斯特龙(Robert“Bob” E. Walstrom，1920—)的姓氏命名，是他发现了此矿物。到2008年他已经发表了12篇新的矿物科学作品，他的贡献值得称赞。IMA 1964-009批准。1965年在《美国矿物学家》(50)报道。中文名称根据英文名称首音节音和成分译为瓦硅钙钡石。

【瓦基特矿*】

英文名 Uakitite

化学式 VN　　(IMA)

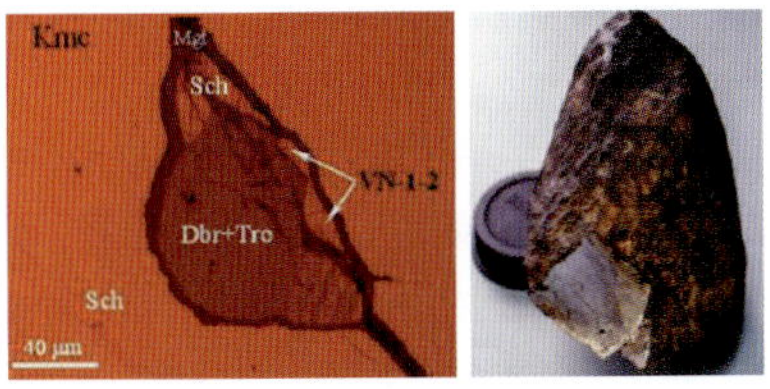

瓦基特矿*和瓦基特铁陨石(俄罗斯)

瓦基特矿*是一种钒与氮的化合物。它是在自然界中发现的第一个氮化钒，也是第一个天然无氧V-N化合物。属陨氮钛石族。等轴晶系。在立方晶体白榴石和圆形颗粒陨磷铁矿中呈包裹体，粒径通常小于5μm。黄色，金属光泽，透明；硬度9～10，脆性。2018年发现于俄罗斯布里亚特共和国瓦基特(Uakit)铁陨石。英文名称Uakitite，以瓦基特(Uakit)铁陨石命名。IMA 2018-003批准。2018年V.V.沙雷金(V.V.Sharygin)等在《CNMNC通讯》(43)、《矿物学杂志》(82)和《欧洲矿物学杂志》[10(2)]报道。目前尚未见官方中文译名，编译者建议音译为瓦基特矿*。

【瓦杰达克石*】

英文名 Vajdakite

化学式 $(Mo^{6+}O_2)_2As_2^{3+}O_5 \cdot 3H_2O$　　(IMA)

瓦杰达克石*柱状晶体，放射状集合体(捷克)和瓦杰达克像

瓦杰达克石*是一种含结晶水的钼氧的砷酸盐矿物。单斜晶系。晶体呈柱状；集合体呈放射状。绿色—灰绿色，玻璃光泽，透明—半透明；完全解理。1998年发现于捷克共和国卡罗维发利克州厄尔士山脉斯沃诺斯特(Svornost)矿。英文名称Vajdakite，以美国矿物收藏家和稀有矿物经销商约瑟夫·瓦杰达克(Josef Vajdak，1930—2019)的姓氏命名。IMA 1998-031批准。2002年在《美国矿物学家》(87)报道。目前尚未见官方中文译名，编译者建议音译为瓦杰达克石*。

【瓦雷讷石】

英文名 Varennesite

化学式 $Na_8Mn_2Si_{10}O_{25}(OH,Cl)_2 \cdot 12H_2O$　　(IMA)

瓦雷讷石柱状晶体(加拿大)

瓦雷讷石是一种含结晶水、羟基和氯的钠、锰的硅酸盐矿物。斜方晶系。晶体呈柱状。淡棕黄色—橙色，玻璃光泽，透明—不透明；硬度4。1994年发现于加拿大魁北克省蒙泰雷吉区拉杰默雷(Lajemmerais)瓦雷讷(Varennes)和德麦士-瓦雷讷(Demix-Varennes)采石场。英文名称Varennesite，以发现地加拿大的瓦雷讷(Varennes)采石场命名。IMA 1994-017批准。1995年J.D.格赖斯(J.D.Grice)和R.A.高尔特(R.A.Gault)在《加拿大矿物学家》(33)报道。2003年李锦平等在《岩石矿物学杂志》[22(3)]音译为瓦雷讷石。

【瓦利石*】

英文名 Valleyite

化学式 $Ca_4Fe_6O_{13}$　　(IMA)

瓦利石*是一种钙、铁的氧化物矿物。等轴晶系。方钠石型结构。晶体粒径250～500nm。2017年发现于美国爱达荷州麦迪逊县雷克斯堡地区梅南(Menan)火山晚更新世玄武质火山渣杂岩体。英文名称Valleyite，以美国威斯康星大学麦迪逊分校教授、美国矿物学学会前主席(2005—2006)

约翰·W. 瓦利(John W. Valley, 1948—)的姓氏命名,以表彰他对矿物学、岩石学和地球化学的开创性贡献,使人们对地球地壳演化有了更深的理解。IMA 2017-026 批准。2017 年李承烈、徐恵芳和徐洪武在《CNMNC 通讯》(38)、《矿物学杂志》(81)及 2019 年《美国矿物学家》[140(9)]报道。目前尚未见官方中文译名,编译者建议音译为瓦利石*;徐慧芳教授根据英文名称首音节音和成分译为瓦利钙铁石。

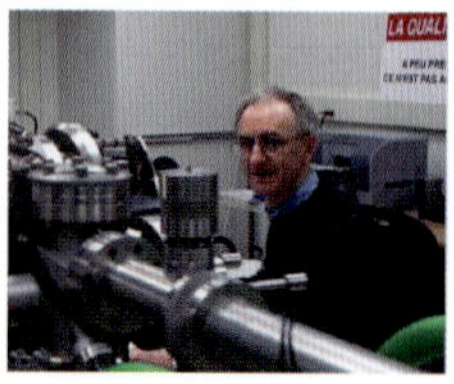

瓦利像

【瓦伦特石】

英文名 Walentaite

化学式 $Fe^{3+}_3(Ca,Mn^{2+},Fe^{2+},Na,\square)(As^{3+}_3O_6)(PO_4)_2(O,OH)(H_2O)_5$ (IMA)

瓦伦特石放射状集合体(美国)

瓦伦特石是一种含结晶水、羟基和氧的三价铁、钙、锰、二价铁、钠、空位的磷酸-砷酸盐矿物。斜方晶系。晶体呈刃片状、针状;集合体呈放射状。亮黄色、橘黄色,玻璃光泽,透明;硬度 3。1983 年发现于美国南达科他州卡斯特县白象(White Elephant)矿。英文名称 Walentaite,以德国斯图加特大学矿物学教授库尔特·瓦伦特(Kurt Walenta,1927—)博士的姓氏命名,以表彰他对砷酸盐和磷酸盐,特别是对德国黑森林矿物学做出了重大贡献。IMA 1983-047 批准。1984 年 P. J. 邓恩(P. J. Dunn)等在《矿物学新年鉴》(月刊)和《美国矿物学家》(69)报道。1985 年中国新矿物与矿物命名委员会郭宗山等在《岩石矿物及测试》[4(4)]音译为瓦伦特石。

【瓦姆佩恩石*】

英文名 Wampenite

化学式 $C_{18}H_{16}$ (IMA)

瓦姆佩恩石*是一种罕见的碳氢甲基芳烃非有机化合物矿物。单斜晶系。晶体呈柱状;集合体呈朽木状。无色,透明。2015 年发现于德国巴伐利亚州瓦姆佩恩(Wampen)松柏科针叶树木化石中。英文名称 Wampenite,以发现地德国的瓦姆佩恩(Wampen)命名。IMA 2015-061 批准。2015 年 S. J. 米尔斯(S. J. Mills)等在《CNMNC 通讯》(27)、《矿物学杂志》(79)和 2017 年《欧洲矿物学杂志》(29)报道。目前尚未见官方中文译名,编译者建议音译为瓦姆佩恩石*。

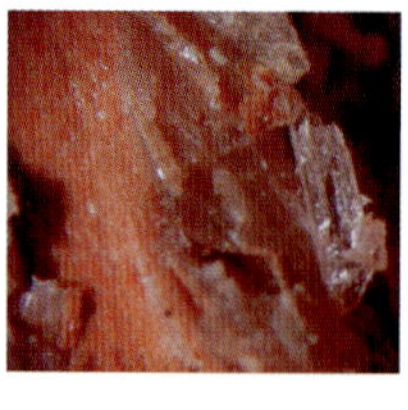

瓦姆佩恩石*柱状晶体,朽木状集合体(德国)

【瓦纳克石*】

英文名 Vanackerite

化学式 $Pb_4Cd(AsO_4)_3Cl$ (IMA)

瓦纳克石*是一种含氯的铅、镉的砷酸盐矿物。属磷灰石超族。三方晶系。晶体呈假六边形薄片状;集合体呈莲花座状,直径可达 5mm。浅黄色,金刚光泽,半透明。2011 年发现于纳米比亚奥希科托区楚梅布(Tsumeb)矿。英文名称 Vanackerite,以比利时系统矿物收藏家乔治斯·瓦纳克(Georges Vanacker,1923—1992)的姓氏命名。瓦纳克非常有才华,精通多种语言,因第二次世界大战,他在布鲁塞尔娶了迪娜·波利菲特(Dina Pollefeyt)为妻,迪娜专注于美学标本,他在妻子的影响下对矿物学发生了兴趣。乔治开始建立一个系统的矿物收藏。1960 年左右,当他的收藏达到大约 300 件标本时,乔治觉得他的矿物学知识不足,于是开始学习矿物学。他非常热衷于建立网络,特别是经常访问布鲁塞尔的比利时皇家自然科学研究所。1975 年他建立了一个数据库,为自己的标本编目。到 1990 年,他的收藏品包括 12 000 个编目标本和数千个记录良好但未编目的标本,在当时已知的 3 600 种矿物,他累积了 2 856 种,将近 80%。最终,他将这些美学标本分给他的 3 个孩子,并将完整的系统收藏捐赠给布鲁塞尔的比利时皇家自然科学研究所。IMA 2011-114批准。2012 年 J. 施吕特(J. Schlüter)等在《CNMNC 通讯》(13)、《矿物学杂志》(76)和 2016 年《矿物学与地球化学杂志》(193)报道。目前尚未见官方中文译名,编译者建议音译为瓦纳克石*。

瓦纳克石*假六方板状晶体,晶簇状集合体(纳米比亚)和瓦纳克像

【瓦尼尼石*】

英文名 Vaniniite

化学式 $Ca_2Mn^{2+}_3Mn^{3+}_2O_2(AsO_4)_4 \cdot 2H_2O$ (IMA)

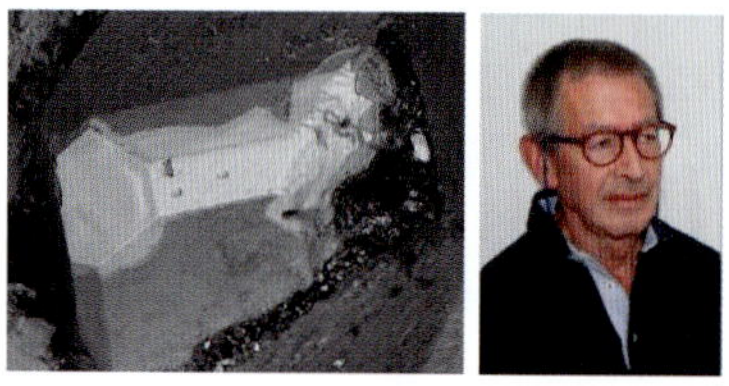

瓦尼尼石*柱状晶体(瑞士)和瓦尼尼像

瓦尼尼石*是一种含结晶水的钙、锰氧的砷酸盐矿物。单斜晶系。晶体呈柱状。2017 年发现于瑞士阿尔布拉地区阿尔卑斯山法洛塔(Falotta)。英文名称 Vaniniite,以意大利矿物收藏家和阿尔卑斯山外来矿物协会专家弗朗西斯科·瓦尼尼(Francesco Vanini,1947—)的姓氏命名。瓦尼尼先生参与了稀有含锰矿物的研究,特别是砷酸盐和磷酸盐,他收集的样品中至少含有 5 种新矿物。IMA 2017-116 批准。2018 年 N. 梅瑟(N. Meisser)等在《CNMNC 通讯》(43)、《矿物学杂志》(82)和《欧洲矿物学杂志》(30)报道。目前尚未见官方中文译名,编译者建议音译为瓦尼尼石*。

【瓦水砷锌石】参见【三斜水砷锌矿】条 768 页

【瓦文达石】

英文名 Wawayandaite

化学式 $Ca_6Be_9Mn^{2+}_2BSi_6O_{23}(OH,Cl)_{15}$ (IMA)

瓦文达石是一种含羟基和氯的钙、铍、锰的硼硅酸盐矿物。单斜晶系。无色—白色,珍珠光泽,透明—不透明;硬度1。1988年发现于美国新泽西州苏塞克斯县富兰克林矿区富兰克林(Franklin)矿。英文名称 Wawayandaite,1990年以P. J. 邓恩(P. J. Dunn)等根据发现地美国新泽西州富兰克林的早期原始居民印第安人亦称伦尼莱纳佩(Lenni Lenape)人的语言"Wawayanda(瓦文达)"命名,意思是许多或几个绕组,指矿物严重弯曲并缠绕的结晶习性。IMA 1988-043批准。1990年邓恩等在《美国矿物学家》(75)报道。1991年中国新矿物与矿物命名委员会郭宗山在《岩石矿物学杂志》[10(4)]音译为瓦文达石,有的按成分译为氯铍硼钙石。

【瓦西尔矿】参见【硫碲铜钯矿】条 498 页

【瓦伊米利钇石*】

英文名 Waimirite-(Y)

化学式 YF_3　(IMA)

瓦伊米利钇石*是一种钇的氟化物矿物。属钙钛矿超族非化学计量的钙钛矿族奥斯卡森石*亚族。斜方晶系。晶体(天然的)呈板片状,晶体(合成的)呈柱状和双锥状。浅粉色,非金属光泽,透明—半透明。2013年发现于巴西亚马逊州皮廷加(Pitinga)矿。英文名称 Waimirite-(Y),由巴西的罗赖马州和亚马逊地区的印第安人使用的瓦伊米利-阿特罗阿利(Waimiri Atroari)文加成分钇后缀-(Y)组合命名。IMA 2013-108批准。2014年A. C. 巴斯托斯·内托(A. C. Bastos Neto)等在《CNMNC通讯》(19)、《矿物学杂志》(78)和2015年《矿物学杂志》(79)报道。目前尚未见官方中文译名,编译者建议音加成分译为瓦伊米尔钇石*;根据英文名称首音节音和成分译为瓦氟钇石*。

【瓦兹利石】

英文名 Wadsleyite

化学式 Mg_2SiO_4　(IMA)

瓦兹利石是一种高压β-相橄榄石。在地球内部的410km深处高温高压条件下,橄榄石的晶体结构不再稳定,会经相变变成一种孤立双岛状硅酸盐β-相橄榄石。它与镁橄榄石和林伍德石(Ringwoodite)为同质多象。属橄榄石族。斜方晶系。晶体呈显微晶粒状,粒径5μm。浅灰棕色、深绿色,玻璃光泽,透明。1966年在加拿大阿尔伯塔省和平(Peace)河陨石中发现,首次被林伍德(Ringwood)和马约尔(Major)鉴定描述,到1968年被日本学者秋本(Akimoto)和佐藤(Sato)证实是一个稳定阶段的产物。英文名称 Wadsleyite,以澳大利亚矿物学家大卫·阿瑟·瓦兹利(David Arthur Wadsley,1918—1969)的姓氏命名。瓦兹利氏是澳大利亚联邦科学与工业研究组织(CSIRO)的固态化学和晶体学家,他对澳大利亚结晶学做出了重大贡献,包括晶体剪切的概念。IMA 1982-012批准。1983年R. D. 普赖斯(R. D. Price)等在《加拿大矿物学家》(21)和P. J. 邓恩(P. J. Dunn)等在《美国矿物学家》(68)报道。1985年中国新矿物与矿物命名委员会郭宗山等在《岩石矿物及测试》[4(4)]音译为瓦兹利石,也有的译作瓦士利石。1986年中国科学技术大学王奎仁、洪吉安等在中国安徽毫县陨石也有发现(见1995年《矿物学报》[15(1)])。

瓦兹利像

歪 [wāi]会意;合不正二字为一字,"不正"为歪。本义:不正,偏斜。

【歪长石】

英文名 Anorthoclase

化学式 $(Na,K)AlSi_3O_8$

歪长石厚板状晶体(日本、墨西哥)

歪长石是一种钠、钾的铝硅酸盐矿物。属长石族。与库姆迪科尔石*(Kumdykolite,IMA 2007-049)和玲根石(Lingunite)为同质多象。三斜(假单斜)晶系。晶体形态与正长石相似,呈柱状、厚板状,具卡氏双晶或格子状双晶。无色、白色、淡灰的粉红色,玻璃光泽,解理面上呈珍珠光泽;硬度6~6.5,完全解理,脆性。1885年发现于意大利特拉帕尼省潘泰莱里亚(Pantelleria)岛。英文名称 Anorthoclase,1885年由卡尔·哈利·费迪南德·罗森布施(Karl Harry Ferdinand Rosenbusch)根据希腊文"αν,ορθὸς 和 κλάσις"命名,意思是矿物的解理是"不正的"。见于1892年E. S. 丹纳(E. S. Dana)《系统矿物学》(第六版)。被IMA废弃。中文名称根据"不正的,即斜的"解理和族名译为歪长石/钠长石(参见【正长石】条1112页)。

外 [wài]会意;从夕,从卜。与"内""里"相对。

【外约旦石*】

英文名 Transjordanite

化学式 Ni_2P　(IMA)

外约旦石*是一种镍的磷化物矿物。六方晶系。晶体呈不规则粒状,粒径0.2mm。金属光泽,不透明;脆性。2013年发现于以色列内盖夫沙漠大巴-斯瓦卡(Daba-Siwaqa)杂岩体未名磷矿采石场。英文名称 Transjordanite,2013年谢尔盖·N. 布里特温(Sergey N. Britvin)等根据发现地约旦的外约旦(Transjordan)高原命名。IMA 2013-106批准。2014年布里特温等在《CNMNC通讯》(19)和《矿物学杂志》(78)报道。目前尚未见官方中文译名,编译者建议意音译为外约旦石*。

丸 [wán]形声;小篆是仄的反写。本义:小而圆的物体。用于日本人名。

【丸茂矿*】

英文名 Marumoite

化学式 $Pb_{32}As_{40}S_{92}$　(IMA)

丸茂矿*是一种铅的砷-硫化矿物。可能属于脆硫砷铅矿族。单斜晶系。铅灰色,金属光泽,不透明。1983年东京大学矿物学家小泽彻和竹内慶夫发现于瑞士瓦莱州林根巴赫(Lengenbach)采石场;同年,在《1983年度日本矿物学协会会议文摘》(D4)报道。英文名称 Marumoite,以日本东京日本大学的矿物学和结晶学教授和硫盐矿物结构专家丸茂文幸(Fumiyuki Marumo,1931—)的姓氏命名。IMA 1998-004批准。1999年在《矿物王国》(*Le Règne Minéral*)(30)报道。日文汉字名称丸茂鉱。目前尚未见官方中文译名,编译者建议借用日文汉字名称丸茂鉱的简化名称丸茂矿*。

【丸山电气石】

英文名 Maruyamaite

化学式 $K(MgAl_2)(Al_5Mg)(BO_3)_3(Si_6O_{18})(OH)_3O$ (IMA)

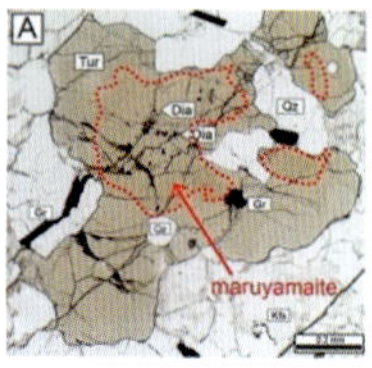

丸山电气石他形晶体和小金刚石包裹体(哈萨克斯坦)

丸山电气石是一种含大量钾元素的电气石。属电气石族。三方晶系。晶体呈他形或自形柱状,宽 2mm;内部含有极小的金刚石。浅棕色—棕色,玻璃光泽,半透明;硬度 7,脆性。1997—1999 年间,东京工业大学与早稻田大学联合研究小组在哈萨克斯坦北部阿克莫拉州科克舍套市科克切塔夫(Kokchetav)地块的超高压变质带采集的约 9 000 块岩石中,发现了一种含大量钾元素的电气石。钻石是在压力很大的地下深处形成的,而电气石的形成又必须有集中在地球表层的元素,所以这种新矿物将成为弄清地球表层和内部物质循环的线索。英文名称 Maruyamaite,由研究小组带头人、日本东京工业大学教授丸山茂德(Shigenori Maruyama,1949—)的姓氏命名。IMA 2013-123 批准。它是被 IMA 批准的高压岩石中发现的电气石族含钾的第一个成员,也是世界首次发现与钻石共存的电气石,而含有大量钾的电气石也非常罕见,证明其所在的岩石曾经历过地球深处的高压。2014 年 A. 卢西尔(A. Lussier)等在《CNMNC 通讯》(20)、《矿物学杂志》(78)和 2016 年《美国矿物学家》(101)报道。中文名称根据日文汉字名称和族名译为丸山电气石。

顽 [wán]形声;从页,元声。基本义,不驯服,不容易变化。顽火:对火有顽强的抵抗能力。

【顽火辉石】

英文名 Enstatite

化学式 $Mg_2Si_2O_6$ (IMA)

顽火辉石柱状晶体(德国、美国)

顽火辉石是辉石族正辉石亚族顽火辉石 $Mg_2[Si_2O_6]$—正铁辉石 $Fe_2[Si_2O_6]$完全类质同象系列的镁端元矿物。与阿基墨石(Akimotoite)和斜顽火石(Clinoenstatite)为同质多象。斜方晶系。晶体呈柱状、粒状,具简单和聚片双晶。颜色为无色或带浅绿的灰色,也有褐绿色或褐黄色,玻璃光泽,解理面上呈珍珠光泽,半透明—不透明;硬度 5～6,完全解理,脆性。模式产地捷克。最早见于 1810 年 M. H. 克拉普罗特(M. H. Klaproth)在罗特曼柏林《关于吹管分析化学知识对矿物学的贡献》(*Chemische Untersuchung des Bronzits, Beiträge zur chemischen Kenntniss der Mineralkörper*)(第五卷)报道。1855 年由 G. A. 肯龚特(G. A. Kenngott)正式描述于南非的"蓝地",未经氧化的金伯利岩中,与金刚石伴生;同年,在《皇家科学院会议报告》(16)报道。英文名称 Enstatite,来自希腊文"Αντ ί παλος=Enstates=Opponent",意思是"对抗、对手",因为这种矿物熔点高,即在吹管火焰下不熔融,"对火有顽强的抵抗能力"之意。1959 年以前发现、描述并命名的"祖父级"矿物,IMA 承认有效。IMA 1988s. p. 批准。中文名称意加族名译为顽火辉石,简称顽辉石或顽火石

万 [wàn]象形;万的繁体字萬,甲骨文呈蝎子形。本义:蝎。[英]音,用于外国人名。

【万次郎矿】参见【锰钠矿】条 612 页

【万达斯石】

英文名 Vantasselite

化学式 $Al_4(PO_4)_3(OH)_3 \cdot 9H_2O$ (IMA)

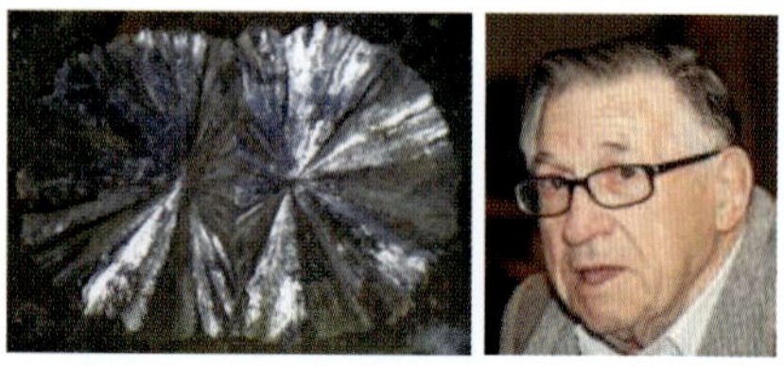
万达斯石叶片状晶体,放射状集合体(比利时)和范·塔塞尔像

万达斯石是一种含结晶水、羟基的铝的磷酸盐矿物。斜方晶系。晶体呈叶片状;集合体呈放射状、球状。白色,珍珠光泽,透明—半透明;硬度 2～2.5,极完全解理。1986 年发现于比利时卢森堡省斯塔维洛特镇的比安(Bihain)。英文名称 Vantasselite,以比利时布鲁塞尔皇家科学院自然科学研究所矿物学家勒内·范·塔塞尔(René Van Tassel,1916—2013)博士的姓名命名。IMA 1986-016 批准。1987 年 A. M. 弗兰索勒特(A. M. Fransolet)在《比利时矿物学》(110)和 1988 年 J. L. 杨博尔(J. L. Jambor)等在《美国矿物学家》(73)报道。1988 年中国新矿物与矿物命名委员会郭宗山等在《岩石矿物学杂志》[7(3)]音译为万达斯石。

【万磷铀矿】

英文名 Vanmeersscheite

化学式 $U(UO_2)_3(PO_4)_2(OH)_6 \cdot 4H_2O$ (IMA)

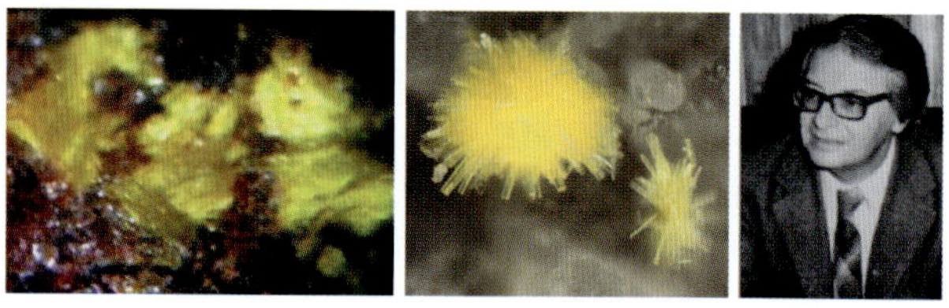
万磷铀矿板状晶体,放射状、球粒状集合体(德国、刚果)和梅尔斯彻像

万磷铀矿是一种含结晶水、羟基的铀的铀酰-磷酸盐矿物。属福磷钙铀矿族。斜方晶系。晶体呈板状;集合体常呈晶簇状、放射状、球粒状。亮黄色,玻璃光泽,透明;硬度 2～3,完全解理。1981 年发现于刚果(金)南基伍省姆文加地区科博科博(Kobokobo)伟晶岩。英文名称 Vanmeersscheite,以比利时鲁汶天主教大学晶体学教授莫里斯·万·梅尔斯彻(Maurice Van Meerssche,1923—1990)的姓名命名。IMA 1981-009 批准。1982 年 P. 皮雷(P. Piret)和 M. 德林(M. Deliens)在《比利时矿物学家》(105)及弗莱舍在《美国矿物学家》(67)报道。1984 年中国新矿物与矿物命名委员会郭宗山在《岩石矿物及测试》[3(2)]根据英文名称首音节音和成分译为万磷铀矿/万磷铀石,也有的根据成分译作磷铀矿。

王 [wáng]象形字;王字的甲骨文为斧钺之形,斧钺为礼器,象征王者之权威。本义:天子、君主。中国姓氏。

【王氏铁钛矿】

汉拼名 Wangdaodeite

化学式 $FeTiO_3$　(IMA)

王道德与《中国陨石导论》

王氏铁钛矿是一种铁、钛的氧化物矿物。与钛铁矿为同质多象。三方晶系。2016 年发现于中国湖北省随州市曾都区淅河 L6 球粒陨石。汉拼名称 Wangdaodeite，以中国科学院王道德（Wang Daode，1932—）研究员的姓名命名。王道德 1955 年毕业于重庆大学地质系，1956 年赴苏联科学院金属矿床地质、岩石学及地球化学研究所学习，1960 年回国。1981—1982 年及 1986 年两度赴美国加利福尼亚大学洛杉矶分校地球物理和行星物理研究所合作研究中国陨石。他主要从事陨石学、天体化学及矿床学研究，首次在我国开展月岩综合研究，率先开展实验宇宙化学研究并获得中国科学院科技进步一等奖及国家自然科学三等奖；他主编出版了《中国陨石导论》专著。IMA 2016－007 批准。2016 年谢先德等在《CNMNC 通讯》(31)和《矿物学杂志》(80)报道。中文名称根据汉拼名称首音节音和成分命名为王氏铁钛矿。

威 [wēi]形声；从女，戌声。[英]音，用于外国人名、地名。

【威彻普鲁夫石】

英文名 Wycheproofite

化学式 $NaAlZr(PO_4)_2(OH)_2 \cdot H_2O$　(IMA)

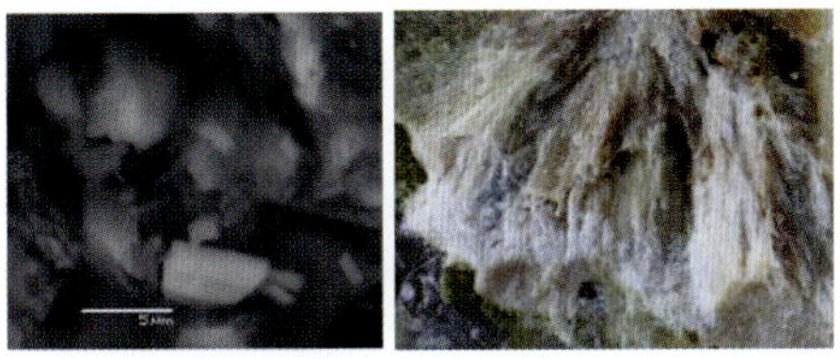

威彻普鲁夫石粒状、纤维状晶体（澳大利亚）

威彻普鲁夫石是一种含结晶水和羟基的钠、铝、锆的磷酸盐矿物。三斜晶系。晶体呈粒状、纤维状。淡粉橙色—浅棕黄色。玻璃光泽、珍珠光泽，透明；硬度 4～5。1993 年发现于澳大利亚维多利亚州布洛克的威彻普鲁夫（Wycheproof）花岗岩采石场。英文名称 Wycheproofite，以发现地澳大利亚威彻普鲁夫（Wycheproof）命名。IMA 1993－024 批准。1994 年 W. D. 伯奇（W. D. Birch）等在《矿物学杂志》(58)报道。1999 年中国新矿物与矿物命名委员会黄蕴慧等在《岩石矿物学杂志》[18(1)]音译为威彻普鲁夫石。

【威丁矿】

英文名 Werdingite

化学式 $Mg_2Al_{14}Si_4B_4O_{37}$　(IMA)

威丁矿是一种镁、铝的硼硅酸盐矿物。三斜晶系。褐黄色，玻璃光泽，半透明；硬度 7。1988 年发现于南非北开普省博克塞普茨（Bokseputs）农庄。英文名称 Werdingite，以德国波鸿鲁尔大学矿物研究所的矿物学教授冈特·威丁（Günter Werding）的姓氏命名。IMA 1988－023 批准。1990 年在《美国矿物学家》(75)报道。1991 年中国新矿物与矿物命名委员会郭宗山在《岩石矿物学杂志》[10(4)]音译为威丁矿或沃丁石。

【威尔克斯石】

英文名 Wilkinsonite

化学式 $Na_4[Fe^{2+}_8Fe^{3+}_4]O_4[Si_{12}O_{36}]$　(IMA)

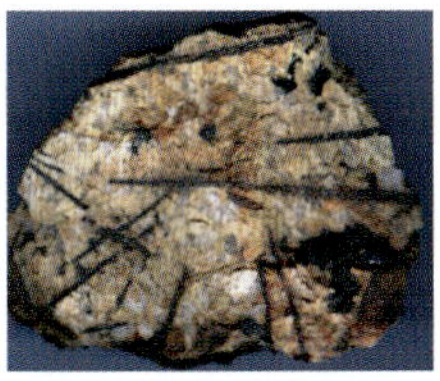

威尔克斯石针状晶体（蒙古国）

威尔克斯石是一种钠、铁氧的硅酸盐矿物。属假蓝宝石超族三斜闪石族。三斜晶系。晶体呈针状、他形粒状。黑色，玻璃光泽，半透明—不透明；硬度 5，脆性。1988 年发现于澳大利亚新南威尔士州瓦鲁马邦格勒（Warrumbungle）火山。英文名称 Wilkinsonite，1990 年 M. B. 达根（M. B. Duggan）等为纪念澳大利亚新英格兰大学地质学教授、火成岩岩石学专家约翰·弗雷德里克·乔治·威尔金森（John Frederick George Wilkinson，1927—2014）而以他的姓氏命名。IMA 1988－053 批准。1990 年达根等在《美国矿物学家》(75)报道。1991 年中国新矿物与矿物命名委员会郭宗山在《岩石矿物学杂志》[10(4)]音译为威尔克斯石，有的根据颜色和成分译为黑硅铁钠石。

【威廉古贝尔石*】

英文名 Wilhelmgümbelite

化学式 $[ZnFe^{2+}Fe^{3+}_3(PO_4)_3(OH)_4(H_2O)_5] \cdot 2H_2O$　(IMA)

威廉古贝尔石* 板条状晶体（德国）和古贝尔像

威廉古贝尔石* 是一种含结晶水和羟基的锌、二价铁、三价铁的磷酸盐矿物。属水磷铁锰锌矿族。斜方晶系。晶体呈针状、矩形板条状，长 0.2mm；集合体呈放射状。浅黄色—橘红色；完全解理，脆性。2015 年发现于德国巴伐利亚州上普法尔茨行政区哈根多夫（Hagendorf）南伟晶岩。英文名称 Wilhelmgümbelite，为纪念卡尔·威廉·冯·古贝尔（Carl Wilhelm von Gümbel，1823—1898）博士而以他的姓名命名。古贝尔于 1851 年被国王马克西米利安二世任命为慕尼黑国王，研究巴伐利亚王国的地质超过 47 年。巴伐利亚的地质测绘成为他一生的作品，发表于 1861—1891 年之间的一系列综合卷。他于 1868 年出版了第二本《地质学研究》，论述巴伐利亚东部伟晶岩及其矿物学和地质调查，为巴伐利亚地质学作出重要贡献。IMA 2015－072 批准。2016 年 I. E. 格雷（I. E. Grey）等在《CNMNC 通讯》(29)、《矿物学杂志》(80)和 2017 年《矿物学杂志》(81)报道。目前尚未见官方中文译名，编译者建议音译为威廉古贝尔石*。

【威廉库克石*】

英文名 Wilancookite

化学式 $(Ba,K,Na)_8(Ba,Li,\square)_6Be_{24}P_{24}O_{96} \cdot 32H_2O$　(IMA)

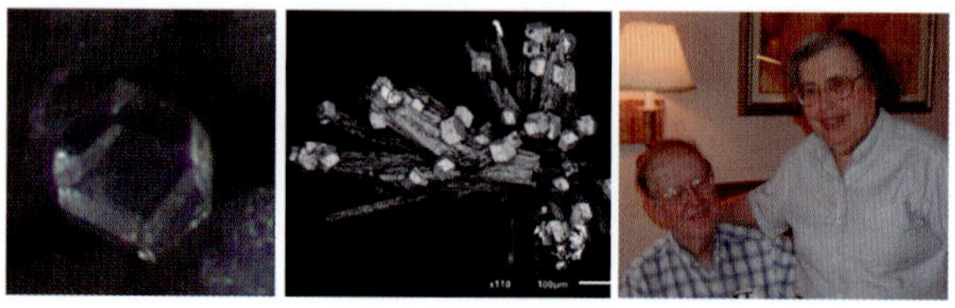

威廉库克石* 立方体、菱形十二面体晶体(巴西)及威廉和库克夫妇像

威廉库克石*是一种含结晶水的钡、钾、钠、锂、空位的铍磷酸盐矿物。等轴晶系。晶体呈小立方体、菱形十二面体,生长在纤水磷铍石(Moraesite)纤维状晶体之上。无色,玻璃光泽,透明;硬度4~5,脆性。2015年发现于巴西米纳斯吉拉斯州和皮奥伊(Piauí)州。英文名称Wilancookite,由一对狂热的矿物收藏家夫妇威廉(比尔)[William (Bill),1927—2006]和安妮·库克(Anne Cook,1928—)两人的姓氏命名。威廉拥有地质学博士学位,并且是克利夫特研究所的晶体学家。他和合伙人一起成立了克利夫兰晶体公司,成为一家卓越的电光晶体和非线性晶体商。他还在克利夫兰自然历史博物馆担任矿物学副馆长多年。库克是数学家,她曾担任中西部矿物学协会联合会主席,并担任美国矿物学协会联合会秘书多年。威廉和库克曾多次担任克利夫兰矿物学会和克利夫兰自然历史博物馆微观矿物学会主席。IMA 2015-034批准。2015年L. A. D. 梅内泽斯·费罗(L. A. D. Menezes Filho)等在《CNMNC通讯》(27)、《矿物学杂志》(79)和2017年F. 哈特(F. Hatert)等在《欧洲矿物学杂志》(29)报道。目前尚未见官方中文译名,编译者建议音译为威廉库克石*。

【威廉玉】参见【蛇纹石】条773页

【威卢伊特石】参见【硼符山石】条672页

【威奇穆尔萨石】

英文名 Widgiemoolthalite

化学式 $Ni_5(CO_3)_4(OH)_2 \cdot 4\sim5H_2O$ (IMA)

威奇穆尔萨石纤维状晶体,放射状、球粒状集合体(澳大利亚)

威奇穆尔萨石是一种含结晶水、羟基的镍的碳酸盐矿物。属水菱镁矿族。单斜晶系。晶体呈纤维状;集合体呈放射状、球粒状。草绿色、蓝绿色,丝绢光泽,透明;硬度3.5,完全解理。1992年发现于澳大利亚西澳大利亚州库尔加迪镇威奇穆尔萨(Widgiemooltha)附近的镍矿区。英文名称Widgiemoolthalite,1993年E. H. 尼克尔(E. H. Nickel)等根据发现地澳大利亚的威奇穆尔萨(Widgiemooltha)命名。IMA 1992-006批准。1993年尼克尔等在《美国矿物学家》(78)报道。1998年中国新矿物与矿物命名委员会黄蕴慧等在《岩石矿物学杂志》[17(2)]音译为威奇穆尔萨石。

【威水磷铍钙石】参见【韦恩本尼石】条979页

【威硒硫铋铅矿】

英文名 Wittite

化学式 $Pb_8Bi_{10}(S,Se)_{23}$ (IMA)

威硒硫铋铅矿片状、针状晶体(意大利)

威硒硫铋铅矿是一种铅、铋的硒-硫化物矿物。单斜(假四方、假六方)晶系。晶体呈片状、针状;集合体呈块状。浅铅灰色,金属光泽,不透明;硬度2~2.5,完全解理。1924年发现于瑞典达拉纳省法轮(Falun)矿山;同年,约翰逊(Johansson)在瑞典《化学、矿物学与地质学报告》(9)报道。英文名称Wittite,以瑞典法轮(Falun)矿的矿业工程师T. 威特(T. Witt)的姓氏命名。1959年以前发现、描述并命名的"祖父级"矿物,IMA承认有效;但IMA持怀疑态度[2008年Y. 莫洛(Y. Moëlo)等在《欧洲矿物学杂志》(20)报道,IMA的CNMNC硫酸盐小组委员会,修订硫酸盐的定义和术语,审查硫盐矿物系统学指出:研究Wittite的硒在晶体结构中的分布是必要的,以确定它是否是富硒的卡辉铅铋矿(Cannizzarite)变种或是独立的矿物种]。中文名称根据英文名称首音节音和成分译为威硒硫铋铅矿,也译作硫硒铅铋矿。

微 [wēi]会意;从彳(chì),-(wēi)声。意指少;微细;稍。微斜:与正(解理夹角90°)相比稍微倾斜。

【微碱钙霞石】参见【氯碱钙霞石】条555页

【微晶高岭石】参见【蒙脱石】条603页

【微晶砷铜矿】

英文名 Algodonite

化学式 $Cu_{1-x}As_x(x\approx0.15)$ (IMA)

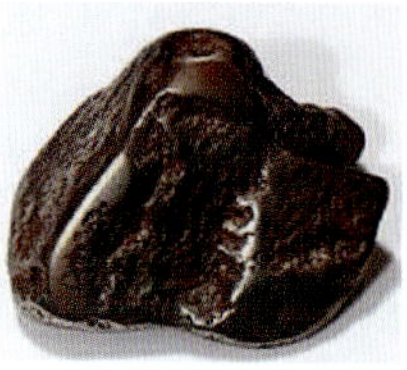

微晶砷铜矿微晶致密块状集合体(智利)

微晶砷铜矿是一种铜的砷化物矿物。六方晶系。晶体呈细小的高度扭曲状;集合体多呈微晶致密块状。银白色—钢灰色,可见暗褐的锖色,金属光泽,不透明;硬度3~4。1857年发现于智利艾尔基省拉塞雷纳市厄尔阿拉扬(El Arrayan)阿尔戈多内斯(Algodones)区阿尔戈多内斯矿;同年,F. 菲尔德(F. Field)在《化学学会季刊》(10)报道。英文名称Algodonite,以发现地智利阿尔戈多内斯(Algodones)矿命名。1959年以前发现、描述并命名的"祖父级"矿物,IMA承认有效。中文名称根据晶习和成分译为微晶砷铜矿。

【微斜长石】

英文名 Microcline

化学式 $K(AlSi_3O_8)$ (IMA)

微斜长石柱状晶体和集合体(阿根廷、西班牙)

微斜长石是一种钾的铝硅酸盐矿物。属长石族。与透长石、正长石为同质多象。三斜晶系。晶体呈柱状、板状,与正长石极相似,普遍具双晶,卡氏双晶特别是显微格子状双晶最具特征;集合体呈块状。无色、白色—米黄色、肉红色、绿色、蓝绿色(天河石),玻璃光泽,解理面上呈珍珠光泽,透明—半透明;硬度6~6.5,完全解理,脆性。1830年发现于挪威东阿格德尔郡阿伦达尔(Arendal)和挪威西福尔郡拉尔维克港斯塔文(Stavern)镇;同年,布赖特豪普特(Breithaupt)

在《化学和物理学杂志》(60)报道。英文名称 Microcline，由约翰·弗里德里希·奥古斯特·布赖特豪普特(Johann Friedrich August Breithaupt)根据希腊文“μικρός=Little(小)”和“κλινειν=Incline(倾斜)”组合命名，意指对单斜对称的小的背离。1959 年以前发现、描述并命名的“祖父级”矿物，IMA 承认有效。中文名称意译为微斜长石(参见【天河石】条 941 页)。

韦 [wéi]繁体韋。形声；从舛(chuǎn)，口声。舛像两脚相对形。意为违背。[英]音，用于外国人名。

【韦恩本尼石】

英文名 Weinebeneite

化学式 $CaBe_3(PO_4)_2(OH)_2 \cdot 4H_2O$ (IMA)

韦恩本尼石是一种含沸石水和羟基的钙、铍的磷酸盐矿物，它是水磷钙锂铍石之后的第二种天然的含铍和磷的沸石矿物。属沸石族。单斜晶系。晶体呈板状、片状；集合体呈花瓣的莲座状。无色，玻璃光泽，透明—半透明；硬度 3～4，脆性。1990 年发现于奥地利克恩顿州科拉佩(Koralpe)山脉韦恩本尼(Weinebene)山口以西的含锂辉石伟晶岩矿床。英文名称 Weinebeneite，以发现地奥地利的韦恩本尼(Weinebene)命名。IMA 1990－049 批准。1992 年 F. 沃尔特(F. Walter)在《欧洲矿物学杂志》(4)报道。中国地质科学院矿产资源研究所王立本音译为韦恩本尼石；《英汉矿物种名称》(2017)根据英文名称首音节音和成分译为威水磷铍钙石。

【韦恩伯翰石*】

英文名 Wayneburnhamite

化学式 $Pb_9Ca_6(Si_2O_7)_3(SiO_4)_3$ (IMA)

韦恩伯翰石* 柱状晶体(美国)和韦恩·伯翰像

韦恩伯翰石*是一种铅、钙的硅酸盐矿物。六方晶系。晶体呈柱状、板状，长可达 0.5mm。天蓝色，玻璃光泽、树脂光泽，透明—半透明；硬度 3，脆性。2015 年发现于美国加利福尼亚州滨河县克雷斯特莫尔(Crestmore)商业采石场。英文名称 Wayneburnhamite，以美国地球化学家和岩石学家 C. 韦恩·伯翰(C. Wayne Burnham，1922—2015)的姓名命名。韦恩·伯翰是宾夕法尼亚州立大学客座教授和亚利桑那州立大学地质学教授。他最著名的是对挥发物在火成岩中作用的开创性系统研究。韦恩·伯翰获得 1998 年美国矿物学会罗勃林(Roebling)勋章。IMA 2015－124 批准。2016 年 A. R. 坎普夫(A. R. Kampf)等在《CNMNC 通讯》(31)、《矿物学杂志》(80)和《美国矿物学家》(101)报道。目前尚未见官方中文译名，编译者建议音译为韦恩伯翰石*。

【韦尔比耶矿*】

英文名 Verbierite

化学式 $BeCr^{3+}_2TiO_6$ (IMA)

韦尔比耶矿*是一种铍、铬、钛的氧化物矿物。斜方晶系。2015 年发现于瑞士瓦莱州巴涅山市韦尔比耶(Verbier)萨沃勒尔(Savoleyres)。英文名称 Verbierite，以发现地瑞士的韦尔比耶(Verbier)命名。IMA 2015－089 批准。2016 年 N. 梅瑟(N. Meisser)等在《CNMNC 通讯》(30)和《矿物学杂志》(80)报道。目前尚未见官方中文译名，编译者建议音译为韦尔比耶矿*。

【韦克菲尔钇矿】参见【钒钇矿】条 152 页

【韦克伦德矿*】

英文名 Wiklundite

化学式 $Pb_2(Mn^{2+},Zn)_3(Fe^{3+},Mn^{2+})_2(Mn^{2+},Mg)_{19}(As^{3+}O_3)_2[(Si,As^{5+})O_4]_6(OH)_{18}Cl_6$ (IMA)

韦克伦德矿* 板条状晶体，放射状、捆状集合体(瑞典)

韦克伦德矿*是一种含氯和羟基的铅、锰、锌、铁、镁的硅砷酸-砷酸盐矿物。三方晶系。晶体呈薄而稍弯曲的板条状，长约 1mm；集合体呈放射状、捆状。棕红色、红棕色—深棕色，有点青铜色。树脂光泽、半金属光泽，半透明；完全解理，脆性。2015 年发现于瑞典韦姆兰省菲利普斯塔德市朗班(Långban)。英文名称 Wiklundite，以瑞典著名的矿物收藏家马库斯·韦克伦德(Markus Wiklund，1969—)和斯蒂芬·韦克伦德(Stefan Wiklund，1972—)两人的姓氏命名，是他们共同发现了该矿物。IMA 2015－057 批准。2015 年 M. A. 库珀(M. A. Cooper)等在《CNMNC 通讯》(27)、《矿物学杂志》(79)和 2017 年《矿物学杂志》(81)报道。目前尚未见官方中文译名，编译者建议音译为韦克伦德矿*。

【韦硼镁石】

英文名 Wightmanite

化学式 $Mg_5O(BO_3)(OH)_5 \cdot 2H_2O$ (IMA)

韦硼镁石柱状晶体(美国)

韦硼镁石是一种含结晶水、羟基的镁氧的硼酸盐矿物。单斜晶系。晶体呈假六方柱状，晶面有横纹；集合体呈晶簇状。无色或淡绿色，玻璃光泽，透明—半透明；硬度 5.5，完全解理。1962 年发现于美国加利福尼亚州里弗赛德(Riverside，或译滨江或河边)市克雷斯特莫尔(Crestmore)天蓝山商业采石场；同年，J. 默多克(J. Murdoch)在《美国矿物学家》(47)报道。英文名称 Wightmanite，以美国加利福尼亚州滨江水泥公司勘探和开采主任兰德尔·H. 怀特曼(Randall H. Wightman，1915—1969)的姓氏命名。IMA 1967s. p. 批准。中文名称根据英文名称首音节音和成分译为韦硼镁石，也有的译作二水硼镁石。

【韦瑟里尔铀矿*】

英文名 Wetherillite

化学式 $Na_2Mg(UO_2)_2(SO_4)_4 \cdot 18H_2O$ (IMA)

韦瑟里尔铀矿*是一种含结晶水的钠、镁的铀酰-硫酸盐矿物。三斜晶系。晶体呈叶片状或柱状，长1mm；集合体呈平行梳状、放射状、稻草人状。浅绿黄色，玻璃光泽，透明；硬度2，完全解理，脆性。2014年发现于美国犹他州圣胡安县蓝蜥蜴(Blue Lizard)矿。英文名称Wetherillite，以约翰·韦瑟里尔(John Wetherill，1866—1944)和乔治·W.韦瑟里尔(George W. Wetherill，1925—2006)两人的姓氏命名。约翰·威瑟里尔发现了蓝蜥蜴矿床。乔治·韦瑟里尔曾任美国华盛顿卡内基研究所地磁系名誉主任、美国洛杉矶加利福尼亚大学地球物理学和地质学教授，研究铀的自发裂变，并对岩石的放射性定年做出了贡献。1997年获得了国家科学奖章。IMA 2014-044批准。2014年A.R.坎普夫(A.R.Kampf)等在《CNMNC通讯》(22)、《矿物学杂志》(78)和2015年《矿物学杂志》(79)报道。目前尚未见官方中文译名，编译者建议音译为韦瑟里尔铀矿*。

韦瑟里尔铀矿*柱状晶体，平行梳状集合体(美国)

【韦氏碲铜矿】参见【黑碲铜矿】条314页

【韦柱石】

英文名 Wernerite

化学式 Me∶Ma (3∶1)～(1∶2)

韦柱石是方柱石族 $Na_4[AlSi_3O_8]_3(Cl,OH)$(Ma)-$Ca_4[Al_2SiO_8]_3(CO_3,SO_4)$(Me)完全类质同象系列钠柱石和钙柱石之间的成员之一。原始矿物来自挪威阿伦达尔(Arendal)市铁矿诺顿德布罗(Nødebro?)和乌尔里察(Ulricha?)矿山。英文名称Wernerite，1800年由何塞·博尼法克拉·德·安德拉德·厄·席尔瓦(José Bonifácio de Andrada e Silva，1763—1838)为纪念亚伯拉罕·戈特洛布·维尔纳(Abraham Gottlob Werner，1749—1817)而以他的姓氏命名。维尔纳是德国弗赖贝格矿业学院采矿和矿物学教授，他的早期地质思想水成论，尽管被地质学家们在他有生之年很大程度上放弃了，仍然是一位有影响力的教师。根据50%分类原则，Wernerite名称被IMA废弃。中文名称根据英文名称首音节音和族名译为韦柱石；根据成分和族名译为钙钠柱石。

维尔纳像

围 [wéi]形声；字从口，从韦，韦亦声。“口”象形字，像周匝之形。围山：地名，中国河南省桐柏县围山城。

【围山矿】

汉拼名 Weishanite

化学式 (Au,Ag,Hg)　(IMA)

围山矿是一种金、银与汞的互化合物矿物。六方晶系。晶体呈柱状、显微粒状(n～30μm)。浅黄白色，强金属光泽，不透明；硬度2～2.5，具延展性。1979年中国河南省地质局的地质科学工作者李玉衡、欧阳三、田培学在河南省南阳地区桐柏县围山城金银矿床中发现。样品采自破山矿区的岩芯中，经机械破碎，人工淘洗，富集重矿物，然后在镜下鉴定发现的。早在南北朝的南齐时，该地曾设围山县管理银矿采冶，至明末废弃。中华人民共和国成立后，做了大量的区测、普查工作。1975年陕西地质八队对破山银矿开展了勘查工作，1984年提交了《河南省桐柏县破山银矿区详细勘探地质报告》，1985年中国有色金属工业总公司建立桐柏银矿山。矿物名称以产地围山(Weishan)城命名。IMA 1982-076批准。1984年李玉衡等在中国《矿物学报》[4(2)]和1988年《美国矿物学家》(73)报道。

围山矿柱状晶体(美国)

维 [wéi]形声；从糸(mì)，从隹(zhuī)，隹亦声。“隹”为“锥”声。“糸”指绳索、绳线。[英]音，用于外国人名、地名、单位名。

【维布伦石*】

英文名 Veblenite

化学式 $K_2\square_2Na(Fe_5^{2+}Fe_4^{3+}Mn_7\square)Nb_3Ti(Si_2O_7)_2(Si_8O_{22})_2O_6(OH)_{10}(H_2O)_3$　(IMA)

维布伦石*是一种含结晶水、羟基和氧的钾、空位、钠、铁、锰、空位、铌、钛的硅酸盐矿物。三斜晶系。晶体呈板条状，长几百微米，宽不超过几十微米。红棕色，玻璃光泽，半透明；完全解理，脆性。2010年发现于加拿大拉布拉多和纽芬兰岛海豹湖碱性杂岩体。英文名称Veblenite，以约翰霍普金斯大学教授戴维·R.维布伦(David R. Veblen，1947—)的姓氏命名，以表彰他在矿物学和晶体学方面做出的杰出贡献。他是在地质学中使用透射电子显微镜最重要的专家之一，并对矿物学中的多导体方法做出了重大贡献。IMA 2010-050批准。2010年F.卡马拉(F. Cámara)等在《CNMNC通讯》(7)、《矿物学杂志》(75)和2013年《矿物学杂志》(77)报道。目前尚未见官方中文译名，编译者建议音译为维布伦石*。

【维茨克石*】

英文名 Witzkeite

化学式 $Na_4K_4Ca(NO_3)_2(SO_4)_4 \cdot 2H_2O$　(IMA)

维茨克石*是一种含结晶水的钠、钾、钙的硫酸-硝酸盐矿物。单斜晶系。晶体呈片状，长140μm。无色，玻璃光泽，透明；硬度2，完全解理，易碎。2011年发现于智利伊基克省德洛沃斯蓬塔(Punta de Lobos)鸟粪石采石场。英文名称Witzkeite，以德国矿物学家托马斯·维茨克(Thomas Witzke)博士的姓氏命名，他主要从事新矿物分类的工作。IMA 2011-084批准。2012年F.内斯托拉(F. Nestola)等在《CNMNC通讯》(12)、《矿物学杂志》(76)和《美国矿物学家》(97)报道。目前尚未见官方中文译名，编译者建议音译为维茨克石*。

维茨克像

【维碲硒铋矿】

英文名 Vihorlatite

化学式 $Bi_{24}Se_{17}Te_4$　(IMA)

维碲硒铋矿是一种铋的硒-碲化合物矿物。属辉碲铋矿族。三方晶系。晶体呈他形粒状、薄片状，易弯曲变形。灰色，金属光泽，不透明；完全解理。1988年发现于斯洛伐克的科希策州米哈洛夫采县维霍尔拉特(Vihorlat)山火山岩区波鲁巴(Poruba)。英文名称Vihorlatite，以发现地斯洛伐克的维霍尔拉特(Vihorlat)山命名。维霍拉特山是斯洛伐克东部和乌克兰西部的火山山脉，其中一部分被列为世界遗产。IMA 1988－047 批准。2007 年罗马·斯卡拉（Roman Skála）等在《欧洲矿物学杂志》（19）报道。2010 年中国地质科学院地质研究所尹淑苹等在《岩石矿物学杂志》[29(4)]根据英文名称首音节音和成分译为维碲硒铋矿。

维碲硒铋矿薄片状晶体（斯洛伐克）

【维尔纳鲍尔石*】

英文名 Wernerbaurite

化学式 $\{(NH_4)_2[Ca_2(H_2O)_{14}](H_2O)_2\}\{V_{10}O_{28}\}$ (IMA)

维尔纳鲍尔石*是一种铵、水化钙的钒酸盐矿物。三斜晶系。晶体呈板状，大小约为 1mm；集合体呈正方形、八角形的轮廓排列。黄橙色，半金刚光泽，透明；硬度 2，完全解理，脆性。2012 年发现于美国科罗拉多州圣米格尔县圣犹大（Saint Jude）矿。英文名称 Wernerbaurite，以美国伊利诺伊大学地质科学系维尔纳·H. 鲍尔（Werner H. Baur，1931—）教授的姓名命名，他在 1965—1986 年间先后任副教授、教授、系主任和副院长。原定义为水合矿物（IMA 2012－064）[见 2013 年 A. R. 坎普夫（A. R. Kampf）《加拿大矿物学家》（51）]，后来重新定义为一种含结晶水的铵、钙的钒酸盐矿物（见 IMA－15G）。IMA 2015s. p. 批准[见 2016 年坎普夫《加拿大矿物学家》（54）]。目前尚未见官方中文译名，编译者建议音译为维尔纳鲍尔石*。

【维尔纳克劳斯矿*】

英文名 Wernerkrauseite

化学式 $CaFe^{3+}_2Mn^{4+}O_6$ (IMA)

维尔纳克劳斯矿*柱状晶体（德国）和维尔纳·克劳斯像

维尔纳克劳斯矿*是一种钙、铁、锰的氧化物矿物。属黑钙锰矿超族。斜方晶系。晶体呈柱状。黑色，半金属光泽，不透明；硬度 3。2014 年发现于德国莱茵兰－普法尔茨州科布伦茨市卡斯帕（Caspar）采石场。英文名称 Wernerkrauseite，以维尔纳·克劳斯（Werner Krause，1949—）博士的姓名命名。他是化学工业中的一位化学家，对晶体形态特别感兴趣，他发现、描述了几种新的次生矿物。IMA 2014－008 批准。2014 年 E. V. 加鲁斯金（E. V. Galuskin）等在《CNMNC 通讯》（20）、《矿物学杂志》（78）和 2016 年《欧洲矿物学杂志》（28）报道。目前尚未见官方中文译名，编译者建议音译为维尔纳克劳斯矿*。

【维格里申石*】

英文名 Vigrishinite

化学式 $NaZnTi_4(Si_2O_7)_2O_3(OH)(H_2O)_4$ (IMA)

维格里申石*是一种含结晶水、羟基和氧的钠、锌、钛的硅酸盐矿物。属氟钠钛锆石超族硅铌钛矿族。三斜晶系。晶体呈不规则板状；集合体呈块状。淡粉色、微黄的桃红色、无色，玻璃光泽，透明—半透明；硬度 2.5～3，完全解理，脆性。2011 年发现于俄罗斯北部摩尔曼斯克州马来邦卡鲁阿夫（Malyi Punkaruaiv）山 71 号伟晶岩。英文名称 Vigrishinite，以俄罗斯斯维尔德洛夫市的矿物收藏家维克多·格里戈里耶维奇·格里申（Victor Grigorevich Grishin，1953—）的姓名命名，以表彰他对洛沃泽罗地块杂岩体矿物学做出的重大贡献。IMA 2011－073 批准。2011 年 I. V. 佩科夫（I. V. Pekov）等在《CNMNC 通讯》（11）、《矿物学杂志》（75）和 2012 年《全苏矿物学会记事》[141(4)]报道。目前尚未见官方中文译名，编译者建议音译为维格里申石*。

格里申像

【维季姆石*】

英文名 Vitimite

化学式 $Ca_6B_{14}O_{19}(SO_4)(OH)_{14}\cdot 5H_2O$ (IMA)

维季姆石*是一种含结晶水、羟基的钙的硫酸-硼酸盐矿物。单斜晶系。晶体呈纤维状；集合体呈块状。白色，玻璃光泽、丝绢光泽，透明；硬度 1.5。2001 年发现于俄罗斯布里亚特共和国维季姆（Vitim）高原苏隆格（Solongo）硼矿床。英文名称 Vitimite，以发现地俄罗斯的维季姆（Vitim）高原命名。IMA 2001－057 批准。2002 年 N. V. 丘卡诺夫（N. V. Chukanov）等在《俄罗斯矿物学会记事》[131(4)]报道。目前尚未见官方中文译名，编译者建议音译为维季姆石*。

【维卡石】

英文名 Vicanite-(Ce)

化学式 $(Ca,Ce,La,Th)_{15}As^{5+}(As^{3+},Na)_{0.5}Fe^{3+}_{0.7}Si_6B_4(O,F)_{47}$ (IMA)

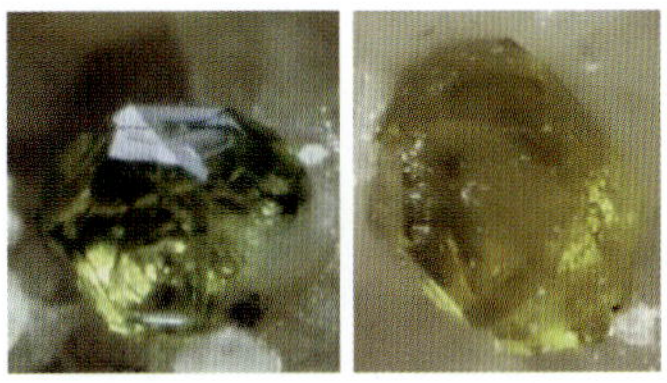
维卡石半自形粒状、自形锥柱状晶体（意大利）

维卡石是一种钙、铈、镧、钍、砷、钠、铁的氟硼硅酸盐矿物。属维卡石族。三方晶系。晶体呈他形—半自形粒状、自形锥柱状。带黄色的绿色、黄色，玻璃光泽、金刚光泽，透明；硬度 5.5～6。1991 年发现于意大利维泰博省维卡（Vican＝Vico）湖特雷克罗奇（Tre Croci）火山群区。英文名称 Vicanite-(Ce)，由发现地意大利的维卡（Vican＝Vico Lake）湖，加占优势的稀土元素铈后缀-(Ce)组合命名。IMA 1991－050 批准。1995 年 A. 马拉斯（A. Maras）等在《欧洲矿物学杂志》（7）报道。2003 年中国地质科学院矿产资源研究所李锦平等在《岩石矿物学杂志》[22(3)]音译为维卡石。

【维克石】参见【魏磷石】条 983 页

【维利基矿】参见【硫铜锡汞矿】条 523 页

【维磷钠钙铝石】参见【氟磷铝钙钠石】条 179 页

【维硫铋铅银矿】

英文名 Vikingite

化学式 $Ag_5Pb_8Bi_{13}S_{30}$ (IMA)

维硫铋铅银矿是一种银、铅、铋的硫化物矿物。属辉锑银铅矿-硫铋铅矿族。单斜晶系。晶体呈片状、粒状，具双晶。浅灰色，金属光泽，不透明；硬度 3.5。1976 年发现于格陵兰岛瑟莫苏克市阿尔苏克峡湾伊维赫图特(Ivigtut)冰晶石矿床。英文名称 Vikingite，以格陵兰岛的早期探险家维京(Vikings)的名字命名，是他发现的该矿物。IMA 1976 - 006 批准。1977 年 S. 卡鲁普-摩勒(S. Karup-Møller)在《丹麦地质学会通报》(26)和《矿物学新年鉴：论文》(131)报道。中文名称根据英文名称首音节音和成分译为维硫铋铅银矿。

【维硫锑铅矿】

英文名 Veenite

化学式 $Pb_2(Sb,As)_2S_5$ (IMA)

维硫锑铅矿是一种铅的锑-砷-硫化物矿物。属脆硫砷铅矿族。斜方晶系。晶体呈细长柱状、板状、他形粒状，双晶层状；集合体常呈块状。钢灰色、蓝灰色，金属光泽，不透明；硬度 3.5～4，脆性。1966 年发现于加拿大安大略省黑斯廷斯县亨廷顿镇泰勒(Taylor)矿坑。英文名称 Veenite，以荷兰经济地质学家、金相学家鲁道夫・威廉・范・德・维恩(Rudolf Willem van der Veen，1883—1925)的姓氏命名。IMA 1966 - 016 批准。1967 年 J. L. 杨博尔(J. L. Jambor)在《加拿大矿物学家》(9)报道。中国地质科学院根据英文名称首音节音和成分译为维硫锑铅矿。2011 年杨主明等在《岩石矿物学杂志》[30(4)]建议音译为维因矿。

【维硫锑铊矿】

英文名 Weissbergite

化学式 $TlSbS_2$ (IMA)

维硫锑铊矿是一种铊、锑的硫化物矿物。三斜晶系。晶体常呈他形粒状，有时呈板状、柱状。钢灰色、蓝灰色，金属光泽，不透明；硬度 1.5，完全解理。1975 年发现于美国内华达州尤里卡县的卡林(Carlin)金矿。英文名称 Weissbergite，以新西兰科学和工业研究部门的地质学家和矿物学家拜伦・G. 韦斯伯格(Byron G. Weissberg，1930—)的姓氏命名。IMA 1975 - 040 批准。1977 年在《美国矿物学家》(62)和 1978 年《美国矿物学家》(63)报道。中文名称根据英文名称首音节音和成分译为维硫锑铊矿。

【维洛根石】参见【水碳锆锶石】条 874 页

【维铌钙矿】

英文名 Vigezzite

化学式 $(Ca,Ce)(Nb,Ta,Ti)_2O_6$ (IMA)

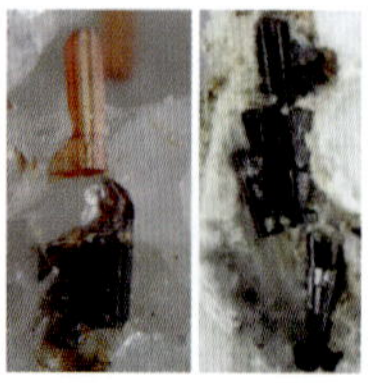

维铌钙矿柱状晶体(意大利)

维铌钙矿是一种钙、铈、铌、钽、钛的复杂氧化物矿物。属易解石族。斜方晶系。晶体呈柱状，柱面有纵纹。橙黄色、褐色、黑色，玻璃光泽，透明—半透明；硬度 4.5～5，完全解理，脆性。1977 年发现于意大利韦巴诺-库西亚-奥索拉省维格卓(Vigezzo)山谷德罗尼奥的奥切斯科(Orcesco)阿尔卑斯罗索(Alpe Rosso)。英文名称 Vigezzite，以发现地意大利的维格卓(Vigezzo)山谷命名。IMA 1977 - 008 批准。1979 年 S. 格拉塞(S. Graeser)等在《矿物学杂志》(43)和 1980 年《美国矿物学家》(65)报道。中文名称根据英文名称首音节音和成分译为维铌钙矿。

【维羟硼钙石】

英文名 Vimsite

化学式 $CaB_2O_2(OH)_4$ (IMA)

维羟硼钙石是一种含羟基的钙的硼酸盐矿物。单斜晶系。晶体呈纤维状、叶片状；集合体呈放射状。无色，玻璃光泽，透明；硬度 4。1968 年发现于俄罗斯斯维尔德洛夫斯克州克拉斯诺图林斯克的诺富罗夫斯科耶(Novofrolovskoye)硼-铜矿床。英文名称 Vimsite，以苏联矿产资源研究所(All-Union Research Institute of Mineral Resources)英文音译首字母组合“VIMS”命名。IMA 1968 - 034 批准。1968 年在《苏联科学院报告》(182)和 1969 年《美国矿物学家》(54)报道。中文名称根据英文名称首音节音和成分译为维羟硼钙石。

【维羟锡锌石】参见【羟锡锌石】条 741 页

【维斯台潘石】

英文名 Vistepite

化学式 $Mn_4SnB_2O_2(Si_2O_7)_2(OH)_2$ (IMA)

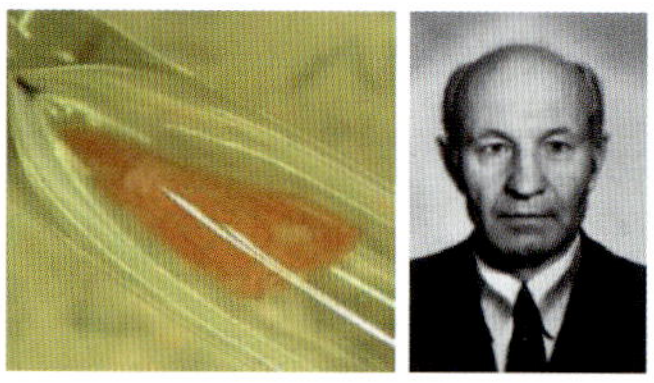

维斯台潘石针状晶体(吉尔吉斯斯坦)和斯捷潘诺夫像

维斯台潘石是一种含羟基的锰、锡的硅酸-硼酸盐矿物。属硅灰石族。三斜晶系。晶体呈针状；集合体呈放射状。橙黄色，玻璃光泽，透明；硬度 4.5，完全解理。1991 年发现于吉尔吉斯斯坦穆泽因伊(Muzeinyi)山谷。英文名称 Vistepite，以苏联莫斯科杰出的矿物学家和系统矿物收藏家维克多・伊万诺维奇・斯捷潘诺夫(Victor Ivanovich Stepanov，1924—1988)的姓名缩写命名。IMA 1991 - 012 批准。1992 年 L. A. 保托夫(L. A. Pautov)等在《俄罗斯矿物学会记事》[121(4)]报道。1998 年中国新矿物与矿物命名委员会黄蕴慧等在《岩石矿物学杂志》[17(1)]音译为维斯台潘石。

【维特矿*】

英文名 Viteite

化学式 Pd_5InAs (IMA)

维特矿*是一种钯、铟的砷化物矿物。四方晶系。晶体呈自形粒状，直径 0.5～10μm。亮粉红色、白色，金属光泽，不透明；脆性，易碎。2019 年发现于俄罗斯摩尔曼斯克州蒙切苔原(Monche tundra)侵入体蒙切苔原(Monche tundra)矿床 1818 号钻孔。英文名称 Viteite，由流经发现地俄罗斯蒙切苔原(Monche tundra)矿床附近的维特(Vite)河命名。IMA 2019 - 040 批准。2019 年 A. 维玛扎洛娃(A. Vymazalová)等在《CNMNC 通讯》(51)、《欧洲矿物学杂志》(31)和 2020 年《加拿大矿物学家》(58)报道。目前尚无中文官方译名，编译者建议音译为维特矿*。

【维亚尔索夫石】

英文名 Vyalsovite

化学式 $CaFeAlS(OH)_5$ (IMA)

维亚尔索夫石板条状晶体(俄罗斯)

维亚尔索夫石是一种含羟基的钙、铁、铝的硫化物矿物。斜方晶系。晶体呈显微板条状、粒状。胭脂红色,半金属光泽,不透明。1989 年发现于俄罗斯泰梅尔半岛普托拉纳高原科姆索莫斯基(Komsomol'skii)矿。英文名称 Vyalsovite,以反射光的光学专家(不透明矿物矿相学家)勒奥尼德·尼古拉耶维奇·维亚尔索夫(Leonid Nikolaevich Vyalsov,1939—)的姓氏命名。IMA 1989-004 批准。1992 年在《美国矿物学家》(77)报道。1993 年中国新矿物与矿物命名委员会黄蕴慧等在《岩石矿物学杂志》[12(1)]音译为维亚尔索夫石。

【维伊马扎洛娃矿*】

英文名 Vymazalováite

化学式 $Pd_3Bi_2S_2$　　(IMA)

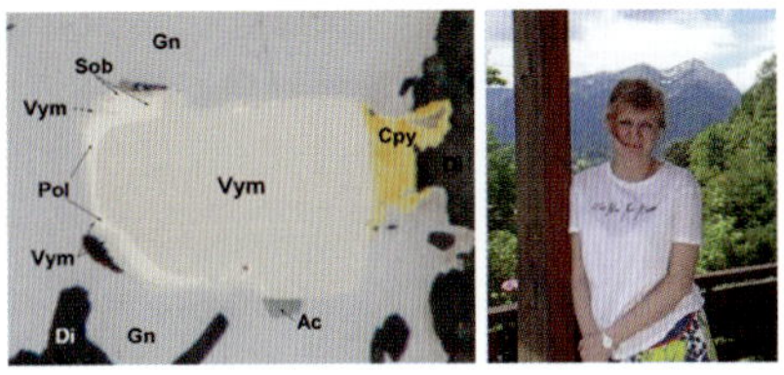

维伊马扎洛娃矿*半自形粒状晶体(俄罗斯)和维伊马扎洛娃像

维伊马扎洛娃矿*是一种钯、铋的硫化物矿物。属铂族矿物。等轴晶系。晶体呈半自形粒状,粒径从几微米到 20～35μm;集合体可达 200μm;呈方铅矿的包裹体。乳白灰色,金属光泽,不透明;脆性,易碎。2016 年发现于俄罗斯泰米尔半岛普拉托纳高原科姆索莫斯基(Komsomol'skii)矿。英文名称 Vymazalováite,以捷克地质调查局岩石地球化学系主任安娜·维伊马扎洛娃(Anna Vymazalová)博士的姓氏命名。IMA 2016-105 批准。2017 年 S. F. 斯鲁泽尼金(S. F. Sluzhenikin)等在《CNMNC 通讯》(36)、《矿物学杂志》(81)和 2018 年《矿物学杂志》(82)报道。目前尚未见官方中文译名,编译者建议音译为维伊马扎洛娃矿*。

【维因矿】参见【维硫锑铅矿】条 982 页

尾 [wěi]会意;从倒毛在尸后。尸,指人。像人长有尾巴。本义:人或动物的尾巴。用于日本地名。

【尾去泽石】参见【羟铝铜铅矾】条 722 页

魏 [wèi]象形;从嵬,委声。[英]音,用于外国人名、地名。

【魏黎石】参见【磷铝铁锰钠石】条 468 页

【魏磷石】

英文名 Wicksite

化学式 $NaCa_2Fe^{2+}_2(Fe^{3+},Mn^{2+},Fe^{2+})_4(PO_4)_6 \cdot 2H_2O$　　(IMA)

魏磷石是一种含结晶水的钠、钙、三价铁、锰、二价铁的磷酸盐矿物。属魏磷石族。斜方晶系。晶体呈片状、粒状;集合体呈块状。深蓝色、深绿色、黑色,半金属光泽,不透明;硬度 4.5～5,完全解理。1979 年发现于加拿大育空地区道森采矿区大鱼(Big Fish)河。英文名称 Wicksite,由博日达尔·达科·斯特曼(Bozidar Darko Sturman)、唐纳德·R. 皮科(Donald R. Peacor)和皮特·J. 邓恩(Pete J. Dunn)以加拿大多伦多皇家安大略博物馆矿物馆长弗雷德里克·约翰·威克斯(Frederick John Wicks,1937—)的姓氏命名。他是一位蛇纹石族矿物调查研究专家。IMA 1979-019 批准。1981 年斯特曼等在《加拿大矿物学家》(19)报道。1983 年中国新矿物与矿物命名委员会郭宗山等在《岩石矿物及测试》[2(1)]根据英文名称首音节音和成分译为魏磷石;2011 年杨主明等在《岩石矿物学杂志》[30(4)]建议音译为维克石,也有的译作磷钙复铁石或魏磷钙复铁石。

【魏烧绿石】

英文名 Westgrenite

化学式 $(Bi,Ca)(Ta,Nb)_2O_6(OH)$

魏烧绿石是一种铋、钙、钽、铌的氢氧-氧化物矿物。属烧绿石族细晶石亚族。等轴晶系。晶体一般很少呈八面体;集合体多呈块状、脉状。黄色、粉色、棕色、深灰色、黑色,松脂光泽,半透明;硬度 5,脆性。1963 年 O. 冯·克诺林(O. von Knorring)等在 *Geol. Soc. Amer. Spec Paper* (73)和《美国矿物学家》(48)报道。英文原名 Westgrenite,以结晶学家韦斯特格伦(1889—1975)的姓氏命名。中文名称根据英文名称首音节音和与烧绿石族的关系译为魏烧绿石。

1977 年发现于乌干达瓦基索区旺普沃(Wampewo)伟晶岩。1977 年 D. D. 贺加斯(D. D. Hogarth)在《美国矿物学家》(62)报道。英文名称 Bismutomicrolite(原名 Westgrnite),由 IMA 烧绿石命名委员会根据主要成分"Bismuth(铋)"及与烧绿石族的"Microlite(细晶石)"关系组合命名。故又根据成分含铋及与细晶石(Bismutomicrolite)关系译为铋细晶石。2010 年被 IMA 废弃。其后又在巴西发现,命名为 Fluornatromicrolite(参见【氟钠细晶石】条 187 页)。

温 [wēn]形声;从水,从昷,昷亦声。"水"与"昷"联合起来表示"热水""暖水"。[英]音,用于外国地名、人名。

【温钡硫铝钙石】参见【钡钙霞石】条 54 页

【温得和克石*】

英文名 Windhoekite

化学式 $Ca_2Fe^{3+}_{3-x}[Si_8O_{20}](OH)_4 \cdot 10H_2O$　　(IMA)

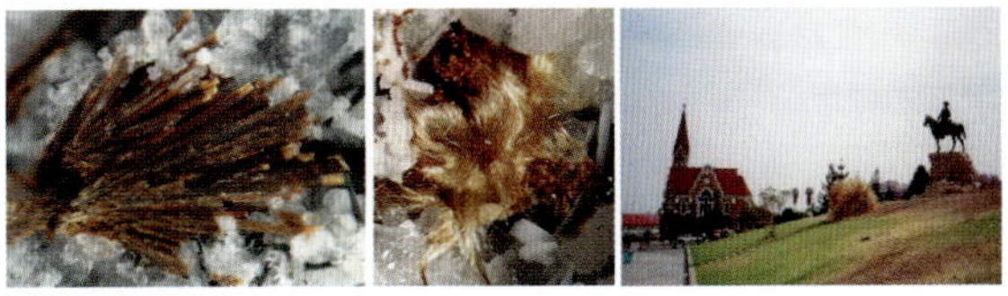
温得和克石*柱状、纤维状晶体,束状、放射状集合体(纳米比亚)和温得和克市

温得和克石*是一种含结晶水和羟基的钙、铁的硅酸盐矿物。属坡缕石族。单斜晶系。晶体呈细柱状、纤维状;集合体呈束状、放射状。棕色—黄褐色,玻璃光泽、丝绢光泽,半透明;硬度 2,完全解理。2010 年发现于纳米比亚霍马斯区温得和克市阿里斯(Aris)采石场。英文名称 Windhoekite,以发现地附近的温得和克(Windhoek)市(纳米比亚首都)命名。IMA 2010-083 批准。2011 年 N. V. 丘卡诺夫(N. V. Chukanov)等在《CNMNC 通讯》(9)、《矿物学杂志》(75)和 2012 年《欧洲矿物学杂志》(24)报道。目前尚未见官方中文译名,编译者建议音译为温得和克石*。

【温迪达石*】

英文名 Vendidaite

化学式 $Al_2(SO_4)(OH)_3Cl \cdot 6H_2O$　　(IMA)

温迪达石* 圆叠片状晶体(智利)

温迪达石*是一种含结晶水、氯和羟基的铝的硫酸盐矿物。单斜晶系。晶体呈板状、片状,粒径 0.01mm×0.3mm×0.3mm;集合体呈圆叠片状,大小为 0.5mm。无色、白色,玻璃光泽,透明;硬度 2～2.5,完全解理,脆性。2012 年发现于智利安托法加斯塔大区谢拉戈达镇温迪达(Vendida)废矿。英文名称 Vendidaite,以发现地智利的温迪达(Vendida)矿命名,在这里采集到第一批标本。IMA 2012-089 批准。2013 年 N. V. 丘卡诺夫(N. V. Chukanov)等在《CNMNC 通讯》(16)、《矿物学杂志》(77)和《加拿大矿物学家》(51)报道。目前尚未见官方中文译名,编译者建议音译为温迪达石*。

【温钠钽石】

英文名 Ungursaite

化学式 $NaCa_5(Ta,Nb)_{24}O_{65}(OH)$

温钠钽石是一种钠、钙、钽、铌的氢氧-氧化物矿物。六方晶系。无色,金刚光泽,透明;硬度 7。最初的报道来自哈萨克斯坦东哈萨克斯坦州额尔齐斯河温古尔塞(Ungursai)钽矿床。1985 年在基辅《矿物学杂志》[7(4)]和 1986 年《美国矿物学家》(71)报道。英文名称 Ungursaite,以发现地哈萨克斯坦的温古尔塞(Ungursai)命名。1988 年被 IMA 废弃。中文名称根据英文名称首音节音和成分译为温钠钽石。

【温泉滓石】参见【泉石华】条 750 页

【温蛇纹石】参见【蛇纹石】条 773 页

【温石棉】参见【蛇纹石】条 773 页

文 [wén]象形;从玄,从爻。甲骨文此字像纹理纵横交错形。本义:花纹;纹理。[英]音,用于外国人名。

【文列石】参见【方柱石】条 161 页

【文砷钯矿】

英文名 Vincentite

化学式 Pd_3As　　(IMA)

文砷钯矿是一种钯的砷化物矿物。四方晶系。褐灰色,金属光泽,不透明;硬度 5。1973 年发现于印度尼西亚加里曼丹岛(婆罗洲岛)南加里曼丹省里安卡南(Riam Kanan)。英文名称 Vincentite,1974 年由尤金·弗里德里希·施通普夫尔(Eugen Friedrich Stumpfl)和 M. 塔尔凯恩(M. Tarkien)为纪念英国达勒姆大学和牛津大学矿物学讲师和曼彻斯特大学地质学系主任尤尔特·艾伯特"大卫"·文森特(Ewart Albert "David" Vincent,1919—2012)而以他的姓氏命名。文森特是在反射光显微镜下研究不透明矿物的一位多才多艺的研究人员。IMA 1973-051 批准。1974 年施通普夫尔等在《矿物学杂志》(39)报道。中文名称根据英文名称首音节音和成分译为文砷钯矿。

【文石】

英文名 Aragonite

化学式 $Ca(CO_3)$　　(IMA)

文石叶片状、针状晶体,放射状、球状集合体(英国、意大利)

文石又称霰石,是一种钙的碳酸盐矿物。属文石族。与方解石、球霰石为同质多象。斜方晶系。晶体呈柱状、厚板状、凿状、矛状、针状或纤维状,双晶发育,常见假六方对称的三连晶;集合体多呈皮壳状、鲕状、豆状、球粒状、钟乳状、放射状、晶簇状等。通常呈无色、白色、灰色、黄白色、蓝色、绿色、蓝绿色、浅紫色—深紫色、玫瑰红色,玻璃光泽,断口上呈油脂光泽、树脂光泽,透明—半透明;硬度 3.5～4,完全解理,脆性。最早见于 1754 年何塞·托鲁比亚(José Torrubia)在《西班牙自然历史标本》(*Aparato para la Historia Natural Española*)报道。1767 年 M. 戴维拉(M. Davila)在《戴维拉收藏的自然珍奇艺术品目录系统全集》(第三卷,巴黎)刊载。后来林奈(1768)、克拉普罗特(1788)等也见有报道。1791 年发现于西班牙北部的卡斯蒂利亚-拉曼恰瓜达拉哈拉省莫利纳德亚拉贡(Aragon)镇加洛河;同年,在《法国哲学学会科学通报》(2)报道。英文名称 Aragonite,由亚伯拉罕·戈特利布·维尔纳(Abrahan Gottlieb Werner)根据产地西班牙阿拉贡(Aragon)村命名,以前有几位作家都错误地认为以阿拉贡省命名,还用了其他一些名称。1951 年 C. 帕拉奇(C. Palache)、H. 伯曼(H. Berman)和 C. 弗龙德尔(C. Frondel)《丹纳系统矿物学》(第二卷,第七版)终结了混乱,确立了正确名称。1959 年以前发现、描述并命名的"祖父级"矿物,IMA 承认有效。文石主要作为生物化学作用的产物,见于软体动物的贝壳或骨骸中,是珍珠、珊瑚的主要构成矿物。因集合体多呈鲕状、豆状、球粒状等,很像白色不透明的雪霰,故西方人用 Aragonite 命名,意为霰石。由于含有亚铁和高铁色素离子,其内部结构形成美丽的纹理,中文名称译作文石。在自然界中文石不稳定,常转变为方解石。中国台湾澎湖文石很出名,是中国传统赏石文化中的一朵奇葩。

翁 [wēng]形声;从羽,公声。[英]音,用于外国地名、人名。

【翁布里亚石*】

英文名 Umbrianite

化学式 $K_7Na_2Ca_2[Al_3Si_{10}O_{29}]F_2Cl_2$　　(IMA)

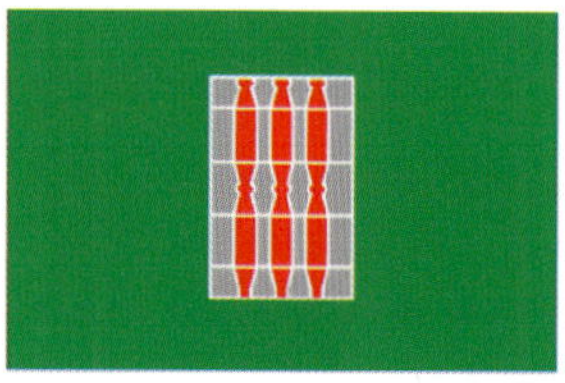

翁布里亚旗

翁布里亚石*是一种含氯和氟的钾、钠、钙的铝硅酸盐矿物。斜方晶系。晶体呈长方形、片状或板条状(25mm×30mm×200mm);集合体常呈粗大平行束状(200～500mm)。无色,玻璃光泽,透明;硬度 5,完全解理。2011 年发现于意大利翁布里亚(Umbria)大区特尔尼省圣韦南佐的策勒火山维斯皮(Vispi)采石场。英文名称 Umbrianite,以发现地意大利的翁布里亚(Umbria)大区命名。IMA 2011-074 批准。2011 年 V. V. 沙雷金(V. V. Sharygin)等在《CNMNC 通讯》(11)、《矿物学杂志》(75)和 2013 年《欧洲矿物学杂志》[25(4)]报道。目前尚未见官方中文译名,编译者建议音译为翁布里亚石*。

【翁德鲁什石*】

英文名 Ondrušite

化学式 $CaCu_4(AsO_4)_2(AsO_3OH)_2 \cdot 10H_2O$　　(IMA)

翁德鲁什石*片状晶体,束状、放射状集合体(捷克)

翁德鲁什石*是一种含结晶水的钙、铜的氢砷酸-砷酸盐矿物。属砷镍铜矾超族翁德鲁什石*族。三斜晶系。晶体呈片状;集合体呈束状、放射状。白色、淡绿色、灰绿色、苹果绿色,玻璃光泽,半透明;硬度 2～3,完全解理,非常脆。2008 年发现于捷克共和国卡罗维发利州厄尔士山脉亚希莫夫矿区斯沃诺斯特(Svornost)矿。英文名称 Ondrušite,2011 年伊利·塞科拉(Jirí Sejkora)等以捷克共和国布拉格捷克地质调查所的矿物学家佩特·翁德鲁什(Petr Ondruš,1960—)的姓氏命名,以表彰他对亚希莫夫矿区做出的贡献,包括对 7 种新矿物的描述。IMA 2008-010 批准。2011 年塞科拉等在《加拿大矿物学家》(49)报道。目前尚未见官方中文译名,编译者建议音译为翁德鲁什石*。

【翁钠金云母】

英文名 Wonesite

化学式 $(Na,K,\square)(Mg,Fe,Al)_6(Si,Al)_8O_{20}(OH,F)_4$
(IMA)

翁钠金云母板片状晶体(美国)和翁斯像

翁钠金云母是一种富含钠的金云母类似矿物。属云母族。单斜晶系。晶体呈他形板片状。金棕黄色,半玻璃光泽、油脂光泽,透明—半透明;硬度 2.5～3,极完全解理。1977 年发现于美国佛蒙特州温莎县四方立方(Cube Quadrangle)山庞德柱状火山岩(Post Pond Volcanics,即庞德地貌火山口湖)。1977 年斯皮尔等在《华盛顿卡内基研究所年鉴》(77)报道。英文名称 Wonesite,由弗兰克·S. 斯皮尔(Frank S. Spear)、罗伯特·M. 哈森(Robert M. Hazen)和道格拉斯·朗布尔Ⅲ(Douglas Rumble Ⅲ)为纪念美国地质调查局实验岩石学家和美国弗吉尼亚理工学院地质学教授大卫·R. 翁斯(David R. Wones,1932—1984)而以他的姓氏命名。IMA 1979-007a 批准。1981 年斯皮尔等在《美国矿物学家》(66)报道。1983 年中国新矿物与矿物命名委员会郭宗山等在《岩石矿物及测试》[2(1)]根据英文名称首音节音加成分及族名译为翁钠金云母。

沃

[wò]形声;从水,芙(yāo)声。[英]音,用于外国人名、地名。

【沃道里斯石*】

英文名 Voudourisite

化学式 $Cd(SO_4) \cdot H_2O$　　(IMA)

沃道里斯像

沃道里斯石*是一种含结晶水的镉的硫酸盐矿物。属硫酸镁石族。单斜晶系。晶体呈粒状。无色,玻璃光泽,透明—半透明;硬度 3,脆性。2012 年发现于希腊阿提卡州拉夫雷奥蒂基市拉夫里翁矿区卡米尼娅(Kaminiza)矿山埃斯佩兰萨(Esperanza)矿。英文名称 Voudourisite,以希腊雅典卡布迪斯特林大学地质与地质环境学院矿物学与岩石学系的帕纳约蒂斯·沃道里斯(Panagiotis Voudouris,1962—)教授的姓氏命名,以表彰他识别拉夫里翁矿床的开创性工作。IMA 2012-042 批准。2012 年 B. 里克(B. Rieck)等在《CNMNC 通讯》(14)、《矿物学杂志》(76)和 2019 年《矿物学杂志》(83)报道。目前尚未见官方中文译名,编译者建议音译为沃道里斯石*。

【沃登堡矿】参见【硫金银矿】条 503 页

【沃丁石】参见【威丁矿】条 977 页

【沃恩矿】参见【硫铊汞锑矿】条 514 页

【沃尔兰石*】

英文名 Vorlanite

化学式 $CaUO_4$　　(IMA)

沃尔兰石*是一种钙、铀的氧化物矿物。等轴晶系。2009 年发现于俄罗斯卡巴尔达-巴尔卡尔共和国巴克桑(Baksan)谷拉卡吉(Lakargi)山 7 号捕虏体。英文名称 Vorlanite,以其发现地附近的沃尔兰(Vorlan)山高峰命名。IMA 2009-032 批准。2011 年叶夫根尼·V. 加鲁斯金(Evgeny V. Galuskin)等在《美国矿物学家》(96)报道。目前尚未见官方中文译名,编译者建议音译为沃尔兰石*。

【沃尔希尔石】

英文名 Walthierite

化学式 $Ba_{0.5}Al_3(SO_4)_2(OH)_6$　　(IMA)

沃尔希尔石是一种含羟基的钡、铝的硫酸盐矿物。属明矾石超族明矾石族。三方晶系。晶体呈半自形—他形粒状、板状;集合体多呈块状。无色、白色、淡黄色,玻璃光泽、蜡状光泽、土状光泽,透明;硬度 3～4,极完全解理。1991 年发现于智利埃尔基省埃尔印第奥矿床坦博(Tambo)矿雷特纳(Retna)矿脉。英文名称 Walthierite,以智利科金博区埃尔印第奥矿床和坦博矿区地质学家托马斯·N. 沃尔希尔(Thomas N. Walthier,1922/1923—1990)的姓氏命名。他对埃尔印第奥矿床和坦博矿区的探索发挥了显著的作用。IMA 1991-008 批准。1992 年 G. 皮科(G. Peacor)等在《美国矿物学家》(77)报道。1998 年中国新矿物与矿物命名委员会黄蕴慧等在《岩石矿物学杂志》[17(1)]音译为沃尔希尔石。

【沃钒锰矿】

英文名 Vuorelainenite

化学式 $Mn^{2+}V_2^{3+}O_4$　　(IMA)

沃雷莱宁像

沃钒锰矿是一种锰、钒的氧化物矿物。属尖晶石超族氧尖晶石族尖晶石亚族。锰铬铁矿-沃钒锰矿系列。等轴晶系。晶体呈他形粒状。褐色，半金属光泽，不透明；硬度 6.5。1980 年发现于瑞典哥特兰省芬斯蓬市多佛斯托普(Doverstorp)矿田萨特拉(Satra)矿。英文名称 Vuorelainenite，以芬兰地质学家约里奥·沃雷莱宁(Yrjo Vuorelainen，1922—1988)的姓氏命名。是他发现了此矿物，但直到第二次发现才被正确描述。IMA 1980－048 批准。1982 年 M. A. 扎克热夫斯基(M. A. Zakrzewski)等在《加拿大矿物学家》(20)和 1983 年邓恩等在《美国矿物学家》(68)报道。1984 年中国新矿物与矿物命名委员会郭宗山在《岩石矿物及测试》[3(2)]根据英文名称首音节音和成分译为沃钒锰矿。

【沃格石】参见【羟碳磷锆钠石】条 735 页

【沃金森矿】参见【硒铜铋铅矿】条 1004 页

【沃克石*】

英文名 Warkite

化学式 $Ca_2Sc_6Al_6O_{20}$　(IMA)

沃克像

沃克石*是一种钙、钪、铝的氧化物矿物，是钪占优势的阿铝钙石*和贝克特石*的类似矿物。属假蓝宝石超族假蓝宝石族。三斜晶系。晶体粒径 1～4μm；集合体 4～12μm。2013 年马驰(Ma Chi)团队发现于澳大利亚维多利亚州珀顿市默奇森(Murchison)陨石和意大利艾米利亚-罗马涅区费拉拉市维加拉诺(Vigarano)陨石。英文名称 Warkite，2013 年马驰等为纪念戴维·沃克(David Wark，1939—2005)而以他的姓氏命名。沃克在陨石研究中对富钙、铝夹杂物方面的研究做出了诸多的贡献，包括对围绕陨石包裹体的沃克-洛夫林边缘的发现。IMA 2013－129 批准。2014 年马驰等在《CNMNC 通讯》(20)、《矿物学杂志》(78)和 2015 年《陨石学和行星科学》[50(s1)，流星学会第 78 届年会]报道。目前尚未见官方中文译名，编译者建议音译为沃克石*；根据成分译为铝钪钙石*。

【沃拉斯奇奥石*】

英文名 Volaschioite

化学式 $Fe_4(SO_4)O_2(OH)_6 \cdot 2H_2O$　(IMA)

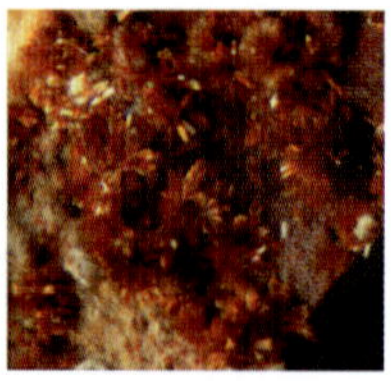
沃拉斯奇奥石*叶片状晶体，放射集合体(意大利)

沃拉斯奇奥石*是一种含结晶水、羟基、氧的铁的硫酸盐矿物。单斜晶系。晶体呈叶片状；集合体呈放射状。淡黄橙色，玻璃光泽、树脂光泽，透明；完全解理，脆性。2010 年发现于意大利卢卡省弗诺沃拉斯奇奥(Fornovolasco)。英文名称 Volaschioite，2011 年 C. 比亚乔尼(C. Biagioni)等以模式产地的古地名弗诺沃拉斯奇奥(Fornovolaschio)命名。其中，“Forno(炉子)”，而“Volaschio 有两个可能的起源：第一个是 12 世纪的医院沃拉斯卡·德·沃拉斯奇奥(Volasca de Volaschio)；第二个是，有一个名叫沃拉斯科“Volasco”的人，先在矿床上从事打铁工作。IMA 2010－005 批准。2010 年 P. A. 威廉姆斯(P. A. Williams)等在《CNMNC 通讯》(3)、《矿物学杂志》(74)和 2011 年比亚乔尼等在《加拿大矿物学家》(49)报道。目前尚未见官方中文译名，编译者建议音译为沃拉斯奇奥石*。

【沃硫砷镍矿】

英文名 Vozhminite

化学式 Ni_4AsS_2　(IMA)

沃硫砷镍矿是一种镍的砷-硫化物矿物。属希兹硫镍矿族。六方晶系。黄色和褐色色调，金属光泽，不透明；硬度 4.5～5。1981 年发现于苏联卡累利阿共和国北部沃佐敏斯基(Vozhminskii)地块即沃佐敏(Vozhmin)地块。英文名称 Vozhminite，以发现地苏联沃佐敏(Vozhmin)地块命名。IMA 1981－040 批准。1982 年 N. S. 鲁达什夫斯基(N. S. Rudashevskii)等在《全苏矿物学会记事》(111)和 1983 年《美国矿物学家》(68)报道。中文名称根据英文名称首音节音和成分译为沃硫砷镍矿；根据晶系和成分译为六方钴镍矿。

【沃罗特索夫矿*】

英文名 Vorontsovite

化学式 $(Hg_5Cu)TlAs_4S_{12}$　(IMA)

沃罗特索夫矿*是一种汞、铜、铊的砷-硫化物矿物。属硫砷铊汞矿族。等轴晶系。2016 年发现于俄罗斯斯维尔德洛夫斯克州克拉斯诺图林斯克矿山沃罗特索夫斯科耶(Vorontsovskoe)矿床。英文名称 Vorontsovite，以发现地俄罗斯的沃龙佐夫(Vorontsov)命名，以表彰采矿工程师弗拉基米尔·瓦西里耶维奇·沃龙佐夫(Vladimir Vasilyevich Vorontsov，1908—1842)，他是博戈斯洛夫斯基(Bogoslovskiy)矿区的总监。IMA 2016－076 批准。2016 年 A. V. 卡萨特金(A. V. Kasatkin)等在《CNMNC 通讯》(34)、《矿物学杂志》(80)和 2018 年《矿物》(8)报道。目前尚未见官方中文译名，编译者建议音译为沃罗特索夫矿*。

【沃洛欣云母】

英文名 Voloshinite

化学式 $Rb(LiAl_{1.5}\square_{0.5})(Al_{0.5}Si_{3.5})O_{10}F_2$　(IMA)

沃洛欣像

沃洛欣云母是一种富含铷的云母矿物。属云母族。单斜晶系。晶体呈板状。无色，玻璃光泽，解理面上呈珍珠光泽，透明；硬度 3，极完全解理。最初发现于俄罗斯北部摩尔曼斯克州瓦辛-姆伊利克(Vasin-Myl'k)山稀有元素花岗伟晶岩。英文名称 Voloshinite，以著名的俄罗斯矿物学家阿纳托利·瓦西里耶维奇·沃洛欣(Anatoly Vasilevich Voloshin，1937—)的姓氏命名。他对沃罗宁苔原稀有元素花岗伟晶岩矿物学进行了许多年的调查研究。IMA 2007－052 批准。2009 年 I. V. 佩克夫(I. V. Pekov)等在《俄罗斯矿物学会记事》[138(3)]和 2010 年《矿床地质学》(52)报道。中文名称根据音译加族名译为沃洛欣云母。

【沃硼钙石】

英文名 Volkovskite

化学式 $KCa_4B_{22}O_{32}(OH)_{10}Cl \cdot 4H_2O$　(IMA)

沃硼钙石是一种含结晶水、羟基和氯的钾、钙的硼酸盐矿物。属水硼锶石族。三斜晶系。晶体呈假六方体、三方板状、长叶片状。无色、粉红色，浅—深橙色，玻璃光泽，透明；

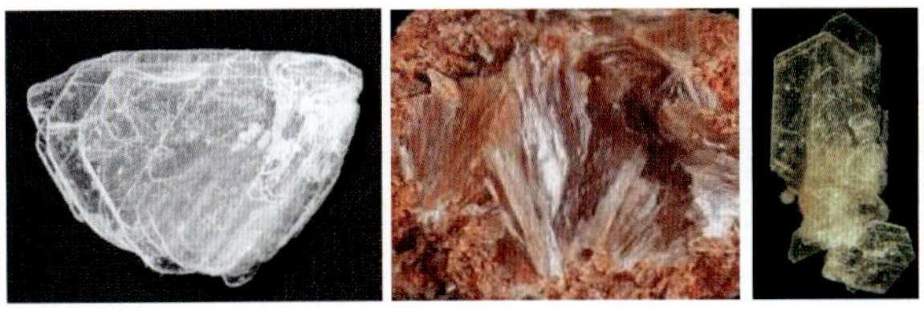

沃硼钙石假六方板状、长叶片状晶体(俄罗斯、英国、加拿大)

硬度 2.5,完全解理,脆性。1966 年首先发现于哈萨克斯坦阿特劳州阿特劳市因德尔(Inder)硼矿床和盐丘;V. V. 康德拉特瓦(V. V. Kondrateva)在《全苏矿物学会记事》(95)报道。1990 年又发现于加拿大新不伦瑞克省国王县克拉佛(Clover Hill)山矿床。英文名称 Volkovskite,以俄罗斯的岩相学家 A. I. 沃尔科夫斯卡亚(A. I. Volkovskaya)的姓氏命名,是他首先发现了该矿物。1990 年由 J. A. 曼达里诺(J. A. Mandarino)等根据加拿大盐泉矿床的矿物重新定义[《加拿大矿物学家》(28)],重新建立了该矿物的三斜对称和钾和氯基本成分。IMA 1968s. p. 批准。中文名称根据英文名称首音节音和成分译为沃硼钙石;化学成分中含有一定的锶,并属水硼锶石族,故有的译作乌钙水硼锶石。

【沃普梅石*】

英文名 Wopmayite

化学式 $Ca_6Na_3\square Mn(PO_4)_3(PO_3OH)_4$　　(IMA)

沃普像

沃普梅石*是一种钙、钠、空位、锰的氢磷酸-磷酸盐矿物。三方晶系。晶体呈菱面体,粒径 150μm。无色—白色—粉红色,玻璃光泽,透明;硬度 5,脆性。2011 年发现于加拿大马尼托巴省贝尔尼克湖坦科(Tanco)矿。英文名称 Wopmayite,以出生于加拿大马尼托巴省卡伯里镇的威尔弗里德·瑞德"沃普"·梅(Wilfrid Reid "Wop" May,1896—1952)的姓氏命名。他是一位开创性的飞行员,并开辟了在加拿大北部进行矿产勘查和采矿的道路。IMA 2011-093 批准。2012 年 M. A. 库珀(M. A. Cooper)等在《CNMNC 通讯》(12)、《矿物学杂志》(76)和 2013 年《加拿大矿物学家》(51)报道。目前尚未见官方中文译名,编译者建议音译为沃普梅石*。

【沃奇纳矿】参见【锡锰钽矿】条 1007 页

【沃羟磷锰石】参见【羟磷锰石】条 717 页

【沃森石】

英文名 Wassonite

化学式 TiS　　(IMA)

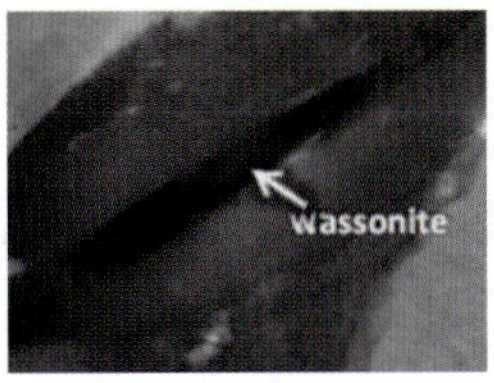

沃森石发状晶体(电镜)

沃森石是一种钛的硫化物矿物。三方晶系。颗粒直径不及一根头发的 1%,它还被另外一些未知矿物包裹,它是借助于美国航天局透射电子显微镜分离出天然纹理,并确定其化学成分和晶体结构的。2010 年发现于南极洲东部毛德皇后地法比奥拉(Fabiola)皇后山[大和(Yamato)山]"大和 691"陨石。这颗陨石是日本东北大学大川胜成教授与美国宇航局约翰逊航天中心的中村圭子博士研究小组于 1969 年 12 月发现的。科学家推测,在落入地球前,它是一颗在火星和木星间运行的小行星,形成于 45 亿年前。2011 年 4 月 5 日美国航天局发表声明宣布,美航天局科学家及韩国、日本同行合作发现了这种新矿物。英文名称 Wassonite,以约翰·T. 沃森(John T. Wasson)的姓氏命名。沃森是美国加州大学洛杉矶分校教授、陨石研究专家;他发展了利用中子活化数据对铁陨石和球粒陨石进行分类的方法,并建立了观察到的大块球粒陨石化学分馏的模型;他还研究了形成玻璃陨石(Tektite)的潜在机制。IMA 2010-074 批准。2011 年 S. 拉赫曼(S. Rahman)等在《CNMNC 通讯》(8)、《矿物学杂志》(75)和 2012 年中村圭子(K. Nakamura)等在《美国矿物学家》(97)报道。中文名称音译为沃森石。

【沃水氯硼钙石】

英文名 Walkerite

化学式 $Ca_{16}(Mg,Li)_2[B_{13}O_{17}(OH)_{12}]_4Cl_6 \cdot 28H_2O$
(IMA)

沃水氯硼钙石叶片状晶体(加拿大)和沃克像

沃水氯硼钙石是一种含结晶水和氯的钙、镁、锂的氢硼酸盐矿物。斜方晶系。晶体呈纤维状、针状、叶片状,长 2mm;集合体呈束状。无色,玻璃光泽,透明—半透明;硬度 3,脆性。2001 年发现于加拿大新不伦瑞克省金斯县萨斯喀彻温钾肥公司(Potash Corporation of Saskatchewan)矿。英文名称 Walkerite,以加拿大多伦多大学矿物学和岩石学教授和负责人(1901—1937)托马斯·伦纳德·沃克(Thomas Leonard Walker,1867—1942)的姓氏命名。他对矿物学,尤其对新不伦瑞克省硼酸盐矿床的研究做出了诸多贡献;他还是加拿大多伦多大学矿物学系前身加拿大矿物学研究所的创始人。IMA 2001-051 批准。2002 年 J. D. 格赖斯(J. D. Grice)等在《加拿大矿物学家》(40)报道。2006 年中国地质科学院矿产资源研究所李锦平在《岩石矿物学杂志》[25(6)]根据英文名称首音节音和成分译为沃水氯硼钙石。

【沃特斯矿*】

英文名 Wattersite

化学式 $Hg^{1+}_4Hg^{2+}O_2(CrO_4)$　　(IMA)

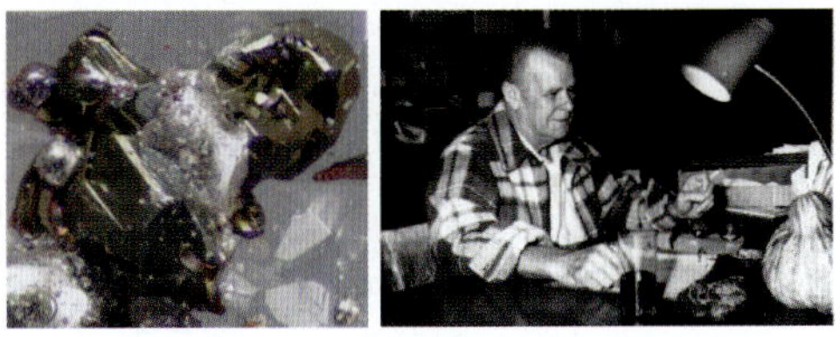

沃特斯矿*短柱状晶体(美国)和沃特斯像

沃特斯矿*是一种汞氧的铬酸盐矿物。单斜晶系。晶体呈短柱状,具双晶;集合体呈晶簇状、块状、薄壳状。深红色、棕色、青铜色—黑色,半金属光泽,半透明—不透明;硬度 4.5,脆性。1987 年发现于美国加利福尼亚州圣贝尼托县代阿布洛岭新爱德里亚矿区山羊山克利尔溪(Clear Creek)矿。英文名称 Wattersite,1991 年安德鲁·C. 罗伯茨(Andrew C. Roberts)等为纪念美国加利福尼亚州著名的矿物收藏家、爵士小号手、厨师和环保人士卢修斯“卢”·沃特斯(Lucius “Lu” Watters,1911—1989)而以他的姓氏命名。他专攻加利福尼亚州海岸山脉的矿物学,并做出了贡献。IMA 1987-030 批准。1991 年罗伯茨等在《矿物学记录》(22)报道。目前尚未见官方中文译名,编译者建议音译为沃特斯矿*。

乌 [wū]象形。①用于中国地名、河名。②[英]音,用于外国人名、地名。

【乌钡镁铝氟石】参见【氟铝镁钡石】条 182 页

【乌顿布格矿】参见【硫金银矿】矿 503 页

【乌尔夫安德森铈石*】

英文名 Ulfanderssonite-(Ce)

化学式 $(Ce_{15}Ca)_{\Sigma 16}Mg_2(SiO_4)_{10}(SiO_3OH)(OH,F)_5Cl_3$ (IMA)

安德森像

乌尔夫安德森铈石*是一种含氯、氟和羟基的铈、钙、镁的氢硅酸-硅酸盐矿物。单斜晶系。晶体呈半自形,粒径 100～300μm;集合体粒径达 2mm。粉红色,半透明;硬度 5～6,完全解理。2016 年发现于瑞典韦斯特曼省努尔贝里区马尔卡拉(Malmkärra)矿。英文名称 Ulfanderssonite-(Ce),以瑞典地质学家、岩石学家乌尔夫·B. 安德森(Ulf B. Andersson,1960—)的姓名,加占优势的稀土元素铈后缀-(Ce)组合命名,以表彰他对巴斯特耐斯(Bastnäs)型矿床成因所做出的显著贡献,2007 年安德森在巴斯特耐斯矿田附近发现微观粒状的铈硅石。IMA 2016-107 批准。2017 年 D. 霍尔特斯坦(D. Holtstam)等在《CNMNC 通讯》(36)、《矿物学杂志》(81)和《欧洲矿物学杂志》(29)报道。目前尚未见官方中文译名,编译者建议音加成分译为乌尔夫安德森铈石*。

【乌尔里奇铀矿*】

英文名 Ulrichite

化学式 $CaCu(UO_2)(PO_4)_2 \cdot 4H_2O$ (IMA)

乌尔里奇铀矿*针状晶体,放射状集合体(澳大利亚)和乌尔里奇像

乌尔里奇铀矿*是一种含结晶水的钙、铜的铀酰-磷酸盐矿物。单斜晶系。晶体呈扁平柱状、针状、纤维状;集合体呈放射状。青柠檬绿色,玻璃光泽,透明—半透明;硬度3.5,完全解理。1988 年发现于澳大利亚维多利亚州的博加(Boga)湖花岗岩采石场,世界上只有在这一个地方发现。英文名称 Ulrichite,由 19 世纪的一位地质学家和矿山总监乔治·亨利·弗雷德里克·乌尔里奇(George Henry Frederick Ulrich,1830—1900)的姓氏命名。他是墨尔本大学采矿学系的地质学家;他还是墨尔本工业和技术博物馆的矿物收藏馆长,他对澳大利亚维多利亚矿物学做出了贡献。IMA 1988-006 批准。1988 年 W. D. 白芝(W. D. Birch)等在《澳大利亚矿物学家》[3(3)]和 1990 年 J. L. 杨博尔(J. L. Jambor)等在《美国矿物学家》(75)报道。前人及网络多译为方铀矿或晶质铀矿,似有误;编译者建议音加成分译为乌尔里奇铀矿*;《英汉矿物种名称》(2017)根据成分译为水磷铜钙铀矿。

【乌钙水硼锶石】参见【沃硼钙石】条 986 页

【乌鲁木齐石】参见【霓石】条 654 页

【乌木石】

汉拼名 Wumuite

化学式 $KAl_{0.33}W_{2.67}O_9$ (IMA)

乌木石是一种钾、铝、钨构成的全新成分和新结构(钨青铜型结构的衍生结构)的新矿物,这是继碲钨矿之后世界上首次发现的钾-铝-钨成分的钨青铜结构的天然新矿物。六方晶系。2017 年中国地质大学(北京)科学研究院晶体结构实验室李国武教授发现于中国云南省丽江地区华坪县南阳村新元古代结晶基底的半风化石英二长岩。汉拼名称 Wumuite,以发现地附近的乌木河命名为乌木石(Wumuite)。IMA 2017-067a 批准。2018 年李国武等在《CNMNC 通讯》(44)、《矿物学杂志》(82)和《欧洲矿物学杂志》(30)报道。钨青铜是一类具有先进性能的功能材料,在光学、电学、磁学方面有重要的用途。本次发现的天然矿物显示了与人工合成钨青铜材料具有相同的结构类型但却具有不同的晶胞和空间群特征,对于研究钨青铜的晶体化学特性和材料学以及矿物成因具有重大的理论和实际意义。

【乌钠铌钛石】参见【磷硅铌钠石】条 459 页

【乌硼钙石】

英文名 Uralborite

化学式 $CaB_2O_2(OH)_4$ (IMA)

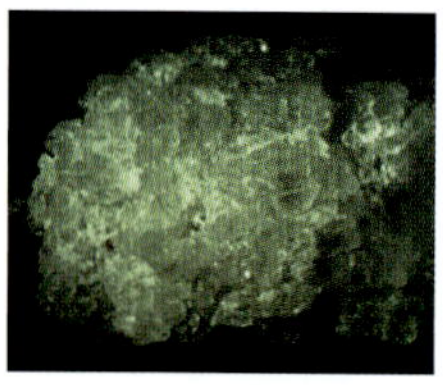

乌硼钙石粒状晶体,块状集合体(日本)

乌硼钙石是一种含羟基的钙的硼酸盐矿物。单斜晶系。晶体呈细长柱状、纤维状、粒状;集合体常呈放射状、块状。无色,玻璃光泽,透明;硬度 4～4.5。1961 年发现于俄罗斯乌拉尔山脉诺富罗夫斯科耶(Novofrolovskoye)铜矿床。1961 年 S. V. 马林科(S. V. Malinko)等在《全苏矿物学会记事》(90)和 1962 年《美国矿物学家》(47)报道。英文名称 Uralborite,以发现地俄罗斯的乌拉尔(Ural)山脉和成分硼酸(Borate)组合命名。IMA 1967s. p. 批准。中文名称根据发现地和成分译为乌硼钙石或乌拉尔硼钙石。

钨 [wū]形声;从钅,乌声。一种金属元素。[英] Tungsten。元素符号 W。原子序数 74。1781 年瑞典化学家 C. W. 舍勒(C. W. Scheele)发现白钨矿,并提取出新的元素酸——钨酸。瑞典文 Tungsten 是重(Tung)石头(Sten)之意。1783 年西班牙化学家 F. 德·埃卢亚尔(F. de Elhuyar)兄弟发现黑钨矿,也从中提取出钨酸,同年,用碳还原三氧化钨第一次得到了金属钨,并用德文 Wolfram 命名该元素。Wolfra 是狼(Wolf)、泡沫(Rahm)的复合词,因为锡矿中含钨,冶炼过程中钨进入炉渣,降低了锡的产出率,好象被狼吞食一样,原意是“烟灰和污垢”。化学元素符号 W 源自德文。钨在地壳中的含量为百万分之 1.5,居第 54 位。自然界中的钨主要以钨酸盐的形式存在。

【钨钡铅铀矿】参见【钨铀华】条 990 页

【钨铋矿】

英文名 Russellite

化学式 Bi_2WO_6 (IMA)

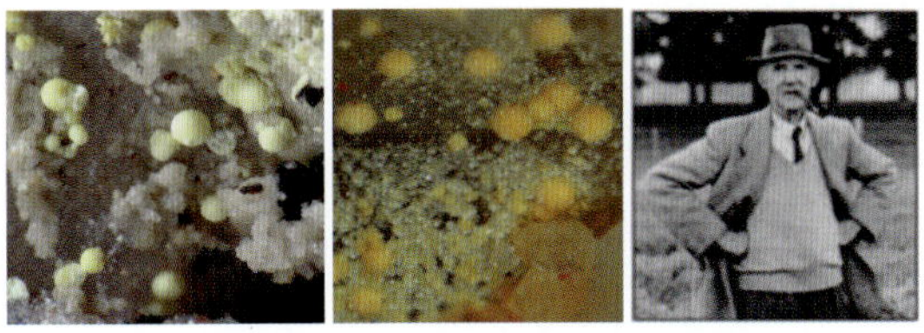

钨铋矿球粒状集合体(捷克、德国)和罗素像

钨铋矿是一种铋的钨酸盐矿物。属钼铋矿族。斜方晶系。晶体呈细粒状;集合体呈致密块状、球粒状,常密切与其他矿物混杂在一起。黄绿色、黄色,半透明;硬度 3.5。1938 年发现于英国英格兰康沃尔郡圣奥斯特尔镇大圣科勒姆的迪纳斯城堡(Castle-an-Dinas)矿;同年,马克斯·海伊(Max Hey)等在《矿物学杂志》(25)和《美国矿物学家》(23)报道。英文名称 Russellite,1938 年由马克斯·海伊(Max Hey)等为纪念亚瑟·爱德华·伊恩·蒙塔古·拉塞尔"罗素"(Arthur Edward Ian Montague Russell,1878—1964)爵士而以他的姓氏命名。罗素爵士是伯克希尔郡雷丁斯沃洛菲尔德园地(Park)的第 6 位小男爵,也许他是 20 世纪最伟大的英国矿物收藏家。罗素先生的遗嘱指示,他的收藏应该捐赠给大英自然历史博物馆。以罗素的荣誉命名的协会组织专业和业余矿物学家,致力于英国地形矿物的收集和研究。Arthurite(水砷铁铜石)也是一个以他和他的朋友亚瑟·金斯伯里(Arthur Kingsbury)共享荣誉的矿物名称(参见【水砷铁铜石】条 871 页)。1959 年以前发现、描述并命名的"祖父级"矿物,IMA 承认有效。中文名称根据成分译为钨铋矿。

【钨华】

英文名 Tungstite

化学式 $WO_3 \cdot H_2O$　　(IMA)

钨华薄膜皮壳状集合体(玻利维亚)

钨华是一种天然的含结晶水钨酸矿物。斜方晶系。晶体呈鳞片状、显微菱形板状;集合体呈粉末状、土状、块状或薄膜皮壳状。亮黄色、黄绿色、金黄色、黑黄橙色,树脂光泽,解理面上呈珍珠光泽,透明;硬度 2.5,完全解理。最早见于 1822 年西利曼(Silliman)在《美国科学杂志》(4)报道。1868 年第一次描述于美国康涅狄格州费尔菲尔德县特鲁姆贝尔(Trumbull)长山老钨矿山;同年,在《丹纳系统矿物学》(第五版,纽约)刊载。英文名称 Tungstite,1944 年 C. 帕拉奇(C. Palache)、H. 伯曼(H. Berman)和 C. 弗龙德尔(C. Frondel)在《丹纳系统矿物学》(第一卷,第七版,纽约)根据化学成分"Tungsten(钨)"命名。1959 年以前发现、描述并命名的"祖父级"矿物,IMA 承认有效。同义词 Wolframine,由德文"Wolfram(钨)"命名。中文名称根据成分和结晶形态译为钨华。"华"古通"花",繁体"華"字,上面是"垂"字,像花叶下垂形,比喻矿物形态如"花"。

【钨锰矿】

英文名 Hübnerite

化学式 $Mn(WO_4)$　　(IMA)

钨锰矿是一种锰的钨酸盐矿物。属钨锰铁矿族。钨铁矿($FeWO_4$)-钨锰矿($MnWO_4$)完全类质同象系列的锰端元矿物。单斜晶系。晶体呈柱状、板状、片状,晶面有条纹,常

钨锰矿柱状、板状晶体,晶簇状集合体(秘鲁)

见简单双晶或穿插双晶;集合体呈晶簇状。黄色、红褐色、黑棕色、黑色、红色(罕见),树脂光泽、金刚光泽、半金属光泽,半透明—不透明;硬度 4~4.5,完全解理,脆性。发现于美国内华达州埃尔斯沃思县埃尔斯沃思(Ellsworth)矿。最早见于 1852 年布赖特豪普特(Breithaupt)在莱比锡弗莱贝格 *Berg. Uudhütten männisches* (11) 报道。英文名称 Hübnerite,1865 年由尤金·N. 里奥特(德国埃尔伯费尔德人)为纪念德国萨克森州弗赖贝格的矿物学家、采矿工程师和冶金家弗里德里希·阿道夫·霍伯纳(Friedrich Adolph Hübner,1830—?)而以他的姓氏命名。1959 年以前发现、描述并命名的"祖父级"矿物,IMA 承认有效。中文名称根据化学成分译为钨锰矿/锰钨矿,也有的音译为霍伯纳矿。

【钨锰铁矿】参见【黑钨矿】条 319 页

【钨铅矿】

英文名 Stolzite

化学式 $Pb(WO_4)$　　(IMA)

钨铅矿四方板状、台柱状、锥柱状晶体(德国、法国)

钨铅矿是一种铅的钨酸盐矿物。属白钨矿族。与斜钨铅矿为同质多象。四方晶系。晶体呈片状、板状、柱状、双锥状、不规则粒状以及由四方双锥和四方柱所组成的双锥柱状聚形,晶面有横纹;集合体呈块状。纯净者无色透明(相当罕见),因有杂质而呈各种的黄色、橙色、红色或灰色、暗浅黄色、黄褐色—浅红褐色或绿色,半金刚光泽或树脂光泽,透明—半透明;硬度 2.5~3,完全解理,脆性。从 12 世纪开始直至 20 世纪后期,在绵延于德国和捷克边境的山脉[德文称为厄尔士山脉(Erzgebirge,意为"矿山"),捷克文称为克鲁什内山脉(Krusné Hory,意为"难行的山")两侧出现过数不清的开采银、铅、锌、钨、锡、钴、铀等的矿场。这里是地球上条件得天独厚的多金属成矿带,也是地质学、矿物学和结晶学研究的最早和最好的地区之一。德国一侧是萨克森地区,捷克一侧是波希米亚地区,皆为世界著名的矿物标本产地。历史上最早发现钨铅矿的金瓦尔德(Zinnwald)矿区,位于捷克的波希米亚镇奥勒(Ore)山。起初人们是当成白钨矿或钼铅矿收集的,后来才确认其真正的成分。最早见于 1820 年 A. 布赖特豪普特(A. Breithaupt)的《矿物系统的重要特征》(*Kurze Charakteristik des Mineralsystems*)(第八卷,弗赖贝格)称为 Scheel-Bleispath。1845 年由海丁格尔(Haidinger)正式命名为 Stolzite,以表彰提供第一件标本的捷克学者约瑟夫·亚历克西斯·斯托尔兹(Joseph Alexis Stolz,1778—

1855）而以他的姓氏命名。斯托尔兹是捷克共和国波西米亚的一位医生和矿物收藏家；他一生的大部分时间都对矿物感兴趣，并建立了一个重要的收藏。见于 1845 年布劳穆勒（Braumüller）和赛德尔（Seidel）的《矿物学鉴定手册》（维也纳）。1959 年以前发现、描述并命名的“祖父级”矿物，IMA 承认有效。中文名称根据化学成分译为钨铅矿。

【钨锑矿】

英文名 Tungstibite

化学式 Sb_2WO_6 （IMA）

钨锑矿纤维状晶体，放射状集合体（德国）

钨锑矿是一种锑的钨酸盐矿物。属钼铋矿族。斜方晶系。晶体呈纤维状、薄板状；集合体呈放射状、球粒状。绿色、深绿色、黄色，珍珠光泽，半透明—不透明；硬度 2，完全解理。1993 年发现于德国巴登-符腾堡州弗赖堡市兰卡赫（Rankach）谷克莱拉（Clara）矿。英文名称 Tungstibite，由成分“Tungsten（Tung，钨）”和“Antimony（拉丁文 Stibium）（Stib，锑）”组合命名。IMA 1993－059 批准。1995 年 K. 瓦林塔（K. Walenta）在《地球化学》（55）报道。2003 年中国地质科学院矿产资源研究所李锦平等在《岩石矿物学杂志》[22(3)]根据成分译为钨锑矿。

【钨铁矿】

英文名 Ferberite

化学式 $Fe^{2+}(WO_4)$ （IMA）

钨铁矿柱状晶体（中国）和费伯像

钨铁矿是一种铁的钨酸盐矿物。属钨锰铁矿族。钨铁矿（$FeWO_4$）-钨锰矿（$MnWO_4$）完全类质同象系列的铁端元矿物。单斜晶系。晶体常呈板状、楔状和细长柱状、短柱状，晶面有条纹，具双晶；集合体呈刃状、块状、晶簇状。黑色，树脂光泽、金刚光泽、半金属—金属光泽，不透明；硬度 4～4.5，完全解理，脆性。最早见于 1847 年克恩德特（Kerndt）在莱比锡《实用化学杂志》（42）报道。1863 年发现于西班牙安达卢西亚自治区阿尔梅里亚省库埃瓦斯德拉尔曼索拉市阿尔玛格勒（Almagrera）尼娜（Niña）矿；同年，利伯（Liebe）在《矿物学、地质学和古生物学新年鉴》报道。英文名称 Ferberite，以德国矿物学家莫里茨·鲁道夫·费伯（Moritz Rudolph Ferber，1805—1875）博士的姓氏命名。1959 年以前发现、描述并命名的“祖父级”矿物，IMA 承认有效。中文名称根据成分译为钨铁矿；根据成分和比重大译为铁重石。

【钨锌矿】

英文名 Sanmartinite

化学式 $Zn(WO_4)$ （IMA）

钨锌矿是一种锌的钨酸盐矿物。属钨锰铁矿族。单斜晶系。晶体呈细小片状；集合体呈网状和细晶块状。红棕色、暗棕褐色、黑色，树脂光泽，半透明；硬度 4～4.5，完全解理。1948 年发现于阿根廷圣路易斯省圣马丁（San Martín）塞里约斯（Cerrillos）；同年，安杰莱利（Angelelli）、戈登（Gordon）在《费城自然科学院文献》和《美国矿物学家》（33）报道。英文名称 Sanmartinite，以发现地阿根廷圣马丁（San Martín）命名。1959 年以前发现、描述并命名的“祖父级”矿物，IMA 承认有效。中文名称根据成分译为钨锌矿。

【钨铀华】

英文名 Uranotungstite

化学式 $Fe(UO_2)_2(WO_4)(OH)_4 \cdot 12H_2O$ （IMA）

钨铀华片状晶体，花状、球粒状集合体（德国）

钨铀华是一种含结晶水和羟基的铁的铀酰-钨酸盐矿物。斜方晶系[U. 科利奇（U. Kolitsch）研究指出或可能是单斜晶系]。晶体呈片状；集合体呈花状、球粒状。黄色、橙色、棕色，珍珠光泽，半透明；硬度 2，完全解理。1984 年发现于德国巴登-符腾堡州弗赖堡市孟曾斯旺（Menzenschwand）的克伦克巴赫（Krunkelbach）谷铀矿床和奥博沃尔法赫的兰卡赫（Rankach）谷克莱拉（Clara）矿。英文名称 Uranotungstite，由化学成分“Uranium（铀）”和“Tungsten（钨）”组合命名。IMA 1984－005 批准。1985 年 K. 瓦林塔（K. Walenta）在德国《契尔马克氏矿物学和岩石学通报》（34）和 1986 年《美国矿物学家》（71）报道。1985 年中国新矿物与矿物命名委员会郭宗山等在《岩石矿物及测试》[4(4)]根据成分和形态译为钨铀华；根据成分[$(Fe^{2+},Ba,Pb)(UO_2)_2(WO_4)(OH)_4 \cdot 12H_2O$]译为水钨钡铀矿或钨钡铅铀矿。

无

[wú]会意；意没有，与“有”相对。

【无钙钙霞石】参见【硫酸钙霞石】条 514 页

【无铝沸石】参见【水针硅钙石】条 885 页

【无铝锌蒙脱石】

英文名 Zincsilite

化学式 $Zn_3Si_4O_{10}(OH)_2 \cdot 4H_2O(?)$ （IMA）

无铝锌蒙脱石是一种含结晶水、羟基的锌的硅酸盐黏土矿物。属蒙皂石族。为蒙脱石-锌蒙脱石-羟锌蒙脱石系列中无铝的端元黏土矿物。单斜晶系。晶体呈小叶片状。白色、蓝色，解理面上呈珍珠光泽，半透明；硬度 1.5～2。1960 年发现于哈萨克斯坦卡拉干达州巴尔喀什地区巴蒂斯托（Batystau）多金属矿床。英文名称 Zincsilite，由化学成分“Zinc（Zn，锌）”和“Silicon（Si，硅）”组合命名。IMA 1962s. p. 批准。1960 年 N. N. 斯莫利亚尼诺娃（N. N. Smolianinova）等在《国际黏土研究委员会会议报告》和 1961 年弗莱舍在《美国矿物学家》（46）报道。中文名称根据成分无铝及与锌蒙脱石的关系译为无铝锌蒙脱石，也译作无铝锌皂石。

【无色电气石】

英文名 Achroite

化学式 $A(D_3)G_6(T_6O_{18})(BO_3)_3X_3Z$

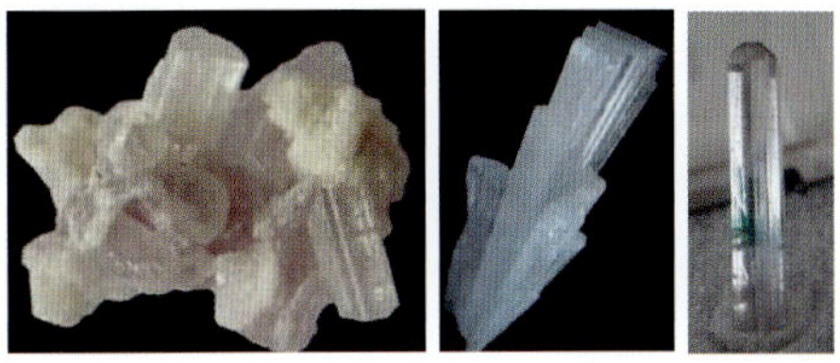

无色电气石柱状晶体(阿富汗)

无色电气石是电气石族中各种各样的电气石之一,通常是一种清澈透明的锂电气石品种,但并非总是如此。三方晶系。晶体呈柱状,晶面有条纹,横切面呈三角形。无色,有的稍有环带变彩,玻璃光泽,透明;硬度 7。英文名称 Achroite,由"Achro(消色、不染色、非彩色)"命名。中文名称根据颜色和族名译为无色电气石,也译作无色碧玺或白碧玺(参见【电气石】条 130 页和【锂电气石】条 442 页)。

【无色绿泥石】参见【透绿泥石】条 967 页

【无水钾钙矾*】

英文名 Calciolangbeinite

化学式 $K_2Ca_2(SO_4)_3$ (IMA)

无水钾钙矾*是一种钾、钙的硫酸盐矿物。属无水钾镁矾族。等轴晶系。晶体呈四面体或假八面体,扭曲的、扁平的、弯曲的或骨骼状他形粒状,粒径一般 0.5mm,最大 1mm;集合体呈团块状。无色、白色,玻璃光泽,透明;硬度 3～3.5,脆性。2011 年发现于俄罗斯堪察加州托尔巴契克(Tolbachik)火山主裂隙北部破火山口第二火山渣锥。英文名称 Calciolangbeinite,由成分冠词"Calcio(钙)"和根词"Langbeinite(无水钾镁矾)"组合命名,意指它是钙占优势的无水钾镁矾的类似矿物(根词参见【无水钾镁矾】条 991 页)。IMA 2011-067 批准。2011 年 I. V. 佩科夫(I. V. Pekov)等在《CNMNC 通讯》(11)、《矿物学杂志》(75)和 2012 年《矿物学杂志》[76(3)]报道。目前尚未见官方中文译名,编译者根据成分及与无水钾镁矾的关系译为无水钾钙矾*。

【无水钾镁矾】

英文名 Langbeinite

化学式 $K_2Mg_2(SO_4)_3$ (IMA)

无水钾镁矾粒状晶体(巴基斯坦)

无水钾镁矾是一种钾、镁的硫酸盐矿物。属无水钾镁矾族。等轴晶系。晶体常呈粒状,自形少见;集合体呈肾状、块状、结核状等。无色或白色,有时呈浅灰色、灰白色、浅黄色、浅玫瑰红色、浅红紫色、浅绿色等,玻璃光泽或油脂光泽,透明;硬度 3.5～4,脆性。1891 年发现于德国萨克森-安哈尔特州威尔赫姆斯霍尔(Wilhelmshall);同年,S. 楚克施韦特(S. Zuckschwerdt)在纽斯《应用化学杂志》报道。英文名称 Langbeinite,以德国利奥波多尔(Leopoldshall)郡的 A. 朗拜因(A. Langbein)的姓氏命名。1959 年以前发现、描述并命名的"祖父级"矿物,IMA 承认有效。中文名称根据成分译为无水钾镁矾。

【无水钾锰矾】

英文名 Manganolangbeinite

化学式 $K_2Mn_2^{2+}(SO_4)_3$ (IMA)

无水钾锰矾是一种钾、锰的硫酸盐矿物。属无水钾镁矾族。等轴晶系。晶体呈小四面体。玫瑰红色,玻璃光泽,透明—半透明;硬度 2.5～3。1924 年发现于意大利那不勒斯省维苏威(Vesuvius)火山。1924 年赞博尼尼(Zambonini)、卡罗比(Carobbi)在那不勒斯《皇家科学院物理与数学学会报告》(30)和 1926 年《美国矿物学家》(11)报道。英文名称 Manganolangbeinite,由成分冠词"Mangano(锰)"和根词"Langbeinite(无水钾镁矾)"组合命名。1959 年以前发现、描述并命名的"祖父级"矿物,IMA 承认有效。中文名称根据成分译为无水钾锰矾;根据成分和族名译作锰钾矾或锰钾镁矾。

【无水芒硝】

英文名 Thénardite

化学式 $Na_2(SO_4)$ (IMA)

无水芒硝柱状或板状晶体,晶簇状集合体(美国)和泰纳尔像

无水芒硝是一种钠的硫酸盐矿物。与变无水芒硝*为同质多象。斜方晶系。晶体常呈双锥状、柱状或板状、粒状,具十字、蝴蝶双晶;集合体呈块状或粉末状。无色、灰白色、黄色、黄棕色,玻璃光泽、油脂光泽、树脂光泽,透明—半透明;硬度 2.5～3,完全解理,脆性;易溶于水,味微咸,在潮湿空气中易水化,逐渐变为粉末状的含水硫酸钠(芒硝)。中国是发现、认识、命名、利用无水芒硝的最早国家之一。中国医药著作《神农本草经》(秦汉时期,或战国时期)、《本草蒙筌》(明代,1525)、《本草纲目》(明代,1590)、《本草经疏》(明代,1625)等都有记载和论述,名称有玄明粉、白龙粉、风化硝、元明粉等。在西方,1826 年发现于西班牙马德里市先波苏埃洛斯的埃斯帕尔蒂纳斯(Espartinas Saltworks)盐场;同年,J. L. 卡萨塞卡(J. L. Casaseca)在巴黎《化学和物理学年鉴》(32)和《哲学年鉴》(12)报道。1855 年斯卡奇(Scacchi)在那不勒斯《维苏威火山喷发矿物》(*Mem. Incend. Vesuvius*)命名为 Pyrotechnite。英文名称 Thénardite,以法国巴黎皮埃尔和玛丽・居里大学化学家路易斯・雅克・泰纳尔(Louis Jacques Thénard,1777—1857)教授的姓氏命名。1959 年以前发现、描述并命名的"祖父级"矿物,IMA 承认有效。2014 年 IMA 14-A 批准将 Thenardite 更名为 Thénardite。IMA 2014s. p. 批准。中文名称根据成分译为无水芒硝。

【无水钠镁矾】

英文名 Vanthoffite

化学式 $Na_6Mg(SO_4)_4$ (IMA)

无水钠镁矾是一种钠、镁的硫酸盐矿物。单斜晶系。晶体呈他形粒状;集合体呈块状或层状。无色、灰色、淡黄色,玻璃光泽、珍珠光泽,透明;硬度 3.5,脆性。1902 年发现于德国萨克森-安哈尔特州威尔赫姆斯霍尔(Wilhelmshall);同

无水钠镁矾粒状晶体，块状集合体（德国）和范特·霍夫像

年，K. 库彼尔斯基（K. Kubierschky）在柏林《普鲁士皇家科学院会议报告》(21)和1909年乔治（Gorgey）在维也纳《矿物学和岩石学通报》(28)报道。英文名称 Vanthoffite，以阿姆斯特丹大学（1878—1896）和柏林大学（1896—1911）化学教授雅各布斯·亨里克斯·范特·霍夫（Jacobus Henricus vant Hoff，1852—1911）的姓名命名。他是一位物理化学家和热力学家、立体化学的创始人、盐溶液平衡的学者、诺贝尔奖得主（1901）。1959年以前发现、描述并命名的"祖父级"矿物，IMA承认有效。中文名称根据成分译为无水钠镁矾。

【无水碳铜钠石】

英文名 Juangodoyite

化学式 $Na_2Cu(CO_3)_2$　　(IMA)

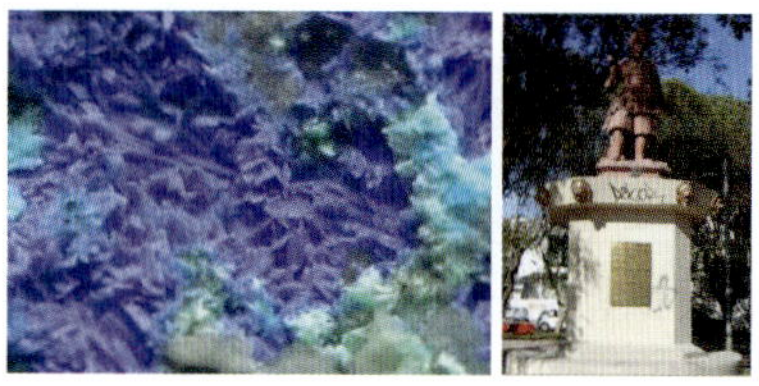

无水碳铜钠石纤维状晶体，毛毯状集合体（智利）和胡安·戈多伊像

无水碳铜钠石是一种钠、铜的碳酸盐矿物。单斜晶系。晶体呈细粒状、纤维状；集合体呈毛毯状。鲜艳的深蓝色，土状光泽；硬度低。2004年发现于智利伊基克省阿塔卡马沙漠圣罗萨（Santa Rosa）矿。英文名称 Juangodoyite，以胡安·戈多伊（Juan Godoy，1800—1842）的姓名命名。他是智利查纳西约（Chanarcillo）银矿的发现者。IMA 2004-036批准。2005年J. 施吕特（J. Schlüter）和D. 波尔（D. Pohl）在《矿物学新年鉴：论文》(182)报道。2008年任玉峰等在《岩石矿物学杂志》[27(6)]根据成分译为无水碳铜钠石。

【无水铁矾】

英文名 Mikasaite

化学式 $Fe^{3+}_2(SO_4)_3$　　(IMA)

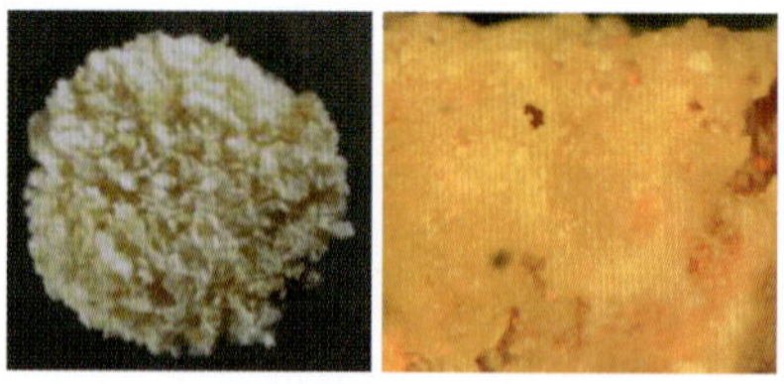

无水铁矾球团状、皮壳状集合体（日本）

无水铁矾是一种铁的硫酸盐矿物。三方晶系。晶体呈片状；集合体呈土状、皮壳状、球团状。白色—淡棕色，半透明；硬度2。1992年三笠市博物馆的小林和男（Kobayashi Kazuo）和长谷川浩二（Hasegawa Kōji）发现于日本北海道空知地方三笠（Mikasa）市几春别的煤层自燃喷气孔升华物。英文名称 Mikasaite，以发现地日本三笠（Mikasa）市命名。日文汉字名称三笠石。IMA 1992-015批准。1994年三浦裕行（Hiroyuki Miura）、新井田清信（Kiyoaki Niida）和平间正男（Tadao Hirama）在日本矿物学会《矿物学杂志》[58(4)]及1995年J. L. 杨博尔（J. L. Jambor）等在《美国矿物学家》(80)报道。1999年黄蕴慧等在《岩石矿物学杂志》[18(1)]根据成分译为无水铁矾。2010年杨主明在《岩石矿物学杂志》[29(1)]建议借用日文汉字名称三笠石。

吴

[wú]会意；从口，从矢。中国姓。[英]音，用于外国地名。

【吴水碳镁石】参见【羟铝钙镁石】条721页

【吴延之矿】

汉拼名 Wuyanzhiite

化学式 Cu_2S　　(IMA)

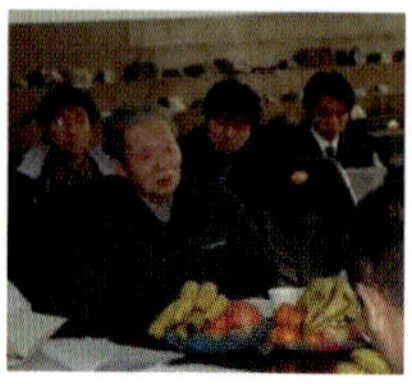

吴延之像

吴延之矿是一种铜的硫化物矿物。四方晶系。该矿物由中国中南大学地球科学与信息物理学院谷湘平教授等发现于湖南省柏坊铜矿山。为纪念中南大学已故吴延之（Wu Yanzhi，1931—2014）教授而以他的姓名命名。吴延之教授1952年从南京大学毕业分配至中南矿冶学院工作，从事地质教学和科研工作60余年，专长于成矿理论与找矿预测研究。他一生勤勉朴实，凝心学研，爱心育人，深得广大师生和国内外同行的尊敬和爱戴。IMA 2017-081批准。2017年谷湘平等在《CNMNC通讯》(40)、《矿物学杂志》(81)和《欧洲矿物学杂志》(29)报道。吴延之矿的发现，对铜矿区深部找矿具有重要的指示意义。

五

[wǔ]会意；从二，从乂。数目字。

【五角石】

英文名 Pentagonite

化学式 $CaV^{4+}OSi_4O_{10}\cdot 4H_2O$　　(IMA)

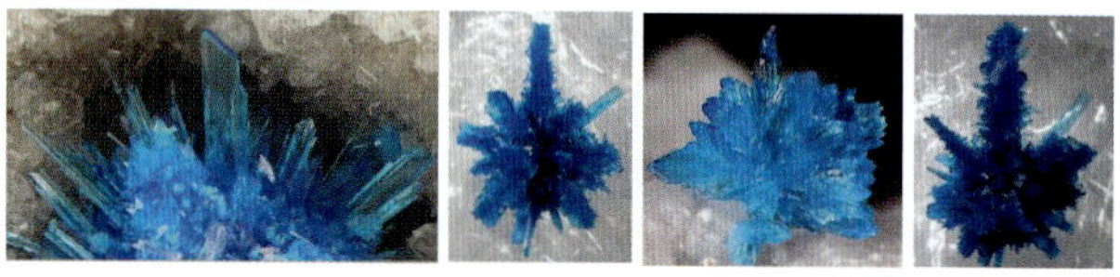

五角石板状晶体，晶簇状集合体（印度）

五角石是一种含结晶水的钙、钒氧的硅酸盐矿物。与水硅钒钙石（Cavansite）为同质多象。2009年石田（Ishida）等研究表明：Cavansite是一种低温变体，Pentagonite是高温形式。斜方晶系。晶体呈柱状、刃片状，常形成假五角形放射状双晶；集合体呈球状。青蓝色，玻璃光泽，透明；硬度3～4，完全解理，脆性。1971年发现于美国俄勒冈州马卢尔县奥维希（Owyhee）湖国家公园奥维希大坝凝灰岩和玄武岩裂缝填充物中。英文名称 Pentagonite，以典型的假五次[Five-fold=Pentagon（五角形）]对称双晶结晶习性命名。IMA 1971-039批准。1973年L. W. 斯台普斯（L. W. Staples）等在《美国矿物学家》(58)报道。中文名称根据结晶习性译为五角石；根据结晶习性及与水硅钒钙石的关系译为五角水硅钒钙石（参见【水硅钒钙石】条825页）。

【五硫砷矿】

英文名 Uzonite

化学式 As_4S_5　　(IMA)

五硫砷矿是一种砷与硫的互化物矿物。单斜晶系。晶体呈显微细长柱状;集合体呈土状、皮壳状。黄色,珍珠光泽,透明;硬度 1.5,完全解理。1984 年发现于俄罗斯堪察加州乌宗(Uzon)破火山口。英文名称 Uzonite,1985 年 V. I. 波波娃(V. I. Popova)等根据发现地俄罗斯的乌宗(Uzon)破火山口命名。IMA 1984-027 批准。1985 年波波娃等在《全苏矿物学会记事》(114)报道。中文名称根据成分译为五硫砷矿。

五硫砷矿土状、皮壳状集合体(俄罗斯)

【五水锰矾】

英文名 Jôkokuite

化学式 $Mn^{2+}(SO_4)\cdot 5H_2O$ (IMA)

五水锰矾是一种含 5 个结晶水的锰的硫酸盐矿物。属胆矾族。三斜晶系。集合体呈块状、钟乳状。白色、粉色,玻璃光泽,透明—半透明;硬度 2.5。1976 年发现于日本北海道大岛渚半岛桧山郡上之国町(Kaminokuni)上国(Jôhkoku)矿和稻仓石矿山(Inakuraishi)。英文名称 Jôkokuite,以发现地日本上国(Jôhkoku)矿命名。日文汉字名称上国石。IMA 1976-045 批准。1978 年 M. 南部(M. Nambu)等在日本《矿物学杂志》(9)和 1979 年《美国矿物学家》(64)报道。中国地质科学院根据成分译为五水锰矾。2010 年杨主明在《岩石矿物学杂志》[29(1)]建议借用日文汉字名称上国石。

五水锰矾块状集合体(日本)

【五水硼钙石】参见【彭水硼钙石】条 671 页

【五水硼镁石】

英文名 Halurgite

化学式 $Mg_4[B_8O_{13}(OH)_2]_2\cdot 7H_2O$ (IMA)

五水硼镁石块状集合体(哈萨克斯坦)和哈鲁尔格研究所

五水硼镁石是一种含 5 个结晶水的镁的硼酸盐矿物。单斜晶系。晶体呈菱形片状、鳞片状;集合体呈块状。白色,蜡状光泽,透明;集合体的硬度 2.5~3。1960 年发现于哈萨克斯坦阿克纠宾市阿克塞谷切尔卡(Chelkar)盐丘。1962 年 V. V. 洛娃诺娃(V. V. Lovanova)在《苏联科学院报告》(143)和 M. 弗莱舍(M. Fleischer)在《美国矿物学家》(47)报道。英文名称 Halurgite,1962 年 V. V. 洛娃诺娃(V. V. Lovanova)以苏联列宁格勒哈鲁尔格(Halurg)研究所命名,以表彰研究所对盐碱矿床做出的重大贡献。IMA 1967s. p. 批准。中文名称前人根据 $Mg_2[B_4O_5(OH)_4]_2\cdot H_2O$(IMA-2019)译为五水硼镁石;编译者根据 $Mg_4[B_8O_{13}(OH)_2]_2\cdot 7H_2O$(IMA-2020)译为九水硼镁石*,或根据英文首音节音和成分译为哈硼镁石或音译为哈卤石。

【五水硼砂】参见【三方硼砂】条 761 页

【五水碳镁石】

英文名 Lansfordite

化学式 $Mg(CO_3)\cdot 5H_2O$ (IMA)

五水碳镁石是一种含 5 个结晶水的镁的碳酸盐矿物。单斜晶系。晶体呈短柱状,或细粒状;集合体常呈钟乳状。无色(新鲜)—白色(暴露),玻璃光泽,透明—半透明;硬度 2.5~3,完全解理。1888 年发现在美国宾夕法尼亚州兰斯福德(Lansford)镇不远的内斯克霍宁(Nesquehoning)煤矿巷道顶部的碳质页岩上;同年,根特(Genth)在莱比锡《结晶学、矿物学和岩石学杂志》(14)报道。英文名称 Lansfordite,以发现地美国的兰斯福德(Lansford)镇命名。1959 年以前发现、描述并命名的"祖父级"矿物,IMA 承认有效。中文名称根据成分译为五水碳镁石或多水菱镁矿。

五水碳镁石短柱状、粒状晶体(奥地利)

【五水泻盐】

英文名 Pentahydrite

化学式 $Mg(SO_4)\cdot 5H_2O$ (IMA)

五水泻盐是一种含 5 个结晶水的镁的硫酸盐矿物。属胆矾族。三斜晶系。集合体呈风化土状。无色、淡蓝色或淡绿色,玻璃光泽,半透明;硬度 2.5。最早见于 1905 年霍布斯(Hobbs)在《美国地质学与矿物学(1888—1905)》(36)称 Epsomite(泻利盐)。1951 年发现于美国科罗拉多州特勒县跛溪(Cripple Creek)镇杂木丛生的沼地区;同年,C. 帕拉奇(C. Palache)等《丹纳系统矿物学》(第二卷,第七版,纽约)刊载并在《美国矿物学家》(36)报道。英文名称 Pentahydrite,由化学成分中的 5 个(希腊文 Πέντα=Penta,五)分子的水(Hydr,水)命名。1959 年以前发现、描述并命名的"祖父级"矿物,IMA 承认有效。中文名称根据成分译为五水泻盐。

五水泻盐土状集合体(美国)

伍

[wǔ]会意;从人,从五。"五"的大写。[英]音,用于外国人名。

【伍尔德里奇石】参见【水磷钙钠铜石】条 838 页

【伍尔夫石*】

英文名 Wulffite

化学式 $K_3NaCu_4O_2(SO_4)_4$ (IMA)

伍尔夫石*柱状晶体,平行排列晶簇状集合体(俄罗斯)和伍尔夫像

伍尔夫石*是一种钾、钠、铜氧的硫酸盐矿物。斜方晶系。晶体呈粗柱状;集合体呈平行排列晶簇状和皮壳状。深绿色、蓝色或深翠绿色,玻璃光泽,透明;硬度 2.5,完全解理,脆性。2013 年发现于俄罗斯堪察加州托尔巴契克(Tolbachik)火山主裂隙北破火山口第二火山渣锥喷气孔。英文名称 Wulffite,为纪念苏联晶体学家格奥尔基·维克托维

茨·伍尔夫(Georgiy Viktorovich Wulff,1863—1925)而以他的姓氏命名。1913 年他提出晶体 X 射线干涉模型。IMA 2013－035 批准。2013 年 I. V. 佩科夫(I. V. Pekov)等在《CNMNC 通讯》(17)、《矿物学杂志》(77)和 2014 年《加拿大矿物学家》(52)报道。目前尚未见官方中文译名，编译者建议音译为伍尔夫石*。

武 [wǔ]会意；字从正，从戈。用于外国人名、地名。

【武奥里亚石】

英文名 Vuoriyarvite-K

化学式 $(K,Na,\square)_{12}Nb_8(Si_4O_{12})_4O_8\cdot12\sim16H_2O$ (IMA)

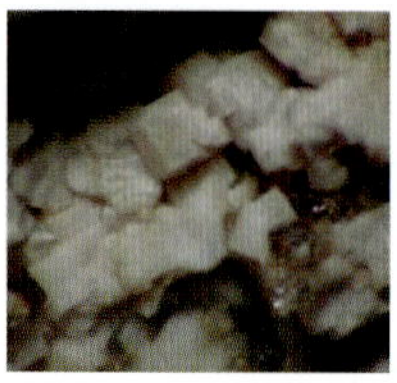

武奥里亚石厚板状晶体（俄罗斯）

武奥里亚石是一种含结晶水和氧的钾、钠、空位、铌的硅酸盐矿物。属硅钛钾钡矿超族武奥里亚石族。单斜晶系。晶体呈厚板状。玻璃光泽，半透明；硬度 4.5，脆性。1995 年发现于俄罗斯摩尔曼斯克州北卡累利阿共和国的武奥里亚(Vuoriyarvi)碱性超基性岩地块。英文名称 Vuoriyarvite-K，以发现地俄罗斯的武奥里亚(Vuoriyarvi)碱性超基性地块，加占优势的阳离子钾后缀－K 组合命名。IMA 1995－031 批准。1998 年 V. V. 苏博京(V. V. Subbotin)等在《俄罗斯科学院报告(地球科学文献)》(358)报道。2003 年中国地质科学院矿产资源研究所李锦平等在《岩石矿物学杂志》[22(2)]音译为武奥里亚石。

【武田石】参见【硼钙石】条 673 页

芴 [wù]形声；从艹，勿声。是一种多环芳烃，分子式 $C_{13}H_{10}$。白色片状晶体，有类似于萘的特征性芳香气味。存在于汽车废气、玉米须以及煤焦油中。

【芴石】

英文名 Kratochvilite

化学式 $C_{13}H_{10}$　(IMA)

芴石片状晶体，花状集合体(捷克)和克拉托赫维尔像

芴石是一种多环芳烃碳氢化合物矿物。斜方晶系。晶体呈板片状、片状；集合体呈块状、花状。无色、白色，透明—半透明。1937 年发现于捷克共和国布拉格市克拉德诺(Kladno)由于燃烧形成硫化铁矿的页岩。1937 年 R. 罗斯特(R. Rost)在 *Rozpravy Ceska Akademie*, *Kl* Ⅱ[47(11)]和 1938 年 W. F. 福杉格(W. F. Foshag)在《美国矿物学家》(23)报道。英文名称 Kratochvilite，以捷克共和国布拉格查尔斯大学捷克岩石学家、荣誉教授约瑟夫·克拉托赫维尔(Josef Kratochvil,1878—1958)的姓氏命名。他著有波希米亚的《地形矿物学》(第八卷)。1959 年以前发现、描述并命名的“祖父级”矿物，IMA 承认有效。中文名称根据成分译为芴石。

Xx

西 [xī]象形；据小篆字形，上面是鸟的省写，下像鸟巢形。太阳在西方下落后，鸟就入巢休息，因而表示东西方向的“西”字。①用于中国地名。②[英]音，用于外国人名、地名、世纪名。

【西尔石】

英文名 Seelite

化学式 $Mg(UO_2)(AsO_3,AsO_4)_2 \cdot 7H_2O$ (IMA)

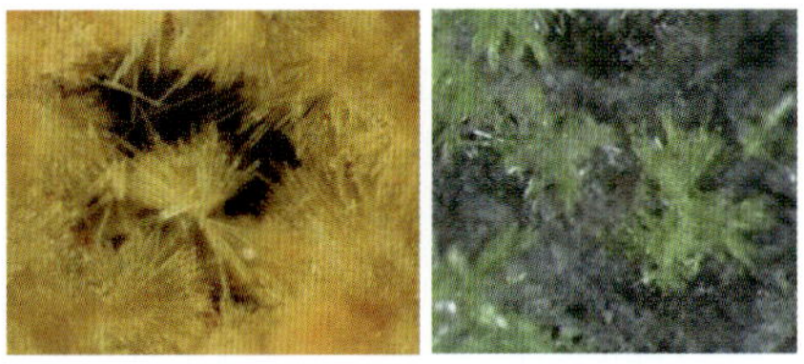

西尔石针状晶体，放射状、玫瑰花状集合体（法国）

西尔石是一种含结晶水的镁、铀酰的砷酸-亚砷酸盐矿物。单斜晶系。晶体呈板状、针状、粒状；集合体呈放射状、玫瑰花状。浅黄色、鲜黄色，玻璃光泽，透明—半透明；硬度3。1992年发现于法国奥辛塔尼地区泰密斯矿和伊朗伊斯法罕省塔尔梅西(Talmessi)矿。英文名称 Seelite，以比利时矿物收藏家保罗·西尔(Paul Seel，1904—1982)和希尔德·西尔(Hilde Seel，1901—1987)的姓氏命名。IMA 1992-005 批准。1993年 P. 巴里安(P. Bariand)等在《矿物学记录》(24)报道。1998年中国新矿物与矿物命名委员会黄蕴慧等在《岩石矿物学杂志》[17(2)]音译为西尔石，有的根据成分译为水铀砷镁石。

【西格洛石】参见【黄磷铝铁矿】条 340 页

【西湖村石】参见【蔷薇辉石】条 701 页

【西里格矿】参见【氯碘铅石】条 553 页

【西里西亚石*】

英文名 Silesiaite

化学式 $Ca_2Fe^{3+}Sn(Si_2O_7)(Si_2O_6OH)$ (IMA)

西里西亚石*是一种钙、铁、锡的氢硅酸-硅酸盐矿物。三斜晶系。2017年发现于波兰下西里西亚省克尔科诺谢山什克拉斯卡波伦巴-胡塔(Szklarska Poręba-Huta)区花岗岩采石场。英文名称 Silesiaite，以发现地波兰西南部和南部的斯拉克(ślą sk)的拉丁文名称西里西亚(Silesia)命名。IMA 2017-064 批准。2017年马驰(Ma Chi)等在《CNMNC 通讯》(40)、《矿物学杂志》(81)和《欧洲矿物学杂志》(29)报道。目前尚未见官方中文译名，编译者建议音译为西里西亚石*。

【西门诺夫石】参见【硅铍稀土石】条 283 页

【西盟石】

汉拼名 Ximengite

化学式 $Bi(PO_4)$ (IMA)

西盟石是一种铋的磷酸盐矿物。三方晶系。晶体呈不规则粒状；集合体呈土状、变胶状。无色，油脂光泽、玻璃光泽，透明；硬度4.5，脆性。1984年初，云南省地质矿产局施加辛在云南省思茅地区西盟佤族自治县西盟(Ximeng)锡矿区工作时，得到王春午在1982年采于该矿的一块辉铋矿标本。通过显微镜鉴定，发现在辉铋矿中分布着几种未知的微细铋矿物包裹体。对其中的三方磷酸铋做了较详细的工作，并经地质矿产部科技情报所王贵安和赵东高、中国新矿物委员会主任郭宗山、中国科学院地质所李家驹等的协助，查阅了大量中外文献，确定为一种新矿物，并根据发现地西盟锡矿区命名为西盟矿或西盟石(Ximengite)。1985年施加辛在《云南地质》(1)报道。IMA 1985-004 批准。1989年在《矿物学报》[9(1)]和1991年《美国矿物学家》(76)报道。

【西蒙冰晶石】

英文名 Simmonsite

化学式 Na_2LiAlF_6 (IMA)

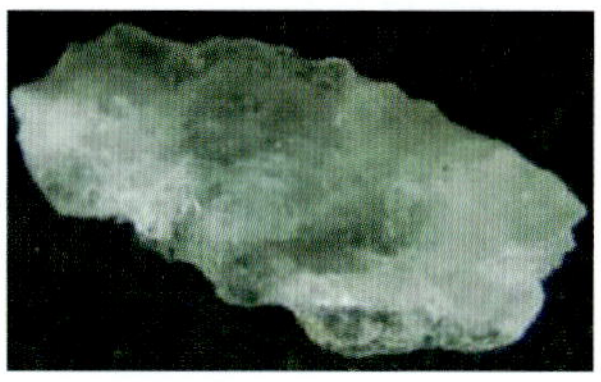

西蒙冰晶石块状集合体（美国）

西蒙冰晶石是一种钠、锂、铝的氟化物矿物。属钙钛矿超族化学计量比钙钛矿族冰晶石亚族。单斜晶系。集合体呈蜡状块体。白色、乳白色、浅黄色，蜡状光泽、油脂光泽，半透明；硬度2.5～3，脆性。1992年发现于美国内华达州扎波特(Zapot)伟晶岩。英文名称 Simmonsite，1999年由尤金·爱德华·富尔德(Eugene Edward Foord)等以美国路易斯安那州新奥尔良大学的威廉·B.“斯基普”·西蒙斯(William B. “Skip” Simmons，1943—)的姓氏命名。他是花岗伟晶岩尤其是科罗拉多和 NYF 类型岩石的矿物学、岩石学专家。IMA 1997-045 批准。1999年富尔德等在《美国矿物学家》(84)报道。2004年中国地质科学院矿产资源研究所李锦平等在《岩石矿物学杂志》[23(1)]根据英文名称前两个音节音及与冰晶石的关系译为西蒙冰晶石。

【西硼钙石】

英文名 Sibirskite

化学式 $CaH(BO_3)$ (IMA)

西硼钙石块状集合体（俄罗斯）

西硼钙石是一种钙的氢硼酸盐矿物。单斜晶系。晶体呈似金刚石状；集合体呈块状。无色、白色、深灰色（杂有绿泥石），玻璃光泽，透明；菱形解理。1962年发现于俄罗斯哈卡斯共和国尤利娅斯文索维亚(Yuliya Svintsoviya)矿床；同年，在《全苏矿物学会记事》(91)和1963年《美国矿物学家》(48)报道。英文名称 Sibirskite，以发现地俄罗斯西伯利亚(Siberia)地区西科尔斯基(Sibirski)命名。1959年以前发现、描述并命名的“祖父级”矿物，IMA 承认有效。中文名称根据英文名称首音节音和成分译为西硼钙石。

【西普里亚尼石*】

英文名 Ciprianiite

化学式 $Ca_4(ThCa)_{\Sigma 2}Al(Be_{0.5}\square_{0.5})_{\Sigma 2}[B_4Si_4O_{22}](OH)_2$ (IMA)

西普里亚尼石* 柱状晶体，晶簇状集合体(意大利)和西普里亚尼像

西普里亚尼石*是一种含羟基的钙、钍、铝、铍、空位的硼硅酸盐矿物。属硼硅钇钙石族。单斜晶系。晶体呈柱状；集合体呈晶簇状。浅—深褐色，玻璃光泽，透明。2001年发现于意大利维泰博省的泰雷克罗奇(Tre Croci)。英文名称 Ciprianiite，2002 年 G. 黛拉·文图拉(G. Della Ventura)等为纪念佛罗伦萨大学矿物学博物馆(后来的自然历史博物馆)馆长兼矿物学教授库尔齐奥·西普里亚尼(Curzio Cipriani，1927—2007)而以他的姓氏命名，以表彰他对矿物分类法做出的重要贡献。他在国际矿物学协会博物馆委员会工作了 20 多年，创办了《博物馆科学杂志》。IMA 2001-021 批准。2002 年文图拉等在《美国矿物学家》(87)报道。目前尚未见官方中文译名，编译者建议音译为西普里亚尼石*。

【西锑砷铜锌矿】

英文名 Theisite

化学式 $Cu_5Zn_5(AsO_4)_2(OH)_{14}$　　(IMA)

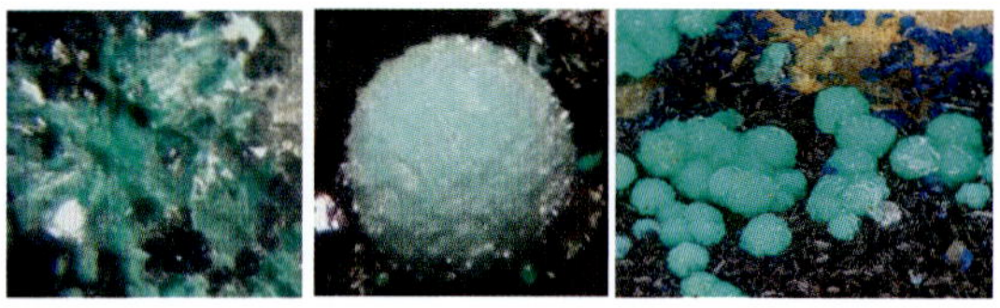

西锑砷铜锌矿片状晶体、放射状、球粒状集合体(奥地利、法国、西班牙)

西锑砷铜锌矿是一种含羟基的铜、锌的砷酸盐矿物。三方晶系。晶体呈假六方叶片状；集合体呈放射状、球粒状、皮壳状。蓝绿色、绿蓝色、淡绿松石、淡翠绿色，玻璃光泽，解理面上呈珍珠光泽，半透明；硬度 1.5，完全解理。类似于铜泡石。1980 年发现于美国科罗拉多州欣斯代尔县塔克维尔(Tuckerville)黝铜矿矿床远景区。英文名称 Theisite，以美国本迪克斯(Bendix)公司的地质学家尼古拉·J. 泰斯(Nicholas J. Theis)的姓氏命名。IMA 1980-040 批准。1982 年 S. A. 威廉姆斯(S. A. Williams)在《矿物学杂志》(46)和 1983 年《美国矿物学家》(68)报道。1984 年中国新矿物与矿物命名委员会郭宗山在《岩石矿物及测试》[3(2)]根据英文名称首音节音和成分译为西锑砷铜锌矿；《英汉矿物种名称》(2017)译为西砷铜锌石。

【西烃石】

英文名 Simonellite

化学式 $C_{19}H_{24}$　　(IMA)

西烃石是一种由碳和氢两种元素组成的多环芳烃(类似于惹烯)有机化合物矿物。斜方晶系。集合体呈皮壳状。白色，半透明。1919 年发现于意大利锡耶纳省蒙特普齐亚诺镇佛格纳诺(Fognano)；同年，G. 鲍里斯(G. Boeris)在《科学院博洛尼亚研究所会议纪要》(*Rendiconto delle sessioni Della R. Accademia Delle Scienze Dell'Istituto Bologna*)(23)和 1922 年 E. T. 惠里(E. T. Wherry)等在《美国矿物学家》(7)报道。英文名称 Simonellite，以发现该矿物的意大利博洛尼亚大学意大利地质学家维托里奥·西蒙内利(Vittorio Simonelli，1860—1929)的姓氏命名。1959 年以前发现、描述并命名的"祖父级"矿物，IMA 承认有效。中文名称根据英文名称首音节音和成分译为西烃石，或全音译加成分译为西蒙内利烯。化学名称：1，1-二甲基-1，2，3，4-四氢-7-异丙基菲。

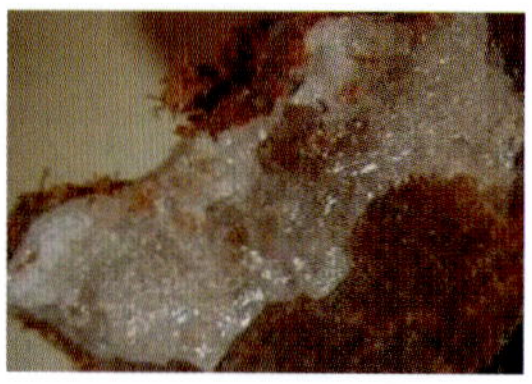

西烃石皮壳状集合体(意大利)

【西乌达石*】

英文名 Siudaite

化学式 $Na_8(Mn^{2+}_2Na)Ca_6Fe^{3+}_3Zr_3NbSi_{25}O_{74}(OH)_2Cl \cdot 5H_2O$　　(IMA)

西乌达石*是一种含结晶水、氯、羟基的钠、锰、钙、铁、锆、铌的硅酸盐矿物。属异性石族。三方晶系。晶体呈粒状；集合体呈块状。黄色、黄橙色；樱桃红(氧化)。2008 年发现于俄罗斯摩尔曼斯克州伊夫洛格肖尔(Eveslogchorr)山。英文名称 Siudaite，以华沙大学地质学院地球化学、矿物学和岩石学研究所的矿物收藏家拉法·西乌达(Rafał Siuda，1975—)博士的姓氏命名。他是一位对二次(氧化带)矿物和伟晶岩都感兴趣的矿物学家。2008 年，他与人共同组织并参加了青年地质学家俱乐部科拉半岛之旅，在这期间发现了该矿物。IMA 2017-092 批准。2018 年 N. 丘卡诺夫(N. Chukanov)等在《CNMNC 通讯》(41)、《欧洲矿物学杂志》(30)和《矿物物理和化学》(45)报道。目前尚未见官方中文译名，编译者建议音译为西乌达石*。

希 [xī]会意；从巾，从爻(yáo)，像做针线交错。本义：少。[英]音，用于外国人名、地名。

【希宾石】

英文名 Khibinskite

化学式 $K_2ZrSi_2O_7$　　(IMA)

希宾石是一种钾、锆的硅酸盐矿物。单斜(假三方)晶系。晶体呈不规则粒状。淡黄色—白色，油脂光泽，半透明；硬度 4.5～5.5。1973 年发现于俄罗斯北部摩尔曼斯克州希宾(Khibiny)地块哈克曼(Hackman)山谷。英文名称 Khibinskite，以发现地俄罗斯的希宾(现译希比内)(Khibiny)地块命名。IMA 1973-014 批准。1974 年 A. P. 霍米亚科夫(A. P. Khomyakov)在《全苏矿物学会记事》[103(1)]和 1975 年弗莱舍在《美国矿物学家》(60)报道。中文名称音译为希宾石。

【希登石】参见【锂辉石】条 443 页

【希尔曼铈石*】

英文名 Kihlmanite-(Ce)

化学式 $Ce_2TiO_2(SiO_4)(HCO_3)_2(H_2O)$　　(IMA)

希尔曼铈石* 柱状晶体，束状集合体(俄罗斯)和希尔曼像

希尔曼铈石*是一种含结晶水的铈、钛氧的氢碳酸-硅

酸盐矿物。三斜晶系。晶体呈扁平柱状、球晶(直径 2cm);集合体呈束状。褐色、红棕色,玻璃光泽,集合体呈丝绢光泽,透明;硬度 3,完全解理,脆性。2012 年发现于俄罗斯北部摩尔曼斯克州希尔曼(Kihlman=Chilman)山。英文名称 Kihlmanite-(Ce),根词为纪念参加威廉拉姆齐(Wilhelm Ramsay)远征希比内山(1891—1892)的芬兰地理学家和植物学家阿尔弗里德·奥斯瓦德·希尔曼(Alfred Oswald Kihlman,1858—1938)而以他的姓氏,加占优势稀土元素铈后缀-(Ce)组合命名。这个命名也反映了新矿物的发现地希尔曼山(Kihlman)山。IMA 2012-081 批准。2013 年 V. N. 亚科温丘克(V. N. Yakovenchuk)等在《CNMNC 通讯》(15)、《矿物学杂志》(77)和 2014 在《矿物学杂志》(78)报道。目前尚未见官方中文译名,编译者建议音加成分译为希尔曼铈石*。

【希尔歇尔石*】

英文名 Hielscherite

化学式 $Ca_6Si_2[(SO_4)_2(SO_3)_2(OH)_{12}]\cdot 22H_2O$　(IMA)

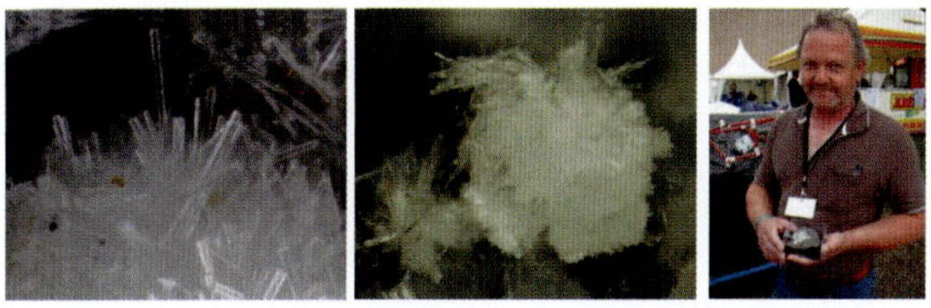

希尔歇尔石* 柱状、纤维状晶体,晶簇状、杂乱状集合体(德国)和希尔歇尔像

希尔歇尔石*是一种含结晶水的钙、硅的氢氧-亚硫酸-硫酸盐矿物。属钙矾石族。六方晶系。晶体呈针柱状、柱状、纤维状,粒径达 0.3mm×0.3mm×1.5mm;集合体呈晶簇状、杂乱团状,团粒达 1cm。无色,玻璃光泽、丝绢光泽,透明;硬度 2~2.5。2011 年发现于德国莱茵兰-普法尔茨州艾费尔高原格拉利(Graulay)。英文名称 Hielscherite,以德国矿物收藏家克劳斯·希尔歇尔(Klaus Hielscher,1957—)的姓氏命名。IMA 2011-037 批准。2011 年 I. V. 佩科夫(I. V. Pekov)等在《CNMNC 通讯》(10)和 2012 年《矿物学杂志》(76)报道。目前尚未见官方中文译名,编译者建议音译为希尔歇尔石*。

【希钙锆钛矿】

英文名 Hiärneite

化学式 $(Ca,Mn^{2+},Na)_2(Zr,Mn^{3+})_5(Sb,Ti,Fe)_2O_{16}$
(IMA)

希恩像

希钙锆钛矿是一种钙、锰、钠、锆、锑、钛、铁的氧化物矿物。四方晶系。晶体呈半自形柱状。鲜红色,半透明;硬度 7。1995 年发现于瑞典韦姆兰省菲利普斯塔德市朗班(Långban)铁锰矿床。英文名称 Hiärneite,以瑞典地质学的先驱乌尔班·希恩(Urban Hiärne,1641—1724)的姓氏命名。IMA 1996-040 批准。1997 年 D. 霍尔特斯坦(D. Holtstam)在《欧洲矿物学杂志》(9)报道。2003 年中国地质科学院矿产资源研究所李锦平等在《岩石矿物学杂志》[22(2)]根据英文名称首音节音和成分译为希钙锆钛矿;根据成分译为钙锆锑矿。

【希硅锆钠钙石】参见【片榍石】条 687 页

【希拉里翁石*】

英文名 Hilarionite

化学式 $Fe^{3+}_2(SO_4)(AsO_4)(OH)\cdot 6H_2O$　(IMA)

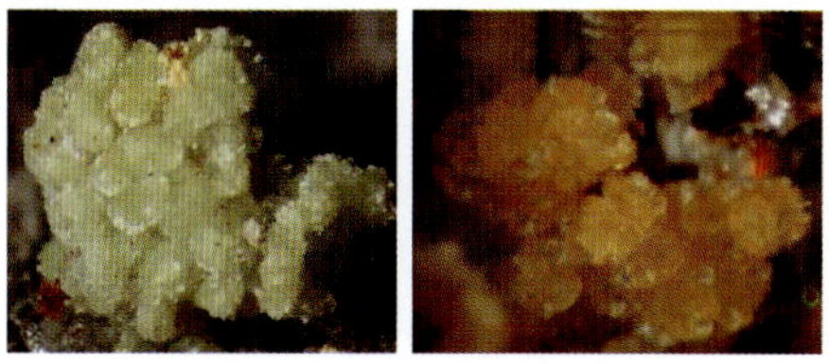

希拉里翁石* 放射球状集合体(希腊)

希拉里翁石*是一种含结晶水、羟基的铁的砷酸-硫酸盐矿物。单斜晶系。晶体呈针柱状、纤维状、薄片状;集合体呈近平行束状或分叉状或放射球晶状。浅绿色—浅黄绿色,带有典型的橄榄色或灰色色调,玻璃光泽、丝绢光泽,透明;硬度 2。2011 年发现于希腊东阿提卡州拉夫雷奥蒂基市拉夫里翁矿区卡马里扎(Kamariza)矿山希拉里翁(Hilarion)矿。英文名称 Hilarionite,以发现地希腊的希拉里翁(Hilarion)矿命名。IMA 2011-089 批准。2012 年 I. V. 佩科夫(I. V. Pekov)等在《CNMNC 通讯》(12)、《矿物学杂志》(76)和 2013 年《俄罗斯矿物学会记事》[142(5)]报道。目前尚未见官方中文译名,编译者建议音译为希拉里翁石*。

【希勒斯海姆石*】

英文名 Hillesheimite

化学式 $(K,Ca,Ba,\square)_2(Mg,Fe,Ca,\square)_2[(Si,Al)_{13}O_{23}(OH)_6](OH)\cdot 8H_2O$　(IMA)

希勒斯海姆石*是一种含结晶水和羟基的钾、钙、钡、空位、镁、铁的氢铝硅酸盐矿物。斜方晶系。晶体呈扁平板状,粒径 0.2mm×1mm×1.5mm。无色,玻璃光泽,透明—半透明;硬度 4,完全解理,脆性。2011 年发现于德国莱茵兰-普法尔茨州艾弗尔高原希勒斯海姆(Hillesheim)镇附近的格拉利(Graulay)玄武岩采石场。英文名称 Hillesheimite,以发现地德国的希勒斯海姆(Hillesheim)镇命名。IMA 2011-080 批准。2012 年 N. V. 丘卡诺夫(N. V. Chukanov)等在《CNMNC 通讯》(12)、《矿物学杂志》(76)和《俄罗斯矿物学会记事》[141(3)]报道。目前尚未见官方中文译名,编译者建议音译为希勒斯海姆石*。

【希洛夫石*】

英文名 Shilovite

化学式 $Cu(NH_3)_4(NO_3)_2$　(IMA)

希洛夫石* 厚板状晶体(智利)和希洛夫像

希洛夫石*是一种铜、胺的硝酸盐矿物,它是第一个天然铜四胺络合物矿物。斜方晶系。晶体呈不完整的厚板状,厚 0.15mm。深紫蓝色,玻璃光泽,半透明;硬度 2。2014 年发现于智利伊基克省贝隆德皮卡(Pabellón de Pica)。英文名称 Shilovite,以俄罗斯杰出的化学家和俄罗斯科学院院士亚力山大·厄夫格涅维奇·希洛夫(Alexander Evgenevich

Shilov,1930—2014)教授的姓氏命名。他是一位仿生学和氮化学专家。IMA 2014-016 批准。2014 年 N. V. 丘卡诺夫(N. V. Chukanov)等在《CNMNC 通讯》(21)、《矿物学杂志》(78)和 2015 年《矿物学杂志》(79)报道。目前尚未见官方中文译名,编译者建议音译为希洛夫石*。

矽 [xī]矽是化学元素符号 Si 的旧称,我国在很长的一段时间内曾从拉丁文音译,谐声造为“矽”,因“矽”与“锡”同音,多有不便。1953 年 2 月中国科学院全国化学物质命名会议,把化学元素符号“矽”改为“硅”,含矽的矿物名称随之改为硅。在港澳台词汇中从来都使用“矽”字。岩石学中矽卡岩(Skarn)的矽为音译,与硅无关。

【矽线石】参见【硅线石】条 295 页

硒 [xī]是一种非金属化学元素。从石,从西,即声。[英]Selenium。元素符号 Se。原子序数 34。1817 年,瑞典化学家雅各布·贝采里乌斯(Jakob Berzelius)从硫酸厂的铅室底部的红色粉状物质中制得硒。根据希腊文命名为 Σελίν=Selene,意为月亮。硒在地壳中的含量为 0.05×10^{-6}。硒的赋存状态大概可分为 3 类:一类以独立矿物形式存在,其次以类质同象形式存在,第三以黏土矿物吸附形式存在。到目前为止,已发现硒矿物百余种。

【硒钯矿】

英文名 Palladseite

化学式 $Pd_{17}Se_{15}$ (IMA)

硒钯矿粒状晶体(巴西)

硒钯矿是一种钯的硒化物矿物。等轴晶系。晶体呈自形立方粒状,粒径 0.5mm,或呈铁氧化物的填隙物。白色,金属光泽,不透明;硬度 4.5～5。1975 年发现于巴西米纳斯吉拉斯州伊塔比拉(Itabira)。英文名称 Palladseite,由化学成分“Palladium(钯)”和“Selenium(硒)”组合命名。IMA 1975-026 批准。1977 年 R. J. 戴维斯(R. J. Davis)等在《矿物学杂志》(41)和 M. 弗莱舍(M. Fleischer)等在《美国矿物学家》(62)报道。中文名称根据成分译为硒钯矿。

【硒钯银矿】

英文名 Chrisstanleyite

化学式 $Ag_2Pd_3Se_4$ (IMA)

斯坦利像

硒钯银矿是一种银、钯的硒化物矿物。单斜晶系。晶体呈他形微粒状,大小几百微米;集合体呈网状细脉。银灰色,金属光泽,不透明;硬度 5,脆性。1996 年发现于英国英格兰德文郡南部托基镇霍普斯角(Hope's Nose)。英文名称 Chrisstanleyite,1998 年 W. H. 帕尔(W. H. Paar)等以伦敦自然历史博物馆的矿物学家克里斯·J. 斯坦利(Chris J. Stanley,1954—)的姓名命名,以表达对他在矿石矿物学上贡献的认可。IMA 1996-044 批准。1998 年 W. H. 帕尔(W. H. Paar)等在《矿物学杂志》(62)报道。2003 年中国地质科学院矿产资源研究所李锦平等在《岩石矿物学杂志》[22(2)]根据成分译为硒钯银矿。

【硒钡铀矿】

英文名 Guilleminite

化学式 $Ba(UO_2)_3(Se^{4+}O_3)_2O_2\cdot3H_2O$ (IMA)

硒钡铀矿叶片状、针状晶体,放射状集合体(刚果)和吉耶曼在矿山

硒钡铀矿是一种含结晶水、氧的钡的铀酰-硒酸盐矿物。斜方晶系。晶体呈板片状;集合体呈放射状。亮黄色,玻璃光泽、蜡状光泽、油脂光泽、土状光泽,透明—半透明;硬度 2,完全解理,脆性。1964 年发现于刚果(金)卢阿拉巴省科卢韦齐市穆索诺伊(Musonoi)矿。英文名称 Guilleminite,1965 年由 R. 皮埃罗(R. Pierrot)、J. 图森(J. Toussaint)和 T. 维贝克(T. Verbeek)为纪念法国著名化学家和矿物学家让·克洛德·吉耶曼(Jean Claude Guillemin,1923—1994)而以他的姓氏命名。1957—1969 年吉耶曼在巴黎高等矿业学院担任教授和巴黎高等矿业学院的宝石收藏品馆长。他是上加丹加联合矿业公司的总干事和国际矿物学协会的创始人之一。IMA 1964-031 批准。1965 年 R. 皮埃罗(R. Pierrot)等在《法国矿物学和结晶学会通报》(88)和《美国矿物学家》(50)报道。中文名称根据成分译为硒钡铀矿,也译作水硒铀钡矿。

【硒铋钯矿】

英文名 Padmaite

化学式 PdBiSe (IMA)

硒铋钯矿是一种钯、铋的硒化物矿物。属辉钴矿族。等轴晶系。硬度 3～4。1990 年发现于俄罗斯北部卡累利阿共和国奥涅加湖佐恩哲(Zaonezhie)半岛斯列德尼亚亚帕德玛(Srednyaya Padma)矿。英文名称 Padmaite,1991 年 Y. S. 泼勒克翰夫斯基(Y. S. Polekhovskij)等根据发现地俄罗斯斯列德尼亚亚帕德玛(Padma)矿命名。IMA 1990-048 批准。1991 年泼勒克翰夫斯基等在《全苏矿物学会记事》[120(3)]报道。中文名称根据成分译为硒铋钯矿。

【硒铋矿】

英文名 Guanajuatite

化学式 Bi_2Se_3 (IMA)

硒铋矿纤维状晶体(墨西哥)

硒铋矿是一种铋的硒化物矿物。属辉锑矿族。与副硒铋矿为同质多象。斜方晶系。晶体呈针状、片状、纤维状,有纵向条纹;集合体呈层状、块状。蓝灰色,金属光泽,不透明;硬度 2.5～3,完全解理。最早见于 1858 年赫尔曼(Hermann)在《实用化学杂志》(*J. pr. Chem.*)(75)报道。1873 年发现于墨西哥瓜纳华托(Guanajuato)市圣卡塔琳娜(Santa Catarina)矿山;同年,在 *La República*[6(40)]报道。英文名称 Guanajuatite,以发现地墨西哥的瓜纳华托(Guanajuato)命名。1959 年以前发现、描述并命名的“祖父级”矿物,IMA 承认有效。中文名称根据成分译为硒铋矿。

【硒铋铅汞铜矿】

英文名 Petrovicite

化学式 $Cu_3HgPbBiSe_5$ (IMA)

硒铋铅汞铜矿是一种铜、汞、铅、铋的硒化物矿物。斜方晶系。晶体呈板状。抛光面呈奶油色，强金属光泽，不透明；硬度3。1975年发现于捷克共和国维索基纳州布拉格市彼得罗维采(Petrovice)矿床。英文名称Petrovicite，以捷克彼得罗维采(Petrovice)矿床命名。IMA 1975－010批准。1976年Z.约翰(Z. Johan)在《法国矿物学和结晶学会通报》(99)和1977年弗莱舍等在《美国矿物学家》(62)报道。中文名称根据成分译为硒铋铅汞铜矿。

【硒铋铅铜矿】

英文名 Schlemaite

化学式 $(Cu,\square)_6(Pb,Bi)Se_4$ (IMA)

硒铋铅铜矿是一种铜、空位、铅、铋的硒化物矿物。单斜晶系。晶体呈他形—半自形粒状，可达100μm。黑色、银灰色，金属光泽，不透明；硬度3，脆性。2003年发现于德国萨克森州厄尔士山脉施莱马(Schlema)-哈滕施泰因附近尼德施莱马-阿尔贝罗达(Niederschlema-Alberoda)铀矿床古代采矿区。英文名称Schlemaite，以发现地德国的施莱马(Schlema)命名。IMA 2003－026批准。2003年H.J.福斯特(H. J. Förster)等在《加拿大矿物学家》(41)报道。2008年中国地质科学院地质研究所任玉峰等在《岩石矿物学杂志》[27(2)]根据成分译为硒铋铅铜矿。

【硒铋银矿】

英文名 Bohdanowiczite

化学式 $AgBiSe_2$ (IMA)

博赫丹维特泽像

硒铋银矿是一种银、铋的硒化物矿物。属硫银铋矿族。三方晶系。晶体呈他形粒状。奶油黄色—粉红色，金属光泽，不透明；硬度3～3.5。1967年发现于波兰下西里西亚省克沃兹科县格米娜·斯特罗尼·勒斯基的克莱特诺(Kletno)；同年，在*Przeglad Geologiczny*(15)报道。英文名称Bohdanowiczite，以波兰克拉科夫卡罗尔·博赫丹维特泽(Karol Bohdanowitcz，1864—1947)教授的姓氏命名。IMA 1978s. p. 批准。中文名称根据成分译为硒铋银矿。

【硒铂矿】

英文名 Sudovikovite

化学式 $PtSe_2$ (IMA)

苏多维科夫像

硒铂矿是一种铂的硒化物矿物。属碲镍矿族。三方晶系。晶体呈显微他形粒状。黄色、白色，金属光泽，不透明；硬度2～2.5。1995年发现于俄罗斯北部卡累利阿共和国奥涅加湖斯列德尼亚亚帕德玛(Srednyaya Padma)矿。英文名称Sudovikovite，以著名的苏联地质学家、岩石学家N.G.苏多维科夫(N. G. Sudovikov，1903—1966)教授的姓氏命名。IMA 1995－009批准。1997年Y.S.波列霍夫斯基(Y. S. Polekhovskiy)等在《俄罗斯科学院报告》(354)报道。2003年中国地质科学院矿产资源研究所李锦平等在《岩石矿物学杂志》[22(2)]根据成分译为硒铂矿。

【硒雌黄】

英文名 Laphamite

化学式 As_2Se_3 (IMA)

硒雌黄球粒状、放射状集合体(美国)和拉帕姆像

硒雌黄是一种砷的硒化物矿物。单斜晶系。晶体柱状、针状、板状；集合体呈球粒状、放射状。深红色、橙黄色，树脂光泽，半透明；硬度1～2，完全解理。1985年发现于美国宾夕法尼亚州诺森伯兰县伯恩赛德(Burnside)。英文名称Laphamite，以美国矿物学家、宾夕法尼亚州地质调查局的前首席矿物学家戴维斯·M.拉帕姆(Davis M. Lapham，1931—1974)博士的姓氏命名。除了他的技术工作外，他还写了几本便于收藏的出版物，包括《宾夕法尼亚州的矿物收藏》；他是矿物学之友的创始成员。IMA 1985－021批准。1986年P.J.邓恩(P. J. Dunn)等在《矿物学杂志》(50)和1987年F.C.霍桑(F. C. Hawthorne)等在《美国矿物学家》(72)报道。1987年中国新矿物与矿物命名委员会郭宗山等在《岩石矿物学杂志》[6(4)]根据成分译为硒雌黄，也有的译作硫硒砷矿。

【硒脆银矿】

英文名 Selenostephanite

化学式 Ag_5SbSe_4 (IMA)

硒脆银矿是一种银、锑的硒化物矿物。斜方晶系。灰黑色，金属光泽，不透明；硬度3～3.5。1982年发现于俄罗斯楚科奇自治州鲁德纳亚·索普卡(Rudnaya Sopka)银金矿床。英文名称Selenostephanite，由化学成分冠词“Selenium(硒)”和根词“Stephanite(脆银矿)”组合命名。IMA 1982－028批准。1985年在《全苏矿物学会记事》(114)和1987年《美国矿物学家》(72)报道。中文名称根据成分及与脆银矿类似的关系译为硒脆银矿；1986年中国新矿物与矿物命名委员会郭宗山等在《岩石矿物学杂志》[5(4)]根据成分译为硒锑银矿。

【硒碲铋矿①】

英文名 Kawazulite

化学式 Bi_2Te_2Se (IMA)

硒碲铋矿①是一种铋的碲-硒化物矿物。属辉碲铋矿族。三方晶系。晶体呈薄片状。银白色、锡白色，金属光泽，不透明；硬度1.5，完全解理。1968年发现于日本本州岛中部静冈县下田市河津(Kawazu)矿。英文名称Kawazulite，以发现地日本河津(Kawazu)矿命名。日文汉字名称河津鉱。IMA 1968－014批准。1970年加藤(A. Kato)在《日本地质调查》(*Geol. Sur. Japan*)(87)和1972年《美国矿物学家》(57)报道。1983年中国新矿物与矿物命名委员会郭宗山等在《岩石矿物及测试》[2(1)]根据成分译为硒碲铋矿①；2010年杨主明在《岩石矿物学杂志》[29(1)]建议借用日文汉字名称河津矿。

【硒碲铋矿*②】

英文名 Telluronevskite

化学式 Bi_3TeSe_2 (IMA)

硒碲铋矿*②是一种铋的硒-碲化物矿物。属辉碲铋矿族。三方晶系。晶体柱状、板条状、粒状；集合体呈块状。钢灰色、灰色，金属光泽，不透明；硬度 3.5，完全解理，脆性。1993 年发现于斯洛伐克的科希策州米哈洛夫采县波鲁巴维奥拉托姆(Poruba pod Vihorlatom)。英文名称 Telluronevskite，由成分冠词“Telluro(碲)”和根词“Nevskite(六方硫铋锑矿)”组合命名，意指它是碲的六方硫铋锑矿的类似矿物。IMA 1993－027a 批准。2001 年在《欧洲矿物学杂志》(13)报道。中文根据成分及与六方硫铋锑矿的关系原译为硫铋碲矿；编译者根据 IMA 成分式及族名建议译为硒碲铋矿[*②]。这与 Kawazulite 的中国地质科学院的译名重复。为解决此矛盾，Kawazulite 采用杨主明的意见，借用日文汉字名称河津矿。

【硒碲铋铅矿】

英文名 Poubaite

化学式 $PbBi_2(Se,Te,S)_4$ (IMA)

普巴像

硒碲铋铅矿是一种铅、铋的硫-碲-硒化物矿物。属硫碲铋铅矿族。三方晶系。晶体呈全自形—半自形似板条状。抛光面呈奶油白色，金属光泽，不透明；硬度 2.5～3，完全解理。1975 年发现于捷克共和国普利策地区奥尔德里科夫(Old ř ichov)[乌勒斯雷思(Ullersreith)]。英文名称 Poubaite，以捷克共和国布拉格查尔斯大学捷克矿物学家、矿床和经济地质学主任(1953—1982)兹德涅克·普巴(Zdeněk Pouba，1922—2011)教授的姓氏命名。IMA 1975－015 批准。1978 年 F. 切赫(F. Cech)等在《矿物学新年鉴》(月刊)和《美国矿物学家》(63)报道。中文名称根据成分译为硒碲铋铅矿。

【硒碲镍矿】

英文名 Kitkaite

化学式 NiTeSe (IMA)

硒碲镍矿是一种镍的碲-硒化物矿物。属碲镍矿族。三方晶系。银白色、浅黄色，不透明；硬度 3.5。1961 年发现于芬兰北部库萨莫市基特卡(Kitka)河谷。英文名称 Kitkaite，以发现地芬兰北部基特卡(Kitka)河命名。1965 年 T. A. 海克利(T. A. Häkli)等在《美国矿物学家》(50)报道。IMA 1968s. p. 批准。中文名称根据成分译为硒碲镍矿。

【硒碲铜矿】

英文名 Bambollaite

化学式 $Cu(Se,Te)_2$ (IMA)

硒碲铜矿是一种铜的碲-硒化物矿物。属黄铁矿族。四方(假等轴)晶系。晶体呈细粒状；集合体呈块状。棕灰色、深灰色，金属光泽，不透明；硬度 3，贝壳状断口。1965 年发现于墨西哥索诺拉州蒙特祖马(Moctezuma)矿[绰号巴姆博拉(Bambolla)矿——热空气，指的是矿井中的金矿石储量丰富]。英文名称 Bambollaite，以发现地墨西哥的巴姆博拉(Bambolla)矿命名。IMA 1965－014 批准。1972 年 D. C. 哈里斯(D. C. Harris)等在《加拿大矿物学家》(11)报道。中文名称根据成分译为硒碲铜矿。

【硒镉矿】参见【六方硒镉矿】条 530 页

【硒汞矿】

英文名 Tiemannite

化学式 HgSe (IMA)

硒汞矿自形四面体晶体(美国)和蒂曼像

硒汞矿是一种汞的硒化物矿物。属闪锌矿族。等轴晶系。晶体呈自形四面体；集合体呈块状。钢灰色—黑色，金属光泽，不透明；硬度 2.5，脆性。1825 年 J. C. L. 津肯(J. C. L. Zincken)最早称硒汞(Selenquecksilber)。1828 年马克思(Marx)在《施韦格尔》(*Schweigger*)(54)报道。1855 年发现于德国下萨克森州戈斯拉尔市克劳斯托尔·泽勒费尔德的伯格斯塔特(Burgstatt)矿脉圣洛伦茨(St Lorenz)矿；同年，S. L. 彭菲尔德(S. L. Penfield)在《美国科学杂志》(29)报道；恩格曼(Engelmann)在莱比锡《矿物学元素》(*Elemente der Mineralogie*)刊载。英文名称 Tiemannite，以德国柏林的约翰·卡尔·威廉·蒂曼(Johann Carl Wilhelm Tiemann，1848—1899)的姓氏命名。他于 1825 年发现的此矿物。1959 年以前发现、描述并命名的“祖父级”矿物，IMA 承认有效。中文名称根据成分译为硒汞矿；根据颜色和成分译为灰硒汞矿。

【硒汞铜矿】

英文名 Brodtkorbite

化学式 Cu_2HgSe_2 (IMA)

硒汞铜矿是一种铜、汞的硒化物矿物。单斜晶系。晶体呈他形粒状。深灰色，金属光泽，不透明；硬度 2.5～3，脆性。1999 年发现于阿根廷拉里奥哈省卡斯特利镇图米尼科(Tumiñico)矿。英文名称 Brodtkorbite，以阿根廷布宜诺斯艾利斯大学和拉普拉塔大学教授妙卡·克罗纳格尔德·布罗特科布(Milka Kronegold de Brodtkorb，1932—)博士的姓氏命名，以表彰她对矿物学，特别是对阿根廷经济地质学做出的贡献。IMA 1999－023 批准。2002 年 W. H. 帕尔(W. H. Paar)等在《加拿大矿物学家》(40)报道。2006 年中国地质科学院矿产资源研究所李锦平在《岩石矿物学杂志》[25(6)]根据成分译为硒汞铜矿。

【硒黄铜矿】

英文名 Eskebornite

化学式 $CuFeSe_2$ (IMA)

硒黄铜矿是一种铜、铁的硒化物矿物。属黄铜矿族。四方晶系。晶体呈厚板状、粒状。铜黄色，氧化后呈暗棕色、黑色，金属光泽，不透明；硬度 3～3.5，完全解理。1949 年发现于德国萨克森-安哈尔特州哈茨山脉蒂尔科德(Tilkerode)阿伯罗德(Abberode)厄斯卡博尔纳(Eskaborn)平硐。1950 年 P. 拉姆多尔(P. Ramdohr)在德国《矿物学研究进展》(*Fortschritte der Mineralogie*)(28)报道。英文名称 Eskebornite，以发现地德国哈茨山厄斯卡博尔纳(Eskaborn)平硐命名。1959 年以前发现、描述并命名的“祖父级”矿物，IMA 承认有效。中文名称根据成分及与黄铜矿的关系译为硒黄铜矿。

【硒金银矿】

英文名 Fischesserite

化学式 Ag_3AuSe_2 (IMA)

硒金银矿他形粒状晶体(美国)

硒金银矿是一种银、金的硒化物矿物。等轴晶系。晶体呈他形粒状。灰黑色,金属光泽,不透明;硬度2。1971年发现于捷克共和国波西米亚南部地区的普雷德波里斯(Příbram ice)矿床。英文名称 Fischesserite,以法国巴黎国家矿业学院院长、法国矿物学家和晶体学家雷蒙德·菲舍塞尔(Raymond Fischesser,1911—1991)的姓氏命名。IMA 1971-010 批准。1971年在《法国矿物学和结晶学学会通报》(94)和《美国矿物学家》(57)报道。中文名称根据成分译为硒金银矿。

【硒钌矿*】

英文名 Selenolaurite

化学式 $RuSe_2$　　(IMA)

硒钌矿*是一种钌的硒化物矿物。等轴晶系。晶体呈粒状。2020年发现于俄罗斯车里雅宾斯克州切巴尔库尔斯基区尼皮亚基诺(Nepryakhino)含金砂矿。英文名称 Selenolaurite,由成分冠词"Seleno(硒)"和根词"Laurite(硫钌矿)"组合命名,意指它是硒的硫钌矿的类似矿物。IMA 2020-027 批准。2020年 E. V. 贝洛古布(E. V. Belogub)等在《CNMNC 通讯》(56)、《矿物学杂志》(84)和《欧洲矿物学杂志》(32)报道。目前尚未见官方中文译名,编译者建议根据成分译为硒钌矿*。

【硒硫铋铅矿】

英文名 Weibullite

化学式 $Ag_{0.33}Pb_{5.33}Bi_{8.33}(S,Se)_{18}$　　(IMA)

硒硫铋铅矿叶片状晶体(瑞典)和威布尔像

硒硫铋铅矿是一种银、铅、铋的硒-硫化物矿物。斜方晶系。晶体呈柱状、纤维状或叶片状。钢灰色、灰黑色,金属光泽,不透明;硬度2~3,完全解理,非常脆。最早见于1885年 M. 威布尔(M. Weibull)在《斯德哥尔摩地质学会会刊》(7)报道。1910年发现于瑞典达拉纳省法轮(Falun)矿山;同年,弗林克(Flink)在《瑞典化学、矿物学和地质学报告》(3)报道。英文名称 Weibullite,以第一次描述该矿物的瑞典地质学家克里斯蒂安·奥斯卡·马特斯·威布尔(Kristian Oskar Mats Weibull,1856—1923)的姓氏命名。1959年以前发现、描述并命名的"祖父级"矿物,IMA 承认有效。IMA 1980s. p. 批准。中文名称根据成分译为硒硫铋铅矿;根据光泽和成分译为辉硒铅铋矿。

【硒硫铋铅铜矿】

英文名 Proudite

化学式 $Cu_2Pb_{16}Bi_{20}(S,Se)_{47}$　　(IMA)

硒硫铋铅铜矿是一种铜、铅、铋的硒-硫化物矿物。单斜晶系。晶体呈细长针状或不规则的伸长板条状。银灰色,金属光泽,不透明;硬度2~2.5,完全解理。1975年发现于澳大利亚北澳大利亚州巴克利地区朱诺(Juno)矿(佩克矿);同年,R. R. 拉奇(R. R. Large)和 W. G. 穆默(W. G. Mumme)在《经济地质学》(70)报道了"Junoite(硒硫铋铜铅矿)""Wittite(硫硒铅铋矿)"和有关硒铋硫盐矿物。英文名称 Proudite,由穆默等以佩克-沃尔森德矿业公司的董事、坦南特溪矿床开发商约翰·S. 普劳德(John S. Proud,1907—1997)爵士的姓氏命名。IMA 1975-028 批准。1976年穆默在《美国矿物学家》(61)报道。中文名称根据成分译为硒硫铋铅铜矿。

【硒硫铋铜铅矿】

英文名 Junoite

化学式 $Cu_2Pb_3Bi_8(S,Se)_{16}$　　(IMA)

硒硫铋铜铅矿是一种铜、铅、铋的硫-硒化物矿物。单斜晶系。晶体呈板状和不规则的粒状。该矿物的抛光片呈奶白色,金属光泽,不透明;硬度3.5~4。1974年发现于澳大利亚北澳大利亚州巴克利地区坦南特河朱诺(Juno)矿。英文名称 Junoite,以发现地澳大利亚的朱诺(Juno)矿命名。IMA 1974-011 批准。1975年 R. R. 拉奇(R. R. Large)和 W. G. 穆默(W. G. Mumme)在《经济地质学》(70)及《美国矿物学家》(60)报道。中文名称根据成分译为硒硫铋铜铅矿。

【硒硫碲铜银矿】

英文名 Selenopolybasite

化学式 $Cu(Ag,Cu)_6Ag_9Sb_2(S,Se)_9Se_2$　　(IMA)

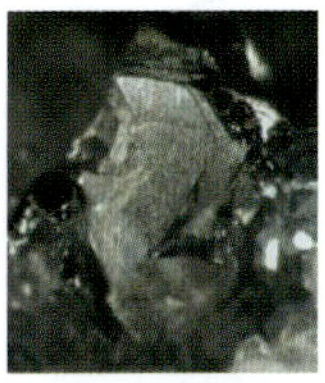

硒硫碲铜银矿半自形粒状晶体(墨西哥)

硒硫碲铜银矿是一种铜、银、锑的硫-硒化合物矿物。属砷硫银矿-硫锑铜银矿族。三方晶系。晶体呈半自形—他形粒状。金属光泽,不透明;硬度3~3.5,脆性。2006年发现于美国爱达荷州奥怀希县德拉马尔(De Lamar)矿区德拉马尔矿。英文名称 Selenopolybasite,由成分冠词"Selenium(硒)"和根词"Polybasite(硫锑铜银矿)"组合命名,意指它是硒占优势的硫锑铜银矿的类似矿物。IMA 2006-053 批准。2007年 L. 宾迪(L. Bindi)等在《美国矿物学家》(92)和《加拿大矿物学家》(45)报道。2010年中国地质科学院地质研究所尹淑苹等在《岩石矿物学杂志》[29(4)]根据成分及与硫锑铜银矿的关系译为硒硫碲铜银矿(根词参见【硫锑铜银矿】条519页)。

【硒硫砷矿】

英文名 Jeromite

化学式 $As(S,Se)_2$

硒硫砷矿玻璃球状、串珠状集合体(德国)

硒硫砷矿是一种砷的硫-硒化物矿物。非晶质。集合体呈粉末状、皮壳状、玻璃球状、串珠状。橙红色(粉末状)、深红色—黑红色,玻璃光泽。最初的报道来自美国亚利桑那州亚瓦派县弗尔德(Verde)区杰罗姆(Jerome)弗尔德联合(United Verde)矿。1928年 C. 劳森(C. Lausen)在《美国矿物学家》(13)报道。英文名称 Jeromite,以发现地美国亚利桑那州杰罗姆(Jerome)命名。因为没有原始 Jeromite 样品可供研究。目前的“Jeromite”材料是从其他地方获得的，通常是AsS玻璃(融化的雄黄)，而不是最初描述的AsS_2。2006年被IMA废弃{2007年E. A. J. 伯克(E. A. J. Burke)在《加拿大矿物学家》[44(6)]报道}。中文名称根据原成分译为硒硫砷矿。

【硒钼矿】

英文名 Drysdallite

化学式 $MoSe_2$　(IMA)

德赖斯代尔像

硒钼矿是一种钼的硒化物矿物。属辉钼矿族。六方晶系。晶体呈尖锐的锥状、微晶；集合体呈晶簇状。浅灰黑色与棕色色调，金属光泽，不透明；硬度2，蜡状可切，完全解理。1973年发现于赞比亚西北省索卢韦齐地区坎皮吉姆潘加(Kampijimpanga)。英文名称Drysdallite，由赞比亚地质调查局主任阿兰·罗伊·德赖斯代尔(Alan Roy Drysdall，1933—2017)的姓氏命名。IMA 1973-027批准。1973年F. 切赫(F. Cech)等在《矿物学新年鉴》(月刊)和1974年M. 弗莱舍(M. Fleischer)在《美国矿物学家》(59)报道。中文名称根据成分译为硒钼矿。

【硒铅矾】

英文名 Olsacherite

化学式 $Pb_2(Se^{6+}O_4)(SO_4)$　(IMA)

硒铅矾杂乱草丛状、放射状集合体(玻利维亚、意大利)和奥尔萨彻像

硒铅矾是一种铅的硫酸-硒酸盐矿物。斜方晶系。晶体呈细长尖针状；集合体呈杂乱草丛状、放射状。无色，玻璃光泽，透明—半透明；硬度3～3.5，完全解理，非常脆。最早见于1882年伯特兰德(Bertrand)在《矿物学会通报》(5)报道。1969年发现于玻利维亚波托西省查扬塔(Chayanta)镇维尔根德苏鲁米(Virgen de Surumi)矿。英文名称Olsacherite，以阿根廷科尔多瓦大学矿物学家、矿物学系主任胡安·奥古斯托·奥尔萨彻(Juan Augusto Olsacher，1903—1964)教授的姓氏命名。他致力于阿根廷硒矿物的研究。IMA 1969-009批准。1969年C. S. 赫尔伯特(C. S. Hurlbut)等在《美国矿物学家》(54)报道。中文名称根据成分译为硒铅矾或氧硒矿。

【硒铅矿】

英文名 Clausthalite

化学式 PbSe　(IMA)

硒铅矿薄片状晶体(德国)

硒铅矿是一种铅的硒化物矿物。属方铅矿族。等轴晶系。晶体呈细粒状、薄片状；集合体呈块状。蓝灰色、铅灰色，具蓝锖色，风化面呈暗灰色，具有红棕色斑点，金属光泽，不透明；硬度2.5～3，完全解理，脆性。1832年发现于德国下萨克森州戈斯拉地区克劳斯塔尔-采勒费尔德(Clausthal-Zellerfeld)圣洛伦茨(St Lorenz)矿；同年，F. S. 伯当(F. S. Beudant)在《矿物学基础教程》(*Traité Élémentaire de Minéralogie*)(第二版，巴黎)刊载。英文名称Clausthalite，以发现地德国克劳斯塔尔(Clausthal)命名。又见于1944年C. 帕拉奇(C. Palache)、H. 伯曼(H. Berman)和C. 弗龙德尔(C. Frondel)《丹纳系统矿物学》(第一卷，纽约，第七版)。1959年以前发现、描述并命名的“祖父级”矿物，IMA承认有效。中文名称根据成分译为硒铅矿。

【硒砷钯矿】

英文名 Kalungaite

化学式 PdAsSe　(IMA)

硒砷钯矿是一种钯的砷-硒化物矿物。属辉钴矿族。等轴晶系。晶体呈他形粒状；集合体呈与金和其他铂族矿物一起组成的板状。铅灰色，金属光泽，不透明；硬度4～5，脆性。2004年发现于巴西戈亚斯州卡瓦尔坎蒂的布拉科多欧鲁(Buraco do Ouro)黄金矿洞。英文名称Kalungaite，以巴西一个生活在卡瓦尔坎蒂的非洲奴隶的后裔社区和附近城镇的卡隆加(Kalunga)人命名。IMA 2004-047批准。2006年N. F. 博特罗(N. F. Botelho)等在《矿物学杂志》(70)报道。2009年中国地质科学院地质研究所尹淑苹等在《岩石矿物学杂志》[28(4)]根据成分译为硒砷钯矿。

【硒砷镍矿】

英文名 Jolliffeite

化学式 NiAsSe　(IMA)

乔利夫像

硒砷镍矿是一种镍的砷-硒化物矿物。属辉钴矿族。等轴晶系。晶体呈他形粒状。锡白色，金属光泽，不透明；硬度6～6.5。1989年发现于加拿大萨斯喀彻温省比弗洛奇地区黑湾(Black Bay)铀矿。英文名称Jolliffeite，1991年L. J. 卡布里(L. J. Cabri)等为纪念加拿大地质调查局的地质学家和皇后大学的教授阿尔弗雷德“弗雷德”·沃尔顿·乔利夫(Alfred “Fred” Walton Jolliffe，1907—1988)而以他的姓氏命名。他早期在萨斯喀彻温省北部的比弗洛奇地区从事地质测绘工作，该区是鼓励商业勘探区，他是该矿物的发现者。IMA 1989-011批准。1991年卡布里等在《加拿大矿物学家》(29)报道。1993年中国新矿物与矿物命名委员会黄蕴慧等在《岩石矿物学杂志》[12(1)]根据成分译为硒砷镍矿。

【硒铊铁铜矿】

英文名 Bukovite

化学式 $Cu_4Tl_2Se_4$　(IMA)

硒铊铁铜矿是一种铜、铊的硒化物矿物。属硒铊铁铜矿族。四方晶系。晶体呈细小状。灰褐色—黑色，金属光泽，不透明；硬度2，完全解理。1970年发现于捷克共和国维索基纳州罗日纳(Rožná)矿床布克夫(Bukov)矿。英文名称Bukovite，以发现地捷克的布克夫(Bukov)矿命名。IMA 1970-029批准。1971年Z. 约翰(Z. Johan)等在《法国矿物学和结晶学会通报》(94)和1972年弗莱舍在《美国矿物学家》(57)报道。中文名称根据成分译为硒铊铁铜矿。

【硒铊铜矿】

英文名 Sabatierite

化学式 Cu_6TlSe_4　(IMA)

硒铊铜矿是一种铜、铊的硒化物矿物。属硒铊铁铜矿族。斜方(或四方)晶系。集合体呈放射状。淡灰蓝色、暗黄褐色，金属光泽，不透明；硬度 2.5。1976 年发现于捷克共和国维索基纳州布科夫（Bukov）矿。英文名称 Sabatierite，以法国矿物学家、法国奥尔良全国科学研究中心（CNRS）前主任日尔曼·萨巴蒂尔（Germain Sabatier，1923—）的姓氏命名。IMA 1976－043 批准。1978 年 Z. 约翰（Z. Johan）等在《矿物学通报》（101）和 1979 年《美国矿物学家》（64）报道。中文名称根据成分译为硒铊铜矿。

【硒铊银铜矿】

英文名 Crookesite

化学式 Cu_7TlSe_4 （IMA）

克鲁克斯像

硒铊银铜矿是一种铜、铊的硒化物矿物。四方晶系。集合体呈弥漫性斑点和细脉状。铅灰色，金属光泽，不透明；硬度 2.5～3，完全解理，脆性。1867 年发现于瑞典东约特兰瓦尔德马什维克斯克里克伦（Skrikerum）矿；同年，A. E. 诺伦斯基尔德（A. E. Nordenskiöld）在《巴黎化学学会月报》（*Bulletin Mensuel de la Société Chimique de Paris*）（7）报道。英文名称 Crookesite，以英国化学家、物理学家威廉姆·克鲁克斯（William Crookes，1832—1919）爵士的姓氏命名。他在 1861 年发现了金属铊。又见于 1944 年 C. 帕拉奇（C. Palache）、H. 伯曼（H. Berman）和 C. 弗龙德尔（C. Frondel）《丹纳系统矿物学》（第一卷，第七版，纽约）。1959 年以前发现、描述并命名的"祖父级"矿物，IMA 承认有效。中文名称根据成分译为硒铊银铜矿。

【硒锑钯矿】

英文名 Milotaite

化学式 PdSbSe （IMA）

硒锑钯矿是一种钯、锑的硒化物矿物。属辉钴矿族。等轴晶系。晶体呈半自形粒状，呈其他矿物的包裹体。银灰色，金属光泽，不透明；硬度 4.5，脆性。2003 年发现于捷克共和国皮塞克市的普雷德波里斯（Předbořice）矿床。英文名称 Milotaite，以丹麦哥本哈根大学的米罗塔·马克维奇（Milota Makovicky）的名字命名，以表彰她对铂族元素的硫化物和硫砷化物系统的调查研究做出的杰出贡献。IMA 2003－056 批准。2005 年 W. H. 帕尔（W. H. Paar）等在《加拿大矿物学家》（43）报道。2008 年中国地质科学院地质研究所任玉峰等在《岩石矿物学杂志》[27(6)]根据成分译为硒锑钯矿。

【硒锑矿】

英文名 Antimonselite

化学式 Sb_2Se_3 （IMA）

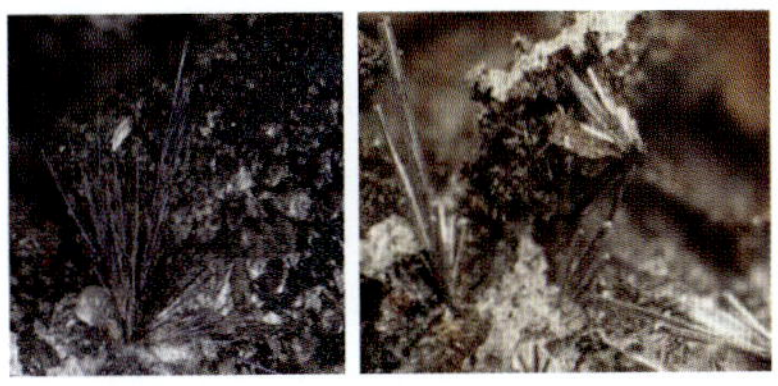

硒锑矿自形针状晶体，放射状、晶簇状集合体（捷克）

硒锑矿是一种锑的硒化物矿物。属辉锑矿族。斜方晶系。晶体呈自形针状和他形细粒状；集合体呈放射状、晶簇状。黑色，金属光泽，不透明；硬度 3.5。1992 年中国地质大学、成都理工大学、地质矿产部综合利用研究所的科学家刘家军、郑明华、卢文全在研究西秦岭寒武纪拉尔玛层控型金-铜-铀-硒-铂族建造矿床的物质组分时，发现了自然界中的硒锑矿新矿物[1992 年刘家军等在《科学通报》（15）报道]。1993 年，贵州科学院陈露明等在中国贵州省贵阳县 504 铀汞钼多金属矿床中也有发现（陈露明等在《矿物学报》[13(1)]报道）。稍后南京大学地球科学系、中国科学院地球化学研究所、中国地质大学、中国地质科学院矿床所的闵茂中、李德忍、施倪承、刘泉林、曹亚文在湖南坌头碳硅泥岩型铀矿床中也找到了硒锑矿。在此之前人们所了解的硒锑矿仅仅是人工合成物。这是世界上首次发现的新的硒化物天然矿物，是我国发现的第二个硒化物矿物。中文名称根据化学成分锑（Antimony）和硒（Selenium）组合命名。英文名称 Antimonselite，由"Antimony（锑）"和"Selenium（硒）"缩写组合命名。IMA 1992－003 批准。1995 年闵茂中等在《矿物学报》[15(3)]报道。

【硒锑铜矿】

英文名 Permingeatite

化学式 Cu_3SbSe_4 （IMA）

佩尔曼雅像

硒锑铜矿是一种铜、锑的硒化物矿物。属黝锡矿族。四方晶系。晶体呈细微的粒状。棕色、玫瑰色—绿色，金属光泽，不透明；硬度 4～4.5。1971 年发现于捷克共和国皮塞克市的普雷德波里斯（Předbořice）矿床。英文名称 Permingeatite，1971 年由约翰·兹德涅克（Johan Zdeněk）、保罗·皮科特（Paul Picot）等为纪念法国图卢兹保罗-萨巴蒂尔大学法国矿物学家弗朗索瓦·佩尔曼雅（François Permingeat，1917—1988）而以他的姓氏命名。IMA 1971－003 批准。1971 年约翰·兹德涅克等在《法国矿物学和结晶学会通报》（94）和 1972 年 M. 弗莱舍（M. Fleischer）在《美国矿物学家》（57）报道。中文名称根据成分译为硒锑铜矿。

【硒锑银矿】参见【硒脆银矿】条 999 页

【硒铁矿】

英文名 Achávalite

化学式 FeSe （IMA）

阿查瓦利像

硒铁矿是一种铁的硒化物矿物。属红砷镍矿族。六方晶系。深灰色，金属光泽，不透明；硬度 2.5。1939 年发现于阿根廷门多萨省卢汉德库约镇卡彻乌塔（Cacheuta）矿；同年，J. 奥尔萨彻（J. Olsacher）在《科尔多瓦国立大学物理与自然科学学院简报》（*Boletin de la Facultad de Ciencias Exactas, Fisicas y Naturales, Universidad Nacional de Cordoba*）[2(3－4)]报道。英文名称 Achávalite，以科尔多瓦国立大学教授、土木工程师、曼努埃尔·里奥和科学院院长路易斯·阿查瓦利（Luis Achával，1870—1938）的姓氏命名。他是《科尔多瓦地理》一书的作者。1959 年以前发现、描述并命名的"祖父级"矿物，IMA 承认有效。中文名称根据成分译为硒铁矿。

【硒铜钯矿】

英文名 Oosterboschite

化学式 $(Pd,Cu)_7Se_5$ （IMA）

硒铜钯矿是一种钯、铜的硒化物矿物。斜方晶系。晶体呈显微他形粒状，有聚片双晶；集合体呈块状。黑色，金属光泽，不透明；硬度 5。1970 年发现于刚果（金）卢阿拉巴省科卢韦齐市穆索诺伊（Musonoi）矿。英文名称 Oosterboschite，以比利时采矿工程师 M. R. 奥斯特博斯奇（M. R. Oosterbosch，1908—1992）的姓氏命名。他参与了刚果（金）加丹加省矿产的开发和开采。IMA 1970 - 016 批准。1970 年在《法国矿物学和结晶学会通报》（93）和 1972 年《美国矿物学家》（57）报道。中文名称根据成分译为硒铜钯矿。

【硒铜铋铅矿】

英文名 Watkinsonite

化学式 $PbCu_2Bi_4(Se,S)_8$　　（IMA）

硒铜铋铅矿是一种铅、铜、铋的硫-硒化物矿物。单斜晶系。黑色，金属光泽，不透明；硬度 3.5。1985 年发现于加拿大北魁北克省奥蒂斯（Otish）铀矿。英文名称 Watkinsonite，以加拿大卡尔顿大学地质学教授和岩石学家、经济地质学家、铂族元素热液流动性的研究者大卫·休·沃特金森（David Hugh Watkinson，1937—）的姓氏命名。IMA 1985 - 024 批准。1987 年 Z. 约翰（Z. Johan）等在《加拿大矿物学家》（25）报道。1989 年中国新矿物与矿物命名委员会郭宗山在《岩石矿物学杂志》[8(3)]根据成分译为硒铜铋铅矿；2011 年杨主明等在《岩石矿物学杂志》[30(4)]建议音译为沃金森矿。

【硒铜钴矿】

英文名 Tyrrellite

化学式 $Cu(Co,Ni)_2Se_4$　　（IMA）

硒铜钴矿细粒状晶体（加拿大）和蒂雷尔像

硒铜钴矿是一种铜、钴、镍的硒化物矿物。属尖晶石超族硫钴矿族。等轴晶系。晶体呈圆粒状、细粒状；集合体呈块状。浅铜黄色、青铜色，金属光泽，不透明；硬度 3.5，脆性。1952 年发现于加拿大萨斯喀彻温省比弗洛奇区伊格尔索佩克莱姆斯铀-铜-硒砂区；同年，S. C. 鲁滨逊（S. C. Robinson）和 E. J. 布鲁克（E. J. Brooker）在《美国矿物学家》（37）报道。英文名称 Tyrrellite，1959 年由尼娜·德米特里夫娜·辛杰耶娃（Nina Dmitrievna Sindeeva）为纪念第一次访问加拿大地质调查局的美国地质学家约瑟夫·伯尔·蒂雷尔（Joseph Burr Tyrrell，1858—1957）而正式以他的姓氏命名。他是加拿大北部，特别是阿萨巴斯卡湖和哈德逊湾之间地区的早期探险家和测量员，他首先在加拿大发现并对该矿物做过研究。1959 年以前发现、描述并命名的“祖父级”矿物，IMA 承认有效。中国地质科学院根据成分译为硒铜钴矿；2011 年杨主明等在《岩石矿物学杂志》[30(4)]建议音译为蒂雷尔矿。

【硒铜矿】

英文名 Berzelianite

化学式 $Cu_{2-x}Se(x \approx 0.12)$　　（IMA）

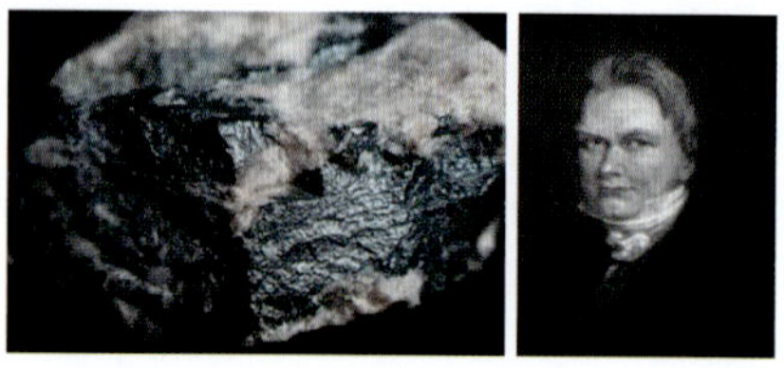

硒铜矿细粒状晶体，薄皮状、浸染状集合体（捷克）和贝采里乌斯像

硒铜矿是一种铜的硒化物矿物。属硒铜矿-红硒铜矿族。与灰硒铜矿（Bellidoite）为同质二象。等轴晶系。晶体呈细粒状；集合体呈树枝状、薄皮状、浸染状。银白色、亮铅灰色，易形成带彩虹的蓝灰色，金属光泽，不透明；硬度 2。1832 年发现于瑞典东约特兰省瓦尔德马什维克地区斯克里克伦（Skrikerum）；同年，F. S. 伯当（F. S. Beudant）在《矿物学基础教程》（*Traité Élémentaire de Minéralogie*）（第二版，巴黎）刊载。英文名称 Berzelianite，1850 年由詹姆斯·德怀特·丹纳（James Dwight Dana）为纪念瑞典化学家、斯德哥尔摩大学教授、瑞典科学院院士琼斯·雅各布·贝采里乌斯（Jöns Jakob Berzelius，1779—1848）而以他的姓氏命名。贝采里乌斯接受并发展了道尔顿原子论，测定了 40 多种元素的原子量，创立现代化学元素符号，是铈、硒、硅、钍、钛和锆元素的发现者，首先使用“有机化学”概念，发现了“同质异构”现象并首先提出了“催化”概念。他在化学中做出了卓越贡献，使他成为 19 世纪的一位赫赫有名的化学权威。见于 1944 年 C. 帕拉奇（C. Palache）、H. 伯曼（H. Berman）和 C. 弗龙德尔（C. Frondel）《丹纳系统矿物学》（第一卷，第七版，纽约）。1959 年以前发现、描述并命名的“祖父级”矿物，IMA 承认有效。中文名称根据成分译为硒铜矿。

【硒铜蓝】参见【六方硒铜矿】条 531 页

【硒铜镍矿】

英文名 Penroseite

化学式 $(Ni,Co,Cu)Se_2$　　（IMA）

硒铜镍矿柱状晶体，放射状集合体（玻利维亚）和彭罗斯像

硒铜镍矿是一种镍、钴、铜的硒化物矿物。属黄铁矿族。等轴晶系。晶体呈柱状；集合体呈肾状、块状、放射状。铅灰色、蓝灰色，金属光泽，不透明；硬度 2.5～3，完全解理，脆性。1926 年发现于玻利维亚查扬塔（Chayanta）镇帕卡杰克（Pacajake）峡谷维尔根德苏鲁米（Virgen de Surumi）矿；同年，在《费城自然科学院学报》（77）和《美国矿物学家》（11）报道。英文名称 Penroseite，以美国宾夕法尼亚州费城经济地质学家理查德·亚历山大·富勒顿·彭罗斯（Richard Alexander Fullerton Penrose，1863—1931）的姓氏命名。彭罗斯曾在美国地质调查局工作过一段时间（包括早期在科罗拉多州跛溪的工作），曾担任采矿顾问、矿主、芝加哥大学教授、《地质学杂志》编辑、费城自然科学院院长、经济地质学家协会第一任主席，美国地质学会会长。1959 年以前发现、描述

并命名的“祖父级”矿物，IMA 承认有效。中文名称根据成分译为硒铜镍矿。

【硒铜铅矿】参见【羟硒铜铅矿】条 740 页

【硒铜铅铀矿】参见【铜铅铀硒矿】条 963 页

【硒铜三银矿】

英文名 Selenojalpaite

化学式 Ag_3CuSe_2 (IMA)

硒铜三银矿是一种银、铜的硒化物矿物。四方晶系。晶体呈他形一半自形粒状，粒径可达 200μm；集合体常呈与硒铜银矿和硒铜矿连生状。暗灰色，金属光泽，不透明；硬度 4～4.5，脆性。2004 年发现于瑞典厄斯特格特兰县瓦尔德马什维克镇斯克里克伦(Skrikerum)铜-银-铊的硒化物矿床。英文名称 Selenojalpaite，由成分冠词“Seleno(硒)”和根词“Jalpaite(辉铜银矿)”组合命名，意指它是在成分和结构上与辉铜银矿相类似的矿物。IMA 2004-048 批准。2005 年 L. 宾迪(L. Bindi)等在《加拿大矿物学家》(43)报道。2008 年中国地质科学院地质研究所任玉峰等在《岩石矿物学杂志》[27(6)]根据成分译为硒铜三银矿(参见根词【辉铜银矿】条 353 页)。

【硒铜银矿】

英文名 Eucairite

化学式 CuAgSe (IMA)

硒铜银矿是一种铜、银的硒化物矿物。斜方晶系。集合体呈块状、分散的球粒状。明亮的晶体呈奶油白色，玷污的晶体呈明亮的橙色，金属光泽，不透明；硬度 2.5，脆性，贝壳状断口。1818 年发现于瑞典厄斯特格特兰县瓦尔德马什维克镇斯克里克伦(Skrikerum)矿；同年，在《理化矿物学文献》(6)报道。英文名称 Eucairite，以希腊文“Ευκαιρία=Opportunity(机会)”命名，因为它是在硒由贝采利乌斯首次描述后不久发现的。又见于 1944 年 C. 帕拉奇(C. Palache)、H. 伯曼(H. Berman)和 C. 弗龙德尔(C. Frondel)《丹纳系统矿物学》(第一卷，第七版，纽约)。1959 年以前发现、描述并命名的“祖父级”矿物，IMA 承认有效。中文名称根据成分译为硒铜银矿。

【硒铜铀矿】参见【七水硒铜铀矿】条 694 页

【硒锌石*】

英文名 Zincomenite

化学式 $ZnSeO_3$ (IMA)

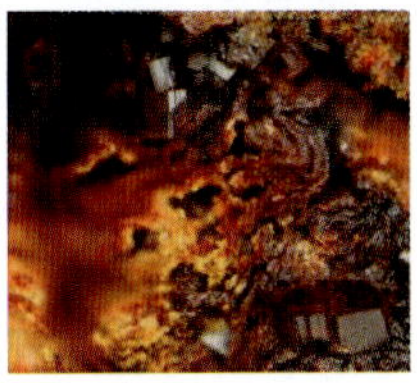

硒锌石*板状、粒状或柱状晶体(俄罗斯)

硒锌石*是一种锌的亚硒酸盐矿物。斜方晶系。晶体呈板状、粒状或柱状，粒径 0.2mm；集合体呈皮壳状，大小为 0.7cm×1cm。无色、白色或浅棕色，金刚光泽，透明。2014 年发现于俄罗斯堪察加州托尔巴契克(Tolbachik)火山主裂隙北破火山口第一火山渣锥北喷气孔渣场。英文名称 Zincomenite，由化学成分“Zinco(锌)”和希腊文“μηνας=Moon(月球)+Selenium(硒)=Men”加词尾-ite 组合命名。IMA 2014-014 批准。2014 年 I. V. 佩科夫(I. V. Pekov)等在《CNMNC 通讯》(21)、《矿物学杂志》(78)和 2016 年《欧洲矿物学杂志》(28)报道。目前尚未见官方中文译名，编译者根据成分译为硒锌石*。

【硒银矿】

英文名 Naumannite

化学式 Ag_2Se (IMA)

硒银矿粒状晶体(玻利维亚)和瑙曼像

硒银矿是一种银的硒化物矿物。斜方(假等轴)晶系。晶体呈粒状及薄板状；集合体一般呈块状。灰黑色，金属光泽，不透明；硬度 2.5。1828 年发现于德国萨克森-安哈特州蒂尔科罗德(Tilkerode)市阿贝罗德(Abberode)镇；同年，G. 罗斯(G. Rose)在《波根多夫物理学和化学年鉴》(14)报道。英文名称 Naumannite，以德国结晶学家和地质学家卡尔·弗里德里希·瑙曼(Karl Friedrich Naumann，1797—1873)的姓氏命名。1959 年以前发现、描述并命名的“祖父级”矿物，IMA 承认有效。中文名称根据成分译为硒银矿。

【硒黝铜矿】

英文名 Hakite-(Hg)

化学式 $Cu_6(Cu_4Hg_2)Sb_4Se_{13}$ (IMA)

硒黝铜矿是一种铜、汞的锑-硒化物矿物。属黝铜矿族。等轴晶系。晶体呈他形细粒状，粒径 0.3mm。灰褐色、奶油白色，金属光泽，不透明；硬度 4.5。1970 年发现于捷克共和国皮塞克市的普雷德波里斯(Předbořice)矿床。1971 年 Z. 约翰(Z. Johan)在《法国矿物学和结晶学会通报》(94)和 1972 年 M. 弗莱舍(M. Fleischer)在《美国矿物学家》(57)报道。英文名称 Hakite 以捷克共和国库特纳霍拉矿产研究所矿物学家雅罗斯拉夫·哈克(Jaroslav Hak，1931—)的姓氏命名。IMA 1970-019 批准。根据 IMA 18-K 提案将 Hakite 更名为 Hakite-(Hg)。IMA 2019s. p. 批准。中文名称根据成分及族名译为硒黝铜矿。

稀 [xī]形声；从禾，希声。同“希”，意“少”。稀土：稀土元素是从比较稀少的矿物中发现的，“土”原指不溶于水的氧化物，故称稀土。[英]Rare Earth Element，简写 REE 或 R。稀土是指镧系的镧、铈、镨、钕、钷、钐、铕、钆、铽、镝、钬、铒、铥、镱、镥 15 个元素，加上与镧系相关密切的钪和钇共 17 种元素的氧化物。

【稀土锆石】参见【锆石】条 242 页

【稀土磷铀矿】

英文名 Lermontovite

化学式 $U^{4+}(PO_4)(OH)\cdot H_2O$ (IMA)

莱蒙托夫像

稀土磷铀矿是一种含结晶水、羟基的铀的磷酸盐矿物。斜方晶系。晶体呈纤维状；集合体呈细脉状或葡萄状。灰绿色、草绿色，丝绢光泽，透明；非常脆。1956 年发现于俄罗斯北部高加索地区斯塔夫罗波尔边疆区皮亚季戈尔斯克(五峰山城)莱蒙托夫斯卡耶(Lermontovskoe)铀矿床格雷穆什卡(Gremuchka)矿带 1 号矿。1956 年戈斯盖尔特希扎特(Gosgeoltehizdat)在莫斯科《铀矿物鉴定手册》刊载。1958 年在

《美国矿物学家》(43)报道。英文名称 Lermontovite，以俄国诗人、小说家米哈伊尔·尤列维奇·莱蒙托夫(Mikhail Yurevich Lermontov，1814—1841)的姓氏命名的莱蒙托夫斯卡耶(Lermontovskoe)铀矿床命名。1983 年 V. G. 梅尔克(V. G. Melkov)等在苏联《矿物学杂志》[5(1)]补充新资料。1959 年以前发现、描述并命名的"祖父级"矿物，IMA 承认有效。中文名称根据成分译为稀土磷铀矿，也译作水铈铀磷钙石。

【稀土水钙硼石】参见【硼铈钙石】条 680 页

【稀土萤石】

英文名 Yttrocerite

化学式 $(Ca,Y,Ce)F_{2+x}$

稀土萤石解理块(美国)

稀土萤石是一种钙、钇、铈的氟化物矿物。属萤石族。等轴晶系。晶体呈立方体。紫色、蓝色，透明，玻璃光泽；硬度 4～5。发现于瑞典。1814 年加恩(Gahn)和贝采里乌斯(Berzelius)在斯德哥尔摩《阿芬德林格尔 I 物理、化学和矿物学》(4)报道。英文名称 Yttrocerite，根据化学成分"Yttrium(钇)[Ytterby(伊特比)，瑞典一村庄的名字命名]"和"Cerium(铈)[小行星谷神(Ceres)星的名字命名]"组合命名。在 19 世纪报告的许多"Yttrocerite"是错误的，一再被证明它是普通紫色萤石，并没有富集稀土元素。IMA 不承认它是一个有效的矿物种。中文名称根据成分和族名译为稀土萤石，也有的根据成分译作铈钇矿(参见【钇萤石】条 1074 页)。

锡 [xī]形声；从金，从易。①一种金属元素。[英]Stannum(古 tin)。元素符号 Sn(拉丁文 Stannum 的缩写)。原子序数 50。锡是"五金"——金、银、铜、铁、锡之一。锡在史前时代即已被发现。在约公元前 2 000 年，人类就已开始使用锡。一个锡环和朝圣瓶在第十八王朝(公元前 1580—前 1350)的埃及坟墓被发现。据考证，我国周朝(前 1046—前 256)时，锡壶、锡烛台之类锡器的使用已十分普遍。中国人开采锡大约在公元前 700 年，在云南地区。人类发现最早的金属是金，但没有得到广泛的应用。而最早发现并得到广泛应用的金属却是铜和锡，并在人类文明史上写下了极为辉煌的"青铜文化时代"。中世纪西方炼金术士把在地上发现的 7 种金属金、银、铜、铁、锡、铅和汞，与天上的 7 颗"行星"相联系，"锡"代表"木星"。锡在地壳中的含量为 0.004%，几乎都以锡石(氧化锡)的形式存在，此外还有极少量的锡的硫化物、金属互化物等矿物。②用于中国地名。③用于外国国名。

【锡钯铂矿】

英文名 Rustenburgite

化学式 Pt_3Sn (IMA)

锡钯铂矿是一种铂和锡的金属互化物矿物。等轴晶系。晶体呈显微粒状或水滴状。白色、淡黄奶油色，金属光泽，不透明；硬度 5。1974 年发现于南非西北省博亚纳拉白金区布什维尔德西部杂岩体勒斯滕堡(Rustenburg)城和汤兰兹(Townlands)矿。英文名称 Rustenburgite，以发现地南非的勒斯滕堡(Rustenburg)城命名。IMA 1974 - 040 批准。1975 年 P. 米哈利克(P. Mihálik)等在《加拿大矿物学家》(13)和 1976 年弗莱舍等在《美国矿物学家》(61)报道。中文名称根据成分译为锡钯铂矿；根据晶系和成分译作等轴锡铂矿或方锡铂矿。

【锡钯矿】

英文名 Stannopalladinite

化学式 Pd_3Sn_2(?) (IMA)

锡钯矿是一种钯和锡的互化物矿物。斜方晶系。晶体呈一向延长、他形粒状；集合体呈球粒状。棕玫瑰色、浅棕红色，金属光泽，不透明；硬度 4.5～5。1947 年发现于俄罗斯泰梅尔半岛普托拉纳高原诺里尔斯克(Noril'sk)铜镍矿床乌戈尔尼鲁奇(Ugol'nyi Ruchei)矿；同年，I. N. 马斯林茨基(I. N. Maslenitzky)等在《苏联科学院报告》(58)报道。英文名称 Stannopalladinite，由"Tin[锡，拉丁文 Stannum(锡)]"和"Palladium(钯)"组合命名。1959 年以前发现、描述并命名的"祖父级"矿物，IMA 承认有效。中文名称根据成分译为锡钯矿。

【锡钡钛石】

英文名 Pabstite

化学式 $BaSnSi_3O_9$ (IMA)

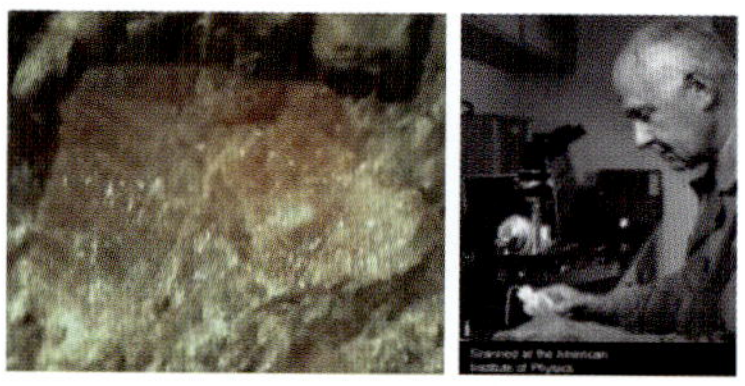

锡钡钛石晶体(美国)和帕布斯特像

锡钡钛石是一种钡、锡的硅酸盐矿物。属蓝锥矿族。六方晶系。晶体呈他形粒状，很少呈三角形。无色—白色，新鲜断面呈粉红色，玻璃光泽，半透明；硬度 6。1964 年发现于美国加利福尼亚州圣克鲁斯县卡尔卡尔(Kalkar)采石场。英文名称 Pabstite，以美国加利福尼亚州大学伯克利分校矿物学教授阿道夫·帕布斯特(Adolf Pabst，1899—1990)博士的姓氏命名。他曾任美国矿物学学会、国际矿物学协会和美国晶体学会主席。他被授予 1965 年罗布林勋章。IMA 1964 - 022 批准。1965 年 E. B. 格罗斯(E. B. Gross)等在《美国矿物学家》(50)报道。中文名称根据成分译为锡钡钛石；也译作硅锡钡石。

【锡铂钯矿】

英文名 Atokite

化学式 Pd_3Sn (IMA)

锡铂钯矿是一种钯和锡的互化物矿物。等轴晶系。晶体呈细小粒状。淡奶油色，金属光泽，不透明；硬度 4.5。1974 年发现于南非林波波省东布什维尔德杂岩体梅伦斯基(Merensky)礁阿托克(Atok)矿。英文名称 Atokite，以发现地南非的阿托克(Atok)矿命名。IMA 1974 - 041 批准。1975 年 P. 米哈利克(P. Mihálik)等在《加拿大矿物学家》(13)和 1976 年《美国矿物学家》(61)报道。中文名称根据成分译为锡铂钯矿。

【锡二钯矿】

英文名 Paolovite

化学式 Pd_2Sn (IMA)

锡二钯矿是一种钯和锡的互化物矿物。斜方晶系。晶体呈不规则的显微粒状嵌入其他矿物中，具聚片双晶。丁香色、玫瑰色、白色；硬度 5。1972 年发现于俄罗斯泰梅尔半岛普托拉纳高原诺里尔斯克市塔尔纳赫（Talnakh）铜镍矿床欧卡亚布斯科（Oktyabrsky）铜镍矿。英文名称 Paolovite，由化学成分“Palladium（钯）”和俄文“Olovo（锡）”组合命名。IMA 1972－025 批准。1974 年 A. D. 亨金（A. D. Genkin）等在苏联《金属矿床地质学》（*Geologiya Rudnykh Mestorozhdenii*）（16）和《美国矿物学家》（59）报道。中文名称根据成分译为锡二钯矿；根据晶系和成分译为斜方锡钯矿。

【锡兰石】参见【硼铝镁石】条 675 页

【锡锂大隅石】

英文名 Brannockite

化学式 $KSn_2(Li_3Si_{12})O_{30}$　（IMA）

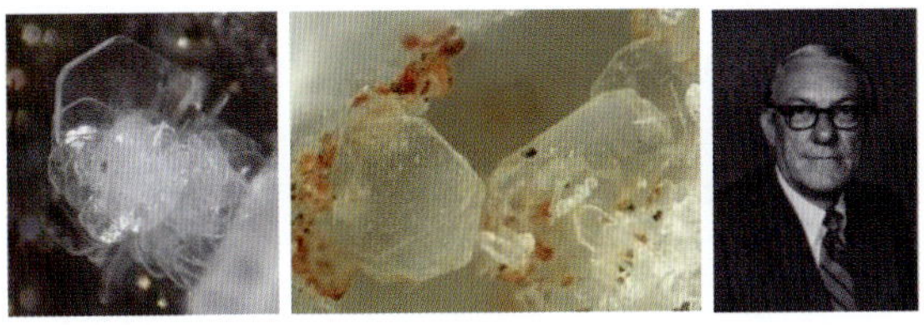

锡锂大隅石六方板状晶体，晶簇状集合体（美国）和布拉诺克像

锡锂大隅石是一种钾、锡的锂硅酸盐矿物。属大隅石族。六方晶系。晶体呈六方板状；集合体呈晶簇状。无色、奶油黄色，透明，玻璃光泽；硬度 5～6，脆性。1972 年发现于美国北卡罗莱纳州王山地区富特（Foote）锂业公司矿（富特矿）。英文名称 Brannockite，为纪念美国田纳西州金斯波特的化学家和矿物收藏家肯特·库姆斯·布拉诺克（Kent Combs Brannock，1923—1973）博士而以他的姓氏命名。IMA 1972－029 批准。1973 年 J. S. 怀特（J. S. White）等在《矿物学记录》（4）和 M. 弗莱舍（M. Fleischer）在《美国矿物学家》（58）报道。中文名称根据成分及族名译为锡锂大隅石。

【锡林郭勒矿】

汉拼名 Xilingolite

化学式 $Pb_3Bi_2S_6$　（IMA）

锡林郭勒矿是一种铅、铋的硫化物矿物。属硫铋铅矿同源系列族。它与硫铋铅矿为同质二象。单斜晶系。晶体呈柱状。颜色为铅灰色，条痕呈灰色，金属光泽，不透明；硬度 3。1982 年洪慧第、彭志忠等在中国内蒙古自治区锡林郭勒盟东乌旗朝不楞矿区的矽卡岩型铁-锌矿床发现。以发现地中国锡林郭勒盟（Xilinguole）命名为锡林郭勒矿（Xilingolite）。IMA 1982－024 批准。1982 年洪慧第、彭志忠等在《岩石矿物与测试》[1（4）]和 1984 年 P. J. 邓恩（P. J. Dunn）等在《美国矿物学家》（69）报道。

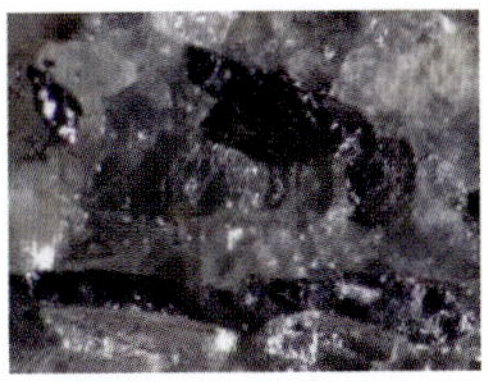

锡林郭勒矿柱状晶体（奥地利）

【锡铝硅钙石】参见【硅铝锡钙石】条 274 页

【锡锰钽矿】

英文名 Wodginite

化学式 $Mn^{2+}Sn^{4+}Ta_2O_8$　（IMA）

锡锰钽矿是一种锰、锡、钽的氧化物矿物。属锡锰钽矿族。单斜晶系。晶体一般呈双锥柱状、粒状，常见穿插双晶；集合体呈放射状、块状。红棕色、暗棕色、黑色，半金属光泽，

锡锰钽矿双锥柱状晶体（美国、巴西）

不透明—半透明；硬度 5.5，脆性。1963 年发现于澳大利亚西澳大利亚州皮尔巴拉地区黑德兰港沃吉纳（Wodgina）矿和加拿大马尼托巴省坦科（Tanco）矿（伯妮斯湖矿）。英文名称 Wodginite，以发现地澳大利亚的沃奇纳（Wodgina）矿命名。IMA 1967s. p. 批准。1963 年 E. H. 尼克尔（E. H. Nickel）等在《加拿大矿物学家》（7）和《美国矿物学家》（48）报道。中文名称根据成分译为锡锰钽矿；音译为沃奇纳矿。

【锡镍矿*】

英文名 Nisnite

化学式 Ni_3Sn　（IMA）

锡镍矿*是一种镍和锡的互化物矿物。等轴晶系。晶体呈正方形、矩形板状；集合体呈块状、蜂窝状。青铜色，金属光泽，不透明；脆性。2009 年发现于加拿大魁北克省阿斯贝斯托斯的杰弗里（Jeffrey）矿。英文名称 Nisnite，由化学元素符号“Ni（镍）”和“Sn（锡）”组合命名。IMA 2009－083 批准。2011 年 R. 罗（R. Rowe）等在《加拿大矿物学家》[49（2）]报道。目前尚未见官方中文译名，编译者建议根据成分译为锡镍矿*。

【锡砷硫钒铜矿】参见【硫锡砷铜矿】条 525 页

【锡石】

英文名 Cassiterite

化学式 SnO_2　（IMA）

锡石短柱体晶体（中国、玻利维亚、澳大利亚）

锡石是一种锡的氧化物矿物。属金红石族。四方晶系。晶体常呈带双锥的短柱体、粒状，有时呈细长柱状或双锥状，膝状双晶普遍；集合体大多呈块体，胶体形成的外壳呈葡萄状等，而内部具纤维同心放射状构造者称木锡石（Wood－tin）。纯净的锡石几乎无色，但一般均呈黄棕色—棕黑色、沥青黑色，金刚光泽、金属光泽，断口上呈油脂光泽，透明—不透明；硬度 6～7，脆性。中文锡石之名见于中国古代最早的辞书《尔雅》（时间上限不会早于战国。著录：《汉书·艺文志》）。

在西方，1832 年发现于英国。见于巴黎《矿物学基础教程》（*Traité Élémentaire de Minéralogie*）（第二版）刊载。其实，早在 1792 年 M. H. 克拉普罗特（M. H. Klaproth）在柏林罗特曼《化学知识对矿物锡石研究的贡献》（*Untersuchung der Zinnsteine, Beiträge zur chemischen Kenntniss der Mineralkörper*）（第二卷）已有报道。英文名称 Cassiterite，来源有多种说法：一说，来自黑醋栗（Cassis），又称黑加仑，成

熟果实为黑色小浆果。锡石的晶体呈两端带双锥的短柱状、粒状，其颜色呈黄褐色，很像黑醋栗浆果，由此得名 Cassiterite。二说，"锡石的英文名称是通过拉丁文译自希腊文'锡'派生而来的"(参见《宝石学》)。三说，源于"Cassiterides"一词，它是前罗马时代欧洲西海岸的一个群岛。在过去的一段时间里，这些岛屿的确切位置一直受到人们的热烈讨论，有人认为它是英格兰的锡利群岛(Scilly)的拉丁名；也有人认为来源可能是西班牙大陆，因为，即使是在 2 000 年前，商人有个提供误导性的地方信息以保护当地资源的习惯。总之，锡石英文名称 Cassiterite 的来源，仍然有待考证。1959 年以前发现、描述并命名的"祖父级"矿物，IMA 承认有效。

【锡铁山石】

汉拼名 Xitieshanite

化学式 $Fe^{3+}(SO_4)Cl \cdot 6H_2O$　(IMA)

锡铁山石是一种含结晶水、氯的高铁硫酸盐矿物。属纤铁矾族。单斜晶系。晶体呈菱方柱状。浅绿带淡黄色调，条痕呈浅黄色，玻璃光泽，半透明—透明；硬度 2.5。1982 年，中国科学院地球化学研究所李锡林等发现于中国青海省海西自治州柴达木盆地北缘锡铁山(Xitieshan)铅锌矿床氧化带中，以矿物发现地命名为锡铁山石(Xitieshanite)。IMA 1982－044 批准。1982 年李锡林等在《矿物学报》[2(4)]和 1984 年《美国矿物学家》(69)报道。

【锡铁钽矿】

英文名 Ixiolite

化学式 $(Ta,Mn,Nb)O_2$　(IMA)

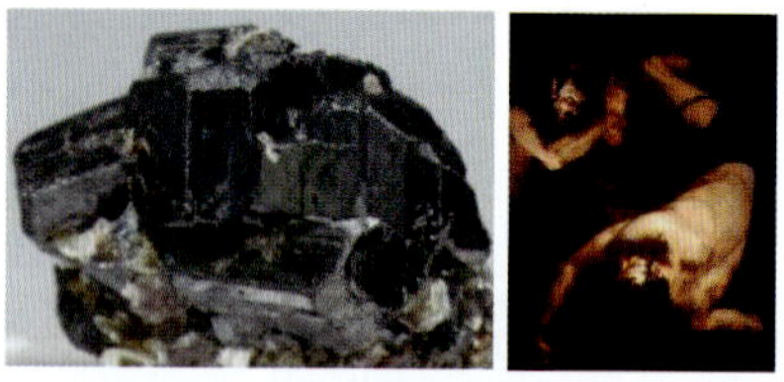

锡铁钽矿斜方形柱状晶体(莫桑比克)和伊克西翁受刑图

锡铁钽矿是一种钽、锰、铌的氧化物矿物。斜方晶系。晶体单晶呈斜方柱状，具双晶；集合体呈球状。青灰色、黑色，半金属光泽，不透明；硬度 6～6.5，脆性。1857 年发现于芬兰西南部基米托(Kimitoön)岛斯科格贝尔(Skogböle)；同年，芬兰地理学家和北极探险家尼尔斯·阿道夫·埃里克·诺登斯科德(Nils Adolf Erik Nordenskiöld)在《物理学和化学年鉴》(11)报道。英文名称 Ixiolite，根据希腊神话中的一个人物伊克西翁(Ixion)命名。一个关于坦塔罗斯(Tantalus)性格的神话，意指矿物成分中含钽(参见词首字钽)。伊克西翁原是特萨利的国王。他听说邻邦有一位十分美丽的公主，就要求邻邦的国王狄奥尼斯(Deioneus)将女儿嫁给他。狄奥尼斯迫于他的强大，不敢不答应。于是，他便向伊克西翁索要一大笔聘金。伊克西翁口头上答应给聘礼，并假意邀请狄奥尼斯参加一个宴会。然后他设计将狄奥尼斯推入火坑烧死。伊克西翁的罪行激怒了全国所有的人，他走投无路，逃到了宙斯那里，宙斯宽恕了他，让他进入天堂。不料他在天堂竭力追求宙斯的妻子——天后赫拉。宙斯愤怒至极，罚他下地狱，缚在一个永远燃烧和转动的轮子上，永恒的惩罚、无尽的折磨，让他万劫不复。1959 年以前发现、描述并命名的"祖父级"矿物，IMA 承认有效。IMA 1962s. p. 批准。1963 年 V. A. 赫沃丝托娃(V. A. Khvostova)等在《苏联科学院报告》(148)报道。中文名称根据成分译为锡铁钽矿，也有的译作锰钽矿；音译为伊克西翁矿。

【锡铜钯矿】

英文名 Taimyrite-I

化学式 $(Pd,Pt)_9Cu_3Sn_4$　(IMA)

锡铜钯矿是一种钯、铂、铜和锡的互化物矿物。斜方晶系。晶体呈显微粒状。深红棕色—灰色，金属光泽，不透明；硬度 5。1976 年发现于俄罗斯泰梅尔(Taimyr)自治州泰梅尔半岛普托拉纳高原马亚克(Mayak)矿。1976 年在苏联自然资源部有色金属及贵金属研究所(TSNIGRI)《特鲁迪》(122)报道。英文名称 Taimyrite－I，以发现地俄罗斯泰梅尔(Taimyr)命名。IMA 1973－065 批准。1985 年中国新矿物与矿物命名委员会郭宗山等在《岩石矿物及测试》[4(4)]根据成分译为锡铜钯矿。

喜

[xǐ]会意；从口，从壴(zhù)，壴亦声。"壴"意为"乐队"。"口"指"欢声"。"口"与"壴"联合起来表示"啦啦队"。本义：啦啦队发出欢呼声。引申义：快乐；高兴。用于中国地名。

【喜峰矿】

汉拼名 Xifengite

化学式 Fe_5Si_3　(IMA)

喜峰矿是一种铁的硅化物矿物。六方晶系。晶体呈粒状；集合体呈小型球粒状。钢灰色，条痕呈黑色，金属光泽，不透明；无解理，脆性；强磁性。产于宇宙尘(陨石)中的锥纹石、镍纹石核部。1979 年，中国地质科学院地质研究所於祖相研究员在中国河北省燕山地区滦河、潮河等水系采取了若干个天然重砂矿样，从中发现了硅铁质新矿物。根据发现地在中国长城东段，与喜峰口临近，故命名为喜峰矿(Xifengite)。IMA 1983－086 批准。1984 年於祖相在《岩石矿物及测试》(3)报道。在中国燕山地区宇宙尘中发现喜峰矿，对于了解宇宙的奥秘会有一定意义(参见【古北矿】条 254 页)。

镱

[xǐ]形声；从金，从喜，亦声。一种人工放射性元素。[英]Seaborgium。元素符号 Sg。原子序数 106。1974 年苏联杜布纳联合核子研究所的弗廖罗夫和奥加涅相等用加速器加速的铬离子轰击铅靶，反应合成了质量数为 259 的 106 号元素的同位素。几乎同时，美国加利福尼亚大学劳伦斯-伯克利实验室的吉奥索等用加速器加速的氧离子轰击 259μg 的锎靶，反应合成了质量数为 263 的元素同位素。1994 年 3 月 21 日，美国化学会为了纪念伯克利校长、诺贝尔化学奖得主、世界著名化学家格伦·西博格而以他的姓氏命为 Seaborgium。西博格教授在第二次世界大战期间发现了元素钚，轰炸日本长崎和广岛的美国原子弹就是用他所制取的钚制成的。他因发现钚而荣获 1951 年诺贝尔化学奖。

细

[xì]形声；从糸(mì)，从思省，思亦声。细，即微、小，与"大"或"粗"相对。

【细晶磷灰石】

英文名 Francolite

化学式 $(Ca,Mg,Na,K)_{10}[(P,C)O_4]_6(F,OH)_2$

细晶磷灰石是一种含氟和羟基的钙、镁、锶、钠的碳酸－磷酸盐矿物。它可能是富含碳酸根的氟磷灰石[Carbonate－

rich Fluorapatite，$Ca_5(PO_4)_3F$]。属磷灰石族。假六方晶系或非晶质。晶体呈纤维状；集合体呈结核状。无色、褐色；硬度4～5。1850年发现于英格兰德文郡塔维斯托克区佛朗哥(Franco)山丘；同年，布鲁克(Brooke)和亨利(Henry)在伦敦《伦敦、爱丁堡和都柏林哲学和科学杂志》(36)报道。英文名称Francolite，以发现地英格兰佛朗哥(Franco)命名。根据细粒晶习和族名译为细晶磷灰石(参见【氟磷灰石】条179页)。

【细晶石】

英文名 Microlite

化学式 $(Na,Ca)_2Ta_2O_6(O,OH,F)$

细晶石细粒状晶体(巴西)

细晶石是一种含氟、羟基和氧的钠、钙、钽的复杂氧化物矿物。属烧绿石超族细晶石族。与烧绿石呈完全类质同象系列。常含铌、钛、稀土、铀等。等轴晶系。晶体呈八面体、菱形十二面体、四角三八面体，多呈细粒状，具尖晶石律双晶。浅黄色—红褐色，少数呈橄榄绿色，或无色、白色、灰色、黑色，玻璃光泽或树脂光泽、油脂光泽，半透明—不透明；硬度5.5～6.5，脆性。1835年首先描述于瑞典斯德哥尔摩市乌托(Uto)岛和美国马萨诸塞州汉普登县切斯特菲尔德的克拉克(Clark)伟晶岩脉；同年，谢泼德(Shepard)在《美国科学杂志》(27)报道。英文名称Microlite，源自希腊文“μικρ ό s=Micro(小、细)”和“Lithos(石)”，意为最初模式产地发现的是“微小的矿物”。2010年IMA重新定义批准为族名($A_{2-m}Ta_2X_{6-w}Z_{-n}$)[2010年D.阿滕西奥(D. Atencio)等在《加拿大矿物学家》(48)报道：《烧绿石超群的矿物命名法》]。中文名称根据细粒晶习译为细晶石。

【细鳞云母】参见【锂绿泥石】条444页

【细硫砷铅矿】

英文名 Gratonite

化学式 $Pb_9As_4S_{15}$　　(IMA)

细硫砷铅矿细粒状、柱状晶体，晶簇状集合体(秘鲁)和格拉顿像

细硫砷铅矿是一种铅的砷-硫化物矿物。属约硫砷铅矿(Jordanite)同源系列族。三方晶系。晶体呈柱状、细粒状；集合体呈块状、晶簇状。黑铅灰色，金属光泽，不透明；硬度2.5，脆性。1939年发现于秘鲁帕斯科省塞罗德帕斯科镇爱克赛尔西奥(Excelsior)矿；同年，C.帕拉奇(C. Palache)和费希尔(Fisher)在《美国矿物学家》(24)报道。英文名称Gratonite，以哈佛大学矿山地质学教授路易·卡里尔·格拉顿(Louis Caryl Graton，1880—1970)的姓氏命名。他是经济地质学家协会主席(1931年)和彭罗斯勋章获得者(1950年)。1959年以前发现、描述并命名的“祖父级”矿物，IMA承认有效。中文名称根据晶习和成分译为细硫砷铅矿。

霞 [xiá]形声；从雨，叚声。本义：日出、日落时天空及云层上因日光斜射而出现的彩色光象或彩色的云。

【霞石】

英文名 Nepheline

化学式 $Na_3K(Al_4Si_4O_{16})$　　(IMA)

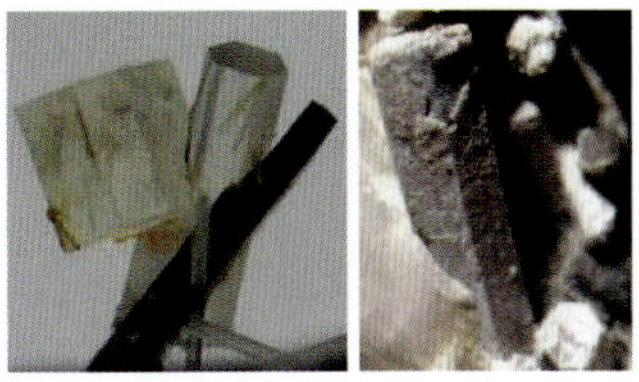

霞石六方柱状晶体(德国、墨西哥)

霞石是一种钠和钾的铝硅酸盐矿物。矿物的成分与长石相似，被称为似长石。属似长石族。与三方霞石为同质多象。六方晶系。晶体呈短柱状、板状、粒状；集合体常呈致密块状。无色或白色、灰白，有时带浅色的黄色、绿色、褐色、蓝色、红色等，玻璃光泽，断口上呈油脂光泽，透明—半透明；硬度5.5～6，脆性。1801年发现于意大利那不勒斯省外轮山(Somma)；同年，路易斯(Louis)在巴黎《矿物学教程》(*Traité de Minéralogie*)(第三卷)刊载。1810年M. H.克拉普罗特(M. H. Klaproth)在德国柏林罗特曼《脂光石化学分析：化学知识对矿物学的贡献》(*Chemische Untersuchung des Elaeoliths：Beiträge zur chemischen Kenntniss der Mineralkörper*)(第五卷)报道。英文名称Nepheline的词根Nephel与混浊或雾状或云霞有关，不透明的霞石常呈混浊状，有赤铁矿细小包裹体者呈云霞状。其实，英文名称Nepheline，来自古希腊一个鲜为人知的神话故事。涅斐勒“Nephel”是希腊神话中的一朵貌似赫拉的“云”。之所以霞石以“涅斐勒”的“云”命名，是因为它被强酸处理时转变为絮状的“云霞”。1959年以前发现、描述并命名的“祖父级”矿物，IMA承认有效。IMA 2018s. p.批准。中文名称意译为霞石；因断口呈油脂光泽，故又称脂光石(Elaeolite或Elaeoliths)。

纤 [xiān]形声；从纟，韱声。意细而长。纤维：一种天然的或人造的物品，其长度通常比宽度大几百倍或几千倍。

【纤钡锂石】

英文名 Balipholite

化学式 $LiBaMg_2Al_3(Si_2O_6)_2(OH)_8$　　(IMA)

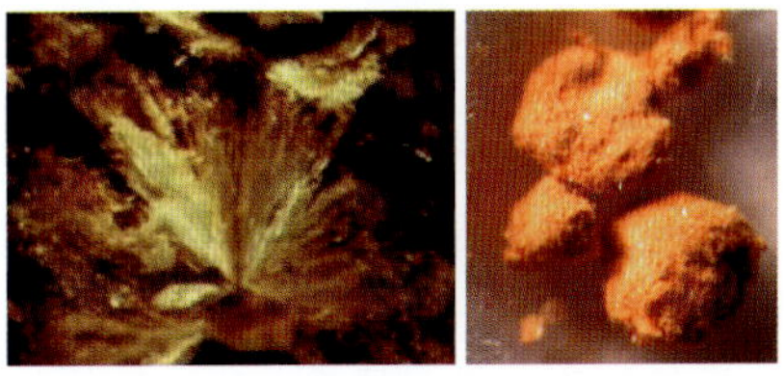

纤钡锂石纤维状晶体，放射状、团状集合体(中国)

纤钡锂石是一种含羟基的锂、钡、镁、铝的硅酸盐矿物。斜方晶系。晶体呈针状、纤维状；集合体呈放射状或平行束状、团状。浅黄白色，玻璃光泽，集合体呈丝绢光泽，透明；硬度5～5.5。1974年彭志忠教授等在中国湖南省郴州临武县香花岭(Xianghualing)含铁锂云母石英脉晶洞中发现。彭志忠等对该矿物进行了单晶X射线研究，确认是一种新矿物，并根据结晶习性(纤维)和成分(Barium，钡)和(Lithium，锂)命名为纤钡锂石。武汉地质学院X光实验室、湖南省地质局地质实验室和654地质队于1975年在中国《地质

科学》(1)和 1976 年在《美国矿物学家》(61)报道。1959 年以前发现、描述并命名的“祖父级”矿物，IMA 承认有效。

【纤钒钙石】

英文名 Fernandinite

化学式 $(Ca,Na,K)_{0.9}(V^{5+},V^{4+},Fe^{2+},Ti)_8O_{20}\cdot 4H_2O$ (IMA)

纤钒钙石是一种含结晶水的钙、钠、钾、钒、铁、钛的复杂氧化物矿物。属水钒钾石族。类似于水复钒矿。单斜晶系。晶体呈板状、长方形和纤维状，但少见；集合体呈块状，隐晶多孔。暗淡的绿色、浅绿色、深橄榄绿色，半金属光泽，不透明—半透明；硬度 2～3。1915 年发现于秘鲁帕斯科省米纳斯拉格拉(Minasragra)矿。最早于 1915 年由夏勒(Schaller)在《华盛顿科学院杂志》(5)报道。英文名称 Fernandinite，1915 年瓦尔德马・西奥多・夏勒(Waldemar Theodore Schaller)博士为纪念米纳斯拉格拉钒矿床以前的一位所有者厄拉格奥・E. 费尔南迪尼(Eulagio E. Fernandini，1860—1947)而以他的姓氏命名。1959 年以前发现、描述并命名的“祖父级”矿物，IMA 承认有效。IMA 1994s. p. 批准。1995 年在《美国矿物学家》(80)报道。中文名称根据结晶习性和成分译为纤钒钙石。

【纤方解石】

英文名 Lublinite

化学式 $CaCO_3$

纤方解石是方解石在潮湿环境下风化形成的柔软、纤维状变种。白色，玻璃光泽，透明。发现于波兰卢布林(Lublin)。1907 年莫洛泽维兹(Morozewicz)在《宇宙》(*Kosmos*)(32)报道。英文名称 Lublinite，以最初的发现地波兰的卢布林(Lublin)命名。中文名称根据结晶习性和族名译为纤方解石；因其形态像木耳或蘑菇故又称木耳(Agaric)矿物；因呈白色薄膜状分布于岩石表面故有岩石牛奶(Rock Milk)或月奶石(Moonmilk)之称。

纤方解石纤维状晶体(奥地利)

【纤沸石】参见【变杆沸石】条 65 页

【纤硅钡高铁石】参见【纤硅钡铁矿】条 1010 页

【纤硅钡铁矿】

英文名 Taramellite

化学式 $Ba_4(Fe^{3+},Ti)_4O_2[B_2Si_8O_{27}]Cl_x$ (IMA)

纤硅钡铁矿是一种含氯的钡、铁、钛氧的硼硅酸盐矿物。属纤硅钡铁矿族。斜方晶系。晶体呈柱状、纤维状。褐色—红色，玻璃光泽、丝绢光泽，半透明—不透明；硬度 5.5，完全解理。1908 年发现于意大利韦巴诺-库西亚-奥索拉省坎多吉亚(Candoglia)大理石采石场；同年，在《林且皇家科学院文献》(*Rendiconti della Reale Accademia dei Lincei*)(V 系列，18)和 E. 塔科尼(E. Tacconi)在《矿物学、地质学和古生物学论文集》报道。英文名称 Taramellite，以意大利帕维亚大学的地质学教授托尔夸托・塔拉梅利(Torquato Taramelli，1845—1922)的姓氏命名。1959 年以前发现、描述并命名的“祖父级”矿物，IMA 承认有效。中文名称根据结晶习性和成分译为纤硅钡铁矿；也译作纤硅钡高铁石。

【纤硅钒钡石】

英文名 Nagashimalite

化学式 $Ba_4(V^{3+},Ti)_4(O,OH)_2[B_2Si_8O_{27}]Cl$ (IMA)

纤硅钒钡石长板状晶体(日本)和长岛乙吉像

纤硅钒钡石是一种含氯的钡、钒、钛氧-氢氧的硼硅酸盐矿物。斜方晶系。晶体呈长板柱状，纵纹发育；集合体呈近于平行排列状。墨绿色，玻璃光泽、半金属光泽，半透明—不透明；硬度 6。1977 年发现于日本本州岛关东地区群马县桐生(Kiryuu)市茂仓泽(Mogurazawa)矿山。关于它的发现背后有一段颇为曲折的故事。泥泽浩先生在茂仓泽矿山采集到以为是“原田石”的标本，于是把它带到科学博物馆，为新的发现开创了第一个契机。经鉴定得知，它与前些年在岩手县田野煤矿山发现的原田石之钒置换体大致相同。从而引起科学家的极大兴趣，由此对茂仓泽矿山进行了彻底的调查研究。首次在显微镜下观察时，就立即知道了它与已知矿物不一样。后来对其进行了 X 射线粉末衍射实验，从而发现其衍射线与纤硅钡铁矿相似。后来通过主要成分的电子显微分析、硼的湿式分析和晶体结构分析等方法，确定了该矿物是纤硅钡铁矿中的三价铁被三价钒所置换的新矿物。英文名称 Nagashimalite，由日本矿物学家先驱长岛乙吉(Otokichi Nagashima，1890—1969)的姓氏命名。日文汉字名称长岛石。IMA 1977－045 批准。1980 年松原聪(S. Matsubara)等在日本《矿物学杂志》(10)和 1981 年《美国矿物学家》(66)报道。中文名称根据与纤硅钡铁矿的相似性译为纤硅钒钡石；中国地质科学院根据成分译为硼硅钒钡石；2010 年杨主明在《岩石矿物学杂志》[29(1)]建议借用日文汉字名称长岛石。

【纤硅钙石】

英文名 Riversideite

化学式 $Ca_5Si_6O_{16}(OH)_2\cdot 2H_2O$ (IMA)

纤硅钙石是一种含结晶水、羟基的钙的硅酸盐矿物。属托勃莫来石超族。斜方晶系。晶体呈纤维状；集合体呈放射状。白色、肉红色，丝绢光泽，半透明；硬度 3。1917 年发现于美国加利福尼亚州河滨(Riverside)县克雷斯特莫尔(Crestmore)采石场；同年，在《加利福尼亚大学地质系通报》(10)报道。1953 年 H. F. W. 泰勒(H. F. W. Taylor)在《矿物学杂志》(30)报道。英文名称 Riversideite，以发现地美国的河滨(Riverside)县命名。1959 年以前发现、描述并命名的“祖父级”矿物，IMA 承认有效；但 IMA 持怀疑态度。IMA 2014s. p. 批准。同义词 Tobermorite－9Å。中文名称根据结晶习性和成分译为纤硅钙石或译作单硅钙石(参见【雪硅钙石】条 1053 页)。

纤硅钙石纤维状晶体，放射状集合体(美国)

【纤硅锆钠石】

英文名 Elpidite

化学式 $Na_2ZrSi_6O_{15} \cdot 3H_2O$　(IMA)

纤硅锆钠石放射状、晶簇状集合体(加拿大)

纤硅锆钠石是一种含结晶水的钠、锆的硅酸盐矿物。与尤斯波夫石*(Yusupovite)为同质二象。斜方晶系。晶体呈柱状或针状、纤维状;集合体呈放射状、晶簇状。无色、白色、灰色、黄褐色—砖红色,玻璃光泽、土状光泽或丝绢光泽,不透明—半透明或很少透明;硬度 5~7。1894 年首次发现并描述于丹麦格陵兰岛伊加利库镇纳萨尔苏克高原纳萨尔苏克(Narssârssuk)碱性伟晶岩。1894 年 G. 林德斯多姆(G. Lindström)在《斯德哥尔摩地质学会会刊》(16)报道。英文名称 Elpidite,由希腊文"Ελπίδα=Elpis,即 Ελπδα=Hope(希望)"命名,意指在模式产地希望找到其他有趣的矿物。1959 年以前发现、描述并命名的"祖父级"矿物,IMA 承认有效。中文名称根据结晶习性和成分译为纤硅锆钠石;根据晶系和成分译为斜钠锆石,也译为钠锆石。

【纤硅碱钙石】

英文名 Rhodesite

化学式 $KHCa_2Si_8O_{19} \cdot 5H_2O$　(IMA)

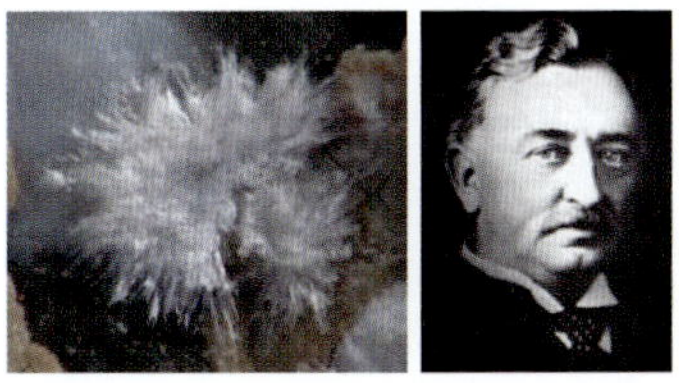

纤硅碱钙石纤维状晶体,放射状集合体(美国)和罗德斯像

纤硅碱钙石是一种含结晶水的钾、氢、钙的硅酸盐矿物。属纤硅碱钙石族。斜方晶系。晶体呈针状、纤维状;集合体呈皮壳状、放射状、玫瑰花状。白色,丝绢光泽,透明—半透明;硬度 3~4,完全解理。1957 年发现于南非北开普省弗朗西斯巴尔德区金伯利市布尔特方丹(Bulfontein)岩管;同年,E. D. 芒廷(E. D. Mountain)在《矿物学杂志》(31)报道。英文名称 Rhodesite,由英国殖民政治家和金融家以及英国戴比尔斯(DeBeers)矿业公司并且也是南非罗德斯大学的英国创始人塞西尔·约翰·罗德斯(Cecil John Rhodes,1853—1902)的姓氏命名。他对该矿物进行了检查鉴定。1959 年以前发现、描述并命名的"祖父级"矿物,IMA 承认有效。中文名称根据结晶习性和成分译为纤硅碱钙石;音译为罗德斯石;外貌像针状沸石,故根据英文名称首音节音和结晶习性译为罗针沸石。

【纤硅铜矿】

英文名 Plancheite

化学式 $Cu_8(Si_4O_{11})_2(OH)_4 \cdot H_2O$　(IMA)

纤硅铜矿是一种含结晶水、羟基的铜的硅酸盐矿物。斜方晶系。晶体呈纤维状;集合体呈放射状、球粒状、钟乳状。

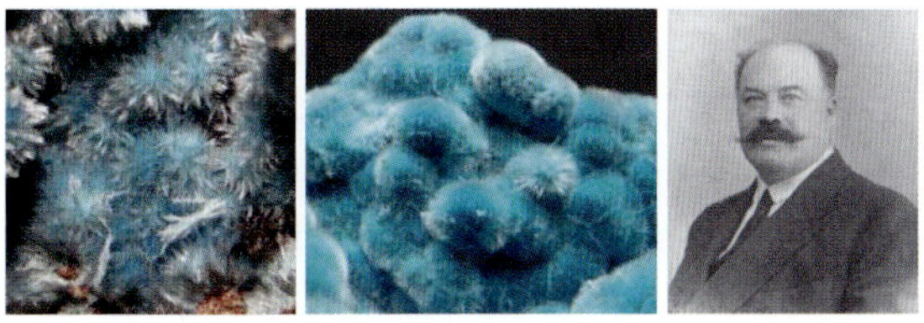

纤硅铜矿纤维状晶体,放射状、钟乳状集合体(刚果)和普朗切像

蓝色、蓝绿色,丝绢光泽,半透明;硬度 5.5~6。1908 年发现于刚果(布)普尔省的萨达(Sanda)矿,首次由来自明杜尔的 A. 拉克鲁瓦(A. Lacroix)描述,并于 1908 年在巴黎《法国科学院会议周报》(146)报道。英文名称 Plancheite,以法国探险家弗朗索瓦·吉尔伯特·普朗切(François Gilbert Planche,1866—1924)先生的姓氏命名。他是一位实业家和政治家;他修建了水坝和发电厂,并创办了几家铁路公司;他在非洲的明杜尔修建了布拉柴维尔线,他还是在该地区开设铜矿的法国刚果矿业公司的董事,他提供了第一批样品供研究。1959 年以前发现、描述并命名的"祖父级"矿物,IMA 承认有效。IMA 1967s. p. 批准。中文名称根据结晶习性和成分译为纤硅铜矿。

【纤钾明矾】

英文名 Kalinite

化学式 $KAl(SO_4)_2 \cdot 11H_2O$　(IMA)

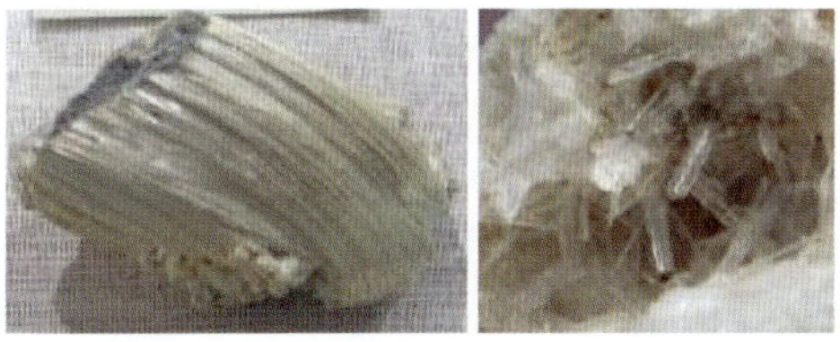

纤钾明矾纤维状、柱状晶体,束状、晶簇状集合体(美国)

纤钾明矾是一种含结晶水的钾、铝的硫酸盐矿物。单斜晶系。晶体呈纤维状、细小柱状;集合体呈束状、晶簇状。白色—淡蓝色,玻璃光泽,透明;硬度 2~2.5。模式产地不详。见于 1868 年 J. D. 丹纳(J. D. Dana)《系统矿物学》(第五版,纽约)。英文名称 Kalinite,以化学成分"Potassium(钾)的拉丁文 Kalium"命名。1959 年以前发现、描述并命名的"祖父级"矿物,IMA 承认有效。中文名称根据结晶习性和成分译为纤钾明矾。

【纤蓝闪石】参见【镁钠闪石】条 596 页

【纤磷钙铝石】

英文名 Crandallite

化学式 $CaAl_3(PO_4)(PO_3OH)(OH)_6$　(IMA)

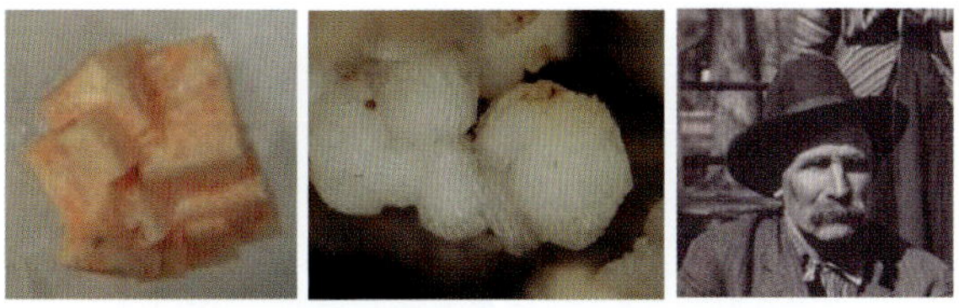

纤磷钙铝石假立方体(纤维晶体可能呈其假象)晶体,球状集合体(巴西、罗马尼亚)和克兰德尔像

纤磷钙铝石是一种含羟基的钙、铝的氢磷酸-磷酸盐矿物。属明矾石超族水磷铝铅矿族。三方晶系。晶体呈假立方体或三方柱状、板状、纤维状;集合体常呈块状、结节状、同心层状、放射小球状。白色、灰色,经常被铁染成黄白色、黄

色—棕色，半玻璃光泽、蜡状光泽、油脂光泽、丝绢光泽、土状光泽，透明—不透明；硬度4～5，完全解理，脆性。最早见于1869年科斯曼(Kosmann)在《西德地质学会杂志》(21)报道，称 Kalkwavellit。1917年发现于美国犹他州贾布县布鲁克林(Brooklyn)矿；同年，1917年洛夫林和夏勒在《美国科学杂志》(43)报道。英文名称 Crandallite，由杰拉尔德·弗朗西斯·洛夫林(Gerald Francis Loughlin)和瓦尔德马·T.夏勒(Waldemar T. Schaller)为纪念美国犹他州普罗沃市以前的骑士矿业公司的采矿工程师米兰·卢西恩·克兰德尔(Milan Lucian Crandall，1880—1959)而以他的姓氏命名。1959年以前发现、描述并命名的"祖父级"矿物，IMA 承认有效。IMA 1999s. p. 批准。中文名称根据结晶习性和成分译为纤磷钙铝石。同义词 Pseudowavellite，假银星石(参见【银星石】条)1081页。

【纤磷铝石】参见【水羟磷铝石】条 862 页

【纤磷铝铀矿】

英文名 Ranunculite

化学式 $Al(UO_2)(PO_3OH)(OH)_3 \cdot 4H_2O$ (IMA)

纤磷铝铀矿纤维状晶体，球粒状集合体(刚果)和毛茛花

纤磷铝铀矿是一种含结晶水和羟基的铝的铀酰-氢磷酸盐矿物。单斜(假斜方)晶系。晶体呈纤维状；集合体呈皮壳状、球粒状。黄色，蜡状光泽，透明；硬度3，脆性。1978年发现于刚果(金)南基伍省姆文加地区科博科博(Kobokobo)伟晶岩矿床。英文名称 Ranunculite，1980年由米歇尔·德林(Michel Deliens)和保罗·皮雷(Paul Piret)根据拉丁文"Ranunculus(毛茛)"命名，意指矿物的颜色像毛茛属植物"老虎脚爪草"花的金黄色。IMA 1978-067批准。1979年德林等在《矿物学杂志》(43)和《美国矿物学家》(65)报道。中文名称根据结晶习性和成分译为纤磷铝铀矿或磷铝铀矿Ⅲ[在科博科博(Kobokobo)矿床中共发现了7个铝铀酰-磷酸盐矿物，按顺序它是第3个]。

【纤磷锰铁矿】参见【施特伦茨石】条 801 页

【纤磷石】

英文名 Phosphofibrite

化学式 $(H_2O,K)_{3.5}Fe_8(PO_4)_6(OH)_7 \cdot 5H_2O$ (IMA)

纤磷石纤维状晶体，球粒状集合体(美国、德国)

纤磷石是一种含结晶水和羟基的水、钾、铁的磷酸盐矿物。斜方晶系。晶体呈纤维状；集合体呈球粒状。黄色、黄绿色，玻璃光泽，半透明；硬度4。1982年发现于德国巴登-符腾堡州弗赖堡市的兰卡赫(Rankach)谷克莱拉(Clara)矿。英文名称 Phosphofibrite，由成分"Phosphate(磷酸盐)"和结晶习性"Fibrous(纤维)"组合命名。IMA 1982-082批准。1984年K.瓦林塔(K. Walenta)、P. J. 邓恩(P. J. Dunn)在德国《地球化学》(43)和《美国矿物学家》(69)报道。1985年中国新矿物与矿物命名委员会郭宗山等在《岩石矿物及测试》[4(4)]根据结晶习性和成分译为纤磷石。

【纤磷铜矿】参见【假孔雀石】条 374 页

【纤硫锑铅矿】

英文名 Robinsonite

化学式 $Pb_4Sb_6S_{13}$ (IMA)

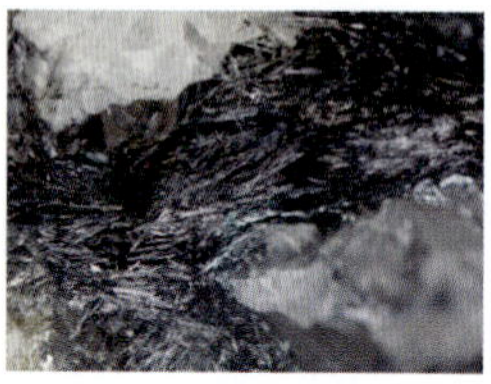

纤硫锑铅矿纤维状晶体，杂乱状集合体(斯洛伐克)

纤硫锑铅矿是一种铅、锑的硫化物矿物。单斜晶系。晶体呈针状、纤维状；集合体呈杂乱状。铅灰色，金属光泽，不透明；硬度2.5～3，脆性。1948年S. C. 罗宾逊(S. C. Robinson)在《多伦多大学对加拿大矿物学研究的贡献：地质系列42号》报道了1947年合成化合物。1948年发现于美国内华达州潘兴县红鸟(Red Bird)矿。英文名称 Robinsonite，由伦纳德·加斯科因·贝里(Leonard Gascoigne Berry)、约瑟夫·约翰·费伊(Joseph John Fahey)和埃德加·赫伯特·贝利(Edgar Herbert Bailey)为纪念加拿大矿物学家和金斯顿皇后大学矿物学前教授史蒂芬·克莱夫·罗宾逊(Stephen Clive Robinson，1911—1981)而以他的姓氏命名。罗宾逊在1947年合成该化合物，于1948年在自然界发现该矿物。1952年贝里等在《美国矿物学家》(37)报道。1959年以前发现、描述并命名的"祖父级"矿物，IMA 承认有效。中文名称根据结晶习性和成分译为纤硫锑铅矿。

【纤镁柱石】

英文名 Magnesiocarpholite

化学式 $MgAl_2Si_2O_6(OH)_4$ (IMA)

纤镁柱石纤维状晶体，束状集合体(意大利)

纤镁柱石是一种含羟基的镁、铝的硅酸盐矿物。属纤锰柱石族。纤铁柱石-纤镁柱石系列的成员。斜方晶系。晶体呈细柱状、针状、纤维状；集合体呈束状。白色，丝绢光泽，半透明—透明；硬度5～5.5，完全解理，很脆。1977年发现于法国奥弗涅-罗纳-阿尔卑斯大区萨瓦省瓦努伊斯(Vanoise)。英文名称 Magnesiocarpholite，由化学成分冠词"Magnesio(镁)"和根词"Carpholite(纤锰柱石)"组合命名。IMA 1978-027批准。1981年在《美国矿物学家》(66)和1983年C.肖邦(C. Chopin)等在《美国科学杂志》(283-A)报道。中文名称根据成分及与纤锰柱石的关系译为纤镁柱石，也译作镁纤锰柱石(参见【纤锰柱石】条1012页)。

【纤锰柱石】

英文名 Carpholite

化学式 $Mn^{2+}Al_2Si_2O_6(OH)_4$ (IMA)

纤锰柱石是一种含羟基的锰、铝的硅酸盐矿物。属纤锰柱石族。纤锰柱石-纤铁柱石系列的锰端元矿物。斜方晶

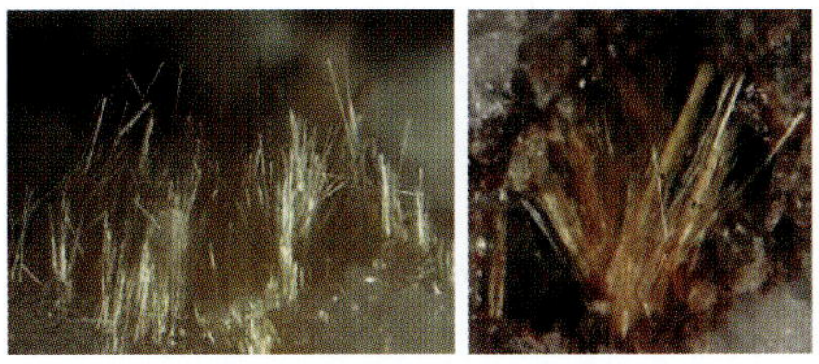

纤锰柱石束状、草丛状集合体（意大利）

系。晶体呈细柱状、针状、纤维状；集合体呈束状、草丛状、放射状。黄色，丝绢光泽、闪亮光泽，半透明—透明；硬度 5～5.5，完全解理，很脆。1817 年发现于捷克共和国卡洛夫瓦里地区索科洛夫区上斯拉夫科夫（Horní Slavkov）；同年，克拉兹（Craz）和格拉赫（Gerlach）在弗赖伯格 *Letztes Mineral-System* 刊载。又见于 1892 年 E. S. 丹纳（E. S. Dana）《系统矿物学》（第六版）。英文名称 Carpholite，由其结晶习性希腊文"Καρφός＝Karfos，即 Φράγκο＝Straw（稻草）"和"Λίθos＝Lithos，即 Πέτρα＝Stone（石头）"组合命名。1959 年以前发现、描述并命名的"祖父级"矿物，IMA 承认有效。中文名称根据晶习和成分译为纤锰柱石。

【纤钠海泡石】参见【丝硅镁石】条 885 页

【纤钠明矾】参见【钠明矾】条 640 页

【纤钠铁矾】

英文名 Sideronatrite

化学式 $Na_2Fe(SO_4)_2(OH) \cdot 3H_2O$　　（IMA）

纤钠铁矾放射状、球粒状集合体（德国、智利）

纤钠铁矾是一种含结晶水和羟基的钠、铁的硫酸盐矿物。斜方（或单斜）晶系。晶体呈纤维状；集合体呈放射状、球粒状。柠檬黄色、淡橙色—稻草黄色、黄褐色，玻璃光泽、珍珠光泽、丝绢光泽；硬度 1.5～2.5，完全解理，具弹性。1878 年发现于智利伊基克省圣西蒙（San Simon）矿；同年，A. 雷蒙迪（A. Raimondi）在巴黎《秘鲁矿物主要类型分类目录全集》和 1880 年弗伦泽尔（Frenzel）在维也纳《矿物学和岩石学通报》（2）报道。英文名称 Sideronatrite，由化学成分铁的希腊文"Σιντέρos＝Sideros"和钠的拉丁文"Natrium"组合命名。1959 年以前发现、描述并命名的"祖父级"矿物，IMA 承认有效。中文名称根据结晶习性和成分译为纤钠铁矾。已知 Sideronatrite 有-2O（斜方）和-2M（单斜）两个多型。

【纤镍蛇纹石】参见【暗镍蛇纹石】条 25 页

【纤硼钙石】参见【瓷硼钙石】条 94 页

【纤闪石】

英文名 Uralite

化学式 $AX_2Z_5((Si,Al,Ti)_8O_{22})(OH,F,Cl,O)_2$

纤闪石是纤维状角闪石的通称。是一种辉石蚀变矿物，为透闪石或阳起石，常呈辉石的假象，故称为假象纤闪石。或常构成石英或水晶的包体，形成发晶。深绿色。因其纤维状构造而有"绿石棉"之称。英文名称 Uralite，以发现地俄罗斯乌拉尔（Urals）地区命名。被 IMA 废弃。中文名称根据

纤闪石呈柱状辉石假象（美国、意大利）

结晶习性和族名译为纤闪石或假象纤闪石。

【纤蛇纹石】

英文名 Chrysotile

化学式 $Mg_3Si_2O_5(OH)_4$　　（IMA）

纤蛇纹石是蛇纹石族矿物之一，是一种含羟基的镁的硅酸盐矿物。属高岭石-蛇纹石族蛇纹石亚族。单斜晶系。晶体呈纤维状；集合体呈束状。黄色、绿色，丝绢光泽；硬度 2.5。发现于波兰下西里西亚省宗布科维采区兹沃蒂斯托克和加拿大魁北克省乔迪埃-阿巴拉契斯的贝尔（Bell）矿。英文名称 Chrysotile，1843 年由弗朗茨·冯·科贝尔（Franz von Kobell）根据希腊文"Χρυσό＝Chrysos，即 Χρυσός＝Gold（金）"和"Tίλos＝Tilos，即 Ινών＝Fiber（纤维）"组合命名，意指矿物呈金黄色的纤维状。1845 年在《博学广告》（*Gelehrte Anzeigen*）（17）和 1953 年 E. J. W. 惠特克（E. J. W. Whittaker）在《晶体学报》（6）报道。1959 年以前发现、描述并命名的"祖父级"矿物，IMA 承认有效。IMA 2007s. p. 批准。中文名称根据结晶习性和族名译为纤蛇纹石；又译作温石棉。

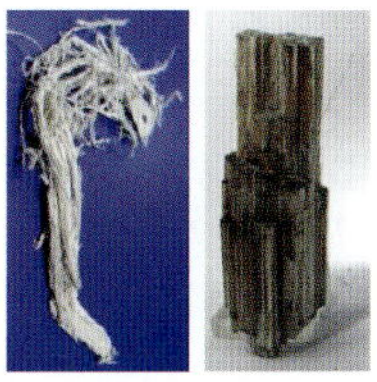

纤蛇纹石纤维晶体，束状集合体（加拿大、美国）

纤蛇纹石有 3 个多型：Clinochrysotile、Orthochrysotile 和 Parachrysotile（惠特克在《晶体学报》[（1956a 和 1956b）：9] 的报道）。Clinochrysotile 代表几乎所有已知的斜纤蛇纹石（斜温石棉），Orthochrysotile（直纤蛇纹石或直温石棉）是罕见的，Parachrysotile（副纤蛇纹石或副温石棉）是非常罕见的（参见相关条目）。

【纤砷钙铝石】

英文名 Arsenocrandallite

化学式 $CaAl_3(AsO_4)(AsO_3OH)(OH)_6$　　（IMA）

纤砷钙铝石是一种含羟基的钙、铝的氢砷酸-砷酸盐矿物。属明矾石超族绿砷钡铁石族。三方晶系。晶体呈细小粒状；集合体呈球粒状、肾状、皮壳状。白色、奶油黄白色、蓝色、蓝绿色，半玻璃光泽、树脂光泽、蜡状光泽，透明—半透明；硬度 5.5，脆性。1980 年发现于德国巴登-符腾堡州卡尔斯鲁厄市卡尔夫县诺伊布拉赫（Neubulach）。英文名称 Arsenocrandallite，1981 年库尔特·瓦林塔（Kurt Walenta）根据成分冠词"Arsenate（砷）"和根词"Crandallite（纤磷钙铝石）"类似的关系命名。IMA 1980－060 批准。1981 年瓦林塔（Walenta）在德国《瑞士矿物学和岩石学通报》（61）报道。1984 年中国新矿物与矿物命名委员会郭宗山在《岩石矿物及测试》[3（2）] 根据成分及与纤磷钙铝石的类似性译为纤砷钙铝石（参见**【纤磷钙铝石】**条 1011 页）。

纤砷钙铝石球粒状集合体（希腊）

【纤砷铁锌石】

英文名 Ojuelaite

化学式 $ZnFe_2^{3+}(AsO_4)_2(OH)_2 \cdot 4H_2O$　　(IMA)

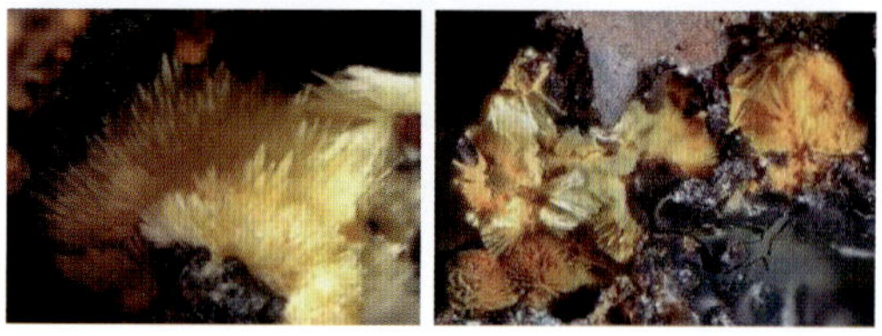

纤砷铁锌石纤维状晶体,放射状、球粒状集合体(墨西哥、希腊)

纤砷铁锌石是一种含结晶水和羟基的锌、铁的砷酸盐矿物。属水砷铁铜石族。单斜晶系。晶体呈针状、纤维状;集合体呈放射状、球粒状。金黄色,丝绢光泽,半透明;硬度 3。1979 年发现于墨西哥杜兰戈州马皮米盆地欧耶拉(Ojuela)矿。英文名称 Ojuelaite,1981 年由法比安・塞斯布龙(Fabien Cesbron)、米格尔・罗梅罗・桑切斯(Miguel Romero Sanchez)和西德尼・A. 威廉姆斯(Sidney A. Williams)以发现地墨西哥的欧耶拉(Ojuela)矿命名。IMA 1979 - 035 批准。1981 年 F. 塞斯布龙(F. Cesbron)等在《矿物学通报》(104)和 1982 年《美国矿物学家》(67)报道。1983 年中国新矿物与矿物命名委员会郭宗山等在《岩石矿物及测试》[2(1)]根据结晶习性和成分译为纤砷锌铁石,有的译为水砷铁锌石。

【纤水绿矾】

英文名 Schwertmannite

化学式 $Fe_{16}^{3+}O_{16}(OH)_{9.6}(SO_4)_{3.2} \cdot 10H_2O$　　(IMA)

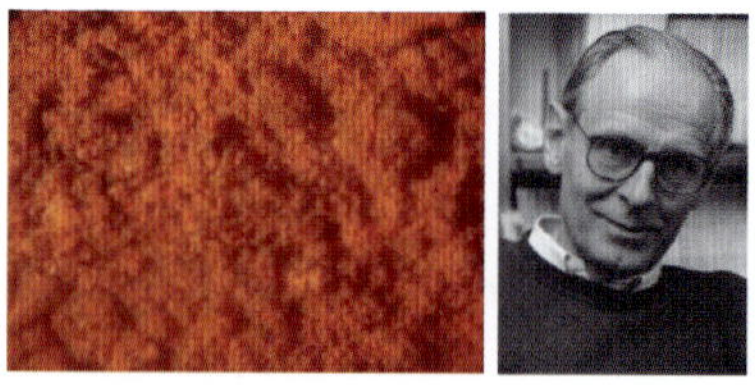

纤水绿矾皮壳状、土状集合体(德国)和施威特曼像

纤水绿矾是一种含结晶水的铁氧-氢氧的硫酸盐矿物。四方晶系。晶体呈互相缠绕的显微纤维状、针状;集合体呈钟乳状、皮壳状、土状、球粒状。棕色、赭黄色、褐黑色、黑色、乌绿色,树脂光泽、土状光泽,透明—不透明;硬度 1~2。1816 年贝采里乌斯(Berzelius)在 *Afhandl. Fys. Kem. Min.*(5)报道,称西里西亚(Silesia)的 Vitriolocker。英文原名称 Glockerite,1855 年 C. F. 瑙曼(C. F. Naumann)在莱比锡《矿物学原理》(第四卷,第九版)称 Glockerit,卡尔・弗里德里希・瑙曼(Karl Friedrich Naumann)为纪念波兰布雷斯劳大学(波兰弗罗茨瓦夫弗拉迪斯拉夫大学)矿物学教授和《系统矿物学》的作者恩斯特・弗里德里希・格洛克(Ernst Friedrich Glocker,1783—1858)而以他的姓氏命名。1990 年又发现于芬兰北奥斯特罗波的尼亚的皮哈萨密(Pyhäsalmi)矿。英文名称 Schwertmannite,1994 年 J. M. 比格姆(J. M. Bigham)等为纪念德国慕尼黑大学土壤科学家乌多・施威特曼(Udo Schwertmann,1927—2016)将 Glockerite 更名为 Schwertmannite。施威特曼对氧化铁和氧-氢氧化物的晶体化学做出了许多贡献,极大地提高了我们对风化环境常见的不良晶体相的认识。IMA 1990 - 006 批准。1994 年 J. M. 比格姆(J. M. Bigham)等在《矿物学杂志》(58)报道。中文名称根据结晶习性和成分译为纤水绿矾;1999 年中国新矿物与矿物命名委员会黄蕴慧等在《岩石矿物学杂志》[18(1)]将后者音译为施威特曼石;还有其他一些译名,如施氏矿物、斯沃特曼矿、斯沃特曼铁矿、纤铁矿。

【纤水镁石】参见【水镁石】条 855 页

【纤水碳镁石】参见【水纤菱镁矿】条 882 页

【纤碳铀矿】

英文名 Blatonite

化学式 $(UO_2)CO_3 \cdot H_2O$　　(IMA)

纤碳铀矿纤维状晶体,束状、球粒状集合体(美国、捷克)和布拉通像

纤碳铀矿是一种含结晶水的铀酰的碳酸盐矿物。六方(三方)晶系。晶体呈针状、纤维状;集合体呈束状、球粒状。鲜黄色,条痕呈白色,丝绢光泽,半透明;硬度 2~3。1997 年发现于美国犹他州圣胡安县乔迈克(Jomac)铀矿山。英文名称 Blatonite,以诺伯特・布拉通(Norbert Blaton,1945—)博士的姓氏命名。他是比利时鲁汶大学晶体学家、铀矿物晶体结构专家。IMA 1997 - 025 批准。1998 年 R. 沃查滕(R. Vochten)等在《加拿大矿物学家》(36)报道。2003 年李锦平等在《岩石矿物学杂志》[22(2)]根据结晶习性和成分译为纤碳铀矿。

【纤铁矾】

英文名 Fibroferrite

化学式 $Fe^{3+}(SO_4)(OH) \cdot 5H_2O$　　(IMA)

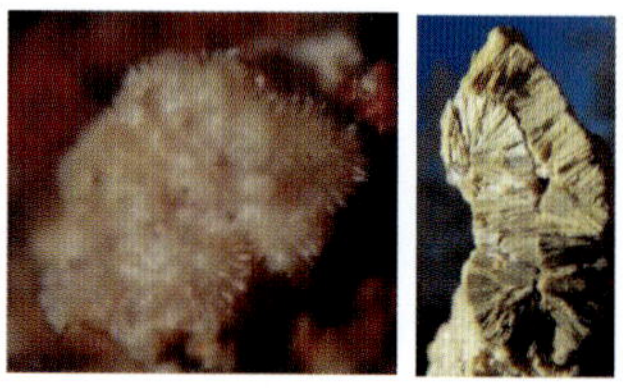

纤铁矾纤维状晶体,放射状集合体(德国、智利)

纤铁矾是一种含结晶水、羟基的铁的硫酸盐矿物。三方晶系。晶体呈细长纤维状、针状;集合体呈放射状、球粒状、葡萄状、皮壳状。浅黄色、金黄色、近白色、灰绿色、黄绿色、浅绿色,集合体呈丝绢光泽、珍珠光泽,半透明;硬度 2~2.5,完全解理。1833 年发现于智利科皮亚波省蒂埃拉・阿马拉(Tierra Amarilla);同年,罗斯(Rose)在莱比锡哈雷《物理学和化学年鉴》(27)报道。英文名称 Fibroferrite,根据其常见"Fibrous(纤维状)"集合体和拉丁文"Ferrum(铁)"组合命名。1959 年以前发现、描述并命名的"祖父级"矿物,IMA 承认有效。中文名称根据结晶习性和成分译为纤铁矾。

【纤铁矿】

英文名 Lepidocrocite

化学式 $Fe^{3+}O(OH)$　　(IMA)

纤铁矿是褐铁矿的组成矿物之一,它是一种含羟基的铁

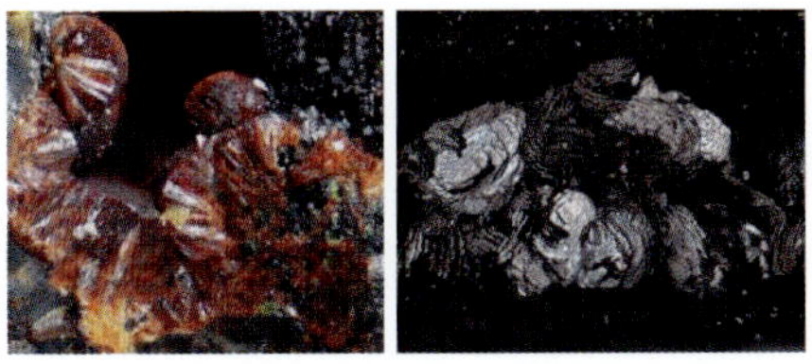

纤铁矿片状、纤维状晶体,放射状、玫瑰花状集合体(德国)

的氧化物矿物。与针铁矿[α-FeO(OH)]、四方纤铁矿(Aka-ganeite)和六方纤铁矿(Feroxyhyte)为同质多象。斜方晶系。晶体呈板状或片状、纤维状、鳞片状;集合体常呈玫瑰花状或块状。呈细分散状并含吸附水的纤铁矿称为水纤铁矿。红色、血红色—红褐色,条痕呈橘红色,半金属光泽,半透明;硬度5,完全解理,脆性。1813年发现于捷克共和国摩拉维亚地区奥洛穆茨市兹拉特霍里(Zlaté Hory);同年,范登霍克(Vandenhoek)和鲁普雷希特(Ruprecht)在《矿物学手册》(哥廷根)刊载。英文名称Lepidocrocite,根据希腊文"λεπίς=Scale(鳞片)"和"κροκη=Thread(线状)"组合命名,意指其偶尔呈掌状或羽状集合体。又见于1944年C.帕拉奇(C. Palache)、H.伯曼(H. Berman)和C.弗龙德尔(C. Frondel)《丹纳系统矿物学》(第一卷,第七版,纽约)。1959年以前发现、描述并命名的"祖父级"矿物,IMA承认有效。IMA 1980s. p.批准。中文名称根据结晶习性(纤维状)和成分(铁)译为纤铁矿,也有的译为鳞铁矿。

【纤铁钠闪石】参见【青石棉】条747页

【纤铁柱石】参见【铁纤锰柱石】条957页

【纤维砷铁矿】参见【非晶砷铁石】条162页

【纤维石】

英文名 Cebollite

化学式 $Ca_5Al_2(SiO_4)_3(OH)_4$ (IMA)

纤维石是一种含羟基的钙、铝的硅酸盐矿物。斜方晶系。晶体呈纤维状。白色、绿灰色,玻璃光泽、丝绢光泽,透明;硬度5。1914年发现于美国科罗拉多州甘尼森县铁山碳酸盐岩杂岩体;同年,E. S.拉尔森(E. S. Larsen)等在《华盛顿科学院学报》(IV系列,16)报道。英文名称Cebollite,以美国的塞沃利亚(Cebolla)溪命名,在其排水系统中收集到的矿物。1959年以前发现、描述并命名的"祖父级"矿物,IMA承认有效,但IMA持怀疑态度。中文名称根据结晶习性译为纤维石。

【纤维石膏】参见【石膏】条803页

【纤锌矿】

英文名 Wurtzite

化学式 ZnS (IMA)

纤锌矿异极锥体(意大利、希腊)

纤锌矿是一种锌的硫化物矿物。属纤锌矿族。与闪锌矿为同质二象。六方(三方)晶系。晶体呈异极锥体或板状、柱状、纤维状;集合体常呈葡萄状、带状、皮壳状、放射状。黑红棕色—黑色、黄褐色,树脂光泽,晶面上呈明亮的半金属光泽,半透明;硬度3.5~4,完全解理,脆性。1861年发现于玻利维亚塞尔卡多(Cercado)省奥鲁罗城圣何塞(San José)铜矿;同年,查尔斯·弗里德尔(Charles Friedel)在《巴黎科学院会议记录》(52)报道。英文名称Wurtzite,1861年由查尔斯·弗里德尔(Charles Friedel)为纪念推动原子结构和有机化学思想的法国化学家查尔斯·阿道夫·维尔茨(Charles Adolphe Wurtz,1817—1884)而以他的姓氏命名。维尔茨最初是巴黎高等医学院让·巴蒂斯特·杜马斯(Jean Baptiste Dumas)的一位实验室助理,后成为杜马斯的继任有机和无机化学教授,并最终晋升为该学院院长。维尔茨被任命为索邦大学有机化学的客座首席教授。维尔茨是世界上最有影响力的化学家之一,他在有生之年获得了许多荣誉,他的名字是在艾菲尔铁塔上的72科学家、数学家和工程师的名字之一。2001年洛克为他撰写出版了传记。1959年以前发现、描述并命名的"祖父级"矿物,IMA承认有效。中文名称根据结晶习性和成分译为纤锌矿。已知Wurtzite多型有-2H、-10H、-12R、-15R、-18R和-21R;最常见的是六方晶系的Wurtzite-2H多型。

【纤锌锰矿】

英文名 Woodruffite

化学式 $Zn_2(Mn^{4+},Mn^{3+})_5O_{10}\cdot 4H_2O$ (IMA)

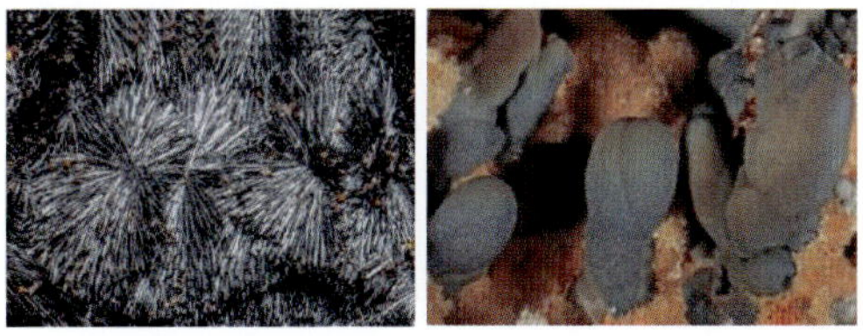

纤锌锰矿纤维状晶体,放射状、葡萄状、肾状集合体(意大利)

纤锌锰矿是一种含结晶水的锌、锰的氧化物矿物。四方晶系。集合体主要呈细粉末状、皮壳状、具同心圆纤维结构的葡萄状、肾状。深褐色—黑色,土状光泽,不透明;硬度4.5,脆性。1953年发现于美国新泽西州苏塞克斯县富兰克林采矿区帕塞伊克(Passaic)坑(马歇尔矿、帕塞伊克矿);同年,C.弗龙德尔(Clifford Frondel)在《美国矿物学家》(38)报道。英文名称Woodruffite,1953年克利福德·弗龙德尔为纪念19世纪早期在美国新泽西州斯巴达(奥格登斯堡)锌矿业公司工作的一个不知疲倦的矿物收藏家塞缪尔·伍德拉夫(Samuel Woodruff,1813—1880)而以他的姓氏命名。弗龙德尔指出:伍德拉夫收集的富兰克林矿物比洛西(Losey)家族的矿工和肯布尔(Kemble)家族的几位矿工都要多。1865年,坎菲尔德(Canfield)高级公司购买了伍德拉夫的矿物收集品。伍德拉夫先生也被称为矿物学家,并且拥有最好的收藏品,他有来自全国各地的数百个标本,其中包括一些来自富兰克林炉和奥格登斯堡的罕见的标本。1959年以前发现、描述并命名的"祖父级"矿物,IMA承认有效。中文名称根据晶习和成分译为纤锌锰矿。

【纤铀铋矿】

英文名 Uranosphaerite

化学式 $Bi(UO_2)O_2(OH)$ (IMA)

纤铀铋矿是一种含羟基、氧的铋的铀酰矿物。斜方晶

纤铀铋矿板状、纤维状晶体,球状集合体(德国)

系。晶体呈纤维状、板状;集合体呈放射状、同心圆球状、花状。橙黄色、橙红色、砖红色,油脂光泽,透明—半透明;硬度2~3,完全解理。1873 年发现于德国萨克森州厄尔士山脉诺伊施塔特市魏波赫希(Weißer Hirsch)矿沃尔帕吉斯·弗拉谢(Walpurgis Flacher)矿脉。1873 年 A. 魏斯巴赫(A. Weisbach)在 *Jahrbuch für das Berg - und Hüttenwesen im Königreiche Sachsen, Abhandlungen* 和温克勒(Winkler)在西德《实用化学杂志》(7)报道。英文名称 Uranosphaerite,由化学成分"Uranium(铀)"和希腊文"Σφαίρα = Sphaira(球体)"组合命名,意指其成分含铀和球状集合体。1959 年以前发现、描述并命名的"祖父级"矿物,IMA 承认有效。中文名称根据晶习和成分译为纤铀铋矿。

【纤铀碳钙石】参见【铀钙石】条 1088 页

【纤重钾矾】

英文名 Misenite

化学式 $K_8(SO_4)(SO_4OH)_6$ (IMA)

纤重钾矾是一种钾的氢硫酸-硫酸盐矿物。单斜晶系。晶体呈纤维状、针状、板条状;集合体呈粉末状。无色(合成)、白色—灰白色,玻璃光泽、丝绢光泽、珍珠光泽,透明—半透明;硬度 2.5,中等解理;味苦而酸。1849 年发现于意大利那不勒斯省巴科利镇米塞诺(Miseno)岬的喷气孔;同年,斯卡奇(Scacchi)在《那不勒斯皇家科学院物理和数学学报》(8)和《坎帕尼亚苏拉地质汇报》(98)报道。英文名称 Misenite,以发现地意大利那不勒斯附近的米塞诺(miseno)岬命名。1959 年以前发现、描述并命名的"祖父级"矿物,IMA 承认有效。中文名称根据晶习和成分译为纤重钾矾。

氙 [xiān]一种非金属元素。[英]Xenon。元素符号 Xe。原子序数 54。1898 年 7 月由 M. 拉姆齐(W. Ramsay)和 M. W. 特拉维斯(M. W. Travers)在伦敦大学学院发现。在此之前,他们从液态空气中提取了氖、氩和氪,并且疑惑它是否包含其他气体。工业家路德维希·蒙德(Ludwig Mond)给了他们一台新的液态空气机,他们用它提取了更多的稀有气体氪。经过多次蒸馏,他们终于分离出了一种更重的气体,在真空管中它发出漂亮的蓝色光芒。他选择"ξένος(Xenos)"这个希腊文命名氙,意为"陌生的"。氙存在于空气中,也存在于温泉的气体中。

霰 [xiàn]形声;从雨,散声。本义:雪珠,亦称"雹"。在高空中的水蒸气遇到冷空气凝结成的小冰粒,常呈球状或圆锥形,多在下雪前或下雪时出现。

【霰石】参见【文石】条 984 页

香 [xiāng]会意;据小篆,从黍,从甘。"黍"表谷物;"甘"表香甜美好。本义:五谷的香。用于中国地名。[英]音,用于外国人名。

【香花石】

英文名 Hsianghualite

化学式 $Li_2Ca_3Be_3(SiO_4)_3F_2$ (IMA)

香花石粒状晶体(中国·湖南)

香花石是一种含氟的锂、钙、铍的硅酸盐矿物。属沸石族。等轴晶系。晶体呈较小粒状,晶面上有斜条纹;集合体呈球状,如鱼卵。以米黄色、白色居多,也有少量淡绿色和无色,玻璃光泽,透明;硬度 6.5。1958 年由中国学者黄蕴慧女士等在中国湖南省临武香花岭锡矿发现,以发现地香花岭镇命名。1959 年以前发现、描述并命名的"祖父级"矿物,IMA 承认有效。IMA 1997s. p. 批准。中国香花岭独有,它类同动物类的大熊猫,被誉为"国宝"。关于它的发现还有一段鲜为人知的故事。早在中国明朝时代就在这里开始土法采炼锡矿。20 世纪 30 年代初,中国地质学家孟宪民和张更在湖南等省从事金属矿床研究,于 1935 年联名发表了《湖南临武香花岭锡矿地质》英文专著,对花岗岩成矿脉"矿物学"部分记述了 51 种矿物,为矿物学进一步研究打下了基础。1954 年,孟宪民把香花岭情况与美国新墨西哥州含铍矽卡岩加以对比,指出:在香花岭有可能发现条纹岩型铍矿。在他的启发和指导下,地质部地矿司开展了香花岭矿物学的研究工作。1955—1956 年,青年地质工作者黄蕴慧、杜绍华等去香花岭从事长期野外考察。1957 年,孟宪民又率黄蕴慧、杜绍华等再次考察香花岭,最后,终于发现新矿物——香花石。1958 年黄蕴慧等在《中国地质》(7)和 1959 年 M. 弗莱舍(M. Fleischer)在《美国矿物学家》(44)报道。这是中国地质学家发现的第一个新矿物,在中国地质学与矿物学史上有重要的里程碑意义。1958 年将香花石英文拼作 Hsianghualite,20 世纪 70 年代英文中的中国地名开始改用汉语拼音,于是又有了汉拼名称 Xianghualite。但文献中仍然使用英拼 Hsianghualite 名称。

【香农矿】

英文名 Shannonite

化学式 $Pb_2O(CO_3)$ (IMA)

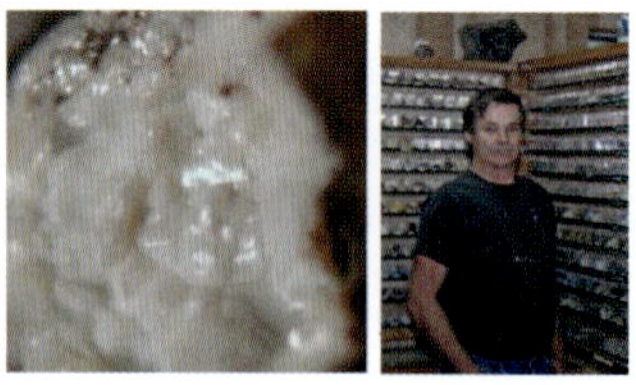

香农矿皮壳状集合体(美国)和香农像

香农矿是一种铅氧的碳酸盐矿物。斜方晶系。晶体呈板状;集合体呈隐晶质皮壳状。白色,蜡状光泽,不透明;硬度 3~3.5。1993 年发现于美国亚利桑那州格雷厄姆县阿拉瓦帕(Aravaipa)矿区圣特蕾莎山脉大礁山月桂峡谷布林厄姆银和铅矿大堡礁(Grand Reef)矿;同年,A. C. 罗伯茨(A. C. Roberts)和 J. A. R. 斯特灵(J. A. R. Stirling)等在美国《矿物学杂志》(59)发表:美国亚利桑那州格雷厄姆县大礁山新矿物 Shannonite(Pb_2OCO_3)。英文名称 Shannonite,以亚利桑那州矿物收藏家和经销商大卫·香农(David Shannon,

1942—2004)的姓氏命名。IMA 1993-053 批准。中文名称音译为香农矿。2003 年中国地质科学院矿产资源研究所李锦平等在《岩石矿物学杂志》[22(3)]根据成分译为碳氧铅石。

湘 [xiāng]形声;从水,相声。湘江:发源于广西,流入湖南、注入洞庭湖。

【湘江铀矿】

汉拼名 Xiangjiangite

化学式 $Fe^{3+}(UO_2)_4(PO_4)_2(SO_4)_2(OH)\cdot 22H_2O$ (IMA)

湘江铀矿是一种含结晶水和羟基的铁的铀酰-硫酸-磷酸盐矿物。属钙铀云母族。四方晶系。晶体大部分呈微拉长的六边形,少部分呈矩形、八角形;集合体常呈土状。黄色—亮黄色,条痕呈淡黄色,丝绢光泽;硬度 1~2。湖南省核工业地质局湖南二三〇研究所的研究人员在湖南郴州二叠系岩层金银寨铀矿床的氧化带发现。经专家研究确认是一种新矿物,并以湖南著名河流湘江和成分命名为湘江铀矿。IMA 1982s. p. 批准。1978 年湖南二三〇研究所和武汉地质学院 X 光实验室在《地质科学》(2)和 1979 年《美国矿物学家》(64)报道。

硝 [xiāo]形声;从石,从肖声。"石"指矿石。"石"与"肖"联合起来表示"一种其体积(经过化学变化)能变小变细的矿石"。

【硝石】

英文名 Niter

化学式 $K(NO_3)$ (IMA)

硝石柱状晶体,晶簇状和块状集合体(南非、美国)

硝石是一种主要成分为硝酸钾的天然矿物。斜方晶系。晶体呈柱状、针状,常见双晶;集合体常呈疏松土状、粉末状、霰状或皮壳状、束状、块状。无色、白色或灰色,玻璃光泽,透明;硬度 2,完全解理;易溶于水。中国古代先民就已认识、命名和利用,可用于配制孔雀绿釉,作五彩、粉彩的颜料;制造火药以及医药。在中国古籍中有苦硝、焰硝、火硝、地霜、生硝、皮硝、北帝玄珠等别称。硝以其入水即消溶,故名曰"硝"。用于制革消化诸物,故名消石。硝石因其味苦,曰苦硝。可制火药、炸药,又称"火硝"。天然硝石主要见于碱土地区的干燥土壤中,矿泉和洞穴壁上,由富含硝酸钾的水常年浸润生成,曰地霜、皮硝、生硝。凡硝刮扫取时(墙或地皮),入缸内水浸一宿,秽杂之物浮于面上,掠取去时,然后入釜,注水煎炼。硝化水干,倾于器内,经过一宿,即结成硝。其上浮者曰芒硝,芒长者曰马牙硝,其下猥杂者曰朴硝。欲去杂还纯,再入水煎炼,倾入盆中,经宿结成白雪,则呼盆硝。时珍曰:硝石,丹炉家用制五金八石,银工家用化金银,兵家用作烽燧火药,得火即焰起,故有诸名。狐刚子《粉图》谓之北帝玄珠。中国的硝石在古代已传到国外,如阿拉伯人称为"中国雪"(阿拉伯文:ثلج الصين thalj AL-SIN)。它是由伊朗人称为"中国盐"或波斯人称为"中国的盐沼盐"(波斯文:نمکشور هچيني Namak 修罗赤垅)而来的。

在西方,1803 年 F. A. 罗伊斯(F. A. Reuss)在莱比锡《矿物学教科书》(第三卷,第二部分)刊载,称 Salpeter。1807 年英国化学家和物理学家戴维从草木灰中获得一种新元素命名为 Pstassium,意为草木灰(碱)。Pstassium 一词来自"Potash",即"Pot(锅)"和"Ash(灰)",亦"锅灰"。1818 年菲利普(Philips)称为 Nitrate of Potash 即 Potassiumnitrate(硝酸钾),由"Potassium(钾)"和"Nitrate(硝酸根)"组合而得。英文名称 Niter,从"Neter"或"Nethe"(Hebric)演变而来,它来源于"Natar(纳塔尔)",是一种散发泡的物质,它对应于希腊人的"Nitron(硝酸)"和罗马人的"Nitrum(硝烟,天然碱)"。1959 年以前发现、描述并命名的"祖父级"矿物,IMA 承认有效。古代人就已经知道用草木灰除油去垢。钾的拉丁名 Kalium 是从 Kali(阿拉伯文中海草灰中的碱)来的,化学符号为 K。Kalium 来自于与酸相反的化合物碱(Alkali),显然它沿袭了"锅灰"的阿拉伯名称"阿尔基利"(Alguili)而来的。我国科学家在翻译此元素时,因其活泼性在当时已知的金属中居首位,故用"甲"字表示,属"金"故而造出"钾"这个字。

酸味是 4 种基本味道之一(其他 3 种是甜、咸和苦),原始人首先从不成熟的水果开始认识酸味的。早在史前时代人类就已经知道醋和酸酒都是酸的,它们是有机的弱酸;大约 1 300 年,化学家发现了无机酸,如硝酸它的酸性比醋强得多,称为强酸,因呈液体所以又称"镪水"。1772 年英国化学家认识到空气中的氮。1790 年法国化学家从硝石中发现氮,由于硝石称 Nitre,硝酸根就成了 Nitrate。

硝石的同义词 Nitrokalite(钾硝石),又称印度硝石。

蛸 [xiāo]从虫,从肖,肖亦声。"肖"意为"变小变细"。"虫"与"肖"联合起来表示"一类从头部到尾部逐渐变小变细的虫"。本义:体形上从头到尾逐渐变细变小的虫。蛸螵或螵蛸:指墨鱼、乌贼鱼骨,用于描述矿物的特质。

【蛸螵石】参见【海泡石】条 303 页

小 [xiǎo]象形;据甲骨文,像沙粒形。小篆析为会意。从"八",从"丨"。"八"表示分开,"丨"表示沙粒。①本义:细;微。与"大"相对。②用于日本人名。

【小硫砷铁石】参见【水硫砷铁石】条 848 页

【小藤石】参见【粒镁硼石】条 450 页

斜 [xié]形声;从斗,余声。斜指不正,歪斜;与平面或直线既不平行也不垂直。矿物晶体按对称划分低级、中级和高级 3 个晶族,三斜、单斜、斜方、三方、四方、六方和等轴 7 个晶系。①斜:指低级晶族的单斜晶系,偶尔也指三斜晶系。②斜方:指低级晶族的斜方晶系,也称正交晶系,正亦直。③斜也指解理夹角是倾斜的,并非直角。

【斜奥斯卡肯普夫矿*】

英文名 Clino-oscarkempffite

化学式 $Ag_{15}Pb_6Sb_{21}Bi_{18}S_{72}$ (IMA)

斜奥斯卡肯普夫矿*是一种银、铅、锑、铋的硫化物矿物。属硫铋铅矿同源系列族。单斜晶系。硬度 3.5。2012 年发现于玻利维亚波托西省阿乔卡亚镇阿尼马斯(Ánimas)矿山科罗拉多(Colorada)矿脉。英文名称 Clino-oscarkempffite,由对称冠词"Clino(单斜晶系)"和根词"Oscarkempffite(奥斯卡肯普夫矿*)"组合命名(根词参见【奥斯卡肯普夫矿*】条 28 页)。IMA 2012-086 批准。2013 年 D. 托帕(D.

Topa)等在《CNMNC 通讯》(16)、《矿物学杂志》(77)和 2018 年 E. 马科维奇(E. Makovicky)等在《欧洲矿物学杂志》(30)报道。目前尚未见官方中文译名,编译者建议根据对称和音译为斜奥斯卡肯普夫矿*。

【斜钡钙石】

英文名 Barytocalcite

化学式 $BaCa(CO_3)_2$ (IMA)

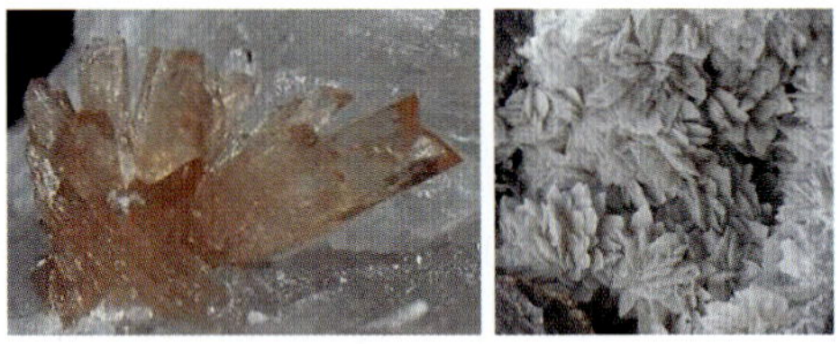

斜钡钙石柱状、菱面体晶体,晶簇状集合体(英国)

斜钡钙石是一种钡、钙的碳酸盐矿物。与碳酸钙钡矿和三方钡解石为同质多象。单斜晶系。晶体呈粒状、短柱、长柱状、菱面体;集合体呈放射状、晶簇状、块状。无色、白色、灰白色、浅绿色、浅黄色,玻璃光泽、树脂光泽,透明—半透明;硬度 4。1824 年发现于英国英格兰坎布里亚郡内特(Nent)谷布拉吉尔(Blagill)矿;同年,H. J. 布鲁克(H. J. Brooke)在伦敦《哲学年鉴》(8)报道。英文名称 Barytocalcite,由化学成分“Barium(钡)”和“Calcium(钙)”组合命名。1959 年以前发现、描述并命名的“祖父级”矿物,IMA 承认有效。中文名称根据单斜晶系和成分译为斜钡钙石或斜碳钡钙石;根据成分及与方解石的关系译为钡方解石或钡解石。

【斜铋钯矿】

英文名 Froodite

化学式 $PdBi_2$ (IMA)

斜铋钯矿是一种钯的铋化物矿物。属毒砂族。单斜晶系。晶体呈圆形粒状。银灰色,金属光泽,不透明;硬度2.5,完全解理,脆性。1958 年发现于加拿大安大略省萨德伯里地区弗鲁德(Frood)矿;同年,J. E. 霍利(J. E. Hawley)等在《加拿大矿物学家》(6)报道。英文名称 Froodite,以发现地加拿大的弗鲁德(Frood)矿命名。1959 年以前发现、描述并命名的“祖父级”矿物,IMA 承认有效。中国地质科学院根据单斜晶系和成分译为斜铋钯矿或单斜铋钯矿;2011 年杨主明等在《岩石矿物学杂志》[(30)4]建议音译为弗鲁德矿。

【斜长石】

英文名 Plagioclase

化学式 $(Na,Ca)AlSi_3O_8$

斜长石属长石族斜长石亚族,是 $NaAlSi_3O_8$(Ab)-$CaAl_2Si_2O_8$(An)完全类质同象系列的长石矿物的总称。包括 6 个矿物种:钠长石、奥长石、中长石、拉长石、倍长石和钙长石(参见相应条目)。三斜晶系。晶体多呈柱状或厚板状、粒状,常见聚片双晶;集合体呈块状。白色—灰白色,有些呈微浅蓝色或浅绿色,偶为肉红色,玻璃光泽,半透明;硬度 6~6.5,完全解理,解理夹角 86°左右,即是斜的。在中文古籍中,长石一名最早出自《神农本草经》(但并非专指斜长石)。

1826 年,德国矿物学家约翰·弗里德里希·克里斯蒂安·赫塞尔(Johann Friedrich Christian Hessel,1796—1872)首先提出斜长石是钠长石和钙长石两种矿物的固溶体这一性质。英文名称 Plagioclase 源于希腊文(Oblique fracture),即由“Πανούκλα=Plagio(倾斜)”和“Κλάση=Clase(解理)”组合命名,意指其两组解理的夹角是倾斜的,并非直角。中文名称根据倾斜的解理和族名译为斜长石。

【斜碲钯矿】

英文名 Telluropalladinite

化学式 Pd_9Te_4 (IMA)

斜碲钯矿是一种钯的碲化物矿物。单斜晶系。晶体呈粒状。淡奶油黄色,金属光泽,不透明;硬度 5。1978 年发现于美国蒙大拿州斯蒂尔沃特县奈斯蒂尔沃特矿和斯蒂尔沃特(Stillwater)杂岩体。英文名称 Telluropalladinite,由化学成分“Tellurium(碲)”和“Palladium(钯)”组合命名。IMA 1978-078 批准。1979 年 L. J. 卡布里(L. J. Cabri)等在《加拿大矿物学家》(17)报道。中文名称根据单斜晶系和成分译为斜碲钯矿。

【斜碲铅石】参见【复碲铅石】条 200 页

【斜发沸石-钙】

英文名 Clinoptilolite-Ca

化学式 $Ca_3(Si_{30}Al_6)O_{72}\cdot 20H_2O$ (IMA)

斜发沸石-钙板状晶体(加拿大、新西兰、美国)

斜发沸石-钙是一种含沸石水的钙的铝硅酸盐矿物。属沸石族斜发沸石系列。单斜晶系。晶体呈板片状、片状。无色、白色、灰色、黄色—粉红色、红色、褐色,透明;硬度 3.5~4,完全解理。1934 年 M. H. 赫伊(M. H. Hey)和 F. A. 班尼斯特(F. A. Bannister)在《矿物学杂志》(23)报道称 Clinoptilolite。1969 年首先描述于加利福尼亚州圣贝纳迪诺县奥尔坎宁(Owl Canyon)。英文名称 Clinoptilolite,源自希腊文“κλίνω=Klino(斜)”和“φτερώ ν=Ptylon(羽)”加“λίθos=Lithos(石头)”组合命名。1959 年以前发现、描述并命名的“祖父级”矿物,IMA 承认有效;但 IMA 持怀疑态度。中文名称根据单斜晶系、形态和族名译为斜发沸石。

1960 年 F. A. 穆姆普顿(F. A. Mumpton)在《美国矿物学家》(45)对斜发沸石重新定义将 Clinoptilolite 更为系列名称。1972 年 A. 阿列蒂(A. Alietti)在《美国矿物学家》(57)指出:片沸石和斜发沸石的多态性。现已知斜发沸石有-Ca、-K和-Na 多型(参见相关条目)。

英文名称 Clinoptilolite-Ca(=原名 Clinoptilolite)。1977 年发现于日本本州岛东北福岛县西会津町车峠(Kuruma pass)。日文名称灰斜プチロル沸石。1977 年小山(K. Koyama)等在《结晶学杂志》(145)报道。IMA 1997s. p. 批准。中文名称译为斜发沸石-钙或钙斜发沸石。

【斜发沸石-钾】

英文名 Clinoptilolite-K

化学式 $K_6(Si_{30}Al_6)O_{72}\cdot 20H_2O$ (IMA)

斜发沸石-钾是一种含沸石水的钾的铝硅酸盐矿物。属

斜发沸石-钾板状晶体，放射状、球粒状、瘤状集合体（俄罗斯、捷克）

沸石族斜发沸石系列。单斜晶系。晶体呈板状、叶片状、钾纤维状；集合体呈放射状、球粒状、瘤状。无色、白色、红色，玻璃光泽，透明—半透明；硬度 3.5～4，完全解理。发现于美国怀俄明州皮尔克(Park)县胡德(Hoodoo)山。1932 年在《美国矿物学家》(17)报道。英文名称 Clinoptilolite-K，由根词希腊文"κλίνω＝Klino＝Oblique(斜)"和"φτερών＝Ptylon＝Feather(羽毛)"和"λίθos＝Lithos＝Stone(石)"，加占优势的钾后缀-K 组合命名。1959 年以前发现、描述并命名的"祖父级"矿物，IMA 承认有效。IMA 1997s. p. 批准。中文名称根据成分及与斜发沸石的关系译为斜发沸石-钾/钾斜发沸石。

【斜发沸石-钠】

英文名 Clinoptilolite-Na

化学式 $Na_6(Si_{30}Al_6)O_{72}\cdot 20H_2O$　（IMA）

斜发沸石-钠板状晶体（美国、西班牙）

斜发沸石-钠是一种含沸石水的钠的铝硅酸盐矿物。属沸石族斜发沸石系列。单斜晶系。晶体呈板状。白色、微红色，玻璃光泽，透明；硬度 3.5～4。1969 年发现于美国加利福尼亚州圣贝纳迪诺县巴斯托(Barstow)玄武岩安山岩晶洞。1969 年在《美国地质调查局专业论文集》(634)报道。英文名称 Clinoptilolite-Na，由根词希腊文"κλίν＝Klino＝Oblique(斜)"和"φτερών＝Ptylon＝Feather(羽毛)"和"λίθos＝Lithos＝Stone(石)"，加占优势的钠后缀-Na 组合命名。IMA 1997s. p. 批准。中文名称根据成分及与斜发沸石的关系译为斜发沸石-钠/钠斜发沸石。

【斜钒铋矿】

英文名 Clinobisvanite

化学式 $Bi(VO_4)$　（IMA）

斜钒铋矿假四方锥状晶体（德国、美国）

斜钒铋矿是一种铋的钒酸盐矿物。与德钒铋矿和钒铋矿为同质多象。单斜晶系。晶体往往呈假四方锥状。黄色、橙色，半玻璃光泽、土状光泽，半透明—不透明，非常柔软，完全解理。1973 年发现于澳大利亚西澳大利亚州加斯科因地区肯普顿(Kempton)兄弟绿柱石矿。英文名称 Clinobisvanite，根据晶体的对称性"Clino(单斜)"与成分"Bismuth(铋)"和"Vanadium(钒)"组合命名。IMA 1973－040 批准。1974 年 P. J. 布里奇(P. J. Bridge)在《矿物学杂志》(39)报道。中文名称根据单斜晶系和成分译为斜钒铋矿。

【斜钒铅矿】

英文名 Chervetite

化学式 $Pb_2V_2^{5+}O_7$　（IMA）

斜钒铅矿板柱状晶体（加蓬）和谢尔韦像

斜钒铅矿是一种铅的钒酸盐矿物。单斜晶系。晶体呈长板柱状，晶面有条纹。硬度 2～2.5。1963 发现于加蓬上奥果韦省弗朗斯维尔城穆纳纳(Mounana)矿。英文名称 Chervetite，以法国矿物学家、法国原子能委员会矿物学专家和矿物学服务处主任琼·谢尔韦(Jean Chervet，1904—1962)的姓氏命名。IMA 1967s. p. 批准。1963 年 P. 巴里安德(P. Bariand)等在《法国矿物学和结晶学会通报》(86)报道。中文名称根据单斜晶系和成分译为斜钒铅矿。

【斜方钡锰闪叶石】

英文名 Orthoericssonite

化学式 $BaMn_2^{2+}Fe^{3+}Si_2O_7O(OH)$

斜方钡锰闪叶石是一种含羟基和氧的钡、锰、铁的硅酸盐矿物。属闪叶石族。与钡锰闪叶石为同质二象。斜方晶系。晶体呈厚板状，具双晶。深红黑色，半金属光泽，解理面上呈珍珠光泽，半透明；硬度 4.5，完全解理，脆性。1971 年发现于瑞典韦姆兰省菲利普斯塔德市朗班(Långban)。英文名称 Orthoericssonite，由对称冠词"Orthorhombic(斜方晶系)"和根词"Ericssonite(钡锰闪叶石)"组合命名。1971 年 P. B. 摩尔(P. B. Moore)在《岩石》(4)和《美国矿物学家》(56)报道。IMA 持怀疑态度。认为它是 Ericssonite－2O 多型体(IMA 10－F)。中文名称根据斜方晶系和与钡锰闪叶石的关系译为斜方钡锰闪叶石；斜方晶系又称正交晶系，正即直，所以又译为直钡锰闪叶石。

【斜方碲钴矿】

英文名 Mattagamite

化学式 $CoTe_2$　（IMA）

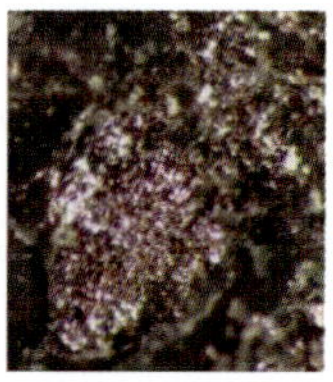

斜方碲钴矿粒状和叶片状晶体（加拿大）

斜方碲钴矿是一种钴的碲化物矿物。属白铁矿族。斜方碲铁矿-斜方碲钴矿系列的钴的端元矿物。斜方晶系。晶体呈粒状和叶片状。紫色，金属光泽，不透明；硬度 5.5。1972 年发现于加拿大魁北克省北部地区马塔加密(Mattagami)湖矿。英文名称 Mattagamite，以发现地加拿大的马塔加密(Mattagami)湖命名。IMA 1972－003 批准。1973 年 R. I. 索普(R. I. Thorpe)等在《加拿大矿物学家》(12)报道。中国地质科学院根据斜方晶系和成分译为斜方碲钴矿；2011 年杨主明等在《岩石矿物学杂志》

[30(4)]建议音译为马塔加密矿。

【斜方碲金矿】

英文名 Krennerite

化学式 Au_3AgTe_8 (IMA)

斜方碲金矿短柱状晶体(美国、罗马尼亚)和克仁纳尔像

斜方碲金矿是一种金、银的碲化物矿物。与碲金矿为同质二象。斜方晶系。晶体呈短柱状、粒状,晶面有条纹。银白色—浅黄铜色,金属光泽,不透明;硬度 2～3,完全解理。最早见于 1802 年 M. H. 克拉普罗特(M. H. Klaproth)在德国柏林罗特曼《化学知识对矿物学的贡献》(*Beiträge zur chemischen Kenntniss der Mineralkörper*)(第三集)的报道。1877 年发现于罗马尼亚特兰西瓦尼亚(Transylvania)胡内多阿拉省胡内多阿拉市德瓦(Deva)萨卡里姆(Săcărâmb);同年,在《结晶学与矿物学杂志》(1)报道。英文名称 Krennerite,1877 年由格哈德·范·拉特(Gerhard vom Rath)为纪念晶体学家和匈牙利矿物博物馆的馆长、布达佩斯技术大学的约瑟夫·桑德尔·克仁纳尔(József Sándor Krenner,1839—1920)教授而以他的姓氏命名。1944 年 C. 帕拉奇(C. Palache)、H. 伯曼(H. Berman)和 C. 弗龙德尔(C. Frondel)在《丹纳系统矿物学》(第一卷,第七版,纽约)刊载。1959 年以前发现、描述并命名的"祖父级"矿物,IMA 承认有效。罗伯特·本生(Robert Bunsen)早期曾用"Bunsenine(绿镍矿)"称呼 Krenner;也曾被称为 Semseyite(板辉锑铅矿)。中文名称根据晶系和成分多译为斜方碲金矿;也有根据结晶习性和成分译作针碲金银矿;根据颜色和成分译为白碲金银矿。

【斜方碲铅石】

英文名 Plumbotellurite

化学式 $Pb(Te^{4+}O_3)$ (IMA)

斜方碲铅石是一种铅的碲酸盐矿物。与碲铅石为同质多象。斜方晶系。晶体呈细粒状。灰色、棕色、黄褐色,半透明。1980 年发现于哈萨克斯坦阿克莫拉州扎娜-丘比(Zhana-Tyube)金矿床。英文名称 Plumbotellurite,由化学成分"Plumbum(铅)"和"Tellurium(碲)"组合命名。IMA 1980-102 批准。1982 年 E. M. 斯皮里多诺夫(E. M. Spiridonov)等在《苏联科学院报告》(262)和 1982 年《美国矿物学家》(67)报道。1984 年中国新矿物与矿物命名委员会郭宗山在《岩石矿物及测试》[3(2)]根据斜方晶系和成分译为斜方碲铅石。

【斜方碲铁矿】

英文名 Frohbergite

化学式 $FeTe_2$ (IMA)

斜方碲铁矿是一种铁的碲化物矿物。属白铁矿族。斜方碲铁矿-斜方碲钴矿系列的铁的端元矿物。斜方晶系。晶体呈微小的粒状。硬度 3～4。1946 年发现于加拿大魁北克省阿比蒂比-蒂米斯坎明地区的罗布-蒙特布赖(Robb-Montbray)矿。1947 年 R. M. 汤普森(R. M. Thompson)在《多伦多大学地质系对加拿大矿物学研究的贡献》(51)和《美国矿物学家》(32)报道。英文名称 Frohbergite,以加拿大多伦多采矿地质学家马克斯·汉斯·弗罗伯格(Max Hans Frohberg)博士的姓氏命名。1959 年以前发现、描述并命名的"祖父级"矿物,IMA 承认有效。中国地质科学院根据斜方晶系和成分译为斜方碲铁矿;2011 年杨主明等在《岩石矿物学杂志》[30(4)]建议音译为弗罗伯格矿。

【斜方鲕绿泥石】

英文名 Orthochamosite

化学式 $(Fe,Al,Mg,Mn)_6(Si,Al)_4O_{10}(OH)_8$

(弗莱舍,2014)

斜方鲕绿泥石是绿泥石族矿物之一,为鲕绿泥石的斜方晶系多型变体。斜方晶系。晶体呈小鳞片状;集合体呈球粒状、土状。灰绿色;硬度 2。1957 年发现于捷克共和国库特纳霍拉市坎克(Kaňk);同年,F. 诺瓦克(F. Novak)等在《斯拉维克弗朗齐歇克学会纪要》(*Ceskoslov. AKAD. VED.*)(第二卷)报道。1959 年 F. 诺瓦克(F. Novak)在柏林《地质学》(8)报道。英文名称 Orthochamosite,由"Ortho(斜方晶系)"和"Chamosite(鲕绿泥石)"组合命名。被 IMA 废弃。中文名称根据斜方晶系和与鲕绿泥石的关系译为斜方鲕绿泥石;斜方晶系也称正交晶系,故也译作正鲕绿泥石。

【斜方矾石】

英文名 Felsöbányaite

化学式 $Al_4SO_4(OH)_{10}\cdot 4H_2O$ (IMA)

斜方矾石球粒状、皮壳状集合体(法国、瑞士)

斜方矾石是一种含结晶水、羟基的铝的硫酸盐矿物。单斜晶系。晶体呈长板片状、微小的粒状、鳞片状;集合体呈皮壳状、放射状、球粒状。无色、白色、浅黄色,玻璃光泽,解理面上呈珍珠光泽,透明;硬度 1.5,完全解理。1853 年发现于罗马尼亚马拉穆列什县巴亚斯普列镇菲尔斯邦尼(Felsöbánya)矿;同年,肯龚特(Kenngott)在《维也纳皇家科学院》(*Königliche Akademie der Wissenschaften, Vienna*)(10)描述命名为 Felsöbányaite。1854 年 W. M. W. 海丁格尔(W. M. W. Haidinger)在《帝国科学院数学-自然科学会议报告》(*Sitzungsberichte der Mathematisch-Naturwissenschaftlichen Classe der Kaiserlichen Akademie der Wissenschaften*)(12)报道。英文名称 Felsöbányaite,以发现地罗马尼亚的巴亚斯普列的菲尔斯邦尼(Felsöbánya)矿命名。1959 年以前发现、描述并命名的"祖父级"矿物,IMA 承认有效。中文名称根据斜方晶系(译名时误为)和成分译为斜方矾石;根据成分译作羟矾石;根据英文名称首音节音和成分译为费羟铝矾。

【斜方钒矾】

英文名 Orthominasragrite

化学式 $V^{4+}O(SO_4)\cdot 5H_2O$ (IMA)

斜方钒矾是一种含结晶水的钒氧的硫酸盐矿物。属钒矾族。与三斜钒矾和钒矾为同质多象。斜方晶系。晶体呈不规则粒状;集合体呈皮壳状或花瓣状、球粒状。蓝色,玻璃光泽,透明;硬度 1。2000 年发现于美国犹他州埃默里县梅萨(Mesa)北矿。英文名称 Orthominasragrite,由对称冠词"Ortho(斜方)"和根词"Minasragrite(钒矾)"组合命名。IMA 2000-018 批准。2001 年在《加拿大矿物学家》(39)报道。2007 年中国地质科学院地质研究所任玉峰在《岩石矿物学杂志》[26(3)]根据斜方晶系和族名译为斜方钒矾(参见【钒矾】条 147 页)。

斜方钒矾不规则粒状晶体(美国)

【斜方钒石】

英文名 Shcherbinaite

化学式 V_2O_5 (IMA)

斜方钒石针状晶体,杂乱状、晶簇状集合体(俄罗斯、德国)

斜方钒石是一种钒的氧化物矿物。斜方晶系。晶体呈针状、纤维状、板条状,具接触双晶;集合体呈杂乱状、晶簇状状。黄绿色、金黄色,玻璃光泽,半透明;硬度 3~3.5,完全解理,脆性。1971 年发现于俄罗斯堪察加州贝兹米扬尼(Bezymyannyi)火山诺维(Novyi)安山岩穹顶壁。英文名称 Shcherbinaite,以俄罗斯地球化学家和矿物学家弗拉迪米尔·维塔尔埃维奇·谢尔比纳(Vladimir Vital'evich Shcherbina,1907—1978)的姓氏命名。他是亚历山大·费尔斯曼(Alexander Fersman)的学生。1931 年,他率领一支来自苏联科学院的小组在洛沃泽罗地块进行矿物学调查研究。IMA 1971-021 批准。1972 年在《全苏矿物学会记事》(101)和 1973 年《美国矿物学家》(58)报道。中文名称根据斜方晶系和成分译为斜方钒石;根据成分和颜色译为钒赭石;根据成分译作钒石。

【斜方氟铝矾】

英文名 Khademite

化学式 $Al(SO_4)F \cdot 5H_2O$ (IMA)

斜方氟铝矾柱状晶体,晶簇状、球粒状、皮壳状集合体(法国、德国)和哈德姆像

斜方氟铝矾是一种含结晶水、氟的铝的硫酸盐矿物。斜方晶系。晶体呈柱状、细粒状;集合体呈晶簇状、厚皮壳状、球粒状。无色、白色,玻璃光泽,透明。1973 年发现于伊朗亚兹德省阿尔达坎市卡维尔萨甘德(Kavir-e-Sagand)盐土沙漠。英文名称 Khademite,为纪念伊朗地质调查局的创始人和主任纳斯鲁拉·哈德姆(Nasrollah Khadem,1918—1999)而以他的姓氏命名。IMA 1973-028 批准。1973 年 P. 巴里安(P. Bariand)等在《法国科学院会议周报》(C 系列,277)和 1975 年弗莱舍在《美国矿物学家》(60)报道。中文名称根据斜方晶系和成分译为斜方氟铝矾。

【斜方汞银矿】

英文名 Paraschachnerite

化学式 Ag_3Hg_2 (IMA)

沙赫纳-科恩像

斜方汞银矿是一种银和汞的互化物矿物。属银汞合金族。斜方晶系。晶体常呈很细小的他形粒状,双晶普遍,往往呈三连晶的假六边形。灰色,抛光面呈乳白色,金属光泽,不透明;硬度 3.5~4。1971 年发现于德国莱茵兰-普法尔茨州唐纳斯贝格县的维特劳恩祖戈特(Vertrauen zu Gott)矿。英文名称 Paraschachnerite,由拉丁文冠词"Para(类似、副)"和根词"Schachnerite(六方汞银矿)"组合命名。其中,根词由德国亚琛莱茵威斯特伐利亚技术学院矿石矿物、矿物、矿床研究所矿物学教授多里斯·沙赫纳-科恩(Doris Schachner-Korn,1904—1988)的姓氏命名。她是德国第一位矿物学和岩石学的女教授,也是几年的参议员。IMA 1971-056 批准。1972 年 E. 泽利格(E. Seeliger)等在《矿物学新年鉴:论文》(117)和 1973 年弗莱舍在《美国矿物学家》(58)报道。中文名称根据斜方晶系及与六方汞银矿的类似关系译为斜方汞银矿或斜方银汞矿(根词参见【六方汞银矿】条 528 页)。

【斜方硅钡钛石】

英文名 Bario-orthojoaquinite

化学式 $Ba_4Fe_2^{2+}Ti_2O_2(SiO_3)_8 \cdot H_2O$ (IMA)

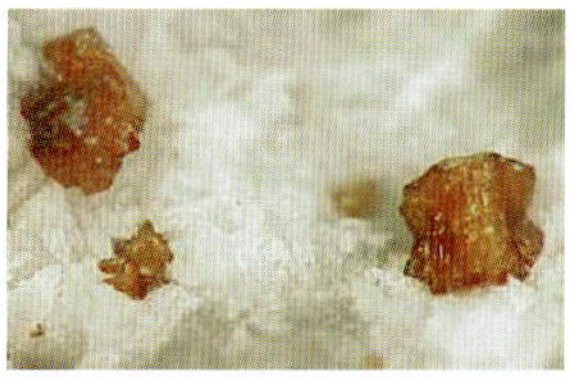

斜方硅钡钛石柱状晶体(美国)

斜方硅钡钛石是一种含结晶水的钡、铁、钛氧的硅酸盐矿物。属硅钠钡钛石族。斜方晶系。黄褐色,玻璃光泽;硬度 5~5.5,完全解理。1979 年发现于美国加利福尼亚州圣贝尼托县伊德里亚镇圣贝尼托河源头地区达拉斯宝石矿区的蓝锥矿宝石矿。英文名称 Bario-orthojoaquinite,由成分"Barium(钡)"对称性"Orthorhombic(斜方晶系)"和根词"Joaquinite(硅钠钡钛石)"组合命名。IMA 1979-081 批准。1982 年 W. S. 怀斯(W. S. Wise)在《美国矿物学家》(67)报道。1984 年中国新矿物与矿物命名委员会郭宗山在《岩石矿物及测试》[3(2)]根据对称性及族名译为斜方硅钡钛石(根词参见【硅钠钡钛石】条 277 页),也有的译作钡斜方硅钠钡钛石。

【斜方硅钙石】

英文名 Kilchoanite

化学式 $Ca_6(SiO_4)(Si_3O_{10})$ (IMA)

斜方硅钙石是一种钙的硅酸盐矿物。斜方晶系。无独立晶体,呈硅钙石的假象。无色,半透明。1961 年发现于英国苏格兰西北高地的基尔霍恩(Kilchoan);同年,S. O. 阿格雷尔(S. O. Agrell)等在《自然》(189)和弗莱舍在《美国矿物学家》(46)报道。英文名称 Kilchoanite,以发现地英国的基尔霍恩(Kilchoan)命名。被认为是 1959 年以前发现、描述并命名的"祖父级"矿物,IMA 承认有效。中文名称根据斜方晶系和成分译为斜方硅钙石。

【斜方硅钠钡钛镧石】

英文名 Orthojoaquinite-(La)

化学式 $NaBa_2Fe^{2+}La_2Ti_2(SiO_3)_8O_2(OH,O,F)\cdot H_2O$ (IMA)

斜方硅钠钡钛镧石是一种含结晶水、羟基、氧和氟的钠、钡、铁、镧、钛的硅酸盐矿物。属硅钠钡钛石族。斜方晶系。晶体呈片状;集合体呈块状。棕色、褐色,丝绢光泽,透明;硬度5,完全解理,脆性。2000年发现于丹麦格陵兰岛库雅雷哥自治区库安纳尔苏伊特(Kuannersuit)高原纳尔萨克(Narsaq)伟晶岩。英文名称 Orthojoaquinite-(La),由对称性冠词"Orthorhombic(斜方晶系)"和根词"Joaquinite(硅钠钡钛石)",加占优势的稀土元素镧后缀-(La)组合命名。IMA 2000s. p. 批准。2001年松原(S. Matsubara)等在《加拿大矿物学家》(39)报道。2007年中国地质科学院地质研究所任玉峰在《岩石矿物学杂志》[26(3)]根据对称、族名和占优势的稀土元素译为斜方硅钠钡钛镧石(根词参见【硅钠钡钛石】条277页)。

【斜方硅钠钡钛铈石】

英文名 Orthojoaquinite-(Ce)

化学式 $NaBa_2Fe^{2+}Ce_2Ti_2(SiO_3)_8O_2(O,OH)\cdot H_2O$ (IMA)

斜方硅钠钡钛铈石是一种含结晶水、羟基和氧的钠、钡、铁、铈、钛的硅酸盐矿物。属硅钠钡钛石族。斜方晶系。黄色、浅棕色,玻璃光泽,透明;硬度5.5,完全解理。1979年发现于美国加利福尼亚州圣贝尼托县伊德里亚镇圣贝尼托河源头地区达拉斯宝石矿区的蓝锥矿宝石矿。英文名称 Orthojoaquinite-(Ce),由对称性冠词"Orthorhombic(斜方晶系)"和根词"Joaquinite(硅钠钡钛石)",加占优势的稀土元素铈后缀-(Ce)组合命名。IMA 1979-081b批准。1982年在《美国矿物学家》(67)报道。中文名称根据对称、与族名和占优势的稀土元素译为斜方硅钠钡钛铈石(根词参见【硅钠钡钛石】条277页)。

【斜方硅钠锶钡钛石】参见【奴奈川石*】条660页

【斜方辉铅铋矿】

英文名 Cosalite

化学式 $Pb_2Bi_2S_5$ (IMA)

斜方辉铅铋矿柱状、纤维状晶体(哈萨克斯坦、意大利)

斜方辉铅铋矿是一种铅、铋的硫化物矿物。斜方晶系。晶体呈柱状、纤维状、针状;集合体呈毛细管状或羽毛状、放射状、晶簇状和块状等,偶呈圆球状。铅灰色—钢灰色、锡白色,强金属光泽,不透明;硬度2.5~3,完全解理。1868年发现于墨西哥锡那那罗亚州科萨拉市科萨拉(Cosala)矿;同年,根特(Genth)在《美国科学与艺术杂志》(95)报道。英文名称 Cosalite,以发现地墨西哥的卡萨拉(Cosala)矿命名。1959年以前发现、描述并命名的"祖父级"矿物,IMA 承认有效。中文名称根据斜方晶系和成分译为斜方辉铅铋矿。

【斜方辉石】

英文名 Orthorhombic pyroxene

化学式 $Mg_2[Si_2O_6]—Fe_2[Si_2O_6]$

斜方辉石是辉石族斜方辉石亚族的总称,又称正辉石。由顽辉石($Mg_2[Si_2O_6]$)—正铁辉石($Fe_2[Si_2O_6]$)两个端元组分构成的完全类质同象系列。1987年国际矿物学会辉石命名委员会通过的辉石命名法,根据50%的原则将这个系列中含 $Mg_2[Si_2O_6]$>50%分子者称为顽火辉石(Enstatite);含 $Fe_2[Si_2O_6]$>50%分子者称为正铁辉石(Ferroaugite),而废弃了这个系列的中间成员古铜辉石、紫苏辉石和尤莱辉石等名称。按中国以前的矿物学分类习惯,保留古铜辉石和紫苏辉石等名称:即将含 $Fe_2[Si_2O_6]$10%~30%分子者称为古铜辉石(Bronzite);含 $Fe_2[Si_2O_6]$30%~50%分子者称为紫苏辉石(Hypersthene);此外还有铁紫苏辉石、尤莱辉石和铁辉石等名称(参见相关条目)。晶体呈短柱状;集合体呈粒状或块状。颜色随 Fe 含量的增高而加深:由无色或带浅绿的灰色—古铜色,再到绿黑色或褐黑等色,玻璃光泽;硬度5~6,中等解理。英文名称 Orthorhombic pyroxene,由"Orthorhombic(斜方晶系)"和"Pyroxene(辉石族名)"组合命名(参见【辉石】条350页)。

【斜方辉锑铅矿】

英文名 Meneghinite

化学式 $Pb_{13}CuSb_7S_{24}$ (IMA)

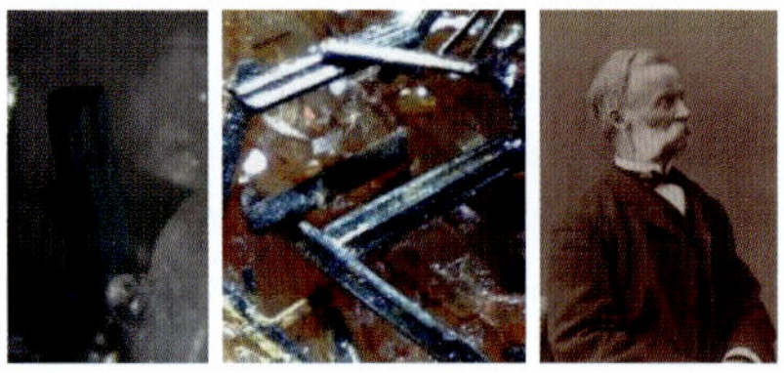

斜方辉锑铅矿细长柱状晶体(意大利)和梅内吉尼像

斜方辉锑铅矿是一种铅、铜的锑-硫化物矿物。属斜方辉锑铅矿同源系列族。斜方晶系。晶体呈细长柱状、纤维状,晶面有条纹;集合体呈块状。黑铅灰色,金属光泽,不透明;硬度2.5,完全解理,脆性。1852年发现于意大利卢卡省阿普安阿尔卑斯山斯塔泽马镇博蒂诺(Bottino)矿;同年,C. 贝池(C. Bechi)在 *Atti dell'Accademia dei Georgofili*(30)和《美国科学与艺术杂志》(14)报道。英文名称 Meneghinite,由第一个发现该矿物的意大利比萨大学的朱塞佩·梅内吉尼(Giuseppe Meneghini,1811—1889)教授的姓氏命名。他是意大利植物学家、地质学家和古生物学家,也是比萨大学的地质学教授。1959年以前发现、描述并命名的"祖父级"矿物,IMA 承认有效。中文名称根据斜方晶系和成分译为斜方辉锑铅矿,也译作斜辉锑铅矿。

【斜方钾芒硝】参见【钾矾】条364页

【斜方金铜矿】

英文名 Auricupride

化学式 Cu_3Au (IMA)

斜方金铜矿是一种铜和金的互化物天然合金矿物。属钙钛矿超族非化学计量比钙钛矿族斜方金铜矿亚族。与碲铁铜金矿为同质多象。等轴晶系。晶体呈圆粒状、不规则粒状、板状;集合体呈块状。铜红色或黄铜色,强金属光泽,不透明;硬度3.5。最早见于1939年 M. P. 洛热奇金(M. P.

Lozhechkin)在《苏联科学院报告》(24)报道。1950年发现于俄罗斯车里雅宾斯克州卡拉巴什市赛蒙(Soimon)谷佐洛塔亚戈拉(Zolotaya Gora)金矿床;同年,在《矿物学研究进展》(28)报道。英文名称 Auricupride,由化学成分拉丁文“Aurum(金)”和“Cuprum(铜)”组合命名。1959年以前发现、描述并命名的“祖父级”矿物,IMA 承认有效。中文名称根据斜方晶系和成分译为斜方金铜矿或斜方铜金矿。

斜方金铜矿不规则板状晶体(俄罗斯)

【斜方蓝辉铜矿】

英文名 Anilite

化学式 Cu_7S_4 (IMA)

斜方蓝辉铜矿是一种铜的硫化物矿物。斜方晶系。晶体呈柱状或板状,长 5mm。蓝灰色,金属光泽,不透明;硬度3。1968年发现于日本本州岛东北秋田县北秋田市阿仁町阿仁(Ani)矿。英文名称 Anilite,以发现地日本的阿仁(Ani)矿命名。日文汉字名称阿仁鉱。IMA 1968-030批准。1969年森本(N. Morimoto)在《美国矿物学家》(54)报道。中国地质科学院根据斜方晶系及与蓝辉铜矿的相似关系译为斜方蓝辉铜矿;2010年杨主明在《岩石矿物学杂志》[29(1)]建议借用日文汉字名称的简化汉字名称阿仁矿。

【斜方硫镍矿】

英文名 Godlevskite

化学式 $(Ni,Fe)_9S_8$ (IMA)

斜方硫镍矿是一种镍、铁的硫化物矿物。斜方晶系。晶体呈粒状,具膝状弯曲的双晶;集合体呈细浸染状。抛光面淡黄色,金属光泽,不透明;硬度4~5。1968年发现于俄罗斯泰梅尔半岛普托拉纳高原诺里尔斯克市铜镍矿床扎波利亚尔尼(Zapolyarnyi)矿、塔尔纳赫铜镍矿床的马亚克(Mayak)矿和8号矿。英文名称 Godlevskite,以苏联莫斯科贱金属和贵金属地质勘探中央研究所的经济地质学家米哈伊尔·尼古拉耶维奇·龚德勒夫斯基(Mikhail Nikolaevich Godlevskii,1902—1984)的姓氏命名。IMA 1968-032批准。1969年E. A. 库拉龚夫(E. A. Kulagov)等在《金属矿床地质》(11)和1970年《美国矿物学家》(55)报道。中文名称根据斜方晶系和成分译为斜方硫镍矿。

【斜方硫铁铜矿】

英文名 Haycockite

化学式 $Cu_4Fe_5S_8$ (IMA)

海科克像

斜方硫铁铜矿是一种铜、铁的硫化物矿物。属硫铜铁矿族。斜方晶系。晶体呈粒状。铜黄色,金属光泽,不透明;硬度4.5。1971年发现于南非姆普马兰加省东布什维尔德杂岩体莱登堡镇莫伊霍克(Mooihoek)农场。英文名称 Haycockite,为纪念加拿大矿物学家,安大略省渥太华能源、矿产和资源部矿物学科前科长莫里斯·霍尔·海科克(Maurice Hall Haycock,1900—1988)而以他的姓氏命名。早在1931年海科克作为普林斯顿大学的一名研究生在未发表的报告中曾简要介绍过该矿物。IMA 1971-028批准。1972年L. J. 卡布里(L. J. Cabri)在《美国矿物学家》(57)报道。中文名称根据斜方晶系和成分译为斜方硫铁铜矿。

【斜方硫锡矿】

英文名 Ottemannite

化学式 Sn_2S_3 (IMA)

斜方硫锡矿是一种锡的硫化物矿物。斜方晶系。晶体呈小板状,常见双晶。抛光面呈灰色、橙色,金属光泽,不透明;硬度2。20世纪50年代初发现于玻利维亚波托西省波托西市切罗-波托西(Cerro de Potosí)。最初由罗伯托·赫岑伯格(Roberto Herzenberg)收集到矿物标本,后被亨利·格奥尔基(Henry Georgi)得到。在加拿大自然博物馆通过X射线衍射发现该新矿物。英文名称 Ottemannite,1966年G. H. 莫赫(G. H. Moh)为纪念德国海德堡矿物学家约阿希姆·奥特曼(Joachim Ottemann,1914—?)而以他的姓氏命名。1964年G. H. 莫赫(G. H. Moh)等在《矿物学新年鉴》(月刊)(3)和1965年弗莱舍在《美国矿物学家》(50)及1966年莫赫在《矿物学进展》(42)报道。IMA 1968s. p. 批准。中文名称根据斜方晶系和成分译为斜方硫锡矿。

【斜方硫铱矿】

英文名 Kashinite

化学式 Ir_2S_3 (IMA)

斜方硫铱矿是一种铱的硫化物矿物。斜方晶系。晶体呈他形粒状。灰色、黑色,金属光泽,不透明;硬度7.5,脆性。1982年发现于俄罗斯斯维尔德洛夫斯克州下塔吉尔市亚力山德罗夫(Aleksandrov)铂矿床。英文名称 Kashinite,以苏联莫斯科贱金属和贵金属地质研究所地质学家、乌拉尔塔吉尔地区的铂矿床调查员斯捷潘·亚历山德罗维奇·卡申(Stepan Alexandrovich Kashin,1900—1981)的姓氏命名。IMA 1982-036批准。1985年V. D. 贝吉佐夫(V. D. Begizov)等在《全苏矿物学会记事》[114(5)]和1987年F. C. 霍桑(F. C. Hawthorne)等在《美国矿物学家》(72)报道。中文名称根据对称和成分译为斜方硫铱矿。1986年中国新矿物与矿物命名委员会郭宗山等在《岩石矿物学杂志》[5(4)]根据成分译为硫铑铱铜矿。

【斜方铝矾】

英文名 Rostite

化学式 $Al(SO_4)(OH) \cdot 5H_2O$ (IMA)

斜方铝矾球粒状、皮壳状集合体(意大利)

斜方铝矾是一种含结晶水、羟基的铝的硫酸盐矿物。与斜铝矾为同质二象。斜方晶系。集合体呈球粒状、皮壳状。白色,玻璃光泽,透明。1975年发现于捷克共和国克拉德诺地区克拉德诺(Kladno)矿燃煤转储场。英文名称 Rostite,以捷克共和国布拉格查尔斯大学矿物学教授鲁道夫·罗斯特(Rudolph Rost,1912—1999)的姓氏命名,是他首先对该矿物的特点进行了描述。1975年在《美国矿物学家》(60)和1979年在《矿物学新年鉴》(月刊)报道。但持怀疑态度。IMA 1988s. p. 批准。中文名称根据斜方晶系和成分译为斜方铝矾。同义词 Lapparentite,1933年亨利·翁格马赫(Henri Ungemach)为纪念艾伯特·拉伯(Albert de Lapparent,1839—1908)而以他的姓氏命名。1935年翁格马赫(Ungemach)在《法国矿物学会通报》(58)报道。中文名称根据对称和成分译为斜方铝矾,也译为基性铝矾。

【斜方绿铜锌矿】

英文名 Rosasite

化学式 $CuZn(CO_3)(OH)_2$ (IMA)

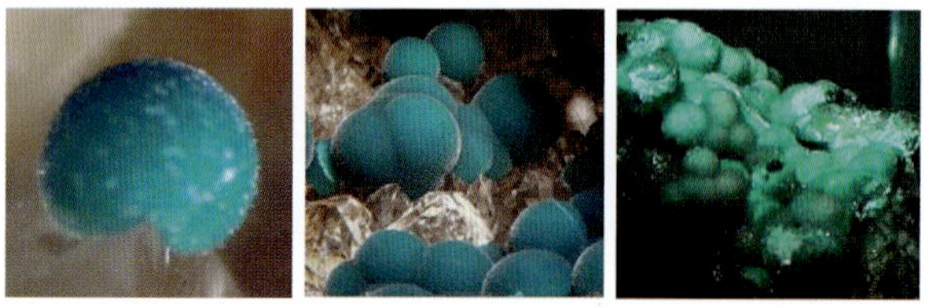

斜方绿铜锌矿纤维状晶体，放射状、球粒状、皮壳状集合体（德国、美国）

斜方绿铜锌矿是一种含羟基的铜、锌的碳酸盐矿物。属锌孔雀石族。类似于绿铜锌矿（Aurichalcite）。单斜晶系。晶体呈针状、纤维状；集合体常呈钟乳状、葡萄状或球粒状、皮壳状。蓝色、蓝绿色、绿色、天蓝色，玻璃光泽、丝绢光泽，半透明；硬度4～4.5，完全解理，脆性。1908年发现于意大利萨丁岛卡博尼亚-伊格莱西亚斯省纳尔考地区罗萨斯（Rosas）矿；同年，洛维萨托（Lovisato）在罗马《林内皇家国立科学院物理、数学和自然科学文献》（*Rendiconti dell'Accademia Nazionale dei Lincei, Classe di Scienze Fisiche, Matematiche e Natural*）（V系列，17）报道。英文名称Rosasite，以发现地意大利的罗萨斯（Rosas）矿命名。1959年以前发现、描述并命名的"祖父级"矿物，IMA承认有效。1921年比尔（Biehl）在《矿物文摘》（1）中称Paraurichalcite-I（等同绿铜锌矿-I）。中文名称根据假斜方晶系和与绿铜锌矿的关系译为斜方绿铜锌矿；根据结晶习性和与绿铜锌矿关系译为纤维绿铜锌矿；根据成分及与孔雀石的关系译为锌孔雀石。

【斜方氯硫汞矿】

英文名 Kenhsuite

化学式 $Hg_3S_2Cl_2$ (IMA)

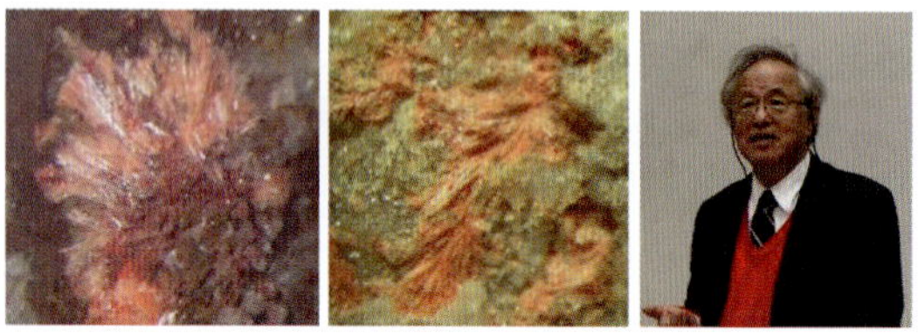

斜方氯硫汞矿纤维状晶体，放射状集合体（西班牙）和许靖华像

斜方氯硫汞矿是一种含氯的汞的硫化物矿物。与氯硫汞矿和氯溴硫汞矿为同质多象。斜方晶系。晶体呈针状、纤维状、柱状、叶片状；集合体呈束状、放射状。鲜黄色，玻璃光泽，透明；硬度2～3，完全解理，脆性。1996年发现于美国内华达州洪堡特县麦克德米特（McDermitt）矿山汞矿床。英文名称Kenhsuite，以瑞士苏黎世瑞士联邦理工学院的名誉教授、美国国家科学院、地中海科学院、中国台湾"中央"研究院院士许靖华（肯尼斯·中和·许）（Kenneth Junghwa Hsu，1929—）博士的名字命名。许先生在地质学方面拥有杰出的职业生涯，获得了伍拉斯顿勋章、彭罗斯奖章、特温霍费尔奖牌、美国石油地质学家总裁特别奖章以及他母校（俄亥俄州立大学）的波诺克（Bownocker）勋章。他也是一位发明家，拥有综合水文电路和水力发电机专利以及其他14项发明。许博士还发明了剩余油的回收涉及到油藏注入水的主要创新技术（俗称压裂）。IMA 1996-026批准。1998年J. K. 麦考马克（J. K. McCormack）等在《加拿大矿物学家》（36）报道。2003年中国地质科学院矿产资源研究所李锦平等在《岩石矿物学杂志》[22(2)]根据对称性和成分译为斜方氯硫汞矿。

【斜方氯砷铅矿】参见【日叶石】条752页

【斜方锰顽辉石】

英文名 Donpeacorite

化学式 $(Mn,Mg)MgSi_2O_6$ (IMA)

斜方锰顽辉石短柱状、长柱状晶体，放射状集合体（美国）和皮科像

斜方锰顽辉石是一种锰、镁的硅酸盐矿物。属辉石族斜方辉石亚族。斜方晶系。晶体呈短柱状、长柱状；集合体呈晶簇状、放射状。浅黄色、橙黄色、淡粉色，玻璃光泽，半透明；硬度5～6，完全解理。1982年发现于美国纽约州圣劳伦斯县巴尔马-爱德华兹锌矿区巴尔马圣乔（St Joe）矿。英文名称Donpeacorite，1984年由埃里希·U. 彼得森（Erich U. Petersen）、劳伦斯·M. 阿诺维特兹（Lawrence M. Anovitz）和埃里克·J. 艾赛尼（Eric J. Essene）以美国密歇根大学安娜堡分校矿物学家唐纳德·拉尔夫·皮科（Donald Ralph Peacor，1937—）的姓名命名，以表彰他对辉石和锰矿物研究做出的贡献。他撰写/合著了大约90种新矿物的描述，并研究了许多其他矿物的结构。IMA 1982-045批准。1984年彼得森（Petersen）等在《美国矿物学家》（69）报道。1985年中国新矿物与矿物命名委员会郭宗山等在《岩石矿物及测试》[4(4)]根据斜方晶系、成分及族名译为斜方锰顽辉石。

【斜方钼铜石】

英文名 Szenicsite

化学式 $Cu_3(MoO_4)(OH)_4$ (IMA)

斜方钼铜石刃状晶体，放射状集合体（智利）和斯泽尼克斯像

斜方钼铜石是一种含羟基的铜的钼酸盐矿物。与马克阿舍尔石*（Markascherite）为同质多象。斜方晶系。晶体呈板状、刃状；集合体呈束状、放射状。暗绿色，金刚光泽、珍珠光泽，透明—半透明；硬度3.5～4，完全解理，脆性。1993年发现于智利阿塔卡马沙漠地区查纳拉尔岛附近的贾迪纳拉（Jardinera）矿山1号矿。英文名称Szenicsite，以美国矿物收藏家和矿物经销商特里·斯泽尼克斯（Terry Szenics，1947—）和玛丽莎·斯泽尼克斯（Marissa Szenics，1950—）两人的姓氏命名，是他（她）们发现的第一块标本。IMA 1993-011批准。1994年C. A. 弗朗西斯（C. A. Francis）在《矿物学记录》（25）和1997年《矿物学记录》（28）报道。1999年中国新矿物与矿物命名委员会黄蕴慧等在《岩石矿物学杂志》[18(1)]根据对称和成分译为斜方钼铜石，有的音译为西尼克石。

【斜方钠锆石】

英文名 Gaidonnayite

化学式 $Na_2ZrSi_3O_9 \cdot 2H_2O$ (IMA)

斜方钠锆石短柱晶体穿插双晶(加拿大)和唐纳像

斜方钠锆石是一种含结晶水的钠、锆的硅酸盐矿物。与钠锆石为同质二象。斜方晶系。晶体呈短柱与楔形,常见穿插双晶。无色、淡黄色、淡棕色—棕色、浅灰色、灰绿色,玻璃—半玻璃光泽、蜡状光泽,透明;硬度 5,脆性。1973 年发现于加拿大魁北克省圣希莱尔(Saint-Hilaire)山混合肥采石场。英文名称 Gaidonnayite,以加拿大蒙特利尔麦吉尔大学矿物学家和晶体学家加布里埃尔“盖”·汉堡·唐纳(Gaibrielle “Gai” Hamburger Donnay,1920—1987)的姓名命名。她在华盛顿卡内基研究所地球物理实验室工作了 20 年,后来在加拿大蒙特利尔麦吉尔大学工作;在她的博士论文中,解决了电气石的复杂结构,后来又解决了许多其他结构。IMA 1973-008 批准。1974 年 G. Y. 曹(G. Y. Chao)和 D. H. 沃特金森(D. H. Watkinson)在《加拿大矿物学家》(12)报道。中国地质科学院根据斜方晶系和成分译为斜方钠锆石;2011 年杨主明等在《岩石矿物学杂志》[30(4)]建议音译为盖多尼石(参见【钠锆石】条 635 页)。

【斜方钠铌矿】

英文名 Lueshite

化学式 $NaNbO_3$ (IMA)

斜方钠铌矿假立方体晶体(刚果)

斜方钠铌矿是一种钠、铌的氧化物矿物。属钙钛矿超族化学计量比钙钛矿族钙钛矿亚族。与钠铌矿(Natroniobite,单斜晶系)、等轴钠铌矿(Isolueshite)和三方钠铌矿(Pauloabibite)为同质多象变体。斜方(假等轴)晶系。晶体呈假立方体,粒状。黑色,薄片呈红褐色,强金属—半金属光泽,不透明—半透明;硬度 5.5~6。1959 年发现于刚果(金)北基伍省鲁丘鲁地区的卢埃歇(Lueshe)碳酸盐岩杂岩体烧绿石矿。英文名称 Lueshite,1959 年由矿物学家 A. 萨弗安尼克夫(A. Safiannikoff)以发现地刚果(金)的卢埃歇(Lueshe)矿命名。1959 年萨弗安尼克夫在法国《比利时皇家海外科学院会议通报》(5)和 1961 年弗莱舍在《美国矿物学家》(46)报道。IMA 1962s. p. 批准。中文名称根据斜方晶系和成分译为斜方钠铌矿和斜方钠铌石。

【斜方硼镁锰矿】

英文名 Orthopinakiolite

化学式 $Mg_2Mn^{3+}O_2(BO_3)$ (IMA)

斜方硼镁锰矿是一种镁、锰氧的硼酸盐矿物。属斜方硼镁锰矿族。与硼镁锰矿为同质二象。斜方晶系。晶体呈柱状。黑色,金属光泽,不透明;硬度 6,完全解理。1960 年发现于瑞典韦姆兰省菲利普斯塔德市朗班(Långban);同年,在《矿物学和地质学文献》(2)报道。英文名称 Orthopinakiolite,由对称冠词“Ortho(斜方)”和根词“Pinakiolite(硼镁锰矿)”组合命名。1961 年在《美国矿物学家》(46)报道。IMA 1962s. p. 批准。中文名称根据斜方晶系及与硼镁锰矿的关系译为斜方硼镁锰矿;斜方晶系也称正交晶系,正亦直,故也译为正硼镁锰矿(根词参见【硼镁锰矿】条 676 页)。

斜方硼镁锰矿柱状晶体(瑞典)

【斜方铅铋钯矿】

英文名 Polarite

化学式 Pd(Bi,Pb) (IMA)

斜方铅铋钯矿是一种钯、铅和铋的互化物矿物。斜方晶系。晶体呈粒状。黄白色,金属光泽,不透明;硬度 3.5~4。1969 年发现于俄罗斯泰梅尔半岛普托拉纳高原塔尔纳赫铜镍矿床马亚克(Mayak)矿。英文名称 Polarite,以发现地俄罗斯极地(Polar)乌拉尔山脉命名。IMA 1969-032 批准。1969 年 A. D. 根金(A. D. Genkin)等在《全苏矿物学会记事》(98)和 1970 年弗莱舍等在《美国矿物学家》(55)报道。中文名称根据斜方晶系和成分译为斜方铅铋钯矿。

【斜方羟砷锰矿】参见【阿羟砷锰矿】条 9 页

【斜方砷】

英文名 Arsenolamprite

化学式 As (IMA)

斜方砷放射状、羽状集合体(德国、智利)

斜方砷是一种非金属元素砷的自然单质矿物。与自然砷(Arsenic)为同质二象。斜方晶系。晶体呈针状、叶片状、板状;集合体呈放射状、羽状。灰白色,金属光泽,不透明;硬度 2,完全解理。1823 年发现于德国萨克森州厄尔士山脉葛林斯瓦尔德(Gehringswalde)的帕尔姆鲍姆(Palmbaum)矿;同年,A. 布赖特豪普特(A. Breithaupt)在德累斯顿《矿物系统的完整特征》(*Vollständige Charakteristik des Mineral-Systems*)(第二版)刊载。1886 年 C. 辛兹(C. Hintze)在《结晶学和矿物学杂志》(11)报道。英文名称 Arsenolamprite,由化学成分“Arseno(砷)”和希腊文“λαμπρός=Lampros(辉煌)”组合命名,意指它的“辉煌”的金属光泽。1959 年以前发现、描述并命名的“祖父级”矿物,IMA 承认有效。中文名称根据斜方晶系和成分译为斜方砷;因可能常含杂质铋,故有的译作自然砷铋。

【斜方砷铋铀矿】

英文名 Orthowalpurgite

化学式 $(UO_2)Bi_4O_4(AsO_4)_2 \cdot 2H_2O$ (IMA)

斜方砷铋铀矿是一种含结晶水的铀酰、铋氧的砷酸盐矿物。属砷铀铋矿族。斜方晶系。晶体呈板状;集合体呈扇状、放射状、晶簇状。浅黄色,金刚光泽,透明;硬度 4.5,脆性。1994 年发现于德国巴登-符腾堡州弗赖堡市罗特维尔地区的施密德斯托伦(Schmiedestollen)储运站废石堆。英

斜方砷铋铀矿板状晶体，扇状、放射状、晶簇状集合体（德国）

文名称 Orthowalpurgite，由对称冠词“Orthorhombic(斜方晶系)”和根词“Walpurgite(砷铀铋矿)”组合命名，意指它是砷铀铋矿的斜方晶系之多型。IMA 1994-024 批准。1995 年 W. 克劳斯（W. Krause）等在《欧洲矿物学杂志》(7)报道。2003 年中国地质科学院矿产资源研究所李锦平等在《岩石矿物学杂志》[22(3)]根据对称性及族名译为斜方砷铋铀矿（根词参见【砷铀铋矿】条 798 页）。

【斜方砷钴矿】

英文名 Safflorite

化学式 $CoAs_2$　　(IMA)

斜方砷钴矿小柱状晶体，菜花状集合体（德国、加拿大）

斜方砷钴矿是一种钴的砷化物矿物。属斜方砷铁矿族。斜方晶系。晶体呈小柱状；集合体呈菜花状。锡白色，玷污深灰色，金属光泽，不透明；硬度 4.5～5，完全解理，脆性。1817 年发现于德国萨克森州厄尔士山脉贝格诺伊施塔特地区丹尼尔(Daniel)矿（圣丹尼尔矿）；同年，A. 布赖特豪普特（A. Breithaupt）最早在《霍夫曼矿物学手册》(第四卷)刊载。英文名称 Safflorite，1835 年约翰·弗里德里希·奥古斯特·布赖特豪普特(Johann Friedrich August Breithaupt)在《实用化学杂志》(4)根据德文“Safflor(红花)”或“Zaffer(花绀青)”命名，因为它是一种不纯的含氧化钴的混合物，被用于制造一种作颜料的氧化钴。1959 年以前发现、描述并命名的“祖父级”矿物，IMA 承认有效。中文名称根据斜方晶系和成分译为斜方砷钴矿。

【斜方砷镍矿】

英文名 Rammelsbergite

化学式 $NiAs_2$　　(IMA)

斜方砷镍矿小柱状晶体，块状集合体（捷克）和拉梅尔斯贝格像

斜方砷镍矿是一种镍的砷化物矿物。属斜方砷铁矿族。与等轴砷镍矿(Krutovite)和副斜方砷镍矿(Pararammelsbergite)为同质多象。斜方晶系。柱状晶体罕见；集合体常呈块状。银色、锡白色带粉红色色调，金属光泽，不透明；硬度 5.5～6，完全解理，脆性。最早见于 1832 年霍夫曼(Hofmann)在《物理学年鉴》(25)的报道。1845 年首次描述的矿物发现在德国萨克森州厄尔士山脉施内贝格(Schneeberg)银矿区；同年，布赖特豪普特(Breithaupt)在《物理学年鉴》(64)报道。1845 年布劳米勒(Braumüller)和塞德尔(Seidel)在维也纳《矿物学鉴定手册》刊载。1855 年由詹姆斯·D. 丹纳为纪念德国柏林大学和皇家工业研究所的化学家和矿物学家卡尔·弗里德里希·奥古斯特·拉梅尔斯贝格(Karl Friedrich August Rammelsberg，1813—1899)教授而以他的姓氏命名。他发表了关于系统矿物学的许多著名的书籍。1959 年以前发现、描述并命名的“祖父级”矿物，IMA 承认有效。中文名称根据斜方晶系和成分译为斜方砷镍矿。

【斜方砷铁矿】

英文名 Löllingite

化学式 $FeAs_2$　　(IMA)

斜方砷铁矿柱状、片状及双晶（美国、中国、西班牙）

斜方砷铁矿是一种铁的砷化物矿物。斜方晶系。晶体呈柱状、板状、刃状、片状、粒状；集合体呈致密块状。银白色—钢灰色，金属光泽，不透明；硬度 5～5.5，完全解理。1845 年首次发现并描述于奥地利克恩顿州弗里萨赫小镇洛林格(Lölling)区沃尔夫包(Wolfbau)矿。1845 年布劳米勒(Braumüller)和塞德尔(Seidel)在维也纳《矿物学鉴定手册》刊载。英文名称 Löllingite，由威廉·卡尔·冯·海丁格尔(Wilhelm Karl von Haidinger)以发现地奥地利的洛林格(Lölling)区命名。1944 年 C. 帕拉奇(C. Palache)、H. 伯曼(H. Berman)和 C. 弗龙德尔(C. Frondel)在《丹纳系统矿物学》(第一卷，第七版，纽约)刊载。1959 年以前发现、描述并命名的“祖父级”矿物，IMA 承认有效。中文名称根据晶系和成分译为斜方砷铁矿。

【斜方砷铜矿】

英文名 Paxite

化学式 $CuAs_2$　　(IMA)

斜方砷铜矿是一种铜的砷化物矿物。属毒砂族。单斜(假斜方)晶系。集合体呈块状。浅钢灰色，金属光泽，不透明；硬度 3.5～4。1961 年发现于捷克共和国赫拉德茨-克拉洛韦州克尔科诺谢(Krkonoše)山脉塞尔尼杜尔(černý Důl)矿。1961 年 Z. 约翰(Z. Johan)在捷克《卡罗莱纳地质大学学报》(2)和 1962 年弗莱舍在《美国矿物学家》(47)报道。英文名称 Paxite，以拉丁文“Pax(和平女神)”命名。IMA 1967s.p. 批准。中文名称根据斜方晶系和成分译为斜方砷铜矿。

【斜方水锰矿】参见【锰榍石】条 616 页

【斜方水硼镁石】

英文名 Preobrazhenskite

化学式 $Mg_3B_{11}O_{15}(OH)_9$　　(IMA)

斜方水硼镁石是一种含羟基的镁的硼酸盐矿物。斜方晶系。晶体呈柱状、板状和圆滑卵形粒状；集合体呈结节状。无色、淡黄色、深灰色，玻璃光泽，透明—半透明；硬度 4.5～

斜方水硼镁石柱状、卵形粒状晶体(哈萨克斯坦)和普列奥布拉任斯基像

5。1956 年发现于哈萨克斯坦阿特劳省阿特劳市英德尔(Inder)硼矿床和盐丘。1956 年 Y. Y. 亚泽姆斯基(Y. Y. Yarzhemskii)在《苏联科学院报告》(111)和 1957 年《美国矿物学家》(42)报道。英文名称 Preobrazhenskite,为纪念苏联食盐矿床调查研究者,列宁格勒哈尔格瑞(Halurgy)研究所和莫斯科矿山采矿与化工研究所的地质学家,苏联佩尔姆大学地质与矿物学系教授、盐矿专家,哈萨克斯坦英德尔矿床的发现者,化工学会的创立者帕维尔·伊万诺维奇·普列奥布拉任斯基(Pavel Ivanovich Preobrazhenskii,1874—1944)而以他的姓氏命名。1959 年以前发现、描述并命名的"祖父级"矿物,IMA 承认有效。中文名称根据斜方晶系和成分译为斜方水硼镁石;根据颜色和成分译作黄硼镁石。

【斜方钛铀矿】

英文名 Orthobrannerite

化学式 $U^{4+}U^{6+}Ti_4O_{12}(OH)_2$　　(IMA)

斜方钛铀矿柱状晶体(意大利)

斜方钛铀矿是人们早已熟悉的一种铀、钛的氢氧-氧化物矿物。属钛铀矿族。与钛铀矿为同质二象。斜方晶系。晶体呈柱状,端部为锥体,柱面有条纹。黑色,金刚光泽,半透明;硬度 5.5。钛铀矿(Brannerite)是 1959 年以前发现、描述并命名的"祖父级"矿物,IMA 承认有效(参见【钛铀矿】条 914 页)。对钛铀矿的研究大致分 3 个阶段:自 1920 年被 F. S. 赫斯(F. S. Hess)和 R. G. 威尔斯(R. G. Wells)发现至 1959 年的第一个阶段,许多人对钛铀矿做了些工作。由于系变生矿物,又没有遇到较完整的自形晶体,无法进行单晶结构分析和结晶学方面的研究,晶系一直未确定。到 1960 年的第二个阶段,佩契特等用人工合成的钛铀矿单晶,确定为单斜晶系。1961 年以后的第三个阶段,对天然钛铀矿的研究。1978 年,中国核工业北京地质研究院和武汉地质学院研究人员在中国云南发现的钛铀矿属斜方晶系。矿物呈单个柱状晶体,长达 1.2cm,或不规则状集合体。黑色,金刚光泽,透明度极差。1978 年中国北京铀地质研究所 X 射线实验室、武汉地质学院 X 射线实验室研究人员在《地质学报》[52(3)]和 1979 年《美国矿物学家》(64)报道,根据"Ortho(斜方晶系)"和与"Brannerite(钛铀矿)"的关系命名为斜方钛铀矿(Orthobrannerite)。IMA 1988s. p. 批准。

【斜方钽钇矿】

英文名 Iwashiroite-(Y)

化学式 $YTaO_4$　　(IMA)

斜方钽钇矿自形板状晶体(日本)

斜方钽钇矿是一种钇、钽的氧化物矿物。与黄钇钽矿、高绳石* 和钇钽矿为同质多象。单斜晶系。晶体呈自形板状。深红棕、琥珀棕色—棕色,半金刚光泽、玻璃光泽,半透明;硬度 6,完全解理,脆性。2003 年发现于日本本州岛东北福岛县伊达郡川俣(Kawamata)町饭坂村(Iisaka)水晶(Suishoyama)山伟晶花岗岩(也称鬼御影)。英文名称 Iwashiroite-(Y),根词由发现地日本的一个古老的岩代(Iwashiro)区名[仍然是一个邻近的镇(国)名],加占优势的稀土元素钇后缀-(Y)组合命名。日文汉字名称岩代石。IMA 2003-053 批准。2003 年宫胁律郎(R. Miyawaki)等在《日本矿物科学会》(*Kobutsu-Gakkai Koen-Yoshi*)(212)和 2006 年《矿物学和岩石学科学杂志》(101)报道。2008 年任玉峰等在《岩石矿物学杂志》[27(6)]根据单斜晶系和成分译为斜方钽钇矿;2010 年杨主明在《岩石矿物学杂志》[29(1)]建议借用日文汉字名称岩代石(岩代矿)。

【斜方碳铀矿】参见【菱铀矿】条 493 页

【斜方锑镍矿】

英文名 Nisbite

化学式 $NiSb_2$　　(IMA)

斜方锑镍矿是一种镍的锑化物矿物。属斜方砷铁矿族。斜方晶系。晶体呈细粒状。锡白色,金属光泽,不透明;硬度 5。1969 年发现于加拿大安大略省肯诺拉区鳟鱼湾(Trout Bay)铜矿。英文名称 Nisbite,由化学成分"Nickel(Ni,镍)"和"Antimony(Sb,锑)"的元素符号组合命名。IMA 1969-017 批准。1970 年 L. J. 卡布里(L. J. Cabri)等在《加拿大矿物学家》(10)和 1971 年弗莱舍在《美国矿物学家》(56)报道。中文名称根据斜方晶系和成分译为斜方锑镍矿。

【斜方锑铁矿】

英文名 Seinäjokite

化学式 $FeSb_2$　　(IMA)

斜方锑铁矿是一种铁的锑化物矿物。斜方晶系。多呈集合体。浅灰色,金属光泽,不透明;硬度 5。1976 年发现于芬兰南博滕区塞伊奈约基(Seinäjoki)鲁塔卡利奥(Routakallio)锑矿床采场。1976 年 N. N. 莫兹戈娃(N. N. Mozgova)等在《全苏矿物学会记事》(105)和 1977 年 M. 弗莱舍(M. Fleischer)等在《美国矿物学家》(62)报道。英文名称 Seinäjokite,以发现地芬兰的塞伊奈约基(Seinäjoki)命名。IMA 1976-001 批准。中文名称根据斜方晶系和成分译为斜方锑铁矿。

【斜方铁辉石】参见【铁辉石】条 946 页

【斜方铜铂矿*】

英文名 Orthocuproplatinum

化学式 Pt_3Cu　　(IMA)

斜方铜铂矿* 是一种铂和铜的合金矿物。斜方晶系。晶体呈粒状,粒径 1.5mm。灰白色,金属光泽,不透明;硬度 4。2018 年发现于刚果(金)北基伍省卢贝罗(Lubero)地区。英文名称 Orthocuproplatinum,由对称"Ortho(斜方晶系)""Cupro(铜)"和"Platinum(铂)"组合命名。IMA 2018-124 批准。2019 年 A. R. 卡布拉尔(A. R. Cabral)等在《CNMNC 通讯》(47)、《欧洲矿物学杂志》(31)和《矿物学与岩石学》(113)报道。目前尚未见官方中文译名,编译者建议根据对称和成分译为斜方铜铂矿*。

【斜方硒镍矿】

英文名 Kullerudite

化学式 $NiSe_2$　　(IMA)

库勒鲁德像

斜方硒镍矿是一种镍的硒化物矿物。属白铁矿族。斜方晶系。晶体呈细粒状。铅灰色，金属光泽，不透明；硬度 5.5～6.5。1964 年发现于芬兰北部库萨莫市基特卡（Kitka）河谷；同年，Y. 沃雷莱宁（Y. Vuorelainen）等在《芬兰地质学会会议周报》(36) 和 1965 年弗莱舍在《美国矿物学家》(50) 报道。英文名称 Kullerudite，以美国华盛顿特区地球物理实验室的实验硫化物岩石学专家、普渡大学地球科学系主任贡纳尔·库勒鲁德（Gunnar Kullerud，1921—1989）的姓氏命名。IMA 1967 s. p. 批准。中文名称根据斜方晶系和成分译为斜方硒镍矿；斜方晶系又称正交晶系，正亦直，所以也译作直硒镍矿。

【斜方硒铁矿】参见【白硒铁矿】条 40 页

【斜方硒铜矿】

英文名 Athabascaite

化学式 Cu_5Se_4 （IMA）

斜方硒铜矿板条状晶体（捷克）

斜方硒铜矿是一种铜的硒化物矿物。斜方晶系。晶体呈板条状。浅灰色、蓝灰色、白色，金属光泽，不透明；硬度 2.5。1969 年发现于加拿大萨斯喀彻温省比弗洛奇区马丁（Martin）湖矿[阿萨巴斯卡（Athabasca）河流域]。英文名称 Athabascaite，以发现地加拿大的阿萨巴斯卡（Athabasca）河命名。IMA 1969 - 022 批准。1970 年 D. C. 哈里斯（D. C. Harris）等在《加拿大矿物学家》(10) 报道。中国地质科学院根据斜方晶系和成分译为斜方硒铜矿；2011 年杨主明等在《岩石矿物学杂志》[30(4)] 建议音译为阿萨巴斯卡矿。

【斜方锡钯矿】参见【锡二钯矿】条 1006 页

【斜方锌钙铜矾】

英文名 Orthoserpierite

化学式 $CaCu_4(SO_4)_2(OH)_6 \cdot 3H_2O$ （IMA）

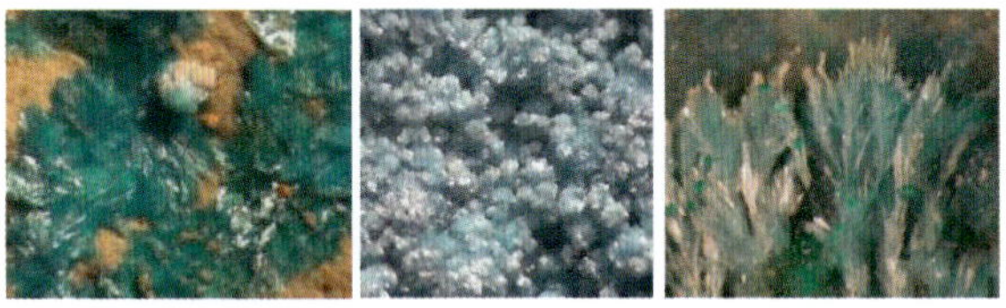
斜方锌钙铜矾片状晶体，球粒状、束状集合体（法国、美国）

斜方锌钙铜矾是一种含结晶水和羟基的钙、铜的硫酸盐矿物。属钙铜矾族。斜方晶系。晶体常呈片状、纤维状；集合体呈圆花状、皮壳状、球粒状、束状。天蓝色，玻璃光泽，透明。1983 年发现于法国罗纳－阿尔卑斯大区奥涅格特（Oingt）镇切西（Chessy）铜矿。英文名称 Orthoserpierite，1985 年由哈利勒·萨尔普（Halil Sarp）根据对称冠词“Orthorhombic（斜方晶系）”和根词“Serpierite（锌钙铜矾）”的关系命名，意指它是锌钙铜矾的斜方晶系的多形体。IMA 1983 - 022a 批准。1985 年 H. 萨尔普（H. Sarp）在《瑞士矿物学和岩石学通报》(65) 报道。中文名称根据斜方晶系及与锌钙铜矾的关系译为斜方锌钙铜矾（根词参见【锌铜矾】条 1047 页）。1986 年中国新矿物与矿物命名委员会郭宗山等在《岩石矿物学杂志》[5(4)] 根据对称和成分译为正锌钙铜矾；根据颜色和成分译为蓝锌钙铜矾。

【斜钙沸石】

英文名 Wairakite

化学式 $Ca(Si_4Al_2)O_{12} \cdot 2H_2O$ （IMA）

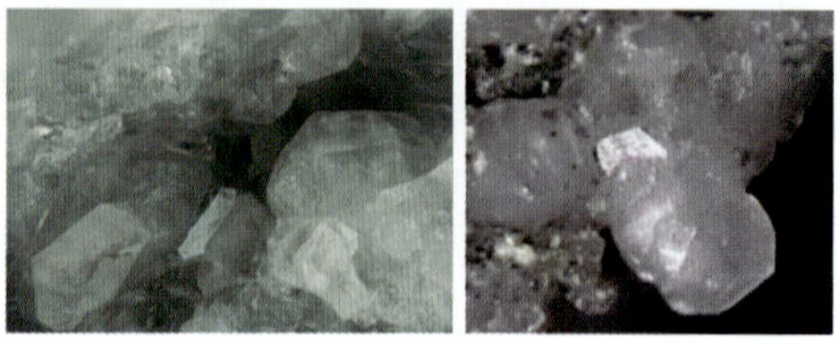
斜钙沸石板状、粒状晶体，晶簇状集合体（日本、新西兰）

斜钙沸石是一种含沸石水的钙的铝硅酸盐矿物。属沸石族方沸石－斜钙沸石系列。单斜晶系。晶体呈半自形板状、细粒状；集合体呈皮壳状、喷气孔的充填晶簇状。无色、白色，玻璃光泽，透明—半透明；硬度 5.5～6，完全解理，脆性。1955 年阿尔弗雷德·施泰纳（Alfred Steiner）发现于新西兰北岛陶波镇怀拉基（Wairakei）陶波湖一个活跃的火山区温泉沉积物。由达尼丁奥塔哥大学地质系的 D. S. 库姆斯（D. S. Coombs）博士经 X 射线结晶学的研究发现是一种新矿物。英文名称 Wairakite，以发现地新西兰的怀拉基（Wairakei）命名。1955 年 A. 施泰纳（A. Steinei）在《新西兰地质调查局资料》和《矿物学杂志》(30) 报道。1959 年以前发现、描述并命名的“祖父级”矿物，IMA 承认有效。IMA 1997s. p. 批准。中文名称根据单斜晶系、成分和族名译为斜钙沸石。

【斜锆石】

英文名 Baddeleyite

化学式 ZrO_2 （IMA）

斜锆石板状晶体，晶簇状集合体（南非、意大利）

斜锆石是一种锆的氧化物天然矿物，与人工合成的立方氧化锆为同质二象。属斜锆石族。单斜晶系。晶体呈板状或片状、纤维状，具聚片双晶；集合体呈不规则的块状、晶簇状，也有呈葡萄状、放射状和同心条带状。无色、白色—黄色、绿色、绿色或红棕色、棕色、铁黑色，半金属光泽、玻璃光泽、油脂光泽，透明—半透明；硬度 6.5，完全解理，脆性。1892 年首次发现于斯里兰卡萨巴拉加穆瓦省拉特纳普勒区拉克沃纳的科隆纳甘（Kollonnagam）；同年，弗莱彻（Fletcher）在《自然》(46) 和赫萨（Hussak）在《矿物学年鉴》(2) 及 1893 年弗莱彻（Fletcher）在《矿物学杂志》(10) 报道。英文名称 Baddeleyite，以英国地质调查局的地质学家、斯里兰卡拉克瓦纳铁路项目负责人约瑟夫·巴德利（Joseph Baddeley）的姓氏命名。巴德利把不寻常矿物的样品送到伦敦实用地质学博物馆进行分析，发现了镁钛矿（Geikielite）。随后，巴德利又寄去了更多这种矿物的样品，但其中一种是新矿物，取名为 Baddeleyite。1899 年在巴西的卡尔达斯（Caldas）发现了斜锆石的大型矿床，故以产地命名为卡尔达斯石（Caldasite），也以产地国命名为巴西石（Brazilite）。1959 年以前发现、描述并命名的“祖父级”矿物，IMA 承认有效。中文名称根据单斜晶系和有些外貌特征与锆石相似（实为两种完全不同的矿物），而且是含锆的重要矿物，故译为斜锆石或杂斜锆石。

【斜硅钙石】

英文名 Larnite

化学式 $Ca_2(SiO_4)$　(IMA)

斜硅钙石是一种钙的硅酸盐矿物。属橄榄石族。与钙橄榄石为同质二象。单斜晶系。晶体呈他形粒状，具聚片双晶；集合体呈块状。白色、灰色，玻璃光泽，透明—半透明；硬度 6，完全解理。1897 年由托尔内伯恩（Törneborn）发现于波特兰水泥并命名为 Belite。1929 年发现于英国北爱尔兰安特里姆县拉恩（Larne）镇斯加瓦特（Scawt）山丘；同年，C. E. 蒂利（C. E. Tilley）在《矿物学杂志》（22）和《美国矿物学家》（14）报道。英文名称 Larnite，由塞西尔·埃德加·蒂利以发现地附近的英国的拉恩（Larne）镇命名。1959 年以前发现、描述并命名的“祖父级”矿物，IMA 承认有效。中文名称根据单斜晶系和成分译为斜硅钙石，也译作甲型硅灰石。

【斜硅钙铀矿】参见【β-硅钙铀矿】条 264 页

【斜硅铝铜矿】参见【阿交石】条 5 页

【斜硅镁石】

英文名 Clinohumite

化学式 $Mg_9(SiO_4)_4F_2$　(IMA)

斜硅镁石柱状晶体，晶簇状集合体（巴基斯坦、意大利）

斜硅镁石是一种含氟的镁的硅酸盐矿物。属硅镁石族硅镁石系列族。单斜晶系。晶体呈柱状，常见双晶。白色、灰白色、黄色、蜡黄色—橘红色、红褐色、暗红色，玻璃光泽，透明；硬度 6。1876 年发现于意大利那不勒斯省外轮山（Somma）；同年，在《矿物学、地质学和古生物学新年鉴》报道。英文名称 Clinohumite，1876 年阿尔弗雷德·刘易斯·奥利弗·罗格朗德·德斯·克罗泽阿乌斯（Alfred Lewis Oliver Legrand Des Cloizeaux）由对称冠词“Clino（倾斜）（单斜晶系）”和根词“Humite（硅镁石）”组合命名，表示与斜方晶系的硅镁石之区别。其中，根词 Humite 以英国宝石矿物、艺术品鉴赏家和收藏家亚伯拉罕·休姆（Abraham Hume，1749—1838）爵士的姓氏命名。1959 年以前发现、描述并命名的“祖父级”矿物，IMA 承认有效。中文名称根据单斜晶系和成分译为斜硅镁石。斜硅镁石是十分罕见的宝石矿物，第一个斜硅镁石矿床于 1980 年代早期在帕米尔高原发现。2000 年在俄罗斯泰梅尔也有发现。

【斜硅锰石】

英文名 Sonolite

化学式 $Mn_9^{2+}(SiO_4)_4(OH)_2$　(IMA)

斜硅锰石是一种含羟基的锰的硅酸盐矿物。属硅镁石族锰硅镁石系列族。单斜晶系。晶体呈柱状，晶面有条纹。橙色、带粉红的棕色、深棕色，玻璃光泽，透明；硬度 5.5。1963 年发现于日本本州岛近畿地区京都府相乐（Sohraku）郡

斜硅锰石柱状晶体（美国）

和束町的園（Sono）矿山；同年，吉永真弓在《九州大学科学院回忆录》（D 辑：地质学）（14）和弗莱舍在《美国矿物学家》（48）报道。英文名称 Sonolite，1963 年由吉永真弓（Mayumi Yoshinaga）以发现地日本的園（Sono）矿山命名。日文汉字名称園石。IMA 1967s. p. 批准。中国地质科学院根据单斜晶系和成分译为斜硅锰石，也有的根据成分译作氟硅锰石。2010 年杨主明在《岩石矿物学杂志》[29(1)]建议采用日文汉字名称園石的简化汉字名称园石。

【斜硅铜矿】参见【羟硅铜矿】条 713 页

【斜红磷铁矿】

英文名 Phosphosiderite

化学式 $Fe^{3+}(PO_4)\cdot 2H_2O$　(IMA)

斜红磷铁矿柱状或板状晶体（美国、葡萄牙）

斜红磷铁矿是一种含结晶水的铁的磷酸盐矿物。属准磷铝石族。与粉红磷铁矿为同质二象。单斜晶系。晶体呈板状或粗大柱状、纤维状，通常形成相互渗透的双晶；集合体呈葡萄状或肾状和放射状、结壳状。紫色、红紫色、红玫瑰色、桃色、褐黄色、苔绿色、无色，玻璃光泽、树脂光泽，透明—半透明；硬度 3.5～4，完全解理。1890 年发现于德国北莱茵-威斯特法伦州的卡滕伯恩（Kalterborn）矿。英文名称 Phosphosiderite，1890 年由威利·伯恩斯（Willy Bruhns）和卡尔·海因里希·埃米尔·格奥尔格·布斯（Karl Heinrich Emil Georg Busz）在莱比锡《结晶学、矿物学和岩石学杂志》（17）根据它的组成“Phosphate（磷酸盐）”和希腊文“σίδηρος＝Sideros（铁）”组合命名。1959 年以前发现、描述并命名的“祖父级”矿物，IMA 承认有效。IMA 1967s. p. 批准。最初在 1858 年由阿尔弗雷德·路易斯·奥利弗·罗格朗德·德斯·克罗泽阿乌斯（Alfred Lewis Oliver Legrand Des Cloizeaux）发现，并命名为 Hureaulite（I 型红磷锰矿）。1910 年阿尔弗雷德·拉克鲁瓦（Alfred LaCroix）提出称 Vilateite（红磷铁矿或锰红磷铁矿）。而在 1940 年邓肯·麦康纳（Duncan McConnel）描述为 Clinobarrandite（斜铝红磷铁矿）。在 1951 年帕拉奇（Palache）、伯曼（Berman）和弗龙德尔（Frondel）命名为 Metastrengite（准磷铝石或准红磷铁矿或变红磷铁矿），而 Phosphosiderite 名称最初被他们形容为斜方晶系矿物。中文名称根据单斜晶系和成分译为斜红磷铁矿。

【斜红铁矾】

英文名 Kornelite

化学式 $Fe_2^{3+}(SO_4)_3\cdot 7H_2O$(?)　(IMA)

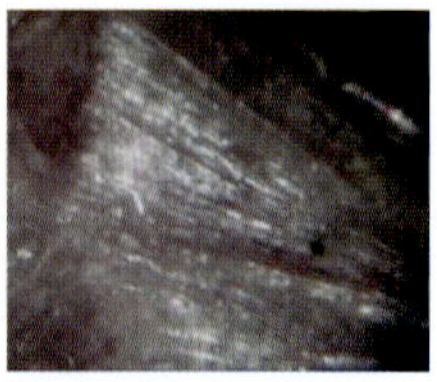
斜红铁矾纤维状晶体(美国)

斜红铁矾是一种含7个结晶水的三价铁的硫酸盐矿物。单斜晶系。晶体呈柱状、针状、纤维状、似板状,具聚片双晶;集合体呈簇绒状、丛状、放射状、球粒状。白玫瑰粉红色—紫色,纤维状集合体者呈丝绢光泽,透明—半透明;完全解理。1888年发现于斯洛伐克科希策州盖尔尼察镇斯莫勒内克(Smolník);同年,克伦纳(Krenner)在《匈牙利科学院通报》(*Magyar Tudományos Akadémia Értesítője*)(22)报道。英文名称Kornelite,由斯洛伐克班斯卡斯塔夫尼察(Stavnica)硫铁矿矿山匈牙利采矿工程师科尔内尔·赫拉瓦斯克(Kornel Hlavacsek,1835—1914)的名字命名。1959年以前发现、描述并命名的"祖父级"矿物,IMA承认有效。中文名称根据单斜晶系、颜色和成分译为斜红铁矾。

【斜黄锑矿】

英文名 Clinocervantite

化学式 $Sb^{3+}Sb^{5+}O_4$ (IMA)

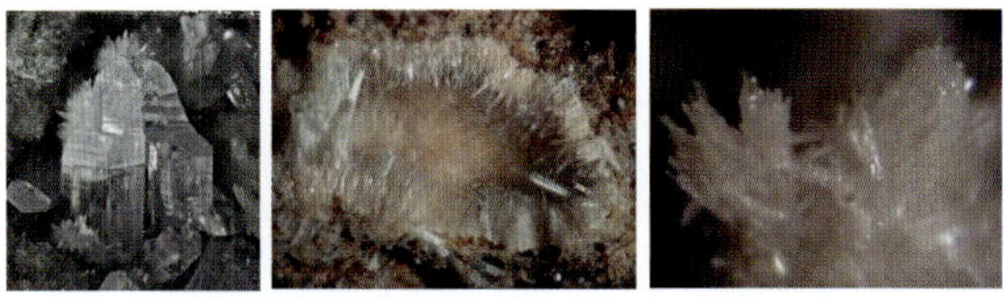
斜黄锑矿柱状晶体,晶簇状、束状、草丛状集合体(意大利)

斜黄锑矿是一种锑的锑酸盐矿物。属白安矿族。与白安矿为同质二象。单斜晶系。晶体呈柱状、针状;集合体呈晶簇状、束状、草丛状。白色,玻璃光泽,透明;脆性。1997年发现于意大利格罗塞托省曼恰地区塔佛涅(Tafone)矿。英文名称Clinocervantite,由对称冠词"Clino(单斜晶系)"和根词"Cervantite(白安矿或黄锑矿)"组合命名。IMA 1997-017批准。1999年R.巴索(R. Basso)等在《欧洲矿物学杂志》(11)报道。2003年中国地质科学院矿产资源研究所李锦平等在《岩石矿物学杂志》[22(1)]根据单斜对称性和与白安矿(黄锑矿和锑赭石)的关系译为斜黄锑矿(根词参见【白安矿】条34页)。

【斜钾铁矾】

英文名 Yavapaiite

化学式 $KFe^{3+}(SO_4)_2$ (IMA)

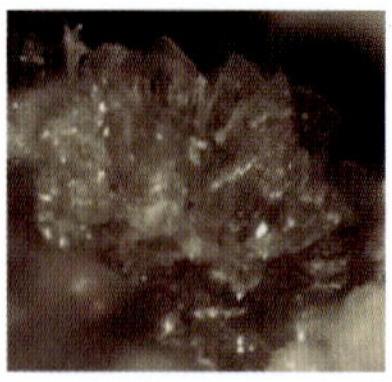
斜钾铁矾板状晶体,晶簇状集合体(意大利)

斜钾铁矾是一种钾、铁的硫酸盐矿物。属斜钾铁矾族。单斜晶系。晶体呈板状、糖粒状;集合体呈晶簇状、块状。白色—玫瑰带浅紫色色调,强玻璃光泽,部分金刚光泽,透明;硬度2.5~3,完全解理,非常脆。1959年发现于美国亚利桑那州亚瓦派(Yavapai)县黑山范围联合佛得角(United Verde)矿;同年,C. O.赫顿(C. O. Hutton)在《美国矿物学家》(44)报道。英文名称Yavapaiite,以发现地第一次有人居住的地方美国亚瓦派(Yavapai)县命名。IMA 1962s. p.批准。中文根据单斜晶系和成分译为斜钾铁矾。

【斜碱沸石】

英文名 Amicite

化学式 $K_2Na_2(Al_4Si_4O_{16})\cdot 5H_2O$ (IMA)

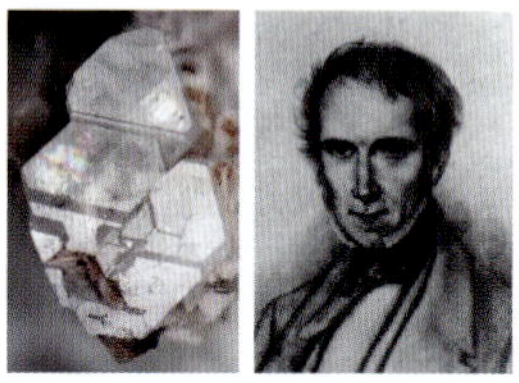
斜碱沸石假四方锥状晶体(俄罗斯)和阿米奇像

斜碱沸石是一种含沸石水的钾、钠的铝硅酸盐矿物。属沸石族。单斜(假四方)晶系。晶体呈自形的假四方锥状。无色,玻璃光泽,透明。硬度4.5,贝壳状断口。1979年发现于德国巴登-符腾堡州弗赖堡市图特林根区赫韦内格(Höwenegg)采石场。英文名称Amicite,根据德国物理学家、配镜师和显微镜阿米奇镜头的发明者乔瓦尼·巴蒂斯塔·阿米奇(Giovanni Battista Amici,1786—1863)的姓氏命名。IMA 1979-011批准。1979年A.艾伯特(A. Alberti)等在《矿物学新年鉴》(月刊)和《晶体学报》(B35)报道。中文名称根据单斜晶系、成分碱(钾、钠)和族名译为斜碱沸石。

【斜碱铁矾】

英文名 Clinoungemachite

化学式 $K_3Na_8Fe^{3+}(SO_4)_6(OH)_2\cdot 10H_2O$ (IMA)

斜碱铁矾是一种含结晶水和羟基的钾、钠、铁的硫酸盐矿物。可能是菱碱铁矾的同质二象变体。单斜晶系。晶体呈柱状、假斜方厚板状、假菱面体。无色—淡黄色,透明;硬度2.5,完全解理。1938年发现于智利洛阿省卡拉马市丘基卡马塔区丘基卡马塔(Chuquicamata)矿;同年,M. A.皮科克(M. A. Peacock)等在《美国矿物学家》(23)报道。英文名称Clinoungemachite,由对称冠词"Clino(单斜晶系)"和根词"Ungemachite(菱碱铁矾)"组合命名。1959年以前发现、描述并命名的"祖父级"矿物,IMA承认有效,但持怀疑态度。中文名称根据单斜晶系和成分译为斜碱铁矾;根据单斜晶系及与菱碱铁矾的关系译为斜菱碱铁矾。

【斜晶石】

英文名 Clinohedrite

化学式 $CaZn(SiO_4)\cdot H_2O$ (IMA)

斜晶石板状晶体,晶簇状集合体(美国)

斜晶石是一种含结晶水的钙、锌的硅酸盐矿物。单斜晶系。晶体呈板状,端部呈斜坡面;集合体呈晶簇状。无色、白色或淡紫色,玻璃光泽,透明—半透明;硬度5.5,完全解理。1898年发现于美国新泽西州苏塞克斯县富兰克林采区富兰克林(Franklin)矿。英文名称Clinohedrite,1898年由塞缪尔·L.彭菲尔德(Samuel L. Penfield)和哈利·W.富特(Harry W. Foote)根据希腊文"κλινειν=Incline(倾斜)"和

"εδρα=Hedra(面)"命名,意指晶体端部的特征的斜坡面。1898 年在《美国科学杂志》(5)报道。1935 年查尔斯・帕拉奇(Charles Palache)在《美国地质调查局专业论文集》(180)报道。1959 年以前发现、描述并命名的"祖父级"矿物,IMA 承认有效。中文名称根据晶体形态译为斜晶石。

【斜蓝铜矾】

英文名 Wroewolfeite

化学式 $Cu_4(SO_4)(OH)_6 \cdot 2H_2O$　　(IMA)

斜蓝铜矾板状和长剑状晶体(英国)和乌罗・沃尔夫像

斜蓝铜矾是一种含结晶水、羟基的铜的硫酸盐矿物。单斜晶系。晶体呈板状或长剑状、柱状;集合体呈块状。深蓝色、蓝绿色,玻璃光泽,透明—半透明;硬度 2.5,完全解理。1973 年发现于美国马萨诸塞州汉普县劳德维尔(Loudville)铅矿山(曼汗矿、南安普敦铅矿、北安普顿铅矿)。英文名称 Wroewolfeite,以美国马萨诸塞州波士顿大学结晶学家、地质学教授迦勒・乌罗・沃尔夫(Caleb Wroe Wolfe,1908—1980)的姓名命名。IMA 1973-064 批准。1975 年在《矿物学杂志》(40)和 1976 年《美国矿物学家》(61)报道。中文名称根据单斜晶系、颜色和成分译为斜蓝铜矾,也译作二水蓝铜矾。

【斜锂蓝闪石】

英文名 Clino-holmquistite

化学式 $\square\{Li_2\}\{Z^{2+}_3,Z^{3+}_2\}(Si_8O_{22})(OH,F,Cl)_2$

斜锂蓝闪石是锂蓝闪石的单斜晶系变体,现在定义为根名族。属角闪石超族 W 位羟基、氟、氯占优势的角闪石族锂闪石亚族。单斜晶系。蓝色,玻璃光泽;硬度 5~6,完全解理。最初的报告来自俄罗斯图瓦共和国塔斯泰格(Tastyg)锂辉石矿床。1965 年 I. V. 金兹伯格(I. V. Ginzburg)在《苏联科学院鲁迪博物馆矿物学著作集》(16)报道。英文名称 Clino-holmquistite,由冠词"Clino(单斜晶系)"和根词"Holmquistite(锂蓝闪石)"组合命名。IMA 2004-002 批准[2005 年 R. 奥贝蒂(R. Oberti)等在《美国矿物学家》(90)报道称 Fluoro-sodic-pedrizite]。2012 年 IMA 根据镁、铝和羟基作为主要元素批准作为理论的根名[2012 年弗兰克・C. 霍桑(Frank C. Hawthorne)等在《美国矿物学家》(97)的角闪石超族的命名法](参见【锂蓝闪石】条 443 页)。

【斜磷钙锰石】

英文名 Rittmannite

化学式 $(Mn^{2+},Ca)Mn^{2+}(Fe^{2+},Mn^{2+},Mg)_2(Al,Fe^{3+})_2(PO_4)_4(OH)_2 \cdot 8H_2O$　　(IMA)

斜磷钙锰石是一种含结晶水和羟基的锰、钙、铁、镁、铝的磷酸盐矿物。属磷铁镁锰钙石族磷铝镁锰石亚族。单斜(假六方)晶系。晶体呈假六方板状、针状;集合体呈放射状、球状、花状。浅黄色—柠檬黄色、棕黄色,玻璃光泽,透明;硬度 3.5。1987 年发现于葡萄牙维塞乌区曼瓜尔迪镇库博斯-梅斯基特拉-曼瓜尔迪(Cubos-Mesquitela-Mangualde)伟晶

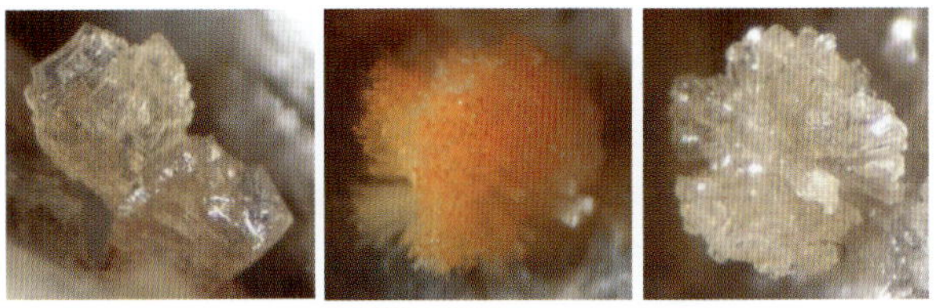

斜磷钙锰石板状晶体,放射状、球状、花状集合体(美国)

岩。英文名称 Rittmannite,为纪念意大利卡塔尼亚大学的火山学家和岩石学家阿尔弗雷德・李特曼(Alfred Rittmann,1893—1980)教授而以他的姓氏命名。许多人认为他是欧洲火山学的创始人,李特曼主要活跃在意大利。IMA 1987-048 批准。1989 年 Y. C. F. 玛佐尼(Y. C. F. Marzoni)等在《加拿大矿物学家》(27)和 1990 年《美国矿物学家》(75)报道。中文名称根据对称和成分译为斜磷钙锰石;1990 年中国新矿物与矿物命名委员会郭宗山在《岩石矿物学杂志》[9(3)]音译为李特曼石。

【斜磷钙铁矿】参见【胶磷钙铁矿】条 380 页

【斜磷硅钙钠石】

英文名 Clinophosinaite

化学式 $Na_3Ca(SiO_3)(PO_4)$　　(IMA)

斜磷硅钙钠石是一种钠、钙的磷酸-硅酸盐矿物。单斜晶系。浅紫色,玻璃光泽,透明—半透明;硬度 4。1979 年发现于俄罗斯北部摩尔曼斯克州科阿什瓦(Koashva)山科阿什瓦露天矿和尤克斯波尔(Yukspor)山马特里纳亚(Materialnaya)平硐。英文名称 Clinophosinaite,由对称冠词"Clino(单斜晶系)"和根词"Phosinaite(磷硅铈钠石)"组合命名。IMA 1979-083 批准。1981 年 A. P. 霍米亚科夫(A. P. Khomyakov)等在《全苏矿物学会记事》(110)和《美国矿物学家》(67)报道。1983 年中国新矿物与矿物命名委员会郭宗山等在《岩石矿物及测试》[2(1)]根据单斜晶系和成分译为斜磷硅钙钠石。

【斜磷铝钙石】

英文名 Montgomeryite

化学式 $Ca_4MgAl_4(PO_4)_6(OH)_4 \cdot 12H_2O$　　(IMA)

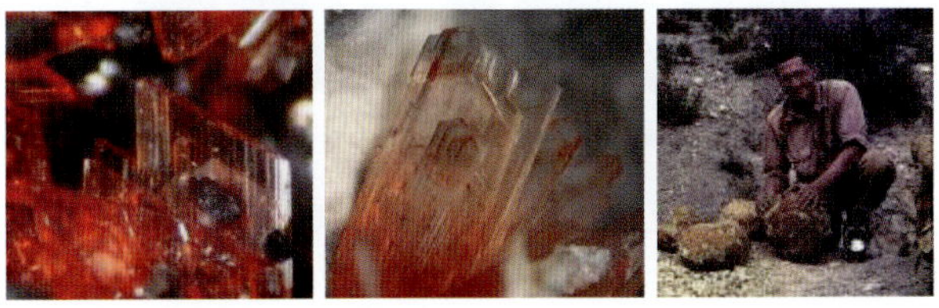

斜磷铝钙石板状晶体,晶簇状集合体(美国)和蒙哥马利像

斜磷铝钙石是一种含结晶水和羟基的钙、镁、铝的磷酸盐矿物。属钙磷铁矿族斜磷铝钙石亚族。单斜晶系。晶体呈板状、粗片状、柱状;集合体呈晶簇状。淡绿色、深绿色、无色、红色、黄色,玻璃光泽,透明—半透明;硬度 4,完全解理。1940 年发现于美国犹他州犹他县奥克尔山脉费尔菲尔德的克莱(Clay)峡谷;同年,E. S. 拉森(E. S. Larsen)在《美国矿物学家》(25)报道。英文名称 Montgomeryite,以美国宾夕法尼亚州伊斯顿拉斐特学院矿物学家、地质学教授亚瑟・蒙哥马利(Arthur Montgomery,1909—1999)的姓氏命名,是他收集到该矿物的第一块标本。1959 年以前发现、描述并命名的"祖父级"矿物,IMA 承认有效。中文名

称根据单斜晶系和成分译为斜磷铝钙石；根据成分译为磷铝镁钙石。

【斜磷锰矿】参见【斯图尔特石】条 891 页

【斜磷锰铁矿】参见【氟磷钙铁锰矿】条 179 页

【斜磷铅铀矿】

英文名 Parsonsite

化学式 $Pb_2(UO_2)(PO_4)_2$ (IMA)

斜磷铅铀矿放射状、花状集合体(法国)和帕森斯像

斜磷铅铀矿是一种铅的铀酰-磷酸盐矿物。三斜晶系。晶体呈细长扁平的板状；集合体呈放射状、球粒状、花状、皮壳状、粉末状。淡柠檬黄色、蜜褐色、绿褐色、淡玫瑰色(罕见)，半金刚光泽、油脂光泽，透明—半透明；硬度 2.5～3，贝壳状断口。1923 年发现于刚果(金)上加丹加省坎博韦地区欣科洛布韦(Shinkolobwe)矿；同年，A. 舍普斯(A. Schoep)在巴黎《法国科学院会议周报》(176)报道。英文名称 Parsonsite，为纪念加拿大多伦多大学教授(1936—1943)阿瑟·伦纳德·帕森斯(Arthur Leonard Parsons，1873—1957)而以他的姓氏命名。他还是安大略皇家博物馆助理馆长(1920—1939)和馆长(1939—1957)。1959 年以前发现、描述并命名的“祖父级”矿物，IMA 承认有效。中文名称根据三斜晶系和成分译为斜磷铅铀矿/三斜磷铀铅矿。

【斜磷锌矿】

英文名 Spencerite

化学式 $Zn_4(PO_4)_2(OH)_2 \cdot 3H_2O$ (IMA)

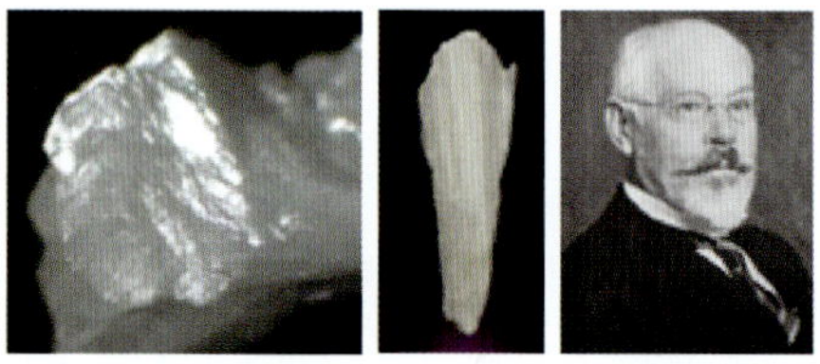

斜磷锌矿板片状晶体，块状集合体(加拿大)和斯宾塞像

斜磷锌矿是一种含结晶水、羟基的锌的磷酸盐矿物。单斜晶系。晶体呈板状，其末端钝或锐，具聚片双晶，有条纹；集合体呈块状、钟乳状。白色、浅绿色，珍珠光泽、玻璃光泽，透明—半透明；硬度 3～3.5，完全解理。1916 年发现于加拿大不列颠哥伦比亚省萨尔莫区哈德逊(Hudson)湾煤矿；同年，菲利普斯(Phillips)在《矿物学杂志》(18)和《美国科学杂志》(42)报道。英文名称 Spencerite，由英国伦敦自然史博物馆的矿物管理者伦纳德·詹姆斯·斯宾塞(Leonard James Spencer，1870—1959)的姓氏命名。1959 年以前发现、描述并命名的“祖父级”矿物，IMA 承认有效。中国地质科学院根据单斜晶系和成分译为斜磷锌矿；2011 年杨主明等在《岩石矿物学杂志》[(30)4]建议音译为斯滨塞尔矿。

【斜菱碱铁矾】参见【斜碱铁矾】条 1030 页

【斜硫铅铋镍矿】参见【硫铋镍矿】条 495 页

【斜硫砷汞铊矿】

英文名 Christite

化学式 $TlHgAsS_3$ (IMA)

斜硫砷汞铊矿半自形板状晶体(中国贵州)和克莱斯特像

斜硫砷汞铊矿是一种铊、汞的砷-硫化物矿物。单斜晶系。晶体呈半自形板状。明亮的橙红色或深红色，金刚光泽，半透明—不透明；硬度 1～2，完全解理。1976 年拉特克(Radtke)等发现于美国内华达州尤里卡县的卡林(Carlin)金矿。英文名称 Christite，以美国地质调查局的物理化学家、矿物学家和晶体学家查尔斯·L. 克莱斯特(Charles L. Christ，1916—1980)的姓氏命名，以表彰他在结晶学、矿物学和地球化学领域的杰出贡献，他是 X 射线结晶学的专家。IMA 1976－015 批准。1977 年 A. S. 拉特克(A. S. Radtke)等在《美国矿物学家》(62)报道。中文名称根据单斜晶系和成分译为斜硫砷汞铊矿。在中国贵州省兴仁县滥木厂发现的斜硫砷汞铊矿，是在自然界中第二次发现和报道[1989 年李锡林等《科学通报》(1)]。

【斜硫砷钴矿】参见【阿硫砷钴矿】条 7 页

【斜硫砷铊汞矿】参见【新民矿】条 1048 页

【斜硫砷银矿】

英文名 Smithite

化学式 $AgAsS_2$ (IMA)

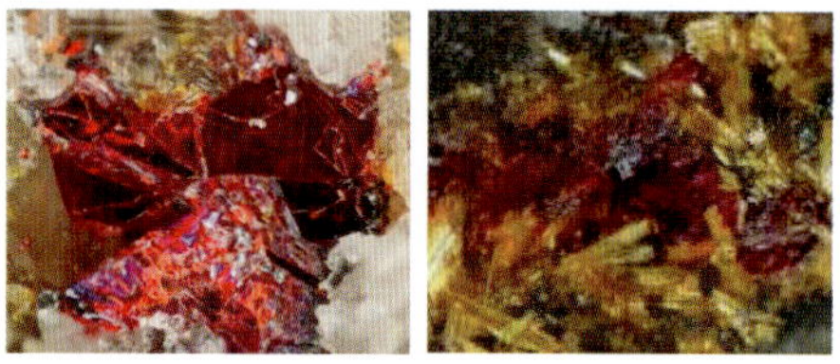

斜硫砷银矿板状、粒状晶体(法国)

斜硫砷银矿是一种银的砷-硫化物矿物。与硫砷银矿为同质二象。单斜晶系。晶体呈粒状、假六方板状。淡红色、橘红色或棕橙色、铁黑色，金刚光泽，不透明；硬度 1.5～2，完全解理，脆性。1905 年发现于瑞士瓦莱州林根巴赫(Lengenbach)采石场；同年，索利(Solly)在《矿物学杂志》(14)报道。英文名称 Smithite，以英格兰伦敦大英自然历史博物馆的结晶学家乔治·弗雷德里克·赫伯特·史密斯(George Frederick Herbert Smith，1872—1953)的姓氏命名。1959 年以前发现、描述并命名的“祖父级”矿物，IMA 承认有效。中文名称根据单斜晶系和成分译为斜硫砷银矿。

【斜硫锑铅矿】

英文名 Plagionite

化学式 $Pb_5Sb_8S_{17}$ (IMA)

斜硫锑铅矿是一种铅、锑的硫化物矿物。属斜硫锑铅矿族。单斜晶系。晶体呈厚板状、短柱状，柱面有条纹；集合体

斜硫锑铅矿厚板状、短柱状晶体(德国、罗马尼亚、法国)

呈致密粒状。黑灰色,金属光泽,不透明;硬度 2.5,完全解理,脆性。1833 年发现于德国萨克森-安哈尔特州沃尔夫斯堡市格拉夫约斯特-克里斯蒂安(Graf Jost-Christian)矿;同年,罗斯(Rose)在《物理学年鉴》(2)报道。英文名称 Plagionite,由希腊文 πλάγιος=Oblique=Plagion(倾斜)"命名,意指矿物晶体单斜晶系的结晶习性。1959 年以前发现、描述并命名的"祖父级"矿物,IMA 承认有效。中文名称根据单斜晶系和成分译为斜硫锑铅矿。

【斜硫锑砷银铊矿】

英文名 Sicherite

化学式 $TlAg_2(As,Sb)_3S_6$ (IMA)

西歇尔像

斜硫锑砷银铊矿是一种铊、银、砷、锑的硫化物矿物。斜方晶系。晶体呈他形粒状;集合体由许多单个晶体或晶簇构成。深灰色、黑色,金属光泽,不透明;硬度 3。1997 年发现于瑞士瓦莱州林根巴赫(Lengenbach)采石场。英文名称 Sicherite,由瓦伦丁·西歇尔(Valentin Sicher,1925—2017)的姓氏命名。他是瑞士林根巴赫采石场科学研究和标本制作经营集团的一位活跃的成员,对该组织捐赠做出了巨大的贡献。IMA 1997-051 批准。2001 年斯蒂凡·格雷泽尔(Stefan Graeser)等在《美国矿物学家》(86)报道。中文名称根据对称和成分译为斜硫锑砷银铊矿。

【斜硫锑铊矿】

英文名 Parapierrotite

化学式 $TlSb_5S_8$ (IMA)

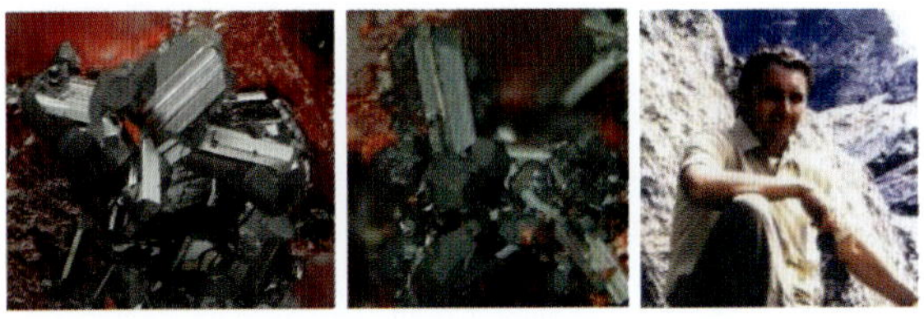

斜硫锑铊矿柱状晶体(北马其顿)和皮埃罗像

斜硫锑铊矿是一种铊、锑的硫化物矿物。属脆硫砷铅矿族。与硫锑铊矿为同质二象。单斜晶系。晶体呈柱状。黑色,半金属光泽,不透明;硬度 2.5~3,完全解理,脆性。1974 年发现于北马其顿共和国的阿尔查尔(Allchar);同年,J.曼缇纳(J. Mantienne)在《巴黎大学博士论文》称 Clinopierrotite(Klinopierrotite)。英文名称 Parapierrotite,由冠词"Para(类、副、拟、多态)"和根词"Pierrotite(硫锑铊矿)"组合命名,意指与硫锑铊矿为同质二象变体。其中,根词 Pierrotite 以罗兰·皮埃罗(Roland Pierrot,1930—1998)的姓氏命名。IMA 1974-059 批准。1975 年 Z.约翰(Z. John)等在《契尔马克氏矿物学和岩石学通报》(22)报道。中文名称根据单斜晶系和与硫锑铊矿的关系译为斜硫锑铊矿(根词参见【硫锑铊矿】条 518 页)。

【斜铝矾】

英文名 Jurbanite

化学式 $Al(SO_4)(OH)\cdot 5H_2O$ (IMA)

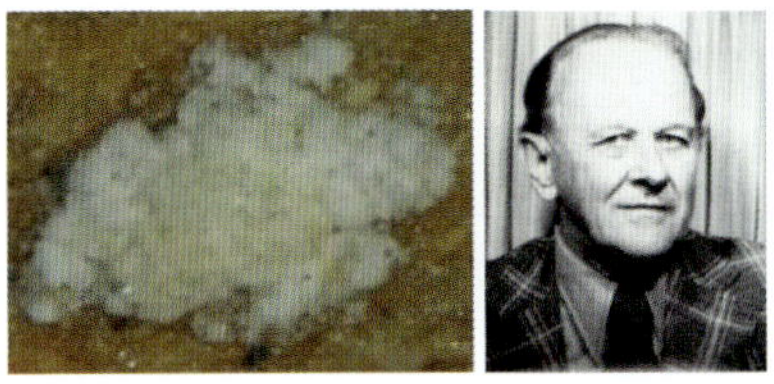

斜铝矾皮壳状、钟乳状集合体(意大利)和乌尔班像

斜铝矾是一种含结晶水、羟基的铝的硫酸盐矿物。与斜方铝矾为同质二象。单斜晶系。晶体呈细小的柱状;集合体呈皮壳状、钟乳状。无色、白色,玻璃光泽,透明;硬度 2.5。1974 年发现于美国亚利桑那州皮纳尔县圣曼努埃尔区圣曼努埃尔(San Manuel)矿。英文名称 Jurbanite,以美国亚利桑那州图森的矿物收藏家约瑟夫·约翰·乌尔班(Joseph John Urban,1915—1997)的姓名命名,是他第一个发现的该天然矿物。IMA 1974-023 批准。1976 年 J. W. 安东尼(J. W. Anthony)等在《美国矿物学家》(61)报道。中文名称根据单斜晶系和成分译为斜铝矾。

【斜绿泥石】

英文名 Clinochlore

化学式 $Mg_5Al(AlSi_3O_{10})(OH)_8$ (IMA)

斜绿泥石柱状、粒状晶体,放射状集合体(美国、加拿大,俄罗斯的绿龙晶)

斜绿泥石是一种含羟基的镁、铝的铝硅酸盐矿物。属绿泥石族。单斜晶系。晶体呈假六方板状、柱状、片状、鳞片状、粒状、蠕虫状;集合体呈块状、放射状或土状。草绿色—淡橄榄绿色,也有樱桃红色、玫瑰红色及白色,油脂光泽,解理面上呈珍珠光泽,透明—半透明;硬度 2~2.5,极完全解理,薄片具挠性。1851 年发现于美国宾夕法尼亚州切斯特县布林顿(Brinton's)采石场;同年,在《美国科学与艺术杂志》(12)报道。英文名称 Clinochlore,在 1851 年威廉·菲普斯·布雷克(William Phipps Blake)根据希腊文"κλινειν=Incline(倾斜)"和"χλωρο=Chloros(绿色)"组合命名,即由单斜晶系和典型的绿色而得名。1959 年以前发现、描述并命名的"祖父级"矿物,IMA 承认有效。中文名称意译为斜绿泥石;也译作蠕绿泥石。

斜绿泥石的外文名称和中文名称都很多。最初于 1789 年德国的亚伯拉罕·戈特洛布·维尔纳(Abraham Gottlob Werner)命名为绿泥石,希腊文"χλωρο=Chloros(绿色)",意指其典型的颜色。同义词 Pseudophite,来自希腊文,其中"Pseudo"意思是"假的"和"像蛇一样",因为它很像蛇纹石。斜绿泥石还有一个叫绿龙晶(Seraphinite)的名称,产自俄罗斯西伯利亚比卡尔湖区,与紫龙晶的产地、形态、结构都相似,故称绿龙晶,名称来自 Seraphin,意"六翼天使"。它的颜色呈深绿色,配以银白的纤维,反射出如鳞片般的光泽。在俄罗斯绿龙晶因具有银白色形似羽翼的独特外观而被称为

"天使之石"。绿龙晶在 1978 年被发现于俄罗斯的雪利河流域,雪利(Chary)在俄文中是"魅惑"的意思。斜绿泥石也称叶绿泥石或蜡绿泥石或蠕绿泥石。叶绿泥石(Pennine,Penninite)因晶体通常呈叶片状集合体而得中文名称;英文名称 Penninite 来自位于瑞士南部靠近意大利边境的阿尔卑斯奔宁(Pennin)山脉。蜡绿泥石因具蜡状光泽而得名。蠕绿泥石(Prochlorite;Ogcoite;Lophaite;Helminthe)由蠕虫状形态得名(参见【绿泥石】条 547 页)。

【斜氯硼钙石】

英文名 Solongoite

化学式 $Ca_2B_3O_4(OH)_4Cl$ (IMA)

斜氯硼钙石是一种含氯、羟基的钙的硼酸盐矿物。属多水硼镁石族。单斜晶系。集合体呈块状。无色,玻璃光泽,透明;硬度 3.5。1973 年发现于俄罗斯布里亚特共和国维季姆高原索伦戈(Solongo)硼矿床。英文名称 Solongoite,以发现地俄罗斯的索伦戈(Solongo)硼矿命名。IMA 1973 - 017 批准。1974 年在《全苏矿物学会记事》(103)和 1975 年《美国矿物学家》(60)报道。中文名称根据单斜晶系和成分译为斜氯硼钙石。

【斜氯铜矿】

英文名 Clinoatacamite

化学式 $Cu_2Cl(OH)_3$ (IMA)

斜氯铜矿假菱面体和复杂的自形晶交生(西班牙、智利)

斜氯铜矿是一种含羟基的铜的氯化物矿物。属氯铜矿族。与氯铜矿(Atacamite)和羟氯铜矿(Botallackite)为同质多象。单斜晶系。晶体呈假菱面体和复杂的自形晶交生体。绿色,带绿色调的黑色或带绿色调的蓝色,玻璃光泽、金刚光泽,透明—半透明;硬度 3,完全解理,脆性。1993 年发现于智利洛阿省卡拉马市丘基卡马塔(Chuquicamata)矿。英文名称 Clinoatacamite,由对称冠词"Monoclinic(单斜晶系)"和根词"Atacamite(氯铜矿)"组合命名,意指它是氯铜矿的单斜晶系多形变体。IMA 1993 - 060 批准。1996 年 J. D. 格赖斯(J. D. Grice)等在《加拿大矿物学家》(34)报道。2003 年中国地质科学院矿产资源研究所李锦平等在《岩石矿物学杂志》[22(3)]根据对称性和与氯铜矿的关系译为斜氯铜矿。

【斜镁川石】

英文名 Clinojimthompsonite

化学式 $Mg_5Si_6O_{16}(OH)_2$ (IMA)

斜镁川石是一种含羟基的镁的硅酸盐矿物。与镁川石为同质二象。单斜晶系。晶体呈柱状、纤维状;集合体呈束状。硬度 2～2.5。1977 年发现于美国佛蒙特州温莎县切斯特地区查尔顿(Carlton)滑石矿采石场。英文名称 Clinojimthompsonite,由对称冠词"Clino(单斜晶系)"和根词"Jimthompsonite(镁川石)"组合命名。IMA 1977 - 012 批准。1978 年在《美国矿物学家》(63)报道。中文名称根据单斜晶系和与镁川石的关系译为斜镁川石,也译作斜准直闪石和斜金汤普松石(参见【镁川石】条 587 页)。

【斜末野闪石*】

英文名 Clino-suenoite

化学式 $\square Mn^{2+}_2Mg_5Si_8O_{22}(OH)_2$ (IMA)

斜末野闪石*是一种含羟基的空位、锰、镁的硅酸盐矿物。属角闪石超族 W 位羟基、氟、氯主导的角闪石族镁铁锰闪石亚族末野闪石根名族。单斜晶系。晶体呈柱状、针状。淡黄色、蜜黄色、黄棕色—浅棕色,玻璃光泽,透明。2016 年发现于意大利松德里奥省瓦尔泰利纳地区的下塞尔森(Lower Scerscen)冰川。英文名称 Clino-suenoite,由对称冠词"Clino(单斜)"和根词"Suenoite(末野闪石)"组合命名(根词参见【原亚铁末野闪石】条 1093 页)。IMA 2016 - 111 批准。2017 年 R. 奥贝蒂(R. Oberti)等在《CNMNC 通讯》(36)、《矿物学杂志》(81)和《矿物学杂志》(82)报道。目前尚未见官方中文译名,编译者建议根据对称及与末野闪石的关系译为斜末野闪石*。

【斜钠钙石】

英文名 Gaylussite

化学式 $Na_2Ca(CO_3)_2 \cdot 5H_2O$ (IMA)

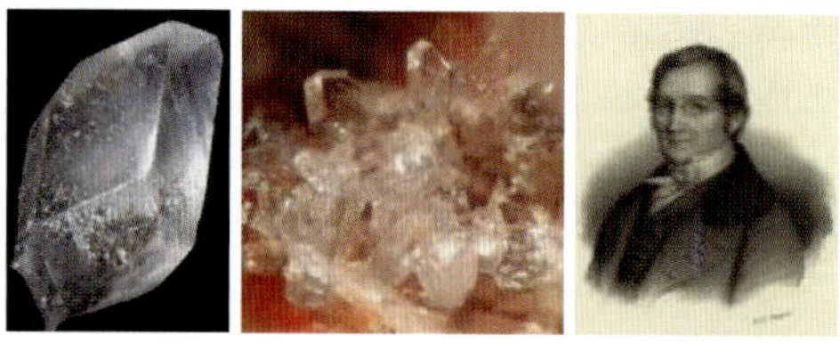

斜钠钙石楔状晶体,晶簇状集合体(埃及、肯尼亚)和盖-吕萨克像

斜钠钙石是一种含结晶水的钠、钙的碳酸盐矿物。单斜晶系。晶体呈扁平楔状,也有呈柱状、针状;集合体呈晶簇状。无色、白色、灰白色—黄白色,玻璃光泽,透明—半透明;硬度 2.5～3,完全解理,非常脆。1826 年发现于委内瑞拉梅里达州的拉古纳德乌拉奥(Laguna de Urao);同年,布森格(Boussingault)在巴黎《化学和物理学年鉴》(31)报道。英文名称 Gaylussite,以法国化学家约瑟夫·路易·盖-吕萨克(Joseph Louis Gay-Lussac,1778—1850)的姓氏命名。1959 年以前发现、描述并命名的"祖父级"矿物,IMA 承认有效。中文名称根据单斜晶系和成分译为斜钠钙石,或单斜钠钙石,或斜碳钠钙石,也有的根据针状形态和成分译作针碳钠钙石。

【斜钠锆石】参见【纤硅锆钠石】条 1011 页

【斜钠明矾】

英文名 Tamarugite

化学式 $NaAl(SO_4)_2 \cdot 6H_2O$ (IMA)

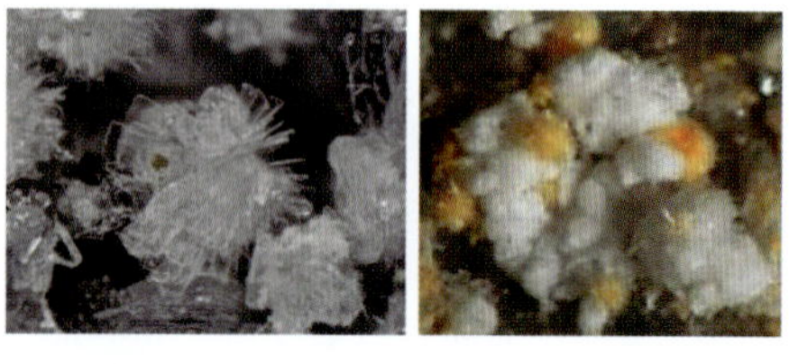

斜钠明矾板状、放射状晶体,晶簇状、球粒状集合体(意大利、德国)

斜钠明矾是一种含结晶水的钠、铝的硫酸盐矿物。单斜晶系。晶体呈板状、柱状、纤维状,具聚片双晶;集合体呈晶簇状、放射状、球粒状。无色,玻璃光泽,透明;硬度 3;有苦味和涩感。1889 年发现于智利艾尔塔马鲁加尔(El Tamarugal)省塔马鲁加尔大草原塞罗斯平塔多斯(Cerros Pintados);同年,舒尔策(Schulze)在《德国科学协会关于圣地亚哥的文献》(*Verhandlungen des Deutschen Wissenschaftlichen Vereines zu Santiago*)(2)报道。英文名称 Tamarugite,以发现地智利的塔马鲁加尔(Tamarugal)省命名。1959 年以前发现、描述并命名的“祖父级”矿物,IMA 承认有效。中文名称根据单斜晶系和成分译为斜钠明矾;1983 年中国新矿物与矿物命名委员会郭宗山等在《岩石矿物及测试》[2(1)]根据英文名称首音节音和成分译为塔钠明矾,还有的译为三斜钠明矾或三斜钠茂。

【斜钠鱼眼石】参见【钠鱼眼石】条 644 页

【斜镍矾】参见【六水镍矾】条 532 页

【斜硼镁钙石】

英文名 Clinokurchatovite

化学式 $CaMgB_2O_5$　(IMA)

斜硼镁钙石是一种钙、镁的硼酸盐矿物。单斜晶系。无色、浅灰色,玻璃光泽,半透明;硬度 4.5,完全解理。1982 年发现于哈萨克斯坦卡拉干达州巴尔喀什地区萨亚克铜矿场萨亚克(Sayak)-Ⅳ矿床。英文名称 Clinokurchatovite,由对称冠词“Clino(单斜晶系)”和根词“Kurchatovite(硼镁锰钙石)”组合命名。根词 Kurchatovite 由苏联莫斯科核能研究所的俄国物理学家伊戈尔·瓦西里耶维奇·库尔恰托夫(Igor Vasilevich Kurchatov,1903—1960)的姓氏命名。IMA 1982-017 批准。1983 年 S. V. 马林科(S. V. Malinko)等在《全苏矿物学会记事》(112)和 1984 年《美国矿物学家》(69)报道。1985 年中国新矿物与矿物命名委员会郭宗山等在《岩石矿物及测试》[4(4)]根据单斜晶系及与硼镁锰钙石关系译为斜硼镁钙石(根词参见【硼镁锰钙石】条 676 页)。

【斜硼钠钙石】参见【硼钠钙石】条 678 页

【斜偏硼石】

英文名 Clinometaborite

化学式 HBO_2　(IMA)

斜偏硼石是一种偏硼酸矿物。与偏硼石为同质多象。单斜晶系。晶体呈柱状,长 2mm。无色,暴露几个月后变成粉白色,玻璃光泽,半透明。2010 年发现于意大利墨西拿省利帕里群岛弗卡诺(Vulcano)火山岛火山坑。英文名称 Clinometaborite,由对称冠词“Monoclinic(单斜晶系)”和根词“Metaboric(偏硼酸)”组合命名。IMA 2010-022 批准。2010 年 I. 坎波斯特里尼(I. Campostrini)等在《矿物学杂志》(74)及 2011 年 F. 德马丁(F. Demartin)等在《加拿大矿物学家》(49)报道。中文名称根据对称和成分译为斜偏硼石。

【斜羟铍石】参见【单斜羟铍石】条 108 页

【斜羟砷锰石】参见【砷水锰矿】条 791 页

【斜砷钯矿】

英文名 Palladoarsenide

化学式 Pd_2As　(IMA)

斜砷钯矿是一种钯的砷化物矿物。单斜晶系。晶体呈不规则粒状、细长叶状、蠕虫状。钢灰色,金属光泽,不透明;硬度 5,完全解理,脆性。1969 年发现于俄罗斯泰梅尔半岛普托拉纳高原塔尔纳赫铜镍矿床科姆索莫斯基(Komsomolskii)矿;同年,U. 巴尔兹(U. Bälz)等在《不太常见的金属杂志》(19)报道。英文名称 Palladoarsenide,由化学成分“Palladium(钯)”和“Arsenic(砷)”组合命名。IMA 1973-005 批准。1974 年 V. D. 别吉佐夫(V. D. Begizov)等在《全苏矿物学会记事》[103(1)]报道。中文名称根据单斜晶系和成分译为斜砷钯矿。

【斜砷钴矿】

英文名 Clinosafflorite

化学式 $CoAs_2$　(IMA)

斜砷钴矿细粒状晶体

斜砷钴矿是一种钴的砷化物矿物。属斜方砷铁矿族。与斜方砷钴矿为同质二象。单斜晶系。晶体呈细粒状。锡白色,玷污后呈灰黑色,金属光泽,不透明;硬度 4.5～5。1966 年 R. 达尔蒙(R. Darmon)等在《法国矿物学和结晶学会通报》(89)报道过 $CoAs_2$ 的晶体结构。1970 年发现于加拿大安大略省蒂米斯卡明区钴-哥干达(Cobalt-Gowganda)区域的钴矿地段。英文名称 Clinosafflorite,由对称冠词“Clino(单斜晶系)”和根词“Safflorite(斜方砷钴矿)”组合命名。IMA 1970-014 批准。1971 年 D. 拉德克利夫(D. Radcliffe)等在《加拿大矿物学家》(10)报道。中文名称根据单斜晶系和与斜方砷钴矿的关系译为斜砷钴矿(参见【斜方砷钴矿】条 1026 页)。

【斜砷镁钙石】

英文名 Irhtemite

化学式 $Ca_4Mg(AsO_4)_2(AsO_3OH)_2 \cdot 4H_2O$　(IMA)

斜砷镁钙石放射状、球粒状、花状集合体(摩洛哥)

斜砷镁钙石是一种含结晶水的钙、镁的氢砷酸-砷酸盐矿物。单斜晶系。晶体呈纤维状;集合体呈放射状、球粒状、扇状、花状、粉末状。无色、白色、淡玫瑰色或粉红色,玻璃光泽、丝绢光泽,透明—半透明。1971 年发现于摩洛哥瓦尔扎扎特省泰兹纳赫特的布阿泽(Bou Azer)区伊格太(Ightem)矿[又称伊尔太(Irhtem)矿]。英文名称 Irhtemite,以发现地摩洛哥的伊尔太(Irhtem)矿命名。IMA 1971-034 批准。1972 年 R. 佩罗特(R. Pierrot)等在《法国矿物学和晶体学学会通报》(95)和《美国矿物学家》(59)报道。中文名称根据单斜晶系和成分译为斜砷镁钙石,或根据英文名称首音节音和成分译为依砷镁钙石,也有的根据颜色和成分译为白砷镁钙石[见 1975 年顾雄飞在《地质地球化学》(2)刊载],还有的译为钙镁砷矿。

【斜砷铅石】

英文名 Mimetite-M

化学式 $Pb_5(AsO_4)_3Cl$

斜砷铅石是一种含氯的铅的砷酸盐矿物。属磷灰石超族磷灰石族。与砷铅矿为同质多象。单斜晶系。晶体呈假六方柱状;集合体呈晶簇状。浅绿黄色、白色,半金刚光泽、玻璃光泽、半玻璃光泽、树脂光泽、蜡状光泽,透明—半透明;

斜砷铅石柱状晶体，晶簇状集合体（德国）

硬度 4，脆性。发现于德国下萨克森州厄尔士山脉约翰乔治城（Johanngeorgenstadt）矿区特鲁弗劳德沙夫特（Treue Freundschaft）矿；同年，布拉穆勒（Braumüller）和塞德尔（Seidel）在维也纳《矿物学鉴定手册》刊载。英文名称 Mimetite，1835 年，由来自希腊的弗朗索瓦·苏尔皮克·伯当（François Sulpice Beudant）以希腊文"μιμητής=Imitator（模仿者）"命名，意指它与磷氯铅矿（Pyromorphite）有相似之处。1991 年由代永善（Yongshan Dai）等在《加拿大矿物学家》（29）命名为 Clinomimetite，由对称冠词"Clino（单斜晶系）"和根词"Mimetite（砷铅矿）"组合命名。IMA 1990－043 和 IMA 1990－043a 批准。2010 年帕赛罗（Pasero）等在《欧洲矿物学杂志》（22）磷灰石超族矿物的命名法更名为 Mimetite-M，意指它是砷铅矿的单斜晶系的多型（还有 Mimetite-2M 多型，IMA 未承认）。1993 年中国新矿物与矿物命名委员会黄蕴慧等在《岩石矿物学杂志》[12(1)]根据对称性及与砷铅矿的关系译为斜砷铅石（参见【砷铅矿】条 789 页）。

【斜水钙钾矾】

英文名 Görgeyite

化学式 $K_2Ca_5(SO_4)_6 \cdot H_2O$　　（IMA）

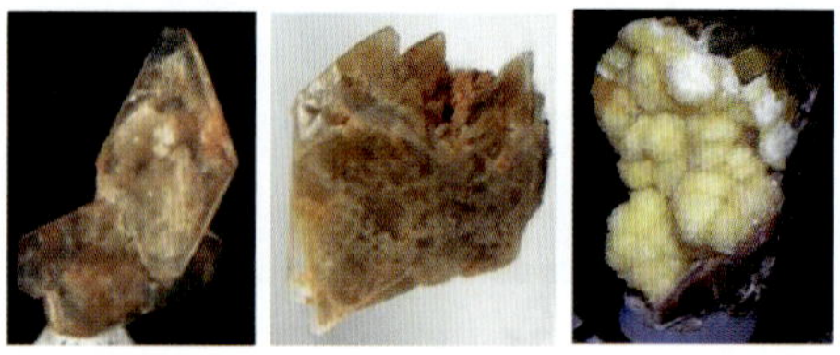

斜水钙钾矾板状晶体、晶簇状、球粒状集合体（哈萨克斯坦）

斜水钙钾矾是一种含结晶水的钾、钙的硫酸盐矿物。单斜晶系。晶体呈柱状、板状；集合体呈晶簇状、球状。无色—微黄色、黄绿色，玻璃光泽，透明—半透明；硬度 3.5，完全解理。1953 年发现于奥地利上奥地利州格蒙登区巴德伊舍镇伊斯施勒-萨尔茨贝格（Ischler Salzberg）；同年，H. 迈尔霍费尔（H. Mayrhofer）在德国《矿物学新年鉴》（月刊）和 1954 年弗莱舍在《美国矿物学家》（39）报道。英文名称 Görgeyite，由奥地利盐矿床矿物学家罗尔夫·冯·格尔盖伊（Rolf von Görgey，1886—1915）的姓氏命名。他首先研究沸石，后来研究盐矿/钾盐矿床。通过他的工作，他访问了许多欧洲国家，并建立了一个矿物收藏。1959 年以前发现、描述并命名的"祖父级"矿物，IMA 承认有效。中文名称根据单斜晶系和成分译为斜水钙钾矾；根据成分与石膏的关系译作多钙钾石膏。

【斜水硅钙石】

英文名 Killalaite

化学式 $Ca_{6.4}[H_{0.6}Si_2O_7]_2(OH)_2$　　（IMA）

斜水硅钙石是一种含羟基的钙的氢硅酸盐矿物。与羟硅钙石（Dellaite）和特水硅钙石（Trabzonite）相关。单斜晶系。晶体呈完好的细长柱状，长 2mm，具穿插双晶。白色，玻璃光泽，半透明；完全解理。1973 年发现于爱尔兰斯莱戈郡基拉拉（Killala）湾伊尼什克罗内（Inishcrone）镇。英文名称 Killalaite，以发现地爱尔兰基拉拉（Killala）湾命名。IMA 1973－033 批准。1974 年 R. 纳瓦兹（R. Nawaz）在《矿物学杂志》（39）和弗莱舍在《美国矿物学家》（59）报道。中文名称根据单斜晶系和成分译为斜水硅钙石。

【斜水钼铀矿】

英文名 Umohoite

化学式 $(UO_2)(MoO_4) \cdot 2H_2O$　　（IMA）

斜水钼铀矿球粒状集合体（法国）

斜水钼铀矿是一种罕见的含结晶水的铀酰的钼酸盐物矿物。三斜晶系。晶体呈鳞片状、板状、菱形体、细晶粒状；集合体呈圆花饰状、球粒状。暗蓝色、黑色、深绿色、黄色、鲜红色，玻璃光泽，半透明—不透明；硬度 2，完全解理。1953 年发现于美国犹他州派尤特县马丽斯韦尔（Marysvale）铀矿区自由（Freedom）2 号矿。1953 年 G. P. 布罗菲（G. P. Brophy）等在《美国原子能源通讯年度报告（1952 年 6 月 30 日—1953 年 4 月 1 日）》和《岩石和矿物》（28）报道。英文名称 Umohoite，由其化学组成"Uranyl（U，铀酰）""Molybdate（Mo，钼酸盐）"和"H_2O（水）"缩写组合命名。1959 年以前发现、描述并命名的"祖父级"矿物，IMA 承认有效。中文名称根据三斜晶系和成分译为斜水钼铀矿或钼铀矿，也有的译作菱钼铀矿。

【斜碳钡钙石】参见【斜钡钙石】条 1018 页

【斜碳钠钙石】参见【斜钠钙石】条 1034 页

【斜铁辉石】

英文名 Clinoferrosilite

化学式 $Fe_2^{2+}Si_2O_6$　　（IMA）

斜铁辉石柱状晶体（意大利）

斜铁辉石是一种铁的硅酸盐矿物。属辉石族单斜辉石亚族。与铁辉石为同质二象。单斜晶系。柱状晶体。棕色、无色、黑绿色，玻璃光泽，半透明—透明；硬度 5～6，完全解理。1935 年发现于美国怀俄明州帕克（Park）县黑曜石崖。1935 年 N. L. 伯恩（N. L. Bowen）在《美国科学杂志》（30）和 1936 年 W. F. 福杉格（W. F. Foshag）在《美国矿物学家》（21）报道。英文名称 Clinoferrosilite，由对称冠词"Clino（单斜）"和根词"Ferrosilite（铁辉石）"组合命名。1959 年以前发现、描述并命名的"祖父级"矿物，IMA 承认有效。IMA 1988s. p. 批准。中文名称根据单斜晶系和成分及族名译为斜铁辉石（参见【铁辉石】条 946 页）。

【斜铁锂闪石】

英文名 Clino-ferri-holmquistite

化学式 $\square Li_2(Mg_3Fe_2^{3+})Si_8O_{22}(OH)_2$　　（IMA）

斜铁锂闪石是一种 C^{2+} 位镁、C^{3+} 位高铁和 W 位羟基的闪石矿物。属角闪石超族 W 位羟基、氟、氯占优势角闪石族锂角闪石亚族斜锂蓝闪石根名族。单斜晶系。晶体呈柱状。黑色，玻璃光泽，透明—半透明；硬度 6，完全解理，脆性。发现于西班牙马德里市阿罗约·德拉耶德拉(Arroyo de la Yedra)。英文名称 Clino-ferri-holmquistite，于 1998 年由卡瓦列罗(Caballero)等在《美国矿物学家》(83)更名为 Clino-ferri-ferro-holmquistite(单斜二铁锂闪石)。现名 Clino-ferri-holmquistite(斜铁锂闪石)于 2001 年最初发表为 Ferri-ottoliniite[见 2004 年奥贝蒂《美国矿物学家》(88)]。2012 年奥贝蒂等在《美国矿物学家》(97)的《角闪石命名法》中，它的成分被认为是 Clino-ferri-holmquistite(斜铁锂闪石)和 Magnesio-Riebeckite(镁钠闪石)之间。于是 Ottoliniite 根名称被废弃。2014 年认识到 Clino-ferri-holmquistite 的化学成分中锂＞钠，于是 IMA 14－G 提案又被 IMA 2014s. p. 批准。2004 年中国地质科学院矿产资源研究所李锦平等在《岩石矿物学杂志》[23(1)]根据单斜晶系、成分铁及与锂蓝闪石的关系译为斜铁锂闪石，也有的译为斜铁锂蓝闪石。

【斜铁镁铈石】参见【碳铈镁石】条 927 页

【斜铜泡石】

英文名 Clinotyrolite

化学式 $Ca_2Cu_9(AsO_4,SO_4)_4(OH,O)_8 \cdot 10H_2O$

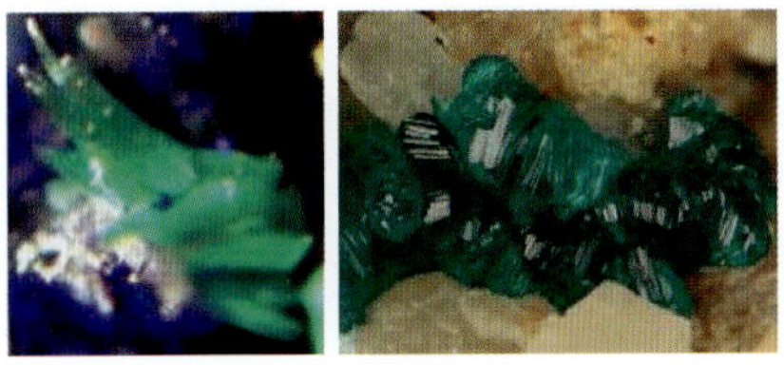

斜铜泡石片状或细柱状晶体，放射状、扇形集合体(美国)

斜铜泡石是一种含结晶水、氧和羟基的钙、铜的硫酸-砷酸盐矿物。单斜晶系。晶体多呈片状或细柱状；集合体呈放射状、扇形。翠绿色，珍珠光泽或丝绢光泽，透明；易剥成类似云母的薄片，其薄片具挠性。最初的描述来自中国云南省昆明市东川区东川铜矿床的烂泥坪(Lanniping)矿和汤丹(Tangdan)矿。1980 年马喆生、彭志忠等在《地质科学》[54(2)]和《美国矿物学家》(80)报道。英文名称 Clinotyrolite(＝Tyrolite-1M)，由对称冠词“Clino(单斜)”和根词“Tyrolite(铜泡石)”组合命名。此矿物未经 CNMMN 批准发表，因为作者认为它不同于铜泡石(在当时被认为是斜方晶系)；然而，2006 年克里沃切夫(Krivovichev)等证明是单斜(假斜方)晶系，它至少有两个单斜多型体，其中一个似乎是与“Clinotyrolite”相同的。众所周知，含二氧化碳的铜泡石品种也是存在的，铜泡石实际上可能代表两个变种：一为含 (SO_4) 的，另一为含 (CO_3) 的。在 2014 年由于批准了汤丹矿[Tangdanite(富铜泡石，李国武)]，而 Clinotyrolite 被废弃[2014 年马喆生等的《矿物学杂志》(78)](参见【富铜泡石】条 216 页和【丝砷铜矿】条 885 页)。

【斜钍石】参见【硅钍石】条 294 页

【斜顽辉石】

英文名 Clinoenstatite

化学式 $Mg_2Si_2O_6$ (IMA)

斜顽辉石是一种镁的硅酸盐矿物。属辉石族单斜辉石

斜顽辉石短柱状、长柱状晶体(法国、巴基斯坦)

亚族。与顽火辉石、阿基墨石、布里奇曼石为同质多象。单斜晶系。晶体呈短柱状、长柱状，具聚片双晶；集合体呈晶簇状。无色、青黄色、黄棕色、黑色，玻璃光泽，透明—不透明；硬度 5～6，完全解理。模式产地不详。1906 年在《赫尔辛基大学博士论文》载。1969 年 J. R. 克拉克(J. R. Clark)等在《美国矿物学会特刊》(2)报道。英文名称 Clinoenstatite，由对称冠词“Clino(单斜)”和根词“Enstatite(顽辉石)”组合命名。1959 年以前发现、描述并命名的“祖父级”矿物，IMA 承认有效。IMA 1988s. p. 批准。中文名称根据单斜晶系和成分及族名译为斜顽辉石或斜顽火辉石(参见【顽火辉石】条 976 页)。

【斜钨铅矿】

英文名 Raspite

化学式 $Pb(WO_4)$ (IMA)

斜钨铅矿细长扁平板状晶体(澳大利亚)和拉斯普像

斜钨铅矿是一种铅的钨酸盐矿物。属白钨矿族。与钨铅矿为同质二象。单斜晶系。晶体常呈细长柱状、扁平板状或薄片状，板面有条纹，常见双晶。淡黄色、黄棕色、灰色、无色，金刚光泽，透明—半透明；硬度 2.5～3，完全解理。1897 年发现于澳大利亚新南威尔士州布罗肯(Broken)山专有矿。1897 年 C. 赫拉瓦奇(C. Hlawatsch)在《皇家自然历史博物馆年鉴》(*Annalen des Kaiserlich-Königlichen Naturhistorischen Hofmuseums*)(12)和 1898 年赫拉瓦奇在莱比锡《结晶学、矿物学和岩石学杂志》(29)报道。英文名称 Raspite，由德国-澳大利亚探矿和布罗肯山矿床的发现者查尔斯·拉斯普(Charles Rasp，1846—1907)先生的姓氏命名。1959 年以前发现、描述并命名的“祖父级”矿物，IMA 承认有效。中文名称根据单斜晶系和成分译为斜钨铅矿。

【斜硒镍矿】

英文名 Wilkmanite

化学式 Ni_3Se_4 (IMA)

维尔克曼像

斜硒镍矿是一种镍的硒化物矿物。单斜晶系。黄灰色，金属光泽，不透明；硬度 2.5。1964 年发现于芬兰北部库萨莫市基特卡(Kitka)河谷；同年，Y. 沃雷莱宁(Y. Vuorelainen)等在《芬兰地质学会周报》(36)和 1965 年弗莱舍在《美国矿物学家》(50)报道。英文名称 Wilkmanite，以芬兰地质调查局的地质学家瓦诺尔德·乌里登·维尔克曼(Wanold Wrydon Wilkman，1872—1937)的姓氏命名。1959 年以前发现、描述

并命名的“祖父级”矿物，IMA 承认有效。IMA 1967s. p. 批准。中文名称根据单斜晶系和成分译为斜硒镍矿。

【斜纤蛇纹石】

英文名 Clinochrysotile

化学式 $Mg_3Si_2O_5(OH)_4$

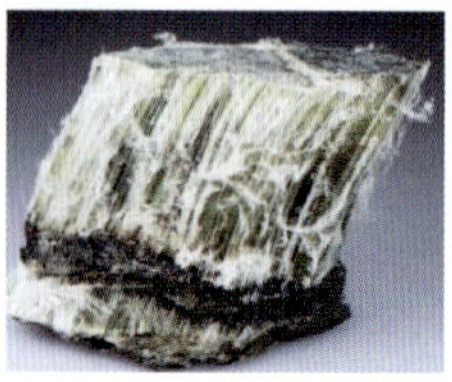

斜纤蛇纹石纤维状晶体（美国）

斜纤蛇纹石是一种含羟基的镁的硅酸盐矿物。属蛇纹石族纤蛇纹石亚族。是纤蛇纹石单斜晶系多型变体。晶体呈纤维状；集合体呈纤维平行状。淡绿色、白色、黄色、棕色、浅灰色，树脂光泽、油脂光泽、丝绢光泽，透明；硬度 2.5～3，有些脆。1834 年发现于加拿大魁北克省贝尔（Bell）矿。英文名称 Clinochrysotile，1843 年由弗朗茨·冯·科贝尔（Franz von Kobell）根据希腊文“Χρυσός＝Chrysos＝Gold（金黄）”和“Τ ί λos＝Tilos＝Fiber（纤维）”组合命名为 Chrysotile，意指金黄色的纤维状矿物-纤蛇纹石，又称温石棉。1930 年 B. E. 沃伦（B. E. Warren）等在《结晶学杂志》（76）报道。1951 年埃里克·詹姆斯·威廉·惠塔克（Eric James William Whittaker）重新命名为 Clinochrysotile（斜纤蛇纹石）。这是迄今为止最常见的温石棉结构和最常见的商业石棉矿物。2006 年温石棉（Chrysotile）被恢复为温石棉多型的种名[E. A. J. 伯克（E. A. J. Burke）在《加拿大矿物学家》[44(6)]报道]（参见【纤蛇纹石】条 1013 页）。

【斜楔石】

英文名 Trigonite

化学式 $Pb_3Mn^{2+}(AsO_3)_2(AsO_2OH)$　　（IMA）

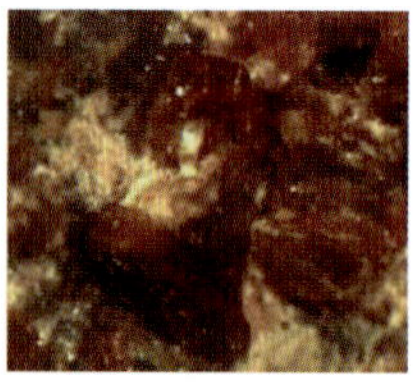

斜楔石厚板状楔形晶体（瑞典）

斜楔石是一种铅、锰的氢砷酸-砷酸盐矿物。单斜晶系。晶体呈厚板状楔形；集合体呈近似平行的板状。颜色多变，从硫磺黄色—黄褐色或暗棕色，玻璃光泽、金刚光泽，半透明；硬度 2～3，完全解理。1920 年发现于瑞典韦姆兰省菲利普斯塔德市朗班（Långban）；同年，弗林克（Flink）在《斯德哥尔摩地质学会会刊》（42）和 1921 年在《美国矿物学家》（6）报道。英文名称 Trigonite，根据希腊文“τρ ί γωνον＝Trigonon（三角形坡面）”命名，意指其晶体的轮廓，像古代希腊的三角竖琴（或七弦琴）。1959 年以前发现、描述并命名的“祖父级”矿物，IMA 承认有效。中文名称根据单斜晶系和晶体的形态译为斜楔石；根据成分译为砷锰铅矿（此译名与 Caryinite 的译名重复）。

【斜雪硅钙石】参见【单斜托勃莫来石】条 108 页

【斜黝帘石】

英文名 Clinozoisite

化学式 $Ca_2Al_3[Si_2O_7][SiO_4]O(OH)$　　（IMA）

斜黝帘石板柱状晶体（意大利、巴基斯坦）

斜黝帘石是一种含羟基和氧的钙、铝的硅酸盐矿物。属绿帘石超族绿帘石族斜黝帘石亚族。与黝帘石为同质多象，与绿帘石组成完全类质同象系列，即相当于不含铁或含极少铁的绿帘石。单斜晶系。晶体呈柱状或板状，具叶片双晶。无色、灰色、浅黄色、浅绿色、褐绿色、粉红色、红褐色等，玻璃光泽，透明—半透明；硬度 6.5～7，完全解理，脆性。1896 年发现于奥地利蒂罗尔州林茨市普雷格拉滕区戈斯旺德（Gösleswand）；同年，在《结晶学与矿物学杂志》（26）报道。英文名称 Clinozoisite，1896 年恩斯特·魏因申克（Ernst Weinschenk）根据对称冠词希腊文“Κλ ί νο＝Klinein＝Clino（单斜）”和根词“Zoisite（黝帘石）”组合命名。其中，根词 Zoisite 以发现者冯·埃德尔斯坦·拜伦·佐伊斯（Von Edelstein Baron Zois，1747—1819）男爵的姓氏命名。1899 年 E. S. 丹纳（E. S. Dana）在《系统矿物学》（第六版）刊载。1959 年以前发现、描述并命名的“祖父级”矿物，IMA 承认有效。IMA 2006s. p. 批准。中文名称根据晶系（单斜）及与黝帘石的关系译为斜黝帘石；根据成分及与绿帘石的关系译作铝绿帘石（参见【黝帘石】条 1090 页和【绿帘石】条 544 页）。

【斜自然硫】

英文名 Rosick ý ite

化学式 S　　（IMA）

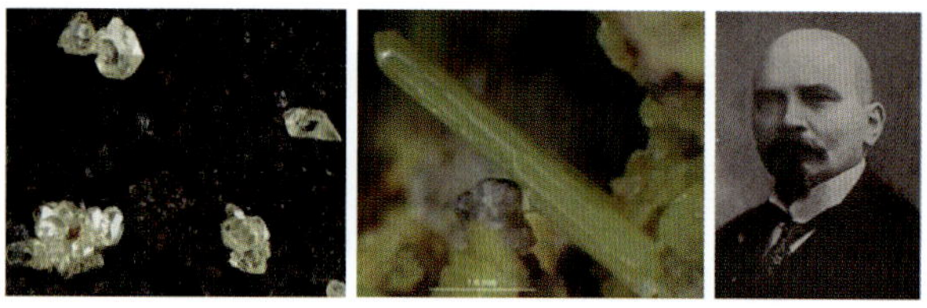

斜自然硫粒状、柱状晶体（美国、新西兰）和罗西基像

斜自然硫是一种自然硫的单质矿物。属自然硫族。与 α-Sulphur 和 β-Sulphur 为同质多象变体。单斜晶系。晶体呈等轴状、短柱状、厚板状、细长针状。无色、淡黄色与绿色色调，金刚光泽，透明—半透明；硬度 2～3。1930 年发现于捷克共和国摩拉维亚南部地区布兰斯科区哈沃尔纳（Havírna）。1931 年 J. 塞卡尼纳（J. Sekanina）在西德《结晶学杂志》（80）报道。英文名称 Rosick ý ite，以捷克共和国布尔诺马萨里克大学的矿物学和岩石学研究所前主任沃伊捷赫·罗西基（Vojtěch Rosick ý，1880—1942）教授的姓氏命名。1959 年以前发现、描述并命名的“祖父级”矿物，IMA 承认有效。中文名称根据单斜晶系和成因及成分译为斜自然硫。

泻 [xiè]形声；从氵，写声。基本义：液体很快地流。泻盐、泻腹。

【泻利盐】

英文名 Epsomite

化学式 $Mg(SO_4)\cdot 7H_2O$　　（IMA）

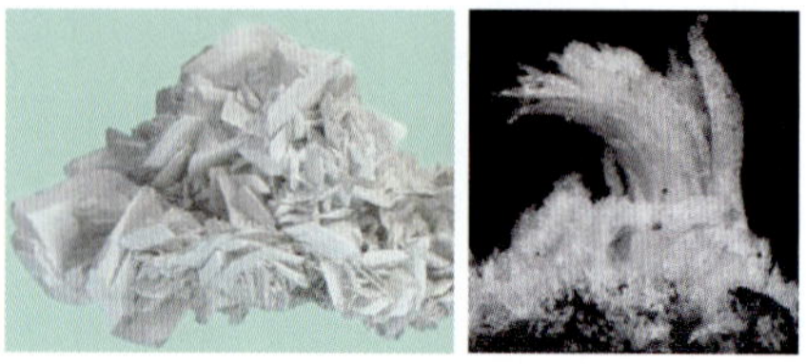

泻利盐板状、纤维状晶体（澳大利亚、西班牙）

泻利盐是一种含结晶水的镁的硫酸盐矿物。属泻利盐族。它与碧矾(Morenosite)和皓矾(Goslarite)之间可能存在着完全类质同象系列。斜方晶系。晶体呈假四方柱状、粒状、板状、纤维状、针状、发状;集合体呈葡萄状、肾状、钟乳状、皮壳状、土状、块状。无色、白色、灰色,有时带浅绿色(含镍)或浅红色(含锰或钴),玻璃光泽,纤维状者集合体具丝绢光泽,土状者具土状光泽,透明—半透明;硬度 2~2.5,完全解理,脆性;味苦且稍咸,易溶于水。中国自古把硫酸镁用作泻药,泻内热而自利也,属于盐类,故名泻利盐;因含硫而有苦味,故又名硫苦、苦盐;也许其成因与潟湖、泻土、潟卤有关,故叫泻盐。根据成分也叫七水镁矾。

在西方,最早见 1721 年赫尔曼(Hermann)称天然卡塔尔苍耳(Nativum catharticum)盐。1806 年在英国英格兰萨里郡埃普瑟姆(Epsom)矿泉水蒸发后的遗迹中被发现;同年,在《物理、化学、自然历史和艺术杂志》(62)报道。英文名称 Epsomite,1806 年由杰恩·克拉德·德拉姆特里(Jean Claude Delamétherie)以发现地英国埃普索姆(Epsom)命名。1959 年以前发现、描述并命名的"祖父级"矿物,IMA 承认有效。

谢 [xiè]形声;从言,射声。中国姓氏。[英]音,用于外国人名、地名。

【谢尔盖凡石*】

英文名 Sergevanite

化学式 $Na_{15}(Ca_3Mn_3)(Na_2Fe)Zr_3Si_{26}O_{72}(OH)_3 \cdot H_2O$ (IMA)

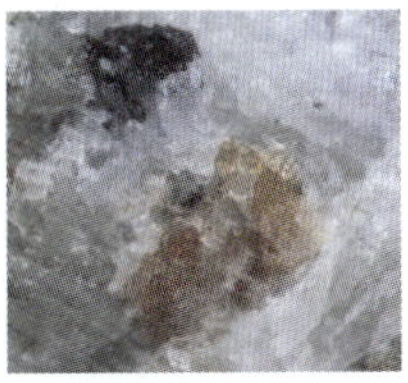

谢尔盖凡石*粒状晶体(俄罗斯)

谢尔盖凡石*是一种含结晶水和羟基的钠、钙、锰、铁、锆的硅酸盐矿物。属异性石族。三方晶系。晶体呈六面体粒状,直径达 1.5mm。黄色—橙黄色,玻璃光泽,透明;硬度 5。2019 年发现于俄罗斯摩尔曼斯克州洛沃泽罗碱性地块喀纳斯库尔特(Karnasurt)矿山。英文名称 Sergevanite,以发现地俄罗斯喀纳斯库尔特矿山附近的谢尔盖凡(Sergevan)河命名。IMA 2019-057 批准。2019 年 N. V. 丘卡诺夫(N. V. Chukanov)等在《CNMNC 通讯》(52)、《矿物学杂志》(83)和《欧洲矿物学杂志》(32)报道。目前尚未见官方中文译名,编译者建议音译为谢尔盖凡石*。

【谢德里克石】参见【水氟碳钠钙石】条 822 页

【谢苗诺夫石*】参见【硅铍稀土石】条 283 页

【谢氏超晶石】

汉拼名 Xieite

化学式 $FeCr_2O_4$ (IMA)

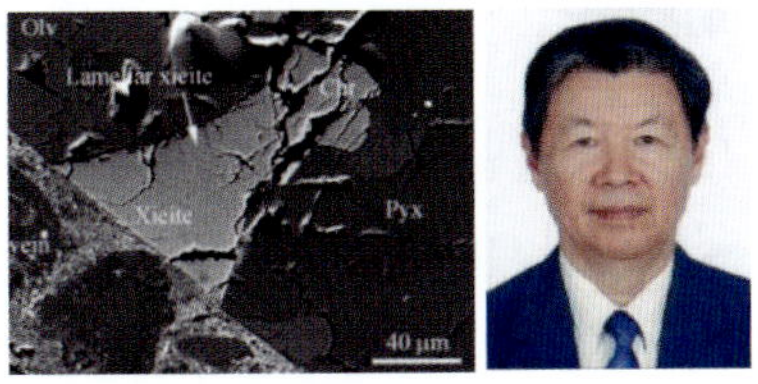

谢氏超晶石碎裂状(中国湖北)和谢先德像

谢氏超晶石是铬铁矿尖晶石的一种超高压多型,它的化学成分与铬铁矿相同,但具有斜方的晶体结构,密度比铬铁矿高 10%,要在相当于地表 500km 以下的压力条件下才能形成的一种超高压的矿物。属钙黑锰矿(Marokite)超族。与陈鸣矿和铬铁矿为同质多象。斜方晶系。晶体呈显微细粒状,粒径 5~40μm;集合体呈致密多晶聚集体,通常表现为铬铁矿晶体或其碎片的假象。40 年前,国际著名的岩石矿物学家林格伍德教授曾预言,如果尖晶石类矿物在地球深部发生高压相转变,很可能从立方晶体结构转变为密度更高的超尖晶石结构。其后,若干超尖晶石结构相在实验室被人工合成,但天然的超尖晶石高压矿物一直没有被发现。

谢氏超晶石发现在中国湖北省随州县 L6 球粒陨石中[见 2003 年陈鸣等在《地球化学与宇宙化学学报》(67)报道],它是除金刚石以外迄今被批准和命名的第 10 种超高压矿物。国际上已经批准和命名的另外 9 种超高压矿物是:柯石英、斯石英、赛石英、林伍德石、瓦士利石、镁铁榴石、阿基墨石、玲根石和涂氏磷钙石,它们分别属于石英、橄榄石、辉石、斜长石和白磷钙矿的超高压多型。IMA 2007-056 批准的谢氏超晶石(Xieite),是以中国科学院院士、矿物学家谢先德的姓氏+超高压条件+晶石命名的。2008 年陈鸣等在中国《科学通报》(53)报道。谢先德(1934—)是国际知名的矿物物理学家与高压矿物学家、地质学家,并在矿物冲击领域做出了重要贡献。他于 1990—1994 年任国际矿物协会主席,1994 年当选俄罗斯科学院外籍院士,他发现、研究、描述并命名的新矿物达 10 余种,为中国新矿物做出重要贡献。发现天然超高压矿物"谢氏超晶石",对认识地球深部,特别是地幔的物质组成和结构具有重要的科学意义。

【谢伊多石】

英文名 Seidite-(Ce)

化学式 $Na_4(Ce,Sr)_2TiSi_8O_{18}(O,OH,F)_6 \cdot 5H_2O$ (IMA)

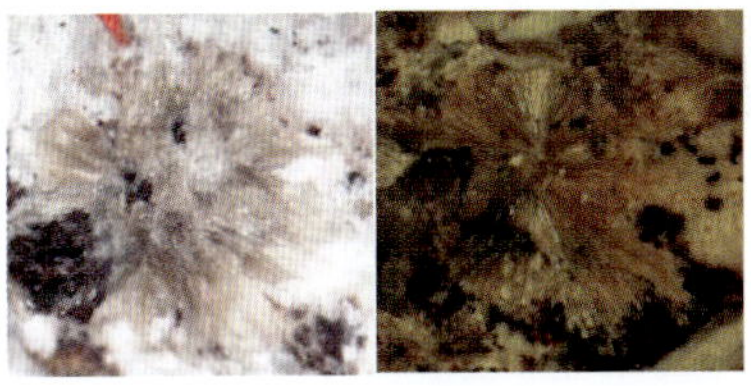

谢伊多石纤维状晶体,放射状、球粒状集合体(俄罗斯)

谢伊多石是一种含结晶水、氟、羟基和氧的钠、铈、锶、钛的硅酸盐矿物。属沸石族。单斜晶系。晶体呈纤维状;集合体呈放射状、球粒状。黄色,带粉红色调的黄色或米色,玻璃光泽、丝绢光泽、蜡状光泽,半透明;硬度 3~4,完全解理。1993 年发现于俄罗斯北部摩尔曼斯克州尤比莱纳亚(Yubileinaya)伟晶岩。英文名称 Seidite-(Ce),以发现地俄罗斯洛沃泽罗地块中央湖的谢伊多(Seido)湖,加占优势的稀土元素铈后缀-(Ce)组合命名。IMA 1993-029 批准。1998 年 A. P. 霍米亚科夫(A. P. Khomyakov)等在《俄罗斯矿物学会记事》[127(4)]报道。2003 年中国地质科学院矿产资源研究所李锦平等在《岩石矿物学杂志》[22(2)]音译为谢伊多石。

榍 [xiè]形声;从木,屑声。基本义:楔子。

【榍石】

英文名 Titanite

化学式 $CaTi(SiO_4)O$ (IMA)

榍石楔形晶体(意大利、奥地利、德国)

榍石是一种含氧的钙、钛的岛状硅酸盐矿物。单斜(三斜)晶系。晶体多以单晶出现,以扁平的楔形(信封状),横断面以菱形为特征,也可呈板状、柱状、不规则粒状,具简单或聚片双晶。无色、蜜黄色、褐色、绿色、玫瑰色、黑色等,玻璃光泽、油脂光泽、金刚光泽,透明—半透明;硬度 5~5.5,完全解理;具强烈的多色性(呈 3 种不同的颜色)和很高的双折射性(可看到背部刻面的重叠现象)。以强烈的火彩和富丽的颜色而闻名,可作宝石。

在 1787 年首次被马克·奥古斯特·皮克特(Marc August Pictet)发现,但只是描述为"新近发现的矿物质"。1791 年,英国牧师 R. W. 格雷戈尔(R. W. Gregor,1762—1817)在英国康沃尔郡发现了一种叫作"钛铁砂"黑色沙子(钛铁矿),他分析了它并推断其是由铁和一种未知金属的氧化物组成,并报告给了康沃尔的皇家地质学会。1795 年,德国柏林的科学家 M. H. 克拉普罗特(M. H. Klaproth,1743—1817)研究了一种来自匈牙利的叫作"Schörl"的红色矿物(金红石),他意识到它是一种以前未知元素的氧化物,用希腊神话中的"泰坦"命名为 Titanium(钛)。当他被告知格雷戈尔的发现时,他研究了钛铁砂并确认了它也包含钛。1795 年克拉普罗特在柏林《化学知识对矿物学的贡献》(第一卷)报道,在德国下巴伐利亚豪岑贝格的钛铁矿矿床中发现一种新矿物,并根据化学成分"Titanium(钛)"命名为 Titanite。1959 年以前发现、描述并命名的"祖父级"矿物,IMA 承认有效。IMA 1967s. p. 批准。中文名称根据成分译为"钛石"。同义词 Sphene,1801 年由法国雷内·J. 阿羽伊(Rene J. Haüy)根据晶体的"楔状"形态引入一个形象的希腊文名称"Sphene",中文名称根据晶体形态译为榍石。榍石有红榍石、钇榍石、锡榍石等种类。俄罗斯科拉半岛是世界上著名的榍石产地(参见【金红石】条 385 页、【钛铁矿】条 913 页、【自然钛】条 1133 页)。

辛 [xīn]根据甲骨字形解释:象形;像荆棘之形。[英]音,用于外国人名。或用于希腊文"σὑν=Syn(一致)"的音。

【辛安丘乐石】

英文名 Cianciulliite

化学式 $Mg_2Mn^{2+}Zn_2(OH)_{10}\cdot 2\sim4H_2O$ (IMA)

辛安丘乐像

辛安丘乐石是一种含结晶水的镁、锰、锌的氢氧化物矿物。单斜晶系。晶体呈板状。深红褐色—近于黑色,半金刚光泽、玻璃光泽、珍珠光泽,不透明;硬度 1~2,蜡状可切,完全解理。1990 年发现于美国新泽西州苏塞克斯县富兰克林采矿区富兰克林(Franklin)矿。英文名称 Cianciulliite,由皮特·J. 邓恩(Pete J. Dunn)等以约翰·辛安丘乐(John Cianciulli,1949—2005)先生的姓氏命名。他是富兰克林矿产博物馆的第二馆长、青年职业顾问、终身矿物收藏家和富兰克林-奥格登斯堡矿物学会前任司库。IMA 1990-042 批准。1991 年邓恩等在《美国矿物学家》(76)报道。中文名称音译为辛安丘乐石;1993 年中国新矿物与矿物命名委员会黄蕴慧等在《岩石矿物学杂志》[12(1)]音译为慈安慈乌利石。

【辛德勒石*】

英文名 Schindlerite

化学式 $\{(NH_4)_4Na_2(H_2O)_{10}\}\{V_{10}O_{28}\}$ (IMA)

辛德勒石*叠板连生集合体(美国)

辛德勒石*是一种含结晶水的铵、钠的钒酸盐矿物。三斜晶系。晶体呈板状,高可达 0.3mm;集合体常呈平行堆叠的连生晶。橙黄色,半金刚光泽,透明;硬度 2,完全解理,脆性。2012 年发现于美国科罗拉多州圣米格尔县圣犹大(Saint Jude)矿。英文名称 Schindlerite,以迈克尔·辛德勒(Michael Schindler,1966—)博士的姓氏命名。他主要从事广泛的钒矿物结构研究工作。原定义是水合矿物(IMA 2012-063)[2013 年 A. R. 坎普夫(A. R. Kampf)等在《加拿大矿物学家》(51)报道],后来重新定义为一种含结晶水的铵、钠的钒酸盐矿物。IMA 2015s. p. 批准。2016 年坎普夫等在《加拿大矿物学家》(54)报道。目前尚未见官方中文译名,编译者建议音译为辛德勒石*。

【辛硫砷铜矿】

英文名 Sinnerite

化学式 $Cu_6As_4S_9$ (IMA)

辛硫砷铜矿柱状晶体(瑞士)和辛纳像

辛硫砷铜矿是一种铜的砷-硫化物矿物。三斜晶系。晶体呈柱状;具双晶。青铜色、青灰色、银色、钢灰色,金属光泽,不透明;硬度 4~4.5。1964 年发现于瑞士瓦莱州碧茵(Binn)谷和林根巴赫(Lengenbach)采石场。英文名称 Sinnerite,以瑞士伯尔尼自然史博物馆委员会主席鲁道夫·冯·辛纳(Rudolf von Sinner,1890—1960)的姓氏命名。IMA 1964-020 批准。1964 年 F. 马鲁莫(F. Marumo)等在《瑞士矿物学和岩石学通报》(44)报道。中文名称根据英文名称首音节音和成分译为辛硫砷铜矿。

【辛羟砷锰石】参见【水砷锰石】条 870 页

欣 [xīn]形声;从欠,斤声。本义:喜悦。[英]音,用于外国地名。

【欣科洛布韦铀矿*】

英文名 Shinkolobweite

化学式 $Pb_{1.25}[U^{5+}(H_2O)_2(U^{6+}O_2)_5O_8(OH)_2](H_2O)_5$ (IMA)

欣科洛布韦铀矿*是一种含结晶水的铅的水合铀、铀氧的氢氧-氧化物矿物,它是新结构类型,铅铀矿、水碳酸钙铀矿之后的第三个 U^{5+} 矿物。斜方晶系。晶体呈柱状、针状;集合体呈晶簇状、放射状、无序状。黄色、橘黄色。2016 年发现于刚果(金)上加丹加省坎博韦地区欣科洛布韦(Shinkolobwe)矿山。英文名称 Shinkolobweite,以发现地刚果(金)的欣科洛布韦(Shinkolobwe)矿山命名。IMA 2016－095 批准。2017 年 T. A. 奥尔德斯(T. A. Olds)等在《CNMNC 通讯》(36)、《矿物学杂志》(81)和《欧洲矿物学杂志》(29)报道。目前尚未见官方中文译名,编译者建议音加成分译为欣科洛布韦铀矿*。

欣科洛布韦铀矿*针状晶体,无序状集合体(刚果)

锌 [xīn]形声;从钅,辛声。一种金属元素。[英]Zinc。元素符号 Zn。原子序数 30。锌是古代人类发现并利用的一种金属,人类早期使用的是锌和铜的合金——黄铜。锌首先被罗马人所知,但很少使用。据考,1374 年印度有一位叫马达纳巴拉(Madanapala)的国王认为锌是一种金属,因此可以推断印度是世界上最早冶炼出纯锌的国家,在拉贾斯坦邦的扎瓦尔(Zawar)有一个锌熔炉有废弃的锌,证明了大规模的精炼在 1100 年到 1500 年间。在中国 11—15 世纪也已经大规模生产锌,1637 年宋应星著《天工开物》有世界上最早的关于炼锌技术的记载。锌中国旧称"亚铅"或"倭铅"或"白铅"。在 1668 年,佛兰德的冶金家 P. 莫拉斯·德·勒斯普尔(P. Moras de Respour),据说从氧化锌中提取了金属锌,但欧洲认为锌是由德国化学家安德里亚斯·马格拉夫(Andreas Marggraf)在 1746 年从异极矿中发现的,而且的确是他第一个确认了它是一种新的金属。英文名称 Zinc,源于拉丁文 Zincum,意思是"白色薄层"或"白色沉积物"。锌是第四位"常见"的金属,仅次于铁、铝及铜。地球的地壳中锌的丰度在(70～80)×10^{-6}。

【锌赤铁矾】

英文名 Zincobotryogen

化学式 $ZnFe^{3+}(SO_4)_2(OH)\cdot 7H_2O$ (IMA)

锌赤铁矾是一种赤铁矾族的含锌的新物种。它的发现,使赤铁矾成为一个独立的矿物族,锌赤铁矾是锌的端元矿物。单斜晶系。晶体呈柱状、锥状,长 0.05～2mm;集合体呈放射状或皮壳状。橘红色、棕褐色、白色、浅黄色,玻璃光泽、油脂光泽,半透明;硬度 2.5。1956—1957 年,中国学者涂光炽等在中国青海省海西自治州祁连山南麓柴达木盆地北缘锡铁山(Xitieshan)铅锌矿床氧化带中,发现了含锌很高的硫酸盐类矿物。1963 年,经室内鉴定认为是一种新矿物,并根据成分和族名命名为锌赤铁矾(Zincobotryogen)。1964 年未经 IMA 批准。1964 年涂光炽等在中国《地质科学》[44(1)]和《美国矿物学家》(49)报道。1959 年以前发现、描述并命名的"祖父级"矿物,IMA 承认有效。49 年以后的 2015 年才得到 IMA 批准(IMA 2015－107)。2016 年 Z. 杨(Z. Yang)等在《CNMNC 通讯》(30)和《矿物学杂志》(80)及 2017 年在《矿物学与岩石学》(111)报道。

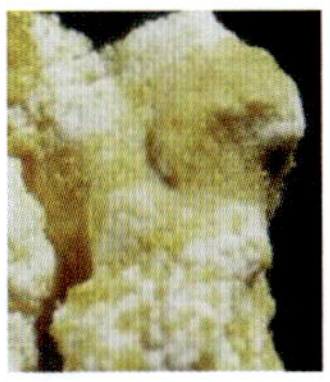

锌赤铁矾皮壳状集合体(美国)

【锌簇磷铁矿*】

英文名 Zincoberaunite

化学式 $ZnFe^{3+}_5(PO_4)_4(OH)_5\cdot 6H_2O$ (IMA)

锌簇磷铁矿*是一种含结晶水和羟基的锌、铁的磷酸盐矿物。属簇磷铁矿族。单斜晶系。晶体呈纤维状,长度可达 1.5mm;集合体呈放射状。2015 年发现于德国巴伐利亚州上普法尔茨行政区魏德豪斯地区哈根多夫(Hagendorf)南伟晶岩。英文名称 Zincoberaunite,由成分冠词"Zinco(锌)"和根词"Beraunite(簇磷铁矿)"组合命名,意指它是锌占优势的簇磷铁矿的类似矿物。IMA 2015－117 批准。2016 年 N. V. 丘卡诺夫(N. V. Chukanov)等在《CNMNC 通讯》(30)、《矿物学杂志》(80)和 2017 年《矿物学和岩石学》(111)报道。目前尚未见官方中文译名,编译者建议根据成分及与簇磷铁矿的关系译为锌簇磷铁矿*。

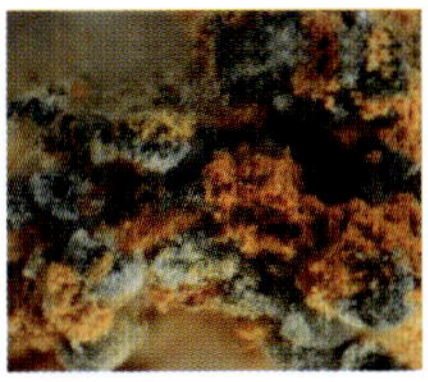

锌簇磷铁矿*纤维状晶体,放射状集合体(德国)

【锌矾】

英文名 Zinkosite

化学式 $Zn(SO_4)$ (IMA)

锌矾是一种锌的硫酸盐矿物。斜方晶系。晶体呈长方形或斜方片状。无色,透明—半透明。1852 年发现于西班牙阿尔梅里亚省库埃瓦斯德拉尔曼索拉地区阿尔马格里拉(Almagrera)山脉加洛赛(Jaroso)峡谷。1852 年布赖特豪普特(Breithaupt)在莱比锡弗赖堡 *Berg-und Hüttenmännische Zeitung*(11)和 1888 年德斯图尔登(de Schulten)在法国《巴黎科学院会议周报》(107)报道。英文名称 Zinkosite,由化学成分"拉丁文 Zincum(锌)"和"S(硫)?"组合命名,后改名为 Zincosite。1959 年以前发现、描述并命名的"祖父级"矿物,IMA 承认有效,但持怀疑态度。同义词 Almagrerite,以发现地西班牙阿尔马格里拉(Almagrera)山脉命名。2008 年卡尔沃(Calvo)和维纳尔(Viñals)指出:它可能是一个人造产品,其在本质上发现至少在其"类型地区"是值得怀疑的。中文名称根据成分译为锌矾。

【锌方解石】

英文名 Zincian Calcite

化学式 $(Ca,Zn)CO_3$

锌方解石晶簇状集合体(刚果)

锌方解石是一种富含锌的方解石变种。三方晶系。晶体形状多种多样,呈粒状、纤维状;集合体呈晶簇状、块状、钟乳状、土状等。白色、杏黄色、褐色等,玻璃光泽,透明—半透明;硬度 3,完全解理。首先发现于德国和刚果。见于 1892 年 E. S. 丹纳(E. S. Dana)《系统矿物学》(第六版,纽约)。英文名称 Zincian Calcite,由化学成分冠词"Zincian(锌)"和根词"Calcite(方解石)"组合命名。中文名称根据成分及与方解石的关系译为锌方解石(根词参见【方解石】条 154 页)。

【锌钙铜矾】参见【锌铜矾】条 1047 页

【锌铬铅矿】

英文名 Hemihedrite

化学式 $ZnPb_{10}(CrO_4)_6(SiO_4)_2(OH)_2$ (IMA)

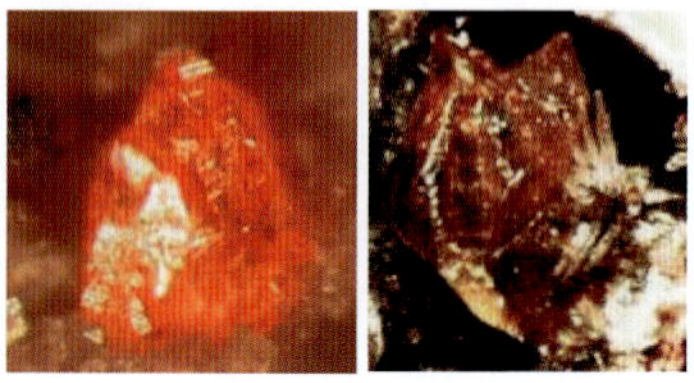

锌铬铅矿自形半面形晶体(伊朗、美国)

锌铬铅矿是一种含羟基的锌、铅的硅酸-铬酸盐矿物。属水铬铅矿(伊朗矿)族。三斜晶系。晶体呈自形半面形(Hemihedral)。亮橙色、红褐色、褐色—黑色,玻璃光泽,透明—半透明;硬度3。1967年发现于美国亚利桑那州皮纳尔县托尔蒂利亚(Tortilla)山脉里普利区佛罗伦斯(Florence)铅银矿。英文名称Hemihedrite,根据晶体独特的半面对称(hemihedral)的形态命名。IMA 1967-011批准。1970年S. A. 威廉姆斯(S. A. Williams)等在《美国矿物学家》(55)报道。中文名称根据成分译为锌铬铅矿或硅铬锌铅矿。

【锌铬铁矿】

英文名 Zincochromite

化学式 $ZnCr_2O_4$ (IMA)

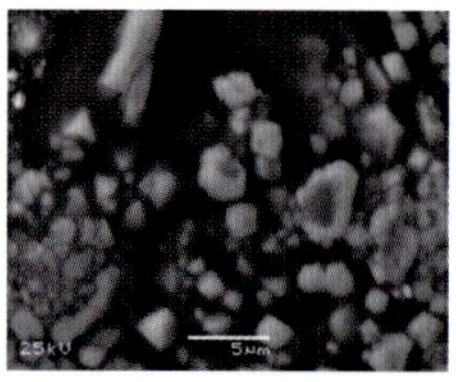

锌铬铁矿粒状晶体(俄罗斯)

锌铬铁矿是一种锌、铬的氧化物矿物。属尖晶石超族氧尖晶石族尖晶石亚族。锌的铬铁矿的类似矿物。等轴晶系。晶体呈细小自形八面体、菱形十二面体,粒状。棕黑色,半金属光泽,不透明,薄片呈半透明;硬度5.5~6。1986年发现于俄罗斯北部卡累利阿共和国奥涅加湖扎纳治(Zaonezhie)半岛斯列德尼亚亚帕德玛(Srednyaya Padma)矿。英文名称Zincochromite,由成分冠词"Zinco(锌)"和根词"Cchromite(铬铁矿)"组合命名。IMA 1986-015批准。1987年A. R. 涅斯德洛夫(A. R. Nesterov)等在《全苏矿物学会记事》(116)和1988年《美国矿物学家》(73)报道。1988年中国新矿物与矿物命名委员会郭宗山等在《岩石矿物学杂志》[7(3)]根据成分及与铬铁矿的关系译为锌铬铁矿;也译作锌铬尖晶石。

【锌黑铝镁铁矿-2N2S】

英文名 Zincohögbomite-2N2S

化学式 $(Zn,Al,Fe)_3(Al,Fe,Ti)_8O_{15}(OH)$ (IMA)

锌黑铝镁铁矿-2N2S是一种含羟基的锌、铝、铁、钛的氧化物矿物。属黑铝镁铁矿超族黑铝镁铁矿族。六方晶系。棕色,金刚光泽,半透明;硬度7。1994年发现于希腊爱琴海北部萨莫斯的埃默里(Emery)矿床。英文名称Zincohögbomite-2N2S,由成分冠词"Zinco(锌)"和根词"Högbomite(黑铝镁铁矿)"加多型后缀-2N2S组合命名(原名称为Zincohögbomite-8H)。其中,根词由瑞典乌普萨拉大学矿物学和地质学教授阿维德·古斯塔夫·霍格玻姆(Arvid Gustav Högbom,1857—1940)的姓氏命名。IMA 1994-016批准。1998年E. 奥根奇(E. Ockenga)在《欧洲矿物学杂志》(10)报道。中文名称根据成分和族名译为锌黑铝镁铁矿-2N2S。

【锌黑铝镁铁矿-2N6S】

英文名 Zincohögbomite-2N6S

化学式 $(Zn,Al)_7(Al,Fe^{3+},Ti,Mg)_{16}O_{31}(OH)$ (IMA)

霍格玻姆像

锌黑铝镁铁矿是一种锌占优势黑铝镁铁矿类似矿物。属黑铝镁铁矿超族黑铝镁铁矿族。六方晶系。晶体呈自形假四面体。橙色、棕色,金刚光泽,透明—不透明;硬度7,脆性。发现于北马其顿共和国韦莱斯(Veles)区涅兹洛夫(Nežilovo)村。英文名称Zincohögbomite-2N6S,由成分冠词"Zinco(锌)"和根词"Högbomite(黑铝镁铁矿)"加多型后缀-2N6S组合命名(最初名称Zincohögbomite-16H)。其中,根词由瑞典乌普萨拉大学矿物学和地质学教授阿维德·古斯塔夫·霍格玻姆(Arvid Gustav Högbom,1857—1940)的姓氏命名。1959年以前发现、描述并命名的"祖父级"矿物,IMA承认有效。IMA 2001s. p. 批准。1998年E. 奥根奇(E. Ockenga)等在《瑞士矿物学和岩石学通报》(78)报道。中文名称根据成分和族名译为锌黑铝镁铁矿-2N6S。

【锌黄长石】

英文名 Hardystonite

化学林 $Ca_2ZnSi_2O_7$ (IMA)

锌黄长石是一种钙、锌的硅酸盐矿物。属黄长石族。四方晶系。晶体呈粒状,镶嵌于其他矿物之间。无色、白色、灰绿色、褐色、粉红色,金刚光泽、树脂光泽、油脂光泽,半透明—不透明;硬度3~4,中等解理。1899年发现于美国新泽西州苏塞克斯县富兰克林矿区富兰克林(Franklin)矿;同年,在《美国科学院艺术与科学会议录》(34)报道。英文名称Hardystonite,1899年由约翰·E. 沃尔夫(John E. Wolff)根据发现地美国新泽西州苏塞克斯县哈尔德斯顿(Hardyston)镇命名。1935年C. 帕拉奇(C. Palache)在《美国地质调查局(USGS)》[180(94)]报道。1959年以前发现、描述并命名的"祖父级"矿物,IMA承认有效。中文名称根据成分和族名译为锌黄长石。

【锌黄锡矿】

英文名 Kësterite

化学式 Cu_2ZnSnS_4 (IMA)

锌黄锡矿四方双锥状、厚板状晶体(中国)

锌黄锡矿是一种铜、锌、锡的硫化物矿物。属黄锡矿族。四方晶系。晶体呈假四面体、假八面体、板状、粒状等;集合体常呈块状或浸染状。墨绿色,条痕呈黑色,金属光泽,不透明;硬度4.5,脆性。在1948年第一次被描述为"Silver-zinc stannite(银锌黄锡矿)"。1956年发现了俄罗斯萨哈共和国维尔霍扬斯克亚纳河流域亚纳-阿德恰地区阿尔加-安纳加-卡欧亚花岗岩地块凯斯特(Këster)矿床;同年,在*Trudy Vsesouznogo MagadanskNauchno-Issledovatelskii Institut Magadan*(2)报道。英文名称Kësterite,1956年由V. N. 索博列娃(V. N. Soboleva)以发现地俄罗斯的凯斯特(Këster)矿床命名。1958年V. V. 伊万诺夫(V. V. Ivanov)等在《全苏矿物学会记事》(88)和《美国矿物学家》(43)报道。1959

年以前发现、描述并命名的"祖父级"矿物，IMA 承认有效。同义词 Isostannite，由对称冠词"Iso（等轴晶系）"和根词"Stannite（黝锡矿）"组合命名，意指它是等轴晶系的黝锡矿/黄锡矿的类似矿物。1989 年 T. A. 卡林娜（T. A. Kalinina）在《苏联科学院报告》(305)报道。中文名称根据成分及族名译为锌黄锡矿/方黝锡矿；或根据成分译为硫锡锌铜矿或硫铜锡锌矿；音译为克斯特矿；中国有人叫它"熊猫矿"。

2002 年左右中国地质学家在中国四川绵阳地区平武县岷山最高峰雪宝顶发现了一种新矿物晶体，这里是中国国宝大熊猫的故乡，以熊猫将矿物命名为"Pandanite"。后经研究"熊猫矿"即锌黄锡矿（Kesterite），只是世界其他地方以前从没发现过这么大的锌黄锡矿晶体，所以极为稀少。更为特别的是，锌黄锡矿通常是一种钢灰色的晶体，本身并不漂亮，而雪宝顶的锌黄锡矿，普遍被另一种更稀少的绿色矿物羟锡铜石（Mushistonite）所覆盖，大大改变其观赏性，也更具有收藏价值，可以说是弥足珍奇。从这个角度来讲，中国称这种锌黄锡矿（Kesterite）被羟锡铜石（Mushistonite）所覆盖伴生的组合矿物为新发现的珍贵的"熊猫矿"（Pandanite），一点也不为过。当地的矿工和矿物标本经销商，目前仍使用"熊猫矿"这个名称（参见【羟锡铜石】条 741 页）。

【锌灰锗矿*】

英文名 Zincobriartite

化学式 $Cu_2(Zn,Fe)(Ge,Ga)S_4$ (IMA)

锌灰锗矿*是一种铜、锌、铁、锗、镓的硫化物矿物。属黄锡矿族。四方晶系。2015 年发现于刚果（金）上加丹加省基普希（Kipushi）矿。英文名称 Zincobriartite，由成分冠词"Zinco（锌）"和根词"Briartite（灰锗矿）"组合命名，意指它是锌占优势灰锗矿类似矿物。IMA 2015-094 批准。2016 年 A. M. 麦克唐纳（A. M. McDonald）等在《CNMNC 通讯》(29)和《矿物学杂志》(80)报道。目前尚未见官方中文译名，编译者建议根据成分及与灰锗矿的关系译为锌灰锗矿*。

【锌辉石】

英文名 Petedunnite

化学式 $CaZnSi_2O_6$ (IMA)

邓恩像

锌辉石是一种钙、锌的硅酸盐矿物。属辉石族单斜辉石亚族。单斜晶系。晶体呈他形粒状。深绿色，玻璃光泽，半透明；硬度 5～6，完全解理。1983 年发现于美国新泽西州苏塞克斯县富兰克林矿荞麦（Buckwheat）矿坑。英文名称 Petedunnite，1987 年埃里克·J. 艾塞尼（Eric J. Essene）等为纪念美国华盛顿史密森学会矿物科学系博物馆家皮特·J. 邓恩（Pete J. Dunn，1942—2017）而以他的姓名命名，以表彰他对新泽西州富兰克林矿区的矿物学研究做出了重大贡献。IMA 1983-073 批准。1987 年 E. J. 艾塞尼（E. J. Essene）等在《美国矿物学家》(72)报道。1988 年中国新矿物与矿物命名委员会郭宗山等在《岩石矿物学杂志》[7(3)]根据成分及族名译为锌辉石，也有的译为锌锰透辉石。

【锌尖晶石】

英文名 Gahnite

化学式 $ZnAl_2O_4$ (IMA)

锌尖晶石是一种锌、铝的氧化物矿物。属尖晶石超族氧尖晶石族尖晶石亚族。它是尖晶石成分中的镁全部被锌替

锌尖晶石晶体（美国、西班牙）和加恩像

代，成为锌尖晶石。等轴晶系。晶体常呈完好的八面体和菱形十二面体聚形，粒状，具双晶；集合体呈块状。颜色由黄色—绿色、蓝色、灰色、褐色、绿黑色，很像黑莎草（Gahnia tristis Nees）的颜色，玻璃光泽，透明—不透明；硬度 7.5～8，脆性。1807 年发现于瑞典达拉纳省法伦（Falun）矿；同年，在 *Efemeriden der Berg-und Huttenkunde*(3)报道。英文名称 Gahnite，1807 年，卡尔·玛丽·费隐·冯·摩尔（Karl Marie Ehrenbert von Moll）男爵以瑞典著名化学家、矿物学家、采矿工程师约翰·戈特利布·加恩（Johan Gottlieb Gahn，1745—1818）的姓氏命名，是他发现的此矿物。见于 1944 年 C. 帕拉奇（C. Palache）、H. 伯曼（H. Berman）和 C. 弗龙德尔（C. Frondel）《丹纳系统矿物学》（第一卷，第七版，纽约）。1959 年以前发现、描述并命名的"祖父级"矿物，IMA 承认有效。这个新名称取代了 1806 年由安德斯·古斯塔夫·埃克伯格（Anders Gustav Ekeberg）命名的 Automalite，它以希腊文"αυτομολοζ=Deserter=Automal（背弃者、逃兵）"命名，因为矿物中已经不是镁竟然是锌了。加恩于 1774 年在软锰矿中发现锰元素。中文名称根据成分和族名译为锌尖晶石。

【锌孔雀石】参见【斜方绿铜锌矿】条 1024 页

【锌榴石】

英文名 Genthelvite

化学式 $Be_3Zn_4(SiO_4)_3S$ (IMA)

锌榴石四面体晶体，晶簇状集合体（加拿大）和根特像

锌榴石是一种含硫的铍、锌的硅酸盐矿物。属日光榴石族。铍榴石（Danalite）和锌榴石（Genthelvite）可形成一完全固溶体系列，是日光榴石的含锌变种。等轴晶系。晶体呈四面体、八面体、粒状。无色、白色、黄色、绿色、粉色—红色、暗紫色、暗棕色和黑色，玻璃光泽，透明—半透明；硬度 6～6.5，脆性。1944 年发现于美国科罗拉多州西夏延卡农（West Cheyenne Canon）。英文名称 Genthelvite，由吉维·珍妮特·格拉斯（Jewel Jeannette Glass）、理查德·亨利·雅恩斯（Richard Henry Jahns）和罗林·阿尔伯特·史蒂文斯（Rollin Elbert Stevens）为了表示与日光榴石（Helvine）的亲缘关系，并纪念美国宾夕法尼亚大学矿物学教授弗雷德里克·奥古斯特·路德维希·卡尔·威廉·根特（Fredrick August Ludwig Karl Wilhelm Genth，1820—1893），而以根特（Genth）的姓和日光榴石（Helvine）二者组合命名。1892 年，根特第一次描述了锌日光榴石，发表在《美国科学杂志》(44)上，但没有推荐名字。1944 年，锌日光榴石（Genthelvite）由格拉斯（Glass）等在《美国矿物学家》(29)上引用。

1959 年以前发现、描述并命名的“祖父级”矿物，IMA 承认有效。中文名称根据成分和族名译为锌榴石，或锌日光榴石（参见【日光榴石】条 751 页）。

【锌铝矾】参见【锰铁锌矾】条 615 页

【锌铝蛇纹石】参见【硅锌铝石】条 296 页

【锌绿钾铁矾】

英文名 Zincovoltaite

化学式 $K_2Zn_5Fe_3^{3+}Al(SO_4)_{12} \cdot 18H_2O$　　(IMA)

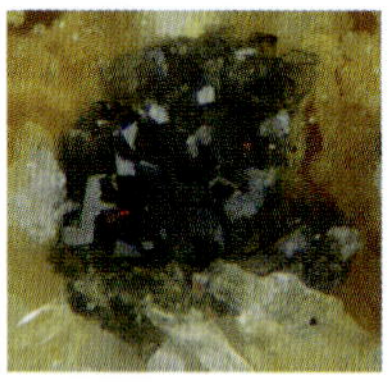

锌绿钾铁矾粒状晶体（美国）

锌绿钾铁矾是一种含结晶水的钾、锌、铁和铝的硫酸盐矿物。属绿钾铁矾族。等轴晶系。晶体呈分散的粒状。绿色、油绿色、黑色，条痕呈灰绿色，沥青光泽、树脂光泽、油脂光泽、玻璃光泽，透明—微透明；硬度 3，无解理，脆性，断口呈贝壳状。1984 年中国兰州大学地质系科学工作者在中国青海省海西自治州大柴旦县祁连山南麓柴达木盆地北缘锡铁山（Xitieshan）铅锌矿床氧化带中，发现了一种含锌的硫酸盐矿物。经研究矿物外观虽与绿钾铁矾（Voltaite）类似，但化学成分中含锌很高，而含三价铁低，属于绿钾铁矾族中锌的端元新矿物。根据化学组成及与绿钾铁矾的关系矿物被命名为锌绿钾铁矾（Zincovoltaite）。IMA 1985－059 批准。1987 年李万茂等在中国《矿物学报》(4)报道。

【锌绿松石】

英文名 Faustite

化学式 $ZnAl_6(PO_4)_4(OH)_8 \cdot 4H_2O$　　(IMA)

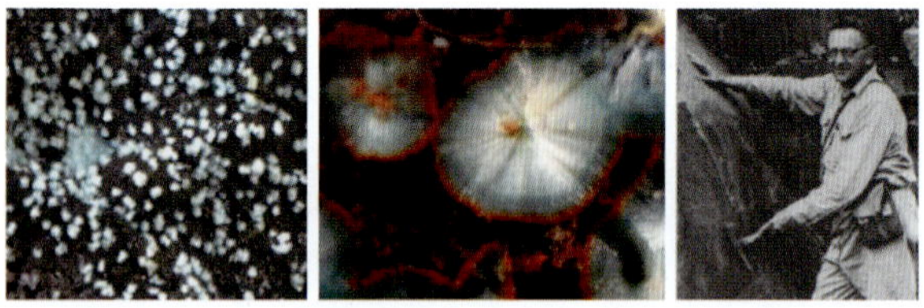

锌绿松石细粒状晶体，放射状集合体（澳大利亚、比利时）和浮士德像

锌绿松石是一种含结晶水和羟基的锌、铝的磷酸盐矿物。属绿松石族。三斜晶系。晶体呈细粒状、纤维状；集合体呈块状、皮壳状、球粒状、放射状。苹果绿色、菜籽黄色，半玻璃光泽、蜡状光泽，透明—不透明；硬度 5.5，脆性，贝壳状断口。1953 年发现于美国内华达州尤里卡县施罗德（Schroede）山铜金（Copper King）矿山；同年，R. 艾尔德（R. Erd）等在《美国矿物学家》(38)报道。英文名称 Faustite，由理查德·C. 艾尔德（Richard C. Erd）、M. D. 福斯特（M. D. Foster）和 P. D. 普罗克特（P. D. Procter）为纪念美国地质调查局的矿物学家和岩石学家乔治·托比亚斯·浮士德（George Tobias Faust，1908—1985）博士而以他的姓氏命名。他曾任美国矿物学协会主席；他描述了新矿物韩泰石（亨特石*）、镍纤蛇纹石和羟镁锡石。1959 年以前发现、描述并命名的“祖父级”矿物，IMA 承认有效。中文名称根据成分及族名译为锌绿松石。

【锌绿铁矿】

英文名 Zinc-rockbridgeite

化学式 $(Fe^{2+},Mn,Zn)Fe_4^{3+}(PO_4)_3(OH)_5$

锌绿铁矿是一种含羟基的二价铁、锰、锌、三价铁的磷酸盐矿物。属锰绿铁矿－铁绿铁矿系列的含锌矿物。斜方晶系。晶体呈纤维状、薄刀刃状；集合体呈皮壳状、葡萄状、放射状。黑色，玻璃光泽；硬度 4～4.5，完全解理。英文名称 Zinc-rockbridgeite，由成分冠词“Zinc（锌）”和根词“Rockbridgeite（绿铁矿）”组合命名。中文名称根据成分及与绿铁矿的关系译为锌绿铁矿，也译作锌－铁锰绿铁矿（根词参见【绿铁矿】条 549 页）。

【锌镁矾】参见【锰镁锌矾】条 611 页

【锌蒙脱石】

英文名 Sauconite

化学式 $Na_{0.3}Zn_3(Si,Al)_4O_{10}(OH)_2 \cdot 4H_2O$　　(IMA)

锌蒙脱石土块状、球粒状集合体（美国、西班牙）

锌蒙脱石是一种含结晶水和羟基的钠、锌的铝硅酸盐黏土矿物。属蒙皂石或蒙脱石族。单斜晶系。集合体呈土块状、球粒状。红棕色、黄白色、土色，光泽暗淡；硬度 1～2。1875 年发现于美国宾夕法尼亚州利哈伊县索康（Saucon）镇索康（Saucon）谷弗里敦斯维尔（Friedensville）矿和尤伯罗思（Ueberroth）矿；同年，在《宾夕法尼亚地质调查局文献》(2)报道。英文名称 Sauconite，1875 年由威廉·西奥多·罗佩（William Theodore Roepper）以发现地美国宾夕法尼州的索康（Saucon）谷命名。1946 年 C. S. 罗斯（C. S. Ross）在《美国矿物学家》(31)报道。1959 年以前发现、描述并命名的“祖父级”矿物，IMA 承认有效。中文名称根据成分及族名译为锌蒙脱石或锌蒙皂石（参见【无铝锌蒙脱石】条 990 页和【硅锌铝石】条 296 页）。

【锌锰钙辉石】

英文名 Zinc-schefferite

化学式 $Ca(Mg,Mn,Zn)Si_2O_6$

锌锰钙辉石短柱状、粒状晶体（美国）

锌锰钙辉石是一种钙、镁、锰、锌的硅酸盐矿物。属辉石族透辉石亚族。单斜晶系。晶体呈短柱状、粒状。浅褐色—深褐色、红褐色，半玻璃光泽、树脂光泽、蜡状光泽，透明—不透明；硬度 5.5～6，完全解理，脆性。最初的报道来自美国新泽西州苏塞克斯县富兰克林（Franklin）矿。英文名称 Zinc-schefferite，1900 年由约翰·E. 沃尔夫（John E. Wolff）根据成分冠词“Zinc（锌）”和根词“Schefferite（锰钙辉石）”关系组合命名。中文名称根据成分及与锰钙辉石的关系译为锌锰钙辉石或锌锰镁透辉石；根据成分、颜色和族名译为锌锰红辉石。

【锌锰橄榄石】

英文名 Roepperite

化学式 $(Fe_2^{2+},Mn,Zn)SiO_4$

锌锰橄榄石是一种铁、锰、锌的硅酸盐矿物。属橄榄石族。为含锰、锌的铁橄榄石变种。斜方晶系。晶体略呈圆形。新鲜者呈浅黄绿色，风化后呈暗绿色—黑色，半玻璃光泽、树脂光泽、油脂光泽，透明—不透明；硬度 5.5～6，完全解理，脆性。1870 年报道来自美国新泽西州。1870 年威廉·西奥多·洛佩(William Theodore Roepper)在《美国科学杂志》(第二集，50)报道。英文名称 Roepperite，1872 年由乔治·J. 布鲁斯(George J. Brush)在《系统矿物学》(第五版，附录 I)为纪念美国宾夕法尼亚州伯利恒利哈伊大学的矿物学和地质学教授，及矿物学馆长威廉·西奥多·洛佩(William Theodore Roepper，1810—1880)而以他的姓氏命名。洛佩是美国新泽西州富兰克林-奥格登斯堡矿物研究人员并首先描述了该矿物；他还发现了宾夕法尼亚州的索康(Saucon)谷的锌矿床。中文名称根据成分及族名译为锌锰橄榄石。

【锌锰矿】

英文名 Hetaerolite

化学式 $ZnMn_2^{3+}O_4$ (IMA)

锌锰矿四面体晶体(美国、希腊)

锌锰矿是一种锌、锰的氧化物矿物。属尖晶石超族氧尖晶石族尖晶石亚族。四方晶系。晶体呈八面体、四方锥状、纤维状；集合体呈钟乳状、葡萄状。具简单双晶。暗褐色—黑色，金属—半金属光泽，不透明；硬度 6，脆性。1877 年发现于美国新泽西州苏塞克斯县富兰克林矿区奥格登斯堡斯特林山帕塞伊克(Passaic)矿坑；同年，摩尔(Moore)在《美国科学与艺术杂志》(114)和《美国科学杂志》(14)报道。英文名称 Hetaerolite，由基甸·埃米特·摩尔(Gideon Emmet Moore)根据希腊文“έταίρος＝Companion(同伴)”命名，意指与发现地的 Chalcophanite(黑锌锰矿)相关联。1959 年以前发现、描述并命名的“祖父级”矿物，IMA 承认有效。中文名称根据成分译为锌锰矿；根据成分及族名译为锌黑锰矿(参见【黑锌锰矿】条 321 页)。

【锌明矾】

英文名 Zincaluminite

化学式 $(Zn_{1-x}Al_x)(SO_4)_{x/2}(OH)_2 \cdot nH_2O$

($x<0.5, n>3x/2$) (IMA)

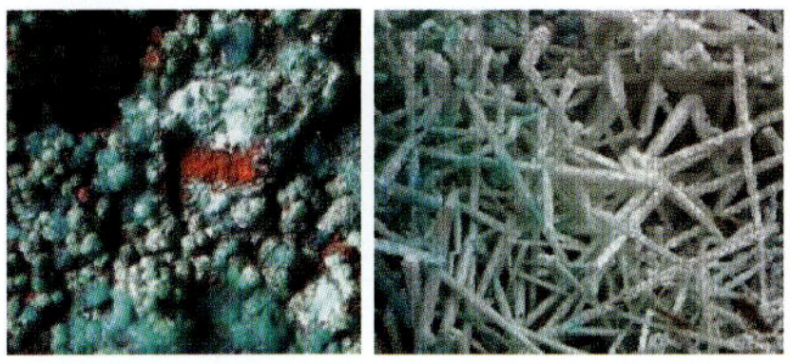

锌明矾细柱状晶体，球粒状、交织状集合体(希腊、德国)

锌明矾是一种含结晶水和羟基的锌、铝的硫酸盐矿物。属水滑石超族锌铜铝矾族。斜方(或六方)晶系。晶体呈细柱状、六方薄板状；集合体呈交织状、晶簇状、皮壳状、小球粒状。白色、青白色、淡蓝色，半透明；硬度 2.5～3。1881 年发现于希腊东阿提卡州拉夫雷奥蒂基区希拉里翁(Hilarion)矿；同年，伯特兰(Bertrand)和达穆尔(Damour)在《法国矿物学会通报》(4)报道。英文名称 Zinaluminite，由成分冠词“Zin(锌)”和根词“Aluminite(明矾)”组合命名。1959 年以前发现、描述并命名的“祖父级”矿物，IMA 承认有效。2012 年 IMA 提出怀疑。2012 年米尔斯(Mills)等认为 Zincaluminite 是可疑物种，需要进一步进行 X 射线结构研究。中文名称根据成分译为锌明矾，也译作锌矾石。

【锌钠矾】参见【白钠锌矾】条 37 页

【锌尼日利亚石-2N1S】

英文名 Zinconigerite-2N1S

化学式 $ZnSn_2Al_{12}O_{22}(OH)_2$ (IMA)

锌尼日利亚石-2N1S 是一种含羟基的锌、锡、铝的氧化物矿物，即锌占优势的尼日利亚石类似矿物。属黑铝镁铁矿超族尼日利亚石族。三方晶系。晶体呈六方板状。2018 年发现于中国湖南省郴州市临武县香花岭锡多金属矿田香花岭矿。英文名称 Zinconigerite-2N1S，由成分冠词“Zinco(锌)”、根词“Nigerite(尼日利亚石)”，再加多型后缀-2N1S 组合命名[见 2002 年 T. 安布鲁斯特(T. Armbruster)在《欧洲矿物学杂志》(14)报道的《修订黑铝镁铁矿、尼日利亚石和塔菲石矿物系统命名法》]。IMA 2018-037 批准。2018 年饶灿(Rao Can)等在《CNMNC 通讯》(44)、《矿物学杂志》(82)和《欧洲矿物学杂志》(30)报道。中文名称根据成分和与尼日利亚石的关系命名为锌尼日利亚石-2N1S。

【锌尼日利亚石-6N6S】

英文名 Zinconigerite-6N6S

化学式 $Zn_3Sn_2Al_{16}O_{30}(OH)_2$ (IMA)

锌尼日利亚石-6N6S 是一种含羟基的锌、锡、铝的氧化物矿物，即锌占优势的尼日利亚石类似矿物。属黑铝镁铁矿超族尼日利亚石族。三方晶系。2018 年发现于中国湖南省郴州市临武县香花岭锡多金属矿田香花岭矿。英文名称 Zinconigerite-6N6S，由成分冠词“Zinco(锌)”、根词“Nigerite(尼日利亚石)”，再加多型后缀-6N6S 组合命名。见 2002 年 T. 安布鲁斯特(T. Armbruster)在《欧洲矿物学杂志》(14)报道的《修订黑铝镁铁矿、尼日利亚石和塔菲石矿物系统命名法》。IMA 2018-122a 批准。2020 年饶灿(Rao Can)等在《CNMNC 通讯》(56)、《矿物学杂志》(84)和《欧洲矿物学杂志》(32)报道。中文名称根据成分和与尼日利亚石的关系命名为锌尼日利亚石-6N6S。

【锌铍榴石】参见【铍榴石】条 685 页

【锌铅铁矾】

英文名 Beaverite-(Zn)

化学式 $Pb(Fe_2^{3+}Zn)(SO_4)_2(OH)_6$ (IMA)

锌铅铁矾是一种含羟基的铅、铁、锌的硫酸盐矿物。属明矾石超族明矾石族。三方晶系。矿物呈粉状或土壳状分布在铜铅铁矾的表面上或在方铅矿、黄铁矿、闪锌矿集合体的裂纹或空洞。棕黄色—黄色，半金刚光泽、玻璃光泽，透明；脆性。2008 年发现于日本本州岛中部新潟市东蒲原郡阿贺町五十泽三川(Mikawa)矿。2008 年佐藤惠理子(Eriko Sato)等在日本《矿物学和岩石学科学杂志》(130)报道。英文名称 Beaverite-(Zn)，由美国犹他州比弗(Beaver)县加占优势的锌后缀-(Zn)组合命名。IMA 2010-086 批准。日文名称亜鉛ビーバー石。2011 年佐藤惠理子(Eriko Sato)等在《矿物学杂志》(75)报道。中文名称根据成分译为锌铅铁矾。

【锌蔷薇辉石】

英文名 Fowlerite

化学式 $(Mn,Zn)SiO_3$ (IMA)

锌蔷薇辉石块状集合体(美国)和福勒像

锌蔷薇辉石是一种含锌的蔷薇辉石变种。三斜晶系。晶体呈厚板状或板柱状、粒状;集合体一般呈块状。暗粉红色、红色、红褐色、深褐色、黑褐色,玻璃光泽、珍珠光泽,半透明或不透明;硬度 5.5~6.5。1832 年发现于美国新泽西州富兰克林(Franklin)矿山;同年,在《美国科学杂志》(21)报道。英文名称 Fowlerite,1832 年由查尔斯·厄珀姆·谢波德(Charles Upham Shepard)为纪念塞缪尔·福勒(Samuel Fowler,1779—1844)博士而以他的姓氏命名。福勒是一位对科学和商业具有浓厚兴趣的内科医生,也是一位来自新泽西州的美国国会议员(1833—1837)。他得到了许多科学家的帮助,对新泽西州富兰克林和斯特林山的矿床产生了浓厚兴趣。1810 年,他与合作伙伴购买了富兰克林矿山矿体。在 1818 年和 1824 年,他又从奥格登家族收购了斯特林矿。1959 年以前发现、描述并命名的"祖父级"矿物,IMA 承认有效。中文名称根据成分及与蔷薇辉石的关系译为锌蔷薇辉石(参见【蔷薇辉石】条 701 页)。

【锌日光榴石】参见【锌榴石】条 1043 页

【锌三层云母】参见【锌云母】条 1048 页

【锌砷钠铜石*】

英文名 Zincobradaczekite

化学式 $NaZn_2Cu_2(AsO_4)_3$ (IMA)

锌砷钠铜石*是一种钠、锌、铜的砷酸盐矿物。属磷锰钠石超族磷锰钠石族。单斜晶系。晶体呈柱状。蓝绿色、灰蓝色。2016 年发现于俄罗斯堪察加州托尔巴契克(Tolbachik)火山主裂隙北破火山口第二火山渣锥亚多维塔亚(Yadovitaya)喷气孔。英文名称 Zincobradaczekite,由成分冠词"Zinco(锌)"和根词"Bradaczekite(砷钠铜石)"组合命名,意指它是锌占优势的砷钠铜石的类似矿物。IMA 2016-041 批准。2016 年 I. V. 佩科夫(I. V. Pekov)等在《CNMNC 通讯》(33)和《矿物学杂志》(80)报道。目前尚未见官方中文译名,编译者建议根据成分及与砷钠铜石的关系译为锌砷钠铜石*(根词参见【砷钠铜石】条 787 页)。

【锌十字石】

英文名 Zincostaurolite

化学式 $Zn_2Al_9Si_4O_{23}(OH)$ (IMA)

锌十字石是一种含羟基的锌、铝的硅酸盐矿物。属十字石族。单斜晶系。晶体呈短柱状,具十字穿插双晶。无色、深褐色、微红褐色、黄褐色,玻璃光泽、树脂光泽,透明—半透明;硬度 7.5,中等解理。1992 年发现于瑞士瓦莱州阿尔卑斯山图尔特曼山谷布鲁内格(Brunegg)山口。英文名称 Zincostaurolite,由成分冠词"Zinco(锌)"和根词"Staurolite(十字石)"组合命名。IMA 1992-036 批准,但首次是在 2003 年正式描述为一个新的矿物种[2003 年 C. 肖邦(C. Chopin)等在《欧洲矿物学杂志》(15)报道]。中文名称根据成分及族名译为锌十字石。

【锌水绿矾】

英文名 Zincmelanterite

化学式 $Zn(SO_4)\cdot 7H_2O$ (IMA)

锌水绿矾是一种含结晶水的锌的硫酸盐矿物。属水绿矾族。单斜晶系。晶体呈柱状、显微棒状、纤维状;集合体呈块状。淡蓝绿色、黄绿色、苹果绿色,玻璃光泽,透明;硬度 2。最早见于 1897 年施托尔滕贝克尔(Stortenbecker)在柏林莱比锡《物理化学杂志》(22)报道。1920 年发现于美国科罗拉多州甘尼森县伏尔甘(火神)区古德霍普(Good Hope)矿和伏尔甘(Vulcan,火神)矿;同年,E. S. 拉森(E. S. Larsen)等在《美国科学杂志》(50)报道。英文名称 Zincmelanterite,由成分冠词"Zinc(锌)"和根词"Melanterite(水绿矾)"组合命名。1959 年以前发现、描述并命名的"祖父级"矿物,IMA 承认有效。IMA 2007s. p. 批准。中文名称根据成分及与水绿矾的关系译为锌水绿矾。

【锌钛矿】参见【艾锌钛矿】条 19 页

【锌铁矾】

英文名 Bianchite

化学式 $ZnSO_4\cdot 6H_2O$ (IMA)

锌铁矾粒状、纤维状晶体,皮壳状、束状集合体(美国、希腊、意大利)

锌铁矾是一种含 6 个结晶水的锌的硫酸盐矿物。属六水泻盐族。单斜晶系。晶体呈板状(合成)、粒状、纤维状,常见双晶;集合体呈皮壳状、束状。白色、黄色,玻璃光泽,透明;硬度 2.5。最早见于 1880 年索普(Thorpe)等在《伦敦化学学会杂志》(37)报道。1930 年发现于意大利乌迪内省塔尔维西奥地区卡韦-德尔普雷迪尔市莱布尔(Raibl)矿山;同年,西罗·安德烈亚塔(Ciro Andreatta)在《林且国家科学院文献》(*Rendiconti dell'Accademia Nazionale dei Lincei*)(41)和 W. F. 福杉格(W. F. Foshag)在《美国矿物学家》(15)报道。英文名称 Bianchite,1930 年由西罗·安德烈亚塔(Ciro Andreatta)以意大利国家研究委员会(CNR)和帕多瓦大学的矿物学家安杰洛·比安奇(Angelo Bianchi,1892—1970)的姓氏命名。1959 年以前发现、描述并命名的"祖父级"矿物,IMA 承认有效。中文名称根据成分译为锌铁矾,也译作六水锌矾。

【锌铁尖晶石】

英文名 Franklinite

化学式 $ZnFe^{3+}_2O_4$ (IMA)

锌铁尖晶石是一种铁、锌的氧化物矿物。属尖晶石超氧尖晶石族尖晶石亚族。等轴晶系。晶体常见八面体,十二面体较少见,立方体罕见,具双晶,其棱线常带圆弧形;集合体常呈圆粒状、块状。铁黑色,半金属光泽,新鲜断面上呈金属光泽,不透明;硬度 5.5~6,非常脆;微具磁性。1819 年发现于美国新泽西州苏塞克斯县富兰克林(Franklin)矿、特罗特

锌铁尖晶石八面体晶体(美国)和富兰克林像

(Trotter)矿(利哈伊矿)和奥格登斯堡斯特林(Sterling)矿;同年,贝尔蒂尔(Berthier)在《矿山年鉴》(4)报道。英文名称Franklinite,由皮埃尔·贝尔蒂尔(Pierre Berthier)以尊敬的美国政治家、科学家本杰明·富兰克林(Benjamin Franklin,1706—1790)的姓氏命名。本杰明·富兰克林是18世纪美国最伟大的科学家和发明家,著名的政治家、外交家、哲学家、文学家和航海家以及美国独立战争的伟大领袖。他参与起草了美国《独立宣言》,并曾出任美国驻法国大使,成功取得法国支持美国独立。作为科学家、发明家,他研究了雷电现象和众多的电学问题;发明了双焦眼镜镜片,省油富兰克林炉、发光棒、马车里程表、玻璃口琴(乐器)等。他是宾夕法尼亚大学的创始人之一、美国哲学协会以及宾夕法尼亚州州长。他建立了志愿消防服务模式。他是第一个美国邮政局长并设计了一个高效的邮政递送系统。作为一个真正的博学的人,他是一个作家和哲学家,他主要是著名的政治家和科学家,被认为是美利坚合众国的奠基人。1959年以前发现、描述并命名的“祖父级”矿物,IMA承认有效。中文名称根据成分和族名译为锌铁尖晶石,或译为锌铁矿。

【锌铜矾】

英文名 Serpierite

化学式 $Ca(Cu,Zn)_4(SO_4)_2(OH)_6 \cdot 3H_2O$ (IMA)

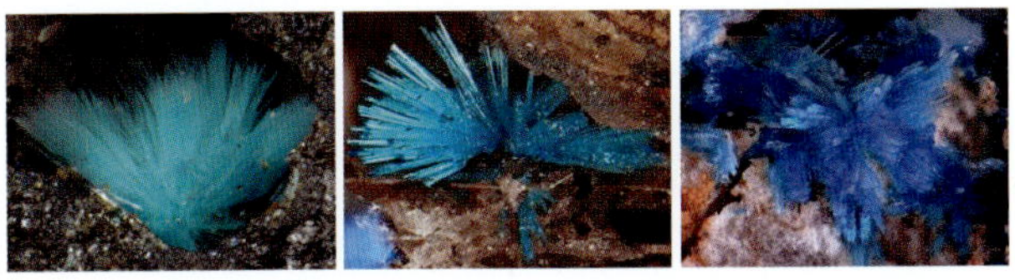

锌铜矾针状晶体,放射状、晶簇状集合体(法国、德国、希腊)

锌铜矾是一种含结晶水和羟基的钙、铜、锌的硫酸盐矿物。属钙铜矾族。单斜晶系。晶体呈板状、针状;集合体呈皮壳状、葡萄状、放射状、晶簇状。深天蓝色、蓝绿色,玻璃光泽,解理面上呈珍珠光泽,透明;硬度2,完全解理,脆性。1881年发现于希腊东阿提卡州卡马里扎(Kamariza)矿;同年,克罗泽阿乌斯在《法国矿物学会通报》(4)报道。英文名称Serpierite,1881年由阿尔弗雷德·刘易斯·奥利弗·罗格朗·德斯·克罗泽阿乌斯(Alfred Lewis Oliver Legrand Des Cloizeaux)为纪念乔凡尼·巴蒂斯塔·塞尔皮耶里(Giovanni Battista Serpieri,1832—1897)而以他的姓氏命名。他是希腊阿提卡拉沃林矿区革新者、工程师,意大利矿业企业家和矿山的开发人。1959年以前发现、描述并命名的“祖父级”矿物,IMA承认有效。中文名称根据成分译为锌铜矾或锌钙铜矾。

【锌铜铝矾】

英文名 Glaucocerinite

化学式 $(Zn_{1-x}Al_x)(SO_4)_{x/2}(OH)_{16} \cdot nH_2O$
$(x<0.5, n>3x/2)$ (IMA)

锌铜铝矾放射状、纤维瘤状、珍珠状集合体(希腊)

锌铜铝矾是一种含结晶水和羟基的锌、铝的硫酸盐矿物。属水滑石超族锌铜铝矾族。三方晶系。集合体呈放射状、纤维瘤状、珍珠状、葡萄状、皮壳状。蓝色、蓝绿色、绿色、灰色、褐色,蜡状光泽,半透明—透明;硬度1,软似蜡。1932年发现于希腊阿提卡大区卡马里扎(Kamariza)矿区塞尔皮耶里(Serpieri)矿。1932年迪特(Dittler)和克什兰(Koechlin)在斯图加特《矿物学、地质学和古生物学杂志》(1)和《美国矿物学家》(17)报道。英文名称Glaucocerinite,根据希腊文“γλαυκὀs=Sky-blue=Glauc(天蓝色)”和“κήρινοs=Wax-like=Cerin(蜡状)”组合命名,意指其天蓝色和蜡状外观。1959年以前发现、描述并命名的“祖父级”矿物,IMA承认有效。中文名称根据成分译为锌铜铝矾。

【锌韦莱斯矿*】

英文名 Zincovelesite-6N6S

化学式 $Zn_3(Fe^{3+},Mn^{3+},Al,Ti)_8O_{15}(OH)$ (IMA)

锌韦莱斯矿*是一种含羟基的锌、铁、锰、铝、钛的氧化物矿物。属黑铝镁铁矿超族。三方晶系。晶体呈小板状,粒径70μm×70μm×1μm;集合体呈透镜状,大小2mm×2mm×0.5mm。黑色,半金属—金属光泽,不透明;硬度6.5,脆性。2017年发现于北马其顿共和国韦莱斯(Veles)市涅兹洛夫(Nežilovo)村。英文名称Zincovelesite-6N6S,由成分“Zinco(锌)”和发现地“Velesite(韦莱斯)”加多型后缀-6N6S组合命名。IMA 2017-034批准。2017年N. V. 丘卡诺夫(N. V. Chukanov)等在《CNMNC通讯》(38)、《矿物学杂志》(81)和2018年《矿物学和岩石学》(112)报道。目前尚未见官方中文译名,编译者建议根据成分和音译为锌韦莱斯矿*。

【锌纤磷锰铁矿*】

英文名 Zincostrunzite

化学式 $ZnFe^{3+}_2(PO_4)_2(OH)_2 \cdot 6.5H_2O$ (IMA)

锌纤磷锰铁矿*柱状、针状晶体,放射状集合体(葡萄牙)

锌纤磷锰铁矿*是一种含结晶水和羟基的锌、铁的磷酸盐矿物。属纤磷锰铁矿族。三斜晶系。晶体呈柱状、针状;集合体呈放射状。浅棕黄色、银白色,玻璃光泽、丝绢光泽;硬度2.5,完全解理,脆性。2016年发现于德国巴伐利亚州上普法尔茨行政区魏德豪斯哈根多夫(Hagendorf)南伟晶岩和葡萄牙瓜达区戈韦亚福尔戈西尼奥(Folgosinho)村西蒂奥多卡斯特洛(Sítio do Castelo)矿。英文名称Zincostrunzite,由成分冠词“Zinco(锌)”和根词“Strunzite(纤磷锰铁矿)”组合命名，意指它是锌占优势的纤磷锰铁矿的类似矿物。IMA 2016-023 批准。2016 年 A. R. 坎普夫(A. R. Kampf)等在《CNMNC 通讯》(32)、《矿物学杂志》(80)和 2017 年《欧洲矿物学杂志》(29)报道。目前尚未见官方中文译名，编译者建议根据成分及与纤磷锰铁矿的关系译为锌纤磷锰铁矿*(根词参见【施特伦茨石】条 801 页)。

【锌霰石】

英文名 Zinc-bearing aragonite

化学式 $(Ca,Zn)CO_3$

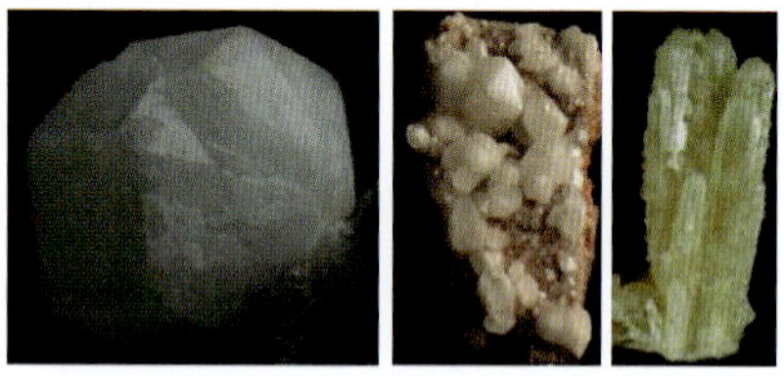

锌霰石粒状、柱状晶体，晶簇状集合体(纳米比亚)

锌霰石是一种富锌的霰石变种。与锌方解石为同质二象变体。斜方晶系。晶体呈粒状、柱状；集合体呈晶簇状。无色、白色、浅黄色等，玻璃光泽，透明；硬度 3，完全解理。最初的报道来自美国科罗拉多州莱德维尔区沃尔夫顿(Wolftone)矿。英文名称 Zincian Aragonite，由成分冠词"Zincian(锌)"和根词"Aragonite(霰石)"组合命名。见于 1951 年 C. 帕拉奇(C. Palache)等《丹纳系统矿物学》(第七版，纽约)。中文名称根据成分及与霰石的关系译为锌霰石或锌文石(参见【文石】条 984 页)。

【锌叶绿矾】

英文名 Zincocopiapite

化学式 $ZnFe^{3+}_4(SO_4)_6(OH)_2 \cdot 20H_2O$ (IMA)

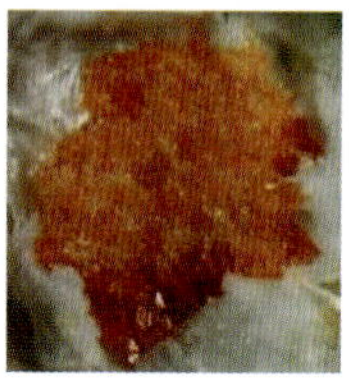

锌叶绿矾细小板状晶体(德国)

锌叶绿矾是一种叶绿矾族的锌的新物种。它的发现，使叶绿矾成为一个独立的矿物族，锌叶绿矾是锌的端元矿物。三斜晶系。晶体呈细小板状。黄绿色、棕褐色，条痕呈灰白色，透明—半透明，玻璃光泽；硬度 2。1956—1957 年，中国学者涂光炽等在中国青海省海西自治州祁连山南麓柴达木盆地北缘锡铁山铅锌矿床氧化带中，发现了含锌很高的硫酸盐类矿物。1963 年，经室内鉴定认为一种新矿物，并根据成分和族名命名为锌叶绿矾(Zincocopiapite)。1964 年未经 IMA 批准。1964 年涂光炽等在中国《地质科学》[44(1)]和《美国矿物学家》(49)报道。1959 年以前发现、描述并命名的"祖父级"矿物，IMA 承认有效。

【锌云母】

英文名 Hendricksite

化学式 $KZn_3(Si_3Al)O_{10}(OH)_2$ (IMA)

锌云母片状、柱状晶体(美国)和亨德里克斯像

锌云母是一种云母族黑云母亚族的含锌的金云母变种。单斜晶系。晶体呈假六方片状、柱状。铜褐色、青铜褐色、酱色、红黑色，玻璃光泽，半透明；硬度 2.5，极完全解理。1965 年发现于美国新泽西州苏塞克斯县富兰克林采矿区富兰克林(Franklin)矿和荞麦(Buckwheat)矿坑；同年，B. W. 埃文斯(B. W. Evans)等在《自然》(211)报道称 Zinc mica(锌云母)；克利福德·弗龙德尔(Clifford Frondel)等在《美国矿物学家》(51)报道称 Hendricksite。1966 年克利福德·弗龙德尔(Clifford Frondel)和伊藤顺(Jun Ito)为纪念美国晶体学家、化学家、植物生理学家、植物营养学家，以及土壤化学科学家斯特林·布朗·亨德里克斯(Sterling Brown Hendricks，1902—1981)博士而以他的姓氏命名。亨德里克斯是 X 射线和电子衍射技术的先驱；他是第一个描述云母多型的学者；他的大部分职业生涯是在美国马里兰州贝尔茨维尔的农业部门。他是美国国家科学院的科学奖章获得者。1942 年，亨德里克斯参加了阿拉斯加第三次远征探险科考，攀登上麦金利山(现在的德纳里峰)。1957 年，他是赴加拿大西部登山队的一名成员，在攀登一座山峰时绳子断裂，团队下跌超过 80m。亨德里克斯把自己的食品送给受伤严重的同伴，他不顾肩膀破碎和脊椎破裂的伤痛，去寻求帮助，经过 2 天长途跋涉找到救援，拯救了整个探险队。1958 年，他是第一批获得艾森豪威尔总统颁发的杰出平民服务总统奖的 5 人之一。此外，亨德里克斯还获得多个各种专业协会的奖项，以表彰他对科学进步做出的贡献。IMA 1965-027 批准。中文名称根据成分及族名译为锌云母；因该云母在同一个晶体内包括-1M、-2M 和-3T 三个多型，故也译作锌三层云母。

新

[xīn]形声；从斤，从木，辛声。据甲骨文，左边是木，右边是斧子。指用斧子砍伐木材。"新"是"薪"的本字。意与"旧""老"相对。[英]音，用于外国人名、地名。

【新硅钙石】参见【涅硅钙石】条 655 页

【新克罗石*】

英文名 Chinchorroite

化学式 $Na_2Mg_5(As_2O_7)_2(AsO_3OH)_2(H_2O)_{10}$ (IMA)

新克罗人木乃伊(智利和墨西哥)

新克罗石*是一种含结晶水的钠、镁的氢砷酸-砷酸盐矿物。三斜晶系。晶体呈拉长的叶片状，长 1mm。无色，玻璃光泽，透明；硬度 2.5，完全解理，脆性。2017 年发现于智利伊基克省萨拉尔格兰德盆地的托雷西利亚斯(Torrecillas)矿。英文名称 Chinchorroite，以公元前 9 000～前 3 500 年智利北部和秘鲁南部沿海地区的新克罗(Chinchorro)居民命名，包括该类型地区周围的地区。新克罗人最著名的埋葬方式，包括木乃伊化。对头发样本分析显示，他们遭受砷中毒，可能是由于水受砷污染的原因。IMA 2017-106 批准。2018 年 A. R. 坎普夫(A. R. Kampf)等在《CNMNC 通讯》(42)、《矿物学杂志》(82)和《欧洲矿物学杂志》(30)报道。目前尚未见官方中文译名，编译者建议音译为新克罗石*。

【新磷钙铁矿】参见【次磷钙铁矿】条 96 页

【新民矿】

英文名 Simonite

化学式 $TlHgAs_3S_6$ (IMA)

新民矿是一种铊、汞的砷-硫化物矿物。单斜晶系。以包裹体的形式出现在硫锡铊砷矿(Rebulite)矿物中。红色。1982年发现于北马其顿共和国卡瓦达尔齐区罗斯泽丹(Roszdan)阿尔查尔(Allchar)。英文名称 Simonite,是以主要描述该矿物者 P.恩格尔(P. Engel)校长的儿子西蒙·恩格尔(Simon Engel)的名字命名。IMA 1982-052 批准。1982年恩格尔等在《结晶学杂志》(161)和1984年《美国矿物学家》(69)报道。中文名称音译为新民矿或西蒙矿;根据单斜晶系和成分译为斜硫砷铊汞矿。

【新奇钙铈矿-镧】

英文名 Synchysite-(La)

化学式 $Ca(La,Nd)(CO_3)_2F$

新奇钙铈矿-镧是一种含氟的钙、镧、钕的碳酸盐矿物。属新奇钙铈矿族。斜方晶系。晶体呈霓石的包裹体。发现于以色列内盖夫沙漠碱性正长岩。英文名称 Synchysite-(La),根词于1901年古斯塔夫·弗林克(Gustav Flink)在《乌普萨拉大学地质学会通报》(5)报道,根据希腊文"σύγχυσις=Synchys(混杂、混乱)"加占主导地位的镧后缀-(La)组合命名,意指其最初被误认为"Parasite(氟菱钙铈矿或氟碳钙铈矿)"。未经 IMA 批准,但可能有效。1992年 R.鲍格赫(R. Bogoch)等在《欧洲矿物学杂志》(4)报道。中文名称根据英文名称前两个音节音和成分译为新奇钙铈矿-镧。

【新奇钙铈矿-钕】

英文名 Synchysite-(Nd)

化学式 $CaNd(CO_3)_2F$　　(IMA)

新奇钙铈矿-钕是一种含氟的钙、钕的碳酸盐矿物。属新奇钙铈矿族。斜方(假六方)晶系。玫瑰粉红色、浅灰色、蓝色、浅草绿色,玻璃光泽,半透明;硬度4.5。1978年发现于塞尔维亚科索沃自治省佩贾地区的格雷布尼克(Grebnik)山。1978年 Z.马克斯莫维奇(Z. Maksimović)在雅典《第四届国际铝土矿、氧化铝和铝研究大会文集》和1979年在《美国矿物学家》(64)报道。英文名称 Synchysite-(Nd),根词由1901年古斯塔夫·弗林克(Gustav Flink)在《乌普萨拉大学地质学会通报》(5)报道,根据希腊文"σύγχυσις=Synchys(混杂、混乱)"命名,意指其最初被误认为"Parasite(氟菱钙铈矿或氟碳钙铈矿)",并于1982年由 IMA 加占主导地位的钕后缀-(Nd)组合命名。IMA 1982-030a。1983年 B.斯查尔姆(B. Scharm)等在《矿物学新年鉴》(月刊)报道。1995年王立本等在《岩石矿物学杂志》[14(4)]根据英文名称前两个音节音和成分译为新奇钙铈矿-钕。

【新奇钙铈矿-铈】

英文名 Synchysite-(Ce)

化学式 $CaCe(CO_3)_2F$　　(IMA)

新奇钙铈矿-铈柱状、板状晶体(奥地利、德国)

新奇钙铈矿-铈是一种含氟的钙、铈的碳酸盐矿物。属新奇钙铈矿族。单斜(假六方)晶系。晶体呈纺锤形、带锥柱状,还有薄或厚的假六方板状。灰色、灰黄色、橙黄色、棕色、米色、亮绿色、白色,半金刚光泽、玻璃光泽、油脂光泽,透明—半透明;硬度4.5,脆性。发现于丹麦格陵兰库雅雷哥自治区伊格利库村纳尔萨克(Narsaarsuk)伟晶岩。英文名称 Synchysite-(Ce),根词1901年古斯塔夫·弗林克(Gustav Flink)在《乌普萨拉大学地质学会通报》(5),根据希腊文"σύγχυσις=Synchys(混杂、混乱)"命名,意指其最初被误认为"Parasite(氟菱钙铈矿或氟碳钙铈矿)",并于1982年由 IMA 加占主导地位的铈后缀-(Ce)组合命名。1959年以前发现、描述并命名的"祖父级"矿物,IMA 承认有效。IMA 1982-030批准。1994年王立本(Wang Liben)等在《加拿大矿物学家》(32)报道。1995年王立本等在《岩石矿物学杂志》[14(4)]根据英文名称前两个音节音和成分译为新奇钙铈矿-铈,也有的译为直氟碳钙铈石。

【新奇钙铈矿-钇】

英文名 Synchysite-(Y)

化学式 $CaY(CO_3)_2F$　　(IMA)

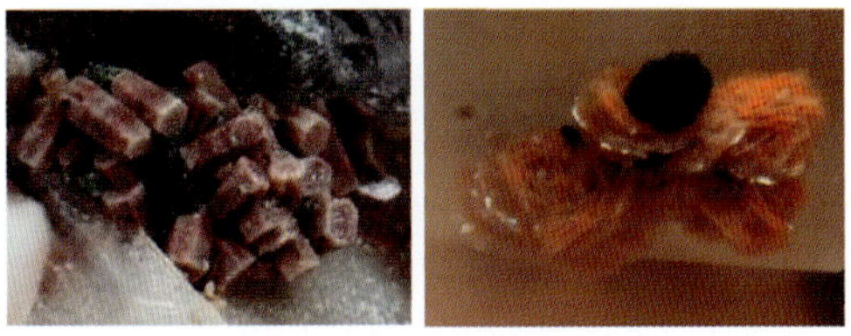

新奇钙铈矿-钇柱状晶体,花状集合体(意大利)

新奇钙铈矿-钇是一种含氟的钙、钇的碳酸盐矿物。属新奇钙铈矿族。单斜(假六方)晶系。晶体呈柱状、异极柱状(一端有锥)、厚板状、片状,具片状双晶;集合体呈花状。白色、红褐色、灰黄色、暗黄色,半金刚光泽、玻璃光泽、油脂光泽,半透明;硬度6～6.5,脆性。发现于美国新泽西州摩里斯县多佛尔斯克尔布奥克斯(Scrub Oaks)矿。最早见于1894年诺登舍尔德(Nordenskiöld)在《斯德哥尔摩地质学会会刊》(16)报道,命名为 Parisite(氟菱钙铈矿或氟碳钙铈矿)。英文名称 Synchysite-(Y),1901年古斯塔夫·弗林克(Gustav Flink)在《乌普萨拉大学地质学会通报》(5)中报道,根词由希腊文"σύγχυσις=Synchys(混杂、混乱)"命名(Synchysite)。1955年和1960年斯密特(Smith)作为新矿物报道,并以产地美国多佛尔(Dover)命名为 Doverite。1966年莱文森(Levinson)认为它是氟菱铈钙矿(Synchysite)的富钇变种。其后由 IMA 重新命名,在英文名称 Synchysite 之后加占主导地位的钇后缀-(Y)组合命名。1959年以前发现、描述并命名的"祖父级"矿物,IMA 承认有效。IMA 1982-030b 批准。1995年王立本等在《岩石矿物学杂志》[14(4)]根据英文名称前两个音节音和成分译为新奇钙铈矿-钇。

【新潟石】参见【锶斜黝帘石】条896页

兴 [xìng]会意;从舁,从同。同力共举也。兴起。用于中国地名。

【兴安石-钕】

英文名 Hingganite-(Nd)

化学式 $Nd_2\square Be_2Si_2O_8(OH)_2$　　(IMA)

兴安石-钕是一种含羟基的钕、空位、铍的硅酸盐矿物。属硅铍钇矿超族硅铍钇矿族硅铍钇矿亚族。单斜晶系。晶

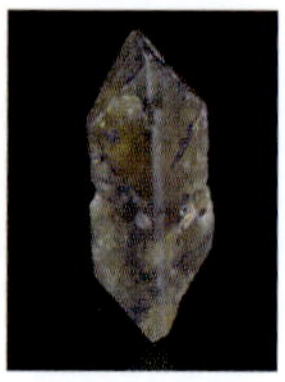
兴安石-钕板柱状晶体(巴基斯坦)

体呈板柱状。玻璃光泽，透明；硬度 5～6。2019 年发现于巴基斯坦开伯尔-普赫图赫瓦省白沙瓦地区的扎吉(Zegi)山。英文名称 Hingganite-(Nd)，由根词“Hingganite(兴安石)”加占优势的稀土元素钕后缀-(Nd)组合命名。IMA 2019－028 批准。2019 年 A. 兰萨(A. Lanza)等在《CNMNC 通讯》(50)、《矿物学杂志》(31)和《欧洲矿物学杂志》(31)报道。中文名称译为兴安石-钕或钕兴安石。

【兴安石-铈】

英文名 Hingganite-(Ce)

化学式 $BeCe(SiO_4)(OH)$ (IMA)

兴安石-铈粒状、短柱状晶体，晶簇状集合体(蒙古)

兴安石-铈是一种含羟基的铍、铈的硅酸盐矿物。属硅铍钇矿超族硅铍钇矿族硅铍钇矿亚族。单斜晶系。晶体呈自形短柱状、粒状。浅棕褐色，玻璃光泽，透明；硬度 5～6。1987 年发现于日本本州岛中部岐阜县中津川市蛭川村田原(Iwaguro Sekizai)采石场；同年，在《日本矿物学会杂志》(18)报道。英文名称 Hingganite-(Ce)(汉拼名称 Xinganite)，由中国地名(兴安盟)加占优势的稀土元素铈后缀-(Ce)组合命名，意指它是铈占优势的 Hingganite－(Y)的类似矿物。IMA 2004－004 批准。2007 年宫胁律郎(R. Miyawaki)等在《矿物学和岩石学科学杂志》(102)报道。中文名称译为兴安石-铈或铈兴安石。

【兴安石-钇】

英文名 Hingganite-(Y)

化学式 $BeY(SiO_4)(OH)$ (IMA)

钇兴安石-钇柱状晶体，晶簇状集合体(法国、巴基斯坦)

钇兴安石-钇是一种含羟基的铍、钇的硅酸盐矿物。属硅铍钇超矿硅铍钇矿族硅铍钇矿亚族。单斜晶系。晶体呈不规则的微小散粒状、短柱状；集合体呈晶簇状。乳白色、浅黄色、淡绿色，玻璃光泽，透明；硬度 6～7。1981 年，中国学者丁孝石等在中国内蒙古自治区(或黑龙江省齐齐哈尔市)大兴安岭山脉兴安盟归流河流域发现的新矿物，并以成分命名为 Yttroceberysite(羟硅铍钇铈矿)。1981 年丁孝石等在《地质评论》[27(5)]报道。IMA 1981－052 批准。1984 年丁孝石等在《岩石矿物及测试》(3)报道。后来根据莱文森(Levinson)规则重新定义，以发现地中国兴安盟命名为兴安石(汉拼名称 Xinganite)。2007 年 IMA 批准更名为 Hingganite-(Y)。2007 年宫胁律郎(R. Miyawaki)等在《矿物学和岩石学科学杂志》(102)报道。中文名称根据中国发现地名加占优势的稀土元素钇后缀译为兴安石-钇或钇兴安石。

【兴安石-镱】

英文名 Hingganite-(Yb)

化学式 $BeYb(SiO_4)(OH)$ (IMA)

兴安石-镱柱状晶体(挪威)

兴安石-镱是一种含羟基的铍、镱的硅酸盐矿物。属硅铍钇矿超族硅铍钇矿族硅铍钇矿亚族。单斜晶系。晶体呈针状、柱状；集合体由许多单个晶体或晶簇构成的球形、圆形。无色，玻璃光泽，透明；硬度 6～7。1982 年发现于俄罗斯北部摩尔曼斯克州基维(Keivy)山脉基维地块西部普洛斯卡亚(Ploskaya)山。英文名称 Hingganite-(Yb)，由根词“Hingganite(兴安石)”加占优势的稀土元素镱后缀-(Yb)组合命名。IMA 1982－041 批准。1983 年 A. V. 博罗金(A. V. Voloshin)等在《苏联科学院报告》(270)和 1984 年《美国矿物学家》(69)报道。中文名称根据成分及与兴安石的关系译为兴安石-镱/镱兴安石(根词参见【兴安石-钇】条 1050 页)。

【兴中矿】

汉拼名 Xingzhongite

化学式 $Pb^{2+}Ir_2^{3+}S_4$ (IMA)

兴中矿是一种铅、铱的硫化物矿物。属尖晶石超硫硼尖晶石族硫钴矿亚族。等轴晶系。未见单独的晶体；集合体呈皮壳状包在等轴锇铱矿外圈。钢灰色，金属光泽，不透明；硬度 6。1974 年发现于中国河北省兴中(Xingzhong)某基性—超基性岩体。1974 年於祖相在《地质学报》(2)和 1976 年在《美国矿物学家》(61)报道。汉拼名称 Xingzhongite，以发现地中国兴中(Xingzhong)命名。IMA 1980s. p. 批准，却从未正式公布。怀疑它最有可能等同于硫铱铜矿(Cuproiridsite，IMA 1984－016)。

星 [xīng]形声；从日，“日”特指太阳，从生，生亦声。①泛指以太阳为代表的闪烁发光的天体，如陨星等。②用于比喻矿物的放射状集合体。

【星钪石】

汉拼名 Kangite

化学式 $(Sc,Ti,Al,Zr,Mg,Ca,\square)_2O_3$ (IMA)

星钪石是一种极为罕见的以钪为主要成分的含钛、铝、锆、镁、钙、空位的不纯氧化物矿物，是合成的 Sc_2O_3 的不纯的类似矿物。可能是一种可以追溯到太阳系诞生时形成的超耐火矿物。等轴晶系。亚微米级的颗粒。2011 年发现于墨西哥奇瓦瓦州阿连德(Allende)CV3 碳质球粒陨石。汉拼名称 Kangite，以化学成分钪的汉语拼音 Kang 命名。IMA 2011－092 批准。2012 年马驰(Ma Chi)在《CNMNC 通讯》(12)、《矿物学杂志》(76)和 2013 年《美国矿物学家》(98)报道。中文名称根据成因陨石(流星)和成分译为星钪石；根据成分译为钪石。

【星钛石】

英文名 Tistarite

化学式 Ti_2O_3 (IMA)

星钛石是一种钛的氧化物矿物。属赤铁矿族。三方晶系。晶体呈微米级半自形粒状。2008 年发现于墨西哥奇瓦瓦州阿连德 CV3 碳质球粒陨石。英文名称 Tistarite，由化学成分“Ti(钛)”和“Star(星)”组合命名，意指新矿物很可能在我们的恒星诞生时在太阳系形成的第一个固体中的耐火凝结物。IMA 2008－016 批准。2009 年马驰(Ma Chi)等在《美国矿物学家》(94)报道。中文名称根据成分和意译为星钛石。

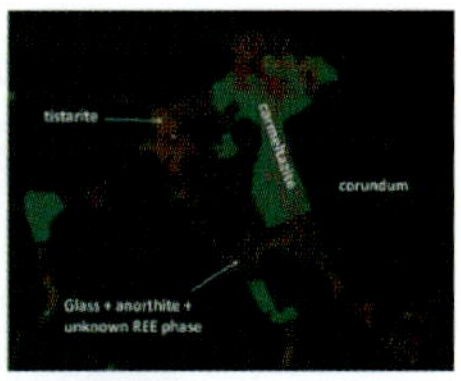

星钛石粒状晶体(以色列)

【星叶石】

英文名 Astrophyllite

化学式 $K_2NaFe_7^{2+}Ti_2(Si_4O_{12})_2O_2(OH)_4F$ (IMA)

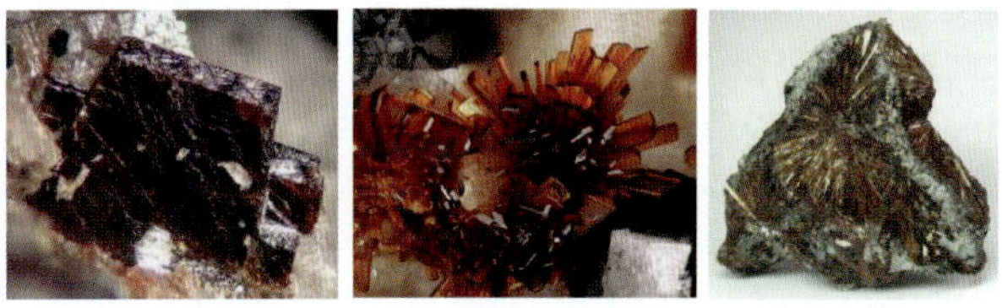
星叶石板状晶体，放射状集合体(西班牙、俄罗斯)

星叶石是一种非常罕见的含氟、羟基和氧的钾、钠、铁、钛的层状硅酸矿物。化学式 A 位 K，Cs，Na；B 位 Fe，Mn；C 位 Ti，Zr，Nb。属星叶石超族星叶石族。可与锰星叶石形成类质同象系列，而锰星叶石还可同铯锰星叶石构成系列。属星叶石系列的还有铌叶石、锆叶石。三斜晶系。晶体呈柱状或板状、纤维状，集合体呈放射星状。古铜黄色、金黄色、棕色—红棕色，油脂光泽、珍珠光泽、半金属光泽，透明—不透明；硬度 3～4，极完全解理，脆性。科学家和收藏家对星叶石很感兴趣。1844 年由挪威矿物学家保罗·克里斯蒂安·韦比耶(Paul Christian Weibye，1819—1865)首次发现了这种矿物。1848 年描述于挪威西福尔郡拉尔维克地区兰格森德斯乔登(Langesundsfjorden)拉芬(Låven)岛。1848 年 P. C. 维布耶(P. C. Weibye)在《矿物学、地球构造学、采矿和冶金学档案》(22)记载。英文名称 Astrophyllite，1854 年由德国化学家、地质学家和矿物学家卡尔·约翰·奥古斯特·西奥多·舍勒(Carl Johan August Theodor Scheerer，1813—1875)根据希腊文天文学名词“ἄστρον＝Astron＝Star(星)”和“φύλλον＝Phyllon＝Leaf(叶)”命名，意指矿物晶体常呈叶片状，集合体呈放射星状，如同星星和太阳。1959 年以前发现、描述并命名的“祖父级”矿物，IMA 承认有效。中文名称意译为星叶石。

雄

[xióng]形声；从隹(zhuī)，厷(gōng)声。从隹，与鸟有关。本义：公鸟。与“雌”“阴”相对。

【雄黄】

英文名 Realgar

化学式 AsS (IMA)

雄黄柱状晶体，晶簇状集合体(中国)

雄黄是一种砷和硫的化合物矿物。单斜晶系。晶体呈短柱状、针状、粒状，具接触双晶；集合体常呈致密块状。鸡冠红色、橙黄色，金刚光泽，断口呈树脂光泽、油脂光泽，透明；硬度 1.5～2，完全解理。由于它非常美丽漂亮，被称为“红宝石硫”或“砷红宝石”。中国是世界上发现、认识、利用、命名雄黄最早的国家。在中国古代医学著作中对雄黄多有记载和论述。雄黄之名出自东汉时期成书的《神农本草经》。雄黄别称石黄、黄金石、鸡冠石。汉末代陶弘景《名医别录》：“雄黄，生武都山谷，煌山之阳。”陶弘景：“(雄黄)好者作鸡冠色，不臭而坚实。”苏敬等《唐本草》：“出石门名石黄者亦是雄黄，而通名黄金石。”吴普曰：“雄黄，神农苦，山阴有丹雄黄，生山之阳，故曰雄，是丹之雄，所以名雄黄也。”

据史书记载，约在公元 317 年，中国的炼丹家葛洪用雄黄、松脂和硝石 3 种物质炼制得到砷。在西方，1 世纪希腊医生第奥斯科里底斯叙述烧砷的硫化物以制取三氧化二砷，用于医药。13 世纪德国炼金家阿尔伯特·马格努斯，用肥皂与雌黄共同加热获得单质砷。比中国的葛洪大概晚了 900 年。到 18 世纪，瑞典化学家、矿物学家布兰特阐明砷和三氧化二砷以及其他砷化合物之间的关系。拉瓦锡证实了布兰特的研究成果，认为砷是一种化学元素。

拉丁文名称 Realgar 和英文名称 Rabiagar，可能来自阿拉伯文“Rahj Al－gahr(رهج الغار)”一词，指矿物的粉末。通过加泰罗尼亚和中世纪拉丁文和英文的最早记录是在 1390 年，至少在 13 世纪的开始或更早，在拜占庭即东罗马帝国(基本上是小亚细亚和巴尔干半岛)那个时候(公元 395—1453 年)，罗马人称砷的硫化物矿叫“Auripigmentum”，其中“Auri(金黄色)”，“Pigmentum(颜料)”；二者组合起来就是“金黄色的颜料”。这首先见于 1 世纪罗马博物学家老普林尼的著作中。今天英文中雌黄的名称 Orpiment 正由这一词演变而来的。雄黄在巴尔干半岛上的一个古老的地方即现在的北马其顿共和国的阿尔查尔(Allchar)被发现。1747 年萨尔维乌斯(Salvius)在斯德哥尔摩《矿物学或矿物界》刊载。又见于 1944 年 C. 帕拉奇(C. Palache)、H. 伯曼(H. Berman)和 C. 弗龙德尔(C. Frondel)《丹纳系统矿物学》(第一卷，第七版，纽约)。1959 年以前发现、描述并命名的“祖父级”矿物，IMA 承认有效。

休

[xiū]会意；从人，从木，人依傍大树休息。本义：休息。[英]音，用于外国人名。

【休罗夫斯基石*】

英文名 Shchurovskyite

化学式 $K_2CaCu_6O_2(AsO_4)_4$ (IMA)

休罗夫斯基石* 柱状、粒状晶体(俄罗斯)和休罗夫斯基像

休罗夫斯基石*是一种钾、钙、铜氧的砷酸盐矿物。单斜晶系。晶体呈粗片状或柱状、他形粒状，粒径 0.15mm；集合体呈皮壳状。橄榄绿色或深橄榄绿色，玻璃光泽，透明；硬度 3，脆性。2013 年发现于俄罗斯堪察加州托尔巴契克(Tolbachik)火山主裂隙北破火山口第二火山渣锥喷气孔。英文名称 Shchurovskyite，以俄罗斯莫斯科国立大学地质学

家、矿床矿物学家格里戈里·叶菲莫维奇·休罗夫斯基(Grigory Efimovich Shchurovsky，1803—1884)的姓氏命名。IMA 2013-078 批准。2013 年 I. V. 佩科夫(I. V. Pekov)等在《CNMNC 通讯》(18)、《矿物学杂志》(77)和 2015 年《矿物学杂志》(79)报道。目前尚未见官方中文译名，编译者建议音译为休罗夫斯基石*。

【休斯石*】

英文名 Hughesite

化学式 $Na_3AlV_{10}O_{28} \cdot 22H_2O$　(IMA)

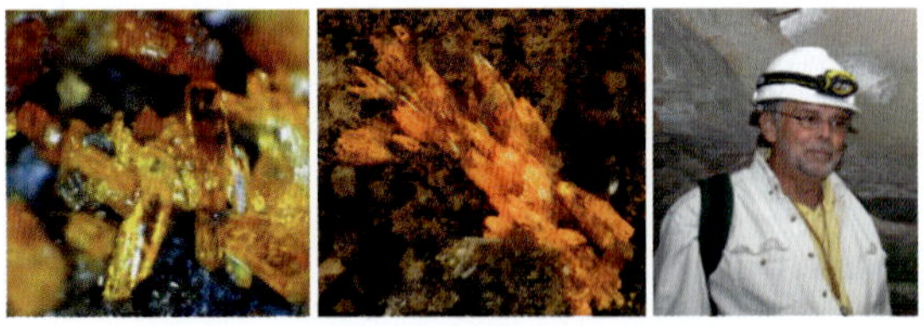

休斯石* 矛状、片状晶体，晶簇状集合体(美国)和休斯像

休斯石*是一种含结晶水的钠、铝的钒酸盐矿物。三斜晶系。晶体是可变的，常呈矛状和片状；集合体呈晶簇状、块状。橙色—金黄色，半金刚光泽，透明；硬度 1，完全解理。2009 年发现于美国科罗拉多州圣米格尔县西森迪(West Sunday)矿。英文名称 Hughesite，以约翰·迈克尔·休斯(John Michael Hughes，1952—)博士的姓氏命名。休斯曾任迈阿密大学矿物学教授，现在是佛蒙特大学的矿物学教授和教务长，他在矿物学方面的长期和杰出的职业生涯，包括在橙钒钙石和钒青铜族矿物广泛的研究方面做出了贡献。IMA 2009-035a 批准。2011 年 J. 拉科万(J. Rakovan)等在《加拿大矿物学家》(49)报道。目前尚未见官方中文译名，编译者建议音译为休斯石*。

溴 [xiù]从水，从臭，臭声。是一种化学元素。[英]Bromine。元素符号 Br。原子序数 35。1824 年，法国一所药学专科学校的 22 岁青年学生安东尼·巴拉尔(Antoine Balard)在研究他家乡蒙彼利埃(Montpellier)的海水提取结晶盐后的母液，当通入氯气时，母液变成红棕色，他断定这是与氯以及碘相似的新元素。巴拉尔命名为 Muride，来自拉丁文 Muria(盐水)。1826 年法国科学院肯定了他的实验结果，把 Muride 改称 Bromine，来自希腊文 Brōmos，意为“公山羊的恶臭”。事实上，在巴拉尔发现溴之前，卡尔·罗威在 1825 年从巴特克罗伊茨纳赫村里的水泉中分离出了溴。他曾把一瓶红棕色液体样品交给化学家李比希鉴定，李比希并没有进行细致的研究，就断定它是“氯化碘”，当李比希得知溴的发现之时，立刻意识到自己的错误，把那瓶液体放进一个柜子，并在柜子上写上“耻辱柜”以警示自己，此事成为化学史上的一桩趣闻。化学史上把溴的发现归于安东尼·巴拉尔(Antoine Balard)和卡尔·罗威(Carl Löwig)两位科学家。直到 1860 年溴才被大量地制造出来。溴在地壳中含量只有 0.001%，而海洋中溴的浓度虽然仅有 0.006 7%，但它的储量却占地球上溴的总储量的 99%。这样，人们所需求的溴就只能取自海洋了，这也是溴被称为“海洋元素”的原因所在。溴在海洋中，大多是以可溶的化合物形式如溴化钠、溴化钾等而存在。

【溴汞矿】

英文名 Kuzminite

化学式 HgBr　(IMA)

溴汞矿柱状、粒状晶体(俄罗斯)和库兹明像

溴汞矿是一种汞的溴化物矿物。属甘汞(汞膏)族。四方晶系。晶体呈柱状、粒状。红色；硬度 1.5。1986 年发现于俄罗斯图瓦共和国皮克姆(Pii-Khem)区乌尤克山脉欧拉什克姆(Oorash-Khem)河流域卡迪雷尔(Kadyrel)汞矿床。英文名称 Kuzminite，以俄罗斯托木斯克理工学院的矿物学家阿列克谢·米哈伊洛维奇·库兹明[Aleksei(Alexei) Mikhailovich Kuzmin，1891—1980]的姓氏命名。IMA 1986-005 批准。1986 年 V. I. 瓦西列夫(V. I. Vasilev)等在《全苏矿物学会记事》(115)和 1988 年 F. C. 霍桑(F. C. Hawthorne)在《美国矿物学家》(73)报道。1987 年中国新矿物与矿物命名委员会郭宗山等在《岩石矿物学杂志》[6(4)]根据成分译为溴汞矿或溴汞石，也有的译为氯溴汞矿。

【溴氯硫汞矿】

英文名 Arzakite

化学式 $Hg_3^{2+}S_2(Br,Cl)_2$

溴氯硫汞矿是一种含氯、溴的汞的硫化物矿物。属溴氯硫汞矿-氯溴硫汞矿(Lavrentievite)系列。单斜(或三斜)晶系。无色—黄色，金刚光泽、玻璃光泽，透明；硬度 2～2.5，完全解理，脆性。最初的报道来自俄罗斯图瓦共和国皮克姆(Pii-Khem)区乌尤克山脉阿尔扎克(Arzak)汞矿床。英文名称 Arzakite，以发现地俄罗斯阿尔扎克(Arzak)汞矿命名。未经 IMA 批准，但可能有效。1984 年 V. I. 瓦西列夫(V. I. Vasilev)等在俄罗斯《地质学和地球物理学杂志》(7)和 1986 年《苏联科学院报告》(290)报道。中文名称根据成分译为溴氯硫汞矿；根据晶系和成分译作三斜卤辰砂。

【溴银矿】

英文名 Bromargyrite

化学式 AgBr　(IMA)

溴银矿粒状晶体和集合体(法国、美国)

溴银矿是一种银的溴化物矿物。等轴晶系。属氯银矿(角银矿)族。晶体呈立方体、菱形十二面体，双晶罕见；集合体呈平行或近似平行状，常呈皮壳状和被膜状及块状。黄色、亮绿色、浅绿褐色，金刚光泽、树脂光泽、蜡状光泽，透明—半透明；硬度 2～2.5，软可切。1849 年发现于墨西哥萨卡特卡斯州普拉特罗斯(Plateros)；同年，在《物理学和化学年鉴》(153)报道。1860 年在《兰梅尔斯堡矿山》(196)刊载和 1878 年冯·拉苏斯(von Lasaulx)在《矿物学年鉴》报道。英文名称 Bromargyrite，由化学成分“Bromine(溴)”和希腊文“Αργύρος=Argyros(银)”组合命名。1959 年以前发现、

描述并命名的"祖父级"矿物，IMA 承认有效。IMA 1962s. p. 批准。中文名称根据成分译为溴银矿。

须 [xū]象形；从页，从彡，页（xié），头，彡（shān），表毛饰。指人面上的毛。本义：胡须。[英]音，用于外国人名。

【须藤绿泥石】

英文名 Sudoite

化学式 $Mg_2Al_3(Si_3Al)O_{10}(OH)_8$ （IMA）

须藤绿泥石鳞片状晶体，块状集合体（比利时、日本）和须藤俊男像

须藤绿泥石是一种绿泥石族的绿泥石/蒙皂石的规则混层黏土矿物。三斜（单斜）晶系。晶体呈鳞片状；集合体呈块状。白色、亮绿色，珍珠光泽、土状光泽，半透明；硬度 2.5～3.5。1962 年发现于德国巴登-符腾堡州斯图加特市克诺伦贝格库珀（Knollenberg Keuper）斑纹形成物；同年，在《自然科学期刊》（*Naturwissenschaften*）（49）报道。1963 年弗莱舍在《美国矿物学家》（48）报道。英文名称 Sudoite，以日本东京大学矿物学教授须藤俊男（Toshio Sudo，1911—2000）博士的姓氏命名。须藤是黏土矿物学方面的专家，特别是黏土矿物形成的蚀变过程。1954 年日本学者须藤俊男及其同事们在日本发现了一种绿泥石/蒙皂石的规则混层矿物，其中的绿泥石层为二八面体的 Al－Mg 绿泥石。1962 年恩格尔哈特（Engethardt）等就把二八面体的绿泥石命名为须藤石。IMA 1966－027 批准。1967 年 R. A. 埃格尔斯顿（R. A. Eggleston）等在《美国矿物学家》（52）报道。20 世纪 60 年代，随着对二八面体绿泥石及其混层矿物的进一步研究与发现，1967 年贝利（Bailey）等建议，把须藤绿泥石作为具有二八面体的 2∶1 层和三八面体层间片的绿泥石之专有名称，并为国际黏土研究会所认可。中文名称根据英文名称音译为须藤石或加族名译为须藤绿泥石；根据成分及族名译为铝绿泥石。

叙 [xù]形声；从攴（pū），余声。用于中国地名。

【叙永石】参见【埃洛石-10Å】条 15 页

玄 [xuán]象形；小篆字，下端像单绞的丝，上端是丝绞上的系带，表示作染丝用的丝结。本义：赤黑色，黑中带红。又泛指黑色。玄武：是中国古代汉族神话传说中一种由龟和蛇组合成的一种灵物。玄武的本意就是玄冥，武、冥古音是相通的。玄，是黑的意思；冥，就是阴的意思。最早的玄武就是乌龟，龟背是黑色的。以此比喻矿物的颜色。

【玄武闪石】

英文名 Basaltic hornblende

化学式 $NaCa_2Fe_4^{2+}Fe^{3+}(Al,Si)_7O_{23}(OH)$

玄武闪石是富含铁和钛的普通角闪石。它由普通角闪石（Hornblende）经热氧化作用形成，造成部分的 Fe^{2+} 转变为 Fe^{3+}，并且其结构中的 $(OH)^-$，被 O_2^- 取代，故有较高的 Fe^{3+}/Fe^{2+} 比值，与较低的 $(OH,F,Cl)^-$ 含量。若成分中 TiO_2 达 10% 者称为钛闪石[Kaersutite，$NaCa_2(Mg_3Ti^{4+}Al)(Si_6Al_2)O_{22}O_2$]。单斜晶系。晶体呈柱状、粒状，具简单、聚片双晶。褐色、绿色—黑褐色、黑色，玻璃光泽、珍珠光泽，半透明—不透明；硬度 5～6，完全解理，脆性。1884 年首次发现于丹麦格陵兰岛乌玛纳克的凯赫苏特（Qaersut，原名 Kaersut）。英文名称 Basaltic hornblende，由冠词"Basaltic（玄武岩的）"和根词"Hornblende（普通角闪石）"组合命名，意指玄武岩中的普通角闪石。这个名称已被 IMA 角闪石小组委员会废弃[见 1978 年 B. 利克（B. Leake）《美国矿物学家》（63）的角闪石命名法]。中文名称根据颜色和族名译为玄武闪石；也译作氧角闪石。同义词 Kaersutite，以首次发现地丹麦格陵兰岛乌玛纳克的凯赫苏特（Qaersut，原名 Kaersut）命名。中文名称根据成分及族名译为钛闪石和羟钛角闪石（参见【钛闪石】条 912 页）。

玄武闪石柱状晶体（葡萄牙）

雪 [xuě]形声；从雨，彗省声。当气温降到 0℃以下时，空气中水蒸气凝结而成的白色结晶。以雪的白色或光彩比喻矿物的颜色像雪或形态像雪花。

【雪硅钙石】

英文名 Tobermorite

化学式 $Ca_4Si_6O_{17}(H_2O)_2 \cdot (Ca \cdot 3H_2O)$ （IMA）

雪硅钙石纤维状晶体，放射状、球粒状集合体（西班牙）和托巴莫利

雪硅钙石是一种含水化钙的水化、结晶水的钙的硅酸盐矿物。属托勃雪硅钙石族。斜方晶系。晶体呈细粒状、纤维状；集合体呈块状、放射状、球状。雪白色、亮粉红色，玻璃光泽、丝绢光泽，半透明；硬度 2.5。1880 年发现于英国苏格兰马尔岛托巴莫利（Tobermory）；同年，在《矿物学杂志》（4）报道。1905 年 J. 柯里（J. Currie）在《矿物学杂志》（14）报道。英文名称 Tobermorite，以发现地英国托巴莫利（Tobermory）命名。1981 年 S. A. 哈米德（S. A. Hamid）在《结晶学杂志》（154）报道了 Tobermorite 的 11Å（1Å＝0.1nm）结构。2001 年 S. 梅利诺（S. Merlino）等在《欧洲矿物学杂志》[13（3）]报道了 Tobermorite-11Å 正常和异常的形式（Tobermorite-11Å 脱水收缩被称为"正常"；而不收缩的，被称为"反常"）。2014 年 IMA 重新定义 IMA 2014s. p. 批准两种矿物：Tobermorite（正常水化硅酸钙）和 Kenotobermorite（基诺水化硅酸钙，译为基诺托勃莫来石）。中文名称根据颜色和成分译为雪硅钙石；音译为托勃莫来石（编译者建议音译为托巴莫利石*）。已知有 4 个结构多型：Tobermorite-9Å（＝Riversideite＝纤硅钙石）；Tobermorite-10Å（＝Oyelite＝水硅硼钙石）；Tobermorite-11Å（＝Tobermorite＝水化硅酸钙即雪硅钙石和托勃莫来石）和 Tobermorite-14Å（＝Plombièrite＝泉石华）（参见相关条目）。

【雪花石膏】参见【石膏】条 803 页

血 [xuè]指事。小篆字形，从皿，"一"像血形。表示器皿中盛的是血。本义：人或动物体内循环系统的不透明液体，大多为红色。

【血红石*】

英文名 Sanguite

化学式 $KCuCl_3$ (IMA)

血红石*柱状晶体，晶簇状集合体（俄罗斯）

血红石*是一种钾、铜的氯化物矿物。单斜晶系。晶体呈柱状，长1mm，厚0.2mm；集合体呈晶簇状、皮壳状。大红色、鲜红色，轻微改变的样品是深红色—棕红色，玻璃光泽，透明；硬度3，完全解理，脆性。1963年R. D. 威利特（R. D. Willett）等在《化学物理杂志》(38)报道了合成$KCuCl_3$的晶体结构。2013年发现于俄罗斯堪察加州托尔巴契克（Tolbachik）火山主断裂北破火山口第二火山渣锥格拉夫纳亚·特诺里托瓦亚（Glavnaya Tenoritovaya）喷气孔。英文名称Sanguite，由拉丁文“Sanguis＝Blood（血液，血）”命名，意指其颜色呈血红色。IMA 2013－002批准。2013年I. V. 佩科夫（I. V. Pekov）等在《CNMNC通讯》(16)、《矿物学杂志》(77)和2015年《加拿大矿物学家》(53)报道。目前尚未见官方中文译名，编译者建议意译为血红石*。

Y y

雅 [yǎ]形声；从隹，从牙，牙亦声。《毛诗序》释“雅”为“正”。①用于中国河名。②[英]音，用于外国地名、人名、单位名。

【雅碲锌石】参见【碲锌钙石】条 127 页

【雅各布松石*】

英文名 Jakobssonite

化学式 $CaAlF_5$ (IMA)

雅各布松像

雅各布松石*是一种钙、铝的氟化物矿物。单斜晶系。晶体呈针状，长近 50mm。白色，土状光泽，透明。2011 年发现于冰岛南部赫克拉(Hekla)火山和韦斯特曼纳群岛埃尔德菲尔(Eldfell)火山。英文名称 Jakobssonite，为纪念冰岛自然研究所火山学家斯温·彼得·雅各布松(Sveinn Peter Jakobsson，1939—2016)而以他的姓氏命名。他是认识并报道此矿物的第一人。1991 年埃蒙(Hemon)和库尔比翁(Courbion)在《晶体学报》(C47)报道合成物。2008 年雅各布松(Jakobsson)等报道了来自冰岛的天然矿物，但被 IMA 列入无效矿物名单，其实，最初是在 1988 年发现的。IMA 2011－036 批准。2012 年 T. 巴里克·阻尼克(T. Balić-Žunić)等在《矿物学杂志》(76)报道。目前尚未见官方中文译名，编译者建议音译为雅各布松石*。

【雅洪托夫石】

英文名 Yakhontovite

化学式 $(Ca,Na,K)_{0.2}(Cu,Fe,Mg)_2Si_4O_{10}(OH)_2 \cdot 3H_2O$ (IMA)

雅洪托夫石球粒状集合体(西班牙)和雅洪托娃像

雅洪托夫石是一种含结晶水和羟基的钙、钠、钾、铜、铁、镁的硅酸盐矿物。属蒙脱石族。单斜晶系。晶体呈粒状；集合体呈块状、球粒状。黄绿色、淡草绿色，光泽暗淡，半透明；硬度 2～3，脆性。1984 年发现于俄罗斯哈巴罗夫斯克边疆区科姆索莫斯基(Komsomolski)矿区普里多罗日诺耶(Pridorozhnoye)锡矿床。英文名称 Yakhontovite，以俄罗斯莫斯科大学矿物学教授、钴矿专家利娅·康斯坦丁诺夫娜·雅洪托娃(Liia (Liya) Konstantinovna Yakhontova，1925—2007)的姓氏命名。IMA 1984－032a 批准。1986 年 V. P. 波丝特尼柯娃(V. P. Postnikova)等在《矿物学杂志》[8(6)]和 1991 年 J. L. 杨博尔(J. L. Jambor)等在《美国矿物学家》(76)报道。1991 年中国新矿物与矿物命名委员会郭宗山在《岩石矿物学杂志》[10(4)]音译为雅洪托夫石。

【雅科温楚克钇石*】

英文名 Yakovenchukite-(Y)

化学式 $K_3NaCaY_2Si_{12}O_{30} \cdot 4H_2O$ (IMA)

雅科温楚克像

雅科温楚克钇石*是一种含结晶水的钾、钠、钙、钇的硅酸盐矿物。斜方晶系。晶体呈小柱状。奶油色—无色，玻璃光泽，透明；硬度 5，完全解理，脆性。2006 年发现于俄罗斯北部摩尔曼斯克州库基斯武姆科尔(Kukisvumchorr)山基洛夫斯基(Kirovskii)磷灰石矿。英文名称 Yakovenchukite-(Y)，以俄罗斯科学院科拉科学中心地质研究所的俄罗斯矿物学家维克托·N. 雅科温楚克(Victor N. Yakovenchuk)的姓氏命名，以表彰他在碱性和碱性超基性岩体矿物学所做出的突出贡献。IMA 2006－002 批准。2007 年 S. V. 克里沃维彻夫(S. V. Krivovichev)等在《美国矿物学家》(92)报道。目前尚未见官方中文译名，编译者建议音加成分译为雅科温楚克钇石*。

【雅硫铜矿】

英文名 Yarrowite

化学式 Cu_9S_8 (IMA)

雅硫铜矿是一种铜的硫化物矿物。属辉铜矿-蓝辉铜矿族。三方晶系。集合体多呈放射状。蓝灰色、黑色，金属光泽，不透明；硬度 2.5。1978 年发现于加拿大阿尔伯塔省雅罗(Yarrow)河-思宾克普(Spionkop)溪矿床。英文名称 Yarrowite，以发现地加拿大的雅罗(Yarrow)河命名。IMA 1978－022 批准。1980 年 R. J. 戈布尔(R. J. Goble)在《加拿大矿物学家》(18)报道。中国地质科学院根据英文名称首音节音和成分译为雅硫铜矿。2011 年杨主明等在《岩石矿物学杂志》[30(4)]建议音译为雅罗矿。

【雅鲁矿】

英文名 Yarlongite

化学式 $(Cr_4Fe_4Ni)C_4$ (IMA)

雅鲁矿是一种铬、铁、镍的碳化物矿物。六方晶系。晶体呈不规则粒状，粒径在 0.02～0.06mm 之间。钢灰色，粉末黑色，不透明；硬度 5.5～6，完全解理，脆性。1981 年中国地质科学院地质研究所的方青松、白文吉等在中国西藏自治区山南地区曲松县罗布莎蛇绿岩型铬铁矿床调查研究时，因发现了蛇绿岩型金刚石而引起关注。遂获得了国家自然科学基金资助，中国地质大学与中国地质科学院合作的基金课题组，在中国地质大学施倪承教授的主持下，发现了多种形成于地球深部的新矿物种群。

在 2006—2007 年，课题组成员白文吉、方青松、施倪承及李国武已先后分别向国际矿物学会新矿物、矿物命名及分类委员会提交了新矿物罗布莎矿($Fe_{0.83}Si_2$)，曲松矿(WC)、雅鲁矿[$(Cr,Fe,Ni)_9C_4$]及藏布矿($TiFeSi_2$)的申请，并以我国著名的河流雅鲁藏布江(Yarlong Zangbo)命名雅鲁矿(Yarlongite)及藏布矿(Zangboite)。曲松矿及罗布莎矿则是以我国科学家这次考察的西藏曲松县(因色布河、江扎河、贡布河贯穿全县境，3 条河藏文音译为“曲松”，曲松县因此而得名)及罗布莎村铬铁矿区命名的。这些新矿物的发现对研究地球深部物质及地球动力学有重要意义。2005 年施倪承等在《中国科学 D 辑：地球科学》[48(3)]报道。IMA 2007－035 批准雅鲁矿。2008 年施倪承等在中国《地质学报》(83)

和 2009 年《地质学报》[83(1)]报道。

【雅罗舍夫斯基矿*】

英文名 Yaroshevskite

化学式 $Cu_9O_2(VO_4)_4Cl_2$　　(IMA)

雅罗舍夫斯基矿*孤立的柱状晶体(俄罗斯)

雅罗舍夫斯基矿*是一种含氯的铜氧的钒酸盐矿物。三斜晶系。晶体呈孤立的柱状,粒径 0.1mm×0.15mm×0.3mm。黑色,金刚光泽、金属光泽,不透明;硬度 3.5,脆性。2012 年发现于俄罗斯堪察加州托尔巴奇克(Tolbachik)火山主断裂北破火山口第二火山渣锥。英文名称 Yaroshevskite,以俄罗斯莫斯科大学地球化学系地球化学家、地质学教授阿列克谢·安德里维奇·雅罗舍夫斯基(Alexei Andreevich Yaroshevsky,1934—)的姓氏命名。IMA 2012-003 批准。2012 年 I. V. 佩科夫(I. V. Pekov)等在《CNMNC 通讯》(13)、《矿物学杂志》(76)和 2013 年《矿物学杂志》[77(1)]报道。目前尚未见官方中文译名,编译者建议音译为雅罗舍夫斯基矿*。

【雅什查克矿*】

英文名 Jaszczakite

化学式 $[Bi_3S_3][AuS_2]$　　(IMA)

雅什查克像

雅什查克矿*是一种铋的硫化物、金的硫化物矿物。斜方晶系。锡白色,金属光泽,不透明;硬度 2.5～3,脆性。2016 年发现于匈牙利佩斯特县博索尼山脉纳格伯兹斯尼(Nagybörzsöny)矿床阿尔索-罗萨(Alsó-Rózsa)平硐。英文名称 Jaszczakite,以密歇根理工大学 A. E. 西曼(A. E. Seaman)矿物博物馆的物理学教授和兼任馆长约翰·A. 雅什查克(John A. Jaszczak)博士的姓氏命名,以表彰他对天然石墨的复杂性做出的重大贡献。IMA 2016-077 批准。2016 年 L. 宾迪(L. Bindi)等在《CNMNC 通讯》(34)、《矿物学杂志》(80)和 2017 年《欧洲矿物学杂志》(29)报道。目前尚未见官方中文译名,编译者建议音译为雅什查克矿*。

【雅斯鲁矿*】

英文名 Jasrouxite

化学式 $Ag_{16}Pb_4(Sb_{25}As_{15})_{\Sigma 40}S_{72}$　　(IMA)

雅斯鲁矿*是一种银、铅的锑-砷-硫化物矿物。属硫铋铅矿同源系列族。三斜晶系。晶体呈他形粒状,直径数毫米。深灰色,金属光泽,不透明;脆性。2012 年发现于法国普罗旺斯-阿尔卑斯-蓝色海岸大区上阿尔卑斯省雅斯鲁(Jas Roux)富铊的硫化物矿床。英文名称 Jasrouxite,以发现地法国的雅斯鲁(Jas Roux)硫化物矿床命名。IMA 2012-058 批准。2013 年 D. 托帕(D. Topa)等在《CNMNC 通讯》(15)、《矿物学杂志》(77)和《欧洲矿物学杂志》(25)报道。目前尚未见官方中文译名,编译者建议音译为雅斯鲁矿*。

亚 [yà]象形;小篆作"亚"。许慎认为像人驼背形。甲骨文一说像花边形。本义:丑。引申义:次,次于;低,低于;亚,亚于;第二。①原子价较低的;酸根或化合物中少含一个氢原子或氧原子的。如:铁原子有二价和三价,二价的称为亚铁,三价的称为高铁;又如,(SO_4^{2-})为硫酸根,而(SO_3^{2-})称亚硫酸根。②[英]音,用于外国人名、地名。

【亚当斯钇石】参见【水碳钠钇石】条 877 页

【亚碲铜矿】

英文名 Rajite

化学式 $CuTe_2^{4+}O_5$　　(IMA)

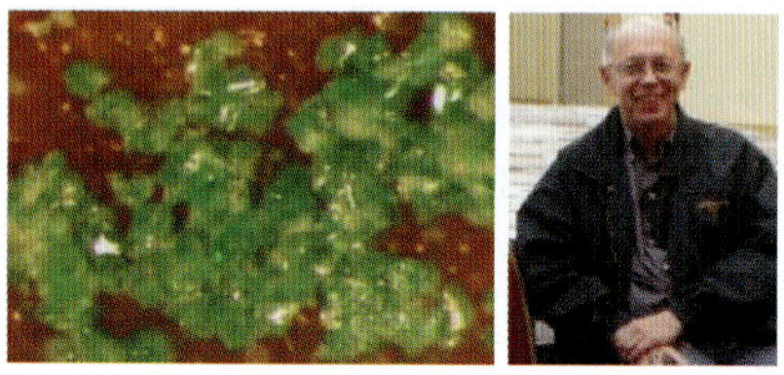

亚碲铜矿板片状晶体(美国)和詹金斯像

亚碲铜矿是一种铜的亚碲酸盐矿物。单斜晶系。晶体呈板状、叶片状。绿色,树脂光泽,半透明;硬度 4,中等解理,脆性。1978 年发现于美国新墨西哥州卡特伦县威尔考克斯区隆派恩(Lone Pine)矿。英文名称 Rajite,以美国矿物学家罗伯特·艾伦·詹金斯(Robert Allen Jenkins,1944—)博士姓名的缩写罗詹(RAJ)命名,是他首先发现的第一块样本。IMA 1978-039 批准。1979 年 S. A. 威廉姆斯(S. A. Williams)在《矿物学杂志》(43)和《美国矿物学家》(64)报道。中文名称根据成分译为亚碲铜矿。

【亚历山德罗夫石*】

英文名 Aleksandrovite

化学式 $KCa_7Sn_2Li_3Si_{12}O_{36}F_2$　　(IMA)

亚历山德罗夫石*是一种含氟的钾、钙、锡、锂的硅酸盐矿物。单斜晶系。晶体呈薄片状;集合体呈扇形。无色,玻璃光泽、珍珠光泽,透明;硬度 4～4.5,完全解理。2009 年发现于塔吉克斯坦天山山脉达拉伊-皮奥兹(Dara-i-Pioz)冰川。英文名称 Aleksandrovite,为纪念俄罗斯著名的地球化学家、地质学家和矿物学家斯坦尼斯拉夫·米哈伊洛维奇·亚历山德罗夫(Stanislav Mikhailovich Aleksandrov,1932—2012)而以他的姓氏命名。他在地质、地球化学和锡的矿物学研究方面做出了巨大的贡献。IMA 2009-004 批准。2010 年 L. A. 保托夫(L. A. Pautov)等在《矿物新数据》(45)报道。目前尚未见官方中文译名,编译者建议音译为亚历山德罗夫石*。

【亚硫石膏】参见【半水亚硫钙石】条 46 页

【亚硫碳铅石】参见【直硫碳铅石】条 1114 页

【亚砷铜铅石】

英文名 Freedite

化学式 $Cu^{1+}Pb_8(As^{3+}O_3)_2O_3Cl_5$　　(IMA)

亚砷铜铅石是一种含氯和氧的铜、铅的亚砷酸盐矿物。单斜晶系。晶体呈叶片状;集合体一般呈放射状。青黄色,玻璃光泽;硬度 3,完全解理。1984 年发现于瑞典韦姆兰省菲利普斯塔德市朗班(Långban)。英文名称 Freedite,以美国得克萨斯州圣安东尼奥三一大学矿物学家罗伯特·L. 弗里德(Robert L. Freed,1950—)博士的姓氏命名。IMA 1984-012 批准。1985 年在《美国矿物学家》(70)报道。1986 年中国新矿物与矿物命名委员会郭宗山等在《岩石矿物学杂志》[5(4)]根据成分译为亚砷铜铅石;根据颜色和成分译为绿砷铜铅矿。

【亚砷锌石】
英文名 Leiteite
化学式 $ZnAs_2^{3+}O_4$ (IMA)

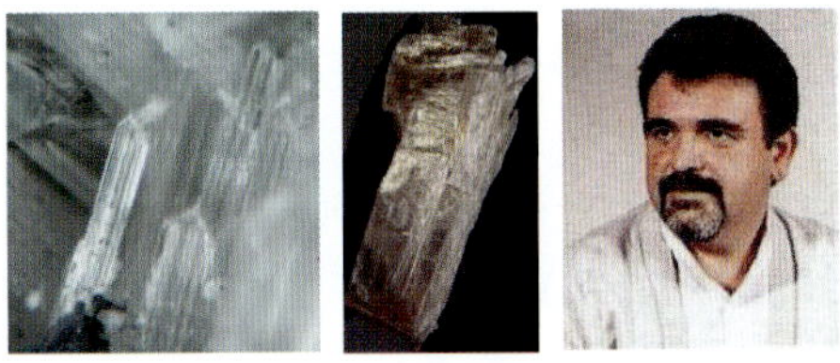

亚砷锌石柱状、片状晶体(纳米比亚)和路易斯像

亚砷锌石是一种锌的亚砷酸盐矿物。单斜晶系。晶体呈带锥的柱状、片状,连生的柱状,更常见片状。无色—浅棕色,玻璃光泽,解理面上呈珍珠光泽,透明;硬度1.5~2,完全解理。1976年发现于纳米比亚奥希科托地区楚梅布(Tsumeb)矿。英文名称Leiteite,以南非比勒陀利亚葡萄牙的南非矿物学家路易斯·安东尼奥·布拉沃·特谢拉-雷特(Luis Antonio Bravo Teixeira - Leite,1942—1999)的姓氏命名,是他首先注意到该矿物的第一块标本。IMA 1976 - 026批准。1977年F. P. 塞斯布龙(F. P. Cesbron)等在《矿物学记录》(8)和弗莱舍在《美国矿物学家》(62)报道。中文名称根据成分译为亚砷锌石。

【亚砷铀石】
英文名 Chadwickite
化学式 $(UO_2)(HAsO_3)$ (IMA)

亚砷铀石鳞片状晶体(德国)和查德威克像

亚砷铀石是一种铀酰的氢亚砷酸盐矿物。四方晶系。晶体呈长方鳞片状,直径20μm;集合体呈土状、皮壳状。黄色,光泽暗淡,半透明;硬度2,完全解理。1997年发现于德国巴登-符腾堡州弗赖堡市贝克巴赫(Böckelsbach)谷索菲亚(Sophia)矿。英文名称Chadwickite,以英国剑桥大学卡文迪许实验室的英国物理学家詹姆斯·查德威克(James Chadwick,1891—1974)爵士的姓氏命名。他发现了中子,并在1935年获得诺贝尔奖。IMA 1997 - 005批准。1998年K. 瓦林塔(K. Walenta)在*Aufschluss*(49)和1999年J. L. 杨博尔(J. L. Jambor)等在《美国矿物学家》(84)报道。2004年中国地质科学院矿产资源研究所李锦平等在《岩石矿物学杂志》[23(1)]根据成分译为亚砷铀石。

【亚铁磷锰钠石】
英文名 Ferroalluaudite
化学式 $NaFe^{2+}Fe_2^{3+}(PO_4)_3$ (IMA)

亚铁磷锰钠石是一种钠、二价铁、三价铁的磷酸盐矿物,是绿磷锰钠石和钠磷锰铁矿(KFe)物种。属钠磷锰矿族。单斜晶系。晶体呈粒状、纤维状;集合体呈致密块状、放射状或球状。稻草黄色—棕黄色、蓝绿色、绿黑色,半透明—不透明;硬度5~5.5,完全解理。1848年发现于法国新阿基坦维也纳市拉泽的尚特卢布(Chanteloube);同年,达穆尔(Damour)在《矿山年鉴》(13)报道称Alluaudite(钠磷锰矿)。英文名称Ferroalluaudite,由占主导地位成分冠词拉丁文"Ferrum(亚铁)"和根词"Alluaudite(钠磷锰矿=磷锰钠石)"组合命名,意指它是亚铁占主导地位的钠磷锰矿的类似矿物。后由Alluaudite更名为Ferroalluaudite[见2008年《矿物学记录》(39)]。1959年以前发现、描述并命名的"祖父级"矿物,IMA承认有效。IMA 2007s. p.批准。1957年在《美国矿物学家》(42)报道。中文名称根据成分及与钠磷锰矿的关系译为亚铁磷锰钠石(根词参见【磷锰钠石】条471页)。

【亚铁绿鳞石】
英文名 Ferroceladonite
化学式 $KFe^{2+}Fe^{3+}Si_4O_{10}(OH)_2$ (IMA)

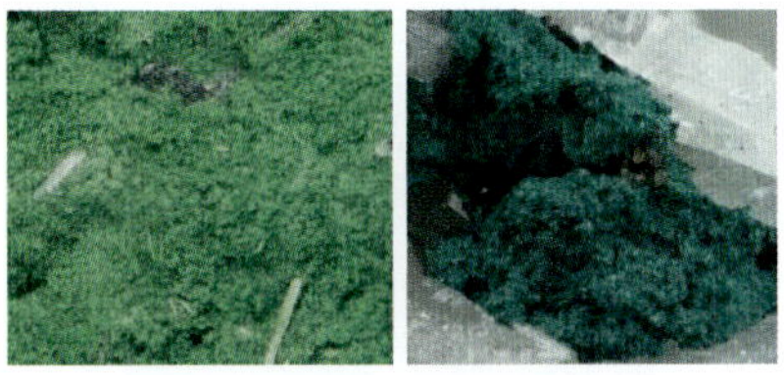

亚铁绿鳞石显微粒状晶体(加拿大)

亚铁绿鳞石是一种含羟基的钾、二价铁、三价铁的硅酸盐矿物。属云母族。单斜晶系。晶体呈显微粒状;集合体呈致密块状。草绿色、暗绿色,蜡状光泽、土状光泽,半透明—不透明;硬度2~2.5,完全解理。1995年发现于新西兰南岛霍科努伊(Hokonui)山。英文名称Ferroceladonite,1997年由李葛静(Li Gejing)等根据成分冠词"Ferro(二价铁)"和根词"Celadonite(绿鳞石)"组合命名。IMA 1995 - 018批准。1997年李葛静(Li Gejing)等在《美国矿物学家》(82)报道。2004年中国地质科学院矿产资源研究所李锦平等在《岩石矿物学杂志》[23(1)]根据成分及与绿鳞石的关系译为亚铁绿鳞石(根词参见【绿鳞石】条545页)。

【亚铁钠闪石】参见【钠铁闪石】条643页

【亚铁佩德里萨闪石*】
英文名 Ferro-pedrizite
化学式 $NaLi_2(Fe_2^{2+}Al_2Li)Si_8O_{22}(OH)_2$ (IMA)

亚铁佩德里萨闪石*是一种A位钠、C^{2+}位亚铁、C^{3+}位铝和W位羟基的闪石矿物。属角闪石超族W位羟基、氟、氯占优势的角闪石族锂闪石亚族佩德里萨闪石根名族。单斜晶系。晶体呈针状和长柱状,粒径达2 mm×5 mm×50mm。黑色、灰色、蓝色。2014年发现于俄罗斯图瓦共和国塔尔吉河流域苏特卢格(Sutlug)河。英文名称Ferro-pedrizite,由成分冠词"Ferro(二价铁)"和根词"Pedrizite(佩德里萨闪石)"组合命名。IMA 2014 - 037批准。2014年S. I. 科诺瓦伦科(S. I. Konovalenko)等在《CNMNC通讯》(21)、《矿物学杂志》(78)和2015年《欧洲矿物学杂志》(27)报道。目前尚未见官方中文译名,编译者建议根据成分及与根词的关系译为亚铁佩德里萨闪石*。

【亚铁锌黄锡矿】
英文名 Ferrokësterite
化学式 Cu_2FeSnS_4 (IMA)

亚铁锌黄锡矿是一种铜、铁、锡的硫化物矿物。属黝锡矿(黄锡矿)族。与黄锡矿为同质二象。四方晶系。晶体呈短柱状、粗粒状。钢灰色、灰色,金属光泽,不透明;硬度4,

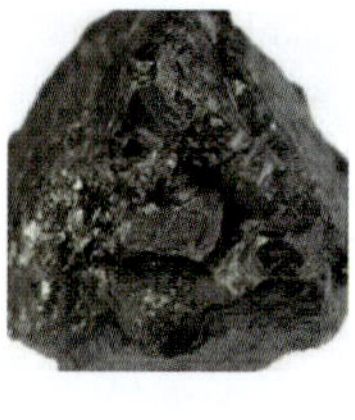

亚铁锌黄锡矿短柱状、粒状晶体(玻利维亚)

完全解理。1985 年发现于英国康沃尔郡圣佩伦扎比洛区克利尕(Cligga)矿。英文名称 Ferrokësterite,由成分冠词“Ferro(二价铁)”和根词“Kësterite(锌黄锡矿)”组合命名。IMA 1985 - 012 批准。1989 年 S. A. 基辛(S. A. Kissin)等在《加拿大矿物学家》(27)报道。1991 年中国新矿物与矿物命名委员会郭宗山在《岩石矿物学杂志》[10(4)]根据成分二价铁占优势及与锌黄锡矿的关系译为亚铁锌黄锡矿(根词参见【锌黄锡矿】条 1042 页)。

【亚希铀矾】

英文名 Jáchymovite

化学式 $(UO_2)_8(SO_4)(OH)_{14} \cdot 13H_2O$ (IMA)

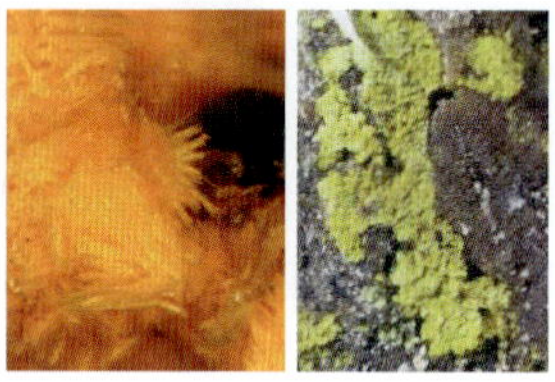

亚希铀矾针状晶体,皮壳状集合体(捷克)

亚希铀矾是一种含结晶水、羟基的铀酰的硫酸盐矿物。单斜晶系。晶体呈针状,长 0.1mm;集合体呈皮壳状。黄色,玻璃光泽,半透明;脆性。1994 年发现于捷克共和国卡尔洛夫瓦里区亚希莫夫(Jáchymov)矿区亚希莫夫白云岩-晶质铀矿脉。英文名称 Jáchymovite,以发现地捷克的亚希莫夫(Jáchymov)命名。IMA 1994 - 025 批准。1996 年 J. 切伊卡(J. Čejka)等在《矿物学新年鉴:论文》(170)报道。2003 年中国地质科学院矿产资源研究所李锦平等在《岩石矿物学杂志》[22(3)]根据英文名称前两个音节音和成分译为亚希铀矾。

【亚硒铅矿*】

英文名 Plumboselite

化学式 $Pb_3O_2(SeO_3)$ (IMA)

亚硒铅矿*是一种铅氧的亚硒酸盐矿物。斜方晶系。晶体呈纤维状;集合体呈平行排列状。无色,金刚光泽,透明;硬度 2~3,脆性。2010 年发现于纳米比亚奥希科托区楚梅布(Tsumeb)矿。英文名称 Plumboselite,由化学成分“Plumbo(Pb,铅)”和“Selite(Se,硒)”组合命名,意指它是铅的亚硒酸盐矿物。IMA 2010 - 028 批准。2011 年 A. R. 坎普夫(A. R. Kampf)等在《矿物学与岩石学》(101)报道。目前尚未见官方中文译名,编译者建议根据成分译为亚硒铅矿*。

氩 [yà]形声;从气,亚声。一种惰性气体元素。[英]Argon。元素符号 Ar。原子序数 18。1785 年由亨利·卡文迪什制备出来,1894 年由英国化学家威廉·拉姆齐和苏格兰化学家约翰·威廉·斯特拉斯通过实验确定氩是一种新元素。他们把新的气体叫作 Argon(希腊文意思就是“不工作”“懒惰”)。氩在地球大气中的含量以体积计算为 0.934%,而以质量计算为 1.29%。1973 年水手号太空探测器飞过水星时,发现它稀薄的大气中占有 70%氩气,科学家相信这些氩气是从水星岩石本身的放射性同位素衰变而成的。卡西尼-惠更斯号在土星最大的卫星泰坦上,也发现了少量的氩。目前还未发现氩的矿物。

烟 [yān]形声;从火,因声。“火”与“因”联合起来表示“火气的扩大和蔓延”。本义:物质因燃烧而产生的气体,即烟雾、烟尘、烟气。①烟灰色。②煤炭、烟叶等燃烧产生的烟雾、烟尘、烟气升华物或结晶物。③吸烟的一种工具:烟斗。

【烟斗石】参见【海泡石】条 303 页

【烟华石】参见【蒽醌】条 141 页

【烟晶】参见【水晶】条 835 页

【烟晶石】参见【蒽醌】条 141 页

岩 [yán]巖的简化字。巖,形声;从山,严声。“岩”为会意字。从山,从石。本义:高峻的山崖,或石头(岩石)。用于日本地名。

【岩代矿】参见【斜方钽钇矿】条 1027 页

【岩手石*】

英文名 Iwateite

化学式 $Na_2BaMn(PO_4)_2$ (IMA)

岩手石*片状晶体(日本)

岩手石*是一种钠、钡、锰的磷酸盐矿物。三方晶系。晶体呈片状、粒状,粒径 10~100μm。无色,透明。2013 年,东京大学物性研究所的矿物学家浜根(西尾)大辅(D. Nishio-Hamane)等发现于日本本州岛东北地区岩手(Iwate)县下闭伊郡田野畑村田野畑(Tanohata)矿。英文名称 Iwateite,以发现地日本的岩手(Iwate)县命名。IMA 2013 - 034 批准。日文汉字名称岩手石。2013 年浜根(西尾)大辅等在《CNMNC 通讯》(17)、《矿物学杂志》(77)和 2014 年日本《矿物学和岩石学科学杂志》(109)报道。目前尚未见官方中文译名,编译者建议借用日文汉字名称岩手石*。

盐 [yán]形声;从卤,监声。本义:一种咸的物质。广义是指一类金属离子或铵根离子(NH_4^+)与酸根离子或非金属离子结合的化合物。狭义指石盐(参见【石盐】条 805 页)。

【盐镁芒硝】参见【丹斯石】条 105 页

【盐锰芒硝】参见【锰丹斯石】条 604 页

【盐铁芒硝】参见【铁丹斯石】条 943 页

阳 [yáng]形声;从阜,昜(yáng)声。①本意为太阳、阳光。②从阜,与山有关。山的南面或水的北面为阳。③中国古代哲学家认为阳是贯彻于一切事物的两个对立面之一,跟“阴”相对。④医学壮阳矿物药。

【阳起石】

英文名 Actinolite

化学式 $\square Ca_2(Mg_{4.5-2.5}Fe_{0.5-2.5})Si_8O_{22}(OH)_2$ (IMA)

阳起石是透闪石-阳起石系列的一种含羟基的空位、钙、镁和铁的硅酸盐矿物。属角闪石超族 W 位羟基、氟、氯占优势的角闪石族钙角闪石亚族。单斜晶系。晶体为长柱状、纤维状、针状或毛发状、石棉状,具简单双晶和聚片双晶;集合体呈束状、放射状,不规则块状等。颜色由带浅绿的灰色、暗绿色—黑色,玻璃光泽或丝绢光泽,透明—半透明;硬度 5~

阳起石柱状、纤维状晶体，束状、放射状集合体（中国、纳米比亚）

6，完全解理，脆性。阳起石是中国古代先民发现、认识、命名并利用的矿物之一。

中国古代本草著作多有记载。阳起石一名最早出自秦汉时期的《神农本草经》。别名有白石（《本经》）、羊起石、石生（《别录》）、阳石等。陶弘景《名医别录》："阳起石，云母根也，生齐山……，或云山、阳起山。"弘景又说："阳起石，此所出即与云母同，而甚似云母。与矾石同处，即矾石云母根。"《唐本草》说："此石以白色肌理似殷孽（碳酸盐岩——石笋），仍夹带云母，绿润者为良，故《本经》一名白石。"《本草图经》说："阳起石，今惟出齐州，他处不复有。……彼人谓之阳起山。其山常有温暖气，虽盛冬大雪遍境，独此山无积白，盖石气熏蒸使然也。"以上论述说明古代先民认识到阳起石与云母等矿物共生。阳起石之名由来有两说：一说，阳起石由产地阳起山而得，阳起山是阳气升起的地方；二说，中医认为此石性温，有温肾壮阳的功效，故名阳起石。

英文名称 Actinolite，1794 年，理查德 · 科万（Richard Kirwan）在伦敦《矿物学基础》（第一卷，第二版）刊载；根据希腊文"ακτίνα＝Aktina＝Ray（放射的）"和"λίθos＝Lithos（石头）"组合命名，指矿物呈纤维放射状集合体。1959 年以前发现、描述并命名的"祖父级"矿物，IMA 承认有效。IMA 2012s. p. 批准。

杨 ［yáng］形声；从木，昜（yáng）声。本义：植物名，落叶乔木。①中国姓氏。②［英］音，用于外国地名。

【杨和雄石】

汉拼名 Yangite

化学式 $PbMnSi_3O_8 \cdot H_2O$　　（IMA）

杨和雄石叶片状晶体和杨和雄像

杨和雄石是一种含结晶水的铅、锰的硅酸盐矿物。三斜晶系。晶体呈叶片状或板片状；集合体呈平行束状。无色—浅棕色，玻璃光泽，透明—半透明；硬度 5，完全解理。2012 年发现于纳米比亚奥乔宗朱帕地区赫鲁特方丹的孔巴特（Kombat）矿。英文名称 Yangite，以美国亚利桑那大学教授杨和雄（Yang Hexiong）的姓命名。杨和雄（湖南长沙人）长期从事矿物学研究工作，是国际矿物学领域一颗熠熠生辉的明星；他曾在美国航空航天局（NASA）火星生命项目实验室工作，现在矿物专业位居全球首位的美国亚利桑那大学矿物晶体实验室担任技术负责人；他参与的 RRUFF（"拉曼光谱矿物化学数据库"）项目被视作世界最顶尖的矿物数据库。由于杨和雄在矿物研究方面的卓越才华得到全球的认可，国际上很多的公司、科研院所、收藏家与商家，纷纷将有待确定的矿物样品寄送给他，由他研究认可。迄今为止，由杨和雄发现和命名的新矿物已有 20 多种。IMA 2012－052 批准。2013 年 W. W. 平奇（W. W. Pinch）等在《CNMNC 通讯》（15）、《矿物学杂志》（77）和 2016 年《美国矿物学家》（101）报道。中文名称根据汉拼（Yang Hexiong）姓名译为杨和雄石。

【杨科温纳石*】

英文名 Yancowinnaite

化学式 $PbCuAl(AsO_4)_2OH \cdot H_2O$　　（IMA）

杨科温纳石*是一种含结晶水和羟基的铅、铜、铝的砷酸盐矿物。属砷铁锌铅石族。三斜晶系。黄绿色—绿色，玻璃光泽；硬度 3，完全解理，脆性。2010 年发现于澳大利亚新南威尔士州杨科温纳（Yancowinna）县金托尔（Kintore）露天矿。英文名称 Yancowinnaite，2010 年 P. 埃里奥特（P. Elliott）等以发现地澳大利亚的杨科温纳（Yancowinna）县命名。IMA 2010－030 批准。2010 年埃里奥特等在《矿物学杂志》（74）和 2015 年《澳大利亚矿物学杂志》（17）报道。目前尚未见官方中文译名，编译者建议音译为杨科温纳石*。

【杨主明云母】

汉拼名 Yangzhumingite

化学式 $KMg_{2.5}Si_4O_{10}F_2$　　（IMA）

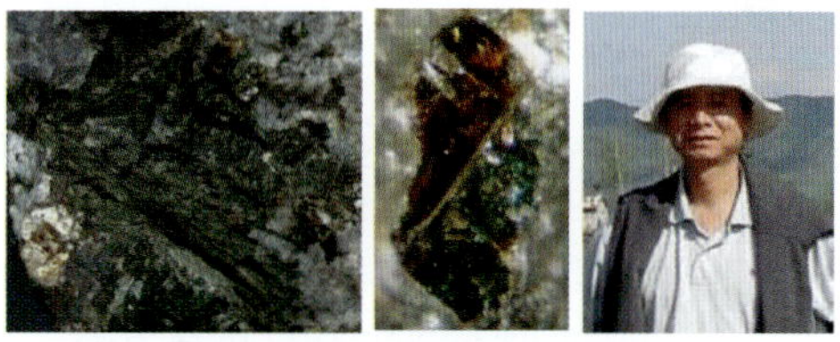

杨主明云母片状晶体（中国、挪威）和杨主明像

杨主明云母是云母族矿物之一。单斜晶系。晶体呈半自形—全自形片状。无色、灰绿色、绿褐色，条痕呈白色，珍珠光泽，透明；硬度 3，极完全解理。2009 年，中国科学院地质与地球物理研究所的杨主明与日本东京国家自然科学博物馆的宫胁律郎（R. Miyawaki）、岛崎英彦（Hidehiko Shimazaki）等合作时，宫胁律郎在中国内蒙古自治区包头市白云鄂博稀土铁矿床中发现的一种新矿物，此外还发现了氟木下云母和氟四面体高铁金云母两种云母新矿物。矿物名称由对白云鄂博稀土元素矿物的研究做出贡献的中国矿物学者杨主明（Yang Zhuming，1951—）的姓名命名。杨主明是中国科学院地质与地球物理研究所研究员，中国矿物岩石地球化学学会新矿物及矿物命名委员会副主任、中国地质学会矿物学专业委员会副主任、《中国稀土学报》常务编委。主要研究成果包括黄河矿、氟碳铈钡矿、氟碳钡铈矿、顾家石和富铁硅钛铈矿的晶体结构精测；稀土氟碳酸盐矿物多体系列的模块晶体学分析；易解石族矿物、富钍铈硅磷灰石、铌钽铁矿族矿物和硅钛铈矿的晶体化学研究。2009 年岛崎英彦在日本黏土学会《黏土科学讨论会讲演要旨集》（第 53 号）报道。IMA 2009－017 批准。2011 年宫胁律郎等《欧洲矿物学杂志》（23）和 2013 年张培善等在中国《矿物学报》（S2）报道。

氧 ［yǎng］形声；从气，羊声。是一种气体化学元素。［英］Oxygen；［拉丁文］Oxygenium，旧译作氯。元素符号 O。原子序数 8。1608 年，科尼利厄斯 · 德雷贝尔（Cornelius Drebbel）证明了加热硝石（KNO_3）能释放出一种气体，这就是氧气，然而他并没有对它进行鉴定。因发现氧而获得的荣誉现在由 3 位化学家分享：一个英国人，一个瑞典人，还有一个法国人。英国化学家约瑟夫·普利斯特列(Joseph Priestley)是第一位发布氧元素声明的人，在1774年由聚焦阳光到氧化汞(HgO)，然后收集到释放出的气体。普利斯特列却不知道瑞典著名化学家卡尔·威尔海姆·舍勒(Carl Wilhelm Scheele)在1771年就制取了氧。他写下了他的发现说明，但直到1777年才发布。法国著名化学家安东尼·拉瓦锡(Antoine Lavoisier)也声称发现了氧，并且他提议这种新的气体叫作Oxy-gène(氧基因)，这一词来自希腊文Oξί＝Oxys(酸)和γονίδιο＝Gene(产、生、源)，即“酸之源”的意思。德国东方学者亨利克·朱利阿斯·克拉普罗兹(Heinrich Julius Klaproth)考证最有兴味。亨利克父名马丁·海因里希·克拉普思(Martin Heinrich Klaproth)是德国著名化学家。亨利克曾在中国古籍中，发现8世纪中叶，有一位名叫马和的学者，著有一书《平龙认》指出大气由两部分物质组成，一为阳，一为阴。亨利克认为阳为氮，阴为氧。氧是地壳中最丰富、分布最广的元素，也是构成生物界与非生物界最重要的元素，在地壳的含量为48.6%。单质氧在大气中占23%。含氧的矿物分布广泛、丰富而巨大。

【氧铋细晶石*】

英文名 Oxybismutomicrolite

化学式 $(Bi_{1.33}\square_{0.67})_{\Sigma 2}Ta_2O_6O$ (IMA)

氧铋细晶石*是一种铋、空位、钽的氧化物矿物。属烧绿石超族细晶石族。等轴晶系。晶体呈八面体(直径达1mm)或等粒状(直径达2mm)。黑色，树脂光泽；硬度5，未观察到解理，断口不均匀，脆性，易碎。2019年发现于俄罗斯外贝加尔卡里中部马尔罕(Malkhan)伟晶岩的索内克纳亚(“阳光”)[Solnechnaya(“Sunny”)]伟晶岩脉。英文名Oxybismutomicrolite，由成分冠词“Oxy(氧)”、“Bismuto(铋)”和根词“Microlite(细晶石)”组合命名。IMA 2019-047批准。2020年A. V.卡萨金(A. V. Kasatkin)等在《矿物学杂志》(84)报道。目前尚无中文官方译名，编译者建议根据成分及族名译为氧铋细晶石*。

【氧氮硅石】

英文名 Sinoite

化学式 Si_2N_2O (IMA)

氧氮硅石是一种硅的氮、氧化物陨石矿物。斜方晶系。晶体呈板条状、粒状。无色、浅灰色，玻璃光泽，透明—半透明。它最早在1905年被发现于球粒陨石并确定为一个独特的矿物。1964年发现于巴基斯坦信德贾赫·德·科特·拉鲁(Jajh deh Kot Lalu)陨石。英文名称Sinoite，由化学成分“Si(硅)”“N(氮)”和“O(氧)”的化学元素符号组合命名。IMA 1967s. p.批准。1964年C. A.安德生(C. A. Andersen)等在《科学》(146)和1965年《美国矿物学家》(50)报道。中文名称根据成分译为氧氮硅石或氮氧硅石。

【氧钒石】

英文名 Doloresite

化学式 $V^{4+}_3O_4(OH)_4$ (IMA)

氧钒石是一种含羟基的钒的氧化物矿物。单斜晶系。近黑色、深褐色，半金属光泽，半透明，不透明。1957年发现于美国科罗拉多州梅萨县拉萨尔(La Sal)2号矿；同年，T. W.斯坦恩(T. W. Stern)等在《美国矿物学家》(42)报道。英文名称Doloresite，以发现地美国的多洛雷斯(Dolores)河命名。1959年以前发现、描述并命名的“祖父级”矿物，IMA承认有效。中文名称根据成分译为氧钒石。

【β-氧钒铜矿】

英文名 Ziesite

化学式 $Cu_2V^{5+}_2O_7$ (IMA)

齐斯像

β-氧钒铜矿是一种铜的钒酸盐矿物。与布朗矿[α-$Cu_2(V_2O_7)$]为同质二象，是布朗矿的高温多形变体。单斜晶系。晶体呈显微他形粒状；集合体呈皮壳状。黑色、红棕色，金属光泽，不透明，薄片呈半透明。1958年首先由布里西(Brisi)和莫里纳尼(Molinari)研究了CuO-V_2O_5二元体系和首次发现合成的化合物。1979年发现于萨尔瓦多松索纳特省伊萨尔科(Izalco)火山玄武岩复合火山口喷气孔100～200℃之间的升华物。英文名称Ziesite，以美国华盛顿特区卡耐基研究所地球物理实验室的矿物学家、地球化学家伊曼纽尔·G.齐斯(Emmanuel G. Zies，1884—1981)的姓氏命名。IMA 1979-055批准。1980年J. M.休斯(J. M. Hughes)等在《美国矿物学家》(65)报道。中文名称根据成分译为β-氧钒铜矿。

【氧福特石*】

英文名 Oxy-foitite

化学式 $\square(Fe^{2+}Al_2)Al_6(Si_6O_{18})(BO_3)_3(OH)_3O$ (IMA)

氧福特石*是一种含氧和羟基的空位、铁、铝的硼酸-硅酸盐矿物。属电气石族。三方晶系。晶体呈柱状。黑色，玻璃光泽；硬度7。2016年发现于澳大利亚新南威尔士州贝雷斯福德县多雪山区库马(Cooma)混合片麻岩杂岩体。英文名称Oxy-foitite，由成分冠词“Oxy(氧)”和根词“Foitite(福特石)”组合命名。IMA 2016-069批准。2016年F.博西(F. Bosi)等在《CNMNC通讯》(34)、《矿物学杂志》(80)和2017年《欧洲矿物学杂志》(29)报道。目前尚未见官方中文译名，编译者建议根据成分及与福特石的关系译为氧福特石*。

【氧钙细晶石】

英文名 Oxycalciomicrolite

化学式 $Ca_2Ta_2O_7$ (IMA)

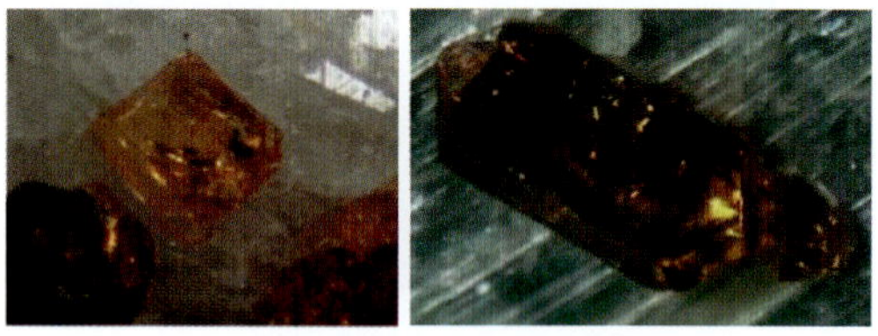

氧钙细晶石粒状、柱状晶体(巴西)

氧钙细晶石是一种含氧的钙、钽的氧化物矿物。属烧绿石超族细晶石族。等轴晶系。晶体呈粒状、柱状、板状。红褐色，玻璃光泽，半透明。2004年首先发现于瑞典，2010年又发现于巴西米纳斯吉拉斯拿撒勒诺菲马尔伟晶岩。英文名称Oxycalciomicrolite，由成分冠词“Oxy(氧)”“Calcio(钙)”和根词“Microlite(细晶石)”组合命名。2013年克里斯蒂(Christy)等在《矿物学杂志》(77)《烧绿石超族物种地位澄清》一文指出：它可能是新物种。IMA 2019-110批准。2020年梅内塞斯·达·席尔瓦(Menezes da Silva)等在《CNMNC通讯》(54)、《矿物学杂志》(84)和《欧洲矿物学杂志》(32)报道。中文名称根据成分及族名译为氧钙细晶石(根词参见【细晶石】条1009页)。

【氧铬镁电气石*】

英文名 Oxy-chromium-dravite

化学式 $NaCr_3(Cr_4Mg_2)(Si_6O_{18})(BO_3)_3(OH)_3O$ (IMA)

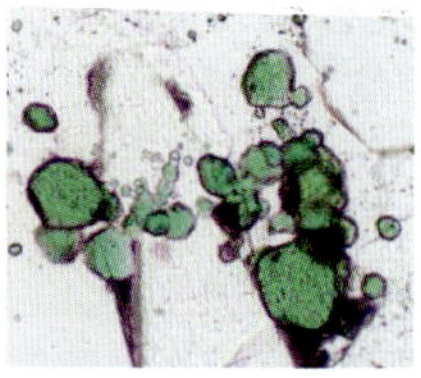

氧铬镁电气石*粒状晶体（美国）

氧铬镁电气石*是一种含氧和羟基的钠、铬、镁的硼酸-硅酸盐矿物。属电气石族。三方晶系。晶体呈细长带锥柱状、粒状。翠绿色，玻璃光泽，透明；硬度7.5。2011年发现于俄罗斯伊尔库茨克州贝加尔湖区域斯柳江卡（Slyudyanka）山口大理石采石场。英文名称Oxy-chromium-dravite，由成分冠词"Oxygen（氧）""Chromium（铬）"和"根词"Dravite（镁电气石）"组合命名（根词参见【镁电气石】条588页）。IMA 2011-097批准。2012年F.博西（F. Bosi）等在《CNMNC通讯》[13(6)]、《矿物学杂志》（76）和《美国矿物学家》（97）报道。目前尚未见官方中文译名，编译者根据成分及与镁电气石的关系译为氧铬镁电气石*。

【氧硅钛钠石】

英文名 Natisite

化学式 $Na_2TiO(SiO_4)$ (IMA)

氧硅钛钠石是一种钠、钛氧的硅酸盐矿物。四方晶系。晶体呈粒状；集合体呈玫瑰花状。黄绿色—灰绿色，玻璃光泽、金刚光泽；硬度3～4，完全解理。1974年发现于俄罗斯北部摩尔曼斯克州卡纳苏特（Karnasurt）山。英文名称Natisite，由化学成分的元素符号"Na（钠）""Ti（钛）"和"Si（硅）"组合命名。IMA 1974-035批准。1975年Y. P.缅什科夫（Y. P. Menshikov）等在《全苏矿物学会记事》（104）和1976年弗莱舍等在《美国矿物学家》（61）报道。中文名称根据化学成分译为氧硅钛钠石。

【氧角闪石】参见【玄武闪石】条1053页

【氧金云母*】

英文名 Oxyphlogopite

化学式 $K(Mg,Ti,Fe)_3[(Si,Al)_4O_{10}](O,F)_2$ (IMA)

氧金云母*板状晶体（德国）

氧金云母*是一种氧占优势的金云母物种。属云母族。单斜晶系。晶体呈板状、柱状、片状。深棕色—黑色，玻璃光泽；硬度3，极完全解理。2009年发现于德国莱茵兰-普法尔茨州的罗森堡（Rothenberg）。英文名称Oxyphlogopite，2010年N. V.丘卡诺夫（N. V. Chukanov）等由成分冠词"Oxy（氧）"和根词"Phlogopite（金云母）"组合命名。IMA 2009-069批准。2010年丘卡诺夫等在《俄罗斯矿物学会记事》[139(3)]报道。目前尚未见官方中文译名，编译者建议根据成分及与金云母的关系译为氧金云母*。

【氧磷锰铁矿】

英文名 Staněkite

化学式 $Fe^{3+}Mn^{2+}O(PO_4)$ (IMA)

斯塔奈克像

氧磷锰铁矿是一种铁、锰氧的磷酸盐矿物。属磷镁石族。单斜晶系。晶体呈自形—半自形粒状。黑色，树脂光泽、半金属光泽，不透明；硬度4～5，脆性。1994年发现于纳米比亚埃龙戈区卡里比布市弗里德里希斯费尔德农场克莱门廷（Clementine）Ⅱ伟晶岩。英文名称Staněkite，以捷克共和国布尔诺马萨里科夫大学矿物学教授、磷酸盐矿物学专家约瑟夫·斯塔奈克（Josef Staněk，1928—2019）的姓氏命名。IMA 1994-045批准。1997年P.凯勒（P. Keller）等在《欧洲矿物学杂志》（9）报道。2003年中国地质科学院矿产资源研究所李锦平等在《岩石矿物学杂志》[22(2)]根据成分译为氧磷锰铁矿。中文名称有的根据英文名称音和矿物的形貌像树脂译为斯坦尼克树脂。目前已知有Staněkite-Ma2bc和-Mabc多型。

【氧铝钾铜矾】

英文名 Alumoklyuchevskite

化学式 $K_3Cu_3^{2+}AlO_2(SO_4)_4$ (IMA)

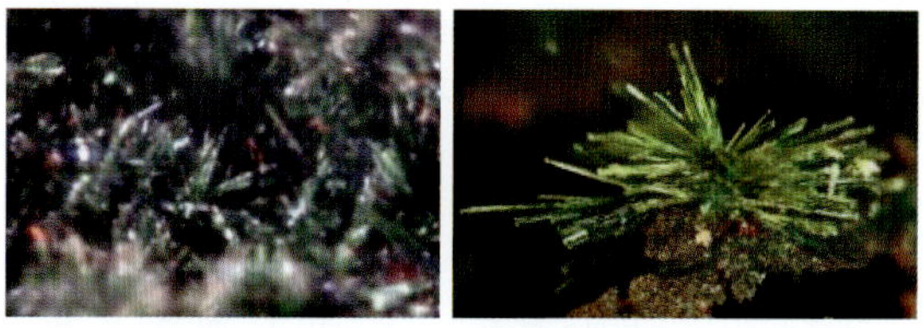

氧铝钾铜矾针状晶体，草丛状、放射状集合体（俄罗斯）

氧铝钾铜矾是一种钾、铜、铝氧的硫酸盐矿物。单斜晶系。晶体呈长柱状、针状；集合体呈草丛状、放射状。深绿色，玻璃光泽，透明；硬度2～2.5，完全解理。1993年发现于俄罗斯堪察加州托尔巴契克（Tolbachik）火山大裂隙喷溢火山口。英文名称Alumoklyuchevskite，由成分冠词"Alumo（铝）"和根词"Klyuchevskite（铁钾铜矾）"组合命名，意指它是铝占优势的铁钾铜矾的类似矿物。IMA 1993-004批准。1995年M. G.戈尔斯卡娅（M. G. Gorskaya）在《俄罗斯矿物学会记事》[124(1)]和1996年《美国矿物学家》（81）报道。2003年中国地质科学院矿产资源研究所李锦平等在《岩石矿物学杂志》[22(3)]根据成分及与铁钾铜矾的关系译为氧铝钾铜矾（根词参见【铁钾铜矾】条947页）。

【氧氯碘汞矿】

英文名 Tedhadleyite

化学式 $Hg^{2+}Hg_{10}^{1+}O_4I_2(Cl,Br)_2$ (IMA)

氧氯碘汞矿团块状集合体（美国）和哈德利像

氧氯碘汞矿是一种汞氧的碘、氯、溴化物矿物。三斜晶系。晶体呈他形粒状；集合体呈球形团块状。深红色—黑色，金刚光泽、半金属光泽，半透明—不透明；硬度3，脆性。2001年发现于美国加利福尼亚州圣贝尼托县代阿布洛岭新爱德里亚矿区山羊山克利尔溪（Clear Creek）银矿山旧探坑。

英文名称 Tedhadleyite,以加利福尼亚州桑尼维尔的矿物学家泰德·A.哈德利(Ted A. Hadley,1961—)的姓名命名。他参与了模式标本的采集和收藏,也是旧金山湾区矿物学家的主席。IMA 2001-035 批准。2002 年 A. C. 罗伯茨(A. C. Roberts)等在《加拿大矿物学家》(40)报道。2006 年中国地质科学院矿产资源研究所李锦平在《岩石矿物学杂志》[25(6)]根据成分译为氧氯碘汞矿。

Y

【氧镁电气石*】

英文名 Oxy-dravite

化学式 $Na(Al_2Mg)(Al_5Mg)(Si_6O_{18})(BO_3)_3(OH)_3O$ (IMA)

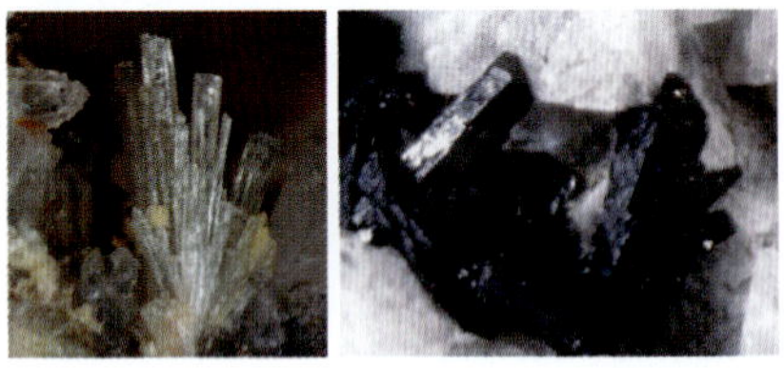

氧镁电气石* 柱状晶体,晶簇状集合体(意大利、玻利维亚)

氧镁电气石*是一种含氧和羟基的钠、铝、镁的硼酸-硅酸盐矿物。属电气石族。三方晶系。晶体呈柱状;集合体呈晶簇状。棕黑色、棕色、红黑色。2012 年发现于肯尼亚东非裂谷省纳罗克县奥萨拉拉(Osarara)。英文名称 Oxy-dravite,由成分冠词"Oxy(氧)"和根词"Dravite(镁电气石)"组合命名。IMA 2012-004a 批准。2012 年 F. 博西(F. Bosi)等在《CNMNC 通讯》(14)、《矿物学杂志》(76)和 2013 年《美国矿物学家》(98)报道。目前尚未见官方中文译名,编译者根据成分及与镁电气石的关系译为氧镁电气石*。

【氧镁绿钠闪石*】

英文名 Oxo-magnesio-hastingsite

化学式 $NaCa_2(Mg_2Fe^{3+}_3)(Al_2Si_6)O_{22}O_2$ (IMA)

氧镁绿钠闪石*晶体(德国)

氧镁绿钠闪石*是一种 A 位钠、C^{2+} 位镁和 C^{3+} 位铁的闪石矿物。属角闪石超族 W 位氧占主导地位的角闪石族。单斜晶系。单晶体呈圆形,不显示任何晶面,表面光滑(熔蚀),长达 12cm。褐色,玻璃光泽,透明—半透明;硬度 6,完全解理。2011 年发现于坦桑尼亚阿鲁沙地区蒙杜利区迪蒂(Deeti)火山锥。英文名称 Oxo-magnesio-hastingsite,由成分冠词"Oxo(含氧的)""Magnesio(镁)"和根词"Hastingsite(绿钠闪石)"组合命名。原名 2012 年由霍桑等在《角闪石超族命名法》命名为 Hastingsite(绿钠闪石)。2012 年 A. N. 扎伊采夫(A. N. Zaitsev)等在《CNMNC 通讯》(10)命名为 Ferrikaersutite(铁羟钛角闪石),IMA 2011-035 批准。为与新的角闪石命名一致,2013 年扎伊采夫等在《CNMNC 通讯》(16)和《矿物学杂志》(77)改为 Oxo-magnesio-hastingsite。IMA 2012s. p. 批准。目前尚未见官方中文译名,编译者建议根据成分及与绿钠闪石的关系译为氧镁绿钠闪石*。

【氧锰利克石】

英文名 Oxo-mangani-leakeite

化学式 $NaNa_2(Mn^{3+}_4Li)Si_8O_{22}O_2$ (IMA)

氧锰利克石是一种含氧的钠、锰、锂的硅酸盐矿物。属角闪石超族 W 位羟基、氟、氯主导的角闪石族钠质闪石亚族利克石根名族。单斜晶系。晶体呈柱状。红橙色,玻璃光泽,透明;完全解理,脆性。2015 年发现于澳大利亚新南威尔士州福布斯县格林费尔的霍斯金斯(Hoskins)矿山。英文名称 Oxo-mangani-leakeite,由成分冠词"Oxo(氧)""Mangani(锰)"和根词"Leakeite(利克石)"组合命名。其中,根词 1992 年由弗兰克·克里斯托弗·霍桑(Frank Christopher Hawthorne)等在《美国矿物学家》(77)以苏格兰格拉斯哥大学的地质学家伯纳德·埃尔热·利克(Bernard Elgey Leake,1932—)的姓氏命名,他是美国的 IMA 主席,主持修改了闪石命名法,在根名前加一系列的化学成分的前缀,指出其化学成分与根名的关系。IMA 2015-035 批准。2015 年 R. 奥贝蒂(R. Oberti)等在《CNMNC 通讯》(26)、《矿物学杂志》(79)和 2016 年《矿物学杂志》(80)报道。中文名称根据成分及与利克石的关系译为氧锰利克石(根词参见【利克石】条 447 页)。

【氧钼矿】

英文名 Tugarinovite

化学式 MoO_2 (IMA)

氧钼矿柱状晶体(日本)和图加里诺夫像

氧钼矿是一种钼的氧化物矿物。单斜晶系。晶体呈柱状或厚板状,有时见垂直条纹。深紫丁香色—棕色,油脂光泽、金属光泽,不透明;硬度 4~5。1974 年 L. 本多(L. Ben-Dor)等在《材料研究通报》(9)报道 MoO_2 矿物的资料。1979 年发现于俄罗斯阿穆尔州林斯可伊(Lenskoye)钼铀矿。英文名称 Tugarinovite,为纪念莫斯科维尔纳斯基地球化学研究所的科学院院士、地球化学家伊万·阿列克谢耶维奇·图加里诺夫(Ivan Alekseevich Tugarinov,1917—1977)而以他的姓氏命名。IMA 1979-072 批准。1980 年 V. G. 克鲁格洛夫(V. G. Kruglova)等在《全苏矿物学会记事》(109)报道。中文名称根据成分译为氧钼矿;音译为图加里诺夫矿。

【氧钼铜矿*】

英文名 Cupromolybdite

化学式 $Cu^{2+}_3O(Mo^{6+}O_4)_2$ (IMA)

氧钼铜矿*是一种铜氧的钼酸盐矿物。斜方晶系。晶体呈柱状或针状,长 0.15mm;集合体呈放射状。蜂蜜黄色—栗棕色或深棕色、明亮的黄色,金刚光泽,半透明;硬度 3,完全解理,脆性。2011 年发现于俄罗斯堪察加州托尔巴契克(Tolbachik)火山主裂隙北部破火山口第二火山渣堆。英文名称 Cupromolybdite,由成分"Cupro(铜)"和"Molybdite(钼)"组合命名。IMA 2011-005 批准。2012 年 M. E. 泽连斯基(M. E. Zelenski)等在《欧洲矿物学杂志》(24)报道。目前尚未见官方中文译名,编译者建议根据成分译为氧钼铜矿*。

【氧钠细晶石】

英文名 Oxynatromicrolite

化学式 $(Na,Ca,U)_2(Ta,Nb)_2O_6(O,F)$ (IMA)

氧钠细晶石细粒状晶体（中国）

氧钠细晶石是一种含氟和氧的钠、钙、铀、钽、铌的氧化物矿物。属烧绿石超族细晶石族。等轴晶系。晶体的八面体晶形发育良好，呈细小粒状，粒径 0.05～0.20mm。呈深褐色、黄褐色。2013 年发现于中国河南省三门峡卢氏县官坡花岗伟晶岩。矿物化学成分中 UO_2 高达 14.6%，已呈变生状态，晶体结构研究比较困难，经中国核工业北京地质研究院分析测试研究所范光、葛祥坤、于阿朋等和中国地质大学（北京）李国武教授、成都地质矿产研究所沈敢富研究员共同研究发现是一个前人未曾描述过的新矿物，并以成分及与细晶石的关系命名为氧钠细晶石（Oxynatromicrolite）。IMA 2013－063 批准。2013 年范光等在《CNMNC 通讯》(17)、《美国矿物学家》(77)和 2016 年《矿物学杂志》[81(4)]报道。

【氧铅锑钙石】

英文名 Oxyplumboroméite

化学式 $Pb_2Sb_2O_7$　　(IMA)

氧铅锑钙石八面体晶体（法国）

氧铅锑钙石是一种铅、锑的氧化物矿物。属烧绿石超族锑钙石族。等轴晶系。晶体呈圆粒状、不完美的八面体，粒径小于 0.4mm。黄色—棕黄色，透明；硬度 5，脆性。2013 年发现于瑞典韦姆兰省菲利普斯塔德市帕斯伯格（Pajsberg）的哈斯蒂根（Harstigen）矿。英文名称 Oxyplumboroméite，由成分冠词“Oxy（氧）”“Plumbo（铅）”和根词“Roméite（锑钙石）”组合命名，意指它是铅占优势的锑钙石的类似矿物。IMA 2013－042 批准。2013 年 U. 霍莱纽斯（U. Hålenius）等在《CNMNC 通讯》(17)和《矿物学杂志》(77)报道。中文名称根据成分及与锑钙石的关系译为氧铅锑钙石。

【氧砷钠钛石*】

英文名 Arsenatrotitanite

化学式 $NaTiO(AsO_4)$　　(IMA)

氧砷钠钛石* 粒状晶体（俄罗斯）

氧砷钠钛石* 是一种钠、钛氧的砷酸盐矿物。属氟砷钙镁石-橙砷钠石族。单斜晶系。晶体呈柱状、针状、板状、粒状。橘红色、粉红色、玻璃光泽，透明；硬度 5.5，完全解理。2016 年发现于俄罗斯堪察加州托尔巴契克（Tolbachik）火山主裂隙北部破火山口第二火山渣锥。英文名称 Arsenatrotitanite，由成分冠词“Arse（砷）”“Natro（钠）”和根词“Titanite（榍石）”组合命名，意指它是钠和砷主导的榍石的类似矿物。IMA 2016－015 批准。2016 年 I. V. 佩科夫（I. V. Pekov）等在《CNMNC 通讯》(33)、《矿物学杂志》(80)和 2019 年《矿物学杂志》[83(3)]报道。目前尚未见官方中文译名，编译者建议根据成分译为氧砷钠钛石*。

【氧砷铁铜矿*】

英文名 Auriacusite

化学式 $Fe^{3+}Cu^{2+}(AsO_4)O$　　(IMA)

氧砷铁铜矿* 是一种含氧的铁、铜的砷酸盐矿物，是三价铁和氧的羟砷铜锌石（Zincolivenite）类似矿物。属橄榄铜

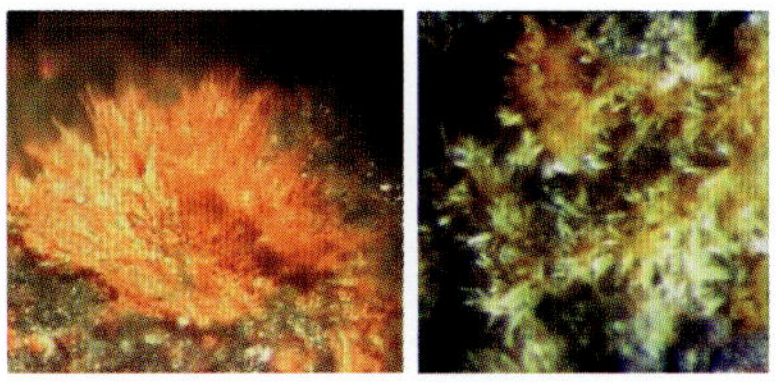
氧砷铁铜矿* 针状晶体，放射状集合体（西班牙）

矿族。斜方晶系。晶体呈针状、纤维状；集合体呈放射状。带淡赭色的黄色、金黄色，丝绢光泽，透明；硬度 3，脆性。2009 年发现于美国蒙大拿州格拉尼特县菲利普斯堡区约翰·龙（John Long）山脉黑松（Black Pine）矿。英文名称 Auriacusite，源于拉丁文“Auri＝Golden yellow（金黄色）”和“Acus＝Needle（针）”组合命名，意指它的颜色和晶体形态。IMA 2009－037 批准。2010 年 S. J. 米尔斯（S. J. Mills）等在《矿物学和岩石学》[99(1－2)]报道。目前尚未见官方中文译名，编译者建议根据成分译为氧砷铁铜矿*；根据英文名称意译为黄针石*。

【氧钛角闪石】参见【钛闪石】条 912 页

【氧锑钙石】

英文名 Oxycalcioroméite

化学式 $Ca_2Sb_2^{5+}O_7$　　(IMA)

氧锑钙石自形八面体晶体（意大利）

氧锑钙石是一种含氧的锑的氧化物矿物。属烧绿石超族锑钙石族。等轴晶系。晶体呈自形八面体。红棕色，玻璃光泽、树脂光泽，透明；脆性。2012 年发现于意大利卢卡省阿普安阿尔卑斯山斯塔泽马镇布卡德拉（Buca della）矿。英文名称 Oxycalcioroméite，由成分冠词“Oxy（氧）”“Calico（钙）”和根词“Roméite（锑钙石）”组合命名（根词参见【锑钙石】条 937 页）。IMA 2012－022 批准。2012 年 C. 比亚乔尼（C. Biagioni）等在《CNMNC 通讯》(14)、《矿物学杂志》(76)和 2013 年《矿物学杂志》(77)报道。中文名称根据成分及与锑钙石的关系译为氧锑钙石。

【氧锑铁矿】

英文名 Versiliaite

化学式 $(Fe_2^{2+}Fe_2^{3+})(Fe_2^{3+}Sb_6^{3+})O_{16}S$　　(IMA)

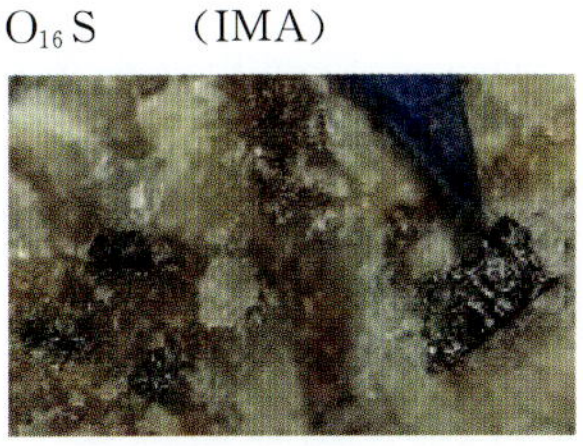
氧锑铁矿粒状、板状晶体（意大利）

氧锑铁矿是一种含硫的铁的铁锑酸盐矿物。属软砷铜矿族。斜方晶系。晶体呈粒状、板状。黑色，金属光泽，不透明；硬度 5。1978 年发现于意大利卢卡省阿普安阿尔卑斯山维西利亚（Versilia）山谷斯塔泽马镇斯塔泽梅斯（Stazzemese）布卡德拉（Buca della）矿山。英文名称 Versiliaite，以发现地意大利的维西利亚（Versilia）山谷命名。IMA 1978－068 批准。1979 年 M. 梅林（M. Mellini）等在《美国矿物学家》(64)报道。中文名称根据成分译为氧锑铁矿。

【氧铁电气石*】

英文名 Oxy-schorl

化学式 $Na(Fe_2^{2+}Al)Al_6(Si_6O_{18})(BO_3)_3(OH)_3O$　　(IMA)

氧铁电气石*是一种含氧和羟基的钠、铁、铝的硼酸-硅酸盐矿物。属电气石族。三方晶系。晶体呈针状、柱状、粒状；集合体呈扇形、薄薄的一层或不规则排列的晶簇状。带绿的黑色、带褐的黑色，玻璃光泽，半透明—不透明；硬度 7。2011 年发现于捷克共和国波西米亚区库特纳霍拉(Kutná Hora)普里比斯拉维斯(Přibyslavice)和斯洛伐克科希策地区科希策县兹拉塔伊德卡(Zlatá Idka)。英文名称 Oxyschorl，由成分冠词"Oxy(氧)"和根词"Schorl(铁电气石/黑电气石)"组合命名。IMA 2011－011 批准。2011 年巴奇克(P. Bačík)等在《CNMNC 通讯》(10)、《矿物学杂志》(75)和 2013 年《美国矿物学家》(98)报道。目前尚未见官方中文译名，编译者建议根据成分及与铁电气石的关系译为氧铁电气石*。

【氧钨锰铌矿】

英文名 Koragoite

化学式 $Mn^{2+}_2Mn^{3+}Nb_2(Nb,Ta)_3W_2O_{20}$ (IMA)

氧钨锰铌矿是一种锰、铌、钽、钨的复杂氧化物矿物。单斜晶系。晶体呈弯曲的薄片状。红色—暗红褐色，金属光泽，不透明；硬度 4～5。1994 年发现于塔吉克斯坦戈尔诺-巴达赫尚自治州帕米尔山脉霍罗格地区维兹达拉(Vez-Dara)河谷花岗伟晶岩。英文名称 Koragoite，以俄罗斯地质学家阿列克谢·亚历山大罗维奇·克拉格(Aleksei Aleksandrovich Korago，1942—1993)的姓氏命名。他调查研究了俄罗斯阿尔汉格尔斯克地区河珍珠的形成以及琥珀的起源。IMA 1994－049 批准。1996 年在《俄罗斯科学院地球科学学报》[353A(3)]和《美国矿物学家》(81)报道。2003 年中国地质科学院矿产资源研究所李锦平等在《岩石矿物学杂志》[22(2)]根据成分译为氧钨锰铌矿。

【氧硒石】

英文名 Downeyite

化学式 SeO_2 (IMA)

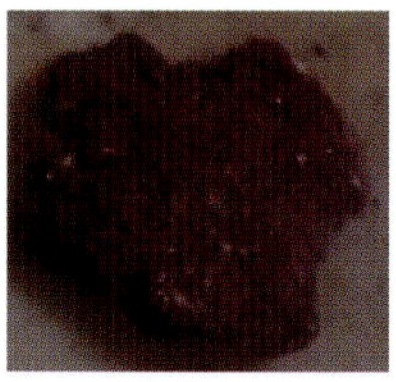

氧硒石针状晶体，块状集合体(美国)

氧硒石是一种硒的氧化物矿物。四方晶系。晶体呈针状、柱状；集合体呈块状。无色(红色者含硒、黄色者含硫)，金刚光泽，透明。1971 年发现于美国宾夕法尼亚州斯古吉尔县福雷斯特维尔(Forestville)。英文名称 Downeyite，以韦恩·F. 唐尼(Wayne F. Downey)的姓氏命名，他是在读高中的时候发现的该矿物。IMA 1974－063 批准。1977 年 V. G. 芬克尔曼(R. B. Finkelman)等在《美国矿物学家》(62)和《美国化学学会杂志》(59)报道。中文名称根据成分译为氧硒石。

【氧锡细晶石】

英文名 Oxystannomicrolite

化学式 $Sn_2Ta_2O_6O$ (IMA)

氧锡细晶石是一种含氧的锡、钽的氧化物矿物。属烧绿石超族细晶石族。等轴晶系。1967 年发现于芬兰苏库拉(Sukula)伟晶岩；同年，在《芬兰地质学会通报》(229)报道。英文名称 Oxystannomicrolite，由成分冠词"Oxygen(氧)""Stannum(锡)"和根词"Microlite(细晶石)"组合命名。IMA 2010s. p. 批准。2010 年 D. 阿滕西奥(D. Atencio)等在《加拿大矿物学家》(48)的《烧绿石超族矿物命名法》报道。中文名称根据成分及与细晶石的关系译为氧锡细晶石。

【氧溴汞矿】

英文名 Kadyrelite

化学式 $([Hg^{1+}]_2)_3OBr_3(OH)$ (IMA)

氧溴汞矿是一种含羟基的汞氧的溴化物矿物。属氯汞矿-氧溴汞矿系列。等轴晶系。硬度 2.5～3。1986 年发现于俄罗斯图瓦共和国皮克姆(PⅡ-Khem)区乌尤克(Uyuk)山脉欧拉什-克姆(Oorash-Khem)河流域卡迪尔(Kadyrel)汞矿。英文名称 Kadyrelite，以发现地俄罗斯的卡迪尔(Kadyrel)汞矿命名。IMA 1986－042 批准。1987 年 V. I. 瓦西列夫(V. I. Vasilev)等在《全苏矿物学会记事》(116)和 1989 年《美国矿物学家》(74)报道。1988 年中国新矿物与矿物命名委员会郭宗山等在《岩石矿物学杂志》[7(3)]根据成分译为氧溴汞矿。

样 [yàng]様的简化字。形声；从木，羕(yàng)声。本义：栩实，字亦作橡。假借"像"，式样、模样。用于日本地名。

【样似矿】

参见【硫镍铁铜矿*】条 507 页

耀 [yào]形声；从光，翟(dí)声。本义：照耀。[英]音，用于外国人名。

【耀西耀克石】

英文名 Yoshiokaite

化学式 $Ca_{1-x}(Al,Si)_2O_4$ (IMA)

耀西耀克石是一种钙的铝硅酸盐矿物。属似长石族霞石族。六方晶系。晶体呈他形粒状，粒径 235μm。无色，玻璃光泽，透明。1989 年发现于阿波罗 14 号飞船在月亮上的着陆点弗拉·毛罗高地风化层角砾岩标本。1990 年 D. T. 瓦尼曼(D. T. Vaniman)等在《美国矿物学家》(75)报道。英文名称 Yoshiokaite，以日本水泥公司矿物学家吉冈隆(Takashi Yoshioka，1935—1983)的姓氏命名。日文汉字名称吉冈石。IMA 1989－043 批准。1991 年中国新矿物与矿物命名委员会郭宗山在《岩石矿物学杂志》[10(4)]根据吉冈隆的英文名称 Yoshiokaite 音译为耀西耀克石(耀西耀喀石)。

耶 [yē]会意；从耳，从邑。"耳"指耳朵。"邑"指有常住居民的城镇。"耳"与"邑"联合起来表示"具有监听外界风声功能的城镇"。[英]音，用于外国地名。

【耶尔丁根石】

英文名 Gjerdingenite-Fe

化学式 $K_2Fe(Nb,Ti)_4(Si_4O_{12})_2(O,OH)_4\cdot 6H_2O$ (IMA)

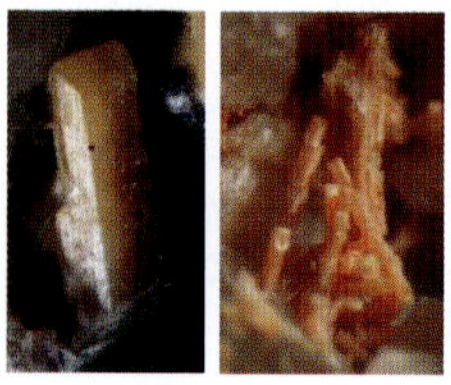

耶尔丁根石板状、棒状晶体，晶簇状集合体(挪威)

耶尔丁根石是一种含结晶水、羟基和氧的钾、铁、铌、钛的硅酸盐矿物。属硅钛钾钡矿(拉崩佐夫石)超族碱硅锰钛石族。单斜晶系。晶体呈棒状、扁平板条、柱状；集合体晶簇状。浅黄色、橙色、褐色，玻璃光泽、蜡状光泽，透明—半透明；硬度 5，脆性。2001 年发现于挪威奥普兰郡耶尔丁根(Gjerdingen)。英文名称 Gjerdingenite-Fe，由发现地挪威的耶尔丁根(Gjerdingen)加占优势的铁后缀-Fe 组合命名。IMA 2001－009 批准。2002 年 G. 拉德(G. Raade)等在《加拿大矿物学家》(40)报道。2006 年中国地质科学院矿产资源研究所李锦平在《岩石矿物学杂志》[25(6)]音译为耶尔丁根石。

【耶柯尔石】

英文名 Yecoraite

化学式 $Fe_3^{3+}Bi_5O_9(Te^{4+}O_3)(Te^{6+}O_4)_2 \cdot 9H_2O$ (IMA)

耶柯尔石纤维状晶体(墨西哥)

耶柯尔石是一种含结晶水的铁、铋氧的碲酸盐矿物。四方(或六方)晶系。晶体呈纤维状。黄色、橙色、棕色、黄褐色,树脂光泽,半透明;硬度 3,贝壳状断口。1983 年发现于墨西哥索诺拉州伊科拉市(Yecora)圣马丁德波雷斯(San Martín de Porres)矿。英文名称 Yecoraite,以发现地墨西哥伊科拉市(Yecora)命名。IMA 1983－062 批准。1985 年 S. A. 威廉姆斯(S. A. Williams)等在《墨西哥矿物学学会通报》(1)和 1986 年《美国矿物学家》(71)报道。中文名称音译为耶柯尔石。

叶 [yè]会意;从口,从十,意指植物的营养器官之一的叶片。通常用薄而长叶片比喻矿物的晶体形态。[英]音,用于外国人名。

【叶碲铋矿】

英文名 Pilsenite

化学式 Bi_4Te_3 (IMA)

叶碲铋矿板柱晶体(加拿大)

叶碲铋矿是一种铋与碲的化合物矿物。属辉碲铋矿族。三方晶系。晶体呈叶片状、他形粒状,少数长柱状。铅灰色,金属光泽,不透明;硬度 1.5～2.5。最初的英文名称 Wehrlite,1841 年由霍特(Huot)做了化学分析,认为是一种含少量银的铋碲化物,并根据 A. 韦尔利(A. Wehrle)的姓氏命名。1853 年发现于匈牙利佩斯县斯佐布区瑙吉伯尔热尼(Nagybórzsóny)[最初德文的名字:比尔森(Pilsen)];同年,格罗德(Gerold)在维也纳《莫氏矿物系统》刊载。1942 年,哈考特(Harcout)首次得到了矿物的粉晶 X 射线谱图。1949 年,汤普森(Thompson)在研究前人资料的基础上,提出叶碲铋矿可能是一种不完全固溶体系列。1982 年小泽徹(Ozawa)和岛崎英彦(Hidehiko Shimazaki)对原地典型标本进行了进一步研究,发现 Wehrlite 矿物实际上是两种矿物的混合物:一种为铋碲化物,另一种是碲银矿,二者呈叶片状交互生长在一起,并按发现地匈牙利瑙吉伯尔热尼地名的德文:比尔森(Pilsen)重新命名为 Pilsenite[1984 年小泽(Ozawa)等在《美国矿物学家》(69)报道]。IMA 1982s. p. 批准。原名 Wehrlite 被 IMA 废弃。中文名称根据晶体形态和成分译为叶碲铋矿{1988 年中国新矿物与矿物命名委员会郭宗山在《岩石矿物学杂志》[7(3)]根据成分译为碲铋矿不妥,与 Tellurobismuthite 译名重复}。2002 年刘玉琳在中国河南省金厂沟高庄金矿首次发现叶碲铋矿。

【叶碲矿】

英文名 Nagyágite

化学式 $[Pb_3(Pb,Sb_3)S_6](Au,Te)_3$ (IMA)

叶碲矿叶片状晶体(罗马尼亚)

叶碲矿是一种铅的锑-硫和金的碲化物矿物。单斜晶系。晶体常呈短柱状或薄板状、叶片状,常弯曲。常呈黑色—浅黑铅灰色,金属光泽,不透明;硬度 1～1.5,完全解理。最早见于 1802 年 M. H. 克拉普罗特(M. H. Klaproth)在柏林罗特曼《化学知识对矿物学的贡献》(第三集)报道。1845 年发现并描述于罗马尼亚的特兰西瓦尼亚区胡内多阿拉县萨卡尔(Sacarîmb)的纳焦格(Nagyág)矿;同年,布劳穆勒(Braumüller)和赛德尔(Seidel)在维也纳《矿物鉴定手册》刊载。英文名称 Nagyágite,以发现地罗马尼亚萨卡尔的匈牙利文纳焦格(Nagyág)矿命名。1959 年以前发现、描述并命名的"祖父级"矿物,IMA 承认有效。中文名称根据其结晶习性和主要化学成分译为叶碲矿或译作叶碲金矿。

【叶沸石】

英文名 Zeophyllite

化学式 $Ca_{13}Si_{10}O_{28}(OH)_2F_{10} \cdot 6H_2O$ (IMA)

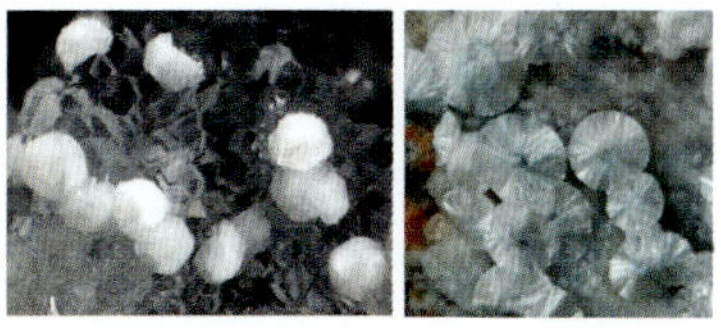

叶沸石片状晶体,球粒状、半球状、放射状集合体(德国)

叶沸石是一种含沸石水、氟和羟基的钙的硅酸盐矿物。属沸石族。三方晶系。晶体呈板状、片状;集合体放射状、球粒状、半球状。无色、白色、玫瑰红色,珍珠光泽,半透明;硬度 2.5 ～3,极完全解理。1902 年发现于捷克共和国波希米亚地区乌斯季州的韦尔克布雷兹诺(Velké Březno);同年,在《维也纳科学院数学-自然科学会议报告》(111)报道。英文名称 Zeophyllite,由希腊文"ζέω＝Zeo(沸石)"和"φύλλον＝Phyllos(叶)"组合命名,意指其多叶形成的半球状和加热膨胀。1959 年以前发现、描述并命名的"祖父级"矿物,IMA 承认有效。同义词 Radiophyllite,由"Radio(放射状)"和"Phyll(叶片)"组合命名。中文根据形态和族名译为叶沸石;根据成分译为水硅灰石或氟羟硅钙石;根据集合体形态和成分译为球硅钙石,或根据晶体习性和成分译为叶羟硅钙石。

【叶夫多基莫夫石*】

英文名 Evdokimovite

化学式 $Tl_4(VO)_3(SO_4)_5(H_2O)_5$ (IMA)

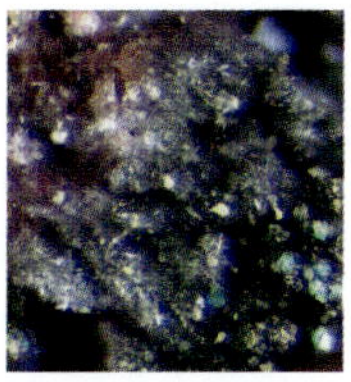

叶夫多基莫夫石*针状晶体,放射状、无序状集合体(俄罗斯)

叶夫多基莫夫石*是一种含结晶水的铊的硫酸-钒酸盐矿物。单斜晶系。晶体呈针状,长 0.09mm;集合体呈放射状、无序状。无色。2013 年发现于俄罗斯堪察加州托尔巴契克(Tolbachik)火山主裂隙北破火山口第一火山渣锥。英文名称 Evdokimovite,为纪念圣彼得堡州立大学矿物学系前主任米哈伊尔·德米特里耶维奇·叶夫多基莫夫(Mikhail Dmitrievich Evdokimov,1940—2010)教授而以他的姓氏命名,以表彰他对矿物学和岩石学,特别是对矿物学几代大学生的教学的贡献。IMA 2013－041 批准。2013 年 O. I. 斯伊德拉(O. I. Siidra)等在《CNMNC 通讯》(17)、《矿物学杂志》(77)和 2014 年《矿物学杂志》[78(7)]报道。目前尚未见官方中文译名,编译者建议音译为叶夫多基莫夫石*。

【叶蜡石】

英文名 Pyrophyllite

化学式 $Al_2Si_4O_{10}(OH)_2$　　(IMA)

叶蜡石中国艺术品和放射状、球粒状集合体(俄罗斯、美国)

叶蜡石是一种含羟基的铝的硅酸盐矿物。属叶蜡石-滑石族。三斜(单斜)晶系。晶体一般呈叶片状、板状、纤维状、粒状、鳞片状;集合体呈放射状、球粒状或隐晶质致密块状。白色、黄色、淡绿色、灰绿色、淡蓝色、红色、紫红色、褐色等,蜡状光泽、油脂光泽、珍珠光泽,微透明—半透明;硬度 1~2,完全解理。该矿物质地滋润,柔滑,具脂肪感,色彩美丽,是一种极好的玉雕原料和图章原料。我国早在新石器时期就开始利用叶蜡石了。叶蜡石以福建省出产的"寿山石"最为有名,因产于福州寿山乡而得名。昌化石(鸡血石)产于浙江省昌化县,因含朱红色的辰砂而呈鸡血红色,珍贵的品种红色呈条带状、血斑状和血滴状,享有"印石皇后""印石之宝"的美称。巴林石产于内蒙古自治区巴林右旗,其次还有阳平石、宁波石、宝花石、东兴石等。它们是一种隐晶质块状叶蜡石。叶蜡石中文名称因其呈叶片状和具蜡状光泽而得名。

在国外发现于俄罗斯斯维尔德洛夫斯克州普什明斯克(Pyshminsk)矿床。英文名称 Pyrophyllite,1829 年由 R. 赫尔曼(R. Hermann)根据希腊文"πῦρ=Pyros=Fire(火)"和"φύλλον=Phyllos=Leaf(叶片)"组合命名,因为该矿物在吹管灼烧时会发生体积膨胀,然后呈鳞片状、叶片状剥落。1829 年赫尔曼在《物理学和化学年鉴》(15)报道。1959 年以前发现、描述并命名的"祖父级"矿物,IMA 承认有效。目前已知 Pyrophyllite 有-2M(单斜)和-1A(三斜)两个多型。

【叶蜡石间蒙皂石】

英文名 Brinrobertsite

化学式 $(Na,K,Ca)_{0.3}(Al,Fe,Mg)_4(Si,Al)_8O_{20}(OH)_4 \cdot 3.5H_2O$　　(IMA)

叶蜡石间蒙皂石是一种含结晶水和羟基的钠、钾、钙、铝、铁、镁的铝硅酸盐矿物,是叶蜡石和蒙皂石的间层黏土矿物。单斜晶系。晶体呈他形粒状;集合体呈土状、放射状。无色、灰色,带黄的灰色,土状光泽,透明;硬度 1,完全解理。1997 年发现于英国威尔士格温内斯郡班戈区的弗兰肯(Ffrancon)小溪沉积物。英文名称 Brinrobertsite,为纪念英国伦敦大学的黏土矿物专家布林·罗伯茨(Brin Roberts,1932—2018)博士而以他的姓名命名。他以英国泥质岩矿物学和低级变质作用的广泛研究和英国黏土矿物专家而闻名。IMA 1997-040 批准。2002 年 H. 顿格(H. Dong)等在《矿物学杂志》(66)报道。2006 年中国地质科学院矿产资源研究所李锦平在《岩石矿物学杂志》[25(6)]根据二者的间层关系译为叶蜡石间蒙皂石。

【叶林娜石*】

英文名 Ellinaite

化学式 $CaCr_2O_4$　　(IMA)

叶林娜石*是一种钙、铬的氧化物矿物。属钙黑锰矿超族。斜方晶系。2019 年发现于以色列南部地区哈特鲁里姆(Hatrurim)盆地等处和巴西马托格罗索朱娜金伯利岩矿田索里索(Sorriso)河。英文名称 Ellinaite,以埃拉(叶林娜)·弗拉基米罗夫娜·索科尔[Ella(Ellina)Vladimirovna Sokol]教授的名字命名,她是一位著名的热变质矿物学专家。IMA 2019-091 批准。2020 年 V. V. 沙雷金(V. V. Sharygin)等在《CNMNC 通讯》(53)、《矿物学杂志》(84)和《欧洲矿物学杂志》(32)报道。目前尚未见官方中文译名,编译者建议音译为叶林娜石*。

【叶硫砷铜石】

英文名 Chalcophyllite

化学式 $Cu_{18}Al_2(AsO_4)_3(SO_4)_3(OH)_{24} \cdot 36H_2O$　　(IMA)

叶硫砷铜石六方薄板状晶体,晶簇状集合体(法国、斯洛伐克)

叶硫砷铜石是一种含结晶水和羟基的铜、铝的硫酸-砷酸盐矿物。三方晶系。晶体呈六方薄板状、叶片状;集合体呈玫瑰花状、晶簇状、块状。翡翠绿色、蓝绿色、草绿色,条痕呈淡绿色,半金刚光泽、玻璃光泽,解理面上呈珍珠光泽,透明—半透明;硬度 2,极完全解理。1801 年 R. J. 阿羽伊(R. J. Haüy)在《矿物学教程》(初版,第四卷)刊载,称 Cuivre arseniaté lamelliforme(片状砷酸铜)。1841 年发现于英国康沃尔郡;同年,阿诺迪谢(Arnoldische)在德累斯顿和莱比锡《完整的矿物学手册》(*Vollständiges Handbuch der Mineralogie.*)刊载。英文名称 Chalcophyllite,由希腊文"χαλκός=Chalcos(铜)"和"φύλλον=Phullon(叶)"组合命名,意指矿物含有铜和晶体的板状习性。1959 年以前发现、描述并命名的"祖父级"矿物,IMA 承认有效。中文名称根据结晶习性和成分译为叶硫砷铜石;根据极完全解理和成分译为云母铜矿。

【叶硫锡铅矿】

英文名 Teallite

化学式 $PbSnS_2$　　(IMA)

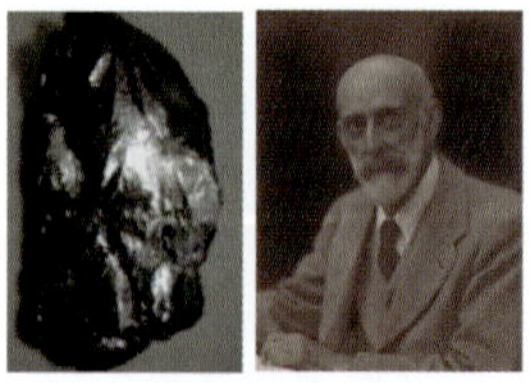

叶硫锡铅矿片状晶体(玻利维亚)和特埃尔像

叶硫锡铅矿是一种铅、锡的硫化物矿物。斜方晶系。晶体呈薄叶片状,具有近似正方形的轮廓,呈弯曲或扭曲状。银灰色、铅灰的铁灰色,局部具锖色,金属光泽,不透明;硬度 1.5~2,完全解理—极完全解理,具柔韧性。1904 年发现于玻利维亚波波省圣罗莎(Santa Rosa)矿脉;同年,G. T. 普赖尔(G. T. Prior)在《矿物学杂志》(14)报道。英文名称 Teallite,以大不列颠和爱尔兰地质调查局原局长叶忒罗·查士丁尼安·哈里斯·特埃尔(Jethro Justinian Harris Teall,

1849—1924)博士的姓氏命名。1905 年他被授予沃拉斯顿勋章。1959 年以前发现、描述并命名的“祖父级”矿物，IMA 承认有效。中文名称根据结晶习性和成分译为叶硫锡铅矿，也有的译为硫锡铅矿或笼铅矿。

【叶绿矾】

英文名 Copiapite

化学式 $Fe^{2+}Fe^{3+}_4(SO_4)_6(OH)_2 \cdot 20H_2O$ (IMA)

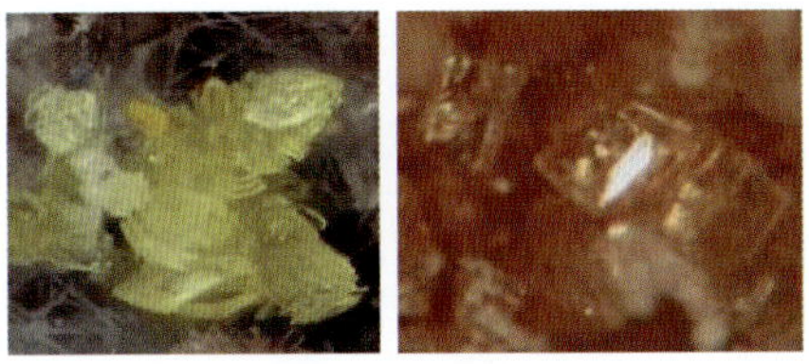

叶绿矾菱形板片状晶体(希腊、美国)

叶绿矾是一种含结晶水、羟基的复铁的硫酸盐矿物。属叶绿矾族。三斜晶系。晶体呈菱形板片状、鳞片状、纤维状、粒状；集合体呈皮壳状、块状。硫黄色、灰黄色、柠檬黄色、金黄色、淡红色、紫色，块状者呈绿黄色—橄榄绿色，玻璃光泽，解理面上呈珍珠光泽、土状光泽，透明—不透明；硬度 2.5～3，完全解理，脆性。最早见于 1546 年德国乔治·阿格里科拉(Agricola Georgius)的记述，称为 Gelb Atrament。1833 年发现于智利阿塔卡马地区科皮亚波省附近；同年，罗斯(Rose)在莱比锡哈雷《物理学和化学年鉴》(27)报道。英文名称 Copiapite，以发现地智利的科皮亚波(Copiapó)命名。1959 年以前发现、描述并命名的“祖父级”矿物，IMA 承认有效。同义词 Knoxvillite，源于美国田纳西州东部诺克斯维尔(Knoxville)市。中文名称根据结晶形态和颜色及矾类译为叶绿矾。

【叶钠长石】

英文名 Cleavelandite

化学式 $Na(AlSi_3O_8)$

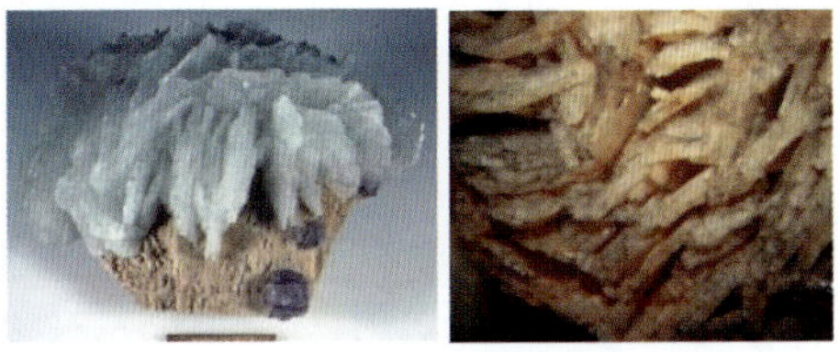

叶钠长石叶片状晶体，晶簇状和扭曲状集合体(美国)

叶钠长石是一种钠的铝硅酸盐矿物，是钠长石的形态变种。属长石族。在 1817 年首先由约翰·弗里德里希·路德维希·豪斯曼(Johann Friedrich Ludwig Hausmann)命名为“Kieselspath”。英文名称 Cleavelandite，在 1823 年由亨利·J. 布鲁克(Henry J. Brooke)为纪念美国缅因州鲍登学院的地质学和矿物学教授(1805—1858)帕克·克里夫兰[Parker Cleaveland，1780—1875(?)]而以他的姓氏命名。1815 年，汉斯·彼得·埃盖特(Hans Peter Eggertz)命名的粒状和放射状钠长石，大概等同于布鲁克命名的 Cleavelandite。1816 年克里夫兰写出了美国公民创作的第一部矿物学教科书；1817 年出版发行，很快成为欧洲学校统一思想的教科书；1822 年的第二版也很受欢迎。1936 年，哈罗德·拉铁摩尔·奥林(Harold Lattimore Alling)将 Cleavelandite 定义为三斜晶系的矿物，这表明与真正的钠长石以及“单斜钠长石(Analbite)”的差异。费舍尔(1968)研究了美国马萨诸塞州切斯特菲尔德模式产地的 Cleavelandite，提出了真正的 Cleavelandite 应仅限于翘板状(扭曲状)集合体矿物。目前使用的品种名称一般包括晶洞晶簇状集合体。见于 1977 年 C. 克莱恩(C. Klein)和 C. S. 赫尔伯特(C. S. Hurlbut)修订版詹姆斯·D. 丹纳(James D. Dana)《矿物学手册》。中文名称根据结晶习性、成分和族名译为叶钠长石。

【叶皮凡诺夫石*】

英文名 Epifanovite

化学式 $NaCaCu_5(PO_4)_4[AsO_2(OH)_2] \cdot 7H_2O$ (IMA)

叶皮凡诺夫石*皮壳状集合体(俄罗斯)和叶皮凡诺夫像

叶皮凡诺夫石*是一种含结晶水的钠、钙、铜的氢砷酸-磷酸盐矿物。单斜晶系。晶体呈假四方板状，直径 50μm 和厚 10μm；集合体呈皮壳状。蓝绿色，玻璃光泽，透明；硬度 3，完全解理，脆性。2016 年发现于俄罗斯萨哈(雅库特)共和国上扬斯克镇亚纳河流域凯斯特(Kester)矿床。英文名称 Epifanovite，以俄罗斯地质学家、凯斯特锡矿床的发现者 P. P. 叶皮凡诺夫(P. P. Epifanov)的姓氏命名。IMA 2016-063 批准。2016 年 V. N. 雅科夫丘克(V. N. Yakovenchuk)等在《CNMNC 通讯》(34)、《矿物学杂志》(80)和 2017 年《俄罗斯矿物学会记事》[146(3)]报道。目前尚未见官方中文译名，编译者建议音译为叶皮凡诺夫石*。

【叶羟硅钙石】

参见【叶沸石】条 1065 页

【叶蛇纹石】

英文名 Antigorite

化学式 $Mg_3Si_2O_5(OH)_4$ (IMA)

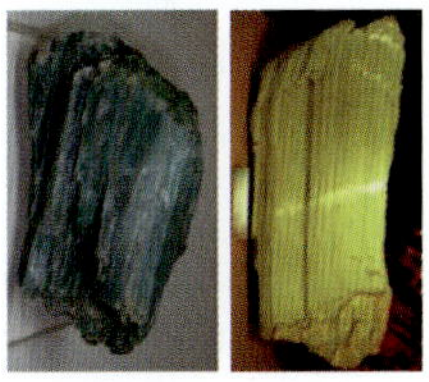

显微叶片状、显微纤维状晶体(巴西、美国)

叶蛇纹石是蛇纹石的一种，它与蛇纹石性质相同，但外观不同。属高岭石-蛇纹石族蛇纹石亚族。叶蛇纹石有 3 种多型：主要为斜叶蛇纹石(单斜晶系)、正叶蛇纹石为六层叶蛇纹石(六方晶系)以及三方铝叶蛇纹石为九层叶蛇纹石(三方晶系)。晶体多呈板状、叶片状、粒状或显微叶片状、显微纤维状。黄绿色—绿色，淡黄色—无色、白色、棕色、黑色，玻璃光泽、油脂光泽或蜡状光泽，透明—半透明；硬度 3～3.5，极完全解理。1840 年发现于意大利韦巴诺-库西亚-奥索拉省多莫多索拉山麓安蒂戈里奥(Antigorio)河谷和瑞士瓦莱州瓦利斯碧茵谷盖斯普法德(Geisspfad)区；同年，马赛厄斯·爱德华·施魏策尔(Mathias Eduard Schweizer)在《物理学和化学年鉴》(19)报道。英文名称 Antigorite，1840 年，由施魏策尔(Schweizer)以意大利的多莫多索拉山麓安蒂戈里奥(Antigorio)河谷命名。1959 年以前发现、描述并命名的“祖父级”矿物，IMA 承认有效。IMA 1998s. p. 批准。中文名称根据结晶习性和族名译为叶蛇纹石。同义词 Baltimorite，以美国巴尔的摩(Baltimore)市命名；中文名称音译为巴尔的摩石。

【叶双晶石】

英文名 Fremontite

化学式 $(Na,Li)Al(PO_4)(OH,F)$

叶双晶石是一种含羟基和氟的钠、锂、铝的磷酸盐矿物。属锂磷铝石(Amblygonite)族。三斜晶系。晶体呈叶片状,具聚片双晶。灰色—白色、浅绿色、淡黄色、粉色,半玻璃光泽、树脂光泽、蜡状光泽,半透明;硬度 5.5~6,完全解理,脆性。1911 年发现于美国加利福尼亚州旧金山湾区东南部的弗里蒙特(Fremont)市。1911 年 W.T.夏勒(W.T.Schaller)在《美国科学杂志》(31)报道,称 Natramblygonite,由"Natr(钠)"和"Amblygonite(锂磷铝石)"组合命名。同义词 Natromontebrasite,由"Natro(钠)"和"Montebrasite(磷锂铝石)"组合命名。1914 年夏勒在《华盛顿科学院杂志》(4)改用英文名称 Fremontite,以发现地美国弗里蒙特(Fremont)命名。中文名称根据成分及与磷锂铝石的关系译为钠磷锂铝石;根据其结晶习性译为叶双晶石。2007 年 A.M.弗兰索尔(A.M.Fransolet)等在《加拿大矿物学家》(45)报道,证明它是锂磷铝石(Amblygonite)、锥晶石(Lacroixite)和水磷铝钠石(Wardite)的混合物,而被 IMA 废弃。

【叶铁钨华】

英文名 Phyllotungstite

化学式 $HCaFe_3^{3+}(WO_4)_6 \cdot 10H_2O$ (IMA)

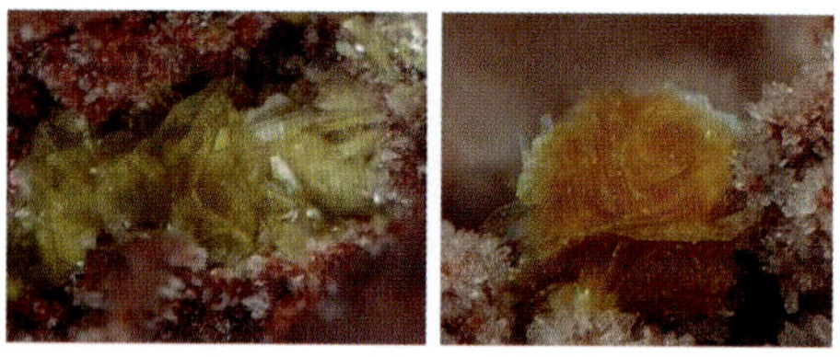

叶铁钨华叶片状晶体,花状集合体(德国)

叶铁钨华是一种含结晶水的氢、钙、铁的钨酸盐矿物。化学性质和结构与羟铁钨钠石相似。斜方晶系。晶体呈叶片状、鳞片状;集合体呈花状。黄色、黄棕色,珍珠光泽,半透明;硬度 2,完全解理。1984 年发现于德国巴登-符腾堡州弗赖堡市奥博沃尔法赫的兰卡赫(Rankach)谷克拉拉(Clara)矿山。英文名称 Phyllotungstite,由希腊文"Φυλόζη=Phyllos(叶片)"和化学成分"Tungsten(钨)"组合命名。IMA 1984-018 批准。1984 年 K.瓦林塔(K.Walenta)在《矿物学新年鉴》(月刊)和 1986 年《美国矿物学家》(71)报道。1985 年中国新矿物与矿物命名委员会郭宗山等在《岩石矿物及测试》[4(4)]根据结晶习性和成分译为叶铁钨华。

一 [yī]数字,最小的正整数。如一水:即成分中含有 1 个结晶水。

【一水蓝铜矾】参见【水蓝铜矾】条 836 页

【一水羟钼铁矿】

英文名 Bamfordite

化学式 $Fe^{3+}Mo_2O_6(OH)_3 \cdot H_2O$ (IMA)

一水羟钼铁矿是一种含一个结晶水的铁、钼的氢氧-氧化物矿物。三斜晶系。晶体呈显微板状;集合体呈晶簇状。苹果绿色、黄绿色,玻璃光泽、金刚光泽、土状光泽,透明;硬度 2~3。1996 年发现于澳大利亚昆士兰州班福德(Bamford)矿山钨钼铋矿床。英文名称 Bamfordite,以发现地澳大利亚班福德(Bamford)矿山命名。IMA 1996-059 批准。1998 年威廉·D.白芝(William D. Birch)等在《美国矿物学家》(83)报道。2004 年中国地质科学院矿产资源研究所李锦平等在《岩石矿物学杂志》[23(1)]根据成分译为一水羟钼铁矿。

一水羟钼铁矿显微板状晶体(澳大利亚)

【一水软铝石】参见【薄水铝矿】条 78 页

【一水硬铝矿】参见【硬水铝石】条 1084 页

【一锑二钯矿】

英文名 Naldrettite

化学式 Pd_2Sb (IMA)

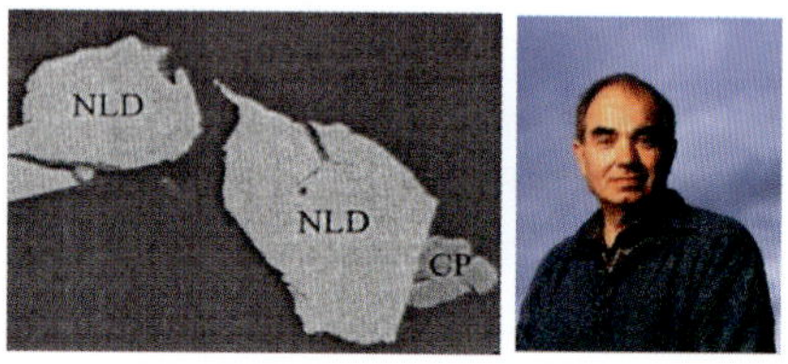

一锑二钯矿他形粒状晶体(加拿大)和诺尔德里特像

一锑二钯矿是一种钯的锑化物矿物。斜方晶系。晶体呈不规则粒状。乳白色,金属光泽,不透明;硬度 4~5。2004 年发现于加拿大魁北克省北部努纳维克地区昂加瓦地区梅萨马克斯(Mesamax)西北部矿床。英文名称 Naldrettite,以加拿大多伦多大学教授安东尼·J.诺尔德里特(Anthony J. Naldrett,1933—)的姓氏命名。他是加拿大矿物学协会和国际矿物学协会前主席,他为国际矿物学协会 IMA(International Mineralogical Association)做出了重要贡献。IMA 2004-007 批准。2005 年 L.J.卡布里(L.J.Cabri)等在《矿物学杂志》(69)报道。2008 年中国地质科学院地质研究所任玉峰等在《岩石矿物学杂志》[27(6)]根据成分译为锑钯矿,此译名与 Stibiopalladinite 的译名重复,于是根据成分译为一锑二钯矿。

伊 [yī]形声;从亻,尹声。用于中国河名。[英]音,用于外国人名、地名、国名、单位名。

【伊查努萨石*】

英文名 Ichnusaite

化学式 $Th(MoO_4)_2 \cdot 3H_2O$ (IMA)

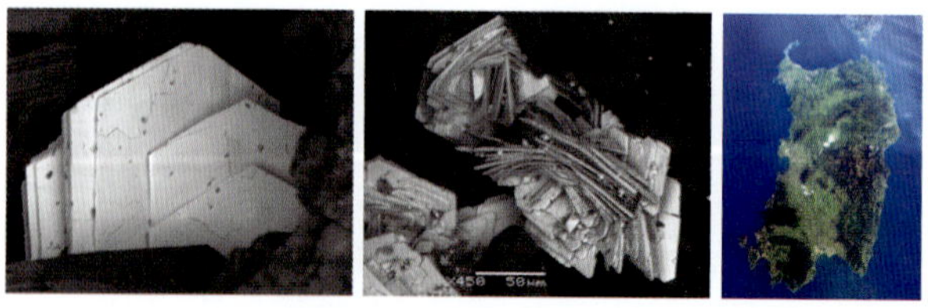

伊查努萨石*薄板状晶体,晶簇状集合体(意大利)和撒丁岛图

伊查努萨石*是一种含结晶水的钍的钼酸盐矿物。单斜晶系。晶体呈薄板状,长 200μm。无色,金刚光泽、珍珠光泽,透明;完全解理,脆性。2013 年发现于意大利撒丁岛(Sardinia)卡利亚里市萨罗奇的蓬塔苏塞纳觉(Punta de Su Seinargiu)。英文名称 Ichnusaite,以意大利撒丁岛(Sardinia)古希腊文的名字伊查努萨(Iχνουσσα=Ichnusa)命名。IMA 2013-087 批准。2013 年 P.奥兰迪(P.Orlandi)等在《CNMNC

通讯》(18)、《矿物学杂志》(77)和 2014 年《美国矿物学家》(99)报道。目前尚未见官方中文译名，编译者建议音译为伊查努萨石*。

【伊达矿】参见【铁铜蓝】条 956 页

【伊碲镍矿】

英文名 Imgreite

化学式 NiTe(?)

伊碲镍矿是一种镍与碲的互化物矿物。六方晶系。红色、白玫瑰色，金属光泽，不透明；硬度 4。1963 年最初的报道来自俄罗斯北部摩尔曼斯克州蒙切戈尔斯克市的尼蒂斯-库穆兹(Nittis-Kumuzh'ya)铜镍矿床。1964 年 R. W. G. 威科夫(R. W. G. Wyckoff)在《美国矿物学家》(49)报道。英文名称 Imgreite，以矿物学和稀有元素地球化学研究所(Institute of Mineralogy, Geochemistry of Rare Elements)的缩写(IMGRE)命名。1968 年被 IMA 废弃。1968 年在《美国矿物学家》(51)报道。中文名称根据英文首音节音和成分译为伊碲镍矿；根据晶系和成分译为六方碲镍矿。

【伊丁石】

英文名 Iddingsite

化学式 $MgO \cdot Fe_2O_3 \cdot 3SiO_2 \cdot 4H_2O$

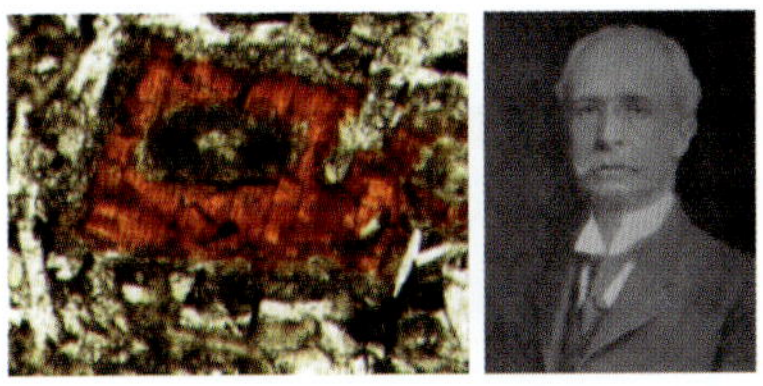

伊丁石橄榄石假象和伊丁斯像

伊丁石是橄榄石的一种次生变化产物，是由黏土矿物(蒙脱石、绿泥石等)、铁的氧化物及其氢氧化物组成的混合物，它是没有固定化学成分的杂铁硅矿物。斜方晶系。晶体呈橄榄石的假象、页片状。红褐色、宝石红色；硬度 2.5～3，完全解理。1957 年发现于美国新墨西哥州；同年，M. 孙(M. Sun)在《美国矿物学家》(42)报道。英文名称 Iddingsite，由安德鲁·考珀·劳森(Andrew Cowper Lawson)在 1893 年为纪念约瑟夫·帕克森·伊丁斯(Joseph Paxson Iddings，1857—1920)而以他的姓氏命名。他曾在美国地质调查局工作，并在芝加哥大学担任教授。他是他那个时代的伟大的岩石学家之一。未获 IMA 批准。中文名称音译为伊丁石。

【伊恩布鲁斯石*】

英文名 Ianbruceite

化学式 $Zn_2(AsO_4)(OH)(H_2O) \cdot 2H_2O$ (IMA)

伊恩布鲁斯石* 薄片状和圆锥状晶体(英国)和伊恩·布鲁斯像

伊恩布鲁斯石*是一种含结晶水、羟基的锌的砷酸盐矿物。单斜晶系。晶体呈薄片状和圆锥状，长达 80μm。天蓝色—淡蓝色、白色、无色，玻璃光泽，透明；硬度 1，完全解理。2011 年发现于纳米比亚奥希科托区楚梅布(Tsumeb)矿。英文名称 Ianbruceite，以伊恩·布鲁斯(Ian Bruce，1969—)的姓名命名。他推动了楚梅布矿的矿物收藏，并以他的专业为世界许多主要博物馆的矿物收藏做出了重大贡献。IMA 2011-049 批准。2011 年 M. A. 库珀(M. A. Cooper)等在《CNMNC 通讯》(10)和 2012 年《矿物学杂志》(76)报道。目前尚未见官方中文译名，编译者建议音译为伊恩布鲁斯石*。

【伊恩格雷石*】

英文名 Iangreyite

化学式 $Ca_2Al_7(PO_4)_2(PO_3OH)_2(OH,F)_{15} \cdot 8H_2O$ (IMA)

伊恩格雷石* 六方片状晶体，晶簇状集合体(美国)和格雷像

伊恩格雷石*是一种含结晶水、氟和羟基的钙、铝的氢磷酸-磷酸盐矿物。三方晶系。晶体呈六方片状；集合体呈晶簇状。无色、白色，玻璃光泽，透明。2009 年发现于捷克共和国卡罗维发利州胡贝尔(Huber)和美国内华达州洪堡特县瓦尔米(Valmy)银矿山。英文名称 Iangreyite，以伊恩·爱德华·格雷(Ian Edward Gray，1944—)博士的姓名命名。以前他是澳大利亚联邦科学与工业研究组织(Commonwealth Scientific and Industrial Research Organisation，CSIRO)的矿业首席研究科学家，他对矿物学、晶体学和矿物加工工业做出了贡献。格雷博士的专业知识是解决一些独特的晶体化学的关键问题，这些问题与明矾石超族成员相关，例如高岭石、金红石和黄钾铁矾以及磷硅铝钙石的结构。IMA 2009-087 批准。2011 年 S. J. 米尔斯(S. J. Mills)等在《矿物学杂志》(75)报道。目前尚未见官方中文译名，编译者建议音译为伊恩格雷石*。

【伊硅钠钛石】参见【钠钛硅石】条 642 页

【伊辉叶石】

英文名 Eggletonite

化学式 $(Na,K,Ca)_xMn_6(Si,Al)_{10}O_{24}(OH)_4 \cdot nH_2O$ $(x=1\sim2; n=7\sim11)$ (IMA)

伊辉叶石束状、放射状集合体(美国)和埃格尔顿像

伊辉叶石是辉叶石族矿物之一，钠辉叶石的类似矿物。单斜晶系。晶体呈叶片状、针状；集合体呈束状、放射状。金黄色、棕褐色，玻璃光泽；硬度 3～4，完全解理。1975 年塞西尔·科斯(Cecil Cosse)发现于美国阿肯色州普拉斯基县小石城(Little Rock)花岗岩山地区露天大采石场，1977 年提供给史密森学会。英文名称 Eggletonite，1984 年 D. R. 皮科尔(D. R. Peacor)等以澳大利亚国立大学的晶体学专家理查

德·A.埃格尔顿(Richard A. Eggleton)博士的姓氏命名。IMA 1982-059 批准。1984 年 D. R. 皮科尔(D. R. Peacor)等在《矿物学杂志》(48)和 1985 年《美国矿物学家》(70)报道。1985 年中国新矿物与矿物命名委员会郭宗山等在《岩石矿物及测试》[4(4)]根据英文名称首音节音及族名译为伊辉叶石。

【伊克西翁矿】参见【锡铁钽矿】条 1008 页

【伊拉克石】

英文名 Iraqite-(La)

化学式 $KCa_2(La,Ce,Th)Si_8O_{20}$　　(IMA)

伊拉克石是一种钾、钙、镧、铈、钍的硅酸盐矿物。属硅钾钙钍石族。四方晶系。晶体呈片状、他形粒状。带绿色色调的黄色;珍珠光泽、土状光泽,透明;硬度 4.5,完全解理。1973 年发现于伊拉克苏莱曼尼亚省英雄(Hero)沙希-拉什(Shakhi-Rash)山脉。英文名称 Iragite-(La),以发现地伊拉克(Irag)国名加占优势的稀土元素镧后缀-(La)组合命名。IMA 1973-041 批准。1976 年 A. 利文斯通(A. Livingstone)等在《矿物学杂志》(40)和弗莱舍等在《美国矿物学家》(61)报道。中文名称音译为伊拉克石(镧);根据成分译为硅稀土钙石。

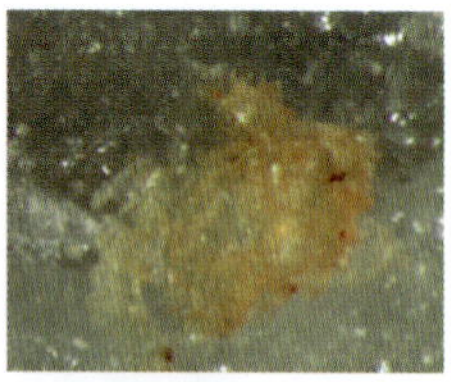

伊拉克石片状晶体(伊拉克)

【伊朗石】参见【水铬铅矿】条 824 页

【伊利尔涅伊矿*】

英文名 Ilirneyite

化学式 $Mg_{0.5}[ZnMn^{3+}(TeO_3)_3]\cdot4.5H_2O$　　(IMA)

伊利尔涅伊矿*是一种含结晶水的镁、锌、锰的碲酸盐矿物,是三价锰的水碲锌矿的类似矿物。属水碲锌矿族。六方晶系。晶体呈柱状、针状、毛发状;集合体呈放射状、皮壳状。红棕色、深红棕色、棕色和浅棕色,金刚光泽、丝绢光泽、半金属光泽,透明—半透明;脆性。2015 年发现于俄罗斯楚科奇基自治州伊利尔涅伊(Ilirney)矿区萨雷斯布鲁克(Saresabrskoe)矿床。英文名称 Ilirneyite,以发现地俄罗斯的伊利尔涅伊(Ilirney)矿区命名。IMA 2015-046 批准。2015 年 I. V. 佩科夫(I. V. Pekov)等在《CNMNC 通讯》(27)、《矿物学杂志》(79)和 2018 年《加拿大矿物学家》[56(6)]报道。目前尚未见官方中文译名,编译者建议音译为伊利尔涅伊矿*,或根据成分及与水碲锌矿的关系译为水碲锰矿*。

伊利尔涅伊矿*针状晶体,放射状、皮壳状集合体(俄罗斯)

【伊利石】参见【水白云母】条 814 页

【伊琳娜拉斯石*】

英文名 Irinarassite

化学式 $Ca_3Sn_2(SiAl_2)O_{12}$　　(IMA)

伊琳娜拉斯石*是一种钙、锡的铝硅酸盐矿物。属石榴石超族钛榴石族。等轴晶系。在锆榴石-凯里马西石*中呈不规则粒状包裹体,极少为不超过 10μm 大小的单晶或呈锆石之假象。浅褐色—黄色,半透明。2010 年发现于俄罗斯卡巴迪诺·巴尔卡里亚共和国巴克桑(Baksan)谷上切格姆火山拉卡吉(Lakargi)山 7 号捕虏体。英文名称 Irinarassite,以俄罗斯科学院矿物岩石、矿床地质和地球化学研究所变质作用与交代作用 D. 科尔钦斯基(D. Korzhinskii)实验室的地质学家伊琳娜·特奥达罗夫娜·拉斯(Irina Teodorovna Rass,1940—)的姓名命名。IMA 2010-073 批准。2011 年 I. O. 加鲁斯金娜(I. O. Galuskina)等在《CNMNC 通讯》(8)、《矿物学杂志》(75)和 2013 年《矿物学杂志》[77(6)]报道。目前尚未见官方中文译名,编译者建议音译为伊琳娜拉斯石*。

【伊柳金石*】

英文名 Ilyukhinite

化学式 $(H_3O,Na)_{14}Ca_6Mn_2Zr_3Si_{26}O_{72}(OH)_2\cdot3H_2O$　(IMA)

伊柳金石*是一种含结晶水和羟基的卉离子、钠、钙、锰、锆的硅酸盐矿物。属异性石族。三方晶系。晶体呈他形粒状,粒径 1mm。褐橙色,玻璃光泽,透明;硬度 5。2015 年发现于俄罗斯北部摩尔曼斯克州库基斯乌姆乔尔(Kukisvumchorr)山碱性伟晶岩。英文名称 Ilyukhinite,以著名的苏联晶体学家弗拉迪米尔·瓦连京诺维奇·伊柳金(Vladimir Valentinovich Ilyukhin,1934—1982)的姓氏命名。IMA 2015-065 批准。2015 年 N. V. 丘卡诺夫(N. V. Chukanov)等在《CNMNC 通讯》(28)、《矿物学杂志》(79)和 2016 年《俄罗斯矿物学会记事》[145(2)]报道。目前尚未见官方中文译名,编译者建议音译为伊柳金石*。

【伊毛缟石】参见【伊水铝英石】条 1070 页

【伊姆霍夫矿】参见【硫砷铜铊矿】条 512 页

【伊势矿*】

英文名 Iseite

化学式 $Mn_2Mo_3O_8$　　(IMA)

伊势矿*是一种锰、钼的氧化物矿物,是钼铁矿和马进德矿的锰的类似矿物。属钼铁矿族。六方晶系。晶体呈他形细粒状。铁黑色、淡黄色,半金属—金属光泽,不透明;硬度 4～5。2012 年发现于日本本州岛近畿地区三重县伊势湾的伊势(Ise)市菖蒲区的一个未名的层状锰矿床。英文名称 Iseite,2012 年由浜根(西尾)大辅(D. Nishio-Hamane)、富田宣光(Tomita Norimitsu)、皆川铁雄(Minakawa Tetsuo)和稻叶幸郎(Inaba Sachio)根据模式产地日本的伊势(Ise)市命名。IMA 2012-020 批准。日文汉字名称伊勢鉱。2012 年浜根(西尾)大辅(D. Nishio-Hamane)等在《CNMNC 通讯》(14)、《矿物学杂志》(76)和 2014 年《矿物学和岩石学科学杂志》(108)报道。目前尚未见官方中文译名,编译者建议借用日文汉字名称伊勢鉱的简化汉字名称伊势矿*。

【伊水铝英石】

英文名 Imogolite

化学式 $Al_2SiO_3(OH)_4$　　(IMA)

伊水铝英石是一种含羟基的铝的硅酸盐黏土矿物。四方晶系。晶体呈显微丝状、微粒状和细管状;集合体呈土块状。白色、蓝色、绿色、棕色、黑色,玻璃光泽、树脂光泽、蜡状光泽,透明—半透明;硬度 2～3,脆性。1962 年发现并描述于日本九州地区熊本县人吉地区伊毛缟(Imogol)棕黄色的火山灰土壤中,它

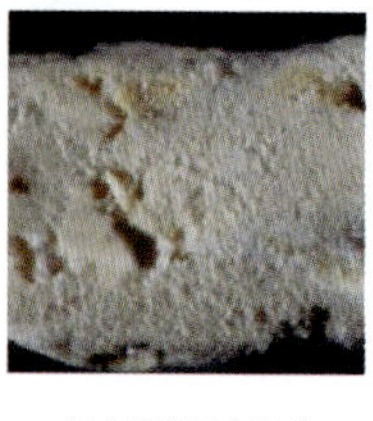

伊水铝英石土块状集合体(日本)

是火山灰土壤普遍的组成部分。1962 年吉永长则(N. Yoshinaga)和青峰重范(S. Aomine)在日本《土壤科学与植物营养》(8)和 1963 年弗莱舍在《美国矿物学家》(48)报道。1962 年被 IMA 拒绝作为新矿物。但在 1970 年东京会议[《黏土和黏土矿物(1971)》(19)] AIPEA 命名委员会批准保留了日本名字 Imogolite。日文汉字名称芋子石。1986 年 IMA 重新定义(1987s. p.)批准[P. 贝利斯(P. Bayliss)《矿物学杂志》(51)]。中国地质科学院根据英文名称首音节音和成分译为伊水铝英石;根据结晶习性和成分译为丝状铝英石;音译为伊毛缟石。2010 年杨主明在《岩石矿物学杂志》[29(1)]建议借用日文汉字名称芋子石。

【伊特斯石*】

英文名 Itsiite

化学式 $Ba_2Ca(BSi_2O_7)_2$ (IMA)

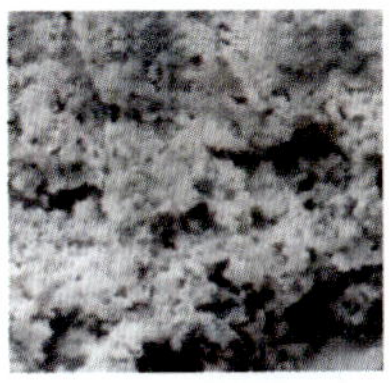

伊特斯石* 粒状晶体(加拿大)

伊特斯石*是一种钡、钙的硼硅酸盐矿物。属硼硅钡铅矿族。四方晶系。晶体呈扁平四方板状、粒状,粒径 1mm。无色、浅蓝色—中绿蓝色,玻璃光泽,透明;硬度 5.5,完全解理,脆性。2013 年发现于加拿大育空地区沃森湖矿区伊特斯(Itsi)山威尔逊湖特伦奇(Trench)。英文名称 Itsiite,以发现地加拿大的伊特斯(Itsi)山命名,它是塞尔温(Selwyn)山脉内多峰地块的一个壮观的冰川风光。“Itsi”的意思是该地区第一民族人民卡斯卡(Kaska)语言的“Wind(风)”。IMA 2013－085 批准。2013 年 A. R · 坎普夫(A. R. Kampf)等在《CNMNC 通讯》(18)、《矿物学杂志》(77)和 2014 年《加拿大矿物学家》(52)报道。目前尚未见官方中文译名,编译者建议音译为伊特斯石*。

【伊藤石】

参见【羟锗铅矾】条 743 页

【伊维斯石*】

英文名 Ivsite

化学式 $Na_3H(SO_4)_2$ (IMA)

伊维斯石* 板状晶体,晶簇状集合体(美国)

伊维斯石*是一种钠、氢的硫酸盐矿物。单斜晶系。晶体呈板状;集合体呈晶簇状。无色,玻璃光泽,透明。2013 年发现于俄罗斯堪察加州托尔巴契克(Tolbachik)火山主断裂裂隙喷发口。英文名称 Ivsite,2014 年 S. K. 菲拉托夫(S. K. Filatov)等为纪念俄罗斯科学院远东分支机构火山地震研究所(Institute of Volcanology and Seismology)成立 50 周年而以其缩写(IVS)命名。IMA 2013－138 批准。2014 年菲拉托夫等在《CNMNC 通讯》(20)、《矿物学杂志》(78)和 2016 年《地球科学文献》(468)报道。目前尚未见官方中文译名,编译者建议音译为伊维斯石*。

【伊逊矿】

汉拼名 Yixunite

化学式 Pt_3In (IMA)

伊逊矿是一种铂与铟的天然合金矿物。等轴晶系。其常呈单独的小圆球或与大庙矿连晶位于小球的核部。亮白色,带蓝色调,条痕呈黑色,金属光泽,不透明;硬度 6。1972 年,中国地质科学院地质研究所於祖相教授在中国河北省承德地区滦平县燕山地区大庙杂岩体寻找铂矿时,在石榴石角闪石辉石岩中的含钴、铜的铂矿脉中发现。1974 年在《地质学报》(2)中作过初步报道。1976—1977 年又补采样品,1978 年在《地质学报》(4)作了补充报道。1978—1990 年又曾多次采样选矿,获得较多伊逊矿颗粒,进行了详细矿物学研究。矿物名称根据流经河北省北部境内滦河的主要支流伊逊河(Yixun)命名为伊逊矿;按成分命名为铟铂矿。IMA 1995－042 批准。1997 年於祖相在中国《地质学报(英文版)》[71(4)]和 1998 年《美国矿物学家》(83)报道。

伊逊矿小圆球与大庙矿连晶(中国承德)

【伊予石*】

英文名 Iyoite

化学式 $MnCuCl(OH)_3$ (IMA)

伊予石* 针状晶体,放射状集合体和六方片状三崎石*(日本)

伊予石*是一种含羟基的锰、铜的氯化物矿物,是羟氯铜矿的锰-铜有序类似物。属氯铜矿族。单斜晶系。晶体呈叶片、板状、针状;集合体呈放射状、树突状。淡绿色、翠绿色。2013 年发现于日本四国最西端的爱媛县(古称伊予)佐田岬半岛伊方町大久(Ohku)矿,分布在含自然铜锰矿石的裂缝中,是海水与矿石反应的形成物。肉眼观察似乎是绿色海苔,实体在显微镜下观察有令人惊讶的美丽,针状、叶片状的伊予石*呈放射星状、树枝状,在树枝中心部位有黄绿色微粒状三琦石*集合体,在树枝顶端偶见六方片状的三琦石*。英文名称 Iyoite,以发现地日本佐田岬半岛面对的海域-伊予(Iyo)滩命名。与伊予石*共生的,也是同时发现的姊妹矿物三崎石*(Misakiite)同样也是以佐田岬半岛面对的海域-三崎(Misaki)滩命名的。这两个新矿物的发现地因有很深的海,所以发现者以海的名字命名。IMA 2013－130 批准。日文汉字名称伊予石。2014 年浜根(西尾)大辅(D. Nishio-Hamane)等在《CNMNC 通讯》(20)、《矿物学杂志》(78)和 2017 年《矿物学杂志》(81)报道。目前尚未见官方中文译名,编译者建议借用日文汉字名称伊予石*(参见【三崎石*】条 763 页)。

【伊卓克矿】

参见【杂铅矿】条 1102 页

铱

[yī]形声;从金,从衣,衣声。一种铂族金属元素。[英]Iridium。元素符号 Ir。原子序数 77。铱的发现与铂以及其他铂族元素息息相关。古埃塞俄比亚人和南美洲人自古便使用自然铂金属,当中必定含有少量其他铂族元素,这也包括铱。17 世纪西班牙征服者在今天的哥伦比亚乔科省发现了铂,并将其带到欧洲。然而直到 1748 年,科学家才发现它并不是任何已知金属的合金,而是一种全新的元素。1803 年,英国化学家史密森·特南特(Smithson Tennant)用王水溶解粗铂时,从残留在器皿底部的黑色粉末中发现了一种新元素,因它的许多盐都有鲜艳的颜色,所以特

南特取希腊神话中的彩虹女神伊里斯(Ἶρις,Iris)为其命名为"Iridium"。1813年,英国化学家约翰·乔治·丘尔德伦(John George Children)首次熔化铱金属。1842年,罗伯特·海尔(Robert Hare)首次取得高纯度铱金属。铱在地壳中的含量为千万分之一,常与铂族元素一起分散于冲积矿床和砂积矿床的各种矿石中。

【铱锇矿】

英文名 Iridosmine

化学式(Os,Ir)

铱锇矿是一种铱、锇的自然元素矿物。六方晶系。晶体呈细粒状、六方板状。银灰色,金属光泽,不透明。见于1944年C.帕拉奇(C. Palache)、H.伯曼(H. Berman)和C.弗龙德尔(C. Frondel)《丹纳系统矿物学》(第一卷,第七版,纽约)。英文名称Iridosmine,由成分"Iridium(铱)"和"Osmium(锇)"组合命名。实际上是自然锇的含铱变种。被IMA废弃。中文名称根据成分译为铱锇矿。

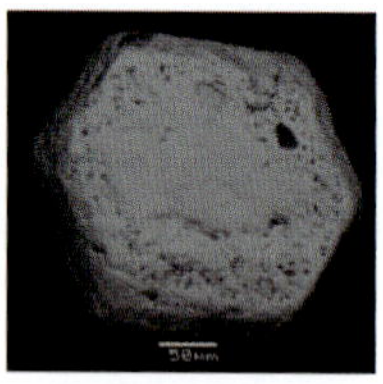

铱锇矿六方板状晶体
(埃塞俄比亚,电镜)

沂 [yí]形声;从水,斤声。本义:沂水。古水名。沂蒙:山名,中国山东。

【沂蒙矿】

汉拼名 Yimengite

化学式 $K(Cr,Ti,Fe,Mg)_{12}O_{19}$　　(IMA)

沂蒙矿是一种钾、铬、钛、铁、镁的复杂氧化物矿物。属磁铁铅矿族。六方晶系。晶体呈不规则粒状、板状和薄片状。黑色,金属光泽,不透明;硬度4。1980—1982年中国地质博物馆研究员董振信等在中国山东省临沂县(现为临沂市)沂蒙山金伯利岩岩脉中发现的一种新矿物。该矿物以产地中国沂蒙(Yimeng)山命名。IMA 1982-046批准。1983年董振信等在中国《科学通报》[28(15)]和1985年《美国矿物学家》(70)报道。1985年彭志忠教授测定了其晶体结构。1986年,哈格蒂(Haggerty)发表了沂蒙矿的钡端元新亚种,1988年命名新矿物钡沂蒙矿。1994年陆琦确定了沂蒙矿的新亚种钾-钛沂蒙矿和钡-钛沂蒙矿。2007年陆琦等又发现了钙沂蒙矿。沂蒙矿系列包括钙沂蒙矿、沂蒙矿和钡沂蒙矿(参见相关条目)。

乙 [yǐ]象形;甲骨文字形。本义:像植物屈曲生长的样子。天干的第二位,用于作顺序第二的代称。位于甲之后。

【乙型硅钙铀矿】参见【β-硅钙铀矿】条264页

钇 [yǐ]形声;从金,乙声。钇是稀土金属元素之一。[英]Yttrium。化学符号Y。原子序数39。稀土元素是指钪、钇和全部镧系元素。由于它们在地壳中的含量稀少,它们的氧化物与氧化钙等稀土元素性质相似,因而得名。1787年,卡尔·阿仑尼乌斯(Karl Arrhenius)在瑞典斯德哥尔摩邻近的小镇伊特比(Ytterby)发现了一块不同寻常的黑色石头。他以为自己发现了一种新的钨矿石,然后把样品送到芬兰矿物学家、化学家约翰·加多林(Johan Gadolin)进行分析。1794年,加多林从这块矿石中,发现了一种当时不知道的新金属氧化物,它的性质部分与氧化钙相似,部分与氧化铝相似,他就把这种新金属的氧化物根据发现地伊特比小镇命名为Yttria(钇土)。1828年由德国化学家弗里德里希·维勒(Friedrich Wöhler)制得金属钇。钇和铈的发现打开了人类发现稀土金属元素的第一道大门。

【钇贝塔石】

英文名 Yttrobetafite-(Y)

化学式 $(Y,U,Ce)_2(Ti,Nb,Ta)_2O_6(OH)$

钇贝塔石是一种钇占优势的贝塔石的变种。等轴晶系。晶体呈粒状。绿色、灰绿色、红色,油脂光泽,半透明—不透明;硬度4.5～5.5,脆性。1962年发现于俄罗斯北部卡累利阿共和国拉多加湖地区诺拉尼米(Nuolainiemi)伟晶岩和阿拉库蒂(Alakurtti)伟晶岩。1964年在《美国矿物学家》(49)报道。英文名称Yttrobetafite-(Y),1977年由贺加斯(Hogarth)在《美国矿物学家》(62)根据成分冠词"Yttrium(钇)"和根词"Betafite(贝塔石)",加占优势的钇后缀-Y组合命名。2010年被IMA废弃。中文名称根据成分及与贝塔石的相似性关系译为钇贝塔石。

【钇锆钽矿】

英文名 Loranskite-(Y)

化学式 $(Y,Ce,Ca)(Zr,Ta)_2O_6$(?)　　(IMA)

钇锆钽矿是一种钇、铈、钙、锆、钽的氧化物矿物。属黑稀金矿族。斜方晶系。晶体呈粒状,集合体常呈不规则状。棕黑色、绿黄色、黄色或黑色,半金属光泽;硬度5,脆性,贝壳状断口。1899年发现于俄罗斯北部卡累利阿共和国拉多加地区皮特基亚兰塔区因皮拉赫蒂(Impilakhti);同年,梅尔尼科夫(Melnikov)在《结晶学和矿物学杂志》(31)报道。英文名称Loranskite-(Y),根词由俄国圣彼得堡矿业学院的教师和督察员阿波罗尼·米哈伊洛维奇·洛兰斯基(Apollonie Mikhailovich Loranski,1847—1917)的姓氏,加占优势的稀土元素钇后缀-(Y)组合命名。1959年以前发现、描述并命名的"祖父级"矿物,IMA承认有效。IMA 1987s.p.批准。中文名称根据成分译为钇锆钽矿。

【钇硅磷灰石】

英文名 Britholite-(Y)

化学式 $(Y,Ca)_5(SiO_4)_3(OH)$　　(IMA)

钇硅磷灰石是铈磷灰石的含钇的变种。属磷灰石超族铈磷灰石族。六方晶系。晶体呈柱状。暗红褐色、黑色,金刚光泽、松脂光泽,透明—半透明;硬度6。1938年发现于日本本州岛东北福岛县伊达郡阿武隈范围(阿武隈地块)和川俣町饭坂村(Suishoyama)伟晶岩。1938年畑晋(Susumu Hata)在东京《物理与化学研究学会科学论文》(*Sci. Pap. Inst. Phys. Chem. Res*)(34)报道,并根据发现地日本阿武隈(Abukumal)地块命名为Abukumalite。日文汉字名称阿武隈石。英文名称Britholite-(Y),1901年温特(Winther)在丹麦《格陵兰岛通讯》(24)描述,根词根据希腊文"Μπρίτος=Brithos(重量)",加占优势的稀土元素钇后缀-(Y)组合命名,意指高比重的矿物。1959年以前发现、描述并命名的"祖父级"矿物,IMA承认有效。IMA 1966s.p.批准。中文根据成分及与铈磷灰石的关系译为钇硅磷灰石。

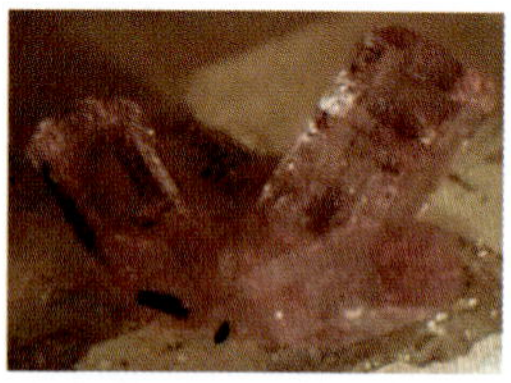

钇硅磷灰石六方柱状晶体(葡萄牙)

【钇磷灰石】

英文名 Yttriumapatite

化学式$(Ca,Y)_5(PO_4)_3(F,Cl,OH)$

钇磷灰石是磷灰石含钇的变种。六方晶系。晶体呈柱状。无色、白色、淡绿色，玻璃光泽，透明；硬度5。1889年发现于格陵兰岛库雅雷哥自治区纳尔萨克伊戛利库纳尔萨尔苏克(Narssârssuk)伟晶岩。1897年由G.弗林克(G.Flink)在《格陵兰通讯》(24)报道，他把含3.36%(质量)Y_2O_3的磷灰石命名为Yttriumapatite。它由成分冠词"Yttrium(钇)"和根词"Apatite(磷灰石)"组合命名。中文名称根据成分及与磷灰石的关系译为钇磷灰石(根词参见【磷灰石】条460页)。

钇磷灰石柱状晶体(格陵兰)

【钇磷铜石】

英文名 Petersite-(Y)

化学式 $Cu_6Y(PO_4)_3(OH)_6 \cdot 3H_2O$ (IMA)

钇磷铜石针状晶体，放射状、球粒状集合体(美国)

钇磷铜石是一种含结晶水和羟基的铜、钇的磷酸盐矿物。属砷铋铜矿族。六方晶系。晶体呈针状；集合体呈草丛状、放射状、球粒状。黄绿色；硬度3～4。1981年发现于美国新泽西州哈德逊县锡考克斯镇劳雷尔(Laurel)山。英文名称Petersite-(Y)，由新泽西帕得森博物馆矿物博物馆馆长和美国纽约自然历史博物馆馆长托马斯·A.彼得斯(Thomas A. Peters,1947—)和约瑟夫·彼得斯(Joseph Peters,1951—)的姓氏，加占优势的稀土元素钇后缀-(Y)组合命名。IMA 1981-064批准。1982年D.R.皮科尔(D.R. Peacor)和P.J.邓恩(P.J. Dunn)在《美国矿物学家》(67)报道。中文名称根据成分译为钇磷铜石，有的音译为彼得斯石。

【钇磷稀土矿】

英文名 Rhabdophane-(Y)

化学式 $Y(PO_4) \cdot H_2O$ (IMA)

钇磷稀土矿是一种含结晶水的钇的磷酸盐矿物。属磷稀土矿族。六方晶系。晶体呈短棒状；集合体呈放射状。黄白色—黄褐色，丝绢光泽，透明—半透明。日本九州大学研究生院理学研究院矿物学助教上原诚一郎带领的研究小组，从2000年起开始在佐贺县西北部东松浦半岛唐津市新木场地区进行矿物调查，2003年和2005年在佐贺县玄海町日之出松(Hinodematsu)玄武岩，发现的两种含有稀土元素钇的新矿物之一。英文名称Rhabdophane-(Y)，根名Rhabdophane，1878年由威廉·加罗·勒特逊(William Garrow Lettsom)在莱比锡《结晶学、矿物学和岩石学杂志》(3)根据希腊文"ραβδοζ=Arod(杆、棒)"，意指矿物的结晶习性呈杆、棒状，加上"φαυεσθαι=To appear(出现)"，意指各种不同的稀土元素在发射光谱中出现的条带"，再加上占优势的稀土元素钇后缀-(Y)组合命名。IMA 2011-031批准。2012年高井康宏(Y. Takai)等在《矿物学与岩石学科学杂志》(107)报道。中文名称根据成分译为钇磷稀土矿。

【钇铌铁矿】

英文名 Yttrocolumbite-(Y)

化学式 $(Y,U,Fe^{2+})(Nb,Ta)O_4$ (IMA)

钇铌铁矿是一种钇、铀、铁、铌、钽的复杂氧化物矿物。斜方晶系。晶体呈板状或短柱状；集合体呈块状。褐黑色—黑色，半金属光泽，不透明；硬度5～6，完全解理。1937年发现于莫桑比克；同年，杜里(Durrie)和派克(Peck)等在纽黑文《矿物学的体系》刊载并在葡萄牙里斯本 *Mem. Acad. Cien.* (1)报道。英文名称Yttrocolumbite-(Y)，由成分冠词"Yttro(钇)"和根词"Columbite(铌铁矿)"，加占优势稀土元素钇后缀-(Y)组合命名。1959年以前发现、描述并命名的"祖父级"矿物，IMA承认有效，但持怀疑态度。IMA 1987 s.p.批准。中文名称根据成分及与铌铁矿的关系译为钇铌铁矿(根词参见【铌铁矿】条652页)。

钇铌铁矿块状集合体(美国)

【钇烧绿石】

英文名 Yttropyrochlore-(Y)

化学式 $(Y,Ce,Ca,U)_2(Nb,Ta,Ti)_2O_6(OH,F)$

钇烧绿石是一种烧绿石的含钇变种。属烧绿石族。等轴晶系。晶体呈八面体，变生非晶质；集合体呈致密块状。淡褐色—深褐色，金刚光泽、松脂光泽、玻璃光泽；硬度4.5～5.5。1957年发现于俄罗斯北部摩尔曼斯克州北卡累利阿共和国的阿拉库尔季(Alakurtti)伟晶岩。1957年在《苏联科学院报告》(117)报道。最初以苏联著名探险家弗拉基米尔·奥布鲁切夫(Vladimir Obruchev)的名字命名。1977年D.D.贺加斯(D.D. Hogarth)在《美国矿物学家》(62)报道，并根据成分冠词"Yttro(钇)"和根词"Pyrochlore(烧绿石)"组合命名为Yttropyrochlore-(Y)，意指含钇的烧绿石类似矿物。2010年被IMA废弃。中文名称根据成分及族名译为钇烧绿石或钇铀烧绿石(根词参见【烧绿石】条773页)。

钇烧绿石八面体晶体(美国)

【钇绍米奥卡石】

英文名 Shomiokite-(Y)

化学式 $Na_3Y(CO_3)_3 \cdot 3H_2O$ (IMA)

钇绍米奥卡石柱状晶体，平行排列状集合体(加拿大、俄罗斯)

钇绍米奥卡石是一种含结晶水的钠、钇的碳酸盐矿物。斜方晶系。晶体呈不规则粒状、假六方短柱状、柱状、针状；集合体呈平行排列或放射状、玫瑰花状。无色、白色、粉红色，蜡状光泽、丝绢光泽，半透明；硬度2～3，极完全解理。1990年发现于俄罗斯北部摩尔曼斯克州恩博泽罗(Umbozero)矿绍米奥基托沃(Shomiokitovoe)伟晶岩。英文名称 Shomiokite-(Y),由发现地附近的绍米奥卡(Shomiok)河,加占优势的稀土元素钇后缀-(Y)组合命名。IMA 1990-015 批准。1992 年 A. P. 霍米亚科夫(A. P. Khomyakov)等在《俄罗斯矿物学会记事》[121(6)]和 1994 年《美国矿物学家》(79)报道。1998 年中国新矿物与矿物命名委员会黄蕴慧等在《岩石矿物学杂志》[17(1)]根据成分及音译为钇绍米奥卡石。

【钇砷铜矿】参见【砷钇铜石】条 797 页

【钇石*】

英文名 Yttriaite-(Y)

化学式 Y_2O_3　　(IMA)

钇石* 粒状晶体(俄罗斯)

钇石* 是一种钇的氧化物矿物。等轴晶系。晶体呈立方体、八面体,粒径小于 6μm,嵌入天然钨中。合成的三氧化二钇,无色—白色,金刚光泽,透明;硬度 5.5,完全解理。2010 年发现于俄罗斯乌拉尔山脉坎蒂-曼西自治区博尔沙亚波里亚(Bolshaya Polya)河冲积层。英文名称 Yttriaite-(Y),由根词"Yttriaite(氧化钇)",加稀土元素钇后缀-(Y)组合命名。IMA 2010-039 批准。2011 年 S. J. 米尔斯(S. J. Mills)等在《美国矿物学家》[96(7)]报道。目前尚未见官方中文译名,编译者建议根据成分译为钇石*。

【钇钽矿】

英文名 Yttrotantalite-(Y)

化学式 $(Y,U,Fe^{2+})(Ta,Nb)(O,OH)_4$　　(IMA)

钇钽矿板状晶体(挪威)

钇钽矿是一种钇、铀、铁、钽、铌的复杂氢氧-氧化物矿物。属钽铁矿族。单斜晶系。晶体呈柱状、板状。褐黑色、黑色、黄色,玻璃光泽、油脂光泽、半金属光泽,半透明—不透明;硬度 5~5.5,贝壳状断口。1802 年在《瑞典皇家科学院的文献》(23)报道。1846 年发现于瑞典斯德哥尔摩市雷萨尔(Resarö)的伊特比(Ytterby)镇。1846 年赫尔曼(Hermann)在《实用化学杂志》(38)报道。英文名称 Yttrotantalite-(Y),由成分冠词"Yttro(钇)"和根词"Tantalite(钽铁矿)",加占优势的稀土元素钇后缀-(Y)组合命名。1959 年以前发现、描述并命名的"祖父级"矿物,IMA 承认有效。IMA 1987s. p. 批准。中文名称根据成分及与钽铁矿的相似性关系译为钇钽矿或钇钽铁矿或钇铌钽铁矿(根词参见【钽铁矿】条 917 页)。

【钇钨华】

英文名 Yttrotungstite-(Y)

化学式 $Y(W,Fe,Si,Al,Ti)_2(O,OH,H_2O)_9$　　(IMA)

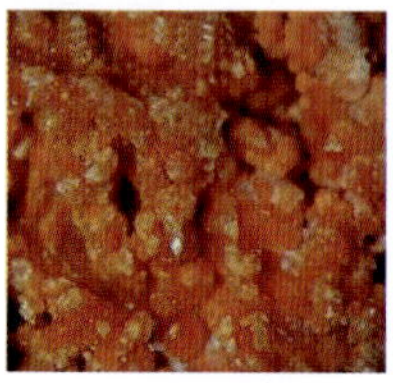

钇钨华皮壳状集合体(马来西亚)

钇钨华是一种钇、钨、铁、硅、铅、钛的水-氢氧-氧化物矿物。单斜晶系。晶体呈细纤维状、板条状;集合体呈致密状、皮壳状、球粒状、土状。橙黄色;硬度 1,完全解理。1950 年发现于马来西亚霹雳州坚打区克拉玛特蒲莱(Kramat Pulai)矿。1950 年 E. H. 贝尔德(E. H. Beard)在伦敦《殖民地地质学和矿物资源》(1)和 1951 年弗莱舍在《美国矿物学家》(36)报道。英文名称 Yttrotungstite-(Y),由成分冠词"Yttro(钇)"和根词"Tungstite(钨华)",加占优势的稀土元素钇后缀-(Y)组合命名。1959 年以前发现、描述并命名的"祖父级"矿物,IMA 承认有效。IMA 1987s. p. 批准。中文名称根据成分及与钨华的关系译为钇钨华(根词参见【钨华】条 989 页)。

【钇榍石】

英文名 Yttrian-bearing Titanite

化学式 $(Ca,Y)TiSiO_5$

钇榍石柱状晶体(挪威)和克伊尔哈像

钇榍石是一种含钇的榍石变种。单斜晶系。晶体呈柱状、粒状;集合体呈致密块状。棕黑色,金刚光泽、油脂光泽;硬度 6.5~7。英文名称 Yttrian-bearing Titanite,1844 年谢雷尔(Scheerer)在挪威东阿格德尔郡阿伦达尔区特罗莫伊松德(Tromoysund)航标岛长石采石场发现该矿物,根据成分冠词"Yttro(钇)"和根词"Titanite(榍石)"组合命名[见 1844 年《物理和化学年鉴》(63)]。同样的矿物,在同一地点,也在同一年被埃德曼(Erdmann)在《瑞典皇家科学院文献》(*Kongliga Svenska Vetenskaps-Akademiens Handlingar*)命名为 Keilhauite。此名字是以挪威地质学家、登山家巴尔塔扎尔·马蒂亚斯·克伊尔哈(Baltazar Mathias Keilhau,1797—1858)教授的姓氏命名。中文名称根据成分及与榍石的关系译为钇榍石或钇铈榍石(根词参见【榍石】条 1039 页)。

【钇兴安石】参见【兴安石-钇】条 1050 页

【钇易解石】参见【钛钇矿】条 914 页

【钇萤石】

英文名 Yttrofluorite

化学式 $(Ca_{1-x}Y_x)F_{2+x}(0.05<x<0.3)$

钇萤石立方晶体,块状集合体(中国)

钇萤石是一种钙、钇的氟化物矿物。属萤石族。等轴晶系。晶体呈立方体、六方柱状;集合体呈块状。无色或白色、黄色、褐色、浅绿色、绿色、紫色等,半玻璃光泽,透明—半透明;硬度 4.5,脆性。最早见于 1911 年福格特(Vogt)在《矿物学、地质学和古生物学通报》报道,但未提到发现地。1923 年福格特(Vogt)在《矿物学、地质学和古生物学通报》提到最初的报告来自挪威诺德兰区廷斯菲尤尔的洪德蒙(Hundholmen)。英文名称 Yttrofluorite,由成分冠词"Yttro(钇)"和根词拉丁文"Fluorite(萤石)"组合命名。2006 年被 IMA 废弃。中文名称根据成分和族名译为钇萤石;根据成分译为钇氟石和钇钙氟石(根词参见【萤石】条 1082 页)。

【钇铀矿】参见【晶质铀矿】条 389 页

【钇铀烧绿石】参见【钇烧绿石】条 1073 页

异 [yì]会意；繁体字異，从田，从共。或，甲骨文字形，像个有手、脚、头的人形。从廾(gǒng)，从畀(bì)。畀，予也。本义：奇特；奇异；奇怪。指有不同的、特别的意思。异极：异指不同，极指端；即两端不同。异剥：异指特别的，剥指分离；即特别容易剥离开来。异构：结构不同。

【异剥辉石】参见【透辉石】条 966 页

【异构钾钙霞石】

英文名 Quadridavyne

化学式 $[(Na,K)_6Cl_2][Ca_2Cl_2][(Si_6Al_6O_{24})]$ (IMA)

异构钾钙霞石六方柱状、厚板状晶体(德国、意大利)

异构钾钙霞石是一种含氯的钠、钾、钙的铝硅酸盐矿物。属似长石族钙霞石族。六方晶系。晶体呈六方柱状、厚板状。无色、白色，玻璃光泽，透明；硬度 5，完全解理，脆性。1990 年发现于意大利那不勒斯省奥塔维亚诺(Ottaviano)火山灰。英文名称 Quadridavyne，由冠词拉丁文"Quadrupled(四倍)"和根词"Davyne(钾钙霞石)"组合命名，意指它的晶胞体积是钾钙霞石的 4 倍。IMA 1990－054 批准。1994 年 E. 博纳科尔西(E. Bonaccorsi)等在《欧洲矿物学杂志》(6)报道。1999 年中国新矿物与矿物命名委员会黄蕴慧等在《岩石矿物学杂志》[18(1)]根据结构与钾钙霞石的不同译为异构钾钙霞石。

【异极矿】

英文名 Hemimorphite

化学式 $Zn_4(Si_2O_7)(OH)_2 \cdot H_2O$ (IMA)

异极矿异极晶体(奥地利)，晶簇状(墨西哥)、钟乳状(意大利)集合体

异极矿是一种含结晶水和羟基的锌的硅酸盐矿物。它自古代就是锌的重要来源。斜方晶系。晶体呈板状、薄片状、柱状，晶面有条纹；集合体呈捆状或扇状、晶簇状、皮壳状、钟乳状、葡萄状。无色、白色、黄色，灰色、棕色、淡蓝色、淡绿色等，蓝色含铜异极矿称中国蓝，半金刚光泽、半玻璃光泽、油脂光泽，解理面上呈珍珠光泽或丝绢光泽，透明—半透明；硬度 4.5～5，完全解理，脆性。中国可能是发现、认识、利用异极矿最早的国家之一。在西方，孔柯尔(Geogr)和司太尔(Stahl)两位化学家都相信异极矿中含有一种金属。1735 年，瑞典化学家布朗特再次指出异极矿中有未知的金属。1746 年，德国化学家马格拉夫从异极矿中获得一种新金属，它就是锌。1853 年发现于罗马尼亚比霍尔县努切特的白塔(Băiţa)采矿区；同年，格洛德(Gerold)在维也纳《莫氏矿物系统》刊载，还在德国晶体学家编辑的《结晶学杂志专辑》(159)报道。英文名称 Hemimorphite，1853 年以阿道夫·肯宫特(Adolph Kenngott)根据晶体的异极形态命名，其中 Hemi 指半面形，Morphi 指矿物结构与构造，意指它的晶体沿 c 轴呈板状、板柱状，没有对称中心，两端(极)具有不同的形态，一端较为平钝，另一端则是锥体，且受热两端(极)具有不同的电荷，故得其名。1959 年以前发现、描述并命名的"祖父级"矿物，IMA 承认有效。IMA 1962s. p. 批准。外国人常将此矿物与中国古代称的炉甘石(Calamine，碳酸锌)相联系、相混淆(参见【菱锌矿】条 493 页)。

【异磷铁锰矿】

英文名 Heterosite

化学式 $Fe^{3+}(PO_4)$ (IMA)

异磷铁锰矿块状集合体(美国)

异磷铁锰矿是一种铁、锰的磷酸盐矿物。属磷铁锂矿族。斜方晶系。晶体呈页片状；集合体呈块状。深玫瑰红色—红紫色、紫黑色，蜡状光泽、泥土光泽，新鲜面上呈丝绢光泽，不透明；硬度 4～4.5，完全解理，解理面呈弯曲状或变皱状，脆性。1825 年发现于法国维埃纳(圣西尔)省勒莱斯休罗(Les Hureaux)；同年，阿吕奥二世在巴黎《化学和物理学年鉴》(30)报道，称 Heteposite。英文名称 Heterosite，1826 年由弗朗索瓦·阿吕奥二世[François Alluaud(Ⅱ)]在《自然科学年鉴》(8)称 Heterosite 和 Heterozite；根据希腊文"ἕτερος＝Another＝Hetero(另一个，不同的)"命名，可能是指该物种是同一地点的含有铁和锰的第二个新矿物。1959 年以前发现、描述并命名的"祖父级"矿物，IMA 承认有效。中文名称根据意和成分译为异磷铁锰矿，也译为磷铁石。

【异硫锑铅矿】

英文名 Heteromorphite

化学式 $Pb_7Sb_8S_{19}$ (IMA)

异硫锑铅矿是一种非常罕见的铅、锑的硫化物矿物。属斜硫锑铅矿族。单斜晶系。晶体呈锥状、柱状，晶面有条纹，常形成扭曲的歪晶；集合体呈块状。铁黑色、钢灰色，金属光泽，不透明；硬度 2.5～3，脆性。1849 年发现于德国北莱茵-威斯特伐利亚州阿恩斯伯格市的卡斯帕里(Caspari)锑矿；同年，在《物理学和化学年鉴》(77)报道。英文名称 Heteromorphite，由希腊文"ετερος＝Different＝Hetero(不同的、异性的)"和"μορφή＝Form＝Morph(形态、变体)"组合命名，意指矿物与同源序列中的斜硫锑铅矿是同质多象变体。1959 年以前发现、描述并命名的"祖父级"矿物，IMA 承认有效。中文名称根据意和成分译为异硫锑铅矿。

【异铝闪石】参见【韭闪石】条 390 页

【异砷锑钯矿】参见【砷锑钯矿-Ⅱ】条 792 页

【异水菱镁矿】

英文名 Giorgiosite

化学式 $Mg_5(CO_3)_4(OH)_2 \cdot 5H_2O$ (IMA)

异水菱镁矿是一种含结晶水、羟基的镁的碳酸盐矿物。

单斜晶系。晶体呈纤维状；集合体呈皮壳状、球粒状。白色，丝绢光泽，半透明。1879年福凯（Fouque）发现于希腊爱琴海基克拉泽斯州内阿卡门尼（Nea Kammeni）岛阿尔菲萨（Alphoessa）熔岩流。英文名称 Giorgiosite，以1866年在锡拉岛形成的吉奥吉奥斯（Giorgios）火山锥命名。1905年拉克鲁瓦（Lacroix）在法国《巴黎科学院会议周报》(140)和《法国矿物学会通报》(28)报道。1959年以前发现、描述并命名的"祖父级"矿物，IMA承认有效，但IMA持怀疑态度。中文名称根据成分中的结晶水比水菱镁矿高译为异水菱镁矿。

异水菱镁矿皮壳状、球粒状集合体（意大利）

【异水硼钠石】

英文名 Ezcurrite

化学式 $Na_2B_5O_7(OH)_3 \cdot 2H_2O$ (IMA)

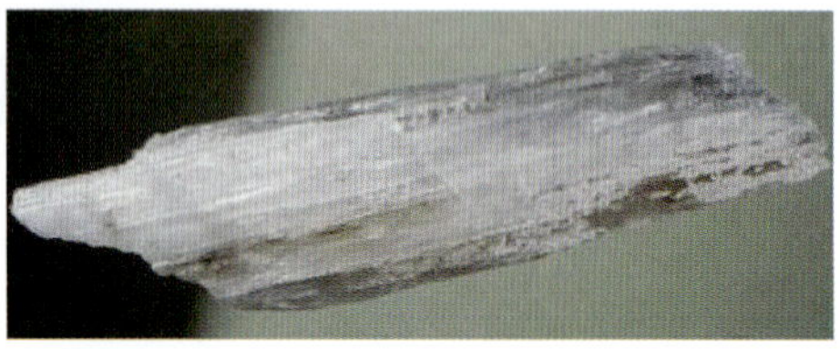
异水硼钠石纤维状晶体，束状集合体（阿根廷）

异水硼钠石是一种含结晶水的钠的硼酸盐矿物[前人是根据 $Na_4B_{10}O_{17} \cdot 7H_2O$(mindat.org)译名的]。三斜晶系。晶体呈片状、纤维状；集合体呈束状、放射状、块状。无色、白色，玻璃光泽、丝绢光泽，透明；硬度3～3.5，完全解理，脆性。1957年发现于阿根廷萨尔塔省安第斯山脉廷卡拉尤（Tincalayu）矿；同年，S.米西格（S. Muessig）等在《经济地质学》(52)和《美国矿物学家》(42)报道。英文名称 Ezcurrite，以近大西洋（SA）硼砂生产公司经理胡安·曼努埃尔·埃斯库拉（Juan Manuel de Ezcurra，1900—1970）的姓氏命名。1959年以前发现、描述并命名的"祖父级"矿物，IMA承认有效。中文名称根据含异常多的水和其他成分译为异水硼钠石，也有的根据英文名称首音节音和成分译为意水硼钠石，还有的根据成分水及与硼砂的关系译为七水硼砂。

【异性石】

英文名 Eudialyte

化学式 $Na_{15}Ca_6Fe_3Zr_3Si(Si_{25}O_{73})(O,OH,H_2O)_3(Cl,OH)_2$ (IMA)

异性石六方板状、柱状和三方双锥晶体（丹麦、俄罗斯、加拿大）

异性石是一种含羟基、氯、氧和结晶水的钠、钙、铁、锆的硅酸盐矿物。属异性石族。三方晶系。晶体呈菱面体或板状、柱状；集合体呈块状。深红色、橙红色、橙色、粉红色、桃红色、棕红色、黄棕色、棕色、黄色、紫色、绿色，玻璃光泽、油脂光泽，透明—半透明；硬度5～6，完全解理，脆性。最早见于1810年M. H. 克拉普罗特（M. H. Klaproth）在柏林罗特曼《化学知识对矿物学的贡献》(第五集)报道。1819年发现于丹麦格陵兰岛西南部伊犁马萨克的康尔卢苏克（Kangerluarsuk）峡湾霞石正长岩杂岩体；同年，在《哥廷基神学（博学）广告》(*Göttingische Gelehrte Anzeigen*)(3)报道。英文名称 Eudialyte，源于希腊文"Eὖ δι ά λυτos"，即由"Eu（容易）"和"Dialytos（分解）"组合命名，意指其在硫酸中容易溶解。1959年以前发现、描述并命名的"祖父级"矿物，IMA承认有效。IMA 2003s. p. 批准。中文名称意译为异性石。

易 [yì]象形；从日，从勿。甲骨文是指"蜥蜴"，并特指蜥蜴中的变色龙，因此衍生出"变化"这个含义。容易，与"难"相对。[英]音，用于外国山名。

【易变硅钙石】

英文名 Tacharanite

化学式 $Ca_{12}Al_2Si_{18}O_{33}(OH)_{36}$ (IMA)

易变硅钙石纤维状晶体，球粒状集合体（美国、意大利）

易变硅钙石是一种含羟基的钙、铝的硅酸盐矿物。单斜晶系。晶体呈纤维状；集合体呈隐晶质致密块状、皮壳状、球粒状。白色，玻璃光泽、土状光泽，半透明；硬度6，有韧性。1961年发现于英国苏格兰西北高地斯凯岛特罗特尼什半岛波特里（Portree）；同年，J. M. 斯威特（J. M. Sweet）在《矿物学杂志》(32)和1962年《美国矿物学家》(47)报道。英文名称 Tacharanite，根据盖尔文"Tacharan（变色龙）"命名，因为该矿物在空气中很快转变成其他矿物，外表看起来像雪硅钙石。1959年以前发现、描述并命名的"祖父级"矿物，IMA承认有效。中文名称根据其易变性和成分译为易变硅钙石。

【易变辉石】

英文名 Pigeonite

化学式 $(Mg,Fe,Ca)_2Si_2O_6$ (IMA)

易变辉石是一种镁、铁、钙的硅酸盐矿物。属辉石族单斜辉石亚族。单斜晶系。晶体呈柱状、粒状，具简单双晶或聚片双晶；集合体呈块状。褐色、绿褐色、黑色，玻璃光泽，半透明—不透明；硬度6，完全解理。

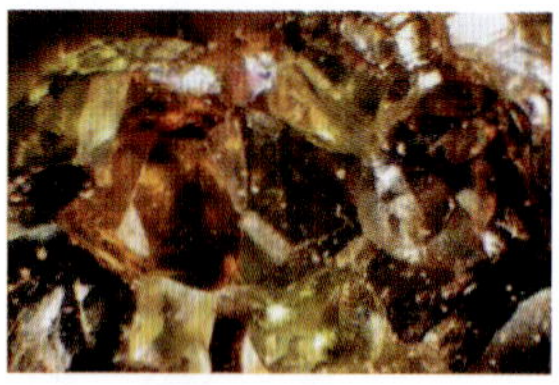
易变辉石粒状晶体（美国）

1900年发现于美国明尼苏达州库克县鸽（Pigeon）点（窝）灯塔悬崖；同年，亚历山大·N. 温切尔（Alexander N. Winchell）在《美国地质学家》(26)报道。英文名称 Pigeonite，以发现地美国鸽（Pigeon）点命名。1959年以前发现、描述并命名的"祖父级"矿物，IMA承认有效。IMA 1988s. p. 批准。这是一个模糊不清的定义，可以考虑它可能是一种富钙的斜顽辉石或斜铁辉石，并易蚀变为蛇纹石。中文名称根据矿物的易变性和族名译为易变辉石。

【易潮石】

英文名 Trudellite

化学式 $Al_{10}Cl_{12}(OH)_{12}(SO_4) \cdot 30H_2O$

特鲁戴尔像

易潮石是一种含结晶水的水化氯化铝的硫酸盐矿物。三方(或六方)晶系。集合体呈致密块状。琥珀黄色、黄色,玻璃光泽;硬度2.5;易潮解,有涩味。英文名称 Trudellite,1926 年戈登以美国博物学家、植物学家、矿物学家,费城矿物学会的总裁 H. W. 特鲁戴尔(H. W. Trudell,1879—1964)的姓氏命名。特鲁戴尔一直是一位博物学家,从 1910 年左右开始与埃德加·T. 惠里(Edgar T. Wherry)等一起学习研究矿物学。特鲁戴尔和惠里及山姆·戈登(Sam Gordon,1897—1952)共同创办了《美国矿物学家》杂志,特鲁戴尔兼处理新杂志的财务工作,直到 1919 年底移交给美国矿物学会。在此期间,他担任过费城矿物学会(1917)的总裁。特鲁戴尔是一位积极的矿物收集者,1920 年他收集到一种新的矿物。然而,该矿物后来被证明是钠明矾石和氯矾石混合物,名称被认为是无效的。中文名称原来根据其易潮解性意译为易潮石。

【易解石】

英文名 Aeschynite-(Ce)

化学式 $(Ce,Ca,Fe,Th)(Ti,Nb)_2(O,OH)_6$ (IMA)

铈易解石板柱状晶体(奥地利、瑞士、俄罗斯)

易解石是一种稀少的铈、钙、铁、钍、钛、铌的复杂氢氧-氧化物矿物。常含镁、铁、铝、铀、钽等杂质。属易解石族。包括易解石(又名铈易解石)、钇易解石、铌易解石、钽易解石、钛易解石、钍易解石、铝易解石、钕易解石等(参见相关条目)。斜方晶系,蜕晶质。晶体呈柱状、长柱状、薄板状以及针状,晶面有条纹;集合体呈放射状、束状、囊状或块状。黑色、黑褐色、黄色、浅棕色、红褐色、紫红色、巧克力色,金刚光泽或油脂光泽、玻璃光泽,晶状易解石半金属光泽,半透明—不透明;硬度 5.5～6,脆性;弱电磁性,强放射性,不稳定,易非晶质化。1830 年发现于俄罗斯车里雅宾斯克州伊尔门山脉伊尔门(Ilmen)自然保护区硅铍钇矿井坑;同年,J. 贝采里乌斯(J. Berzelius)在《物理科学进展年度报告》(9)报道。英文名称 Aeschynite,由希腊文"αισχύνη=Aischune(耻辱)"命名。1828 年科学家发现一种黑色矿物,由于当时贝采里乌斯等大化学家们因没有能力把它所含的全部元素(尤其是钛和锆,以及成分中占主导地位的镧系元素)分析出来而感到"耻辱",于是使用希腊文"Aischune"将这种矿物命名为 Aeschvnite。1959 年以前发现、描述并命名的"祖父级"矿物,IMA 承认有效。中文名称根据它不稳定、易非晶质化等特点译为易解石;又根据英文名称之意译为耻辱石。见于 1944 年 C. 帕拉奇(C. Palache)、H. 伯曼(H. Berman)和 C. 弗龙德尔(C. Frondel)《丹纳系统矿物学》(第一卷,第七版,纽约)。1987 年 IMA(特殊程序)更名为加占优势的稀土元素铈后缀-(Ce),即 Aeschynite-(Ce)。IMA 1987s. p. 批准。中文名称根据占优势的成分铈和族名译为铈易解石。

益

[yì]会意;从皿,从水。小篆字形。像器皿中有水漫出。"水"已隶变。本义:"溢"的本字。水漫出。①用于中国地名。②用于日本人名。

【益富云母】参见【锰锂云母】条 608 页

【益阳矿】

汉拼名 Yiyangite

化学式 Au_3Hg

益阳矿是一种金与汞的互化物合金矿物。六方晶系。集合体呈树枝状、锅巴状等。黄色,金属光泽,不透明。1989 年发现于中国湖南省益阳(Yiyang)县鹤山区资江砂金矿。矿物名称以发现地中国益阳(Yiyang)县命名。1989 年田澍章(Shuzhang Tian)在《黄金地质科技》[8(1)]报道。IMA 未批准命名,但可能有效。

逸

[yì]一般是指超凡脱俗,卓而不群。也可以指安闲,安乐。用于日本人名。

【逸见石】参见【羟硼铜钙石】条 726 页

意

[yì]会意;从心,从音。本义:发自内心的声音。[英]音,用于外国河名、人名。

【意水硼钠石】参见【异水硼钠石】条 1076 页

【意水羟砷铜石】

英文名 Yvonite

化学式 $Cu(AsO_3OH)\cdot 2H_2O$ (IMA)

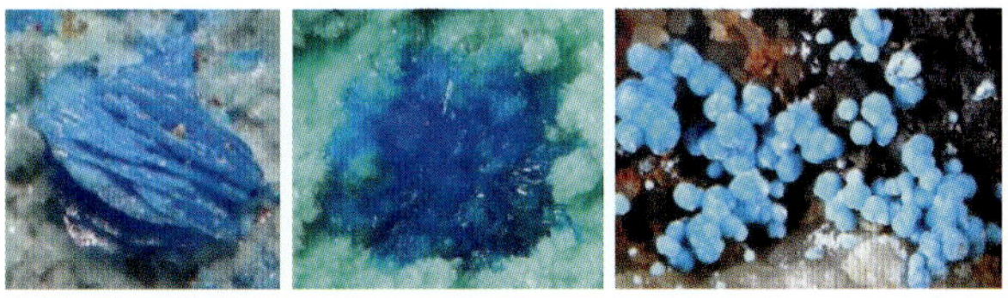

意水羟砷铜石片状晶体,放射状、球状集合体(法国)

意水羟砷铜石是一种含结晶水的铜的氢砷酸盐矿物。属淡红砷锰石族。三斜晶系。晶体呈扁平片状;集合体呈放射状、球状,球径达 1mm。翠蓝色、宝石绿色,玻璃光泽,透明;硬度 3.5～4,较脆。1995 年发现于法国奥德省卡尔卡松镇的萨尔西尼(Salsigne)矿山。英文名称 Yvonite,以瑞士日内瓦大学结晶学教授克劳斯·伊冯(Klaus Yvon,1943—)的姓氏命名。IMA 1995-012 批准。1998 年 H. 萨尔普(H. Sarp)等在《美国矿物学家》(83)报道。2004 年中国地质科学院矿产资源研究所李锦平等在《岩石矿物学杂志》[23(1)]根据英文名称首音节音和成分译为意水羟砷铜石。

【意钽钠矿】

英文名 Irtyshite

化学式 $Na_2Ta_4O_{11}$ (IMA)

哈萨克斯坦额尔齐斯河(Irtysh)

意钽钠矿是一种钠、钽的氧化物矿物。属钽钠矿族。六方晶系。晶体呈粒状,粒径 0.05mm;集合体呈细脉状(0.02mm×0.2mm)。无色,金刚光泽,透明;硬度 7,脆性。1984 年发现于哈萨克斯坦东部省卡尔巴区域额尔齐斯河(Irtysh)附近的乌纳谷尔萨(Ungursai)钽矿床。英文名称 Irtyshite,以发现地附近的额尔齐斯河(Irtysh)命名。IMA 1984-025 批准。1985 年 A. V. 沃洛申(A. V. Voloshin)等在俄罗斯《矿物学杂志》[7(3)]和 1986 年 F. C. 霍桑(F. C. Hawthorne)在《美国矿物学家》(71)报道。中文名称根据英文首音节音和成分译为意钽钠矿;也译为铌钽钠石。它是以额尔齐斯河(Irtysh)命名的第二个矿物。额尔齐斯河(Ertixi)是一条跨国河流,发源于中国新疆维吾尔自治区阿尔泰山南坡,流经哈萨克斯坦,到俄罗斯经鄂毕河湾注入北冰洋。中国学者在 1983 年率先以额尔齐斯河(Ertixi)命名了第一个矿物名称(参见【额尔齐斯石】条 140 页)。

Y

溢

[yì]形声;从水,益声。本作"益"。像水从器皿中漫出。

【溢晶石】

英文名 Tachyhydrite

化学式 $CaMg_2Cl_6 \cdot 12H_2O$ (IMA)

溢晶石是一种含结晶水的钙、镁的氯化物矿物。三方晶系。人工晶体呈菱面体;集合体呈滚圆块状。无色、蜡黄色—蜜黄色,玻璃光泽,透明;硬度 2,完全解理;有苦味,极易吸水潮解。1856 年发现于德国萨克森-安哈尔特州塔斯富尔特(Stassfurt)矿;同年,拉梅尔斯贝格(Rammelsberg)在莱比锡哈雷《物理学年鉴》(98)报道。英文名称 Tachyhydrite,由希腊文"ταχίs=Quick=Tach(快速)"和"ὕδωρ=Water=Hydr(水)"组合命名,意指在空气中极易吸水潮解。1959 年以前发现、描述并命名的"祖父级"矿物,IMA 承认有效。中文名称根据其极易吸水潮解性译为溢晶石;根据成分译为镁钙盐。

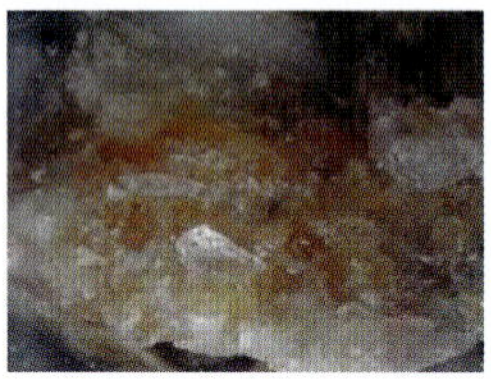

溢晶石块状集合体(德国)

镱

[yì]从金,从意,印声。是一种稀土金属元素。[英]Ytterbium。元素符号 Yb。原子序数 70。1878 年 J. C. G. 马里尼亚克(J. C. G. Marignac)从铒土中分离出镱的氧化物,1907 年于尔班和韦耳斯指出马里尼亚克分离出的是氧化镥和氧化镱的混合物。元素名来源于它的发现地瑞典斯德哥尔摩附近的伊特比(Ytterby)小镇。镱在地壳中的含量为 0.000 266%,主要存在于磷钇矿和黑稀金矿中。

【镱兴安石】

参见【兴安石-镱】条 1050 页

因

[yīn]会意;从口,从大。"大"指事物群体规模、数量的扩大。"口"指事物的群体规模、数量等要素演变的基本框架。"大"与"口"联合起来表示"基本框架内的事物群体的规模扩大、数量增长"。本义:约束性发展;承袭式发展。转义:发展的阶段性前体或原体。[英]音,用于外国地名。

【因硫碲铋矿】

英文名 Ingodite

化学式 Bi_2TeS (IMA)

因硫碲铋矿是一种铋的碲-硫化物矿物。属辉碲铋矿族。三方晶系。晶体呈不规则粒状、叶片状;集合体呈块状、浸染状。黄铁矿色,金属光泽,不透明;硬度 2.5。1980 年发现于俄罗斯赤塔州因果达河(Ingoda)维克恩-因果丁斯科耶(Verkhne-Ingodinskoye)锡矿床。英文名称 Ingodite,以发现地俄罗斯的因果达(Ingoda)河矿床命名。IMA 1980-045 批准。1981 年 E. N. 扎维亚洛夫(E. N. Zavyalov)等在《全苏矿物学会记事》(110)和《美国矿物学家》(76)报道。1984 年中国新矿物与矿物命名委员会郭宗山在《岩石矿物及测试》[3(2)]根据英文首音节音和成分译为因硫碲铋矿或应硫碲铋矿或音硫碲铋矿。1985 年中国学者曹东彝在《矿物岩石地球化学通报》(4)报道,在中国江西省盘古山钨矿床中,也发现了这一新矿物,时间仅比苏联晚大约 8 个月。

因硫碲铋矿不规则粒状、叶片状晶体,块状集合体(俄罗斯)

【因斯布鲁克石*】

英文名 Innsbruckite

化学式 $Mn_{33}(Si_2O_5)_{14}(OH)_{38}$ (IMA)

因斯布鲁克石*是一种含羟基的锰的硅酸盐矿物。单斜晶系。晶体呈薄片状、针状,长 150μm。几乎无色,透明;硬度 6。2013 年发现于奥地利蒂罗尔州因斯布鲁克小镇沃特内尔利兹姆(Wattener Lizum)盖尔施塔弗尔(Geier Staffelsee)。英文名称 Innsbruckite,以第一块标本发现地奥地利西部因斯布鲁克(Innsbruck)市命名。IMA 2013-038 批准。2013 年 H. 克鲁格(H. Krüger)等在《CNMNC 通讯》(17)、《矿物学杂志》(77)和 2014 年《矿物学杂志》(78)报道。目前尚未见官方中文译名,编译者建议音译为因斯布鲁克石*。

殷

[yīn]会意;从㐆,从殳。本义:盛乐。[英]音,用于外国人名。

【殷格生矿】

英文名 Ingersonite

化学式 $Ca_3Mn^{2+}Sb^{5+}_4O_{14}$ (IMA)

殷格生矿是一种钙、锰、锑的氧化物矿物。属烧绿石超族锑钙石族。六方晶系。晶体呈半自形。褐黄色,玻璃—半玻璃光泽,透明—半透明;硬度 6,菱面体完全解理,脆性。1986 年发现于瑞典韦姆兰省菲利普斯塔德市朗班(Långban)转储站。英文名称 Ingersonite,1988 年彼得·J. 邓恩(Pete J. Dunn)等为纪念弗瑞德·厄尔·殷格生(Fred Earl Ingerson,1906—1993)而以他的姓氏命名。殷格生是美国卡耐基研究所地球物理实验室的地球化学家(1935—1947)、美国地质调查局的岩石学首席地球化学家(1947—1958)和得克萨斯大学地质学教授(1958—1977)。他的研究领域包括流体包裹体、成矿流体、古温测量和岩组分析。殷格生还是两个主要地球化学学会及其期刊出版物——《地球化学与宇宙化学学报》和《有机地球化学协会杂志》的创始人。他在 13 个国家的 35 个专业协会中担任会员、研究员。他的杰出职业生涯获得过许多荣誉和成就:荣誉科学博士(哈丁西蒙斯学院,1942 年)、日间奖章(美国地质学会,1955 年)、杰出服务奖(美国内政部,1959 年)和杰出校友奖(哈丁西蒙斯大学,1977 年)。以他的姓氏命名此矿物是对他一生杰出贡献的认可。IMA 1986-021 批准。1988 年邓恩等在《美国矿物学家》(73)报道。1989 中国新矿物与矿物命名委员会郭宗山在《岩石矿物学杂志》[8(3)]音译为殷格生矿。

殷格生像

铟

[yīn]形声;从钅,因声。铟是一种稀有金属元素。[英]Indium。元素符号 In。原子序数 49。1861 年发现铊后,德国弗赖贝格矿业学院物理学教授赖希对铊的一些性质很感兴趣,希望得到足够的金属进行实验研究。于是

他于1863年开始在弗赖堡希曼尔斯夫斯特出产的闪锌矿中寻找这种金属。虽然实验花费了很多时间，他却没有获得期望的元素。但是他得到了一种不知成分的草黄色沉淀物。他认为是一种新元素的硫化物。只有利用光谱进行分析来证明这一假设。可是赖希是色盲，只得请求他的助手H.T.李希特进行光谱分析。李希特在分光镜中发现一条靛蓝色的明线，位置和铯的两条蓝色明亮线不相吻合，就根据希腊文"靛蓝"（Ἰνδικον＝Indikon）一词命名它为Ινδικό＝Indium（铟）。因此发现铟的荣誉由两位科学家获得。他们在1867年制得金属铟。铟在地壳中的分布量比较小，又很分散。独立铟矿物很少，铟主要呈类质同象存在于闪锌矿、赤铁矿、方铅矿以及其他多金属硫化物中。

【铟黄锡矿】

英文名 Sakuraiite

化学式 $(Cu,Zn,Fe)_3(In,Sn)S_4$　　(IMA)

樱井钦一像

铟黄锡矿是一种铜、锌、铁、铟、锡的硫化物矿物。属黄锡矿族。等轴晶系。与黄锡矿形成固溶体分离纹理。绿青灰色，金属光泽，不透明；硬度4。1965年发现于日本本州岛近畿地区兵库县朝来市（日本战国时期的但马国）生野町小野的生野矿山。英文名称Sakuraiite，以东京矿物学家樱井钦一（Kin-ichi Sakurai，1912—1993）博士的姓氏命名。IMA 1965－017批准。日文汉字名称桜井鉱。1965年加藤（A. Kato）在地学杂志《地球科学研究》（樱井卷1－5）和1968年《美国矿物学家》（53）报道。中国地质科学院根据成分及与黄锡矿的关系译为铟黄锡矿；2010年杨主明在《岩石矿物学杂志》[29(1)]建议借用日文汉字名称的简化汉字名称樱井矿。

银 [yín]形声；从钅，艮声。是一种银白色贵金属元素。[英]Silver，意"月亮般的"金属。[拉]Argentum，是"浅色、明亮"的意思。化学符号Ag。原子序数47。银是古代人发现的7种金属之一。因它多呈化合物，而单质少，所以发现比金要迟，应用亦较晚。我国古代常把银与金、铜并列为"唯金三品"，约公元前23世纪的夏书《禹贡》记载有"唯金三品"，可见距今4 000多年前中国便发现、使用银了。我国考古学者从出土的春秋时代的青铜器当中就发现镶嵌在器具表面的"金银错"（一种用金、银丝镶嵌的图案）。从汉代古墓中出土的银器已经十分精美。公元前1780—前1580年间，埃及王朝的法典已规定银的价值比黄金还要高。银在自然界中有单质存在，但绝大部分是以化合态的形式存在。我国也常用"银"字来形容白而有光泽的东西，包括矿物。

【银白铋金矿】参见【黑铋金矿】条314页

【银板硫锑铅矿】

英文名 Rayite

化学式 $(Ag,Tl)_2Pb_8Sb_8S_{21}$　　(IMA)

银板硫锑铅矿是一种含银、铊的板硫锑铅矿的物种。属柱辉锑铅矿族。单斜晶系。晶体呈板状、板片状。铅灰色，金属光泽，不透明；硬度2.5。1982年发现于印度拉贾斯坦邦乌代布尔区拉杰普拉-达里巴矿床达里巴（Dariba）矿。英文名称Rayite，以印度加尔各答学院岩石学教授桑托斯·库马尔·雷（Santosh Kumar Ray，1908—1976）教授的姓氏命名。IMA 1982－029批准。1983年在《矿物学新年鉴》（月刊）和《美国矿物学家》（69）报道。1985年中国新矿物与矿物命名委员会郭宗山等在《岩石矿物及测试》[4(4)]根据成分及与板硫锑铅矿的关系译为银板硫锑铅矿（参见【板硫锑铅矿】条44页）；根据成分译为硫锑铊银铅矿。

银板硫锑铅矿板片状晶体（印度）

【银汞矿】

英文名 Moschellandsbergite

化学式 Ag_2Hg_3　　(IMA)

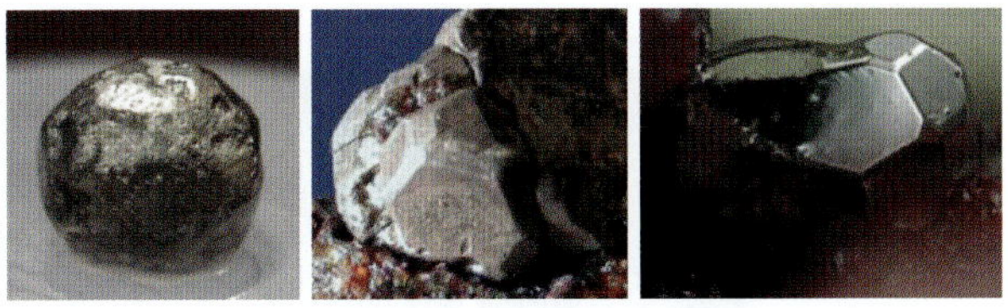

银汞矿圆粒状、聚形晶体（德国）

银汞矿是一种银和汞的自然元素矿物。等轴晶系。晶体呈菱形十二面体，常与立方体或四角三八面体组成聚形，散粒状；集合体呈块状、皮壳状。银白色，失去光泽呈浅棕灰色，强金属光泽，不透明；硬度3.5。1938年发现于德国莱茵兰-普法尔茨州莫斯切尔兰斯伯格（Moschellandsberg）卡罗来纳（Carolina）矿；同年，H.伯曼（H. Berman）等在《美国矿物学家》（23）报道。英文名称Moschellandsbergite，伯曼等以发现地德国莫斯兰德斯伯格（Moschellandsberg）命名。1959年以前发现、描述并命名的"祖父级"矿物，IMA承认有效。中文名称根据成分译为银汞矿；根据三价银即丙银和柔软如膏状的汞膏译为丙银汞膏。

【银褐硫砷铅矿】

英文名 Argentobaumhauerite

化学式 $Ag_{1.5}Pb_{22}As_{33.5}S_{72}$　　(IMA)

银褐硫砷铅矿板状晶体（瑞士）

银褐硫砷铅矿是一种银、铅的砷-硫化物矿物。属脆硫砷铅矿族。三斜晶系。晶体呈板状。钢灰色、褐棕色，金属光泽，不透明；硬度3，完全解理，脆性。1987年发现于瑞士瓦莱斯州林根巴赫（Lengenbach）采石场；同年，G.罗宾逊（G. Robinson）等在《矿物学记录》（18）报道。最初命名为Baumhauerite－2a，因为它与Baumhauerite（硫铅砷矿）相似，具有双倍长度的"a"单元参数。1990年A.布林（A. Pring）等在《美国矿物学家》（75）报道。IMA 15－F提案更为现名。英文名称Argentobaumhauerite，由成分冠词"Argento（银）"和根词"Baumhauerite（硫铅砷矿）"组合命名。IMA 2015s. p.批准。2016年D.托帕（D. Topa）等在《矿物学杂志》（80）报道。中文名称根据成分及颜色译为银褐硫砷铅矿。

【银黄锡矿】

英文名 Hocartite

化学式 Ag_2FeSnS_4　　(IMA)

银黄锡矿是一种银、铁、锡的硫化物矿物。属黄锡矿族。四方晶系。晶体呈粒状，常见聚片双晶。棕灰色，金属光泽，不透明；硬度4。1967年发现于玻利维亚波托西省阿尼玛斯乔卡亚(Animas Chocaya)矿山。英文名称 Hocartite,以法国巴黎大学矿物学教授雷蒙德·霍巴特(Raymond Hocart,1896—1983)的姓氏命名。IMA 1967-046 批准。1968 年 R. 卡耶(R. Caye)在《矿物学和结晶学会通报》(91)和 1969 年弗莱舍在《美国矿物学家》(54)报道。中文名称根据成分及族名译为银黄锡矿。

银黄锡矿粒状晶体(阿根廷)

【银金矿】

英文名 Electrum

化学式 (Au,Ag)

银金矿片状晶体,树枝状集合体(美国)

银金矿是一种金与银的自然合金矿物。自然金中当银含量达 10%~15% 称银金矿。中国古代就已认识银金矿,那时称为琥珀金,又称为黄银或淡金。浅黄色,金属光泽,不透明。其中的金主要呈粒状,部分呈树枝状、脉状和片状,其赋存状态主要是晶隙金,其次是裂隙金和少量为包裹体。金,明代方以智《通雅》和陈元龙《格致镜源》引《山海经》:"臬涂之山,多黄银。"清代张澍《蜀典》引《山海经》郭璞注:"黄银出蜀中,与金无异,但上石则色白。"《浙江通志》引《龙泉县志》:"黄银即淡金。"根据上述史料,可以充分说明我国古代先民,对银金矿这种含银矿物,已经有了很清楚的认识,并且已能根据黄银与自然金条痕颜色的不同,来区分这两种矿物,即银金矿的条痕色比自然金要浅,为黄白色。英文名称 Electrum,由希腊文"ἤλεκτρου(Amber,琥珀色)"命名。音译埃勒克特卢姆,意指金银合金,西方已知最早的硬币就是用它制造的。见于 1944 年 C. 帕拉奇(C. Palache)、H. 伯曼(H. Berman)和 C. 弗龙德尔(C. Frondel)《丹纳系统矿物学》(第一卷,第七版,纽约)。1959 年以前发现、描述并命名的"祖父级"矿物,IMA 承认有效(参见【自然金】条 1129 页)。

【银氯铅矿】

英文名 Bideauxite

化学式 $AgPb_2F_2Cl_3$ (IMA)

银氯铅矿无色透明淡蓝色粒状晶体(美国)和拜多克斯像

银氯铅矿是一种银、铅的氯-氟化物矿物。等轴晶系。无色,光照呈淡薰衣草色,金刚光泽,透明;硬度 3,脆性,贝壳状断口。1969 年发现于美国亚利桑那州皮纳尔县猛犸区猛犸圣安东尼(Mammoth-Saint Anthony)矿床。英文名称 Bideauxite,以美国亚利桑那州矿物学家、作家和矿物收藏家理查德·奥古斯特·拜多克斯(Richard August Bideaux,1935—2004)的姓氏命名。他是《矿物学记录》杂志的共同创始人,《亚利桑那州矿物学和矿物学手册》的共同作者,矿物学之友的创始成员。IMA 1969-038 批准。1970 年 S. A. 威廉姆斯(S. A. Williams)在《矿物学杂志》(37)和 1971 年《美国矿物学家》(56)报道。中文名称根据成分译为银氯铅矿,也译作氯银铅矿。

【银毛矿】

参见【脆硫锑银铅矿】条 98 页

【银镍黄铁矿】

英文名 Argentopentlandite

化学式 $Ag(Fe,Ni)_8S_8$ (IMA)

银镍黄铁矿是一种银、铁、镍的硫化物矿物。属镍黄铁矿族。等轴晶系。晶体呈八面体、微细粒状。铜棕色,金属光泽,不透明;硬度 3.5。1970 年发现于俄罗斯泰梅尔半岛普托拉纳高原欧卡亚布斯基(Oktyabrsky)铜镍矿床和图瓦共和国科武-阿克西(Khovu-Aksy)镍钴矿床。英文名称 Argentopentlandite,由成分冠词拉丁文"Argentum(银)"和根词"Pentlandite(镍黄铁矿)"组合命名。IMA 1970-047 批准。1971 年在《全苏矿物学会记事》(100)、《美国矿物学家》(30)和 1977 年《全苏矿物学会记事》(106)报道。中文名称根据成分及与镍黄铁矿的关系译为银镍黄铁矿。1986 年莫少剑在《矿物学报》(2)报道,在中国广西融水县九毛锡矿区首次发现银镍黄铁矿(根词参见【镍黄铁矿】条 657 页)。

【银砷黝铜矿】

英文名 Argentotennantite-(Zn)

化学式 $Ag_6(Cu_4Zn_2)As_4S_{13}$ (IMA)

银砷黝铜矿是一种银、铜、锌的砷-硫化物矿物。属黝铜矿族。等轴晶系。晶体呈细小粒状。黑灰色,树脂光泽,不透明;硬度 3.5。1986 年发现于哈萨克斯坦阿克莫拉市斯捷普诺戈尔斯克镇科瓦特西托夫高尔基(Kvartsitovje Gorki)金矿床。英文名称 Argentotennantite,由成分冠词拉丁文"Argentum(银)"和根词"Tennantite(砷黝铜矿)"组合命名。1986 年 E. M. 斯皮里多诺夫(E. M. Spiridonov)等在《苏联科学院报告》(290)和 1988 年杨博尔(Jambor)等在《美国矿物学家》(73)报道。根据 IMA 18-K 提案,2008 年 IMA 矿物学委员会硫盐小组委员会加占优势的锌,更名为 Argentotennantite-(Zn)。IMA 2019s. p. 批准。中文名称根据成分及与砷黝铜矿的关系译为银砷黝铜矿(根词参见【砷黝铜矿】条 798 页)。

银砷黝铜矿四面体晶体(瑞士)

【银铁矾】

英文名 Argentojarosite

化学式 $AgFe_3^{3+}(SO_4)_2(OH)_6$ (IMA)

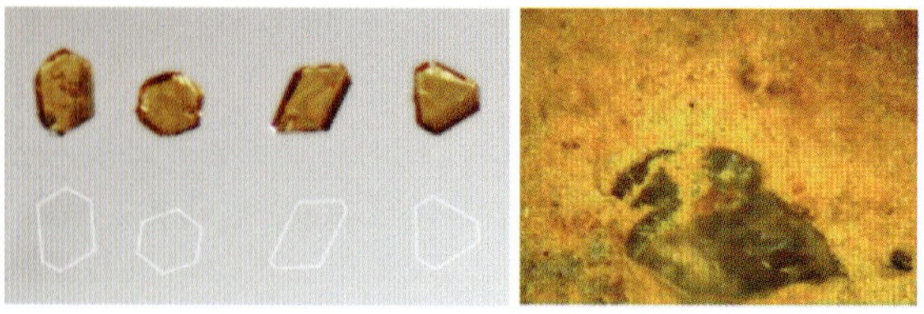

银铁矾细片状晶体,被膜状集合体(美国)

银铁矾是一种含羟基的银、铁的硫酸盐矿物。属明矾石族。三方晶系。晶体呈细粒状、扁平状、六方片状;集合体可呈被膜状。黄色—褐色,金刚光泽、玻璃光泽;硬度 3.5～4.5,完全解理。1923 年发现于美国犹他州犹他县廷蒂克(Tintic)标准矿山;同年,夏勒(Schaller)在《华盛顿科学院杂志》(13)和 C. A. 申普(C. A. Schempp)在《美国科学杂志》(6)报道。英文名称 Argentojarosite,由冠词拉丁文"Argentum(银)"和根词"Jarosite(黄钾铁矾)"组合命名。1959 年以前发现、描述并命名的"祖父级"矿物,IMA 承认有效。IMA 1987s. p. 批准。中文名称根据成分译为银铁矾,也有的根据成分银与黄钾铁矾的关系译为银钾铁矾;根据非凡的光泽译为辉银黄钾铁矾(根词参见【黄钾铁矾】条 339 页)。

【银铜氯铅矿】参见【氯铜银铅矿】条 566 页

【银线石】参见【紫苏辉石】条 1125 页

【银星石】

英文名 Wavellite

化学式 $Al_3(PO_4)_2(OH)_3\cdot 5H_2O$　　(IMA)

银星石呈柱状晶体(比利时),放射圈层结构的球状集合体(美国)

银星石是一种含结晶水、羟基的铝的磷酸盐矿物。属银星石族。斜方晶系。晶体呈柱状、板状、纤维状;集合体通常呈放射圈层结构的球状、半球状,或致密状、似角质状、玉髓状。银白、灰白、绿、蓝、黄、红、紫等色,玻璃光泽、珍珠光泽或油脂光泽、松脂光泽,透明—半透明;硬度 3.5～4,完全解理,脆性。1805 年第一次发现并描述于英国英格兰德文郡海登(Heddon)采石场;同年,巴宾顿(Babbington)在《伦敦皇家哲学学会汇刊》报道。英文名称 Wavellite,1805 年威廉·巴宾顿为纪念英国英格兰的威廉·韦维尔博士(William Wavell,1750—1829)而以他的姓氏命名。他是英国德文郡哈伍德教区的医生、植物学家、历史学家和博物学家,他发现了这种矿物。1959 年以前发现、描述并命名的"祖父级"矿物,IMA 承认有效。IMA 1971s. p. 批准。同义词 Fischerite,1844 年赫尔曼(Hermann)在莱比锡《实用化学杂志》(33)报道,并由俄罗斯莫斯科自然历史协会副会长、莫斯科大学教授戈特黑尔夫·菲舍尔·冯·瓦尔德海姆(Gotthelf Fischer von Waldheim,1771—1853)的名字命名。中文名称根据白色和放射状(星状)球粒状习性译为银星石。

【银黝铜矿】

英文名 Freibergite

化学式 $Ag_6[Cu_4Fe_2]Sb_4S_{13-x}$　　(弗莱舍,2018)

银黝铜矿是一种银、铜、铁的锑-硫化物矿物。属黝铜矿族。等轴晶系。晶体呈四面体、粒状。钢灰色、黑色,条痕呈红黑色,金属光泽,不透明;硬度 3.5～4。1853 年发现于德

银黝铜矿四面体晶体(意大利、罗马尼亚)

国萨克森州厄尔士山脉弗赖堡(Freiberg)区赖歇泽奇(Reiche Zeche)矿山。英文名称 Freibergite,以发现地德国的弗莱堡(Freiberg)命名。见于 1944 年 C. 帕拉奇(C. Palache)、H. 伯曼(H. Berman)和 C. 弗龙德尔(C. Frondel)《丹纳系统矿物学》(第一卷,第七版,纽约)。1959 年以前发现、描述并命名的"祖父级"矿物,IMA 承认有效。中文名称根据成分和族名译为银黝铜矿,也译作银铜矿,还译作黝锑银矿。

【银黝铜矿-铁】

英文名 Argentotetrahedrite-(Fe)

化学式 $Ag_6(Cu_4Fe_2)Sb_4S_{13}$　　(IMA)

银黝铜矿-铁是一种银、铜、铁的锑-硫化物矿物。属黝铜矿族。与银黝铜矿(Freibergite)密切相关。等轴晶系。金属光泽,不透明。2016 年发现于加拿大育空地区梅奥矿区基诺(Keno)山。英文名称 Argentotetrahedrite,由成分冠词拉丁文"Argento(银)"和根词"Tetrahedrite(黝铜矿)"组合命名。最初于 1992 年未经批准。2017 年 M. D. 韦尔奇(M. D. Welch)等在《CNMNC 通讯》(35)、《矿物学杂志》(81)和 2018 年《欧洲矿物学杂志》(30)报道。根据 IMA 18-K 提案,通过 2008 年 IMA 矿物学委员会硫盐小组委员会的特别程序重新定义,后加占优势的铁更名为 Argentotetrahedrite-(Fe)。IMA 2019s. p. 批准。目前尚未见官方中文译名,编译者建议根据成分及与黝铜矿的关系译为银黝铜矿-铁。

尹 [yǐn]会意;甲骨文字形。左边一竖表示笔,右边是"又"(手),像手拿笔,以表示治事。本义:治理。[英]音,用于外国单位。

【尹克然石】

英文名 Ikranite

化学式 $(Na,H_3O)_{15}(Ca,Mn,REE)_6Fe_2^{3+}Zr_3Si_{24}O_{66}$
$(O,OH)_6Cl\cdot nH_2O$　　(IMA)

尹克然石是一种含结晶水、氯、羟基和氧的钠、卉离子、钙、锰、稀土、铁、锆的硅酸盐矿物。属异性石族。三方晶系。晶体呈假六边形板状,粒径达 3cm。黄色—褐黄色,玻璃光泽,半透明;硬度 5,脆性。2000 年发现于俄罗斯北部摩尔曼斯克州卡纳苏特(Karnasurt)山伟晶岩。英文名称 Ikranite,由俄罗斯科学院结晶学研究所(Institut Kristallografii Rossiyskoy Akademii Nauk)的缩写尹克然(IKRAN)命名。IMA 2000-010 批准。2003 年 N. V. 丘卡诺夫(N. V. Chukanov)等在《俄罗斯矿物学会记事》[132(5)]报道。2008 年中国地质科学院地质研究所任玉峰等在《岩石矿物学杂志》[27(2)]音译为尹克然石。

隐 [yǐn]从阝(阜),从爪,从工,从彐,从心。《说文》隐,蔽也。《尔雅》,隐,微也。

【隐磷铝石】

英文名 Bolivarite

化学式 $Al_2(PO_4)(OH)_3\cdot 4H_2O$　　(IMA)

Y

隐磷铝石是一种含结晶水、羟基的铝的磷酸盐矿物。集合体呈隐晶质皮壳状。浅绿黄色，玻璃光泽；硬度 2.5，贝壳状断口。1921 年发现于西班牙加利西亚省庞特维德拉(Pontevedra)；同年，纳瓦罗(Navarro)和巴里亚(Barea)在《西班牙皇家自然历史学会通报》(21)报道。英文名称 Bolivarite，1921 年 L. F. 纳瓦罗(L. F. Navarro)等为纪念西班牙博物学家、昆虫学家和马德里国家博物馆自然科学部主任伊格纳西奥·博利瓦尔(Ignacio Bolivar，1850—1944)而以他的姓氏命名。1959 年以前发现、描述并命名的“祖父级”矿物，IMA 承认有效，但 IMA 持怀疑态度。可能是核磷铝石。根据命名优先权的原则，Bolivarite 被 IMA 废弃。中文名称根据隐晶质和成分译为隐磷铝石；音译为博利瓦尔石。

博利瓦尔像

印 [yìn]会意。[英]音，用于国名。

【印度石】

英文名 Indialite

化学式 $Mg_2Al_3(AlSi_5)O_{18}$　(IMA)

印度石六方柱状晶体(印度)

印度石是一种镁、铝的铝硅酸盐矿物。与堇青石为同质二象。六方晶系。晶体呈六方柱状，柱端呈螺旋状或多个生长锥。无色、淡紫罗兰色、淡红色，玻璃光泽，透明；硬度 7～7.5。可作宝石。最初见于 1952 年 V. 文卡特斯赫(V. Venkatesh)在《美国矿物学家》(37)报道。1954 年发现于印度恰尔肯德邦哈扎里巴格区波卡罗(Bokaro)煤田燃烧煤层顶板熔岩。1954 年都城秋穗(Akiho Miyashiro)等在《日本科学院学报》(30)和 1955 年弗莱舍在《美国矿物学家》(40)及 1955 年都城秋穗等在《美国科学杂志》(253)报道。英文名称 Indialite，都城秋穗等以发现地印度(India)命名。1959 年以前发现、描述并命名的“祖父级”矿物，IMA 承认有效。中文名称音译为印度石。

英 [yīng]形声；从艸，央声。本义：花。古同“瑛”，似玉的美石。用于词尾，如石英。[英]音，用于外国人名。

【英格霍普石*】

英文名 Engelhauptite

化学式 $KCu_3(V_2O_7)(OH)_2Cl$　(IMA)

英格霍普石*球状集合体(德国)

英格霍普石*是一种含氯和羟基的钾、铜的钒酸盐矿物。六方晶系。晶体呈拉长的纺锤形，长 0.12mm，厚 0.04mm；集合体呈放射球状(直径 0.2mm)和束状。黄棕色—棕色，典型的橄榄绿色调，玻璃光泽，透明—半透明；脆性。2013 年发现于德国莱茵兰-普法尔茨州艾费尔高原的卡伦伯格(Kahlenberg)。英文名称 Engelhauptite，以德国业余矿物学家和矿物收藏家贝恩德·英格霍普(Bernd Engelhaupt，1946—)的姓氏命名，是他发现的该矿物。IMA 2013-009 批准。2013 年 I. V. 佩科夫(I. V. Pekov)等在《CNMNC 通讯》(16)、《矿物学杂志》(77)和 2015 年《矿物学与岩石学》(109)报道。目前尚未见官方中文译名，编译者建议音译为英格霍普石*。

樱 [yīng]形声；从木，婴声。本义：木名。如樱桃树、樱花树。用于日本人名。

【樱井矿】参见【铟黄锡矿】条 1079 页

盈 [yíng]形声；从皿，从夃(yíng)，夃亦声。意为“连续盛水直到溢出为止”。用于中国河流名、地名。

【盈江铀矿】

汉拼名 Yingjiangite

化学式 $K_2Ca(UO_2)_7(PO_4)_4(OH)_6 \cdot 6H_2O$　(IMA)

盈江铀矿针状晶体，束状、放射状集合体(德国)

盈江铀矿是一种含结晶水和羟基的钾、钙的铀酰-磷酸盐矿物。属磷铀矿族。斜方晶系。晶体呈针状、细长柱状；集合体呈束状、放射状、致密块状、皮壳状。深黄色、金黄色或带褐的黄色，半金刚光泽、半玻璃光泽、树脂光泽，透明—半透明；硬度 3～4，完全解理，脆性。1989 年，中国核工业地质勘查局 209 大队闵光裕等在中国云南省德宏自治州盈江(Yingjiang)县铜壁关乡首次发现的一种新的铀矿物，并以产地和成分命名为盈江铀矿(Yingjiangite)。IMA 1989-001 批准。1990 年陈璋如等在《矿物学报》[10(2)]和 1991 年《美国矿物学家》(76)报道。2000 年 J. M. V. 科蒂尼奥(J. M. V. Coutinho)和 D. 阿滕西奥(D. Atencio)对该物种提出了质疑。

注：1993 年中国新矿物与矿物命名委员会黄蕴慧等在《岩石矿物学杂志》[12(1)]错写为映江石。

萤 [yíng]形声；从虫，荧省声。本意：昆虫，通称萤火虫，黑夜尾部发淡蓝色荧光。

【萤石】

英文名 Fluorite

化学式 CaF_2　(IMA)

萤石晶体，晶簇状、球状集合体(中国、印度)

萤石，又称氟石。它是一种钙的氟化物矿物。其中的钙常被钇和铈等稀土元素替代，形成稀土萤石，如钇萤石、铈萤石等。等轴晶系。晶体常呈立方体、粒状，少见八面体、菱形十二面体，罕见柱状，常具穿插双晶；集合体呈块状、土状、球状、葡萄状、晶簇状等。颜色多样而鲜艳，有紫红色、蓝色、绿色、绿蓝色、深紫色、蓝黑色、黄色、无色、白色、灰色等，玻璃光泽，透明；硬度 4，完全解理。萤石在紫外线或阴极射线照射下会发出如同萤火虫一样的荧光，由此得名。但当萤石含有一些稀土元素时，它就会发出磷光。也就是说，在离开紫外线或阴极射线照射后，萤石依旧能持续发光较长一段时间。中国是世界上发现、认识、利用萤石最早的国家之一。据考古发掘，7 000 年前的浙江余姚河姆渡人已用萤石作饰品。中国古代的“夜明珠”就是用发磷光的萤石制作的。据史籍记载，炎帝、神农时就已发现过夜明珠，如神农氏有石球之王号称“夜矿”。

古印度也是发现、认识萤石最早的国家之一。据传，印度有个小山岗上的眼镜蛇特别多，它们总是在一块大石头周围转悠。这种奇异的自然现象引起人们探索自然奥秘的兴趣。原来，每当夜幕降临，这里的石头会闪烁微蓝色的荧光，许多具有趋光性的昆虫便纷纷到亮石头上空飞舞，青蛙跳出来竞相捕食昆虫，躲在不远处的眼镜蛇也纷纷赶来捕食青蛙。于是，人们把这种石头叫作“蛇眼石”。后来才知道“蛇眼石”就是萤石。

在西方，1529 年发现于捷克共和国卡罗维发利州厄尔士山脉的亚希莫夫（Jáchymov）矿区（圣希姆斯塔尔）和德国萨克森厄尔士山脉布赖滕布伦区布赖滕布伦（Breitenbrunn）。英文名称 Fluorite，源自拉丁文“Fluorine（流动）”一词。1774 年瑞典化学家舍勒在研究硫酸与萤石的反应时发现氢氟酸。1797 年由卡洛·安东尼奥·加莱亚尼·纳皮奥内（Carlo Antonio Galeani Napione）根据拉丁文“Fluere＝Flow（流动）”命名萤石。1873 年埃克斯纳（Exner）在维也纳《哈特晶体》（*Härte an Krystallflächen*）（31）刊载。1959 年以前发现、描述并命名的“祖父级”矿物，IMA 承认有效。

荧光一词即来源于萤石，因往往会明显表现出这种光学效应。氟元素的名字也来自萤石。19 世纪初，物理学家安培指出氢氟酸中存在着一种未知的化学元素，并建议命名为“Fluor”，词源来自拉丁文及法文，原意为“流动（Flow，Fluere）”之意，因为氟具有高度的活泼性。氟元素的制取是经过化学家们长期冒险而得到的，这期间有好几位大有前途的化学家因此失去了健康和生命，直到 1886 年莫瓦桑（Henri Moissan，1852—1907）终于成功分离出氟。1906 年莫瓦桑因此获得诺贝尔化学奖。1907 年因氟中毒去世，年仅 55 岁，他是为氟而献身的众多科学家之一。

同义词 Glowstone，意为一种“永久发光”的金色方块。这种方块只能在地狱岩层中自然生成，故也称“地狱”萤石。紫萤石又称紫幽灵；中国又称软水紫晶。

硬 ［yìng］形声；从石，从更，更亦声。“更”义为“一层一层的”。“石”与“更”联合起来表示“石头一层一层的”。本义：石头被砸掉一层又露出一层。硬与“软”相对。

【硬沸石】参见【硬羟钙铍石】条 1084 页

【硬硅钙石】

英文名 Xonotlite

化学式 $Ca_6Si_6O_{17}(OH)_2$ （IMA）

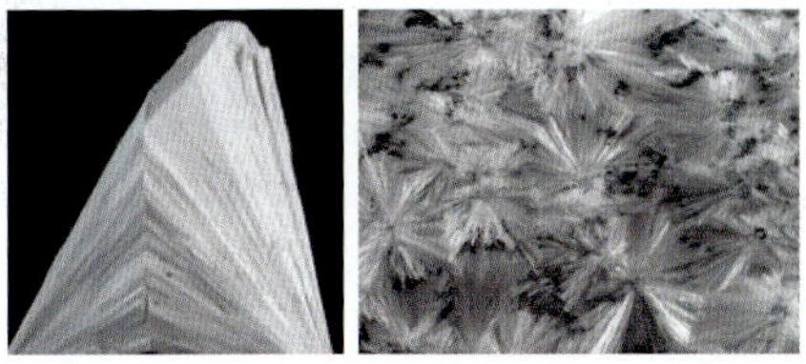

硬硅钙石针状晶体，束状、放射状集合体（意大利、美国）

硬硅钙石是一种含羟基的钙的硅酸盐矿物。单斜晶系。晶体呈柱状、针状；集合体呈束状、放射状。无色、白色、灰色、浅灰色、柠檬黄色或粉红色，玻璃光泽、丝绢光泽、珍珠光泽，透明—半透明；硬度 6.5。1866 年首次发现并描述于墨西哥普埃布拉州特特拉的西欧诺特拉（Xonotla）；同年，拉默尔斯贝格在《德国地质学会杂志》（18）报道。英文名称 Xonotlite，1866 年由卡尔·弗里德里希·奥古斯特·拉默尔斯贝格（Karl Friedrich August Rammelsberg）以发现地墨西哥西欧诺特拉（Xonotla）命名。1959 年以前发现、描述并命名的“祖父级”矿物，IMA 承认有效。中文名称根据硬度大和成分译为硬硅钙石。现在已知 Xonotlite 的多型有－Ma2bc、－Ma2b2c 和－M2a2bc。当硬硅钙石中的钙被部分镁替代 $(Ca,Mg)SiO_3 \cdot 2H_2O$，即 Magnesian Xonotlite 为硬硅钙石的镁的变种，译作硅钙镁石或镁硬硅钙石。

【硬绿泥石】

英文名 Chloritoid

化学式 $Fe^{2+}Al_2O(SiO_4)(OH)_2$ （IMA）

硬绿泥石板状晶体（中国台湾、阿富汗）

硬绿泥石是一种含羟基的铁、铝氧的硅酸盐矿物。属硬绿泥石族。羟锗铁铝石-硬绿泥石系列。二价铁占优势的锰硬绿泥石和镁绿泥石的类似矿物。单斜（三斜）晶系。晶体呈假六方板状、片状、鳞片状，具简单、三连、聚片双晶；集合体常呈玫瑰花状、块状。深灰色，或从浅绿色—绿黑色、近于黑色，玻璃光泽，解理面上呈珍珠光泽，半透明；硬度 6.5，极完全解理，薄片可弯曲，但易折断，无弹性。1835 年发现于俄罗斯斯维尔德洛夫斯克州叶卡捷琳堡的科索伊布罗德（Kosoi Brod）村；同年，古斯塔夫·罗斯（Gustav Rose）在《实用化学杂志》（4）报道。英文名称 Chloritoid，1837 年由德国矿物学家、汉堡大学矿物学教授古斯塔夫·罗斯（Gustav Rose，1798—1873）根据外观看起来像绿泥石矿物而命名。1959 年以前发现、描述并命名的“祖父级”矿物，IMA 承认有效。中文名称因其较高的硬度、脆性和外观看起来像绿泥石族矿物而译为硬绿泥石。

【硬绿蛇纹石】参见【蛇纹石】条 773 页

【硬锰矿】

英文名 Psilomelane

化学式 $Ba(Mn^{2+})(Mn^{4+})_8O_{16}$ 或 $(Ba,H_2O)_2Mn_5O_{10}$

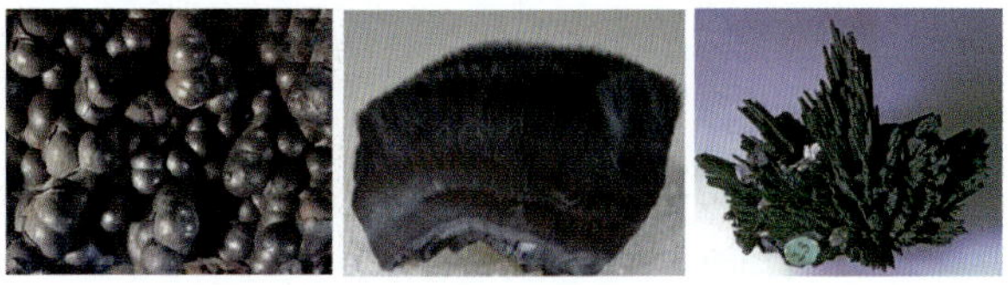

硬锰矿肾状、毛发状、晶簇状集合体（中国、美国、英国）

硬锰矿是含羟基水或结晶水的钡、锰的氧化物矿物。单斜晶系。晶体呈纤维状、柱状，但少见；集合体常呈钟乳状、肾状和葡萄状，亦有呈致密块状和树枝状、晶簇状。颜色和条痕均为黑色，半金属光泽，不透明；硬度 5～6。最早见于 1747 年瓦勒留斯（Wallerius）的记载。1827 年海丁格尔（Haidinger）在《爱丁堡皇家学会学报》(11)报道。英文名称 Psilomelane，由两个希腊文"ψιλός＝Psilos（光滑）"和"μέλας＝Melas＝Black（黝黑）"组合命名，意指这种矿物色黑，钟乳状、肾状和葡萄状集合体的表面呈玻璃样的光滑。中文名称根据其硬度比软锰矿较高而译为硬锰矿。

【硬硼钙石】

英文名 Colemanite

化学式 $CaB_3O_4(OH)_3 \cdot H_2O$ （IMA）

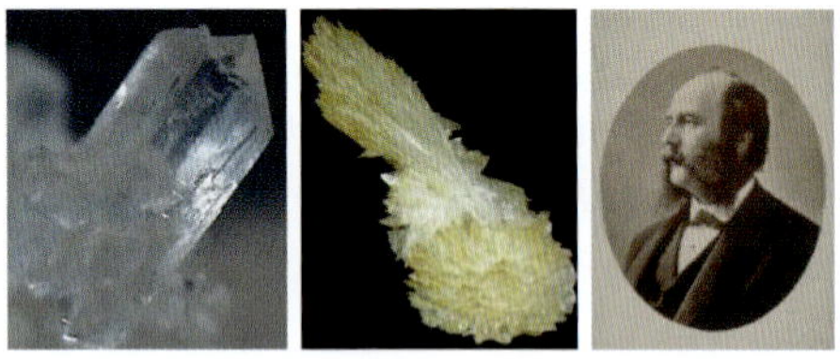

硬硼钙石柱状晶体，球状、束状集合体（伊朗、美国）和科尔曼像

硬硼钙石是一种含结晶水、羟基的钙的硼酸盐矿物。单斜晶系。晶体呈短柱状、粒状，或呈假斜方菱面体、假八面体；集合体常呈块状和及球状、束状。颜色常为无色、乳白色、黄白色和灰白色，透明—半透明，玻璃光泽、金刚光泽；硬度 4～4.5，完全解理。1884 年首次发现于美国加利福尼亚州炉溪（Furnace Creek）区（瑞安地区死亡谷硼矿床炉溪区硼砂区）。1883 年 H. G. 汉克斯（H. G. Hanks）在加利福尼亚州《美国矿物学家第三份报告》(3)、1884 年 J. T. 埃文斯（J. T. Evans）在《加利福尼亚州科学院科学通报》(1)和 A. W. 杰克逊（A. W. Jackson）在《美国科学杂志》(Ⅲ系列，28)报道。英文名称 Colemanite，以威廉·特尔·科尔曼（William Tell Coleman，1824—1893）的姓氏命名。他是美国加利福尼亚州硼砂工业的创始人和所有者及矿物的首次发现者。1959 年以前发现、描述并命名的"祖父级"矿物，IMA 承认有效。中文名称根据硬度（与别的硼酸盐矿物相比硬度 4.5 较高）和成分译为硬硼钙石。

【硬羟钙铍石】

英文名 Bavenite

化学式 $Ca_4Be_{2-x}Al_{2-x}Si_9O_{26-x}(OH)_{2+x}$ $(x=0\sim1)$ （IMA）

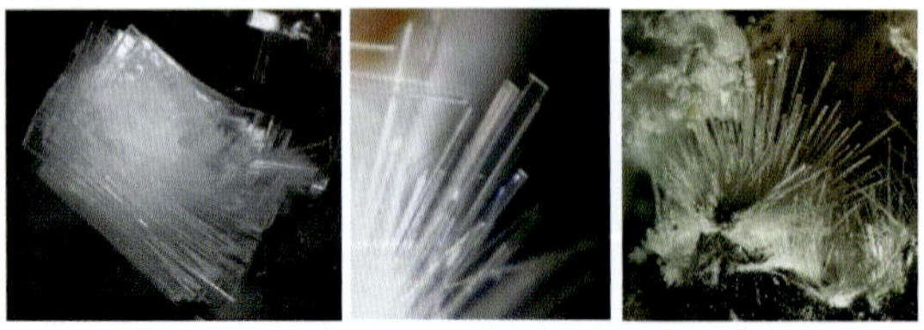

硬羟钙铍石叠片状、细柱状晶体，晶簇状、放射状集合体（意大利、美国）

硬羟钙铍石是一种含羟基的钙、铍的铝硅酸盐矿物。斜方晶系。晶体呈板状、柱状、纤维状；集合体呈晶簇状、叠片状、放射状、毛球状。无色、白色、绿色、玫瑰色、褐色，玻璃光泽、丝绢光泽，透明；硬度 5.5，完全解理。1901 年发现于意大利韦巴诺-库西亚-奥索拉省的巴韦诺（Baveno）奥尔特鲁姆（Oltrefiume）卡莫西奥（Camoscio）山瑟拉（Seula）矿（前蒙特卡蒂尼采石场）。1901 年 E. 雅天妮（E. Artini）在《皇家科学院物理、数学和自然科学文献》(Ⅴ系列，10)报道。英文名称 Bavenite，以发现地意大利的巴韦诺（Baveno）命名。1959 年以前发现、描述并命名的"祖父级"矿物，IMA 承认有效。IMA 2015s. p. 批准。中文名称根据硬度和成分译为硬羟钙铍石；根据成分译为硅铍钙石；根据硬度和族名译为硬沸石。

【硬石膏】

英文名 Anhydrite

化学式 $Ca(SO_4)$ （IMA）

硬石膏晶体（墨西哥、中国）

硬石膏是一种钙的硫酸盐矿物。斜方晶系。晶体呈柱状或厚板状、纤维状、细粒鳞片状，常见双晶；集合体呈块状或放射状，常扭曲呈肠状（肠石）和牛胃状（牛胃石）。无色、白色，或因含杂质而呈浅灰色、浅蓝色或浅红色等，玻璃光泽、油脂光泽，解理面上呈珍珠光泽，透明—半透明；硬度 3～3.5，完全解理，脆性。中国是世界上发现、认识、命名硬石膏最早的国家。硬石膏一名出自秦汉时期的《神农本草经》。明代李时珍《本草纲目》载："硬石膏作块而生直理，起棱如马齿，坚白，击之则段段横解，光亮如云母。"对矿物的特征描述得简洁而确切。

在西方，1794 年首次发现在奥地利蒂罗尔州因斯布鲁克县附近的霍尔（Hall）山谷的盐矿。最早见于 1794 年阿贝·尼古劳斯·波达·冯·纽豪斯（Abbé Nicolaus Poda von Neuhaus）在维也纳《矿物学论文集》报道。英文名称 Anhydrite，1804 年由亚伯拉罕·戈特利布·维尔纳（Abraham Gottlieb Werner）根据希腊文"ἄνυδρος＝Anhydrous＝Without water"命名，意指石膏"脱水，去水"变为无水石膏。1804 年齐格弗里德·勒贝雷赫特·克鲁修斯（Siegfried Leberecht Crusius）在莱比锡《矿物学手册》刊载。又见于 1951 年 C. 帕拉奇（C. Palache）、H. 伯曼（H. Berman）和 C. 弗龙德尔（C. Frondel）《丹纳系统矿物学》(第二卷，第七版，纽约)。1959 年以前发现、描述并命名的"祖父级"矿物，IMA 承认有效。同义词"Karstenite"，可能来自希腊文"Κιμωλία＝Chalk"，有"白垩"或"用石膏处理"之意。

【硬水铝石】

英文名 Diaspore

化学式 AlO(OH) （IMA）

硬水铝石柱状、锥状晶体，放射状集合体（西班牙等）

硬水铝石是一种铝氧的氢氧化物矿物。属硬水铝石族。与结晶成 γ 相的软水铝石为同质二象。斜方晶系。晶体常呈柱状、假六方板片状、鳞片状、针状；集合体呈放射状、隐晶质及胶态豆、鲕状。一般为无色、白色、灰色，含杂质时可呈红、褐、绿灰、淡紫、粉红等色，金刚光泽、玻璃光泽，解理面上呈珍珠光泽，透明—半透明；硬度 6.5～7，完全解理，非常脆。美丽者可作宝石。它是目前发现的世界上最漂亮的稀有宝石，有很强的色散效应，由黄色、粉色变绿色，火彩四射，

美不胜收。

1801 年发现于俄罗斯斯维尔德洛夫斯克州叶卡捷琳堡地区科索伊布罗德的莫尔斯基扎沃德(Mramorskii Zavod)。后在土耳其穆拉(Mugla)市的米拉斯(Milas)镇塞米里耶(Selimiye)村也有采掘。英文名称 Diaspore,1801 年阿布·雷内·朱斯特·阿羽伊(Abbé Rene Just Haüy)在巴黎《矿物学教程》(第四卷),以希腊文"διασπε ι ρειυ=Scatter(散射)"命名,意指在吹管火焰下会碎裂。1935 年尤因(Ewing)在《化学物理杂志》(3)报道。1959 年以前发现、描述并命名的"祖父级"矿物,IMA 承认有效。中文名称根据硬度和成分译为硬水铝石或一水硬铝矿,因为硬度比一水软铝矿要硬。同义词 Kayserite,以德国马尔堡伊曼纽尔凯泽(Emanuel Kayser)命名。中文名称译作片铝石。同义词 Zultanite(水铝石)是 Diaspore 的宝石学商品名称,它由穆拉特·阿克根(Murat Akgun)命名。

【硬硒钴矿】

英文名 Trogtalite

化学式 $CoSe_2$　(IMA)

硬硒钴矿是一种钴的硒化物矿物。属黄铁矿族。等轴晶系。玫瑰色—紫罗兰色,金属光泽,不透明;硬度 4.5~5.5。1955 年发现于德国下萨克森州哈茨山脉劳滕塔尔附近的特罗格塔尔(Trogtal)采石场;同年,P. 拉姆多尔(P. Ramdohr)在《矿物学新年鉴》(月刊)和 1956 年弗莱舍在《美国矿物学家》(41)报道。英文名称 Trogtalite,以发现地德国的特罗格塔尔(Trogtal)采石场命名。1959 年以前发现、描述并命名的"祖父级"矿物,IMA 承认有效。中文名称根据硬度和成分译为硬硒钴矿。

【硬玉】

英文名 Jadeite

化学式 $NaAlSi_2O_6$　(IMA)

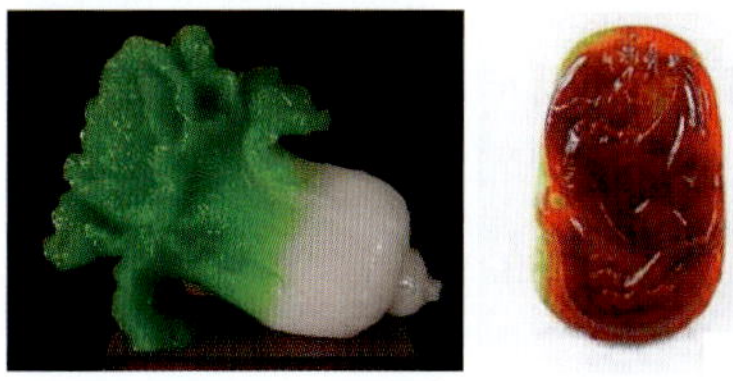

硬玉(翡翠)摆件与挂件

硬玉是一种钠和铝的硅酸盐矿物。属辉石族单斜辉石亚族。单斜晶系。晶体呈隐晶质纤维状、针状、长柱状;集合体常呈致密块状。颜色艳丽而丰富多彩,无色、白色、苹果绿色、蓝色、红色、紫色、黑色等,玻璃光泽、油脂光泽,透明—不透明;硬度 6~7,完全解理。硬玉习惯上称翡翠,也称翡翠玉、翠玉、缅甸玉。因优质翡翠大多来自缅甸北部的雾露河(江)流域第四纪和第三纪砾岩层翡翠矿床中,因而翡翠又称为缅甸玉。

翡翠名称来源有几种说法。一说来自鸟名,这种鸟羽毛非常鲜艳,雄性的羽毛呈红色,名翡鸟(又名赤羽鸟);雌性羽毛呈绿色,名翠鸟(又名绿羽鸟),合称翡翠。中国明朝时,缅甸玉传入中国后,就冠以"翡翠"之名。另一说,古代"翠"专指新疆和田出产的绿玉,翡翠传入中国后,为了与和田绿玉区分,称其为"非翠",后渐演变为"翡翠"。翡翠之名由来已久,汉代张衡的《西京赋》、班固的《西都赋》以及六朝徐陵的《玉台新咏诗序》提到的翡翠都有可能指软玉中的碧玉,而非硬玉。北宋的欧阳修《归田录》卷二载:"余(欧阳修)家有一玉罂,形制甚古而精巧,始得之梅圣俞,以为碧玉。在颍州时,尝以示僚属。坐有兵马钤辖邓保吉者,真宗朝老内臣也,识之,曰:此宝器也,谓之翡翠。"

英国自然科学史家李约瑟在《中国科学技术史》第三卷中称:在 18 世纪以前,中国人并不知道硬玉这种东西。以后,硬玉才从缅甸产地经云南输入中国。苏联地质学家基也夫林科也指出,缅甸度冒、缅冒、潘冒和南奈冒的次生翡翠矿发现于 1871 年,至今已开采了 100 多年。缅甸乌龙江河谷的原生翡翠早在 13 世纪(宋末至元初)已经采矿(见《国外地质科技》)。而我国目前从宫廷珍藏和出土文物中尚未发现明朝以前的翡翠。因此,中国人何时称硬玉为翡翠,缅甸翡翠何时输入中国,一直是未弄明白的历史之谜[见周国平《宝石学》(1989),北京]。

英文名称 Jadeite,源于西班牙文"Plcdode jade"的简称,意思是佩戴在腰部的宝石。1863 年在法国《巴黎科学院会议周报》(*Comptes Rendus Hebdomadaires des Séances de l'Académie des Sciences*)报道。1959 年以前发现、描述并命名的"祖父级"矿物,IMA 承认有效。IMA 1988s. p. 批准。中文名称因与软玉比较硬度大而得名硬玉(参见【玉】条 1092 页)。

【硬柱石】

英文名 Lawsonite

化学式 $CaAl_2(Si_2O_7)(OH)_2 \cdot H_2O$　(IMA)

硬柱石柱状、粒状晶体(美国)和劳森像

硬柱石是一种含结晶水和羟基的钙、铝的硅酸盐矿物。属硬柱石族。斜方晶系。晶体呈柱状、板状、粒状,常见双晶;集合体呈块状。无色、白色、灰色、蓝色、绿色和粉红色,玻璃光泽、油脂光泽,透明—半透明;硬度 7.5~8,完全解理,脆性。美丽者可作宝石。1895 年首次发现并描述于美国加州马林县里德(Reed)站;同年,弗雷德里克·莱斯利·兰塞姆(Frederick Leslie Ransome)在《加州大学地质科学系简报》(1)报道。英文名称 Lawsonite,由劳森的两个研究生查尔斯·帕拉奇(Charles Palache)和兰塞姆为纪念他们的老师、美国加州大学伯克利分校的地质学家安德鲁·考珀·劳森(Andrew Cowper Lawson,1861—1952)教授而以他的姓氏命名。他是加拿大地质调查局的地质学家,并在其职业生涯的大部分时间里担任加利福尼亚大学的地质学和矿物学教授。1959 年以前发现、描述并命名的"祖父级"矿物,IMA 承认有效。中文名称根据硬度高和柱状结晶习性译为硬柱石;根据除水之外成分与钙长石紧密的关系译作二水钙长石。

尤 [yóu]形声;小篆字形,从乙,又声。乙像植物屈曲生长的样子,受到阻碍,则显示出它的优异和突出。[英]音,用于外国地名、人名。

【尤加瓦矿】参见【四方锑钯矿】条 900 页

【尤里卡邓普石*】

英文名 Eurekadumpite

化学式 $(Cu,Zn)_{16}(Te^{4+}O_3)_2(AsO_4)_3Cl(OH)_{18}\cdot 7H_2O$ (IMA)

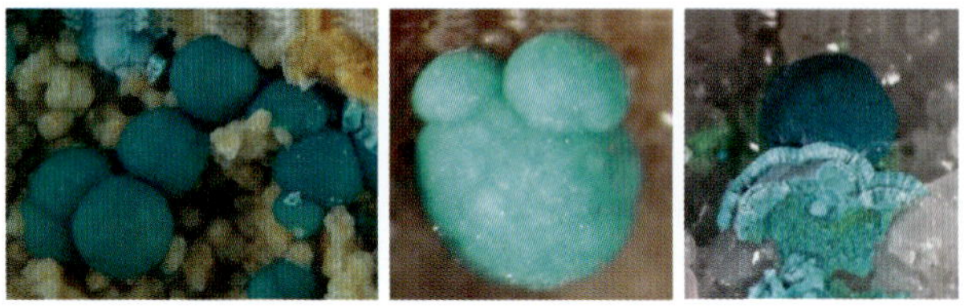

尤里卡邓普石* 球粒状集合体(美国)

尤里卡邓普石* 是一种含结晶水、羟基和氯的铜、锌的砷酸-碲酸盐矿物。单斜晶系。晶体呈假六边形或圆形薄片状、纤维状;集合体呈皮壳状、球粒状(直径 1mm)、半球状、花环状。明亮的深蓝色、蓝绿色,珍珠光泽、丝绢光泽,透明—半透明;硬度 2.5~3,完全解理。2009 年发现于美国犹他州贾布县尤里卡(Eureka)百年纪念尤里卡(Centennial Eureka)矿。英文名称 Eurekadumpite,以美国百年尤里卡(Eureka)矿山废弃的倾倒(dump)垃圾场组合命名。IMA 2009-072 批准。2010 年 I. V. 佩科夫(I. V. Pekov)在《俄罗斯矿物学会记事》[139(4)]报道。目前尚未见官方中文译名,编译者建议音译为尤里卡邓普石*。

【尤卢索夫石】

英文名 Urusovite

化学式 $CuAlO(AsO_4)$ (IMA)

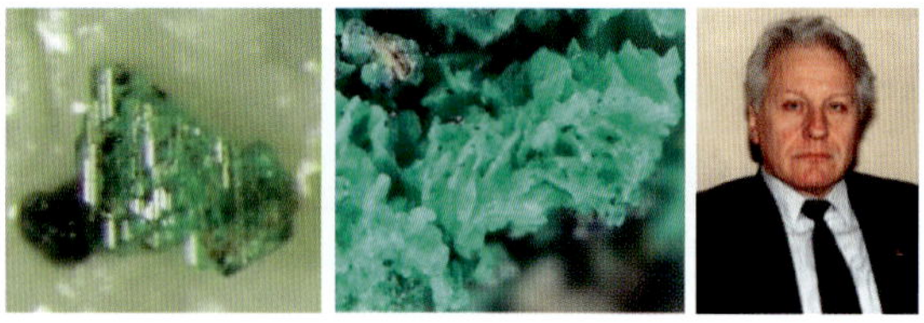

尤卢索夫石板状晶体(俄罗斯)和尤卢索夫像

尤卢索夫石是一种铜、铝氧的砷酸盐矿物。单斜晶系。晶体呈板状。浅绿色,玻璃光泽,半透明;硬度 4,完全解理,脆性。1998 年发现于俄罗斯堪察加州托尔巴契克(Tolbachik)火山主断裂北部破火山口第二火山渣锥诺瓦亚(Novaya)喷发口。英文名称 Urusovite,为纪念莫斯科国立大学结晶学和晶体化学系的晶体结构模型及键价计算专家瓦迪姆·谢尔盖耶维奇·尤卢索夫(Vadim Sergeevich Urusov,1936—2015)而以他的姓氏命名。IMA 1998-067 批准。2000 年 L. P. 维尔戛索娃(L. P. Vergasova)等在《欧洲矿物学杂志》(12)报道。2003 年中国地质科学院矿产资源研究所李锦平等在《岩石矿物学杂志》[22(1)]音译为尤卢索夫石。

【尤马林石*】

英文名 Yurmarinite

化学式 $Na_7(Fe^{3+},Mg,Cu)_4(AsO_4)_6$ (IMA)

尤马林石* 是一种钠、铁、镁、铜的砷酸盐矿物。三方晶系。晶体呈粒状、短柱状、板状,粒径 0.3mm;集合体呈薄的皮壳状。浅绿色或浅黄绿色—无色,玻璃光泽,透明;硬度 4.5,脆性。2013 年发现于俄罗斯堪察加州托尔巴契克(Tolbachik)火山主断裂北破火山口第二火山渣锥喷气孔。英文名称 Yurmarinite,以俄罗斯圣彼得堡矿业大学矿物学家、岩石学家和矿床研究专家尤里·B. 马林(Yuriy B. Marin,1939—)教授的姓名命名。马林是俄罗斯矿物学会副会长(自 1992 年)和《俄罗斯矿物学会记事》杂志的主编。IMA 2013-033 批准。2013 年 I. V. 佩科夫(I. V. Pekov)等在《CNMNC 通讯》(16)、《矿物学杂志》(77)和 2014 年《矿物学杂志》(78)报道。目前尚未见官方中文译名,编译者建议音译为尤马林石*。

尤马林石* 等轴粒状晶体(俄罗斯)

【尤钠钙矾】

英文名 Eugsterite

化学式 $Na_4Ca(SO_4)_3\cdot 2H_2O$ (IMA)

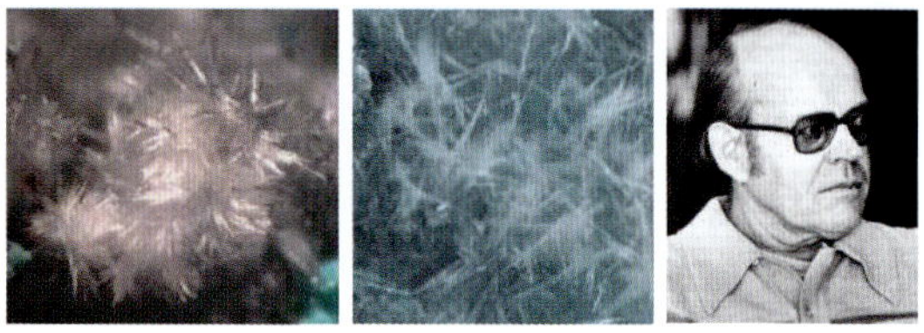

尤钠钙矾纤维晶体,放射状、杂乱状集合体(智利)和尤格斯特像

尤钠钙矾是一种含结晶水的钠、钙的硫酸盐矿物。单斜晶系。晶体呈纤维状;集合体呈放射状、杂乱状、粉末状、皮壳状。无色,玻璃光泽,透明;硬度 1~2。1980 年发现于肯尼亚霍马湾县圣度(Sindo)和肯尼亚维希加县罗安达(Luanda)及土耳其中部安纳托利亚地区科尼亚省卡拉皮纳尔区卡拉皮纳尔(Karapinar)。英文名称 Eugsterite,1981 年由里德克·维尔贡温(Lideke Vergouwen)为纪念美国马里兰州巴尔的摩约翰霍普金斯大学的地球化学家汉斯-彼得·尤格斯特(Hans-Peter Eugster,1925—1987)而以他的姓氏命名。1983 年约翰霍普金斯大学授予他罗布林奖章。IMA 1980-008 批准。1981 年维尔贡温在《美国矿物学家》(66)报道。1983 年中国新矿物与矿物命名委员会郭宗山等在《岩石矿物及测试》[2(1)]根据英文名称首音节音和成分译为尤钠钙矾。

【尤什津矿】

英文名 Yushkinite

化学式 $(Mg,Al)(OH)_2VS_2$ (IMA)

尤什金像

尤什津矿是一种镁、铝的氢氧化物和钒的硫化物矿物。属墨铜矿族。三方晶系。晶体呈细粒状、鳞片状;集合体呈脉状。粉红紫色,玷污后呈浓重的铜红色和橙红色,金属光泽,不透明;硬度 1。1983 年发现于俄罗斯北部涅涅茨自治区尤戈尔斯克市西洛瓦-雅哈(Silova-Yakha)河尤什金河谷(Yushkin)矿。英文名称 Yushkinite,以俄罗斯矿物学家尼古拉·帕夫洛维奇·尤什金(Nikolai Pavlovich Yushkin,1936—2012)的姓氏命名。他是乌拉尔经济学院科米科学中心地质研究所矿物学家,锡克特夫卡尔国立大学地质系主任;他对俄罗斯北欧和乌拉尔地区的矿产资源很感兴趣;他曾任国际矿物学协会和俄罗斯矿物学协会副主席。IMA 1983-050 批准。1984

年 A. B. 马克夫(A. B. Makeev)等在俄罗斯基辅《矿物学杂志》(6)和 1986 年邓恩等在《美国矿物学家》(71)报道。中文名称音译为尤什津矿。

【尤苏波夫石*】

英文名 Yusupovite

化学式 $Na_2Zr(Si_6O_{15})(H_2O)_3$　(IMA)

尤苏波夫石*是一种含结晶水的钠、锆的硅酸盐矿物。与纤硅锆钠石为同质多象。单斜晶系。晶体呈柱状，长 2mm。无色，玻璃光泽，透明；硬度 5，完全解理，脆性。2014 年发现于塔吉克斯坦天山山脉达拉伊-皮奥兹(Dara-i-Pioz)冰川。英文名称 Yusupovite，以乌兹别克斯坦塔什干地质博物馆馆长和著名的乌兹别克矿物学家鲁斯塔姆·古米罗维奇·尤苏波夫(Rustam Gumirovich Yusupov，1935—)的姓氏命名。IMA 2014－022 批准。2014 年 A. A. 阿加哈诺夫(A. A. Agakhanov)等在《CNMNC 通讯》(21)、《矿物学杂志》(78)和 2015 年《美国矿物学家》[100(7)]报道。目前尚未见官方中文译名，编译者建议音译为尤苏波夫石*。

【尤因铀矿*】

英文名 Ewingite

化学式 $Mg_8Ca_8(UO_2)_{24}(CO_3)_{30}O_4(OH)_{12}(H_2O)_{138}$　(IMA)

尤因铀矿*柱状晶体，晶簇状集合体(捷克)

尤因铀矿*是一种含结晶水、羟基和氧的镁、钙的铀酰-碳酸盐矿物。四方晶系。晶体呈柱状；集合体呈晶簇状。黄色，玻璃光泽，透明。2016 年捷克共和国普拉夫诺(Plavno)矿区捷克科学院物理研究所的 J. 普拉希尔(J. Plášil)发现于捷克共和国卡罗维发利州厄尔士山脉亚希莫夫区普拉夫诺(Plavno)矿山。英文名称 Ewingite，就职于圣母大学(Notre Dame)又称诺特丹大学的 T. 奥尔兹(T. Olds)及其同事描述了该矿物，它是已知的地球上结构最复杂的矿物，并以美国斯坦福大学地质科学教授罗德妮·C. 尤因(Rodney C. Ewing，1946—)的姓氏命名。他是美国加州斯坦福大学矿物学家和材料科学家，其研究重点是核材料的特性。IMA 2016－012 批准。2016 年 T. A. 奥尔兹(T. A. Olds)等在《CNMNC 通讯》(31)、《矿物学杂志》(80)和 2017 年《地质学》(45)报道。目前尚未见官方中文译名，编译者建议根据音和成分译为尤因铀矿*。

犹 [yóu]形声；从犭，从尤，尤亦声。繁体从犬，从酋，酋亦声。"酋"本义"加时加料酿制的醇酒"，引申意"长时间精心酿制"。"犬"与"酋"联合起来表示"长时间精心选育得到的目标犬"。转义：与选育设想和目标大体符合的犬崽。转义的引申：如同，相似。[英]音，用于外国地名。

【犹他矿】

英文名 Utahite

化学式 $MgCu_4^{2+}Zn_2Te_3^{6+}O_{14}(OH)_4 \cdot 6H_2O$　(IMA)

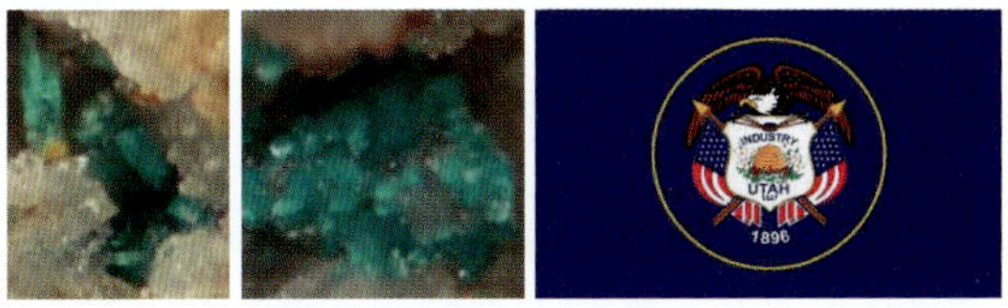

犹他矿柱状、粒状晶体(美国)和犹他州徽

犹他矿是一种含结晶水和羟基的铜、锌的碲酸盐矿物。三斜晶系。晶体呈柱状、薄板状、刃片状；集合体呈束状、蝴蝶结状晶簇、球粒状。浅蓝色、蓝绿色，玻璃光泽、珍珠光泽，透明—半透明；硬度 4～5，脆性。1995 年发现于美国犹他(Utah)州贾布县尤里卡百年尤里卡(Centennial Eureka)矿。英文名称 Utahite，由罗伯茨等根据发现地所在州美国犹他(Utah)州命名。IMA 1995－039 批准。1997 年 A. C. 罗伯茨(A. C. Roberts)等在《矿物学记录》(28)和 1998 年杨博尔等在《美国矿物学家》(83)报道。2003 年中国地质科学院矿产资源研究所李锦平等在《岩石矿物学杂志》[22(2)]音译为犹他石(矿)。

铀 [yóu]形声；从钅，从由，由亦声。是一种放射性金属元素。[英]Uranium。元素符号 U。原子序数 92。1789 年德国化学家马丁·海因里希·克拉普罗特(Martin Heinrich Klaproth)从沥青铀矿中分离出铀，并用 1781 年新发现的一个行星——天王星(Uranus)命名为 Uranium。1841 年，E. M. 佩利戈特(E. M. Peligot)指出，克拉普罗特分离出的"铀"，实际上是二氧化铀；他成功地获得了金属铀。1896 年有人发现了铀的放射性衰变。1939 年，O. 哈恩(O. Hahn)和 F. 斯特拉斯曼(F. Strassmann)发现了铀的核裂变现象。地壳中铀的平均含量约为 2.5×10^{-6}，但铀的化学性质很活泼，所以自然界不存在游离态的金属铀，它总是以化合状态存在。已知的铀矿物有 170 多种，但具有工业开采价值的铀矿只有二三十种。

【铀铵磷石】

英文名 Uramphite

化学式 $(NH_4)(UO_2)(PO_4) \cdot 3H_2O$　(IMA)

铀铵磷石是一种含结晶水的铵、铀酰的磷酸盐矿物。属变钙铀云母族。斜方晶系(?)。晶体呈板状；集合体呈玫瑰花状、地衣状、致密皮壳状。淡绿色、深绿色，玻璃光泽；硬度 2～3，完全解理。1957 年发现于吉尔吉斯斯坦纳伦州图拉-卡瓦克(Tura-Kavak)铀煤矿床煤层裂隙。1957 年 Z. A. 尼克拉索娃(Z. A. Nekrasova)在俄罗斯莫斯科《铀矿地质研究》、1958 年《全苏矿物学会记事》(87)和 1959 年《美国矿物学家》(44)报道。英文名称 Uramphite，由成分"Uranyl(Ur，铀酰)""Ammonium(Am，铵)"和"Phosphate(Ph，磷酸盐)"缩写组合命名。1959 年以前发现、描述并命名的"祖父级"矿物，IMA 承认有效。中文名称根据成分译为铀铵磷石或磷铵铀矿。

【铀碲矿】

英文名 Cliffordite

化学式 $UTe_3^{4+}O_9$　(IMA)

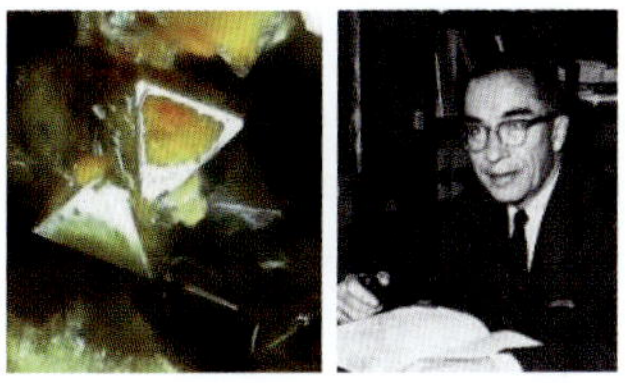

铀碲矿八面体晶体(墨西哥)和克利福德像

铀碲矿是一种铀的碲酸盐矿物。等轴晶系。晶体呈八面体；集合体呈皮壳状。亮黄色、亮黄色，金刚光泽，半透明；硬度 4。1963 年发现于墨西哥索诺拉州圣米格尔(San

Miguel)矿山。英文名称 Cliffordite，1969 年理查德·V. 盖恩斯(Richard V. Gaines)等为纪念美国哈佛大学的矿物学教授克利福德·弗龙德尔(Clifford Frondel，1907—2002)而以他的名字命名。IMA 1966-046 批准。1969 年盖恩斯在《美国矿物学家》(54)报道。中文名称根据成分译为铀碲矿；或根据英文名称首音节音和成分译为克碲铀矿。锰绿铁矿(Frondelite)是以他的姓氏命名的。

【铀矾】

英文名 Uranopilite

化学式 $(UO_2)_6(SO_4)O_2(OH)_6 \cdot 14H_2O$　(IMA)

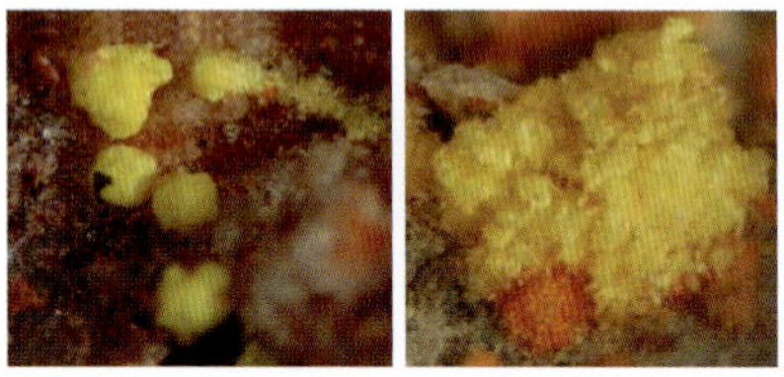

铀矾天鹅绒放射状、球粒状集合体(美国)

铀矾是一种含结晶水、羟基、氧的铀酰的硫酸盐矿物。单斜晶系。晶体呈板条状、针状、纤维状；集合体呈天鹅绒般的皮壳状、放射状、不规则球粒状或肾状。亮黄色、淡黄色，含铁时金黄色，玻璃光泽，纤维状者呈丝绢光泽，细粒状集合体者呈土状光泽；硬度 2.5～3，完全解理。最早见于 1854 年道贝尔(Dauber)在莱比锡哈雷《物理学年鉴》(92)报道。1882 年发现于捷克共和国卡罗维发利州厄尔士山脉亚希莫夫(Jáchymov)(圣阿希姆斯塔尔)和德国萨克森州厄尔士山脉约翰乔治城区约翰乔治城(Johanngeorgenstadt)；同年，A. 魏斯巴赫(A. Weisbach)在《矿物学、地质学和古生物学新年鉴》(第二卷)报道。英文名称 Uranopilite，由成分"Uranium(铀)"和希腊文"πίλος=Pilos=Felt(毛毡)"组合命名，意指矿物含铀其外貌呈毛毡状习性。1959 年以前发现、描述并命名的"祖父级"矿物，IMA 承认有效。中文名称根据成分译为铀矾；因含有少量钙故也有的译作铀钙矾。

【铀方钍石】

英文名 Uranothorianite

化学式 $(Th,U)O_2$

铀方钍石立方体晶体(马达加斯加)

铀方钍石是一种含铀的方钍石变种。等轴晶系。晶体呈立方体。黑色、红褐色，不透明。英文名称 Uranothorianite，由成分冠词"Urano(铀)"和根词"Thorianite(方钍石)"组合命名。中文名称根据成分及与方钍石的关系译为铀方钍石(根词参见【方钍石】条 160 页)。

【铀复稀金矿】

英文名 Uranopolycrase

化学式 $(U,Y)(Ti,Nb,Ta)_2(O,OH)_6$　(IMA)

铀复稀金矿是一种铀、钇、钛、铌、钽的复杂氢氧-氧化物矿物。属黑稀金矿族。斜方晶系。晶体呈自形长板状，蜕晶

铀复稀金矿板状晶体，晶簇状集合体(意大利)

质；集合体呈晶簇状。棕红色，金刚光泽，不透明；硬度 5～6。1990 年发现于意大利托斯卡纳里窝那省厄尔巴岛的普雷特(Prete)。英文名称 Uranopolycrase，由成分冠词"Uranium(铀)"和根词"Polycrase(复稀金矿)"组合命名，意指它是铀占优势的复稀金矿的类似矿物。IMA 1990-046 批准。1993 年 C. 奥里西基奥(C. Aurisicchio)等在《欧洲矿物学家》(5)报道。1998 年中国新矿物与矿物命名委员会黄蕴慧等在《岩石矿物学杂志》[17(1)]根据成分及与复稀金矿的关系译为铀复稀金矿。

【铀钙石】

英文名 Liebigite

化学式 $Ca_2(UO_2)(CO_3)_3 \cdot 11H_2O$　(IMA)

铀钙石圆形粒状晶体，皮壳状集合体(法国、德国)和李比希像

铀钙石是一种含结晶水的钙、铀酰的碳酸盐矿物。斜方晶系。晶体呈粒状、短柱状、鳞片状、纤维状，通常是模糊的圆形边缘和凸晶面；集合体常呈皮壳状、葡萄状。苹果绿色、金雀绿色、淡黄绿色，玻璃光泽，解理面上呈珍珠光泽，透明—半透明；硬度 2.5～3，完全解理。1848 年首次发现并描述于土耳其马尔马拉地区埃迪尔内省阿德里安堡(Adrianople)；同年，史密斯(Smith)在《美国科学与艺术杂志》(5)报道。英文名称 Liebigite，为纪念德国慕尼黑大学化学家尤斯图斯·冯·李比希(Justus von Liebig，1803—1873)而以他的姓氏命名。他是分析化学的创始人。1959 年以前发现、描述并命名的"祖父级"矿物，IMA 承认有效。中文名称根据成分译为铀钙石；根据晶体习性和成分译为纤铀碳钙石；根据颜色和成分译作绿铀钙石。

【铀黑】参见【晶质铀矿】条 389 页

【铀沥青】参见【沥青铀矿】条 449 页

【铀钼矿】

英文名 Sedovite

化学式 $U^{4+}(MoO_4)_2$　(IMA)

谢多夫像

铀钼矿是一种铀的钼酸盐矿物。斜方晶系。晶体呈针状；集合体呈粉末状、放射状。褐色、红褐色，半金属光泽，不透明—微透明；硬度 3～3.5。1965 年发现于哈萨克斯坦阿拉木图州楚伊犁山脉克孜勒赛(Kyzylsai)钼铀矿床。英文名称 Sedovite，以俄国极地探险家格奥尔基·雅克夫克维奇·谢多夫(Georgii Yakovkevich Sedov，1877—1914)的姓氏命名。

他在试图到达北极的海上牺牲。一些地理特征(冰川、岛屿、两个斗篷)也以他命名。IMA 1968s. p. 批准。1965 年 K. V. 斯科沃特索娃(K. V. Skvortsova)在《全苏矿物学会记事》[94(5)]和 1966 年 M. 弗莱舍(M. Fleischer)在《美国矿物学家》(51)报道。中文名称根据成分译为铀钼矿;根据颜色和成分译为褐钼铀矿。

【铀烧绿石】

英文名 Uranpyrochlore

化学式 $(U,Ca,Ce)_2(Nb,Ta)_2O_6(OH,F)$

铀烧绿石块状集合体(俄罗斯)

铀烧绿石是一种含铀的烧绿石变种。属烧绿石族。等轴晶系。晶体呈八面体、八面体与立方体的聚形;集合体呈块状。巧克力黑色—红褐色、黄褐色、琥珀黄色,金刚光泽、松脂光泽;硬度 4～5;具强放射性。1877 年发现于美国北卡罗莱纳州米切尔(Mitchell)县;同年,史密斯(Smith)在《美国科学杂志》(1)报道。英文名称 Uranpyrochlore,1977 年由 D. D. 贺加斯(D. D. Hogarth)在《美国矿物学家》(62)的《烧绿石族分类和命名》中,由成分冠词"Uran(铀)"和根词"Pyrochlore(烧绿石)"组合命名。中文名称根据成分及与烧绿石的关系译为铀烧绿石,或译铀钽铌矿,或铀钽烧绿石。2010 年 IMA 废弃了 Uranpyrochlore 名称[见 2010 年 D. 阿滕西奥(D. Atencio)等在《加拿大矿物学家》(48)烧绿石超族的命名)]。

【铀石】

英文名 Coffinite

化学式 $U(SiO_4)\cdot nH_2O$ (IMA)

铀石粒状晶体(美国)和柯芬像

铀石是一种含结晶水的铀的硅酸盐矿物。属锆石族。四方晶系。变非晶质。晶体呈短柱状、粒状、纤维状;集合体呈胶状、葡萄状、皮壳状、粉末状、块状。黑色,薄片呈淡褐色—深褐色,金属光泽,不透明,薄边缘透明;硬度 5～6,脆性或易碎。1954 年首次发现并描述于美国科罗拉多州梅萨县拉萨尔(La Sal)2 号矿井。英文名称 Coffinite,以美国俄克拉荷马州塔尔萨的鲁本·克莱尔·柯芬(Reuben Clare Coffin,1886—1972)的姓氏命名。他是研究科罗拉多高原铀矿床的先驱地质学家。1956 年 L. R. 斯蒂夫(L. R. Stieff)等在《美国矿物学家》(41)报道。1959 年以前发现、描述并命名的"祖父级"矿物,IMA 承认有效。中文名称根据成分译为铀石,也译作硅铀矿或水硅铀矿。

【铀铜矾】参见【铜铀矾】条 965 页

【铀钍石】

英文名 Uranothorite

化学式 $(Th,U)SiO_4$

铀钍石是一种富含铀的钍石变种。四方晶系。晶体呈柱状。红褐色、黑褐色,玻璃光泽、油脂光泽、松脂光泽,不透明—半透明;硬度 4.5～5。1979 年中国冶金工业部地质研究所岩石矿物博物馆梁有彬在《地质与勘探》[8(15)]报道,在白云鄂博铁矿区首次发现铀钍石/矿。英文名称 Uranothorite,由成分冠词"Urano(铀)"和根词"Thorite(钍石)"组合命名。中文根据成分译为铀钍石/矿(根词参见【钍石】条 970 页)。

铀钍石柱状晶体(加拿大)

【铀细晶石】

英文名 Uranmicrolite

化学式 $(U,Ca)_2(Ta,Nb)_2O_6(OH)$

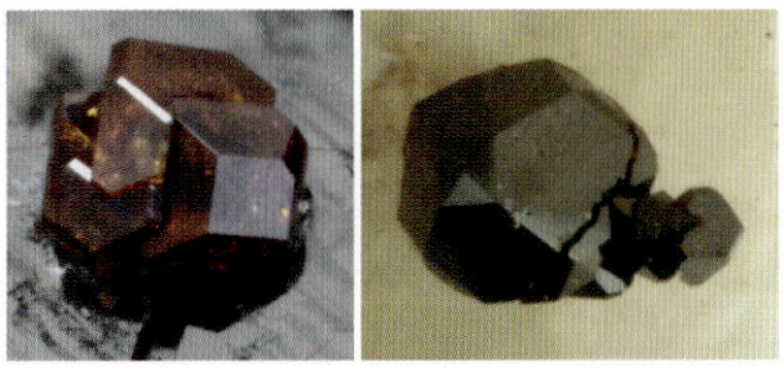

铀细晶石晶体(意大利)

铀细晶石是一种含铀的细晶石变种。属烧绿石超族细晶石族。等轴晶系。晶体呈八面体、粒状。褐黑色、黄褐色、黄色、土黄色,蜡状光泽、油脂光泽;硬度 5.5～6.5,脆性;强放射性。1939 年吉马良斯(Guimarães)在《巴西科学院科学年鉴》(11)报道,命名为 Djalmaite。1957 年发现于巴西米纳斯吉拉斯州康塞桑-杜马图登特鲁地区布雷朱巴(Brejaúba)波塞(Posse)矿(波塞农场)。英文名称 Uranmicrolite,1977 年由 D. D. 贺加斯(D. D. Hogarth)在《美国矿物学家》(62)的《烧绿石族分类和命名法》,根据成分冠词"Uran(铀)"和根词"Microlite(细晶石)"组合命名。中文名称根据成分及与细晶石的关系译为铀细晶石;根据颜色和成分译为黑钽铀矿。2010 年 IMA 废弃了 Uranmicrolite 名称[见 2010 年 D. 阿滕西奥(D. Atencio)等在《加拿大矿物学家》(48)烧绿石超族的命名]。

铕

[yǒu]形声;从金,有声。一种稀土金属元素。[英]Europium。元素符号 Eu。原子序数 63。1892 年布瓦博德朗利用光谱分析,鉴定钐中存在两种新元素,分别命名为 Zε 和 Zζ。1898—1901 年,E. A. 德马凯(E. A. Demarcay)经过研究,确定新元素 Zε 和 Zζ 为同一个元素,并根据欧罗巴洲(Europe)一词命名为 Europium。1904 年,G. 乌尔班(G. Urpain)制得了纯的铕的化合物。铕和镥的发现就完成了自然界中存在的所有稀土元素的发现。两种元素的发现可以认为是打开了稀土元素发现的第四座大门,完成了稀土元素发现的第四阶段。铕赋存于钙、钍、铈以及其他大部分稀土元素的磷酸盐矿物中。

黝

[yǒu]形声;从黑,幼声。本义:淡黑色。《说文》黝,微青黑色。《尔雅》黑谓之黝。

【黝方石】

英文名 Nosean

化学式 $Na_8(Al_6Si_6)O_{24}(SO_4)\cdot H_2O$　(IMA)

黝方石晶体(阿富汗、德国)

黝方石是一种含结晶水、硫酸根的钠的铝硅酸盐矿物。属似长石族方钠石族。等轴晶系。晶体呈立方体、菱形十二面体、柱状、粒状,但罕见,具双晶;集合体多呈块状。颜色多样,无色、白色、灰色、红色、浅蓝色、蓝色、黑色(因含包裹体显得不透明而呈特征的灰暗褐黑色)等,玻璃光泽、油脂光泽,透明—不透明;硬度 5.5～6,脆性。该矿物最初发现并描述于德国莱茵兰-普法尔茨州的桑德库勒(Sandkuhle)。1815 年马丁·海因里希·克拉普罗特(Martin Heinrich Klaproth,1743—1817)在柏林《化学知识对矿物学的贡献》(*Beiträge zur chemischen Kenntnis der Mineralkörper*)(第六卷)报道。英文名称 Nosean,克拉普罗特为纪念德国波恩埃尔伯费尔德奥格斯堡的一位医生卡尔·威廉·诺斯(Karl Wilhelm Nose,1753—1835)而以他的姓氏命名。诺斯也是一位化学家和矿物学家,广泛从事化学、矿物学和地质学研究,撰写了大量的地质学方面的文章。1959 年以前发现、描述并命名的"祖父级"矿物,IMA 承认有效。中文名称根据矿物的颜色(灰褐黑)及与方钠石的关系译为黝方石。

【黝帘石】

英文名 Zoisite

化学式 $Ca_2Al_3[Si_2O_7][SiO_4]O(OH)$　(IMA)

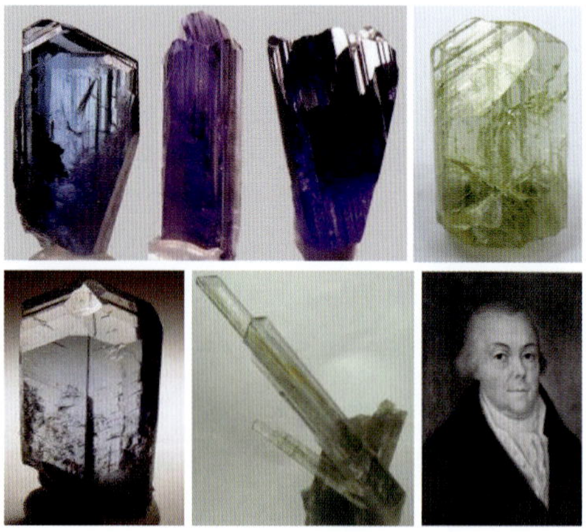

黝帘石板柱状晶体,晶簇状集合体和佐伊斯像

黝帘石是一种含羟基和氧的钙、铝的硅酸盐矿物。原属绿帘石族。现为黝帘石族,与斜黝帘石为同质二象。化学成分中的铝常被铁置换,偶尔还有锰、钡等元素混入。斜方晶系。晶体常呈柱状、棒状、粒状,晶面有纵纹;集合体呈晶簇状、块状。无色、灰色、绿色、棕黄色、褐色以及粉红色、紫色、蓝色等,玻璃光泽,解理面上呈珍珠光泽,透明—半透明;硬度 6～7,完全解理,脆性。色彩鲜艳透明者可作宝石。最早见于 1804 年 R. 詹姆逊(R. Jameson)《系统矿物学》(2,爱丁堡)刊载。1805 年发现于奥地利克恩顿州绍山(Saualpe)拉丁格尔峰-施派克峰区域皮克勒暂停点(Prickler Halt)。英文名称 Zoisite,1805 年,矿物经销商西蒙·普雷森在奥地利克恩顿州绍山(Saualpe)发现了一种矿物,西蒙把它带给科学家佐伊斯男爵,鉴定后以发现地将其命名为 Saualpite(绍山石)。后来为纪念奥地利的矿物收藏家、探险家、博物学家、此矿物的首先鉴定者冯·埃德尔斯坦·拜伦·佐伊斯(Von Edelstein Baron Zois,1747—1819)男爵而以他的姓氏命名。1807 年 M. H. 克拉普罗特(M. H. Klaproth)在德国柏林罗特曼《化学知识对矿物学的贡献》(第四集)报道。1959 年以前发现、描述并命名的"祖父级"矿物,IMA 承认有效。中文名称根据矿物的颜色黝(微青黑色)和帘(柱面条纹)而译为黝帘石;也译作苍帘石(Beustite)。它有几个变种,如铬黝帘石(Chrome - Zoisite)、假黝帘石(Pseudozoisite)、坦桑石(Tanzanite)和锰黝帘石(Thulite)(参见相关条目)。

【黝锰矿】参见【软锰矿】条 754 页

【黝锑银矿】参见【银黝铜矿】条 1081 页

【黝铜矿】

英文名 Tetrahedrite

化学式 $Cu_6(Cu_4Fe_2)Sb_4S_{13}$　(IMA)

黝铜矿正四面体晶体(法国、意大利)

黝铜矿是一种铜、铁的锑-硫盐矿物。属黝铜矿族。等轴晶系。单晶体常呈正四面体、粒状,也有三角三四面体和菱形十二面体,具双晶;集合体常呈致密块状。钢灰色铁黑色,金属—半金属光泽,不透明;硬度 3.5～4,脆性。黝铜矿与砷黝铜矿或黝铜矿与黝锑银矿成类质同象系列,它的成分中的铜可被银、锌、汞、铁等置换,相应构成黝铜矿或砷黝铜矿(Tennatite,Cu_3AsS_3)的亚种,如银黝铜矿、黑黝铜矿(含汞)等。最早于 1546 年以德国格奥尔格·阿格里科拉(乔治·鲍尔)[Georgius Agricola (Georg Bauer)]命名为粗银(Argentum)。1747 年约翰·戈特沙尔克·瓦勒留斯(Johan Gottschalk Wallerius)命名为 Fahlerts。而在 1758 年,阿克塞尔·克朗斯提特(Axel Cronstedt)拼写为 Fahlerz。Fahlerts 或 Fahlerz 来自德文"Fahl(灰色)"和"Erz(矿石)",意指其为灰黑色矿物。1845 年首先被发现在德国萨克森州弗赖贝格(Freiberg)或意大利,或智利阿塔卡马科皮亚波省的科皮亚波(Copiapó)。英文名称 Tetrahedrite,1845 年由威廉·卡尔·冯·海丁格尔(Wilhelm Karl von Haidinger)根据矿物的单晶体常呈正四面体(Tetrahedron)而更名为 Tetrahedrite。1845 年在维也纳《矿物学鉴定手册》和 1863 年在 *Continuazione degli Atti della Reale Accademia dei Georgofili di Firenze*(10)报道。又见于 1944 年 C. 帕拉奇(C. Palache)、H. 伯曼(H. Berman)和 C. 弗龙德尔(C. Frondel)《丹纳系统矿物学》(第一卷,第七版,纽约)。1959 年以前发现、描述并命名的"祖父级"矿物,IMA 承认有效,但持怀疑态度。中文名称根据颜色和成分译为黝铜矿。

根据 2019 年 IMA 18－K 提案《四面体族命名与分类法》，IMA 2019s. p. 批准 Tetrahedrite 有-(Fe)和-(Zn)多型。新命名的 Tetrahedrite-(Fe)应译为黝铜矿-铁；矿物模式产地为意大利马萨卡拉拉省马萨弗里吉多(Frigido)矿。见于 2019 年《CNMNC 通讯》(49)和《矿物学杂志》(83)报道。

新命名的 Tetrahedrite－(Zn)[$Cu_6(Cu_4Zn_2)Sb_4S_{13}$(IMA)]应译为黝铜矿-锌；模式产地为加拿大安大略省萨德伯里区哈夫曼镇纳梅克斯(Namex)前景区和德国莱茵兰-普法尔茨州阿尔滕基兴霍豪森(Horhausen)。见于 2020 年 C. 比亚乔尼(C. Biagioni)等在《美国矿物学家》[105(1)]报道。

黝铜矿-汞是一种新命名的 Tetrahedrite－(Hg)[$Cu_6(Cu_4Hg_2)Sb_4S_{13}$(IMA)]应译为黝铜矿-汞；模式产地为捷克共和国波西米亚中部地区贝伦区内镇戈罗维奇杰多瓦霍拉(Jedová hora)、意大利托斯卡纳省卢卡省斯塔泽马斯塔兹梅斯桥(Ponte Stazzemese)矿脉和斯洛伐克科西奇地区罗贾纳瓦区罗贾纳瓦(Rožňava)矿。IMA 2019－003 批准。见于 2019 年 C. 比亚乔尼(C. Biagioni)等在《CNMNC 通讯》(51)、《矿物学杂志》(83)和《欧洲矿物学杂志》(31)报道。

【黝铜矿-汞】参见【黝铜矿】条 1090 页

【黝铜矿-铁】参见【黝铜矿】条 1090 页

【黝铜矿-锌】参见【黝铜矿】条 1090 页

【黝锡矿】参见【黄锡矿】条 344 页

【黝叶石】

英文名 Spodiophyllite

化学式 $(Na,K)_4(Mg,Fe^{2+})_3(Fe^{3+},Al)_2(Si_8O_{24})$

黝叶石是一种钠、钾、镁、铁、铝的硅酸盐矿物。单斜晶系。晶体呈片状。灰白色，珍珠光泽；硬度 3～3.5。最初的报道来自丹麦格陵兰岛纳萨苏克(Narssârssuk)碱性伟晶岩。英文名称 Spodiophyllite，由希腊文“σποδιος＝Spodios(淡灰色)”和“Phyll(叶片)”组合命名，意指矿物呈淡灰色及叶片状习性。中文名称译为黝叶石或叶石。怀疑它可能与带云母(Tainiolite＝Tainolite)相关。1998 年被 IMA 云母委员会废弃[见 1998 年《加拿大矿物学家》(36)]。

於

[yū]形声。中国姓氏。

【於祖相石】

汉拼名 Yuzuxiangite

化学式 $Sr_3Fe^{3+}(Si_2O_6)_2(OH)\cdot 3H_2O$　　(IMA)

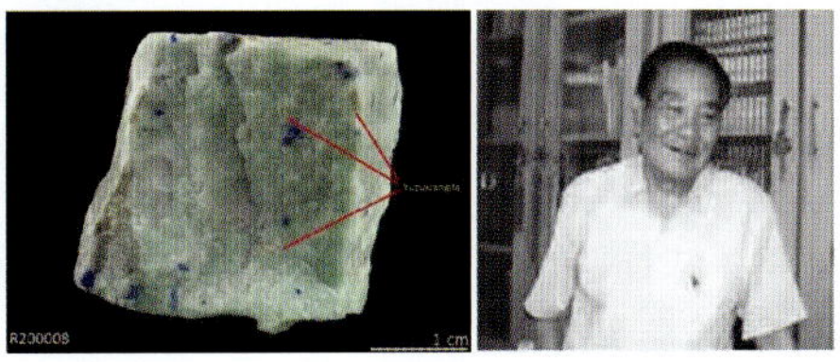

於祖相石针状晶体和於祖相像

於祖相石是一种含结晶水和羟基的锶、铁的单链状硅酸盐矿物。单斜晶系。晶体呈针状、纤维状；集合体的粒径 50～200μm。黄褐色，玻璃光泽，透明；硬度 3～3.5。2020 年谷湘平等发现于南非北开普省卡纳赫里锰矿田韦塞尔矿。汉拼名称 Yuzuxiangite，为纪念已故的国内外知名矿物学家於祖相先生(Yuzuxiang，1930—2019)而以他的姓名命名。於祖相 1953 年毕业于北京地质学院，中国地质科学院地质研究所研究员，长期从事铂族矿物和铂矿床研究。他在近 70 年的地质生涯中，克服研究条件的不足，发现并获国际矿物学协会批准新矿物 15 种，是迄今国内发现新矿物最多的学者，为中国矿物学的发展做出了重要贡献。IMA 2020－084 批准。2021 年谷湘平、杨和雄和谢先德在《CNMNC 通讯》(60)、《欧洲矿物学杂志》(33)报道。

鱼

[yú]象形；甲骨文字形，像鱼形。本义：一种水生脊椎动物。鱼眼：比喻矿物的白色至灰色的透明或半透明的圆球形晶状体。

【鱼眼石】

英文名 Apophyllite

化学式 $KCa_4Si_8O_{20}(F,OH)\cdot 8H_2O$

鱼眼石柱状、双锥状晶体(美国)

鱼眼石是一种含结晶水、羟基和氟的钾、钙的硅酸盐矿物。四方晶系。晶体呈柱状、双尖锥状、粒状或板状、叶片状；集合体呈晶簇状。无色、白色，含杂质的呈玫瑰红、浅绿、蓝、黄等色，玻璃光泽、珍珠光泽，透明—半透明；硬度 4.5～5，完全解理。英文名称 Apophyllite，1806 年由雷内·贾斯特·阿羽伊(Rene Just Haüy)根据希腊文“ἀπό Φυλλίso＝Apophylliso，其中“ἀπό＝Apo(剥落)”和“φύλλον＝Phgllon(叶片)”组合命名，因为它在吹管火焰中加热失水时呈叶片状剥落。中文名称根据晶体具白色—灰色、玻璃光泽以及解理面上散射出的光线呈珍珠光泽，酷似鱼眼的反射色，故译为“鱼眼石”。有着漂亮颜色和一定厚度的鱼眼石，可作宝石，是制作各种首饰的珍贵原料。古代印度就已发现和利用鱼眼石，主要在占卜师中流行，经常被用来进行占卜的辅助工具，占卜师认为里面含有能量，能够提升他们的直觉，触发他们的灵感，可达到能未卜先知的效果。中国鱼眼石是 20 世纪末在湖北省黄石市冯家山硅铜矿中发现的。

1978 年皮特·J. 邓恩(Pete J. Dunn)等重新定义族名。鱼眼石族包括固溶体系列类似的化学组成的矿物有 4 种：氟鱼眼石-钾[Fluorapophyllite-(K)]、氟鱼眼石-铯[Fluorapophyllite-(Cs)]、羟鱼眼石[Hydroxyapophyllite-(K)]、钠鱼眼石[Natroapophyllite-(Na)](参见相关条目)。

宇

[yǔ]形声；从宀(mián)，于声。宇宙：“宇”指无限空间，“宙”指无限时间。一切物质及其存在形式的总体。

【宇宙氯辉石】参见【钠铬辉石】条 636 页

羽

[yǔ]象形；甲骨文字形，像羽毛形，即鸟的长翎形。用于比喻矿物的形态。

【羽毛矿】参见【脆硫锑铅矿】条 98 页

禹

[yǔ]象形；小篆字形。中国远古夏部落领袖鲧之子禹，夏代第一君主；传说曾率众治理洪水。

【禹粮石】参见【褐铁矿】条 313 页

玉

[yù]象形；甲骨文字形。像一根绳子，串着一些玉石。本义：温润而有光泽的美石。严格地讲，现代矿物学意义上的“玉”，专指硬玉和软玉。

【玉】

英文名 Jade

“玉”字始于我国最古老的商代甲骨文和钟鼎文，定型于汉代。汉代许慎《说文解字》说：玉，“象形。甲骨文字形，像一根绳子，串着一些玉石。”又说：“玉，石之美者”。中国古代先民将颜色美观、质地坚硬、色泽光润的石头统称为“玉”。

人类认识、使用玉，比金、银、铜、铁、锡五金要早得多。中国是世界上认识、使用玉最早的国家，中华民族自古以来就形成了经久不衰的爱玉文化传统。在距今约七八千年的新石器时代，中国浙江河姆渡文化遗址、辽东半岛兴隆洼文化遗址考古发现了作为世界上最早的玉器。新西兰、日本、墨西哥、埃及都是世界上用玉很早的国家。日本人称玉为 Gyoku 和 Tama，都是将玉看作珍贵的东西。英文 Jade 一词源自西班牙文，入侵西班牙的侵略者将从墨西哥掠夺来的玉称为“Pieda de ijade”，Jade 是从 Ijade 演变而来的，意指“腰痛宝石”，因为西班牙人看到当地土著人用来治疗腰痛病，故起了这个名字。该名称 1569 年首次见于西班牙塞维利的蒙纳德博士的著作中。1598 年英文中出现了“Ijada”一词。1777 年英文中用了“Jadde”一词。1811 年创建宝石学的约翰平克顿写了“Jad，the giada of ltalious”。早期作者用的是拉丁文“Piedra de ijada”为“Lapis nephriticus”，是由希腊文“Νεφροί＝Nephros”来的，意指“腰、肾”。1789 年德国弗雷勃的 A. G. 魏勒首先采用英文软玉（Nephrite）一词。1863 年达莫教授认识到两种玉的差别，提出了硬玉（Jadeite）一词。硬玉是指碱性辉石组成的纤维状、针状、放射状隐晶质集合体；而软玉是透闪石、阳起石的纤维状、针状、放射状隐晶质集合体。现代矿物学中矿物的命名并没有完全严格按此原则，硬玉和软玉是真正的玉，而刚玉、黄玉等并非是真玉，然而仍然称为玉，这是历史遗留下的习惯[参见 1989 年周国平的《宝石学》（北京）和【硬玉】条 1085 页、【软玉】条 775 页]。

【玉髓】参见【石髓】条 805 页

芋 [yù]形声；从艸，于声。本义：植物名。俗称“芋艿”。用于日本土壤名。

【芋子石】参见【伊水铝英石】条 1070 页

育 [yù]会意；甲骨文字形，像妇女生孩子。上为“母”及头上的装饰，下为倒着的“子”。[英]音，用于外国地名。

【育空石】参见【水砷钙铁石】条 866 页

园 [yuán]園的简化字。形声；从口，元声。形符为“口”（wéi），表示范围。本义：种蔬菜、花果、树木的地方。用于日本地名。

【园石】参见【斜硅锰石】条 1029 页

沅 [yuán]形声；从氵，元声。中国地名和江名。沅江：发源于贵州省；流经湖南省注入洞庭湖。

【沅江矿】

汉拼名 Yuanjiangite

化学式 AuSn （IMA）

沅江矿是一种金与锡的自然元素矿物。六方晶系。晶体呈六方柱状和六方双锥状微晶；集合体呈结核状、似瘤状、假葡萄状、草莓状。银白色，空气中易氧化，呈灰色或黑色，条痕呈黑色，金属光泽，不透明；硬度 3.5～4。1993 年湖南省地质矿产局 413 队、中国地质大学、湖南省地质矿产局中心实验室的科学家陈立昌、唐翠青、张建洪、刘振云在湖南中西部沅陵县境内沅江中游阶地更新世砂砾石层中发现的新矿物。矿物名称根据发现地中国沅江（Yuanjiang）命名为沅江矿（Yuanjiangite）。它是迄今在自然界中发现的唯一的一种金（Au）和锡（Sn）组合的新矿物。IMA 1993－028 批准。1994 年陈立昌等在中国《岩石矿物学杂志》[13(3)]和 1997 年《新矿物》报道。

沅江矿瘤状、葡萄状、草莓状集合体（新几内亚）

袁 [yuán]形声；从衣，叀省声。中国姓。

【袁复礼石】

汉拼名 Yuanfuliite

化学式 $Mg(Fe^{3+},Al)O(BO_3)$ （IMA）

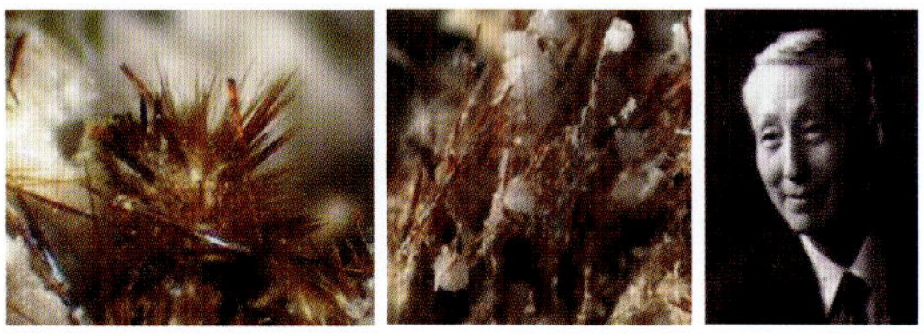

袁复礼石针柱状晶体，草丛状集合体（西班牙）和袁复礼像

袁复礼石是一种镁、铁、铝氧硼酸盐矿物。属硼镁钛矿族。斜方晶系。晶体呈细小长柱状、针状；集合体呈束状、草丛状。褐色、黑褐色，金刚光泽、半金属光泽，几乎不透明；硬度 5～6，极完全解理，脆性。1994 年，中国学者王濮和黄作良在辽宁省丹东地区宽甸县砖庙硼矿床中发现，并于 1994 年在《岩石矿物学杂志》[13(4)]报道。矿物名称为缅怀中国著名地质学家、考古学家袁复礼教授（1893—1987）对我国及世界考古和地质事业做出的杰出贡献，在纪念他诞辰百年之际，以他的姓名命名。他是中国地貌学和第四纪地质学的先驱，也是中国地质学会的创始会员。IMA 1994－001 批准。1996 年 J. L. 杨博尔（J. L. Jambor）等在《美国矿物学家》(81)报道。

原 [yuán]会意；小篆字形。像泉水从山崖里涌出来。本义：源泉，水流起头的地方。①用于外国人名。②意：原来、原始。

【原脆硫砷铅铊矿*】

英文名 Hendekasartorite

化学式 $Tl_2Pb_{48}As_{82}S_{172}$ （IMA）

原脆硫砷铅铊矿*是一种铊、铅的砷-硫盐矿物。属脆硫砷铅矿同源系列族。它与七脆硫砷铅铊矿*（Heptasartorite）和九脆硫砷铅铊矿*（Enneasartorite）物理和光学性质类似，但结构在基本的晶胞参数 4.2Å 基础上有变化，如 7 倍，9 倍和 11 倍 P21/c 超结构；只能用化学分析和/或单晶 X 射线衍射来区分它们。单斜晶系。晶体呈半自形柱状。黑灰色，金属光泽，不透明；硬度 3～3.5。2015 年发现于瑞士瓦莱州林根巴赫（Lengenbach）采石场。英文名称 Hendekasartorite，由结构冠词“Hendeka[希腊文έ ντεκα＝Eleven（原始、基本）]”和根词“Sartorite（脆硫砷铅矿）”组合命名。IMA 2015－075 批准。2015 年 D. 托帕（D. Topa）等在《CNMNC

原脆硫砷铅铊矿*半自形柱状晶体（瑞士）

通讯》(28)、《矿物学杂志》(79)和 2017 年《欧洲矿物学杂志》(29)报道。目前尚未见官方中文译名，编译者建议根据成分、结构及族名译为原脆硫砷铅铊矿*(根词参见【脆硫砷铅矿】条 98 页)。

【原钾霞石】

英文名 Kalsilite

化学式 $KAlSiO_4$ (IMA)

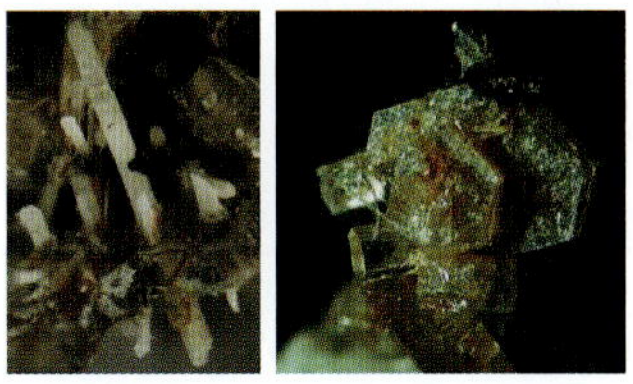

原钾霞石六方柱状、板状晶体(意大利、德国)

原钾霞石是一种钾、铝的硅酸盐矿物。属似长石族霞石族。六方晶系。晶体呈六方柱状、细柱状、板状。白色、灰色，有时带浅黄、浅褐、浅红等色，玻璃光泽，透明；硬度 6。1942 年发现于乌干达贡巴区卡门贡(Kamengo)(查门贡火山口)；同年，在《矿物学杂志》(26)报道。英文名称 Kalsilite，由化学成分"Potassium[钾，拉丁文 Kalium(钾)]""Aluminium(铝)"和"Silicium(硅)"缩写组合命名。1943 年在《美国矿物学家》(28)报道。1959 年以前发现、描述并命名的"祖父级"矿物，IMA 承认有效。中文名称根据成分及霞石族并与钾霞石的关系"靠近"译为原钾霞石；根据六方晶系和与钾霞石的关系译为六方钾霞石。

【原硫砷锑铅铊矿*】

英文名 Protochabournéite

化学式 $Tl_2Pb(Sb,As)_{10}S_{17}$ (IMA)

原硫砷锑铅铊矿*是一种铊、铅、锑、砷的硫化物矿物。与硫砷锑铅铊矿同型。与脆硫砷铅矿族结构相关。三斜晶系。集合体呈致密块状。黑色，金属光泽，不透明；脆性。2011 年发现于意大利卢卡省阿普安阿尔卑斯山阿希西奥(Arsiccio)矿山圣奥尔加(Sant'Olga)山隧道。英文名称 Protochabournéite，由冠词"Proto(原)"和根词"Chabournéite(硫砷锑铅铊矿)"组合命名(根词参见【沙硫锑铊铅矿】条 770 页)。IMA 2011-054 批准。2011 年 P.奥兰迪(P. Orlandi)等在《CNMNC 通讯》(11)、《矿物学杂志》(75)和 2013 年《加拿大矿物学家》(51)报道。目前尚未见官方中文译名，编译者根据意和成分译为原硫砷锑铅铊矿*。

【原锰铁直闪石】参见【原亚铁末野闪石】条 1093 页

【原田石】参见【硅钒锶石】条 262 页

【原铁直闪石】

英文名 Proto-ferro-anthophyllite

化学式 $\square Fe_2^{2+}Fe_5^{2+}Si_8O_{22}(OH)_2$ (IMA)

原铁直闪石是一种含羟基的空位、B 位和 C 位都是二价铁的硅酸盐闪石矿物。属角闪石超族 W 位羟基、氟、氯占优势的角闪石族镁铁锰闪石亚族直闪石根名族。斜方晶系。晶体呈长柱状、针状；集合体呈束状。浅褐黄色，玻璃光泽，透明；硬度 5.5～6，完全解理。1998 年发现于美国科罗拉多州埃尔帕索县夏延(Cheyenne)山区伟晶岩和日本本州岛中部岐阜县中津川市蛭川村田原(Tawara)。英文名称 Proto-ferro-anthophyllite，由前缀"Proto(原)[这个根名称族矿物可能具有 Pnma 或 Pnmn(原前缀的名称)空间群对称性]"和"Ferro(二价铁)"，加根词"Anthophyllite(直闪石)"组合命名。1988 年末野(S. Suen)等在《矿物的物理和化学》(25)报道。IMA 2012s. p. 批准。2012 年 F. C. 霍桑(F. C. Hawthorne)等在《美国矿物学家》(97)的《角闪石超族命名法》报道。2003 年中国地质科学院矿产资源研究所李锦平等在《岩石矿物学杂志》[22(2)]根据成分及与根名族的关系译为原铁直闪石(根名参见【直闪石】条 1115 页)。

【原顽火辉石】

英文名 Protoenstatite

化学式 $Mg_2Si_2O_6$ (IMA)

原顽火辉石是一种镁的硅酸盐矿物。属辉石族斜方辉石亚族。与斜顽火辉石和顽火辉石为同质多象。斜方(单斜)晶系。具有西瓜色("Watermelon"colors)——不寻常的多色/二色性红绿色。2016 年发现于美国俄勒冈州莱克县。英文名称 Protoenstatite，由冠词"Proto(原)"和根词"Enstatite(顽火辉石)"组合命名，意指与顽火辉石为多形的关系。IMA 2016-117 批准。2017 年 H. 徐(H. Xu)和 T. R. 希尔(T. R. Hill)在《CNMNC 通讯》(37)、《矿物学杂志》(81)及《美国矿物学家》(102)报道。中文名称意译为原顽火辉石。

【原亚铁末野闪石】

英文名 Proto-ferro-suenoite

化学式 $\square Mn_2^{2+}Fe_5^{2+}Si_8O_{22}(OH)_2$ (IMA)

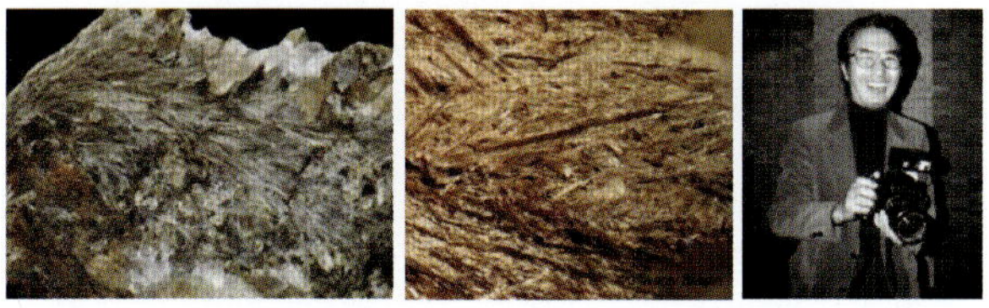

原亚铁末野闪石纤维状晶体(日本)和末野像

原亚铁末野闪石是一种含羟基的空位、B 位锰、C 位二价铁的硅酸盐闪石矿物。属角闪石超族 W 位羟基、氟、氯占优势的角闪石族镁铁锰闪石亚族末野闪石根名族。斜方晶系。晶体呈针状、纤维状，长达 15mm；集合体呈麦穗束状。白色—棕灰色，玻璃光泽；硬度 5.5～6，完全解理。1986 年发现于日本本州岛栃木县鹿沼市粟野日瓢(Nippyo)矿。英文原名称 Proto-mangano-ferro-anthophyllite，由结构"Proto(原型，合成实验中被称为 Pnma 或 Pnmn 原型对称，只有一个单链重复的结构)"、化学成分"Mangano(锰)""Ferro(二价铁)"和根词"Anthophyllite(直闪石)"组合命名。日文名称プロトマンガノ鉄直閃石。IMA 更为英文名称 Proto-ferro-suenoite，由结构"Proto(原型)"、化学成分"Ferro(二价铁)"和根词"Suenoite(末野闪石)"组合命名。日文名称プロトフェロ末野閃石。其中，根词 Suenoite，以日本筑波大学的矿物学教授、美国矿物学协会的研究员末野重穗(Shigeho Sueno，1937—2001)的姓氏命名。IMA 2012s. p. 批准。1998 年末野(Sueno)等在《矿物的物理与化学》(25)报道。2003 年中国地质科学院矿产资源研究所李锦平等在《岩石矿物学杂志》[22(2)]根据成分和族名译为原锰铁直闪石；根据成分及与末野闪石的关系译作原亚铁末野闪石。

【原直闪石】

英文名 Proto-anthophyllite

化学式 $\square Mg_2Mg_5Si_8O_{22}(OH)_2$ (IMA)

原直闪石是一种含羟基的空位、B位和C位都是镁的硅酸盐闪石矿物。属角闪石超族W位羟基、氟、氯占优势的角闪石族镁铁锰闪石亚族直闪石根名族。与直闪石为同质多象。斜方晶系。晶体呈针状、柱状，长达10mm。无色、白色，玻璃光泽，透明；硬度6，完全解理，脆性。1998年发现于日本本州岛中国地方冈山县新见市高濑(Takase)矿。1998年末野(S. Suen)等在《矿物的物理和化学》(25)发表《原直闪石的晶体化学研究：斜方直闪石与原直闪石的结构》一文。英文名称Proto-anthophyllite，由词冠“Proto(原)，根名称族矿物可能具有Pnma或Pnmn(原前缀的名称)空间群对称性”和根词“Anthophyllite(直闪石)”组合命名，意为直闪石的多形变体。IMA 2012s. p. 批准。日文名称プロト直閃石。2002年小西博已(Konishi Hiromi)等在《美国矿物学家》(87)和2003年《美国矿物学家》(88)报道。中文名称意译原直闪石。

圆 ［yuán］形声；从口，员声。本义：圆形。

【圆柱锡矿】

英文名 Cylindrite

化学式 $FePb_3Sn_4Sb_2S_{14}$　　(IMA)

圆柱锡矿圆柱状晶体(玻利维亚)

圆柱锡矿是一种成分复杂的铁、铅、锡和锑的硫化物矿物。属圆柱锡矿族。三斜晶系。晶体呈圆筒状、圆柱状，实际上可能是薄板状卷筒，双晶呈假四方形或六边形；集合体呈块状和放射状。黑灰色，金属光泽，不透明；硬度2～3，完全解理。1893年首先发现于玻利维亚奥鲁罗省波波镇圣克鲁斯(Santa Cruz)锡矿床，已有100年多的历史。由于该矿物在自然界产出稀少；分布局限，成分和结构复杂，所以至今在矿物学界争论颇多。1893年弗伦泽尔(Frenzel)在《矿物学、地质学和古生物学新年鉴》(2)报道，称Kylindrite。英文名称Cylindrite，根据希腊文“κ ύ λιυδροσ=Cylindrical”命名，意指其圆柱形晶体。1959年以前发现、描述并命名的“祖父级”矿物，IMA承认有效。中文名称根据矿物的晶体形态和主要成分译为圆柱锡矿。1989年中国学者李锡林等报道，在中国广西大厂矿田的长坡锡石硫化物矿床中也有发现。

约 ［yuē］形声；从糸，从勺，勺亦声。“糸”表示“缠束”“绑定”。“勺”意为“专取一物”“专注于一点”。“糸”与“勺”联合起来表示“专门对一件物品进行绑定”。本义：拘束，限制。［英］音，用于外国地名、人名、公司名。

【约阿内石*】

英文名 Joanneumite

化学式 $Cu(C_3N_3O_3H_2)_2(NH_3)_2$　　(IMA)

约阿内石*是一种铜的异氰脲酸酯矿物，在结构上对应于二(异氰脲酸)二氨基铜(Ⅱ)，化学(元素方面)有点类似于查纳巴亚石(Chanabayaite)。它是被发现的第一个异氰脲酸酯矿物。三斜晶系。晶体呈显微粒状、不规则的假立方体，粒径

约阿内石*粒状晶体(智利)和约阿内“世界博物馆”

2mm。紫色，玻璃光泽，透明；硬度1。2012年发现于智利伊基克省查纳巴亚(Chanabaya)帕贝隆·德·皮卡(Pabellón de Pica)山。英文名称Joanneumite，以奥地利格拉茨2011年建立200周年的约阿内“世界博物馆”(Universalmuseum(=World-museum)Joanneum)命名。IMA 2012-001批准。2012年H. P. 博嘉(H. P. Bojar)等在《CNMNC通讯》(13)、《矿物学杂志》(76)和2017年《矿物学杂志》(81)报道。目前尚未见官方中文译名，编译者建议音译为约阿内石*。

【约夫蒂尔石】参见【锰坡缕石】条613页

【约翰格奥尔根施塔特矿*】

英文名 Johanngeorgenstadtite

化学式 $Ni^{2+}_{4.5}(AsO_4)_3$　　(IMA)

约翰格奥尔根施塔特矿*糖粒状集体(德国)和约翰格奥尔根施塔特矿山(1910)

约翰格奥尔根施塔特矿*是一种镍的砷酸盐矿物；与四方砷镍矿*为同质二象。属磷锰钠石族。单斜晶系。晶体呈不规则圆粒状或短棱柱状。粉红橙色，树脂光泽、半金刚光泽，透明；硬度5，完全解理，脆性，易碎。2019年发现于德国萨克森州约翰格奥尔根施塔特(Johann Georgenstadt)矿区[标本是1981年由美国矿产商大卫·纽因(David New)从德国一家矿产商店获得的，但没有标签。1988年，已故的马克·N. 范洛斯(Mark N. Feinglos)认为该标本中含有不寻常的矿物，后来从中发现了包括本矿物和四方砷镍矿在内的两种新矿物]。英文名称Johanngeorgenstadtite，由发现地德国的约翰格奥尔根施塔特(Johann Georgenstadt)矿区命名。IMA 2019-122批准。2020年A. R. 坎普夫(A. R. Kampf)等在《CNMNC通讯》(54)和《欧洲矿物学杂志》(32)报道。目前尚未见官方中文译名，编译者建议音译为约翰格奥尔根施塔特矿*。

【约翰柯维拉石*】

英文名 Johnkoivulaite

化学式 $Cs[Be_2B]Mg_2Si_6O_{18}$　　(IMA)

约翰柯维拉石*柱状集合体(缅甸)和柯维拉像

约翰柯维拉石*是一种铯、铍、硼、镁的硅酸盐矿物。属

绿柱石族。六方晶系。晶体呈柱状。紫罗兰色—近无色，玻璃光泽；硬度 7.5，贝壳状断口。2019 年发现于缅甸曼德勒地区平乌伦区抹谷(Mogok)镇佩恩·皮伊特(Pein Pyit)。英文名称 Johnkoivulaite，以美国宝石学研究所著名宝石学家约翰·伊尔马里伊·柯维拉(John Ilmarii Koivula，1949—)的姓名命名，以表彰他在宝石研究(特别是宝石中的包裹体)和显微照相术方面的诸多贡献。他与人合著了《宝石包裹体照片图集》(第三卷)、《钻石的微观世界》和《地质学》。IMA 2019－046 批准。2019 年 A. C. 帕尔克(A. C. Palke)等在《CNMNC 通讯》(51)和《欧洲矿物学杂志》(31)报道。目前尚未见官方中文译名，编译者建议音译为约翰柯维拉石*。

【约翰森铈石】参见【约翰森铈异性石】条 1095 页

【约翰森铈异性石】

英文名 Johnsenite-(Ce)

化学式 $Na_{12}Ce_3Ca_6Mn_3Zr_3WSi_{25}O_{73}(CO_3)(OH)_2$ (IMA)

约翰森铈异性石粗糙骨骼状集合体(加拿大)

约翰森铈异性石是一种稀土铈占优势的异性石族的矿物。三方晶系。晶体呈深溶蚀状；集合体呈粗糙的骨骼状。淡黄色—亮橙色，玻璃光泽，透明—半透明；硬度 5～6，脆性。2004 年发现于加拿大魁北克省的圣希莱尔(Saint-Hilaire)山混合肥料采石场。英文名称 Johnsenite-(Ce)，由奥利·约翰森(Ole Johnsen，1940—)博士的姓氏，加占优势的稀土元素铈后缀-(Ce)组合命名。约翰森是丹麦哥本哈根大学地质博物馆的前馆长，他对异性石族以及其他矿物学进行大量研究并做出了贡献。特别是，他的研究主要集中在格陵兰岛的矿物学。IMA 2004－026 批准。2006 年 J. D. 格莱斯(J. D. Grice)等在《加拿大矿物学家》(44)报道。2009 年尹淑苹等在《岩石矿物学杂志》[28(4)]音加成分和族名译为约翰森异性石或约翰森铈异性石。2011 年杨主明在《岩石矿物学杂志》[30(4)]建议音加成分译为约翰森铈石。

【约翰托玛石】

英文名 Johntomaite

化学式 $BaFe^{2+}_2Fe^{3+}_2(PO_4)_3(OH)_3$ (IMA)

约翰·托玛像

约翰托玛石是一种含羟基的钡、二价铁、三价铁的磷酸盐矿物。属磷铝锰钡石族。单斜晶系。晶体呈短、长柱状，长 0.3～1mm；集合体呈晶簇状。绿黑色，玻璃光泽、油脂光泽、半金刚光泽，半透明—不透明；硬度 4.5，完全解理，脆性。1999 年发现于澳大利亚南澳大利亚州弗林德斯岭附近的斯普林克里克(Spring Creek)铜矿山废石堆。英文名称 Johntomaite，以矿物学家和矿物收藏家约翰·托玛(John Toma，1954—)的姓名命名，是他发现的该矿物。IMA 1999－009 批准。2000 年 U. 科利奇(U. Kolitsch)等在《矿物学和岩石学》(70)报道。2003 年中国地质科学院矿产资源研究所李锦平等在《岩石矿物学杂志》[22(1)]音译为约翰托玛石。

【约硫硅钙石】

英文名 Jasmundite

化学式 $Ca_{11}O_2(SiO_4)_4S$ (IMA)

硫硅钙石不规则的粒状晶体(德国)和亚斯蒙德像

约硫硅钙石是一种含硫的钙氧的硅酸盐矿物。四方晶系。晶体呈不规则的粒状。淡烟绿色、绿褐色，半玻璃光泽、树脂光泽，透明—不透明；硬度 5，脆性。1981 年发现于德国莱茵兰-普法尔茨州埃特林根市贝尔伯格(Bellerberg)火山西方熔岩流埃廷格费尔德(Ettringer Feld)。1981 年 L. S. 登特·格拉瑟(L. S. Dent Glasser)和 C. K. 李(C. K. Lee)在《晶体学报》(37)报道。英文名称 Jasmundite，由格拉瑟和李为纪念德国科隆大学矿物学-岩石学研究所所长、系统化黏土矿物矿物学家卡尔·亚斯蒙德(Karl Jasmund，1913—2003)教授而以他的姓氏命名。IMA 1981－047 批准。1983 年登特·格拉瑟等在《矿物学新年鉴》(月刊)和 1984 年《美国矿物学家》(69)报道。中文名称根据英文名称首音节音和成分译为约硫硅钙石。1985 年中国新矿物与矿物命名委员会郭宗山等在《岩石矿物及测试》[4(4)]根据成分译为硫硅钙石；《英汉矿物种名称》(2017)译作约硫氧硅钙石。

【约硫砷铅矿】

英文名 Jordanite

化学式 $Pb_{14}(As,Sb)_6S_{23}$ (IMA)

约硫砷铅矿板状、双锥状晶体(瑞士、意大利)

约硫砷铅矿是一种铅的砷-锑-硫化物矿物。属砷硫锑铅矿-约硫砷铅矿同源系列族。单斜晶系。晶体呈板状、双锥状与假六边形，具板层状双晶；集合体很少呈肾状。铅灰色，玷污后出现彩虹锖色，金属光泽，不透明；硬度 3，完全解理，脆性。1864 年发现于瑞士瓦莱州戈姆斯地区林根巴赫(Lengenbach)采石场；同年，欧姆·拉思(Vom Rath)在《物理学和化学年鉴》(122)报道。英文名称 Jordanite，以德国萨尔布吕肯的 A. 乔丹(A. Jordan，1808—1887)博士的姓氏命名，是他提供了进行研究的原始标本。1959 年以前发现、描述并命名的"祖父级"矿物，IMA 承认有效。中文名称根据英文名称首音节音和成分译为约硫砷铅矿；根据颜色和成分译作灰硫砷铅矿；根据成分译为锑硫砷铅矿。

【约曼石*】

英文名 Yeomanite

化学式 $Pb_2O(OH)Cl$ (IMA)

约曼石*是一种含氯的铅的氢氧-氧化物矿物。斜方晶系。晶体呈小的、扭曲的纤维状，一般长 8mm，但异常可达 15mm；集合体呈松散的垫子状和类似石棉的绳子状。白色、灰色，玻璃光泽，透明；完全解理。2013 年发现于英国英格兰萨默塞特郡托尔沃克斯(Torr Works)(莫尔黑德采石场)。

英文名称 Yeomanite，以安吉拉·约曼（Angela Yeoman，1931—）女士和她经营莫尔黑德采石场的福斯特·约曼（Foster Yeoman）公司合并命名。IMA 2013 - 024 批准。2013 年 R. W. 特纳（R. W. Turner）等在《CNMNC 通讯》(16)、《矿物学杂志》(77)和 2015 年《矿物学杂志》(79)报道。目前尚未见官方中文译名，编译者建议音译为约曼石*。

约曼石*纤维状晶体，束状集合体（英国）

月 [yuè]象形；古文像半月形。月，一般指地球的天然卫星月球，亦称月亮。月光：月球不发光，反射太阳的光，呈淡蓝色。

【月长石】参见【正长石】条 1112 页

云 [yún]象形；《说文》：古文字形。像云回转形。“雲”为会意字，从雨，从云。本义：云彩。用一层一层的云或成层的云，比喻矿物的形态。

【云间蒙石】

英文名 Tarasovite

化学式 $NaKAl_{11}Si_{13}O_{40}(OH)_4 \cdot 3H_2O$

云间蒙石是一种罕见的特种黏土矿物。单斜晶系。晶体呈鳞片状。颜色白色—淡棕色；硬度 1～2。它具有高温稳定性、高分散性和高塑性、吸附性和阳离子交换性、层间孔径和电荷密度可调控、阻隔紫外线性、结构层分离性等，有广泛的用途。1934 年首先由美国的 J. W. 格鲁纳提出间层矿物或混层矿物的概念。1970 年发现于俄罗斯乌克兰顿巴斯地区纳贡纳雅-塔拉索夫卡（Nagornaya Tarasovka）。1970 年 E. K. 拉扎连科（E. K. Lazarenko）等在《全苏矿物学会记事》(99)和 1971 年《美国矿物学家》(56)报道。英文名称 Tarasovite，以发现地俄罗斯乌克兰顿巴斯地区纳贡纳雅-塔拉索夫卡（Nagornaya Tarasovka）命名。1981 年被 IMA 废弃。1981 年国际矿物学会新矿物和矿物命名委员会最终将其定义为二八面体云母与二八面体蒙皂石的3∶1规则混层矿物。中文旧名根据成分与累托石的关系译为钾累托石；现根据国际矿物学会新矿物和矿物命名委员会的建议改译为云间蒙石[见 1981 年 S. W. 贝利(S. W. Bailey)《加拿大矿物学家》(19)的报道]。

【云母】

英文名 Mica

化学式通式 $X\{Y_{2-3}[Z_4O_{10}(OH)_2]\}$

云母是一类含羟基的钾、铝的铝硅酸盐矿物族名的总称。其中，Z 组阳离子主要是构成硅氧四面体层的 Si 和 Al，一般 Al∶Si＝1∶3，有时有 Fe、Cr。Y 组阳离子主要有 Al、Fe、Mg；其次由 Li、V、Cr、Zn、Ti、Mn 等。X 组阳离子主要有 K^+，有时有 Na^+、Ca^{2+}、Ba^{2+}、Rb^+、Cs^+ 等。附加阴离子 $(OH)^-$，可被 F^-、Cl^- 替代。云母族分 3 个亚族：黑云母亚族（镁铁云母），包括金云母、黑云母、铁黑云母和锰黑云母；白云母亚族（铝云母），包括白云母及其亚种（绢云母）和较少见的钠云母；鳞云母亚族，主要指锂云母（参见相关条目）。单斜（或三方）晶系。晶体常呈假六方形或菱形的板状、片状、柱状、鳞片状；集合体呈叠板状或书册状。颜色各种各样，主要随铁含量的增多而变深，玻璃光泽，解理面上呈珍珠光泽；硬度 2～3.5，极完全解理，解理片具弹性。云母矿物由于晶体大，色彩艳丽，很早就被人类认识和利用。中国是世界上发现、认识、利用、命名云母最早的国家之一。中国几千年前就已使用云母当屏风，做窗户，制绘画染料，以及用作矿物药。

中文云母之名最早出自秦汉时期的《神农本草经》，异名有云珠、云华、云英、云液、云砂、磷石等。《抱朴子·仙药》云：云母有 5 种，五色并具，而多青者，名云英。五色并具，而多赤者，名云珠。五色并具，而多白者，名云液。五色并具，而多黑者，名云母。但有青黄二色者，名云沙。晶晶纯白名磷石。李善文选注：引异物志，云母一名云精，人地万岁不朽。玉篇云：磷薄也，云母之别名。中国古籍对云母的称谓还有：花皮连、天冰、天皮、地金、老刮金、千层玻、千层纸、银精石、金星石、老鸦金、云母石、元面、云米赤及雄黑等。这些名称多与矿物的颜色、光泽及晶体形态有关。中文云母之名源于科学蒙昧时期，但解释得很有意思，既接地力又纳天气。明代李时珍《本草纲目》曰：“按《荆南志》云：“华容方台山出云母，土人候云所出之处，于下掘取，无不大获……。据此，则此石乃云之根，故得云母之名”。即云母，云之母也。古人把山上的浮云与山下的矿物联系在一起，说云母是云之根现在看来有些牵强附会，但用层层叠叠的云来比喻闪亮晶莹的片状云母确是十分贴切的。

英文名称 Mica，具有矿物学意义的最初的名称“Smicka”出现于 1706 年，它来源于拉丁文“Micare（闪烁或闪亮）”，意指矿物有亮的光泽；它又来自“Acrumb”，意思是矿物形态呈“面包屑或片状”，其解理面上闪闪发光。在此之前的 1535 年曾使用“Isinglass（鱼胶）”作为云母矿物的术语，但也曾被称为“Sturgeon（鲟鱼）”，因它具有鳞片状珍珠光泽。西方国家的这些名称比中国的云母要晚近 2 000 年。

【云母赤铁矿】参见【赤铁矿】条 91 页

【云母铜矿】参见【叶硫砷铜石】条 1066 页

陨 [yǔn]形声；从阜（fù），员声。“阜”指土山，与“高下”义有关。本义：从高处掉下，坠落。陨用来描述来自陨石成因的矿物。

【陨氮铬矿】参见【氮铬矿】条 112 页

【陨氮镍铁矿】参见【罗氮铁矿】条 570 页

【陨氮钛石】

英文名 Osbornite

化学式 TiN　　(IMA)

陨氮钛石是一种钛的氮化物自然元素矿物。属陨氮钛石族。等轴晶系。晶体呈细小的八面体粒状，粒径 0.1mm。金属光泽，不透明；硬度 8.5。1870 年发现于印度北方邦巴斯蒂区贫民窟（Bustee）陨石；同年，斯托里-马斯基林（Story-Maskelyne）在《伦敦皇家学会哲学汇刊》(160)报道。英文名称 Osbornite，以乔治·奥斯朋（George Osborn）的姓氏命名，是他提供了这种矿物被发现的陨石。1959 年以前发现、描述并命名的“祖父级”矿物，IMA 承认有效。中文名称根据成因和成分译为陨氮钛石（或矿）；音译为奥斯朋矿。陨氮钛石是一个非常难得的地球上最稀有的天然氮化物矿物之一，最初形成于恒星的灰尘，而现在几乎只存在于陨石。合成氮化钛是一种非常重要的高性能陶瓷材料。

【陨铬辉石】参见【钠铬辉石】条 636 页

【陨硅铁镍石】参见【硅磷镍矿】条 272 页

【陨尖晶石】参见【林伍德石】条 452 页

【陨碱硅铝镁石】

英文名 Yagiite

化学式 $NaMg_2(AlMgSi_{12})O_{30}$ (IMA)

八木健三像

陨碱硅铝镁石是一种钠、镁的铝镁硅酸盐矿物。属大隅石族。六方晶系。晶体呈细粒状。无色，透明—半透明；硬度 5～6。1968 年发现于西班牙安达卢西亚自治区格拉纳达省科洛梅拉(Colomera)陨石。英文名称 Yagiite，1969 年西奥多·E.邦奇(Theodore E. Bunch)等以日本札幌北海道大学地质学教授八木健三(Kenzo Yagi，1915—?)的姓氏命名，以表彰他对矿物学和岩石学做出的贡献。IMA 1968-020 批准。1969 年在《美国矿物学家》(54)报道。中文名称根据成因和成分译为陨碱硅铝镁石；根据成因、成分及族名译作陨钠镁大隅石。

【陨磷钙钠石】

英文名 Merrillite

化学式 $Ca_9NaMg(PO_4)_7$ (IMA)

美林像

陨磷钙钠石是一种钙、钠、镁的磷酸盐矿物。属白磷钙石族。三方晶系。晶体呈柱状、他形粒状。无色、白色，玻璃光泽，透明；脆性。1915 年美林发现并描述于意大利布雷西亚省阿尔菲亚内洛(Alfianello)、印度达兰萨拉(Dhurmsala)、波兰的普乌图斯克(Pultusk)、美国里奇山(Rich Mountain)至少 4 颗陨石中，并在《美国国家科学院学报》(1)报道。英文名称 Merrillite，1917 年由 E. T. 惠里(E. T. Wherry)在《美国矿物学家》(2)，以美国国家博物馆(史密森学会)地质馆长乔治·P. 美林(George P. Merrill，1854—1929)的姓氏命名。1959 年以前发现、描述并命名的"祖父级"矿物，IMA 承认有效。然而，由于当时无法与白磷钙石相区别，直到 1976 年才被 IMA 1976s. p. 批准。中文名称根据成因和成分译为陨磷钙钠石。目前发现 Merrillite 有-(Ca)、-(Na)和-(Y)三个矿物种。

【陨磷碱锰镁石】参见【磷镁钠石】条 470 页

【陨磷镁钙矿】参见【磷镁钙矿】条 469 页

【陨磷镁钙钠石】

英文名 Chladniite

化学式 $Na_2CaMg_7(PO_4)_6$ (IMA)

克拉德尼像

陨磷镁钙钠石是一种钠、钙、镁的磷酸盐矿物。属锰磷矿族。三方晶系。晶体呈半自形板状，呈其他磷酸盐和硅酸盐矿物的镶嵌边。无色，橘红色(含氧化铁)，半玻璃光泽、树脂光泽，透明；硬度 4.5～5，完全解理，脆性。1993 年发现于美国得克萨斯州汉密尔顿县卡尔顿(Carlton)陨石。英文名称 Chladniite，为纪念拉脱维亚里加大学的德国物理学家厄恩斯特·佛罗伦·弗里德里希·克拉德尼(Ernst Florens Friedrich Chladni，1756—1827)而以他的姓氏命名。他最早支持陨石"地外起源说——宇宙起源说"，被誉为"陨石之父"，他也被称为声学之父。IMA 1993-010 批准。1994 年 T. J. 麦考伊(T. J. McCoy)等在《美国矿物学家》(79)报道。1999 年中国新矿物与矿物命名委员会黄蕴慧等在《岩石矿物学杂志》[18(1)]根据成因和成分译为陨磷镁钙钠石。

【陨磷镍矿】

英文名 Nickelphosphide

化学式 Ni_3P (IMA)

陨磷镍矿是一种镍的磷化物矿物。四方晶系。晶体呈自形等轴显微粒状、他形长条状包裹体。粉白色—黄白色，金属光泽，不透明；硬度 6.5～7，脆性。1998 年发现于美国密苏里州贝茨县巴特勒(Butler)铁陨石。英文名称 Nickelphosphide，以成分"Nickel(镍)"和"Phosphide(磷化物)"组合命名。IMA 1998-023 批准。1999 年 S. N. 布里特温(S. N. Britvin)等在《俄罗斯矿物学会记事》[128(3)]报道。2003 年中国地质科学院矿产资源研究所李锦平等在《岩石矿物学杂志》[22(1)]根据成因和成分译为陨磷镍矿。

【陨磷铁矿】

英文名 Schreibersite

化学式 $(Fe,Ni)_3P$ (IMA)

陨磷铁矿棒状晶体(法国)和施赖伯斯像

陨磷铁矿是一种铁、镍的磷化物矿物。四方晶系。晶体呈锥状、板状、片状、棒状或针状。银白色—锡白色，氧化后呈铜黄色或棕色，金属光泽，不透明；硬度 6.5～7，完全解理，非常脆。1847 年发现于斯洛伐克日利纳州纳梅斯托沃镇马古拉(Magura)陨石。1848 年，在维也纳《关于科学之友圣事报告》(*Berichte Über die Mittheilungen von Freunden der Naturwissenschaften*)(3)报道。英文名称 Schreibersite，1847 年由威廉·卡尔·里特·冯·海丁格尔(Wilhelm Karl Ritter von Haidinger)为纪念斯洛伐克布拉迪斯拉发的科学家卡尔·弗朗茨·安东·冯·施赖伯斯(Karl Franz Anton von Schreibers，1775—1852)的姓氏命名，他是描述铁陨石的第一人。他于 1798 年从维也纳获得医学博士学位，并在大学学习植物学、矿物学和动物学。在短短的一段时间内，他协助他的叔叔约瑟夫·路德维希·冯·施莱伯斯(Joseph Ludwig von Schreibers)在维也纳从事医疗工作。作为一个年轻人，他还参观了整个欧洲的博物馆。1802 年他在维也纳大学担任自然历史和农业科学助理。1806 年，他被任命为维也纳自然历史博物馆的收藏部主任，成为他一生的工作。施赖伯斯参与了自然科学的各个方面，并对博物馆的自然历史收藏进行了全面的组织整修。在担任主任期间，博物馆图书馆的规模从几本科学书籍增加到 3 万册以上。在这里，他存储了他的个人研究工作的成果以及一系列陨石。1848 年 10 月 31 日，在奥地利帝国军队轰炸过程中，博物馆收藏品的一部分被火灾摧毁。见于 1944 年 C. 帕拉奇(C. Palache)、H. 伯曼(H. Berman)和 C. 弗龙德尔(C. Frondel)《丹纳系统矿物学》(第一卷，第七版，纽约)。1959 年以前发现、描述并命名的"祖父级"矿物，IMA 承认有效。同义词 Rhabdite，根据晶体呈杆状(Rhabd)命名。中文名称根据成因和成分译为陨磷铁矿或陨磷铁镍石/陨磷铁镍矿。

【陨鳞石英】参见【鳞石英】条 486 页

【陨硫钙石】

英文名 Oldhamite

化学式 CaS　　(IMA)

陨硫钙石是一种钙的硫化物矿物。属方铅矿族。等轴晶系。晶体呈他形粒状;集合体呈小球粒状、串珠状。无色,氧化后变成浅棕色、深棕色,半金属光泽,不透明;硬度4,完全解理。1862年发现于印度北方邦巴斯蒂区贫民窟(Bustee)陨石。1870年马斯基林(Maskelyne)在《伦敦皇家学会哲学汇刊》(160)报道。

奥尔德姆像

英文名称 Oldhamite,以爱尔兰地质学家、印度地质调查局局长托马斯·奥尔德姆(Thomas Oldham,1816—1878)的姓氏命名。1959年以前发现、描述并命名的"祖父级"矿物,IMA承认有效。中文名称根据成因和成分译为陨硫钙石;根据颜色和成分译作褐硫钙石。

【陨硫铬锰矿*】

英文名 Joegoldsteinite

化学式 $MnCr_2S_4$　　(IMA)

陨硫铬锰矿*是一种锰、铬的硫化物矿物,是锰的陨硫铬铁矿的类似矿物。属尖晶石超族硫硼尖晶石族硫钴矿亚族。等轴晶系。两个半自形晶包裹体,大小为13μm和15μm。2015年发现于美国佐治亚州沃尔顿县索舍尔瑟克尔(Social Circle)陨石。英文名称 Joegoldsteinite,为纪念马萨诸塞州大学机械和工业工程与工程学院前院长、荣誉退休教授约瑟夫(乔)·I.戈尔德斯坦[Joseph(Joe) I. Goldstein,1939—2015]而以他的姓名命名。戈尔德斯坦在铁陨石的金相冷却速率、铁-镍相平衡、电子显微镜和微量分析研究中做出了众所周知的重大贡献。他在到达阿默斯特之前,是利哈伊大学材料科学与工程学院教授、杰出的钻石专家。IMA 2015-049批准。2015年马驰(Ma Chi)等在《CNMNC通讯》(27)、《矿物学杂志》(79)和2016年《美国矿物学家》(105)报道。目前尚未见官方中文译名。编译者建议根据成因和成分译为陨硫铬锰矿*,或音译为乔戈尔德斯坦矿*。

戈尔德斯坦像

【陨硫铬铁矿】

英文名 Daubréelite

化学式 $FeCr_2S_4$　　(IMA)

陨硫铬铁矿是一种铁、铬的硫化物矿物。属尖晶石超族硫硼尖晶石族硫钴矿亚族。等轴晶系。晶体呈板状;集合体呈块状。黑色,金属光泽,不透明;硬度4.5~5,完全解理,脆性。1876年发现于墨西哥科阿韦拉州马皮米洼地科阿韦拉陨石。1876年史密斯(Smith)在《美国科学与艺术杂志》(12)报道。英文名称 Daubréelite,以法国巴黎矿物学家、岩石学家和陨星学家加布里埃尔·奥古斯特·达乌布勒(Gabriel Auguste Daubrée,1814—1896)教授的姓氏命名,以表彰他对陨石开展的广泛研究工作。他还是斯特拉斯堡和巴黎自然历史博物馆的教授,1880年他被授予沃拉斯顿勋章。1959年以前发现、描述并命名的"祖父级"矿物,IMA承认有效。中文名称根据成因和成分译为陨硫铬铁矿。

达乌布勒像

【陨硫钠铬矿】参见【硫钠铬矿】条506页

【陨硫铁】

英文名 Troilite

化学式 FeS　　(IMA)

陨硫铁是一种铁的硫化物矿物。属磁黄铁矿族。与硫镁铁矿、布塞克矿*(Buseckite)和鲁达谢夫斯基矿*(Rudashevskyite)为同质多象变体。六方晶系。晶体呈粒状。灰棕色、青铜色、黄棕色,金属光泽,不透明;硬度3.5~4。1766年,在意大利莫德纳省阿尔巴雷托(Albareto)观测到一颗陨石。耶稣会的阿贝·多梅尼科·特罗伊利(Abbé Domenico Troili,1722—1792)收集了标本并进行了研究,他描述了陨石中夹杂着的硫化铁,撰写出广受赞誉的《关于坠落石头的推理》(*Ragionamento della caduta di un sasso*)文章,1766年秋在莫德纳出版。他把黄铜色的矿物称为"Marchesita(玛切萨,女侯爵)",这些硫化铁长期以来被认为是黄铁矿(FeS_2)。直到1862年,德国的矿物学家古斯塔夫·罗斯分析了材料,认为其化学计量是FeS,并且命名为Troilite,以肯定阿贝·多梅尼科·特罗伊利的工作。1863年W.海丁格尔(W. Haidinger)在《意大利皇家科学院数学-自然科学班讲座报告》(*Sitzungberichte der Kaiserlichen Akademie der Wissenschaften, Mathematisch-naturwissenschaftliche Klasse*(47)报道。1959年以前发现、描述并命名的"祖父级"矿物,IMA承认有效。同义词 Meteorkies,流星黄铁矿。中文名称根据成因和成分译为陨硫铁。现在看来,它可能是六方晶系的磁黄铁矿-2H多型。这种矿物在地球表面并不常见,但在大量陨石(月球和火星)和行星状星云中都可以找到。根据1996年由旅行者号探测器观测于1979年木星的伽利略卫星木卫三和木卫四的陨硫铁是一个重要矿物成分。海盗-1和海盗-2观测数据表明,陨硫铁很可能也是火星表面岩石的一种常见矿物。

陨硫铁粒状晶体(俄罗斯)及出版物封面

【陨硫铜钾矿】

英文名 Djerfisherite

化学式 $K_6(Fe,Cu,Ni)_{25}S_{26}Cl$　　(IMA)

陨硫铜钾矿是一种含氯的钾、铁、铜、镍的硫化物矿物。属陨硫铜钾矿族。等轴晶系。晶体呈粒状。绿黄色、黄褐色、草绿色,半金属光泽,不透明;硬度3.5。1965年发现于马拉维共和国中部恩霍塔科塔地区哥打-哥打(Kota-Kota)陨石(马林巴陨石)和南非东开普省克里斯·哈尼区圣马克(St. Mark's)陨石。英文名称 Djerfisherite,L. H.富赫斯(L. H. Fuchs)以美国芝加哥大学的矿物学家丹尼尔·杰罗姆·费希尔(Daniel Jerome Fisher,1896—1988)教授的姓名命名。IMA 1965-028批准。1966年富克斯在《科学》(153)和弗莱舍在《美国矿物学家》(51)报道。中文名称根据成因和成分译为陨硫铜钾矿;根据成分译作硫铁铜钾矿或硫铁钾铜矿。

陨硫铜钾矿圆粒状晶体(俄罗斯)和费希尔像

【陨六方金刚石】参见【蓝丝黛尔石】条 430 页

【陨铝钙石】

英文名 Grossite

化学式 $CaAl_4O_7$ (IMA)

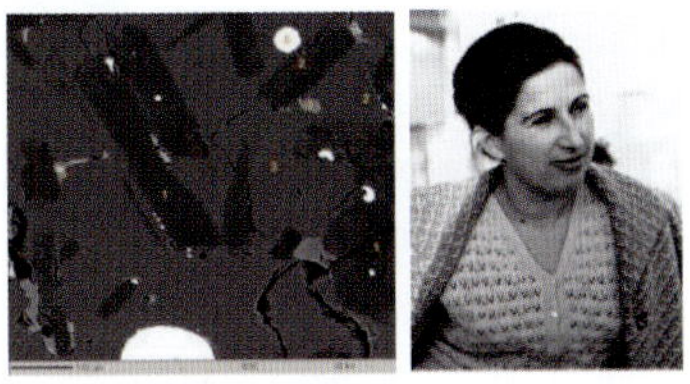

陨铝钙石板条状晶体(阿根廷,薄片)和格罗斯像

陨铝钙石是一种钙、铝的氧化物矿物。单斜晶系。晶体呈他形粒状、板条状或自形—半自形柱状,多晶镶嵌在圆形陨石颗粒边缘。白色—无色,玻璃光泽,透明。1958 年 E. R. 博伊科(E. R. Boyko)等在《晶体学报》(A11)报道了$CaO \cdot 2Al_2O_3$和 $SrO \cdot 2Al_2O_3$ 的光学性质与结构。1977 年 S. 格罗斯(S. Gross)在《以色列通报》(70)报道了以色列南方哈达罗区哈特鲁姆(Hatrurim)形成物中的矿物。1993 年发现于阿尔及利亚塔曼哈塞特省塔奈兹鲁夫特的阿克弗(Acfer)182 陨石和以色列南方哈达罗区哈特鲁里姆形成物。英文名称 Grossite,1994 年 D. 韦伯(D. Weber)等为纪念以色列耶路撒冷以色列地质调查局的名誉会员舒拉米特·格罗斯(Shulamit Gross,1923—2012)博士而以她的姓氏命名,是她首先在以色列内盖夫沙漠哈特鲁里姆(Hatrurim)形成物中发现此矿物。IMA 1993-052 批准。1994 年韦伯等在《欧洲矿物学杂志》(6)报道。1999 年中国新矿物与矿物命名委员会黄蕴慧等在《岩石矿物学杂志》[18(1)]根据成因和成分译为陨铝钙石。

【陨氯铁】

英文名 Lawrencite

化学式 $FeCl_2$ (IMA)

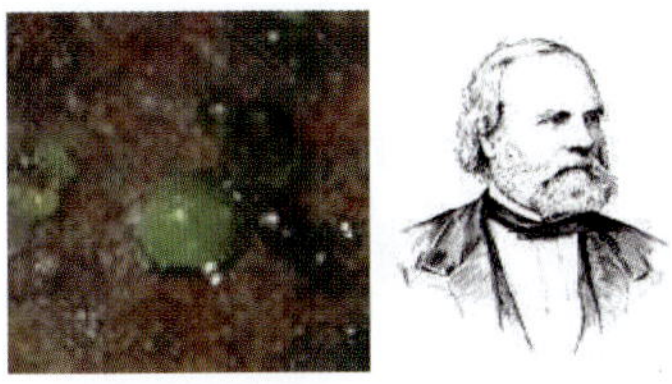

陨氯铁珠球状集合体(中国南丹)和劳伦斯画像

陨氯铁是一种铁的氯化物矿物。属陨氯铁族。三方晶系。晶体呈薄的六方板状(人工合成);集合体呈块状、粉末状、珠球状(天然的)。白色(未氧化的),绿色、棕色(氧化),玻璃光泽,半透明;硬度软,完全解理。1845 年查尔斯·托马斯·杰克逊(Charles Thomas Jackson)在《美国科学杂志》(48)报道人工合成物。英文名称 Lawrencite,1845 年查尔斯·托马斯·杰克逊为纪念美国化学家、矿物学家和陨石学者 J. 劳伦斯·史密斯(J. Lawrence Smith,1818—1883)而以他的名字命名,是他发现了该矿物。他还发明了倒置显微镜。1877 年发现于美国田纳西州克莱伯恩县塔兹韦尔(Tazewell)陨石;同年,史密斯(Smith)在法国《巴黎科学院会议周报》(*Comptes Rendus Hebdomadaires desSéances de l'Académie des Sciences*)(84)和《美国科学杂志》(13)报道。1959 年以前发现、描述并命名的"祖父级"矿物,IMA 承认有效。中文名称根据成因和成分译为陨氯铁。中国科学工作者在中国广西壮族自治区河池地区南丹县里湖-瑶寨乡南丹铁陨石中发现陨氯铁。南丹陨石 1616 年(明正德丙子年夏)坠落,1958 年发现。

【陨水硫钠铬矿】参见【水硫钠铬矿】条 848 页

【陨碳铁矿】

英文名 Cohenite

化学式 CFe_3 (IMA)

陨碳铁矿粒状晶体(俄罗斯)和科恩像

陨碳铁矿是一种铁的碳化物矿物。属钙钛矿超族非化学计量比钙钛矿族陨碳铁矿亚族。斜方晶系。晶体呈板状、棒状、针状、粒状;集合体呈放射状、树枝状。锡白色,氧化后变为青铜色、金黄色,金属光泽,不透明;硬度 5.5~6,脆性。1889 年发现于斯洛伐克日利纳州纳梅斯托沃镇的马古拉(Magura)陨石;同年,在《皇家自然历史博物馆年鉴》(4)报道。英文名称 Cohenite,1889 年 E. 魏因申克(E. Weinschenk)为纪念德国格赖夫斯瓦尔德大学矿物学教授埃米尔·威廉·科恩(Emil Wilhelm Cohen,1842—1905)而以他的姓氏命名。见于 1944 年 C. 帕拉奇(C. Palache)、H. 伯曼(H. Berman)和 C. 弗龙德尔(C. Frondel)《丹纳系统矿物学》(第一卷,第七版,纽约)。1959 年以前发现、描述并命名的"祖父级"矿物,IMA 承认有效。中文名称根据成因和成分译为陨碳铁矿/陨碳铁。

【陨铁硅石】

英文名 Merrihueite

化学式 $(K,Na)_2(Fe^{2+},Mg)_5Si_{12}O_{30}$ (IMA)

陨铁硅石六方片状晶体(德国、奥地利)和梅利胡像

陨铁硅石是一种钾、钠、铁、镁的硅酸盐矿物。属大隅石族。六方晶系。晶体呈六方片状。浅蓝绿色、铁锈褐色,半透明—不透明;硬度 5~6。1965 年发现于罗马尼亚穆列什县迈兹-马达拉斯(Mez ő- madaras)陨石。英文名称 Merrihueite,以美国马萨诸塞州剑桥史密森天体物理天文台的陨石学家克雷格·M. 梅利胡(Craig M. Merrihue,1933—1965)的姓氏命名。他发展了测量陨石年龄的 $^{40}Ar/^{39}Ar$ 定年技术。他在一次登山事故中不幸身亡。IMA 1965-020 批准。1965 年 R. T. 多德(R. T. Dodd)等在《科学》(149)和《美国矿物学家》(50)报道。中文名称根据成因和成分译为陨铁硅石或陨硅钾铁石;根据成因、成分和族名译为陨铁大隅石。

晕

[yùn]形声;从曰,军声。日光或月光通过云层中的冰晶时;经折射而形成的光圈。

【晕长石】参见【钠长石】条 634 页

Z

Zz

扎 [zā]形声；左形右声。用于中国地名。[英]音，用于外国人名、地名。

【扎宾斯基石*】

英文名 ż abińskiite

化学式 $Ca[Al_{0.5}(Ta,Nb)_{0.5}](SiO_4)O$ (IMA)

扎宾斯基像

扎宾斯基石*是一种含氧的钙、铝、钽、铌的硅酸盐矿物。属榍石族。三斜晶系。晶体呈不均匀的粒状，粒径 120μm×70μm。褐色，玻璃光泽，透明；硬度 5，脆性。2015 年发现于波兰下西里西亚省德齐尔·奥尼奥(Dzier ż oniów)朱莉安娜(Julianna)伟晶岩。英文名称ż abińskiite，为纪念已故的、波兰最著名的矿物学家维托德·斯坦尼斯拉夫·扎宾斯基(Witold Stanisław żabiński，1929—2007)教授而以他的姓氏命名。他是波兰矿物学学会的创始人之一，1980—1994 年间的主席；他还是地质和矿物材料研究所所长；他写了 200 多篇论文。IMA 2015-033 批准。2015 年 A. 皮兹卡(A. Pieczka)等在《CNMNC 通讯》(26)、《矿物学杂志》(79)和 2017 年《矿物学杂志》(81)报道。目前尚未见官方中文译名，编译者建议音译为扎宾斯基石*。

【扎布耶石】

汉拼名 Zabuyelite

化学式 $Li_2(CO_3)$ (IMA)

扎布耶石柱状晶体，块状集合体(加拿大)

扎布耶石是一种锂的碳酸盐矿物，它是现代盐湖中重要的锂矿资源。单斜晶系。晶体呈两端尖刃状柱状，晶形完好，具双晶；集合体呈块状。无色、乳白色、淡橘黄色，玻璃光泽，透明；硬度 3。1981 年中国地质科学院矿床地质研究所郑绵平(1934—)研究员等，在中国西藏自治区日喀则地区仲巴县扎布耶(Zhabuye)现代盐湖中首次发现的一种新的天然碳酸锂矿物。根据首次发现地中国扎布耶(Zhabuye)盐湖命名为扎布耶石(Zabuyelite)。IMA 1985-018 批准。1987 年郑绵平等在《地质论评》(4)和《矿物学报》[7(3)]报道。郑绵平研究员是国际盐湖学会副主席、中国工程院院士、中国地质科学院盐湖中心主任，除发现新矿物扎布耶石外，还发现了含锂菱镁矿、含锂白云石两个新矿物变种，是我国盐湖科学及其矿业的奠基人和开拓者之一。

同义词 Diomignite，1987 年大卫·伦敦(David London)等根据希腊文"διοσ=Divine(神圣)"和"μινννν=Mixture(混合物)"组合命名，因为化合物对含水花岗伟晶岩流体具有明显的助熔作用。该化合物也存在于工业过程中，并且在工厂附近的废弃商业垃圾堆或靠近运输码头，填埋场等地也被发现。

【扎多夫石*】

英文名 Zadovite

化学式 $BaCa_6[(SiO_4)(PO_4)](PO_4)_2F$ (IMA)

扎多夫像

扎多夫石*是一种极为罕见的含氟的钡、钙的磷酸-硅酸盐矿物。属北极石超族扎多夫石*族。三方晶系。晶体呈粒状，粒径 200μm。无色，玻璃光泽，透明；硬度 5～5.5。2013 年发现于以色列南部地区哈达洛(HaDarom)塔马尔(Tamar)。英文名称 Zadovite，以俄罗斯矿物学家、钙硅酸盐矿物学专家和矿物收藏家亚历山大·叶菲莫维奇·扎多夫(Alexandr Efimovich Zadov，1958—2012)的姓氏命名。他独自或与人合作描述了 90 多种新矿物。IMA 2013-031 批准。2013 年 E. V. 加鲁斯金(E. V. Galuskin)等在《CNMNC 通讯》(16)、《矿物学杂志》(77)和 2015 年《矿物学杂志》(79)报道。目前尚未见官方中文译名，编译者建议音译为扎多夫石*。

【扎哈罗夫石】

英文名 Zakharovite

化学式 $Na_4Mn_5Si_{10}O_{24}(OH)_6 \cdot 6H_2O$ (IMA)

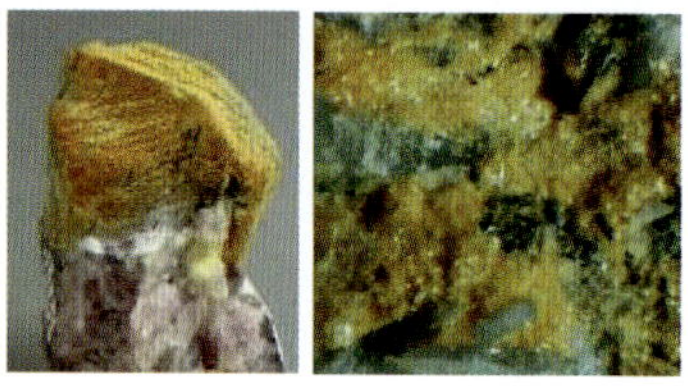

扎哈罗夫石细粒状晶体，粉末状集合体(俄罗斯、加拿大)

扎哈罗夫石是一种含结晶水和羟基的钠、锰的硅酸盐矿物。三方晶系。晶体呈细粒状；集合体呈粉末状。黄色或亮黄色，蜡状光泽、珍珠光泽、土状光泽；硬度 2，完全解理。1981 年发现于俄罗斯北部科拉半岛卡纳苏特(Karnasurt)山和希比内地块尤克斯波(Yukspor)山。英文名称 Zakharovite，以莫斯科地质勘探研究所所长叶夫根·叶夫根尼耶维奇·扎哈罗夫(Evgeii Evgenevich Zakharov，1902—1980)的姓氏命名。IMA 1981-049 批准。1982 年 A. P. 霍米亚科夫(A. P. Khomyakov)等在《全苏矿物学会记事》[111(4)]和 1983 年《美国矿物学家》(68)报道。1984 年中国新矿物与矿物命名委员会郭宗山在《岩石矿物及测试》[3(2)]音译为扎(札)哈罗夫石。

【扎加米石*】

英文名 Zagamiite

化学式 $CaAl_2Si_{3.5}O_{11}$ (IMA)

扎加米石*是一种钙、铝的硅酸盐矿物。六方晶系。晶体呈半自形的包裹体，直径 13μm 和 15μm 两个颗粒。2015 年马驰(Ma Chi)团队发现于尼日利亚卡齐纳州扎加米(Zagami)火星陨石。英文名称 Zagamiite，以发现地尼日利亚的扎加米(Zagami)命名。IMA 2015-022a 批准。2017 年马驰等在《CNMNC 通讯》(36)、《矿物学杂志》(81)和《欧洲矿物学杂志》(29)报道。目前尚未见官方中文译名，编译者建议音译为扎加米石*。

【扎佳铈石】参见【氟钙钠铈石】条 174 页

【扎卡里尼矿*】

英文名 Zaccariniite

化学式 RhNiAs (IMA)

扎卡里尼矿*是一种铑、镍的砷化物矿物。四方晶系。晶体呈他形粒状，粒径 1～20μm。灰色，金属光泽，不透明；硬度 3.5～4，脆性。2011 年发现于多米尼加共和国洛玛·佩古拉(Loma Peguera)。英文名称 Zaccariniite，以奥地利莱奥本大学的费德丽卡·扎卡里尼(Federica Zaccarini，1962—)博士的姓氏命名，以表彰她在铬铁矿和超基性岩铂族元素(PGE)方面的工作。IMA 2011－086 批准。2012 年 A. 维马扎洛娃(A. Vymazalová)等在《CNMNC 通讯》(12)、《矿物学杂志》(76)和《加拿大矿物学家》(50)报道。目前尚未见官方中文译名，编译者建议音译为扎卡里尼石*。

扎卡里尼像

【扎卡尼亚石*】

英文名 Zaccagnaite

化学式 $Zn_4Al_2(OH)_{12}(CO_3)\cdot 3H_2O$ (IMA)

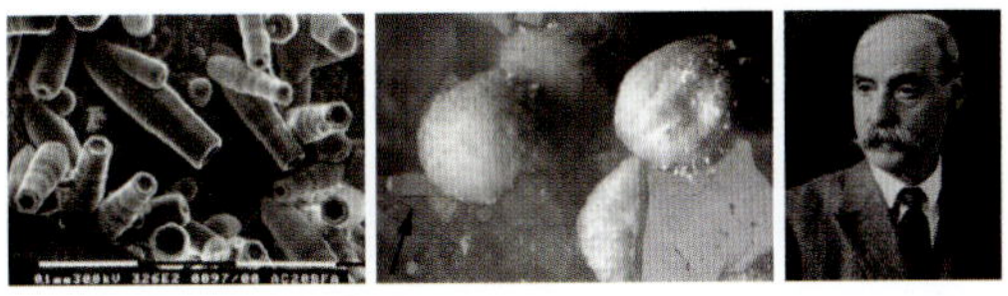

扎卡尼亚石*显微六方柱状晶体，球粒状集合体(意大利)和扎卡尼亚像

扎卡尼亚石*是一种含结晶水和羟基的锌、铝的碳酸盐矿物。属水滑石超族羟碳铝镁石族。六方(三方)晶系。晶体呈显微六方柱状；集合体呈皮壳状、球粒状。白色、无色，玻璃—半玻璃光泽，透明。1997 年发现于意大利马萨卡拉拉省滨海阿尔卑斯山脉卡拉吉奥(Calagio)采石场。英文名称 Zaccagnaite，以意大利学者和矿物收藏家多梅尼科·扎卡尼亚(Domenico Zaccagna，1851—1940)的姓氏命名。他专门从事意大利托斯卡纳北部阿普安阿尔卑斯山的卡拉拉大理石的地质和矿物学研究，发表了滨海阿尔卑斯山脉第一张地质图。IMA 1997－019 批准。2001 年 S. 梅利诺(S. Merlino)等在《美国矿物学家》(86)报道。目前尚未见官方中文译名，编译者建议音译为扎卡尼亚石*；根据成分译为羟碳铝锌石*。目前已知 Zaccagnaite 有-2H(六方)、-3R(三方)多型。

【扎铝磷铜矿】参见【水磷铝铜石】条 841 页

【扎纳齐石】参见【水磷铍镁石】条 844 页

【扎水羟砷铜石】

英文名 Zálesiite

化学式 $CaCu_6(AsO_4)_2(AsO_3OH)(OH)_6\cdot 3H_2O$ (IMA)

扎水羟砷铜石针状晶体，放射状集合体(捷克、意大利、西班牙)

扎水羟砷铜石是一种含结晶水和羟基的钙、铜的氢砷酸-砷酸盐矿物。属砷铋铜矿族。六方晶系。晶体呈针状；集合体呈丛状、放射状或树枝状、薄膜状。淡绿色、草绿色、淡蓝色，玻璃光泽、松脂光泽、丝绢光泽，透明—半透明；硬度 2～3。1991 年发现于捷克共和国奥洛穆茨地区扎莱斯(Zálesí 或 Zalesie)铀矿；同年，F. 欧尔米(F. Olmi)等在《矿物学新年鉴》(月刊)报道。英文名称 Zálesiite，以发现地捷克扎莱斯 Zálesí(Zalesie)铀矿命名。IMA 1997－009 批准。1999 年 J. 塞科拉(J. Sejkora)等在《矿物学新年鉴：论文》(175)报道。1998 年 U. 科利奇(U. Kolitsch)在德国《矿物世界报》[9(3)]曾报道，称 Agardite-(Ca)，译作钇砷铜石-钙。2004 年中国地质科学院矿产资源研究所李锦平等在《岩石矿物学杂志》[23(1)]根据英文名称首音节音和成分译为扎水羟砷铜石。

【扎瓦利亚石*】

英文名 Zavalíaite

化学式 $Mn_3^{2+}(PO_4)_2$ (IMA)

扎瓦利亚石*是一种锰的磷酸盐矿物。属磷钙铁锰矿族。单斜晶系。呈磷锂矿的出溶片，厚 70μm，长 1.5mm。无色，玻璃光泽、树脂光泽，透明；硬度 4，完全解理，脆性。2011 年发现于阿根廷圣路易斯省普林格莱斯上校城拉恩佩阿达(La Empleada)伟晶岩。英文名称 Zavalíaite，由阿根廷冰川学和环境科学研究所(IANIGLA)和阿根廷国家研究委员会(CONICET)矿物学、岩石学和地球化学系矿物学研究员兼主任玛丽亚·弗洛伦西亚·德·法蒂玛·马尔克斯·扎瓦利亚(María Florencia de Fátima Márquez Zavalía，1955—)的姓氏命名，以表彰她对阿根廷矿物学做出的贡献。IMA 2011－012 批准。2011 年 F. 哈特(F. Hatert)等在《CNMNC 通讯》(10)和 2012 年《加拿大矿物学家》[50(6)]报道。目前尚未见官方中文译名，编译者建议音译为扎瓦利亚石*。

扎瓦利亚像

【扎伊科夫矿*】

英文名 Zaykovite

化学式 Rh_3Se_4 (IMA)

扎伊科夫矿*是一种铑的硒化物矿物。单斜晶系。该矿物在喀山原生铂金砂矿的颗粒中呈细小的包裹体。2019 年发现于俄罗斯车里雅宾斯克州布雷丁斯基区戈吉诺喀山(Kazan)含金砂矿。英文名称 Zaykovite，为纪念俄罗斯地质矿物学教授维克多·弗拉基米罗维奇·扎伊科夫(Victor Vladimirovich Zaykova，1938—2017)博士而以他的姓氏命名。IMA 2019－084 批准。2020 年 E. V. 贝洛古布(E. V. Belogub)等在《CNMNC 通讯》(54)、《矿物学杂志》(84)和《欧洲矿物学杂志》(32)报道。目前尚未见官方中文译名，编译者建议音译为扎伊科夫矿*。

扎伊科夫像

杂

[zá]形声；从衣，集声。本义：五彩相合。多种多样的；混杂一起。

【杂碲金银矿】参见【板碲金银矿】条 43 页

【杂磷锌矿】参见【磷锌矿】条 485 页

【杂卤石】

英文名 Polyhalite

化学式 $K_2Ca_2Mg(SO_4)_4\cdot 2H_2O$ (IMA)

杂卤石是一种含结晶水的钾、钙、镁的硫酸盐矿物。三斜晶系。晶体呈板状、叶片状、片状、纤维状，但少见，具双晶；集合体常呈致密粒状、块状或层状。无色，有时呈白色或微带浅灰色、淡黄色、肉红色，有时也呈砖红色，玻璃光泽，松脂光泽或丝绢光泽，透明；硬度 2.5～3.5，完全解理。1817

Z

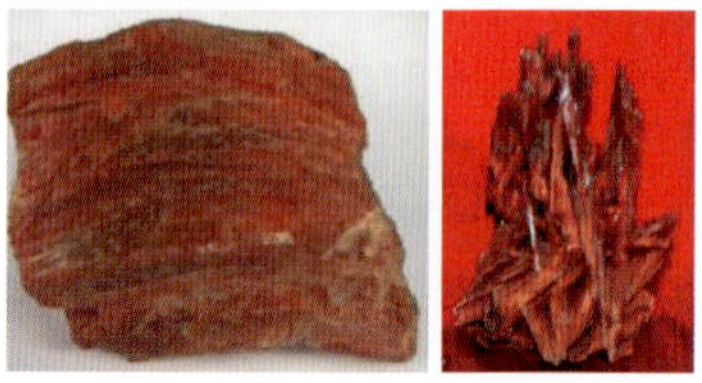

杂卤石片状晶体，层状集合体（奥地利）

年首次描述的标本位于奥地利上奥地利州巴德伊舍小镇伊斯赫勒扎尔茨贝格(Ischler Salzberg)；同年，在伦敦《外来矿物学》(*Exotic Mineralogy*)(第二卷)刊载。英文名称 Polyhalite，来自希腊文"Πολυ＝Polys＝Many(许多的或多边形的)hals(哈尔斯)"和"Αλ ά τι＝Salt(盐)"，意思是多个钙、镁、钾离子与硫酸根结合形成多边形的复盐。哈尔斯(hals)来自奥地利上奥地利州萨尔茨卡默古特地区的一个村庄哈尔斯塔特(Hallstatt)镇，它位于阿尔卑斯山东部哈尔斯塔特湖畔。在著名的盐湖半山腰有一座盐洞，距今已有近 900 年的历史，现在仍在正常运作并成为对游人开放的"采矿世界"中心。湖的南岸坐落着著名的盐城埃本塞，早在 1607 年，市民们就已开始用盐水来提炼地下埋藏的盐。广场附近的世界文化遗产博物馆也许是世界上最小的博物馆，但这里展示的文物古迹却是十分珍贵的，有当地近 7 000 年历史的各个时代的文物遗迹，特别是盐发展历史的足迹，包括从原来的盐矿挖掘出的衣服及采盐工具。1959 年以前发现、描述并命名的"祖父级"矿物，IMA 承认有效。同义词 Ischelite，以发现地伊斯赫勒(Ischler)命名。中文名称意译为杂卤石。杂而不纯，多而混聚，意指多个阳离子的复盐。天然生成的盐称为"卤"，泛指从卤水中结晶出的盐"Salt"。

【杂芒硝】

英文名 Tychite

化学式 $Na_6Mg_2(CO_3)_4SO_4$ (IMA)

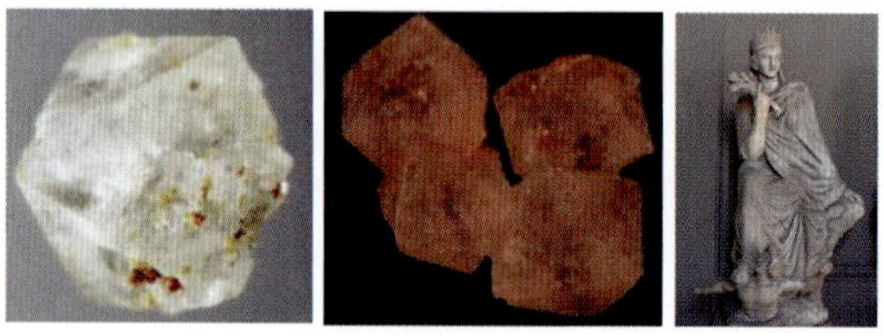

杂芒硝八面体、立方体晶体（美国）和埃乌奇戴斯青铜像

杂芒硝是一种钠、镁的硫酸-碳酸盐矿物。属氯碳钠镁石族。等轴晶系。晶体呈八面体、立方体。无色、白色，玻璃光泽，透明；硬度 3.5～4，脆性。1905 年发现于美国加利福尼亚州圣贝纳迪诺县瑟尔斯(Searles)湖；同年 S. L. 彭菲尔德(S. L. Penfield)和 G. S. 贾米森(G. S. Jamieson)在《美国科学杂志》(Ⅳ系列，20)和《结晶学杂志》(第 41 集)报道。英文名称 Tychite，由希腊文"τυχ ή＝Tyche(堤喀)"命名，意为运气和机会，因为它是由彭菲尔德(Penfield)和贾米森(Jamieson)检查的 5 000 个氯碳钠镁石晶体(Northupite)的最后 10 晶体中的第一个也是唯一一个，它竟然是杂芒硝(Tychite)。希腊安提阿的"堤喀"是希腊神话中的命运女神，相当于梵蒂冈博物馆广场罗马神埃乌奇戴斯(Eutychides)财神，她是一个城市的财富和繁荣的主持守护神。1959 年以前发现、描述并命名的"祖父级"矿物，IMA 承认有效。中文名称根据成分译为杂芒硝，也译作硫碳镁钠石。

【杂铌矿】参见【黑稀金矿】条 320 页

【杂铅矿】

英文名 Izoklakeite

化学式 $Pb_{26.4}(Cu,Fe)_2(Sb,Bi)_{19.6}S_{57}$ (IMA)

杂铅矿针状晶体，束状、杂乱状集合体（日本）

杂铅矿是一种铅、铜、铁、锑、铋的硫化物矿物。属硫铋锑铅矿同源系列族。斜方晶系。晶体呈针状；集合体呈束状、杂乱状。黑色；硬度 3.5～4。1983 年发现于加拿大努纳武特地区麦伊坎湖伊佐克湖(Izok lake)矿和瑞典的威纳(Vena)矿。英文名称 Izoklakeite，以发现地加拿大的伊佐克湖(Izok lake)矿命名。IMA 1983－065 批准。1986 年 D. C. 哈里斯(D. C. Harris)在《加拿大矿物学家》(24)报道。1986 年中国新矿物与矿物命名委员会郭宗山等在《岩石矿物学杂志》[5(4)]根据成分译为杂铅矿；2011 年杨主明等在《岩石矿物学杂志》[30(4)]建议音译为伊卓克矿。1984 年中国学者卫冰洁和张建洪在我国广西芒场锡-多金属矿床首次发现[见 1991 年《现代地质》(2)]，这是继加拿大、瑞典和瑞士之后第四次发现。

【杂色琥珀】

英文名 Romanite

化学式 $(\square,Pb,Ca)UFe^{2+}_2(Ti,Fe^{3+})_6Ti_{12}O_{38}$

杂色琥珀是一种空位、铅、钙、铀、铁、钛的复杂氧化物矿物。属尖钛铁矿族。晶体呈粒状。灰色、黑色，玻璃光泽、金属光泽，不透明；硬度 6.5～7。1983 年 B. I. 雷若夫(B. I. Ryzhov)等在《苏联科学院报告》(269)报道。英文名称 Romanite，1990 年由德拉吉拉(Dragila)在意大利《矿业评论》(41)以发现地罗马尼亚(Romania)命名，并把它划入到 Davidite(钛铈铁矿、铁钛铀矿、铀钛磁铁矿)族。1992 年杨博尔(Jambor)等并没有将它提交给 IMA 委员会对新矿物和矿物名称认定，因此不能被视为一个有效的矿物种。1997 年奥兰迪(Orlandi)等在《美国矿物学家》(82)指出，德拉吉拉的划分很成问题。中文名称根据颜色译为杂色琥珀。根据产地和颜色译为罗马琥珀。它可能是冕宁铀矿的同义词(参见【冕宁铀矿】条 621 页)。

【杂斜锆石】参见【斜锆石】条 1028 页

藏

[zàng]形声；从草，臧声。本义：把谷物保藏起来。中国西藏自治区的简称。

【藏布矿】

英文名 Zangboite

化学式 $TiFeSi_2$ (IMA)

藏布矿是一种钛、铁和硅的化合物矿物。斜方晶系。晶体呈不规则细粒状或板状，粒径在 0.002～0.15mm 之间。钢灰色，金属光泽，不透明；硬度 5.5，脆性。1981 年中国地质科学院地质研究所的方青松、白文吉等在中国西藏自治区山南地区曲松县罗布莎蛇绿岩型铬铁矿床调查研究时，因发现了蛇绿岩型金刚石而引起关注，遂获得了国家自然科学基金资助，中国地质大学与中国地质科学院合作的基金课题组，在中国地质大学施倪承教授的主持下，发现了多种形成于地球深部的新矿物种群。

在 2006—2007 年，课题组成员白文吉、方青松、施倪承及李国武已先后分别向国际矿物学会新矿物、矿物命名及分类委员会提交了新矿物罗布莎矿($Fe_{0.83}Si_2$)、曲松矿(WC)、雅鲁矿[$(Cr,Fe,Ni)_9C_4$]及藏布矿($TiFeSi_2$)的申请,后两者用我国著名的河流雅鲁藏布江(Yarlong Zangbo River)命名雅鲁矿(Yarlongite)及藏布矿(Zangboite)。藏布矿 IMA 2007-036 批准。2009 年李国武等在《加拿大矿物学家》(47)报道。这些新矿物的发现对研究地球深部物质及地球动力学有重要意义。

皂 [zào]会意;从白,从七。皂,一种洗涤用品,肥皂的略称,如:香皂;药皂。

【皂石】

英文名 Saponite

化学式 $(Ca,Na)_{0.3}(Mg,Fe)_3(Si,Al)_4O_{10}(OH)_2 \cdot 4H_2O$ (IMA)

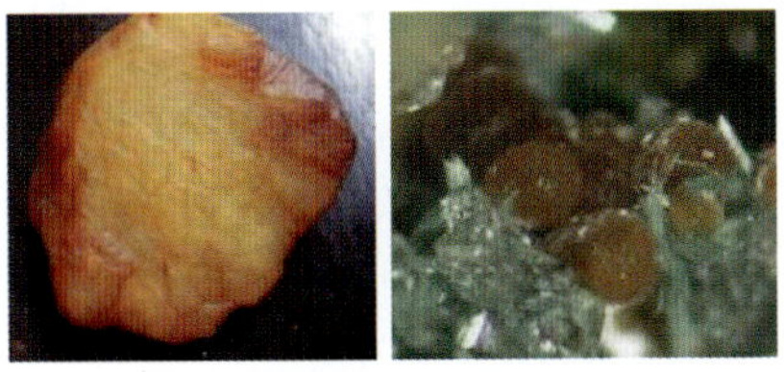

皂石致密块状、球粒状集合体(中国、美国)

皂石是一种含结晶水和羟基的钙、钠、镁、铁的铝硅酸盐层状结构的黏土矿物。属蒙皂石族皂石亚族。皂石亚族主要有皂石、镁皂石、锂皂石等。单斜晶系。晶体呈板条状;集合体常呈肥皂状的块体,也有呈球粒状。白色或浅黄色、浅灰绿色、浅红色、浅蓝色,油脂光泽、土状光泽;硬度 1.5~2,柔软可塑、可切、有滑感,干燥时为脆性。1840 年冯·思文凯(von Svanberg)发现并第一次描述于英国康沃尔郡蜥蜴半岛兰德韦德纳克(Landewednack)蜥蜴处(点)(Lizard Point);同年,在《瑞典皇家科学院文献》报道。英文名称 Saponite(Soapstone),由希腊文"Σάπο=Sapo=Σαπούνι=Soap"或拉丁文"Sap"命名,即肥皂,意指其有油腻或肥皂的感觉和外观。1925 年 C. 帕拉奇(C. Palache)等在《美国矿物学家》(10)报道。1959 年以前发现、描述并命名的"祖父级"矿物,IMA 承认有效。中文名称意译为皂石或蒙皂石。

古代不管是东方还是西方,最早的洗涤成分不外乎都是碳酸钠和碳酸钾。前者为天然湖矿产品,后者是草木灰中主要洗涤成分。据传肥皂的发明是公元前 7 世纪古埃及皇宫中的一名腓尼基人厨师。这位厨师不注意将一罐食用油打翻,为避免被他人发现,便用灶炉里的草木灰覆盖,并将这些浸透有油脂的草木灰捧到室外扔掉。他将手放到了水中,发现只用轻搓几下,便将手上的油腻洗掉了,甚至还洗掉了以前的老污垢。厨师于是让其他的厨师也用这种物质洗手,发现的确将手洗得更干净。到了后来,法老王也知道了这个秘密,也让厨师做些拌了油的草木灰供他洗手用。而公元前 23 世纪时,在巴比伦的泥板上已有记载制造肥皂的公式。虽然肥皂很早就被发明,但块状肥皂却是奢侈品,直到 19 世纪才广泛被一般大众使用。

同义词 Mauritzite,以匈牙利布达佩斯大学矿物学和岩石学教授贝拉·莫伊茨(Béla Mauritz,1881—1971)的姓氏命名。1957 年 L. 托科迪(L. Tokody)等在《矿物学新年鉴》(月刊)报道。1993 年 T. 魏斯堡(T. Weiszburg)等在《匈牙利矿物图谱》(1)指出:它是皂石的特殊品种。根据颜色和成分译为蓝黑镁铝石。

灶 [zào]会意;从火从土。繁体从穴,鼀(cù)声。本义:用砖石等砌成,供烹煮食物、烧水的设备。本义:灶,炊穴也。用于小行星名。

【灶神星矿】

英文名 Vestaite

化学式 $(Ti^{4+}Fe^{2+})Ti_3^{4+}O_9$ (IMA)

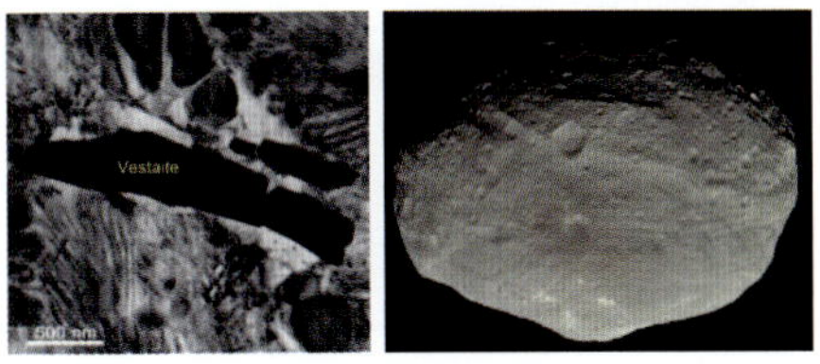

灶神星矿板状晶体(摩洛哥)和灶神星-4

灶神星矿是一种钛、铁的钛的氧化物矿。单斜晶系。晶体呈柱状和板片状,厚 0.2~0.5mm,长约 2.5mm。黑色,金属光泽,不透明。中国南京大学博士庞润连(Pang Runlian)、张爱铖(Zhang Aicheng)教授和德国耶拿大学法尔·兰根霍斯特(Falko Langenhorst)教授发现于摩洛哥灶神星(Vesta)陨石 NWA8003。英文名称 Vestaite,以发现新矿物的母体小行星——灶神星-4 维塔(Vesta)命名为灶神星矿。IMA 2017-068 批准。2017 年庞润连等在《CNMNC 通讯》(40)、《矿物学杂志》(81)和 2018 年《美国矿物学家》(103)报道。最近几年美国的黎明号飞船对太阳系最大小行星带第四颗小行星——灶神星[1807 年德国天文学家海因里希·威廉·奥伯斯(Heinrich Wilhelm Olbers)发现;他接受杰出数学家高斯的建议,以罗马神话的家庭与壁炉的女神(Vesta)来命名,中文名称译为灶神星]进行了探测,掀起了一股灶神星研究热潮。近 5 年,南京大学张爱铖教授课题组投入了大量精力来研究灶神星陨石,取得了一系列丰硕的成果。2017 年,博士研究生庞润连在一块灶神星陨石中观察到了 5 种高压矿物相(其中 3 种是第一次在灶神星陨石中报道)。在该研究的基础上,庞润连在该陨石中发生撞击熔融的区域发现了一种很小但高度富钛的氧化物矿物$(Ti^{4+}Fe^{2+})Ti_3^{4+}O_9$。借赴德国耶拿大学联合培养的机会,庞润连和同事使用先进的透射电镜分析技术鉴定出这个氧化物应该是一个新矿物,它是在灶神星陨石中发现的第一个新矿物。它的发现不仅对认识灶神星陨石的冲击变质强度和历史有重要意义,对认识地球深部物质组成也有重要的价值。

詹 [zhān]从多,从言。本义:话多,噜苏。《庄子》:大言炎炎,小言詹詹。[英]音,用于外国人名。

【詹硫砷锑铅铊矿】

英文名 Jentschite

化学式 $TlPbAs_2SbS_6$ (IMA)

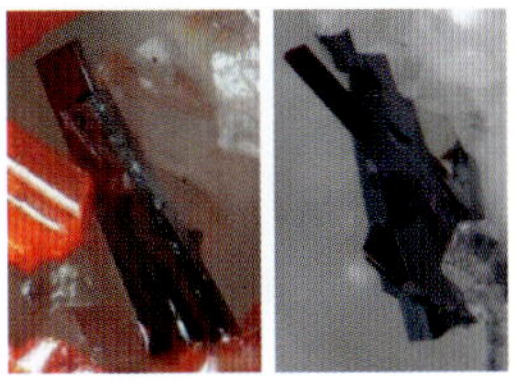

詹硫砷锑铅铊矿柱状晶体,晶簇状集合体(瑞士)

詹硫砷锑铅铊矿是一种铊、铅的砷-锑-硫盐矿物。单斜晶系。晶体呈柱状、板状、针状。亮黑色、暗红色,半金属光泽、金属光泽,不透明,边缘半透明;硬度 2~2.5,完全解理,极脆。1993 年发现于瑞典瓦莱州林根巴赫(Lengenbach)采石场。英文名称 Jentschite,以林根巴赫的早期多产的矿物收藏家弗兰兹·詹奇(Franz Jentsch,1868—1908)的姓氏命名。IMA 1993-025 批准。1996 年 P. 贝尔普施(P. Berlepsch)在《瑞士矿物学和岩石学通报》(76)和 1997 年 S. 格雷泽尔(S. Graeser)等在《矿物学杂志》(61)报道。2003 年中国地质科学院矿产资源研究所李锦平等在《岩石矿物学杂志》[22(3)]根据英文名称首音节音和成分译为詹硫砷锑铅铊矿。以前也有的根据成分译为辉砷银铅矿

张 [zhāng]形声;从弓,长声。本义:把弦安在弓上。中国姓氏。

【张衡矿】

汉拼名 Zhanghengite

化学式 CuZn (IMA)

浑天仪与张衡像

张衡矿是一种含锌的自然铜矿物。属黄铜族。等轴晶系。晶体呈粒状、片状,集合体呈树枝状。金黄色,条痕呈铜黄色,强金属光泽,不透明;硬度 5。1977 年 10 月 20 日,在中国安徽亳县(现为亳州市)张沃公社小燕庄降落了一批陨石。1986 年,中国科学技术大学王奎仁教授在球粒陨石中发现了一种 CuZn 新矿物。含锌的自然铜根据铜和锌含量,分为 α、β、γ、δ、ε、η(希腊字母顺序)6 个相,在地球上及月岩中都有发现类似 α 相的含锌自然铜,γ 相也在我国的西南某地铂铜镍硫化矿床中发现(参见【丹巴矿】条 105 页),亳县陨石中发现的属于无序态 β 相,由此推断陨石降落时经高温淬火。王奎仁教授为纪念中国古代著名天文学家张衡(Zhang Heng,公元 78—139 年),而以他的姓名命名为张衡矿。张衡是中国东汉时期伟大的天文学家、数学家、发明家、地理学家、制图学家、文学家、学者,在汉朝官至尚书,为我国天文学、机械技术、地震学的发展做出了不可磨灭的贡献。由于他的贡献突出,联合国天文组织曾将太阳系中的 1802 号小行星命名为"张衡星"。张衡是东汉中期浑天说的代表人物之一,并且认识到宇宙的无限性和行星运动的快慢与距离地球远近的关系。张衡在公元 132 年发明了全国第一架地动仪和里程表,有 32 篇著作,其中天文著作有《灵宪》和《灵宪图》等。IMA 1985-049 批准。1986 年王奎仁在《矿物学报》[6(3)]和 1990 年《美国矿物学家》(75)报道。

【张培善矿】

汉拼名 Zhangpeishanite

化学式 BaFCl (IMA)

张培善与《白云鄂博矿物学》

张培善矿是一种钡的氯、氟化物矿物。属氟氯铅矿族矿物之一,即氟氯铅矿和氟氯钙石之富钡成员。四方晶系。呈包裹体产于萤石中,矿物大小达 100μm。无色,透明,玻璃光泽;硬度 2。2006 年日本国家自然科学博物馆的岛崎英彦(Hidehiko Shimazaki)等与中国科学院地质与地球物理研究所的杨主明研究员发现于中国内蒙古自治区包头地区白云鄂博矿区白云鄂博矿床东矿。为表彰张培善(Zhang Peishan)对白云鄂博矿物学研究做出的贡献,而以他的姓名命名为 Zhangpeishanite。IMA 2006-045批准。2008 年,日本岛崎英彦等与中国科学院地质与地球物理研究所的杨主明在《欧洲矿物学杂志》(20)报道。张培善(Zhangpeishan,1925—)是中国杰出的地质矿产学家。白云鄂博有三大发现:铁矿(发现者是 1927 年北京大学地质系助教、西北科学考察团团员丁道衡先生)、稀土矿(发现者是 1935 年中央研究院地质所研究员、北京大学地质系矿物学讲师何作霖先生)、铌钽矿(发现者是 1957 年中国科学院地质研究所张培善等),三大发现标志着白云鄂博地质科学研究的三大里程碑,从而白云鄂博扬名世界。

1956 年夏,张培善陪司幼东先生赴白云鄂博调查研究稀土矿物。1957 年夏,他又单独去白云鄂博地质考察,收集标本,此次采集到钽铌盐酸类的易解石,还有一种块状油脂光泽的蜡黄色矿物,后与苏联专家谢苗诺夫共同研究确定为新矿物黄河矿(参见【黄河矿】条 339 页)。他还发现了一种红铜色烟丝状的未知矿物,经与苏联专家分析研究以成分命名为钡铁钛石(参见【钡铁钛石】条 57 页)。他先后发现了黄河矿等 10 余个新矿物和新变种。张培善的发现,打开了白云鄂博既含稀土又含铌钽的研究序幕;他还撰写出版了《白云鄂博矿物学》《中国稀土矿物学》《中国稀土地质学》(英文版)等 6 部著作,学术论文百余篇,为我国矿物学研究做出了杰出的贡献,得到国际学术界的充分肯定。英国岩石学家曾将白云鄂博矿区火成碳酸岩岩墙命名为"张氏岩墙"。

【张氏磷锰石】

汉拼名 Zhanghuifenite

化学式 $Na_3Mn_4^{2+}Mg_2Al(PO_4)_6$ (IMA)

张惠芬像

张氏磷锰石是一种钠、锰、镁、铝的磷酸盐矿物。属钠磷铁矿(磷锰钠石)超族钠磷铁矿(磷锰钠石)族。单斜晶系。2016 年发现于阿根廷圣路易斯省桑塔阿纳(Santa Ana)伟晶岩。汉拼名称 Zhanghuifenite,以中国科学院广州地球化学研究所研究员、博士生导师张惠芬(Zhang Huifen,1934—)的姓名命名。她主要从事矿物物理和矿物材料研究,参加完成的"人工生长压电-光学水晶"项目于 1964 年获国家新技术一等奖,主编《矿物物理和矿物材料论文集》,与他人出版了专著《矿物物理学概论》(第三作者)。IMA 2016-074 批准。2016 年杨和雄(Yang Hexiong)和 A. 科布斯赫(A. Kobsch)等在《CNMNC 通讯》(34)、《矿物学杂志》(80)报道。中文名称根据汉拼名称首音节音和成分译为张氏磷锰石。

章 [zhāng]会意;从音,从十。音指音乐,十是个位数已终了的数,合起来表示音乐完毕。本义:音乐的一曲。中国姓氏。

【章氏硼镁石】

英文名 Hungchaoite

化学式 $MgB_4O_5(OH)_4 \cdot 7H_2O$ (IMA)

章氏硼镁石是一种含结晶水、羟基的镁的硼酸盐矿物。三斜(假六方)晶系。晶体呈假六方片状或柱状;集合体常呈豆状。无色—白色,玻璃光泽或油脂光泽,透明;硬度 1~2。1957 年,中国学者曲一华等在青海省海西自治州大柴旦湖

首次发现，1960 年在内蒙古自治区包头市也发现了这种矿物。经化学分析，它的物理、化学特性均与苏联物理化学家 A. B. 尼古拉耶夫(A. B. Николаев)于 1947 年在实验室内合成的二硼酸镁(цибораᴛ)极为相似，在自然界这种矿物还是首次发现。为了纪念中国地质事业创始人之一章鸿钊先生(1877—1951)，把它命名为章氏硼镁石，又称鸿钊石(Hungchaoite)。IMA 1967s. p. 批准。1964 年曲一华等在中国《地质学报》(44)和《中国科学》(13)报道。这是国际上第一个以中国人名字命名的矿物。章鸿钊是我国著名的地质学家、地质教育家、地质科学史专家、中国科学史事业的开拓者、中国近代地质学奠基人之一，也是中国地质学会的创始人。他撰有《三灵解》《石雅》《古矿录》《六六自述》《宝石说》等 32 部地质矿产著作，开我国地质科学史研究之先河。

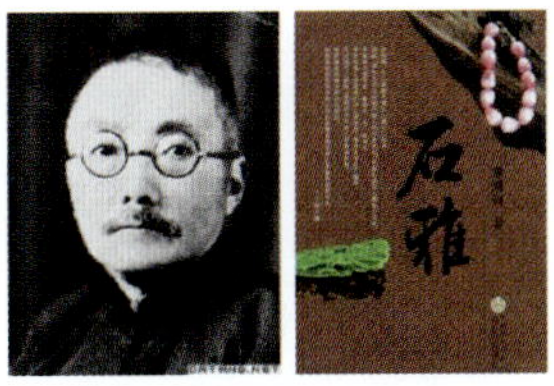

章鸿钊像和《石雅》

沼 [zhǎo]形声；从水，从召，召亦声。本义：水池，积水的洼地。用于外国人名。

【沼铁矿】参见【褐铁矿】条 313 页

【沼野石】参见【碳硼铜钙石】条 926 页

赵 [zhào]形声；从走，从肖。中国姓氏，赵姓是《百家姓》第一个姓氏。

【赵击石】

英文名 Chaoite

化学式 C　　(IMA)

赵击石片状晶体(德国)和赵景德像

赵击石是一种碳的单质矿物。与金刚石、石墨和蓝丝黛尔石等为同质多象。六方晶系。晶体薄片状，与石墨呈互层。黑色，不透明；硬度 1～2。1968 年埃尔·高雷斯发现于德国巴伐利亚州诺特林根市里斯陨石坑默廷根(Möttingen)。英文名称 Chaoite，以美籍华裔矿物学家、美国地质调查局岩石学家、宇宙地质学家赵景德(Chao Chingte，1919—2008，中国苏州)的姓命名。赵景德是冲击变质作用研究奠基人之一。阿波罗 11－17 研究项目的首席研究员。他先后共发现了 8 种由宇宙天体向地球撞击而形成的新矿物，成为第一位在自然界鉴定有柯石英产出的科学家，也是另一种新矿物——斯石英的发现者。1965 年因柯石英的发现获富兰克林学会维特瑞尔奖章。1992 年因柯石英和斯石英的发现获美国陨石学会巴林格奖章。赵景德撰写了 139 篇学术论文。IMA 1968－019 批准。1968 年 A. 埃尔格勒斯(A. El goresy)等在《科学》(161)和 1969 年《美国矿物学家》(54)报道。中文名称根据英文名称音加陨石坠落撞击成因译为赵击石；根据英文名称音及与石墨的关系译为赵石墨或赵氏碳。

锗 [zhě]形声；从钅，从者，者亦声。是一种稀散金属元素。[英]Germanium。元素符号 Ge。原子序数 32。1871 年门捷列夫预言自然界存在一种类硅，1885 年德国弗莱贝格矿业学院分析化学教授文克勒在分析硫银锗矿时发现了锗，并以德国的拉丁名 Germania 命名新元素为 Germanium(锗)，以纪念发现锗的文克勒的祖国——德国。锗在地壳中的含量为一百万分之七，锗比较集中的锗矿物极少，多分散在其他矿物及煤炭之中。

【锗钯矿*】

英文名 Palladogermanide

化学式 Pd_2Ge　　(IMA)

锗钯矿*是一种钯和锗的互化物矿物。六方晶系。2016 年发现于加拿大安大略省雷湾地区科德韦尔杂岩体马拉松(Marathon)矿床。英文名称 Palladogermanide，由成分“Pallado(钯)”和“German(锗)”加词尾-ide 组合命名。IMA 2016－086 批准。2017 年 A. M. 麦克唐纳(A. M. McDonald)等在《CNMNC 通讯》(35)、《矿物学杂志》(81)和《欧洲矿物学杂志》(29)报道。目前尚未见官方中文译名，编译者建议根据成分译为锗钯矿*。

【锗磁铁矿】

英文名 Brunogeierite

化学式 $Fe_2^{2+}Ge^{4+}O_4$　　(IMA)

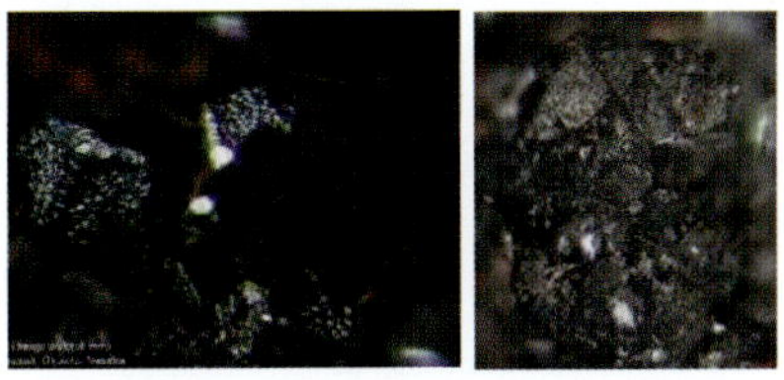
锗磁铁矿立方体、八面体晶体(纳米比亚)

锗磁铁矿是一种铁、锗的氧化物矿物。属尖晶石超族氧尖晶石族钛铁晶石亚族。与磁铁矿成固溶体系列。等轴晶系。晶体呈立方体、八面体，但少见；集合体常呈皮壳状或放射状。灰色、黑色，半金属光泽，不透明；硬度 4.5～5。1972 年发现于纳米比亚奥希科托地区楚梅布(Tsumeb)矿。英文名称 Brunogeierite，以纳米比亚楚梅布矿业公司的首席矿物学家布鲁诺 H. 盖尔(Bruno H. Geier，1902—1987)博士的姓名命名。IMA 1972－004 批准。1972 年在《矿物学新年鉴》(月刊)报道。中文名称根据成分译为锗磁铁矿。

【锗硫钒砷铜矿】

英文名 Germanocolusite

化学式 $Cu_{13}VGe_3S_{16}$　　(IMA)

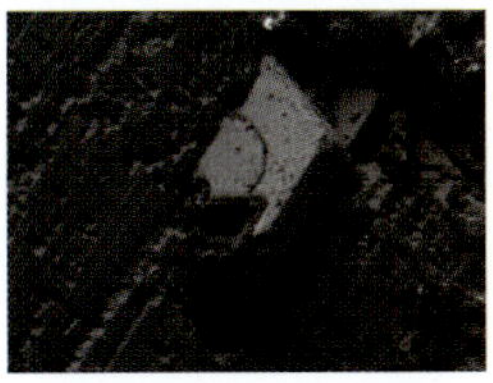
锗硫钒砷铜矿电镜照片(坦桑尼亚)

锗硫钒砷铜矿是一种铜、钒、锗的硫化物矿物。属硫锗铜矿族。等轴晶系。晶体呈粒状或扁平状，粒径 100μm。黄色、灰黄色、黄绿色、橄榄黄色、奶油黄色，及淡黄奶油、玫瑰色—褐色，金属光泽，不透明；硬度 4～4.5。1991 年发现于哈萨克斯坦巴甫洛达尔州麦凯恩(Maikain)金矿床和俄罗斯北高加索地区卡拉恰沃-切尔克斯共和国乌鲁普(Urup)铜矿床。英文名称 Germanocolusite，由成分冠词“Germanium(锗)”和根词“Colusite(硫锡砷铜矿)”组合命名。IMA 1991－044 批准。1992 年 E. M. 斯皮里多诺夫(E. M. Spiridonov)等在俄罗斯《莫斯科大学学报：Ⅳ系列；

地质学》(6)报道。1998 年中国新矿物与矿物命名委员会黄蕴慧等在《岩石矿物学杂志》[17(1)]根据成分及与硫钒锡铜矿(或硫锡砷铜矿)的关系译为锗硫钒砷铜矿(根词参见【硫钒锡铜矿】条 499 页)。

【锗硫钼铁铜矿】

英文名 Maikainite

化学式 $Cu_{10}Fe_3MoGe_3S_{16}$　(IMA)

锗硫钼铁铜矿是一种铜、铁、钼、锗的硫化物矿物。等轴晶系。晶体呈显微椭圆粒状、八面体、菱形十二面体,粒径 45μm,呈其他矿物的包裹体。黄色,金属光泽,不透明;硬度 4。1992 年发现于哈萨克斯坦巴甫洛达尔州麦凯恩(Maikain)金矿床。英文名称 Maikainite,以发现地哈萨克斯坦的麦凯恩(Maikain)金矿床命名。IMA 1992 - 038 批准。2003 年 E. M. 斯皮里多诺夫(E. M. Spiridonov)在《俄罗斯科学院地球科学学报》(393A)报道。2008 年中国地质科学院地质研究所任玉峰等在《岩石矿物学杂》[27(2)]根据成分译为锗硫钼铁铜矿。

【锗硫钨铁铜矿】

英文名 Ovamboite

化学式 $Cu_{10}Fe_3WGe_3S_{16}$　(IMA)

锗硫钨铁铜矿是一种铜、铁、钨、锗的硫化物矿物。等轴晶系。晶体呈显微立方体、圆粒状、乳滴状,呈其他矿物中的包裹体。白色—淡黄色,金属光泽,不透明;硬度 3.5。1992 年发现于纳米比亚奥希科托的奥万博兰(Ovamboland)区楚梅布(Tsumeb)矿。英文名称 Ovamboite,以发现地南非的奥万博兰(Ovamboland)地区命名。IMA 1992 - 039 批准。2003 年 E. M. 斯皮里多诺夫(E. M. Spiridonov)在《俄罗斯科学院地球科学报告》(393A)报道。2008 年中国地质科学院地质研究所任玉峰等在《岩石矿物学杂志》[27(2)]根据成分译为锗硫钨铁铜矿。

【锗石】

英文名 Argutite

化学式 GeO_2　(IMA)

锗石是一种锗的氧化物矿物。属金红石族。四方晶系。晶体呈他形粒状,粒径 20μm,呈闪锌矿的包裹体。半透明;硬度 6~7。1980 年发现于法国上加龙省阿尔古特(Argut)矿床。英文名称 Argutite,以发现地法国的阿尔古特(Argut)矿床命名。IMA 1980 - 067 批准。1983 年 Z. 约翰(Z. Johan)等在《契尔马克氏矿物学和岩石学通报》(31)和 1984 年邓恩等在《美国矿物学家》(69)报道。1985 年中国新矿物与矿物命名委员会郭宗山等在《岩石矿物及测试》[4(4)]根据成分译为锗石。

赭 [zhě]形声;从赤,从者,者亦声。者字与“家”“室”之义有关。赭的本义是“生产赤色颜料的专业户”。许慎《说文解字》:赭,赤土也。即红褐色的土。

【赭石】参见【赤铁矿】条 91 页和【褐铁矿】条 313 页

针 [zhēn]会意;从金,从十。最初用的竹针,写作“箴”,后来有了金属的针,写作“针”。许慎《说文》:针,所以缝也。引申义:细长像针的东西,用于比喻矿物的形态。

【针碲金铜矿】

英文名 Kostovite

化学式 $AuCuTe_4$　(IMA)

科斯托夫像

针碲金铜矿是一种铜、金的碲化物矿物。斜方晶系。晶体呈细片状、拉长粒状。浅灰白色,金属光泽,不透明;硬度 2~2.5,完全解理,脆性。1965 年保加利亚矿物学教授格奥尔基·特尔泽耶夫(Georgi Terziev)发现于保加利亚索菲亚州切洛佩奇(Chelopech)金-铜矿山。英文名称 Kostovite,特尔泽耶夫为纪念他的老师保加利亚索非亚大学矿物学家伊凡·科斯托夫·尼科洛夫(Ivan Kostov Nikolov,1913—2004)教授而以他的名字命名。他于 1982—1986 年任国际矿物学协会主席。IMA 1965 - 002 批准。1966 年特尔泽耶夫在《美国矿物学家》(51)报道。中文名称根据针状结晶习性和成分译为针碲金铜矿。

【针碲金银矿】

英文名 Sylvanite

化学式 $AgAuTe_4$　(IMA)

针碲金银矿板状、柱状晶体(斐济)

针碲金银矿是一种金和银的碲化物矿物。单斜晶系。晶体呈短柱状、厚板状,也有呈刀状、针状、粒状,具双晶;集合体呈树枝状。灰色、白色、淡黄的银白色,金属光泽,不透明;硬度 1.5~2,完全解理,脆性。最早见于 1785 年冯·雷切斯坦(von Reichenstein)在维也纳《物理学年鉴》(3)报道。1835 年由路易斯·阿尔伯特·内克尔·德·索绪尔(Louis Albert Necker de Sausaure)在罗马尼亚阿尔巴县巴亚德阿里耶什(德文:Offenbánya)镇特兰西瓦尼亚(Transylvania)区第一次描述;同年,在法国巴黎《矿物王国》(*Régne Minerale*)刊载。英文名称 Sylvanite,由矿物的发现地罗马尼亚的特兰西瓦尼亚(也译为德兰斯斐尼亚,Transylvania)衍生出来的名称。含有新元素碲的碲金矿也是在这里发现的。1959 年以前发现、描述并命名的“祖父级”矿物,IMA 承认有效。中文名称根据矿物的针状晶体和成分译为针碲金银矿。

【针钒钙石】

英文名 Hewettite

化学式 $CaV^{5+}_6O_{16}\cdot 9H_2O$　(IMA)

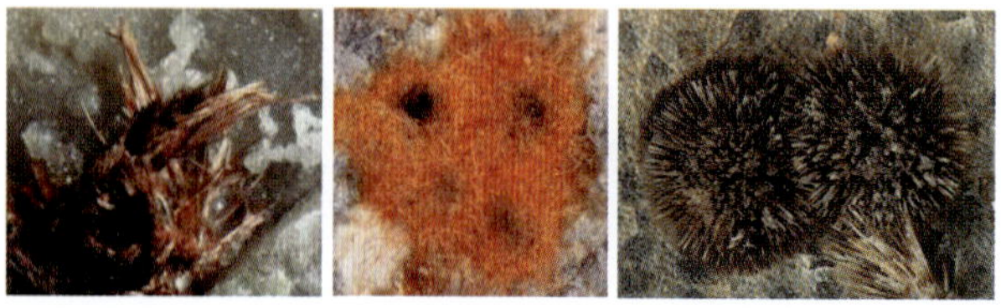

针钒钙石纤维针晶体,束状、毡状、球状集合体(美国)

针钒钙石是一种含结晶水的钙的钒酸盐矿物。属针钒钙石族。单斜晶系。晶体呈纤维状、毛发状、显微针状;集合体呈束状、毛毡状、球状。深红色、巧克力棕色,金刚光泽、丝绢光泽,透明;非常柔软。1914 年发现于秘鲁帕斯科省瓦伊亚伊区拉格拉(Ragra)矿(明纳斯拉格拉);同年,希勒布兰德

(Hillebrand)等在《美国哲学学会论文集》(53)和莱比锡《晶体学、矿物学和岩石学杂志》(54)报道。英文名称 Hewettite,以美国地质调查局的地质学家唐奈·福斯特·休伊特(Donnel Foster Hewett,1881—1971)的姓氏命名。他研究了秘鲁塞罗德帕斯科明纳斯拉格拉(Minasragra)矿床的矿物;他发现了世界上最大的钒矿床。1959 年以前发现、描述并命名的"祖父级"矿物,IMA 承认有效。中文名称根据针状结晶习性和成分译为针钒钙石。

【针钒钠锰矿】

英文名 Santafeite

化学式 $(Ca,Sr,Na)_3(Mn^{2+},Fe^{3+})_2Mn_2^{4+}(VO_4)_4(OH,O)_5 \cdot 2H_2O$ (IMA)

针钒钠锰矿针状晶体,扇状、树枝状集合体(意大利)和圣塔菲铁路机车

针钒钠锰矿是一种含结晶水、羟基和氧的钙、锶、钠、锰、铁等的钒酸盐矿物。斜方晶系。晶体呈针状;扇状、树枝状集合体。黑色,金刚光泽;完全解理,脆性。1957 年发现于美国新墨西哥州麦金利(McKinley)县格兰威区无名矿山。英文名称 Santafeite,1958 年以 R. S. 逊(R. S. Sun)和 R. H. 韦伯(R. H. Weber)在《美国矿物学家》(43)报道,以艾奇逊(Atchison)、托皮卡(Topeka)和圣塔菲(Santa Fe)铁路公司命名,因该铁路连接通过新墨西哥州的铀矿床,为其开创性的勘探和开发活动创造了条件。1959 年以前发现、描述并命名的"祖父级"矿物,IMA 承认有效。中文名称根据矿物的针状晶体和成分译为针钒钠锰矿,也可音译为圣塔菲矿。

【针钒钠石】参见【水钒钠石】条 818 页

【针沸石-镁】

英文名 Mazzite-Mg

化学式 $Mg_5(Si_{26}Al_{10})O_{72} \cdot 30H_2O$ (IMA)

针沸石-镁针柱、纤维状晶体,晶簇状、束状集合体

针沸石-镁是一种含沸石水的镁的铝硅酸盐矿物。属沸石族针沸石系列。六方晶系。晶体呈针柱状、纤维状;集合体呈晶簇状、放射状、束状。无色、白色,玻璃光泽,透明;硬度 4~5。1973 年发现于法国卢瓦尔省沙泰尔纳地区塞米奥尔(Semiol)山。英文名称 Mazzite-Mg,最初 1974 年由意大利帕维亚大学矿物学教授菲奥伦佐·马齐(Fiorenzo Mazzi,1924—2017)的姓氏,加占优势的镁后缀- Mg 组合命名,以表彰马齐对沸石分子筛结构的理解做出的贡献。IMA 1973 -045 批准。1974 年 E. 加利(E. Galli)等在《对矿物学和岩石学的贡献》(*Contributions to Mineralogy and Petrology*)(45)报道。中文名称根据结晶习性、成分及族名译为针沸石-镁/镁针沸石。

【针沸石-钠】

英文名 Mazzite-Na

化学式 $Na_8(Si_{28}Al_8)O_{72} \cdot 30H_2O$ (IMA)

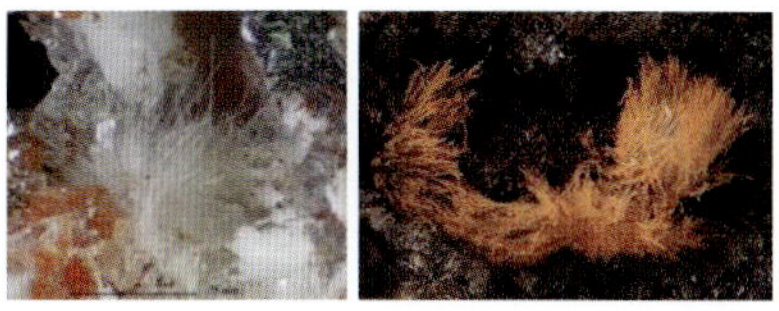

针沸石-钠毛发状晶体,放射状、线团状集合体(加拿大、美国)

针沸石-钠是一种含沸石水的钠的铝硅酸盐矿物。属沸石族针沸石系列。六方晶系。晶体呈针状、毛发状;集合体呈放射状、线团状。无色、白色、橘黄色,玻璃光泽,透明;硬度无法测量。2003 年发现于美国加利福尼亚州克莱默区克恩县克莱默(Kramer)硼酸盐矿床硼砂露天矿(坑)。英文名称 Mazzite-Na,根词由意大利帕维亚大学矿物学教授菲奥伦佐·马齐(Fiorenzo Mazzi,1924—)的姓氏,加占优势的钠后缀- Na 组合命名,以表彰马齐对沸石分子筛结构的理解做出的贡献。IMA 2003 - 058 批准。2005 年在《美国矿物学家》(90)报道。中文名称根据结晶习性、成分及族名译为针沸石-钠/钠针沸石。

【针钙镁铀矿】

英文名 Rabbittite

化学式 $Ca_3Mg_3(UO_2)_2(CO_3)_6(OH)_4 \cdot 18H_2O$ (IMA)

针钙镁铀矿放射状、花状集合体(捷克)和罗比特像

针钙镁铀矿是一种含结晶水和羟基的钙、镁的铀酰-碳酸盐矿物。单斜晶系。晶体呈针状、纤维状;集合体呈放射状、花状、杂乱状。淡绿色、白黄色,丝绢光泽,透明;硬度 2.5,完全解理。1954 年发现于美国犹他州埃默里县圣拉斐尔矿区幸运好彩(Lucky Strike)2 号矿井矿。英文名称 Rabbittite,1954 年由玛丽·E. 汤普森(Mary E. Thompson)等为纪念美国地质调查局的美国地球化学家约翰"杰克"·查尔斯·罗比特(John "Jack" Charles Rabbitt,1907—1957)而以他的姓氏命名。1955 年在《美国矿物学家》(40)报道。1959 年以前发现、描述并命名的"祖父级"矿物,IMA 承认有效。中文名称根据矿物的针状晶体和成分译为针钙镁铀矿,也有的译作水菱镁钙石。

【针钙锰硼石】参见【碳硼锰钙石】条 926 页

【针硅钙铅石】

英文名 Margarosanite

化学式 $Ca_2PbSi_3O_9$ (IMA)

针硅钙铅石是一种钙、铅的硅酸盐矿物。三斜晶系。晶体呈片状、针状。无色、灰白色,珍珠光泽,透明—半透明;硬度 2.5~3,极完全解理。原来的标本被发现于 1898 年,但矿物保持近 18 年未命名。1916 年发现于美国新泽西州苏塞克斯县富兰克林矿区富兰克林矿派克(Parker)矿井。英文名称 Margarosanite,1916 年由威廉·埃比尼泽·福特(William Ebenezer Ford)和沃尔特·小布拉德利

(Walter Minor Bradley)在《美国科学杂志》(42)报道，根据希腊文“Μαργαριτ άρι=Pearl(珍珠)”和“Δισκίο=Tablet(板状)”组合命名，意指晶体的珍珠光泽和层状结构。1959 年以前发现、描述并命名的“祖父级”矿物，IMA 承认有效。中文根据矿物的针状晶体和成分译为针硅钙铅石或针硅钙铅矿。

【针硅钙石】

英文名 Hillebrandite

化学式 $Ca_2SiO_3(OH)_2$　　(IMA)

希勒布兰德像

针硅钙石是一种含羟基的钙的硅酸盐矿物。斜方晶系。晶体呈棒状、纤维状；集合体呈皮壳状、块状。白色、无色、淡绿白色，丝绢光泽、半玻璃光泽、陶瓷光泽，半透明；硬度 5～5.5，完全解理，脆性。1908 年发现于墨西哥杜兰戈门德昆卡梅维拉德纳(Velardena)矿区特涅拉(Terneras)矿；同年，怀特(Wright)在《美国科学杂志》(176)报道。英文名称 Hillebrandite，1908 年由弗雷德·尤金·怀特(Fred Eugene Wright)以威廉·弗朗西斯·希勒布兰德(William Francis Hillebrand，1853—1925)的姓氏命名。希勒布兰德是美国地质调查局最好的湿法分析化学家之一，他描述了 5 种新矿物，与人合作描述了 11 种新矿物。1959 年以前发现、描述并命名的“祖父级”矿物，IMA 承认有效。中文名称根据针状晶体和成分译为针硅钙石。

【针硅铀矿】

英文名 Uranosilite

化学式 $(UO_2)\cdot Si_7O_{15}$　　(IMA)

针硅铀矿是一种铀酰的硅酸盐矿物。斜方晶系。晶体呈针状。淡黄白色，玻璃光泽，透明。1981 年发现于德国巴登-符腾堡州黑林山地区孟曾斯旺(Menzenschwand)的克鲁克巴赫(Krunkelbach)谷铀矿床。英文名称 Uranosilite，由化学成分“Urano(铀)”和“Si(硅)”组合命名。IMA 1981 - 066 批准。1983 年在《矿物学新年鉴》(月刊)和 1984 年《美国矿物学家》(69)报道。1985 年中国新矿物与矿物命名委员会郭宗山等在《岩石矿物及测试》[4(4)]根据针状晶体和成分译为针硅铀矿。1986 年陈璋如在《世界核地质科学》(1)根据成分[$(UO_3)(0.93)(PbO)(0.05)(K_2O)(0.10)\cdot 7SiO_2$]译为硅钾铅铀矿。

【针辉铋铅矿】

英文名 Giessenite

化学式 $(Cu,Fe)_2Pb_{26.4}(Bi,Sb)_{19.6}S_{57}$　　(IMA)

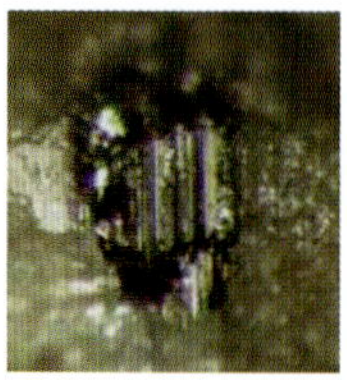

针辉铋铅矿针状晶体，束状集合体(瑞士)

针辉铋铅矿是一种铜、铁、铅、铋、锑的硫化物矿物。属硫铋锑铅矿同源系列族。单斜(假斜方)晶系。晶体呈细针状；集合体呈束状。浅灰黑色，金属光泽，不透明；硬度 2.5～3.5。1963 年发现于瑞士瓦莱州吉森(Giessen)图尔奇(Turtschi)；同年，在《瑞士矿物学和岩石学通报》(43)报道。英文名称 Giessenite，以发现地瑞士的吉森(Giessen)命名。IMA 1963 - 004 批准。中文名称根据矿物针状晶体和金属光泽及成分译为针辉铋铅矿。

【针碱钙石】

英文名 Yuksporite

化学式 $K_4(Ca,Na)_{14}(Sr,Ba)_2(\square,Mn,Fe)(Ti,Nb)_4(O,OH)_4(Si_6O_{17})_2(Si_2O_7)_3(H_2O,OH)_3$　　(IMA)

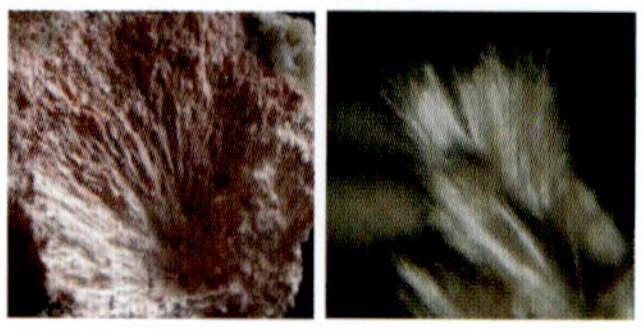

针碱钙石纤维状晶体，扇状集合体(俄罗斯)

针碱钙石是一种含结晶水、羟基和氧的钾、钙、钠、锶、钡、空位、锰、铁、钛、铌的硅酸盐矿物。属水硅锆钾石族。斜方晶系。晶体呈纤维状、页片状。褐粉色—玫瑰红色，丝绢光泽；硬度 5。1922 年发现于俄罗斯北部摩尔曼斯克州伊乌克斯珀尔(Yukspor)山脉哈克曼(Hackman)山谷；同年，在《北方科学与经济考察报告》(16)报道。英文名称 Yuksporite，以发现地俄罗斯的伊乌克斯珀尔(Yukspor)山脉命名。1959 年以前发现、描述并命名的“祖父级”矿物，IMA 承认有效。1985 年 A. A. 科涅夫(A. A. Konev)在《矿物学杂志》[7(4)]报道。中文名称根据针状晶体和成分译为针碱钙石。

【针磷铝铀矿】

英文名 Upalite

化学式 $Al(UO_2)_3(PO_4)_2O(OH)\cdot 7H_2O$　　(IMA)

针磷铝铀矿是一种含结晶水、羟基、氧的铝的铀酰-磷酸盐矿物。属福磷钙铀矿族。单斜晶系。晶体呈针状、纤维状。琥珀黄色、黄褐色，透明—半透明；硬度 3。1978 年发现于刚果(金)南基伍省姆文加地区卡博卡博(Kobokobo)伟晶岩。英文名称 Upalite，由成分“Uranyl(U，铀)”“Phosphorus(P，磷)”和“Aluminium(Al，铝)”组合命名。IMA 1978 - 045 批准。1979 年 M. 德林(M. Deliens)等在法国《矿物学和结晶学会通报》(102)和 1980 年《美国矿物学家》(65)报道。中文名称根据针状晶体和成分译为针磷铝铀矿，也译作磷铝铀矿Ⅱ，意指它是在此矿山发现的第二个磷铝铀矿。

【针磷铁矿】

英文名 Koninckite

化学式 $Fe^{3+}(PO_4)\cdot 3H_2O$　　(IMA)

针磷铁矿纤维状、针状晶体，球粒状集合体(比利时)和科宁克像

针磷铁矿是一种含结晶水的铁的磷酸盐矿物。非晶质，胶态。四方晶系。晶体呈针柱状、纤维状；集合体常呈放射状、球粒状、皮壳状。白色、黄色、浅黄绿色、稻草黄色，玻璃光泽，透明；硬度 3.5～4。1883 年发现于比利时列日省韦泽(Visé)里舍勒(Richelle)；同年，朱塞佩·切萨罗(Giuseppe Cesàro)在《比利时地质学会会志年鉴》(11)报道。英文名称 Koninckite，1883 年切萨罗为纪念比利时地质学家劳伦特-纪尧姆·科宁克(Laurent-Guillaume de Koninck，1809—1887)而以他的姓氏命名。他发现了数百个古生代古生物化

石新物种。他在 1875 年获得沃拉斯顿勋章。1959 年以前发现、描述并命名的“祖父级”矿物，IMA 承认有效。中文名称根据针状晶体和成分译为针磷铁矿。

【针磷钇铒矿】参见【水磷钇矿】条 846 页

【针硫铋铅矿】

英文名 Aikinite

化学式 $CuPbBiS_3$ （IMA）

针硫铋铅矿针状晶体（俄罗斯）和艾金像

针硫铋铅矿是一种铜、铅、铋的硫化物矿物。斜方晶系。晶体呈柱状、针状；集合体呈束状。黑色、铅灰色，玷污呈铜棕色或红色，有时呈淡黄绿色，金属光泽，不透明；硬度 2～2.5。最早见于 1804 年摩氏（Mohs）报道称 Nadelerz。1809 年阿羽伊（Hauy）称 Bismuth sulfuré plumbo-cuprifère（铋硫铅铜）。1843 年发现于俄罗斯斯维尔德洛夫斯克州叶卡捷琳堡市别列佐夫斯基（Berezovsk）金矿床。1843 年 E. J. 查普曼（E. J. Chapman）在伦敦《实用矿物学》刊载。英文名称 Aikinite，1843 年查普曼为纪念伦敦地质学会创始人并连续多年担任秘书长的亚瑟·艾金（Arthur Aikin，1773—1854）博士的姓氏命名。他还撰写了一本《矿物学手册》。1959 年以前发现、描述并命名的“祖父级”矿物，IMA 承认有效。中文名称根据矿物的针状晶体和成分译为针硫铋铅矿。

【针硫铋铜铅矿】

英文名 Neyite

化学式 $Ag_2Cu_6Pb_{25}Bi_{26}S_{68}$ （IMA）

针硫铋铜铅矿柱状、针状晶体，晶簇状集合体（加拿大）

针硫铋铜铅矿是一种银、铜、铅、铋的硫化物矿物。单斜晶系。晶体呈柱状、针状；集合体呈晶簇。黑色，金属光泽，不透明；硬度 2.5。1968 年发现于加拿大不列颠哥伦比亚省艾丽斯阿姆基索（Kitsault）帕西（Patsy）溪钼矿。英文名称 Neyite，为纪念加拿大的勘探地质学家查尔斯·斯图尔特·内伊（Charles Stuart Ney，1918—1975）而以他的姓氏命名。内伊是不列颠哥伦比亚钼矿有限公司肯科（Kennco）西区勘察有限公司和后来的昆塔纳矿业公司经理，并负责石灰溪辉钼矿矿床前期的勘探工作。IMA 1968 - 017 批准。1969 年 A. D. 德鲁蒙德（A. D. Drummond）等在《加拿大矿物学家》（10）报道。中国地质科学院根据针状晶体和成分译为针硫铋铜铅矿；2011 年杨主明等在《岩石矿物学杂志》[30(4)]建议音译为内伊矿。

【针硫铋银矿】

英文名 Schapbachite

化学式 $Ag_{0.4}Pb_{0.2}Bi_{0.4}S$ （IMA）

针硫铋银矿是一种银、铅、铋的硫化物矿物。与硫银铋矿为同质二象。等轴晶系。晶体呈针状。深灰色，金属光泽，不透明；硬度 3～4。2004 年发现于德国巴登-符腾堡州弗赖堡市希尔贝尔布鲁恩奈尔（Silberbrünnle）矿。英文名称 Schapbachite，1853 年由古斯塔夫·阿道夫·肯尼科特（Gustav Adolph Kenngott）命名为“Schapbachite”，它最初被认为在德国巴登-符腾堡州弗赖堡市斯查普巴赫（Schapbach）时将其作为一个矿物种。首先于 1863 年由 F. 桑德伯格（F. Sandberger）怀疑它是氯化铋、银矿和铅矿的混合物。1877 年在《德国地质学会杂志》（29）报道。直到 1883 年，安东尼奥·德阿池阿尔迪（Antonio D'Achiardi）认为不是硫银铋矿。1936 年拉姆多尔（Ramdohr）对原始 Schapbachite 标本重新分析，结果为方铅矿和硫银铋矿的混合物。1982 年赫伊（Hey）报道了被怀疑的 Schapbachite 的 IMA 投票存疑。2004 年由 K. 瓦林塔（K. Walenta）等重新使用 Schapbachite 名称，尽管它没有发现在德国斯查普巴赫（Schapbach）。1959 年以前发现、描述并命名的“祖父级”矿物，IMA 承认有效。IMA 1982s. p. 批准。中文名称根据针状晶体和成分译为针硫铋银矿；根据成分译为硫铅铋银矿。

【针硫镍矿】参见【针镍矿】条 1111 页

【针硫铅铜矿】

英文名 Betekhtinite

化学式 $(Cu,Fe)_{21}Pb_2S_{15}$ （IMA）

针硫铅铜矿针状晶体，晶簇状集合体（哈萨克斯坦）和别捷赫金像

针硫铅铜矿是一种铜、铁、铅的硫化物矿物。斜方晶系。晶体呈细柱状、针状；集合体呈束状、晶簇状。黑色，金属光泽，不透明；硬度 3～3.5，完全解理。1955 年发现于德国萨克森-安哈尔州沃尔克斯特德（Volkstedt）的福施里特（Fortschritt）矿井和锡尔斯勒本（Siersleben）恩斯特·台尔曼（Ernst Thälmann）矿井；同年，A. 斯许利尔（A. Schüller）等在《地质》（4）和 1956 年弗莱舍在《美国矿物学家》（41）报道。英文名称 Betekhtinite，以俄罗斯矿物学家和经济地质学家安纳托利·乔治耶维奇·别捷赫金（Anatolii Georgievich Betekhtin，1897—1962）的姓氏命名。别捷赫金是列宁格勒矿业学院教授，并在苏联科学院地质研究所和矿床地质学、岩石学、矿物学及地球化学研究所任职，1953 年任苏联科学院院士。别捷赫金发展了从矿石结构和矿物共生组合方面去研究矿石的方向，揭示了含锰沉积物相变的规律性，提出了锰矿石的形成理论和热液成矿理论。著有《铂和其他铂族矿物》《矿物学》《岩浆矿床研究中的主要问题》等著作。1959 年以前发现、描述并命名的“祖父级”矿物，IMA 承认有效。中文名称根据矿物的针状晶体和成分译为针硫铅铜矿。

【针硫锑铅矿】

英文名 Falkmanite

化学式 $Pb_3Sb_2S_6$ （IMA）

针硫锑铅矿是一种铅、锑的硫化物矿物。单斜晶系。晶

针硫锑铅矿针状晶体，束状集合体（德国）和法尔克曼像

体呈针状；集合体呈束状。铅灰色或粉红棕色，金属光泽，不透明；硬度 2～3。1940 年发现于德国巴伐利亚州上普法尔茨行政区拜仁兰登（Bayerland）矿；同年，P. 拉姆多尔（P. Ramdohr）等在柏林《矿物学、地质学和古生物学新年鉴》（A75）报道。英文名称 Falkmanite，为纪念奥斯卡·奥古斯特·法尔克曼（Oscar August Falkman，1877—1961）而以他的姓氏命名。他是瑞典斯德哥尔摩莫莱登斯格鲁瓦基蒂博拉格（Bolidens Gruvaktiebolag）总经理。1959 年以前发现、描述并命名的“祖父级”矿物，IMA 承认有效。但 2008 年莫德罗（Moelo）等报告 IMA 委员会是犹豫不决的状态，并指出：解决 Falkmanite 晶体结构对其明确的分类是必要的。中文名称根据矿物的针状晶体和成分译为针硫锑铅矿。

【针绿矾】

英文名 Coquimbite

化学式 $AlFe_3^{3+}(SO_4)_6(H_2O)_{12} \cdot 6H_2O$ （IMA）

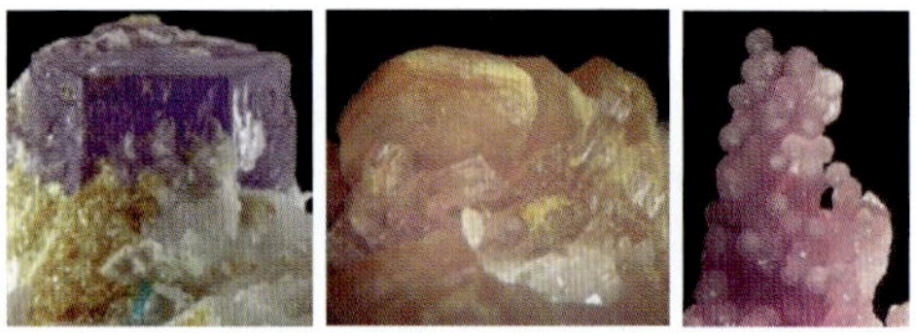

针绿矾短柱状、菱面体晶体，葡萄状集合体（秘鲁、智利）

针绿矾是一种含结晶水的铝、铁的硫酸盐矿物。属针绿矾族。与紫铁矾或副针绿矾为同质二象。三方晶系。晶体呈六方短柱状、粒状、菱面体，具双晶；集合体呈葡萄状、致密块状。无色、浅紫色—紫色、浅黄色及浅绿色—浅蓝色，玻璃光泽、树脂光泽，断口呈油脂光泽，透明—半透明；硬度 2.5～3，脆性。1841 年发现于智利科金博（Coquimbo）地区。英文名称 Coquimbite，1841 年由奥古斯特·布赖特豪普特（August Breithaupt）在德累斯顿-莱比锡《矿物学手册全书》（第二卷）根据发现地智利科金博（Coquimbo）命名。1959 年以前发现、描述并命名的“祖父级”矿物，IMA 承认有效。中文名称意译为针绿矾。

【针钠钙石】

英文名 Pectolite

化学式 $NaCa_2Si_3O_8(OH)$ （IMA）

针钠钙石柱状、针柱状晶体，球状集合体（加拿大、美国）

针钠钙石是一种含羟基的钠、钙的硅酸盐矿物。属硅灰石族。三斜（单斜）晶系。晶体呈柱状；集合体常呈致密状或放射状、球粒状。无色、白色、灰白色、淡粉色、绿色、浅蓝色，半玻璃光泽或丝绢光泽，透明或半透明；硬度 4.5～5，完全解理，脆性。美丽者可作宝石。1828 年发现于意大利特伦托省蒙佐尼（Monzoni）山脉和拉格琳娜（Lagarina）山谷萨诺默里（Sano Mori）；同年，《普通自然教学档案》（*Archiv für die Gesammte Naturlehre*）（13）报道。英文名称 Pectolite，1828 年，由弗朗茨·冯·科贝尔（Franz von Kobell）根据希腊文“πηκτος＝Pektos”命名，亦即“很好地凝结在一起，具抗粉化能力”的意思。1959 年以前发现、描述并命名的“祖父级”矿物，IMA 承认有效。中文名称根据针状晶体和成分译为针钠钙石。目前已知 Pectolite 有-1A 和-M2abc 多型。

针钠钙石富含锰的变种称针钠锰石，又称为桃针钠石（参见【桃针钠石】条 933 页）。

蓝色针钠钙石饰件

针钠钙石含铜或钒的蓝色变种称蓝色针钠钙石（Larimar）。又因它的蓝白的纹理如波浪般美丽故有很多人称它为“海纹石”“海豚石”，中国台湾称“水淙石”。蓝色针钠钙石在很久以前就开始被人们利用了，加勒比海岛屿的土著印第安人用它做成吊坠和项链等首饰，他们认为 Larimar 能带来健康和好运，还可以保护亲人不被疾病和灾难所伤害。很可惜的是，在西班牙殖民统治时期，这种认知却逐渐地被遗失了。1916 年，西班牙的一位名叫米盖尔·福尔斯·劳伦（Miguel Fueres Loren）的神父，重新发现了这种宝石和它的根源。很遗憾的是，由于某些原因，没有等到对它进一步的研究，人们却又再度将它遗忘。直到 1974 年，一个美国和平部队的志愿军诺曼·瑞利（Norman Reilly）和一名多米尼加的地质学家米盖尔·门德兹（Miguel Mendez）一起，最终确定了这种宝石的发源地并着手研究这种稀有矿石。后被人们命名为拉利玛石（Larimar），这个名字来源于门德兹的女儿的名字“Larissa”和西班牙语中大海的名字“Mar”，意指“无与伦比的蓝色”。拉利玛石有着海洋般的蓝色，以及蓝绿色夹白色的形态，如浪花朵朵盛开在大海上。这种珍贵宝石目前全世界唯一的产地只有多米尼加共和国，它的产量非常稀少，相当珍贵与难得，是该国的国石。一般来说针钠钙石（Pectolite）都是白色到无色，全世界只有在多米尼加南部巴拉奥纳省拉利玛（Larimar）矿坑所产的针钠钙石因为含铜、钒而具有从天蓝色到浅绿色的美丽色泽，而且由于其生长过程中与其他矿物共生（多与多米尼加蓝珀共生），而使矿石表面可见类似海水表面波光般的奇异纹路。

【针钠锰石】参见【桃针钠石】条 933 页

【针钠铁矾】

英文名 Ferrinatrite

化学式 $Na_3Fe(SO_4)_3 \cdot 3H_2O$ （IMA）

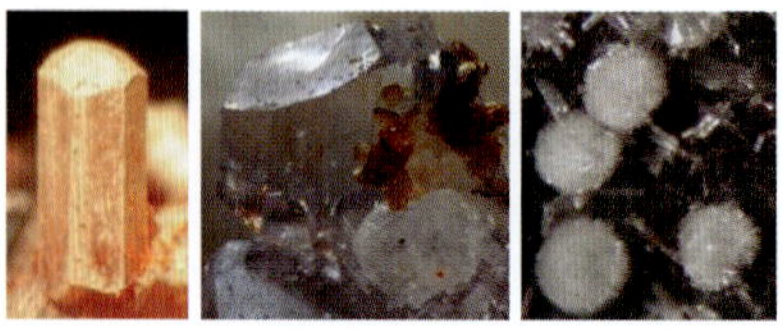

针钠铁矾柱状晶体，球粒状集合体（智利、德国）

针钠铁矾是一种含结晶水的钠、铁的硫酸盐矿物。三方晶系。晶体呈短柱状、细粒状及纤维状；集合体呈块状，球粒状。白色、浅灰白色、灰绿色、浅蓝绿色或浅紫色、无色，玻璃

光泽，透明—半透明；硬度 2.5，完全解理，脆性。1889 年发现于智利安托法加斯塔大区拉康帕尼亚(La Compañia)矿；同年，麦金托什(Mackintosh)在《美国科学杂志》[38(3)]报道。英文名称 Ferrinatrite，由化学成分“Ferric＝Iron(三价铁)”和“Natrium＝Sodium(钠)”组合命名。1959 年以前发现、描述并命名的“祖父级”矿物，IMA 承认有效。中文名称根据针状形态和成分译为针钠铁矾。

【针镍矿】

英文名 Millerite

化学式 NiS (IMA)

针镍矿针状晶体，毛球状集合体(美国、加拿大)和米勒像

针镍矿是一种镍的硫化物矿物，自然界是比较少见的矿物。三方晶系。晶体常呈针状和毛发状，偶见粒状，并带有粗的纵纹，部分晶体绕长轴有螺旋状扭转；集合体呈放射状、毛球状和毯状。浅黄铜色，有时氧化呈锖色，强金属光泽，不透明；硬度 3～4，完全解理，脆性。1845 年发现于捷克共和国卡罗维发利州厄尔士山脉亚希莫夫(Jáchymov)区(圣希姆斯塔尔)；同年，在维也纳《矿物学鉴定手册》刊载。英文名称 Millerite，1845 年威廉·海丁格尔(Wilhelm Haidinger)为纪念英国矿物学家威廉·哈洛斯·米勒(William Hallowes Miller，1801—1880)而以他的姓氏命名。米勒是剑桥大学教授，第一个研究了该矿物的晶体。他创立了矿物晶体晶面指数，又称米勒符号，对世界结晶矿物学做出了重要贡献，是现代结晶学的奠基人。见于 1944 年 C. 帕拉奇(C. Palache)、H. 伯曼(H. Berman)和 C. 弗龙德尔(C. Frondel)《丹纳系统矿物学》(第一卷，第七版，纽约)。1959 年以前发现、描述并命名的“祖父级”矿物，IMA 承认有效。中文名称根据矿物的针状晶体和成分(镍)译为针镍矿，也译为针硫镍矿。

【针水砷钙石】

英文名 Vladimirite

化学式 $Ca_4(AsO_4)_2(AsO_3OH)\cdot 4H_2O$ (IMA)

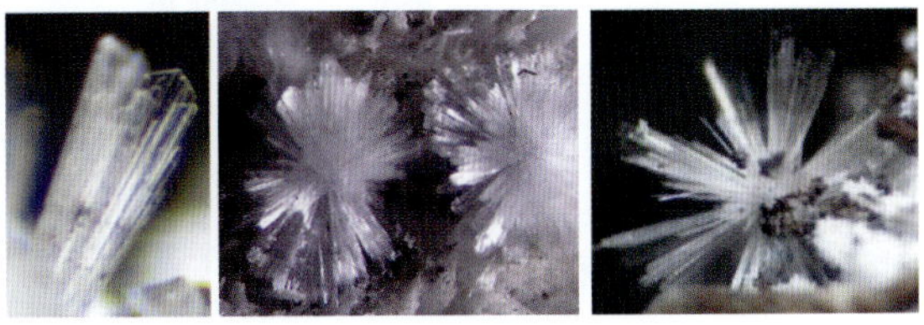

针水砷钙石板状、针状晶体，晶簇状、放射状集合体(摩洛哥)

针水砷钙石是一种含结晶水的钙的氢砷酸-砷酸盐矿物。单斜晶系。晶体呈针状、板状；集合体呈放射状。无色—白色，也有苍白的玫瑰色，半玻璃光泽、丝绢光泽、珍珠光泽，透明—半透明；硬度 3.5，完全解理，脆性。1953 年发现于俄罗斯图瓦共和国霍夫-阿克苏(Khovu-Aksy)镍钴矿床和阿尔泰边疆区乌拉德弗拉基半罗夫斯科耶(Vladimirovskoye)钴矿床。1953 年 E. I. 涅费多夫(E. I. Nefedov)在《全苏矿物学会记事》(82)报道。英文名称 Vladimirite，由涅费多夫以发现地俄罗斯的乌拉德弗拉基半尔斯科(Vladimirskoe)矿床命名。1959 年以前发现、描述并命名的“祖父级”矿物，IMA 承认有效。IMA 1964s. p. 批准。中文名称根据矿物的针状晶体和成分译为针水砷钙石。

【针碳钠钙石】参见【斜钠钙石】条 1034 页

【针铁矿】

英文名 Goethite

化学式 FeO(OH) (IMA)

针铁矿板状、针柱状晶体，钟乳状集合体(德国、法国、中国)

针铁矿是褐铁矿的组成矿物之一，也叫沼铁矿(BogIron Ore，含有黏土等的针铁矿)，它是分布很广的一种含水的铁的氧化物矿物。与六方纤铁矿和纤铁矿[γ-FeO(OH)]为同质多象。属硬水铝石族。斜方晶系。晶体呈片状、柱状或针状；集合体一般呈具有同心层和放射状、鲕状、球状、钟乳状或块状。颜色由黄褐色—红色、褐黑色，金刚光泽、丝绢光泽、半金属光泽，结核状和土状者光泽暗淡，不透明；硬度 5～5.5，完全解理，脆性。自古以来它是作为一种叫作“赭石”的颜料而被应用。1806 年第一次发现并描述于德国莱茵兰-普法尔茨州霍勒茨苏格(Hollertszug)矿；同年，J. G. 伦茨(J. G. Lenz)在耶拿《矿物总表》(*Tabellen über das gesamte Mineralreich*)刊载。英文名称 Goethite，以德国著名哲学家、诗人、热心的矿物收藏家约翰·沃尔夫冈·冯·歌德(Johann Wolfgang von Goethe，1749—1832)的姓氏命名。从此“针铁矿”这一概念从“褐铁矿”(Limonite)中独立出来。1919 年珀森纽克(Posnjak)和默温(Merwin)在《美国科学杂志》(47)报道。1959 年以前发现、描述并命名的“祖父级”矿物，IMA 承认有效。IMA 1980s. p. 批准。中文名称由矿物结晶习性(针状)和成分(铁)而译为针铁矿。美国 NASA 的精神号探测车已经在火星古谢夫环形山发现针铁矿，它是火星在发展的早期阶段有液态水存在的有力证据。

【针柱石】参见【方柱石】条 161 页

珍 [zhēn]形声；左形右声。本义：珍奇贵重的东西。珍珠：珍珠是一种主要产在珍珠贝类和珠母贝类软体动物体内；由于内分泌作用而生成的含碳酸钙的矿物(文石)珠粒，是由大量微小的文石晶体集合而成的。根据地质学和考古学的研究证明，在 2 亿年前，地球上就已经有了珍珠。用于比喻矿物的光泽，或比喻圆或椭圆的形态。

【珍珠石】

英文名 Nacrite

化学式 $Al_2Si_2O_5(OH)_4$ (IMA)

珍珠石是一种含羟基的铝的硅酸盐矿物。属高岭石-蛇纹石族高岭石亚族。与迪凯石、埃洛石-7Å 和高岭石为同质多象。单斜晶系。晶体呈板状、片状、粒状，因双晶而形成假六方片状；集合体呈圆或椭圆或不规则的鲕粒状。颜色主要为淡绿色，还有白色、浅灰色、浅黄灰色、浅紫色、浅褐色、

珍珠石板片状晶体(加拿大、捷克)

黑色等,珍珠光泽;硬度 2.5～3,完全解理。1807 年发现于德国萨克森州厄尔士山脉弗赖堡市布兰德-埃尔比斯多夫市镇厄尼格克特(Einigkeit)矿。1807 年 A. 布龙尼亚特(A. Brongniart)在巴黎《矿物学基础教程》刊载。英文名称 Nacrite,来自法文,以“Nacre(Mother of pearl,珍珠母、贝壳)”命名,指其光泽。1959 年以前发现、描述并命名的“祖父级”矿物,IMA 承认有效。中文名称根据酷似珍珠的形态及光泽而译为珍珠石;它是制陶的主要黏土矿物原料,故又称珍珠陶土。

【珍珠云母】

英文名 Margarite

化学式 $CaAl_2Si_2Al_2O_{10}(OH)_2$　　(IMA)

珍珠云母板片状晶体(美国)

珍珠云母是一种含羟基的钙、铝的铝硅酸盐矿物。属云母族脆云母族。单斜晶系。晶体呈六方板状、叶片状、鳞片状。白色、浅黄色、浅灰红色—灰色、灰绿色,珍珠光泽,半透明;硬度 3.5～4.5,完全解理,脆性。1821 年发现于奥地利蒂罗尔州格雷纳(Greiner)山;同年,W. 森格(W. Senger)在因斯布鲁克《蒂罗尔省的植物地理学》刊载。英文名称 Margarite,1823 年由约翰·内波穆克·冯·福克斯(Johann Nepomuk von Fuchs)命名,它由古代波斯梵文衍生而来,意为“大海之子”。1959 年以前发现、描述并命名的“祖父级”矿物,IMA 承认有效。IMA 1998s. p. 批准。

早在远古时期,人们就被珍珠的瑰丽光泽所吸引,而这种彩虹般光泽由珍珠层的结构决定,珍珠层的分层碳酸钙晶体结构对光线产生“多薄层干涉”,从而产生如彩虹般的珍珠光泽。以前的名字于 1820 年由弗里德里希·摩斯命名,因为它解理面上的光泽像珍珠,故称这种矿物为“Pearlmica(珠光云母)”,其中“Pearl(珍珠)”一词,由拉丁文 Pernulo 演化而来的。1897 年辛策(Hintze)提供的意大利南蒂罗尔维皮泰诺(Vipiteno)的 Margarite 名称,系指 1820 年摩斯命名的矿物。事实上,摩斯仅描述了矿物,但并没有提供一个化学分析结果。因此,基于森格提供的奥地利蒂罗尔格林尼地方的数据,1873 年结晶学者冯·诺发斯基(Van Zepharovich)认为它们属于同一种矿物。见于 1892 年 E. S. 丹纳(E. S. Dana)《系统矿物学》(第六版)。中文名称根据其意译为珍珠云母。

震 [zhèn]形声;从雨,辰声。本义:雷。震旦:古代印度对中国的称谓(Sinian)。

【震旦矿】

英文名 Sinicite

化学式$(Ce,Th,Y)(Ti,Nb)_2O_6$

震旦矿是一种铈、钍、钇、钛、铌的氧化物矿物。郭承基、钟志成等在我国某地发现的一种新矿物。1957 年郭承基和钟志成在《科学通报》(12)报道。这种矿物与已知的含铀矿物在化学组成上都有区别,因此建议将这种矿物以中国古称命名为震旦矿(Sinicite)。古代印度称中国为震旦(Sinian),意为“智巧”,这是 3 400 年前印度婆罗多王朝时彼邦人士对黄河流域商朝所治国度的美称。根据成分命名为铈易解石。

整 [zhěng]会意兼形声;从攴(pū),从束,从正,正亦声。攴是敲打,束是约束,使之归于正。合起来表示整齐,完整。

【整柱石】

英文名 Milarite

化学式 $KCa_2(Be_2AlSi_{12})O_{30}\cdot H_2O$　　(IMA)

整柱石六方柱状晶体(瑞士、巴西)

整柱石是一种含结晶水的钾、钙的铍铝硅酸盐矿物。属大隅石族。六方晶系。晶体呈六方柱状、六方双锥状,具轮状双晶;集合体呈放射状。无色,常带有浅绿色色调,玻璃光泽,透明;硬度 5.5～6。1870 年由肯尼科特(Kenngott)发现并描述于瑞士格劳宾登州苏塞尔瓦地区的吉乌(Giuv)谷;同年,肯尼科特(Kenngott)在《矿物学、地质学和古生物学新年鉴》报道。英文名称 Milarite,被肯尼科特错误地说成他第一次描述的材料来自米拉(Milà)谷命名。1959 年以前发现、描述并命名的“祖父级”矿物,IMA 承认有效。中文名称根据自形的完整柱状晶体译为整柱石;根据成分和族名译为铍钙大隅石。

正 [zhèng]根据隶定字形解释。会意;从一,从止。从止一以止。守一以止也。《吕氏春秋·君守》注:“正,直也”。《新书·道术篇》方直不曲谓之正。意思是不偏斜,与“歪”相对。①解理夹角为直角。②正交晶系(斜方晶系)。③正方晶系。④正二十面体。

【正长石】

英文名 Orthoclase

化学式 $K(AlSi_3O_8)$　　(IMA)

正长石卡斯巴双晶(美国、葡萄牙)

正长石属长石族的钾长石亚族矿物,为钾的铝硅酸盐矿物。与科长石、微斜长石和透长石为同质多象。单斜晶系。晶体呈短柱状、厚板状,具卡斯巴、巴温诺和曼尼巴双晶。无色、白色、浅绿白色、肉红色,玻璃—半玻璃光泽、树脂光泽,解理面上呈珍珠光泽,透明—半透明;硬度 6,完全解理,解理夹角等于 90°,脆性。模式产地不详。英文名称 Orthoclase,1801 年由法国矿物学家勒内·茹斯特·阿羽伊(Rene Just Haüy)根据希腊文“O ρθos=Orthos(正的、直的)”和“Kλ ά ση=Clase(解理、裂开)”组合命名,即正长石的两组解理相交成 90°。1823 年由约翰·弗里德里希·奥古斯特·布赖特豪普特(Johann Friedrich August Breithaupt)改名 Orthoklase。见 1823 年在德累斯顿《矿物学系统的完整特征》(*Vollständige Charakteristik des Mineral-Systems.*)刊载。1959 年以前发现、描述并命名的"祖父级"矿物,IMA 承认有效。IMA 1962s. p. 批准。中文名称意译为正长石,或根据颜色和族名译为肉红长石。

钾长石亚族还有透长石、微斜长石和冰长石及歪长石。一种高温形式的、无色透明的钾长石称透长石(Sanidine)。英文名称来自希腊文"Σανίs=Sanis(小板)"和"Idos(看到)",亦即透明的。微斜长石 Microcline 来自希腊文"μικρός=Micros(小)"和"κλινειν=Klinein(倾斜)",即两组解理夹角与直角有稍微差异,旧称钾微斜长石。微斜长石含铷和铯的亮绿色—亮蓝绿色的变种称天河石,英文 Amazonite 音译为"亚马逊石"。1847 年由约翰·弗里德里希·奥古斯特·布赖特豪普特根据矿物首先发现地,南美洲亚马孙河流域而命名。一种中温形式的,无色、透明的钾长石称冰长石,有些冰长石会呈现晕彩,称为月长石。冰长石的英文名称 Adularia,由瑞士阿尔卑斯山中部提契诺阿杜拉(Adula)地块得名,1780 年由埃麦尼吉尔多·皮尼(Ermenegildo Pini)最初发现并描述。歪长石(Anorthoclase),1885 年由卡尔·哈利·费迪南德·罗森布施(Karl Harry Ferdinand Rosenbusch)根据希腊文"ανορθόs和κλάσιs"命名,意思是指解理夹角"不是正的",而是歪的。旧译钠微斜长石(详见相关条目)。

【正鳊绿泥石】参见【斜方鳊绿泥石】条 1020 页

【正二十面体矿*】

英文名 Icosahedrite

化学式 $Al_{63}Cu_{24}Fe_{13}$ (IMA)

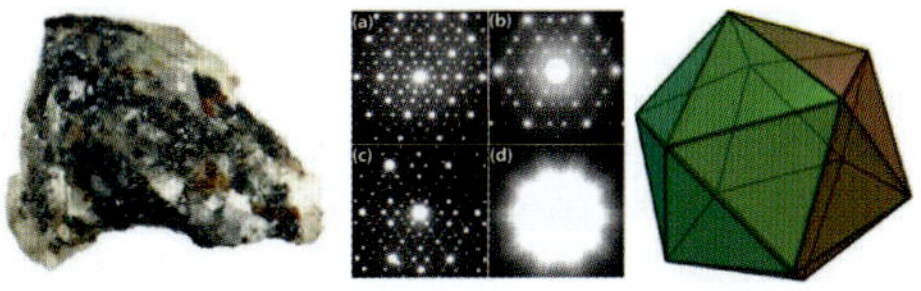

哈泰尔卡陨石(俄罗斯)和正二十面体矿*对称衍射图样

正二十面体矿*是一种铝、铜和铁的自然元素合金矿物。等轴晶系。晶体呈他形一半自形晶粒,粒径小于 0.1mm。深灰黑色,金属光泽,不透明。2009 年发现于俄罗斯堪察加州科里亚克自治区伊姆劳特瓦姆(Iomrautvaam)地块楚科奇构造混杂岩哈泰尔卡河利斯特维尼托夫伊(Listvenitovyi)溪哈泰尔卡(Khatyrka)陨石。

英文名称 Icosahedrite,由其内部原子排列的二十面体(Icosahedr)对称衍射图样命名。绝大多数的矿物都是晶体,或部分是非晶质体,将准晶描述为一种矿物这是第一次。2009 年 L. 宾迪(L. Bindi)在《科学》(324)报道《天然准晶》。IMA 2010-042 批准,也是 IMA 批准的第一个准晶矿物。2011 年宾迪等在《美国矿物学家》(96)报道了《正二十面体矿*第一个自然准晶矿物》。2012 年宾迪等又在《美国国家科学院学报》[110(新闻)]报道了《自然准晶起源于外星的证据》。目前尚未见官方中文译名,编译者建议意译为正二十面体矿*;根据成因和成分译为陨铁铜铝矿*。

1982 年,以色列工学院工程材料系教授丹尼·谢赫特曼(Dan Shechtman)在美国霍普金斯大学借助电子显微镜在铝锰合金中获得一幅独特的 10 次对称衍射图案,但他的发现在当时"极具争议性"。1984 年,另一个研究小组独立发现类似现象。1986 年中国著名的结晶矿物学家彭志忠教授在中国《地质科学》(2)发表的《准晶格的推导与准晶体的微粒分数维结构模型》一文,用二十面体原理和黄金中值原理(斐波那契数列)推导出 5 次对称轴的构筑原理。1987 年,法国和日本科学家成功地在实验室中制造出了具准晶体结构的合金材料,证实了谢赫特曼的发现。2009 年,在俄罗斯东部哈泰尔卡陨石中发现了天然准晶体[2009 年宾迪等在《科学》(324)报道]。2011 年丹尼·谢赫特曼赢得了诺贝尔化学奖。瑞典皇家科学院在颁奖声明中说:获奖者的发现"从根本上改变了科学家对固体物质结构的认识,这是一个具有革命性的科学发现。"同时,诺贝尔化学奖评审委员会也对全世界科学家们发出了警告:"即使最伟大的科学家也会陷于传统藩篱的桎梏中,保持开放的头脑、敢于质疑现有认知是科学家最重要的品质。"还解释说:"在准晶体内,我们发现,阿拉伯世界令人着迷的马赛克装饰得以在原子层面复制,即常规图案永远不会重复。"美国普林斯顿大学的保罗-斯坦哈特教授提出"准晶体"这一术语。准晶体,或称准结晶体,异于常规晶体,是一类不具备晶格周期性却显现长程有序性。所谓长程有序性,是在某个方向上往往以斐波那契数列方式表达,即每个数字是前面两个数字之和的数列。1753 年,格拉斯哥大学的数学家罗伯特·辛姆森发现,随着数字的增大,两数间的比值越来越接近黄金分割率(一个与圆周率相类似的无限不循环小数,其值约为 1.62)。中国的彭志忠等科学家们后来证明,准晶体中原子间的距离也完全符合黄金分割率。其实,这些图案早已有之。科学家们于 14 世纪摩尔人在西班牙建立的阿尔汉布拉宫和 15 世纪修建的伊朗利马(Iimam)镇清真寺内都发现了这种图案,它们也大量出现在荷兰画家摩里茨·科奈里斯·埃舍尔的艺术作品中。不过,科学家们一直认为晶体的原子结构不可能以这种方式排列,谢赫特曼的发现彻底颠覆了在 17 世纪中叶建立起来的被化学、物理学和晶体学界视为圭臬的晶体对称定律:晶体内部的原子排列具有 1 次、2 次、3 次、4 次和 6 次对称轴;但不存在 5 次及高于 6 次的对称轴。1992 年国际晶体学联合会将晶体由"规则有序、重复三维图案"的定义,修改为"仅仅是一种衍射图谱呈现明确图案的固体"。

【正方赤铁矿】参见【四方纤铁矿】条 900 页

【正方硅石】

英文名 Keatite

化学式 SiO_2

正方硅石是一种硅的氧化物矿物。与柯石英、方石英、莫石英、石英、塞石英、斯石英和鳞石英为同质多象。四方晶系。1954 年 P. P. 基特(P. P. Keat)在《科学》(120)报道:一个合成新的四方晶系的二氧化硅。1959 年 J. 什罗普斯(J. Shropshire)等在《结晶学杂志》(112)以基特的名字命名为 Keatite。2013 年希尔(Hill)等在《美国矿物学家》(98)报道:最近在哈萨克斯坦科克切塔夫(Kokchetav)地块发现超高压的 Keatite。IMA 虽未命名,但可能有效。中文名称根据晶系和成分译为正方硅石或热液石英。

【正硅钛铈矿】

英文名 Orthochevkinite

化学式 $(Ce,La,Ca,Na,Th)_4(Fe^{2+},Mg)_2(Ti,Fe^{3+})_3Si_4O_{22}$

正硅钛铈矿是一种铈、镧、钙、钠、钍、铁、镁、钛的硅酸盐矿物。斜方晶系。树脂光泽、油脂光泽;硬度 5.5。英文名称 Orthochevkinite,1953 年由斯蒂法诺·A. 博纳提(Stefano

Z

A. Bonatti)和 G. 戈塔迪(G. Gottardi)为纪念康斯坦丁·弗拉基米罗维奇·切夫金(Konstantin Vladimirovich Chevkin)而以他的姓氏和矿物"Orthorhombic[斜方晶系(正交晶系)]"组合命名。中文名称根据矿物的正交晶系和成分译为正硅钛铈矿。

【正羟锌石】

英文名 Wülfingite

化学式 $Zn(OH)_2$　　(IMA)

正羟锌石放射星状集合体(英国)和乌尔绯像

正羟锌石是一种锌的氢氧化物矿物。与阿羟锌石、四方羟锌石为同质多象。斜方晶系。晶体呈假八面体;集合体呈放射星状、细粒镶嵌状。无色、白色,蜡状光泽,透明—半透明;硬度 3。1983 年发现于德国黑森州卡塞尔市赫斯费尔德-罗滕堡县里谢尔斯多夫(Richelsdorf)冶炼厂矿渣。英文名称 Wülfingite,由 K. 施梅尔策(K. Schmetzer)等为纪念德国矿物学家和岩石学家厄恩斯特·安东·乌尔绯(Ernst Anton Wülfing,1860—1930)而以他的姓氏命名。乌尔绯是图宾根大学、基尔大学的霍恩海姆农业学院和海德堡大学的教授。他以在矿物和陨石的光学性质方面的研究而闻名。IMA 1983-070 批准。1985 年施梅尔策等在《矿物学新年鉴》(月刊)报道。1985 年中国新矿物与矿物命名委员会郭宗山等在《岩石矿物及测试》[4(4)]根据斜方晶系(正交晶系)和成分译为正羟锌石。

【正铁辉石】参见【斜方辉石】条 1022 页和【铁辉石】条 946 页

【正纤维蛇纹石】

英文名 Orthochrysotile

化学式 $Mg_6[(OH)_4Si_2O_5]_2$

正纤维蛇纹石是一个纤维蛇纹石的斜方晶系的多型。硬度 2.5～3。最初的描述来自印度安得拉邦(以前称为马德拉斯)古德伯(Cuddapah)。1956 年由埃里克·詹姆斯·威廉·惠特克(Eric James William Whittaker)在《结晶学报》(9)报道,根据"Orthorhombic(斜方晶系)"和"Chrysotile(纤维蛇纹石)"组合命名。2006 年被 IMA 废弃。中文名称根据正交晶系和与纤维蛇纹石的关系译为正纤维蛇纹石。

【正锌钙铜矾】参见【斜方锌钙铜矾】条 1028 页

脂

[zhī]形声;从肉,旨声。本义:动植物所含的油脂。比喻矿物的光泽。

【脂光蛋白石】参见【蛋白石】条 111 页

【脂光蛇纹石】

英文名 Pimelite

化学式 $Ni_3Si_4O_{10}(OH)_2 \cdot 4H_2O$

脂光蛇纹石是一种含结晶水、羟基的镍的硅酸盐矿物。六方晶系。晶体呈细粒状;集合体呈土状、块状。明亮的绿色、苹果绿色、黄绿色,蜡状光泽、油脂光泽,半透明;硬度 2.5,完全解理,蜡状可切。1788 年发现于波兰下西里西亚省宗布科维采城镇斯克拉里(Szklary)。英文名称 Pimelite,1800 年由迪特里希·路德维希·古斯塔夫·卡斯滕(Dietrich Ludwig Gustav Karsten)根据希腊文"λίπos=Fat(胖、肥大、脂肪)"命名,意指矿物的外观。在 1938 年将 Pimelite 确认是一种镍蒙脱石[见 1966 年《美国矿物学家》(51)];后来,1979 年错误地归于富镍滑石[见《美国矿物学家》(64)]。2006 年被 IMA 废弃。中文名称根据光泽和成分译为脂光蛇纹石或脂镍蛇纹石或脂镍皂石。

【脂光石】参见【霞石】条 1009 页

【脂铅铀矿】

英文名 Gummite

化学式 是天然的铀氧化物的混合物

脂铅铀矿薄膜状集合体(美国)

脂铅铀矿是一种铀、钍、铅的含水氧化物的无定形混合物,是晶质铀矿氧化后与水化合最后阶段的产物。集合体呈块体或附着在其他矿物上的皮壳状。这种矿物的外观特征变化很大。橘色、黄色、橙红色、红褐色、褐黑色、黑色,玻璃光泽、蜡状光泽、油脂光泽,半透明;硬度 2.5～5,脆性。1847 年由布赖特豪普特(Breithaupt)报道,称 Urangummi。英文名称 Gummite,由早期的标本"Gum-like(像树脂一样的)"(在德国 Rubber=Gummi,即橡胶=树胶)而命名。见于 1944 年 C. 帕拉奇(C. Palache)、H. 伯曼(H. Berman)和 C. 弗龙德尔(C. Frondel)《丹纳系统矿物学》(第一卷,第七版,纽约)。波罗的海沿岸的人们称琥珀为"Gun",即树胶,它出自"Gedanum(格但斯克)"(波兰文 Gdańsk,德文 Danzig),格但斯克是波罗的海格但尼亚河边的一个城镇,首先在这里发现了树胶或琥珀,故以地名命名。"Gum"是"Gedanum"的缩写。中文名称根据外貌和成分译为脂铅铀矿,又按成分和颜色译为铀赭石。

直

[zhí]会意;小篆字形,从乚(yǐn),从十,从目。本义:不弯曲,与"曲"相对。直指晶体对称的斜方晶系/正交晶系,正亦直。

【直钡锰闪叶石】参见【斜方钡锰闪叶石】条 1019 页

【直氟碳钙铈石】参见【新奇钙铈矿-铈】条 1049 页

【直硫镍矿】参见【硫镍铜铂矿】条 507 页

【直硫碳铅石】

英文名 Macphersonite

化学式 $Pb_4(SO_4)(CO_3)_2(OH)_2$　　(IMA)

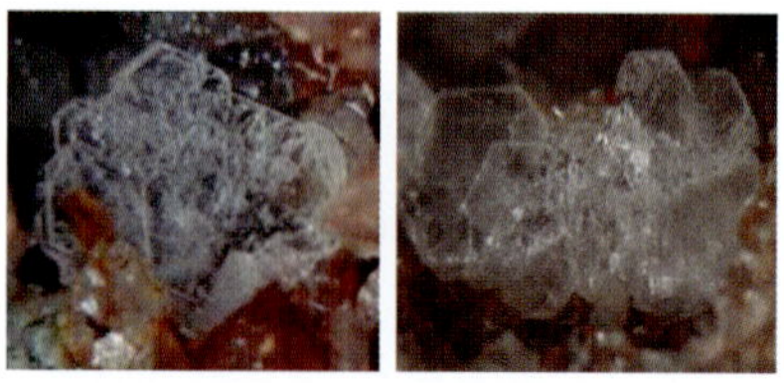

直硫碳铅石假六方板状晶体(意大利)

直硫碳铅石是一种含羟基的铅的碳酸-硫酸盐矿物。与硫碳铅矿(Leadhillite)和菱硫碳铅矿(Susannite)为同质多象变体,但比二者更是少之又少。斜方晶系。晶体呈假六方晶板状。白色、浅琥珀色的棕色,或无色,金刚光泽、树脂光泽,半透明—透明;硬度 2.5～3,完全解理。1982 年发现于英国苏格兰南拉纳克郡苏珊娜(Susanna)矿。英文名称 Macphersonite,由苏格兰爱丁堡皇家博物馆的矿物学家哈利·戈登·麦克弗森(Harry Gordon Macpherson,1925—)的姓氏命名。IMA 1982-105 批准。1984 年 A. 利文斯敦(A. Livingstone)等在《矿物学杂志》(48)和 1985 年 P. J. 邓恩(P. J. Dunn)在《美国矿物学家》(70)报道。中文名称根据斜方晶系和成分译为直硫碳铅石;1985 年中国新矿物与矿物命名委员会郭宗山等在《岩石矿物及测试》[4(4)]译为亚硫碳铅石。

【直闪石】

英文名 Anthophyllite

化学式□$Mg_2Mg_5Si_8O_{22}(OH)_2$　　(IMA)

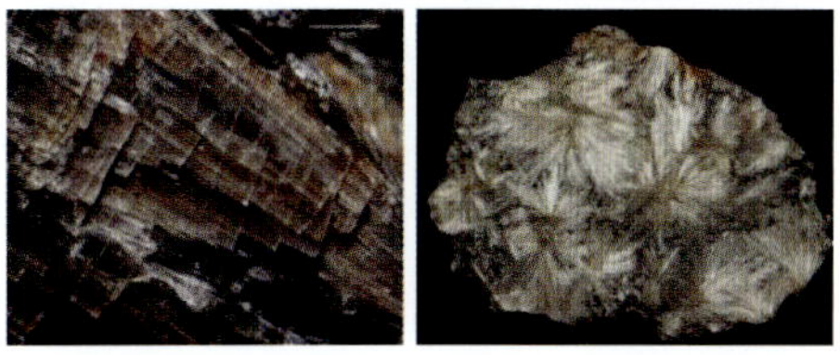

直闪石柱状、纤维状晶体,放射状集合体(澳大利亚、芬兰)

直闪石是一种含羟基的空位、镁的硅酸盐矿物。属角闪石超族 W 位羟基、氟、氯占优势角闪石族镁铁锰角闪石亚族直闪石根名族。根名族中的矿物可能具有 Pnma 或 Pnmn(原始前缀名称)空间群对称性。与镁铁闪石为同质多象。斜方晶系。又称“斜方闪石”。晶体呈柱状、纤维状;集合体石棉状或放射状。白色—绿灰色、绿色、淡绿褐色,含铁高时呈丁香褐色,玻璃光泽或丝绢光泽、珍珠光泽,透明—半透明;硬度 5.5～6,完全解理。隐晶质的直闪石可称“直闪石玉”,因为产量稀少,已成为珍贵玉种。直闪石玉在中国古籍中早有记载,古时的“沙子玉”即直闪石玉,据《文房四宝图书》载:此玉罕得,粉红润泽。

在西方,1801 年发现于挪威巴斯克自治区克詹尼鲁德万(Kjennerudvann)直闪石前景区;同年在哥本哈根《丹麦和北欧国家发现的矿物目录》(*Versuch eines Verzeichnisses der in denDänisch-Nordischen Staaten sich findenden einfachen Mineralien.*)刊载。英文名称 Anthophyllite,1801 年 C. F. 舒马赫(C. F. Schumacher)在《矿物学记录》(29),根据拉丁文“Anthophyllum(丁香)”,它又源于希腊文“ά νθos(花朵)”和“φ ύ λλον(叶子)”命名,意指直闪石的褐色像紫丁香花的颜色。1959 年以前发现、描述并命名的“祖父级”矿物,IMA 承认有效。IMA 2012s. p. 批准。中文名称根据斜方(正交,正亦直)晶系和族名译为直闪石;根据成分译为镁直闪石。

【直水磷镁石】参见【阿磷镁铝石】条 7 页

志

[zhì]从心之声。本义为志向,心之所向也。用于中国人名。

【志琴矿】

汉拼名 Zhiqinite

化学式 $TiSi_2$　　(IMA)

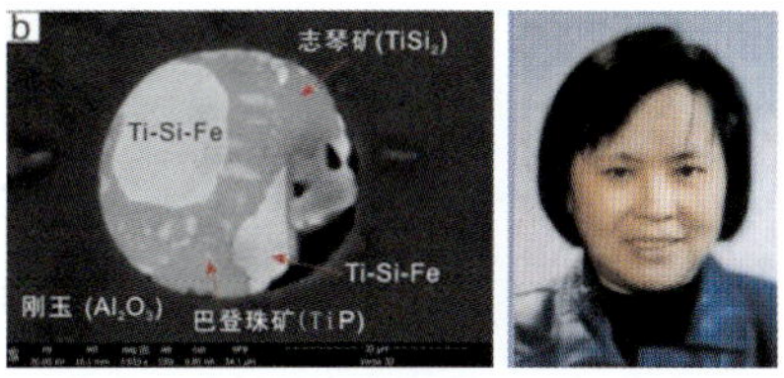

志琴矿(中国西藏)和许志琴像

志琴矿是一种钛和硅的化合物矿物。六方晶系。呈纳米—微米级包裹体的形式产于铬铁矿矿石中的特殊矿物刚玉内。中国地质科学院地质研究所地幔研究中心熊发挥副研究员领衔,与美国缅因州大学、德国地学研究中心和意大利技术研究院的学者们合作发现于中国西藏山南地区曲松县罗布萨蛇绿岩康金拉(Kangjinla)铬矿床 CR-11 矿体。汉拼名称 Zhiqinite,以许志琴(1941—)名字命名。许志琴是构造地质学家,中国科学院院士和发展中国家科学院(TWAS)院士,南京大学地球科学与工程学院教授。她 1964 年毕业于北京大学地质地理系。1987 年获法国蒙贝利耶大学获得构造地质博士学位。1993—2001 年任中国地质科学院副院长、地质研究所所长。1995 年当选为中国科学院院士。许志琴早期从事裂谷构造研究,20 世纪 70 年代,她从事中国东部郯庐断裂构造研究。她是中国构造地质学领域中微观构造和宏观构造研究相结合的重要开拓者。IMA 2019-077 批准。2019 年在《CNMNC 通讯》(52)、《矿物学杂志》(83)和 2020 年《欧洲矿物学杂志》(32)报道。

巴登珠矿、经绥矿、志琴矿 3 种新矿物的发现是继近年来发现的青松矿、曲松矿、罗布莎矿、雅鲁矿、藏布矿、林芝矿等多种异常矿物之后的又一重要突破。它们的发现为壳源物质可循环到深部地幔提供了直接证据,也为揭示地球早期演化历史和地幔的不均一性特征提供了重要依据。也证明蛇绿岩型地幔橄榄岩和铬铁矿是一个重要的地幔矿物储存库,存在许多来自地幔深部的异常矿物,为我们了解地球深部的物质组成、物理化学环境、物质的运移和深部动力学过程提供了天然样品,是地球科学研究向深部进军的一个重要方向。它的发现不仅丰富了我国矿物种类、提升了我国在国际矿物学领域的影响力,而且为推动豆荚状铬铁矿的矿床成因研究具有重要意义,同时也可为合成制备新材料提供技术支撑。

蛭

[zhì]形声;从虫,至声。蛭俗称蚂蟥,环节动物。体一般长而扁平,略似蚯蚓。比喻矿物的形态。

【蛭石】

英文名 Vermiculite

化学式 $Mg_{0.7}(Mg,Fe,Al)_6(Si,Al)_8O_{20}(OH)_4 \cdot 8H_2O$
(IMA)

蛭石片状晶体(美国)

蛭石是一种含结晶水和羟基的镁、铁、铝的铝硅酸盐次生变质矿物。属蒙脱石-蛭石族。单斜晶系。晶体常依黑云母或金云母呈假象,叶片状;集合体呈土状、粉末状、块状。无色、金黄色、褐色、黄褐色、青铜色,有时带绿色,光泽较云母弱,油脂光泽或珍珠光泽或玻璃光泽、无光泽;硬度 1.5～2,完全解理,薄片有挠性。受热时体积膨胀 18～25 倍,呈银白色,具吸水性。1824 年发现于美国马萨诸塞州伍斯特市米尔伯里(Millbury)县;同年,T. H. 韦伯(T. H. Webb)在《美国科学与艺术杂志》(7)报道。英文名称 Vermiculite,来自拉丁文“Vermiculare(蠕虫状或虫迹形)”命名。蛭石被灼烧到

Z

200～300℃后会沿其晶体的 c 轴产生蠕虫似的膨胀，呈挠曲状，形态酷似水蛭(俗称蚂蟥)。1959 年以前发现、描述并命名的"祖父级"矿物，IMA 承认有效。中文名称意译为蛭石。进一步水化成水蛭石(Jefferisite，以杰弗瑞斯命名)。

智 [zhì]会意兼形声；从日，从知，知亦声。本义：有智慧；聪明。[英]音，用于外国国名。

【智利硝石】参见【钠硝石】条 643 页

中 [zhōng]从口，从丨。《说文·丨部》：中，内也。本义为内、里。①引申为中间，一定范围内部适中的位置。②中国古称中华。③用于日本地名。

【中长石】

英文名 Andesine

化学式 $(Na,Ca)[Al(Si,Al)Si_2O_8]$

中长石厚板状晶体(美国)

中长石属长石族斜长石亚族 $NaAlSi_3O_8(Ab)$-$CaAl_2Si_2O_8(An)$完全类质同象系列中的 6 个矿物种之一，它位于由钠长石(Ab)和钙长石(An)组成的类质同象系列的中间位置，即 An 含量 30%～50%者。三斜晶系。晶体呈厚板状、粒状，具聚片双晶；集合体呈块状。无色、白色、灰色、绿色、黄色、肉红色，半玻璃光泽、珍珠光泽，透明—半透明；硬度 6～6.5，完全解理，脆性。首先发现于哥伦比亚卡尔达斯省萨拉米纳城镇马麦托(Marmato)矿区。英文名称 Andesine，以发现地南美洲的安第斯山(Andes)而命名。中文名称根据成分位于钠长石(Ab)和钙长石(An)组成的类质同象系列的中间位置和族名译为中长石；根据成分的二氧化硅的含量和族名译为中性长石(参见【斜长石】条 1018 页)。

【中沸石】

英文名 Mesolite

化学式 $Na_2Ca_2(Si_9Al_6)O_{30}\cdot 8H_2O$　　(IMA)

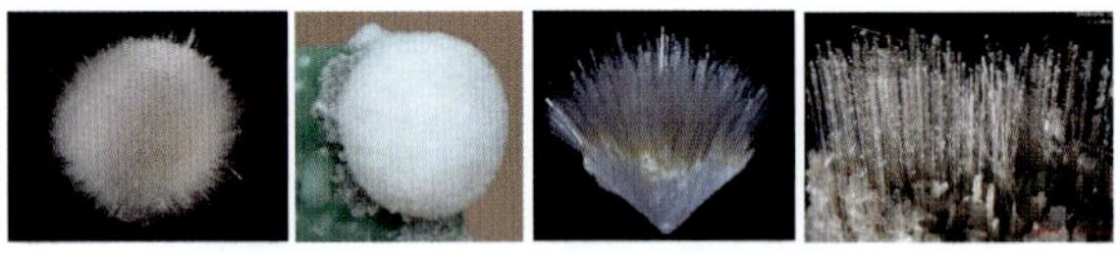

中沸石针状和纤维状晶体，束状或放射状、球粒状集合体(美国、印度)

中沸石是一种含沸石水的钠、钙的铝硅酸盐矿物。属沸石族钠沸石亚族。斜方晶系。晶体常呈针状和纤维状，具双晶；集合体呈晶簇状、束状或放射状、球粒状、块状。无色、白色、灰色，有时呈淡黄色—红色，玻璃光泽或丝绢光泽；硬度 5，完全解理，脆性。最早见于 1801 年 R. J. 阿羽伊(R. J. Haüy)在《矿物学教程》(3)刊载。1813 年第一次发现并描述于意大利西西里岛卡塔尼亚市附近的巨大岛屿上；也有资料报道模式产地在冰岛；同年，A. F. 格伦(A. F. Gehlen)在《化学和物理学杂志》(8)报道。英文名称 Mesolite，来自希腊文"Μεσαίο＝Mesos＝Middle(中间)"和"λίθος＝Lithos＝Stone(石头)"，因为它的成分处于钠沸石-钙沸石完全类质同象系列的中间位置。1959 年以前发现、描述并命名的"祖父级"矿物，IMA 承认有效。IMA 1997s. p. 批准。中文名称按意译为中沸石；根据成分中二氧化硅的含量和晶习及族名译作中性针沸石(参见【沸石】条 165 页)。

【中华铈矿】

汉拼名 Zhonghuacerite-(Ce)

化学式 $Ba_2Ce(CO_3)_3F$

中华铈矿是一种含氟的钡、铈的碳酸盐矿物。属氟碳铈矿族。三方晶系。黄色，玻璃光泽、树脂光泽，透明；硬度 4.5。1981 年张培善等发现于中国内蒙古自治区包头市白云鄂博西矿；同年，张培善等在《地质科学》(2)报道。汉拼名称 Zhonghuacerite-(Ce)，由古代对华夏族、汉族(即中国)的称谓"Zhonghua(中华)"和成分"Ce(铈)"组合命名。1987 年 CNMMN 修改为 Zhonghuacerite-(Ce)。此矿物存在争议，认为可能是黄河矿(铈)或氟碳铈钡石-铈。未经 IMA 批准，但可能有效。中国矿物学家仍将其作为新矿物。

【中性石】

英文名 Mesodialyte

化学式 $(Na,Ca,Fe)_6ZrSi_6O_{18}(OH,Cl)$

中性石是一种含羟基和氯的钠、钙、铁、锆的硅酸盐矿物。属异性石族。六方(三方)晶系。玫瑰红色、褐色，油脂光泽，透明—半透明；硬度 5～6，完全解理。英文名称 Mesodialyte，由"Meso(中间)"和"Eudialyte(异性石)中的 Dialytos(分解)"组合命名，意指它是异性石和负异性石之间的变种，并在硫酸中容易溶解。中文名称意译为中性石(参见【异性石】条 1076 页)。

【中宇利石】参见【水碳铜矾】条 878 页

【中柱石】参见【方柱石】条 161 页

种 [zhǒng]形声；从禾，从重，重声。用于日本地名。

【种山石】参见【塔硅锰铁钠石】条 908 页

重 [zhòng]会意兼形声；金文字形，从东，从壬(tǐng)，东亦声。壬，挺立。东，囊袋。人站着背囊袋，很重。分(fèn)量较大，与「轻」相对。矿物密度分为 3 级：轻级小于 $2.5g/cm^3$；中级由 $2.5～4g/cm^3$；重级大于 $4g/cm^3$。

【重晶石】

英文名 Baryte

化学式 $Ba(SO_4)$　　(IMA)

重晶石柱状、板状晶体，晶簇状集合体(挪威、美国、德国)

重晶石是一种钡的硫酸盐矿物。属重晶石族。斜方晶系。晶体常呈厚板状、刃状或柱状、粒状，具双晶；集合体多呈致密块状或晶簇状、玫瑰花状、结核状。纯净者白色，由于杂质混入物的影响常呈灰色、浅红色、浅黄色等，玻璃光泽，解理面上呈珍珠光泽，透明—半透明；硬度 2.5～3.5，三组完全解理，密度大($4.5g/cm^3$)；具热发光和磷光性。钡可被锶完全类质同象代替，形成天青石(参见【天青石】条 641 页)；被铅部分替代，形成北投石(参见【北投石】条 49 页)。

英文名称 Baryte，一般认为 1800 年由迪特里希·路德维希·古斯塔夫·卡斯滕(Dietrich Ludwig Gustav Karsten)在《矿物学表》(第一版，柏林)称 Baryt；1801 年 R. J. 阿羽伊(R. J. Haüy)在《矿物学教程》(第二卷，第一版，巴黎)称 Baryte，根据希腊文"βαρ ύ s＝Heavy＝Barys(沉重)"命名，表示它的密度较大。1959 年以前发现、描述并命名的"祖父级"矿物，IMA 承认有效。IMA 1971s. p. 批准。

早在 17 世纪初叶(1602 年)，意大利波伦亚城(Bologna，现称博洛尼亚)有一位名叫文森特·卡斯诺罗(Vincentius Casciorolus)鞋匠，发现一种矿石和可燃性物质混合，加热至红炽，这种混合物即生磷光，他称这种东西为"波伦亚石"。后来这一名称开始引用到这种矿石(Barite)上，一段时间里有人认为它是石膏的一种，也有人认为是一种特殊的物种。1774 年，舍勒氏从中提取出重土(氧化钡)。1778 年在布鲁塞尔 *Explication Morale du Jeu de Cartes*. 报道。1808 年，英国的戴维制得金属钡，并以波伦亚城命名该元素，重晶石的英文名称亦由钡元素名称而得。美国矿物学学会拼写重晶石(Barite)名称来源于希腊文"βαρ ύ s＝Heavy＝Barys(重)"。成立于 1959 年的国际矿物学协会官方拼写采用了"Barite(重晶石)"，但 1978 年 IMA 建议采用老"Baryte(重晶石)"拼写法。中文名称根据密度大和透明晶体译为重晶石。

【重铌铁矿】

英文名 Mossite

化学式 $Fe(Nb,Ta)_2O_6$

重铌铁矿是一种重钽铁矿-重铌铁矿(Mossite)族(Fe,Mn)(Ta,Nb)$_2$O$_6$ 的铌、钽酸盐类富铌矿物。四方晶系。晶体呈短柱状或双锥状，近于等轴状，具双晶。黑色或浅褐黑色，半金属泽、半金刚光泽；密度 6.45～7.90g/cm^3。英文名称 Mossite，由来自德国的地理学家和矿物学家、摩氏硬度计的提出者弗里德里克·爱德华·摩斯(Frederic Edward Mohs，1773—1839)的姓氏命名。另一说，1897 年布拉格(Brøgger)在挪威东福尔郡雷德贝格花岗岩中描述了一种矿物，名称来自挪威的莫斯(Moss)镇。1979 年邓恩(Dunn)等在《矿物学杂志》(43)指出：它可能是含钽的铌铁矿和钽铁矿"的混合物。中文名称按密度和成分译为重铌铁矿；根据晶系和成分又译为四方铌钽矿或正方铌钽矿。

【重钽铁矿-锰】

英文名 Tapiolite-(Mn)

化学式 $Mn^{2+}Ta_2O_6$ (IMA)

重钽铁矿-锰是一种重钽铁矿[Tapiolite-(Fe)]-重铌铁矿(Mossite)族的锰的钽酸盐矿物。属重钽铁矿族。四方晶系。晶体呈短柱状、板状或叶片状、粒状。橘红色、暗红色、深褐—黑色，金属—半金属光泽、半金刚光泽、树脂光泽，不透明；硬度 6～6.5，完全解理，脆性，密度大 7.72g/cm^3(计算)。1983 年发现于芬兰中西部皮尔坎马地区奥里韦西城镇蒂艾宁(Tiainen)伟晶岩；同年，S. I. 拉赫蒂(S. I. Lahti)、B. 约翰逊(B. Johanson)和 M. 维尔库宁(M. Virkkunen)在《芬兰地质学会通报》(55)报道。英文名称 Tapiolite-(Mn)，最初根据成分"Mangano(锰)"和与"Tapiolite(重钽铁矿)"的关系组合命名为 Manganotapiolite，以便与 Ferrotapiolite(铁重钽铁矿)相区别。根词 Tapiolite 来自芬兰古老的森林之神塔皮奥(Tapio)的名字。IMA 1983-005 批准。2008 年由 IMA 改为 Tapiolite-(Mn)。中文名称根据成分及与重钽铁矿的关系译为重钽铁矿-锰。

【重钽铁矿-铁】

英文名 Tapiolite-(Fe)

化学式 $Fe^{2+}Ta_2O_6$ (IMA)

重钽铁矿-铁短柱状或双锥状晶体(巴西、美国)

重钽铁矿-铁是一种重钽铁矿-重铌铁矿(Mossite)族较罕见的钽酸盐类矿物。四方晶系。晶体呈短柱状或双锥状、粒状，常见双晶。黑色或浅褐黑色，半金属—金属光泽、金刚—半金刚光泽，不透明；硬度 6～6.5，脆性，密度 7.90(测量)～8.17(计算)g/cm^3。1863 年发现于芬兰库尔马拉(Kulmala)农场。英文名称 Tapiolite-(Fe)，1863 年瑞典地质学家、矿物学家、地理学家和探险家尼尔斯·阿道夫·埃里克·诺登舍尔德(Nils Adolf Erik Nordenskiold，1832—1901)男爵在斯德哥尔摩《皇家科学院院士会议纪要》(*Öfversigt af Kongliga Vetenskaps-Akademiens Förhandlingar*)(20)报道，根据作为原始产地标本以芬兰一个古老的森林之神塔皮奥(Tapio)命名。1959 年以前发现、描述并命名的"祖父级"矿物，IMA 承认有效。1983 年更名为 Ferrotapiolite，以便与 Manganotapiolite 相区别。后 IMA 改名为 Tapiolite-(Fe)。IMA 2007s. p. 批准。中文名称根据密度大和成分译为重钽铁矿-铁。

【重锌锑矿】参见【褐锑锌矿】条 312 页

朱

[zhū]小篆字形，从木，这种木是红心的。本义：赤心木。①大红色。②[英]音，用于外国人名。

【朱别科娃石*】

英文名 Zubkovaite

化学式 $Ca_3Cu_3(AsO_4)_4$ (IMA)

朱别科娃石*柱状晶体(俄罗斯)和朱别科娃像

朱别科娃石*是一种钙、铜的砷酸盐矿物，它是目前已知的唯一无水砷酸钙铜矿物。单斜晶系。晶体呈柱状，粒径 0.01mm×0.01mm×0.2mm；放射状或结壳状集合体。明亮的天蓝色、绿松石色或浅蓝绿色，玻璃光泽，透明；硬度 3，脆性，中等解理。2018 年发现于俄罗斯堪察加州托尔巴契克(Tolbachik)火山大裂缝喷发(主裂缝)北部破火山口第二火山渣锥喷气孔。英文名称 Zubkovaite，以莫斯科国立大学地质系结晶学家娜塔莉亚·V. 朱别科娃(Natalia V. Zubkova，1976—)博士的姓氏命名，以表彰她对含氧盐矿物的晶体化学做出了许多不同的贡献。IMA 2018-008 批准。2018 年 I. V. 佩科夫(I. V. Pekov)等在《CNMNC 通讯》(43)、《矿物学杂志》(82)和 2019 年《矿物学杂志》[83(6)]报道。目前尚未见官方中文译名，编译者建议音译为朱别科娃石*。

【朱道巴石】参见【砷镁锌石】条 785 页

Z

【朱砂】参见【辰砂】条 88 页

竹

[zhú]象形；小篆字形，像竹茎与下垂的叶片。用于日本人名。

【竹内石】参见【硼锰镁矿】条 678 页

竺

[zhú]形声；从二，竹声。本义：竹。中国姓。

【竺可桢石】

英文名 Chukochenite

化学式 $LiAl_5O_8$　　(IMA)

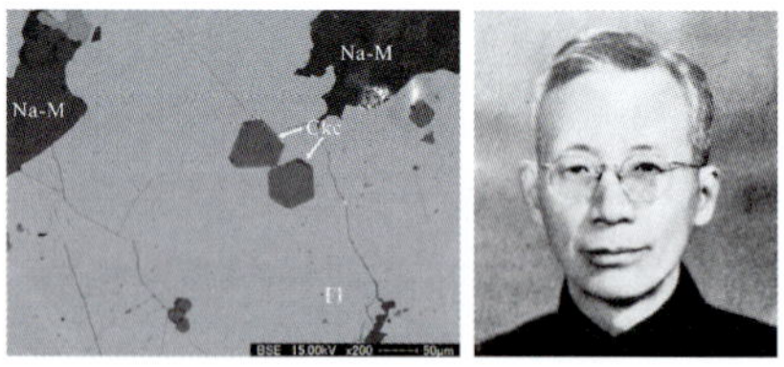

竺可桢石背散射电子像(Ckc. 竺可桢石；Fl. 萤石；Na-M. 钠云母)和竺可桢像

竺可桢石是一种锂、铝的氧化物矿物。斜方晶系。晶体呈假六方片状，常为萤石的包裹体。浙江大学饶灿教授课题组发现于湖南省郴州市临武县香花岭锡多金属矿田癞子岭花岗岩及周围矽卡岩。英文名称 Chukochenite，是为纪念中国近代地理学和气象学的奠基者、历史气候学的创建人、蜚声国际科学界的科学家、教育家，原浙江大学校长(兼气象研究所所长)竺可桢(Chu Ko-chen，1890—1974)院士，曾在中国建立了 40 多个气象站和 100 多个雨量测量站。IMA 2018-132a 批准。2020 年饶灿等在《CNMNC 通讯》(54)、《矿物学杂志》(84)和《欧洲矿物学杂志》(32)报道。

竺可桢石是中国矿物科学家在自然界中发现的第一个锂铝氧化物，具有特殊的晶体结构，在掺入其他杂质后能够发光产生特殊的光学效应，对于创新性的开拓新兴稀土发光材料具有积极的科学价值；同时，为深入了解锂的地球化学行为提供了重要信息，对铍矿、锡矿等关键金属矿产的指导找矿也有重要指示意义。

柱

[zhù]形声；从木，主声。本义：屋柱。用于描述形状像柱子的矿物。

【柱钒铜石】

英文名 Duhamelite

化学式 $(Pb,Bi,Ca)Cu(VO_4)(OH,O)$

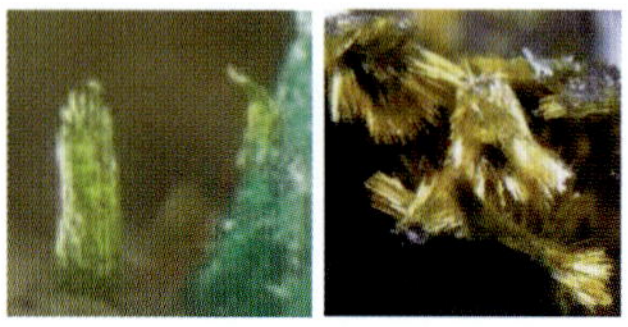

柱钒铜石柱状、纤维状晶体，束状集合体(纳米比亚)

柱钒铜石是一种含羟基和氧的铅、铋、钙、铜的钒酸盐矿物。斜方晶系。晶体呈柱状、针状、纤维状；集合体呈束状、放射状、球粒状。黄色、黄绿色，玻璃光泽，透明；硬度 3。最初来自美国亚利桑那州吉拉县佩森区(绿谷区)卢西(Lousy)峡谷的报道。英文名称 Duhamelite，以 J. E. 杜哈梅尔(J. E. Duhamel)的姓氏命名。1981 年 S. A. 威廉姆斯(S. A. Williams)在《矿物学杂志》(44)报道。它是钙和铋占优势的羟钒铜铅石的变种。2002 年被 IMA 废弃。2003 年 W. 克劳斯(W. Krause)等在《矿物学新年鉴》(月刊)报道。中文名称根据柱状晶体和成分译为柱钒铜石或柱钒铅铋铜石。

【柱沸石】

英文名 Epistilbite

化学式 $Ca_3[Si_{18}Al_6O_{48}]\cdot 16H_2O$　　(IMA)

柱沸石柱状晶体，晶簇状、放射状、球粒状集合体(美国、印度)

柱沸石是一种含沸石水的钙的铝硅酸盐矿物。属沸石族。与古柱沸石为同质二象。单斜晶系。晶体呈柱状、纤维状，常见双晶；集合体呈束状、放射状、球粒状。无色、白色、灰色、蓝色、橘色、红色，玻璃光泽，透明；硬度 4～4.5，完全解理，脆性。1826 年最初发现于冰岛东部布雷达卢尔-贝鲁夫约尔(Breiðdalur-Berufjörður)地区和朱帕沃格什里普伯鲁乔德的泰格霍恩(Teigarhorn)；同年，在《物理学和化学年鉴》(6)、《晶体学杂志》(173)和《美国矿物学家》(59)报道。英文名称 Epistilbite，根据希腊文"Κοντά＝Near＝Epi(在……旁或附近)"和"Stilbite(辉沸石)"组合命名，意为与辉沸石相类似的矿物。1959 年以前发现、描述并命名的"祖父级"矿物，IMA 承认有效。IMA 1997s. p. 批准。中文名称根据柱状晶体和族名译为柱沸石。

【柱硅钙石】

英文名 Afwillite

化学式 $Ca_3[SiO_4][SiO_2(OH)_2]\cdot 2H_2O$　　(IMA)

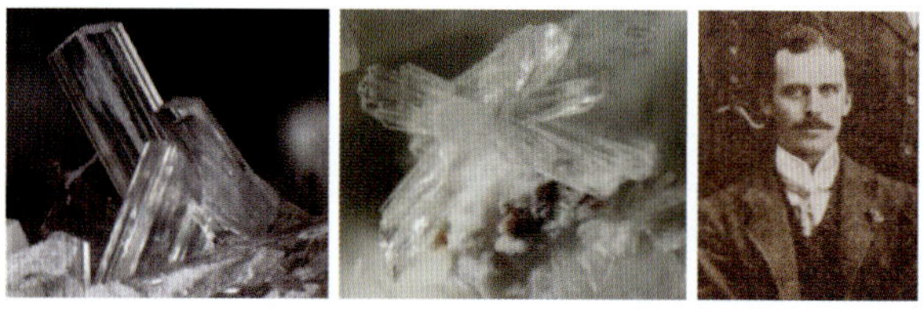

柱硅钙石柱状晶体，晶簇状、放射状集合体(意大利、德国)和威廉姆斯像

柱硅钙石是一种含结晶水的钙的氢硅酸-硅酸盐矿物。单斜晶系。晶体呈柱状、板状、纤维状；集合体呈放射状、球粒状。无色、白色，玻璃光泽，透明；硬度 4，完全解理，脆性。1925 年发现于南非北开普省弗朗西斯巴尔德区金伯利市杜托伊斯宾(Dutoitspan)矿；同年，在《矿物学杂志》(20)和《美国矿物学家》(10)报道。英文名称 Afwillite，1925 年由约翰・帕里(John Parry)和弗雷德里克・尤金・怀特(Frederick Eugene Wright)为纪念南非德比尔斯联合矿业公司的阿尔斐俄斯・富勒・威廉姆斯(Alpheus Fuller Williams，1874—1953)而以他的姓名命名。1959 年以前发现、描述并命名的"祖父级"矿物，IMA 承认有效。中文名称根据矿物结晶习性和成分译为柱硅钙石。

【柱红石】

英文名 Priderite

化学式 $K(Ti_7Fe^{3+})O_{16}$　　(IMA)

柱红石是一种钾、钛、铁的氧化物矿物。属锰钡矿超族柱红石族。四方晶系。晶体呈柱状、杆状、板状。红色、黑色，金刚光泽，半透明—不透明，硬度 7，完全解理。1951 年发现于澳大利亚西澳大利亚州沃尔吉迪(Walgidee)山钾镁煌斑岩；同年，K. 诺里什(K. Norrish)在《矿物学杂志》(29)

柱红石锥柱状晶体(德国)和皮里德尔像

和弗莱舍在《美国矿物学家》(36)报道。英文名称 Priderite,以澳大利亚珀斯大学的地质学教授雷克斯·特勒格拉夏斯·皮里德尔(Rex Tregilgas Prider,1910—2005)的姓氏命名,是他提供了第一个矿物标本。他研究澳大利亚北部坎宁盆地的白榴石煌斑岩,这项工作最终导致了金伯利钻石矿区的开发。他还担任澳大利亚地质学会会长。1959 年以前发现、描述并命名的"祖父级"矿物,IMA 承认有效。中文名称根据柱状晶体和红色译为柱红石。

【柱辉铋铅矿】

英文名 Bursaite

化学式 $Pb_5Bi_4S_{11}$(?)

柱辉铋铅矿是一种铅、铋的硫化物矿物。斜方晶系。晶体呈板状、柱状;集合体呈晶簇状。灰色、白色,金属光泽,不透明;硬度 2.5～3。最初的报道来自土耳其马尔马拉地区布尔萨(Bursa)省乌鲁达杰(Uludağ)山的一个接触变质的钨矿床。1955 年拉希特·多伦(Rasit Tolun)在浮选研究时发现,并在《美国矿物学家》(41)报道。英文名称 Bursaite,以发现地土耳其布尔萨(Bursa)省命名。2006 年被 IMA 废弃[2008 年 Y.莫厄罗(Y. Moëlo)等在《欧洲矿物学杂志》(20)报道],它可能是其他两种硫盐矿物的混合物。中文名称根据矿物的结晶习性、光泽和成分译为柱辉铋铅矿;根据颜色和成分译为灰硫铋铅矿。

【柱钾铁矾】

英文名 Goldichite

化学式 $KFe(SO_4)_2 \cdot 4H_2O$ (IMA)

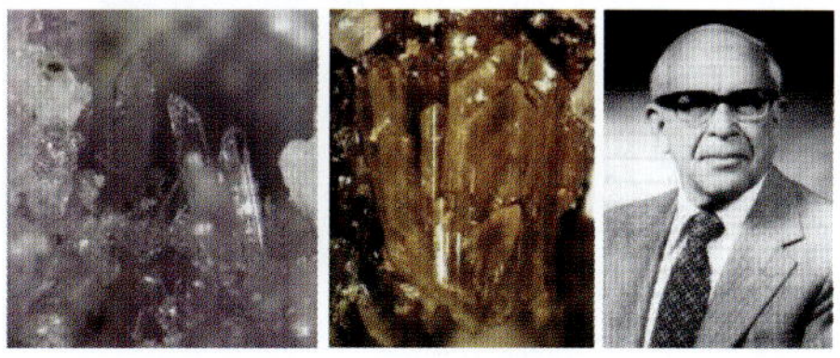

柱钾铁矾柱状、片状晶体,晶簇状集合体(秘鲁、美国)和戈尔迪奇像

柱钾铁矾是一种含结晶水的钾、铁的硫酸盐矿物。单斜晶系。晶体呈柱状、片状、纤维状;集合体呈放射状。浅黄绿色、薰衣草色,玻璃光泽,透明;硬度 2.5,完全解理,脆性。1955 年由尤金·B.格罗(Eugene B. Gross)和亚伯拉罕·罗森茨维格(Abraham Rosenzweig)发现于美国犹他州埃默里县德克斯特(Dexter)第 7 号矿井;同年,在《美国矿物学家》(40)报道。英文名称 Goldichite,1955 年罗森茨维格和格罗为纪念美国明尼苏达大学矿物学家和美国地质调查局的同位素地质学会的创始人首席科学家塞缪尔·斯蒂芬·戈尔迪奇(Samuel Stephen Goldich,1909—2000)博士而以他的姓氏命名。戈尔迪奇稳定性系列是他设计的。1959 年以前发现、描述并命名的"祖父级"矿物,IMA 承认有效。中文名称根据矿物结晶习性和成分译为柱钾铁矾。1963 年李锡林在我国也发现了此矿物[见 1963 年《地质科学》(3)]。

【柱晶磷矿】参见【水氟磷铝钙石】条 820 页

【柱晶石】

英文名 Kornerupine

化学式 $(Mg,Fe^{2+},Al,\square)_{10}(Si,Al,B)_5O_{21}(OH,F)_2$ (IMA)

柱晶石柱状晶体(马达加斯加、格陵兰)和科内鲁普像

柱晶石是一种含羟基和氟的镁、铁、铝、空位的硼铝硅酸盐矿物。斜方晶系。晶体呈柱状、杆状、纤维状;集合体呈放射状。白色、黄色、绿色、褐色,无色,玻璃光泽,透明—半透明;硬度 6.5～7,完全解理;有的具猫眼和星光效应。质量好的可作宝石。1884 年发现并第一次描述于丹麦格陵兰岛西南部菲斯克纳斯(Fiskenæsset)旧港口;同年,在《格陵兰岛通讯》(7)报道。英文名称 Kornerupine,为纪念丹麦地质学家安德里亚斯·尼古拉斯·科内鲁普(Andreas Nikolaus Kornerup,1857—1883)而以他的姓氏命名。科内鲁普氏首次发现并描述鉴定了该矿物。1987 年 E.格鲁(E. Grew)等在《矿物学杂志》(51)报道了对西格陵兰标本类型的复审结果。1959 年以前发现、描述并命名的"祖父级"矿物,IMA 承认有效。中文名称根据矿物的柱状晶体译为柱晶石,也译作钠柱晶石、绿硼石。

【柱晶松脂石】

英文名 Flagstaffite

化学式 $C_{10}H_{22}O_3$ (IMA)

柱晶松脂石柱状晶体(美国)

柱晶松脂石是一种碳、氢和氧的水合萜二醇有机化合物矿物。斜方晶系。晶体呈柱状。无色、白色,松脂光泽;很软。1920 年发现于美国亚利桑那州科科尼诺县弗拉格斯塔夫(Flagstaff)镇从附近的山上冲积下来的埋在泥石流中的树干化石裂缝中;同年,F. N.吉尔德(F. N. Guild)在《美国矿物学家》(5)报道。英文名称 Flagstaffite,以发现地美国弗拉格斯塔夫(Flagstaff)命名。1959 年以前发现、描述并命名的"祖父级"矿物,IMA 承认有效。中文名称根据柱状晶体和松脂光泽译为柱晶松脂石。

【柱磷铝铀矿】

英文名 Phuralumite

化学式 $Al_2[(UO_2)_3(PO_4)_2O(OH)](OH)_3(H_2O)_9$ (IMA)

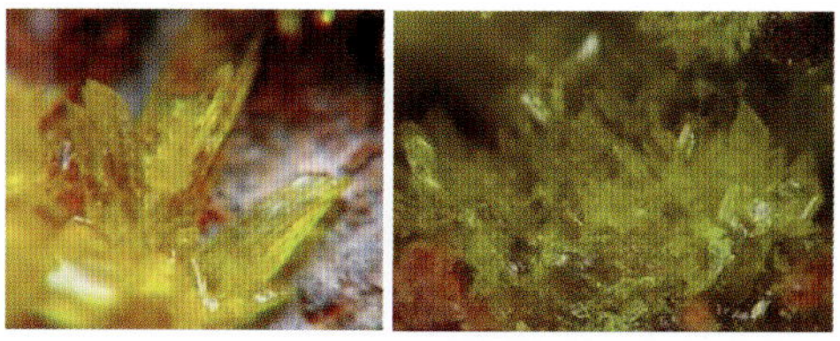

柱磷铝铀矿板状或短柱状晶体,晶簇状集合体(刚果)

柱磷铝铀矿是一种含结晶水、羟基、氧的铝的铀酰-磷酸盐矿物。属福磷钙铀矿族。单斜晶系。晶体常呈板状或短柱状，晶形较为复杂，常形成接触或穿插双晶，双晶重复可形成假六方形，亦有聚片双晶；集合体呈晶簇状、皮壳状。柠檬黄色、浅绿色或无色、白色，玻璃光泽、油脂光泽；硬度 6，完全解理。1978 年发现于刚果(金)南基伍省姆文加地区卡博卡博(Kobokobo)伟晶岩。英文名称 Phuralumite，由化学成分"Phosphate(磷酸盐)""Uranyl(铀酰)"和"Aluminium(铝)"缩写组合命名。IMA 1978-044 批准。1979 年 P. 皮雷(P. Piret)等在《矿物学通报》(102)、《晶体学报》(B35)和 1980 年《美国矿物学家》(65)报道。中文名称根据矿物的柱状晶体和成分译为柱磷铝铀矿；根据成分和在卡博卡博铀矿床中发现的 7 个铝铀酰磷酸盐矿物中次序为第一个译为磷铝铀矿 I。

【柱磷锶锂矿】

英文名 Palermoite

化学式 $Li_2SrAl_4(PO_4)_4(OH)_4$ (IMA)

柱磷锶锂矿长柱状晶体(美国)

柱磷锶锂矿是一种含羟基的锂、锶、铝的磷酸盐矿物。属柱磷锶锂矿族。柱磷锶锂矿与磷铝钙锂石是一完全类质同象系列(锶、钙)的两个端元矿物。斜方晶系。晶体呈长柱状。无色、白色，玻璃光泽、半金刚光泽，透明；硬度 5.5，完全解理。1953 年发现于美国新罕布什尔州北格罗顿城镇巴勒莫(Palermo)1 号矿；同年，M. E. 穆罗塞(M. E. Mrose)在《美国矿物学家》(38)报道。英文名称 Palermoite，以发现地美国巴勒莫(Palermo)命名。1959 年以前发现、描述并命名的"祖父级"矿物，IMA 承认有效。中文名称根据矿物柱状晶体和成分译为柱磷锶锂矿。

【柱硫铋铅矿】

英文名 Ustarasite

化学式 $Pb(Bi,Sb)_6S_{10}$ (IMA)

柱硫铋铅矿是一种铅、铋、锑的硫化物矿物。属硫铋铅矿同源系列族。斜方晶系。晶体呈柱状、弯曲或扭曲状。银灰色、灰白色，金属光泽，不透明；硬度 2.5，完全解理。1955 年发现于乌兹别克斯坦塔什干州布里奇穆拉(Brichmulla)村乌斯塔拉萨伊(Ustarasai)铋矿床；同年，M. S. 萨哈洛娃(M. S. Sakharova)在《苏联科学院博物馆矿物学著作集》(7)和 1956 年《美国矿物学家》(41)报道。英文名称 Ustarasite，以发现地乌兹别克斯坦的乌斯塔拉萨伊(Ustarasay)矿床命名。1959 年以前发现、描述并命名的"祖父级"矿物，IMA 承认有效，但 IMA 持怀疑态度。中文名称根据结晶习性和成分译为柱硫铋铅矿。

【柱硫铋铜铅矿】

英文名 Gladite

化学式 $CuPbBi_5S_9$ (IMA)

柱硫铋铜铅矿是一种铜、铅、铋的硫化物矿物。斜方晶系。晶体呈柱状。锡白色、铅灰色，金属光泽，不透明；硬度 2～3，完全解理。1924 年发现于瑞典卡尔马省韦斯特维克市的格拉德哈马尔(Gladhammar)矿；同年，约翰逊(Johansson)在瑞典《化学、矿物学和地质学学报》[9(8)]报道。英文名称 Gladite，以发现地瑞典格拉德哈马尔(Gladhammar)矿命名。1959 年以前发现、描述并命名的"祖父级"矿物，IMA 承认有效。中文名称根据矿物柱状晶体和成分译为柱硫铋铜铅矿。

【柱硫锑铅矿】

英文名 Fülöppite

化学式 $Pb_3Sb_8S_{15}$ (IMA)

柱硫锑铅矿柱状晶体(德国)和富洛普像

柱硫锑铅矿是一种铅、锑的硫化物矿物。属斜硫锑铅矿族。单斜晶系。晶体呈柱状、板状，晶体通常呈弯曲状。铅灰色，变色为钢蓝色或青铜色，金属光泽，不透明；硬度 2.5，脆性。1929 年发现于罗马尼亚巴亚马雷市德鲁尔(Dealul)十字支洞；同年，I. 德菲纳伊(I. de Finály)等在《矿物学杂志》(22)报道。英文名称 Fülöppite，以匈牙利律师、政治家、矿物收藏家和匈牙利国家博物馆的赞助人贝拉·富洛普(Bela Fülöpp，1863—1938)博士的姓氏命名。1959 年以前发现、描述并命名的"祖父级"矿物，IMA 承认有效。中文名称根据矿物柱状晶体和成分译为柱硫锑铅矿。

【柱硫锑铅银矿】

英文名 Freieslebenite

化学式 $AgPbSbS_3$ (IMA)

柱硫锑铅银矿柱状晶体(德国)和弗赖斯莱本像

柱硫锑铅银矿是一种银、铅、锑的硫化物矿物。属柱硫锑铅银矿族。单斜晶系。晶体呈柱状，柱面有纵条纹，具双晶。灰色、深灰色，金属光泽，不透明；硬度 2.5，中等解理。发现于德国萨克森州希梅尔斯福斯特(Himmelsfurst)银矿。1817 年 J. C. 弗赖斯莱本(J. C. Freiesleben)在《地质学著作(Geognostische Arbeiten)》(6)报道。1845 年 W. 海丁格尔(W. Haidinger)在维也纳《矿物学鉴定手册》刊载。英文名称 Freieslebenite，以萨克森矿业专员约翰·卡尔·弗赖斯莱本(Johann Carl Freiesleben，1774—1846)的姓氏命名，他首先描述了该矿物。1959 年以前发现、描述并命名的"祖父级"矿物，IMA 承认有效。中文名称根据矿物柱状晶体和成分译为柱硫锑铅银矿。

【柱钠铜矾】

英文名 Kröhnkite

化学式 $Na_2Cu(SO_4)_2 \cdot 2H_2O$ (IMA)

柱钠铜矾是一种含结晶水的钠、铜的硫酸盐矿物。属砷钴钙石族。单斜晶系。晶体呈柱状、粒状、纤维状，常见双晶；

集合体呈皮壳状、块状、晶簇状。天蓝色—浅蓝绿色，玻璃光泽，透明；硬度2.5～3，完全解理。最早见于1876年I. 德梅科(I. Domeyko)《元素矿物学》[第二版，圣地亚哥(1860年)应用五与附录1-6]。1879年发现于智利洛阿省丘基卡马塔市丘基卡马塔(Chuquicamata)矿；同年，在圣地亚哥《中央图书馆矿物学》(*Mineralojía. Libreria Central de Servat ICA*)刊载。英文名称Kröhnkite，以B. 克罗赫克(B. Kröhnke)的姓氏命名，他首先分析了该矿物。1959年以前发现、描述并命名的“祖父级”矿物，IMA承认有效。中文名称根据矿物结晶习性和成分译为柱钠铜矾。

柱钠铜矾柱状晶体(智利)

【柱硼镁石】

英文名 Pinnoite

化学式 $MgB_2O(OH)_6$ (IMA)

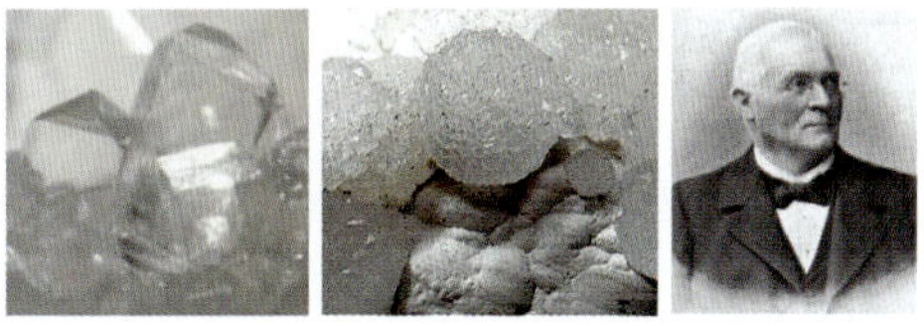

柱硼镁石柱状晶体，放射状、球粒状集合体(哈萨克斯坦)和皮诺像

柱硼镁石是一种含羟基的镁的硼酸盐矿物。四方晶系。晶体呈柱状或纤维状、粒状；集合体呈致密块状、放射状、球粒状。白色、灰白色或硫黄色、草黄色、浅黄绿色，玻璃光泽，透明—半透明；硬度3.5。1884年首次发现并描述于德国萨克森-安哈尔特州施塔斯富特(Stassfurt)钾盐矿床；同年，施陶特(Staute)在《德国化学会报告》(17)报道。英文名称Pinnoite，为纪念发现者的导师、德国哈雷矿山公司的首席顾问约翰·弗里德里希·赫尔曼·皮诺(Johann Friedrich Hermann Pinno，1831—1902)而以他的姓氏命名。1951年C. 帕拉奇(C. Palache)、H. 伯曼(H. Berman)和C. 弗龙德尔(C. Frondel)在《丹纳系统矿物学》(第二卷，第七版，纽约)刊载。1959年以前发现、描述并命名的“祖父级”矿物，IMA承认有效。中文名称根据矿物柱状晶体和成分译为柱硼镁石。

【柱水钒钙矿】

英文名 Sherwoodite

化学式 $Ca_{4.5}AlV^{4+}_2V^{5+}_{12}O_{40}\cdot 28H_2O$ (IMA)

柱水钒钙矿是一种含结晶水的钙的铝钒酸盐矿物。四方晶系。晶体呈柱状或微扁平柱状。蓝色、黑色，蚀变后呈蓝绿色—黄绿色，半金属光泽、玻璃光泽、土状光泽；硬度2。1958年发现于美国科罗拉多州蒙特罗斯县尤拉文(Uravan)区公牛(Bull)峡谷花生(Peanut)矿；同年，M. E. 汤普森(M. E. Thompson)等在《美国矿物学家》(43)报道。英文名称Sherwoodite，以美国地质调查局(USGS)的分析化学家亚历山大·M. 舍伍德(Alexander M. Sherwood，1888—)的姓氏命名。1959年以前发现、描述并命名的“祖父级”矿物，IMA承认有效。中文名称根据矿物柱状晶体和成分译为柱水钒钙矿。

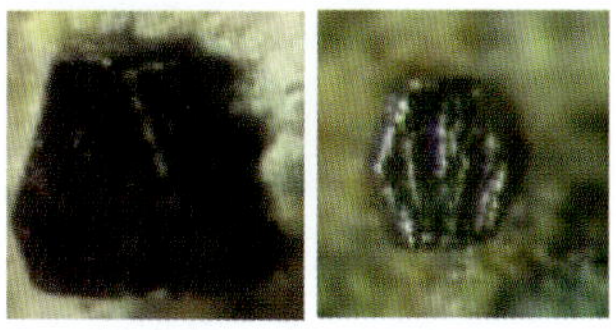

柱水钒钙矿短柱状晶体(美国)

【柱星叶石】

英文名 Neptunite

化学式 $KNa_2LiFe^{2+}_2Ti_2Si_8O_{24}$ (IMA)

柱星叶石柱状晶体(美国)和尼普顿像

柱星叶石是一种钾、钠、锂、铁的钛硅酸盐矿物。属柱星叶石族。单斜晶系。晶体呈柱状，具双晶；集合体呈放射星状、晶簇状。黑色，有时呈深红褐色，薄片呈血红色，玻璃光泽，不透明；硬度5～6，完全解理，脆性。1893年首次发现于丹麦格陵兰岛纳尔萨克(Narssârssuk)伟晶岩；同年，G. 弗林克(G. Flink)在《斯德哥尔摩地质学会会刊》(15)报道。1846年人类发现了太阳系的第八颗行星，它那荧荧的淡蓝色光，西方人用罗马神话中的海神——“Neptunus(尼普顿)”的名字来称呼它，汉译海王星。英文名称Neptunite，亦即由罗马神话中的海神尼普顿(Neptun)命名。1959年以前发现、描述并命名的“祖父级”矿物，IMA承认有效。由于它常与霓石共生，其发现地格陵兰岛与霓石发现地斯堪的那维亚半岛相近，霓石以斯堪的那维亚海洋神埃吉尔(Aegir)的名字命名(参见【霓石】条654页)。中文名称根据矿物的柱状晶体及集合体呈放射星状译为柱星叶石。2000年马喆生等在《中国科学D辑》[30(4)]的《星叶石晶体结构的精测》一文指出：单斜星叶石与星叶石应属两个不同的矿物种属，而不是多型关系，单斜星叶石应重新译名。

【柱铀矿】

英文名 Schoepite

化学式 $(UO_2)_4O(OH)_6(H_2O)_6$ (IMA)

柱铀矿柱状、板状晶体，晶簇状集合体(刚果、法国)

柱铀矿是一种含结晶水的铀酰氧-氢氧化物矿物。属柱铀矿族。斜方晶系。晶体呈柱状、板状、纤维状；集合体呈束状、晶簇状。茶色、淡黄色或硫黄黄色，金刚—半金刚光泽、玻璃光泽，透明；硬度2～3，完全解理，脆性。1923年发现于刚果(金)上加丹加省坎博韦区欣科洛布韦(Shinkolobwe)矿(卡索罗矿)；同年，托马斯·伦纳德·沃克(Thomas Leonard Walker)在《美国矿物学家》(8)报道。英文名称Schoepite，由沃克为纪念比利时根特大学矿物学教授阿尔弗雷德·肖普(Alfred Schoep，1881—1966)而以他的姓氏命名。1959年以前发现、描述并命名的“祖父级”矿物，IMA承认有效。IMA 1962s. p. 批准。中文名称根据柱状晶体和成分译为柱铀矿。

锥 [zhuī]形声；从金，从隹(zhuī)，隹亦声。“隹”本指鸟儿，特指鸟头，引申为“尖头”。“金”与“隹”联合起来表示“金属制的尖头工具”。《说文》锥，锐也、利也。用

Z

于比喻矿物的形态呈锥状。

【锥冰晶石】

英文名 Chiolite

化学式 $Na_5Al_3F_{14}$ (IMA)

锥冰晶石块状晶体(格陵兰岛)

锥冰晶石是一种钠、铝的氟化物矿物。四方晶系。晶体呈双锥状、扭曲柱状、粒状,具双晶;集合体呈块状。无色、雪白色,玻璃光泽,解理面上珍珠光泽,半透明—透明;硬度3.5~4,完全解理。1846年发现于俄罗斯车里雅宾斯克州伊尔门(Ilmen)自然保护区69号黄玉和冰晶石坑;同年,赫尔曼(Hermann)和奥尔巴赫(Auerbach)在莱比锡《实用化学杂志》(37)报道。英文名称Chiolite,由希腊文“χιου=Snow(雪)”和“λίθos=Stone(石头)”组合命名,意指其外观与冰晶石(Cryolite)相似。1959年以前发现、描述并命名的“祖父级”矿物,IMA承认有效。中文名称根据锥状晶体及与冰晶石相似的关系译为锥冰晶石。

【锥辉石】

英文名 Acmite

化学式 $NaFe^{3+}Si_2O_6$

锥辉石尖顶柱状晶体

锥辉石是一种钠和铁的硅酸盐矿物。属辉石族。单斜晶系。晶体呈尖顶柱状,具片状双晶。颜色呈黄绿色、褐色或绿黑色,玻璃光泽,半透明—不透明;硬度6~6.5,完全解理。1821年P. H. 斯特罗姆(P. H. Ström)第一次描述于挪威布斯克吕郡上艾克鲁德迈尔(Rundemyr, Øvre Eiker);并在《皇家科学学院文献》(*Kongliga Vetenskaps-Academiens Handlingar*)报道,建议以德国地质学家亚伯拉罕·戈特洛布·维尔纳(Abraham Gottlob Werner)的姓氏命名为Wernerin。但1821年贝采里乌斯(Berzelius)分析了矿物,并根据希腊文“αχμη=Achmit(矛头、锥状、尖顶)”命名为Acmite,意指晶体的习性呈尖锥状。之后的1834年H. M. T. 埃斯马克(H. M. T. Esmark)在挪威兰格森德斯乔登(Langesundsfjorden)莱文找到了新矿物,1835年贝采里乌斯描述并命名为霓石(Aegirine)。锥辉石、霓石最初被认为是两个不同的矿物,一个属于角闪石(锥辉石)和其他的辉石(霓石)。直到1871年G. 契尔马克(G. Tschermak)提出证据表明锥辉石、霓石都属于辉石,两个矿物属同一种矿物。现在认为锥辉石是霓石的同义词。中文名称根据晶体形态和族名译为锥辉石。锥辉石和霓石的区别在于,锥辉石具尖顶柱状晶体,而霓石呈钝顶柱状晶体(参见【霓石】条654页)。

【锥晶石】

英文名 Lacroixite

化学式 $NaAl(PO_4)F$ (IMA)

锥晶石是一种含氟的钠、铝的磷酸盐矿物。属氟砷钙镁石族。磷铝石族的多型之一。单斜晶系。晶体呈粒状、棒状,且呈零碎状;集合体常呈块状,并与其他矿物共生。无色、淡黄色、浅绿色、白色,半玻璃光泽、树脂光泽,半透明;硬度4.5。脆性。1914年发现于德国萨克森州格赖芬斯坦(Greifenstein);同年,斯拉维克(Slavík)在《法国矿物学会通报》(37)报道。英文名称Lacroixite,由弗朗齐歇克·斯拉维克(František Slavík)为纪念法国矿物学家安托万·弗朗索瓦·阿尔弗雷德·拉克鲁瓦(Antoine François Alfred Lacroix, 1863—1948)而以他的姓氏命名。1959年以前发现、描述并命名的“祖父级”矿物,IMA承认有效。中文名称根据零碎晶体形态译为锥晶石或晶锥石。

拉克鲁瓦像

【锥氯铜铅矿】

英文名 Cumengeite

化学式 $Pb_{21}Cu_{20}Cl_{42}(OH)_{40}\cdot 6H_2O$ (IMA)

锥氯铜铅矿锥状晶体和连晶(墨西哥)

锥氯铜铅矿是一种含结晶水和羟基的铅、铜的氯化物矿物。四方晶系。晶体呈假八面体或假立方体和八面体的聚形;集合体呈晶簇状。靛青蓝色、灰色、白色,弱玻璃光泽,半透明;硬度2.5,完全解理。1893年发现于墨西哥南下加利福尼亚州波莱奥(Boleo)区;同年,马拉德(Mallard)在《法国矿物学会通报》(16)报道。英文名称Cumengeite,以在墨西哥波莱奥的法国采矿工程师爱德华·屈芒热(Édouard Cumenge, 1828—1902)的姓氏命名。1959年以前发现、描述并命名的“祖父级”矿物,IMA承认有效。IMA 2007s. p.批准。中文名称根据矿物晶体形态和成分译为锥氯铜铅矿。

【锥纹石】参见【铁纹石】条956页和【镍纹石】条658页

【锥稀土矿-铈】参见【硼硅铈矿】条674页

【锥稀土矿-钇】参见【硼硅钇矿】条674页

准 [zhǔn]形声;从冫,隹声。基本义:(名)标准。(形)程度上虽不完全够;但可以作为某类事物看待。

【准钒钙铀矿】参见【变钒钙铀矿】条64页

【准磷铝石】

英文名 Metavariscite

化学式 $Al(PO_4)\cdot 2H_2O$ (IMA)

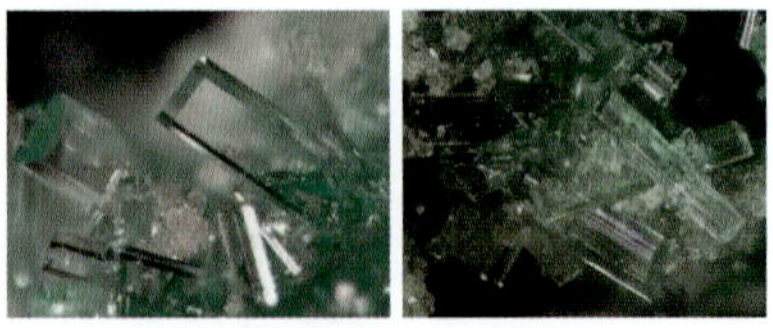

准磷铝石长柱状、厚板状晶体,晶簇状、杂乱状集合体(美国)

准磷铝石是一种含结晶水的铝的磷酸盐矿物。属准磷铝石族。与磷铝石(Variscite)为同质二象。单斜晶系。晶体呈长柱状、厚板状,具接触双晶;集合体呈晶簇状、杂乱状。亮绿色,半金刚光泽、玻璃—半玻璃光泽,透明—半透明;硬度3.5,完全解理,脆性。1925年发现于美国犹他州博克斯埃尔德县尤塔利特(Utahlite)山爱迪生鸟(Edison Bird)矿;同年,在《美国矿物学家》(10)报道。英文名称Metavariscite,1912年夏勒(Schaller)在《美国地质调查局通报》(509)

报道，称 Variscite(磷铝石)；1927 年埃斯珀·S. 拉森(Esper S. Larsen)和沃尔德·T. 夏勒(Waldemar T. Schaller)加前缀“Meta(变，准)”命名，意指与磷铝石(Variscite)为同质二象的关系。1959 年以前发现、描述并命名的“祖父级”矿物，IMA 承认有效。IMA 1967s. p. 批准。中文名称译为准磷铝石或变磷铝石。

【准砷铁矿】参见【副砷铁矿】条 209 页

【准水钒钙石】参见【变水钒钙石】条 67 页

浊 [zhuó]形声；从水，蜀声。本义：浊水。浑浊，跟“清”相对。

【浊沸石】

英文名 Laumontite

化学式 $CaAl_2Si_4O_{12}\cdot4H_2O$ (IMA)

浊沸石柱体晶体，晶簇状集合体(西班牙、印度)和拉蒙特像

浊沸石是含沸石水的钙的铝硅酸盐矿物。属沸石族浊沸石亚族。单斜晶系。晶体呈柱体、针状、纤维状、粒状，具双晶；集合体呈晶簇状、放射状。纯者呈无色或瓷白色或乳白色，含有杂质者可呈橙色、棕色、灰色、黄绿色、粉红色或红色，玻璃光泽、珍珠光泽，透明—半透明；硬度 3～6，完全解理，脆性。它暴露于大气中或受热则变为 β-黄粒浊沸石；如果钾、钠置换钙则变为 α-黄粒浊沸石。

浊沸石的识别可以追溯到早期的矿物学。1805 年由法国弗朗索瓦·皮埃尔·尼古拉斯·吉利特·德·拉蒙特(Francois Pierre Nicolas Gillet de Laumont，1747—1834)首先发现于法国菲尼斯泰尔省韦尔戈阿(Huelgoat)铅矿山。1805 年 R. 詹姆逊(R. Jameson)在《系统矿物学》首次命名为 Lomonite。1805 年由亚伯拉罕·戈特利布·维尔纳(Abraham Gottlieb Werner)为纪念拉蒙特而以他的姓氏命名为 Laumonite。拉蒙特是巴黎的一位矿业监察长，也是一个矿物收藏家，他首先发现了该矿物，并发现命名了水磷铝铅矿(Plumbogummite)(参见【水磷铝铅矿】条 841 页)。1821 年由卡尔·卡萨尔·冯·莱昂哈德(Karl Cäsar von Leonhard)改变其维尔纳的拼写为 Laumontite(见 1821 年在德国海德堡 *Handbuch der Oryktognosie*)。1959 年以前发现、描述并命名的“祖父级”矿物，IMA 承认有效。IMA 1997s. p. 批准。中文名称根据浑浊的晶体及族名译为浊沸石。因它含有镁，原名为 Magnesiolaumontite(镁浊沸石)，但又因为含镁太少，此名被废弃。

兹 [zī]形声；据《说文》，从艹，滋省声。本义：草木茂盛。[英]音，用于外国、地名人名。

【兹米纳矿*】

英文名 Ziminaite

化学式 $Fe^{3+}(VO_4)$ (IMA)

兹米纳矿*是一种铁的钒酸盐矿物。属黑钒铁钠石族。三斜晶系。晶体呈片状、扁平状或扁平柱状，粒径 10μm×30μm×50μm，在火山灰孔洞中形成集合体，长达 0.15mm。黄褐色，金刚光泽，半透明。2014 年发现于俄罗斯堪察加州贝兹米安尼伊(Bezymyannyi)火山喷气升华物。英文名称 Ziminaite，由发现地附近俄罗斯的兹米纳(Zimina)火山命名。IMA 2014-062 批准。2015 年 I. V. 佩科夫(I. V. Pekov)等在《CNMNC 通讯》(23)、《矿物学科学杂志》(79)和 2018 年《矿物学和岩石学》(112)报道。目前尚未见官方中文译名，编译者建议音译为兹米纳矿*；根据成分译为钒铁矿*。

【兹纳缅斯基矿*】

英文名 Znamenskyite

化学式 $Pb_4In_2Bi_4S_{13}$ (IMA)

兹纳缅斯基矿*针状晶体，杂乱状集合体(俄罗斯)

兹纳缅斯基矿*是一种铅、铟、铋的硫化物矿物。斜方晶系。晶体呈针状；集合体呈杂乱状。黑色，具锖色，金属光泽，不透明。2014 年发现于俄罗斯萨哈林州库德里亚维(Kudriavy)火山。英文名称 Znamenskyite，以俄罗斯的 V. S. 兹纳缅斯基(V. S. Znamensky)的姓氏命名，是他发现并首先描述了该矿物。IMA 2014-026 批准。日文名称ジナメンスキー鉱。2014 年 I. V. 恰布里金(I. V. Chaplygin)等在《CNMNC 通讯》(21)和《矿物学杂志》(78)报道。目前尚未见官方中文译名，编译者建议音译为兹纳缅斯基矿*。

【兹维亚金石*】

英文名 Zvyaginite

化学式 $Na_2ZnTiNb_2(Si_2O_7)_2O_2(OH)_2(H_2O)_4$ (IMA)

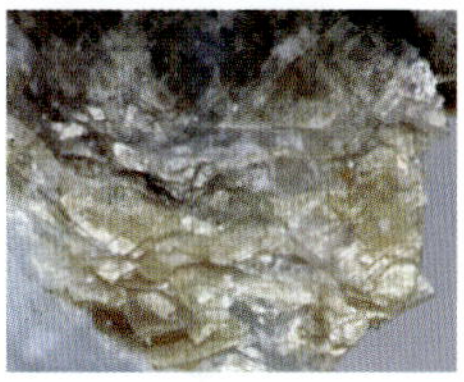

兹维亚金石*不规则板片状晶体(俄罗斯)

兹维亚金石*是一种含结晶水、羟基和氧的钠、锌、钛、铌的硅酸盐矿物。属氟钠钛锆石超闪叶石族。三斜晶系。晶体呈矩形或不规则板片状，粒径 0.1cm×2cm×1cm。无色、珍珠白色，淡黄色带褐色，浅粉红色或淡紫色，油脂光泽、珍珠光泽，透明—半透明；硬度 2.5～3，完全解理，脆性。2013 年发现于俄罗斯北部摩尔曼斯克州马利朋卡鲁艾夫(Malyi Punkaruaiv)山。英文名称 Zvyaginite，以俄罗斯晶体学家、晶体化学家和物理学家鲍里斯·B. 兹维亚金(Boris B. Zvyagin，1921—2002)的姓氏命名。他是材料电子衍射研究的先驱和专家。IMA 2013-071 批准。2013 年 I. V. 佩科夫(I. V. Pekov)等在《CNMNC 通讯》(18)、《矿物学杂志》(77)和 2014 年《俄罗斯矿物学会记事》[143(2)]报道。目前尚未见官方中文译名，编译者建议音译为兹维亚金石*。

滋 [zī]形声；从氵，兹声。滋生，繁茂。[英]音，用于日本地名。

【滋贺石】参见【羟铝锰矾】条 721 页

紫 [zǐ]形声；从此，从糸，此亦声。“糸”指“系列”。“此”意为“就近、近处”。“此”与“糸”联合起来表示“彩虹的色条系列之距人最近者”。本义：彩虹 7 个色光红、橙、黄、绿、蓝、靛、紫由外向内数的第七条的颜色。

【紫脆石】

英文名 Ussingite

化学式 $Na_2AlSi_3O_8(OH)$ (IMA)

紫脆石是一种含羟基的钠的铝硅酸盐矿物。三斜晶系。

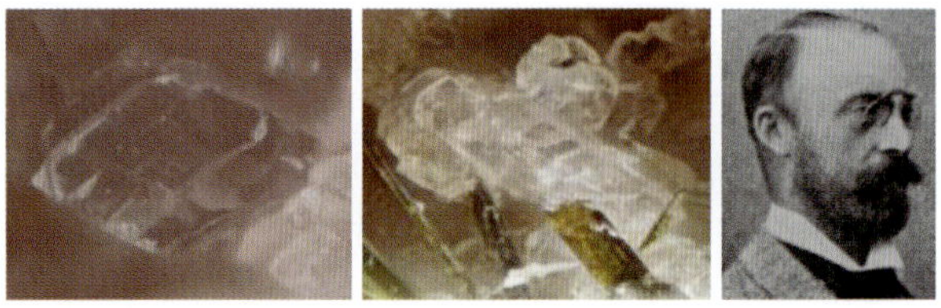

紫脆石板片状晶体(加拿大)和尤斯像

晶体呈板状,但少见,具双晶;集合体呈块状。浅—深紫罗兰色、红紫色,有时几乎全呈暗紫色,半玻璃光泽,透明—半透明;硬度6~7,完全解理,脆性。美丽者可作宝石。1914年发现于丹麦格陵兰岛康尔卢苏克(Kangerluarsuk)峡湾;同年,在《格陵兰岛通讯》(51)和1915年《结晶学和矿物学杂志》(54)报道。英文名称Ussingite,以丹麦哥本哈根大学矿物学教授尼尔斯·维果·尤斯(Niels Viggo Ussing,1864—1911)的姓氏命名。1959年以前发现、描述并命名的"祖父级"矿物,IMA承认有效。中文名称根据颜色和脆性译为紫脆石;根据颜色、脆性和极完全解理译为紫脆云母。

【紫方钠石】

英文名 Hackmanite

化学式 $Na_8Al_6Si_6O_{24}(Cl_2,S)$

紫方钠石晶体(阿富汗)和哈克曼像

紫方钠石是方钠石成分中氯被硫部分置换的富硫变种,似长石族矿物之一,它是含硫、氯的钠的铝硅酸盐矿物。等轴晶系。晶体呈菱形十二面体、粒状,具双晶;集合体多呈块状。颜色呈紫红色,在空气中变淡;也有呈白色、灰白色、粉红色,玻璃光泽,半透明—微透明;硬度5;可发荧光。是美丽的宝石矿物。最早的描述来自俄罗斯北部摩尔曼斯克州塔瓦山谷塔瓦(Tawa)村。英文名称Hackmanite,以芬兰赫尔辛基大学教授与芬兰赫尔辛福斯(Helsingfors,赫尔辛基的瑞典文名称)地质调查局地质学家维克多·阿克塞尔·哈克曼(Victor Axel Hackman,1866—1941)的姓氏命名。中文名称根据习见的紫色和族名译为紫方钠石。

【紫硅碱钙石】

英文名 Charoite

化学式 $(K,Sr,Ba,Mn)_{15-16}(Ca,Na)_{32}[Si_{70}(O,OH)_{180}](OH,F)_4 \cdot nH_2O$　(IMA)

紫硅碱钙石纤维状晶体和《紫龙晶纪念邮票》(俄罗斯)

紫硅碱钙石是一种含结晶水、羟基和氟的钾、锶、钡、锰、钙、钠的硅酸盐矿物。单斜晶系。晶体呈纤维状;集合体多呈隐晶质块状,晶质块状。紫色、紫蓝色,可含有黑色、灰色、白色或褐棕色色斑,玻璃光泽、蜡状光泽、丝绢光泽,在平行纤维状集合体上,可以观察到丝状变彩,微透明—半透明;硬度5~6。宝石级矿物为淡紫色和紫红色,以质地细腻、花纹清晰为优质玉石;纯净透明—半透明的可作宝石。发现于俄罗斯萨哈共和国阿尔丹地盾穆伦斯基(Murunskii)地块恰拉村(Chara)。

矿物学界对紫硅碱钙石的认识有着不同寻常的曲折故事。最早见于20世纪40年代俄罗斯作家斯·姆·尼古拉耶夫的《宝石占星术》。最初在实验室研究它的是俄罗斯物理学家勒·弗·伊克绍娃,为以后研究紫硅碱钙石奠定了理论基础。在原产地俗称"紫丁香宝石",曾被矿物学者误认为硅钛钙钾石。在20世纪50年代后期,苏联女矿物学家弗·普·罗戈娃锲而不舍地研究了15年,整理出新矿物的资料,1977年7月22日国际矿物协会新矿物委员会批准为新矿物(IMA 1977-019)。英文名称Charoite,以发现地俄罗斯恰拉(Chara)村命名。1978年V. P. 洛格娃(V. P. Rogova)等在《全苏矿物学会记事》(107)和1978年《美国矿物学家》(63)报道。中文名称根据颜色和成分译为紫硅碱钙石(1991年国际珠宝首饰联合会),商业名称音译为查罗石(中国《珠宝玉石国家标准》)。1995年,徐海江等在《玉石的新品种——恰拉玉》和1995年在《河北地质学院学报》[18(6)]译为恰拉玉。它与1978年发现的绿龙晶的产地、形态、结构都相似,故称为紫龙晶。绿龙晶以颜色深绿,配以银白的纤维,反射出如鳞片般的光泽,被俄国人又称为天使之石,也被当作这个世纪的总体法疗用宝石。绿龙晶产于俄罗斯的雪利河流域,雪利(Chary)是俄语中魅惑的意思,它与紫龙晶相映成趣(参见【斜绿泥石】条1033页)。2000年俄罗斯发行《紫龙晶邮票》,以纪念其"在俄罗斯开采和地质服务300年"。

【紫硅铝镁石】

英文名 Yoderite

化学式 $(MgAl_3)(MgAl)Al_2O_2(SiO_4)_4(OH)_2$　(IMA)

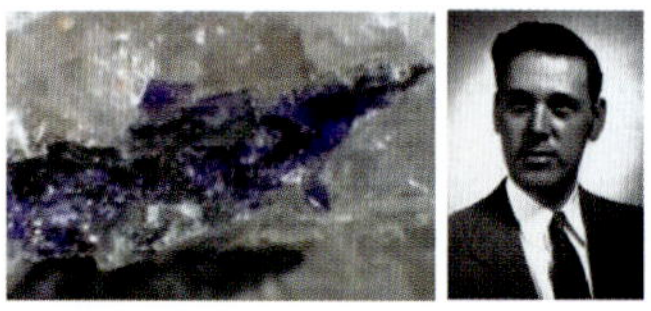

紫硅铝镁石他形粒状、条状晶体(坦桑尼亚)和尤德像

紫硅铝镁石是一种含羟基的镁、铝氧的硅酸盐矿物。单斜晶系。晶体呈他形粒状、刃状、条状。紫色、绛红色,绿色(罕见)。玻璃光泽、油脂光泽,透明;硬度6.5~7,完全解理。1959年发现于坦桑尼亚多多马区马蒂亚(Mautia)山。1959年在《矿物学杂志》(32)和1960年《美国矿物学家》(45)报道。英文名称Yoderite,1959年由邓肯·麦基(Duncan Mckie)为纪念美国华盛顿卡内基研究所地球物理实验室主任、岩石学家哈滕·斯凯勒·尤德(Hatten Schuyler Yoder,1921—2003)而以他的姓氏命名。IMA 1962s. p. 批准。中文名称根据颜色和成分译为紫硅铝镁石。

【紫晶】参见【石英】条806页

【紫锂辉石】参见【锂辉石】条443页

【紫磷铁锰矿】

英文名 Purpurite

化学式 $Mn^{3+}(PO_4)$　(IMA)

紫磷铁锰矿粒状晶体(葡萄牙)

紫磷铁锰矿是一种锰的磷酸盐矿物。属磷铁锂矿族。异磷铁锰矿-紫磷铁锰矿系列的接近锰端元的矿物。斜方晶系。晶体呈粒状;集合体呈浸染状。紫色、深粉红色、深红色、红紫色、棕黑色,土状光泽,不透明;硬度 4～4.5,完全解理,脆性。1905 年发现于美国北卡罗来纳州加斯顿县王山仙女(Faires)矿;同年,格拉顿和夏勒在《美国科学杂志》(Ⅳ系列,20)报道。英文名称 Purpurite,由路易斯·C. 格拉顿(Louis C. Graton)和瓦尔德马·T. 夏勒(Waldemar T. Schaller)以拉丁文"Purpura(紫癜)"命名,意指矿物呈紫斑色。1959 年以前发现、描述并命名的"祖父级"矿物,IMA 承认有效。中文名称根据特征颜色和成分译为紫磷铁锰矿;根据成分也译作磷锰石。

【紫硫镍矿】

英文名 Violarite

化学式 $FeNi_2S_4$　　(IMA)

紫硫镍矿是一种铁、镍的硫化物矿物。属尖晶石超族硫硼尖晶石族硫钴矿亚族。等轴晶系。晶体呈八面体、细粒状,完整的晶体少见,有时形成镍黄铁矿假象;碎片在空气中易自行崩裂,久之成粉末状。棕褐色或玫瑰紫色,色似磁黄铁矿,氧化呈铜红锖色,久之变暗呈棕褐色,新鲜断口呈金属光泽,不透明;硬度 4.5～5.5,完全解理,脆性。最早见于 1889 年 F. W. 克拉克(F. W. Clark)和 C. 卡特利特(C. Catlett)在《美国科学杂志》(37)报道称硫镍矿(Polydymite)。1924 年发现于加拿大安大略省萨德伯里区弗米利恩(Vermilion)矿。1924 年在《经济地质学》(19)报道。英文名称 Violarite,来自拉丁文"Violaris(紫罗兰色)",尤其是在反射光显微镜下观看,意指矿物的颜色像堇菜属植物,其花朵有蓝色、紫罗兰色、紫色、淡紫色、熏衣草色等。1959 年以前发现、描述并命名的"祖父级"矿物,IMA 承认有效。中文名称根据特征颜色和成分译为紫硫镍矿或紫硫镍铁矿;根据颜色、光泽和成分译为淡红辉镍铁矿。

【紫硫镍铁矿】参见【紫硫镍矿】条 1125 页

【紫钼铀矿】

英文名 Mourite

化学式 $(UO_2)(Mo^{6+})_5O_{16}\cdot5H_2O$　　(IMA)

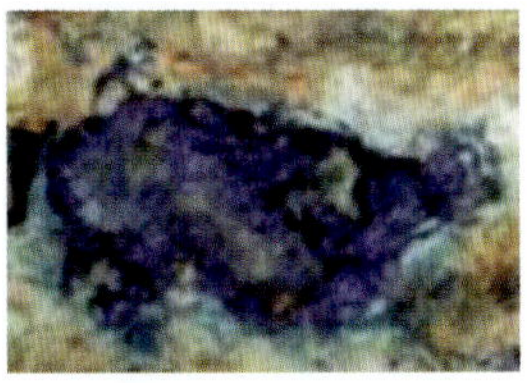

紫钼铀矿细鳞片状晶体(哈萨克斯坦)

紫钼铀矿是一种含羟基的铀酰的钼酸盐矿物。单斜晶系。晶体呈微细鳞片状、纤维状;集合体呈扇形、放射状、卵圆形团块状或钟乳状、皮壳状。紫色,半透明;硬度 2.5～3。1962 年发现于哈萨克斯坦阿拉木图省克孜勒赛(Kyzylsai)钼-铀矿床;同年,E. V. 科普切诺娃(E. V. Kopchenova)在《全苏矿物学会记事》(91)和弗莱舍在《美国矿物学家》(47)报道。英文名称 Mourite,由化学成分"Mo(钼)"和"U(铀)"组合命名。IMA 1967s. p. 批准。中文名称根据颜色和成分译为紫钼铀矿。

【紫苏辉石】

英文名 Hypersthene

化学式 $(Mg,Fe)_2[Si_2O_6]$

紫苏辉石是辉石族正辉石亚族顽火辉石 $Mg_2[Si_2O_6]$-正铁辉石 $Fe_2[Si_2O_6]$完全类质同象系列的中间成员,$Fe_2[Si_2O_6]$分子占 30%～50%。斜方晶系。晶体呈柱状、板状,具简单和聚片双晶。呈灰白色、绿黑色或褐黑色,颜色像植物紫苏的茎和叶的颜色,玻璃光泽、珍珠光泽、丝绢光泽,某些表面上呈青铜光泽,不透明;硬度 5～6,完全解理。1810 年 M. H. 克拉普罗特(M. H. Klaproth)在罗特曼柏林《化学知识对矿物学的贡献》(*Beiträge zur chemischen Kenntniss der Mineralkörper*)(第五集)报道。英文名称 Hypersthene,来源于希腊文"ανθεκτικότητα=Hyper(above,坚韧、超强)"和"Ισχυρό=Stenos(power,有能力、有影响力)",意指比角闪石矿物更难区分(与它经常混淆)。1988 年被 IMA 普通辉石小组委员会废弃[见 1988 年的《矿物学杂志》(52)]。中文名称原译名根据颜色和族名译作紫苏辉石。紫苏辉石的变种银线石,呈黑色—灰黑色,具交替闪现的金属状反光条带的特征,它以紫苏辉石的微细纤维状结构及相邻纤维带存在角度的排列方式而呈现出"银线石"特征外观[见 2012 年普丽华等的《宝石和宝石学杂志》(1)]。

【紫铁矾】

英文名 Quenstedtite

化学式 $Fe_2^{3+}(SO_4)_3\cdot11H_2O$　　(IMA)

紫铁矾板状晶体,皮壳状集合体(德国)和昆施泰特像

紫铁矾是一种含结晶水的铁的硫酸盐矿物。三斜晶系。晶体呈板状或短柱状,双晶常见;集合体呈致密块状、皮壳状。浅紫色—紫色,半玻璃光泽、丝绢光泽,透明—半透明;硬度 2.5,完全解理,脆性。1888 年发现于智利科皮亚波省铁拉阿马里亚(Tierra Amarilla)。1889 年林克(Linck)在莱比锡《结晶学、矿物学和岩石学杂志》(15)报道。英文名称 Quenstedtite,1888 年由爱德华·戈特洛布·林克(Gottlob Eduard Linck)为纪念蒂宾根埃伯哈德卡尔斯大学的矿物学和地质学教授弗里德里希·奥古斯特·冯·昆施泰特(Friedrich August von Quenstedt,1809—1889)而以他的姓氏命名。昆施泰特还是一位古生物学家,他研究的鹦鹉螺、翼手龙和原颚龟就是以他的名字命名的,也因此而闻名。1959 年以前发现、描述并命名的"祖父级"矿物,IMA 承认有效。中文名称根据颜色和成分译为紫铁矾。迄今只发现于智利、中国及德国。

【紫铁铝矾】

英文名 Millosevichite

化学式 $Al_2(SO_4)_3$　　(IMA)

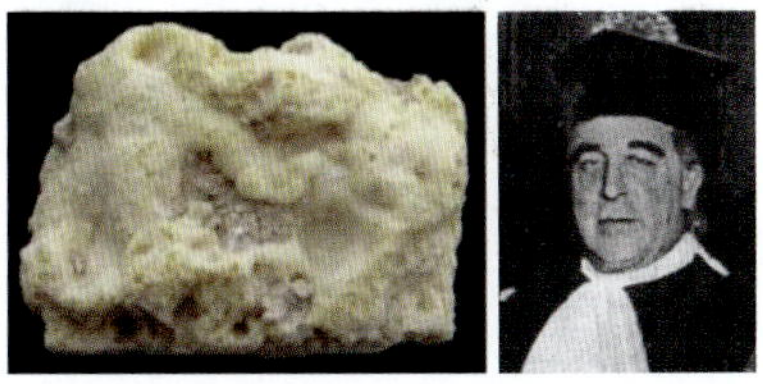

紫铁铝矾细粒状晶体(捷克)和米洛舍维奇像

紫铁铝矾是一种铝的硫酸盐矿物。三斜晶系。晶体呈细粒状、柱状;集合体呈皮壳状、钟乳状、多孔块状。紫蓝色、亮红色,氧化后呈砖红色,玻璃光泽,透明—半透明;硬度1.5。1913年发现于意大利墨西拿省伊奥利亚群岛的格罗塔(Grotta)的明矾矿,以及俄国里沃夫-沃伦斯基煤田岩石的裂隙中;同年,帕尼基(Panichi)在罗马《皇家国立林且学院自然数学物理课讲座》(Ⅴ系列,22)报道。英文名称 Millosevichite,以意大利罗马大学的矿物学家费德里科·米洛舍维奇(Federico Millosevich,1875—1942)的姓氏命名。1959年以前发现、描述并命名的"祖父级"矿物,IMA 承认有效。中文名称根据特征颜色和成分译为紫铁铝矾。

【紫铜铝锑矿】参见【水锑铝铜石】条 879 页

【紫萤石】参见【萤石】条 1082 页

自 [zì]象形;小篆字形,象鼻形。许慎《说文》自,鼻也。引申义"自"有"始"的意思。后来由事物的初始引申为本然,如"自然"(不借助外力)等意思。自然天成,而非人工的。

【自然钯】

英文名 Palladium

化学式 Pd　　(IMA)

自然钯钟乳状集合体(巴西、俄罗斯)和帕拉斯·雅典娜铜像

自然钯是一种铂族元素钯的自然单质矿物。等轴晶系。晶体呈六八面体,偶见八面体、板状、粒状、纤维状;集合体常呈放射状、钟乳状。颜色银白色,带白的钢灰色,金属光泽,不透明;硬度4.5～5。1804年发现于巴西米纳斯吉拉斯州邦苏塞苏(Bom Sucesso)溪;同年,在《伦敦皇家学会哲学汇刊》(94)和1922年麦基恩(McKeehan)在《物理评论,实验和理论物理杂志》(20)报道。英文名称 Palladium,由成分"Palladium(钯)"命名。1959年以前发现、描述并命名的"祖父级"矿物,IMA 承认有效。中文名称根据成因和成分译为自然钯。

1802年,英国化学家威廉·海德·武拉斯顿(William Hyde Wollaston)从南美的铂矿中发现了两种新金属。其中一种为白色金属,武拉斯顿为纪念1803年新发现的小行星而以帕拉斯"Pallas(武女星,希腊女神雅典娜的绰号帕拉斯·雅典娜)命名的。中文名称根据英文名称首音节音译为钯(参见【自然铑】条 1130 页)。

【自然铋】

英文名 Bismuth

化学式 Bi　　(IMA)

自然铋柱状、板状晶体(中国、加拿大)

自然铋是一种砷族元素铋的自然单质矿物。三方晶系。晶体呈柱状、板状、片状、粒状,粒径达12cm,但罕见;集合体常呈树枝状或块状。一般新鲜的自然铋呈银白色,暴露空气中,则逐渐转为浅红色调晕彩状的锖色,金属光泽,不透明;硬度2～2.5,完全解理。1546年发现于德国萨克森州施内贝格(Schneeberg)地区;同年,在《自然化石》(第十册)报道。古代人对铋和铅、锡的区别是弄不清的。古希腊和罗马就使用金属铋作盒和箱的底座,但人们一直无法将铋和锑区分开来。德国矿物学家阿格里科拉在1530年《金属论:巴塞利亚版》(明代李天经中译本《坤与格致》)一书中指出铋(Bisemutum)是一种特殊的金属。到1556年阿格里科拉在《金属论》(胡佛译,纽约版,1950)才提出锑和铋(Bismuth)是两种独立金属的见解。直到18世纪采矿工人相信铅有3种,即普通铅、锡、铋,还认为铋可能变成银,所以铋又有"未成的银"的别名。1737年,法国化学家埃洛(Hellot)获得一块金属铋,但当时不知道是何物。1753年法国科学家克劳德·若弗鲁瓦和T·伯格曼确认铋是一种化学元素,定名为 Bismuth。英文名称 Bismuth,来自德文"Weisse Masse(白色物质)"。有说法源于希腊文 Μόλνβδοsλευκό,是指"铅白(Lead white)"的意思,主要是它的颜色和条痕均呈银白色的缘故。又一说名称从阿拉伯文 Bismid 而来,意思是像锑一样[见《化学元素的发现》(商务版,1965)]。1959年以前发现、描述并命名的"祖父级"矿物,IMA 承认有效。中文名称根据成因和成分译为自然铋。

【自然铂】

英文名 Platinum

化学式 Pt　　(IMA)

自然铂立方体晶体,块状集合体(俄罗斯)

自然铂是一种铂族元素铂的自然单质矿物。通常含铁,达9%～11%时称粗铂矿(Pt,Fe)。所谓自然铂,大多是粗铂矿(Polyxene)。等轴晶系。偶见晶体呈立方体、不规则粒状或鳞片状;集合体常呈葡萄状,偶尔成较大的块状。颜色呈锡白色—钢灰色、铁灰色,金属光泽,不透明;硬度4～4.5。最初于1750年发现于哥伦比亚乔科省平托(Pinto)河;同年,在《伦敦皇家学会哲学汇刊》(46)报道。英文名称 Platinum,由化学成分"Platinum(铂)"命名。见于1944年C. 帕拉奇(C. Palache)、H. 伯曼(H. Berman)和 C. 弗龙德尔(C. Frondel)《丹纳系统矿物学》(第一卷,第七版,纽约)。1959年以前发现、描述并命名的"祖父级"矿物,IMA 承认有效。中文名称根据成因和成分译为自然铂。

人类对铂的认识和利用远比黄金晚,大概只有3 000多年的历史。据考,考古学家发现在公元前1 200年在古埃及墓葬和象形文字中已有铂金作为黄金的记述。到公元前700多年时,古埃及人已能将铂加工成工艺水平较高的铂金饰品。中美洲的印第安人,远在哥伦布发现新大陆之前,已盛行利用铂和金的合金制成装饰品。18世纪初叶,冶金学家兼矿物分析师查尔斯·武德(Charles Wood)曾在新西班牙的卡塔黑纳地方采得少许粗铂粒,后来于1741年赠送部分给布朗利格博士,布朗利格经9年研究著成论文一篇,他应该是研究铂的第一人。1735年，法国和西班牙政府联合派遣科学考察团赴秘鲁和厄瓜多尔考察，其中有一位叫D. A.德·乌罗阿(D. A. De Ulloa)的青年数学家，在平托河(Pinto)金矿中发现了银白色的自然铂，他对铂金进行了详细的研究。1744年乌罗阿将这种白金携带到欧洲，经英国科学家W.华生(W. Walson)研究，至1748年才被确定是一种新金属元素。1748年，乌罗阿出版了《航海日记》，书中记述了他在秘鲁见到铂金的经过。16世纪西班牙占领南美洲期间在哥伦比亚里约平托(Rio Pinto)大型砂金矿床中发现的新金属当地人称为"Platina del Pinto(普拉缇纳·德尔·平托)"，意为"平托地方的小银(粗铂)"，因为铂很像银，所以乌罗阿便给这种新元素取名为Platinum，即"稀有的银"，白金。从此引起欧洲各国化学家的兴趣和关注[见1965年的《化学元素的发现》(商务版)]。中文将"白金"两个字合成一个字即铂。粗铂矿为成分不纯的自然铂，英文名称Polyxene，可能源自希腊神话人物波吕克塞娜(Polyxena)的名字(?)。她是特洛伊国王普里阿摩斯(Priam)之女。她的美貌光焰四射，以喻"白金"的光泽。

【自然碲】

英文名 Tellurium

化学式 Te　　(IMA)

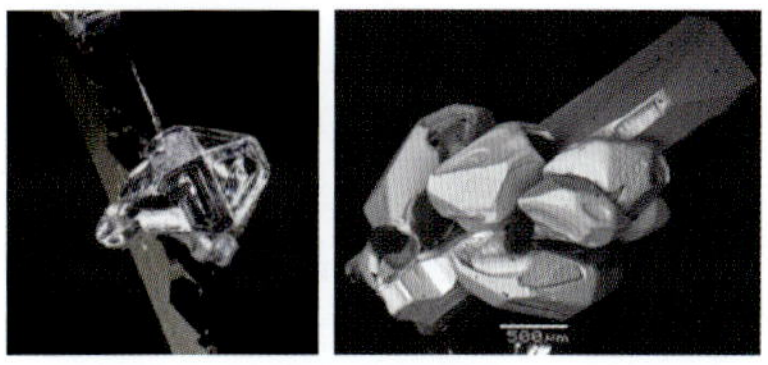

自然碲柱状晶体(斐济)

自然碲是一种非金属元素碲的自然单质矿物。属硒族。三方晶系。晶体呈柱状、针状。锡白色，金属光泽，不透明；硬度2～2.5，完全解理，脆性，易粉化。1782年德国矿物学家F. J.米勒·冯·赖兴施泰因(F. J. Müller von Reichenstein)在担任特兰西瓦尼亚(今罗马尼亚一部分)奥地利总监时，对一种有金属光泽的矿石(碲金矿，$AuTe_2$)产生了兴趣，他推测是自然锑或自然铋，初步研究证明了它既不包含锑也不包含铋，并证明了它包含一种新的元素。为了获得其他人的证实，米勒曾将少许样品寄交瑞典化学家柏格曼，请他鉴定。由于样品数量太少，柏格曼只能证明它不是锑而已。米勒在一个不著名的杂志上发表了他的发现，但是被当时的科学界忽视了。1789年，匈牙利科学家保罗·基陶伊拜尔(Paul Kitaibel)独立发现了碲。1796年，他给在柏林的马丁·克拉普罗特(Martin Klaproth)送去了一个样品，证明了他的发现。米勒的发现被忽略了16年后，1798年1月25日克拉普罗特在柏林科学院宣读一篇关于特兰西瓦尼亚的金矿论文时，才重新把这个被人遗忘的元素提出来，并命名为Tellurium(碲)，这一词来自拉丁文"Tellus(地球或大地女神)"。自然碲在自然界十分罕见。1802年发现于罗马尼亚阿尔巴兹拉特娜法塔巴伊的玛丽亚赫勒弗(Mariahilf)矿。1802年克拉普罗特在柏林罗特曼《化学知识对矿物学的贡献》(第三卷)报道。英文名称Tellurium，由化学元素"Tellurium(碲)"命名。1959年以前发现、描述并命名的"祖父级"矿物，IMA承认有效。中文名称根据成因和成分译为自然碲。

【自然锇】

英文名 Osmium

化学式 Os　　(IMA)

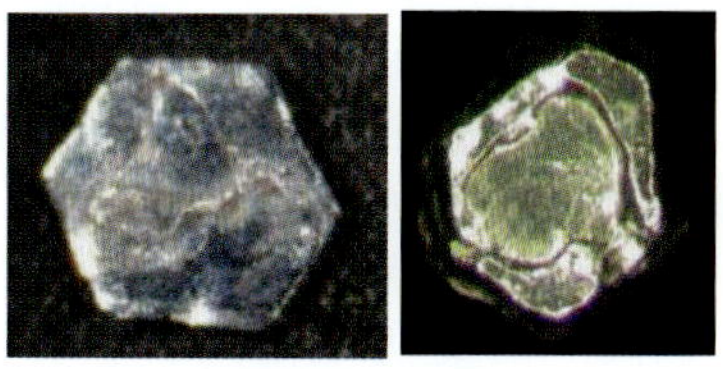

自然锇六方薄板状晶体(俄罗斯)

自然锇是一种铂族元素锇的自然单质矿物。六方晶系。晶体呈六方薄板状。暗灰色，金属光泽，不透明；硬度6～7，脆性。17世纪后期哥伦比亚乔科省银矿的粗铂("小银")第一次到达欧洲，引起许多科学家的兴趣。1803年，英国化学家W.武拉斯顿(W. Wollaston)的好友S.台耐特(S. Tennant)从铂矿中发现了两种新金属。起初他认为是新元素的氧化物，他把其中的新元素命名为Ptene，词源于希腊文"πτηνos＝Ptènos(有翅的)"。1804年发现于印度尼西亚；同年，在《伦敦皇家学会哲学汇刊》(329)报道。英文名称Osmium，源自希腊文"ὀσμή＝Osme(闻有臭味)"，当在空气中加热，挥发性四氧化锇导致它有辛辣和刺激性气味。见于1944年C.帕拉奇(C. Palache)、H.伯曼(H. Berman)和C.弗龙德尔(C. Frondel)《丹纳系统矿物学》(第一卷，第七版，纽约)。1959年以前发现、描述并命名的"祖父级"矿物，IMA承认有效。IMA 1991s. p.批准。中文名称根据成因和成分译为自然锇(参见【自然铱】条1136页)。

【自然钒】

英文名 Vanadium

化学式 V　　(IMA)

芙蕾雅(凡娜迪丝)女神

自然钒是一种铁族元素钒的自然单质矿物。等轴晶系。晶体呈不规则的扁平状，粒径5～20μm。银白色；硬度7。2012年发现于墨西哥哈利斯科州科利马(Colima)火山。英文名称Vanadium，由化学成分"Vanadium(钒)"命名。IMA 2012-021a批准。2013年M.奥斯特洛乌莫夫(M. Ostrooumov)在《CNMNC通讯》(15)和《矿物学杂志》(77)及2016年《矿物学杂志》(80)报道。中文名称根据成因和成分译为自然钒。

1830年瑞典化学家N. G.塞弗斯特洛姆(N. G. Sefstrom，1787—1845)在研究斯马兰矿区的铁矿时，用酸溶解铁矿石，在残渣中发现了钒。因为钒的化合物的颜色五颜六色，十分漂亮，所以就用古希腊神话中一位叫凡娜迪丝"Vanadis"的美丽女神的名字给这种新元素起名叫"Vanadium"。中文按其音译为钒。塞弗斯特洛姆、维勒、贝采里乌斯等都曾研究过钒，确认钒的存在，但他们始终没有分离出单质钒。在塞弗斯特洛姆发现钒后的30多年，1869年英国化学家H. E.斯科(H. E. Roscoe，1833—1915)，才第一次制得了纯净的金属钒。关于钒的发现历史科学家们遐想出一段美丽动听的故事：在很久以前，在遥远的北方住着一位美丽的女神名叫凡娜迪丝(Vanadis)。有一天，一位远方客人来敲门，女神正悠闲地坐在圈椅上。她想：他要是再敲一下，我就去开门。然而，敲门声停止了，客人走了。女神想知道这个人是谁，怎么这样缺乏自信？她打开窗户向外望去，哦！原来是个名叫维勒的人正走出她的院子。几天后，女神再次听到有人敲门，这次的敲门声持续而坚定，直到女神开门为止。这次是个年青英俊的男子，名叫塞弗斯托洛姆。女神很快和他相爱，并生下了儿子——钒。这个故事虽然生动，却并不十分确切。原来第一次敲门的是墨西哥化学家里奥，第二次才是德国化学家维勒。他们虽然发现了新元素，但不能证实自己的发现，甚至误认为这种元素就是“铬”。而塞弗斯托洛姆，通过锲而不舍的努力，才从一种铁矿石中得到了这种新元素，并以凡娜迪丝女神（Vanadis）之名命名为“Vanadium（钒）”。

【自然镉】

英文名 Cadmium

化学式 Cd　　（IMA）

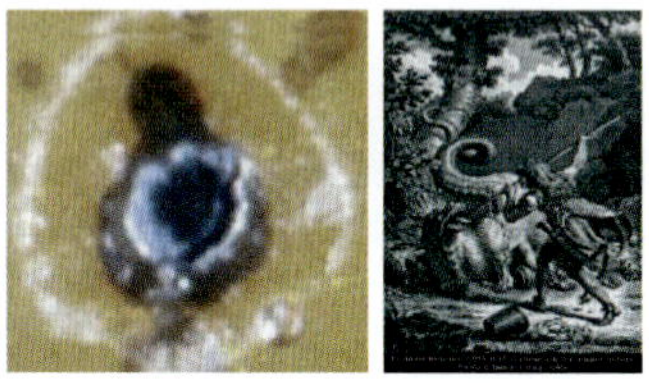

自然镉粒状晶体（俄罗斯）和卡德摩斯图

自然镉是一种镉元素的自然单质矿物。六方晶系。晶体呈显微粒状。银白色，略带淡蓝色调，金属光泽，不透明；硬度 1～2，可塑。1979 年发现于俄罗斯萨哈共和国维柳伊河流域下卡纳河乌斯卡纳（Ust'-Khann'ya）侵入岩体。1979 年 B. V. 欧尼可夫（B. V. Oleinikov）等在《全苏科学院报告》（248）报道。英文名称 Cadmium，由化学成分“Cadmium（镉）”命名。IMA 1980－086a 批准。1980 年 M. 弗莱舍（M. Fleischer）等在《美国矿物学家》（65）和 1982 年 M. I. 诺夫哥罗多娃（M. I. Novgorodova）在《全苏矿物学会记事》（111）报道。中文名称根据成因和成分译为自然镉。

金属镉于 1817 年由弗里德里希·斯特罗迈耶（Friedrich Stromeyer）和卡尔·塞缪尔·勒伯莱希特·赫尔曼（Karl Samuel Leberecht Hermann）同时发现于德国菱锌矿（炉甘石）中。金属镉（Cadmium）的拉丁文“Cadmia（泥土）”，源于希腊文“καδμεία”，它由希腊神话英雄人物底比斯（Thebes）的创始人“Κάδμος＝Cadmus（卡德摩斯）”名字命名。

【自然铬】

英文名 Chromium

化学式 Cr　　（IMA）

自然铬粒状晶体（中国）

自然铬是一种金属铬的自然单质矿物。等轴晶系。晶体呈薄片状、厚板状和粒状。铅灰色、锡白色和银白色，金属光泽，不透明；硬度 9，脆性。1975 年西藏第五地质大队在研究中国西藏自治区那曲县安多矿业公司安多（Anduo）铬矿石中的原生铂矿时，发现一种呈亮白色、高硬度的金属矿物。1976 年送中国地质科学院电子探针室测定为纯铬。1977 年地质部矿产综合利用研究所也发现了纯铬。英文名称 Chromium，根据化学成分“Chromium（铬）”命名。IMA 1980－094 批准。1981 年朱明玉等在中国《科学通报》[26(11)]和岳树勤等在《科学通报》[26(15)]报道。

早在 1766 年，在俄罗斯圣彼得堡任化学教授的德国的列曼曾经分析了产自西伯利亚的红铅矿（铬铅矿），确定其中含有铅。1797 年法国化学家尼古拉斯·路易斯·沃克兰（Nicholas Louis Vauquelin）在西伯利亚红铅矿（铬铅矿）中发现一种新元素，次年制得金属铬。因为铬能够生成美丽多色的化合物，根据希腊文“Χρώμα＝Chroma（颜色）”命名为拉丁名称 Chromium。

【自然汞】

英文名 Mercury

化学式 Hg　　（IMA）

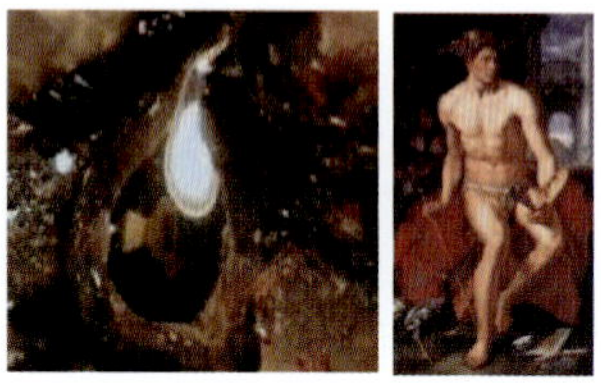

自然汞水滴状集合体（意大利）和墨丘利乌斯神像

自然汞是一种金属汞的自然单质矿物。史前古代人认识的 7 种金属金、银、铜、铁、锡、铅、汞，其中汞最为特殊，它是唯一的液体，而且是非常重的液体。三方晶系。在 －40℃，晶体呈菱面体；在常温下通常呈与辰砂相关的孤立的小水滴状、球状。银白色，金属光泽，不透明。中国和印度早在公元前 2 000 年以前就知道金属汞了，中国是世界上利用自然汞最早的国家之一。春秋战国时代开始用水银下葬，以防尸体腐烂。据《史记·秦始皇本纪》记载：地宫内“以水银为百川江河大海”。明代李时珍《本草纲目》：“其状如水，似银，故名水银。”

公元前 1500 年在埃及坟墓的管道里也发现了汞。古希腊人称这种金属为 Hydrargyros，此词源自“Hydor（水）”和“Argyros（银）”，意思为液态的银，即水银。汞的化学符号 Hg，正是 Hydrargyros 的缩写。英文名称 Quicksilver，其中 Quick 的含义是“快的”，而古老的含义是“活的”，水银流动不稳，泼溅出来碎成小珠洒向四面八方，因此 Quicksilver 的本义是“快活的银”。古代西方的炼金术和占星术将汞与七曜中的水星相配，水银是最活跃的金属，水星是最活跃的行星，它以最快的视运动越过天空。水星（Mercury）由古罗马神话中的墨丘利乌斯（Mercurius）神命名，他乃是诸神的使者，穿着长翅膀的鞋疾驰如飞，与水银的“活”和水星的“快”契合，于是水银就得到了 Mercury 名字[1931 年墨菲（Murphy）在伦敦《金属研究所学报论文集》报道（46）]。1959 年以前发现、描述并命名的“祖父级”矿物，IMA 承认有效。中文名称根据成因和成分译为自然汞。

【自然硅】

英文名 Silicon

化学式 Si　　（IMA）

自然硅是一种非金属元素硅的自然单质矿物。等轴晶系。镜下呈浑圆粒状、乳滴状。亮灰银白色、灰黑色、彩虹锖色，强金属光泽，不透明；硬度 7，脆性。1982 年首先发现于古巴奥尔金省努埃沃新波托西（Nuevo Potosí）矿床。1986 年中国学者张如柏等在中国安徽省贵池区天然河流重砂发现[《矿物学报》(1)]，其后 1993 年周再鋠等在福建某地矽卡岩型硫、多金属矿床中又有发现[《矿物学报》(4)]。英文名称 Silicon,由化学成分“Silicon(硅)”命名。IMA 1982－099 批准。1989 年 M. I. 诺弗格洛多娃(M. I. Novgorodova)等在《苏联科学院报告》(309)报道。

自然硅块状集合体

1787 年,拉瓦锡首次发现硅存在于岩石中。1808 年汉弗莱·戴维(Humphry Davy)分离出硅,并根据拉丁文“Silicis(燧石)”命名为“Silicium”,因为他认为是一种金属,加上了“-ium”词尾。1811 年盖-吕萨克(Gay-Lussac)和泰纳尔(Thenard)得到不纯的无定形硅。1823 年,硅首次作为一种元素被永斯·雅各布·贝采利乌斯(Jöns Jacob Berzelius)发现,并于一年后提炼出了纯硅。英文名称 Silicon,1817 年由苏格兰化学家托马斯·汤姆森(Thomas Thomson)去掉戴维的金属“-ium”词尾,加非金属“-on”词尾命名。民国初期,中国学者原将此元素译为“硅”而令其读为 xi(圭旁确可读 xi 音);又“硅”字本为“砉”字之异体,读 huo。然而在当时,由于拼音方案尚未推广普及,一般大众多误读为 gui。化学学会注意到此问题,于是又创“矽”字避免误读。1953 年 2 月,中国科学院召开了一次全国性的化学物质命名扩大座谈会,有学者以“矽”与另外的化学元素“锡”和“硒”同音易混淆为由,通过并公布改回原名字“硅”并读“gui”。中国台湾沿用“矽”字至今。

【自然黄铜】

英文名 α-Brass

化学式 Cu_3Zn

自然黄铜是一种铜与锌的合金矿物。等轴晶系。晶体呈细小粒状,呈黄铁矿的包裹体。红铜黄色,反射光下呈黄绿色,金属光泽,不透明;具韧性。众所周知,在中国早在公元前 5 000 年就已有人工黄铜(铜与锌的合金)。在西南亚和地中海东部早期铜锌合金出现于公元前 3 000 年伊拉克、阿拉伯联合酋长国遗址以及公元前 2 000 年西印度,乌兹别克斯坦、伊朗、叙利亚和巴勒斯坦遗址。1989 年发现于中国新疆维吾尔自治区喀拉通克侵入岩[1989 年 Li,B. 等在新疆《地质实验》(*Geol. Lab.*)[5(4)]报道]。1990 年发现于乌兹别克斯坦西部努列克矿区。英文名称 α-Brass,根据与人工冶炼的黄铜-锌铜合金的成分相似性命名。同义词 Native-brass,由“Natural(自然)”“Brass(黄铜)＝Copper(铜)和 Zinc(锌)的合金”组合命名。IMA 未命名,但可能有效。1990 年在《地质学杂志》(3)和《美国矿物学家》(77)报道。1993 年中国新矿物与矿物命名委员会黄蕴慧等在《岩石矿物学杂志》[12(1)]根据成因与成分译为自然黄铜,也命名为黄铜。

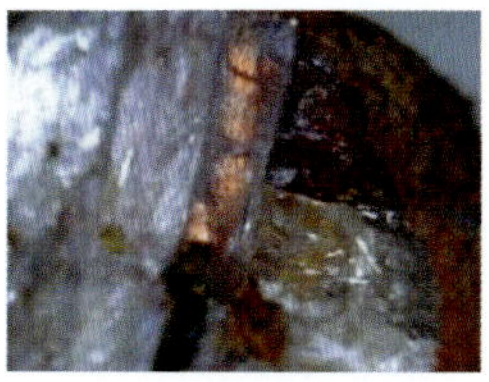
自然黄铜晶体(日本)

【自然金】

英文名 Gold

化学式 Au　　(IMA)

自然金是一种铜族元素金的自然单质矿物。等轴晶系。晶体呈八面体、立方体、菱形十二体、四角三八面体,但很少见,一般呈分散粒状,具尖晶石双晶律;集合体呈不规则树枝状、网状、丝状、海绵状,也有呈块状,常见堆叠形成的鱼骨状。金黄色,强金属光泽,不透明;硬度 2.5～3。因其产状不同,名称也有别,产于原生矿床中的自然金俗称山金,若自然金混在其他矿物或岩石中的叫脉金,产于砂矿中的叫沙金。又因颗粒大小不同又有不同名称,大者形状酷似狗的头形,名狗头金。我国古代有较为详尽的记述,宋代周去非《岭外代答》卷七《生金》即自然金。宋代寇宗奭《本草衍义》卷五:“山石中所出,大者名马蹄金,中者名橄榄金,带胯金,小者名瓜子金。水沙中所出,大者名狗头金,小者如麸麦金、糖金。”明代宋应星《天工开物》卷下《五金》对自然金的描述更加详细。

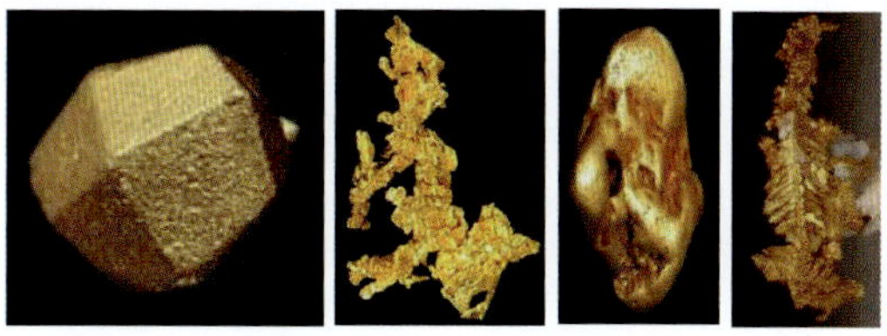
自然金菱形十二面体晶体和各种集合体

金,是人类最早发现和利用的金属之一,比铜、锡、铅、铁、锌都早。1964 年,中国在陕西省临潼县秦代栎阳宫遗址发现 8 块战国时代的金饼,距今已有 2 100 年的历史。在古埃及,也很早就发现黄金。由于它稀少、特殊和珍贵,自古以来被视为五金之首,有“金属之王”的称号,享有其他金属无法比拟的盛誉,其显赫的地位几乎永恒。正因为黄金具有这一“贵族”的地位,一段时间曾是财富和华贵的象征。

在长达几十万年的历史中,人类一直以石头和木头作为各种工具。直到公元前 4 000 年,人们发现了一种全新的金属材料。材料的特点具有显著的颜色和光泽(源自拉丁文 Lucere,意为闪耀)、具展性(源自拉丁文 Malleus,意为锤打)、延性(源自拉丁文 Ducere,意为带领)、挠性(源自拉丁文 Flectere,意为弯曲)等。这种材料比石头和木头罕见得多,需要认真仔细寻找才能得到,希腊文中“Μεταλόνη＝Metallon”一词,指“矿物”,也指“金属”,它可能源自希腊文“Μέταλλο＝Metallan”一词,意为“寻找”,这类材料 Metal(金属)就进入了人类社会。我想人类认识金属首先是从耀眼的光泽和美丽的颜色开始的,自然金、自然银、自然铜等首先被人类发现和使用,还有铁、锡、铅、汞在古代也被人类发现和使用了。

中世纪的西方炼金术士有一个习惯,将 7 种金属与 7 颗行星联系起来。金的颜色呈光亮的金黄色,代表最亮的太阳;银白色的银代表次亮的月亮;赤红色的铜对应着橙黄色—橙红色的金星;铁对应火星(Mars,罗马神话中的战争之神,而战争需要铁制的武器);沉重的铅对应运行缓慢的土星;锡代表木星;水银代表水星。黄金(Gold)是史前文化第一矿物。化学符号 Au,来自金的拉丁文名称 Aurum(太阳),因为金子像太阳一样,闪耀着金色的光辉。在古墨西哥的阿兹台克人的语言中,黄金的写法是 Teocuitlatl,意为“上帝的大便”,拟有“黄色”和“珍贵”的意思。在古英文世界的“黄金”最早大约于公元 725 年出现在书面,并且还可能来自“Gehl”或“Jehl”,又可能源于盎格鲁－撒克逊炼金术士索尔的“金”＝黄色。1959 年以前发现、描述并命名的“祖父级”矿物,IMA 承认有效。

【自然铼】

英文名 Rhenium

化学式 Re

自然铼是一种金属元素铼的自然单质矿物。六方晶系。晶体呈微细粒状；集合体呈粉末状。银白色、灰色—黑色，金属光泽，不透明；硬度 7，密度大。金属铼一直是从其他含铼矿物中提取的。辉钼矿、闪锌矿等常含铼，是自然界已知含铼最高的矿物。铼是地球上最稀有、最珍贵矿物资源。世界各国地质科学工作者致力于寻找梦寐以求的纯铼矿物。最初 1976 年由拉法森(Rafalson)和索罗金(Sorokin)在苏联《地球化学与矿物形态》(1)描述的俄罗斯地区微小颗粒的“黑钨矿”；通过 X 射线谱分析方法测定它实际是自然铼。1992 年底，俄罗斯两大专业研究所通过对库德里亚维火山的考察得出一项惊人结论：火山区内拥有丰富的铼金属资源。俄罗斯国家有色金属科研所副所长别谢尔指出，1992 年前专家认为地球上根本没有自然铼的纯铼矿。目前，俄罗斯国家有色金属科研所的专家在火山区内发现了储量丰富的纯铼矿，从而成为世界上首处纯铼矿。在阿连德碳质球粒陨石及阿波罗月球着陆点表土也观察到微观颗粒铼。但由于模式产地不详，1987 年被 IMA 废弃。

铼在自然界中是被人们发现的最后一个元素。它作为锰副族中的一个成员，早在门捷列夫建立元素周期系的时候，就曾预言它的存在，把它称为 Dwi-manganese(次锰或副锰)。英国物理学家亨利·莫塞莱在 1914 年确定了这个元素的原子序数 75。由于某个未知元素往往可以从与它性质相似的元素的矿物中寻找到，所以科学家们一直致力于从锰矿以及铌铁矿中寻找。但直到 1925 年才由德国的诺达克(Noddack)、塔克和贝格从铌铁矿中发现了 75 号元素并命名为 Rhenium，元素符号 Re。英文名称 Rhenium，源于拉丁文 Rhenus，以德国的“莱茵河”命名。从发现铼元素到找到自然铼令科学家们探索了 67 年[见 1965 年《化学元素的发现》(商务版)]。在 1908 年，日本化学家小川正孝宣布发现了第 43 号元素，并将其命名为“Nipponium”(Np)，以纪念其本国日本(Nippon)。然而，后来的分析则指出，他所发现的是 75 号元素，而非 43(即锝)。Np 在现在是第 93 号元素镎的化学符号，得名于海王星(Neptune)，与“Nipponium”的缩写正好相同。

【自然铑】

英文名 Rhodium

化学式 Rh　　(IMA)

自然铑是一种铂族元素铑的自然单质矿物。等轴晶系。晶体呈八面体或立方体，粒径 175μm×195μm。银白色，金属光泽，不透明；硬度 3.5。1974 年发现于美国蒙大拿州斯蒂尔沃特县斯蒂尔沃特(Stillwater)矿。英文名称 Rhodium，由化学成分“Rhodium(铑)”命名。IMA 1974 - 012 批准。1974 年 L. J. 卡布里(L. J. Cabri)等在《加拿大矿物学家》(12)报道。1803 年，英国化学家 W. 武拉斯顿(W. Wollaston，1766—1828)从来自南美洲的粗铂矿中发现了两种新金属。其中一种金属的盐类溶液呈玫瑰的艳红色，武氏将这种金属叫 Rhodium，源自希腊文ῥό δον=Rhodon，意为“玫瑰”。中文名称译为铑(参见【自然钯】条 1126 页)。

【自然钌】

英文名 Ruthenium

化学式 Ru　　(IMA)

自然钌是一种铂族元素钌的自然单质矿物，通常含少量铱、铂等，铱呈不完全类质同象替代钌。六方晶系。晶体呈

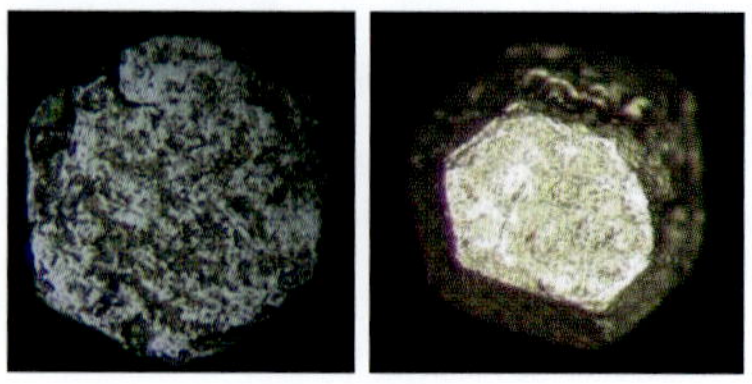

自然钌六方板状、粒状晶体(法国、俄罗斯)

细小的板状；集合体呈椭球状，大小达 7μm×35μm。银白色，强金属光泽；硬度 6.5，脆性。1973 年在日本北海道上川总合振兴局雨龙郡雨龙川幌加内町(Horokanai)砂矿发现[1998 年桜井弘《元素 111の新知識》(講談社)]。英文名称 Ruthenium，由化学成分“Ruthenium(钌)”命名。IMA 1974 - 013批准。1974 年浦岛幸世(Urashima)等在《矿物学杂志》(7)和 1975 年在《美国矿物学家》(60)报道。1976 年，在中国广东省阳春县(现为阳春市)南湖大墩岭超基性岩体中发现的单晶粒为 20μm×24μm×30μm 的椭球状，晶粒表面局部不平，偶见小凹坑[在《广东阳春县南湖大墩岭含铂超基性岩体氧化带中的铂钯赋存状态研究》及《广东地质实验情报》(1978 年第四期)作过初步报道]。

铂族元素铑、钯、铱、锇发现很久之后，钌才被发现。1828 年，柏齐力阿斯与俄国化学教授 G. 奥桑(G. Osann)一起考察了乌拉尔山的铂矿成分，他们先取得了铑、钯、铱、锇 4 种金属。后奥桑又在残渣中宣称自己发现了 3 种新金属，并命名为 Pluranium、Ruthenium 和 Polinium，但被柏齐力阿斯否认。1844 年，波罗的海德国血统的俄国科学家卡尔·恩斯特·克劳斯(Karl Ernst Claus，1796—1864)证明奥桑的发现是含有氧化钌的不纯物，其后克劳斯制出海绵状的金属钌，并发表在《乌拉尔铂矿的残渣及金属钌的研究》一文中。克劳斯为了表达他的爱国热情，同时为了表彰奥桑教授较早的工作，而以他的祖国的名字(Ruthenia)俄罗斯帝国(俄罗斯的拉丁名字之一，俄罗斯一个历史悠久的地区，包括今西俄罗斯、乌克兰、白俄罗斯，与斯洛伐克和波兰的一部分)命名为 Ruthenium。中文名称译为钌。

【自然硫】

英文名 Sulphur

化学式 S　　(IMA)

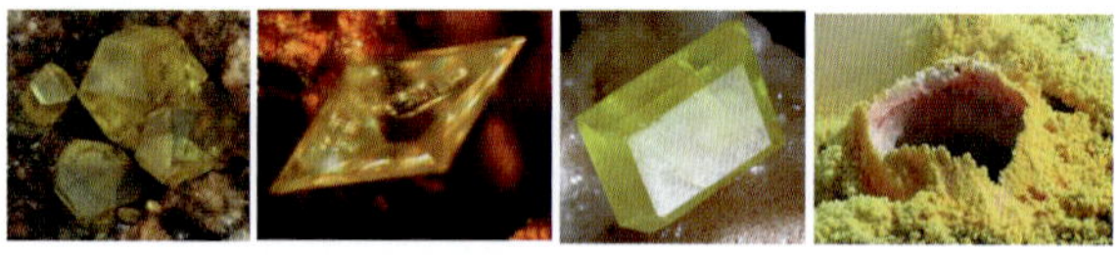

自然硫板状晶体；粉状集合体(中国、美国、意大利火山口)

自然硫是一种非金属硫的自然单质矿物。属自然硫族。与斜自然硫和 β - S 为同质多象。除非晶质外，它有 3 种同质多象，即斜方晶系的 α - S(=Sulphur-α)单斜晶系的 β - S(=Sulphur-β)和 γ - S(=Sulphur-γ)。晶体呈菱方双锥状或厚板状、粒状；集合体常呈块状、粉末状、钟乳状等。浅黄色、棕色、黄灰色，金刚光泽，半透明—不透明；硬度 2。自然硫是史前人类就认识和使用的非金属矿物。古印度、古希腊、古中国和古埃及是认识与使用自然硫的四大文明古国。在中国，自然硫自公元前 6 世纪在汉中发现。到公元 3 世纪，中国人发现，硫可以从黄铁矿中提取。公元 7 世纪中国利用硫制造黑火药。自然硫在古代中国主要用于医药，因此它的

名称多出自医学著作。中国古代第一部药物学专著《神农本草经》中记载有石硫黄(即硫磺),因呈黄色故名。它还有许多别名,如石硫黄、硫磺,即石质硫黄;石留黄(《吴普本草》、宋代王说《唐语林·补遗二》)、石流黄(唐代李肇《唐国史补》),留、流同硫;又阳侯、将军、黄牙、黄硇砂(《本草纲目:石部·石硫黄》释名:"时珍曰:硫黄秉纯阳火石之精气而结成,性质通流,色赋中黄,故名硫黄。含其猛毒,为七十二石之将,故药品中号为将军。外家谓之阳侯,亦曰黄牙,又曰黄硇砂。"还有焰叟(宋·陶谷《清异录·药谱》:"焰叟,硫黄。")等名称。

在古印度,炼金术士在公元 8 世纪"汞的科学"(梵文 Rasaś āstra,रसशास्त्र)中,写了大量关于炼金活动中使用硫汞的记载,硫被称为"Smelly(臭)"(梵 文 Gandhaka,गन्धक),因打击或燃烧发出难闻的臭味。

在西方,硫在古代被称为"Torah(托拉)"(创世纪)。《圣经》的英文译本通常称"Sulfur(硫磺)"为"Brimstone(硫磺)",这可能与硫的"气味"和"火山"活动有关。老普林尼(公元 23—79)在《自然历史》一书中讨论了硫磺,说其最知名的来源是米洛斯岛。8 世纪阿拉伯炼金术士季柏(Geboer),10 世纪波斯名医阿布·满牛儿(Abu Mansur),14 世纪假季柏(Pseudo Geber),16 世纪德国的阿格里科拉等都论述过自然硫的性质和用途。自然硫拉丁文名称 Sulfur,英文名称 Sulphur,梵文名称 Sulvere;Sulfur=Sulphur=Sulvere,意思是"鲜黄色的"或"可燃的"。与中文殊途同归。欧洲早期的炼金术士在十字架上用三角形表示硫的炼金符号,中世纪炼金术士也曾用"ω"符号表示硫。1959 年以前发现、描述并命名的"祖父级"矿物,IMA 承认有效。

自然硫-β,英文名称 Sulphur-β,属自然硫族。与自然硫和斜自然硫为同质多象。单斜晶系。浅黄色,透明。1912 年发现于意大利墨西拿省奥利群岛利帕里瓦卡诺岛拉福萨(La Fossa)火山口;同年,U. 帕尼基(U. Panichi)在《卡塔尼亚自然科学院学报》(第五辑,第五卷)报道。1959 年以前发现、描述并命名的"祖父级"矿物,IMA 承认有效。

【自然铝】

英文名 Aluminium

化学式 Al　　(IMA)

自然铝是一种金属元素铝的自然单质矿物。与斯坦哈德矿*(Steinhardtite)为同质多象。等轴晶系。晶体呈不规则粒状、片状、鳞片状;集合体呈树枝状。银白色—暗灰色,强金属光泽;质软。20 世纪 50 年代初,中国考古学者在江苏省宜兴县西晋将军周处(公元 240—297)墓中发现铝质带饰,光谱分析含铝超过 90%。当时冶金技术肯定不可能炼出金属铝。于是,对晋墓铝饰的来源问题便有种种猜测:铝矾土经雷电作用所还原;自然元素铝的天外陨落;盗墓人掘墓时的人为混入;等等。苏联冶金学家别略耶夫一度猜测可能来自元素矿物自然铝,但他提不出任何自然铝存在的信息。20 世纪 70 年代,自然铝在国内外的发现迭有报道。先后在中国湖南省麻阳含铜砂岩(戴桂祥等,1974)、西伯利亚拉斑玄武岩(勃·费·奥列依可夫,1978)、南乌拉尔角闪辉长岩和矽卡岩(姆·伊·诺沃罗多娃,1978,1981)的人工重砂中分选出自然铝。1983 年初,邓燕华、张乐凯等又在中国广西壮族自治区贺县龙水黄铁绢英岩中发现自然铝[见《桂林冶金地质学院学报》(1)]。1985 年姜信顺等在贵州省西南部安龙县戈塘乡一带的黄钾铁矾化交代石英岩中发现自然铝[《中国地质科学院文集》(11)]。由此推断,晋墓铝饰也有可能来源于自然铝。铝是两性元素,很活泼,不稳定,晋墓铝饰为什么历经一千六七百年而没有腐蚀殆尽?值得研究[参见 1991 年黎盛斯《中国地质》(2)]。一般认为 1978 年发现于俄罗斯萨哈共和国(雅库提亚)比勒克(Billeekh)侵入体和堪察加州托尔巴契克火山等地。英文名称 Aluminum,由化学成分"Aluminum(铝)"命名。IMA 1980 - 085a 批准。1984 年在《全苏矿物学会记事》(113)报道。中文名称根据成因和成分译为自然铝。

在西方,早在公元前 5 世纪就有了应用明矾作收敛剂、媒染剂的记载。1808 年汉弗里·戴维爵士首次使用了"Aluminum"这个词,并开始尝试生产铝。1825 年,丹麦化学家和矿物学家 H. C. 厄斯泰德(H. C. Oersted,1777—1851)第一个制备出不纯的金属铝。1827 年,德国化学家维勒·弗里德里希(Wohler Friedrich,1800—1882)制出较纯的铝,并研究了铝的性质。1854 年,法国大化学家德维尔(Deville)从铝矾土中制得纯净铝。英文名称 Aluminium,元素符号 Al。铝的名称源自拉丁文 Alumen,这一名称中世纪在欧洲是对具有收敛性矾的总称。我国从它的第二音节译为铝。

【自然镁】

英文名 Magnesium

化学式 Mg

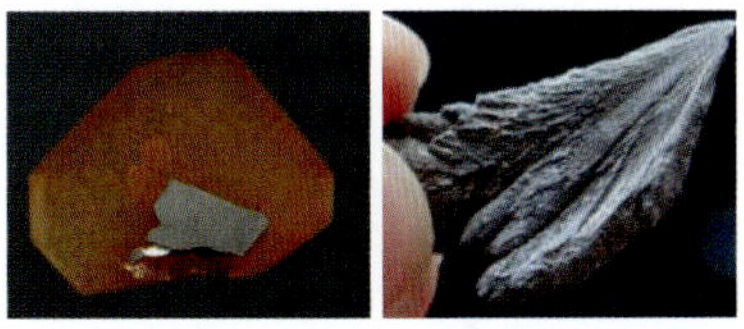

自然镁片状晶体,钟乳状集合体(俄罗斯,中国)

自然镁是一种金属元素镁的单质矿物。六方晶系。晶体呈片状;集合体呈钟乳状。金属白色,金属光泽,不透明;硬度 2.5,可塑。发现于俄罗斯萨哈共和国乔纳(Chona)河。英文名称 Magnesium,由化学成分"Magnesium(镁)"命名。1991 年 M. I. 诺夫格拉多娃(M. I. Novgorodova)在《自然》(1)报道。IMA 未批准,但可能有效。中文名称根据成因和成分译为自然镁。

1755 年,第一个确认镁是一种元素的是英国爱丁堡的化学家、物理学家约瑟夫·布莱克(Joseph Black)。他辨别了石灰(氧化钙,CaO)中的苦土(氧化镁,MgO),两者各自都是由加热类似于碳酸盐岩,菱镁矿和石灰岩来制取。另一种镁矿石叫作海泡石(硅酸镁),于 1799 年由托马斯·亨利(Thomas Henry)报告,他说这种矿石在土耳其更多地用于制作烟斗。1808 年由英国化学家汉弗莱·戴维(Humphry Davy)电解氧化镁制得镁。从此镁被确定为一种元素,并命名为 Magnesium。名称来自希腊城市美格里亚(Magnesia),因为在这个城市附近出产氧化镁,被称为 Magnesia alba,即白色氧化镁。

【自然锰】

英文名 Manganese

化学式 Mn

自然锰是一种金属锰元素的自然单质矿物。等轴晶系。晶体呈棱角状的粒状。钢灰色,金属光泽,不透明;硬度6.5。

2001 年 A. A. 吉姆(A. A. Kim)等在俄罗斯《奥特奇斯特文纳亚地质学》(*Otechstvennaya Geologia*)(5)和 2003 年在《美国矿物学家》(88)报道。英文名称 Manganese，由化学成分"Manganese(锰)"组合命名。2001 年未获 IMA 批准。

锰是在地壳中广泛分布的元素之一，被发现于软锰矿中。软锰矿早为古代人知悉和利用。在我国古代曾用作药物，称为"无名异"，首先记载在宋朝人编著的《开宝本草》(公元 973 年)中，在同一时代的《证类本草》(初成稿于 1108 年)中记载说："无名异，……生于石上，状如黑石炭。"

在中世纪的西方，软锰矿被用来漂白玻璃。一直到 18 世纪的 70 年代以前，西方化学家们仍认为软锰矿是含锡、锌或钴等的矿物。1740 年德国玻璃和瓷器制造工艺家帕特指出，它含有一种与氧化铝相似的金属氧化物。1770 年，在奥地利首都维也纳出版了署名卡叶姆的学术论文，据称他可能是取得了金属锰，但并未引起重视。18 世纪后半叶，瑞典化学家柏格曼研究了软锰矿，认为它是一种新金属氧化物。他曾试图分离出这个新金属，但没有成功。瑞典化学家卡尔·威廉·舍勒于 1774 年发表报告指出，软锰矿是一种特殊金属的氧化物。同年，约翰·戈特利布·甘英取得金属锰。柏格曼将它命名为 Manganese(锰)。拉丁文名称 Manganum，元素符号 Mn。这一词来自古色萨利(Thessaly)国(今希腊东部濒临爱琴海地区)马格里西亚(Magnesia)城。因为从这里发现一种具有磁性的铁的氧化物矿物，希腊人就称它为 Magneslithos(磁铁矿)。后来在这里又发现了一种带磁性的软锰矿，它与磁铁矿命名混淆不清，锰就得到了这个名称。

【自然钼】

英文名 Molybdenum

化学式 (Mo,Ru,Fe,Ir,Os)　　(IMA)

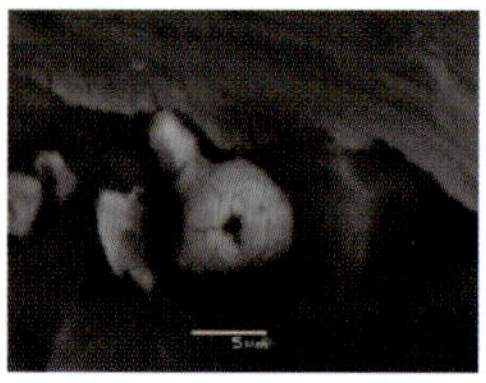

等轴晶系自然钼晶体(月球危海)

自然钼是一种金属钼元素的自然单质矿物。有等轴晶系和六方晶系两个多型变体。等轴晶系自然钼(Native Molybdenum，Mo)由苏联 Luna－24 探测器从月球危海月壤采集的样品带回地球，经分析是富含碳的物质和自然钼。呈小的颗粒(高达 6μm)和厚度(约 1μm)的薄膜。在《美国矿物学家》(87)报道。未经 IMA 批准，但可能有效{2007 年 A. V. 莫霍夫(A. V. Mokhov)等在《地球科学学报》[415A(6)]报道)}。

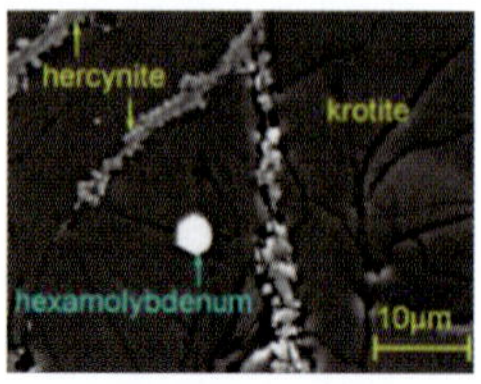

六方自然钼显微六方晶体

(墨西哥，电镜)

自然钼(Mo,Ru,Fe,Ir,Os)(IMA)。它是一种钼占优势的合金矿物；可能是太阳系形成早期的耐火矿物。粒径 1～3μm。2007 年发现于墨西哥奇瓦瓦州德阿连德(Allende)NWA 1934 碳质球粒陨石。英文名称 Hexamolybdenum，由"Hexa(六方晶系)"和"Molybdenum(钼)"组合命名。IMA 2007－029 批准。2009 年马驰(Ma Chi)等在《第 40 届月球与行星科学大会摘要(1402)》和 2014 年《美国矿物学家》(99)报道。中文名称根据晶系和成分译为六方钼，或根据成因和成分译为自然钼。

18 世纪末以前，因辉钼矿(MoS)黑色外貌与石墨相似，欧洲市场上两者都以"Molybdenite"名称出售。1779 年，舍勒指出石墨与 Molybdenite(辉钼矿)是两种完全不同的物质。1782 年，瑞典一家矿场主埃尔摩从辉钼矿中分离出一种新金属，得到贝齐里乌斯等的承认，由德文"Molybdon"命名为 Molybdenum，元素符号 Mo。中文名称根据首音节译成钼(参见钼矿物的词冠"钼"字 627 页)。

【自然镍】

英文名 Nickel

化学式 Ni　　(IMA)

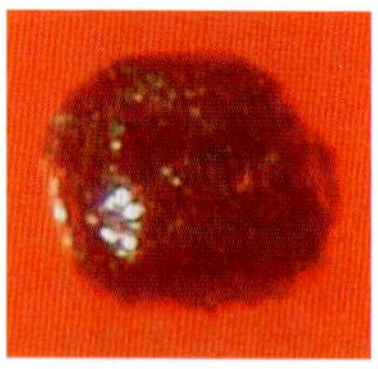

自然镍粒状晶体(法国)

自然镍是一种铁族金属镍元素的自然单质矿物。等轴晶系。晶体呈显微粒状；与赫硫镍矿共生的呈自形粒状立方体，粒径 0.1 mm，他形的"蜘蛛状"颗粒在赫硫镍矿间隙，片状，粒径达 0.75mm。集合体呈钟乳状、肾状、树枝状。银白色、灰白色，金属光泽，不透明；硬度 3.5。1966 年发现于法国新喀里多尼亚北方省卡纳拉镇博格塔(Bogota)。英文名称 Nickel，由化学成分"Nickel(镍)"命名。IMA 1966-039 批准。1968 年《鲁德尼赫梅斯托罗兹德尼地质学》(*Geologiya Rudnykh Mestorozhdenii*)(2)(来自 IMA 表)和 1968 年 M·弗莱舍(M. Fleischer)在《美国矿物学家》(53)报道。中国学者叶德隆等于 1984 年在中国河北省燕山南段某地花岗岩发现自然镍[1985 年《地球科学》(4)]。

镍的历史与钴的历史很相似。镍的合金称白铜，远在欧洲人利用之前早为中国人所使用。中国的白铜起初由广州出口到南洋及西洋，在西洋的文献上，有 Pakfong 和 Paktong 等多个译名，都带有广东口音。在俄文中只有一个"ПАКФОНТ"一词，它由 Pakfong 衍生而来。西方最早的记载，大概是 1597 年利巴菲乌斯(Libavius)著的《自然金属》：注释白铜，说是由印度尼西亚运来。说明镍的合金白铜，首先是中国人制造和使用，然后出口到南洋诸国，再转至西洋的国家。

在德国有一种质重而呈红棕色的矿石，表面上常带绿色的斑点，当时采矿工人都称它"尼克尔铜"(Kupfernickel)。"尼克尔"(Nickel)跟"古巴特"(Cobalt，钴)一样，是指一个骗人的小鬼，因此"尼克尔铜"可称假铜。1751 年，瑞典化学家阿克塞尔·弗雷德里克·克龙斯泰特(Axel Cronstedt)发现化学元素镍。后来经研究知道，"尼克尔铜"中含有新金属 Nickel(镍)。Nickel 带有迷信色彩，解作"小妖精"，原为德文 Kupfernickel(铜妖)的简称，镍矿看似铜矿，却无法冶炼出铜来，被看作是魔鬼搞的恶作剧。"尼克尔铜(Niccolite)"，即红镍矿(参见【红砷镍矿】条 329 页和镍矿物的词冠"镍"字 655 页)。

【自然硼】

英文名 Boron

化学式 B

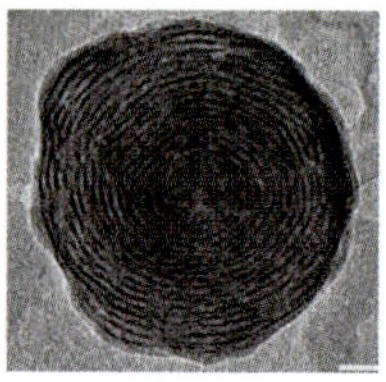

自然硼纳米球晶

(月球，俄罗斯)

自然硼是一种非金属元素硼的单质矿物。非晶质体。纳米球晶。在 1976 年苏联 Luna－24 月球探测器降落地点月球危海采集的样品中发现。2013 年 A. V. 莫霍夫(A. V. Mokhov)在《Doklady 地球科学》[448(1)]报道：月球危海的月壤氧化锌和天然无定形硼复合纳米球晶。英文名称 Boron，由化学成分“Boron(硼)”命名。未获 IMA 批准。中文名称根据成因和成分译为自然硼(参见硼矿物词冠“硼”字 672 页)。

【自然铅】

英文名 Lead

化学式 Pb　　(IMA)

自然铅龙葵和鱼骨状、树根状集合体(法国)

自然铅是一种铜族元素铅的自然单质矿物。等轴晶系。晶体呈八面体、立方体和菱形十二面体、柱状、薄板状、纤维状、圆粒状(龙葵果),但罕见;集合体一般呈树突状、不规则状及鱼骨状双晶。铅灰色,具淡黑的晕色,新鲜断口呈金属光泽,不透明;硬度 1.5,密度大,可塑。模式产地不详,也许是瑞典朗班(Långban)。见于 1944 年 C. 帕拉奇(C. Palache)、H. 伯曼(H. Berman)和 C. 弗龙德尔(C. Frondel)《丹纳系统矿物学》(第一卷,第七版,纽约)及 1949 年在《应用物理学杂志》(20)报道。英文名称 Lead,由化学成分“Lead(铅)”命名。1959 年以前发现、描述并命名的“祖父级”矿物,IMA 承认有效。中文名称根据成因和成分译为自然铅(参见铅矿物的词冠“铅”字 696 页)。

铅是古代人民所认识和利用的金、银、铜、铁、锡、铅、汞 7 金属之一。早在 7 000 年前,人类就已经开始使用铅了。在《圣经・出埃及记》中就已经提到了铅。中国夏、商、周、春秋时代开创了灿烂的青铜器文化时代,青铜即铅、锡、铜的合金。西方炼金术士以为铅是最古老的金属,并将沉重的铅与运动缓慢的土星联系在一起。铅的化学符号 Pb,源于拉丁文 Plumbum 的缩写,意为“软的金属”。

铅的英文名称 Lead,有“管道”的意思,这与铅的早期用途有关。在古罗马时,用铅制作输水管道,被称为“黑导”。老普林尼曾用拉丁文命名为“Plumbum nigrum(铅龙葵)”,但名称是化学元素,而不是矿物。自然铅很可能是在 19 世纪末期,首先发现在瑞典朗班,当时被命名为化学元素。

【自然砷】

英文名 Arsenic

化学式 As　　(IMA)

自然砷菱面体晶体块状、肾状集合体(日本、德国)

自然砷是一种砷族砷的自然单质矿物。与自然砷铋(Arsenolamprite)为同质二象。三方晶系。晶体呈柱状、针状、细粒状、小菱面体;集合体常呈块状和肾状、网状、同心层状。锡白色、灰白色,在空气中易变为铁灰色、黑色,金属光泽,不透明;硬度 3.5,完全解理,脆性;有剧毒。模式产地不详。1931 年布罗德里克(Broderick)和埃雷特(Ehret)在《物理化学杂志》(35)和 1969 年席费尔(Schiferl)在《应用结晶学杂志》(2)报道。

中国是世界上发现、认识和使用砷的最早的国家之一。古代人使用的砷都来自砷的化合物雌黄和雄黄等。据史书记载,约在公元 317 年,中国的炼丹家葛洪(283—363 年)在《抱朴子内篇》卷十一《仙药》记述了用雄黄、松脂和硝石 3 种物质炼制得到砷,比西方早了 900 年。中国古代将砷称砒,“砒”字由“貔貅”的“貔”而来。传说貔貅是一种吃人的凶猛野兽,这说明中国古代人早已认识到它的剧毒性。英文名称 Arsenic,由化学成分“Arsenic(砷)”命名。1959 年以前发现、描述并命名的“祖父级”矿物,IMA 承认有效。中文名称根据成因和成分译为自然砷。1985 年,在我国江西省大吉山钨矿区首次发现自然砷(参见【雌黄】条 96 页和【雄黄】条 1051 页)。

在西方,13 世纪德国的炼金术士阿伯塔・马格努斯(Albertus Magnus,1193—1280)在 1250 年制得砷,并首次对砷进行了记述。直到 18 世纪,瑞典化学家、矿物学家布兰特阐明砷与三氧化二砷以及其他砷化合物之间的关系。拉瓦锡证实了布兰特的研究,认为砷是一种化学元素,名称源于希腊文“αρσενικ ό ν=Arsenikon”,化学符号 As。西方炼金术士们把雌黄称为帝王黄,用蛇作为砷的符号。英文中的“Αρσενικόνη = Arsenic”一词是通过借用自叙利亚文ܠܐ ܙܪܢܝܟܐ和波斯文زرنیخ,并将两者组合而来后(意为“雌黄”)转换为希腊文中的“Arsenikon 或 Αρσενικό = Arsenikos”,意思是“强有力的”或“有男子汉气概的”“阳刚”。此词后被拉丁文采纳形成了“Arsenicum”一词,又被古法文采纳成为“Arsenic”一词,英文中的“Arsenic”一词就是从古法文衍生而来的。

【自然砷铋】参见【斜方砷】条 1025 页

【自然钛】

英文名 Titanium

化学式 Ti　　(IMA)

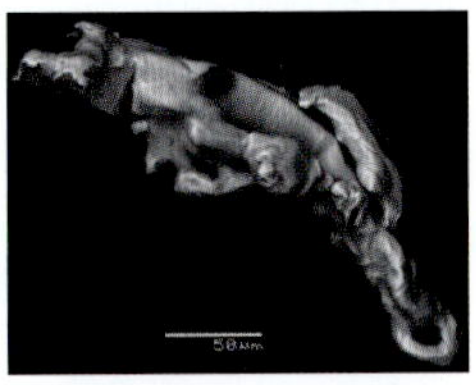

自然钛树根状集合体(俄罗斯)

自然钛是一种金属元素钛的自然单质矿物。有四方晶系和六方晶系两个多型变体。晶体呈不规则显微粒状,粒径 0.1~0.6mm。黑色、银灰色,金属光泽,不透明;硬度 4,可塑。1988 年 V. A. 特鲁尼利娜(V. A. Trunilina)等在《苏联科学院报告》[303(4)]报道了来自俄罗斯雅库特共和国东部贝兹曼尼(Bezymyannyi)地块花岗岩中的六方天然钛。1992 年 S. F. 格拉瓦茨基(S. F. Glavatskih)等在《俄罗斯科学院报告》[327(1)]报道了来自俄罗斯勘察加州托尔巴契克(Tolbachik)火山喷气孔高压相的四方自然钛。但一直有争议。2010 年发现于中国西藏自治区山南地区曲松县罗布莎蛇绿岩罗布莎(Luobusha)铬铁矿矿床。英文名称 Titanium,以化学成分“Titanium(钛)”命名。IMA 2010 - 044 批准。2010 年李国武等在《CNMNC 通讯》(7)、《矿物学杂志》(75)和 2013 年中国地质科学院地质所、中国地质大学李国武等在中国《地质学报》[87(5)]报道。

英文名称 Titanium,1791 年由威廉・格雷戈尔(William Gregor)在英国康沃尔郡的钛铁砂中发现,并由马丁・海因里希・克拉普罗特(Martin Heinrich Klaproth)用希腊神话的泰坦(Τιτ ά ν=Titan)命名为 Titanium(参见【钛铁矿】条 913 页)。

【自然锑】

英文名 Antimony

化学式 Sb　　(IMA)

Z

自然锑粒状晶体，放射状集合体（加拿大，澳大利亚）

自然锑是一种砷族元素锑的自然单质矿物。三方晶系。晶体极少见，呈假立方体，四连晶和聚片双晶；集合体常呈钟乳状，块状或放射状。锡白色，略带蓝色，氧化后呈灰色—深灰色，且带微蓝色，金属光泽，不透明；硬度3～3.5，完全解理，脆性；有毒。地壳中存在的自然锑最早是由瑞典科学家和矿区工程师安东·冯·斯瓦伯于1748年在《瑞典科学院文献》(9)记载的。样品采集自瑞典西曼兰省萨拉市的萨拉(Sala)银矿。1802年M. H. 克拉普罗特(M. H. Klaproth)在《化学知识对矿物学的贡献》(第三集)刊载。英文名称Antimony，由化学成分"Antimony(锑)"命名。1959年以前发现、描述并命名的"祖父级"矿物，IMA承认有效。中文名称根据成因和成分译为自然锑。

中国是世界上发现、利用锑较早的国家之一。据《汉书·食货志》称锑为连锡。《史记》载："长沙出连锡。"秦墓出土的代箭含锑，可知中国对锑的利用很早。明末(1541年)，中国发现了世界最大的锑矿——湖南锡矿山，但当时把锑误认为锡，故名锡矿山。至清光绪十六年(1890)经化验始知是锑矿。

在迦勒底的泰洛赫(今伊拉克)，曾发现一块可追溯到公元前3 000年的锑制史前花瓶碎片；而在埃及发现了公元前2 500～前2 200年间的镀锑的铜器。奥斯汀在1892年赫伯特·格拉斯顿的一场演讲时说道："我们只知道锑现在是一种很易碎的金属，很难被塑造成实用的花瓶，因此这项值得一提的发现(即上文的花瓶碎片)表现了已失传的使锑具有可塑性的方法。"然而，默里(Moorey)不相信那个碎片真的来自花瓶，在1975年发表他的分析论文后，认为斯里米卡哈诺夫(Selimkhanov)试图将那块金属与外高加索的自然锑联系起来，但用那种材料制成的都是小饰物。这大大削弱了锑在古代技术下具有可塑性这种说法的可信度。

欧洲人万诺乔·比林古乔于1540年最早在《火焰学》(*De la pirotechnia*)中描述了提炼锑的方法，这早于1556年阿格里科拉出版的名作《金属论》(*De re Metallica*)。此书中阿格里科拉错误地记入了金属锑的发现。1604年，德国出版了一本名为*Currus Triumphalis Antimonii*(直译为《凯旋战车锑》)的书，其中介绍了金属锑的制备。15世纪时，据说笔名叫巴西利厄斯·华伦提努的圣本笃修会的修士提到了锑的制法，如果此事属实，就早于比林古乔。

一般认为，纯锑是由贾比尔·伊本·海恩(Jābir ibn Hayyān)于8世纪时最早制得的。然而争议依旧不断，翻译家马塞兰·贝特洛声称贾比尔的书里没有提到锑，但其他人认为贝特洛只翻译了一些不重要的著作，而最相关的那些(可能描述了锑)还没翻译，它们的内容至今还是未知的。

在西方罗马时代已知锑的利用，无独有偶西方人也将锑误认为铅。一般认为B. 瓦仑泰恩(B. Valentino)是锑的发现人。Antimony一词从阿拉伯文Aluthmud到中古拉丁文Antimonium，原意是指锑的硫化物辉锑矿(Stibnite，源于拉丁文锑元素名称Stibium)，说明西方人最早是从硫化物认识和提炼金属锑的(参见【辉锑矿】条351页)。但Stibium一词的词源是不确定的；流行的说法有两种：一说，意思是"僧侣杀手"，并解释为许多早期炼金术士僧侣，认为锑是有毒的。另一个流行的说法，是假想的希腊文"反对孤独"，解释为"没有发现作为独立的金属"，或"没有发现非合金"。

【自然铁】

英文名 Iron

化学式 Fe　　(IMA)

自然铁集合体(丹麦)

自然铁是一种铁族铁元素的自然单质矿物。通常含有类质同象混入物镍、钴、铜、铂等。当镍大于或等于20%时称镍自然铁。与六方铁矿为同质多象。等轴晶系。晶体极少见，呈不规则粒状；集合体常呈乳滴状、椭圆状、球状、弓形状、锯齿状、港湾状等。钢灰色—铁黑色，条痕呈钢灰色，新鲜断口呈强金属光泽；硬度4.5。自然铁是自然界中极为罕见的矿物，最早于1870年由诺登·斯科德(Norden Skiod)在丹麦格陵兰迪斯科(Disko)岛玄武岩中首次发现。1972年苏联科学家B. И. 穆拉维叶夫等在中亚哈萨克斯坦乌斯提尤尔特高原东北部上渐新统沉积层中首次发现自然铁。英文名称Iron，由化学成分"Iron(铁)"命名。见于1944年C. 帕拉奇(C. Palache)、H. 伯曼(H. Berman)和C. 弗龙德尔(C. Frondel)《丹纳系统矿物学》(第一卷，第七版，纽约)。1959年以前发现、描述并命名的"祖父级"矿物，IMA承认有效。中文名称根据成因和成分译为自然铁。中国学者张良矩于1985年在小秦岭金矿石英脉中首次在中国发现自然铁[1987年的《地球科学》(4)]，其后在内蒙古东升庙多金属硫铁矿[1995年周再鲲在《化工矿产地质》(2)]和西藏[2006年白文吉等在《地球学报》(1)]也相继发现。

铁是古代就已知的七金属之一。铁在自然界中分布极为广泛，但人类发现和利用铁却比金、银和铜要迟得多。据悉，人类最早发现和使用的铁，是从天空中落下的陨石(Fe、Ni、CO等金属的混合物)，在埃及、西南亚等一些文明古国发现的最早的铁器，都是由陨铁加工而成的。在埃及的第四王朝(纪元前2 900年)的齐奥普斯(Cheops)大金字塔中发现有不含镍的铁器。在我国也曾发现约公元前1 400年商代的铁刃青铜钺。我国春秋战国时代对铁矿物的发现和大规模使用，是人类发展史上的一个光辉里程碑，它把人类从石器时代、青铜器时代带到了铁器时代，推动了人类文明的发展。从春秋战国直到20世纪后叶，人类认识和使用的铁都是从铁的化合物中取得的。

在西亚古苏美尔文中，铁被叫作"安巴尔"，意思是"天降之火"(陨石)。古埃及人把铁叫作"天石"。在古人类发现铁时，由于其坚硬的特性，被命名为Iron(铁)，源于拉丁文，意为"坚固""刚强"的意思。铁的化学符号Fe，源自拉丁文Ferrum，意指"铁"，系该词的缩写。古英文单词是金属(Metal)。古代西方的炼金术和占星术将铁与七曜中的火星相对，因为火星的名字叫Mars，他是古罗马神话中的战争之神玛尔斯，而战争总要使用铁制的武器(参见铁矿物词冠"铁"字943页)。

【自然铜】

英文名 Copper

化学式 Cu　　(IMA)

自然铜晶体和集合体(美国、纳米比亚、中国)

自然铜是一种铜族的金属元素铜的自然单质矿物。等轴晶系。晶体呈立方体、八面体、菱形十二面体、二十四面体、片状,但少见;集合体一般呈树枝状、鱼骨状或致密块状、钟乳状。新鲜断口呈铜红色、橙红色,所以又叫红铜;氧化表面褐黑色或铜绿色,金属光泽,不透明;硬度 2.5～3。在中国医药古籍《雷公炮炙论》中,称自然铜为石髓铅、方块铜。其后的《丹房镜源》《日华子本草》《开宝本草》《玉楸药解》《本草衍义补遗》《本草纲目》《本草经疏》等都有关于自然铜的记载。不过这些著作中所指的自然铜,不完全是矿物学意义上的自然铜,很多是指黄铁矿族的黄铁矿、白铁矿等。在夏、商、周、春秋时代,自然铜、孔雀石等铜矿物的发现和开发利用,创造了灿烂的铜器时代文化。

古代西方的炼金术和占星术将铜与七曜中的金星相配,是因铜的亮度仅次于金、银,且呈赤红色,而金星的亮度次于太阳及月亮,又呈橙黄色—橙红色,因此铜与金星就成为绝好的搭配。

英文名称 Copper,由化学成分"Copper(铜)"命名。铜(Copper)化学符号 Cu,取之拉丁文 Cuprum 的词头,此词源自产铜闻名于世的塞浦路斯岛(AesCyprium)的古名科里欧斯(Kyprios),因首次从那里获得该金属。1886 年丹纳(Dana)在《美国科学杂志》(32)报道。1959 年以前发现、描述并命名的"祖父级"矿物,IMA 承认有效。中文名称根据成因和成分译为自然铜(参见铜矿物词冠"铜"字 960 页)。

【自然钨】

英文名 Tungsten

化学式 W　　(IMA)

自然钨微粒状晶体(俄罗斯)

自然钨是一种金属元素钨的自然单质矿物。等轴晶系。晶体呈显微粒状。灰色,金属光泽,不透明;硬度 7.5。苏联 Luna-16(1970)探测器在着陆点月球丰富海和 Luna-24(1976)探测器在着陆点月球危难海首先发现。1995 年又在俄罗斯乌拉尔亚寒带地区汉特-曼西自治区博利沙亚-波利亚(Bolshaya Polya)河发现。1995 年 M. I. 诺夫格拉多娃(M. I. Novgorodova)在《俄罗斯科学院报告》(340)和 2011 年在《CNMNC 通讯》(9)及《矿物学杂志》(75)报道。英文名称 Tungsten,由化学成分"Tungsten(钨)"命名。其中 Tungsten,原意是重石。1781 年瑞典化学家卡尔·威廉·舍勒发现白钨矿,并提取出新元素的钨酸。1783 年西班牙两位化学家德鲁尔亚兄弟发现黑钨矿也从中提取出钨酸;同年,第一次得到了金属钨,并命名元素为 Wolfram,它源自德文名称"Wolf'sfroth",意为狼口中的渣(参见【黑钨矿】条 319 页)。IMA 2011-004 批准。中文名称根据成因和成分译为自然钨。中国学者郑大中等在西藏罗布莎铬铁矿中也发现过自然钨[2008 年的《四川地质学报》(4)]。

【自然硒】

英文名 Selenium

化学式 Se　　(IMA)

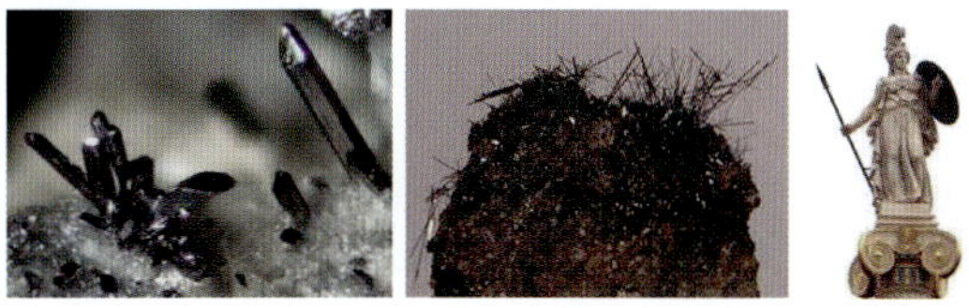

自然硒柱状、针状晶体,晶簇状集合体(德国)和塞勒涅女神像

自然硒是一种硒族的非金属元素硒的自然单质矿物。三方晶系。晶体呈柱状、针状;集合体呈晶簇状。灰色、灰黑色、红灰色、红色,金属光泽,不透明;硬度 2,完全解理。1934 年发现于美国亚利桑那州亚瓦派县。1934 年 C. 帕拉奇(C. Palache)在《美国矿物学家》(19)报道。英文名称 Selenium,由化学成分"Selenium(硒)"命名。1959 年以前发现、描述并命名的"祖父级"矿物,IMA 承认有效。中文名称根据成因和成分译为自然硒。中国学者易爽庭等于 1988 年在新疆维吾尔自治区伊犁雅马渡地区发现自然硒(《新疆地质》[6(4)]);2001 年朱建明等在湖北省恩施土家族苗族自治州双河乡鱼塘坝发现自然硒[《地球化学》(3)];2011 年在第十四届国际人与动物微量元素大会上恩施市获取"世界硒都"称号。

1817 年瑞典化学家永斯·雅各布·贝采利乌斯(Jöns Jakob Berzelius)和约翰·戈特利布·甘恩(Johan Gottlieb Gahn)从硫酸厂的铅室泥中发现硒。元素名称 Selenium,来源于希腊文"σελήνη=Selene(塞勒涅)"即"Moon[月亮,罗马人称其为卢娜(Luna)]",意指贝采利乌斯将先发现的碲命名为"地球",将后发现的硒命名为地球的卫星"月亮"。塞勒涅是希腊神话中的满月女神。

【自然锡】

英文名 Tin

化学式 Sn　　(IMA)

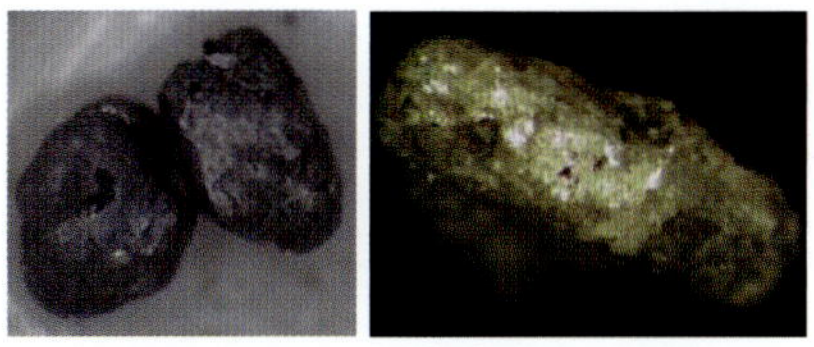

自然锡圆粒状晶体,块状集合体(澳大利亚、俄罗斯)

自然锡是一种金属元素锡的自然单质矿物。四方晶系。集合体呈圆粒状和块状。锡白色、淡灰色,金属光泽,不透明;硬度 1.5～2。在常压下锡有 2 种同质异形体,即灰锡(α 锡)、白锡(β 锡)。锡是人类知道最早的金属之一,从古代开始它就是青铜的组成部分之一。早在公元前 36 世纪锡就被用来硬化铜。约从前 7 世纪开始人类认识到纯锡。中国战国时期就开始用来作武器的主要材料,无锡即以此命名。相传无锡于战国时期盛产锡,到了锡矿用尽之时,人们就以无锡来命名这地方,作为天下没有战争的寄望。古籍记载马来半岛出自然锡。有确切记载的发现于俄罗斯车里雅宾斯克州米阿斯(Miass)河。英文名称 Tin,由化学成分"Tin(锡)"

Z

命名。其中古英文 Tin，起源于荷兰的“Tin（锡）”和德国的“Zinn（锌）”。锡的化学符号 Sn，源自拉丁文 Stannum 的缩写。见于 1944 年 C. 帕拉奇（C. Palache）、H. 伯曼（H. Berman）和 C. 弗龙德尔（C. Frondel）《丹纳系统矿物学》（第一卷，第七版，纽约）；以及 1949 年在《应用物理学杂志》（20）报道。1959 年以前发现、描述并命名的“祖父级”矿物，IMA 承认有效。中文名称根据成因和成分译为自然锡。

1980 年，辽宁省地质实验研究中心刘成龙等在残坡积物的自然砂样鉴定中发现了一种矿物。1983 年采集了岩体人工重砂样品，经研究确认是一种在自然界十分少见的自然铅、自然锡二相超显微混合物[1986 年刘成龙等在《岩石矿物学杂志》（1）报道]。1983 年，黄中歧在考察湖南铁帽的物质成分时，观察到自然铅、自然锡、自然镍这 3 种矿物[见 1985 年的《地质地球化学》（3）]（参见锡矿物词冠“锡”字 1006 页）。

【自然锌】

英文名 Zinc

化学式 Zn　　（IMA）

自然锌球状、结核状集合体（比利时、几内亚）

自然锌是一种金属元素锌的自然单质矿物。六方晶系。晶体呈针状；集合体呈球状、结核状。灰白色，金属光泽，不透明；硬度 2，完全解理，脆性。1651 年发现于智利科皮亚波省杜尔西内亚·德·拉姆帕斯（Dulcinea de Llampos）矿。英文名称 Zinc，由化学成分“Zinc（锌）”命名。见于 1944 年 C. 帕拉奇（C. Palache）、H. 伯曼（H. Berman）和 C. 弗龙德尔（C. Frondel）《丹纳系统矿物学》（第一卷，第七版，纽约）。1959 年以前发现、描述并命名的“祖父级”矿物，IMA 承认有效。中文名称根据成因和成分译为自然锌。

锌的形、色类似铅，故也称为亚铅，古称倭铅。锌也是人类自远古时就知道其化合物的元素之一。锌和铜的合金——黄铜，早为古代人所利用。但金属锌的获得比铜、铁、锡、铅要晚得多。据考，1374 年印度有一位叫马达纳帕拉（Madanapala）的国王，即认为锌是一种金属，由此推断炼锌的方法，最初由印度人发明，后传入中国。在印度拉贾斯坦邦的扎瓦尔（Zawar）有一个锌熔炉有废弃的锌，证明了大规模的精炼在 1100—1500 年间。中国实际炼锌的时间还要早，可能在 16 世纪就已有了锌的大规模精炼。1745 年，英国东印度公司的船在瑞典的海岸沉没，其运载的货物是中国的锌，分析了回收的铸锭证明了它们是几乎纯净的金属锌。

在西方，孔柯尔（Geogr）和司太尔（Stahl）两位化学家都相信异极矿中含有一种金属。在 1668 年，佛兰德的冶金家 P. 莫拉斯·德·勒斯普尔（P. Moras de Respour），据传闻说从氧化锌中提取了金属锌。再后 1735 年，瑞典化学家布朗特再次指出异极矿中有未知的金属。1746 年，德国化学家安德烈亚斯·马格拉夫（Andreas Marggraf）从异极矿中获得一种新金属，它就是锌，而且的确是他第一个确认了其是一种新的金属。其实，在 16 世纪（1526 年左右）德国（瑞士炼金术士）帕拉塞尔苏斯（Paracelsus，1493—1541）的《矿物手册Ⅱ》中提到过金属“Zincum”或“Zinken”，这可能是西方第一次记载“Zincum”名字。此词可能是来自德国的津凯（Zinke），据说意为“尖尖的、牙尖或锯齿”，即金属锌晶体有针一样的外观，或指的是它在熔化炉中呈尖尖的习性。也有可能表示“锡”，因为它关系到德国“Zinn”意为锡。还有说源自拉丁文 Zincum，意思是“白色薄层”或“白色沉积物”，炼金术士幽默地称其谓“哲学家的羊毛”或“白色的雪”（参见【菱锌矿】条 493 页和【异极矿】条 1075 页）。

【自然铱】

英文名 Iridium

化学式 Ir　　（IMA）

自然铱树根状集合体和伊里斯女神像

自然铱是一种铂族元素铱的自然单质矿物。自然铱常含有锇、钌或铂。等轴晶系。晶体偶呈八面体；集合体呈固溶体分离的蠕虫状体或树根状。银白色，强金属光泽，不透明；硬度 6～7。最初的报道来自俄罗斯乌拉尔地区。1804 年在《伦敦皇家哲学学会汇刊》（94）报道。英文名称 Iridium，由化学成分“Iridium（铱）”命名。1959 年以前发现、描述并命名的“祖父级”矿物，IMA 承认有效。IMA 1991s. p. 批准。中文名称根据成因和成分译为自然铱。

1803 年，英国化学家 W. 武拉斯顿（W. Wollaston）的好友 S. 台耐特（S. Tennant，1761—1815）从南美哥伦比亚乔科省的粗铂矿中发现了两种新金属。其中一种因它的许多盐都有鲜艳的颜色，所以台耐特取希腊神话中的彩虹女神伊里斯（Ἶρις＝Iris）为其命名为“Iridium”（参见【自然锇】条 1127 页和铱矿物词冠“铱”字 1071 页）。

【自然铟】

英文名 Indium

化学式 In　　（IMA）

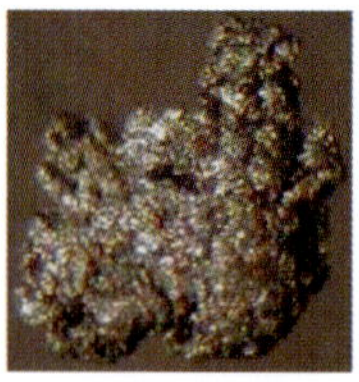

自然铟姜状集合体（俄罗斯）

自然铟是一种稀有金属元素铟的自然单质矿物。四方晶系。集合体呈姜状。灰色，金属光泽。不透明；硬度 3。1934 年 C. 帕拉奇（C. Palache）在《美国矿物学家》（19）报道。1964 年发现于俄罗斯赤塔州奥尔洛夫斯基（Orlovskoye）钽矿床。1964 年 V. V. 伊万诺夫（V. V. Ivanovv）在《地球化学、矿物学和稀有元素矿床成因类型》（2）报道。英文名称 Indium，由化学成分“Indium（铟）”命名。IMA 1968s. p. 批准。中文名称根据成因和成分译为自然铟。

1861 年发现铊后，德国弗赖贝格矿业学院物理学教授赖希对铊的一些性质很感兴趣，希望对金属进行足够的实验研究。于是他在 1863 年开始在德国弗赖堡市希曼尔斯夫斯特出产的闪锌矿中寻找这种金属。虽然实验花费了很多时间，他却没有获得期望的元素，但是他得到了一种不知成分的草黄色沉淀物，他认为是一种新元素的硫化物。只有利用光谱进行分析来证明这一假设。可是赖希是色盲，只得请求他的助手 H. T. 李希特进行光谱分析。李希特在分光镜中发现了一条靛蓝色的明线，位置和铯的两条蓝色明亮线不相吻合，他根据希腊文“Ινδικό＝Indikon”（靛蓝）一词命名它为 Indium（铟），化学符号 In（参见铟矿物词冠“铟”字 1078 页）。

【自然银】

英文名 Silver

化学式 Ag　　（IMA）

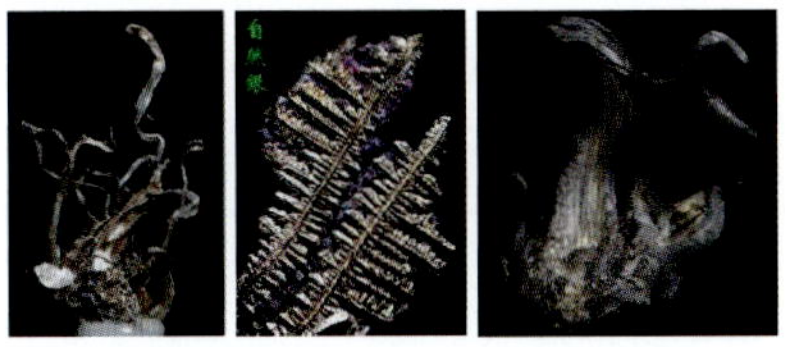

自然银树根状、鱼骨状集合体（挪威、中国）

自然银是一种铜族元素银的天然单质矿物。自然银有时混有金、汞、砷和锑。等轴（六方）晶系。晶体呈不规则粒状、片状，立方体、八面体、十二面体及它们的聚形，但非常罕见；集合体常呈块状或树枝状、鱼骨状。银白色，表面有暗黄色、棕灰色、黑色的锖色，金属光泽，不透明；硬度 2.5～3，可塑。银的旧英文单词“Seolfor”，其本义已丢失，无从考证。英文名称 Silver，意为“银色，银白色”。早在 1478 年的古罗马时代银的拉丁文为 Argentum，其中，Arg-是印欧语系的词根，有“浅色、明亮”，即“银白色”之意。化学元素符号 Ag 由它缩写而来。1959 年以前发现、描述并命名的“祖父级”矿物，IMA 承认有效。中文名称根据成因和成分译为自然银。

银是人类最早发现和开采利用的金属元素之一。约在 5 000～6 000 年以前的远古时代，人类就已经认识自然银。我国是世界上发现和开采利用银矿最早的国家之一。据甘肃玉门火烧沟遗址中出土的耳环、鼻环等银质饰品考证，早在新石器时代的晚期，中国古代劳动人民就认识银矿，并且采集、提炼白银，加工制作饰物。自然银的名字来源于古代文明社会，古代的中国和西方都已认识银为七金之二，仅次于金。我国古代称银为白金。中世纪的西方的炼金术和占星术将银与七曜中的月亮联系一起，可能是银的亮白色与皎洁的月光相比喻。

【自然铀】

英文名 Uranium

化学式 U

自然铀是一种放射性金属元素铀的自然单质矿物。有斜方晶系、四方晶系、等轴晶系变体。银白色，金属光泽，不透明。2015 年中国核工业北京地质研究院院长李子颖带领的研究团队采用光电能谱方法，对产于中国广东省北部南岭铀成矿带著名的贵东 330 铀矿床和诸广 302 铀矿床中沥青铀矿的成分与价态进行了系统研究，发现沥青铀矿中铀不仅有四价和六价形式，还有以金属铀（零价）形式存在。这一发现不仅为揭示热液型铀成矿作用本质提供了关键性依据，而且对研究铀的来源、地球热的形成和演化均具有重大意义。2015 年李子颖等在中国《地质学报（英文版）》报道。英文名称 Uranium，由化学成分“Uranium（铀）”命名（参见铀矿物的词冠“铀”字 1087 页）。

宗

[zōng]会意；从宀，从示。宀，房屋；示，神祇。在室内对祖先进行祭祀。本义：宗庙，祖庙。用于日本地名。

【宗像石】

英文名 Munakataite

化学式 $Pb_2Cu_2(Se^{4+}O_3)(SO_4)(OH)_4$　　（IMA）

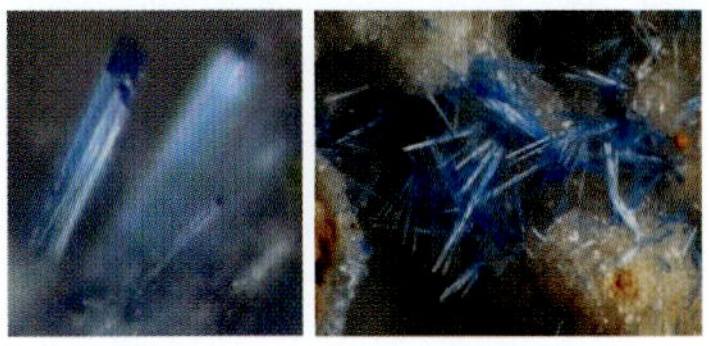

宗像石柱状、纤维状晶体，束状、放射状集合体（美国、法国）

宗像石是一种含羟基的铅、铜的硫酸-硒酸盐矿物。属青铅矿-蓝铜铅矾族。单斜晶系。晶体呈柱状、纤维状，长 30μm；集合体呈束状、放射状。浅蓝色，玻璃光泽、珍珠光泽，透明；硬度 1.5～2.5，完全解理，脆性。2007 年发现于日本九州地区福冈县宗像（Munakata）市加藤（Kato）矿山。英文名称 Munakataite，以发现地日本的宗像（Munakata）市命名。IMA 2007－012 批准。日文汉字名称宗像石。2008 年松原（S. Matsubara）等在日本《矿物学与岩石学科学杂志》（103）报道。2010 年杨主明在《岩石矿物学杂志》[29(1)]建议借用日文汉字名称宗像石。

棕

[zōng]形声；从木，从宗，宗亦声。棕色，即褐色。

【棕闪石】

英文名 Barkevikite

化学式 $\{Na\}\{Ca_2\}\{Fe_5^{2+}\}(AlSi_7O_{22})(OH)_2$

棕闪石是角闪石族单斜闪石亚族的含铁的浅闪石变种。单斜晶系。晶体呈柱状、纤维状，具聚片双晶。黑褐色，玻璃光泽，半透明；硬度 5～6，完全解理。以前作废的老名称暗色角闪石（Dark amphibole），来自挪威朗厄松峡湾地区伟晶岩。1914 年亚历山大·斯考特（Alexander Scott）在《矿物学杂志》（第十七卷）报道了来自英国苏格兰西南部旧郡埃尔郡（Ayrshire）的卢格岩床的矿物。英文名称 Barkevikite，是一个组合物名称，它对应于几个种类：包括铁浅闪石（Ferro-edenite）、绿钙闪石（Hastingsite）、镁绿钠闪石（Magnesio-hastingsite）（参见相关条目）。铁浅闪石发现于挪威朗厄松峡湾东部巴克维克（Barkevik）附近。英文名称 Barkevikite，以最早发现地挪威巴克维克（Barkevik）命名。1978 年 IMA 废弃。中文名称根据颜色和族名译为棕闪石。

邹

[zōu]形声；从阝，刍声。[英]音，用于外国人名。

【邹菱钾铁石】参见【菱硅钾铁石】条 489 页

足

[zú]会意；甲骨文字形，上面的方口像膝，下面的“止”即脚，合起来指整个脚。本义：脚。用于日本人名。

【足立电气石*】

英文名 Adachiite

化学式 $CaFe_3Al_6(Si_5AlO_{18})(BO_3)_3(OH)_3(OH)$　　（IMA）

足立电气石*是一种通过类似于契尔马克型（Tschermak-like）替代形成的电气石族的世界上第一个铝含量高于硅的成员。属电气石族。三方晶系。晶体呈六方柱状，与黑电气石形成一个紧密相关的环带结构，环带宽度由几微米到 300μm。棕色—紫色—蓝紫色，块状者呈黑色，玻璃光泽，透

足立电气石* 柱状晶体(日本)和足立富男像

明;硬度 7。2012 年东京大学矿物学家浜根(西尾)大辅等发现于日本九州地区大分县佐伯市木浦(Kiura)矿山。英文名称 Adachiite,以 90 岁高龄的足立富男(Tomio Adachi,1923—)的姓氏命名。足立富男是一位高中退休教师和业余矿物学家,他在新物种的模式标本产地木浦矿做过大量的调查研究。他曾担任一些年轻的收藏家的指导教师,带领地理学员考察踏遍了九州,后来成为造诣很深的地质学家、矿物学家和古生物学家。以足立先生的姓氏还命名了一种クサリ珊瑚化石"Eofletcheria adachii"。化石和矿物两个名字集一人之身这(应该)是唯一的事例。IMA 2012－101 批准。日文汉字名称足立電気石。2013 年浜根(西尾)大辅(D. Nishio-Hamane)等在《CNMNC 通讯》(16)、《矿物学杂志》(77)和 2014 年《矿物学和岩石学科学杂志》(109)报道。目前尚无官方中文译名,编译者建议借用日文汉字名称的简化汉字名称足立电气石*。

祖 [zǔ]形声;从示,从且(jū)。从"示"与祭祀、宗庙有关。本义:祖庙。父亲的上一辈祖父、祖母。[英]音,用于英文名称音译,及外国人名。

【祖克塔姆鲁尔石*】

英文名 Zuktamrurite

化学式 FeP_2 (IMA)

祖克塔姆鲁尔石*是一种铁的磷化物矿物,它是自然界中发现的最富磷的磷化物。斜方晶系。晶体呈不规则粒状,粒径 50μm。在反射光下呈白色,带有明显的蓝色;极脆。2013 年发现于以色列内盖夫(Negev)沙漠哈特鲁里姆盆地哈拉米什-瓦迪(Halamish wadi)干涸河道。英文名称 Zuktamrurite,2014 年 S. N. 布里特温(S. N. Britvin)等以模式产地附近的祖克·塔姆鲁尔(Zuk-Tamrur)死海(Dead Sea)悬崖命名。IMA 2013－107 批准。2014 年布里特温等在《CNMNC 通讯》(19)、《矿物学杂志》(78)和 2019 年《矿物物理化学》(46)报道。目前尚未见官方中文译名,编译者建议音译为祖克塔姆鲁尔石*。

【祖母绿】

英文名 Emerald

化学式 $Be_3Al_2(SiO_3)_6$

祖母绿柱状晶体,晶簇状集合体和达碧兹(哥伦比亚)

祖母绿是含铬和钒的深绿色绿柱石的变种。六方晶系。晶体呈柱状、细粒状;集合体呈晶簇状、放射状、块状。深绿色,玻璃光泽,透明—半透明;硬度 7.5～8。祖母绿被称为绿宝石之王,是国际珠宝界公认的名贵宝石之一,与钻石、红宝石、蓝宝石并称世界四大名宝石。祖母绿是一种有着悠久历史的宝石,在几千年前的古埃及和古希腊就已用作珠宝。距今 6 000 年前,古巴比伦就有人将之献于女神像前。在波斯湾的古迦勒底国,女人特别喜爱祖母绿饰品。因其特有的绿色和独特的魅力以及神奇的传说,深受西方人的青睐。中国人对祖母绿也十分喜爱,明、清两代帝王尤喜祖母绿。

英文名称 Emerald,源自波斯文 Zumurud 原意为"绿色之石",后又讹传为 Esmeraude、Emeraude,再演化成拉丁文"Smaragdus"。约在公元 16 世纪时,祖母绿有了现代的英文名称"Emerald"。中国元代陶宗仪在其《辍耕录》中将 Zumurud 音译为"助木剌",我国旧时尚有"子母绿""助水绿"等叫法。香港亦称其"吕宋绿"。元代王实甫著古典戏剧《西厢记》首先将 Zumurud 音译为祖母绿。祖母绿的意译有"子母哺乳"之意,据传祖母绿加水研磨成浆汁白如奶水,产妇喝了可以催奶,真假未进行验证。

最古老的祖母绿曾经在埃及红海附近被发现,据称公元前 1500 年或更早的时候就有所闻。奥地利萨尔茨堡老城是欧洲唯一的祖母绿产地,中世纪已开采。哥伦比亚祖母绿从 16 世纪中叶就开始生产了。俄罗斯乌拉尔祖母绿是 1831 年被一个农民发现的,矿区位于斯维尔德洛夫斯克(Sverdlovsk)附近。1946 年在西班牙穆佐(Muzo)的比亚博兰卡(Pena Blanca)首次发现一种罕见的祖母绿宝石——达碧兹(Trapiche)。西班牙文原意是:研磨蔗糖的轱辘,因宝石中心有一六边形的核心,由此放射出太阳光芒似的六道线条,形成一个星状的图案,故得名。祖母绿究竟是何人、何时首先发现并命名的难以考证,发现地或交易地可能在古波斯,也许是南美洲的哥伦比亚。

佐 [zuǒ]形声;从亻,左声。[英]音,用于外国人名;用于俄文"зория＝Zoria(粉红色)"的音译;也可能用于犹太教文献名。

【佐硅钛钠石】

英文名 Zorite

化学式 $Na_6Ti_5Si_{12}O_{34}(O,OH)_5 \cdot 11H_2O$ (IMA)

佐硅钛钠石针状晶体,放射状集合体(俄罗斯)

佐硅钛钠石是一种含结晶水、羟基和氧的钠、钛的硅酸盐矿物。属佐硅钛钠石族。斜方晶系。晶体呈针状、片状;集合体呈放射状。玫瑰色、粉红色,会出现白色或无色,玻璃光泽,透明—半透明;硬度 3～4,完全解理。1972 年发现于俄罗斯北部摩尔曼斯克州卡纳苏特(Karnasurt)山优比莱纳亚(Yubileinaya)伟晶岩。英文名称 Zorite,由俄文"зория＝Zoria(佐里亚＝粉红色)"命名,意指天空在黎明时玫瑰红色的光辉,以此比喻矿物的颜色。IMA 1972－011 批准。1973 年 A. N. 马尔可夫(A. N. Merkov)、I. V. 布森(I. V. Bussen)等在《全苏矿物学会记事》[102(1)]和《美国矿物学家》(58)报道。中文名称根据英文名称首音节音和成分译为佐硅钛钠石;根据成分译为硅钛铌钠石。

【佐哈尔矿*】

英文名 Zoharite

化学式 $(Ba,K)_6(Fe,Cu,Ni)_{25}S_{27}$　　(IMA)

佐哈尔矿*是一种钡、钾、铁、铜、镍的硫化物矿物。属陨硫铜钾矿族。等轴晶系。2017年发现于以色列内盖夫沙漠哈特鲁里姆盆地哈拉米什(Halamish)岩石露头。英文名称 Zoharite,它可能来自希伯来文:ז ה ר ="Zohar(光辉之书)",她是犹太教卡巴拉神秘主义最重要的文献,以古老的阿拉米语写就,13世纪开始流传于世。*Zohar* 是一系列书籍,这些书籍包括对《圣经》的诠释,以及宇宙起源神话,神秘的心理,有些人称之为人类学。根据古代宗教说,39亿年前,*Zohar* 来到了地球。在远古的洪荒时代,他"促进"了生命的诞生和进化。这类似于"宇宙胚胎学说"和"陨石起源学说"的生命起源理论;同时,*Zohar* 也是速成的宇宙大爆炸的起源说。IMA 2017-049 批准。2017年 I. O. 加鲁斯金娜(I. O. Galuskina)等在《CNMNC 通讯》(39)、《矿物学杂志》(81)和《欧洲矿物学杂志》(29)报道。目前尚未见官方中文译名,编译者建议音译为佐哈尔矿*。

【佐苔石】

英文名 Zoltaiite

化学式 $BaV^{4+}_2V^{3+}_{12}Si_2O_{27}$　　(IMA)

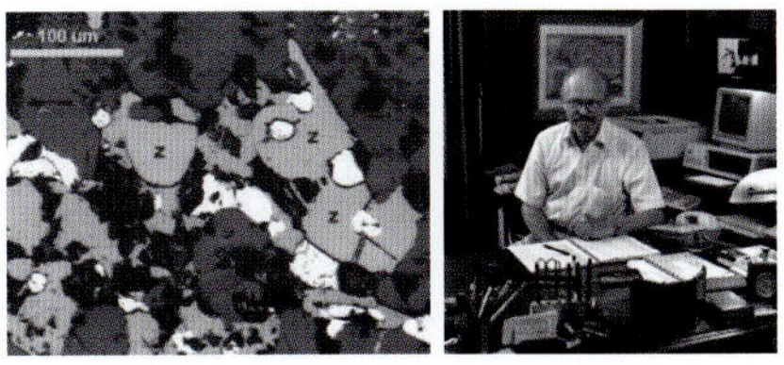

佐苔石他形粒状(加拿大)和佐苔像

佐苔石是一种钡、钒的岛状硅酸盐矿物。三方晶系。晶体呈他形粒状。青灰色、黑色,半金属光泽,不透明;硬度6～7。2003年发现于加拿大不列颠哥伦比亚省维格沃姆(Wigwam)矿床。英文名称 Zoltaiite,以美国明尼苏达大学地质系教授蒂博尔·佐苔(Tibor Zoltai,1926—2003)的姓氏命名。他解决了柯石英的结构,并改进了硅酸盐的分类。IMA 2003-006 批准。2005年 P. R. 巴塞洛缪(P. R. Bartholomew)等在《美国矿物学家》(90)报道。2011年杨主明等在《岩石矿物学杂志》[30(4)]音译为佐苔石。

主要参考文献

书籍

阿·格·别捷赫琴,1956.矿物学教程(上册)[M].丁浩然,关广岳,译.北京:地质出版社.

阿·格·别捷赫琴,1954.矿物学教程(下册)[M].丁浩然,关广岳,译.北京:商务印书馆.

阿西摩夫,1985.科技名词探源[M].卞毓麟,唐小英,译.上海:上海翻译出版公司.

北京大学地质学系岩矿教研室,1979.光性矿物学[M].北京:地质出版社.

陈培源,1996.矿物学名词[M].2版.台北:中国台湾茂昌图书公司.

崔云昊,1995.中国近现代矿物学史(1640—1949)[M].北京:科学出版社.

丹纳 J D,1872.金石识别[M].华蘅芳,笔译,玛高温,口译.上海:江南制造局.

《地球科学大辞典》编委会,2005.地球科学大辞典——矿物[M].北京:地质出版社.

地质部地质词典办公室,1981.地质辞典(二)矿物 岩石 地球化学分册[M].北京:地质出版社.

董常,1923.矿物岩石及地质名词辑要[M].北平:民国农商部地质调查所.

董发勤,2015.应用矿物学[M].北京:高等教育出版社.

都城秋穗,久城育夫,1984.岩石学(第一册晶体光学和造岩矿物)[M].常子文,等,译.北京:科学出版社.

杜其堡,1930.地质矿物学大辞典[M].北京:商务印书馆.

杜绾,2012.云林石谱[M].北京:中华书局.

国立编译馆,1936.中华民国二十三年三月(1935)教育部公布 矿物学名词[M].南京:商务印书馆.

韩景仪,郭立鹤,2017.英汉矿物种名称[M].北京:地质出版社.

何明跃,2007.新英汉矿物种名称[M].北京:地质出版社.

胡·史特伦茨,1959.矿物表[M].刘康伯,译.北京:地质出版社.

华蘅芳,1883.金石表[M].上海:江南制造局.

李锦平,王立本,李艺,2008.矿物典[M].北京:地质出版社.

李时珍,1982.本草纲目(校点本)[M].北京:人民卫生出版社.

李约瑟,1967.中国科学技术史[M].北京:科学出版社.

刘光华,黄怡祯,王昆,2018.矿物日历[M].北京:地质出版社.

卢文静,彭晓蕾,2010.金属矿物显微镜鉴定手册[M].北京:地质出版社.

全国自然科学名词审定委员会,1994.地质学名词(1993)[M].北京:科学出版社.

沙国平,张连英,1995.化学元素的发现及其命名探源[M].成都:西南交通大学出版社.

特吕格 W E,1959.造岩矿物光性鉴定表[M].北京:地质出版社.

汪正然,1987.英汉矿物名称[M].北京:科学出版社.

王德兹,谢磊,2008.光性矿物学[M].3版.北京:科学出版社.

王根元,刘昭民,王昶,2011.中国古代矿物知识[M].北京:化学工业出版社.

王恭睦,1936.矿物学名词[M].南京:正中书局.

王濮,潘兆橹,翁玲宝,等,1982.系统矿物学(上、中、下册)[M].北京:地质出版社.

韦克思 M E,1965.化学元素的发现[M].黄素封,译.北京:商务印书馆.

乌顿布格 W，伯克 E A J，1975. 金属矿物显微镜鉴定表[M]. 桂林冶金地质研究所岩矿室，译. 北京：地质出版社.

夏湘蓉，李仲均，王根元，1989. 中国古代矿业开发史[M]. 台北：明文书局.

新矿物及矿物命名委员会，1984. 英汉矿物种名称[M]. 北京：科学出版社.

《英汉地质词典》编辑组，1983. 英汉地质词典[M]. 北京：地质出版社.

袁珂，1980. 山海经校注[M]. 上海：古籍出版社.

约翰·范顿，2014. 世界矿物与宝石探寻鉴定百科[M]. 马小皎，王皓宇，译. 北京：机械工业出版社.

章鸿钊，1993. 宝石说[M]. 上海：古籍出版社.

章鸿钊，1993. 石雅[M]. 上海：古籍出版社.

赵凤民，1988. 铀矿物鉴定手册[M]. 北京：原子能出版社.

赵珊茸，2017. 结晶学及矿物学[M]. 3 版. 北京：高等教育出版社.

中国大百科全书总编辑委员会，1994. 中国大百科全书（地质学卷）[M]. 北京：中国大百科全书出版社.

中国地质科学院地质矿产所，1977. 透明矿物显微镜鉴定表[M]. 北京：地质出版社.

中国地质科学院地质矿产所，1978. 金属矿物显微镜鉴定表[M]. 北京：地质出版社.

中国科学院编译局，1954. 矿物学名词[M]. 北京：中国科学院出版社.

周国平，1989. 宝石学[M]. 武汉：中国地质大学出版社.

周开亿，等，1991. 邮票上的光谱学和化学史[M]. 北京：科学出版社.

HUGO STRUNZ，1977. Mineralogische Tabellen. [M]. 6th Ed. Leipzig：Akademische Verlagsgesellschaft.

KIMBERLY TAIT，2014. Gems & Minerals（美しい矿物と宝石の事典）[M]. 1 版. 松田和也，译. 大阪：创元社.

MALCOLM E. BACK，2014. Fleischer's Glossary of Mineral species 2014[M]. Tucson：The Mineral-ogical Inc.

MALCOLM E. BACK，2018. Fleischer's Glossary of Mineral species 2018[M]. Tucson：The Mineral-ogical Inc.

期刊

艾钰洁，范光，2015. 2003—2013 年新铀矿物特征[J]. 岩石矿物学杂志，34(1)：117－128.

崔云昊，1985. 天河石颜色之谜[J]. 地球（4）：27－28.

崔云昊，1987. 中国古代矿物名称起源浅议. 华北水利水电学院学报(1)：150－154.

崔云昊，1989. 晶体对称理论三百年[J]. 大自然探索(4)：92－97.

崔云昊，1990. 略论中日矿物学交流史[J]. 河北地质学院学报(3)：343－350.

崔云昊，1990. 中国古代矿物名称起源浅议[J]. 矿物学岩石学论丛(6)：195－203.

崔云昊，潘云唐，1989. 中国矿物学翻译史略[J]. 地质学史论丛(2)：92－98.

崔云昊，1990. 中国古代矿物名称起源浅议[G]//矿物学岩石学论丛·6. 北京：地质出版社：195－204.

崔云昊，王根元，1992. 中国准晶研究综述[G]//矿物学岩石学论丛·8. 北京：地质出版社：1－9.

崔云昊，1992. 中国矿物名称命名原则及其演变[G]//矿物学岩石学论丛·8. 北京：地质出版社：18－24.

郭宗山,1983.经国际矿物协会(IMA)新矿物与矿物命名委员会批准1981年发表的新矿物[J].岩石矿物学杂志,2(1):50-52.

郭宗山,1983.经国际矿物协会(IMA)新矿物与矿物命名委员会批准1981年发表的新矿物[J].岩石矿物学杂志,2(2):125.

郭宗山,1984.经国际矿物协会(IMA)新矿物与矿物命名委员会批准1982年发表的新矿物[J].岩石矿物学杂志,3(2):146-148.

郭宗山,1984.经国际矿物协会(IMA)新矿物与矿物命名委员会批准1982年发表的新矿物[J].岩石矿物学杂志,3(3):284.

郭宗山,1985,经国际矿物协会(IMA)新矿物与矿物命名委员会批准1983—1984年发表的新矿物[J].岩石矿物学杂志,4(4):319-324.

郭宗山,1986.经国际矿物协会(IMA)新矿物与矿物命名委员会批准1985—1986年发表的新矿物[J].岩石矿物学杂志,5(4):344-345.

郭宗山,1987.1981—1984年报道的历年发表新矿物的修正与补充[J],岩石矿物学杂志,6(1):71-72.

郭宗山,1987.经国际矿物协会(IMA)新矿物与矿物命名委员会批准1986年发表的新矿物[J],岩石矿物学杂志,6(4):374-375.

郭宗山,1988.1981—1986年报道的新矿物勘误表[J].岩石矿物学杂志,7(1):92-93.

郭宗山,1988.经国际矿物协会(IMA)新矿物与矿物命名委员会批准1987年发表的新矿物[J].岩石矿物学杂志,7(3):280-281.

郭宗山,1989.经国际矿物协会(IMA)新矿物与矿物命名委员会批准1988年发表的新矿物[J].岩石矿物学杂志,8(3):266-267.

郭宗山,1990.经国际矿物协会(IMA)新矿物与矿物命名委员会批准1989年发表的新矿物[J].岩石矿物学杂志,9(3):263-264.

郭宗山,1991.经国际矿物协会(IMA)新矿物与矿物命名委员会批准1990年发表的新矿物[J].岩石矿物学杂志,10(4):350-353.

黄蕴慧,1993.新矿物(1991.1—1992.6)[J].岩石矿物学杂志,12(1):51-75.

黄蕴慧,1998.新矿物(1992.7—1992.12)[J].岩石矿物学杂志,17(1):48-67.

黄蕴慧,1999.新矿物(1994.1—1994.12)[J].岩石矿物学杂志,18(1):50-64.

库姆,1998.国际矿物学协会新矿物和矿物名称委员会沸石分委员会建议的沸石矿物命名[J].地质科技动态(10):6-7.

李国武,2014.烧绿石超族矿物分类新方案及烧绿石超族矿物[J].矿物学报,34(2):153-157.

李锦平,2003.新矿物(1995.1—1996.12)[J].岩石矿物学杂志,22(3):301-320.

李锦平,2003.新矿物(1997.1—1998.12)[J].岩石矿物学杂志,22(2):181-203.

李锦平,2003.新矿物(1999.1—2000.12)[J].岩石矿物学杂志,22(1):80-96.

李锦平,2004.新矿物(1995.1—2000.12)补遗[J].岩石矿物学杂志,23(1):75-88.

李锦平,2006.新矿物(2002.1—2002.12)[J].岩石矿物学杂志,25(6):537-550.

刘显凡,汪灵,李慧,2015.角闪石族和辉石族矿物的系统矿物学分类命名[J].矿物学报(1):19-28.

任玉峰,2007.新矿物(2001.1—2001.12)[J].岩石矿物学杂志,26(3):285-294.

任玉峰,2008.新矿物(2004.1—2004.12)[J].岩石矿物学杂志,27(3):247-262.

任玉峰,2008.新矿物(2005.1—2005.12)[J].岩石矿物学杂志,27(6):572-586.

任玉峰,2011.新矿物(2008.1—2008.12)[J].岩石矿物学杂志,30(2):342-350.

王根元,崔云昊,1990.关于《金石识别》的翻译、出版和底本[J].中国科技史料(1):89-96.

王立本,1999.国际矿物学协会新矿物及矿物命名委员会关于矿物命名的程序和原则(1997年)[J].岩石矿物学杂志,18(3):273-287.

王立本,2001.角闪石命名法——国际矿物学协会新矿物及矿物命名委员会角闪石专业委员会的报告[J].岩石矿物学杂志,20(1):84-100.

王濮,李国武,2014.1958—2012年在中国发现的新矿物[J].地学前缘(1):40-51.

王濮,翁玲宝,陈代璋,1992.系统矿物学与矿物种[J].现代地质(4):411-417.

杨主明,2010.日本原型产地矿物种名称的中文译名[J].岩石矿物学杂志,29(1):109-112.

杨主明,傅小土,2011.加拿大原型产地矿物种名称的中文译名[J].岩石矿物学杂志,30(4):734-738.

伊淑苹,2009.新矿物(2006.1—2006.12)[J].岩石矿物学杂志,28(4):400-406.

伊淑苹,2010.新矿物(2007.1—2007.12)[J].岩石矿物学杂志,29(4):445-452.

章西焕,2008.新矿物(2003.1—2003.12)[J].岩石矿物学杂志,27(2):135-151.

E. H. NICKEL,曹亚文,1993.国际矿物学协会新矿物及矿物命名委员会(IMA-CNMMN)关于矿物多型后缀的规范[J].岩石矿物学杂志(4)382-383.

JOED D. GRICE,GIOVANNI FERRARIS,1999. IMA 1998年批准的新矿物[J].许德焕,译.岩石矿物学杂志,18(2):141-149.

JOED D. GRICE,GIOVANNI FERRARIS,2000.IMA 1999年批准的新矿物[J].王立本,译.岩石矿物学杂志,19(2):152-159.

网站

http://webmineral.com(矿物学数据库)

http://www.dakotamatrix.com(美国国际资料公司网站)

http://www.handbookofmineralogy.org(美国矿物学协会网站)

http://www.issp.u-tokyo.ac.jp(日本东京大学物性研究所电子显微镜室网站)

http://www.mindat.org(哈德逊研究所矿物学数据库)

http://www.yskw.ac.cn(中国《岩石矿物学杂志》网站)

注:书籍、期刊、网站未能一一列出,请原著者和读者谅解,编著者在此对原著者们一并致谢!

附录

附录 1　化学元素周期表

碱金属 alkali metals	碱土金属 alkaline-earth metals	镧系元素 lanthanide	锕系元素 acyinicles	过渡金属 transition metal
主族金属 Main group metals	类金属 metalloid	非金属 nonmetal	卤素 halogen	惰性气体 inter gases

1 氢 H Hydrogen 1.0079																	2 氦 He Helium 4.0026
3 锂 Li Lithium 6.941	4 铍 Be Beryllium 9.012											5 硼 B Boron 10.811	6 碳 C Carbon 12.011	7 氮 N Nitrogen 14.007	8 氧 O Oxygen 15.999	9 氟 F Fluorine 18.998	10 氖 Ne Neon 20.179
11 钠 Na Sodium 22.989	12 镁 Mg Magnesium 24.305											13 铝 Al Aluminium 26.982	14 硅 Si Silicon 28.085	15 磷 P Phosphorus 30.974	16 硫 S Sulfur 32.065	17 氯 Cl Chlorine 35.453	18 氩 Ar Argon 39.948
19 钾 K Potassium 39.098	20 钙 Ca Calcium 40.078	21 钪 Sc Scandium 44.956	22 钛 Ti Titanium 47.867	23 钒 V Vanadium 50.9415	24 铬 Cr Chromium 51.996	25 锰 Mn Manganese 54.938	26 铁 Fe Iron 55.845	27 钴 Co Cobalt 58.9332	28 镍 Ni Nickel 58.693	29 铜 Cu Copper 63.546	30 锌 Zn Zinc 65.38	31 镓 Ga Gallium 69.723	32 锗 Ge Germanium 72.64	33 砷 As Arsenic 74.922	34 硒 Se Selenium 78.96	35 溴 Br Bromine 79.904	36 氪 Kr Krypton 83.798
37 铷 Rb Rubidium 85.467	38 锶 Sr Strontium 87.62	39 钇 Y Yttrium 88.906	40 锆 Zr Zirconium 91.224	41 铌 Nb Niobium 92.9064	42 钼 Mo Molybdenum 95.94	43 锝 Tc Technetium 99.907	44 钌 Ru Ruthenium 101.07	45 铑 Rh Rhodium 102.906	46 钯 Pd Palladium 106.42	47 银 Ag Silver 107.868	48 镉 Cd Cadmium 112.41	49 铟 In Indium 114.818	50 锡 Sn Stannum 118.710	51 锑 Sb Antimony 121.760	52 碲 Te Tellurium 127.60	53 碘 I Iodine 126.904	54 氙 Xe Xenon 131.293
55 铯 Cs Caesium 132.905	56 钡 Ba Barium 137.327	57-71 La-Lu 镧系	72 铪 Hf Hafnium 178.49	73 钽 Ta Tantalum 180.947	74 钨 W Tungsten 183.84	75 铼 Re Rhenium 186.207	76 锇 Os Osmium 190.23	77 铱 Ir Iridium 192.217	78 铂 Pt Platinum 195.078	79 金 Au Gold 196.967	80 汞 Hg Mercury 200.59	81 铊 Tl Thallium 204.383	82 铅 Pb Lead 207.2	83 铋 Bi Bismuth 208.980	84 钋 Po Polonium 208.96	85 砹 At Astatine 209.99	86 氡 Rn Radon 222.02
87 钫 Fr Francium 223.02	88 镭 Ra Radium 226.03	89-103 Ac-Lr 锕系	104 𬬻 Rf Rutherfordium 261.11	105 𬭊 Db Dubnium 262.11	106 𬭳 Sg Seaborgium 263.12	107 𬭛 Bh Bohrium 264.12	108 𬭶 Hs Hassium 265.13	109 鿏 Mt Meitnerium 266.13	110 𫟼 Ds Darmstadtium （269）	111 𬬭 Rg Roentgenium （272）	112 鎶 Cn Copernicium （277）	113 鉨 Nh Nihonium 284	114 𫓧 Fl Flerovium （289）	115 镆 Mc Moscovium 288	116 𫟷 Lv Livermorium （289）	117 鿬 Ts Tennessine unknow	118 鿫 Og Oganesson 294

镧系 Lanthanide (Lanthanoid)	57 镧 La Lanthanum 138.905	58 铈 Ce Cerium 140.116	59 镨 Pr Praseodymium 140.907	60 钕 Nd Neodymium 144.24	61 钷 Pm Promethium 144.91	62 钐 Sm Samarium 150.36	63 铕 Eu Europium 151.964	64 钆 Gd Gadolinium 157.25	65 铽 Tb Terbium 158.925	66 镝 Dy Dysorosium 162.500	67 钬 Ho Holmium 164.930	68 铒 Er Erbium 167.259	69 铥 Tm Thulium 168.934	70 镱 Yb Ytterbium 173.04	71 镥 Lu Lutetium 174.967
锕系 Actinicles	89 锕 Ac Actinium 227.03	90 钍 Th Thorium 232.038	91 镤 Pa Protactinium 231.035	92 铀 U Uranium **238.03**	93 镎 Np Neptunium 237.05	94 钚 Pu Plutonium 244.06	95 镅 Am Americium 243.06	96 锔 Cm Curium 247.07	97 锫 Bk Berkelium 247.07	98 锎 Cf Californium 251.08	99 锿 Es Einsteinium 252.08	100 镄 Fm Fermium 257.10	101 钔 Md Mendelevium 258.10	102 锘 No Nobelium 259.10	103 铹 Lr Lawrencium 260.11

注：据中国地质大学出版社出版的《结晶学及矿物学》（第三版）（赵珊茸，2017）修改。

附录2 118种化学元素汉英名称索引

锕 Actinium	12	钾 Potassium	364	钋 Polonium	688
锿 Einsteinium	17	金 Gold	384	钷 Promethium	689
砹 Astatine	19	锔 Curium	391	镤 Protactinium	691
鿫 Oganesson	29	锎 Californium	399	镨 Praseodymium	693
钯 Palladium	34	钪 Scandium	402	铅 Lead	696
钡 Barium	52	氪 Krypton	413	氢 Hydrogen	748
铋 Bismuth	61	铼 Rhenium	425	铷 Rubidium	753
𬭛 Bohrium	74	镧 Lanthanum	433	铯 Caesium	769
铂 Platinum	76	铹 Lawrencium	437	钐 Samarium	771
钚 Plutonium	81	铑 Rhodium	437	砷 Arsenic	774
𫟼 Darmstadtium	103	镭 Radium	439	铈 Cerium	807
氮 Nitrogen	111	锂 Lithium	442	锶 Strontium	893
锝 Technetium	113	𫟷 Livermorium	451	铊 Thallium	907
镝 Dysprosium	120	钌 Ruthenium	451	钛 Titanium	910
碲 Tellurium	122	磷 Phosphorus	453	钽 Tantalum	916
碘 Iodine	128	硫 Sulfur	494	碳 Carbon	918
铥 Thulium	132	𬬻 Rutherfordium	535	铽 Terbium	935
氡 Rodon	132	镥 Lutetium	538	锑 Antimony	935
𬭊 Dubnium	135	铝 Aluminium	538	础 Tennessine	942
锇 Osmium	140	氯 Chorine	551	铁 Iron	943
铒 Erbiun	142	𬬭 Roentgenium	569	铜 Copper	960
钒 Vanadium	146	鿏 Meitnerium	581	钍 Thorium	970
钫 Francium	162	镅 Americium	586	钨 Tungsten	988
镄 Fermium	168	镁 Magnesium	587	硒 Selenium	998
𫓧 Flerovium	169	钔 Mendelevium	602	锡 Stannum	1006
氟 Fluorine	172	锰 Menganese	603	𨭎 Seaborgium	1008
钆 Gadolinium	218	镆 Moscovium	627	氙 Xenon	1016
钙 Calcium	218	钼 Molybdenum	627	锌 Zinc	1041
锆 Zirconium	242	镎 Neptunium	632	溴 Bromine	1052
鎶 Copernicium	245	钠 Sodium	633	氩 Argon	1058
镉 Cadmium	247	氖 Neon	646	氧 Oxygen	1059
铬 Chromium	248	鉨 Nihonium	647	铱 Iridium	1071
汞 Mercury	253	铌 Niobium	649	钇 Yttrium	1072
钴 Cobalt	255	镍 Nickel	655	镱 Ytterbium	1078
硅 Silicon	260	钕 Neodymium	660	铟 Indium	1078
铪 Hafnimu	301	锘 Nobelium	663	银 Silver	1079
氦 Helium	304	锫 Berkelium	669	铀 Uranium	1087
𬭳 Hassium	322	硼 Boron	672	铕 Europium	1089

附录3 英汉矿物名称索引（中国地质大学出版社编制）

A

Abellaite 阿贝拉石*	1
Abelsonite 卟啉镍石	78
Abenakiite-(Ce) 阿贝纳克石	1
Abernathyite 水砷钾铀矿	868
Abhurite 氯羟锡石	561
Abramovite 阿布拉莫夫矿*	1
Abswurmbachite 褐铜锰矿	313
Abuite 阿武石*	12
Acanthite 螺硫银矿	572
Acetamide 醋胺石	97
Achalaite 阿折罗矿*	12
Achávalite 硒铁矿	1003
Achroite 无色电气石	991
Acmite 锥辉石	1122
Actinolite 阳起石	1058
Acuminite 氟羟锶铝石	189
Adachiite 足立电气石*	1137
Adamite 羟砷锌石	732
Adamsite-(Y) 水碳钠钇石	877
Adanite 阿丹石*	1
Addibischoffite 阿铝钙石*	8
Adelite 砷钙镁石	776
Admontite 水硼镁石	860
Adolfpateraite 钾铀矾	373
Adranosite 阿德拉诺斯铝石*	1
Adranosite-(Fe) 阿德拉诺斯铁石*	2
Adrianite 艾德里安石*	17
Adularia 冰长石	72
Aegirine 霓石	654
Aegirine-augite 霓辉石	653
Aenigmatite 三斜闪石	767
Aerinite 青泥石	747
Aerugite 块砷镍矿	418
Aeschynite-(Ce) 易解石	1077
Aeschynite-(Nd) 钕易解石	661
Aeschynite-(Y) 钛钇矿	914
Afghanite 阿富汗钙霞石	4
Afwillite 柱硅钙石	1118
Agaite 阿加矿*	5
Agakhanovite-(Y) 阿加哈诺夫钇石*	4
Agardite-(Ce) 砷铈铜石	791
Agardite-(La) 砷镧铜石	782
Agardite-(Nd) 砷钕铜石	788
Agardite-(Y) 砷钇铜石	797
Agate 玛瑙	580
Agrellite 氟硅钙钠石	175
Agricolaite 阿碳钾铀矿	11
Agrinierite 钾钙锶铀矿	365
Aguilarite 辉硒银矿	354
Aheylite 阿海尔石*	4
Ahlfeldite 水硒镍石	882
Ahrensite 阿伦斯石	8
Aikinite 针硫铋铅矿	1109
Ajkaite 块树脂石	418
Ajoite 阿交石	5
Akaganeite 四方纤铁矿	900
Akaogiite 阿考寨石	5
Akatoreite 羟硅铝锰石	709
Akdalaite 六方铝氧石	529
Åkermanite 镁黄长石	591
Akhtenskite ε-锰矿	608
Akimotoite 阿基墨石	4
Aklimaite 阿克利马石*	5
Akrochordite 球砷锰石	749
Aksaite 阿硼镁石	9
Aktashite 硫砷汞铜矿	509
Alabandite 硫锰矿	505
Alacránite 阿硫砷矿	7
Alamosite 铅辉石	698
Alarsite 三方砷铝石	762
Albertiniite 阿尔贝蒂尼石*	2
Albite 钠长石	634
Albrechtschraufite 氟碳镁钙铀矿	193
Alburnite 阿尔布伦矿*	2
Alcaparrosaite 阿尔卡帕罗萨石*	3
Aldermanite 阿磷镁铝石	7

Aleksandrovite 亚历山德罗夫石*	1056
Aleksite 硫碲铋铅矿	498
Aleutite 阿留特石*	7
Alforsite 氯磷钡石	556
Alfredopetrovite 阿尔弗雷多佩特罗夫石*	2
Algodonite 微晶砷铜矿	978
Aliettite 滑间皂石	335
Alipite 镍皂石	659
Allabogdanite 磷镍铁矿*	474
Allactite 砷水锰矿	791
Allanite-(Ce) 褐帘石-铈	309
Allanite-(La) 褐帘石-镧	309
Allanite-(Nd) 褐帘石-钕	309
Allanite-(Y) 褐帘石-钇	309
Allanpringite 艾伦普林石*	18
Allargentum 六方锑银矿	530
Alleghanyite 粒硅锰矿	449
Allendeite 钪锆矿	402
Allevardite 钠板石	633
Allochalcoselite 氯亚硒酸铅铜石	567
Alloclasite 阿硫砷钴矿	7
Allophane 水铝英石	850
Alluaivite 阿卢艾夫石	7
Alluaudite 磷锰钠石	471
Almandine 铁铝榴石	949
Almarudite 阿尔玛鲁道夫石	3
Almbosite 硅钒铁石	262
Almeidaite 阿尔梅达矿*	3
Alnaperbøeite-(Ce) 铝钠佩尔伯耶铈石*	540
Alpeite 阿尔卑石*	2
Alsakharovite-Zn 阿萨克哈洛夫石	9
Alstonite 阿碳钙钡矿	11
Altaite 碲铅矿	125
Althausite 羟磷镁石	717
Althupite 铝钍铀矿	541
Altisite 氯铝硅钛碱石	557
Alum-(K) 钾明矾	369
Aluminite 矾石	145
Aluminium 自然铝	1131
Aluminoceladonite 铝绿鳞石	539
Aluminocerite-(Ce) 铝铈硅石*	541
Aluminocopiapite 铝叶绿矾	542

Aluminocoquimbite 铝针绿矾*	542
Aluminomagnesiohulsite 硼锡铝镁石*	681
Aluminopyracmonite 铵铝矾*②	24
Aluminosugilite 铝钠锂大隅石*	540
Alumoåkermanite 铝镁黄长石	540
Alumoklyuchevskite 氧铝钾铜矾	1061
Alumohydrocalcite 水碳铝钙石	875
Alumotantite 铝钽矿	541
Alumotungstite 铝钨华	542
Alumovesuvianite 铝符山石*	539
Alunite 明矾石	622
Alunogen 毛矾石	583
Alurgite 锰云母	618
Alvanite 羟铝钒石	721
Alwilkinsite-(Y) 阿尔威尔金斯铀钇石*	4
Amakinite 羟铁矿	739
Amamoorite 阿玛穆尔石*	8
Amarantite 红铁矾	332
Amarillite 黄铁钠矾	344
Amazonite 天河石	941
Ambatoarinite 阿碳锶铈石	11
Amber 琥珀	334
Amblygonite 锂磷铝石	443
Ambrinoite 阿莫里诺石*	8
Ameghinite 四水硼钠石	901
Amesite 镁绿泥石	595
Amicite 斜碱沸石	1030
Aminoffite 铍黄长石	684
Ammonioalunite 铵明矾石	25
Ammonioborite 水硼铵石	859
Ammoniojarosite 铵黄钾铁矾	23
Ammonioleucite 铵白榴石	22
Ammoniomagnesiovoltaite 铵镁绿钾铁矾*	24
Ammoniomathesiusite 铵硫钒钾铀矿*	23
Ammoniotinsleyite 铵红水磷铝钾石*	23
Ammoniovoltaite 铵绿钾铁矾*	24
Ammoniozippeite 铵水铀矾*	25
Ammonium-aphthitalite 铵钾芒硝	23
Amstallite 层硅铝钙石	85
Analcime 方沸石	153
Anandite 羟硅钡铁石	708

Anapaite 三斜磷钙铁矿	766	Anzaite-(Ce) 安扎铈矿*	22
Anatase 锐钛矿	756	Apachite 蓝水硅铜石	429
Ancylite-(Ce) 碳锶铈矿	929	Apatite 磷灰石	460
Ancylite-(La) 碳锶镧矿	928	Apexite 埃佩克斯石*	16
Andalusite 红柱石	333	Aphrosiderite 铁蠕绿泥石	954
Andersonite 水碳钠钙铀矿	877	Aphthitalite 钾芒硝	368
Andesine 中长石	1116	Apjohnite 锰明矾	611
Andorite 硫锑银铅矿	520	Aplowite 四水钴矾	901
Andradite 钙铁榴石	230	Apophyllite 鱼眼石	1091
Andrémeyerite 硅钡铁石	261	Apuanite 硫氧锑铁矿	526
Andreyivanovite 磷铬铁矿	458	Aquamarine 海蓝宝石	302
Anduoite 安多矿	21	Aradite 阿拉德石*	5
Andychristyite 安迪克里斯蒂石*	20	Aragonite 文石	984
Andymcdonaldite 安迪麦克唐纳矿*	20	Arakawaite 磷锌铜矿	485
Andyrobertsite 安迪罗伯特石	20	Arakiite 阿拉基石	6
Angarfite 安加尔夫石*	21	Aramayoite 硫铋锑银矿	496
Angelellite 脆砷铁矿	99	Arandisite 水硅锡矿	833
Anglesite 铅矾	697	Arangasite 阿兰加斯石*	6
Anhydrite 硬石膏	1084	Arapovite 阿诺波夫石	9
Anilite 斜方蓝辉铜矿	1023	Aravaipaite 水氟铅铝石	821
Ankangite 安康矿	21	Aravaite 阿拉瓦石*	6
Ankerite 铁白云石	943	Arcanite 钾矾	364
Ankinovichite 安奇诺维奇石	21	Archerite 磷钾石	460
Annabergite 镍华	657	Arctite 北极石	49
Annite 羟铁云母	739	Arcubisite 硫铋铜银矿	496
Anorpiment 三斜雌黄*	765	Ardaite 氯硫锑铅矿	557
Anorthite 钙长石	218	Ardealite 磷石膏	476
Anorthoclase 歪长石	975	Ardennite-(As) 砷硅铝锰石	780
Anorthominasragrite 三斜钒矾	765	Ardennite-(V) 钒硅铝锰石	148
Ansermetite 水钒锰石	818	Arfvedsonite 钠铁闪石	643
Antarcticite 南极石	646	Argandite 阿尔冈矿*	3
Anthoinite 水钨铝矿	881	Argentite 辉银矿	354
Anthonyite 水氯铜石	853	Argentobaumhauerite 银褐硫砷铅矿	1079
Anthophyllite 直闪石	1115	Argentodufrénoysite 硫砷铅银矿*	511
Antigorite 叶蛇纹石	1067	Argentojarosite 银铁矾	1080
Antimonselite 硒锑矿	1003	Argentoliveingite 富银利硫砷铅矿	217
Antimony 自然锑	1133	Argentopentlandite 银镍黄铁矿	1080
Antipinite 安季平石*	21	Argentopyrite 少银黄铁矿	773
Antlerite 羟铜矾	740	Argentotennantite-(Zn) 银砷黝铜矿	1080
Antofagastaite 安托法加斯塔石*	22	Argentotetrahedrite-(Fe) 银黝铜矿-铁	1081
Antozonite 呕吐石	664	Argentotetrahedrite-(Hg) 汞银黝铜矿	254
Anyuiite 安云矿	22	Argesite 阿尔杰斯石*	3

Argutite 锗石	1106
Argyrodite 硫银锗矿	527
Arhbarite 阿砷铜石	10
Ariegilatite 阿里吉莱特石*	6
Arisite-(Ce) 阿里斯铈石*	6
Arisite-(La) 阿里斯镧石*	6
Aristarainite 硼钠镁石	678
Armalcolite 阿姆阿尔柯尔石	8
Armangite 砷锰矿	785
Armellinoite-(Ce) 阿姆利诺铈石*	8
Armenite 钡钙大隅石	54
Armstrongite 水硅钙锆石	825
Arrojadite-(BaFe) 磷碱钡铁石	461
Arrojadite-(BaNa) 钠磷锰铁矿-钡钠	638
Arrojadite-(KFe) 钠磷锰铁矿-钾铁	638
Arrojadite-(KFeNa) 钠磷锰铁矿-钾铁钠	638
Arrojadite-(KNa) 磷碱铁石-钾钠	461
Arrojadite-(NaFe) 钠磷锰铁矿-钠铁	638
Arrojadite-(PbFe) 钠磷锰铁矿-铅铁	638
Arrojadite-(SrFe) 钠磷锰铁矿-锶铁	639
Arsenatian Vanadinite 砷钒铅矿	776
Arsenatrotitanite 氧砷钠钛石*	1063
Arsenbrackebuschite 砷铁铅石	793
Arsendescloizite 羟砷锌铅石	732
Arsenic 自然砷	1133
Arseniopleite 红砷钙锰矿	328
Arseniosiderite 菱砷铁矿	492
Arsenmarcobaldiite 砷马克巴尔迪矿*	784
Arsenmedaite 砷梅达石*	784
Arsenobismite 羟砷铋矿	727
Arsenoclasite 阿羟砷锰矿	9
Arsenocrandallite 纤砷钙铝石	1013
Arsenoflorencite-(Ce) 阿砷铈铝石	10
Arsenoflorencite-(La) 阿砷镧铝石	10
Arsenoflorencite-(Nd) 阿砷钕铝石	10
Arsenogorceixite 砷磷钡铝石	782
Arsenogoyazite 砷铝锶石	783
Arsenohauchecornite 硫砷铋镍矿	509
Arsenohopeite 砷锌石*	797
Arsenolamprite 斜方砷	1025
Arsenolite 砷华	781
Arsenopalladinite 砷钯矿	774
Arsenopyrite 毒砂	133
Arsenosulvanite 等轴硫砷铜矿	118
Arsenotučekite 砷硫锑镍矿	783
Arsenovanmeersscheite 多铀砷铀矿	139
Arsenowagnerite 氟砷镁石*	190
Arsenquatrandorite 砷硫锑银铅矿*	783
Arsentsumebite 硫砷铜铅石	512
Arsenuranospathite 水砷铀云母	873
Arsenuranylite 水砷铀矿	873
Arsiccioite 阿斯西奥矿*	11
Arthurite 水砷铁铜石	871
Artinite 水纤菱镁矿	882
Artroeite 羟氟铝铅石	705
Artsmithite 羟磷铝汞石	716
Arupite 水磷镍石	843
Arzakite 溴氯硫汞矿	1052
Arzrunite 氯铜铅矾	565
Asbecasite 砷铍钙硅石	789
Asbestos 石棉	804
Asbolane 钴土	257
Aschamalmite 阿硫铋铅矿	7
Ashanite 阿山矿	9
Ashburtonite 阿什伯敦石	10
Ashcroftine-(Ce) 硅碱钙铈石	269
Ashcroftine-(Y) 硅碱钙钇石	269
Ashoverite 阿羟锌石	9
Asimowite 阿西莫夫石*	12
Asisite 铅硅氯石	697
Åskagenite-(Nd) 埃斯卡恩钕石*	16
Aspedamite 阿斯佩达蒙石*	11
Asphalt 沥青	448
Aspidolite 钠金云母	637
Asselbornite 砷铋铅铀矿	775
Astrocyanite-(Ce) 羟碳铀铈铜矿	738
Astrolite 球星石	749
Astrophyllite 星叶石	1051
Atacamite 氯铜矿	565
Atelestite 板羟砷铋石	45
Athabascaite 斜方硒铜矿	1028
Atheneite 砷汞钯矿	779
Atlasovite 阿特拉索石	11
Atokite 锡铂钯矿	1006

附录3 英汉矿物名称索引

Atopite 氟锑钙石①	195
Attakolite 红橙石	323
Aubertite 水氯铝铜矾	851
Auerlite 磷钍石	484
Augelite 光彩石	259
Augite 普通辉石	693
Auriacusite 氧砷铁铜矿*	1063
Aurichalcite 绿铜锌矿	550
Auricupride 斜方金铜矿	1022
Aurihydrargyrumite 金水银矿*	386
Aurivilliusite 碘氧汞石	129
Aurorite 黑银锰矿	321
Aurostibite 方锑金矿	159
Austinite 砷钙锌石	778
Autunite 钙铀云母	232
Avalite 铬伊利石	252
Averievite 氯氧钒铜矿	568
Avicennite 褐铊矿	312
Avogadrite 氟硼钾石	188
Awaruite 铁镍矿	953
Axinite-(Fe) 斧石	200
Axinite-(Mg) 镁斧石	589
Axinite-(Mn) 锰斧石	605
Azoproite 硼镁铁钛矿	677
Azovskite 胶棕铁矿	381
Azurite 蓝铜矿	431

B

Babánekite 巴巴涅克石*	30
Babefphite 钡铍氟磷石	56
Babingtonite 硅铁灰石	292
Babkinite 硫硒铋铅矿	524
Backite 巴克石*	32
Badakhshanite-(Y) 巴达赫尚钇石*	30
Baddeleyite 斜锆石	1028
Badengzhuite 巴登珠矿	31
Bafertisite 钡铁钛石	57
Baghdadite 巴格达石	31
Bahianite 羟铝锑矿	722
Baileychlore 贝氏绿泥石	51
Bairdite 贝尔德石*	50
Baiyuneboite-(Ce) 白云鄂博矿	40

Bakerite 瓷硼钙石	94
Bakhchisaraitsevite 水磷钠镁石	843
Baksanite 巴硫碲铋矿	33
Balangeroite 羟硅铁锰石	713
Balestraite 巴莱斯特拉石*	32
Baliċžuniċite 巴里奇祖尼奇石*	32
Balipholite 纤钡锂石	1009
Balkanite 硫汞银铜矿	502
Balyakinite 巴碲铜石	31
Bambollaite 硒碲铜矿	1000
Bamfordite 一水羟钼铁矿	1068
Banalsite 钡钠长石	56
Bandylite 氯硼铜矿	559
Bannermanite 碱钒石	376
Bannisterite 班硅锰石	42
Baotite 包头矿	46
Barahonaite-(Al) 羟砷铝铜钙石	728
Barahonaite-(Fe) 羟砷铁铜钙石②	731
Bararite 巴氟硅铵石	31
Baratovite 硅钛锂钙石	287
Barberiite 氟硼铵石	187
Barbierite 钠正长石	645
Barbosalite 重铁天蓝石	93
Barentsite 氟碳铝钠石	193
Bariandite 钡水钒矿	33
Bariċite 镁蓝铁矿	593
Barikaite 拜里卡矿*	42
Barioferrite 钡铁矿*	57
Bariomicrolite 钡细晶石	57
Bario-olgite 磷钡锶钠石	454
Bario-orthojoaquinite 斜方硅钡钛石	1021
Barioperovskite 钡钛矿	56
Bariopharmacoalumite 钡毒铝石*	52
Bariopharmacosiderite 钡毒铁矿	53
Bariopyrochlore 钡烧绿石	56
Bariosincosite 磷钡钒石	453
Barium-bearing Muscovite 钡钒白云母	53
Barium plagioclase 钡斜长石	58
Barkevikite 棕闪石	1137
Barlowite 巴洛石*	33

Barrerite 钠红沸石	636	Bazzite 钪绿柱石	402
Barringerite 巴磷铁矿	32	Bearsite 水砷铍石	870
Barringtonite 双水碳镁石	812	Bearthite 贝尔斯石	50
Barroisite 冻蓝闪石	133	Beaumontite 黄束沸石	342
Barrydawsonite-(Y) 巴里道森钇石*	32	Beaverite-(Cu) 铜铅铁矾	962
Barstowite 氯碳铅石	564	Beaverite-(Zn) 锌铅铁矾	1045
Bartelkeite 铅铁锗矿	700	Bechererite 羟硫硅铜锌石	720
Bartonite 巴硫铁钾矿	33	Beckelite 方钙铈镧矿	154
Barwoodite 巴伍德石*	33	Beckettite 铝钒钙石*	538
Barylite 硅钡铍矿	260	Becquerelite 深黄铀矿	799
Barysilite 硅铅矿	283	Bederite 磷钙铁锰石	456
Baryte 重晶石	1116	Befanamite 硅钪石	270
Barytocalcite 斜钡钙石	1018	Béhierite 硼钽石	680
Barytolamprophyllite 钡闪叶石	56	Behoite 羟铍石	727
Basaltic hornblende 玄武闪石	1053	Běhounekite 水硫铀矿	849
Bassanite 烧石膏	773	Beidellite 贝得石	50
Bassetite 铁铀云母	958	Belakovskiite 多硫水钠铀矿	137
Bassoite 巴索石*	33	Belendorffite 贝兰道尔夫矿	50
Bastite 绢石	391	Belkovite 硅钡铌石	260
Bastnäsite-(Ce) 氟碳铈矿	195	Bellbergite 贝尔伯格石	50
Bastnäsite-(La) 氟碳镧矿	193	Bellidoite 辉硒铜矿	354
Bastnäsite-(Nd) 氟碳钕矿	194	Bellingerite 水碘铜矿	816
Bastnäsite-(Y) 氟碳钇矿	195	Bellite 铬砷铅矿	251
Batievaite-(Y) 巴蒂耶娃钇石*	31	Belloite 别洛依石	71
Batiferrite 钡钛铁矿	57	Belogubite 贝洛古布石*	51
Batisite 硅钡钛石	261	Belovite-(Ce) 锶铈磷灰石	896
Batisivite 硅钛钒钡石	287	Belovite-(La) 锶镧磷灰石	895
Baumhauerite 硫铅砷矿	508	Belyankinite 锆钛钙石	243
Baumite 锰镁铝蛇纹石	611	Bementite 硅锰矿	276
Baumoite 钼铀钡矿*	630	Benauite 水磷锶铁石	844
Baumstarkite 鲍姆施塔克矿*	49	Benavidesite 硫锰铅锑矿	506
Bauranoite 钡铀矿	58	Benitoite 蓝锥矿	433
Bauxite 铝土矿	541	Benjaminite 本硫铋银矿	59
Bavenite 硬羟钙铍石	1084	Benleonardite 硫碲锑银矿	498
Bavsiite 硅钒钡石*	262	Benstonite 菱碱土矿	490
Bayannkhanite 四硫汞铜矿	900	Bentorite 钙铬矾	220
Bayerite 拜三水铝石	42	Benyacarite 水磷锰铁钛石	842
Bayldonite 乳砷铅铜矿	753	Beraunite 簇磷铁矿	97
Bayleyite 碳镁铀矿	924	Berborite 水硼铍石	860
Baylissite 水碳镁钾石	876	Berdesinskiite 钛钒矿	911
Bazhenovite 巴泽诺夫石	34	Berezanskite 钛锂大隅石	911
Bazirite 硅锆钡石	265	Bergenite 钡磷铀矿	55

English	Chinese	Page
Bergslagite	羟砷钙铍石	728
Berlinite	块磷铝矿	417
Bermanite	板磷锰矿	43
Bernalite	伯纳尔石	75
Bernardite	贝硫砷铊矿	51
Berndtite	三方硫锡矿	760
Berryite	板硫铋铜铅矿	44
Berthierine	铁铝蛇纹石	950
Berthierite	辉锑铁矿	352
Bertossaite	锂钙铝磷石	442
Bertrandite	羟硅铍石	712
Beryllite	水硅铍石	831
Beryllonite	磷钠铍石	473
Beryl	绿柱石	551
Berzelianite	硒铜矿	1004
Berzeliite	黄砷榴石	342
Beshtauite	铵铀矾	25
Betafite	铌钛铀矿	651
Betekhtinite	针硫铅铜矿	1109
Betpakdalite-CaCa	砷钼铁钙矿-钙钙	786
Betpakdalite-CaMg	砷钼铁钙矿-钙镁*	786
Betpakdalite-FeFe	砷钼铁钙矿-铁铁*	786
Betpakdalite-NaCa	砷钼铁钙矿-钠钙	786
Betpakdalite-NaNa	砷钼铁钙矿-钠钠*	786
Bettertonite	贝特顿石*	52
Beudantite	砷铅铁矾	789
Beusite	磷铁锰矿	482
Beusite-(Ca)	磷铁锰矿-钙*	482
Beyerite	碳铋钙石	919
Bezsmertnovite	碲铜金矿	126
Biagioniite	比亚乔尼矿*	60
Bianchite	锌铁矾	1046
Bicchulite	羟铝黄长石	721
Bideauxite	银氯铅矿	1080
Bieberite	赤矾	91
Biehlite	钼砷锑矿	629
Bigcreekite	水硅钡石	825
Bijvoetite-(Y)	羟碳钇铀石	738
Bikitaite	硅锂铝石	271
Bilibinskite	碲铅铜金矿	125
Bilinite	复铁矾	201
Billietite	黄钡铀矿	336
Billingsleyite	硫锑砷银矿	518
Billwiseite	比尔怀斯石*	59
Bimbowrieite	宾博里石*	71
Bindheimite	水锑铅矿	879
Biotite	黑云母	321
Biphosphammite	二磷铵石	142
Biraite-(Ce)	碳硅铁铈石	921
Biringuccite	比硼钠石	59
Birnessite	水钠锰矿	857
Birunite	硅碳石膏	290
Bisbeeite	软硅铜矿	754
Bischofite	水氯镁石	851
Bismite	铋华	61
Bismoclite	氯铋矿	552
Bismuth	自然铋	1126
Bismuthinite	辉铋矿	347
Bismutite	泡铋矿	668
Bismutocolumbite	铋铌铁矿	61
Bismutoferrite	羟硅铋铁石	708
Bismutohauchecornite	硫双铋镍矿	514
Bismutomicrolite	铋细晶石	62
Bismutopyrochlore	铋烧绿石	62
Bismutostibiconite	铋黄锑华	61
Bismutotantalite	钽铋矿	916
Bityite	锂白榍石	442
Bixbyite	方铁锰矿	160
Bjarebyite	磷铝锰钡石	465
Blakeite	红碲铁石	323
Blatonite	纤碳铀矿	1014
Blatterite	贝硼锰石	51
Bleasdaleite	勃力斯多雷石	76
Blixite	氯羟铅矿	561
Blödite	白钠镁矾	36
Blomstrandine	钍钇易解石	970
Blossite	布朗矿	79
Bluebellite	蓝铃石*	428
Bluelizardite	硫氯钠铀矿	505
Blue spinel	蓝尖晶石	427
Blythite	锰榴石	610
Bobcookite	鲍勃库克铀矿*	48
Bobdownsite	鲍伯道斯石	47
Bobfergusonite	磷钠锰高铁石	473

Bobierrite 白磷镁石	35	Bostwickite 多水硅钙锰石	137
Bobjonesite 单斜钒矾	106	Botallackite 羟氯铜矿	723
Bobkingite 羟氯铜石	724	Botryogen 赤铁矾	91
Bobmeyerite 鲍勃迈耶石*	48	Bottinoite 博蒂诺石	76
Bobshannonite 鲍勃香农石*	48	Boulangerite 硫锑铅矿	518
Bobtraillite 水硼硅锶钠锆石	859	Bournonite 车轮矿	87
Bogdanovite 碲铁铜金矿	126	Boussingaultite 六水铵镁矾	531
Bøggildite 氟磷钠锶石	180	Bowieite 硫铱铑矿	526
Boggsite 博干沸石	76	Bowlesite 鲍尔斯矿*	48
Bøgvadite 博格瓦德石	77	Boyleite 四水锌矾	903
Bohdanowiczite 硒铋银矿	999	Brabantite 磷钙钍石	457
Böhmite 薄水铝矿	78	Braccoite 布拉科石*	79
Bohseite 博泽石*	77	Bracewellite 羟铬矿	707
Bohuslavite 博胡斯拉夫石*	77	Brackebuschite 锰铁钒铅矿	614
Bokite 钒铝铁石	149	Bradaczekite 砷钠铜石	787
Boleite 氯铜银铅矿	566	Bradleyite 磷钠镁石	472
Bolivarite 隐磷铝石	1081	Braggite 硫镍钯铂矿	506
Boltwoodite 硅钾铀矿	268	Braitschite-(Ce) 硼铈钙石	680
Bonaccordite 硼镍矿	678	Brammallite 钠伊利石	644
Bonacinaite 博纳奇纳石*	77	Brandholzite 水羟镁锑石	863
Bonattite 三水胆矾	763	Brandtite 砷锰钙石	785
Bonazziite 博纳姿石*	77	Brannerite 钛铀矿	914
Bonshtedtite 本斯得石	59	Brannockite 锡锂大隅石	1007
Boothite 七水胆矾	694	α-Brass 自然黄铜	1129
Boracite 方硼石	157	Brassite 水砷镁石	869
β-Boracite β-方硼石	157	Brattforsite 布拉特福什石*	79
Boralsilite 硅铝硼石	274	Braunite 褐锰矿	311
Borax 硼砂	679	Bravoite 方硫铁镍矿	156
Borcarite 碳硼镁钙石	926	Brazilianite 磷铝钠石	466
Borishanskiite 铅砷钯矿	699	Bredigite 白硅钙石	34
Bornemanite 磷硅铌钠钡石	458	Breithauptite 红锑镍矿	331
Bornhardtite 方硒钴矿	160	Brendelite 磷铁铅铋矿	483
Bornite 斑铜矿	42	Brenkite 氟碳钙石	192
Borocookeite 波洛克石	74	Breunnerite 铁菱镁矿	949
Borodaevite 博罗达耶夫矿	77	Brewsterite-Ba 锶沸石-钡	894
Boromullite 硼莫来石	678	Brewsterite-Sr 锶沸石-Sr	894
Boromuscovite 硼白云母	672	Breyite 布雷石*	79
Boron 自然硼	1132	Brezinaite 硫铬矿	500
Borovskite 亮碲锑钯矿	451	Brianite 磷镁钙钠石	469
Boscardinite 博斯卡尔迪尼矿*	77	Brianroulstonite 布水氯硼钙石	80
Bosiite 波斯石	74	Brianyoungite 布里杨石	80
Bosoite 房总石*	162	Briartite 灰锗矿	347

Brinrobertsite 叶蜡石间蒙皂石	1066
Britholite-(Ce) 铈硅磷灰石	808
Britholite-(Y) 钇硅磷灰石	1072
Brizziite 锑钠石	939
Brochantite 羟胆矾	702
Brockite 水磷钙钍石	838
Brodtkorbite 硒汞铜矿	1000
Bromargyrite 溴银矿	1052
Bromellite 铍石	685
Bromian Chlorargyrite 氯溴银矿	567
Bronzite 古铜辉石	255
Brookite 板钛矿	45
Browneite 布朗尼矿*	79
Brownmillerite 钙铁石	231
Brucite 水镁石	855
Brüggenite 水碘钙石	816
Brugnatellite 红鳞镁铁矿	326
Brumadoite 布水碲铜石	80
Brunogeierite 锗磁铁矿	1105
Brushite 透钙磷石	966
Bubnovaite 布勃诺娃石*	78
Buchwaldite 磷钠钙石	472
Buckhornite 硫碲铋铅金矿	498
Buddingtonite 水铵长石	813
Bukovite 硒铊铁铜矿	1002
Bukovskýite 羟砷铁矾	731
Bulachite 水羟砷铝石	864
Bulgakite 布尔加科石*	79
Bultfonteinite 氟硅钙石	175
Bunnoite 丰石*	168
Bunsenite 绿镍矿	547
Burangaite 磷铝铁钠石	468
Burbankite 黄碳锶钠矿	343
Burckhardtite 硅碲铁铅石	261
Burgessite 伯吉斯石	75
Burkeite 碳钠矾	924
Burnettite 钒辉石	148
Burnsite 伯恩矿	75
Burpalite 氟硅锆钙钠石	175
Burroite 布罗石*	80
Bursaite 柱辉铋铅矿	1119
Burtite 羟钙锡矿	706
Buryatite 羟硼钙矾石	725
Buseckite 布塞克矿*	80
Bushmakinite 羟钒磷铝铅石	703
Bussenite 羟氟碳硅钛铁钡钠石	705
Bussyite-(Ce) 伯西铈石*	75
Bussyite-(Y) 伯西钇石*	75
Bustamite 锰硅灰石	606
Butianite 补天矿*	78
Butlerite 基铁矾	357
Bütschliite 三方碳钾钙石	762
Buttgenbachite 毛青铜矿	584
Byelorussite-(Ce) 别劳如斯石	71
Bykovaite 水硅钛钡钠石	831
Byrudite 伯格德矿*	75
Bystrite 贝斯特石*	51
Byströmite 锑镁矿	938
Bytownite 培长石	669
Byzantievite 拜占庭石*	42

C

Cabalzarite 砷铁镁铝钙石	793
Cabriite 铜锡钯矿	964
Cabvinite 卡博文石*	392
Cacoxenite 黄磷铁矿	340
Cadmium 自然镉	1128
Cadmoindite 硫镉铟矿	500
Cadmoselite 六方硒镉矿	530
Cadwaladerite 氯羟铝石	560
Caesiumpharmacosiderite 铯毒铁石	769
Cafarsite 钙铁砷矿	231
Cafetite 钙铁钛矿	231
Cahnite 砷硼钙石	788
Caichengyunite 蔡承云石	82
Cairncrossite 凯恩克罗斯石*	399
Calamaite 卡拉马石*	394
Calaverite 碲金矿	123
Calciborite 钙硼石	227
Calcinaksite 钙钠钾硅石*	226

Calcioandyrobertsite 水砷钾钙铜石	867
Calcioaravaipaite 氟铝钙铅石	181
Calciobetafite 钙贝塔石	218
Calcioburbankite 碳锶钙钠石	928
Calciocatapleiite 钙锆石	219
Calciocopiapite 钙叶绿矾	232
Calciodelrioite 钙水钒锶钙石*	228
Calcioferrite 钙磷铁矿	222
Calciohilairite 三水钙锆石	764
Calciojohillerite 砷镁钙钠石*	784
Calciolangbeinite 无水钾钙矾*	991
Calciomurmanite 钙水硅钛钠石*	228
Calciopetersite 羟水磷钙铜石	733
Calciosamarskite 钙铌钇矿	227
Calciotantite 钙钽石	229
Calciouranoite 水钙铀矿	824
Calcioveatchite 钙水硼锶石*	228
Calcite 方解石	154
Calcjarlite 氟铝钠钙石	182
Calclacite 醋氯钙石	97
Calcurmolite 水钙钼铀矿	823
Calcybeborosilite-(Y) 硅硼铍钇钙石	281
Calderite 锰铁榴石	615
Calderónite 卡尔德隆矿*	392
Caledonite 铅蓝矾	698
Calkinsite-(Ce) 水碳镧铈石	875
Callaghanite 水碳铜镁石	878
Callainite 绿磷铝石	545
Calomel 甘汞矿	233
Calumetite 蓝水氯铜矿	429
Calvertite 卡硫锗铜矿	395
Calzirtite 钙锆钛矿	220
Camanchacaite 卡曼恰卡石*	396
Cámaraite 卡马拉石*	395
Camaronesite 卡马罗内斯石*	395
Camérolaite 嘉麦伦矾	363
Cameronite 喀碲银铜矿	392
Camgasite 水砷镁钙石	868
Caminite 叠水镁矾	132
Campigliaite 坎锰铜矿	401
Campostriniite 坎波斯特里尼石*	401
Campylite 磷砷铅矿	476
Canaphite 磷钙钠石	456
Canasite 硅碱钙石	269
Canavesite 硼碳镁石	680
Cancrinite 钙霞石	232
Cancrisilite 硅钙霞石*	264
Canfieldite 硫银锡矿	527
Cannizzarite 卡辉铋铅矿	394
Cannonite 坎农矿	401
Canosioite 卡诺吉欧石*	396
Canutite 卡努特石*	396
Caoxite 碳氧钙石	931
Capgaronnite 卡普加陆石	397
Cappelenite-(Y) 硼硅钡钇矿	673
Capranicaite 卡普拉尼卡石*	397
Caracolite 氯铅芒硝	559
Carboborite 水碳硼石	877
Carbobystrite 碳贝斯特石*	918
Carbocernaite 碳铈钠石	928
Carboirite 羟锗铁铝石	743
Carbokentbrooksite 碳铌异性石	925
Carbonado 黑金刚石	316
Carbonatecyanotrichite 碳绒铜矿	927
Carbonate-fluorapatite 碳氟磷灰石	919
Carbonate-rich Hydroxylapatite 磷酸钙石	478
Carducciite 卡尔杜齐矿*	393
Caresite 水碳铝铁石	876
Carletonite 碳硅碱钙石	920
Carlfrancisite 卡尔弗朗西斯石*	393
Carlfriesite 碲钙石	123
Carlgieseckeite-(Nd) 卡尔吉塞克钕石*	393
Carlhintzeite 水氟铝钙石	821
Carlinite 辉铊矿	351
Carlosbarbosaite 铌铀矿	653
Carlosruizite 卡洛斯鲁伊兹石	395
Carlosturanite 卡硅铁镁石	394
Carlsbergite 氮铬矿	112
Carlsonite 卡尔森石*	393
Carmeltazite 卡麦尔石*	395
Carmichaelite 羟钛矿	734
Carminite 砷铅铁石	790
Carnallite 光卤石	259

Carnotite 钒钾铀矿	148
Carobbiite 方氟钾石	153
Carpathite 黄地蜡	337
Carpholite 纤锰柱石	1012
Carraraite 卡拉拉石*	394
Carrboydite 镍铝矾	657
Carrollite 硫铜钴矿	522
Caryinite 砷锰钙矿	785
Caryopilite 肾硅锰矿	800
Cascandite 硅钙钪石	263
Caseyite 凯西石*	400
Cassagnaite 羟硅钒铁钙石	708
Cassedanneite 卡瑟达纳矿*	398
Cassidyite 磷钙镍石	456
Cassiterite 锡石	1007
Castellaroite 卡斯泰拉罗石*	398
Caswellsilverite 硫钠铬矿	506
Catamarcaite 硫钨锗铜矿	524
Catapleiite 钠锆石	635
Cattierite 方硫钴矿	155
Cattiite 卡水磷镁石	398
Cavansite 水硅钒钙石	825
Cayalsite-(Y) 硅铝钙钇石*	273
Caysichite-(Y) 碳硅钙钇石	920
Cebaite-(Ce) 氟碳铈钡矿	194
Cebaite-(Nd) 氟碳钕钡矿	194
Cebollite 纤维石	1015
Čechite 施钒铅铁石	800
Čejkaite 塞加卡石*	758
Celadonite 绿鳞石	545
Celestine 天青石	941
Celsian 钡长石	52
Centennialite 百年矿*	41
Cerchiaraite-(Al) 氯羟硅钡铝石	560
Cerchiaraite-(Fe) 氯羟硅钡铁石	560
Cerchiaraite-(Mn) 氯羟硅钡锰石	560
Cerianite-(Ce) 方铈石	158
Ceriopyrochlore-(Ce) 铈烧绿石	810
Cerite-(Ce) 铈硅石	809
Cerite-(La) 镧硅铈石	433
Černýite 铜镉黄锡矿	961
Cerphosphorhuttonite 磷硅钍铈石	460
Cerromojonite 塞罗莫琼矿*	758
Ceruleite 块砷铝铜矿	418
Cerussite 白铅矿	37
Cervandonite-(Ce) 铈砷硅石	810
Cervantite 白安矿	34
Cervelleite 硫碲银矿	498
Cesanite 钙钠矾	225
Césarferreiraite 塞萨尔费雷拉石*	759
Cesàrolite 泡锰铅矿	669
Cesbronite 羟碲铜矿	702
Cesiokenopyrochlore 铯空烧绿石*	769
Cesplumtantite 钽铯铅矿	917
Cetineite 水氧硫锑钾石	884
Chabazite-Ca 菱沸石-钙	488
Chabazite-K 菱沸石-钾	488
Chabazite-Mg 菱沸石-镁	488
Chabazite-Na 菱沸石-钠	488
Chabazite-Sr 菱沸石-锶	489
Chabournéite 沙硫锑铊铅矿	770
Chadwickite 亚砷铀石	1057
Chaidamuite 柴达木石	87
Chalcanthite 胆矾	109
Chalcedony 石髓	805
Chalcoalumite 铜矾石	960
Chalcocite 辉铜矿	353
Chalcocyanite 铜靛矾	960
Chalcomenite 蓝硒铜矿	432
Chalconatronite 蓝铜钠石	431
Chalcophanite 黑锌锰矿	321
Chalcophyllite 叶硫砷铜石	1066
Chalcopyrite 黄铜矿	344
Chalcosiderite 磷铜铁矿	484
Chalcostibite 硫铜锑矿	523
Chalcothallite 硫铊铜矿	515
Chalcotrichite 毛赤铜矿	583
Challacolloite 氯钾铅矿	555
Chambersite 锰方硼石	605
Chaméanite 砷硒铜矿	796
Chamosite 鲕绿泥石	142
Chanabayaite 查纳巴亚石*	86
Changbaiite 长白矿	87
Changchengite 长城矿	87

English	Chinese	Page
Changoite	白钠锌矾	37
Chantalite	钱羟硅铝钙石	701
Chaoite	赵击石	1105
Chapmanite	硅锑铁矿	291
Charleshatchettite	查尔斯哈切特石*	86
Charlesite	水硼铝钙矾	860
Charmarite	水碳铝锰石	875
Charoite	紫硅碱钙石	1124
Chatkalite	硫锡铁铜矿	525
Chayesite	卡大隅石	392
Chegemite	切格姆石*	745
Chekhovichite	铋碲矿	61
Chelkarite	水氯硼钙镁石	851
Chenevixite	绿砷铁铜矿	548
Chengdeite	承德矿	89
Chenguodaite	陈国达矿	88
Chenite	陈铜铅矾	89
Chenmingite	陈鸣矿	89
Cheralite	富钍独居石	217
Cheremnykhite	彻雷奈克石	88
Cherepanovite	砷铑矿	782
Chernikovite	切尔尼科夫石*	745
Chernovite-(Y)	砷钇矿	797
Chernykhite	钡钒云母	53
Chervetite	斜钒铅矿	1019
Chessexite	奇斯克石	695
Chesterite	闪川石	772
Chestermanite	齐硼铁镁矿	695
Chevkinite-(Ce)	硅钛铈铁矿	290
Chevkinite-(Nd)	硅钛钕铁矿	289
Chiappinoite-(Y)	基亚皮诺钇石*	359
Chiavennite	水硅锰钙铍石	828
Chibaite	千叶石*	696
Childrenite	磷铝铁石	468
Chile-loeweite	钾钠镁矾	369
Chiluite	赤路矿	91
Chinchorroite	新克罗石*	1048
Chinleite-(Y)	钦利钇石*	745
Chiolite	锥冰晶石	1122
Chistyakovaite	水砷铝铀石	868
Chiyokoite	千代子石*	696
Chkalovite	硅铍钠石	282
Chladniite	陨磷镁钙钠石	1097
Chloraluminite	氯铝石	557
Chlorapatite	氯磷灰石	556
Chlorargyrite	角银矿	382
Chlorartinite	水氯碳镁石	853
Chlorbartonite	氯硫铁钾矿	557
Chlorellestadite	氯硅磷灰石	554
Chlorite	绿泥石	547
Chloritoid	硬绿泥石	1083
Chlormagaluminite	氯镁铝石	558
Chlormanganokalite	钾锰盐	369
Chlormayenite	氯钙铝石	553
Chlorocalcite	氯钾钙石	555
Chloromagnesite	氯镁石	558
Chloromenite	氯氧亚硒铜石	568
Chlorophoenicite	绿砷锌锰矿	548
Chlorothionite	氯钾胆矾	555
Chlorotile	绿砷铜矿	548
Chloroxiphite	绿铜铅矿	550
Choloalite	等碲铅铜石	117
Chondrodite	粒硅镁石	449
Chongite	冲石*	92
Chopinite	磷铁镁石	481
Chovanite	乔万矿*	744
Chrisstanleyite	硒钯银矿	998
Christelite	硫铜锌矿	523
Christite	斜硫砷汞铊矿	1032
Christofschäferite-(Ce)	克里斯多夫舍弗铈石*	411
Chromatite	钙铬石	220
Chrombismite	铬铋矿	249
Chromceladonite	铬绿鳞石	250
Chromepidote	铬绿帘石	250
Chrome-tourmaline	铬电气石	249
Chromferide	铬铁合金	252
Chromian Diopside	铬透辉石	252
Chromio-pargasite	爱媛闪石*	20
Chromite	铬铁矿	252
Chromium	自然铬	1128
Chromium Clinochlore	铬绿泥石	250
Chromium-dravite	铬镁电气石	251
Chromo-alumino-povondraite	铬铝波翁德拉石*	250

英文名	页码	英文名	页码
Chromphyllite 铬云母	252	Clinochrysotile 斜纤蛇纹石	1038
Chrysoberyl 金绿宝石	385	Clinoclase 光线石	259
Chrysocolla 硅孔雀石	270	Clinoenstatite 斜顽辉石	1037
Chrysolite 贵橄榄石	298	Clino-ferri-holmquistite 斜铁锂闪石	1036
Chrysothallite 黄铊矿*	343	Clino-ferro-ferri-holmquistite 单斜二铁锂闪石	106
Chrysotile 纤蛇纹石	1013		
Chubarovite 丘巴罗夫石*	748	Clino-ferro-suenoite 锰铁闪石	615
Chudobaite 砷镁锌石	785	Clinoferrosilite 斜铁辉石	1036
Chukanovite 铁孔雀石	948	Clinohedrite 斜晶石	1030
Chukhrovite-(Ca) 水氟钙铝矾*	820	Clino-holmquistite 斜锂蓝闪石	1031
Chukhrovite-(Ce) 水氟钙铈矾	820	Clinohumite 斜硅镁石	1029
Chukhrovite-(Nd) 水氟钙钕矾	820	Clinojimthompsonite 斜镁川石	1034
Chukhrovite-(Y) 水氟钙钇矾	820	Clinokurchatovite 斜硼镁钙石	1035
Chukochenite 竺可桢石	1118	Clinometaborite 斜偏硼石	1035
Chukotkaite 楚科特卡矿*	94	Clino-oscarkempffite 斜奥斯卡肯普夫矿*	1017
Churchite-(Nd) 水磷钕矿	843		
Churchite-(Y) 水磷钇矿	846	Clinophosinaite 斜磷硅钙钠石	1031
Chursinite 砷汞矿	779	Clinoptilolite-Ca 斜发沸石-钙	1018
Chvaleticeite 六水锰矾	532	Clinoptilolite-K 斜发沸石-钾	1018
Chvilevaite 硫钠铜矿	506	Clinoptilolite-Na 斜发沸石-钠	1019
Cianciulliite 辛安丘乐石	1040	Clinosafflorite 斜砷钴矿	1035
Cinnabar 辰砂	88	Clino-suenoite 斜末野闪石*	1034
Ciprianiite 西普里亚尼石*	995	Clinotobermorite 单斜托勃莫来石	108
Ciriottiite 克里奥蒂矿*	411	Clinotyrolite 斜铜泡石	1037
Citrine 黄晶	340	Clinoungemachite 斜碱铁矾	1030
Clairite 科拉里矾	407	Clinozoisite 斜黝帘石	1038
Claraite 克水碳锌铜石	412	Clintonite 脆云母	99
Claringbullite 水羟氯铜矿	863	Coalingite 片碳镁石	687
Clarkeite 水钠铀矿	857	Cobaltarthurite 水砷铁钴石	871
Claudetite 白砷石	38	Cobaltaustinite 砷钴锌钙石	780
Clausthalite 硒铅矿	1002	Cobalt-chalcanthite 钴矾	256
Clearcreekite 单斜羟碳汞石	108	Cobaltite 辉钴矿	349
Cleavelandite 叶钠长石	1067	Cobaltkieserite 水钴矾	824
Clerite 辉锰锑矿	349	Cobaltkoritnigite 水砷钴石	867
Cleusonite 羟铅铀钛铁矿	727	Cobaltlotharmeyerite 羟砷钙钴矿	727
Cliffordite 铀碲矿	1087	Cobaltoblödite 白钠钴矾	36
Clinoatacamite 斜氯铜矿	1034	Cobaltomenite 水硒钴石	881
Clinobehoite 单斜羟铍石	108	Cobaltpentlandite 钴镍黄铁矿	257
Clinobisvanite 斜钒铋矿	1019	Cobalttsumcorite 羟砷铅钴石	729
Clinocervantite 斜黄锑矿	1030	Cobaltzippeite 水钴铀矾	824
Clinochalcomenite 单斜蓝硒铜矿	107	Coccinite 碘汞矿[①]	129
Clinochlore 斜绿泥石	1033	Cochromite 钴铬铁矿	256

英文名	中文名	页码
Coconinoite	硫磷铝铁铀矿	504
Coeruleolactite	钙绿松石	223
Coesite	柯石英	405
Coffinite	铀石	1089
Cohenite	陨碳铁矿	1099
Coldwellite	科尔德韦尔矿*	406
Colemanite	硬硼钙石	1084
Colinowensite	科林欧文石*	407
Collinsite	磷钙镁石	455
Collophane	胶磷矿	381
Coloradoite	碲汞矿	123
Colquiriite	氟铝钙锂石	181
Columbite-(Fe)	铌铁矿	652
Columbite-(Mg)	镁铌铁矿	597
Columbite-(Mn)	锰铌铁矿	612
Colusite	硫锡砷铜矿	525
Comancheite	卤汞石	535
Combeite	硅钙钠石	263
Comblainite	羟碳钴镍石	735
Common hornblende	普通角闪石	693
Compreignacite	钾铀矿	373
Congolite	刚果石	236
Conichalcite	砷钙铜石	778
Connellite	羟硫氯铜石	721
Cookeite	锂绿泥石	444
Coombsite	菱硅钾锰石	489
Cooperite	硫铂矿	497
Coparsite	氯氧钒砷铜石	567
Copiapite	叶绿矾	1067
Copper	自然铜	1135
Coquandite	科匡德石	407
Coquimbite	针绿矾	1110
Coralloite	科拉洛石*	407
Corderoite	氯硫汞矿	556
Cordierite	堇青石	387
Cordylite-(Ce)	氟碳钡铈矿	192
Cordylite-(La)	氟碳钡镧矿	191
Corkite	磷菱铅铁矾	462
Cornetite	蓝磷铜矿	428
Cornubite	羟砷铜石	731
Cornwallite	翠绿砷铜矿	100
Coronadite	锰铅矿	613
Correianevesite	科雷亚内维斯石*	407
Corrensite	绿泥间蛭石	547
Cortesognoite	克尔特索格诺石*	410
Corundophilite	脆绿泥石	99
Corundum	刚玉	236
Corvusite	水复钒矿	822
Cosalite	斜方辉铅铋矿	1022
Coskrenite-(Ce)	草酸硫铈矾	83
Cossaite	科萨石*	408
Costibite	硫锑钴矿	517
Cotunnite	氯铅矿	559
Coulsonite	钒磁铁矿	147
Cousinite	钼镁铀矿	628
Coutinhoite	硅钍钡铀矿	294
Covellite	铜蓝	961
Cowlesite	刃沸石	751
Coyoteite	柯水硫钠铁矿	405
Crandallite	纤磷钙铝石	1011
Cranswickite	克尔斯威石*	409
Crawfordite	碳磷锶钠石	923
Creaseyite	硅铁铜铅石	293
Crednerite	锰铜矿	616
Creedite	氟铝石膏	183
Crerarite	硫铋铂矿	494
Crichtonite	锶铁钛矿	896
Criddleite	硫铊银金锑矿	515
Crimsonite	红磷铁铅矿*	326
Cristobalite	方英石	161
β-Cristobalite	β-方英石	161
Crocidolite	青石棉	747
Crocoite	铬铅矿	251
Cronstedtite	克铁蛇纹石	413
Cronusite	硫钙水铬矿	499
Crookesite	硒铊银铜矿	1003
Crossite	青铝闪石	747
Crowningshieldite	克洛宁希尔德矿*	412
Cryobostryxite	冰卷发石*	72
Cryolite	冰晶石	72
Cryolithionite	锂冰晶石	442
Cryptohalite	方氟硅铵石	153
Cryptomelane	锰钾矿	608
Cualstibite	水锑铝铜石	879

|---|---|---|
Cuatrocapaite-(NH₄)	四层结构石-铵*	897
Cubanite	方黄铜矿	154
Cuboargyrite	硫锑银矿	520
Cumengeite	锥氯铜铅矿	1122
Cummingtonite	镁铁闪石	600
Cupalite	铝铜矿	541
Cuprian Austinite	砷锌铜矿	797
Cuprite	赤铜矿	92
Cuprobismutite	辉铋铜矿	347
Cuprocopiapite	铜叶绿矾	965
Cuproiridsite	硫铜铱矿	523
Cuprokalininite	硫铬铜矿*	501
Cuprokirovite	铜镁铁矾	962
Cupromakovickyite	硫铋银铅铜矿	497
Cupromolybdite	氧钼铜矿*	1062
Cupropavonite	硫铋铜银铅矿	497
Cuprorhodsite	硫铑铜矿	504
Cuprorivaite	水硅钙铜矿	826
Cuproroméite	铜锑钙石	963
Cuprosklodowskite	硅铜铀矿	294
Cuprospinel	铜铁尖晶石	963
Cuprostibite	锑铊铜矿	939
Cuprotungstite	铜钨华	963
Curetonite	磷钛铝钡石	478
Curienite	水钒铅铀矿	818
Curite	板铅铀矿	45
Currierite	柯里尔石*	404
Cuspidine	枪晶石	701
Cuyaite	库亚石*	416
Cuzticite	黄碲铁石	337
Cyanochroite	钾蓝矾	366
Cyanotrichite	绒铜矾	752
Cylindrite	圆柱锡矿	1094
Cymrite	铝硅钡石	539
Cyprine	铜符山石	961
Cyrilovite	水磷钠铁矿	843
Czochralskiite	乔克拉尔斯基石*	743

D

英文名	中文名	页码
D'Ansite	丹斯石	105
D'Ansite-(Fe)	铁丹斯石	943
D'ansite-(Mn)	锰丹斯石	604
Dachiardite-Ca	环晶石-钙	335
Dachiardite-K	环晶石-钾	336
Dachiardite-Na	环晶石-钠	336
Dadsonite	达硫锑铅矿	103
Dagenaisite	达格奈斯矿*	102
Dahllite	碳磷灰石	922
Dalnegorskite	达利涅戈尔斯克石*	102
Dalnegroite	达尔尼格罗矿*	102
Dalyite	钾锆石	366
Damaraite	达氯氧铅矿	103
Damiaoite	大庙矿	104
Danaite	钴毒砂	256
Danalite	铍榴石	685
Danbaite	丹巴矿	105
Danburite	赛黄晶	759
Danielsite	丹硫汞铜矿	105
Daomanite	道马矿	112
Daqingshanite-(Ce)	大青山矿	104
Darapiosite	锆锰大隅石	242
Darapskite	钠硝矾	643
Darrellhenryite	达雷尔亨利石*	102
Dashkovaite	二水重碳镁石	143
Datolite	硅硼钙石	280
Daubréeite	铋土	62
Daubréelite	陨硫铬铁矿	1098
Davanite	硅钾钛石	268
Davidbrownite-(NH₄)	戴维布朗石*	105
Davidite-(Ce)	镧铀钛铁矿-铈	435
Davidite-(La)	镧铀钛铁矿	435
Davidite-(Y)	镧铀钛铁矿-钇	435
Davidlloydite	戴维劳埃德石*	105
Davinciite	达芬奇石*	102
Davisite	钪辉石	402
Davreuxite	达硅铝锰石	102
Davyne	钾钙霞石	366
Dawsonite	碳钠铝石	925
Deanesmithite	迪恩斯米思石	120
Debattistiite	德巴蒂斯蒂矿*	113
Decagonite	铁镍铝矿*	953

English	Chinese	Page
Defernite	戴碳钙石	105
Delafossite	赤铜铁矿	92
Delessite	铁叶绿泥石	958
Delhayelite	片硅碱钙石	686
Delhuyarite-(Ce)	德鲁亚尔铈石*	114
Deliensite	硫铁铀矿	522
Delindeite	羟硅钠钡石	710
Dellagiustaite	德拉朱斯塔矿*	114
Dellaite	羟硅钙石	708
Deloneite	氟钙锶铈磷灰石	174
Deloryite	德洛吕石	114
Delrioite	水钒锶钙石	818
Delvauxite	胶磷铁矿	381
Demagistrisite	德马奇斯特里斯石*	115
Demantoid	翠榴石	100
Demartinite	德氟硅钾石*	113
Demesmaekerite	铜铅铀硒矿	963
Demicheleite-(Br)	德米歇尔石-溴*	116
Demicheleite-(Cl)	德米歇尔石-氯*	115
Demicheleite-(I)	德米歇尔石-碘*	115
Denisovite	硅钙钾石	263
Denningite	登宁石	116
Depmeierite	德普梅尔石*	116
Derbylite	锑铁钛矿	939
Derriksite	多硒铜铀矿	139
Dervillite	硫砷银矿	513
Desautelsite	羟碳锰镁石	736
Descloizite	羟钒锌铅石	704
Despujolsite	钙锰矾	224
Dessauite-(Y)	锶钇铁钛矿	897
Destinezite	磷硫铁矿	462
Deveroite-(Ce)	德韦罗铈石*	116
Devilline	钙铜矾	231
Devitoite	德维托石*	116
Dewindtite	粒磷铅铀矿	450
Diaboleite	羟铜铅矿	740
Diadochite	磷铁华	479
Diamond	金刚石	385
Diaoyudaoite	钓鱼岛石	131
Diaphorite	辉锑铅银矿	352
Diaspore	硬水铝石	1084
Dickinsonite-(KMnNa)	磷碱锰石-钾锰钠	461
Dickite	迪凯石	121
Dickthomssenite	水镁钒石	854
Diegogattaite	迭戈加塔石*	131
Dienerite	白砷镍矿	38
Dietrichite	锰铁锌矾	615
Dietzeite	碘铬钙矿	129
Digenite	蓝辉铜矿	427
Dimorphite	硫砷矿	510
Dingdaohengite-(Ce)	丁道衡矿	132
Dinite	冰地蜡	72
Diomignite	硼锂石	675
Diopside	透辉石	966
Dioptase	透视石	967
Dioskouriite	狄俄斯库里石*	120
Dipyre	钙钠柱石	226
Dissakisite-(Ce)	镁铈褐帘石	597
Dissakisite-(La)	镁镧褐帘石	594
Disulfodadsonite	二硫达硫锑铅矿*	142
Dittmarite	迪磷镁铵石	121
Dixenite	黑硅砷锰矿	315
Djerfisherite	陨硫铜钾矿	1098
Djurleite	久辉铜矿	390
Dmisokolovite	德米索科洛夫石*	115
Dmisteinbergite	德米斯滕贝尔格石	115
Dmitryivanovite	德米特里伊万诺夫石*	115
Dokuchaevite	多库恰耶夫矿*	137
Dolerophanite	褐铜矾	313
Dollaseite-(Ce)	镁褐帘石	590
Dolomite	白云石	41
Doloresite	氧钒石	1060
Domerockite	多姆罗克石*	137
Domeykite	砷铜矿	795
Donbassite	片硅铝石	687
Donharrisite	硫汞镍矿	501
Donnayite-(Y)	碳钇锶石	931
Donpeacorite	斜方锰顽辉石	1024
Donwilhelmsite	唐威廉斯石*	933
Dorallcharite	铁钾铊矾	947
Dorfmanite	水磷氢钠石	844
Dorrite	杜尔石	135
Douglasite	绿钾铁盐	544
Doverite	氟碳钙钇矿	193

English	中文	页码
Downeyite	氧硒石	1064
Doyleite	督三水铝石	133
Dozyite	绿泥间蛇纹石	547
Dravertite	德拉韦尔石*	114
Dravite	镁电气石	588
Dresserite	水碳铝钡石	875
Dreyerite	德钒铋矿	113
Dritsite	德里茨石*	114
Drugmanite	水磷铁铅石	845
Drysdallite	硒钼矿	1002
Dufrénite	绿磷铁矿	545
Dufrénoysite	单斜硫砷铅矿	107
Duftite	砷铜铅矿	795
Dugganite	砷碲锌铅石	776
Duhamelite	柱钒铜石	1118
Dukeite	水羟铬铋矿	861
Dumontite	羟磷铀铅矿	720
Dumortierite	蓝线石	432
Dundasite	白铅铝矿	38
Durangite	橙砷钠石	90
Duranusite	红硫砷矿	326
Dusmatovite	锰锌大隅石	616
Dussertite	绿砷钡铁石	548
Dutrowite	杜特罗石*	135
Duttonite	羟钒石	704
Dwornikite	杜铁镍矾	135
Dymkovite	镍砷铀矿	658
Dypingite	球碳镁石	749
Dyrnaesite-(La)	迪尔纳耶斯镧石*	120
Dyscrasite	锑银矿	940
Dzhalindite	羟铟石	742
Dzharkenite	等轴硒铁矿	119
Dzhezkazganite	辉铼铜矿	349
Dzierżanowskite	德兹尔扎诺夫斯基矿*	116

E

English	中文	页码
Eakerite	硅铝锡钙石	274
Earlandite	水柠檬钙石	858
Earlshannonite	褐磷锰高铁石	310
Eastonite	富镁黑云母	214
Ecandrewsite	艾锌钛矿	19
Ecdemite	氯砷铅矿	562
Eckerite	埃克矿*	13
Eckermannite	氟镁钠闪石	184
Eckhardite	埃克哈德石*	13
Eclarite	艾辉铋铜铅矿	18
Écrinsite	埃克兰矿*	14
Edenharterite	艾登哈特尔矿	17
Edenite	浅闪石	701
Edgarbaileyite	硅汞石	266
Edgarite	硫铁铌矿	520
Edgrewite	爱德格雷夫石*	19
Edingtonite	钡沸石	54
Edoylerite	艾德玉莱尔石	17
Edscottite	爱德斯科特矿*	19
Edwardsite	爱德华兹石*	19
Effenbergerite	硅铜钡石	293
Efremovite	铵镁矾	24
Eggletonite	伊辉叶石	1069
Eglestonite	褐氯汞矿	311
Ehrleite	水磷锌铍钙石	846
Eifelite	艾钠大隅石	19
Eirikite	埃瑞克石*	16
Eitelite	碳钠镁石	925
Ekanite	埃卡石	13
Ekaterinite	埃水氯硼钙石	16
Ekatite	羟硅砷铁石	712
Ekebergite	埃克伯格矿*	13
Ekmanite	锰叶泥石	617
Ekplexite	惊奇石*	388
Elbaite	锂电气石	442
Elbrusite	厄尔布鲁士石*	140
Eldragónite	埃尔龙矿*	12
Electrum	银金矿	1080
Eleonorite	埃莱奥诺雷矿*	14
Eliopoulosite	艾略普洛斯矿*	18
Eliseevite	埃利塞夫石*	14
Ellenbergerite	羟硅钛镁铝石	712
Ellestadite	硅磷灰石	272
Ellinaite	叶林娜石*	1066
Ellingsenite	埃林森石*	15

|---|---|---|
Eltyubyuite	厄尔特尤比尤石*	140
Elyite	铜铅矾	962
Embreyite	磷铬铅矿	457
Emeleusite	高铁锂大隅石	239
Emerald	祖母绿	1138
Emilite	埃米尔矿*	15
Emmerichite	埃默里赫石*	15
Emmonsite	碲铁石	126
Emplectite	恩硫铋铜矿	141
Empressite	粒碲银矿	449
Enalite	变铀钍石	70
Enargite	硫砷铜矿	512
Engelhauptite	英格霍普石*	1082
Englishite	水磷钙钾石	837
Enneasartorite	九脆硫砷铅铊矿*	390
Enstatite	顽火辉石	976
Eosphorite	磷铝锰矿	466
Ephesite	钠锂云母	637
Epididymite	板晶石	43
Epidote	绿帘石	544
Epidote-(Sr)	锶绿帘石	895
Epifanovite	叶皮凡诺夫石*	1067
Epistilbite	柱沸石	1118
Epistolite	硅铌钛矿	279
Epsomite	泻利盐	1038
Erazoite	埃拉索矿*	14
Ercitite	水羟磷钠锰石	863
Erdite	水硫铁钠石	848
Ericaite	铁方硼石	944
Ericlaxmanite	埃里克拉希曼石*	14
Ericssonite	钡锰闪叶石	55
Erikapohlite	埃里卡波尔石*	14
Eringaite	厄林加石*	140
Eriochalcite	水氯铜矿	853
Erionite-Ca	毛沸石-钙	583
Erionite-K	毛沸石-钾	583
Erionite-Na	毛沸石-钠	584
Erlianite	二连石	142
Erlichmanite	硫锇矿	499
Ernienickelite	锰镍矿	612
Erniggliite	埃尔尼格里石*	12
Ernstburkeite	艾伦斯特伯克石*	18
Ernstite	羟磷铝锰石	717
Ershovite	艾尔绍夫石	18
Ertixiite	额尔齐斯石	140
Erythrite	钴华	256
Erythrosiderite	红钾铁盐	325
Erzwiesite	埃尔泽维斯矿*	13
Escheite	埃希石*	17
Eskebornite	硒黄铜矿	1000
Eskimoite	埃硫铋铅银矿	15
Eskolaite	绿铬矿	543
Espadaite	剑石*	379
Esperanzaite	埃斯佩兰萨石*	17
Esperite	钙硅铅锌矿	220
Esseneite	钙铁铝辉石	231
Ettringite	钙矾石	218
Eucairite	硒铜银矿	1005
Euchlorine	碱铜矾	378
Euchroite	翠砷铜矿	100
Euclase	蓝柱石	432
Eucryptite	锂霞石	445
Eudialyte	异性石	1076
Eudidymite	双晶石	812
Eugenite	汞银矿	254
Eugsterite	尤钠钙矾	1086
Eulytine	硅铋矿	261
Eurekadumpite	尤里卡邓普石*	1086
Euxenite-(Y)	黑稀金矿	320
Evansite	核磷铝石	306
Evdokimovite	叶夫多基莫夫石*	1065
Eveite	羟砷锰石	729
Evenkite	鳞石蜡	486
Eveslogite	埃弗斯罗格石	13
Ewaldite	碳铈钙钡石	927
Ewingite	尤因铀矿*	1087
Eylettersite	磷钍铝石	484
Eyselite	埃塞尔石	16
Ezcurrite	异水硼钠石	1076
Eztlite	红碲铅铁石	323

F

|---|---|---|

Fabrièsite 法布里石*	144	Fergusonite-(Nd) 褐钕铌矿	311
Faheyite 磷铍锰铁石	475	Fergusonite-(Nd)-β β-褐钕铌矿	311
Fahleite 水砷锌铁石	873	Fergusonite-(Y) 褐钇铌矿	314
Fairbankite 碲铅石	125	Fergusonite-(Y)-β β-褐钇铌矿	312
Fairchildite 碳钾钙石	921	Ferhodsite 硫铑铁矿*	504
Fairfieldite 磷钙锰石	455	Fermiite 费米铀矿*	167
Faizievite 氟硅钛钙锂石	177	Fernandinite 纤钒钙石	1010
Falcondoite 镍海泡石	656	Feroxyhyte 六方纤铁矿	531
Falkmanite 针硫锑铅矿	1109	Ferraioloite 费拉约洛石*	166
Falottaite 法洛塔石*	144	Ferrarisite 费水砷钙石	167
Falsterite 法尔斯特石*	144	Ferriakasakaite-(Ce) 铈铁赤坂石*	811
Famatinite 块硫锑铜矿	418	Ferriakasakaite-(La) 镧铁赤坂石*	435
Fangite 方氏石	158	Ferriallanite-(Ce) 富铁铈褐帘石	216
Farneseite 法那西石*	144	Ferriallanite-(La) 富铁镧褐帘石	216
Farringtonite 磷镁石	470	Ferriandrosite-(La) 镧铁安德罗斯石*	434
Fassinaite 法西纳石*	145	Ferri-barroisite 高铁冻蓝闪石	238
Faujasite-Ca 八面沸石-钙	30	Ferribushmakinite 羟钒磷铁铅石*	703
Faujasite-Mg 八面沸石-镁	30	Ferri-fluoro-katophorite 铁氟红钠闪石*	945
Faujasite-Na 八面沸石-钠	30	Ferri-fluoro-leakeite 高铁氟利克石	238
Faustite 锌绿松石	1044	Ferricopiapite 高铁叶绿矾	241
Favreauite 法夫罗石*	144	Ferricoronadite 铁锰铅矿*	951
Fayalite 铁橄榄石	945	Ferrierite-K 镁碱沸石-钾	592
Fedorite 硅钠钙石	277	Ferrierite-Mg 镁碱沸石-镁	592
Fedorovskite 硼镁钙石	676	Ferrierite-Na 镁碱沸石-钠	592
Fedotovite 费多托夫石	165	Ferrierite-NH$_4$ 镁碱沸石-铵	592
Feinglosite 砷锌铅矿	797	Ferrihydrite 水铁矿	880
Feitknechtite 六方水锰矿	530	Ferri-kaersutite 高铁钛闪石*	241
Feklichevite 费克里彻夫石*	166	Ferri-katophorite 高铁红闪石	238
Felbertalite 硫铋铜铅矿	496	Ferri-katophorite 铁红闪石	946
Feldspar 长石	87	Ferri-leakeite 高铁利克石	239
Feldspathoid 似长石	903	Ferrilotharmeyerite 高铁砷钙锰锌石	240
Felsöbányaite 斜方矾石	1020	Ferrimolybdite 铁钼华	951
Fenaksite 铁钠钾硅石	952	Ferri-mottanaite-(Ce) 高铁莫塔纳铈石*	240
Fencooperite 氯碳硅铁钡石	563	Ferrinatrite 针钠铁矾	1110
Fengchengite 凤城石	169	Ferri-pedrizite 高铁佩德里萨闪石*	240
Fenghuangite 凤凰石	169	Ferriperbøeite-(Ce) 高铁佩尔伯耶铈石*	240
Feodosiyite 费奥多西石*	165	Ferriperbøeite-(Ce) 铁佩尔博耶铈石*	953
Ferberite 钨铁矿	990	Ferriperbøeite-(La) 高铁佩尔伯耶镧石*	240
Ferchromide 铁三铬矿	954	Ferripyrophyllite 铁叶蜡石	958
Ferdowsiite 菲尔多斯矿*	163	Ferrirockbridgeite 高铁绿铁矿*	239
Fergusonite-(Ce) 褐铈铌矿	312	Ferrisanidine 高铁透长石*	241
Fergusonite-(Ce)-β β-褐铈铌矿	312	Ferrisepiolite 铁海泡石	946

英文名	中文名	页码
Ferrisicklerite	磷锂铁矿	462
Ferristrunzite	高铁施特伦茨石	240
Ferrisurite	高铁碳硅铝铅石	241
Ferrisymplesite	非晶砷铁石	162
Ferri-taramite	高铁绿闪石	239
Ferri-tschermakite	铁镁钙闪石	950
Ferritungstite	高铁钨华	241
Ferrivauxite	蓝磷铝高铁矿*	428
Ferri-winchite	高铁蓝透闪石	238
Ferro-actinolite	铁阳起石	957
Ferroalluaudite	亚铁磷锰钠石	1057
Ferroaluminoceladonite	铁铝绿鳞石	949
Ferroan Saponite	水绿皂石	850
Ferro-anthophyllite	铁直闪石	959
Ferro-barroisite	铁冻蓝闪石	944
Ferrobobfergusonite	低铁磷钠锰高铁石*	120
Ferrobustamite	铁硅灰石	946
Ferrocarpholite	铁纤锰柱石	957
Ferroceladonite	亚铁绿鳞石	1057
Ferrochiavennite	水硅铁钙铍石	832
Ferro-eckermannite	铁铝钠闪石	950
Ferro-edenite	铁浅闪石	953
Ferroefremovite	铵亚铁矾*	25
Ferroericssonite	铁钡闪叶石	943
Ferro-ferri-barroisite	复铁冻蓝闪石	201
Ferro-ferri-fluoro-leakeite	氟锂铁高铁钠闪石	178
Ferro-ferri-hornblende	复铁角闪石*	202
Ferro-ferri-katophorite	复铁红钠闪石	201
Ferro-ferri-leakeite	复铁利克石	202
Ferro-ferri-nybøite	复铁灰闪石	202
Ferro-ferri-obertiite	复铁奥贝蒂石	201
Ferro-ferri-pedrizite	复铁佩德里萨闪石*	203
Ferro-ferri-tschermakite	复铁钙闪石	201
Ferro-ferri-winchite	复铁蓝透闪石	202
Ferro-fluoro-pedrizite	氟亚铁佩德里萨闪石*	196
Ferro-gedrite	铁铝直闪石	950
Ferro-glaucophane	铁蓝闪石	948
Ferrohexahydrite	六水绿矾	532
Ferrohögbomite-2N2S	富铁黑铝镁钛矿	216
Ferro-holmquistite	铁锂闪石	949
Ferro-hornblende	铁角闪石	947
Ferroindialite	铁印度石	958
Ferro-kaersutite	铁钛闪石	956
Ferro-katophorite	红闪石	328
Ferrokentbrooksite	铁铌异性石	952
Ferrokësterite	亚铁锌黄锡矿*	1057
Ferrokinoshitalite	钡铁脆云母	57
Ferrolaueite	铁劳埃石	948
Ferro-leakeite	低铁利克石	119
Ferronickelplatinum	铁镍铂矿	952
Ferronigerite-2N1S	尼日利亚石	649
Ferronigerite-6N6S	铁尼日利亚石-6N6S	952
Ferronordite-(Ce)	硅铁铈锶钠石	293
Ferronordite-(La)	硅铁锶镧钠石	293
Ferro-pargasite	铁韭闪石	947
Ferro-pedrizite	亚铁佩德里萨闪石*	1057
Ferrorhodonite	铁蔷薇辉石	953
Ferrorhodsite	硫铑铜铁矿	504
Ferro-richterite	铁钠透闪石	952
Ferrorosemaryite	磷铝多铁钠石	463
Ferrosaponite	铁皂石	959
Ferroselite	白硒铁矿	40
Ferrosilite	铁辉石	946
Ferroskutterudite	铁方钴矿	944
Ferrostalderite	铁施塔尔德尔矿*	955
Ferrostrunzite	铁施特伦茨石	955
Ferrotaaffeite-2N'2S	铁塔菲-2N'2S	955
Ferrotaaffeite-6N'3S	铁塔菲石-6N'3S	955
Ferro-taramite	铁绿闪石	950
Ferrotitanowodginite	铁钛钽矿	956
Ferrotochilinite	铁羟镁硫铁矿*	953
Ferro-tschermakite	铁钙镁闪石	945
Ferrotychite	碳铁钠矾	930
Ferrovalleriite	铁墨铜矿*	951
Ferrovorontsovite	铁沃罗特索夫矿*	956
Ferro-winchite	铁蓝透闪石	948
Ferrowodginite	铁锡锰钽矿	957
Ferrowyllieite	磷铝铁钠矿	468
Ferruccite	氟硼钠石	188

Fersmanite 硅钛钙石	287
Fersmite 铌钙矿	649
Feruvite 钙黑电气石	220
Fervanite 水钒铁矿	819
Fetiasite 砷钛铁矿	792
Fettelite 弗硫砷汞银矿	171
Feynmanite 费曼铀矿*	166
Fianelite 费水钒锰矿	167
Fibroferrite 纤铁矾	1014
Fichtelite 白脂晶石	41
Fiedlerite 水氯铅石	852
Fiemmeite 菲姆石*	164
Filatovite 费拉托夫石	166
Filipstadite 菲利普锑锰矿	163
Fillowite 锰磷矿	609
Finchite 芬奇铀矿*	168
Fingerite 芬钒铜矿	168
Finnemanite 菲氯砷铅矿	164
Fischesserite 硒金银矿	1000
Fivegite 菲韦格石*	164
Fizélyite 菲辉锑银铅矿	163
Flagstaffite 柱晶松脂石	1119
Flamite 火焰石*	355
Fleischerite 费水锗铅矾	167
Fletcherite 硫铜镍矿	522
Flinkite 褐砷锰矿	312
Flinteite 弗林特石*	171
Florencite-(Ce) 磷铝铈石	467
Florencite-(La) 磷铝镧石	464
Florencite-(Nd) 磷铝钕石	466
Florencite-(Sm) 磷铝钐石	467
Florenskyite 磷钛铁矿	478
Florensovite 硫锑铬铜矿	516
Fluckite 砷氢锰钙石	790
Fluellite 氟铝石	183
Fluoborite 氟硼镁石	188
Fluocerite-(Ce) 氟铈矿	190
Fluocerite-(La) 氟镧矿	178
Fluorannite 氟铁云母	196
Fluorapatite 氟磷灰石	179
Fluorapophyllite-(K) 氟鱼眼石	197
Fluorapophyllite-(Na) 钠鱼眼石	644
Fluorapophyllite-(NH$_4$) 氟鱼眼石-铵*	198
Fluorarrojadite-(BaFe) 氟钠磷锰铁石-钡铁	185
Fluorarrojadite-(BaNa) 氟钠磷锰铁石-钡钠	185
Fluorarrojadite-(KNa) 氟钠磷锰铁石-钾钠	185
Fluorarrojadite-(NaFe) 氟钠磷锰铁石-钠铁	186
Fluorbarytolamprophyllite 氟钡闪叶石*	172
Fluorbritholite-(Ce) 氟铈硅磷灰石	190
Fluorbritholite-(Y) 氟钇硅磷灰石	197
Fluor-buergerite 氟布格电气石	173
Fluorcalciobritholite 氟硅磷灰石	176
Fluorcalciomicrolite 氟钙细晶石	175
Fluorcalciopyrochlore 氟钙烧绿石	174
Fluorcalcioroméite 氟锑钙石②	195
Fluorcanasite 氟硅碱钙石②	176
Fluorcaphite 氟钙锶磷灰石	174
Fluorcarletonite 氟碳硅碱钙石	193
Fluorchegemite 氟切格姆石*	190
Fluor-dravite 氟镁电气石*	183
Fluor-elbaite 氟锂电气石*	178
Fluorellestadite 硅硫磷灰石	273
Fluorite 萤石	1082
Fluorlamprophyllite 氟闪叶石*	190
Fluormayenite 氟钙铝石	173
Fluornatrocoulsellite 氟钠康塞尔石*	185
Fluornatromicrolite 氟钠细晶石	187
Fluornatropyrochlore 氟钠烧绿石	186
Fluornatroroméite 氟钠锑钙石	186
Fluoro-cannilloite 氟铝镁钙闪石	182
Fluorocronite 氟铅矿*	189
Fluoro-edenite 氟浅闪石	189
Fluorokinoshitalite 氟木下云母	184
Fluoro-leakeite 氟利克石	178
Fluoro-nybøite 氟尼伯石	187
Fluoro-pargasite 氟韭闪石	177
Fluoro-pedrizite 氟佩德里萨闪石*	187
Fluorophlogopite 氟金云母	177
Fluoro-richterite 氟钠透闪石	186
Fluoro-taramite 氟绿铁闪石	183

|---|---|---|
Fluoro-tremolite	氟透闪石	196
Fluorowardite	氟水磷铝钠石*	191
Fluor-schorl	氟铁电气石*	195
Fluorstrophite	锶磷灰石	895
Fluorthalénite-(Y)	单斜氟硅钇矿	106
Fluor-tsilaisite	氟钠锰电气石*	186
Fluor-uvite	氟钙镁电气石	173
Fluorvesuvianite	氟符山石	173
Fluorwavellite	氟银星石*	197
Flurlite	弗鲁尔石*	171
Foggite	羟磷铝钙石	716
Fogoite-(Y)	福戈钇石*	198
Foitite	福伊特石	199
Folvikite	福勒维克矿*	199
Fontanite	丰坦矿	168
Fontarnauite	傅纳特阿尔瑙石*	212
Foordite	傅锡铌矿	212
Footemineite	富特米尼矿*	216
Forêtite	福雷特石*	199
Formanite-(Y)	黄钇钽矿	345
Formicaite	甲酸钙石	364
Fornacite	羟砷铅铜矿	729
Forsterite	镁橄榄石	589
Foshagite	傅斜硅钙石	213
Fougèrite	绿锈矿	551
Fourmarierite	红铀矿	333
Fowlerite	锌蔷薇辉石	1046
Fraipontite	硅锌铝石	296
Francevillite	钒钡铀矿	146
Franciscanite	弗硅钒锰石	170
Francisite	氯硒铋铜石	566
Franckeite	辉锑锡铅矿	352
Francoanellite	磷铝钾石	463
Françoisite-(Ce)	磷铈铀矿	477
Françoisite-(Nd)	磷钕铀矿	474
Francolite	细晶磷灰石	1008
Franconite	水铌钠石	858
Frankamenite	氟硅碱钙石①	176
Frankdicksonite	氟钡石	173
Frankhawthorneite	羟碲铜石	702
Franklinfurnaceite	羟硅锌锰铁石	713
Franklinite	锌铁尖晶石	1046
Franklinphilite	富兰克林菲罗石	214
Fransoletite	水磷铍隅石	844
Franzinite	弗钙霞石	169
Freboldite	六方硒钴矿	531
Fredrikssonite	弗硼锰镁石	172
Freedite	亚砷铜铅石	1056
Freibergite	银黝铜矿	1081
Freieslebenite	柱硫锑铅银矿	1120
Freitalite	弗赖塔尔石*	170
Fremontite	叶双晶石	1068
Fresnoite	硅钛钡石	286
Freudenbergite	黑钛铁钠矿	319
Friedelite	红硅铁锰矿	324
Friedrichite	弗硫铋铅铜矿	171
Fritzscheite	磷锰铀矿	471
Frohbergite	斜方碲铁矿	1020
Frolovite	弗硼钙石	172
Frondelite	锰绿铁矿	611
Froodite	斜铋钯矿	1018
Fuchsite	铬白云母	248
Fuenzalidaite	菲尤恩扎利达石	164
Fuettererite	菲特雷尔石*	164
Fukalite	福碳硅钙石	199
Fukuchilite	硫铁铜矿	521
Fullerite	富勒烯石	214
Fülöppite	柱硫锑铅矿	1120
Fupingqiuite	傅氏磷锰石	212
Furongite	芙蓉铀矿	172
Furutobeite	硫铅铜矿	508

G

English	Chinese	Page
Gabrielite	硫砷银铜铊矿	514
Gabrielsonite	羟砷铁铅矿	731
Gadolinite-(Ce)	硅铍铈矿	283
Gadolinite-(Nd)	硅铍钕矿	282
Gadolinite-(Y)	硅铍钇矿	283
Gagarinite-(Ce)	氟钙钠铈石	174
Gagarinite-(Y)	氟钙钠钇石	174

Gahnospinel 镁锌尖晶石	600
Gaidonnayite 斜方钠锆石	1025
Gaildunningite 盖尔邓宁石*	233
Gainesite 磷铍锆钠石	475
Gaitite 羟砷锌钙石	732
Gajardoite 加哈尔多石*	361
Galaxite 锰尖晶石	608
Galeite 氟钠矾	185
Galena 方铅矿	157
Galenobismutite 辉铅铋矿	350
Galileiite 伽利略石	363
Galkhaite 硫砷铊汞矿	511
Galliskiite 加里斯基石*	361
Gallite 硫镓铜矿	503
Gallobeudantite 砷铅镓矾	789
Galloplumbogummite 镓水磷铝铅矿*	363
Galuskinite 加鲁斯金石*	361
Gamagarite 水钒钡石	817
Gananite 赣南矿	235
Ganomalite 硅钙铅矿	263
Ganophyllite 辉叶石	354
Ganterite 钡云母	59
Gaotaiite 高台矿	238
Garavellite 硫锑铋铁矿	516
Garnet 石榴石	803
Garrelsite 硅硼钡石	280
Garronite-Ca 十字沸石-钙	802
Garronite-Na 十字沸石-钠	802
Gartrellite 葛特里石	248
Garyansellite 水磷铁镁石	845
Gasparite-(Ce) 砷铈石	791
Gaspéite 菱镍矿	492
Gatedalite 加特达尔石*	362
Gatehouseite 盖特豪斯石	233
Gatelite-(Ce) 加泰尔铈石*	362
Gatumbaite 水羟磷铝钙石	862
Gaudefroyite 碳硼锰钙石	926
Gaultite 硅锌钠石	297
Gauthierite 高蒂尔铀矿*	236
Gaylussite 斜钠钙石	1034
Gazeevite 加泽耶夫石*	362
Gearksutite 氟铝钙矿	181
Gebhardite 葛氯砷铅矿	248
Gedrite 铝直闪石	542
Geerite 吉硫铜矿	360
Geffroyite 盖硒铜矿	248
Gehlenite 钙黄长石	221
Geigerite 水砷锰矿	869
Geikielite 镁钛矿	598
Gelbertrandite 胶硅铍石	380
Gelosaite 杰洛萨石*	383
Gelzircon 胶锆石	380
Geminite 水砷铜石②	872
Genèvéite 日内瓦石	752
Genkinite 四方锑铂矿	900
Genthelvite 锌榴石	1043
Genthite 镍水蛇纹石	658
Geocronite 硫砷锑铅矿	511
Georgbarsanovite 乔异性石	744
Georgbokiite 乔格波基石	743
Georgechaoite 乔治赵石	745
George-ericksenite 水铬碘镁钙钠石	824
Georgeite 水羟碳铜石	865
Georgerobinsonite 乔治罗宾逊石*	744
Georgiadèsite 氯砷铅石	562
Gerasimovskite 水铌锰矿	858
Gerdtremmelite 砷锌铝石	796
Gerenite-(Y) 硅钙钇石	264
Gerhardtite 铜硝石	964
Germanite 硫锗铜矿	527
Germanocolusite 锗硫钒砷铜矿	1105
Gersdorffite 辉砷镍矿	350
Gerstleyite 红硫锑砷钠矿	327
Gerstmannite 硅锌镁锰石	296
Geschieberite 格希伯铀矿*	247
Getchellite 硫砷锑矿	511
Geversite 锑铂矿	936
Ghiaraite 吉亚拉石*	360
Gianellaite 氮汞矾	112
Gibbsite 三水铝石	764
Giessenite 针辉铋铅矿	1108
Giftgrubeite 吉弗特格鲁贝石*	360
Gilalite 水硅铜石	833
Gillardite 氯羟镍铜石	561

Gillespite 硅铁钡矿	291
Gillulyite 硫铊砷矿	514
Gilmarite 三斜光线石	765
Giniite 水磷复铁石	837
Ginorite 水硼钙石	859
Giorgiosite 异水菱镁矿	1075
Giraudite-(Zn) 砷硒黝铜矿	796
Girdite 复碲铅石	200
Girvasite 吉尔瓦斯石	360
Gismondine-(Ba) 水钙沸石-钡	822
Gismondine-(Ca) 水钙沸石-钙	822
Gittinsite 硅锆钙石	265
Giuseppettite 久霞石	390
Gjerdingenite-Ca 钙耶尔丁根石	232
Gjerdingenite-Fe 耶尔丁根石	1064
Gjerdingenite-Mn 锰耶尔丁根石	617
Gjerdingenite-Na 钠耶尔丁根石	644
Gladite 柱硫铋铜铅矿	1120
Gladiusite 箭石	379
Glagolevite 富钠似绿泥石	215
Glauberite 钙芒硝	223
Glaucocerinite 锌铜铝矾	1047
Glaucochroite 钙锰橄榄石	225
Glaucodot 钴硫砷铁矿	256
Glauconite 海绿石	302
Glaucophane 蓝闪石	429
Glaukosphaerite 镍孔雀石	657
Glucine 羟磷钙铍石	715
Glushinskite 草酸镁石	84
Gmelinite-Ca 钙菱沸石	222
Gmelinite-K 钾菱沸石	367
Gmelinite-Na 钠菱沸石	639
Gobbinsite 戈硅钠铝石	244
Godlevskite 斜方硫镍矿	1023
Godovikovite 铵铝矾①	24
Goedkenite 羟磷铝锶石	717
Goethite 针铁矿	1111
Gold 自然金	1129
Goldamalgam 金汞齐	385
γ-Goldamlgan 汞金矿	254
Goldfieldite 碲黝铜矿	128
Goldichite 柱钾铁矾	1119
Goldmanite 钙钒榴石	219
Goldquarryite 氟磷铜镉铝石	180
Goldschmidtite 戈尔德施密特石*	244
Golyshevite 高理异性石	237
Gonnardite 变杆沸石	65
Gonyerite 富锰绿泥石	215
Goosecreekite 古柱沸石	255
Gorceixite 磷钡铝石	453
Gordaite 水氯硫钠锌石	851
Gordonite 磷铝镁石	465
Görgeyite 斜水钙钾矾	1036
Gormanite 哥磷铁铝石	244
Gortdrumite 硫汞铜矿	501
Goryainovite 戈里亚伊诺夫石*	244
Goshenite 透绿柱石	967
Goslarite 皓矾	305
Gottardiite 戈沸石	244
Gottlobite 羟砷钒钙镁石	727
Götzenite 氟硅钙钛矿	175
Goudeyite 三水砷铝铜矿	765
Gowerite 高硼钙石	237
Goyazite 磷铝锶石	467
Graemite 水碲铜石	816
Graeserite 砷铁钛矿	794
Graftonite 钙磷铁锰矿	222
Graftonite-(Ca) 磷锰铁矿-钙*	471
Graftonite-(Mn) 磷锰铁矿-锰*	471
Gramaccioliite-(Y) 铅钇铁钛矿	700
Grammatikopoulosite 格拉马蒂科普洛斯矿*	245
Grandaite 格兰达石*	245
Grandidierite 复合矿	201
Grandreefite 氟铅矾	189
Grantsite 水钒钠钙石	818
Graphite 石墨	804
Graţianite 格拉齐安矿*	245
Gratonite 细硫砷铅矿	1009
Grattarolaite 格磷铁石	246
Graulichite-(Ce) 羟砷铈铁石	730
Gravegliaite 格拉维里石	245
Grayite 水磷铅钍石	844
Grechishchevite 格雷奇什切夫石	245

Greenockite 硫镉矿	500
Greenovite 红锰榍石	327
Greenwoodite 格林伍德矿*	246
Gregoryite 格碳钠石	247
Greifensteinite 水磷锰铍石	842
Greigite 硫复铁矿	499
Grenmarite 硅锰锆钠石	275
Grguricite 格里奇石*	246
Griceite 葛氟锂石	248
Grigorievite 格里戈里耶夫矿*	246
Grimaldiite 三方羟铬矿	761
Grimselite 碳钾铀矿	922
Griphite 暧昧石	20
Grischunite 砷钙锰石	777
Groatite 格罗矿	247
Grokhovskyite 格罗霍夫斯基矿*	247
Grootfonteinite 赫鲁特方丹石*	308
Grossite 陨铝钙石	1099
Grossmanite 钛辉石	911
Grossular 钙铝榴石	222
Groutite 锰榍石	616
Grumantite 古水硅钠石	255
Grumiplucite 汞铋矿	253
Grundmannite 格伦德曼矿*	246
Grunerite 铁闪石	954
Gruzdevite 顾硫锑汞铜矿	258
Guanajuatite 硒铋矿	998
Guanine 鸟嘌呤石	654
Guarinoite 瓜里诺石	258
Gudmundite 硫锑铁矿	518
Guérinite 格水砷钙石	247
Guettardite 格硫锑铅矿	246
Gugiaite 顾家石	258
Guidottiite 吉多蒂石*	359
Guildite 四水铜铁矾	902
Guilleminite 硒钡铀矿	998
Guite 谷氏氧钴矿	255
Gummite 脂铅铀矿	1114
Gunningite 水锌矾	883
Günterblassite 甘特布拉斯石*	234
Gunterite 甘特石*	234
Gupeiite 古北矿	254
Gurimite 古里姆石*	255
Gustavite 辉铋银铅矿	348
Gutkovaite-Mn 硅碱锰铌钛石	269
Guyanaite 圭亚那矿	260
Gwihabaite 钾铵石	364
Gypsum 石膏	803
Gyrolite 吉水硅钙石	360
Gysinite-(Nd) 碳铅钕石	926

H

Haapalaite 叠羟镁硫镍矿	131
Hackmanite 紫方钠石	1124
Hafnon 铪石	301
Hagendorfite 黑磷铁钠石	316
Haggertyite 哈格蒂矿	299
Häggite 三羟钒石	763
Hagstromite 哈格斯特罗姆石*	299
Haidingerite 砷钙石	777
Haigerachite 海格拉契石	302
Haineaultite 海涅奥特石	302
Hainite-(Y) 铈片榍石	810
Haiweeite 水硅钙铀矿	826
Hakite-(Hg) 硒黝铜矿	1005
Halamishite 哈拉米什石*	299
Håleniusite-(La) 氟铈镧石	191
Halilsarpite 哈利尔萨尔普石*	299
Halite 石盐	805
Hallimondite 砷铀铅矿	798
Halloysite-7Å 变埃洛石	63
Halloysite-10Å 埃洛石-10Å	15
Halotrichite 铁明矾	951
Halurgite 五水硼镁石	993
Hambergite 硼铍石	679
Hammarite 哈硫铋铜铅矿	300
Hanawaltite 氯汞矿	553
Hancockite 铅绿帘石*	698
Hanjiangite 汉江石	304
Hanksite 碳酸芒硝	929

Hansblockite 汉斯布洛克矿*	305	Heliophyllite 日叶石	752
Hansesmarkite 汉斯埃斯马克石*	305	Hellandite-(Ce) 硼硅铈钙石	674
Hapkeite 哈普克矿	300	Hellandite-(Y) 硼硅钇钙石	674
Haradaite 硅钒锶石	262	Hellyerite 水碳镍矿	877
Harbortite 钠磷铝石	638	Helmutwinklerite 水砷锌铅石	872
Hardystonite 锌黄长石	1042	Helvine 日光榴石	751
Harkerite 硼硅镁钙石	674	Hemafibrite 红纤维石	332
Harmotome 交沸石	379	Hematite 赤铁矿	91
Harmunite 哈曼石*	300	Hematolite 红砷铝锰矿	328
Harrisonite 哈里森石	299	Hematophanite 红铁铅矿	332
Harstigite 硅铍锰钙石	282	Hemihedrite 锌铬铅矿	1041
Hartite 晶蜡石	389	Hemimorphite 异极矿	1075
Hashemite 铬重晶石	252	Hemleyite 赫姆利石*	308
Hastingsite 绿钙闪石	543	Hemloite 砷钛矿	792
Hastite 白硒钴矿	40	Hemusite 硫钼锡铜矿	506
Hatchite 硫砷铊银铅矿	511	Hendekasartorite 原脆硫砷铅铊矿*	1092
Hatertite 哈特特石*	301	Hendersonite 水钙钒矿	822
Hatrurite 哈硅钙石	299	Hendricksite 锌云母	1048
Hauchecornite 硫镍铋锑矿	506	Heneuite 碳磷钙镁石	922
Hauckite 羟碳铁镁锌矾	737	Henmilite 羟硼铜钙石	726
Hauerite 褐硫锰矿	310	Hennomartinite 亨诺马丁石	322
Hausmannite 黑锰矿	317	Henritermierite 水钙锰榴石	823
Haüyne 蓝方石	427	Henryite 碲银铜矿	128
Hawleyite 方硫镉矿	155	Henrymeyerite 亨利迈耶矿	322
Hawthorneite 钡钛铁铬矿	57	Hentschelite 羟磷铁铜石	719
Haxonite 碳铁矿	930	Hephaistosite 氯铊铅矿	563
Haycockite 斜方硫铁铜矿	1023	Heptasartorite 七脆硫砷铅铊矿*	694
Haydeeite 氯羟镁铜石	561	Herbertsmithite 氯羟锌铜石	562
Haynesite 哈伊内斯石	301	Hercynite 铁尖晶石	947
Heazlewoodite 赫硫镍矿	308	Herderite 磷铍钙石	475
Hechtsbergite 羟钒铋石	703	Hereroite 赫雷罗石*	307
Hectorfloresite 碘钠矾	129	Hermannjahnite 赫尔曼杨石*	307
Hectorite 锂皂石	445	Hermannroseite 赫尔曼罗斯石*	307
Hedenbergite 钙铁辉石	229	Herschelite 碱菱沸石	377
Hedleyite 赫碲铋矿	307	Herzenbergite 硫锡矿	525
Hedyphane 钙砷铅矿	227	Hessite 碲银矿	127
Heideite 硫钛铁矿	515	Hetaerolite 锌锰矿	1045
Heidornite 钙钠硫硼石	226	Heterogenite 羟钴矿	707
Heinrichite 砷钡铀矿	774	Heteromorphite 异硫锑铅矿	1075
Heisenbergite 方水铀矿	159	Heterosite 异磷铁锰矿	1075
Hejtmanite 海特曼石	304	Heulandite-Ba 片沸石-钡	685
Heliiedor 金绿柱石	386	Heulandite-Ca 片沸石-钙	686

English	Chinese	Page
Heulandite-K	片沸石-钾	686
Heulandite-Na	片沸石-钠	686
Heulandite-Sr	片沸石-锶	686
Hewettite	针钒钙石	1106
Hexacelsian	钡霞石	58
Hexaferrum	六方铁矿	530
Hexahydrite	六水泻盐	533
Hexahydroborite	六水硼钙石	532
Hexatestibiopanickelite	六方碲锑钯镍矿	528
Heyerdahlite	海尔达尔石*	302
Heyite	赫钒铅矿	307
Heyrovskýite	富硫铋铅矿	214
Hezuolinite	何作霖矿	306
Hf-zircon	铪锆石	301
Hiärneite	希钙锆钛矿	997
Hibbingite	γ-氯羟铁矿	561
Hibonite	黑铝钙石	316
Hibonite-(Fe)	黑铝铁石*	317
Hibschite	水榴石	849
Hidalgoite	砷铅铝矾	789
Hielscherite	希尔歇尔石*	997
Hieratite	方氟硅钾石	153
Hilairite	三水钠锆石	764
Hilarionite	希拉里翁石*	997
Hilgardite	水氯硼钙石	851
Hilgardite-3Tc	副水氯硼钙石	210
Hillebrandite	针硅钙石	1108
Hillesheimite	希勒斯海姆石*	997
Hillite	磷水锌钙石	477
Hingganite-(Ce)	兴安石-铈	1050
Hingganite-(Nd)	兴安石-钕	1049
Hingganite-(Y)	兴安石-钇	1050
Hingganite-(Yb)	兴安石-镱	1050
Hinsdalite	磷铅铝矾	476
Hiortdahlite	片楣石	687
Hiroseite	广濑石	259
Hisingerite	硅铁石	292
Hitachiite	日立矿*	752
Hizenite-(Y)	肥前石*	165
Hloušekite	赫劳什卡石*	307
Hocartite	银黄锡矿	1079
Hochelagaite	水铌钙石	857
Hodgkinsonite	褐锌锰矿	314
Hodrušite	贺硫铋铜矿	306
Hoelite	蒽醌	141
Hoganite	霍根石	356
Hogarthite	贺加斯石*	306
Högbomite	黑铝镁铁矿	317
Høgtuvaite	硅铁钙石	292
Hohmannite	褐铁矾	313
Hokutolite	北投石	49
Holdawayite	霍尔达维石	355
Holdenite	红砷锌锰矿	329
Holfertite	羟水钙钛铀石	733
Hollandite	锰钡矿	603
Hollingworthite	硫砷铑矿	510
Hollisterite	霍利斯特矿*	356
Holmquistite	锂蓝闪石	443
Holtedahlite	三方羟磷镁石	761
Holtite	锑线石	940
Holtstamite	四方水钙榴石	899
Homilite	硅硼钙铁矿	280
Honeaite	哈尼矿*	300
Honessite	铁镍矾	952
Hongheite	红河石	325
Hongquiite	红旗矿	328
Hongshiite	红石矿	329
Hopeite	磷锌矿	485
Horákite	霍拉克铀矿*	356
Hornblende	角闪石	382
Hörnesite	砷镁石	785
Horobetsuite	辉锑铋矿	351
Horomanite	硫镍铁矿*	507
Horsfordite	锑铜矿	940
Hortonolite	镁铁橄榄石	599
Horváthite-(Y)	氟碳钠钇矿	194
Hoshiite	河西石	306
Hotsonite	水羟磷铝矾	862
Housleyite	豪斯利石*	305
Howardevansite	钒钠铜铁矿	150
Howieite	硅铁锰钠石	292
Howlite	羟硅硼钙石	711
Hsianghualite	香花石	1016
Huanghoite-(Ce)	黄河矿	339

Huangite 黄钙铝矾 ⋯⋯⋯⋯⋯⋯⋯⋯ 338
Huanzalaite 胡安扎拉矿* ⋯⋯⋯⋯⋯ 334
Hubeite 湖北石 ⋯⋯⋯⋯⋯⋯⋯⋯⋯ 334
Hübnerite 钨锰矿 ⋯⋯⋯⋯⋯⋯⋯⋯ 989
Huemulite 水钒镁钠石 ⋯⋯⋯⋯⋯⋯ 817
Hügelite 羟砷铅铀矿 ⋯⋯⋯⋯⋯⋯ 730
Hughesite 休斯石* ⋯⋯⋯⋯⋯⋯⋯ 1052
Huizingite-(Al)霍钦石* ⋯⋯⋯⋯⋯ 356
Hulsite 黑硼锡铁矿 ⋯⋯⋯⋯⋯⋯⋯ 318
Humberstonite 水氮碱镁矾 ⋯⋯⋯⋯ 815
Humboldtine 草酸铁矿 ⋯⋯⋯⋯⋯⋯ 84
Humite 硅镁石 ⋯⋯⋯⋯⋯⋯⋯⋯⋯ 275
Hummerite 水钒镁矿 ⋯⋯⋯⋯⋯⋯⋯ 817
Hunchunite 珲春矿 ⋯⋯⋯⋯⋯⋯⋯ 355
Hungchaoite 章氏硼镁石 ⋯⋯⋯⋯⋯ 1104
Huntite 韩泰石 ⋯⋯⋯⋯⋯⋯⋯⋯⋯ 304
Hureaulite 红磷锰矿 ⋯⋯⋯⋯⋯⋯⋯ 325
Hurlbutite 磷钙铍石 ⋯⋯⋯⋯⋯⋯⋯ 456
Hutcheonite 钙钛榴石 ⋯⋯⋯⋯⋯⋯ 229
Hutchinsonite 红铊铅矿 ⋯⋯⋯⋯⋯ 330
Huttonite 硅钍石 ⋯⋯⋯⋯⋯⋯⋯⋯ 294
Hyalophane 钡冰长石 ⋯⋯⋯⋯⋯⋯ 52
Hyalotekite 硼硅钡铅矿 ⋯⋯⋯⋯⋯ 673
Hydroastrophyllite 水星叶石 ⋯⋯⋯ 884
Hydrobasaluminite 水羟铝矾石 ⋯⋯ 863
Hydrobiotite 水黑云母 ⋯⋯⋯⋯⋯⋯ 834
Hydroboracite 水方硼石 ⋯⋯⋯⋯⋯ 819
Hydrocalumite 水铝钙石 ⋯⋯⋯⋯⋯ 849
Hydrocerussite 水白铅矿① ⋯⋯⋯⋯ 813
Hydrochlorborite 多水氯硼钙石 ⋯⋯ 138
Hydrodelhayelite 水片硅碱钙石 ⋯⋯ 861
Hydrodresserite 多水碳铝钡石 ⋯⋯ 139
Hydroglauberite 水钙芒硝 ⋯⋯⋯⋯ 823
Hydrohalite 冰石盐 ⋯⋯⋯⋯⋯⋯⋯ 73
Hydrohetaerolite 水锌锰矿 ⋯⋯⋯⋯ 883
Hydrohonessite 水铁镍矾 ⋯⋯⋯⋯⋯ 880
Hydrokenoelsmoreite 水钨石 ⋯⋯⋯ 881
Hydrokenomicrolite 水空细晶石 ⋯⋯ 836
Hydrokenopyrochlore 水空烧绿石* ⋯ 836
Hydrokenoralstonite 氟钠镁铝石 ⋯⋯ 186
Hydromagnesite 水菱镁矿 ⋯⋯⋯⋯⋯ 847
Hydrombobomkulite 水硫硝镍铝石 ⋯ 848
Hydroniumjarosite 水合氢黄铁矾 ⋯⋯ 834
Hydroniumpharmacoalumite 水合氢毒铝石* ⋯
⋯⋯⋯⋯⋯⋯⋯⋯⋯⋯⋯⋯⋯⋯ 833
Hydroniumpharmacosiderite 水合氢毒铁石* ⋯
⋯⋯⋯⋯⋯⋯⋯⋯⋯⋯⋯⋯⋯⋯ 833
Hydropascoite 水橙钒钙石* ⋯⋯⋯⋯ 815
Hydrophilite 氯钙石 ⋯⋯⋯⋯⋯⋯⋯ 553
Hydropyrochlore 水烧绿石 ⋯⋯⋯⋯ 866
Hydroromarchite 羟锡矿 ⋯⋯⋯⋯⋯ 740
Hydroscarbroite 水羟碳铝石 ⋯⋯⋯ 865
Hydrotalcite 水滑石 ⋯⋯⋯⋯⋯⋯⋯ 834
Hydrotalcite-2H 水碳铝镁石 ⋯⋯⋯ 875
Hydroterskite 水突硅钠锆石* ⋯⋯⋯ 881
Hydrotungstite 水钨华 ⋯⋯⋯⋯⋯⋯ 881
Hydrowoodwardite 多水水铜铝矾 ⋯⋯ 139
Hydroxyapopyllite-(K)羟鱼眼石 ⋯⋯ 742
Hydroxycalciomicrolite 羟钙细晶石* ⋯ 706
Hydroxycalciopyrochlore 羟钙烧绿石 ⋯ 706
Hydroxycalcioroméite 钛锑钙矿 ⋯⋯ 912
Hydroxycancrinite 羟钙霞石 ⋯⋯⋯ 706
Hydroxyferroroméite 羟锑铁矿* ⋯⋯ 739
Hydroxykenoelsmoreite 羟空水钨石* ⋯ 714
Hydroxykenomicrolite 羟空细晶石 ⋯ 714
Hydroxykenopyrochlore 羟空烧绿石* ⋯ 714
Hydroxylapatite 羟磷灰石 ⋯⋯⋯⋯ 715
Hydroxylapatite-M 单斜羟磷灰石 ⋯ 108
Hydroxylbastnäsite-(Ce)羟碳铈矿 ⋯ 737
Hydroxylbastnäsite-(La)羟碳镧矿 ⋯ 735
Hydroxylbastnäsite-(Nd)羟碳钕矿 ⋯ 736
Hydroxylchondrodite 水粒硅镁石 ⋯ 836
Hydroxylclinohumite 羟斜硅镁石 ⋯ 741
Hydroxyledgrewite 羟爱德格雷夫石* ⋯ 702
Hydroxylellestadite 羟硅磷灰石 ⋯⋯ 709
Hydroxylgugiaite 羟顾家石 ⋯⋯⋯⋯ 707
Hydroxylherderite 羟磷铍钙石 ⋯⋯ 718
Hydroxylpyromorphite 羟铅磷灰石* ⋯ 727
Hydroxymanganopyrochlore 羟锰烧绿石 ⋯
⋯⋯⋯⋯⋯⋯⋯⋯⋯⋯⋯⋯⋯⋯ 725
Hydroxynatropyrochlore 羟钠烧绿石* ⋯ 725
Hydrozincite 水锌矿 ⋯⋯⋯⋯⋯⋯⋯ 883
Hylbrownite 亨利布朗石* ⋯⋯⋯⋯⋯ 322
Hypercinnabar 六方辰砂 ⋯⋯⋯⋯⋯ 528

Hyttsjöite 硅钙钡铅石	262

I

Ianbruceite 伊恩布鲁斯石*	1069
Iangreyite 伊恩格雷石*	1069
Ianthinite 水斑铀矿	814
Ice 冰	71
Ichnusaite 伊查努萨石*	1068
Icosahedrite 正二十面体矿*	1113
Idaite 铁铜蓝	956
Iddingsite 伊丁石	1069
Idrialite 绿地蜡	543
Iimoriite-(Y) 羟硅钇石	713
Ikaite 六水碳钙石	533
Ikranite 尹克然石	1081
Ikunolite 脆硫铋矿	98
Ilesite 四水锰矾	901
Ilimaussite-(Ce) 硅铈铌钡矿	286
Ilinskite 氯氧硒钠铜石	568
Ilirneyite 伊利尔涅伊矿*	1070
Illite 水白云母	814
Ilmajokite-(Ce) 钠钛硅石	642
Ilmenite 钛铁矿	913
Ilmenorutile 钛铁金红石	913
Ilsemannite 蓝钼矿	428
Iltisite 氯硫溴银汞矿	557
Ilvaite 黑柱石	321
Ilyukhinite 伊柳金石*	1070
Imandrite 硅铁钙钠石	292
Imayoshiite 今吉石*	384
Imgreite 伊碲镍矿	1069
Imhofite 硫砷铜铊矿	512
Imiterite 汞辉银矿	253
Imogolite 伊水铝英石	1070
Inaglyite 硫铅铜铱矿	509
Incaite 硫锑锡铁铅矿	520
Incomsartorite 非脆硫砷铅矿*	162
Inderborite 水硼钙镁石	859
Inderite 多水硼镁石	138
Indialite 印度石	1082
Indicolite 蓝色电气石	429
Indigirite 水碳镁铝石	876
Indite 硫铁铟矿	521
Indium 自然铟	1136
Inesite 红硅钙锰矿	324
Ingersonite 殷格生矿	1078
Ingodite 因硫碲铋矿	1078
Innelite 硅钛钠钡石	288
Innsbruckite 因斯布鲁克石*	1078
Insizwaite 等轴铋铂矿	117
Intersilite 内硅锰钠石	647
Inyoite 板硼石	45
Iodargyrite 碘银矿	130
Iodobromite 卤银矿	536
Iowaite 水氯铁镁石	853
Iquiqueite 硼铬镁碱石	673
Iranite 水铬铅矿	824
Iraqite-(La) 伊拉克石	1070
Irarsite 硫砷铱矿	513
Irhtemite 斜砷镁钙石	1035
Iridarsenite 砷铱矿	797
Iridium 自然铱	1136
Iridosmine 铱锇矿	1072
Iriginite 黄钼铀矿	341
Irinarassite 伊琳娜拉斯石*	1070
Iron 自然铁	1134
Irtyshite 意钽钠矿	1077
Iseite 伊势矿*	1070
Ishiharaite 石原矿*	806
Ishikawaite 铌钇铀矿	653
Isoclasite 水磷钙石	838
Isocubanite 等方黄铜矿	117
Isoferroplatinum 等轴铁铂矿	119
Isokite 氟磷钙镁石	178
Isolueshite 等轴钠铌矿	118
Isomertieite 等轴砷锑钯矿	119
Isovite 碳铁铬矿	929
Itoigawaite 羟硅铝锶石	709
Itoite 羟锗铅矾	743
Itsiite 伊特斯石*	1071

Ixiolite 锡铁钽矿 ………… 1008
Iyoite 伊予石* ………… 1071
Izoklakeite 杂铅矿 ………… 1102

J

Jáchymovite 亚希铀矾 ………… 1058
Jacobsite 锰铁矿 ………… 615
Jacquesdietrichite 羟硼铜石 ………… 726
Jacutingaite 冠雉矿* ………… 258
Jadarite 羟硼硅钠锂石 ………… 726
Jade 玉 ………… 1092
Jadeite 硬玉 ………… 1085
Jaffeite 佳羟硅钙石 ………… 363
Jagoite 氯硅铁铅矿 ………… 554
Jagowerite 羟磷铝钡石 ………… 716
Jahnsite-(CaFeFe) 磷铁镁锰钙石-钙铁铁 …… 480
Jahnsite-(CaFeMg) 磷铁镁锰钙石-钙铁镁 …… 480
Jahnsite-(CaMgMg) 磷铁镁锰钙石-钙镁镁 …… 479
Jahnsite-(CaMnFe) 磷铁镁锰钙石-钙锰铁 …… 480
Jahnsite-(CaMnMg) 磷铁镁锰钙石-钙锰镁 …… 479
Jahnsite-(CaMnMn) 磷铁镁锰钙石-钙锰锰 …… 479
Jahnsite-(MnMnFe) 磷铁镁锰钙石-锰锰铁 …… 481
Jahnsite-(MnMnMg) 磷铁镁锰钙石-锰锰镁 …… 480
Jahnsite-(MnMnMn) 磷铁镁锰钙石-锰锰锰 …… 480
Jahnsite-(MnMnZn) 磷铁镁锰钙石-锰锰锌 …… 481
Jahnsite-(NaFeMg) 磷铁镁锰钙石-钠铁镁 …… 481
Jahnsite-(NaMnMg) 磷铁镁锰钙石-钠锰镁 …… 481
Jaipurite 块硫钴矿 ………… 418
Jakobssonite 雅各布松石* ………… 1055
Jalpaite 辉铜银矿 ………… 353
Jamborite 水羟镍石 ………… 864
Jamesite 砷铁铅锌石 ………… 794
Jamesonite 脆硫锑铅矿 ………… 98
Janchevite 吉安彻夫矿* ………… 359
Janggunite 羟黑锰矿 ………… 714
Janhaugite 硅钛锰钠石 ………… 288
Jankovićite 硫锑砷铊矿 ………… 518
Jarandolite 羟硼钙石② ………… 726
Jarlite 氟铝钠锶石 ………… 182
Jarosewichite 加羟砷锰石 ………… 361
Jarosite 黄钾铁矾 ………… 339
Jaskólskiite 硫锑铜铅矿 ………… 519
Jasmundite 约硫硅钙石 ………… 1095
Jasonsmithite 杰森史密斯石* ………… 383
Jasrouxite 雅斯鲁矿* ………… 1056
Jaszczakite 雅什查克矿* ………… 1056
Javorieite 加沃里耶石* ………… 362
Jeanbandyite 津羟锡铁矿 ………… 387
Jeankempite 吉恩坎普石* ………… 359
Jedwabite 铌钽铁矿 ………… 651
Jeffbenite 杰弗本石* ………… 383
Jeffersonite 锰锌辉石 ………… 617
Jeffreyite 羟硅铍钙石 ………… 711
Jennite 羟硅钠钙石 ………… 711
Jensenite 巾水碲铜石 ………… 384
Jentschite 詹硫砷锑铅铊矿 ………… 1103
Jeppeite 钾钛石 ………… 371
Jeremejevite 硼铝石 ………… 676
Jeromite 硒硫砷矿 ………… 1001
Jerrygibbsite 羟硅锰石 ………… 710
Jervisite 钪霓辉石 ………… 403
Ježekite 杰泽克铀矿* ………… 383
Jialuite 驾鹿矿 ………… 376
Jianshuiite 建水矿 ………… 379
Jichengite 冀承矿 ………… 361
Jimboite 锰硼石 ………… 613
Jimthompsonite 镁川石 ………… 587
Jingsuiite 经绥矿 ………… 388

Joegoldsteinite 陨硫铬锰矿*	1098
Joesmithite 铅闪石	699
Johachidolite 硼铝钙石	675
Johanngeorgenstadtite 约翰格奥尔根施塔特矿*	1094
Johannite 铜铀矾	965
Johannsenite 钙锰辉石	225
Johillerite 砷铜镁钠石	795
Johnbaumite 羟砷钙石	728
Johnbaumite-M 锶砷磷灰石	895
Johninnesite 砷硅钠镁锰石	781
Johnkoivulaite 约翰柯维拉石*	1094
Johnsenite-(Ce) 约翰森铈异性石	1095
Johnsomervilleite 磷铁镁钠钙石	481
Johntomaite 约翰托玛石	1095
Johnwalkite 磷铌锰钾石	474
Jôkokuite 五水锰矾	993
Joliotite 碳铀矿	932
Jolliffeite 硒砷镍矿	1002
Jonassonite 硫金铋矿	503
Jonesite 硅钛钡钾石	286
Jordanite 约硫砷铅矿	1095
Jordisite 胶硫钼矿	381
Jørgensenite 乔根森石	743
Joséite-A 硫碲铋矿	497
Joteite 乔特石*	744
Jouravskite 硫碳钙锰石	515
Juabite 水羟砷碲铜铁石	864
Juangodoyite 无水碳铜钠石	992
Juanitaite 水羟砷铋铜石	864
Juanite 水黄长石	834
Juansilvaite 胡安席尔瓦石*	333
Juddite 锰钠铁闪石	612
Julgoldite-(Fe^{2+}) 复铁绿纤石-低铁	203
Julgoldite-(Fe^{3+}) 复铁绿纤石-高铁	203
Julgoldite-(Mg) 复铁绿纤石-镁	202
Julienite 毛青钴矿	584
Jungite 磷铁锌钙石	483
Junitoite 水硅锌钙石	833
Junoite 硒硫铋铜铅矿	1001
Juonniite 水磷钪钙镁石	839
Jurbanite 斜铝矾	1033

K

Kaatialaite 水砷氢铁石	870
Kadyrelite 氧溴汞矿	1064
Kaersutite 钛闪石	912
Kafehydrocyanite 黄血盐	345
Kahlerite 黄砷铀铁矿	342
Kainite 钾盐镁矾	372
Kainosite-(Y) 碳硅钇钙石	921
Kaitianite 开天石	399
Kalborsite 硅硼钾铝石	280
Kalgoorlieite 卡尔古利石	393
Kaliborite 硼钾镁石	675
Kalicinite 重碳钾石	93
Kalifersite 硅钾铁石	268
Kalininite 硫铬锌矿	501
Kalinite 纤钾明矾	1011
Kaliochalcite 水钾铜矾*	835
Kaliophilite 钾霞石	372
Kalistrontite 钾锶矾	371
Kalsilite 原钾霞石	1093
Kaluginite 卡鲁金石*	395
Kalungaite 硒砷钯矿	1002
Kamacite 铁纹石	956
Kamaishilite 科羟铝黄长石	408
Kambaldaite 碳钠镍石	925
Kamchatkite 氯铜钾矾	565
Kamiokite 钼铁矿	629
Kamitugaite 卡米图加石	396
Kamotoite-(Y) 水碳钇铀石	878
Kampelite 坎佩尔石*	402
Kampfite 氯碳硅钡石	563
Kamphaugite-(Y) 卡姆费奇石	396
Kanemite 水硅钠石	829
Kangite 星钪石	1050
Kaňkite 水砷铁石	871
Kannanite 神南石*	799
Kanoite 锰辉石	607

Kanonerovite 水磷锰钠石	842
Kaolinite 高岭石	237
Kapellasite 卡佩拉斯石*	397
Kapitsaite-(Y) 卡硼硅钡钇石	397
Kapundaite 卡潘达石*	396
Karasugite 卡拉苏石*	394
Karelianite 三方氧钒矿	762
Karenwebberite 卡伦韦伯石*	395
Karibibite 铁砷石	954
Karlite 卡硼镁石	397
Karnasurtite-(Ce) 水硅钛铈矿	832
Karpenkoite 卡尔彭科矿*	393
Karpinskite 硅镍镁石	280
Karpovite 卡尔波夫石*	392
Karupmøllerite-Ca 硅碱钙钛铌石	269
Kasatkinite 卡萨特金石*	397
Kashinite 斜方硫铱矿	1023
Kaskasite 卡斯卡斯矿*	398
Kasoite 加苏石	362
Kasolite 硅铅铀矿	284
Kassite 羟钙钛矿	706
Kastningite 副蓝磷铝锰石	206
Katayamalite 加特雅玛石	362
Katerinopoulosite 卡特里诺普洛斯石*	398
Katiarsite 砷钛钾石*	791
Katoite 加藤石	362
Katophorite 红钠闪石	327
Katoptrite 黑硅锑锰矿	315
Kawazulite 硒碲铋矿①	999
Kayrobertsonite 凯罗伯森石*	400
Kazakhstanite 哈萨克斯坦石	300
Kazakovite 硅钛钠石	288
Kazanskyite 卡赞斯基石*	399
Keatite 正方硅石	1113
Keckite 磷铁锰钙石	482
Kegelite 硫硅铝锌铅石	503
Kegginite 凯金石*	400
Keilite 硫镁铁矿	505
Keithconnite 凯碲钯矿	399
Keiviite-(Y) 硅钇石	297
Keiviite-(Yb) 硅镱石	297
Keldyshite 钠硅锆石	636
Kellyite 锰铝蛇纹石	610
Kelyanite 楷莱安矿	401
Kemmlitzite 羟菱砷铝锶石	720
Kempite 氯羟锰矿	561
Kenhsuite 斜方氯硫汞矿	1024
Kenngottite 肯戈特石*	413
Kenoargentotetrahedrite-(Zn) 空锌银黝铜矿	414
Kenoplumbomicrolite 空铅细晶石*	413
Kenotobermorite 基诺托勃莫来石*	357
Kentbrooksite 肯异性石	413
Kentrolite 硅铅锰矿	284
Kenyaite 水钠硅石	856
Keplerite 开普勒石*	399
Kësterite 锌黄锡矿	1042
Kerimasite 凯里马西石*	400
Kermesite 红锑矿	331
Kernite 四水硼砂	902
Kerolite 蜡蛇纹石	424
Kerstenite 黄硒铅矿	344
Kesebolite-(Ce) 凯瑟波铈石*	400
Kettnerite 氟碳铋钙石	192
Keutschite 科伊奇矿*	409
Keyite 砷锌镉铜石	796
Keystoneite 凯斯通石*	400
Khademite 斜方氟铝矾	1021
Khaidarkanite 哈依达坎石	301
Khamrabaevite 碳钛矿	929
Khangalasite 坎加拉斯石*	401
Khanneshite 碳钡钠石	919
Kharaelakhite 硫镍铜铂矿	507
Khatyrkite 二铝铜矿	142
Khibinskite 希宾石	996
Khinite 碲铅铜石	125
Khinite-3T 副碲铅铜石	204
Khmaralite 硅铝铍镁石	274
Khomyakovite 锶异性石	896
Khorixasite 霍里克萨斯石*	356
Khristovite-(Ce) 赫里斯托夫石	308
Khvorovite 科沃罗夫石*	409
Kiddcreekite 硫钨锡铜矿	524
Kidwellite 羟磷钠铁石①	718

Kieftite 锑钴矿	937	Kobokoboite 科博科博石*	405
Kieserite 水镁矾	854	Kobyashevite 科布雅舍夫石*	405
Kihlmanite-(Ce) 希尔曼铈石*	996	Kochite 柯赫石	403
Kilchoanite 斜方硅钙石	1021	Kochkarite 科碲铅铋矿	405
Killalaite 斜水硅钙石	1036	Kochsándorite 水羟碳钙铝石	865
Kimrobinsonite 羟钽矿	734	Koechlinite 钼铋矿	627
Kimuraite-(Y) 水碳钙钇石	874	Koenenite 氯羟镁铝石	560
Kimzeyite 锆榴石	242	Kogarkoite 科氟钠矾	406
Kingite 白水磷铝石	38	Kojonenite 科约宁矿*	409
Kingsgateite 金斯盖特石*	386	Kokchetavite 科长石	405
Kingsmountite 磷铝锰钙石	466	Kokinosite 科金奥斯石*	406
Kingstonite 单斜硫铑矿	107	Koksharovite 科克沙罗夫石*	406
Kinichilite 巾碲铁石	384	Koktaite 铵石膏	25
Kinoite 水硅铜钙石	832	Kolarite 氯碲铅矿	552
Kinoshitalite 羟硅钡镁石	707	Kolbeckite 水磷钪石	839
Kintoreite 金托尔石	386	Kolfanite 柯砷钙铁石	404
Kipushite 羟磷锌铜石	720	Kolicite 柯砷硅锌锰矿	404
Kircherite 基歇尔石*	358	Kollerite 科勒石*	407
Kirchhoffite 基尔霍夫石*	357	Kolovratite 钒镍矿	150
Kirkiite 硫砷铋铅矿	509	Kolskyite 考尔斯基石*	403
Kirovite 镁水绿矾	598	Kolwezite 钴孔雀石	256
Kirschsteinite 钙铁橄榄石	229	Kolymite 科汞铜矿	406
Kitagohaite 凯塔贡哈矿*	400	Komarovite 硅铌钙石	279
Kitkaite 硒碲镍矿	1000	Kombatite 氯钒铅石	553
Kittatinnyite 水硅钙锰石	825	Komkovite 库姆科夫石	416
Kivuite 水磷钍铀矿	846	Konderite 硫铅铜铑矿	509
Kladnoite 铵基苯石	23	Koninckite 针磷铁矿	1108
Klajite 克拉伊石*	410	Kononovite 科诺诺夫石*	408
Klaprothite 克拉普罗特铀矿*	410	Konyaite 孔钠镁矾	414
Klebelsbergite 基锑矾	357	Koragoite 氧钨锰铌矿	1064
Kleberite 克勒贝尔石*	411	Koritnigite 科水砷锌石	408
Kleemanite 水羟磷铝锌石	862	Kornelite 斜红铁矾	1029
Kleinite 氯氮汞矿	552	Kornerupine 柱晶石	1119
Klockmannite 六方硒铜矿	531	Korobitsynite 硅铌钛钠矿	279
Klyuchevskite 铁钾铜矾	947	Korshunovskite 柯羟氯镁石	404
Knasibfite 氟硼硅钾钠石	187	Korzhinskite 柯硼钙石	404
Knebelite 锰铁橄榄石	615	Kosmochlor 钠铬辉石	636
Knopite 铈钙钛矿	808	Kosnarite 磷锆钾矿	457
Knorringite 镁铬榴石	590	Kostovite 针碲金铜矿	1106
Koashvite 硅钛钙钠石	287	Kostylevite 单斜钾锆石	107
Kobeite-(Y) 钛稀金矿	914	Kotoite 粒镁硼石	450
Kobellite 硫铋锑铅矿	496	Kottenheimite 科滕海姆石*	409

Koutekite 六方砷铜矿	529		Kumdykolite 库姆迪科尔石*	416
Kovdorskite 科碳磷镁石	408		Kummerite 库默尔石*	416
Kozoite-(La) 羟碳镧石	735		Kupíkite 库铋硫铁铜矿	415
Kozoite-(Nd) 羟碳钕石	736		Kupletskite 锰星叶石	617
Kozyrevskite 科济列夫斯基石*	406		Kupletskite-(Cs) 铯锰星叶石	770
Kraisslite 砷钙锌锰石	778		Kuramite 硫锡铜矿	525
Krasheninnikovite 克拉舍宁尼科夫石*	410		Kuranakhite 碲锰铅矿	124
Krásnoite 克拉斯诺石*	410		Kuratite 铁钙韭石	945
Krasnovite 碳磷铝钡石	922		Kurchatovite 硼镁锰钙石	676
Kratochvilite 芴石	994		Kurgantaite 水硼钙锶石	859
Krausite 钾铁矾	371		Kurilite 千岛矿*	696
Krauskopfite 水硅钡矿	824		Kurnakovite 库水硼镁石	416
Krautite 淡红砷锰石	110		Kurumsakite 硅钒锌铝石	262
Kravtsovite 克拉夫佐夫矿*	410		Kusachiite 铋铜矿	62
Kremersite 红铵铁盐	323		Kutinaite 方砷铜银矿	158
Krennerite 斜方碲金矿	1020		Kutnohorite 镁菱锰矿	594
Krettnichite 克雷特尼希矿*	411		Kuzelite 水硫铝钙石	848
Kribergite 硫磷铝石	504		Kuzmenkoite-Mn 硅钾锰铌钛石	267
Krinovite 铬镁硅石	251		Kuzmenkoite-Zn 硅钾锌铌钛石	268
Kristiansenite 硅锡钪钙石	295		Kuzminite 溴汞矿	1052
Krivovichevite 羟铝铅矾	722		Kuznetsovite 氯砷汞石	562
Kröhnkite 柱钠铜矾	1120		Kvanefjeldite 羟硅钙钠石	708
Krotite 始铝钙石	807		Kyanite 蓝晶石	427
Kroupaite 克鲁帕铀矿*	412		Kyawthuite 觉都矿*	391
Kruijenite 克鲁扬石*	412		Kyzylkumite 库钒钛矿	415
Krupkaite 库辉铋铜铅矿	415			
Kruťaite 方硒铜矿	160		**L**	
Krutovite 等轴砷镍矿	118			
Kryachkoite 克里亚奇科矿*	411		Laachite 拉赫石*	420
Kryzhanovskite 水锰绿铁矿	856		Labradorite 拉长石	419
Ktenasite 基铜矾	357		Labuntsovite-Fe 水硅碱钛矿-铁	828
Kuannersuite-(Ce) 磷钠铈钡石	473		Labuntsovite-Mg 水硅碱钛矿-镁	827
Kudriavite 硫铋镉矿	495		Labuntsovite-Mn 水硅碱钛矿-锰	828
Kudryavtsevaite 库德雅芙塞娃石*	415		Labyrinthite 拉比异性石	419
Kukharenkoite-(Ce) 氟碳铈钡石	195		Lacroixite 锥晶石	1122
Kukharenkoite-(La) 氟碳镧钡石	193		Laffittite 硫砷汞银矿	510
Kukisvumite 羟硅锌钛钠石	713		Laflammeite 硫铅钯矿	508
Kuksite 库克斯石	415		Laforêtite 硫铟银矿	526
Kulanite 磷铝铁钡石	468		Lafossaite 铊盐	907

Laitakarite 硫硒铋矿	524
Lakebogaite 磷钙钠铁铀矿	456
Lalondeite 拉伦德石	421
Lammerite 拉砷铜石	422
Lammerite-β β-拉砷铜石	422
Lamprophyllite 闪叶石	772
Lanarkite 黄铅矿	341
Landauite 兰道矿	426
Landesite 褐磷锰铁矿	310
Långbanite 硅锑锰矿	291
Långbanshyttanite 朗班许坦石*	435
Langbeinite 无水钾镁矾	991
Langisite 砷镍钴矿	788
Langite 蓝铜矾	431
Lanmuchangite 铊明矾	907
Lannonite 氟水铝镁钙矾	191
Lansfordite 五水碳镁石	993
Lanthanite-(Ce) 碳铈石	928
Lanthanite-(La) 碳镧石	922
Lanthanite-(Nd) 碳钕石	925
Laphamite 硒雌黄	999
Lapieite 硫锑镍铜矿	517
Lapis lazuli 青金石	746
Laplandite-(Ce) 硅钛铈钠石	290
Laptevite-(Ce) 拉普捷娃铈石*	422
Larderellite 硼铵石	672
Larisaite 水硒铀钠石	882
Larnite 斜硅钙石	1029
Larosite 硫铋铅铜矿	495
Larsenite 硅铅锌矿	284
Lasnierite 拉斯尼尔石*	422
Latiumite 硫硅碱钙石	503
Latrappite 铌钙钛矿	650
Laubmannite 羟绿铁矿	722
Laueite 劳埃石	436
Laumontite 浊沸石	1123
Launayite 劳硫锑铅矿	436
Lauraniite 劳拉尼石*	436
Laurelite 氟铅石	189
Laurentianite 劳伦森石*	436
Laurentthomasite 劳伦特托马斯石*	436
Laurionite 羟氯铅矿	723
Laurite 硫钌矿	504
Lausenite 六水铁矾	533
Lautarite 碘钙石	128
Lautenthalite 劳唐特尔石	437
Lautite 辉砷铜矿	350
Lavendulan 砷钙钠铜矿	777
Låvenite 钠钙锆石	635
Lavinskyite 拉文斯基石*	423
Lavoisierite 拉瓦锡石*	423
Lavrentievite 氯溴硫汞矿	567
Lawrencite 陨氯铁	1099
Lawsonbauerite 羟锌锰矾	742
Lawsonite 硬柱石	1085
Lazaraskeite 拉扎尔石*	423
Lazarenkoite 拉砷钙复铁石	422
Lazaridisite 拉扎里迪斯石*	424
Lazulite 天蓝石	941
Lead 自然铅	1133
Leadamalgam 汞铅矿	254
Leadhillite 硫碳铅矿	516
Leakeite 利克石	447
Lechatelierite 焦石英	381
Lecontite 钠铵矾	633
Lecoqite-(Y) 利空格钇石	447
Leesite 利斯铀矿*	448
Legrandite 羟砷锌矿	732
Leguernite 勒盖恩石*	437
Lehnerite 水磷铀锰矿	847
Leifite 白针柱石	41
Leightonite 钾钙铜矾	365
Leisingite 水碲镁铜石	815
Leiteite 亚砷锌石	1057
Lemanskiite 四方氯砷钠铜石	898
Lembergite 绿蒙脱石	546
Lemmleinite-Ba 硅钛铌钡矿	288
Lemmleinite-K 硅钛铌钾矿	289
Lemoynite 水钠锆石	856
Lenaite 莱硫铁银矿	425
Lengenbachite 辉砷银铅矿	350
Leningradite 列宁格勒石	452
Lennilenapeite 淡硬绿泥石	111
Lenoblite 二水钒石	143

英文名	中文名	页码
Leogangite	水羟硫砷铜石	863
Leonardsenite	伦纳德森石*	569
Leonhardite	黄浊沸石	346
Leonite	钾镁矾	368
Leószilárdite	利奥西拉德铀矿*	446
Lepageite	勒佩奇矿*	437
Lepersonnite-(Gd)	莱普生石-钆	425
Lepidocrocite	纤铁矿	1014
Lepidolite	锂云母	445
Lepkhenelmite-Zn	水硅铌钛锌钡石	831
Lermontovite	稀土磷铀矿	1005
Lesukite	羟氯铝矾	723
Letovicite	氢铵矾	748
Leucite	白榴石	35
Leucophanite	白铍石	37
Leucophoenicite	淡硅锰石	109
Leucophosphite	淡磷钾铁矿	110
Leucosphenite	淡钡钛石	109
Levantite	黎凡特石*	439
Leverettite	羟氯钴铜矿	723
Levinsonite-(Y)	草酸铝钇矾*	83
Lévyclaudite	莱圆柱锡矿	425
Lévyne-Ca	插晶菱沸石-钙	86
Lévyne-Na	插晶菱沸石-钠	86
Leydetite	莱铁铀矾	425
Liandratite	铌钽铀矿	651
Liberite	锂铍石	444
Libethenite	磷铜矿	483
Liddicoatite	钙锂电气石	221
Liebauite	利博石	446
Liebenbergite	镍橄榄石	656
Liebermannite	利伯曼石	446
Liebigite	铀钙石	1088
Likasite	羟磷硝铜矿	720
Lileyite	利利石*	447
Lillianite	硫铋铅矿	495
Lime	方钙石	154
Limonite	褐铁矿	313
Linarite	青铅矾	747
Lindackerite	水砷氢铜石	870
Lindbergite	草酸锰石	84
Lindgrenite	钼铜矿	629
Lindqvistite	林德维斯特石	452
Lindsleyite	钡蒙山矿	55
Lindströmite	辉铋铜铅矿	347
Línekite	碳钾钙铀矿	921
Lingbaoite	灵宝矿	487
Lingunite	玲根石	487
Linnaeite	硫钴矿	502
Lintisite	硅钛锂钠石	287
Linzhiite	林芝矿	453
Liottite	利钙霞石	446
Lipscombite	四方复铁天蓝石	897
Lipuite	李璞硅锰石	439
Liroconite	水砷铝铜矿	868
Lisetite	里赛特石	441
Lishizhenite	李时珍石	440
Lisiguangite	李四光矿	440
Lisitsynite	利西岑石*	448
Liskeardite	砷铁铝石	793
Litharge	密陀僧	620
Lithiomarsturite	硅锂锰钙石	272
Lithiophilite	锰磷锂矿	609
Lithiophorite	锂硬锰矿	445
Lithiophosphate	块磷锂矿	417
Lithiotantite	锂钽矿	445
Lithiowodginite	锂铌锰钽矿	444
Lithosite	水硅铝钾石	828
Litidionite	硅碱铜矿	270
Litochlebite	里托查勒布矿*	441
Litvinskite	利特文思克石	448
Liudongshengite	刘东生石*	494
Liveingite	利硫砷铅矿	447
Livingstonite	硫汞锑矿	501
Lizardite	利蛇纹石	447
Lobanovite	洛巴诺夫石*	573
Lokkaite-(Y)	水碳钇石	878
Löllingite	斜方砷铁矿	1026
Lomonosovite	磷硅钛钠石	459
Londonite	硼铯铝铍石	679
Lonecreekite	苏铵铁矾	903
Lonsdaleite	蓝丝黛尔石	430
Loparite-(Ce)	铈铌钙钛矿	810
Lópezite	铬钾矿	250

Lorenzenite 硅钠钛石	278
Lorettoite 黄氯铅矿	341
Loseyite 蓝锌锰矿	432
Lotharmeyerite 羟砷锌锰钙石	732
Loudounite 水硅锆钠钙石	827
Loughlinite 丝硅镁石	885
Lourenswalsite 羟硅钾钛石	708
Lovdarite 铍硅钠石	684
Loveringite 钛铈钙矿	912
Lovozerite 基性异性石	358
Löweite 钠镁矾	640
Luanheite 滦河矿	569
Luanshiweiite 栾锂云母	569
Luberoite 卢贝罗石	533
Lublinite 纤方解石	1010
Lucabindiite 卢卡宾迪石*	534
Lucasite-(Ce) 铈钛石	810
Lucchesiite 卢凯西石*	534
Luddenite 庐硅铜铅石	535
Ludjibaite 陆羟磷铜石	538
Ludlamite 板磷铁矿	44
Ludlockite 卢砷铁铅石	534
Ludwigite 硼镁铁矿	677
Lueshite 斜方钠铌矿	1025
Luetheite 砷铝铜石	783
Luinaite-(OH) 卢伊纳电气石*	535
Lukechangite-(Ce) 氟碳钠铈石	194
Lukkulaisvaaraite 卢卡库莱斯瓦拉矿*	534
Lukrahnite 羟砷铁铜钙石①	731
Lulzacite 鲁磷锶铁铝石	537
Lumsdenite 卢姆登矿*	534
Lüneburgite 硼磷镁石	675
Lunijianlaite 绿泥间蜡石	546
Lun'okite 鲁诺克石*	538
Luobusaite 罗布莎矿	569
Luogufengite 罗氏铁矿	571
Lusernaite-(Y) 卢塞纳钇石*	534
Luxembourgite 卢森堡矿*	534
Luzonite 四方硫砷铜矿	898
Lyonsite 钒铁铜矿	152

M

Macaulayite 羟硅铁石	713
Macdonaldite 莫水硅钙钡石	625
Macedonite 铅钛矿	699
Macfallite 钙锰帘石	225
Machatschkiite 九水砷钙石	390
Machiite 马驰矿*	574
Mackayite 水碲铁矿	815
Mackinawite 四方硫铁矿	898
Macphersonite 直硫碳铅石	1114
Macquartite 铬硅铜铅石	249
Madocite 麦硫锑铅矿	581
Magadiite 麦羟硅钠石	581
Magbasite 硅镁钡石	274
Maghagendorfite 磷镁锰钠石	470
Maghemite 磁赤铁矿	95
Maghrebite 马格里布石*	575
Magnanelliite 马格纳内利石*	575
Magnesian Annabergite 镁镍华	597
Magnesio-arfvedsonite 镁钠铁闪石	596
Magnesioaubertite 水镁铝铜矾	855
Magnesiocanutite 镁卡努特石*	593
Magnesiocarpholite 纤镁柱石	1012
Magnesiochloritoid 镁硬绿泥石	601
Magnesiochlorophoenicite 镁砷锌锰矿	597
Magnesiochromite 镁铬矿	590
Magnesiocopiapite 镁叶绿矾	600
Magnesiocoulsonite 镁铬钒矿	589
Magnesiodumortierite 镁蓝线石	593
Magnesio-ferri-fluoro-hornblende 镁铁氟角闪石*	598
Magnesioferrite 镁铁矿	599
Magnesiofluckite 砷氢镁钙石*	790
Magnesio-fluoro-arfvedsonite 氟镁钠铁闪石	184
Magnesio-fluoro-hastingsite 氟钠钙镁闪石	185
Magnesio-foitite 镁福伊特石	588
Magnesio-hastingsite 镁绿钙闪石	595

Magnesio-hornblende 镁角闪石	592	Malladrite 氟硅钠石	176
Magnesiohulsite 黑硼锡镁矿	318	Mallardite 七水锰矾	694
Magnesiokoritnigite 镁科水砷锌石*	593	Mallestigite 羟砷锑铅矾石	730
Magnesioleydetite 镁莱铁铀矾*	593	Mambertiite 曼贝蒂石*	582
Magnesioneptunite 镁柱星叶石	601	Mammothite 玛莫石	580
Magnesionigerite-2N1S 彭志忠石-6H	672	Manaksite 硅碱锰石	270
Magnesionigerite-6N6S 彭志忠石-24R	672	Manandonite 硅硼锂铝石	281
Magnesiopascoite 镁橙钒钙石	587	Mandarinoite 水硒铁石	882
Magnesio-riebeckite 镁钠闪石	596	Maneckiite 马纳斯基石*	578
Magnesiorowlandite-(Y) 镁硅氟铁钇矿	590	Manganapatite 锰磷灰石	609
Magnesiotaaffeite-2N'2S 塔菲石	908	Manganarsite 层亚砷锰矿	85
Magnesiotaaffeite-6N'3S 镁塔菲石-6N'3S	598	Manganbabingtonite 硅锰灰石	276
Magnesiovesuvianite 镁符山石	588	Manganbelyankinite 铌钛锰石	651
Magnesiovoltaite 镁绿钾铁矾*	595	Manganberzeliite 红砷榴石	328
Magnesiozippeite 镁水钾铀矾	598	Manganese 自然锰	1131
Magnesite 菱镁矿	491	Manganflurlite 锰弗鲁尔石*	605
Magnesium 自然镁	1131	Mangangordonite 磷锰铝石	470
Magnetite 磁铁矿	95	Manganhumite 锰硅镁石	606
Magnetoplumbite 磁铁铅矿	96	Manganiakasakaite-(La) 镧锰赤坂石*	434
Magniotriplite 氟磷铁镁矿	180	Manganiandrosite-(Ce) 铈多锰绿泥石	808
Magnioursilite 镁铀硅石	601	Manganiandrosite-(La) 镧锰帘石	434
Magnolite 碲汞石	123	Manganiceladonite 锰绿鳞石*	610
Magnussonite 方砷锰矿	158	Manganilvaite 锰黑柱石	607
Mahnertite 水氯砷钠铜石	853	Manganite 水锰矿	855
Maikainite 锗硫钼铁铜矿	1106	Manganlotharmeyerite 砷镁钙锰石	784
Majakite 砷镍钯矿	787	Manganoan Calcite 锰方解石	604
Majindeite 马进德矿	575	Manganoblödite 白钠锰矾	36
Majorite 镁铁铝榴石	599	Manganochromite 锰铬铁矿	606
Majzlanite 马兹兰石*	579	Manganoeudialyte 锰异性石	617
Makarochkinite 钙铁非石	229	Mangano-ferri-eckermannite 铁锰钠闪石	951
Makatite 马水硅钠石	578	Manganohoörnesite 砷镁锰石	784
Mäkinenite 三方硒镍矿	762	Manganohörnesite 锰砷镁石	614
Makovickyite 单斜硫铋银矿	107	Manganokaskasite 锰卡斯卡斯矿*	608
Malachite 孔雀石	414	Manganokhomyakovite 锰锶异性石	614
Malanite 马兰矿	577	Manganokukisvumite 羟硅锰钛钠石	710
Malayaite 马来亚石	577	Manganolangbeinite 无水钾锰矾	991
Maldonite 黑铋金矿	314	Mangano-mangani-ungarettiite 锰钠闪石	612
Maleevite 硅钡硼石	260	Manganonaujakasite 硅铝锰钠石	273
Maletoyvayamite 马莱托瓦扬矿*	577	Manganoneptunite 锰柱星叶石	618
Malhmoodite 马赫茂德石	575	Manganonordite-(Ce) 锰硅钠锶铈石	606
Malinkoite 马林科石*	577		

Manganophyllite 锰金云母	608	Marsturite 硅锰钠钙石	276
Manganoquadratite 方硫砷银锰矿*	156	Marthozite 七水硒铜铀矿	694
Manganosegelerite 锰水磷铁钙镁石	614	Martinandresite 马丁安德烈斯石*	574
Manganoshadlunite 硫铜锰矿	522	Martinite 板鳞钙石	44
Manganosite 方锰矿	156	Martyite 水钒锌石	819
Manganostibite 砷锑锰矿	792	Marumoite 丸茂矿*	975
Manganotychite 锰杂芒硝	618	Maruyamaite 丸山电气石	976
Manganvesuvianite 锰符山石	605	Mascagnite 铵矾	22
Mangazeite 芒加塞石*	582	Maslovite 等轴铋碲铂矿	117
Manitobaite 曼尼托巴石	582	Massicot 铅黄	698
Manjiroite 锰钠矿	612	Masutomilite 锰锂云母	608
Mannardite 钡钒钛石	53	Masuyite 橙红铀矿	90
Mansfieldite 砷铝石	783	Mathesiusite 硫钒钾铀矿	499
Mantienneite 曼廷尼石	582	Mathewrogersite 硅锗铅石	297
Maohokite 毛河光矿	584	Mathiasite 蒙山矿	603
Maoniupingite-(Ce) 牦牛坪矿-铈	585	Matildite 硫铋银矿	497
Mapimite 蓝水砷锌矿	430	Matlockite 氟氯铅矿	183
Mapiquiroite 马皮奎罗矿*	578	Mátraite 三方闪锌矿	762
Marathonite 马拉松矿*	577	Matsubaraite 硅锶钛石	286
Marcasite 白铁矿	39	Mattagamite 斜方碲钴矿	1019
Marchettiite 马尔凯蒂石*	574	Matteuccite 重钠矾	93
Marcobaldiite 马克巴尔迪矿*	576	Mattheddleite 铅硅磷灰石	697
Marécottite 马雷科特石*	577	Matulaite 磷铝钙石	463
Margaritasite 钒铯铀石	151	Matyhite 马廷英-雪峰石	578
Margarite 珍珠云母	1112	Maucherite 砷镍矿	788
Margarosanite 针硅钙铅石	1107	Mavlyanovite 马夫利亚诺夫石	574
Marialite 钠柱石	645	Mawbyite 羟砷铅铁石	729
Marianoite 硅锆铌钙钠石	266	Mawsonite 硫铁锡铜矿	521
Maricite 磷铁钠矿	483	Maxwellite 马克斯威石	576
Maricopaite 莫里铅沸石	624	Mayenite 钙铝石	223
Mariinskite 马林斯克石*	578	Mayingite 马营矿	579
Marinellite 玛令南利石	579	Mazzettiite 碲锑铅汞银矿	126
Markascherite 马克阿舍尔石*	576	Mazzite-Mg 针沸石-镁	1107
Markcooperite 高碲铅铀矿	236	Mazzite-Na 针沸石-钠	1107
Markeyite 马基铀矿*	575	Mbobomkulite 硫硝镍铝石	525
Markhininite 马尔凯尼石*	574	Mcallisterite 三方硼镁石	761
Marklite 马克尔石*	576	Mcalpineite 立方碲铜石	446
Marokite 钙黑锰矿	221	Mcauslanite 马柯斯兰石	575
Marrite 硫砷银铅矿	514	Mcbirneyite 马克比艾矿	576
Marrucciite 硫锑汞铅矿	516	Mcconnellite 铜铬矿	961
Marshallsussmanite 马歇尔苏斯曼石*	579	Mccrillisite 麦克里利石	580
Marshite 碘铜矿	129	Mcgillite 麦吉尔石*	580

Mcgovernite 粒砷硅锰矿	450
Mcguinnessite 麦碳铜镁石	581
Mckelveyite-(Nd) 碳钇钡石-钕	931
Mckelveyite-(Y) 碳钇钡石-钇	931
Mckinstryite 马硫铜银矿	578
Mcnearite 麦砷钠钙石	581
Medaite 硅钒锰石	262
Medenbachite 羟氧砷铜铁铋矿	742
Meerschautite 米尔斯豪特矿*	619
Megacyclite 大圆柱石	104
Megakalsilite 梅钾霞石	585
Megawite 梅高石*	585
Meierite 梅尔石*	585
Meifuite 美夫石	586
Meionite 钙柱石	233
Meisserite 多硫钠铀矿	137
Meitnerite 梅特纳铀矿*	586
Meixnerite 羟镁铝石	724
Mejillonesite 梅希约内斯石*	586
Melanarsite 黑砷铁铜钾石*	318
Melanocerite-(Ce) 黑稀土矿	320
Melanophlogite 黑方石英	315
Melanostibite 黑锑锰矿	319
Melanotekite 硅铅铁矿	284
Melanothallite 黑氯铜矿	317
Melanovanadite 黑钒钙矿	315
Melanterite 水绿矾	850
Melilite 黄长石	336
Meliphanite 蜜黄长石	621
Melkovite 磷钙铁钼矿	456
Melliniite 梅利尼石*	586
Mellite 蜜蜡石	621
Mellizinkalite 蜜黄锌钾石*	621
Melonite 碲镍矿	124
Mélonjosephite 磷铁钙石	478
Menchettiite 门凯蒂矿*	602
Mendeleevite-(Ce) 门捷列夫铈石*	601
Mendeleevite-(Nd) 门捷列夫钕石*	601
Mendigite 门迪希石*	601
Mendipite 白氯铅矿	36
Mendozavilite-KCa 磷钼铁钠钙石-钾钙	471
Mendozavilite-NaCu 磷钼铁钠钙石-钠铜	472
Mendozavilite-NaFe 磷钼铁钠钙石-钠铁	471
Mendozite 钠明矾	640
Meneghinite 斜方辉锑铅矿	1022
Mengxianminite 孟宪民石	618
Menilite 硅乳石	285
Menshikovite 门砷镍钯矿	602
Menzerite-(Y) 门泽钇石*	602
Mercallite 重钾矾	92
Mercury 自然汞	1128
Mereheadite 米尔氯氧铅矿	619
Mereiterite 水钾铁矾	834
Merelaniite 梅勒拉尼矿*	585
Merenskyite 碲钯矿	122
Merlinoite 麦钾沸石	580
Merrihueite 陨铁硅石	1099
Merrillite 陨磷钙钠石	1097
Mertieite-I 砷锑钯矿-I	792
Mertieite-II 砷锑钯矿-II	792
Merwinite 镁硅钙石	590
Mesaite 梅萨石*	586
Mesodialyte 中性石	1116
Mesolite 中沸石	1116
Messelite 次磷钙铁矿	96
Meta-aluminite 变矾石	64
Meta-alunogen 变毛矾石	67
Meta-ankoleite 变磷钾钡铀矿	66
Meta-autunite 变钙铀云母	65
Metabassetite 变铁铀云母	69
Metaborite 偏硼石	685
Metacalciouranoite 变钙铀矿	65
Metacinnabar 黑辰砂	314
Metadelrioite 变水钒锶钙石	67
Metahaiweeite 变水硅钙铀矿	68
Metaheinrichite 变钡砷铀云母	63
Metahewettite 变针钒钙石	70
Metahohmannite 变褐铁矾	65
Metakahlerite 变黄砷铀铁矿	66
Metakaolinite 变高岭石	65
Metakirchheimerite 变水砷钴铀矿	68
Metaköttigite 变水红砷锌石	68
Metalodèvite 变水锌砷铀矿	69
Metaloparite 变铈铌钙钛矿	67

英文名	中文名	页码
Metamunirite	钒钠矿	150
Metanatroautunite	钠变钙铀云母	634
Metanovácekite	变水砷镁铀矿	68
Metarauchite	麦镍砷铀云母	581
Metarossite	变水钒钙石	67
Metasaléeite	变镁磷铀云母	67
Metaschoderite	变水磷钒铝石	68
Metaschoepite	变柱铀矿	71
Metasideronatrite	变纤钠铁矾	70
Metastibnite	胶辉锑矿	380
Metastudtite	变水丝铀矿	68
Metaswitzerite	水磷红锰矿	839
Metatamboite	变坦博石*	69
Metathénardite	变无水芒硝*	70
Metatorbernite	变铜铀云母	69
Metatyuyamunite	变钒钙铀矿	64
Metauramphite	变铀铵磷石	70
Metauranocircite I/II	变钡铀云母 I/II	63
Metauranopilite	变铀矾	70
Metauranospinite	变砷钙铀矿	67
Metauroxite	变草酸铀矿*	64
Metavandendriesscheite	变橙黄铀矿	64
Metavanmeersscheite	变磷铀矿	66
Metavanuralite	变钒铝铀矿	65
Metavariscite	准磷铝石	1122
Metavauxite	变蓝磷铝铁矿	66
Metavivianite	三斜蓝铁矿	766
Metavoltine	变绿钾铁矾	66
Metazellerite	变碳钙铀矿	69
Metazeunerite	变翠砷铜铀矿	64
Meurigite-K	羟磷钾铁石	715
Meurigite-Na	羟磷钠铁石②	718
Meyerhofferite	三斜硼钙石	767
Meymacite	水氧钨矿	884
Meyrowitzite	梅罗维茨铀矿*	586
Mgriite	莫砷硒铜矿	625
Mianningite	冕宁铀矿	621
Miargyrite	辉锑银矿	352
Miassite	密硫铑矿	620
Mica	云母	1096
Michalskiite	米查尔斯基矿*	619
Micheelsenite	羟碳磷铝钙石	735
Michenerite	等轴铋碲钯矿	117
Michitoshiite-(Cu)	三千年矿*	763
Microcline	微斜长石	978
Microlite	细晶石	1009
Microsommite	氯碱钙霞石	555
Middlebackite	米德巴克石*	619
Mieite-(Y)	三重钇石*	768
Miersite	黄碘银矿	338
Miharaite	硫铋铅铁铜矿	495
Mikasaite	无水铁矾	992
Milanriederite	米兰里德石*	620
Milarite	整柱石	1112
Millerite	针镍矿	1111
Millisite	水磷铝碱石	840
Millosevichite	紫铁铝矾	1125
Millsite	米尔斯石*	619
Milotaite	硒锑钯矿	1003
Mimetite	砷铅矿	789
Mimetite-M	斜砷铅石	1035
Minakawaite	皆川矿*	383
Minasgeraisite-(Y)	硅钙铍钇石	263
Minasragrite	钒矾	147
Mineevite-(Y)	明尼也夫石	622
Minehillite	水硅锌钙钾石	833
Minguzzite	草酸钾铁石	83
Minium	铅丹	697
Minjiangite	闽江石	622
Minnesotaite	铁滑石	946
Minohlite	箕面石*	359
Minrecordite	碳锌钙石	931
Minyulite	水磷铝钾石	840
Mirabilite	芒硝	582
Misakiite	三崎石*	763
Misenite	纤重钾矾	1016
Miserite	硅铈钙钾石	285
Mitridatite	胶磷钙铁矿	380
Mitrofanovite	米特罗福诺夫矿*	620
Mitryaevaite	水氟磷铝石	821
Mitscherlichite	氯钾铜矿	555
Mixite	砷铋铜石	775
Miyahisaite	宫久石*	253
Mizzonite	钠钙柱石	635

Moctezumite 碲铅铀矿	125	Montmorillonite 蒙脱石	603
Modderite 莫砷钴矿	625	Montroseite 黑铁钒矿	319
Moëloite 穆硫锑铅矿	630	Montroyalite 水羟碳锶铝石	865
Mogánite 莫石英	625	Montroydite 橙汞矿	89
Mogovidite 富钙异性石	213	Mooihoekite 褐硫铁铜矿	311
Mohite 穆锡铜矿	631	Moolooite 草酸铜石	85
Möhnite 莫恩石*	623	Mooreite 锰镁锌矾	611
Mohrite 六水铵铁矾	532	Moorhouseite 水镍钴矾	858
Moissanite 莫桑石	624	Mopungite 羟锑钠石	738
Mojaveite 莫哈维石*	623	Moraesite 水磷铍石	844
Molinelloite 莫丽奈罗矿*	624	Moraskoite 莫拉斯科石*	623
Moluranite 黑钼铀矿	318	Mordenite 丝光沸石	885
Molybdenite 辉钼矿	349	Moreauite 莫磷铝铀矿	624
Molybdenum 自然钼	1132	Morelandite 钡砷磷灰石	56
Molybdite 钼华	628	Morenosite 碧矾	62
Molybdofornacite 钼砷铜铅石	629	Morganite 摩根石	622
Molybdomenite 白硒铅石	40	Morimotoite 钙钛铁榴石	229
Molybdophyllite 硅镁铅矿	275	Morinite 水氟磷铝钙石	820
Molysite 铁盐	957	Morozeviczite 硫锗铅矿	527
Momoiite 锰钒榴石	604	Mosandrite-(Ce) 褐硅铈矿	308
Monazite 独居石	134	Moschelite 碘汞矿②	129
Monazite-(Ce) 铈独居石	808	Moschellandsbergite 银汞矿	1079
Monazite-(La) 镧独居石	433	Mosesite 黄氮汞矿	337
Monazite-(Nd) 钕独居石	661	Moskvinite-(Y) 莫斯克文石	625
Monazite-(Sm) 钐独居石	771	Mössbauerite 穆斯堡尔石*	631
Moncheite 碲铂矿	123	Mossite 重铌铁矿	1117
Monchetundraite 蒙切苔原矿*	603	Mottanaite-(Ce) 莫塔纳铈石*	626
Monetite 三斜磷钙石	766	Mottramite 羟钒铜铅石	704
Mongolite 羟硅铌钙石	711	Motukoreaite 硫碳铝镁石	515
Monimolite 绿锑铅矿	549	Mounanaite 羟钒铁铅石	704
Monipite 磷镍钼矿	474	Mountainite 水针硅钙石	885
Monohydrocalcite 单水方解石	106	Mountkeithite 莫特克石	626
Montanite 碲铋华	122	Mourite 紫钼铀矿	1125
Montbrayite 亮碲金矿	451	Moxuanxueite 莫片楣石	624
Montdorite 芒云母	583	Moydite-(Y) 碳硼钇石	926
Montebrasite 羟磷锂铝石	715	Mozartite 莫扎尔石	626
Monteneroite 尼禄山石*	648	Mozgovaite 莫硒硫铋铅矿	626
Monteponite 方镉矿	154	Mpororoite 水钨铁铝矿	881
Monteregianite-(Y) 硅碱钇石	270	Mrázekite 姆拉泽克石	627
Montesommaite 蒙沸石	602	Mroseite 碳碲钙石	919
Montgomeryite 斜磷铝钙石	1031	Mückeite 硫铋镍铜矿	495
Monticellite 钙镁橄榄石	224	Muirite 羟硅钡石	708

Mummeite 蒙梅石	602
Munakataite 宗像石	1137
Mundite 穆磷铝铀矿	630
Mundrabillaite 蒙磷钙铵石	602
Munirite 穆水钒钠石	631
Muonionalustaite 穆尼纳鲁斯塔石*	631
Murakamiite 村上石*	101
Murashkoite 穆拉什科矿*	630
Murataite-(Y) 钛锌钠矿-钇	914
Murchisite 铬硫矿	250
Murdochite 黑铅铜矿	318
Murmanite 水硅钛钠石	832
Murunskite 穆硫铁铜钾矿	630
Muscovite 白云母	40
Mushistonite 羟锡铜石	741
Mushketovite 穆磁铁矿	630
Muskoxite 水铁镁石	880
Muthmannite 板碲金银矿	43
Mutinaite 穆沸石	630

N

Nabalamprophyllite 钠钡闪叶石	634
Nabaphite 磷钠钡石	472
Nabesite 钠铍沸石	641
Nabiasite 纳比亚斯石	632
Nabimusaite 纳比穆萨石*	632
Nabokoite 纳博柯石	632
Nacaphite 氟磷钙钠石[①]	178
Nacareniobosite-(Ce) 钠钙稀铌石-铈	635
Nacareniobsite-(Ce) 钙钠稀铌石	226
Nacrite 珍珠石	1111
Nadorite 氯锑铅矿	564
Nafertisite 钠铁钛石	643
Nagashimalite 纤硅钒钡石	1010
Nagelschmidtite 叠磷硅钙石	131
Nagyágite 叶碲矿	1065
Nahcolite 苏打石	903
Nahpoite 磷氢钠石	476
Nakauriite 水碳铜矾	878
Naldrettite 一锑二钯矿	1068

Nalipoite 磷钠锂石	472
Namansilite 硅锰钠石	277
Nambulite 硅锰钠锂石	276
Namibite 纳米铜铋钒矿	633
Namuwite 诺铜锌矾	663
Nanlingite 南岭石	646
Nanpingite 南平石	646
Nantokite 铜盐	964
Naquite 那曲矿	632
Narsarsukite 短柱石	136
Nashite 纳什石*	633
Nasinite 七水硼钠石	694
Nasledovite 锰铅矾	613
Nasonite 氯硅钙铅矿	554
Nastrophite 水磷钠锶石	843
Nataliakulikite 娜塔莉亚库利克矿*	645
Nataliyamalikite 娜塔莉亚马利克石*	645
Natalyite 铬钒辉石	249
Natanite 铁锡石	957
Natisite 氧硅钛钠石	1061
Natrite 钠碳石	642
Natroalunite 钠明矾石	640
Natroalunite-2R/2c 钙钠明矾石	226
Natroaphthitalite 钠钾芒硝*	637
Natroboltwoodite 黄硅钠铀矿	338
Natrochalcite 钠铜矾	643
Natrodufrénite 钠绿磷高铁石	639
Natrojarosite 钠铁矾	642
Natrokomarovite 钠硅铌钙石	636
Natrolemoynite 水硅锆钠石	827
Natrolite 钠沸石	635
Natromarkeyite 钠马基铀矿*	640
Natronambulite 多钠硅锂锰石	137
Natron 碱	376
Natroniobite 钠铌矿	640
Natropalermoite 钠柱磷锶锂矿*	645
Natropharmacoalumite 钠毒铝石*	634
Natropharmacosiderite 钠毒铁石	634
Natrophilite 磷钠锰矿	473
Natrophosphate 钠磷石	639

English	Chinese	Page
Natrotantite	钠钽矿	642
Natrotitanite	钠榍石*	644
Natrouranospinite	钠砷铀云母	641
Natrowalentaite	钠瓦伦特石*	643
Natroxalate	草酸钠石	84
Natrozippeite	水钠铀矾	857
Naujakasite	瑙云母	646
Naumannite	硒银矿	1005
Navajoite	三水钒矿	764
Navrotskyite	纳夫罗茨基铀矿*	633
Nchwaningite	水羟硅锰石	862
Nealite	氯砷铁铅石	563
Nefedovite	氟磷钙钠石[2]	179
Negevite	内盖夫石*	647
Neighborite	氟镁钠石	184
Nekoite	涅硅钙石	655
Nekrasovite	硫钒锡铜矿	499
Nelenite	砷热臭石	791
Neltnerite	尼硅钙锰石	647
Nenadkevichite	硅钛铌钠矿	289
Neotocite	水锰辉石	855
Nepheline	霞石	1009
Nephrite	软玉	755
Népouite	镍蛇纹石	658
Nepskoeite	羟水氯镁石	734
Neptunite	柱星叶石	1121
Neskevaaraite-Fe	碱硅钛铁石	377
Nesquehonite	三水菱镁矿	764
Nestolaite	内斯托拉石*	647
Neustädtelite	诺伊施塔特石*	663
Nevadaite	内华达石	647
Nevskite	三方硒铋矿	762
Newberyite	镁磷石	594
Neyite	针硫铋铜铅矿	1109
Nežilovite	磁铅锌锰铁矿	95
Niahite	水磷锰铵石	842
Niasite	四方砷镍矿*	899
Nichromite	镍铬铁矿	656
Nickel	自然镍	1132
Nickelalumite	镍矾石	656
Nickelaustinite	砷钙镍矿	777
Nickelbischofite	水氯镍石	851
Nickelblödite	白钠镍矾	36
Nickelboussingaultite	六水铵镍矾	531
Nickelhexahydrite	六水镍矾	532
Nickeline	红砷镍矿	329
Nickellotharmeyerite	羟砷钙镍石	728
Nickelphosphide	陨磷镍矿	1097
Nickelpicromerite	软钾镍矾*	754
Nickelschneebergite	砷镍铋石	787
Nickelskutterudite	方镍矿	157
Nickeltsumcorite	镍砷铁锌铅矿*	658
Nickeltyrrellite	镍硒铜钴矿*	659
Nickelzippeite	水镍铀矾	858
Nickenichite	尼肯尼契石	648
Nicksobolevite	尼克索博列夫石*	648
Niedermayrite	硫镉铜石	500
Nielsbohrite	砷钾铀矿	782
Nielsenite	三铜钯矿	765
Nierite	氮硅石	112
Nifontovite	粒水硼钙石	450
Niggliite	六方锡铂矿	531
Niigataite	锶斜黝帘石	896
Nikischerite	羟铝钠铁矾	722
Nikmelnikovite	尼克梅尔尼科夫石*	648
Nimite	富镍绿泥石	216
Ningyoite	磷钙铀矿	457
Niningerite	硫镁矿	505
Nioboaeschynite-(Ce)	铌铈易解石	650
Nioboaeschynite-(Nd)	铌钕易解石	650
Nioboaeschynite-(Y)	铌钇易解石	653
Niobocarbide	碳铌钽矿	925
Nioboholtite	铌锑线石*	652
Niobokupletskite	铌锰星叶石	650
Niobophyllite	铌叶石	652
Niocalite	黄硅铌钙石	339
Nipalarsite	砷钯镍矿*	774
Nisbite	斜方锑镍矿	1027
Nisnite	锡镍矿*	1007
Nissonite	水磷镁铜石	842
Niter	硝石	1017
Nitratine	钠硝石	643
Nitrobarite	钡硝石	58
Nitrocalcite	水钙硝石	823

Nizamoffite 尼扎莫夫石*	649
Nobleite 四水硼钙石	901
Noélbensonite 钡锰硬柱石	56
Nolanite 铁钒矿	944
Nollmotzite 诺勒莫茨铀矿*	662
Nolzeite 诺尔泽石*	661
Nontronite 绿脱石	550
Noonkanbahite 硅碱钡钛石	269
Norbergite 块硅镁石	416
Nordenskiöldine 硼钙锡矿	673
Nordgauite 诺德格石*	661
Nordite-(Ce) 硅钠锶铈石	278
Nordite-(La) 硅钠锶镧石	278
Nordstrandite 诺三水铝石	662
Nordströmite 辉硒铋铜铅矿	354
Norilskite 诺里尔斯克矿*	662
Normandite 锰钙锆钛石	605
Norrishite 诺云母	663
Norsethite 菱钡镁石	487
Northstarite 北极星矿*	49
Northupite 氯碳钠镁石	564
Nosean 黝方石	1090
Nová Čekite-I 水砷镁铀矿-I	869
Nová Čekite-II 水砷镁铀矿-II	869
Novákite 砷铜银矿	796
Novgorodovaite 水氯草酸钙石	850
Novograblenovite 诺夫格拉夫列诺夫石*	662
Nowackiite 硫砷锌铜矿	513
Nsutite 恩苏塔矿	141
Nuffieldite 纳菲尔德矿*	632
Nukundamite 诺硫铁铜矿	662
Nullaginite 努碳镍石	660
Numanoite 碳硼铜钙石	926
Nuragheite 努拉盖石*	660
Nuwaite 女娲矿	660
Nybøite 灰闪石	347
Nyerereite 尼碳钠钙石	649

O

Obertiite 钛镁钠闪石	912
Oboyerite 水碲氢铅石	815
Obradovicite-KCu 砷钼铁铜钾石	787
Obradovicite-NaCu 砷钼铁铜钠石*	787
Obradovicite-NaNa 砷钼铁钠钠石*	786
O'danielite 奥砷锌钠石	28
Odinite 奥丁诺石	26
Odintsovite 奥丁特石	26
Odontolite 齿胶磷矿	90
Oenite 砷锑钴矿	792
Offretite 钾沸石	364
Oftedalite 钪整柱石	403
Ogdensburgite 奥砷锌钙高铁石	28
Ognitite 奥格尼特矿*	27
Ohmilite 水硅钛锶石	832
OH-Uvite 羟钙镁电气石	705
Ojuelaite 纤砷铁锌石	1014
Okanoganite-(Y) 氟硼硅钇钠石	188
Okayamalite 钙硼黄长石	227
Okenite 水硅钙石	826
Okhotskite 鄂霍次克石	141
Okhotskite-(Mg) 镁鄂霍次克石*	588
Okieite 奥基石*	27
Okruschite 奥科鲁施石*	27
Oldhamite 陨硫钙石	1098
Olekminskite 三方锶解石	762
Olenite 钠铝电气石	639
Olgite 磷钠锶石	473
Oligoclase 奥长石	26
Oligonite 菱锰铁矿	491
Olivenite 橄榄铜矿	235
Olivine 橄榄石	235
Olkhonskite 铬钒钛矿	249
Olmsteadite 磷铌铁钾石	474
Olsacherite 硒铅矾	1002
Olshanskyite 羟硼钙石①	725
Olympite 磷钠石	473
Omariniite 奥马里尼矿*	27
Omeiite 砷锇矿	776
Ominelite 大峰石	103
Omongwaite 水钠钙矾石	856

Ondrušite 翁德鲁什石*	985
Oneillite 奥尼尔石	28
Onoratoite 氯锑矿	564
Oosterboschite 硒铜钯矿	1003
Opal 蛋白石	111
Ophirite 俄斐石*	140
Oppenheimerite 奥本海默铀矿*	26
Orangite 橙黄石	90
Orcelite 六方砷镍矿	529
Ordoñezite 褐锑锌矿	312
Örebroite 硅锑锰石	291
Oregonite 砷铁镍矿	793
Organovaite-Mn 硅钾锰钛铌石	268
Organovaite-Zn 硅钾锌钛铌石	268
Orickite 水碱黄铜矿	835
Orientite 锰柱石	618
Orlandiite 水氯亚硒铅石	854
Orlovite 奥尔洛夫石*	27
Orlymanite 奥莱曼石	27
Orpheite 硫磷铅铝矿	504
Orpiment 雌黄	96
Orschallite 奥尔斯查尔石	27
Orthobrannerite 斜方钛铀矿	1027
Orthochamosite 斜方鲕绿泥石	1020
Orthochevkinite 正硅钛铈矿	1113
Orthochrysotile 正纤维蛇纹石	1114
Orthoclase 正长石	1112
Orthocuproplatinum 斜方铜铂矿*	1027
Orthoericssonite 斜方钡锰闪叶石	1019
Orthojoaquinite-(Ce) 斜方硅钠钡钛铈石	1022
Orthojoaquinite-(La) 斜方硅钠钡钛镧石	1022
Orthominasragrite 斜方钒矾	1020
Orthopinakiolite 斜方硼镁锰矿	1025
Orthorhombic pyroxene 斜方辉石	1022
Orthoserpierite 斜方锌钙铜矾	1028
Orthowalpurgite 斜方砷铋铀矿	1025
Osakaite 大阪石	103
Osarizawaite 羟铝铜铅矾	722
Osarsite 硫砷锇矿	509
Osbornite 陨氮钛石	1096
Oscarkempffite 奥斯卡肯普夫矿*	28
Oskarssonite 奥斯卡森石*	28
Osmium 自然锇	1127
Osumilite 大隅石	104
Osumilite-(Mg) 镁大隅石	587
Oswaldpeetersite 羟碳铀石	738
Otavite 菱镉矿	489
Otjisumeite 奥锗铅石	29
Ottemannite 斜方硫锡矿	1023
Ottensite 欧特恩矿	664
Ottohahnite 奥托哈恩铀矿*	28
Ottoite 奥托石*	29
Ottrélite 锰硬绿泥石	617
Otwayite 羟碳镍石	736
Oulankaite 欧兰卡矿	664
Ourayite 硫铋铅银矿	496
Oursinite 硅钴铀矿	266
Ovamboite 锗硫钨铁铜矿	1106
Overite 水磷铝钙石	840
Owensite 硫铁铜钡矿	521
Owyheeite 脆硫锑银铅矿	98
Oxammite 草酸铵石	82
Oxo-magnesio-hastingsite 氧镁绿钠闪石*	1062
Oxo-mangani-leakeite 氧锰利克石	1062
Oxybismutomicrolite 氧铋细晶石*	1060
Oxycalciomicrolite 氧钙细晶石	1060
Oxycalcioroméite 氧锑钙石	1063
Oxy-chromium-dravite 氧铬镁电气石*	1061
Oxy-dravite 氧镁电气石*	1062
Oxy-foitite 氧福特石*	1060
Oxykinoshitalite 含氧钡镁脆云母	304
Oxynatromicrolite 氧钠细晶石	1062
Oxyphlogopite 氧金云母*	1061
Oxyplumboroméite 氧铅锑钙石	1063
Oxy-schorl 氧铁电气石	1063
Oxystannomicrolite 氧锡细晶石	1064
Oxy-vanadium-dravite 钒电气石*	147
Oyelite 水硅硼钙石	831
Oyonite 奥永矿*	29
Ozerovaite 奥泽尔娃石*	29
Ozocerite 地蜡	121

P

Pääkkönenite 帕科宁矿*	665
Paarite 帕硫铋铅铜矿	666
Pabstite 锡钡钛石	1006
Paceite 佩斯石	671
Pachnolite 霜晶石	813
Packratite 帕克拉特石*	665
Paddlewheelite 桨轮铀矿*	379
Paděraite 帕德矿	665
Padmaite 硒铋钯矿	998
Paganoite 帕加诺矿*	665
Pahasapaite 水磷钙锂铍石	837
Painite 铝硼锆钙石	540
Pakhomovskyite 水磷钴石	839
Palarstanide 钯砷锡矿	34
Palenzonaite 钒钙锰石	147
Palermoite 柱磷锶锂矿	1120
Palladium 自然钯	1126
Palladoarsenide 斜砷钯矿	1035
Palladobismutharsenide 铋砷钯矿	62
Palladodymite 坡砷铑钯矿	689
Palladogermanide 锗钯矿*	1105
Palladosilicide 硅钯矿*	260
Palladseite 硒钯矿	998
Palmierite 钾钠铅矾	369
Palygorskite 坡缕石	688
Pampaloite 潘帕洛矿*	668
Panasqueiraite 羟氟磷钙镁石	705
Pandoraite-Ba 潘多拉钡石*	667
Pandoraite-Ca 潘多拉钙石*	667
Panethite 磷镁钠石	470
Panguite 盘古石	668
Panunzite 潘诺霞石	668
Paolovite 锡二钯矿	1006
Papagoite 羟铝铜钙石	722
Paqueite 派克石	667
Para-alumohydrocalcite 副水碳铝钙石	210
Parabariomicrolite 副钡细晶石	204
Paraberzeliite 副黄砷榴石	206
Parabrandtite 副砷锰钙石	209
Parabutlerite 副基铁矾	206
Paracelsian 副钡长石	204
Parachrysotile 副纤蛇纹石	211
Paracoquimbite 副针绿矾	212
Paracostibite 副硫锑钴矿	207
Paradamite 副砷锌矿	209
Paradocrasite 副砷锑矿	209
Parádsasvárite 保拉德绍什瓦尔石*	47
Paraershovite 副艾尔绍夫石*	203
Parafiniukite 帕拉菲尼乌克石*	666
Parafransoletite 副水磷铍钙石	210
Parageorgbokiite 副乔格波基石	209
Paragonite 钠云母	644
Paraguanajuatite 副硒铋矿	211
Parahopeite 副磷锌矿	207
Parakeldyshite 副硅钠锆石	205
Parakuzmenkoite-Fe 副硅钾铁铌钛石*	205
Paralaurionite 副羟氯铅矿	208
Paralstonite 三方钡解石	760
Paraluminite 丝铝矾	885
Paramelaconite 副黑铜矿	205
Paramendozavilite 副磷钼铁钠铝石*	207
Paramontroseite 副黑钒矿	205
Paranatisite 副氧硅钛钠石	212
Paranatrolite 副钠沸石	208
Paraniite-(Y) 帕拉尼石	666
Paraotwayite 副羟碳硫镍石	208
Parapierrotite 斜硫锑铊矿	1033
Pararaisaite 副赖莎石*	206
Pararammelsbergite 副斜方砷镍矿	211
Pararealgar 副雄黄	211
Pararobertsite 付水磷钙锰矿	200
Pararsenolamprite 副斜方砷	211
Parascandolaite 帕拉斯坎多拉石*	666
Paraschachnerite 斜方汞银矿	1021
Paraschoepite 副柱铀矿	212
Parascholzite 副磷钙锌石	207
Parascorodite 副臭葱石	204
Parasibirskite 副硼钙石	208
Paraspurrite 副灰硅钙石	206
Parasterryite 副斯硫锑铅矿*	210

Paratacamite-(Mg) 副氯铜矿-镁	207	Paxite 斜方砷铜矿	1026
Paratacamite-(Ni) 副氯铜矿-镍	208	Pearceite 硫砷铜银矿	513
Paratellurite 副黄碲矿	205	Peatite-(Y) 皮特钇石*	683
Paratimroseite 副蒂莫西石*	204	Pecoraite 镍纤蛇纹石	659
Paratooite-(La) 帕碳铜镧石	667	Pectolite 针钠钙石	1110
Paratsepinite-Ba 水硅铌钛钡石	829	Pedrizite 佩德里萨闪石	670
Paratsepinite-Na 水硅铌钛钠石②	830	Peisleyite 裴斯莱石	669
Paraumbite 副水硅锆钾石	210	Pekoite 皮硫铋铜铅矿	682
Paravauxite 副蓝磷铝铁矿	206	Pekovite 硅锶硼石	286
Paravinogradovite 副白钛硅钠石	204	Péligotite 彼利戈特铀矿*	60
Parawollastonite 副硅灰石	205	Pellouxite 氯氧硫锑铜铅矿	568
Parawulffite 副伍尔夫石*	211	Pellyite 硅铁钙钡石	291
Pargasite 韭闪石	390	Penberthycroftite 彭伯西克罗夫特石*	671
Parisite-(Ce) 氟碳钙铈矿	192	Penfieldite 六方氯铅矿	529
Parisite-(La) 氟碳钙镧矿	192	Penikisite 磷铝镁钡石	464
Parisite-(Nd) 氟碳钙钕矿	192	Penkvilksite 水短柱石	816
Parkerite 硫铋镍矿	495	Pennantite 锰绿泥石	610
Parkinsonite 帕金桑矿	665	Penobsquisite 佩氯羟硼钙石	670
Parnauite 砷铜矾	795	Penroseite 硒铜镍矿	1004
Parsettensite 红硅锰矿	324	Pentagonite 五角石	992
Parsonsite 斜磷铅铀矿	1032	Pentahydrite 五水泻盐	993
Parthéite 帕水硅铝钙石	667	Pentahydroborite 彭水硼钙石	671
Partzite 水锑铜矿	879	Pentlandite 镍黄铁矿	657
Parwelite 硅砷锑锰矿	285	Penwithite 胶硅锰矿	380
Pascoite 橙钒钙石	89	Penzhinite 硫硒金银矿	524
Paseroite 帕塞罗矿*	666	Peprossiite-(Ce) 佩普鲁斯石	670
Patrónite 绿硫钒矿	546	Perbøeite-(Ce) 佩尔伯耶铈石*	670
Pattersonite 帕特森石	667	Perbøeite-(La) 佩尔伯耶镧石*	670
Patynite 帕廷石*	667	Percleveite-(Ce) 硅镧铈石	271
Paucilithionite 钾锂云母	367	Percleveite-(La) 硅镧石*	271
Pauladamsite 保罗亚当斯石*	47	Percylite 氯铜铅矿	566
Paulingite-Ca 鲍林沸石-钙	48	Peretaite 锑钙矾	936
Paulingite-K 鲍林沸石-钾	48	Perettiite-(Y) 佩雷蒂钇石*	670
Paulingite-Na 鲍林沸石-钠	49	Perhamite 磷硅铝钙石	458
Paulkellerite 波尔克石	73	Periclase 方镁石	156
Paulkerrite 水羟磷锰铁钾石	862	Perite 氯氧铋铅矿	567
Paulmooreite 保砷铅石	47	Perlialite 皮水硅铝钾石	683
Pauloabibite 三方钠铌矿	760	Perloffite 磷铁锰钡石	482
Paulscherrerite 单斜黄铀矿	107	Permingeatite 硒锑铜矿	1003
Pautovite 硫铁铯矿	521	Perovskite 钙钛矿	228
Pavlovskyite 帕夫洛夫斯基石*	665	Perraultite 皮诺特石	682
Pavonite 块硫铋银矿	417	Perrierite-(Ce) 珀硅钛铈铁矿	690

英文名	中文名	页码
Perrierite-(La)	珀硅钛镧铁矿*	690
Perroudite	氯硫银汞矿	557
Perryite	硅磷镍矿	272
Perthite	条纹长石	942
Pertlikite	佩特里克石*	671
Pertsevite-(F)	氟硅硼镁石	177
Pertsevite-(OH)	羟硅硼镁石	711
Petalite	透锂长石	966
Petarasite	氯硅锆钠石	554
Petedunnite	锌辉石	1043
Peterandresenite	彼得安德烈森石*	60
Peterbaylissite	水碳汞矿	874
Petersenite-(Ce)	彼得森石	60
Petersite-(Ce)	铈磷铜石	809
Petersite-(La)	镧磷铜石	434
Petersite-(Y)	钇磷铜石	1073
Petewilliamsite	皮特威廉姆斯矿	683
Petitjeanite	珀蒂让石	689
Petříekite	佩特利克矿*	671
Petrovicite	硒铋铅汞铜矿	998
Petrovskaite	硫硒银金矿	524
Petrukite	培硫锡铜矿	669
Petscheckite	铌铁铀矿	652
Petterdite	皮水碳铬铅石	683
Petzite	碲金银矿	124
Pezzottaite	锂铯绿柱石	444
Pharmacoalumite	毒铝石	133
Pharmacolite	毒石	134
Pharmacosiderite	毒铁矿	134
Phaunouxite	芳水砷钙石	162
Phenakite	硅铍石	282
Phengite	多硅白云母	136
Philipsbornite	菲利普博石	163
Philipsburgite	菲羟砷铜石	164
Phillipsite-Ca	钙十字沸石	227
Phillipsite-K	钾十字沸石	370
Phillipsite-Na	钠十字沸石	641
Philolithite	菲劳利石	163
Philrothite	菲利罗斯矿*	163
Phlogopite	金云母	387
Phoenicochroite	红铬铅矿	324
Phosgenite	角铅矿	382
Phosinaite-(Ce)	磷硅铈钠石	459
Phosphammite	磷二铵石	454
Phosphoellenbergerite	羟碳磷镁石	735
Phosphoferrite	水磷铁石	846
Phosphofibrite	纤磷石	1012
Phosphogartrellite	羟磷铁铜铅石	719
Phosphophyllite	磷叶石	485
Phosphorrösslerite	基性磷镁石	358
Phosphosiderite	斜红磷铁矿	1029
Phosphovanadylite-Ba	磷钒沸石-钡	454
Phosphovanadylite-Ca	磷钒沸石-钙	454
Phosphowalpurgite	磷铋铀矿	454
Phosphuranylite	福磷钙铀矿	199
Phuralumite	柱磷铝铀矿	1119
Phurcalite	束磷钙铀矿	812
Phyllotungstite	叶铁钨华	1068
Pianlinite	偏岭石	685
Picaite	皮卡石*	682
Pickeringite	镁明矾	596
Picotpaulite	辉铁铊矿	353
Picromerite	软钾镁矾	754
Picropharmacolite	镁毒石	588
Pieczkaite	皮耶奇卡石*	684
Piemontite	红帘石	325
Piemontite-(Pb)	铅红帘石*	697
Piemontite-(Sr)	锶红帘石	895
Piergorite-(Ce)	铈红帘石	809
Pierrotite	硫锑铊矿	518
Pigeonite	易变辉石	1076
Pilawite-(Y)	皮拉瓦钇石*	682
Pillaite	皮拉矿*	682
Pilsenite	叶碲铋矿	1065
Pimelite	脂光蛇纹石	1114
Pinakiolite	硼镁锰矿	676
Pinalite	氯钨铅石	566
Pinchite	氯氧汞矿	568
Pingguite	平谷矿	688
Pinnoite	柱硼镁石	1121
Pintadoite	钙钒华	218
Piretite	水羟硒钙铀矿	866
Pirquitasite	皮硫锡锌银矿	682
Pirssonite	钙水碱	228

English	中文	页码
Pisanite	铜绿矾	962
Pitchblende	沥青铀矿	449
Pitiglianoite	皮蒂哥利奥石	681
Pitticite	土砷铁矾	969
Pittongite	羟铁钨钠石	739
Piypite	钾铜矾	372
Pizgrischite	皮兹格里施矿*	684
Plagioclase	斜长石	1018
Plagionite	斜硫锑铅矿	1032
Plancheite	纤硅铜矿	1011
Planerite	土绿磷铝石	969
Plášilite	普拉希尔铀矿*	691
Platarsite	硫砷铂矿	509
Platinum	自然铂	1126
Plattnerite	块黑铅矿	417
Plavnoite	普拉夫诺铀矿*	691
Playfairite	普硫锑铅矿	692
Pleonaste	镁铁尖晶石	599
Plombièrite	泉石华	750
Plumalsite	硅铝铅矿	274
Plumboagardite	砷铅铜石	790
Plumboan Aragonite	铅霰石	700
Plumboferrite	铅铁矿	700
Plumbogummite	水磷铝铅矿	841
Plumbojarosite	铅铁矾	700
Plumbomicrolite	铅细晶石	700
Plumbonacrite	水白铅矿②	813
Plumbopalladinite	铅钯矿	696
Plumbopharmacosiderite	铅毒铁石*	697
Plumbopyrochlore	铅烧绿石	699
Plumboselite	亚硒铅矿*	1058
Plumbotellurite	斜方碲铅石	1020
Plumbotsumite	羟硅铅石	712
Poirierite	珀瑞尔石	690
Poitevinite	泼水铁铜矾	689
Pokrovskite	半水羟碳镁石	46
Polarite	斜方铅铋钯矿	1025
Poldervaartite	波德法特石	73
Polezhaevaite-(Ce)	泼勒扎耶娃铈石*	689
Polhemusite	硫汞锌矿	501
Polkanovite	六方砷铑矿	529
Polkovicite	硫锗铁矿	527
Polloneite	波洛内矿*	74
Pollucite	铯沸石	769
Polyakovite-(Ce)	铈鲍利雅科夫矿	807
Polyarsite	多聚砷酸石*	136
Polybasite	硫锑铜银矿	519
Polybasite-Tac	锑硫砷铜银矿	938
Polycrase-(Y)	复稀金矿	203
Polydymite	硫镍矿	507
Polyhalite	杂卤石	1101
Polylithionite	多硅锂云母	136
Polymignite	铌铈钇矿	650
Polyphite	磷硅钛镁钙钠石	459
Ponomarevite	氯铜钾石	565
Popovite	波波夫石*	73
Portlandite	羟钙石	706
Posnjakite	水蓝铜矾	836
Postite	波斯特石*	74
Potarite	汞钯矿	253
Potassic-arfvedsonite	富钾亚铁钠闪石	214
Potassiccarpholite	富钾纤锰柱石	213
Potassic-chloro-pargasite	钾氯闪石	368
Potassic-ferri-leakeite	富钾锂钠闪石	213
Potassic-ferro-ferri-sadanagaite	钾铁铁砂川闪石	372
Potassic-ferro-ferri-taramite	姆铁绿钠闪石	627
Potassic-ferro-pargasite	钾铁韭闪石	371
Potassic-ferro-sadanagaite	钾铁砂川闪石	371
Potassic-fluoro-pargasite	钾氟韭闪石*	365
Potassic-fluoro-richterite	钾氟钠透闪石	365
Potassic-hastingsite	钾绿钙闪石	367
Potassic-leakeite	钾利克石	367
Potassic-magnesio-arfvedsonite	钾镁钠铁闪石*	368
Potassic-magnesio-hastingsite	钾钙镁高铁闪石	365
Potassic-mangani-leakeite	钾锰利克石	369
Potassic-pargasite	钾韭闪石	366
Potassic-sadanagaite	钾砂川闪石	370
Potosiite	硫锑锡铅矿	519
Pottsite	波钒铅铋矿	73

英文名	中文名	页码
Poubaite	硒碲铋铅矿	1000
Poudretteite	碱硼硅石	378
Poughite	碲铁矾	126
Povondraite	波翁德拉石	74
Powellite	钼钙矿	628
Poyarkovite	包氧氯汞矿	46
Pradetite	普拉代石*	691
Prehnite	葡萄石	690
Preisingerite	皮砷铋石	683
Preiswerkite	铝钠云母	540
Preobrazhenskite	斜方水硼镁石	1026
Pretulite	磷钪矿	461
Příbramite	皮里布拉姆矿*	682
Priceite	白硼钙石	37
Priderite	柱红石	1118
Pringleite	普林格尔石	691
Priscillagrewite-(Y)	普瑞希拉格雷夫钇石*	692
Prismatine	碱柱晶石	378
Probertite	硼钠钙石	678
Prosopite	氟铝钙石	181
Prosperite	羟砷钙锌石	728
Protasite	羟钡铀矿	702
Proto-anthophyllite	原直闪石	1093
Protochabournéite	原硫砷锑铅铊矿*	1093
Protoenstatite	原顽火辉石	1093
Proto-ferro-anthophyllite	原铁直闪石	1093
Proto-ferro-suenoite	原亚铁末野闪石	1093
Protolithionite	黑鳞云母	316
Proudite	硒硫铋铅铜矿	1001
Proustite	淡红银矿	110
Proxidecagonite	似十角矿*	903
Przhevalskite	水磷铀铅矿	847
Pseudo-autunite	假钙铀云母	374
Pseudoboleite	水氯铜铅矿	853
Pseudobrookite	假板钛矿	373
Pseudocotunnite	钾氯铅矿	368
Pseudograndreefite	假氟铅矾	373
Pseudojohannite	假铀铜矾	375
Pseudolaueite	假劳埃石	375
Pseudoleucite	假白榴石	373
Pseudolyonsite	假钒铁铜矿	373
Pseudomalachite	假孔雀石	374
Pseudomarkeyite	假马基铀矿*	375
Pseudomesolite	假中沸石	375
Pseudorutile	假金红石	374
Pseudosinhalite	假硼铝镁石	375
Pseudowollastonite	假硅灰石	374
Psilomelane	硬锰矿	1083
Pucherite	钒铋矿	146
Pumpellyite-(Al)	铝绿纤石	540
Pumpellyite-(Fe^{2+})	低铁绿纤石	120
Pumpellyite-(Fe^{3+})	高铁绿纤石	239
Pumpellyite-(Mg)	镁绿纤石	596
Pumpellyite-(Mn^{2+})	Mn^{2+}绿纤石	610
Puninite	普宁石*	692
Purpurite	紫磷铁锰矿	1124
Pushcharovskite	普水羟砷铜石	692
Putnisite	普氏锶矿	692
Putoranite	波硫铁铜矿	73
Puttapaite	普塔帕石*	693
Putzite	硫锗银铜矿	528
Pyatenkoite-(Y)	硅钇钛钠石	297
Pyknochlorite	密绿泥石	620
Pyracmonite	铵高铁矾*	22
Pyrargyrite	浓红银矿	659
Pyrite	黄铁矿	343
Pyroaurite-2H	碳镁铁矿-2H	923
Pyroaurite-3R	碳镁铁矿-3R	923
Pyrobelonite	钒锰铅矿	149
Pyrochlore	烧绿石	773
Pyrochroite	羟锰矿	724
Pyrolusite	软锰矿	754
Pyromorphite	磷氯铅矿	469
Pyrope	镁铝榴石	595
Pyrophanite	红钛锰矿	331
Pyrophyllite	叶蜡石	1066
Pyrosmalite-(Fe)	热臭石	751
Pyrosmalite-(Mn)	锰热臭石	613
Pyrostilpnite	火红银矿	355
Pyroxene	辉石	350
Pyroxenoid	似辉石	903
Pyroxferroite	三斜铁辉石	768
Pyroxmangite	三斜锰辉石	766

Q

Qandilite 铁钛镁尖晶石 ……………………… 955
Qilianshanite 祁连山石 ……………………… 695
Qingheiite 青河石 ……………………… 746
Qingheiite-(Fe^{2+}) 青河石-铁$^{2+}$ ……………………… 746
Qingsongite 青松矿 ……………………… 747
Qitianlingite 骑田岭矿 ……………………… 696
Quadratite 方硫砷银镉矿 ……………………… 156
Quadridavyne 异构钾钙霞石 ……………………… 1075
Quadruphite 磷硅钛钙钡石 ……………………… 459
Quartz 石英 ……………………… 806
Queitite 硫硅锌铅石 ……………………… 503
Quenselite 基性锰铅矿 ……………………… 358
Quenstedtite 紫铁矾 ……………………… 1125
Quetzalcoatlite 羟碲铜锌石 ……………………… 703
Quijarroite 曲加洛矿* ……………………… 750
Quintinite 羟碳铝镁石 ……………………… 736
Qusongite 曲松矿 ……………………… 750

R

Raadeite 拉德石* ……………………… 420
Rabbittite 针钙镁铀矿 ……………………… 1107
Rabejacite 拉伯雅克石 ……………………… 419
Raberite 拉伯矿* ……………………… 419
Radhakrishnaite 硫碲铅矿 ……………………… 498
Radovanite 拉多水砷铁铜石 ……………………… 420
Radtkeite 碘氯硫汞矿 ……………………… 129
Raguinite 硫铁铊矿 ……………………… 521
Raisaite 赖莎石* ……………………… 426
Raite 水硅钠锰石 ……………………… 829
Rajite 亚碲铜矿 ……………………… 1056
Rakovanite 拉科万石* ……………………… 421
Ralphcannonite 拉尔夫坎农矿* ……………………… 420
Ramazzoite 拉马佐石* ……………………… 421
Rambergite 六方硫锰矿 ……………………… 528
Ramdohrite 辉锑银铅矿 ……………………… 353
Rameauite 黄钾钙铀矿 ……………………… 339
Ramikite-(Y) 拉米克钇石* ……………………… 421
Rammelsbergite 斜方砷镍矿 ……………………… 1026
Ramsbeckite 六水羟铜矾 ……………………… 532
Ranciéite 钙锰石 ……………………… 225
Rankachite 莱卡石 ……………………… 424
Rankamaite 羟碱铌钽矿 ……………………… 714
Rankinite 硅钙石 ……………………… 263
Ransomite 铜铁矾 ……………………… 963
Ranunculite 纤磷铝铀矿 ……………………… 1012
Rapidcreekite 四水碳钙矾 ……………………… 902
Rappoldite 水砷钴铅石 ……………………… 867
Raslakite 富钠异性石 ……………………… 215
Raspite 斜钨铅矿 ……………………… 1037
Rastsvetaevite 拉斯特斯维塔耶娃石* ……………………… 423
Rasvumite 硫铁钾矿 ……………………… 520
Rathite 拉硫砷铅矿 ……………………… 421
Rauchite 劳镍砷铀云母 ……………………… 437
Rauenthalite 茹水砷钙石 ……………………… 753
Rauvite 水钙钒铀矿 ……………………… 822
Ravatite 拉凡特石 ……………………… 420
Raygrantite 雷格兰特石* ……………………… 438
Rayite 银板硫锑铅矿 ……………………… 1079
Realgar 雄黄 ……………………… 1051
Reaphookhillite 雷亚普霍克石* ……………………… 439
Rebulite 硫砷锑铊矿 ……………………… 512
Rectorite 累托石 ……………………… 439
Red beryl 红绿柱石 ……………………… 327
Redcanyonite 红峡谷铀矿* ……………………… 332
Reddingite 磷锰矿 ……………………… 470
Redgillite 瑞羟铜矾 ……………………… 756
Redingtonite 水铬铁矾 ……………………… 824
Redledgeite 硅镁铬钛矿 ……………………… 274
Reederite-(Y) 氟硫碳钇钠石 ……………………… 181
Reedmergnerite 硅硼钠石 ……………………… 281
Reevesite 锐水碳镍矿 ……………………… 755
Refikite 海松酸石 ……………………… 303
Reichenbachite 羟磷铜石 ……………………… 719
Reidite 莱氏石 ……………………… 425
Reinerite 砷锌矿 ……………………… 796
Reinhardbraunsite 莱粒硅钙石 ……………………… 424
Rémondite-(Ce) 碳稀土钠石-铈 ……………………… 930
Rémondite-(La) 碳稀土钠石-镧 ……………………… 930
Renardite 黄磷铅铀矿 ……………………… 340

英文名	中文名	页码
Reppiaite	雷皮阿石	438
Retgersite	镍矾	656
Retzian-(Ce)	羟砷铈锰石	730
Retzian-(La)	羟砷镧锰石	728
Retzian-(Nd)	羟砷钕锰石	729
Revdite	雷水硅钠石	438
Revoredite	硫砷铅石	510
Reyerite	水硅钙钠石	825
Reynoldsite	雷诺兹矿*	438
Rhabdophane-(Ce)	磷稀土矿-铈	484
Rhabdophane-(La)	镧磷稀土矿	434
Rhabdophane-(Nd)	钕磷稀土矿	661
Rhabdophane-(Y)	钇磷稀土矿	1073
Rheniite	铼矿	426
Rhenium	自然铼	1129
Rhodarsenide	砷钯铑矿*	774
Rhodesite	纤硅碱钙石	1011
Rhodium	自然铑	1130
Rhodizite	硼铍铝铯石	679
Rhodochrosite	菱锰矿	491
Rhodolite	镁铁榴石	599
Rhodonite	蔷薇辉石	701
Rhodostannite	蔷薇黄锡矿	701
Rhodplumsite	硫铅铑矿	508
Rhomboclase	板铁矾	46
Rhönite	镁钙三斜闪石	589
Ribbeite	硅羟锰石	284
Richardsite	理查德矿*	441
Richardsollyite	理查德索利矿*	441
Richellite	土氟磷铁矿	969
Richelsdorfite	氯砷铜矿	563
Richetite	水板铅铀矿	814
Richterite	碱镁闪石	377
Rickardite	碲铜矿	126
Rickturnerite	里克特纳石*	440
Riebeckite	钠闪石	641
Riesite	里斯矿*	441
Rietveldite	里特韦尔铀矿*	441
Rilandite	水硅铬石	827
Rimkorolgite	磷钡镁石	454
Ringwoodite	林伍德石	452
Rinkite-(Ce)	层硅铈钛矿	85
Rinkite-(Y)	林克钇石*	452
Rinkolite	绿层硅铈钛矿	543
Rinmanite	羟铁镁锑锌矿	739
Rinneite	钾铁盐	372
Riomarinaite	瑞铋矾	756
Riosecoite	雷奥塞科石*	438
Riotintoite	里奥廷托石*	440
Rittmannite	斜磷钙锰石	1031
Rivadavite	水硼钠镁石	860
Riversideite	纤硅钙石	1010
Roaldite	罗氮铁矿	570
Robertsite	胶磷钙锰石	380
Robinsonite	纤硫锑铅矿	1012
Rockbridgeite	绿铁矿	549
Rock crystal	水晶	835
Rodalquilarite	氯碲铁石	552
Rodolicoite	罗磷铁矿	570
Roeblingite	硫硅钙铅矿	502
Roedderite	碱硅镁石	377
Roepperite	锌锰橄榄石	1044
Roggianite	水硅铝钙石	828
Rohaite	硫锑铜铊矿	519
Rokühnite	罗水氯铁石	571
Rollandite	罗水砷铜石	571
Romanèchite	钡硬锰矿	58
Romanite	杂色琥珀	1102
Romarchite	黑锡矿	320
Roméine	锑钙石	937
Römerite	粒铁矾	450
Rondorfite	罗道尔夫石	570
Rongibbsite	罗恩吉布斯石*	570
Ronneburgite	龙讷堡矿*	533
Röntgenite-(Ce)	氟维钙铈矿	196
Rooseveltite	砷铋矿	775
Roquesite	硫铟铜矿	526
Rorisite	氯氟钙石	553
Rosasite	斜方绿铜锌矿	1024
Roscherite	钙磷铍锰矿	221
Roscoelite	钒云母	153
Roselite	砷钴钙石	779
Roselite-ß	ß-砷钴钙石	780
Rosemaryite	磷铝高铁锰钠石	463

English	中文	页码
Rosenbergite	罗森贝格石	570
Rosenbuschite	锆针钠钙石	243
Rosenhahnite	罗水硅钙石	571
Roshchinite	硫锑铅银矿	518
Rosiaite	锑铅石	939
Rosickýite	斜自然硫	1038
Rosièresite	磷铝铅铜矿	466
Rossiantonite	罗西安东尼奥石*	572
Rossite	水钒钙石	817
Rösslerite	砷氢镁石	790
Rossmanite	罗斯曼石	571
Rossovskyite	罗索夫斯基矿*	572
Rostite	斜方铝矾	1023
Roterbärite	罗特贝尔矿*	572
Rouaite	单斜铜硝石	108
Roubaultite	羟水铜铀矿	734
Rouseite	水砷锰铅石	870
Routhierite	硫砷汞铊矿	509
Rouvilleite	罗维莱石	572
Rouxelite	硫锑汞铜铅矿	517
Roweite	硼锰钙石	677
Rowlandite-(Y)	氟硅钇石	177
Rowleyite	罗利石*	570
Roxbyite	如硫铜矿	752
Roymillerite	罗伊米勒石*	572
Rozenite	四水白铁矾	901
Rruffite	砷铜钙石*	795
Ruarsite	硫砷钌矿	510
Rubellite	红电气石	323
Rubicline	铷微斜长石	753
Rubinite	鲁宾石*	536
Rucklidgeite	碲铅铋矿	124
Rudabányaite	鲁道巴尼奥矿*	537
Rudashevskyite	鲁达谢夫斯基矿*	537
Rudenkoite	鲁登克石	537
Rüdlingerite	鲁德林格尔石*	537
Ruitenbergite	勒伊滕贝格石	437
Ruizite	水硅锰钙石	829
Rumoiite	留萌矿*	494
Rumseyite	拉姆齐石*	421
Rusakovite	水磷钒铁矿	837
Rusinovite	鲁西诺夫石*	538
Russellite	钨铋矿	988
Russoite	拉索石*	423
Rustenburgite	锡钯铂矿	1006
Rustumite	鲁硅钙石	537
Ruthenarsenite	砷钌矿	782
Rutheniridosmine	钌铱锇矿	451
Ruthenium	自然钌	1130
Rutherfordine	菱铀矿	493
Rutile	金红石	385
Rynersonite	钽钙矿	916

S

English	中文	页码
Saamite	萨米石*	757
Sabatierite	硒铊铜矿	1002
Sabelliite	羟锑砷锌铜矿	738
Sabieite	斯铵铁矾	886
Sabinaite	碳钛锆钠石	929
Sabugalite	铝铀云母	542
Sacrofanite	萨钾钙霞石	757
Sadanagaite	砂川闪石	770
Saddlebackite	萨硫碲铋铅矿	757
Safflorite	斜方砷钴矿	1026
Sahamalite-(Ce)	碳铈镁石	927
Sahlinite	黄砷氯铅石	342
Sailaufite	水碳砷锰钙石	877
Sainfeldite	水砷钙石	866
Sakhaite	萨哈石	757
Sakharovaite	脆硫铋铅矿	98
Sakuraiite	铟黄锡矿	1079
Salammoniac	卤砂	536
Saléeite	镁磷铀云母	594
Salesite	羟碘铜矿	703
Saliotite	萨利奥石	757
Salite	次透辉石	97
Saltonseaite	索尔顿湖石*	905
Salzburgite	萨硫铋铅铜矿	757
Samaniite	硫镍铁铜矿*	507
Samarskite-(Y)	铌钇矿	652
Samarskite-(Yb)	铌镱矿	653
Samfowlerite	萨姆福勒石*	758

英文名	中文名	页码
Samsonite	硫锑锰银矿	517
Samuelsonite	羟磷铝铁钙石	717
Sanbornite	硅钡石	261
Sanderite	二水泻盐	143
Saneroite	杉硅钠锰石	771
Sangenaroite	圣热纳罗矿*	800
Sanguite	血红石*	1054
Sanidine	透长石	965
Sanjuanite	水磷铝矾	839
Sanmartinite	钨锌矿	990
Santabarbaraite	羟水磷铁石	733
Santaclaraite	羟硅锰钙石	710
Santafeite	针钒钠锰矿	1107
Santanaite	黄铬铅矿	338
Santarosaite	硼铜石	681
Santite	水硼钾石	859
Saponite	皂石	1103
Sapphirine	假蓝宝石	374
Sarabauite	硫氧锑钙石	525
Sarcolite	肉色柱石	752
Sarcopside	氟磷钙铁锰矿	179
Sarkinite	红砷锰矿	329
Sarmientite	砷铁矾	793
Sartorite	脆硫砷铅矿	98
Saryarkite-(Y)	硅铝磷钇钍矾	273
Sasaite	多水硫磷铝石	138
Sassolite	天然硼酸	942
Satimolite	水碱氯铝硼石	835
Satpaevite	黄水钒铝矿	342
Satterlyite	三方羟磷铁石	761
Sauconite	锌蒙脱石	1044
Sayrite	水铅铀矿	861
Sazhinite-(Ce)	硅铈钠石	285
Sazhinite-(La)	硅镧钠石	271
Sazykinaite-(Y)	萨齐基纳石	758
Sbacchiite	斯巴奇石*	886
Sborgite	多水硼钠石	138
Scacchite	氯锰石	558
Scainiite	斯坎尼矿	886
Scandiobabingtonite	钪硅铁灰石	402
Scapolite	方柱石	161
Scarbroite	羟碳铝矿	736
Scawtite	片柱钙石	688
Schachnerite	六方汞银矿	528
Schafarzikite	红锑铁矿	331
Schäferite	钒钠镁钙石	150
Schairerite	硫卤钠石	505
Schallerite	砷硅锰矿	781
Schapbachite	针硫铋银矿	1109
Schaurteite	水锗钙矾	884
Scheelite	白钨矿	39
Schefferite	锰透辉石	616
Schertelite	磷镁铵石	469
Schiavinatoite	硼铌石	678
Schieffelinite	水硫碲铅石	847
Schindlerite	辛德勒石*	1040
Schirmerite	块辉铋铅银矿	417
Schlemaite	硒铋铅铜矿	999
Schlossmacherite	砷铝矾	783
Schlüterite-(Y)	施吕特钇石*	801
Schmidite	施密德石*	801
Schmiederite	羟硒铜铅矿	740
Schmitterite	碲铀矿	128
Schneebergite	砷钴铋石	779
Schneiderhöhnite	铁砷矿	954
Schoderite	水磷钒铝石	837
Schoenfliesite	羟镁锡石	724
Schoepite	柱铀矿	1121
Schöllhornite	水硫钠铬矿	848
Scholzite	磷钙锌矿	457
Schoonerite	磷铁锰锌石	482
Schorl	黑电气石	314
Schorlomite	钛榴石	911
Schreibersite	陨磷铁矿	1097
Schreyerite	钒钛矿	151
Schröckingerite	板菱铀矿	44
Schubnelite	三斜水钒铁矿	768
Schuetteite	汞矾	253
Schuilingite-(Nd)	铜铅霰石-钕	962
Schulenbergite	羟碳锌铜矾	737
Schüllerite	舒勒石*	811
Schultenite	透砷铅矿	967
Schumacherite	钒铋石	146
Schwartzembergite	氯碘铅矿	552

Schwertmannite 纤水绿矾	1014	Serpentine 蛇纹石	773
Sclarite 斯碳锌锰矿	890	Serpierite 锌铜矾	1047
Scolecite 钙沸石	219	Serrabrancaite 水磷锰矿	842
Scorodite 臭葱石	93	Sewardite 砷钙铁矿	778
Scorzalite 铁天蓝石	956	Shabaite-(Nd) 萨巴铀矿-钕	757
Scotlandite 苏格兰石	904	Shabynite 水氯硼镁石	852
Scottyite 斯科特石*	887	Shadlunite 硫铁铅矿	520
Scrutinyite 斯块黑铅矿	887	Shafranovskite 沙水硅锰钠石	770
Seamanite 磷硼锰石	474	Shakhovite 锑汞矿	937
Searlesite 水硅硼钠石	831	Shandite 硫铅镍矿	508
Sederholmite 六方硒镍矿	531	Shannonite 香农矿	1016
Sedovite 铀钼矿	1088	Sharpite 水碳铀矿	878
Seeligerite 氯碘铅石	553	Sharyginite 沙里金矿*	770
Seelite 西尔石	995	Shattuckite 羟硅铜矿	713
Segelerite 水磷铁钙镁石	845	Shcherbakovite 硅铌钡钠石	279
Segnitite 塞尼石	759	Shcherbinaite 斜方钒石	1021
Seidite-(Ce) 谢伊多石	1039	Shchurovskyite 休罗夫斯基石*	1051
Seidozerite 氟钠钛锆石	186	Sheldrickite 水氟碳钠钙石	822
Seifertite 塞石英	759	Shenzhuangite 沈庄矿	799
Seinäjokite 斜方锑铁矿	1027	Sheridanite 透绿泥石	967
Sejkoraite-(Y) 硫钇铀矿	526	Sherwoodite 柱水钒钙矿	1121
Sekaninaite 铁菫青石	947	Shibkovite 钾钙锌大隅石	366
Selenium 自然硒	1135	Shigaite 羟铝锰矾	721
Selenojalpaite 硒铜三银矿	1005	Shilovite 希洛夫石*	997
Selenolaurite 硒钌矿*	1001	Shimazakiite 岛崎石*	112
Selenopolybasite 硒硫碲铜银矿	1001	Shinkolobweite 欣科洛布韦铀矿*	1040
Selenostephanite 硒脆银矿	999	Shirokshinite 富钠带云母	215
Seligmannite 砷车轮矿	775	Shirozulite 白水云母	39
Sellaite 氟镁石	184	Shkatulkalite 什卡图卡石	799
Selwynite 磷铍锆钠钾石	475	Shomiokite-(Y) 钇绍米奥卡石	1073
Semenovite-(Ce) 硅铍稀土石	283	Shortite 碳钠钙石	924
Semseyite 板硫锑铅矿	44	Shosanbetsuite 初山别矿*	94
Senaite 铅锰钛铁矿	699	Shuangfengite 双峰矿	812
Senarmontite 方锑矿	159	Shubnikovite 水砷钙铜石	867
Senegalite 水磷铝石	841	Shuiskite-(Cr) 师铬绿纤石	800
Sengierite 水钒铜铀矿	819	Shuiskite-(Mg) 师镁绿纤石	800
Sepiolite 海泡石	303	Shulamitite 舒拉米特石*	811
Serandite 桃针钠石	933	Shumwayite 舒姆韦铀矾*	811
Serendibite 蓝硅硼钙石	427	Shuvalovite 舒瓦洛夫石*	812
Sergeevite 水碳镁钙石	876	Sibirskite 西硼钙石	995
Sergevanite 谢尔盖凡石*	1039	Sicherite 斜硫锑砷银铊矿	1033
Sericite 绢云母	391	Sicklerite 磷锂锰矿	462

英文名	中文名	页码
Siderazot	氮铁矿	112
Siderite	菱铁矿	493
Sideronatrite	纤钠铁矾	1013
Siderophyllite	铁叶云母	958
Siderotil	铁矾	944
Sidorenkite	碳磷锰钠石	922
Sidpietersite	羟氧硫铅矿	742
Sidwillite	水钼矿	856
Siegenite	硫镍钴矿	507
Sieleckiite	磷铜铝矿	484
Sigloite	黄磷铝铁矿	340
Silesiaite	西里西亚石*	995
Silhydrite	水石英	873
Silicocarnotite	硅磷酸钙石	273
Silicon	自然硅	1128
Silinaite	硅锂钠石	272
Sillénite	软铋矿	754
Sillimanite	硅线石	295
Silver	自然银	1137
Silvialite	硫钙柱石	500
Simferite	磷锂镁石	462
Simmonsite	西蒙冰晶石	995
Simonellite	西烃石	996
Simonite	新民矿	1048
Simonkolleite	水氯羟锌石	852
Simplotite	绿水钒钙矿	549
Simpsonite	羟钽铝石	734
Sincosite	磷钙钒矿	455
Sinhalite	硼铝镁石	675
Sinicite	震旦矿	1112
Sinjarite	水氯钙石	851
Sinkankasite	水磷铝锰石	840
Sinnerite	辛硫砷铜矿	1040
Sinoite	氧氮硅石	1060
Sitinakite	硅钠钾钛石	277
Siudaite	西乌达石*	996
Siwaqaite	斯瓦卡石*	891
Skinnerite	硫锑铜矿	519
Skippenite	碲硒铋矿	127
Sklodowskite	硅镁铀矿	275
Skolite	鳞海绿石	486
Skorpionite	水羟碳磷锌钙石	865
Skutterudite	方钴矿	154
Slavikite	菱镁铁矾	491
Slawsonite	锶长石	893
Smaltite	砷钴矿	780
Smamite	斯马密石*	888
Smirnite	碲铋石	122
Smirnovskite	磷铈钍石	477
Smithite	斜硫砷银矿	1032
Smithsonite	菱锌矿	493
Smolyaninovite	水砷钴铁石	867
Smrkovecite	羟磷铋石	715
Smythite	菱硫铁矿	490
Sobolevite	褐磷钛钠矿	310
Sobolevskite	六方铋钯矿	528
Sodalite	方钠石	157
Soddyite	硅铀矿	297
Sodicanthophyllite	钠直闪石	645
Sofiite	氯硒锌石	566
Sogdianite	锆锂大隅石	242
Söhngeite	羟镓石	714
Sokolovaite	索科洛娃云母	905
Solongoite	斜氯硼钙石	1034
Somersetite	萨默塞特石*	758
Sonolite	斜硅锰石	1029
Sonoraite	片铁碲矿	687
Sopcheite	碲钯银矿	122
Sorbyite	索硫锑铅矿	905
Sørensenite	硅钠锡铍石	278
Sorosite	锑锡铜矿	940
Sosedkoite	苏钽铝钾石	904
Součekite	铋车轮矿	61
Souzalite	水丝磷铁石	873
Spadaite	红硅镁石	324
Spangolite	氯铜铝矾	565
Spencerite	斜磷锌矿	1032
Sperrylite	砷铂矿	775
Spertiniite	斯羟铜矿	888
Spessartine	锰铝榴石	610
Sphaerobertrandite	球硅铍石	748
Sphaerobismoite	四方铋华	897
Sphalerite	闪锌矿	772
Spheniscidite	淡磷铵铁石	110

English	Chinese	Page
Spherocobaltite	菱钴矿	489
Spinel	尖晶石	376
Spinel	镁尖晶石	591
Spionkopite	斯硫铜矿	887
Spiridonovite	斯皮里多诺夫矿*	888
Spiroffite	碲锰锌石	124
Spodiophyllite	黝叶石	1091
Spodiosite	氟磷钙石	179
Spodumene	锂辉石	443
Springcreekite	水磷钒钡石	837
Spryite	斯普林矿*	888
Spurrite	灰硅钙石	346
Srebrodolskite	钙铁矿	230
Šreinite	铋磷铅铀矿	61
Srilankite	斯里兰卡石	887
Stalderite	硫砷铜锌铊矿	512
Staněkite	氧磷锰铁矿	1061
Stanfieldite	磷镁钙矿	469
Stanleyite	斯水氧钒矾	889
Stannite	黄锡矿	344
Stannoidite	似黄锡矿	903
Stannopalladinite	锡钯矿	1006
Starkeyite	四水泻盐	903
Staročeskéite	斯塔罗克斯克矿*	889
Starovaite	斯塔罗娃石*	889
Staurolite	十字石	802
Stavelotite-(La)	硅高低锰铜镧矿	265
Steacyite	斯硅钾钍钙石	886
Steedeite	施特德石*	801
Steenstrupine-(Ce)	菱黑稀土矿	490
Stefanweissite	斯特凡韦斯矿*	890
Steigerite	水钒铝矿	817
Steinhardtite	斯坦哈德矿*	889
Steklite	钾铝矾*	367
Stellerite	淡红沸石	109
Stenhuggarite	砷锑铁钙矿	793
Stenonite	斯特奴矿	891
Stepanovite	绿草酸钠石	543
Stephanite	脆银矿	99
Štěpite	斯砷铀矿	888
Stercorite	磷钠铵石	472
Stergiouite	斯特吉奥石*	890
Sterlinghillite	斯砷锰石	888
Sternbergite	硫铁银矿	521
Sterryite	斯硫锑铅矿	887
Stetefeldtite	水锑银矿	880
Stevensite	富镁皂石	215
Stewartite	斯图尔特石	891
Stibarsen	砷锑矿	792
Stibiconite	黄锑华	343
Stibiobetafite	锑贝塔石	936
Stibiocolumbite	铌锑矿	651
Stibiocolusite	锑硫锡砷铜矿	938
Stibiopalladinite	锑钯矿	936
Stibiotantalite	钽锑矿	917
Stibivanite	钒锑矿	151
Stibnite	辉锑矿	351
Stichtite	碳铬镁矿	920
Stichtite-2H	水镁铬石	854
Stilbite-Ca	辉沸石-钙	348
Stilbite-Na	辉沸石-钠	348
Stilleite	方硒锌矿	161
Stillwaterite	六方砷钯矿	529
Stillwellite-(Ce)	菱硼硅铈矿	492
Stilpnomelane	黑硬绿泥石	321
Stishovite	斯石英	889
Stistaite	锑锡矿	940
Stöfflerite	史托夫勒尔石*	807
Stoiberite	钒铜矿	152
Stokesite	硅钙锡石	264
Stolperite	施托尔珀矿*	802
Stolzite	钨铅矿	989
Stoppaniite	斯托潘尼石	891
Stottite	羟锗铁矿	743
Straßmannite	斯特拉斯曼铀矿*	891
Stracherite	斯特拉赫石*	890
Straczekite	水钒钾石	817
Strakhovite	斯特拉霍夫石*	890
Stranskiite	蓝砷铜锌矿	429
Strashimirite	水砷铜石①	871
Strätlingite	水铝黄长石	849
Strelkinite	钒钠铀矿	150
Strengite	红磷铁矿	326
Stringhamite	水硅钙铜石	826

Strontianite 菱锶矿	492
Strontioborite 硼锶石	680
Strontiochevkinite 锶硅钛铈铁矿	894
Strontiodresserite 水碳铝锶石	876
Strontiofluorite 氟锶石*	191
Strontioginorite 锶水硼钙石	896
Strontiohurlbutite 磷锶铍石	477
Strontiojoaquinite 锶硅钠钡钛石	894
Strontiomelane 黑锰锶矿	318
Strontio-orthojoaquinite 奴奈川石*	660
Strontioperloffite 磷铁锰锶石*	482
Strontiopharmacosiderite 锶毒铁石*	893
Strontioruizite 水硅锰锶石*	829
Strontiowhitlockite 白磷锶石	35
Strunzite 施特伦茨石	801
Struvite 鸟粪石	654
Struvite-(K) 钾鸟粪石	370
Studenitsite 水硼钠钙石	860
Studtite 水丝铀矿	873
Stumpflite 六方锑铂矿	530
Sturmanite 硼铁钙矾	680
Stützite 史碲银矿	806
Suanite 遂安石	905
Sudburyite 六方锑钯矿	530
Sudoite 须藤绿泥石	1053
Sudovikovite 硒铂矿	999
Suessite 硅三铁矿	285
Sugakiite 苏硫镍铁铜矿	904
Sugilite 钠锂大隅石	637
Sulfhydrylbystrite 巯基贝斯特石*	750
Sulfoborite 硼镁矾	676
Sulphohalite 氟盐矾	197
Sulphotsumoite 硫楚碲铋矿	497
Sulphur 自然硫	1130
Sulvanite 等轴硫钒铜矿	118
Sundiusite 氯铅矾	559
Suolunite 索伦石	906
Suredaite 硫锡铅矿	525
Surinamite 硅镁铝石	274
Surite 碳硅铝铅石	921
Surkhobite 钡钙钛云母	54
Sursassite 锰帘石	609
Susannite 硫碳酸铅矿	516
Suseinargiuite 苏塞纳尔基石*	904
Sussexite 白硼锰石	37
Suzukiite 苏硅钒钡石	904
Svabite 砷灰石	781
Svanbergite 菱磷铝锶矾	490
Sveinbergeite 斯韦恩伯奇石*	892
Sveite 斯万氮石	892
Švenekite 斯文耶克石*	892
Sverigeite 斯来基石	887
Svornostite 斯沃诺斯特铀矿*	892
Svyatoslavite 斯维约它石	892
Svyazhinite 水氟镁铁矾	821
Swaknoite 斯瓦克诺石	892
Swamboite-(Nd) 斯铀硅矿	893
Swartzite 水钙镁铀矿	823
Swedenborgite 锑钠铍矿	938
Sweetite 四方羟锌石	899
Swinefordite 锂蒙脱石	444
Switzerite 水磷铁锰石	845
Sylvanite 针碲金银矿	1106
Sylvite 钾石盐	370
Symesite 水氯氧硫铅矿	854
Symplesite 砷铁石	794
Synadelphite 水砷锰石	870
Synchysite-(Ce) 新奇钙铈矿-铈	1049
Synchysite-(La) 新奇钙铈矿-镧	1049
Synchysite-(Nd) 新奇钙铈矿-钕	1049
Synchysite-(Y) 新奇钙铈矿-钇	1049
Syngenite 钾石膏	370
Szaibélyite 硼镁石	677
Szenicsite 斜方钼铜石	1024
Szklaryite 斯泽克拉里石*	893
Szmikite 锰矾	604
Szomolnokite 水铁矾	880
Szymańskiite 斯族曼斯石	893

T

英文名	中文名	页码
Tadzhikite-(Ce)	塔吉克矿-铈	908
Taenite	镍纹石	658
Taikanite	硅锰钡锶石	275
Taimyrite-I	锡铜钯矿	1008
Tainiolite	带云母	104
Taipingite-(Ce)	太平石	910
Takanawaite-(Y)	高绳石*	237
Takanelite	塔锰矿	909
Takedaite	硼钙石	673
Takéuchiite	硼锰镁矿	678
Takovite	水铝镍石	849
Talc	滑石	335
Talmessite	砷镁钙石	784
Talnakhite	硫铜铁矿	523
Tamaite	塔玛水硅锰钙石	908
Tamarugite	斜钠明矾	1034
Tamboite	坦博石*	915
Tancaite-(Ce)	坦卡铈石*	915
Tancoite	羟磷铝锂钠石	717
Taneyamalite	塔硅锰铁钠石	908
Tangdanite	富铜泡石	216
Tangeite	钒钙铜矿	147
Taniajacoite	塔雅锶锰石	910
Tanohataite	田野畑石	942
Tantalaeschynite-(Y)	钽易解石	918
Tantalcarbide	钽碳矿	917
Tantalite-(Fe)	钽铁矿	917
Tantalite-(Mg)	镁铌钽矿	597
Tantalite-(Mn)	钽锰矿	917
Tanteuxenite-(Y)	钽黑稀金矿	916
Tantite	钽石	917
Tanzanite	坦桑石	915
Tapiaite	塔皮亚石*	909
Tapiolite-(Fe)	重钽铁矿-铁	1117
Tapiolite-(Mn)	重钽铁矿-锰	1117
Taramellite	纤硅钡铁矿	1010
Taramite	绿闪石	548
Taranakite	磷钾铝石①	460
Tarapacáite	黄铬钾石	338
Tarasovite	云间蒙石	1096
Tarbagataite	塔尔巴哈台石*	907
Tarbuttite	三斜磷锌矿	766
Tarkianite	硫铜铼矿	522
Taseqite	塔异性石	910
Tashelgite	塔斯赫尔加石*	909
Tassieite	镁魏磷石	600
Tatarinovite	塔塔里诺夫石*	909
Tatarskite	水硫碳钙镁石	848
Tatyanaite	铜锡铂矿	964
Tauriscite	七水铁矾	694
Tausonite	等轴锶钛石	119
Tavagnascoite	塔瓦尼亚斯科石*	909
Tavorite	羟磷锂铁石	716
Tazheranite	等轴钙锆钛矿	118
Tazzoliite	塔佐利石*	910
Teallite	叶硫锡铅矿	1066
Tedhadleyite	氧氯碘汞矿	1061
Teepleite	氯硼钠石	558
Tegengrenite	锑镁锰矿	938
Teineite	铜碲石	960
Telargpalite	碲银钯矿	127
Tellurantimony	碲锑矿	125
Tellurite	黄碲矿	337
Tellurium	自然碲	1127
Tellurobismuthite	碲铋矿	122
Tellurohauchecornite	硫碲铋镍矿	497
Telluromandarinoite	水碲铁石*	816
Telluronevskite	硒碲铋矿*②	999
Telluropalladinite	斜碲钯矿	1018
Telluroperite	氯氧碲铅矿*	567
Telyushenkoite	氟铍硅钠铯石	188
Temagamite	碲汞钯矿	123
Tengchongite	腾冲铀矿	935
Tengerite-(Y)	水菱钇矿	847
Tennantite	砷黝铜矿	798
Tenorite	黑铜矿	319
Tephroite	锰橄榄石	606
Terlinguacreekite	特氯氧汞矿	934
Terlinguaite	黄氯汞矿	341
Ternesite	硫硅钙石	502
Ternovite	水铌镁石	857
Terranovaite	特拉沸石	933
Terrywallaceite	特里华莱士矿*	934
Terskite	突硅钠锆石	968

English	中文	页码
Tertschite	多水硼钙石	138
Teruggite	砷钙硼石	777
Teschemacherite	碳铵石	918
Testibiopalladite	等轴碲锑钯矿	117
Tetra-auricupride	四方铜金矿	900
Tetradymite	辉碲铋矿	348
Tetraferriannite	高铁铁云母	241
Tetraferriphlogopite	四配铁金云母	900
Tetraferroplatinum	铁铂矿	943
Tetrahedrite	黝铜矿	1090
Tetranatrolite	四方钠沸石	898
Tetrarooseveltite	四方砷铋石	899
Tetrataenite	四方镍纹石	899
Tetrawickmanite	四方羟锡锰石	899
Tewite	碲钨矿	127
Thadeuite	磷镁钙石	470
Thalcusite	硫铊铁铜矿	515
Thalénite-(Y)	红钇石	333
Thalfenisite	硫镍铁铊矿	507
Thalhammerite	塔尔哈默矿*	908
Thalliomelane	锰铊矿*	616
Thalliumpharmacosiderite	铊毒铁石*	907
Thaumasite	硅灰石膏	267
Theisite	西锑砷铜锌矿	996
Thénardite	无水芒硝	991
Theoparacelsite	赛羟砷铜石	759
Theophrastite	施羟镍矿	801
Therasiaite	特拉西娅石*	933
Thérèsemagnanite	泰里斯马格南石	915
Thermessaite	氟铝钾矾	182
Thermessaite-(NH$_4$)	氟铝铵矾*	181
Thermonatrite	水碱	835
Thomasclarkite-(Y)	重碳钠钇石	93
Thometzekite	水砷铜铅石	871
Thomsenolite	方霜晶石	159
Thomsonite	杆沸石	234
Thomsonite-Ca	钙杆沸石	219
Thomsonite-Sr	锶杆沸石	894
Thorbastnäsite	钍氟碳铈矿	970
Thoreaulite	钽锡矿	918
Thorianite	方钍石	160
Thorikosite	氯氧砷锑铅矿	568
Thorite	钍石	970
Thornasite	硅钍钠石	294
Thorneite	索恩石*	905
Thorogummite	钍脂铅铀矿	971
Thorosteenstrupine	钍菱黑稀土矿	970
Thortveitite	钪钇石	403
Thorutite	钛钍矿	913
Threadgoldite	板磷铝铀矿	43
Thulite	锰黝帘石	618
Thuringite	鳞绿泥石	486
Tiemannite	硒汞矿	1000
Tienshanite	天山石	942
Tiettaite	铁塔石	955
Tikhonenkovite	水氟铝锶石	821
Tilasite	氟砷钙镁石	190
Tilkerodeite	提尔克洛德矿*	940
Tilleyite	粒硅钙石	449
Tillmannsite	砷钒汞银石	776
Timroseite	蒂莫西石*	121
Tin	自然锡	1135
Tinaksite	硅钛钙钾石	287
Tincalconite	三方硼砂	761
Tinnunculite	红隼石*	330
Tinsleyite	红水磷铝钾石	330
Tinticite	白磷铁矿	35
Tintinaite	丁硫铋锑铅矿	132
Tinzenite	廷斧石	959
Tiptopite	羟磷锂铍石	716
Tiragalloite	硅砷锰石	285
Tischendorfite	泰硒汞钯矿	915
Tisinalite	水硅钛锰钠石	832
Tissintite	钙硬玉	232
Tistarite	星钛石	1050
Titanite	榍石	1039
Titanium	自然钛	1133
Titanoholtite	钛锑线石*	913
Titanowodginite	钛锡锰钽矿	914
Titantaramellite	氯硼铁钡石	559
Tivanite	羟钛钒矿	734
Tlalocite	水氯碲铜石	850
Tlapallite	硫碲铜钙石	498
Tobelite	托铵云母	971

Tobermorite 雪硅钙石	1053
Tochilinite 羟镁硫铁矿	724
Tocornalite 碘银汞矿	130
Todorokite 钡镁锰矿	55
Tokkoite 硅钾钙石	267
Tokyoite 东京石	132
Tolbachite 托氯铜石	972
Tolovkite 托硫锑铱矿	971
Tomamaeite 苫前矿*	771
Tombarthite-(Y) 汤硅钇石	932
Tomichite 砷钛钒石	791
Tondiite 通迪矿*	959
Tongbaite 桐柏矿	960
Tongxinite 铜锌矿	964
Tooeleite 图埃勒石	968
Topaz 黄玉	345
Topsøeite 托普索石*	972
Torbernite 铜铀云母	965
Törnebohmite-(Ce) 羟硅铈矿	712
Törnebohmite-(La) 羟硅镧矿	709
Törnroosite 托恩罗斯矿*	971
Torrecillasite 托雷西拉斯石*	971
Torreyite 羟锰镁锌矾	725
Tosudite 绿泥间蒙石	546
Toturite 托图尔石*	972
Tounkite 通克石	960
Tourmaline 电气石	130
Townendite 汤恩德石*	932
Toyohaite 硫铁银锡矿	522
Trabzonite 特水硅钙石	935
Tranquillityite 宁静石	659
Transjordanite 外约旦石*	975
Traskite 硅钛铁钡石	290
Trattnerite 贫钾镁大隅石	688
Treasurite 特硫铋铅银矿	934
Trechmannite 轻硫砷银矿	748
Tredouxite 崔德克斯矿*	98
Trembathite 特朗巴斯石	934
Tremolite 透闪石	967
Trevorite 镍磁铁矿	655
Triangulite 三角磷铀矿	763
Triazolite 三唑胺钠铜石*	769
Tridymite 鳞石英	486
Trigonite 斜楔石	1038
Trikalsilite 三型钾霞石	768
Trilithionite 三锂云母	763
Trimerite 硅铍钙锰石	281
Trimounsite-(Y) 硅钛钇石	290
Trinepheline 三方霞石*	762
Triphylite 磷铁锂矿	479
Triplite 氟磷锰石	180
Triploidite 羟磷锰铁矿	718
Trippkeite 软砷铜矿	755
Tripuhyite 锑铁矿	939
Tristramite 水磷钙铀矿	838
Tritomite-(Ce) 硼硅铈矿	674
Tritomite-(Y) 硼硅钇矿	674
Trögerite 砷铀矿	798
Trogtalite 硬硒钴矿	1085
Troilite 陨硫铁	1098
Trolleite 羟磷铝石	717
Trona 天然碱	941
Troostite 锰硅锌矿	607
Trudellite 易潮石	1076
Truscottite 白钙镁沸石	34
Trüstedtite 方硒镍矿	160
Tsangpoite 沧波石	82
Tsaregorodtsevite 铝硅氮氨石	539
Tschermakite 钙镁闪石	224
Tschermigite 铵明矾	24
Tschernichite 切尔尼希石	745
Tschörtnerite 乔特诺石	744
Tsepinite-Ca 水硅铌钛钙石	830
Tsepinite-K 水硅铌钛钾石	830
Tsepinite-Na 水硅铌钛钠石[①]	830
Tsepinite-Sr 水硅铌钛锶石	830
Tsikourasite 齐库拉斯矿*	695
Tsilaisite 钠锰电气石	640
Tsnigriite 齐尼格里亚矿	695
Tsugaruite 楚硫砷铅矿	94
Tsumcorite 砷铁锌铅石	794
Tsumébite 绿磷铅铜矿	545
Tsumgallite 羟氧镓石	742
Tsumoite 楚碲铋矿	94

Tuɛekite 硫锑镍矿	517
Tugarinovite 氧钼矿	1062
Tugtupite 硅铍铝钠石	281
Tuhualite 硅铁钠石	292
Tuite 涂氏磷钙石	969
Tulameenite 铜铁铂矿	963
Tuliokite 托里克石	971
Tululite 图勒石*	968
Tumchaite 硅锡锆钠石	295
Tundrite-(Ce) 硅钛铌铈矿	289
Tundrite-(Nd) 硅钛铌钕矿	289
Tunellite 四水硼锶石	902
Tungsten 自然钨	1135
Tungstenite 辉钨矿	354
Tungstibite 钨锑矿	990
Tungstite 钨华	989
Tungusite 通古斯石	959
Tunisite 碳钠钙铝石	924
Tuperssuatsiaite 钠铁坡缕石	642
Turanite 羟钒铜矿	704
Turkestanite 突厥斯坦石	968
Turneaureite 氯砷钙石	562
Turquoise 绿松石	549
Tuscanite 硫硅钙钾石	502
Tusionite 硼锡锰石	681
Tuzlaite 图兹拉石	969
Tvalchrelidzeite 硫砷锑汞矿	511
Tvedalite 特韦达尔石	935
Tveitite-(Y) 氟钇钙矿	197
Tvrdýite 特夫尔迪石*	933
Tweddillite 特威迪尔石	935
Twinnite 特硫锑铅矿	934
Tychite 杂芒硝	1102
Tyretskite 氯硼钙石	558
Tyrolite 丝砷铜矿	885
Tyrrellite 硒铜钴矿	1004
Tyuyamunite 钒钙铀矿	148

U

Uakitite 瓦基特矿*	973
Uchucchacuaite 硫锑锰银铅矿	517
Uedaite-(Ce) 铈锰帘石	809
Uhligite 锆钙钛矿	242
Uklonskovite 水钠镁矾	856
Ulexite 三斜硼钠钙石	767
Ulfanderssonite-(Ce) 乌尔夫安德森铈石*	988
Ullmannite 锑硫镍矿	938
Ulrichite 乌尔里奇铀矿*	988
Ulvöspinel 钛铁晶石	913
Umangite 红硒铜矿	332
Umbite 水硅锆钾石	826
Umbozerite 硅钍钠锶石	294
Umbrianite 翁布里亚石*	984
Umohoite 斜水钼铀矿	1036
Ungavaite 四方锑钯矿	900
Ungemachite 碱铁矾	378
Ungursaite 温钠钽石	984
Upalite 针磷铝铀矿	1108
Uralborite 乌硼钙石	988
Uralite 纤闪石	1013
Uralolite 水磷钙铍石	838
Uramarsite 变铵砷铀云母	63
Uramphite 铀铵磷石	1087
Urancalcarite 黄碳钙铀矿	343
Uraninite 晶质铀矿	389
Uranium 自然铀	1137
Uranmicrolite 铀细晶石	1089
Uranocircite I/II 钡铀云母 I/II	58
Uranophane 硅钙铀矿	264
Uranophane-β β-硅钙铀矿	264
Uranopilite 铀矾	1088
Uranopolycrase 铀复稀金矿	1088
Uranosilite 针硅铀矿	1108
Uranospathite 水磷铀矿	846
Uranosphaerite 纤铀铋矿	1015
Uranospinite 砷钙铀矿	779
Uranothorianite 铀方钍石	1088
Uranothorite 铀钍石	1089
Uranotungstite 钨铀华	990

Ursilite 水硅钙镁铀矿	825	Variscite 磷铝石	467
Urusovite 尤卢索夫石	1086	Varlamoffite 水锡石	882
Urvantsevite 软铋铅钯矿	754	Varulite 绿磷锰钠矿	545
Ushkovite 水磷镁铁石	841	Vashegyite 水羟磷铝石	862
Usovite 氟铝镁钡石	182	Vasilite 硫碲铜钯矿	498
Ussingite 紫脆石	1123	Vasilyevite 碳氯溴碘汞石	923
Ustarasite 柱硫铋铅矿	1120	Västmanlandite-(Ce) 羟氟硅镧铝镁钙石	705
Utahite 犹他矿	1087	Vaterite 球霰石	749
Uvanite 钒铀矿	152	Vaughanite 硫铊汞锑矿	514
Uvarovite 钙铬榴石	220	Vauquelinite 磷铬铜铅矿	458
Uvite 钙镁电气石	224	Vauxite 蓝磷铝铁矿	428
Uytenbogaardtite 硫金银矿	503	Väyrynenite 红磷锰铍石	326
Uzonite 五硫砷矿	992	Veatchite 水硼锶石	861
		Veatchite-1M 副水硼锶石	210

V

		Veatchite-A 三斜水硼锶石	768
Vaesite 方硫镍矿	155	Veblenite 维布伦石*	980
Vajdakite 瓦杰达克石*	973	Veenite 维硫锑铅矿	982
Valentinite 锑华	937	Velikite 硫铜锡汞矿	523
Valleriite 墨铜矿	626	Velikite 维利基矿	981
Valleyite 瓦利石*	973	Vendidaite 温迪达石*	984
Vanackerite 瓦纳克石*	974	Verbeekite 弗比克硒钯矿	169
Vanadinite 钒铅矿	151	Verbierite 韦尔比耶矿*	979
Vanadio-oxy-chromium-dravite 钒氧铬镁电气石*	152	Vergasovaite 钼氧铜矾石	629
		Vermiculite 蛭石	1115
Vanadio-oxy-dravite 钒氧镁电气石*	152	Vernadite 水羟锰矿	864
Vanadio-pargasite 钒韭闪石*	148	Verneite 凡尔纳石*	145
Vanadium 自然钒	1127	Verplanckite 弗水钡硅石	172
Vanadoallanite-(La) 镧钒褐帘石	433	Versiliaite 氧锑铁矿	1063
Vanadoandrosite-(Ce) 铈钒锰绿泥石	808	Vertumnite 水羟硅铝钙石	861
Vanadomalayaite 钒马来亚石	149	Vésigniéite 钒钡铜矿	146
Vanalite 蛋黄钒铝石	111	Vestaite 灶神星矿	1103
Vandenbrandeite 绿铀矿	551	Vesuvianite 符山石	198
Vandendriesscheite 橙黄铀矿	90	Veszelyite 磷砷锌铜矿	476
Vaniniite 瓦尼尼石*	974	Viaeneite 硫铅铁矿	508
Vanmeersscheite 万磷铀矿	976	Vicanite-(Ce) 维卡石	981
Vanoxite 复钒矿	200	Vigezzite 维铌钙矿	982
Vantasselite 万达斯石	976	Vigrishinite 维格里申石*	981
Vanthoffite 无水钠镁矾	991	Vihorlatite 维碲硒铋矿	980

Villyaellenite 水砷氢锰石	870
Vimsite 维羟硼钙石	981
Vincentite 文砷钯矿	984
Vinciennite 硫砷锡铁铜矿	513
Vinogradovite 白钛硅钠石	39
Violarite 紫硫镍矿	1125
Virgilite 硅锂石	272
Viséite 磷方沸石	455
Vishnevite 硫酸钙霞石	514
Vismirnovite 羟锡锌石	741
Vistepite 维斯台潘石	982
Viteite 维特矿*	982
Vitimite 维季姆石*	981
Vitusite-(Ce) 磷铈钠石	477
Vivianite 蓝铁矿	430
Vladimirite 针水砷钙石	1111
Vladimirivanovite 弗拉迪米尔伊万诺夫石*	170
Vladkrivovichevite 弗拉迪克里沃维彻夫石*	170
Vladykinite 弗拉德金石*	170
Vlasovite 硅锆钠石	266
Vlodavetsite 氯硫铝钙石	556
Vochtenite 磷铁铀矿	483
Voggite 羟碳磷锆钠石	735
Voglite 碳铜钙铀矿	930
Volaschioite 沃拉斯奇奥石*	986
Volborthite 水钒铜矿	819
Volkonskoite 富铬绿脱石	213
Volkovskite 沃硼钙石	986
Voloshinite 沃洛欣云母	986
Voltaite 绿钾铁矾	544
Voltzite 肝锌矿	234
Volynskite 碲铋银矿	123
Vonbezingite 冯贝辛石	169
Vondechenite 冯德钦石*	169
Vonsenite 硼铁矿	681
Vorlanite 沃尔兰石*	985
Vorontsovite 沃罗特索夫矿*	986
Voudourisite 沃道里斯石*	985
Vozhminite 沃硫砷镍矿	986
Vránaite 弗拉纳石*	170
Vrbaite 辉铊锑矿	351
Vuagnatite 羟硅铝钙石	709
Vulcanite 软碲铜矿	754
Vuonnemite 磷硅铌钠石	459
Vuorelainenite 沃钒锰矿	985
Vuoriyarvite-K 武奥里亚石	994
Vurroite 氯硫铋锡铅矿	556
Vyacheslavite 弗磷铀矿	171
Vyalsovite 维亚尔索夫石	982
Vymazalováite 维伊马扎洛娃矿*	983
Vysokýite 费砷铀矿	167
Vysotskite 硫钯矿	494
Vyuntspakhkite-(Y) 羟硅铝钇石	709

W

Wadalite 氟硅铝钙石	176
Wadeite 硅锆钙钾石	265
Wadsleyite 瓦兹利石	975
Wagnerite 氟磷镁石	180
Waimirite-(Y) 瓦伊米利钇石*	975
Wairakite 斜钙沸石	1028
Wairauite 铁钴矿	946
Wakabayashilite 锑雌黄	936
Wakefieldite-(Ce) 钒铈矿	151
Wakefieldite-(La) 钒镧矿	148
Wakefieldite-(Nd) 钒钕矿	150
Wakefieldite-(Y) 钒钇矿	152
Walentaite 瓦伦特石	974
Walfordite 铁碲矿	943
Walkerite 沃水氯硼钙石	987
Wallisite 铜红铊铅矿	961
Wallkilldellite 水砷钙锰石	866
Wallkilldellite-(Fe) 水砷钙锰石-铁	866
Walpurgite 砷铀铋矿	798
Walstromite 瓦硅钙钡石	973
Walthierite 沃尔希尔石	985
Wampenite 瓦姆佩恩石*	974
Wangdaodeite 王氏铁钛矿	977

English	Chinese	Page
Warikahnite	三斜水砷锌矿	768
Warkite	沃克石*	986
Warwickite	硼镁钛矿	677
Wassonite	沃森石	987
Watanabeite	渡边矿	135
Watatsumiite	海神石	303
Waterhouseite	羟磷锰石	717
Watkinsonite	硒铜铋铅矿	1004
Wattersite	沃特斯矿*	987
Wattevilleite	灰芒硝	346
Wavellite	银星石	1081
Wawayandaite	瓦文达石	974
Waylandite	磷铝铋矿	463
Wayneburnhamite	韦恩伯翰石*	979
Weberite	氟铝镁钠石	182
Weddellite	草酸钙石	82
Weeksite	水硅钾铀矿	827
Wegscheiderite	碳氢钠石	927
Weibullite	硒硫铋铅矿	1001
Weilerite	砷钡铝矾	774
Weilite	三斜砷钙石	767
Weineberite	韦恩本尼石	979
Weishanite	围山矿	980
Weissbergite	维硫锑铊矿	982
Weissite	黑碲铜矿	314
Welinite	硅钨锰矿	295
Wellsite	钡交沸石	54
Weloganite	水碳锆锶石	874
Welshite	锑钙镁非石	936
Wendwilsonite	砷钴镁钙石	780
Wenkite	钡钙霞石	54
Werdingite	威丁矿	977
Wermlandite	羟铝钙镁石	721
Wernerbaurite	维尔纳鲍尔石*	981
Wernerite	韦柱石	980
Wernerkrauseite	维尔纳克劳斯矿*	981
Wesselsite	硅铜锶矿	293
Westerveldite	砷钴镍铁矿	780
Westgrenite	魏烧绿石	983
Wetherillite	韦瑟里尔铀矿*	979
Wheatleyite	草酸铜钠石	84
Wherryite	碳铜氯铅矾	930
Whewellite	水草酸钙石	814
Whitecapsite	怀特卡普斯石*	335
Whiteite-(CaFeMg)	磷铝镁锰石-钙铁镁	465
Whiteite-(CaMgMg)	磷铝镁锰石-钙镁镁	464
Whiteite-(CaMnMg)	磷铝镁锰石-钙锰镁	464
Whiteite-(CaMnMn)	磷铝镁锰石-钙锰锰	464
Whiteite-(MnFeMg)	磷铝镁锰石-锰铁镁	465
Whiteite-(MnMnMg)	磷铝镁锰石-锰锰镁	465
Whitlockite	白磷钙石	35
Whitmoreite	褐磷铁矿	310
Wickenburgite	铝硅铅石	539
Wickmanite	羟锡锰矿	741
Wicksite	魏磷石	983
Widenmannite	碳铅铀矿	927
Widgiemoolthalite	威奇穆尔萨石	978
Wightmanite	韦硼镁石	979
Wiklundite	韦克伦德矿*	979
Wilancookite	威廉库克石*	977
Wilcoxite	水氟铝镁矾	821
Wilhelmgümbelite	威廉古贝尔石*	977
Wilhelmkleinite	羟砷锌铁石	733
Wilhelmvierlingite	水磷铁钙锰石	845
Wilkinsonite	威尔克斯石	977
Wilkmanite	斜硒镍矿	1037
Willemite	硅锌矿	296
Willemseite	暗镍蛇纹石	25
Willhendersonite	三斜钾沸石	765
Willyamite	辉锑钴矿	351
Wiluite	硼符山石	672
Winchite	蓝透闪石	431
Windhoekite	温得和克石*	983
Winstanleyite	钛碲矿	910
Wiserite	羟硼锰石	726
Withamite	锰红帘石	607
Witherite	毒重石	134
Wittichenite	硫铋铜矿	496
Wittite	威硒硫铋铅矿	978

Wöhlerite 硅铌锆钙钠石	279
Wolfeite 羟磷铁石	719
Wolframite 黑钨矿	319
Wolframoixiolite 铌黑钨矿	650
Wollastonite 硅灰石	267
Wölsendorfite 亮红铅铀矿	451
Wonesite 翁钠金云母	985
Woodallite 羟氯铬镁石	723
Woodhouseite 磷钙铝矾	455
Woodruffite 纤锌锰矿	1015
Woodwardite 水铜铝矾	880
Wooldridgeite 水磷钙钠铜石	838
Wopmayite 沃普梅石*	987
Wroewolfeite 斜蓝铜矾	1031
Wulfenite 钼铅矿	628
Wulffite 伍尔夫石*	993
Wülfingite 正羟锌石	1114
Wumuite 乌木石	988
Wupatkiite 钴铝矾	257
Wurtzite 纤锌矿	1015
Wüstite 方铁矿	159
Wuyanzhiite 吴延之矿	992
Wyartite 黑碳钙铀矿	319
Wycheproofite 威彻普鲁夫石	977
Wyllieite 磷铝铁锰钠石	468

X

Xanthiosite 砷镍石	788
Xanthoconite 黄银矿	345
Xanthoxenite 黄磷铁钙矿	340
Xenotime-(Y) 磷钇矿	485
Xenotime-(Yb) 磷镱矿	486
Xiangjiangite 湘江铀矿	1017
Xieite 谢氏超晶石	1039
Xifengite 喜峰矿	1008
Xilingolite 锡林郭勒矿	1007
Ximengite 西盟石	995
Xingzhongite 兴中矿	1050
Xitieshanite 锡铁山石	1008
Xocomecatlite 绿碲铜石	543

Xonotlite 硬硅钙石	1083
Xuite 双徐榴石	813

Y

Yafsoanite 碲锌钙石	127
Yagiite 陨碱硅铝镁石	1097
Yakhontovite 雅洪托夫石	1055
Yakovenchukite-(Y) 雅科温楚克钇石*	1055
Yancowinnaite 杨科温纳石*	1059
Yangite 杨和雄石	1059
Yangzhumingite 杨主明云母	1059
Yanomamite 砷铟石	798
Yarlongite 雅鲁矿	1055
Yaroshevskite 雅罗舍夫斯基矿*	1056
Yaroslavite 水氟铝钙矿	821
Yarrowite 雅硫铜矿	1055
Yavapaiite 斜钾铁矾	1030
Yazganite 水砷镁钠高铁石	868
Yeatmanite 硅锑锌锰石	291
Yecoraite 耶柯尔石	1065
Yedlinite 氯铅铬矿	559
Ye'elimite 硫铝钙石	505
Yeomanite 约曼石*	1095
Yftisite-(Y) 氟硅钛钇石	177
Yimengite 沂蒙矿	1072
Yingjiangite 盈江铀矿	1082
Yixunite 伊逊矿	1071
Yiyangite 益阳矿	1077
Yoderite 紫硅铝镁石	1124
Yofortierite 锰坡缕石	613
Yoshimuraite 硅钛锰钡石	288
Yoshiokaite 耀西耀克石	1064
Yttriaite-(Y) 钇石*	1074
Yttrialite-(Y) 硅钍钇矿	295
Yttrian-bearing Titanite 钇榍石	1074
Yttriumapatite 钇磷灰石	1073
Yttrobetafite-(Y) 钇贝塔石	1072
Yttrocerite 稀土萤石	1006
Yttrocolumbite-(Y) 钇铌铁矿	1073
Yttrocrasite-(Y) 钛钇钍矿	914

Yttrotungstite-(Y) 钇钨华	1074
Yuanfuliite 袁复礼石	1092
Yuanjiangite 沅江矿	1092
Yugawaralite 汤河原沸石	932
Yukonite 水砷钙铁石	866
Yuksporite 针碱钙石	1108
Yurmarinite 尤马林石*	1086
Yushkinite 尤什津矿	1086
Yusupovite 尤苏波夫石*	1087
Yuzuxiangite 於祖相石	1091
Yvonite 意水羟砷铜石	1077

Z

Żabińskiite 扎宾斯基石*	1100
Zabuyelite 扎布耶石	1100
Zaccagnaite 扎卡尼亚石*	1101
Zaccariniite 扎卡里尼矿*	1100
Zadovite 扎多夫石*	1100
Zagamiite 扎加米石*	1100
Zaherite 水羟铝矾	863
Zaïrite 磷铁铋石	478
Zakharovite 扎哈罗夫石	1100
Zálesíite 扎水羟砷铜石	1101
Zanazziite 水磷铍镁石	844
Zangboite 藏布矿	1102
Zapatalite 水磷铝铜石	841
Zaratite 翠镍矿	100
Zavalíaite 扎瓦利亚石*	1101
Zavaritskite 氟氧铋矿	197
Zaykovite 扎伊科夫矿*	1101
Zdeněkite 水氯砷钠铅铜石	852
Zektzerite 硅锆钠锂石	265
Zellerite 碳钙铀矿	920
Zemannite 水碲锌矿	816
Zemkorite 碳钙钠石	919
Zenzénite 锰铁铅矿	615
Zeolite 沸石	165
Zeophyllite 叶沸石	1065
Zeravshanite 单斜锆铯大隅石	107
Zeunerite 翠砷铜铀矿	101
Zhanghengite 张衡矿	1104
Zhanghuifenite 张氏磷锰石	1104
Zhangpeishanite 张培善矿	1104
Zharchikhite 羟氟铝石	705
Zhemchuzhnikovite 草酸铝钠石	83
Zhiqinite 志琴矿	1115
Zhonghuacerite-(Ce) 中华铈矿	1116
Ziesite β-氧钒铜矿	1060
Zimbabweite 津巴布韦石	387
Ziminaite 兹米纳矿*	1123
Zinc 自然锌	1136
Zincalstibite 水锑铝锌石	879
Zincaluminite 锌明矾	1045
Zinc-bearing aragonite 锌霰石	1048
Zincgartrellite 水砷铜锌铅石	872
Zincian Calcite 锌方解石	1041
Zincite 红锌矿	332
Zincmelanterite 锌水绿矾	1046
Zincoberaunite 锌簇磷铁矿*	1041
Zincobotryogen 锌赤铁矾	1041
Zincobradaczekite 锌砷钠铜石*	1046
Zincobriartite 锌灰锗矿*	1043
Zincochromite 锌铬铁矿	1042
Zincocopiapite 锌叶绿矾	1048
Zincohögbomite-2N2S 锌黑铝镁铁矿-2N2S	1042
Zincohögbomite-2N6S 锌黑铝镁铁矿-2N6S	1042
Zincolibethenite 羟磷铜锌石	719
Zincolivenite 羟砷铜锌石	731
Zincomenite 硒锌石*	1005
Zinconigerite-2N1S 锌尼日利亚石-2N1S	1045
Zinconigerite-6N6S 锌尼日利亚石-6N6S	1045
Zincospiroffite 碲锌石	127
Zincostaurolite 锌十字石	1046
Zincostrunzite 锌纤磷锰铁矿*	1047
Zincovelesite-6N6S 锌韦莱斯矿*	1047
Zincovoltaite 锌绿钾铁矾	1044

Zincrosasite 羟碳铜锌石	737	Zlatogorite 锑镍铜矿	939
Zincroselite 砷锌钙石	796	Znamenskyite 兹纳缅斯基矿*	1123
Zinc-schefferite 锌锰钙辉石	1044	Znucalite 水碳钙铀锌石	874
Zincsilite 无铝锌蒙脱石	990	Zodacite 诺达石	661
Zinczippeite 水锌铀矾	883	Zoharite 佐哈尔矿*	1139
Zinkenite 辉锑铅矿	352	Zoisite 黝帘石	1090
Zinkgruvanite 津格鲁万石*	387	Zoltaiite 佐苔石	1139
Zinkosite 锌矾	1041	Zorite 佐硅钛钠石	1138
Zinnwaldite 铁锂云母	949	Zoubekite 硫银锑铅矿	526
Zippeite 水铀矾	884	Zubkovaite 朱别科娃石*	1117
Zircon 锆石	242	Zugshunstite-(Ce) 草酸铝铈矾*	83
Zirconolite 钛锆钍石	911	Zuktamrurite 祖克塔姆鲁尔石*	1138
Zircophyllite 锆星叶石	243	Zunyite 氯黄晶	554
Zircosulfate 锆矾	242	Zussmanite 菱硅钾铁石	489
Zirkelite 钛锆钛矿	911	Zvyaginite 兹维亚金石*	1123
Zirklerite 氯铁铝石	564	Zvyagintsevite 等轴铅钯矿	118
Zirsilite-(Ce) 碳铈异性石	928	Zwieselite 氟磷铁石	180
Zirsinalite 硅锆钙钠石	265	Zýkaite 水硫砷铁石	848

跋:《矿物名称词源》问世赋

伯乐相马,安得千里之神骑。玉工剖璞,方得国宝和氏璧。
矿物名学,词源初稿见端倪。投石问路？泥牛入海无踪迹。
恩师根元[1],委珊茸[2]唯新是荐。慧眼珞兰[3],审著阅稿甚欣然！
领导瑞生[4],驱车郑州亲洽谈。诚意在胸,合作意向做决断。
同行专家[5]联名推文,齐发声。申报国家出版基金,梦落空。
重修报告精装样书,再冲锋！湖北学术著作基金,终成功！
《矿物名称词源》漫漫路,远兮！初生遐想到编撰成集,难兮！
早年京城学习矿学,梦秘笈。业师[6]授课精彩风趣,受启迪。
课余假日钻图书馆,查典籍。摘抄资料制作卡片,集片羽。
部队锻炼苦脏难累,受教益。书籍资料堆储藏室,全散失。
野外填图找矿钻探,打游击。黄粱一枕梦逐鲁尔[7],空悲泣！
高校任教重操旧业,初梦续。忙于教学奔命教职,拼业绩。
搜集资料购置图书,百卷余。藏地下室洪水浸泡,全发霉！
及至退休返聘十年,未得闲。古稀之年居家赋闲,续梦缘。
寒暑四季电脑为伍,整六年。午夜未寐五更便起,难安眠。
沧海拾贝集腋成裘,三百万。矿物名称竟逾六千,溯其源。
邀王莫翟[5]先生作序,甚欣然！编审专家集十余人[8],齐贡献。
承中国地质大学出版社,初出版。印刷精美装帧考究,甚美观。
终生倾心成就一事,万幸也！桑榆目睹《词源》面世,快乐哉！
玉工剖璞伯乐相马,神助也！谋事在人成事在天,天酬也！

编著者崔云昊

2021年2月

---

[1]根元:中国古代矿物知识史学家、中国地质大学(武汉)矿物学教授王根元。

[2]珊茸:中国地质大学(武汉)矿物学教授赵珊茸博士。

[3]珞兰:中国地质大学出版社编辑胡珞兰。

[4]瑞生:中国地质大学出版社副社长张瑞生。

[5]同行专家:中国古代矿物知识史学家、中国地质大学(武汉)矿物学教授王根元;中国科学院院士、中国著名岩石学家、中国地质大学(北京)岩石学教授莫宣学;中国科学院院士、中国著名矿床学家、中国地质大学(北京)矿床学教授翟裕生。

[6]业师:作者早年师从中国著名结晶矿物学家彭志忠、潘兆橹、王濮教授学习矿物学。

[7]鲁尔:指德国鲁尔工业区。作者初参加工作时参加邯邢钢铁煤炭基地会战,驻地在邯郸黄粱梦镇。跟随中国著名地层学家、华北地质科学研究所王曰伦教授,中国著名金属矿物学家、中国地质科学院矿床地质研究所陈正高级工程师学习。当时地质部佟城等声称要把邯邢钢铁煤炭基地建设成中国的"鲁尔",后成泡影。但从陈正高级工程师学习了《矿相学》,了解穆磁铁矿等金属矿物名称的来历。

[8]《矿物名称词源》编审中国地质大学出版社副社长张瑞生,中国地质大学出版社编辑胡珞兰;专家成员中国地质大学(武汉)陨石学家、岩石学教授王人镜,中国地质大学(武汉)矿物学教授杨光明、赵珊茸,中国地质大学(北京)矿物学教授李国武博士,中国地质大学(武汉)地球科学学院岩石学教授李昌年,中国地质大学(武汉)岩石学教授曾广策,中国地质大学(武汉)矿物学教授、楚天学者洪汉烈,中国地质大学(武汉)矿物学教授边秋娟,武汉理工大学矿物学副教授管俊芳博士,这些专家不辞辛苦,通读了全稿,撰写纸质报告,提出了不少有益的建议和意见,为补充修改完善做出了重要贡献,使拙著更具科学性、知识性和权威性。